LEHRBUCH DER
BOTANIK

OA - IV - 113

LEHRBUCH DER BOTANIK FÜR HOCHSCHULEN

Begründet von
E. Strasburger · F. Noll · H. Schenck · A. F. W. Schimper

33. Auflage neubearbeitet von
Peter Sitte · Hubert Ziegler
Friedrich Ehrendorfer · Andreas Bresinsky

1023 zum Teil zweifarbige Abbildungen,
50 Tabellen und eine farbige Vegetationskarte

Gustav Fischer Verlag
Stuttgart · Jena · New York · 1991

Anschriften der Bearbeiter:

Prof. Dr. Peter Sitte,
Institut für Biologie II der Albert-Ludwigs-Universität,
Schänzlestraße 1, D-7800 Freiburg

Prof. Dr. Dr. h.c. Hubert Ziegler,
Institut für Botanik und Mikrobiologie
der Technischen Universität,
Arcisstraße 21, D-8000 München 2

Prof. Dr. Friedrich Ehrendorfer,
Institut für Botanik und Botanischer Garten
der Universität,
Rennweg 14, A-1030 Wien

Prof. Dr. Andreas Bresinsky,
Institut für Botanik und Botanischer Garten
der Universität,
Universitätsstraße 31, D-8400 Regensburg

Die Deutsche Bibliothek – CIP-Einheitsaufnahme

Lehrbuch der Botanik für Hochschulen /
begr. von E. Strasburger ... –
33. Aufl. / neubearb. von Peter Sitte ... –
Stuttgart ; Jena ; New York : G. Fischer, 1991

ISBN 3-437-20447-5
NE: Strasburger, Eduard [Begr.]; Sitte, Peter [Bearb.]; Botanik

© Gustav Fischer Verlag
Stuttgart · Jena · New York · 1991
Wollgrasweg 49, D-W 7000 Stuttgart 70 (Hohenheim).
Das Werk einschließlich aller seiner Teile ist urheberrechtlich geschützt. Jede Verwertung außerhalb der engen Grenzen des Urheberrechtsgesetzes ist ohne Zustimmung des Verlags unzulässig und strafbar. Das gilt insbesondere für Vervielfältigungen, Übersetzungen, Mikroverfilmungen und die Einspeicherung und Verarbeitung in elektronischen Systemen.

Gesetzt aus der 9/10 p und 8/9 p Caslon mit der Auszeichnungsschrift Futura auf System Interset, belichtet auf Berthold-Laserstation bei Typobauer Filmsatz GmbH, Ostfildern.
Gedruckt auf Alparex 80 g/m^2 der Papierfabrik Albbruck bei Passavia GmbH, Passau.
Einband: Passavia GmbH, Passau
Printed in Germany

0 1 2 3 4 5

LEHRBUCH DER BOTANIK FÜR HOCHSCHULEN

Begründet von
E. Strasburger · F. Noll · H. Schenck · A. F. W. Schimper

33. Auflage neubearbeitet von
Peter Sitte · Hubert Ziegler
Friedrich Ehrendorfer · Andreas Bresinsky

1023 zum Teil zweifarbige Abbildungen,
50 Tabellen und eine farbige Vegetationskarte

Gustav Fischer Verlag
Stuttgart · Jena · New York · 1991

Anschriften der Bearbeiter:

Prof. Dr. Peter Sitte,
Institut für Biologie II der Albert-Ludwigs-Universität,
Schänzlestraße 1, D-7800 Freiburg

Prof. Dr. Dr. h.c. Hubert Ziegler,
Institut für Botanik und Mikrobiologie
der Technischen Universität,
Arcisstraße 21, D-8000 München 2

Prof. Dr. Friedrich Ehrendorfer,
Institut für Botanik und Botanischer Garten
der Universität,
Rennweg 14, A-1030 Wien

Prof. Dr. Andreas Bresinsky,
Institut für Botanik und Botanischer Garten
der Universität,
Universitätsstraße 31, D-8400 Regensburg

Die Deutsche Bibliothek – CIP-Einheitsaufnahme

Lehrbuch der Botanik für Hochschulen /
begr. von E. Strasburger ... –
33. Aufl. / neubearb. von Peter Sitte ... –
Stuttgart ; Jena ; New York : G. Fischer, 1991

ISBN 3-437-20447-5
NE: Strasburger, Eduard [Begr.]; Sitte, Peter [Bearb.]; Botanik

© Gustav Fischer Verlag
Stuttgart · Jena · New York · 1991
Wollgrasweg 49, D-W 7000 Stuttgart 70 (Hohenheim).
Das Werk einschließlich aller seiner Teile ist urheberrechtlich geschützt. Jede Verwertung außerhalb der engen Grenzen des Urheberrechtsgesetzes ist ohne Zustimmung des Verlags unzulässig und strafbar. Das gilt insbesondere für Vervielfältigungen, Übersetzungen, Mikroverfilmungen und die Einspeicherung und Verarbeitung in elektronischen Systemen.

Gesetzt aus der 9/10 p und 8/9 p Caslon mit der Auszeichnungsschrift Futura auf System Interset, belichtet auf Berthold-Laserstation bei Typobauer Filmsatz GmbH, Ostfildern.
Gedruckt auf Alparex 80 g/m^2 der Papierfabrik Albbruck bei Passavia GmbH, Passau.
Einband: Passavia GmbH, Passau
Printed in Germany

0 1 2 3 4 5

Vorwort zur 33. Auflage

Der STRASBURGER nähert sich mit dieser Ausgabe seinem Jahrhundert-Jubiläum. Über 350000 Exemplare sind im Laufe der Jahrzehnte gedruckt, studiert, zu Rate gezogen oder in Bibliotheken bereitgehalten worden: Der STRASBURGER ist seit langem zu einem Begriff geworden. Wo in der Welt gibt es ein akademisches Lehrbuch mit vergleichbarer Tradition?

Aber Tradition bedeutet vor allem Verpflichtung: Wer sie fortführen will, darf nicht ihr Gefangener sein. Die Forderung, dem immer schnelleren Fortschritt der Wissenschaft in einer sich immer schneller wandelnden Welt gerecht zu werden, war uns daher steter Imperativ. Andererseits sollte aber natürlich das stürmisch wachsende Wissen *erlernbar* bleiben, es durfte nicht zu einem für Studenten und Interessierte unverdaulichen Faktenwust fortwuchern. Didaktischen Gesichtspunkten wurde daher bei Stoffauswahl und -gestaltung hohe Priorität eingeräumt – dafür hatte ja schon die erste Auflage dieses Werkes ein glänzendes, verpflichtendes Beispiel gegeben. Dem Abwägen zwischen expansiven und restriktiven Erfordernissen haftet unvermeidlich viel Subjektives an. Allen Kollegen, die uns in dieser – und in anderer – Hinsicht mit Rat, Vorschlägen, Hinweisen, oder auch durch die Überlassung von Bildvorlagen unterstützt haben, danken wir an dieser Stelle herzlich; und wir bitten auch für die Zukunft wieder um Kritik, die zu weiterer Verbesserung und Modernisierung des STRASBURGER verhelfen kann.

Gegenüber der letzten Auflage haben sich auch insoweit außergewöhnliche Veränderungen ergeben, als unser Senior, Herr Dietrich von Denffer, aus Altersgründen ausgeschieden ist. Über zwei Jahrzehnte und für sechs Auflagen hatte er den Morphologie-Teil bearbeitet, der gerade in dieser Zeit durch die stürmische Entwicklung der modernen Zellforschung eine dramatische Erweiterung erfahren hat. Die Aufgabe, diese fortdauernde Entwicklung lehrbuchmäßig nachzubilden, hat jetzt Peter Sitte übernommen. Daß auch die übrigen Teile einer gründlichen Revision unterzogen wurden, entspricht einer beim STRASBURGER stets geübten Gepflogenheit.

Mit dieser Ausgabe erscheint der STRASBURGER erstmals in größerem Format, der Übersichtlichkeit und einer (wörtlich zu nehmenden) Handhabbarkeit zuliebe. Das bewährte Prinzip, speziellere Punkte durch Kleindruck zu markieren, wurde beibehalten; ebenso die zahlreichen Querverweise, die bei Bedarf (!) den Umweg über das Register ersparen sollen. Massiv wurde auch die Bebilderung verändert, vor allem im ersten Teil. Wir hoffen, daß dies zum «Schmökern» einlädt, dieser oft unterschätzten Methode, sich einem komplexen Stoff auf spielerische Weise zu nähern.

Es bleibt noch, dem Verlag in ganz besonderer Weise zu danken, in unserem eigenen und im Namen der künftigen Leserschaft: Er hat tatsächlich alles getan, die Ausstattung des Buches zu optimieren, ohne hierüber den Preis zu maximieren.

Freiburg, München, Wien und Regensburg, im Januar 1991   Die Verfasser

Vorwort zur 1. Auflage

Die Verfasser dieses Lehrbuchs wirken seit Jahren als Docenten der Botanik an der Universität Bonn zusammen. Sie haben dauernd in wissenschaftlichem Gedankenaustausch gestanden und sich in ihrer Lehraufgabe vielfach unterstützt. Sie versuchen es jetzt gemeinschaftlich, ihre im Leben gesammelten Erfahrungen in diesem Buche niederzulegen. Den Stoff haben sie so untereinander verteilt, daß EDUARD STRASBURGER die Einleitung und die Morphologie, FRITZ NOLL die Physiologie, HEINRICH SCHENCK die Cryptogamen, A. F. W. SCHIMPER die Phanerogamen übernahm.

Trägt auch jeder Verfasser die wissenschaftliche Verantwortung nur für den von ihm bearbeiteten Teil, so war doch das einheitliche Zusammenwirken Aller durch anhaltende Verständigung gewahrt. Es darf daher das Buch, ungeachtet es mehrere Verfasser zählt, Anspruch auf eine einheitliche Leistung erheben.

Dieses Lehrbuch ist für die Studierenden der Hochschulen bestimmt und soll vor Allem wissenschaftliches Interesse bei ihnen erwecken, wissenschaftliche Kenntnisse und Erkenntnisse bei ihnen fördern. Zugleich nimmt aber es auch Rücksicht auf die praktischen Anforderungen des Studiums und sucht den Bedürfnissen des Mediciners und Pharmaceuten gerecht zu werden. So wird der Mediciner aus den farbigen Bildern die Kenntnisse derjenigen Giftpflanzen erlangen können, die für ihn in Betracht kommen, der Pharmaceut die nötigen Hinweise auf officinelle Pflanzen und Drogen in dem Buche finden.

Die zahlreichen Abbildungen wurden, wo nicht andere Autoren angegeben sind, von den Verfassern selbst angefertigt.

Nicht genug ist das Entgegenkommen des Herrn Verlegers zu rühmen, der die Kosten der farbigen Darstellungen im Texte nicht scheute, und der überhaupt Alles aufgeboten hat, um dem Buche eine vollendete Ausstattung zu geben.

Bonn, im Juli 1894   Die Verfasser

Vorwort zur 33. Auflage

Der STRASBURGER nähert sich mit dieser Ausgabe seinem Jahrhundert-Jubiläum. Über 350 000 Exemplare sind im Laufe der Jahrzehnte gedruckt, studiert, zu Rate gezogen oder in Bibliotheken bereitgehalten worden: Der STRASBURGER ist seit langem zu einem Begriff geworden. Wo in der Welt gibt es ein akademisches Lehrbuch mit vergleichbarer Tradition?

Aber Tradition bedeutet vor allem Verpflichtung: Wer sie fortführen will, darf nicht ihr Gefangener sein. Die Forderung, dem immer schnelleren Fortschritt der Wissenschaft in einer sich immer schneller wandelnden Welt gerecht zu werden, war uns daher steter Imperativ. Andererseits sollte aber natürlich das stürmisch wachsende Wissen *erlernbar* bleiben, es durfte nicht zu einem für Studenten und Interessierte unverdaulichen Faktenwust fortwuchern. Didaktischen Gesichtspunkten wurde daher bei Stoffauswahl und -gestaltung hohe Priorität eingeräumt – dafür hatte ja schon die erste Auflage dieses Werkes ein glänzendes, verpflichtendes Beispiel gegeben. Dem Abwägen zwischen expansiven und restriktiven Erfordernissen haftet unvermeidlich viel Subjektives an. Allen Kollegen, die uns in dieser – und in anderer – Hinsicht mit Rat, Vorschlägen, Hinweisen, oder auch durch die Überlassung von Bildvorlagen unterstützt haben, danken wir an dieser Stelle herzlich; und wir bitten auch für die Zukunft wieder um Kritik, die zu weiterer Verbesserung und Modernisierung des STRASBURGER verhelfen kann.

Gegenüber der letzten Auflage haben sich auch insoweit außergewöhnliche Veränderungen ergeben, als unser Senior, Herr Dietrich von Denffer, aus Altersgründen ausgeschieden ist. Über zwei Jahrzehnte und für sechs Auflagen hatte er den Morphologie-Teil bearbeitet, der gerade in dieser Zeit durch die stürmische Entwicklung der modernen Zellforschung eine dramatische Erweiterung erfahren hat. Die Aufgabe, diese fortdauernde Entwicklung lehrbuchmäßig nachzubilden, hat jetzt Peter Sitte übernommen. Daß auch die übrigen Teile einer gründlichen Revision unterzogen wurden, entspricht einer beim STRASBURGER stets geübten Gepflogenheit.

Mit dieser Ausgabe erscheint der STRASBURGER erstmals in größerem Format, der Übersichtlichkeit und einer (wörtlich zu nehmenden) Handhabbarkeit zuliebe. Das bewährte Prinzip, speziellere Punkte durch Kleindruck zu markieren, wurde beibehalten; ebenso die zahlreichen Querverweise, die bei Bedarf (!) den Umweg über das Register ersparen sollen. Massiv wurde auch die Bebilderung verändert, vor allem im ersten Teil. Wir hoffen, daß dies zum «Schmökern» einlädt, dieser oft unterschätzten Methode, sich einem komplexen Stoff auf spielerische Weise zu nähern.

Es bleibt noch, dem Verlag in ganz besonderer Weise zu danken, in unserem eigenen und im Namen der künftigen Leserschaft: Er hat tatsächlich alles getan, die Ausstattung des Buches zu optimieren, ohne hierüber den Preis zu maximieren.

Freiburg, München, Wien und Regensburg, im Januar 1991 Die Verfasser

Vorwort zur 1. Auflage

Die Verfasser dieses Lehrbuchs wirken seit Jahren als Docenten der Botanik an der Universität Bonn zusammen. Sie haben dauernd in wissenschaftlichem Gedankenaustausch gestanden und sich in ihrer Lehraufgabe vielfach unterstützt. Sie versuchen es jetzt gemeinschaftlich, ihre im Leben gesammelten Erfahrungen in diesem Buche niederzulegen. Den Stoff haben sie so untereinander verteilt, daß EDUARD STRASBURGER die Einleitung und die Morphologie, FRITZ NOLL die Physiologie, HEINRICH SCHENCK die Cryptogamen, A.F.W. SCHIMPER die Phanerogamen übernahm.

Trägt auch jeder Verfasser die wissenschaftliche Verantwortung nur für den von ihm bearbeiteten Teil, so war doch das einheitliche Zusammenwirken Aller durch anhaltende Verständigung gewahrt. Es darf daher das Buch, ungeachtet es mehrere Verfasser zählt, Anspruch auf eine einheitliche Leistung erheben.

Dieses Lehrbuch ist für die Studierenden der Hochschulen bestimmt und soll vor Allem wissenschaftliches Interesse bei ihnen erwecken, wissenschaftliche Kenntnisse und Erkenntnisse bei ihnen fördern. Zugleich nimmt aber es auch Rücksicht auf die praktischen Anforderungen des Studiums und sucht den Bedürfnissen des Mediciners und Pharmaceuten gerecht zu werden. So wird der Mediciner aus den farbigen Bildern die Kenntnisse derjenigen Giftpflanzen erlangen können, die für ihn in Betracht kommen, der Pharmaceut die nötigen Hinweise auf officinelle Pflanzen und Drogen in dem Buche finden.

Die zahlreichen Abbildungen wurden, wo nicht andere Autoren angegeben sind, von den Verfassern selbst angefertigt.

Nicht genug ist das Entgegenkommen des Herrn Verlegers zu rühmen, der die Kosten der farbigen Darstellungen im Texte nicht scheute, und der überhaupt Alles aufgeboten hat, um dem Buche eine vollendete Ausstattung zu geben.

Bonn, im Juli 1894   Die Verfasser

Eduard Strasburger
* 1.2.1844 Warschau – † 19.5.1912 Bonn
Begründer des Lehrbuchs der Botanik für Hochschulen

Nach dem Studium der Naturwissenschaften in Paris, Bonn und Jena sowie Promotion in Jena habilitierte sich Eduard Strasburger 1867 in Warschau und wurde 1869 im Alter von 25 Jahren als Professor der Botanik an die Universität Jena und 1881 nach Bonn berufen. Unter seiner Leitung gehörte das Botanische Institut im Poppelsdorfer Schloß zu den internationalen Zentren der Botanik. Hier begründete er zusammen mit seinen Mitarbeitern F. Noll, H. Schenck und A.F.W. Schimper 1894 das «Lehrbuch der Botanik für Hochschulen» (früher meist kurz «Bonner Lehrbuch» genannt). Das ebenfalls in vielen Auflagen erschienene «Kleine Botanische Praktikum» und das umfangreichere «Botanische Praktikum» prägten bis zur Gegenwart die botanisch-mikroskopischen Praktika an den Hochschulen. Strasburgers Forschungsarbeit galt in erster Linie der Entwicklungsgeschichte und der Cytologie. Er erkannte, daß die Vorgänge der Kernteilung (Bildung, Spaltung und Bewegung der Chromosomen) bei den Pflanzen ebenso wie bei den Tieren, also bei allen Organismen in gleicher Weise, ablaufen (1875). Er beobachtete erstmals bei den Blütenpflanzen den Vorgang der Befruchtung und die Verschmelzung des männlichen Kerns mit dem Eikern und folgerte hieraus, daß der Zellkern der wichtigste Träger der Erbanlagen darstellt (1884).

Autoren des Lehrbuchs der Botanik

Dieses Lehrbuch der Botanik wurde im Jahre 1894 begründet durch die damals in Bonn zusammenwirkenden Botaniker

    Eduard Strasburger,
    Fritz Noll,
    Heinrich Schenck,
    A. F. Wilhelm Schimper

und in der Folgezeit von ihnen sowie den nebenstehend Genannten fortgeführt.

Obgleich alle Mitarbeiter stets teil am ganzen Buch hatten, wurden insbesondere bearbeitet

Einleitung und Morphologie:

  1.–11. Auflage   1894–1911 von Eduard Strasburger
12.–26. Auflage   1913–1954 von Hans Fitting
27.–32. Auflage   1958–1983 von Dietrich von Denffer
33. Auflage   1991 von Peter Sitte

Physiologie:

  1.– 9. Auflage   1894–1908 von Fritz Noll
10.–16. Auflage   1909–1923 von Ludwig Jost
17.–21. Auflage   1928–1939 von Hermann Sierp
22.–30. Auflage   1944–1971 von Walter Schumacher
31.–33. Auflage   1978–1991 von Hubert Ziegler

Niedere Pflanzen:

  1.–16. Auflage   1894–1923 von Heinrich Schenck
17.–28. Auflage   1928–1962 von Richard Harder
29.–31. Auflage   1967–1978 von Karl Mägdefrau
32.–33. Auflage   1983–1991 von Andreas Bresinsky

Samenpflanzen:

  1.– 5. Auflage   1894–1901 von A. F. W. Schimper
  6.–19. Auflage   1904–1936 von George Karsten
20.–29. Auflage   1939–1967 von Franz Firbas
30.–33. Auflage   1971–1991 von Friedrich Ehrendorfer

Pflanzengeographie bzw. Geobotanik:

20.–29. Auflage   1939–1967 von Franz Firbas
30.–33. Auflage   1971–1991 von Friedrich Ehrendorfer

Fremdsprachige Ausgaben des Lehrbuchs der Botanik

Englisch:
London: 1896, 1902, 1907, 1911, 1920, 1930, 1965, 1971, 1975

Italienisch:
Mailand: 1896, 1913, 1921, 1928, 1954, 1965, 1982

Polnisch:
Warszawa: 1960, ND 1962, 1967, 1971, ND 1973

Spanisch:
Barcelona: 1923, 1935, 1943, 1953, 1960, 1974, 1986

Serbokroatisch:
Zagreb: 1980, 1982, 1988, ND 1991

Inhalt

Zeittafel XVII
Einleitung 1
   A. Botanik als Biowissenschaft 1
   B. Was ist Leben? 2
   C. Ursprung des Lebens 3
   D. Grenzen des Lebens 4
   E. Biologie als Naturwissenschaft 5
   F. Sonderstellung der Biologie 7
   G. Tier und Pflanze 8
   H. Gliederung und Bedeutung der Botanik   9

Erster Teil: Morphologie 11

Erster Abschnitt: Bau und Feinbau der Zelle . 15

I. Cytologie 15
   A. Entwicklung der Zellforschung 16
   B. Methoden der Zellforschung 18
II. Die Pflanzenzelle 21
   A. Inventar der Komponenten 21
      1. Zellwand, Zellmembran und Plasmodesmen 21
      2. Cytoplasma und Cytoskelett 21
      3. Biomembranen und Kompartimente; Membranfluß 25
      4. Der Zellkern 27
      5. Plastiden und Mitochondrien 28
   B. Feinbau der Pflanzenzelle: Organelle und Moleküle 29
      1. Das Cytoplasma 29
      2. Flagellen und Centriolen 41
      3. Der Zellkern und seine Komponenten 43
      4. Kern- und Zellteilung 61
      5. Ribosomen; ribosomale RNA und Transfer-RNA 73
      6. Biomembranen und Lipide 76
      7. Kompartimentierung und Gliederung der Zelle 83
      8. Die zellulären Membranen 84
      9. Zellwände 94
      10. Mitochondrien 107
      11. Plastiden 111
III. Zellbau bei Prokaryoten 120
   A. Genetischer Apparat 120
   B. Kompartimentierung bei Protocyten 122
   C. Die Flagellen bei Bakterien 122
   D. Wandstrukturen bei Protocyten 122
IV. Die Endosymbionten-Theorie 125

Zweiter Abschnitt: Die Gewebe der Sproßpflanzen 128

I. Bildungsgewebe (Meristeme) 129
   A. Apical-(Scheitel-)meristeme 130
      1. Der Sproßscheitel 132
      2. Der Wurzelscheitel 133
   B. Restmeristeme 134
   C. Meristemoide 134
   D. Laterale Meristeme (Cambien) 135
II. Dauergewebe 135
   A. Parenchyme 135
   B. Abschlußgewebe 137
      1. Primäres Abschlußgewebe: Epidermis und Cuticula 138
      2. Sekundäres Abschlußgewebe: Kork 144
      3. Inneres Abschlußgewebe: Endodermis 145
   C. Festigungsgewebe 146
   D. Leitgewebe 149
      1. Phloem 149
      2. Xylem 150
      3. Leitbündel 152
   E. Drüsenzellen und -gewebe 152
      1. Milchröhren 155
      2. Harzgänge und Sekretbehälter 155
      3. Köpfchenhaare und Drüsenemergenzen 157

Dritter Abschnitt: Morphologie und Anatomie der Sproßpflanzen 158

I. Einleitung 158
   A. Morphologie bei Vielzellern 158
   B. Kausale, finale und typologische Morphologie 159
   C. Homologie und Analogie 160
   D. Cormus und Thallus 162
   E. Beschreibende Morphologie und Pflanzenanatomie 163
   F. Symmetrie 163
II. Organisation des Cormus: Überblick 170
III. Die Sproßachse 171
   A. Äußerer Bau 171
      1. Längsgliederung: Grundbegriffe 171
      2. Blattstellungen 173
      3. Rhizome 179
      4. Die Lebensformen 180
      5. Axilläre Verzweigung 181
      6. Dichotome Verzweigung 186
      7. Besondere Funktionen und Anpassungsformen von Sprossen ... 187

B. Anatomie der Sproßachse im primären
   Zustand 191
   1. Entwicklung 191
   2. Anordnung der Dauergewebe 192
   3. Ausbildungsformen der Stele 193
   4. Primäres Dickenwachstum und
      Erstarkungswachstum 194
C. Sproßachsen im sekundären Zustand ... 195
   1. Sekundäres Dickenwachstum 195
   2. Holz 198
   3. Bast 203
   4. Borkenbildung und Wundheilung .. 204
IV. Blattorgane:
    Gestalten und Metamorphosen 207
    A. Das Laubblatt 207
       1. Gliederung und Symmetrie 207
       2. Entwicklung und Sonderformen 211
       3. Anatomie 213
    B. Blattfolge 214
    C. Gestaltabwandlungen bei Blättern ... 216
       1. Metamorphosen 216
       2. Xeromorphe Blätter 216
       3. Epiphyten 218
       4. Die Blätter tierfangender Pflanzen .. 219
V. Wurzeln 221
   A. Basisfunktionen 221
   B. Wurzelsysteme 221
      1. Heterogene Wurzelsysteme 223
      2. Homogene Wurzelsysteme 224
   C. Anatomie 224
      1. Der primäre Bau 224
      2. Seitenwurzeln 226
      3. Der sekundäre Bau 226
   D. Metamorphosen der Wurzel 227

Vierter Abschnitt: Gestaltungsprinzipien bei Thallophyten 230
I. Übersicht 230
   A. Differenzierungsgrad und
      Organisationshöhe 230
   B. Einzeller und Vielzeller 230
   C. Thallophyten 232
II. Organisation des Thallus bei Algen und
    Pilzen 232
    A. Zellthallus und Schlauchthallus ... 232
    B. Vielzellige Algenthalli 233
       1. Trichale Organisation:
          Der Fadenthallus 233
       2. Der Gewebethallus 234
    C. Das Mycel der Pilze 236
III. Organisationsformen bei Leber- und
     Laubmoosen 236

Zweiter Teil: Physiologie 239

Erster Abschnitt: Physiologie des Stoff- und Energiewechsels 242
I. Energetik des Stoffwechsels 242
   A. Energetik geschlossener Systeme 242
      1. Grundlagen 242
      2. Energetische Kopplung 244
      3. Geschwindigkeit der
         Gleichgewichtseinstellung –
         Katalyse 245
      4. Mechanismus der Enzymwirkung ... 248
      5. Enzym-Cofaktoren 248
      6. Enzymkinetik 249
      7. Einfluß der Umgebung auf die
         Enzymaktivität 249
      8. Intrazelluläre Verteilung der
         Enzyme 250
   B. Energetik offener Systeme 250
II. Bereitstellung der Energie 251
    A. Autotrophie 251
       1. Photoautotrophie 252
       2. Chemoautotrophie 288
    B. Heterotrophie 289
       1. Der Abbau der Glucose zum
          Pyruvat 290
       2. Gärungen 291
       3. Die Atmung 292
III. Regulationen im Zellstoffwechsel 305
     A. Grundprinzipien der Regulation ... 305
     B. Regulation der Enzymsynthese 306
        1. Die Funktion der Nucleinsäuren und
           die Proteinbiosynthese 306
        2. Regulation der Transkription –
           Substratinduktion und Produkt-
           repression 313
        3. Regulation der Translation 315
        4. Regulation des Proteinabbaus .. 315
     C. Regulation der Enzymaktivität 315
        1. Isosterische Effekte. Kompetitive
           Hemmung 316
        2. Allosterische Effekte 316
     D. Metaboliten-Regulation
        (stöchiometrische Regulation) 317
     E. Regulation durch Umwandlung
        inaktiver Vorstufen 317
     F. Regulation über die Zusammenfassung
        von Enzymen in Multienzym-
        komplexen oder in Kompartimenten ... 318
     G. Gesamtregulation bei Gärungen und
        Atmung 318
IV. Die Nährstoffe und ihr Umsatz in der
    Pflanze 319
    A. Die allgemeine stoffliche Zusammen-
       setzung des Pflanzenkörpers 319
       1. Wassergehalt 319
       2. Trockensubstanz 319
       3. Aschengehalt 320

B. Der Wasserhaushalt 321
   1. Die Aufnahme des Wassers durch die Pflanze 321
   2. Die Wasserabgabe 327
   3. Die Leitung des Wassers 332
   4. Wasserbilanz 337
C. Die Mineralstoffe 338
   1. Benötigte Nährelemente 338
   2. Verfügbarkeit der Nährelemente ... 339
   3. Die Aufnahme der Nährelemente .. 340
   4. Der Transport der Mineralstoffe ... 345
   5. Die Bedeutung der mineralischen Nährelemente für die Pflanze 346
   6. Mineralsalze als Standortfaktoren .. 349
D. Der Stoffwechsel der Kohlenhydrate ... 349
E. Stickstoff-Metabolismus 350
   1. Assimilatorische Nitrat-Reduktion .. 350
   2. Dissimilatorische Nitrat-Reduktion (Nitrat-Atmung, Denitrifikation) ... 351
   3. Die Reduktion von molekularem Stickstoff (N_2) 351
   4. Einbau von NH_4^+ in organische Stickstoffverbindungen 353
   5. Stoffwechsel anderer essentieller Stickstoffverbindungen 357
   6. Biosynthese von Antibiotika-Peptiden 359
   7. Der Stickstoffkreislauf 359
F. Schwefel-Stoffwechsel 360
G. Stoffwechsel der Lipide 361
   1. Bildung von Acetyl-CoA 361
   2. Biosynthese der Fettsäuren 361
   3. Bildung von Neutralfetten und Strukturlipiden 363
   4. Isoprenoidbiosynthese 363
H. Biosynthesen einiger typischer sekundärer Pflanzenstoffe 365
   1. Die Bildung pflanzlicher Phenole und Phenolderivate 365
   2. Alkaloid-Biosynthese 369
V. Assimilattransport in der Pflanze 369
VI. Stoffausscheidungen der Pflanzen 372
   1. Intrazelluläre Exkretabscheidung ... 372
   2. Intrazelluläre Exkretausscheidung .. 372
   3. Granulokrine Ausscheidung 372
   4. Ekkrine Ausscheidung 373
   5. Halokrine Ausscheidung 373
VII. Besonderheiten der heterotrophen Ernährung 374
   A. Saprophyten 374
   B. Parasiten 374
   C. Symbiose 375
   D. Tierfangende Pflanzen 380

Zweiter Abschnitt: Physiologie des Formwechsels (Entwicklungsphysiologie) 381

I. Regulation von Wachstum und Differenzierung 381
   A. Intrazelluläre Regulation von Wachstum und Differenzierung 381
   B. Interzelluläre Regulation von Wachstum und Differenzierung: Phytohormone 384
      1. Auxine 384
      2. Gibberelline 388
      3. Cytokinine 392
      4. Abscisinsäure 393
      5. Ethylen 395
      6. Weitere natürliche Wuchs- und Hemmstoffe 396
      7. Das Zusammenspiel der Wachstumsregulatoren in der Zelle 397
      8. Synthetische Wachstumsregulatoren 397
   C. Die Wirkung äußerer Faktoren auf Wachstum und Entwicklung 398
      1. Die Wirkung der Temperatur 399
      2. Die Wirkung des Lichts 403
      3. Die Wirkung der Schwerkraft 407
      4. Einflüsse anderer Außenfaktoren (Xeromorphosen, Hydromorphosen, Trophomorphosen) 408
   D. Biologische Rhythmen und biologische Zeitmessung 408
      1. Tagesrhythmen (Circadiane Rhythmik) 409
      2. Photoperiodisch induzierte Morphosen 411
II. Wachstum 414
   A. Das Wachstum der Zelle 414
   B. Das Wachstum der Organe 416
      1. Die Zellteilung 416
      2. Die Wachstumszonen der Organe: Verlauf des Wachstums 418
III. Differenzierung 419
   A. Potenz, Embryonalisierung und Regeneration 419
   B. Determination 421
      1. Endonome Determination 421
      2. Aitonome Determination 421
   C. Polarität 423
   D. Endopolyploidie 426
IV. Korrelationen 426
   A. Korrelative Förderung 426
   B. Korrelative Hemmung 426
   C. Abscission 428
   D. Altern und Tod 429
   E. Tumoren 431

Dritter Abschnitt: Physiologie der Bewegungen 434

I. Grundbegriffe 434
II. Die freien Ortsbewegungen 436
   A. Taxien 437
      1. Chemotaxis 437
      2. Phototaxis 440
      3. Magnetotaxis 441
      4. Andere Taxien 441
   B. Bewegung in den Zellen 441
      1. Plasmaströmung 442
      2. Bewegung der Zellkerne und Chloroplasten 442

III. Bewegungen lebender Organe 443
    A. Tropismen 443
        1. Phototropismus 444
        2. Skototropismus 449
        3. Gravitropismus 449
        4. Thigmotropismus 455
        5. Chemotropismus 455
        6. Andere Tropismen 456
    B. Nastien 456
        1. Thermonastie 456
        2. Photonastie 456
        3. Chemonastie 457
        4. Seismonastie 457
        5. Thigmonastie, Rankenbewegungen . 460
        6. Die nastischen Bewegungen der Spaltöffnungen 461
    C. Autonome Bewegungen 464
    D. Durch Turgor bewirkte Schleuder- und Explosionsbewegungen 466
IV. Sonstige Bewegungen 467
    A. Hygroskopische Bewegungen 467
    B. Kohäsionsbewegungen 468

Dritter Teil: Evolution und Systematik 471

Erster Abschnitt:
Allgemeine Grundlagen 473
    1. Fortpflanzung und Vermehrung 473
    2. Verwandtschaft und Variation 473
    3. Sippenbildung und Evolution 474
    4. Ähnlichkeit und Abstammung 474
    5. Gruppierungen und Benennung 475
I. Allgemeine Fortpflanzungsbiologie 475
    A. Vegetative Fortpflanzung 476
        1. Zwei- und Mehrfachteilung bei Einzellern 476
        2. Vegetative Fragmentation bei Vielzellern 476
        3. Mehrzellige vegetative Keimkörper . 476
        4. Besondere ungeschlechtliche Keimzellen 477
    B. Sexuelle Fortpflanzung 477
        1. Gameten und Gametangien 477
        2. Syngamie und Zygotenbildung 477
        3. Kernphasenwechsel und Meiosporenbildung 478
    C. Fortpflanzungs- und Generationswechsel 479
        1. Generations- und Kernphasenwechsel 479
        2. Unterschiedliche Formen des Generationswechsels 479
II. Genetik und Evolutionsforschung 480
    A. Variation und Vererbung 481
        1. Ontogenie, Phänotypus und Genotypus 482
        2. Kreuzungsversuch und Weitergabe der Erbanlagen 484
        3. Mutation 493
        4. Gen-Pool und Rekombinationssystem 499
    B. Anpassung und Differenzierung, Divergenz und Konvergenz 503
        1. Selektion, Drift und Populationsstruktur 503
        2. Räumliche Isolation und Rassenbildung 505
        3. Reproduktive Isolation und Artbildung 509
        4. Hybridisierung und Allopolyploidie 511
    C. Mikro- und Makroevolution 517
III. Systematik und Phylogenetik 519
    1. Merkmale, Ähnlichkeit, Verwandtschaft und Phylogenie 520
    2. Hilfsmittel und Unterlagen der Ähnlichkeits- und Verwandtschaftsforschung 523
IV. Taxonomie und Nomenklatur 527

Zweiter Abschnitt:
Übersicht des Pflanzenreichs 530

Prokaryota 532
    Vorwiegend heterotrophe Gruppen 532
    A. Organisationstyp: Bakterien 532
        Erste Abteilung: Archaebacteria 536
        Zweite Abteilung: Eubacteria 538
          I. Klasse: gram-negative Eubakterien 539
          II. Klasse: gram-positive Eubakterien 541
        Vorkommen und Lebensweise der Bakterien 542
    Autotrophe Gruppen 544
    B. Organisationstyp: Prokaryotische Algen 544
        Erste Abteilung: Cyanophyta, Blaualgen, Cyanobakterien 544
        Vorkommen und Lebensweise der Blaualgen 547
        Zweite Abteilung: Prochlorophyta 547

Eukaryota 548
    Heterotrophe Gruppen 548
    A. Organisationstyp: Schleimpilze 548
        Erste Abteilung: Acrasiomycota 549
        Zweite Abteilung: Myxomycota 549
        Dritte Abteilung: Plasmodiophoromycota 551
    B. Organisationstyp: Pilze 552
        Erste Abteilung: Oomycota 554
        Zweite Abteilung: Eumycota 558
          I. Klasse: Chytridiomycetes 558
          II. Klasse: Zygomycetes 561

III. Klasse: Ascomycetes 564
    1. Unterklasse: Endomycetidae .. 565
    2. Unterklasse: Taphrino-
       mycetidae 566
    3. Unterklasse: Laboulbenio-
       mycetidae 567
    4. Unterklasse: Ascomycetidae .. 567
IV. Klasse: Basidiomycetes 576
    1. Unterklasse: Heterobasidio-
       mycetidae 577
    2. Unterklasse: Homobasidio-
       mycetidae, »Höhere Holo-
       basidiomyceten« 584
Fungi imperfecti (Deuteromycetes) 592
Vorkommen und Lebensweise der
Pilze 593
Autotrophe Gruppen 596

C. Organisationstyp: Flechten (Lichenes) 596
D. Organisationstyp: Eukaryotische Algen 600
   Erste Abteilung: Euglenophyta 602
   Zweite Abteilung: Cryptophyta 602
   Dritte Abteilung: Dinophyta 603
   Vierte Abteilung: Haptophyta 605
   Fünfte Abteilung: Heterokontophyta
     (= Chrysophyta) 606
    I. Klasse: Chloromonadophyceae .. 606
    II. Klasse: Xanthophyceae 606
    III. Klasse: Chrysophyceae 609
    IV. Klasse: Bacillariophyceae
       (= Diatomeae) 610
    V. Klasse: Phaeophyceae 613
   Sechste Abteilung:
   Rhodophyta, Rotalgen 621
    1. Unterklasse: Bangiophycidae .. 623
    2. Unterklasse: Florideophycidae 623
   Siebte Abteilung:
   Chlorophyta, Grünalgen 626
    I. Klasse: Chlorophyceae 626
    II. Klasse: Zygnematophyceae
       (= Conjugatae), Jochalgen 638
    III. Klasse: Charophyceae, Arm-
       leuchteralgen 640
   Vorkommen und Lebensweise der
   Algen 644

E. Organisationstyp: Moose und
Gefäßpflanzen (Embryophyten) 647
   Erste Abteilung: **Bryophyta, Moose** 648
    I. Klasse: Anthocerotopsida, Horn-
       moose 649
    II. Klasse: Marchantiopsida
       (= Hepaticae), Lebermoose 650
       1. Unterklasse: Marchantiidae ... 650
       2. Unterklasse: Jungermaniidae .. 654
    III. Klasse: Bryopsida (= Musci),
       Laubmoose 655
       1. Unterklasse: Sphagnidae, Torf-
          moose 658
       2. Unterklasse: Andreaeidae 660
       3. Unterklasse: Bryidae 660
   Vorkommen und Lebensweise der
   Moose 661

Zweite Abteilung:
Pteridophyta, Farnpflanzen 666
   I. Klasse: Psilophytopsida, Urfarne . 668
   II. Klasse: Psilotopsida, Gabelblatt-
     gewächse 670
   III. Klasse: Lycopodiopsida, Bärlapp-
     gewächse 671
   IV. Klasse: Equisetopsida, Schachtel-
     halmgewächse 679
   V. Klasse: Pteridopsida (= Filicop-
     sida), Farne 683
    a) Entwicklungsstufe:
       Primofilices 683
    b) Entwicklungsstufe:
       Eusporangiatae 686
    c) Entwicklungsstufe:
       Leptosporangiatae 687
    d) Entwicklungsstufe:
       Hydropterides, Wasserfarne .. 692
Vorkommen und Lebensweise der
Farnpflanzen 695

Dritte Abteilung:
Spermatophyta, Samenpflanzen 699
   a) Entwicklungsstufe:
     Gymnospermae, Nacktsamer 712
   1. Unterabteilung: Coniferophytina,
     Gabel- und Nadelblättrige Nackt-
     samer 712
    I. Klasse: Ginkgoopsida 713
    II. Klasse: Pinopsida 714
      1. Unterklasse: Cordaitidae 714
      2. Unterklasse: Pinidae
        (= Coniferae), Nadelhölzer 715
      3. Unterklasse: Taxidae 721
   2. Unterabteilung: Cycadopytina,
     Fiederblättrige Nacktsamer 722
    I. Klasse: Lyginopteridopsida
       (= Pteridospermae), Samenfarne . 723
    II. Klasse: Cycadopsida 726
    III. Klasse: Bennettitopsida 728
    IV. Klasse: Gnetopsida
       (= Chlamydospermae) 729
   Rückblick auf die Stammesgeschichte der Gymnospermae 730
   b) Entwicklungsstufe und 3. Unter-
     abteilung: **Angiospermae**
     (= Magnoliophytina), Bedecktsamer 731
    I. Klasse: Dicotyledoneae
       (= Magnoliopsida), Zweikeim-
       blättrige Bedecktsamer 761
    a) Entwicklungsstufe:
       Polycarpicae 762
      1. Unterklasse: Magnoliidae 762
      2. Unterklasse: Ranunculidae 765
    b) Entwicklungsstufe: Apetalae
       (= Monochlamydeae) 767
      3. Unterklasse: Caryophyllidae .. 767
      4. Unterklasse: Hamamelididae .. 770
    c) Entwicklungsstufe: Dialypeta-
       lae (= Heterochlamydeae) und
       Sympetalae Pentacyclicae 776

5. Unterklasse: Rosidae 778
6. Unterklasse: Dilleniidae 791
d) Entwicklungsstufe: Sympetalae Tetracyclicae 798
7. Unterklasse: Lamiidae 798
8. Unterklasse: Asteridae (s. str.) (= Synandrae) 807

II. Klasse: Monocotyledoneae (= Liliopsida), Einkeimblättrige Bedecktsamer 810
1. Unterklasse: Alismatidae (= Helobiae) 812
2. Unterklasse: Liliidae 813
3. Unterklasse: Arecidae (= Spadiciflorae) 823
Rückblick auf die Stammesgeschichte der Angiospermae 825
Rückblick auf die Stammesgeschichte des Pflanzenreichs 826

Vierter Teil: Geobotanik 829

Erster Abschnitt: Arealkunde 836
A. Erfassung und Darstellung der Areale .. 836
B. Arealtypen und Geoelemente 836
C. Ausbreitung und Stammesgeschichte ... 840
D. Arealgestalt und heutige Standortfaktoren 841
E. Floristische Gliederung der Biosphäre .. 845

Zweiter Abschnitt: Vegetationskunde 847
A. Populationen und ihre Dynamik 847
B. Struktur der Pflanzengemeinschaften ... 850
C. Entstehung und Veränderung der Pflanzengemeinschaften 856
D. Pflanzengesellschaften und Vegetationssysteme 859

Dritter Abschnitt: Standort und Ökosystem .. 867
A. Klimatische und edaphische Faktoren .. 868
1. Allgemeines zu Klima und Boden .. 868
2. Strahlung 872
3. Temperatur und Wärme 873
4. Wasser 875
5. Chemische Faktoren 878
6. Feuer und mechanische Einflüsse .. 883
B. Biotische Wechselwirkungen 883
C. Leistung und Dynamik der Ökosysteme 886
D. Nutzung und Veränderung durch den Menschen 892

Vierter Abschnitt: Floren- und Vegetationsgeschichte 899
A. Methoden 899
B. Protero- und Paläophytikum 900
C. Mesophytikum 902
D. Älteres Neophytikum: Ober-Kreide ... 902
E. Mittleres Neophytikum: Tertiär 904
F. Jüngstes Neophytikum: Quartär 907

Fünfter Abschnitt: Floren- und Vegetationsgebiete der Erde 914
A. Das Holarktische Florenreich 915
1. Die mitteleuropäische Region (untere Höhenstufen) 915
2. Die Gebirge der mitteleuropäischen Region 921
3. Die circumarktische Region 923
4. Die circumboreale Region 923
5. Die pontisch-südsibirische Region .. 924
6. Die makaronesisch-mediterrane Region 926
B. Die tropischen Florenreiche 927
C. Die südhemisphärischen Florenreiche .. 931
D. Das Ozeanische Florenreich 931

Literaturhinweise 933
Register 957
Umrechnungsfaktoren für einige neue Einheiten 1031
Die neuen SI-Einheiten 1033
Die Zeitalter der Erdgeschichte 1033

Zeittafel

Etwa	300 v. Chr. «Naturgeschichte der Gewächse» Theophrastos Eresios (371–286 v.Chr.)	1849	Mitose bei Pflanzen: Wilhelm Hofmeister (1824–1877)
1530	Ältestes «Kräuterbuch» von Otto Brunfels (1488–1534)	1851	Entdeckung der Homologien im pflanzlichen Generationswechsel: Wilhelm Hofmeister
1539	Kräuterbuch von Hieronymus Bock gen. Tragus (1498–1554)	1855	«Omnis cellula e cellula»: Rudolf Virchow (1821–1902)
1542	Kräuterbuch von Leonhart Fuchs (1501–1566)	1858	Micellar-Theorie: Carl Nägeli (1817–1891)
1590	Erfindung des Mikroskops durch Johannes und Zacharias Janssen	1859	«Origin of species»: Charles Darwin (1809–1882)
1665	Entdeckung des zelligen Aufbaus der Organismen: Robert Hooke (1635–1703)	1860	Wasserkultur: Julius Sachs (1832–1897)
1675	«Anatome plantarum»: Marcello Malpighi (1628–1694)	1860	Widerlegung der Urzeugungslehre: Hermann Hoffmann (1819–1891) und Louis Pasteur (1822–1895)
1682	«The anatomy of plants»: Nehemiah Grew (1628–1711)	1862	Stärke als Photosyntheseprodukt: Julius Sachs
1683	Erste Abbildung der Bakterien: Antonius van Leeuwenhoek (1632–1723)	1865	Julius Sachs: «Handbuch der Experimental-Physiologie der Pflanzen».
1694	«De sexu plantarum epistola»: Entdeckung der pflanzlichen Sexualität: Rudolph Jacob Camerarius (1665–1721)	1866	«Versuche über Pflanzenhybriden», Vererbungsregeln: Gregor Mendel (1822–1884)
1753	«Species plantarum»: Carl Linnaeus (Carl v. Linné, 1707–1778) Seit dem Publikationsdatum 1. Mai 1753 gilt die Prioritätsregel in der taxonomischen Nomenklatur	1866	Biogenetische Regel («Generelle Morphologie»): Ernst Haeckel (1834–1919)
		1867/69	Natur der Flechten: Simon Schwendener (1829–1919)
1779	Entdeckung der Photosynthese: Jan Ingenhousz (1730–1799)	1869	Entdeckung der DNA: Friedrich Miescher (1844–1895)
1790	«Metamorphose der Pflanze»: Johann Wolfgang von Goethe (1749–1832)	1877	Wilhelm Pfeffer (1845–1920): «Osmotische Untersuchungen»
1793	Begründung der Blütenökologie: Christian Konrad Sprengel (1750–1816)	1875	Entdeckung der pflanzlichen Kernteilung: Eduard Strasburger (1844–1912)
1804	«Recherches chimiques sur la végétation» Entdeckung des pflanzlichen Gaswechsels: Nicolas Théodore de Saussure (1767–1845)	1883	Plastiden als autoreduplikative Organelle, mögliche Abkömmlinge intrazellulärer Symbionten: Andreas F.W. Schimper (1856–1901)
1805	Begründung der Pflanzengeographie: Alexander v. Humboldt (1769–1859)	1884	«Physiologische Pflanzenanatomie»: Gottlieb Haberlandt (1854–1945)
1809	«Philosophie zoologique», Abstammungslehre: Jean Baptiste de Lamarck (1744–1829)	1884	«Vergleichende Morphologie und Biologie der Pilze, Mycetozoen und Bacterien»: Anton de Bary (1831–1888)
1822	Entdeckung der Osmose: Henri Joachim Dutrochet (1776–1847)	1884	Entdeckung der Kernverschmelzung bei der Befruchtung der Blütenpflanzen: Eduard Strasburger
1831	Entdeckung des Zellkerns: Robert Brown (1773–1858)	1888	Funktion der Leguminosen-Wurzelknöllchen: H. Hellriegel u. H. Wilfahrt, M.W. Beijerinck, A. Prazmowski
1835	Zellteilung bei Pflanzen: Hugo von Mohl (1805–1872)	1897	Gärung durch zellfreie Hefe-Extrakte: Eduard Buchner (1860–1917)
1838	Begründung der Zellenlehre: Matthias Jacob Schleiden (1804–1881) gemeinsam mit dem Zoologen Theodor Schwann (1810–1882)	1900	Wiederentdeckung der Mendelschen Vererbungsregeln: Erich Tschermak-v. Seysenegg (1871–1962) Carl Correns (1864–1933) Hugo de Vries (1848–1935)
1840	Mineralstoffernährung der Pflanzen, Widerlegung der Humustheorie: Justus von Liebig (1803–1873)	1901	«Die Mutationstheorie»: Hugo de Vries (1848–1935)
1842	Satz von der Erhaltung der Energie: Julius Robert von Mayer (1814–1878)	1909	Plastiden als Träger von Erbfaktoren: Carl Correns (1864–1933) und Erwin Baur (1875–1933)
1846	Einführung des Begriffs «Protoplasma»: Hugo von Mohl		

1913	Aufklärung der Chlorophyllstruktur: Richard Willstätter (1872–1942)	1955	Erster Nachweis eines «self-assembly» (beim TMV): H. Fraenkel-Conrat u. R. Williams
1920	Erste systematische Untersuchungen über Photoperiodismus: W. Garner u. H. A. Allard	1957	Photosynthese-Cyclus: M. Calvin
1925	Bilayer-Modell der Biomembranen: E. Gorter, F. Grendel	1958	Experimentelle Bestätigung der semikonservativen Replikation der DNA: M. Meselson u. F. W. Stahl
1926	Nachweis der Bildung eines Wachstumsfaktors (Gibberellin) durch *Gibberella fujikuroi*: E. Kurosawa	1960	Protoplastenisolierung: E. C. Cocking
		1960/61	Zwei Lichtreaktionen in eukaryotischen phototrophen Organismen: Robert Hill, L. N. M. Duysens, Horst T. Witt, Bessel Kok
1927	Mutationsauslösung durch Röntgenstrahlen: H. J. Muller (1890–1967)	1961	Chemi-osmotische Theorie der ATP-Bildung: Peter D. Mitchell
1928	Entdeckung des Penicillins: A. Fleming (1881–1955)	1961	Universalität des genetischen Codes für die Proteinsynthese nachgewiesen: F. H. C. Crick, L. Barnett, S. Brenner und R. J. Watts-Tobin
1928	Transformation bei Pneumococcen: Fred Griffith		
1928	Eu- und Heterochromatin: Emil Heitz (1892–1965)	1961	Modell zur Regelung der Genaktivität: F. Jacob u. J. Monod
1930	Theorie des Phloemtransports: Ernst Münch (1876–1946)	1961	«Life, its nature, origin and development»: A. I. Oparin (1894–1980)
1931	Photosynthese-O_2 stammt aus dem Wasser: C. van Niel	1961	DNA-Hybridisierung: S. Spiegelman
		1962	Photorespiration: N. E. Tolbert u. Mitarb.
1933	«Über den Verlauf der Oxydationsvorgänge» (Atmungstheorie): H. Wieland (1877–1957)	1963/64	Entdeckung der Abscisinsäure: P. F. Wareing und Mitarb., F. T. Addicott und Mitarb.
1935	«Die Wuchsstofftheorie»: Peter Boysen-Jensen (1883–1959)	1964	Gesetzmäßigkeiten der Kompartimentierung bei Eucyten: Eberhard Schnepf
1935	Kristallisation des Tabakmosaikvirus: W. M. Stanley (1904–1971)	1964/66	Haplontenkulturen: S. Gupta und S. C. Maheswari
1935	Erste Verwendung von Isotopen für Stoffwechseluntersuchungen: R. Schoenheimer und D. Rittenberg	1968	Repetitive Sequenzen im Genbestand der Eukaryoten: R. J. Britten u. D. E. Kohne
		1970	Pro- und Eukaryoten als getrennte Organismenreiche: Roger Yves Stanier
1937	Citronensäure-Cyclus: H. A. Krebs (1900–1982) und Mitarbeiter	1970	Moderne Formulierung der Endosymbionten-Theorie: Lynn Margulis
1937	Photolyse des Wassers mit Hilfe isolierter Chloroplasten: R. Hill	1970	Sequenzstammbäume: Margaret O. Dayhoff
1939–41	Zentrale Rolle des ATP im Energiehaushalt der Zelle: F. Lipmann	1971/72	Signalsequenzen beim Transport von Proteinen durch Membranen: G. Blobel, C. Milstein
1940	Elektronenmikroskop: E. Ruska u. H. Mahl		
1943	Nachweis der genetischen Wirksamkeit der DNA: O. T. Avery, C. McLeod und McCarty	1972	Fluid mosaic model der Biomembran: S. J. Singer und G. L. Nicholson
1950	Springende Gene beim Mais: Barbara McClintock	1974	Restriktionsendonucleasen als Werkzeuge für DNA-Analyse: W. Arber
1952	9+2-Muster der Flagellen: Irene Manton	1976	Patch-clamp-Technik zum Studium der Ionenkanäle in Membranen: Erwin Neher, Bert Sakmann
1952	Nachweis der Transduktion von Erbanlagen bei Bakterien: J. Lederberg		
1952/53	Fixierungs- und Dünnschnittmethoden für die Elektronenmikroskopie: G. E. Palade, K. R. Porter, F. Sjöstrand	1977	DNA-Sequenzierung: Walter Gilbert, Frederick Sanger
		1977	Sonderstellung der Archaebakterien («drittes Urreich»): Carl R. Woese
1952–54	Charakterisierung des Phytochromsystems: H. A. Borthwick, S. B. Hendricks u. Mitarbeiter	1977	Mosaik-Gene, Exons/Introns: S. Hogness, J. L. Mandel, Pierre Chambon
1953	«Erzeugung von Aminosäuren unter den Bedingungen der Urerde»: Stanley Miller	1982	Strukturaufklärung eines bakteriellen photosynthetischen Reaktionszentrums: Johann Deisenhofer, Hartmut Michel, Robert Huber
1953	DNA-Modell: J. D. Watson und F. H. C. Crick		
1954	Photosynthetische Phosphorylierung: D. Arnon und Mitarbeiter	1982	RNA als Enzym: Thomas R. Cech, Sidney Altman
1954	Isolierung von Substanzen mit Cytokininwirkung: F. Skoog, C. O. Miller	1985	Polymerase-Kettenreaktion: Randall K. Saiki u. Mitarb.
1954–66	Entdeckung der C_4-Photosynthese: H. P. Kortschak und Mitarbeiter, Y. S. Karpilov, M. D. Hatch u. C. R. Slack	1988	ca. 50 Freisetzungsexperimente gentechnisch veränderter Mikroorganismen u. Pflanzen in Europa

Einleitung

A. Botanik als Biowissenschaft

Botanik ist die Wissenschaft von den Pflanzen. Die Bezeichnung stammt von Dioskorides aus dem 1. Jahrhundert, der darunter allerdings eine (Heil-) Kräuterkunde verstand. Tatsächlich bedeutet griech. *botáne* Gras, allgemein Futter- oder Nutzpflanze. Die umfassende griechische Bezeichnung für Pflanze ist *phýton*. Es ist deshalb schon mehrfach vorgeschlagen worden, die Biologie der Pflanzen als Phytologie der Zoologie als der Biologie der Tiere gegenüberzustellen.

Als **Pflanzen** werden primär alle jene Organismen zusammengefaßt, deren Zellen neben echten Zellkernen (mit doppelter Kernmembran und mehreren Chromosomen) auch Plastiden enthalten. Plastiden liegen entweder in Form von Chloroplasten vor oder können unter geeigneten Umständen zu solchen werden. Die Chloroplasten sind die Organelle (Zellorgane) der Photosynthese, der Umwandlung von Lichtenergie in chemische Energie und der damit verbundenen Kohlenstoff-Assimilation. Grüne Pflanzen sind phototroph («photo-autotroph»). Im Gegensatz zum Tier und allen übrigen «heterotrophen» (organotrophen) Organismen kommen grüne Pflanzen ohne organische Nahrung aus.

Zum Pflanzenreich werden üblicherweise auch die **Pilze** gestellt, obwohl sie keine Plastiden besitzen. Sie sind heterotroph und ernähren sich entweder von totem organischen Material (saprophytisch) oder von lebenden Organismen (parasitisch). Pilze stehen aber grünen Pflanzen näher als Tieren, z.B. hinsichtlich ihrer meist festgewachsenen Lebensweise und der Art ihrer Nährstoffaufnahme (in gelöster Form).

Im Bereich der Einzeller (**Protisten**) wird die Unterscheidung von Pflanze und Tier problematisch. Bei den Flagellaten gibt es mitunter in derselben Gattung, also bei nächstverwandten Arten, Chloroplasten-haltige und apoplastidische Formen, entsprechend Phyto- und Zooflagellaten (z.B. *Euglena*, Abb. 1). Diese Formen stehen an der gemeinsamen Wurzel von Tier- und Pflanzenreich, hier verlieren sich die Grenzen dieser Organismenreiche. Bei den **Bakterien** weitesten Sinnes (Archaebakterien*, sowie Eubakterien einschl. Cyanobakterien, S. 532, 544) ist eine sinnvolle Zuordnung zum Tier- oder Pflanzenreich überhaupt nicht möglich. Diese Organismen besitzen Zellen, die viel kleiner und grundsätzlich einfacher organisiert sind als die Zellen aller Tiere und Pflanzen, auch der Einzeller unter ihnen. Bakterien besitzen keinen echten Zellkern, es gibt bei ihnen keine Mitose, auch phototrophe Formen besitzen keine Plastiden usw. (S. 122). Man unterscheidet daher die Zellen der Bakterien als Protocyten von den Eucyten aller übrigen Organismen und stellt alle Bakterien als Prokaryoten den Eukaryoten gegenüber (Pflanzen, Pilze, Tiere; alle Protisten mit echtem Zellkern). Zwischen Pro- und Eukaryoten gibt es in der recenten Lebewesenwelt keine Übergänge. Zur Erforschung mikroskopisch kleiner Organismen, und zwar sowohl eu- wie prokaryotischer, hat sich eine eigene Biowissenschaft entwickelt, die Mikrobiologie.

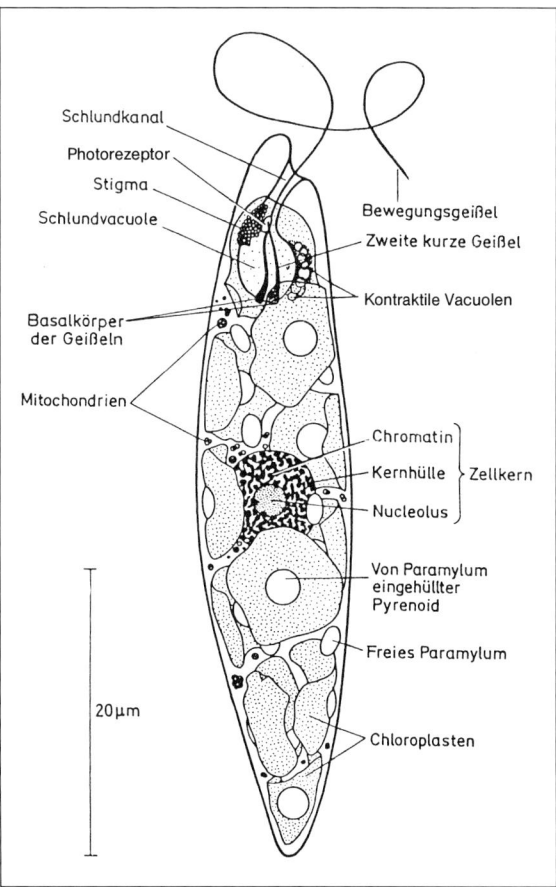

Abb. 1: *Euglena gracilis*, ein eukaryotischer Einzeller mit Chloroplasten, die als Speicherstoff das Stärke-ähnliche Polysaccharid Paramylum bilden. Eine Bewegungsgeißel ragt am Vorderende aus dem Zellschlund heraus. Ihre Bewegungen werden gesteuert von einem Lichtsinnesorgan (rotes Stigma – oft fälschlich als »Augenfleck« bezeichnet – plus Photorezeptor an nicht beweglicher Kurzgeißel). Kontraktile Vacuolen besorgen die Ausscheidung von Wasser. Eine Zellwand ist nicht vorhanden. Euglenen können nicht nur schwimmen, sondern auch unter drastischen Formveränderungen kriechen. (2500 : 1, nach G.F. Leedale)

---

* Dieser Terminus ist sprachlich unkorrekt, es sollte Archaeobakterien, allenfalls Archebakterien heißen. In der wissenschaftlichen Literatur wird jedoch ausschließlich die unrichtige Form verwendet.

In ihren Bereich fallen auch die Viren, subzelluläre Systeme, die an der Grenze zwischen Belebt und Unbelebt stehen.

Trotz aller Unterschiede zwischen Proto- und Eucyten gibt es zwischen diesen beiden Zelltypen, und noch viel ausgeprägter zwischen unterschiedlich gestalteten und funktionierenden Zellen höherer Tiere und Pflanzen, viele grundsätzliche Gemeinsamkeiten. Überall werden ähnliche Molekülsorten gefunden, und viele Basisfunktionen lebender Systeme sind bei allen Organismen gleich. Darin drückt sich eine grundlegende Einheitlichkeit aller Lebewesen aus, die offensichtlich auf einem gemeinsamen evolutiven Ursprung beruht. Alle heute lebenden Organismenarten haben sich, so kann angenommen werden, aus einer einzigen stammesgeschichtlichen Wurzel entwickelt: monophyletischer Ursprung des irdischen Lebens. Die Erforschung der Lebensvorgänge und ihrer strukturellen Grundlagen auf zellulärer und molekularer Ebene wird von Zell- und Molekularbiologie betrieben.

B. Was ist Leben?

Obwohl (oder weil) wir selbst leben und daher auch ohne Reflexion Zugang zu dieser Grundfrage der Biologie haben, hat sie sich als besonders schwierig erwiesen. Zwar gibt es eine Reihe von Eigenschaften, die jedes lebende System wenigstens unter bestimmten Umständen besitzt oder zeigt. Doch ermöglicht letztlich nur die Summe dieser Merkmale eine Abgrenzung von leblosen Systemen oder Gebilden. Die klassischen Lebensmerkmale sind:

Stoffliche Zusammensetzung: In der Trockenmasse aller Lebewesen dominieren Proteine, Nucleinsäuren, Polysaccharide und Lipide. Dazu kommt eine große, heterogene Schar weiterer organischer Moleküle und Ionen. Organische Moleküle, insbesondere Makromoleküle, werden in der Natur praktisch ausschließlich von Lebewesen synthetisiert (Biosynthese).

Bewegung: Jeder aktiv lebende Organismus und jede einzelne Zelle lassen Bewegungen erkennen (Motilität). Allerdings können viele Zellen/Organismen in Ruhephasen eintreten und dabei z.B. Cysten, Sporen, Samen bilden. Während solcher Stadien latenten (verborgenen) Lebens sind nicht nur keine Bewegungen sichtbar, sondern auch alle übrigen Lebensäußerungen vorübergehend stillgelegt.

Reizaufnahme und -beantwortung: Alle Organismen und Zellen sind zur Erhaltung des Lebenszustandes darauf angewiesen, Umweltsignale mit Rezeptoren zu empfangen (Perzeption) und in geeignete Reaktionen umzusetzen. Die Vielfalt entsprechender Mechanismen ist außerordentlich groß.

Ernährung: Lebewesen sind in energetischer und entropischer Hinsicht sehr unwahrscheinliche Gebilde. Sie bestehen aus energiereichen, instabilen Molekülen; ihre hohe strukturelle und funktionelle Ordnung entspricht einem niedrigen Entropie-Niveau (vgl. S. 243). Die Aufrechterhaltung dieses labilen Zustandes ist nur unter Zufuhr von Energie möglich. Lebende Systeme sind daher grundsätzlich offene Systeme, d.h. sie nehmen energiereiche Photonen bzw. Stoffe auf und geben energiearme Stoffe ab (z.B. CO_2, H_2O. Analogie: Kerzenflamme). Mit diesem Stoffwechsel ist untrennbar ein Energieaustausch verbunden.

Wachstum und Entwicklung: Lebewesen sind unfähig, eine einmal erreichte Struktur auf Dauer beizubehalten. Kein Organismus sieht in allen Lebensphasen gleich aus. Eine durch Teilung neu entstandene Zelle wächst zur Größe der Mutterzelle heran. Vielzellige Organismen beginnen ihre Individualentwicklung in den meisten Fällen mit einer einzigen Zelle (befruchtete Eizelle = Zygote; Spore). Sie wachsen unter Zellvermehrung zu ihrer Endgröße heran. Dabei verändert sich – im Gegensatz zu wachsenden Kristallen – auch ihre Gestalt. Die Entwicklung zum geschlechtsreifen Vielzeller ist mit morphogenetischen Vorgängen verbunden, auf dem Niveau der Zelle mit einem Ungleichwerden der zunächst ähnlichen Zellen des Keimes (Differenzierung).

Fortpflanzung: Die Generationenfolge besteht aus zeitlich aneinandergereihten Lebens- oder Fortpflanzungscyclen. Dadurch wird das Leben einer Sippe fortgesetzt trotz der Unmöglichkeit, einen bestimmten Entwicklungszustand dauerhaft beizubehalten, und trotz des bei allen Vielzellern unvermeidlichen individuellen Todes. Dieser gehört als letzte Station zur Individualentwicklung. Als «physiologischer» Tod erfolgt er, im Gegensatz zum «Katastrophentod», aus inneren Ursachen und entspricht damit der Realisierung eines genetisch fixierten Selbstvernichtungsprogramms.

Umgekehrt können Organismen nur als Nachkommen sippengleicher Vorfahren entstehen. Eine «Urzeugung» (Entstehung lebender Systeme aus unbelebter Materie) ist zumindest auf der heutigen Erde nicht vorstellbar und auch nie nachgewiesen worden: *omne vivum e vivo*. Diese heute selbstverständliche Einsicht ist jungen Datums. Bis zu den bahnbrechenden Untersuchungen von Louis Pasteur und Hermann Hoffmann um 1860 wurde z.B. allgemein angenommen, daß Mikroorganismen in gärenden und faulenden Flüssigkeiten von selbst entstünden (was eine Sterilhaltung natürlich ausschließen würde).

Vermehrung: Fortpflanzung ist normalerweise mit Vermehrung verbunden. Nur so ist der Fortbestand einer Sippe trotz wechselnder Verluste durch äußere Einflüsse einigermaßen gesichert. Besonders bei kleinen Organismen sind die Vermehrungsraten oft gewaltig. Bakterienzellen teilen sich unter Optimalbedingungen alle 20 Minuten. Das bedeutet, daß bei ungehemmter Vermehrung einer solchen winzigen Zelle und aller ihrer Nachkommen schon in knapp 2 Tagen eine Zellmasse vom Volumen der Erde erreicht würde. Bei größeren Organismen sind die Vermehrungsraten meistens viel geringer, dafür ist das individuelle Leben durch Schutzvorrichtungen verschiedenster Art besser gesichert.

Vererbung: Die Individualentwicklung verläuft in aufeinanderfolgenden Generationen einer Fortpflanzungsreihe im wesentlichen gleich. Darin drücken sich Vervielfältigung und Weitergabe einer genetischen Information aus. Diese enthält das Programm für den sippengemäßen Ablauf der Individualentwicklung. Die genetische Information aller zellulären Organismen – Pro- und Eukaryoten – ist in der Basen- bzw. Nucleotidsequenz von **D**esoxyribo**n**ucleinsäure-Molekülen gespeichert (DNS, international DNA; engl. *acid* = Säure). Es handelt sich dabei um doppelsträngige, lineare oder circuläre Makromoleküle (S. 44). Bei Viren kann die genetische Information auch über einzelsträngige DNA-Moleküle, sowie über **R**ibo**n**ucleinsäuren (RNS = RNA, einzel- oder doppelsträngig) weitergegeben werden.

Evolution: Kopieren (Replikation) und Weitergabe der genetischen Information erfolgen mit hoher Präzision. Mit einer bei längeren Generationenfolgen nicht zu vernachlässigenden Frequenz kommt es aber doch zu Veränderungen, die vererbt werden (Mutationen). Auf lange Sicht treten daher in den Populationen erbliche Differenzen auf, die unterschiedliche Fortpflanzungschancen haben können. Nach der 1859 von Charles Darwin und unabhängig von Russel Wallace begründeten Selektionstheorie häufen sich nach und nach Formen mit erhöhten Fortpflanzungschancen an, und es kommt zu Änderungen im Erscheinungsbild und den Lebensgewohnheiten der Vertreter einer Sippe bzw. Art, schließlich zur Etablierung neuer Arten: Evolution, stammesgeschichtliche Entwicklung (Phylogenie).

Als übergeordnetes Lebenskriterium erscheint bei allen Organismen ihre **Fortpflanzungsfähigkeit**. Alle übrigen Charakteristika sind entweder Voraussetzung oder Folge dieser einen zentralen Eigenschaft. Bei allen Organismen enthält die genetische Information den Entwicklungsplan für eine sehr komplexe molekulare Maschinerie, deren Hauptfunktion ihre eigene Reproduktion ist. Leben ist (mindestens auf der heutigen Erde) nur als Kontinuum nachweisbar und vorstellbar. Diese Erfahrung wird durch die Irreversibilität des individuellen Todes und das Aussterben von Arten unterstrichen. In der unbelebten Natur gibt es nichts wirklich Vergleichbares.

C. Ursprung des Lebens

Die heutige (recente) Lebewesenwelt ist das Ergebnis einer unvorstellbar langen Evolution. Aus der natürlichen Radioaktivität und der Zusammensetzung ältester Gesteinsformationen läßt sich das Alter der Erde zu 4,55 Milliarden Jahren berechnen. Die Untersuchung von organismischen Überresten (Fossilien: Paläontologie) in verschieden alten Sedimenten zeigt, daß in früheren erdgeschichtlichen Epochen andersartige Pflanzen und Tiere lebten als heute. Die phyletische Kontinuität äußert sich darin, daß die Floren und Faunen vergangener Epochen der recenten Organismenwelt um so unähnlicher sind, je weiter sie zeitlich zurückliegen. Größere vielzellige Organismen sind erst gegen Ende des Präcambriums (vor ca. 570 Millionen Jahren) nachweisbar. Bis dahin dominierten Einzeller, und unter diesen zunächst Prokaryoten (S. 120). Ab wann es Leben auf der Erde gab, läßt sich nicht sicher ermitteln. Die ältesten Lebensformen, die hypothetischen, sehr wahrscheinlich einzelligen Progenoten, waren vermutlich mikroskopisch klein; es ist kaum zu erwarten, daß sie über Jahrmilliarden hinweg konserviert worden sind (vgl. dazu aber S. 898). Doch gibt es indirekte Hinweise auf ausgedehnte Kolonien von Cyanobakterien schon aus dem Archaicum (vor > 3 Milliarden Jahren). Entsprechend alte Sedimente in Australien und Südafrika enthalten geschichtete, bis über Dezimeter-große Stromatolithen, d.s. charakteristische biogene Sedimente, wie sie auch heute noch in warmen Gewässern von dichten Rasen phototropher Cyanobakterien gebildet werden.

Wie kann Leben entstanden sein? Voraussetzung für die Bildung einfachster selbstreproduzierender Systeme war das Vorhandensein organischer (Makro-) Moleküle. Im Gegensatz zu heute konnten auf der noch heißen Urerde organische Verbindungen abiogen entstehen. Die Uratmosphäre enthielt neben Wasserdampf Methan, Ammoniak, Kohlendioxid und Schwefelwasserstoff, aber praktisch keinen freien Sauerstoff. Sie war reduzierend, und es gab keinen Ozonschild, der die energiereiche kurzwellige UV-Strahlung der Sonne ausgefiltert hätte. Werden solche Bedingungen im Labor simuliert, bilden sich viele der heute für Lebewesen charakteristischen Moleküle spontan (S. L. Miller 1953). Solche Moleküle dürften sich in den Urozeanen angereichert haben («Ursuppe»), da organotrophe Lebewesen, die diese Moleküle als Nahrung verbraucht hätten, noch nicht vorhanden waren.

Schon die denkbar einfachsten Zellen, wie sie recent etwa bei saprophytischen Mycoplasmen vorkommen (S. 5), sind so komplex, daß ihre Entstehung aus einem chaotischen Gemisch molekularer Zellbausteine durch ein einziges Zufallsereignis äußerst unwahrscheinlich ist. Doch läßt sich die Entstehung einfachster Selbstvermehrungs-Systeme wenigstens spekulativ als Abfolge hypothetischer Zwischenstufen plausibel machen: Vielschritt-Hypothese (M. Eigen). Wenn die erforderlichen Einzelschritte dieser präbiotischen Evolution genügend klein waren, wird die Wahrscheinlichkeit ihres Eintretens in sehr langen Zeiträumen hinreichend groß. Experimentell läßt sich zeigen, daß RNA- und DNA-artige Polynucleotide unter geeigneten Bedingungen ebenso abiotisch entstehen können wie Protein-ähnliche Polypeptide. Viele solche Moleküle weisen enzymatische Aktivitäten auf, d.h. sie wirken wie Biokatalysatoren. Besonders RNA-Moleküle können dabei bestimmte Veränderungen an sich selbst katalysieren und zusammen mit Schwermetallionen sogar ihre eigene «Vermehrung» steuern – wenn auch nur in sehr unvollkommener Weise. Viele dieser Moleküle neigen außerdem zur Aggregation, so daß sie selbsttätig übermolekulare Strukturen zu bilden vermögen. Der entscheidende Schritt zum eigentlichen Leben war getan, als durch die Beteiligung von Protein-Katalysatoren die Replikation von Nucleinsäuren in effektiver und präziser Weise möglich wurde, und die

Synthese dieser Enzymproteine gemäß einer in den Nucleinsäuren verschlüsselten Information erfolgte. Durch diesen doppelten Fortschritt, der vermutlich wieder aus vielen kleinen Einzelschritten resultierte (Abb. 2), war der für alles Leben in seiner heutigen Form essentielle Bezug zwischen Proteinen und Nucleinsäuren hergestellt. Es gab jetzt einen genetischen Code zur Übersetzung der Nucleotidsequenzen von Nucleinsäuren in Polypeptidsequenzen von Proteinen, die Trennung von Gen (Erbfaktor) und Phän (äußerlich sichtbares Merkmal) war vollzogen.

Solange die abiotische Bildung organischer Moleküle andauerte, konnten Progenoten und höher entwickelte Prokaryoten organotroph leben. Doch traten mit zunehmender Ausbeutung, schließlich Erschöpfung dieser Nahrungsquelle auch phototrophe Formen auf, darunter solche, die bei ihrer Photosynthese Wasser spalteten und Sauerstoff freisetzten. Dadurch verwandelte sich die reduzierende Atmosphäre nach und nach in eine oxidierende, was wiederum eine wesentlich effektivere Energiegewinnung aus organischen Stoffen ermöglichte (Zellatmung, S. 292). Zugleich entstand in der Stratosphäre ein Ozonschild, so daß die Besiedlung von Festland möglich wurde, die bis dahin wegen der massiven UV-Einstrahlung ausgeschlossen war.

Fossilfunde aus der langen präcambrischen Evolution sind verständlicherweise selten und entsprechend lükkenhaft. Doch lassen sich mit Hilfe von Sequenzvergleichen bei Proteinen und Nucleinsäuren recenter Organismen Verwandtschaftsgrade ermitteln und phyletische Abläufe rekonstruieren. Je unterschiedlicher die Sequenzen homologer Proteine, RNAs bzw. DNAs sind, desto früher müssen die letzten *gemeinsamen* Vorfahren der Trägerorganismen gelebt haben. Evolutive Veränderungen liefen bei verschiedenen Sequenzen unterschiedlich schnell ab. Für die Rekonstruktion der frühen Phylogenese müssen solche Sequenzen gewählt werden, die sich nur sehr langsam ändern.

Aus dem Vergleich solcher hochkonservierter Sequenzen läßt sich erschließen, daß die Trennung von Archaebakterien und Eubakterien schon im frühen Präcambrium erfolgte, d.h. mehr als 3 Milliarden Jahre zurück. Damals entstanden auch erste Vorläufer der Eukaryoten, die aber noch keine Mitochondrien und Plastiden enthielten und als Urkaryoten bezeichnet werden. Plastiden und Mitochondrien, die Organelle der Photosynthese und der Zellatmung, besitzen eigene genetische Information und synthetisieren einen Teil ihrer Proteine selbst. Sie können nur aus ihresgleichen hervorgehen, nehmen also im Verband des Eucyten eine (semi-)autonome Stellung ein. Da sie außerdem zahlreiche Prokaryoten-Merkmale aufweisen, nimmt man an, daß es sich bei ihnen um Abkömmlinge ehemals freilebender Eubakterien bzw. Cyanobakterien handelt, die vor mehr als einer Jahrmilliarde als intrazelluläre Symbionten von Urkaryoten aufgenommen wurden und sich nach und nach zu den Zellorganellen entwickelten, die sie heute sind (Endosymbionten-Theorie, S. 125).

D. Grenzen des Lebens

Die Frage nach den Grenzen des Lebens hat doppelten Sinn: Einmal als Frage nach den **Verbreitungsgrenzen** von Lebewesen, zum anderen als Frage nach den kleinsten bzw. größten Lebewesen. Zum ersten Aspekt kann gesagt werden, daß trotz phänomenaler Anpassungsleistungen die allgemeinen Lebenserfordernisse doch recht enge Randbedingungen setzen. Sie werden vor allem durch Maxima und Minima von Temperatur, Wassergehalt und Licht bestimmt. Das Optimum liegt für die meisten Organismen bei mittleren Temperaturen (10–40° C) und hohem Wassergehalt. Besonders kalte und trockene Gebiete sind spärlich oder gar nicht von Lebewesen besiedelt. Temperaturen bis über 100° C, die auf der Erde nur an wenigen Stellen herrschen (heiße Quellen, Vulkane) können dagegen von thermophilen Organismen besiedelt werden. Manche Archaebakterien haben Temperaturoptima (!) um 100° C – möglicherweise ein Anpassungsrelikt aus den Urzeiten der Erde. Da als Produzenten von organischem Material (Biomasse) im wesentlichen nur phototrophe Organismen in Betracht kommen, ist Leben überwiegend auf die gut belichteten Bereiche der Erdoberfläche und Ozeane beschränkt. Die Erde ist von einer vergleichsweise sehr dünnen Biosphäre überzogen. Volumensmäßig erreicht diese nicht einmal das Hundertstel eines Prozents des Erdvolumens.

Die größten Lebewesen finden sich fossil und recent bei den Wirbeltieren (Dinosaurier; Bartenwale), aber auch – und zwar in viel größerer Arten- und Indi-

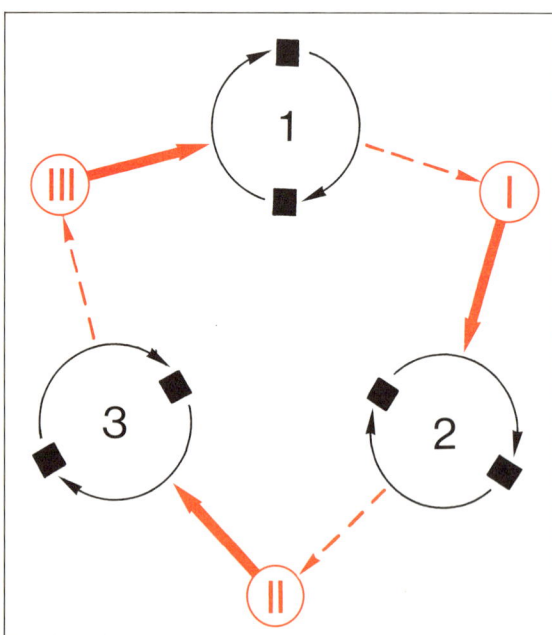

Abb. 2: Im Hypercyclus sind selbstvermehrungsfähige Nucleinsäuren (»Gene«: Reproduktionscyclen 1–3) durch Enzyme (farbig, I–III) funktionell miteinander verknüpft. Diese Enzyme sind einerseits Genprodukte, katalysieren andererseits die Replikation der Nucleinsäuren

viduenzahl – bei den Nadel- und Laubbäumen. Die Riesen unter den Bäumen (Mammutbäume = Sequoien; bestimmte Eukalypten) sind zugleich die schwersten Lebewesen. (Die Riesenwale wiegen trotz ihrer gewaltigen Masse in ihrem Lebensraum nur wenig, da ihr Gewicht durch den Auftrieb weitgehend kompensiert wird.)

Für die theoretische Biologie ist die Frage wesentlicher, wie klein Lebewesen sein können: Wo liegt die untere Komplexitätsgrenze selbstreproduzierender Biosysteme? Die kleinsten Zellen sind prokaryotisch organisiert. Sie finden sich bei den Mycoplasmen (S. 520). Der Durchmesser dieser wandlosen Protocyten liegt bei 0,3 μm, ihre DNA kann nur für etwa 700 verschiedene Proteine codieren. Das entspricht offenbar dem Minimum dessen, was für die Vermehrung der DNA, die Realisierung der in ihr gespeicherten genetischen Information, die Aufrechterhaltung eines heterotrophen Stoff- und Energiewechsels und einer einfachen Zellstruktur unabdingbar ist. Zum Vergleich: Die Zellen typischer Eubakterien haben Durchmesser um 2 μm und enthalten über 3000 verschiedene Proteine; der Durchmesser der meisten Eucyten liegt zwischen 10 und 100 μm, sie können bis über 30 000 verschiedene Proteine bilden.

Viren sind meistens um vieles kleiner als *Mycoplasma*-Zellen, vor allem auch viel einfacher organisiert. Ein Virion (Viruspartikel) repräsentiert keine Zelle. Während z. B. auch die einfachste Zelle sowohl DNA (als Informationsspeicher) als auch RNA (zur Realisierung der genetischen Information) enthält, birgt ein Virion nur entweder DNA oder RNA. Die Nucleinsäure ist oft nur mit Molekülen einer einzigen Proteinsorte assoziiert, wie beim Tabakmosaik-Virus (TMV, Abb. 3); oder sie ist von einer Proteinhülle (Capsid) umgeben, die aus einem einzigen Protein oder wenigen verschiedenen Proteinen besteht. Das so gebildete Nucleocapsid weist häufig kristalline Symmetrie auf und kann sich durch spezifische Aggregation der Proteineinheiten (Capsomeren) und der Nucleinsäure selbsttätig bilden. Viren bzw. Phagen – Viren, die Protocyten befallen – erfüllen die Lebenskriterien (S. 2) nur teilweise. Sie verfügen über keinen Stoff- und Energiewechsel, haben keine eigene Replikationsfähigkeit und Proteinsynthese und vermögen sich daher nicht selbsttätig fortzupflanzen. Sie können nur unter Ausnutzung des Stoff- und Energiewechsels lebender Zellen vermehrt werden, sind also obligate intrazelluläre Parasiten («geborgtes Leben»). Die außerhalb lebender Zellen als Verbreitungsformen auftretenden Virionen stellen leblose organische Systeme dar, die auch als «vagabundierende Gene» bezeichnet wurden.

Die einfachste Organisationsstufe wird mit den **Viroiden** erreicht, infektiösen Nucleinsäuren (RNA) ohne Begleitproteine. Die sehr kurzen ringförmigen RNA-Moleküle codieren nicht für ein Protein. Viroide sind als z. T. gefährliche Parasiten von Pflanzen bekannt geworden (z. B. Cadang-Cadang-Epidemie der Cocospalme).

Trotz ihrer besonders einfachen Organisation können Viren und Viroide nicht als Urformen des Lebens auf-

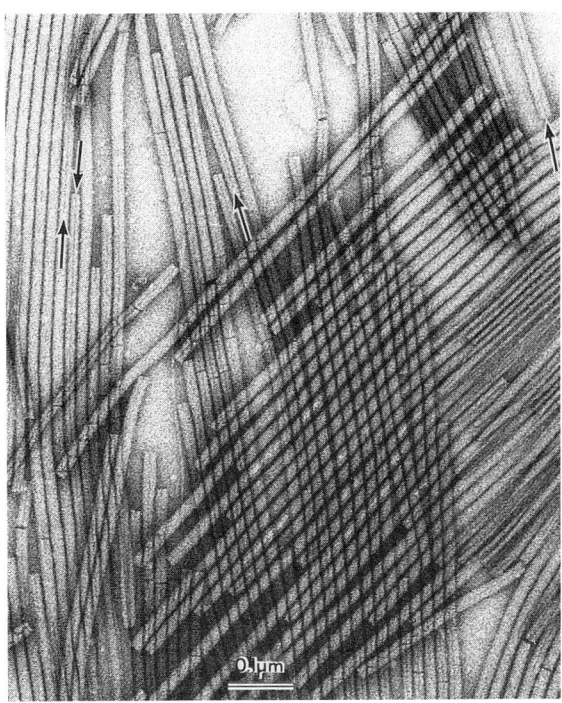

Abb. 3: Partikel des Tabak-Mosaik-Virus (TMV) erweisen sich im Elektronenmikroskop (EM) als stabförmig. Aus der Röntgenstrahl-Beugung an TMV-Kristallen ergibt sich, daß das einzelne Virion ein langes, schraubenförmiges RNA-Molekül enthält, an dem etwa 2130 Protein-Protomeren mit je 158 Aminosäureresten aufgereiht sind. Der von der RNA-Schraube gebildete zentrale Hohlraum, der das Virion längs durchzieht, ist stellenweise deutlich sichtbar (Pfeile). Zum Maßstab: 0,1 μm entspricht 1/10000 mm, die Vergrößerung dieses Bildes ist 90 000 : 1. (Negativkontrast-Präparat und EM Aufnahme: W.W. Franke)

gefaßt werden, da ihre Vermehrung die Existenz lebender Zellen voraussetzt. Eher handelt es sich um genetische Elemente, die sich aus ihren Trägerzellen teilweise verselbständigen konnten. Tatsächlich gibt es in vielen (allen?) Eu- und Protocyten Segmente genetischer Information, die entweder unabhängig von den gentragenden Strukturen (Chromosomen, Genophoren) vererbt werden oder sich aus diesen zumindest zeitweise ausgliedern können. In diese heterogene Gruppe gehören einerseits die Plasmide vieler Bakterien und mancher Eukaryoten (S. 491), andererseits die sog. Insertionssequenzen und Transposonen («springende Gene», S. 58).

E. Biologie als Naturwissenschaft

Die belebte Natur beeindruckt vor allem durch die ungeheure Mannigfaltigkeit der Lebewesen. Erfassung, Beschreibung und systematische Einordnung aller recenten und ausgestorbenen Organismenarten ist eine gewaltige, noch immer nicht voll geleistete Aufgabe der Biologie. Doch erschöpft sich die Biologie nicht im Konstatieren des Vorhandenen; vielmehr versucht man, die dieser Vielfalt zugrunde liegenden Gesetzmäßigkeiten aufzudecken. Neben Beobachtung und Vergleich tritt dabei das Experiment, die Beobachtung von Abläufen unter künstlich festgelegten bzw. variierten Bedingungen. Experimentelle und Beobachtungsdaten liefern allerdings nur das Rohmaterial zur Hypothesen- und Theorienbildung, d.h. zur Aufklärung von kausalen Zusammenhängen. (H. Poincaré: «Eine Anhäufung von Tatsachen ist ebensowenig eine Wissenschaft wie ein Haufen Steine schon ein Haus ist.») Durch das Auffinden von Korrelationen (gesetzmäßigen Zusammenhängen) und Regelmäßigkeiten, sowie durch ihre schließliche Formulierung als **Naturgesetze** können beliebig viele einschlägige Beobachtungsdaten in kurzer, übersichtlicher Form zusammengefaßt und geistig verarbeitet werden. Ohne diese Abstraktion wäre eine intellektuelle Durchdringung der realen Welt mit ihrer grundsätzlich unerfaßbaren Struktur- und Ereignisfülle ausgeschlossen. Nur die Entdeckung von Naturgesetzen eröffnet ein Verständnis natürlicher Zustände und Vorgänge (ihre kausale «Erklärung»), weiterhin die Vorhersage von Ereignissen und schließlich die sinnvolle Anwendung wissenschaftlicher Ergebnisse. Auf diese Aspekte gründet sich die enorme Bedeutung der Naturwissenschaften in der Neuzeit.

Die Summe bekanntgewordener Naturgesetze (nicht der Einzeldaten!) und ihrer Interpretationen macht das **naturwissenschaftliche Weltbild** aus – ein vereinfachtes Spiegelbild der Natur in Begriffen, Symbolen und Vorstellungen. Es bezieht sich auf reale Dinge, Strukturen und Zusammenhänge, und es ist auf die rationale Erfassung von Gesetzmäßigkeiten ausgerichtet. Dieses Weltbild ist der höchste Ausdruck unserer Naturerkenntnis. Es erlaubt geistige Operationen («Gedankenexperimente»), die in der realen Welt u.U. aufwendig, gefährlich oder überhaupt undurchführbar wären. Das naturwissenschaftliche Weltbild ist – im Gegensatz zu religiösen, künstlerischen und manchen philosophischen Weltbildern – offen (dynamisch), d.h. mit dem Fortschreiten der Forschung und neuen Interpretationen jederzeit erweiterungs- und änderungsfähig. Es besitzt daher notwendig einen vorläufigen und fragmentarischen Charakter, nie kann es als endgültig bezeichnet werden. (Es ist dennoch zugleich das beste, worüber die Menschheit in diesem Bereich verfügen kann.) Der fragmentarische Charakter des naturwissenschaftlichen Weltbildes hängt nicht nur mit den selbstgewählten, wenn auch nicht immer bewußten und beachteten Grenzen naturwissenschaftlicher Zielsetzung zusammen (es fehlen z.B. ästhetische, ethische und transcendentale Dimensionen), sondern auch mit methodischen Limitierungen und vor allem mit der Art der Erkenntnissuche. Diese kann in der Grundlagenforschung – sie ist auf Welterkenntnis, nicht auf Weltveränderung und -beherrschung ausgerichtet – nicht direkt sein, da das Ziel, das schließliche Ergebnis, zunächst ja unbekannt ist. Bei der indirekten Zielsuche werden überprüfbare Erklärungsversuche in Form von Hypothesen gemacht (griech. *hypóthesis* = Unterstellung). Eine Hypothese, allgemein ein wissenschaftliches Konzept kann durch noch so viele damit harmonisierende Daten nicht vollgültig bewiesen werden – dazu ist der Anteil überprüfbarer Fälle an der unbegrenzt großen Zahl vorstellbarer zu gering. Dagegen kann eine allgemeine Aussage («Allsatz») durch ein einziges, ihr eindeutig widersprechendes Ergebnis widerlegt werden (Asymmetrie von Verifizierung und Falsifizierung: K.R. Popper). Die Behauptung «Alle Rosen blühen rot» kann auch durch tausend rote Rosen nicht bewiesen, aber durch eine einzige gelbe oder weiße widerlegt werden.

Korrelationen drücken gesetzmäßige Beziehungen auf phänomenologischer Ebene aus (z.B. Zigarettenrauchen/Lungenkrebs; Häufigkeit von Störchen/Geburtenrate). Korrelationen *können* einen Kausalzusammenhang bedeuten, müssen es aber nicht. Wenn etwa zwei Größen B und C korreliert sind, kann B die Ursache von C oder umgekehrt sein; B und C können aber auch eine dritte, bisher nicht beachtete Größe A als gemeinsame Ursache haben – dann sind sie zwar korreliert, stehen aber in keinem Kausalzusammenhang. Während also fehlende Korrelation das Fehlen eines Ursachenzusammenhanges anzeigt, ist selbst eine gesicherte Korrelation noch kein Beweis für einen solchen, d.h. sie kann nicht als Verifizierung einer entsprechenden Vermutung gelten.

Wegen der Asymmetrie von Verifizierung (kaum möglich) und Falsifizierung (u.U. leicht möglich) werden Erkenntnisfortschritte nicht direkt (topisch), sondern indirekt (phobisch) durch Widerlegung unzutreffender Hypothesen erreicht (Methode von Versuch und Irrtumsausschluß, engl. *trial and error*. Analogie: Ostereiersuche). Das Ziel, die zutreffende Erkenntnis und erklärende Einsicht, kann nur durch Ent-täuschung und auf Umwegen erreicht werden (griech. *méthodos* bedeutet nicht nur gründliche Untersuchung, sondern auch Umweg).

Mit jedem mißlungenen Falsifizierungsversuch erhöht sich nun allerdings die Wahrscheinlichkeit, daß eine Hypothese zutrifft. Besonders wenn sich eine Hypothese auf unabhängig von ihr gemachte Erfahrungen aus anderen Bereichen erfolgreich anwenden läßt, wächst ihre Glaubwürdigkeit. Umfassende Hypothesen, die trotz vieler Versuche nicht falsifiziert werden konnten, gelten als **Theorien**. Theorien sind die Elemente des naturwissenschaftlichen Weltbildes. Aus einer Theorie – z.B. aus der Descendenz- oder Evolutionstheorie in der Biologie – läßt sich eine Fülle von Erfahrungen erklären, und sie erlaubt die Formulierung zahlreicher überprüfbarer Postulate. In wissenschaftstheoretischer Hinsicht stellt eine Theorie eine disziplinäre Matrix («Paradigma») dar, die den intellektuellen Rahmen für die weitere experimentelle Arbeit in dem betreffenden Bereich abgibt. Da gezielte Beobachtungen und sinnvolle Experimente nur auf der Grundlage von Hypothesen bzw. Theorien gemacht werden können, ist der größte Teil der Forschung überraschenderweise gar nicht induktiv, sondern deduktiv, er ist nicht primär auf zufällige Entdeckung von Unerwartetem und Neuem ausgerichtet, sondern dient der Ausfüllung eines vorgegebenen Paradigmas. Freilich können auch als «gesichert» geltende, allgemein anerkannte Theorien u.U. noch falsifiziert werden. Es muß dann eine neue Theorie gesucht werden, die umfassender ist als ihre Vorgängerin und nach Möglichkeit wieder alle einschlägigen Fakten widerspruchsfrei zu erklären gestattet. Solche «wissenschaftliche Revolutionen» (T.S. Kuhn) gelingen jedoch nur dann, wenn die neue Theorie auch erklären kann, warum ihre Vorgängerin so vieles gut erklären konnte. Häufig zeigt sich, daß die ältere Theorie nur innerhalb bestimmter, zunächst nicht beachteter Grenzen gilt und in diesen Grenzen auch weiterhin gültig bleibt. (Der Leser möge unter diesem Aspekt z.B. den Angriff der sog. Creationisten auf die Evolutionstheorie selbst beurteilen.)

Das hier Dargestellte ist Teil der **Epistemologie** (Lehre von den Möglichkeiten und Grenzen menschlichen Erkennens; griech. *epistéme* = Kenntnis), der nicht nur in den theoretischen Naturwissenschaften, sondern auch in der Philosophie eine zentrale Stellung zukommt (z.B. bei Kant). Dabei blieb es lange Zeit ein Rätsel, warum es eine von Erfahrung unabhängige Logik, weiterhin Mathematik usw. gibt, die auf die reale Natur dennoch überall angewendet werden kann. (A. Einstein: «Das Unbegreiflichste an der Welt ist ihre Begreifbarkeit.») Dieses Rätsel ist durch die aus der Biologie kommende Evolutionäre Erkenntnistheorie grundsätzlich gelöst worden (K. Lorenz u.a.). Sie nimmt an, daß auch die von individueller Erfahrung unabhängigen *(«a priori»)* Aussagen der Logik, Mathematik usw. letztlich doch auf Erfahrungen beruhen, die allerdings schon während der Hominiden-Evolution in vielen Generationen gesammelt und bei fortwährender Bestätigung schließlich genetisch fixiert wurden, weil das einen gewaltigen Selektionsvorteil brachte.

F. Sonderstellung der Biologie

Im Kapitel B wurde gezeigt, daß und wodurch sich Lebewesen grundlegend von Unbelebtem unterscheiden. Mit der Sonderstellung der Lebewesen in der Natur ist eine entsprechende Sonderstellung der Biologie in den Naturwissenschaften gegeben. Immer wieder ist die Frage aufgeworfen worden, ob lebende Systeme anderen Gesetzmäßigkeiten unterliegen als die abiotische Natur, und oft sind besondere Lebenskräfte postuliert worden (Vitalismus). Bis heute ist allerdings kein Fall bekannt geworden, wo physikalische und chemische Gesetzmäßigkeiten bei Lebewesen etwa außer Kraft gesetzt wären. Anderseits bringt es aber die ganz außergewöhnliche materielle Komplexität und der Systemcharakter der Organismen mit sich, daß in der Biologie Gesetzmäßigkeiten offenbar werden, die sonst nicht beobachtet werden können. Man spricht von **emergenten** Eigenschaften. Eine wichtige Konsequenz der Komplexität lebender Systeme ist, daß der Stoff der Biologie in logischer Hinsicht bzw. mit mathematischen Methoden nicht ähnlich gut durchdrungen werden kann wie die Gegenstände von Physik und Chemie. Die Biologie ist ihrer Anlage nach zwar eine exakte, nomothetische (auf das Erkennen von Gesetzmäßigkeiten ausgerichtete) Naturwissenschaft, doch spielen in ihr phänomenologische Betrachtungen, Beschreibungen und Vergleiche eine wesentlich größere Rolle als etwa in der Physik. Eine komplette Zurückführung aller biologischen Phänomene auf die aus Chemie und Physik bekannten Gesetzmäßigkeiten, wie sie im Sinne eines totalen **Reduktionismus** (lat. *redúcere*, zurückführen) zu fordern wäre, ist jedenfalls illusorisch.

Mit der Charakterisierung der Lebewesen als selbstreproduzierende Systeme ist ein weiterer Punkt angesprochen, der die Sonderstellung der Organismen verdeutlicht: die biologische **Teleonomie**. Lebewesen verhalten sich zielgerichtet (griech. *télos* = Ziel), sie reagieren «zweckmäßig» und erscheinen «sinnvoll konstruiert». Neben der Frage «warum?» (Kausalität; lat. *causa*, Ursache, Grund) ist in der Biologie – und unter den Naturwissenschaften *nur* in der Biologie – auch die Frage «wozu?» sinnvoll und berechtigt (Finalität, lat. *fínis* = Ende, Ziel). Das beruht letztlich auf der cyclischen Entwicklung der Lebewesen, die von einer gegebenen Ausgangssituation (Ursache) aus auf genetisch festgelegten Entwicklungsbahnen wieder zu dieser Ausgangssituation (Ziel) zurückführt. Dadurch entstehen quasicyclische Kausalketten (Abb. 4), bei denen das Kausalgesetz zwar nicht aufgehoben, aber deformiert ist. Beispielsweise erscheint der Zustand B nicht nur als Folge der Ursache A sondern über die Zustände C, D ... zugleich auch wieder als Ursache von A. Ursache und Wirkung sind also in einem gewissen Sinne vertauschbar, und die finale Betrachtungsweise tritt gleichberechtigt neben die kausale.

Auch in der Erforschung von Evolution und Lebensursprung befindet sich die Biologie in einer für Naturwissenschaften ungewöhnlichen Situation. Während sonst vor allem nach Gesetzmäßigkeiten gesucht wird, die sich in regelmäßigen Wiederholungen von Strukturen

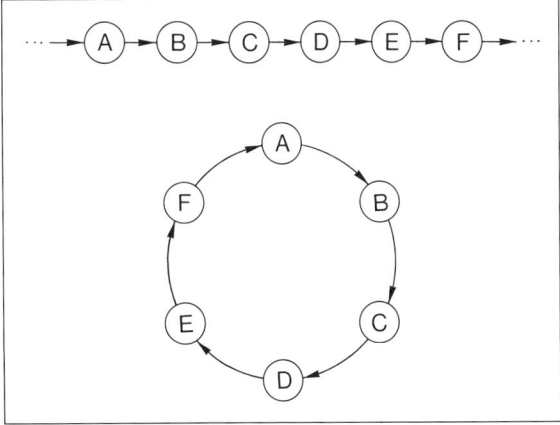

Abb. 4: Vorgänge in der unbelebten Natur folgen meistens linearen Kausalketten. Lebewesen sind dagegen charakterisiert durch (quasi-)cyclische Entwicklungsabläufe, die in jeder Generation wieder zu vergleichbaren Ausgangssituationen zurückführen (z.B. Sporen, Eizellen: Entwicklungs-, Fortpflanzungscyclen). Leichte Abweichungen führen zu evolutiven Entwicklungen. Cyclische Vorgänge in der unbelebten Natur (z.B. Schwingungen) verfügen im Gegensatz zu lebenden Systemen nicht über Mechanismen, Dämpfungsverluste durch Energiegewinn auszugleichen und kommen schließlich zum Stillstand. Dagegen können sich Lebewesen bei der Fortpflanzung noch zusätzlich vermehren

oder Vorgängen äußern, ist hier oft auch das singuläre, zufällige Ereignis entscheidend. Das hängt mit Vermehrung und Selektion der Organismen zusammen. Natürliche Mutationen sind Zufallsereignisse, singulär und nicht vorhersagbar. Führt eine Mutation zu einer Begünstigung ihrer Träger, dann setzt sie sich gemäß der Selektionstheorie in der betreffenden Population nach und nach völlig durch. Lebewesen erweisen sich in dieser Hinsicht als überaus wirksame Verstärker: Viele (alle?) der an ihnen beobachtbaren, erblichen Eigenschaften gehen auf beliebig unwahrscheinliche und entsprechend seltene Zufallsereignisse (Singularitäten) zurück, die aber nachträglich durch Vermehrungsprozesse in ihrer Auswirkung enorm vergrößert bzw. verstärkt wurden. Es ist nicht ausgeschlossen, daß z.B. die Lebensentstehung oder die «Erfindung» des genetischen Codes, der bei allen Organismen fast ohne Abweichungen gilt, auf singuläre Ereignisse zurückgehen, die in der Kontinuität des irdischen Lebens fixiert und durch die Vermehrung der Lebewesen in gigantischem Ausmaß amplifiziert worden sind (Hypothese des ‹frozen accident›: F.H.C. Crick).

G. Tier und Pflanze

Nach Überwindung mehr historisch als sachlich begründeter Spezialisierungen dominiert in der modernen Biologie die interdisziplinäre Zusammenschau: Genetische, biochemische und physiologische Erkenntnisse bilden das breite Fundament einer allgemeinen Biologie; Molekular- und Zellbiologie sind über die alten, in vielem veralteten Grenzen der «klassischen» Fächer Botanik und Zoologie hinweggewachsen. Das soll aber nicht vergessen lassen, daß typisches Tier und typische Pflanze (beide Begriffe im Sinne der Umgangssprache verstanden) zahlreiche Wesensunterschiede aufweisen.

Das typische **Tier** ist zur Ortsveränderung befähigt. Sein Körper ist daher kompakt gebaut, alle Organe außer den auf die Erfassung von Umweltsignalen gerichteten Sinnesorganen sind nach innen orientiert. Um sie zu sehen, muß der Tierleib geöffnet werden (Anatomie, griech. *anatémnein* = aufschneiden). Die für Atmung, Nahrungsresorption und Exkretion erforderlichen großen Oberflächen werden durch Einfaltungen im Körperinneren ausgebildet. Die äußere Oberfläche ist minimalisiert, das Tier ist ein «geschlossener» Organismus. Der kompakte Körperbau ermöglicht die Entwicklung zentraler Organe für Kreislauf und Exkretion. Auch das Nervensystem, das schnelle Koordinationen ermöglicht, zeigt in der Phylogenie eine Tendenz zur Zentralisierung. Die meisten Organe werden in begrenzter Zahl ausgebildet. Die Körpersymmetrie ist überwiegend bilateral und dorsiventral (S. 163), entsprechend den beiden senkrecht aufeinander orientierten Vektoren von Schwerkraft und Bewegung. (Im strengen Sinne radiärsymmetrische Formen treten fast nur bei sessilen oder im Wasser schwebenden Arten auf.) Die Spezialisierung von Geweben und Organen geht sehr weit. Schon Bildungsgewebe sind oft auf die Nachbildung ganz bestimmter Zellsorten spezialisiert (Zellen des Blutes und Immunsystems, der Haut, des Darmepithels usw.). Für manche hochdifferenzierte Zellen gibt es im ausgewachsenen Tier weder Bildungsgewebe noch Stammzellen, sie können bei Verlust grundsätzlich nicht nachgebildet werden (große Neuronen; quergestreifte Muskelfasern). Die Lebensdauer selbst großer Tiere ist beschränkt. Regenerationsleistungen sind bei hochentwickelten Tieren gering.

Die typische **Pflanze** ist dagegen festgewachsen. Sie entwickelt viele ihrer Organe (Wurzeln, Blätter, Blüten) in großer Zahl und frei nach außen. Die Körperoberfläche ist maximalisiert, sie entsteht durch Ausfaltungen und Verzweigungen. Die Pflanze ist ein «offener» Organismus. Das übrigens auch insofern, als sie – besonders im Falle mehrjähriger Pflanzen – mit zahlreichen Vegetationspunkten in jeder Vegetationsperiode erneut weiterwächst (bei Bäumen: Jahreszuwachs an allen Triebenden, Jahresringe des Holzes usw.). Die offene Organisation des Pflanzenkörpers schränkt die Entwicklung zentraler Organe ein. Z.B. gibt es bei Pflanzen keine den Nieren analoge Organe. Abfallprodukte des Stoffwechsels müssen von jeder einzelnen Zelle selbst entsorgt werden; anstelle zentraler Exkretion findet sich hier eine lokale, zelluläre. Der Körper ist meistens radiärsymmetrisch; bilaterale Organe bilden sich i.a. nur dann, wenn die Vektoren von Schwerkraft und Wachstum senkrecht aufeinander stehen (seitlich abstehende Blätter, viele Blüten). Die Regenerationsfähigkeit ist enorm; jeder Vegetationspunkt kann im Prinzip zu einer kompletten neuen Pflanze auswachsen, worauf die in der Gärtnerei und Agrikultur häufig angewendete «vegetative» Vermehrung durch Stecklinge, Ableger, Senker, Ausläufer, Knollen, Brutknospen usw. beruht. Mehr noch: In chaotischen Zellwucherungen (Callusgewebe), die sich nach Verletzung zunächst gewöhnlich bilden, können Vegetationspunkte neu entstehen. Daher können aus Zellkulturen von Pflanzen wieder ganze Pflanzen regeneriert werden, was bei tierischen Zell- und Gewebekulturen nicht möglich ist. Pflanzen mit mehrhundertjähriger, ja tausendjähriger Lebensdauer sind nicht selten, nicht nur bei Holzgewächsen, sondern auch bei Stauden (z.B. Rhizom-Geophyten, S. 179, 181).

Auch in Bau- und Funktionsweise ihrer Zellen unterscheiden sich Tiere und Pflanzen signifikant. Eine allgemeine, auf das Typische ausgerichtete Gegenüberstellung macht deutlich, daß sich die Pflanzenzelle nicht nur durch den Besitz von Plastiden auszeichnet. Sie ist nicht nur phototroph, sondern auch osmotroph, d.h. sie nimmt Stoffe nur in gelöster Form auf, während Zoocyten phagotroph sind, d.h. Nahrung in Form von Partikeln aufnehmen können. (Es ist bezeichnend, daß es bei den Flagellaten «mixotrophe» Arten gibt, die beide Formen der Zellernährung beherrschen, vgl. Abb. 5.) Die Pflanzenzelle besitzt im ausgewachsenen Zustand eine Zentralvacuole, die häufig über 90% des Zellvolumens ausmacht, und eine reißfeste Zellwand. Die Zellwand fängt den hydrostatischen Druck der Vacuole (Turgor) auf, der die Zelle sonst zum Platzen

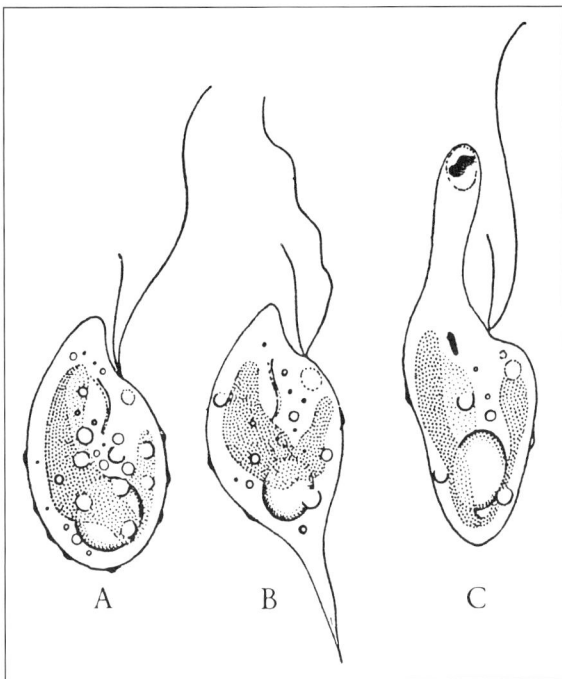

Abb. 5: *Ochromonas*, ein mixotropher Flagellat aus der Ordnung der Chrysomonadalen (S. 611). Die Zellen enthalten einen Chloroplasten, können aber auch Partikel aufnehmen und in Nahrungsvacuolen verdauen (C, am Vorderende). (250 : 1, nach A. Pascher und B. Fott)

brächte. Der Turgor ist eine Folge osmotischer Erscheinungen; die molare Gesamtkonzentration des Zellsaftes in der Vacuole ist sehr viel höher als die des Quellungswassers in den Zellwänden (S. 321). Tierische Gewebezellen besitzen weder große Vacuolen (und sind daher im allg. viel kleiner als Gewebezellen von Pflanzen), noch derbe Zellwände, die der Stabilisierung der einzelnen Zelle dienen. Ihr Turgor ist gering, da sie von isotonen Körper- und Gewebsflüssigkeiten umspült werden. Die typische Pflanzenzelle kann als Dermatoblast charakterisiert werden, die Tierzelle als Gymnoblast (griech. *dérma*, Haut; *gýmnos*, nackt.) (Die massigen Interzellularsubstanzen des Binde- und Stützgewebes bei Tieren festigen nicht Zellen, sondern überzellige Strukturen.) Die Pflanzenzellwände sind im wesentlichen Abscheidungsprodukte, sie werden durch Sekretion von Wandsubstanzen gebildet. Bei der Zellteilung entsteht auch die erste Wandanlage zwischen den Tochterzellen durch «interne» Sekretion (S. 66). Dagegen besteht die bei Tieren typische Form der Zellteilung in einer Durchschnürung der Mutterzelle (Furchung). Und während die Zellen des Pflanzenkörpers fast ohne Ausnahme an ihrem Bildungsort fixiert bleiben, kommt es während der Entwicklung tierischer Keime zu Zellverlagerungen und -wanderungen.

Dieser Vergleich von Pflanzen- und Tierzelle zeigt, daß die Zellen der Pilze – abgesehen von Plastiden und Phototrophie – Pflanzenzellen sind: Es handelt sich bei ihnen um vacuolisierte, osmotrophe Dermatoblasten, die sich i.a. nicht durch Furchung, sondern durch interne Sekretion neuer Zellwände teilen.

H. Gliederung und Bedeutung der Botanik

Die Erforschung der Pflanzenwelt kann von sehr unterschiedlichen Gesichtspunkten ausgehen. So differenzieren sich die botanischen Arbeitsrichtungen etwa nach den verschiedenen Organisationsbereichen des Lebens, vom Bereich der Moleküle und Zellen über Gewebe und Organe bis zu Individuen, Populationen und Pflanzengesellschaften. Weitere Gesichtspunkte ergeben sich aus der Untersuchung der erdgeschichtlich vergangenen oder gegenwärtigen Pflanzenwelt, der verschiedenen Verwandtschaftsgruppen, der Nutzung von Pflanzen durch den Menschen u.a.m. Immer müssen sich dabei statische und dynamische Betrachtungsweisen ergänzen: einerseits Erfassung und Aufklärung von Strukturen und Formen, andererseits Analyse der Lebensvorgänge, Funktionen und Entwicklungsgeschichten. Letztes Ziel beider Betrachtungsweisen ist es, Form und Funktion in ihrer gegenseitigen Abhängigkeit und ihrem Werdegang verstehen zu lernen.

In unserem Lehrbuch stellen wir die pflanzliche **Morphologie** an den Anfang (griech. *morphé* = Gestalt). Sie umfaßt die Cytologie, die sich mit dem Feinbau der Zellen beschäftigt (und sich im molekularen Bereich mit Teilgebieten der Molekularbiologie überschneidet), und die Histologie als Gewebelehre. Beide zusammen betreffen den inneren Bau, die Anatomie der Pflanzen, und können der Organographie oder Morphologie im engeren Sinn, der Lehre von ihrem äußeren Bau, gegenübergestellt werden. Mit der Betrachtung der Anpassungserscheinungen überschneidet sich die Morphologie mit der morphologischen Pflanzenökologie, welche die Beziehung zwischen Pflanzengestalt und Umwelt untersucht.

Im zweiten Teil des Lehrbuches folgt die pflanzliche **Physiologie**, die sich mit den Funktionsabläufen im Bereich des Stoff- und Energiewechsels (Biochemie der Pflanzen), des Formwechsels (Wachstum und individuale Entwicklung) und der Bewegungen befaßt.

Der dritte Teil ist zunächst der **Evolutionsforschung** und ihrer Grundlage, der **Genetik** (Vererbungslehre, im Anschluß an die Fortpflanzungsbiologie) gewidmet. Es folgt die botanische **Systematik**. Sie stützt sich als Verwandtschaftsforschung auf die Ergebnisse aller anderen Disziplinen. Als Teilgebiet der Systematik ist zunächst auf die Taxonomie zu verweisen, die sich mit der Beschreibung, Benennung und Ordnung der über 400 000 recenten Pflanzenarten befaßt. Dazu kommt die Aufklärung der Stammesgeschichte oder Phylogenie des Pflanzenreiches, besonders mit Hilfe der Paläobotanik, die sich mit der Untersuchung von Pflanzen aus früheren erdgeschichtlichen Epochen befaßt, sowie die Evolutionsforschung, die den Gesetzmäßigkeiten und Ursachen der Sippen- und Artenbildung nachgeht. Der systematische Teil enthält Hinweise auf Fachrichtungen, die sich intensiv mit einzelnen Organismengruppen beschäftigen (Mikrobiologie und Bakteriologie, Mykologie [Pilze] usf.), sowie auf angewandte Disziplinen, welche die praktische Bedeutung von Pflanzen für den Menschen untersuchen (Verbindungen zu Land- und Forstwirtschaft – Pflanzenbau, Pflanzenzüchtung, Phytopathologie –, sowie zur Pharmakologie – Heilpflanzen, Arzneistoffe und Drogen).

Die **Pflanzenökologie** – als vierter natürlicher Forschungsaspekt – befaßt sich mit den Beziehungen einzelner Pflanzen (Autökologie) sowie ganzer Pflanzengesellschaften (Synökologie) zu ihrer Umwelt. Sie ist in diesem Lehrbuch – ihrer integrierenden Bedeutung entsprechend – mit ihren jeweils wichtigsten Aspekten in die verschiedenen Teile des Buches eingearbeitet. Wegen der besonderen Bedeutung, die den natürlichen Ökosystemen in der heutigen, übervölkerten Umwelt zukommt, ist diesem wichtigen Forschungsgebiet der letzte, vierte Teil des Lehrbuchs gewidmet: Mit Hilfe der Arealkunde (Verbreitungslehre), Vegetationskunde (einschließlich Pflanzensoziologie), Standortlehre und Vegetationsgeschichte versucht die Geobotanik die Ursachen und Gesetzmäßigkeiten der Verbreitung und des Zusammenlebens der Pflanzen auf der Erde in Raum und Zeit zu verstehen – nicht zuletzt, um damit den oft verderblichen Einfluß der menschlichen Zivilisation auf die natürlichen Ökosysteme und die gesamte Biosphäre zu dokumentieren und nach Verbesserungsmöglichkeiten zu suchen.

Mit der Pflanzenökologie ist ein Aspekt angesprochen, der die besondere Bedeutung der Botanik auch und gerade in der Welt von heute evident macht. In energetischer Hinsicht hängt das gesamte Leben auf der Erde von phototrophen Organismen, und damit praktisch ganz von Pflanzen ab. Sie stehen als die einzigen, mengenmäßig relevanten Produzenten am Ausgangspunkt praktisch aller Nahrungsketten, sie bilden das Fundament aller Nahrungspyramiden. Das ist seit wenigstens einer Jahrmilliarde so. Aber heute ist durch die Übervölkerung der Erde und die nicht länger zu vernachlässigende, störende Beeinflussung der Biosphäre durch die zu zahlreich (und zu bequem?) gewordene Menschheit diese Lebensgrundlage in Gefahr. Die Pflanze kann sich schädlichen Einflüssen nicht durch Flucht entziehen, und sie ist ihnen durch ihre offene Organisation besonders intensiv ausgesetzt. Umweltbedingte Schäden werden daher an Pflanzen besonders frühzeitig und besonders massiv manifest. Andererseits gehören gerade die großen Vielzeller unter den Tieren und der Mensch zu jenen Organismen, deren Überleben als Individuen und Arten von einer stabilen Umwelt abhängt. Ein auf bestmögliche wissenschaftliche Einsicht gegründeter Umweltschutz ist unter diesen Umständen nötiger denn je, wenn schon nicht aus einer Ethik der Mitverantwortung für alles Leben auf dieser Erde, dann doch wenigstens aus Egoismus. Denn jeder Schaden, den der Mensch aus Unwissenheit, Bequemlichkeit oder gar Profitgier der Biosphäre zufügt, erodiert seine eigenen Lebensgrundlagen immer unmittelbarer. Es liegt auf der Hand, daß diese komplexe Materie um so leichter und um so weitergehend von irrealen Utopisten und emotionalen Demagogen usurpiert werden kann, je weniger solide Wissenschaft zur Lösung dieser Menschheitsprobleme von heute beizusteuern vermag.

Im engeren Bereich der biologischen Wissenschaften spielt die Botanik heute wie einst eine wichtige Rolle. Viele grundlegende biologische Einsichten sind zunächst bei Untersuchungen an Pflanzen gewonnen worden, bei ihnen erfolgte die Entdeckung von Zelle und Zellkern, von Chromosomen, Mitose und Meiose, von Osmose und Vererbungsgesetzen. Und wenn sich auch heute für die Lösung zahlreicher Probleme der modernen Biologie bei Mikroorganismen, Insekten, Amphibien und Säugern besonders günstige Systeme gefunden haben bzw. etabliert werden konnten und viele medizinisch relevante Fragen (z.B. Krebs, Immunsystem, Gedächtnis und Bewußtsein) naturgemäß überhaupt nur an (höheren) Tieren bearbeitet werden können, ist doch die Botanik ein fruchtbarer Bereich der biologischen Grundlagenforschung geblieben.

Schließlich sollte gerade auch in unserer Zeit nicht übersehen werden, daß die Pflanzen, diese stillen und oft herrlich schönen Objekte der Botanik, auf den Menschen immer schon einen tiefgehenden gefühlsmäßigen Eindruck gemacht haben. Wenn die Botanik in früheren Tagen den Beinamen einer *sciencia amabilis* trug, so wegen des besonderen ästhetischen Reizes von Bäumen und Blumen. Das liegt jenseits der Grenzen der Wissenschaft; aber es gehört zu einem Menschentum, das uns heute aus vielen Gründen besonders gefährdet und zugleich besonders bewahrenswert erscheint.

ERSTER TEIL
MORPHOLOGIE

Lebewesen können, wie in der Einleitung gezeigt worden ist, als teleonome, fortpflanzungsfähige Systeme charakterisiert werden. Diese Aussage ist von allgemeiner Gültigkeit; sie trifft auf winzige Bakterien, die nur im Mikroskop sichtbar werden, ebenso zu wie für die größten Vielzeller, deren Körpermassen um mehr als 2 Größenordnungen über die eines erwachsenen Menschen hinausreichen (vgl. Abb. 1.1.1).

Für teleonome Systeme jeder Art – auch für technische Maschinen – ist charakteristisch, daß ihre Struktur (Bau, Gestalt) abgestimmt ist auf ihre Leistung (Funktion), es besteht eine enge Struktur/Funktions-Beziehung. Funktion ist Struktur in Aktion. Wie ein roter Faden zieht sich durch die gesamte Biologie die Absicht, die tausendfältigen Beziehungen von Strukturen und Funktionen bei Lebewesen aufzudecken und verstehen zu lernen: Der Physiologe versucht, die von ihm erforschten Vorgänge und Leistungen aus den morphologischen Besonderheiten der untersuchten Systeme heraus zu erklären; die Molekularbiologie bemüht sich um Einsicht in Basisphänomene jeder Art von Leben auf der Grundlage des Baues jener Moleküle, die für Lebewesen charakteristisch sind. Umgekehrt wird mit der Erforschung der Struktur von Molekülen, Zellen und vielzelligen Organismen immer auch die Frage angeschnitten, welche Bedeutung diese Strukturen für die Organismen und ihre Lebensäuße-

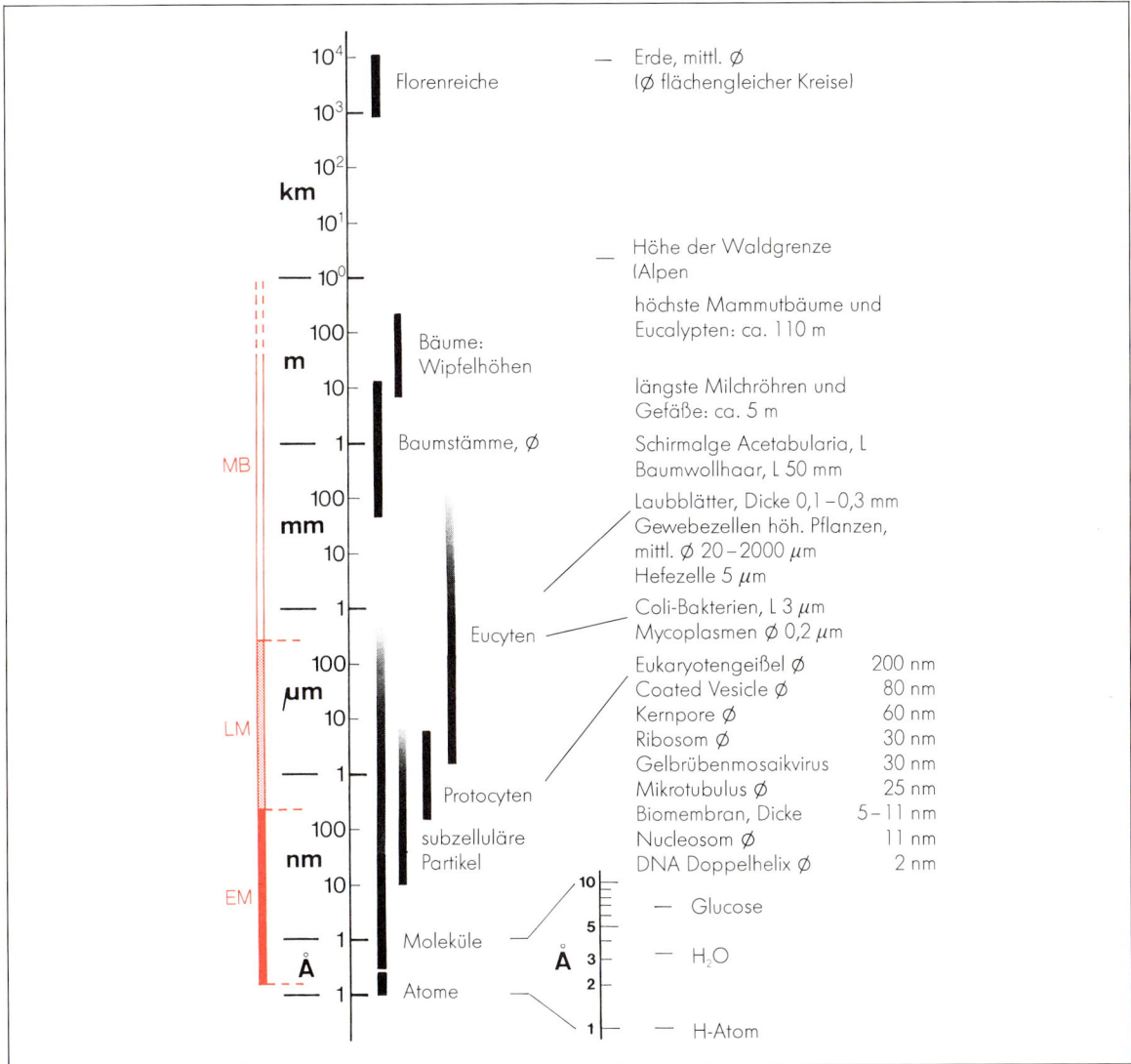

Abb. 1.1.1: Dimensionen. Dimensionsbereiche farbig: MB, makroskopischer Bereich; LM, EM, lichtmikroskopischer bzw. elektronenmikroskopischer Bereich. Die Dimensionsskala ist logarithmisch, eine Skala von Zehnerpotenzen (direkt angegeben im km-Bereich); eine solche Skala hat keinen Nullpunkt, kleine Dimensionen sind gestreckt, große gestaucht – jeder Skalenschritt umfaßt 10mal mehr als der nächstuntere und nur $1/10$ des nächstoberen; daher können auf dieser Skala atomare bis kosmische Dimensionen untergebracht werden. Die nichtlineare Skala innerhalb jeder Größenordnung ist unten gezeigt; Merkregel: knapp $1/3 \triangleq 2$, gut $2/3 \triangleq 5$. SI Längeneinheit ist das Meter m. Die üblichen Untereinheiten sind jeweils um 3 Größenordnungen kleiner; sie werden als Milli- (tausendstel, 10^{-3}), Mikro- (Millionstel, 10^{-6}, Signum μ) und Nano- (Milliardstel, 10^{-9}, Signum n) bezeichnet; 1 nm = 10^{-3} μm = 10^{-6} mm = 10^{-9} m. Die Ångström-Einheit Å ist keine SI Einheit, wird aber aus Zweckmäßigkeitsgründen weiter verwendet: Atomkernabstände in covalenten chem. Bindungen liegen bei rd. 1 Å. (Original)

rungen haben. Wer immer sich ernstlich mit Biologie einläßt, sollte sich bewußt bleiben, daß die begriffliche Trennung von Struktur und Funktion künstlich ist, ein Artefakt menschlicher Erkennungs- und Erkenntnisfähigkeit. Bei allem methodisch bedingten Zwang zur Spezialisierung kann man nicht «nur» Morphologe oder «nur» Physiologe sein – sonst ist man kein Biologe mehr. Goethe, Faust I: «Dann hat er die Teile in seiner Hand, / fehlt, leider! nur das geistige Band.»

Man hat den Menschen als Augenwesen charakterisiert, besonders begabt mit der Fähigkeit zur Gestaltwahrnehmung. Tatsächlich fällt uns das Erkennen und Beschreiben von Strukturen leichter als das Erschließen kausaler oder finaler Zusammenhänge. Bevor Fragen nach «warum» oder «wozu» gestellt werden können, ist das «wie» zu klären, nicht durch Experiment, sondern durch Beobachtung. Die allgemeinen, grundlegenden Aussagen der Morphologie werden durch vergleichende Betrachtung gewonnen.

Die Körpermassen von Organismen überspannen einen Bereich von 20 Größenordnungen. Ein Mammutbaum ist 10^{11} Milliarden-mal (!) größer als eine *Mycoplasma*-Zelle (Abb. 1.1.1). Zu diesen quantitativen Unterschieden kommen qualitative – auch die Gestaltenvielfalt der Lebewesen geht über menschliches Vorstellungsvermögen weit hinaus. E. A. Poe: «Die Wirklichkeit ist wunderbarer als alle Erfindung.» Dennoch ist wegen der vielen Gemeinsamkeiten, die selbst bei den verschiedenartigsten Organismen dank ihrer gemeinsamen Abstammung bestehen und die über Vergleiche aufgedeckt werden können, Überschau und wissenschaftliche Behandlung möglich. Die Gliederung des ersten Teiles in diesem Lehrbuch entspricht der Strategie, die zu einer solchen Überschau führen kann.

Eine kurze Programmvorschau mag das verdeutlichen: Da alle Organismen aus Zellen aufgebaut sind, beginnen wir mit der Behandlung der Zellstruktur (Cytologie). In der Ära der Molekularbiologie und Biochemie reicht die Cytologie über subzelluläre Strukturen bis in den Dimensionsbereich der organischen Makro- und Mikromoleküle hinein (Abb. 1.1.1). Der Molekülstruktur von Proteinen, Nucleinsäuren und Glykanen (Polysacchariden) sind daher besondere Abschnitte gewidmet. Umgekehrt können nun aber Zellen auch als Bausteine überzelliger Strukturen fungieren – Gewebe, Organe, vielzellige Organismen. Histologie und makroskopische Morphologie werden uns am Beispiel der Farn- und Samenpflanzen beschäftigen (2. Abschnitt, S. 128, und 3. Abschnitt, S. 158). Diese «Sproßpflanzen» sind uns aus unmittelbarer Anschauung am besten vertraut, zugleich finden sich unter ihnen die wichtigsten Nutz- und Kulturpflanzen des Menschen. Es bleibt allerdings zu beachten, daß die Beschränkung auf die Sproßpflanzen nicht aus wissenschaftlich-dinglichen, sondern eben nur aus didaktischen und ökonomischen Gründen erfolgt. Der Überwindung dieser Einschränkung dient der nachfolgende vierte Abschnitt über morphologische Organisationstypen bei Algen, Pilzen und Moosen (S. 230).

Erster Abschnitt
Bau und Feinbau der Zelle

1. Cytologie

Gestalt und Lebensäußerungen von Zellen sind Gegenstand der Zellbiologie. In ihr vereinigen sich Feinstrukturforschung und zelluläre und subzelluläre Biochemie. Bevor die modernen Methoden der Zellforschung wie Zellfraktionierung und Elektronenmikroskopie etabliert waren, wurde die Zellenlehre als Cytologie bezeichnet (griech. *kýtos* = Blase, Zelle). Sie war weitgehend auf die Lichtmikroskope von Zellen beschränkt. Heute gilt als Cytologie der morphologische Zweig der Zellbiologie, unter Einschluß der subzellulären und molekularen Strukturen der Zelle.

Die **Bedeutung der Zellbiologie** und mit ihr der Cytologie beruht auf der Tatsache, daß alle Lebewesen in Zellen organisiert sind: Die Zelle ist das Bauelement aller lebendigen Systeme. Viroide und Viren, die nicht den Status von Zellen haben, sind unfähig, sich selbst zu vermehren (S. 5, 52). Viele Organismen sind Einzeller, eine einzige Zelle repräsentiert das Individuum. Das gilt für die meisten Prokaryoten, und definitionsgemäß für alle eukaryotischen Protisten, unter ihnen z.B. Flagellaten aus den unterschiedlichen Abteilungen der Algen (S. 600 ff.) sowie die Kieselalgen (S. 609 ff.). Bei den Eukaryoten überwiegen hinsichtlich der Artenzahl allerdings die Vielzeller. Da Zellen in den allermeisten Fällen mikroskopisch klein sind, werden bei großen Vielzellern oft unvorstellbar hohe Zellzahlen erreicht. Ein Baum kann mehr als 10 000 Milliarden Zellen enthalten. Schon ein Laubblatt mittlerer Größe ist aus etwa 20 Millionen Zellen aufgebaut. Vegetationspunkte von Sproß- und Wurzelspitzen umfassen je zwischen 1000 und 500 000 teilungsbereite Zellen.

Vielzeller sind erdgeschichtlich jünger als Einzeller. Bei der Evolution mehrzelliger Organismen sind wesentliche Lebensprozesse auf dem Niveau der einzelnen Zelle fixiert geblieben. Das gilt vor allem für die Speicherung, Vermehrung, Realisierung und Rekombination der genetischen Information. Fast jede Körperzelle enthält einen Zellkern mit der kompletten, oft sogar zweifach (diploid) vorhandenen Gen- bzw. Chromosomen-Ausstattung. Die Zelle kann diesen Genbestand durch Replikation der DNA verdoppeln und zu genau gleichen Teilen an Tochterzellen weitergeben (Mitose, S. 61). Die Körperzellen eines Vielzellers verfügen daher in der Regel alle über denselben Genbestand, sie gehören einem Zell-Klon an. Daß sie sich dennoch, und zwar in gesetzmäßiger Weise, während der Individualentwicklung (Ontogenese) differenzieren, d.h. verschiedene Gestalt annehmen und unterschiedliche Funktionen ausüben, erscheint unter diesen Umständen zunächst paradox. Diese Paradoxie ist Inhalt des Differenzierungs- und Determinationsproblems der Entwicklungsbiologie. Es ist heute grundsätzlich gelöst durch die Feststellung, daß einem bestimmten Differenzierungszustand jeweils die Aktivierung eines charakteristischen Teiles des Genbestandes und die Reprimierung der übrigen Gene entspricht. Aktivierung und Repression von Genen werden durch Integrationssignale gesteuert, die (soweit sie nicht aus der Umwelt kommen und individuelle Anpassungen bewirken) im vielzelligen System letztlich wieder von Zellen ausgehen und von anderen Zellen beantwortet werden.

Auch Sexualvorgänge können nicht anders als an einzelnen Zellen ablaufen: Selbst der größte Vielzeller kann sich nur über Einzelzellen sexuell fortpflanzen. Dazu werden in der Regel besondere Keimzellen = Gameten ausgebildet. Die im biologischen Sinne wesentlichen Sexualvorgänge sind Meiose mit Rekombination (S. 67), sowie Syngamie – Zell- und Kernver-

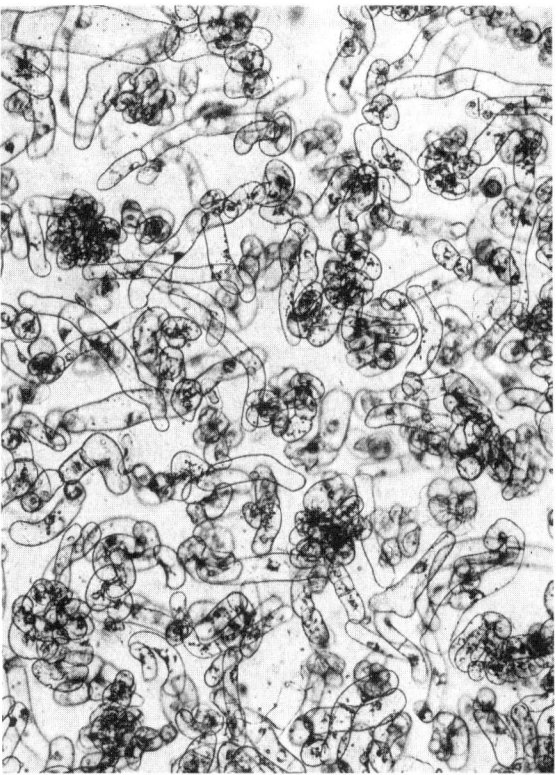

Abb. 1.1.2: Einwöchige Suspensionskultur von Zellen der Sojabohne, *Glycine max*. Viele Zellen haben sich bereits ein- oder mehrfach geteilt. Aus jeder Zelle kann letztlich wieder eine ganze Pflanze erwachsen. Dadurch können große Mengen genetisch einheitlichen Pflanzenmaterials erzeugt werden («Klonieren»). (75 : 1. Zellkultur: H. Grisebach und K. Hahlbrock; phot. H. Falk)

schmelzung artgleicher, aber genetisch nicht identischer Gameten (S. 67, 476).

Zellen können nur aus ihresgleichen hervorgehen durch Teilung oder Verschmelzung (Fusion): *omnis cellula e cellula* (R. Virchow 1855). Die Charakteristika des Lebens (S. 2) werden gemeinsam erst auf dem Niveau der Zelle, nicht aber darunter manifest. Die Zelle hat sich somit als die kleinste lebensfähige Einheit erwiesen, als Elementarorganismus. Daß das auch bei Vielzellern gilt, zeigen schon die erwähnten Sexualprozesse; es wird aber auch z.B. durch die Möglichkeit von Einzelzell-Kulturen belegt (Abb. 1.1.2).

A. Entwicklung der Zellforschung

Um 1600 tauchten in Holland und Italien erste Mikroskope auf. 1665 beschrieb in London Robert Hooke in seiner ‹Micrographia› erstmals den zellulären Bau von Kork und Sonnenblumenmark. Er hatte dabei abgestorbene Zellen beobachtet, von denen nur noch die Zellwände übrig waren. Hooke war auch der Entdecker der Plasmaströmung in Pflanzenzellen, die er an lebenden Brennhaaren der Brennessel verfolgte. Um dieselbe Zeit berichtete der Delfter Ratsschreiber Antoni van Leeuwenhoek über seine Beobachtungen an Infusorien, Spermien und Bakterien. Daß alle diese so unterschiedlichen Gebilde in Grundzügen ihres Baues letztlich übereinstimmen, auf diesen Gedanken kam zunächst niemand, und auch das 18. Jahrhundert brachte ihn nicht hervor, obwohl Mikroskopieren damals geradezu Mode war. Die grundsätzliche Homologie der Zellen von Tieren, Pflanzen und Protisten konnte tatsächlich erst entdeckt werden, nachdem um 1800 die Mikroskope so weit verbessert worden waren (Josef Fraunhofer), daß die Beobachtung von Organellen in lebenden Zellen möglich wurde. 1831 wies der englische Arzt und Botaniker Robert Brown die allgemeine Verbreitung des Zellkerns in Pflanzenzellen nach, und der Jenenser Botaniker Matthias Jacob Schleiden zeigte entsprechendes für den Nucleolus. Zur gleichen Zeit haben auch der tschechische Biologe Jan Evangelista Purkinje und sein schweizerischer Schüler C.C. Valentin Ähnlichkeiten bei ganz verschiedenartigen Zellen aufgedeckt. Der Mediziner und Zoologe Theodor Schwann, der in allen wichtigen Geweben von höheren Tieren ebenfalls Zellen mit Zellkernen beobachtet hatte, veröffentlichte – angeregt durch Schleiden – 1839 die epochemachende Schrift «Mikroskopische Untersuchungen über die Übereinstimmung in der Struktur und dem Wachsthum der Thiere und Pflanzen». Damit war trotz vieler Fehler im Detail die Zellenlehre als erster Pfeiler einer wissenschaftlichen allgemeinen Biologie und als eigenes Paradigma etabliert. Die lange Phase der Induktion, in der eher zufällige Beobachtungen das Bild des lebendigen Mikrokosmos zwar reicher, aber nicht besser verständlich gemacht hatten, wurde nun abgelöst von einer deduktiven Phase planvoller Untersuchungen, denen bestimmte Erwartungen zugrunde lagen. Der Fortschritt der Forschung wurde dadurch stark beschleunigt. 1845 zeigte der Zoologe K.T.E. v. Siebold, daß viele der bereits früher beschriebenen Infusorien Einzeller sind; entsprechendes wies später C. Gegenbaur für die ungewöhnlich großen Eizellen vieler Wirbeltiere nach. Die Art der Zell- und Kernteilung, die von Schleiden und Schwann noch unrichtig dargestellt worden war, wurde jetzt geklärt (H. v. Mohl; W. Hofmeister). Der Pathologe Rudolf Virchow erkannte, daß die einzelne Zelle auch im vielzelligen Organismus die Einheit der Vermehrung und damit des Lebens ist. In konsequenter Verfolgung dieser Einsicht veröffentlichte er 1855 seine berühmte «Cellular-Pathologie», in der Ursachen und Verlauf von Erkrankungen auf dem Niveau von Zelle und Gewebe behandelt werden. 1861 definierte der Anatom Max J.S. Schultze die Zelle als «ein Klümpchen Protoplasma, in dessen Innerem ein Kern liegt». Diese Definition gilt für Eucyten (Eukaryoten-Zellen) im wesentlichen immer noch. Heute würde man allerdings auch die den Zellkörper rings umgrenzende Plasma-(Zell-)Membran in die Definition mit einbeziehen; Existenz und Bedeutung dieser im Lichtmikroskop unsichtbaren Membran wurden erst 1877 mit der Entdeckung osmotischer Erscheinungen an Pflanzenzellen durch W. Pfeffer und H. de Vries evident.

Seit 1860 hatte die **Zellenlehre** den Rang einer allgemeinen Theorie. Als ihre Hauptsätze galten und gelten:

– Alle Lebewesen sind aus Zellen aufgebaut.
– Viele Organismen sind Einzeller.
– Vielzeller durchlaufen – zumindest bei sexueller Fortpflanzung – in ihrer Individualentwicklung auch ein einzelliges Stadium.

Diese 3 Sätze lassen sich zusammenfassen: Die Zelle ist als Elementarorganismus die kleinste lebensfähige Einheit, zugleich die größte, die als solche selbstvermehrungsfähig ist.

Um 1880 war durch E. Abbe die Theorie des Mikroskops vervollkommnet worden, und mit Immersionsobjektiven an Zeiss-Mikroskopen konnte erstmals die Grenzauflösung von 0,2 μm erreicht werden. Zugleich hatte die Präparationstechnik entscheidende Fortschritte gemacht. Bis 1900 waren alle im Lichtmikroskop sichtbaren Zellorganelle beschrieben (Abb. 1.1.3): Der Zellkern und sein Formwandel in Mitose und Meiose, Chromosomen, Centriolen und Spindelapparat; die Plastiden in ihren verschiedenen Ausbildungsformen; die Mitochondrien; der Golgi-Apparat in bestimmten Zellen höherer Tiere; und das Vacuolensystem und die Wände der Pflanzenzellen. An diesen Forschungen waren zahlreiche Botaniker, Zoologen und Mediziner beteiligt (vgl. die historische Übersicht auf S. IX); eine hervorragende Stellung unter ihnen nahm Eduard Strasburger ein, der Begründer dieses Lehrbuches (S. VII). Ein weiteres Vordringen in den Feinbau der Zelle war damals wegen der Auflösungsgrenze des Lichtmikroskops nicht möglich.

Nach der Wiederentdeckung der Mendelschen Vererbungsregeln durch die Botaniker C. Correns, E. Tschermak und H. de Vries (1900) verlagerte sich der Schwerpunkt der cytologischen Forschung auf die Untersuchung von Zellkern und Chromosomen (Karyologie). Knapp nach der Jahrhundertwende fanden unabhängig Th. Boveri und W.S. Sutton heraus, daß sich die Chromosomen in Meiose und Syngamie genau so verhalten wie es schon Mendel für die damals noch hypothetischen Erbfaktoren (Gene) postuliert hatte. Damit war die Chromosomentheorie der Vererbung und die Cytogenetik begründet. Sie beherrschte die Cytologie in den ersten 4 Jahrzehnten dieses Jahrhunderts.

Die explosive Entwicklung der Zellforschung seit 1945 – ihre molekulare Phase – ist durch das Zusammentreffen mehrerer sehr potenter methodischer und konzeptioneller Neuentwicklungen ausgelöst worden. Schon in den 20er Jahren war durch H. Staudinger die makromolekulare Chemie begründet worden. Viele wichtige Biomoleküle – Proteine, Nucleinsäuren, Polysaccharide – erwiesen sich als Polymere, die aus einer kovalenten Verknüpfung von gleichen oder ähnlichen Monomeren resultieren (Repetitionsprinzip). Vor allem durch die Röntgenstrukturanalyse wurde es nach und nach auch möglich, den räumlichen Aufbau solcher Riesenmoleküle zu ermitteln. Mit der Entdeckung der DNA-Doppelhelix durch J.D. Watson und F.H.C. Crick (1953) gelang der Durchbruch zur molekularen Biologie: Es war jetzt möglich, zentrale Lebenserscheinungen aus den Eigenschaften der beteiligten Moleküle zu verstehen. Seither hat eine nicht abreißende Kette von Erfolgen das biologische Weltbild revolutioniert und Grundlagen für die willkürliche Manipulation des genetischen Materials geschaffen (Gen-Technologie). Das erschließt ungeahnte Möglichkeiten, bürdet dem Anwender freilich auch eine entsprechend große Verantwortung auf.

Mit Hilfe des von E. Ruska entwickelten Elektronenmikroskops (S. 19) wurde seit 1950 der Zellfeinbau bis in makromolekulare Dimensionen hinein aufgeklärt (vgl. Abb. 1.1.1, 1.1.8–1.1.10, S. 22 f.). Damit konnten viele ältere, überwiegend spekulative Vorstellungen durch positive Daten ersetzt werden. Allerdings durchlief die Zellforschung nochmals – wie schon 200 Jahre früher – eine induktive Phase, weil man die Funktion der neuentdeckten subzellulären Strukturen zunächst nicht kannte. Diese Lücke konnte vor allem

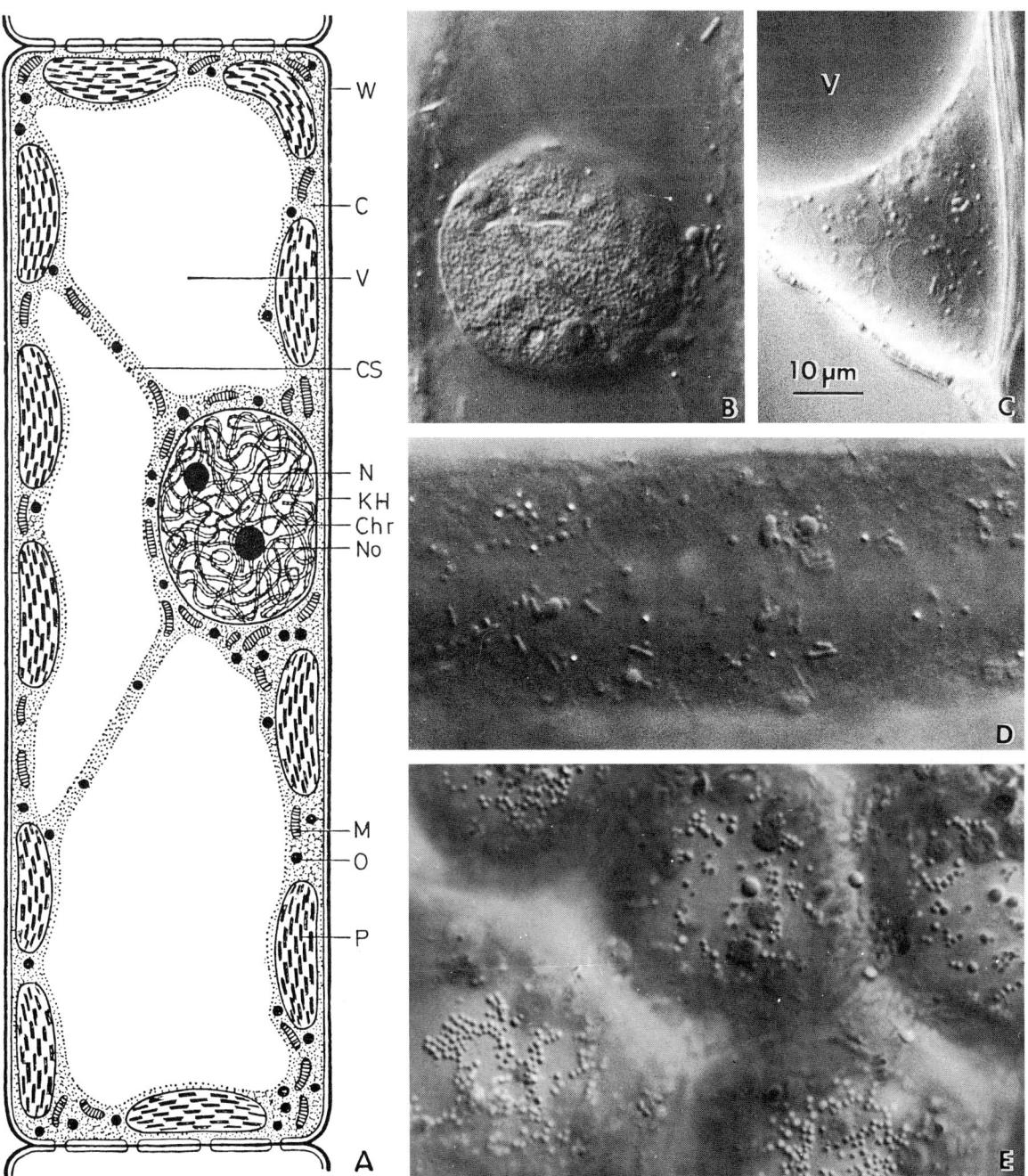

Abb. 1.1.3: Die Pflanzenzelle im Lichtmikroskop (LM). **A**, Schema einer Zelle aus dem Assimilationsparenchym eines Laubblatts: W Zellwand; C Cytoplasma; V Vacuole, von Plasmasträngen CS durchzogen; N Zellkern mit Kernhülle KH, Chromatin Chr und Nucleolen No; M Mitochondrien; O Oleosomen (Lipidtropfen); P Plastiden (Chloroplasten). **B–D**, Zellorganelle in lebenden Epidermiszellen der Küchenzwiebel *Allium cepa*: **B**, Zellkern mit Chromatin und Nucleolen, Kernhülle stellenweise eingefaltet. **C**, mehrere gekrümmte Cisternen des Endoplasmatischen Reticulums (ER) in Profilstellung, neben einigen Mitochondrien und kleinen, kugeligen Oleosomen; Maßstab gilt auch für übrige Teilbilder. **D**, Plastiden (Leukoplasten) neben kleineren wurstförmigen Mitochondrien und kugeligen Oleosomen. **E**, Chloroplasten und zahlreiche Oleosomen in Blättchenzellen des Lebermooses *Plagiochila asplenioides*; Zellen kuppelförmig vorgewölbt, daher Zellwände unscharf. A n. D.v. Denffer. B–E Interferenzkontrast-Aufnahmen: 1050 : 1, Originale)

durch die Technik der Zellfraktionierung geschlossen werden. Man lernte, mit Hilfe der präparativen Ultrazentrifuge aus Zellhomogenaten einheitliche Organellfraktionen zu gewinnen und mit modernen biochemischen Methoden zu untersuchen (u.a. A. Claude, G.E. Palade, Chr. de Duve. Vgl. S. 20).

B. Methoden der Zellforschung

Viele wichtige Ergebnisse der Cytologie sind der Anwendung von Licht- und Elektronenmikroskopie zu verdanken.

Das Objektiv eines **Lichtmikroskops** (LM, Abb. 1.1.4) erzeugt – analog dem Objektiv eines Diaprojektors – ein vergrößertes, photographierbares Bild des durchleuchteten Präparates. Dieses Zwischenbild wird durch das Okular wie durch eine Lupe betrachtet. Die kleinsten, mit Lichtstrahlen noch «auflösbaren» Strukturdetails müssen um $> 0{,}2\ \mu m$ voneinander entfernt sein; die Auflösungsgrenze liegt also bei der halben Wellenlänge von Blaulicht ($\lambda = 400$ nm). Makromolekulare Zellstrukturen bleiben im Lichtmikroskop unsichtbar. Dennoch hat dieses Instrument auch in neuester Zeit nicht an Bedeutung verloren. Im Gegensatz zum Elektronenmikroskop gestattet es die Beobachtung lebender Zellen, und präparativer und finanzieller Aufwand sind vergleichsweise gering. Nun sind allerdings die meisten Zellstrukturen farblos und unterscheiden sich auch in ihrem Brechungsindex nur wenig voneinander; sie bleiben daher selbst dann oft unsichtbar, wenn ihre Dimensionen über der Auflösungsgrenze liegen. In der klassischen Lichtmikroskopie wurden deshalb überwiegend fixierte (unter Strukturerhaltung abgetötete) und künstlich gefärbte Präparate untersucht. Heute wird das Kontrastproblem durch optische Manipulationen gelöst, die das Objekt selbst nicht beeinflussen. Dabei werden die Phasenunterschiede der Lichtwellen nach dem Präparatdurchgang in auffällige Kontrastunterschiede oder Relief-Erscheinungen transformiert (Phasenkontrast nach F. Zernike; differentieller Interferenzkontrast nach G. Nomarski – vergleiche Abb. 1.1.3). Besonders zarte Zellstrukturen können durch elektronische Bildaufnahme und -verarbeitung sichtbar gemacht werden. Dem Nachweis und der Lokalisation bestimmter Molekülsorten in der Zelle dienen cytochemische Methoden. Unter ihnen spielen die besonders empfindlichen Fluorescenzverfahren eine wichtige Rolle. Im Fluorescenzmikroskop wird das Präparat mit kurzwelligem Erregerlicht beleuchtet, das entsprechende Präparatkomponenten zur Emission von längerwelligem Fluorescenzlicht anregt; für die Abbildung wird die Erregerstrahlung ausgefiltert, so daß nur fluorescierende Objektpartien aufleuchten. Bei der Immunfluorescenz wird mit Hilfe von fluorescenzmarkierten Antikörpern die extreme Empfindlichkeit dieser Methode mit der hohen Spezifität serologischer Reaktionen kombiniert und zur Lokalisation zellulärer Antigene (Proteine, Nucleinsäuren, Polysaccharide) ausgenützt. Mikromanipulatoren ermöglichen operative Eingriffe an lebenden Zellen. Zunehmend wichtig sind Mikroinjektionen, bei denen die Permeabilitätsbarriere der Plasmamembran durchbrochen werden kann, ohne die betroffenen Zellen irreversibel zu schädigen.

Eine grundsätzlich andere Methode für empfindlichen Stoff-

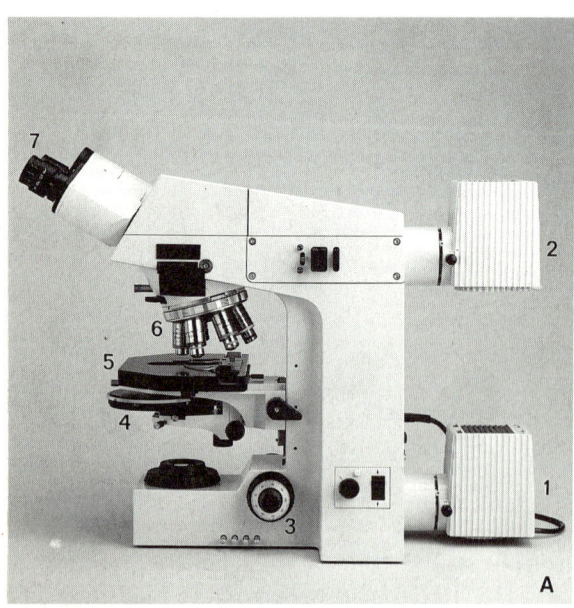
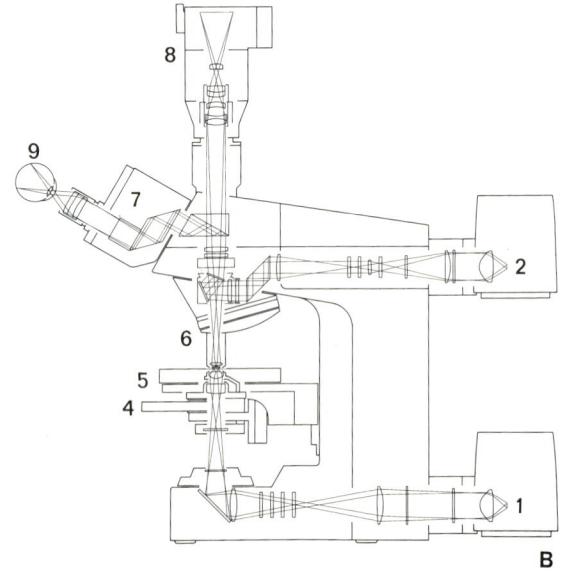

Abb. 1.1.4: Modernes Forschungsmikroskop für die Lichtmikroskopie (LM). **A**, Seitenansicht, Beobachter sitzt links; **B**, Strahlengang. 1, 2, Leuchten für Durch- und Auflicht; 3, Mikrometerschraube zum Scharfstellen durch Heben/Senken des Objekttisches 5; 4, Kondensor für Hellfeldbeleuchtung, Phasenkontrast und Differentiellen Interferenzkontrast DIC; 6, Objektivrevolver, darüber Einschübe für Farb- und Polarisationsfilter u.a. opt. Zusätze; 7, binokularer Einblicktubus; 8, automatische Mikroskop-Kamera; 9, Auge. (Axioplan von Carl Zeiss/Oberkochen)

nachweis, aber auch für die Verfolgung von Biosynthese- und Transportwegen bestimmter Verbindungen in Zellen ist die Mikro-Radioautographie. Sie beruht darauf, daß angebotene radioaktive Isotope durch Biosynthese spezifisch in bestimmte Stoffe/Strukturen lebender Zellen eingebaut werden, z.B. Tritium-markiertes Thymidin in DNA, entsprechend ^{3}H-Uridin in RNA, oder ^{35}S-Methionin in Proteine. Nach dem Einbau werden Dünnschnitte der markierten Zellen/Gewebe mit einer photographischen Emulsion überzogen und nach angemessener Exposition – Tage bis Monate – die Emulsion auf dem Dünnschnitt entwickelt. Der Ort von Radionukliden im Dünnschnitt kann nun im Mikroskop an der Schwärzung der Emulsion über den entsprechenden Zellstrukturen erkannt werden (Ansammlungen von Silberkörnern, Abb. 1.1.5). Diese Methode hat den Vorteil extremer Empfindlichkeit. Dennoch ist man heute aus Sicherheitsgründen bestrebt, sie durch nichtradioaktive Verfahren zu ersetzen, wofür vor allem Fluorescenzmarkierungen in Betracht kommen (vgl. Abb. 1.1.21, S. 38, und Abb. 1.1.124, S. 114).

Im **Elektronenmikroskop** (EM, Abb. 1.1.6) erfolgen Beleuchtung und Abbildung der Objekte mit schnellen Elektronen, die in den Feldern elektromagnetischer Linsen gebrochen werden. Das vergrößerte Bild wird auf einem fluorescierenden Leuchtschirm beobachtet und kann photographisch oder elektronisch gespeichert werden. Die Wellenlänge von Elektronenstrahlen beträgt nach Beschleunigung mit 100 000 V nur $1/100 000$ jener von sichtbarem Licht. Dadurch wird eine viel bessere Auflösung als im LM erreicht, die Grenzauflösung liegt bei 0.2 nm = 2 Å, drei Größenordnungen unter der des LM und damit im Dimensionsbereich von Atomdurchmessern. Dieser Grenzwert wird allerdings mit biologischen Präparaten nur selten erreicht. Immerhin macht auch hier die Auflösungssteigerung gegenüber der Lichtmikroskopie noch 2 – sehr wichtige – Größenordnungen aus.

Der gewaltige Fortschritt muß mit einigen schwerwiegenden Nachteilen erkauft werden. Apparativer und präparativer Aufwand sind groß, und Lebendbeobachtungen sind schon wegen der sehr starken ionisierenden Wirkung von Elektronenstrahlen ausgeschlossen. Organische Präparate werden im Hochvacuum des Tubus unter Elektronenbeschuß zu einem Graphitskelett abgebaut, das allerdings die ursprüngliche Struktur sehr genau wiedergibt.

Für die Untersuchung im konventionellen Durchstrahlungs-(Transmissions-)EM (TEM) sollen Biopräparate nicht dicker sein als 80 nm, das ist weniger als $1/1000$ der Dicke eines Papierblattes. Von dickeren Objekten kann im Oberflächen-Raster-EM (REM, international SEM, S von engl. *scanning*, abrastern) wenigstens die Oberflächenstruktur sichtbar gemacht werden. Dieses Verfahren arbeitet nach dem Fernsehprinzip. Das Präparat wird nicht durchstrahlt, sondern durch einen zeilenförmig über einen begrenzten Oberflächenbereich geführten, sehr fein gebündelten Elektronenstrahl abgetastet. Von jenen Stellen des Präparates, die gerade von diesem Primärstrahl getroffen werden, gehen Sekundär- und Rückstreuelektronen aus. Sie steuern synchron mit der Abrasterung der Präparatoberfläche den zeilenförmigen Aufbau eines sekundären Bildes auf dem Leuchtschirm eines Monitors. Abbildende Linsen sind nicht vorhanden. REM-Bilder zeichnen sich durch eine besonders plastische Wiedergabe von Objektskulpturen aus (vgl. z.B. Abb. 1.3.13, S. 169). Es gibt mehrere Verfahren, Präparate für das TEM herzustellen. Durchstrahlbare Partikel (Makromoleküle, Multienzymkomplexe, DNA-Stränge, Ribosomen, Viren, Cellulosefibrillen, Membranfraktionen usw.) werden auf dünnste Plastik- oder Kohlefolien aufgetrocknet und direkt beobachtet. Zur Kontrasterhöhung werden häufig Schwermetalle eingelagert (Positiv-Kontrast), angelagert (Negativ-Kontrast) oder schräg aufgedampft (Beschattung mit Relief-Effekt). Zellen und Gewebe werden nach chemischer Fixierung durch Glutaraldehyd und

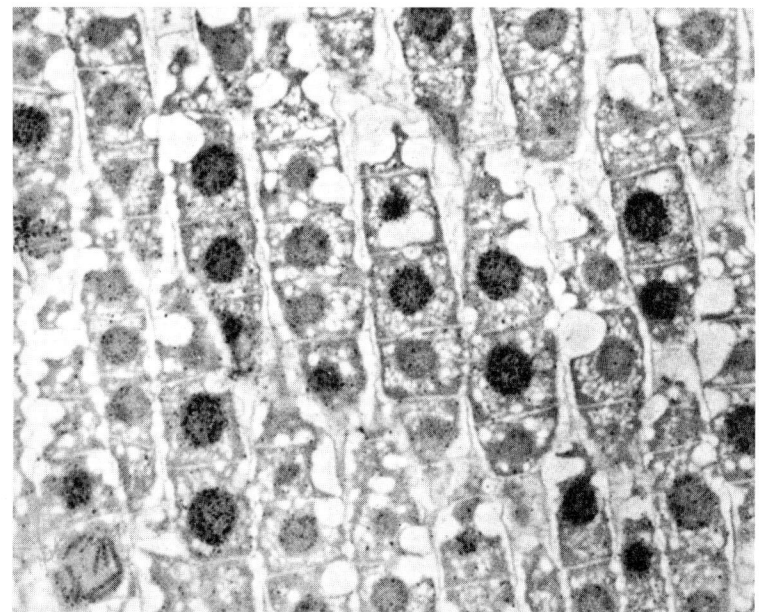

Abb. 1.1.5: Mikro-Radioautogramm von Wurzelspitzengewebe der Zwiebel, nach Pulsmarkierung mit ^{3}H-Thymidin. Zellkerne, deren DNA während des Pulses repliziert wurde (S-Phase, S. 64), sind nach Entwicklung der über den Schnitt gezogenen Photoemulsion mit zahlreichen schwarzen Silberkörnern besetzt. Nichtmarkierte Kerne befanden sich während der Pulsmarkierung nicht in der S-Phase. Links unten eine Kernteilung (Anaphase, mit schwach markierten Chromosomen). DNA-freie Zellstrukturen werden durch ^{3}H-Thymidin nicht markiert. (690 : 1; Phasenkontrast-Aufnahme: V. Speth)

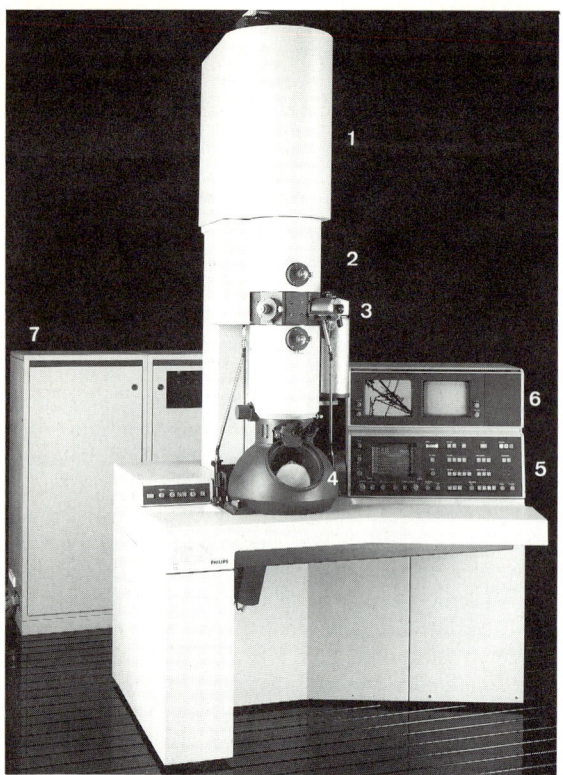

Hilfe einheitliche Fraktionen subzellulärer Partikel für biochemische oder analytische Untersuchungen gewonnen werden können (Abb. 1.1.7). Auf die Erhaltung der Zellstruktur muß dabei natürlich verzichtet werden. Größere Massen einheitlicher Zellen werden möglichst schonend in geeigneten Isolationsmedien aufgeschlossen, z.B. durch Zermixen, Zerreiben oder mit Hilfe von Ultraschall. Das dabei entstehende Homogenat enthält im Idealfall keine ganzen Zellen mehr, wohl aber noch unversehrte Zellkerne, Plastiden, Mitochondrien usw. Die einzelnen Zellkomponenten können nun aus dem Homogenat auf verschiedene Weise abgetrennt werden. Bei der Differential-Zentrifugation wird das Homogenat sukzessiven Zentrifugenläufen mit steigenden Umdrehungszahlen unterworfen (100–50 000 rpm; *rounds per minute* = Umdrehungen pro Minute; bei hochtourigen Läufen kann die Zentrifugalbeschleunigung bis zum über 100 000fachen der Erdbeschleunigung g ansteigen). Die Fraktionierung erfolgt in diesem Fall im wesentlichen nach Teilchengewichten bzw. -größen. Zunächst werden bei niedrigen Umdrehungszahlen (entsprechend etwa $10^3 \times g$ für 10 min) Kerne und Plastiden «pelletiert», d.h. durch Sedimentation aus dem Homogenat abgeschieden; das Pellet wird nach Abgießen des Überstandes als mehr oder weniger «saubere» Fraktion resuspendiert. Der Überstand wird dann erneut, und zwar bei höheren Umdrehungszahlen zentrifugiert, wobei dann als nächste Fraktion die Mitochondrien sedimentieren (10^4 g für 30 min) usf. – Bei der Dichtegradienten-Zentrifugation wird das Homogenat nicht in einem homogenen Medium zentrifugiert, sondern die Dichte des Mediums nimmt im Zentrifugenröhrchen von oben nach unten infolge steigender Konzentratio-

Abb. 1.1.6: Modernes Elektronenmikroskop (EM). Die Elektronenstrahlen gehen vom Strahlerzeuger 1 des Tubus (Vertikalröhre 1–4) aus und durchlaufen von oben nach unten das Kondensor-Linsensystem 2, das in das Hochvacuum des Tubus eingeschleuste Objekt (Präparatschleuse 3), die Felder der abbildenden elektromagnetischen Objektiv- und Projektivlinsen (zwischen 3 und 4) und treffen schließlich auf einen fluoreszierenden Leuchtschirm. Hier wird das vergrößerte Endbild durch Einblickfenster beobachtet (4). Um Elektronenstreuung und Kontamination der sehr zarten Objektstrukturen zu vermeiden, wird der Restgasdruck im Tubus durch Hochvacuumpumpen auf Werten unter 1 Millionstel des Atmosphärendrucks gehalten. Aufnahmen werden nach Wegklappen des Leuchtschirms auf Spezialfilme oder -platten gemacht, die sich in einer Automatikkamera unterhalb von 4 befinden. Links und rechts von 4 Kontroll- und Steuerelemente 5. 6, Monitoren für den ebenfalls möglichen Rasterbetrieb (REM). 7, Netzanschlußschrank. Der Preis solcher Hochleistungsinstrumente liegt über 500 000 DM. (Philips GmbH, Typ CM 30)

Osmiumtetroxid in Hartplastik einpolymerisiert und auf Ultramikrotomen mit besonders geschliffenen Diamantklingen geschnitten. Alternativ kann lebendes Gewebe auch durch sehr rasche Abkühlung auf < – 150° C kryofixiert werden, wobei das Wasser in den Zellen erstarrt, ohne zu kristallisieren. Artefizielle Veränderungen, die bei chemischer Fixierung schwer auszuschließen sind, können so vermieden werden. Nun wird das durchgefrorene Präparat mechanisch aufgebrochen und von der Bruchfläche ein dünner Aufdampfabdruck (eine Replica) hergestellt, der dann im TEM beobachtet wird (Gefrierbruch, Gefrierätzung). Die folgenden Kapitel enthalten Bildbeispiele für alle genannten Verfahren.

Neben LM und EM spielen in der modernen Zellforschung zahlreiche weitere Instrumente bzw. Verfahren wichtige Rollen. Als Beispiel ist die **Ultrazentrifuge** zu nennen, mit deren

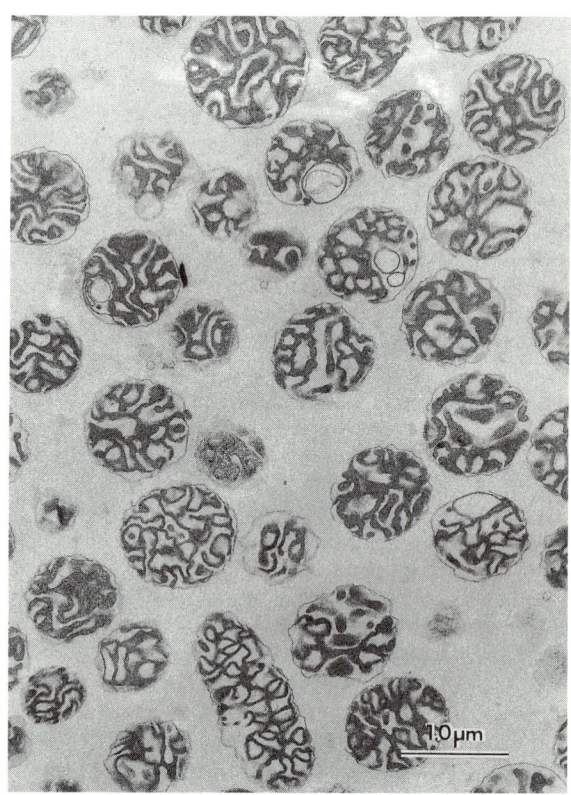

Abb.1.1.7: Mitochondrien-Fraktion, gewonnen durch isopyknische Zentrifugierung eines Gewebehomogenats von Spinat. Die Mitochondrien-Matrix ist geschrumpft (vgl. Abb. 1.1.118, S. 109), die Kompartimentierung aber weitgehend erhalten, Verunreinigung der Fraktion durch andere Zellorganelle vernachlässigbar gering. (Präparat: B. Liedvogel; EM Aufnahme: H. Falk)

nen von Saccharose, CsCl o. dgl. zu. In diesem Fall werden die subzellulären Partikel ausschließlich nach ihrer (Schwebe-)Dichte sortiert, jedes Teilchen ordnet sich unabhängig von Größe und Gewicht dort in den Gradienten ein, wo die Dichte des umgebenden Mediums seiner eigenen entspricht; Auftrieb und Abtrieb sind dann genau gleich groß (isopyknische oder Gleichgewichtszentrifugation).

Die Ultrazentrifuge erlaubt nicht nur das Sortieren von subzellulären Partikeln, sondern auch ihre Charakterisierung nach S-Zahlen (S nach T. Svedberg, dem Erfinder der Ultrazentrifuge). Diese Zahlen geben für eine bestimmte Partikelsorte die Sedimentationsgeschwindigkeit pro Zentrifugalbeschleunigung in Svedberg-Einheiten an, $1 S = 10^{-13}$ s. Bei sphärischen Partikeln ist die S-Zahl proportional $M^{2/3}$ (M = Partikelmasse). Besonders Ribosomen und ihre Untereinheiten, überhaupt Ribonucleoprotein-Partikel, und Proteinkomplexe werden üblicherweise durch ihre S-Zahlen spezifiziert.

II. Die Pflanzenzelle

A. Inventar der Komponenten

In lichtmikroskopischen Bildern von lebenden Pflanzenzellen (Abb. 1.1.3) sind i. allg. nur solche Komponenten erkennbar, deren kleinste Abmessungen über 1 μm liegen und deren Brechungsindex von dem der Umgebung genügend stark abweicht. Der Feinbau dieser Strukturen bzw. Organelle bleibt unsichtbar. Das elektronenmikroskopische Bild ist viel detailreicher. Abb. 1.1.8 – 1.1.10 vermitteln eine Übersicht über den Feinbau verschiedener Pflanzenzellen. Anhand dieser Beispiele soll hier zunächst eine erste Übersicht vermittelt werden über die wichtigsten, allgemein vorkommenden Zellkomponenten. In den nachfolgenden Abschnitten werden Bau, Funktion und Genese der einzelnen Organelle detailliert behandelt werden.

Bei Differenzierungsprozessen verändern sich mit der Herausbildung spezialisierter Gewebe zwar die Zellen, aber viele Organelle behalten Gestalt und Funktion bei. Nur Plastiden, Vacuolen und Zellwände werden i. allg. stärker verändert. Im ganzen variiert der Zellfeinbau bei höheren Pflanzen weniger als bei Algen und Pilzen, die phylogenetisch älter und untereinander weniger verwandt sind als noch so verschieden gestaltete Moose, Farn- und Samenpflanzen.

1. Zellwand, Zellmembran und Plasmodesmen

Der lebende Zellkörper (Protoplast) ist von einer **Zellwand** umschlossen. Sie ist das Exoskelett der Zelle und verleiht ihr Festigkeit und Form. Sie enthält Fibrillen aus Cellulose, bei vielen Pilzen und manchen Algen aus Chitin. Diese «Gerüst-Fibrillen» sind eingebettet in eine gelartige, amorphe Grundsubstanz (Zellwandmatrix). Die Zellwand ist ein Abscheidungsprodukt der Zelle, ein geformtes Sekret. Man kann sie mit geeigneten Enzymen abbauen, ohne die Zellen selbst zu schädigen. Der nackte Protoplast kugelt sich ab (Abb. 1.1.11) und muß osmotisch stabilisiert werden, d. h. das umgebende Medium muß – z. B. durch Mannit-Zusatz – isotonisch gemacht werden. In hypotonischen Medien platzen Protoplasten und sterben ab.

Innerhalb der Zellwand ist der Protoplast von der **Zell-** oder **Plasmamembran** (dem Plasmalemma) lückenlos umhüllt. Sie ist zähflüssig und daher weder reißfest noch formgebend. Aber sie ist – wie alle Biomembranen – selektiv permeabel. (Früher sagte man «semipermeabel»; aber dieser Terminus ist unpräzise, manchmal irreführend.) Das bedeutet, daß Wassermoleküle durch die Membranen diffundieren können, aber darin gelöste Teilchen – z. B. hydratisierte Ionen, Moleküle – nur, wenn für sie spezifische Translokatoren vorhanden sind. Translokatoren sind Membranproteine, die bestimmte Permeanden molekular erkennen und durch die Membran hindurchschleusen können. Die Zellmembran bewirkt daher drastische Konzentrationssprünge zwischen Zellinnerem und umgebendem Medium. Zugleich bildet sich an ihr ein Membranpotential aus (rd. 120 mV, innen negativ gegenüber außen). Chemisch gesehen besteht die Zellmembran – auch hierin eine typische Biomembran – überwiegend aus Proteinen und Lipiden.

Benachbarte Zellen stehen durch die Zellwand hindurch meistens über 50 nm dünne plasmatische Kanäle in Verbindung, die Plasmodesmen. In den Plasmodesmen gehen die Plasmamembranen von Nachbarzellen ineinander über; daraus ergibt sich ein Kontinuum lebender Zellen in den Geweben von Pflanzen, das als Symplast bezeichnet wird. Dem Symplasten steht der Apoplast gegenüber, der nichtplasmatische Raum außerhalb der Zellmembranen, der für sich in der Pflanze ebenfalls ein Kontinuum bildet.

2. Cytoplasma und Cytoskelett

Als Grundmasse des Protoplasten, in die die geformten Organelle eingebettet sind, fungiert das **Cytoplasma** (Grundplasma). Es besitzt schleimige Konsistenz, besteht überwiegend aus einem heterogenen Gemisch hydratisierter (Enzym-) Proteine und ist der Ort vieler wichtiger Stoffwechselreaktionen. Bei der Zellfraktionierung fällt es als «lösliche Fraktion» (Cytosol) an. Wie das häufige Vorkommen von Plasmaströmung zeigt, ist das Grundplasma auch in der lebenden Pflanzenzelle wegen seines hohen Wassergehaltes meistens fluide (Sol-Zustand). Es kann aber auch in den Gel-Zustand übergehen, der bei tierischen Zellen und Protocyten überwiegt. Im Plasma-Gel – in Pflanzenzellen besonders unmittelbar unter der Plasmamembran – finden sich zur Verfestigung röhrenförmige Proteinstrukturen mit Durchmessern von 25 nm, die Mikrotubuli (lat. *tubulus*, Röhrchen). Ihre Länge ist variabel, sie kann viele μm erreichen. Die Wand der Mikrotubuli wird durch regelmäßige Zusammenlagerung von glo-

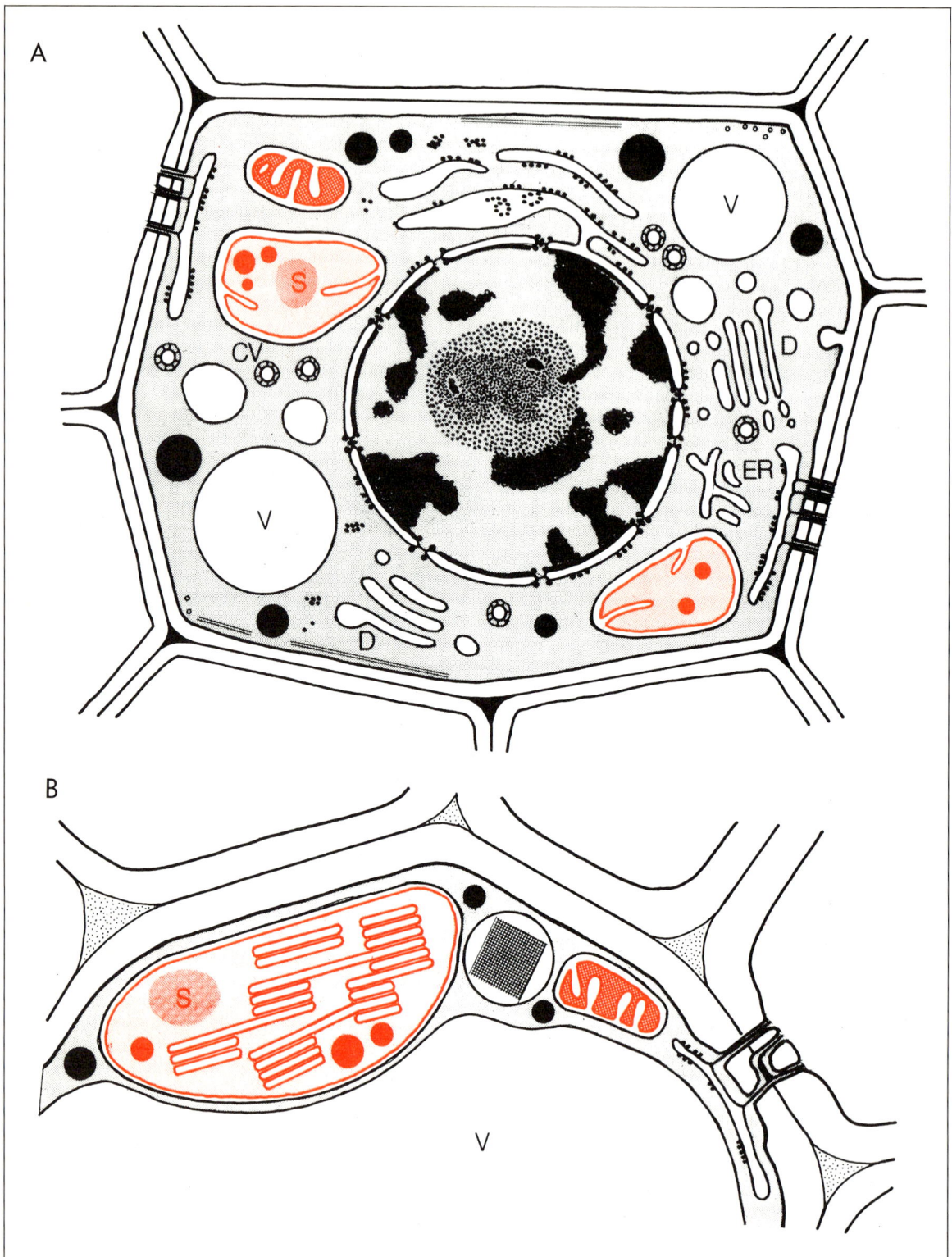

Abb. 1.1.8: Feinbau von Pflanzenzellen. **A**, embryonale Zelle: Zellwand mit Mittellamelle und Plasmodesmen; im Cytoplasma zwei Dictyosomen D, glattes und rauhes ER, Ribosomen und Polysomen, verschiedene Vesikel (darunter auch *Coated Vesicles* CV) und Lipidtröpfchen (Oleosomen, schwarz). Unter der Zellmembran stellenweise Mikrotubuli, längs und quer; Vacuolen V; im zentralen Zellkern ein Nucleolus und dichtes Chromatin; zwei Proplastiden (hellrot, mit Plastoglobuli und Stärke S) und ein Mitochondrion (dunkelrot, mit *Cristae*). Die rot getönten Organelle enthalten eigene DNA. Nichtplasmatische Kompartimente weiß (vgl. dazu S. 83). **B**, Ausschnitt aus Gewebezelle mit enorm vergrößerter Vacuole, Beispiel Blattzelle. Ausgewachsene Primärwand = Saccoderm, an den Zellecken Interzellularräume (punktiert); im Cytoplasma neben einem Mitochondrion, rER und Oleosomen ein Peroxisom mit Katalase-Kristall, sowie ein Chloroplast mit Thylakoiden, Plastoglobuli und Stärkekorn. (Original)

bulären Proteinmolekülen (Tubulin) gebildet. Mikrotubuli können sich je nach Bedarf rasch bilden oder zerfallen. Sie treten nicht nur als Elemente eines internen Zellskeletts (**Cytoskelett**) auf, sondern finden sich häufig auch in Zellstrukturen, die Bewegungen vermitteln (z.B. in Kernteilungsspindeln und in Geißeln = Flagellen, den Bewegungsorganellen von Flagellaten, Zoosporen und vielen Gameten).

Die vorhin erwähnte Plasmaströmung wird allerdings nicht durch Mikrotubuli bewirkt, sondern durch Mikrofilamente, deren Durchmesser nur etwa 6 nm beträgt. Die Mikrofilamente bestehen aus dem Protein Actin. Bei Krafterzeugung wirkt es mit einem zweiten Protein zusammen, dem Myosin. Actin und Myosin sind – wie auch Tubulin – bei allen Eukaryoten verbreitet, während bei Prokaryoten keines dieser Proteine vorkommt. In Muskelzellen von Tieren ist das Actomyosin-System zu besonderer Effizienz entwickelt. Es liegt dort oft in hoher Konzentration und extremer struktureller Ordnung vor.

Im Plasma verstreut liegen kugelige Öltröpfchen, die wegen ihrer hohen Lichtbrechung schon früh aufgefallen waren und seinerzeit Sphärosomen genannt wurden. Heute weiß man, daß es sich um flüssige An-

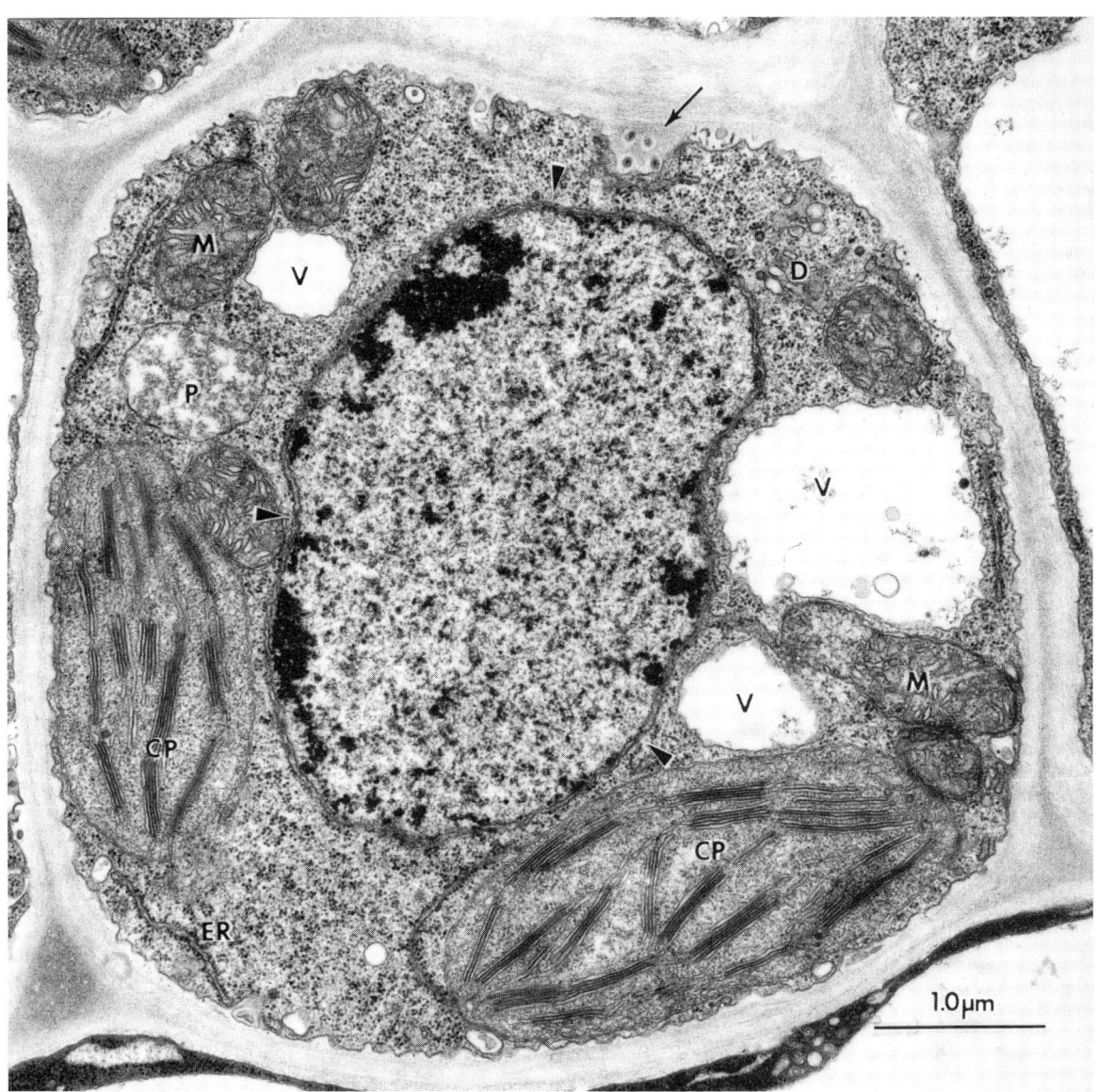

Abb. 1.1.9: Pflanzenzelle im EM – Ultradünnschnitt (Phloemparenchym-Zelle der Bohne *Phaseolus vulgaris*). Diese Zelle zeigt – als Drüsenzelle – viele Merkmale junger, stoffwechselaktiver Zellen (mehrere kleine Vacuolen, Cytoplasma voll von Ribosomen/Polysomen), besitzt andererseits aber Chloroplasten CP. M Mitochondrien, P Peroxisom; übrige Bezeichnungen wie in Abb. 1.1.8. Der Nucleolus liegt außerhalb der Schnittebene; Pfeilköpfe: Kernporen. Pfeile: Plasmodesmen, quer. In Nachbarschaft des Dictyosoms D vier *Coated Vesicles*. (Präparat u. EM Aufnahme: H. Falk)

Abb. 1.1.10: Embryonale Pflanzenzellen (aus Sproßknospe des Blumenkohls) im EM – Gefrierbruch-Präparat. Das Aufbrechen der kryofixierten Zellen erfolgt stellenweise entlang von Membranen, die der Bruchfläche ungefähr parallel laufen; solche Membranen erscheinen in Flächenansicht. Das ist hier der Fall bei den Hüllmembranen der beiden Zellkerne N mit zahlreichen Kernporen. Mitochondrien M und Proplastiden PP sind teils aufgebrochen, teils in Außenansicht (d.h. im plastischen Relief) sichtbar. Auch Zellmembranen (Plasmamembran PM) und Tonoplasten-Membranen von Vacuolen V sind stellenweise im Querbruch («Schnitt») dargestellt, an anderen Stellen in Flächenansicht. Außerdem sind Cisternen des Endoplasma-Reticulum ER sichtbar, sowie ein Dictyosom D. In der Zellwand W stellenweise Cellulosefibrillen erkennbar (Pfeile). (Präparat und EM Aufnahme. K.A. Platt-Aloia u. W.W. Thomson; mit frdl. Erlaubnis des J. Electron Micr.Techn., John Wiley & Sons, New York)

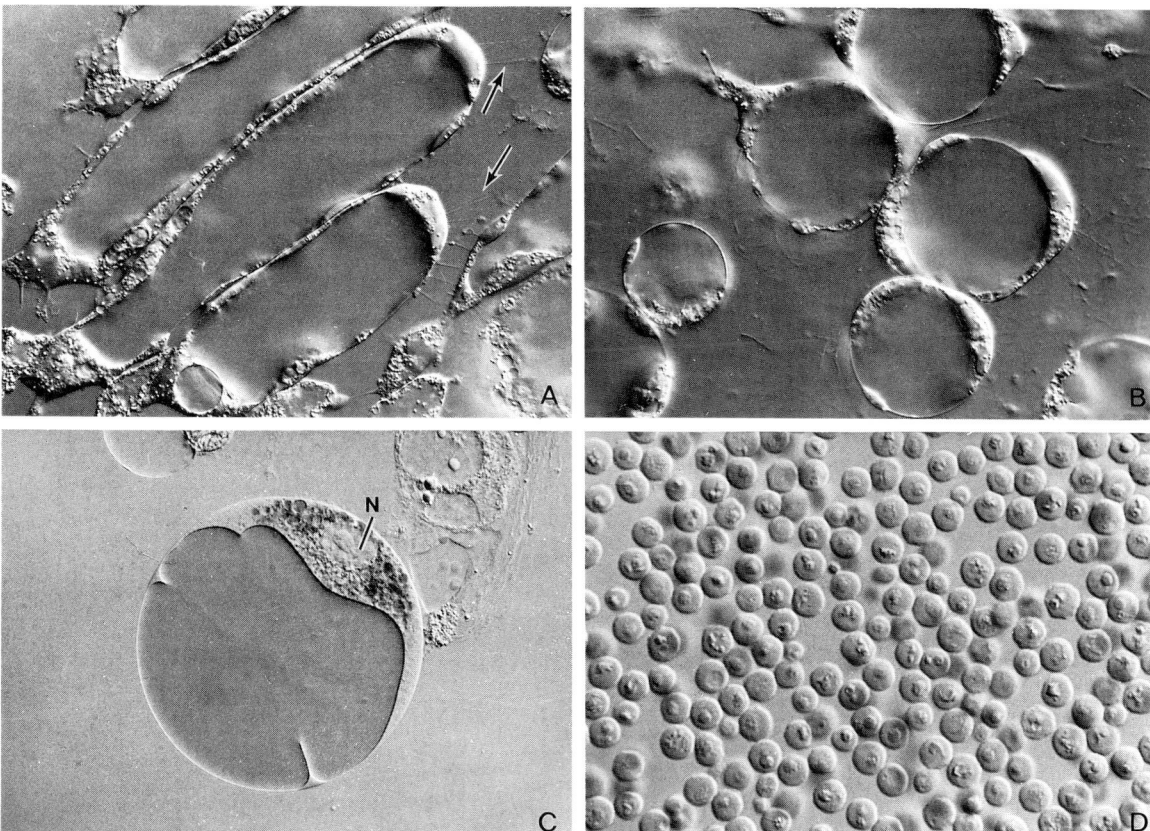

Abb. 1.1.11: Protoplasten entstehen aus lebenden Zellen nach enzymatischem Verdau der Zellwände. **A, B**, Zwiebelschuppen-Epidermis von *Allium cepa* knapp nach Zusatz eines Pectinase-Cellulase-Gemisches (A) und nach Abkugelung der Protoplasten in 0,6 M Sorbitol. Pfeile in A: Plasmafäden, hervorgegangen aus Plasmodesmen. – **C**, Protoplast aus Zellkultur der Petersilie; N, Zellkern mit Nucleolus (Präp.: U. Matern). Beachte in A–C die großen Zentralvacuolen. – **D**, Protoplasten von Hefezellen, *Saccharomyces cerevisiae*. Verglichen mit den Zellen höherer Pflanzen sind Hefezellen sehr klein. (A, B 140 : 1; C 370 : 1; D 800 : 1. DIC-Photos: Originale)

sammlungen von Speicherlipiden (fette Öle) handelt, sie werden dementsprechend als **Oleosomen** bezeichnet (lat. *oleum*, Öl). An ihnen läßt sich ein allgemeines Prinzip der Reservestoff-Speicherung in Zellen demonstrieren. Da das osmotische Potential mit der Zahl gelöster Teilchen ansteigt (S. 323), sind der Konzentrierung kleiner Moleküle in lebenden Zellen i. allg. enge Grenzen gesetzt. Dieses Problem wird umgangen entweder durch Akkumulation wasserunlöslicher und daher osmotisch unwirksamer Reservestoffe, oder durch die Bildung von leicht wieder abbaubaren Makromolekülen. Die erste Möglichkeit ist bei den Oleosomen realisiert, die Alternative bei polymeren Speicherstoffen wie Stärke, Glykogen oder den Proteinmassen und -kristallen in Aleuronkörnern von Früchten und Samen (S. 90).

Das EM läßt im Cytoplasma und an bestimmten Membranen des Zellinneren dichte, annähernd sphärische, 20–30 nm große Partikel erkennen, die **Ribosomen**. Sie sind häufig zu charakteristischen Aggregaten vereinigt, die als Poly(ribo)somen bezeichnet werden. Die Ribosomen sind Ribonucleoprotein-Partikel, d.h. Komplexe aus verschiedenen Proteinen und Ribonucleinsäuren.

Die Polysomen sind die Organelle der Protein-Biosynthese. Dieser Vorgang wird auch als Translation bezeichnet, weil dabei die in Nucleinsäure-Sequenzen verschlüsselte genetische Information in die Aminosäuresequenz von Polypeptiden (Proteinen) übersetzt wird. Polysomen sind Orte der Translation.

3. Biomembranen und Kompartimente; Membranfluß

Biomembranen sind grundsätzlich geschlossene Gebilde, zwar endlich (man kann ihre Flächenausdehnung angeben), aber unbegrenzt, d.h. ohne seitliche Ränder. Sie sind nicht Blättern vergleichbar, sondern Ballonhüllen. Trotz ihrer Flächigkeit sind sie eigentlich keine zweidimensionalen, sondern grundsätzlich dreidimensionale Gebilde. Künstlich aufgerissene Membranen schließen sich sofort wieder. Darauf beruht u.a. die Möglichkeit von Mikroinjektionen. Membranen grenzen also einen Binnenraum, ein Kompartiment, lückenlos gegen die Umgebung ab, sie scheiden «innen» von «außen».

Zu den unerwarteten Entdeckungen der Elektronenmikroskopie gehörte der Reichtum des Cytoplasmas an Membransystemen. Alle intrazellulären Membranen (Endomembranen) sind wie die Plasmamembran aus Lipiden und Proteinen nach gleichen molekularen Gestaltungsprinzipien aufgebaut. Man spricht zusammenfassend von Elementarmembranen oder einfach Biomembranen. Ihre speziellen Funktionen, metabolischen Fähigkeiten und Durchlässigkeiten variieren trotz der ähnlichen Grundbauweise allerdings signifikant. Am stärksten spezialisiert sind die inneren Membranen der Mitochondrien und Plastiden. Alle übrigen intrazellulären Membranen und auch die Zellmembran hängen herkunftsmäßig zusammen und tauschen molekulare Komponenten aus. Zu diesem sehr dynamischen Endomembransystem zählen Endoplasmatisches Reticulum und Kernhülle, die Golgi-Membranen der Dictyosomen und die Membranen von Vacuolen und kleineren Vesikeln.

Das **Endoplasmatische Reticulum (ER)** ist ein weitverzweigtes System flacher Membransäcke («Cisternen», «Doppelmembranen») oder Röhren. Sein zentraler Teil ist die Kernhülle oder Perinuclear-Cisterne. Sie umgibt den Kernraum, das Karyoplasma der alten Lichtmikroskopiker. Als typische Cisterne besteht die Kernhülle aus zwei parallelen Membranen. (Die alte Bezeichnung «Kernmembran» ist irreführend; allenfalls kann man von einer Doppelmembran sprechen.) Die beiden Membranblätter der Kernhülle hängen an zahlreichen Kernporen zusammen. Diese Durchbrechungen der Perinuclear-Cisterne dienen dem Stoffaustausch zwischen Kernraum und Cytoplasma.

Alle Ribosomen-besetzten Cisternen des ER werden als granuläres oder rauhes ER (rER) zusammengefaßt. An membrangebundenen Polysomen werden Membranproteine und solche Polypeptide synthetisiert, die in besondere Vesikel (z.B. Lysosomen, S. 27) eingeschlossen bleiben oder als Sekret nach außen abgegeben werden. Neben dem rER gibt es in vielen Zellen noch ein ribosomenfreies, agranuläres oder glattes ER (sER, von engl. *smooth*, glatt). Es besteht oft aus verzweigten Tubuli. Das sER ist vor allem in der Lipidsynthese aktiv, kann aber auch andere Funktionen übernehmen.

An verschiedenen Stellen des Cytoplasmas finden sich kleine Stapel von glatten, flachen Cisternen. Sie werden als Dictyosomen bezeichnet. Aus dem Vergleich mit tierischen Zellen, wo oft mehrere Dictyosomen nahe beisammenliegen und durch Imprägnierung mit Silber- oder Osmiumsalzen kontrastreich dargestellt werden können, weiß man, daß es sich um Elemente des sog. Golgi-Apparates handelt. Bei höheren Pflanzen ist der Golgi-Apparat «dispers», die Dictyosomen sind über das gesamte Cytoplasma verstreut und können im LM normalerweise nicht erkannt werden. Der «Golgi-Apparat» ist in diesen Fällen keine strukturelle, sondern lediglich eine funktionelle und begriffliche Einheit, er entspricht der Gesamtheit aller Dictyosomen einer Zelle.

Der Golgi-Apparat ist das Drüsenorganell der Zelle. In den Dictyosomen werden vor allem Sekrete synthetisiert (z.B. viele Zellwandpolysaccharide) oder glykosyliert (Umwandlung von Proteinen in Glykoproteine) und über Sekretvesikel (Golgi-Vesikel) aus der Zelle ausgeschleust. Das geschieht durch Membranfluß (Abb. 1.1.12): Randpartien von Golgi-Cisternen blähen sich unter Anhäufung von Sekretvorstufen auf und schnüren sich als Golgi-Vesikel ab. Die losgelösten Vesikel wandern zur Zellmembran, verschmelzen mit ihr und ergießen dabei ihren Inhalt nach außen. Die Vesikelmembran wird Teil der Plasmamembran. Diese Art der zellulären Sekretion wird als Exocytose bezeichnet. Durch Exocytose können Makromoleküle, in besonderen Fällen sogar noch wesentlich größere «ge-

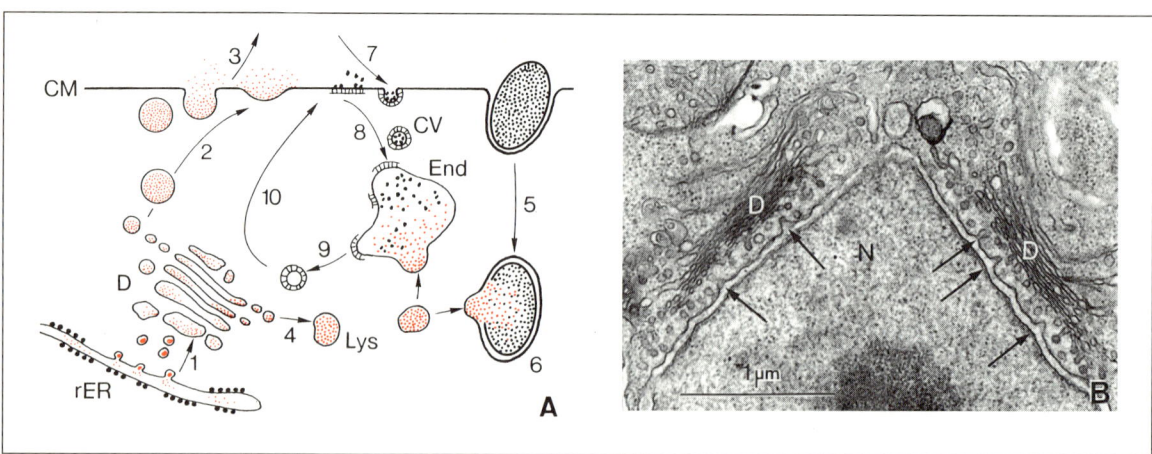

Abb. 1.1.12: Membranfluß. Exo- und Endocytose. **A**, am rER synthetisierte Proteine gelangen über Transitvesikel zum Dictyosom D (1). Dort werden sie durch Glykosylierung modifiziert und entweder über Golgi-Vesikel zur Zellmembran CM transportiert (2) und exocytiert (3), oder in primäre Lysosomen Lys verpackt (4). Durch Phagocytose aufgenommene größere Partikel (5) werden mit Hilfe lysosomaler Enzyme in Verdauungsvacuolen abgebaut (6). Kleinere Partikel, z.B. für die Zelle verwertbare Makromoleküle, werden von spezifischen Rezeptoren an der CM adsorbiert und von *Coated Vesicles* CV zu Endosomen End transferiert (8), in deren saurem Milieu sie von den Rezeptoren abfallen und hydrolysiert werden. Die Rezeptoren werden recycliert – zunächst über CVs zu Dictyosomen verlagert (9), dann wieder an die Zelloberfläche (10). **B**, Vesikelstrom vom rER (hier repräsentiert durch die Hülle des Kerns N der Alge *Botrydium granulatum*) zu benachbarten Dictyosomen D; Pfeile: Abschnürung von Transitvesikeln. (A Original; B, EM Aufnahme: H. Falk)

formte Sekrete» aus dem Zellinneren in den extrazellulären Raum gelangen, ohne je die Zellmembran selbst durchwandert zu haben, und ohne daß sich diese auch nur vorübergehend geöffnet hätte. Bei der Vesikelproduktion verliert das Dictyosom Membranmaterial. Neues Membranmaterial wird vom ER nachgeliefert, wieder durch Membranfluß: Aus ER-Cisternen sprossen kleine Transit-Vesikel = Primärvesikel ab, wandern zu einem benachbarten Dictyosom und verschmelzen dort zu einer neuen Golgi-Cisterne.

Wenn an der Plasmamembran geformte Vesikel ins Innere der Zelle verschoben werden, spricht man von Endocytose. Sie ist formal eine Umkehrung der letzten Exocytose-Schritte. Zellen höherer Pflanzen zeigen normalerweise nur schwache Endocytose-Aktivität. Stark ausgeprägt ist Endocytose bei Protozoen und bestimmten Zellen von Metazoen. Neben der Einverleibung von Nahrungspartikeln (Phagocytose) spielt dort auch die Aufnahme von Makromolekülen oder Transportpartikeln aus Körperflüssigkeiten eine wichtige Rolle. Dabei werden die aufzunehmenden Teilchen zunächst an der Außenseite der Plasmamembran durch spezifische Erkennungsmoleküle (Rezeptoren) gebunden und gemeinsam mit ihnen durch Endocytose internalisiert. Die kleinen Endocytose-Vesikel zeichnen sich durch eine charakteristische Hülle (engl. *coat*) aus, sie werden international als *Coated Vesicles* bezeichnet. Sie bringen das endocytierte Material zu größeren Vesikeln, den Endosomen. Dort wird das endocytierte Material verdaut, nachdem sich kleine, mit Verdauungsenzymen gefüllte Vesikel, sog. primäre Lysosomen (sie werden an Dictyosomen gebildet), mit dem Endosom vereinigt haben. Dieses ist damit zu einer Verdauungsvacuole, einem sekundären Lysosom, geworden. In Gewebezellen von Pflanzen sind solche Aktivitäten wie gesagt gering, was mit dem Besitz fester Zellwände und der Osmotrophie zusammenhängt, die hier an die Stelle der Phagotrophie tritt. Dennoch sind *Coated Vesicles* auch in Pflanzenzellen nicht selten. Sie stellen Vehikel intrazellulärer Membran- und Stoffverschiebungen (Intracytose), sowie mobile Membranspeicher dar.

Zu den größten Kompartimenten ausgewachsener Pflanzenzellen gehören die **Vacuolen**. In jungen Zellen sind sie meistens noch klein und in Mehrzahl vorhanden. Die Gesamtheit der Vacuolen einer Zelle wird als Vacuom bezeichnet. Das auffällige Wachstum vieler Pflanzen («Gewächse»; vgl. S. 129) beruht darauf, daß Zellen bei der Differenzierung durch Aufblähen der Vacuolen ihr Volumen mehr als 400fach vergrößern können. Die Vacuolen verschmelzen dabei zu einer Zentralvacuole, die in ausgewachsenen Gewebezellen über 95% des Zellvolumens ausfüllen kann. Der Vacuoleninhalt (Zellsaft) ist eine nichtplasmatische, meistens saure Flüssigkeit. In ihr sind Ionen, Mikro- und Makromoleküle gelöst, darunter auch wichtige Reservestoffe, hydrophile Farbstoffe (z.B. Anthocyane), Abfallstoffe und Gifte (Alkaloide, bestimmte Glykoside). Die Gesamtkonzentration aller im Zellsaft gelösten Stoffe bedingt den Turgor («Tonus») der Zelle (S. 324; lat. *túrgidus*, geschwollen; griech. *tónos*, Spannung). Die Vacuolenmembran – sie stammt von ER- oder Golgi-Membranen – wird daher als Tonoplastenmembran oder einfach als Tonoplast bezeichnet.

Neben den großen Vacuolen kommen in allen Pflanzenzellen auch kleine Membranvesikel mit Durchmessern um 1 μm vor, die dicht mit Proteinmaterial gefüllt sind. Sie wurden ursprünglich *Microbodies* (oder Cytosomen) genannt, heute werden sie zusammenfassend als Peroxisomen bezeichnet.

4. Der Zellkern

Der Zellkern (Nucleus, Karyon) ist bei den meisten Eukaryoten das größte plasmatische Organell. Das gilt auch für alle höheren Pflanzen; nur bei manchen Grünalgen mit besonders großen Chloroplasten sind diese noch größer. Der Kern macht in der Regel etwa 10% des Plasmavolumens aus.

Die membranöse Kernhülle wurde schon erwähnt. Das Innere des Zellkerns ist frei von Membranen. Die Innenseite der Perinuclear-Cisterne ist von einer dünnen, faserigen Schicht ausgekleidet, der Nuclearlamina. Sie ist der äußerste, verdichtete Teil eines filamentösen Netzwerks, das als Kernskelett = **Nuclearmatrix** den Zellkern durchzieht und ihm Gel-artige Konsistenz verleiht. Im Kernraum liegen in Ein- oder Mehrzahl dichte Nucleolen, in denen Vorstufen der cytoplasmatischen Ribosomen gebildet werden.

Der Zellkern enthält den größten Teil des Erbgutes einer Zelle, er ist das umfangreichste Archiv der genetischen Information. Diese ist in linearen DNA-Doppelmolekülen gespeichert, sie ist in Nucleotid-Sequenzen (Basen-Sequenzen) dieser ungewöhnlich langen Kettenmoleküle verschlüsselt. Jede DNA-Doppelhelix ist zentrales Struktur- und Funktionselement eines Chromosoms. Die DNA ist dabei mit basischen Proteinen komplexiert, den Histonen. Außerdem sind wechselnde Quantitäten und Qualitäten von Nichthiston-Proteinen am Aufbau der Chromosomen beteiligt. Die Gesamtmasse der Chromosomensubstanz wird als **Chromatin** bezeichnet.

Der Zellkern durchläuft bei seiner Teilung, die meistens unmittelbar vor einer Zellteilung erfolgt, auffällige Veränderungen. Im Normfall werden Kernhülle und Nucleolen aufgelöst, auch das Kernskelett bleibt nicht bestehen. Die physiologisch aktive, dekondensierte «Arbeitsform» des Chromatins geht unter Kompaktierung und Verdichtung (Kondensation) der einzelnen Chromosomen in die «Transportform» über. Die stabförmigen oder fädigen, stark färbbaren Gebilde, die während der Kernteilungen das Chromatin repräsentieren, waren es auch, die ursprünglich als «Chromosomen» bezeichnet worden sind (griech: *chroma*, Farbe).

In jeder Zellgeneration wird mit dem aus Kernteilung und Interphase bestehenden Zellcyclus auch der Kondensations/Dekondensations-Cyclus durchlaufen. Nur in dekondensiertem Chromatin, also während der Interphase, kann die Vermehrung (Replikation) von chromosomaler DNA stattfinden, sowie die DNA-gesteuerte Synthese von RNA (Transkription).

Die Chromatin-Dekondensation beim Übergang zur Interphase wird häufig nicht vom gesamten Chromatin mitgemacht; nur das Euchromatin verhält sich in dieser Hinsicht regulär, während als Heterochromatin bezeichnete Chromosomenabschnitte auch im Interphasekern kondensiert und bezüglich der Transkription inaktiv bleiben. Sie fallen im Kernraum als dichte Chromozentren auf.

5. Plastiden und Mitochondrien

Plastiden kommen bei höheren Pflanzen in verschiedenen Formen und Funktionen vor. Die Chloroplasten der Zellen in grünen Sproß- und Blattgeweben sind die Organelle der Photosynthese, der Umwandlung von Lichtenergie in chemische Energie (S. 259; griech. *chlorós*, gelbgrün). Die «Lichtreaktionen» der Photosynthese laufen an Chlorophyll- und Carotinoid-haltigen, flachen Doppelmembranen im Chloroplasten-Inneren ab, die als Thylakoide bezeichnet werden (griech. *thýlakos*, Sack, Schlauch). Diese lagern sich stellenweise zu dichten Stapeln aneinander, die als Grana bezeichnet werden (lat. *granum*, Korn). Aber auch zwischen den Granen – im Stroma – verlaufen einzelne Thylakoide (Stroma-Thylakoide, griech. *stroma*, Lager). In der Stroma-Matrix finden sich Ribosomen, die kleiner sind als die des Cytoplasmas, und meistens auch Ansammlungen von Reservestoffen (Lipidtropfen, hier als Plastoglobuli bezeichnet; Stärkekörner).

In den Zellen nichtgrüner Pflanzengewebe treten andere Plastidenformen auf, so z. B. in embryonalen Zellen kleine, unpigmentierte Proplastiden, die sich durch Teilung rasch vermehren können. Unpigmentierte Plastiden in differenzierten Gewebezellen, die sich normalerweise nicht mehr teilen, werden als Leukoplasten bezeichnet (griech. *leukós*, weiß, ungefärbt). Sie kommen in Wurzeln, im Inneren von Sprossen und in vielen Blütenblättern vor und sind oft auf die Speicherung von Reservestoffen spezialisiert. Durch Carotinoide gelb gefärbt sind die im Herbstlaub auftretenden senescenten Chloroplasten, die als Gerontoplasten bezeichnet werden. Von ihnen sind die Chromoplasten zu unterscheiden, die zwar ebenfalls Carotinoide enthalten und durch sie gelb, orange oder rot gefärbt sind, aber in Blüten- u. Fruchtblättern gefunden werden und der Tieranlockung für Bestäubung bzw. Samenausbreitung dienen.

Mit Ausnahme der Gerontoplasten können sich alle Plastidenformen ineinander umwandeln, alle sind teilungsfähig. Der häufigste Entwicklungsgang entspricht jedoch einer monotropen Entwicklung:

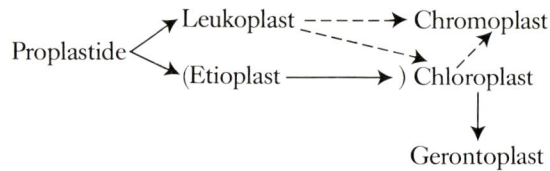

Im Gegensatz zu Plastiden verändern sich **Mitochondrien** bei Zelldifferenzierung nur wenig. Sie sind meistens stabförmig mit Querdurchmessern unter 0,5 µm und Längen bis über 10 µm. Wie Plastiden besitzen auch sie eine doppelte, porenlose Membranhülle. Mit der glatten äußeren Membran grenzt sich das Cytoplasma gegen das Organell ab. Die innere Membran umschließt den eigentlichen, gallertigen Organellkörper und kleidet Einfaltungen seiner Oberfläche aus. Die dadurch entstehenden Membranfalten werden als Cristae bezeichnet (lat. *crista*, Kamm).

Die Mitochondrien sind die Organelle der Zellatmung, sie vermögen einen wesentlichen Teil der beim Abbau organischer Verbindungen freiwerdenden Energie in Form von energiereichem Adenosintriphosphat (ATP) festzulegen. ATP ist das «Energie-Kleingeld», mit dem viele energieverbrauchende Reaktionen der Zelle «bezahlt» werden – Syntheseleistungen, Bewegungen, aktiver Membrantransport usw. ATP entsteht durch Phosphorylierung von Adenosindiphosphat (ADP, siehe Formel unten). Bei Mitochondrien wird dieser Vorgang als oxidative Phosphorylierung bezeichnet. Analog können Chloroplasten Lichtenergie zu einer Photophosphorylierung ausnützen. Mitochondrien sind die Organelle der aeroben Heterotrophie, Chloroplasten entsprechend jene der Phototrophie.

Bei Plastiden und Mitochondrien handelt es sich um verschiedene Organellsorten. Es bestehen aber zwischen ihnen, auch abgesehen von ihrer Rolle als «Kraftwerke» der Zelle, mehrere auffällige Gemeinsamkeiten. Die doppelte Membranhülle beider Organelle fragmentiert nicht bei der Organellvermehrung, die in einer Durchschnürung besteht. Zusammensetzung und gelegentliche ER-Kontakte der äußeren Hüllmembran deuten auf ihre Zugehörigkeit zum Endomembransystem hin. Die innere Hüllmembran – sie ist die eigentliche Organellmembran – ist abweichend zusammengesetzt und fusioniert nie mit anderen Membranen der Zelle. Weiterhin vermehren sich beide Organelle ausschließlich durch Teilung, sie besitzen je eigene DNA, mitochondriale DNA (mtDNA) bzw. plastidäre DNA (ptDNA), und eigene Ribosomen (Mito- und Plastoribosomen), die sich von den Cytoribosomen des Cytoplasmas deutlich unterscheiden.

Diese und einige weitere Eigenschaften von Plastiden und Mitochondrien haben Entsprechungen bei Bakterien. Es ist daher postuliert worden, daß beide Organelle stammesgeschichtlich aus prokaryotischen, intrazellulären Symbionten hervorgegangen sind (Endosymbionten-Theorie, S. 125; vgl. auch S. 548).

B. Feinbau der Pflanzenzelle: Organelle und Moleküle

1. Das Cytoplasma

Als **Grundplasma** wird die Masse bezeichnet, in der sich die Ribosomen befinden, die Elemente des Cytoskeletts (Mikrotubuli und Mikrofilamente) und verschiedene Aggregate von Speicherstoffen wie Lipidtropfen (Oleosomen) oder – bei Pilzen – Glykogen-Granula. Das Grundplasma, das auch im EM strukturlos erscheint und oft flüssig ist, ist reich an Enzymproteinen. Die Protein-Gesamtkonzentration liegt dementsprechend zwischen 10 und 30%, so daß ein beträchtlicher Anteil des Wassers im Cytoplasma als Quellungswasser an Proteinmoleküle gebunden ist. Die Proteine des Grundplasmas sind globulär und sammeln sich bei Zellfraktionierung im sog. löslichen Überstand (Cytosol). Durch die Ionenpumpen der Zellmembran und verschiedener intrazellulärer Membranen wird im Cytoplasma-Kompartiment ein besonderes Ionenmilieu aufrechterhalten, das – im Vergleich zum Außenmedium – durch relativ hohe Konzentrationen an K^+ und niedere an Na^+ und Ca^{2+} ausgezeichnet ist. Der pH-Wert liegt knapp oberhalb von 7, in diesem Bereich haben die Enzyme des Cytoplasmas ihr pH-Optimum.

Im Grundplasma laufen viele wichtige Reaktionen und Reaktionsketten des Stoffwechsels ab, u.a. die Glykolyse (S. 290), die Bildung von Speicherlipiden, die Synthese von Aminosäuren, Nucleotiden und von Saccharose; weiterhin die Aktivierung von Aminosäuren, ihre spezifische Verknüpfung mit den entsprechenden tRNAs und (an den Ribosomen) die Translation, d.h. die Proteinbiosynthese. Im Grundplasma vieler Pflanzenzellen werden auch Sekundärstoffe, z.B. Alkaloide, synthetisiert, die dann in den Vacuolen oder der Zellwand akkumuliert werden. In den Zellen von Tieren und Pilzen läuft schließlich noch die Fettsäuresynthese im Cytoplasma ab (bei Pflanzen werden Fettsäuren vor allem in den Plastiden gebildet).

Es wurde schon gesagt (S. 21), daß das Grundplasma sowohl flüssig wie auch in gelartiger Konsistenz vorliegen kann (Plasmasol, Plasmagel). Verfestigend wirken dabei vor allem filamentöse bzw. mikrotubuläre Strukturen im Grundplasma: Die aus globulären Actinmolekülen aufgebauten Mikrofilamente, und die aus ebenfalls globulären Tubulin-Einheiten bestehenden Mikrotubuli. H. Staudinger (S. 16) hat schon früh darauf hingewiesen, daß Lösungen globulärer Makromoleküle («Sphärokolloide») auch noch bei vergleichsweise hohen Konzentrationen niederviskos bleiben, während bei langgestreckten Teilchen («Linearkolloide») die Viskosität schon bei geringen Konzentrationen hoch ist, so daß sich Gallerten bilden. Linearkolloide treten wegen ihrer enormen relativen Oberfläche schon bei niedrigen Konzentrationen in starke Wechselwirkung und behindern sich gegenseitig in ihrer Beweglichkeit. Es ist bezeichnend, daß die beiden vorhin genannten Cytoskelett-Komponenten ausgesprochene Linearkolloide sind, zugleich aber Aggregate aus globulären Proteinen. In der lebenden Zelle können die Aggregate (Quartärstrukturen) des Actins bzw. Tubulins schnell auf- und abgebaut werden, so daß die Viskosität des Cytoplasmas den jeweiligen Erfordernissen rasch angepaßt werden kann. Da Pflanzen- und Pilzzellen durch ihre Zellwände über ein solides Exoskelett verfügen, ist flüssiges Cytoplasma bei ihnen viel häufiger anzutreffen als in Zoocyten oder den nackten Zellen vieler Flagellaten und niederer Pilze. In allen Zellen sind es bevorzugt die außenliegenden Plasmapartien, das sog. Ektoplasma = Cortikalplasma (lat. *cortex*, Rinde), die als Gel vorliegen, während das innenliegende Endoplasma oft flüssig ist. Auffällige Plasmaströmung beschränkt sich auf das Endoplasma.

Rasche Plasmaströmung wird vor allem in besonders großen Zellen beobachtet, sie dient offenbar dem schnellen intrazellulären Stofftransport, für den bloße Diffusion nicht ausreicht. Bei umwandeten Zellen wird zwischen Rotations- und Circulationsströmung unterschieden. Im Fall der Plasmarotation umrundet das Endoplasma in konstanter, einheitlicher Bewegung die Zentralvacuole in einfachen Umläufen oder auf Achterbahnen. Diese Art der Plasmaströmung wird in den außergewöhnlich großen Internodialzellen von *Chara* und *Nitella* beobachtet (Abb. 1.4.9, S. 235; S. 640), aber z.B., auch in Blattzellen der bekannten Aquariumspflanzen *Elodea* und *Vallisneria*. In Zellen mit Spitzenwachstum (Pilzhyphen, Wurzelhaare, Pollenschläuche), in Haarzellen (z.B. Brennhaare der Brennessel) und vielen Epidermiszellen erfolgt die Plasmaströmung in zahlreichen, z.T. gegenläufigen Strömungen, bevorzugt auch in den Plasmasträngen und -segeln, welche die Zentralvacuole durchspannen. Die amö-

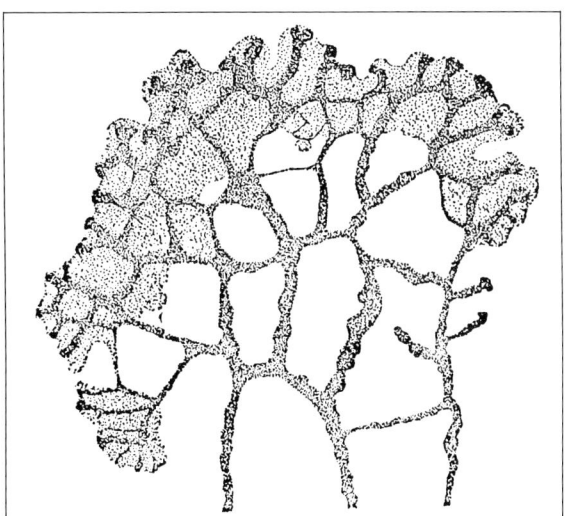

Abb. 1.1.13: Plasmodium des Schleimpilzes *Didymium*. (12 : 1, nach G.M. Smith)

boide Bewegung unbewandeter Zellen bzw. Plasmodien beruht ebenfalls auf Plasmaströmungen. Den Geschwindigkeitsrekord – 1 mm · s⁻¹ – hält die «Pendelströmung» im Adernnetz von Schleimpilzen (Abb. 1.1.13; vgl. S. 548). Sie kommt als hydraulische Druckströmung dadurch zustande, daß sich der kontraktile Ektoplasmaschlauch an manchen Stellen des Plasmodiums zusammenzieht, an anderen expandiert; die Strömungsrichtung kehrt sich alle 2,5 min um. Nicht nur hier, sondern auch bei den um den Faktor 10 oder noch langsameren Circulations- und Rotationsströmungen liefert das zelluläre Actomyosin-System (s.u.) die erforderlichen Triebkräfte; allerdings werden im Gegensatz zur Pendelströmung der Myxomyceten nicht hydraulische, sondern Scherkräfte erzeugt, die das Endoplasma relativ zum ortsfesten Ektoplasma verschieben.

a) Molekulare Struktur der Proteine

Proteine (Eiweißkörper) sind an fast allen zellulären Strukturen beteiligt, sie werden in Membranen, Chromosomen, Cytoskelettelementen und sogar in Zellwänden regelmäßig gefunden. Das Grundplasma kann geradezu als Protein-Sol bzw. -Gel charakterisiert werden.

Die strukturelle und funktionelle Vielfalt der Proteine ist enorm. In jeder Zelle gibt es eine Unzahl verschiedener, jeweils hochspezifischer Enzyme, die als **die** Biokatalysatoren den Stoffwechsel steuern (S. 245–250). Andere Proteine zeigen kaum enzymatische Aktivität, sind aber durch besondere Stabilität und die Fähigkeit ausgezeichnet, sich von selbst zu größeren Komplexen zusammenzulagern und durch solche Selbstorganisation *(Self-Assembly)* z. B. Filamente – molekulare Fadenstrukturen – zu bilden (Strukturproteine). Schließlich gibt es Proteine, die darauf spezialisiert sind, Signalstoffe wie Hormone oder Erkennungsstrukturen (z.B. an der Oberfläche von Keimzellen bei der Befruchtung) spezifisch zu binden; sie werden als Rezeptorproteine bezeichnet, die ihre Liganden mit derselben Präzision erkennen können wie ein Enzym sein Substrat. Analog vermögen viele Membranproteine ganz bestimmte Moleküle zu erkennen und sie durch die Membran hindurchzuschleusen (Translokatorproteine).

Die Fähigkeit vieler Proteine, molekulare Strukturen genau zu erkennen und sie zu binden, findet sich im Immunapparat der Warmblüter zur höchsten Vollkommenheit entwickelt. Die extreme Spezifität von Immunglobulinen (Antikörper) bei der Erkennung bestimmter Antigene – körperfremde Proteine, Polysaccharide oder Nucleinsäuren – ist in der modernen biologisch-medizinischen Forschung von enormer Bedeutung. Die Antikörper selbst sind komplexe Proteinmoleküle. Sie können aus dem Serum immunisierter Tiere oder – als monoklonale Antikörper in theoretisch unbegrenzter Menge – aus entsprechenden Zellkulturen gewonnen werden. Mit Hilfe von Antikörpern kann man z.B. ein bestimmtes Protein in Zellen oder Geweben genau lokalisieren (Abb. 1.1.21, S. 38). Eine andere, für die Erforschung phylogenetischer Zusammenhänge wichtige Möglichkeit ist durch die quantitative Bestimmung des Verwandtschaftsgrades homologer Proteine bei verschiedenen Organismenarten mit Hilfe «serologischer Kreuzreaktionen» eröffnet worden (S. 525).

Proteine sind Polypeptide, ihre Moleküle sind aus α-Aminosäuren aufgebaute, lineare Makromoleküle. In Abb. 1.1.14 sind die Monomeren der Proteinmoleküle zusammengestellt, die 20 proteinogenen **Aminosäuren**. Zu ihnen zählt auch Prolin, eine Iminosäure. Alle übrigen haben folgenden Molekülbau: Die 4 Valenzen des sog. α-C-Atoms tragen eine Carboxylgruppe, eine Aminogruppe, ein H-Atom und einen Rest R. Die einzelnen Aminosäuren unterscheiden sich durch ihre Reste (Abb. 1.1.14). Bei Glycin, der einfachsten Aminosäure, bedeutet R ebenfalls ein Wasserstoffatom. Bei allen übrigen Aminosäuren ist aber der α-Kohlenstoff asymmetrisch substituiert, d.h. seine 4 Valenzen sind mit unterschiedlichen Substituenten besetzt. Die proteinogenen Aminosäuren gehören (außer Glycin) der L-Reihe an: Wird das Molekül bzw. seine Strukturformel so orientiert, daß die Carboxylgruppe vom α-C nach oben (-hinten), der Rest nach unten (-hinten) absteht, dann weist die Aminogruppe nach links (-vorn), der α-Wasserstoff nach rechts (-vorn).

In den unverzweigten Polypeptidketten der Proteinmoleküle sind die einzelnen Aminosäuren durch Peptidbindungen zwischen der Carboxylgruppe einer Aminosäure und der Aminogruppe der nächsten miteinander verknüpft. Die Knüpfung einer Peptidbindung entspricht der Bildung eines Säureamids und kann formal (!) als Kondensationsreaktion unter Wasseraustritt aufgefaßt werden:

$$\begin{array}{c}\text{H} \quad \boxed{\text{R}} \quad \text{O} \qquad \text{H} \qquad \text{H} \quad \text{O} \qquad \text{H} \quad \boxed{\text{R''}} \quad \text{O}\\ | \quad | \quad \| \qquad | \qquad | \quad \| \qquad | \quad | \quad \|\\ \text{N–C–C–OH} \quad \text{N–C–C–OH} \quad \text{N–C–C–OH usw.}\\ | \quad | \qquad \quad | \quad | \qquad \quad | \quad |\\ \text{H} \quad \text{H} \qquad \text{H} \quad \boxed{\text{R'}} \qquad \text{H} \quad \text{H}\end{array}$$

$$\downarrow \; H_2O \qquad \downarrow \; H_2O$$

$$\begin{array}{c}\text{H} \quad \boxed{\text{R}} \quad \text{O} \quad \text{H} \quad \text{H} \quad \text{O} \quad \boxed{\text{R''}} \quad \text{O}\\ \longrightarrow \text{N–C–C–N–C–C–N–C–C–usw.}\end{array}$$

Peptidbindungen

In Wirklichkeit ist die Polypeptidsynthese, die in der lebenden Zelle an den Ribosomen abläuft, aus energetischen und informatorischen Gründen wesentlich komplizierter. Peptidbindungen können aber durch Hydrolyse gelöst werden; die Verdauung von Proteinen entspricht einem hydrolytischen Abbau.

Die unverzweigten Polypeptidketten der Proteine sind – ebenso wie die Polynucleotidketten der Nucleinsäuren – informative Makromoleküle: In der unperiodischen, für jedes bestimmte Protein (jede Nucleinsäure) charakteristischen Reihenfolge der Monomeren (Sequenz = Primärstruktur) drückt sich eine spezifische Information aus, analog etwa der Buchstabensequenz eines geschriebenen Textes. Die für einen Informationsträger außerdem unerläßliche Festlegung der Leserichtung ist im Fall der Polypeptide dadurch gegeben, daß sie – wie schon jedes Dipeptid und letztlich ja auch schon die einzelne Aminosäure – ein Amino-Ende (N-Terminus) und ein Carboxyl-Ende (C-Terminus) besitzen. Die Primärstruktur wird vom N-Terminus zum C-Terminus gelesen, entsprechend der Syntheserichtung.

Aminosäuresequenzen können ermittelt werden, wenn es gelingt, das betreffende Protein in reiner Form darzustellen.

Für die Abtrennung einzelner Proteine aus einem komplexen Proteingemisch stehen heute zahlreiche sehr leistungsfähige Methoden zur Verfügung. Sie beruhen überwiegend auf Unterschieden der Molekülgröße (Gelfiltration und -chromatographie, Gel-Elektrophorese, Abb. 1.1.15), zusätzlich oft auf

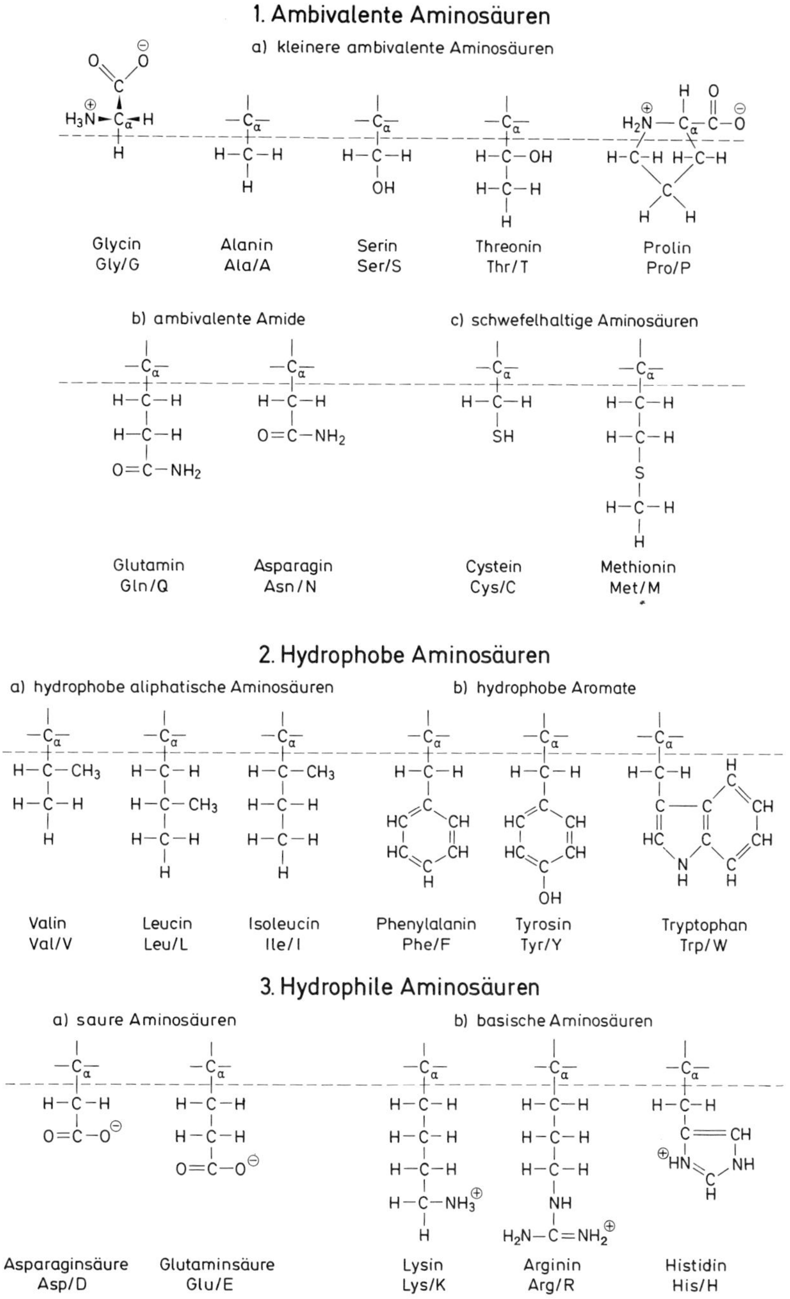

1. Ambivalente Aminosäuren

a) kleinere ambivalente Aminosäuren

Glycin	Alanin	Serin	Threonin	Prolin
Gly/G	Ala/A	Ser/S	Thr/T	Pro/P

b) ambivalente Amide

Glutamin	Asparagin
Gln/Q	Asn/N

c) schwefelhaltige Aminosäuren

Cystein	Methionin
Cys/C	Met/M

2. Hydrophobe Aminosäuren

a) hydrophobe aliphatische Aminosäuren

Valin	Leucin	Isoleucin
Val/V	Leu/L	Ile/I

b) hydrophobe Aromate

Phenylalanin	Tyrosin	Tryptophan
Phe/F	Tyr/Y	Trp/W

3. Hydrophile Aminosäuren

a) saure Aminosäuren

Asparaginsäure	Glutaminsäure
Asp/D	Glu/E

b) basische Aminosäuren

Lysin	Arginin	Histidin
Lys/K	Arg/R	His/H

Abb. 1.1.14: Die 20 proteinogenen Aminosäuren bzw. ihre Reste. Die Gruppierung am α-C-Atom, das Carboxyl- und Aminogruppe sowie ein H-Atom und den Rest trägt, ist – außer bei Prolin – immer dieselbe und daher nur bei der einfachsten Aminosäure gezeichnet, dem Glycin. Neben den Vulgärnamen sind die üblichen Abkürzungen angegeben sowie der bei Polypeptidsequenzen benützte Einbuchstaben-Code. Die isoelektrischen Punkte schwanken zwischen 5,02 (Cys) und 6,53 (Thr), außer bei den Aminosäuren der Gruppe 3 (Asp 2,87; Glu 3,22; Lys 9,74; Arg 10,76; His 7,58)

Differenzen in der elektrischen Ladung (Ionenaustausch-Chromatographie; isoelektrische Fokussierung). Weiterhin können die spezifischen Erkennungsleistungen von Proteinen ausgenützt werden (Affinitäts-Chromatographie: Rezeptorproteine werden in Chromatographiesäulen durch fixierte Liganden zurückgehalten, während alle übrigen Proteine durchlaufen; analog werden Enzyme durch ihre Substrate, Translokatoren durch ihre Permeanden in der Säule festgehalten). Die Leistungsfähigkeit dieser Methoden ist außerordentlich. Oft kann in einem einzigen Arbeitsgang die Anreicherung eines bestimmten Proteins auf das Millionenfache erreicht werden. Das ist besonders bei seltenen Proteinen wichtig, die im Polypeptidgemisch des Zellplasmas nur eine verschwindende Minderheit ausmachen. Schließlich ist es auch möglich, ein bestimmtes Protein aus einem Gemisch durch monospezifische Antikörper auszufällen (Immunpräzipitation).

Das Sequenzieren ist ein Dreistufenprozeß. Zunächst wird die Polypeptidkette durch geeignete Agenzien, z.B. Bromcyan, in definierte Bruchstücke aufgespalten – Bromcyan schneidet ausschließlich hinter der relativ seltenen Aminosäure Methionin. Die Teilsequenzen werden dann chromatographisch aufgetrennt und jede für sich durch sog. Edman-Abbau sequenziert; dabei werden durch cyclisch wiederholte Reaktionsfolgen die einzelnen Aminosäuren sukzessive vom Amino-Ende her freigesetzt und identifiziert, die zeitliche Abfolge ihres Auftretens im Reaktionsansatz gibt die Sequenz wieder. Die Gesamtsequenz wird schließlich mit Hilfe von überlappenden Teilsequenzen («Brückenpeptide») festgelegt. Für das Sequenzieren gibt es inzwischen leistungsfähige Automaten. Sequenzen bis zu 20 Aminosäuren können in 40 Stunden maschinell ermittelt werden, auch wenn nur 2 ng des reinen Peptids zur Verfügung stehen.

Tabelle 1.1.1: Aminosäuresequenzen von Cytochrom c.
Die Sequenzen – im Einbuchstaben-Code – stammen von 10 Organismen verschiedenster Stammeszugehörigkeit (1 Grünalge, 2 Pilze, 1 Gymnosperme, 4 Angiospermen; 3 Säuger). Coinzidenzen sind umso häufiger, je näher die Organismen phyletisch verwandt sind

Enteromorpha intestinalis	ac S T F A B A P P G B P A K G A K I F K A G C A Z C H T V B A G A G H K Q G P N L N G A F G R
Brotschimmel *(Neurospora crassa)*	h G F S A G D S K K G A N L F K T R C A E C H G E G G N L T Q K I G P A L H G L F G R
Bäckerhefe *(Saccharomyces cerevisiae)*	h T E F K A G S A K K G A T L F K T R C E L C H T V E K G G P H K V G P N L H G I F G R
Gingko biloba	ac A T F S E A P P G D P K A G E K I F K T K C A Z C H T V Z K G A G H K Q G R N L H G L F G R
Weizen *(Triticum)*	ac A S F S E A P P G N P D A G A K I F K T K C A Q C H T V D A G A G H K Q G P N L H G L F G R
Baumwolle *(Gossypium)*	ac A S F Z E A P P G B A K A G E K I F K T K C A Q C H T V D K G A G H K Q G P N L N G L F G R
Bohne *(Phaseolus)*	ac A S F B E A P P G B S K S G E K I F K T K C A Q C H T V D K G A G H K Q G P N L N G L F G R
Kürbis *(Cucurbita)*	ac A S F B E A P P G B S K A G E K I F K T K C A Q C H T V D K G A G H K Q G P N L N G L F G R
Pferd	ac G D V E K G K K I F V Q K C A Q C H T V E K G G K H K T G P N L H G L F G R
Hund	ac G D V E K G K K I F V Q K C A Q C H T V E K G G K H K T G P N L H G L F G R
Mensch	ac G D V E K G K K I F I M K C S Q C H T V E K G G K H K T G P N L H G F G G R

Eine völlig andere Art der Proteinsequenzierung beruht auf der Bestimmung von Nucleotidsequenzen des betreffenden Gens bzw. der von mRNA abgeschriebenen cDNA (S. 48). Da das DNA-Sequenzieren technisch wesentlich einfacher ist und sehr viel schneller geht als das Sequenzieren von Proteinen, bietet sich diese Alternative immer dann an, wenn die Isolierung und Klonierung der korrespondierenden Nucleinsäuren gelungen ist.

Die Aminosäuresequenzen entsprechender Proteine sind bei artungleichen Organismen i. allg. um so ähnlicher, je näher verwandt die Arten sind. Sequenzverwandtschaft wird quantitativ ausgedrückt durch den Anteil identischer Aminosäuren in gleicher Position (C o i n z i d e n z). Liegen Sequenzähnlichkeiten deutlich über dem Ausmaß zufälliger Übereinstimmungen, gelten die betreffenden Polypeptide als h o m o l o g, sie zeigen phyletische Verwandtschaft an. (Das Zufallsrauschen für Aminosäure-Coinzidenzen liegt bei < 6%; bei nichthomologen Polypeptiden ist außerdem das Auftreten auch sehr kurzer Teilsequenzen mit totaler Übereinstimmung extrem unwahrscheinlich und entsprechend selten.) Ein Beispiel: Cytochrom c kommt als essentieller Elektronenüberträger bei Prokaryoten und in den Mitochondrien aller Eukaryoten (S. 295) vor. Es handelt sich um ein Protein mit rd. 100 Aminosäuren und covalent gebundener Hämgruppe. Seine Aminosäuresequenz (Tab. 1.1.1) ist für etwa 100 Organismen bekannt. Der Coinzidenzgrad liegt für alle untersuchten Samenpflanzen bei 76%, nach Einbeziehung der Pilze in den Sequenzvergleich immerhin noch bei 39%; Sequenzabschnitte bis zu 11 Aminosäuren sind identisch. Bei den Cytochromen c von Pflanzen, Pilzen und Metazoen coinzidieren knapp $\frac{1}{3}$ aller Aminosäuren. – Aufgrund von Sequenzhomologien – sie können entsprechend auch für Nucleinsäuren ermittelt werden – lassen sich phylogenetische Abläufe rekonstruieren und Stammbäume entwerfen (S. 520 ff.). Protein- und Nucleinsäuresequenzen sind in den letzten Jahren zu den wichtigsten Zeugnissen der Evolution aufgerückt. Das übrigens auch noch in einem anderen Sinn: Die Zahl denkbarer Aminosäuresequenzen geht schon bei einem so kleinen Protein wie dem Cytochrom c über jedes Vorstellungsvermögen, sie liegt bei $20^{100} = 1{,}26 \cdot 10^{130}$ (in den Weltmeeren sind schätzungsweise $4 \cdot 10^{46}$ Wassermoleküle enthalten). Tatsächlich können aber alle bisher sequenzierten Proteine auf weniger als 150 untereinander nicht mehr homologisierbare S e q u e n z f a m i l i e n verteilt werden. Jede Sequenzfamilie umfaßt daher auch viele nicht funktionsgleiche, also nichtanaloge Proteine. Die Evolution der informativen Biomakromoleküle ist offenbar von erstaunlich wenigen U r s e q u e n z e n ausgegangen.

Zahlreiche Proteine tragen nicht-peptidische, «prosthetische» Gruppen. Solche Proteine – gelegentlich als P r o t e i d e zusammengefaßt – werden je nach Art der zusätzlichen Gruppen als Glyko-, Lipo-, Chromo-, Phospho- oder Metalloproteine bezeichnet. (Das vorhin erwähnte Cytochrom c gehört z. B. zu den Chromoproteinen, als prosthetische Gruppe fungiert die Hämgruppe.) Aus der Molekularmasse eines Polypeptids (bzw. eines Proteids nach Entfernung der prosthetischen Anteile) kann die Zahl der beteiligten Aminosäuren berechnet werden und umgekehrt; die mittlere Molekularmasse eines Aminosäurerestes in der Polypeptidkette ist 111 Da.* Proteine unter 20 kDa (< 180 Aminosäuren) gelten als kleine Proteine; viele wichtige Zellproteine haben Molecu-

---

* Da = Dalton, Einheit der Molekularmasse. 1 Da = 1,66 · 10^{-24} g, entsprechend $\frac{1}{12}$ der Masse von einem Atom ^{12}C. 1 kDa = 1000 Da, 1 MDa = 10^6 Da.

Die Aminosäure-Reste sind durch die folgenden Buchstaben gekennzeichnet: A = Alanin, B = Asparagin oder Asparaginsäure, C = Cystein, D = Asparaginsäure, E = Glutaminsäure, F = Phenylalanin, G = Glycin, H = Histidin, I = Isoleucin, K = Lysin, L = Leucin, M = Methionin, N = Asparagin, P = Prolin, Q = Glutamin, R = Arginin, S = Serin, T = Threonin, V = Valin, W = Tryptophan, X = methyliertes Lysin, Z = Glutamin oder Glutaminsäure, ac = Acetylrest (nach Dickerson u.a.).

```
TSGTTAGYSYSTGNKNKAVNWGZZTLYEYLLNPXKYIPGTKMVFPGLXKPQERADLIAFLKDATA--


KTGSVDGYAYTDANKQKGITWDENTLFEYLENPXKYIPGTKMAFGGLKKDKDRNDIITFMKEATA--
HSGQAQGYSYTDANIKKNVLWDENNMSEYLTNPXKYIPGTKMAFGGLKKEKDRNDLITYLKKACE--

QSGTTAGYSYSTGNKNKAVNWGZZTLYEYLLNPXKYIPGTKMVFPGLXKPZZRADLISYLKQATSQE

QSGTTAGYSYSAANKNKAVEWEENTLYDYLLNPXKYIPGTKMVFPGLXKPQDRADLIAYLKKATSS-
QSGTTAGYSYSAANKNMAVQWGENTLYDYLENPXKYIPGTKMVFPGLXKPQDRADLIAYLKESTA--
QSGTTAGYSYSTANKNMAVIWEEKTLYDYLENPXKYIPGTKMVFPGLXKPQDRADLIAYLKESTA--
QSGTTPGYSYSAANKNRAVIWEEKTLYDYLENPXKYIPGTKMVFPGLXKPQDRADLIAYLKEATA--

KTGQAPGFTYTDANKNKGITWKEETLMEYLENPKKYIPGTKMIFAGIKKKTEREDLIAYLKKATNE-
KTGQAPGFSYTDANKNKGITWGEETLMEYLENPKKYIPGTKMIFAGIKKTGERADLIAYLKKATKE-

KTGQAPGYSYTAANKNKGIIWGEDTLMEYLENPKKYIPGTKMIFVGIKKKEERADLIAYLKKATNE
```

larmassen zwischen 20 und 70 kDa. Proteine über 100 kDa (> 900 Aminosäuren) sind nicht häufig. Oft handelt es sich bei besonders großen Proteinen um Komplexe, die aus 2 oder mehr Polypeptiden aufgebaut sind (Quartärstrukturen, s.u.).

Neben der Molekülgröße sind auch die **elektrischen Eigenschaften** der Proteine von Wichtigkeit. Die Aminosäuren liegen in neutralen Lösungen als Zwitterionen vor, die Carboxylgruppe ist nach Abgabe eines Protons negativ geladen ($-COO^-$), die Aminogruppe durch Anlagerung eines Protons positiv ($-NH_3^+$). Nach Einbau in ein Polypeptid sind diese Gruppen in Peptidbindungen festgelegt und nicht mehr ionogen. Nun gibt es aber die «sauren» Aminosäuren Glutamin- und Asparaginsäure, deren Reste eine Carboxylgruppe enthalten, und die «basischen» Aminosäuren Lysin und Arginin, in etwa auch Histidin, mit Amino- bzw. Iminogruppen im Rest. Der relative Anteil saurer und basischer Aminosäurereste in einem Polypeptid legt dessen elektrische Eigenschaften fest. Zu ihrer einfachen Charakterisierung dient der **isoelektrische Punkt** (pI) – jener pH-Wert, bei dem ein Protein gleich viele negative und positive Ladungen trägt und daher ingesamt elektrisch neutral erscheint. (Mit zunehmender Ansäuerung wird die Dissoziation der Carboxylgruppen und damit die Zahl negativer Ladungen durch das erhöhte Protonenangebot vermindert, die Zahl positiv geladener Aminogruppen dagegen erhöht; bei steigenden pH-Werten kehren sich die Verhältnisse um.) Bei «basischen» Proteinen liegt der pI oberhalb von pH 7, bei den viel häufigeren «sauren» darunter. Basische Proteine sind unter den im Cytoplasma herrschenden pH-Werten – zwischen 7,2 und 7,6 – positiv geladen, saure dagegen negativ. Dazu ein Beispiel: Der pI der nur im Zellkern vorkommenden, DNA-bindenden Histone liegt bei 10,8. Für Histon 3 etwa machen basische Aminosäuren knapp 24% aller Aminosäurereste aus, saure nur gut 14%. Histone sind also basische Proteine, ihre enge Bindung an das Polyanion DNA beruht darauf, daß jedes Histonmolekül einen Überschuß an positiven Ladungen trägt. Wie in diesem Beispiel, entscheidet die Nettoladung von Proteinmolekülen auch sonst häufig mit über deren Funktion. Auch einige der vorhin erwähnten Trennverfahren für Proteine beruhen darauf, besonders die isoelektrische Fokussierung – eine Auftrennung nach pI-Werten!

Die räumliche Struktur der Proteinmoleküle ist durch den Verlauf der Polypeptidkette bestimmt, die sog. **Kettenkonformation** (**Tertiärstruktur**). Sie wird durch Disulfidbrücken zwischen Cysteinresten und durch hydrophobe Effekte (s. S. 78) stabilisiert. Die Kettenkonformation wird vor allem durch Röntgenbeugung an Proteinkristallen ermittelt; in Abb. 1.1.17 sind 2 Beispiele für globuläre Proteinmoleküle wiedergegeben. Unter dem Stichwort Sekundärstruktur werden feinere Details des Kettenverlaufs beschrieben. Der periodischen Abfolge der Aminosäurereste entlang der Polypeptidkette entsprechen häufig Wiederholungsstrukturen im Kettenverlauf, die vor allem durch Wasserstoffbrücken (vgl. S. 77) stabilisiert werden. Die bekanntesten Sekundärstrukturen sind die Alphahelix, eine Rechtsschraube mit 3,6 Aminosäuresten pro Umlauf, und das Beta-Faltblatt (Abb. 1.1.16; «*Alpha*-» und «*Beta* –» kommen von den entsprechenden Keratinen, den charakteristischen Faserproteinen verhornter Zellen von Wirbeltieren, an denen diese Sekundärstrukturen erstmals beschrieben worden sind). Oft liegen keine periodischen Sekundärstrukturen vor; dann wird üblicher-, wenn auch unzutreffenderweise von «Zufallsknäuelung» gesprochen – auch diese Sekundärstrukturen sind Ausdruck von Gesetzmäßigkeiten, die aber nicht zu Repetitionen führen («aperiodische Ordnung»). Normalerweise kommen in einem Proteinmolekül verschiedene Sekundärstrukturen in bunter Reihenfolge vor; ihre Anteile sind jedoch für jedes Protein charakteristisch. Beispielsweise gibt es im

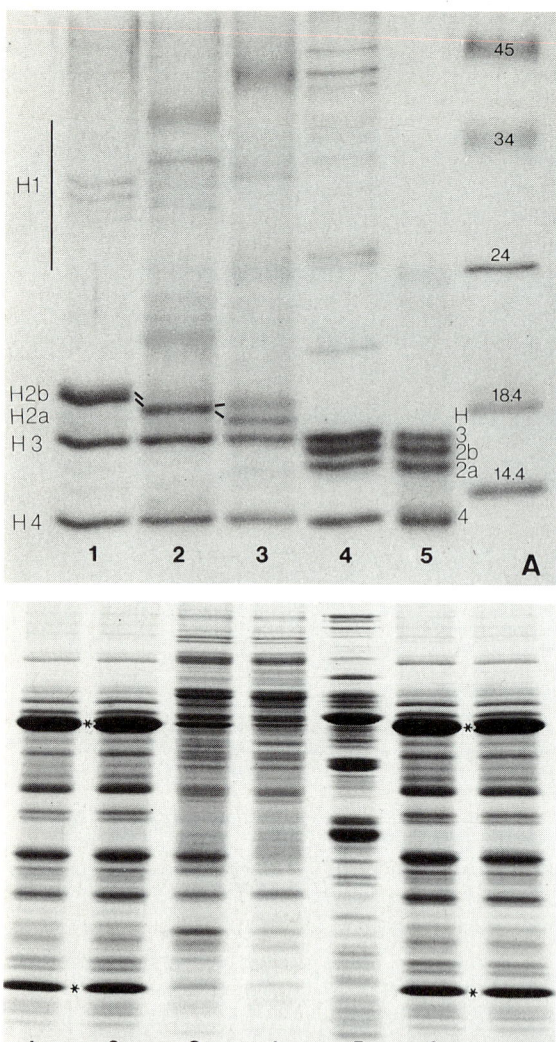

Cytochrom c-Molekül kein Beta-Faltblatt, und auch der Alphahelixanteil ist gering (23 %).

Sekundär- und Tertiärstrukturen sind unter physiologischen Bedingungen durch die Primärstruktur festgelegt, Polypeptidketten bilden z.B. während ihrer Synthese von selbst die für sie jeweils charakteristische Raumstruktur. (Dieser Vorgang kann durch Helferproteine beschleunigt werden.) Künstlich erzwungene Störungen der nativen Kettenkonformation (Denaturierung) führt zu Funktionsverlust (Abb. 1.1.18); durch Wiederherstellung des physiologischen Milieus kann i.allg. eine Renaturierung und damit Reaktivierung erreicht werden. Unter diesen Umständen sollte sich die Sekundär-, schließlich auch die Tertiärstruktur eines Proteins aus seiner viel leichter bestimmbaren Primärstruktur ableiten lassen. Das ist tatsächlich in Grenzen möglich, aber immer noch mit vielen Unsicherheiten behaftet. Neben den Determinanten, die durch die Reihenfolge der Aminosäurereste gegeben sind, nehmen noch andere, oft nur schwer faßbare Parameter Einfluß auf die Kettenkonformation. Beispielsweise gilt bei globulären Proteinen die Regel, daß Sequenzabschnitte mit hydrophilen Resten an der Oberfläche, solche mit schlecht wasserlöslichen Resten dagegen im Inneren liegen. Aber viele Membranproteine verhalten sich in dieser Hinsicht abweichend.

Es wurde schon gesagt, daß Proteine die Fähigkeit zur Erkennung molekularer Strukturen besitzen. Enzyme erkennen ihre Substrate, Translokatoren ihre Permeanden, jeder Antikörper sein Antigen, jeder Rezeptor seinen Liganden, und jedes Strukturprotein-Molekül seinen Partner in der übermolekularen *Self-Assembly* Struktur. Diese Rekognitionsprozesse beruhen auf Paßformen an den Proteinmolekülen, in die der Bindungspartner wie ein Schlüssel ins Schloß paßt; Erkennungsstruktur und erkannte Struktur sind sterisch komplementär und antisymmetrisch (S. 167). Dabei sind die eigentlichen Bindungsstellen (Erkennungsformen) meistens klein im Vergleich zum ganzen Molekül. Die Stabilisierung dieser delikaten Bereiche, auf denen die richtige Funktion des Proteins beruht, setzt aber insgesamt ein großes Molekül voraus. Das macht verständlich, daß z.B. Enzymmoleküle viel größer sind als ihre «aktiven Zentren» bzw. die Substrat-Erkennungsstrukturen. Nun sind allerdings die Proteinmoleküle nicht starr, sondern in Grenzen flexibel. Funktionale Konformationsänderungen sind besonders auffällig bei Proteinen, die Bewegungen hervorrufen können (Myosin, Dynein), aber sie lassen sich auch bei Translokatoren, Rezeptoren und Enzymen nachweisen. Viele Enzyme werden über Konformationsänderungen in ihrer Aktivität reguliert (allosterische Effekte, S. 316). Reversible chemische Modifikationen von Proteinen (Hydroxylierung, Methylierung, Acetylierung, Phosphorylierung, Adenylierung oder ADP-Ribosylierung) können direkt die aktiven Zentren bzw. Bindungsstellen betreffen oder indirekt über Konformationsänderungen wirken.

Sehr viele Proteine können ihre Funktion nur im übermolekularen Verbund mit ihresgleichen oder anderen Proteinen ausüben. Solche Komplexe werden als **Quar-**

Abb. 1.1.15: Gelelektrophoretische Auftrennung von Proteingemischen durch SDS-PAGE: Nach denaturierender Solubilisierung mit kochendem **S**odium **d**odecyl**s**ulfat (= Laurylsulfat, ein Detergens) wandern bei der **G**el-**E**lektrophorese in einem flachen **Po**lyacryl**a**mid-Gel die einzelnen mit SDS komplexierten und dadurch negativ geladenen Proteinmoleküle je nach Molekülgröße unterschiedlich schnell von oben (Kathode) nach unten (Anode) – kleine Moleküle schnell, größere langsamer. Aus der Wanderungsstrecke der einzelnen Banden kann die Molekularmasse der in ihnen gesammelten Moleküle abgeschätzt werden. Dafür läßt man in einer eigenen Spur (rechts außen) SDS-behandelte Proteine bekannter Molekülmasse («Marker») mitlaufen. Die Lage der Proteinbanden im Gel wird durch Anfärben mit (z.B.) Coomassie-Blau sichtbar gemacht. – **A**, DNA-begleitende Proteine aus dem Chromatin verschiedener Pflanzen und Tiere (Spur 1 Mais; 2 Erbse; 3 Kartoffel. 4 Hamster [Niere]; 5 Kalbsthymus). H2b bis H4, am Aufbau der Histon-Oktamere beteiligte Histone (S. 52). Das an der Chromatin-Kompaktierung und der Regulation von Gen-Aktivitäten beteiligte H1 liegt in verschiedenen Subtypen vor. In der Evolution wurden vor allem H3 und H4 konserviert, die übrigen variieren stärker. – **B**, Vergleich der Proteinmuster von Chloroplasten (Spuren 1, 2 + 6,7), noch unreifen Chloroplasten (3, 4) und Mitochondrien (5) der Gelben Narzisse *Narcissus pseudonarcissus*; Mehrfachspuren von verschiedenen Isolaten; * große bzw. kleine Untereinheit der CO_2-fixierenden Enzyms Ribulosebisphosphat-Carboxylase (RubisCO, s.S. 273), 55 bzw. 14 kDa. (A Original: M. Falk. B Original: P. Hansmann)

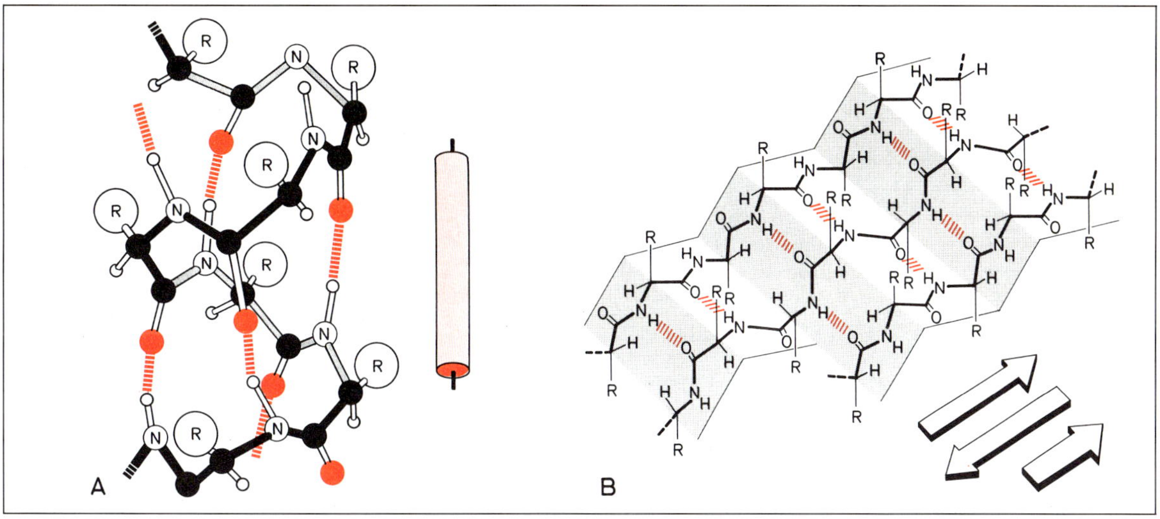

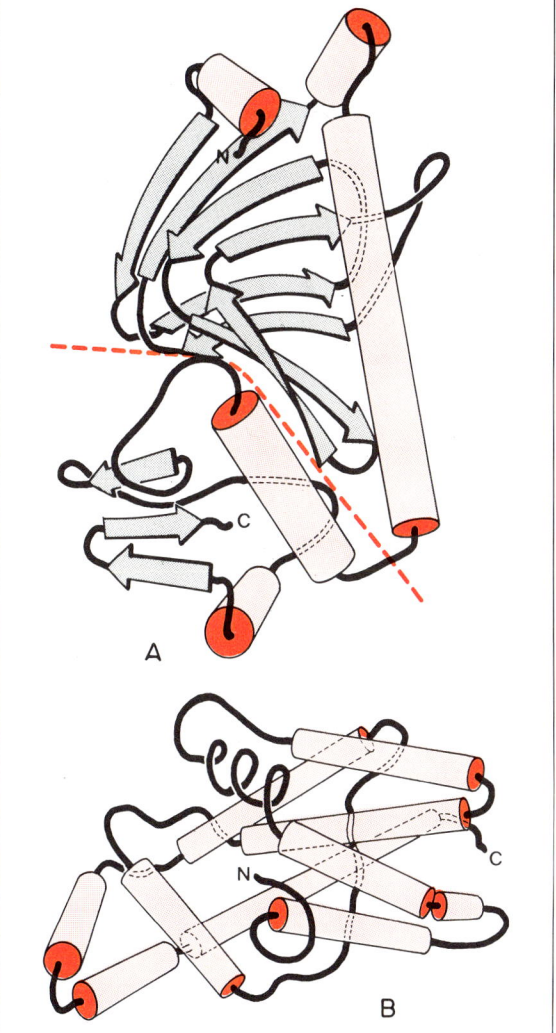

Abb. 1.1.16: Periodische Sekundärstrukturen von Polypeptiden. **A**, Alphahelix; C-Atome schwarz, O-Atome rot, H weiß; Wasserstoffbrücken: rote Zebrastreifen. Alle Reste R stehen von der Helix nach außen weg und stören nicht den Verlauf der durchgehenden Hauptvalenzkette. Rechts vereinfachtes Signum (s. folg. Abb.). **B**, Beta-Faltblatt aus 3 antiparallelen Polypeptidketten; die Pfeilsymbole geben die Richtung Amino- → Carboxyltermius an. (A veränd. n. R.F. Doolittle; B veränd. n. P. Karlson, Kurzes Lehrbuch der Biochemie; G. Thieme Verl., Stuttgart)

Abb. 1.1.17: Die räumliche Struktur von Proteinmolekülen wird entweder durch Stereobildpaare oder – wie hier – durch perspektivische Modellzeichnungen dargestellt. Die gezeigten Beispiele sind Bakterien-Enzyme. **A**, das Katabolit-Aktivator Protein *(CAP)* ist ein regulatorisches Protein von Eubakterien. Es besteht aus 2 *Domänen* (strukturell-funktionale Teilbereiche): einer großen rechts oben mit Aminoterminus N und einer kleinen links unten mit Carboxylterminus C. Die große Domäne umfaßt 3 alphahelikale Abschnitte und 2 Faltblattstrukturen, die kleine 2 (–3) Helices und 1 Faltblatt. Die große Domäne kann cyclisches Adenosinmonophosphat (cAMP) binden, das als allosterischer Effektor eine Konformationsänderung des Gesamtmoleküls bewirkt; in dieser Form binden die kleinen Domänen des CAP-Dimeren (Quartärstruktur!) an eine bestimmte DNA-Sequenz und ermöglichen damit die Transkription von Genen, deren Produkte – katabolische Enzyme – die Verwertung anderer Zucker als Glucose ermöglichen. (Glucose ist die bevorzugte Kohlenstoff- und Energiequelle für – z.B. – *E. coli*; bei Glucosemangel sinkt der cAMP-Spiegel in der Zelle, wodurch alternative Ernährungsweisen möglich werden.) **B**, das Lecithin-abbauende Enzym Phospholipase C von *Bacillus cereus* wirkt als monomeres Protein; Faltblattstrukturen fehlen. Die aktive Stelle ist mit 3 Zinkatomen ausgestattet (farbige Dreiecke): Hier wird Phosphorylcholin vom Lecithinmolekül abgespalten (vgl. Abb. 1.1.77 C, S. 78). (A veränd. n. J.S. Richardson; B veränd. n. E. Hough u. Mitarb.)

tärstrukturen bezeichnet, die einzelnen Proteinmoleküle darin als Untereinheiten oder Protomeren. Quartärstrukturen bilden sich durch *Self-Assembly*, was die gegenseitige Erkennung der Untereinheiten voraussetzt, und werden i. allg. durch Nebenvalenzen zusammengehalten. Bei Strukturproteinen können Quartärstrukturen beträchtliche Dimensionen erreichen; Mikrotubuli oder Actinfilamente sind oft viele Mikrometer lang, während ihre globulären Protomeren Durchmesser von nur 4 nm haben.

Nucleinsäuren treten i. a. komplexiert mit Quartärstrukturen von Proteinen auf. So ist die DNA des Zellkerns zum größten Teil mit oktameren Histonkomplexen zu Nucleosomen verbunden (S. 52), die ribosomale RNA mit einer Vielzahl verschiedener Proteine zu Ribosomen (S. 73). Viele Viren sind letztlich ebenfalls Nucleoprotein-Partikel (Abb. 1.1.19). Quartärstrukturen sind schließlich auch bei Enzymen und anderen metabolisch aktiven Proteinen nicht selten (vgl. Abb. 1.1.20) – dieses Buch wird mit vielen Beispielen bekannt machen. Ein Multienzymkomplex liegt vor, wenn verschiedene Enzyme zu einer Quartärstruktur zusammengefaßt sind. Manche dieser Komplexe, die ganze Reaktionsfolgen katalysieren können, besitzen extrem hohe Partikelmassen – der aus fast 100 Protomeren zusammengesetzte Pyruvatdehydrogenase-Komplex (S. 293) z. B. über $7 \cdot 10^6$ Da. Oft sind katalytisch wirksame Proteine mit regulatorischen verbunden. Überhaupt können sich Protomeren in Quartärstrukturen gegenseitig regulieren, z. B. in dem Sinn, daß der Übergang eines Protomers aus der inaktiven in die aktive Konformation den entsprechenden Übergang bei allen übrigen Protomeren begünstigt (Cooperativität bei Enzymen mit Quartärstruktur). Das bedeutet, daß entweder alle Untereinheiten eines Enzymkomplexes aktiv sind, oder alle inaktiv; die Regulation solcher Enzyme ist dann nicht mehr analog-proportional, sondern erfolgt nach einer digitalen Plus/Minus-Entscheidung mit ausgeprägtem Schwellenwert.

b) Das Cytoskelett

Unbewandete Zellen – Gymnoblasten – tendieren wegen der an der Plasmamembran wirkenden Grenz-

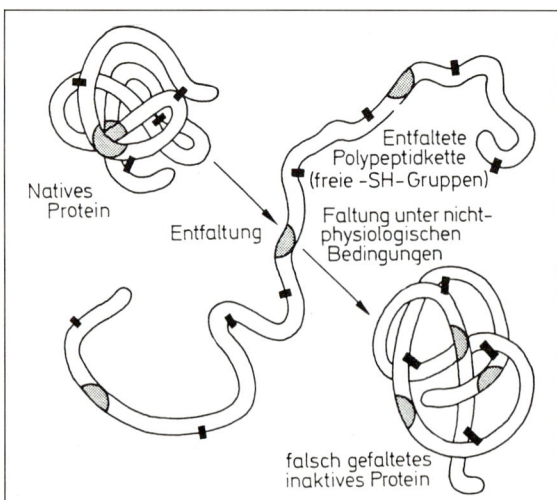

Abb. 1.1.18: Konformationsänderungen eines Proteinmoleküls mit 8 SH-Gruppen bzw. 4 Disulfidbindungen. In der Mitte denaturierter Zustand. Hier und bei falscher Faltung sind die Sequenzabschnitte des aktiven Zentrums nicht funktionsgerecht assoziiert.

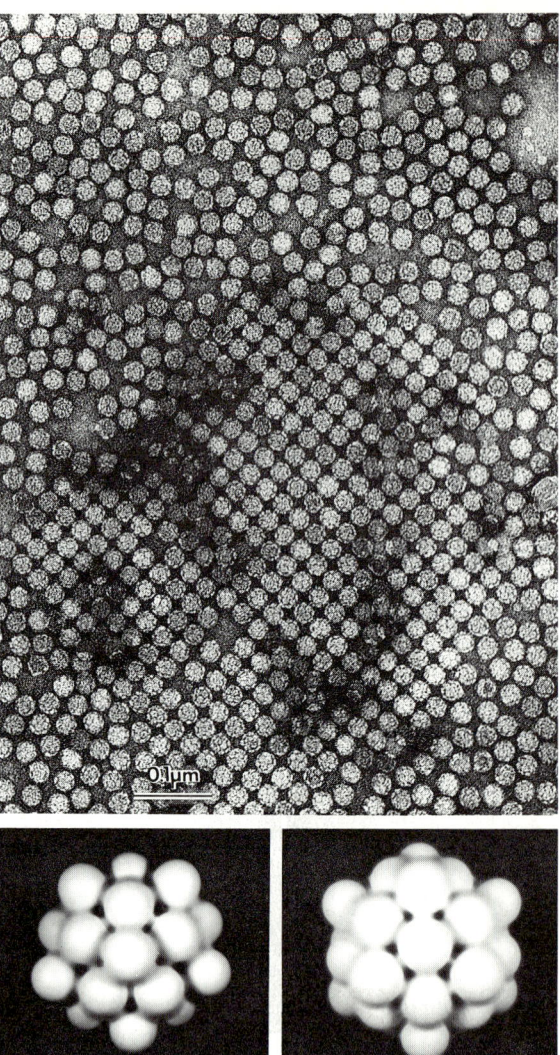

Abb. 1.1.19: Viruspartikel des Gelbrübenmosaikvirus (**TYMV** = *Turnip Yellow Mosaic Virus*) im Negativkontrast und als Modell (Blick auf 5- bzw. 6-zählige Symmetrie-Achse). Das Capsid – die aus 32 Capsomeren regelmäßig aufgebaute Proteinhülle des Virions – umschließt ein RNA-haltiges Zentrum. Jeder Capsomer besteht seinerseits aus 5 oder 6 globulären Proteinmolekülen als den Protomeren der Quartärstruktur. (EM Bild: Klengler, Siemens AG)

flächenkräfte zur Abkugelung, d. h. zur Minimalisierung ihrer Oberfläche. Durch Enzymverdau teilweise oder ganz wandlos gemachte Pflanzen-, Pilz- und Bakterienzellen – Sphäroplasten, Protoplasten – nehmen dementsprechend Kugelgestalt an. Nun sind aber weder Gewebezellen noch Einzeller kugelförmig. Abweichungen von der Kugelform sind nur möglich durch aussteifende Strukturen außerhalb der Plasmamembran (Dermatoblasten, mit Zellwand) und/oder durch ein Cytoskelett im Cytoplasma selbst. Das Cytoskelett ist verständlicherweise besonders bei Gymnoblasten massiv entwickelt, so bei den meisten Gewebezellen der Tiere und des Menschen und bei unbewandeten Einzellern wie Flagellaten und Rhizo-

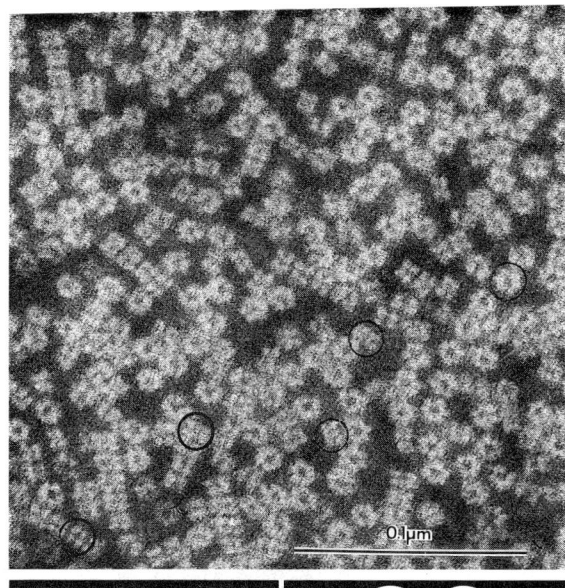

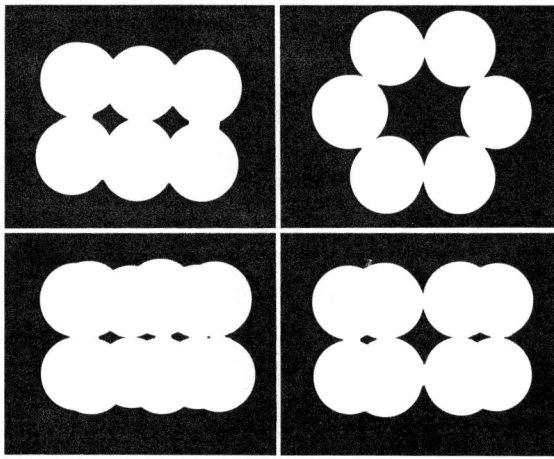

Abb. 1.1.20: Glutaminsynthetase-Komplex von *Escherichia coli* als Beispiel für einen multimeren Enzymkomplex. Der Komplex (600 kDa) besteht aus 12 identischen Protomeren. Oben: Negativkontrast (EM Bild: H. Falk), unten Modell in verschiedenen Ansichten.

poden; in den amöboidalen, vielkernigen Plasmodien der Schleimpilze erreicht der Anteil des Cytoskelett-Proteins Actin $\frac{1}{5}$ des Gesamtproteins. Während Zellwände normalerweise nur langsam durch irreversibles Wachstum verändert werden können und – einmal gebildet – nur ausnahmsweise wieder aufgelöst werden, kann das Cytoskelett, wie erwähnt, rasch auf- und abgebaut werden, es ist ein **dynamischer Strukturbildner**.

Die Dynamik des Cytoskeletts wird besonders bei zellulären **Bewegungsvorgängen** deutlich (Erscheinungen der Kontraktilität und Motilität). Nach dem Newtonschen Prinzip – numerische Gleichheit von Kraft und Gegenkraft – bedarf jedes krafterzeugende Element zu seiner Wirkung eines Widerlagers. Im makroskopischen Dimensionsbereich ist uns das z.B. vom Zusammenwirken von Muskulatur und Skelett her vertraut. In der Zelle setzen spezifische ATPasen als chemomechanische Energiewandler die durch ATP-Spaltung freigesetzte Energie in Konformationsänderungen und damit in Bewegung um und wirken dabei eng mit Elementen des Cytoskeletts zusammen. Bei den Eukaryoten sind zwei derartige Systeme allgemein verbreitet: Das Actomyosin-System und das Mikrotubuli-Dynein-System (vgl. Abb. 1.1.21). Das Actomyosin-System ist bei Pflanzen vor allem für Bewegungsvorgänge innerhalb der Zelle von Bedeutung, z.B. für Plasmaströmung (S. 29) und Organellverlagerungen. Dem Mikrotubuli-Dynein-System verdanken die Geißeln der Flagellaten und Spermatozoiden ihre Beweglichkeit.

Actin und Myosin wurden zunächst aus Muskelfasern isoliert. In diesen, auf rasche Kontraktion spezialisierten tierischen Riesenzellen erreichen sie hohe Massenanteile, gemeinsam fast 50% des Gesamtproteins. Später wurde die allgemeine Verbreitung zunächst des Actins, dann auch von Myosin in den Zellen von Protisten, Pflanzen und Pilzen nachgewiesen.

Das globuläre Actin (G-Actin) hat bei einem Durchmesser von 4 nm eine Molekülmasse von 42 kDa. Im Verbindungsstück einer größeren, C-terminalen und einer kleineren N-terminalen Domäne ist eine Bindungsstelle für ATP bzw. ADP lokalisiert. (Als «Domäne» wird in diesem Zusammenhang ein funktionaler Sequenzbereich bezeichnet.) In Lösungen von G-Actin bilden sich durch Aggregation leicht Actinfilamente = Mikrofilamente (F-Actin, Abb. 1.1.22). Dabei wird das ATP des G-Actins gespalten, das entstehende ADP bleibt an die Protomeren des F-Actins gebunden. Versuche mit isoliertem Actin zeigten, daß die ATP-Spaltung keine unerläßliche Voraussetzung für Filamentbildung ist, diese aber – vermutlich über allosterische Effekte – begünstigt, indem durch ADP das Filament stabilisiert wird.

Mikrofilamente weisen **kinetische Polarität** auf: Verlängerung durch Einbau weiterer Actinmoleküle erfolgt ganz überwiegend nur am einen Filamentende, das als Plus-Ende bezeichnet wird. Die Filamentbildung startet in der lebenden Zelle an besonderen Nucleations-Orten, bevorzugt z.B. an bestimmten Stellen der Zellmembran, die ihrerseits mit Actin-bindenden Proteinen besetzt sind (z.B. α-Actinin). Das an den Bildungszentren fixierte Filamentende ist überraschenderweise jeweils das Plus-Ende. Wachstum von Actinfilamenten bedeutet also Verlängerung am fixierten, nicht am freien Filamentende. (Mikrotubuli verhalten sich in dieser Hinsicht umgekehrt).

Geschwindigkeit und Ausmaß des Wachstums von Mikrofilamenten kann durch viele natürliche und künstliche Faktoren beeinflußt werden. In der lebenden Zelle spielen dabei verschiedene Actin-bindende Proteine eine wichtige Rolle, die Mikrofilamente werden durch sie entweder stabilisiert oder destabilisiert, oder schließlich das Filamentwachstum durch Besetzen der Plus-Enden blockiert. Im Experiment bewirkt Cytochalasin B, ein antibiotischer Pilzstoff, den Abbau von Mikrofilamenten. Intrazelluläre Bewegungsvorgänge, an denen das Actomyosin-System beteiligt ist, kommen nach Zugabe von Cytochalasin B zum Stillstand. Denselben Effekt hat Phalloidin (eine der beiden Giftkomponenten des Grünen Knollenblätterpilzes, *Amanita phalloides*; S. 590), das allerdings umgekehrt das gesamte zelluläre Actin zu nicht mehr abbaubaren Filamenten aggregieren läßt («Ph-Actin»).

Das Actin ist eines der am höchsten konservierten Proteine der Eukaryoten, seine Aminosäuresequenz ist während der stammesgeschichtlichen Entwicklung kaum verändert worden. Doch gibt es im Genom der meisten Eukaryoten meh-

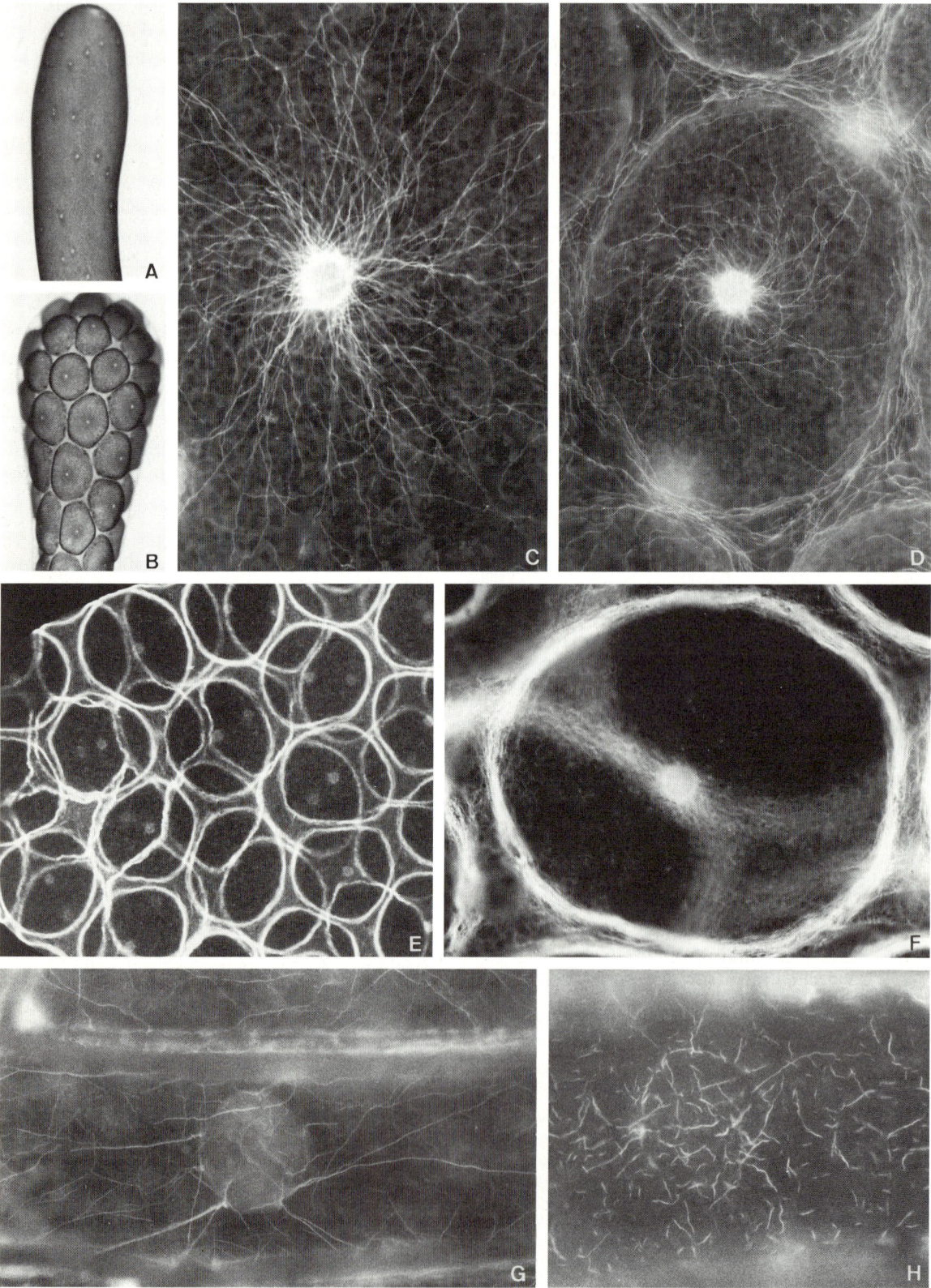

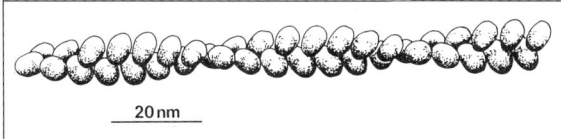

Abb. 1.1.22: Actin-Mikrofilament. Die globulären (genauer: ellipsoidischen) Actin-Monomeren aggregieren zu Schrauben mit ungefähr 2 Molekülen pro Umlauf. Daraus resultiert scheinbar eine steile Doppelschraube, Periode knapp 40 nm.

rere Actin-Gene, deren Produkte nicht völlig identisch sind. Man spricht – gemäß einer für Antikörper entwickelten Sprachregelung – von Isotypen. In Nichtmuskel-Zellen wird der γ-Isotyp des Actins exprimiert.

Partner des Actins bei der Erzeugung von Zug- oder Schwerkräften im Grundplasma ist das **Myosin**, eine komplexe ATPase. Das Myosinteilchen, eine Quartärstruktur (470 kDa) aus 2 parallelen langen und (häufig) 4 kürzeren Ketten (Abb. 1.1.23), variiert im Eukaryotenreich wesentlich stärker als Actin. Im Gegensatz zum G-Actin handelt es sich hier um ein stark anisometrisches, 160 nm langes Teilchen mit einer langen, α-helikalen Schwanzregion und einem N-terminalen, globulären Kopfabschnitt; in ihm sind kurze Ketten und ATPase-Aktivität lokalisiert. Durch Interaktionen der Schwanzdomänen aggregieren Myosinteilchen zu Myosinfilamenten, die in quergestreiften Muskelfasern recht stabil sind, in anderen Zellen aber wegen ihrer Labilität nur schwer nachgewiesen werden können. Bei genügend hoher Ca^{2+}-Konzentration legen sich Myosinköpfe in regelmäßigen Abständen an Mikrofilamente an. In Nichtmuskel-Zellen wird diese Interaktion von Myosin mit Actin entweder durch direkte Bindung von Ca^{2+} an kurze Myosinketten oder durch Ca^{2+}-gesteuerte Phosphorylierung kurzer Myosinketten ermöglicht. Die Bindung der Myosinköpfe an Actinfilamente wird durch Anlagerung von ATP an das Myosin wieder aufgehoben, kann aber nach ATP-Spaltung erneut etabliert werden. Bei Kontraktionsvorgängen wiederholen sich diese Prozesse cyclisch, und da sie von periodischen Konformationsänderungen des Myosins begleitet sind, kommt es zu einer Umsetzung chemischer Energie (ATP-Spaltung) in mechanische: Myosin- und Actinfilamente werden gegeneinander verschoben. Entgegen einer früher verbreiteten Ansicht, daß es im Plasma eine Sorte «kontraktiler» Proteinfilamente gäbe, wirkt dieses Zweikomponentensystem also dadurch, daß sich Actin- und Myosinfilamente ohne Verkürzung gegeneinander verschieben. Dieses **Gleitfaser-Modell** (*Sliding Filament*-Modell)

wurde zunächst für die Sarcomeren im kontraktilen Apparat quergestreifter Muskelfasern entwickelt, hat sich aber für Actomyosin-vermittelte Bewegungsvorgänge allgemein bewährt und besitzt auch für das Mikrotubuli-Dynein-System grundsätzliche Gültigkeit (vgl. S. 42).

Molekularer Baustein der **Mikrotubuli** (Abb. 1.1.24) ist eine dimere Einheit aus zwei ähnlichen, aber nicht identischen Proteinen: α- und β-Tubulin («**Heterodimer**»). Tubulin-Heterodimere (100 kDa) zeigen in Gegenwart von GTP und bei Abwesenheit von Calciumionen eine starke Aggregationstendenz; ihre typische *Self-Assembly*-Struktur ist der Mikrotubulus. Seine Wand besteht i.a. aus 13 Längsreihen, sog. Protofilamenten, von gleich orientierten Tubulin-Heterodimeren. Der Außendurchmesser der röhrenförmigen Quartärstruktur (lat. *tubulus*, Röhrchen) liegt bei 25 nm, gegenüber nur 6 nm Durchmesser der Actin-Mikrofilamente. Mikrotubuli sind daher vergleichsweise starr-gestreckte Gebilde, bei übermäßiger Biegebeanspruchung – wie sie allerdings in der lebenden Zelle normalerweise nicht vorkommt – brechen sie ab.

Jedes Tubulin-Molekül besitzt eine Bindungsstelle für GTP/GDP; freie Tubulin-Heterodimere – die meisten Zellen verfügen über einen Vorrat davon – haben GTP gebunden, nach Aggregation GDP – entsprechend den analogen Verhältnissen beim G-/F-Actin hinsichtlich der ATP/ADP-Bindung.

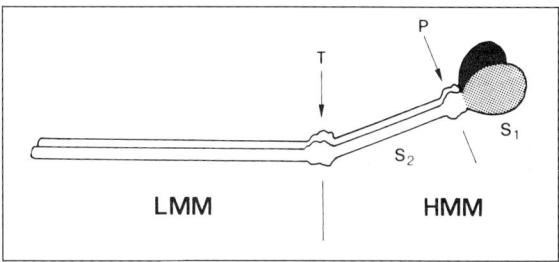

Abb. 1.1.23: Myosin wird durch die Proteinase Trypsin (T) in einen schweren und einen leichten Teil gespalten (**HMM** bzw. **LMM**, von engl. **H**eavy bzw. **L**ight **M**eromyosin). Papain (P) zerlegt den schweren Teil nochmals in Subfragmente ($2 \times S_1 + 1 \times S_2$). S_1, die globulären Kopfregionen der schweren Myosinketten, tragen sowohl die Actinbindungsstelle wie die ATPase-Aktivität des Myosins. **LMM** und S_2 sind gestreckte alphahelikale Domänen. Auf der Aggregationstendenz von LMM (Schwanzregion) beruht die Bildung von Myosinfilamenten. Die Angriffsorte von Trypsin und Papain liegen in Auflockerungen der Sekundärstruktur, an denen die Myosinteilchen wie an Gelenken abknicken können. Auf Verbiegungen des Gelenks zwischen S_2 und S_1 beruht die gegenseitige Verschiebung von Actin- und Myosinfilamenten.

◀ **Abb. 1.1.21:** Cytoskelett in Pflanzenzellen. **A–F**, Cystenbildung bei der Dasycladacee *Acetabularia cliftoni* (vgl. S. 637). **A, B**, Einwanderung der Sekundärkerne in eine Schirmzelle der Alge und beginnende Formierung von Cysten durch freie Zellbildung (S. 67). **C, D**, Mikrotubuli im Fluorescenzmikroskop durch Immunfluorescenz mit Anti-Tubulin-Antikörpern sichtbar gemacht; in Bildmitte jeweils ein Zellkern. **E, F**, entsprechende Lokalisierung von Actin-Mikrofilamenten bei Cystenbildung; bei stärkerer Vergrößerung (F) sind einzelne Filamente sichtbar. **G**, Actin-Mikrofilamente in Zwiebelschuppen-Epidermiszellen (in der Mitte Zellkern), fluorescenzmikroskopisch sichtbar gemacht durch Komplexierung mit Phalloidin, einer Giftkomponente des Knollenblätterpilzes. Das cyclische Peptid Phalloidin bindet hochspezifisch an Actin; es wurde mit dem Farbstoff Rhodamin gekoppelt, der im UV-Licht rot fluoresziert. **H**, Abbau der Mikrofilamente durch Cytochalasin. (A, B 30 : 1; C 350 : 1; D, F 235 : 1; E 60 : 1; Präparate u. Aufnahmen: D. Menzel. G, H 400 : 1; Präparate u. Aufnahmen: H. Quader)

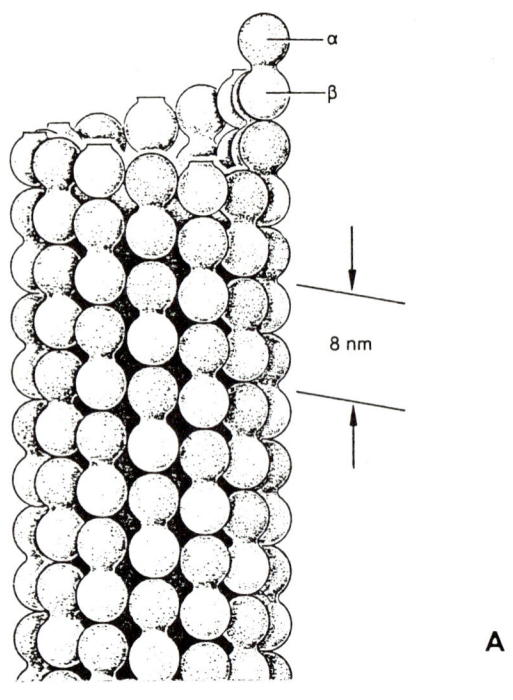

Nucleationsstellen für Mikrotubuli in der Zelle werden als **Mikrotubuli-organisierende Zentren (MTOCs)** bezeichnet. Als solche fungieren vor allem die Basalkörper von Geißeln – sie entsprechen Centriolen (s.u.) –, die beiden Polregionen der Kernteilungsspindel (S. 65), außerdem bestimmte Membranbereiche. Wie die Mikrofilamente, so besitzt auch jeder Mikrotubulus wegen der gleichmäßigen Ausrichtung der Tubulin-Heterodimeren ein Plus- und ein Minus-Ende. Im Gegensatz zu den Mikrofilamenten liegt nun aber bei den Mikrotubuli das Minus-Ende am MTOC fest, das Plus-Ende wächst davon weg. Geschwindigkeit und Ausmaß der Verlängerung hängen dabei, abgesehen von der Verfügbarkeit an Tubulin-Heterodimeren und GTP, von mehreren Faktoren ab und können über sie gesteuert werden. Bereits erwähnt wurde die Ca^{2+}-Konzentration: Tubulinaggregation findet nur bei einem sehr niedrigen Calciumspiegel statt ($< 10^{-7}$ M). Ein weiterer Parameter ist die Temperatur: Niedrige Temperaturen labilisieren Mikrotubuli.

In der lebenden Zelle spielen vor allem verschiedene Proteinfaktoren eine wichtige Rolle; sie werden zusammenfassend als **Mikrotubuli-assoziierte Proteine (MAPs)** bezeichnet. Von ihnen gibt es zwei Klassen: den sog. τ-Faktor (Tau-Faktor, 55–65 kDa), der vermutlich in die Mikrotubuli mit eingebaut wird, und hochmolekulare MAPs (250–350 kDa), die normalerweise als seitliche, bis 30 nm lange «Arme» von den Mikrotubuli abstehen und als Brücken zwischen ihnen und z.B. Membranen fungieren können. Einige der hochmolekularen MAPs sind Enzyme, können beispielsweise Proteine phosphorylieren, oder sind ATPasen. Die wichtigste dieser ATPasen ist das **Dynein** (vgl. den folgenden Abschnitt).

Wie bei den Mikrofilamenten, so kann auch der Auf- und Abbau von Mikrotubuli durch spezifische Drogen experimentell beeinflußt werden (Abb. 1.1.25). Am längsten bekannt ist das **Colchicin**, ein Alkaloid der Herbstzeitlose (*Colchicum autumnale*, S. 814). Es bindet an das β-Tubulin freier Tubulin-Heterodimerer und blockiert deren Einbau in Mikrotubuli. Die umgekehrte Wirkung hat **Taxol**, ein Alkaloid der Eibe (*Taxus*, S. 721): Es stabilisiert Mikrotubuli und veranlaßt freie Heterodimere zur Aggregation.

Mikrotubuli ein und derselben Zelle sind oft unterschiedlich stabil, man unterscheidet «stabile» und «labile» Mikrotubuli. Unter Colchicineinfluß desaggregieren labile Mikrotubuli (z.B. der Kernteilungsspindel), nicht aber die stabilen Mikrotubuli in Geißeln. Und während Geißel-Mikrotubuli auch bei

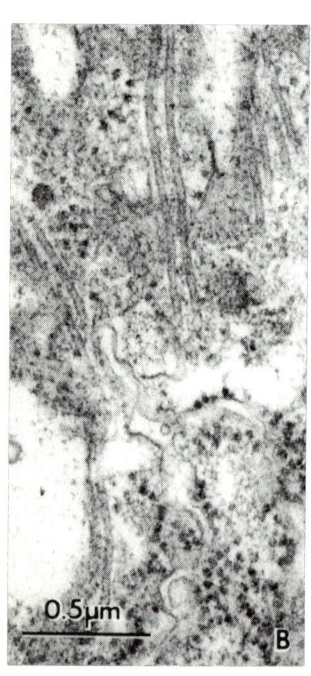
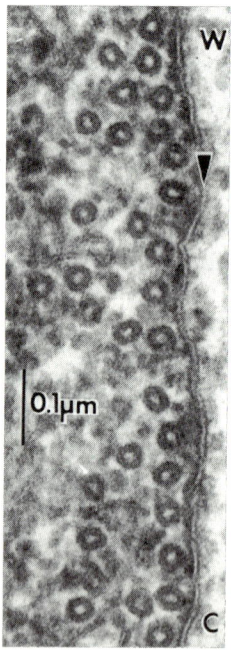
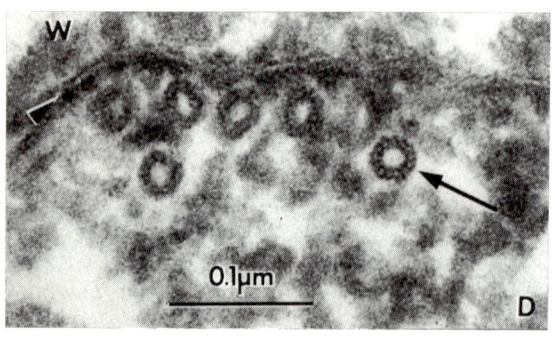

Abb. 1.1.24: Tubulin und Mikrotubuli. **A**, Heterodimere aus globulärem α- und β-Tubulin – je rd. 50 kDa, 4 nm Durchm. – sind in Längsreihen, den Protofilamenten, gleich ausgerichtet; 13 Protofilamente bilden den hohlzylindrischen Mikrotubulus. **B–D**, Mikrotubuli in embryonalen Zellen aus der Wurzelhaube der Küchenzwiebel; **B**, Längsschnitt; **C**, zahlreiche unmittelbar unter der Zellmembran (Pfeilspitze, W Zellwand) liegende Mikrotubuli im Querschnitt: «Präprophase-Band», vgl. Abb. 1.1.26; **D**, bei starker Vergrößerung 13 Protofilamente erkennbar (Pfeil). (A aus G. Czihak, H. Langer, H. Ziegler [Hrsg.], Biologie; Springer-Verl. Berlin, 4. Aufl. 1990; B–D, EM Aufnahmen: H. Falk)

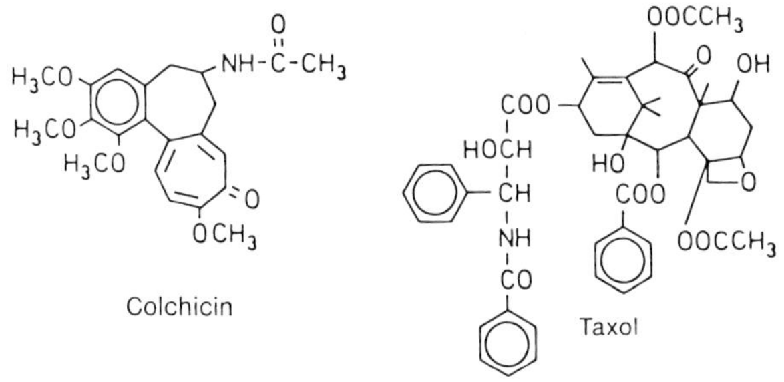

Abb. 1.1.25: Colchicin und Taxol sind Alkaloide, die das Aggregationsverhalten von Tubulin beeinflussen: Colchicin löst labile Mikrotubuli auf, durch Taxol werden sie stabilisiert.

tiefen Temperaturen und bei Fixierung mit Osmiumtetroxid erhalten bleiben, verschwinden labile in beiden Fällen. Die weite Verbreitung von Mikrotubuli des labilen Typs konnte erst nach Einführung der Glutardialdehyd-Fixierung in die Elektronenmikroskopie nachgewiesen werden. Die unterschiedliche Stabilität der Mikrotubuli beruht vermutlich auf verschiedenen Tubulin-Isotypen und/oder spezifischen Begleitproteinen.

In vielen Zellen treten komplexe Strukturmuster aus Mikrotubuli auf, manchmal vorübergehend für zeitlich begrenzte Funktionen, in anderen Fällen als dauerhafte Bildungen.

Das bekannteste Beispiel für solche Funktionsstrukturen ist die Kernteilungsspindel (S. 64). Aber nicht nur in der Mitose, sondern auch während der übrigen Phasen des Zellcyclus kommt es in den Zellen höherer Pflanzen zu charakteristischen Anordnungen bzw. Verlagerungen von Mikrotubuli («Mikrotubuli-Cyclus», Abb. 1.1.26). In der Interphase sind Mikrotubuli überwiegend unmittelbar unter der Zellmembran im cortikalen Plasma lokalisiert. Sie spielen dort eine wichtige Rolle bei der Formung der Zellwand (Orientierung von Cellulose-Mikrofibrillen, S. 99; lokales Abheben der Zellmembran von der Zellwand für örtlich begrenzte Sekundärwandbildungen, etwa bei der Differenzierung von Schraubengefäßen im Xylem, S. 151, 198).

Prominente Muster stabiler Mikrotubuli sind bei unbewandeten Protisten und Spermatozoiden verbreitet, wo sie im Zusammenhang stehen mit der Aussteifung charakteristischer Zellformen und/oder der Verankerung des Geißelapparates – typische Beispiele für ein Cytoskelett!

2. Flagellen und Centriolen

Wo immer bei Eukaryoten Geißeln (= Flagellen; lat. *flagellum*, Peitsche, Geißel) vorkommen, ist ihre innere Struktur im wesentlichen gleich. Es handelt sich um eine der höchstkonservierten zellulären Strukturen überhaupt.

Auch die bei Tier und Mensch weit verbreiteten Cilien weisen einen grundsätzlich gleichen Feinbau auf. Cilien sind kürzer als Flagellen und stets in Vielzahl an den sie tragenden Zellen vorhanden (Flimmerepithel-Zellen; Einzeller: Ciliaten). Die analogen Fortbewegungsorganelle der Bakterien sind dagegen völlig anders gebaut und funktionieren auch auf ganz andere Weise, vgl. S. 122.

Im Geißelquerschnitt (Abb. 1.1.27) erkennt man eine charakteristische Anordnung von 20 Mikrotubuli. Sie ist nach ihrer Entdeckung durch Irene Manton (1952) als «9 + 2 - Muster» bekannt geworden: Zwei zentrale Einzeltubuli *(Singuletts)* sind von einem Kranz von 9 Doppeltubuli *(Dupletts)* symmetrisch umgeben. Die Dupletts sind nicht exakt tangential orientiert; der sog. A-Tubulus liegt etwas weiter innen als der B-Tubulus. Nur der A-Tubulus ist aus 13 Tubulin-Protofilamenten aufgebaut, während der B-Tubulus mit nur 9 Protofilamenten dem A-Tubulus längs ansitzt und 4 von dessen Protofilamenten «mitbenützt», womit auch er zur kompletten Röhre wird. Singuletts und Dupletts bilden mit einigen weiteren Proteinstrukturen das typische Cytoskelett der Flagellen, das auch deren Bewegung bewirkt, den «Geißelschlag». Die motile Gesamtstruktur, die einen Durchmesser von 200 nm hat und die Geißel

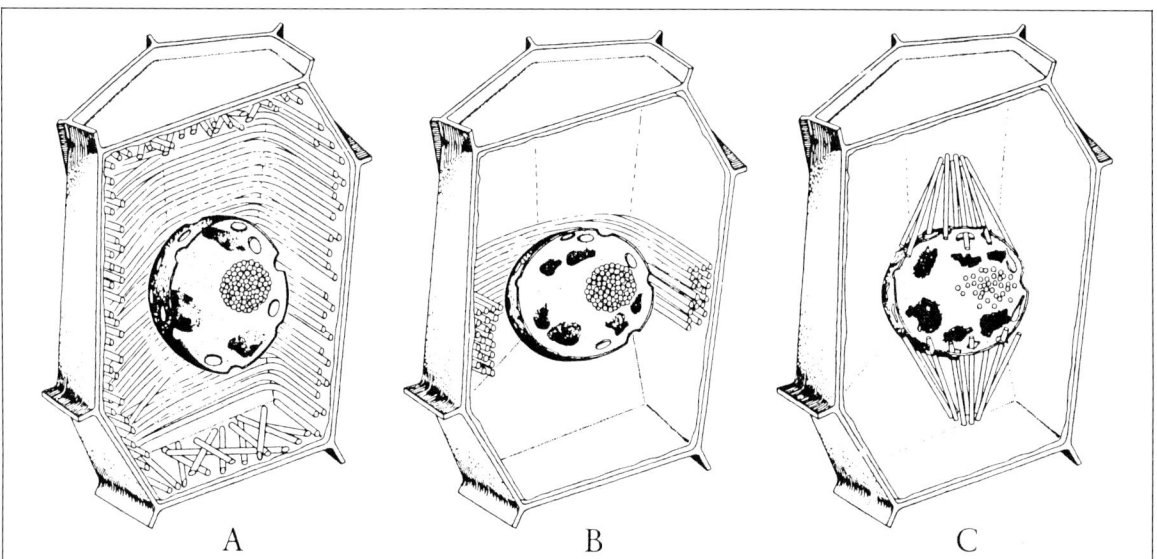

Abb. 1.1.26: Veränderungen der Mikrotubuli-Anordnung vor Beginn einer Mitose in Wurzelmeristem-Zellen. **A**, Interphase; **B**, Bildung des «Präprophase-Bandes» vor Eintritt in die Prophase; seine Lage markiert den späteren Spindeläquator. **C**, späte Prophase. (Nach M.C. Ledbetter)

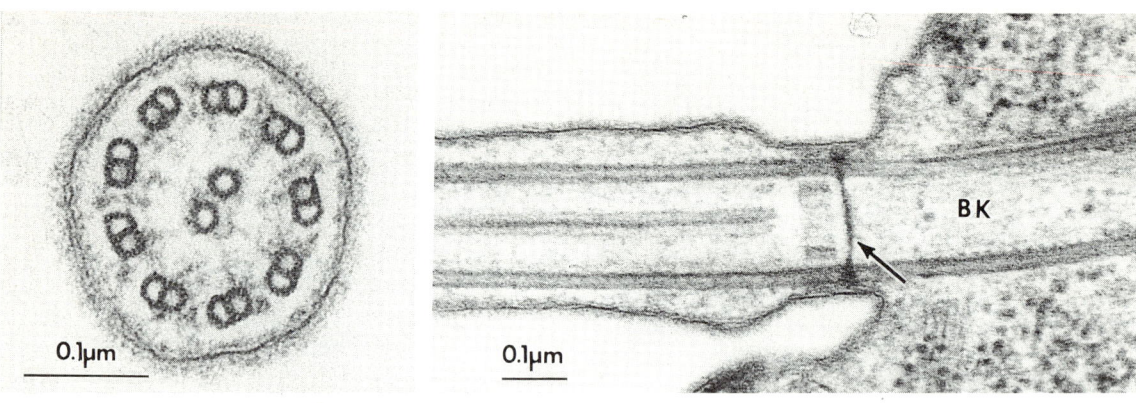

Abb. 1.1.27: Geißel von *Scourfieldia caeca*, einem grünen Flagellaten; links quer, rechts Geißelbasis längs. BK Basalkörper; Pfeil: Basalplatte am Übergang vom BK zur Geißel. Die zentralen Singuletts, die dem BK fehlen, beginnen erst 100 nm außerhalb dieser Platte. (EM Aufnahmen: M. Melkonian)

von ihrer Basis bis in die Spitzenregion durchzieht, wird als das Axonema bezeichnet (griech. *áxon*, Achse; *néma*, Faden). Sein Feinbau ist in Abb. 1.1.28 dargestellt.

Als chemo-mechanischer Energiewandler fungiert beim Geißelschlag das Dynein, eine komplexe ATPase. (Das Dynein der sog. äußeren Arme besitzt z. B.

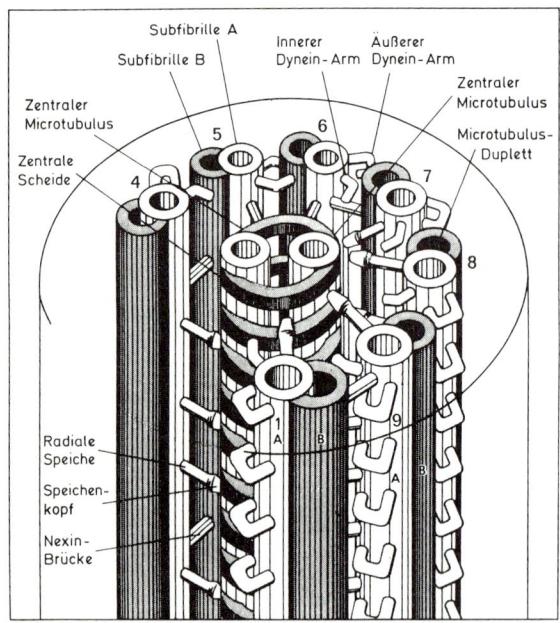

Abb. 1.1.28: Schema der Feinstruktur einer Eukaryoten-Geißel. Die beiden zentralen Mikrotubuli (Singuletts) sind von einer helikalen Scheide umgeben, mit der die peripheren Duplett über elastische Radialspeichen verbunden sind. Jeweils ein Mikrotubulus (A, hell) jedes Dupletts ist mit dem Mikrotubulus B (dunkel) des benachbarten Dupletts durch elastische Proteinarme (Nexin) locker verbunden. Jeder A-Mikrotubulus trägt außerdem innere und äußere Dynein-Arme. Die Zählung der Duplett beginnt in der Symmetrie-Ebene der Singuletts mit 1 und läuft in Richtung der Dynein-Arme um (beim Blick von der Geißelbasis zum freien Ende im Uhrzeigersinn). Zur besseren Übersichtlichkeit wurden nur 7 Duplett gezeichnet; die Lücke – Duplett 2 und 3 – ist durch die Unterbrechung des Kreises gekennzeichnet, der die Lage der Plasmamembran markiert. (Veränd. n. P. Satir)

eine Partikelmasse von nahe 2 Millionen, besteht aus etwa 12 Protomeren und erscheint im Elektronenmikroskop als dreigliedrige Struktur.) Die Dyneinarme können benachbarte Duplett aneinander vorbeiziehen – auch hier gilt also das Gleitfaser-Modell. Radialspeichen und Nexin-Brücken wandeln die daraus resultierenden Längsverschiebungen innerhalb des Axonemas in die charakteristischen Krümmungsbewegungen der Flagelle um. Die das Axonema umspannende Zellmembran ist für diese Bewegungsvorgänge nur insoweit von Bedeutung, als sie ein Abdiffundieren von ATP verhindert (vgl. S. 436f.).

Die Oberfläche der Flagellen ist bei einigen Organismen modifiziert. «Flimmergeißeln» sind dicht mit seitlich abstehenden, filamentösen Mastigonemen besetzt, wodurch ihre Reibung im Wasser stark erhöht ist (vgl. S. 554, Abb. 3.2.12; griech. *mástix*, Geißel). Die Mastigonemen werden im Golgi-Apparat als geformtes Sekret gebildet und gelangen durch gerichtete Exocytose an die Geißeloberflächen. «Peitschengeißeln» sind durch eine verlängerte, dünne Spitzenzone ausgezeichnet, in die nur die beiden Singulett-Mikrotubuli hineinragen.

Jede Flagelle ist mit einem *Basalkörper* im cortikalen Cytoplasma verankert, einem kurzen Zylinder aus 9 Mikrotubuli-Tripletts (Tubuli A, B und C); zentrale Singuletts fehlen, vgl. Abb. 1.1.27 und 1.1.29. Der Basalkörper ist senkrecht zur Zelloberfläche orientiert. Bei der Entstehung der Geißeln fungiert er als Bildungszentrum, von dem die Flagelle auswächst. In der Übergangszone zwischen Basalkörper und Geißelschaft enden die C-Tubuli und beginnen die beiden Singuletts; A- und B-Tubuli des Basalkörpers setzen sich in den 9 Duplett des Axonemas fort. Basalkörper haben also (auch) die Funktion von MTOCs, und die +Enden der Geißel-Mikrotubuli liegen am freien Ende der Flagelle.

Die Struktur der Basalkörper ist identisch mit der von **Centriolen**. Sie treten i. allg. paarweise auf. Wo vorhanden, besetzen Centriolenpaare meistens – aber bezeichnenderweise nicht immer – die Pole der Kernteilungsspindel.

Dieser Umstand hat seinerzeit zur irrigen Annahme geführt, Centriolen seien die Bildungszentren des Spindelapparates. Nun gibt es aber Organismen ohne Centriolen, z. B. alle Angiospermen, die dennoch sehr wohl Mitosespindeln bilden

Die Pflanzenzelle · 43

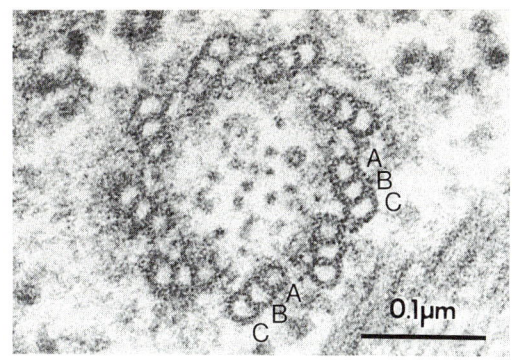

Abb. 1.1.29: Basalkörper von *Scourfieldia*, quer. In den Mikrotubuli-Tripletts sind stellenweise Protofilamente im Querschnitt erkennbar. Nur die innersten Mikrotubuli der Tripletts (A) sind komplett: die beiden schräg nach außen angesetzten Mikrotubuli B und C sind rinnenförmig, sie haben einige Protofilamente mit dem jeweils nächst-inneren Mikrotubulus gemeinsam. Die C-Mikrotubuli enden an der Basalplatte, A und B setzen sich in den Duplets des Geißel-Axonems fort. (EM Aufnahme: M. Melkonian)

können, aber keine Flagellen (und deshalb auch keine Spermatozoiden, so daß die Zusammenführung der Gametenkerne bei diesen Pflanzen durch einen rasch wachsenden Pollenschlauch vermittelt wird – Siphonogamie). Centriolen sind also potentielle Basalkörper, die bei Bedarf an die Zelloberfläche verlagert werden und dort zu Flagellen auswachsen können; während der Mitose besetzen sie bevorzugt Spindelpole, so daß ihre Gleichverteilung auf die Tochterzellen gewährleistet ist.

Basalkörper bzw. Centriolen entstehen nicht durch Teilung aus ihresgleichen, sondern werden jedesmal neu gebildet. Das geschieht häufig in unmittelbarer Nachbarschaft eines Basalkörpers/Centriols, von dem also vermutlich eine Induktionswirkung ausgeht. Die Basalkörper hochentwickelter Farnpflanzen und von Gymnospermen, die noch begeißelte Spermatozoiden ausbilden – z. T. mit über 1000 Geißeln pro Zelle – entstehen in einem sphärischen Bezirk von verdichtetem Cytoplasma, dem sog. Blepharoplasten (griech. *blepharon*, Wimper; Abb. 1.1.30). Wahrscheinlich sind diese Blepharoplasten nur eine besonders deutlich sichtbare Form des Centroplasmas, eines normalerweise strukturell nicht definierbaren Plasmabereiches, der als MTOC fungiert und z.B. bei Centriolen-losen Blütenpflanzen die Pole der Kernteilungsspindel organisiert.

3. Der Zellkern und seine Komponenten

Zwischen dem Volumen des Zellkerns als dem umfangreichsten Archiv genetischer Information in der Eukaryoten-Zelle und dem Gesamtvolumen des Protoplasten besteht im Normalfall ein Verhältnis von ca. 1:10. Diese Kern/Plasma-Relation wird bei Veränderungen des Zellvolumens konstant gehalten: Besonders große Kerne sind typisch für große, plasmareiche Zellen. Solche Kerne sind meistens polyploid, d.h. sie enthalten mehrere/viele Kopien des Gen- und Chromosomenbestandes der betreffenden Art. Künstlich polyploid gemachte Zellkerne führen zu entsprechenden Zellvergrößerungen (S. 497f.).

Die genetische Information aller Zellen – Proto- wie Eucyten – ist in DNA-Molekülen verschlüsselt. In Eucyten ist der Zellkern (von Mitochondrien und Plastiden mit ihren je eigenen genetischen Systemen abgesehen) das einzige Kompartiment für Speicherung und Vermehrung (Replikation) von DNA, sowie für die Synthese (Transkription) und Reifung (Prozessierung) von RNA. Dieses Kompartiment, das Karyo- (Nucleo-)plasma, wird vom umgebenden Cytoplasma abgegrenzt durch die doppelschichtige **Kernhülle**. Der Austausch von Makromolekülen zwischen Kern und Cytoplasma erfolgt durch die charakteristischen Poren dieser hohlkugeligen ER-Cisterne; mRNAs, tRNAs und die im Nucleolus gebildeten Präribosomen verlassen den Kernraum durch die Kernporen, kernspezifische Proteine gelangen durch eben diese Poren in den Kern hinein (Abb. 1.1.31).

Im Kernraum, wo es keine Membranen gibt, andererseits aber DNA-Moleküle mit Längen im cm- und dm-Bereich (10–100 Milliarden Da), wird die funktionelle und strukturelle Ordnung aufrecht erhalten durch ein Kernskelett, die **Nuclearmatrix**. In diesem Gel aus Strukturproteinen ist das **Chromatin** aufgehängt, das dem nucleären Desoxyribonucleoprotein-(DNP-)Komplex entspricht. Das Chromatin liegt in verschiedenen Verdichtungs-(Kondensations-)graden vor. Replikativ oder transkriptiv engagiertes Chromatin ist maximal dekondensiert. Die besonders dichten «Chromozentren» von Heterochromatin sind dagegen inak-

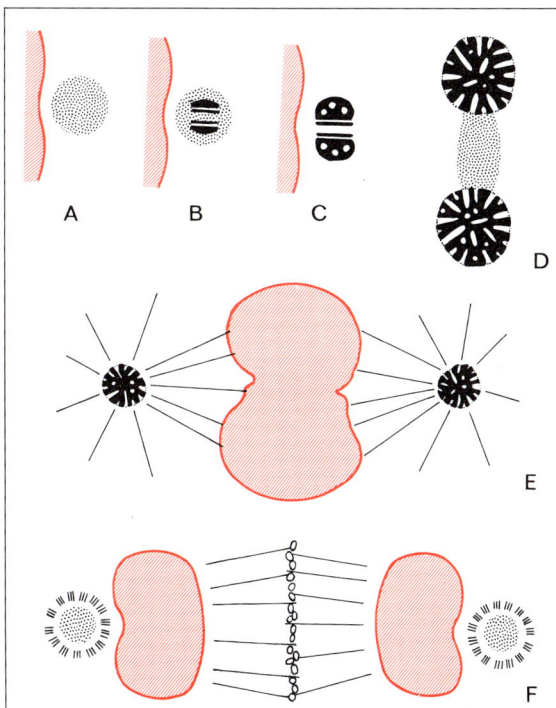

Abb. 1.1.30: Neuentstehung von Centriolen/Basalkörpern während der Mikrosporogenese des Wasserfarns *Marsilea*. **A–C**, in verdichteter Plasmapartie nahe der Kernhülle (farbig) bildet sich eine bisymmetrische Struktur, aus der 2 Blepharoplasten entstehen. Diese trennen sich vor der nächsten Kernteilung (**D**) und besetzen die beiden Spindelpole (**E**). Aus jedem Blepharoplasten gehen schließlich ca. 150 Basalkörper des begeißelten Spermatozoids hervor. Der Gesamtvorgang zeigt, daß die komplexe, charakteristische Struktur von Centriolen bzw. Basalkörpern *de novo* entstehen kann. (Veränd. n. P.K. Hepler)

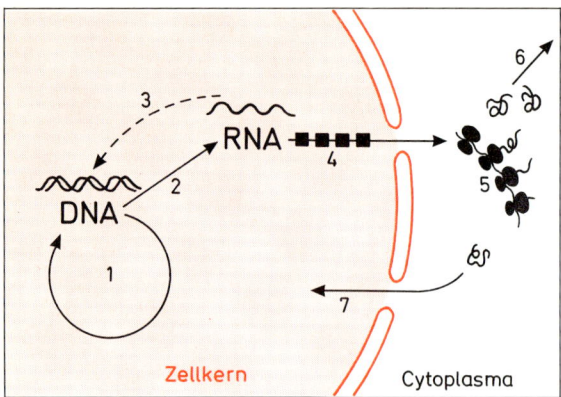

Abb. 1.1.31: Das sog. «Zentrale Dogma» der Molekularbiologie besagt, daß der Informationsfluß in der Zelle von DNA über RNA zu Proteinen läuft: «DNA macht RNA macht Protein». DNA dient aber nicht nur als Matrize für die RNA-Synthese (Transkription, **2**), sondern instruiert auch ihre eigene Vermehrung (Replikation, **1**). Von RNA ist eine eindeutige Rückübersetzung in DNA-Sequenzen möglich (reverse Transkription **3**, u.a. praktiziert von RNA-Viren, die ihr Genom in die DNA der Wirtszelle einbauen). In Eucyten laufen diese Vorgänge innerhalb der von Poren durchsetzten Kernhülle ab, auch noch die Prozessierung neugebildeter RNA (**4**); Einzelheiten dieser Vorgänge werden auf den folgenden Seiten erläutert. Die im Kern gebildeten und prozessierten RNAs werden im Cytoplasma aktiv bei der Bildung von Proteinen an Ribosomen (Translation, **5**). Viele Proteine steuern als Enzyme den Stoff- und Energiewechsel der Zelle (**6**); andere wandern in den Kern (**7**), wo sie z.B. an Replikation und Transkription mitwirken oder als DNA-Begleitproteine wichtige Funktionen im Chromatin übernehmen. (Original)

tiv, wie auch die kompakten Chromosomen, wie sie während der Kernteilungen in charakteristischen Formen deutlich hervortreten. Durch die Kompaktierung der DNA im Zuge der Chromatin-Kondensation – bewirkt vor allem durch die basischen Histone – werden die betroffenen DNA-Sequenzen unzugänglich für DNA- und RNA-Polymerasen, die replikative bzw. transkriptive Aktivität wird unterdrückt (Gen-Repression). Chromatinkondensation ist das morphologische Korrelat von Chromatin-Inaktivierung, Histone sind unspezifische Repressoren. Ihre inhibitorische Wirkung wird in der lebenden Zelle durch spezifische Nichthistonproteine (NHPr) moduliert und kann für bestimmte DNA-Sequenzen auch ganz aufgehoben werden (Gen-Aktivierung). Unterschiedliche Muster der Genrepression und Genaktivierung bedingen die Differenzierung der Gewebezellen bei Vielzellern. Diese Zellen enthalten zwar i.allg. dieselbe genetische Information, da sie ja alle letztlich aus einer einzigen Zelle – Zygote, Spore – durch Mitosen, also erbgleiche Teilungen entstanden sind und daher einen Zellklon darstellen. Aber von dieser immer gleichen Information werden in den Zellen der einzelnen Gewebe verschiedene Anteile abgerufen, andere bleiben abgeschaltet und ungenützt, so daß *de facto* in den funktionell und strukturell verschiedenen Zellen ein und desselben Organismus ganz unterschiedliche Gene wirksam sind (differentielle Genexpression).

Die meisten der molekularen und übermolekularen Strukturkomponenten des Zellkerns sind Funktionsstrukturen, die nicht dauerhaft erhalten bleiben. Z.B. zerfallen Kernhülle und Nucleolen in den Anfangsstadien der Mitose und werden erst in der Endphase der Kernteilung neu gebildet. Auch das Kernskelett erweist sich als dynamische Struktur, seine molekularen Komponenten wechseln im Zellcyclus. Die einzige Kernkomponente, die – einmal gebildet – unter normalen Umständen keinem Abbau mehr unterliegt, ist die DNA des Chromatins. Sie hat sich als **die** Erbsubstanz schlechthin erwiesen, sie ist der Stoff, aus dem die Gene sind. Mit der Aufdeckung ihrer molekularen Struktur durch James D. Watson und Francis H.C. Crick begann 1953 der Aufstieg der Molekularbiologie, der sich seither ständig beschleunigt hat. Bald nach der Etablierung des Doppelhelix-Modells für die DNA wurde auch die Bedeutung der verschiedenen nucleären und cytoplasmatischen RNAs, die alle im Kern gebildet werden, für die Realisierung der genetischen Information erkannt. Die detailliertere Behandlung der verschiedenen Kernstrukturen soll daher bei den Nucleinsäuren beginnen.

a) Die Nucleinsäuren: DNA und RNA

Informations(über)träger zeichnen sich allgemein dadurch aus, daß sie eine begrenzte Anzahl unterscheidbarer Symbolsorten in beliebig langer, linearer und unverzweigter Aufeinanderfolge (Sequenz) mit festgelegter Leserichtung enthalten oder darstellen, wobei sich die einzelnen Symbole nicht ständig periodisch wiederholen dürfen («blablabla...» ist keine Information). Diese Eigenschaften haben nicht nur die bekannten Informationsträger der Kommunikationstechnik wie Schriftzeilen, Morsestreifen, Magnetbänder, CDs usw., sondern auch die informativen Makromoleküle lebender Zellen. In diese Kategorie gehören die meisten Nucleinsäuren und Proteine: Ihre Kettenmoleküle sind unverzweigt, sie bestehen aus einer Aneinanderreihung unterschiedlicher Bausteine, und die beiden Enden sind verschieden (Leserichtung!).

Beide Sorten Nucleinsäuren – Desoxyribonucleinsäure (DNA) und Ribonucleinsäure (RNA) – sind Polynucleotide, d.h. ihre Moleküle entsprechen linearen Sequenzen von Nucleotiden. Bei allen zellulären Organismen – Pro- wie Eukaryoten – dient doppelsträngige DNA (dsDNA) der Speicherung und Vermehrung (Replikation) der Erbinformation, RNA dagegen ihrer Realisierung. DNA-Moleküle sind in Zellen beliebiger Art die einzigen Moleküle, welche die Bildung von ihresgleichen instruieren, d.h. die Synthese von weiteren sequenzgleichen DNA-Molekülen bedingen können. Außer bei RNA-Viren und Viroiden (S. 5, S. 52) hat *nur* DNA die Fähigkeit zur Replikation. Man spricht von der autokatalytischen Funktion der DNA. Da, wie wir gesehen haben (S. 3), Fortpflanzung und Vermehrung die grundlegenden Kriterien für Leben schlechthin sind, steht diese Funktion der DNA im Zentrum aller Lebensvorgänge. DNA-Moleküle vermögen aber zugleich auch die Sequenzen von RNAs und über sie schließlich die Aminosäure-Sequenzen von Proteinmolekülen festzulegen. Durch diese heterokatalytische Funktion der DNA kann sich die Erbinformation manifestieren, Erbfaktoren (Gene) werden als Phäne – äußerlich erkennbare

Merkmale von Organismen – sichtbar (griech. *pháinein*, sichtbarmachen; *génos*, Herkunft, Erbe).

Daß die Erbinformation in DNA-Molekülen verschlüsselt ist, wurde schon bald nach der Entdeckung des «Nucleins» durch Friedrich Miescher (1870) von mehreren Autoren vermutet, konnte aber erst 1944 von O. Th. Avery dadurch bewiesen werden, daß Pneumokokken durch DNA transformiert werden können. (Unter «Transformation» ist in diesem Zusammenhang die erbliche Veränderung lebender Zellen durch Einführung fremder DNA in sie zu verstehen.) Entsprechende Beweise für Viren und Phagen folgten bald, während für Eucyten ähnlich überzeugende Beobachtungen und Experimente zunächst nicht vorlagen. Allerdings sprachen die ungewöhnliche Stabilität der DNA-Moleküle im Zellstoffwechsel und die mutagene Wirkung von UV-Strahlung im Absorptionsbereich der DNA (Wellenlängen um 260 nm) dafür, daß auch hier die DNA der Träger von Erbinformation ist. Spätestens seit dem Beginn der Gentechnologie braucht diese Frage nicht länger diskutiert zu werden.

Die Monomeren von DNA und RNA sind, wie erwähnt, **Nucleotide**. Jedes Nucleotid besteht seinerseits aus drei Bausteinen in immer gleicher Anordnung, nämlich einer heterocyclischen Purin- oder Pyrimidinbase, einem Zuckermolekül und einem Phosphorsäurerest (Abb. 1.1.32). Auf Unterschiede in den Zuckermolekülen geht die Benennung der beiden Nucleinsäure-Arten zurück. Die Verbindung von Ribose bzw. Desoxyribose mit einer der Basen wird als **Nucleosid** bezeichnet. Nucleotide sind Nucleosidphosphate (genauer: Phosphorsäure-Ester von Nucleosiden). Über die Phosphorsäurereste können Nucleotide covalent miteinander verbunden werden (Abb. 1.1.33), es entstehen Polynucleotide als lineare Polyesterketten. Dabei wechseln in der Hauptvalenzkette Zucker- und Phosphatreste in monotoner Sequenz miteinander ab. Der Informationsgehalt solcher Kettenmoleküle liegt ausschließlich in der Aufeinanderfolge der Basen, so daß statt von «Nucleotidsequenzen» gewöhnlich von «Basensequenzen» gesprochen wird. Entlang einem Nucleinsäuremolekül sind alle Nucleotide gleich orientiert, was sich besonders deutlich in der immer gleichen Ausrichtung der Zuckereinheiten zeigt. Polynucleotidketten sind also Makromoleküle mit unterschiedlichen Enden, jedes Oligo- oder Polynucleotid hat – nach der Bezifferung der C-Atome in den Zuckerresten – ein 3'-Ende und ein 5'-Ende. Das 3'-Ende wird oft auch OH-Ende genannt, das 5'-Ende entsprechend Phosphatende. Diese Zuordnung ist schon am einzelnen Nucleotid erkennbar (Abb. 1.1.33). Basensequenzen werden vom 5'-Ende zum 3'-Ende hin «gelesen», was auch der Syntheserichtung für Polynucleotide entspricht: Alle bekannten DNA- und RNA-Polymerasen können weitere Monomere nur an OH-Enden anfügen.

Die DNA-Doppelhelix. DNA kommt nur bei einigen Phagen und Viren als Einzelmolekül vor (Einzelstrang-DNA, abgekürzt ssDNA, von engl. *single strand*). Bei der Mehrzahl der DNA-Viren und -Phagen und in *allen* Zellen liegt DNA in Form von Doppelsträngen vor (dsDNA), zwei DNA-Moleküle umwinden sich gegenseitig schraubenförmig und bilden eine charakteristische Doppelhelix (Abb. 1.1.34). Die beiden Polynucleotidketten sind rechtsgewunden, die Hauptvalenzketten der alternierenden Zucker- und Phosphatreste liegen außen, die planaren Ringsysteme der Basen stehen ungefähr quer zur Längsachse der Doppelhelix nach innen.

Gegenüberliegende Basen der beiden Stränge stehen auf gleicher Höhe und treffen sich im Bereich der Helixachse. Dort bilden sich zwischen ihnen Wasserstoffbrücken aus (s. S. 77), was allerdings sterisches Zusammenpassen der einander zugewandten Bereiche der Heterocyclen voraussetzt (Abb. 1.1.35). Tatsäch-

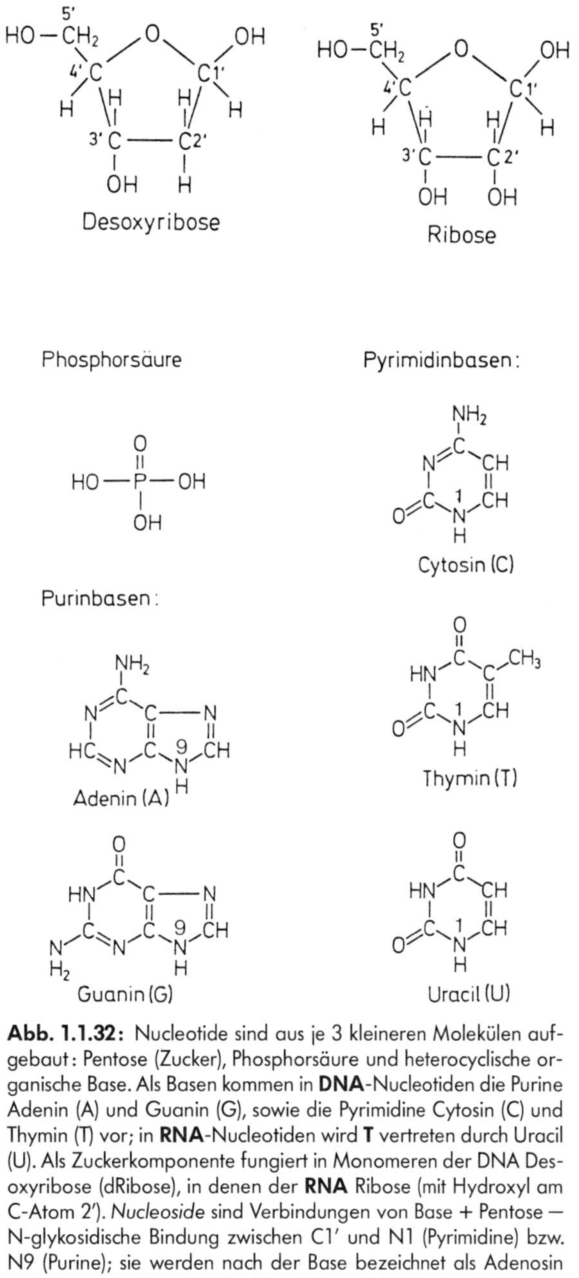

Abb. 1.1.32: Nucleotide sind aus je 3 kleineren Molekülen aufgebaut: Pentose (Zucker), Phosphorsäure und heterocyclische organische Base. Als Basen kommen in **DNA**-Nucleotiden die Purine Adenin (A) und Guanin (G), sowie die Pyrimidine Cytosin (C) und Thymin (T) vor; in **RNA**-Nucleotiden wird **T** vertreten durch Uracil (U). Als Zuckerkomponente fungiert in Monomeren der DNA Desoxyribose (dRibose), in denen der **RNA** Ribose (mit Hydroxyl am C-Atom 2'). *Nucleoside* sind Verbindungen aus Base + Pentose – N-glykosidische Bindung zwischen C1' und N1 (Pyrimidine) bzw. N9 (Purine); sie werden nach der Base bezeichnet als Adenosin und Guanosin bzw. Cytidin, Thymidin und Uridin. Ist die Zuckerkomponente dRibose, wird von Desoxynucleosiden gesprochen (z.B. dAdenosin). Im Nucleotid ist C5' der Pentose verestert mit Phosphorsäure, Nucleotide sind also Nucleosid-(mono-)phosphate; darauf beruhen die üblichen Abkürzungen, z.B. dAMP für Desoxy-Adenosinmonophosphat.

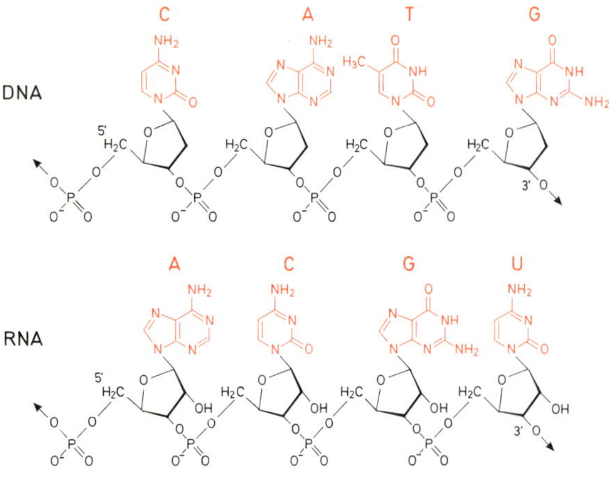

Abb. 1.1.33: Kurze Ausschnitte aus DNA- und RNA-Molekülen. Synthese- und Leserichtung von links nach rechts.

lich steht einer Purinbase – Adenin (A) oder Guanin (G) – immer eine Pyrimidinbase gegenüber – Cytosin (C) oder Thymin (T) –, und sterisch komplementär sind nur die Paarungen AT und GC (spezifische Basenpaarung). Das bedeutet, daß die Basensequenzen der beiden DNA-Stränge einer Doppelhelix «komplementär» sind, mit der des einen Moleküls steht auch die des anderen fest. Beispielsweise kann die Sequenz -ATTGACGACCT- nur mit der Sequenz -TAACTGCTGGA- eine Doppelhelix bilden. Das molare Mengenverhältnis von Purin- und Pyrimidinbasen in der Doppelhelix ist somit 1, und es gibt gleich viele C wie G und A wie T. Dagegen kann das sog. Basenverhältnis $\frac{A+T}{G+C}$ variieren. Es steht zwar für die DNA(s) einer bestimmten Organismenart fest und ist geradezu ein Artmerkmal, kann aber schon bei verwandten Arten, ja Rassen abweichend sein. Das Basenverhältnis schwankt bei Prokaryoten innerhalb weiter Grenzen (0,3–3,5), bei Eukaryoten liegt es bei oder über 1. Wenn der molare Anteil auch nur einer einzigen der vier Basen bekannt ist, kann das Basenverhältnis berechnet werden. Es läßt sich experimentell auch ohne chemische Analysen bestimmen, da z.B. die Schwebedichte von einheitlichen DNA-Proben, die mit Hilfe der Ultrazentrifuge in CsCl-Dichtegradienten ermittelt werden kann, in gesetzmäßiger Weise vom Basenverhältnis abhängt. Dasselbe gilt für die sog. Schmelztemperatur T_m. Unter «Schmelzen» oder «Denaturierung» von DNA versteht man die Trennung der beiden Stränge einer Doppelhelix, d.h. den Übergang von dsDNA in ssDNA. Denaturierung kann u.a. durch Erwärmen ausgelöst werden, die Zuführung thermischer Energie labilisiert die Wasserstoffbrücken der Basenpaare. Dabei sind GC-Paare mit ihren drei Wasserstoffbrücken stabiler als AT-Paare mit nur zwei H-Brücken. AT-reiche Sequenzen schmelzen daher schon bei tieferen Temperaturen als GC-reiche.

Die DNA-Doppelhelix hat einen Querdurchmesser von 2 nm, auf eine volle Windung (3,4 nm, in Achsenrichtung) kommen 10,4 Basenpaare (bp). Die beiden Polynucleotidketten sind antiparallel, d.h. dem 3'-Ende des einen Stranges steht das 5'-Ende des anderen gegenüber und umgekehrt. Außerdem ist die Doppelhelix plectonemisch, womit gemeint ist, daß die beiden Stränge nicht einfach seitlich auseinandergezogen werden können wie zwei ineinander geschobene Schraubenfedern, sondern nur durch Auseinanderdrehen getrennt werden können. Antiparallelität und Plectonemie haben wichtige Konsequenzen für den Replikationsvorgang (s.u.). Die DNA-Doppelhelix ist flexibel, sie kann leicht bis zu einem minimalen Krümmungsradius von knapp 5 nm verbogen werden. (Diese Krümmung wird in Nucleosomen tatsächlich erreicht, vgl. S. 52).

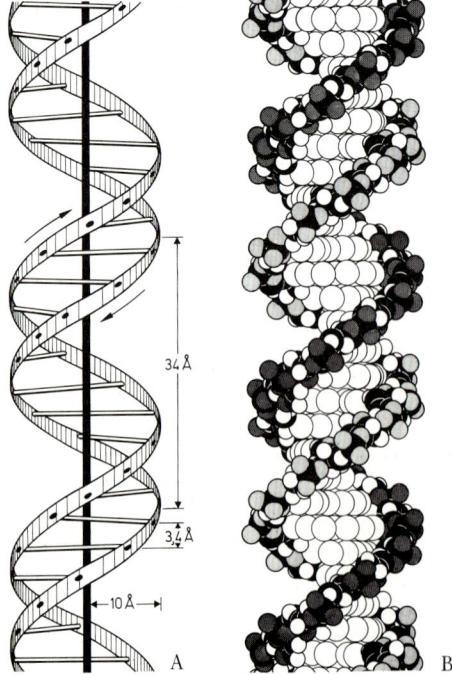

Abb. 1.1.34: DNA-Doppelhelix, Watson-Crick-Modell, Schema (**A**) und Kalottenmodell (**B**). Die Pfeile in A geben die Richtung 3' → 5' an, wodurch die Antiparallelität der beiden gepaarten Polynucleotidketten deutlich wird. Beide Darstellungen lassen erkennen, daß entlang der Doppelhelix eine schmale und eine breite Rille (beide rechts umlaufend) ausgebildet sind. Besonders in der tieferen breiten Rille können bestimmte Proteine – Restriktions-Endonucleasen (S. 48), Transkriptionsfaktoren (S. 57) u.a. – Basensequenzen erkennen und sich dadurch an bestimmte Stellen der DNA-Doppelhelix spezifisch anlagern.

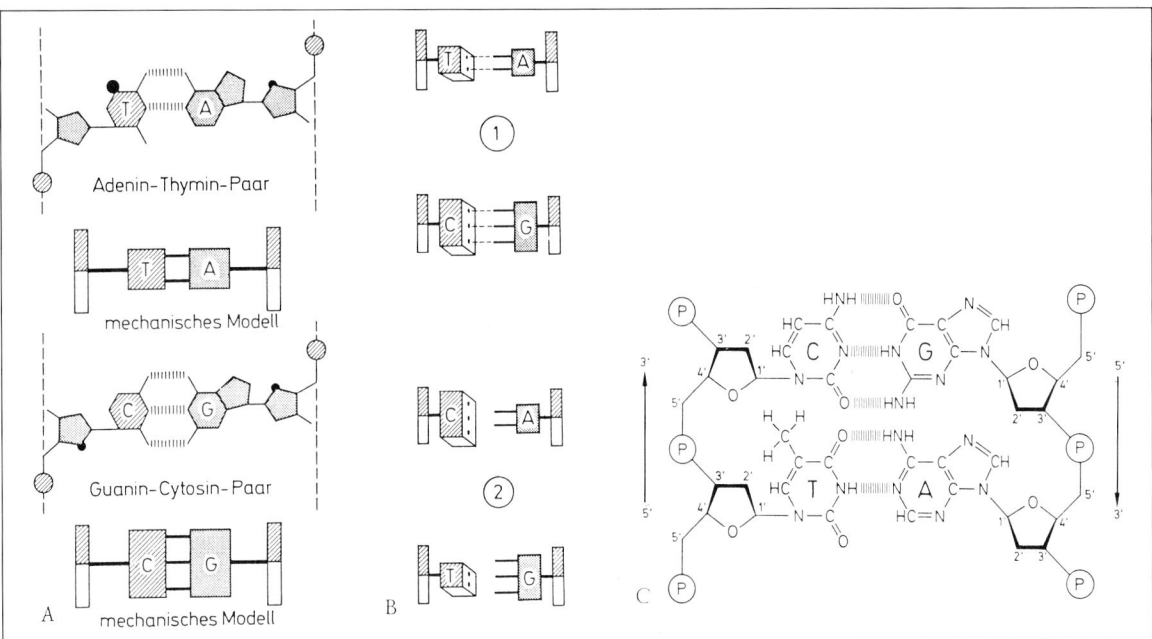

Abb. 1.1.35: Spezifische Basenpaarung. Die molekularen Paßformen der Basen lassen nur die Paarungen AT und GC zu (**A, B1**) und schließen andere Paarungen aus (**B2**). (Nach J. de Rosnay.) **C**, Basenpaarung über Wasserstoffbrücken zwischen zwei antiparallelen DNA-Strängen.

Die in Abb. 1.1.34 gezeigte Doppelhelix entspricht der «klassischen» oder B-Form der DNA, wie sie ursprünglich von J.D. Watson und F.H.C. Crick aufgrund von Röntgendaten von M.H.F. Wilkins und Rosalind Franklin ermittelt wurde. Diese Form gilt auch heute noch als die häufigste. Es hat sich aber gezeigt, daß eine alternative Konformation, die sog. Z-Helix, wenigstens über kurze Sequenzbereiche auch in lebenden Zellen vorkommen dürfte. In der Z-Doppelhelix liegen die DNA-Stränge als Linksschrauben vor, und der Verlauf der Zucker-Phosphat-Ketten ist nicht so glatt wie in der B-Helix, sondern die Hauptvalenzketten verlaufen in Zick-Zack-Linien (daher **Z**).

Wegen der zentralen Bedeutung der DNA gibt es viele mikroskopische, biochemische und genetische Verfahren zur detaillierten Charakterisierung von DNA-Proben und -Sequenzen. Der histochemische DNA-Nachweis wurde lange Zeit mit der Feulgen-Reaktion geführt, durch die DNA rot gefärbt wird. Diese Methode ist zwar DNA-spezifisch, aber nicht sehr empfindlich. In Pflanzenzellen färbt sich nur der Zellkern bzw. die Chromosomen, während die Nucleoide der Plastiden und Mitochondrien wegen ihres geringen DNA-Gehaltes ungefärbt bleiben. Heute werden daher überwiegend spezifische Fluorescenzfarbstoffe (Fluorochrome) eingesetzt, vor allem 4,6-Diamidinophenylindol (DAPI, vgl. Abb. 1.1.124A, S. 114), mit dem auch noch geringste DNA-Mengen im Fluorescenzmikroskop sichtbar gemacht werden können. Für die elektronenmikroskopische Darstellung von DNA wurden verschiedene Spreitungsverfahren (= Kleinschmidt-Methoden) entwickelt. Mit ihrer Hilfe ist es möglich, die gegen Scherkräfte extrem empfindlichen DNA-Moleküle und -Doppelhelices auf durchstrahlbare Objektträgerfolien eben auszubreiten, ohne sie abzureißen (Abb. 1.1.36). In solchen Präparaten kann z.B. die Länge von DNA-Strängen präzise ermittelt werden, die ihrerseits ein verläßliches Maß für die Zahl der Basen-

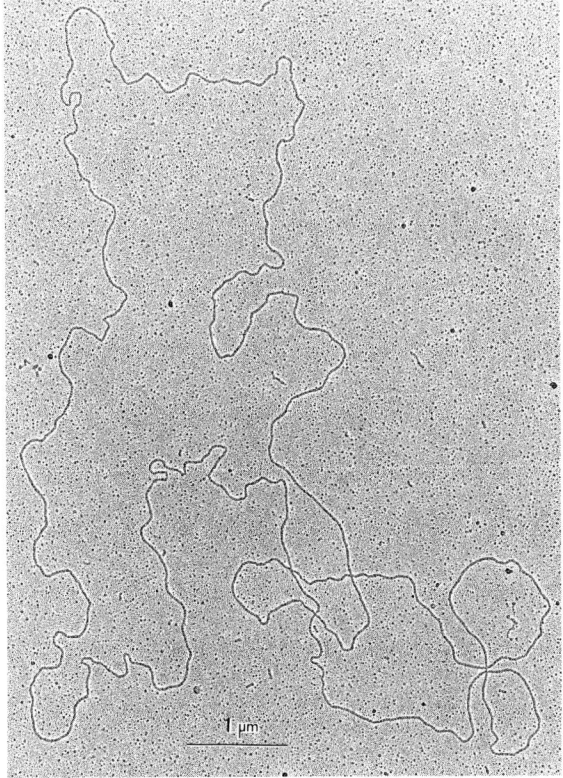

Abb. 1.1.36: Spreitungspräparat von circulärer dsDNA: F-Faktor von *Escherichia coli*, ein Plasmid (vgl. S. 491, 530), in das in diesem Fall auch ein *lac*-Operon (Gen-Folge + Kontrollsequenzen, für Lactose-Verwertung durch das Bakterium) mit eingebaut ist. Die Konturlänge dieser DNA ist 47,5 μm, entsprechend ca. 143 kbp. (Präparat u. EM Aufnahme: H. Falk)

paare bzw. die Molekularmasse ist. Nach den vorhin gegebenen Maßzahlen gelten folgende Beziehungen für B-DNA:

1 μm Konturlänge ≙ 2 MDa ≙ 3 kbp
(kbp: Kilobasenpaare, 10^3 Nucleotidpaare).

Zur Identifizierung bestimmter Sequenzen wird die Hybridisierung mit geeigneten Sequenzsonden – basenkomplementären, markierten DNA-Proben – eingesetzt. Solche Sonden paaren mit der zu untersuchenden Einzelstrang-DNA nur dann, wenn über Strecken von mindestens 15–30 Nucleotiden perfekte Basenkomplementarität besteht, weil nur dann eine genügend große Zahl von Wasserstoffbrücken zur Stabilisierung der Hybrid-Doppelhelix («Heteroduplex») ausgebildet werden kann. Hybridisierung kann auch zwischen basenkomplementären DNA- und RNA-Sequenzen erfolgen. In Abb. 1.1.37 ist an einem konkreten Beispiel gezeigt, wie durch DNA/RNA-Hybridisierung in elektronenmikroskopischen Spreitungspräparaten bestimmte Gene lokalisiert werden können.

Basensequenzen von DNA können heute vergleichsweise leicht «gelesen» werden. Voraussetzung für das Sequenzieren ist die Verfügbarkeit genügender Mengen einheitlicher DNA (Größenordnung < 1 μg). Diese Voraussetzung wird durch Klonieren der fraglichen DNA-Probe in rasch wachsenden Mikroorganismen geschaffen: Durch gentechnologische Verfahren wird die DNA in Plasmide, Phagen-DNA o.dgl. eingebaut, mit Hilfe solcher «Vektoren» dann in Bakterien- oder Hefezellen eingebracht und vermehrt, schließlich wieder zurückgewonnen. Die DNA wird dann durch Restriktions-Endonucleasen in genau definierte Teilsequenzen zerlegt. Diese Enzyme schneiden dsDNA an kurzen Erkennungssequenzen. Sie werden aus Bakterien gewonnen, wo sie eingedrungene Fremd-DNA zerstören. Man benennt sie nach den jeweiligen Bakterien und charakterisiert sie durch ihre Erkennungssequenzen. Z.B. erkennt und spaltet die Endonuclease Eco R I aus *Escherichia coli* die Sequenz $\frac{-GAATTC-}{-CTTAAG-}$. Man hat die Restriktions-Endonucleasen die «Skalpelle der Genchirurgie» genannt. Tatsächlich hat ihre Erforschung durch W. Arber 1962 die Entwicklung der Gentechnologie überhaupt erst möglich gemacht.

Die Restriktionsfragmente werden nun nach ihrer Größe (Konturlänge) gelchromatographisch aufgetrennt und nach Denaturierung einzeln sequenziert. Dafür stehen verschiedene Methoden zur Verfügung, deren Automatisierung schon weit fortgeschritten ist. Z. Z. können so Sequenzen bis über 800 bp Länge in wenigen Stunden ermittelt werden. DNA-Sequenzierungen sind mithin um Größenordnungen schneller durchführbar als Polypeptid-Sequenzierungen (S. 31), so daß Aminosäuresequenzen häufig indirekt über die Basensequenzen der für sie codierenden DNA ermittelt werden: Für jede Basensequenz kann bei bekanntem Leseraster die ihr entsprechende Aminosäuresequenz aus der Code-Tabelle (S. 309) abgelesen werden. Als DNA wird dabei meistens cDNA eingesetzt, die im Reagenzglas mit mRNA als Matrize durch reverse Transkriptase hergestellt wird und die Basensequenz der RNA genau wiedergibt (c steht für komplementär. Reverse [inverse] Transkriptase ist eine RNA-abhängige DNA-Po-

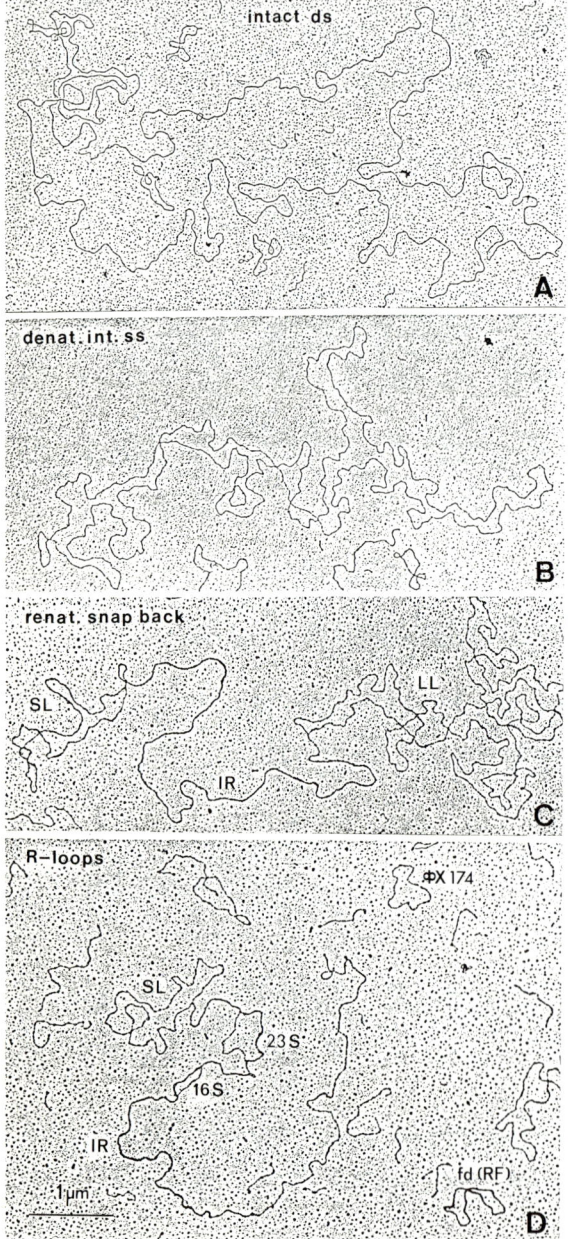

Abb. 1.1.37: Circuläre DNA aus Plastiden der Kapuzinerkresse *Tropaeolum majus* (ptDNA), Spreitungspräparate. **A**, intakte Doppelstrangform (dsDNA). **B**, Einzelstrang (ssDNA) nach Denaturierung; ssDNA ist deutlich stärker «geknittert» als dsDNA. **C**, nach ‹snap back›-Reaktion: ptDNA enthält eine längere Teilsequenz, die im DNA-Ring mit inverser Orientierung noch einmal vorhanden ist (‹Inverted Repeat› IR); läßt man denaturierte ptDNA (B) nach Verdünnung renaturieren, dann bilden sich nicht wieder die ursprünglichen dsDNAs (A) zurück, sondern die IR einer jeden ssDNA paaren intramolekular. Es entstehen also Moleküle mit einem Doppelstrangbereich (gepaarte IR), flankiert von 2 unterschiedlich großen Schleifen (SL, LL, für *small loop* bzw. *large loop*). **D**, in den IR sind die Gene für die großen ribosomalen RNAs (23S bzw. 16S rRNA) lokalisiert. Das kann im Spreitungspräparat dadurch sichtbar gemacht werden, daß die Renaturierung in Gegenwart der rRNAs unter Bedingungen vorgenommen wird, unter denen RNA/DNA-Hybride stabiler sind als dsDNAs; die RNAs verhindern dann an den Orten der Hybridisierung – d.s. die Gen-Sequenzen für diese RNAs – die Renaturierung auch im IR-Bereich, so daß sich RNA-Schleifen (‹R-loops›) bilden. Der LL ist in diesem Präparat aufgerissen. Die zusätzlich sichtbaren, kleinen circulären DNAs stammen aus den Bakteriophagen ΦX174 – ssDNA – bzw. fd – dsDNA der Replikativen Form RF –, die beide *E. coli* befallen. Diese DNAs wurden als «Längenmarker» zur genauen Vermessung von Konturlängen beigesetzt. (Maßstab in D gilt auch für B und C; A ist um den Faktor 0,67 schwächer vergrößert. Präparate und EM Aufnahmen: H. Falk)

lymerase, die vor allem bei RNA-Viren vorkommt und in der befallenen Wirtszelle das Umschreiben der viralen RNA in DNA ermöglicht).

Solche und weitere Techniken, z.B. die künstliche, chemische Synthese von Nucleotidsequenzen, bilden die Grundlage der **Gentechnologie**. Mit ihrer Hilfe kann sog. rekombinante DNA erzeugt werden, die aus Sequenzen verschiedener DNA-Moleküle besteht und einen besser gezielten und viel weitergehenden Eingriff in das Erbgut von Organismen möglich macht als die herkömmliche Züchtung, d.h. die willkürliche Kreuzung ausgewählter Individuen (vgl. S. 504f.). Diese «Kernbiologie» (Hans Jonas) erschließt bisher ungeahnte Möglichkeiten – zum Guten wie zum Schlechten. Ihre Entwicklung ist von der Hoffnung auf verbesserte Ernteerträge und schädlingssichere Nutzpflanzen, auf Unabhängigkeit von künstlicher Stickstoffdüngung, auf Herbicidresistenz, neue Impfstoffe u.v.a.m. begleitet, aber auch von Angst: Wird es der Menschheit gelingen, Mißbrauch und unbeabsichtigte Schäden zu vermeiden und so die ungeheure Verantwortung zu tragen, die – einmal mehr – mit einem in neue Dimensionen gesteigerten Können übernommen werden muß?

Die Replikation der DNA. Die beiden Stränge einer DNA-Doppelhelix sind, wie wir gesehen haben, wegen der spezifischen Basenpaarung sterisch komplementär und antisymmetrisch (S. 46), sie stehen zueinander in einem Positiv/Negativ-Verhältnis. Solches ist bei technischen Vervielfältigungsprozessen gang und gäbe, (photographische Vervielfältigung; Münzprägung; Metall- und Plastikguß; verschiedene Druckverfahren). Schon in der ersten Veröffentlichung des Doppelhelix-Modells wurde daher von Watson und Crick darauf hingewiesen, daß auch bei DNA mit der antisymmetrischen Doppelhelix eine Struktur vorliegt, die zur identischen Reduplizierung, zur Replikation des Erbgutes besonders geeignet ist. In naiver Sicht könnte danach die Replikation so ablaufen, wie in Abb. 1.1.38 dargestellt. Eine solche Replikation wird als semikonservativ bezeichnet: Die beiden Stränge der Doppelhelix bleiben erhalten, trennen sich aber voneinander, und an jedem wird ein neuer, basenkomplementärer Partnerstrang gebildet.

Das Modell der semikonservativen Replikation ist in seiner grundsätzlichen Aussage inzwischen vielfältig bestätigt worden (Abb. 1.1.39). Bezeichnenderweise werden auch bei Phagen mit einzelsträngiger DNA und bei RNA-Viren für die Replikation zunächst Doppelstränge gebildet (RF = replikative Form der Nucleinsäure). Es hat sich weiterhin gezeigt, daß nicht nur dsDNA, sondern auch ganze Chromosomen semikonservativ repliziert werden. Seit feststeht, daß unreplizierte Chromosomen nur *eine* DNA-Doppelhelix enthalten (Einstrangmodell, S. 56), ist dieser Befund ohne weiteres verständlich.

Für ein detailliertes Verständnis des Replikationsvorganges ergeben sich allerdings Schwierigkeiten aus der Plectonemie und der Antiparallelität der beiden DNA-Stränge in der Doppelhelix. Bei Bakterien läuft unter Optimalbedingungen die Strangtrennung an der «Replikationsgabel» mit einer Geschwindigkeit von knapp 1 μm/s weiter, die replizierende Doppelhelix müßte sich dabei etwa 300 × in der Sekunde um ihre Achse drehen. Bei Eukaryoten-DNA schreitet die Replikationsgabel zwar langsamer voran, doch ergäben sich auch hier noch Drehgeschwindigkeiten, die zu unvorstellbaren Verwicklungen im Chromatin und nicht tolerierbaren Scherkräften führen müßten. Nun gibt es aber Enzyme, die Einzelstrangbrüche, sog. *Nicks* (engl., Einschnitte), in DNA-Doppelhelices erzeugen und diese nach kurzer Zeit wieder schließen. An Einzelsträngen besteht freie Drehbarkeit; Torsionsspannungen können also durch lokale Rotationen an Einzelstrang-Stellen aufgehoben werden, ohne daß benachbarte Doppelhelix-Regionen die Drehung mitmachen müßten. Die entsprechenden Enzyme – ihr offizieller Name ist Topoisomerasen I – werden daher auch als Relaxationsenzyme bezeichnet.

Neben den Topoisomerasen I gibt es auch Topoisomerasen II, die unter Energie-(ATP-)verbrauch Torsionsspannungen erzeugen und in der DNA-Doppelhelix lokale Strangtrennungen oder sogar ein Umschnappen in die Z-Konformation er-

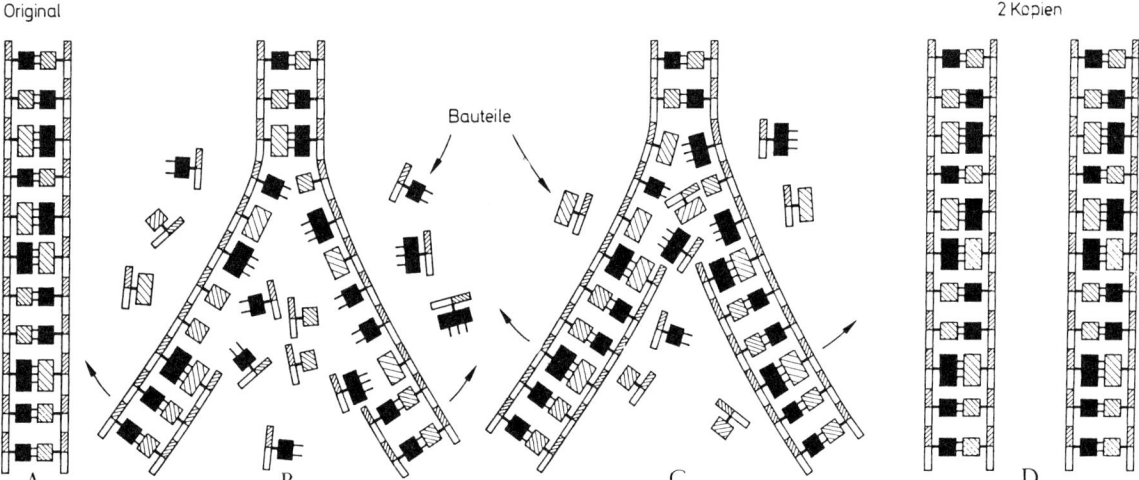

Abb. 1.1.38: Vereinfachtes Modell der semikonservativen Replikation von dsDNA. **A**, Ausgangssituation. **B**, Trennung der beiden Polynucleotidstränge durch Lösen der H-Brücken. **C**, Einpassung neuer Nucleotide und Ligierung zu komplementären Sequenzen. **D**, 2 identische Kopien von **A** sind entstanden. (Nach J. de Rosnay.)

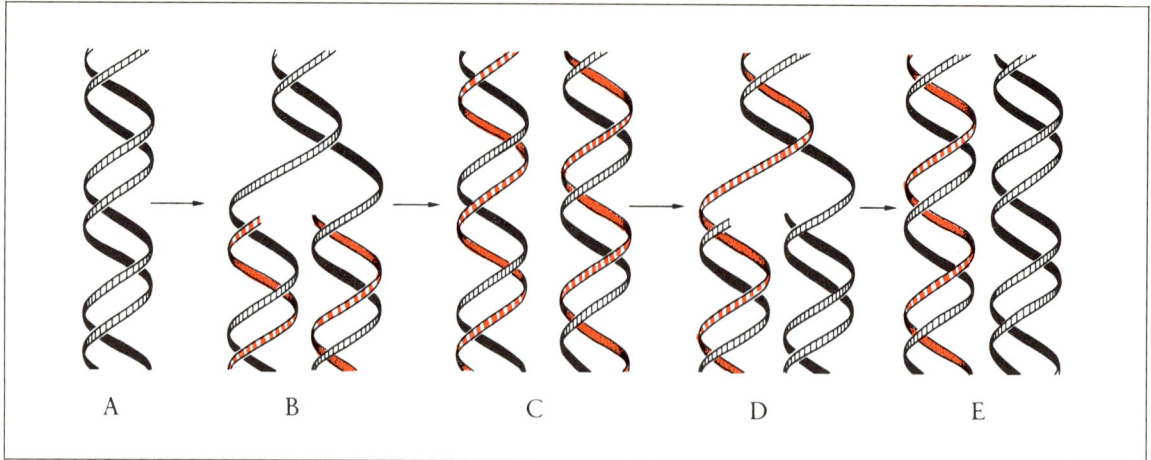

Abb. 1.1.39: Nachweis der semikonservativen DNA-Replikation durch Einbau von Thymidin, das mit Tritium radioaktiv markiert ist; unmarkierte DNA schwarz; neugebildete, markierte Komplementärstränge farbig. **B**, Beginn der Replikation nach Zugabe von 3H-Thymidin. **C**, erste Replikationsrunde beendet, beide DNA-Stränge markiert. **D**, weitere Replikationsrunde, diesmal mit unmarkiertem Thymidin, liefert einen markierten und einen unmarkierten Doppelstrang (**E**)

zwingen können. Diese Enzyme, die transiente Doppelstrangbrüche setzen und nach entsprechenden Drehbewegungen wieder schließen, spielen bei der Regulation der Gen-Aktivität eine wichtige Rolle. Denn für die Transkription durch DNA-abhängige RNA-Polymerasen ist eine vorübergehende, lokale Strangtrennung unbedingt erforderlich – RNA-Polymerasen können nur Einzelstränge der DNA ablesen.

Wegen der Antiparallelität der beiden Polynucleotidstränge in der Doppelhelix und der Unfähigkeit der Polymerasen, 5'-Enden zu verlängern, kann die semikonservative Replikation nicht einfach so ablaufen wie in Abb. 1.1.38 und 1.1.39 dargestellt, da sich nur bei einem der beiden neu zu bildenden DNA-Stränge das 3'-Ende an der Replikationsgabel befindet. Tatsächlich hat sich gezeigt, daß nur dieser Strang mit Hilfe von DNA-Polymerasen kontinuierlich synthetisiert wird («Vorläuferstrang»), während der andere – der «Nachläuferstrang» – stückweise (diskontinuierlich) nach rückwärts synthetisiert wird und die dabei entstehenden Abschnitte nachträglich durch eine Ligase covalent verbunden werden müssen (semidiskontinuierliche Replikation). Ligasen sind Enzyme, die freie 3'-Enden von Polynucleotidsträngen mit freien 5'-Enden covalent verbinden können. Sie spielen bei Reparaturreaktionen an geschädigten DNA-Strängen eine wichtige Rolle (Abb. 1.1.40), aber eben auch bei der Replikation. Bei Ligase-defekten Organismen bleiben die Teilsequenzen am Nachläuferstrang unverbunden und können als (nach ihrem Entdecker so genannte) Okazaki-Fragmente isoliert werden.

DNA-Polymerasen können im Gegensatz zu RNA-Polymerasen nur bereits vorhandene 3'-Enden verlängern. Sie bedürfen daher – außer einer Matrize in Gestalt einer vorgegebenen ssDNA-Sequenz – auch eines *Primers* (engl. Zünder), um mit der DNA-Synthese überhaupt starten zu können. Als Primer werden am Nachläuferstrang in regelmäßigen Abständen – entsprechend der Länge der Okazaki-Fragmente – von

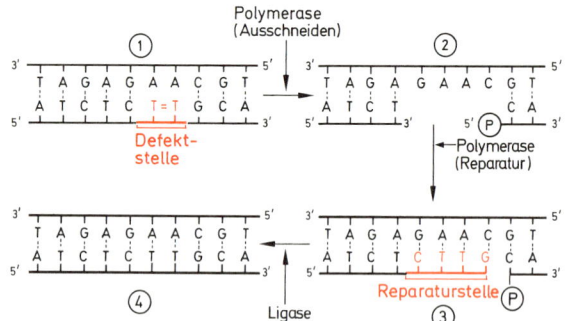

Abb. 1.1.40: Reparatur einer Schadstelle in einem DNA-Doppelstrang. (**1**) Durch UV-Bestrahlung hat sich ein Thymin-Dimer gebildet. Eine ‹Reparatur-Polymerase› erkennt den Defekt, schneidet die Defektstelle aus (**2**) und füllt die Fehlstelle vom freien 3H-Ende aus wieder mit richtigen Nucleotiden (**3**). DNA-Ligase verknüpft schließlich das freie 3'-Ende mit dem 5'-Phosphat an der ursprünglichen Kette, so daß wieder ein fehlerfreier Doppelstrang resultiert (**4**). (Original: H. Ziegler)

einer RNA-Polymerase, der Primase, kurze RNA-Sequenzen gebildet, an deren 3'-Enden dann die DNA-Polymerase weiterbauen kann. Die Primer werden nachträglich abgebaut, die entstehenden Sequenzlücken durch Reparaturpolymerasen und Ligasen geschlossen.

Unter Berücksichtigung der besprochenen Fakten stellt sich heute die molekulare Struktur der Replikationsgabel so dar, wie in Abb. 1.1.41 schematisch gezeigt. Dieses Modell gilt im Prinzip für die DNA-Replikation bei Prokaryoten, in Mitochondrien und Plastiden, sowie im Zellkern der Eukaryoten. Während aber die vergleichsweise kurzen, ringförmigen dsDNAs der Organelle und Prokaryoten (Abb. 1.1.42) nur einen Startpunkt der Replikation – *Origin* oder *Replikator* genannt – besitzen, von dem aus zwei Replikationsgabeln in entgegengesetzter Richtung rund um

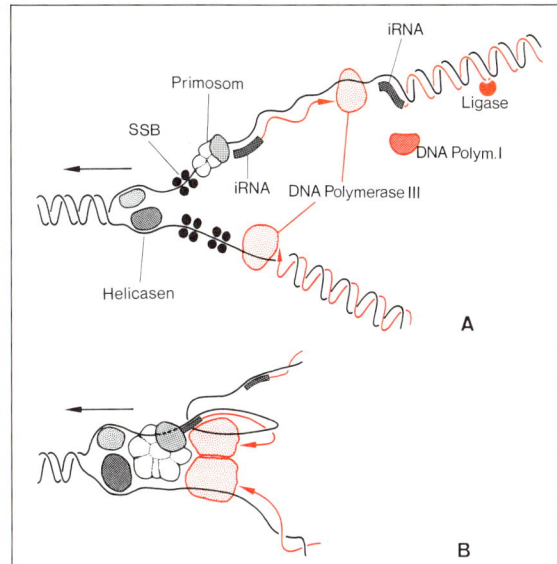

Abb. 1.1.41: DNA Replikation bei *E. coli*; Replikationsgabel in Pfeilrichtung fortschreitend. **A**, Entwindung der DNA Doppelhelix durch Strang-spezifische Helicasen, vorübergehende Stabilisierung durch einzelstrangbindende Proteine (SSB). Am Vorläuferstrang (unten) kontinuierliche Synthese des neuen Partnerstranges (farbig, Pfeilspitze: wachsendes 3'-Ende) durch DNA Polymerase III. Am Nachläuferstrang (oben) arbeitet die Polymerase dagegen nach rückwärts (jedoch ebenfalls 5' → 3'); sie verlängert die 3'-Enden von RNA-Primern (iRNAs), die ihrerseits von Primasen – Teilenzymen von Primosomen – in regelmäßigen Abständen synthetisiert werden (diskontinuierliche Replikation). Die RNA-Primer werden schließlich abgebaut, die Fehlstellen durch Reparatursynthese aufgefüllt (DNA Polymerase I) und die übrigbleibenden Einzelstrangbrüche durch Ligase covalent verbunden. **B**, hypothetisches Modell eines ‹Replisoms›, in dem alle Enzyme und Proteinfaktoren des Replikationsapparates zu einem Komplex zusammengefaßt sind. Die Antiparallelität der parentalen DNA-Stränge wird durch Schleifenbildung am Nachläuferstrang lokal aufgehoben. (Veränd. n. A. Kornberg, aus H. Kleinig u. P. Sitte, Zellbiologie – ein Lehrbuch. G. Fischer Verl., 2. Aufl. 1986)

aus weniger als 100 Ribonucleotiden zusammengesetzt. Außerdem sind RNAs i. allg. einzelsträngig; allerdings bilden sich oft durch komplementäre Sequenzabschnitte innerhalb der Moleküle doppelhelikale Bereiche aus (vgl. Abb. 1.1.71 u. 72, S. 74). Auch bei RNAs gibt es also charakteristische Sekundärstrukturen.

Die Funktionen der zellulären RNAs sind vielfältig, ihre Strukturheterogenität ist entsprechend groß. Zusätzlich zu den überwiegend kurzlebigen mRNAs, welche die Proteinbiosynthese an Ribosomen programmieren, nehmen die stabileren RNAs der Ribosomen selbst und die kleinen Transfer-RNAs (tRNAs) am Translationsprozeß unmittelbar teil (vgl. S. 73, 310 f.). Mehr indirekt ist die Beteiligung der scRNAs, kleiner cytoplasmatischer RNAs (engl. *small cytoplasmic*), die der Stabilisierung von mRNA und der Translationskontrolle dienen. Im Zellkern wirken verschiedene snRNAs *(small nuclear)* am Prozessieren der Primärtranskripte für mRNAs und rRNAs mit (S. 58). Die meisten zellulären RNAs liegen nicht nackt vor, sondern sind mit bestimmten Proteinen zu Ribonucleoproteinen (RNPs) komplexiert. Eine Ausnahme machen in dieser Hinsicht nur die tRNAs.

Während es bei Eubakterien, abgesehen von der Primase, nur *eine* RNA-Polymerase gibt, spiegelt sich die Funktionen- und Strukturenvielfalt der RNAs bei Eukaryoten im Vorhandensein von drei verschiedenen DNA-abhängigen RNA-Polymerasen allein im Zellkern wider. Alle diese Polymerasen sind große

den gesamten DNA-Ring wandern, gibt es in den Centimeter- und Decimeter-langen linearen dsDNAs der Eukaryoten-Chromosomen viele Startpunkte; sonst würde die komplette Replikation eines Chromosoms trotz der hohen Leistungsfähigkeit der Polymerasen, die ja bei der Vermehrung des Erbgutes mit äußerster Präzision arbeiten müssen, Wochen oder Monate dauern. Die von einem Replikator aus replizierten Sequenzen werden als ein Replicon bezeichnet. Die circuläre Bakterien- und Organell-DNA ist monoreplikonisch, die lineare DNA der eukaryotischen Chromosomen dagegen polyreplikonisch.

Die **RNAs** der Zelle weichen nicht nur darin von DNA ab, daß sie Ribose statt Desoxyribose als Zuckerkomponente besitzen, und daß bei den Pyrimidinbasen Uracil statt Thymin steht (vgl. S. 45; U paart – wie T – mit A). RNAs erreichen auch nicht entfernt die manchmal geradezu astronomischen Molekularmassen von dsDNA (diese gehen bei den besonders großen Chromosomen von Monocotyledonen bis über 100 Gigadalton, vgl. Abb. 1.1.42); manche RNAs sind sogar nur

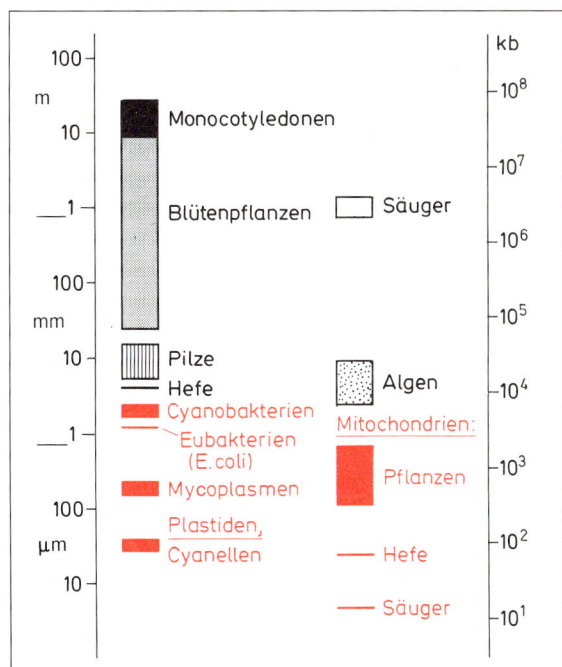

Abb. 1.1.42: Genomgrößen haploid, in DNA-Gesamtkonturlängen bzw. Kilobasenpaaren (kb). Prokaryotische, mit wenigen Ausnahmen circuläre Genome rot, eukaryotische (mit linearen Chromosomen) schwarz. Die kleinsten eukaryotischen Einzelchromosomen enthalten DNAs mit Konturlängen um 80 μm. Die größten Genome überhaupt kommen bei Monocotyledonen vor (Gesamtkonturlänge bei der Weißen Lilie z.B. rd. 31 m); im Tierreich kommen einige Amphibien auf ähnliche Genomgrößen. (Original)

Komplexe aus vielen verschiedenen Untereinheiten. Polymerase I ist im Nucleolus lokalisiert und für die Synthese der großen rRNAs zuständig, Polymerase III besorgt im Chromatin die Transkription der kleinen RNAs. Von Polymerase II werden, ebenfalls im Chromatin, die Prä-mRNAs gebildet. Diese Polymerase ist extrem empfindlich gegen Amanitin, eine der beiden Giftkomponenten des Grünen Knollenblätterpilzes, *Amanita phalloides* (die andere, das Phalloidin, blockiert das Actomyosin-System, s. S. 37 f.). Interessanterweise sind die RNA-Polymerasen von Archaebakterien den eukaryotischen ähnlicher als den eubakteriellen.

Viren, Phagen und Viroide. Viren sind obligate Parasiten von Eukaryoten, Phagen solche von Prokaryoten. Es handelt sich um (Desoxy-)Ribonucleoprotein- (DNP- oder RNP-) Partikel, die für selbsttätige Fortpflanzung viel zu einfach gebaut und für ihre Vermehrung daher auf die Stoffwechselaktivitäten lebender Zellen angewiesen sind. In ihren Nucleinsäuren – doppel- und einzelsträngige DNAs *oder* RNAs – tragen sie aber genetische Information, die mutieren und unter geeigneten Umständen auch rekombiniert werden kann. Vor allem Phagen haben als Modellorganismen bei der Entwicklung der molekularen Genetik und der Gentechnologie eine wichtige Rolle gespielt.

Bei Viren und Phagen ist die Nucleinsäure in einem Capsid verpackt, einer oft hochsymmetrischen Proteinhülle, die ihrerseits bei den «komplexen» Viren noch von einer lockeren Membranhülle umgeben ist; diese stammt aus der Zellmembran der letzten Wirtszelle, trägt aber auch Virus-spezifische Glykoproteine. Diese Hüllstrukturen haben formgebende und Schutzfunktion, sind zugleich aber auch für die Infektion neuer Wirtszellen wichtig. Viroide haben keine solchen Hüllen, bei ihnen handelt es sich um sehr kleine, ring- bis stabförmige, nackte RNA-Moleküle. Wie sie auf neue Wirte übertragen werden und diese infizieren und schädigen, ist noch weitgehend unbekannt.

b) Chromatin

Der größte Teil der nucleären DNA ist mit Histonen komplexiert. Histone sind bei Eukaryoten allgemein verbreitet. (Eine Ausnahme machen nur die Dinoflagellaten – vgl. S. 603 f. –, die keine Histone haben und deren Chromatin abweichend organisiert ist. Diese Einzeller sind aber in jeder anderen Hinsicht typische Eukaryoten.) Bei Prokaryoten gibt es keine Histone. Das Massenverhältnis Histon/DNA ist ungefähr 1. Histone kommen in der lebenden Zelle nur in Verbindung mit DNA vor. Sie werden synchron mit DNA in der Replikationsphase des Zellcyclus (S-Phase) im Cytoplasma synthetisiert und sofort in den Zellkern verlagert. Die Bindung der Histone an die DNA ist elektrostatisch, die stark saure DNA zieht als Polyanion die Histonmoleküle an, die ihrerseits durch zahlreiche Lysin- und Argininreste basisch sind (pI ~ 12) und Polykationen darstellen. Tabelle 1.1.2 gibt eine Übersicht über die 5 Grundtypen der Histone. Die Reihung von H1 bis H4 folgt abnehmenden Lysin- und zunehmenden Arginin-Anteilen: H1 ist besonders lysinreich, H4 entsprechend besonders reich an Arginin. Die Hi-

Tabelle 1.1.2: Histone (vgl. Abb. 1.1.15A, S. 34)

Bezeichnung	Molekülmasse [kDa]	Molekülform
H1	> 24	mit 2 positiv geladenen Fortsätzen (C- u. N-Terminus) und globulärer Zentraldomäne
H2A	≈ 18,5	globulär, N-terminale Domäne mit Häufung basischer Aminosäurereste seitlich abstehend
H2B	≈ 17	
H3	15,5	
H4	11,5	

stone, besonders H3 und H4, sind in der Phylogenese nur wenig verändert worden. Es gibt aber gewebespezifische Variationen, die z. T. auf differentieller Aktivierung leicht von einander abweichender Histon-Gene beruhen (Isotypen), z. T. auf posttranslationalen, reversiblen Modifikationen der Histonmoleküle wie Acetylierungen oder Phosphorylierungen einzelner Aminosäuren.

Die 4 Histone H2A bis H4, die ähnliche Molekülgrößen und -formen besitzen, lagern sich selbsttätig – auch ohne DNA – zu scheibenförmigen Quartärstrukturen zusammen. In diesen Partikeln mit Durchmessern von 10 nm und einer Dicke von 5 nm sind von jeder beteiligten Histonsorte 2 Moleküle vorhanden; man spricht von Histon-Oktameren. Um den Rand der Histon-Oktameren, wo auch die besonders basischen N-Termini der Histonmoleküle liegen, ist nun jeweils ein 145 bp langer Sequenzabschnitt der DNA flach aufgewickelt (Abb. 1.1.43). Die DNA-Doppelhelix macht dabei knapp 2 Windungen pro Histon-Oktamer. Sie läuft dann weiter zum nächsten Histon-Oktamer. Das ca. 60 bp lange Zwischenstück, als *Linker* (engl., Verbindungsstück) bezeichnet, ist bevorzugter Angriffsort

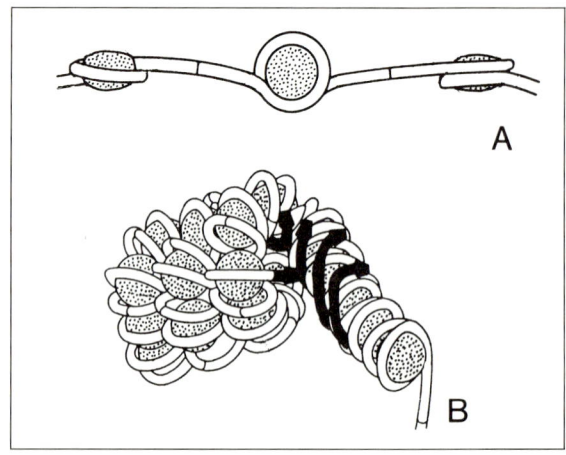

Abb. 1.1.43: Nucleosomen, schematisch. **A**, Perlenketten-Aspekt: 3 Histon-Oktamere (punktiert) von DNA Doppelhelix in Linksschrauben umwunden, über DNA Linker verbunden; Querstriche: Angriffspunkte von *Micrococcus*-Nuclease. **B**, supranucleosomale Strukturen, die sich unter Vermittlung von H1 (schwarz) bilden; rechts Nucleofilament, links Chromatinfibrille (hier H1 nicht eingezeichnet). (Veränd. n. A. Worcel u. C. Benyajati)

für Endonucleasen. Bei entsprechenden Verdauungsversuchen fallen daher Nucleohiston-Komplexe einheitlicher Partikelmasse an, die sog. **Nucleosomen**. Im EM zeigt stark aufgelockertes, H1-freies Chromatin einen typischen «Perlenketten-Aspekt» (Abb. 1.1.44 A).

Dieses Bild ändert sich, wenn H1 zugegeben wird. Dieses größermolekulare (und in der Evolution weniger stark konservierte) Histon beteiligt sich nicht am Aufbau der Histon-Oktameren bzw. der Nucleosomen, vermag aber durch Sequenz-unspezifische Bindung an *Linker*-DNA und an DNA-besetzte Histon-Oktamere Nucleosomen eng aneinander zu binden. Dadurch kondensiert das Chromatin, es wird mit zunehmenden H1-Anteilen immer kompakter. Durch lineare Dichtlagerung von Nucleosomen entsteht dabei zunächst ein **Nucleofilament** mit einem Querdurchmesser von 10 nm. Bei weitergehender Kompaktierung treten helikale Überstrukturen mit 6 Nucleosomen pro Umlauf auf (Solenoide, von griech. *solén*, Röhre) oder weniger geordnete supranucleosomale Granula = **Nucleomeren** (Abb. 1.1.44B). Schließlich entsteht eine etwa 35 nm dicke Fadenstruktur, die man **Chromatinfibrille** genannt hat.

Die in der Chromatinfibrille erreichte Kompaktierung kann dadurch veranschaulicht werden, daß die in ihr enthaltene DNA-Doppelhelix in gestreckter Form mehr als 20 mal so lang wäre. Aber es gibt noch viel höhere Grade der Chromatinkondensation. Unter Beteiligung von Kern- und Chromosomenskelett werden Chromatinfibrillen ihrerseits dicht aufgewickelt, wodurch die bereits im LM sichtbaren **Chromonemen** mit Querdurchmessern um 0,2 μm entstehen. An ihnen können sich durch lokale Aufknäuelung knotige Verdickungen bilden, die **Chromomeren**. Diese Strukturen treten besonders zu Beginn der meiotischen Prophase (S. 69) deutlich hervor, aber auch an polytänen Riesenchromosomen – ihre charakteristische Querbänderung beruht auf der Ausbildung von Chromomeren, die bei den vielen dichtgebündelten, parallelen Chromonemen dieser «Chromosomen» auf gleicher Höhe liegen (S. 56). Das Extrem der Chromatinkompaktierung wird schließlich durch immer weitergehende Aufschraubung bei den Metaphase-Chromosomen in Mitose und – noch ausgeprägter – Meiose erreicht (Abb. 1.1.46). Die DNA-Doppelhelix eines solchen Chromosoms wäre in gestrecktem Zustand mehr als 10 000 × länger als das Chromosom.

Replikation der DNA und Transkription sind nur im dekondensierten Chromatin möglich, da nur dort die entsprechenden Polymerasen als große Multienzymkomplexe überhaupt Zugang zur DNA haben. Die DNA-Replikation ist dementsprechend auf einen mittleren Abschnitt der Interphase beschränkt (S-Phase), und während der Kernteilungen erlischt auch die Transkriptionsaktivität. An aktiven Gen-Orten wird die DNA-Histon-Bindung durch verschiedene molekulare Veränderungen gelockert, schließlich vorübergehend gelöst. Die Erforschung dieser Veränderungen ist z.Z. in vollem Gange. Es zeigt sich, daß Histone durch Methylierung, Acetylierung oder Phosphorylierung modifiziert werden, daß die auch sonst stets nachweisbare

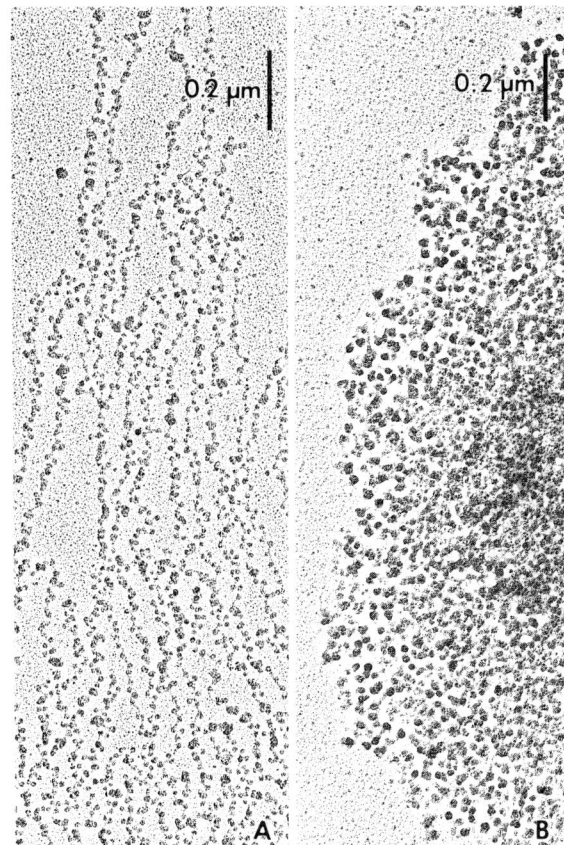

Abb. 1.1.44: Isoliertes Chromatin aus Kernen von Wurzelspitzen-Zellen der Küchenzwiebel *Allium cepa*. **A**, ‹Perlenketten-Aspekt› des expandierten Chromatins bei niederer Ionenstärke. **B**, supranucleosomale Strukturen bei physiologischer Salzkonzentration (100 mM NaCl). (Präparate u. EM Aufnahmen: H. Zentgraf)

Methylierung von Cytosin in der DNA zurückgeht und eine erhöhte Empfindlichkeit gegenüber DNasen besteht. An Orten replikativer oder transkriptiver Aktivität ist die dsDNA auch durch Topoisomerase II verspannt, was lokale Strangtrennung erleichtert. Alle diese Veränderungen werden – im Falle der Transkription sequenzspezifisch durch regulative Nichthiston-Proteine, sog. Transkriptionsfaktoren – kontrolliert. Im Gegensatz zu den vergleichsweise einförmigen Histonen sind diese sehr heterogen und vielfach gewebespezifisch.

c) Chromosomen und Karyotyp

Das nucleäre Genom der Eukaryoten liegt dagegen in Form mehrerer bis vieler linearer dsDNA-Moleküle vor, die jeweils verschiedene Teile der genetischen Information speichern und dementsprechend Sequenzverschieden sind. Diese linearen DNA-Doppelhelices finden sich während der Kernteilungen in den auch im LM sichtbaren Chromosomen wieder (Abb. 1.1.47). Zwischen den unterschiedlich gestalteten Chromosomen eines Chromosomensatzes und den in den einzelnen Chromosomen enthaltenen DNA-Sequenzen bzw. Genen besteht dabei eine eindeutige Beziehung (s.u.).

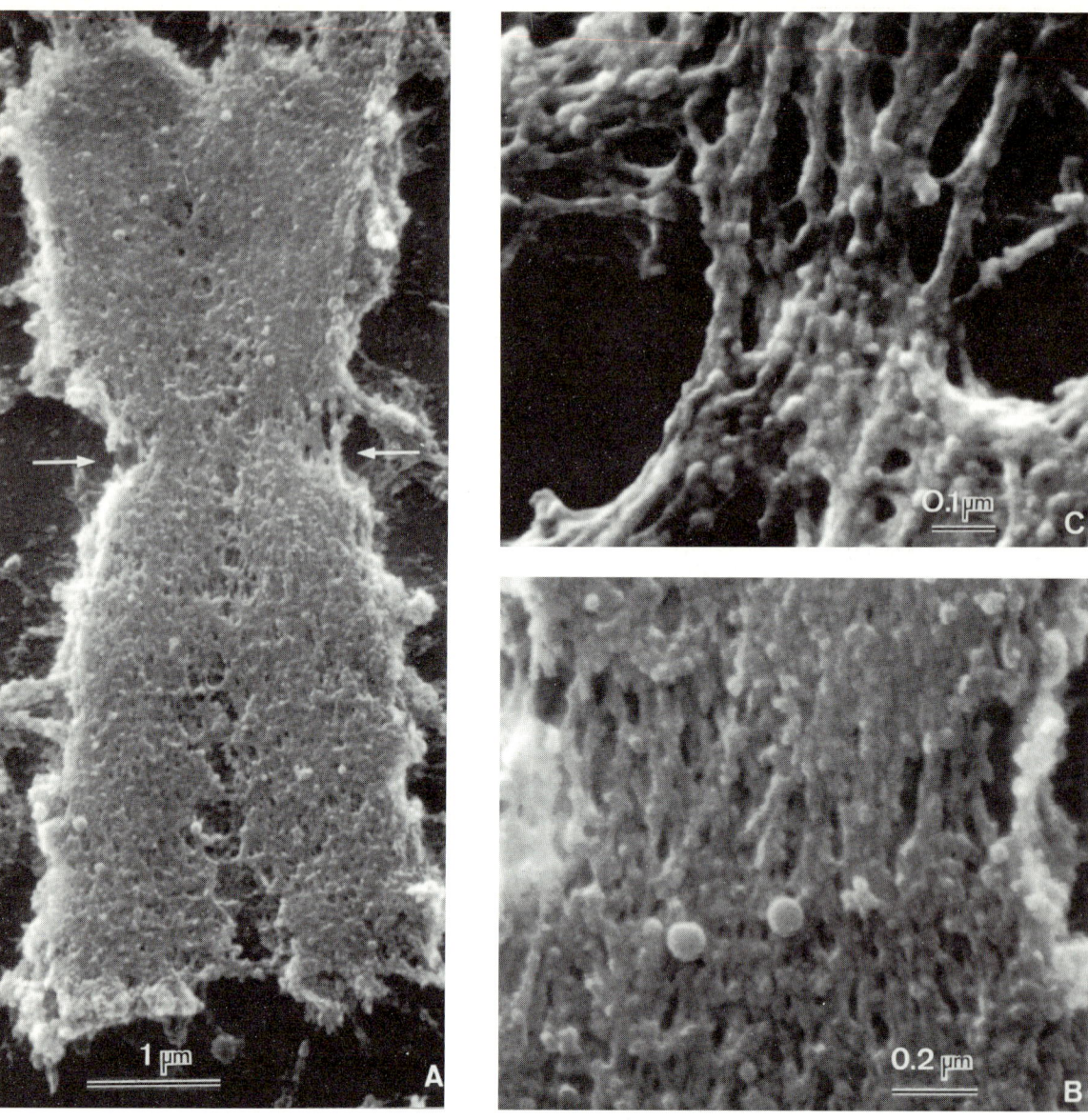

Abb. 1.1.45: Isolierte Chromosomen mit dichtgepackten Chromatinfibrillen aus Wurzelspitzenzellen der Gerste *Hordeum vulgare* im Raster-EM. **A, B**, Metaphase; in **A** Centromer (Pfeile) und Chromatiden deutlich; **B**, Centromer-Region. **C**, Prophase-Chromosom, wesentlich weniger stark kompaktiert. (Raster-EM Aufnahmen: G. Wanner)

Die Bezeichnung «Chromosom» stammt aus der Lichtmikroskopie, sie wurde vor über 100 Jahren von dem Anatomen W. Waldeyer eingeführt. Seit man allerdings weiß, daß die bei Kernteilungen als dichte Strukturen sichtbaren Chromosomen, wenn auch in weitgehend dekondensierter Form – eben als Chromatin –, auch während der Interphase vorhanden sind und mit geeigneten Methoden isoliert werden können, sprechen viele Autoren auch in diesem Zusammenhang von «Chromosomen». Noch wesentlich weiter gefaßt wurde der Begriff, seit die DNA als Träger genetischer Information erkannt wurde; in dieser weitesten Fassung kann sogar bei Bakterien, Plastiden und Mitochondrien von «Chromosomen» gesprochen werden, obwohl hier Histone nicht vorkommen und die charakteristischen Kondensations-Dekondensations-Cyclen fehlen. Die Mehrdeutigkeit von Begriffen kann schon im täglichen Leben schlimme Folgen haben, für die Wissenschaft gilt das in besonderem Maße. Es erscheint jedenfalls zweckmäßiger, bei Prokaryoten und plasmatischen Organellen einfach von DNA zu sprechen oder – im genetischen Sinn – von Genomen (Einzahl: Genom. Das Genom der Plastiden wird oft als Plastom bezeichnet, S. 119). Als Oberbegriff für Gen-tragende Strukturen *jeder* Art – einschließlich viraler RNA – sollte der von A. Kühn vorgeschlagene Terminus Genophor verwendet werden.

Der Chromosomenbestand einer Art wird als ihr **Karyotyp** bezeichnet. Er ist ein besonders wichtiges genetisches, systematisches und phylogenetisches Merkmal. Die schematische Darstellung des einfachen, «haploiden» Chromosomensatzes (griech. *haplús*, einfach) einer Organismenart läuft unter den Bezeichnungen Karyo- oder Idiogramm (vgl. die Abbn. 3.1.19 und 3.1.36 auf den S. 497 und 508). Die Karyotypisierung beruht auf der lichtmikroskopischen Untersuchung

Die Pflanzenzelle · 55

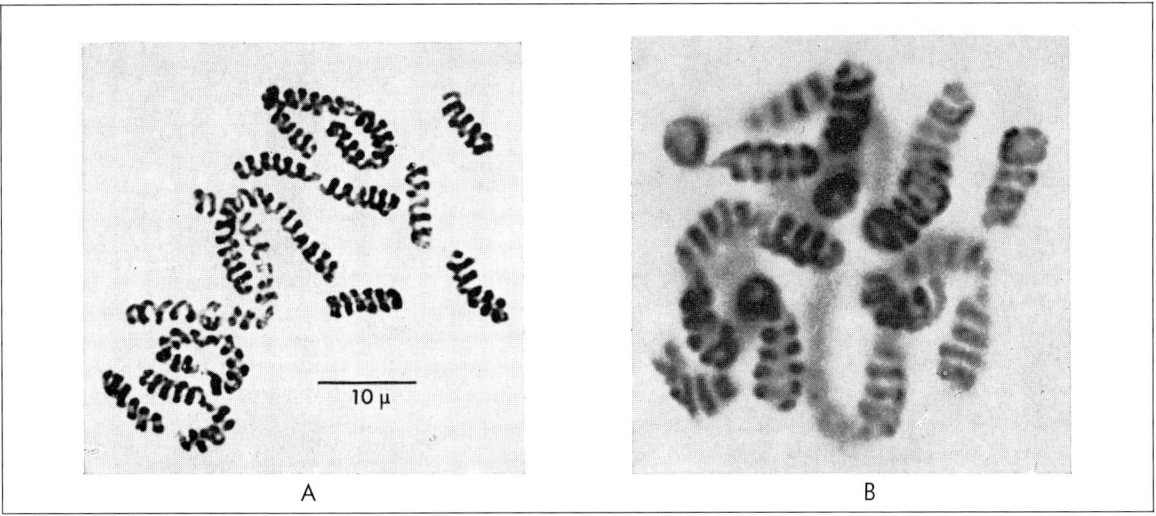

Abb. 1.1.46: Schraubenstruktur von Meiose-Chromosomen bei *Tradescantia virginiana* (**A** nach Vosa, 1300 : 1; **B** nach C.D. Darlington und L.F. La Cour, 3000 : 1)

jenes Kernteilungsstadiums, in dem die Chromosomen maximal kondensiert sind (Metaphase, s. u.). Dabei sind folgende Merkmale der Chromosomen besonders wichtig (Abb. 1.1.47): Chromosomenlänge, Lage des Centromers, Vorhandensein oder Fehlen einer Nucleolus-Organisatorregion, Ausmaß und Lage heterochromatischer Abschnitte. Der Centromer (= primäre Einschnürung) ist jene Dünnstelle eines Chromosoms, an der es während der Chromosomenverschiebungen in der Prometa- und Anaphase der Kernteilungen (S. 63) abgewinkelt wird und wo die Chromosomenfasern der Kernteilungsspindel ansetzen. Die Mikrotubuli dieser «Fasern» enden in einer plattenförmigen Struktur, die dem Centromer seitlich ansitzt und unter dem Namen Kinetochor bekannt ist (griech. *kínesis*, Bewegung; *chóros*, Ort). Der Centromer teilt ein Chromosom in zwei «Arme», deren relative Länge ähnlich bis sehr verschieden sein kann. Zahlenmäßiger Ausdruck des Längenverhältnisses ist der Centromerenindex:

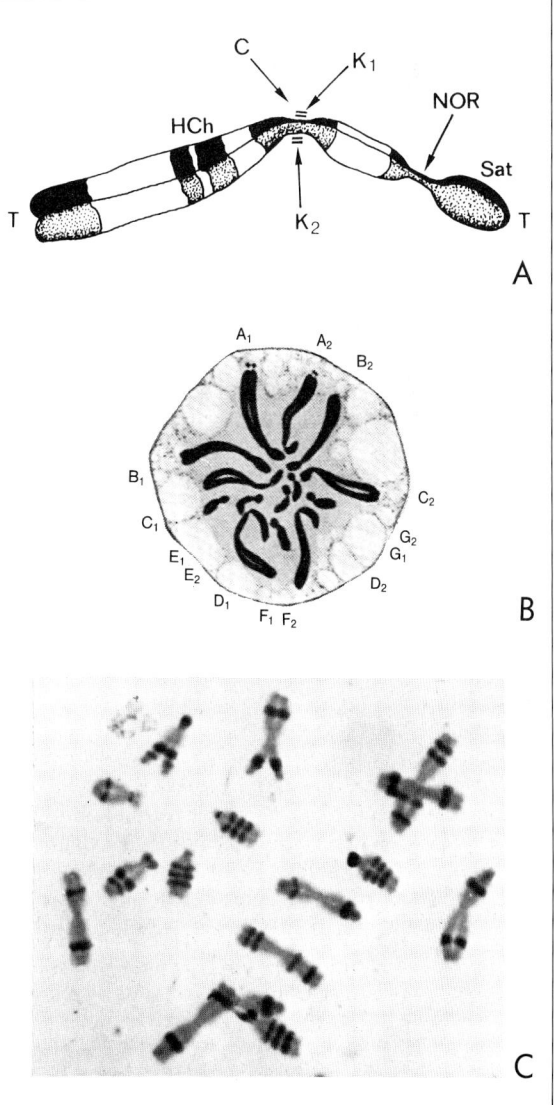

Abb. 1.1.47: Chromosomen, wie sie während der Kernteilungen – besonders gut in der Metaphase der Mitose (S. 63) – als kompakte Einheiten beobachtbar sind (und für die ursprünglich der Begriff «Chromosom» geprägt wurde). **A**, Schema eines SAT-Chromosoms mit den beiden Telomeren T, dem Centromer C mit den beiden Kinetochoren K_1 und K_2 (Ansatzstellen der Mikrotubuli des Spindelapparates), Bändern von Heterochromatin (HCh, zusätzlich Regionen an den Telomeren und im Centromerbereich) sowie der für SAT-Chromosomen charakteristischen Nucleolus-Organisator-Region NOR und einem heterochromatischen Satelliten Sat. Das Chromosom ist längs in 2 Chromatiden gespalten, die den künftigen Tochterchromosomen entsprechen. **B**, Metaphase-Chromosomen von *Aloe thraskii* (doppelte Chromosomenzahl 2n = 14), Polansicht einer «Äquatorialplatte»; gleiche Buchstaben bezeichnen homologe Chromosomen. Die SAT-Chromosomen A_1 und A_2 des Chromosomensatzes sind an ihren punktförmigen Satelliten erkennbar. **C**, Chromosomensatz von *Anemone blanda* (2n = 16); heterochromatische Banden – außer am Centromer – durch Färbung hervorgehoben. (A Original. B 1000 : 1, n. G. Schaffstein. C 600 : 1, LM Aufnahme: D. Schweizer)

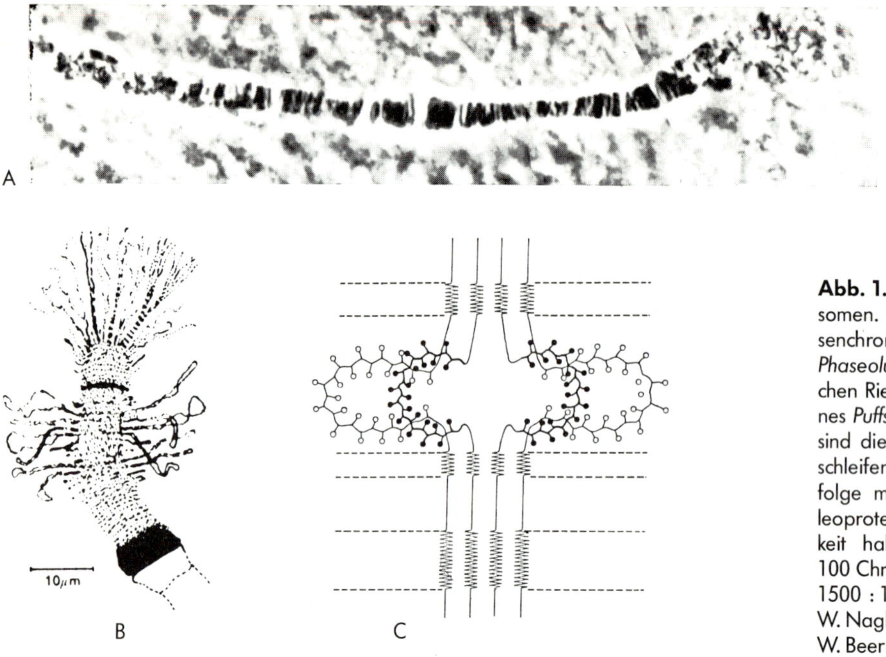

Abb. 1.1.48: Polytäne Riesenchromosomen. **A**, ca. 2048-strängiges Riesenchromosom aus dem Suspensor von *Phaseolus vulgaris*. **B**, *Puffing* eines solchen Riesenchromosoms. **C**, Schema eines Puffs; im zweitobersten Chromomer sind die Chromatiden (Chromonemen) schleifenförmig entfaltet und tragen infolge massiver Transkription Ribonucleoprotein-Granula; der Übersichtlichkeit halber sind nur **4** von vielen 100 Chromatiden gezeichnet. (A 1500 : 1, Phasenkontrastaufnahme: W. Nagl. B 8600 : 1, n. W. Nagl; C n. W. Beermann)

Länge des kurzen Chromosomenarmes durch Chromosomengesamtlänge.

Aus mikroskopischen und genetischen Untersuchungen ist schon vor über 50 Jahren ein allgemeines Strukturmodell des Chromosoms entwickelt worden, das eine eindimensionale Aufreihung von Erbfaktoren auf einer Fadenstruktur postulierte. Aus entsprechend angelegten Kreuzungsversuchen konnte sogar die Reihung der Gene auf einzelnen Chromosomen etwa beim Mais abgeleitet werden, es war möglich, Genkarten einzelner Chromosomen aufzustellen. Das Modell der linearen Anordnung der Gene hat sich dabei ausnahmslos bewährt und kann heute als gesichert gelten. Mikroverdauungsversuche zeigen, daß jedes Chromosom einen durchgehenden Strang (in replizierter Form 2 Stränge) von dsDNA besitzt – Querzerfall kann durch DNasen, nicht aber durch RNasen oder Proteinasen bewirkt werden. Eine lange Zeit offene Frage betraf die Zahl der DNA-Moleküle bzw. -Doppelhelices in einem Chromosom (Vielstrangmodell/Einstrangmodell). Heute steht aufgrund verschiedener Evidenzen fest, daß das **Einstrangmodell** zutreffend ist: Die Chromosomen, die am Ende einer Kernteilung in die Tochterkerne eingehen, enthalten je nur *eine* dsDNA. In der Replikationsphase (S-Phase) des Zellcyclus wird diese dann verdoppelt, so daß die Chromosomen, die zu Beginn der nächsten Kernteilung lichtmikroskopisch sichtbar werden, je zwei identische dsDNAs enthalten. Diese werden als Chromatiden (Tochterchromosomen) im Zuge der Kernteilung dann wieder auf die beiden Tochterkerne verteilt.

Eine Ausnahme stellen die sog. polytänen Riesenchromosomen dar, die bei Pflanzen und Tieren vor allem in den außergewöhnlich großen Kernen aktiver Drüsen- und Transportzellen gefunden werden (z.B. in Embryo-Suspensorzellen vieler Blütenpflanzen (S. 129)). Sie entstehen durch wiederholte DNA-Replikation ohne zwischengeschaltete Kernteilungen (sog. Endomitosen). Die DNA-Stränge bleiben im Kernraum oft in nur mäßig kondensierter Form als Chromonemen nebeneinander liegen und werden so schließlich als «Kernschleifen» lichtmikroskopisch sichtbar. Ihre (eigentlich inkorrekte) Bezeichnung als «Riesenchromosomen» hat sich daraus ergeben, daß diese Kernschleifen in Extremfällen aus mehreren 1000 dichtgebündelten Chromonemen bestehen (griech. *polýs*, viel; *tainía*, Band, polytän = vielsträngig) und bis 50 × so lang sein können wie Mitose-Chromosomen. Da die Chromomeren dieser Chromonemenbündel jeweils auf gleicher Höhe liegen, weisen Polytänchromosomen charakteristische, aperiodische Querbanden auf (Abb. 1.1.48). Bei Genaktivierungen werden die Chromomeren, weiterhin die Bündelstruktur der Riesenchromosomen lokal aufgelockert, um RNA-Polymerasen den Zutritt zu ermöglichen («Puffing», von engl. *puff*, Aufblähung).

d) Die Sequenzorganisation von Chromosomen

Auf der DNA eines jeden Eukaryoten-Chromosoms gibt es eine Reihe funktionell verschiedener Sequenzabschnitte:

– **Telomer**-Sequenzen an den beiden Enden der linearen dsDNA. Sie dienen der Stabilisierung der Chromosomenenden und können durch die Vermittlung spezifischer Proteine eine Anheftung dieser Enden an die Innenseite der Kernhülle bewirken.

– Eine **Centromer**-Sequenz, an der Kinetochoren ausgebildet werden. (Bei den Chromosomen einiger weniger Arten, z.B. *Luzula*, S. 818, lassen sich keine Centromeren lokalisieren, Spindelfasern können an vielen Stellen der Chromosomen ansetzen. Man spricht von «diffusen» Centromeren.)

– **Replikator**-Sequenzen als Startstellen für die DNA-Replikation.

– Abschnitte, in deren Basensequenzen die Nucleotidsequenzen funktioneller RNAs bzw. die Aminosäuresequenzen von Proteinen verschlüsselt und festgelegt sind. Solche Sequenzbereiche werden als **codie-**

rende Sequenzen bezeichnet. Sie decken sich in etwa mit dem, was üblicherweise unter einem «Gen» verstanden wird. Allerdings ist ein **Gen** (Erbfaktor) vor allem durch seine Funktion definiert als ein Sequenzabschnitt, der die gesamte genetische Information für die Erzeugung eines bestimmten Genprodukts – RNA, Protein – umfaßt. Das bedeutet, daß zusätzlich zu codierenden Sequenzen auch nichtcodierende Flankensequenzen mit regulativen Abschnitten, sowie Introns (s. u.) zu einem Gen gehören können. Sequenzabschnitte, die als Matrize für die RNA-Polymerasen dienen, werden als Transkriptionseinheiten bezeichnet. Gene sind in diesem Sinn dann Transkriptionseinheiten plus flankierende Sequenzen mit regulativen Abschnitten.

- Als **regulative Sequenzen** (Kontrollsequenzen) fungieren einmal Anheftungsstellen für DNA-abhängige RNA-Polymerasen, die als Promotoren bezeichnet werden; zum anderen sog. Enhancer als Erkennungssequenzen für Transkriptionsfaktoren (Abb. 1.1.49; engl. *enhance*, verstärken). Promotorregionen sind vor den Startstellen für Transkription lokalisiert. Aktive RNA-Polymerasen wandern vom Promoter aus am «codogenen» Strang der DNA in Richtung 3′ → 5′ entlang und synthetisieren dabei einen basenkomplementären, antiparallelen RNA-Strang, das Primärtranskript. Die Transkription – sie wird auf S. 306–308 behandelt – ist konservativ, d. h. die beiden Polynucleotidstränge der chromosomalen dsDNA werden zwar durch die RNA-Polymerase lokal und vorübergehend voneinander getrennt, vereinigen sich aber nach dem Durchgang der Polymerase wieder zur ursprünglichen Doppelhelix. Gensequenzen können also ohne bleibende Veränderungen beliebig oft transkribiert werden.

- Viele nichtcodierende Sequenzen passen in keine der bisher aufgezählten Sequenzklassen. Über ihre Funktion ist wenig bekannt. Sie sind nur schwach konserviert und variieren nach Ausmaß und Lage oft schon innerhalb einer Gattung oder sogar zwischen den Rassen einer Art.

Bei Prokaryoten ist der Anteil nichtcodierender Sequenzen gering. Für sie gilt daher angenähert, daß 1 Gen etwa 1 kbp Genom-DNA entspricht (= $\frac{1}{3}$ μm Konturlänge). Diese Näherungsbeziehung ergibt sich, wenn für ein Protein mittlerer Größe 333 Aminosäurereste angenommen und gemäß dem Triplettcode (S. 309) für eine Aminosäure 3 Basenpaare als ein Codon eingesetzt werden. Bei den meisten Eukaryoten überwiegen nun aber nichtcodierende Sequenzen im Kern-Genom, sie können darin bis über 90% ausmachen. Hinzu kommt, daß zahlreiche Sequenzen – codierende wie nichtcodierende – in diesem Genom nicht nur einmal vorkommen, sondern wiederholt; bei Prokaryoten sind solche repetitive Sequenzen seltene Ausnahmen. Aus diesen Tatsachen erklärt sich der zunächst überraschende Befund, daß höhere Eukaryoten zwar größenordnungsmäßig tausendmal mehr DNA pro Zelle haben als Prokaryoten, aber nur 10–100 × soviel verschiedene Proteine bilden können (sog. C-Wert-Paradox. Unter C-Wert ist die DNA-Gesamtmenge des haploiden Genoms zu verstehen, angegeben in Pikogramm [1 pg = 10^{-12} g]. Der C-Wert des Bakteriums *E. coli* ist 0,004, der vom Tabak 1,6, vom Mais 7,5, bei manchen Lilienarten liegt er über 30; vgl. Abb. 1.1.42, S. 51).

Die **repetitiven (multiplen) Sequenzen** der Eukaryoten-Genome sind überaus vielfältig, es gibt gewaltige Unterschiede hinsichtlich der Länge der Wiederholungssequenzen (Basissequenzen), der Kopienzahl und der Verteilung über das Genom. Beispielsweise ist Heterochromatin (S. 28) i. a. ausgezeichnet durch die unmittelbare Aufeinanderfolge sehr vieler, oft kurzer Basissequenzen. Man sagt, diese Sequenzen seien «geclustert» (engl. *cluster*, Haufen, Gruppe). Solche DNA-Abschnitte sind wegen der Monotonie ihrer Basensequenz praktisch informationslos; es ist also verständlich, daß das Heterochromatin normalerweise keine Transkriptionseinheiten und damit keine Gene enthält. In anderen Fällen sind die

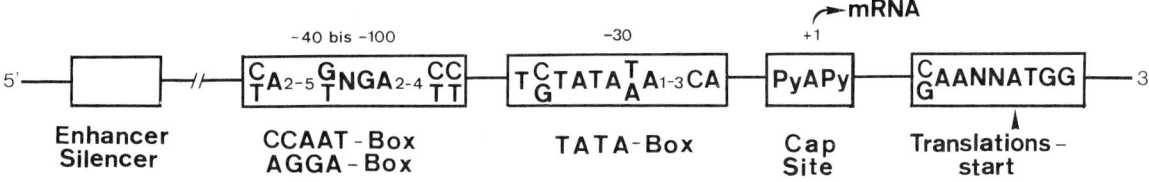

Abb. 1.1.49: Typische regulatorische Sequenzen eines von RNA-Polymerase II transcribierten Pflanzen-Gens. Neben dem eigentlichen Promotor-Bereich (Anlagerung des Transkriptions-Komplexes, der u.a. die Polymerase enthält) sind der Bereich des Translationsstarts und der Transkriptionsstart angegeben (‹*Cap*›-Site, weil das hier transkribierte 5′-Ende der mRNA später mit einer ‹Kappe› = *cap* bezeichneten Modifikation versehen wird – vgl. S. 58). *Enhancer* bzw. *Silencer* sind DNA-Sequenzen, die nach spezifischer Bindung von Kernproteinen – z. B. Transkriptionsfaktoren – die Transkriptionsrate erhöhen bzw. erniedrigen. *Enhancer*- oder *Silencer*-Sequenzen können bis zu mehreren Kilobasen vor dem Transkriptionsstart, aber auch innerhalb des eigentlichen Gens oder sogar dahinter lokalisiert sein. – Die CCAAT-Box (bzw. die AGGA-Box, die bei einigen Pflanzen-Genen die CCAAT-Box ersetzt) liegt 40 bis 100 Basen vor dem Transkriptionsstart, während die AT-reiche TATA-Box unmittelbar davor liegt. (Als ‹Boxen› werden Sequenzabschnitte bezeichnet, die in gleicher oder ähnlicher Ausbildung bei ganz verschiedenen Organismen gefunden werden, die also während der Phylogenese im wesentlichen unverändert geblieben sind, «konserviert» wurden. Sequenz-Konservierung deutet auf besondere funktionale Bedeutung hin.) – Der Bereich, an dem die Protein-codierende Region beginnt, zeichnet sich durch eine konservierte Basenabfolge aus, die hier auf DNA-Ebene angegeben ist. – Dargestellt ist in dieser Abb. – wie allgemein in der Molekularbiologie üblich – nicht der DNA-Strang, an dem die Transkription erfolgt, sondern der dazu komplementäre. Das hat den Vorteil, daß er in derselben Richtung gelesen werden kann und die gleichen Sequenzen enthält wie das Transkript, d. h. die hier gebildete RNA (statt T ist dann allerdings U zu setzen). A = Adenin, C = Cytosin, G = Guanin, T = Thymin; Py = Pyrimidinbase; N = beliebige Base; U = Uracil). (Original: U. Maier)

repetitiven Einheiten aber nicht kurz, sondern lang (> 5 kbp), und sie können – ob kurz oder lang – über verschiedene Bereiche eines Chromosoms oder sogar über verschiedene Chromosomen des Kerngenoms verteilt sein (disperse multiple Sequenzen). Oft lassen sich auch bei langen Wiederholungssequenzen keine Genprodukte nachweisen, und vielfach dürfte es sich bei ihnen überhaupt um nichtcodierende Sequenzen handeln wie im Fall des Heterochromatins. Aber es gibt auch codierende repetitive Sequenzen. Das bekannteste Beispiel dafür ist die rDNA, das ist die DNA der Nucleolus-Organisator-Region, von der die großen rRNAs transkribiert werden – vgl. dazu den folgenden Abschnitt.

Die meisten Gene des nucleären Genoms sind **Mosaik-Gene:** In ihrer Sequenz wechseln codierende *Exons* ab mit nichtcodierenden *Introns*. Die Intron-Transkripte werden aus den Primärtranskripten in einem komplexen, im Zellkern ablaufenden Vorgang ausgeschnitten und die dabei entstehenden freien Enden benachbarter Exons covalent miteinander verbunden, «gespleißt». Die auf S. 51 erwähnten snRNAs sind daran entscheidend beteiligt. Das Primärtranskript wird aber auch in anderer Hinsicht verändert, im Falle der Prä-mRNA erfolgen z.B. Adeninmethylierungen, und 3'- wie 5'-Ende werden durch Anfügen besonderer Schutzgruppen stabilisiert. (Das 5'-Ende wird durch ein invers orientiertes, methyliertes Guanosintriphosphat maskiert *[«Capping»]*, am 3'-Ende wird mit Hilfe einer Matrizen-unabhängigen RNA-Polymerase eine Poly A-Sequenz ankondensiert.) Der Gesamtvorgang der Reifung von Primärtranskripten im Kern wird als P r o z e s s i e r e n bezeichnet. Bei Prokaryoten gibt es keine entsprechenden Reaktionsfolgen.

Die Gesamtsequenz chromosomaler DNAs ist im großen ganzen konstant. Andernfalls wäre z.B. das Lokalisieren von Genen und die Erstellung von Genkarten unmöglich, das Sequenzieren von Chromosomenabschnitten sinnlos. Dennoch sind DNA-Sequenzen nicht überhaupt unveränderlich, im Zuge der Evolution haben nachweislich massive Umgruppierungen stattgefunden, und sogar in der Ontogenese kommen solche vor. Sie beruhen überwiegend auf mutativen Ereignissen (Chromosomenmutationen) oder Rekombination (S. 70). Zusätzlich gibt es in den meisten (allen?) Genomen **Transposonen** oder «springende Gene», definierte informative Sequenzen, die ihren Platz mit vergleichsweise hoher Frequenz wechseln und sich dabei an beliebigen Stellen in vorhandene Sequenzen einzubauen vermögen. Kürzere «mobile Elemente» dieser Art, die keine ganzen Gene enthalten, werden als I n s e r t i o n s s e q u e n z e n (IS) bezeichnet. IS und Transposonen besitzen charakteristische Sequenzwiederholungen an ihren Enden, oft in gegenläufiger Orientierung. Diese terminalen Sequenzrepetitionen sind für die Insertion unerläßlich. Sind von einer Transposition codierende oder regulative Sequenzen betroffen, dann ist auch der Phänotyp des betreffenden Organismus verändert, und so wurden die transponierbaren Elemente auch entdeckt (beim Mais: Barbara McClintock, 1950).

Viele repetitive Sequenzen, vor allem disperse, erinnern hinsichtlich ihrer wechselnden Positionen im Kerngenom verwandter Arten an mobile genetische Elemente. Man vermutet daher, daß sie sich als R e t r o p o s o n e n im Genom eingenistet haben, d.h. von zellulären RNAs abstammen, die durch reverse Transkriptase von RNA wieder in DNA umgeschrieben und als solche dann mehrfach in chromosomale DNA inkorporiert wurden.

e) Nucleolen und Präribosomen

Es wurde schon gesagt (S. 27), daß in den Nucleolen die Vorstufen der cytoplasmatischen Ribosomen bzw. ihrer Untereinheiten entstehen. Jeder Nucleolus ist von einem Abschnitt chromosomaler DNA durchzogen, der als **Nucleolus-Organisator-Region (NOR)** bezeichnet wird und repetitive Gene für die rRNAs mit Ausnahme der 5S rRNA trägt («rDNA»). Chromosomen mit einer NOR werden als Satelliten- oder SAT-Chromosomen bezeichnet. In der Metaphase ist die NOR als Dünnstelle eines Chromosomenarmes auch lichtmikroskopisch erkennbar (Abb. 1.1.47, S. 55; sog. sekundäre Einschnürung; die primäre entspricht dem Centromer). Im haploiden Chromosomensatz ist jeweils mindestens ein SAT-Chromosom vorhanden, und gerade bei Pflanzen gewöhnlich *nur* eines, so daß die Zahl der Nucleolen dem Ploidiegrad entspricht: Kerne diploider Gewebezellen enthalten 2 Nucleolen, die triploiden Kerne des Samennährgewebes von Angiospermen 3.

Die NOR ist ein Musterbeispiel für geclusterte multiple Sequenzen. Die einzelnen Transkriptionseinheiten liegen in Tandem-Manier hintereinander und sind durch kürzere nichtcodierende Zwischenregionen voneinander getrennt, sog. *Spacer* (engl. Distanzhalter; vgl. Abb. 1.1.50). Jede Transkriptionseinheit umfaßt die codierenden Sequenzen für die 26S rRNA und die 5,8S rRNA der künftigen großen Ribosomenuntereinheit (S. 73), sowie für die 16S rRNA der kleinen Untereinheit. Die Transkription der rDNA erfolgt durch die Nucleolus-ständige, weitgehend Amanitin-insensitive RNA-Polymerase I. (Die Gene für die 5S rRNA der großen Untereinheit liegen an anderen Stellen des Genoms, oft sogar auf anderen als den SAT-Chromosomen, und werden von RNA-Polymerase III transkribiert.) Die Primärtranskripte werden im Nucleolus prozessiert, d.h. in die verschiedenen rRNAs zerlegt und von Flankensequenzen befreit, Riboseteste und Basen werden stellenweise methyliert. Alle diese Vorgänge spielen sich allerdings nicht auf der Ebene freier Nucleinsäuren ab, denn schon das nascierende Primärtranskript wird mit spezifischen Proteinen assoziiert. Mit zunehmendem Reifungsgrad treten dann vermehrt auch ribosomale Proteine in den RNP-Partikeln auf, und wenn sich schließlich fertige «Präribosomen» als unmittelbare Vorläufer der großen und kleinen Ribosomenuntereinheiten vom Nucleolus ablösen und zu den Kernporen wandern, entsprechen sie auch in ihrem Proteinmuster schon weitgehend den Untereinheiten cytoplasmatischer Ribosomen.

Die zeitliche Abfolge dieser Vorgänge spiegelt sich in der Struktur des Nucleolus (Abb. 1.1.51). Die rDNA läuft in vielfachen Windungen durch dichte Massen von feinfibrillärem Material, das im wesentlichen aus frischgebildeten Primärtranskripten besteht. Nach außen hin überwiegen dann granuläre Bereiche, in denen die Reifung der Präribosomen vor sich geht.

rDNA ist frei von Nucleosomen. In den Transkriptionseinheiten der rDNA sind RNA-Polymerasen I dicht aufgereiht (Abb. 1.1.50), und jeder *Spacer* enthält mehrere Enhancersequenzen. Das alles und die massive Repetition der rRNA-Gene – gerade bei höheren Pflanzen werden extreme Repetitionsgrade erreicht (Weizen bis 15 000 Kopien pro Kern, entsprechend Kürbis bis 20 000, Mais bis 23 000) – ist Ausdruck des

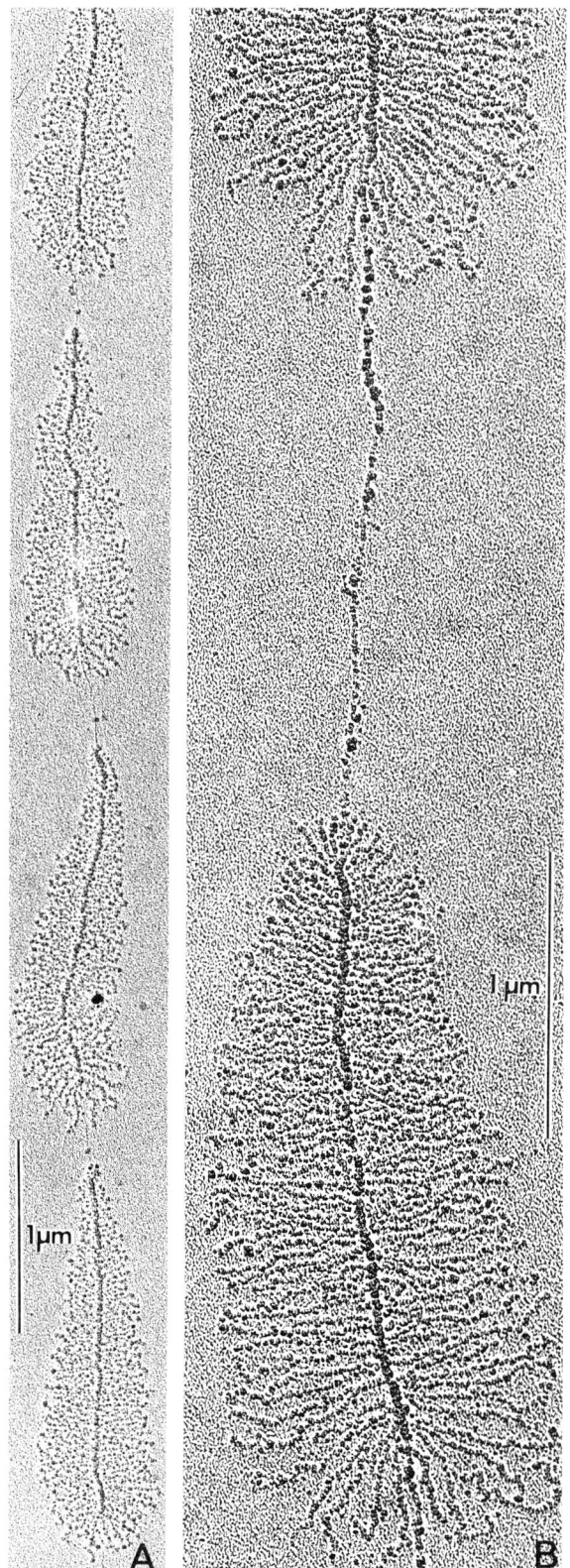

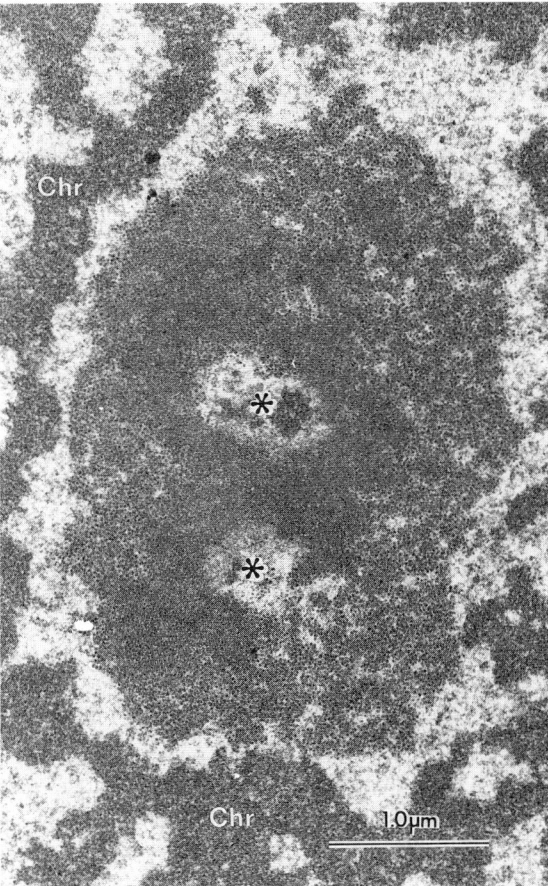

Abb.1.1.51: Nucleolus im Kern einer Zelle aus dem Wurzelmeristem von *Allium cepa* (Küchenzwiebel). Die Durchtrittstellen der Nucleolus-Organisator-Region des SAT-Chromosoms (*) sind von dichtgepacktem, fibrillärem Material umgeben. Es enthält die Primärtranskripte, während in der äußeren, granulären Zone Präribosomen angehäuft sind. Chr, Chromatin. (EM Bild: H. Falk)

Abb. 1.1.50: Transkription von rRNAs an DNA der Nucleolus-Organisator-Region (NOR). **A**, 4 Transkriptionseinheiten aus dem Nucleolus der Grünalge *Dasycladus clavaeformis*, durch nichttranskribierte *Spacer* voneinander getrennt. **B**, Spacer und Transskriptionseinheiten der verwandten *Acetabularia dentata* bei stärkerer Vergrößerung. Die von der rDNA seitlich abstehenden Fadenstrukturen entsprechen Präkursoren der größeren rRNAs, die mit verschiedenen Proteinen komplexiert sind. Die dichtgelagerten Knotenstrukturen an der DNA sind Moleküle von RNA-Polymerase I. Sie wandern mit fortschreitender Transkription an der rDNA entlang, erkennbar an der zunehmenden Länge der Transkripte. (Präparate und EM Aufnahmen: S. Berger)

enormen Bedarfs wachsender oder in anderer Hinsicht besonders aktiver Zellen an Ribosomen. Da Ribosomen nur eine Existenzdauer von wenigen Stunden besitzen, muß der Ribosomenbestand solcher Zellen ständig erneuert werden. Die Nucleolengröße ist ganz allgemein ein Maß für die Intensität der Proteinsynthese einer Zelle. In den Kernen von Zellen, die keine Proteine synthetisieren – z.B. die generativen Zellen der Pollenschläuche (S. 707) – finden sich nur kleine oder überhaupt keine Nucleolen.

f) Kernmatrix und Kernhülle

Wenn bei isolierten Zellkernen die Hüllmembranen durch Detergenzien zerstört und alle löslichen Proteine vorsichtig entfernt werden, dann bleibt selbst nach Nuclease-Verdau eine Gel-artige, lockere Struktur zurück, die in Form und Größe noch dem ursprünglichen Kern entspricht. Diese **Kernmatrix** (Nuclearmatrix) besteht aus einem Gemisch vieler verschiedener Proteine; sie wird oft auch als Kernskelett bezeichnet. Durch geeignete Zerlegungsexperimente konnte gezeigt werden, daß es gerade die replikativ bzw. transkriptiv engagierten Chromosomenregionen sind, die sich am schwersten von der Kernmatrix ablösen lassen, also besonders fest mit ihr verbunden sind. Dasselbe gilt allgemein für die Multienzymkomplexe, die an der Replikation beteiligt sind («Replisomen»), für Topoisomerasen und RNA-Polymerasen. Man nimmt an, daß diese Enzymkomplexe an der Matrix festsitzen und während ihrer Aktivität die chromosomalen DNA-Stränge durch sich hindurchspulen. Aber auch die DNA selbst besitzt in bestimmten Abständen besondere Anheftungssequenzen für die Kernmatrix und bildet zwischen diesen Fixpunkten Schleifen aus, die sich – trotz der Linearität der chromosomalen DNA – faktisch wie circuläre DNA verhalten. In jedem solchen Zirkel kann z.B. der Torsionszustand der DNA-Doppelhelix (und damit die Bereitschaft zur Transkription oder Replikation) durch Topoisomerase II gesteuert werden, und zwar unabhängig von benachbarten Schleifen desselben Chromosoms.

Unmittelbar innerhalb der Hüllmembranen des Kerns verdichtet sich die Nuclearmatrix zur **Nuclearlamina**. Diese feinfaserige Schicht ist zwar in den Kernen von Pflanzenzellen weniger deutlich ausgebildet als in vielen tierischen Zelltypen, doch kann vermutet werden, daß die Verhältnisse nicht grundlegend verschieden sind. In den auch in dieser Hinsicht besonders gut untersuchten Säugerzellen ist die Nuclearlamina aus wenigen homologen Proteinen aufgebaut, den Laminen. In isoliertem Zustand zeigen sie starke Aggregationsneigung, in der Zelle binden sie an die Innenfläche der Kernhülle und vermitteln die Anheftung bestimmter Chromosomenpartien an diese – bevorzugt Telo- und Centromeren.

Porenkomplexe (Abb. 1.1.52) und der einseitige Besatz mit Laminen charakterisieren die **Kernhülle** als besondere Struktur im Gesamtverbund des endoplasmatischen Reticulums. Aus verschiedenen Experimenten, z.B. aus der Verlagerung proteinumhüllter, mikroinjizierter Goldsolpartikel weiß man, daß Teilchen mit Durchmessern bis 2 nm die Kernporen passieren können. Die Kernporen sind also Translokatoren für Makromoleküle, und mindestens bei dem strikt unidirektionalen Auswärtstransport von RNAs (RNPs) durch die Porenkomplexe wird ATP verbraucht. Je größer und aktiver ein Zellkern ist, desto höher ist die Besetzungsdichte seiner Hülle mit Porenkomplexen (oberer Grenzwert 80 Poren pro μm^2).

Abb. 1.1.52: Kernporen. **A**, Kernhülle von *Selaginella kraussiana* nach Gefrierbruch mit ungewöhnlich regelmäßig angeordneten Kernporen. **B, C**, Feinbaumodell eines Porenkomplexes in Aufsicht und Profil. Die Perinuclearcisterne (farbig) ist kreisförmig durchbrochen. Der Rand dieser Perforation (Durchmesser ca. 60 nm) ist auf beiden Seiten mit je 8 Partikeln besetzt, die zusammen mit amorphem Material einen Anulus (lat. Ring) bilden. Speichenartige Fortsätze reichen bis zu einem größeren Zentralgranulum. Bei diesem und den Anulus-Partikeln handelt es sich um Ribonucleoprotein-Einheiten. (A, EM-Aufnahme von B.W. Thain u. A.B. Wardrop. B, C, Originale)

Der Zusammenbruch der Kernhülle während der Kernteilung wird eingeleitet und vermutlich ausgelöst durch chemische Modifizierung der Lamine: sie werden phosphoryliert. Umgekehrt ist die Neuformierung der Kernhülle bei Bildung der Tochterkerne begleitet von Lamin-Dephosphorylierung. Entsprechenden Veränderungen unterliegt während der Kernteilungen auch das übrige Kernskelett. Es löst sich z. T. im Cytoplasma auf, in den kompakten Chromosomen läßt sich ein wesentlich einfacher zusammengesetztes, besonders dichtes **Chromosomenskelett** nachweisen.

4. Kern- und Zellteilung

a) Mitose und Zellcyclus

Als **Mitose** wird die mit Abstand häufigste Form der Kernteilung (Karyokinese) bezeichnet, bei der aus einem Zellkern zwei erbgleiche Tochterkerne entstehen. Die Benennung geht auf das damit verbundene Auftreten der kondensierten Chromosomen (S. 54) zurück (griech. *mítos*, Faden: Die ersten eingehenden Untersuchungen über Mitosen wurden von Eduard Strasburger, dem Begründer dieses Lehrbuches, und dem Anatomen Walther Flemming an Pflanzen bzw. Tieren mit besonders langen Chromosomen durchgeführt – vgl. Abb. 1.1.53). Vor jeder Mitose wird in der Interphase (Phase zwischen zwei aufeinanderfolgenden Mitosen) die im Zellkern gespeicherte genetische Information identisch verdoppelt durch Replikation der chromosomalen DNA (S. 49). Die Mitose ist dann jener Vorgang, bei dem mit Hilfe der Kernteilungsspindel (= Mitosespindel = Spindelapparat, S. 64), die beiden übereinstimmenden Chromosomensätze präzise gleichverteilt werden auf die beiden neu entstehenden Tochterkerne. Die Mitose ist in genetischer Hinsicht also eine Äquationsteilung (lat. *aequális*, gleich). Alle durch Mitosen aus einer Zelle hervorgegangenen Zellen stellen einen Zellklon dar, eine Menge genetisch identischer Zellen (griech. *klon*, Zweig, Trieb. Durch Mutationen kann die Erbgleichheit in einem Klon aufgehoben werden. Bei Prokaryoten gibt es keine Mitosen; aber auch bei ihnen ist, wenn auch durch ganz andere Mechanismen, die Gleichverteilung des replizierten Erbmaterials auf die Tochterzellen sichergestellt, so daß es auch bei ihnen Zellklone gibt – das «Klonieren» von DNA, d.h. die identische Vervielfachung beliebiger DNA-Sequenzen in rasch wachsenden Bakterienkulturen, ist eine zentrale Methode der Gentechnologie). Die Mitose ist häufig – aber keineswegs immer – verbunden mit einer Zellteilung (Cytokinese). Diese kann trotz der Äquationsteilung des Zellkerns durchaus inäqual sein und z.B. zu zwei ungleich großen Tochterzellen führen.

Der Ablauf der Mitose ist seit etwa 100 Jahren bekannt. Sie wird üblicherweise in 4 (5) Abschnitte gegliedert (Abb. 1.1.53 und 54). In einer relativ langen Vorbereitungsphase, der Prophase (griech. *pro*, vor), in der sich die Chromosomen langsam kondensieren,

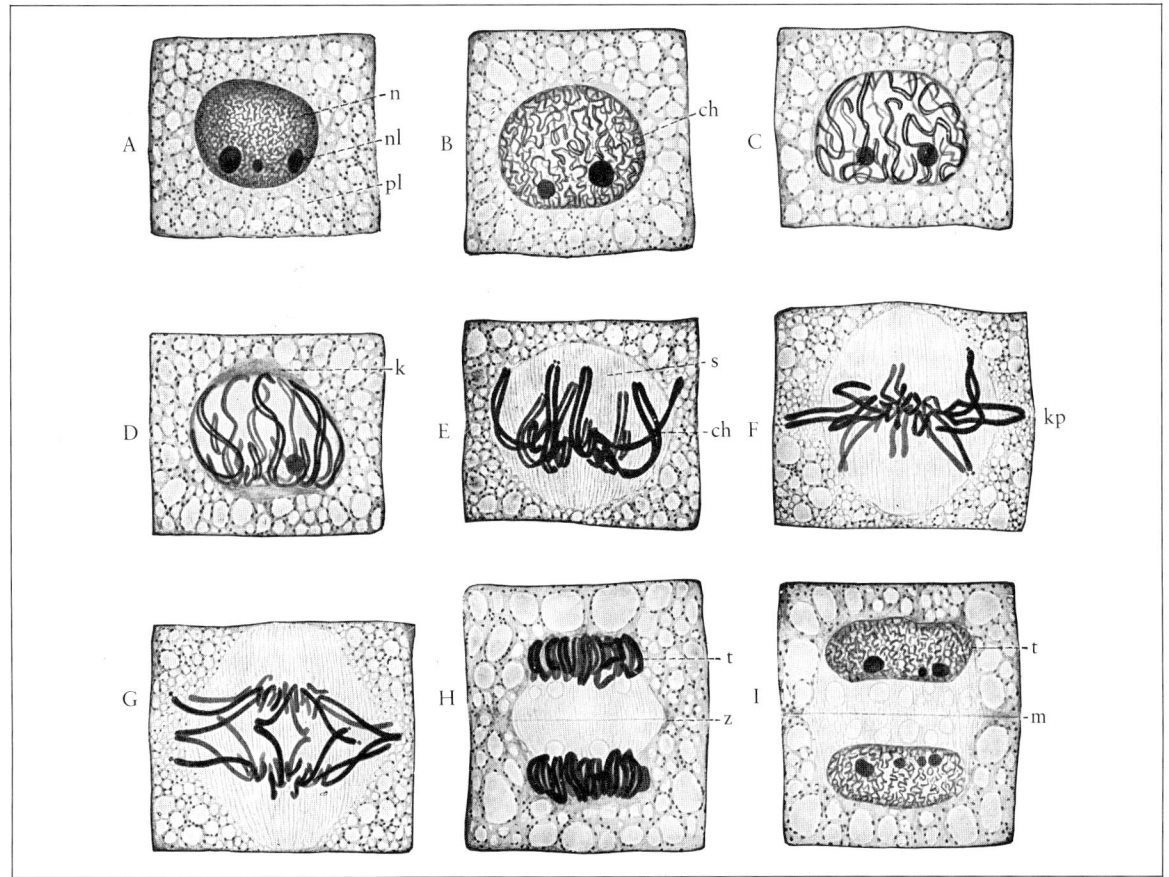

Abb. 1.1.53: Mitose und Teilung einer embryonalen Zelle (Wurzelspitze von *Aloe thraskii*). n Kern, nl Nucleolus, ch Chromosomen, pl Cytoplasma, s Spindel, k Polkappen, kp Äquatorialplatte, t Tochterkerne, z wachsende Zellplatte im Phragmoplasten, m Zellplatte. **A**, Interphase; **B–D**, Prophase; **E**, Prometaphase; **F**, Metaphase (Aufsicht: vgl. Abb. 1.1.47 **B**, S. 55); **G**, Anaphase; **H, I**, Telophase und Zellteilung. (1000 : 1, nach G. Schaffstein)

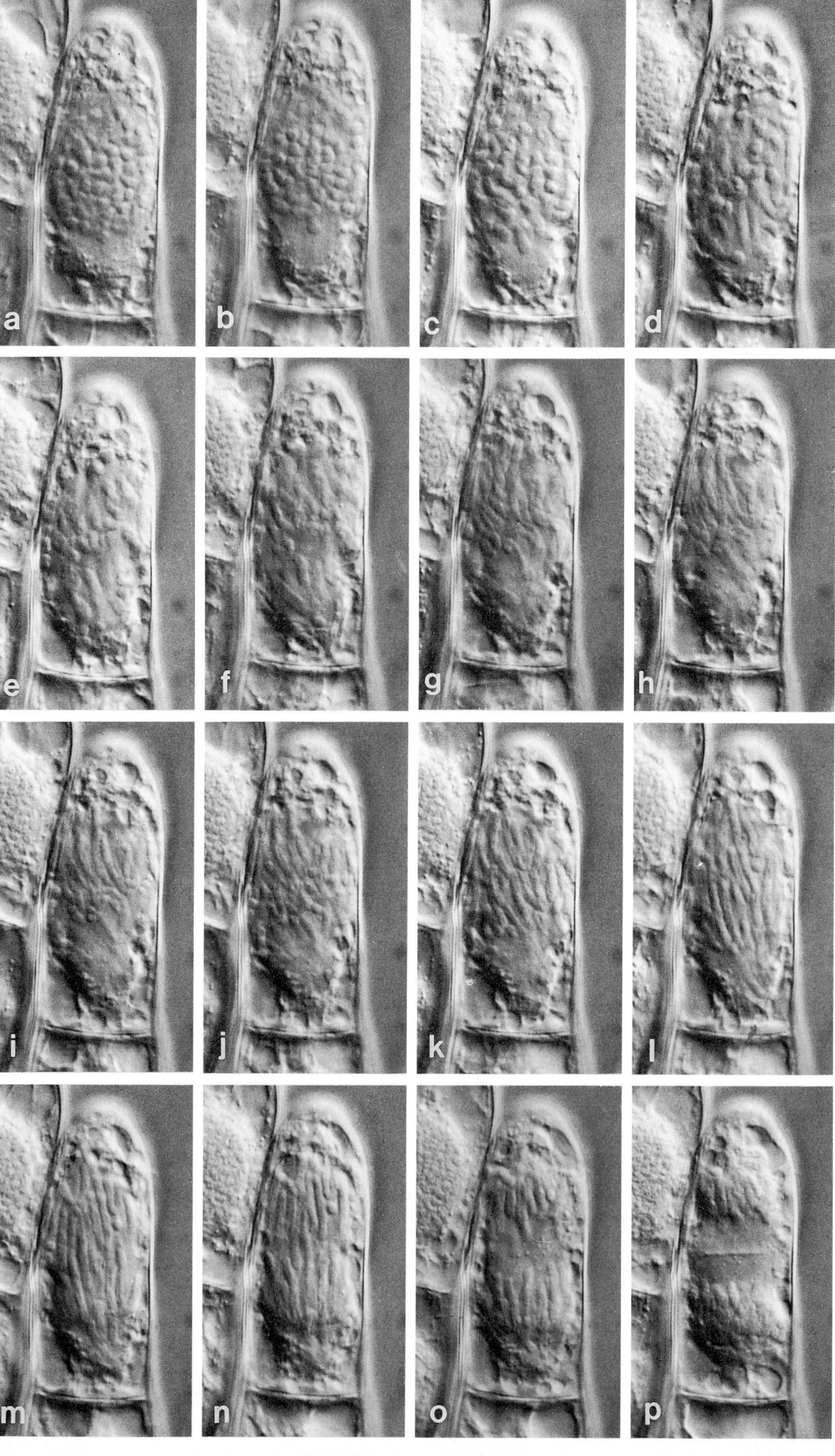

wird das empfindliche genetische Material sozusagen verpackt und aus der lockeren «Arbeitsform» in die kompakte «Transportform» überführt. Lichtmikroskopisch äußert sich das in einer Vergröberung des Fadengewirrs des Chromatins, schließlich werden die Chromosomen einzeln erkennbar. Ihre Arme erscheinen stellenweise längsgespalten – die vorausgegangene Replikation der chromosomalen DNA wird damit auch auf der Ebene der Chromosomenstruktur manifest. Im Cytoplasma formiert sich währenddessen der Spindelapparat. Schon vor der Chromatinkondensation rücken die peripheren Mikrotubuli zu einem Präprophaseband zusammen, das den künftigen Zelläquator markiert (Abb. 1.1.26, S. 41). Später ordnen sich die Mikrotubuli um zur charakteristischen Mitosespindel. Alle größeren cytoplasmatischen Organelle werden aus dem Spindelbereich verdrängt. Das Ende der Prophase ist erreicht, wenn die Kernhülle fragmentiert. Die Perinuclearcisterne zerfällt dabei plötzlich in viele Vesikel und kleine Cisternen, die an die Spindelpole verlagert werden. Sie werden später zur Neubildung der Hüllen der Tochterkerne wieder herangezogen.

Der Prophase folgt eine mittlere Phase, die **Metaphase** (griech. *metá*, zwischen, inmitten), in der zunächst die Kinetochoren der Chromosomen – sie wurden schon in der Interphase verdoppelt – Kontakt bekommen mit Mikrotubuli des Spindelapparates und sich in den Zelläquator, die Symmetrieebene zwischen den Spindelpolen, verlagern (Metakinese während der sog. **Prometaphase**). Unmittelbar nach dem Fragmentieren der Kernhülle haben sich auch die Nucleolen von den sekundären Einschnürungen der SAT-Chromosomen abgelöst, sie wandern rasch aus dem Spindelbereich aus und lösen sich meist im Cytoplasma auf. Ein Teil des Nucleolenmaterials findet sich allerdings adsorbiert an der Oberfläche der Chromosomen und wird von diesen in die Tochterkerne transportiert.

Nach und nach sind die Centromeren aller Chromosomen am Zelläquator angelangt, die Chromosomenarme hängen z. T. polwärts aus der «Äquatorialplatte» heraus. Die Bewegungen der jetzt maximal kondensierten Chromosomen kommen zum Stillstand. In diesem Stadium kann der gesamte Chromosomensatz lichtmikroskopisch am besten beobachtet werden (Abb. 1.1.47 B), diese Metaphase engeren Sinnes eignet sich optimal zur Aufnahme von Karyogrammen. Allerdings bleibt dieser günstige Zustand nur für kurze Zeit erhalten und wird daher auch in Bildungsgeweben nur vergleichsweise selten sichtbar. Mit Hilfe des Alkaloids Colchicin, das die Spindel durch Abbau der Mikrotubuli zerstört, kann aber die Mitose in diesem Stadium arretiert werden, so daß mehr und mehr Zellen in der Metaphase «anlaufen».

Schließlich wird die endgültige Teilung der replizierten Chromosomen vorbereitet, die künftigen Tochterchromosomen werden als Chromatiden, d.h. als Längsspalthälften der Chromosomen immer deutlicher sichtbar. Zuletzt hängen die Chromatiden nur noch am Centromer zusammen. Mit der Centromerenteilung beginnt die **Anaphase**, die selbständig gewordenen Tochterchromosomen werden mit Hilfe der Kernteilungsspindel auf die Spindelpole zu bewegt (griech. *aná*, hinauf, entlang). Dabei wird jeweils das eine Tochterchromosom zum einen, das andere zum anderen Pol hin verschoben: In der Anaphase erfolgt die Verteilung des genetischen Materials auf die künftigen Tochterkerne bzw. -zellen. Die noch ungeteilte Zelle befindet sich in dieser Phase in einer höheren Ploidiestufe; war z. B. der Zellkern diploid (2n), dann ist die Zelle jetzt vorübergehend tetraploid (4n). Das kann man sich bei der Züchtung polyploider Pflanzen zunutze machen: Durch Colchicinieren von Vegetationspunkten entstehen viele tetraploide Zellen im Bildungsgewebe des Sprosses; die geteilten Chromosomen werden nämlich bei fortdauernder Störung des Spindelapparates schließlich wieder in einem einzigen «Restitutionskern» vereinigt, der entsprechend größer ist und bei nachfolgenden Mitosen tetraploid bleibt. Wegen der Kern/Plasma-Relation nimmt auch die Zellgröße und damit bei Nutzpflanzen letztlich auch der Ertrag entsprechend zu. Die meisten unserer Kulturpflanzen sind tatsächlich polyploid.

Als Resultat der Anaphasebewegungen sind die beiden Tochterchromosomensätze in der noch immer ungeteilten Mutterzelle schließlich so weit wie möglich auseinandergerückt. Die Chromosomenverschiebung kommt damit zum Stillstand und das Ende der Anaphase – kürzestes der Mitosestadien – ist erreicht.

In der Schlußphase (**Telophase**, griech. *télos*, Ende, Ziel) laufen die wesentlichen Teilprozesse der Prophase in umgekehrter Reihenfolge und Richtung ab: Der Spindelapparat löst sich auf, um die in den Polregionen dicht gedrängten Chromosomen bildet sich jeweils durch Verschmelzen von ER-Cisternen wieder eine geschlossene Kernhülle aus, in der auch bald wieder Kernporen auftreten. Die Chromosomen lockern sich auf und ihre euchromatischen Partien verwandeln sich in das typische Chromatin der Interphasekerne – das genetische Material wird wieder «ausgepackt», um physiologisch aktiv werden zu können. Sehr rasch werden auch die Nucleolen wieder gebildet, zunächst durch Kondensieren des Materials, das an den Chromosomenoberflächen mitgeführt worden war, bald aber auch durch Wiederaufnahme der Synthese von rRNA-Präkursoren an den NOR der SAT-Chromosomen. Im Cytoplasma setzt Proteinsynthese, die während der Mitose stillgelegt war, wieder ein, und i. allg. läuft jetzt auch die Zellteilung ab.

Mit Abschluß der Telophase ist die **Interphase** erreicht, die eigentliche Arbeitsphase des Chromatins.

◂ **Abb. 1.1.54:** Mitose und Zellteilung in der Endzelle eines Staubfadenhaares von *Tradescantia virginiana*, Lebendpräparat. **a**, Ende der Prophase, Polkappen ober- und unterhalb der kondensierten Chromosomen deutlich; **b–f**, Prometaphase (Metakinese, Dauer 15 min); **g–k**, Metaphase (15 min); **l–o**, Anaphase (10 min); **p**, beginnende Telophase und Zellteilung durch Zellplattenbildung. (Differential-Interferenzkontrast, 730 : 1. Original: P.K. Hepler; aus J. Cell Biol. **100**, 1985, p. 1365, mit Erlaubnis der Rockefeller University Press)

Sie dauert wesentlich länger als die gesamte Mitose. Die gesetzmäßige Abfolge von Mitose und Interphase wird als Zellcyclus bezeichnet (Abb. 1.1.55). In den Zellen von Bildungsgeweben wird der Zellcyclus ständig durchlaufen, beim Übergang zu Gewebezellen bleibt er nach einer letzten Mitose stehen. Mit Hilfe von Isotopenversuchen hat man herausgebracht, daß die Replikation der chromosomalen DNA in einem mittleren Zeitabschnitt der Interphase erfolgt. Diese wird als S-Phase bezeichnet (S für Synthese neuer DNA; RNAs und Proteine werden während der gesamten Interphase gebildet). Der zwischen Mitose (M-Phase) und S-Phase liegende Zeitabschnitt wird G_1-Phase genannt, das zwischen S-Phase und nächster Mitose liegende Stadium entsprechend G_2-Phase (G von engl. *gap*, Lücke). In aufeinanderfolgenden Zellcyclen wechseln ständig Vermehrung und Verteilung, Replikation und Segregation des genetischen Materials miteinander ab. Die zwischengeschalteten G-Phasen dienen dem Wachstum der Zelle (vor allem G_1) bzw. der Vorbereitung der nächsten Mitose (G_2). Ein entscheidender Kontrollpunkt liegt vor dem Beginn der S-Phase; wird er überschritten, ist die betreffende Zelle dazu bestimmt, wieder eine Mitose durchzuführen, d.h. den Zellcyclus ein weiteres Mal zu durchlaufen. Kann der Kontrollpunkt dagegen nicht überschritten werden, teilen sich Kern und Zelle nicht weiter, und es erfolgt die Differenzierung zu einer Gewebe- oder Dauerzelle («G_0-Phase»).

Aus Experimenten mit künstlich fusionierten Zellen, die sich zum Zeitpunkt der Verschmelzung in unterschiedlichen Cyclusphasen befanden, weiß man, daß die für den Zellcyclus entscheidenden Prozesse über cytoplasmatische Faktoren gesteuert werden. Beispielsweise löst die Fusion einer Interphasezelle mit einer Metaphase-Zelle sofort den Zerfall der Kernhülle und Chromatinkondensation im Interphasekern aus – gleichgültig, ob er gerade in G_1, S oder G_2 war. G_0-Zellen können im Zuge von Regenerationsprozessen, aber z.B. auch bei sekundärem Dickenwachstum (S. 135) re-embryonalisiert werden, d.h. der Kontrollpunkt zur S-Phase kann erneut überschritten werden.

In manchen Fällen kommt es zu starken Abweichungen vom normalen Ablauf des Zellcyclus. Obwohl G_1 i. allg. die Phase für das embryonale (nicht auf Vacuolenvergrößerung, sondern auf Protein- und Membransynthesen beruhende) Zellwachstum ist, erscheint sie bei besonders rascher Kern- bzw. Zellvermehrung verkürzt oder fehlt ganz. Das ist z.B. der Fall bei dem Schleimpilz *Physarum* (S. 551), in dessen vielkernigen Plasmamassen – ein Handteller-großes Plasmodium von *Physarum* enthält rd. 10^9 Kerne – sich alle Kerne synchron teilen; die Plasmavermehrung findet hier in G_2 statt. Eine noch stärkere Abweichung vom normalen Zellcyclus führt zu endopolyploiden Zellen: Hier laufen wiederholt S-Phasen ab, ohne daß M-Phasen zwischengeschaltet sind. (Die übliche Bezeichnung «Endomitose» ist insoweit irreführend.) In vielen Fällen bleiben die zunehmend zahlreichen Chromosomen gestreckt nebeneinander liegen und bilden schließlich polytäne Riesenchromosomen (S. 56).

b) Die Kernteilungsspindel

Die Chromosomenbewegungen während Mitose und Meiose werden ganz überwiegend vom Spindelapparat bewirkt. Er wird für jede Kernteilung neu aufgebaut und nach ihrem Ende wieder abgebaut; die Teilungsspindel ist keine permanente, sondern eine typische Funktionsstruktur.

Struktur. Was im LM unter günstigen Bedingungen als Spindelfaser erkannt werden kann, erweist sich im EM als Bündel von Mikrotubuli, die dem labilen Typ angehören. In Abb. 1.1.56 sind die drei, nach Lage und Funktion unterscheidbaren mikrotubulären Komponenten der Teilungsspindel schematisch dargestellt.

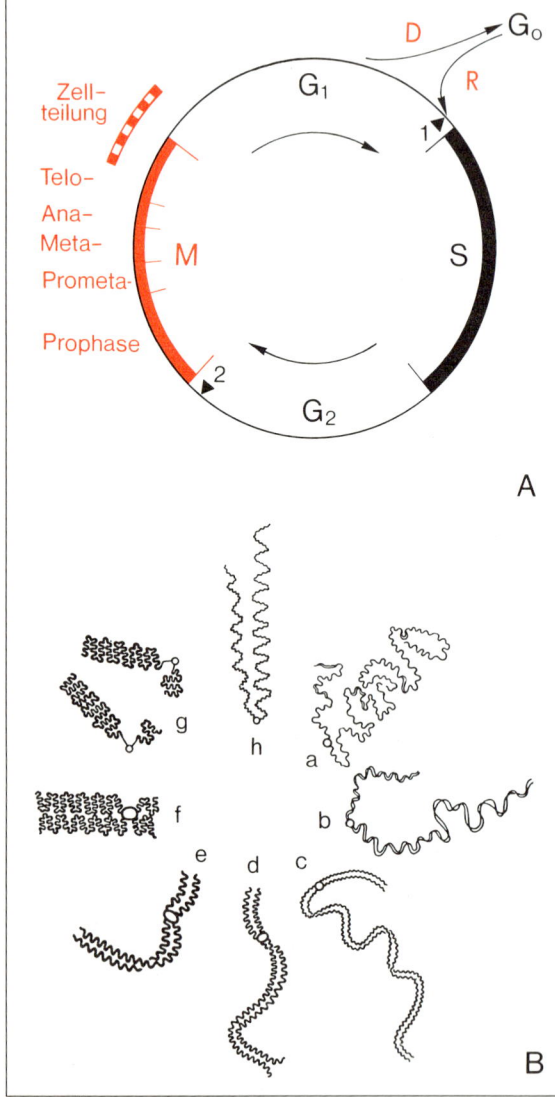

Abb. 1.1.55: Zellcyclus und Kondensation/Dekondensation des Chromatins. **A**, Phasenfolge im Zellcyclus. M Mitose; G_1 postmitotische Wachstumsphase; D Differenzierung zu Gewebezellen, deren DNA unrepliziert bliebt (G_0); R Reembryonalisierung, z.B. bei Regeneration; S Replikation der DNA; G_2 prämitotische Phase; Pfeilköpfe 1 u. 2, Kontrollpunkte. – **B**, Formwandel eines Chromosoms im Zellcyclus, grobschematisch. a entfaltete Funktionsform in der S-Phase, an verschiedenen Stellen Repliaktion der DNA; b DNA-Replikation abgeschlossen; c–e Prophase, fortschreitende Kondensation zu lichtoptisch erkennbaren Chromatiden; f Chromatiden in Transportform, Metaphase; g Anaphase, Trennung der Chromatiden, die dadurch zu Tochterchromosomen werden; h Telophase, Dekondensation des Chromosoms. (B n. E. de Robertis)

Die Pflanzenzelle · 65

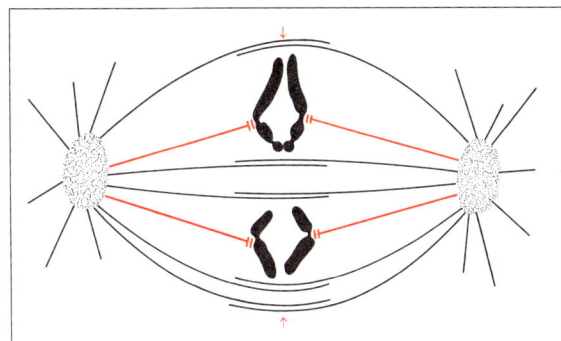

Abb. 1.1.56: Kernteilungsspindel, schematisch, frühe Anaphase. Aster- und Polmikrotubuli schwarz, Kinetochoren und Kinetochor-Mikrotubuli farbig. (Original)

Der gesamte Spindelapparat ist eine bipolare, spiegelsymmetrische Struktur, die aus zwei antiparallelen Halbspindeln besteht. Die beiden Spindelpole fungieren als Mikrotubuli-Organisationszentren (MTOCs, S. 40). Von ihnen gehen aus:

- Kinetochor-Mikrotubuli, die zu den Centromeren der Chromosomen reichen und dort Kontakt aufnehmen mit dreischichtigen Anheftungsplatten, den Kinetochoren (S. 55). Die von Kinetochor-Mikrotubuli gebildeten Spindelfasern wurden früher als Chromosomen- oder Zugfasern bezeichnet.
- Pol-Mikrotubuli (früher «kontinuierliche Fasern» oder «Polfasern» genannt), die gegen den Spindeläquator hin ziehen und dort, in der Symmetrieebene der Spindel, eine Überlappungszone bilden. In dieser Region entsteht in der Telophase der Phragmoplast (S. 66).
- Aster-Mikrotubuli, die weder zu Kinetochoren noch in die Überlappungszone gehen, sondern von den Polen nach verschiedenen Richtungen hin ausstrahlen. Die «Aster» (griech. *ástron*, Gestirn) sind vor allem in manchen tierischen Zellen massiv ausgebildet, sie umgeben die an den Polen sitzenden Centriolenpaare dieser Zellen wie ein dichter Strahlenkranz. Bei Pflanzen ist diese Spindelkomponente oft nur dürftig entwickelt, manchmal fehlt sie ganz.

Die Teilungsspindel besteht nicht nur aus Mikrotubuli. Der Spindelapparat ist von ER umsponnen, und Fortsätze dieses Membransystems reichen zwischen die Spindelmikrotubuli hinein (mitotisches Reticulum, Abb. 1.1.57).

Dynamik. Während der Prophase formieren sich die Spindelmikrotubuli rund um den Zellkern. Im Lichtmikroskop werden unmittelbar außerhalb der Kernhülle flache, doppelbrechende Bereiche sichtbar, aus denen alle größeren Zellorganelle ausgeschlossen werden (Polkappen). Centriolen spielen dabei – im Gegensatz zu den meisten tierischen Zellen – oft keine Rolle. Das gilt sicher für die Angiospermen, die gar keine Centriolen haben, aber auch für viele Gymnospermen und sogar für manche Pilze und Algen, zumindest für den vegetativen Bereich. Die Spindelpole sind in diesen Fällen morphologisch nicht klar definiert («Anastralspindel»). Es handelt sich um eine verdichtete Plasmazone ohne scharfe Begrenzung, die als Centroplasma bezeichnet werden kann und als MTOC fungiert. Nach dem Zusammenbruch der Kernhülle beim Übergang zur Metaphase wandern die Spindelmikrotubuli in den Kernraum ein, viele von ihnen bekommen Kontakt mit Kinetochoren und schieben die Centromeren der Chromosomen in den Spindeläquator (Metakinese).

In der Anaphase laufen – meistens synchron – zwei Bewegungen ab. Einerseits wandern die Centromeren der Tochterchromosomen unter Verkürzung der Kinetochor-Mikrotubuli polwärts (Anaphase A), andererseits entfernen sich die Pole voneinander (Anaphase B). Beide Bewegungsvorgänge laufen stetig und langsam ab, Größenordnung 1 μm/min. Gemeinsam garantieren sie die weitestmögliche Entfernung der beiden Tochterchromosomensätze voneinander.

Während der Telophase bildet sich der Spindelapparat zurück, die Mikrotubuli zerfallen.

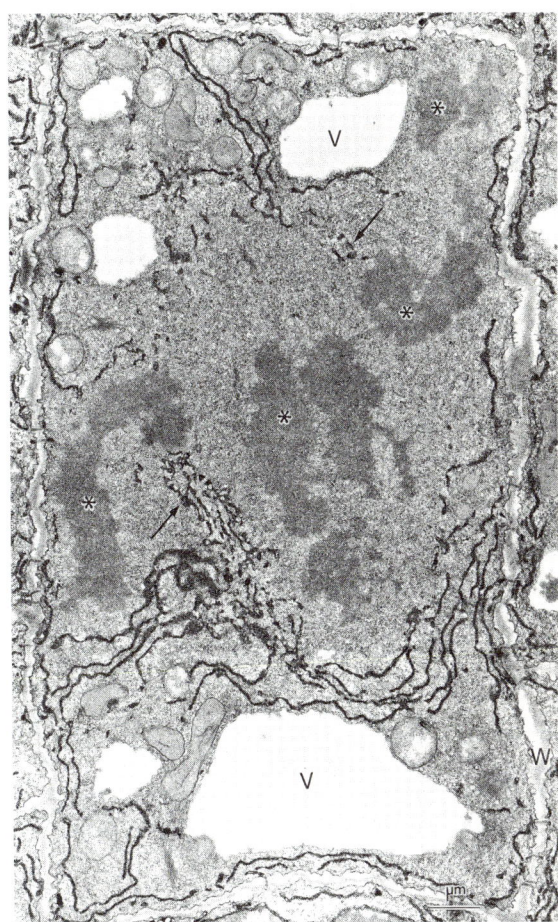

Abb. 1.1.57: Mitotisches Reticulum. Das ER dieser sich teilenden Blattzelle der Gerste (*Chromosomen) wurde spezifisch durch OsFeCN kontrastiert. Es reicht mit tubulären Fortsätzen in die Teilungsspindel hinein, wo es die Calciumkonzentration regulieren und dadurch die Spindel-Mikrotubuli beeinflussen kann. (Aus Hepler PK, Wick SM, Wolniak SM, 1981, Intern. Cell Biol. – H.G. Schweiger, Ed. – p. 674, mit Genehmigung des Springer-Verlages Berlin)

Mechanismen. Das Funktionieren der Teilungsspindel war lange Zeit rätselhaft. Klar war allerdings, daß die Spindel-Mikrotubuli eine entscheidende Rolle spielen: Colchicin blockiert die Anaphase. In den letzten Jahren ist es nun gelungen, funktionierende Spindelapparate zu isolieren oder Zellen so zu «permeabilisieren», daß beliebige stoffliche Beeinflussungen von gerade ablaufenden Kernteilungsvorgängen möglich sind. Als besonders günstige Objekte haben sich Diatomeen erwiesen, bei denen Pol- und Kinetochor-Mikrotubuli räumlich getrennt sind (die Polmikrotubuli bilden eine dichte «Zentralspindel», Astral-Mikrotubuli fehlen; die Zellteilung erfolgt ohne Phragmoplast durch Furchung).

Da in der lebenden Zelle nur die Spindelpole als MTOCs fungieren, haben alle Mikrotubuli am Pol ihr Minus-Ende, die Plus-Enden finden sich dementsprechend in der äquatorialen Überlappungszone und an den Kinetochoren. In der Überlappungszone stehen die Mikrotubuli der beiden Halbspindeln antiparallel. Hier bewirkt während der Anaphase eine Dynein-ähnliche, mit den Mikrotubuli assoziierte ATPase ein Auseinandergleiten der gegensätzlich orientierten Mikrotubuli und damit ein Auseinanderschieben der Halbspindeln: Stemmkörper-Wirkung der Pol-Mikrotubuli, Anaphase B. Der Mechanismus von Anaphase A ist weniger gut geklärt. Hemmstoffversuche haben gezeigt, daß das Actomyosin-System der Zelle nicht beteiligt ist. Überraschenderweise verlagern sich die Kinetochor-Mikrotubuli während der Anaphase nicht, sie bleiben in ihrer Position fixiert. Sie verkürzen sich nicht am Pol, sondern am Kinetochor, d.h. an ihrem Plus-Ende. Hier ist auch «cytoplasmatisches» (d.h. nicht das für Geißeln typische) Dynein konzentriert. Wie weit am Abbau der Kinetochor-Mikrotubuli lokale Erhöhungen der Ca^{++}-Konzentration beteiligt sind (die Ionen könnten aus dem mitotischen Reticulum freigesetzt werden), ist noch ungeklärt. Calmodulin findet sich gebunden an Kinetochor-Mikrotubuli, während Pol-Mikrotubuli davon frei sind.

c) Zellteilung. Coenoblasten und Energiden

Mit der Kernteilung ist, wie schon mehrfach gesagt, normalerweise eine Zellteilung verbunden. Während in der Telophase der Spindelapparat abgebaut wird, werden im Zelläquator neue, relativ kurze Mikrotubuli in großer Zahl aufgebaut, die alle senkrecht zur Äquatorebene orientiert sind. Durch die gleichmäßige Ausrichtung der Mikrotubuli wird die gesamte Plasmazone zwischen den Tochterkernen doppelbrechend. Sie wird **Phragmoplast** genannt («Wandbildner»: griech. *phrágma*, Abgrenzung; *plástes*, Bildner, Former). In der Umgebung des Phragmoplasten sammeln sich viele aktive Dictyosomen. Von ihnen wandern mit Zellwandmatrix gefüllte Golgi-Vesikel in den Phragmoplasten ein, ordnen sich in der Äquatorebene in einer Schicht an und verschmelzen schließlich miteinander. So entsteht als erste Wandlage zwischen den Tochterzellen die Zellplatte. Der Bildungsprozeß beginnt i. allg. in der Mitte der ehemaligen Mutterzelle, die Zellplatte wächst dann unter fortwährender Inkorporation weiterer Golgi-Vesikel an ihren Rändern bis zur Mutterzellwand heran. Dieser Prozeß läuft normalerweise rasch ab, die Trennung der Tochterzellen ist eine Frage von Minuten bis Stundenbruchteilen. Bei großen Zellen, z.B. in Cambien (S. 135; Abb. 1.1.58), kann das zentrifugale Wachstum der Zellplatte aber auch wesentlich länger dauern. Schon während ihrer Entstehung wird die Zellplatte übrigens von Schläuchen des ER quer durchzogen, um die herum sich erste Plasmodesmen bilden. Sobald die gegenseitige Abgrenzung der Tochterzellen perfekt ist, beginnt jede von ihnen mit der Abscheidung von ersten Lamellen der eigentlichen, primären Zellwand, die bereits – wenn auch zunächst nur in geringer Menge – Gerüstfibrillen (Cellulose) enthalten.

Nicht immer folgt der Karyokinese eine Cytokinese. Das Ergebnis solcher «freier» Kernteilungen sind mehrkernige Zellen, die als Plasmodien bezeichnet werden. Sie können makroskopische Ausmaße erreichen. Von den Plasmodien des Schleimpilzes *Physarum* war bereits die Rede. Bei Algen (z.B. siphonale Grünalgen, S. 232, 635f., vgl. auch S. 606) und Pilzen (z.B. S. 554, 558) sind Plasmodien nicht selten, auch bei höheren Pflanzen kommen sie gelegentlich vor; so ist das «nucleäre» Endosperm mancher Samen ein Plasmodium (bekanntestes Beispiel: die Cocosmilch), ebenso die vielkernigen ungegliederten Milchröhren der Wolfsmilcharten (S. 155). Mehrkernige Zellen (Coenoblasten) können allerdings auch durch Verschmelzung (Fusion) einkerniger Zellen zustande kommen. In

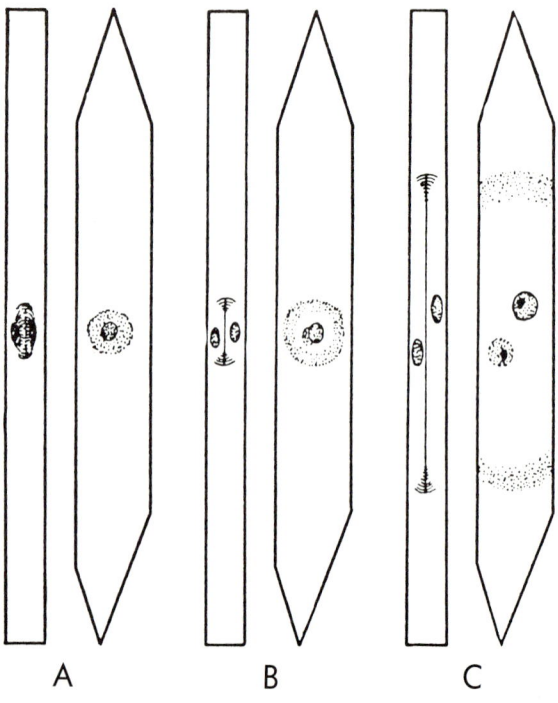

Abb. 1.1.58: Bildung der Zellplatte in einer Cambiumzelle. **A,** Telophase, Formierung des Phragmoplasten. **B,** der Phragmoplast wächst zentrifugal und erreicht zunächst die Seitenwände der gestreckten Zelle, die Zellenden sind noch ungeteilt. (Nach I.W. Bailey)

diesen Fällen spricht man von Syncytien. Beispiele für syncytiale Coenoblasten finden sich in den gegliederten Milchröhren des Löwenzahns *(Taraxacum)* oder im Tapetum der Pollensäcke (S. 702, 737).

Die Entdeckung von Coenoblasten hat im vorigen Jahrhundert Schwierigkeiten bei der Definition des Zellbegriffs evident werden lassen: Soll als «Zelle» ein von Zellwand bzw. Zellmembran rings umschlossener Raum gelten oder als Klümpchen von Protoplasma, in dem ein Kern liegt (S. 16)? Dieses terminologische Problem hat der Pflanzenphysiologe Julius Sachs 1892 durch die Einführung des Begriffs der Energide beseitigt. Als Energide (griech. *energós*, wirksam) wird die funktionelle Einheit von einem Kern mit dem ihm physiologisch zugeordneten Plasmabezirk verstanden. Bei einkernigen Zellen decken sich die Begriffe Zelle und Energide, solche Zellen sind mono-energid. Coenoblasten – Plasmodien wie Syncytien – sind dagegen poly-energid. Daß es sich auch in diesen Fällen bei Energiden nicht nur um gedankliche Konstruktionen handelt, wird dadurch belegt, daß sich polyenergide Zellen u. U. sehr rasch durch Zerteilung ihrer Plasmamasse (sog. «freie», d.h. von Kernteilungen unabhängige Zellbildung) in mono-energide Zellen zerlegen. So zerfällt z.B. der vielkernige Protoplast von *Botrydium* (S. 607) rasch in einkernige, begeißelte Schwärmer-Zellen, wenn der Standort dieser Alge überflutet wird. Nucleäres Endosperm kann sich durch freie Zellbildung in zelluläres umwandeln (Abb. 1.1.59).

Wie die Mitose, so weicht auch die Zellteilung bei vielen niederen Pflanzen und Pilzen vom Lehrbuchschema erheblich ab. Bei Flagellaten und manchen Algen wird die sonst für tierische Zellen typische Furchungsteilung beobachtet: Durchschnürung der Mutterzelle mit Hilfe eines äquatorialen Actomyosin-Ringes. Bei Hefen wird die Mutterzelle überhaupt nicht geteilt; der eine der beiden Tochterkerne wird statt dessen in einen schon vorher gebildeten Zellauswuchs hinein verschoben, der sich später abschnürt (Zellsprossung, Abb. 1.1.60). Bei den Basidiomyceten (S. 585) teilen sich die Hyphenzellen des Dikaryon-Stadiums, die zwei erbungleiche Kerne enthalten, unter Ausbildung seitlicher Auswüchse, der «Schnallen»; die beiden Kerne teilen sich synchron und parallel, der eine in der Hyphenzelle selbst, der andere in der Schnalle. Dadurch ist sichergestellt, daß jede Tochterzelle wieder ein Paar erbungleicher Kerne enthält.

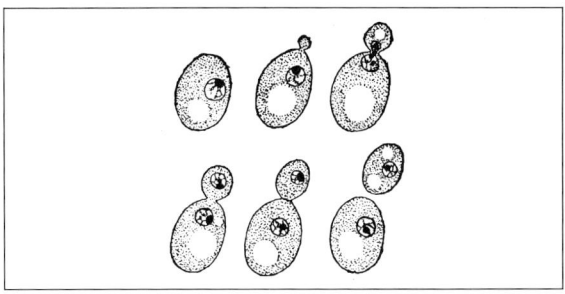

Abb. 1.1.60: Zellsprossung bei der Bierhefe, *Saccharomyces cerevisiae*. (100 : 1, veränd. nach A. Guilliermond)

d) Meiose und Syngamie

Bei der Mitose bekommen die beiden Tochterkerne eine genau gleiche Ausstattung an genetischer Information, die auch mit der des Mutterzellkerns identisch ist. Dagegen entstehen bei der Meiose aus einer diploiden Mutterzelle in 2 aufeinanderfolgenden Teilungsschritten 4 haploide Tochterzellen – als Gonen bezeichnet –, die in genetischer Hinsicht weder untereinander noch mit der Mutterzelle genau übereinstimmen. Durch Syngamie, d.h. durch die Fusion zweier haploider, zwar artgleicher, aber genetisch verschiedener Gameten (Keimzellen; griech. *gamétes*, Gatte), entsteht umgekehrt eine diploide Zelle mit zwei ähnlichen, aber nicht identischen Chromosomensätzen, die Zygote (griech. *zýgios*, vereinigt). Die Syngamie ist der zentrale, zelluläre Vorgang der Befruchtung. Gemeinsam machen Meiose und Syngamie die Sexualität im wissenschaftlich-biologischen Sinn aus.

Die Präzision der DNA-Verdopplung und der Chromosomenverteilung durch den Spindelapparat schließen bei Mitosen störende Zufälligkeiten aus. Durch sexuelle Vorgänge wird umgekehrt dem Zufall jede nur mögliche Chance gegeben. Im kompletten Fortpflanzungscyclus mit Sexualität sind an drei Stellen Zufallsgeneratoren eingebaut:

– In der meiotischen Prophase (s. u.) kommt es zu vielfachem Stückaustausch zwischen entsprechenden väterlichen und mütterlichen Chromosomen des diploiden Chromosomensatzes (intrachromosomale Rekombination); Ort und Ausmaß dieser reziproken Stückaustausche sind stochastisch.
– Bei der ersten meiotischen Teilung werden mütterliche und väterliche Chromosomen zufällig auf die beiden Tochterzellen verteilt (interchromosomale Rekombination).
– Bei der Gametenverschmelzung ist es wieder dem Zufall überlassen, welche genetische Ausstattung die Paarungspartner im konkreten Fall besitzen.

Früher hat man die Meiose als Reduktionsteilung bezeichnet, weil durch sie der diploide Chromosomenbestand (2 n) auf den haploiden (1 n) reduziert wird (griech. *diplós* und *haplós*, doppelt und einfach). Als Voraussetzung für Syngamie ist das auch wirklich ein sehr wichtiger Vorgang. Doch könnte die Reduktion von 2 n auf 1 n in einem einzigen Teilungsschritt er-

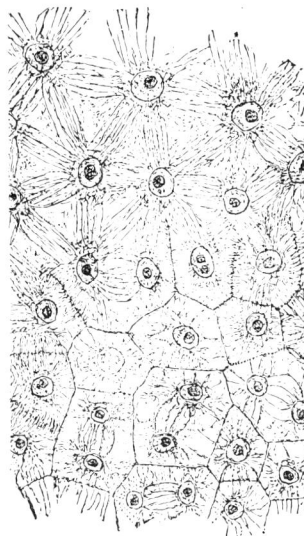

Abb. 1.1.59: Polyenergides Endosperm von *Reseda* mit nach oben fortschreitender Zellwandbildung. (240 : 1, nach E. Strasburger)

68 · Bau und Feinbau der Zelle

reicht werden; und tatsächlich sind nach der ersten meiotischen Teilung (Meiose I) beide Tochterzellen bereits haploid. Aber wo immer im gesamten Organismenreich Meiose überhaupt vorkommt, folgt der Meiose I noch eine Meiose II, durch welche erst die vier Gonen entstehen. Im folgenden wird gezeigt, daß erst dadurch die Neukombination des Erbgutes (Rekombination) voll wirksam werden kann. In diesem Sinn ist die Meiose also nicht nur eine Reduktionsteilung, sondern vor allem auch eine Rekombinationsteilung.

Meiose und Syngamie als die komplementären, genetischen und zellulären Grundprozesse jeder sexuellen Fortpflanzung ermöglichen die ständige Durchmischung des Gen- bzw. Allelen-Bestandes *(«Gene pool»)* einer Species, die ihrerseits in diesem Sinn als imaginäre Fortpflanzungsgemeinschaft definiert werden kann. (Der Begriff «Allel» wird auf S. 71 erläutert.) Nun gibt es allerdings Organismen, bei denen keine sexuelle Fortpflanzung beobachtet wird. Das gilt generell für Prokaryoten, unter den Eukaryoten vor allem für Euglenen und die Cryptophyta, sowie für viele Dinoflagellaten und zahlreiche Pilze. Bei diesen Organismen muß der Artbegriff anders definiert werden, vgl. dazu S. 536 f.

Ablauf der Meiose. Die Meiose beginnt mit einer komplexen, zeitlich ausgedehnten Prophase. In ihr können mehrere Stadien unterschieden werden, weil die Chromosomen innerhalb der intakten Kernhülle lichtmikroskopisch sichtbar werden und eine Serie charakteristischer Veränderungen durchlaufen (Abb. 1.1.61 A–E):

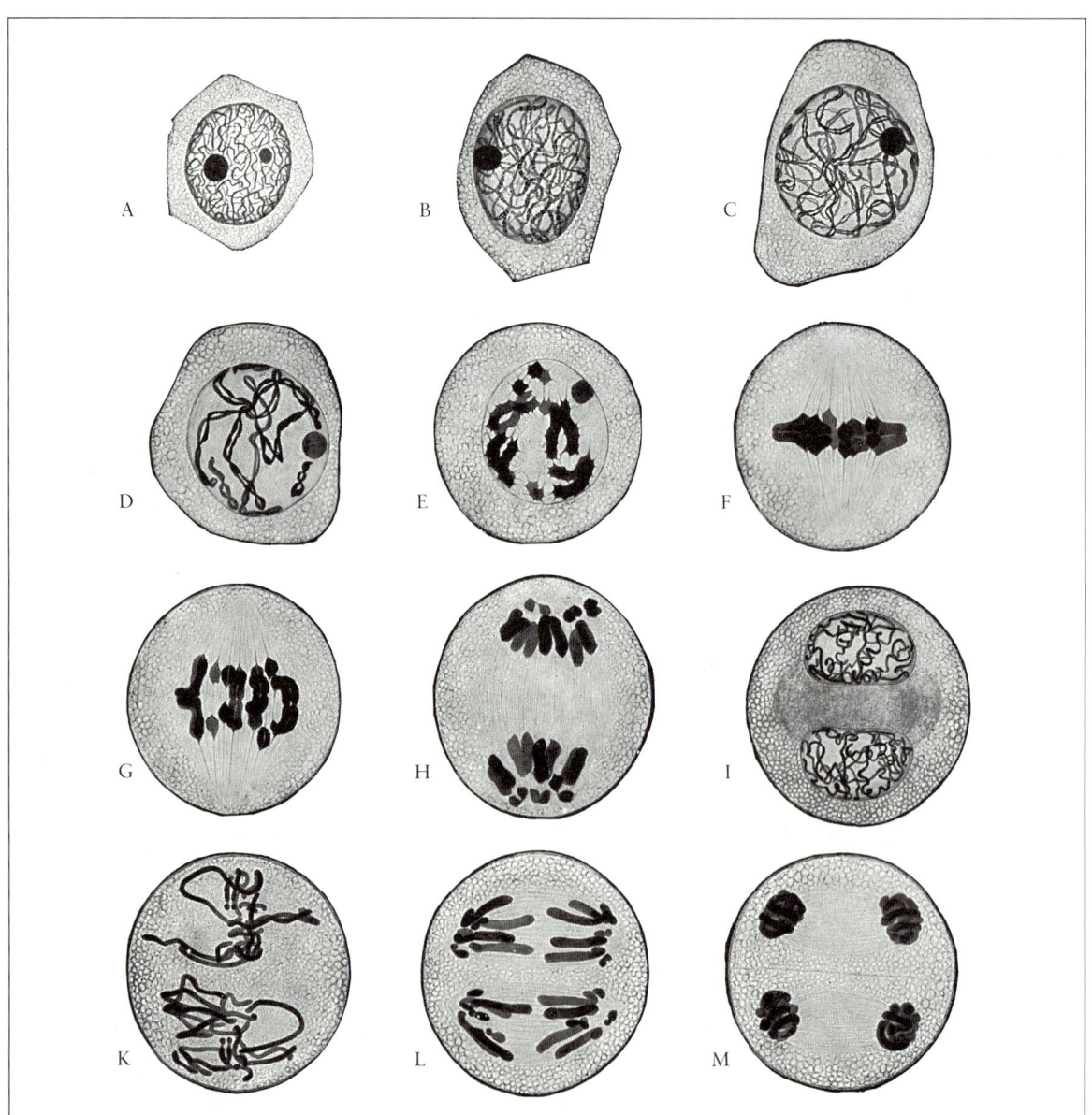

Abb. 1.1.61: Meiose in Pollenmutterzellen von *Aloe thraskii*. **A–E**, Prophase von Meiose I (**A**, Leptotän; **B**, Zygotän; **C**, Pachytän; **D**, Diplotän; **E**, Diakinese). **F**, Metaphase I; **G**, Anaphase I; **H**, Telophase I. **I**, Interkinese. **K–M** Meiose II, Bildung der 4 Gonenkerne. (1000 : 1, nach G. Schaffstein)

Im **Leptotän** werden (nach einer verlängerten prämeiotischen S-Phase und Kernvergrößerung) die Chromosomen als Chromonemen sichtbar (griech. *leptós*, dünn; *tainía*, Band; *néma*, Faden). An vielen Stellen, die für jedes Chromosom charakteristisch sind, ist das Chromonema zu Chromomeren aufgeknäult (Abb. 1.1.62). Die Telomeren der einzelnen Chromosomen sind an der Kernhülle bzw. Nuclearlamina fixiert. Daß die Chromosomen bereits repliziert sind, läßt sich in diesem und dem folgenden Stadium der meiotischen Prophase noch nicht erkennen.

Im **Zygotän** lagern sich homologe Chromosomen – die einander entsprechenden Chromosomen des mütterlichen und des väterlichen Chromosomensatzes – in ihrer vollen Länge paarweise zusammen (Syndese, Synapsis). Normalerweise beginnt die Syndese an den Telomeren und läuft reißverschlußartig bis zu den Centromeren durch. Dabei passiert es nur äußerst selten, daß ein anderes Chromosom zwischen den Paarungspartnern eingeklemmt wird (sog. *Interlocking*). Das deutet auf eine hohe funktionelle Ordnung der Chromosomen im Interphasekern hin. Zwischen den gepaarten Homologen bildet sich der im EM leicht erkennbare synaptische Komplex aus, eine Proteinstuktur, die den Zusammenhalt stabilisiert (Abb. 1.1.63).

Im **Pachytän** ist die Homologenpaarung perfekt (Abb. 1.1.64). Die Zahl der Chromosomenpaare (Bivalente) im Kernraum entspricht der haploiden Chromosomenzahl n der betreffenden Organismenart. In dieser Phase findet die intrachromosomale Rekombination statt. Das äußert sich in einem vorübergehenden Anstieg einer reparativen DNA-Synthese und morphologisch im Auftreten sog. Rekombinationsknötchen, dichter kugeliger Strukturen mit ca. 100 nm Durchmesser, die dem synaptischen Komplex seitlich anliegen. Der eigentliche, molekulare Austauschvorgang, das *Crossing over* (Überkreuzung), bleibt unsichtbar.

Nach und nach verkürzen sich die Chromosomen durch weitere Kondensation, wobei sie dicker werden (griech. *pachýs*, dick). Damit bereitet sich das nächste Stadium vor, das **Diplotän**. Sein Beginn ist durch das Ende der Synapsis markiert, die synaptischen Kom-

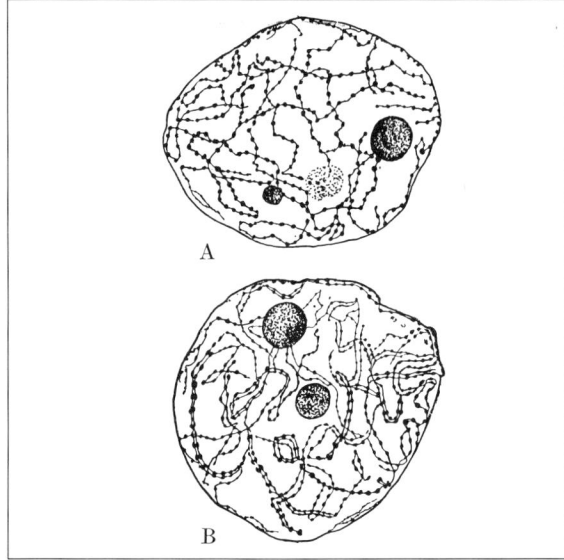

Abb. 1.1.62: Leptotän (**A**) und Zygotän (**B**) in einer Pollenmutterzelle von *Trillium erectum*. Bei der Homologenpaarung kommen gleichartige Chromomeren nebeneinander zu liegen («Strickleiternaspekt»). (1500 : 1, nach C.L. Huskins u. S.G. Smith)

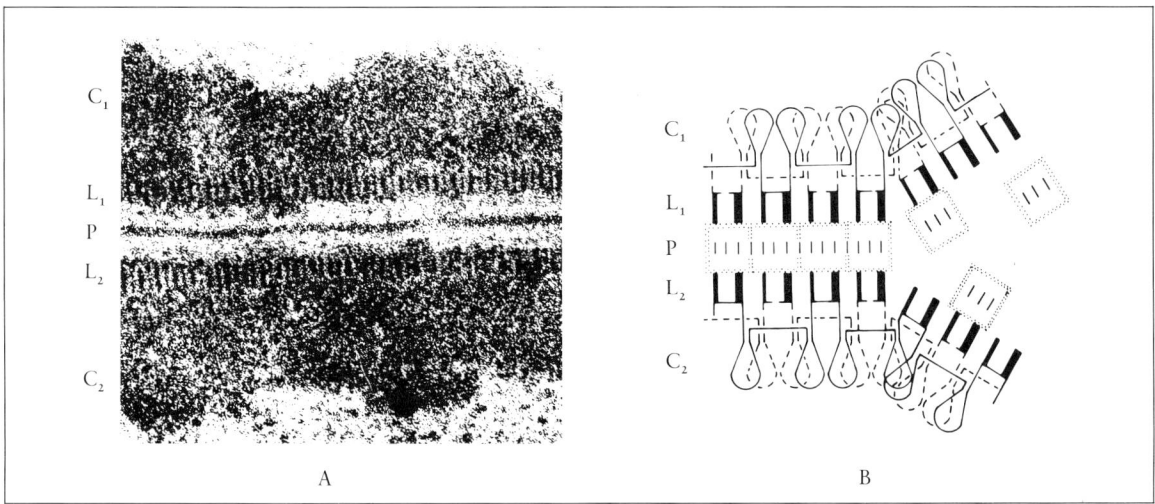

Abb. 1.1.63: Synaptischer Komplex (SC) zwischen gepaarten Chromosomen C1 und C2 beim Schlauchpilz *Neottiella*: **A**, Längsschnitt im EM; **B**, Schema. Bereits vor Paarungsbeginn werden die replizierten Chromosomen einseitig mit querstehenden Synaptomeren besetzt, die in regelmäßiger Aufeinanderfolge ein bandförmiges Lateralelement L formen. Die Lateralelemente homologer Chromosomen werden im Zygotän durch Proteinkomplexe mit starker Aggregationstendenz aneinander geheftet; es entsteht ein dichtes, von undeutlichen Transversalelementen flankiertes Zentralelement P. Im SC kommt es stellenweise zu molekularer Paarung homologer DNA-Sequenzen von jeweils 2 der **4** Chromatiden. Das ist Voraussetzung für intrachromosomale Rekombination durch *Crossing over*. (**A** 60000 : 1. Nach D.v. Wettstein)

plexe verschwinden und die Homologen beginnen auseinanderzuweichen. Sie bleiben allerdings an den Stellen, wo *Crossing over* stattgefunden hatte, aneinander hängen. Die jetzt auch im Lichtmikroskop gut sichtbaren Überkreuzungen werden nach dem griechischen Buchstaben χ (Chi) als Chiasmen bezeichnet. Jedes Chiasma ist ein vergröberter Ausdruck der molekularen Überkreuzung, die der intrachromosomalen Rekombination zugrunde liegt (s. u.). Die Chromosomen verkürzen sich weiter, und jetzt wird auch evident, daß sie bereits repliziert waren: Jedes Chromosom ist längs in 2 Chromatiden gespalten; aus den Bivalenten sind Tetraden geworden (Vierstrang-Stadium). Genauere Beobachtungen zeigen, daß von den 4 Chromatiden eines Homologenpaares an einem Chiasma jeweils nur 2 Chromatiden tatsächlich überkreuzt sind (Abb. 1.1.67, D, F).

Für die Zelle ist das Diplotän häufig eine Wachstumsphase, seine Dauer ist entsprechend lang. Zellwachstum setzt i. allg. verstärkte Transkription im Kern voraus, und tatsächlich sind Diplotän-Chromosomen oft deutlich aufgelockert («Strepsitän»; griech. *streptós*, fransig, kraus).

Die **Diakinese** ist das letzte Stadium der meiotischen Prophase. Die Transkriptionsaktivität erlischt wieder, die Kondensation der Chromosomen wird maximal; die Chromosomen sind jetzt noch kürzer und dicker als in der mitotischen Metaphase. Die ungeteilten Centromeren eines jeden Homologenpaares entfernen sich so weit wie möglich voneinander. Diese Auseinanderbewegung wird begrenzt durch die nächstliegenden Chiasmen. Aber vielfach werden die Chiasmen jetzt in Richtung der (nicht länger an der Kernhülle hängenden) Telomeren verschoben und ihre Zahl dabei schrittweise vermindert (Terminalisation der Chiasmen, Abb. 1.1.65).

Die Diakinese – und damit die meiotische Prophase – wird beendet durch das Fragmentieren der Kernhülle. In der **Metaphase I** ordnen sich die Homologenpaare (!) in den Spindeläquator ein. Die Homologen hängen dabei immer noch über Chiasmen zusammen, oft freilich nur noch an den Telomeren. An den Centromeren eines jeden Chromosoms befindet sich nur ein Kinetochor. Welches der beiden Chromosomen eines Homologenpaares zu welchem Spindelpol hin orientiert ist, bleibt dem Zufall überlassen. Das ist die Grundlage der interchromosomalen Rekombination. Die Zahl möglicher Verteilungsmuster für die mütterlichen und väterlichen Chromosomen in der Anaphase I bzw. der Kombinationsmuster dieser Chromosomen in den Tochterzellen ist 2^n. Bei einem Organismus mit n = 10 Chromosomen im haploiden Satz gibt es also bereits über 1000 verschiedene Kombinationen, bei n = 23 (z. B. Mensch) fast 8,4 Millionen und bei n = 50 mehr als eine Trillion ($> 10^{15}$). Die Chance, daß Gameten mit ausschließlich väterlichem bzw. mütterlichem Erbgut entstehen, ist also schon wegen der Zufallsverteilung der väterlichen und mütterlichen Chromosomen sehr gering, im Hinblick auf den zusätzlich immer gegebenen Stückaustausch praktisch

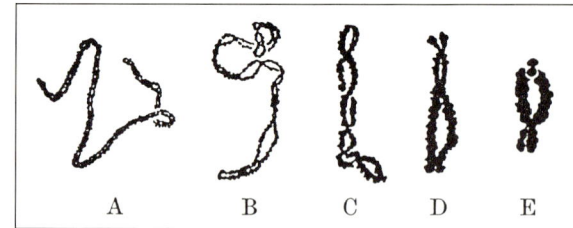

Abb. 1.1.65: Verminderung der Chiasmenzahl durch Terminalisation vom Pachytän (**A**) bis Metaphase I (**E**). (*Anemone baicalensis*, 1000 : 1, nach A. A. Moffett)

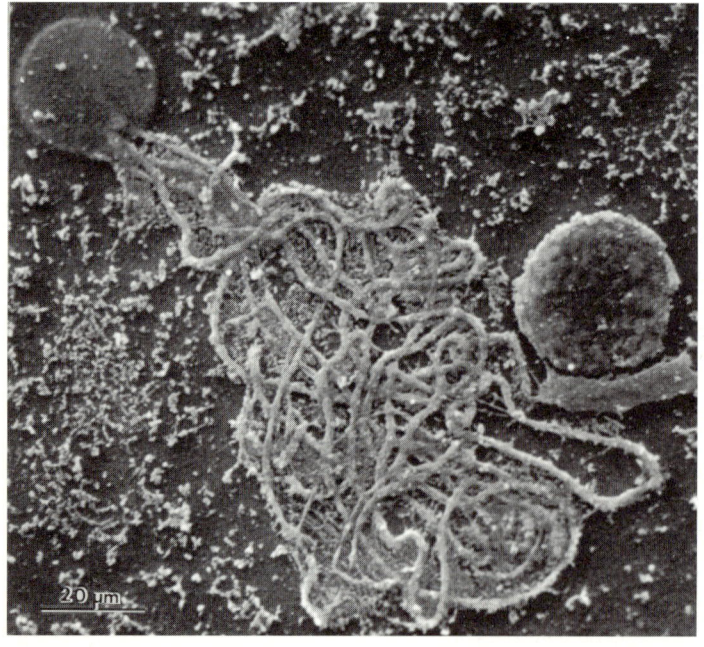

Abb. 1.1.64: Gepaarte homologe Chromosomen (Bivalente) des Roggens *Secale cereale* (frühes Pachytän, Anthere). Die Bivalente, deren Doppelsträngigkeit stellenweise erkennbar ist, sind aus dem aufgerissenen Prophasekern links oben ausgetreten; rechts ein intakter Kern. (Raster-EM Aufnahme: G. Wanner)

Null. Die Durchmischung des Allelen-Bestandes ist schon allein in der Meiose, noch ohne Berücksichtigung der Syngamie, extrem effektiv. (Allele sind unterschiedliche Ausbildungsformen eines Gens, die in homologen Chromosomen gleiche Positionen einnehmen, unter deren Einfluß das entsprechende Merkmal aber unterschiedlich ausgebildet wird; griech. *alloios*, verschieden).

In der **Anaphase I** werden die Chiasmen endgültig aufgelöst, die homologen Chromosomen hängen nicht mehr zusammen und wandern in der Teilungsspindel auseinander. Wesentlich ist, daß im Gegensatz zur mitotischen Anaphase nicht Chromatiden bzw. Tochterchromosomen in die Tochterkerne gelangen, sondern bereits replizierte Chromosomen mit noch ungeteiltem Centromer und unverdoppeltem Kinetochor. Diese Chromosomen entsprechen nicht telophasischen, sondern prophasischen Chromosomen einer normalen Mitose. Die Tochterzellen – die sog. Meiocyten I – haben also in ihren Kernen zwar den haploiden Chromosomensatz, aber gegenüber dem haploidunreplizierten Genom mit der DNA-Menge von C pg noch die doppelte DNA-Menge 2 C.

In der **Meiose II** wird nun auch 2 C auf 1 C reduziert. In der Interphase zwischen der ersten und zweiten meiotischen Teilung – als Interkinese bezeichnet – findet keine DNA-Replikation statt, die S-Phase fällt aus. Dementsprechend ist die Interkinese oft kurz und kann sogar ganz fehlen. Nur die Kinetochoren werden verdoppelt. Im Verlauf der Meiose II werden die während der prämeiotischen S-Phase entstandenen und im Pachytän durch Stückaustausch *(Crossing over)* teilweise veränderten Chromatiden voneinander getrennt und jeweils in verschiedene Gonenkerne eingeschlossen. Äußerlich gleicht damit die Meiose II einer haploiden Mitose. Aber die «Schwesterchromatiden» der einzelnen Chromosomen sind hier bezüglich ihres Allelen-Bestandes nicht identisch: Durch intrachromosomale Rekombination während des Pachytäns in der meiotischen Prophase sind in den Chromatiden immer wieder serienweise entsprechende Genorte mit unterschiedlichen – väterlichen bzw. mütterlichen – Allelen besetzt. Das ist überall dort der Fall, wo sich zwischen Centromer und der gerade betrachteten Stelle eine ungerade Zahl von *Crossovers* ereignet hatte. Diese oft nicht-identischen Sequenzen werden jetzt, zusammen mit den identischen der ursprünglichen Schwesterchromatiden, voneinander getrennt (sog. Postreduktion, vgl. Abb. 1.1.66, 1.1.67). Die haploiden Gameten enthalten von jedem Gen nur noch 1 Allel. Dadurch ist gewährleistet, daß bei nachfolgenden Mitosen alle Abkömmlinge eines Chromosoms identisch sind.

Ein zusammenfassender Rückblick auf die Meiose zeigt: Die Reduktion der Chromosomenzahl von 2 n auf 1 n wird in der Meiose I dadurch erreicht, daß nicht Chromatiden, sondern Chromosomen auf zwei Tochterkerne verteilt werden. Die Reduktion der DNA-Menge von 4 C auf 1 C wird durch zweimalige Kernteilung ohne zwischengeschaltete Replikation bewirkt. Es ist diese zweite Funktion der Meiose, die eine zweite Teilung erforderlich macht.

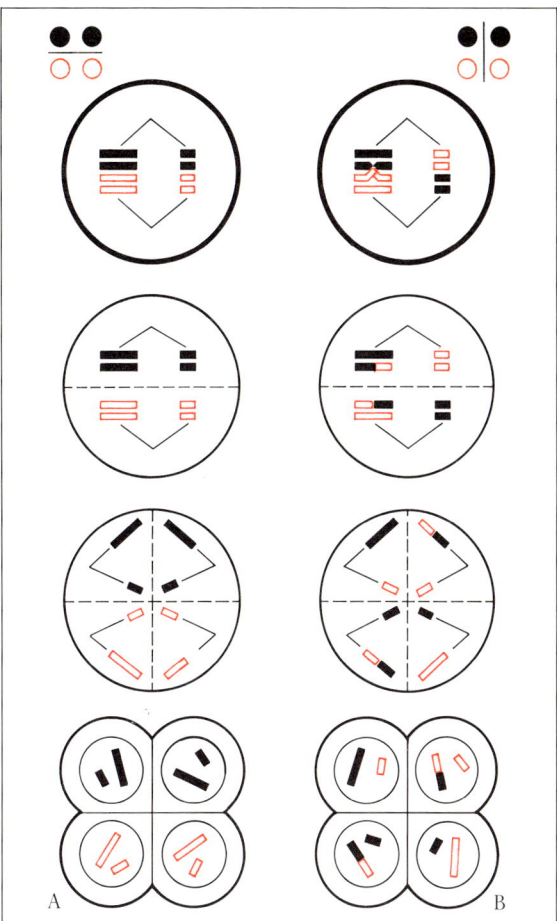

Abb. 1.1.66: Schematische Darstellung der Meiose, 2n = 4; mütterliches Genom schwarz, väterliches farbig. Links: Trennung der Chromatiden-Tetraden längs des «Reduktionsspaltes» (Präreduktion). Rechts: Infolge eines Chiasmas wird die jeweils rechte Hälfte der beiden überkreuzten Chromatiden in Meiose I längs des «Äquationsspaltes» getrennt, die Trennung mütterlicher und väterlicher Sequenzabschnitte erfolgt hier erst in Meiose II (Postreduktion)

Molekulare Vorgänge beim *Crossing over.* Bestimmten Genen entsprechende DNA-Sequenzen werden in einem Chromosom bzw. einer Chromatide durch die Hauptvalenzbindungen entlang der DNA-Doppelhelix zusammengehalten. In der Genetik werden daher alle Gene, die auf einem bestimmten Chromosom lokalisiert sind, als gekoppelt bezeichnet. Ein Chromosom ist die strukturelle Entsprechung dessen, was der Genetiker als Koppelungsgruppe bezeichnet. Der Zusammenhalt der Gene in einer Koppelungsgruppe wird nun durch *Crossing over* durchbrochen: Nichtschwesterchromatiden gepaarter, homologer Chromosomen tauschen untereinander Teilstücke aus. Dieser Vorgang wird im Pachytän dadurch induziert, daß durch Endonucleasen in den DNA-Doppelhelices von zwei benachbarten Nichtschwesterchromatiden an entsprechenden Stellen Einzel- oder Doppelstrangbrüche gesetzt werden und «über Kreuz» durch Ligierung wieder verheilen. In Abb. 1.1.68 ist gezeigt, wie man sich das

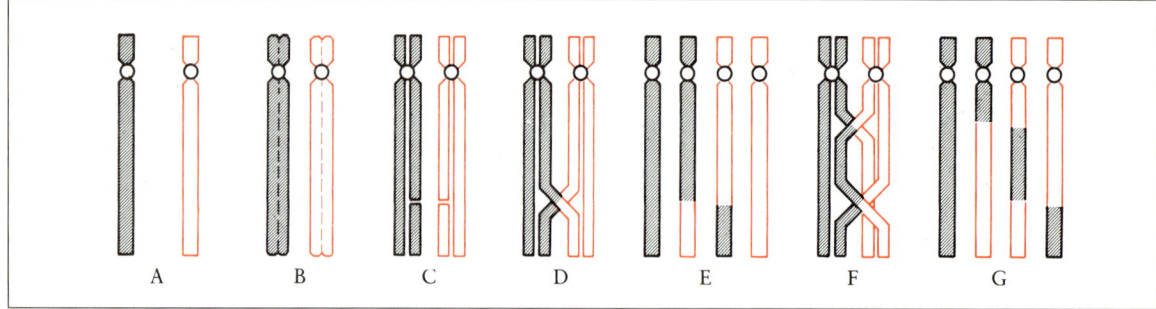

Abb. 1.1.67: Chiasma-Entstehung nach dem Bruch-Fusions-Modell. **A**, Homologen-Paarung. **B**, Entstehung von korrespondierenden Chromatiden-Brüchen und kreuzweises Verheilen (**C**) zweier homologer Chromatidenabschnitte. **D**, Präreduktion für die dem Centromer benachbarten («proximalen») Chromosomenabschnitte; für die «distalen» Abschnitte (jenseits des Chiasmas) Postreduktion. **E, F**, Doppel-*Crossing over* mit Dreistrang-Austausch, wobei der 2. Austausch zwischen einer Chromatide, die schon am 1. Austausch beteiligt war, und einer bisher unbeteiligten erfolgt. Beachte, daß an einem *Crossing over* immer nur 2 der 4 Chromatiden beteiligt sind, und zwar stets eine mütterliche und eine väterliche Chromatide. (Nach R. Rieger u. A. Michaelis)

im einzelnen vorstellen kann. Der Vorgang ist in Wirklichkeit vermutlich komplizierter, indem z.B. die Einzelstrangbrüche nicht auf genau gleicher Höhe erfolgen, so daß zusätzliche Reparatursynthese von DNA-Sequenzen und der Abbau überstehender Sequenz-Enden erforderlich wird. Es gibt gute Gründe für die Annahme, daß alle diese Vorgänge in den Rekombinationsknötchen am synaptischen Komplex ablaufen, in denen alle erforderlichen enzymatischen Aktivitäten zusammengefaßt sind.

Syngamie. Bei der Syngamie handelt es sich um eine Zellfusion (Syncytose), genauer um das Verschmelzen zweier geschlechtlich differenzierter Gameten. Es kommt zunächst zu einer Plasmogamie, zur Entstehung einer zweikernigen Zelle. Meistens folgt der Plasmogamie unmittelbar die Karyogamie, entweder durch ein Verschmelzen der Kernhüllen der beiden «Vorkerne» oder umgekehrt durch Auflösung der Kernhüllen und Einordnung der väterlichen und mütterlichen Chromosomen in einen gemeinsamen Spindelapparat, so daß gleich eine erste diploide Mitose abläuft. Syngamie und Karyogamie können zeitlich und räumlich aber auch weit voneinander getrennt sein, was z.B. bei vielen Ascomyceten (S. 566f., 574) und den Basidiomyceten (S. 585) der Fall ist; zwischen die beiden Teilprozesse der Syngamie ist dann eine Dikaryophase eingeschaltet, die betreffenden Zellen sind zweikernig.

Überhaupt finden sich in der belebten Natur die unterschiedlichsten Formen von Syngamie verwirklicht. In einigen Fällen werden überhaupt keine besonderen Gameten gebildet, weil beliebige Körperzellen des einen Paarungspartners mit solchen des anderen verschmelzen können (Somatogamie, z.B. bei *Spirogyra*, S. 640, und bei den höheren Pilzen). In anderen Fällen sind die Gameten extrem differenzierte Zellen, und die Partnerzusammenführung wird durch eine schwer überblickbare Fülle besonderer, oft geradezu skurril anmutender Anpassungen begünstigt. Man vergleiche dazu die detaillierten Darstellungen für die einzelnen systematischen Gruppen im 2. Abschnitt des 3. Teiles (S. 532ff.).

Sexualität eröffnet die Möglichkeit, unabhängig voneinander in verschiedenen Organismen einer Art durch Mutationen entstandene Allele beliebig miteinander zu kombinieren und der Selektion neben nachteiligen immer wieder auch besonders günstige Kombinationen anzubieten. Darauf beruht der Selektionsvorteil sexueller Fortpflanzungscyclen in der Evolution, der besonders dann hervortritt, wenn umfangreiche Genome vorliegen, also bei allen komplexen Vielzellern.

Die Meiose markiert im sexuellen Fortpflanzungscyclus den Übergang von der Diplophase zur Haplophase. Mit der Gametenverschmelzung wird umgekehrt die Haplophase beendet und eine neue Diplophase eingeleitet. Einzelheiten dieses Kernphasenwechsels im Zusammenhang mit Fortpflanzung

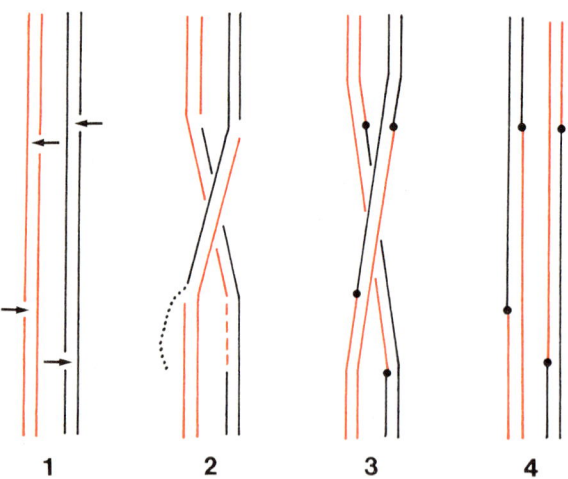

Abb. 1.1.68: Molekulare Vorgänge bei der intrachromosomalen Rekombination nach dem Bruch-Fusions-Modell. **1**, in den DNA-Doppelhelices von zwei (der insgesamt vier) gepaarten Nichtschwester-Chromatiden werden enzymatisch Einzelstrangbrüche auf ungefähr gleicher Höhe induziert (Pfeile; Helixstruktur der DNA nicht dargestellt). **2**, Überkreuzung nach Alternativpaarung, überstehende Einzelstränge (punktiert) werden abgebaut, fehlende Abschnitte (gestrichelt) durch Reparatursynthese ergänzt. **3**, Ligierung der freien Enden. **4**, durch *Crossing over* ist Neukombinierung mütterlicher und väterlicher Gene (Rekombination) eingetreten. (Original)

und Vermehrung und den Erscheinungen des Generationswechsels finden sich im ersten Abschnitt des dritten Teiles (S. 478–480).

5. Ribosomen; ribosomale RNA und Transfer-RNA

Die Ribosomen – sie heißen so wegen ihres Gehaltes an Ribonucleinsäure (rRNA, r für ribosomal) – sind annähernd sphärische Ribonucleoprotein-Komplexe mit Durchmessern von rd. 30 nm, an denen die Biosynthese von Polypeptiden/Proteinen erfolgt. Rasch wachsende Zellen in Bildungsgeweben und Zellen von Proteindrüsen enthalten besonders viele Ribosomen.

Die ebenso präzise wie komplizierte Übersetzung (Translation, S. 44, 310 f.) von Polynucleotid- in Polypeptidsequenzen stellt in energetischer und informatischer Hinsicht höchste Ansprüche, sie erfordert entsprechend große und vielfältig zusammengesetzte Funktionseinheiten. Tatsächlich liegen die Teilchenmassen cytoplasmatischer Ribosomen – der Cytoribosomen – bei Eukaryoten um 4 MDa (4 Megadaltons = 4 Millionen Da), die von Plastoribosomen bei 3,1 MDa, die der Mitoribosomen von Pflanzen etwas darüber (bei Pilzen sind sie allerdings kleiner, bei höheren Tieren und dem Menschen liegt ihre Partikelmasse unter 3 MDa; vgl. Tab. 1.1.3).

Alle Ribosomen – prokaryotische, Organellen- und eukaryotische Cytoribosomen – bestehen aus zwei ungleich großen Untereinheiten. Diese Untereinheiten sind i.allg. nur während der Translation miteinander verbunden, genauer: während der Elongation einer gerade entstehenden Polypeptidkette. Mit der Freisetzung des fertigen Polypeptids (Termination) trennen sich die ribosomalen Untereinheiten voneinander. Die kleinere kann sich nun wieder mit 5'-terminalen Sequenzen einer neuen mRNA verbinden (Initiation) und nach Anheftung einer großen Untereinheit erneut in die repetitive Reaktionsabfolge der Elongation eintre-

Abb. 1.1.69: Inhibitoren der Translation. Cycloheximid blockiert 80S Ribosomen (Cytoribosomen von Eukaryoten), Chloramphenicol die 70S Ribosomen der Prokaryoten, Mitochondrien und Plastiden.

ten. Der fortwährende Zusammenbau und Wiederzerfall von Ribosomen bei Initiation und Termination wird als Ribosomencyclus bezeichnet.

Aus Tabelle 1.1.3 ist ersichtlich, daß beide Ribosomenuntereinheiten Assoziate sind aus vielen unterschiedlichen, z.T. basischen Proteinen mit verschiedenen rRNAs. Die Organellribosomen sind dabei in vielen Belangen den Ribosomen von Eubakterien ähnlicher als eukaryotischen Cytoribosomen. Das gilt nicht nur in struktureller Hinsicht, sondern auch funktionell. Beispielsweise wird die Translation bei 70 S Ribosomen durch die Antibiotika Chloramphenicol, Streptomcyin, Lincomycin und Erythromycin blockiert, während gleiche Konzentrationen dieser Antibiotika bei 80 S-Ribosomen wirkungslos sind; für Cycloheximid gilt das umgekehrte (vgl. Abb. 1.1.69).

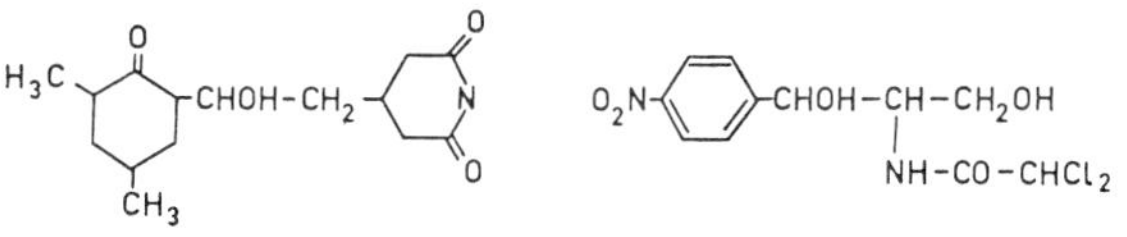

Die molekulare Architektur der Ribosomenuntereinheiten konnte in den letzten Jahren, vor allem für Bakterienribosomen, weitgehend ermittelt werden (Abb. 1.1.70). Die Interaktion von mRNA und tRNAs findet etwa dort statt, wo sich der «Kopf» der kleinen Untereinheit und die «Krone» der großen Untereinheit gegenüberstehen. Von hier aus wandert die wachsende Polypeptidkette durch die große Untereinheit hindurch und tritt erst am gegenüberliegenden, stumpfen Ende dieser Untereinheit hervor. Bei Cytoribosomen sind etwa 40 Aminosäurereste der nascierenden Polypeptidkette im Ribosom «geschützt», sie können z.B. von Peptidasen/Proteinasen nicht attackiert werden.

An der Translation sind neben mRNA als Informationsträger und den rRNAs als Strukturvermittlern und Bindungspartnern im Ribosom auch **Transfer-RNAs** (tRNAs) beteiligt. Wie auf S. 310 f. näher dargelegt wird, führen die tRNAs aktivierte Aminosäurereste an das Ribosom heran und vermitteln deren Einbau in die wachsende Polypeptidkette. Dabei greifen sie die in den Codonen der mRNA verschlüsselte Information mit Hilfe von Anticodonen unter vorübergehender Basenpaarung ab. Die tRNA-Moleküle – es gibt für jede Aminosäure mindestens eine Sorte – spielen also bei der Translation die Rolle eines Lexikons.

Die tRNAs sind vergleichsweise kleine Moleküle, sie bestehen aus nur etwa 80 Nucleotiden (~ 25 kDa). Ihre Sequenz erlaubt weitgehende intramolekulare Basenpaarung, wobei eine für alle tRNAs charakteristische «Kleeblattstruktur» mit 4 Armen und 3 Schleifen entsteht (Abb. 1.1.72 A). Der sog. Akzeptorarm mit 3'- und 5'-Ende trägt keine Schleife, an das 3'-Ende bindet der aktivierte Aminosäurerest. Das dieser Aminosäure entsprechende Anticodon, das an ein basenkomplementäres Triplett der mRNA binden kann, liegt gegenüber. In Wirklich-

Tabelle 1.1.3: Einige Ribosomen-Daten
rRNAs liegen nur je 1× pro Ribosom vor, ebenso fast alle rProteine. Mitoribosomen sind bei verschiedenen Organismen z.T. sehr unterschiedlich ausgebildet

	Cytoribosomen		Plastoribosomen		E. coli-Ribosomen	
Durchmesser [nm]	33		27		27	
Masse [kDa]	4200		2500		2500	
Sedimentation	80S		70S		70S	
Proteinanteil [% Trockenmasse]	50		47		40	
Untereinheiten	60S	40S	50S	30S	50S	30S
rProteine, Anzahl	49	33	30	23	34	21
rRNAs	28S	18S	23S	16S	23S	16S
	5,8S		5S		5S	
	5S		4,5S			

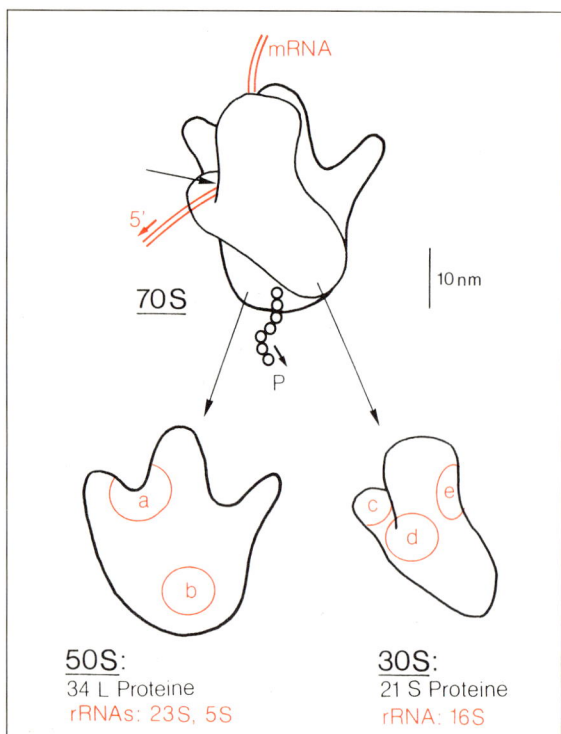

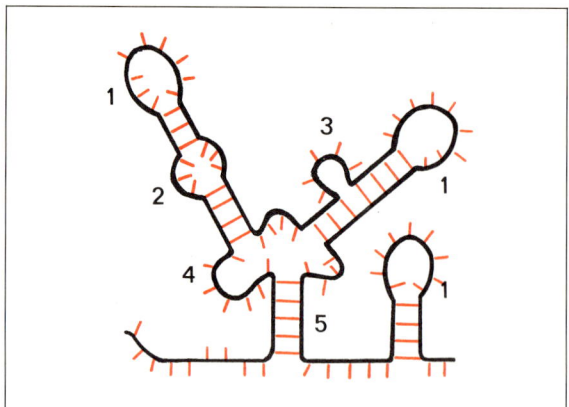

Abb. 1.1.71: Gängige Motive von RNA Sekundärstrukturen: 1 Haarnadelschleife, 2 interne Schleife, 3 Seitenschleife, 4 mehrarmige Schleife, 5 Stamm (internat. *Stem*; Helixstruktur nicht berücksichtigt); Basen(paare) farbig.

Abb. 1.1.70: Ribosomenstruktur, Beispiel 70S-Ribosom von *E. coli*. Große und kleine Untereinheit liegen im aktiven Ribosom gepaart vor. Der Translationsvorgang findet an der mit Pfeil bezeichneten Stelle zwischen den Untereinheiten statt, die wachsende Polypeptidkette P tritt am unteren Ende der großen Untereinheit aus. Funktionale Orte an den kleinen Untereinheiten: a, Polypeptidsynthese (Peptidyltransferase-Zentrum); b, Austritt der Polypeptidkette umd Membrananheftung; c, mRNA-Anheftung, Codon-Anticodon-Erkennung; d, tRNA-Anheftung; e, Interaktion mit Elongationsfaktoren. Die rProteine der großen Untereinheit werden mit L1, L2 ... bezeichnet, die der kleinen mit S1, S2 ... (engl. *large, small*). Cytoribosomen von Eukaryoten (80S-Typ) weisen ähnliche Umrißformen auf, sind aber größer. (Original)

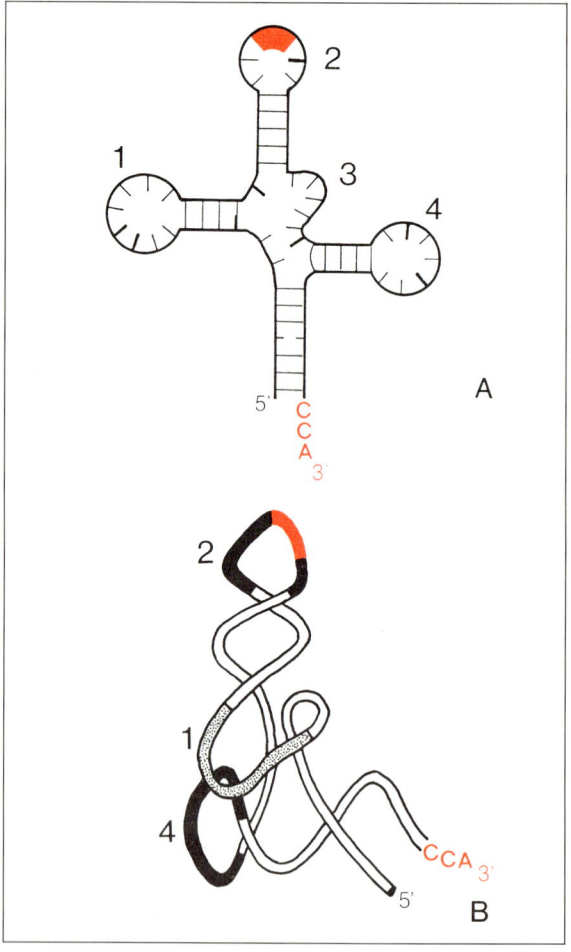

Abb. 1.1.72: Transfer-RNA (tRNA). **A**, Kleeblattform mit 4 Armen und 3 Schleifen – 1, sog. T-Psi-C-Schleife (Ribothymidin-Pseudouridin-Cytidin-...; mit ihr bindet tRNA locker an die 5S rRNA bzw. 5,8S rRNA); 2, Anticodonschleife mit Anticodon (rot); 3, variable Schleife, bei verschiedenen tRNAs unterschiedlich groß bis fehlend; 4, DHU-Schleife (Dihydroxyuridin-...). Die voraktivierte Aminosäure wird an die CCA-Sequenz am 3'-Ende angehängt. «Seltene Basen» durch dickere Striche symbolisiert. **B**, räumliches Modell: «L-Form».

keit hat allerdings tRNA nicht diese zweidimensionale, sozusagen herbarmäßig flachgepreßte Struktur eines Kleeblattes, sondern besitzt ein L-förmiges Molekül, mit Akzeptorende und Anticodonschleife an den beiden Enden des L, etwa 9 nm voneinander entfernt (Abb. 1.1.72B). Die beiden Seitenarme des Kleeblattes mit ihren Schleifen sind an der Knickstelle des Moleküls nach außen geklappt und enthalten Erkennungssignale für jene Enzyme, die jede einzelne tRNA hochspezifisch mit «ihrer» Aminosäure beladen. Die Zuverlässigkeit dieser Enzyme, der Aminoacyl-tRNA-Synthetasen (-Ligasen), gewährleistet die selbst für Standards moderner Technik außergewöhnlich hohe Präzision der Translation, ohne die ein Überleben von Zellen und Organismen ausgeschlossen wäre.

Die tRNAs gehören (zusammen mit den snRNAs und den scRNAs, S. 51) zu den kleinsten RNA-Molekülen der Zelle. Sie sind als einzige nicht in RNP-Partikeln verpackt, also nicht durch Proteine vor zellulären RNasen geschützt. Zahlreiche chemische Modifikationen an ihren Nucleotiden machen sie aber praktisch unverdaulich («seltene Basen»).

Unter den vielerlei Ribonucleinsäuren der Zelle überwiegen die rRNAs mengenmäßig bei weitem, sie machen etwa $\frac{4}{5}$ davon aus, $\frac{1}{10}$ entfällt auf die tRNAs. Die rRNAs und tRNAs kommen bei allen Organismen – von den kleinsten Bakterien bis zu den größten Vielzellern – in grundsätzlich ähnlicher Struktur und immer gleicher Funktion vor. Ihre Sequenzen sind während der stammesgeschichtlichen Entwicklung der Lebewesen z. T. extrem stark konserviert worden. Sie sind daher besonders zuverlässige Zeugen der Evolution und gestatten die Rekonstruktion auch sehr weit zurückliegender phylogenetischer Prozesse. Beispielsweise ist die Sonderstellung und die große Heterogenität der Archaebakterien unter den Prokaryoten vor allem mit Hilfe von Sequenzvergleichen an rRNAs aufgedeckt worden.

Während der Translation werden mehrere bis viele Ribosomen («Monosomen») durch einen mRNA-Strang zusammengehalten und bilden ein Polysom (Abb.

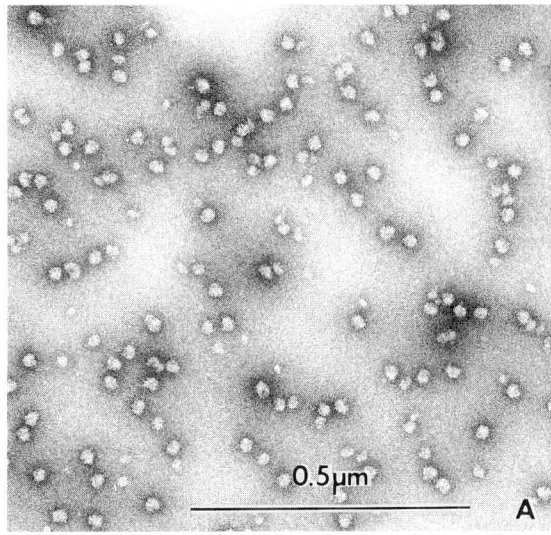
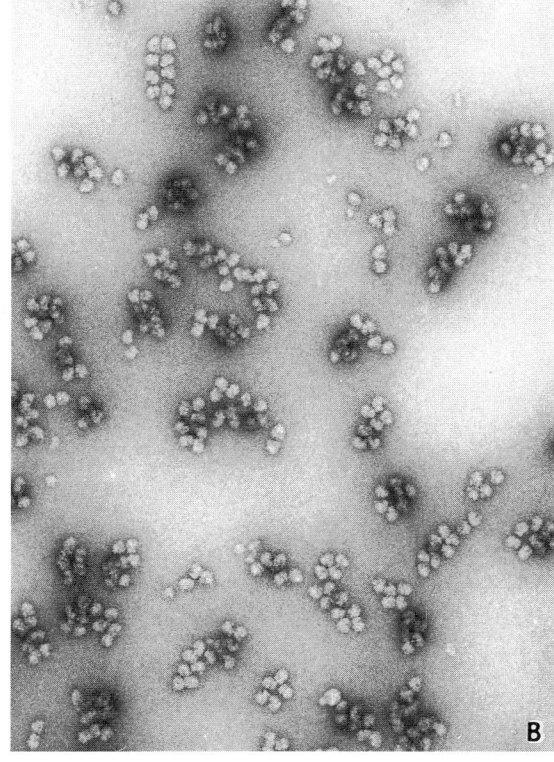

Abb. 1.1.73: Ribosomen und Polysomen, isoliert aus Blütenknospen von *Narcissus pseudonarcissus*, Negativkontrast. **A**, Monosomen. **B**, Polysomen; stellenweise Aufbau der Ribosomen aus 2 ungleich großen Untereinheiten erkennbar. (Präparate: R. Junker, EM Aufnahmen: H. Falk)

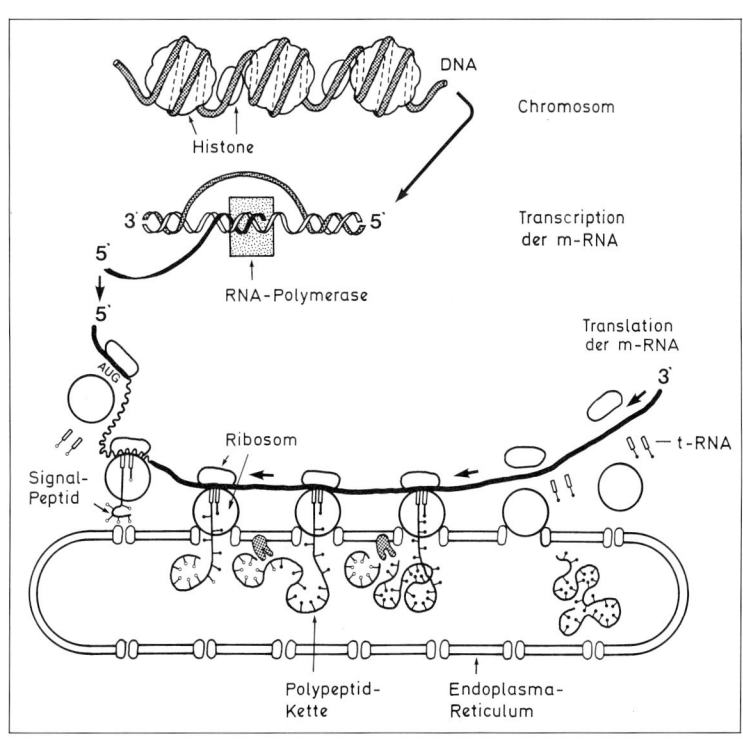

Abb. 1.1.74: Bildung eines Sekretproteins, das durch eine ER-Membran «hindurchsynthetisiert» wird (Signal-Modell). Die im Zellkern an chromosomaler DNA synthetisierte und anschließend prozessierte mRNA wird im Cytoplasma von Ribosomen besetzt und translatiert. Dem N-terminalen Ende des Polypeptids ist eine Signalsequenz vorgeschaltet, die nach Durchtritt durch die Membran von einer Peptidase (grau) abgespalten wird. Die hydrophobe Signalsequenz bedingt unter Vermittlung von SRP und *Docking*-Protein (hier nicht dargestellt) die Bindung des Ribosoms an die Membran und die Bildung eines Tunnels aus integralen Membranproteinen. Pfeile: Verschiebungsrichtung der mRNA bei fortschreitender Translation. Mit Erreichen eines Terminator-Codons löst sich die fertige Polypeptidkette vom Ribosom ab, dieses wird freigesetzt und zerfällt in seine Untereinheiten. (Nach einem Schema von D.v. Wettstein)

1.1.73). Polysomen sind die eigentlichen Translationsorganelle. Frei im Plasma liegend sind sie schraubenförmig; an Membranen bilden sie dagegen zweidimensionale Figuren, vorwiegend Spiralen (Abb. 1.1.86B, S. 85). Die Membrananheftung erfolgt an der großen Ribosomenuntereinheit, nahe der Austrittsstelle für die wachsende Polypeptidkette. Diese wird oft schon während ihrer Synthese durch die Membran hindurchgeschoben; so gelangen z.B. Sekretproteine und lysosomale Enzyme in das Innere von ER-Cisternen (Abb. 1.1.74). In anderen Fällen bleibt die nascierende Polypeptidkette mit einer Serie von wenigstens 20 aufeinanderfolgenden hydrophoben Aminosäureresten in der Membran selbst auf Dauer verankert und wird so zu einem integralen Membranprotein (S. 80). Freie Polysomen synthetisieren vor allem die löslichen Proteine der plasmatischen Zellkompartimente. Überraschenderweise werden aber auch viele mitochondriale und plastidäre Proteine, sowie charakteristische Enzyme von Peroxisomen an freien Polysomen des Cytoplasmas translatiert und gelangen erst später – posttranslational – an ihren Bestimmungsort.

Die Information darüber, ob sich Ribosomen an Membranen festsetzen oder frei im Plasma bleiben, ist gemäß der Signaltheorie nicht in den Ribosomen selbst enthalten, sondern in der betreffenden mRNA bzw. dem Polypeptid, dessen Translation dieser *Messenger* steuert: Die Membrananheftung wird durch eine besondere Signalsequenz am zunächst synthetisierten Aminoende der wachsenden Polypeptidkette bewirkt, die eine Aufeinanderfolge hydrophober Aminosäurereste enthält. Sobald die Signalsequenz aus der großen Untereinheit eines Ribosoms herauswächst, wird sie von einer RNP-Partikel, der Signal-Rekognitions-Partikel (SRP), erkannt und gebunden. Für die SRP gibt es nun auf der plasmatischen Seite von rER-Membranen spezifische Rezeptoren (SRP-Rezeptor = *Docking* Protein). Ist das Ribosom erst einmal durch SRP-Vermittlung an die ER-Membran assoziiert, übersiedelt es auf einen Ribosomen-Rezeptor, die SRP wird abgesprengt und kann ihre Funktion an weiteren Ribosomen ausüben, die Signalsequenzen produzieren.

6. Biomembranen und Lipide

Im einleitenden Kapitel (S. 25) wurden die Biomembranen = Elementarmembranen als 5–10 nm dünne, flächige Lipoprotein-Strukturen zähflüssiger Konsistenz vorgestellt. Sie umschließen einerseits jede einzelne Zelle und trennen andererseits innerhalb der Zelle verschiedenartige Kompartimente gegeneinander ab. Zu dieser Funktion sind sie durch zwei Eigenschaften besonders befähigt: Sie sind selektiv permeabel; und sie weisen keine freien Ränder auf, sondern umschließen ein Kompartiment stets lückenlos.

Membranen entstehen in der Zelle nicht neu *(de novo)*, sondern leiten sich stets von schon vorhandenen Membranen ab. Die Membranen einer Zelle besitzen also genetische Kontinuität. Membran-Biogenese beruht auf Flächenwachstum vorhandener Membranen durch Einbau neuer Moleküle und schließliche Zerlegung von Kompartimenten durch Membranfluß. Die beiden wichtigsten Bausteine von Biomembranen, Strukturlipide und Membranproteine, werden vor allem am ER synthetisiert. Von hier aus können sie in Vesikel-, Golgi- und Vacuolenmembranen gelangen, sowie zur Zell-(Plasma-)membran und in die äußeren Hüllmembranen der Plastiden und Mitochondrien. Die inneren Membranen dieser Organelle, die auch in ihrer stofflichen Zusammensetzung von allen anderen Membranen der Zelle deutlich abweichen, stehen mit diesen nicht über Membranenflußvorgänge in direktem Austausch.

a) Molekulare Komponenten der Biomembran

Die chemische Untersuchung isolierter Elementarmembranen hat gezeigt, daß sie vor allem aus Proteinen und Lipiden bestehen. Viele Membranproteine sind glykosyliert, d.h. sie tragen covalent gebundene Zuckerreste oder Oligosaccharidketten. Das Massenverhältnis Protein/Lipid liegt im Normalfall bei 3:2; doch kann es von diesem mittleren Verhältnis bei bestimmten Membranen stark abweichen, es gibt Protein-dominierte Membranen wie die inneren Mitochondrienmembranen mit Proteinanteilen über 70%, andererseits Lipid-dominierte Membranen wie die von membranösen Chromoplasten (S. 117, 119, Proteinanteil nur 19%).

Die verschiedenen Membransorten einer Zelle weisen jeweils charakteristische Proteinmuster auf. Tatsächlich sind es vor allem die Membran-(glyko-)proteine, die den Membranen ihre Spezifitäten hinsichtlich Transport, Signaltransduktion, molekularen Erkennungsvorgängen und enzymatischen Aktivitäten verleihen und damit ihre ganz unterschiedlichen Leistungen ermöglichen.

b) Hydrophilie und Hydrophobie; Wasserstoffbrücken und hydrophober Effekt

Mit den Begriffen hydrophil und hydrophob (= lipophil) wird die Löslichkeit bzw. Quellbarkeit eines gegebenen Stoffes in Wasser umschrieben. Das Wasser als weitaus häufigstes Lösungsmittel in der Biosphäre und in jedem Organismus ist ein polares Medium, seine gewinkelten Moleküle stellen elektrische Dipole dar. Das beruht auf der größeren Elektronegativität des Sauerstoffs gegenüber dem Wasserstoff (Tabelle 1.1.4, Abb. 1.1.75). Wegen dieser Differenz in der Elektronegativität sind die Bindungselektronen zwischen Wasserstoff- und Sauerstoffatomen nicht gleichmäßig verteilt, sondern zum Sauerstoff hin verschoben. Die Bindung ist «polarisiert», O ist negativiert (δ^-), H positiviert (δ^+; mit δ werden Teilladungen symbolisiert, die kleiner sind als die elektrische Elementarladung, wie sie z.B. einwertige Ionen tragen). Im elektrischen Feld von Ionen (vor allem von Kationen) werden Wasser-Dipole festgehalten und ausgerichtet, sie bilden eine Hydrathülle.

Tabelle 1.1.4: Elektronegativität x biologisch wichtiger Elemente in % der x von Fluor

Element	x
O	85,4
N	75,0
C	61,0
H	53,7

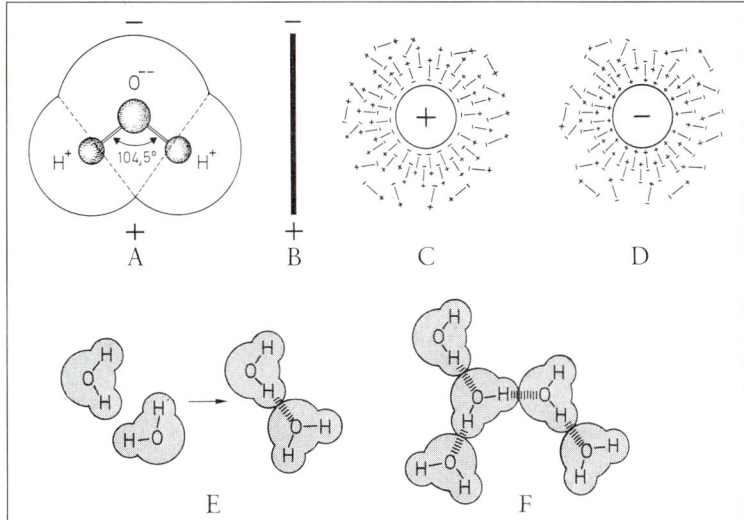

Abb. 1.1.75: Wassermolekül (**A**). Die beiden H-Atome sitzen dem O-Atom gewinkelt an. **B**, wegen der ungleichen Elektronegativität von H und O ergibt sich ein elektrischer Dipol. **C, D**, im elektrischen Feld an der Oberfläche von Ionen werden Wassermoleküle in charakteristischer Weise ausgerichtet und gebunden, es bilden sich Hydrathüllen. **E, F**, zwischen Wassermolekülen bilden sich Wasserstoffbrücken-Bindungen aus.

In der Wasserphase bilden sich zwischen Wassermolekülen W a s s e r s t o f f b r ü c k e n aus: Die entgegengesetzten Teilladungen der H- und O-Atome bedingen elektrostatische Anziehung. Auf dieser gegenseitigen Anziehung der Wassermoleküle beruhen viele Besonderheiten des Wassers wie seine relativ hohe Oberflächenspannung, Verdampfungsenergie und Dichte.

Wasserstoffbrücken(-bindungen) sind nicht auf Wasser beschränkt. Sie können sich überall dort ausbilden, wo Wasserstoff covalent mit Atomen höherer Elektronegativität verbunden ist. Unter den in Organismen mengenmäßig hervortretenden Elementen ist das neben dem Sauerstoff der Stickstoff. Hydroxylgruppen und Aminogruppen sind sehr häufig an Wasserstoffbrückenbindungen beteiligt («polare Gruppen»: Abb. 1.1.76). Das gilt z.B. für die zwischen komplementären Basen der DNA-Doppelhelix ausgebildeten Wasserstoffbrücken (S. 45f.). Auch Sekundärstrukturen in Proteinmolekülen werden von Wasserstoffbrückenbindungen zwischen Amino-Wasserstoff und Carboxyl-Sauerstoff stabilisiert (S. 33, 35).

Bei unpolaren covalenten Bindungen haben beide Bindungspartner ähnliche Elektronegativitäten, so daß keine Teilladungen bzw. elektrischen Dipole auftreten. Häufigste Beispiele unpolarer Bindungen in Biomolekülen sind Kohlenstoff/Kohlenstoff- und Kohlenstoff/Wasserstoffbindungen. Moleküle, die nur unpolare Bindungen enthalten, können keine Wasserstoffbrücken ausbilden. Solche Stoffe, etwa Kohlenwasserstoffe wie Benzol, Butan oder β-Carotin, sind in Wasser unlöslich, sie sind **hydrophob** (griech. *hydrophobía*, Wasserscheu); mit ihresgleichen sind sie aber gut mischbar (*similia similibus solvuntur*: Ähnliches wird durch Ähnliches gelöst). Umgekehrt sind alle jenen organischen Stoffe in Wasser löslich oder wenigstens quellbar (**hydrophil**, griech. *philía*, Zuneigung), deren Moleküle genügend viele polare Gruppen enthalten und die sich daher in das Maschenwerk der Wasserstoffbrücken in der Wasserphase einzufügen vermögen. Die Hydrophilie wird noch erhöht, wenn nicht nur polare Gruppen mit Teilladungen vorhanden sind, sondern ionisierbare Gruppen wie die Carboxylgruppe $-COOH \rightarrow COO^-$ $+ H^+$ oder Aminogruppe $-NH_2 + H^+ \rightarrow -NH_3^+$. Ionisierte Gruppen ziehen Wassermoleküle an und umgeben sich mit Hydrathüllen. Als allgemeine Regel gilt: Moleküle, an denen sich durch polare oder ionische Gruppen elektrische Felder ausbilden, sind wasserlöslich; Moleküle ohne elektrische Felder sind nicht wasserlöslich.

Bei komplexen Molekülen kommt es auf das Mengenverhältnis von polaren und unpolaren Bindungen an. Daher gibt es alle Übergänge zwischen extrem hydrophoben Verbindungen (z.B. Kohlenwasserstoffe) und extrem hydrophilen Stoffen (z.B. Polyanionen wie Polysaccharide mit vielen sauren Gruppen – Agar u.ä. –, die das 100fache ihrer eigenen Masse an Wasser binden können). Eine nach steigender Hydrophobie geordnete Serie von Lösungsmitteln wird als e l u o t r o p e R e i h e bezeichnet (lat. *eluere*, auswaschen). Sie spielt in der Flüssigkeitschromatographie, aber auch bei schonender Ent-

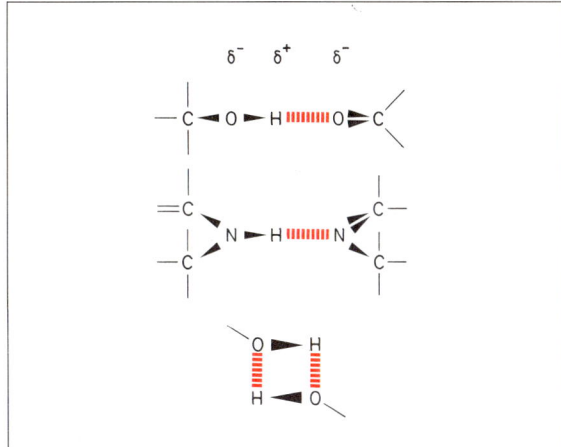

Abb. 1.1.76: Beispiele für polare Gruppen und die Bildung von Wasserstoffbrücken (rot). Links: Donorgruppen (Hydroxyl, sek. Amin); rechts: Akzeptorgruppen (ohne H: Carbonyl- oder Carboxylsauerstoff, Ring-Stickstoff in Aromaten). Keile: polare covalente Bindungen, die zu sich anziehenden elektrischen Partialladungen bzw. H-Brücken führen. Die Donorgruppen sind untereinander vertauschbar, ebenso die Akzeptorgruppen. Unten: Auch zwischen antiparallelen Hydroxylen bilden sich H-Brücken aus.

wässerung biologischer Präparate eine wichtige Rolle. Es gibt nur sehr wenige Lösungsmittel, die einerseits Kohlenwasserstoffe lösen können und andererseits mit Wasser mischbar sind; das bekannteste ist Dimethylsulfoxid (DMSO), das daher auch bei der chemischen Analyse von Biomembranen oft eingesetzt wird.

Hydrophobe Moleküle werden aus polaren, wäßrigen Phasen verdrängt; sie stören durch ihre Unfähigkeit, Wasserstoffbrücken zu bilden, die «Struktur» des Wassers. Das bedingt u.a. die Nichtmischbarkeit sog. organischer Lösungsmittel (Benzol, Benzin, Petrolether u.dgl.) mit Wasser: Der energieärmste, stabile Zustand einer Mischung hydrophiler und hydrophober Flüssigkeiten ist erreicht, wenn die Berührungsfläche zwischen hydrophiler (polarer) und hydrophober (unpolarer) Phase durch Entmischung minimal geworden ist. Darauf beruht z.B. die Bildung von Öltröpfchen (Oleosomen, S. 25) in lebenden Zellen. Jede solche Lipidaggregation ist Ausdruck eines allgemeinen übermolekularen Strukturbildungsprinzips, das als **hydrophober Effekt** bezeichnet wird: Hydrophobe Moleküle werden im wäßrigen Milieu auf engstem Raum zusammengedrückt, ganz so, als würden sie sich gegenseitig kräftig anziehen.

In Wirklichkeit ist diese Anziehung aber gerade bei unpolaren Teilchen sehr gering. Man spricht von London-van der Waals-Kräften. Sie beruhen auf schwachen elektrische Feldern, die infolge kurzfristiger, stochastischer Ungleichverteilungen von Bindungselektronen auftreten. Die Stärke chemischer Bindungen kann durch den Energiebetrag charakterisiert werden, der zu ihrer Lösung aufgewendet werden muß (Bindungsenergie) – bei covalenten Bindungen über 100 kJ/mol (im Falle der sehr stabilen Dreifachbindung im N₂-Molekül z.B. 946 kJ/mol), bei Wasserstoffbrückenbindungen zwischen 12 und 25, und im Falle von London-van der Waals-Bindungen bei 4 bis 8 kJ/mol, nur knapp über der thermischen Energie im physiologischen Temperaturbereich (2,5 kJ/mol).

c) Die Lipid Bilayer

Als **Speicherlipide**, die zur Zwischenlagerung von Energie und Kohlenstoff im Stoffwechsel dienen, treten vor allem die unpolaren und daher wasserunlöslichen Fette bzw. fetten Öle auf (Triacylglycerole = Triglyceride; Abb. 1.1.77 A). Sie sind, wie eben erwähnt, in Form mikroskopisch kleiner Öltröpfchen (Oleosomen bzw. Plastoglobuli) im Cyto- oder Plastidoplasma abgelagert. Wegen der Unlöslichkeit in Wasser sind sie osmotisch unwirksam und belasten in dieser Hinsicht Organelle und Zellen nicht. (Tatsächlich kommt es in bestimmten Plastiden [Elaioplasten] und im Plasma der Zellen von Ölfrüchten und -samen zu massiven Anhäufungen von Oleosomen.) Wegen des hydrophoben Effekts nehmen Oleosomen automatisch Kugelform an (vgl. Abb. 1.1.3, S. 17; u. 1.1.117, S. 108).

Ganz anders als die Triacylglycerole sind die Moleküle der **Membranlipide** gebaut (Abb. 1.1.77 B, C): Sie vereinigen in ihren Molekülen sowohl hydrophobe wie hydrophile Bereiche. Man bezeichnet solche Moleküle, die auch für Seifen und Netzmittel (Tenside, Detergenzien) typisch sind, als amphipolar, amphiphil oder amphipathisch. Auf diesem besonderen Molekülbau

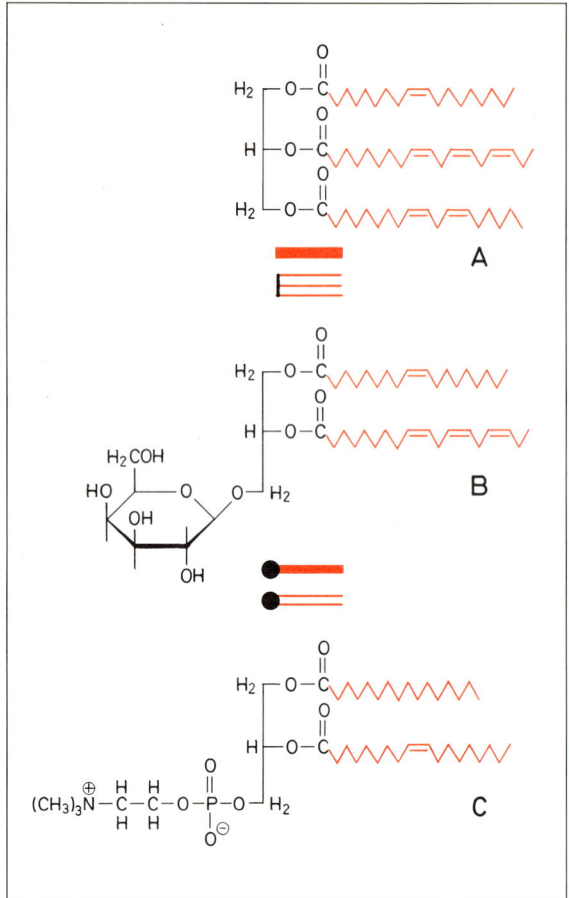

Abb. 1.1.77: Speicher- und Membranlipide; polare und geladene Bereiche schwarz, hydrophobe farbig. **A**, Triacylglycerol: alle 3 Hydroxylgruppen des Glycerols sind mit Fettsäuren verestert, «acyliert»; die Fettsäuren von oben nach unten: Ölsäure (mit 18 C-Atomen und einer Doppelbindung – «einfach ungesättigt» – zwischen den C-Atomen 9 und 10, Kurzschreibweise 18:1); Linolensäure 18:3; Linolsäure 18:2. Darunter gebräuchliche Symbole für Triglyceride. **B, C**, Strukturlipide aus Biomembranen, dazwischen Symbole mit polarem «Kopf» und hydrophobem «Schwanz». **B**, Monogalactosyl-diacylglycerol (MGDG) als Beispiel für ein Glykolipid. **C**, Lecithin = Phosphatidylcholin (PC) als Beispiel für ein Phospholipid: die dritte OH-Gruppe des Glycerols ist mit Phosphorsäure verestert, diese ihrerseits mit einem Cholinrest.

beruht die Fähigkeit der Membranlipide zur Bildung flächiger Strukturen im wäßrigen Milieu und damit zur Bildung der Membrangrundstruktur in Form von Lipid-Doppelfilmen. Die Membranlipide dienen nicht als Energie- und Stoffreserven, sondern als Strukturbildner; sie können den Speicherlipiden als **Strukturlipide** gegenübergestellt werden.

Amphipolare Moleküle sind weder in Wasser noch in unpolaren Lösungsmitteln löslich. Sie konzentrieren sich daher an Phasengrenzen zwischen wäßrigen und unpolaren Medien. Beispielsweise bilden sie extrem dünne Filme auf Wasseroberflächen, wobei sich jedes einzelne Molekül mit seinem hydrophilen Teil in die Wasserphase einsenkt, mit dem hydrophoben dagegen in die Luft hinausragt. Bei genügend dichter Anordnung entstehen so von selbst monomolekulare Lipidfilme (*Monolayers*, von engl. *layer*, Schicht). Diese setzen die Oberflächenspannung drastisch herab (Netzmittel-Wirkung, äußert sich u. a. in Schaumbildung, die eine starke Oberflächenvergrößerung mit sich bringt). Im Inneren einer Wasserphase bilden sich unter Zusammenlagerung zweier Monolayers **bimolekulare Lipidfilme** *(Bilayers)*, wobei die hydrophilen «Köpfe» der amphipolaren Moleküle die Oberfläche der Doppelfilme gegen das Wasser hin bilden, während die hydrophoben «Schwänze» im Inneren der Doppelschicht aufeinander treffen (Abb. 1.1.78). Da bei Strukturlipiden – im Gegensatz zu Speicherlipiden – wegen der hydrophilen Köpfe eine starke Adhäsion zu Wasser besteht, wird die Berührungsfläche nicht minimalisiert, sondern maximalisiert, so daß automatisch – durch Selbstorganisation – sehr dünne, flächig ausgedehnte Lipidaggregate entstehen. In diesen flächigen Aggregaten sind die Lipidmoleküle zwar nicht im Sinne kristallgitterartiger Regelmäßigkeit angeordnet – die Schichten sind vielmehr formveränderlich, also flüssig (Abb. 1.1.79) –, aber doch einheitlich ausgerichtet. Die gleichmäßige Orientierung äußert sich z.B. darin, daß diese Schichten trotz ihres fluiden Charakters doppelbrechend sind. Man spricht in solchen Fällen von **Flüssigkristallen** oder **Mesophasen**. Flächige Mesophasen, wie sie in Biomembranen vorliegen, gehören dem smektischen Typ an (griech. *smégma*, Seife; Seifen bilden mit ihren amphipolaren Molekülen durch Selbstorganisation ebenfalls flächige Aggregate – Seifenblasen veranschaulichen es. Eine alternative Form von Flüssigkristallen stellen fädige = nematische Mesophasen dar, vgl. dazu S. 117).

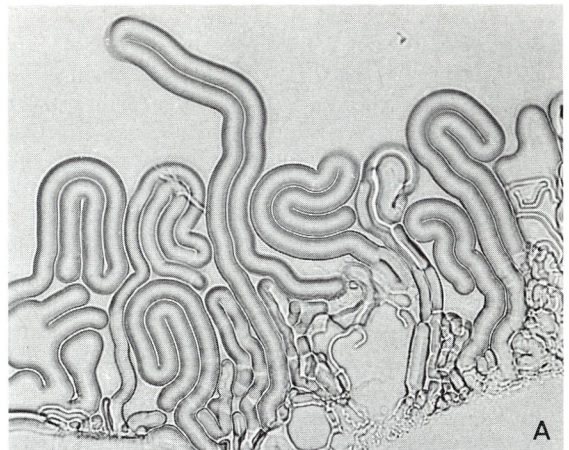

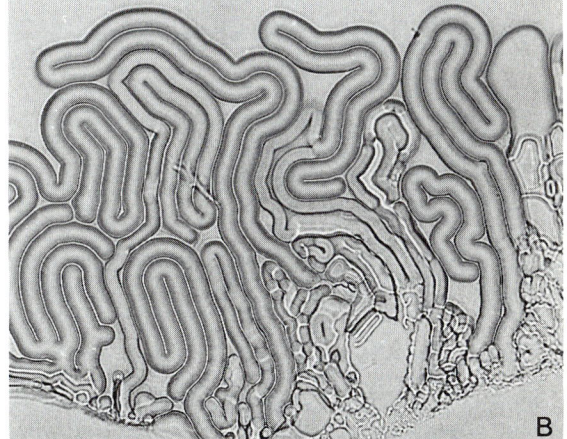

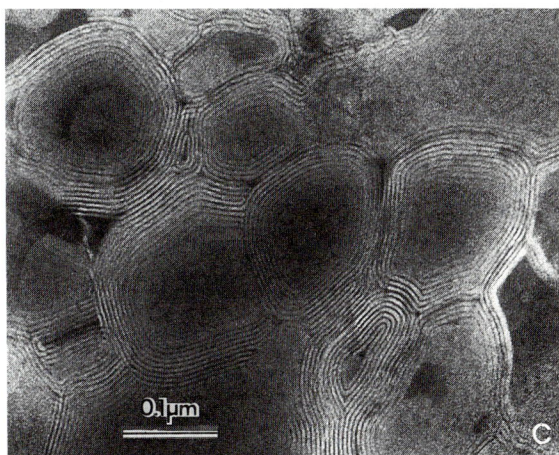

Abb. 1.1.78: Lipidmono- und -bilayer. Die Berührungsfläche mit dem wäßrigen Medium wird von den hydrophilen Köpfen gebildet, die unpolaren Fettsäurereste (farbig) sind vorzugsweise senkrecht zu dieser Fläche ausgerichtet. (Original)

Abb. 1.1.79: Flüssigkristalle («Myelinfiguren») von Lecithin in Wasser. Die schlauchförmigen Mesophasen wachsen und verändern dabei ständig ihre Gestalt (Zeitabstand zw. Aufnahmen **A** und **B**: 25 s). Ihre zähflüssigen Wandungen bestehen aus vielen ineinandergeschichteten bimolekularen Lipidfilmen (**C**: EM Bild, Negativkontrast) und sind wegen der Parallelität der Lipidmoleküle doppelbrechend. (A, B 400 : 1. LM u. EM Bilder: H. Falk)

d) Das Fluidmosaik-Modell der Biomembran

Bimolekulare Filme von Strukturlipiden, z.B. Lecithin (= Phosphatidylcholin, Abb. 1.1.77C), zeigen viele Eigenschaften von Biomembranen: Sie sind formveränderlich-flüssig, trotzdem doppelbrechend, etwa 5 nm dick, durchlässig für Wasser und unpolare Teilchen, undurchlässig für polare Teilchen über 70 Da, und sie besitzen eine starke Tendenz, Risse oder Löcher sofort wieder durch seitliches Zusammenfließen zu schließen – eine Konsequenz des hydrophoben Effektes. Solche Modellmembranen, die künstlich leicht hergestellt werden können (Abb. 1.1.79), unterscheiden sich aber in anderen, wichtigen Belangen von Biomembranen. An ihnen finden z.B. keine spezifischen Transportvorgänge statt, ihre beiden Oberflächen sind identisch, die Doppelschicht insgesamt symmetrisch. Ihre Ionenpermeabilität ist geringer als die von Biomembranen, ihr elektrischer Widerstand entsprechend höher. Diese Unterschiede erklären sich aus dem Fehlen von Membranproteinen in den künstlichen Lipid-Doppelschichten.

Es gibt zwei Sorten von **Membranproteinen**. Periphere = extrinse Membranproteine sitzen der Lipidbilayer nur oberflächlich auf und werden durch elektrostatische Wechselwirkungen mit den polaren Teilen der Membranlipide festgehalten; mit den unpolaren Kohlenwasserstoffketten der Lipide kommen sie nicht in Berührung. Daher können sie von Biomembranen leicht abgelöst werden, z.B. einfach durch Erhöhung der Salz-(Ionen)-Konzentration. Integrale = intrinse Membranproteine reichen dagegen durch das polare Innere der Lipiddoppelschicht von Biomembranen hindurch, sie sind Transmembranproteine = Tunnelproteine. Sie können aus Membranen nur unter Zerstörung der Lipidbilayer isoliert werden, z.B. durch Detergenzien. Solche Proteinmoleküle sind durch hydrophobe Oberflächenbereiche ausgezeichnet. Oft handelt es sich dabei um α-Helix-Bereiche aus 20–25 Aminosäuren mit unpolaren Seitenketten wie Leucin und Isoleucin, Valin oder Alanin (vgl. S. 31). Es gibt integrale Membranproteine mit mehreren Membrandurchgängen und entsprechend vielen hydrophoben α-Helix-Domänen, beim Bakteriorhodopsin (S. 271) sind es z.B. 7. Die integralen Membranproteine sind durch hydrophobe Effekte in der Lipidbilayer der Membran verankert, es kommt zu unmittelbaren Wechselwirkungen des Proteins mit den unpolaren Schwänzen der Lipidmoleküle. Jene Domänen der Transmembranproteine, die beidseits aus der Membran herausragen, weisen hydrophile Oberflächen auf.

Nun ist allerdings die Lipiddoppelschicht ihrerseits nicht starr, sondern zähflüssig, etwa wie Heizöl. Dieser fluide Zustand ist lebenswichtig; bei Temperaturschwankungen wird er durch entsprechende Veränderungen des Lipidmusters von Membranen stets aufrechterhalten.

Verflüssigend wirken vermehrte Einlagerung von Sterol-Lipiden und Erhöhung der Zahl der Doppelbindungen in den Kohlenwasserstoffketten der Lipid-Fettsäuren. Bei Organismen, die in kühler oder kalter Umwelt leben, werden vermehrt ungesättigte, d.h. mit C/C-Doppelbindungen ausgestattete Fettsäuren in Membranlipide eingebaut. So werden statt der gesättigten, Doppelbindungs-freien Stearinsäure die einfach ungesättigte Ölsäure mit 1 Doppelbindung, die zweifach ungesättigte Linolsäure, schließlich Linolensäure mit 3 und Arachidonsäure mit 4 Doppelbindungen im 18 C-Atome umfas-

senden Fettsäurerest zur Lipidsynthese herangezogen. Das wertvollste Leinöl (mit vielen Doppelbindungen) stammt aus kalten Anbaugebieten.

Der fluide (genauer: flüssig-kristalline) Zustand der Lipiddoppelschicht in Biomembranen äußert sich darin, daß nicht nur die einzelnen Lipidmoleküle der Bilayer durch thermische Bewegung ständig ihre Positionen wechseln, sondern daß sich auch die integralen Membranproteine in der Membranfläche drehen und seitlich verschieben können (laterale Diffusion). Nur in Protein-dominierten Membranen liegen integrale Membranproteine mitunter so dicht, daß sie sich gegenseitig berühren und binden und so einen zwei-dimensionalen Proteinkristall bilden. Eine typische Biomembran stellt aber ein fluides, sich ständig veränderndes Mosaik von Transmembranprotein-Molekülen dar, die mit ihren hydrophoben Domänen in eine fluide Bilayer aus Strukturlipiden integriert sind (Abb. 1.1.80). Dabei ist durch den hydrophoben Effekt sichergestellt, daß ein «Umkippen» solcher Moleküle senkrecht zur Membranfläche, ein sog. *Flip-Flop*, unterbleibt. Es kann also weder ein Lipidmolekül, das sich in der einen Monolayer einer Membranbilayer befindet, ohne weiteres in die andere Monolayer gelangen, noch können die hydrophilen Domänen eines Membranproteins beidseits der Transmembrandomäne ihre Position vertauschen. Das hat zur Folge, daß Biomembranen asym-

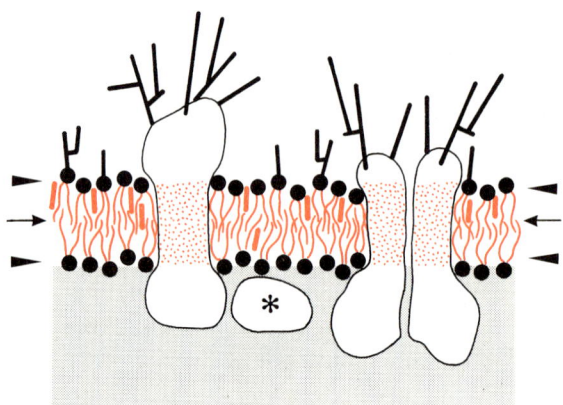

Abb. 1.1.80: Schematischer Querschnitt durch eine Zellmembran nach dem Fluidmosaik-Modell. Die zähflüssige Lipid-Doppelschicht wird von integralen Membranproteinen quer durchsetzt (rechts ein Dimer), deren extraplasmatische Domänen unverzweigte und/oder verzweigte Heterosaccharidketten tragen. Auch die Heterosaccharidketten von Glykolipiden stehen von der extraplasmatischen Seite (ES) der Membran nach außen weg. An der plasmatischen Seite (PS) sind weder Lipide noch Proteine glykosyliert. In den unpolaren Bereich der Lipidbilayer (farbig) sind Sterollipide eingelagert; die Transmembran-Domänen der integralen Membranproteine sind an ihrer Außenseite hier ebenfalls hydrophob. * peripheres Membranprotein. Pfeile: Spaltfläche bei Gefrierbruch. Pfeilköpfe: bevorzugte Einlagerung kontrastgebender Osmium-Atome, wodurch der trilaminare Aspekt quergeschnittener Biomembranen im EM entsteht. Alle beteiligten Moleküle sind in thermischer Bewegung, ständig ereignen sich Platzwechselreaktionen in der Membranebene und Rotationen um Achsen senkrecht zur Membranebene; dagegen ist das Umkippen von Lipid- oder Proteinmolekülen praktisch ausgeschlossen. (Original)

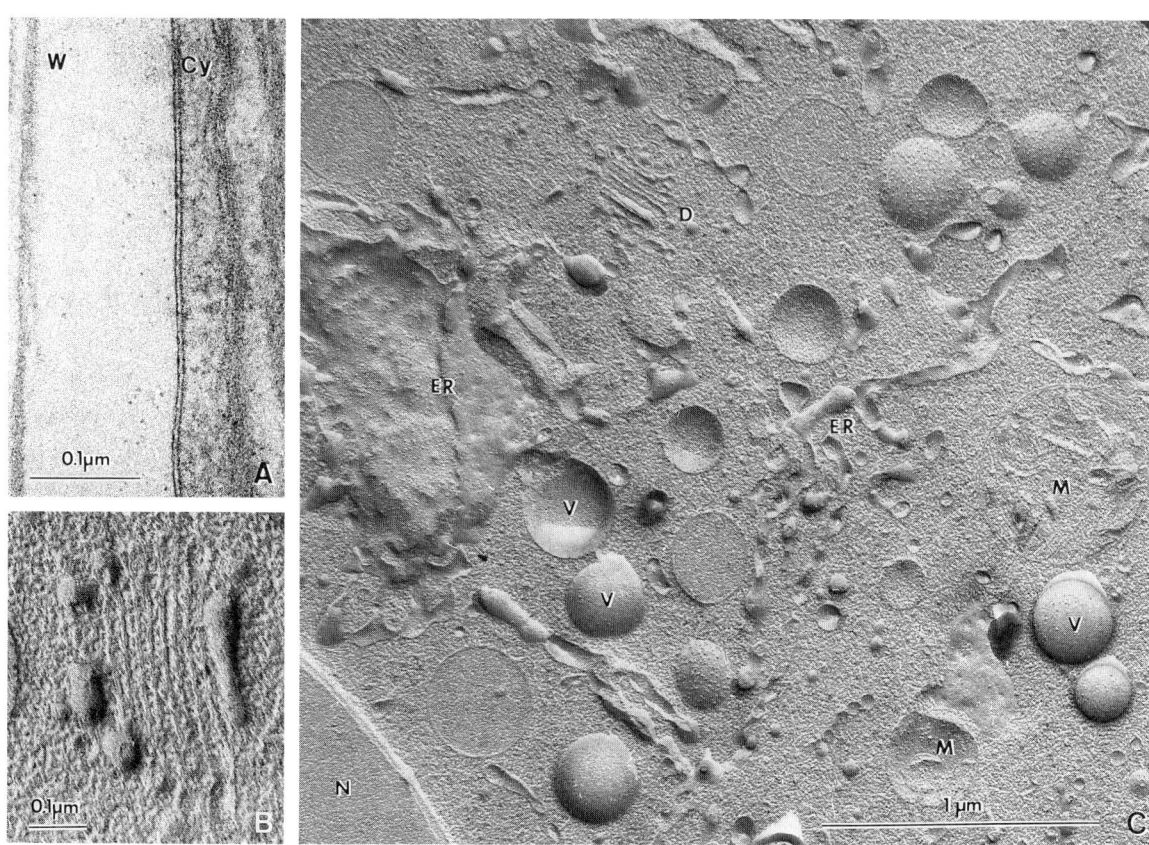

Abb. 1.1.81: Biomembranen im EM. **A**, trilaminare Zellmembran zwischen Zellwand W und Cytoplasma Cy der Alge *Botrydium granulatum* nach Glutaraldehyd-OsO_4-Fixierung. **B**, trilaminarer Aspekt unfixierter Golgi-Membranen eines Dictyosoms nach Gefrierbruch (quer, embryonale Zelle der Zwiebel-Wurzelspitze). **C**, Teilansicht einer Wurzelmeristemzelle der Küchenzwiebel im Gefrierbruch-Präparat: Zahlreiche Membranen im Querbruch sowie in Flächenansicht mit Inner-Membranpartikeln, deren Zahl pro Flächeneinheit ein Charakteristikum der jeweiligen Membransorte ist; N Zellkern, ER endoplasmat. Reticulum, M Mitochondrien, D Dictyosom, V Vacuolen. (A, EM Aufnahme: H. Falk, B, C, Präparate u. EM Aufnahmen: V. Speth)

metrisch sind, ihre beiden Oberflächen haben ungleiche Eigenschaften und – hinsichtlich der Lipide und der entsprechenden Domänen der integralen Membranproteine – unterschiedliche Zusammensetzung.

Im EM erscheinen quergeschnittene Biomembranen als feine Doppellinien (Abb. 1.1.81 A, B), ein Ausdruck ihrer Doppelschichtigkeit. Die integralen Membranproteine treten in Gefrierbruch-Präparaten als sog. Inner-Membran-Partikel deutlich hervor (Abb. 1.1.81 C).

e) Permeabilität und Membrantransport

Primäre Funktion von Biomembranen ist die Abgrenzung von Zellen und Kompartimenten. Weder die Existenz von Zellen noch gar ein regulierter Zellstoffwechsel wären ohne die Barrierenwirkung von Membranen denkbar. Anderseits sind aber Zellen und metabolisch aktive Kompartimente als offene Systeme auf den ständigen Austausch bestimmter Stoffe mit ihrer Umgebung angewiesen. Die Barrierenwirkung von Membranen darf also keine absolute sein, es muß spezifische Erkennungs- und Durchlaßstellen für ausgewählte Stoffe geben (Vergleich: Zollstationen an Wirtschaftsgrenzen). Oft ist dabei sogar die Konzentrierung einer bestimmten Ionen- oder Molekülart in der Zelle bzw. in einem Kompartiment erforderlich; sie wird dadurch erreicht, daß die spezifischen Durchlaßstellen als Pumpen fungieren (Energie-abhängiger aktiver = metabolischer Transport). Die Untersuchung der Permeabilität von Biomembranen hat gezeigt, daß deren Barrierenwirkung auf der Lipid-Doppelschicht beruht, während spezifischer und insbesondere aktiver Membrantransport auf Translokatoren beruht (früher als «Permeasen» oder «Carrier» bezeichnet). Wie ein Enzym «sein» Substrat an sterischen Paßformen zu erkennen vermag, so ein Translokator jeweils «seinen» Permeanden. Aber statt ihn chemisch zu verändern wie das Enzym sein Substrat, verlagern Translokatoren unter Konformationsänderungen den Permeanden aus einem Kompartiment in ein anderes.

Spezifischer und metabolischer Transport werden im Physiologie-Teil dieses Buches behandelt (S. 342 f.). Hier soll noch kurz auf besondere Erscheinungen und Auswirkungen der Diffusionsbehinderung an Membranen eingegangen werden, also auf die durch die Membranlipide bedingte Barrierenfunktion. Wie wichtig sie ist, geht schon daraus hervor, daß sich jede Kompartimentsorte durch eine ganz bestimmte Zusammensetzung, u.a. durch ein definiertes Ionenmilieu und charakteristische pH- und Redox-Bindungen von den übrigen Kompartimenten der Zelle unterscheidet.

Tabelle 1.1.5: Leitenzyme/charakteristische Verbindungen zellulärer Membranen und Kompartimente

Zellmembran	Cellulose-Synthase; Na^+/K^+-Pumpe
Cytoplasma	Nitratreductase; 80S-Ribosomen
Zellkern	Chromatin (lineare nuc-DNA, Histone ..); nucleäre DNA- u. RNA-Polymerasen
Plasma + Kern	Actin, Myosin, Tubulin
Plastiden	Stärke u. Stärkesynthase; circuläre ptDNA; Plastoribosomen (70S); Nitritreductase; in Chloroplasten: Ribulosebisphosphat-Carboxylase (RubisCO), Chlorophylle, Plastochinon, plastidäre ATP-Synthase
Mitochondrien	Fumarase Succinat-Dehydrogenase, Cytochromoxidase; Ubichinon; mitochondriale ATP-Synthase; circuläre mtDNA; Mitoribosomen (70S-Typ)
rER	SRP-Rezeptor; Ribophorine
Dictyosomen	Glykosyltransferasen
Vacuolen/ Lysosomen	saure Phosphatase, α-Mannosidase; versch. Speicher-, Gift- u. Farbstoffe (Proteine, Zucker, Säuren; Alkaloide, Glykoside, Ca-Oxalat; Flavonoide u.a. Chymochrome)
Oleosomen	Triacylglycerole

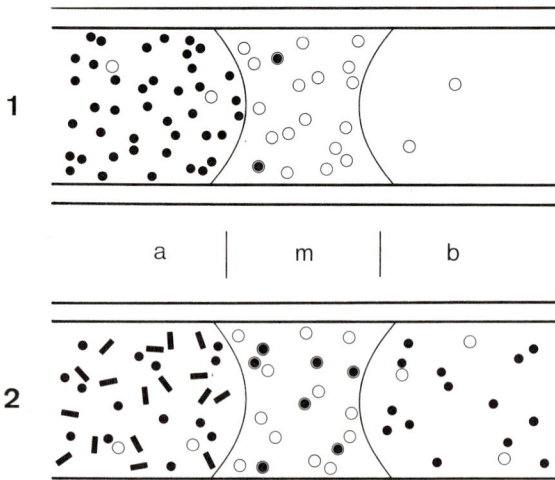

So gibt es für jedes zelluläre Kompartiment (und auch für jede zu einem bestimmten Kompartimenttyp gehörende Begrenzungsmembran) charakteristische Leitenzyme bzw. Leitverbindungen (Tab. 1.1.5). Auf Kompartimentdifferenzierung beruhen die Membranpotentiale, die bei Reizleitung, ATP-Synthese und anderen zellulären Aktivitäten eine wichtige Rolle spielen. Aus den Membranpotentialen – Größenordnung 100 mV – resultieren wegen der geringen Dicke der Zellmembran (ca. 10 nm; eigentliche Diffusionsbarriere, d.i. die Lipiddoppelschicht, nur 4 nm) elektrische Feldstärken um $100 000 V \cdot cm^{-1}$. Das Membranpotential liegt damit an der Grenze der sog. Durchschlagsspannung für Lipiddoppelschichten. Werden die oft sehr hohen Konzentrationsunterschiede an Kompartimentgrenzen durch mechanische oder chemische Punktierung der betreffenden Membranen nivelliert, dann hat das in der Regel den sofortigen Tod der Zelle zur Folge.

«Chemische Punktierung» wird von Verbindungen bewirkt, deren ringförmige Moleküle an ihrer Peripherie unpolar/lipophil sind, in ihrem Zentrum aber eine polare Tasche oder einen entsprechenden Hohlraum besitzen, in den sich ein Ion einpassen kann (Abb. 1.1.82). Solche Verbindungen werden dementsprechend als Ionophoren bezeichnet. Sie sind oft hochspezifisch für eine bestimmte Ionensorte, es gibt K^+-, Na^+- und Ca^{2+}-Ionophoren. Ionophoren lösen sich im unpolaren Inneren der fluiden Lipidbilayer von Membranen und diffundieren dort umher oder bilden durch Aggregation Transmembrankanäle (so z.B. Gramicidin). Eingelagerte Ionen sind ohne Hydrathülle, ihre elektrostatischen Felder werden nach außen durch das verhältnismäßig großen Ionophor abgeschirmt. Natürliche Ionophoren wie Enniatin und Valinomycin, Monactin und Nigericin, Gramicidin und Alamethicin sind Antibiotika, sie töten betroffene Zellen durch Nivellierung von Konzentrationsgradienten und Membranpotentialen ab. Im zellbiologischen Labor werden mehr und mehr auch künstliche Ionophoren eingesetzt. Eine andere Möglichkeit zur chemischen Punktierung von Biomembranen besteht in der Applikation von Verbindungen, die mit Sterollipiden röhrenförmige Aggregate mit Innendurchmessern von

Abb. 1.1.82: Enniatin, ein Kalium-Ionophor. Oben: In das polare Zentrum des Ringmoleküls hat sich ein Kaliumion eingepaßt, dessen Hydrathülle durch 6 Sauerstoffatome des Enniatins ersetzt ist (3 davon sichtbar, *). Die Peripherie des Ionophors wird von C- und H-Atom gebildet, sie ist hydrophob. Unten: Modellversuch zur Spezifität des Ionophors. 1, in einer Kapillare befindet sich ein Öltropfen m als fluide Lipidphase zwischen 2 wäßrigen Phasen a und b; in a Kaliumionen (schwarze Kreise). 2, nach Zusatz von Enniatin (Ringe) können Kaliumionen von a nach b gelangen, nicht aber z.B. Natriumionen (schwarze Rechtecke). (Original)

10 nm bilden, die in Membranen als unspezifische Kanäle fungieren. Zellgifte dieser Art sind Digitonin (aus Fingerhut, *Digitalis*) und das von Bakterien gebildete Antibiotikum Filipin.

Aber auch ohne Ionophoren, und auch abgesehen von spezifischem und aktivem Transport sind Biomembranen keine perfekten Diffusionsbarrieren. Selbst polare Teilchen können passieren, wenn sie nur klein genug sind. Die Membran wirkt wie ein Filter mit einer mittleren Porenweite von 0,3–0,5 nm. Als «Poren» fungieren dabei kurzlebige Störstellen, wie sie sich bei den thermischen Bewegungen der Lipidmoleküle in den fluiden Membranen immer wieder von selbst ergeben.

Viele Gifte, Narkotika u.dgl. haben wesentlich höhere Molekularmassen als 70 Da und permeieren dennoch leicht. Das erklärt sich aus der Lipophilie ihrer Moleküle: Sie können sich wie Ionophoren in der Lipidbilayer lösen und sogar konzentrieren, so daß diese für sie kein Diffusionshindernis darstellt. Das Permeabilitätsverhalten der Lipidbilayer in Biomembranen wird zusammenfassend von der Lipid-Filter-Theorie beschrieben. Sie sagt aus, daß polare Permeanden nach Maßgabe ihrer Größe durch hydrophile Poren der Membran diffundieren können (Siebwirkung), während unpolare Permeanden sich durch Membranen «hindurchzulösen» vermögen. Abgesehen von den Parametern Teilchengröße und Lipophilie ist jedoch diese passive Permeation unspezifisch, Erkennungsstrukturen für bestimmte Permeanden sind nicht vorhanden.

Abb. 1.1.83 veranschaulicht ein lehrreiches Experiment zur Lipid-Filter-Theorie, die Ionenfalle. Eine lebende Zelle wird in ein Medium mit sehr niedriger Protonenkonzentration (pH > 7) eingelegt, in dem der Farbstoff Neutralrot in starker Verdünnung gelöst ist. Die Moleküle von Neutralrot (252 Da) sind lipophil und können daher trotz ihrer Größe durch Zellmembran und Tonoplast bis in die Zentralvacuole diffundieren. Im sauren Zellsaft (pH ca. 5,5) beladen sich die Neutralrotmoleküle mit Protonen und werden zu Farbkationen, die – als nunmehr polare Teilchen – nicht mehr durch den Tonoplasten zu permeieren vermögen und in der Vacuole wie in einer Falle eingeschlossen bleiben. Nun diffundieren aber weiterhin Neutralrotmoleküle ein und werden überwiegend zu Farbkationen, bis schließlich die Farbmolekül-Konzentration außerhalb und innerhalb der Vacuole gleich ist; dann ist aber wegen der innen angehäuften Farbkationen die Gesamtkonzentration an Neutralrot in der Vacuole bis über 1000 × höher als außen. Die Energie für diesen auffälligen Konzentrierungseffekt stammt aus der pH-Differenz zwischen Zellsaft und Außenmedium.

7. Kompartimentierung und Gliederung der Zelle

Mit der Zellmembran grenzt sich das Cytoplasma vom Außenmedium ab, mit dem Tonoplasten vom Zellsaft. Diese Membranen markieren also jeweils die Grenze zwischen einem plasmatischen Kompartiment und einem nichtplasmatischen Raum. Dieselbe Aussage läßt sich nun aber grundsätzlich für *alle* zellulären Membranen machen (E. Schnepf, 1964): Jede Biomembran trennt Plasma von Nichtplasma (**Kompartimentierungsregel**, Theorem von Schnepf). Die Binnenräume von ER- und Golgi-Cisternen, von Vacuolen und Vesikeln, von Peroxisomen und Thylakoiden, sowie die Räume zwischen den beiden Hüllmembranen von Plastiden und Mitochondrien sind nichtplasmatische Kompartimente.

Plasmatische Kompartimente sind Cyto- und Karyoplasma, sowie die Matrixräume der Plastiden und Mitochondrien. Sie können u.a. charakterisiert werden durch ihren Gehalt an Nucleinsäuren und Ribosomen, durch Vorkommen und Umsatz energiereicher Verbindungen (ATP, ADP) und eine schwach alkalische Reaktion; plasmatische Kompartimente sind i.allg. auch reduzierend, hinsichtlich der Membranpotentiale auf der negativen Seite der begrenzenden Membran; die in plasmatischen «Phasen» gespeicherten Polysaccharide auf Glucosebasis (Glucane) sind α-Glucane und damit typische Speicher-Polysaccharide (Stärke, Glykogen, Paramylon, vgl. S. 95). Im Gegensatz dazu enthalten nichtplasmatische Binnenräume der Zelle keine aktiven Nucleinsäuren oder Ribosomen (oft allerdings Proteine), ihre pH-Werte liegen normalerweise unter 7, bezüglich der Membranpotentiale befinden sie sich auf der Plus-Seite, ihr Milieu ist oxidierend; und wenn sie Glucane enthalten, handelt es sich nicht um Speicher-, sondern um Strukturpolysaccharide (β-Glucane: Cellulose, Callose u.dgl.). Bei Membranglykoproteinen befinden sich glykosylierte Domänen stets auf der nichtplasmatischen Seite einer Membran.

Die Kompartimentierungsregel hat u.a. folgende Konsequenzen:

– Zwischen gleichnamigen Kompartimenten (plasmatisch/plasmatisch, oder nichtplasmatisch/nichtplasmatisch) befindet sich eine gerade Zahl von Membranen (Beispiel: 2 Membranen zwischen Cytoplasma und Mitoplasma; 4 Membranen zwischen Mitoplasma und Plastoplasma).

– Dementsprechend wird auch beim (gedanklichen) Durchschreiten einer ganzen Zelle letztlich eine gerade Zahl von Membranen durchquert.

– Die Separierung gleichnamiger Kompartimente kann nicht durch eine einzige Membran erfolgen, sondern nur durch eine Doppelmembran, also durch

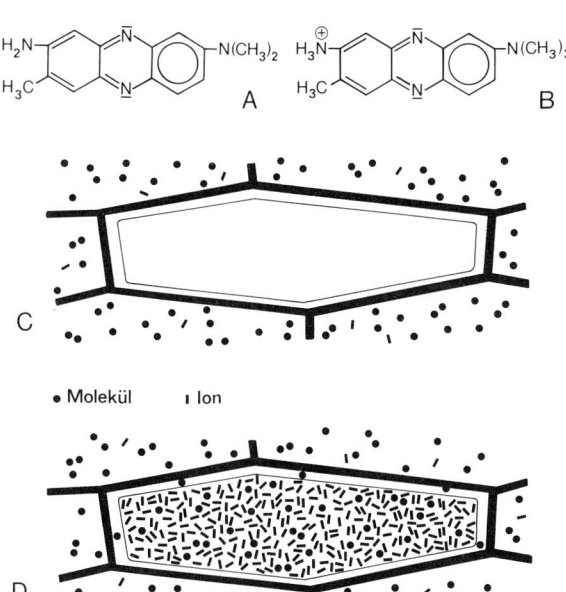

Abb. 1.1.83: Anreicherung von Neutralrot in der Vacuole einer Pflanzenzelle. Neutralrot liegt in alkalischer Lösung als lipophiles Molekül vor (**A**), in saurer durch Anlagerung eines Protons als Farbkation (**B**). **C**, Ausgangssituation: Lebende Zelle in verdünnter Neutralrotlösung, pH 8 (Farbmoleküle als Kreise dargestellt, Farbkationen als Rechtecke). **D**, Endzustand: Farbmoleküle sind in die Vacuole (pH 5) permeiert, die sie als hydrophile Farbionen nicht mehr verlassen können. Gleichgewicht stellt sich erst ein, wenn die Konzentration der Neutralrotmoleküle in der Vacuole gleich jener in der Außenlösung ist. Dann ist aber eine 1000fache Anreicherung des Neutralrots – in Ionenform – in der Vacuole erreicht. (Original)

Zwischenschaltung eines andersartigen Kompartiments (Beispiel: Cytoplasma/Plastoplasma).
- Die allgemeine Asymmetrie von Biomembranen erhält durch die Kompartimentierungsregel eine allgemeine Erklärung: Wenn Membranen grundsätzlich zwischen ungleichnamigen Komponenten ausgespannt sind, ist auch zu erwarten, daß ihre beiden Oberflächen ungleich sind. Darauf stützt sich die heute übliche Bezeichnung der verschiedenen Membranflächen-Aspekte in elektronenmikroskopischen Gefrierbruchpräparaten (Abb. 1.1.84).
- Eine Fusion von Kompartimenten bei Membranflußvorgängen ist nur zwischen gleichnamigen Kompartimenten möglich. (Beispiele für plasmatische Kompartimentfusion: Syncytien-Bildung, Gametenverschmelzung; für nichtplasmatische Kompartimentfusion: Exo- und Endocytose; gelegentliche direkte Verbindungen zwischen ER und Außenmedium oder den Intermembranräumen von Plastiden- und Mitochondrienhüllen.)

Die Kompartimentierungsregel hat praktisch universelle Gültigkeit. Nur in wenigen Sonderfällen wurden Ausnahmen entdeckt, wie die Bildung des Miktoplasmas in reifen Siebröhrengliedern und Siebzellen nach Auflösung des Tonoplasten (S. 150), das Vorliegen nur einer Trennmembran zwischen manchen intrazellulären Symbionten/Parasiten und ihren Wirtszellen, oder schließlich bei «komplexen» Plastiden bestimmter Algen (z.B. *Euglena*) mit 3 statt 2 Hüllmembranen (vgl. S. 127).

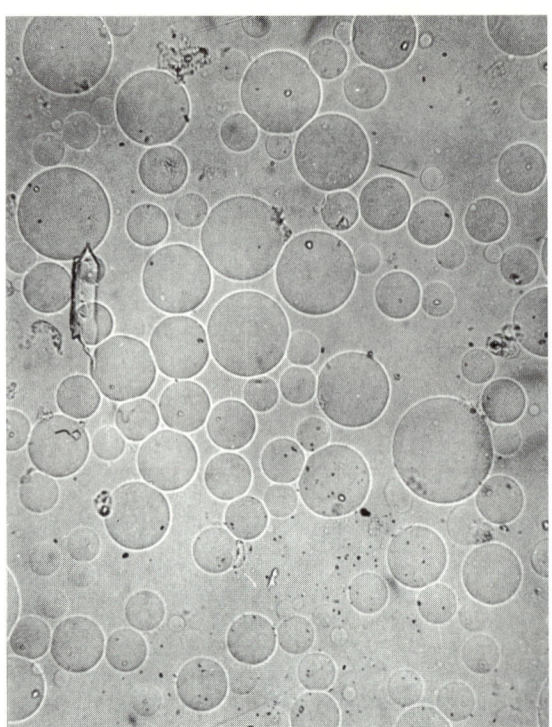

Abb. 1.1.85: Vacuolen, isoliert aus Protoplasten vom Speicherwurzelparenchym der Zuckerrübe *Beta vulgaris* ssp. *altissima*. (500 : 1. Original: J. Willenbrink)

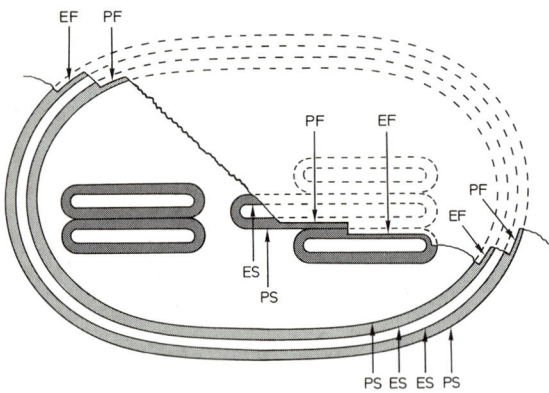

Abb. 1.1.84: Bezeichnung von Membran-Ansichten in Gefrierbruch-Präparaten, Beispiel Chloroplasten-Membranen: 2 Hüllmembranen, Thylakoidmembranen (vgl. Abb. 1.1.123, S. 114). Die Membranen sind hier im Querschnitt gezeigt, in Gefrierbruch-Präparaten sind sehr oft auch Flächenansichten zu sehen. Die Binnenräume der Thylakoide und das Kompartiment zwischen den beiden Hüllmembranen sind nichtplasmatisch. Beim Gefrierbruch werden überwiegend die beiden Lipid-Monolayers der Biomembranen voneinander getrennt, so daß im EM nicht Außen- (Ober-), sondern Innenflächen der Membranen sichtbar werden; diese werden als *Fracture Faces* (F) bezeichnet, und zwar die einer plasmatischen Phase anliegenden als *Plasmatic Faces* PF, die übrigen als EF (E für extraplasmatisch = nichtplasmatisch). Transmembran-Proteine treten als Partikel auf der sonst glatten Bruchfläche hervor (vgl. Abb. 1.1.81C); bezüglich des Partikelmusters sind EF und PF meist deutlich unterschieden – Ausdruck der Membran-Asymmetrie. Die Außenflächen von Membranen werden mit S bezeichnet (engl. *Surface*, Oberfläche), genauer als PS bzw. ES. (Aus H. Kleinig u. P. Sitte, Zellbiologie – ein Lehrbuch; G. Fischer Verl., 2. Aufl. 1986)

Aus der Kompartimentierungsregel ergibt sich eine neue Gliederung des Eucyten. Ursprünglich war aufgrund lichtmikroskopischer Beobachtungen eine begriffliche Zweiteilung des Protoplasten in Cytoplasma und Karyo-(Nucleo-)plasma vorgenommen worden. Plastiden und Mitochondrien wurden dabei als Teile bzw. Einschlüsse des Cytoplasmas aufgefaßt. Nun können allerdings Nucleo- und Cytoplasma miteinander verschmelzen, wie es bei jeder normalen Mitose geschieht, und die Kernhülle ist von Kernporen durchbrochen. Daher erscheint heute die alte begriffliche Zweiteilung des Protoplasten nicht mehr so bedeutsam, man spricht geradezu von einem Nucleocytoplasmatischen Kontinuum. Dagegen fusionieren Mito- und Plastoplasma, die ja auch je eigene genetische Information besitzen, weder untereinander noch mit dem Nucleo-cytoplasmatischen Kontinuum, obwohl solche Verschmelzungen nach der Kompartimentierungsregel möglich erscheinen. Daß es sie dennoch nicht gibt, deutet auf tiefgehende Unterschiede der 3 Plasmasorten in der Zelle hin, die durch die Endosymbionten-Theorie plausibel gemacht werden können (S. 125). Die begriffliche Abgrenzung von Mito- und Plastoplasma vom Cytoplasma trägt diesen Gegebenheiten Rechnung.

8. Die zellulären Membranen

Es wurde schon dargelegt (S. 26), daß Pflanzen- und Pilzzellen – wie alle Eucyten – eine Vielzahl interner Kompartimente, d.h. membranumgrenzte Räume enthalten, die sich in struktureller und funktioneller Hinsicht z.T. massiv voneinander unterscheiden. Schon im vorigen Jahrhundert waren im LM die großen Vacuolen entdeckt und durch Untersuchungen der Osmose näher charakterisiert worden. Heute ist es möglich, sie in intakter Form zu isolieren (Abb. 1.1.85). Etwa zeitgleich mit der elektronenmikroskopischen Durchforschung der Zellstrukturen, die zur Entdeckung des ER mit der Kernhülle als zentralem Element, der Golgi-Dictyosomen und der verschiedenen Vesikel führte, wurde durch Zellfraktionierung die biochemische Charakterisierung der verschiedenen Kompartimente und ihrer Membranen möglich. So konnten viele Struktur/Funktions-Beziehungen aufgedeckt werden. Allerdings sind Pflanzen- und Pilzzellen methodisch weniger gut angehbar als wand- und vacuolen-lose Säugerzellen. Es ist z.B. sehr schwierig, aus Pflanzenzellen saubere Fraktionen der Plasmamembran zu gewinnen, was bei tierischen Zellen meistens problemlos geht. Doch können viele grundlegende Befunde, die an Zoocyten erhalten worden sind, auch auf die analogen subzellulären Systeme in Pflanzenzellen übertragen werden.

Ein wichtiger allgemeiner Gesichtspunkt ist der, daß die verschiedenen Membransysteme der Zelle nicht in ständigem, unmittelbaren Zusammenhang miteinander stehen, sondern durch plasmatische Phasen getrennt voneinander vorliegen und bei Bedarf nur über Vesikelströme, d.h. indirekt durch Membranfluß miteinander kommunizieren. Bei der Fluidität der Biomembranen und der dadurch gegebenen Möglichkeit, selbst große Komplexe von Membranproteinen in der Membranebene zu verschieben, schafft die räumliche Separierung der einzelnen Kompartimente und ihrer Membranhüllen überhaupt erst die Voraussetzung zu funktioneller Diversifikation. Hinzu kommt, daß Vesikelströme durch das dynamische Cytoskelett in bestimmte Richtungen gelenkt werden können (und tatsächlich in der lebenden Zelle stets einem Einbahnverkehr folgen), während permanent geöffnete Kanäle zwischen Kompartimenten eine Diffusion in beiden Richtungen zur Folge hätte (Ventilwirkung bei Membranfluß).

Die meisten intrazellulären Membranen und die Zellmembran stehen – wenn auch indirekt – über Membranflußvorgänge miteinander in Verbindung, sie gehören letztlich zum selben Membransystem. Nicht zu diesem System gehören bezeichnenderweise die inneren Mitochondrienmembranen, sowie die inneren Hüllmembranen und Thylakoide der Plastiden. Die Pflanzenzelle enthält also nicht nur 3 permanent separierte Plasmen, sondern auch 3 nicht durch Membranfluß verbundene Membransysteme, die dementsprechend auch charakteristische Unterschiede der Lipidzusammensetzung und Proteinausstattung aufweisen. In diesem Kapitel werden nur die Membransysteme des Nucleo-cytoplasmatischen Kontinuums behandelt, Mitochondrien- und Plastiden-spezifische Membranen werden später besprochen (S. 110, S. 112).

a) Das Endoplasmatische Reticulum (ER)

Dieses oft die ganze Zelle durchziehende Membransystem erhielt seinen Namen nach ersten elektronenmikroskopischen Beobachtungen an Totalpräparaten gespreiteter Fibroblasten (K.R. Porter, 1946). Es erschien in diesen Zellen als Netzwerk (lat. *reticulum*, Netz), das beim untersuchten Zelltyp vor allem in Kern-Nähe gut entwickelt war, aber nicht im cortikalen (Ekto-)Plasma. Später wurde gezeigt, daß es sich um ein System flacher Doppelmembranen («Cisternen», Abb. 1.1.86 A) mit z.T. massivem Ribosomenbesatz handelte, und daß die schon vorher aus Leberzellen isolierte «Mikrosomen-Fraktion» beim Homogenisieren der Zellen aus dem ER entsteht. Schon zu Ende des vorigen Jahrhunderts hatte übrigens Charles Garnier in Protein-sezernierenden Drüsenzellen von Säugern Plasmabezirke beobachtet, die sich mit basischen Farbstoffen kräftig färbten («basophiles» Plasma). Wegen des offensichtlichen Zusammenhanges von Basophilie und der Synthese von Sekretprotein gab Garnier diesen Plasmabereichen den Namen Ergastoplasma (griech. *ergastér*, Arbeiter). Im EM erweist sich das Ergastoplasma als Massierung von parallelisierten Cisternen des Ribosomen-besetzten, rauhen ER. Die Basophilie beruht auf der hohen Konzentration an rRNA. In günstigen Fällen können ER-Cisternen auch im LM (und damit in lebenden Zellen) beobachtet werden, wo sie sich durch rasche Formveränderungen auszeich-

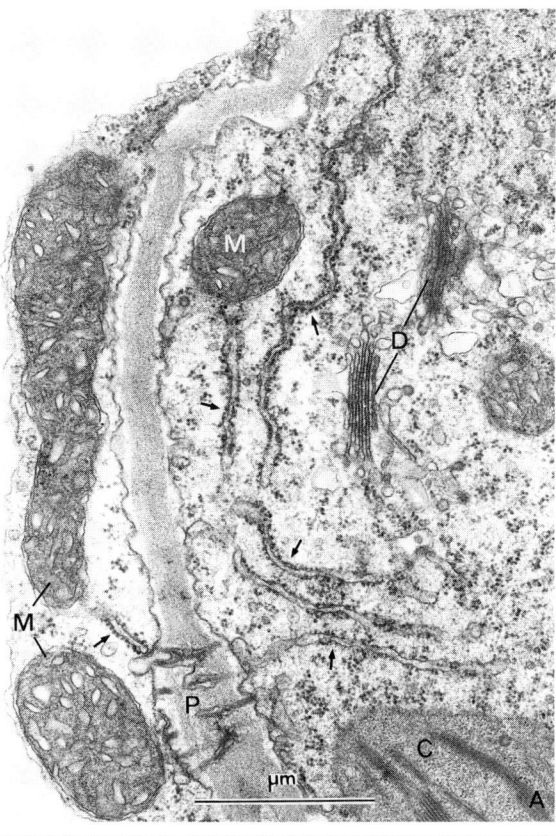

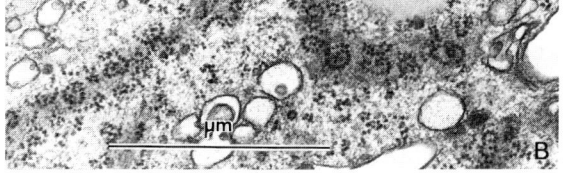

Abb. 1.1.86: Ribosomenbesetztes («rauhes») Endoplasmatisches Reticulum, rER. **A**, Cisternen quer (Pfeile), neben Mitochondrien M, Dictyosomen D und Chloroplast C; P Plasmodesmen in einem primären Tüpfelfeld der Zellwand; Blattzelle der Garten-Bohne. **B**, flachgeschnittene rER-Cisternen mit spiraligen Polysomen, in Pollenschlauch des Tabaks *Nicotiana tabacum* (A, EM Aufnahme: H. Falk, B, EM Aufnahme: U. Kristen)

nen (Abb. 1.1.87). Die netzige Form des Kompartiments kann im Fluorescenzmikroskop deutlich gemacht werden (Abb. 1.1.88).

Rauhes und glattes ER. Von den beiden Modifikationen des ER tritt die mit Polysomen besetzte rauhe Form (granuläres ER, rER) in Form ausgedehnter, flacher Cisternen auf (Abb. 1.1.86), die Ribosomen-freie, glatte (agranuläres ER, sER, s von engl. *smooth*, glatt) dagegen häufig als Maschenwerk verzweigter Membranröhren (Abb. 1.1.89).

Nur das **rER** ist in der Lage, Polypeptide zu bilden. Bei den am rER synthetisierten Proteinen handelt es sich entweder um integrale Membranproteine oder um solche Proteine, die in nichtplasmatische Kompartimente verschoben oder überhaupt nach außen abgegeben werden (Sekretproteine = Exportproteine, z.B. Zellwandproteine, oder Wand-zerstörende Exoenzyme parasitischer Pilze. Die Proteine des Cytoplasmas und des Kernraumes werden nicht am rER, sondern an freien Polysomen des Grundplasmas synthetisiert). Die Membranen des rER sind die einzigen, die über Rezeptoren für Cytoribosomen verfügen und Polysomen an ihrer plasmatischen Seite (PS) binden können, vgl. Abb. 1.1.74, S. 75.

Die Funktionen des **sER** sind vielfältiger, es ist vor allem an der Lipid-, Flavonoid- und Isoprenoidsynthese beteiligt (S. 361 ff., S. 368 f.). Die Bildung der Fettsäuren erfolgt in Pflanzenzellen – im Gegensatz zu tie-

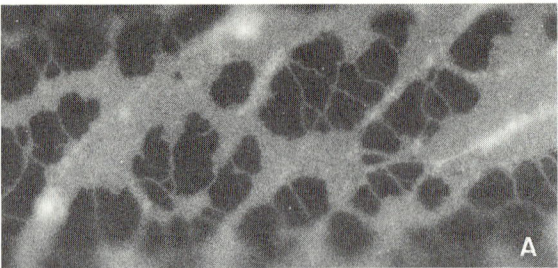
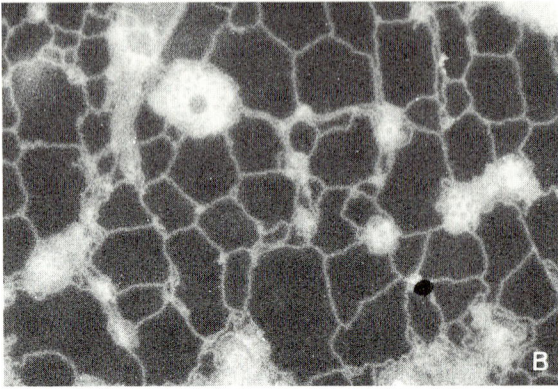

Abb. 1.1.88: ER in Epidermiszellen der Küchenzwiebel nach Fluorescenzfärbung mit DiOC (=3,3' Dihexyloxacarbocyaninioid) im Normalzustand (cisternal: **A**, 750 : 1) und nach Kältebehandlung (tubulär: **B**, 870 : 1). (Fluorescenzmikr. Aufnahmen: H. Quader)

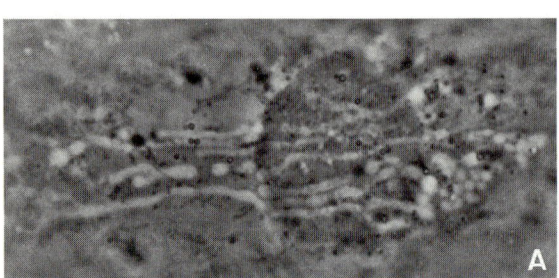
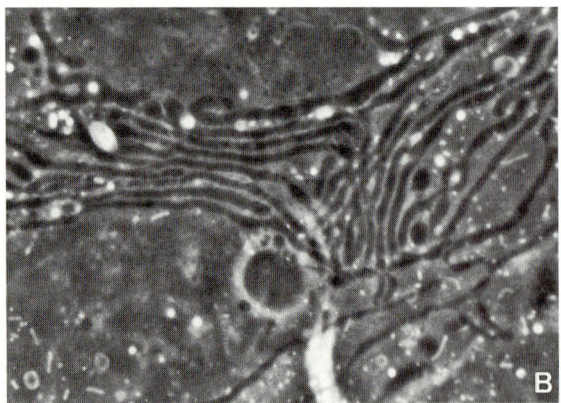

Abb. 1.1.87: Endoplasmatisches Reticulum in lebenden Epidermiszellen der Küchenzwiebel *(Allium cepa)*, **A** im Phasen-, **B** im Anoptralkontrast (Strukturen geringerer Dichte erscheinen hier, im Gegensatz zu normalem «positivem» Phasenkontrast, dunkler als ihre Umgebung). Beachte auch Zellkerne, sowie Mitochondrien, Oleosomen und Leukoplasten. (700 : 1; LM Aufnahmen: W. Url)

rischen Zellen – allerdings vor allem in den Plastiden; die Umformung der zunächst gesättigten Fettsäuren in ungesättigte (mit Kohlenstoff-Doppelbindungen) ist aber auch in der Pflanzenzelle, wie in allen Eucyten, eine Funktion des sER.

b) Dictyosomen des Golgi-Apparates

Wir haben die Dictyosomen als Strukturelemente des (in der typischen Pflanzenzelle dispersen) Golgi-Apparates kennengelernt (S. 26). Damit ist ihre Funktion umschrieben: In Dictyosomen werden S e k r e t e gebildet oder in ihre endgültige Form gebracht, die dann über den exocytotischen Membranfluß aus der Zelle ausgeschleust werden. In den Golgi-Cisternen laufen dabei vor allem Oligo- und Polysaccharidsynthesen ab – bestimmte Glykosyltransferasen (z.B. Galactosyltransferase, überträgt Galactose-Einheiten auf wachsende Glykanketten) zählen zu den besten «Leitenzymen» des Golgi-Apparates. Mit ihrer Hilfe werden einerseits Exportpolysacharide aufgebaut, vor allem die Strukturpolysaccharide der Zellwandmatrix. (Für Reservepolysaccharide, die in plasmatischen Phasen der Zelle gespeichert werden – Stärke, Glykogen o.ä. – existieren eigene cytoplasmatische bzw. plastidäre oder mitochondriale Enzymsysteme, vgl. z.B. S. 276 f.). Andererseits werden integrale Membranproteine, die letztlich an der Plasmamembran lokalisiert sind, an ihren auf der extraplasmatischen Membranseite liegenden Domänen glykosyliert. Alle Exportproteine und viele (alle?) integrale Membranproteine der Plasmamembran sind Glykoproteine.

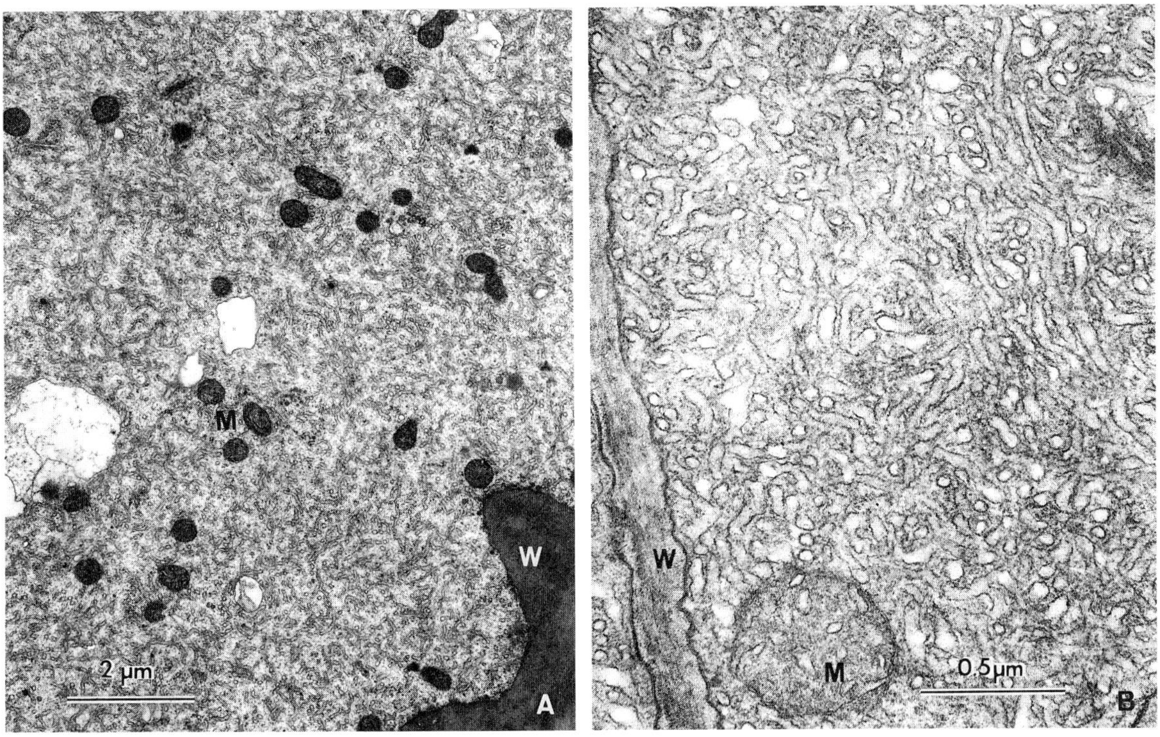

Abb. 1.1.89: Glattes ER. **A**, ausgedehntes sER in Suspensorzelle der Garten-Bohne, *Phaseolus vulgaris*. **B**, sER einer Öldrüsenzelle der Klette, *Arctium lappa*, mit zahlreichen Quer- und Längsschnitten durch die gewundenen und verzweigten ER-Tubuli. M Mitochondrien; W Zellwand. (EM Bilder: E. Schnepf)

Durch die Abgliederung von Sekretvesikeln (Golgi-Vesikeln) verliert das Dictyosom Membranmaterial. Da nun aber in Dictyosomen weder Lipide noch Proteine synthetisiert werden können, muß neues Membranmaterial vom ER über Transitvesikel = Primärvesikel nachgeliefert werden. Das geschieht i. allg. in genau abgestimmtem Ausmaß, so daß das Aussehen des Dictyosoms trotz ständiger Materialzufuhr und fortwährendem Materialabfluß im wesentlichen unverändert bleibt. Das Dictyosom erhält aber durch diese Prozesse eine funktionelle und strukturelle Polarität. Es erweist sich als dynamische Struktur im Fließgleichgewicht: An der dem ER zugewandten proximalen Seite (auch *Cis*- oder Bildungsseite genannt) werden durch Verschmelzung von Transitvesikeln neue Golgi-Cisternen aufgebaut, an der distalen Seite (*Trans*-, Sekretionsseite) gehen Golgimembranen bei der Bildung von Sekretvesikeln wieder verloren. Golgimembranen wandern also mit den von ihnen umschlossenen Prosekreten durch den Cisternenstapel von *Cis* nach *Trans* hindurch, sei es unmittelbar als Cisternen oder sei es auf dem Umweg über Vesikelströme am Rand des Dictyosoms. Dabei nimmt die Höhe der Cisternen ab, die Dicke der Membranen dagegen zu. Membrangebundene Enzymaktivitäten sind proximal andere als distal. Durch die schrittweise Verlängerung von Oligo- bzw. Polysaccharidketten nimmt der Glykan-Anteil des Prosekrets zu, gleichzeitig wird das Cisterneninnere angesäuert.

Die Struktur der Dictyosomen variiert bei verschiedenen Organismen und bei unterschiedlich differenzierten Zellen ein und desselben Vielzellers erheblich (Abb. 1.1.90, 1.1.91). Bei manchen primitiven Pilzen sind überhaupt keine Dictyosomen ausgebildet, die dem Lehrbuchschema entsprächen; an ihrer Stelle finden sich im Cytoplasma Ansammlungen kleiner Membranvesikel oder -tubuli. Und während bei «typischen» Dictyosomen höherer Pflanzen die Zahl der Golgi-Cisternen zwischen 4 und 10 schwankt, kann sie bei Protisten bis über 30 ansteigen. In vielen Fällen sind die Randzonen der Golgi-Cisternen netzartig ausgebildet; und zwischen den Golgi-Cisternen finden sich gelegentlich parallel verlaufende Filamente unbekannter Funktion. Bei sog. hypertrophen Dictyosomen werden auf der distalen Seite nicht einzelne Vesikel abgegliedert, sondern ganze Cisternen blähen sich auf und wandern zur Zelloberfläche (Abb. 1.1.91 D).

Auch die gebildeten Sekrete sind sehr verschieden. Als Extreme treten einerseits «geformte» Sekrete auf, in den Golgi-Cisternen oder -Vesikeln formieren sich durch Selbstorganisationsprozesse charakteristische Strukturen. Bekannte Beispiele sind Zellwandschuppen (S. 605, 608), ferner Extrusomen (Ejectisomen oder Trichocysten) mancher Einzeller – explosionsartig nach außen abschleuderbare, manchmal giftige «Geschosse» zur Feindabwehr oder Beutebetäubung (S. 603 f.), und die Mastigonemen von Flimmergeißeln (S. 554). Andererseits werden oft besonders wasserreiche Polysaccharidschleime abgeschieden. Ein eigenartiger Sonderfall von Golgi-Sekretion ist die aktive Wasserausscheidung. Alle im Süßwasser lebenden Protisten ohne feste Zellwand sind insoweit instabil, als sie ständig osmotisch Wasser aufnehmen, den dadurch sich aufbauenden Binnendruck aber nicht durch den Gegendruck eines Außenskeletts kompensieren können. Solche Organismen verfügen daher über Einrichtungen zur aktiven Sekretion von Wasser, in den meisten Fällen um pulsierende = **kontraktile Vacuolen**. Sie saugen unter Vergrößerung Wasser aus dem umgebenden Plasma mechanisch oder osmotisch an *(Diastole)* und spritzen es peri-

88 · Bau und Feinbau der Zelle

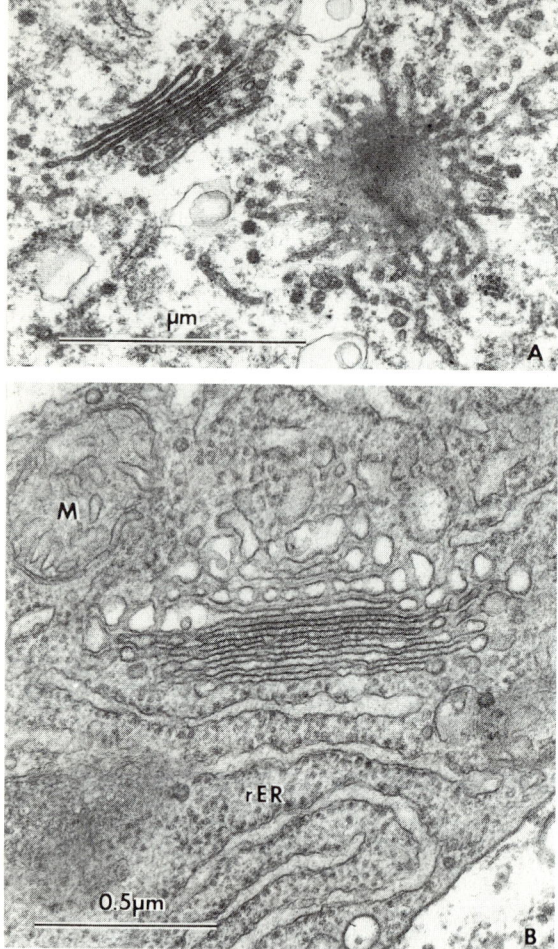

Abb. 1.1.90: Dictyosomen im EM. **A**, je ein Dictyosom quer und flach geschnitten in Ligula-Zelle des Brachsenkrauts *Isoetes lacustris*; netzig-tubuläre Peripherie der Golgi-Cisternen und viele kleine Vesikel. **B**, Dictyosom quer in Drüsenzelle von *Veronica beccabunga*; cis-Seite unten, dem rER zugewandt; auf der trans-Seite zarte Golgi-Filamente zwischen den Cisternen erkennbar; äußere Cisternen der trans-Seite dilatiert und fenestriert («Trans-Golgi-Netzwerk»); M Mitochondrion. (A, EM Aufnahme U. Kristen; B, EM Aufnahme J. Lockhausen u. U. Kristen)

grenzten Kompartimenten, die vor Einführung des EM einfach als «Vesikel» bezeichnet wurden. Hinsichtlich ihrer Funktionen ist diese Population ganz heterogen, es können Speicher-, Transport- und Reaktionsvesikel unterschieden werden – einige Beispiele wurden schon erwähnt. So beruhen exocytotischer und endocytoti-

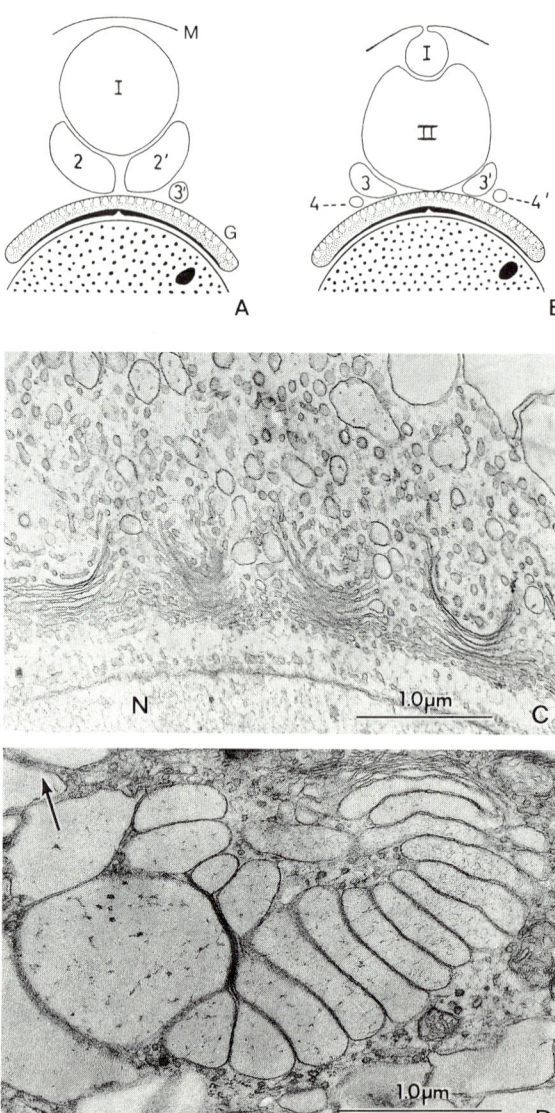

Abb. 1.1.91: Wassersekretion über den Golgi-Apparat. **A–C**, *Vacuolaria virescens*. **A, B**, Schema der Bildung und Exocytose wasserreicher Golgi-Vesikel (Vacuolen) in 2 aufeinanderfolgenden Stadien; der komplexe Golgi-Apparat (G, feinpunktiert, aus ca. 50 Dictyosomen aufgebaut) liegt dem Kern an (grobpunktiert); römische Ziffern bezeichnen die durch Fusion kleinerer Vacuolen (arab. Ziff.) entstandenen großen ‹pulsierenden› Vacuolen; M Zellmembran. In 30 min wird soviel Wasser sezerniert wie dem Volumen der Zelle entspricht. **C**, 4 Dictyosomen des Golgi-Apparates, nach außen (oben) hin immer größer werdende Golgi-Vacuolen. **D**, bei der ebenfalls einzelligen Alge *Glaucocystis geitleri* blähen sich ganze Golgi-Cisternen unter Wasserabsorption auf und entleeren sich rhythmisch in Pfeilrichtung nach außen. (A n. R. Poisson u. A. Hollande, veränd. n. E. Schnepf u. W. Koch; B, C n. E. Schnepf u. W. Koch)

odisch durch einen kurzzeitig geöffneten Kanal unter Kontraktion nach außen *(Systole)*. Bei der einzelligen Alge *Vacuolaria* (S. 606) übernehmen zahllose Dictyosomen, die in dichter Anordnung unmittelbar außerhalb der Kernhülle einen «perinucleären» Golgi-Apparat bilden, diese Funktion: Ständig in großer Zahl gebildete Golgi-Vesikel, die einen extrem wasserreichen Schleim enthalten, verschmelzen in rascher Folge zu immer größeren Sekretvacuolen, die schließlich exocytiert werden (Abb. 1.1.91).

Dictyosomen sind keine dauerhaften Gebilde. Sie können bei Bedarf vom ER aus neu gebildet werden.

c) Cytoplasmatische Vesikel: Microbodies, Peroxisomen, Glyoxysomen

Im Cytoplasma aller aktiven Eucyten findet sich eine Vielzahl von kleinen (ca. 1 μm) sphärischen, nichtplasmatischen, d. h. nur von einer einzigen Membran abge-

scher Membranfluß (S. 26 f.) auf Transportvesikeln – Membranfluß bedeutet ja immer Kompartiment-Transport: Transitvesikel (ER → Dictyosomen), Golgi-Vesikel (Dictyosomen → Zellmembran) und *Coated Vesicles* (Zellmembran → Zellinneres bzw. intrazellulärer Transport) sind typische Transportvesikel, sie spielen die Rolle von Containern. Primäre Lysosomen können als Speichervesikel für saure Hydrolasen angesehen werden, ebenso kleine Aleuronkörner (Protein-speichernde Vacuolen im Nährgewebe von Samen, Abb. 1.1.94).

Als **Microbodies** wurden zu Beginn der EM-Ära summarisch 0,3–1,5 μm große Vesikel mit dichtem Inhalt bezeichnet, die spezielle Stoffwechselleistungen vollbringen und dementsprechend bestimmte Enzyme in hoher Konzentration enthalten (Abb. 1.1.92). Die Funktionen der *Microbodies* sind je nach Zelle (Gewebe) verschieden. Doch stehen oxidative Stoffumwandlungen, meistens im Sinne eines Stoffabbaues, immer im Vordergrund: Sauerstoff wird durch Vermittlung Flavin-haltiger Oxidasen als Akzeptor benutzt für Elektronen aus oxidierten organischen Substraten wie Glykolat oder Acetyl-CoA bzw. $FADH_2$ (S. 281 f.). Bei allen diesen Reaktionen entsteht das Zellgift Wasserstoffperoxid H_2O_2, das durch das Enzym Katalase in Wasser und Sauerstoff gespalten wird. Katalase ist das allgemeine Leitenzym der *Microbodies*, die demnach heute als Peroxisomen zusammengefaßt werden. Aus Pflanzen sind vor allem die Peroxisomen photosynthetisch aktiver Zellen (Blatt-Peroxisomen) als Organelle der sog. Lichtatmung (Photorespiration, S. 281) bekannt geworden, sowie die Peroxisomen ölspeichernder Samen, die als Glyoxysomen bei der Mobilisierung der Fettreserven eine entscheidende Rolle spielen (S. 298 f.). In beiden Fällen sind die Stoffwechselbeziehungen in der lebenden Zelle durch enge Zusammenlagerung der Peroxisomen mit Plastiden und Mitochondrien bzw. Oleosomen auch topologisch evident.

Die Membranen der Peroxisomen stammen letztlich vom ER. Überraschenderweise gelangen aber charakteristische Enzyme dieser Kompartimente nicht durch cotranslationalen Transport in die Peroxisomen, sondern posttranslational, d.h. diese Enzyme werden an freien Polysomen des Cytoplasmas synthetisiert und erst nachträglich unter Abspaltung einer Teilsequenz, des «Transitpeptids», in die *Microbodies* verlagert. Das erinnert an entsprechende Vorgänge bei Mitochondrien und Plastiden (S. 111, 120).

d) Vacuolen

Wir haben die Zellsaft-gefüllten Vacuolen, besonders die große Zentralvacuole der Gewebezellen, als Charakteristikum der Pflanzenzelle kennengelernt. Das Volumen der Gesamtheit aller Vacuolen einer Zelle – ihres Vacuoms – macht schon bei Meristemzellen rd. 20% des Zellvolumens aus und kann schließlich Anteile von über 95% erreichen. Vacuolen sind nicht-plasmatische Kompartimente, ihr Inhalt hat meistens pH-Werte um 5,5, manchmal noch darunter. Gegen das schwach alkalische Cytoplasma sind Vacuolen durch die wenig durchlässige Tonoplasten-Membran abgegrenzt.

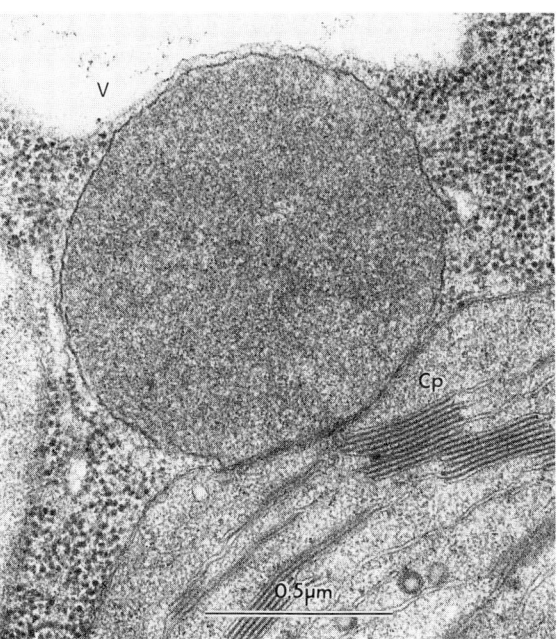

Abb. 1.1.92: Blattperoxisomen beim Spinat, eng angelagert an einen Chloroplasten (Cp, mit Granen). V Vacuole. Im Cytoplasma zahlreiche Ribosomen. (EM Aufnahme: H. Falk)

Unter natürlichen Bedingungen liegt die molare Gesamtkonzentration des Zellsaftes weit über der der Flüssigkeit außerhalb der Zellen. Der Zellsaft ist hypertonisch und saugt daher durch Plasmamembran und Tonoplast hindurch Wasser an (s. S. 322–327). Der dadurch entstehende hydrostatische Druck – der Turgor – spannt die Zellwand und wird vom Wanddruck aufgefangen. Da der Zellsaft als Flüssigkeit nicht komprimierbar ist, beruht auf dem Antagonismus von Turgor und Wanddruck die Festigkeit krautiger, unverholzter Pflanzenteile. (Eine entfernt analoge Situation ist bei Tieren mit Hydroskelett gegeben, doch handelt es sich dort um **zwischen**-zellige Hohlräume, die mit Flüssigkeit prall gefüllt sind.) Wenn – wie das z.B. im Drüsengewebe von Pflanzen vorkommt – die Zellwände Durchbrechungen oder Lockerstellen aufweisen, können mit Hilfe des Turgors Sekrete ausgepreßt werden.

Wird das Außenmedium einer Zelle experimentell hypertonisch gegenüber dem Zellsaft gemacht, dann verliert die Vacuole so lange Wasser, bis die molare Gesamtkonzentration aller nichtpermeablen Komponenten des Zellsaftes gleich der des Außenmediums geworden ist. Durch die Volumensminderung der Vacuole wird dabei zunächst die Zellwand entspannt, schließlich löst sich der Protoplast wenigstens stellenweise von ihr ab (vgl. Abb. 2.1.92, S. 326). Dieser Vorgang heißt Plasmolyse, das Außenmedium Plasmolytikum. Vor über 100 Jahren hat Wilhelm Pfeffer durch Plasmolyse die Semipermeabilität bzw. selektive Permeabilität der Membranen lebender Zellen nachgewiesen, und um die Jahrhundertwende konnte E. Overton mit entsprechenden Beobachtungen erste Vorstellungen über die chemischen und molekularen Eigenschaften von Biomembranen entwickeln (Lipid-Theorie).

Bewegungen von Blättern bzw. den Blättchen von Fiederblättern beruhen i. allg. auf Turgorschwankungen («Variationen») besonderer Motorzellen, wie sie z. B. in den Gewebepolstern *(Pulvini)* der Blatt- und Blättchengelenke vieler Hülsenfrüchtler massiert auftreten. Hier kommt es durch Permeabilitätserhöhung des Tonoplasten zum Austritt osmotisch wirksamer Substanzen aus der Vacuole und damit zu Turgorminderung und Verkleinerung der Zelle (vgl. S. 457).

Vacuolen als Speicherkompartimente. Bei den im Zellsaft gelösten Stoffen, die für die Aufrechterhaltung des Turgors verantwortlich sind (Osmolyte), handelt es sich neben anorganischen Ionen (K^+, Cl^-; Na^+) vor allem um organische Metabolite wie Zucker und organische Säuren (Äpfel-, Citronen- und Oxalsäure, Aminosäuren), deren Konzentrationen über den Stoffwechsel leicht reguliert werden können. Beispielsweise wird unter Streßbedingungen (Wassermangel, Kälte) die Osmolytkonzentration stark erhöht. Nun hat aber das Vacuom neben seiner Funktion als Turgorgenerator noch weitere wichtige Aufgaben, vor allem die vorübergehende oder dauernde Übernahme bestimmter Stoffe aus dem Cytoplasma. Häufig dient das Vacuom als Auffangbecken für temporäre Überschüsse an Metaboliten (z. B. Saccharose-Akkumulation in Vacuolen, besonders ausgeprägt bei Zuckerrohr und Zuckerrübe; nächtliche Anhäufung von Äpfelsäure bzw. Malat bei sog. CAM-Pflanzen, S. 281 f.). Noch auffälliger ist die dauernde Entfernung von Verbindungen aus dem Cytoplasma, wo die Synthese stattfindet, und ihrer Konzentrierung im Vacuom, wo sie «weggeschlossen» bleiben.

Die Heterogenität dieser Stoffe ist enorm. Die meisten entstammen dem sog. Sekundärstoffwechsel der Pflanzen (S. 365 ff.). Ein beträchtlicher Teil dieser als «Pflanzen-» oder «Naturstoffe» zusammengefaßten Verbindungen hat pharmazeutische Bedeutung oder ermöglicht die Verwendung der betreffenden Drogenpflanzen für die Gewinnung von Aroma-, Genuß- oder Suchtmitteln. Viele Naturstoffe liegen in der Vacuole als Glykoside vor, d. h. als Verbindungen mit einem oder mehreren Zuckerresten (S. 95). Sie sind dadurch wasserlöslich und können als vergleichsweise große hydrophile Moleküle die Vacuolen nicht mehr ohne weiteres verlassen.

Die Mehrzahl der Vacuolenstoffe sind Exkrete, die im Zellstoffwechsel keine Rolle spielen und für das Plasma und seine Enzyme schädlich wären, zumindest in den schließlich erreichten Konzentrationen. Manche dieser Stoffe sind tödliche Gifte. Vacuoläre Toxine machen die wichtige Rolle der intrazellulären Kompartimentierung besonders deutlich: Wenn diese Gifte von außen auf Zellen ihrer Erzeugerpflanzen einwirken, töten sie diese ab – die Zellmembran ist durchlässig für sie, der Tonoplast nicht. Die ökologische Bedeutung giftiger/bitterer Zellsäfte ist evident: Sie vermitteln besseren Fraßschutz als Stacheln und Dornen, die betreffenden Pflanzen werden vom Weidevieh gemieden. Schließlich spiegeln diese Verhältnisse auch die besondere Situation der pflanzlichen Gewebezelle wider, die wegen der offenen Organisation der Pflanze ihre Stoffwechselschlacken nicht an ein Kreislaufsystem abgeben kann, sondern selbst entsorgen bzw. lagern muß (lokale = zelluläre Exkretion anstelle einer zentralen).

Unter den Vacuolentoxinen tritt die Gruppe der Alkaloide durch ihre außergewöhnliche Vielfalt hervor. Es handelt sich um stickstoffhaltige Heterocyclen (überwiegend Derivate von Aminosäuren), von denen viele pharmazeutisch wichtig sind: Mutterkorn-Alkaloide aus dem Pilz *Claviceps*, Morphin, Codein u. a. Opiate aus Opium, dem eingetrockneten Milchsaft des Schlaf-Mohns (S. 791); Coniin aus dem Giftschierling; Atropin, Nicotin und Hyoscyamin aus verschiedenen Nachtschattengewächsen; Colchicin aus der Herbstzeitlose usf.

Die phenolischen Gerbstoffe (Tannine) und ihre Oxidationsprodukte, die Phlobaphene, werden wegen ihrer Proteinfällenden Wirkung aus dem Cytoplasma entfernt. Nach Gewebsverletzungen und in abgestorbenen Pflanzenteilen – Borke, Kernholz – behindern sie das Wachstum von Mikroben und Pilzen.

In den Vacuolen vieler Zellen finden sich Kristalle von unlöslichem Calciumoxalat (Abb. 1.1.93). Ihre Bildung dient der Abscheidung von überschüssigem Ca. Die unterschiedlich geformten Kristalle bilden sich innerhalb der Vacuole in vorgeformten Membrankammern, sie sind zuletzt oft sogar von Suberin-haltigen Hautschichten umhüllt.

Die wasserlöslichen Vacuolenfarbstoffe (Chymochrome) schließlich dienen z. T. der Anlockung von Pollen-übertragenden Insekten, z. T. auch als Strahlungsschutzpigmente.

Über Vacuolen als lytische Kompartimente vgl. unten.

Eine auch für die menschliche Ernährung besonders wichtige Form der vacuolären Stoffspeicherung findet sich in vielen Samen, zumal denen der Hülsenfrüchtler, und in Getreidekörnern (vgl. S. 896.) Samen sind wegen ihres geringen Wassergehaltes und ihrer Haltbarkeit für Lagerung und Transport besonders geeignet, sie machen nach Trockenmasse etwa $2/3$ der von der Landwirtschaft weltweit erzeugten pflanzlichen Nahrungsmittel aus.

Bei der Samenreife werden in den Zellen der Aleuronschicht von Getreidekörnern (das Stärke-haltige Endosperm außen umschließend, Abb. 1.1.94 A) bzw. der Keimblätter von Hülsenfrüchtlern (Erbse, Bohne, Linse usw.) Proteinspeichervacuolen gebildet, die als Aleuronkörner bezeichnet werden (griech. *áleuron*, Weizenmehl, Abb. 1.1.94 B, C). Die Speicherproteine werden am rER synthetisiert. Die Aleuronkörner entstehen entweder direkt aus aufgeblähten rER-Cisternen oder über Vermittlung von Dictyosomen durch den Zusammenfluß von Golgi-Vesikeln (Abb. 1.1.95). Die Speicherproteine sind häufig multimere Komplexe mit hohen Teilchenmassen (bei Leguminosen z. B. trimere Viceline mit 150–210 kDa, sowie hexameres Legumin mit über 300 kDa). Bei der Samenkeimung werden die Speicherproteine rasch hydrolysiert und die anfallenden Aminosäuren in den wachsenden Embryo transferiert. Die Aleuronvacuolen erweisen sich dabei als Cytolysosomen, als Kompartimente des intrazellulären Stoffabbaues. (Auch sonst zeigen Zellsafträume Eigenschaften von Lysosomen: Sie enthalten saure Phosphatase und andere lytische Enzyme, u. a. Proteinasen, RNasen, Amylase und Glykosidasen, die pH-Werte von Zellsäften liegen meist unterhalb von 7.)

Transportvorgänge am Tonoplasten. Alle vorhin besprochenen Leistungen des Vacuoms beruhen auf der Barrierefunktion des Tonoplasten. Zugleich läßt sich

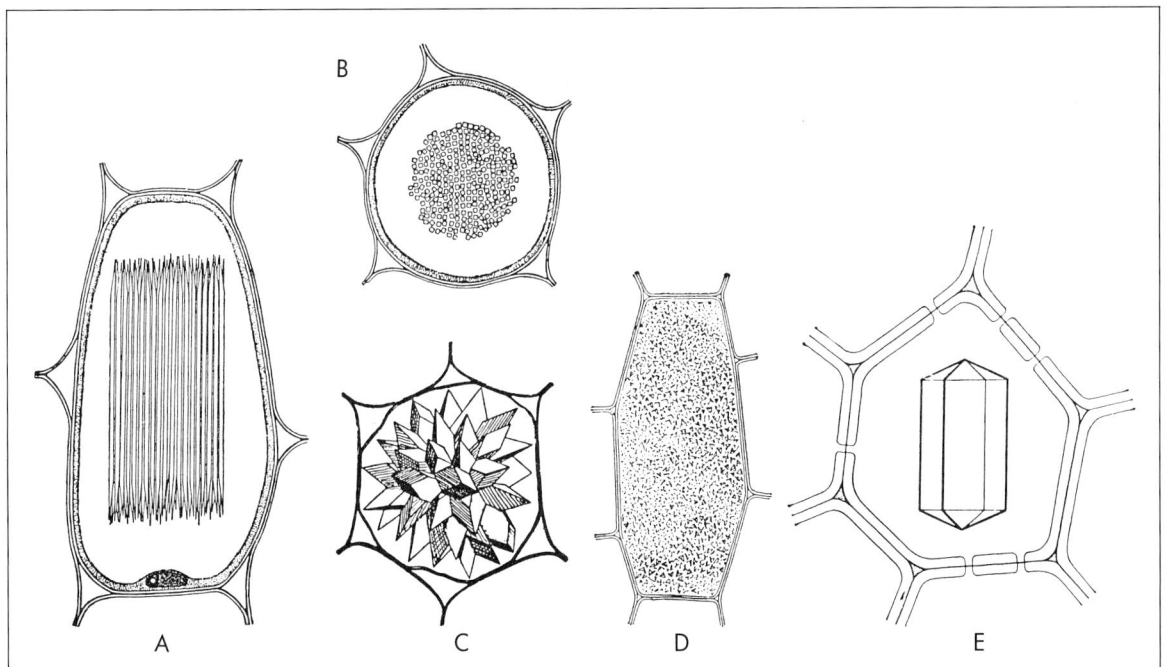

Abb. 1.1.93: Calciumoxalat-Kristalle. **A, B**, Raphiden (Bündel von Kristallnadeln) bei *Impatiens*, längs und quer. **C**, Druse *(Opuntia)*. **D**, Kristallsand *(Solanum)*. **E**, tetragonaler Solitärkristall in einer Blattepidermis-Zelle von *Vanilla*. (A–D, Monohydrat, 230 : 1. E, Dihydrat, 1140 : 1. Originale: D.v. Denffer)

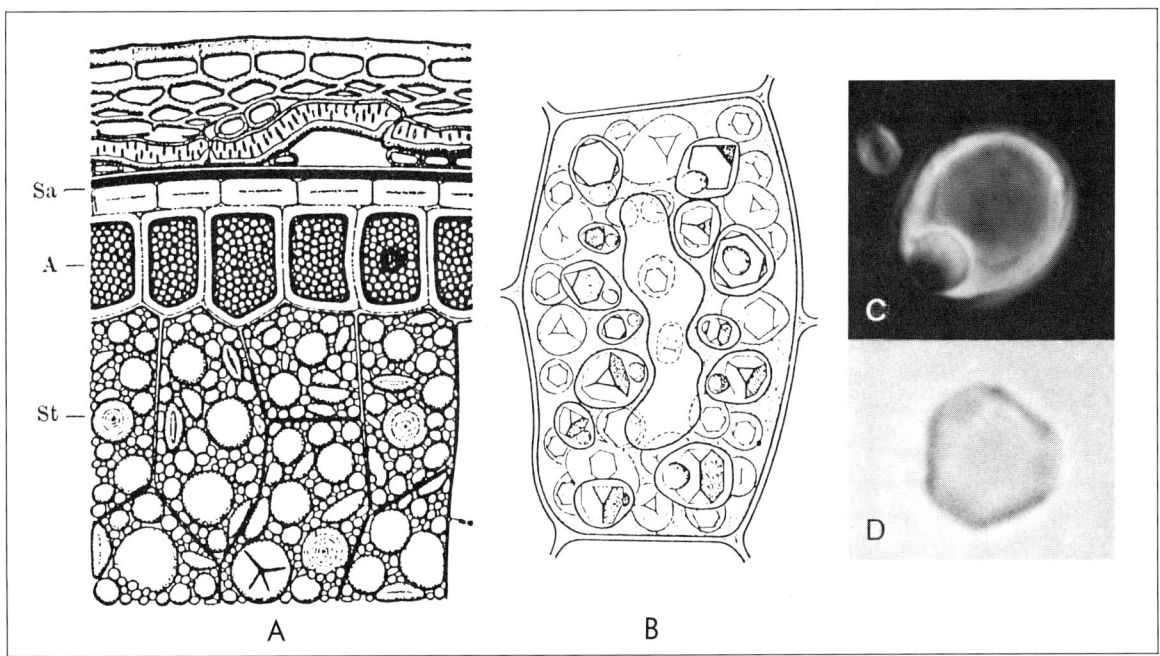

Abb. 1.1.94: Aleuron. **A**, Querschnitt durch Außenschichten eines Roggenkorns. Sa, Samenschale; A, Aleuronschicht; St, Stärkezellen des Endosperms. **B–D**, Endosperm von *Ricinus communis*. **B**, Zelle mit zentraler Ölvacuole (Ricinusöl!) und zahlreichen Aleuronkörnern, jedes mit tetraedrischem Proteinkristalloid und amorphem Globoid. (1300 : 1, Original: D.v. Denffer). **C, D**, isoliertes Aleuronkorn bzw. Kristalloid. (A 260 : 1, n. Gassner; C–D 1180 : 1, Originale)

hier aber auch das gesamte Spektrum von Mechanismen der Stoffverschiebung durch Biomembranen demonstrieren, seit Massenisolierungen von Vacuolen möglich geworden sind.

Vermutlich erfolgt die Akkumulation von Alkaloiden nach dem Ionenfallen-Mechanismus (S. 83). Für viele metabolisch wichtige Verbindungen gibt es spezifische Translokatoren in Tonoplasten. Akkumulation wird durch aktiven Transport er-

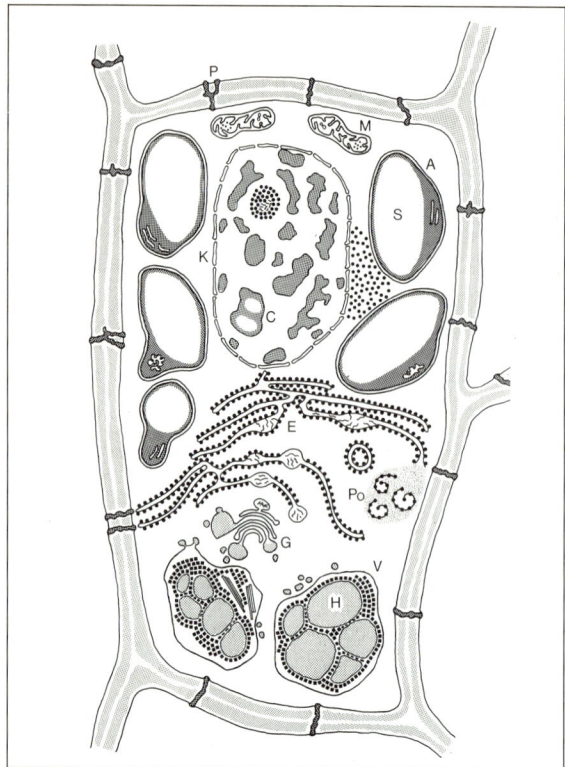

Abb. 1.1.95: Bildung und Lagerung von Speicherproteinen bei der Gerste *(Hordeum vulgare)*. K, Zellkern mit Chromatin C und Nucleolus; P, Plasmodesmos; M, Mitochondrien; A, Amyloplasten mit Stärke S. E, rER mit Polyribosomen Po; G, Dictyosom mit abgegliederten Proteinvesikeln; V, Proteinvacuole mit amorphem Hordein H und granulärem Globulin. (Nach D.v. Wettstein)

reicht, im Falle des Zuckertransports in die Vacuole z.B. durch einen Zucker-Protonen-Austausch, der durch eine Tonoplasten-gebundene, Protonen-pumpende ATPase energetisiert wird. Daneben gibt es «vektorielle Synthesen», bei denen z.B. Saccharose oder Glykoside am Tonoplasten synthetisiert und dabei in den Zellsaftraum abgegeben werden: Die betreffenden Synthasen nehmen ihre Substrate an der plasmaseitigen Oberfläche des Tonoplasten auf und geben das Produkt an der nichtplasmatischen Seite ab.

Entstehung und Dynamik der Zellsafträume. Embryonale Pflanzenzellen besitzen keine Zentralvacuole. Wie diese schließlich zustande kommt, ist nicht restlos geklärt, vermutlich nicht immer gleich. Da auch sehr junge Pflanzenzellen nie ganz ohne kleine Vacuolen sind, kann sich die Zentralvacuole durch Vacuolen-Fusion bilden. In Cambium-Zellen von Holzgewächsen wird während des Winters der umgekehrte Vorgang beobachtet: Die Zentralvacuole teilt sich in zahlreiche kleinere Vacuolen auf, die im nächsten Frühjahr wieder miteinander verschmelzen. – Alternativ wird auch an die Aufblähung von ER- oder Golgi-Cisternen gedacht. Für einige Fälle ist eine grundsätzlich andere Entstehungsweise gut belegt: Ein Organell-freier Plasmabezirk wird von ER-Cisternen umstellt, die untereinander zu einer einzigen hohlkugeligen Cisterne verschmelzen. Nun setzt Autolyse (Selbstverdauung) des Binnenraums ein, aus dem so die Vacuole entsteht, die

Tonoplastenmembran geht dabei aus der außenliegenden Membran der ER-Cisterne hervor. Die Vacuole selbst entspricht in diesem Fall einem Cytolysosom.

e) Die Zellmembran. Zellfusion und Coated Vesicles

Die **Zell-** oder **Plasmamembran** (= Plasmalemma, griech. *lémma*, Haut) ist unter den zellulären Membranen die dickste (10 nm, gegenüber nur 4–6 nm dicken ER- und Golgi-Membranen). Zugleich erweist sie sich nach Isolierung bei Zentrifugation in Dichtegradienten (S. 20) als besonders dicht (1,13–1,18 g · ml^{-1}; ER-Membranen: 1,11 g · ml^{-1}, Golgi-Membranen: 1,12 g · ml^{-1}); dem entspricht ein hoher Glykoprotein-Anteil in der Zellmembran. Auch in anderer Hinsicht weist sie Besonderheiten auf: Sie ist Endstation des exocytotischen Membranflusses und Ausgangspunkt des endocytotischen; an ihr findet die Cellulose-Synthese statt (S. 98f.); sie vor allem sorgt für das besondere Ionenmilieu im Zellinneren, indem sie z.B. Protonen, Ca- und Na-Ionen aus der Zelle unter ATP-Verbrauch hinaus und K-Ionen in die Zelle hinein pumpt. (Die komplex gebaute Na-K-ATPase ist ein Leitenzym der Zellmembran.) Die spezifischen Transportleistungen dieser Membran reichen bis zur Aufnahme bzw. gerichteten Abgabe von Wuchsstoffen. Es überrascht nicht, wenn die Plasmamembran durch Auffaltungen überall dort vergrößert wird, wo intensiver Stofftransport stattfindet (Oberflächenvergrößerung durch «Plasmatubuli»: Abb. 1.1.96; vgl. auch Abb. 1.2.30, S. 154, sowie Übergangszellen, S. 373).

Die Zellmembran ist durch den Turgor an die Wand angedrückt, kann sich aber unter experimentellen Bedingungen von ihr lösen (Plasmolyse, S. 326). Der von der Wand abgelöste Protoplast bleibt mit den Plasmodesmen oft über feine Plasmastränge verbunden, die nach ihrem Entdecker als Hechtsche Fäden bezeichnet werden. Mit bestimmten Wandpartien bleibt allerdings die Zellmembran auch unter Plasmolysebedingungen fest verbunden. Ein solcher «negativer Plasmolyseort» ist z.B. der Caspary sche Streifen der Wurzel-Endodermen (S. 145f.). Der Grund für diese Erscheinung ist unbekannt; vermutlich sind an solchen Stellen Glykanketten integraler Membran-Glykoproteine zugleich in der Zellwand fest verankert.

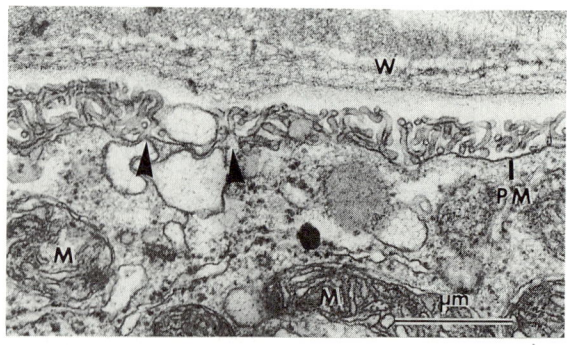

Abb. 1.1.96: Plasmatubuli an Pollenschläuchen von *Nicotiana sylvestris*. PM, Plasmamembran; W, Zellwand, dazwischen Ansammlung von Plasmatubuli: Pfeilköpfe: Ausstülpung der PM erkennbar. M Mitochondrien; die hellen Vesikel sind mit Wandmaterial gefüllte Golgi-Vesikel. (EM Bild: M. K. Kandasamy, R. Kappler u. U. Kristen)

«Nackte», d.h. wandlose Protoplasten lassen sich durch Verdauung der Zellwand mit geeigneten Enzymgemischen (Pectinasen, Cellulasen) leicht herstellen (S. 25). Sie sind bei osmotischer Stabilisierung voll lebensfähig, vermögen sich aber erst dann wieder zu teilen, wenn wenigstens eine dünne Zellwandlage regeneriert wurde, was oft schon nach wenigen Stunden geschehen ist. Protoplasten können miteinander verschmelzen; solche **Zellfusionen** können bei aneinanderliegenden Protoplasten durch Zugabe hochprozentiger Lösungen von Polyethylenglykol oder durch elektrische Spannungsstöße erzwungen werden. Auf diese Weise ist es möglich, Zellhybride («Cybride») künstlich herstellen, die in der Natur niemals zustande kämen (Abb. 1.1.97). Es wird erwartet, daß solche Verfahren in der künftigen Pflanzenzüchtung eine wichtige Rolle spielen werden.

Bei Protozoen und vielen Zellen des Tierkörpers spielt **Endocytose** eine große Rolle (S. 26f.): Nahrungspartikel werden phagocytiert; Makromoleküle, Peptidhormone, Lipoproteinpartikel und sogar Viren werden zunächst durch spezifische Rezeptoren an der Außenseite der Zellmembran festgehalten und zusammen mit den Rezeptoren über *Coated Vesicles* (Acanthosomen, griech. *akanthikós*, stachelig) in Endosomen verlagert, wo sie durch lysosomale Enzyme verdaut werden. Solche Aktivitäten sind auch bei Pflanzenzellen nachweisbar, aber schon wegen der Zellwand nur in viel gerin-

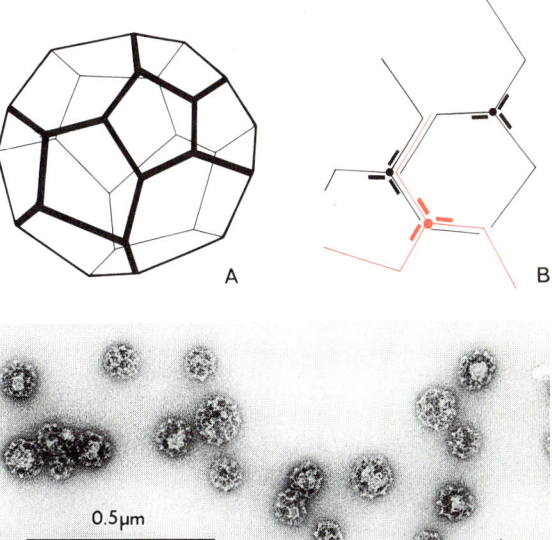

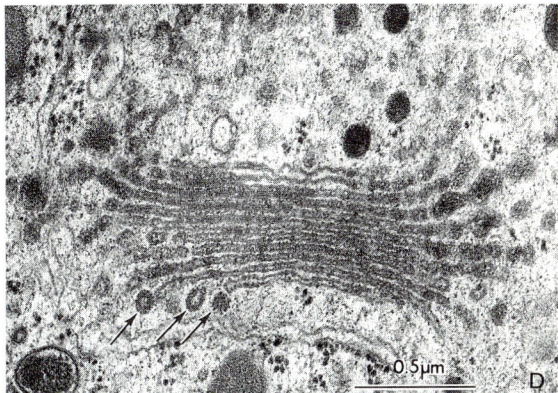

Abb. 1.1.98: Acanthosomen *(Coated Vesicles)* und Clathrin. **A**, Schema eines Acanthosoms. **B**, 3 Triscelions – eines farbig – als Bauelemente der 5- und 6eckigen Gitterstruktur; jedes Triscelion besteht aus 3 schweren Ketten (je 180 kDa, 50% Alphahelix: geknickte Arme) und 3 leichten (je 35 kDa); an jeder Kante des Clathrin-Käfigs laufen 4 schwere Ketten entlang, die leichten Ketten sitzen in den Ecken. **C**, aus dem Hypocotyl von Zucchini (einer Kulturform des Kürbis *Cucurbita pepo*) isolierte *Coated Vesicles* im Negativkontrast. **D**, *Coated Vesicles* (Pfeile) an einem Dictyosom der Zieralge *Micrasterias* (beachte auch den einseitigen Ribosomenbesatz der ER-Cisterne gegenüber der *cis*-Seite des Dictyosoms). (A, B, Originale. C, Präparat und EM Aufnahme: D.G. Robinson. D, EM Aufnahme: O. Kiermayer)

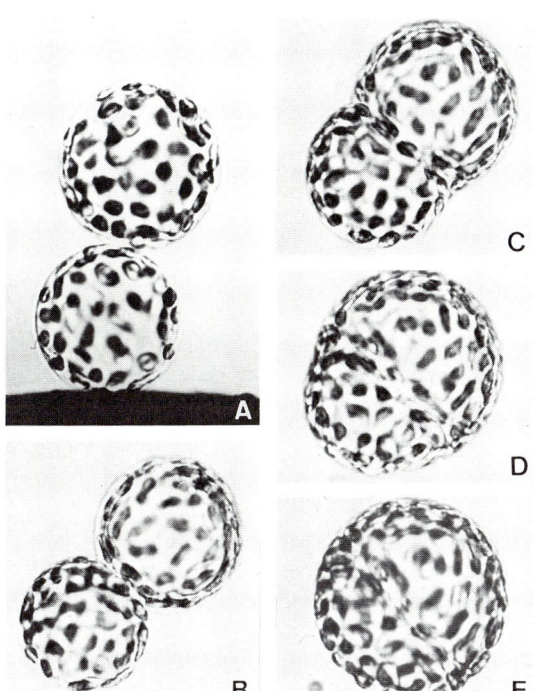

Abb. 1.1.97: Elektrofusion von Protoplasten des Laubmooses *Funaria hygrometrica*. Zwei sich an einer Elektrode berührende Protoplasten (**A**) werden durch einen Spannungsstoß (Feldstärke 1 kV/cm, 70 μs) fusioniert (**B–E**). Aus einer so entstandenen Hybridzelle kann in einigen Wochen ein neues Moospflänzchen heranwachsen. (660 : 1; Präparate u. Mikrofotos von A. Mejía, G. Spangenberg, H.-U. Kopp u. M. Bopp)

gerem Ausmaß. *Coated Vesicles* finden sich dennoch auch in Pflanzenzellen häufig, besonders im Bereich der Zellmembran und wieder an der distalen Seite von Dictyosomen. Man vermutet, daß sie hier vor allem mit dem Recycling von Membranen und (Hormon-) Rezeptoren zu tun haben, der Intracytose dienen oder als Membranreserve bereitstehen.

Coated Vesicles gehören mit Durchmessern um 100 nm zu den kleinsten Kompartimenten der Zelle. Ihr auffälliges, aus Fünf- und Sechsecken gebildetes Membranskelett wird von dem Strukturprotein Clathrin gebildet (griech. *kláthron*, Gitter; Abb. 1.1.98). Die Aminosäuresequenz von Clathrin ist in der

Evolution nur wenig verändert worden. Clathrin-Trimere, sog. Triskelions, können sich durch Self-Assembly zur wabenartigen Käfigstruktur von *Coated Vesicles* vereinigen. Assembly und Disassembly werden durch Begleitproteine gesteuert, die Zerlegung des Membranskeletts z.B. durch eine besondere ATPase. Die Bildung von *Coated Vesicles* für die Endocytose wird eingeleitet durch Anlagerung eines Wabenmusters aus Clathrin an die Innenseite der Plasmamembran; solche Bezirke werden als *Coated Membranes* oder – nach Beginn der Einsenkung in das Cytoplasma – als *Coated pits* bezeichnet (engl. *pit*, Grube). Alle diese Strukturen sind als typische Funktionsstrukturen kurzlebig, sie bilden sich schnell und verschwinden bald wieder. Ihre Dynamik wird z.B. durch den Befund unterstrichen, daß auch in Pflanzenzellen bis über 7% der Zellmembran von Clathrin-Polygonen besetzt sein können.

9. Zellwände

Die Wand der Pflanzen- und Pilzzelle als formgebendes Exoskelett bietet dem Turgor Widerpart und hält die vacuolenhaltigen Zellen in einem mechanisch-osmotischen Gleichgewicht. Die Wand ist ein Abscheidungsprodukt der lebenden Zellen, in chemischer Hinsicht ein Assoziat vieler verschiedener Polysaccharide und Proteine; in struktureller Hinsicht ein Mischkörper aus amorpher Grundsubstanz und darin eingelagertem Fibrillengerüst. Die meisten Wände von Gewebezellen sind punktiert von zahlreichen Plasmodesmen – an der Grenze lichtmikroskopischer Sichtbarkeit liegenden plasmatischen Verbindungen zwischen Nachbarzellen.

Die Zellwand gehört zu den besonders charakteristischen Komponenten der typischen Pflanzen- bzw. Pilzzelle. Es wurde schon gesagt, daß die Teilung dieser Zellen nicht – wie bei Zoocyten – durch Furchung erfolgt, sondern durch die Zell-interne Sekretion einer ersten Wandlage, der Zellplatte; diese bleibt weiterhin als **Mittellamelle** der Zellwand erhalten, die demnach grundsätzlich mindestens dreischichtig ist. Die Mittellamelle enthält kein Fibrillengerüst und kann besonders leicht abgebaut werden. Das Gewebe zerfällt dann in seine einzelnen Zellen (Maceration, von lat. *macerāre*, mürbe machen; bekanntes Beispiel: das ‹Mehligwerden› von Äpfeln). Die Existenz einer die Zelle rings umschließenden Wand macht phagotrophe Ernährung unmöglich. Umgekehrt kann sich aber in einer umwandeten Zelle – einem Dermatoblasten – das Cytoplasma zu einem erheblichen Teil im Solzustand befinden. Tatsächlich ist bei Algen und höheren Pflanzen Plasmaströmung eine häufige Erscheinung (S. 29). Schließlich kommt es wegen des Zellwandgefüges im Pflanzenkörper nicht zu Zellverlagerungen. Zwar können etwa ungegliederte Milchröhren oder Faserzellen zwischen Gewebezellen ein- oder sogar hindurch-wachsen; aber Zellwanderungen wie während der Ontogenese tierischer Vielzeller werden bei Pflanzen nicht beobachtet. Einmal gebildete Pflanzenzellwände werden nur selten wieder aufgelöst. Bei ausdauernden Holzgewächsen bestehen erhebliche Teile des Pflanzenkörpers aus den Zellwänden abgestorbener Gewebe (Holz, Borke).

a) Entwicklung und Differenzierung

Die Entwicklung der Pflanzenzellwand beginnt mit der Bildung der Zellplatte durch seitliches Zusammenfließen von Golgi-Vesikeln im Phragmoplasten (S. 66). Die Zellplatte enthält keine Gerüstfibrillen, sie besteht nur aus Matrix-(Zellwandgrund-)substanz, d.h. vorwiegend aus stark gequollenen Pectinen mit einem geringen Protein-Anteil. Aber unmittelbar nach der Zellteilung beginnt jede der beiden Tochterzellen mit der Abscheidung von Wandlamellen, die nun auch Gerüstfibrillen enthalten. Dadurch entsteht die zunächst plastische **Primärwand**. Sie macht das langsame embryonale und das raschere postembryonale Wachstum der Zelle mit, wobei sie durch den Turgor gedehnt wird. Dennoch handelt es sich um echtes Wachstum, weil die Primärwand durch ständig fortgesetzte Abscheidung weiterer Wandlamellen immer dicker wird und ihre Trockenmasse zunimmt. Aus zellphysiologischen Untersuchungen weiß man, daß während Zellwachstum und Wanddehnung nicht etwa der Turgor, sondern vielmehr die Nachgiebigkeit (Plastizität) der Primärwand zunimmt durch Einlagerung von neuem Wandmaterial, vor allem von Grundsubstanz. Allerdings nimmt auch der Anteil an Gerüstfibrillen zu, bis diese etwa $1/4$ der Trockenmasse der Zellwand ausmachen. Die Gerüstfibrillen – bei vielen Grünalgen und allen eigentlichen Pflanzen von den Moosen bis zu den Angiospermen bestehen sie aus Cellulose – sind flexibel, aber sehr reißfest. Die Zelle schnürt sich also in ein «Korsett» ein, das nicht mehr plastische, sondern allenfalls elastische Eigenschaften besitzt. Da auch der Gehalt an wandverfestigenden Proteinen und Hemicellulosen während des Wachstums zunimmt und die Nachlieferung weiterer Grundsubstanz schließlich aufhört, kann die Wand zuletzt nicht weiter gedehnt werden, die Zelle ist ausgewachsen. Damit ist ein stabiler Endzustand der primären Zellwand erreicht, der in vielen Fällen bis zum Absterben der Zelle erhalten bleibt. Die Primärwand wird in diesem Zustand oft als Saccoderm bezeichnet (griech. *sákkos*, Kleid; *dérma*, Haut).

Bei Vielzellern drückt sich die Zelldifferenzierung auch in nachträglichen, chemischen Veränderungen des Saccoderms oder in der Bildung besonderer, zusätzlicher Wandschichten aus. Man spricht in solchen Fällen von **sekundären Zellwänden**. Sekundäre Wandschichten werden oft erst nach Abschluß des Zellwachstums gebildet und sind dem Saccoderm auf- bzw. angelagert (apponiert). Zusammensetzung und Feinbau entsprechen dabei den Funktionen, denen diese Wandschichten dienen. Bei Landpflanzen tritt einerseits die Verfestigung, andererseits die Abdichtung in den Vordergrund. «Mechanische» Sekundärwände sind für Festigungsgewebe (S. 146), abdichtende für das Abschlußgewebe (S. 137) charakteristisch.

b) Glykane und ihre Bausteine. Glykoside

In den meisten Zellwänden dominieren Glykane (Polysaccharide), aus Zuckerresten aufgebaute Makromoleküle. Daher soll hier eine kurze Übersicht über ihren Molekülbau gegeben werden, der sich allerdings nicht auf die Strukturpolysaccharide der Zellwände (Cellulose, Chitin, Hemicellulosen, Pectinstoffe) beschränkt. Denn wie es neben Strukturlipiden Speicherlipide gibt (S. 78) und neben Strukturproteinen auch solche mit ganz anderen Funktionen (S. 30), so können auch Glykane im Leben der Zelle sehr verschiedene Rollen übernehmen. Beispielsweise sind Stoff- und Energiereserven oft als **Speicherglykane** wie Stärke oder Glykogen im Inneren der Zelle deponiert; sie sind zugleich die bedeutendsten Energieträger bei der menschlichen Ernährung.

Monosaccharide sind Polyhydroxycarbonyle, d.h. sie haben mehrere Hydroxylgruppen und eine Carbonylgruppe im Molekül. Die Carbonylfunktion kann eine Aldehyd- oder Keto-(Oxo-)gruppe sein, und dementsprechend werden Aldosen (z.B. Ribose, Glucose, Galactose) und Ketosen (z.B. Ribulose, Fructose = Fruchtzucker) unterschieden. Je nach Zahl der C-Atome im Molekül spricht man von Triosen, Tetrosen, Pentosen (Ribose, Ribulose), Hexosen (Glucose, Fructose, Galactose) usw. Carbonylgruppen können Hydroxylgruppen addieren; es entstehen Halbacetale:

$$\underset{\text{Aldehyd}}{\overset{H}{\underset{R_1}{C}}=O} + \underset{\text{Alkohol}}{\overset{OH}{\underset{R_2}{|}}} \rightleftharpoons \underset{\text{Halbacetal}}{H-\overset{OH}{\underset{R_1}{\overset{|}{C}}}-O-R_2}$$

Das geschieht regelmäßig bei Pentosen und Hexosen innerhalb des einzelnen Moleküls, wodurch Ringmoleküle entstehen (Abb. 1.1.99).

Monosaccharide können sich mit Alkoholen bzw. Phenolen zu **Glykosiden** verbinden, wobei es zu Wasserabspaltung zwischen dem halbacetalischen Hydroxyl und der OH-Gruppe des Alkohols (Phenols) kommt. So entstandene Glykoside werden als O-Glykoside bezeichnet. Entsprechend bilden sich mit Aminen N-Glykoside.

Die Glykolipide (S. 78) sind O-Glykoside; ihre Moleküle sind wegen der angehängten Galactose-Einheiten amphiphil und damit «membranpflichtig». Viele integrale Membranproteine und von der Zelle nach außen abgegebene Proteine (Sekretproteine, Wandproteine) sind Glykoproteine; bei ihnen kommen sowohl O-glykosidische Bindungen (an den Aminosäuren Serin, Threonin oder Tyrosin) wie auch N-glykosidische vor (Asparagin). – Zahlreiche sekundäre Pflanzenstoffe werden durch Glykosidierung wasserlöslich oder wenigstens amphipolar gemacht; das gilt u.a. für Vacuolenfarbstoffe und zahlreiche pharmazeutisch wichtige Verbindungen, wie z.B. das Saponin Digitonin (aus dem Fingerhut *Digitalis*) und das Herzglykosid Strophantin (= Ouabain), sowie die Blausäure-Glykoside («cyanogene» Glykoside, vgl. S. 779).

Monosaccharide können sich auch mit ihresgleichen unter Ausbildung glykosidischer Bindungen zu größeren Einheiten verknüpfen. Je nach der Zahl n der beteiligten Monosaccharide werden diese als Di-, Tri- usw. -saccharide (n = 2, 3 ...) bezeichnet, allgemein bei n < 30 als Oligosaccharide. Bei mehr als 30 Monomeren beginnt der Bereich der Polysaccharide, der «Polymerisationsgrad» (Monomerenzahl n) kann bei ihnen bis über 10^4 ansteigen, die Molekularmassen entsprechend bis über 2 MDa. Polysaccharide, die aus nur einer Sorte von Monomeren bestehen, werden als **Homoglykane** bezeichnet, alle anderen als **Heteroglykane**.

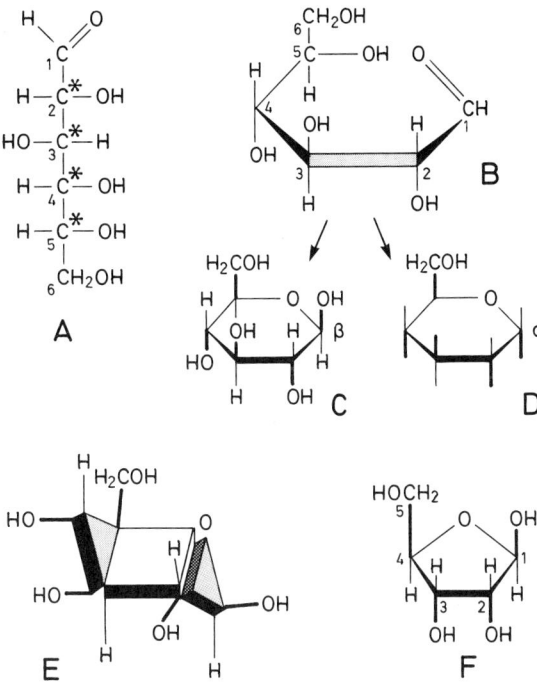

Abb. 1.1.99: Strukturformeln von Monosacchariden: **A–E**, Beispiel D-Glucose (Glc). **A**, Projektionsformel der Aldohexose, asymmetrisch substituierte C-Atome 2–5 (je 4 verschiedene Bindungspartner) mit *; alternative Stellung der Hydroxyle an C_2–C_4 würde andere Zucker bedeuten (z.B. an C_2: D-Mannose; an C_4: D-Galactose); würde die OH-Gruppe an C_5 nach links stehen, läge L-Glucose vor. **B**, wegen der Bindungswinkel an C-Atomen (ca. 110°) und der freien Drehbarkeit von Einfachbindungen können sich Aldehydgruppe (C_1) und das Hydroxyl von C_5 nähern und ein intramolekulares Halbacetal bilden (**C, D**). Dadurch wird auch C_1 asymmetrisch, so daß je nach Stellung des Hydroxyls β-D-Glucose (**C**) bzw. α-D-Glucose (**D**) zu unterscheiden sind (erstere z.B. Monomer des Strukturpolysaccharids Cellulose, letztere Monomer der Speicherpolysaccharide Stärke und Glykogen). Die Darstellung von Glc als 6gliedriger Ring (**B–D**: «Pyranoseform») ist perspektivisch gedacht, der Ring liegt schräg vor dem Betrachter wie ein Buch auf dem Tisch. Wegen der Bindungswinkel können Pyranoseringe allerdings nicht wirklich flach sein; eine realistischere Darstellung ist in **E** gezeigt («Sesselform»); Bei dieser – häufigsten – Conformation liegen C_6 und die OH-Gruppen der übrigen C-Atome ungefähr in der Ring-«Ebene» (äquatorial); die gegenseitige Behinderung dieser Gruppen ist also minimal, die Entropie maximal, das Molekül in dieser Form besonders stabil: β-D-Glc in Sesselform ist das häufigste organische Molekül auf der Erde. – **F**, Aldopentose Ribose als Fünfring («Furanoseform»). Dieser Ring ist eben. Auch Hexosen können Furanoseform annehmen – besonders häufig z.B. Fructose (vgl. Abb. 1.1.100) –, C_6 und C_1 stehen dann am Ring seitlich.

Zu den Homoglykanen gehören die Speicherpolysaccharide Stärke und Glykogen (S. 115, 117f.), sowie die Strukturpolysaccharide Cellulose und Chitin.

Besonders groß ist die Vielfalt der Heteroglykane (übrigens auch schon im Oligosaccharid-Bereich: «Heterosaccharide»), weil nicht nur verschiedene Monomeren beliebig miteinander kombiniert werden können, sondern – im Gegensatz zu Proteinen und Nucleinsäuren – auch Kettenverzweigungen vorkommen, ein Monomer kann mit mehr als zwei weiteren glykosidisch verknüpft sein.

Die Zahl der in der Natur vorkommenden Monosaccharide ist beträchtlich, es gibt allein 16 verschiedene Hexosen. Manche davon sind allerdings sehr selten. Als Bausteine von Polysacchariden treten vor allem die Hexosen D-Glucose, D-Mannose, D-Fructose, D- und L-Galactose, sowie die Pentosen D-Xylose und D-Arabinose auf (Abb. 1.1.100). Dazu kommen verschiedene Zuckerderivate, vor allem Zuckersäuren (Glucuronsäure, Galacturonsäure: das 5. C-Atom trägt anstelle von $-_6CH_2OH$ die Carboxylgruppe $-COOH$), Aminozucker (z.B. N-Acetylglucosamin als Monomer von Chitin) und Schwefelsäure-Ester von Zuckern (z.B. besteht Agar, ein Polysaccharid aus Zellwänden von Rotalgen, aus D- und L-Galactose-Resten, die z.T. mit Schwefelsäure verestert sind).

In den unverzweigten Kettenmolekülen der Muropolysaccharide von Eubakterien wechseln N-Acetylglucosamin und N-Acetylmuraminsäure regelmäßig miteinander ab.

Vielfach wird mit der Benennung von Polysacchariden versucht, eine Aussage über die beteiligten Monomeren zu machen. In diesem Sinn werden z.B. Cellulose und Stärke als «Glucane» bezeichnet; oder: Xyloglucane sind Hemicellulosen, die aus Glucose- und Xylose-Einheiten aufgebaut sind, wobei der Glucoseanteil überwiegt.

Um die Art der Monomeren-Verknüpfung in Oligo- und Polysacchariden formelmäßig anzugeben, werden die Ziffern der an der glykosidischen Bindung beteiligten C-Atome genannt; zusätzlich markiert ein Pfeil die Richtung vom halbacetalischen Hydroxyl zum alkoholischen (Abb. 1.1.101).

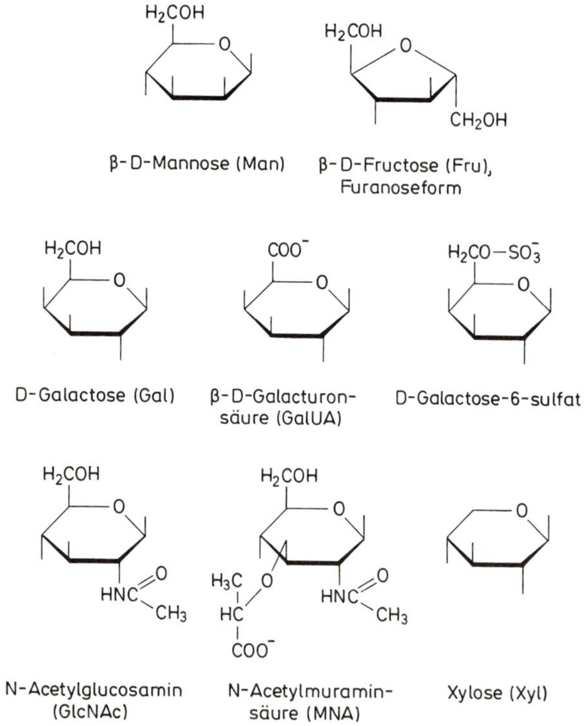

Abb. 1.1.100: Verschiedene Monosaccharide (Zucker), die häufig als Monomere in Glykanen (Polysacchariden) auftreten, mit gängigen Abkürzungen. Substituierte Formen und Zuckersäuren spielen als Bausteine vieler Glykane eine wichtige Rolle, Galacturonsäure z.B. in Pectinen, GlcNAc in Chitin, MNAc im Peptidoglykan der Eubakterien. Xylose ist eine Pentose, die aber in Pyranoseform vorliegt, deshalb der β-D-Glc strukturell nahesteht und häufig mit ihr zusammen vorkommt.

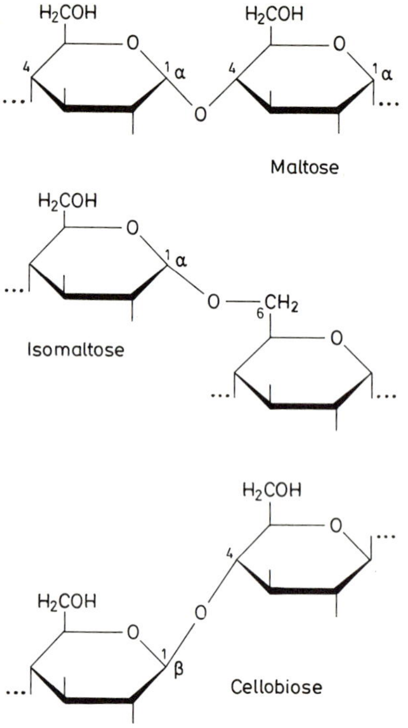

Abb. 1.1.101: Beispiele für die glykosidische Verknüpfung von Monosacchariden in Di- und Polysacchariden. Maltose (α-D-Glc[1φ4]-α-D-Glc) ist ein Abbauprodukt von Stärke, Isomaltose (α-D-Glc[1φ6]-α-D-Glc) entsprechend von Amylopectin und Glykogen, sie stammt von Verzweigungsstellen dieser Glucane. Cellobiose (β-D-Glc[1φ4]-β-D-Glc) ist die Wiederholungseinheit im Cellulosemolekül.

c) Die primäre Zellwand

Zellwand-Matrix. Wie Abb. 1.1.102 zeigt, überwiegen in Primärwänden die verschiedenen Komponenten der Zellwand-Grundsubstanz – Pectinstoffe, Hemicellulosen und Wandproteine – mengenmäßig weit über das fibrilläre Zellwand-Gerüst (Cellulose). Die Matrixsubstanzen werden über die Dictyosomen des Golgi-Apparates sezerniert. Ihre mechanische Festigkeit ist gering, es handelt sich bei der Zellwandmatrix um eine leicht quellbare, isotrope Gallerte von komplexer Zusammensetzung.

Schon die **Pectinstoffe** sind chemisch heterogen, und erst in jüngster Zeit konnten mit verbesserten Analysen- und Aufschlußmethoden tiefere Einblicke in ihre Vielfalt gewonnen werden. Ursprünglich galten nur stark negativ geladene, saure Polysaccharide aus Galacturonsäure-Einheiten als Pectine (genauer: Galacturonane und Rhamnogalacturonane) als Protopectin, nach Veresterung eines Teiles der Carboxylgruppen mit Methylalkohol als Pectin. Heute zählt man auch verschiedene nur schwach saure, aber ebenfalls stark hydrophile und vergleichsweise kurzkettige Polysaccharide – Arabinane, Galactane, Arabinogalactane – zu den Pectinstoffen. Insgesamt sind sie durch

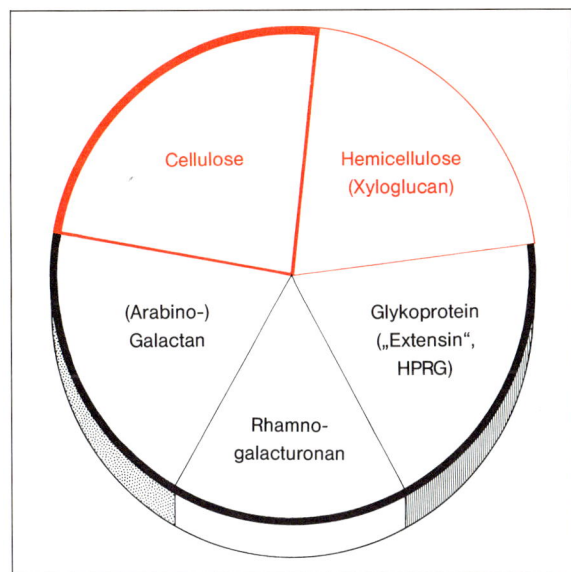

Abb. 1.1.102: Zusammensetzung (Trockenmasse) der primären Zellwände einer Zellkultur von *Acer pseudoplatanus* (Berg-Ahorn). Die Hemicellulose Xyloglucan ist Begleiter der Gerüstfibrillen aus Cellulose. Arabinogalactane und Rhamnogalacturonane entsprechen Pectinstoffen. HPRG = Hydroxyprolin-reiches Glykoprotein. (Nach Daten von P. Albersheim u. Mitarb.)

ihre leichte Wasserlöslichkeit und ein extremes Quellungsvermögen ausgezeichnet. In der Zellwand sind die einzelnen Moleküle über zweiwertige Kationen (Ca^{2+}, Mg^{2+}) miteinander vernetzt. Werden diese Ionen entfernt (z.B. durch Oxalat oder Chelatoren wie EDTA = Ethylendiamintetraessigsäure), gehen die Pectinstoffe in Lösung. Sie machen die Zellwände zu wirksamen Kationenaustauschern. In manchen Pflanzenorganen (besonders häufig z.B. in Samenschalen) kommt es zu einer Massenproduktion von Pectinstoffen, die als Pflanzenschleime bzw. Gummen (z.B. Quittenschleim; *Gummi arabicum*, Kirschgummi) bekannt sind.

Hemicellulosen sind weniger hydrophil und besitzen im allgemeinen größere Moleküle. Um sie in Lösung zu bringen, sind drastischere Behandlungen erforderlich, z.B. die Anwendung von Laugen. In die Gruppe der Hemicellulosen gehören Glucane – sowohl $(1 \rightarrow 3)$-β wie $(1 \rightarrow 4)$-β –, Gluco- und Galactomannane und vor allem Xylane. Xylane liegen in Form langer, unverzweigter Kettenmoleküle vor; sie sind ausgesprochen schwerlöslich und verleihen den Zellwänden Festigkeit. Bezeichnenderweise steigt ihr Mengenanteil besonders in solchen Sekundärwänden stark an, die Festigkeit vermitteln sollen.

Die enorme Heterogenität der Matrix-Polysaccharide – und zwar gerade auch solcher Komponenten, die zur Festigkeit der Wand nur wenig beitragen – war lange Zeit rätselhaft. In den letzten Jahren hat sich nun gezeigt, daß diese Zellwandstoffe eine Reihe wichtiger Funktionen haben. Wie im Tierkörper, wo Heterosaccharide der Zelloberfläche zu den wichtigsten Erkennungs- und Rezeptorstrukturen von Zellen gehören (z.B. Blutgruppen-Determinanten), sind auch bei Pflanzen Wandstoffe an der Gametenerkennung bzw. an der Steuerung des Pollenschlauchwachstums im Griffelgewebe entscheidend beteiligt. Parasitische Pilze werden im Pflanzengewebe durch antibiotische Abwehrstoffe, die Phytoalexine (S. 367), in ihrem Wachstum gehemmt; die Synthese der Phytoalexine wird durch Elicitoren ausgelöst, und einige der potentesten Elicitoren haben sich als Oligosaccharide erwiesen, die beim Zellwandabbau durch Enzyme des Pilzes oder der attackierten Pflanze freigesetzt werden. Aus der Zellwandmatrix stammende, spezifische Oligosaccharide scheinen auch regulierend auf Wachstums- und Entwicklungsvorgänge der Pflanze selbst einzuwirken («Oligosaccharine»).

Die Hauptproteine der Zellwand sind Glykoproteine mit ungewöhnlich hohem Anteil an hydroxyliertem Prolin. Fast alle Hydroxyprolinreste ($> \frac{1}{3}$ der Aminosäurereste!) sind glykosyliert, sie tragen Tri-, vor allem Tetra-L-Arabinosidketten. Diese Proteine wurden ursprünglich als Extensine bezeichnet, man vermutete einen Zusammenhang mit dem Zellwandwachstum unter Auxineinfluß (S. 384ff.); heute laufen sie unter dem neutralen Namen **Hydroxyprolinreiche Glykoproteine** (HPRG). Der Polypeptidanteil (306 Aminosäuren) macht nur gut $\frac{1}{3}$ der Molekularmasse von 86 kDa aus, der Rest ist Kohlenhydrat. Der Proteinanteil bildet eine steife Stabstruktur von 80 nm Länge, die von einer Arabinosid-Hülle umgeben ist. HPRG besitzen starke Assoziationstendenz. Man nimmt daher an, daß sie in der Zellwandmatrix ein räumliches Netzwerk bilden. Ihre Aminosäuresequenz zeigt auffällige Ähnlichkeiten mit der von Kollagenen, den wichtigsten Strukturproteinen der Interzellularsubstanz bei Tier und Mensch. Das läßt auf einen gemeinsamen phyletischen Ursprung der Gene für alle diese Hydroxyprolin-reichen, extrazellulären Strukturproteine schließen. Bei bestimmten Algen (*Chlamydomonas*, S. 627) besteht die Zellwand fast zur Gänze aus einer kristallinen Schicht von HPRG.

Das Zellwand-Gerüst. Die Moleküle der Cellulose besitzen hohe Polymerisationsgrade: 2000 bis über 15 000 β-Glucose-Einheiten bilden lange, unverzweigte und geradegestreckte Kettenmoleküle. (Ein lehrreicher Vergleich: Die α-D-Glucan-Ketten der Speicherpolysaccharide Stärke und Glykogen sind schraubig gewunden und z.T. verzweigt; S. 115, 117.) Bei der Cellulose sind die benachbarten Glucoseeinheiten entlang der Molekülachse (und um diese Achse) jeweils um 180° gegeneinander verdreht und in dieser Lage durch Wasserstoffbrücken beidseits der glykosidischen Bindung festgehalten (Abb. 1.1.103). Die Pyranoseringe der einzelnen Monomeren kommen gerade durch diese Verkippung entlang der gesamten Glucankette ungefähr in eine Ebene zu liegen, so daß die bis über 8 μm langen Kettenmoleküle der Cellulose bandförmig sind. Diese Moleküle haben nun eine starke Assoziationstendenz, sie lagern sich leicht unter Ausbildung von Wasserstoffbrücken längs aneinander, wobei sich zunächst Elementarfibrillen (Durchmesser um 3 nm) bilden, schließlich – besonders in Sekundärwänden –

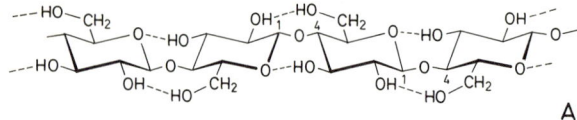

Abb. 1.1.103: Cellulose. **A**, Ausschnitt aus der β-1,4-Glucankette: 2 Cellobiose-Einheiten (= 4 Glucosylreste). Wasserstoffbrücken seitlich der Hauptvalenzkette gestrichelt. **B**, Cellotriose als Kalottenmodell, entsprechend den 3 rechten Glucosylresten in A; * O-Atome zwischen C1 und C4 aufeinanderfolgender Glucosylreste; r ringschließende O-Atome der Glucopyranosen, o übrige O-Atome; Pfeile: Orte von H-Brückenbindungen.

auch wesentlich dickere Mikrofibrillen (5–30 nm Durchmesser). In solchen Gerüstfibrillen, die ebenfalls bandförmig sind (Abb. 1.1.104), bestehen über weite Strecken kristallgitterartige Ordnungen, die Gitterpunkte sind von den Monomeren der einzelnen Glucanketten besetzt. Besonders die derberen Mikrofibrillen in sekundären Wandschichten sind wegen ihres hohen Kristallinitätsgrades nur begrenzt flexibel, bei zu starker Biegung knicken sie ab wie Kristallnadeln. In funktioneller Hinsicht ist wichtig, daß Gerüstfibrillen sehr reißfest sind. Ein 1 mm dicker, kompakter Cellulosefaden könnte ein Gewicht von über 1000 N (über 100 kp) tragen.

Auf der strikten Parallelorientierung der Cellulosemoleküle in den Gerüstfibrillen beruht die ungewöhnlich starke optische Anisotropie von Cellulose. Sie äußert sich in einer auffälligen Doppelbrechung Cellulose-reicher Wandschichten. Außerdem gibt Cellulose wegen der Kristallinität der Fibrillen auch ausgeprägte Beugungsreflexe in Röntgendiagrammen. Auch in diesen beiden Eigenschaften unterscheidet sich das Zellwandgerüst diametral von der isotrop-amorphen Zellwandmatrix.

Die Biosynthese der Cellulose erfolgt an rosettenförmigen, seltener linearen Proteinkomplexen der Plasmamembran (Abb. 1.1.105). Jeder Cellulosesynthase-Komplex bildet mehrere Celluloseketten, die unmittelbar nach ihrer Synthese zu einer Elementarfibrille kristallisieren. Dickere Mikrofibrillen entstehen durch die konzertierte Aktivität mehrerer benachbarter Synthasekomplexe. Synthese und Fibrillenbildung sind unter natürlichen Bedingungen streng gekoppelt, können aber künstlich voneinander getrennt werden. Durch Farbstoffe, die sich besonders fest mit Cellulosemolekülen verbinden (Kongorot oder *Calcofluor White*, ein «Weißmacher» in Waschmitteln), wird die Kristallisation verhindert; die Cellulosesynthese läuft weiter, aber es bilden sich keine Fibrillen.

Die C1-Atome der einzelnen Glucoseeinheiten weisen entlang der Molekülachse alle in dieselbe Richtung. Die Cellulosemoleküle von nativen Elementar- und Mikrofibrillen sind in dieser Hinsicht alle gleich orientiert (Cellulose I) – eine Konsequenz ihrer gleichzeitigen Entstehung an den Synthasekomplexen. Die Parallelorientierung entspricht aber nicht dem energetisch günstigsten Zustand. Bei der technisch vielfach verwendeten Ausfällung von Cellulose aus Lösungen (z.B. bei der Herstellung von Kupferseide als Celluloselösungen in ammoniakalischem Kupfer-II-Hydroxid = Schweizers Reagens) bilden sich Fibrillen, deren Moleküle antiparallel liegen; diese Cellulose II ist stabiler, weil energieärmer als die native Cellulose I.

Cellulose ist das häufigste organische Makromolekül in der Biosphäre, jährlich werden schätzungsweise 10^{12} Tonnen Cellulose synthetisiert. Die wirtschaftliche Bedeutung der Cellulose und ihrer zahlreichen Derivate ist enorm, zumal in der Textilindustrie. Reine Cellulose wird vor allem aus den Samenhaaren der Baumwolle,

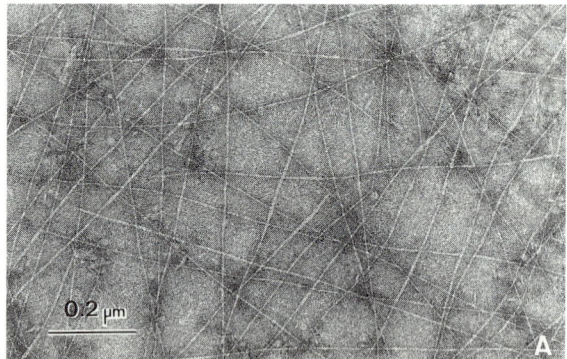

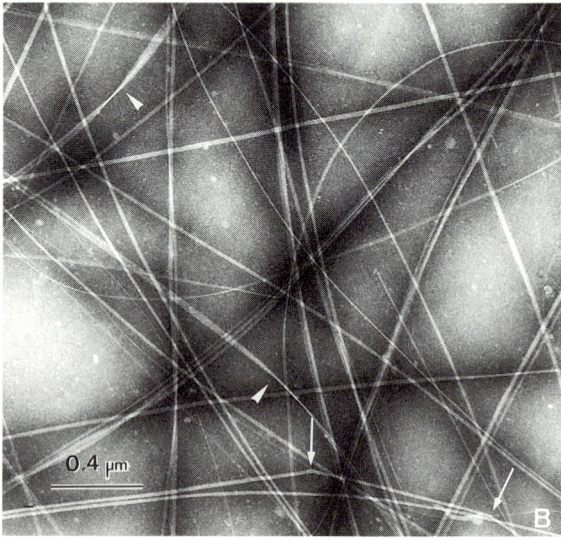

Abb. 1.1.104: Isolierte Cellulosefibrillen im Negativkontrast. **A**, Elementarfibrillen aus Quittenschleim. **B**, Mikrofibrillen der siphonalen Grünalge *Valonia*; die unterschiedlichen Querdurchmesser erklären sich z.T. aus der Bandform dieser derben Gerüstfibrillen (Pfeilköpfe); bei zu starker Verbiegung knicken sie ab wie Kristallnadeln (Pfeile). (EM Aufnahmen: W.W. Franke. Aus H. Kleinig u. P. Sitte: Zellbiologie, ein Lehrbuch. G. Fischer Verl., Stuttgart, 2. Aufl. 1986)

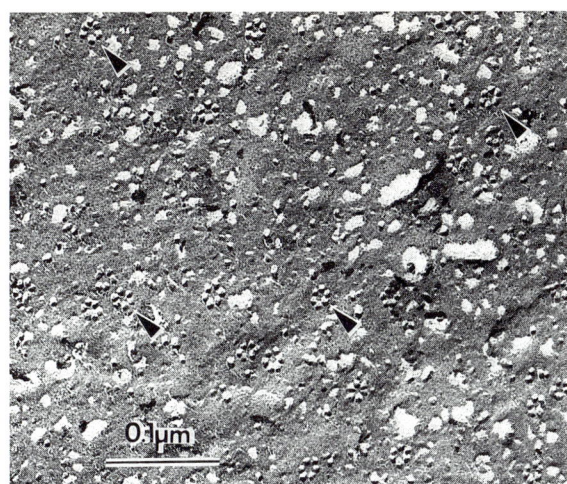

Abb. 1.1.105: Rosettenförmige Cellulose-Synthase Komplexe in der Zellmembran des Laubmooses *Funaria hygrometrica* (Protonema). Von den > 20 im Bild sichtbaren Rosetten sind 4 durch Pfeilköpfe markiert. (Gefrierbruchpräparat u. EM Aufnahme: U. Rudolph)

sowie mit verschiedenen Aufschlußverfahren aus Holz gewonnen. Allerdings ist Cellulose für den Menschen ohne Nährwert, cellulosereiche Nahrung gilt als «Ballaststoff». Die meisten Pflanzenfresser – besonders die Wiederkäuer – verfügen über besondere Einrichtungen zur Celluloseverdauung; eine wesentliche Rolle spielen dabei endosymbiontische Bakterien und Ciliaten, die Cellulasen produzieren.

Vor allem im Tierreich (Arthropoden), aber auch bei vielen Pilzen und manchen Algen tritt als extrazelluläre Gerüstsubstanz Chitin auf, ein lineares Polymer aus N-Acetylglucosamin. Chitinfibrillen sehen im EM wie Cellulosefibrillen aus. Auch der Molekülbau ist wie bei Cellulose, trotz der anderen Monomeren. Die Festigkeit von Chitingerüsten ist wegen der intensiveren Verzahnung benachbarter Kettenmoleküle in den Fibrillen noch größer als bei Cellulose.

Bei den durch polyenergide Riesenzellen ausgezeichneten siphonalen Meeresalgen ist Cellulose als Gerüstsubstanz ersetzt durch Xylane oder Mannane. Diese Polysaccharide vermögen kristalline Aggregate zu bilden, aber die Formierung von Fibrillen ist bei ihnen nicht so ausgeprägt wie bei Cellulose oder Chitin. Bei allen größeren, photosynthetisch aktiven Landpflanzen ist Cellulose **die** Gerüstsubstanz. Sie kann unmittelbar aus Photosyntheseprodukten gebildet werden. Stickstoffhaltige Gerüststoffe (Chitin, Proteine) sind dagegen bei heterotrophen Organismen bevorzugt – bei ihnen ist Stickstoff kein Mangelfaktor.

Molekulare Architektur und Wachstum der Primärwand. Die überwiegend kristallinen Cellulose- oder Chitinfibrillen können praktisch kein Wasser aufnehmen, während die amorphen und durch zahllose polare, z. T. sogar geladene Gruppen hydrophilen Matrixsubstanzen je nach der Verfügbarkeit von Wasser eintrocknen oder aufquellen und dementsprechend als dichte, hornige Massen vorliegen oder puddingartige Gallerten bilden, deren Trockenmasse oft nicht einmal 3% der Frischmasse erreicht. (Das wird bekanntlich bei der Herstellung von Nährböden, sowie von Gelees u. dgl. ausgenützt.) Hygroskopische Bewegungen von Zellwänden oder Geweben (S. 467) beruhen ganz allgemein einerseits auf der Unveränderlichkeit der Länge von Gerüstfibrillen, andererseits auf der Quellfähigkeit der Matrixsubstanzen, in die sie eingebettet sind. Besonders augenfällig wird das immer dann, wenn sich Gerüst und Matrix nicht gegenseitig durchdringen wie in Primärwänden, sondern separiert sind, wie es z. B. bei den bekannten Hapteren der Sporen des Schachtelhalms der Fall ist (S. 680, Abb. 3.2.133 H, I). Ihr hygroskopisches Verhalten beruht darauf, daß einer inneren Schicht aus Cellulose eine zweite, äußere aus quellungsfähigem Arabinoglucan aufgelagert ist.

Wie die gegenseitigen Beziehungen von Gerüstfibrillen und Matrixkomponenten in der wachsenden Primärwand konkret aussehen, wußte man lange Zeit nicht. Erst eine konsequente Verbindung moderner Aufschluß- und Analysenmethoden führte schließlich zu einem detaillierten **Strukturmodell** (Abb. 1.1.106). Die Cellulosefibrillen haben einen Oberflächenüberzug aus Xyloglucan. (Xylose ist zwar eine Pentose, ihre Pyranoseform ist aber der der β-D-Glucose besonders ähnlich. Tatsächlich sind Xylane und Xyloglucane, wie schon angedeutet, besonders widerstandsfähige Hemicellulosen. Sie treten häufig als unmittelbare Begleiter der Cellulose auf.) Mit dem Xyloglucan-Mantel des Fibrillengerüstes sind nun Moleküle aus der Gruppe der Pectinstoffe verbunden, die ihrerseits über zweiwertige Ionen vernetzt sind oder Kontakt haben mit der Arabinosid-Hülle der Glykoprotein-Einheiten.

Beim **Flächenwachstum** der primären Zellwand werden die sukzessive abgeschiedenen, an schon vorhandene Wandschichten von innen – d.h. vom Plasmalemma her – apponierten Wandlamellen nach und nach immer stärker plastisch gedehnt. Während dieses Vorganges werden von der Zelle neue Wandlamellen abgeschieden; jede Wandlamelle wird innerhalb der Zellwand immer weiter nach außen gedrängt, und sie wird durch die zunehmende Verdehnung immer dünner. In ihr rücken die Gerüstfibrillen seitlich auseinander, das Maschenwerk des Wandgerüstes wird in einer bestimmten, gerade betrachteten Lamelle (!) immer lockerer. Bei anisometrischem Wachstum kommt es zusätzlich zu einer passiven Umorientierung der Fibrillen (sog. *Multinet*-Schema, Abb. 1.1.107). Umgekehrt legt die Zelle die Verlaufsrichtung der Gerüstfibrillen in den sich gerade bildenden Wandlamellen fest; damit wird zugleich auch die Hauptwachstumsrichtung determiniert, sie steht senkrecht zur Fibrillenorientierung. Da jede im Entstehen begriffene Gerüstfibrille zwischen Plasmamembran und schon vorhandenen Wandlamellen eingeklemmt ist, müssen sich die Cellulosesynthase-Komplexe durch ihre synthetische Aktivität in der fluiden Plasmamembran sozusagen «nach hinten» verschieben. Diese Verschiebungsbewegung wird nun vermutlich durch unmittelbar innerhalb der Membran liegende sog. corticale Mikrotubuli wie durch Leitplanken dirigiert. Bei vielen wachsenden Zellen hat man gefunden, daß die Orientierung der Gerüstfibrillen in aufeinanderfolgenden Lamellen der Primärwand jeweils um einen bestimmten konstanten Winkel gedreht ist, wobei in einem Tag gewöhnlich eine volle Umdrehung erreicht wird – eindrucksvoller Ausdruck einer circadianen Rhythmik (S. 409).

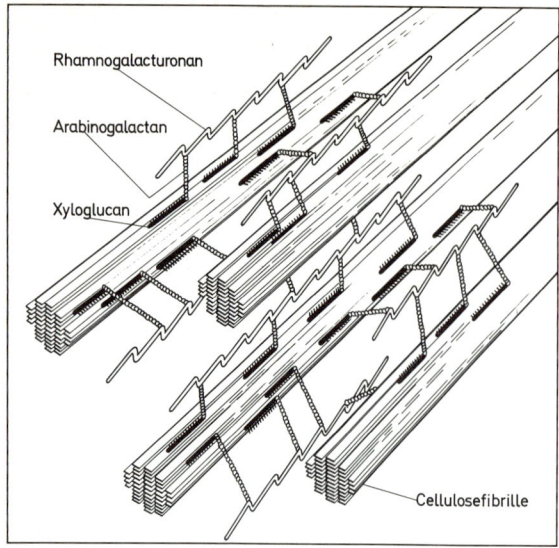

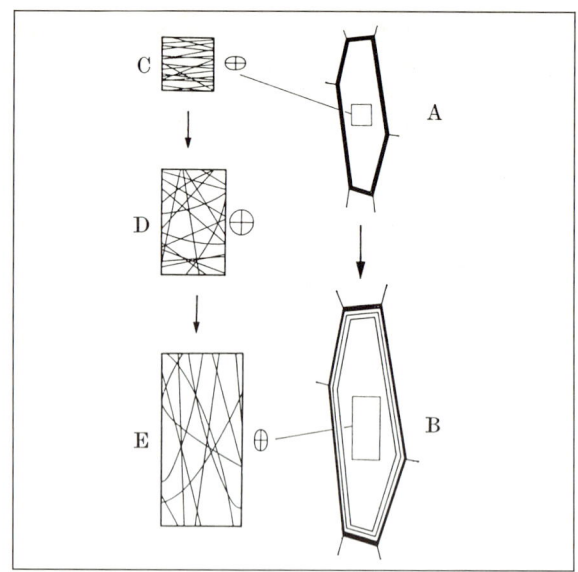

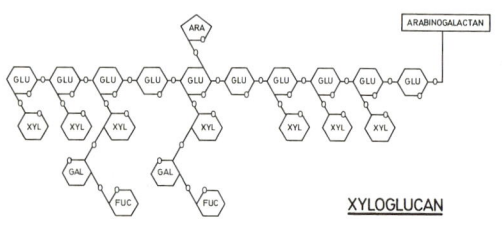

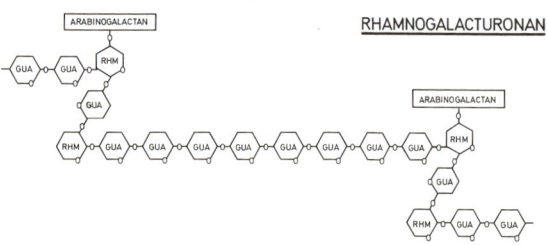

Abb. 1.1.106: Molekularer Bau der primären Zellwand. Cellulose-Mikrofibrillen sind über Polysaccharidbrücken vernetzt. An den Fibrillenoberflächen sitzen Xyloglucanketten mit zahllosen Wasserstoffbrücken fest; die übrigen Verknüpfungspunkte sind überwiegend covalente Bindungen. Nicht mit eingezeichnet sind die Glykoproteine der Zellwand, die zwischen benachbarte Rhamnogalacturonanketten eingeschoben sein können. In den Strukturschemata der beteiligten Polysaccharide bedeuten GLU Glucose, XYL Xylose, GAL Galactose, FUC Fucose, ARA Arabinose, GUA Galacturonsäure, RHM Rhamnose. (Nach P. Albersheim, verändert)

Die Reißfestigkeit von Zellwänden beruht nach allem Gesagten nicht nur auf der Zugfestigkeit der Gerüstfibrillen, sondern auch – und zwar entscheidend – auf der gegenseitigen Verklebung dieser Fibrillen durch Material in den Zwischenräumen. Die einzelnen Gerüstfibrillen sind ja nicht unmittelbar miteinander ver-

Abb. 1.1.107: *Multinet*-Schema des Flächenwachstums der primären Zellwand. **A**, Ausgangssituation: Mikrofibrillen der jüngsten, innersten Zellwandlamelle quer zur Hauptwachstumsrichtung orientiert. **B–E**, spätere Stadien; die dicker gezeichnete Wandlamelle hat an Fläche zu-, an Dicke abgenommen; dabei Lockerung und Umordnung der Textur. (Original)

bunden, sie werden in ihrer gegenseitigen Position nur durch die Zwischensubstanzen gehalten; wären sie in dieser Füllmasse beliebig verschiebbar, dann könnten sie trotz ihrer eigenen Zugfestigkeit das Aufplatzen der turgescenten Zellen nicht verhindern – sie würden vom Turgor zwar nicht zerrissen, aber auseinandergedrängt. Wuchsstoffe, die das Zellwachstum steuern, wirken dementsprechend auf die Plastizität der Zellwandmatrix ein (S. 415).

Die schließliche Form von Pflanzen- und Pilzzellen hängt davon ab, ob die primäre Zellwand isometrisch oder anisometrisch wächst. In nur einer Richtung stark wachsende Zellen weisen ausnahmslos **Spitzenwachstum** auf. In diesem Fall ist die Sekretion von Matrixsubstanzen, die durch Exocytose von Golgi-Vesikeln erfolgt, auf die wachsende Zellspitze beschränkt; hier kommt es dementsprechend zu einer Massierung von Golgi-Vesikeln. Zellen mit Spitzenwachstum können sich zwischen räumlich fixierte Strukturen hineinschieben, z. B. zwischen Bodenteilchen im Falle von Wurzelhaaren und Pilzhyphen, oder zwischen Nachbarzellen bei Faserzellen, Milchröhren und Pollenschläuchen («intrusives» Wachstum).

Plasmodesmen und Tüpfelfelder. Die plasmatischen Verbindungen benachbarter Zellen durch die trennenden Zellwände hindurch erweisen sich im Elektronenmikroskop als einfache, seltener auch verzweigte Röhren von 30–60 nm Durchmesser (Abb. 1.1.108). Die Röhrenwand wird von Plasmamembran gebildet, die Membranen der Nachbarzellen gehen hier ineinander über. Jeder Plasmodesmos wird zentral von einem zylindrischen Fortsatz des ER durchzogen (Desmotubulus). Außen sind die Plasmodesmen von einem Callosemantel umhüllt. Da Callose (S. 106) fluorescenzmi-

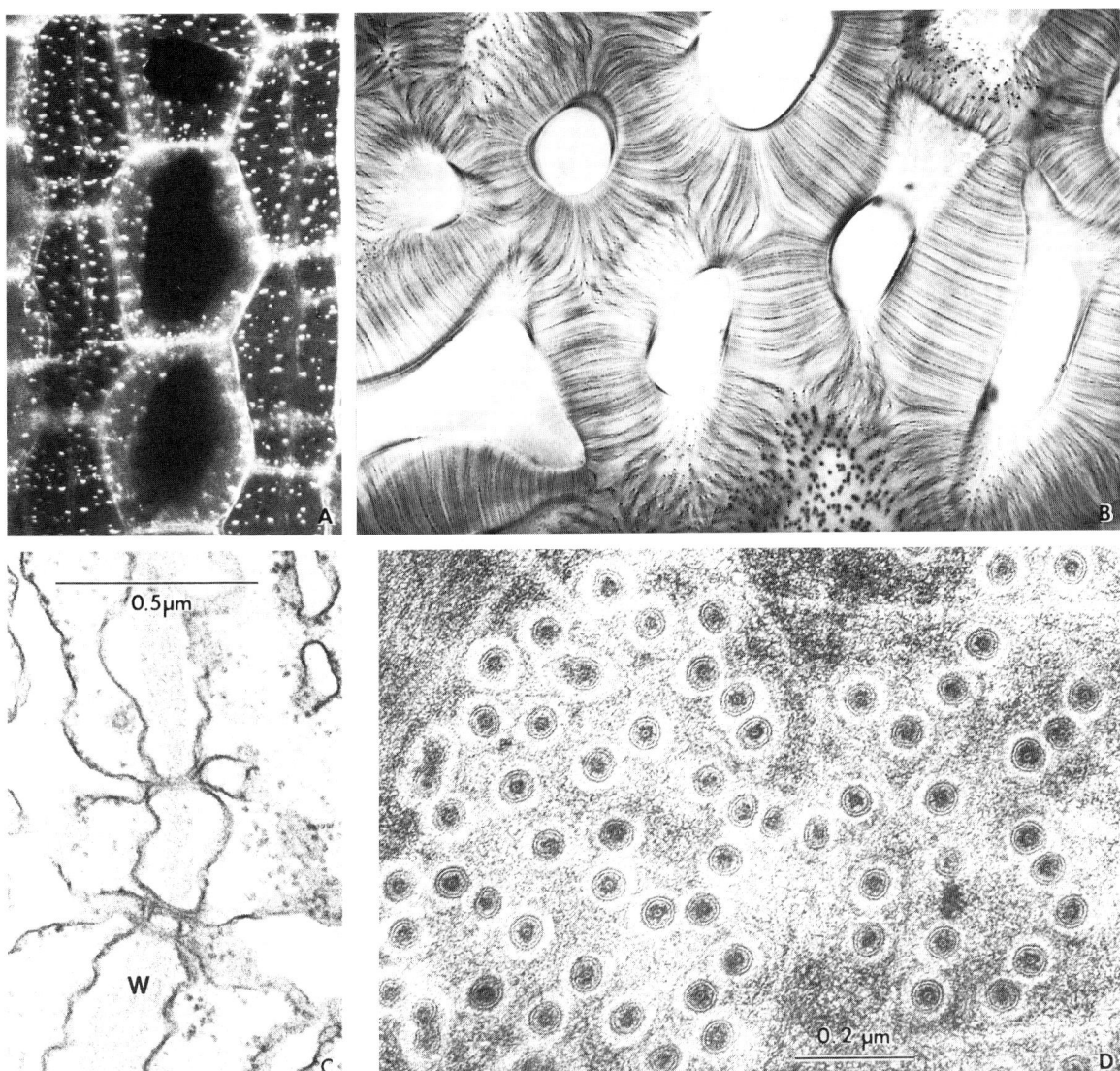

Abb. 1.1.108: Plasmodesmen und primäre Tüpfelfelder im LM und im EM. **A**, durch Anilinblau-Fluorescenz der Callose sichtbar gemacht im Sproßparenchym des Kürbis *Cucurbita pepo*. **B**, durch Jod-Silber-Imprägnation kontrastiert in vedickten Zellwänden des Endosperms von *Royena villosa*. **C**, 3 Plasmodesmen mit rER-Kontakt in der Wand W zwischen Calluszellen von *Vicia faba*. **D**, quergeschnittene Plasmodesmen eines primären Tüpfelfeldes bei *Metasequoia glyptostroboides*; jeder Plasmodesmos von trilaminarer Zellmembran gegen hellen Callose-Mantel in der Zellwand abgegrenzt, mit zentralem Desmotubulus. (A 220 : 1, LM Aufnahme : I. Dörr; B 770 : 1, LM Aufnahme : I. Dörr u. B. v. Cleve. C, D, EM Aufnahmen : R. Kollmann u. C. Glockmann)

kroskopisch leicht nachgewiesen werden kann, lassen sich Plasmodesmen auch lichtmikroskopisch gut lokalisieren. Auf 100 μm^2 Wandfläche kommen in Parenchymgewebe 5–50 Plasmodesmen. Wenn benachbarte Zellen eng miteinander kooperieren, wie z. B. Geleitzellen und Siebröhrenglieder im Phloem (S. 150) oder Mesophyll- und Bündelscheidenzellen bei C4-Pflanzen (S. 277–280), werden wesentlich höhere Plasmodesmen-Dichten erreicht; umgekehrt sind diese bei physiologisch isolierten Zellen, z. B. Spaltöffnungs-Schließzellen (S. 140), besonders gering. Nur selten sind Plasmodesmen gleichmäßig über eine Zellwand verteilt, meistens finden sie sich gruppenweise zu primären Tüpfelfeldern zusammengefaßt. Wenn später sekundäre Wandschichten apponiert werden, bleiben die Bereiche über den Tüpfelfeldern ausgespart, so daß diese zu Schließhäuten von Sekundärwand-Tüpfeln werden (S. 104). Viele Plasmodesmen werden schon bei der Zellteilung als Aussparungen in der Zellplatte angelegt. Doch können auch später noch in Primärwänden Plasmodesmen neu gebildet werden, bei Pfropfungen oder Parasitenbefall (z.B. *Cuscuta*, S. 190) sogar zwischen Zellen verschiedener Individuen mit unterschiedlicher systematischer Stellung. Nicht selten wird der Plasmodesmen-Durchmesser sekundär vergrößert. Auf diese Weise kommen die Siebporen in den Siebplatten der Phloem-Leitbahnen zustande (S. 149); das Kaliber dieser Querwanddurchbrechungen kann in Extremfällen 15 μm erreichen; am häufigsten sind Werte zwischen 0,5 und 3 μm.

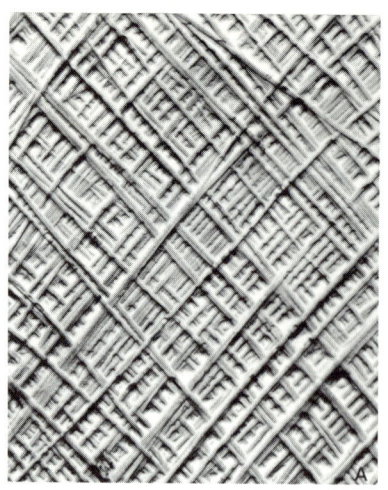 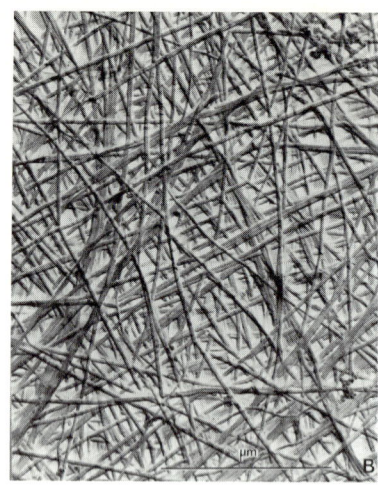

Abb. 1.1.109: Paralell- und Streutextur von Cellulose-Mikrofibrillen. Die Zellwand der Alge *Oocystis solitaria* besteht aus vielen übereinanderliegenden Lamellen. **A**, unter Normalbedingungen verlaufen die Gerüstfibrillen in jeder Lamelle parallel, von Lamelle zu Lamelle erfolgt Richtungswechsel um 90° (gekreuzte Textur). **B**, Colchicin, unter dessen Einfluß sich die cortikalen Mikrotubuli an der Innenseite der Zellmembran auflösen, bewirkt Streutextur. (A u. B gleiche Vergrößerung; EM Aufnahmen: D.G. Robinson)

Schon die Verteilung von Plasmodesmen zeigt, daß sie dem zwischenzelligen Stoffaustausch dienen, in besonderen Fällen auch der Erregungsleitung. Stirbt eine Zelle im Gewebe ab, werden die Plasmodesmen durch eine rasch erfolgende Verdickung ihres Callosemantels zugedrückt und verschlossen, die Nachbarzellen können ungestört überleben. Wenn sich nur auf einer Seite einer Wandfläche eine lebende Zelle befindet, gibt es in dieser Wandfläche keine Plasmodesmen. Beispiele dafür bieten Zellwandpartien, die an Interzellularen oder tote Xylem-Elemente (S. 150) grenzen, sowie die Außenwände von Epidermis- und Drüsenzellen. Sollen durch solche Zellwände größere Stoffmengen ausgeschieden (Drüsen, vgl. S. 154) oder aufgenommen werden (Leitbahnen), dann ist die sonst glatte Innenseite der Wand durch unregelmäßige Verdickungen, sog. Wandprotuberanzen, aufgerauht, die effektive Zelloberfläche wird um mehr als das Zehnfache vergrößert. Solche Zellen werden als Transferzellen (Übergangszellen) bezeichnet (S. 373).

Die Situation ist analog jener bei resorptiven Epithelien des Tierkörpers, wo eine entsprechende Oberflächenvergrößerung durch Ausbildung von *Mikrovilli* bzw. eines Bürstensaums erreicht wird, bezeichnenderweise also durch *Vor*wölbungen des wandlosen Protoplasten, statt durch *Ein*stülpungen wie bei den bewandeten Pflanzenzellen.

In tierischen Geweben kommen Plasmodesmen nicht vor. Doch können auch bei ihnen benachbarte Zellen physiologisch «gekoppelt» sein über sog. *Gap Junctions*, besondere Areale von Plasmamebranen mit vielen, von je 6 Proteinmolekülen (Connexin) gebildeten Kanälen (Connexone). Plasmodesmen und Connexone sind «analog», d.h. sie sind verschieden gebaut, haben aber gleiche Funktionen – Austausch von Ionen und Signalmolekülen zwischen Zellen.

d) Verfestigende, «mechanische» Sekundärwände

Bei Wasserpflanzen wird das Gewicht des Vegetationskörpers vom Auftrieb kompensiert. Pflanzen, die in die Luft aufragen, müssen dagegen ihr Gewicht selber tragen können (Ausnahme: Kletterpflanzen, S. 190). Besonders bei größeren Landpflanzen sind für diese Funktion besondere Festigungsgewebe ausgebildet (S. 146). In ihnen finden sich zwei Zelltypen: bei Zugbeanspruchung Faserzellen; und verholzte Zellen (z.B. Steinzellen, Tracheiden, Tracheen) mit starren Wänden, wenn einem äußeren Druck widerstanden werden soll. In der sog. Physiologischen Pflanzenanatomie (S. Schwendener, G. Haberlandt, S. 159) wurden die Festigungsgewebe einer Pflanze als deren «mechanisches System» zusammengefaßt, seine Zellen entsprechend als «mechanische Zellen» bezeichnet.

Fasern. Die massiven, sekundären Verdickungsschichten der Wände von Faserzellen und manchen Pflanzenhaaren (z.B. Baumwolle) bestehen überwiegend aus dichtgepackten Mikrofibrillen der Cellulose. Ihr Trockengewichtsanteil kann in diesen Wandlagen 90% erreichen. Faserzellen (und dickwandige Haarzellen) spiegeln auf einem höheren Dimensions- und Strukturniveau die typischen Eigenschaften der Gerüstmikrofibrillen wider: Sie reißen auch bei starker Dehnungsbeanspruchung nicht ab, sind aber trotz ihrer enormen Reißfestigkeit flexibel. Diesen Eigenschaften verdanken pflanzliche Faserstoffe ihre gewaltige wirtschaftliche Bedeutung (S. 148, 896).

Da die sekundären Wandschichten erst nach Abschluß des Flächenwachstums der primären Zellwand von innen her apponiert werden, wird in dem Ausmaß, in dem die Wand verdickt wird, das Zell-Lumen eingeengt. Der Raum für den lebenden Protoplasten ist zuletzt oft auf weniger als 5% des Ausgangsvolumens reduziert, die Zelle stirbt ab – funktionell ist ohnehin nur die Wandhülle von Bedeutung.

Cellulose-Mikrofibrillen liegen – gemäß ihrer Entstehungsweise – immer parallel zur Zellmembran. In der dadurch vorgegebenen Fläche sind aber verschiedene Anordnungen möglich (Texturen; lat. *textúra*, Gewebe, Geflecht; Abb. 1.1.109, 110). Während primäre Wandschichten Streu-(Folien-)Textur aufweisen – häufig allerdings mit einer Vorzugsrichtung –, sind die Lamellen sekundärer Wandlagen durch Paralleltextur ausgezeichnet. Bei langgestreckten Zellen, wie es vor allem auch die Faserzellen sind, können dabei Faser-, Schrauben- und Röhrentextur unterschieden werden, je nach der Ausrichtung der Mikrofibrillen zur Längs-

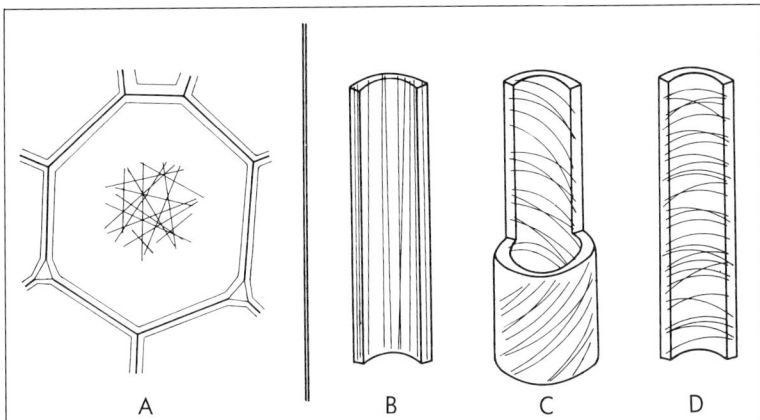

Abb. 1.1.110: Anordnung der Cellulose-Mikrofibrillen in Zellwänden. Streutextur (**A**) ist typisch für Primärwände. Sekundäre Wandlamellen weisen dagegen Paralleltextur auf: **B**, Fasertextur; **C**, Schraubentextur – die häufigste Form; **D**, Röhrentextur (Original).

achse der Zelle. Röhren- und Fasertextur sind Grenzfälle von Schraubentextur. Die Texturrichtung entspricht zugleich der Richtung größter Zugbelastung: Die enorme Reißfestigkeit der Mikrofibrillen wird quer zur Texturrichtung nicht entfernt erreicht, da in dieser Richtung Nebenvalenzen überwiegen.

Die Wände von Faserzellen weisen meistens steile Schraubentextur auf, die – im Gegensatz zur selteneren strikten Längstextur (Fasertextur) – plötzliche Zugbeanspruchungen abfedern kann. Der Windungssinn der Schraubentexturen ist unterschiedlich. Die Sekundärwand-Fibrillen der Fasern von Hanf und Jute entsprechen Rechtsschrauben (Z-Schrauben), die von Flachs und Nessel Linksschrauben (S-Schrauben. Bei Rechtsschrauben entspricht der Gewindeverlauf auf der dem Betrachter zugekehrten Seite der Mittelpartie des Buchstabens Z, bei Linksschrauben jener von S). In Pflanzenhaaren mit verdickten Wänden kann der Windungssinn mehrfach wechseln, bei den mehrere cm langen Baumwollhaaren bis 150mal.

Röhrentextur kommt bei Faserzellen verständlicherweise nicht vor. Sie hat ihren Namen von den Milchröhren vieler Pflanzen (S. 155), für deren Wände sie typisch ist. Die Milchröhren stehen unter Binnendruck, und obwohl dieser Flüssigkeitsdruck isotrop ist, ist die Wandspannung in Querrichtung größer als längs (bei Installationen reißen Röhren unter Überdruck bekanntlich durch Längsrisse auf).

Die Apposition sekundärer Wandschichten erfolgt schubweise; es entstehen Lamellen, die häufig einen Tageszuwachs darstellen und ihrerseits Lamellenpakete bilden können, die als **Sekundärwandschichten** bezeichnet werden. 1934 haben T. Kerr und I. W. Bailey ein allgemeines Bauschema sekundärer Wandschichten in vergleichenden Untersuchungen ermittelt und eine entsprechende Nomenklatur eingeführt. Sie ist in Abb. 1.1.111 dargestellt. Auf das Saccoderm folgt als zunächst gebildete, vergleichsweise dünne Sekundärwandschicht die S1-Schicht = Übergangsschicht mit flacher Schraubentextur. Ihr folgt nach innen die dicke S2-Schicht, die aus über 50 Wandlamellen bestehen kann. Diese Schicht ist in funktionaler Hinsicht entscheidend; die dicht gepackten Gerüstmikrofibrillen weisen hier die für Faserzellen typische Schrauben- oder Fasertextur auf. Gegen das Zell-Lumen hin wird als letzte Lage eine dünne S3-Schicht (= Tertiärwand)

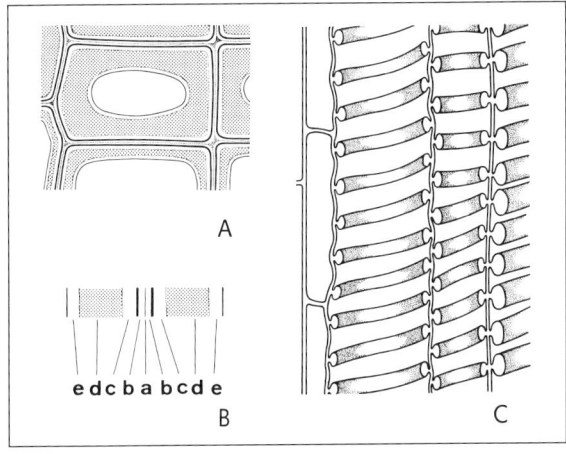

Abb. 1.1.111: Sekundäre Wandverdickungen. **A, B,** Tracheidenwand einer Conifere; **A**, Querschnitt (800 : 1, nach I.W. Bailey); **B**, Schichten der Zellwand: a Mittellamelle, b Primärwand (Saccoderm); c Übergangslamelle = S1; d eigentliche, aus vielen Lamellen aufgebaute Sekundärwand S2; e Tertiärwand = S3. **C**, Schraubentracheiden beim Kürbis mit charakteristischen Verdickungsleisten, die der S2-Schicht angehören; links Parenchymzellen.

mit wieder abweichender Textur abgelagert. Sie kann ihrerseits noch einmal von einer strukturell und stofflich stark abweichenden, isotrop-homogenen «Warzenschicht» bedeckt sein, die ihren Namen der körnigen Oberfläche verdankt.

Die inkrustierte Zellwand. Druckfeste Zellwände ergeben sich dadurch, daß die Gerüstfibrillen zusätzlich in formfeste Materialien eingepackt, «inkrustiert» werden. Als Inkrusten treten neben Mineralsubstanzen (Silicat: Gräser, Riedgräser, Schachtelhalme; Calciumcarbonat: Kalkalgen; Haare vieler Kürbis- und Rauhblattgewächse) vor allem **Lignine** auf. Inkrustation mit Lignin bedeutet die Verholzung einer Zellwand (lat. *lignum*, Holz). Die Lignine – es gibt drei chemisch verschiedene Formen bei Monocotyledonen, Laub- und Nadelhölzern – entstehen in der verholzenden Zellwand durch Polymerisation aus Phenolkörpern (Monolignolen, vgl. S. 366), die ihrerseits als lösliche Glucoside über Golgi-Vesikel exocytiert werden. Die nach allen Raumrichtungen wachsenden Riesenmoleküle von Lignin durchwuchern das Mikrofibrillengerüst der Zellwände. Lignin ist optisch isotrop. Da Lignin-Makromoleküle miteinander sekundär zu größeren Einheiten verwachsen und sich über die (oft besonders stark lignifizierten) Mittellamellen hinweg ausdehnen können, entspricht die Ligninmasse eines Baumstammes zuletzt möglicherweise einem einzigen gigantischen Polymermolekül, dessen Masse in Tonnen auszudrücken ist. Die ursprüngliche Zellwandmatrix wird bei der Lignifizierung ersetzt bzw. verdrängt durch das kompakte Ligninpolymerisat. Verholzte Zellwände bestehen im typischen Fall zu etwa $2/3$ aus Cellulose und resistenten Hemicellulosen (überwiegend Xylane; griech. *xylon*, Holz), zu $1/3$ aus Lignin.

Die Cellulosefibrillen sind schließlich so dicht in Lignin eingepackt, daß sie sich nicht mehr gegeneinander verschieben können und ihre an sich schon sehr begrenzte Quellungsfähigkeit ganz verlieren. Während die Cellulose in Primärwänden durch konzentrierte Lösung von Zinkchlorid so weit aufgelockert wird, daß sie Jod einlagern kann und sich dabei tiefviolett färbt, bleibt diese «Chlorzinkjod-Reaktion» in verholzten Wänden aus. Die hervorragenden Festigkeitseigenschaften solcher Zellwände und weiterhin von verholztem Gewebe – vor allem des Holzes selbst – beruhen auf dieser intimen gegenseitigen Durchdringung reißfester, biegsamer Gerüstfibrillen mit dem dichten, starren Füllmaterial Lignin. Makroskopische Analoga dieser «Verbundbauweise» sind Faserplastiken, fest verleimte Pappe oder Holzfaser, sowie armierter Beton. Ein instruktives Beispiel für die unterschiedliche Rolle von Gerüst und Inkrusten bei der Vermittlung von Festigkeit liefert das sog. Reaktionsholz horizontal wachsender Äste. Bei den Nadelhölzern wird die Unterseite solcher Äste durch Druckholz verstärkt, dessen Zellwände besonders massiv lignifiziert sind. Laubbäume bilden dagegen Zugholz auf der Astoberseite aus, das viele Zellen mit dicken Sekundärwandschichten aus reiner Cellulose enthält; solche «G-Zellen» entsprechen Faserzellen.

Druckbeanspruchung ist auch in den Fernleitbahnen des Wassertransports – Holzteil (Xylem) von Leitbündeln und massives «Holz» mehrjähriger Sproßachsen oder Wurzeln – gegeben. Als Zellelemente treten dabei langgestreckte Tracheiden und kürzere, weitlumige Tracheen auf (S. 150). Tracheiden und Tracheen, gemeinsam als Xylem-Elemente bezeichnet, gehen aus lebenden Zellen hervor, sind aber im funktionstüchtigen Zustand nur noch tote, durch Lignifizierung ausgesteifte Zellwandröhren, deren Inneres von Wasser auf dem Weg von den Wurzeln zu den transpirierenden Blättern durchströmt wird. Im Inneren der Xylem-Elemente herrscht wegen des Transpirationssogs meistens Unterdruck (S. 334), und benachbarte, lebende Holzparenchymzellen würden die Turgor-losen Tracheiden/Tracheen eindrücken, wenn ihre Wände nicht starr bzw. entsprechend ausgesteift wären. Dank ihrer Lignifizierung sind Xylemstränge und Holz oft die wichtigsten tragenden Strukturen im Vegetationskörper von Landpflanzen.

Tüpfel. Lignifizierung erhöht nicht nur die mechanische Festigkeit betroffener Zellwände, sondern macht sie auch weniger durchlässig. Während in unverholzte Primärwände Teilchen mit Durchmessern bis 5 nm noch eindringen können, ist in verholzten Wänden sogar die Wasserpermeabilität stark herabgesetzt. Auch das ist von Bedeutung für die Wasserleitbahnen in Wurzeln, Sprossen und Blättern: Durch die Verholzung wird seitlicher Wasserein- oder -austritt behindert. Wo nun allerdings Wasserdurchtritt (oder allgemein Stoffaustausch) erforderlich ist, werden Tüpfelkanäle – Wandkanäle lichtmikroskopischer Dimensionen – angelegt. Abb. 1.1.112 zeigt typische Tüpfelstrukturen in sekundär verdickten Zellwänden. Die Tüpfelkanäle benachbarter Zellen korrespondieren, sie treffen sich an primären Tüpfelfeldern. Diese Plasmodesmenreichen Bezirke der Primärwände fungieren dabei als «Schließhäute» der Tüpfel.

Hoftüpfel sind für Wasserleitbahnen charakteristisch. Bei ihnen sind die sekundären Wandschichten rund um den Tüpfelkanal *(Porus)* von der Schließhaut abgehoben, so daß ein trichterförmiger «Hof» entsteht. Die Tracheiden der Nadelhölzer sind durch besonders große, kreisrunde Hoftüpfel ausgezeichnet. Durch sie strömt das im Stamm aufsteigende Wasser. Die Schließhäute sind in der Mitte zu einem *Torus* (lat., Polster) verdickt, der an radialen Haltefäden aus Cellulose locker aufgehängt ist (*Margo*, lat. Rand). Das Wasser kann zwischen den Haltefäden der Margo aus einer Tracheide in die nächste strömen. Bei Luftembolien wirken Hoftüpfel als Rückschlagventile, indem der Torus an den Unterdruck-seitigen Porus angepreßt wird und ihn verschließt.

Abb. 1.1.112: Tüpfel. **A**, Ausschnitt aus dem ‹Stein-Endosperm› der Elfenbeinpalme *Phytelephas*; die stark verdickten Zellwände (m Mittellamelle) dienen hier als Depot für Reservepolysaccharide; die Zellen stehen über Plasmodesmen in Verbindung, besonders auch zwischen Tüpfelkanälen tk. **B**, Steinzelle (Sclereide) aus Walnußschale mit verzweigten Tüpfelkanälen; Kanäle, die nicht alle Sekundärwandlamellen durchsetzen, verlaufen schräg aus der Schnittebene heraus. **C–F**, Hoftüpfel von Coniferen: **C**, schematisch, links Aufsicht, Mitte Längsschnitt; rechts dsgl., Ventilwirkung bei einseitigem Druck; **D, E**, Hoftüpfel der Kiefer *Pinus sylvestris* in Aufsicht, im Phasenkontrast und im Polarisationsmikroskop (die Cellulosefibrillen umlaufen den schwarzen Porus circulär; die konzentrische Gesamtstruktur zeigt daher das ‹Sphäritenkreuz› – vgl. dazu Abb. 1.1.129 B, S. 118); **F**, Hoftüpfel der Leg-Föhre *Pinus mugo*, Längsschnitt: Hofbildung durch Abhebung der Sekundärwände, Porus und Schließhaut mit Torus erkennbar. **G, H**, Hoftüpfel bei Laubhölzern: **G**, mit schlitzförmigem Porus («Katzenaugen») in Gefäßwänden der Eiche *Quercus robur*, rechts auch im Wand-Querschnitt (Pfeil); **H**, Tüpfelgefäß im Holz einer Weide *(Salix)* (A 350 : 1, n. W. Halbsguth; B 1300 : 1, n. Rothert u. Reinke; D, E 500 : 1, Originale; F 900 : 1, LM Aufnahme: H. Falk, G 800 : 1, Original; H ca. 1500 : 1, Raster-EM Aufnahme: A. Resch)

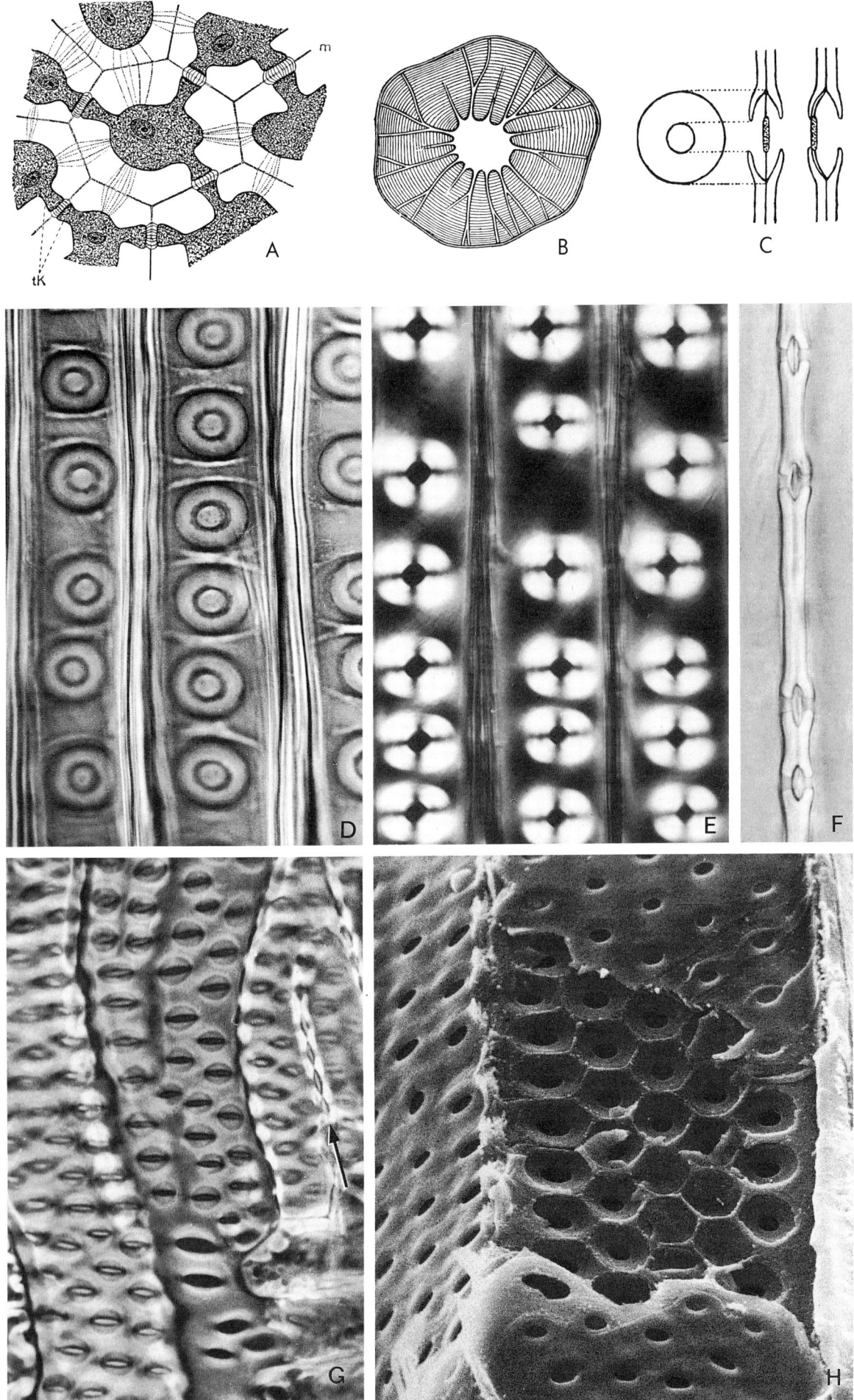

e) Abdichtende Sekundärwände

Zu den wichtigsten Voraussetzungen für das Pflanzenleben (und aktives Leben überhaupt) gehört die ständige Verfügbarkeit von Wasser (S. 4, 321, 875). Die meisten Landpflanzen besitzen besondere Einrichtungen, um ein Austrocknen an der Luft zu verhindern (Transpirationsschutz; vgl. S. 330). Besonders wichtig sind dabei lipophile Sekundärwandschichten bei solchen Zellen, die an der Oberfläche des Vegetationskörpers liegen (Epidermiszellen) oder doch oberflächennah (Korkzellen). Im Gegensatz zu den verfestigenden mechanischen Sekundärwänden, die immer viel Cellulose enthalten, bestehen die abdichtenden Sekundärwandschichten aus wasserundurchlässigem, hydrophobem Material und enthalten im typischen Fall keine Cellulose. Offenbar ist eine hinreichend intime Durchmischung von hydrophilen Zellwandkomponenten, zu denen auch die Cellulose gehört, und den hydrophoben Stoffen der abdichtenden Sekundärwände nicht möglich. Wasserundurchlässigkeit wird daher nicht durch Inkrustation cellulosischer Wandschichten erreicht, sondern durch Anlagerung (Akkrustation) lipophiler Massen an ein vorgegebenes Saccoderm, das als Unterlage für die Akkrustation dient und die erforderliche mechanische Festigkeit gewährleistet. Als Adkrusten fungieren im Falle der Epidermen das Cutin (lat. *cutis*, Haut, Oberfläche), bei Korkzellen das chemisch verwandte Suberin (lat. *suber*, Kork). Cutin und Suberin bilden eine Polymermatrix, in die zusätzlich als besonders hydrophobe Komponenten verschiedene Wachse eingelagert sind.

Auch die i. allg. mikroskopisch kleinen Sporen und Pollenkörner besitzen accrustierte Zellwände (Sporodermen). Als Adkrusten treten hier die besonders widerstandsfähigen Sporopollenine auf. Ihre Funktion besteht freilich nicht in der Rückhaltung von Wasser – dergleichen wäre bei dem extremen Oberflächen/Volumen-Verhältnis illusorisch, und diese Zellen überleben auch völliges Austrocknen. Es handelt sich vielmehr um Schutzschichten, die u. a. schädliche UV-Strahlung zu absorbieren vermögen. Die Sporodermen weichen nicht nur funktionell, sondern auch nach Chemie, Feinbau und Entwicklung völlig von den Cutinwänden der Epidermen und den Suberinschichten der Korkzellen ab. Sie werden auf den S. 703 und 738 f. behandelt; über ihre Bedeutung für die Pollenanalyse vgl. S. 899, 911.

Ein Abdichtungsmaterial besonderer Art ist die **Callose**, ein Glucan mit 1 → 3-Bindung der Monomeren, das schraubenförmige Moleküle besitzt und stets in sehr kompakter Form ohne Beimengung anderer Stoffe auftritt. Durch Callose können Plasmodesmen und Siebporen verschlossen werden (S. 102); frischgebildete Pollenkörner grenzen sich während der Bildung des Sporoderms durch dicke Calloseschichten gegeneinander ab; und in den rasch wachsenden Pollenschläuchen (S. 743) versiegelt der mit dem Spitzenbereich vorrückende Protoplast der vegetativen Zelle den von ihm verlassenen hinteren Abschnitt des Schlauches wiederholt mit Callosepfropfen. Callose kann an der Plasmamembran rasch in beträchtlicher Menge synthetisiert werden, und sie wird bei Bedarf auch rasch wieder abgebaut. Vielfach spielt Callose die Rolle eines «Schutzverbandes» auf zellulärer Ebene. Die Callose-Synthase wird dementsprechend durch in die Zelle einströmendes Calcium aktiviert; möglicherweise bewirkt der erhöhte intrazelluläre Ca^{2+}-Spiegel eine Umsteuerung der Cellulosesynthase-Komplexe auf Callose-Synthese.

Die verkorkte Zellwand. In Korkzellen befindet sich innerhalb des Saccoderms eine cellulosefreie Suberinschicht (Abb. 1.1.113). In den meisten Fällen sind die Suberinschichten gegen das Zellumen hin von einer dünnen weiteren Wandlage überdeckt, die wieder Cellulose enthält («Tertiärwand»). Die funktionell entscheidende Rolle spielt aber die **Suberinschicht** als akkrustierte, sekundäre Wandlage. Sie ist selbst für Wasser praktisch undurchlässig, also nicht semipermeabel, sondern impermeabel. Sie färbt sich mit lipophilen Farbstoffen (z. B. Sudan III oder IV), aber nicht mit hydrophilen wie Methylenblau, Rutheniumrot u. dgl. Während cellulosehaltige Wandschichten im Querschnitt stets die positive Doppelbrechung der Gerüstmikrofibrillen zeigen, ist der optische Charakter der ebenfalls anisotropen Suberinschichten negativ. Das beruht auf eingelagertem Wachs, das in der Suberinschicht oberflächenparallele Lamellen von 3 nm Dicke bildet (Abb. 1.1.114 A). Die stabförmigen Wachsmoleküle sind dabei senkrecht zur Lamellenebene orientiert. Die negative Doppelbrechung verschwindet bei Extraktion der Wachse mit organischen Lösungsmitteln. Nach Entfernung der Wachse – es handelt sich überwiegend um Ester von Fettsäuren mit Wachsalkoholen – bleibt eine unlösliche, amorph-isotrope Polymermatrix zurück, das eigentliche Suberin (zur Chemie vgl. S. 329 f.). Diese Matrix ist nur mäßig hydrophob, sie läßt Wasser ohne weiteres permeieren. In der Suberinschicht dient sie als stabiler Träger der zarten Wachsfilme, die ihrerseits den Durchtritt hydrophiler Stoffe blockieren – sie sind z. B. für Ionen um zwei Größenordnungen weniger wegsam als das makromolekulare Suberin. Durch die Lamellenbauweise der Sekundärwände wird (wie allgemein bei isolierenden Schichten – auch in der Technik) sichergestellt, daß selbst bei Defekten in einzelnen Lagen insgesamt doch eine sehr wirksame Barriere erhalten bleibt.

Die molekularen Bausteine von Suberin und Wachslamellen werden von den verkorkenden Zellen nicht über Golgi-Vesikel («granulokrin») sezerniert, sondern

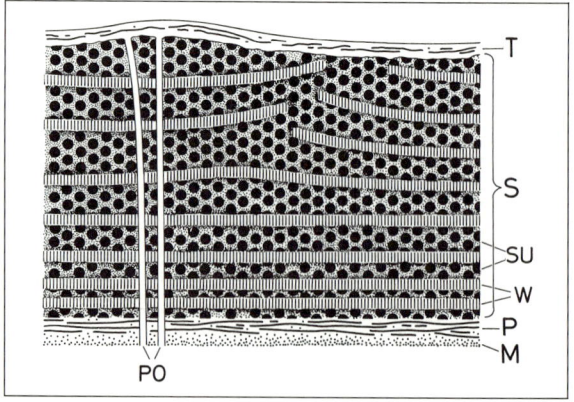

Abb. 1.1.113: Feinbaumodell der verkorkten Zellwand. M, Mittellamelle; P, Saccoderm mit Cellulosefibrillen; S, Sekundärwand = Suberinschicht mit Wachsfilmen W zwischen Suberinlamellen SU. Die lipophile Suberinschicht enthält keine Cellulose. T, Tertiärwand, in der wieder Gerüstfibrillen auftreten. PO, ehemalige Plasmodesmen. (Original)

durch Diffusion («eckrin»; griech. *krínein*, abscheiden). Ihr Bildungsort ist das glatte ER. Die Formierung der Suberinschicht kann recht rasch erfolgen, für Wundverschluß z. B. in wenigen Stunden.

Die Cuticula ist im Prinzip ähnlich gebaut wie die Suberinschicht verkorkter Zellen: Auch sie stellt eine cellulosefreie, lipophile Wandschicht dar mit oberflächenparallelen Wachsfilmen in einer Polymermatrix (Cutin), und der Gesamtkomplex ist einer primären Zellwand aufgelagert (Abb. 1.1.114B). Die Akkrustation erfolgt hier allerdings nicht auf der Innenseite des Saccoderms, sondern auf der Außenseite; die molekularen Bausteine werden also von den Epidermiszellen durch die Primärwand hindurch nach außen sezerniert, wo sie eine alle Epidermiszellen gemeinsam überspannende akkrustierte Wandlage bilden, eben die Cuticula.

Die Cuticularwachse haben längere Kohlenwasserstoffketten als die Korkwachse, sie sind dementsprechend noch stärker hydrophob (die Zahl der C-Atome schwankt bei ihnen zwischen 25 und 33, gegenüber 18 bis 28 bei Korkwachsen). Besonders bei Pflanzen trockener Standorte finden sich Wachskristalle auf der Oberfläche der Cuticula (epiculticulares Wachs, S. 138), die Cuticula wird dadurch unbenetzbar. Oft kommt es auch zur Einlagerung von Cutinmassen in die äußeren Lamellen der primären Wand von Epidermiszellen, unterhalb der eigentlichen Cuticula. In solche «Cuticularschichten» treten Cutin und Begleitwachse geradezu als Inkrusten auf. Die schlechte Mischbarkeit dieser hydrophoben Wandstoffe mit den hydrophilen Komponenten der Primärwand äußert sich dabei allerdings in einer geringeren feinbaulichen Ordnung, z.B. sind die Wachsfilme häufig unterbrochen und nicht mehr oberflächenparallel, und der zusätzliche Transpirationsschutz ist selbst bei dicken Cuticularschichten nur mäßig. Entsprechende Phänomene gibt es bei Korkzellen nicht; im mehrschichtigen Korkgewebe kann eine verbesserte Abdichtung durch die Bildung weiterer Korkzellagen erreicht werden, während die Cuticula auf die an Luft grenzenden Epidermis-Außenflächen beschränkt bleibt und daher grundsätzlich einschichtig ist.

Eine perfekte Analogie zur Pflanzencuticula findet sich an der Körperoberfläche von Arthropoden. Während die massiv ausgebildeten inneren Schichten etwa der Insektencuticula (Endo- und Exocuticula) als chitinhaltiges Exoskelett vor allem mechanische Festigkeit vermitteln, ist die außen accrustierte Epicuticula durch ihren hohen Wachsgehalt ein ausgezeichneter Transpirationsschutz. Die Epicuticula weist sowohl in chemischer wie feinbaulicher Hinsicht viele Parallelen zur Pflanzencuticula auf – ein schönes Beispiel konvergenter Evolution bei Tier und Pflanze!

10. Mitochondrien

In Abb. 1.1.115 sind einige allgemeine Strukturdaten von Mitochondrien zusammengefaßt:

– Doppelte Hülle aus zwei unterschiedlichen Membranen, die zwischen sich ein nichtplasmatisches Kompartiment einschließen, den Intermembranraum;

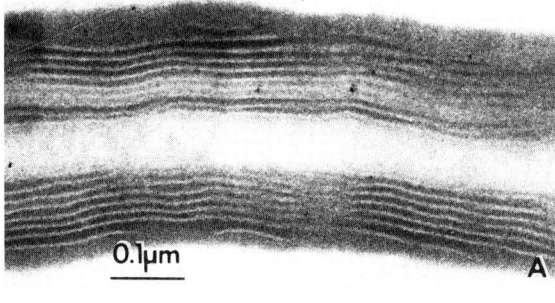
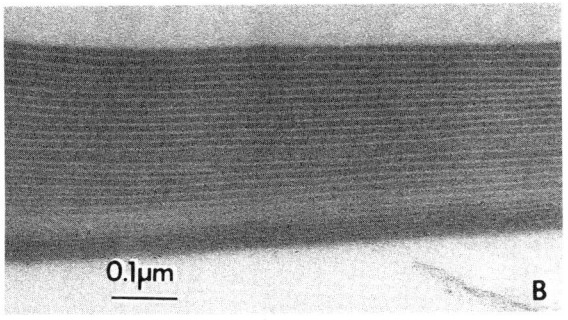

Abb. 1.1.114: Lamellenbau akkrustierter Zellwandschichten; Wachsfilme unkontrastiert, Polymermatrix (Suberin, Cutin) dunkel. **A**, Zellwand aus Wundkork der Kartoffel; P, Primärwände zweier benachbarter Korkzellen; S, Suberinschichten. **B**, abgelöste Cuticula von *Agave americana* (EM Aufnahmen: A, H. Falk; B, J. Wattendorff)

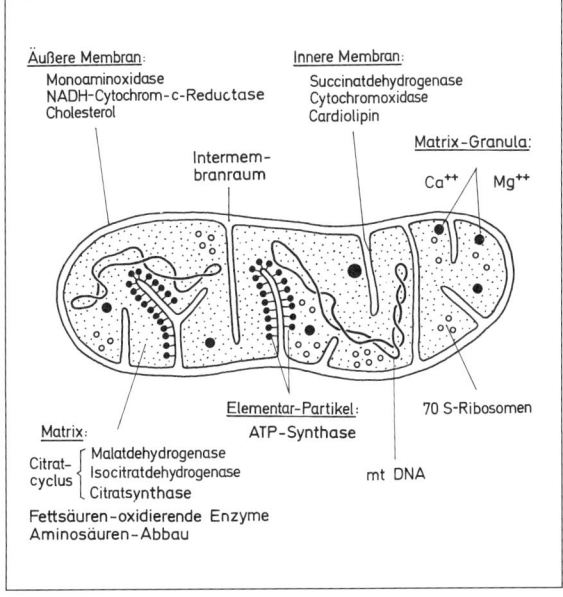

Abb. 1.1.115: Schema eines Mitochondrions mit wichtigen Struktur- und Funktionselementen. Innere und äußere Membran unterscheiden sich nicht nur in Gestaltung und Enzymausstattung, sondern auch in ihrer Lipidzusammensetzung (Cardiolipin/Cholesterol). Die innere Membran bildet durch Einfaltungen Cristae, an deren dem Mitoplasma (der Matrix) zugewandten Seite ATP-Synthasekomplexe lokalisiert sind. (Original: H. Ziegler)

- Matrix mit 70S Ribosomen und mtDNA. Diese ist im Gegensatz zur chromosomalen DNA der Zellkerne circulär. Meistens sind mehrere, oft sogar viele DNA-Ringe im Organell vorhanden. Sie sind in aufgelockerten Partien des Organellplasmas konzentriert, die nicht membranumgrenzt sind und – in Analogie zu den Verhältnissen bei Bakterien – als Nucleoide bezeichnet werden. Histone und Nucleosomen fehlen an diesen Trägern des Chondrions (S. 489f.)
- Gelegentlich auftretende, dichte Matrixgranula, die vermutlich mit der Speicherung von Calciumionen zu tun haben;
- Sog. Elementarpartikel, die mit der Innenseite der inneren Mitochondrienmembran über kurze Stielchen verbunden sind (Abb. 1.1.116).

Dieses einfache Schema kann nun mit Details gefüllt und in funktioneller Hinsicht ergänzt werden.

Gestaltdynamik und Vermehrung der Mitochondrien. In Dünnschnitten (Abb. 1.1.118) und nach Isolierung (Abb. 1.1.7, S. 20) erscheinen Mitochondrien gewöhnlich als kugelige oder elliptische Körper von ca. 1 μm Durchmesser. In lebenden Zellen werden auch fädig-langgestreckte und sogar verzweigte Mitochondrien beobachtet, deren Gestalt raschen Veränderungen unterliegen kann (Abb. 1.1.117). Bei Hefe und manchen Algen verschmelzen unter bestimmten Außenbedingungen oder in definierten Entwicklungsstadien die zahlreichen Mitochondrien einer Zelle zu

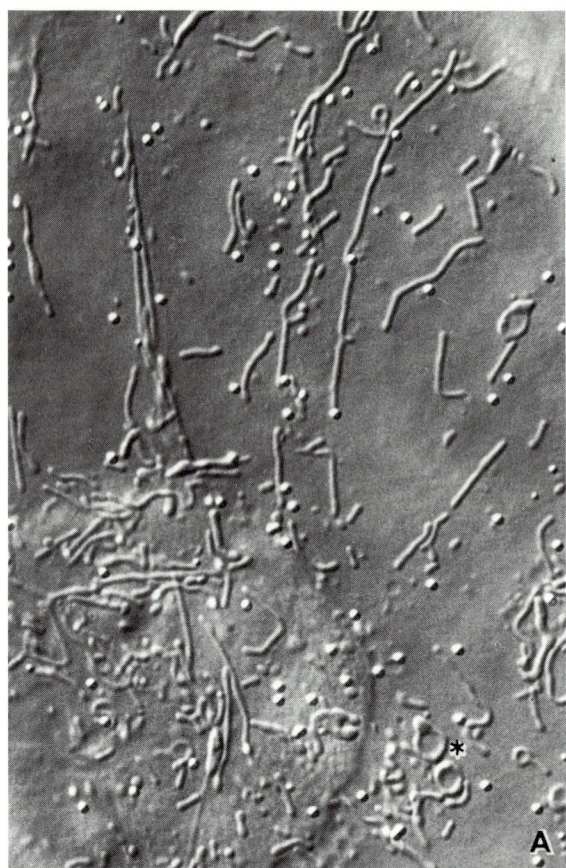

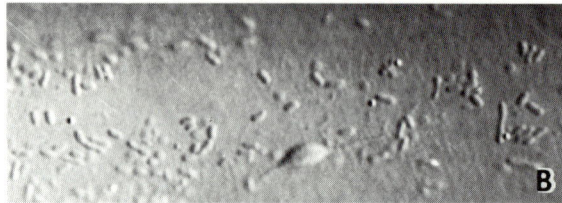

Abb. 1.1.117: Mitochondrien sind in der lebenden Zelle zu raschen Formveränderungen fähig. Meistens treten sie als faden- oder wurstförmige Gebilde auf wie hier in der oberen (inneren) Zwiebelschuppen-Epidermis von *Allium cepa*. In **A** neben zahlreichen ‹Spaghetti-Mitochondrien› auch kugelige Oleosomen und mehrere Leukoplasten mit Stärke-ähnlichen Einschlüssen (z.B. bei *); links unten undeutlich der Zellkern. (1000 : 1. Interferenzkontrast-Aufnahmen von W. Url [A] und H. Falk [B])

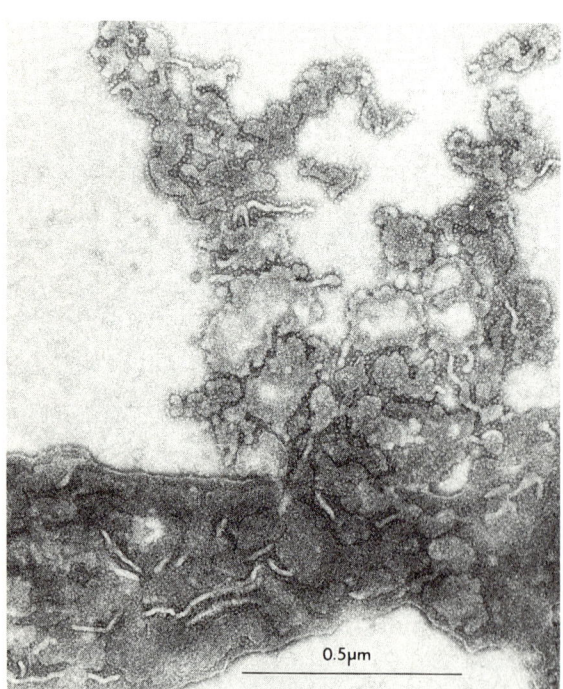

Abb. 1.1.116: ATP-Synthase-Komplexe der Cristae-Membranen sind im Negativkontrast-Präparat dieses isolierten, aufgeplatzten Mitochondrions aus Kartoffelgewebe als helle ‹Elementar›- oder F_1-Partikel deutlich. Sie sind durch zarte Stielchen (F_0, hier nicht erkennbar) mit den Membranen verbunden. (EM Aufnahme: H. Falk)

einem einzigen, netzförmigen Riesenmitochondrion, aus dem später wieder kleine Einzelmitochondrien entstehen können. Auch bei anderen Pflanzen sind Verschmelzung und Vielfachteilung von Mitochondrien nicht selten.

Die Vermehrung von Mitochondrien beruht auf einer Durchschnürung des Organellkörpers bei gleichzeitiger Ausbildung eines Septums des Intermembranraums (Abb. 1.1.119). Wie Lebendbeobachtungen zeigten, kann dieser Vorgang bei langgestreckten Mitochondrien auch gleichzeitig an verschiedenen Stellen ablaufen. Hinsichtlich der mtDNA ist dabei durch Polyploidie (Vielzahl von mtDNA-Molekülen im Mitochondrion) und Polyenergidie (mehrere Nucleoide pro

Organell) sichergestellt, daß kein Tochtermitochondrion ohne genetische Information bleibt.

Die mitochondriale DNA (mtDNA). Die genetische Eigenständigkeit der Mitochondrien beruht vor allem auf der mtDNA. Ihre genetische Wirkung wurde 1945

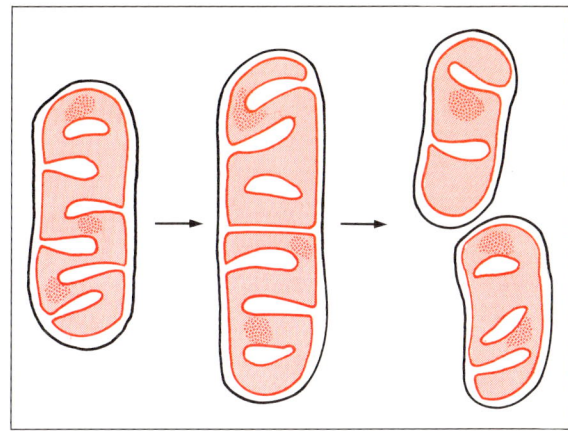

Abb. 1.1.119: Teilung eines Mitochondrions (Schema: Original)

von B. Ephrussi bei Hefe entdeckt (*petite*-Mutanten, s. u.); 1966 wurde mtDNA erstmals isoliert, 1981 als erste komplette Nucleotidsequenz einer mtDNA jene des Menschen aufgeklärt. mtDNA ist ausnahmslos doppelsträngig, in den meisten Fällen circulär (Abb. 1.1.120; 3.1.12, S. 490). Ihre Größe variiert stark. Besonders kurze mtDNAs mit entsprechend niedrigen Molekularmassen werden bei Tieren gefunden; bei Säugern beträgt die Konturlänge nur 5 µm, entsprechend etwa 16 kbp. Bei Pilzen und vor allem bei höheren Pflanzen sind die mtDNAs wesentlich länger. Beispielsweise betragen die Konturlängen bei Hefen und Schimmelpilzen rd. 22 µm (ca. 70 kbp), beim Kohl 75 µm (220 kbp) und beim Mais bis fast 200 µm (570 kbp). Die Mitochondrien der Blütenpflanzen enthalten neben den großen mtDNA-Ringen auch kleinere, die durch intramolekulare Rekombination aus den großen «*Master*-DNAs» enstehen und nur Teile der genetischen Information enthalten.

Die genetische Organisation vieler mtDNAs ist in den letzten Jahren mit Hilfe molekularbiologischer Methoden aufgeklärt worden. Dabei hat sich folgendes ergeben:

– Bei der mtDNA gibt es Abweichungen vom «universellen» Genetischen Code, der demnach richtiger als Standard-Code bezeichnet wird. Beispiele sind in Tabelle 1.1.6 gezeigt. Sie betreffen vergleichsweise selten vorkommende Codonen.
– Der Informationsgehalt von mtDNA ist mit der Zahl ihrer Nucleotid-Paare nicht streng korreliert: Große mtDNAs enthalten mehr nichtcodierende Sequenzabschnitte als kleine. Obwohl z. B. die mtDNA von

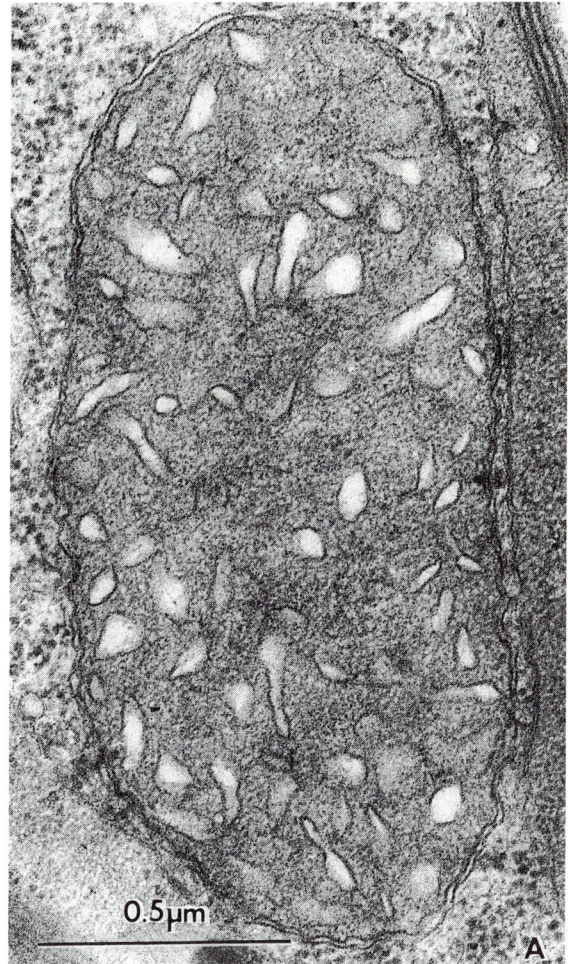

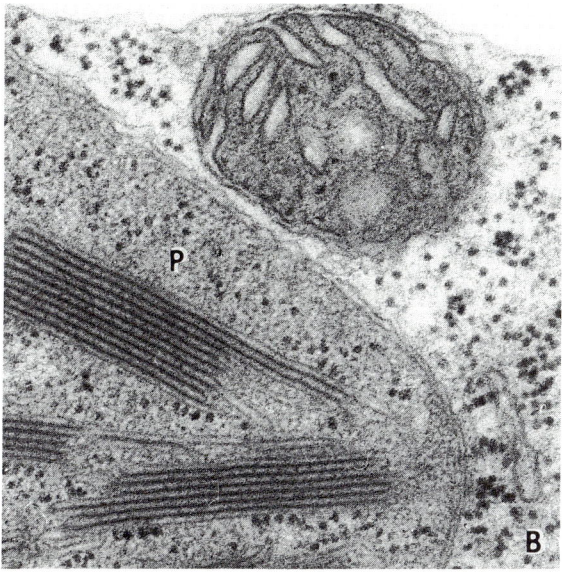

Abb. 1.1.118: Mitochondrien im EM. **A**, in Laubblattzelle des Spinats; im Inneren des Organells zahlreiche Anschnitte von Cristae sichtbar, deren nichtplasmatisches Inneres mit dem Intermembranraum der doppelten Membranhülle in Verbindung steht; diese Kommunikationen liegen allerdings außerhalb der Schnittebene und sind daher nicht sichtbar. In **B** sind sie dagegen deutlich erkennbar. Die mitochondrialen Ribosomen sind – ebenso wie die Plastoribosomen im Chloroplasten P – deutlich kleiner als die Cytoribosomen. (Maßstab in A gilt auch für B. EM Aufnahmen: H. Falk)

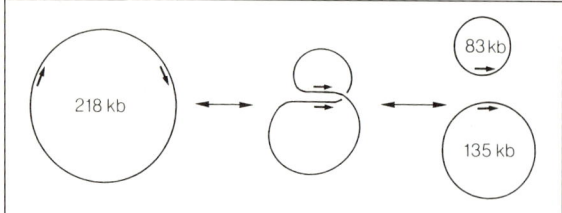

Abb. 1.1.120: Intramolekulare Rekombination von Mitochondrien-DNA bei höheren Pflanzen. Beim Rübsen *Brassica rapa* kommen in Mitochondrien 3 verschieden große circuläre mtDNAs vor; im Hauptzirkel (218 Kilobasenpaare) ist eine Sequenzrepetition enthalten (Pfeile), so daß durch Rekombinationsprozesse (vgl. Abb. 1.1.68, S. 72) 2 inkomplette kleinere DNA-Zirkel aus dem Hauptzirkel entstehen können; der Vorgang ist reversibel. Die mtDNA des Mais enthält 6 repetitive Sequenzen; aus dem Hauptzirkel (570 kb) gehen häufig verschiedene subgenomische Zirkel hervor, z.B. 2 Zirkel 503 kb + 67 kb, deren erster wieder in Subzirkel von 253 kb + 250 kb zerlegt werden kann.

Tabelle 1.1.6: Abweichungen vom Genetischen Standard-Code in Mitochondrien
Einige früher beschriebene Abweichungen (z.B. in Mitochondrien höherer Pflanzen) sind nur scheinbar, sie beruhen auf Veränderungen der Basensequenz in mRNAs durch nachträgliches Einfügen/Verändern/Herausschneiden von Nucleotiden («RNA Editing»)

Codon*	entsprechende Aminosäure		
	Standard-Code	Hefe**	Brotschimmel***
UGA	STOP	Trp****	Trp
AUA	Ile	Met	Ile
CUN	Leu	Thr	Leu

* Triplett der mRNA, 5'→ 3'; N, beliebige Base
** *Saccharomyces cerevisiae*
*** *Neurospora crassa*
**** entsprechend auch bei Mycoplasmen

Pilzen 5 × mehr Nucleotidpaare umfaßt als die der Säuger, sind auf ihr nicht mehr Proteine und RNAs codiert. In der Phylogenese sind erwartungsgemäß vor allem die nichtcodierenden Abschnitte variiert worden.
– Die RNAs der Mitochondrien sind bis auf wenige tRNAs mtDNA – codiert. Dagegen reicht die Codierungskapazität der mtDNA in keinem Fall für alle Mitochondrien-spezifischen Proteine (> 200) auch nur entfernt aus. 80–90% dieser Proteine – qualitativ und quantitativ – sind Kern-codiert, werden im Cytoplasma an 80S Ribosomen translatiert und erst nach ihrer Synthese – posttranslational – in die Mitochondrien importiert. Zu diesen Proteinen gehören z.B. sämtliche Enzyme des Citratcyclus. Tatsächlich werden nur etwa 15 Proteine in den Mitochondrien selbst hergestellt. Die genetische Autarkie der Mitochondrien ist also begrenzt, sie sind keine autonomen, sondern nur semiautonome Organelle. Einige funktionell besonders wichtige mitochondriale Multienzymkomplexe sind zusammengebaut aus Proteinen, die teils in den Mitochondrien selbst gemacht, teils importiert sind.
– Hefepilze sind fakultative Anaerobier (eine unter Eukaryoten sehr seltene Ausnahme), d.h. sie können sowohl mit Sauerstoff – Atmung mit Hilfe der Mitochondrien – wie auch ohne ihn – Energiegewinnung durch Gärung – leben. Daher sind mutative Veränderungen der mtDNA, die funktions-defekte Mitochondrien zur Folge haben, nicht von vornherein tödlich (letal), und so konnte sich für Hefen eine eigene «Mitochondrien-Genetik» entwickeln. Ausgangspunkt waren die schon erwähnten *petite colonie*-Mutanten der Bierhefe, *Saccharomyces cerevisiae*. Mutanten dieser Art mendeln nicht, werden also nicht über Gene des Zellkerns vererbt; sie revertieren auch nie zum Wildtyp und treten mit einer Häufigkeit von 1–2% spontan auf; durch intercalierende Mutagene (z.B. durch Acriflavine oder Ethidiumbromid) kann die Mutationsrate bis nahe 100% gesteigert werden. «Petites» sind atmungsdefekt, sie wachsen unter aeroben Bedingungen wesentlich langsamer als Wildtyp-Hefen; Kolonien auf festem Glucose-Agar bleiben daher kleiner, woraus sich die Benennung dieser Mutanten ergab. Es gibt zwei Sorten von ihnen: Bei den sog. *rho*⁻-Mutanten fehlen infolge intramolekularer Rekombination unterschiedlich große Teilsequenzen der mtDNA; eine komplette mitochondriale Proteinsynthese ist nicht mehr möglich, so daß wesentliche Komponenten der Atmungskette (S. 294) nicht mehr gebildet werden können. Bei den *rho*⁰-Mutanten ist überhaupt keine mtDNA mehr nachweisbar.
– Bei vielen Blütenpflanzen (darunter wichtigen Kulturpflanzen wie Mais, Hirse und Zuckerrübe) kommt eine cytoplasmatisch, d.h. nicht über Kern-Gene vererbte Pollensterilität vor. Der genetische Defekt liegt in der mtDNA. Durch intramoleculare Rekombination der circulären mtDNAs (Abb. 1.1.120) entstehen neue Sequenzkombinationen und damit u.U. neue Proteine, welche die Entwicklung befruchtungsfähigen Pollens verhindern (beim Mais ist es ein Polypeptid von 13 kDa). Pollensterilität ist in vielen Fällen von großer landwirtschaftlicher Bedeutung. Beispielsweise kann bei der Hybridzüchtung beim Mais, die auf strikter Ausschaltung von Selbstbefruchtung beruht, das sehr arbeitsintensive «Entfahnen» – manuelles Entfernen der «männlichen» Blütenstände – entfallen.

Kompartimentierung und Membranen der Mitochondrien. Die wichtigsten Funktionen der Mitochondrien – sie werden auf S. 292 ff. detailliert behandelt – sind:
Bereitstellung von chemischer Energie in Form von ATP. Das ATP wird in energieverbrauchender Reaktion gewonnen aus ADP und Phosphat. Ort dieser oxidativen Phosphorylierung sind die Elementarpartikel der inneren Mitochondrienmembran; sie entsprechen funktionell ATP-Synthase-Komplexen. Die erforderliche Energie entstammt einem in der inneren Mitochondrienmembran ablaufenden Elektronentransport von energiereichen Atmungssubstraten zum Sauerstoff (Atmungskette, Mitochondrien als

Organelle der Zellatmung). Im Zusammenhang mit dem Elektronentransport entsteht ein steiler Protonen-Gradient an der inneren Mitochondrienmembran, im Intermembranraum sinkt der pH-Wert, und über der Membran bildet sich ein Membranpotential, innen negativ gegen außen. Protonen-Gradient und Membranpotential werden – gemäß der chemiosmotischen Theorie (S. 268 f.) – über die ATP-Synthase-Komplexe unter ATP-Bildung entladen.

Die Elektronen für den Elektronentransport der Atmungskette stammen aus der Oxidation von organischen Säuren mit 3 bzw. 2 Carboxylgruppen. Der oxidative Abbau dieser Tricarbonsäuren (z.B. Citronensäure) und Dicarbonsäuren (z.B. Äpfelsäure) erfolgt im Citronensäurecyclus (= Citratcyclus, Tricarbonsäurerecyclus; auch Krebs-Cyclus, nach dem Entdecker H. Krebs). Dabei entsteht durch Abspaltung aus Carboxylgruppen auch CO_2, neben Wasser Hauptprodukt der Zellatmung. Fast alle Enzyme des Citratcyclus sind in der Matrix lokalisiert.

Bei nichtphototrophen Organismen findet auch der Abbau von Fettsäuren zumindest teilweise in der Mitochondrienmatrix statt. Bei der Fettsäureoxidation fallen ebenfalls CO_2 und Elektronen an.

Alle diese Leistungen setzen eine angemessene Durchlässigkeit der mitochondrialen Hüllmembranen voraus. Tatsächlich ist die Permeabilität der äußeren Membran ungewöhnlich hoch. Sie enthält röhrenförmige Komplexe integraler Membranproteine, sog. Porine, die hydrophile Teilchen bis 6 kDa durchlassen (zum Vergleich: ATP hat eine Molekularmasse von 0,5 kDa). Dagegen muß die innere Hüllmembran sogar für Protonen undurchlässig sein, sonst wäre die Energetisierung der ATP-Synthase-Komplexe nicht möglich. Um die geringe Permeabilität mit den Erfordernissen des Stoffaustausches in Einklang zu bringen, ist die innere Mitochondrienmembran mit zahlreichen **Translokatoren** ausgestattet, die den Austausch von ATP und ADP, Phosphat und Calcium, sowie organischen Säuren gewährleisten. Während die äußere Mitochondrienmembran in ihrer Zusammensetzung ER-Membranen gleicht, ist die innere durch einen ungewöhnlich hohen Proteingehalt, das Fehlen von Cholesterol und einen hohen Anteil an Cardiolipin (Abb. 1.1.137, S. 125) ausgezeichnet.

Einen Membrantransport besonderer Art stellt der **Protein-Import** aus dem Cytoplasma in die Mitochondrien dar. Kern-codierte mitochondriale Proteine werden im Cytoplasma i.allg. als inaktive Präkursoren synthetisiert, deren Aminosäuresequenz an ihrem Aminoende um ein später abgespaltenes Transitpeptid länger ist als die des funktionstüchtigen Proteins. Das **Transitpeptid** dient als «Postleitzahl», es ermöglicht die posttranslationale Anheftung des Präkursors an die Mitochondrienhülle und die nachfolgende Durchschleusung des Polypeptids. Cytoplasmatische Enzyme, deren Sequenz mit Hilfe gentechnologischer Verfahren um ein Transitpeptid verlängert wurde, werden in Mitochondrien eingeschleust. Die für den Proteinimport erforderliche Energie stammt aus dem elektrischen Potential über der inneren Mitochondrienmembran. Der Transit selbst erfolgt offenbar an Stellen, wo sich innere und äußere Hüllmembran der Mitochondrien vorübergehend berühren. Wenn das Protein seinen Funktionsort erreicht hat, wird das Transitpeptid abgespalten (**vektorielle Prozessierung**) und damit endgültige Konformation und Aktivität des Proteins hergestellt.

11. Plastiden

Wie schon erläutert wurde (S. 28), können Plastiden auch in ein und derselben Pflanze in verschiedenen Formen auftreten. Die unterschiedlichen Struktur- und Funktionstypen lassen sich schon makroskopisch erkennen an unterschiedlicher Pigmentierung: Die Proplastiden der Bildungsgewebe und die Leukoplasten im Grund- und Speichergewebe sind ungefärbt; die photosynthetisch aktiven, Chlorophyll-haltigen Chloroplasten sind grün, die Gerontoplasten des Herbstlaubes und die Chromoplasten in Blüten- und Fruchtblättern durch Carotinoide gelb bis rot gefärbt. Alle Plastidenformen sind ineinander umwandelbar, nur Gerontoplasten sind Endstufen einer irreversiblen Entwicklung. Plastiden besitzen genetische Kontinuität dank eigener genetischer Information in Form plastidärer DNA (ptDNA; vgl. Abb. 1.1.124, sowie Abb. 1.1.37, S. 48). Wie bei Mitochondrien, reicht aber auch bei Plastiden die Codierungskapazität der Organell-eigenen DNA nicht aus, um für alle Plastiden-spezifischen Proteine zu codieren. Die Gene für viele dieser Proteine bzw. Enzyme sind im Zellkern lokalisiert, und die im Cytoplasma an freien Polysomen synthetisierten (Präkursor-) Polypeptide müssen im Zuge einer vektoriellen Prozessierung zu ihren Zielorten in den Plastiden transfertiert werden.

a) Formen und Feinbau der Chloroplasten

Chloroplasten sind die Charakterorganelle aller photoautotrophen Organismen unter den Eukaryoten, sozusagen das Markenzeichen für Algen und höhere Pflanzen. Durch die Photosynthese (S. 259ff.) wandeln sie Strahlungsenergie der Sonne in chemische Energie um und legen damit die energetische Basis für alle organotrophen (heterotrophen) Lebensformen. Zugleich werden Kohlenstoff, Wasserstoff und Phosphor assimiliert, Nitrat und Sulfat reduziert, sowie Sauerstoff aus Wasser freigesetzt. Der Sauerstoff in der Erdatmosphäre – Voraussetzung aerober Energiegewinnung aus organischer Nahrung und der Bildung eines «Ozonschildes» in der oberen Erdatmosphäre – stammt ganz überwiegend aus der Photosynthese. Chloroplasten sind wegen ihrer weiten Verbreitung und ihrer enormen ökologischen Bedeutung seit den ersten umfassenden lichtmikroskopischen Studien von F. Schmitz und A.F.W. Schimper (1883–1885) Gegenstand intensiver Forschung.

Der typische Mesophyll-Chloroplast ist in Abb. 1.1.121 dargestellt (vgl. auch Abb. 1.1.122, sowie S. 22 f.). Seine doppelte **Membranhülle** weist manche Parallelen zur Hülle der Mitochondrien auf. Auch hier stellt die innere Hüllmembran die eigentliche Diffusionsbarriere dar und weist ein reiches Arsenal von spezifischen Translokatoren auf. Von besonderer Bedeutung ist dabei der Phosphattranslokator, der im Austausch gegen Photosyntheseprodukte Phosphat in die Chloroplasten einschleust. Die innere Membran der Plastidenhülle ist auch Sitz der Enzyme, die für die plastidäre Phospho- und Galactolipidsynthese zuständig sind.

Die internen Membranen der Chloroplasten, die **Thy-**

112 · Bau und Feinbau der Zelle

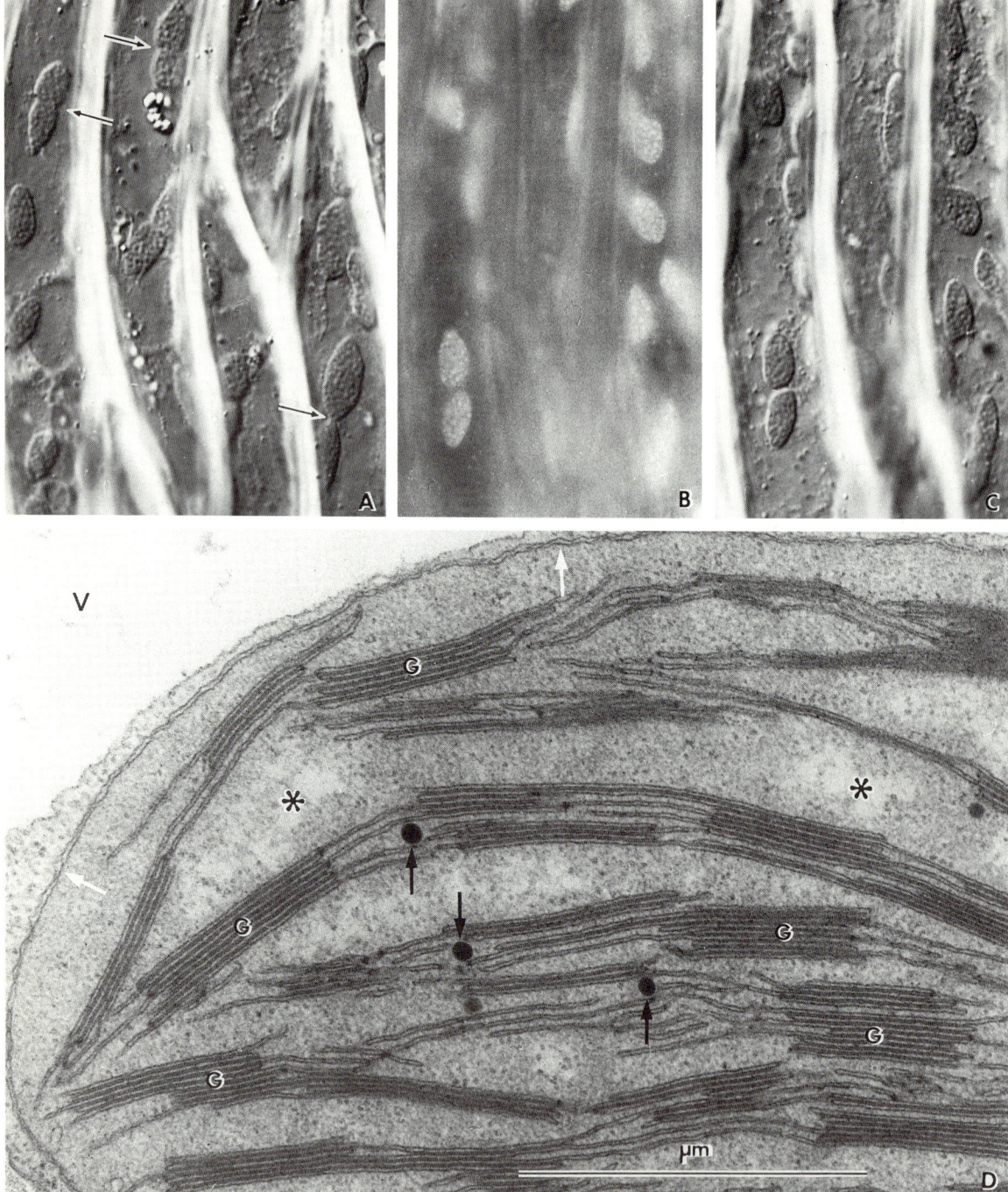

Abb. 1.1.121: Chloroplasten im Licht- und Elektronenmikroskop. **A–C**, granuläre Chloroplasten in lebenden Blättchenzellen des Quellmooses *Fontinalis antipyretica*. **A**, Chloroplastenteilung durch mediane Einschnürung (Pfeile). **B**, Chlorophyll-Fluorescenz der Grana. **C**, gleiche Präparatstelle im Interferenzkontrast. **D**, granulärer Chloroplast aus Laubblatt der Garten-Bohne im EM. Die zahlreichen Thylakoide sind als flache Doppelmembranen erkennbar; in Granen (einige mit G bezeichnet) sind sie dicht aufeinandergestapelt; zwischen den Granen ungestapelte Stromathylakoide. Schwarze Pfeile: Plastoglobuli. Aufgelockerte Bereiche der Stroma-Matrix (*) enthalten ptDNA (‹Nucleoide›). Weiße Pfeile: doppelte Plastidenhülle. V, Vacuole. (A–C 1230 : 1, Originale. D, Präparat u. EM Aufnahme: H. Falk)

lakoide, enthalten verschiedene Carotinoide und – an Proteine gebunden – Chlorophylle. Im Gegensatz zu den *Cristae* der Mitochondrien stehen die Thylakoide, zumindest im voll ausgebildeten Zustand, nicht (mehr) in unmittelbarer Verbindung mit der inneren Hüllmembran des Organells. An den Thylakoiden laufen die Lichtreaktionen der Photosynthese ab (Lichtabsorption, Wasserspaltung, mit Elektronentransport verknüpfte Photophosphorylierung [ATP-Bildung] und Reduktion des Wasserstoffüberträgers Nicotinamid-

Adenin-Dinucleotid-Phosphat [NADP$^+$, S. 265]). Die Thylakoide sind häufig in begrenzten Bereichen zu mehreren übereinander geschichtet (**Grana**), im Stroma liegen die Thylakoide dagegen einzeln. Der molekulare Bau der Thylakoidmembran spiegelt ihre Funktionen wider. Die reiche Proteinausstattung (Abb. 1.1.123; vgl. auch Abb. 1.1.15 B, S. 34, sowie Abb. 2.1.26 A, S. 266) und die präzise, asymmetrische Anordnung bzw. Orientierung der Proteinkomplexe (bei Photosynthese mit O_2-Freisetzung: 2 Photosysteme, wasserspaltendes System, Elektronenüberträger und ATP-Synthase) sind morphologischer Ausdruck des Ablaufes der Lichtreaktion. Das wird im Zusammenhang mit der Photosynthese später detailliert behandelt werden (S. 260 ff.).

Die **Stromamatrix** stellt die plasmatische Phase des Organells dar. Sie birgt neben Enzymen für die sog. Dunkelreaktionen der Photosynthese (S. 271 ff.) auch Stärkekörner und andere Speicherstrukturen wie Plastoglobuli als Lipidspeicher, u. U. Proteinkristalle (z. B. solche des Eisen-speichernden Proteins Phytoferritin). In der Stromamatrix liegen auch mehrere bis viele Nucleoide, aufgelockerte Bereiche mit Ansammlungen von ptDNA-Molekülen als Träger des **Plastoms** (Abb. 1.1.124; S. 489 f.), sowie alle Komponenten eines Proteinsynthese-Apparates, z. B. 70S-Ribosomen.

Dieses allgemeine Strukturschema des Chloroplasten findet sich – besonders bei Algen – vielfach mehr oder weniger stark variiert. Das gilt zunächst für die äußere Form des Organells. Während die Mesophyll-Chloroplasten höherer Pflanzen linsenförmig sind mit Durchmessern zwischen 4 und 10 μm und zu mehreren bis sehr vielen als «Chlorophyllkörner» in den Zellen liegen, kommen bei manchen Grünalgen besonders große und mitunter eigenartig geformte **Megaplasten** vor, oft nur ein einziger pro Zelle (Abb. 1.1.125). Die Chloroplasten vieler Algen und niederer Pflanzen enthalten scharf begrenzte Verdichtungen der Stromamatrix, die von Stärkekörnern umgeben sind und in denen nur vereinzelte oder überhaupt keine Thylakoide verlaufen. Diese Matrixbezirke werden als **Pyrenoide** bezeichnet (griech. *pyrén*, Kern). Sie sind durch eine besonders hohe Konzentration des Schlüsselenzyms der CO_2-Fixierung ausgezeichnet, der Ribulosebisphosphat-Carboxylase-Oxygenase (RubisCO – vermutlich das häufigste Enzymprotein überhaupt; das Enzym, ein Komplex aus je 8 größeren und kleineren Untereinheiten, erreicht allgemein einen sehr erheblichen Massenanteil an der Stromamatrix, in grünem Blattgewebe von C_3-Pflanzen [S. 273] über 60 % aller löslichen Proteine).

Nicht alle Chloroplasten weisen die Grana/Stroma-Gliederung auf. Schon aufgrund lichtmikroskopischer Untersuchungen wurde zwischen granulären und homogenen Chloroplasten unterschieden. Im EM zeigte sich, daß bei den Grana-losen, homogenen Chloroplasten entweder die Thylakoidstapelung überhaupt unterbleibt (vgl. z. B. Abb. 2.1.42, S. 278; gilt allgemein auch für die Plastiden der Rotalgen), oder daß umgekehrt Zweier- oder Dreierstapel von Thylakoiden

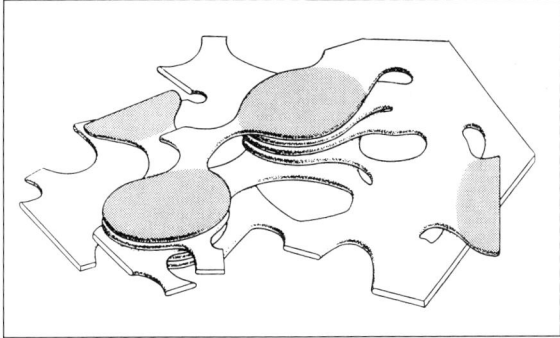

Abb. 1.1.122: Grana- und Stromathylakoide sind nicht gesonderte Kompartimente, sondern stellen ein räumliches Kontinuum dar mit zahlreichen Membranüberschiebungen. (Original: W. Wehrmeyer)

durch die gesamte Plastide reichen (Abb. 1.1.126).

Die Plastiden der Rotalgen sind außer durch die einzeln liegenden Thylakoide noch durch eine besondere Form jener Protein-Pigment-Komplexe ausgezeichnet, die als Strahlungsantennen (Lichtsammler) der Photosynthese dienen. Während diese Komplexe im Normalfall nur in Flachansichten (vor allem in Gefrierbruchpräparaten) von Thylakoiden sichtbar werden, ragen die aus Phycobiliproteinen aufgebauten und als **Phycobilisomen** bezeichneten Lichtsammel-Komplexe der Rotalgen aus der Thylakoidfläche heraus (Abb. 1.1.127; vgl. S. 256 f. Entsprechende Lichtsammel-Komplexe weisen auch die Photosynthesemembranen der prokaryotischen Cyanobakterien auf).

Die Chloroplasten nicht nur der Rotalgen – sie sind wegen ihres Phycobilingehaltes rot bis lila gefärbt («Rhodoplasten») –, sondern auch vieler anderer Algengruppen enthalten so viel akzessorische, d. h. neben dem Chlorophyll vorhandene Pigmente, daß sie nicht grün erscheinen – so die ‹Phaeoplasten› der Braunalgen oder die gelben Plastiden der Dinoflagellaten (S. 603) und vieler Chrysophyten (S. 605). Schon F. Schmitz hatte daher als Oberbegriff für alle pigmentierten Plastiden den Terminus **Chromatophor** (Farbstoffträger) eingeführt.

Der durch besondere Carotinoide tiefrot gefärbte Augenfleck (das Stigma) vieler Flagellaten entspricht einer dichten Ansammlung pigmentierter Plastoglobuli. Diese Anhäufung von Lipidtröpfchen ist entweder in Chloroplasten lokalisiert, oder sie liegt außerhalb der Plastiden scheinbar im Cytoplasma; vermutlich handelt es sich aber auch im zweiten Fall um Plastiden, die allerdings im Laufe der Phylogenie stark modifiziert worden sind.

b) Andere Plastidenformen

Die strukturelle und funktionelle Variabilität der Plastiden übertrifft bei den höheren Pflanzen die der Mitochondrien bei weitem. Dabei ist die in einer bestimmten Zelle anzutreffende Plastidenform vor allem Ausdruck der Funktion dieser Zelle, letztlich also eine Konsequenz der Gewebedifferenzierung.

Die vergleichsweise kleinen, sich häufig teilenden **Proplastiden** reflektieren beispielsweise die hohe Teilungsfrequenz der Meristemzellen, für die sie charakteristisch sind. **Leukoplasten** sind typisch für sich nicht mehr teilende Zellen, die weder Photosynthese treiben noch optische Signale für Tiere entwickeln. Sie können aber Speicherfunktion übernehmen (Öl in

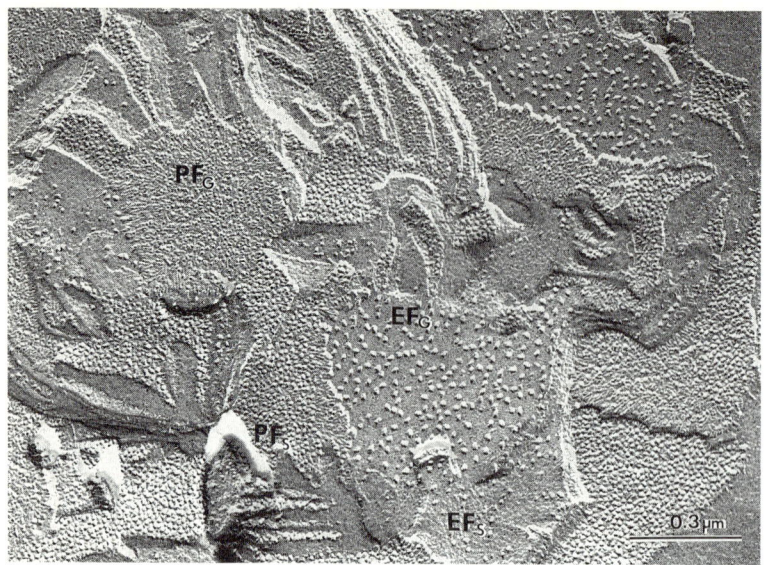

Abb. 1.1.123: Thylakoidmembranen sind Träger von Proteinkomplexen, die an den Lichtreaktionen der Photosynthese beteiligt sind (S. 262, 266). Im Gefrierbruchpräparat (Chloroplast der Erbse) treten diese Komplexe als Membranpartikel deutlich hervor. Zur Bezeichnung der Membranflächen vgl. Abb. 1.1.84, S. 84; die Indices G und S bedeuten Grana- bzw. Stromabereiche; die funktionalen Unterschiede dieser Thylakoidbereiche sind auch im Partikelmuster ausgeprägt. (Präparat und EM Aufnahme: L.A. Staehelin. Aus H. Kleinig u. P. Sitte: Zellbiologie – ein Lehrbuch. G. Fischer Verl., 2. Aufl. 1986)

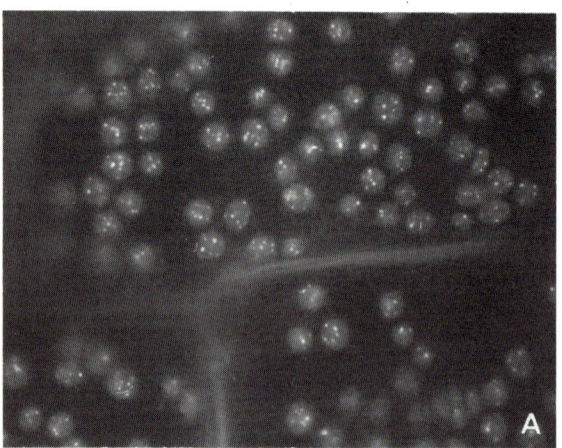

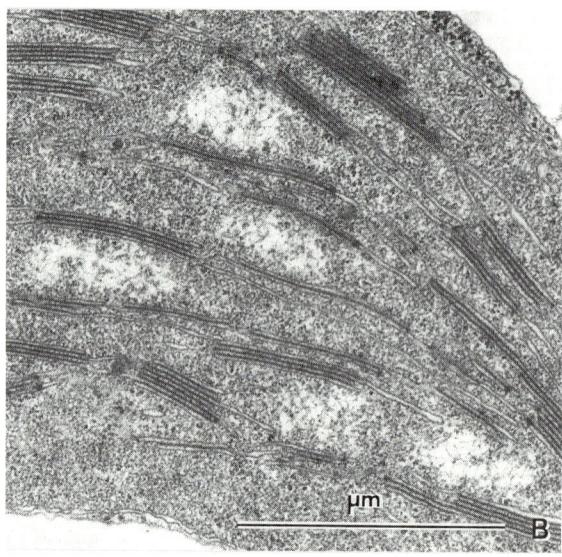

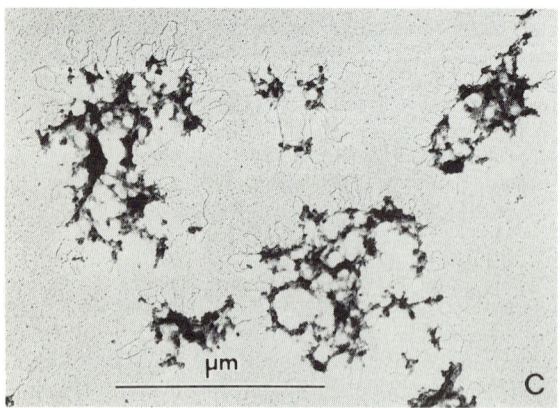

Abb. 1.1.124: Plastiden-Nucleoide. **A**, Chloroplasten in Blattzellen der Wasserpest *Elodea canadensis* nach Fluorescenzfärbung der ptDNA mit DAPI (= 4'-5-Diamidino-2-Phenylindol); jeder Chloroplast enthält mehrere Nucleoide, jedes Nucleoid mehrere circuläre ptDNA-Moleküle. **B**, 5 Nucleoide als aufgelockerte Bereiche, in denen DNA-Stränge sichtbar sind, in der Stroma-Matrix eines Bohnen-Chloroplasten. **C**, aus Spinat-Chloroplasten isolierte Nucleoide; ptDNA bildet Schleifen um lockere Proteingerüste. (A 1000 : 1, Epifluorescenzfoto H. Dörle; B, EM Aufnahme: H. Falk; C, Präparat u. EM Bild: P. Hansmann)

Plastoglobuli: Elaioplasten; Proteinkristalle: Proteinoplasten). Besonders auffällig ist das im Fall der Stärkespeicherung. Massive Stärkespeicherung, die das wichtigste Grundnahrungsmittel der Menschheit liefert, ist die Funktion von unpigmentierten Amyloplasten in entsprechenden Speichergeweben (Getreidekörner, Kartoffelknollen u. dgl.). (Auch in Chloroplasten wird tagsüber Stärke akkumuliert, wenn die Bildung von Photosyntheseprodukten rascher erfolgt als ihr Abtransport. Man spricht von Assimilationsstärke, auch von transitorischer Stärke, da sie in der Nacht wieder abgebaut wird.)

Stärke ist *das* Speicherpolysaccharid grüner Pflanzen und vieler Algen. (Bei heterotrophen Organismen – Pilzen, Bakterien, Tieren – entspricht der Stärke das Glykogen, das im Cytoplasma in Flockenform abgelagert wird.) Chemisch ist Stärke – wie Glykogen – ein Homopolymer aus α-Glucose-Einheiten. Dabei gibt es eine Form der Stärke mit unverzweigten, schraubenförmigen Glucanketten, die Amylose (Abb. 1.1.128), neben Amylopectin mit verzweigten Ketten. (Das Glykogen-Molekül ist noch stärker verzweigt.) Amylose und Amylopectin werden in Form doppelbrechender **Stärkekörner** im Inneren der Plastiden oder – bei manchen Algen – in ihrer unmittelbaren Nachbarschaft im Cytoplasma abgelagert. Form und Größe der Stärkekörner im Speichergewebe sind i. allg. artspezifisch (vgl. Abb. 1.1.129).

Bei vielen (nicht allen!) Blütenpflanzen sind die letzten Schritte der Thylakoidgenese lichtabhängig. Bei diesen Pflanzen kann z.B. die Umwandlung von Protochlorophyllid in Chlorophyllid und weiter in Chlorophyll im Dunkeln nicht erfolgen. Die Plastiden ergrünungsfähiger Gewebe werden unter diesen Umständen bei Lichtmangel zu **Etioplasten**, Hemmformen der Chloroplastengenese, in denen Bausteine der Thylakoidmembran oder Vorstufen davon angehäuft sind. Als Speicherstruktur tritt dabei oft ein Parakristall aus verzweigten Tubuli auf, der **Prolamellarkörper** (Abb. 1.1.130). Etioplasten sind durch Carotinoide blaßgelb gefärbt – das ist dann eben auch die Farbe von

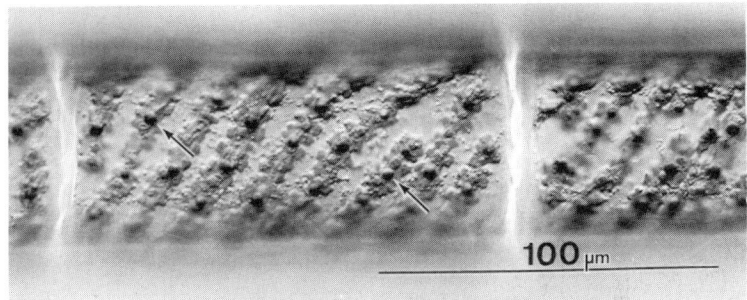

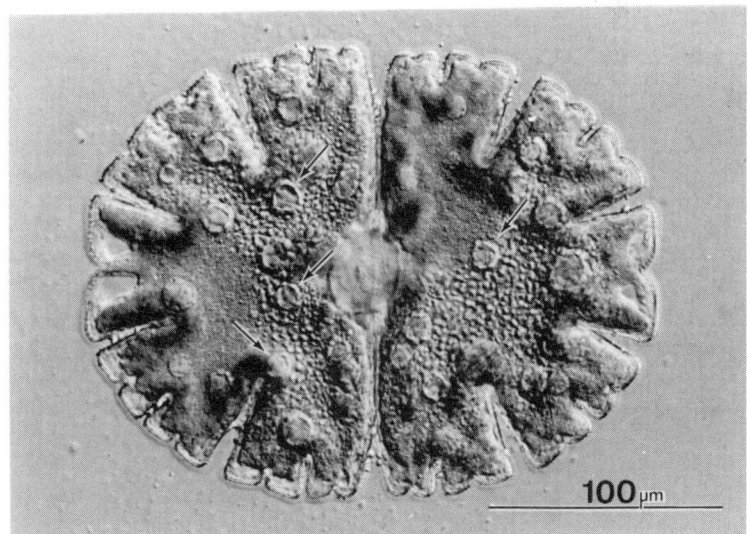

Abb. 1.1.125: Megaplasten in Zellen der Schraubenalge *Spirogyra* (oben, Original) und der Zieralge *Micrasterias* (unten, LM Aufnahme: U. Meindl); Pfeile: Pyrenoide. (Aus H. Kleinig u. P. Sitte: Zellbiologie – ein Lehrbuch. G. Fischer Verl., 2. Aufl. 1986)

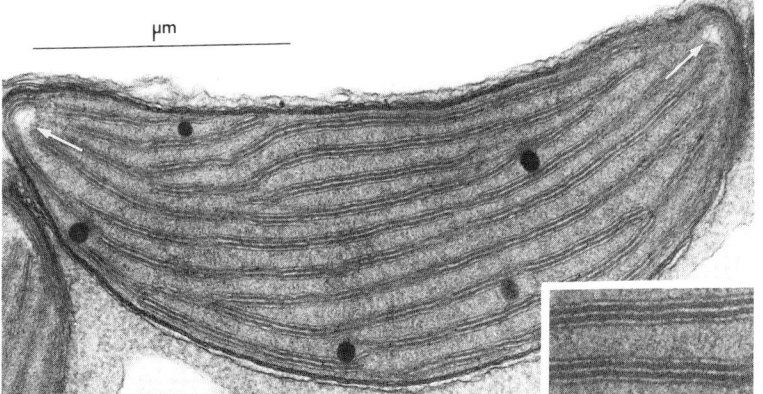

Abb. 1.1.126: Homogener Chloroplast der Alge *Tribonema viride* (Xanthophycee). Die Thylakoide, zu je dreien gestapelt (Ausschnitt), durchziehen die gesamte Plastide, Stromathylakoide werden nicht gebildet. ptDNA-haltige Bereiche laufen peripher um das gesamte Organell (Pfeile). (EM Aufnahme: H. Falk)

Trieben, wie sie etwa von dunkelgelagerten Kartoffeln auswachsen, oder von Rasen, auf dem ein Brett gelegen hat (Etiolement; franz. *étioler*, verkümmern, vergeilen).

Beim Etiolement handelt es sich um ein Syndrom, das über das Phytochromsystem – vgl. S. 404 – ausgelöst wird und nicht nur die Plastidengenese betrifft: Die Sproßstreckung ist stark gefördert, die Entwicklung von Blattspreiten unter-

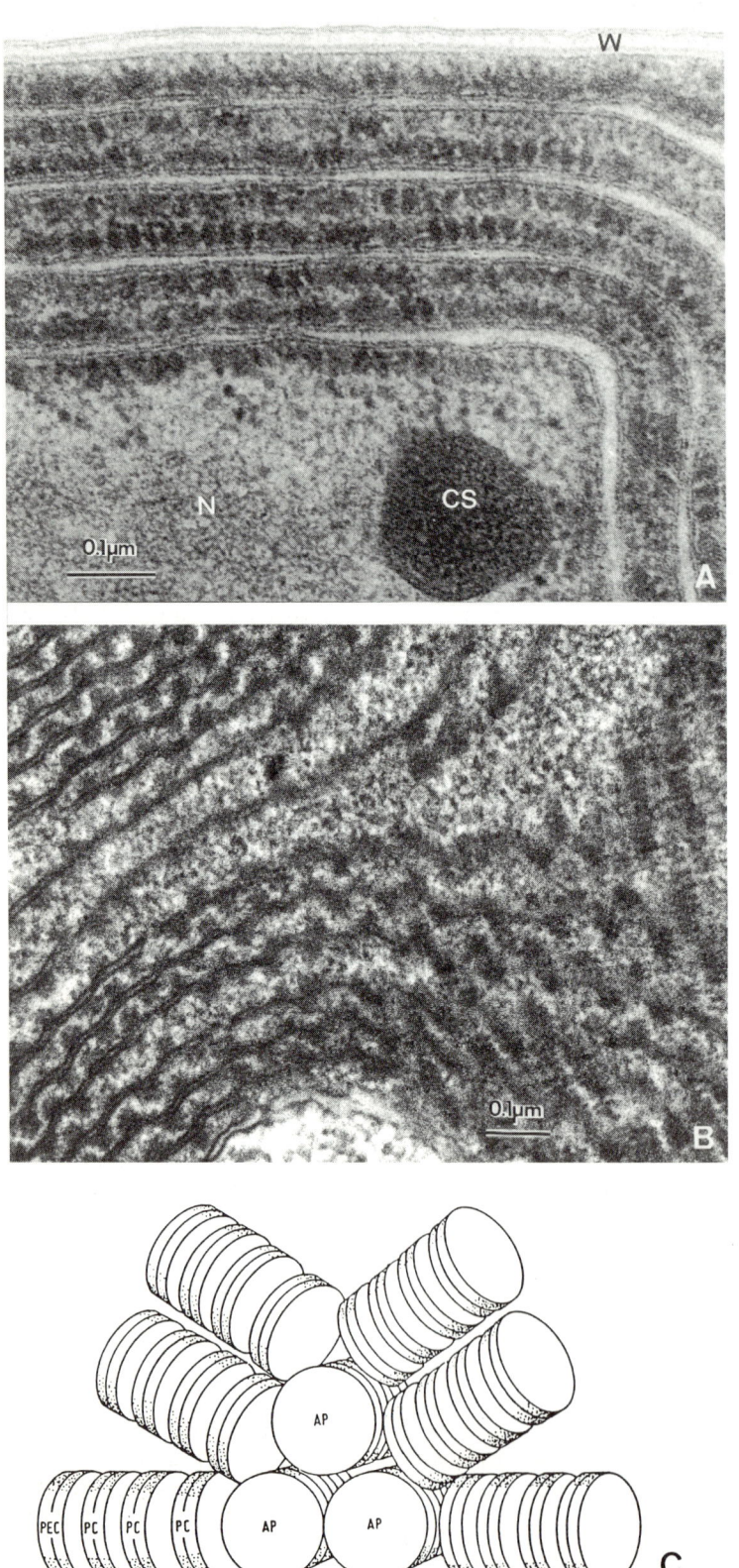

Abb. 1.1.127: Phycobilisomen: **A**, bei dem Cyanobakterium *Phormidium persicinum* (W Zellwand, N DNA-haltiges Centroplasma, CS Carboxysom – vgl. S. 123); **B**, bei der Rotalge *Rhodella violacea*, links in Flächen-, rechts in Profilansicht; **C**, molekulares Modell der halbkreisscheibenförmigen Rotalgen-Phycobilisomen mit Kernstruktur aus Allophycocyanin AP und davon ausstrahlenden Reihen von Phycocyanin PC und Phycoerythrocyanin PEC. Auch in ihrem molekularen Bau entsprechen sich die Phycobilisomen in Rotalgen-Plastiden und Cyanobakterien sehr weitgehend; vgl. dazu S. 256f., wo auch die besondere Rolle der Phycobilisomen bei der Photosynthese behandelt wird. (Originale: W. Wehrmeyer)

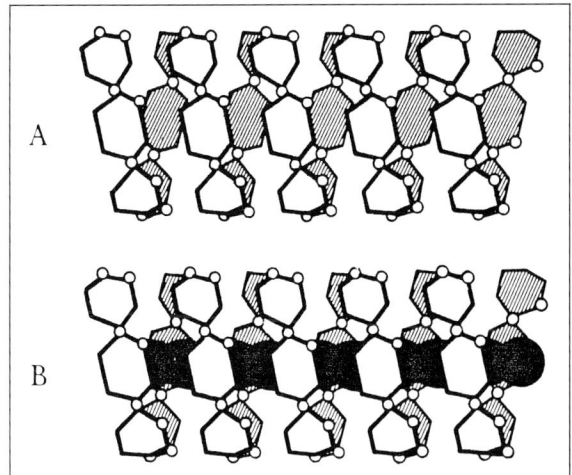

Abb. 1.1.128: Stärke. **A**, kurzer Ausschnitt aus schraubigem Amylose-Makromolekül; die alphaglucosidisch verknüpften Glucose-Einheiten umschließen einen Hohlraum. In diesen eingelagertes Jod (**B**) bewirkt die als Jod-Stärke-Reaktion bekannte Blaufärbung.

Tabelle 1.1.7: Chromoplasten und Gerontoplasten

	Chromoplasten	Gerontoplasten
Vorkommen	Blüten, Früchte	Herbstlaub
Funktion	Tieranlockung	–
Entstehung aus	versch. Plastidentypen, durch Um- oder Aufbau	Chloroplasten, durch Abbau
Vermehrung (Teilung)	+	–
Feinbau-Typ	globulös, tubulös, membranös, kristallös	ausschließlich globulös
Neusynthese von Carotinoiden	+	–
Zellstatus	nicht senescent, anabolisch	senescent, katabolisch

drückt. Schon bei einer erstaunlich niedrigen Lichtdosis wandelt sich der Prolamellarkörper in sog. Primärthylakoide um; die volle Ausbildung des komplexen Thylakoidsystems erfordert dann allerdings wesentlich höhere Lichtdosen. Kommen umgekehrt grüne Teile solcher Pflanzen, deren Chloroplastengenese nur im Licht ablaufen kann, in Dauerdunkel, dann entstehen nach Abbau zunächst der Stroma-, dann auch der Granathylakoide Prolamellarkörper, die Chloroplasten werden zu Etioplasten.

Die vor über 100 Jahren von A.F.W. Schimper vorgenommene Gliederung der Plastidenformen in Leuko-, Chloro- und Chromoplasten stützte sich ausschließlich auf die Pigmentierung als einfaches, auch makroskopisch anwendbares Merkmal. Als Chromoplasten wurden damals alle Plastiden zusammengefaßt, die zwar kein Chlorophyll enthalten und daher auch keine Photosynthese machen, in denen aber Carotinoide akkumuliert sind, so daß sie gelb, orange oder rot gefärbt erscheinen. (Über Carotinoide – unpolare Tetraterpene mit gestreckten Molekülen und einem ausgedehnten π-Elektronensystem, auf dem die Fähigkeit zur Absorption von Blau- oder Grünlicht beruht – vgl. S. 256.) Das trifft häufig auf die Plastiden des Herbstlaubs zu, die senescente Chloroplasten sind; im besonderen Maße aber auch auf die Plastiden vieler Blüten- und Fruchtblätter, die optische Signale für die Tieranlockung setzen (Pollenübertragung: Zoophilie; Samenausbreitung: Zoochorie; S. 746, 757). Heute weiß man, daß Herbstlaubplastiden – sie werden jetzt als **Gerontoplasten** bezeichnet (griech. *géron*, Greis) – mit eigentlichen Chromoplasten kaum etwas zu tun haben (Tab. 1.1.7) – so wenig wie die Zellen senescenter Laubblätter, in denen ein massiver Stoffabbau stattfindet, mit den Zellen frischer Blüten- oder Fruchtblätter, in denen der aufbauende Stoffwechsel (Anabolismus) den abbauenden (Katabolismus) überwiegt.

Bei den **Chromoplasten** können vier Feinbautypen unterschieden werden je nach den internen Strukturen, in denen die Carotinoide gespeichert werden (Abb. 1.1.131). Am häufigsten sind globulöse Chromoplasten mit zahlreichen Plastoglobuli, in deren unpolarem Inneren die Pigmentmoleküle konzentriert sind. Tubulöse Chromoplasten enthalten besonders hydrophobe Carotine oder acylierte Xanthophylle (d.s. mit Fettsäuren veresterte, sauerstoffhaltige Carotinoide) in parakristallinen Bündeln von Filamenten mit 20 nm Durchmesser, die in elektronenmikroskopischen Querschnittbildern wie Röhren (Tubuli) aussehen; in Wirklichkeit handelt es sich aber um nematische (fädige) Flüssigkristalle der unpolaren Pigmente, die von einem Mantel aus amphipolaren Strukturlipiden und einem Strukturprotein von 30 kDa umhüllt sind. Tubulöse Chromoplasten sind stark doppelbrechend und können bizarre Umrißformen annehmen. Das gilt auch für kristallöse Chromoplasten, in denen β-Carotin auskristallisiert, und zwar im Inneren von flachen Membransäcken. Die geringste Verbreitung bei den Blütenpflanzen – nur bei ihnen kommen überhaupt Chromoplasten eigentlichen Sinnes vor – haben schließlich die membranösen Chromoplasten; bei diesen sind die Pigmentmoleküle in Membranen eingebaut, die von der inneren Hüllmembran her gebildet werden und zuletzt als konzentrisches Konvolut aus vielen ineinandergeschachtelten Membrancisternen vorliegen. Diese Membranen enthalten nur sehr wenig Protein, sie sind ein Beispiel für Lipid-dominierte Biomembranen.

Die Formenvielfalt der Chromoplasten ist überraschend, weil eigentlich ja immer das gleiche Problem zu lösen ist, nämlich wie hydrophobe Pigmentmoleküle in einem hydrophilen Stroma verteilt gehalten werden können. Nun weisen die charakteristischen Speicherstrukturen der Chromoplastentypen – Globuli (Kugel), Tubuli (Zylinder) und Membranen (Flächen) – ganz unterschiedliche Oberflächen/Volumens-Quotienten auf, und chemische Analysen haben gezeigt, daß die Mengenanteile der amphipolaren und unpolaren Komponenten diesen Quotienten jeweils korreliert sind. Daraus ergibt sich als gemeinsames Bauprinzip aller dieser Substrukturen eine Anhäufung von unpolaren Verbindungen unter Einschluß der Pigmentmoleküle im Zentralbereich, während die ans Stroma grenzenden Oberflächen von amphipolaren Lipiden und Proteinen besetzt werden. Die internen Strukturen der Chromoplasten bilden sich durch molekulare Selbstorganisations-Prozesse in Abhängigkeit von den verfügbaren Molekülsorten.

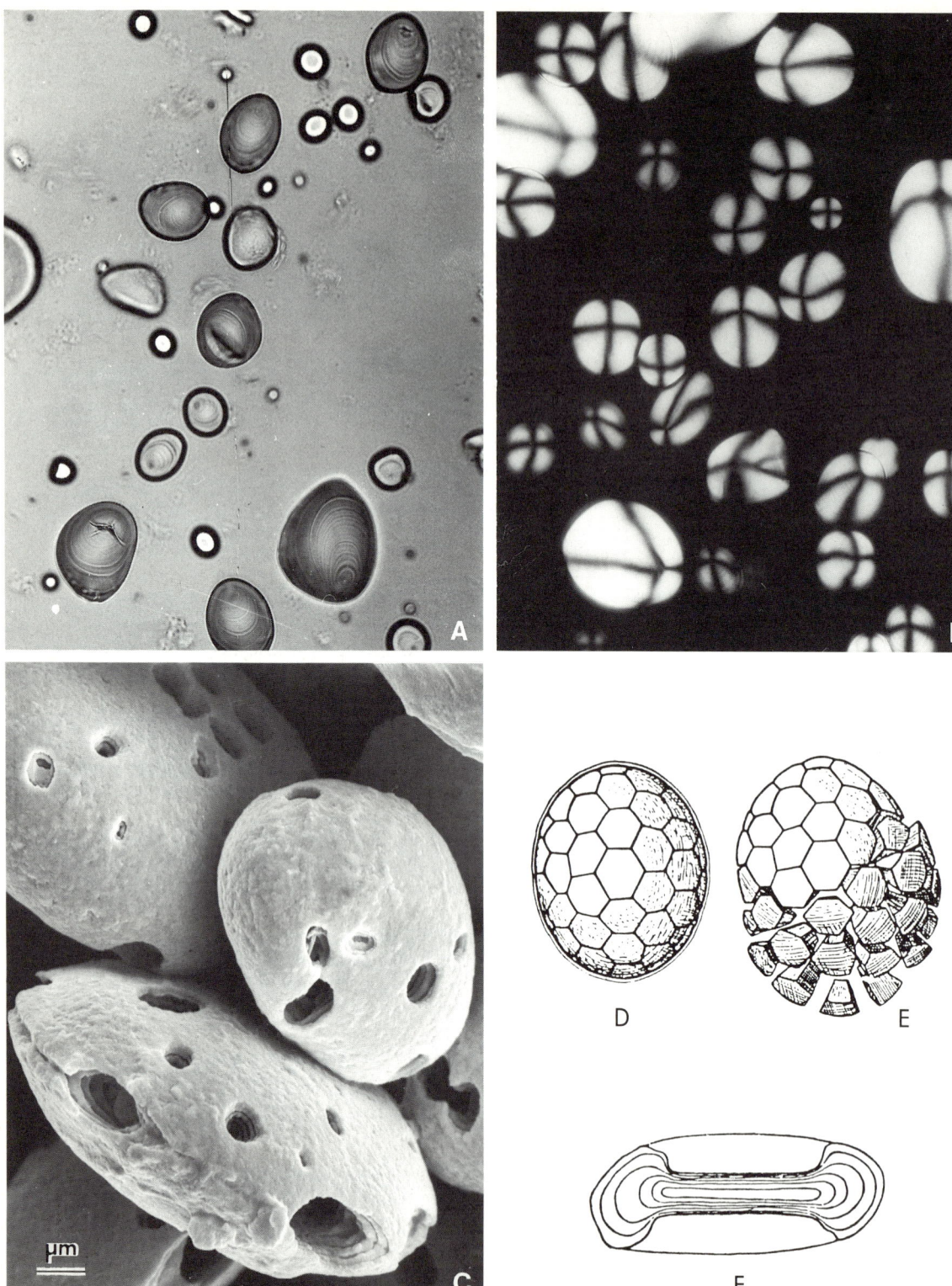

Abb. 1.1.129: Stärkekörner. **A, B**, Kartoffelstärke; in **A** Schichtung deutlich, die auf rhythmischen Schwankungen der Synthesebedingungen beruht. Stärkekörner wachsen allgemein von einem Bildungszentrum aus (‹Hilum›, bei Kartoffelstärke exzentrisch liegend) durch schichtenweise Anlagerung neuen Materials. **B**, im Polarisationsmikroskop erweisen sich Stärkekörner als doppelbrechend, wobei wegen des konzentrischen Aufbaues charakteristische ‹Sphäritenkreuze› auftreten. **C**, Gerstenstärke nach Amylase-Behandlung; dieses Enzym baut Stärke ab, in den Abbaukratern Schichtenbau sichtbar. **D, E**, zusammengesetzte Stärkekörner des Hafers. **F**, hantelförmiges Stärkekorn in einem Amyloplasten aus dem Milchsaft der Wolfsmilch *Euphorbia splendens*. (A, B 500 : 1; Originale v. H. Falk u. P. Sitte. C, Präparat H.-C. Bartscherer, Raster-EM Aufnahme Fa. Kontron, JEOL-EM JSM-840. D–F n. D. v. Denffer)

Die Pflanzenzelle · 119

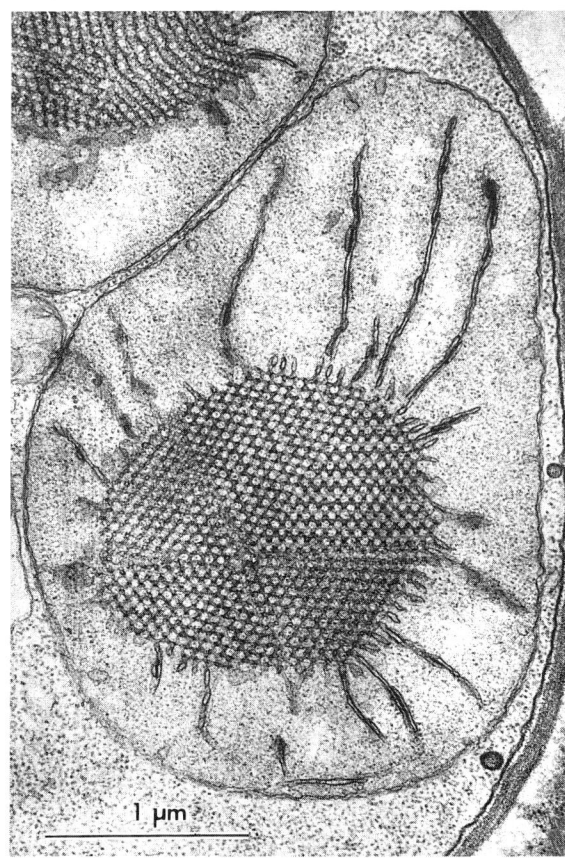

Abb. 1.1.130: Etioplast(en) in junger Blattzelle der Garten-Bohne *Phaseolus vulgaris*. Vom parakristallinen Prolamellarkörper gehen einzelne Thylakoide aus. Plastoribosomen deutlich kleiner als Cytoribosomen; im Plastoplasma mehrere Nucleoide (vgl. Abb. 1.1.124, S. 114). (EM Aufnahme: M. Wrischer)

Chromoplasten, die besonders häufig aus Jungchloroplasten oder Chloroplasten entstehen (unreife Tomaten, Paprikaschoten, Hagebutten usw. sind grün!), können sich – wie Chloroplasten – durch Teilung in Form einer Durchschnürung vermehren. Dabei wird die Zahl der Nucleoide pro Organell verringert, oft bis auf eins pro Chromoplast. Zugleich werden die plastidären Ribosomen abgebaut und die ptDNA durch Kompaktierung inaktiviert. Chromoplasten-spezifische Proteine, wie das 30 kDa-Protein der tubulösen Chromoplasten, sind stets Kern-codiert.

c) Das Genom der Plastiden

Daß Plastiden über eigene Erbinformation verfügen, wurde schon im ersten Jahrzehnt dieses Jahrhunderts von E. Baur und C. Correns aus der ausschließlich mütterlichen (maternalen) Vererbung von Ergrünungsdefekten bei Löwenmäulchen, Pelargonien und der Wunderblume *Mirabilis* erschlossen. (Bei diesen Pflanzen werden bei der Syngamie über die männlichen Keimzellen keine Plastiden in die Zygote eingebracht.) 1934 prägte – nach entsprechenden, sehr eingehenden Untersuchungen an Nachtkerzen-Bastarden – O. Renner für die Gesamtheit der plastidären Erbfaktoren den Ausdruck **Plastom**. Aber erst in den 60er Jahren konnte ptDNA nachgewiesen und schließlich als circuläre Doppelhelix isoliert und näher charakterisiert werden. 1986 gelang zwei japanischen Arbeitsgruppen die Totalsequenzierung der ptDNA vom Tabak und vom Lebermoos *Marchantia*.

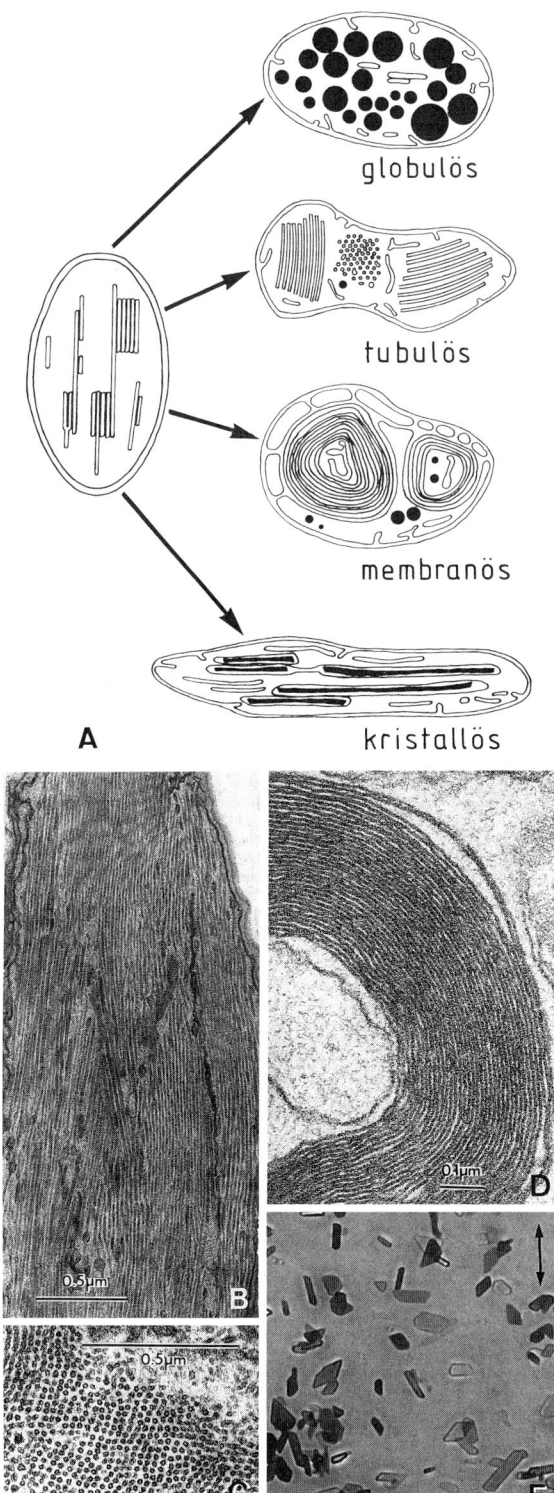

Abb. 1.1.131: Chromoplasten. **A**, Typen der Feinstruktur; die Entwicklung geht häufig von (Jung-)Chloroplasten aus. **B, C**, tubulöse Chromoplasten längs und quer (Hagebutte bzw. Blütenblatt von *Impatiens noli-tangere*). **D**, membranöser Chromoplast von *Narcissus pseudonarcissus*, Ausschnitt. **E**, kristallöse Chromoplasten aus der Wurzel der Kulturmöhre im polarisierten Licht; die β-Carotin-Kristalle sind dichroitisch, die Lichtabsorption ist von der Lichtschwingungsrichtung (Tensor) abhängig. (A aus H. Mohr und P. Schopfer, Lehrbuch der Pflanzenphysiologie. Springer-Verlag, Berlin, 4. Aufl. 1991. B–D Originale. E 750 : 1, Präparat D. Kühnen)

Die Konturlänge der ptDNA beträgt bei höheren Pflanzen rd. 45 μm, das entspricht 130–160 kbp und einer maximalen Codierungskapazität für gut 100 Proteine. Bei niederen Pflanzen und Algen kommt es zwar zu Abweichungen von diesen Richtwerten, doch halten sich diese in relativ engen Grenzen. Man schätzt, daß ein Drittel bis maximal die Hälfte der Plastiden-spezifischen Proteine im Plastom codiert sind. Unter diesen Proteinen sind viele wichtige Konstituenten der Thylakoidmembran, sowie etwa die Hälfte der Proteine der plastidären 70S Ribosomen. Außerdem sind die Gene für alle plastidären RNAs auf der ptDNA lokalisiert. Im Ganzen ist die Organell-eigene Proteinsynthese bei Plastiden quantitativ und qualitativ umfangreicher als bei Mitochondrien. Wie bei Mitochondrien sind aber auch bei Plastiden viele Multienzymkomplexe aus Plastom- und Kern-codierten Proteinen zusammengesetzt. Das gilt einmal für sämtliche Proteinkomplexe der Thylakoidmembran, die an den Lichtreaktionen beteiligt sind – einschließlich der plastidären ATP-Synthase –, und es gilt auch für die RubisCO, deren große Untereinheit Plastom-codiert, deren kleine aber Kern-codiert ist.

Hinsichtlich ihrer genetischen Organisation weicht die ptDNA (wie auch die mtDNA) stark von der Kern-DNA ab, sie weist andererseits aber viele Ähnlichkeiten mit dem Genom von Bakterien auf, das ja ebenfalls circulär ist. Charakteristisch für prokaryotische Genome ist u.a. das Fehlen von repetitiven Sequenzen, und dasselbe gilt auch für das mitochondriale Genom und im wesentlichen auch für ptDNA. Allerdings sind bei den meisten Pflanzen die rRNA-Gene in der ptDNA doppelt vorhanden, sie sind in einem längeren Sequenzabschnitt lokalisiert, der in inverser Orientierung wiederholt ist (Abb. 1.1.37, S. 48). Abweichend von den Gensequenzen der Bakterien gibt es im Plastom nicht selten Introns, also Mosaikgene (s. S. 58). Chloroplasten sind sowohl polyploid – sie enthalten je 40 bis über 100 Kopien ptDNA –, wie auch polyenergid – pro Chloroplast sind mehrere bis viele Nucleoide mit je 2 bis 5 ptDNA-Molekülen in Superhelixform vorhanden (Abb. 1.1.124, S. 114). Bei anderen Plastidenformen, bei denen i.allg. die Menge an Plastoplasma geringer ist als bei Chloroplasten, ist auch die Zahl der Nucleoide und der ptDNA-Moleküle pro Plastide entsprechend geringer.

III. Zellbau bei Prokaryoten

Die frühe Entwicklung des Lebens auf der Erde hat sich nach heutigem Wissen nicht auf dem Niveau von Eukaryoten bzw. Eucyten abgespielt, sondern im Bereich der kleineren und einfacher organisierten einzelligen Prokaryoten. Eucyten sind erdgeschichtlich viel später aufgetreten als Protocyten. Der typische Eucyt, wie wir ihn von recenten Eukaryoten kennen, verdankt seine DNA-haltigen Organelle (Plastiden und Mitochondrien) aller Wahrscheinlichkeit nach dem Einbau photosynthetischer bzw. atmender Protocyten; deren Existenz war also eine Voraussetzung für die phyletische Entstehung der Eukaryoten.

Prokaryoten sind in ökologischer, physiologischer und struktureller Hinsicht sehr heterogen. Ihre systematische Darstellung findet sich im 3. Teil dieses Buches (S. 532ff.). Hier soll lediglich ein erster Überblick über allgemeine Eigentümlichkeiten des Zellbaues bei Prokaryoten gegeben werden. Dabei wird deutlich, wie groß der Unterschied zwischen Protocyt und Eucyt ist. Tatsächlich kennt man keine Übergangsformen zwischen diesen beiden Zelltypen, in der recenten Organismenwelt stehen Pro- und Eukaryoten unvermittelt nebeneinander. So groß die strukturellen und funktionellen Variationen bei den heute lebenden Prokaryoten auch sind, die zur Unterscheidung von Archae-, Eu- (und Cyano-)bakterien geführt haben – nirgends kommt es zu einer echten Überlappung mit dem (bei den vielerlei Eukaryoten ja auch recht variablen) Eucyten-Typ.

Schon äußerlich wird der grundsätzliche Unterschied von Pro- und Eukaryoten durch die sehr ungleiche Größe von typischen Proto- und Eucyten dokumentiert. Die Abmessungen einer Zelle des Darmbakteriums *Escherichia coli* liegen bei $2-4 \times 1$ μm, entsprechend einem Volumen von rd. $2,5$ μm^3. Das Volumen der Plasmamasse durchschnittlicher Eucyten ohne Vacuolen macht dagegen rd. $1500-3000$ μm^3 aus, liegt also um 3 Größenordnungen höher. Dem entspricht eine viel geringere DNA-Menge in Protocyten. Während die Gesamt-Konturlänge der Kern-DNA beim Menschen haploid etwa 1 m beträgt, liegt sie bei *E. coli* nur knapp über 1 mm. Mit der Miniaturisierung des Protocyten hängt es auch zusammen, daß die Generationsdauer unter Optimalbedingungen sehr kurz sein kann, bei *E. coli* z.B. 20 Minuten. Eucyten in Bildungsgeweben teilen sich dagegen meist nicht öfter als 1 mal im Tag. Aus einer einzigen Bakterienzelle könnten schon nach 10 Stunden über eine Milliarde Zellen entstanden sein, ein Umstand, der u.a. die enorme ökologische Bedeutung der Bakterien verständlich macht. Die Miniaturisierung der Protocyten hat schließlich auch eine besonders einfache Kompartimentierung zur Folge: In einer so kleinen Zelle hätten ausgedehnte interne Membransystem einfach keinen Platz.

Betrachten wir nun einige Aspekte des Baues typischer Protocyten etwas näher (vgl. Abb. 1.1.132).

A. Genetischer Apparat

Die DNA der Prokaryoten ist circulär, sie liegt nicht in mehreren verschiedenen und linearen Stücken vor, die den Chromosomen von Eukaryoten entsprächen. (Trotzdem werden auch die DNA-Ringe von Bakterien oft fälschlich als «Bakterienchromosomen» bezeichnet – vgl. zu dieser Problematik S. 54.) Diese DNA-Ringe (Konturlängen zwischen 0,2 mm [Mycoplasmen] und 37 mm [einige Cyanobakterien]) besitzen eine Membranhaftungsstelle und nur einen Replikationsstart, sie sind monoreplikonisch. Trotz ihrer Kleinheit müssen sie in komplexer Weise durch Aufwicklung kondensiert sein, um in den Nucleoiden der Protocyten Platz zu finden. Die **Nucleoide** sind nicht von Membranen oder Doppelmembranen vom Ribosomen-haltigen Cytoplasma getrennt, aber doch klar begrenzt. Nucleolenartige Strukturen gibt es in Nucleoiden nicht. Bei den im Vergleich zu den übrigen Protocyten großen Zellen der Cyanobakterien («Blaualgen») ist das zentral liegende Nucleoid schon im LM gesehen worden, es wurde als Chromidialapparat beschrieben. Dieser liegt im Centroplasma, das von einem peripheren, durch «Thylakoide» pigmentierten Chromatoplasma umgeben ist.

In den Nucleoiden der Protocyten gibt es keine Histone. Neutralisierung und Kompaktierung des genetischen Materials erfolgt durch andere basische Proteine, durch Amine und anorganische Kationen. Bei Transkription und Translation wird besonders deutlich, daß die Nucleoide keine Membranabgrenzung haben: Noch bevor die Transkription eines Gens oder einer Gruppe benachbarter Gene (eines Operons, S. 313) beendet ist, setzt am zunächst synthetisierten 5'-Ende der mRNA schon die Translation ein. Eine Prozessierung dieser RNA findet nicht statt. Die «cotranskriptionelle» Translation geschieht an 70S-Ribosomen (Untereinheiten: 50S und 30S), deren Aktivität durch andere als bei 80S-Ribosomen von Eukaryoten wirksame Antibiotika gehemmt wird (S. 73). 70S-Ribosomen sind kleiner und einfacher gebaut als 80S-Ribosomen, und sie enthalten einen höheren Nucleinsäureanteil; das RNA/Protein-Verhältnis beträgt bei ihnen ca.

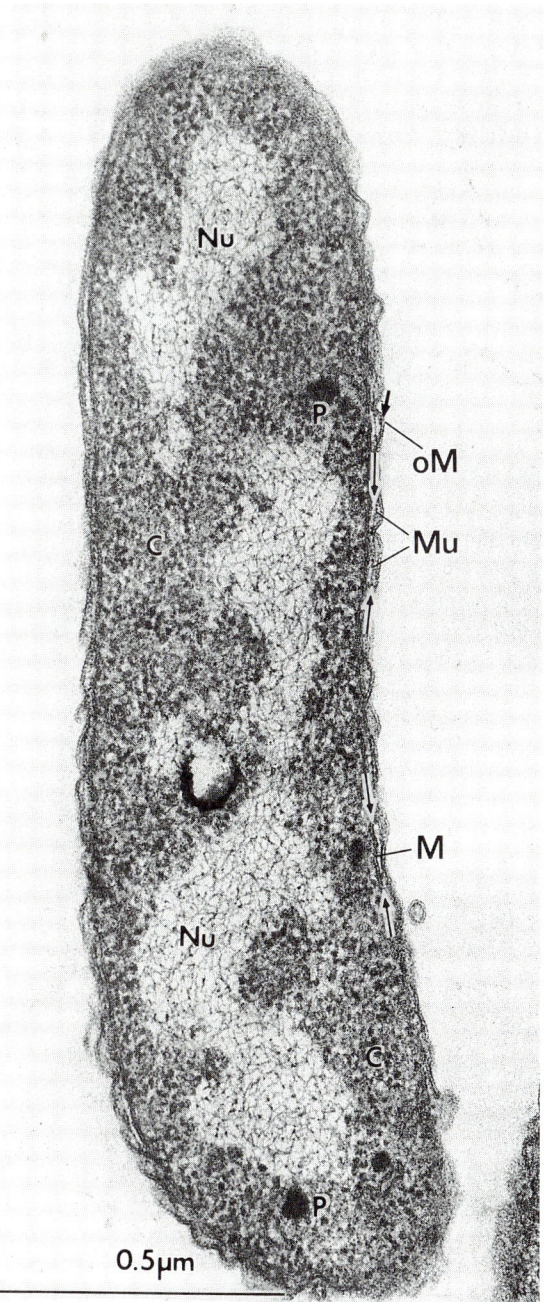

Abb. 1.1.132: Feinbau einer typischen Eubakterienzelle (Gramnegativ): *Rhodospirillum rubrum.* Das unregelmäßig gestaltete Nucleoid Nu, in dem DNA-Stränge deutlich hervortreten, ist von Ribosomen-reichem Cytoplasma C umgeben, in dem sich auch Polyphosphatgranula P befinden. Die Zelle wird von der Plasmamembran M gegen die Zellwand abgegrenzt. In dieser liegt außerhalb des dünnen Mureinsacculus (= Peptidoglykanschicht) Mu eine Membran-ähnliche Schichte, die sog. ‹äußere Membran› (‹outer membrane› oM); diese Schicht fehlt bei Gram-positiven Eubakterien, bei denen der Mureinsacculus wesentlich dicker und vielschichtig ist. (Präp. R. Ladwig; EM Aufnahme: R. Marx)

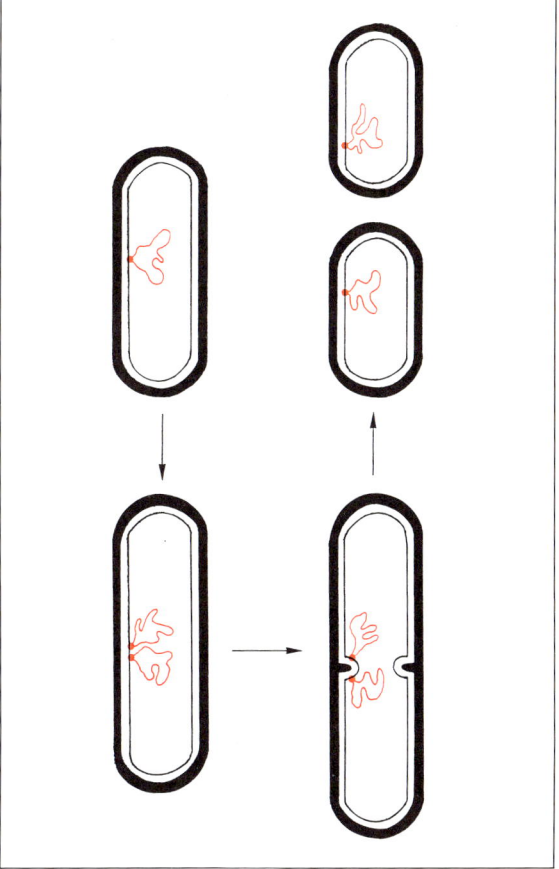

Abb. 1.1.133: Genom-Segregation und Zellteilung bei einem Bakterium, schemat.; circuläre DNA und Anheftungskomplex an der Zellmembran farbig. (Original)

1,5:1, gegenüber einem 1:1-Verhältnis bei Eukaryoten-Ribosomen.

In der DNA von Prokaryoten ist der Anteil nichtcodierender Sequenzabschnitte gering (bei den meisten Eukaryoten überwiegen sie, S. 57).

Vorgänge, die der Mitose oder Meiose auch nur entfernt entsprächen, gibt es bei Prokaryoten nicht. Sie verfügen nicht über Tubulin und Mikrotubuli, und so gibt es bei ihnen nichts, was dem Spindelapparat von Eucyten vergleichbar wäre. Die Segregation des genetischen Materials – Verteilung auf die Tochterzellen – wird dadurch erreicht, daß nach der Verdopplung der DNA-Ringmoleküle deren Membrananheftungsstellen durch Membranwachstum auseinanderrücken, und zwischen ihnen die Bildung eines Septums (Querwand) für die Zellteilung einsetzt (Abb. 1.1.133). Die Zellteilung erfolgt weder durch granulokrine Sekretion von Wandmaterial noch durch Furchung – in Protocyten gibt es weder Actin noch Myosin –, sondern durch Spaltung infolge des Einwachsens eines Septums.

Trotz des Fehlens von Syngamie und Meiose kommt es auch bei Bakterien zu sexuellen Vorgängen, d.h. zur Übertragung genetischer Information von einer Zelle in eine andere und damit zu Rekombination. Man spricht in diesem Zusammenhang von Parasexualität (S. 490, 535).

B. Kompartimentierung bei Protocyten

Bei der Mehrzahl der Protocyten ist die Plasmamembran die einzige Biomembran, die Zelle stellt dann ein einziges Kompartiment dar. Intrazelluläre nichtplasmatische Kompartimente sind bei Bakterien normalerweise nicht ausgebildet, es gibt weder ER noch Dictyosomen, weder Vesikel noch Vacuolen, und keine membranumhüllten Organelle wie Plastiden oder Mitochondrien.

Die sog. Thylakoide der Cyanobakterien sind nicht Komponenten eigener, membranumgrenzter Plastiden wie bei eukaryotischen Algen und Pflanzen; es handelt sich vielmehr um flache Doppelmembranen im Cytoplasma, die mit Photosynthesepigmenten ausgestattet sind und Lichtreaktionen mit Wasserspaltung ausführen (vgl. Abb. 1.1.134 A; 3.2.6 A, auch S. 545). Sie gehen aus Einstülpungen der Plasmamembran hervor. Bei manchen Eubakterien gibt es unterschiedlich geformte Invaginationen der Plasmamembran (Abb. 1.1.134), die allerdings mit dieser in steter Verbindung bleiben; sie werden dennoch als intracytoplasmatische Membranen bezeichnet. Auch diese Membranvesikel, -taschen oder -röhren tragen Photosynthesepigmente.

C. Die Flagellen der Bakterien

Viele Eubakterien sind begeißelt, ihre Flagellen sind aber völlig anders gebaut als die komplexen Geißeln bzw. Cilien der Eukaryoten. Die Bakteriengeißel (Abb. 1.1.135) ist nur 20 nm dick, hat also nicht einmal den Durchmesser eines einzelnen Mikrotubulus. Sie ist aus einem einheitlichen Strukturprotein aufgebaut, dem **Flagellin**. Die Bakteriengeißel ist schraubenförmig und nicht formveränderlich, sondern starr. An ihrer Basis ist sie mit einer aus vier koaxialen Ringen bestehenden Lagerstruktur in Plasmamembran und Zellwand drehbar eingefügt. Die Geißel selbst liegt extrazellulär, sie ist im Gegensatz zur 10× so dicken, formveränderlichen Eukaryoten-Geißel nicht von einer Membran überzogen. Beim Vorwärts- oder Rückwärtsschwimmen der Bakterienzelle (diese Bewegungsarten wechseln ständig miteinander ab) wird die gesamte Geißel ohne Gestaltveränderung im Uhrzeiger- bzw. Gegenuhrzeigersinn gedreht, sie wirkt wie eine Schiffsschraube. Der Motor dieser Rotationsbewegung befindet sich an der Geißelbasis. Getrieben wird er nicht von ATP, sondern direkt von einem Protonengradienten an der Plasmamembran, der dabei durch Protoneneinstrom in die Zelle nivelliert wird.

D. Wandstrukturen bei Protocyten

können sehr unterschiedlich gestaltet sein. Bei den besonders kleinen und einfach gebauten Zellen der Mycoplasmen – sie repräsentieren die niederste Stufe zellulärer Organisation – fehlen Zellwände ganz. Die meisten anderen Protocyten sind dagegen bewandet, und ihre Zellwände dienen nicht nur dem Schutz der Zelle, sondern auch der osmotischen Stabilisierung und der Formgebung. Die Wand fungiert als Außenskelett. Künstlich wandlos gemachte Protocyten kugeln sich ab (Sphäro- und Protoplasten), sind osmotisch labil und vermögen sich erst nach Wandregeneration wieder zu teilen.

Abb. 1.1.136 zeigt schematisch den Schichtenbau von Zellhüllen verschiedener Eubakterien. (Die Zellwände der Archaebakterien weichen stark ab, bei ihnen treten auch andere molekulare Bausteine auf als bei Eu- und Cyanobakterien.) Eine strukturbestimmende Komponente ist die **Peptidoglycan**- oder **Mureinschicht**. Sie ist aufgebaut aus unverzweigten Polysaccharidketten, die durch Oligopeptidspangen quervernetzt sind. Da die gesamte Mureinschicht einer Bakterienzellwand ein einziges Riesenmolekül darstellt, spricht man vom Mureinsacculus. Der Mureinsacculus vermag das Zellwachstum mitzumachen, er kann durch lokales Einfügen neuer molekularer Bausteine vergrößert werden, ohne seine Stütz- und Schutzfunktion dabei aufzugeben. Die Peptidoglykan-Biosynthese wird durch Penicillin blockiert. Das macht verständlich, warum von diesem Antibiotikum nur wachsende Prokaryoten geschädigt werden – bei Eukaryoten kommt Peptidoglykan nicht vor.

Im Bau der Zellwand unterscheiden sich grampositive und gramnegative Bakterien deutlich voneinander. (Die **Gramfärbung** – Gentianaviolett + Jod – kann bei den «gramnegativen» Bakterien durch Ethanol wieder ausgewaschen werden, bei «grampositiven» nicht.) Bei grampositiven Bakterien ist die Peptidoglykanschicht derb, sie besteht aus vielen Mureinlagen. Bei gramnegativen Eubakterien und den Cyanobakterien ist dagegen der Mureinsacculus vergleichsweise dünn. Hier findet sich außerhalb des Sacculus aber noch eine weitere charakteristische Schicht, die nach ihrem Aussehen im elektronenmikroskopischen Schnittbild als **äußere Membran** bezeichnet wird. Sie ähnelt in ihrem molekularen Aufbau einer Biomembran insoweit, als sie eine Lipid-Doppelschicht darstellt, deren innere Monolayer

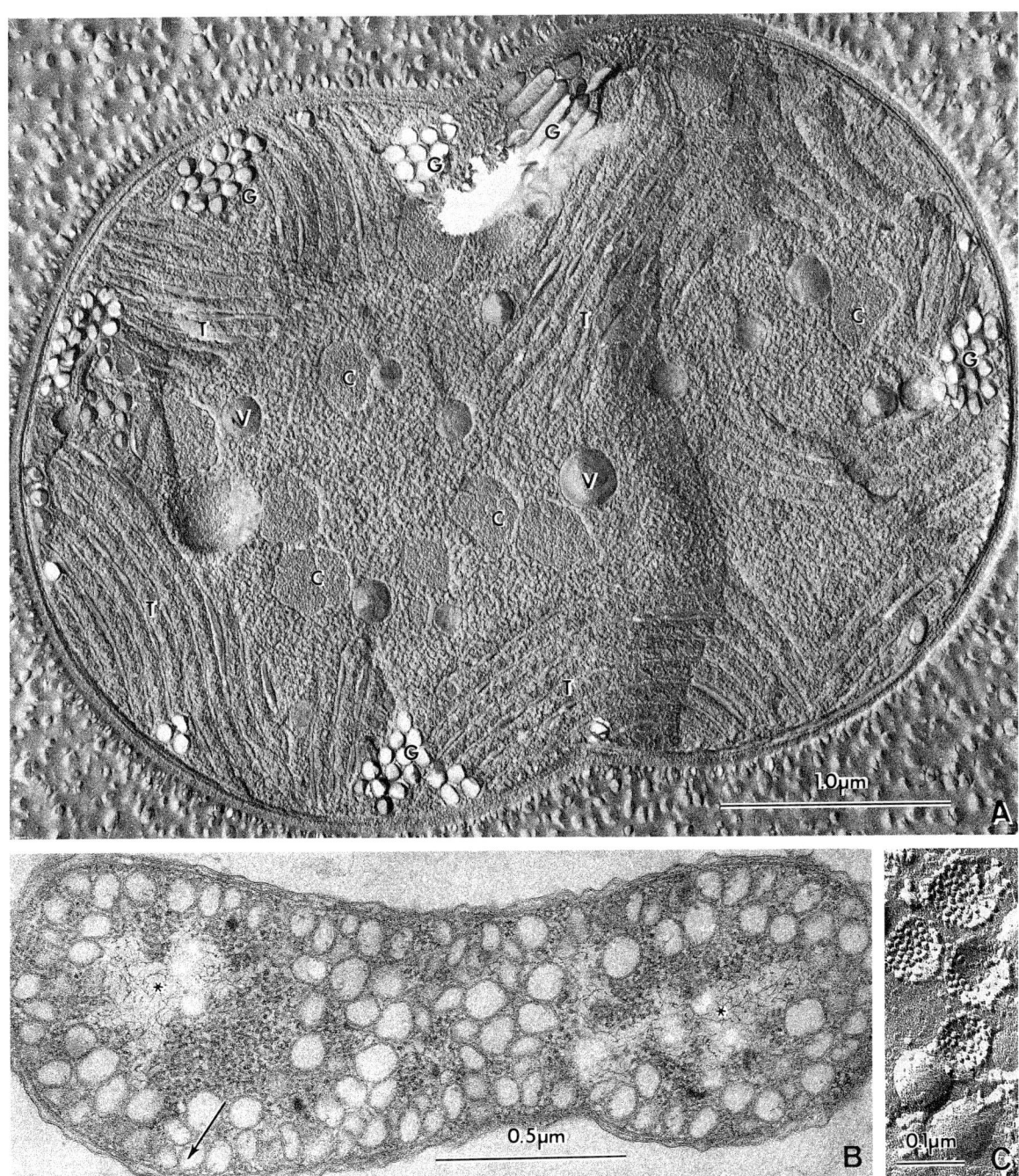

Abb. 1.1.134: Intracytoplasmatische Membranen (ICM) bei Prokaryoten. **A**, *Microcystis aeruginosa*, ein Cyanobakterium – hier nach Gefrierbruch –, enthält mehrere Arten von ICM: T Thylakoide, V Vacuolen mit Reservestoffen, C Carboxysomen als Vorratskompartimente für das Photosynthese-Enzym RubisCO (vgl. S. 273); G sog. Gasvacuolen, Gas-gefüllte zylindrische Hohlräume, die das Schweben der Zellen im Wasser ermöglichen, sind nicht von Lipoproteinmembranen umgeben, sondern von Proteinhüllen, die im Plasma *de novo* gebildet werden können. Die Zelle steht am Beginn einer Teilung. **B**, beim Gram-negativen Eubakterium *Rhodospirillum rubrum* bildet sich im Licht unter anaeroben Bedingungen ein System von ICM aus in Gestalt bläschenförmiger Chromatophoren, die mit Hilfe von Bakteriochlorophyll Photosynthese machen – freilich ohne Wasserspaltung; die Chromatophoren entstehen aus Einstülpungen der Zellmembran (Pfeil) und hängen teils mit dieser, teils untereinander ständig zusammen; * 2 Nucleoide. **C**, entsprechende Chromatophoren nach Gefrierbruch bei *Rhodobacter capsulatus*; EF-Ansichten erscheinen glatt, in PF-Ansichten sind viele Intramembranpartikel sichtbar; sie entsprechen Protein-Pigment-Komplexen für die Photosynthese. (Präparate u. EM Aufnahmen: J.R. Golecki)

überwiegend aus Phospholipiden besteht. Die äußere Monolayer wird dagegen von Lipopolysacchariden gebildet, komplexen Polymeren mit Fettsäureresten als lipophilem Anteil und charakteristischen Oligo- und Polysaccharidketten, die von der äußeren Membran nach außen hin abstehen. Sie bilden insgesamt eine hydrophile Schutzschicht um den Protocyten, durch die lipophile Moleküle nicht zu permeieren vermögen. Hydrophile Teilchen werden dagegen

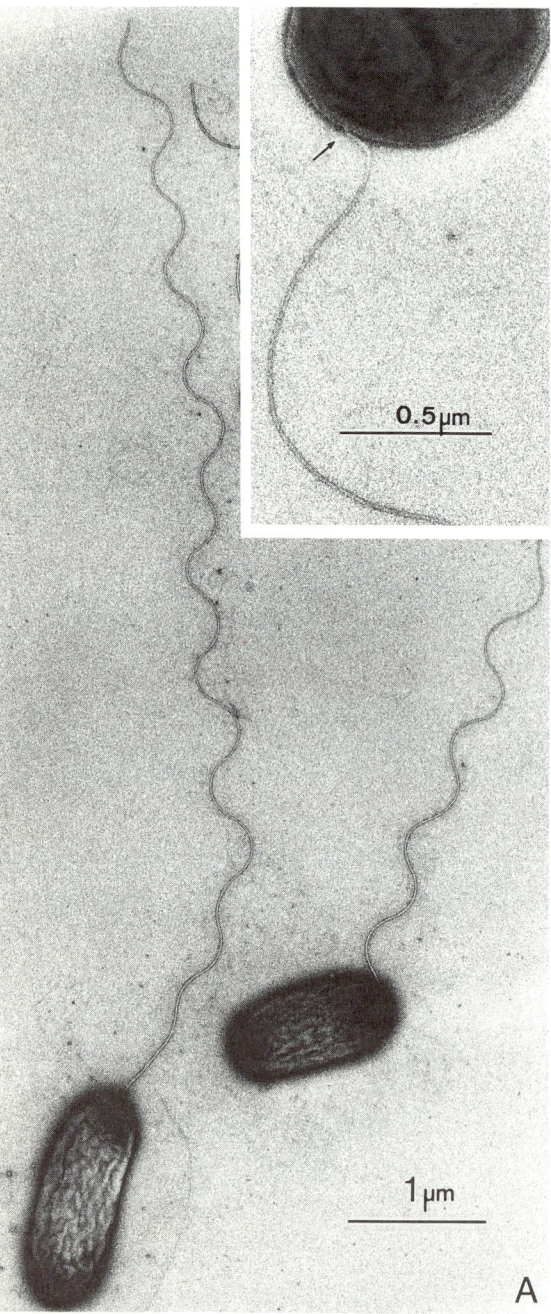

Abb. 1.1.135: Bakterienflagellen (*Agrobacterium tumefaciens*, Negativkontrast); der Pfeil im stärker vergrößerten Teilbild weist auf den ‹Haken› der Flagelle, wo sich der Motor der Drehbewegung befindet, vgl. dazu Ab. 2.3.4, S. 437. (EM Aufnahme: H. Falk; aus H. Kleinig u. P. Sitte, Zellbiologie – ein Lehrbuch. G. Fischer Verl., 2. Aufl. 1986)

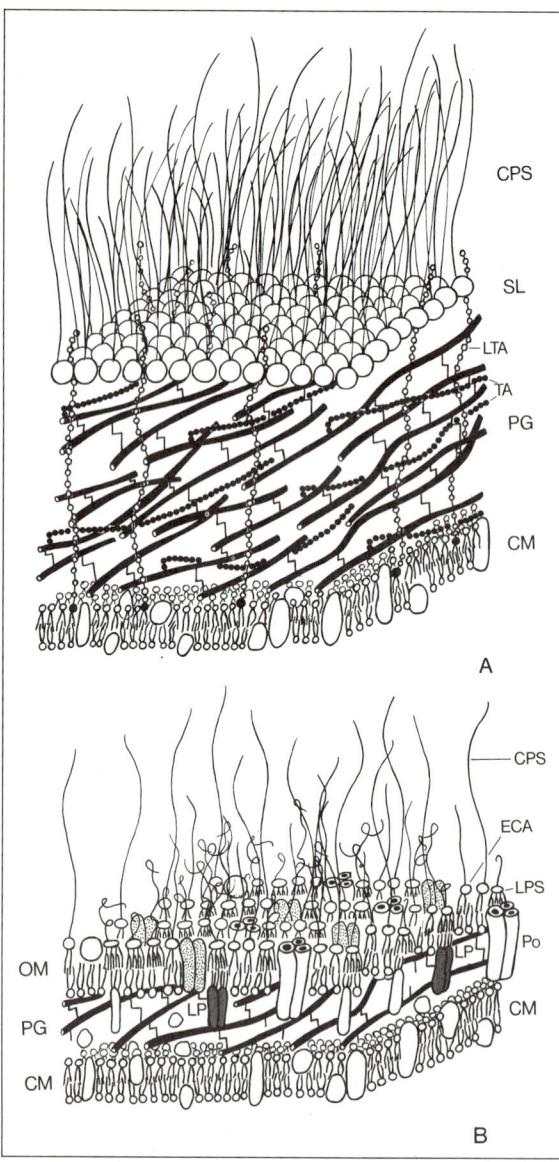

Abb. 1.1.136: Beispiele für Bakterien-Zellwände. **A**, Schema des Zellwandbaues bei einem Gram-positiven *Bacillus*; die Cytoplasmamembran CM (= Zellmembran) ist überlagert von mehrschichtigem Peptidoglykan PG; in der Zellwandebene verlaufen Teichonsäuren TA (lineare Polymere aus Glycerolphosphat- oder Ribitolphosphatresten), die covalent an PG gebunden sind; dagegen sind Lipoteichonsäuren LTA in der CM verankert und erstrekken sich im PG-Netzwerk senkrecht zur Wandfläche. Der gesamte Zellwandkomplex ist von der S-Layer bedeckt (SL, engl. *surface*, Oberfläche), an die über Nebenvalenzen die nach außen gerichteten Ketten von Kapselpolysacchariden CPS locker gebunden sind. **B**, entsprechendes Schema für ein gram-negatives Bakterium, z.B. *E. coli*. Das PG ist hier nur einschichtig. Die «äußere Membran» OM ist über Lipoprotein-Einheiten LP (grau) am PG verankert. Sie ist von trimeren Porinen Po durchsetzt und enthält OMPA (*Outer Membrane Protein A*, punktiert) als integrales Strukturprotein. Die äußere Monolayer der OM besteht aus Lipopolysacchariden LPS mit den nach innen orientierten Fettsäuren des Lipid A und den nach außen hin gewundenen Polysaccharidketten (sog. O-Antigen) sowie aus amphipolaren ECA-Einheiten (*Enterobacterial Common Antigen*) mit längeren gestreckten Polysaccharid-Ketten. Außerdem sind hier Kapselpolysaccharide (CPS, «K-Antigen») verankert. (Originale: U.J. Jürgens)

durchgelassen; in der Lipid-Bilayer der äußeren Membran befinden sich trimere Komplexe eines Proteins (Porin), die hydrophile Poren mit Durchmessern von ca. 1 nm bilden. (Die Porine der äußeren Hüllmembran von Mitochondrien und Plastiden haben zwar eine entsprechende Funktion, sind aber mit den Bakterien-Porinen hinsichtlich ihrer Aminosäuresequenz nicht verwandt.) Die äußere Membran ist eine Zellwandschicht, keine echte Biomembran: Im Gegensatz zu Biomembranen kann sie auch de novo gebildet werden, z.B. wird sie nach totalem Wandverlust wieder regeneriert. Nirgends grenzt sie an Zellplasma, und sie besitzt auch keine Translokatoren für spezifischen oder gar aktiven Transport.

IV. Die Endosymbionten-Theorie

Mitoplasma und Plastoplasma nehmen in Eucyten eine bemerkenswerte Sonderstellung ein. Es wurde schon gesagt, daß sie sich weder untereinander noch mit dem Cytoplasma je vermischen. Hinzu kommt, daß Mitochondrien, und noch ausgeprägter Plastiden in vielen ihrer Eigenschaften an Protocyten erinnern. Das gilt – abgesehen von Form, Größe und Teilungsmodus – zunächst für den genetischen Apparat dieser Organelle. Schon die Tatsache, daß Plastiden und Mitochondrien überhaupt eigene DNA sowie Transkriptions- und Translationseinrichtungen besitzen, die von denen des Karyo- und Cytoplasmas signifikant abweichen, ist merkwürdig genug. Ausgesprochen prokaryotisch sind folgende Eigenschaften:

- Circuläre DNA ohne höherrepetitive Sequenzen, aber mit Membran-Anheftung, in Nucleoiden konzentriert; keine Histone und Nucleosomen;
- Replikation zeitlich unabhängig von der S-Phase des Zellcyclus;
- nur eine RNA-Polymerase, die zudem Rifamycinempfindlich ist;
- mRNAs ohne *Cap* am 5′-Ende und ohne Poly A-Extensionen am 3′-Ende;
- Translation an Chloramphenicol-sensitiven, Cycloheximid-insensitiven 70S-Ribosomen. Die erste Aminosäure jeder neusynthetisierten Polypeptidkette ist in Mitochondrien und Plastiden – wie bei Bakterien – formyliertes Methionin (statt Methionin bei Translation an 80S-Ribosomen).

Es gibt noch weitere Merkmale der DNA-haltigen Organelle, die spezifische Eigenschaften von Prokaryoten widerspiegeln. So erinnert etwa die Lipidzusammensetzung der inneren Hüllmembran bei Mitochondrien an jene der Plasmamembran von Eubakterien: Sie enthält viel Cardiolipin, aber keine der für Eukaryotenmembranen sonst typischen Sterol-Lipide (Abb. 1.1.137). Schließlich lassen Sequenzvergleiche bei verschiedenen Proteinen und Nucleinsäuren auf nahe phyletische Verwandtschaft von Mitochondrien mit bestimmten Eubakterien (Rhodospirillaceen) schließen, und Plastiden stehen in dieser Hinsicht Cyanobakterien nahe. Beide Organelle stehen andererseits hinsichtlich verschiedener Nucleinsäuren- und Proteinsequenzen weit außerhalb der Eukaryoten.

Diese zunächst überraschenden Befunde werden zwanglos gedeutet durch die Endosymbionten-Hypothese. Sie basiert auf der Annahme, daß sich die DNA-haltigen Organelle der Eukaryoten aus ehemals freilebenden Prokaryoten evoluiert haben, die zunächst als intrazelluläre Symbionten = Endocytobionten in die Zellen urtümlicher Eukaryoten aufgenommen worden waren. Die Inkorporation der Symbionten ist vermutlich durch Phagocytose erfolgt, dem bei Protozoen (aber z.B. auch bei den Granulocyten und Makrophagen der Säuger und des Menschen) allgemein verbreiteten Mechanismus zur Aufnahme particulärer Nahrung (Abb. 1.1.138). Bei Phagocytose entsteht zwangsläufig die von Plastiden und Mitochondrien her bekannte Kompartimentierung: Phagocytierte Zellen sind im Plasma der Freßzelle von einer doppelten Membranhülle umgeben, die innere Membran ist die Plasmamembran der aufgenommenen Zelle, die äußere entspricht der Phagosomen-(Endosomen-)membran, die ihrerseits aus der Plasmamembran der aufnehmenden Zelle durch Einstülpung und Abschnürung nach innen entstanden ist. Nach Phagocytose werden die aufgenommenen (Nahrungs-) Partikel normalerweise durch Lysosomen verdaut; das unterbleibt bei der Eta-

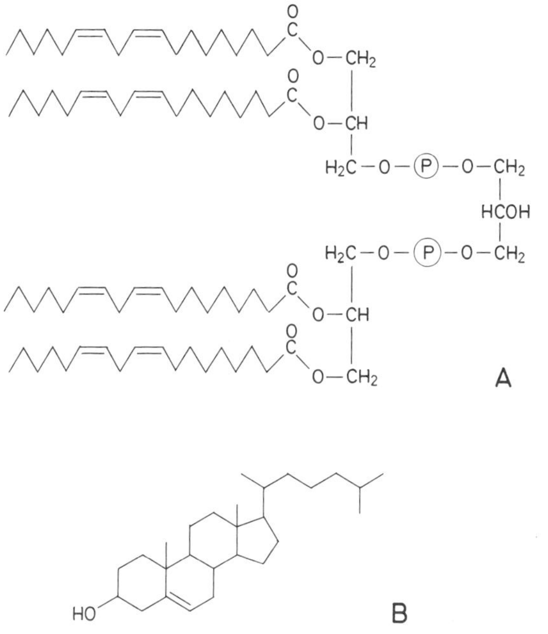

Abb. 1.1.137: Cardiolipin (**A**), ein Phospholipid, ist bei Bakterien weit verbreitet, kommt in Eucyten aber nur in der inneren Mitochondrienmembran vor. Sterollipide – als Beispiel hier Cholesterol (**B**) – fehlt dagegen in den Membranen freilebender Prokaryoten und in der inneren Mitochondrienmembran, ist aber häufiger Membranbestandteil bei Eukaryoten.

126 · Bau und Feinbau der Zelle

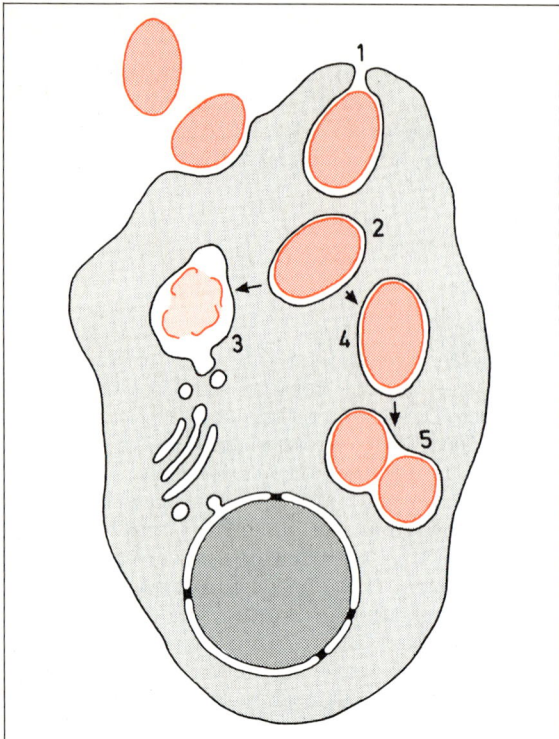

Abb. 1.1.138: Phagocytose und Endocytobiose: Ein eukaryotischer Phagocyt (Beispiel Amöbe) nimmt Beutezellen (farbig) unter Einfaltung der Zellmembran durch Phagocytose (**1**) auf in eine Nahrungsvacuole (Phagosom, **2**). Bei Zutritt von primären Lysosomen entstehen daraus Verdauungsvacuolen (= sekundäre Lysosomen, **3**). Das unterbleibt bei der Bildung stabiler Endocytobiosen (**4**), die «Beutezelle» überlebt in der Wirtszelle als Symbiont (oder Parasit) und kann sich in ihr vermehren (**5**). (Original)

blierung von Endocytobiosen, hier überleben die endocytierten Einzeller in der Wirtszelle als Symbionten bzw. Parasiten – es gibt zahllose Beispiele für dergleichen unter recenten Organismen.

Nach der Endosymbionten-Hypothese gehen also die Mitochondrien recenter Eucyten auf ehemals freilebende, atmende Eubakterien zurück, die Plastiden entsprechend auf Cyanobakterien. Die hypothetischen Organismen, in deren Zellen diese Prokaryoten als phyletische Vorläufer der DNA-haltigen Organelle eingebaut wurden, werden als Urkaryoten bezeichnet. Ihre Zellen dürften schon wesentliche Merkmale von Eucyten aufgewiesen haben, sie enthielten aber noch keine Plastiden und/oder Mitochondrien. Es gibt Gründe für die Annahme, daß sich die Urkaryoten aus dem heterogenen Reich der Archaebakterien evoluiert haben. Dabei mußten mehrere grundlegende Veränderungen stattgefunden haben, die Voraussetzung für die evolutive Umwandlung von Protocyten in Eucyten sind. Sie betreffen die Vergrößerung wandloser Zellen bei entsprechender Vermehrung des genetischen Materials, was die Entwicklung echter Chromosomen und echter Sexualität voraussetzt; weiterhin die Bildung intrazellulärer Membrankompartimente (ER); die Formierung eines echten Zellkerns mit poröser Zellkernhülle, Chromatin und Nucleolen; die Evolution eines Cytoskeletts (Mikrotubuli, Actinfilamente, Myosin) und damit die Fähigkeit zu Mitose (und Meiose), zu amöboider Bewegung und zu Endocytose bzw. Phagocytose (Evolution phagotropher Ernährung). Über diese Evolutionsschritte macht die Endosymbionten-Hypothese keine Aussagen. Sie betrifft nur einen, allerdings besonders wichtigen Teilaspekt der Eucyten-Evolution – den Erwerb der DNA-haltigen Organelle.

Gibt es unter den heute lebenden Organismen noch urkaryotische Vertreter? Man kennt Protozoen, die keine Mitochondrien besitzen (und zwar nicht durch sekundären Verlust wie die ständig anaerob lebenden Pansenciliaten, sondern offensichtlich primär) und bei denen gehäuft prokaryotische Merkmale auftreten – auch, aber nicht nur, hinsichtlich Nucleinsäure- und Proteinsequenzen. Diese Organismen – als Archaezoa zusammengefaßt – entsprechen also der Vorstellung, die man sich von Urkaryoten macht. Sie bilden die systematischen Gruppen der Metamonada, Microsporidia, Parabasalia und der Archamoebae. Zum letztgenannten Stamm zählt die urtümliche Riesenamöbe *Pelomyxa palustris*, die keine Dictyosomen und keine kontraktilen Vacuolen hat, weder Centriolen noch Geißeln, und anstelle von Mitochondrien mit verschiedenen obligat-endocytobiontischen Bakterien ausgestattet ist, die ihrerseits z. T. Mitochondrien-Funktionen ausüben.

Die Endosymbionten-Hypothese hat so weitreichende Konsequenzen und erscheint heute durch so viele Daten gestützt, daß ihr gewöhnlich der Rang einer Theorie zuerkannt wird. Die vielleicht wichtigste allgemeine Folgerung aus der Theorie ist es, daß neuartige Organismen evolutiv nicht nur durch Mutation und/oder genetische Rekombination entstehen können, sondern auch (und zwar sprunghaft) durch Bildung stabiler intrazellulärer Symbiosen. (Für zwischenzellige = epicytische Symbiosesysteme war entsprechendes schon lange bekannt durch das Beispiel der Flechten, vgl. S. 596f.) Durch Endocytobiose neu entstandene «Superorganismen» sind in zellulärer und genetischer Hinsicht Chimären. (Die *chimaira* der griechischen Mythen war ein Ungeheuer, das aus dem Kopf eines Löwen, dem Rumpf einer Ziege und dem Schwanz eines Drachens zusammengesetzt war. In der Biologie wird als Chimäre ein genetisch nicht einheitlicher Organismus bezeichnet.) Die Endosymbionten-Theorie ist eine der provokativsten und interessantesten Theorien der Zellbiologie und der Evolutionsforschung. Sie ist schon im vorigen Jahrhundert von mehreren Biologen (zuerst von dem Botaniker A.F.W. Schimper) klar formuliert worden und hat in neuerer Zeit vor allem durch Sequenzdaten an Glaubwürdigkeit gewonnen.

Im Zuge der sehr lange dauernden Co-Evolution von Wirtszellen und Endocytobionten sollen sich nach den Vorstellungen der Endosymbionten-Theorie die Symbionten nach und nach in die Organelle verwandelt haben, wie sie in recenten Eucyten beobachtet werden. Die Veränderungen betrafen u. a. Wandverlust; Abstimmung von Vermehrung und konkreter Ausgestaltung auf spezielle Bedürfnisse der Wirtszellen; Entwicklung von Translokator-Systemen in den Hüllmembranen für intensiven Stoffaustausch bis hin zur Fähigkeit, ATP bzw. Triosephosphate durch diese Membranen auszuschleusen; und schließlich die Verlagerung von genetischer Information aus den Symbionten/Organellen in die Wirtszellkerne, kombiniert mit spezifischem Import von Proteinen (und tRNAs) aus dem Cytoplasma in die Organelle. Wir haben ja gesehen, daß die DNA der Plastiden, und noch ausgeprägter jene der Mitochondrien nicht über genügend Informationskapazität verfügt, um für alle Organell-spezifischen Proteine zu codieren. Wie der von der Endosymbionten-Theorie zu postulierende Gen-Transfer abgelaufen sein kann, ist noch unbekannt. Daß ein solcher Transfer aber möglich ist, wird z.B. durch das Vorkommen plastidärer DNA-Sequenzen in Zellkernen und Mitochondrien verläßlich belegt. So haben Hybridisierungsexperimente ergeben, daß beim Spinat das gesamte Plastom auch in chromosomaler DNA des Zellkerns mehrfach enthalten ist, wenn auch zerstückelt und überwiegend inaktiv. DNA-Sequenzen, die zwischen verschiedenen Kompartimenten eines Eucyten ausgetauscht wurden, werden als promiscue DNA bezeichnet. In funktioneller Hinsicht bedeutet die Verlagerung genetischer Information von intrazellulären Symbionten in den Kern der Wirtszelle, daß die Endocytobiose nicht mehr auflösbar ist, und daß Genese und Vermehrung der Organelle vom Kern her kontrolliert werden können.

Die Plausibilität der Endosymbionten-Theorie wird dadurch erhöht, daß bei vielen Protisten, Tieren, Pilzen und Pflanzen intrazelluläre Symbionten gefunden werden, die in ihren Wirtszellen physiologisch die Rolle von Organellen spielen. Z.B. assimilieren Bakterien der Gattungen *Rhizobium* und *Bradyrhizobium*, die in den Zellen der Wurzelknöllchen von Hülsenfrüchtlern leben, Luftstickstoff und machen damit ihre Wirtspflanzen unabhängig von Bodenstickstoff bzw. Stickstoffdüngung (S. 376). Bei Steinkorallen bewirken endocytische Dinoflagellaten durch ihre Photosynthese ein bis zehnfach beschleunigtes Wachstum. Bei Amöben, verschiedenen Ciliaten, bei manchen Pilzen und beim Süßwasserpolypen *Hydra* gibt es Formen, die durch endocytobiontische einzellige Grünalgen Photosynthese betreiben können und dadurch teilweise oder ganz photoautotroph geworden sind. Die Bildung stabiler Endocytobiosen ist also weit verbreitet, sie ist ein auch ökologisch bedeutsames Phänomen bei recenten Organismen.

Manche intrazellulären Symbionten können auch unabhängig von ihren Wirten überleben. In anderen Fällen ist aber die gegenseitige Abhängigkeit der Symbiosepartner so ausgeprägt, daß sie in der Natur nur noch gemeinsam vorkommen. Extreme Beispiele dieser Art stellen die Endocyanome dar, plastidenlose Einzeller, in denen Cyanobakterien als permanente intrazelluläre Symbionten leben (Abb. 1.1.139). Die endocytischen Cyanobakterien spielen die Rolle von Chloroplasten. Sie werden als Cyanellen bezeichnet. Cyanellen können außerhalb ihrer Wirte nicht am Leben erhalten werden. Ihre DNA hat nur noch $\frac{1}{10}$ der Konturlänge bzw. der Informationskapazität des Genoms freilebender Cyanobakterien. Die Mehrzahl der Cyanellen-spezifischen Proteine sind nicht auf dieser DNA codiert, sondern in der Kern-DNA der Wirtszellen. Damit ist bei den Endocyanomen, deren Symbionten-Charakter außer Zweifel steht – sie verfügen z.B. sogar

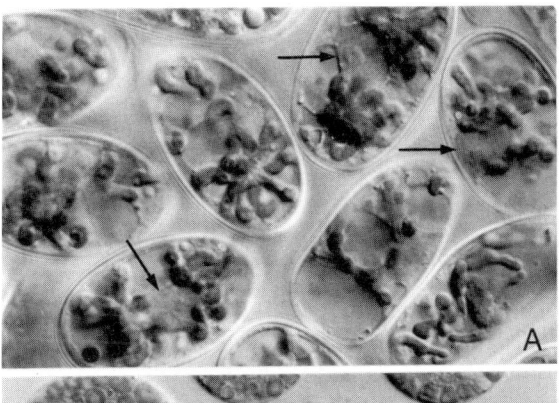
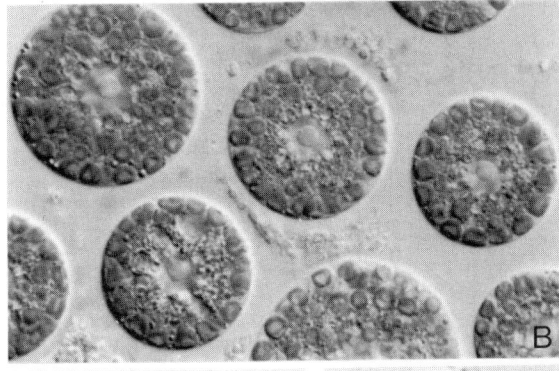
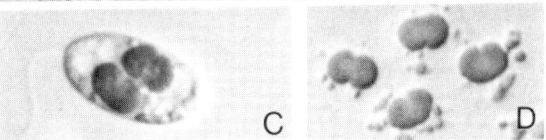

Abb. 1.1.139: Endocyanome. **A**, *Glaucocystis nostochinearum* mit wurstförmigen Cyanellen; Pfeile: Zellkerne. **B**, *Glaucosphaera vacuolata* mit runden Cyanellen, in denen peripheres Chromatoplasma und unpigmentiertes Centroplasma gut unterscheidbar sind; im Zentrum der sessilen Zellen jeweils Kern mit Nucleolus. **C**, der zweigeißelige Flagellat *Cyanophora paradoxa* mit Cyanellen (in **D** isoliert), die sich in verschiedenen Stadien der Teilung befinden. (A, B 900 : 1; C, D 1700 : 1. Interferenzkontrast; Originale)

noch über Reste einer prokaryotischen Zellwand – eine Situation erreicht, die auch in genetischer Hinsicht jener bei Plastiden entspricht.

Ein besonderes Problem stellen die sog. komplexen Plastiden vieler Algen dar, die nicht 2, sondern 3 oder 4 Hüllmembranen aufweisen. Man nimmt an, daß sie phyletisch aus *eu*karyotischen, Plastiden-haltigen Endocytobionten hervorgegangen sind, die nach der Etablierung stabiler Endocytobiosen nach und nach bis auf ihre Plasmamembran und die Plastiden als die einzigen, im Wirt nicht schon vorhandenen Organelle reduziert wurden. Tatsächlich gibt es Organismen, bei denen nicht nur die Plastiden des Endocytobionten übrig geblieben sind, sondern auch noch Reste seines Zellkerns gefunden werden. Diese Situation ist z.B. bei den Cryptomonaden gegeben (S. 602), deren DNA-haltiges «Nucleomorph» das Überbleibsel des Symbionten-Kerns darstellt.

Zweiter Abschnitt
Die Gewebe der Sproßpflanzen

Als **Gewebe** wird in der Biologie ein Verband gleichartiger Zellen bezeichnet. «Gleichartig» bezieht sich zunächst auf das Aussehen der Zellen, aber bei der allgemeinen Entsprechung von Strukturen und Funktionen gilt es auch für ihre Leistungen. Gewebe können also auch durch ihre Aufgaben im Organismus charakterisiert werden. Allerdings sind Gewebe doch morphologische Einheiten, überzellige Funktionseinheiten werden als **Organe** bezeichnet. Diese sind häufig aus mehreren Geweben aufgebaut, die Begriffsinhalte von «Gewebe» und «Organ» fallen nur selten zusammen. Das Studium der Gewebe ist Gegenstand der Histologie (griech. *histós*, Gewebe).

Eine erste morphologische Einteilung gewebebildender Zellen beruht einfach auf ihren Umrißformen: isodiametrische Zellen und Gewebe aus solchen werden als parenchymatisch, langgestreckte Zellen und Fasergewebe als prosenchymatisch bezeichnet. Während in parenchymatischen Geweben keine Raumrichtung gegenüber den anderen hervorgehoben ist (Isotropie), besitzen prosenchymatische Gewebe z.B. hinsichtlich ihrer mechanischen Festigkeit eine Vorzugsrichtung, eben die Längsrichtung ihrer parallel gelagerten Zellen (Anisotropie). Neben diesen beiden Basisformen – räumlich und fädig-faserig – gibt es noch die flächige Plattenform, die vor allem in Hautgeweben auftritt (epidermale Zellform).

In manche Gewebe sind andersartige Zellen eingestreut (vgl. Abb. 1.2.10, S. 137). Solche nach Struktur und Funktion abweichende Zellen in einem sonst einheitlichen Gewebe werden als **Idioblasten** bezeichnet. Durch Idioblasten wird die physiologische Kapazität von Geweben erweitert.

Je reichhalter die Gewebegliederung eines Organismus ist, desto höher ist der von ihm erreichte Differenzierungsgrad bzw. die Arbeitsteilung seiner Zellverbände. Die Organisationshöhe eines Organismus ergibt sich aus der Zahl der beteiligten Zell- und Gewebearten. Auf ihr beruht die Großgliederung des Pflanzen- und Pilzreiches. Auch die stammesgeschichtliche Entwicklung des Pflanzenreiches ist i. allg. von einfacheren zu immer höher organisierten, häufig auch größeren Formen fortgeschritten.

Viele Algen erreichen nur geringe Differenzierungsgrade. Im einfachsten Fall können alle Zellen des Vegetationskörpers sämtliche Lebensfunktionen einschließlich der Fortpflanzung ausführen (Abb. 1.2.1). Bei komplexer gebauten Algen und den Moosen können bereits mehrere verschiedene Gewebe unterschieden werden. Die größte Gewebevielfalt im Pflanzenreich wird bei den Sproßpflanzen erreicht. Auf sie ist daher in diesem Kapitel die allgemeine Übersicht über Pflanzengewebe zunächst beschränkt. Auf die z. T. stark abweichenden Gewebeformen bei Algen und Pilzen wird auf S. 230 ff. eingegangen, sowie bei der systematischen Behandlung dieser Gruppen (S. 552, 600 ff.).

Ein Charakteristikum der höchstorganisierten und phyletisch höchstentwickelten, erdgeschichtlich jüngsten Sproßpflanzen, der Samenpflanzen (Spermatophyten), ist eine klare Trennung von Bildungsgeweben (Meristemen) und Dauergeweben. Die Funktion der **Meristeme** (griech. *merízein*, teilen) besteht in der Produktion von Somazellen (griech. *sóma*, Körper). Die Zellen der **Dauergewebe** sind dagegen teilungsinaktiv und auf bestimmte Leistungen spezialisiert. Meristemzellen durchlaufen ständig den Zellcyclus (S. 64), wogegen die Zellen von Dauergeweben normalerweise in der G_1-Phase arretiert sind («G_o-Phase»). Außerdem sind die meristematischen Zellen an Sproß- und Wurzelspitzen noch ohne Zentralvacuolen, klein und zartwandig. Dauergewebszellen sind viel größer – häufig sind sie sogar mit freiem Auge erkennbar, ihr Volumen kann das embryonaler Zellen um mehr als das 1000fache übertreffen; in ihnen sind Zentralvacuolen ausgebildet, und ihre Wände befinden sich im Saccodermstadium (S. 94). Während die Meristemzellen durch Vermehrung der Trockensubstanz wachsen (embryonales oder Plasmawachstum), beruht die Zellvergrößerung beim Übergang zu Dauerzellen auf Vacuolenvergrößerung (postembryonales oder Streckungswachstum; vgl. S. 27). Die embryonalen Zellen der Spitzenmeristeme von Sprossen und

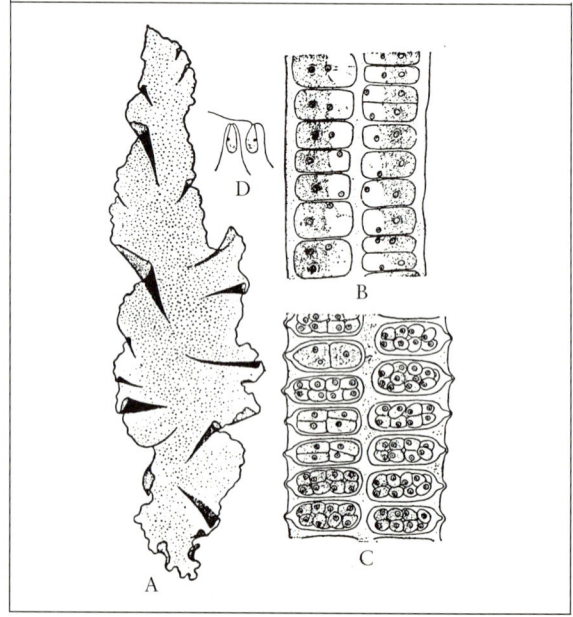

Abb. 1.2.1: Thallus der Grünalge *Ulva stenophylla* (**A**, 1 : 2). **B, C**, Thallusquerschnitte, vegetativ bzw. bei Gametenbildung. **D**, Gameten (B–D 120 : 1. Nach Smith)

Wurzeln und ihre unmittelbaren Abkömmlinge haben also das Streckungswachstum noch vor sich, die Zellen der Dauergewebe dagegen hinter sich. Streckungswachstum ist typisch für Pflanzenzellen, bei Tieren gibt es direkt Vergleichbares nicht. Da die Phase des postembryonalen Wachstums i. allg. rasch durchlaufen wird, können Pflanzen («Gewächse»!) bei gleichem Energieverbrauch viel schneller wachsen als Tiere.

Bei Regeneration, aber auch im Zuge normaler Entwicklungsvorgänge können Dauerzellen re-embryonalisiert werden und «sekundäre» Meristeme (Folgemeristeme) bilden. Re-embryonalisierung wurde früher als Dedifferenzierung bezeichnet. Dieser Ausdruck ist aber irreführend, weil auch der meristematische Zustand Ergebnis einer Differenzierung sein kann – jede Re-embryonalisierung macht es deutlich.

I. Bildungsgewebe (Meristeme)

Die befruchtete Eizelle (Zygote) der höheren Pflanzen entwickelt sich zunächst zu einem aus teilungsfähigen, plasmareichen und zartwandigen Zellen bestehenden **Embryo** (Abb. 1.2.2; vgl. auch S. 751 ff.). Schon mit der ersten Teilung der Zygote wird dabei die zukünftige Polaritätsachse festgelegt: Der apicale Pol liefert später den Sproßscheitel, der basale die Primärwurzel. Basal entsteht zunächst allerdings ein Suspensor, über den der wachsende Embryo mit der Mutterpflanze verbunden ist lat. *suspéndere*, aufhängen). Er dient bei der Sa-

menkeimung häufig als Haustorium, d. h. als Ernährungsorgan, mit dem der Keimling die Vorräte des Nährgewebes im Samen, des Endosperms, ausbeuten kann (lat. *haúrere*, einsaugen).

Sobald der Embryo größer geworden ist, beschränkt sich das Teilungswachstum auf die Spitzen des Sproßpols (Sproßscheitel) und des Wurzelpols (Wurzelscheitel). Sprosse und Wurzeln weisen demnach Spitzenwachstum auf, die Zellen, aus denen sie schließlich be-

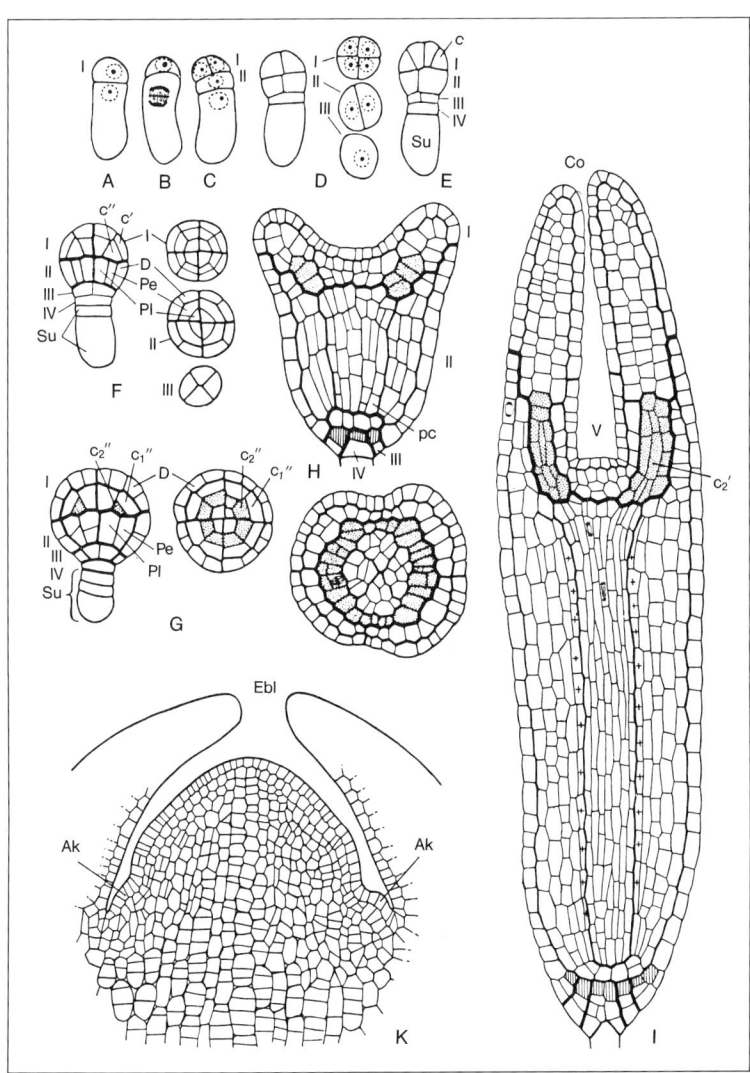

Abb. 1.2.2: Embryonalentwicklung bei *Biophytum dendroides*. **A–E**, Bildung des Suspensors *Su* und der 4 Embryonalstockwerke *I–IV*. **F, G**, Abtrennung des Protoderms *D* und Gliederung des Stockwerks *II* in *Pe* und *Pl* durch perikline «Schälwände». *c, c', c'', c'₁, c₂''*, Zellenfolge, aus der die beiden Keimblätter *Co* hervorgehen. **H**, Ausbildung der Primärwurzel und der Cotyledonen (*pc* = Pericambium). **I**, Embryo mit den Grenzen der Stockwerke *I–IV*. **V**, Vegetationsscheitel des Sprosses. – **K**, Sproßscheitel eines Bohnenkeimlings. *Ak* Achselknospen der Erstlingsblätter *Ebl*. (A–H, 280 : 1; 200 : 1, nach F. Noll, K, 300 : 1, nach J. Sachs. Zusammenstellung A. Kühn)

stehen, sind Abkömmlinge (Descendenten = Derivate) ihrer **apicalen Meristeme** (lat. *apex*, Spitze). Auch alle während der weiteren Entwicklung gebildeten Seitensprosse und -wurzeln besitzen eigene Apicalmeristeme.

Mit zunehmender Entfernung vom Apicalmeristem setzt die Umwandlung der abgegliederten Zellen in Dauerzellen und die Formierung differenzierter Gewebe ein. Bleiben in einer Umgebung, die bereits in Dauergewebe übergegangen ist, größere Zellkomplexe meristematisch, werden sie als Restmeristeme von den Apicalmeristemen unterschieden. Handelt es sich dabei um kleine Zellgruppen oder um Einzelzellen, die zuletzt ganz in Dauergewebe aufgehen, spricht man von Meristemoiden.

Durch die Zellbildung in den Apicalmeristemen und ihren unmittelbaren Abkömmlingen, sowie durch nachfolgende morphogenetische und histogenetische Prozesse bildet sich der Pflanzenkörper in seinem «primären» Zustand aus. Bei krautigen, ein- oder zweijährigen Pflanzen ist das zugleich der endgültige Zustand; diese Gewächse sterben nach der Samenbildung ab – soweit sie sich nicht durch Ausläufer o. dgl. vegetativ vermehren. Bei ausdauernden Holzpflanzen (Sträucher, Bäume) kommt es dagegen zu einem «**sekundären**» **Dickenwachstum**, durch das sich Sproßachsen in massiv verholzte Stämme, Seitentriebe in verholzte Äste verwandeln und auch Wurzeln zu dicken, überwiegend aus Holz bestehenden Gebilden werden. An der Oberfläche mehrjähriger Stämme, Äste und Wurzeln bildet sich Borke aus. Das sekundäre Dickenwachstum, bei dem die Durchmesser der Sproßachsen schließlich bis zum 10000fachen des primären Durchmessers vergrößert werden können, beruht auf der Tätigkeit lateraler Meristeme (**Cambien**). Das sind flächige Meristeme, die parallel zur Organoberfläche orientiert sind; sie stehen also nicht in der Längsachse von Sproß oder Wurzel wie die apicalen Meristeme, sondern bilden einen seitlichen Mantel um diese Achse (lat. *laterális*, seitlich). Es gibt zwei Arten lateraler Meristeme: das (Sproß- bzw. Wurzel-) Cambium, das den Holzkörper und den Bast sekundär verdickter Sprosse und Wurzeln bildet, und das Korkcambium oder Phellogen, aus dem Lagen von Korkgewebe hervorgehen, die ihrerseits zur Entstehung der Borke entscheidend beitragen.

A. Apical-(Scheitel-)meristeme

Die Meristemzellen der Sprosse und Wurzeln sind stets – wie die Embryonalzellen, von denen sie sich zunächst ableiten – isodiametrisch und verhältnismäßig klein (Durchmesser 10–20 μm). Ihre Wände sind sehr zart und arm an Cellulose. Alle Zellen schließen lückenlos aneinander. Der Zellraum ist von Ribosomen-reichem Cytoplasma und einem großen, zentralliegenden Zellkern ausgefüllt, größere Vacuolen und Reservestoffspeicher fehlen (vgl. Abb. 1.1.8, S. 22); die Plastiden liegen als Proplastiden vor.

Bei der Mehrzahl der höheren Pflanzen erscheinen die Apicalmeristeme («Vegetationspunkte») der Sproß-

und Wurzelspitzen annähernd kegelförmig (Abb. 1.2.3; 1.2.7: «Vegetationskegel»). Doch können sie auch abgeflacht oder sogar eingedellt sein, wie bei Rosettenpflanzen und den tellerförmigen, großen «Scheitelgruben» vieler Palmen.

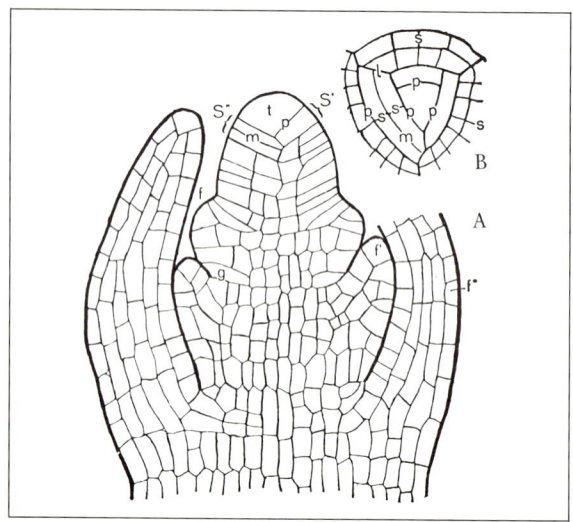

Abb. 1.2.3. Sproßscheitel eines Schachtelhalms. **A**, Längsschnitt; **B**, Scheitelansicht. t Scheitelzelle, die durch schräge Wände p Segmente (S', S'') abgliedert. Diese werden später durch zusätzliche Wände (m) weiter aufgeteilt. f, f', f'' Blattanlagen. g Ursprungszelle einer Seitenknospe. l Seitenwand eines Segments. (180 : 1, nach E. Strasburger)

Alle Apicalmeristeme – auch die von Seitensprossen und -wurzeln –, sowie die später zu behandelnden Cambien (S. 135, 195) sind durch den Besitz von **Initialzellen = Stammzellen** ausgezeichnet. Diese Zellen sind dadurch charakterisiert, daß sie sich inäqual teilen (Abb. 1.3.55, S. 196): Die eine Tochterzelle ist wieder eine Stammzelle, während die andere dazu bestimmt ist, letztlich Dauerzellen zu liefern. Dadurch bleibt die Zahl der Initialzellen im Meristem konstant. Die eigentliche Zellvermehrung findet bei den Apicalmeristemen durch Teilungen der aus dem Meristem abgegliederten, auf Differenzierung hin programmierten Zellen statt, deren Teilungsaktivität jedoch zeitlich begrenzt ist. Durch Mikroradioautographie (S. 19) ließ sich zeigen, daß maximaler Einbau von markierten DNA-Bausteinen (^{3}H-Thymidin) nicht in den Initialzellen erfolgt, sondern in Zellkernen außerhalb der Initialkomplexe. Die Stammzellen selbst teilen sich also nur selten – wie übrigens auch in vielen Bildungsgeweben des Tierkörpers, z.B. im blutbildenden roten Knochenmark. In Maiswurzeln dauert der komplette Zellcyclus der Initialzellen («Zentralmutterzellen») über 7 Tage und damit fast 15 × so lang wie bei den teilungsaktiveren Abkömmlingen. Bei den Stammzellen, die stärker vacuolisiert sind als die übrigen und kleinere, dichtere Kerne haben, ist die G_1-Phase verlängert. Die Initialkomplexe wurden dementsprechend als «ruhende Zentren» der Apicalmeristeme charakterisiert.

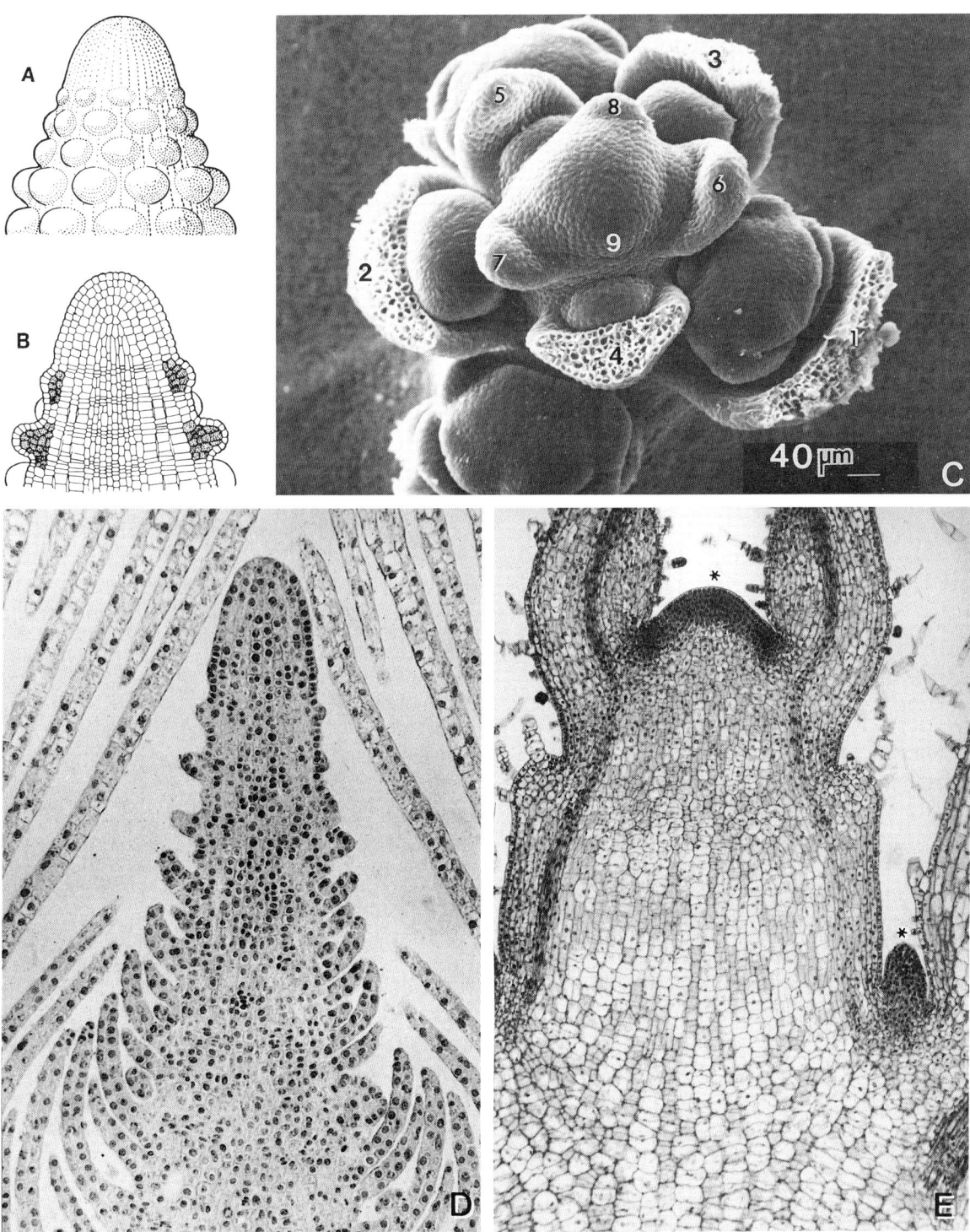

Abb. 1.2.4: Sproßvegetationspunkt (VP). **A, B**, Sproßscheitel des Tannenwedels *Hippuris vulgaris*, Seitenansicht und Längsschnitt; die Anordnung der Blattanlagen läßt erkennen, daß diese Wasserpflanze vielzählige Blattwirtel ausbildet (vgl. Abb. 1.3.19, S. 174); die Blattanlagen entstehen durch Zellwucherung in der zweitäußersten der 5 Tunica-Schichten. **C**, Aufsicht auf Vegetationskegel des jungen Blütenstandes vom Fingerhut *Digitalis lutea*; Blattanlagen und Blätter (z.T. abgeschnitten) in Reihenfolge der Anlage numeriert; sie bilden eine Linksschraube; die Achselknospen sind hier Blütenknospen. **D**, hochkegeliger Vegetationspunkt der Wasserpest *Elodea densa* mit 2 Tunica-Schichten; die aus nur 2 Zellschichten – den beiden Epidermen – gebildeten Blätter überragen den Sproßscheitel; beachte den Größenunterschied zwischen embryonalen Zellen im VP und ausdifferenzierten, vacuolisierten Blattzellen, deren Kerne allerdings kleiner sind als die der Meristemzellen. **E**, Sproßscheitel der Buntnessel *Coleus*; die Meristeme (*) des terminalen und eines axillären VP fallen durch ihre dichte Struktur auf (fehlende Vacuolisierung, Ribosomen-reiches Plasma, große Kerne); in den beiden Blättern des jüngsten Knotens – unmittelbar rechts und links des VP – hat sich breits Leitgewebe differenziert, das in den Sproß hineinreicht. (A, B 30 : 1. C Präparat u. Raster-EM Aufnahme: U. Wunderlin. D 140 : 1, E 85 : 1, LM Aufnahmen: H. Falk)

Vegetationskegel von Sprossen und Wurzeln weisen grundsätzliche Unterschiede auf. Der Vegetationskegel des Sprosses bringt schon unmittelbar unter dem Scheitel seitliche Auswüchse hervor (Abb. 1.2.4), die zu Blättern und – gegebenenfalls – Seitensprossen heranwachsen. Blätter und Seitensprosse gehen dabei aus oberflächlichen Zellwucherungen hervor, die zu Meristemen werden; sie sind «exogen». Die Blätter wachsen zunächst schneller als der Sproß und umhüllen den Vegetationskegel als Knospenschuppen.

Der Vegetationskegel der Wurzel ist dagegen von einer Wurzelhaube bedeckt. Wurzeln tragen niemals Blätter. Wurzelspitzen verzweigen sich auch nicht. Seitenwurzeln sind «endogen», sie entstehen im Anschluß an die zentral gelegenen Leitelemente von Wurzeln und wachsen zunächst durch Rinden- und Abschlußgewebe hindurch nach außen. Die Anlage einer Seitenwurzel erfolgt nicht in der Apicalregion, sondern in bereits ausdifferenzierten Bereichen. Sie setzt die Neubildung eines Apicalmeristems voraus, während sich die Meristeme von Seitensprossen und Blattanlagen am Sproßscheitel unmittelbar aus dem Apicalmeristem herleiten («Meristemfraktionierung»).

1. Der Sproßscheitel

Bei vielen Meeresalgen, den Moosen und Schachtelhalmen, sowie bei der Mehrzahl der Farne besitzt das Urmeristem nur eine einzige Initialzelle. Diese besonders große Stammzelle wird als **Scheitelzelle** bezeichnet. Sie stellt ein Tetraeder dar, dessen vorgewölbte Grundfläche an der Außenseite des Meristems liegt. Von den drei übrigen Flächen werden in immer gleichem Umlaufsinn sukzessiv Zellen abgegliedert («dreischneidige» Scheitelzelle, Abb. 1.2.3 A, B). Die dabei entstehenden Segmente werden durch weitere, zunächst sehr regelmäßige Teilungsschritte zerlegt. Bei Farnen mit Scheitelzellwachstum beginnen auch die Blattanlagen ihre Entwicklung mit einer keilförmigen «zweischneidigen» Scheitelzelle.

Bei höheren Pteridophyten, besonders den Bärlappgewächsen, und den meisten Gymnospermen ist die Scheitelzelle ersetzt durch eine Gruppe gleichwertiger Initialzellen, die Zahl der Stammzellen ist vermehrt. In diesem Initialenkomplex können sich die Zellen sowohl antiklin wie periklin teilen (senkrecht bzw. parallel zur Oberfläche). Bei einigen hochentwickelten Gymnospermen und allen Angiospermen sind die Initialen stockwerkartig angeordnet. Nur die innerste Gruppe teilt sich periklin *und* periklin und liefert damit die Grundmasse des Apicalmeristems – das *Corpus*. In den darüberliegenden Initialstockwerken finden nur perikline Teilungen statt, die Zellplatten sind antiklin orientiert. Diese Zellschichten bilden die *Tunica* (lat. Hemd, Haut; Abb. 1.2.4B, 1.2.5).

Die Begriffe *Tunica* und *Corpus* sind nur beschreibend, sie sagen über die weitere Entwicklung der aus ihnen hervorgehenden Zellen nichts aus. Das *Tunica-Corpus*-Konzept (A. Schmidt, 1924) hat das ältere Histogen-Konzept (J. Hanstein, 1870) abgelöst, wonach schon im Sproßscheitel das künftige Schicksal aller abgegliederten Zellen festgelegt sein sollte.

Zwischen Herkunft der Zellen und ihrer späteren Differenzierung besteht aber oft keine eindeutige Beziehung. Das zeigt sich z.B. im Verhalten künstlich beschädigter, etwa teilamputierter Meristeme. Unter normalen Umständen kommt am ehesten der äußeren *Tunica*-Schicht Histogencharakter zu, sie wird später zur Epidermis und kann dementsprechend als Protoderm = Dermatogen bezeichnet werden.

Die Zahl der *Tunica*-Schichten variiert stark (1 bei vielen Gymnospermen, Monocotyledonen und den Kakteen, 2 bei den meisten Dicotyledonen, > 2 z.B. bei den Asteraceen). Sie kann bei ein und derselben Art variieren und ändert sich oft auch während der Ontogenese, etwa beim Übergang zur Blütenbildung.

Ist die *Tunica* mehrschichtig, verfügt jede Zell-Lage über eigene Initialzellen. Das ließ sich durch Polyploidisierung mit Colchicin (S. 40) beim Stechapfel zeigen. Die Polyploidie kann in jeder der beiden *Tunica*-Schichten oder im *Corpus*-Gewebe auftreten. Dabei entstehen Pflanzen, deren Mantelgewebe eine andere Chromosomenzahl n besitzt als das *Corpus*. Da mit n Kern- und Zellgröße korreliert sind, sind solche Periklinalchimären mikroskopisch leicht erkennbar (Abb. 1.2.5). Mit derselben Methode hat sich auch nachweisen lassen, daß jede Schicht mehrere Initialzellen besitzt: Oft bleibt die Polyploidie auf einzelne Sektoren von Sprossen beschränkt (Sectorialchimären).

Im Normalfall stellt sich der Vegetationskegel von Angiospermen so dar, wie in Abb. 1.2.6 gezeigt. Der **Initialenkomplex** mit den etwas tiefer liegenden «ruhenden Zentrum» ist umgeben von besonders teilungsaktivem Meristem. In ihm werden bald erste Anzeichen von Differenzierung sichtbar. Das seitliche **Flankenmeristem**, das die Gliederung in oberflächliche *Tunica* und weiter innen gelegene *Corpus*-Anteile aufweist, grenzt nach innen hin an einen Hohlzylinder von Zellen, die sich weiterhin intensiv vermehren und jenen Teil des «Urmeristems» darstellen, der am längsten voll meristematisch bleibt («Restmeristem»). In diesem Teil des Meristems – als Meristemring bzw. -zylinder bezeichnet – münden die von den Blattanlagen kommenden Procambium-Stränge ein, deren Zellen bereits prosenchymatisch sind. Aus ihnen gehen später die Leitbündel hervor. Im zentralen Bereich der Meristemzone liegt unterhalb des ruhenden Zentrums das **Markmeristem**.

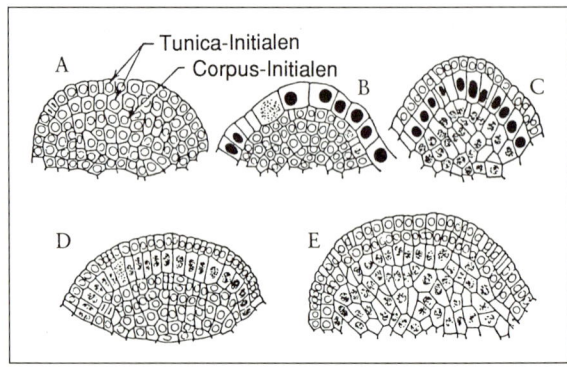

Abb. 1.2.5: Sproßscheitel beim Stechapfel *Datura*. **A**, normale diploide Pflanze (n = 2). **B–E**, durch Behandlung mit Colchicin erzeugte Periklinalchimären: **B**, äußere Tunicaschicht (Protoderm) = 8n; **C**, zweite Tunicaschicht = 8n, Corpus = 4n; **D**, zweite Tunicaschicht = 4n; **E**, Corpus = 4n. (80 : 1; nach Satina, Blakeslee u. Avery)

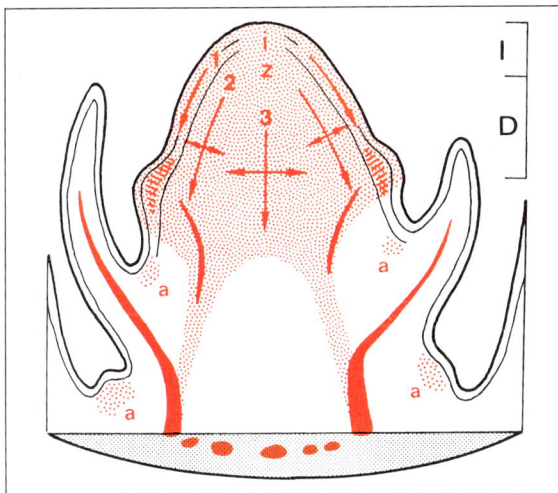

Abb. 1.2.6: Generalisiertes Strukturschema des Sproßvegetationspunktes bei Samenpflanzen. I Initialenzone, meist < 50 μm hoch; D morphogenetische (Determinations-)Zone, unter dieser die histogenetische (Differenzierungs-)Zone. Die (nach unten hin nicht scharf begrenzten) Bereiche vollmeristematischer Zellen rot punktiert. i apicale Initialengruppe mit Zentralmutterzellen z (= Zentralmeristem; bei vielen Gymnospermen als «ruhendes Zentrum» deutlich ausgeprägt). Zum Flankenmeristem gehören Tunica-Lagen (1, hier als Protoderm – liefert Sproß- u. Blattepidermis – und Subprotoderm – läßt durch antikline Teilungen in den schraffierten Bereichen Blattanlagen entstehen); sowie jene Anteile 2, aus denen später Rinde und Meristemzylinder hervorgehen; in diese münden die von den Blattanlagen kommenden Procambiumstränge (vollrot) ein, aus denen später die Leitbündel werden. 3 Markmeristem = Rippenmeristem, liefert Markparenchym. Pfeile: hauptsächliche Teilungs- bzw. Wachstumsrichtungen. a Anlagen für Axillärknospen. (Original)

Noch bevor aber diese Gewebegliederung deutlich wird, sind an der Oberfläche des Vegetationskegels schon Blattanlagen (Blattprimordien) als seitliche Vorwölbungen aufgetreten; sie markieren als Orte vermehrter antikliner Mitosen die vorhin erwähnte Meristemfragmentierung. Die Zellen der Blattanlagen treten früher als die Achsenzellen in die Streckungsphase ein, so daß die jungen Blätter den Vegetationskegel übergipfeln. Dabei wirkt sich zusätzlich der Gradient zunehmender Zellstreckung (postembryonales Wachstum!) aus, der sich vom Sproßscheitel zur basiswärts gelegenen Differenzierungszone hin erstreckt: Die Außenseite der Knospenschuppen (ihre «abaxiale», spätere Unterseite) ist gegenüber der weiter scheitelwärts liegenden «adaxialen» (Ober-)Seite im Streckungswachstum voraus, so daß sich die jungen Blätter gegen den Scheitel hin krümmen.

Man kann also am Vegetationskegel 3 aufeinanderfolgende Zonen unterscheiden: die Initialenzone, dann die «morphogenetische» Zone der Bildung von Blattanlagen – hier wird die spätere Blattstellung und das Verzweigungsmuster des Sprosses festgelegt – und schließlich die «histogenetische» Zone, in der der Übergang zu Dauerzellen und -geweben erfolgt. Sie entspricht der Streckungszone des Sprosses.

Am apicalen Sproßmeristem läßt sich auch eine formale Gliederung von Meristemen gut erläutern, die sich für Beschreibungen oft als zweckmäßig erweist. Sie geht von abstrakten geometrischen Prinzipien aus (O. Schüepp). Danach werden Blockmeristeme (räumliche Meristeme mit Teilungen in allen Richtungen) unterschieden von Plattenmeristemen (flächig, Teilungen periklin) und Rippenmeristeme (eindimensional, Entstehung von Zellreihen durch Querteilungen). Im Apicalmeristem entspricht das *Corpus* einem Blockmeristem, die *Tunica* einem Plattenmeristem und das Procambium einem Rippenmeristem.

2. Der Wurzelscheitel

ist, wie erwähnt, von einer Wurzelhaube = **Calýptra** (griech. Hülle) bedeckt. Die Wände der äußersten, ältesten Haubenzellen verschleimen, die Zellen selbst sterben ab. Sie lösen sich schließlich ab und werden vom Wurzelmeristem her ersetzt. Die Zellen der Calyptra sind also kurzlebig. Sie exemplifizieren eine rasche, «terminale» Differenzierung, wie sie auch sonst bei Pflanzen (z.B. Korkbildung, S. 144) und Tieren (z.B. im Hautgewebe der Säuger) häufig vorkommt. Die Wurzelhaube kann das Eindringen des zarten Wurzelscheitels zwischen Bodenteilchen erleichtern. Vor allem ist sie aber das Organ der Perzeption des Schwerkraftreizes (S. 449, bzw. S. 452 f.).

Bei den meisten Pteridophyten wird der Wurzelvegetationspunkt – wie bei den Sprossen – von einer tetraedrischen Scheitelzelle eingenommen (Abb. 1.2.7 A). Sie gliedert an allen vier Flächen Zellen ab («vierschneidige» Scheitelzelle). Nach außen hin abgegebene Zellen bauen durch weitere Teilungen die Wurzelhaube auf. Bei Gymno- und Angiospermen besitzt dagegen auch der Wurzelscheitel keine apicale Scheitelzelle. An ihrer Stelle finden sich bei den Gymnospermen zwei Gruppen von Initialzellen. Die innere bildet durch abwechselnd antikline und perikline Teilungen die Hauptmasse des Wurzelkörpers, während die äußere Rindengewebe und die hier nicht deutlich abgegrenzte Haube liefert. Bei den Angiospermen schließlich findet sich häufig an der Scheitelkuppe der Wurzel – ähnlich wie beim Sproß – ein aus mehreren unabhängigen Initialgruppen zusammengesetztes, geschichtetes Bildungszentrum, aus dem die verschiedenen Dauergewebe (Haube, Epidermis, Rinde und Zentralzylinder, vgl. S. 224 f.) hervorgehen (Abb. 1.2.7 B). Das geschieht bei den einzelnen systematischen Gruppen in unterschiedlicher Weise.

Zum Beispiel ist im Scheitel der Graswurzel die äußerste Urmeristemschicht (das Protoderm), die das Hautgewebe der Wurzel (die Rhizodermis) liefert, mit der darunter gelegenen Meristemschicht, aus der das Rindengewebe hervorgeht, in einer einzigen Initialengruppe vereinigt. Außerhalb davon liegt das Calyptrogen, die Meristemschicht für die Wurzelhaube. Bei der Mehrzahl der Dicotyledonen wird die Wurzelhaube jedoch durch antikline Teilungen von der gleichen Initialengruppe geliefert, die auch das Protoderm bildet («Dermato-Calyptrogen», Abb. 1.2.7 B). Darunter liegt ein zweites Initialzellenstockwerk, das die Rinde mit ihrem inneren Abschlußgewebe – der Endodermis – liefert. Schließlich liefert ein drittes Initialzellenstockwerk den Zentralzylinder mit dem Pericambium. Alle 3 Stockwerke zusammen, die entspre-

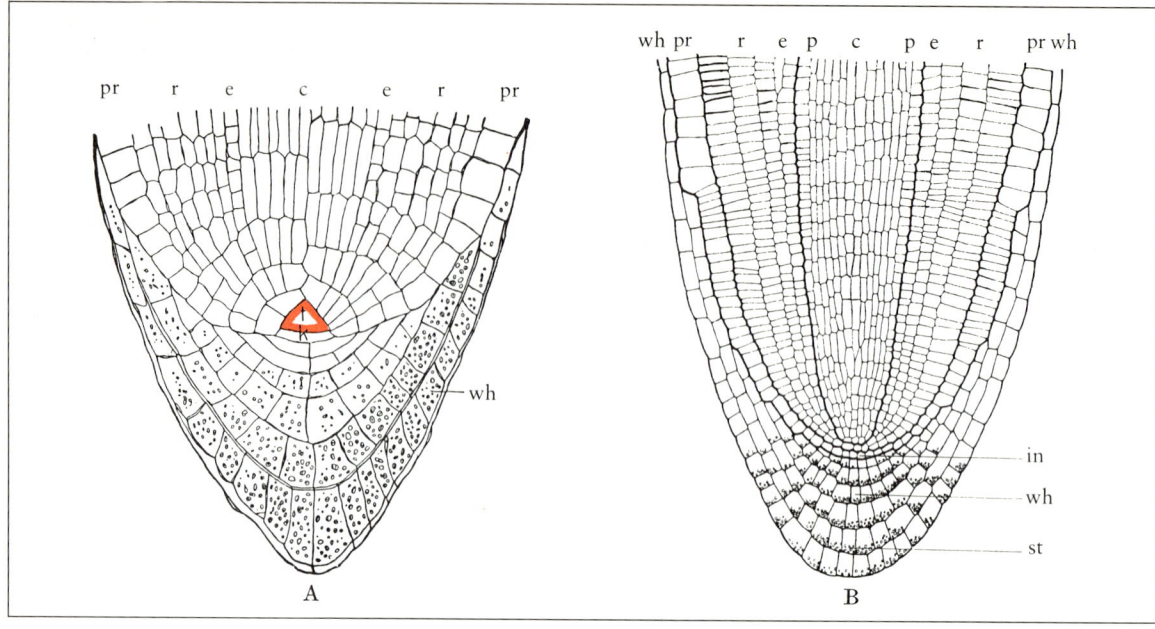

Abb. 1.2.7: Wurzelscheitel und Wurzelhaube. **A,** Längsschnitt durch die Wurzelspitze des Farns *Pteris cretica*. t vierschneidige Scheitelzelle; k Wurzelhaubeninitiale; pr Protoderm bzw. Rhizodermis; wh Wurzelhaube. **B,** Längsschnitt durch die Wurzelspitze von *Brassica napus*, einer dicotylen Pflanze. Die äußerste der 3 Initialenschichten (Dermato-Calyptrogen, in) liefert das Dermatogen, aus dem die Rhizodermis wird, und die Calyptra wh, deren Zellen leicht verschiebliche Statolithenstärke st enthalten (zur Graviperception, S. 452 f.). Das darüberliegende 2. Initialenstockwerk schließlich liefert den Zentralzylinder (Corpus c) mit Pericambium p. (A, 160 : 1, nach E. Strasburger; B, 50 : 1, nach Kny)

chend der ursprünglichen Vierteilung im Embryo (vgl. Abb. 1.2.2 F, S. 129) aus je 4 gekreuzt angeordneten Zentralzellen bestehen, bilden bei diesen Pflanzen den Initialkomplex des Wurzelscheitels.

Derartigen «geschlossenen» Wurzelscheiteln, deren Initialenstockwerke als echte Histogene zeitlebens erhalten bleiben, stehen bei den Angiospermen auch «offene» Typen gegenüber. Bei ihnen wird die ursprüngliche Abgrenzung der Histogene schon bald durch einen ungeordnet wuchernden Initialzellenkomplex gesprengt, so daß sekundär ähnliche Verhältnisse wie bei den Gymnospermen auftreten können.

B. Restmeristeme

Die Vegetationspunkte wachsender Sproß- und Wurzelspitzen werden, wie wir gesehen haben, gefolgt von Zonen hoher Teilungsaktivität, diese ihrerseits von Bereichen mit sich differenzierenden Zellen im Zustand postembryonalen Wachstums. In diesen Bereichen findet die Bildung von Dauergeweben statt, doch behalten Meristemreste in Form begrenzter Zellschichten, Zellgruppen oder Zellstränge ihre embryonale Beschaffenheit und Teilungsfähigkeit noch eine Zeitlang bei. Z.B. bleiben bei vielen Monocotyledonen die basalen Abschnitte der Stengelglieder lange Zeit als eingeschobene (intercalare) Wachstumszonen meristematisch. Die strangförmigen fasciculären Cambien in den Leitbündeln der Dicotyledonen bilden später die Ausgangsbasis für das sekundäre Dickenwachstum der Sprosse (S. 195). Das Pericambium der Wurzeln (= Perizykel) dient in entsprechender Weise als Ausgangsbasis für die Entstehung von Seitenwurzeln (S. 226).

Viele Monocotyledonen-Blätter wachsen für längere Zeit an ihrer Basis weiter, die Blattbasen sind noch meristematisch, während die Blattspitzen schon voll ausdifferenziert sind. Ein Extremfall dieser Art wird bei der südwestafrikanischen Gymnosperme *Welwitschia* (S. 729) erreicht, deren zwei bandförmige Blätter unbegrenztes basales Wachstum aufweisen, während sich die Spitzenzonen durch Absterben ständig verkürzen.

C. Meristemoide

In den Differenzierungszonen von Sprossen und Blättern werden häufig kleine Nester von teilungsaktiven Zellen gefunden, die aber keine Stammzellen enthalten. Die Zellen solcher «Meristemoide» werden daher letztlich alle zu Dauerzellen, die allerdings gestaltlich und funktionell von den übrigen Zellen des Gewebes abweichen – sie sind Idioblasten. Aus Meristemoiden gehen z.B. Spaltöffnungsapparate und mehrzellige Haare hervor (Abb. 1.2.14, S. 141; Abb. 1.2.16, S. 142). Auch die Blattanlagen (Blattprimordien) am Sproßscheitel sind letztlich Meristemoide, was sich im begrenzten Wachstum der Blätter äußert. (Die vorhin erwähnte *Welwitschia* macht hierin eine Ausnahme.)

Meristemoide leiten sich oft von Einzelzellen ab, die aus einer inäqualen Teilung hervorgegangen sind: Aus einer Mutterzelle entsteht eine größere, stark vacuolisierte, sich nicht mehr teilende Zelle und eine kleinere, plasmareiche, die durch weitere Teilungen das Meristemoid bildet. Entwicklungsbiologisch interessant ist die

Verteilung von Meristemoiden bzw. der aus ihnen hervorgegangenen Gebilde: Sie liegen in regelmäßigen Mustern vor (Abb. 1.2.4 A). Diese resultieren aus einer Dichtlage von Hemmfeldern (Sperrzonen), die jedes einmal entstandene Meristemoid um sich herum ausbildet und innerhalb derer die Entstehung weiterer Meristemoide unterdrückt ist. Darauf beruhen beispielsweise die Gesetzmäßigkeiten der Blattstellung (S. 173 f.).

D. Laterale Meristeme (Cambien)

Die Initialen der Cambien (franz. *cambouis*, schmierig, saftig), die das sekundäre Dickenwachstum der Achsenorgane und Wurzeln bei ausdauernden Pflanzen bewirken, unterscheiden sich von den Zellen der apicalen Meristeme durch ihre größeren Ausmaße und ihre starke Vacuolisierung. Bei den stark prosenchymatischen sog. Fusiform-Initialen des Sproß- bzw. Wurzelcambiums (S. 196 f.), von denen die Zellen der sekundären Leitgewebe gebildet werden, bedingt diese Vacuolisierung eine Sonderform der Zellteilung: Der Kern teilt sich in einem Plasmasegel, das die langgestreckte Vacuole längs durchzieht, der Phragmoplast wächst in diesem Plasmasegel zentrifugal (vgl. Abb. 1.1.58, S. 66). Das beansprucht ungewöhnlich lange Zeit, denn die Fusiform-Initialen können mehrere mm (!) lang sein.

Oft handelt es sich bei den Cambien mindestens teilweise um sog. sekundäre Meristeme, deren Initialen sich nicht unmittelbar vom Apicalmeristem herleiten, sondern durch Reembryonalisierung aus Dauerzellen entstanden sind. So ist es bei den Korkcambien, und so ist es auch bei den sog. interfasciculären (zwischen den Leitbündeln gelegenen) Bereichen der Sproßcambien. Dagegen ist das Pericambium (Perizykel) der Wurzeln, das die äußerste Zellenlage des zentralen Leitbündels (Zentralzylinder) bildet, ähnlich dem fasciculären Cambium der Sprosse als primäres Meristem anzusprechen, seine Entwicklung erfolgt ohne zwischengeschaltetes Dauerzell-Stadium.

Struktur und Funktion der Cambien lassen sich nur vor dem Hintergrund morphologischer und anatomischer Daten verstehen, ihre Besprechung kann daher erst später erfolgen (S. 195, S. 204).

II. Dauergewebe

In Dauergeweben finden normalerweise keine Zellteilungen mehr statt, ihre ausdifferenzierten Zellen sind nicht mehr wachstumsfähig und nicht selten sogar abgestorben, wasser- oder lufthaltig. Die offene Organisation des Pflanzenkörpers bringt es mit sich, daß große, ausdauernde Pflanzen viele tote Zellen enthalten. Beispielsweise ist im Stamm eines älteren Baumes der Anteil lebender Zellen minimal, Holz und Borke bestehen ganz überwiegend aus toten Zellen. (Bei Tieren werden dagegen gealterte oder abgestorbene Zellen i. allg. rasch eliminiert.)

Meristemzellen schließen lückenlos aneinander. Das ergibt sich aus ihrer Entstehung: Die beiden Tochterzellen füllen den Raum der Mutterzelle komplett aus. Auch die Zellformen in Meristemen tragen dem durch große Anpassungsfähigkeit Rechnung, keine Zelle gleicht einer beliebigen anderen völlig nach Größe und Gestalt. Regelmäßige Vielflächner werden nur ausnahmsweise gebildet. Am häufigsten finden sich von unterschiedlichen Teilflächen begrenzte 14-Flächner. Beim Übergang zu Dauergewebe vergrößern sich die Zellen durch den postembryonalen Wachstumsschub. Dabei wird, wie schon dargelegt, vor allem die Zentralvacuole aufgebläht, die Zellwand gibt dem Turgor vorübergehend nach und dehnt sich irreversibel (plastisch). Daraus resultiert eine Abrundungstendenz der Zelle. Besonders an Ecken und Kanten von Zellen lösen sich benachbarte Zellwände entlang der weniger festen Mittellamelle voneinander, gaserfüllte Interzellularräume (**Interzellularen**) entstehen. Diese zunächst nur schmalen Spalten erweitern sich, bekommen untereinander Kontakt und bilden schließlich ein zusammenhängendes Interzellularensystem. Es steht über Spaltöffnungen bzw. Lenticellen (S. 144) mit der Außenluft in Verbindung und dient dem Gasaustausch.

Je nach dem Volumenanteil der Interzellularen spricht man von «dichten» oder «lockeren» Geweben. Bekannte Beispiele für dichte Gewebe sind Festigungs- und Korkgewebe, für lockere das Assimilationsparenchym der Blätter und Markparenchym (Abb. 1.2.8). Frei von Interzellularen sind unter den Dauergeweben vor allem Epi- und Endodermen. Die Endodermis, die als geschlossene, einschichtige Zellage den Zentralzylinder von Wurzeln umhüllt, ist ein gutes Beispiel für eine Gewebescheide (S. 137). Auch in Blättern sind die Leitbündel («Blattnerven») oft von Bündelscheiden lückenlos umhüllt.

Die Interzellularräume entstehen schizogen, durch Spaltung der Zellwände entlang der Mittellamelle (griech. *schízein*, spalten). Größere Hohlräume in Pflanzen können durch die Auflösung ganzer Zellen entstehen (lysigen, z.B. Ölbehälter, S. 156), oder schließlich durch massive Gewebezerreißungen (rhexigen) infolge ungleichen Wachstums (hohle Stengel vieler Pflanzen mit Markhöhlen, S. 192).

A. Parenchyme

Das Grundgewebe = **Parenchym** (griech. *pará énchyma*, dazwischengegossene Masse) ist das am wenigsten spezialisierte Gewebe des Pflanzenkörpers. Wenn man sich aus Wurzel, Sproß oder Blatt alle spezialisierten Gewebe wie Leit-, Abschluß- und Festigungsgewebe wegdenkt, bleibt das Parenchym als Grundmasse («Füllgewebe») dieser Organe zurück. Bei krautigen Pflanzen bildet es die Hauptmasse des Vegetationskörpers, Turgorverlust im Parenchym durch Wassermangel führt zum Welken solcher Pflanzen. Das Parenchym besteht i. allg. aus großen, isodiametrischen («parenchymatischen») und dünnwandigen Zellen. Ein

136 · Die Gewebe der Sproßpflanzen

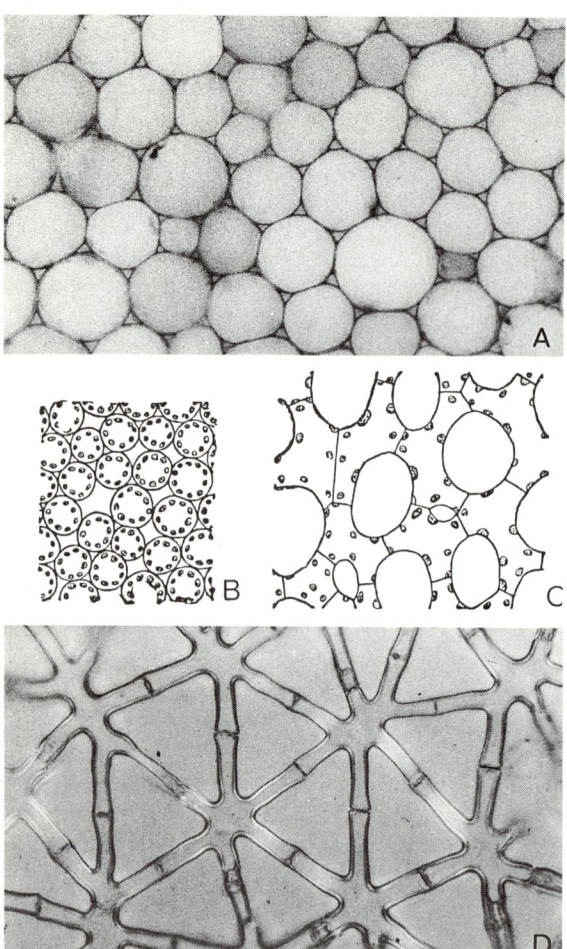

Abb. 1.2.8: Interzellularen. **A,** Parenchym in Luftwurzel der epiphytischen Orchidee *Vanda* mit engen Interzellularen zwischen den abgerundeten Zellen (90 : 1, Original). **B, C,** Flächenschnitte durch das Palisadenparenchym der Blattoberseite bzw. das Schwammparenchym der Blattunterseite von *Helleborus foetidus* (360 : 1, nach H. Fitting). **D,** ‹Sternparenchym› des weißen Markgewebes der Binse *Juncus,* die Interzellularen übertreffen volumenmäßig das sehr lockere Zellgewebe bei weitem (220 : 1; Originale)

– **Hydrenchym:** Pflanzen sehr trockener Standorte, die auch bei längerdauerndem Wassermangel aktiv bleiben, legen Wasservorräte in den Vacuolen extrem vergrößerter Parenchymzellen an (Durchmesser bis 0,5 mm). Die betreffenden Organe schwellen auch äußerlich sichtbar auf, sie vergrößern ihr Volumen und vermindern ihre Oberfläche. Im Extremfall approximieren sie die Kugelform. Diese Erscheinung wird als Succulenz bezeichnet (lat. *sücus*, Saft. Vgl. S. 216 f.). Allbekannte Beispiele sind die Blätter des Mauerpfeffers und die Sprosse der Kakteen (S. 187 f. Über den diurnalen Säurerhythmus solcher Pflanzen vgl. S. 281).

– Im **Aerenchym** (= Durchlüftungsgewebe; griech. *aérios*, luftig) ist das Interzellularensystem massiv entwickelt, bis über 70 % des Gewebevolumens entfallen auf zwischenzellige Gasräume. Bei Sumpf- und Wasserpflanzen ermöglicht das den Gasaustausch der untergetauchten Organe, da das Interzellularensystem bis zu den Spaltöffnungen schwimmender oder über das Wasser hinausragender Blätter bzw. Sprosse reicht (Abb. 1.2.9).

– **Chlorenchyme** (Assimilationsparenchyme): Das chloroplastenreiche Blattgewebe (Mesophyll) ist ein Parenchym, das auf *eine* bestimmte Funktion hin spezialisiert ist, nämlich die Photosynthese. In der sog. Palisadenschicht des Mesophylls sind die Zellen vergleichsweise dicht gepackt und eigentlich prosenchymatisch, ihre Längsachsen sind senkrecht zur Blattfläche orientiert (S. 213). Daß dieses Gewebe dennoch zu den Parenchymen gezählt wird, hängt damit zusammen, daß im Rindenparenchym mancher Sprosse und bei Schattenblättern alle Übergänge von Grundgewebe zu Chlorenchym gefunden werden.

– Das **Schwammparenchym** der Blätter (Abb. 1.2.8 C) ist zugleich Chlorenchym und Aerenchym. Der Interzellularenreichtum und die damit gegebene, große «innere Oberfläche» machen das Schwammparenchym zum Hauptort der Umwandlung von flüssigem Wasser in Wasserdampf und damit zu *dem*

erheblicher Volumensanteil des Grundgewebes entfällt auf Interzellularen.

Mit der Aussage, das Parenchym sei wenig spezialisiert, ist zugleich die funktionale Vielseitigkeit des Grundgewebes angesprochen. Allerdings können einzelne Funktionen je nach Bedarf besonders betont sein:

– **Speicherparenchyme** dienen der Stapelung von organischen Reservestoffen (Polysaccharide: Stärkekörner; Polypeptide: Proteinkristalle; Lipide: fette Öle in Oleosomen). Solche Parenchyme dominieren in «fleischigen» Speicherorganen wie Rüben, Knollen und Zwiebeln, sowie im Nährgewebe von Samen. Oft finden sich auch im Mark- und Rindenparenchym Reservestoffe angehäuft. Im Stamm von Holzpflanzen übernimmt das Holzparenchym, das den sonst toten Holzkörper als zusammenhängendes Netzwerk durchzieht, Speicherfunktion.

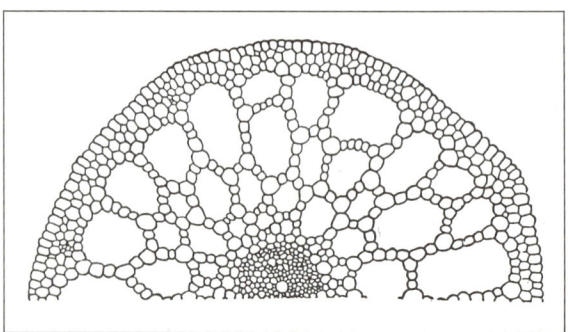

Abb. 1.2.9: Querschnitt durch den Sproß der Wasserpest *Elodea canadensis.* Das einfach gebaute zentrale Leitbündel (ohne Gefäße) ist von Chloroplasten-haltigem Durchlüftungsgewebe mit weiten Interzellularräumen umgeben. (80 : 1, nach Weaver u. Clements)

Organ der Transpiration (Wasserabgabe, S. 328f.). Diese Doppelfunktion des Schwammparenchyms macht verständlich, daß das Assimilationsgewebe der Blätter i.allg. nicht einheitlich ausgebildet ist, sondern neben Palisadenzellen auch Schwammparenchym enthält (vgl. S. 213).

B. Abschlußgewebe

Die Oberfläche der Organismen ist für sie von besonderer Bedeutung: Hier erfolgt die Abgrenzung gegen die Umwelt, zugleich der Kontakt mit ihr. Bei krautigen Pflanzen und den krautigen Teilen von Holzpflanzen ist es eine einzige Zellschicht, die die Außenseite der Organe überzieht, die **Epidermis** (griech. *epí dérma*, Oberhaut). Bei sekundärem, durch Cambien bewirktem Dickenwachstum von Sprossen und Wurzeln kommt es zu einem Aufreißen der Epidermis, des primären Abschlußgewebes. In diesen Fällen wird ein mehrschichtiges sekundäres Abschlußgewebe gebildet, der **Kork** (Phellém; griech. *phellós*, Kork). Das Korkgewebe ist Produkt eines eigenen Cambiums, des Phellogens (Korkcambiums). Auch an Blättern und Früchten werden beschädigte Epidermen durch Kork ersetzt.

An Baumstämmen und dicken, mehrjährigen Ästen und Wurzeln führt das Aufreißen von Korklagen und die wiederholte Neubildung von Korkcambien und Korklagen schließlich zur Bildung eines dicken Komplexes abgestorbener Zellmassen, der als **Borke** bezeichnet wird (S. 204f.). Die Borke ist ein tertiäres Abschlußgewebe. (Sie wird in der Umgangssprache als [Baum-] «Rinde» bezeichnet. Der Botaniker versteht unter Rindengewebe aber das außerhalb der Leitbündel liegende Parenchym der Sprosse und Wurzeln.)

Auch im Inneren des Pflanzenkörpers können Abschlußgewebe auftreten, sie dienen hier der Abgrenzung von Organen und gliedern den Gesamtorganismus in unterschiedliche physiologische Kompartimente. Solche innere Abschlußgewebe werden als Gewebescheiden bezeichnet. Sie sind einschichtig und umgeben als Endodermen oft die Leitbündel.

Allgemeines cytologisches Merkmal der Abschlußgewebe ist das lückenlose Aneinanderschließen der Zellen, Interzellularen fehlen. Der seitliche Zusammenhalt der Epidermiszellen ist sehr fest, häufig können z.B. Blattepidermen als Häutchen abgezogen werden (Abb. 1.2.10). Der lebenswichtige Gasaustausch mit der Außenluft wird in Epidermen über regulierbare Spaltöff-

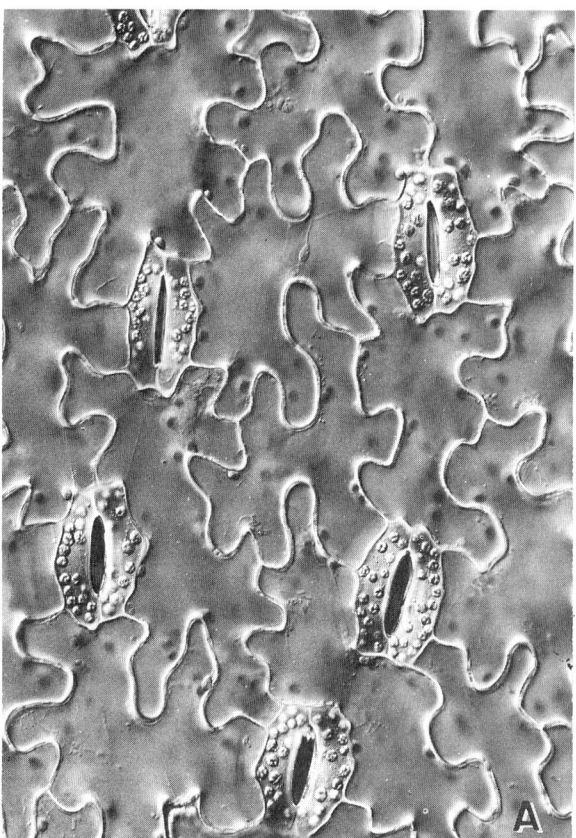
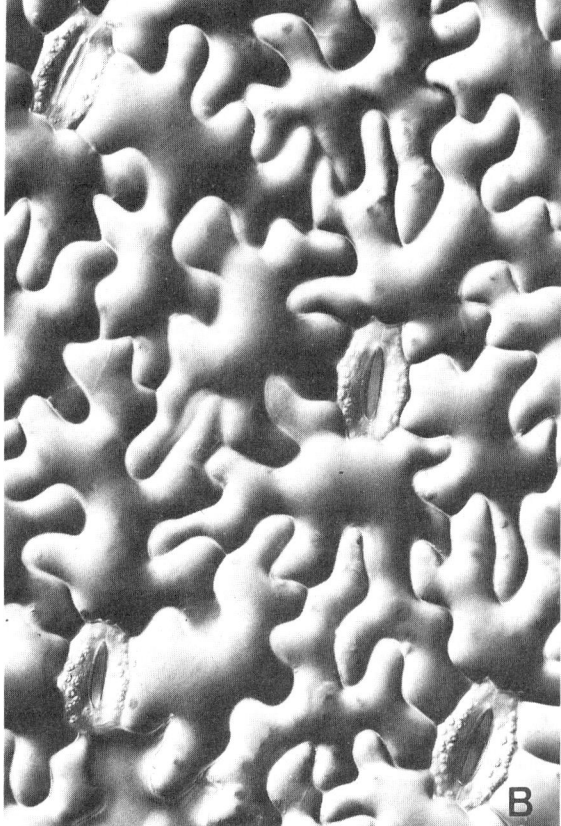

Abb. 1.2.10: Einschichtige Epidermis der Sumpfdotterblume *Caltha palustris*, als Häutchen abgezogen von der Laubblattunterseite. Die Zellen haften fest aneinander, da sie bei unregelmäßigen Umrißformen gegenseitig lückenlos «verzahnt» sind. Die mit zahlreichen Chloroplasten ausgestatteten Schließzellen der Spaltöffnungen sind typische Idioblasten in diesem sonst einheitlichen Gewebe. (**A** und **B**, Interferenzkontrast. **A**, Gewebe in Wasser eingebettet; **B**, Gewebe in Luft: die vom Turgor bedingte, kissenartige Wölbung der einzelnen Zellen tritt deutlich hervor. 340 : 1, Originale)

nungen (Stomata, griech. *stóma*, Mund) erreicht, im Korkgewebe durch den Einbau von Lenticellen (vgl. S. 144). Charakteristisch für die Zellen der Abschlußgewebe sind weiterhin akkrustierte Zellwandschichten (Cuticulae, Suberinschichten). Auch die Zellwände in Endodermen sind durch lokale Imprägnierungen z. T. undurchlässig für Ionen und Wasser. Die Plastiden vieler Epidermen sind Leukoplasten oder dürftig entwickelte, granalose Chloroplasten. In vielen Blüten- und Fruchtblättern ist aber das Plasma der Epidermiszellen mit Chromoplasten vollgestopft. Hier wird die Epidermis zu einer Einrichtung für Tieranlockung und damit – indirekt – der Bestäubung bzw. Frucht- und Samenausbreitung. Dieselbe Signalwirkung wird in anderen Fällen durch Vacuolenfarbstoffe (Chymochrome: Anthocyane und Betacyane, Flavonoide) erreicht, und häufig sind beide Formen der Pigmentierung kombiniert.

1. Primäres Abschlußgewebe: Epidermis und Cuticula

Wir haben bereits gesehen (S. 107), wie perfekt der molekulare Bau der **Cuticula** (lat. *cutis*, Haut) darauf ausgerichtet ist, den Durchtritt selbst von Wasser zu unterbinden. Die diesbezügliche Leistung von Cuticeln ist tatsächlich erstaunlich. Bei Pflanzen trockener Standorte (Xerophyten, S. 187, 216) bleibt die cuticuläre Transpiration, d.i. die Wasserabgabe durch die Cuticula hindurch bei geschlossenen Stomata, unter $\frac{1}{10000}$ der Evaporation (Verdunstung an einer flächengleichen freien Wasseroberfläche).

Entwicklungsgeschichtlich ist die Cuticula durch eine schier unbegrenzte Fähigkeit zum Flächenwachstum ausgezeichnet. Im Gegensatz zur Insektencuticula, die sonst viele strukturelle und funktionelle Ähnlichkeiten mit der Pflanzencuticula aufweist, kommt es bei wachsenden Pflanzenteilen zu keiner Häutung. Vielmehr wächst die Cuticula, die bei den Pflanzen normalerweise ja nicht noch zusätzlich die Rolle eines Panzers spielt, mit der wachsenden Epidermis ständig mit. Das setzt die Aktivität von extrazellulären Cutinasen voraus, welche die molekular vernetzte Cutinmatrix plastisch dehnbar machen und zur nachträglichen Einlagerung neuen Cutinmaterials befähigen. Oft geht das Flächenwachstum der Cuticula über das der Epidermis hinaus. Die Cuticula erscheint dann gefältelt, es entstehen Cuticularleisten, die über Zellgrenzen hinweg reichen (Abb. 1.2.11). Die Cuticularfältelung stellt vermutlich eine Oberflächenreserve dar, die bei Organverformungen einem Zerreißen der Cuticula vorbeugt. Umgekehrt ist die Cuticula an solchen Stellen, wo Durchlässigkeit erforderlich ist – beispielsweise an den Narben der Blüten oder über Drüsenzellen – porös oder rissig.

Bei vielen Blättern und Früchten werden Cuticularwachse nicht nur in die Cuticula selbst eingelagert, sondern kristallisieren zusätzlich auf ihrer Oberfläche als epiculturales Wachs in verschiedenen Formen aus (Abb. 1.2.12). Diese Wachsüberzüge sind mit

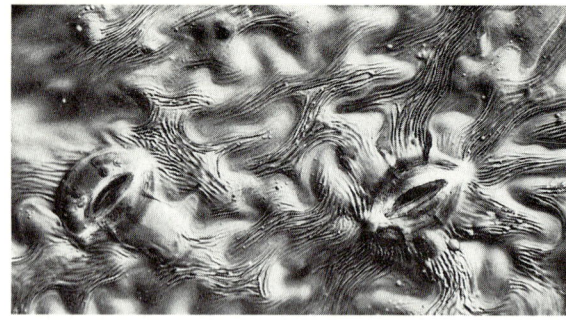

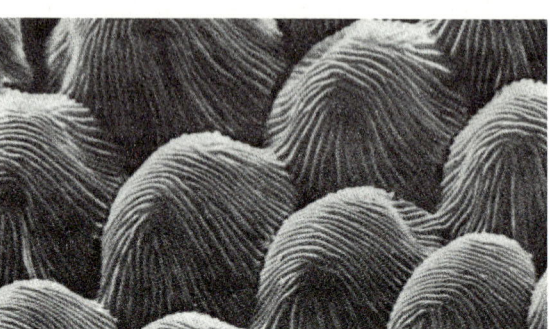

Abb. 1.2.11: Cuticularfältelung. **A**, Blattunterseite des Holunders *Sambucus nigra* (LM Aufnahme, Interferenzkontrast, 360 : 1, Original). **B**, Aufsicht auf die papillöse Blütenblatt-Epidermis der Asteracee *Anthemis tinctoria*. (1650 : 1; Raster-EM Aufnahme: W. Barthlott u. N. Ehler)

freiem Auge als blaugrauer «Wachsreif» erkennbar (Beispiele: «glauke» Kohlsorten, Pflaumen, Weinbeeren; extrem bei der Wachspalme *Copernicia*, deren stabförmige Wachskristalle bis 20 μm lang werden und als Carnaubawachs Verwendung finden). Wachsüberzüge machen die betreffenden Oberflächen – etwa die Blattoberseite der Kapuzinerkresse oder der Lotusblume *Nelumbo* – unbenetzbar, nach Abwischen werden sie durch erneute Wachssekretion durch die Cuticula hindurch regeneriert.

Die Sekretion von Cutin und Wachs wird auf noch unbekannte Weise immer dann ausgelöst bzw. stimuliert, wenn Epidermiszellen an nicht ständig mit Wasserdampf gesättigte Luft grenzen. Während eine sehr zarte, nur bei Benetzungsversuchen oder im EM bemerkbare Cutinschicht auch noch die Interzellularen des Mesophylls auskleidet (Innencuticula), tragen die Epidermen von absorbierenden Organzonen keine Cuticula. Das gilt allgemein für die Rhizodermis, die Epidermis junger Wurzeln. Extrem dicke Cuticeln mit zusätzlichen Cuticularschichten werden umgekehrt an Blättern und Sprossen von ausdauernden Pflanzen sehr trockener Standorte gefunden, z.B. bei Kakteen und Agaven.

Immerhin entstehen so Oberflächenschichten, die nicht nur in chemischer, sondern auch in mechanischer Hinsicht schwer angreifbar sind und z.B. den Kauwerkzeugen kleinerer Tiere widerstehen können. Damit nimmt in diesen Fällen die Epidermis auch die Funktion eines Panzers an. In anderen Fällen

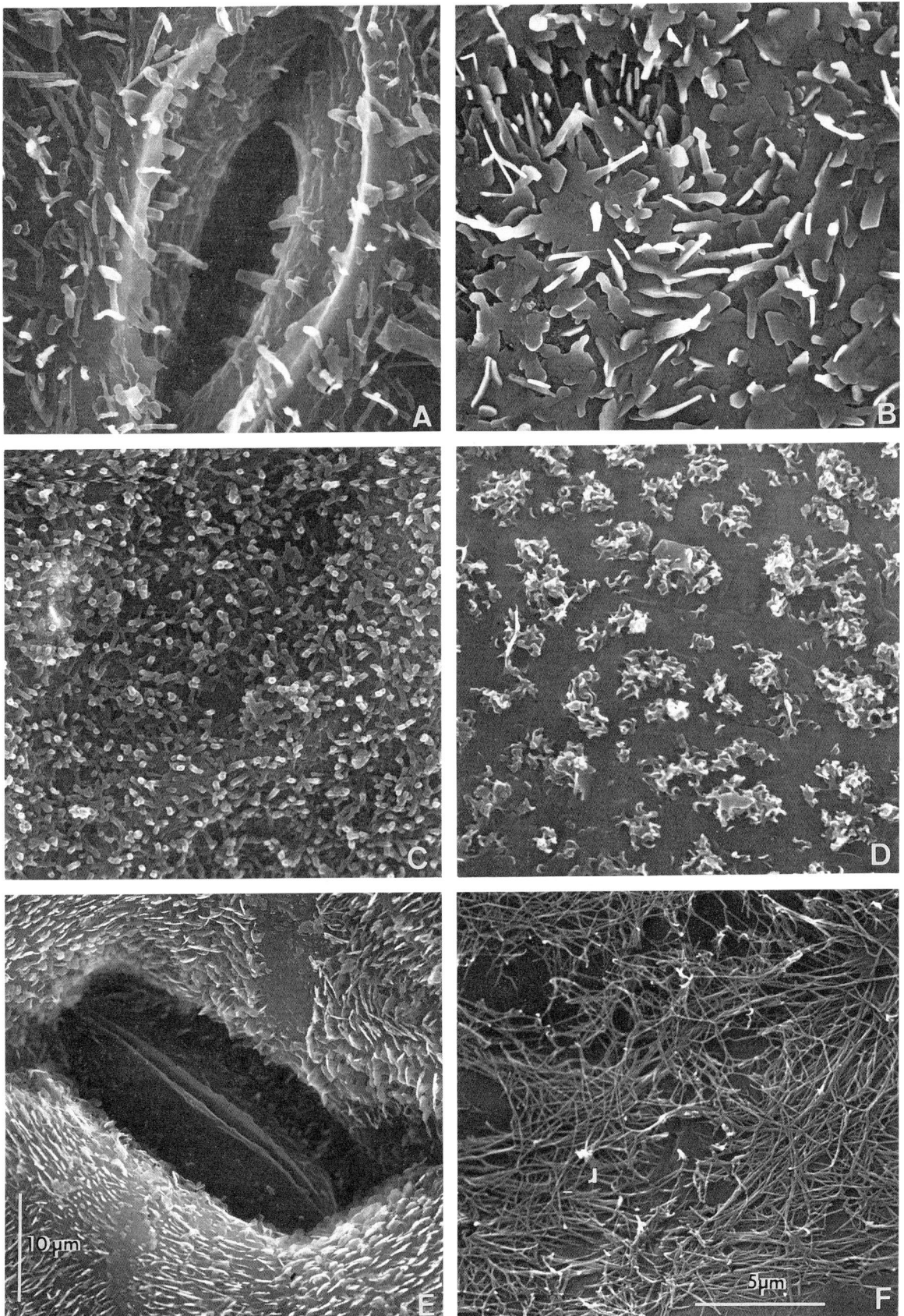

Abb. 1.2.12: Epicuticulare Wachse. **A**, auf Erbsenhülse, mit Stoma. **B**, auf Apfelfrucht. **C**, Laubblattoberseite der Kapuzinerkresse *Tropaeolum*. **D**, Blattoberfläche von *Sedum maximum*. **E**, *Iris pseudacorus*, Blattoberfläche mit Spaltöffnung. **F**, Blattoberfläche des Farnes *Polypodium vulgare*. (Maßstab in F gilt auch für A–D. Raster-EM Aufnahmen: S. Gombert)

kommt es zur Verkalkung oder – häufiger – Verkieselung der Epidermis-Außenwände, sie werden dadurch starr. Besonders kräftige Verkieselung findet sich z.B. bei Gräsern und Riedgräsern; Schachtelhalme wurden früher aufgrund dieser Eigenschaft zum Polieren von Zinngeschirr benützt («Zinnkraut»). – Die Wände der Epidermiszellen von Früchten und Samen weisen eine besonders reiche strukturelle und stoffliche Mannigfaltigkeit auf. Häufig sind die betreffenden Epidermen im trockenen Zustand hornig-fest, quellen aber in Wasser stark auf und werden dabei weich und schleimig.

Bei manchen Blättern übernehmen die Epidermen die Funktion eines Hydrenchyms, ihre Zellen sind dann besonders groß und können in Folge perikliner Teilungen der Protodermzellen auch in mehreren (bis zu 15) Lagen übereinander liegen. Solche mehrschichtige Epidermen sind in einigen Familien die Regel (Abb. 1.3.85, S. 218). – Als weitere Sonderfunktion von Blattepidermen ist schließlich noch die Perception von Strahlungsreizen im Zusammenhang mit photoperiodischen Reaktionen zu nennen (S. 411 ff.).

Spaltöffnungen. Stomata sind charakteristisch für cutinisierte Epidermen. Gehäuft finden sie sich meistens auf Laubblattunterseiten, doch fehlen sie auch in den Epidermen von Sprossen und Blütenblättern fast nie. Selbst an der Basis von Sporenkapseln von Laubmoosen können sie beobachtet werden. An Wurzeln kommen Spaltöffnungen dagegen nicht vor.

Jedes Stoma besteht aus 2 länglichen Schließzellen, die nur an ihren Enden miteinander fest verbunden sind, während die mittleren Bereiche durch einen schizogen gebildeten Interzellularspalt, den **Porus**, voneinander getrennt sind. Der Porus stellt durch Epidermis und Cuticula hindurch die Verbindung zwischen Außenluft und einem besonders großen Interzellularraum des Mesophyll- bzw. Rindengewebes her, der früher – irreführend – als «Atemhöhle» bezeichnet wurde. Die Weite des Porus wird kurzfristig durch Verformungen der Schließzellen reguliert: Der Spalt, der von den «Bauchwänden» der Schließzellen begrenzt wird, ist um so weiter geöffnet, je höher der Turgor der Schließzellen ist (Abb. 1.2.13). Der Turgor seinerseits hängt auf komplexe Weise von der Verfügbarkeit von CO_2 und H_2O ab, und auch das Phytohormon Abscisinsäure kann regulierend eingreifen. So sind die Stomata Regulatoren des Gasstoffwechsels, besonders der Transpiration (S. 461 ff.).

Selbst an Laubblattunterseiten, die in der Regel zwischen 100 und 500 Stomata pro mm^2 aufweisen, macht das Porenareal auch bei voll geöffneten Spalten nur 0,5–2% der Blattfläche aus. Dennoch kann die stomatäre Transpiration bis über $2/3$ der Evaporation erreichen (S. 330), andererseits allerdings auch bis auf 0 gedrosselt werden.

Die Schließzellen sind typische Idioblasten der Epidermen, sie weichen nach Form und Größe, sowie i.d.R. durch den Besitz stärkehaltiger Chloroplasten von den übrigen Epidermiszellen ab. Manchmal gilt das – weniger ausgeprägt – auch für ihre unmittelbaren Nachbarzellen, die dann als **Nebenzellen** bezeichnet werden.

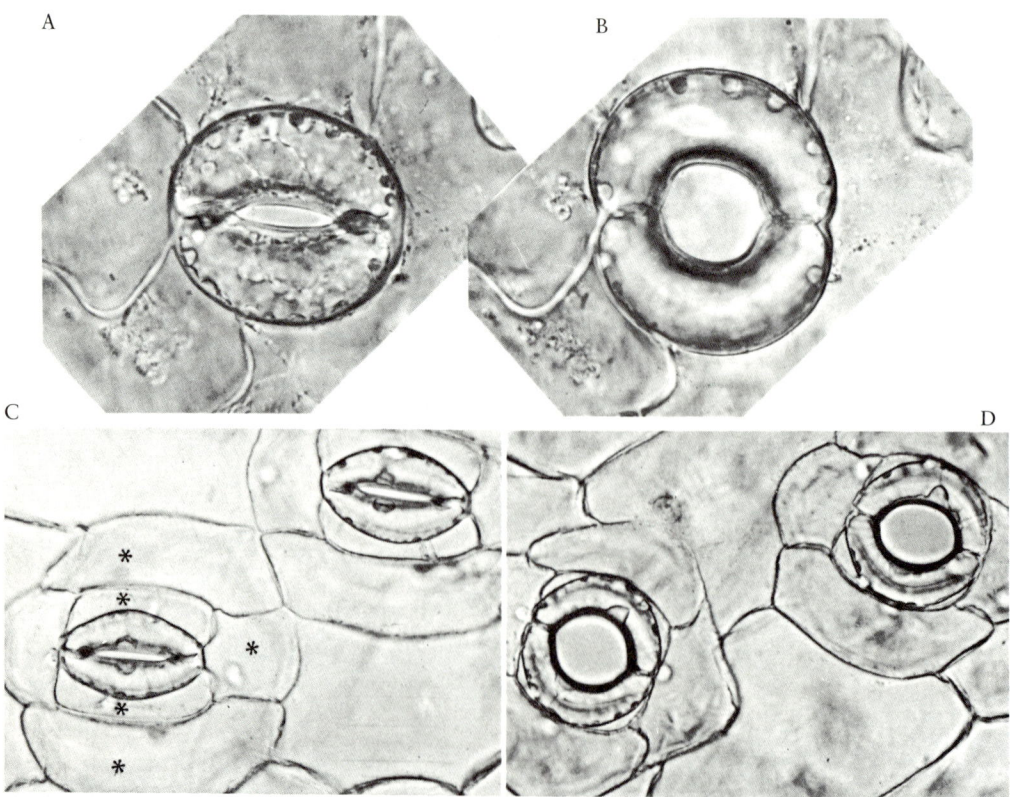

Abb. 1.2.13: Stomata von *Vicia faba* (**A, B**) und *Commelina communis* (**C, D**), links in 200 mM Saccharoselösung entspannt, rechts in Wasser prall turgescent mit weit geöffnetem Porus. Beachte die Verformung der Nebenzellen (*) bei *Commelina*. (400 : 1, n. K. Raschke)

Spaltöffnungen und Nebenzellen bilden gemeinsam den **Spaltenapparat**. Entwicklungsgeschichtlich entspricht er dem Endzustand eines Meristemoids (vgl. Abb. 1.2.13 D, Abb. 1.2.14).

Die Funktionsweise der Stomata beruht, wie erwähnt, allgemein auf einem Turgormechanismus. Daß gerade bei Vollturgescenz, also maximal aufgeblähten Schließzellen, die Spalten geöffnet sind, erscheint zunächst paradox. Es erklärt sich aus der besonderen Anordnung von Wandverdickungen der Schließzellen (Abb. 1.2.15), und ihrer Wandtextur (vgl. Abb. 2.3.46, S. 462). Dabei gibt es freilich erhebliche Unterschiede, es können mehrere Funktionstypen unterschieden werden.

Bei vielen Mono- und Dicotyledonen wird der *Amaryllis*- bzw. *Helleborus*-Typ gefunden, der durch zarte Rückenwände und verstärkte Bauchwände ausgezeichnet ist. Bei Turgorerhöhung wölben sich die bohnenförmigen Schließzellen in die Nebenzellen hinein vor, die Bauchwände werden mitgezogen und der Spalt öffnet sich. Einfacher funktioniert der *Mnium*-Typ, der vor allem bei Moosen und Farnen verbreitet ist. Hier sind auch die Bauchwände der Schließzellen dünn. Nimmt der Turgor zu, so entfernen sich die Außen- und Innenwände der Schließzellen voneinander, die auf dem Querschnitt sichtbare Konvexkrümmung der Bauchwände nimmt ab und der Spalt erweitert sich, während die Rückenwände ihre Lage kaum verändern. Beim *Gramineen*-Typ, der bei Süß- und Sauergräsern verbreitet ist, haben die Schließzellen hantelförmige Gestalt. Ihre erweiterten Enden sind dünnwandig und durch zellwandfreie «Fenster» miteinander verbunden; dagegen hat das schmale mittlere Verbindungsstück stark verdickte Wände. Nimmt der Turgor zu, werden die dünnwandigen Enden prall gedehnt und die starren Mittelstücke der Zellen rücken auseinander. Die maximal erreichbaren Spaltweiten sind bei diesem Typ gering (Weizen: 7 µm).

Neben diesen Typen gibt es noch weitere, unter denen der *Coniferen*-Typ durch besondere Komplexität hervorsticht: Die Spaltöffnungen sind bei den Nadeln der Coniferen tief eingesenkt, an ihren Turgorbewegungen nehmen Nebenzellen mit ebenfalls sehr ungleichmäßig verdickten und partiell verholzten Wänden aktiv teil.

Den als Luftspalten fungierenden Stomata sind die bei manchen Pflanzen ausgebildeten Wasserspalten oder

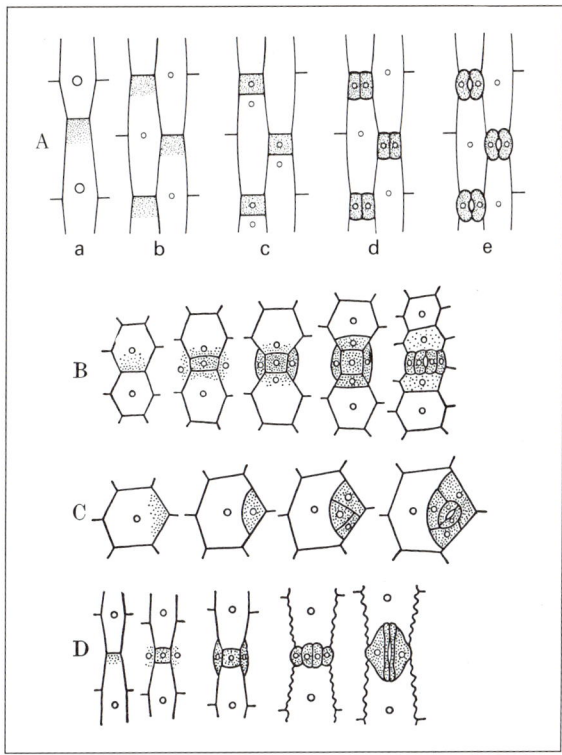

Abb. 1.2.14: Entwicklung der Stomata bei *Iris* (**A**), *Tradescantia* (**B**), *Sedum* (**C**) und *Zea mays* (**D**); Meristemoide und Spaltenapparate punktiert. (Veränd. n. E. Strasburger u. A. deBary)

Hydathoden homolog, die der Abscheidung von flüssigem Wasser dienen (Guttation, lat. *gútta*, Tropfen). Auf ihr Vorhandensein gehen z.B. die scheinbaren «Tauperlen» an den Blättern der Kapuzinerkresse zurück (vgl. Abb. 2.1.97, S. 332). Wenn das ausgeschiedene Wasser viel Calciumhydrogencarbonat enthält (wie bei kalkbewohnenden Steinbrech-Arten), bilden sich an den Spalten weiße Schüppchen von Calciumcarbonat. Viele Nectardrüsen (Nectarien) scheiden ihr

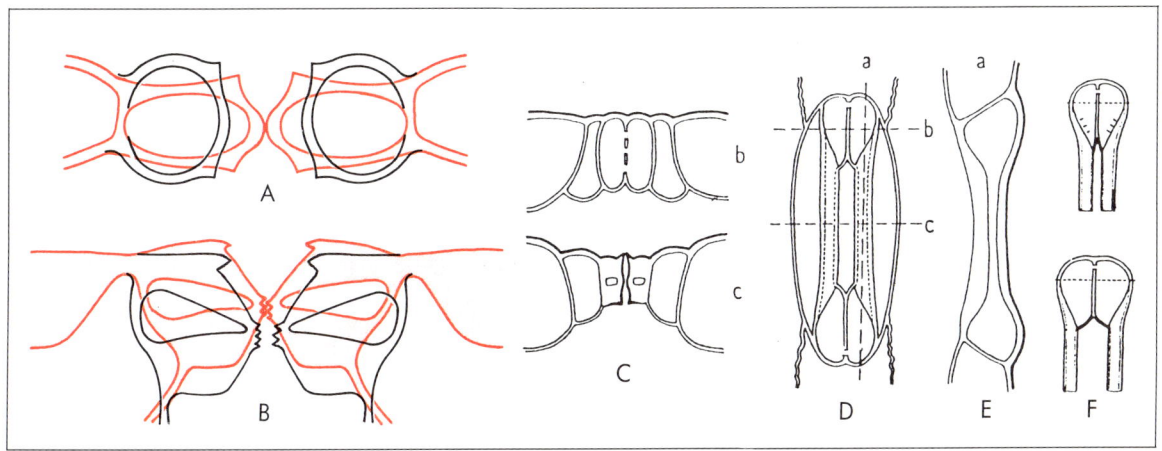

Abb. 1.2.15: Funktionstypen von Spaltöffnungen. **A**, *Mnium*-Typ beim Farn *Adiantum capillus veneris*; rot geschlossen, schwarz turgescent/geöffnet. **B**, *Helleborus*-Typ bei *H. niger*. **C** bis **F**, *Gramineen-Typ*, Beispiel *Zea mays*; **D** Aufsicht, **C** Querschnitte durch D bei b und c; **E** Längsschnitt durch D bei a; **F**, oben Schließzellen entspannt, Spalt geschlossen; unten Schließzellen turgescent, Spalt offen. (A, C–E 1000 : 1; B 1500 : 1, n. D.v. Denffer. F 1000 : 1, n. S. Schwendener)

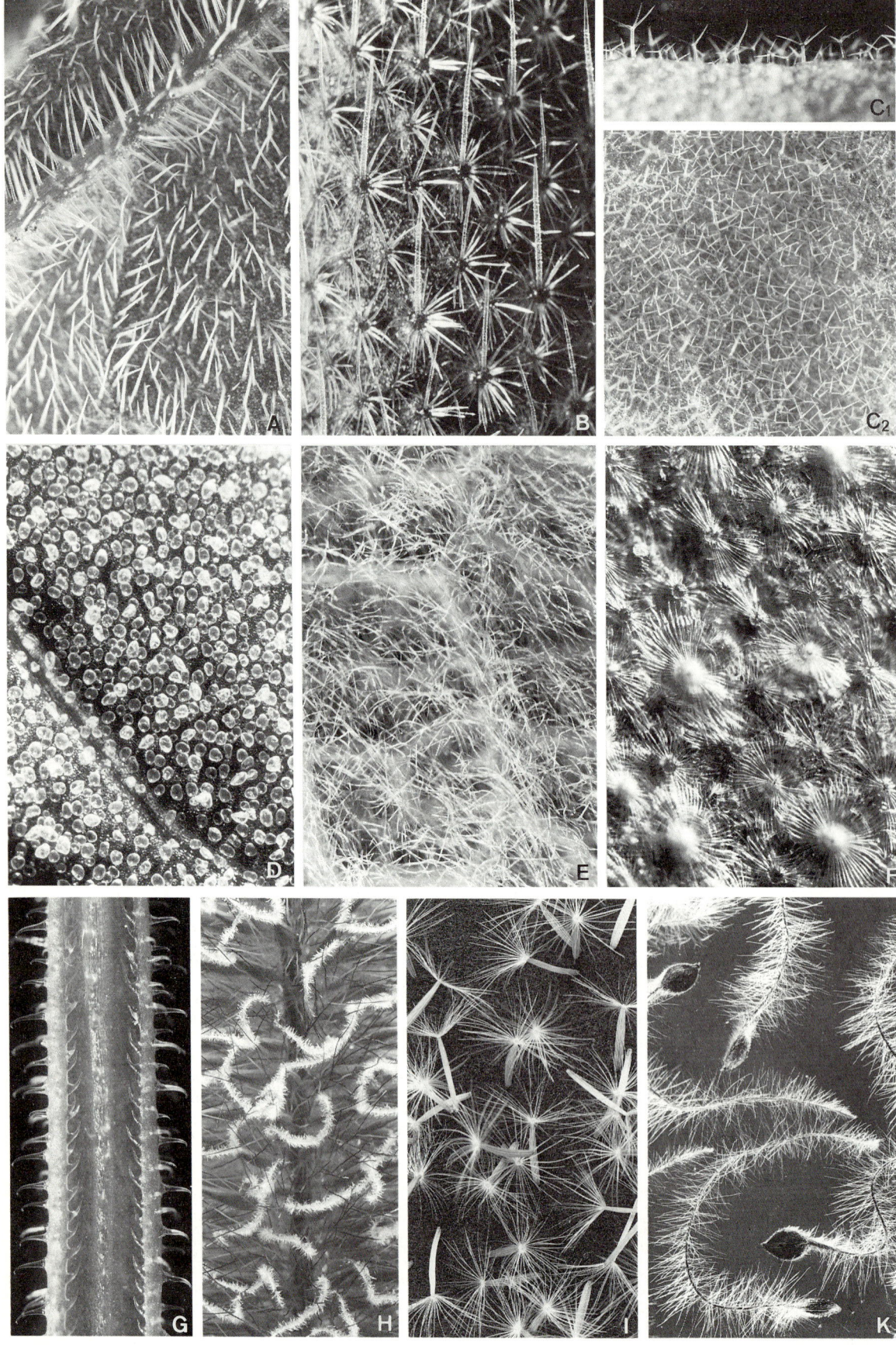

zuckerhaltiges Sekret über vergleichbare Nektarspalten aus.

Haare und Emergenzen. Viele Epidermen sind mit ein- oder mehrzelligen Auswüchsen versehen. Häufig wachsen einzelne Epidermiszellen zu Haaren aus, oder sie werden Initialzellen eines Meristemoids, so daß sich mehrzellige Haare bilden. Die Vielgestaltigkeit der Pflanzenhaare (**Trichome**) ist außerordentlich, in den Abb. 1.2.16 und 1.2.17 sind einige Beispiele wiedergegeben. Entsprechend vielseitig ist auch die Funktion. Durch Haarzellen, die definitionsgemäß Idioblasten darstellen, können Epidermen weit über ihre primäre Funktion als Abschlußgewebe hinauskommen und z.B. Absorptions- oder Sekretionsaufgaben übernehmen.

Papillöse Vorwölbungen von Epidermiszellen haben Linsenwirkung, sie lassen die betreffenden Oberflächen glitzern, was bei Blütenblättern der Insektenanlockung dienen kann. Wurzelhaare dienen der Stoffaufnahme. Frucht- und Samenhaare können die Ausbreitung durch den Wind fördern. Zu den Samenhaaren zählt auch das wirtschaftlich sehr bedeutende Baumwollhaar, dessen Welt-Jahresproduktion 1984 17,3 Millionen Tonnen erreichte. Baumwollhaare werden trotz ihrer Einzelligkeit bis über 5 cm lang und bilden vor ihrem Absterben vergleichsweise dicke, aus fast reiner Cellulose bestehende Sekundärwände mit charakteristischer Schraubentextur. Dicht-wollige Behaarung beeinflußt die Transpiration. Viele in Nebelgebieten wachsende Pflanzen «kämmen» mit ihrem Haarkleid Wasser aus durchziehenden Nebelschwaden; wie die Wurzelhaare können sie als Absorptionsorgane klassifiziert werden (S. 221). Tote, lufterfüllte Haare reflektieren und streuen Licht, sie erscheinen weiß und fungieren als Strahlenschutz. In anderen Fällen werden hakige «Klimmhaare» zum Festhalten windender oder klimmender Sprosse gebildet; der Hopfen und das «klebrige» Labkraut, *Galium aparine*, sind bekannte Beispiele dafür; und wieder können solche Haarbildungen auch die Frucht- und Samenausbreitung fördern. Dem Schutz zarter Blattorgane vor Tierfraß dienen derbe Borstenhaare mit verkieselten, harten Zellwänden; sie sind häufig verzweigt. Einen raffinierten Sonderfall stellen Brennhaare dar. Das Brennhaar der Brennessel (*Urtica*, Abb. 1.2.17) ist eine große Zelle mit polyploidem Kern, die durch einen vielzelligen Sockel (eine Emergenz, s.u.) aus der Epidermis von Blättern und Sprossen herausgehoben ist und deren kopfig verdicktes Vorderende an einer verkieselten Dünnstelle der Wand bei Berührung abbricht. Das Brennhaar wirkt in diesem Zustand wie eine Injektionsspritze, der Zellsaft wird ausgedrückt und kann durch seinen Gehalt an Ameisensäure, Acetylcholin und Histamin schmerzhafte Entzündungen auslösen. Wie in allen großen Zellen, so ist auch in Wurzelhaaren, wachsenden Baumwollhaaren und auch in den Brennhaaren von *Urtica* eine kräftige Plasmaströmung zu beobachten; an den Brennessel-Brennhaaren wurde dieses Phänomen vor über 300 Jahren entdeckt (Robert Hooke, «Micrographia»: 1685). – Haare können schließlich auch die Aufnahme

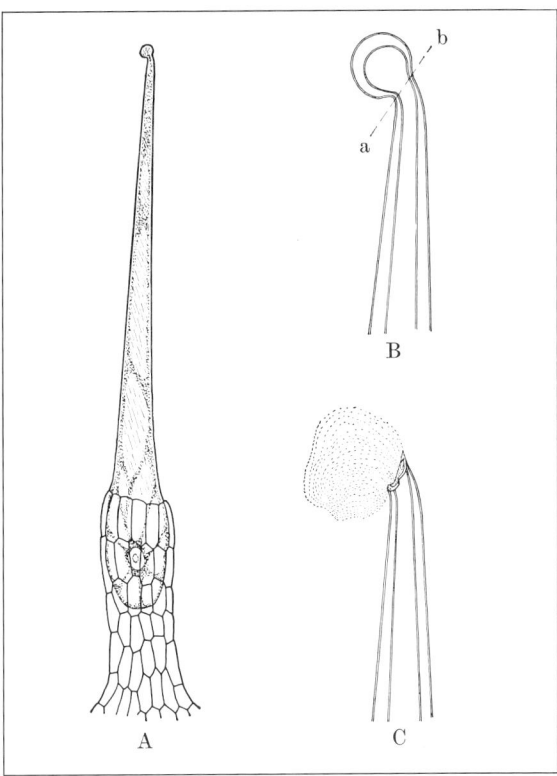

Abb. 1.2.17: Brennhaar der Brennessel *Urtica dioica* (**A**); **B**, verkieseltes Ende mit präformierter Abbruchstelle; **C**, nach Abbrechen des Köpfchens tritt der giftige Zellsaft aus. (A 60 : 1; B, C 400 : 1; n. D. v. Denffer)

von Reizen vermitteln (Fühlhaare, z.B. bei der Venusfliegenfalle *Dionaea*, S. 219, 459). Besonders häufig sind Drüsenhaare, die fast immer eine vergrößerte Terminalzelle oder ein mehrzelliges Köpfchen tragen (vgl. S. 155).

Als **Emergenzen** werden vielzellige Auswüchse bezeichnet, an deren Entstehung sich auch subepidermales Gewebe beteiligt. Emergenzen entsprechen in vielem – auch in ihrer strukturellen und funktionellen Mannigfaltigkeit – den Trichomen, sie können aber wesentlich größer werden. Beispielsweise werden Drüsenhaare in vielen Fällen durch funktionsgleiche, makroskopische Drüsenzotten vertreten (S. 157). Das Fruchtfleisch der *Citrus*-Früchte wird von «inneren» Emergenzen gebildet, die als «Saftschläuche» in die Fächer des Fruchtknotens hineinwachsen. Jede(r) kennt ferner aus schmerzlicher eigener Erfahrung die Stacheln der Rosen und Brombeeren. Auch sie sind

◀ **Abb.1.2.16:** Haarbildungen an Laubblättern (**A–G**), Narben (**H**) und Früchten (**I, K**). **A**, einzellige Borstenhaare eines Rauhblattgewächses, *Trachystemon orientalis*. **B**, bei der ebenfalls zu den Borraginaceen gehörenden *Onosma stellulata* steht je ein langes Borstenhaar in einem Kranz kürzerer Haare an einer kuppelförmigen Emergenz. C_1, C_2, Sternhaare von *Arabis arendsii*. **D**, Blasenhaare vom Gänsefuß *Chenopodium album*; die sehr großen Vacuolen dieser Haare dienen als Ionenspeicher. **E**, Wollhaare von *Stachys byzantina*. **F**, vielzellige, konzentrisch gebaute Schülferhaare der Ölweide *Elaeagnus pungens*. **G**, einzellige Klettenhaare des Klebrigen Labkrauts *Galium aparine*. **H**, Haare an verlängerten Narben erleichtern Windbestäubung; als Beispiel hier das tropische Gras *Pennisetum*. **I, K**, in trockenem Zustand entfaltete («hygroskopische») Haare erleichtern die Ausbreitung kleiner trockener Früchte durch Wind: **I**, Pappus an Früchten von *Picris* (Asteraceae); **K**, Haare am schraubig eingetrockneten Fruchtgriffel der Waldrebe *Clematis vitalba* (Ranunculaceae). (A, C, E, G 16 : 1; B, 20 : 1; D 7,5 : 1; F 60 : 1; H–K 2,3 : 1. Originale)

Emergenzen und deswegen wohl zu unterscheiden von Dornen, welche abgewandelten Blattorganen (wie bei Sauerdorn, Kakteen) oder Kurzsprossen (z.B. Schlehe, Feuerdorn) entsprechen. Man beachte, daß Umgangs- und Fachsprache hier nicht übereinstimmen: Für den Botaniker haben Rosen keine Dornen, sondern Stacheln, und Kakteen keine Stacheln, sondern Dornen!

2. Sekundäres Abschlußgewebe: Kork

Die periklinen Kork-Cambien (Phellogene) gliedern nach innen hin eine dünne, oft Chloroplasten-haltige Schicht parenchymatischer Zellen ab, das **Phelloderm**, das z.B. beim Abschälen von Holunderzweigen oder Buchenstämmen sichtbar wird. Nach außen hin wird – wesentlich massiver – Korkgewebe (**Phellém**) gebildet. Es ersetzt das primäre Abschlußgewebe, wo es durch Dickenwachstum oder Verwundung verlorengegangen ist. Der gesamte Gewebekomplex – Phelloderm, Phellogen und Phellem – wird **Periderm** genannt (Abb. 1.2.18).

Oft ist Korkgewebe nur wenige Zellenlagen dick (Kartoffelschalen, weiße Korkfahnen junger Birkenstämme). Doch können Kork-Cambien auch länger aktiv bleiben und bis über zentimeterdickes Korkgewebe bilden. Das bekannteste, auch wirtschaftlich bedeutende Beispiel ist die Kork-Eiche, *Quercus suber*. Etwa 15 Jahre alte Stämme dieses mediterranen Baumes werden geschält, d.h. es wird ihr zunächst gebildetes Periderm entfernt. Einige Zellenlagen unter der Schälfläche wird nun ein neues, besonders aktives Phellogen gebildet, das jahrelang tätig bleibt und den technisch verwertbaren Flaschenkork liefert. Der Vorgang wiederholt sich nach der Abnahme des gebildeten Korkes – etwa alle 10 Jahre – beliebig oft. Unter den einheimischen Holzpflanzen bilden das Pfaffenhütchen (*Euonymus*) und bestimmte Rassen des Feld-Ahorns und der Feld-Ulme auffällige Korkleisten an jüngeren Zweigen (vgl. Abb. 1.3.66, S. 205). Bei der Buche bleibt das Korkcambium ständig aktiv, so daß sich eine einheitliche, dicke Korklage rund um Stämme und Äste bildet (Abb. 1.3.67D, E, S. 206).

Die Verkorkung einer Zelle besteht in der Akkrustierung einer wasserundurchlässigen Suberinschicht an das Saccoderm (S. 106). Während der Sekretion der Suberinschicht bleiben die jungen Korkzellen durch Plasmodesmen miteinander verbunden. Ist die Wandbildung beendet, sterben sie aber ab, der Zellinhalt degeneriert und die toten Korkzellen füllen sich mit Gas. Deshalb ist Korkgewebe sehr leicht, elastisch und ein hervorragender Wärme- und Strahlungsisolator. Die Braunfärbung der meisten Korke beruht auf der Einlagerung von Gerbstoffen, die gegen das Eindringen von Parasiten (Insekten, Pilze) schützen.

Schon dünne Korkhäute vermindern die Transpiration i. allg. stärker als einschichtige, cutinisierte Epidermen. Wie jedes Abschlußgewebe, so ist auch der Kork frei von Interzellularen (Abb. 1.2.19). Das ist im Hinblick auf die Entstehungsweise nicht selbstverständlich. Denn das Phellogen bildet sich ja als sekundäres Meristem in einem Parenchym, z.B. dem Rindenparenchym eines Sprosses, das seinerseits von einem zusammenhängenden Interzellularensystem durchzogen ist. Bei der Reembryonalisierung werden aber in der Ebene des künftigen Kork-Cambiums die Interzellularen

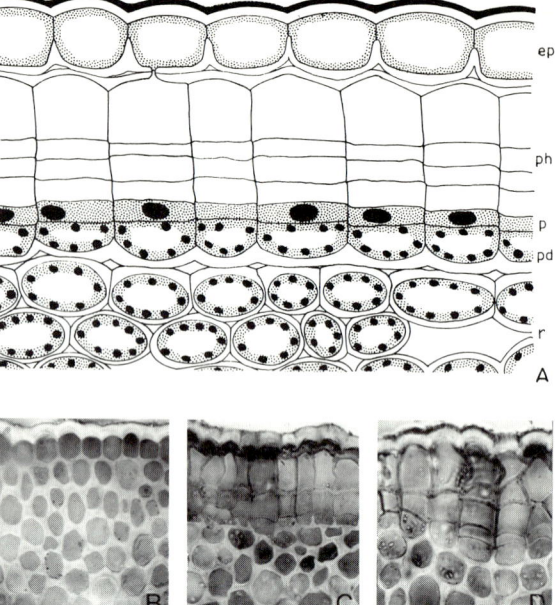

Abb. 1.2.18: Kork- und Peridermbildung. **A**, Entstehung einer ersten Korklage in einem jungen Zweig des Schwarzen Holunders *Sambucus nigra*: Unmittelbar unter der Epidermis ep hat sich unter Re-Embryonalisierung hypodermaler Zellen ein Korkcambium p gebildet und nach außen hin mehrschichtiges Korkgewebe ph, nach innen ein einschichtiges, Chloroplasten-haltiges Phelloderm pd abgegliedert; darunter Rindenparenchym r. **B–D**, drei Stadien entsprechender Vorgänge beim Oleander; das Rindengewebe ist hier ein typisches Collenchym. (A 400 : 1, veränd. n. H. Fitting. B–D 230 : 1, Handschnitte u. LM Aufnahmen: H. Falk)

durch lokales Wachstum der einzelnen Zellen verschlossen. Die Teilungen im einschichtigen Phellogen erfolgen ausschließlich so, daß die neuen Zellwände periklin, d.h. parallel zur Organoberfläche oder Wundfläche orientiert sind. Die im Querschnitt erkennbare, sehr regelmäßige Zellanordnung beruht auf synchronen Zellteilungen im Phellogen; dagegen sind im tangentialen Längsschnitt noch die Umrißformen der ursprünglichen Parenchymzellen erkennbar.

Totale Verkorkung von Sproßoberflächen würde das Überleben von Zellen im Inneren der Stämme, Äste und Zweige durch Erstickung unmöglich machen. Korkgewebe ist daher stellenweise von **Korkporen** (**Lenticellen**) durchbrochen (Abb. 1.2.20; vgl. auch Abb. 1.3.67A, S. 206). Hier entstehen aus dem Phellogen nicht dicht zusammenschließende Zellen, sondern – unter Auflösung der Mittellamellen (Maceration) – abgerundete, nur lose zusammenhängende Korkzellen, zwischen denen hindurch eine Diffusion von Wasserdampf, Sauerstoff und CO_2 erfolgen kann. Die Zellen der Korkporen, die insgesamt eine mehlige Masse bilden, sind auf ihrer Oberfläche dicht mit Wachskriställchen besetzt und dadurch unbenetzbar. Auch bei Dauerregen laufen daher die Lenticellen nicht mit Wasser voll, sondern bleiben für den Gasaustausch offen, was ihre physiologische Bedeutung unterstreicht.

Dauergewebe · 145

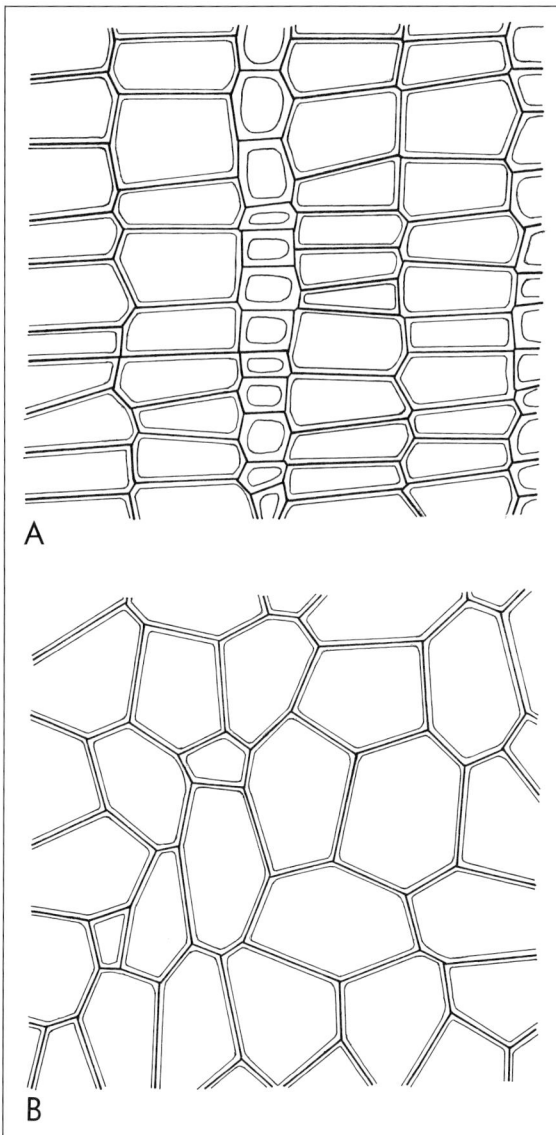

lig von den außen und innen angrenzenden Geweben. Das hängt mit ihrer besonderen Funktion zusammen, wofür die Wurzelendodermis hier als Beispiel dienen soll.

Im «primären» Zustand sind die radialen Zellwände (antiklin bezüglich der Wurzeloberfläche und der ihr parallelen, einschichtigen Endodermis) in einem rings um jede Zelle laufenden, bandförmigen Bereich von wenigen µm Breite chemisch verändert. Nach seinem Entdecker wird dieser Bereich als **Caspary-Streifen** bezeichnet (CS, Abb. 1.2.21). Er ist ohne Plasmodesmen, die Plasmamembran löst sich hier bei Plasmolyse nicht von der Wand ab. Die Zellwand selbst ist im CS etwas verdickt und besonders dicht. Der CS ist mit Lignin, zusätzlich mit lipophilen Substanzen («Endodermin») inkrustiert und dadurch weitgehend impermeabel. Darauf beruht seine physiologische Wirkung und die der Endodermis: In der Absorptionszone von Wurzeln können einströmendes Wasser und darin gelöste Mineralionen bis zur Endodermis durch die lockeren Zell-

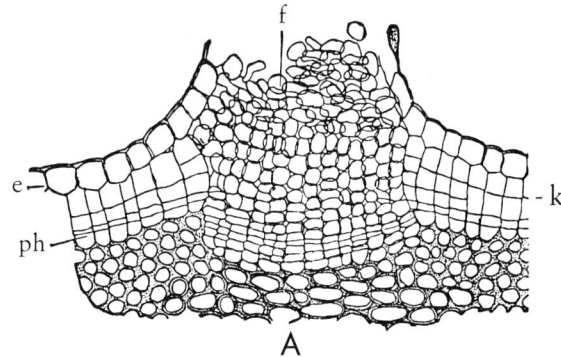

Abb. 1.2.19: Korkgewebe (Flaschenkork, gewonnen von der Kork-Eiche *Quercus suber*). **A**, Querschnitt, vom Phellogen abgegliederte Zellreihen ohne Interzellularen. **B**, tangential, Umrißformen der zu Phellogeninitialen umfunktionierten Zellen des ursprünglichen Rindenparenchyms noch erkennbar. (240 : 1. Original)

Als **Cutisgewebe** bezeichnet man ein Abschlußgewebe mit schwach suberinisierten lebenden Zellen. Manchmal handelt es sich dabei um Epidermen, häufiger um eine Interzellularenlose Zellschicht unmittelbar unter der Epidermis, die als **Hypodermis** – bei Wurzeln auch **Exodermis** – bezeichnet wird. Cutisgewebe bildet sich häufig auch bei der Vernarbung von Blattbasen nach dem Laubfall, oder nach dem Abwurf von Früchten u.dgl.; dem programmierten Abfall solcher Organe geht die Bildung eines zartwandigen, Cambium-ähnlichen Trenngewebes voraus (S. 428).

3. Inneres Abschlußgewebe: Endodermis

Wo Endodermen ausgebildet sind – in Wurzeln immer, in Sprossen nicht selten –, unterscheiden sie sich auffäl-

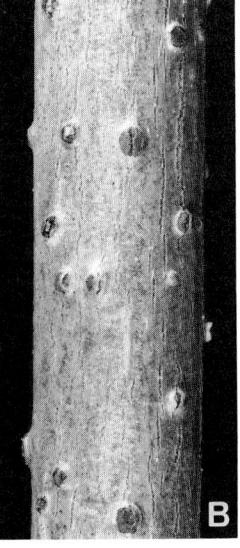
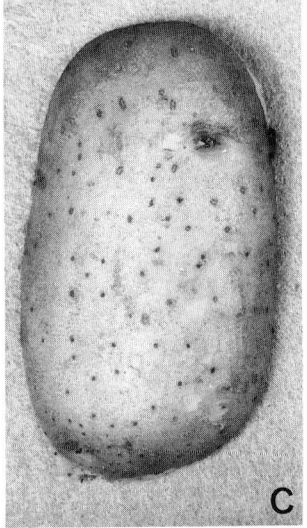

Abb. 1.2.20: Korkporen. **A**, histologischer Bau: e Epidermis, k Korkgewebe, ph Phelloderm, f lockere Füllzellen (60 : 1, n. E. Strasburger). **B**, zweijähriger Holunderzweig mit Lenticellen. **C**, auch die Korkhaut der Kartoffelknolle ist von zahlreichen Lenticellen durchsetzt. (B 1,7 : 1; C nat. Gr. Originale)

146 · Die Gewebe der Sproßpflanzen

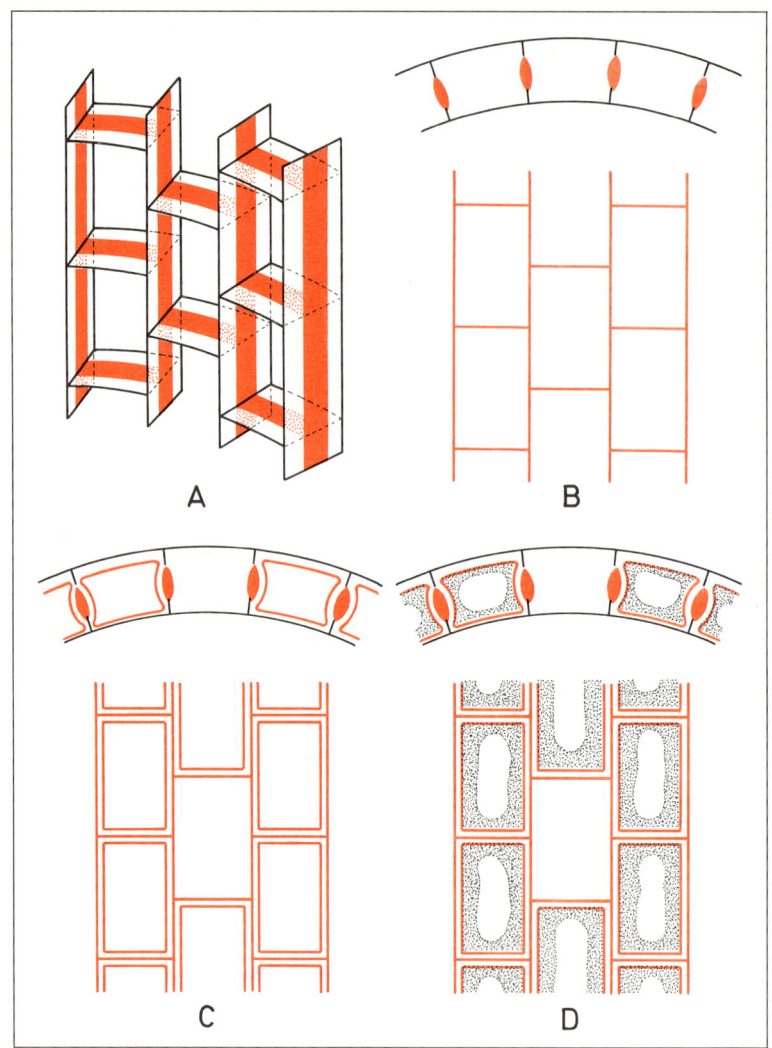

Abb. 1.2.21: Endodermis und Caspary-Streifen (CS). **A**, perspektivischer Ausschnitt aus Wurzel-Endodermis im primären Zustand, CS farbig: *alle* Radialwände mit CS. **B**, gleiches Objekt in Querschnitt und tangentialem Längsschnitt. **C, D**, dsgl. im sekundären bzw. tertiären Zustand (Sekundärwand = Suberinlamelle farbig, tertiäre Wandschichten schwarz), zentral jeweils eine Durchlaßzelle. (Originale)

wände des Rindenparenchyms wandern, also durch den Apoplasten als dem Weg des geringsten Widerstandes. Dieser Weg wird nun in den Radialwänden der Endodermis durch die CS gesperrt, Wasser und Ionen treten in das Plasma der Endodermiszellen und damit in den Symplasten über. Die Spezifität der Membran-Translokatoren erlaubt dabei eine Selektion der aufzunehmenden Ionen. Innerhalb der Wurzelendodermis, im Zentralzylinder, werden Wasser und Nährionen dann wieder im Apoplasten – in den toten Leitelementen des Xylems – fortgeleitet. Die Endodermiszellen sezernieren die selektiv aufgenommenen Ionen überwiegend aktiv in den Zentralzylinder (vgl. S. 340 f.).

Die Situation entspricht der bei Epithelien und Endothelien höherer Tiere. Dem CS ist dabei die *Tight Junction (Zonula occludens)* analog, in der die eng aneinanderliegenden Plasmamembranen benachbarter Zellen durch besondere Versiegelungsproteine miteinander verklebt sind. Wieder liegt hier ein eindrucksvoller Fall von Analogie – Funktionsentsprechung ohne Strukturentsprechung – im makromolekularen Dimensionsbereich vor (vgl. auch S. 102).

Hinter der Absorptionszone, in älteren Wurzelabschnitten, sind Endodermiszellen häufig dünn suberinisiert, ähnlich den Zellen im Cutis-Gewebe («sekundärer» Zustand der Endodermis). Schließlich kann es noch zusätzlich zur Anlagerung massiver, oft asymmetrischer Wandverdickungen kommen: «tertiäre» Endodermis (vgl. Abb. 1.3.96, S. 225). Sekundär- und Tertiärendodermen besitzen über dem Xylem der von ihnen umschlossenen Leitgewebe Durchlaßzellen, die im primären Zustand verbleiben.

C. Festigungsgewebe

Es wurde bereits dargelegt (S. 102), daß und warum Landpflanzen sowohl Zellen mit reißfesten wie auch solche mit starren Wänden besitzen. Kleine krautige Pflanzen und zarte Organe größerer Pflanzen (Blätter, Blüten, fleischige Früchte) verdanken ihre beschränkte Festigkeit letztlich dem Zusammenspiel von Turgor und Wanddruck («Turgescenz»), was beim Welken deutlich wird. Auch Gewebespannungen, die auf etwas stärkerem Wachstum des Organinneren gegenüber der Organoberfläche beruhen, können zum steifen, prallen Zustand etwa von Beerenfrüchten beitragen. Aber solche krautige oder «fleischige» Organe sind nicht wirklich fest, man kann sie verbiegen, zerquetschen, zerreiben. Und diese Art von Festigkeit genügt nicht entfernt bei Pflanzen trockener Standorte, und schon gar nicht bei größeren, zumal ausdauernden Gewächsen. Beispielsweise gehen die Zug- und Druckbelastungen, denen die Wurzeln und Stämme hoher Bäume bei Sturm ausgesetzt sind, weit über das hinaus, was Parenchyme und Abschlußgewebe auszuhalten vermöchten. Hier treten besondere Festigungsgewebe (**Stereome**) in Funktion. Es handelt sich um dichte, z.T. tote Gewebe, deren Zellwände lokal oder generell verdickt sind durch Anlagerung besonders Cellulose-reicher, sekundärer Wandschichten. Durch Inkrustation – meist Verholzung – können solche Wände zusätzlich starr und druckfest werden. Diese Möglichkeit wird auch bei der Panzerung von Früchten und Samen realisiert (Nüsse, Steinfrüchte!).

Analoge Prinzipien finden sich übrigens auch im Tierreich verwirklicht. «Hydraulische» Strukturen – durch Binnendruck gespannte, reißfeste Hüllschichten – herrschen bei Wasser- und Weichtieren vor, finden sich aber z.B. auch in den Bandscheiben der Wirbelsäule wieder. Bei größeren Tieren werden durch die Massierung interzellularer Fasern (Collagen, Chitin) mit oder ohne Inkrustation durch Hartsubstanzen (Ca-Carbonate, Apatite; Chinon-gegerbtes Protein) Sehnen- und Skelettbildungen möglich. Besondere Binde- und Stützgewebe fangen Zug- und Druckbelastungen auf, und es können Panzerkapseln gebildet werden (chitinöses Außenskelett der Arthropoden; Schädelkapsel der Wirbeltiere u.dgl.). Der interessierte Leser kann diese Vergleiche leicht selbst vertiefen und sich damit ein weiteres Kapitel zum Thema «Analogie» erschließen.

Das **Collenchym** (griech. *kólla*, Leim) ist das Festigungsgewebe wachsender und krautiger Pflanzenteile. Die prosenchymatischen Zellen sind lebend und wachstums-, sogar teilungsfähig. Die Wandverdickungen beschränken sich auf bestimmte Zonen, auf Zellkanten beim Ecken- oder Kantencollenchym (Abb. 1.2.22), auf einzelne (meist perikline) Längswände beim Plattencollenchym. Die Wandverdickungen bestehen aus abwechselnden Lamellen von Cellulose und Pectinstoffen. Ihre Festigkeit ist nur mäßig, Lignifizierung findet nicht statt.

Das **Sclerenchym** (griech. *sklerós*, hart, spröde) ist ein totes Gewebe aus sehr dickwandigen, englumigen Zellen, das nur in ausgewachsenen Pflanzenteilen auftritt. Es gibt zwei Formen, nämlich prosenchymatische Sclerenchymfasern und isometrische Steinzellen = Sclereiden.

Verbände von Steinzellen (Abb. 1.1.112 B, S. 105) haben schützende und stützende Funktionen. Ihre dicken, von verzweigten Tüpfeln durchsetzten und auffällig geschichteten Sekundärwände sind verholzt. Sclereiden finden sich in den harten Schalen vieler Früchte und im Rindengewebe von Holzgewächsen.

Vielseitiger sind die Funktionen der Sclerenchymfasern (Abb. 1.2.23). An Orten mit Zugbeanspruchung bleiben die Faserzellen gewöhnlich unverholzt («Weichfasern»), während bei zusätzlicher Druckbelastung lignifizierte «Hartfasern» gebildet werden. Sclerenchymfasern finden sich vor allem in Sprossen, oft auch in großen Monocotyledonen-Blättern. Sie sind

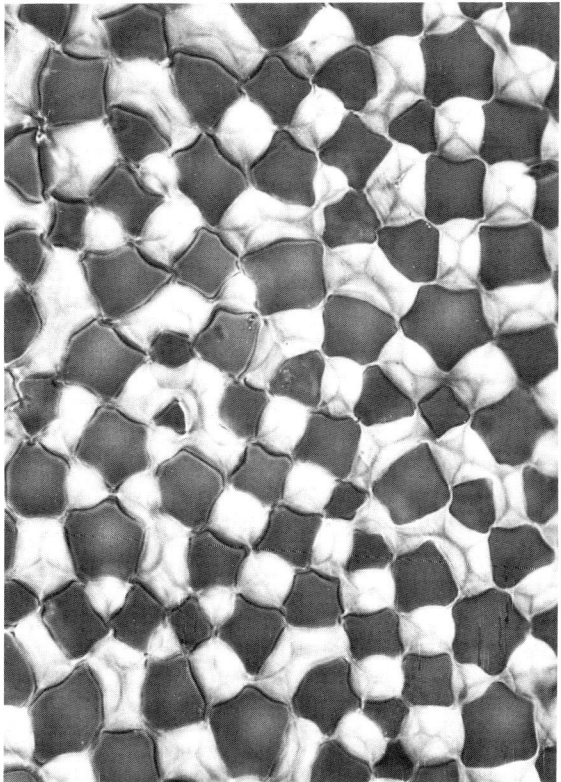

Abb. 1.2.22: Eckencollenchym aus dem Sproß der Weißen Taubnessel *Lamium album*, quer; Wandverdickungen hell. (560 : 1, LM Aufnahme: I. Dörr)

148 · Die Gewebe der Sproßpflanzen

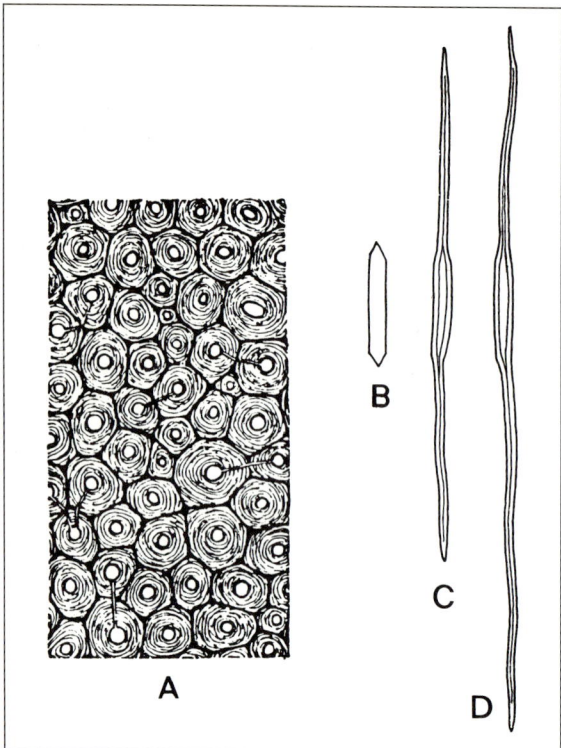

Abb. 1.2.23: Sclerenchymfasern. **A**, Querschnitt durch Faserbündel im Blatt des Neuseeländischen Hanfs *Phormium tenax*. **B–D**, Bildung einer Holzfaser der Robinie aus einer Cambiuminitiale (**B**) durch beidseitiges Spitzenwachstum, wobei sich die Zellenden zwischen benachbarte Zellen hineindrängen (Interposition). (A 360 : 1, n. H. Fitting; B–D 150 : 1, n. Eames u. McDaniels)

Band und Bast; entsprechend lat. *liber*, Bast, und *libellus*, das gebundene Buch.) Die wichtigsten Sproß-Faserpflanzen sind Flachs (Lein, *Linum*, S. 785; Faserlängen bis 7 cm), Hanf (*Cannabis*, S. 775), Ramie (Brennesselgewächs *Boehmeria* mit über 50 cm langen Faserzellen, S. 775) und Jute (von *Corchorus*, S. 796); Sisal (aus Agaven, S. 815) und Manilahanf (aus *Musa textilis*, S. 818) sind Blattfasern; vgl. insgesamt S. 896.

Die Länge von Sclerenchymfasern übertrifft immer die Ausmaße der im Gewebe benachbarten Zellen. Junge Faserzellen weisen Spitzenwachstum auf, ihre zugespitzten Enden schieben sich zwischen andere Zellen hinein (intrusives Wachstum). Dabei bleiben allerdings einmal hergestellte Kontaktzonen zwischen den Faserzellen und ihren neuen Nachbarzellen auch weiterhin erhalten (Interpositions-Wachstum). Hier können sich Sekundärplasmodesmen, schließlich Tüpfel ausbilden. Wegen der Paralleltextur der Sekundärwände von Faserzellen sind die Tüpfel schlitzförmig. Sie lassen die Verlaufsrichtung der Cellulose-Mikrofibrillen erkennen; da die meisten Sclerenchymfasern Schraubentextur aufweisen (und dadurch zusätzliche Elastizität gewinnen), stehen die Schlitztüpfel schräg zur Faserachse.

Nicht nur die Faserzellen des Sclerenchyms, sondern auch die Holzteile der Leitbündel tragen zur Festigung von Sprossen, Blättern und Wurzeln bei. Die Festigkeit von Baumstämmen, älteren Ästen und Wurzeln beruht ganz auf ihrem Holzkörper. Zwischen Tracheiden – echten Leitelementen des Holzteils – und Faserzellen gibt es vielfache Übergänge («Fasertracheiden»). –

Zum Schluß noch ein kleiner Vorgriff auf die Pflanzenanatomie: Von technischen Konstruktionen (die ja bei optimaler Leistung möglichst ökonomisch ausgeführt sein sollen) weiß man, daß bei Zugbeanspruchung die Festigungselemente zentral liegen sollen (Kabelbauweise), bei Biegebeanspruchung dagegen peripher. Dabei müssen die einzelnen peripheren Festigungselemente seitlich gut miteinander verbunden sein, um Verbiegung unter seitlicher Verschiebung dieser Elemente oder gar Abknicken zu vermeiden (Verbundbauweise). Diese Prinzipien finden sich bei Wurzeln (Kabelbauweise mit Zentralzylinder, vgl. Abb. 1.3.95 und 96, S. 225) und Sprossen (periphere Leitbündel mit Collenchym bzw. Sclerenchymfasern) verwirklicht (Abb. 1.2.24). Nun ist es eine ganz allgemeine Eigenschaft evolutiver Selektionsprozesse, daß sie letztlich zu zweckmäßigen Lösungen gegebener Probleme bei möglichster Ökonomie in der Herstellung führen –

meistens 1–2 mm lang. Bestimmte Pflanzen enthalten aber wesentlich längere Fasern, die gewerblich verwertbar sind.

Seit alters werden vor allem Bastfasern von Faserpflanzen zur Herstellung von Stoffen, Bindfäden und Seilen verwendet. (Man beachte die sprachliche Verwandtschaft von binden,

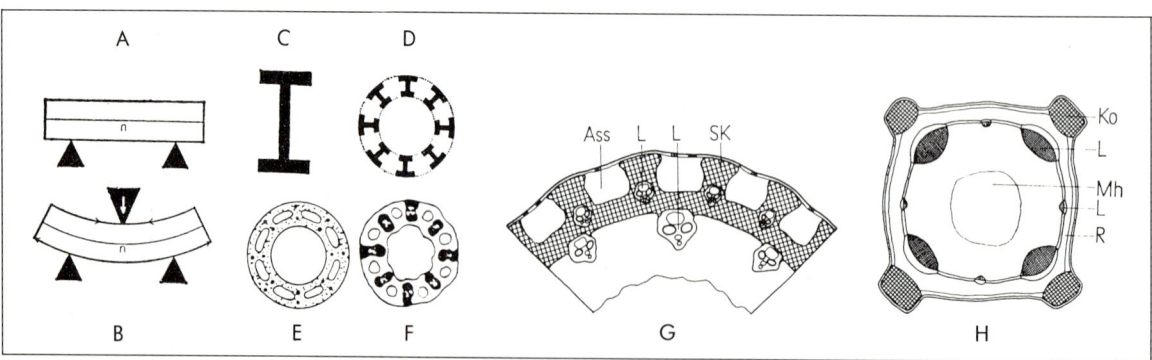

Abb. 1.2.24: Zweckmäßige Anordnung von Festigungselementen. **A, B**, Beanspruchung eines Balkens beim Durchbiegen: Dehnung der konvexen Seite, Pressung der konkaven; die ‹neutrale Faser› n wird zwar gebogen, erfährt aber keine Längenänderung. **C**, ein Doppel-T-Träger ist bestmöglich gegen Verbiegung gesichert. **D**, dasselbe gilt für einen Hohlzylinder, dessen Wandung durch Doppel-T-Träger verstärkt ist. **E**, Industrieschornstein in materialsparender Verbundbauweise, Armierung auf 8 Stahlschienen beschränkt. **F**, zum Vergleich Querschnitt durch Stengel der Haarsimse *Trichophorum caespitosum* sowie des Pfeifengrases *Molinia coerulea* (**G**; SK Sclerenchym, L Leitbündel, Ass Assimilationsparenchym). **H**, Sproßachse der Weißen Taubnessel *Lamium album* im Querschnitt; Ko Collenchym-Leisten, die den vierkantigen Stengel stützen; R Rindenparenchym, Mh Markhöhle. (Z.T. n. W. Rasdorski)

das gilt in Biologie und Technik gleicherweise. Daher läßt sich oft aus Problemlösungen, die sich in der biologischen Evolution herausgebildet haben, für technische Konstruktionen lernen – und umgekehrt aus diesen ein Verständnis evolutiver Entwicklungen gewinnen (Bionik). Die Anordnungen von Festigungsgeweben in Pflanzenorganen sind ein gutes Beispiel dafür. Vorsicht ist allerdings am Platz; z.B. ist die Übertragung von Bauprinzipien aus mikroskopischen in makroskopische Dimensionen (oder umgekehrt) nur möglich, wenn sich alle wesentlichen Parameter bei Vergrößerung (Verkleinerung) in linearer Proportion verändern.

D. Leitgewebe

Um gelöste Stoffe im Organismus zu verlagern, genügt bei zellulären, mikroskopischen Dimensionen die auf der thermischen Bewegung gelöster Teilchen beruhende Diffusion (S. 286, 321). Die Effizienz der Diffusion nimmt aber mit dem Quadrat der Diffusionsstrecke ab. Schon innerhalb besonders großer Zellen wie Wurzelhaaren, Internodialzellen von Characeen (S. 235) u. dgl. reicht Diffusion allein nicht mehr aus, sie wird durch zusätzliche Konvektion in Form von Plasmaströmung ergänzt. Bei größeren Vielzellern, Pflanzen wie Tieren, werden schließlich besondere Leitsysteme ausgebildet, in denen konvektive Massenströmungen aufrechterhalten werden. Während bei Tieren die Strömung in zwischenzelligen Räumen erfolgt (Körperhöhlen, Adern), sind bei höheren Pflanzen besondere Zellen ausgebildet, in denen Flüssigkeiten strömen. Diese extrem und terminal differenzierten (d.h. keiner weiteren Entwicklung mehr fähigen) Zellen sind zu Leitbündeln vereinigt. In Blättern kann man die Leitbündel als «Blattnerven» oder «Blattadern» schon mit freiem Auge sehen. In Wurzeln ist das Leitgewebe im Zentralzylinder zusammengefaßt.

Die Leitorgane umschließen i.allg. 2 Gewebe mit unterschiedlicher Struktur und Funktion: Im Siebteil (Phloem, Leptóm) der Leitbündel dienen lebende, wenn auch kernlose Zellen mit unverholzten Wänden der Fernleitung organischer Verbindungen; im Holzteil (Xylém, Hadróm) strömt Wasser mit anorganischen Nährionen von den Absorptionszonen der Wurzeln durch abgestorbene, «leere» Röhrenzellen bzw. Zellröhren mit verholzten Wänden in die Blätter, wo das Wasser durch Guttation oder Transpiration wieder abgegeben wird («Transpirationsstrom»). Sowohl im Phloem (griech. *phlóios*, Bast, Rinde) wie im Xylem (griech. *xylon*, Holz) sind die Zellen prosenchymatisch und im Leitbündel längs orientiert. Dabei werden als Leitungsbahnen längszusammenhängende Zellreihen gebildet.

1. Phloem

Abb. 1.2.25 zeigt verschiedene Ausbildungsformen von Leitelementen des Phloems. Evolutiv ursprünglich und in ihrer Transportleistung nicht maximal effizient sind **Siebzellen**. Sie sind englumig und schließen über spitz-

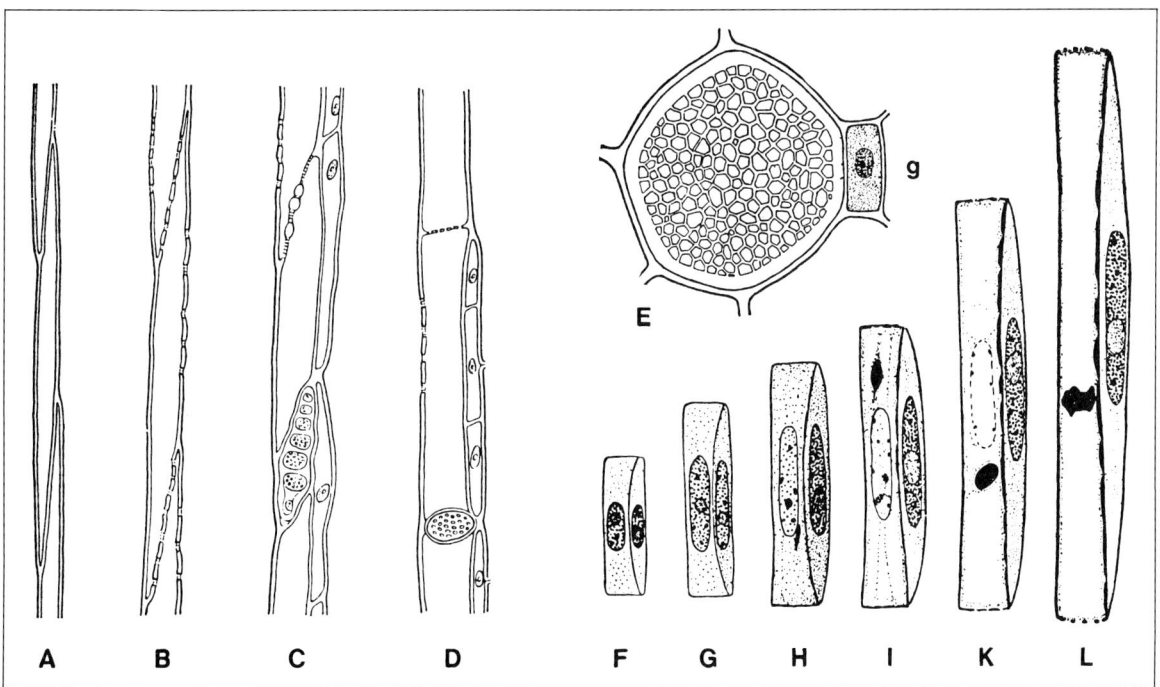

Abb. 1.2.25: Siebelemente. In evolutiver Hinsicht besonders urtümlich sind prosenchymatische Zellen ohne besondere Wandstruktur (z.B. *Rhynia*, **A**). Bei den Bärlappgewächsen kommt es zur Ausbildung primitiver Siebfelder (**B**), in der weiteren Phylogenese zur Bildung von Siebzellen mit Siebfeldern (z.B. Nachtschattengewächse, **C**), bis schließlich Siebporen mit Siebplatten auftreten (z.B. Kürbisgewächse, **D; E**, *Cucurbita pepo*, Siebröhre quer mit Siebplatte und Geleitzelle g). **F–L**, Entwicklung eines Siebröhrenglieds + Geleitzelle bei der Puffbohne *Vicia faba* (**F**, inäquale Teilung; **I–L**, Auflösung des Siebröhrenkerns und Bildung des Miktoplasmas). (A–D n. W. Zimmermann; E 700 : 1, n. H. Fitting; F–L n. A. Resch)

winklig-schrägstehende Endwände an die jeweils nächsten Siebzellen der Zellreihe an. Diese Wände (bei Längskontakt mit anderen Siebzellen auch die Seitenwände) sind von vergrößerten Plasmodesmen durchbrochen, die hier als **Siebporen** bezeichnet werden. Sie sind gruppenweise zu Siebfeldern vereinigt, deren Aussehen in Aufsicht zur Namensgebung geführt hat. Bei vielen Angiospermen ist dieses primitive Leitungssystem fortentwickelt zu einem kontinuierlichen Siebröhrensystem aus langgestreckten Zellen mit größerem Durchmesser und siebartig durchbrochenen Schräg- oder Querwänden, den Siebröhrengliedern. Bei den höchstentwickelten Formen des Phloems, wie sie bei Schling- und Kletterpflanzen auftreten, entsprechen die querstehenden Endwände einer einzigen Siebplatte mit besonders großen Siebporen.

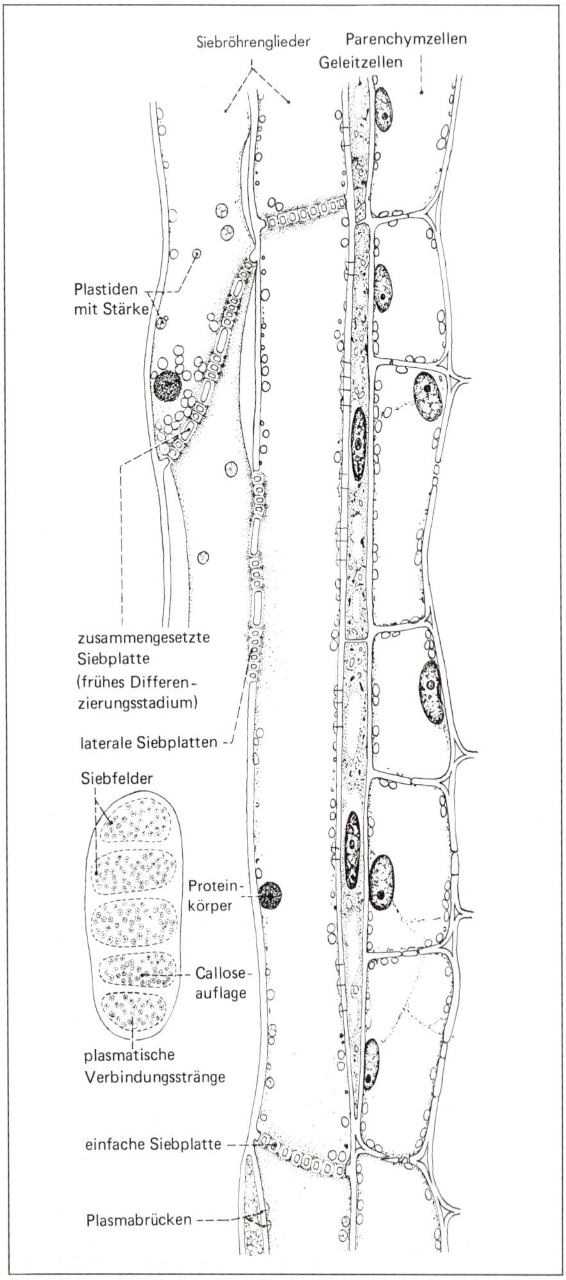

Siebzellen und Siebröhrenglieder enthalten lebende Protoplasten mit (wenigen) Mitochondrien und Stärke- bzw. Protein-speichernden Plastiden (Abb. 3.2.158, S. 701). Zellkern und Tonoplast werden frühzeitig aufgelöst, Cytoplasma und Zellsaft vermischen sich zu einem wasserreichen Miktoplasma. (Die Bildung des Miktoplasmas stellt eine der wenigen Ausnahmen von der Kompartimentierungsregel dar, vgl. S. 83f.). Als kernlose, zarte Zellen sind die Siebelemente kurzlebig, meistens kollabieren sie am Ende einer Vegetationsperiode und werden bei mehrjährigen Pflanzen durch neue ersetzt. Bei ausdauernden Monocotyledonen (z.B. Palmen) können sie allerdings auch Jahre überleben. Wie Plasmodesmen werden auch Siebporen bei Stillegung durch Callose verschlossen. In angeschnittenen oder sonstwie verletzten Siebröhren von Dicotyledonen und einigen Monocotyledonen findet man die Siebporen verstopft durch Pfropfen aus Proteinfilamenten. Das betreffende Strukturprotein («P-Protein», für Phloem-Pr.) stammt aus cytoplasmatischen Vesikeln und ist in der unverletzten Siebröhre im Miktoplasma verteilt. Die Filamente werden bei der plötzlichen Verlagerung des Siebröhreninhaltes nach Verletzung an den Siebplatten ausgefiltert und bewirken so automatisch deren Verschluß.

Bei Angiospermen ist jedes Siebröhrenglied von einer (bis mehreren) kleineren, kernhaltigen und Mitochondrien-reichen **Geleitzelle(n)** flankiert (Abb. 1.2.26). Diese drüsenartigen Zellen, die mit den Siebröhrengliedern durch sehr viele Plasmodesmen verbunden sind, supplementieren den Stoffwechsel der kernlosen Leitelemente. Der Siebröhrenglied/Geleitzellen-Komplex entsteht aus einer Mutterzelle durch inäquale Teilung. Die Siebzellen der Nacktsamer und Farnpflanzen sind nicht mit Geleitzellen ausgestattet. Doch gibt es bei diesen Gewächsen proteinreiche Parenchymzellen, die mit den Siebzellen ähnlich eng verbunden sind wie Geleitzellen mit Siebröhrengliedern, obwohl sie im Gegensatz zu diesen nicht aus derselben Mutterzelle hervorgehen. Diese Zellen werden als Eiweiß- oder **Strasburger-Zellen** bezeichnet.

2. Xylem

Der Transpirationsstrom bewegt sich durch Röhrenzellen, deren Protoplast mit Erreichen der Funktionstüchtigkeit abstirbt und durch Selbstauflösung (Autolyse) verschwindet, so daß nur die verholzten, von Hoftüpfeln durchbrochenen Zellwände übrig sind. Es gibt 2 Formen wasserleitender, «trachealer» Elemente: Tracheiden und Tracheen («Gefäße»). Die **Tracheiden** sind englumige Einzelzellen mit spitzwinklig-schrägstehenden, reich getüpfelten Endwänden, über die sie mit den in Längsrichtung benachbarten Tracheiden verbunden sind (vgl. Abb. 1.1.112C–E, S. 105). Der Strömungswiderstand in tracheidalen Zell-

Abb. 1.2.26: Siebröhrenglieder mit Geleitzellen und Phloemparenchym bei *Passiflora coerulea*; links: zusammemgesetzte Siebplatte mit 5 Siebfeldern. (750 : 1, n. R. Kollmann)

reihen ist relativ hoch. Wesentlich kleiner ist er in den weitlumigen, kürzeren **Tracheen-Gliedern**, bei denen die Endwände massiv durchbrochen oder überhaupt sekundär aufgelöst sind (Abb. 1.2.27). Der größere Querdurchmesser der Gefäße (60 bis über 700 μm) – sie sind meist schon mit freiem Auge als «Holzporen» erkennbar – hängt damit zusammen, daß die jungen Gefäßglieder unter Polyploidisierung ihrer Zellkerne (8–16 n) in die Breite wachsen, bevor ihre Zellwände durch die Anlagerung sekundärer Wandverdickungen ihre Wachstumsfähigkeit verlieren.

Die Lignifizierung der Wände von Tracheiden und Tracheengliedern verhindert den Kollaps dieser Röhrenzellen, in denen bei kräftiger Transpiration Unterdruck herrscht (der Transpirationsstrom wird normalerweise nicht nach oben gedrückt, sondern von den Blättern, also von oben her, angesaugt; vgl. S. 334). Damit hängt zusammen, daß beim Abschneiden von Sprossen Luft in die Gefäße gesaugt wird; das wiederum hat – zumal Schraubentracheen auch strukturell den Atemluft-führenden Tracheen von Insekten ähneln – zur irreführenden Benennung der Gefäße als «Tracheen» geführt (Marcello Malpighi, 1628–94, Mitbegründer der Pflanzenanatomie; griech. *tráchelos*, Luftröhre).

Besonders einfache Wasserleitbahnen finden sich bei Laubmoosen, deren Stämmchen zentrale Stränge längsgestreckter, inhaltloser Zellen mit verdickten Wänden enthalten (Hydroiden, vgl. S. 657). Bei Farngewächsen und Nacktsamern herrschen Tracheiden vor, die Röhrenquerschnitte sind hier größer und die Strömungswiderstände der Endwände durch Schrägstellung und Tüpfelung vermindert. Die Trennung von Leitungs- und Stützfunktion ist stammesgeschichtlich erst spät vollzogen worden. Noch bei den Gymnospermen bilden überwiegend Tracheiden den tragenden Stamm. Tracheen sind mehrfach unabhängig evoluiert worden, sie treten vereinzelt bereits bei Farnpflanzen und Gymnospermen, in voller Breite dann bei den Angiospermen auf. Ihnen kommt nur noch Leitfunktion zu, die Stützfunktion wird von einem eigenen Festigungsgewebe übernommen, konkret von Holz-(Libriform-)fasern. Allerdings kommen auch im Angiospermen-Holz, also bei Laubhölzern, noch Tracheiden neben den Tracheen vor, und bei der ontogenetischen Entwicklung der Leitbündel wird die stammesgeschichtliche Evolution in groben Zügen wiederholt. Die hinsichtlich der Förderleistung für Wasser höchstentwickelten Gefäße haben Lianen: Ihre Tracheen weisen die größten Querdurchmesser auf, und bis zu Längen von 10 m sind alle Querwände beseitigt, während sonst in Abständen von einigen cm bis 1 m einzelne Querwände stehenbleiben – möglicherweise um die Gefahr massiver Luftembolien zu verringern. Die besondere Leistungsfähigkeit des Leitgewebes von Lianen erklärt sich teleonomisch

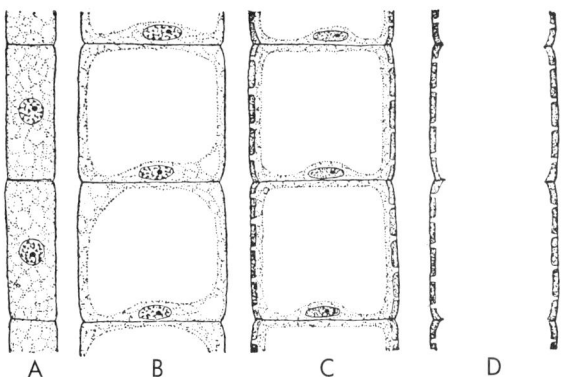

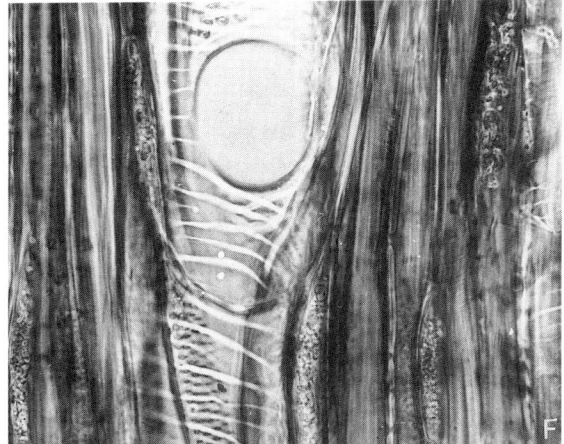

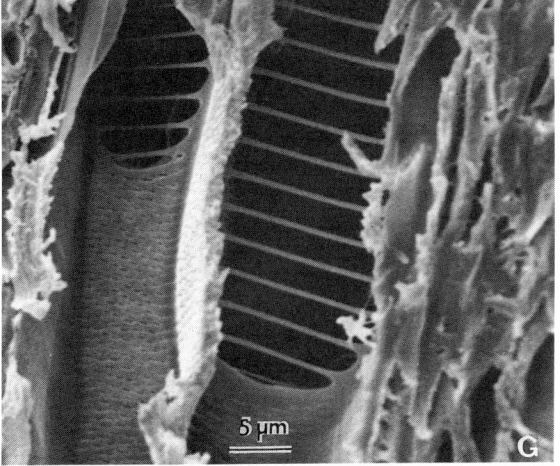

Abb. 1.2.27: Tracheen (Gefäße). **A–D**, Entwicklung einer vielgliedrigen Trachee aus einer Zellreihe durch Vergrößerung der Zellen (Polyploidisierung, Vacuolisierung), Bildung verholzter Wandverdickungen, Auflösung der Querwände und Absterben der Protoplasten (175 : 1; n. E.W. Sinnott). **E**, nach Art der Wandverdickungen werden Netzgefäße (links) und Schraubengefäße (rechts) unterschieden; Längsschnitt durch Lindenholz. **F**, weitlumige Pore zwischen 2 Tracheengliedern; Schraubengefäß in Lindenholz. **G**, leiterförmige Schrägwand-Durchbrechung in Netzgefäßen des Birkenholzes. (E, F 320 : 1, Originale. G Raster-EM Aufnahme S. Gombert)

daraus, daß sie als Kletterpflanzen auf die Ausbildung tragender Stämme verzichten – diese Aufgabe bürden sie Trägerpflanzen, Felsen oder Mauern auf –, aber durch ihre dünnen Sprosse hindurch dann eben doch ein Laubwerk von baumkronenartigem Ausmaß mit Wasser versorgen müssen.

3. Leitbündel

Es wurde schon gesagt, daß in Wurzeln, Sproßachsen und Blättern die Leitgewebe zu Leitbündeln (*Fasciculi*, lat. Bündelchen) zusammengefaßt sind. Das eigentliche Leitgewebe ist dabei häufig von Sclerenchymfaserbündeln flankiert und von Endodermen eingefaßt. Die Leitbündel bilden ihrerseits in Sprossen und Blättern ein Netzwerk (S. 193, S. 210), während jede Wurzel im Zentralzylinder ein einziges, «radiales» Leitbündel besitzt, das eigentlich aber ein Sammelbündel ist. Nach der Anordnung von Phloem und Xylem in Sprossen können konzentrische und collaterale Bündel unterschieden werden (Abb. 1.2.28). **Konzentrische Bündel** mit Innenxylem sind bei Farnen verbreitet, solche mit Außenxylem in Erdsprossen und Stengeln von Monocotyledonen. Der mit Abstand häufigste Bündeltyp (Schachtelhalme, Gymno- und Angiospermen) ist der **collaterale** (Abb. 1.2.29; lat. *collaterális*, Seite an Seite). Im Sproß ist dabei der Holzteil stets nach innen, in Blättern bei Horizontallage nach oben gerichtet. Eine Sonderform ist das bicollaterale Leitbündel mit zwei Siebteilen; solche Bündel finden sich z.B. bei Nacht-

schatten- und Kürbisgewächsen. Grenzen Holz- und Siebteil unmittelbar aneinander, spricht man von einem «geschlossenen» Leitbündel (Abb. 1.2.29 A). Es besteht zur Gänze aus Dauergewebe. Dieser Bündeltyp ist für die Monocotyledonen charakteristisch, was wichtige Konsequenzen für das Wachstum dieser Pflanzen hat (S. 193f., 198). Die meisten Bündel von Gymnospermen und Dicotyledonen sind dagegen «offen», d.h. zwischen Phloem und Xylem ist eine Meristemlage eingeschoben, das **fasciculäre Cambium**. In Querschnitten fällt es durch regelmäßige Anordnung der besonders dünnwandigen Zellen auf. Dieses Cambium spielt beim sekundären Dickenwachstum der Sprosse eine entscheidende Rolle (S. 195ff.).

Die Ausbildung der collateralen Bündel erfolgt i. allg. im Siebteil von außen her, im Holzteil vom Innenrand des Bündels aus gegen dessen Mitte hin. Daher liegen die ältesten Leitelemente des Holzteiles – die vergleichsweise wenig differenzierten «Xylemprimanen» bzw. das aus ihnen gebildete Protoxylem – am Innenrand des Holzteils, die Primanen des Siebteils bzw. das Protophloem dagegen am Außenrand des Siebteils; die später gebildeten, voll ausdifferenzierten und funktionstüchtigen Leitgewebe des Metaxylems bzw. Metaphloems liegen gegen die Bündelmitte bzw. das Bündelcambium hin.

E. Drüsenzellen und -gewebe

Drüsenzellen sind dadurch ausgezeichnet, daß sie bestimmte Stoffe (**Sekrete**) bilden, und zwar in Mengen, die über den Bedarf der betreffenden Zelle – soweit überhaupt gegeben – weit hinausgehen. Das Sekret wird also von der Zelle abgeschieden (lat. *secérnere*, absondern, ausscheiden). In anderen Fällen werden Stoffwechselschlacken, Ballast- oder Schadstoffe als **Exkrete** abgesondert (vgl. S. 372 ff.). Als Sekrete gelten allgemein Abscheidungen, die dem Erzeuger nützlich sind, während Exkrete schaden würden, wenn sie nicht entfernt werden könnten. Sekrete werden im Cytoplasma der Drüsenzellen gebildet, meistens sind ER und/oder Golgi-Apparat massiv entwickelt (S. 85, 87). Die Kerne von Drüsenzellen sind vergleichsweise groß. Dagegen ist das Vacuom nur schwach ausgebildet, außer wenn es als Speicherplatz für das Sekret/Exkret dient. Die Produkte der Drüsenzellen werden nämlich vielfach in nichtplasmatischen Räumen akkumuliert und als solche kommen zunächst Vacuolen in Betracht (intrazelluläre Sekretion/Exkretion: «Absonderungszellen», z.B. Milchröhren und Oxalat-Idioblasten, s.u.). Häufiger wird allerdings das Sekret/Exkret in den Apoplasten abgegeben, was oft durch spektakuläre Oberflächenvergrößerungen unterstützt wird (Abb. 1.2.30). Dabei ist Speicherung im Inneren der Pflanze möglich – Sekretbehälter, Harzgänge – oder Abgabe an die Umwelt – Duftstoffe, Nectar.

Drüsenzellen treten bei Pflanzen vielfach einzeln auf, seltener sind mehrere bis viele Drüsenzellen zu begrenzten Drüsengeweben zusammengeschlossen. Große Körperdrüsen, die denen von Tieren vergleichbar wären, kommen bei Pflanzen nicht vor. Dagegen spiegelt die funktionelle Vielfalt der Pflanzendrüsen das gewaltige Ausmaß des Sekundärstoffwechsels bei

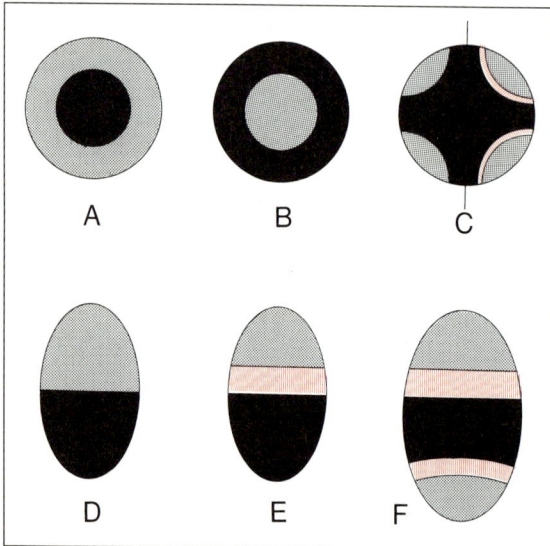

Abb. 1.2.28: Leitbündeltypen: Verteilung von Xylem (schwarz), Phloem (punktiert) und Cambium (farbig) auf Querschnitten. **A**, konzentrisches Leitbündel mit Innenxylem («hadrozentrisches» oder «periphloematisches» Bündel); **B**, desgl. mit Außenxylem («leptozentrisches» oder «perixylematisches» Bündel); **C**, radiäres Leitbündel mit Innenxylem und – im gezeigten Fall – 4 Xylempolen («tetrarches» Bündel); realisiert im Zentralzylinder von Wurzeln; linke Hälfte «geschlossen» (Monocotyledonen), rechts «offen» (Dicotyledonen). **D–F**, collaterale Leitbündel: **D**, geschlossen (Monocot.); **E**, offen (meiste Dicot.); **F**, bicollateral-offen (z.B. beim Kürbis). (Original)

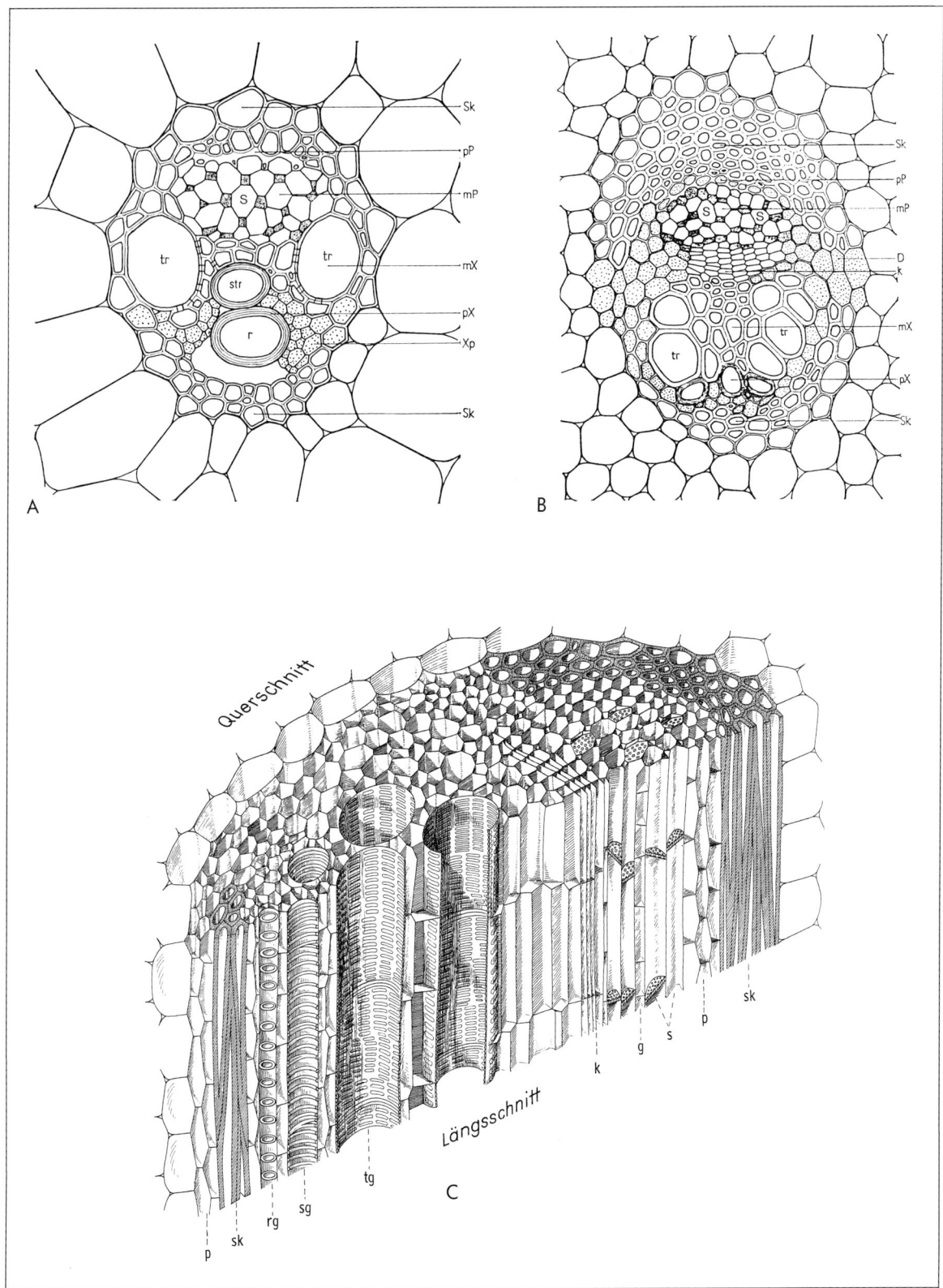

Abb. 1.2.29: Collaterale Leitbündel. **A**, Querschnitt durch geschlossen-collaterales Bündel des Mais *Zea mays*; sk Sclerenchymscheide, pP Protophloem, mP Metaphloem mit Siebröhren s und dunkleren Geleitzellen, mX Metaxylem mit Gefäßen tr, pX Protoxylem mit Schraubentracheide str und Ringgefäß r, das beim Streckungswachstum benachbartes Xylemparenchym Xp zerrissen hat. **B**, Querschnitt durch offen-collaterales Bündel des Hahnenfußes *Ranunculus repens*; D Durchlaßstreifen beidseits des Cambiums k. **C**, 3D-Bild eines offen-collateralen Bündels; p Parenchym, rg Ringgefäß, sg Schraubengefäß, tg Tüpfelgefäß, g Geleitzellen. (A, B 170 : 1, n. D.v. Denffer. C 300 : 1, n. K. Mägdefrau aus W. Nultsch, Allgemeine Botanik; Thieme Verl. Stuttgart, 8. Aufl. 1986)

154 · Die Gewebe der Sproßpflanzen

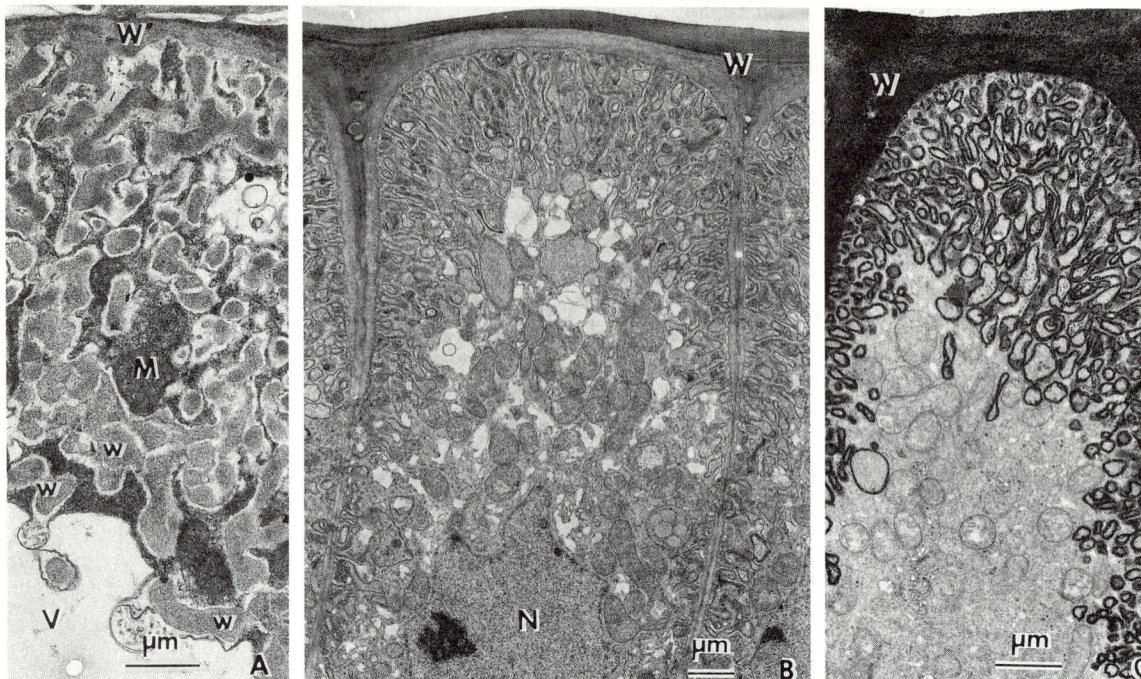

Abb. 1.2.30: Wandprotuberanzen und apicales Labyrinth in Zellen von Nectarien. Für viele Drüsenzellen sind Oberflächenvergrößerungen in dem Bereich, wo die Stoffausscheidung erfolgt, typisch. **A**, Wandlabyrinth einer Nectardrüse am Kelch von *Gasteria*; von der apikalen Zellwand W, wo die Sekretausscheidung erfolgt, reichen zahlreiche Wandprotuberanzen w bis fast zur Vacuole V. Im Wandlabyrinth Mitochondrien M, die Energie für aktive Transportprozesse liefern. (In ähnlicher Weise vergrößern auch Transferzellen = Übergangszellen – vgl. S. 373 – die Flächenausdehnung der Zellmembran durch Wandlabyrinthe.) **B, C**, apicale Region eines Nectariums von *Asclepias curassavica* mit zahllosen Einfaltungen der Zellmembran, die in C durch spezifische Kontrastierung der Sekret-Kohlenhydrate verdeutlicht sind. (EM-Aufnahmen: E. Schnepf u. P. Christ)

Pflanzen wider. All das sind letztlich Konsequenzen der offenen Organisation des Pflanzenkörpers (S. 8). Der Mannigfaltigkeit der Sekrete bzw. Exkrete entspricht die Vielfalt der Funktionen, denen sie dienen können. Wichtige Beispiele sind:

- **Schutz** der Pflanze: Viele Sekrete sind giftig (Alkaloide, Steroidglykoside), schmecken bitter oder wirken als Allergene (z.B. Primin, S. 367). Pilzwachstum wird durch phenolische Gerbstoffe und Terpenoide gehemmt, tierische Freßschädlinge abgestoßen oder in Stoffwechsel bzw. Entwicklung geschädigt (S. 367). Durch Milchsäfte, Gummen und Harze, die bei Verletzung ausfließen, können Wunden desinfiziert und rasch verschlossen werden.

- **Tieranlockung:** Etherische Öle u.a. Duftstoffe – oft im Drüsengewebe besonderer «Osmophoren» gebildet – stehen häufig im Dienste von Bestäubung und Samenausbreitung. Nectardrüsen (Nectarien) «belohnen» Tiere, die der Pflanze nützlich sind. Nectarien sind meistens in Blüten lokalisiert, doch gibt es auch extraflorale Nectarien; ihr zuckerhaltiges Sekret nährt z.B. Insekten, die (wie Ameisen oder Termiten) biologische Feinde von Schadinsekten sind. Bei manchen Insectivoren (S. 219) werden die Beutetiere durch glitzernde Absonderungen von klebrigem Schleim angelockt und festgehalten, schließlich durch die Produkte von Verdauungsdrüsen chemisch abgebaut und der osmotischen Stoffaufnahme zugänglich gemacht (Abb. 1.2.34).

- Spezialisierte Absonderungszellen oder Drüsengewebe dienen der **Exkretion**. Bekanntestes Beispiel dafür sind die Oxalatzellen, die überschüssiges Calcium aus dem Stoffwechsel entfernen und in ihren Vacuolen als Calcium-Oxalatkristalle anhäufen. Pflanzen salzreicher Standorte, z.B. Meeresküsten, verfügen – ähnlich Seevögeln – über Salzdrüsen zur aktiven Absonderung überschüssigen Salzes nach außen.

- Eine Grenzsituation der «Drüsen»-Funktion wird erreicht, wenn massiver **Weitertransport** körpereigener Stoffe vermittelt wird. Zellen dieser Art sind häufig im Abschlußgewebe zu finden: Durchlaßzellen von Endodermen (Abb. 1.3.96, S. 225), Transferzellen (Übergangszellen) in Bündelscheiden, unter Hydathoden liegendes, Chlorophyll-armes «Epithem»; im Phloem des Angiospermen-Leitgewebes haben die Geleitzellen eine entsprechende Funktion. Diese Zellen erzeugen die Stoffe, die sie unidirektional (nur nach einer Seite) sezernieren, nicht selbst und unterscheiden sich insoweit von Drüsenzellen (vgl. jedoch auch die eben erwähnten Salzdrüsen); sie besitzen aber in cytologischer Hinsicht die Merkmale von Drüsenzellen (große Kerne, dichtes Plasma, u.U. Oberflächenvergrößerungen durch Wandprotuberanzen).

Dauergewebe · 155

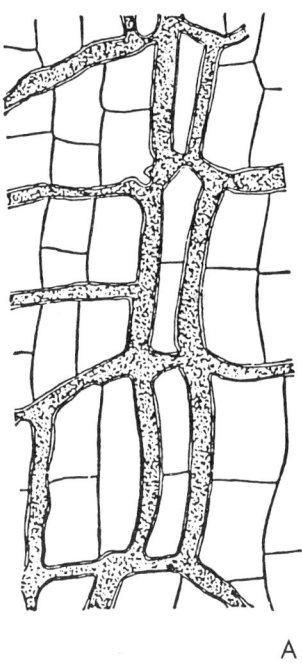
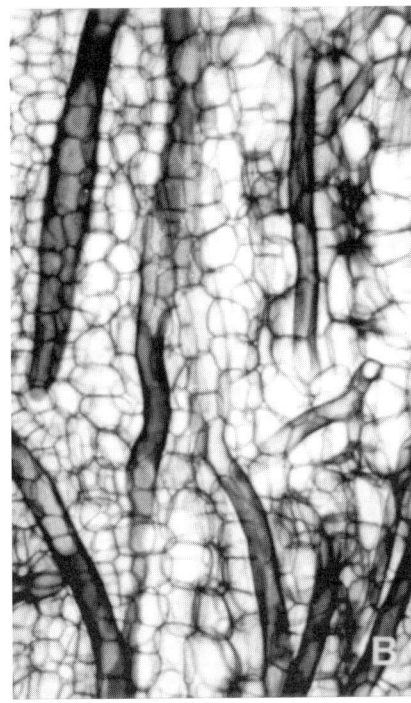
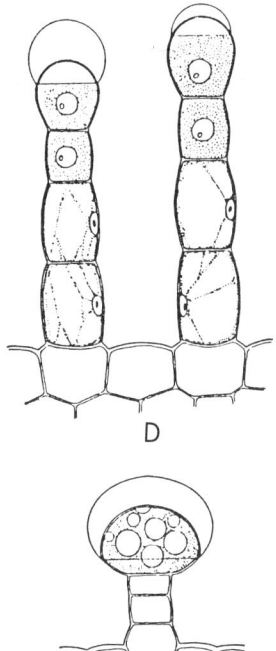

Abb. 1.2.31: Drüsengewebe und Drüsenhaare. **A**, gegliederte Milchröhren in der Wurzel des Löwenzahns *Taraxacum*. **B**, ungegliederte Milchröhren im Rindenparenchym einer Wolfsmilch *(Euphorbia)*. **C**, mit Drüsenhaaren reich besetzte Fruchtkelche des Wald-Ziestes *Stachys sylvaticus*. **D**, Drüsenhaare vom Blattstiel der Becher-Primel *Primula obconica*; das zwischen Zellwand und Cuticula angesammelte Sekret kann juckende Ekzeme verursachen. **E**, Drüsenhaar vom Blattstiel von *Pelargonium*. (A 260 : 1, n. H. Fitting; B 70 : 1, Original. C 5,5 : 1, Original. D, E 110 : 1, n. D. v. Denffer)

Einige ausgewählte Beispiele sollen im folgenden einen Eindruck von den vielfältigen Drüsenstrukturen und -funktionen bei Pflanzen geben.

1. Milchröhren

Manche Pflanzen lassen bei Verletzung Milchsaft austreten; allbekannte Beispiele sind Wolfsmilch-Arten, Löwenzahn, Gummibaum, Schöllkraut, Mohn. Der Milchsaft entspricht dem Zellsaft oder dem dünnflüssigen Plasma weitverzweigter Röhrensysteme im Pflanzenkörper. Diese Systeme bestehen aus typischen Absonderungszellen. Ihre ungewöhnlichen Ausmaße beruhen z. T. auf der Vielkernigkeit (Polyenergidie, S. 67) von Riesenzellen, die als ungegliederte Milchröhren das Parenchym durchwuchern. Solche plasmodiale Milchröhren – sie können mehrere Meter lang werden und gehören zu den größten Zellen überhaupt – finden sich bei vielen Euphorbien, beim Oleander und beim Gummibaum *(Ficus elastica)*. Gegliederte Milchröhren sind dagegen Syncytien, sie entstehen durch Zellverschmelzung unter Auflösung ursprünglich vorhandener Querwände. Milchröhren dieser Art sind bei den Mohngewächsen verbreitet (Schöllkraut, *Chelidonium*, mit gelbem Milchsaft; Schlaf-Mohn, *Papaver somniferum*, als Lieferant von Opium, einem Morphin-haltigen Alkaloidgemisch), weiterhin bei den ligulifloren Compositen (*Taraxacum*, Abb. 1.2.31 A; der Lattich, *Lactuca*, hat seinen Namen davon: lat. *lac*, Milch) und vielen Wolfsmilchgewächsen (z. B. Kautschukbaum, *Hevea brasiliensis*, vgl. S. 372, S. 789).

2. Harzgänge und Sekretbehälter

Während sich Milchsaft in den Milchröhren selbst sammelt, wird das als Harz bzw. Balsam bezeichnete, zähflüssige Gemisch von Terpenoiden (etherischen Ölen) in schizogenen Interzellularräumen akkumuliert (Abb. 1.2.33). Diese Harzgänge (-kanäle) sind von Drüsenepithel ausgekleidet. Wie bei Milchröhren handelt es sich auch bei Harzgängen um sehr ausgedehnte, verzweigte Röhrensysteme, die bei Verletzung auslaufen. An der Luft erstarrt Harz zu einem desinfizierenden Wundverschluß.

Harzgänge sind vor allem bei Nadelhölzern verbreitet, die Harze mancher Arten werden gewerblich verwertet (Terpentin bzw. Terpentinöl; Kanadabalsam. Bernstein ist fossiles Harz). Bei Angiospermen ist Harzbildung selten; über Mastix, Weihrauch, Myrrhe vgl. S. 784.

Etherische Öle werden von den meisten höheren Pflanzen gebildet. Oft ist die Produktion aber so beschränkt oder die flüchtigen Sekrete werden so rasch nach außen abgegeben, daß keine besonderen Speicher ausgebildet werden. So enthalten viele Blütenblätter im Cytoplasma ihrer Epidermis- und Mesophyllzellen Tröpfchen etherischer Öle, die bei entsprechender Temperatur durch Verdampfen nach außen entweichen (Blütendüfte von Rosen, Veilchen, Jasmin). Bei manchen Arten kommt es aber zu einer Speicherung von dünnflüssigem etherischen Öl in schizogenen oder lysigenen **Ölbehältern**. Bekannte Beispiele sind Johanniskraut-*(Hypericum-)* und *Eucalyptus*-Arten (schizogene Sekretbehälter), sowie die lysigenen Ölbehälter in den Schalen von *Citrus*-Früchten (Abb. 1.2.33 B, D, E).

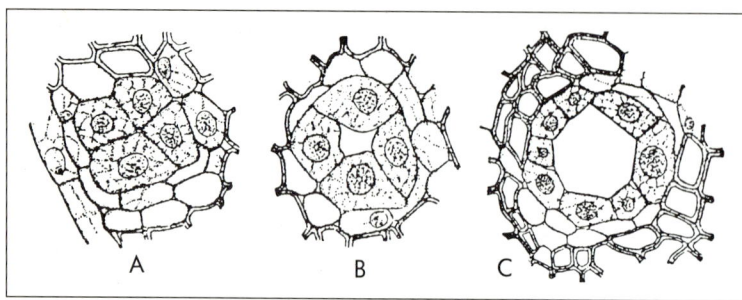

Abb. 1.2.32: Schizogene Entstehung eines Harzkanals im Holz der Kiefer. Beachte das großkernige Drüsenepithel. (310 : 1, n. W.H. Brown)

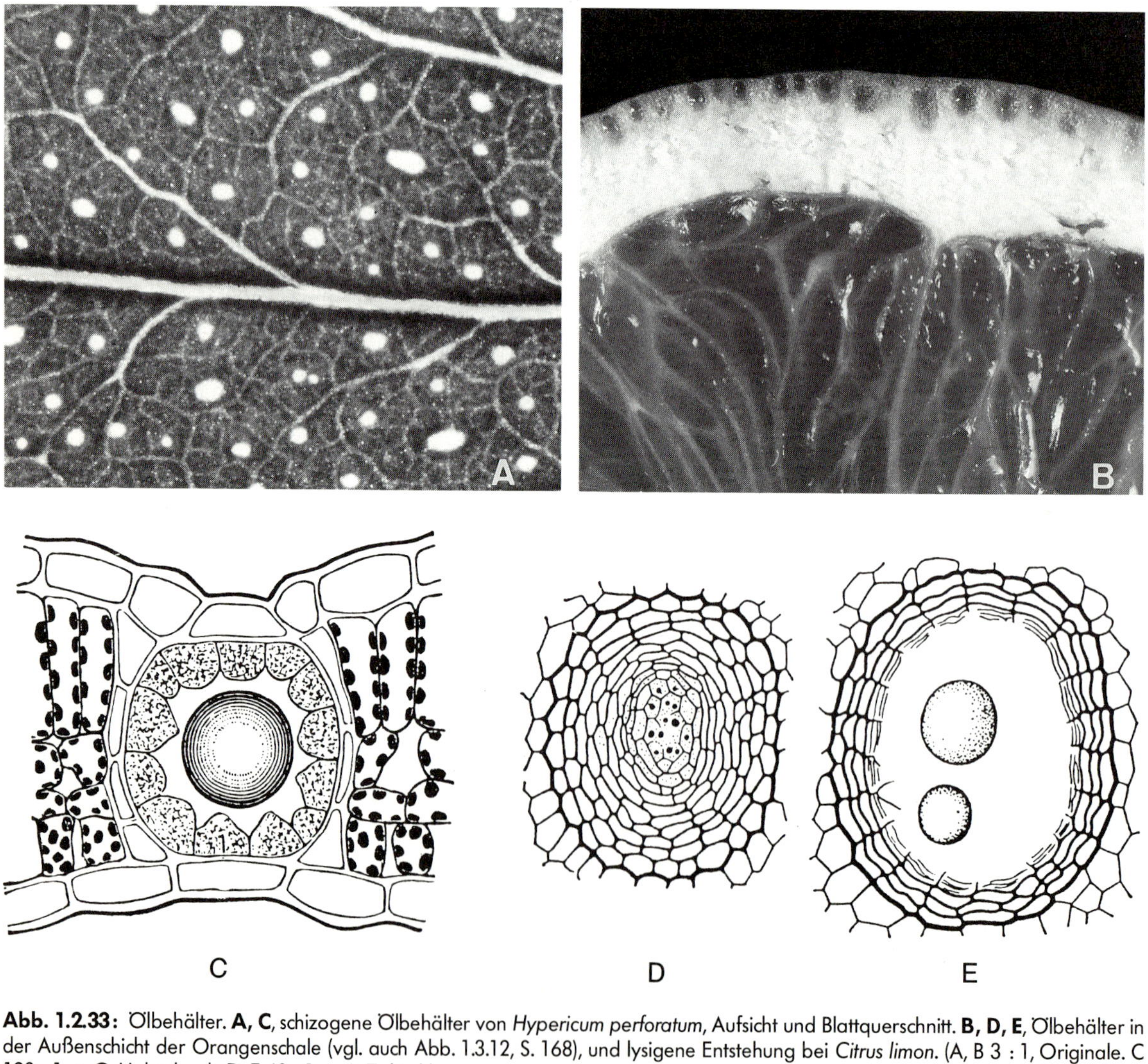

Abb. 1.2.33: Ölbehälter. **A, C**, schizogene Ölbehälter von *Hypericum perforatum*, Aufsicht und Blattquerschnitt. **B, D, E**, Ölbehälter in der Außenschicht der Orangenschale (vgl. auch Abb. 1.3.12, S. 168), und lysigene Entstehung bei *Citrus limon*. (A, B 3 : 1, Originale. C 120 : 1, n. G. Haberlandt. D, E 60 : 1, n. A. Tschirch)

3. Köpfchenhaare und Drüsenemergenzen

Am freien Ende von Pflanzenhaaren und Emergenzen sitzen oft Drüsenzellen oder Gruppen von solchen (Abb. 1.2.31 C–E). Da die Drüsenzellen (bzw. Drüsengewebe) i. a. kugelig und dicker sind als der Schaft der Haare/Emergenzen, entsteht der Eindruck von Köpfchen auf schlanken Hälsen, was zur Namensgebung führte. «Sitzenden» Oberflächendrüsen fehlen die Stielzellen. Das Sekret – häufig etherisches Öl – sammelt sich zwischen Zellwand und Cuticula und kann wegen seiner lipophilen Beschaffenheit durch die abgehobene Cuticula hindurch verdunsten. In anderen Fällen reißt die Cuticula auf und läßt dann auch hydrophile Sekrete austreten (Polysaccharid-haltiger Fangschleim beim Sonnentau, *Drosera*, Abb. 1.2.34; Proteinase-haltige Sekrete von Verdauungsdrüsen bei Insectivoren).

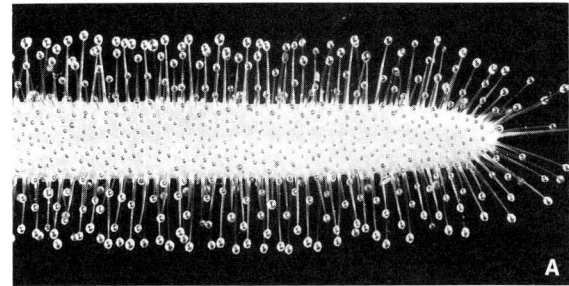

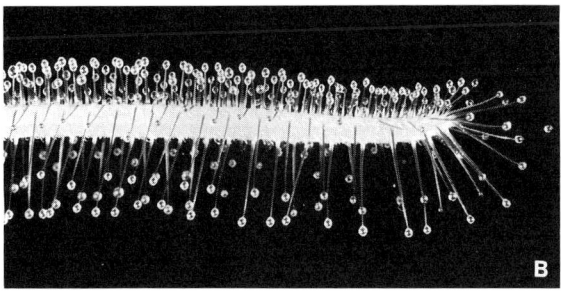

Abb. 1.2.34: Fangschleim-Abscheidung an den Köpfchen von Drüsen-Emergenzen beim Sonnentau *Drosera cuneifolia*, einer insectivoren Pflanze (S. 219): Das bilateralsymmetrisch-dorsiventrale Blatt von oben (**A**) und in Seitenansicht (**B**). (2,5 : 1. Originale)

Dritter Abschnitt
Morphologie und Anatomie der Sproßpflanzen

I. Einleitung
A. Morphologie bei Vielzellern

Die Retina jedes unserer Augen ist durch etwa 1 Mio. Nervenzellen mit dem Gehirn verbunden, die Übertragungskapazität des *Nervus opticus* erreicht beim Menschen 100 Mio. bit · s^{-1}. Aber nicht nur unsere Lichtsinnesorgane sind hervorragend entwickelt, sondern auch die Möglichkeiten der Datenverarbeitung im Gehirn – all das, was über das «Sehen» hinaus zur «Wahrnehmung» führt. Unter diesen Umständen ist die strukturelle Erfassung von Objekten Ausgangspunkt jeder Naturwissenschaft, ganz besonders auch der Biologie.

Die festgewachsenen und daher besonders leicht beobachtbaren Großpflanzen sind die uns durch unmittelbare Anschauung vertrautesten Lebewesen in unserer Umwelt. Verständlicherweise ist daher die **Makromorphologie** der Sproßpflanzen eine alte, schon vor Jahrhunderten betriebene Wissenschaft, sie war lange Zeit die alleinige Grundlage für Systematik und Taxonomie. Doch erwachsen der botanischen wissenschaftlichen Morphologie gerade aus der ständigen Verfügbarkeit und Beobachtbarkeit ihrer Objekte Probleme. Denn das Alltägliche erscheint uns leicht selbstverständlich, so daß es intellektuellen Einsatz erfordert, in ihm dennoch Probleme zu finden. Da wir in diesem Bereich die Tatsachen ständig sehen, müssen wir die mit ihnen verbundenen Probleme erst entdecken. A.-Schopenhauer: «Daher ist die Aufgabe nicht sowohl zu sehen, was noch keiner gesehen hat, als bei dem, was jeder sieht, zu denken, was noch keiner gedacht hat.» J.W. Goethe, Mitbegründer der vergleichenden Biomorphologie (Entdeckung des Zwischenkieferknochens beim Menschen, 1784; «Die Metamorphosen der Pflanzen», 1790):

«Was ist das Schwerste von allem? Was Dir am leichtesten dünkt:
Mit den Augen zu sehen, was vor den Augen Dir liegt.»

Ein Problem liegt allerdings für Leser dieses Buches gleich auf der Hand:

Bisher war von Zellen als den elementaren Lebenseinheiten und von Zellverbänden die Rede; welchen Bezug haben diese mikroskopischen Einheiten zu den makroskopischen Bildungen des Pflanzenkörpers? Der Stufenleiter der Dimensionen und Strukturen entspricht eine Hierarchie der Funktionen. Zwar bleibt auch im Vielzeller jede einzelne Zelle eine elementare Lebenseinheit. Sie repräsentiert hier aber natürlich nicht den Organismus – seine makroskopische Gestaltung ist vom zellulären Bau so unabhängig wie die Architektur eines Bauwerkes von den Ziegeln. Man kann (und konnte ja tatsächlich lange Zeit) sinnvoll Morphologie betreiben, ohne von Zellen etwas zu wissen. Komplexe Gestaltbildung ist auch ohne Zellengliederung möglich (Abb. 1.3.1).

Freilich zeigt die Seltenheit echter Großzeller und die enorme Vielfalt der Vielzeller, daß das Prinzip der **Vielzelligkeit** eine günstigere Grundlage für die Evolution großer Organismen bot als die Vergrößerung und Komplizierung einer einzigen Zelle. Die Formierung vielzelliger Organismen setzt nicht nur Massierung, sondern auch geordnete Differenzierung von Zellen voraus, die gleiche genetische Information enthalten. Wir haben gesehen (S. 44), daß das Differentwerden und die funktionelle Spezialisierung der erbgleichen Körperzellen (Somazellen; griech. *sóma*, Körper) auf differentieller Gen-Aktivierung beruht. Die Signale dafür sind noch weitgehend unbekannt. Es wird aber nicht bezweifelt, daß sie – soweit sie nicht aus der Umwelt kommen – chemischer Natur sind und jeder Somazelle eine Positionsinformation für die ortsgerechte Differenzierung vermitteln. Diese Signale gehen von Zellen aus und wirken auf adäquat reagierende, «kompetente» Zellen ein – die Zelle erweist sich damit einmal mehr als die elementare Einheit der Reaktion, auch im Vielzeller. Aber den vielzelligen Organismus macht nur das richtige Zusammenspiel aller seiner Zellen und zwischenzelligen Signale aus. Als biologische Einheit tritt damit nicht mehr die einzelne Zelle auf, sondern der überzellige Funktionsverbund des vielzelligen Vegetationskörpers, das **Blastem** (griech. *blástema*, das Geformte; auch Keim, Sproß). Der ganzheitliche Systemcharakter ist es, was den Vielzeller bzw. das Blastem grundsätzlich von einem bloßen Zellverband (Coenobium, S. 230) unterscheidet.

Systeme sind grundsätzlich mehr als die bloßen Summen ihrer Teile. Sie zeigen «emergente» Eigenschaften, die keinem Systemteil für sich allein zukommen und daher aus den Eigenschaften der separierten Einzelteile auch nicht erklärt werden können. Das ist nicht nur bei lebenden Systemen so, sondern auch bei Maschinen weitesten Sinnes, z.B. Automotoren oder Fernsehapparaten. In früheren Zeiten, als diese grundsätzlichen Aussagen der Systemtheorie noch nicht formuliert waren, sind mehrfach geheimnisvolle «Lebenskräfte» hinter den emergenten Eigenschaften vielzelliger Organismen vermutet worden.

Die Somazellen erscheinen in der lebenden Ganzheit des Blastems als Bausteine, Glieder, Werkzeuge mit jeweils begrenzter Funktion. Erst nach ihrer Isolierung aus dem Blastem könnten/können sie sich als Elementarorganismen manifestieren. Störungen zellulärer Kommunikation im vielzelligen System führen zu ab-

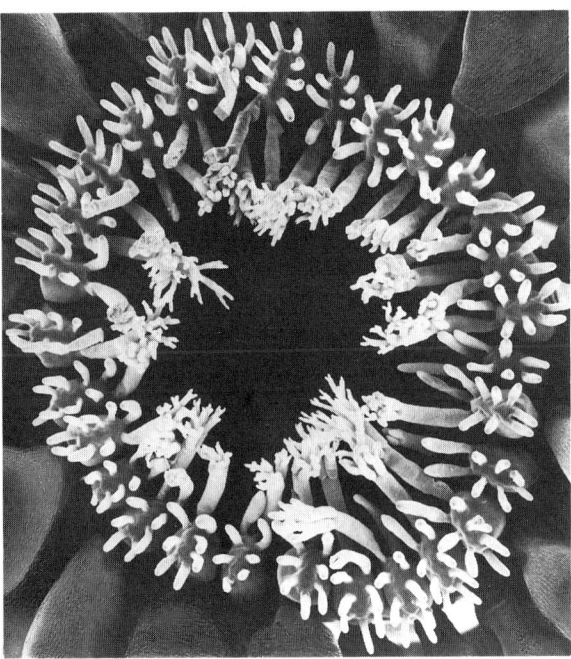 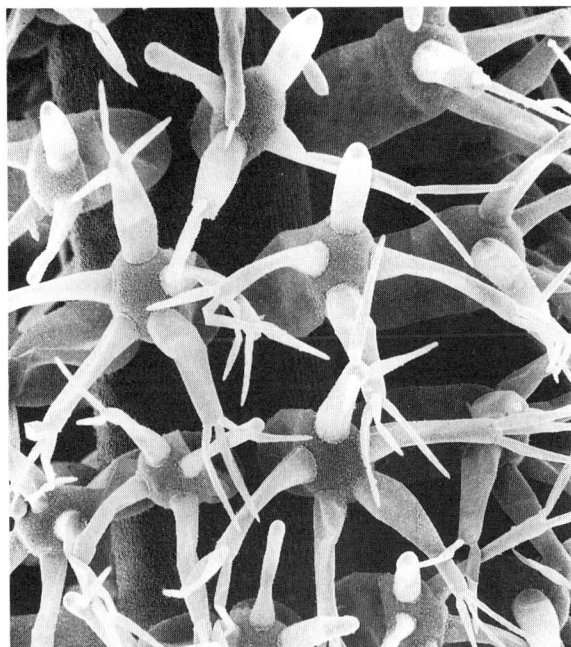

Abb. 1.3.1: Komplexe Strukturbildung bei Einzellern: Auswüchse an Riesenzellen von Dasycladaceen (S. 637). Links, Corona superior von *Acetabularia polyphysoides*; 95 : 1. Rechts, «Haarwirtel» bei *Chlorocladus australasicus*; 75 : 1. (Raster-EM-Aufnahmen: S. Berger)

normen Wachstums- und Differenzierungsleistungen, z.B. zu Tumorbildung.

B. Kausale, finale und typologische Morphologie

Vorhin wurde angedeutet, daß die Erforschung ursächlicher Zusammenhänge bei der artgemäßen Entwicklung von Vielzellern – Ziel der Entwicklungsbiologie (Entwicklungsphysiologie, S. 381) – besonders schwierig ist. Das hat methodische Gründe: Die entsprechenden Signalstoffe und Rezeptoren kommen nur in äußerst geringen Konzentrationen vor und werden normalerweise nur in zeitlich begrenzten Entwicklungsstadien überhaupt gebildet. So leicht es ist, z.B. durch Manipulation der Umweltbedingungen oder durch Verstümmelungsexperimente, Transplantationen usw. geänderte Gestaltbildungen zu erzwingen, so schwer ist es, die Kausalketten dafür aufzuklären.

Leichter zugänglich sind Struktur/Funktionsbeziehungen und Gestaltanpassungen an Umwelt- und Lebensbedingungen: Durch teleonomische (finale) Betrachtung (S. 7) können Organismengestalten von ihrer biologischen Bedeutung, ihrer Zweckmäßigkeit her verstanden werden.

Dieses Prinzip ist in der Botanik vor etwas mehr als 100 Jahren durch zwei epochale und zunächst entsprechend umstrittene Werke auf breiter Front eröffnet worden: «Das mechanische Prinzip im anatomischen Bau der Monokotylen» von S. Schwendener (1874) und die umfassende «Physiologische Pflanzenanatomie» Gottlieb Haberlandts (1884). Seither werden z.B. die Gewebe der Pflanzen nicht mehr nur typologisch, sondern auch funktional definiert (vgl. die Überschriften im vorhergehenden Abschnitt, S. 128–157). Schon früher hatte die Frage nach der funktionalen Bedeutung bestimmter Gestaltungen von Organismen erfolgreich als Leitlinie für Beobachtungen gedient, besonders eindrucksvoll etwa bei Christian Konrad Sprengel («Das entdeckte Geheimnis der Natur im Bau und in der Befruchtung der Blumen», 1793). Aber erst durch Darwins Selektionstheorie wurde diese Richtung wissenschaftlich unterbaut. Freilich wurde das Prinzip der ökonomischen Zweckmäßigkeit bei der Deutung des Körperbaues von Organismen oft auch überstrapaziert. Besonders häufig erwuchsen Mißverständnisse aus dem Irrtum, die natürliche Selektion lasse nur Zweckmäßiges überleben, alles in der Welt des Lebens sei daher in höchstem Grade sinnvoll und zweckmäßig eingerichtet.

In Wirklichkeit läßt Selektion Unzweckmäßiges nicht auf Dauer überleben – eine entscheidend andere Aussage. Der Selektion als restriktivem Prinzip stehen zufällige Erbänderungen (Mutation, Rekombination) als expandierende Energien gegenüber. Ihnen sind der unermeßliche Artenreichtum und die vielen physiologischen, ökologischen und eben auch morphologischen Problemlösungen in der Organismenwelt zuzuschreiben. Vieles in der belebten Natur ist tatsächlich in fast unglaublichem Ausmaß zweckmäßig; aber keineswegs alles – sonst hätte es kein Aussterben ganzer Organismenklassen gegeben und keine Evolution.

Die eigentlich morphologische Methode ist die **typologische**. Sie geht über bloße Beschreibung hinaus, indem **Vergleiche** benützt werden, um Typen der Gestaltung aufzudecken. Auch bei größeren systematischen Gruppen lassen sich bei aller Variation und Proportionsverschiebungen innerhalb der Gattungen, Familien usw. gleichbleibende, grundsätzliche Organisationsmerkmale definieren, die dann insgesamt jeweils den **Typus** der betreffenden systematischen Einheit ausmachen.

Goethe sprach in diesem Sinn von einem «Urbild», entsprechend von einer «Urpflanze». Später ist dafür oft der Begriff

«Bauplan» benützt worden; er ist aber stark anthropomorph, was leicht zu Mißverständnissen Anlaß geben kann. Nach Wilhelm Troll, dem Altmeister der typologischen Morphologie in unserem Jahrhundert, kann man den Typus einer Organismengruppe «zwar aufzeigen, aber nicht vorzeigen». Er ist ein intellektuelles Konstrukt, eine Abstraktion, die auf dem Herausstellen von Gemeinsamkeiten beruht: Es geht um die Ähnlichkeit ungleicher Lebewesen.

Die typologische Morphologie ist von kausalen oder finalen Betrachtungen unabhängig. Sie lieferte die Grundlage zur Aufstellung «natürlicher» Systeme in der Biologie. Daß sich überhaupt Morphotypen definieren lassen, ist Ausdruck hierarchischer phyletischer Entwicklungen («Stammbäume») und beruht damit letztlich auf der Evolution der Organismen. Bezeichnenderweise war es Darwin, der den Satz aufstellte, Morphologie bedeute immer die Frage nach dem Typus.

C. Homologie und Analogie

Ähnlichkeit bedeutet nicht in jedem Fall auch stammesgeschichtliche Verwandtschaft. Neben Ähnlichkeiten, die aus der Zugehörigkeit zum selben Typus und damit tatsächlich aus Verwandtschaft resultieren (Homologie), gibt es auch Ähnlichkeiten, die auf Anpassung an gleiche Funktionen beruhen. In diesem Fall spricht man von Analogie. Homologie bedeutet Anlagengleichheit, sie ist letztlich Ausdruck ähnlicher genetischer Information; Analogie bedeutet dagegen Funktionsgleichheit. Homologie-bedingte Ähnlichkeit ist Ausdruck innerer Gestaltungsgesetze, Analogie-bedingte dagegen letztlich die Folge von Anpassungszwängen. Flugeinrichtungen sind beispielsweise im Tier- und Pflanzenreich mehrfach unabhängig voneinander entwickelt worden; soweit es sich nicht einfach um Schwebevorrichtungen handelt, basieren sie alle auf der Ausnützung des aerodynamischen Paradoxons und damit auf der Bildung von Flügeln. Alle Flügel – die von Insekten, Vögeln, Fledermäusen, oder von Ahornfrüchten (übrigens auch die Flügel und Propellerblätter technischer Flugzeuge) – weisen daher grundsätzliche Ähnlichkeiten auf, ohne homolog zu sein; sie sind analog, ihr Ähnlichsein beruht auf Anpassung an gleiche Zweckerfordernisse. Entsprechendes gilt für die Stromlinienform von Organismen (und Schiffen), die sich im Wasser rasch fortbewegen – von einzelligen Schwärmern und Gameten bis zum Riesenwal (dessen Analogie-bedingte, äußerliche Ähnlichkeit mit Fischen ihn dennoch nicht zu einem «Walfisch» macht). Ein spezifisch botanischer Fall wurde auf S. 144 berührt: die auf Funktionsgleichheit beruhende Ähnlichkeit von Stacheln und Dornen, die zu dem dort erwähnten Durcheinander in der umgangssprachlichen Terminologie geführt hat.

Durch Analogie können aber nicht nur Ähnlichkeiten nicht-homologer Bildungen bedingt sein, sondern umgekehrt auch Unähnlichkeiten homologer Strukturen. Zum Beispiel übernehmen bei manchen Pflanzen Seitensprosse mit begrenztem Wachstum die Funktion von Laubblättern (Phyllocladien, Abb. 1.3.2). Sie

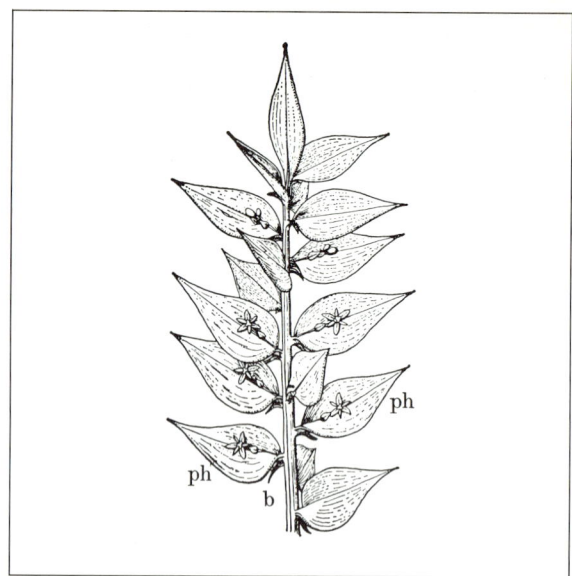

Abb. 1.3.2: Platycladien – Flachsprosse als «Blätter». Zweig des Mäusedorns *Ruscus aculeatus*. ph blattähnliche Seitensprosse (Phyllocladien) mit Blüten; b Schuppenblätter, aus deren Achselknospen die Phyllocladien entstanden sind. Vgl. auch Abb. 1.3.41, S. 188. (Natürl. Größe, nach A. Schenk)

sind blattartig gestaltet, also Blatt-analog, aber doch eigentlich Sprosse (Sproß-homolog). Das äußert sich u.a. darin, daß Phyllocladien in den Achseln von Blättern stehen und Blüten tragen können, was bei Blättern nicht vorkommt. Bei anderen Pflanzen spielen Wurzeln die Rolle von Blättern (Abb. 1.3.3); sie sind dann flächig ausgebildet und durch Chloroplasten grün, Blättern ähnlich und Wurzeln unähnlich. Solche durch Anpassung an besondere Funktionen bedingte Abwandlungen von Organen werden in der Pflanzenmor-

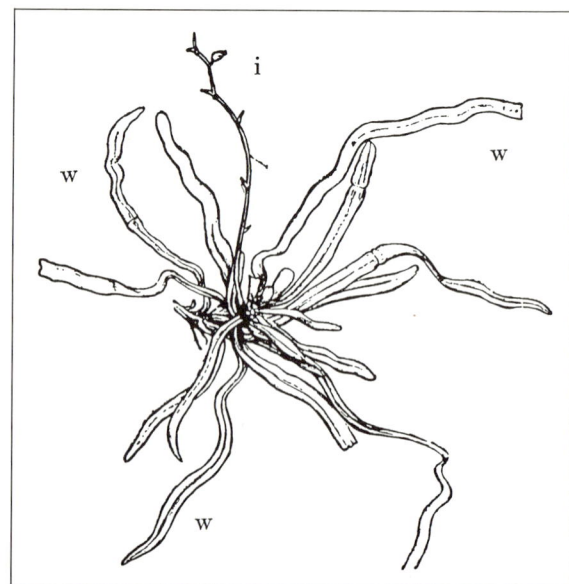

Abb. 1.3.3.: *Taeniophyllum*, eine auf Bäumen lebende («epiphytische») Orchidee mit grünen, bandartigen Luftwurzeln w, die als Assimilatoren dienen. i Blütenstand. (0,6 : 1, nach K. Goebel)

phologie als Metamorphosen bezeichnet (griech., Umgestaltungen).
Für die Verwandtschaftsforschung – sie wird auf S. 523–527 zusammenhängend behandelt – ist die sichere Unterscheidung von Homologie und Analogie besonders wichtig. Stammesgeschichtliche Verwandtschaft wird nur durch Homologie-bedingte Ähnlichkeit angezeigt, also durch Zugehörigkeit zum selben Morphotypus. Es gibt verschiedene Homologie-Kriterien – molekulare, karyologische, morphologische und physiologische. Unter den morphologischen spielt das Kriterium der Lage die bedeutendste Rolle.

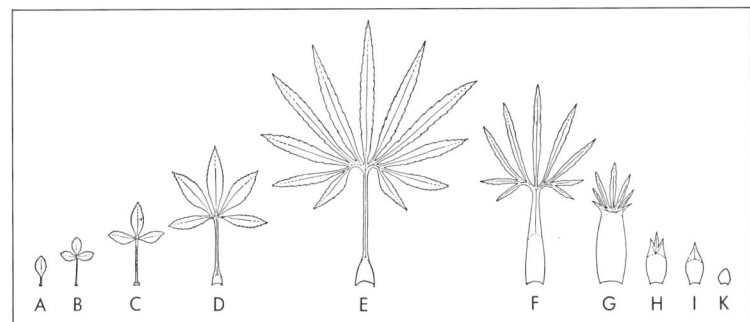

Abb. 1.3.4: Blattfolge bei der Nieswurz *Helleborus foetidus*. **A**, Keimblatt; **B, C**, Jugendblätter; **D**, Laubblatt des 1. Entwicklungsjahres; **E**, fußförmig geteiltes Laubblatt des 2. Jahres; **F**, Übergangsblatt. **G–I**, Hochblätter des 3. Entwicklungsjahres; **K**, Blütenhüllblatt. (0,2 : 1, Orig. D. v. Denffer)

Abb. 1.3.5: Übergangsformen zwischen unterschiedlichen Blattorganen der Rose. **A**, die äußeren Kelchblätter 1 u. 2 weisen noch Fiederung auf – ein Anklang an die Gestalt der Laubblätter –, die inneren 4 u. 5 nicht mehr; Kelchblatt 3 ist bezeichnenderweise nur einseitig gefiedert, und zwar auf der 2 zugewandten Flanke. **B**, Zwischenformen zwischen Kron- und Staubblättern; Pfeile: Staubbeutel am Rand von Kronblättern. (A 1,4 : 1; B 1,7 : 1. Originale)

162 · Morphologie und Anatomie der Sproßpflanzen

Abb. 1.3.6: Umwandlung von Blättern in Blattdornen. **A, B**, Sauerdorn *Berberis vulgaris*, **A**, fortschreitende Reduktion von Laubblättern zu Blattdornen an einer Zweigbasis. **B**, aus der Achsel komplett verdornter Blätter wachsen Kurztriebe aus, die im 1. Jahr gezähnte Laubblätter bilden, im 2. Jahr Blüten. **C**, bei den meisten Kakteen (als Beispiel hier *Notocactus rutilans*) sind die Blätter, auch die an achselständigen Kurztrieben («Areolen») stehenden, in verholzte Dornen umgewandelt. Die Blattfunktion wird von der grünen, succulenten Sproßachse übernommen. (A 0,6 : 1; B 0,9 : 1; C 1,9 : 1. Originale)

Es besagt, daß ein Organ o. dgl. dann einem anderen homolog ist, wenn es in vergleichbaren Strukturgefügen gleich angeordnet ist, also dieselbe relative Lage einnimmt. Etwa stehen Phyllocladien in den Achseln von Deckblättern, wie das für Seitensprosse «typisch» ist (Abb. 1.3.2). Aus der Morphologie stammt auch das Stetigkeits-Kriterium, die Verknüpfung unähnlicher Gestalten durch Zwischenformen. So weisen etwa Übergangsformen von Nieder-, Laub-, Hoch- und Blütenblättern oder zwischen Blütenblättern und Staubblättern (vgl. Abb. 1.3.4, 1.3.5), oder schließlich zwischen Laubblättern und Blattdornen (Abb. 1.3.6) alle diese recht verschieden aussehenden Bildungen als *Blätter* aus. Im phylogenetischen Sinn spielen fossile Zwischenformen diese Rolle, wenn sie zwischen heute lebenden Vertretern systematischer Einheiten vermitteln, die durch divergente Evolution unähnlich geworden sind.

Die normalerweise divergente, zu immer unähnlicheren Formen führende Evolution – vgl. das Stammbaummodell auf S. 520 – kann für einzelne (!) Merkmale durch Anpassungsähnlichkeit, d.h. durch Analogie umgekehrt werden in eine konvergente Entwicklung. Von Konvergenz wird gesprochen, wenn anlagemäßig verschiedene Organe durch Anpassung an gleiche Funktionen ähnlich werden. Konvergenz ist die evolutive Grundlage für Analogie-bedingte Ähnlichkeit. Nicht nur phylogenetisch, sondern auch ontogenetisch, d.h. in der Individualentwicklung ist die Untersuchung früher Entwicklungsstadien besonders wichtig für den Nachweis von Homologie. Die meisten Organe üben nur im fertigen Zustand ihre speziellen Funktionen aus und weisen dann die entsprechenden Anpassungen auf, während ihre frühen Anlagen die auf Homologie hinweisende Anlagegleichheit (!) noch erkennen lassen.

D. Cormus und Thallus

Die Vegetationskörper vielzelliger Pflanzen (Metaphyten) können sehr verschieden gestaltet sein, und diese Mannigfaltigkeit wird noch größer, wenn auch die Pilze mit berücksichtigt werden. Bei allen heute lebenden Farn- und Samenpflanzen läßt sich aber ein gemeinsamer Morphotyp erkennen, der durch drei **Grundorgane** – Sproßachse, Blatt und Wurzel – charakterisiert ist und als Cormus bezeichnet wird (griech. *kormós*, Pfosten, Stamm, Sproß). Die gegenseitige Zuordnung der Grundorgane ist bei den Cormophyten (Sproßpflanzen) stets gleich: Blätter stehen immer an Sproßachsen, niemals an Wurzeln. Wurzeln bilden Seitenwurzeln, Sprosse Seitensprosse (Verzweigung); aber Wurzeln können auch an Sprossen entstehen («sproßbürtige» Wurzeln), sowie umgekehrt Sprosse an Wurzeln (Wurzelsprosse).

Zu den Sproßpflanzen gehören auch die Blütenpflanzen; die Blüte ist aber kein Grundorgan, sie ist ein beblätterter Kurzsproß, der der Fortpflanzung dient.

Die ganz unterschiedlichen Vegetationskörper vielzelliger Algen, Pilze und Flechten, sowie auch noch die der Moose sind nicht mit einem Cormus homologisierbar. Sie werden summarisch als Thalli bezeichnet (Einzahl Thallus; griech. *thallós*, Laub). Eine Übersicht über ihre morphologische Organisation wird im vierten Abschnitt gegeben (S. 230 ff.), während sich dieser dritte Abschnitt auf die Morphologie und Anatomie der

Sproßpflanzen beschränkt, dieser bekanntesten und bestuntersuchten, artenmäßig zahlreichsten, wirtschaftlich bedeutendsten, erd- und lebensgeschichtlich jüngsten und am höchsten entwickelten Pflanzengruppe.

E. Beschreibende Morphologie und Pflanzenanatomie

Nirgends wird deutlicher als in der Morphologie, daß eine konzeptuelle, ideenmäßige Durchdringung des Gegenstandes nur auf der Grundlage solider Beschreibungen möglich ist. Für die gewaltige Aufgabe, alle recenten und fossil erhaltenen Organismenarten möglichst genau deskriptiv zu erfassen, schon um sie systematisch einordnen und korrekt benennen zu können, wurde eine umfangreiche Terminologie entwickelt. Abb. 1.3.7 ruft exemplarisch einige Begriffe in Erinnerung, die bei der Beschreibung von Blatt- und Blattrandformen üblich sind. Pflanzenbestimmungsbücher enthalten kurze, ballastarme Zusammenfassungen dieser «Gebrauchsmorphologie»; auf diese Werke sei hier ausdrücklich verwiesen. –

Der Begriff «Anatomie» bedeutet in der Botanik anderes als in Medizin und Zoologie (vgl. S. 8): Während dort wegen der geschlossenen Organisation des Menschen- und Tierkörpers tatsächlich der Leib «aufgeschnitten» werden muß, um die inneren Organe und ihre Lage sichtbar werden zu lassen, ist das bei den meisten pflanzlichen Vegetationskörpern wegen ihres offenen Baues nicht erforderlich. Unter Pflanzenanatomie wird dementsprechend die mikroskopische Untersuchung von Gewebeanordnungen in den Grundorganen verstanden. Anatomie und Makromorphologie bzw. Organographie der Pflanzen hängen eng zusammen, sie werden in diesem Abschnitt gemeinsam behandelt.

F. Symmetrie

In funktionaler Hinsicht sind alle Lebewesen höchst geordnete Gebilde, ohne ständige Feinabstimmung ihrer Stoffwechselreaktionen und Entwicklungsprozesse könnten sie nicht überleben, geschweige denn sich fortpflanzen. Häufig drückt sich diese imaginäre funktionale Ordnung sichtbar aus in regelmäßigen Strukturen und Mustern, die folgenden Kapitel sind voll von Beispielen dafür. Die gesetzmäßige Wiederholung gleicher oder ähnlicher Strukturelemente wird als Symmetrie bezeichnet. In symmetrischen Formen von Lebewesen spiegelt sich deren Systemcharakter in doppelter Weise. Einmal läßt er die Fähigkeit zur wiederholten Bildung gleichartiger Gestalten erkennen, zum anderen wird deutlich, daß dabei Zufälligkeiten und Singularitäten, die zu chaotischen und/oder lebensbedrohenden Zuständen führen könnten, kaum je eine Chance gelassen wird. Die Morphologie als die Wissenschaft von den Gesetzmäßigkeiten der Gestaltung basiert letztlich auf den Symmetrien der Organismen.

Ähnlichkeit und gesetzmäßige Anordnung von Strukturelementen kann gedanklich überprüft werden durch Deckoperationen: Die vorgestellte Verschiebung, Verdrehung oder Spiegelung eines Elements bildet dieses auf einem anderen, entsprechenden Element des Musters ab, Bild und Musterelement kommen «zur Deckung». Nach den erforderlichen Deckoperationen können drei Grundformen der Symmetrie unterschieden werden:

Metamerie = Verschiebungssymmetrie, die Wiederholung ähnlicher Elemente entlang einer Achse in gleichen Abständen und gleicher Orientierung (Abb. 1.3.8). Deckoperation ist in diesem Fall die Verschiebung von Elementen entlang der Achse (Translation, homonome Metamerie). Sonderformen ergeben sich bei nichtgeraden Achsen (Schraube, Spirale), oder wenn die Achse eine strukturbestimmende Richtung (Polarität) aufweist und die Musterelemente z.B. in einer Richtung stetig kleiner werden (heteronome Metamerie). Durch unsymmetrische Musterelemente kann eine geradegestreckte oder schraubige Metamerieachse auch dann zum Vektor werden, wenn alle Musterelemente gleichartig sind. Das ist bei vielen Biopolymeren der Fall. Durch Achsenpolaritäten ist häufig z.B. die Syntheserichtung festgelegt (5′ → 3′ bei Nucleinsäuren, N-Terminus → C-Terminus bei Polypeptiden; Plus-Ende bei Mikrotubuli oder Actin-Mikrofilamenten usf.). Die Zahl der Musterelemente ist bei homonomer Metamerie nicht begrenzt, und tatsächlich werden in bestimmten Fällen sehr hohe Zahlen erreicht, etwa bei Nucleotiden in einem DNA-Molekül.

Radiärsymmetrie = Drehungssymmetrie, Wiederholung ähnlicher Elemente in gleicher Orientierung und gleichen Winkeln um eine Achse (Abb. 1.3.9). Deckoperation ist die Drehung (Rotation). Die Zahl der Symmetrieelemente ist in diesem Fall begrenzt, die Symmetrieachse kann durch ihre «Zähligkeit» charakterisiert werden.

Bilateralsymmetrie = Spiegelsymmetrie (Abb. 1.3.10). Deckoperation ist die Spiegelung an einer Symmetrieebene (Spiegelungsebene = Mediane), die Zahl der Symmetrieelemente ist zwei – Bild und Spiegelbild. Diese Symmetrieform ist im Tierreich vorherrschend und uns vom eigenen Körper her vertraut. Aber auch bei Pflanzen gibt es zahllose Beispiele dafür, die meisten Blätter und die sog. zygomorphen Blüten sind bilateralsymmetrisch. Radiärsymmetrie geht durch Verzerrung in einer Richtung quer zur Symmetrieachse in Bilateralsymmetrie über. Dementsprechend tritt Spiegelsymmetrie bei Organismen bevorzugt dann auf, wenn zwei gestaltbestimmende Vektoren sich kreuzen (bei Tieren: Schwerkraft/Bewegungsrichtung; bei Pflanzen: Schwerkraft/Wachstumsrichtung – daher vor allem bei Organen, die seitlich von vertikalen Achsen abstehen).

Bilateralsymmetrie ist fast immer mit Dorsiventralität verbunden, d.h. mit Unterschieden zwischen Ober- und Unterseite (lat. *dorsum*, Rücken; *venter*, Bauch).

Komplexe Symmetrien ergeben sich, sobald zwei oder alle drei Grundformen der Symmetrie kombiniert werden, wenn sich also Muster unterschiedlicher Symmetrie in einer Struktur überlagern (Abb. 1.3.11). Ein einfaches Beispiel dieser Art ist die wirtelige Blattstel-

164 · Morphologie und Anatomie der Sproßpflanzen

lung: Die einzelnen Blattwirtel mit ihren äqui-distant stehenden Blättern sind radiärsymmetrisch, zugleich kommen aber durch die Längs-Metamerie der Sproßachse benachbarte Wirtel in einen strukturbestimmenden Zusammenhang (Alternanz, S. 174). Syn-Metrie (griech. *syn*, mit, zusammen; *métron*, Maß) zeigt in solchen Fällen besonders deutlich ihr eigentliches Wesen: das Aufeinander-Bezogensein von Einheiten in einem System (griech. *systema*, das geordnete Ganze).

Metamere Symmetrie gibt es nicht nur in räumlicher Hinsicht, sondern auch in zeitlicher, nämlich dann, wenn sich bestimmte Ereignisse in regelmäßigen zeitlichen Abständen wiederholen. Zeitliche Metamerien lassen sich immer auch räumlich darstellen – man denke an Tierfährten, oder an Diagramme, in denen die Abhängigkeit einer Meßgröße von der Zeit dargestellt wird. Etwa die Hälfte aller Diagramme in der naturwissenschaftlichen Literatur sind solche Kinetik-Darstellungen. Viele (alle?) räumlichen Metamerien von Lebewesen beruhen auf zeitlichen Metamerien, die während ihrer Entwicklung wirksam waren.

Die Symmetrielehre war lange Zeit eine Domäne der Mathematik und der Kristallographie, wo Symmetriegesetze absolut oder doch annähernd perfekt gültig sind. Bei lebenden Systemen wird die Präzision von (z.B.) Kristallgittern bezeichnenderweise kaum je erreicht. (Thomas Mann: «Dem Leben graut vor der genauen Richtigkeit.») Viele biologische Muster sind nur annähernd regelmäßig, wenn auch von Zufalls-

Abb. 1.3.8: Metamerie; vier Beispiele für Verschiebungssymmetrie bei Pflanzen. **A**, unterbrochen gefiedertes Blatt von *Potentilla anserina* (1,3 : 1). **B**, Teil einer Fieder 1. Ordnung vom Wedel des Wurmfarns *Dryopteris filix-mas* (Unterseite mit Sori; unter den hellen, nierenförmigen Indusien verbergen sich Büschel reifender Sporangien, vgl. S. 689, 691; 3,3 : 1). **C**, reihenweise Anordnung von Areolen (= Kurztriebe mit Blattdornen) eines Säulenkaktus *Cereus pasacana* (0,3 : 1). **D**, Deckschuppen eines Fichtenzapfens (2 : 1. Weitere Beispiele auffälliger Metamerie bieten die Schachtelhalme, vgl. Abb. 3.2.133 E, K, S. 680). (Originale)

◀ **Abb. 1.3.7:** Einige Blatt- und Blattrandformen. *Blattränder:* **A**, ganzrandig (Mais; hier ist – wie bei fast allen Monocotyledonen – Ganzrandigkeit verbunden mit Parallelnervatur: die Blattleitbündel verlaufen parallel in Richtung des Blattrandes); **B**, Ganzrandigkeit beim dicotylen Schild-Knöterich *Polygonum cuspidatum*, mit netznervigen Blättern (Parallelnervatur ist *nicht* Voraussetzung für Ganzrandigkeit); **C**, gekerbt (Meerrettich *Armoracia*); **D**, gezähnt (Edelkastanie); **E**, gesägt (Brennessel); **F**, doppeltgesägt (Kerrie); **G**, schrotsägeförmig *(Taraxacum).* – *Blattformen:* **H**, gebuchtet (Eiche, *Quercus robur*); **I**, gefiedert (Eberesche, *Sorbus aucuparia*); **K**, handförmig gelappt (Feld-Ahorn, *Acer campestre*); **L**, gefingert (Fingerkraut *Potentilla reptans*). (A–C 2,8 : 1, D, H, I 1 : 1; E 1,7 : 1; F 1,5 : 1; G 0,7 : 1; K, L 0,75 : 1. Originale)

Abb. 1.3.9: Beispiele für Radiärsymmetrie. **A**, Blütenknospenstand der Kugeldistel *Echinops*. (Viele weitere Beispiele für Kugelsymmetrie finden sich bei Früchten und Samen.) **B**, *Primula*, Gartenform (womit sich die Sechszähligkeit dieser Blüte erklärt; Wildformen haben 5zählige Blüten); **C**, 5zählige Drehsymmetrie einer Oleanderblüte. (A, C, 0,8 : 1; B, 1,2 : 1. Originale)

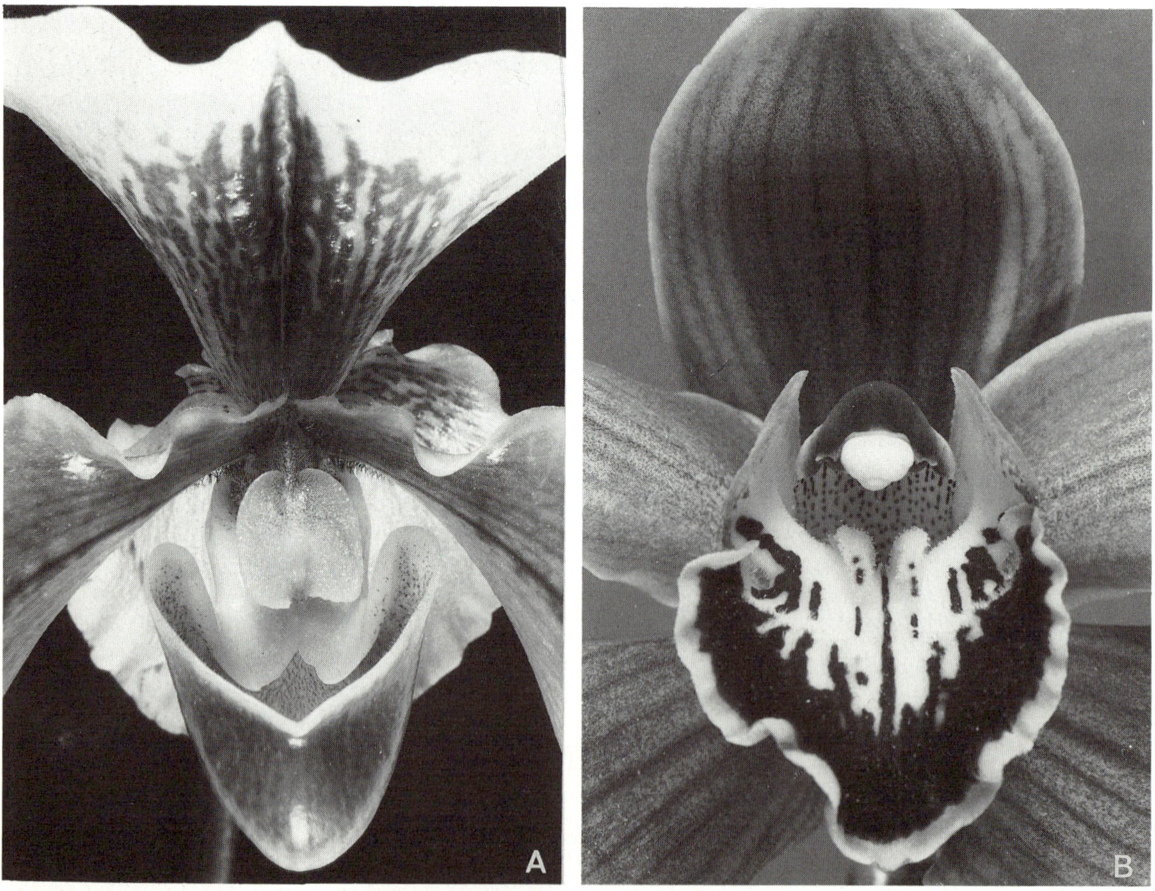

Abb. 1.3.10: Bilateralsymmetrie: Orchideenblüten sind – wie die vieler anderer Pflanzen – zygomorph. Als Beispiele hier ein *Cypripedium* (Frauenschuh, **A**; 1 : 1) und eine *Cymbidia* (**B**; 2 : 1). Diese Blüten sind nicht nur bilateralsymmetrisch (Spiegelbildlichkeit rechts/links), sondern auch dorsiventral (Verschiedenheit oben/unten). Entsprechendes gilt auch für viele andere Pflanzenorgane, z.B. für die allermeisten Laubblätter (vgl. Abb. 1.2.34, S. 157). (Originale)

mustern weit entfernt (Abb. 1.3.12, 1.3.13). Zufällige Verteilung ähnlicher Elemente kann an den beliebig variierenden Abständen und Orientierungen dieser Elemente erkannt werden. Je regelmäßiger (symmetrischer) ein Muster ist, desto präziser können Deckoperationen ausgeführt werden. Muster von strenger Regelmäßigkeit ergeben sich von selbst, wenn identische Elemente in gleicher Orientierung so dicht wie möglich zusammengeschoben werden. Z.B. bilden Kugeln einheitlicher Größe in einem Uhrglas von selbst durch Dichtestpackung ein **hexagonales Muster**: Jede Kugel ist von sechs anderen umgeben, und es gibt drei ausgezeichnete Richtungen, in denen die Abstände der Kugelzentren dem doppelten Kugelradius genau entsprechen. Diese Richtungen schneiden sich mit Winkeln von 60° bzw. 120°. Bei den meisten biologischen Mustern sind nun aber die einzelnen Elemente weder genau gleich gestaltet (sie variieren schon in ihrer Größe), noch genau gleich orientiert, und auch ihre Abstände voneinander sind nicht identisch, sondern streuen in einem gewissen, freilich begrenzten Bereich. Selbst artgleiche und sogar erbgleiche Bäume sind, obwohl an bestimmten grundsätzlichen Ähnlichkeiten leicht erkennbar, in ihrer Verzweigung nie völlig gleich.

Der Grund für diese Variationen ist, daß bei der Entwicklung von Lebewesen jedes zusätzliche Strukturelement wieder neu gebildet werden muß, wobei jeder Entwicklungsprozeß einer komplexen Steuerung unterliegt und nie ganz identisch abläuft. In lebenden Systemen wirkt nie nur ein einzelner Faktor (monopolare Steuerung), sondern es gibt praktisch immer eine Balance von Aktivator(en) und Inhibitor(en). Nur solche **bipolare Steuersysteme** sind fähig zu Anpassung und Evolution. Starre Regelmäßigkeit ließe keine Lebensäußerungen zu. Es ist bezeichnend, daß die oft kristallartige Regelmäßigkeit von Viruspartikeln – zumal ihrer Capside – in den Wirtszellen aufgegeben wird, um die Vermehrung der Viren zu ermöglichen. Symmetriebrechungen sind bei allen Entwicklungs- und Bewegungsvorgängen unerläßlich, und auch in der Evolution der Organismen ist es immer wieder zu folgenschweren Symmetrieverletzungen gekommen.

Eine besonders in der Biologie wichtige Sonderform von Symmetrie ist die sog. **Antisymmetrie**, die freilich

Abb. 1.3.11: Beispiele für komplexe Symmetrie. **A**, Blüte des Herzblatts *Parnassia palustris*; Blumenkrone 5zählig, ebenso die mit Drüsenköpfchen versehenen Staminodien (zu Nektardrüsen umfunktionierte Staubblätter) und die Staubblätter, Fruchtblätter des Stempels dagegen 4zählig. **B**, Zentrum einer Blüte von *Passiflora*, mit zahlreichen fadenförmigen Auswüchsen der Blütenachse in radiärsymmetrischer Anordnung, 5 ebenfalls radiär gestellten Staubblättern und 3 Fruchtblättern; die 3 Narben schließen zwischen sich 2 größere und einen kleineren Winkel ein, so daß hier ein bilateralsymmetrisches Gebilde entsteht. **C**, Teil des Fruchtstandes der Kermesbeere *Phytolacca*; die zygomorphen Teilfrüchte bilden radiärsymmetrische Einheiten, die als chorikarpe Früchte (S. 740) auf je eine Blüte zurückgehen. Blüten wie Früchte stehen an horizontalen Seitenachsen, die ihrerseits entlang einer Schraubenlinie an der vertikalen Hauptachse ansetzen (Metamerie). (Alle Bilder ca. 2 : 1; Originale)

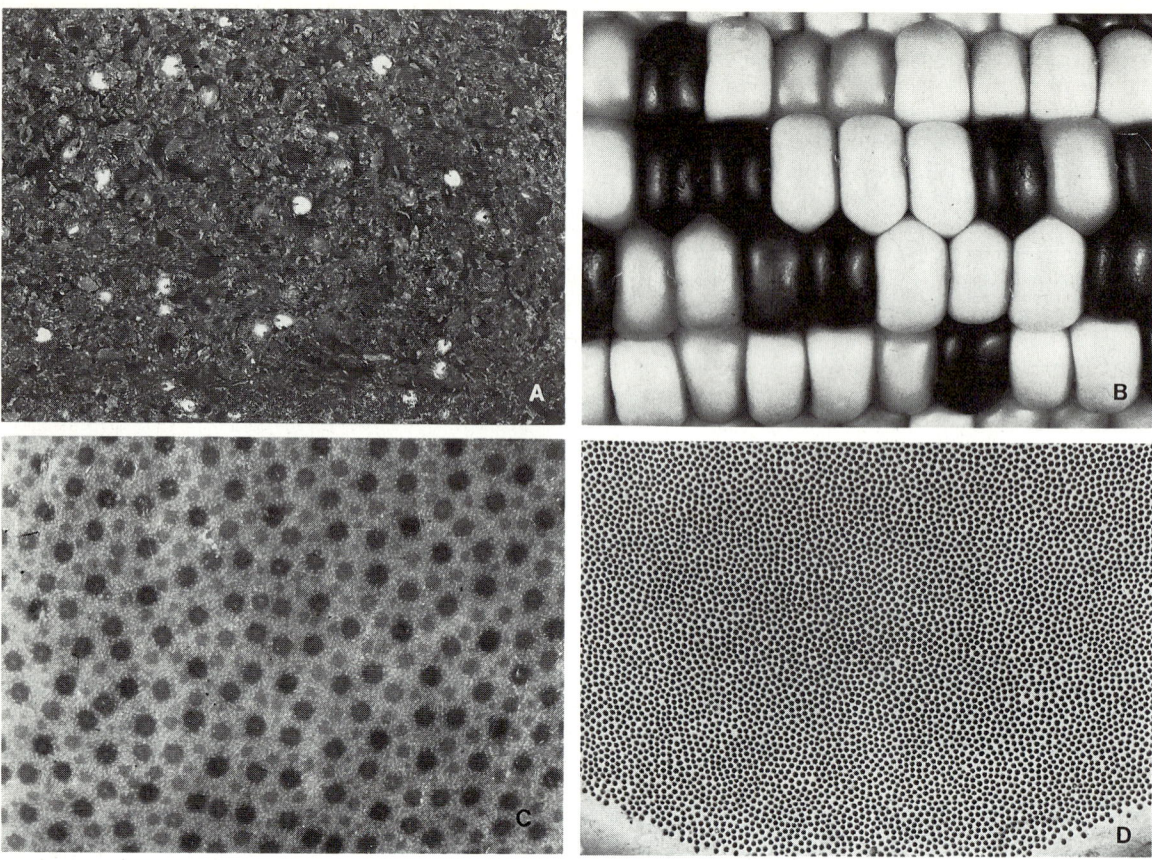

Abb. 1.3.12: Statistische und regelmäßige Muster. **A**, in dunkles Schrotbrot eingebackene Weizenkörner bilden ein Zufallsmuster mit unregelmäßigen Abständen zwischen den hellen Körnern. **B**, die Körner eines Maiskolbens sind bei etwa gleicher Größe und Dichtlage weitgehend regelmäßig angeordnet (für perfekte Regelmäßigkeit vgl. Abb. 1.3.24, S. 178); die Verteilung dunkler Körner – Ergebnis einer Mendel-Spaltung 1 : 3 (S. 486 ff.) – entspricht dagegen wegen der Zufälligkeiten der Meiose einem Zufallsmuster. **C, D**, in Mustern hoher, aber nicht perfekter Regelmäßigkeit sind die Abstände benachbarter Musterelemente ähnlich, aber nicht identisch; **C**, Ölbehälter in einer Orangenschale; **D**, Hutunterseite eines Porlings (*Polyporus*, S. 589 f.). (A, B, ca. 1 : 1; C, D, 2,5 : 1. Originale)

besser als Ergänzungs- oder Komplementärsymmetrie bezeichnet wird. Hier ergänzen sich zwei unähnliche, aber zusammenpassende Systemelemente zur Ausübung einer Funktion. Bekannte Beispiele aus der Technik sind Schlüssel und Schloß oder Stecker und Dose; aus dem Tierreich: Gelenke, Begattungsorgane. Antisymmetrische Molekularstrukturen stehen häufig im Dienste von Erkennungs- oder Vermehrungsprozessen: Enzym/Substrat; Rezeptor/Ligand; Translokator/Permeand; Antigen/Antikörper usw. Antisymmetrisch sind die basenkomplementären Polynucleotidstränge der DNA-Doppelhelix, sowie Codon und Anticodon bei der Translation. Das *Self-Assembly* übermolekularer Biostrukturen, z.B. von Protein-Quartärstrukturen, beruht ausnahmslos auf Komplementärsymmetrie der molekularen Bausteine.

Bei antisymmetrischen Strukturen ist durch die Gestalt des einen Elements jene des anderen, komplementären festgelegt; eine unmittelbare Ähnlichkeit der Musterelemente ist damit aber ausgeschlossen. Das geht bei vielen funktionalen Systemen noch weiter, indem sich z.B. die einzelnen Glieder eines Regelkreises überhaupt nicht mehr ähnlich sehen, auch nicht im Sinne einer Komplementärsymmetrie. Funktionale Verzahnung drückt sich in solchen Fällen zwar durch besondere Lagebeziehungen aus, ist aber sonst morphologisch nicht faßbar. Je mehr Elemente solche funktionalen Systeme enthalten, je vielfältiger also ihre Leistungen sind, desto geringer wird im allgemeinen der Grad ihrer Symmetrie in morphologischer Hinsicht. Damit hängt beispielsweise die niedrige Symmetrie vieler Zellstrukturen zusammen. Einen Extremfall stellen amöboide Zellen dar. Allerdings sind unsymmetrische Organismen viel seltener als symmetrische, die also offenbar von der Selektion begünstigt sind. Das ist verständlich: Symmetrie bedeutet (auch) Wiederholung; für die Entwicklung und das Funktionieren symmetrischer Systeme ist viel weniger Information nötig als bei unsymmetrischen.

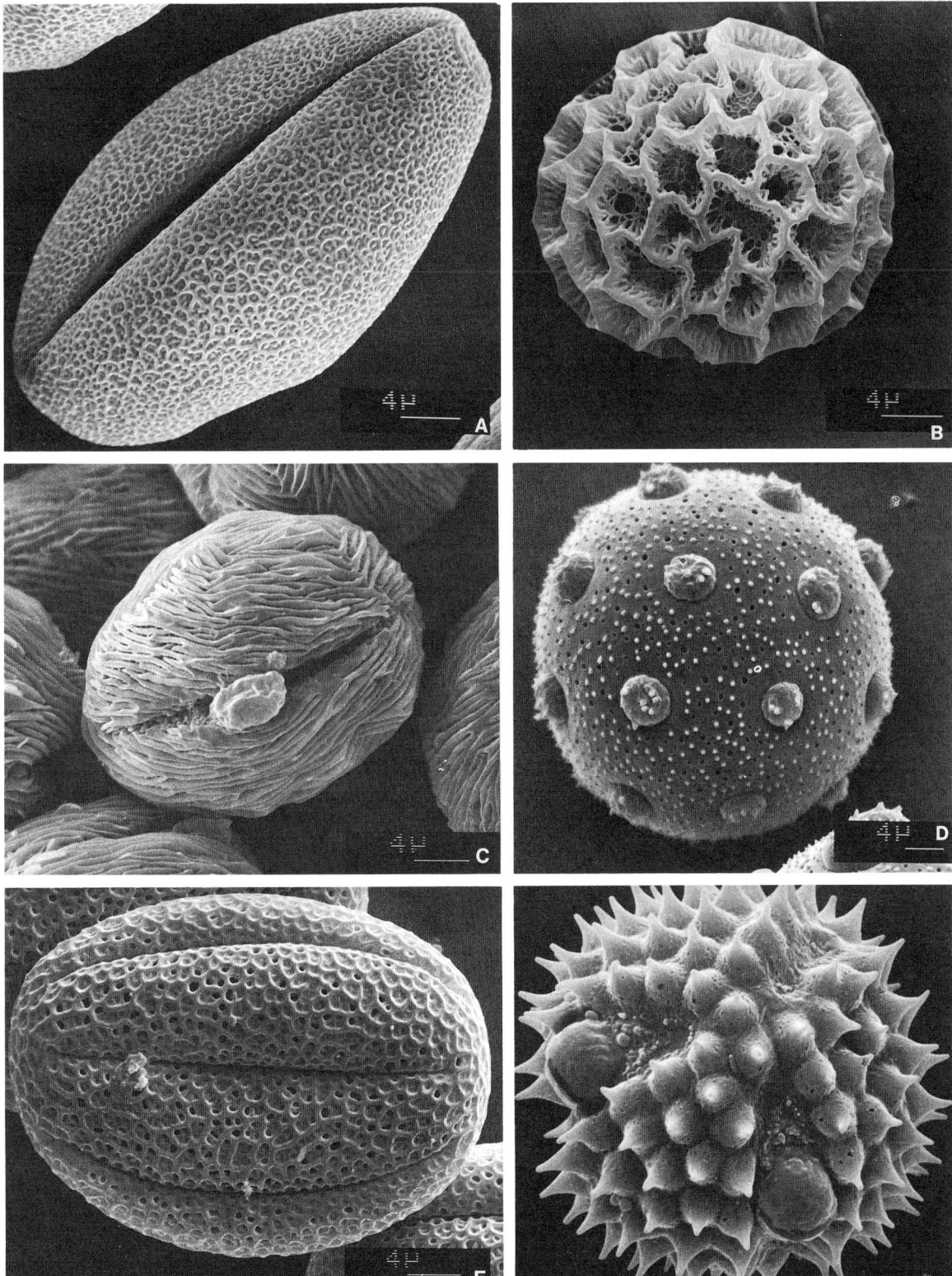

Abb. 1.3.13: Musterbildung an Einzelzellen: Oberflächenstrukturen von Pollenkörnern. **A**, *Stachys recta*; **B**, *Phlox* (Gartenform); **C**, *Centaurium erythraea*; **D**, *Silene nutans*; **E**, *Thymus pulegioides*; **F**, *Aster linosyris*. Über Wandstrukturen bei Sporen und Pollenkörnern vgl. S. 703. (Präparate und Raster-EM Aufnahmen: T. Esche)

II. Organisation des Cormus: Überblick

Der Cormus als bewurzelter Sproß baut sich aus den drei **Grundorganen** Achse, Blatt und Wurzel auf. Die Grundorgane sind nicht miteinander homologisierbar, und sie üben verschiedene Basisfunktionen aus. Im typischen Fall sind die zylindrischen Sproßachsen und Wurzeln unifacial (d.h. mit ringsum ähnlicher Oberfläche; lat. *facies*, Aussehen), im Querschnitt radiärsymmetrisch und durch endständige (terminale = apicale) Scheitelzellen bzw. durch dreidimensionale Vegetationspunkte zu theoretisch unbegrenztem Längenwachstum befähigt. Blattorgane (Phyllome) sind dagegen in der Regel flächig-bifacial gestaltet, d.h. Ober- und Unterseite unterscheiden sich z.B. in der Häufigkeit von Spaltöffnungen und/oder in der Behaarung; außerdem wachsen Phyllome nur begrenzt durch zweischneidige Scheitelzellen oder durch lineare Randmeristeme. Der Verlauf des eindimensionalen Randmeristems markiert zugleich die Grenze zwischen Ober- und Unterseite des Blattes. Der äußeren Bifacialität des Blattes entspricht normalerweise eine Dorsiventralität der Gewebeanordnung im Inneren.

Die grundsätzlichen, anlagemäßigen Entsprechungen im Körperbau aller Cormophyten treten an jungen Sporophyten besonders klar hervor. (Als Sporophyt wird der aus der Zygote auswachsende, diploide Vegetationskörper verstanden, vgl. S. 479). Das soll am Beispiel des Embryos konkretisiert werden, wie er sich in den Samen der Spermatophyten = Samenpflanzen findet (Abb. 1.3.14). Der typische **Embryo** besteht aus der Keimwurzel = Radicula und einem Achsenstück, das ein Keimblatt bzw. zwei oder mehrere Keimblätter = Cotyledonen trägt (griech. *kotylédon*, Vorwölbung). Durch die Ausbildung von Sproß- und Wurzelpol ist eine Bipolarität vorgegeben, die für die weitere Entwicklung der Pflanze bestimmend bleibt. Die Zone, in der sich Sproß und Wurzel treffen, wird als Wurzelhals bezeichnet. Zwischen Wurzelhals und der Ansatzstelle der Cotyledone(n) befindet sich das Hypocotyl; den Abschnitt darüber bis zum Ansatz des ersten Primärblattes nennt man Epicotyl. Das Achsenstück endet am Sproßpol mit einer terminalen Knospe = Plumula. Die Cotyledonen sind wie alle Blattorgane seitliche Auswüchse der Achsenoberfläche, sie entstehen an dieser exogen (vgl. S. 132). Und wie alle jene Blätter, die sich später an der auswachsenden Sproßachse bilden werden, stehen auch die Keimblätter von der Achse schräg ab in Richtung zum Sproßscheitel, sie übergipfeln und schützen ihn durch Umhüllung. Zwischen Blattoberseite und Achse ist jedenfalls an der Blattbasis ein spitzer Winkel ausgebildet. In dieser sog. Blattachsel steht jeweils (mindestens) eine Achselknospe = Axillärknospe, die später zu einem Seitentrieb auswachsen kann. Diese Lagebeziehung zwischen Blattansatzstellen und Seitenknospen ist bei Blütenpflanzen, zumal den Bedecktsamern (Angiospermen, S. 731 ff.) überall gegeben. Daher spiegelt sich in der Verzweigung von Sproßsystemen häufig die Blattstellung der Mutterachse wider, man spricht von axillärer, allgemeiner von phyllomkonjunkter Verzwei-

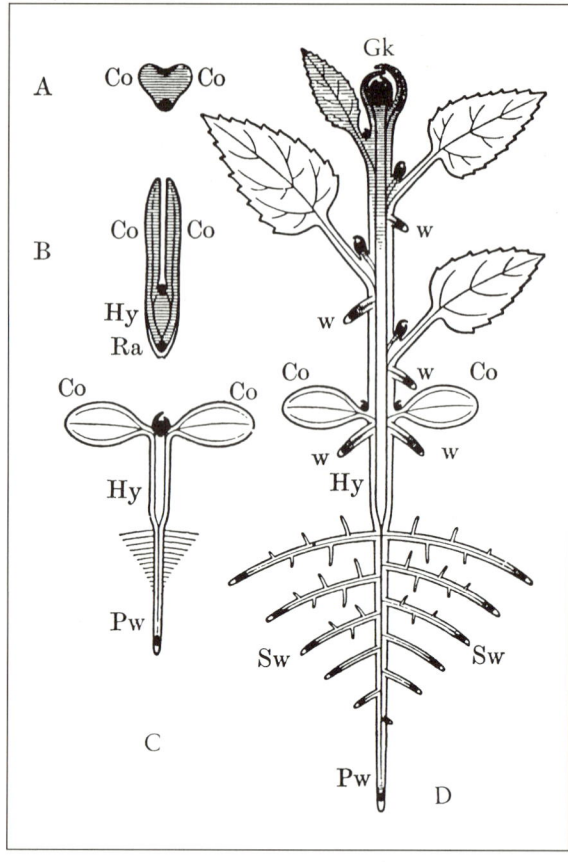

Abb. 1.3.14: Typusbild der dicotylen Pflanze. **A, B,** junger bzw. reifer Embryo mit Cotyledonen Co, Radicula Ra und Hypocotyl Hy (vgl. dazu Abb. 1.2.2., S. 129). **C,** Keimpflanze mit Primärwurzel Pw. **D,** Pflanze im vegetativen Stadium mit Seitenwurzeln Sw, sproßbürtigen Wurzeln w und Gipfelknospe Gk. (Nach J. Sachs u. W. Troll)

gung. Viele Farnpflanzen verhalten sich allerdings (auch) in dieser Hinsicht abweichend. Und selbst bei Samenpflanzen können unter besonderen Umständen, z.B. bei Regenerationsleistungen nach Verstümmelung, an fast beliebiger Stelle in *jedem* Grundorgan neue Sproß- oder Wurzelvegetationspunkte durch Reembryonalisierung entstehen und zu Adventivsprossen/-wurzeln auswachsen.

Samen sind die typischen Ausbreitungseinheiten der Spermatophyten (S. 699 ff.), der Embryo entspricht einem vorübergehenden Ruhestadium des jungen Sporophyten. Mit der Samenkeimung werden die Apicalmeristeme von Keimlingssproß und -wurzel aktiviert. Sproß- und Wurzelsystem der Pflanze beginnen sich zu entwickeln (Abb. 1.3.15), wobei nun mehr und mehr auch die artspezifischen Strukturen der Grundorgane hervortreten. Vor allem die Blätter werden entlang der fortwachsenden Sproßachse in verschiedenen Formen ausgebildet, es entsteht eine charakteristische **Blattfolge**. Auf die stets besonders einfach gebauten Cotyledonen folgen Übergangsblätter (Primärblätter),

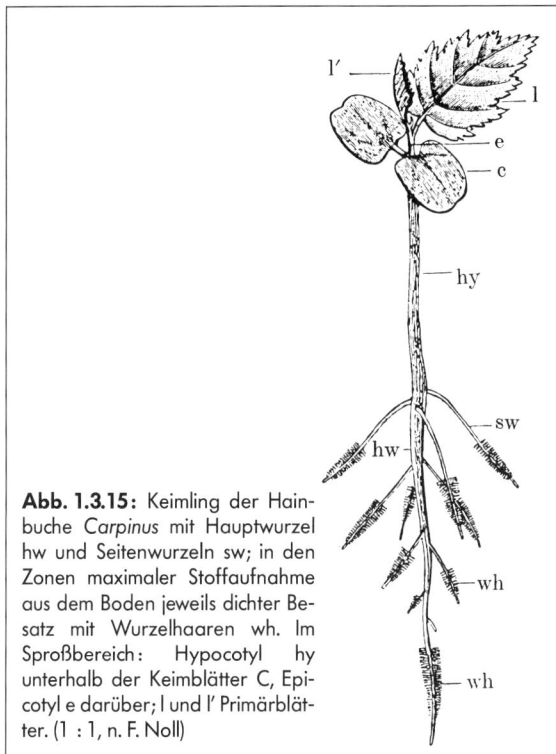

Abb. 1.3.15: Keimling der Hainbuche *Carpinus* mit Hauptwurzel hw und Seitenwurzeln sw; in den Zonen maximaler Stoffaufnahme aus dem Boden jeweils dichter Besatz mit Wurzelhaaren wh. Im Sproßbereich: Hypocotyl hy unterhalb der Keimblätter C, Epicotyl e darüber; l und l' Primärblätter. (1 : 1, n. F. Noll)

schließlich Laubblätter als die eigentlichen Assimilatoren und Transpiratoren der Pflanze. Knospen sind wieder von besonders einfach gestalteten (Nieder-)Blättern umhüllt, den Knospenschuppen (Tegmenten). Treiben Knospen aus, so beginnt die Blattfolge des entstehenden Triebes zunächst wieder mit schwächer entwickelten Vorblättern, denen dann erneut voll entwickelte Laubblätter folgen. Im Bereich von Blütenständen werden einfachere Hochblätter gebildet, aus deren Achseln Blüten oder Seitentriebe des Blütenstandes entspringen. In der Blüte selbst kommt es zu besonders starken Veränderungen der Blattform und -funktion, die schließlich in der Bildung von Staub- und Fruchtblättern gipfelt (S. 702, 736, 740). Mit der Blütenbildung verbraucht sich der Vegetationspunkt eines Triebes, so daß unter normalen Umständen Triebe mit endständiger Blüte ihr Wachstum nicht fortsetzen können: Blüten terminieren Sproßachsen.

Beim Keimling wachsen Sproß und Wurzel nicht nur in die Länge, sondern auch in die Dicke: Erstarkungswachstum und primäres Dickenwachstum. Längen- und Dickenwachstum kommen bei ein- und zweijährigen Pflanzen (Kräutern), die nach Fruchtreife und Samenbildung aus inneren Ursachen absterben, schließlich wieder zum Erliegen. Bei ausdauernden Gewächsen (Sträucher, Bäume) wird dagegen das Längenwachstum über viele Jahre oder sogar Jahrhunderte fortgesetzt: Im Gegensatz zum Tier wächst die Pflanze als offener Organismus, solange sie lebt. Das betrifft freilich vor allem die terminalen Vegetationspunkte an Wurzeln bzw. Sproßachsen und ihren Seitentrieben – bei großen Bäumen allein im Kronenbereich mehr als 100 000. Daneben bleibt bei Holzpflanzen eine noch wesentlich größere Zahl von Axillärknospen inaktiv («schlafende Augen»); sie treiben aber aus, wenn etwa terminale Vegetationspunkte ausgefallen sind. Aktivitätsänderungen ruhender Knospen werden dabei von Wachstumshormonen kontrolliert (Auxine, S. 384, 427). Das Längenwachstum von Achsenorganen ist vor allem bei ausdauernden Gewächsen begleitet von sekundärem Dickenwachstum, das auf der Tätigkeit lateraler Meristeme = Cambien beruht (S. 135, 195). Diese lassen vor allem zunehmend massive Holzkörper sowie dicke Abschlußgewebe (Korkschichten, schließlich Borke) entstehen. Der morphologische und anatomische Status, den eine Pflanze *vor* dem Einsetzen der Cambium-Aktivität erreicht hat (und in dem krautige Pflanzen zeitlebens verharren), wird als der primäre Zustand bezeichnet; sind die Cambien einmal aktiv geworden, bildet sich mehr und mehr ein sekundärer Zustand heraus.

III. Die Sproßachse

A. Äußerer Bau

1. Längsgliederung: Grundbegriffe

Sproßachsen – Stengel, Stämme, Zweige – tragen grundsätzlich Blätter. Diese können allerdings unauffällig sein, wie die schuppenartigen Niederblätter vieler Erdsprosse. Bei ausdauernden Holzgewächsen fehlen Blätter an älteren Achsensegmenten, weil die Phyllome im Vergleich zur Achse kurzlebig sind: Senescente Blätter fallen schließlich nach Ausbildung besonderer Trenngewebe ab (S. 428), was bei laubwerfenden Holzgewächsen am Ende jeder Vegetationsperiode geschieht. An der Achsenoberfläche bleiben jedoch mehr oder weniger auffällige Blattnarben zurück, an denen die ursprüngliche Beblätterung und auch die ehemalige Stellung der Blätter noch erkennbar ist.

Insertionsstellen von Blättern, die an den Stengeln vieler Pflanzen verdickt sind, werden als Knoten = Nodi bezeichnet (Singul. **Nodus**, oft auch «Nodium»), die Achsenbereiche zwischen den Knoten als Stengelglieder oder Internodien (Singul. **Internodium**). Im Normalfall liegen die Internodienlängen im cm- oder dm-Bereich. An der Plumula stehen die jungen Blattanlagen, die Blattprimordien, aber dicht an dicht. Die Internodien wachsen also erst nachträglich durch Zellstreckung in die Länge, häufig zusätzlich durch intercalares Wachstum. Dieses beruht auf der zeitlich begrenzten Tätigkeit von Intercalarmeristemen, typischen Restmeristemen (S. 134).

Häufig variiert die Internodienlänge im Sproßsystem ein und derselben Pflanze erheblich. Gegenüber dem typischen **Langsproß** kommt es dabei entweder zu Stauchung oder Streckung der Internodien. Im ersten Fall bilden sich Kurzsprosse, Blattrosetten oder Zwiebeln, im zweiten Schäfte oder Ausläufer.

Kurzsprosse sind Triebe (meistens Seitentriebe), bei denen die Nodi und daher auch die Blätter unmittelbar aufeinanderfolgen. Ein allbekanntes Beispiel sind die Nadelbüschel an zwei- bis mehrjährigen Zweigsegmenten der Lärche (Abb. 1.3.16; vgl. auch Abb. 1.3.28, S. 180). Diese Kurztriebe bilden alljährlich neue Nadelbüschel, ohne sich dabei wesentlich zu verlängern. Sie entstehen aus den Achselknospen von Nadeln der einjährigen Langtriebe an den Zweig-Enden. Bei den Kiefern stehen grüne Nadeln überhaupt nur an Kurztrieben, bei der heimischen Wald-Kiefer *(Pinus sylvestris)* zu je zweien, bei der Zirbel-Kiefer *(P. cembra)* zu fünft. In funktioneller Hinsicht vertreten diese Kurztriebe Blätter und werden dementsprechend zuletzt komplett abgeworfen. Kurztriebe treten auch im Kronenbereich vieler Laubbäume auf, z.B. bei der Buche und verschiedenen Obstbäumen. Bei der Kirsche tragen die Kurztriebe zunächst nur Blätter, aus deren Achselknospen aber erneut Kurztriebe entstehen, die nunmehr Blüten tragen (Inflorescenz-Kurztriebe, «Fruchtholz»). Diese sterben nach dem Fruchten ab, während die Laubkurztriebe durch viele Jahre langsam weiterwachsen wie bei der Lärche.

Extrem gestauchte Internodien sind schließlich charakteristisch für manche Blütenstände (z.B. Korbblütler, S. 177, 184) und die meisten Blüten – sie sind in morphologischer Sicht typische Kurztriebe.

Blattrosetten werden von manchen Rhizom-Pflanzen gebildet, z.B. bei vielen Primel-Arten (vgl. auch Abb. 1.3.22 A und 1.3.23 D, S. 176 f.), vor allem aber von Polsterpflanzen (vgl. Abb. 1.3.29, S. 181) sowie von vielen ein- und zweijährigen Kräutern. Diese entwickeln nach dem Auskeimen zunächst das Wurzelsystem und eine dem Boden flach aufliegende, «grundständige» Rosette von Laubblättern, aus der dann – bei zweijährigen Kräutern erst in der nächsten Vegetationsperiode – ein blütentragender Langtrieb auswächst (so z.B. bei Königskerze und Fingerhut).

Unterirdische Achsenorgane (Erdsprosse = Rhizome) erfüllen vielfach Speicherfunktion und können dementsprechend knollig verdickt sein (Beispiel: Aronstab, *Arum*). Häufiger erfolgt die Stoffspeicherung aber nicht in der Sproßachse selbst, sondern in nichtgrünen, verdickten («fleischigen») Niederblättern. Ist die Achse gestaucht, entsteht unter diesen Umständen eine Zwiebel. Solches ist typisch für viele Lauchgewächse, unter ihnen Küchenzwiebel (Abb. 1.3.17) und Knoblauch; allbekannt sind auch die «Blumenzwiebeln» von Hyazinthen, Narzissen und *Amaryllis*-Arten.

Während bei Internodien-Stauchung die Blattorgane entlang einer Achse in engster Nachbarschaft verbleiben, werden sie durch Internodienverlängerung u.U. weit auseinandergerückt. Bei den einheimischen Primeln wächst z.B. aus der bodennahen Blattrosette ein unverzweigter, scheinbar unbeblätterter Vertikaltrieb aus, der erst an seinem oberen Ende Hochblätter und Blüten trägt. Es handelt sich bei diesem Blütenschaft in Wirklichkeit um ein stark verlängertes Internodium. Von vielen anderen Pflanzen – Erdbeere, Kriechender Günsel *(Ajuga reptans)*, Kriechender Hahnenfuß *(Ranunculus repens)*, Schilfrohr usw. – werden Sproßausläufer = Stolonen gebildet, dünne Seitentriebe mit stark verlängerten Internodien. Sie wachsen entweder von

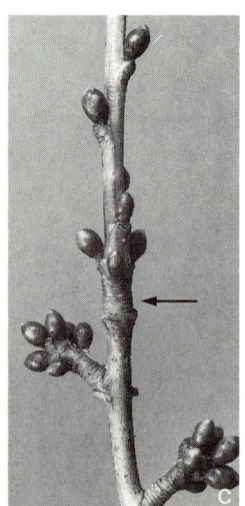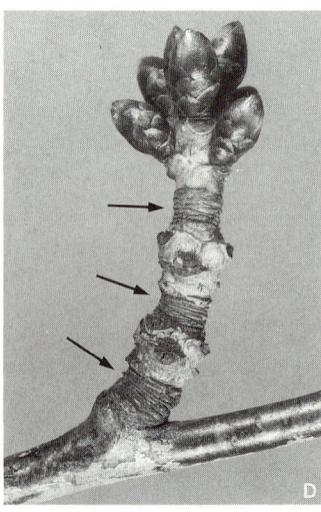

Abb. 1.3.16: Lang- und Kurztriebe. **A, B**, bei der Lärche *Larix decidua* sind die diesjährigen Zweige Langtriebe (**A**), während an älteren Zweigen aus den Axillärknospen dicht benadelte Kurztriebe erwachsen sind (**B**). **C, D**, Lang- und Kurztriebe bei der Kirsche; Ringelzonen (Pfeile), die Jahreszuwachs-Grenzen markieren, stehen an Langtrieben (**C**) weit voneinander entfernt, an Kurztrieben (**D**) nahe beisammen (vgl. dazu Abb. 1.3.28, S. 180). (A, B nat. Gr.; C 0,9 : 1, D 2 : 1. Originale)

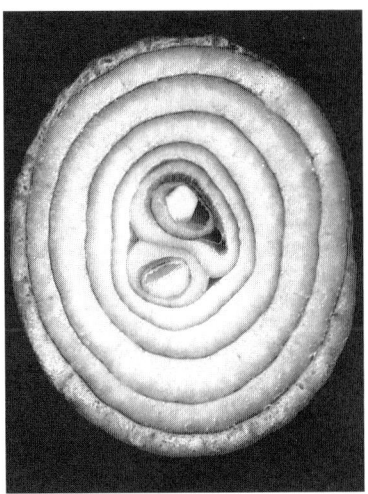

Abb. 1.3.17: Zwiebel von *Allium cepa* (Küchenzwiebel), längs und quer. * gestauchte Sproßachse; Pfeile, Sproßvegetationspunkte. Die Hauptmasse der Zwiebel wird von fleischigen Niederblättern bzw. dem röhrenförmigen Blattgrund von Laubblättern gebildet. Beim Auswachsen und Ergrünen der Zwiebel bilden die zweitgenannten einen hohlen Scheinsproß, durch den schließlich die Blüten-bildende Sproßachse hochwächst. (Nat. Gr.; Originale)

vornherein dem Boden entlang oder biegen sich unter ihrem eigenen Gewicht bogig zur Erde zurück, bewurzeln sich in einiger Entfernung von der Mutterpflanze und können dort – oft nach Bildung einer Blattrosette – zu neuen Pflanzen auswachsen. Die Ausläufersegmente zwischen Mutter- und Tochterpflanze sterben schließlich ab. Es handelt sich hier also um eine Form der vegetativen, nichtsexuellen Vermehrung (S. 476).

Auch von Rhizomen können Ausläufer ausgehen, und verdickte Enden von Stolonen können Speicherfunktion übernehmen. Das bekannteste Beispiel dafür ist die Kartoffel (Abb. 1.3.18). Bei ihr schwellen die Stärkespeichernden Enden der Rhizomausläufer zu Knollen an, deren «Augen» Sproßknospen entsprechen und nach dem Austreiben zu neuen Pflanzen heranwachsen können (vegetative Vermehrung durch «Setzkartoffeln»).

Bei einigen Pflanzen wechseln verlängerte und gestauchte Internodien entlang der Achse regelmäßig miteinander ab. Das führt hinsichtlich der Blätter zur Bildung von Scheinwirteln, wie sie regelmäßig z.B. bei der Türkenbund-Lilie *(Lilium martagon)* zu beobachten sind.

2. Blattstellungen

Es gibt 3 Grundformen der Blattstellung = **Phyllotaxis** (griech. *táxis*, Anordnung): wirtelige, zweizeilige = distiche und schraubige (zerstreute) = disperse Anordnung von Blattorganen an Sproßachsen. Bei der wirteligen Blattstellung trägt jeder Knoten mehr als ein Phyllom, im einfachsten – und häufigsten – Fall zwei («gegenständige» Blattstellung). Bei disticher und dis-

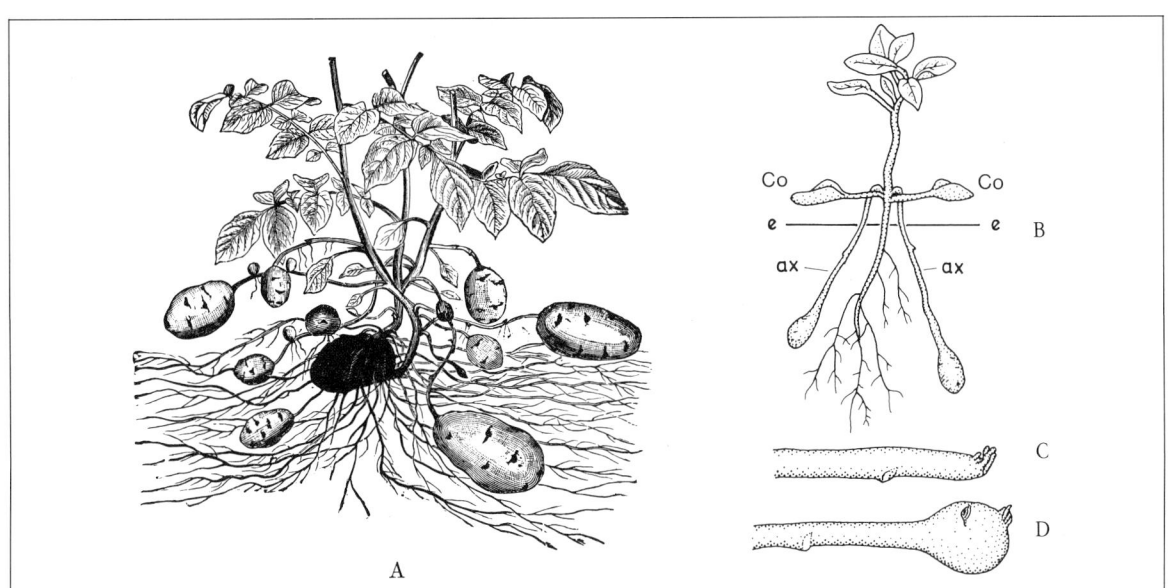

Abb. 1.3.18: Kartoffelpflanze *Solanum tuberosum*. **A**, ausgewachsenes Exemplar; dunkel die Mutterknolle, aus der sich die Pflanze entwickelt hat; an den Ausläuferknollen («Kartoffeln») die Positionen von Niederblättern mit Axillärknospen («Augen») deutlich. **B**, Keimpflanze (e Bodenoberfläche, Co Cotyledonen, ax Achselsprosse der Keimblätter, bereits mit kleinen Knollen). **C, D**, beginnende Knollenbildung an Ausläufer-Enden. (A n. H. Schenck; B–D nat. Gr.; B n. Percival; C, D n. W. Troll)

174 · Morphologie und Anatomie der Sproßpflanzen

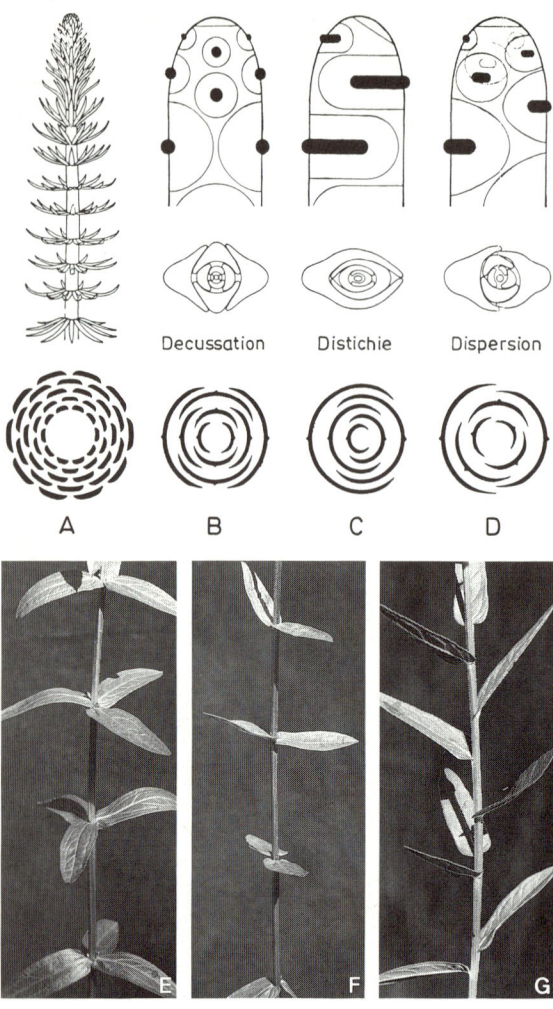

perser Blattstellung steht dagegen nur ein Blatt an einem Knoten. Entwicklungsgeschichtlich bedeutet das, daß bei wirteliger Blattstellung am Sproßvegetationspunkt jeweils zwei oder mehr Blattprimordien gleichzeitig entstehen, bei distischer und disperser Phyllotaxis dagegen alle Blattanlagen sukzedan gebildet werden. Zur übersichtlichen schematischen Darstellung der Phyllotaxis werden gewöhnlich Blattstellungsdiagramme benützt (Abb. 1.3.19), Grundrisse der Sproßachse, in denen aufeinanderfolgende Nodi als konzentrische Ringe dargestellt werden, der älteste mit dem größten Durchmesser. Die Ringe entsprechen gedachten Querschnitten durch die Achsenknoten.

Die **wirtelige Blattstellung** folgt zwei Gesetzmäßigkeiten:

– Die Winkel zwischen den Blattansatzstellen, meist auch zwischen den Blättern selbst sind an einem Knoten stets gleich, die Blätter stehen äquidistant (Äquidistanzregel).

– Am nächstälteren und nächstjüngeren Knoten stehen die Blätter bezüglich eines gerade betrachteten Nodus «auf Lücke», also nicht über/unter seinen Blättern, sondern dazwischen (Alternanzregel). Erst an jedem zweiten Knoten stehen die Blätter übereinander. Daraus ergeben sich an der Achse charakteristische Längsreihen von Blattorganen, die als Orthostichen (Geradzeilen; griech. *orthós*, aufrecht; *stíchos*, Reihe) bezeichnet werden. Gemäß der Alternanzregel ist die Zahl der Orthostichen doppelt so groß wie die Zahl der Blätter an einem Knoten.

Äquidistanz- und Alternanzregel gelten unabhängig von der Zahl der Phyllome pro Knoten. Bei gegenständiger Blattstellung ergibt sich Kreuzgegenständigkeit (Decussation, Abb. 1.3.20), wie sie z.B. für alle Lippenblütler (Lamiaceen) charakteristisch ist, aber auch für Brennessel, Ahorn, Esche und Roßkastanie. Die Zahl der Orthostichen ist bei Decussation 4, das ist die kleinstmögliche Zahl bei wirteliger Blattstellung.

Auch bei der **distichen Blattstellung** gibt es Orthostichen, hier aber nur 2; denn die Blätter – je eines pro Nodus – stehen an aufeinanderfolgenden Knoten abwechselnd z.B. rechts/links: Der Divergenzwinkel zwischen den Blättern benachbarter Knoten ist 180°. Distiche Beblätterung ist für viele Monocotyledonen (Gräser, *Iris*, *Gasteria* – Abb. 1.3.21) typisch, sowie

Abb. 1.3.19: Blattstellungstypen. **A**, vielzählig-wirtelige Blattstellung beim Tannenwedel *Hippuris vulgaris*, Sproß und Diagramm. **B**, Decussation, Beispiel Flieder; hier und in **C** u. **D**: Anordnung der Blattanlagen (schwarz) mit Hemmfeldern (S. 177), darunter Knospenquerschnitt, unten Diagramm. **C**, Distichie, Beispiel: *Bupleurum perfoliatum*, ein Doldenblütler. **D**, Dispersion, Beispiel: *Cnicus benedictus*, ein Körbchenblütler. **E–G**, bei manchen Pflanzen sind Achsen mit unterschiedlicher Blattstellung am selben Individuum häufig; als Beispiel hier dreizählig-wirtelig, decussiert und dispers beblätterte Sprosse des Blutweiderich *Lythrum salicaria*. (die Abweichung von der Alternanzregel in **E** u. **F** ist nur scheinbar – die Sproßachse ist in einzelnen Internodien leicht tordiert. E-G 1 : 2, Originale)

Abb. 1.3.20: Kreuzgegenständige Blattstellung (Decussation). **A**, Strauchveronica *Hebe pinguifolia*. **B**, Vertikaltrieb des Berg-Ahorns *Acer pseudoplatanus*, Aufsicht. **C**, Horizontaltrieb der Kriech-Heckenkirsche *Lonicera pileata*; trotz Decussation stehen die Blätter scheinbar zweizeilig, was allerdings durch entsprechende Krümmung der Blattstiele zustandekommt; vgl. dazu auch Abb. 1.3.23 E. (A 1,4 : 1; B 0,9 : 1; C 0,7 : 1. Originale)

besonders für die Ulmen und viele Fabaceen, z.B. *Vicia*. Auch bei waagrecht wachsenden Zweigen vieler sonst dispers beblätterter Holzgewächse ist sie häufig, so bei Hasel, Linde, Buche. Beim Efeu sind die an Baumstämmen oder Mauern emporwachsenden, mit Haftwurzeln eng an ihre Unterlage geschmiegten Sprosse distich beblättert, die später gebildeten, frei in den Luftraum hinausragenden und blütentragenden Äste dagegen dispers (S. 224, 430).

Bei **disperser Blattstellung** gibt es keine Orthostichen, die Blattansatzstellen aufeinanderfolgender Nodi bilden vielmehr eine Schraubenlinie, die bei Internodienstauchung – Blattrosetten, Zapfen, Blütenstände von Korbblütlern usw. – als Spirale erscheint («genetische» oder «Grundspirale», Abb. 1.3.22, 1.3.23; vgl. auch Abb. 1.3.16). Der Divergenzwinkel beträgt meistens etwas mehr als ⅓ von 360°, oft z.B. ca. 135°. Auch an dispers beblätterten Achsen kommen immer wieder Blätter entfernter Knoten ungefähr übereinander zu stehen; das kann unter den gegebenen Umständen auch gar nicht anders sein; es bedeutet aber nicht, daß etwa doch echte Orthostichen konstruiert werden könnten. Tatsächlich zeigt die genauere Beobachtung, daß es sich hier immer um S p i r o s t i c h e n (Schraubenzeilen) handelt. Der Windungssinn der genetischen Schraube ist nicht festgelegt und selbst bei Trieben ein und derselben Pflanze verschieden.

Abb. 1.3.21: Beispiele für Distichie. **A**, Salomonssiegel *Polygonatum odoratum*. **B, C**, Zwergmispel *Cotoneaster*, Zweige im 1. Jahr (**B**) und im 2. (**C**); die aus Axillärknospen erwachsenen Seitenzweige bilden einen flachen Fächer. Entsprechende Zweigfächer können z.B. an Ulmen beobachtet werden. **D**, *Aloe plicatilis*; die Sproßachse wird erst nach Abfall der fleischigen Blätter sichtbar (unten). Bei anderen Aloe-Arten, aber auch bei vielen Lilien, Gräsern, Orchideen usw. werden die beiden Orthostichen durch Drehwuchs der Achse zu Schraubenlinien («Spirodistichie»). **E**, blühende Weizenähre. **F**, Querschnitt durch den von Blättern gebildeten Scheinsproß einer Lauchpflanze, einige Schnittstellen von Blattmedianen durch * markiert. (A, B, D 0,5 : 1; C 0,4 : 1; E 2,6 : 1; F 1,4 : 1. Originale)

Früher wurde angenommen, daß es auch bei disperser Phyllotaxis echte Orthostichen gäbe; Distikhie wurde als Grenzfall der Dispersion aufgefaßt. Man hat dementsprechend Divergenzwinkel α aus mathematischen «Divergenzbrüchen» D errechnet, deren Zähler die Spirostichen-Umläufe bis zum nächsten Blatt auf einer «Orthostiche» angeben, während die Nenner der Zahl der Blätter bzw. Nodi oder Internodien im gleichen Sproßabschnitt bedeuten. Dann gilt: $D \cdot 360° = \alpha$ (Distichie: $D = 1/2$, $\alpha = 180°$; bei $D = 1/3$, wie das etwa für die Riedgräser, Cyperaceen, S. 818, mit ihren dreikantigen Sprossen typisch ist, ergibt sich $\alpha = 120°$; öfter annähernd [!] zu findende Divergenzbrüche haben die Werte $2/5$ und $3/8$, die entsprechenden Divergenzwinkel sind 144° und 135°). Sieht man von Distichie ab, ergeben die angeführten Werte für D eine Zahlenreihe («Schimper-Braunsche Hauptreihe»), bei der sowohl Zähler wie Nenner der sog. Fibonacci-Reihe entsprechen. In dieser Reihe ist jede Zahl gleich der Summe der beiden vorhergehenden: 1, 2, 3, 5, 8, 13 ... α approximiert unter solchen Umständen einen irrationalen Grenzwert, die sog. Limitdivergenz $\alpha_L = 137°30'$ ... Dieser Winkel teilt den vollen Kreis im sog. Goldenen Schnitt, der schon in der Architektur des Altertums eine wichtige Rolle spielte: Eine Strecke (Winkel, Masse ...) a wird so in zwei ungleiche Teile zerlegt, daß der kleinere (c) sich zum größeren (b) verhält wie dieser zu a. Daher gilt $b^2 = c \cdot a$, und $b/c = 360 - \alpha_L / \alpha_L = 1{,}618$ ... Die Proportionalität des Goldenen Schnittes wird als ästhetisch besonders ansprechend empfunden, und es mag sein, daß wir auch deshalb etwa den Blütenkorb einer Sonnenblume, in dem der Goldene Schnitt über tausend Mal realisiert ist, so schön finden. Rückblickend muß man allerdings sagen, daß Gedankenkonstruktionen wie die Schimper-Braunsche Hauptreihe bei der Erforschung der Phyllotaxis und ihrer Ursachen eher verwirrend als klärend gewirkt haben.

Die verschiedenen Blattstellungstypen gehen auf unterschiedliche Anordnungen der Blattprimordien an den Vegetationspunkten zurück. Diese ersten Blattanlagen sind alle ähnlich gestaltet (vgl. Abb. 1.2.4, S. 131), außerdem liegen sie auf der in der morphogenetischen Zone verfügbaren Oberfläche des Vegetationskegels so

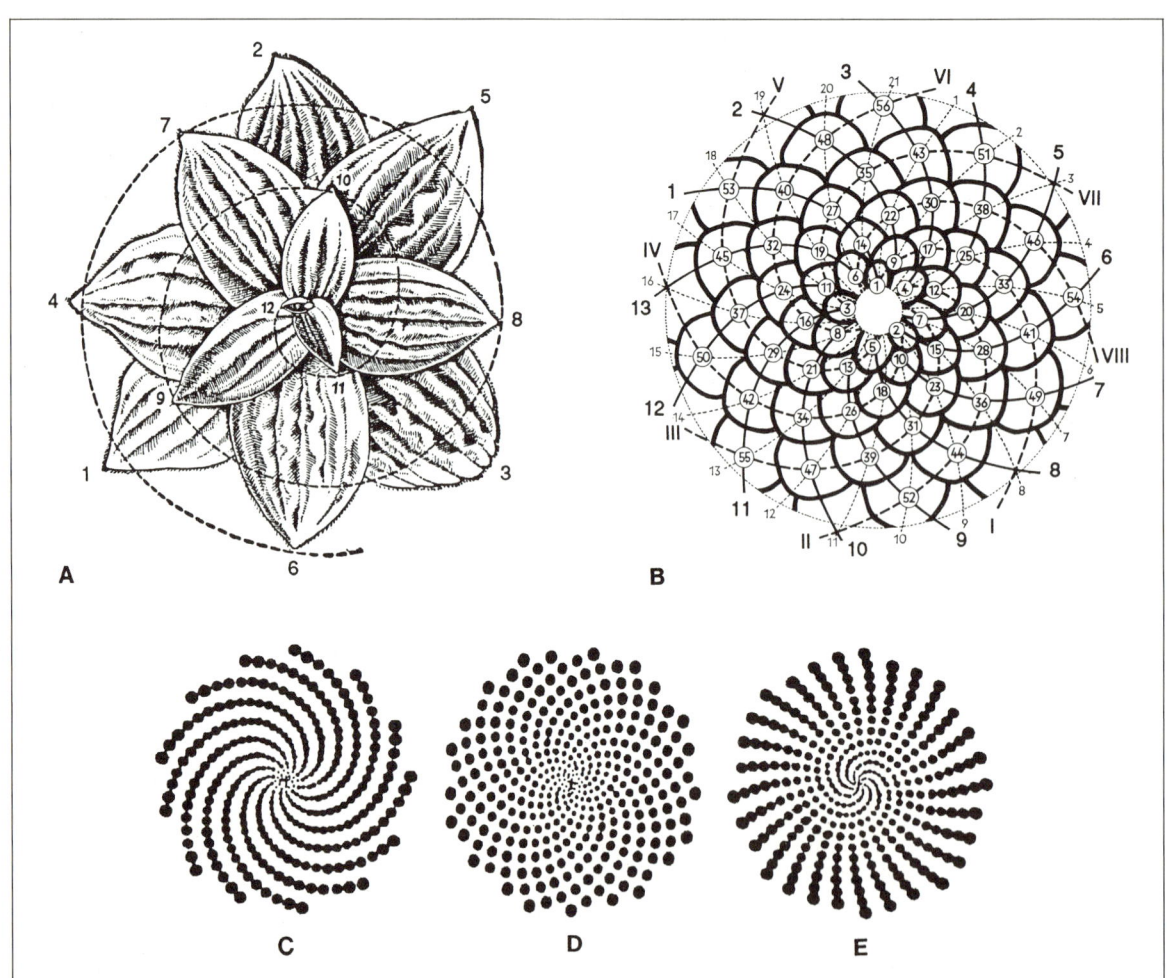

Abb. 1.3.22: Disperse Blattstellung. **A**, Blattrosette des Wegerichs *Plantago media*: Aufeinanderfolge der Blätter entlang der Grundspirale; Divergenzwinkel ca. 135°, entsprechend etwa $3/8$-Stellung. **B**, Schuppen eines Kiefernzapfens (vgl. Abb. 1.3.23 B) in Reihenfolge ihrer Entstehung numeriert (1–56); ausgezogene Linien 1–13 und gestrichelte Linien I–VIII: die für disperse Blattstellungen charakteristischen Parastichen (Schrägzeilen); Orthostichen werden *nicht* gebildet, die dünnen gestrichelten Linien 1–21 sind deutlich gekrümmt. **C–E**, Computererzeugte «Blütenböden»: Zwei aufeinanderfolgende Hochblätter sind durch den gewählten Divergenzwinkel getrennt, der in **D** dem «Goldenen Winkel» 137,5° entspricht, in **C** 136,5° und in **E** 138°. Der Abstand vom Zentrum wird von Blatt zu Blatt um einen festen Betrag erhöht. Ein Vergleich mit Abb. 1.3.23 **A** u. **B** zeigt, daß bei ungestörter disperser Blatt- bzw. Blütenstellung der dem Goldenen Schnitt entsprechende Winkel genau eingehalten wird. (A 0,7 : 1, n. W. Troll. B n. D.v. Denffer. C–D n. P.H. Richter u. H. Dullin)

Abb. 1.3.23: Beispiele für disperse Blattstellung. **A**, Blütenkorb der Sonnenblume *Helianthus annuus*; die > 1000 Röhrenblüten des scheibenförmigen Blütenstandes blühen von außen nach innen auf (morphologisch: von ‹unten› nach ‹oben›); sie stehen in den Achseln von ‹Spreublättern› und geben daher deren disperse Stellung mit zahlreichen Parastichen wieder. **B**, die verholzten Schuppen eines Kiefernzapfens sind umgewandelte Blätter; auch hier gibt sich die disperse Blattstellung im Auftreten von vielen Parastichen zu erkennen. **C**, am Fichtenzapfen treten 2 bzw. 3 gegenläufige Scharen von Parastichen in Erscheinung, die die Achse in unterschiedlichen Steigungswinkeln schraubenförmig umlaufen. **D**, Blattrosette von *Aeonium manriqueorum*. **E**, Zweige der Tanne (hier von unten, mit charakteristischen Wachsstreifen) sind zweizeilig benadelt; das beruht aber nicht auf Distichie, sondern auf entsprechenden Wachstumsbewegungen der dispers stehenden Nadeln. (A 0,5 : 1; B 1,4 : 1; C 1,25 : 1; D 1,2 : 1; E 2 : 1. Originale)

eng wie möglich beisammen. Das bedingt die Bildung eines hexagonalen Musters (hexagonale Dichtestpackung, Abb. 1.3.24 A). Tatsächlich können nun alle bekannten Blattstellungstypen auf die hexagonalen Flächenmuster der Blattprimordien zurückgeführt werden. Als zusätzlich bestimmende Parameter treten auf (1) das Größenverhältnis zwischen Blattanlage und Umfang des Vegetationskegels, sowie (2) die gerade oder schiefe Stellung des hexagonalen Primordienmusters. Nur bei gerader Stellung – eine der 3 Netzlinien verläuft parallel zur Längsachse des Sprosses – werden Orthostichen ausgebildet. Diese Bedingung ist bei wirteliger und distischer Blattstellung erfüllt. Bei Schiefstellung des Musters sind 2 einfachste Anordnungen der Blattprimordien denkbar, die ungefähr den $2/5$ und $3/8$ Stellungen der klassischen Blattstellungslehre entsprechen.

Musterbildungen der hier beschriebenen Art sind bei Pflanzen (und Tieren) häufig. Bekannte Beispiele auf Gewebe-Ebene sind die Anordnung der Stomata auf Blattunterseiten von Dicotyledonenblättern (S. 137) oder die von Trichomen auf Epidermen (S. 142). Meistens berühren sich dabei allerdings die Musterelemente nicht unmittelbar, und Anordnungen ähnlich hoher Regelmäßigkeit und Symmetrie wie bei den Blattprimordien kommen nur selten zustande. Dennoch liegt solchen Mustern stets das gleiche Bildungsprinzip zugrunde: Jedes einmal entstandene Musterelement verhindert in seiner unmittelbaren Umgebung – innerhalb eines begrenzten Hemmfeldes (Störfeldes) – die Entstehung weiterer gleichartiger Elemente. Solche können sich also nur außerhalb vorhandener Hemmfelder bilden, was dann allerdings – bei gegebener Bildungstendenz – im kleinstmöglichen Abstand auch tatsächlich geschieht. So entsteht schließlich eine Dichtestlage von Hemmfeldern und damit ein Muster, das sich durch annähernd gleiche Abstände zwischen benachbarten Elementen als regelmäßiges Muster ausweist und von Zu-

178 · Morphologie und Anatomie der Sproßpflanzen

fallsmustern (Beispiel: ausgestreute Körner) leicht unterschieden werden kann (vgl. Abb. 1.3.12, S. 168).
Für die Anwendung dieser Vorstellung auf Vegetationspunkte ist zu postulieren, daß sich Blattanlagen einerseits erst in einem bestimmten Mindestabstand vom wachsenden Scheitel bilden können, andererseits so eng wie möglich an die schon bestehenden Primordien anschließen. Unter solchen Umständen determiniert das Muster der schon gebildeten Primordien seine eigene Fortsetzung, und Äquidistanz- wie Alternanzregel finden eine einfache, wenn auch vorerst nur formale Erklä-

Abb. 1.3.24: Zur Theorie der Phyllotaxis. **A**, Blattstellungen können auf hexagonale Dichtestlage der Blattanlagen am Vegetationskegel zurückgeführt werden. Wird vereinfachend angenommen, daß alle Blattprimordien gleich groß und kreisrund sind und daß der Vegetationskegel ein Zylinder ist, dessen Oberfläche längs aufgeschnitten und flach ausgebreitet wird, dann stellen die Teilbilder folgende Situationen dar: **1**, hexagonales Muster bzw. 4zählige Wirtel in 5 aufeinanderfolgenden Knoten; **2**, Distichie; **3**, Decussation; **4**, dreizählige Wirtel (z.B. Oleander, Balsamine); **5, 6**, Dispersion: $3/8$- bzw. $2/5$-Stellung. Orthostichen – durchgezogene Linien – treten bei wirteligen Blattstellungen und Distichie auf (**1–4**), nicht aber bei Dispersion, wo das hexagonale Primordien-Muster schräg zur Sproßachse steht (punktierte Linien in **5** und **6**: Grundspirale). **B, C**, hexagonale Muster *in vivo*: Areolenmuster eines Kaktus und Blütenknospenmuster einer Chrysantheme, mit – teilweise gestörten – spiraligen Parastichen. (B 1,3 : 1; C 2,5 : 1. Originale)

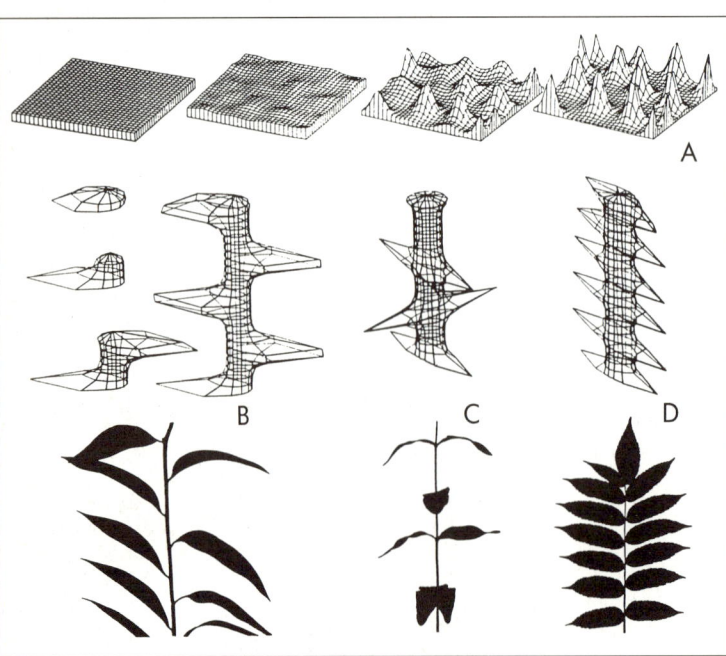

Abb. 1.3.25: Computer-simulierte Musterbildung. **A**, auch bei anfänglicher Gleichverteilung einer morphogenetischen Substanz (links) kommt es durch statistische Schwankungen, Verstärkungs- und Hemmungsprozesse zu statistisch-regelmäßigen Mustern (rechts), wie sie sich in der Anordnung von Spaltöffnungen, Trichomen u. dgl. manifestieren. Grundannahme ist die Existenz eines Aktivators (= Morphogen), der einerseits seine eigene Synthese katalysiert, andererseits aber auch die eines Inhibitors, der sich im Gewebe rascher ausbreiten kann als der Aktivator. Mit dieser Vorstellung lassen sich für wachsende Achsen – je nach speziellen Bedingungen – distiche Blattstellung (**B**) oder Decussation (**C**) simulieren sowie Fiederblätter (**D**). (Originale: H. Meinhardt, aus Biol. in uns. Zeit **9**, 1979, 33–39)

rung. Worauf nämlich der Sperreffekt in der Hemmzone bereits gebildeter Musterelemente in stofflicher Hinsicht beruht, ist noch weitgehend unbekannt (vgl. S. 421). Immerhin gelingt es, viele biologische Muster – auch sehr komplexe – durch Computersimulation auf der Basis einfacher Annahmen nachzuformen (Abb. 1.3.25).

Während der Entstehung der jeweils jüngsten Blattanlage(n) ändert das Initialenfeld – die Primordien-freie Zone des Vegetationskegels – seine Form. In regelmäßigen Zeitabständen stellt sich aber immer wieder die ursprüngliche Gestalt ein. Dieser periodische Gestaltwechsel, der sich zwischen der Entstehung aufeinanderfolgender Blattprimordien rhythmisch wiederholt, bzw. das entsprechende Zeitintervall wird als **Plastochron** bezeichnet.

3. Rhizome

Viele krautige Pflanzen besitzen unterirdische Sproßachsen, die als **Rhizome** (Erdsprosse, Wurzelstöcke) bezeichnet werden. Diese wachsen im Boden vorwiegend horizontal und können von Wurzeln durch ihre Genese und den Bau ihres Vegetationspunktes unterschieden werden, sowie durch die periphere Anordnung der Leitbündel und das Vorhandensein von Blattorganen bzw. Blattnarben. Die Blätter von Rhizomen sind freilich oft kaum erkennbar, häufig handelt es sich um schuppenartige und/oder vergängliche Niederblätter. Rhizome ermöglichen sichere Überwinterung im schützenden Boden und dienen deshalb vor allem auch der Stoffspeicherung: Oft sind sie verdickt (Schwertlilie, Salomonssiegel; Abb. 1.3.26), ihre Internodien sind kurz. Rhizome bilden sproßbürtige Wurzeln und verzweigen sich von Zeit zu Zeit. Da ältere Rhizomsegmente im Laufe der Jahre absterben, führt das zu vegetativer Vermehrung: Von einer Rhizompflanze ausgehend kann sich ein weitverzweigtes **Polycormon** bilden, das schließlich große Bodenflächen durchwuchert und u. U. sehr alt wird, obwohl die oberirdischen Sproßteile alljährlich absterben (Beispiele: Einbeere, Maiglöckchen; Buschwindröschen, Bingelkraut, viele Primeln; Adlerfarn).

Bei der schon erwähnten Rhizomknolle des Aronstabs handelt es sich um einen kräftig verdickten Jahreszuwachs, alle älteren Teile des Rhizoms sind in diesem Fall schon abgestorben. Die Rhizomknolle wird in jeder Vegetationsperiode durch eine neue ersetzt.

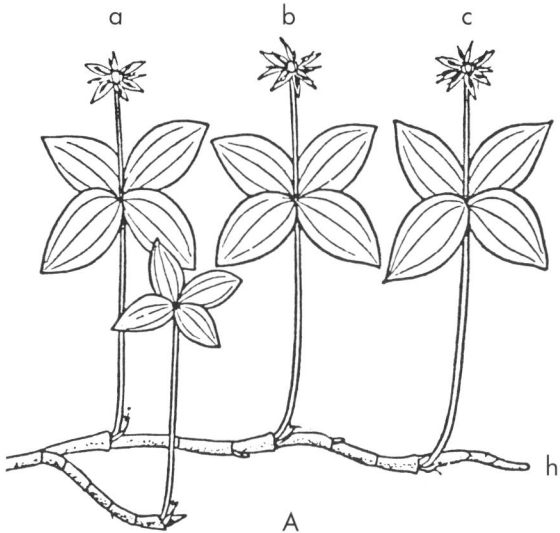

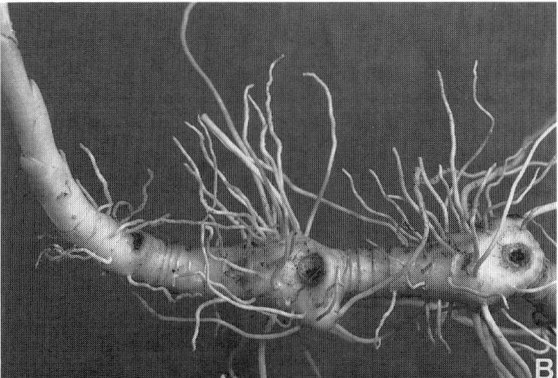

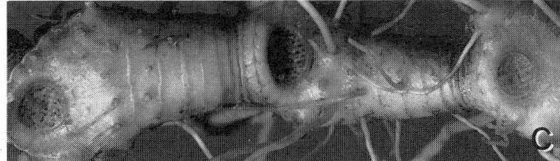

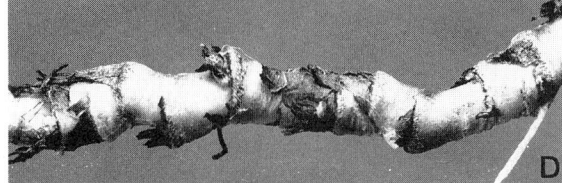

Abb. 1.3.26: Rhizome. **A**, bei der Einbeere *Paris quadrifolia* sind die oberirdischen, grünen Triebe Seitenachsen des Rhizoms h, *Paris* ist eine monopodiale Rhizomstaude (S. 182). a–c Blütentriebe von 3 aufeinanderfolgenden Jahrgängen. **B, C**, beim Salomonssiegel *Polygonatum odoratum* bildet dagegen die Terminalknospe des Rhizoms alljährlich einen oberirdischen, blühenden Trieb, der zuletzt abstirbt und die charakteristischen Narben hinterläßt (**C**), denen die Pflanze ihren Namen verdankt. Das Rhizom wächst sympodial weiter, d.h. durch eine Seitenknospe. **D**, Rhizom von *Viola canina* mit dunklen Resten von Niederblättern und deutlicher Metamerie von Knoten und Internodien. **E**, verzweigtes Speicher-Rhizom von *Iris* mit dichtstehenden, queren Blattnarben und darin noch erkennbaren Leitbündelstümpfen. (A 0,3 : 1, n. A. Braun. B 1 : 1; C 1,5 : 1; D 2 : 1; E 0,6 : 1. Originale)

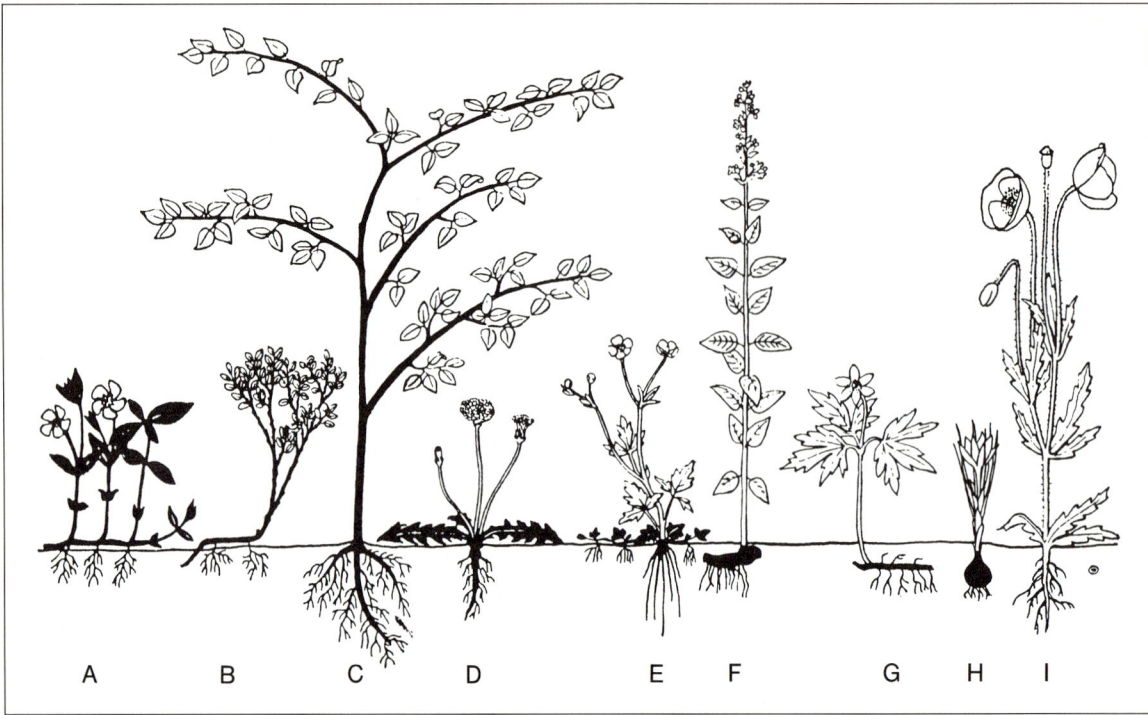

Abb. 1.3.27: Lebensformen. Die schwarzen Pflanzenteile überwintern, die übrigen sterben im Herbst ab. **A, B**, Chamaephyten (Immergrün *Vinca* und Heidelbeere *Vaccinium*). **C**, Phanerophyt (Buche). **D–F**, Hemicryptophyten (**D**, Löwenzahn *Taraxacum* als Beispiel für Rosettenpflanzen; **E**, Ausläuferstaude *Ranunculus repens*; **F**, Schaftpflanze *Lysimachia*); **G, H**, Cryptophyten (**G**, Rhizomgeophyt *Anemone*; **H**, Knollengeophyt *Crocus*); **I**, Therophyt: der Klatsch-Mohn *Papaver rhoeas*. (Nach H. Walter)

4. Die Lebensformen

Mit der Rolle der Rhizome als Überwinterungsorgane ist ein öko-morphologisches Problem aller jener Pflanzen angesprochen, die in Zonen mit ausgeprägten Jahreszeiten gedeihen. Dabei treten je nach geographischen Gegebenheiten unterschiedliche Umweltfaktoren in den Vordergrund, vor allem der Wasserfaktor (vgl. S. 875) und/oder der Temperaturfaktor (S. 873). Für die heimische Flora (und viele anderen Floren in entsprechenden Klimaten) hat der Temperaturwechsel zwischen Winter- und Sommermonaten zu einer Reihe besonderer Anpassungsstrategien geführt, die unter dem Begriff **Lebensformen** zusammengefaßt werden. Entscheidend ist dabei, in welcher Weise die empfindlichen Sproßvegetationspunkte die tiefen Temperaturen winterlicher Frostperioden überstehen können. Folgende Lebensformen werden unterschieden (Abb. 1.3.27):

– **Phanerophyten** sind Bäume und Sträucher, d.h. Holzgewächse, deren Sproßknospen nicht nur oberhalb des Bodens, sondern auch noch über der schützenden Schneedecke überwintern (griech. *phanerós*, offen sichtbar). Die Apicalmeristeme sind frostresistent. Vor dem Vertrocknen sind sie durch fest zusammenschließende Knospenschuppen (Tegmente) geschützt. Diese trockenen, derben und besonders einfach gebauten Blattorgane sind häufig durch Harze bzw. gummiartige oder schleimige Ausscheidungen von Drüsenhaaren verklebt. Sie fallen im Frühjahr ab, ihre dichtstehenden Narben bilden an den fortwachsenden Trieben charakteristische «Ringelzonen», welche die Grenzen der jährlichen Zuwächse markieren (Abb. 1.3.28).

Je nachdem, ob auch die Blattorgane frostfest sind oder nicht, werden immergrüne und sommergrüne Phanerophyten unterschieden. Zu den Phanerophyten zählen auch einheimische Epiphyten wie die Mistel (S. 229, 787), die im Kronenbereich von Bäumen leben. Bei ausdauernden Pflanzen mit Verbreitungsgebieten außerhalb frostgefährdeter Zonen, z.B. am Mittelmeer, überwiegen immergrüne Gewächse.

– **Chamaephyten**, die Halb- und Zwergsträucher, tra-

Abb. 1.3.28: Ringelzonen an einem Buchenzweig, der 6 Jahre lang als Kurztrieb gewachsen war, dann aber als Langtrieb (mit seitlichem Kurztrieb, links) weiterwuchs. Vgl. auch Abb. 1.3.16 C, D, S. 172. (2,3 : 1. Original)

gen ihre Erneuerungsknospen knapp über dem Boden (griech. *chamaiphyés*, niedrig wachsend). Sie genießen so einen wirksamen Frostschutz durch die winterliche Schneedecke – Schnee ist wegen seines hohen Luftgehaltes ein sehr schlechter Wärmeleiter. In diese Gruppe gehören viele niederliegende und kriechende Holzpflanzen («Spaliersträucher»), sowie Polsterpflanzen (Abb. 1.3.29) der nordischen Tundra und des Hochgebirges, aber auch z.B. *Erica carnea* und das Heidekraut *Calluna*.

- **Cryptophyten** (griech. *kryptós*, verborgen) = **Geophyten** oder Staudengewächse besitzen unterirdische Achsenorgane, d.h. sie bergen ihre Erneuerungsknospen im Boden. Nach den häufigsten Formen werden Rhizom- und Zwiebelgeophyten unterschieden. Die oberirdischen Triebe mit Laubblättern und Blüten («Schäfte») werden jedes Jahr neu gebildet – wofür die Speicherstoffe der Rhizome/Zwiebeln benötigt werden – und gehen spätestens bei Winteranbruch wieder zugrunde, oft allerdings mit Ausnahme einer grundständigen Blattrosette. [Zur Vermeidung von Verwechslungen: Die **C**ryptophyta sind eine Abteilung von Algen, vgl. S. 602.]

- Eine Zwischenstellung zwischen Chamae- und Cryptophyten nehmen die **Hemicryptophyten** ein, deren Erneuerungsknospen unmittelbar an der Bodenoberfläche liegen und durch Schnee, abgefallenes Laub oder Grasbüschel wintersüber geschützt sind. Zu ihnen zählen viele Gräser (auch das Wintergetreide), Rosettenpflanzen (Wegerich, Löwenzahn), Ausläufergewächse wie Erdbeere und Kriechender Hahnenfuß; schließlich auch solche hochwüchsigen Stauden, deren Erneuerungsknospen an der Basis absterbender oberirdischer Stengel liegen («Schaftpflanzen»: Brennessel; Gilbweiderich, *Lysimachia vulgaris*).

- **Therophyten** (griech. *théros*, Sommer) verzichten überhaupt auf ausdauernde Achsenorgane, sie überwintern als Samen. Diese sind durch ihren geringen Wassergehalt besonders kälteresistent. Zugleich enthalten sie die für das Auskeimen erforderlichen Nährstoffe im Embryo selbst (Cotyledonen) oder in einem besonderen Nährgewebe, dem Endosperm bzw. Perisperm. Die Therophyten sind die eigentlichen K r ä u t e r, sie sterben nach der Samenreife gemäß einem inneren Entwicklungsprogramm ganz ab. Unter ihnen gibt es einjährige Pflanzen (A n n u e l l e) und zweijährige (Biénne; lat. *ánnuum*, Jahr). Während die einjährigen Kräuter vor allem als Ruderalpflanzen in Erscheinung treten, d.h. als Pflanzen, die unbebaute Äcker, Schuttplätze o.dgl. rasch besiedeln (lat. *rudus*, Schutt), finden sich zweijährige Rosettenpflanzen (S. 172) auch in stabileren Pflanzengesellschaften.

5. Axilläre Verzweigung

a) Verzweigungssysteme

Bei Samenpflanzen ist axilläre (achselständige, seitliche) Verzweigung die Regel. Seitentriebe wachsen also aus den Achseln von Blättern aus. Die betreffenden Blätter werden im vegetativen Bereich als T r a g b l ä t t e r bezeichnet, im floralen Bereich – in Blütenständen – als D e c k b l ä t t e r = B r a c t e e n (griech. *brachíon*, Arm). Während Achselknospen bei Nadelhölzern nur über den Ansatzstellen relativ weniger Nadeln ausgebildet sind, finden sich bei Angiospermen *alle* Blattachseln mit Seitenknospen besetzt. Manchmal werden in einer Blattachsel sogar mehrere Knospen angelegt, man spricht dann von B e i k n o s p e n (Abb. 1.3.30).

Welche Achselknospen austreiben und wie stark sich die dabei entstehenden Seitenachsen entwickeln und ihrerseits verzweigen, ist bei allen Sproßpflanzen in artgemäßer Weise strikt reguliert, es steht unter hormonaler Kontrolle (S. 427). Zugleich wird durch solche Wechselbeziehungen innerhalb der Pflanze, sog. K o r -

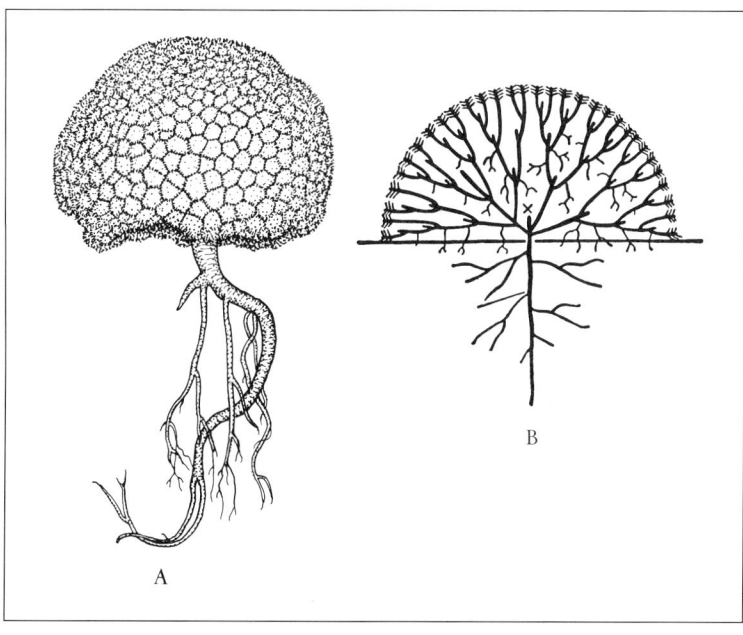

Abb. 1.3.29: Polsterwuchs. **A**, *Azorella selago*, ein Doldenblütler der Kerguelen-Inseln im stürmischen südlichen Indischen Ozean. **B**, sympodiales Sproßsystem bei Polsterpflanzen. (A 0,25 : 1, n. A.F.W. Schimper; B n. W. Rauh)

relationen, auch über aufrechtes (orthotropes) oder schräges bzw. waagrechtes (horizontales, plagiotropes) Wachstum von Trieben entschieden. In jedem Fall ergeben sich charakteristische, artgemäße Verzweigungssysteme. Sie vor allem prägen den Gesamteindruck einer Pflanze, den sog. Habitus (lat. Aussehen, Gestalt).

Bei vielen Verzweigungssystemen bleiben die Seitentriebe in ihrem Wachstum gegenüber der Mutterachse zurück. Das gilt dann auch für Seitenachsen 1., 2., 3. usw. Ordnung. Solche Verzweigungssysteme sind also hierarchisch – mit ausgeprägter Rangordnung – aufgebaut, man bezeichnet sie als **monopodiale Systeme** (Abb. 1.3.31 A). Das bekannteste Beispiel liefert die Fichte: Der orthotrope, radiärsymmetrische Stamm ist die beherrschende Hauptachse, das Monopodium; die Seitentriebe – als Äste und Zweige ihrerseits wieder monopodial verzweigt – wachsen plagiotrop. Der Gesamtumriß des Baumes ist wegen der Dominanz der Apicalknospe spitz-kegelförmig. Im Grunde ähnlich gestaltet – jedenfalls monopodial verzweigt – sind die meisten Nadelhölzer. Auch in den Kronen vieler Laubbäume herrscht trotz des anderen Habitus monopodiale Verzweigung, z.B. bei Pappel, Esche, Ahorn.

In anderen Fällen sind die Seitenachsen stärker gefördert als die Hauptachse. Häufig verkümmert in solchen Fällen die Terminalknospe, oder sie bildet eine Blüte/ einen Blütenstand, eine endständige Ranke o.dgl., so daß für sie kein weiteres Längenwachstum mehr möglich ist. Die Fortsetzung des Achsensystems wird dann von Seitenknospen bzw. ihren Trieben übernommen, es bildet sich ein **sympodiales System** aus (Abb. 1.3.31 B, C).

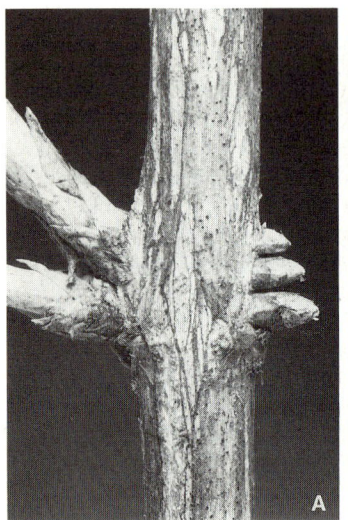

Abb. 1.3.30: Beiknospen. Entlang der Achse übereinander stehende Beiknospen werden als seriale bezeichnet (**A**, *Lonicera xylosteum*), nebeneinander stehende als laterale (**B**, *Forsythia*; oberhalb der Blattnarbe zusätzlich eine seriale Beiknospe). (2,5 : 1. Originale)

Das griechisch-lateinische Wort «*Podium*» (Ständer) hat in diesem Zusammenhang die Bedeutung «Achsenglied». Bei Sympodien ist das Verzweigungssystem aus gleich kräftigen Achsengliedern unterschiedlicher Ordnung zusammengesetzt, während es bei Monopodien eine dominierende Hauptachse gibt und die Seitenachsen ihrem abnehmenden Rang (ihrer zunehmenden Ordnungszahl) entsprechend immer schwächer ausgebildet werden, ein Zustand, der auch bei fortgesetztem Wachstum des Gesamtsystems ständig erhalten bleibt.

Der häufigste Fall eines Sympodiums ist das **Monochasium**, bei dem ein einziger Seitentrieb die blockierte Hauptachse übergipfelt und so das Wachstum des Gesamtsystems fortsetzt. Nach begrenztem Längenwachstum bleibt aber auch dieses Achsenglied aus gleichen Gründen stecken wie die ursprüngliche Hauptachse. Es kommt erneut zur Übergipfelung durch eine Seitenachse der Seitenachse usf. (Abb. 1.3.31 B). Meistens stellen sich die Übergipfelungstriebe in die

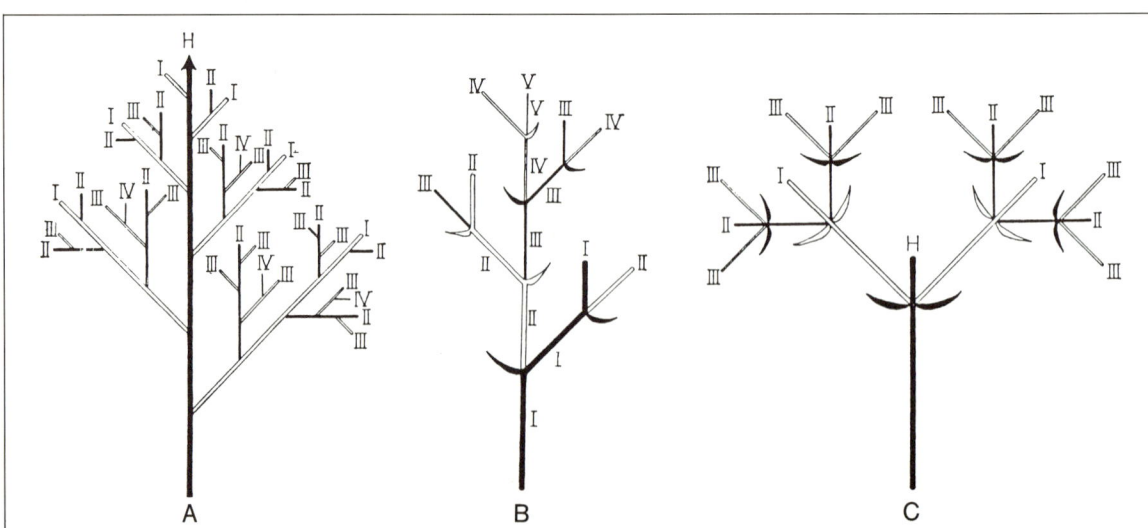

Abb. 1.3.31: Verzweigungstypen: **A**, monopodialer Sproßaufbau mit seitlicher (racemöser) Verzweigung; H Hauptachse, I–IV Seitenachsen 1.–4. Ordnung. **B, C,** Sympodiale Verzweigung: **B**, Monochasium (I Primärachse); **C**, Dichasium (H Primärachse).

Wachstumsrichtung der Mutterachse, so daß Monochasien oft nur durch genauere Untersuchung von Monopodien unterschieden werden können.

Stämme und Äste vieler Laubbäume sind Sympodien. Das gilt z.B. für Linde, Buche, Hainbuche, Ulme, Edelkastanie, auch für die Hasel. Die an den Triebenden winterlicher Zweige dieser Holzgewächse kräftig ausgebildete «Terminalknospe» ist eine (fast) terminal stehende Seitenknospe; die verkümmerte Endknospe ist meist abgefallen. Ein schönes Beispiel für ein sympodiales, zugleich monochasiales Sproßsystem gibt der Weinstock (Abb. 1.3.32), dessen Sympodialglieder – die «Lotten» der Winzer – jeweils mit einer Ranke enden. Die Achselknospe des jüngsten Blattes wächst zum nächsten Sympodialglied aus. Die trotzdem in den Achseln solcher Blätter noch vorhandenen Knospen sind Beiknospen – die «Geizen» der Winzer; ihre künstliche Entfernung durch «Ausgeizen» ist eine wichtige, arbeitsintensive Maßnahme bei der Rebpflege.

Auch Rhizome können monopodial oder sympodial-monochasial verzweigt sein (vgl. Abb. 1.3.26).

Wesentlich seltener als Monochasien sind Dichasien und Pleiochasien, bei denen *zwei* bzw. *mehrere* gleichrangige Seitentriebe die blockierte Mutterachse übergipfeln (Abb. 1.3.31 C). Bekannte Beispiele für Dichasien sind die Achsensysteme von Flieder und Mistel (Abb. 3.2.246, S. 787), sowie die Verzweigungssysteme vieler Nelkengewächse, wo die Terminalknospen regelmäßig mit der Bildung von Blüten verbraucht werden (Abb. 3.2.224 D, S. 768). Der enge Zusammenhang, der bei axillärer Verzweigung zwischen Phyllotaxis und Achsenverzweigung besteht, wird hier dadurch unterstrichen, daß Dichasien bei Pflanzen mit decussierter Blattstellung auftreten.

Abb. 1.3.32: Monochasium des Weinstocks *Vitis vinifera*, aufeinanderfolgende Sympodialglieder abwechselnd hell und dunkel gezeichnet. (Veränd. n. A.W. Eichler)

Wird bei Monopodien die Terminalknospe durch äußere Einflüsse zerstört, übernimmt gewöhnlich die nächstliegende Seitenknospe deren Rolle; das weitere Wachstum erfolgt an dieser Stelle zwangs- und ausnahmsweise monochasial. Viele Pflanzen wechseln aber auch unter normalen Umständen in Abhängigkeit von inneren Faktoren zwischen mono- und sympodialer Verzweigung, besonders häufig beim Übergang von der vegetativen in die florale Entwicklungsphase.

Daß die primäre Achse eines Keimlings monopodial bis zur Bildung einer terminalen Blüte fortwächst, kommt nur selten vor (z.B. beim Mohn). Viel häufiger werden Blüten erst von Seitentrieben höherer Ordnung gebildet, so daß sich charakteristische **Sproßfolgen** ergeben. Beispielsweise trägt der Breit-Wegerich, *Plantago major*, an seiner ersten Achse nur eine grundständige Blattrosette, an den Seitenachsen 1. Ordnung unscheinbare Hochblätter, und erst deren kurze Axillärtriebe enden mit Blüten. Der Wegerich ist eine «dreiachsige» Pflanze. Bei vielen Bäumen können erst Achsen sehr viel höherer Ordnung Blüten bilden und es dauert daher oft mehrere Jahre, bis Holzgewächse zur Blühreife herangewachsen sind.

b) Blütenstände

Besonders anschauliche Beispiele für die verschiedenen Verzweigungsmöglichkeiten liefern Blütenstände = Inflorescenzen (lat. *floréscere*, aufblühen). Ihre Mannigfaltigkeit ist enorm. Sie wird nur von jener der Blüten noch übertroffen und hat schon die deskriptive klassische Morphologie vor erhebliche Probleme gestellt. Die Gliederung der Formenvielfalt erfolgt(e) vor allem nach folgenden Gesichtspunkten (vgl. Abb. 1.3.33):

– **Einfache/komplexe (zusammengesetzte) Inflorescenzen**: Sie unterscheiden sich im Grad der Verzweigung. An einfachen Blütenständen sind nur solche Achsen beteiligt, deren Rang (Ordnung) sich um nicht mehr als eine Stufe unterscheidet (Abb. 1.3.34 A). Derartige Inflorescenzen sind im Grunde stets monopodial (die Dolde ist ein Grenzfall). In komplexen Inflorescenzen kommen dagegen Achsen mit höheren Rangunterschieden nebeneinander vor. Solche Blütenstände können mono- oder sympodial sein. Komplexe Blütenstände sind gewöhnlich durch mehrere bis viele auffällige Aggregationen von Blüten ausgezeichnet, deren jede eine Partialinflorescenz = Florescenz darstellt. Der gesamte Blütenstand entspricht dann einer Synflorescenz (Abb. 1.3.34 B).

– **Racemöse/zymöse Inflorescenzen**: Diese Unterscheidung entspricht der von monopodialer und sympodialer Verzweigung. Sie läßt sich allerdings oft nicht konsequent durchhalten, indem etwa eine zunächst sympodiale, z.B. dichasiale Verzweigung innerhalb einer Inflorescenz an Seitentrieben höherer Ordnung in monopodiale übergeht (so z.B. beim Feldsalat *Valerianella*). Diese früher gängige Unterscheidung wird typologischen Kriterien also nicht gerecht und daher heute nicht mehr verwendet.

– **Offene/geschlossene Inflorescenzen**: Wenn alle Achsen eines Blütenstandes – ihre Zahl kann zwischen wenigen und sehr vielen liegen – mit Terminalblüten abschließen, liegt eine geschlossene Inflorescenz vor. Die Reihenfolge des Aufblühens ist durch den Rang der Achsen bestimmt: Die Terminalblüte der Hauptachse öffnet sich als erste, gefolgt von den Terminalblüten der Seitenachsen 1. Ordnung, dann 2. Ordnung usf. Bei offenen Inflorescenzen ist dagegen zumindest die Hauptachse nicht durch eine Terminalblüte abgeschlossen; bei komplexen Blütenständen gilt dasselbe auch für die Seitenachsen 1. Ordnung («Coflorescenzen», vgl. Abb. 1.3.34). Zwar stellen auch in offenen Inflorescenzen die Terminalknospen ihr Wachstum nach und nach ein; unter bestimmten Umständen werden sie aber reaktiviert, so daß offene Inflorescenzen erneut vegetativ weiterwachsen können.

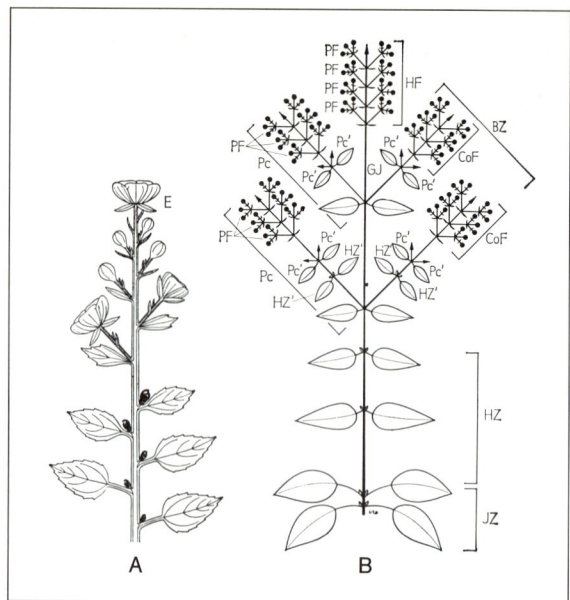

Abb. 1.3.34: Geschlossene und offene Inflorescenz. **A**, geschlossene Inflorescenz mit Terminalblüte E, Seitenblüten von unten nach oben aufblühend. **B**, komplexe offene Synflorescenz; Hauptflorescenz HF und Coflorescenzen CoF der Bereicherungszone BZ mit Partialflorescenzen PF; BZ wird von Nebentrieben (Paracladien Pc, Pc') gebildet; in den Hemmungszonen HZ/HZ' ist der Austrieb von Axillärknospen hormonell blockiert. HF ist von der BZ durch ein betontes Grundinternodium GJ abgesetzt. (Nach W. Troll u. F. Weberling)

Bei ausgedehnten vergleichenden Untersuchungen hat sich gezeigt, daß eine konsequente und umfassende Typologie der Inflorescenzen nur auf der Basis des letzten Kriteriums (offen/geschlossen) möglich ist. Geschlossene Inflorescenzen werden nach W. Troll heute als monotel bezeichnet, offene als polytel (griech. télos, Ende).

c) Strauch und Baum: Wuchsformen bei Holzgewächsen

Der Habitus der Sträucher – die Buschform – ergibt sich dadurch, daß die an der Basis von Trieben stehenden Knospen bzw. Seitentriebe in ihrem Wachstum stärker gefördert sind als die weiter oben sitzenden: **Basitonie** (Abb. 1.3.35). Sträucher können sich daher in jeder Vegetationsperiode von unten her durch kräftige Neutriebe («Schößlinge») verjüngen, sie verfügen über eine basale Erneuerungs- oder Innovationszone. Die Äste verzweigen sich besonders gegen ihre Enden hin nur schwach, sie haben in den meisten Fällen eine begrenzte Lebensdauer und Wuchshöhe. Die holzige Strauchbasis, der «Schoß», aus der alljährlich neue Schößlinge austreiben, wächst nach und nach zu einem zwar kurzen, aber dickknorrigen Xylopodium (griech., Holzständer) heran. Das Verzweigungssystem der Sträucher ist grundsätzlich sympodial.

Im Achsensystem der Bäume – sei es nun monopodial oder monochasial – herrscht **Akrotonie**: Hier sind im Gegensatz zu den Verhältnissen bei Sträuchern die Terminalknospen und die ihnen nächststehenden obe-

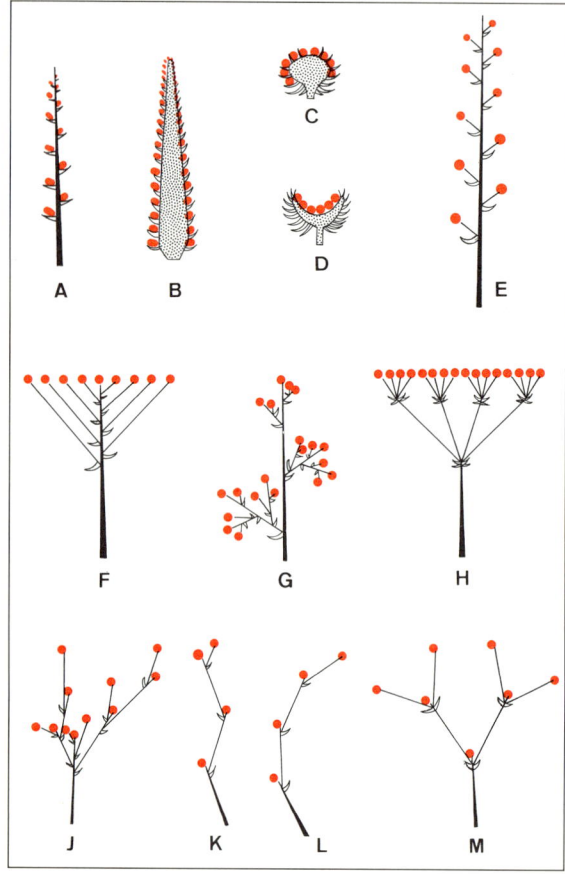

Abb. 1.3.33: Blütenstände (Inflorescenzen). **A**, Ähre (Beispiel: Wegerich). **B**, Kolben (Mais, Aronstab). **C**, Köpfchen (Scabiose. Köpfchen-artige Blütenstände *ohne* verdickte Achse hat z.B. der Wiesen-Klee). **D**, Körbchen (Sonnenblume). **E**, Traube (Hirtentäschel, Goldregen). **F**, Schirmtraube (manche Brassicaceen, z.B. *Iberis*). **G**, Rispe (Weinstock, viele Gräser. Kommen durch Verlängerung der tieferstehenden Seitenachsen alle Blüten ungefähr in eine Ebene, liegt eine Doldenrispe = Ebenstrauß vor, z.B. Eberesche). **H**, zusammengesetzte Dolde (meiste Doldenblütler. Die einfache Dolde entspricht einer Teilinflorescenz der zusammengesetzten – Beispiele Efeu und Sterndolde *Astrantia*). **I**, Spirre = Trichterrispe (Mädesüß *Filipendula*). **K**, Wickel (Natternkopf, Beinwell). **L**, Schraubel *(Hemerocallis)*. **M**, Dichasium (viele Nelkengewächse, besonders ausgeprägt z.B. bei Sternmiere, Hornkraut und Sandkraut). **A–F** einfache, **G–M** zusammengesetzte Blütenstände; **A–G** racemös, **I–M** zymös. Ob ein Blütenstand ‹offen› oder ‹geschlossen› ist, entscheidet sich nach Fehlen bzw. Vorhandensein einer Terminalblüte. (Original)

ren bzw. äußeren Seitenknospen am stärksten gefördert (Abb. 1.3.36; griech. *ákros*, oberst, äußerst; *tónos*, Spannung, Betonung). Der jährliche Zuwachs erfolgt also überwiegend in den peripheren Bereichen der Krone, die von einem einheitlichen Stamm getragen wird.

Der unterschiedliche Habitus der Nadelbäume (Gymnospermenbäume) und der Laubbäume (Angiospermen-, genauer Dicotyledonenbäume) beruht darauf, daß sich bei Laubbäumen die ältesten Seitentriebe bzw. Äste aus frühen Wachstumsperioden, die also am Stamm unten stehen, nur schwach entwickeln; sie verdorren schließlich und werden abgestoßen. Durch eine solche «übergreifende Akrotonie»

kommt ein weitgehend astloser Stamm zustande, der meistens nach einigen Jahren/Jahrzehnten das weitere Höhenwachstum einstellt und eine breite Krone mit rundem Umriß trägt.

Dagegen wachsen bei den monopodialen Nadelbäumen auch tiefstehende, ältere Seitenäste ständig weiter, so daß die bekannte pyramidale Kronenform entsteht. In zu dichten Nadelholzbeständen bekommen allerdings die unteren Äste nicht genug Licht und sterben aus diesem – äußeren – Grund ab; sie werden dann aber nicht abgeworfen, sondern bleiben als nadelloses, starres Ästegewirr erhalten. Dieser Zustand wird heute in vielen Forsten durch Dichtpflanzung ohne spätere Durchforstung bewußt provoziert, um eine bessere industri-

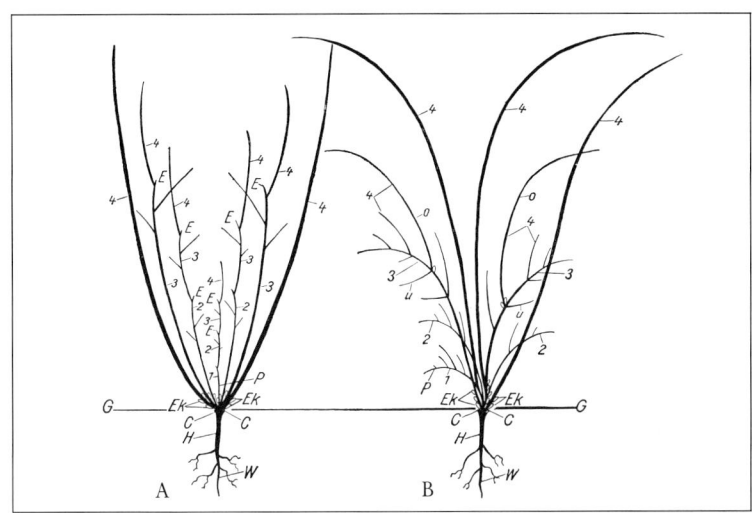

Abb. 1.3.35: Wuchsform und Verzweigung bei Sträuchern. **A**, Hasel *Corylus avellana*; **B**, Holunder *Sambucus nigra*. P Primärsprosse; 1–4 einzelne Jahrestriebe; o geförderte oberseitige Äste, u gehemmte unterseitige; E abgestorbene Trieb-Enden der Sproßgenerationen. Ek Knospen in der Erneuerungszone des Xylopodiums; C Cotyledonarknoten, H Hypocotyl. Wurzelsystem mit Hauptwurzel W nur angedeutet. (Nach W. Rauh)

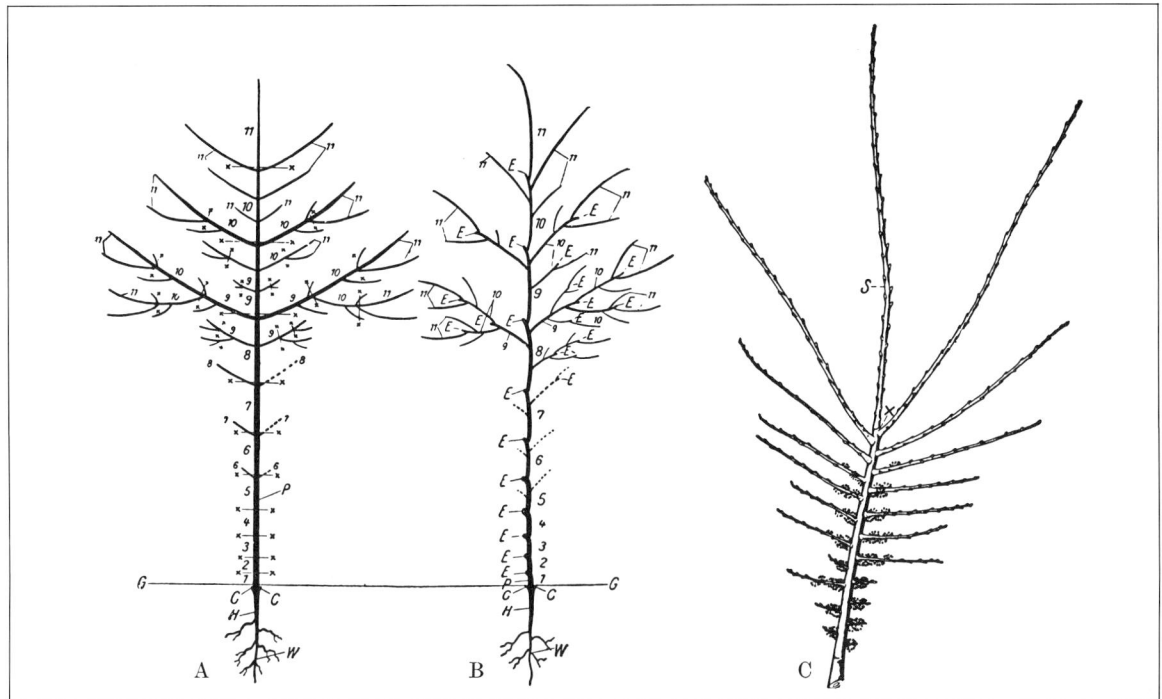

Abb. 1.3.36: Wuchsform und Verzweigung eines monopodialen (**A**) und eines sympodialen (**B**) Baumes. Die Grenzen der einzelnen Jahrestriebe (1–11) bei x–x; G Bodenoberfläche, übrige Bezeichnungen wie in Abb. 1.3.35. **C**, zweijähriger Zweig der Feld-Ulme *Ulmus minor* mit ausgeprägter Akrotonie; der oberste Seitentrieb S setzt als neues Sympodialglied die Hauptachse fort; an den basalen Abschnitten der unteren und mittleren Seitentriebe Blüten. (A, B n. W. Rauh; C 0,1 : 1, n. W. Troll)

elle Verwertbarkeit der schlank aufgeschossenen Stämme und damit höhere Erlöse zu erzielen. Die düstere Garstigkeit solcher Bestände, in denen ein langsam verrottender, saurer Nadelfilz den Boden bedeckt und wo es keinen grünen Unterwuchs mehr gibt, ist unübersehbares Symptom eines künstlich pervertierten Ökosystems.

Eine eigenartige Zwischenstellung zwischen Strauch und Baum nimmt der Flieder ein: Sein Achsensystem ist akroton, seine Verzweigung aber sympodial und – entsprechend der decussierten Blattstellung – dichasial. Daher kommt es an den Enden der Jahrestriebe stets zu einer Gabelung in zwei gleich starke Fortsetzungstriebe, so daß sich ein einheitlicher Stamm nicht ausbilden kann.

d) Metatopie, Cauliflorie, Adventivsprosse

Bei einigen Blütenpflanzen wird das Prinzip der axillären Verzweigung scheinbar verlassen, weil Achsenknospen bzw. die Ansatzstellen von Seitentrieben infolge von Verwachsungen entweder entlang der Mutterachse verschoben werden (Concaulescenz) oder auf das Tragblatt zu liegen kommen (Recaulescenz; griech. *kaulós*, Stengel). In solchen Fällen spricht man von **Metatopie** (griech. Verlagerung, Abb. 1.3.37). Concaulescenz ist bei Nachtschattengewächsen verbreitet, zu denen auch die Kartoffel zählt. Eine auffällige Recaulescenz läßt sich am Blütenstand der Linde beobachten (Abb. 3.2.253B, S. 795).

Auch bei der Stammblütigkeit = **Cauliflorie** wird die axilläre Verzweigung scheinbar verlassen. Cauliflorie kann z.B. bei dem in den Mittelmeerländern häufigen Judasbaum *Cercis siliquastrum* regelmäßig beobachtet werden: Aus kräftigen Ästen oder Stämmen brechen unvermittelt Blüten- bzw. Frucht-tragende Kurztriebe hervor. Entsprechendes ist in Abb. 3.2.253D, für den Kakaobaum dargestellt. Es handelt sich dabei um den späten Austrieb von ruhenden Knospen, die vor Jahren oder gar Jahrzehnten angelegt wurden.

Es gibt allerdings auch bei Blütenpflanzen Knospen/Sprosse, die nun tatsächlich nicht in Blattachseln angelegt wurden. Das gilt einmal für die Bildung von Embryonen in Embryosäcken der Samenanlagen, aber auch für **Adventivknospen** und **-sprosse**, die an Wurzeln («Wurzelbrut») oder Blättern entstehen (Abb. 1.3.38). Oft steht die Bildung von Adventivsprossen in Zusammenhang mit Verletzungen des Pflanzenkörpers. Das gilt z.B. für die bekannten Stockausschläge an Baumstümpfen oder für die Neubildung von Sproßvegetationspunkten im Callusgewebe, die bei der Anzucht von Pflanzen aus Zellkulturen ausgenützt wird (S. 419f.).

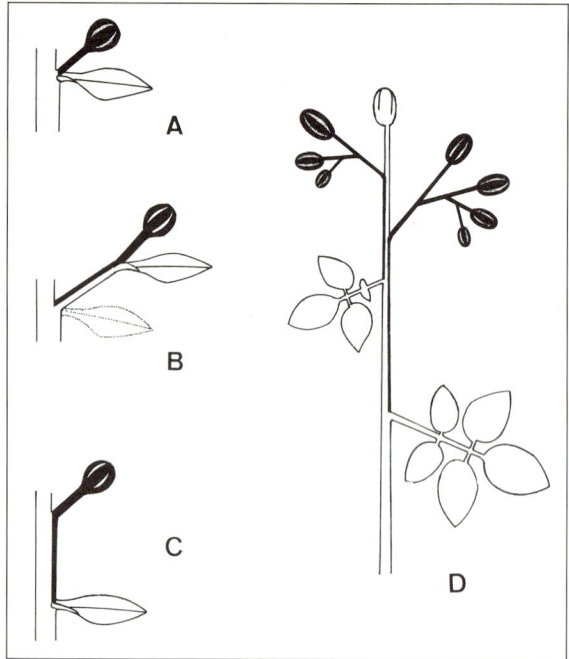

Abb. 1.3.37: Metatopie. **A**, zum Vergleich Normalfall: Seitentrieb in der Achsel des Tragblattes. **B**, Recaulescenz. **C**, Concaulescenz. **D**, Blütenstand der Kartoffelpflanze *Solanum tuberosum*: Concaulescenz zweier Seitentriebe mit wickeligen Florescenzen. (Veränd. n. W. Troll)

6. Dichotome Verzweigung

Im Gegensatz zu den Samenpflanzen kommt bei Farnen axilläre Verzweigung nur selten vor. Dennoch bestehen auch bei ihnen meistens feste Lagebeziehungen

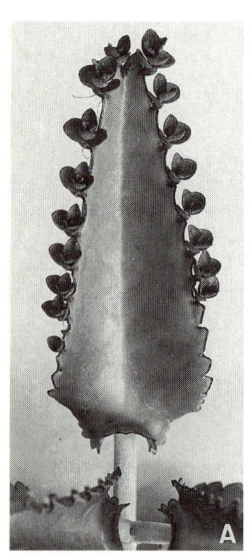

Abb. 1.3.38: Brutknospen bei *Bryophyllum daigremontianum*, einer succulenten Crassulacee: An den Zähnen des Blattrandes gebildete Adventivknospen (**A, B**) wachsen zu jungen Pflänzchen aus (**C**), die schließlich abfallen. *Br.* (= *Kalanchoe*) *d.* ist decussiert beblättert; Axillärknospen sind zwar vorhanden, aber bei dieser Pflanze äußerlich nicht sichtbar. (A, B 0,9 : 1; C 1,8 : 1; Originale)

zwischen Blattbasen und Seitenknospen, nur daß die Knospen z.B. schräg *unterhalb* von Blattansatzstellen stehen. Die Knospenlage ist also zwar nicht axillär, wohl aber phyllomkonjunkt; die axilläre Verzweigung erweist sich als Sonderfall der phyllomkonjunkten (S. 170).

Eine grundsätzlich andere Verzweigungsart ist die **Dichotomie**, die auf einer Teilung des Scheitelmeristems beruht (Abb. 1.4.12, S. 237). Während phyllomkonjunkte Verzweigung in der Zone der Blattprimordien («organogenetische Zone») und damit *seitlich* am Vegetationskegel angelegt wird, erfolgt die Dichotomie direkt in der Initialzone des Scheitelmeristems. Dichotomie ist bei den Bärlappgewächsen vorherrschend (S. 671 f.), kommt aber gelegentlich auch bei Farnen vor. Durch Dichotomie entstehende Verzweigungssysteme heißen Dichocladien (griech. *dichós*, zweifach, und *kládion*, Zweig).

7. Besondere Funktionen und Anpassungsformen von Sprossen

Als Metamorphosen der Sproßachse wurden schon erwähnt die Ausläufer als Mittel der vegetativen Vermehrung und Ausbreitung, sowie die Rhizomknollen der Kartoffel (S. 173). Durch ungewöhnliche Lebensweise und/oder Anpassung an extreme Lebensbedingungen kommt es zu einer Reihe weiterer Metamorphosierungen von Sprossen. Die häufigsten sind:

Speicherachsen: In allen Sproßachsen kommt dem parenchymatischen Füllgewebe Speicherfunktion zu. Bei bestimmten Pflanzen wird diese Funktion besonders betont, das Grundgewebe entsprechend vermehrt und die Achsen dadurch lokal mehr oder weniger stark verdickt; es entstehen **Sproßknollen**.

Vor allem das Hypocotyl ist davon nicht selten betroffen (Hypocotylknollen, z.B. bei *Cyclamen*, Radieschen, Roter Rübe. Von Rüben wird in der Pflanzenmorphologie üblicherweise dann gesprochen, wenn auch – oder sogar hauptsächlich – Wurzelpartien in die Knollenbildung mit einbezogen sind, vgl. Abb. 1.3.39 und S. 222). Manchmal werden beblätterte Sproßabschnitte zu Knollen umgewandelt, so beim Kohlrabi (Abb. 1.3.40). Hier sind – wie auch bei den Rhizomknollen der Kartoffel – mehrere aufeinanderfolgende Internodien an der Knolle beteiligt. Bei Stauden mit vergänglichen, einjährigen Erdknollen (z.B. Herbstzeitlose und Krokus) schwillt die in der Erde verborgene Sproßbasis zur überwinternden Knolle an. Im nächsten Frühjahr treibt eine Seitenknospe zum Erneuerungssproß aus, dessen Basis dann zur neuen Knolle wird.

Sproßachsen mit Blattfunktion: Das Rindenparenchym krautiger Sprosse ist durch Chloroplasten grün gefärbt, und es findet hier auch Photosynthese statt. Diese Funktion, die schon bei Rutengewächsen (z.B. Ginster) deutlich hervortritt, kann in blättrigen Flachsprossen, den **Platycladien**, noch weiter forciert sein (griech. *platýs*, flach). Platycladien entsprechen entweder Kurzsprossen (Phyllocladien, Abb. 1.3.2, S. 160) oder Langsprossen (Cladodien, Abb. 1.3.41). Die Blätter sind in solchen Fällen auf Schuppen oder Dornen reduziert oder fallen frühzeitig ab.

Stammsucculenz: Pflanzen sehr trockener Standorte (Xerophyten) sind vor allem darauf angewiesen, ihre

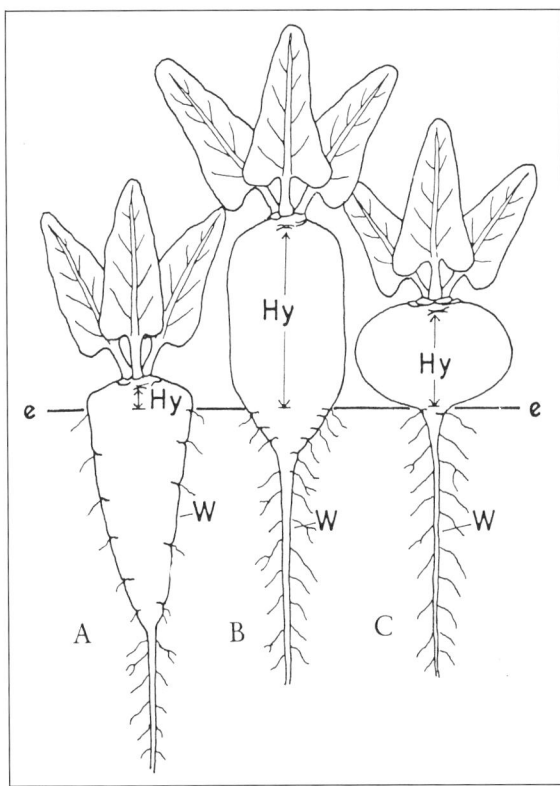

Abb. 1.3.39: Beteiligung von Primärwurzel W und Hypocotyl Hy an der Bildung von Rüben bei verschiedenen Rassen von *Beta vulgaris*: **A**, Zuckerrübe; **B**, Futterrübe: **C**, Rote Bete. (Nach W. Rauh)

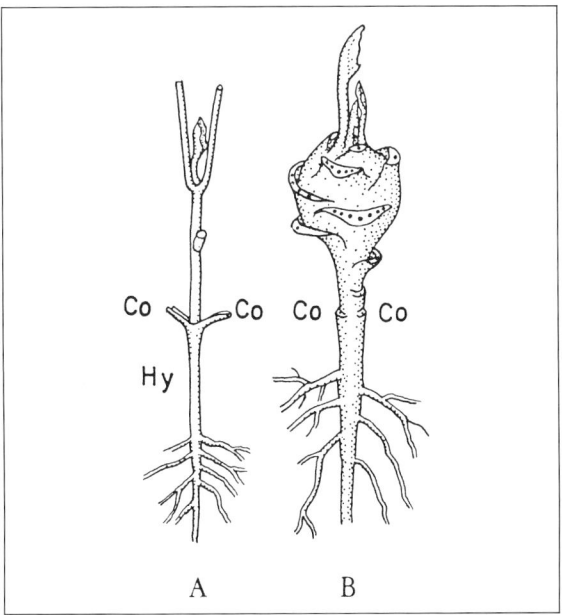

Abb. 1.3.40: Bildung der Sproßknolle beim Kohlrabi *Brassica oleracea* var. *gongylodes*. Die Stammverdickung betrifft ausschließlich Achsenbereiche oberhalb des Hypocotyls Hy, also oberhalb der Cotyledonen Co. **A**, Keimpflanze; **B**, älteres Exemplar. (Nach W. Rauh)

Transpiration einzuschränken. Da Laubblätter nicht nur Photosynthese-, sondern auch Transpirationsorgane sind, geschieht das bevorzugt durch Verdornung der Blätter, was zugleich gegen Tierfraß schützt. Die Photosynthese wird in die Sproßachse verlagert, wo es kein Schwammparenchym, also kein eigenes Transpirationsgewebe gibt. Bei aktiv-dürreresistenten Gewächsen wird der grüne Sproß zusätzlich succulent, d.h. zu einem Wasserspeicher mit großem Volumen und geringer Oberfläche metamorphosiert.

Für Stammsucculenz sind vor allem K a k t e e n bekannt (Abb. 1.3.42). Ihre Keimlinge sehen denen anderer dicotyler Pflanzen sehr ähnlich, wie schon Goethe erstaunt festgestellt hat. Bei der weiteren Entwicklung schwillt das Rindenparenchym auf zu einem Hydrenchym, die Blätter werden zu Dornen und die Seitenknospen zu Haar- oder Dornenbüscheln, den Areolen. Kugel- und Säulenkakteen bilden prominente Längsrippen aus, deren Flanken wegen ihrer unterschiedlichen Sonnenexposition deutliche Temperaturunterschiede aufweisen und mit diesem thermischen Potential kühlende Luftströme in Gang halten.

Stammsucculenz ist nicht auf Kakteen beschränkt, sie tritt als konvergente Anpassung bei Pflanzen aus ganz verschiedenen Ordnungen auf (Abb. 1.3.43). Bei aller äußeren Ähnlichkeit kann dabei der innere Bau variieren, indem nicht die Rinde, sondern das Mark zum Hydrenchym wird, so daß die Leitbündel im succulenten Stamm nicht zentral liegen wie bei den Kakteen, sondern peripher.

Sproßdornen: Nicht nur Blätter (Abb. 1.3.6, S. 162) können zu Dornen werden, sondern auch verholzte Kurztriebe (Abb. 1.3.44). Bekannte Beispiele sind die unverzweigten Dornen von Schlehe, Weißdorn und Feuerdorn, oder die verzweigten Sproßdornen der Gleditschie. Den Dornen analog – aber nicht homolog – sind die Stacheln der Rosen und Brombeeren. Die stechend-verletzende Wirkung von Dornen und Stacheln beruht – wie bei Krallen, Zähnen usw. – darauf, daß an harten Spitzen schon bei minimalen Kräften hohe Drucke entstehen (Druck = Kraft/Fläche).

Sproßranken: Sprosse können – wie auch Blätter (S. 217) – zu Ranken umgestaltet sein und damit Halte-

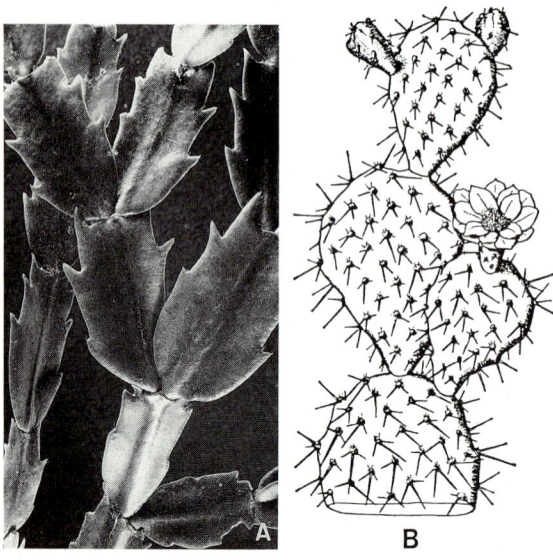

Abb. 1.3.41: Flachsprosse von Kakteen als Beispiele für Cladodien: **A**, Weihnachtskaktus *Zygocactus truncatus*. **B**, Feigenkaktus *Opuntia* mit Blüte und 2 Früchten; die disperse Blattstellung prägt sich im regelmäßigen Parastichenmuster der Areolen aus. (A 0,5 : 1, Original. B 0,2 : 1, veränd. n. Schumann)

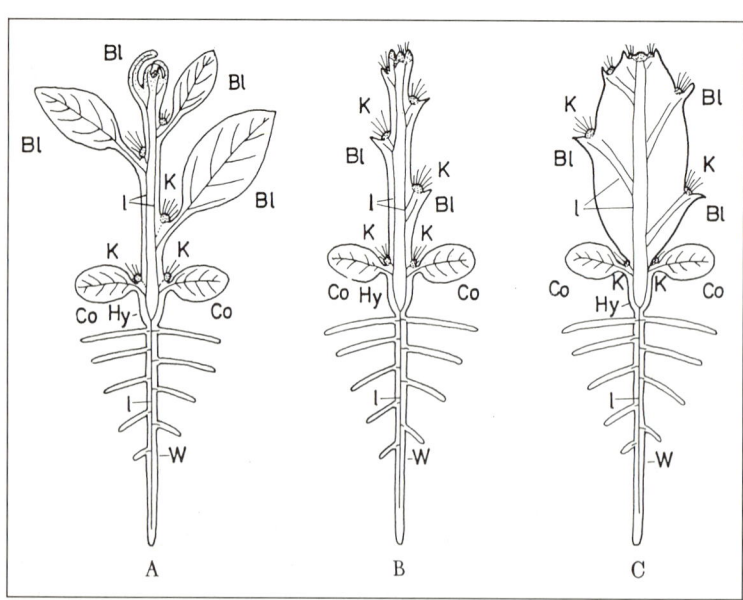

Abb. 1.3.42: Morphologische Ableitung der «Cactusform». **A**, Ausgangstypus (z.B. *Pereskia*); Achselknospen K zu Blattdornen tragenden «Areolen» reduziert. **B**, Laubblätter Bl zu unscheinbaren Rudimenten reduziert (z.B. *Opuntia*). **C**, Rindengewebe als Wasserspeicher entwickelt. W Primärwurzel, Hy Hypocotyl, Co Cotyledonen, l Leitbündelstränge. (Nach W. Troll)

Abb. 1.3.44: Sproßdornen und Stacheln. **A**, verholzte Kurztriebe beim Feuerdorn. **B**, beblätterte neben verdornten Kurztrieben beim Sanddorn *Hippophae rhamnoides*. **C**, verdornte Kurztriebe der Schlehe *Prunus spinosa* (lat. *spina* = Dorn) mit Blütenknospen. **D**, total verholzte, verzweigte Seitentrieb-Dornen am Stamm von *Gleditsia triacanthos*; von diesem Baum gibt es eine Rasse *inermis*, die keine Dornen trägt, weil sie die entsprechenden Seitentriebe nicht ausbildet. **E, F**, schemat. Längsschnitte von Dorn und Stachel; der Holzkörper

Abb. 1.3.43: Stammsucculenz als Ergebnis konvergenter Evolution unter dem Einfluß trockener Klimate mit kurzen, aber ergiebigen Regenperioden: **A**, *Cereus iquiquensis* (Cactaceae); **B**, *Euphorbia fimbriata* (Euphorbiaceae); **C**, *Huernia verekeri* (Asclepiadaceae); **D**, *Kleinia stapeliiformis* (Asteraceae); **E**, *Cissus cactiformis* (!) (Vitaceae). (Alle 0,5 : 1, n. D.v. Denffer)

eines Dorns (**E**) entspringt aus dem Holzkörper des Tragastes, der Dorn steht in der Achsel eines Tragblattes bzw. dessen Blattnarbe; wogegen ein Stachel (**F**) als Emergenz ausschließlich von Rindengewebe gebildet wird und sich leicht abbrechen läßt. **G, H**, Stacheln der Rose; ihre Stellung ist ohne Bezug zu den Nodi der Achse (schwarze Pfeile, jeweils mit Blattnarbe und Axillärknospe); sie können durch seitlichen Druck leicht entfernt werden (weißer Pfeilkopf in H). (A 1,7 : 1; B 1,2 : 1; C, H nat. Gr.; G 0,7 : 1. Fotos: Originale)

funktion bei Kletterpflanzen übernehmen. Sproß- und Blattranken wachsen unter ständigen Suchbewegungen und reagieren sehr empfindlich auf Berührungsreize (Thigmonastie, S. 460). Sproßranken sind ausnahmslos umgeformte Enden von Seitentrieben, entweder von Axillärtrieben eines Monopodiums (z.B. *Passiflora*) oder Monochasialglieder wie bei der Weinrebe (S. 183). Beim Wilden Wein *(Parthenocissus)* bilden sich die Enden der Ranken zu Haftscheiben um (Abb. 1.3.83 C, S. 217).

Kletterpflanzen wurzeln im Boden und klimmen mit dünnen Stengeln an anderen Gewächsen oder Felsen, Mauern o. dgl. empor. Sie verbessern so die Lichtausbeute ihrer Blätter, ohne tragende Stämme zu entwickeln. Bei der zentralen Bedeutung, die der Lichtfaktor (neben Wasserversorgung und Temperatur) für das Leben der Pflanze hat, überrascht es nicht, daß das Klettern auf sehr verschiedene Weise bewerkstelligt werden kann, daß es also zahlreiche Analogbildungen zu Ranken gibt (Tabelle 1.3.1).

Haustorien sind Saugorgane (lat. *haurere*, einsaugen), mit denen parasitische Sproßpflanzen Anschluß an die Leitbahnen von Wirtspflanzen finden. Dabei überwiegen Wurzelparasiten, welche die Wurzeln des Opfers anzapfen. Ihre Haustorien sind umgebildete Parasitenwurzeln. Auch manche Sproßparasiten, z.B. die Mistel, zapfen ihre Wirte mit ihrem Wurzelsystem an (vgl. S. 229). Doch gibt es auch Parasiten mit sproßbürtigen Haustorien. Zu ihnen zählen die als «Teufelszwirn», «Flachs-» oder «Kleeseide» bekannten *Cuscuta*-Arten (Abb. 1.3.45; S. 804).

Cuscuta gehört zu den Vollparasiten = Holoparasiten, deren bleichgelbe bis rote Sprosse bei den meisten Arten fast kein Chlorophyll enthalten und daher unfähig sind zu Photosynthese (griech. *hólos*, ganz). Die Blätter sind dementsprechend auf winzige Blattschuppen reduziert, die Keimlingswurzel stirbt früh ab, ohne ersetzt zu werden. Der Keimsproß wächst unter kreisenden Bewegungen (Circumnutation, S. 464) ausschließlich in die Länge, bis er ein geeignetes Opfer erspürt hat und dessen Sproßachse umwinden kann. An Berührungsstellen wächst das Rindenparenchym des Parasiten papillenartig vor und dringt schließlich mit Hilfe der eigentlichen Haustorien in das Wirtsgewebe ein. Über sog. Suchyphen wird der Kontakt mit Siebröhren des Opfers hergestellt (Abb. 1.3.46).

Tabelle 1.3.1: Kletterpflanzen (Lianen) und ihre Halteorgane

Klassifizierung	Definitionen, ausgewählte Beispiele
I. Schlingpflanzen	Sproßachse mit verlängerten Internodien um Stützen windend
	Rechtsschrauben: viele Hülsenfrüchtler (Bohne, *Wisteria* = Blauregen) und Kürbisgewächse (Kürbis, Gurke ..), Windengewächse (Acker-Winde ..), *Cuscuta* (Abb. 1.3.45 B)
	Linksschrauben: Hopfen, Geißblatt, Schmerwurz *Tamus communis*
II. Rankenkletterer	Ranken: fadenförmige Organe, die Stützen umwickeln können
	Sproßranken: Wein (Abbn. 1.3.32., S. 183, u. 1.3.83C, S. 217), *Passiflora*
	Blattranken: viele Kürbisgewächse (Kürbis, Zaunrübe *Bryonia*, S. 460, 793f.); Fiederblattranken: viele Fabaceen (Erbse, Wicke ..., Abb. 1.3.83 A,B), Waldrebe *Clematis*; verlängerte Blattspitzen: *Gloriosa*; Blattstielranken: *Nepenthes* (Abb. 1.3.76, S. 212)
	Wurzelranken: *Vanilla*
III. Wurzelkletterer	mit kurzen Haftwurzeln
	Efeu (Abb. 1.3.94, S. 224)
IV. Spreizklimmer	durchwachsen vorhandenes Geäst, verhindern Zurückrutschen durch Widerhaken; als solche fungieren:
	Seitensprosse: Nachtschatten *Solanum dulcamara*
	Ketthaare: Klebkraut *Galium aparine* (Abb. 1.2.16 G, S. 142)
	Stacheln: Kletterrosen, Brombeeren
	Dornen: *Bougainvillea*

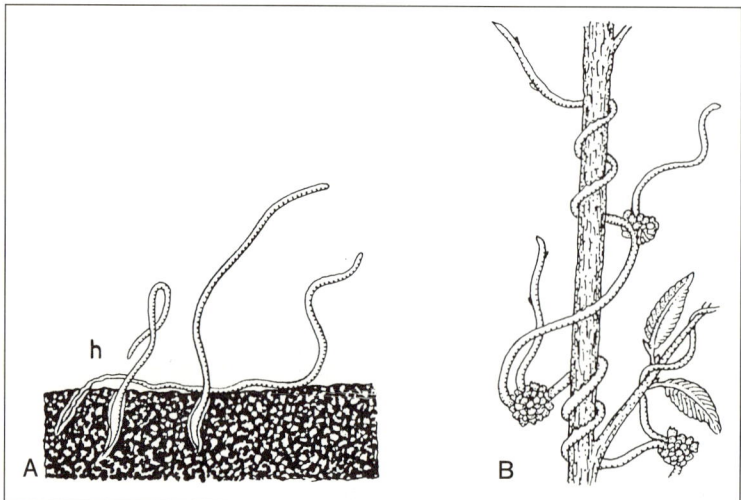

Abb. 1.3.45: *Cuscuta europaea.* **A**, Keimlinge, der längste dem Boden entlangwachsend und am Hinterende h absterbend. **B**, Weidenzweig von blühender *Cuscuta* umwunden. (A, B 0,6 : 1, n. F. Noll)

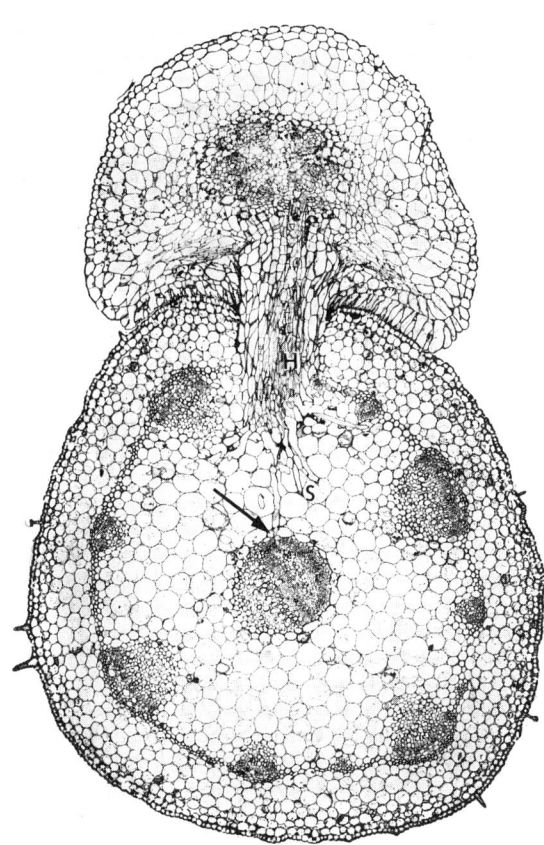

Die aus den Blattanlagen (die ja zunächst schneller wachsen als der Sproßscheitel und ihn übergipfeln) in die junge Sproßachse einwachsenden Leitbahnen («Blattspuren») finden Anschluß an das Procambium. Entwicklungsmäßig sind es übrigens meistens die Blattspurstränge, die das Leitsystem der Sproßachsen aufbauen.

Ab der Determinationszone ist das weitere Schicksal der Zellen und damit die künftige Gewebegliederung der Achse festgelegt: Das außenliegende Dermatogen liefert die Epidermis, das Rindenmeristem die primäre Rinde, vom Procambium stammt das Leitgewebe und vom Markmeristem das Mark des Sprosses. Die histogenetische Zone geht basalwärts in die Streckungszone über, in der die Teilungstätigkeit erlischt und die Zellen ihre endgültigen Formen und Abmessungen erreichen. Aus Abkömmlingen des Procambiums bilden sich hier die ersten Phloem- und (meist etwas später) Xylemelemente, es formieren sich Protophloem und Protoxylem. Ihre Leitelemente, die Phloem- und Xylem-«Primanen», machen das Streckungswachstum der jungen Achse mit. Sie werden aber stillgelegt und häufig eingedrückt, sobald Längenwachstum und primäres Dickenwachstum abgeschlossen sind und die dauerhaften, größeren und effektiveren Leitelemente des Metaxylems und -phloems in Funktion treten.

Abb. 1.3.46: *Cuscuta odorata* auf *Pelargonium zonale*, Sproßquerschnitt. Der Parasit (oben) hat ein Haustorium H in den Sproß des Wirtes getrieben und in dessen Parenchym ‹Suchhyphen› S entwickelt; eine davon hat bereits Phloemkontakt (Pfeil). (30,6 : 1, LM Aufnahme: I. Dörr)

B. Anatomie der Sproßachse im primären Zustand

1. Entwicklung

Am Vegetationskegel folgt auf die apicale, nur 10–50 μm hohe Initialzone und den organogenetischen Bereich (Determinationszone), in dem die Blattprimordien entstehen, die histogenetische oder Differenzierungszone (S. 133). Sie beginnt 50–150 μm hinter dem Scheitel. In ihr gliedert sich das Flankenmeristem, das seinerseits das zentrale Markmeristem umfaßt, in Procambium und Rindenmeristem. Die Procambiumzellen werden rasch prosenchymatisch, sie unterscheiden sich als schlanke, längsorientierte und plasmareiche Zellen klar von den isometrischen, bereits deutlich vacuolisierten Zellen der benachbarten Grundmeristeme (Abb. 1.3.47). Schon hier zeichnet sich oft das spätere Leitgewebesystem der Sproßachse ab, indem das Procambium entweder als geschlossener Hohlzylinder oder mehr in Form isolierter Procambiumstränge ausgebildet wird.

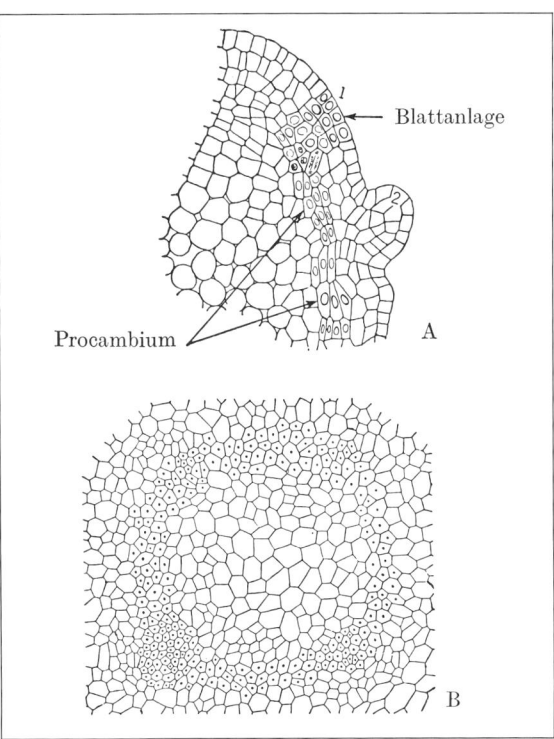

Abb. 1.3.47: Procambium. **A**, Längsschnitt durch Sproßscheitel des Leins *Linum*; bei 1 und 2 Blattanlagen, unter denen sich Procambiumstränge differenzieren. **B**, Querschnitt durch Vegetationskegel des Hahnenfußes *Ranunculus acer* dicht unterhalb der Spitze; Zellen des Meristemrings durch Punkte gekennzeichnet, an 4 Stellen Beginn der Procambium-Differenzierung. (A 120 : 1, n. K. Esau; B 100 : 1, n. Helm)

2. Anordnung der Dauergewebe

Abb. 1.3.48 zeigt schematisch den Querschnitt durch einen **Dicotyledonenstengel**. Er ist etwa radiärsymmetrisch. Von innen nach außen lassen sich folgende Gewebe erkennen:

- **Markparenchym** füllt das Zentrum. Es fungiert als Speichergewebe oder ist abgestorben, die Zellen sind dann gasgefüllt (z. B. bei Sonnenblume und Holunder). In wieder anderen Fällen entsteht durch Gewebezerreißung oder -auflösung eine Markhöhle.
- **Leitgewebe** (S. 149, 152): Bei krautigen Dicotyledonen sind die einzelnen Leitbündel rund um das Mark angeordnet. Die offen-collateralen Leitbündel – Xylem innen, Phloem außen – sind dabei durch parenchymatische Markstrahlen klar voneinander getrennt. Die Siebteile sind nach außen hin oft von dicht gepackten Bastfasern umstellt. Wegen der charakteristischen Umrißform dieses Festigungs- und Schutzgewebes im Sproßquerschnitt wird oft von «Sclerenchymsicheln» gesprochen.
- **Endodermis** (S. 145): Der Leitbündelkranz ist bei vielen Dicotyledonen von einer Gewebescheide umgeben. Die Zellen dieses einschichtigen, parenchymatösen Gewebes schließen lückenlos aneinander und sind oft durch massiv entwickelte Amyloplasten ausgezeichnet («Stärkescheide»). Bei manchen Pflanzen (Primeln, Körbchenblütler) lassen sich sogar Caspary-Streifen in den antiklinen Zellwänden der Sproßendodermen nachweisen. Bei anderen ist dagegen die Sproßendodermis schwer erkennbar.
- **Rindenparenchym** ist das Füllgewebe zwischen Leitbündelkranz und Epidermis. Es ist häufig ein Chlorenchym. Die peripheren Partien der primären Rinde sind oft als Collenchym ausgebildet (S. 147).

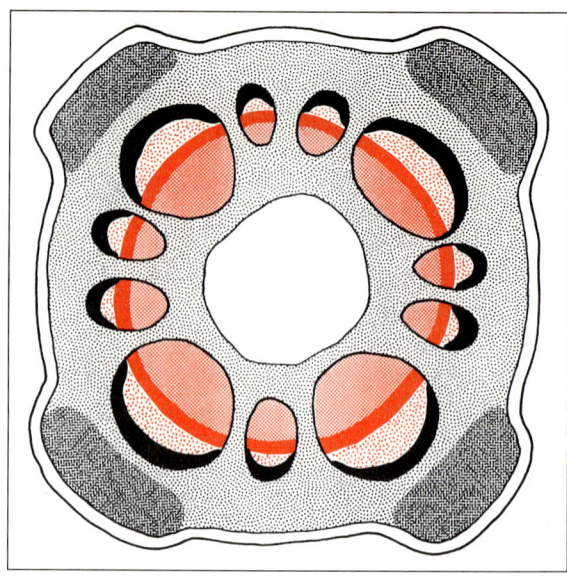

Abb. 1.3.48: Vierkantige Sproßachse einer krautigen dicotylen Pflanze, quer, schematisch. Parenchym hellgrau; Collenchym dunkler grau, Sclerenchym schwarz; offen-collaterale Leitbündel rot: Phloem hellrot, Xylem dunkler rot, Cambium vollrot. Innerhalb des Leitbündelringes das Mark, im Zentrum durch Gewebezerreißung entstandene Markhöhle. Zwischen den Leitbündeln parenchymatische Markstrahlen, außerhalb des Leitbündelringes parenchymatische Rinde, außen begrenzt von einschichtiger Epidermis mit Cuticula. (Original)

- **Epidermis** mit Cuticula bildet den Abschluß nach außen (S. 138). Sie ist fast immer von Idioblasten durchsetzt, Spaltöffnungen und Trichome – oft mit Drüsencharakter (S. 142, 155) – gehören zur Normalausstattung (auch) der Sproßepidermen.

Dieses Querschnittschema kann erheblich variieren. Bei dicotylen Holzgewächsen und Gymnospermen, bei

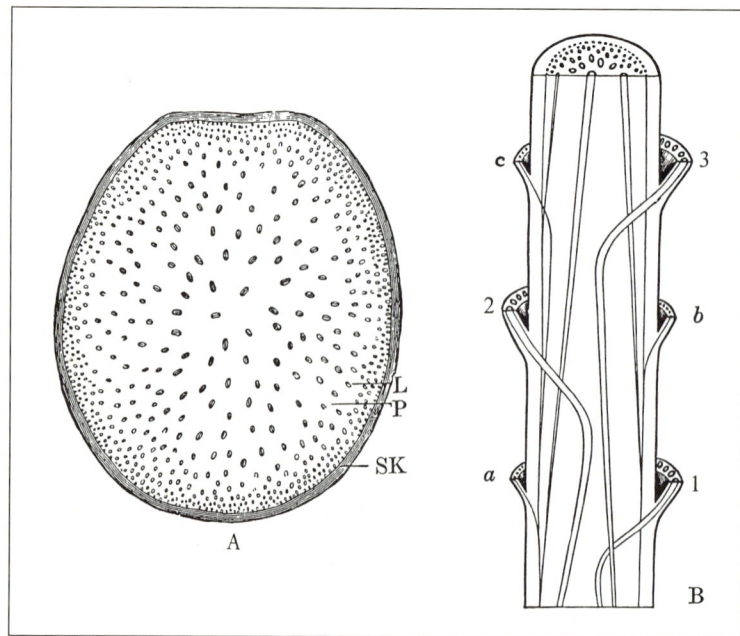

Abb. 1.3.49: Anordnung der Sproßleitbündel bei Monocotyledonen. **A**, Querschnitt durch Internodium beim Mais; Leitbündel L über den gesamten Sproßquerschnitt verstreut, die größten zentral, die kleinsten peripher, Xylempole aber ausnahmslos nach innen orientiert; P Grundparenchym, SK hypodermales Sclerenchym. **B**, Sproßlängsschnitt; a–c aufeinanderfolgende Blattbasen; der Schnitt ist so geführt, daß er durch die Blattmedianen 1–3 verläuft (distische Blattstellung!). (A n. Rothert u. Rostafinski; B n. H. Schenck)

denen der primäre Zustand der Sproßachse später durch sekundäres Dickenwachstum massiv verändert wird, ist der Leitbündelkranz durch einen Ring (Hohlzylinder) von Leitgewebe ersetzt, der nur stellenweise von schmalen Markstrahlen geringer Höhe durchbrochen wird.

Stärker sind die Abweichungen bei den **Monocotyledonen**. Ihre geschlossen-collateralen Leitbündel sind nicht ringförmig angeordnet, sondern über den gesamten Sproßquerschnitt verteilt. Dabei liegen die größten Leitbündel zentral, die kleinsten peripher (Abb. 1.3.49 A). Das erklärt sich daraus, daß von den zahlreichen Blattspursträngen, die aus den bei Monocotyledonen meistens sehr breiten Blattbasen in die Sproßachse eintreten, die kräftigen mittleren besonders tief ins Achseninnere vorstoßen (Abb. 1.3.49 B).

3. Ausbildungsformen der Stele

Als Stele (griech. Säule) wird die Gesamtheit der Bündel in Achsenorganen bezeichnet, zusammen mit Endodermis, Perizykel und Mark – soweit vorhanden. Die Stele ist bei den verschiedenen Cormophytengruppen recht unterschiedlich ausgebildet. Phylogenetisch hat sie aber wahrscheinlich einen einheitlichen Ursprung (Stelärtheorie). Folgende Stelärtypen werden üblicherweise unterschieden (Abb. 1.3.50):

- **Protostele**: Ein zentrales, konzentrisches Leitbündel, oft (aber nicht immer) mit Innenxylem. Die Protostele gilt als besonders urtümlich, sie war typisch für die ältesten Landpflanzen (S. 668 f.) und findet sich heute noch z. B. bei Jugendformen vieler Farne.
- **Actinostele**: Kräftiges, zentralliegendes Bündel, dessen (Innen-)Xylem im Querschnitt sternförmig ist und zwischen seinen «Strahlen» Phloem birgt (griech. *actinotós*, von Strahlen umgeben). Auch die Actinostele kam schon bei Urfarnen vor (S. 669) und ist heute besonders bei Bärlappgewächsen verbreitet. Auch der Zentralzylinder von Wurzeln entspricht diesem Stelärtyp (S. 225), nur daß in ihn selbstverständlich keine Blattspurstränge einmünden. Bei beiden genannten Stelärtypen wird das Achsenzentrum von Leitgewebe eingenommen, es gibt daher normalerweise kein Mark. Bei allen weiteren Formen ist dagegen das Zentrum des Achsenor-

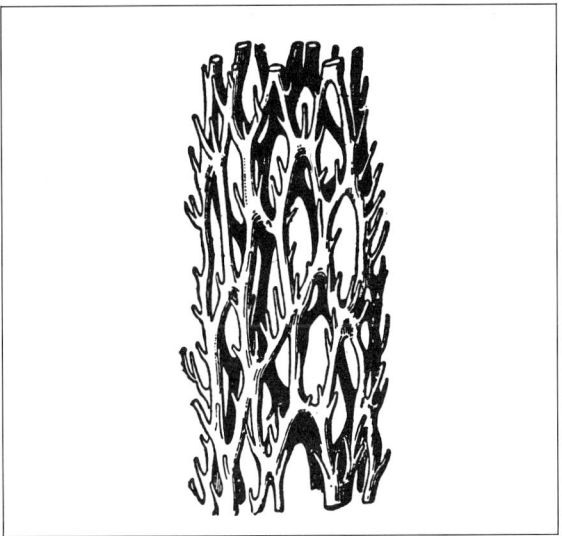

Abb. 1.3.51: Bündelrohr des Wurmfarns *Dryopteris filix-mas* (durch künstliche Macerartion isoliert) als Beispiel einer Dictyostele; die schräg abstehenden Blattspurstränge gekappt. (Nach Reinke)

gans nicht von Leitgewebe besetzt, und es kann zur Ausbildung von Markgewebe bzw. Markhöhlen kommen.

- **Polystele**: Ein System von achsenparallelen, meist konzentrischen Leitbündeln, die über den gesamten Sproßquerschnitt verteilt sind (vgl. Abb. 3.2.142 A, S. 689). Die Polystele ist vermutlich von der Actinostele durch fortschreitende Längszerklüftung abzuleiten. Als Zwischenform kann die Plectostele aufgefaßt werden, die häufigste Stelenform bei den Bärlapp-Arten (griech. *plektós*, geflochten).
- **Siphonostele**: Ein röhrenförmiger Leitbündelstrang mit zentralem Mark, wie er bei bestimmten Farnfamilien auftritt (Schizeaceen, Gleicheniaceen, s. S. 676; griech. *síphon*, Schlauch). Dieser Form steht die
- **Dictyostele** sehr nahe, das typische «Bündelrohr» der meisten Farne (Abb. 1.3.51). Dieses netzförmige Bündelsystem (griech. *díktyon*, Netz) wird von Blattspursträngen gebildet, deren jeder ein konzentrisches Leitbündel mit umhüllender Gewebe-

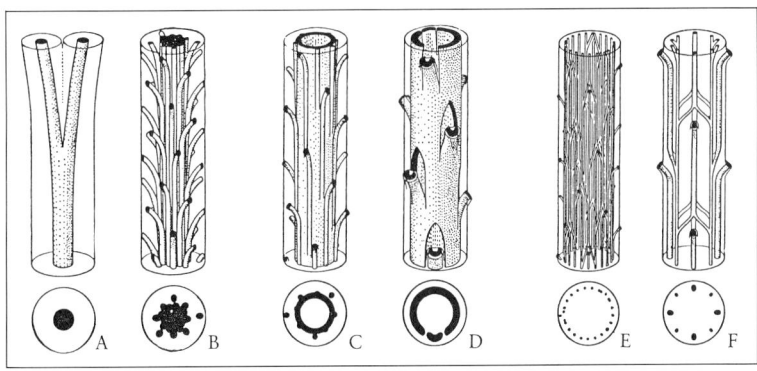

Abb. 1.3.50: Typen der Leitbündel-Anordnung in Sproßachsen. **A**, Protostele mit dichotomer Gabelung. **B**, Actinostele mit seitlich abzweigenden Blattspursträngen. **C**, Siphonostele. **D**, netzartig durchbrochenes Bündelrohr: Dictyostele; oberhalb der seitlich ausbiegenden Blattstränge parenchymatische Blattlücken = Markstrahlen. **E**, **F**, in einzelne Leitbündelstränge aufgelöste Bündelrohre = Eustele; **E**, *Linum*; **F**, decussiert beblätterter Sproß. (Original: D.v. Denffer)

scheide aus Perizykel und Endodermis darstellt. Dieses unterscheidet die Dictyostele von der

- **Eustele**, dem Stelärtyp aller krautigen Dicotyledonen (Abb. 1.3.48). Die Eustele entspricht in ihrer Gesamtheit eigentlich *einem* konzentrischen Leitbündel mit eingeschlossenem Mark, wobei das Leitgewebe aber durch Markstrahlen in mehrere scheinbar unabhängige Leitbündel aufgespalten ist; jedes von diesen ist dann verständlicherweise nicht konzentrisch, sondern collateral. Die *gesamte* Stele ist aber von *einer* gemeinsamen Endodermis umhüllt. Und bei den Holzgewächsen unter den Dicotyledonen (sie sind stammesgeschichtlich ursprünglicher als die Stauden und Kräuter) ist die Zerteilung des einen konzentrischen Leitbündels in mehrere bis viele collaterale Teilbündel noch nicht erfolgt oder nicht so weit fortgeschritten. Auch die

- **Atactostele** der Monocotyledonen (Abb. 1.3.49; griech. *átaktos*, ungeordnet) kann letztlich auf *ein* konzentrisches Leitbündel zurückgeführt werden. Denn auch hier sind die Einzelbündel collateral, und eine gemeinsame Gewebescheide für die gesamte Stele ist zumindest angedeutet (vgl. S. 198). Die Ähnlichkeit mit einer Polystele ist also nur äußerlich, nicht wesensmäßig. Übrigens verbraucht sich hier – wie auch bei den Farnleitbündeln – das Procambium ganz in der Bildung von Phloem und Xylem, so daß geschlossene Einzelbündel resultieren.

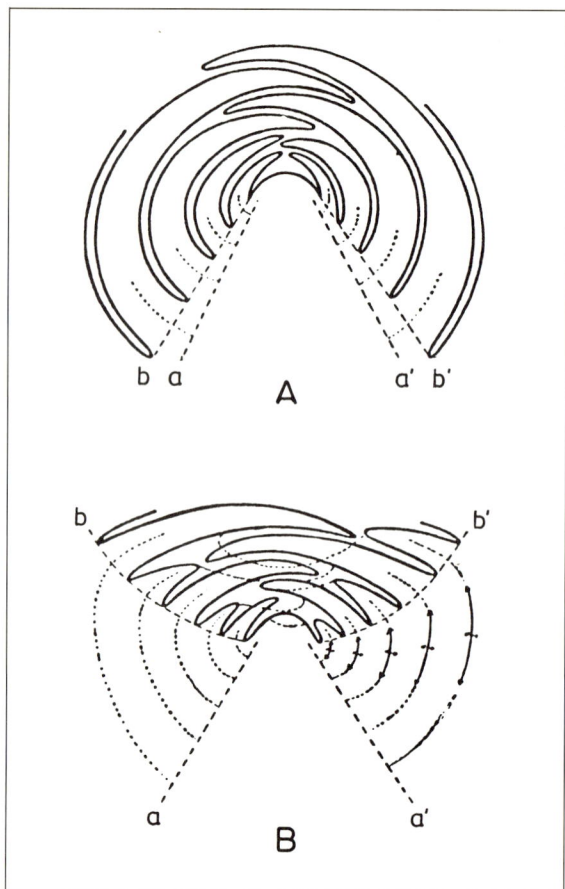

Abb. 1.3.52: Primäres Dickenwachstum des Sproßscheitels einer Palme. **A**, Ausgangszustand; a–b bzw. a'-b' Meristemmantel. **B**, Entstehung einer Scheitelgrube durch cambiale Tätigkeit des Meristemmantels.

4. Primäres Dickenwachstum und Erstarkungswachstum

Durch Zellvermehrung und postembryonale Zellvergrößerung wächst die Sproßspitze nicht nur in die Länge, sondern auch in die Dicke. Das wird als **primäres Dickenwachstum** bezeichnet. Dem Zusammenwirken von axialem und transversalem Wachstum verdankt der Vegetations*kegel* seine Gestalt. Diese kann allerdings variieren: Überwiegt das Längenwachstum, wird der Vegetationskegel schmal und spitz (Abb. 1.2.4D, S. 131), bei überwiegendem Dickenwachstum dagegen stumpf und flach. In Extremfällen – Palmen, Kakteen, Rosettenpflanzen – kommt es sogar zur Bildung von **Scheitelgruben** (Abb. 1.3.52).

Bei großen Palmen, die ohne sekundäres Dickenwachstum immerhin Stammhöhen bis über 50 m erreichen, führt das primäre Dickenwachstum mit Hilfe eines lange Zeit aktiven Meristemmantels zu tellerförmigen Scheitelgruben, deren Durchmesser mehrere dm betragen kann. Dadurch ist auch der Stammdurchmesser festgelegt, der während des weiteren Längenwachstums unverändert bleibt: Der Palmenstamm ist überall gleich dick, wie der Schaft einer schlanken Säule. Da er in der Regel unverzweigt bleibt, hat er allerdings keine Laubkrone zu tragen, sondern nur ein endständiges Büschel großer Blätter («Wedel»).

Auch bei verschiedenen Dicotyledonen kommt es zu massivem primären Dickenwachstum, das schwerpunktmäßig entweder die Rinde betrifft (corticale Form: Kakteen, Abb. 1.3.42C, S. 188) oder das Mark (medulläre Form: Sellerie, Kohlrabi; Kartoffelknolle). In beiden Fällen handelt es sich hier um die Vermehrung von Speicherparenchym.

Während der Entwicklung einer Sproßpflanze ändert auch der Vegetationspunkt selbst seine Größe. Am Embryo ist die Initialenzone des Sproßscheitels meistens winzig, vergrößert sich aber am Keimling nach und nach durch stetige Vermehrung der Zellenzahl im Urmeristem. Dadurch nimmt (bei konstantem primären Dickenwachstum) der Achsenumfang entsprechend zu: **Erstarkungswachstum**. Der Querdurchmesser des Vegetationspunktes durchläuft schließlich ein Maximum und schrumpft dann wieder beim Übergang in die Blühphase. Die primäre Sproßachse erhält durch diese Veränderungen eine doppelkegelförmige Gestalt, die besonders bei einjährigen Monocotyledonen deutlich erkennbar ist, weil sie bei ihnen nicht nachträglich durch sekundäres Dickenwachstum maskiert wird (vgl. Abb. 3.2.272, S. 809).

C. Sproßachsen im sekundären Zustand

1. Sekundäres Dickenwachstum

a) Funktionelle Bedeutung

Alte Nadel- und Laubbäume sind die größten Landlebewesen; die Wipfel von Mammut- und Eucalyptusbäumen können um mehr als 100 m vom Erdboden entfernt sein. Baumstämme tragen in den meisten Fällen ein Kronengewicht von vielen Tonnen und müssen darüberhinaus bei Sturm enormen Hebelkräften standhalten. Wie sich das Sproßsystem in den Luftraum hinaus verzweigt, so das Wurzelsystem nach unten in den Boden hinein – Ausdruck der bipolaren Organisation aller Sproßpflanzen. Der gesamte Stoffaustausch zwischen Sproß- und Wurzelsystem muß aber durch den einen Stamm erfolgen, der die beiden Verzweigungssysteme miteinander verbindet und zu einem echten Zentralorgan – häufig dem einzigen – in der sonst «offenen», dezentralen Organisation der Pflanze wird. Die Doppelfunktion als Stütze und Transportbahn erfordert eine Verdickung des Stammes, die auf das Ausmaß von Wurzelsystem und Blätter- bzw. Nadelmasse abgestimmt ist. Die Stammverdickung wird durch sekundäres Dickenwachstum erreicht, das seinerseits auf der Tätigkeit des Sproßcambiums beruht (Abb. 1.3.53; vgl. S. 202). Bei diesem Dickenwachstum wird ganz überwiegend sekundäres Xylem = Holz gebildet – es macht in späteren Stadien volumenmäßig mehr als $4/5$ des sekundären Zuwachses und damit des Stammes aus.

Sinngemäß entsprechendes gilt für die größeren Seitenachsen im Verzweigungssystem des Sprosses, die durch sekundäres Dickenwachstum zu kräftigen Ästen heranwachsen. Und natürlich gibt es auch bei Wurzeln ein sekundäres Dickenwachstum (S. 226).

b) Cambium, Holz und Bast

Im voll entwickelten Zustand ist das Sproßcambium eine hohlzylindrische Stammzellschicht, die nur eine Zellage dick ist. Sie entwickelt sich aus dem Procam-

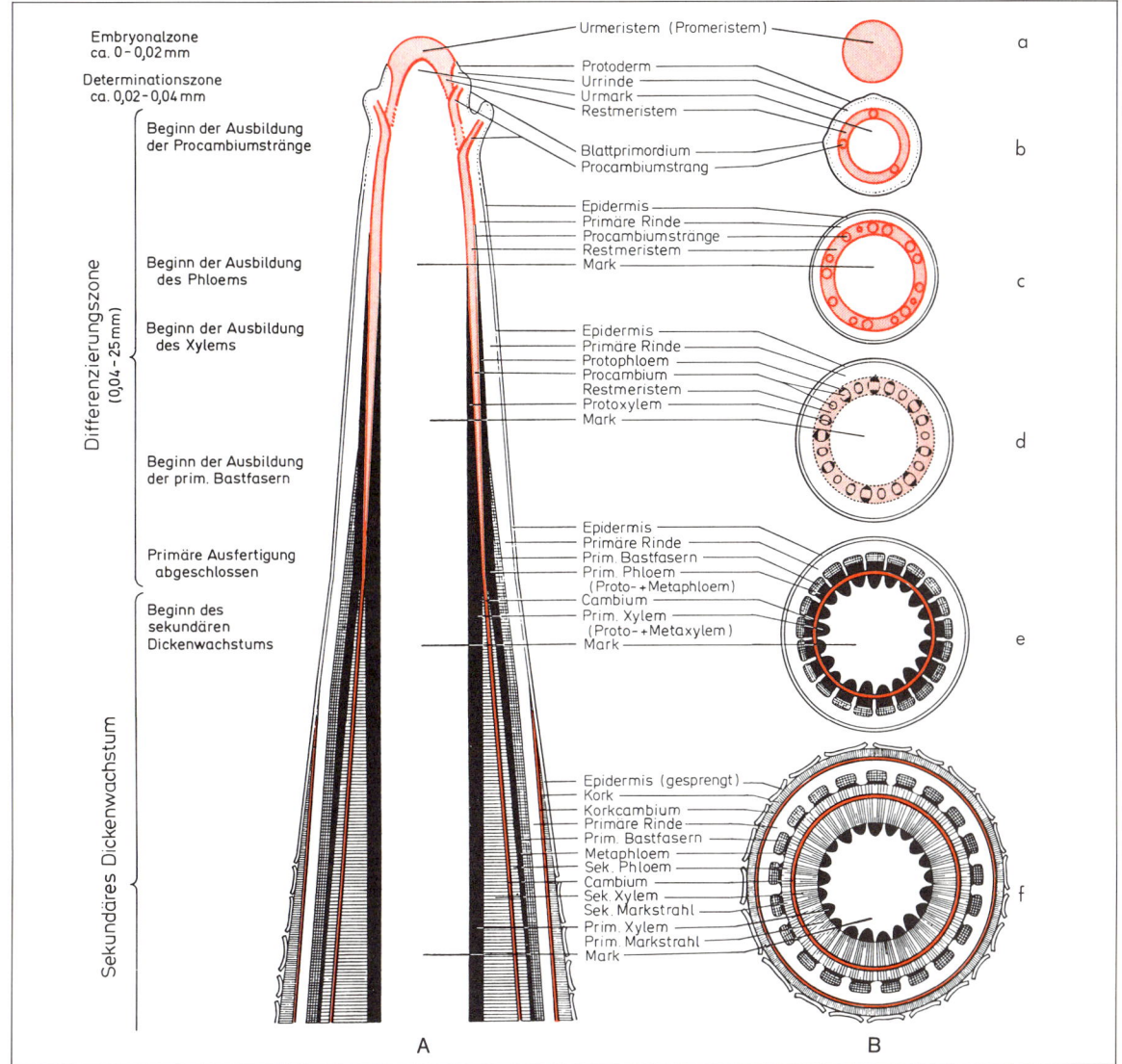

Abb. 1.3.53: Längsschnitt durch verholzende Dicotyledonen-Sproßachse (**A**) und entsprechende Querschnitte (**B**). (Nach D. v. Denffer)

bium des Sproßvegetationskegels. Die Stammzellen = Cambiuminitialen sind langgestreckte, an den Enden zugespitzte, insgesamt jedoch flache Zellen (Abb. 1.3.54), die im Sproß längs ausgerichtet sind und deren Flachseiten tangential (periklin) liegen. Sie sind vacuolisiert und relativ sehr groß, bei Nadelbäumen erreichen sie Längen bis 5 mm. Die Cambiuminitialen teilen sich überwiegend so, daß die neugebildete Wand periklin orientiert ist. Das bedeutet, daß vom Cambium – es erscheint in Sproßquerschnitten als Ringzone – in radialer Richtung neue Zellen abgegliedert werden, und zwar abwechselnd nach innen und nach außen (Abb. 1.3.55). Es entstehen radiale Zellreihen, wie sie allgemein für Gewebe charakteristisch sind, die ihre Entstehung der Aktivität von Cambien verdanken. Die Gesamtheit der nach innen abgegebenen Zellen bildet das **Holz**, das histologisch einem sekundären Xylem + Mark- bzw. Holzstrahlen entspricht. Alle nach außen abgegliederten Zellen machen das sekundäre Phloem aus, den **Bast**. Die Differenzierung der Abkömmlinge von Cambiuminitialen erfolgt beim sekundären Dickenwachstum sehr schnell. Das ist deshalb möglich, weil die Cambiuminitialen bereits massiv vacuolisiert sind, so daß ein postembryonales Streckungswachstum (S. 27, 66) entfällt. Es hat zugleich die Konsequenz, daß hier – im Gegensatz zu den primären Meristemen – die Stammzellen selbst die höchste Teilungsfrequenz haben, während sich ihre Abkömmlinge selten überhaupt noch einmal teilen.

Der Umfang des Cambiumzylinders («Cambiummantels») wird infolge des sekundären Dickenwachstums nach und nach größer: Erweiterungswachstum = **Dila-**

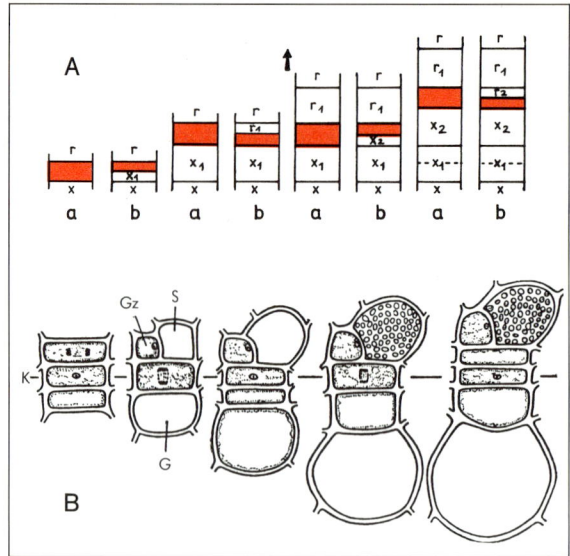

Abb. 1.3.55: Cambiuminitialen als Stammzellen. **A**, Schema der Teilungsfolge (Querschnitt); Initiale farbig, a vor einer Teilung, b danach; × Holzzelle, r Bastzelle (der Pfeil weist also zur Sproßperipherie). **B**, unterschiedliche Differenzierung der von der Initiale K (quer) abgegliederten Zellen in Gefäßglieder G bzw. Siebröhrenglieder S mit Geleitzelle Gz. (A n. L. Jost; B n. Holman und Robbins)

tationswachstum. Bei einheimischen Bäumen wächst der Cambienumfang auf etwa das 1000fache des primären Ausgangszustands an, bei ausländischen Baumriesen werden noch höhere Werte erreicht. Da die Dimensionen der Cambiuminitialen im wesentlichen konstant bleiben, muß die Zahl dieser Zellen auf gegebener Stammhöhe entsprechend zunehmen.

Die erforderliche Vermehrung wird entweder durch Längsteilungen erreicht, bei denen antiklin (radial) ausgerichtete Trennwände eingezogen werden. In diesem Fall entstehen «**Etagencambien**», wie sie für viele tropische Bäume typisch sind. Bei den heimischen Bäumen erfolgt dagegen zunächst eine Querteilung von Cambiuminitialen, obere und untere Tochterzelle wachsen dann aber mit ihren Enden in axialer Richtung zwischen die Nachbarinitialen hinein – ein Beispiel für intrusives Wachstum (S. 148). Dadurch entstehen Cambien, deren Zellmuster in Flächenansicht weniger geordnet erscheint als bei Etagencambien; man spricht von **Fusiformcambien** (lat. *fusus*, Spindel, wegen der Umrißform der Initialen).

c) Entstehung des Cambiummantels. Markstrahlen, Holz- und Baststrahlen

Im primären Zustand von Sproßachsen ist oft kein geschlossener Cambiumzylinder vorhanden; das Cambium ist vielmehr als fasciculäres Cambium auf die Leitbündel beschränkt, die ihrerseits durch parenchymatische Markstrahlen voneinander getrennt sind (S. 192). Setzt in so organisierten Sprossen sekundäres Dickenwachstum ein, wird zunächst durch Induktion von interfasciculärem Cambium ein geschlossener Cambiummantel gebildet (Abb. 1.3.56). Dieser Prozeß ist mit der Reembryonalisierung bereits ausdifferenzierter Parenchymzellen in den Markstrahlen verbunden.

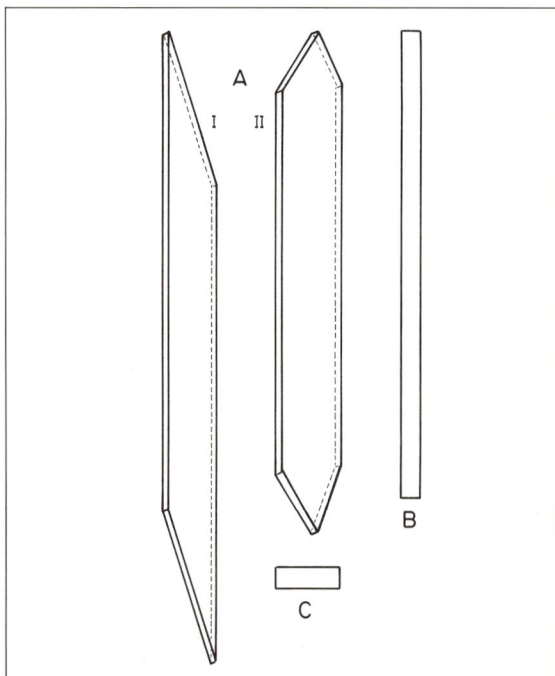

Abb. 1.3.54: Stammzellen (Initialen) des Sproßcambiums in perspektivischer Ansicht (**A**, die beiden häufigsten Formen), Quer- (**C**) und radialem Längsschnitt (**B**). (220 : 1, n. Rothert)

Bei Lianen, deren verholzte Sprosse nur mäßig verdickt sind (die Stützfunktion entfällt ja bei diesen Gewächsen), bilden die sekundär entstehenden **Markstrahlinitialen** auch weiterhin parenchymatisches Markstrahlgewebe, die primären Markstrahlen bleiben also prominent und trennen in jedem Internodium gut definierte Leitbündel voneinander (*Aristolochia*-Typ, Abb. 1.3.57 A; vgl. auch Abb. 1.3.61 C, S. 201). Die einzeln von elastischem Grundgewebe umfaßten Leitbündel wirken hier wie die Faserstränge eines Seiles – Lianen-Achsen sind reißfest, aber zugleich flexibel.

In vielen verholzenden Sproßachsen wird jedoch das Gros der in Markstrahlen neu entstandenen Cambiuminitialen zu **Fusiforminitialen**, die prosenchymatische Zellen des Leit- und Festigungsgewebes abgliedern. Die Markstrahlen werden in diesem Fall auf schmale Parenchymstreifen eingeschränkt (*Ricinus*-Typ, Abb. 1.3.57B). Bei den eigentlichen Baumarten schließlich geht das Procambium direkt in einen dichten Leitbündelzylinder mit geschlossenem Cambiummantel über (*Tilia*-Typ, Abb. 1.3.57C).

Die primären Markstrahlen, die vom Mark bis zur Rinde hindurchreichen, rücken mit fortschreitendem sekundärem Dickenwachstum in der Peripherie des Holzkörpers, am Cambiummantel und besonders im Bast immer weiter auseinander und können schließlich ihre Funktionen als transversales (radiales) Transportsystem und als Speichersystem nicht mehr erfüllen. Unter diesen Umständen kommt es zur Bildung von **Holzstrahlen** und **Baststrahlen**, indem sich – im Cambiummantel lokal begrenzt – Fusiforminitialen in Markstrahlinitialen umwandeln. Holz- und Baststrahlen (sie wurden früher oft fälschlich als «sekundäre Markstrahlen» bezeichnet) reichen nicht vom Mark bis zur Rinde durch, sondern beginnen blind im Holz bzw. Bast. Sie sind um so kürzer, je später die Initialenumwandlung erfolgt. Die Orte solcher Umwandlungen liegen so, daß die Markstrahlen bei Tangentialansicht die Strahlen selbst werden dabei in Querschnitten sichtbar – regelmäßige Muster bilden (vgl. S. 202): überall dort, wo der Abstand von Markstrahlen infolge des sekundären Dickenwachstums einen bestimmten Wert überschreitet, wird ein neuer Holz-/Baststrahl angelegt. (Es handelt sich hier um ein schönes Beispiel für Bildung regelmäßiger Muster durch Sperreffekte, vgl. S. 177f.)

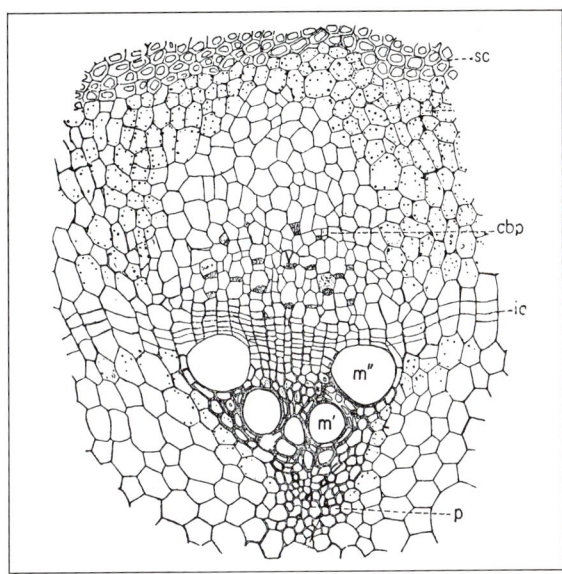

Abb. 1.3.56: Entstehung von Interfasciculär-Cambium ic beidseits des Leitbündelcambiums durch Reembryonalisierung und erneute Teilungsaktivität von Parenchymzellen in Markstrahlen (Sproß der Liane *Aristolochia durior*, quer). p Protoxylem; m', m" Gefäße des Metaxylems; cbp Protophloem; sc Sclerenchymsichel. (80 : 1, n. E. Strasburger)

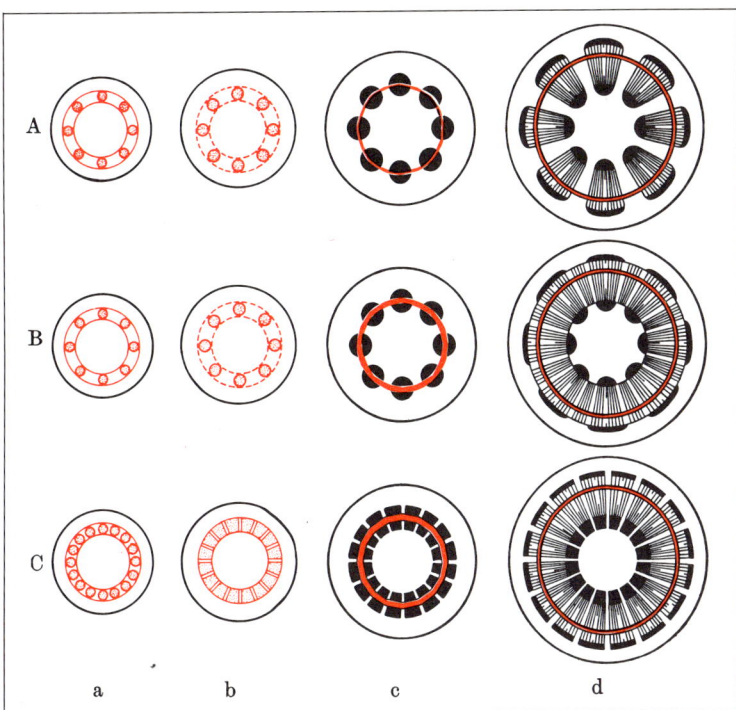

Abb. 1.3.57: Typen des sekundären Dickenwachstums bei Dicotyledonen: **A**, *Aristolochia*-Typ; **B**, *Ricinus*-Typ; **C**, *Tilia*-Typ. a–c Ausbildung des primären Zustandes, d sekundäres Dickenwachstum; Cambium vollrot. (Nach D. v. Denffer)

Bei Nadelhölzern sind die Holz- und Baststrahlen zwar gewöhnlich einige Zellen hoch, aber nur eine Zellreihe breit. Bei Laubhölzern sind Holz- und Baststrahlen oft viele Zellen breit (vgl. Abb. 1.3.62, S. 202).

d) Sekundäres Dickenwachstum bei Monocotyledonen

Einkeimblättrige Pflanzen haben Atactostelen und geschlossene Leitbündel, sie erfüllen damit zwei wesentliche Voraussetzungen für die Bildung eines Cambiummantels nicht. Tatsächlich gibt es bei ihnen kein sekundäres Dickenwachstum nach den bisher beschriebenen Mechanismen, und es überrascht nicht, daß fast alle Baum- und Straucharten den Gymnospermen oder den Dicotyledonen angehören. Wir haben auch gesehen, daß die Palmen ihre endgültigen Stammdurchmesser durch primäres Dickenwachstum erreichen (S. 194). Nur bei einigen baumartigen Liliengewächsen (u.a. beim Drachenbaum *Dracaena*, sowie bei bestimmten *Yucca*- und *Aloe*-Arten) gibt es ein sekundäres Dickenwachstum, das allerdings ganz anders verläuft als bei Gymnospermen und Dicotylen (Abb. 1.3.58): Hier wird ein Pericambium aktiv, das die gesamte Stele umfaßt und gegen außen hin begrenzt.

2. Holz

a) Funktionen und Zelltypen

Holz erfüllt im lebenden Baum/Strauch drei Basisfunktionen, denen jeweils bestimmte Zell- und Gewebetypen zugeordnet sind: Für die Stützfunktion ist ein Festigungssystem zuständig, den Wasser- und Nährsalztransport besorgt das Hydrosystem, und ein Speichersystem dient der Assimilatbevorratung. Unter den zellulären Elementen des Holzes, die besonders gut nach künstlicher Maceration einzeln untersucht werden können (Abb. 1.3.59), lassen sich vier Formen unterscheiden und den genannten Funktionssystemen zuordnen:

– **Tracheiden** sind 1–5 mm (extrem bis 8 mm) lange, tote Röhrenzellen mit stark verdickten, lignifizierten Wänden und spitz-keilförmigen Enden, an denen gehäuft Hoftüpfel auftreten (S. 104f.). Tracheiden gehören sowohl dem Festigungs- wie dem Hydrosystem an. Die maximale Strömungsgeschwindigkeit in Tracheiden liegt bei $0{,}4 \text{ mm} \cdot \text{s}^{-1}$.

– **Tracheenglieder** sind ebenfalls tote, wassergefüllte Röhrenzellen mit Hoftüpfeln (diese zeichnen allgemein Zellen des Hydrosystems aus); aber sie sind wesentlich kürzer und weiterlumig als Tracheiden, ihre verholzten Wände sind nur mäßig verdickt, und die zwischen übereinanderstehenden Tracheengliedern zunächst vorhandenen Querwände sind aufgelöst (bzw. Schrägwände porös oder leiterartig durchbrochen, Abb. 1.2.27, S. 151). Axial in Serie aufeinanderfolgende Tracheenglieder bilden also lange Röhrensysteme, die Tracheen oder (besser) **Gefäße**. Sie gehören ausschließlich dem Hydrosystem an. Ihre Querdurchmesser können Werte bis über 0,5 mm erreichen. Der Strömungswiderstand ist entsprechend gering, es werden Strömungsgeschwindigkeiten bis $15 \text{ mm} \cdot \text{s}^{-1}$ erreicht, in Extremfällen bis über $40 \text{ mm} \cdot \text{s}^{-1}$ (vgl. S. 333).

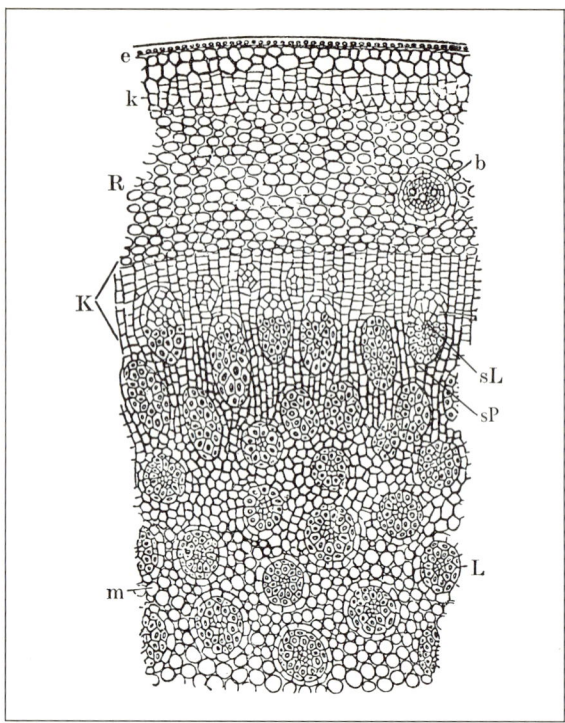

Abb. 1.3.58: Sekundäres Dickenwachstum beim Monocotyledonen-Baum *Dracaena spec.* (Drachenbaum, vgl. S. 815). e Epidermis, k Kork, R Rinde mit einem Blattspurbündel b; L ein primäres konzentrisches Stammbündel, m primäres Parenchym; K aus der Reembryonalisierung des Pericambiums hervorgegangenes Cambium, das bereits sekundäres Parenchym sP und sekundäre Leitbündel sL gebildet hat. (20 : 1, n. J. Sachs)

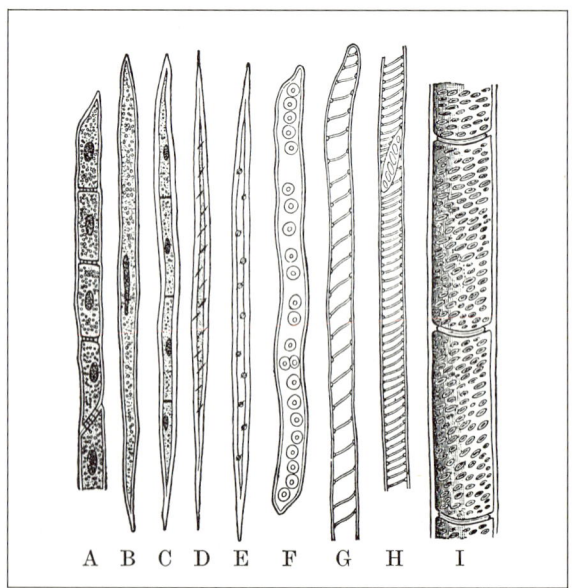

Abb. 1.3.59: Zelltypen im Holz von Laubbäumen. **A**, Holzparenchym; **B, C**, ungeteilte bzw. unterteilte Ersatzfaser; **D**, Holz- (Libriform-)faser; **E**, Fasertracheide; **F, G**, Hoftüpfel- bzw. Schraubentracheide; **H, I**, Gefäße (**H** Leitertrachee, **I** Tüpfelgefäß mit aufgelösten Querwänden zwischen den Tracheengliedern; vgl. Abb. 1.2.27, S. 151). (150 : 1, n. E. Strasburger)

– **Holzfasern** ähneln nach Form und Größe den Tracheiden, aber ihre Wände sind noch dicker und frei von Hoftüpfeln. Die Sekundärwand-Cellulose liegt in steiler Schraubentextur vor. Zwischen Tracheiden und Holzfasern gibt es Übergänge in Gestalt von Fasertracheiden. Auch zwischen Holzfasern und Holzparenchym werden Zwischenformen gefunden, nämlich lebende «Ersatzfasern», die ein- oder mehrzellig sein können. Holzfasern sind oft tot, aber nicht immer; im ersten Fall gehören sie ausschließlich dem Festigungssystem an, im zweiten zusätzlich auch dem Speichersystem.

Tracheiden, Tracheen und Holzfasern sind in Stämmen und Zweigen längsorientiert (axial; eine Ausnahme machen nur die Holzstrahltracheiden der Nadelhölzer, s. u.).

Holzparenchymzellen sind die lebenden Zellen des Holzes. Sie dienen der Speicherung von Stärke und/oder Öl, bei Bedarf auch dem Transport organischer Nährstoffe.

b) Gymnospermen-Holz

Das Holz der Nadelbäume ist im wesentlichen Tracheidengewebe (Abb. 1.3.60). Es ist vergleichsweise homogen-monoton aufgebaut. Die dichtgepackten Tracheiden erfüllen hier sowohl die Aufgabe des Hydrosystems wie die des Festigungssystems. Tracheen fehlen, Parenchym beschränkt sich auf die Holzstrahlen und das Drüsenepithel der Harzgänge.

Zwischen den Tracheiden und den Parenchymzellen von Holzstrahlen sind einseitig behöfte Tüpfel ausgebildet, besonders große – dafür jeweils nur einer pro Zellkontakt – bei der Kiefer: «Fenstertüpfel» (vgl. Abb. 1.3.62 C). An der oberen und unteren Grenze von Holzstrahlen verlaufen vielfach Holzstrahltracheiden, d.s. langgestreckte und tote, mit Hoftüpfeln ausgestattete Zellen, die radialen Wassertransport vermitteln.

Harzkanäle (Abb. 1.2.32, S. 156) verlaufen teils axial, teils in Holzstrahlen radial und bilden insgesamt ein zusammenhängendes Röhrensystem im Nadelholzstamm. Ausfließendes Harz bildet aseptische Wundverschlüsse; bei Verletzung werden dementsprechend zusätzliche Harzgänge gebildet, und auch bei der Tanne, in deren Holz sich zunächst keine Harzkanäle befinden, treten unter solchen Umständen – adaptiv – Harzgänge auf.

Das sekundäre Dickenwachstum beschränkt sich bei Holzgewächsen unserer Breiten auf die Zeit von Ende April bis Anfang September; es erfolgt also in diskreten Jahresschüben. Dabei wird bis Juli sog. Frühholz gebildet, danach noch – bei auslaufender Cambiumaktivität – Spätholz. Die Tracheiden des Spätholzes haben dickere Wände und sind entsprechend engerlumig als die des Frühholzes. Der Übergang von Frühholz- zu Spätholztracheiden erfolgt jedoch allmählich. Die schon mit freiem Auge erkennbaren, scharfen Jahresring-Grenzen, auf denen die Maserung des Holzes beruht, ergeben sich dadurch, daß die zuletzt gebildeten Spätholztracheiden besonders dickwandig sind und englumig, die in der nächsten Vegetationsperiode zuerst gebildeten Frühholztracheiden dagegen besonders dünnwandig und weitlumig.

c) Dicotyledonen-Holz

Das Holz der Laubbäume und -sträucher ist viel komplizierter gebaut als das der Nadelbäume. Durch die Beteiligung von Holzfasern und Tracheen kommt es hier zur Funktionenteilung zwischen Hydrosystem und Festigungssystem. Angiospermenholz ist mikroskopisch heterogen, die Arbeitsteilung ist wesentlich weiter fortgeschritten als bei den Nadelhölzern.

Darin spiegelt sich die stammesgeschichtliche Entwicklung wider. Baumförmige Gymnospermen haben sich im Perm, vor rd. 260 Mio. Jahren, entwickelt. Das geschah in einem eher kühlen Klima, wie es heute etwa in der Taiga und in Bergwäl-

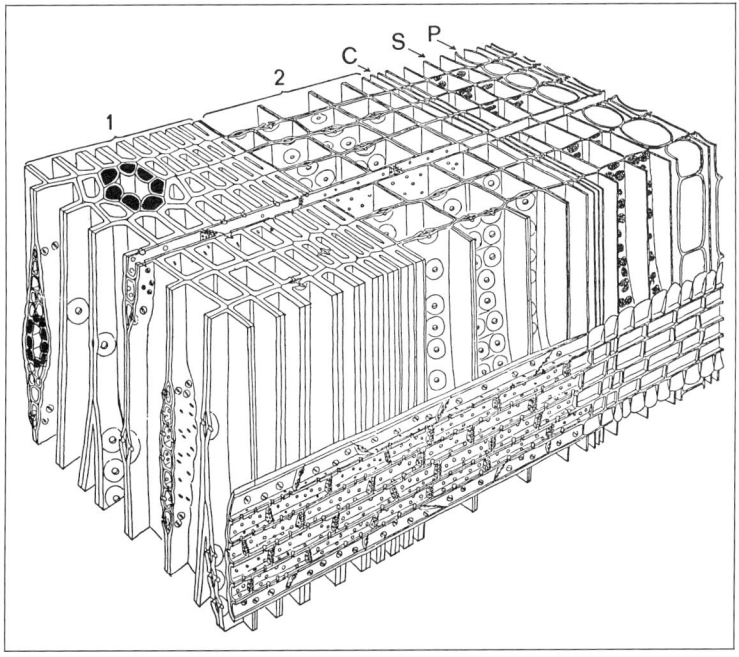

Abb. 1.3.60: Blockschema eines Nadelholzstammes im Cambiumbereich; Schnittrichtung bei Blick von oben: quer; von rechts vorne: radial; von links vorne: tangential. 1 Spätholz mit vertikalem und – im Markstrahl – horizontalem Harzgang, Drüsenzellen schwarz; 2 Frühholz; die großen Hoftüpfel zwischen den Tracheiden erscheinen nur im Radialschnitt in Aufsicht (vgl. Abb. 1.1.112 C–F, S. 105); C Cambium; S aktiver Bast mit Siebparenchym P, nach außen kollabierte Siebelemente. Unten im Radialschnitt längs aufgeschlitzter Markstrahl, oben und unten von je einer Reihe Holzstrahltracheiden begrenzt, die sich im Bast als Reihen von Strasburgerzellen fortsetzen; dazwischen 4 Reihen von Holz-(Bast-)strahlparenchym. (210 : 1, n. K. Mägdefrau)

dern der gemäßigten Zonen herrscht, den – freilich sehr ausgedehnten – Refugien der Nadelhölzer in der Jetztzeit. Die Laubhölzer entstanden dagegen erst vor ca. 100 Mio. Jahren in der mittleren Kreidezeit unter heiß-schwülen Klimabedingungen, wie sie heute in vielen tropischen und subtropischen Regionen vorherrschen, besonders ausgeprägt im tropischen Regenwald. Die Laubhölzer haben sich nach ihrer Entstehung sehr rasch ausgebreitet und weitgehend durchgesetzt. U. a. hat sich ihr komplex gebautes Holz, das eine Vielzahl von Gewebekombinationen zuläßt, als anpassungsfähiger erwiesen als das monotone Tracheidenholz der Gymnospermen.

Die fortschreitende Evolution des Angiospermenholzes kann an heute lebenden Vertretern gut rekonstruiert werden. Neben vergleichsweise «primitiven» Holzsorten, deren Grundgewebe noch weitgehend Tracheidengewebe ist (z.B. Edelkastanie), gibt es alle Übergänge zu Holzformen, in denen das Tracheidengewebe teilweise (z.B. Eiche, Ulme, Walnußbaum; Roßkastanie), schließlich ganz durch Holzfasergewebe mit eingeschlossenem Speicherparenchym (Faserparenchym = interfibrilläres Parenchym) ersetzt ist (Esche, Ahorn).

Die Gefäße verlaufen nicht streng parallel zur Stammachse, sondern folgen leichten Schlangenlinien und nähern sich dadurch innerhalb eines Jahreszuwachses immer wieder gegenseitig an. Im Querschnitt treten (scheinbare) Gefäßgruppen auf; in diesen Berührungszonen sind Hoftüpfel – bei den Laubhölzern meist mit schlitzförmigem Porus und ovalem Hof – besonders zahlreich, so daß in funktioneller Hinsicht ein Gefäßnetz entsteht.

Im Holz vieler heimischer Laubbäume sind mikropore Gefäße (Durchmesser < 100 μm) in großer Zahl über die jährlichen Zuwachszonen verteilt: zerstreutporiges Holz (Beispiele: Buche, Birke, Erle, Weide, Pappel, Ahorn, Roßkastanie; Abb. 1.3.61 A, B). In anderen Fällen – so bei Eiche, Ulme, Esche, Edelkastanie – werden dagegen im Frühholz wenige makropore Gefäße gebildet (Querdurchmesser > 100 μm, daher schon mit freiem Auge erkennbar): ringporiges = cyclopores Holz (Abb. 1.3.61C, D). Die Gefäße werden – besonders bei ringporigen Hölzern – von paratrachealem Parenchym begleitet, das wegen der vielen Tüpfelverbindungen zu den Tracheengliedern auch Kontaktparenchym genannt wird. Die Zellen dieses Parenchyms haben den Charakter von Drüsenzellen.

Tatsächlich können sie Zucker u.a. organische Stoffe in die Gefäße sezernieren, wenn bei hoher Luftfeuchtigkeit der Transpirationssog ausbleibt und die Versorgung rasch wachsender Triebe mit Nährsalzen stockt. Der Zucker im Xylem saugt osmotisch Wasser nach, das in den Gefäßen nur nach oben steigen kann (ein Absinken der Wassersäule ist durch die Wurzelendodermen gesperrt, vgl. S. 145, 225). Im Kronenbereich kann das zuckerhaltige Wasser über Hydathoden (S. 141) durch Guttation (S. 331 f.) ausgepreßt werden, nachdem sich die Blattzellen mit den erforderlichen Nährsalzen versorgt haben. Aufgrund dieser Funktionsbeziehungen wird verständlich, daß besonders in den Stämmen großer Bäume des tropischen Regenwaldes das paratracheale Kontaktparenchym massiv entwickelt ist und die einzelnen Gefäße als vielschichtiger Mantel umgibt. Auch die makroporen Gefäße der ringporigen Holzarten sind von Kontaktparenchymscheiden umhüllt (Abb. 1.3.61D); die entsprechenden Baum- und Straucharten sind an das mediterrane Klima mit seinen kurzen Wachstumszeiten zwischen mild-feuchten Wintern und trocken-heißen Sommern besonders angepaßt. Bei zerstreutporigem Holz ist das Kontaktparenchym nur schwach entwickelt. Solches Holz ist für Baumarten jener Gebiete typisch, in denen die Böden feucht sind, während die Luft nur selten dampfgesättigt ist. Aber auch bei diesen (z.B. den mitteleuropäischen) Baumarten wird im Frühjahr, unmittelbar vor dem Laubaustrieb, das paratracheale Kontaktparenchym aktiv. In dieser Zeit kommen die Bäume «in Saft», die organischen Speicherstoffe im Holzparenchym werden mobilisiert und noch vor dem Einsetzen der Blatttranspiration in die Gefäße verlagert. Diese stehen daher unter Überdruck, sie enthalten eine wäßrige Lösung verschiedener organischer Stoffe, vor allem von Zuckern und Aminosäuren. Bei Verletzung tritt die Gefäßflüssigkeit – mitunter in erheblichen Mengen – als Blutungssaft aus (vgl. S. 335). In der später einsetzenden, eigentlichen Vegetationszeit liefert dann die Transpiration der inzwischen entfalteten Blätter die Energie für das Aufsteigen des Gefäßinhaltes gegen Schwerkraft und Reibung, in den Gefäßen herrscht Unterdruck.

Die Mark- und Holzstrahlen des Angiospermenholzes sind meistens umfangreicher, d.h. höher und breiter als die der Gymnospermen und dementsprechend aus sehr viel mehr Zellen aufgebaut (Abb. 1.3.62). Das Strahlparenchym nimmt über besondere Kontaktstellen Verbindung mit den Gefäßen auf. Außerdem bildet es zusammen mit paratrachealem und – wo vorhanden – interfibrillärem Parenchym ein lockeres, lebendes Maschenwerk, welches das Dicotyledonenholz nach allen Richtungen hin durchzieht und volumenmäßig $\frac{1}{4}$ bis $\frac{1}{3}$ des Holzkörpers ausmachen kann.

Auch im Holz jener Angiospermen, die in Gegenden mit ausgeprägten Jahreszeiten wachsen, bilden sich – wie bei Nadelhölzern – auffällige Jahresringe aus, die den jährlichen Zuwachszonen entsprechen. Durch Jahresringzählungen kann das Alter von Bäumen recht genau bestimmt werden (Mammutbäume, bei Stammdurchmessern bis 6 m: 3500 Jahre; bei der ebenfalls californischen *Pinus longaeva* bis 4900 Jahre). Jahresringe erlauben auch Rückschlüsse auf Klimaschwankungen während des Baumlebens: In Trockenjahren sind sie schmal mit viel Spätholz, in feuchten breiter. Solche «Signaturen» ermöglichen eine genaue rückwirkende Datierung prähistorischer Holzfunde bis in Zeiträume hinein, die weit vor der Altersgrenze der untersuchten Bäume liegen. Mit Hilfe der «Überbrückungs-

Abb. 1.3.61: Zerstreut- und ringporige Hölzer im Querschnitt. **A, B**, die Linde *Tilia platyphyllos* besitzt zerstreutporiges Holz mit relativ ▶ engen Gefäßen (Durchmesser 100 μm. **A** mit drei Jahresringgrenzen, **B** mit einer). – Cyklopore Hölzer: **C**, *Aristolochia sipho*, eine Liane, Holzporen nur im Frühholz jedes Jahreszuwachses; breite Mark- und Holzstrahlen, die dunklen Punkte darin sind Oxalatdrusen (S. 91); * Startstellen neuer Holzstrahlen. **D**, drei Jahresringgrenzen bei der Eiche *Quercus robur*. Die großen Gefäße des Frühholzes – Durchmesser bis 500 μm – sind von Kontaktparenchym umgeben; die mikroporen Gefäße des Spätholzes liegen in Tracheidengewebe eingebettet. Die dunklen Zonen entsprechen dichtgepackten Holzfasern. Eichenholz ist histologisch durch seine hohe Dichte an Wandmaterial als typisches Hartholz ausgewiesen. (A, C, D 25 : 1; B 70 : 1. Originale)

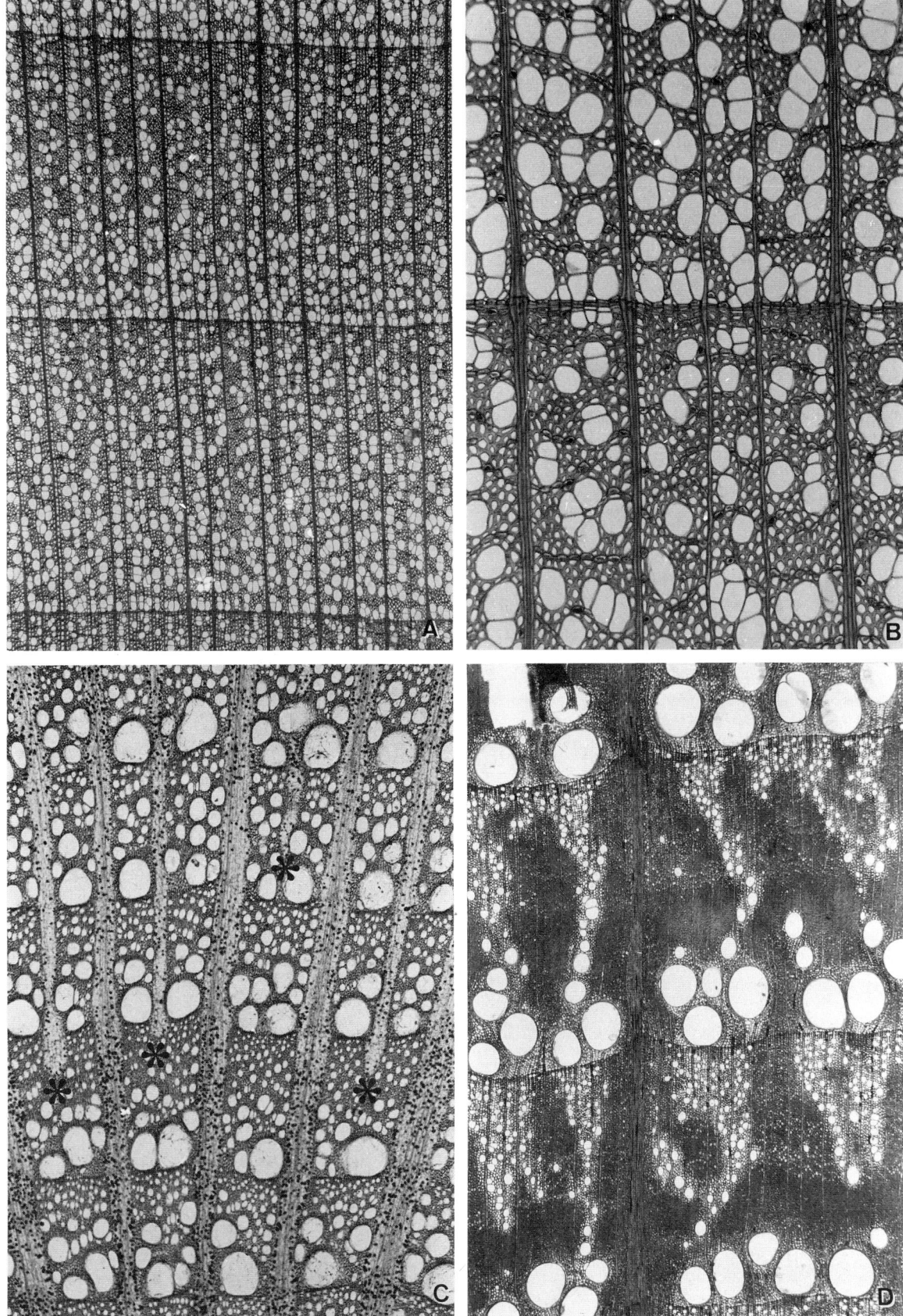

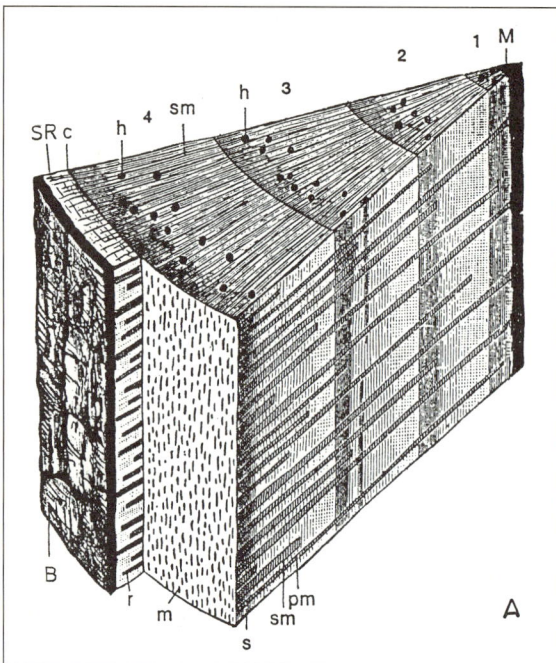
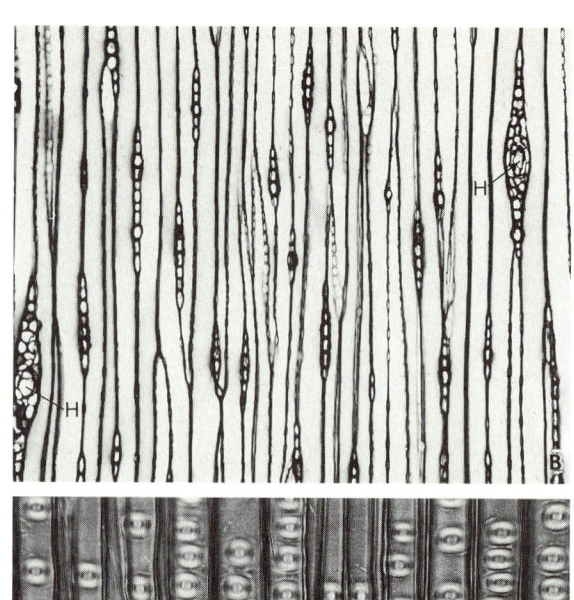

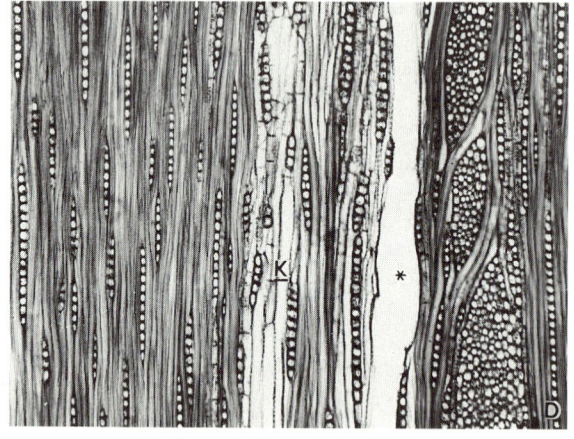

Abb. 1.3.62: Markstrahlen und Holzstrahlen. **A–C**, Kiefer *Pinus sylvestris*. **A**, Stück eines 4jährigen Zweiges, oben Quer- oder «Hirnschnitt», rechts Längsschnitt radial («Spiegelschnitt»), links tangentiale Längsansicht (der entsprechende Schnitt durch Holz wird «Fladerschnitt» genannt). c Cambium; SR sekundäre Rinde; B Borke; M Mark; 1–4, aufeinanderfolgende Jahresringe; pm (primäre) Markstrahlen; sm Holzstrahlen längs; m dsgl. quer; r Baststrahlen; h Harzkanäle. **B**, Tangentialschnitt: Zahlreiche einreihige Holzstrahlen (quer) zwischen längsgeschnittenen Tracheiden, in den steilen Schrägwänden zwischen diesen Hoftüpfel-Reihen; 2 dickere Holzstrahlen führen Harzkanäle H. **C**, Radialschnitt durch Holz: Tracheiden mit großen Hoftüpfeln; unten Markstrahl längs, mit zentraler Reihe von parenchymatischen Kontaktzellen P, die über sehr große quadratische «Fenstertüpfel» mit Tracheiden verbunden sind; darüber und darunter horizontale Holzstrahl-Tracheiden mit kleinen Hoftüpfeln. **D**, Tangentialschnitt durch Eichenholz *(Quercus robur)* mit einem Gefäß (*), einer Zone von paratrachealem Kontaktparenchym (K) und zahlreichen einreihigen Holzstrahlen in dichtem Holzfasergewebe; rechts mehrere dicke «zusammengesetzte» Holzstrahlen, die dadurch zustandekommen, daß im Cambium zwischen benachbarten Holzstrahlen Fusiforminitialen ausfallen. Dieser Prozeß geht gerade bei der Eiche sehr weit, wodurch außergewöhnlich hohe und breite Holzstrahlen entstehen. (A 7 : 1, n. E. Strasburger. B–D Originale, B u. D 75 : 1, C 150 : 1)

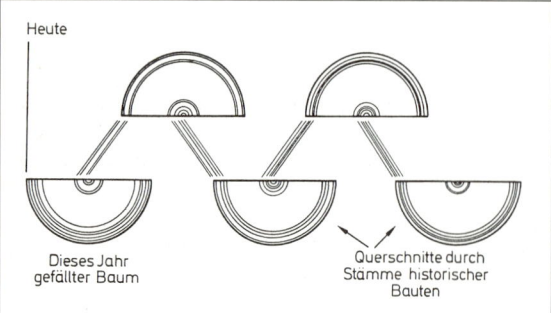

Abb. 1.3.63: Archäologische Datierung nach dem ‹Überbrückungsverfahren› der Dendrochronologie. Die ältesten Jahresringe eines recenten Baums werden mit den äußersten eines jungen historischen Gebälks synchronisiert usf., bis zurück in prähistorische Zeiten. (Nach Glock)

methode» (Abb. 1.3.63) ist es in den USA gelungen, exakte Datierungen bis zurück in das 5. vorchristliche Jahrtausend vorzunehmen. In Europa konnten mit Eichen und Tannen Chronologien aufgestellt werden, die immerhin 2,5 Jahrtausende umfassen (**Dendrochronologie**). Gewisse Unsicherheiten dieser Methode ergeben sich, wenn es durch Temperaturstürze während der Vegetationsperiode oder durch Schädlinge zu einem zweiten Laubaustrieb in einem Jahr kommt, oder wenn umgekehrt Jahresringe nicht deutlich gegeneinander abgegrenzt sind.

d) Splintholz und Kernholz

Holz ist durch die vielen toten Zellen – Tracheiden, Tracheenglieder, Holzfasern – von vornherein ein überwiegend totes Gewebe. Auch die Lebensdauer des Holzparenchyms ist begrenzt, in älteren Jahresringen stirbt es ab. Daher finden sich bei fortgesetztem sekundären Dickenwachstum im Zentralbereich von Baumstämmen überhaupt keine lebenden Zellen mehr, es ist Kernholz entstanden. Das «lebende» Holz der äußeren Stammpartien wird als Splintholz bezeichnet. Während bei vielen zerstreutporigen Hölzern die Wasserleitfähigkeit der Gefäße bis über 20 Jahre erhalten bleibt, erlischt sie besonders bei ringporigen (Esche, Edelkastanie, Ulme) schon nach wenigen Jahren, bei der Eiche schon im 2. Jahr. Verkernung tritt aber auch bei diesen Bäumen erst später ein, so daß zwischen einem Leitsplint, der noch dem aktiven Hydrosystem zugehört, und einem auf Speicher- und Stützaufgaben beschränkten Speichersplint unterschieden werden muß. Bäume mit schmalem Leitsplint sind gegen äußere Störungen, z.B. starke Temperaturerhöhung des Stammes bei langer Sonneneinstrahlung, sowie gegen mechanische Beschädigung oder Pilzbefall besonders empfindlich. Das äußert sich immer wieder in verheerenden Epidemien von kontinentalem Ausmaß (Eichen- und Kastaniensterben in Nordamerika; Ulmensterben, hervorgerufen durch einen Ascomyceten, der von Rüsselkäfern verbreitet wird – vgl. S. 567, 884).

Die Verkernung von Holz ist kein langsames Absterben, sondern ein aktiver Vorgang. Vielfach füllen sich dabei die Gefäße mit Luft und werden zusätzlich verstopft, indem benachbarte Holzparenchymzellen durch Tüpfel in sie einwachsen (Thyllenbildung, Abb. 1.3.64; griech. *thýllis*, Beutel). Im Parenchym noch vorhandene Reservestoffe werden mobilisiert und abtransportiert, oder aber zur Bildung der Thyllen und besonderer Kernholzstoffe (vor allem Gerbstoffe, Harze) verbraucht. Ebenso werden wertvolle Nährelemente (P, K, S) in den Splint verlagert, dagegen Überschußstoffe wie Ca, oft auch Si, im Kern deponiert.

Beispielsweise verdankt das Teakholz seine außergewöhnliche Festigkeit und Widerstandsfähigkeit einer massiven Verkieselung. Überhaupt ist das Kernholz vieler Nadel- und Laubhölzer der technisch wertvollste Teil des Holzes. Durch die Luftfüllung der Gefäße können die eingelagerten Gerbstoffe, die Schädlingsresistenz vermitteln, nach und nach zu kräftig gefärbten Phlobaphenen aufoxidiert werden. Das ergibt mitunter prächtige, natürlich gefärbte und imprägnierte Hölzer, die sich zugleich durch hohe Beständigkeit auszeichnen. Beson-

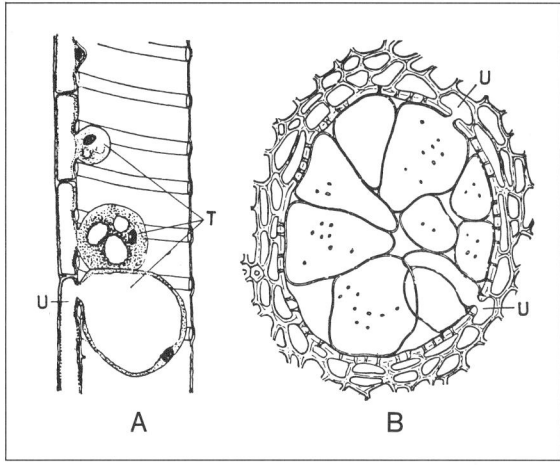

Abb. 1.3.64: Gefäßverschluß durch Thyllen T: Holzparenchymzellen U wachsen durch Tüpfel in das Lumen der Gefäße ein (**A**, Längsschnitt) und verstopfen sie schließlich (**B**, Querschnitt; Kernholz der Robinie). (Ca. 350 : 1, A n. Hollmann u. Robbins, B n. H. Schenck)

ders wertvolle ausländische Kernhölzer sind Mahagoni *(Swietenia mahagoni)*, Palisander *(Dalbergia)*, Teakholz *(Tectona grandis)* und das tiefschwarze Ebenholz (verschiedene *Diospyros*-Arten).

3. Bast

a) Zelltypen im Bast

Wie das Holz ist auch das sekundäre Phloem mikroheterogen (Abb. 1.3.65), entsprechend den auch hier gegebenen Funktionserfordernissen des axialen Ferntransports von Assimilaten (Siebelemente: Siebzellen bzw. Siebröhrenglieder, vgl. S. 149f.), der Assimilatspeicherung und des radialen Nahtransports (Bastparenchym und Baststrahlen), sowie der Festigung bzw. des mechanischen Schutzes (Sclerenchym: Bastfasern und Steinzellen; Kristallzellen).

Die **Siebelemente** des Bastes setzen jene des primären Phloems fort, so daß von Triebspitzen und Blättern ununterbrochene Leitbahnen bis in die Wurzeln führen. Die kernlosen Siebelemente werden durch reich getüpfelte Zellwände hindurch von Parenchymzellen mit Drüsencharakter am Leben erhalten und – in ihrer Funktion als Leitbahnen – be- bzw. entladen. (Laubhölzer: Geleitzellen; Gymnospermen: Strasburger-Zellen, S. 150).

Die parenchymatösen **Baststrahlen** sind die radiale Fortsetzung der Holzstrahlen nach außen, sie stellen über das Cambium hinweg Querverbindungen zwischen Holz und Bast her. Im Gegensatz zu den Strasburger- bzw. Geleitzellen sind die Parenchymzellen der Baststrahlen meistens mit Stoffreserven – Stärke, Öl – angefüllt. Dasselbe gilt für die axial orientierten Verbände von Zellen des Bastparenchyms.

Bastfasern werden oft extrem lang (S. 148), die Faserzellen schieben sich während ihrer Entwicklung durch intrusives Spitzenwachstum zwischen Hunderte von anderen Zellen hinein. Ihnen verdankt der gesamte Ge-

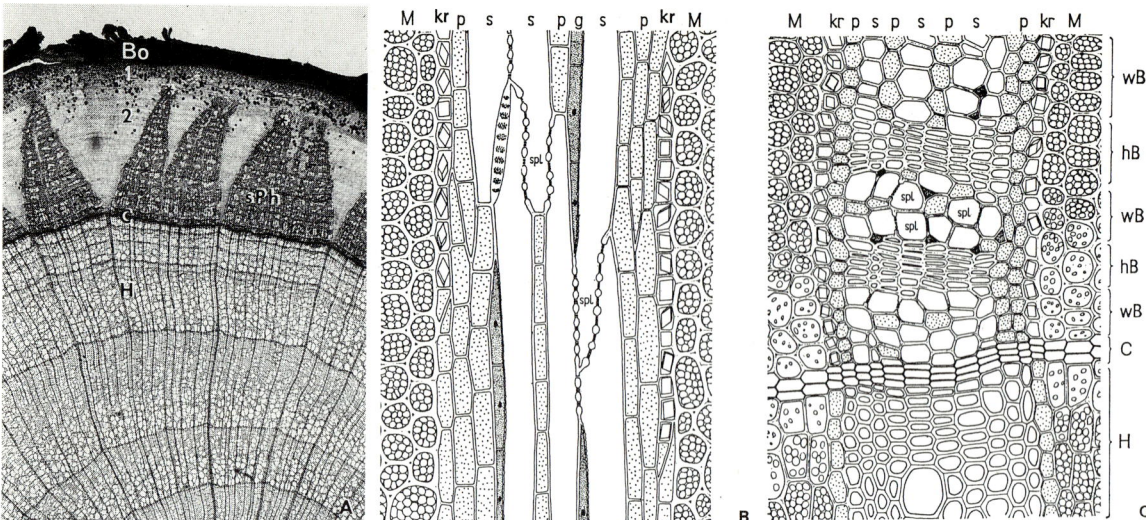

Abb. 1.3.65: Bast. **A,** Querschnitt durch mehrjährigen Zweig der Linde *Tilia platyphyllos*; Bo Borke, 1 primäre Rinde und prim. Phloem (an zwei Stellen durch * bezeichnet); 2 sekundäre Rinde mit Bast sPh, dieser mit tangentialen Lagen von Hartbast (dunkel) und Weichbast (hell); zwischen sPh keilförmige helle Parenchymzonen = Baststrahlen, deren Breite sich erst in der letzten Saison auf jene der Holzstrahlen erweitert hat. Im Rindenparenchym zahlreiche schwarze Kristallzellen, ausgefüllt von Calciumoxalat-Drusen. **B, C,** sekundäre Rinde des Weinstocks *Vitis vinifera* im Längs- und Querschnitt. s Siebröhren mit Siebplatten spl, g Geleitzellen, p Parenchym, M Rindenstrahlparenchym mit Reservestärke, kr Kristallzellen, wB Weichbast (Siebröhren + Geleitzellen), hB Hartbast (Bastfasern), C Cambium, H Holz. (A 16 : 1, Original. B, C 170 : 1, n. D.v. Denffer)

webekomplex seinen Namen: Bastfaserstreifen aus Weiden- und Lindenzweigen lieferten einst den «Bindebast» der Gärtner.

b) Gewebe und ihre Veränderungen

Gemäß der Lage des Cambiums zwischen Holz und Bast wächst der Holzkörper an seiner Peripherie, der Bastmantel dagegen an seiner Innenseite in die Dicke. Während sich beim Holz die ältesten Teile innen und die jüngsten außen befinden, ist es beim Bast umgekehrt.

Die lebenden Siebelemente und Bastparenchymzellen bilden gemeinsam den Weichbast. Er wechselt mit tangentialen Schichten aus massierten Bastfasern ab, dem Hartbast. Diese Schichtung überlagert die meistens nur undeutlich gegeneinander abgegrenzten jährlichen Zuwachszonen des Basts, deren jede mehrere Weich- und Hartbastlagen enthält. Die toten Hart- und die lebenden Weichbastlagen werden von den radial verlaufenden Mark- und Baststrahlen quer durchsetzt.

Die Siebelemente sind normalerweise 1 Jahr funktionstüchtig. Das bedeutet, daß der gesamte Assimilattransport in einem mächtigen Baumstamm auf eine nur 1 mm dünne Gewebelage unmittelbar außerhalb des Cambiummantels beschränkt ist, die volumenmäßig nicht einmal 5 Promille des Stammes ausmacht. Diese jüngste Bastlage wird als Leitbast bezeichnet. In älteren Bastzonen – dem Speicherbast – sterben die Siebelemente und ihre unmittelbaren Begleitzellen ab und werden vom Nachbargewebe zusammengedrückt. Hier machen die einzelnen Parenchymzellen einen Wachstumsschub durch und vergrößern sich beträchtlich (Parenchymzellen-Inflation; lat. *inflatus*, aufgebläht). Sie füllen damit nicht nur den früher von den Siebelementen eingenommenen Raum aus, sondern bewirken auch eine Dilatation des Bastes, der dadurch dem fortgesetzten sekundären Dickenwachstums der Sproßachse einigermaßen zu folgen vermag. Bei den meisten Holzgewächsen findet allerdings nicht nur eine Inflation, sondern auch eine Vermehrung der Bastparenchymzellen statt. Beide Prozesse können vom toten Hartbast nicht mitgemacht werden. Doch wandeln sich viele Parenchymzellen in Steinzellen um und ergänzen damit das Schutzgewebe, wenn es durch Dilatation aufreißt.

4. Borkenbildung und Wundheilung

Die ständige Vergrößerung des Sproßumfangs bei sekundärem Dickenwachstum wird von manchen peripheren Geweben durch ein entsprechendes Dilatationswachstum aufgefangen, s.o. Solches gilt auch für die Sproßepidermen bestimmter Pflanzen (z.B. *Ilex, Cornus,* Kerrie, Rosen und Kakteen), deren Äste über längere Zeiten grün bleiben. Gewöhnlich nimmt aber die Epidermis an der Dilatation nicht teil, sie reißt auf und wird durch **sekundäres Abschlußgewebe** ersetzt – durch Kork (S. 144). Dieser verdankt seine Entstehung einem eigenen Cambium, dem Phellogen. Kork ist undurchlässig, er besteht aus toten, gasgefüllten Zellen. Gewebe, die außerhalb von Peridermen liegen, sind daher von der Wasser- und Nahrungszufuhr aus den Sprossen abgeschnitten, sie sterben ab und trocknen aus. Das macht sich äußerlich durch eine braune oder graue Verfärbung der Sproßoberfläche bemerkbar.

Jenes Periderm, das funktionell die Epidermis ersetzt, entsteht in der äußersten Rinde und wird daher als Oberflächenperiderm bezeichnet. Bei einigen Bäumen bleibt das Phellogen dieses ersten Periderms über viele Jahre aktiv und vermag durch Dilatationswachstum mit der Vergrößerung der Achsenoberfläche Schritt zu halten. Auf diese Weise entstehen die glatten Stammoberflächen der Buchen und Hainbuchen, sowie junger Birken. Bei den meisten Bäumen wird aber das Oberflächenperiderm infolge der andauernden Stammverdickung seinerseits aufgerissen, und zwar überwiegend längs, weil Stämme und Astpartien ihr Längenwachstum einstellen, sobald das sekundäre Dickenwachstum begonnen hat. Die so entstehenden Risse werden durch erneute Peridermbildungen in tieferen, noch lebenden Zonen der Rinde, schließlich des Bastes abgedichtet (Innenperidermen). Das Phellogen von Innenperidermen ist gewöhnlich nur für kurze Zeit aktiv; dafür werden ständig weitere – und noch weiter innen liegende – Peridermen angelegt. An der Achsenoberfläche entsteht so nach und nach ein immer dickerer Mantel aus totem Gewebe, das von vielen dünnen, periklinen Korklagen durchzogen ist und in das von außen her immer tiefere Risse einschneiden. Dieser tote, sich von innen her aber ständig ergänzende Gewebekomplex (Abb. 1.3.66) ist das **tertiäre Abschlußgewebe**, die Borke. Die jüngsten Peridermen werden schließlich knapp außerhalb des Cambiums im Speicherbast angelegt und schränken den lebenden Bast auf eine ganz schmale pericambiale Zone ein.

Dagegen wächst die Borke an größeren Baumstämmen oft zu einer Dicke von mehreren cm heran. Sie ist in Grenzen elastisch, kann also mechanische Beschädigungen des empfindlichen und lebenswichtigen Leitbastes verhindern oder mindern. Auch ist sie wasserarm und daher besonders leicht. Durch ihre Dicke und die eingelagerten Gerbstoffe bzw. Phlobaphene, denen die Borke ihre dunkle Färbung verdankt, bietet sie hervorragenden Schutz gegen Pilze und parasitische Insekten; beispielsweise ist ein Befall verborkter Stämme durch rindensaugende Läuse ganz ausgeschlossen. Borken sind auch in trockenem Zustand schwer entflammbar und kaum brennbar. Das erhöht bei Waldbränden die Überlebenschancen. Wichtig sind schließlich auch Strahlungsschutz und thermische Isolation, die auf dem hohen Luftgehalt und der Pigmentierung der Borke beruhen; denn Weichbast kann sowohl durch langdauernden Frost irreparabel geschädigt werden wie auch durch Erhitzung über 50° C infolge direkter Sonneneinstrahlung.

In dieser Hinsicht sind daher alle jene Bäume besonders empfindlich, die keine Borke bilden, sondern ihre Stämme zeitlebens nur durch ein Oberflächenperiderm schützen. Das trifft vor allem auf die Buche zu. Buchen, deren Stämme infolge von Durchforstungsmaßnahmen, Straßenbauten o. dgl. freigestellt werden, gehen nicht selten an Sonnenrindenbrand ein. Umgekehrt sind die «Lichthölzer» sonnenexponierter Hänge, z.B. Eichen, in dieser Hinsicht besonders gut geschützt durch dicke Borken und schattenspendende Zweige auf verschiedenen Stammniveaus. An Borkenrissen bilden sich durch die unterschiedliche Sonnenexposition deutliche Temperaturunterschiede auf kleinstem Raum heraus, die kühlende Luftcirculationen aufrecht erhalten.

In den meisten Borken sind Innenperidermen flächenmäßig nicht besonders ausgedehnt, sie sind konvex gestaltet und grenzen ringsum an ältere Korklagen. Solche Peridermen schneiden schuppenartige Gewebebereiche aus Rinde/Bast heraus, man spricht von Schuppenborke. Ältere Borkenschuppen blättern ab, was bei Kiefer, Platane und Berg-Ahorn durch besondere Trennschichten gefördert wird. Seltener sind Innenperidermen konvex und strikt oberflächenparallel angelegt, so daß geschlossene Peridermzylinder entstehen: Ringelborke (junge Birken- und Kirschenstämme/äste). Bei vielen Kletterpflanzen (Geißblatt, *Clematis*, Weinrebe) geht die ursprünglich gebildete Ringelborke durch Längsrisse in Streifenborke über (Abb. 1.3.67).

Verletzungen an verholzten Stämmen und dicken Ästen sind auch in ungestörter Natur nicht selten, weil

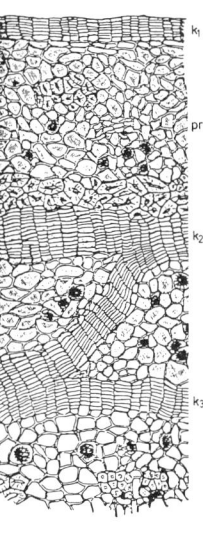

Abb. 1.3.66: Borkenbildung. **A**, Korkleisten an Zweig des Feld-Ahorns *Acer campestre*. **B**, Querschnitt durch 96jährigen Lärchenstamm; zwischen den * Cambium und sehr dünne Lage von lebendem Bast, außerhalb dunkle Borke, von hellen konvexen Korklagen durchsetzt (Schuppenborke, vgl. Abb. 1.3.67 G). **C**, Histologie der Schuppenborke am Beispiel der Trauben-Eiche *Quercus petraea*; k_1–k_3 nacheinander entstandene Korkschichten; pr primäre Rinde mit Sclerenchym, überwiegend Steinzellen; im Parenchym verstreut Exkret-Idioblasten mit Oxalatdrusen; alle Gewebe außerhalb der jüngsten Korkschicht k_3 abgestorben und durch Gerbstoffe dunkel. (A 1,6 : 1; B 0,2 : 1; Originale. C 75 : 1, n. E. Strasburger)

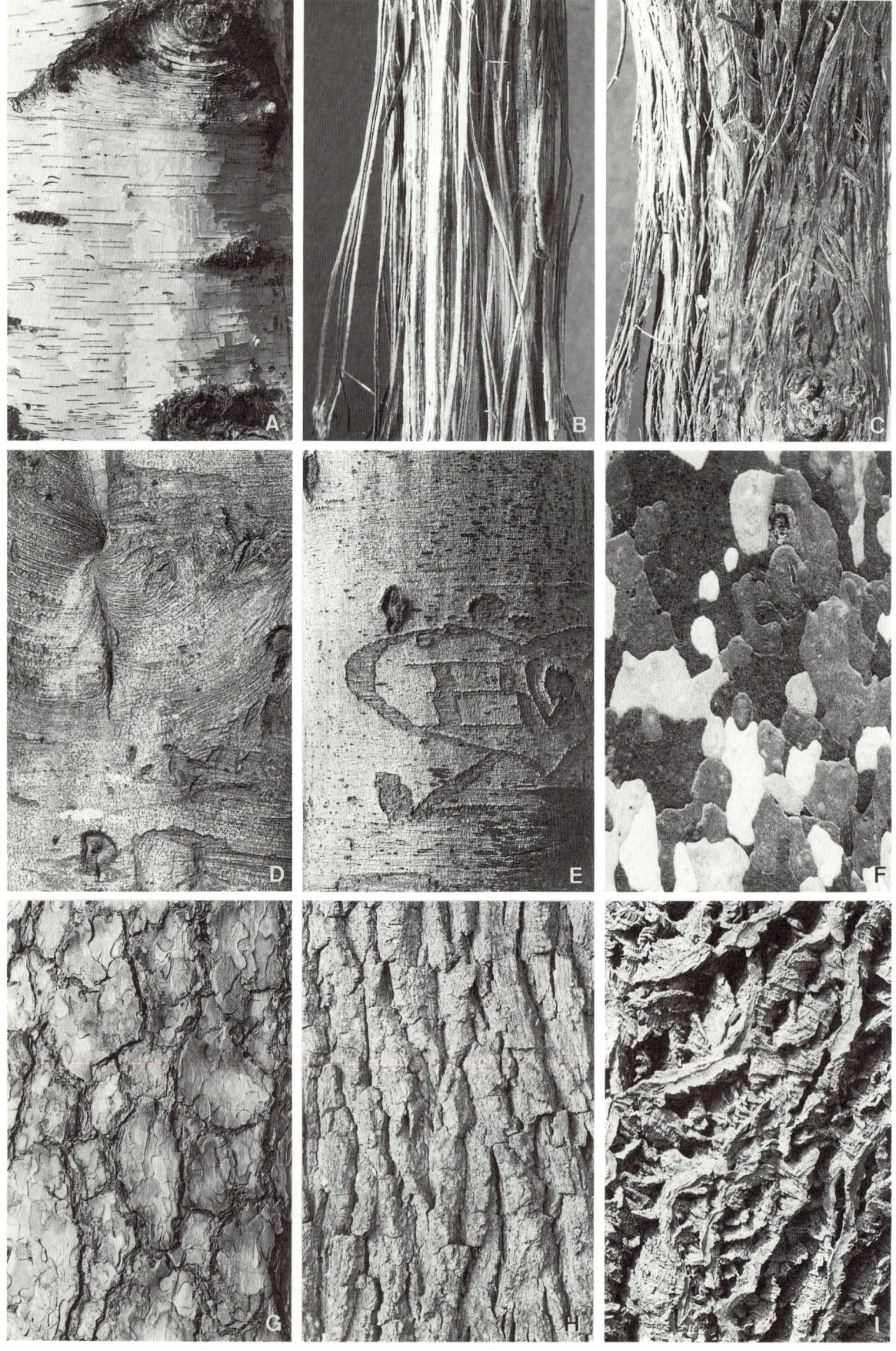

diese – im Gegensatz zu flexiblen Zweigen oder krautigen Sproßachsen – der Wucht eines Anpralls nicht ausweichen können. Wenn die Wunde bis zum Holzkörper reicht, entstehen am Wundrand Zellwucherungen, die ungeordnetes Callusgewebe liefern (lat. *callus*, Schwiele, Schwarte). Der langsam wachsende, nach und nach verholzende Wundcallus, dessen Oberfläche durch ein Periderm geschützt ist, überwallt schließlich die Wunde und kann sie ganz verschließen, wenn sie nicht zu groß war.

IV. Blattorgane: Gestalten und Metamorphosen

Die Vielfalt der Blattgestalten ist enorm. Sie reicht von unscheinbaren Schuppenblättern bis zu meterlangen, vielfach gefiederten Wedeln von Baumfarnen, von grünen Nadel- und Laubblättern verschiedenster Form über leuchtend gefärbte Blumenkronblätter bis zu Staub- und Fruchtblättern, von Blattdornen bis zu den raffinierten Kannenfallen insektenfangender Pflanzen. Dennoch sind alle diese Blattorgane homolog, unterschiedliche Ausbildungen *eines* Organtyps, des Phylloms (S. 161). Seine ursprünglichen Funktionen sind Photosynthese und Transpiration. Diese werden vom Laubblatt ausgeführt, das demnach leistungsmäßig als Assimilator und Transpirator charakterisiert werden kann. In morphologischer Hinsicht stellt das Laubblatt die am weitesten entwickelte Blattform dar. Die übrigen Blattformen erscheinen ihm gegenüber durch Reduktion vereinfacht.

A. Das Laubblatt

1. Gliederung und Symmetrie

Abb. 1.3.68 gibt die morphologische Längsgliederung eines typischen Laubblattes mit ungeteilter Spreite wieder.

Das **Unterblatt** umfaßt den Blattgrund und – soweit vorhanden – die Nebenblätter (Stipulae, Sing. Stipula, eingedeutscht Stipel[n]; lat. *stipula*, Stoppeln). Der **Blattgrund** erscheint oft nur als eine Verbreiterung der Blattstielbasis. Besonders bei Monocotyledonen ist er jedoch häufig so breit, daß er die Sproßachse an einem Knoten ganz umfaßt. In solchen Fällen ist das Unterblatt oft zu einer röhrenförmigen Blattscheide verlängert, wie sie bei den meisten Gräsern zu beobachten ist.

Solche Blattscheiden fungieren als Stützorgane für den «Halm», die schlanke Sproßachse der Gräser. Verdickte Blattscheiden sind es auch, welche die Speicherblätter der Zwiebeln bilden (S. 172 f.). In anderen Fällen entsteht aus verlängerten, ineinandergeschachtelten Blattscheiden ein Scheinstamm (Scheinsproß, Abb. 1.3.69A), wie er z.B. bei Bananen typisch ausgeprägt ist (S. 818), aber auch bei einheimischen Monocotyledonen in der Frühphase der vegetativen Entwicklung beobachtet werden kann (z.B. Germer, *Veratrum*; oder Pfeifengras, *Molinia*). Die eigentliche, blütentragende Achse wächst schließlich durch den röhrenförmigen Scheinstamm nach oben durch.

Bei vielen Nadelhölzern ist der Blattgrund zwar nicht stengelumfassend ausgebildet, aber entlang der Sproßachse verlängert und mit ihr verwachsen. Wenn sich zudem diese Blattbasen ringsum gegenseitig berühren und so ein dichtes Flächenmuster auf der Achsenoberfläche bilden, spricht man von Sproßberindung durch Blattbasen (Abb. 1.3.69).

Stipeln werden von vielen Pflanzen überhaupt nicht ausgebildet, oder sie sind kurzlebig und fallen frühzeitig ab (wie bei Hasel und Hainbuche, wo sie die Rolle von Knospenschuppen spielen). Sie können aber auch sehr prominent werden und die Laubblattfunktionen voll übernehmen (Abb. 1.3.70). Nicht selten sind sie – wie bei der Robinie – in Dornen umgewandelt (Stipulardornen).

Das **Oberblatt** umfaßt Blattstiel *(Petiolus)* und Blattspreite *(Lamina)*. Der **Blattstiel** hält die Blattspreite, die den eigentlichen Assimilator/Transpirator darstellt, auf Distanz von der Sproßachse und kann sie durch Wachstums- bzw. Turgorbewegungen in optimale Exposition zum Lichteinfall bringen. Als Trägerorgan besitzt der Blattstiel oft einen mehr oder weniger rundlichen Querschnitt und nähert sich insoweit dem Achsenorgan an – Ausdruck einer Analogie. Wie die Abweichung von der sonst für Phyllome typischen Zweidimensionalität zustande kommt, wird später noch zu besprechen sein (S. 211). Immerhin kann sich der Blattstiel auch flächig verbreitern und Spreitenfunktion übernehmen (Abb. 1.3.71). Man spricht in solchen Fällen von Phyllodien.

Die ganze Mannigfaltigkeit der Phyllome manifestiert sich in der Gestaltenvielfalt der **Blattspreiten** (vgl. Abb. 1.3.7, S. 164).

Viele volkstümliche Pflanzennamen gehen auf Blattformen zurück (Goldniere, Leberblümchen, Fingerkraut, Geißfuß, Schiefblatt, Löwenzahn, Pfeilkraut, Schwertlilie usw.), und Bestimmungsbücher informieren über diagnostisch wichtige Unterschiede und ihre Bezeichnungen. Morphologisch besonders interessant sind die Fiederblätter. Bei ihnen setzt sich der Blattstiel in eine Blattspindel = Rhachis fort, die mehrere Paare von seitlich abstehenden Fiedern und (meistens) eine Endfieder trägt. Besonders bei Farnwedeln kommt mehrfache Fiederung vor, indem die Fiedern 1. Ordnung ihrerseits noch einmal gefiedert sind, allenfalls auch noch die Fiedern 2. Ordnung usw. Wenn bei einfach gefiederten Blättern das Längenwachstum der Rhachis unterdrückt ist, schei-

◀ **Abb. 1.3.67:** Borke. **A**, Ringelborke eines Birkenstammes; die Lenticellen sind zu waagrechten Streifen ausgezogen; das helle Weiß beruht auf vielfacher Lichtreflexion an nadelförmigen Wachskristallen in den luftgefüllten Korkzellen. **B, C**, Streifenborke bei Waldrebe *Clematis* (**B**) und Weinstock (**C**). **D, E**, Buchen bilden keine Borke, sondern ein dickes Periderm mit zahllosen Lenticellen; eingeritzte Zeichen bleiben daher lange erhalten, ihre ungleiche Ausdehnung nach längerer Zeit zeigt Dickenwachstum des Stammes bei fehlendem Längenwachstum an. **F, G**, typische Schuppenborke bei Platane (**F**) und Kiefer *Pinus sylvestris* (**G**). Tiefrissige Borken: Eiche *Quercus robur* (**H**) und Korkbaum *Phellodendron amurense* (**I**). (A, D–f, H, I 0,25 : 1; B, C 0,74 : 1; G 0,12 : 1. Originale)

208 · Morphologie und Anatomie der Sproßpflanzen

nen die Fiederblättchen alle vom Ende des Blattstiels auszugehen und es ergeben sich «fingerförmig» gefiederte Blätter. Sonderformen wie Schildblätter, Rund- und Schwertblätter, schließlich auch die Schlauchblätter der Kannenfallenpflanzen werden uns im Zusammenhang mit der Blattentwicklung noch beschäftigen (S. 212).

Das typische Blatt ist bilateralsymmetrisch: Es besitzt eine Mediane in der Richtung des Blattstiels bzw.

Abb. 1.3.68: Laubblatt der Weide *Salix caprea* als Beispiel für ein typisches Phyllom. Es sitzt mit verbreitertem Blattgrund an der Achse; dieser ist beidseits von Nebenblättern (Stipeln) flankiert, unmittelbar über ihm die Axillärknospe (Pfeil). Blattgrund und Stipeln bilden das Unterblatt. Das Oberblatt setzt sich aus Blattstiel und Blattspreite zusammen. Bei Fiederblättern (Abb. 1.3.7 I, S. 164) setzt sich der Blattstiel als Blattspindel = Rhachis in den Spreitenbereich hinein fort und trägt die einander gegenüberstehenden Fiederblättchen und eine Endfieder. (1,3 : 1. Original)

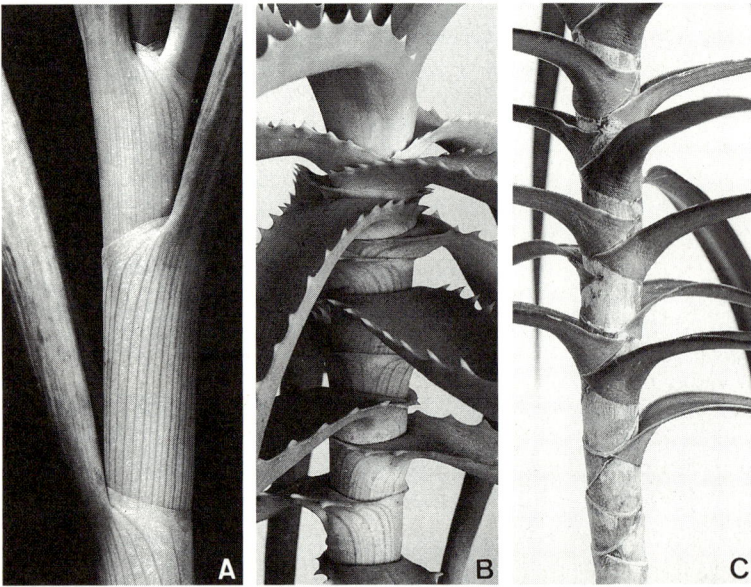

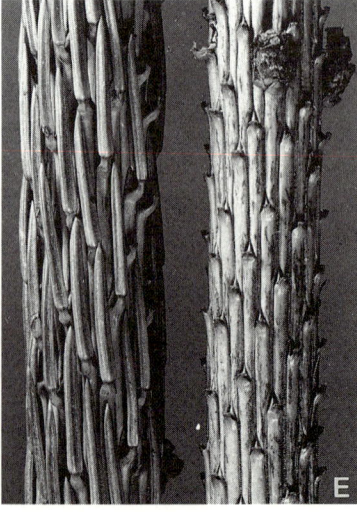

Abb. 1.3.69: Scheinsprosse und Sproßberindung. **A**, aus hohlzylindrischen Blattscheiden gebildeter Scheinsproß der Küchenzwiebel *Allium cepa*. **B, C**, ein sproßumfassender Blattgrund ist für viele Monocotyledonen typisch, die eigentliche Sproßachse bleibt oft unsichtbar; als Beispiele hier die beliebten Zimmerpflanzen *Aloe spinosissima* und *Dracaena marginata*. **D, E**, Sproßberindung durch Blattbasen bei Nadelhölzern: **D**, *Thuja orientalis* (decussierte Blattstellung); **E**, Vertikaltrieb der Fichte *Picea excelsa* mit disperser Blattstellung, links benadelt, rechts nach Abfall der Nadeln: Die verlängerten Blattbasen schließen lückenlos aneinander – im Gegensatz zur Tanne, wo die kreisrunden Blattbasen den Sproß nicht berinden, vgl. Abb. 1.3.23 E, S. 177. (A–C 0,8 : 1; D 2,8 : 1; E 1,3 : 1. Originale)

der Rhachis, in der auch die Hauptader und damit die kräftigste Blattrippe verläuft. Abweichungen von der Bilateralsymmetrie sind selten und fallen daher besonders auf (Begonie: «Schiefblatt»). Laubblätter sind meistens auch ausgesprochen dorsiventral, ihre (wenigstens ursprünglich) der Sproßachse zugewandte = adaxiale Fläche, die morphologische Oberseite, unterscheidet sich in vielen Eigenschaften von der abaxialen, der Unterseite. Die Unterschiede beziehen sich z.B. auf die Häufigkeit von Spaltöffnungen (die meisten Blätter sind hypostomatisch: > 90% der Stomata in der unteren Epidermis), auf Behaarung, Farbstoffspeicherung in den Vacuolen der Epidermiszellen,

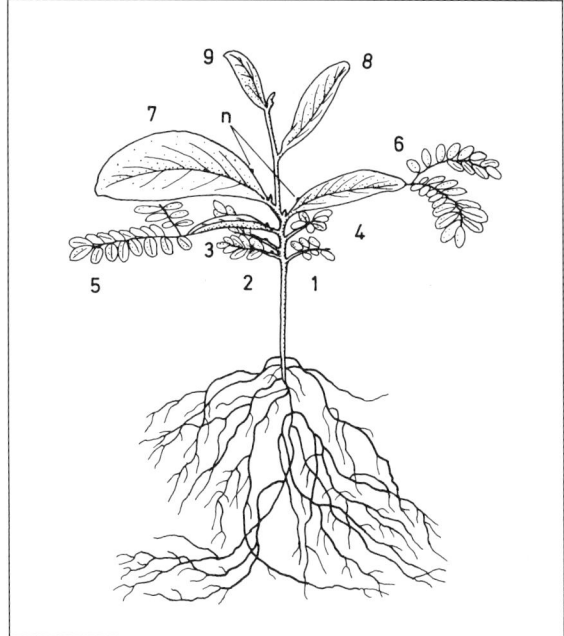

Abb. 1.3.71: Phyllodien bei *Acacia pycnantha* (Keimpflanze, Cotyledonen schon abgeworfen); 1–6 gefiederte Primärblatter, bei 5 u. 6 Blattstiele bereits geflügelt; 7–9 Folgeblätter, Blattstiele als Phyllodien (mit extrafloralen Nectarien N) ausgebildet. (0,5 : 1, n. H. Schenck)

Abb. 1.3.70: Nebenblätter. **A**, blättchenartige Nebenblätter der Nelkenwurz *Geum urbanum*. Bei manchen Pflanzen übernehmen Nebenblätter vollständig die Blattfunktion, z.B. bei der Ranken-Platterbse (vgl. Abb. 1.3.83 B, S. 217). **B**, das Labkraut *Galium mollugo* scheint wirtelständige Blätter zu haben; aber die Sproßachse ist vierkantig, und nur aus 2 gegenüberstehenden Blattachseln erwachsen Axillärtriebe; nur diese Blätter sind wirklich solche, die übrigen ihnen gleichgestaltete Nebenblätter. **C**, holzig-verdornte Nebenblätter (Stipulardornen) der Robinie; die ursprünglichen Blätter dieses Triebes sind abgefallen (Pfeile: Blattnarben), ihre Axillärknospen treiben gerade aus. (A 1,6 : 1; B 2 : 1; C 0,5 : 1. Originale)

schließlich auch auf die Anatomie: Das Palisadenparenchym (S. 136) ist überwiegend adaxial, das Schwammparenchym abaxial; in den Blattleitbündeln, den «Blattadern» = «Blattnerven» (beide volkstümliche Bezeichnungen sind freilich in unterschiedlichem Grade irreführend) liegt das Xylem oben, das Phloem unten. Die Dorsiventralität der Blätter ist letztlich eine Folge der Polarität der Sproßachse, an der Blätter seitlich stehen, so daß die Blattfläche quer zum Polaritätsgradienten orientiert ist.

Schon bei Betrachtung mit bloßem Auge fällt an vielen Blättern ihre sog. **Nervatur** auf, das Muster der Leitbündel in den Blattspreiten (Abb. 1.3.72). Die stärkeren Bündel sind oft unterseits als Blattrippen vorgewölbt, die der Aussteifung der Lamina dienen. Die Basisfunktion der Blattadern ist aber die Versorgung der photosynthetisch bzw. transpirativ besonders aktiven Mesophyllzellen mit Wasser und Nährsalzen sowie der rasche Abtransport von Photosyntheseprodukten. In den Leitelementen bewegen sich konvektive Massenströme; außerhalb der Bündel ist Stofftransport auf Diffusion beschränkt. Ihre Effizienz im Stofftransport nimmt mit dem Quadrat der zu überwindenden Strecken ab und wird faktisch schon im Dimensionsbereich weniger Zelldurchmesser ungenügend. Selbst Wasser strömt durch Gefäße etwa 1 Million mal leichter als durch lebendes Gewebe. Dementsprechend bilden die Leitbündel in der Blattspreite so dichte Muster aus, daß in den zwischen ihnen liegenden Intercostalfeldern (lat. *costa*, Rippe) keine Zelle um mehr als 7 weitere Zellen vom nächsten Leitbündel entfernt ist. Die Gesamtlänge der Leitbündel eines Buchenblattes bemißt sich auf knapp 4 m.

Diesen Funktionserfordernissen kann auf verschiedene Weise entsprochen werden. Bei Monocotyledonen überwiegt **Parallelnervatur**: Alle Hauptadern verlaufen längs. Besonders ausgeprägt ist diese Leitbündelanordnung in den «linealischen» Blättern der Gräser und Getreide. In den «Lanzett»-Blättern der meisten übrigen Monocotyledonen verlaufen die Hauptbündel in glatten Bögen, in klarer Beziehung zum ebenfalls glatten Blattrand, wie er für Monocotyledonenblätter typisch ist. Die Hauptbündel sind bei Parallelnervatur durch schwächere Querbündel miteinander verbunden, so daß in Wirklichkeit ein regelmäßiges Adernnetz vorliegt. (Es kann z.B. an *Clivia*-Blättern makroskopisch gut gesehen werden.)

Bei Dicotyledonen sind kompliziertere Adernnetze ausgebildet: **Netznervatur**. Das läßt eine fast beliebige Gestaltung der Blattspreiten und besonders ihrer Randpartien zu. Ein dritter Typ der Aderung, die **Gabel- oder Fächeraderung**, findet sich bei Farnen und bei dem zu den Gymnospermen zählenden Ginkgo. Hier sind die kräftigeren Leitbündel dichotom verzweigt und enden blind am vorderen Blattrand. Deshalb wurde diese Aderung früher als «offene Nervatur» der angeblich «geschlossenen» bei Mono- und Dicotylen gegenübergestellt (vgl. offener/geschlossener Blutkreislauf bei Tieren). Allerdings enden auch bei Netzaderung die feinsten Verästelungen des Bündelnetzes blind im Mesophyll.

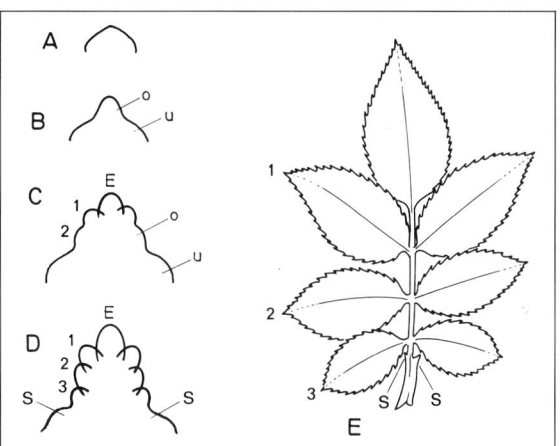

Abb. 1.3.73: Entwicklung des gefiederten Rosenblattes. **A–D**, Jugendstadien; **E**, ausgewachsenes Blatt. o, u Ober- bzw. Unterblattanlage; S Stipeln; 1–3 Blattfiedern an der Rhachis. (A–D 130 : 1; E 0,65 : 1, n. W. Troll)

2. Entwicklung und Sonderformen

Die Blattanlagen = **Blattprimordien** entstehen am Vegetationskegel exogen als seitliche Höcker, und zwar durch Meristemaufteilung.

Bei Farnen entstehen dabei zunächst in einer kleinzelligen Zone des Flankenmeristems zweischneidige Scheitelzellen. Diese entwickeln eine Initialenkante, d.h. ein lineares Randmeristem, in dem die ursprüngliche Scheitelzelle nicht weiter hervortritt. Für die meisten Farnblätter ist **akroplastes Wachstum** typisch, was bedeutet, daß die Spitzenregion der Blätter noch weiterwächst, wenn die Zellen an der Blattbasis schon ausdifferenziert sind. Die Fiederung von Farnblättern beruht auf Meristemaufteilung im Randmeristem durch stellenweise Sistierung der Teilungsaktivität.

Bei den Angiospermen zeigen frisch gebildete Blattprimordien eine ausgeprägte Tendenz zur Verbreiterung ihrer Basis senkrecht zur Sproßachse. So entsteht der breite Blattgrund, der – wie wir gesehen haben – die Achse ganz umfassen und zur Bildung von Blattscheiden führen kann. Das wulstförmige Randmeristem bildet weiterhin dann die Blattspreite. Dabei überwiegt allerdings im Gegensatz zu den Farnen **basiplastes Wachstum**, d.h. die Aktivität des Randmeristems erlischt zuerst an der Spitze und zuletzt an der Spreitenbasis. Fiederblätter entstehen wie bei den Farnen durch Aufteilung des Randmeristems (Abb. 1.3.73).

Blattstiele kommen durch **intercalares Wachstum** zustande, also durch ein Meristem, das zwischen bereits ausdifferenzierten Bereichen aktiv wird (Abb. 1.3.73 D, E). In entsprechender Weise verdanken die parallelladrigen, ganzrandigen Blattspreiten der meisten Monocotyledonen, zumal der Gräser, ihre Entstehung einem basalen, intercalaren Meristem. (So übrigens auch die von ihren Enden her langsam absterbenden, an der Basis aber bis über 500 Jahre fortwachsenden beiden Blätter der eigenartigen Gymnosperme *Welwitschia*, vgl. Abb. 3.2.187, S. 729.)

Die Dorsiventralität der Blattspreite äußert sich, wie wir gesehen haben, darin, daß die meisten Blätter **bifacial** sind, indem Ober- und Unterseite verschieden aussehen (lat. *facies*, Aussehen. Abb. 1.3.74 A–H). Besonders bei Pflanzen sehr sonniger Standorte finden sich aber auch **äquifaciale** Blätter, deren beide Seiten gleich beschaffen sind, z.B. gleiche Besetzungsdichte mit Spaltöffnungen aufweisen und auch unter der abaxialen Epidermis eine Palisadenschicht besitzen (Abb. 1.3.74 G, I). Solche Blätter sind oft verdickt oder nadelförmig und zeigen Profilstellung. Bei zusätzlicher Succulenz entstehen äquifaciale Rundblätter wie z.B. jene des Mauerpfeffers *Sedum*. Eine ganz andere Art der Rundblattbildung besteht darin, daß die Blattunterseite viel stärker wächst als die Oberseite, so daß diese schließlich verschwindet: **Unifacialität**. Blattstiele nähern sich vielfach der Unifacialität und kommen so zu ihren rundlichen, achsenähnlichen Querschnittformen. Aber auch die Blattspreiten mancher Monocotyledonen (Binsen; bestimmte Lauch-Arten, z.B. Schnittlauch) sind unifacial und radiärsymmetrisch. Einen eigenartigen Sonderfall präsentieren die Blätter der Schwertlilie: Es handelt sich um unifaciale Blätter, die sekundär wieder zu Flachblättern geworden sind, wobei aber die Abflachung nicht senkrecht zur Wachs-

◄ **Abb. 1.3.72:** Blattaderung («Nervatur») – Leitbündelmuster in Blattspreiten. **A, B,** Gabeladerung in Farnblättern (vgl. S. 684); **A,** *Adiantum capillus-veneris;* **B,** *Asplenium nidus.* **C,** Kombination von Parallel- und Netzaderung beim Gitterblatt *Marantha;* das gesamte Blatt (hier ein Ausschnitt) ahmt einen beblätterten Sproß nach – vermutlich Mimikry zur Vermeidung einer Ei-Ablage von Schadinsekten. **D,** Paralleladerung bei der Palme *Sabal umbraculifera.* **E,** Netznervatur beim Wilden Wein *Parthenocissus.* (A, E 3,5 : 1; B 2,4 : 1; C 1,4 : 1; D 0,7; 1. Originale)

tumsrichtung der Achse (des Rhizoms) erfolgt, sondern *in* dieser Richtung («reitende Schwertblätter»).

Bei peltaten Blättern = Schildblättern (griech. *pélte*, Schild) setzt der Blattstiel nicht am unteren Ende, sondern etwa in der Mitte der Blattspreite an (Abb. 1.3.75). Das kommt dadurch zustande, daß das Randmeristem der Spreite wegen ausgeprägter Basiplastie unmittelbar am Stielansatz kräftig wächst, wobei rechter und linker Blattrand hier wegen der Unifacialität des Blattstiels unmittelbar nebeneinander zu liegen kommen und miteinander verwachsen. (Peltat sind übrigens auch die gegenüber Laubblättern sehr stark abgewandelten Staub-

Abb. 1.3.76: Die Kannenfalle von *Nepenthes* wird von der zu einem Schlauch umgestalteten Blattspreite gebildet. In der viele cm hohen Kanne (**A**) sammeln sich einige ml Verdauungssekret, in dem kleine Tiere ertrinken und verdaut werden. Die Beutetiere – meistens Insekten – fliegen den auffällig gefärbten, aber durch epiculiculare Wachsplättchen besonders glatten Rand der Kanne (**B**) an, unter dem sich Nektardrüsen befinden, und stürzen in die Falle ab. Der Kannendeckel ist während der Entwicklung der Falle geschlossen und verhindert das Eindringen von Regenwasser; später bleibt er ständig geöffnet. Der Blattstiel kann als Ranke fungieren (Pfeil in **A**) und die schwere Kanne im Geäst aufhängen. Der verlängerte Blattgrund G übernimmt die Funktion der Blattspreite. (A 0,3 : 1; B 1,2 : 1; Originale)

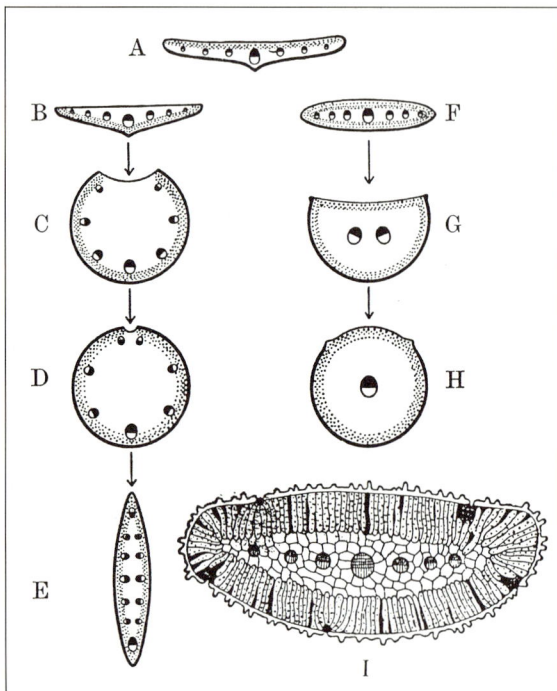

Abb. 1.3.74: Querschnitte durch verschiedene Blatt-Typen. Palisadenparenchym punktiert; Blattunterseite als dicke Linie; Holzteile der Leitbündel schwarz. **A**, normales bifaciales Flachblatt (vgl. Abb. 1.3.81). **B**, invers bifaciales Flachblatt (z.B. Bären-Lauch *Allium ursinum*). **C, D**, Ableitung des unifacialen Rundblattes (z.B. *Allium sativum, Juncus effusus*). **E**, unifaciales Flachblatt, vgl. I. **G**, äquifaciales Nadelblatt (vgl. Abb. 1.3.82). **H**, äquifaciales Rundblatt (z.B. *Sedum*, S. 217). **I**, Querschnitt durch äquifaciales Blatt der Wüstenpflanze *Reaumuria hirtella*, einer Tamaricacee. (Schemata A–H in Anlehnung an W. Troll u. W. Rauh; G 33 : 1, n. Volkens)

blätter, S. 737.) Ganz entsprechend kommen die Schlauchblätter einiger tierfangender Ernährungsspezialisten aus den Familien der Sarraceniaceen und Nepenthaceen zustande (Abb. 1.3.76; S. 220, 791).

Bei einigen Pflanzen verwachsen nicht die Blattränder ein und desselben Blattes, sondern die Blattränder verschiedener Blätter eines Knotens (Gamophyllie). Diese Erscheinung, die gelegentlich auch im vegetativen Bereich vorkommt, ist bei Blüten weit verbreitet: verwachsene Kelch- und Kronblätter (S. 736), sowie coenokarpe Fruchtknoten (S. 740) sind bekannte Beispiele dafür.

Abb. 1.3.75: Schildblatt der Kapuzinerkresse *Tropaeolum majus* von oben (links) und unten (0,7 : 1. Originale)

3. Anatomie

Abb. 1.3.77 zeigt das typische Querschnittbild eines bifacialen Laubblattes. Die einschichtigen Epidermen umfassen das Chlorenchym des Mesophylls, das sich in Palisaden- und Schwammparenchym gliedert (S. 136). Das dichtere **Palisadenparenchym** enthält etwa $^4/_5$ aller Blattchloroplasten; es ist das Assimilator-Gewebe. Dagegen kann das sehr lockere **Schwammparenchym** als hauptsächliches Transpirator-Gewebe charakterisiert werden. Durch die zahlreichen, z. T. sehr großen Interzellularräume – sie machen bis 90 % des Mesophyllvolumens aus – ist die Gesamtoberfläche aller Mesophyllzellen oft fast 100 × größer als die Blattfläche. Das Interzellularensystem des Schwammparenchyms erleichtert bei hypostomatischen Blättern auch die Diffusion von CO_2 zum Palisadenparenchym. Die Epidermiszellen enthalten Leukoplasten, manchmal mit einigen wenigen Thylakoiden und geringem Chlorophyllgehalt. Die Leitbündel sind von Endodermen umgeben (S. 145 f.), die hier als **Bündelscheiden** bezeichnet werden. Nach innen schließt sich häufig ein Ring von Transferzellen an (S. 373), die morphologisch einem Perizykel entsprechen (S. 224). Diese Zellschicht hat, wie auch die Endodermis selbst, Drüsencharakter und dient vor allem dem Ent- und Beladen der Leitelemente, allgemein dem Stofftransport zwischen Bündel und Mesophyll. Vielfach sind Bündel auch von Sclerenchymfasern begleitet.

Eine besondere Situation ist in dieser Hinsicht bei den sog. C_4-Pflanzen gegeben, deren Photosynthese an die Bedingungen trockener Standorte mit starker Sonneneinstrahlung besonders angepaßt ist (vgl. S. 277–280). Bei diesen Pflanzen erfolgt die endgültige Fixierung von CO_2 in den Bündelscheidenzellen, die dementsprechend besonders groß und reich an Plastiden sind («Kranztyp» der Blattleitbündel, S. 278). Die Bündelscheiden-Plastiden bilden keine Grana aus, enthalten aber viel Assimilationsstärke, während die Mesophyllchloroplasten auch der C_4-Pflanzen Grana besitzen, aber keine Stärke enthalten (**Chloroplasten-Dimorphismus**). Bündelscheiden- und Mesophyllzellen sind über zahlreiche Plasmodesmen miteinander verbunden. Der gesamte Gewebekomplex wirkt letztlich wie eine CO_2-Pumpe: Die Bündelscheiden-Plastiden sind auch dann optimal mit CO_2 versorgt, wenn die CO_2-Konzentration der Interzellularenluft sehr niedrig ist, so daß auch noch bei verengten Stomata (zur Einschränkung der Transpiration) genügend CO_2 aus der Außenluft nachdiffundieren kann.

Der innere Bau eines äquifacialen Blattes wird in Abb. 1.3.78 am Beispiel eines Nadelblattes illustriert. Bei äquifacialen Blättern ist allgemein die Gliederung

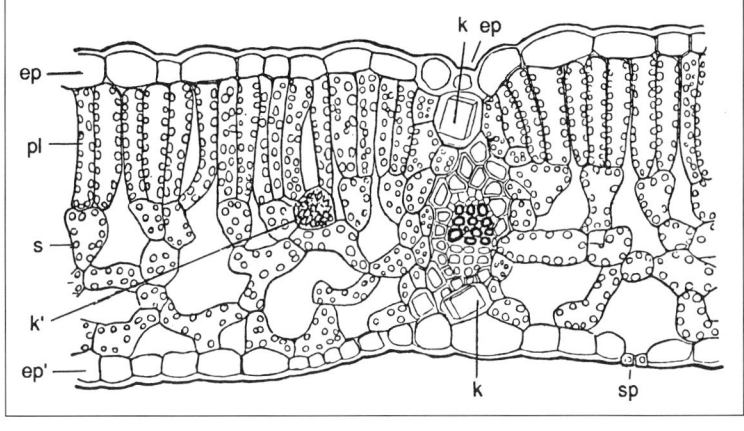

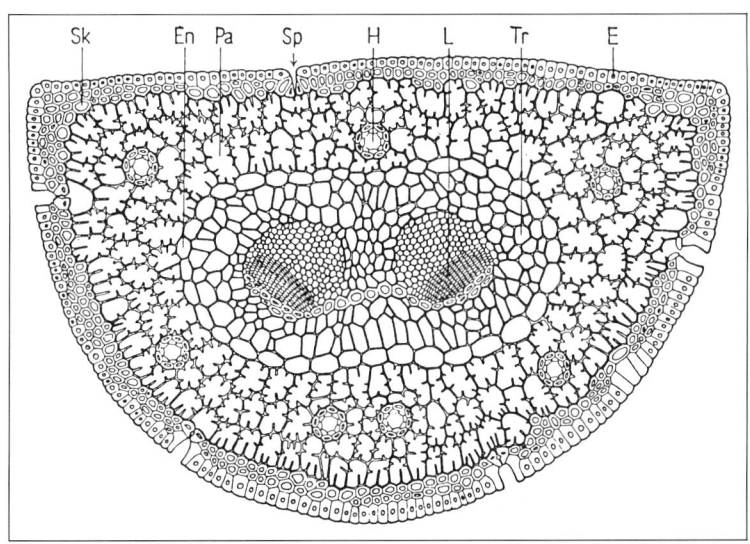

Abb. 1.3.77: Querschnitt durch das bifaciale Blatt der Buche *Fagus sylvatica*. ep Epidermis der Oberseite, ep' der Unterseite, pl Palisadenparenchym, s Schwammparenchym. Zwischen den Kristallzellen k ein quergeschnittenes Leitbündel (Holzteil oben, Siebteil unten, von Sclerenchymscheide umgeben). k' Oxalat-Druse, sp Spaltöffnung. (400 : 1, n. E. Strasburger)

Abb. 1.3.78: Querschnitt durch das äquifaciale Nadelblatt der Schwarz-Kiefer *Pinus nigra*. Sk hypodermales Sclerenchym; En Endodermis; Pa Assimilationsparenchym; Sp Spaltöffnung; H Harzkanal; L Leitbündel, Xylem oben; Tr Transfusionsgewebe; E Epidermis. (40 : 1, n. R. v. Wettstein)

in Schwamm- und Palisadenparenchym nur undeutlich, oft fehlt sie ganz – so auch in unserem Fall. Im Nadelquerschnitt zeigen die Mesophyllzellen einen polygonalen Umriß. Die Zelloberfläche wird durch leistenförmige Wandverdickungen vergrößert, die gegen das Zellinnere vorspringen («Armpalisaden-Parenchym»). Das Fehlen von Interzellularen ist nur scheinbar: Scheibenförmige Lagen von Assimilationsgewebe, die senkrecht zur Nadellängsachse orientiert und nur eine Zellage dick sind, werden durch etwa gleich dicke Interzellularspalten voneinander getrennt. Zwischen dem Assimilationsgewebe und der Epidermis, deren Zellen nach extremer Wandverdickung abgestorben sind, befindet sich totes sclerotisches Festigungsgewebe (Hypoderm). Die Spaltöffnungen, deren Schließzellen Anschluß an lebendes Gewebe brauchen, sind bis zum Assimilationsgewebe eingesenkt. Im Mesophyll verlaufen in Längsrichtung der Nadel mehrere Harzkanäle. Die 1–2 unverzweigten Leitbündel des Nadelblattes sind von einer gemeinsamen Endodermis locker umfaßt. Den Stofftransport zwischen Leitelementen und Mesophyll vermittelt ein Transfusionsgewebe aus lebenden Parenchymzellen – direkt am Phloem finden sich typische Strasburger-Zellen mit ausgeprägtem Drüsencharakter (S. 150) – sowie toten, kurzen Tracheiden.

B. Blattfolge

Wie bereits dargestellt (S. 162), wechselt die Ausbildung der Phyllome bei Angiospermen an ein und derselben Pflanze – also bei immer gleichem Genbestand – während der Gesamtentwicklung in sehr weiten Grenzen, entsprechend folgendem (Maximal-)Schema:

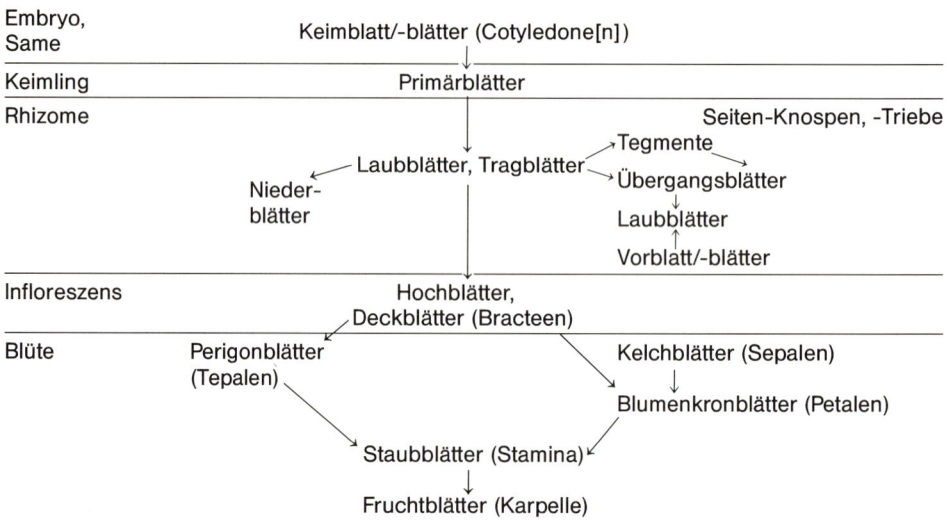

Ein Vergleich der verschiedenen Blätter in der Blattfolge (Abb. 1.3.79; vgl. auch Abb. 1.3.4, 1.3.5, S. 161) zeigt, daß einfachere Blattformen wie Niederblätter, Tegmente, Blütenblätter durch Hemmung des Oberblattes und Förderung des Unterblattes entstehen, also durch abgekürzte Entwicklung. Die Blattfolge ist eine eindrucksvolle Demonstration der Wandlungsfähigkeit eines Organtyps – hier des Phylloms – durch Verschiebung von Proportionen.

Wenn Keimblätter im Samen als «fleischige» Reservestoffbehälter dienen, bleiben sie während der Keimung gewöhnlich innerhalb der aufreißenden Samenschale und damit an oder unter der Erdoberfläche: hypogäische Keimung. (Abb. 1.3.80. Beispiele: Eiche, Roßkastanie, Erbse, Feuer-Bohne. Griech. *hypó*, unten; *gaia*, Erde). Weit häufiger ist die Keimung aber epigäisch, die Cotyledonen gelangen durch Hypocotylstreckung ans Licht und ergrünen. Beispiele: Fichte, Buche, Senf, Ahorn, Sonnenblume; Gartenbohne.)

Wie stark die Blattfolge abgewandelt sein kann, sei am Beispiel der bekannten Zierpflanze *Streptocarpus hybridus* gezeigt (S. 804). Diese Pflanze bildet keine Blätter außer den beiden Cotyledonen. Diese sind zunächst gleich; später vergrößert sich aber die eine sehr stark zu einem einzigen langlebigen «Laubblatt», aus dessen Achsel schließlich Blütenstände entspringen.

Umgekehrt können sich Blattfolgen zusätzlich komplizieren, indem sich z.B. Jugend- und Altersformen von Laubblättern unterscheiden, wie beim Efeu. Von Anisophyllie wird gesprochen, wenn benachbarte Blätter oder sogar solche desselben Knotens verschieden groß/kräftig entwickelt sind infolge einer Dorsiventralität plagiotroper Sproßachsen (Abb. 1.3.81). Unter Heterophyllie ist schließlich die Erscheinung zu ver-

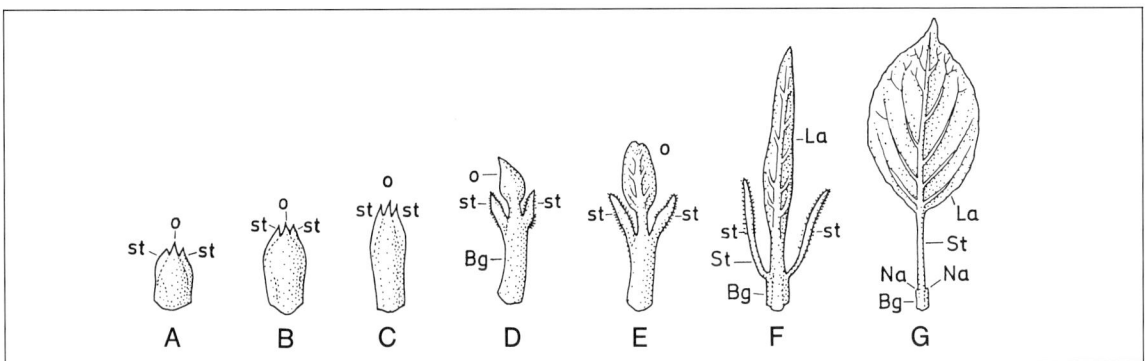

Abb. 1.3.79: Zunehmende Entwicklung des Oberblattes beim Übergang von Knospenschuppen (**A–C**) zum Laubblatt (**G**) bei *Malus baccata*; **D, E**, Übergangsblätter; **F**, Laubblatt vor der Entfaltung. st Stipeln; Bg Blattgrund; Na Narben abgefallener Stipeln; St Blattstiel; La Lamina; o Oberblatt. (A–F etwa nat. Gr.; G 0,3 : 1; n. W. Troll)

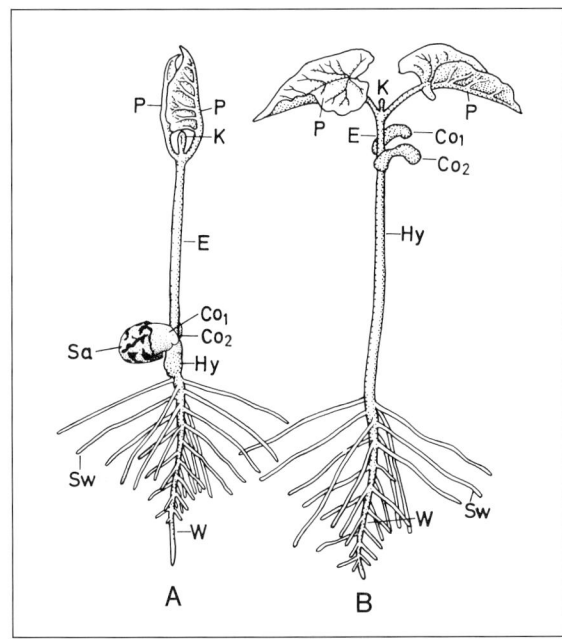

Abb. 1.3.80: Hypo- und Epigäische Keimung. **A**, Keimling der Feuer-Bohne *Phaseolus coccineus*; **B**, Keimling der Garten-Bohne *Phaseolus vulgaris*. Sa Samenschale; Co Cotyledonen; E Epicotyl; Hy Hypocotyl; K Sproßknospe, P Primärblätter; W, Sw Haupt- bzw. Seitenwurzeln. (Nach W. Rauh)

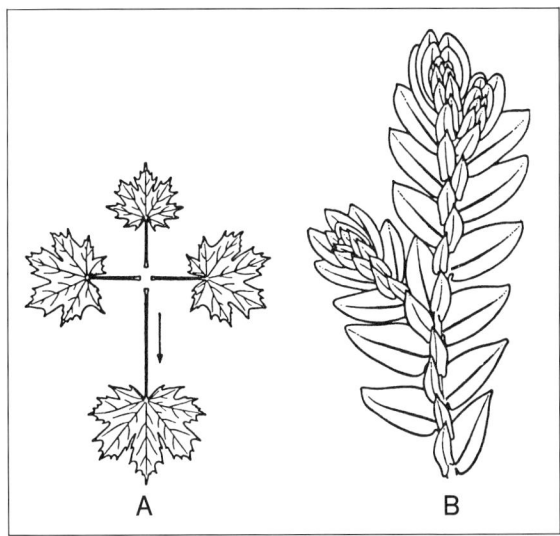

Abb. 1.3.81: Anisophyllie. **A**, induzierte Anisophyllie beim Spitz-Ahorn *Acer platanoides*: Blätter von 2 benachbarten Wirteln eines schrägwachsenden Zweiges; Pfeil: Schwerkraftvektor. **B**, habituelle Anisophyllie bei einem Moosfarn, *Selaginella douglasii*: jeder Knoten trägt ein großes Ventral- und ein kleines Dorsalblatt. (A 0,15 : 1, n. W. Troll; B 5 : 1, n. K. Goebel)

stehen, daß in Abhängigkeit von äußeren oder inneren Bedingungen ganz unterschiedlich gestaltete Blattorgane mit verschiedener Funktion gebildet werden (Abb. 1.3.82; vgl. auch *Salvinia*, S. 692 f.).

Die einzelnen Blattorgane einer Blattfolge weichen nicht nur nach Gestalten und Funktionen voneinander ab, sondern auch in ihrer Lebensdauer. Besonders kurzlebig sind i. allg. Keimblätter und die Blätter der Blütenhülle. Laubblätter ausdauernder, aber sommergrüner Gewächse (Laubbäume, Lärche) fallen am Ende einer Vegetationsperiode ab. Vor dem Laubfall werden vor allem stickstoffhaltige Verbindungen abgebaut und abtransportiert. Im Zuge dieser dramatischen Veränderungen werden aus Chloroplasten Gerontoplasten, die durch zurückbleibende, häufig mit Fettsäuren veresterte Carotinoide gelb gefärbt sind. Die Blätter/Nadeln immergrüner Bäume und Sträucher überdauern dagegen mehrere Jahre (Kiefer: 2; Tanne: 5–6; Araukarie: bis 15 Jahre). Der Blattfall erfolgt durch Vermittlung eines Trenngewebes (S. 428).

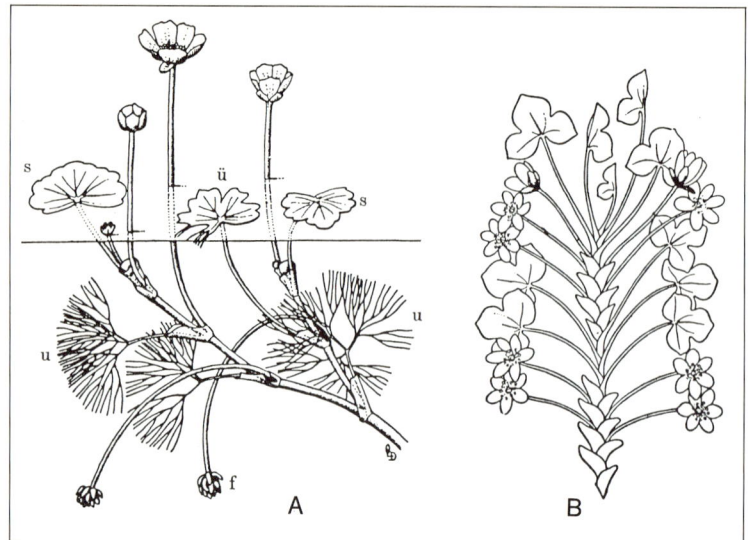

Abb. 1.3.82: Heterophyllie. **A**, modifikatorische Heterophyllie beim Wasser-Hahnenfuß *Ranunculus aquatilis*: Blühender, sympodial verzweigter Sproß mit gelappten Schwimmblättern s und tief fiederteiligen Unterwasserblättern u; ü Übergangsblatt; f durch negativen Phototropismus untergetauchte Früchte (vgl. Heterophyllie des Schwimmfarns *Salvinia*, S. 692 f.). **B**, habituelle Heterophyllie beim Leberblümchen *Hepatica nobilis*; der jährliche Zuwachs der kriechenden Sproßachse beginnt mit schuppenförmigen Niederblättern, in deren Achseln Blüten stehen; später entwickelt sich eine Rosette dreilappiger Laubblätter. (A 0,4 : 1, n. D.v. Denffer; B 0,3 : 1, n. H. Braun)

C. Gestaltabwandlungen bei Blättern

1. Metamorphosen

Es wurde schon erwähnt, daß Blätter – wie Sprosse – zu Dornen (S. 162) und zu Ranken werden können (S. 190). Die Abbildungen 1.3.83 und 1.3.6 (S. 162) zeigen Beispiele solcher Metamorphosen. Auch daß Blätter als Speicherorgane fungieren können, wurde schon dargelegt (S. 172 f.). Neben Stammsucculenz (S. 187) gibt es auch Blattsucculenz (Abb. 1.3.84). Große Wasserspeicherzellen treten dabei entweder in subepidermalen Zellschichten auf oder im Blattinneren (z.B. *Lithops*, die «lebenden Steine» der südafrikanischen Wüsten, S. 768); bei anderen Pflanzen sind Mesophyllzellen selbst vergrößert durch ungewöhnlich voluminöse Vacuolen.

In diesem letzten Fall handelt es sich um das morphologische Korrelat einer besonderen Anpassung der Photosynthese an sonnenreiche, heiße und trockene Standorte, die als Crassulaceen-Säurestoffwechsel bekannt geworden ist («CAM», S. 281 f. Crassulaceen sind «Dickblattgewächse» [lat. *crassus*, dick], zu ihnen zählen u.a. Hauswurz *[Sempervivum]* und Fetthenne *[Sedum]*, vgl. S. 778). CAM-Pflanzen gibt es nicht nur bei den Crassulaceen, sondern auch in 27 weiteren Familien (Dicotyledonen und Monocotyledonen, sogar bei succulenten Farnen). Sie legen CO_2 in der Nacht bei geöffneten Stomata in vorläufiger Form fest. Dabei entsteht Äpfelsäure, die in den großen Vacuolen der Mesophyllzellen gespeichert wird. Am Tag werden die Spalten wegen der Gefahr zu hoher Wasserverluste geschlossen, aber jetzt kann mit Hilfe der Lichtenergie das aus Äpfelsäure wieder freigesetzte CO_2 endgültig assimiliert werden.

Überhaupt finden sich metamorphosierte Blätter vor allem bei solchen Pflanzen, die durch außergewöhnliche Standortbedingungen oder extravagante Lebensweisen zu besonderen Anpassungen gekommen sind. In solchen Fällen sind meistens nicht nur die Blattorgane betroffen, sondern die ganze Pflanze weist entsprechende Veränderungen auf, es liegt ein Anpassungssyndrom vor. Drei solcher Syndrome, die wesentlich auch den Blattbau betreffen, werden im folgenden aus morphologischer Sicht («Ökomorphologie») kurz vorgestellt.

2. Xeromorphe Blätter

Für Pflanzen trockener = arider Gebiete (Steppen, Wüsten) oder Standorte (Felsen, Sandböden; griech. *xerós*, trocken) ist der Wasserhaushalt kritisch. Da er nicht durch Vermehrung der Wasseraufnahme stabilisiert werden kann, bleibt nur eine Einschränkung der Wasserabgabe, d.h. der Transpiration – soweit nicht überhaupt auf die Fortführung eines aktiven Lebens in Trockenperioden verzichtet wird. Wir haben schon gesehen, daß viele Xerophyten ihre Blätter verdornen oder nur als kleine Schuppen ausbilden und die Photosynthese in Platycladien verlegen, die kein Transpirationsgewebe enthalten und eine wesentlich kleinere spezifische (auf das Volumen bezogene) Oberfläche haben. Die cuticuläre Transpiration wird extrem eingeschränkt, in vielen Fällen werden Wasserspeicher angelegt (Stammsucculenz).

Zahlreiche Xerophyten behalten nun allerdings doch Blätter als Assimilatoren bei. Diese Blätter sind dann aber «xeromorph», d.h. so gebaut, daß die Transpiration gering ist und/oder bei Bedarf leicht eingeschränkt werden kann. Tatsächlich unterscheiden sich die Blätter von Xerophyten sehr deutlich von denen der Mesophyten und Hygrophyten, den Bewohnern mittelfeuchter bzw. feuchter Standorte. Während die Blätter von Hygrophyten übrigens auch die «Schattenblätter» etwa der Buche, vgl. Abb. 2.2.39, S. 407) besonders zart und meistens unbehaart sind und nicht eingesenkte, sondern manchmal sogar über Epidermisniveau erhobene Spaltöffnungen besitzen, sind xeromorphe Blätter i. allg. klein, derb-ledrig und saftarm (Hartlaubgewächse, wie z.B. Lorbeer, Myrte, Ölbaum), ihre Stomata sind eingesenkt (Abb. 1.3.85). Blätter, die sich bei Trockenheit einrollen, können ihre Stomata überhaupt von der Umwelt wegschließen. Die Wasserabgabe wird weiter eingeschränkt durch stark

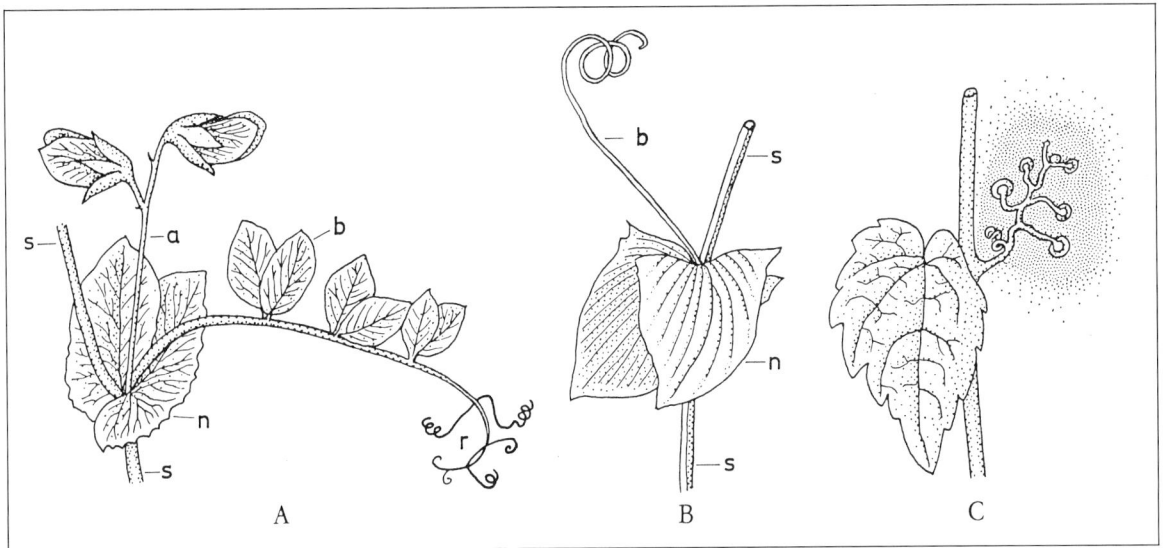

Abb. 1.3.83: Ranken. **A**, Fiederblattranke der Erbse *Pisum sativum* (s Stengel, n Nebenblätter, b Blattfiedern, r zu Ranken umgewandelte Blattfiedern, a blütentragender Achselsproß). **B**, Blattranke von *Lathyrus aphaca*; b Rhachis des Blattes als Ranke. **C**, Sproßranke mit Haftscheiben des Wilden Weins *Parthenocissus tricuspidata*. (Alle 0,7 : 1. A, B n. H. Schenck. C n. F. Noll)

verdickte Cutikeln mit massiver Wachs- Ein- und -Auflagerung, oft zusätzlich durch dichte Behaarung (Schaffung konvektionsfreier Räume unmittelbar an der Blattoberfläche, in denen feuchtere Luft «festgehalten» werden kann). Die Derbheit von Xerophytenblättern, die jedes Welken ausschließt, beruht auf der Einlagerung von Sclerenchymfasern oder einzeln liegenden, sternförmigen Sclereiden. Xeromorphe Blätter sind häufig äquifacial.

Auch das auf S. 213 abgebildete, äquifaciale Nadelblatt ist ausgesprochen xeromorph. Das entspricht einer Anpassung an die starke Infrarotabsorption und damit verbundene Erwärmung der dunklen Coniferen-Nadeln bei direkter Sonneneinstrahlung. Diese Erwärmung kann schon unter normalen Umständen wegen der relativ geringen Transportleistung des Tracheidenholzes zu suboptimaler Wasserversorgung führen. Bei Dauerfrost, wenn aus dem gefrorenen Boden keine Wasserzufuhr mehr möglich ist, wird die Wasserbilanz in den durch Strahlung erwärmten Nadeln leicht kritisch: «**Frosttrocknis**».

Durch die Drosselung der Transpiration wird nun zwar der Wasserhaushalt stabilisiert, aber das Problem der **Überhitzung** des Blatt- (Stamm-) Parenchyms akut. (Transpiration erbringt wegen der relativ hohen Verdunstungskälte von Wasser – 41 kJ mol^{-1} – einen kräftigen Kühleffekt.) Übermäßige Erwärmung von Blattspreiten wird bei manchen Pflanzen durch Profilstellung vermieden. Bekannt sind die «schattenlosen Wälder» australischer Eucalyptusbäume, deren sichelförmige Blätter lotrecht abwärts hängen. Kühlend wirken an Stämmen vorspringende Rippen (S. 205) und tiefrissige Borken (S. 206).

Abb. 1.3.84: Blattsucculenz beim Mauerpfeffer *Sedum album* (**A**) und der Hauswurz *Sempervivum schnittspahnii* (**B**, Rosetten mit disperser Blattstellung). (Beide 0,75 : 1; Originale)

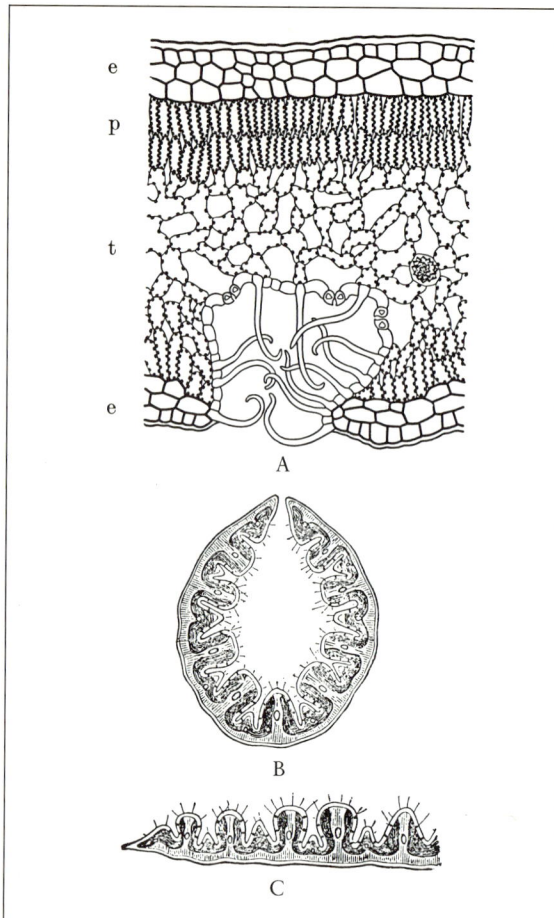

Abb. 1.3.85: Xeromorphe Blätter im Querschnitt. **A**, Oleander, mit mehrschichtiger Epidermis e, zweischichtigem Palisadenparenchym p, Schwammparenchym t und tief eingesenkten Spaltöffnungen; in den Vertiefungen werden Luftkonvektionen durch Haare verhindert. **B, C**, die Blätter des Pfriemgrases *Stipa capillata* sind bei Trockenheit eingerollt und schließen damit die Stomata von der Außenluft ab (die Blätter sind epistomatisch, d.h. Spaltöffnungen sind auf die Oberseite beschränkt); bei guter Wasserversorgung sind die Spreiten flach ausgebreitet. (A 60 : 1, n. D. v. Denffer; B, C 20 : 1, n. A. Kerner v. Marilaun)

3. Epiphyten

Im Gegensatz zu den Kletterpflanzen, die stets im Erdboden wurzeln, siedeln sich die Epiphyten («Aufsitzer») von vornherein in Baumkronen an, um sich einen Platz an der Sonne zu sichern. Die Bäume dienen ihnen lediglich als Unterlage; sie können durch Felsen, Dächer, selbst Telefonleitungen ersetzt werden. Die meisten Epiphyten sind also keine Parasiten. Allenfalls können sie ihre Unterlage bei üppiger Entwicklung erdrücken. Nur wenige Epiphyten – z.B. die Mistel, S. 229 und 787 – haben sich zu Parasiten entwickelt.

Für größere, cormophytisch organisierte Epiphyten stellt die Beschaffung von Wasser und Nährsalzen das entscheidende Problem dar. Deshalb finden sie günstige Lebensbedingungen nur in Gebieten mit häufigen ergiebigen Regenfällen und hoher Luftfeuchtigkeit, insbesondere also in tropischen Regenwäldern. Epiphyten weisen einen um so ausgesprocheneren xeromorphen Bau auf, in je trockenerer Luft sie wachsen.

An frei herabhängenden, oft grünen Luftwurzeln ist häufig ein besonderes Wasserabsorptionsgewebe entwickelt, das Velamen (Abb. 1.3.87 C). Bei anderen Epiphyten bilden aufwärtswachsende Luftwurzeln ein reich verzweigtes Gespinst, zwischen dem sich Humus und Feuchtigkeit ansammeln. Der Vogelnestfarn, *Asplenium nidus*, formt aus großen Wedeln dichte Rosetten, deren trichterförmiger Innenraum sich nach und nach mit Humus füllt. Beim Geweihfarn *Platycerium* werden in regelmäßigen Zeitabständen besondere Mantel- oder Nischenblätter ausgebildet, hinter denen sich Wasser und Humus ansammeln können – ein Fall von Heterophyllie (Abb. 3.2.153, S. 696). Noch weiter ist ein Teil der Blätter der Asclepiadacee *Dischidia rafflesiana* umgebildet: Durch extrem verstärktes Flächenwachstum bei gleichzeitiger Hemmung des Randwachstums wandeln sich einzelne Blätter in engmündige Schläuche um (Abb. 1.3.86). In ihnen leben Kolonien von Erde-einschleppenden Ameisen, und auch Feuchtigkeit kann sich hier durch Kondensation von Wasserdampf ansammeln. In jede Urne wächst eine dem zugehörigen Stengelknoten entspringende Adventivwurzel hinein. Die Pflanze schafft sich so gewissermaßen eigene Blumentöpfe.

In anderen Fällen werden Sproßknollen als Wasserspeicher angelegt, die bei Regenfällen gefüllt werden (Abb. 1.3.87). Besondere Einrichtungen, um Niederschläge effektiv aufzufangen, sind weit verbreitet. Bei den Bromeliaceen stellen die Wurzeln nur noch kurze, drahtige Haftorgane dar; bei manchen Arten, so bei den von Telefonleitungen herabhängenden *Tillandsia*-Arten, können sie ganz fehlen. Das Wasser wird von diesen Epiphyten ausschließlich durch Absorptionshaare der Blätter aufgenommen (Abb. 1.3.88). Vielfach bilden auch bei diesen Pflanzen die dicht aneinanderschließenden Blattbasen der Rosettensprosse «Cisternen», in denen sich Regenwasser ansammelt.

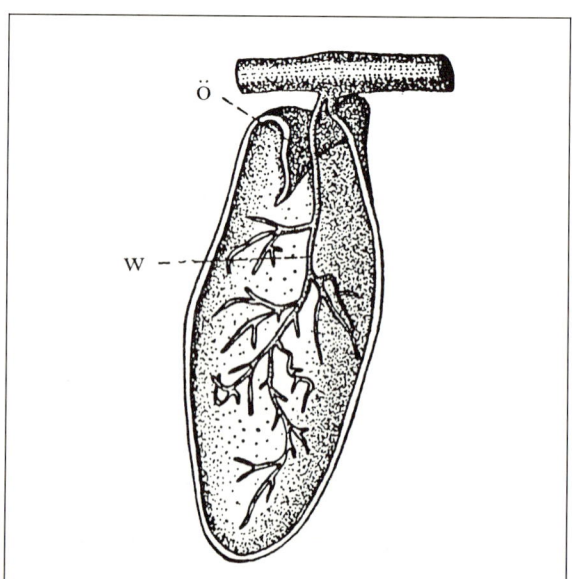

Abb. 1.3.86: Längsschnitt durch Urnenblatt von *Dischidia rafflesiana*. ö Mündung, w sproßbürtige Wurzel, die durch die Öffnung der Urne in deren Inneres hineinwächst. (0,8 : 1, n. H. Fitting)

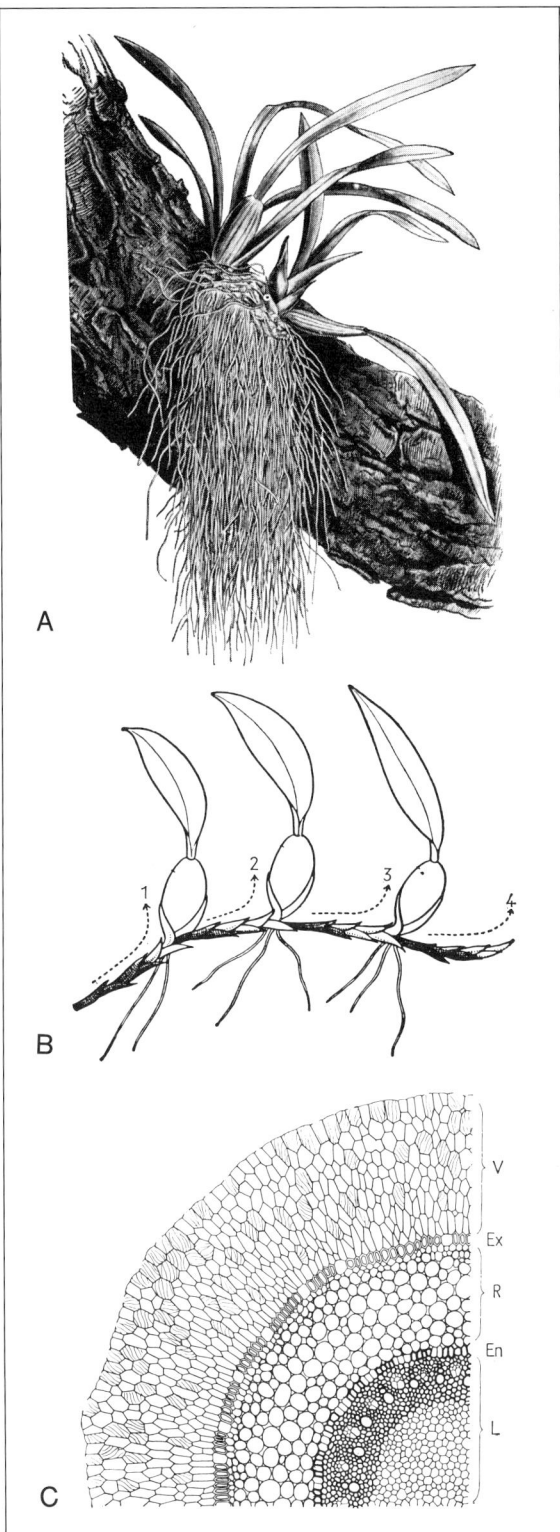

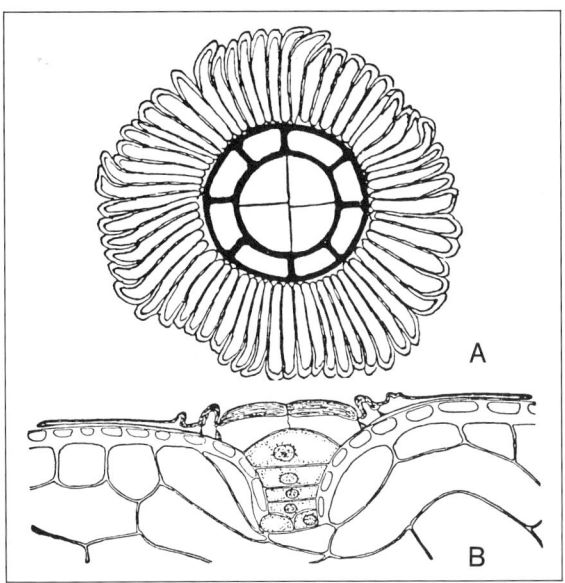

Abb. 1.3.88: Schildförmiges Schuppenhaar von *Vriesea splendens*, einer epiphytischen Bromeliacee. **A**, Aufsicht; **B**, Querschnitt durch das der kleinzelligen, dickwandigen Epidermis fest anliegende Schuppenhaar. (380 : 1, n. H. Fitting)

4. Die Blätter tierfangender Pflanzen

Auf nährstoffarmen, insbesondere N-armen Substraten (z.B. in Hochmooren) kommen Ernährungsspezialisten vor, die zwar photoautotroph leben können, zusätzlich aber mit Einrichtungen zum Fangen und Festhalten kleiner Tiere, vor allem Insekten ausgestattet sind. Die Insekten werden von diesen **Insectivoren** (lat. *vórere*, verschlingen, fressen) verdaut und als zusätzliche organische N-Quelle ausgebeutet (vgl. S. 380). Für den Tierfang sind die Blätter in verschiedenster, oft geradezu skurriler Weise umgestaltet.

Vergleichsweise einfach funktionieren die **Klebfallen** des Sonnentaus *Drosera*. Auf seinen Blättern stehen von einem Tracheidenstrang durchzogene Emergenzen, die Tentakeln (vgl. Abb. 1.2.34, S. 157). Ihre Drüsenköpfchen sondern glitzernde Tropfen eines klebrigen Sekrets ab, das kleine Tiere anlockt. Diese bleiben an den Drüsen hängen, kommen bei ihren Befreiungsversuchen mit weiteren Drüsen in Berührung und werden dadurch um so fester gehalten. Durch den Berührungsreiz veranlaßt, krümmen sich die Tentakeln gegen die Blattmitte und drücken das gefangene Insekt gegen die Blattfläche. Hier werden seine Körpersubstanzen (außer Chitin) von abgesonderten Drüsensekreten chemisch aufgeschlossen und von Absorptionshaaren resorbiert.

Sekundenschnell kann die Venusfliegenfalle *Dionaea* (Abb. 1.3.89) die **Klappfalle** ihrer Spreitenhälften schließen. Die Bewegung wird durch ein osmotisch gesteuertes Scharniergelenk an der Hauptrippe bewerkstelligt. Sie erfolgt, sobald ein Insekt, das auf dem offenen Blatt gelandet ist, eine der Fühlborsten berührt.

Abb. 1.3.87: Anpassungen epiphytischer Orchideen der Tropen. **A**, *Oncidium spec.* mit Luftwurzeln und wasserspeichernden Sproßknollen. **B**, *Coelogyne spec.*, Sympodialsystem der mit Knollen abschließenden Sproßgenerationen 1, 2 ... **C**, Querschnitt durch Luftwurzel von *Dendrobium nobile*; V Velamen, Ex Exodermis mit Durchlaßzellen, R Rinde, En Endodermis mit Gruppen von Durchlaßzellen. L zentrales Leitbündel. (A 0,1 : 1, n. A. Kerner v. Marilaun; B 0,2 : 1, n. W. Troll; C 30 : 1, n. D.v. Denffer)

220 · Morphologie und Anatomie der Sproßpflanzen

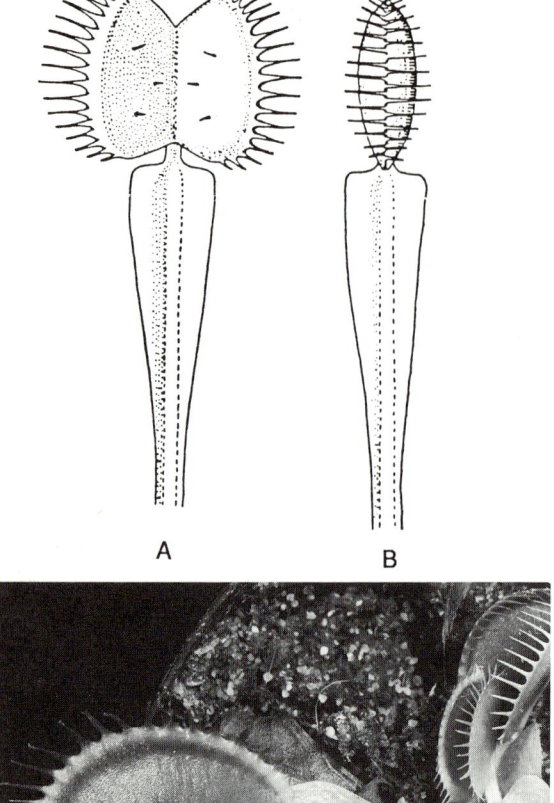

Abb. 1.3.89: Die Blattspreiten der Venusfliegenfalle sind zu Klappfallen umgestaltet. **A**, Blattfalle geöffnet, mit 6 Fühlborsten; **B**, Klappfalle nach Reizung geschlossen. **C**, Blätter verschiedenen Alters. Der Blattstiel ist als Phyllodium ausgebildet, er übernimmt die Funktion der Blattspreite. (A, B 1,3 : 1, n. D. v. Denffer. C 1,4 : 1, Original)

Von den wie Tellereisen gezähnten Spreitenhälften werden selbst so kräftige Insekten wie Wespen und Hummeln festgehalten und durch sezernierte Enzyme verdaut.

Bei *Nepenthes, Cephalotus, Sarracenia* und *Darlingtonia* dienen kannen- oder tütenförmige Schlauchblätter als **Gleitfallen** (vgl. Abb. 1.3.76, S. 212). Bei *Nepenthes* kann der vordere Teil des Blattstiels auf Berührungsreize wie eine Ranke reagieren und auf diese Weise die schwere «Kanne» im Geäst aufhängen. Der untere Teil des Blattstiels ist als Phyllodium ausgebildet. In den *Nepenthes*-Kannen, deren Innenseite der Blattoberseite entspricht, steht eine von wandständigen Drüsen ausgeschiedene wäßrige Flüssigkeit. Tiere, die durch die Färbung der Kannen und Nektarabscheidungen angelockt worden sind, rutschen am sehr glatten Kannenrand (er ist mit flachen Wachsplättchen «gekachelt») aus und fallen in die saure Verdauungsflüssigkeit. Ein Zurückklettern wird durch glatte Wachsüberzüge an der Innenwandung der Kanne verhindert. Die Beutetiere ertrinken schließlich und werden enzymatisch abgebaut.

Die bei uns in stehenden Gewässern untergetaucht lebenden *Utricularia*-Arten tragen an zerschlitzten Blättern Blattzipfel, die in kleine, grüne Blasen umgewandelt sind (Abb. 1.3.90). Die Blasen sind mit Wasser gefüllte **Schluckfallen**. Ihr «Mund» ist mit einer Ventilklappe zunächst wasserdicht verschlossen. Stoßen kleine Wassertiere gegen eine der hebelartig wirkenden Borsten auf der Außenseite der Klappe, so öffnet sich diese und saugt die Tierchen mit einem Wasserschwall in die etwa 2 mm große Blase hinein. Der Schluckvorgang kommt durch Entspannung der zunächst elastisch gespannten, eingedellten Blasenwände zustande. Darauf springt die Klappe in ihre Ausgangsstellung zurück und verschließt die Falle wieder. Haare auf der inneren Blasenwand scheiden nun ein Verdauungssekret aus und nehmen schließlich die im Wasser gelösten verdaulichen Stoffe auf. Zugleich wird Wasser

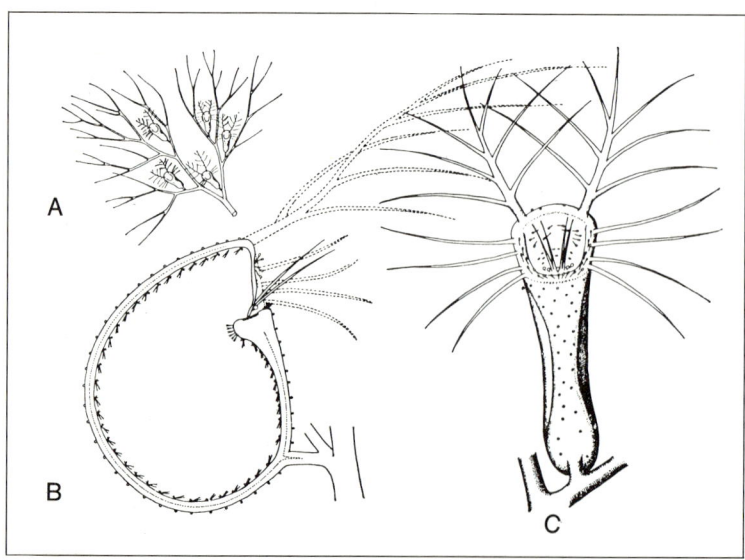

Abb. 1.3.90: Schluckfallen von *Utricularia vulgaris*. **A**, Abschnitt eines Fiederblattes mit 5 Fangblasen; **B**, Fangblase im Längsschnitt und von vorn (**C**). (A 1 : 1, B, C 10 : 1, n. D. v. Denffer)

aus der Blase nach außen gepumpt und dadurch die Falle wieder gespannt für einen weiteren Schluckvorgang.

Die Raffinesse, mit der Tiere von Pflanzen mit Hilfe umgeformter Blätter eingefangen werden können, verdeutlicht schlaglichtartig die Gestaltenmannigfaltigkeit, die durch Organmetamorphose erreicht werden kann. Zugleich wird hier die Bedeutung von pflanzlichen Drüsenzellen und -geweben unterstrichen: Bei der Anlockung spielen häufig Nektar-, Duft- und Schleimdrüsen eine wichtige Rolle, die letztgenannten können dann auch als Klebstofflieferanten fungieren. Die Verdauung der Beute erfolgt ausnahmslos extrazellulär. Die dafür erforderlichen Enzymgemische werden von Verdauungsdrüsen abgeschieden, die bei Kannen- und Blasenfallen zugleich auch für die Ansäuerung des «Magensaftes» sorgen. Schließlich erfolgt auch die Resorption des Verdauungsgutes durch drüsenartige Zellen, oft übrigens durch dieselben, die auch die Enzyme geliefert hatten.

V. Wurzeln

A. Basisfunktionen

Das Wurzelsystem hat im Normalfall eine doppelte Funktion zu erfüllen: Verankerung der Pflanze im Boden und Aufnahme von Wasser und mineralischen Nährstoffen.

Dieser zweiten Aufgabe entspricht eine oft enorme Vergrößerung der resorbierenden Oberfläche von Wurzeln. Die Oberflächenvergrößerung kommt dadurch zustande, daß die nichtcutinisierten, als Rhizodermis bezeichneten Epidermen junger Wurzeln einen dichten Besatz von Wurzelhaaren bilden (Abb. 1.3.91). Die mm- bis cm-langen Wurzelhaare sind einzellig, jedes von ihnen entspricht einer (seitlich) röhrenförmig ausgewachsenen Rhizodermiszelle. Wurzelhaare zeigen Spitzenwachstum und können daher sehr gut zwischen Bodenteilchen vordringen. Sie sind kurzlebig, die Wurzelhaarzone wachsender Wurzeln ist nur 1–2 cm lang. Man hat errechnet, daß eine ausgewachsene Roggenpflanze trotzdem über 10 Milliarden Wurzelhaare aufweist, deren Gesamtoberfläche einem Quadrat von 20 m Seitenlänge entspräche, und deren Gesamtlänge eine Strecke von 10 000 km erreicht.

Neben Verankerung und Nährstoffaufnahme übernehmen Wurzeln oft noch andere Funktionen. Sie sind beispielsweise Syntheseorte wichtiger Pflanzenstoffe, u. a. von Hormonen (Gibberelline, Cytokinine; S. 384 ff.). Häufig fungieren sie auch als Speicherorgane: Durch Vermehrung und Vergrößerung der Zellen des Rindenparenchyms entstehen schwach verzweigte Speicherwurzeln mit verdickten Abschnitten (Abb. 1.3.92), in manchen Fällen Wurzelknollen, die sich der Kugelform annähern und überhaupt keine Seitenwurzeln tragen. Die basalen, d. h. sproßnahen Abschnitte von Wurzeln – im Bereich des sog. Wurzelhalses – können an der Bildung von Rüben beteiligt sein. Bekannte Beispiele für Wurzelrüben liefern Möhre und Zuckerrübe, während sich bei Futterrübe und Rettich auch noch das Hypocotyl am Aufbau der Rübe beteiligt. Als Speicherstoffe treten ganz überwiegend Di-, Oligo- und Polysaccharide auf (Saccharose; Stärke, Inulin).

B. Wurzelsysteme

Wie Sproßsysteme sind auch Wurzelsysteme bei verschiedenen Pflanzen in Abhängigkeit von ihren bevorzugten Standorten recht unterschiedlich ausgebildet. Bei jungen oder sich durch Ausläufer rasch ausbreiten-

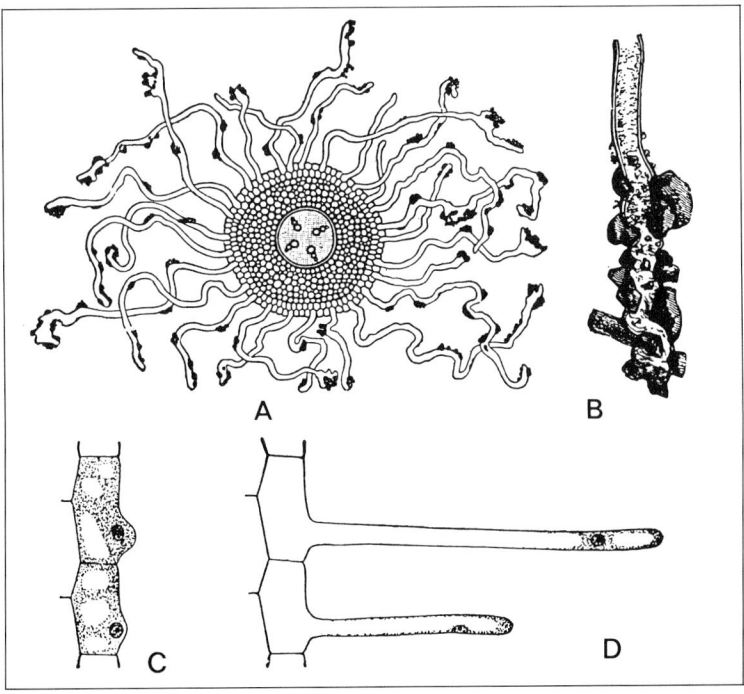

Abb. 1.3.91: Wurzelhaare. **A**, Querschnitt durch Resorptionszone einer Wurzel mit tetrarchem Zentralzylinder; Wurzelhaare mit Bodenpartikeln verklebt bzw. verwachsen. **B**, Spitze eines Wurzelhaares stärker vergrößert. **C, D**, Rhizodermis längs, mit beginnender Wurzelhaarbildung (**C**, beachte Position der Zellkerne) und später. (A 10 : 1, n. Frank; B 50 : 1, n. F. Noll; C, D 50 : 1, n. Rothert)

den Pflanzen ist das Wurzelsystem oft umfangreicher als das Sproßsystem (Abb. 1.3.93). Besonders schwach ist dagegen das Wurzelsystem bei vielen Kakteen entwickelt, die an trockenen, heißen Standorten wachsen, wo der Boden immer wieder (zumindest tagsüber) völlig austrocknet. Hinsichtlich der vertikalen Ausdehnung der Wurzeln können Flachwurzler und Tiefwurzler unterschieden werden. Extreme Tiefwurzler finden sich an Orten mit oberflächlich trockenen Böden, wo aber in der Tiefe Grundwasseradern verlaufen (vgl. z.B. *Welwitschia*, S. 729. Die Pfahlwurzeln von Tamarisken reichen angeblich bis 30 m tief). Bei Bäumen ist die Ausbreitung des Wurzelsystems auf das Kronenwachstum abgestimmt. Im allgemeinen reichen die äußersten Zonen des Wurzelsystems in horizontaler Ausdehnung etwas über die von der Krone überdachte Bodenfläche hinaus.

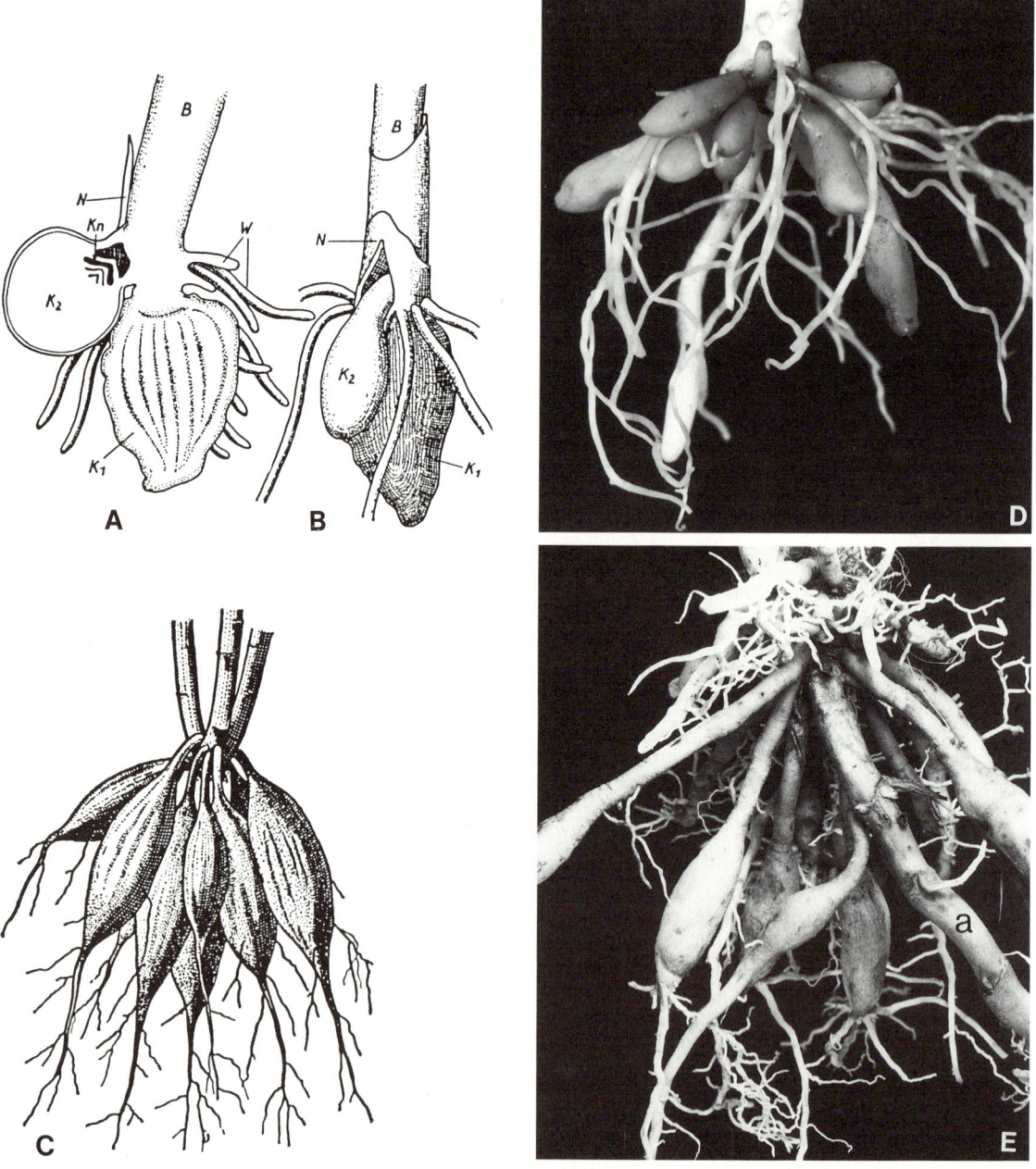

Abb. 1.3.92: Wurzeln als Speicherorgane. **A, B**, Wurzelknollen bei *Orchis militaris*; K_1 vorjährige Knolle, aus der sich der diesjährige Blütensproß *B* entwickelt hat; in der Achsel des untersten, schuppenförmigen Niederblattes *N* entwickelt sich am Achseltrieb eine neue Wurzelknolle K_2; *W* normale Nebenwurzeln; *Kn* Sproßknospe des Achseltriebes für die nächste Vegetationsperiode (n. R.v. Wettstein, 1,2 : 1). **C**, sproßbürtige Speicherwurzeln einer Dahlie (0,25 : 1, n. Weber). **D**, sproßbürtige Wurzelknollen im homorrhizen Wurzelsystem des Scharbockskrautes *Ranunculus ficaria*; die Knollen brechen an der Basis leicht ab und wachsen dann wieder zu ganzen Pflanzen aus. **E**, weniger ausgeprägt als bei der Dahlie sind die Wurzelknollen bei *Hemerocallis*; auch hier werden aber Seitenwurzeln nur im nichtspeichernden distalen Bereich gebildet: a Rhizomausläufer. (D 2,7 : 1, E 0,7 : 1. Originale)

Hinsichtlich der Entwicklung von Wurzelsystemen und ihrer dadurch geprägten Endgestalt kennt man zwei Typen: heterogene (allorrhize) und homogene (homorrhize).

1. Heterogene Wurzelsysteme

Bei vielen Pflanzen wächst die Keimlingswurzel (Radicula) zur Hauptwurzel = Primärwurzel heran und bildet eine vertikal in den Boden vordringende Pfahlwurzel. Diese trägt Sekundärwurzeln = Seitenwurzeln 1. Ordnung, die im Erdreich schräg oder horizontal fortwachsen und sich dabei weiter verzweigen (Seitenwurzeln 2., 3., ... Ordnung). Die Seitenwurzeln höherer Ordnung wachsen ohne bestimmte Beziehung zum Schwerkraftvektor und können daher den Boden nach allen Richtungen durchdringen. Ein solches System ist hierarchisch aufgebaut, es wird als allorrhiz bezeichnet, man spricht auch von heteroge-

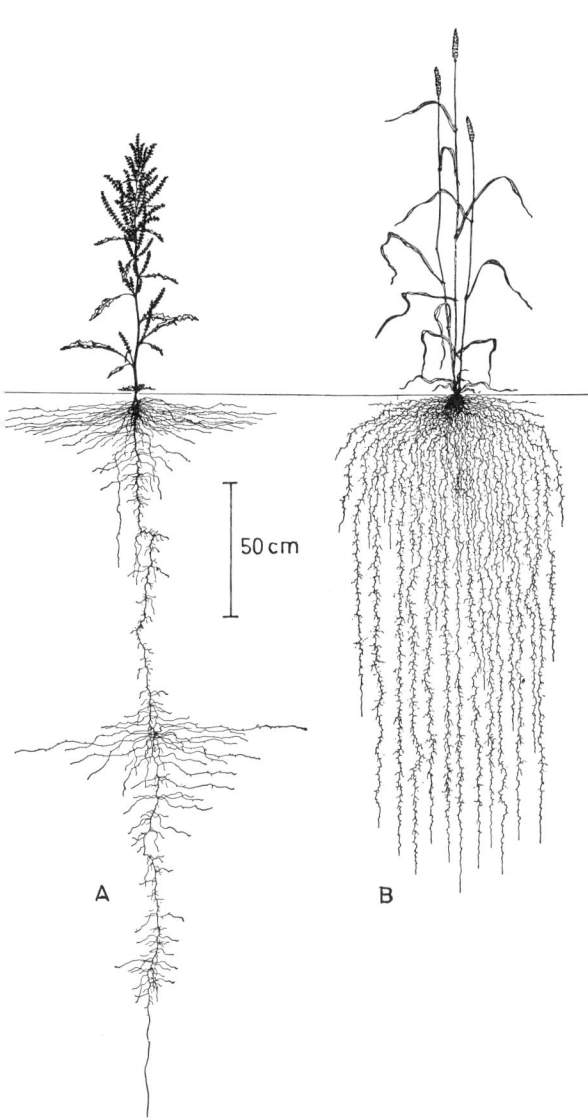

Abb. 1.3.93: Allorrhizie und Homorrhizie. **A**, *Rumex crispus*, eine dicotyle Pflanze, bildet ein heterogenes Wurzelsystem, dessen Primärwurzel bis über 3m in den Boden eindringt. **B**, sekundär homorrhizes Wurzelsystem des Weizens mit den für viele Gräser charakteristischen Büschelwurzeln. **C, D**, ausgeprägte Homorrhizie findet sich bei Zwiebelpflanzen: Die zahlreichen, etwas fleischigen Wurzeln sind alle gleich dick und weitgehend unverzweigt. **C**, junge Lauchzwiebel *Allium fistulosum*. **D**, Wurzelsystem einer ausgewachsenen Lauchpflanze, *Allium porrum*. (A, B n. L. Kutschera; Maßstab gilt f. beide Teilbilder. C 1 : 1, D 0,5 : 1. Originale)

ner Radication (griech. *állos*, andersartig, verschieden; *rhiza*, bzw. lat. *radix*, Wurzel; Abb. 1.3.93 A).

Die meisten Bäume sind allorrhiz, manche behalten das zunächst entwickelte Pfahlwurzelsystem auch später bei – so Tanne, Kiefer, Eiche. Bei anderen Baumarten (z.B. Lärche, Birke, Linde) werden nach und nach zusätzlich zur ursprünglichen Hauptwurzel ähnlich kräftige, schräg im Boden stehende Wurzeln ausgebildet, so daß unter der Stammbasis eine halbkugelige Wurzelzone entsteht; dergleichen wird als Herzwurzelsystem bezeichnet. Die Flachwurzler unter den Bäumen – zu ihnen zählen Fichte und Esche – besitzen ein Senkerwurzelsystem: von kräftigen, knapp unter der Bodenoberfläche horizontal wachsenden Sekundärwurzeln dringen wesentlich schwächere und kürzere Senkerwurzeln vertikal in den Boden vor.

Bei einigen Baumarten, z.B. Fichte und Feld-Ulme, kommt es in dichten Beständen zu Wurzelverwachsungen: Über tauartige Wurzelstränge, die mitunter viele Meter lang sind, können mehrere Bäume zu einem «Kollektiv» zusammengeschlossen sein.

2. Homogene Wurzelsysteme

Homorrhize Systeme sind überwiegend aus gleichrangigen und ähnlich gestalteten, nicht oder nur mäßig verzweigten Wurzeln aufgebaut (homogene Radication; griech. *homós*, gleich, ähnlich; Abb. 1.3.93 B–D; vgl. auch Abb. 1.3.87 A). Solche Wurzelsysteme sind typisch für Rhizompflanzen und andere Cryptophyten, bei denen letztlich ja alle Wurzeln sproßbürtig sind. Dasselbe gilt für Farne: Als Sporenpflanzen bilden sie keine Samen, es gibt bei ihnen keine Keimlingswurzeln. Die sproßbürtigen Wurzeln der Farne sind den Blättern lagemäßig präzise zugeordnet: Unmittelbar unter jeder Blattbasis entspringt eine sproßbürtige Wurzel oder mehrere solche, bei großen Baumfarnen bis über 100. Eine ähnlich strenge Zuordnung von Wurzeln zu Blättern ist bei Samenpflanzen selten. Immerhin entspringen auch bei ihnen sproßbürtige Wurzeln oft bevorzugt an den Knoten der Sproßachse. Aber von dieser Regel gibt es viele Ausnahmen; eine solche ist in Abb. 1.3.94 gezeigt.

Neben dieser sog. primären Homorrhizie gibt es auch eine sekundäre. Sie kommt bei frühzeitigem Verkümmern der Keimlingswurzel dadurch zustande, daß aus dem untersten Sproßknoten zahlreiche gleichrangige Wurzeln auswachsen (Abb. 1.3.93 B). Solche Wurzeln entstehen im Zuge einer Regenerationsleistung, sie sind ein Beispiel für Adventivwurzeln (vgl. S. 419, 425 f.).

C. Anatomie der Wurzel

1. Der primäre Bau

Das Querschnittschema in Abb. 1.3.95 gibt die radiärsymmetrische Anordnung der Gewebe einer Wurzel im primären Zustand wieder. Die zarte Rhizodermis wird nach innen zu von einer derberen, längerlebigen

Abb. 1.3.94: Sproßbürtige Haftwurzeln beim Efeu, einer Kletterpflanze. Diese Wurzeln dienen nicht der Wasser- und Nährionenaufnahme, sondern ausschließlich der Befestigung an einer beliebigen Unterlage – hier Beton. Beachte die distische Beblätterung des Triebes, typisch für die Jugendform des Efeus (vgl. S. 430). (nat. Gr., Original)

und oft schwach verkorkten Zellage gefolgt, der Hypodermis. Sie umschließt das massiv entwickelte Rindenparenchym, das innen von einer Endodermis begrenzt wird (S. 145). Diese umschließt den Zentralzylinder, in dem die Festigungs- und Leitelemente der Wurzeln zusammengefaßt sind. Die zentrale Lage dieser Gewebe in einer weniger festen Hülle gewährleistet Biegsamkeit bei hoher Zugfestigkeit (S. 148); sie entspricht der Verankerungsfunktion der Wurzeln.

Die äußerste Zellenlage des Zentralzylinders, der Pericycel, besteht aus zartwandigen, plasmareichen Zellen, die über lange Zeit teilungsfähig bleiben. Daher wird diese röhrenförmige Zellschicht, in der es eben so wenig wie in Rhizo-, Exo- und Endodermis Interzellularen gibt, auch als Pericambium bezeichnet (s.u.).

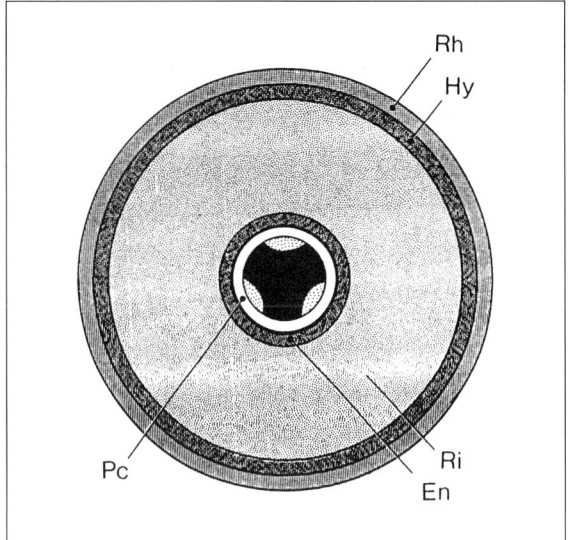

Abb. 1.3.95: Gewebe-Anordnung im Wurzelquerschnitt; Rh Rhizodermis, Hy Hypodermis, Ri parenchymatische Wurzelrinde, En Endodermis; Zentralzylinder: Pc Pericambium = Pericycel, Xylem schwarz, Phloem punktiert. Der Zentralzylinder ist hier ‹triarch›, das Xylem ist dreistrahlig, es weist im Querschnitt 3 Xylempole auf. (Original)

Die Mitte des Zentralzylinders, der als Actinostele organisiert ist, ist normalerweise von Xylem besetzt. Dieses reicht mit 2 bis vielen radiär angeordneten Leisten bis an das Pericambium heran. Nach der Zahl solcher «Xylempole» sind 2-, 3-... vielstrahlige (di-, tri-,... poly-arche) Zentralzylinder zu unterscheiden, Abb. 1.3.96 A zeigt einen tetrarchen. In den Bereichen zwischen den Xylemleisten liegt das Phloem. Xylem und Phloem sind bei Coniferen und Dicotyledonen durch ein (im Querschnitt sternförmiges) Cambium voneinander geschieden, das an den Xylempolen mit dem Pericambium Kontakt hält.

Bei der Bildung des Zentralzylinders schreitet die Differenzierung meistens von außen nach innen fort. Protophloem und Protoxylem liegen daher unmittelbar unter dem Pericambium, die größten Gefäße des Metaxylems im Zentrum. Manchmal kommt die Ausbildung des Metaxylems vor Erreichen des in Abb. 1.3.96 gezeigten Zustandes zum Erliegen. In diesen Fällen findet sich in der Mitte des Zentralzylinders ein parenchymatisches Wurzelmark.

Der Längsgliederung von Wurzeln (vgl. Abb. 1.3.15, S. 171) fehlt – da sie keine Blätter tragen – die für Sproßachsen charakteristische Metamerie von Knoten und Internodien. Hinter dem von der Wurzelhaube (Calyptra) umhüllten, hier also subapicalen Vegetationspunkt (S. 133 f.) folgt zunächst eine Zone ver-

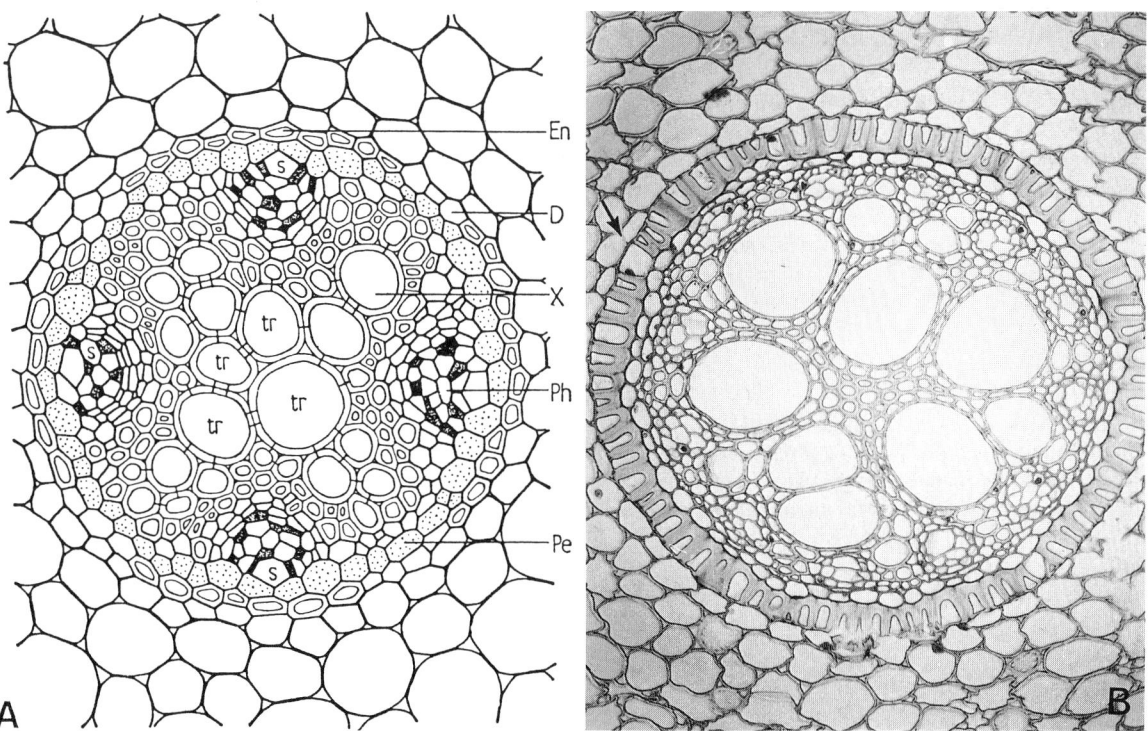

Abb. 1.3.96: Zentralzylinder. **A**, Querschnitt durch tetrarches Leitbündel der Wurzel des Hahnenfußes *Ranunculus acer*; En Endodermis, D Durchlaßzellen, X Holzteil mit Tracheen tr, Ph Siebteil mit Siebröhren s und dunkel gezeichneten Geleitzellen, Pe Pericambium. **B**, Querschnitt durch dodecarchen Zentralzylinder einer Wurzel von *Iris germanica*; die in A etikettierten Gewebe können leicht wiedererkannt werden – mit Ausnahme der Phloempartien, die mit zarten Zellwänden zwischen den 12 Xylempolen unmittelbar unter dem Pericambium liegen. Pfeil: Durchlaßzelle; Endodermis (wie in A) im tertiären Zustand. (A 215 : 1, n. D.v. Denffer. B 150 : 1, LM Aufnahme: H. Falk)

mehrter Zellteilungen (Wachstumszone) und eine solche der Zellstreckung (Streckungszone). Die Häufigkeitsmaxima der Zellteilungen liegen in der sich herausbildenden Wurzelrinde (dem sog. Periblem) nahe am Vegetationspunkt, im entstehenden Zentralzylinder («Plerom») weiter hinten und in der jungen Rhizodermis («Dermatogen» oder «Epiblem») am weitesten von den Initialen entfernt. Auch in der Streckungszone finden noch viele Zellteilungen statt. An sie schließt sich die Wurzelhaarzone an, womit der primäre Zustand der Wurzel erreicht ist.

2. Seitenwurzeln

entstehen (im Gegensatz zu Seitensprossen) endogen, d.h. im Inneren des Wurzelkörpers, genauer an der Grenze zwischen Zentralzylinder und Rinde (Abb. 1.3.97). Dabei werden Zellen des Pericambiums reembryonalisiert und bilden durch peri- und antikline Teilungen einen neuen Wurzelvegetationspunkt. Das geschieht immer erst hinter der Wurzelhaarzone. Es handelt sich also um eine echte Neubildung von Vegetationspunkten; eine Meristemfraktionierung wie im Sproßsystem findet hier nicht statt. Auch sproßbürtige Wurzeln werden innerhalb der Sproßrinde angelegt. Das Leitgewebe der Seitenwurzeln hat dadurch von vornherein Anschluß an das Leitgewebe des Mutterorgans, dessen Rindengewebe allerdings von der neuen Wurzel beim Auswachsen durchbrochen werden muß. An ihrer Austrittsstelle sind Seitenwurzeln oft von dem vorgestülpten Rand der durchbrochenen Wurzel- oder Sproßrinde wie von einem Kragen umgeben.

Die endogene Entstehung der Seitenwurzeln und die nichtapicale, sondern subapicale Lage der Initialen von Wurzel-Vegetationspunkten hat wichtige morphologische und physiologische Konsequenzen. In beiden Fällen bildet ein ursprünglich von anderem Gewebe umschlossenes inneres Gewebe letztlich die Wurzeloberfläche. (Auch die Rhizodermis von Primärwurzeln ist ja ursprünglich von den freilich kurzlebigen Zellen der Calyptra bedeckt.) Damit hängt es offenbar zusammen, daß Rhizodermen nicht von einer Cuticula bedeckt sind und keine Spaltöffnungen aufweisen.

Seitenwurzeln stehen an Primärwurzeln oft in auffälligen Längsreihen, den Rhizostichen (Abb. 1.3.98). Das beruht darauf, daß die Neubildung von Wurzelvegetationspunkten durch das Pericambium über Xylempolen des Zentralzylinders erfolgt (Abb. 1.3.97 A, C). Aus der Zahl der Rhizostichen kann daher oft schon makroskopisch und von außen her auf die Zähligkeit des Zentralzylinders einer Wurzel geschlossen werden.

3. Der sekundäre Bau

Bei ausdauernden Holzgewächsen weisen die Hauptwurzeln ein ähnlich massives sekundäres Dickenwachstum auf wie die Stämme. Das Cambium scheidet auch hier nach innen Holz, nach außen hin Bast ab. Die im primären Zustand sternförmige Querschnittsform des Cambiummantels um das Xylem rundet sich dabei

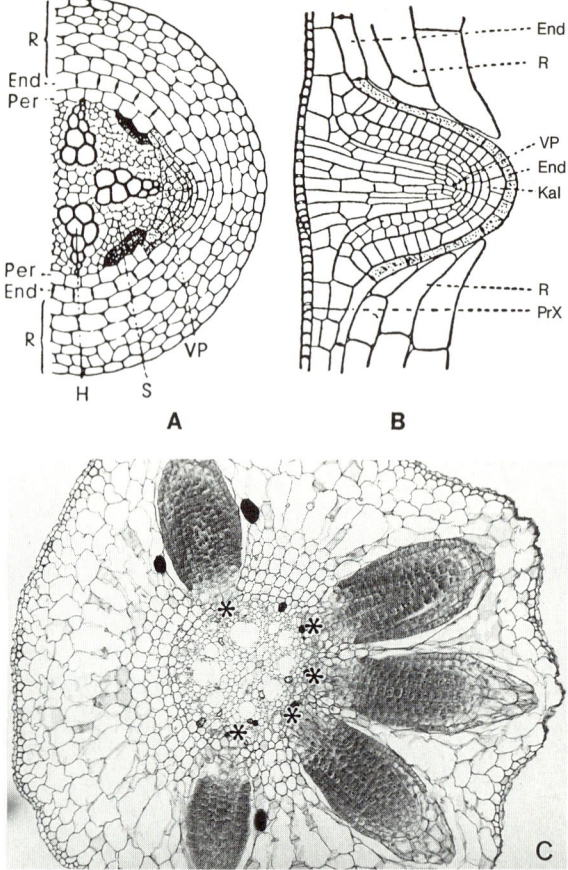

Abb. 1.3.97: Endogene Entstehung von Seitenwurzeln. **A**, Querschnitt durch Wurzel von *Vicia faba*; über einem Xylempol H des Zentralzylinders hat sich aus einer Zellwucherung des Pericambiums Per der Vegetationspunkt VP einer Seitenwurzel gebildet, die durch ihr Wachstum Endodermis End und Rinde R zu verformen beginnt; S, Siebteil. **B**, Längsschnitt durch Wurzel von *Reseda*, Durchbruch einer Seitenwurzel durch die Wurzelrinde; PrX Protoxylem, Kal Calyptra. **C**, Querschnitt durch Wurzel des Mais mit 5 Seitenwurzeln, die gerade die Rinde der Hauptwurzel durchwachsen; * markieren die entsprechenden Xylempole. Beachte die dichte Struktur der embryonalen Zellen im Vergleich zu den stark vacuolisierten Dauergewebszellen. (A 50 : 1, n. H. Fitting; B 120 : 1; n. P. van Thieghem; C 95 : 1. Präparat u. Mikrofoto: H. Falk)

ab und wird ringförmig (Abb. 1.3.99). Die zarte Rhizodermis ist meistens schon vor Einsetzen des sekundären Dickenwachstums abgestorben und durch die Exodermis ersetzt. Aber weder diese noch die Wurzelrinde oder die Endodermis machen das sekundäre Dickenwachstum mit, sie reißen auf und platzen nach dem Absterben ihrer Zellen ab. Daher erfolgt die Borkenbildung, wie sie an stark verdickten älteren Wurzeln immer beobachtet wird, nicht wie beim Sproß durch Peridermbildung im Rindengewebe, sondern vom Pericambium aus, das den verdickten Zentralzylinder nach wie vor umgibt.

Holz und Bast der Wurzel zeigen einen ähnlichen histologischen Bau wie im Sproß. Das gilt auch für die Holzstrahlen. Der Querschnitt durch eine Wurzel, die

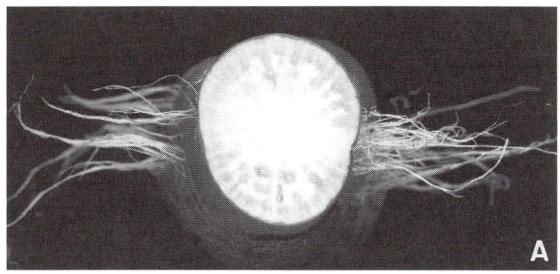

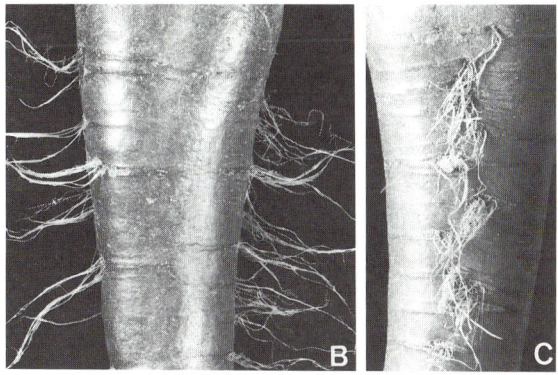

Abb. 1.3.98: Rhizostichen beim Rettich (**A** quer; **B, C** Außenansichten). Jede der beiden Wurzelzeilen – sie zeigen einen diarchen Zentralzylinder an – ist in Wirklichkeit doppelt, da bei den Brassicaceen (zu denen der Rettich gehört) über jedem Xylempol des Zentralzylinders 2 eng benachbarte Wurzelzeilen gebildet werden. Der Durchmesser der als Speicherwurzel ausgebildeten Hauptwurzel ist 100mal größer als der der Seitenwurzeln (A 1,2 : 1 : B C 0,8 : 1. Originale)

jahrelang in die Dicke gewachsen ist, unterscheidet sich kaum noch von einem entsprechenden Stammquerschnitt. Immerhin gibt es bei den meisten Wurzeln kein Mark, so daß auch (primäre) Markstrahlen fehlen.

D. Metamorphosen der Wurzel

Auch von Wurzeln sind zahlreiche Anpassungen an besondere Funktionen bekannt. Von Speicherwurzeln war schon die Rede (S. 221f.). Auch die Aufgabe der Verankerung einer Pflanze kann unter besonderen Umständen abweichende Wurzelformen bedingen. Bekannte Beispiele sind die sproßbürtigen Haftwurzeln bei Kletterpflanzen (z. B. Efeu, vgl. Abb. 1.3.94) und Epiphyten. Die Stelzwurzeln der Mangrove-Pflanzen vermitteln eine Befestigung im Treibschlick der Gezeitenzonen tropischer Meeresküsten (Abb. 1.3.100; vgl. S. 759, 782f., 882. Eine im Prinzip nicht unähnliche Funktion üben – freilich unter ganz anderen Standortbedingungen – auch die Adventivwurzeln bei hochwachsenden Gräsern aus). Brettwurzeln entstehen durch exzessives sekundäres Dickenwachstum der Oberseite von unmittelbar unter der Erdoberfläche horizontal wachsenden Wurzeln; sie dienen großen Tropenbäumen als Stützorgane (vgl. Abb. 4.5.12, S. 928).

Eine eigenartige Funktion üben Zugwurzeln aus, die Erdsprosse – Rhizome, Knollen oder Zwiebeln – tiefer in den Boden verlagern (Abb. 1.3.101). Die Kontraktion dieser Wurzeln beruht darauf, daß die Wände der axial gestreckten Rindenzellen Längstextur aufweisen, so daß die Zellen eine Turgorerhöhung mit Verkürzung (bei gleichzeitiger Verdickung) beantworten.

Wurzeldornen sind kurze, total verholzte und spitz endende Seitenwurzeln an sproßbürtigen Luftwurzeln. Sie dienen bei bestimmten Palmen dem Schutz der Stammbasis.

Die Wasseraufnahme bei Epiphyten, die ja nicht das Wasserreservoir des Bodens anzapfen können, wird in vielen Fällen durch Luftwurzeln gewährleistet (in anderen freilich durch Blätter). Solche Wurzeln sind mit einer besonderen Außenschicht ausgestattet, dem Velamen (vgl. Abb. 1.3.87C, S. 219). Dieses entsteht aus dem Protoderm durch perikline Zellteilungen. Das Velamen enthält zahlreiche frühzeitig abster-

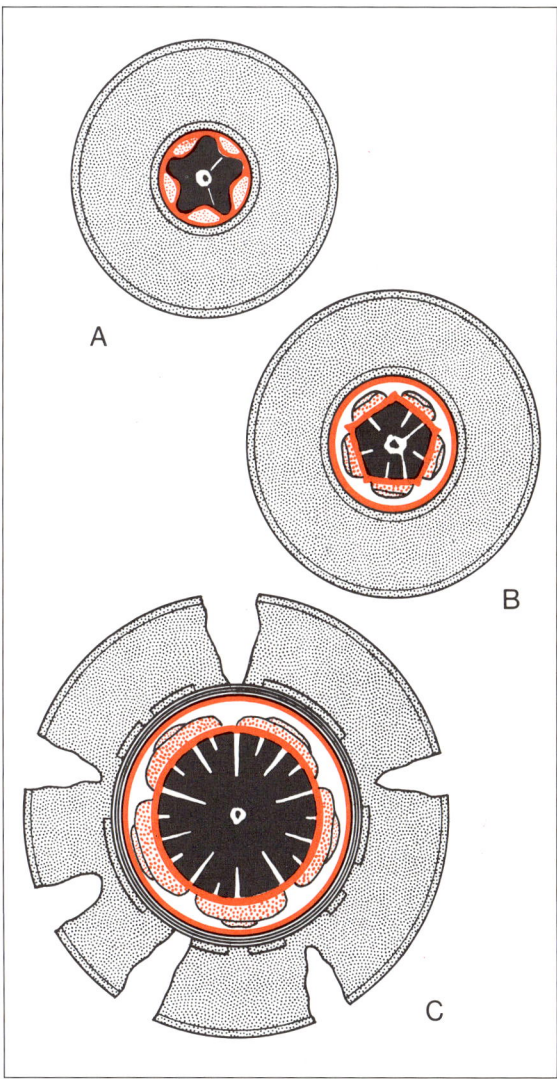

Abb. 1.3.99: Sekundäres Dickenwachstum bei Wurzeln (Querschnitte). **A**, primärer Zustand: Wurzelrinde (schwarz punktiert) außen von Rhizodermis, innen von Endodermis begrenzt: Pericambium rot, ebenso Cambium; prim. Phloem rot punktiert, Xylem schwarz. **B**, beginnendes Dickenwachstum: Bildung von Holzstrahlen; Bast gröber rot punktiert. **C**, späteres Stadium: Rinde und Endodermis reißen auf, das Pericambium ist zu einem Phellogen geworden und scheidet nach außen Korklagen ab; Cambium im Querschnitt jetzt ringförmig. (Veränd. n. D.v. Denffer)

228 · Morphologie und Anatomie der Sproßpflanzen

bende, große Zellen mit Wandaussteifungen und -öffnungen. Ähnlich den Wasserzellen in den Blättchen der Torfmoose (vgl. Abb. 3.2.111, S. 659) laufen diese leeren Zellen bei Befeuchtung mit Wasser voll, so daß Regenwasser vom Velamen wie von einem Schwamm aufgesogen und festgehalten werden kann.

In ständig durchnäßtem Erdreich wird für größere Wurzelsysteme wegen der geringen Löslichkeit von Sauerstoff in Wasser die O_2-Versorgung der Wurzelzellen problematisch. Besonders von Bäumen und Großsträuchern tropischer Sumpfwälder und der Mangrove werden daher nach oben wachsende

Abb. 1.3.100: Mangrove-Stelzwurzeln bei *Rhizophora mucronata*, links am überfluteten, rechts am trockengelaufenen Meeresstrand. (**A**, Tonga-Inseln, SW-Polynesien; phot. D. Lüpnitz. **B**, West-Malaysia; phot. S. Vogel)

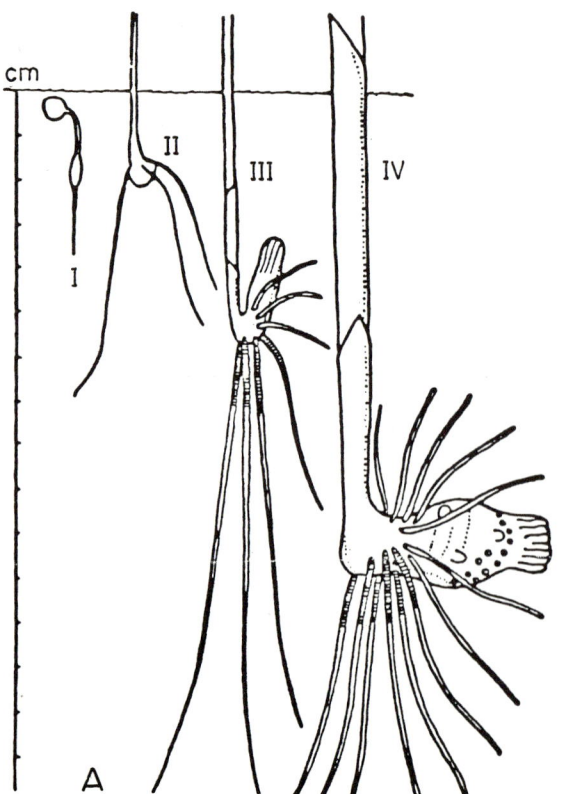

Abb. 1.3.101: Zugwurzeln beim Aronstab *Arum maculatum*. **A**, zunehmende Tiefenverlagerung der Knolle durch Wurzelkontraktion: I Keimung; II Beginn des 2. Jahres, III Ende dieses Jahres; IV erwachsene Pflanze, Knolle 10 cm unter Bodenoberfläche. **B, C**, Knolle und Zugwurzeln, deren Oberfläche die Verkürzung des Wurzelkörpers nicht mitmacht und daher passiv in Querfalten gelegt wird. (A 0,7 : 1, n. Rimbach. B 1,2 : 1; C 2 : 1, Originale)

(negativ gravitrope) Atemwurzeln gebildet, die bis über die Boden-(Wasser-)Oberfläche reichen, so daß das Interzellularensystem des Rindengewebes Luftkontakt bekommt. Eine Sonderform sind die «Wurzelknie», an denen sich Wurzeln, die zunächst aufwärts gewachsen sind, nach Erreichen der Bodenoberfläche wieder abwärts krümmen. An solchen Wurzelknien werden häufig durch einseitiges Dickenwachstum (wie bei Brettwurzeln) in die Luft aufragende Wucherungen gebildet, die als Wurzelknorren bezeichnet werden.

Daß Wurzeln bei epiphytischen Orchideen sogar Blattfunktion übernehmen können, wurde schon erwähnt (vgl. Abb. 1.3.3, S. 160). Zu starken morphologischen Veränderungen führen schließlich parasitische und symbiontische Lebensweisen, die durch Wurzeln vermittelt werden.

Halbschmarotzer = Hemiparasiten sind solche grüne Pflanzen, die selbst noch Photosynthese treiben, sich aber Wasser und Nährsalze von Wirtspflanzen beschaffen, deren Xylem sie mit **Wurzelhaustorien** anzapfen. In diese Kategorie gehören z.B. die Rachenblütler Augentrost, Klappertopf, Wachtelweizen und Läusekraut (S. 806), aber auch die immergrüne Mistel (S. 760). Sie keimt als schmarotzender Epiphyt auf den Ästen von bestimmten Bäumen. Ihr Wurzelsystem breitet sich in Form von «Rindenwurzeln» im Bast des befallenen Astes aus, von denen aus dann «Senker» in das Splintholz vordringen.

Als Vollschmarotzer = Holoparasiten gelten in diesem Zusammenhang parasitische Pflanzen, die keine Chloroplasten mehr ausbilden, sondern sich auf Kosten ihrer Wirtspflanzen auch mit organischen Stoffen ernähren (vg. S. 375). Die Schuppenwurz *Lathraea*, ein Rachenblütler (S. 806), versorgt sich über Wurzelhaustorien mit Blutungssaft aus dem Xylem von Baumwurzeln. Die als «Würger» bekannten *Orobanche*-Arten (S. 806, Abb. 3.2.268) zapfen dagegen das Phloem in den Wurzeln ihrer Opfer an. Die Haustorien dieser gelblichen, rötlichen oder lila gefärbten Holoparasiten brechen seitlich in die Wirtswurzeln ein, bringen aber deren distale Abschnitte durch massive Ausbeutung zum Absterben und sitzen daher zuletzt scheinbar an einem Wurzelende.

Bei Symbiose mit Stickstoff-fixierenden Bakterien (vor allem Rhizobien und Actinomyceten, S. 376f., 539, 542) kommt es zur Bildung von Wurzelknöllchen, lokalen Wucherungen des Rindengewebes. In den vergrößerten, polyploiden Parenchymzellen überleben die prokaryotischen Symbionten als «Bacteroide» in besonderen Vacuolen.

Viel weiter verbreitet ist die als Mykorrhiza («Pilzwurzel») bezeichnete Symbiose mit dem Hyphengeflecht von Bodenpilzen (S. 377f.). Dabei wird vor allem die enorme Absorptionsfähigkeit der Pilzhyphen zur Versorgung mit Nährionen ausgenützt. Bezeichnenderweise werden von (Seiten-) Wurzeln mit Hyphenkontakt keine Wurzelhaare gebildet.

Mykorrhiza ermöglicht einigen Orchideen (Nestwurz *Neottia; Corallorhiza; Epipogium*) und dem Fichtenspargel *Monotropa*, auf Photosynthese ganz zu verzichten, Chloroplasten werden von diesen bleichen bis braunen Gewächsen nicht mehr ausgebildet. Damit ist wieder die Stufe des Parasitismus erreicht.

Vierter Abschnitt
Gestaltungsprinzipien bei Thallophyten

I. Übersicht

A. Differenzierungsgrad und Organisationshöhe

Unter den Sproßpflanzen finden sich nicht nur die größten, sondern auch die am vielfältigsten differenzierten Pflanzen. Blütenpflanzen können bis über 70 verschieden gestaltete und auf unterschiedliche Funktionen spezialisierte Zellsorten enthalten. In den übrigen Abteilungen des Pflanzenreichs wird eine ähnlich komplexe Organisation von Einzelindividuen nicht erreicht; der Differenzierungsgrad, d.h. die Zahl der Zell- und Gewebesorten, ist geringer. In diesem Sinn können Pflanzen mit «niedriger» (einfacher) und «hoher» (komplexer) Organisation unterschieden werden. Fossilfunde lehren, daß die stammesgeschichtliche Entwicklung im Pflanzenreich – wie auch im Tierreich – im allgemeinen von einfacheren zu komplexeren Formen fortgeschritten ist. Einfach gebaute Organismen werden daher häufig als «primitiv» den komplexer organisierten als den «fortgeschrittenen» gegenübergestellt. Bei der Verwendung solcher Begriffe bleibt aber zu beachten, daß eine Wertung im Sinne schlechterer und besserer Anpassung (selektiver Fitness) damit nicht zu verbinden ist. Auf jeder Organisationsstufe haben sich gut angepaßte und ökologisch entsprechend eingenischte Formen entwickelt, die sich über lange Zeiträume, d.h. über sehr viele Generationen hinweg erhalten konnten.

Immerhin sind «primitive» Formen häufig urtümlich: Bei ihnen finden sich Eigenschaften konserviert, die in der phyletischen Entwicklung schon früh aufgetreten waren. Pflanzen mit hohem Differenzierungsgrad sind andererseits oft langlebig und vermögen sich Lebensräume zu erschließen, in die einfacher gebaute nur ausnahmsweise eindringen können.

Da z.B. Sproßpflanzen auch verholzte und cutinisierte/suberinisierte Zellwände zu bilden vermögen, konnten sich unter ihnen große, landbewohnende Vertreter evoluieren, und viele von ihnen können auch an trockenen Standorten durch ihren über Regelkreise stabilisierten Wasserhaushalt aktiv überleben, sie sind homöohydrische Pflanzen (vgl. S. 337). Dagegen sind Moose, Pilze und Algen auf ein Leben in feuchten Biotopen oder im Wasser angewiesen, weil ihr Wasserhaushalt wegen des Fehlens verdunstungshemmender Abschlußgewebe gegenüber wechselnden atmosphärischen Bedingungen nicht stabilisiert ist. Sie verhalten sich wie Quellkörper, in Trockenperioden verfallen sie in Trockenstarre, alle Lebensäußerungen kommen durch Austrocknen der Zellen zum Stillstand (latentes Leben = Anabiose). Solche Organismen sind wechselfeucht = poikilohydrisch (griech. *poikilos*, wechselnd).

B. Einzeller und Vielzeller

Die sehr heterogenen phototrophen Einzeller werden als **Protophyten** bezeichnet. In fast allen Algenklassen gibt es solche einzelligen Formen. Sie bilden zusammen mit organotrophen (heterotrophen) Einzellern die große, uneinheitliche Gruppe der eukaryotischen Einzeller = **Protisten**. Unter ihnen lassen sich folgende Grundtypen unterscheiden:

– der **amöboide**: Fortbewegung mit Pseudopodien auf fester Unterlage;
– der **monadoide**: Schwimmen mit Geißeln (Flagellaten), schließlich
– der **kokkale**: unbewegliche, festsitzende Zellen.

Zwischen diesen Grundtypen gibt es Übergänge bzw. Zwischenformen. Zwischen amöboidem und Flagellaten-Typ vermitteln z.B. die begeißelten Amöben (Mastigamöben) oder das Myxamöben/Myxoflagellaten-Stadium bei Myxomyceten (S. 549). Entsprechend stehen die sog. capsalen Algen mit unbeweglichen Zellen, die aber noch Reste eines Geißelapparates aufweisen, zwischen monadoidem und kokkalem Typ. Die Evolution der pflanzlichen Vielzeller (Metaphyten) dürfte überwiegend von kokkalen Formen ausgegangen sein (vgl. S. 600).

Der Übergang von Ein- zu Vielzellern ist durch die Bildung von Geweben charakterisiert. Schon bei manchen Prokaryoten gibt es Zellverbände mit Zelldifferenzierung (besonders bei Cyanobakterien, Abb. 1.4.1 und S. 544ff.). Im Bereich der Algen finden sich neben lockeren Zellverbänden, die nur durch gemeinsame Mutterzellwände vorübergehend zusammengehalten werden (**Coenobien**, vgl. Abb. 1.4.2), auch Aggregationsverbände und Zellkolonien. **Aggregationsverbände** bilden sich durch gesetzmäßige Zusammenlagerung von Zellen, die ursprünglich unabhängig voneinander und oft frei beweglich waren (vgl. Abb. 3.2.85, 3.2.86, S. 630f.). Ein extremes Beispiel liefern die zellulären Schleimpilze (Acrasiomyceten, z.B. *Dictyostelium*, Abb. 1.4.3 und S. 749). Aggregationsverbände kommen übrigens schon bei Prokaryoten vor; die Myxobakterien sind ein Beispiel dafür (S. 540). Als **Zellkolonien** werden regelmäßig gebaute, wenig- bis vielzellige Gebilde bezeichnet, deren Zellen von einer einzigen Mutterzelle abstammen und in steter, wenn auch nur lockerer Verbindung miteinander bleiben. Bekanntestes Beispiel ist die Kugelalge *Volvox*, in deren sphärischen Zellkolonien es zu Differenzierungen und auffälligen morphogenetischen Abläufen kommt (Abb. 3.2.84, S. 629).

Übersicht · 231

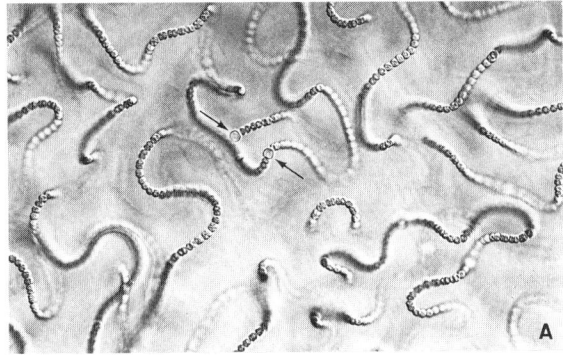

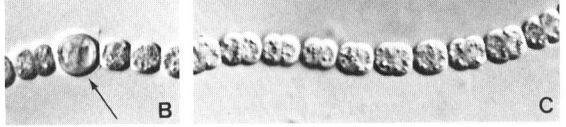

Abb. 1.4.1: Fädige Zellverbände von *Nostoc*, einem Cyanobakterium, eingebettet in ein von diesen Prokaryoten gebildetes Polysaccharid-Gel. Heterocysten (Pfeile in **A, B**) fallen durch ihre Größe auf. Diese derbwandigen, nicht mehr teilungsfähigen Zellen sind auf die Fixierung von Stickstoff spezialisiert, während Photosynthese nur in den grünen vegetativen Zellen abläuft. Die Heterocysten stehen über zahlreiche Plasmodesmen-artige Wandkanäle in direkter Verbindung mit ihren Nachbarzellen. In **B** und **C** viele Teilungsstadien sichtbar. (Interferenzkontrast, A 170 : 1; B, C 860 : 1. Originale)

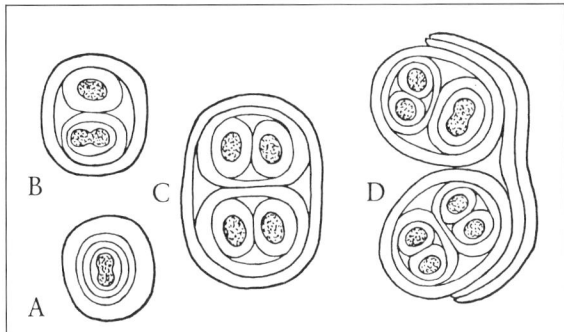

Abb. 1.4.2: Coenobien-Bildung beim Cyanobakterium *Gloeocapsa* (**A–C**). **D**, Zerfall des Coenobiums durch Platzen der ältesten, verquellenden Hüllschichten. (700 : 1, nach E. Strasburger)

Schließlich können vielkernige (polyenergide) **Plasmodien** makroskopische Ausmaße erreichen. Die Plasmodien des Schleimpilzes *Physarum polycephalum* werden mehrere Quadratzentimeter groß, kriechen unter ständigen Formveränderungen über feste Unterlagen und enthalten bis über eine Milliarde Zellkerne.

Für die Evolution der Großalgen (Tange), der landlebenden höheren Pilze und der Sproßpflanzen war jedoch die Bildung von echten **Vielzellern** grundlegend. Mehr als $^9/_{10}$ aller bekannten Pflanzen- und Pilzarten gehören in diese Kategorie. Ihre Vegetationskörper bestehen aus vielen bis sehr vielen einkernigen Zellen. Bei Pflanzenzellen mittlerer Abmessungen kommen auf 1 mm^3 Gewebe über 15 000 Zellen. Die vielzelligen Pflanzen haben sich vermutlich von coenobial organisierten Zellverbänden aus evoluiert. Von den drei Schritten, auf denen die Vermehrung eukaryotischer Einzeller beruht, nämlich Kernteilung, Zellteilung und Zelltrennung, bleibt der letzte bei der Bildung von Coenobien unvollständig und unterbleibt bei der Formierung vielzelliger Blasteme ganz: Die Zellen bleiben fest miteinander verbunden. (Das ist übrigens ein grundlegender Unterschied zu tierischen Vielzellern, bei denen ähnlich feste Zellverbindungen allenfalls durch die Massierung von Interzellularsubstanz sekundär hergestellt werden – wie im Binde- und Stützgewebe –, primär aber nicht gegeben sind. Dementsprechend kommt es während der Embryogenese vieler Tiere, auch des Menschen, zu Zellverlagerungen großen Stils, und häufig sind bestimmte Zellen auch im fertig ausgebildeten Organismus nicht ortsfest – man denke nur an die Blutzellen der Wirbeltiere.) Bei vielzelligen Pflanzen sind dagegen die einzelnen Zellen von vornherein fest verbunden, und das nicht nur in mechanischer Hinsicht; der Blastem-Charakter wird vielmehr durch die zahlreichen Plasmodesmen zwischen Nachbarzellen unterstrichen (S. 100, 158).

Vielzelligkeit ist fast ohne Ausnahme mit Differenzierung verbunden, Differenzierung kann geradezu als Typenmerkmal für Vielzeller gelten. Zwar sind auch Protisten zu unterschiedlicher Ausgestaltung ihrer Zellen fähig, was sich z.B. bei der Bildung von Dauerstadien (Cysten) oder besonderen Vermehrungs-

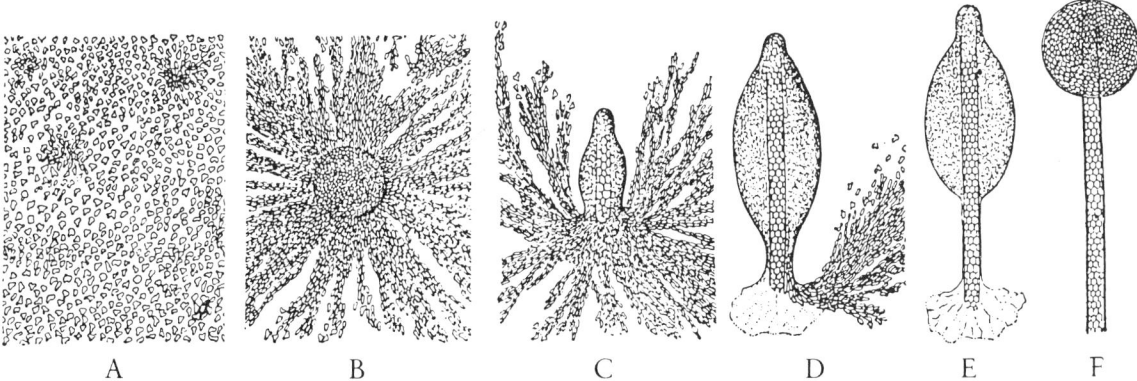

Abb. 1.4.3: Bildung geordneter Aggregationsverbände von Zellen bei *Dictyostelium mucoroides*. **A**, ungeordnete Bewegung zahlreicher Myxamöben. **B**, Entstehung eines Aggregationszentrums. **C–E**, die Myxamöben kriechen zu einem Stiel zusammen und bilden schließlich das Sporangium **F**. (53 : 1, nach A. Kühn)

formen äußert. Aber während bei ihnen die Steuerung der entsprechenden Genaktivitäten im allgemeinen durch äußere Faktoren erfolgt, wird bei typischen Vielzellern die erbgemäße Differenzierung durch chemische Signalstoffe («Faktoren») bewirkt, die innerhalb des Blastems gebildet und von kompetenten Zellen spezifisch erkannt und beantwortet werden. Differenzierung bedeutet nun aber Spezialisierung, d.h. Funktionseinschränkung.

Das hat eine biologisch sehr bedeutsame Konsequenz: Die jeweils auf bestimmte Funktionen eingestellten Körper-(Soma-)zellen dienen nicht mehr unmittelbar der Fortpflanzung eines Organismus, denn auch für diese Funktion werden im Zuge besonderer Differenzierungsprozesse spezielle Zellen gebildet, wie Keimzellen oder Sporen. Der vielzellige Organismus setzt diese Zellen frei und stirbt selbst schließlich ab. Schon bei *Volvox*, wo die Bildung von Tochterkolonien durch besondere Zellen erfolgt, stirbt die Mutterkolonie ab, nachdem die zunächst in ihrem Inneren eingeschlossenen Tochterkolonien durch Aufreißen freigesetzt wurden; es kommt zur Bildung einer Leiche. Tod aus inneren Ursachen («physiologischer» Tod, im Gegensatz zum äußerlich verursachten «Katastrophentod») und Leichenbildung sind im gesamten Organismenreich strikt mit Differenzierung korreliert und daher das Schicksal aller Vielzeller.

C. Thallophyten

Im weiten Bereich der vielzelligen Pflanzen, der **Metaphyten**, können mehrere Organisationstypen unterschieden werden. Zu Zeiten, in denen diese Typenvielfalt noch nicht durchschaut werden konnte, hatte es sich eingebürgert, den im vorigen Abschnitt behandelten Sproßpflanzen die Lagerpflanzen (**Thallophyten**) gegenüberzustellen, deren Vegetationskörper keine beblätterten und bewurzelten Achsen aufweisen. Nur die Cormophyten stellen einen einheitlichen Organisationstyp dar, und auch in phyletischer Hinsicht gehen sie offenbar auf eine einzige Wurzel zurück, die im Bereich hochorganisierter Grünalgen vermutet wird. Dagegen haben sich Thallophyten mehrfach unabhängig entwickelt. Den Begriffen «Thallophyten» und «Protophyten» entsprechen keine phyletischen Einheiten, sie sind Sammelbegriffe, die Verschiedenartiges umfassen. Daher kann auch der Begriff **«Thallus»** (griech. *thállos*, Zweig, Laub) nur negativ definiert werden – er bezeichnet jeden vielzelligen oder polyenergiden Vegetationskörper, der *nicht* die typische Gliederung eines Cormus aufweist. Zu den Thallophyten zählen die vielgestaltigen Algen (S. 600–646), die Pilze und Flechten (S. 558, 596), schließlich die Horn- und Lebermoose (S. 648–655). Die Laubmoose (S. 655–666) stehen morphotypisch zwischen Thallo- und Cormophyten.

II. Organisation des Thallus bei Algen und Pilzen

A. Zellthallus und Schlauchthallus

Der allgemeinen phylogenetischen Tendenz zur Entwicklung immer größerer Organismen wird bei den Thallophyten auf ganz unterschiedliche Weise entsprochen.

Der scheinbar einfachste Weg, nämlich die Vergrößerung einer einzigen monoenergiden Zelle – die Entwicklung von **Großzellern** –, ist offensichtlich eine evolutive Sackgasse. Pflanzliche Organismen dieser Art finden sich nur in der Grünalgen-Gruppe der Dasycladaceen, zu denen die bekannten, bis über 5 cm großen Schirmalgen *(Acetabularia)* zählen. Diese enthalten in ihrem komplex gebauten Vegetationskörper (vgl. Abb. 3.2.92, S. 637) zunächst nur einen einzigen ungewöhnlich großen «Primärkern» mit einem Durchmesser von über 70 μm, aus dem allerdings während der weiteren Entwicklung über 10 000 kleine «Sekundärkerne» entstehen.

Der Vergrößerung einkerniger Zellen sind durch die Kern/Plasma-Relation (S. 43) Grenzen gesetzt. Bei besonders großen Kernen ist das Oberflächen/Volumen-Verhältnis ungünstig: Auf das Kernvolumen bezogen, wird die Zahl der Kernporen – deren Flächendichte nicht über 80 μm^{-2} ansteigen kann – zu gering. Außerdem werden offenbar die Strecken für den intrazellulären Transport von Genprodukten in Kern-ferne Plasmapartien und Organelle zu groß. Diese zweite Schwierigkeit kann durch die Bildung vielkerniger Riesenzellen (Coenoblasten) umgangen werden. Polyenergide plasmodiale Großzellen sind tatsächlich in verschiedenen Algengruppen und bei Pilzen weit verbreitet, sie repräsentieren den **siphonalen Organisationstyp** (Siphonoblastem oder Schlauchthallus; griech. *siphon*, Weinschlauch). So gibt es siphonale Grünalgen (z.B. *Caulerpa*, S. 636) und siphonale Xanthophyceen (*Botrydium, Vaucheria*, S. 607). Im Bereich der Pilze finden sich polyenergide Thalli besonders bei den Oomyceten, S. 554, Chytridiomyceten, S. 558, und Zygomyceten, S. 561.

Auch dieser Art der Thallusvergrößerung sind aber Grenzen gesetzt. Denn einerseits ist eine weitergehende Differenzierung durch Modulation von Genaktivitäten in vielkernigen Zellen kaum möglich; und andererseits sind Siphonoblasteme, deren einzige Zellwand ja nicht beliebig dick werden kann, verletzlich und von geringer mechanischer Festigkeit. Es ist bezeichnend, daß bei den über dm-großen Thalli von *Caulerpa* (Abb. 3.2.91, S. 636) gegenüberliegende Zellwandpartien durch Wandverstrebungen («Trabekeln») gegeneinander abgestützt sind, die quer durch das Zellinnere verlaufen. Bei anderen Algen (Cladophorales, S. 635) wird der Schlauchthallus durch Querwände gekammert, die so gebildeten Zellen sind aber noch vielkernig: **Siphonocladale Organisation**.

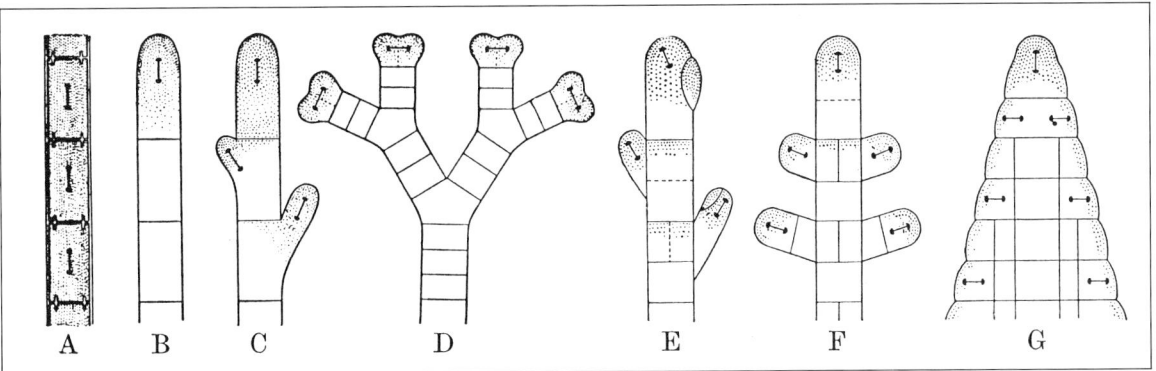

Abb. 1.4.4: Wachstum und Verzweigung bei fädigen bzw. flächigen Algenthalli (↔, Achsen der Teilungspindeln). **A**, Fadenthallus mit intercalarem Wachstum. **B**, Scheitelzellenwachstum. **C**, desgl. mit apical-polarer Verzweigung. **D**, Gabelteilung der Scheitelzelle durch periodisch eingeschobene Teilungen quer zur bisherigen Wachstumsrichtung. **E**, subapicale seitliche Verzweigung durch inäquale Teilungen der Scheitelzelle. **F**, seitliche Verzweigung aus hinter der Scheitelzelle liegenden Segmenten. **G**, durch Verwachsung der Seitenzeige entsteht ein flächiger Gewebethallus.

B. Vielzellige Algenthalli

1. Trichale Organisation: Der Fadenthallus

Als einfachste Form trichaler Organisation kann der Fadenthallus – das **Haplonema** – gelten, eine eindimensionale Aneinanderreihung einkerniger Zellen (Abb. 1.4.4 A; griech. *trichóos*, haarig, bzw. *thrix*, Haar; *néma*, Faden). Ein bekanntes Beispiel dafür ist die Schraubenalge *Spirogyra* (vgl. Abb. 3.2.94, S. 640). Bei ihr sind die Zellen entlang des Fadens gleichwertig, eine Differenzierung unterbleibt. In anderen Fällen ist der Fadenthallus an einem Ende festgewachsen mit einer besonders gestalteten, nichtgrünen Fußzelle, dem Rhizoid – so etwa bei der Grünalge *Ulothrix* (Abb. 3.2.87, S. 632). Das Haplonema erhält dadurch eine Polarität, es gibt ein Rhizoidende und einen Scheitel (Apex). Diese Polarität wird häufig dadurch weiter betont, daß Zellteilungen auf die Apicalzellen beschränkt sind; diese werden dadurch zu Scheitelzellen (Abb. 1.4.4 B; vgl. auch S. 132).

Wenn im Fadenthallus nicht nur Querteilungen stattfinden (Teilungsspindeln längs orientiert), kommt es zu Verzweigungen (Abb. 1.4.4 C–F). Sie können von der Scheitelzelle ausgehen, aber auch von anderen Zellen. Häufig sind die entsprechenden Zellteilungen inäqual. Das führt zu hierarchischen Verzweigungssystemen, es können Haupt- und Nebenäste unterschieden werden, bei weiterer Verzweigung Nebenäste erster, zweiter usw. Ordnung (Abb. 1.4.5). Durch Zellteilungen, die zwar in einer Ebene, in dieser aber nach beliebigen Richtungen erfolgen, kann schließlich ein flächiger Thallus zustande kommen, **Phylloid** genannt wegen seiner äußerlichen Ähnlichkeit mit einem Blatt (Abb. 1.4.8 B).

Das bekannteste Beispiel für derartige Thalli bietet der Meersalat, *Ulva lactuca* (Abb. 3.2.87, S. 632) aus der Verwandtschaft von *Ulothrix*, dessen cm bis dm-große, lappige Vegetationskörper in den Gezeiten- und Brandungszonen der europäischen Meeresküsten häufig zu finden sind. Das Phylloid von *Ulva* besteht aus zwei Zellagen. Vergleiche mit verwandten Arten zeigen, daß diese den einschichtigen Wandungen eines schlauchförmigen Vegetationskörpers entsprechen, der aber bei *Ulva* zu einem flächigen Gebilde zusammengedrückt erscheint. Die erforderliche mechanische Festigkeit wird durch reißfeste «Hyphenzellen» erreicht, die vom Rhizoidpol her zwischen die beiden Zellschichten des Phylloids einwachsen – ein einfaches Festigungsgewebe!

Die Thalli vieler Rotalgen (S. 621) sind äußerlich komplex gegliedert; dennoch kommen bei ihnen echte Gewebe nicht vor. Vielmehr liegt der Zellanordnung, die ihrerseits Ausdruck der ontogenetischen Entwicklung ist, der Organisationstyp des Fadenthallus zugrunde. Die Vegetationskörper der meisten Rotalgen werden allerdings von einer Vielzahl von Fadensystemen gebildet, deren Wachstum so aufeinander abgestimmt ist,

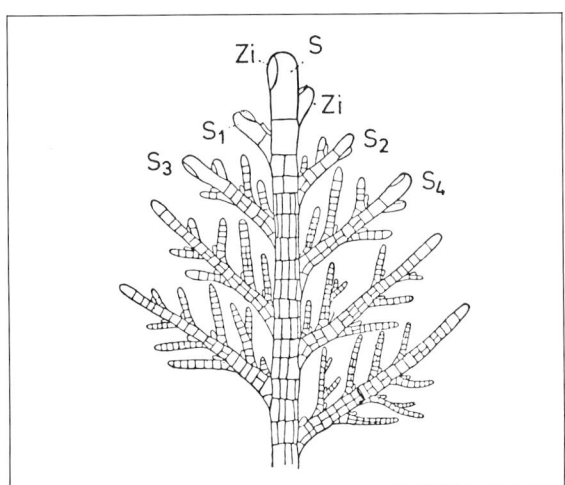

Abb. 1.4.5: Langtrieb der Braunalge *Halopteris filicina*. Die Scheitelzelle S gibt durch inäquale Teilungen Segmente ab, die sich durch Quer- und Längswände weiter untergliedern. Abwechselnd mit der Segmentbildung werden von S – zweizellig alternierend – durch schräggestellte, konkave Wände Zweiginitialen Zi gebildet, aus denen Seitenzweige hervorgehen (S1–S4...). (40 : 1, nach K. Goebel)

234 · Gestaltungsprinzipien bei Thallophyten

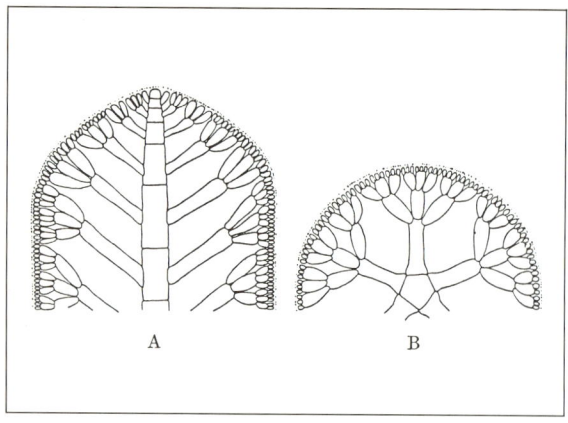

Abb. 1.4.6: Rotalgen-Thallus, Zentralfadentyp, Beispiel *Chondria tenuissima*. **A** Längs-, **B** Querschnitt. (Nach Falkenberg)

daß regelmäßige Makrostrukturen entstehen. Die einzelnen Zellfäden wachsen im wesentlichen apical. Sie verzweigen sich entweder subapical, wodurch Wirtel von Seitenfäden entstehen (Zentralfadentyp, Abb. 1.4.6), oder – durch Längsteilung der Scheitelzellen – apical (Springbrunnentyp, Abb. 1.4.7). Dabei können u. U. auch flächige Thalli entstehen (Abb. 1.4.8). In jedem Fall sind die Zellfäden untereinander durch Verwachsung und Verklebung verbunden zu einem Scheingewebe (**Pseudoparenchym**), das im fertigen Zustand von typischen Parenchymen kaum zu unterscheiden ist; oder sie bilden ein verfilztes Fadengeflecht (Flechtgewebe = **Plectenchym**; griech. *plektós*, geflochten). Dabei sind jeweils nur die entwicklungsgeschichtlich zum selben Fadensystem gehörenden Zellen durch Tüpfel-ähnliche Strukturen miteinander verbunden.

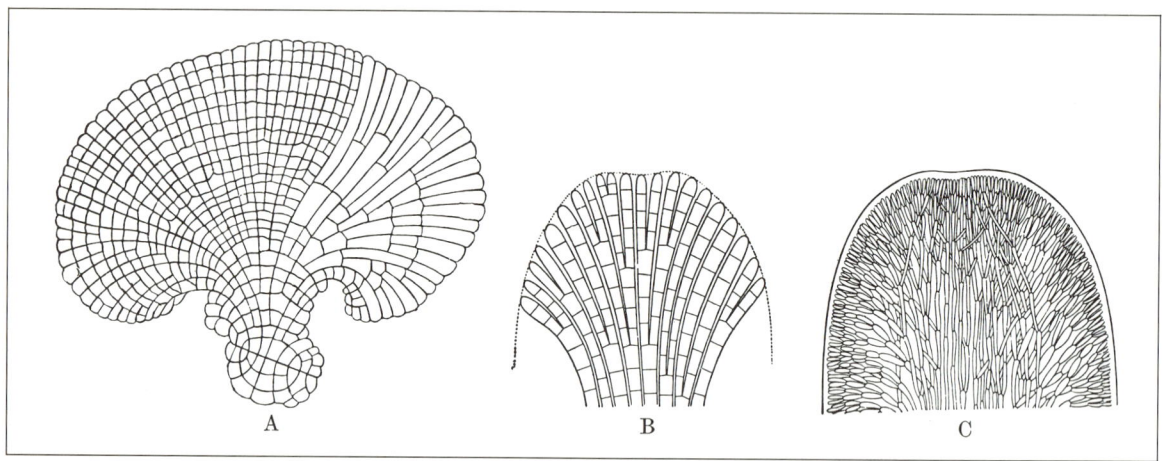

Abb. 1.4.7: Rotalgen vom «Springbrunnen-Typus». **A**, *Melobesia*. Der flache einschichtige Thallus breitet sich durch gelegentlich eingeschobene Längsteilungen der Randzellen fächerförmig aus. **B**, Schema des Springbrunnen-Typus. **C**, Scheitel eines Thallus-Astes von *Furcellaria fastigiata*. (A 50 ×, nach Rosanoff; B nach Nägeli; C 30×, nach Oltmanns.)

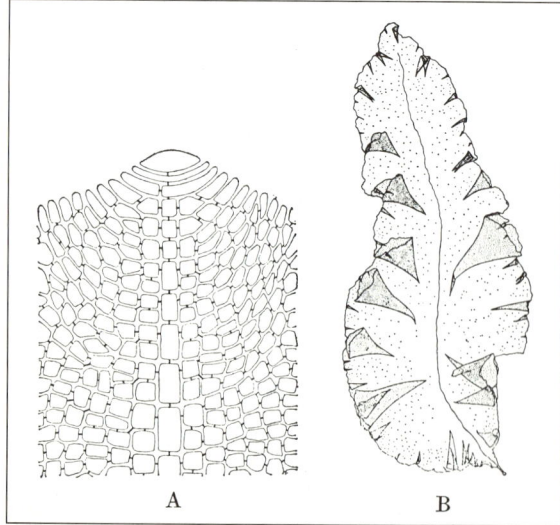

Abb. 1.4.8: Blattartiger Thallus der Rotalge *Grinnellia americana* (**B**). **A**, Vorderende des einschichtigen Thallus mit großer Scheitelzelle und dem von ihr ausgehenden Zentralfaden. (A 300 : 1, n. Tilden; B 1 : 2, nach Smith)

2. Der Gewebethallus

Die höchsten Differenzierungsgrade werden im Bereich der Algen einerseits bei den Armleuchteralgen erreicht (Charophyceen, S. 640; Abb. 1.4.9), andererseits bei den Braunalgen (S. 613). Unter den marinen Braunalgen finden sich die größten und langlebigsten Wasserpflanzen. Die als «Ledertange» bekannten Thalli mancher Laminarien werden bis über 100 m lang. Sie sind gegliedert in Haftorgane (trotz ihrer Vielzelligkeit auch hier als «Rhizoide» bezeichnet), Achsen-analoge Cauloide (griech. *kaulós*, Stengel) und blattartige Assimilatoren (Phylloide). Dem entspricht eine vergleichsweise reiche Zelldifferenzierung, welche die Unterscheidung von Abschluß-, Rinden- und Markgewebe erlaubt. Die Vegetationskörper der Braunalgen werden als **Gewebethalli** charakterisiert.

In den Cauloiden finden sich sog. Trompetenzellen, die strukturell und funktionell den Siebröhrengliedern von Angiospermen entsprechen; die Siebporen ihrer Siebplatten-ähnlichen Querwände weisen Durchmesser bis 6 μm auf (Abb. 1.4.10; vgl. S. 149). Die Ähnlichkeit der Trompetenzellen von Braunalgen und der Siebröhrenglieder höherer Pflanzen beruht auf

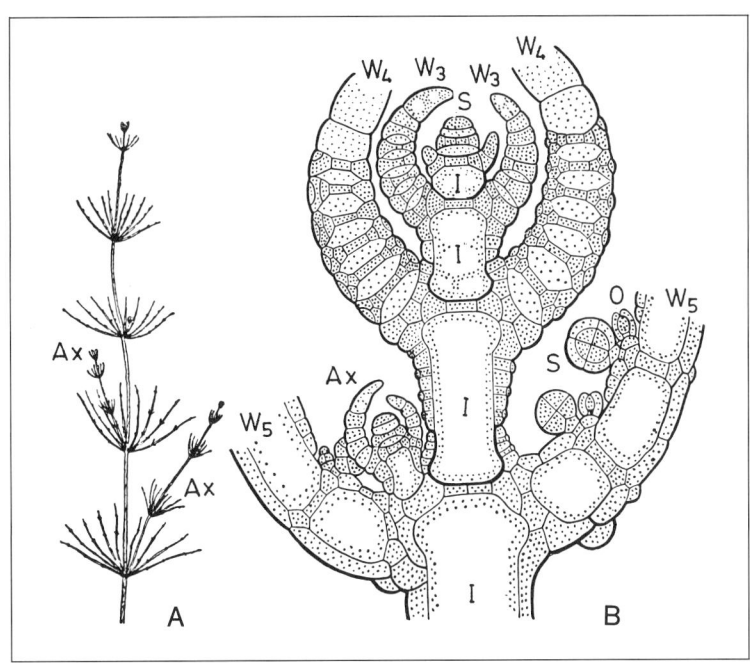

Abb. 1.4.9: Thallusbau bei der Armleuchteralge *Chara fragilis*. **A**, Gliederung in Knoten mit Wirtelästen und zwischengeschalteten Internodien. An jedem Knoten kann ein Seitentrieb (Ax) gebildet werden. **B**, Längsschnitt durch die Thallusspitze mit Scheitelzelle S. Von S abgegliederte Zellen teilen sich erneut inäqual in eine apicale Knotenzelle und eine basale Internodialzelle I, die von den Knoten aus berindet wird. Die Internodialzellen sind im ausgewachsenen Zustand ungewöhnlich groß, in ihnen findet schnelle Plasmaströmung statt. Aus den äußeren Knotenzellen gehen Wirteläste (W1–W5...) hervor, die in Knoten und Internodien gegliedert sind; an ihren Knoten entstehen Oogonien O und Spermatogonien S. (A 1 : 2, n. A.W. Haupt; B 30 : 1, nach J. Sachs, verändert)

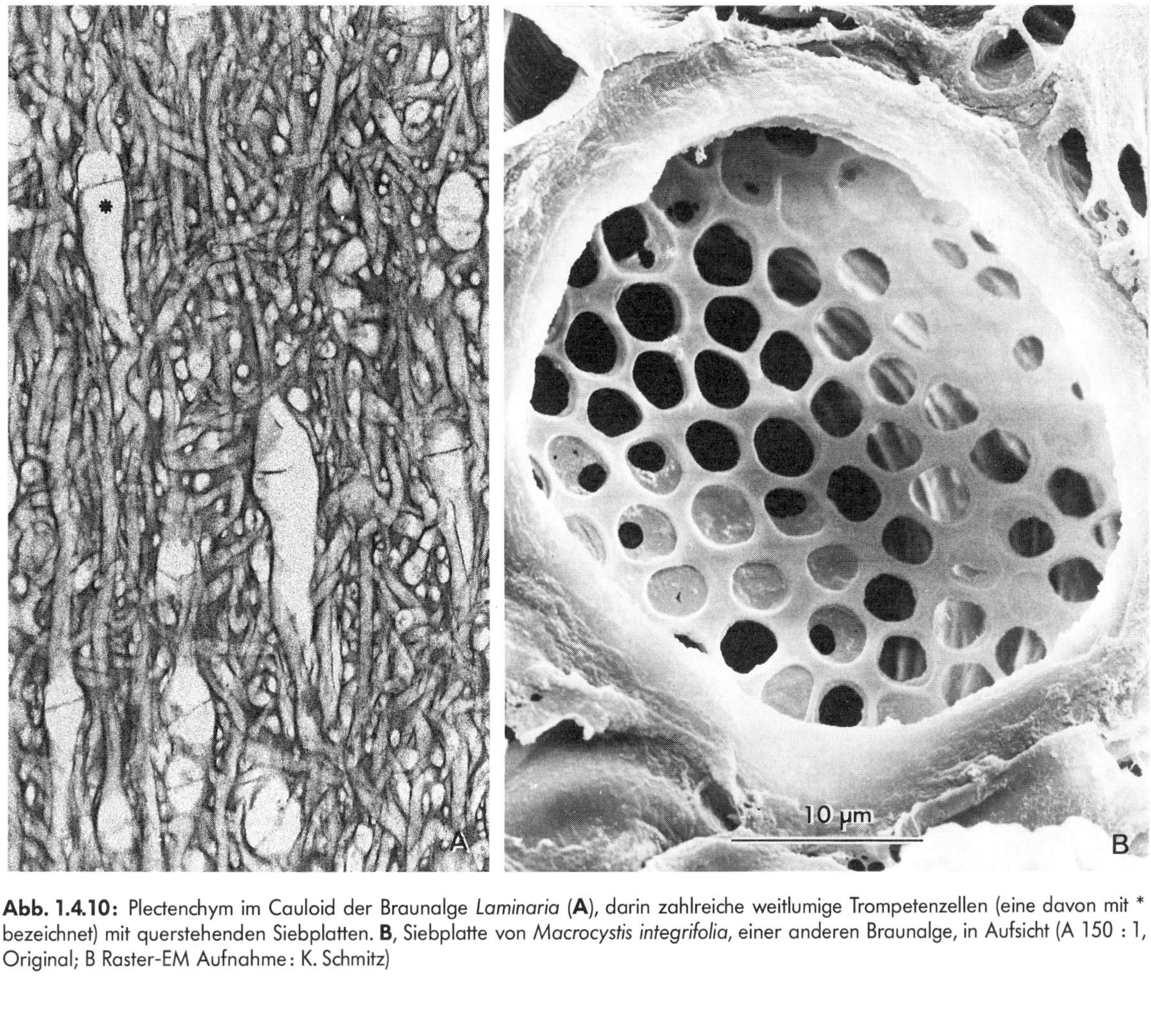

Abb. 1.4.10: Plectenchym im Cauloid der Braunalge *Laminaria* (**A**), darin zahlreiche weitlumige Trompetenzellen (eine davon mit * bezeichnet) mit querstehenden Siebplatten. **B**, Siebplatte von *Macrocystis integrifolia*, einer anderen Braunalge, in Aufsicht (A 150 : 1, Original; B Raster-EM Aufnahme: K. Schmitz)

Analogie; es handelt sich um eines der eindrucksvollsten Beispiele für Konvergenz.

C. Das Mycel der Pilze

Die Vegetationskörper der meisten Pilze (und damit aller Flechten) sind aus Zellfäden aufgebaut, die als Hyphen bezeichnet werden (griech. *hyphé*, Fadengewebe). Hyphen wachsen ausschließlich apical, nur in einer Spitzenregion von weniger als 20 μm Länge ist die Zellwand durch ständigen Einbau neuen Wandmaterials so weich, daß sie vom Turgor plastisch gedehnt werden kann. Pilzhyphen können sehr rasch wachsen, bis über $1\,mm \cdot h^{-1}$. Dadurch und durch häufige Verzweigungen entsteht im Substrat – Boden, verwesendes Laub, Holzstämme usw., auch Flüssigkeiten – ein lockeres Hyphengeflecht mit enormer Oberfläche, das Mycel. Da Hyphen nicht cutinisiert sind, ist das Mycel gegen Austrocknung empfindlich, andererseits aber zur osmotrophen Aufnahme gelöster Substanzen besonders befähigt, was sich viele höhere Pflanzen – vor allem auch Waldbäume – durch Symbiose mit Pilzen zunutze machen (Pilzwurzel = Mykorrhiza, S. 229, 377f., 594). Allerdings werden von Pilzen aus denselben Gründen auch giftige Schwermetallionen (z.B. Cadmium) und Radionuclide «gesammelt», was bei entsprechenden Umweltverseuchungen besonders zu beachten ist.

Während die Hyphen der niederen Pilze ungegliedert (aseptat) und polyenergid sind, also auf der siphonalen Organisationsstufe stehen, sind die Hyphen der Asco- und Basidiomyceten (S. 564, 576) durch Querwände (Septen) gekammert und zellig gegliedert. Die Septen weisen allerdings zentrale Durchbrechungen auf mit Kalibern zwischen 50 und 500 nm, so daß auch bei den höheren Pilzen das Plasma im gesamten Blastem ein Kontinuum bildet. Bei der Formierung von Fruchtkörpern – landläufig als «Schwämme» oder «Pilze» bezeichnet – verdichtet sich das Mycel zu einem typischen Plectenchym (Abb. 1.4.11). Besonders bei langlebigen Baumschwämmen kommt es dabei zu charakteristischen Differenzierungen: Die Fruchtkörper werden durch dickwandige, langgestreckte und häufig auch verzweigte Skeletthyphen verfestigt, zusätzlich durch ebenfalls derbe, aber kurze Verbindungshyphen in ihrem Plectenchym zu einem starren Filz vernetzt («Flechtthallus»).

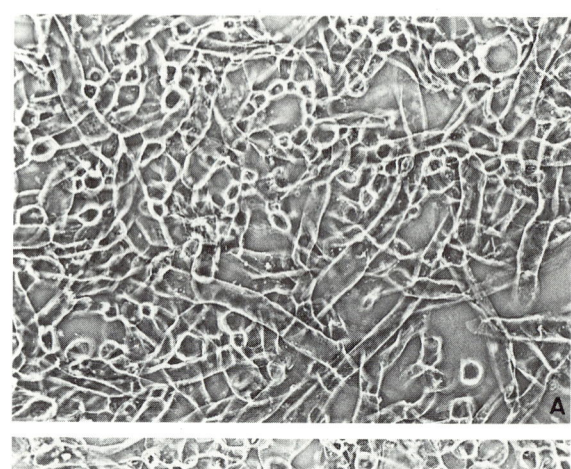

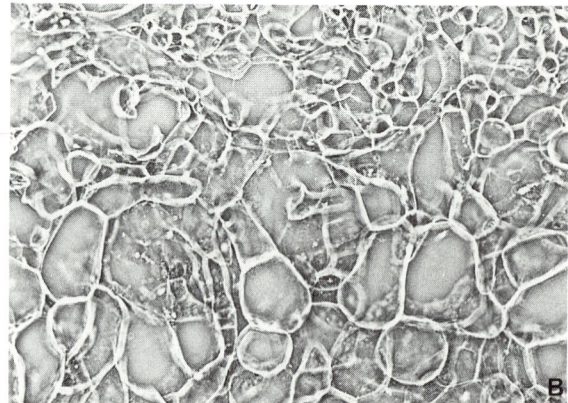

Abb. 1.4.11: Plectenchym (Flechtgewebe aus Hyphen, **A**) bei *Peziza aurantiaca* (Orange-Becherling, ein Ascomycet, S. 570). **B**, durch Dichtlagerung und Aufblähung der Hyphen geht das lockere Plectenchym in dichtes Pseudoparenchym über (unten); es sieht dem Parenchym höherer Pflanzen ähnlich, obwohl es ganz anders zustandekommt. (Phasenkontrast 270 : 1. Originale)

III. Organisationsformen bei Leber- und Laubmoosen

Die meisten Moose sind auf feuchte Standorte beschränkte Landbewohner. Besonders üppige Moosvegetationen finden sich in regen- und nebelfeuchten Gebirgswäldern, an schattigen Stellen und Wasserläufen, sowie in Flach- und Hochmooren. Tatsächlich sind Moose in mehrfacher Hinsicht auf eine feuchte Umgebung angewiesen. Sie benötigen tropfbares Wasser für die Befruchtung, die männlichen Gameten (Spermatozoiden, in Antheridien gebildet) sind begeißelt und erreichen schwimmend die in Archegonien gelagerten Eizellen. Außerdem dringen die ein- oder mehrzelligen Rhizoide der Moose nur wenige mm in den Boden ein, so daß tiefere, wasserstete Bodenschichten nicht erschlossen werden können. (Wurzeln gibt es bei Moosen nicht.) Schließlich ist auch die Fähigkeit zur Wasserleitung in den oberirdischen Organen recht beschränkt.

Bei den Lebermoosen (S. 650) finden sich Thalli mit besonders hohem Differenzierungsgrad. Bei vielen von ihnen sind die mehrschichtigen Gewebethalli flach ausgebildet, sie wachsen mit zweischneidigen Scheitelzellen (Abb. 1.4.12 E, F). Gabelige Verzweigungen beruhen hier nicht auf einer äqualen Teilung der Scheitelzelle selbst (wie z.B. bei Braunalgen: «echte» Dichotomie), sondern auf der Umwandlung einer von der ursprünglichen Scheitelzelle abgegliederten

Zelle in eine neue, zweite Scheitelzelle. Bei den «thallosen» Lebermoosen, z.B. dem bekannten Brunnenlebermoos *Marchantia* (S. 650), liegen die Thalli flach auf dem Boden (*daher* übrigens die Bezeichnung «Lagerpflanzen»). Die Antheridien- und Archegonienstände stehen auf vertikalen, mehr als cm-langen Stielen über der Thallusoberseite. Bei vielen «foliosen» Lebermoosen (S. 653 f.; lat. *fólium*, Blatt, Laub) wird ein flachgelagerter, lappiger Thallus nicht mehr ausgebildet, sondern von der Erdoberfläche wegwachsende Stämmchen tragen einzellschichtige Blättchen ohne Mittelrippe. (Die Diminutiva «Stämmchen» und «Blättchen» sollen den Unterschied zu den sehr viel komplexeren Sproßachsen und Blättern der Cormophyten betonen.) Diese Organisationsform ist bei den Laubmoosen (S. 655) noch weiter entwickelt. Die Stämmchen wachsen hier mit dreischneidigen Scheitelzellen (Abb. 1.4.13), sie weisen eine komplexe Gewe-

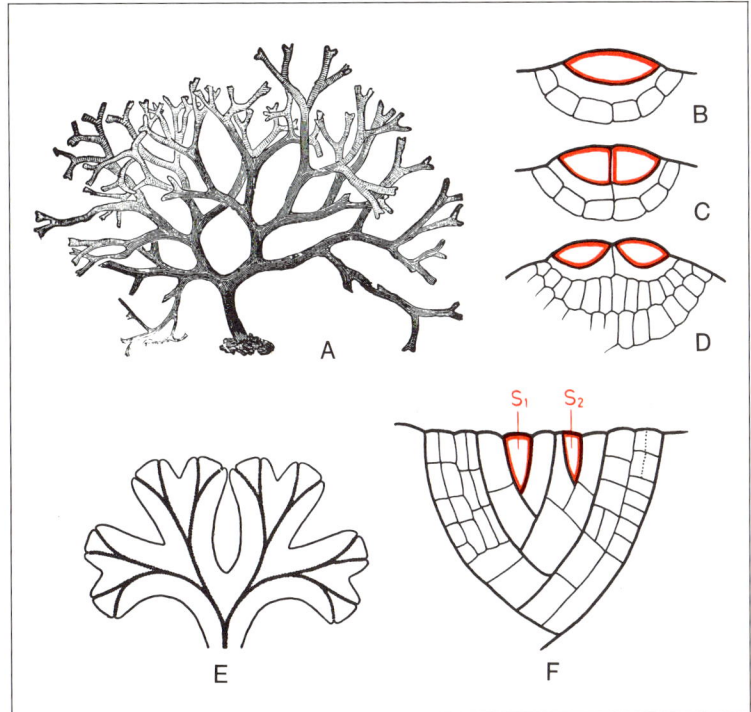

Abb. 1.4.12: Gabelige Verzweigung der Thalli bei Braunalgen (**A–D**) und Lebermoosen (**E, F**). Während die Gabelung bei der Braunalge *Dictyota dichotoma* (**A**, 1 : 2.) durch echte Dichotomie – Querteilung der Scheitelzelle – zustandekommt (**B–D**, 250 : 1), entsteht bei Lebermoosen (z.B. *Riccia rhenana*, **E**) die Thallusverzweigung durch Neubildung einer zweischneidigen Scheitelzelle S2 neben der schon vorhandenen S1 (**F**, 370 : 1, nach Kny)

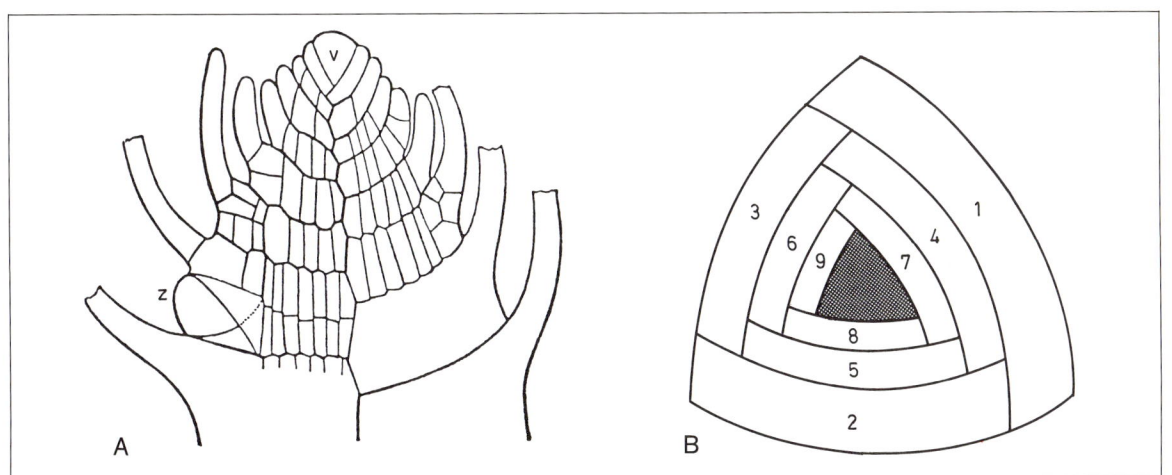

Abb. 1.4.13: Scheitelregion von einem Stämmchen des Laubmooses *Fontinalis antipyretica*. **A**, Längsschnitt; **B**, Aufsicht. v dreischneidige Scheitelzelle. Jedes von ihr gebildete Segment gliedert sich durch eine perikline Wand in eine innere Zelle und eine äußere (Rinden-) Zelle. Diese erzeugt Rindengewebe und ein Blatt. Seitensprößchen entstehen unterhalb der Blättchen durch Ausbildung dreischneidiger Scheitelzellen z. Bei *Fontinalis*, dem in fließendem Wasser untergetaucht lebenden «Quellmoos» (S. 663), stehen die Blättchen in 3 Längszeilen. Bei den meisten übrigen Laubmoosen sind die Blättchen leicht asymmetrisch, was zu schraubiger (disperser) Blättchenstellung führt. (A 120 : 1 n. H. Leitgeb; B n. O. Stocker)

begliederung auf mit zentralem Leitgewebe (Abb. 1.4.14), das sich oft in die Blättchen hinein als deren Mittelrippe fortsetzt. Der Bau der Blättchen kann durch eine gesetzmäßige Aufeinanderfolge äqualer und inäqualer Zellteilungen kompliziert sein (Torfmoose, Abb. 1.4.15; vgl. auch Abb. 3.2.111, S. 659), oder die Oberfläche wird durch senkrecht abstehende Leisten aus Chloroplasten-reichen Zellen vergrößert (Abb. 3.2.113, S. 660).

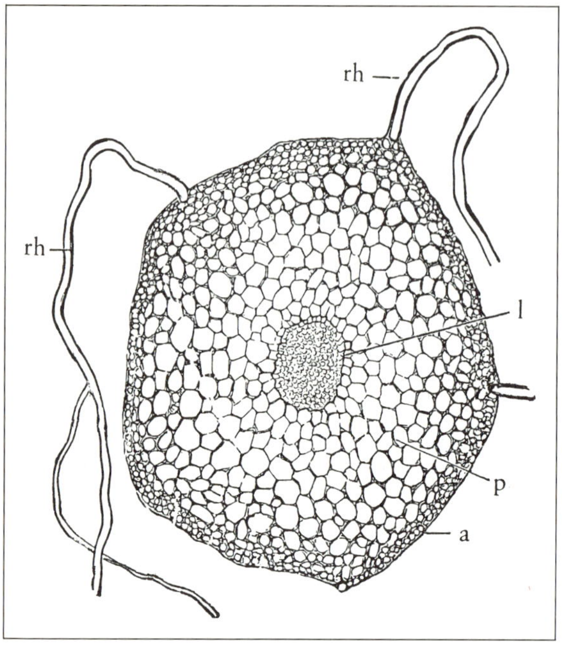

Die Laubmoose, deren Organisation jener von Sproßpflanzen nahekommt, führen während ihrer Entwicklung in einzigartiger Weise verschiedene Organisationstypen der Thallophyten vor. Mit der Sporenkeimung beginnt zunächst ein Wachstum auf der trichalen Organisationsstufe, es entsteht ein aus einreihigen, verzweigten Zellfäden – Haplonemen – gebildetes Geflecht, das Protonema (Vorkeim). Von diesem Fadenthallus wachsen die Keimzell-bildenden haploiden Gametophyten aus als blättchentragende Stämmchen. Von diesen wiederum ragen die aus dem Zygoten auswachsenden diploiden Sporophyten noch weiter in den Luftraum auf, und an ihnen (nicht an den Blättchen!) finden sich bereits einfache Spaltöffnungen (S. 658).

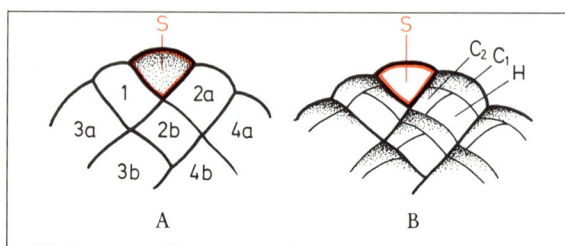

Abb. 1.4.15: Teilungsvorgänge im Blättchen eines Torfmooses *(Sphagnum)*. **A**, die zweischneidige Scheitelzelle S gibt nach links und rechts Segmente ab (1–4 ...), die in gleich große, rhombische Zellen unterteilt werden (2a, 2b; 3a, 3b ...). **B**, nach Erlöschen der Teilungsaktivität von S werden die rhombischen Segmente durch je 2 inäquale Teilungen in 2 Chlorophyllzellen (C1, C2) und 1 Hyalinzelle (H) zerlegt. Die Hyalinzelle stirbt ab, nachdem sie ihre Wand durch schraubige Verdickungen ausgesteift und mit einer große Öffnung nach außen versehen hat; Hyalinzellen dienen als Wasserspeicher. (150 : 1, nach E. Bünning)

Abb. 1.4.14: Querschnitt durch das Stämmchen des Laubmooses *Mnium*. l, zentraler Leitstrang; p, Rindenparenchym; a, Abschlußgewebe; rh, Rhizoide. (110 : 1, nach E. Strasburger)

ZWEITER TEIL
PHYSIOLOGIE

Einführung

Befaßt sich die Morphologie mit dem Bau eines Organismus, angefangen von der molekularen Architektur der charakteristischen Zellbausteine bis zur äußeren Gestalt des Lebewesens, so ist es die Aufgabe der Physiologie, die Lebensäußerungen, d.h. das Entstehen und Funktionieren dieser Strukturen, nicht nur zu beschreiben, sondern kausal zu erklären. Es genügt dabei nicht, ihre Zweckmäßigkeit, d.h. ihren Nutzen bei der Auseinandersetzung mit der Umwelt, zu erfassen; es ist vielmehr das Ziel der Physiologie, die Vorgänge in einem Organismus nach den bekannten physikalischen und chemischen Gesetzen schlüssig und lückenlos zu erklären. Dies erfordert den Einsatz physikalischer und chemischer Methoden, neuerdings auch in zunehmendem Maße solcher der Informatik. Soweit dabei von einer zweckmäßigen Konstruktion und Funktion der Teile wie des ganzen Organismus ausgegangen wird, ist dies als heuristische Hilfe meist nützlich und gerechtfertigt, weil sich in der Regel nur vorteilhafte Merkmale, d.h. Merkmale mit «positivem Selektionswert», phylogenetisch durchsetzen konnten. Ob allerdings das genannte Ziel, das Rätsel des Lebens völlig in ein außerordentlich verwickeltes, aber vollständig kausal erklärtes physikalisch-chemisches System aufzulösen, jemals erreicht werden wird, ist offen. Der experimentierende Physiologe zweifelt daran jedoch nicht aus grundsätzlichen Erwägungen, sondern höchstens in Anbetracht der ungeheuren Kompliziertheit selbst relativ einfacher Organismen.

Es ist weiter darauf hinzuweisen, daß die Grenze zwischen Morphologie und Physiologie zumindest im Bereich der Molekularbiologie zu verschwinden beginnt. Man könnte das Gebiet der Molekularbiologie so umschreiben, daß hier der Zusammenhang zwischen Form und Funktion kausal verständlich wird. So ist z.B. in der Basensequenz der DNA nicht nur die Molekularstruktur aller an der Proteinsynthese beteiligten RNA-Sorten, sondern auch die Aminosäurensequenz der Proteine, dadurch deren molekulare Architektur und damit schließlich auch ihre Funktion festgelegt.

Die Pflanzenphysiologie kann zweckmäßig in drei Teilbereiche untergliedert werden: in die Physiologie des Stoff- und Energiewechsels, die Physiologie des Formwechsels und die Physiologie der Bewegungen.

Die **Physiologie des Stoff- und Energiewechsels** betrachtet die chemischen und physikalischen Vorgänge, die ablaufen müssen, damit der Organismus sich stofflich und energetisch von der unbelebten Umgebung abzusetzen und ein «Eigenleben» zu führen vermag.

Die **Physiologie des Formwechsels (Entwicklungsphysiologie)** beschäftigt sich mit den Erscheinungen des Wachstums, der Entwicklung und der Fortpflanzung. Ihr Ziel ist es, die in der Morphologie beschreibend und vergleichend behandelten Formprobleme kausal verstehen zu lernen. Da die Baupläne und die Wege zu ihrer Verwirklichung genetisch festgelegt sind, ist die Entwicklungsphysiologie eng mit der Vererbungslehre verknüpft, die heute eine eigene biologische Wissenschaft bildet und in diesem Buch nur kurz berührt werden kann.

Die **Physiologie der Bewegungen** schließlich erforscht die Orts- und Lageveränderungen ganzer Pflanzen oder einzelner ihrer Organe, Zellen oder Zellorganellen. Während niedere Pflanzen wie die meisten Tiere vielfach ihren Ort frei wechseln können, ist die typische höhere Pflanze an ihrem Standort festgewurzelt. Trotzdem ist auch sie zu mannigfaltigen Bewegungen befähigt, die einer Orientierung ihrer Organe im Raum, z.T. auch anderen Aufgaben (z.B. der Freisetzung von Ausbreitungseinheiten), dienen. Da diese Bewegungen oft durch Außeneinflüsse ausgelöst werden, tritt hierbei besonders die Erscheinung der Reizbarkeit zutage, weshalb man oft statt von Bewegungsphysiologie von Reizphysiologie spricht. Die Reizbarkeit, d.h. die Aufnahme und Verarbeitung von Signalen aus der Umwelt, ist eine ganz allgemeine Eigenschaft des Lebendigen, die auch in der Stoffwechsel- und Entwicklungsphysiologie eine wichtige Rolle spielt.

Überhaupt überschneiden sich die Teilgebiete, in die hier die Physiologie der Übersichtlichkeit halber eingeteilt wurde, in mannigfaltiger Weise. Vor allem sind auch alle Wachstums-, Entwicklungs- und aktiven Bewegungserscheinungen von einem Stoff- und Energiewechsel begleitet.

Erster Abschnitt
Physiologie des Stoff- und Energiewechsels

I. Energetik des Stoffwechsels

Leonardo da Vinci hat in einem treffenden Vergleich den lebenden Organismus mit einer brennenden Kerze verglichen: Bei beiden Systemen sind dauernde Stoff- und Energieumwandlungen notwendig, um den dynamischen Zustand zu erhalten.

Es besteht, wie erwähnt, kein Zweifel, daß auch die Umsetzungen im lebenden Organismus den Gesetzen der Physik und Chemie gehorchen, daß z.B. auch die Prinzipien der Thermodynamik gültig sind, der Forschungsrichtung, die die Zusammenhänge zwischen den Zustandsänderungen und den energetischen Änderungen eines Systems untersucht. Wenn die Energieumsetzungen in der lebenden Zelle oft auch unter dem Begriff der **Bioenergetik** (griech. energeia, Wirkung) zusammengefaßt werden, so bedeutet dies nur, daß im Rahmen der thermodynamisch möglichen Prozesse und Umwandlungen bestimmte für die lebende Zelle besonders charakteristisch sind, und daß die an den Reaktionen beteiligten Molekülarten und vor allem die Katalysatoren von denen der unbelebten Natur und auch der Technik verschieden sind.

Definition und Maß der Energie. Energie bedeutet die Fähigkeit eines Körpers oder eines Systems, aus sich heraus **Arbeit** leisten zu können. Als Dimension der Energie dient daher zunächst die Definition der Arbeit (Kraft × Weg). Das absolute Maß der Arbeit wie der Energie ist das **Joule** (J; $1\,kg \cdot 1\,m^2 \cdot 1\,s^{-2}$), d.h. Einheit der Kraft (Newton, N; $kg \cdot m \cdot s^{-2}$) × Einheit des Weges (m). Häufig wird auch das Kilojoule (kJ; 10^3 J) verwendet.

Die meisten Angaben in der Bioenergetik liegen derzeit noch in Calorien vor (1 cal = 4,1855 J; 1 kcal = 4,1855 kJ), der bisher verwendeten Einheit der Wärme (1 cal = Energiemenge, die zur Temperatursteigerung von 1 g Wasser bei Normaldruck von 14,5 auf 15,5 °C notwendig ist). Die Berechtigung zur Verwendung dieser Einheit als allgemeines Energiemaß lag in der Umwandelbarkeit der einzelnen Energieformen ineinander, z.B. von (potentieller) kinetischer, thermischer, chemischer, elektrischer und Strahlungsenergie. Die Bevorzugung der Wärmeeinheit beruhte darauf, daß Wärme die allgemeinste, «ordinärste» Energieform ist (s.u.).

Im übrigen wird der Anschaulichkeit halber für die Temperatur auch noch °C benutzt, obwohl korrekterweise K (−273 °C = 0 K) verwendet werden sollte. (Vgl. auch die Tabelle mit SI-Einheiten und Umrechnungsfaktoren am Ende des Buches.)

A. Energetik geschlossener Systeme

1. Grundlagen

Die Thermodynamik geschlossener Systeme, d.h. solcher, die nicht im Stoff- und Energieaustausch mit ihrer Umgebung stehen, ist relativ einfach. Sie basiert auf zwei Fundamentalsätzen.

Der **erste Hauptsatz** besagt, daß die Summe aller Energieformen in einem abgeschlossenen System konstant ist. Energie kann also weder geschaffen werden noch verloren gehen. (Die Erweiterung dieses Satzes durch Einstein, die die Möglichkeit der Umwandlung von Materie in Energie berücksichtigt, soll hier außer acht gelassen werden.) Aus der Gültigkeit dieses Gesetzes ergeben sich wichtige Folgerungen:

1. Der Energieinhalt eines Systems ist unabhängig von dem Weg, auf dem der betrachtete Zustand erreicht wurde. Gäbe es für eine Hin- und Rückreaktion (Abb. 2.1.1, I u. II) Wege verschiedenen Energieinhaltes, dann könnte das System zur Energiegewinnung verwendet werden (perpetuum mobile 1. Art). Auch unter den Organismen gibt es also kein perpetuum mobile im thermodynamischen Sinne.

2. In einem Teil des Gesamtsystems sind nur solche Abläufe aus eigener Triebkraft möglich, die mit einer Abnahme der inneren Energie dieses Teilsystemes, also einer Energieabgabe an die Umgebung, einhergehen.

3. Vorgänge, die zur Vermehrung der inneren Energie eines Teilsystems führen, sind nur denkbar, wenn durch eine energiespendende Begleitreaktion die Energie in geeigneter Form zur Verfügung gestellt wird («energetische Kopplung», S. 244).

Wie erwähnt, ist die allgemeinste Form der Energie die Wärme. Praktisch alle physikalischen und chemischen Vorgänge, auch die in der lebenden Zelle, sind mit Aufnahme oder Abgabe von Wärme verbunden. Im ersten Falle spricht man von **endothermen**, im zweiten von **exothermen** Prozessen.

Fügt man einem abgeschlossenen System mit einem gegebenen Energieinhalt eine bestimmte Wärmemenge (Q) von außen zu, so muß nach dem ersten Hauptsatz die zugeführte Wärme entweder zu einer Änderung der inneren Energie des

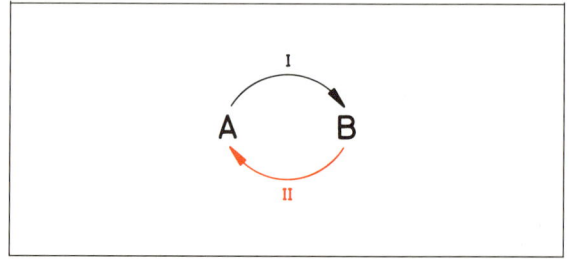

Abb. 2.1.1: Erläuterung im Text

Systems (ΔE) oder zu einer entsprechenden Arbeitsleistung (W) des Systems gegenüber der Umgebung führen:

$Q = \Delta E + W$ oder
$\Delta E = Q - W$.

Bei Reaktionen unter konstantem Druck – wie sie in den Organismen im allgemeinen ablaufen – wird die Wärmeänderung Q auch **Enthalpie-Änderung** genannt und als ΔH bezeichnet; es ist dann $Q = \Delta H$. Dann gilt:

$\Delta E = \Delta H - W$.

Verläuft eine Reaktion nicht nur unter konstantem Druck, sondern auch unter konstantem Volumen, so wird keine Arbeit geleistet, und es gilt:

$\Delta E = \Delta H$.

Unter diesen Bedingungen kann man demnach durch die Bestimmung der Wärmetönung einer Reaktion verbindliche Aussagen machen über die Energieänderungen während ihres Ablaufes.

Die Enthalpie-Änderung (ΔH) einer Reaktion kann man durch **Calorimetrie** (lat. calor, Wärme, griech. métrein, messen) leicht ermitteln. Jede chemische Reaktion liefert beim Ablauf bis zum Endzustand eine bestimmte Wärme, die von der Zahl der reagierenden Moleküle abhängt. Organische Verbindungen haben eine bestimmte Verbrennungswärme, ausgedrückt durch die Zahl der Calorien bzw. Joule, die bei der vollständigen Oxidation von 1 Mol der Substanz an die Umgebung abgegeben wird (Tab. 2.1.1).

Tab. 2.1.1: Verbrennungswärmen verschiedener für den Zellstoffwechsel wichtiger organischer Verbindungen

Substanz	Mol.Gew.	ΔH (kJ/Mol)	(kJ/g)
Glucose $C_6H_{12}O_6$	180	− 2817	−15,65
Milchsäure CH_3-CHOH-COOH	90	− 1364	−15,16
Oxalsäure HOOC-COOH	90	− 251	− 2,79
Palmitinsäure CH_3-$(CH_2)_{14}$-COOH	256	−10037	−39,21
Tripalmitin $C_{51}H_{98}O_6$	806	−31433	−39,00
Glykokoll NH_2CH_2-COOH	75	− 979	−13,05

Arbeit kann in Wärme umgewandelt werden; der umgekehrte Vorgang birgt einige besondere Gesichtspunkte, die aus dem ersten Hauptsatz nicht zu entnehmen sind. Der Mensch hat bekanntlich Wärmekraftmaschinen entwickelt, die Temperaturdifferenzen in Arbeit umsetzen. Die lebende Zelle weist in sich kaum Temperaturdifferenzen auf: sie arbeitet praktisch **isotherm**, sie ist keine Wärmekraftmaschine. Um verstehen zu können, wie sie unter diesen Bedingungen Arbeit verrichten kann, müssen wir den Begriff der «**freien Energie**» bzw. «**freien Enthalpie**» einführen. Zu seinem Verständnis ist die Kenntnis des **zweiten Hauptsatzes** der Thermodynamik erforderlich. Er besagt: Die **Entropie** (griech. entrepein, verwandeln) eines abgeschlossenen Systems von Körpern, die miteinander in Wechselwirkung stehen, kann nur zunehmen, niemals abnehmen. Den Begriff Entropie kann man umschreiben mit «Unordnung» oder «Grad der Zufallsverteilung». Der **zweite Hauptsatz** trägt der Tatsache Rechnung, daß spontan ablaufende chemische oder physikalische Prozesse eine **Richtung** haben, die sich aus dem ersten Hauptsatz nicht ableiten läßt; z.B. geht Wärme nur von einem wärmeren auf einen kälteren Körper über (obwohl nach dem ersten Hauptsatz auch der umgekehrte Übergang möglich wäre). Alle Systeme streben einem Zustand zu, bei dem alle Parameter wie Temperatur, Druck u.ä. gleichförmig sind. Haben sie dieses Gleichgewicht erreicht, so gehen sie spontan nicht mehr in den nichtgleichmäßigen Nicht-Zufall-Zustand, den Zustand höherer Ordnung (geringerer Entropie), zurück.

Theoretisch kann die Entropie eines abgeschlossenen Systems ohne Energiezufuhr von außen bei einer Reaktion höchstens konstant bleiben. In diesem Falle spricht man von einem **reversiblen** Vorgang. Alle **irreversiblen** Vorgänge verlaufen unter Entropievermehrung. Ideal reversible Vorgänge sind äußerst selten. Normalerweise besitzen die Umwandlungen in der Natur, auch in den Organismen, irreversible Anteile und steigern daher die Entropie.

Die Dimension der Entropie ist $J \cdot K^{-1}$. Bei jeder gegebenen Temperatur haben feste Körper eine relativ geringe Entropie (hohe Ordnung), Flüssigkeiten eine mittlere und Gase eine hohe. Die Entropie steigt mit der Temperatur, weil die Moleküle dann eine höhere thermische Bewegung haben. Sie ist Null, wenn sich ein Kristall im absoluten Nullpunkt (-273 °C) befindet.

Die Tendenz zur Vermehrung der Entropie ist die treibende Kraft aller Prozesse, und Wärme wird von einem System an die Umgebung abgegeben oder aus ihr aufgenommen, um in jedem Falle die maximale Entropie des Gesamtsystems zu erreichen.

Die Änderungen von Wärme und Entropie werden durch die «**freie Enthalpie**» (griech. thalpos, Wärme) (G) wiedergegeben. Man kann sie als den Anteil an der Gesamtenthalpie eines Systems bezeichnen, der unter isothermen Bedingungen Arbeit zu leisten vermag. Wie die Entropie zunimmt bei irreversiblen Prozessen, so nimmt die freie Enthalpie ab. Alle physikalischen und chemischen Vorgänge in einem abgeschlossenen System schreiten fort mit einer Abnahme der Freien Enthalpie, bis deren Minimum erreicht ist: **Gleichgewichtszustand**. Hier ist die Entropie im Maximum. Freie Enthalpie ist also nutzbare Energie.

Die Grundgleichung für die Beziehungen zwischen Entropie- und Enthalpie-Änderungen und Änderungen in der freien Enthalpie ist:

$\Delta G = \Delta H - T \Delta S$.

Dabei ist ΔG die Änderung der freien Enthalpie des Systems, ΔH die Wärme, die zwischen dem System und der Umgebung ausgetauscht wird (falls das System keine Arbeit leistet), T die absolute Temperatur und ΔS die Entropieänderung des Systems.

Das Vorzeichen von ΔG gibt Aufschluß darüber, ob eine Reaktion spontan ablaufen kann oder nicht: Nur

Vorgänge mit negativem ΔG, also solche mit einer Abnahme der freien Enthalpie, sind thermodynamisch von sich aus möglich. Man nennt sie **exergonische** Prozesse (griech. érgon, Werk), im Gegensatz zu den **endergonischen** Prozessen, bei denen ΔG positiv ist, und deren Ablauf die freie Enthalpie des Teilsystems erhöht.

Aus der obigen Gleichung können wir einige wichtige Schlüsse ziehen: Identisch sind die Änderungen der freien Enthalpie und der Wärmetönung nur bei T = 0, also beim absoluten Nullpunkt (der biologisch uninteressant ist), und in Fällen mit ΔS = 0, die biologisch auch keine Rolle spielen. Da ΔS als Produkt mit der Temperatur auftritt, wird der Einfluß der Entropie proportional der absoluten Temperatur steigen. Bei einer bestimmten Temperatur ist er um so bedeutender, je kleiner das Verhältnis der Wärmetönung zur Entropie ist. Bei starker Wärmetönung einer Reaktion, etwa beim oxidativen Abbau der Nahrungsstoffe in der Atmung (S. 292 ff.), tritt daher die Bedeutung der Entropie zurück und liefern die Werte für die Wärmetönung annähernd richtige Zahlen für die Beurteilung der Triebkraft einer Reaktion. Bei Prozessen geringer Wärmetönung aber, etwa bei hydrolytischen Spaltungen und Polymerisations- und Kondensationsvorgängen, also ebenfalls wichtigen biologischen Reaktionen, kann die Entropieänderung die freie Enthalpie wesentlich bestimmen.

Wird bei einem Vorgang Wärme aus der Umgebung aufgenommen, so wird ΔG > ΔH. So gilt z.B. für die Verbrennung der Glucose bei 25 °C:

ΔG = − 2880 kJ/Mol,
ΔH = − 2817 kJ/Mol.

Jeder chemische Prozeß, z.B. die Reaktion A → B, erreicht schließlich einen Gleichgewichtszustand, in dem keine weitere (Netto-)Umsetzung mehr erfolgt. Dann wird die Hinreaktion gerade ausgeglichen durch die Rückreaktion: A ⇌ B. Das chemische Gleichgewicht in diesem Zustand ist definiert durch die **thermodynamische Gleichgewichtskonstante**:

$$K_{eq} = \frac{[B]}{[A]},$$

wobei [B] die Konzentration des Endproduktes und [A] die der Ausgangssubstanz kennzeichnet. Das Konzentrationsverhältnis der Ausgangs- und Endprodukte ist bei gegebenem Druck und gegebener Temperatur fixiert, gleichgültig, von welcher Ausgangskonzentration man ausgeht. Das Gleichgewicht stellt sich ein in dem Bestreben, für die Reaktionspartner eine minimale (Gesamt-) freie Enthalpie zu schaffen.

Für eine Reaktion mit mehreren Partnern wird die Gleichgewichtskonstante wiedergegeben durch das Produkt der Konzentration der Endprodukte dividiert durch das Produkt der Konzentration der Ausgangssubstanzen:

$$A + B = C + D; \quad K_{eq} = \frac{[C] \cdot [D]}{[A] \cdot [B]}.$$

Aus unseren früheren Betrachtungen über die Abhängigkeit des Ablaufes einer Reaktion von der Änderung der freien Enthalpie ist schon zu entnehmen, daß die Gleichgewichtskonstante einer Reaktion mit der Änderung der freien Enthalpie verknüpft sein muß: Je größer die Gleichgewichtskonstante ist, d.h. je mehr das Produkt der Endsubstanzen über das der Ausgangssubstanzen dominiert, je weiter also die Reaktion von links nach rechts verläuft, desto negativer wird ΔG, d.h. desto mehr nimmt die freie Enthalpie beim Ablauf der Reaktion ab. Es besteht eine einfache mathematische Beziehung zwischen der Änderung der freien Enthalpie und der Gleichgewichtskonstanten:

$$\Delta G^0 = -R\,T\,\ln K_{eq},$$

wobei ΔG⁰ = Standard-freie Enthalpie-Änderung, d.h. Gewinn oder Verlust an freier Enthalpie in Joule, wenn je 1 Mol der Ausgangssubstanzen umgesetzt wird in je 1 Mol von Endprodukten, und zwar bei 25 °C und 1 bar Druck; R = Gaskonstante und T = absolute Temperatur.

Da die Wasserstoffionen in biologischen Reaktionen nicht in Standardkonzentration (1 M = pH 0) vorliegen, wird eine modifizierte Standardbedingung verwendet, die auf pH 7,0 ausgelegt ist. Als Symbol dient ΔG⁰′. (Im übrigen wird immer dann, wenn Wasser eine Ausgangs- oder Endsubstanz einer Reaktion ist, willkürlich seine Konzentration zu 1 M angenommen.)

In der Zelle herrschen keine Standardbedingungen, außerdem weicht der pH-Wert häufig von 7,0 ab. Es ist daher zu beachten, daß nicht die ΔG⁰′-, sondern die ΔG-Werte über die Richtung einer Reaktion in der Zelle entscheiden. Es ist aber vielfach äußerst schwierig, diese ΔG-Werte zu ermitteln, da die aktuellen Konzentrationen der Reaktionspartner wie die pH-Werte in den einzelnen Reaktionsräumen (Kompartimenten) oft schwer zu messen sind.

2. Energetische Kopplung

Die zahlreichen endergonischen Reaktionen im Zellstoffwechsel sind aus thermodynamischen Gründen nur möglich durch Koppelung mit exergonischen Prozessen, wobei der Gesamtvorgang mit einer Abnahme der freien Enthalpie verläuft.

Derartige **energetische Koppelungen** sind möglich einmal in **Reaktionsketten**, in denen eine endergonische Reaktion mit einer stärker exergonischen verknüpft ist, oder aber durch Einschalten einer spezifischen energieliefernden Reaktion, nämlich der hydrolytischen Spaltung des **ATP**-Moleküls (vgl. S. 245):

ATP + H_2O = ADP + P_i ;
ΔG⁰′ = − 30,55 kJ.

Das ATP-System ist der universell verwendete Energiespeicher in allen lebenden Zellen, vom Prokaryoten bis zum Menschen, und alle Reaktionen, die der Zelle Energie in verwertbarer Form zuführen sollen, werden so geführt, daß sie das ATP-System in ökonomischer Weise aufzuladen (d.h. die Reaktion in der obigen Gleichung von rechts nach links ablaufen zu lassen) vermögen. Dies gilt, wie wir sehen werden, für die Lichtreaktionen der Photosynthese ebenso wie für den Abbau von Nahrungsstoffen in Atmungs- und Gärungsvorgängen. Auf der anderen Seite sind der Zelle im allgemeinen endergonische Schritte nur in einem Ausmaß möglich, das durch die Energiefreisetzung der ATP-Spaltung gedeckt ist.

Unter Standardbedingungen kann die ATP-Bildung aus ADP und P_i nur durch Übertragung einer

Phosphatgruppe aus einer Verbindung erfolgen, die mindestens das gleiche Phosphatgruppenpotential besitzt, d.h. die bei der Hydrolyse einen mindestens ebenso hohen Betrag freier Enthalpie liefert. Derartige Verbindungen sind z.B. das Phosphoenolpyruvat und das 1,3-Diphosphoglycerat (vgl. Tab. 2.1.2), Zwischenverbindungen des normalen Kohlenhydratabbaues (vgl. S. 291 ff.). Einen weiteren Weg der ATP-Bildung, die Ausnützung von Elektronentransporten über entsprechende Stufen einer Redoxkaskade, werden wir später kennenlernen (S. 263 ff., 294 ff.).

Tab. 2.1.2: Die Standard-freie-Enthalpie der Hydrolyse einiger phosphorylierter Verbindungen

	$\Delta G^{0'}$ (kJ)
Phosphoenolpyruvat	−62
1,3-Diphosphoglycerat	−49
Acetylphosphat	−42
ATP	−31
Glucose-1-phosphat	−21
Fructose-6-phosphat	−16
Glucose-6-phosphat	−14
Glycerin-1-phosphat	− 9

Wie früher erwähnt, enthält auch die endständige, ebenfalls anhydridisch gebundene Phosphatgruppe des ADP ein Gruppenpotential, das dem der endständigen Phosphatgruppe im ATP entspricht. Allerdings entsteht das in der Zelle stets vorhandene AMP meist nicht durch Spaltung von ADP, sondern durch Pyrophosphat-Abspaltung aus ATP:

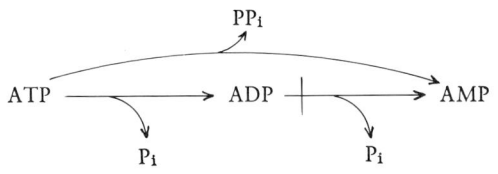

Auch das Pyrophosphat, PP_i, hat bei der hydrolytischen Spaltung einen $\Delta G^{0'}$-Wert, der dem der Hydrolyse der endständigen Phosphatgruppe im ATP oder ADP vergleichbar ist. Pyrophosphat kann in bestimmten Phosphorylierungsreaktionen bei Gärungen (z.B. bei *Propionibacterium*) an die Stelle von ATP treten.

Die Summe der Konzentrationen von AMP, ADP und ATP in der wässerigen Phase der Zelle ist beachtlich: Sie liegt meist zwischen 2 und 15 mM, wobei ATP in der Regel stark überwiegt.

Für die Kennzeichnung des Energiezustandes einer Zelle wird (neben anderen Größen) das «**Phosphorylierungspotential**» verwendet:

$$\frac{[ATP]}{[ADP] \cdot [P_i]}$$

Es ist daran zu erinnern, daß das Gruppenpotential der «energiereichen» Phosphatbindungen im ATP nur für Standardbedingungen gilt. Bei Konzentrationen der Reaktionspartner der ATP-Spaltung (ATP, ADP, P_i) abweichend von 1,0 M, wie sie in der Zelle die Regel sind, und bei pH-Werten abweichend von 7,0 ergeben sich andere Werte. Da zudem sowohl ATP als auch ADP in der Zelle als Magnesiumkomplexe vorliegen, spielt auch die Mg^{2+}-Konzentration eine Rolle. Es können daher in der Zelle weit vom Standard liegende Werte für das ΔG der ATP-Spaltung erreicht werden, auch solche zwischen −50 bis −63 kJ, wobei sich je nach den Bedingungen zeitliche und örtliche Unterschiede auch innerhalb einer Zelle ergeben können.

Die Einschleusung der ATP-Spaltungsenergie in andere chemische Reaktionen geschieht auf dem Wege über gemeinsame Zwischenprodukte. Dabei übernehmen Substanzen Gruppen des ATP (entweder Phosphat oder AMP oder auch Pyrophosphat) und werden dadurch «energiereicher», d.h. in die Lage versetzt, Reaktionen einzugehen, die ihnen in freier Form nicht zugänglich sind. Derartige Gruppenübertragungen sind in der Zelle nicht auf ATP begrenzt, sondern umfassen z.B. auch Wasserstoff-, Amino-, Methyl- und Acetylgruppen.

Außer für die Aktivierung chemischer Reaktionen liefert die ATP-Spaltung auch die Energie für andere wichtige Zellarbeiten, z.B. für **mechanische Arbeit** (Kontraktion kontraktiler Proteine) und **osmotische Arbeit** (Konzentrierung von Substanzen gegen ein Gefälle des elektrochemischen Potentials).

Wenn auch ATP der Hauptenergieüberträger in der Zelle ist, so können doch auch andere Nucleosidtriphosphate bei spezifischen Biosynthesen beteiligt sein. Dies gilt nicht nur für die Bildung von DNA und RNA (S. 44 ff., S. 306 ff.), sondern auch für die von Polysacchariden, Proteinen und Lipiden (S. 349, 310 ff., 361 ff.).

3. Geschwindigkeit der Gleichgewichtseinstellung – Katalyse

Die klassische Thermodynamik kann zwar aussagen, ob eine Reaktion energetisch möglich ist und in welchen Konzentrationen die Reaktionspartner im Gleichgewicht vorliegen, sie kann aber nicht festlegen, mit welcher Geschwindigkeit sich ein Gleichgewicht einstellt. Es kann dies sehr schnell, aber auch «unendlich langsam» geschehen. So ist die Verbrennung von Glucose mit Sauerstoff zwar ein stark exergonischer Prozeß, doch bleibt der Zucker bei «physiologischen» Temperaturen und Normaldruck auch bei Sauerstoffgegenwart unbegrenzt stabil. Man nimmt an, daß nur Moleküle in einem «aktivierten Zustand» eine chemische Reaktion eingehen können. Eine Steigerung der Temperatur erhöht die Zahl der reaktionsfähigen Moleküle und beschleunigt deshalb die Reaktion (meist etwa auf das Doppelte bei 10 °C Temperatursteigerung). Die Energiemenge (in Joule), die alle Moleküle von 1 Mol Substanz in den aktivierten Zustand überführt, nennt man «**Aktivierungsenergie**».

Bei Gegenwart bestimmter Stoffe, mit denen die reagierenden Moleküle vorübergehend Bindungen eingehen können, kann die Aktivierungsenergie erniedrigt und damit die Reaktionsgeschwindigkeit erhöht, bei «unendlich langsam» verlaufenden Reaktionen der Ablauf erst ermöglicht werden (Abb. 2.1.2). Derartige Substanzen bezeichnet man als **Katalysatoren** (griech.

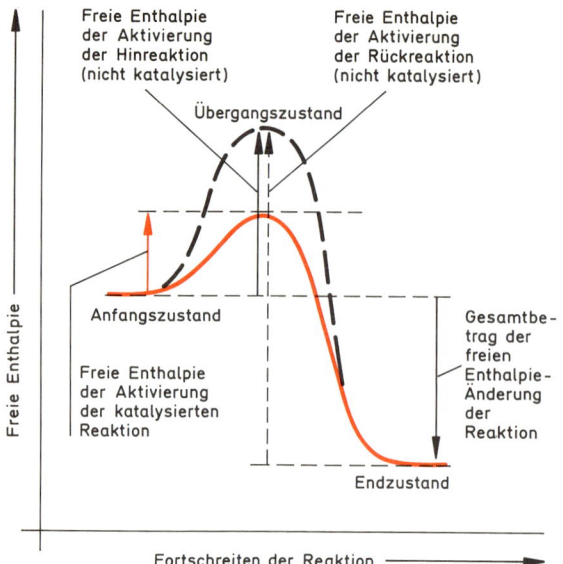

Abb. 2.1.2: Energiediagramm für eine katalysierte (rote Linie) und eine nichtkatalysierte (schwarze Linie) chemische Reaktion. (Nach Lehninger)

kata, herab; lysis, Auflösung). Sie beeinflussen nicht die Lage, wohl aber die Geschwindigkeit der Einstellung des thermodynamischen Gleichgewichtes. Da Katalysatoren nur vorübergehend Bindungen mit den reagierenden Molekülen eingehen und nach Ablauf der Reaktion wieder in der Ausgangsform freigesetzt werden, können sie für ihre Aufgabe immer wieder verwendet werden und brauchen deshalb nur in geringen Konzentrationen vorzuliegen.

Auch der Zellstoffwechsel wird durch Katalysatoren gesteuert: Die **Biokatalysatoren** werden als **Enzyme** (griech. zyme, Sauerteig) oder **Fermente** (lat. fermentum, Sauerteig) bezeichnet und bestehen aus Protein ohne oder mit zusätzlichen Gruppen (vgl. S. 248 ff.); in einigen Fällen kann auch RNA Umsetzungen am eigenen oder anderen RNA-Molekülen katalysieren. Die Katalyse durch Enzyme in der lebenden Zelle unterliegt denselben Gesetzmäßigkeiten wie diejenige mit anorganischen Katalysatoren, sie ist nur in der Regel leistungsfähiger und vor allem spezifischer. Durch die (genetisch gesteuerte) Produktion eines bestimmten Enzyms wird demnach nicht der gesamte Zellstoffwechsel, sondern es werden nur eine oder wenige Reaktionen beschleunigt. Die Enzyme steuern daher den Zellstoffwechsel nicht nur quantitativ, sondern auch qualitativ. Proteine sind für diese Aufgaben als Biokatalysatoren aus zwei Gründen besonders geeignet: Ihre Bildung wird vom genetischen Apparat der Zelle unmittelbar gesteuert, und es handelt sich bei ihnen um Moleküle von höchster Spezifität und praktisch unbegrenzter Mannigfaltigkeit (S. 30 ff.).

Im Unterschied zu den Katalysatoren der Technik unterliegen die Biokatalysatoren als Proteine einem dauernden Umsatz, d.h. sie werden im Zellstoffwechsel auf- und abgebaut. Dies erfordert zwar eine laufende Energieinvestition für die Enzymsynthese, ermöglicht aber auf der anderen Seite eine dauernde Anpassung des Zellstoffwechsels an die Erfordernisse, die aus inneren (Funktion der Zelle im Gesamtorganismus, Durchlaufen der Entwicklung) oder äußeren Gründen (Änderung der Umgebungsbedingungen) auftreten (vgl. S. 305 ff.).

Nomenklaturregeln: Der Name eines Enzyms wurde (bei den Substrat-spaltenden Fermenten) meist so gewählt, daß man die Endung -ase an den Namen des Substrates anhängte, also z.B. Proteinase für Protein-spaltende, Amylase für Stärke- (= amylum)-hydrolysierende und Lipase für Fett- (= lipos)-spaltende Enzyme. Daneben waren und sind auch anders gebildete Namen im Gebrauch, z.B. Pepsin, Katalase. Eine einheitliche, systematische, international verbindliche Klassifizierung und Benennung aller bekannten Enzyme wurde durch die International Enzyme Commission vorgenommen, wobei jedes Enzym eine Klassifizierungsnummer erhält, durch die es eindeutig identifiziert ist (Tab. 2.1.3). Da die systematischen Benennungen aber z.T. sehr umständlich sind, sind daneben auch die kürzeren Trivialnamen im Gebrauch.

Die Enzyme haben eine Substratspezifität und eine Wirkungsspezifität. Das Ausmaß der **Substratspezifität** ist bei den einzelnen Enzymen verschieden. Manche Hydrolasen z.B. sind relativ unspezifisch, andere spezifisch auf bestimmte Molekülgruppierungen (z.B. spalten α-Glucosidasen α-glucosidische Bindungen in verschiedenen Substanzen), wieder andere ausschließlich auf ein bestimmtes Substrat eingestellt. Auffallend ist die häufig feststellbare unterschiedliche enzymatische Angreifbarkeit von Stereoisomeren.

Die Substratspezifität beruht auf einem spezifischen «Passen» des Substratmoleküls zu der katalytisch aktiven Stelle des Enzymmoleküls, dem «**aktiven Zentrum**» (s. Abb. 2.1.5, S. 248). Man hat oft den Vergleich mit Schloß und dazu passendem Schlüssel gebraucht. Wie in ein Schloß aber auch ein dem zugehörigen Schlüssel ähnlicher Nachschlüssel paßt, so können anstelle des «Normalsubstrates» an das aktive Zentrum in vielen Fällen auch ähnlich gebaute Moleküle angelagert, zumeist aber nicht umgesetzt werden. Je nach ihrer Affinität zum Enzym vermögen sie dadurch das Substrat mehr oder weniger wirksam zu verdrängen («**kompetitive Hemmung**»; lat. cum, mit, petere, anstreben). Ein bekanntes und praktisch wichtiges Beispiel für derartige kompetitive Hemmstoffe sind die Sulfonamide, deren Hemmwirkung auf Bakterien dadurch zustande kommt, daß sie den enzymatischen Einbau der strukturell ähnlichen p-Aminobenzoesäure in Folsäure verhindern, eine Substanz, die bei der Synthese von Purinnucleotiden benötigt wird. (Sie muß vom Menschen als Vitamin mit der Nahrung aufgenommen werden.)

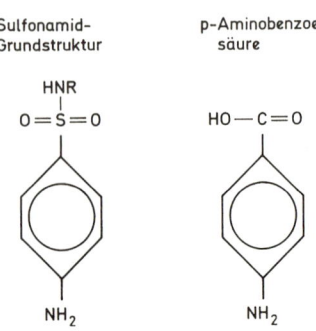

Tab. 2.1.3: Die internationale Klassifizierung von Enzymen: Klassenbezeichnung, Code-Zahl und Typ der katalysierten Reaktion.

1. Oxido-Reduktasen
   (Oxidations-Reduktions-Reaktionen)
   1.1. Wirkend auf –CH–OH
   1.2. Wirkend auf –C=O
   1.3. Wirkend auf –CH=CH–
   1.4. Wirkend auf –CH=NH$_2$
   1.5. Wirkend auf –CH–NH–
   1.6. Wirkend auf NADH; NADPH
   ....

2. Transferasen
   (Übertragung von funktionellen Gruppen)
   2.1. C$_1$-Gruppen
   2.2. Aldehyd- oder Keto-Gruppen
   2.3. Acyl-Gruppen
   2.4. Glykosyl-Gruppen
   2.5. Alkyl-o. Aryl-Gruppen (außer Methyl-)
   2.6. N-haltige Gruppen
   2.7. P-haltige Gruppen
   2.8. S-haltige Gruppen

3. Hydrolasen
   (Hydrolytische Reaktionen)
   3.1. Ester
   3.2. Glykosidische Bindungen
   3.3. Ether-Bindungen
   3.4 Peptid-Bindungen
   3.5 Andere C-N-Bindungen
   3.6. Säureanhydride

4. Lyasen
   (Lösen C-C, C-O, C-N und andere Bindungen)
   ....

5. Isomerasen
   (Isomerisierungen, d.h. intramolekulare Änderungen)
   5.1. Racemasen, Epimerasen
   5.2. Cis-trans-Isomerasen
   5.3. Intramolekulare Oxidoreduktasen
   ....

6. Ligasen (Synthetasen[1])
   (Kovalente Bindung zwischen zwei Molekülen bei gleichzeitiger ATP-Spaltung)
   ....

[1] Enzyme anaboler Reaktionen, die ohne ATP-Spaltung ablaufen, werden als **S y n t h a s e n** bezeichnet.

Monofluoressigsäure, CH$_2$F-COOH, stellt den Giftstoff in den Blättern der für das Weidevieh hochtoxischen südafrikanischen Dichapetalaceae *Dichapetalum cymosum* dar. Monofluoracetat kann anstelle des Acetylrestes an Coenzym A gebunden (vgl. S. 293) und auch noch von der Citratsynthase statt des Acetylrestes auf Oxalacetat übertragen werden, wodurch Monofluorcitrat entsteht. Diese Verbindung aber ist ein äußerst wirksamer kompetitiver Inhibitor (Hemmstoff) der Aconitase, des Enzyms, das im Citronensäurecyclus das Citrat weiter verarbeitet (S. 294). In der *Dichapetalum*-Pflanze wird eine entsprechende Giftwirkung wahrscheinlich – wie oft in ähnlichen Fällen – dadurch verhindert, daß die toxische Substanz nicht an die Orte ihrer spezifischen Wirkung (in diesem Falle die Mitochondrien) gelangt, sondern in einem eigenen Kompartiment (Vacuole) abgeschlossen bleibt.

Bei einer kompetitiven Hemmung einer Enzymreaktion ist der Prozentsatz der Hemmung vom Verhältnis der molaren Konzentration Inhibitor/Substrat, nicht von deren absoluter Konzentration, abhängig. Bei entsprechendem Überwiegen des Substrates kann sogar die volle Aktivität des Enzyms erreicht werden. Im Gegensatz dazu kann bei Gegenwart eines n i c h t k o m p e t i t i v e n Inhibitors auch bei noch so hoher Substratkonzentration das Enzym seine volle Aktivität nicht erlangen. Derartige Hemmstoffe sind z.B. Substanzen, die mit für die katalytische Wirkung essentiellen – SH-Gruppen der Enzyme reagieren (z.B. Schwermetallionen wie Ag$^+$, Zn^{2+}, Cd^{2+}, Hg^{2+}, Cu^{2+}, Pb^{2+} oder deren Derivate), oder die für die Enzymaktivität essentielle Metalle blockieren (z.B. Cyanid, das mit Fe^{2+} oder Fe^{3+}, oder EDTA, das mit Mg^{2+} oder anderen zweiwertigen Kationen Komplexe bildet).

Neben der Substratspezifität besitzen die Enzyme auch eine **Wirkungsspezifität**, d.h. ein Biokatalysator katalysiert nur eine der meist zahlreichen, thermodynamisch möglichen Umsetzungen eines Stoffes. Die Wirkungsspezifität wird durch den Proteinanteil des Enzyms bestimmt.

Bestimmte Reaktionen können aber auch im selben Organismus und sogar in derselben Zelle durch verschiedene Formen eines Enzyms katalysiert werden, Formen, die sich z.B. in ihrer Ladung unterscheiden und dann elektrophoretisch getrennt werden können. Das Muster dieser «**Isoenzyme**» (oder «**Isozyme**») kann innerhalb einer Art von Organ zu Organ und innerhalb eines Organs je nach dem Entwicklungszustand verschieden sein. Alle bisher bekannten Isoenzyme bestehen aus zwei oder mehreren Untereinheiten, die entweder gleich oder verschieden sein können und dann auch von verschiedenen Genen codiert werden (vgl. S. 306 ff.). Sind alle Sorten von Untereinheiten beliebig kombinierbar, so sind bei einem dimeren Enzym und zwei verschiedenen Untereinheiten 3 Formen möglich.

Ein Beispiel für diesen Fall ist eine Esterase im Mais, die nach ihrem pH-Wirkungsoptimum als pH 7,5-Esterase bezeichnet wird. Pflanzen, bei denen die Allele für die Codierung des Polypeptids einer Untereinheit des dimeren Enzyms übereinstimmen (die in bezug auf dieses Gen homozygot sind), haben nur eine Esterase, die aus identischen Untereinheiten besteht. Codieren die Allele einer Pflanze verschiedene Untereinheiten F und S (ist die Pflanze also hinsichtlich dieses Gens heterozygot), so können 3 verschiedene Isoenzyme auftreten: FF, FS und SS (Abb. 2.1.3).

Besteht ein Enzym aus 4 Untereinheiten, von denen 2 (M und H) verschieden (und jeweils durch ein spezifisches Gen codiert) sind, so sind 5 in ihrer Quartärstruktur verschiedene Enzymsorten möglich: M$_4$, M$_3$H, M$_2$H$_2$, MH$_3$ und H$_4$. Ein Beispiel für diesen Fall ist die Lactat-Dehydrogenase (vgl. S. 292) aus tierischem Gewebe. Isoliert man bei diesem Enzym M$_4$- und H$_4$-Form, zerlegt sie in vitro in Untereinheiten und läßt diese wieder zusammentreten, so bekommt man die genannten 5 verschiedenen Formen des Enzyms.

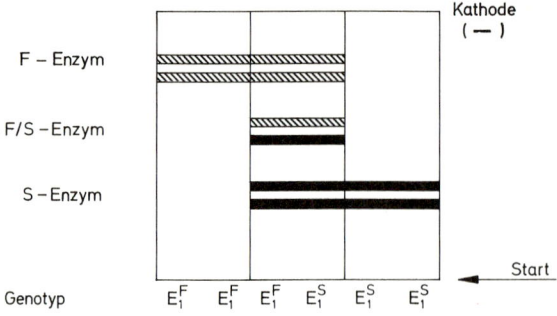

Abb. 2.1.3: Isoenzyme der pH 7,5-Esterase beim Mais nach elektrophoretischer Auftrennung. Das F/S-Enzym besteht aus zwei verschiedenen Monomeren. (Nach Hess)

Die Ausbildung der Isoenzyme kann biologisch aus verschiedenen Gründen vorteilhaft sein. So haben die erwähnten Isoenzyme der Lactat-Dehydrogenase z.T. eine hohe (in glykolytisch arbeitendem Gewebe), z.T. eine geringere (in aerob arbeitenden Geweben) Affinität zum Pyruvat als Elektronenakzeptor und schleusen so das beim Abbau der Kohlenhydrate bis zum Pyruvat gebildete NADH (vgl. S. 290 ff.) entweder in die Lactatbildung ein oder überlassen es der aeroben Oxidation in der Atmungskette (S. 294). Weiterhin ist daran zu denken, daß Isoenzyme wichtig für die Regulation verzweigter Biosyntheseketten sein können. Benötigen verschiedene Biosynthesewege, die zu den Produkten X, Y und Z führen, eine gemeinsame Vorstufe B, die durch ein Enzym E aus dem Substrat A bereitgestellt wird, so kann dieses Enzym bei Vorliegen von reichlich Z durch Rückkoppelung («Endprodukthemmung») abgeschaltet werden (s. S. 313), wodurch dann aber auch X und Y nicht mehr gebildet werden könnten, obwohl sie evtl. noch gebraucht würden. Sind bei der Produktion von X, Y und Z aber verschiedene Isoenzyme (E^x, E^y und E^z) beteiligt, so kann jeder Syntheseweg auf der Stufe von E getrennt reguliert werden (Abb. 2.1.4).

zusammenwirken, die in der gestreckten Polypeptidkette z.T. weit voneinander entfernt sind. Sie werden durch die spezifische Faltung des Proteinmoleküls («Tertiärstruktur») zusammengeführt, die ihrerseits durch die Aminosäurensequenz («Primärstruktur») festgelegt ist (S. 30 ff.), und bei deren Zustandekommen auch diejenigen Aminosäuren beteiligt sind, die nicht unmittelbar dem aktiven Zentrum zugehören.

Bei der Ribonuclease, die 124 Aminosäuren enthält, kann man durch das bakterielle Enzym Subtilisin eine Spaltung zwischen den Aminosäuren 21 und 22 herbeiführen. Die beiden entstehenden, ungleich langen Molekülteile sind getrennt inaktiv, sie erlangen aber ihre enzymatische Aktivität zurück, wenn sie nur zusammengebracht werden, ohne daß sie wieder kovalent miteinander verbunden werden. Offenbar kann sich in diesem Falle die Tertiärstruktur auch durch Nebenvalenzen und Wasserstoffbrückenbindungen wieder einstellen.

Bei manchen Enzymen ist für die Aktivität ein Teil der Aminosäuren entbehrlich; beim Papainmolekül (Protein-spaltendes Enzym aus dem Milchsaft von *Carica papaya*) z.B. können über 100 der insgesamt etwa 185 Aminosäuren ohne Aktivitätsverlust entfernt werden.

Das katalytische (= aktive) Zentrum enthält spezifische Gruppen, die das Substrat zu binden und nach der Bindung die Umformung durchzuführen vermögen. Beim erwähnten Papain ist z.B. eine Thiolgruppe eines bestimmten Cysteinrestes entscheidend an den Umsetzungen beteiligt. Bei Phosphatübertragenden Enzymen wird die Phosphatgruppe häufig zunächst an einen Histidinrest gebunden.

Durch Röntgenstrukturanalyse oder Messungen der optischen Rotation ließ sich bei verschiedenen Enzymen zeigen, daß sich die Tertiärstruktur des Enzymproteins bei der Bindung des Substrates charakteristisch ändert. Man nimmt an, daß dadurch die reagierenden und katalytisch aktiven Gruppen von Enzym und Substrat in die richtige Lage zueinander gebracht werden («induced fit», «induzierte Paßform»), und daß evtl. durch die Konformationsänderung ein «Zug» oder «Druck» auf das gebundene Substrat ausgeübt wird, der die katalysierte Reaktion ermöglichen könnte (Abb. 2.1.5).

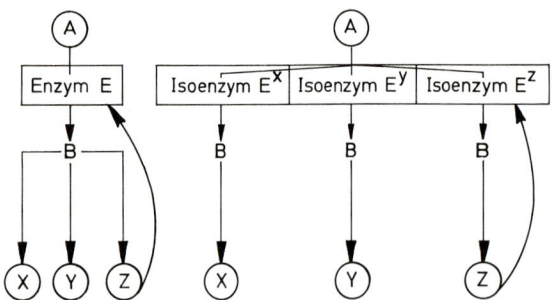

Abb. 2.1.4: Die Möglichkeit der «Feinregulation» von verschiedenen Reaktionsfolgen mit einem gemeinsamen Schlüsselenzym (E) durch die getrennte Rückkoppelungssteuerung von Isoenzymen. (Nach Hess)

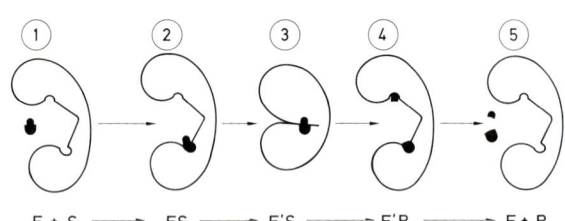

Abb. 2.1.5: Schematische Darstellung der Bindung des Substrates an die aktive Stelle eines Enzyms (2), Induktion der Paßform («induced fit») des Enzyms (3), Spaltung des Substrates (4) und Loslösung der Reaktionsprodukte (5).

4. Mechanismus der Enzymwirkung

Es wurde bereits erwähnt, daß nur eine begrenzte Stelle des Enzymmoleküls mit dem Substrat in engen Kontakt kommt, das aktive Zentrum, und daß Substrat und aktives Zentrum in ihrer Architektur exakt aufeinander passen müssen. Es hat sich gezeigt, daß im aktiven Zentrum Aminosäurereste des Enzymproteins

5. Enzym-Cofaktoren

Während eine Reihe von Enzymen nur aus Protein besteht, brauchen andere noch zusätzliche Substanzen («Cofaktoren»). Es kann sich dabei um Metallionen (z.B. Mg^{2+}, Mn^{2+}, Zn^{2+}, $Fe^{2+,3+}$, Cu^{2+}, K^+) handeln, die entweder für die Anheftung des Substrats am Enzym oder aber bei der Reaktion selbst als katalytische

Gruppe beteiligt sein können. Werden als Cofaktoren organische Verbindungen benötigt, so werden diese auch Coenzyme genannt. Ist ein Coenzym so fest an den Proteinteil des Enzyms gebunden, daß es sich nur schwer (z.B. nicht durch Dialyse) von ihm trennen läßt, so wird es auch als prosthetische Gruppe bezeichnet. So ist z.B. der Hämanteil in den Cytochromen (S. 267) kovalent an das Protein gebunden. Der gesamte Enzym-Cofaktor-Verband wird auch als Holoenzym, der (enzymatisch inaktive) Proteinanteil komplexer Enzyme allein als Apoenzym bezeichnet.

6. Enzymkinetik

Eine enzymatische Reaktion beginnt mit einer bestimmten Geschwindigkeit (Anfangsgeschwindigkeit), die bei Unterschreiten einer bestimmten Substratkonzentration («Sättigungskonzentration») abnimmt.

Trägt man die Anfangsgeschwindigkeit einer enzymatisch katalysierten Reaktion (bei konstanter Enzymkonzentration) gegen die Substratkonzentration auf, so erhält man in der Regel eine Sättigungskurve (Abb. 2.1.6); sie kommt dadurch zustande, daß mit Zunahme der Substratkonzentration zu-

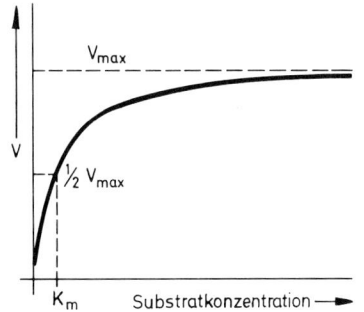

Abb. 2.1.6: Der Einfluß der Substratkonzentration auf die Geschwindigkeit einer durch ein «Normalenzym» katalysierten Reaktion. Die Substratkonzentration, bei der die halbmaximale Geschwindigkeit erreicht wird, wird durch die Michaelis-Konstante (K_m-Wert) wiedergegeben.

nehmend mehr der aktiven Zentren besetzt werden, bis schließlich bei voller Absättigung die maximale Reaktionsgeschwindigkeit (V_{max}) erreicht wird. Die Sättigungskonzentration des Substrats ist von Enzym zu Enzym und für ein Enzym von Substrat zu Substrat verschieden. Sie läßt sich aber – im Gegensatz zur Maximalgeschwindigkeit – aus der Kurve schlecht ablesen. Eindeutig läßt sich aber bestimmen, bei welcher Substratkonzentration die halbmaximale Geschwindigkeit erreicht wird; bei dieser Konzentration sind die aktiven Zentren der Hälfte der vorhandenen Enzyme besetzt. Diese Konzentration ist für ein gegebenes Enzym, eine gegebene Temperatur und ein gegebenes Substrat eine Konstante, die Michaelis-Konstante (K_m; Dimension Mol/l). Je niedriger der K_m-Wert, desto höher ist die Affinität eines Enzyms zu einem Substrat. Der K_m-Wert wird durch die Temperatur beeinflußt. In ähnlicher Weise wie für die Substrataffinität eines Enzyms kann man auch K_m-Werte für evtl. benötigte Cofaktoren angeben. Die Wirkung von Enzyminhibitoren kann ebenfalls derart charakterisiert werden: Die Hemmstoffkonzentration, bei der die Hälfte der maximalen Hemmung erreicht wird, wird als K_i-Wert bezeichnet. Ein Inhibitor ist demnach um so wirksamer, je niedriger sein K_i-Wert ist.

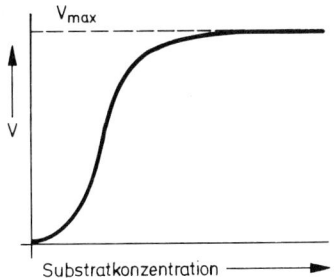

Abb. 2.1.7: Der Einfluß der Substratkonzentration auf die Geschwindigkeit einer durch ein allosterisches Enzym katalysierten Reaktion.

Bei Substratsättigung (wie sie in der Zelle häufig gegeben ist) ist die Anfangsgeschwindigkeit einer Reaktion linear-proportional der Enzymkonzentration.

Abweichende Kurven für die Abhängigkeit der Reaktionsgeschwindigkeit von der Substratkonzentration zeigen in der Regel die allosterischen Enzyme, über deren Eigenschaften und Bedeutung später berichtet wird (S. 316). Geringe Konzentrationen der Substratmoleküle können bei ihnen die Aktivität steigern, wodurch dann sigmoide Kurven zustande kommen (Abb. 2.1.7).

7. Einfluß der Umgebung auf die Enzymaktivität

Die Enzymaktivität wird maßgeblich durch die Temperatur, den pH-Wert, das Redoxpotential und den Ionengehalt des Mediums bestimmt, was bei der Proteinnatur der Enzyme nicht verwundert.

Die Abhängigkeit von der Temperatur folgt einer Optimumkurve (Abb. 2.1.8). Das Optimum liegt bei den einzelnen Enzymen verschieden, häufig etwa zwischen 40° und 60 °C. Bei höheren Temperaturen tritt ein sehr schneller Abfall der Aktivität ein, der auf die Denaturierung der Eiweiße zurückgeht, eine wegen der starken Entropievermehrung sehr stark begünstigte Reaktion. Spezialisten unter den Bakterien können

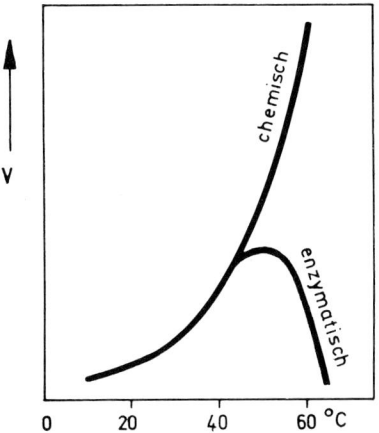

Abb. 2.1.8: Abhängigkeit der Geschwindigkeit (V) von der Temperatur bei einer nichtkatalysierten (oder durch einen Nicht-Protein-Katalysator katalysierten) und bei einer enzymatisch katalysierten chemischen Reaktion. (Aus Libbert)

Tab. 2.1.4: Obere Temperaturgrenze für verschiedene Pflanzen, Pflanzenteile und Prokaryoten

Organismus bzw. Organ	Temperaturgrenze (° C)
Blätter von Cormophyten	38–60[1]
Moose	50
Eukaryotische Mikroorganismen (best. Pilze und die Alge *Cyanidium caldarium*)	56–62[2]
Photosynthetisierende Prokaryoten (Cyanophyceen, z.B. *Synechococcus*, *Mastigocladus*)	73–75[2]
Prokaryoten ohne Photosynthese (einige Archaebakterien)	bis 110[3]

[1]) Grenztemperatur bei 50% Schädigung nach halbstündiger Hitzebehandlung (nach Larcher).
[2]) Obere Temperaturgrenzen für das natürliche Vorkommen (nach Brock).
[3]) Gattungen mit einer optimalen Wachstumstemperatur um 100 °C und mehr werden mit dem Präfix Pyro (griech. pyros, Feuer) bezeichnet (z.B. *Pyrodictium, Pyrococcus, Pyrobaculum*).

auch noch bei Temperaturen über 100 °C (z.B. bei geothermischer Aktivität in der Tiefsee) gedeihen (Tab. 2.1.4). Man vermutet die (zunächst theoretische) obere Grenze bei 110–250 °C, weil bei über 250° u.a. Peptid- und Phosphatester-Gruppen gespalten werden. Die thermophilen Bakterien weisen in ihren Zellmembranen anstelle der leicht hydrolysierbaren Esterfette thermostabile etherartig gebundene Lipide auf, in denen die Fettsäuren langkettige polymere Phytanole mit 40 C-Atomen aufweisen. Auch bei den Eukaryoten sind einzelne Enzyme so resistent gegen hohe Temperaturen, daß sie Kochen vertragen, z.B. die Ribonuclease. Gefrieren überstehen die meisten Enzyme schadlos, weswegen man Enzymlösungen in gefrorenem Zustand aufbewahrt.

Falls, wie sehr häufig, ionisierbare Gruppen des Substrats oder des Enzyms an der Bindung oder an der katalytischen Umsetzung des Substrats oder an der Formbildung (Konformationseinstellung) des Enzymproteins beteiligt sind, hängt die Aktivität des Enzyms vom pH-Wert des Mediums ab. Das Optimum kann dabei ausgeprägt sein und bei den einzelnen Enzymen und bei einem gegebenen Enzym bei verschiedenen Substraten bei sehr verschiedenen pH-Werten liegen. So hat z.B. das Pepsin gegen Eialbumin ein pH-Optimum von 1,5; die Fumarase (S. 293, Abb. 2.1.56) gegen Fumarat 6,5, gegen Malat 8,5; die Arginase gegen Arginin 9,7. Über weite pH-Bereiche in ihrer Aktivität unbeeinflußt sind z.B. Papain (S. 248) und Invertase, wobei letzteres Enzym eine elektroneutrale Substanz (Rohrzucker) spaltet. Da die zahlreichen Enzyme in einer Zelle verschiedene pH-Optima haben, und auch in den einzelnen Kompartimenten verschiedene pH-Werte vorliegen können, haben Änderungen der pH-Werte in der Zelle einen wesentlichen Einfluß auf die Steuerung des Stoffwechsels.

Auch die Ionen- und Redoxpotentialwirkungen können über Effekte auf das Enzymprotein erklärt werden. Das Redoxpotential z.B. beeinflußt die Knüpfung und Lösung von Disulfidbrücken zwischen Cysteinresten und damit u.a. die Tertiärstruktur des Enzyms.

8. Intrazelluläre Verteilung der Enzyme

Die Enzyme einer Zelle können verschiedene Grade einer gegenseitigen Zuordnung aufweisen und dadurch die geordnete Abfolge von Reaktionsketten erleichtern. Einmal können sie einzeln im selben Kompartiment vorliegen (z.B. im Cytoplasma, im Plastiden, im Mitochondrium). Zum anderen können sie in gesetzmäßiger Weise zu einem Komplex («Multienzymkomplex») zusammengefaßt werden. Schließlich können Enzyme besonders komplexer Reaktionsabläufe in supramolekularen Strukturen (z.B. Ribosomen, Membranen) geordnet sein. Dies gilt z.B. für Enzyme des Elektronentransportes bei der Atmung (innere Mitochondrienmembran, S. 295ff., Abb. 2.1.58) und bei der Photosynthese (Thylakoidmembran, Abb. 2.1.26A u. S. 263ff.).

Alle Enzyme, die sich im Zellinnern (innerhalb des Plasmalemmas) befinden, werden als Endoenzyme bezeichnet, solche, die in der Plasmagrenzschicht (Plasmalemma) lokalisiert sind, als Ektoenzyme, und solche, die von der Zelle nach außen abgegeben werden, als Exoenzyme. Letztere sind vor allem bei heterotrophen Mikroorganismen (Bakterien und Pilzen) verbreitet, wo sie maßgeblich am Aufschluß von Nahrungsstoffen im Medium beteiligt sind; Exo-Cutinasen sind z.B. beim Eindringen des Pilzes *Fusarium solani pisi* in Erbsensprosse wirksam. Exoenzyme treten aber auch bei höheren Pflanzen auf (z.B. den Carnivoren, S. 380).

Über die Regulation der Enzymaktivität wird später im Zusammenhang berichtet (S. 315ff.).

B. Energetik offener Systeme

Aus der Thermodynamik der geschlossenen oder Gleichgewichtssysteme lassen sich wichtige Schlüsse auf die Energetik einzelner biochemischer Reaktionen ziehen. Eine lebende Zelle aber ist gerade dadurch charakterisiert, daß in ihr zahlreiche Abläufe ineinander greifen und daß sie Materie und Energie in ihrer Umgebung austauscht: Sie ist ein offenes System, das sich nie in einem stationären Gleichgewicht befindet. Sie befindet sich vielmehr, auch wenn sie nicht wächst, in einem **Fließgleichgewicht**. Die thermodynamische Beschreibung derartiger offener Systeme ist Aufgabe der Ungleichgewichts- oder irreversiblen Thermodynamik, auf die hier nicht eingegangen werden kann. Wesentlich ist, daß ein Fließgleichgewichtssystem gerade deswegen, weil es sich nicht im Gleichgewicht eines geschlossenen Systems befindet, Arbeit zu leisten vermag und der Regulation unterworfen werden kann.

Als Modell eines offenen Systems kann ein Überlaufsystem dienen, in dem der Wasserspiegel durch Änderung des Zu- und Abflusses reguliert (auch auf konstanter Höhe – steady state – gehalten) werden kann, und in dem das fließende Wasser auch noch Arbeit zu leisten, z.B. eine Turbine zu treiben, vermag. In einem abgeschlossenen Gefäß mit konstanter Wassermenge ist dagegen weder eine Regulierung des Wasserstandes noch eine Arbeitsleistung möglich (geschlossenes System).

Im übrigen ist das Fließgleichgewicht der Zustand eines offenen Systems, in dem es minimal Entropie produziert, der Zustand also, in dem es mit geringstem Energieaufwand in größtmöglicher Ordnung gehalten werden kann.

Bedeutsam ist weiter, daß ein Katalysator in einem offenen System (Fließgleichgewicht) nicht nur die Geschwindigkeit der Einstellung des Gleichgewichtes (wie in geschlossenen Systemen), sondern auch die Lage des Gleichgewichtes beeinflußt. In der lebenden Zelle wirkt sich demnach die Aktivitätsänderung eines Enzyms nicht nur auf die von diesem katalysierte Reaktion, sondern in viel weiterem Maße aus (vgl. S. 315 ff.).

II. Bereitstellung der Energie

Wie bereits früher erwähnt (S. 8), ist die autotrophe Pflanze in der Lage, sich alle für ihren Bau und ihren Betrieb notwendigen Verbindungen aus anorganischen, in der unbelebten Natur vorkommenden Substanzen aufzubauen und auch die Energie für chemische, osmotische und mechanische Arbeit aus Quellen ihrer unbelebten Umgebung (Strahlung, chemische Potentialdifferenzen) zu beziehen. Alle heterotrophen Organismen dagegen, die entsprechenden Pflanzen (z.B. chlorophyllfreie Parasiten), alle Pilze und alle Tiere sind auf die von den **Primärproduzenten**, den autotrophen Pflanzen, vorgefertigten organischen Verbindungen angewiesen und können für alle ihre energiebedürftigen Prozesse nur jene Energie verwenden, die aus dem Abbau dieser Substanzen gewonnen wird (Tab. 2.1.5). Bei ihnen handelt es sich um **Destruenten** bzw. **Konsumenten** (vgl. S. 868).

Trotz der wesentlich geringeren Artenzahl (ca. 400 000 Pflanzenarten gegenüber mehr als 2 Millionen Tierarten) ist die gesamte produzierte pflanzliche Biomasse (Phytomasse) fast 1000mal größer als die entsprechende tierische Biomasse (Zoomasse, einschließlich der Menschen; vgl. Tab. 2.1.6).

Es soll im folgenden zunächst auf den Stoff- und Energiewechsel der Autotrophen eingegangen werden, einmal, weil er die Voraussetzung für das Leben der Heterotrophen ist, und zum andern, weil er besonders charakteristisch ist für die typische Pflanze.

A. Autotrophie

Unter den Autotrophen spielen die **Photoautotrophen**, die ihren gesamten Energiebedarf aus der Strahlungsenergie decken, mit Abstand die wichtigste Rolle; die **Chemoautotrophen** (Lithoautotrophen), die ihren Energiebedarf aus der Oxidation anorganischer Ver-

Tab. 2.1.5: Verschiedene Wege der Kohlenstoffassimilation bei den Organismen.

	Autotrophie				Heterotrophie	
Ernährungstyp	Photohydrotrophie	Photolithotrophie	Chemolithotrophie	Photoorganotrophie	Saprophytismus	Parasitismus
Energiequelle	Licht	Licht	Oxidation	Licht	Dissimilation organische Stoffe (von nicht mehr lebenden Quellen)	Dissimilation organische Stoffe (von lebenden Organismen)
Kohlenstoffquelle	CO_2	CO_2	CO_2	CO_2 o. organische Stoffe		
Elektronendonator	H_2O	Anorganische Stoffe (z.B. H_2S)	Anorganische Stoffe (z.B. H_2S, NH_3, Fe^{2+}, H_2)	Organische Stoffe	falls nötig, Dissimilation	falls nötig, Dissimilation
Vorkommen	grüne Pflanzen, Cyanobakterien, Chloroxybakterien	grüne und purpure Schwefelbakterien (*Chromatiaceae, Chlorobiaceae*)	einige farblose Prokaryoten	schwefelfreie grüne Bakterien, Purpurbakterien (*Chloroflexaceae, Rhodospirillaceae*)	Bakterien, Pilze, Tiere	Bakterien, Pilze, einige Angiospermen, Tiere

Tab. 2.1.6: Die Biomasse (Trockengewicht) auf der Erde und ihre Verteilung auf die Kontinente und Meere. (Nach Lieth u. Whittaker)

	Kontinente	Weltmeere
Phytomasse (t)	$1837 \cdot 10^9$	$3{,}9 \cdot 10^9$
Zoomasse (t)	$1{,}005 \cdot 10^9$	$0{,}997 \cdot 10^9$
Menschheit (t)	$0{,}052 \cdot 10^9$	
Gesamte Biomasse (t)	$1838{,}057 \cdot 10^9$	$4{,}897 \cdot 10^9$

1. Photoautotrophie

Die Strahlung

Die photoautotrophen Pflanzen beziehen in der Natur ihre Energie aus der Sonnenstrahlung. Die Sonne strahlt pro Minute etwa $2285 \cdot 10^{25}$ kJ ab, von denen die Erde pro Minute immerhin ca. 10^{19} kJ aufnimmt; dies wurde durch Satelliten präzise gemessen. Wäre diese Energie gleichmäßig über die Oberfläche der Erde verteilt, träfen an der obersten Grenze der Atmosphäre auf einen Quadratzentimeter in der Minute ca. 2 J oder ca. 1070 kJ pro Jahr. Von diesen ca. 1070 kJ werden ca. 270 kJ ungenützt wieder in den Weltraum abgestrahlt («Albedo»), so daß nur ca. 800 kJ · cm^{-2} · a^{-1} absorbiert werden, von denen nur ca. 565 kJ schließlich von der Erdoberfläche aufgenommen werden. Von dieser absorbierten Energie werden rund 42% durch die Wasserverdunstung verbraucht, 9% erwärmen die Atmosphäre, der Rest von etwa 49% geht durch Wärmestrahlung verloren.

Die Photosynthese beansprucht von der auf der Erdoberfläche verfügbaren Energie im Mittel über die Erde nur etwa 0.140 kJ · cm^{-2} · a^{-1}. Trotzdem schätzt man den Betrag des durch die Photosynthese auf der Erde erzielten Energiegewinnes allein bei den Landpflanzen auf etwa $10.5 \cdot 10^{17}$ kJ pro Jahr.

Die Photosynthese ist, wie aus dem Namen hervorgeht, ein lichtabhängiger Vorgang. Als **Licht** bezeichnen wir die Form der Strahlungsenergie, die vom menschlichen Auge wahrgenommen werden kann; es ist dies der Bereich mit Wellenlängen (λ) zwischen etwa 380 und 700 nm. Dieser bildet nur ein schmales Band im Spektrum der elektromagnetischen Strahlung des Universums, das sich insgesamt vom Bereich der Gammastrahlen ($\lambda \sim 0,0001$ nm) bis zu den Radiowellen erstreckt (Abb. 2.1.9). Im Bereich des sichtbaren Lichtes laufen neben der Lichtempfindung der Tiere und der Photosynthese auch die Lichtkrümmungen (Phototropismus, S. 444 ff.), die lichtgesteuerten freien Ortsbewegungen (Phototaxis) der Pflanzen (S. 440 ff.) und Tiere sowie die Photomorphogenese der Pflanzen (S. 403 ff.) ab. Man kann diesen Spektralbereich daher als den Bereich der **Photobiologie** bezeichnen.

Jedes Lichtquant oder Photon hat die Energie $E = h \cdot c/\lambda$, wobei h das Plancksche Wirkungsquantum, c die Lichtgeschwindigkeit und λ die Wellenlänge des Lichtes (in nm) bedeutet. Die Lichtintensität wird durch das Ausmaß der Photonenzufuhr bestimmt, während der Energiegehalt des einzelnen Lichtquants (und damit seine Arbeitsfähigkeit) der Wellenlänge umgekehrt proportional ist.

Da die Chemie nicht mit der Umsetzung von Einzelmolekülen, sondern von Molen rechnet, ist die brauchbarste Einheit zur Bemessung der Arbeitsfähigkeit des Lichtes nicht der Energieinhalt eines Lichtquants (das sich mit einem Molekül Materie auseinandersetzt), sondern der eines Quantenmoles ($6{,}023 \cdot 10^{23}$ Quanten): 1 Einstein, E. Der Energieinhalt eines Einsteins beträgt:

$$\frac{11{,}945 \cdot 10^4}{\lambda} \text{ kJ}.$$

Entsprechend ihrem Energieinhalt haben die Quanten von verschiedenen Bezirken des elektromagnetischen Spektrums ganz unterschiedliche Wirkungen auf die Materie. γ- und Röntgenstrahlen wirken meist ionisierend, während die Strahlung vom ultravioletten Bereich bis etwa 1000 nm über elektronische Anregungen zur Geltung kommt, d.h. sie führt das Molekül durch Verlagerung von Elektronen (ohne Abspaltung aus dem Molekülverband) in einen höheren Energiezustand über: Das Molekül ist «angeregt» und – ähnlich wie die Produkte der Ionisation – besonders reaktionsfähig (s. S. 261 f.). Während die reagierenden Moleküle bei Dunkelprozessen ihre Aktivierungsenergie durch Zusammenstöße mit anderen Molekülen erreichen (die durch Temperaturerhöhung vermehrt und verstärkt werden), erhalten sie sie im Licht durch die Absorption von Quanten.

Der photobiologische Bereich ist etwas enger als der photochemische. Strahlungen mit Wellenlängen unter 300 nm wirken zerstörend auf die Nucleinsäuren und Eiweiße; sie können sogar zum Abtöten von Keimen verwendet werden (Abb. 2.1.10). Es ist deshalb von entscheidender Bedeutung für die Möglichkeit des Lebens auf der Erde, daß das Spektrum der Sonnenstrahlung, das ursprünglich von 225–3200 nm reicht, vor Erreichen der belebten Erdoberfläche stark verengt wird. Durch die Atmosphäre (Streuung und Absorption) wird die Strahlung geschwächt (Abb. 2.1.11), und zwar am wenigsten bei etwa 700 nm, aber exponentiell ansteigend gegen kürzere Wellenlängen, so daß bei 400 nm die Strahlung auf die Hälfte reduziert ist. Die Strahlung mit Wellenlängen $\lambda < 320$ nm wird von einer Ozonschicht in der Atmosphäre (zwischen 22 und 25 km Höhe) stark absorbiert, wobei die biologisch gefährlichen Wellenlängen $\lambda < 290$ nm praktisch vollständig zurückgehalten werden. Es ist für das Leben auf der Erde von ausschlaggebender Bedeutung, daß die Absorptionsspektren von Ozon (der Schirmsub-

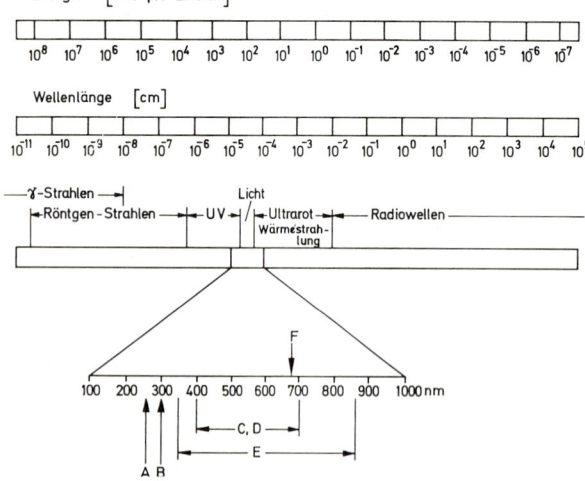

Abb. 2.1.9: Spektrum der elektromagnetischen Strahlung mit den Energiemengen, die den einzelnen Wellenlängen zugeordnet sind. Im Bereich der Wellenlängen zwischen 100 und 1000 nm (Ausschnitt) Bereiche bzw. Maxima biologisch wichtiger Vorgänge. A Abtöten von Bakterien; B Sonnenbrand der menschlichen Haut; C Bereich der photosynthetischen ATP-Bildung bei grünen Pflanzen; D für das menschliche Auge sichtbares Licht; E Bereich der photosynthetischen ATP-Bildung bei Bakterien; F Standard-Energieäquivalent der ATP-Spaltung.

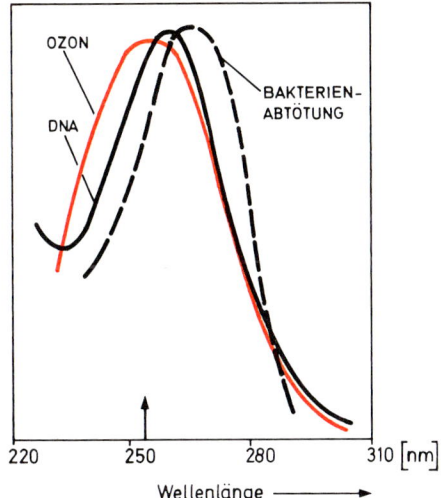

Abb. 2.1.10: Absorptionsspektrum für Ozon (rot) und DNA sowie Wirkungsspektrum für die Abtötung von Bakterien durch UV. Das Wirkungsspektrum ist gegenüber dem DNA-Spektrum etwas zum längerwelligen Bereich hin verschoben, vermutlich, weil auch die Proteine der Bakterien, die um 280 nm stark absorbieren, zerstört werden. Der Pfeil gibt das Strahlungsmaximum von UV-Sterilisierlampen (253,7 nm) an. (Nach Olson)

stanz in der Atmosphäre!) und von DNA sehr ähnlich sind (Abb. 2.1.10). Die als Kältemittel in Kühlaggregaten und als Treibmittel in Sprühdosen verwendeten Fluorchlorkohlenwasserstoffe (FCKW) stehen im Verdacht, das Gleichgewicht der Ozonbildung und -spaltung in dieser Ozonschicht zugunsten des Abbaus zu verschieben.

Bei der langwelligen Strahlung macht sich zwischen 720 und 2300 nm schon die Absorption durch den Wasserdampf stark bemerkbar. Über 2300 nm ist die (infrarote) Strahlung praktisch vollständig absorbiert durch Wasserdampf und CO_2.

Man macht sich die Absorption von Infrarot durch Wasserdampf und CO_2 zunutze für die Messung der Transpiration und des CO_2-Umsatzes im URAS («Ultrarot-Absorptions-Schreiber»).

Beim Durchtritt durch die Atmosphäre wird also das Spektrum der Sonnenstrahlung auf den Bereich zwischen ca. 340 und 2300 nm eingeschränkt.

Die spezifische Absorption des Lichtes durch das Wasser engt den Lichtbereich noch weiter ein (Abb. 2.1.11). Der infrarote Bereich wird meist unmittelbar in den Oberflächenschichten weggefiltert. In tieferen Schichten absorbiert das Wasser aus dem sichtbaren Spektrum dann in der Reihenfolge die Bezirke rot, orange, gelb und grün. Auch die Grenze zum kurzwelligen Bereich wird zu den mittleren Längen hin verschoben, so daß schließlich nur noch ein schmales Band im Blaubereich verbleibt, dessen Mitte etwa durch die Wellenlänge von 475 nm gekennzeichnet ist. Die Wasserpflanzen müssen sich mit diesen veränderten Lichtqualitäten auseinandersetzen (vgl. S. 285).

Die Photosynthesepigmente

Chlorophylle. Nur absorbiertes Licht kann chemisch wirksam werden. In allen photoautrophen Organismen ist Chlorophyll das entscheidende absorbierende Pigment. Unter den verschiedenen Chlorophyllen (vgl. S. 255) spielt bei allen Organismen, die bei der Photosynthese Sauerstoff entwickeln, das Chlorophyll a die Hauptrolle (Abb. 2.1.12). Bei den höheren Pflanzen ist stets noch Chlorophyll b (zu etwa $\frac{1}{3}$ der Konzentration des Chlorophylls a) vorhanden, ebenso bei einigen Algengruppen (S. 600).

Die Chlorophylle enthalten einen Porphyrinring mit Magnesium als Zentralatom; die Propionsäureseitenkette ist bei Chlorophyll a und b mit einem langkettigen, lipophilen Alkohol, dem Phytol, verestert.

Als Chlorophyllid bezeichnet man das Molekül, wenn das Phytol abgespalten ist; es entsteht als Zwischenprodukt einerseits bei der Biosynthese, andererseits beim Abbau des Chlorophylls durch die Wirkung der Chlorophyllase. Absplitterung des Mg-Zentralatoms (z.B. durch Einwirken verdünnter Säuren) führt zu Phaeophytinen, Entfernung von Mg und Phytol (z.B. durch starke Säuren) zu Phaeophorbiden.

Das Absorptionsspektrum des **Chlorophyll a** wie die der anderen Chlorophylle (Abb. 2.1.13) scheint zunächst für ein Photosynthesepigment nicht ideal, weil es gerade beim Intensitätsmaximum des Sonnenlichtes (im Grün und Blaugrün) am schwächsten absorbiert. Daß es sich trotzdem im Laufe der Evolution als das zentrale Photosynthesepigment durchgesetzt hat, beruht auf einigen spezifischen Eigenschaften, die z.T.

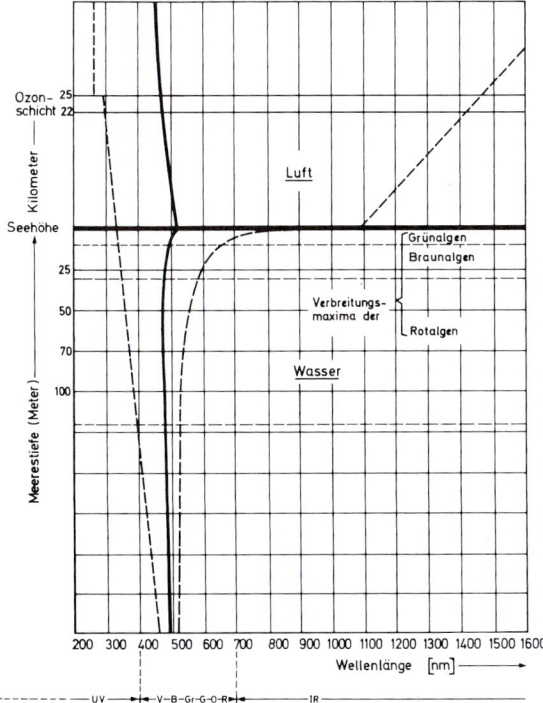

Abb. 2.1.11: Die Änderung des Sonnenstrahlungsspektrums beim Durchgang der Strahlung durch die Atmosphäre und durch das Wasser. Ausgezogene Linie = maximale Intensität der Strahlung; Unterbrochene Linie = kurz- und langwellige Begrenzung des Spektrums (im langwelligen Bereich ist die Strahlung zwischen 720 und 2300 nm stark geschwächt; die angegebene Begrenzung ist als unscharfer mittlerer Wert zu betrachten). Grün-, Braun- und Rotalgen weisen ein Verbreitungsmaximum in verschiedenen Meerestiefen aus (S. 644).

allen Chlorophyllen, z.T. nur dem Chlorophyll a zukommen:

1. Infolge der großen Zahl konjugierter Doppelbindungen sind viele besonders bewegliche Elektronen («π-Elektronen») im Molekül vorhanden, die nicht Einzelatomen oder -bindungen zugeordnet werden können, sondern dem konjugierten System als Ganzem. Es wird relativ wenig Energie benötigt, um ein π-Elektron auf ein höheres Niveau zu heben (S. 261). Diesem geringen Energiebedürfnis für die Anregung entspricht die Absorption von relativ langwelliger Strahlung. Die spezifische Ringanordnung des Chlorophylls (das Porphyrinsystem) ermöglicht zudem verschiedene Resonanzzustände, wobei die π-Elektronen nicht nur oszillieren, sondern auch im Ringsystem circulieren können. Dieses Phänomen ist eine der Ursachen für die Stabilität dieser Verbindungsklasse. Tatsächlich gehören Porphyrine zu den stabilsten chemischen Verbindungen und finden sich in Erdölen und in Kohlen von bis zu 400 Millionen Jahren Alter (was als Hinweis auf deren biogene Entstehung gedeutet wird).

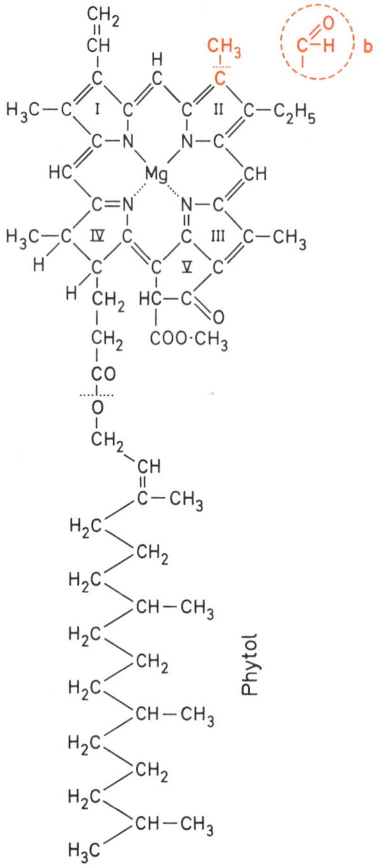

2. Chlorophyllmoleküle haben die Fähigkeit, absorbierte Strahlungsenergie auf andere Moleküle zu übertragen sowie andererseits von anderen Molekülen die durch Strahlung vermittelte Anregungsenergie zu übernehmen. Dieser Energieübergang hat eine Richtung, und zwar erfolgt er immer auf jenes Pigment, das Absorptionsbanden bei längeren Wellenlängen besitzt als das energiespendende Molekül. Im Pigmentkollektiv (s.u.) des mit Chlorophyll a arbeitenden Photosyntheseapparates ist aber die Rotbande des Chlorophylls a der Absorptionsbereich, der dem langwelligen Ende des photosynthetisch wirksamen Lichtes am nächsten liegt.

Die Möglichkeit der Energieübertragung von andern Pigmentmolekülen auf das Chlorophyll (letztlich auf Chlorophyll a) wird von den Pflanzen dazu genutzt, um – je nach der ökologischen Situation mehr oder weniger vollständig – die «Grünlücke» der Chlorophyllabsorption durch entsprechende, in diesem Bereich absorbierende Farbstoffe auszufüllen (s.u.).

3. Das Absorptionsspektrum des Chlorophylls a ist offenbar durch die Umgebung (Nachbarschaft anderer

Abb. 2.1.12: Struktur der Chlorophylle a und b.

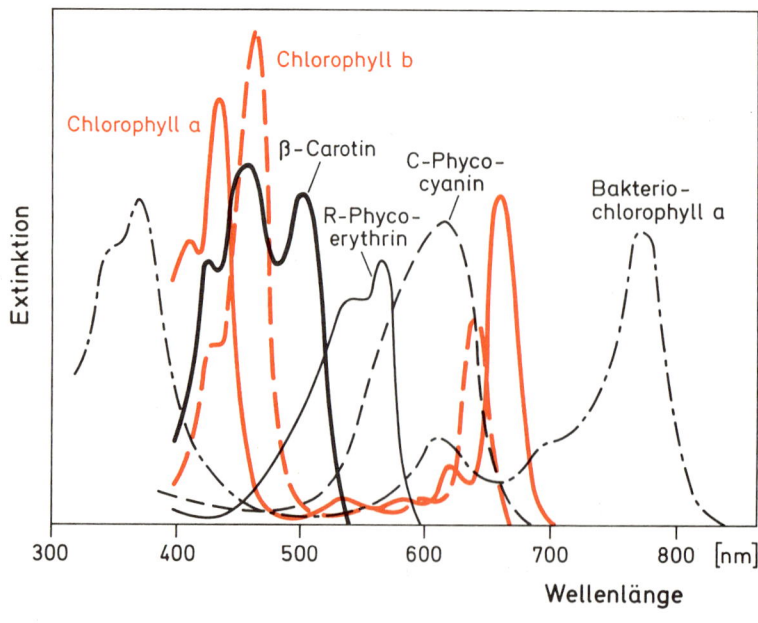

Abb. 2.1.13: Absorptionsspektren einiger biologisch wichtiger Pigmente (Chlorophylle und β-Carotin in organischen Lösungsmitteln, Phycobiliproteide in wäßriger Lösung). (Aus Libbert)

Moleküle, vor allem von Proteinen, in der Thylakoidmembran) beeinflußbar; das Spektrum in vivo unterscheidet sich von dem in vitro und läßt zudem Variationen erkennen. Man hat früher geglaubt, daß diese veränderte Absorption in vivo auf eine kovalente Bindung des Chlorophylls an Protein zurückgehe. Dies ist aber nicht der Fall (im Gegensatz zu den Cytochromen und Phycobilinen, S. 267, 256).

Von besonderem Interesse sind Chlorophyll-a-Moleküle, die bei Belichtung mit bestimmten Wellenlängen eine reversible Absorptionsänderung erfahren. Da diese «Ausbleichung» auch durch Oxidationsmittel erreicht werden kann, nimmt man an, daß das Chlorophyll bei Belichtung vorübergehend ein Elektron verliert. Diesen Chlorophyll-a-Sorten wird eine zentrale Rolle beim photosynthetischen Elektronentransport zugeschrieben. Es handelt sich einmal um ein Chlorophyll a, das ein Absorptionsmaximum bei 700 nm hat («P_{700}») und nur etwa 1/400 des gesamten Chlorophyllbestandes im Chloroplasten ausmacht; zum anderen um ein Chlorophyll a, bei dem eine Wellenlänge von 680 nm die maximale Absorptionsänderung hervorruft («P_{680}»). Auf die Rolle dieser beiden Pigmentsorten bei der Lichtreaktion der Photosynthese werden wir noch zurückkommen.

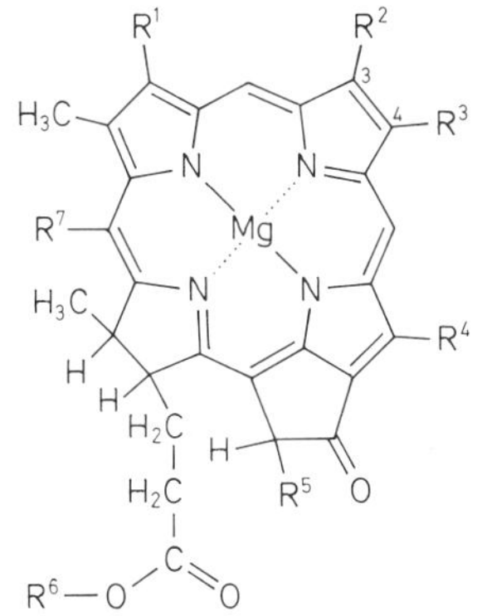

Chlorophyll b spielt gegenüber Chlorophyll a eine Nebenrolle: Es überträgt seine Anregungsenergie auf Chlorophyll a und verengt, entsprechend seinem Absorptionsspektrum (Abb. 2.1.13), die Grünlücke in dessen Absorption. Der Energieübergang von Chlorophyll b auf Chlorophyll a ist sehr effektiv: Chlorophyll b zeigt zwar bei Belichtung in Lösung eine Rot-Fluorescenz (vgl. unten), doch ist bei Belichtung in vivo nur die Fluorescenz des Chlorophylls a feststellbar. Bestrahlt man monomolekulare Schichten aus einer Mischung von Chlorophyll a- und Chlorophyll b-Molekülen mit Wellenlängen, die nur vom Chlorophyll b absorbiert werden, so fluoresciert dennoch nur das Chlorophyll a.

Da das Chlorophyll b einer Reihe von photoautotrophen Algengruppen fehlt (vgl. S. 600), ist es offenbar für die Photosynthese nicht unbedingt erforderlich.
Hilfspigmente sind auch die Chlorophylle c_1 und c_2 (Moleküle mit einigen Abweichungen gegenüber Chlorophyll a, z.B. einer nicht-veresterten Acrylsäure-Seitenkette statt des Phytol-veresterten Propionsäurerestes) und Chlorophyll d (Formylgruppe anstelle der Vinylgruppe im Ring I des Chlorophylls a).

Dagegen treten bei photoautotrophen Bakterien als zentrale Potosynthesepigmente «**Bakteriochlorophylle**» an die Stelle des Chlorophyll a. Sie unterscheiden sich in der Struktur relativ geringfügig (Abb. 2.1.14), in ihren Absorptionsspektren aber wegen der Reduktion eines Pyrrolringes und der dadurch bewirkten Einschränkung des Konjugationssystems grundle-

Pigment	R^1	R^2	R^3	R^4	R^5	R^6	R^7
Chlorophyll a	$-CH=CH_2$	$-CH_3$	$-CH_2-CH_3$	$-CH_3$	$O=C\diagdown^{OCH_3}$	Phytol	$-H$
Bakterio-chlorophyll a	$O=C\diagdown^{CH_3}$	$-CH_3^*$	$-CH_2-CH_3^*$	$-CH_3$	$O=C\diagdown^{OCH_3}$	Phytol oder Geranyl-geraniol	$-H$
Bakterio-chlorophyll b	$O=C\diagdown^{CH_3}$	$-CH_3^*$	$=C\diagdown^{CH_3\;*}_{H}$	$-CH_3$	$O=C\diagdown^{OCH_3}$	Phytol	$-H$
Bakterio-chlorophyll c	$-CH-CH_3$ $\;\;\;\;$ OH	$-CH_3$	$-C_2H_5$ $-C_3H_7$ $-i-C_4H_9$	$-C_2H_5$ $-CH_3$	$-H$	Farnesol	$-CH_3$
Bakterio-chlorophyll d	$-CH-CH_3$ $\;\;\;\;$ OH	$-CH_3$	$-C_2H_5$ $-C_3H_7$ $-i-C_4H_9$	$-C_2H_5$ $-CH_3$	$-H$	Farnesol	$-H$
Bakterio-chlorophyll e	$-CH-CH_3$ $\;\;\;\;$ OH	$-CHO$	$-C_2H_5$ $-C_3H_7$ $-i-C_4H_9$	$-C_2H_5$	$-H$	Farnesol	$-CH_3$

* Bindung zwischen C-3 und C-4 ungesättigt

Abb. 2.1.14: Strukturelle Beziehungen zwischen Chlorophyll a und verschiedenen Bakteriochlorophyllen. (Nach Gloe et al., aus Schlegel)

gend (Abb. 2.1.13) vom Chlorophyll a. Bakteriochlorophyll a (BChl a) findet sich im Pigmentkomplex der Purpurbakterien und zeigt dort Absorptionsmaxima im Bereich zwischen 800 und 900 nm. Bei den grünen Schwefelbakterien kommt neben dem Bakteriochlorophyll a noch je eines der drei «Chlorobium-Chlorophylle» (Bakteriochlorophyll c, d und e) vor, die Absorptionsmaxima zwischen 700 und 760 nm haben und in eiförmigen «Chlorosomen» lokalisiert sind (etwa 10000 BChl-Moleküle pro Chlorosom), die der Cytoplasmamembran ansitzen. Diese Chlorosomen enthalten auch den Großteil der Carotinoide und sind die Haupt-BChl-Antennen bei den grünen Schwefelbakterien. Bakteriochlorophyll b schließlich, das bei *Rhodopseudomonas viridis* und *Thiocapsa* gefunden wurde, hat ein Absorptionsmaximum noch jenseits von 1000 nm. Weshalb die photoautotrophen Bakterien noch mit derart energiearmer Strahlung ihre Photosynthese betreiben können, werden wir später erläutern. Im übrigen treten in den Bakterienchlorophyllen neben Phytol auch andere, verwandte Isoprenalkohole auf, z. B. Farnesol bei den *Chlorobiaceae* und Geranylgeraniol bei *Rhodospirillum rubrum*. Diese abweichend gebauten Bakterienchlorophylle dienen vermutlich als Hilfspigmente.

Carotinoide sind infolge zahlreicher konjugierter Doppelbindungen (Abb. 2.1.15) gelb, orange oder rot gefärbte, lipophile Farbstoffe («Lipochrome»). Jährlich werden durch die Pflanzen ca. 100 Millionen Tonnen Carotinoide produziert. Sie lassen sich formal vom Isopren ableiten (S. 363 ff.). Carotine sind reine Kohlenwasserstoffe, β-Carotin ist das Hauptcarotin bei Pflanzen und Cyanobakterien, γ-Carotin bei den grünen Bakterien, Lycopin bei den Purpurbakterien. Beim β-Carotin, wie bei vielen anderen Carotinoiden (z. B. α-Carotin, γ-Carotin) bilden die Kettenenden sog. Iononringe. Xanthophylle sind sauerstoffhaltige Derivate der Carotine, z. B. das bei höheren Pflanzen und Grünalgen dominierende Lutein und das Fucoxanthin, das den Braunalgen und Diatomeen die charakteristische Färbung verleiht. Die Xanthophylle enthalten zwar meist, aber nicht immer, 40 C-Atome (Carotine immer). Alle Carotinoide, auch die im tierischen und menschlichen Körper (Gefieder der Vögel, Milch, Butter, Eidotter) vorkommenden, werden nur in Pflanzen gebildet und stammen daher ausschließlich aus pflanzlicher Nahrung. β-Carotin, das u. a. auch reichlich in der Karottenwurzel vorkommt, liefert nach Halbierung des Moleküls und Anfügen einer OH-Gruppe an das Ende jeder Hälfte zwei Moleküle Vitamin A, α-Carotin bildet auf die gleiche Weise nur ein Molekül des Vitamins A (nur ein β-Iononring!), während offenkettige Carotine, etwa das Lycopin der Tomatenfrüchte und Hagebutten, gar kein Vitamin A liefern können. Die Carotinoide absorbieren, wie ihre Farbe erkennen läßt, im Blaubereich des Spektrums (Abb. 2.1.13), also in einem Bezirk relativ geringer Chlorophyllabsorption; allerdings sind sie bei den meisten Arten wenig effektive Energieüberträger. Setzt man die maximale Effektivität von Chlorophyll gleich 100%, so variiert die von Carotinoiden bei verschiedenen Pflanzen zwischen 20% und 50%; das Xanthophyll Fucoxanthin der Braunalgen und Diatomeen soll aber etwa 80% erreichen, während die Xanthophylle der Grünalgen und höheren Pflanzen offenbar gar keine Anregungsenergie an das Chlorophyll a weiterleiten können.

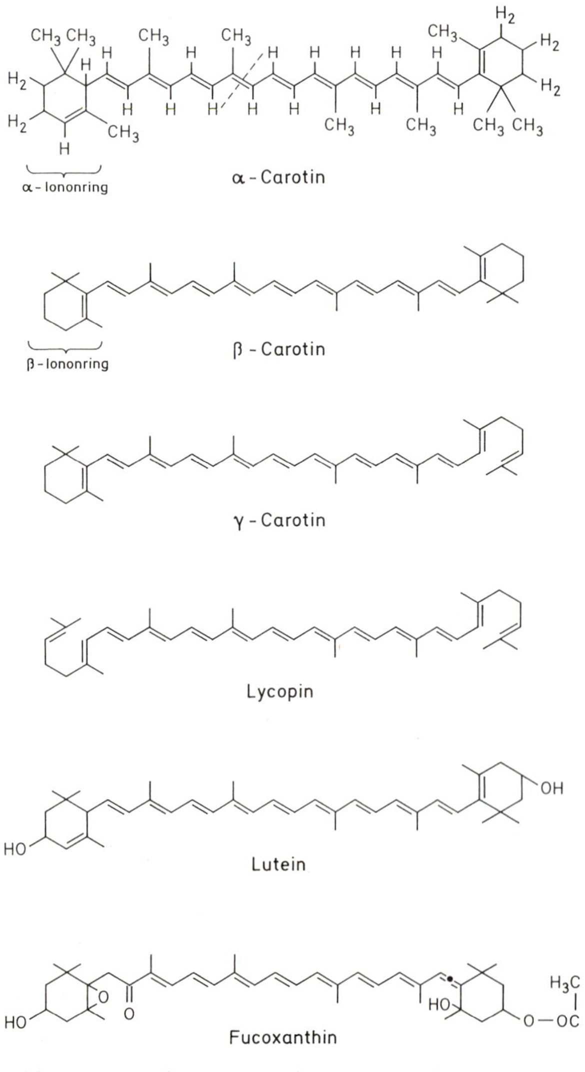

Den Carotinoiden im Photosyntheseapparat wird außerdem eine Schutzfunktion gegenüber dem Chlorophyll zugeschrieben (z. B. gegen den Angriff molekularen Sauerstoffs; vgl. S. 268 f.).

Phycobiliproteide. Die Phycocyane (blau) und die Phycoerythrine (rot) kommen in wechselnden Mischungsverhältnissen bei Cyanobakterien, Rotalgen und Cryptophyta vor (S. 600) und überdecken dort das Chlorophyll. Sie bestehen aus einem Proteinanteil mit einem Monomer von 30–40000 Dalton (D) als Grundeinheit, an den der Farbstoff (Phycocyanobilin bzw. Phycoerythrobilin) kovalent gebunden ist. Die Phycobiliproteide sind daher wasserlöslich. Sie können bis zu 40% der wasserlöslichen Proteine einer Blaualgenzelle ausmachen. Die Farbstoffkomponenten («Phycobiline») stellen offenkettige Tetrapyrrole dar (Abb. 2.1.16), ähnlich den Gallenfarbstoffen, die beim Abbau des Blutfarbstoffes entstehen; von dieser Verwandtschaft leitet sich auch der Name ab (bilis = Galle). Allophycocyanin, A-, B-, C- oder R-Phycocyanin kommen in allen Cyanobakterien und Rotalgen vor, R- oder B-Phycoerythrin ist das Hauptpigment bei den Rotalgen, C-Phycoerythrin ist bei vielen Cyanobakterien vorhanden. Bei Cyanobakterien und Rotalgen sind die Biliproteide als Granula mit einem Durch-

Abb. 2.1.15: Struktur einiger wichtiger Carotinoide.

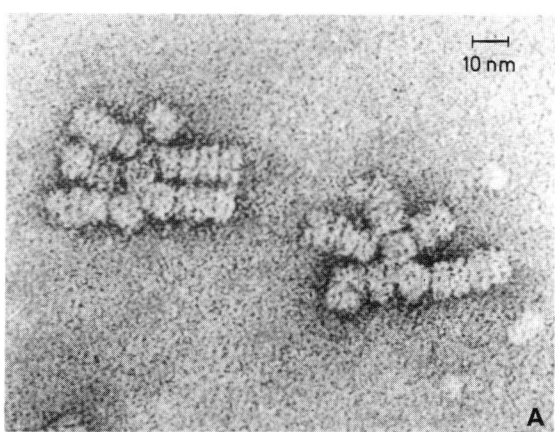

Abb. 2.1.16: Struktur der Phycobiline.

messer von ca. 40 nm (**Phycobilisomen**) der Thylakoidoberfläche auf der Cytoplasma- bzw. Stromaseite aufgelagert (Abb. 2.1.17; vgl. S. 116 und Abb. 1.1.127). Bei der Rotalge *Porphyridium cruentum* liegt im Zentrum jedes Phycobilisoms ein Allophycocyan-Kern, der direkten Kontakt mit dem Chlorophyll a der Thylakoidmembran hat. Diesen Kern umgibt je eine Kalotte aus Phycocyan und Phycoerythrin. Eine Zelle enthält $5-7 \cdot 10^5$ Phycobilisomen (ca. 400 pro μm^2 Thylakoidoberfläche). Einen ähnlichen Bau haben die Phycobilisomen bei den Cyanobakterien (Abb. 2.1.17).

Die Absorption der Phycobiliproteide hängt ab von der Natur des Tetrapyrrolanteils, dem Einfluß der Bindung an das Protein, der Proteinbeschaffenheit und den Zwischenwirkungen zwischen den Chromophoren. Auch die Phycobiliproteide decken mit ihrer Absorption einen Teil des Spektrums ab, der vom Chlorophyll nur schwach absorbiert wird (Abb. 2.1.13). Vor allem die Rotalgen mit ihrem hohen Gehalt an Phycoerythrin sind in der Lage, das spektral stark eingeengte Licht in größeren Wassertiefen (Abb. 2.1.11) oder im Schatten anderer Algen noch auszunützen, zumal die Energieübertragung von den Phycobiliproteiden auf das Chlorophyll a sehr effektiv ist (> 95%). Dabei wird folgender Weg angenommen: Phycoerythrin (λ_{max} ca. 560 nm) → Phycocyanin (λ_{max} ca. 620 nm) → Allophycocyanin A (λ_{max} ca. 650 nm) → Allophycocyanin B (λ_{max} ca. 671 nm) → Chlorophyll a (λ_{max} 680 nm).

Chromatische Adaption. Bei einigen Cyanobakterien und Rotalgen wurde innerhalb ein- und desselben Klons eine modifikative Veränderung der Phycobilinausstattung (nicht des Chlorophylls a oder der Carotinoide) festgestellt, wenn die Pflanzen in verschiedenfarbigem Licht angezogen wurden. Dabei wurden die Farbstoffe bevorzugt, die das Anzuchtlicht maximal absorbieren. Es scheint sich dabei um eine Regulation der Transkription für die Enzyme der Biliproteinsynthese zu handeln (vgl. S. 313); m-RNAs von zwei kombinierten Genen für Polypeptid-Komponenten von Phycocyanin waren bei solchen Cyanobakterien nachweisbar, die im Rotlicht aufgewachsen waren, nicht bei solchen im Blaulicht. Wie weit diese «chromatische Adaption», die ökologisch sehr sinnvoll erscheint, verbreitet ist und ob sie unter natürlichen Verhältnissen eine Rolle spielt, ist ungeklärt.

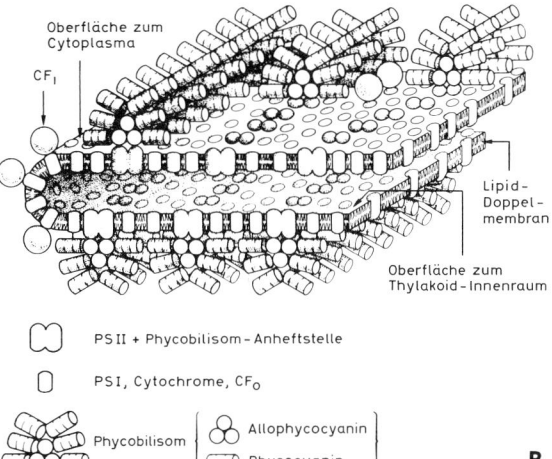

Abb. 2.1.17: A Elektronenmikroskopische Aufnahme zweier Phycobilisomen aus dem Cyanobakterium *Synechocystis*. Marke 10 nm. (Aufnahme R. William u. A. Glazer; aus Stryer)
B Schematische Darstellung eines Thylakoidausschnittes der Cyanellen von *Cyanophora paradoxa*. Die fächerförmigen Phycobilisomen – mit Allophycocyanin an der Basis (Modell von Morschel, Koller, Wehrmeyer u. Schneider) – sind in Reihen angeordnet und haben Kontakt zu den Photosystem II-Zentren, die aus zwei Untereinheiten bestehen. Die CF_1-Untereinheit der membrangebundenen ATPase findet sich an Stellen der Thylakoidoberfläche, die nicht von Phycobilisomen besetzt sind. (Giddings, Wasmann u. Staehelin)

Die Lichtabsorption intakter Zellen oder Organe

Die Effektivität der Lichtnutzung in den verschiedenen Spektralbereichen und damit den Beitrag der verschiedenen Pigmente zur Photosynthese kann man durch einen Vergleich des Absorptionsspektrums des photosynthetisch aktiven Organismus oder Organs mit dem Wirkungsspektrum bei der Photosynthese ermitteln. Bei Grünalgen (Abb. 2.1.18a) wie bei Angiospermenblättern ist die Abweichung zwischen Absorptions- und Wirkungsspektrum im Bereich der Carotinoidabsorption erheblich: Dies deutet darauf hin, daß die Carotinoide in diesen Fällen nur begrenzt als energieübertragende «Antennenpigmente» dienen können (s. o.).

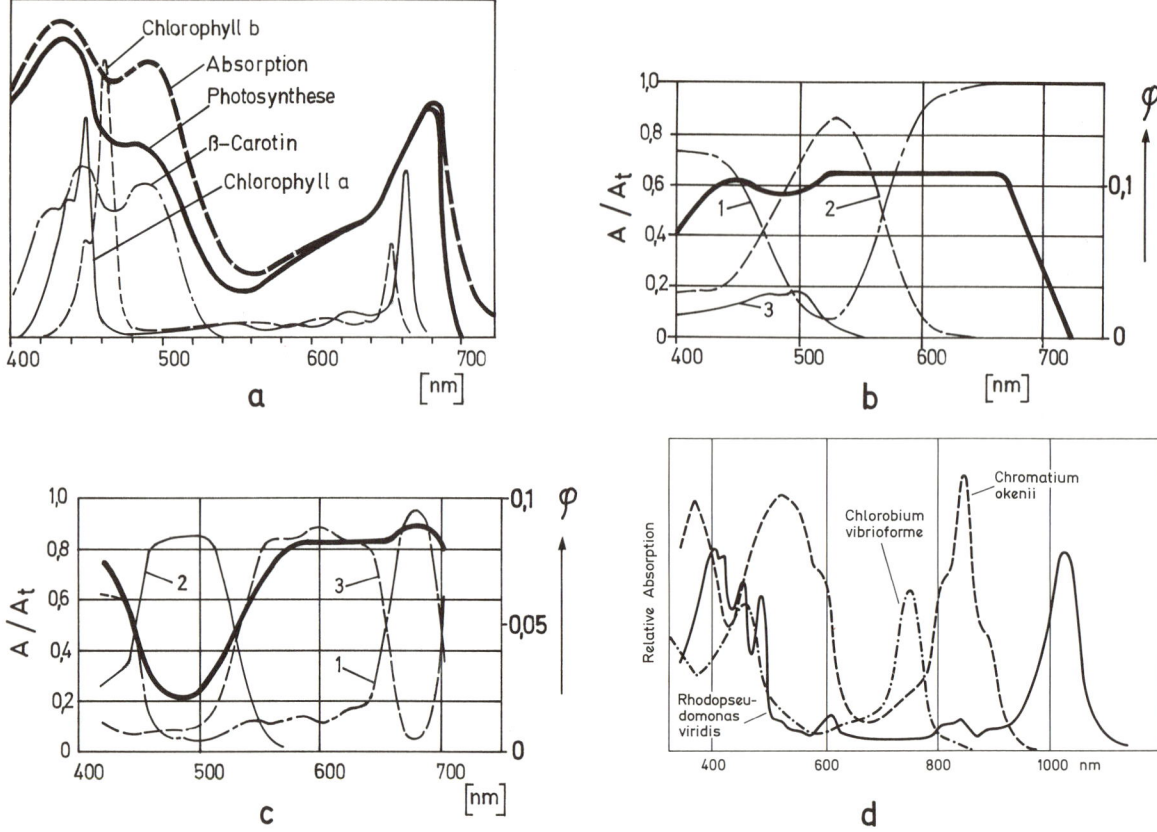

Abb. 2.1.18: Absorptionsspektrum von Organismen bzw. deren wichtigster Pigmente und Wirkungsspektren der Photosynthese (rote Linie).
a. *Chlorella* (Grünalge). Differenz zwischen Absorptions- und Wirkungsspektrum besonders groß im Bereich der Carotinoid-Absorption. Die Differenz im Bereich von 700 nm wird durch den Emerson-Effekt erklärt (S. 260). (Nach Libbert)
b. *Navicula minima* (Diatomee). Kurve 1: Chlorophyll a und c; 2: Fucoxanthin; 3: andere Carotinoide. Rote Kurve: Quantenausbeute ϕ der Photosynthese. A Absorption des Farbstoffes; A_t Totalabsorption der Zellen. (Nach Tanada)
c. *Chroococcus spec.* (Cyanobakterium). Kurve 1: Chlorophyll a; 2: Carotinoide; 3: Phycocyanin. Rote Kurve: Quantenausbeute ϕ der Photosynthese. A Absorption des Farbstoffes; A_t Totalabsorption im gesamten Farbstoffauszug. (Nach Emerson u. Lewis)
d. Absorptionsspektren für intakte Zellen photoautotropher Bakterien: Das grüne Schwefelbakterium *Chlorobium vibrioforme* und die Purpurbakterien *Rhodopseudomonas viridis* und *Chromatium okenii*. (Nach Pfennig)

Beim Vergleich des Absorptions- und Reflexionsspektrums von (unbehaarten) Laubblättern (Abb. 2.1.19) ergibt sich, daß die Absorption neben der relativ schwachen Depression im Grünbereich eine starke Verminderung im Infrarot zwischen etwa 700 und 2000 nm aufweist, während hier die Reflexion maximal ist. Da Laubblätter im Infrarotbereich stärker reflektieren als Coniferennadeln, läßt sich Laubwald auf Infrarot-Luftaufnahmen von Nadelwald leicht unterscheiden. Da die Strahlung im Infrarotbereich zu energiearm ist, um photochemisch verwertet zu werden, andererseits aber doch noch fast die Hälfte der auf den Erdboden auftretenden Sonnenenergie ausmacht, ist es biologisch sinnvoll, diese Wellenlängen nicht zu absorbieren: sie würden das Blatt nur unnötig aufheizen. Auch die starke Absorption bei sehr großen Wellenlängen (>3000 nm) ist vorteilhaft. In diesem Spektralbereich gelangt nur sehr wenig Sonnenstrahlung auf die Erdoberfläche. Da aber Bereiche bevorzugter Absorption einer Substanz zugleich auch solche bevorzugter Abstrahlung sind, kann das Blatt in diesem Spektralbereich die mit dem Sonnenlicht absorbierte Wärme schnell wieder abstrahlen.

Behaarung der Blätter kann die Reflexion auch im sichtbaren Bereich erheblich steigern und dadurch die Absorption reduzieren. Die stark behaarten Blätter der Wüstenpflanze *Encelia farinosa* absorbieren z.B. nur 30% der Strahlung zwischen 400 und 700 nm, unbehaarte Blätter anderer *Encelia*-Arten mit gleichem Chlorophyllgehalt dagegen 84%.

Bei Diatomeen ist das Fucoxanthin ein sehr wirksamer Energieüberträger für die Photosynthese (>80%), während die übrigen Carotinoide nur wenig effektiv sind (Abb. 2.1.18b). Ähnliche Verhältnisse liegen bei den Braunalgen vor.

Bei den Rot- und Blaualgen (Abb. 2.1.18c) scheinen die Phycobiliproteide die Strahlungsenergie fast wirksamer in die Photosynthese einzubringen als das Chlorophyll selbst; dies spricht erneut dafür, daß nicht das gesamte Chlorophyll a die Rolle des zentralen Akzeptors der Lichtenergie bei der Photosynthese spielt (s. S. 263).

Bei den photosynthetisch aktiven Bakterien liegen wegen methodischer Schwierigkeiten erst wenige Untersuchungen über

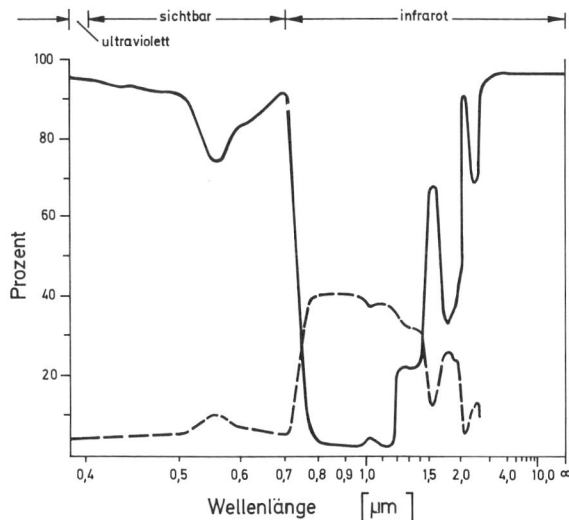

Abb. 2.1.19: Spektrum der Absorption (ausgezogen) und der Reflexion (gestrichelt) von Pappelblättern (*Populus deltoides*). Die Absorption ist auch im grünen Bereich immer noch beachtlich. Beachte die starke Reflexion im infraroten Bereich («Kühler» Waldschatten). (Nach Gates)

die Beteiligung der einzelnen Pigmente an der Photosynthese vor; danach können die Carotinoide bei verschiedenen Arten in unterschiedlichem Ausmaß die Anregungsenergie auf das Bakteriochlorophyll übertragen.

Photosynthese

Man kann den Photosyntheseprozeß der Pflanzen (mit Ausnahme der photoautotrophen Bakterien) in sehr allgemeiner Form so formulieren:

$$n\,H_2O + n\,CO_2 \xrightarrow{h \cdot \nu} (CH_2O)\,n + nO_2,$$
$$\Delta G^{0\prime} = + n \cdot 477 \text{ kJ/mol}.$$

Dabei wird n in der Regel gleich 6 gesetzt, wodurch man Glucose als geläufiges Endprodukt der Photosynthese erhält. (Im Chloroplasten ist das «normale» Endprodukt nicht Glucose, sondern das Polyglucan Stärke.) Es handelt sich also bei diesem Prozeß um eine Reduktion des CO_2 mit Wasser als Reduktionsmittel.

Photoautotrophe Bakterien (außer den Cyanobakterien) können als Elektronendonator für die CO_2-Reduktion kein Wasser benutzen. Die Schwefelpurpurbakterien *(Chromatiaceae)* verwenden reduzierte Schwefelverbindungen, vor allem Schwefelwasserstoff, als Reduktionsmittel und lagern den entstehenden Schwefel vorübergehend intrazellulär ab (z.B. *Chromatium, Thiospirillum*). Die grünen Schwefelbakterien *(Chlorobiaceae)* verwerten ebenfalls H_2S als Elektronendonator, können aber den Schwefel nicht intrazellulär speichern (z.B. *Chlorobium, Chlorochromatium*). Die schwefelfreien Purpurbakterien *(Rhodospirillaceae)* schließlich sind auf organische Wasserstoffdonatoren angewiesen und werden durch H_2S sogar im Wachstum mehr oder weniger gehemmt *(Rhodopseudomonas, Rhodospirillum, Rhodomicrobium)*; sie sind demnach keine eigentlich autotrophen Organismen mehr («photoorganotroph», nicht «photolithotroph», vgl. Tab. 2.1.5, S. 251).

Die H_2S-verarbeitenden Bakterien arbeiten nach folgender Photosynthesegleichung:

$$2\,H_2S + CO_2 \xrightarrow{h \cdot \nu} (CH_2O) + H_2O + 2\,S.$$

Man kann also den Vorgang der photosynthetischen CO_2-Reduktion allgemeiner fassen:

$$2\,H_2D + CO_2 \xrightarrow{h \cdot \nu} (CH_2O) + H_2O + 2\,D.$$

Dabei ist H_2D der Elektronenspender (Elektronendonator) und D dessen oxidierte Form. Aus diesen vergleichenden Untersuchungen konnte geschlossen werden, daß der Sauerstoff der Photosynthese der Cyanobakterien und Eukaryoten nicht, wie ursprünglich angenommen, aus dem CO_2, sondern vielmehr aus dem Wasser stammt. Die photoautotrophen Bakterien, die kein Wasser als Reduktionsmittel verwenden, erzeugen deshalb auch keinen Sauerstoff bei der Photosynthese; die meisten von ihnen sind sogar strikte Anaerobier, d.h. der Sauerstoff wirkt auf sie als Gift. (Nur einige *Rhodospirillaceae* können im Dunkeln auch aerob wachsen.)

Die Annahme, daß der Photosynthese-Sauerstoff aus dem Wasser stamme, wurde auch durch Versuche erhärtet, in denen einmal $H_2^{18}O$, zum andern $C^{18}O_2$ verwendet wurde; nur im ersten Falle tritt das Sauerstoffisotop im gebildeten O_2 auf.

Die übliche Photosynthesegleichung ist unter Berücksichtigung dieser Fakten für die sauerstoffproduzierenden Organismen also folgendermaßen zu schreiben:

$$6\,CO_2 + 12\,H_2O \xrightarrow{h \cdot \nu} C_6H_{12}O_6 + 6\,H_2O + 6\,O_2,$$
$$\Delta G^{0\prime} = + 2863 \text{ kJ/mol}.$$

Der photosynthetische Quotient

$$PQ = \frac{O_2}{CO_2}$$

ist entsprechend bei Bildung von Kohlenhydrat gleich 1.

Sowenig wie Wasser der einzige Elektronendonator bei den verschiedenen Typen der Photosynthese ist, sowenig ist CO_2 der einzige mögliche terminale Elektronenakzeptor. So können die meisten Pflanzen photosynthetisch Nitrat (bzw. Nitrit) reduzieren:

$$8\,H_2D + 2\,NO_3^- + 2\,H^+ \xrightarrow{h \cdot \nu} 2\,NH_3 + 6\,H_2O + 8\,D.$$

Organismen, die zur Photosynthese wie zur N_2-Fixierung fähig sind (z.B. viele Cyanobakterien, vgl. S. 351f.), reduzieren N_2 zu Ammoniak:

$$3\,H_2D + N_2 \xrightarrow{h \cdot \nu} 2\,NH_3 + 3\,D.$$

Viele Photosynthese betreibende Organismen, vor allem Algen, können auch Protonen als Elektronenacceptoren benutzen, wobei molekularer Wasserstoff freigesetzt wird:

$$H_2D + 2\,H^+ \xrightarrow{h \cdot \nu} 2\,H_2 + D.$$

Unabhängig von der Art des Elektronendonators und -akzeptors ist aber der Photosyntheseprozeß in der Bilanz stets ein endergonischer Prozeß, bei dem der Elektronenfluß gegen das normale Gefälle, «bergauf», verläuft. Normalerweise wandern die Elektronen von Substanzen oder Systemen hohen «Elektronendrucks» (geringer Elektronenaffinität) zu solchen geringen Elektronendruckes (hoher Elektronenaffinität). Substanzen oder Systeme hohen Elektronendruckes sind gute Reduktionsmittel, solche mit hoher Elektronenaffinität gute Oxidationsmittel. Das quantitative Maß für die Elektronenaffinität und damit für die Oxidations- und Reduktionsfähigkeit eines Stoffes oder Systems ist das **Redoxpotential** (E). Unter Standardbedingungen (25 °C; 1 bar; Konzentration der Partner 1 M, bei Beteiligung von H^+ pH = 0) ist ein Redoxsystem durch sein Normal-Redoxpotential (E_0) gekennzeichnet. Das auf pH 7,0 bezogene Normalpotential wird als E_0' bezeichnet.

Das Normalpotential kann in einer galvanischen Kette gemessen werden. Bezugssystem ist die Wasserstoff-Normalelektrode (Redoxsystem $\frac{1}{2} H_2 = H^+ + e^-$; pH 0; H_2-Partialdruck 1 bar; 25 °C), deren Redoxpotential willkürlich als E_0 = 0,0 Volt festgelegt wurde. Je negativer das Redoxpotential eines Redoxsystems ist, desto größer ist sein Elektronendruck (desto geringer seine Elektronenaffinität), je positiver das Redoxpotential, desto größer die Elektronenaffinität. Elektronenwanderung erfolgt «freiwillig» nur von Redoxsystemen negativeren Potentials auf solche positiveren Potentials. Je negativer das Redoxpotential, desto größer ist das Reduktionsvermögen, je positiver, desto ausgeprägter das Oxidationsvermögen. Das «Bergablaufen» der Elektronen vom negativeren zum positiveren Ende einer Redoxkette ist ein exergonischer Prozeß, der Energie in arbeitsfähiger Form freisetzt; umgekehrt erfordert das «Bergaufwandern» der Elektronen Energie.

Die Änderung der freien Enthalpie bei einem Elektronenübergang ist gegeben durch:

$\Delta G^{0\prime} = \Delta E_0' \cdot n \cdot F$,

wobei $\Delta G^{0\prime}$ = Änderung der freien Enthalpie bei pH 7,0; $\Delta E_0'$ = Redoxpotentialdifferenz bei pH 7,0; n = Zahl der wandernden Elektronen; F = Faraday-Konstante (96 500 Coulomb; Ladungsmenge eines Grammäquivalents Elektronen). Eine Potentialdifferenz von 1 Volt entspricht einer Differenz in der freien Enthalpie von etwa 96 kJ.

Sowenig wie über die Richtung chemischer Reaktionen ΔG^0 oder $\Delta G^{0\prime}$ entscheidet, sondern ΔG, sowenig läßt sich aus Differenzen der Standard-Redoxpotentiale streng auf die Richtung und vor allem das Gefälle des Elektronentransportes in der Zelle schließen, in der kaum jemals Standardbedingungen herrschen; dies gilt hinsichtlich der Richtung vor allem bei kleinen $\Delta E_0'$ für zwei Redoxsysteme.

Der Elektronenfluß in der Photosynthese verläuft – wie erwähnt – entgegen dem Gefälle des Redoxpotentials und erfordert deshalb Energie; diese wird vom Licht geliefert.

Lichtreaktionen der Photosynthese

Der Gesamtprozeß der Photosynthese umfaßt Reaktionen, die Lichtenergie benötigen, und solche, die auch im Dunkeln ablaufen. So ist die Photosyntheserate nur bei niedrigen Lichtintensitäten der Lichtintensität proportional, während bei hohen Intensitäten ein lichtunabhängiger Prozeß geschwindigkeitsbestimmend wird. Bei intermittierender Belichtung ist die Photosyntheserate in den Lichtperioden abhängig von der Länge der Dunkelperioden und von der in ihnen herrschenden Temperatur.

Hill beobachtete, daß belichtete Blattextrakte bei Gegenwart von künstlichen Elektronenakzeptoren, z.B. von Fe^{3+} oder reduzierbaren Farbstoffen, O_2 entwickelten:

$2 H_2O + 4 A \xrightarrow{h \cdot \nu} 4 A^- + 4 H^+ + O_2$.

Bei dieser «**Hill-Reaktion**» wird außer H_2O kein Elektronendonator benötigt; CO_2 ist überhaupt nicht beteiligt. Das bedeutet, daß bei der Photosynthese die Wasserspaltung und die CO_2-Reduktion experimentell voneinander getrennt werden können. Außerdem ist die Hill-Reaktion ein weiterer Hinweis auf die Herkunft des Photosynthesesauerstoffs aus dem Wasser.

Als Elektronenakzeptor in der Hill-Reaktion kann auch das in den Chloroplasten vorkommende $NADP^+$ (S. 265) fungieren:

$H_2O + NADP^+ \xrightarrow{h \cdot \nu} NADPH + H^+ + \frac{1}{2} O_2$;

$\Delta G^{0\prime} = + 218$ kJ/mol $NADPH_2$.

$NADP^+$ ist der natürliche (End-)Akzeptor der durch das Licht aus Wasser freigesetzten Elektronen bei Algen und höheren Pflanzen.

Bei dieser Lichtreaktion wird ein Redoxsystem mit stark negativem Potential ($NADPH_2/NADP^+$: E_0' = −0,32 V) von einem Redoxsystem mit extrem positivem Potential ($H_2O/\frac{1}{2} O_2$: E_0' = + 0,82 V) reduziert, d.h. der Prozeß ist stark endergonisch.

Sind die Lichtquanten, die die Photosynthese in Gang halten, energiereich genug, um einzeln diesen endergonischen Vorgang zu ermöglichen? Wir haben gehört, daß auch Rotlicht (bis etwa λ = 700 nm) die Photosynthese der Cyanobakterien und Eukaryoten unterhält (Abb. 2.1.18); seine Energie liegt aber beträchtlich unter dem Bedarf der $NADP^+$-Reduktion mit Hilfe von Wasser (Tab. 2.1.7). Für diesen Prozeß sind daher mindestens zwei Quanten Rotlicht erforderlich. Diese zwei Lichtquanten regen zwei Lichtreaktionen an, die hintereinander («in Serie») geschaltet sind. So zeigte sich beim Studium der Quantenausbeute

$$\frac{\text{Mole } O_2 \text{ produziert}}{\text{Zahl der Einstein absorbiert}}$$

in Abhängigkeit von der Wellenlänge (vgl. Abb. 2.1.18 a) ein starker Abfall im längerwelligen Rotbereich (> 680 nm; «red drop»).

Tab. 2.1.7: Energieinhalt eines Einstein bei verschiedenen Wellenlängen

Wellenlänge [nm]	Farbe	kJ pro Einstein
400	Violett	298,63
500	Blau	238,90
600	Gelb	199,10
700	Tiefrot	170,64
800	Infrarot	149,34
900	Infrarot	132,72

Langwelliges Licht (z.B. 700 nm) führt aber dann zu höheren Quantenausbeuten, wenn gleichzeitig kürzerwelliges Licht (z.B. 650 nm) geboten wird. Die Photosyntheseintensität bei gleichzeitiger Einstrahlung beider Wellenlängen ist also größer als die Summe der von beiden Wellenlängen einzeln erzielten Leistung.

Dieser Steigerungseffekt, nach dem Entdecker **Emerson-Effekt** genannt, läßt sich zwanglos durch das Zusammenwirken zweier Lichtreaktionen erklären, einer Lichtreaktion I, die noch mit λ = 700 nm arbeitet, und einer Lichtreaktion II, die kürzere Wellenlängen benötigt.

Man kann experimentell prüfen, welche Wellenlängen die Effektivität einer 700 nm-Strahlung bei der Photosynthese steigern (d.h. ein Wirkungsspektrum des Emerson-Effektes ermitteln), und auf diese Weise die Pigmente näher charakterisieren, die an der Lichtreaktion II beteiligt sind (Abb. 2.1.20). Bei Grünalgen und höheren Pflanzen dürften vornehmlich bestimmte Formen des Chlorophyll a und Chlorophyll b, bei Rot- und Blaualgen die Phycobiliproteide und bei Braunalgen und Diatomeen Fucoxanthin zu diesem Photosystem II gehören (Abb. 2.1.20).

Da die Lichtreaktion II nur bei solchen Organismen auftritt, die bei der Photosynthese O_2 freisetzen, während z.B. die photosynthetisierenden Bakterien (außer den Cyanobakterien) nur Photosystem I besitzen (und keinen Emerson-Effekt zeigen!), ist auch aus diesem Grunde klar, daß Photosystem II mit der Wasserspaltung verknüpft ist.

Es ist inzwischen gelungen, die Photosysteme I und II, die beide in der Thylakoidmembran, wenn auch in verschiedenen Bereichen, lokalisiert sind (Abb. 2.1.21), experimentell voneinander zu trennen und in ihrer Pigmentzusammensetzung näher zu charakterisieren. Beide Systeme unterscheiden sich nicht nur in der Zusammensetzung der «Hilfspigmente», sondern auch in den Formen des Chlorophyll a, vor allem auch in der Chlorophyll a-Sorte, die als Photonen- (bzw. Anregungsenergie-, Excitonen-) «Falle» («trapping center»), also als eigentliches Reaktionszentrum, dient (s. S. 263 ff.).

Wie wirkt das Licht in den beiden Pigmentsystemen? Um dies verstehen zu können, müssen einige photochemische Grundbegriffe erläutert werden.

Photochemische Grundlagen

Wie auf S. 252 erläutert, wirkt Strahlung bestimmter Wellenlängen über Elektronen-Anregungen auf die Atome oder Moleküle. Da den durch die Photonen beeinflußten (Valenz-) Elektronen nur Übergänge zwischen bestimmten Energiezuständen möglich sind (dazwischen liegende Energieniveaus sind «verboten»), und die Differenzen zwischen diesen erlaubten Energieniveaus genau dem Energieinhalt des absorbierten Lichtquants entsprechen müssen, können nur bestimmte Wellenlängen von einem gegebenen Atom oder Molekül absorbiert werden. Bei Atomen gibt es nur wenige erlaubte Energiezustände der äußeren Elektronen; die Abstände zwischen ihnen sind relativ groß. Die Absorptionsspektren der Atome bestehen deshalb gewöhnlich aus relativ wenigen, schmalen Linien. Bei Molekülen aber, speziell bei Pigmentmolekülen, werden diese Absorptionslinien zu Banden verbreitert. Dazu tragen zunächst die π-Elektronen der konjugierten Doppelbindungen bei (S. 254). Sie verringern einmal den Abstand zwischen dem Energieniveau des Grund- (nicht angeregten) Zustandes und dem des ersten angeregten Zustandes (desjenigen mit dem niedersten Energieniveau der angeregten Zustände) und ermöglichen daher energieärmeren Photonen (solchen mit größerer Wellenlänge), das Molekül anzuregen; dies ist ja der Grund dafür, daß die Pigmentmoleküle im sichtbaren Bereich des Spektrums absorbieren. Zum anderen können die π-Elektronen in zusätzliche, über dem ersten Anregungszustand liegende angeregte Zustände übergehen (Abb. 2.1.22); je energiereicher dabei der angeregte Zustand ist, desto kürzer ist seine Existenzdauer.

In den Molekülen wird zudem ein Teil der absorbierten Quantenenergie in Vibrations- (Schwingung von Atomen oder Atomgruppen gegeneinander) und Rotations- (Drehung der Moleküle um ihre Haupttragheitsachse)Energie verwandelt. Dadurch werden die einzelnen Energiezustände in eine Serie von definierten (Vibrations- bzw. Rotations-)Unterzuständen aufgefächert (Abb. 2.1.22).

Photochemie des Chlorophylls

Beim Chlorophyll a entspricht die Energiedifferenz zwischen dem Grundzustand und dem ersten angeregten Zustand etwa 1–2 Elektronenvolt (1 eV ist die Energie, die ein Elektron bei einer Spannung von 1 V erreicht.) Die Differenz zwischen zwei Vibrations-Unterzuständen entspricht etwa 0,1 eV, zwischen zwei Rotations-Unterzuständen etwa 0,01 eV.

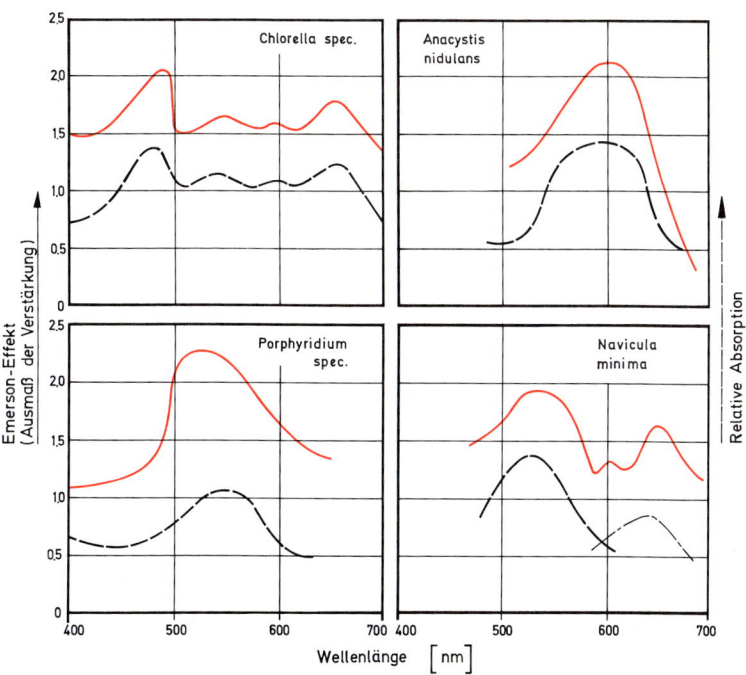

Abb. 2.1.20: Wirkungskurven für den Emerson-Effekt (rot) und Absorptionskurven (schwarz) wichtiger Antennenpigmente bei Vertretern von vier verschiedenen Algengruppen. Die Absorptionskurven gelten für: Chlorophyll b der Grünalge *Chlorella*, Phycocyanin des Cyanobakteriums *Anacystis*, Phycoerythrin der Rotalge *Porphyridium* und Fucoxanthin (––) bzw. Chlorophyll c (–·–) der Diatomee *Navicula*. (Nach Rabinowitch u. Govindjee)

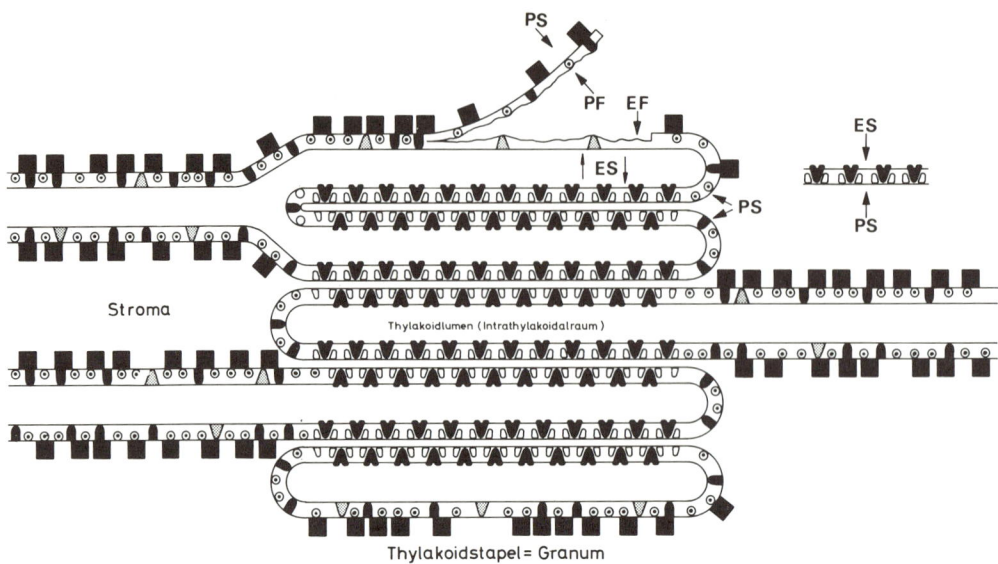

■ - Kopplungsfaktor, ATPase
▼ - Photosystem-II-Partikel
▫ - LHC Fallenpigment
♦ - Photosystem-I-Partikel
△ -
⊙ - Partikel noch unbekannter Zusammensetzung

Abb. 2.1.21: Anordnung der wichtigsten Komponenten in den Thylakoidmembranen. In den nicht-gestapelten Membranen (mit direktem Kontakt zum Chloroplasten-Stroma) finden sich überwiegend Photosystem I und ATPase, in den gestapelten dagegen ein Großteil des Photosystems II. Der Cytochrom bf-Komplex ist dagegen gleichmäßig verteilt. Zwischen den Systemen an den verschiedenen Orten der Thylakoidmembran vermitteln Plastochinon und Plastocyanin als mobile Elektronenüberträger. Die vom Photosystem II im Bereich der gestapelten Membranen freigesetzten Protonen gelangen über den gemeinsamen Thylakoidinnenraum zu der ATP-Synthase (ATPase), die z.T. relativ weit entfernt in den ungestapelten Bereichen sitzt. (Nach Anderson u. Anderson)

Das Chlorophyll a weist zwei hauptsächliche Anregungszustände auf: Rotlicht (z.B. $\lambda = 680$ nm) führt das Molekül in den ersten angeregten Singulett-Zustand über, den energieärmsten und wichtigsten angeregten Zustand. Blaulicht (z.B. $\lambda = 440$ nm) regt das Molekül stärker an, bis zum dritten angeregten Singulett-Zustand. (Der zweite angeregte Singulett-Zustand spielt bei der Chlorophyll-Anregung eine untergeordnete Rolle.) Diese Übergänge können zwischen jedem der Unterzustände des Grundzustandes und des angeregten Zustandes erfolgen, wobei sich das Molekül nach Absorption eines Photons praktisch sofort (in 10^{-15} sec) im neuen Zustand befindet. Moleküle, die zunächst in die höheren Anregungszustände überführt worden sind, werden sehr schnell (in 10^{-14} bis 10^{-13} sec) in den ersten angeregten Singulett-Zustand umgewandelt, wobei die dabei freiwerdende Energie als Wärme verlorengeht («Interne Umwandlung»). Da somit erst beim wesentlich langsameren (ca. 10^{-9} bis 10^{-11} sec) Übergang vom ersten angeregten Singulett-Zustand zum Grundzustand chemische Arbeit geleistet werden kann (Abb. 2.1.23), trägt ein Quant des energiereichen Blaulichts nicht mehr zur photosynthetischen Umwandlung von Lichtenergie in chemische Energie bei als eines des energieärmeren Rotlichtes.

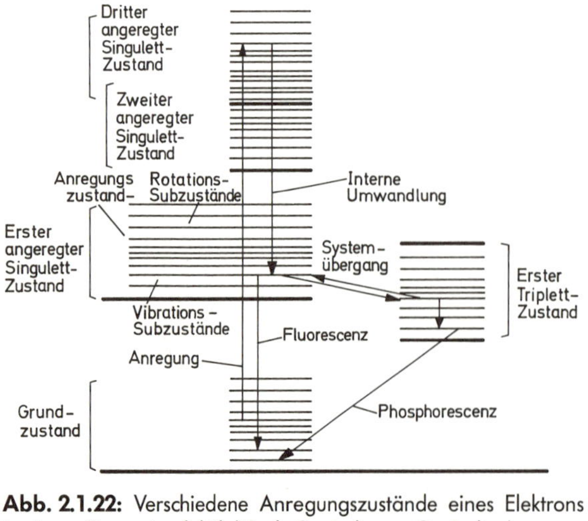

Die Energie des ersten angeregten Singulettzustandes kann aber auch dazu benutzt werden, um ein Photon abzustrahlen («Fluorescenz») oder um das Chlorophyllmolekül unter Energie-(Wärme-)Verlust in einen andersartigen Anregungszustand zu überführen, den ersten Triplett-Zustand, oder schließlich, um ein geeignetes Nachbarmolekül anzuregen («Excitonenwanderung»; Abb. 2.1.23). Bevor wir auf den für die Photosynthese entscheidenden dieser Vorgänge, die chemische Arbeitsleistung, näher eingehen, wollen wir die anderen Prozesse kurz betrachten.

Die **Fluorescenz** des Chlorophyllmoleküls bedeutet einen für die Pflanze nutzlosen Energieverlust; im intakten Photosyntheseapparat ist er aber unbeträchtlich, nur ca. 3–6 % der absorbierten Photonen werden durch Fluorescenz wieder abgestrahlt. Chlorophyll in Lösung gibt jedoch die Anregungsenergie überwiegend als rotes Fluorescenzlicht wieder ab (Absorptionsmaximum von Chlorophyll a in Ether 662 nm, Fluorescenzemissionsmaximum 670 nm). Unabhängig von der Wellenlänge des absorbierten Photons ist das Fluorescenzlicht des Chlorophylls stets Rot, weil die Quanten immer

Abb. 2.1.22: Verschiedene Anregungszustände eines Elektrons in einem Pigmentmolekül. (Nach Govindjee u. Govindjee)

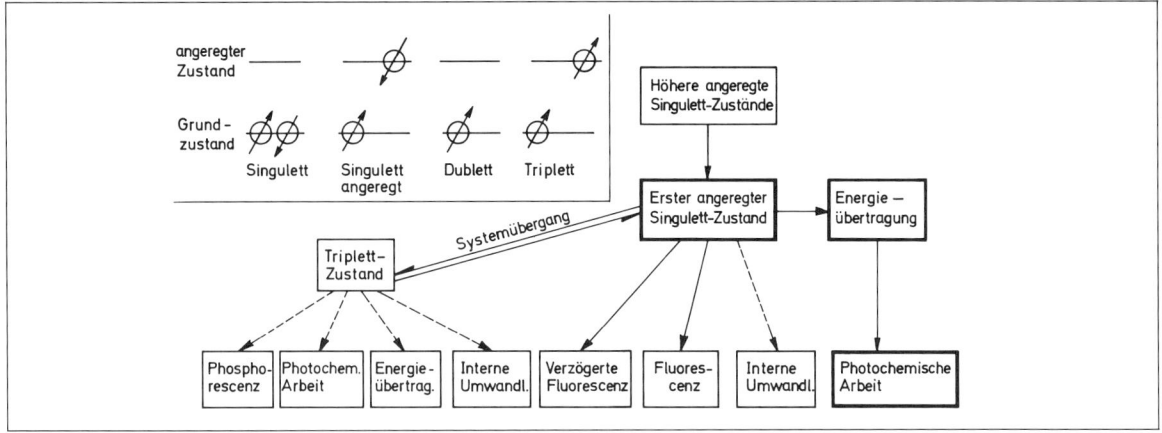

Abb. 2.1.23: Schicksal der Anregungsenergie in einem Pigmentmolekül. Nur die mit ausgezogenen Pfeilen gekennzeichneten Reaktionen wurden in der lebenden Zelle beobachtet. Die stark umrandeten Zustände und Übergänge sind direkt bei der Photosynthese beteiligt. Einschub: Singulett-, Dublett- und Triplett-Zustände sind charakterisiert durch den «Spin» der äußeren Elektronen in einem Atom oder Molekül. Die Spin-Achse wird hier durch den Pfeil angedeutet. Im Singulett-Zustand sind die Spins antiparallel, im Triplett-Zustand dagegen parallel. Der Dublett-Zustand ist durch ein unpaares Elektron gekennzeichnet. Die Bezeichnungen «Singulett», «Dublett» und «Triplett» geben die Zahl der Orientierungsmöglichkeiten der Elektronen in einem Magnetfeld an. (Nach Govindjee u. Govindjee, verändert)

beim Übergang des ersten angeregten Singulett-Zustandes in den Grundzustand emittiert werden.

Der Triplett-Zustand unterscheidet sich von den Singulett-Zuständen durch den Spin (Eigendrehimpuls) der Elektronen (Abb. 2.1.23). Er hat beim Chlorophyll eine Existenzdauer von etwa 10^{-4} bis 10^{-2} sec. Nur etwa eines von 10 Millionen Chlorophyllmolekülen befindet sich in der belichteten Pflanze im Triplett-Zustand. Das Molekül kann aus dem Triplett-Zustand entweder unter Energieaufnahme wieder in den ersten Singulettzustand zurückkehren, oder in den Grundzustand übergehen und dabei seine Energie als Wärme oder Licht abgeben. Die theoretisch denkbare chemische Arbeitsleistung bei diesem Übergang spielt im Photosyntheseapparat keine Rolle. Die Photonenabgabe beim Übergang vom Triplettzustand zum Grundzustand ist gekennzeichnet durch eine Verzögerung gegenüber der Photonenabsorption und durch eine starke Verschiebung der Wellenlänge in den längerwelligen Bereich («**Phosphorescenz**»). Bei der Fluorescenz ist sowohl die Verzögerung wie die Verschiebung der Wellenlänge geringer.

Am wichtigsten ist für die Photosynthese außer der chemischen Arbeitsleistung des ersten angeregten Singulettzustandes des Chlorophylls die Übertragung der Anregungsenergie («Excitonen») auf Nachbarmoleküle. Dies geschieht in den Photosystemen I und II (S. 264), wobei die Anregungsenergie letztlich (in etwa 10^{-10} sec) zu dem Chlorophyll a-Molekül des Reaktionszentrums gelangt, um von hier in die eigentlichen Redoxprozesse der Photosynthese eingeschleust zu werden. Der Übergang wird durch Resonanz zwischen dem Spendermolekül (nach Erreichen des untersten angeregten Zustandes) und dem Empfängermolekül (im Grundzustand) bewerkstelligt. Dabei müssen sich das Fluorescenzspektrum des Spendermoleküls und das Absorptionsspektrum des Empfängermoleküls überlappen und die beteiligten Moleküle nahe beieinander befinden (< 10 nm Abstand). Die Chlorophyllmoleküle müssen daher in der Thylakoidmembran, zumindest innerhalb eines Photosystems, dicht gepackt liegen; ihr Abstand ist > 0.5 nm und < 2–3 nm. Die Excitonenwanderung ist nur möglich zwischen Molekülen gleichen Energieniveaus oder von Molekülen mit energiereicherem Anregungszustand auf Moleküle, in denen energieärmere Anregungszustände entstehen. Pigmente mit dem langwelligsten Absorptionsband, also den energieärmsten Anregungszuständen, wirken demnach als Energiefalle.

Ein Thylakoid enthält etwa 10^5 Pigmentmoleküle (Chlorophyll a und b, Carotinoide), von denen je etwa 500 in den ca. 200 Elektronentransport-Ketten zusammengefaßt sind. Bei vollem Sonnenlicht erreichen pro Sekunde etwa 200 Quanten jedes Reaktionszentrum.

Es ist noch nicht ganz klar, ob jedes Reaktionszentrum in einem Photosystem von einem distinkten, nur ihm zugeordneten Kollektiv von Antennenpigmenten versorgt wird, oder ob die Excitonen bei ihrer Wanderung durch eine «Sammelantenne» zufällig auf die zwischen den Antennenpigmenten verstreuten «Fallenmoleküle» treffen.

Elektronentransport und Photophosphorylierung

Nichtcyclischer (linearer) Elektronentransport

Wenn die Anregungsenergie eines Photosystems auf dessen photochemisches Zentrum übertragen wurde oder wenn dieses direkt ein Lichtquant aufnimmt, so besitzt dieses Fallenpigment ein energiereiches Elektron. Es wird angenommen, daß bei beiden Lichtreaktionen der Photosynthese dieses angeregte Elektron von einem Akzeptor übernommen wird:

$$Chl\ a \xrightarrow{h \cdot \nu} Chl\ a^* \xrightarrow{A} Chl\ a^+ + A^-.$$

P_{700}, das Fallenpigment des Photosystems I, wahrscheinlich ein Dimeres, hat im Grundzustand ein Standard-Redoxpotential (E'_0) von etwa $+0.45$ V. Im angeregten Zustand wird ihm ein E'_0 von negativer als -0.60 V (möglicherweise um -1.35 V) zugeschrieben, da es noch synthetische Farbstoffe (Viologenfarbstoffe) mit $E_0' = -0.55$ V zu reduzieren vermag (Tab. 2.1.8). Diesem Potentialhub von mindestens 1 V entspricht eine Energiedifferenz von mindestens etwa 96 kJ (S. 260). Im angeregten Zustand ist das P_{700} also ein sehr starkes Reduktionsmittel, das stärkste, das man bisher in der lebenden Zelle kennt. Der primäre Akzep-

Tab. 2.1.8: Bestandteile der photosynthetischen Elektronentransportkette bei Pflanzen, nach Normal-Redoxpotentialen geordnet.

		E'_0 (Volt)
P^*_{700}	negativer als	−0.90
A_0	∼	−0.9
A_1		−0.88
A_2		−0.70
FeS_B		−0.59
FeS_A		−0.53
Ferredoxin (Fd)		−0.43
Fd- $NADP^+$-Reduktase (Fp)		−0.35
$NADP^+$		−0.32
Cytochrom b_6		−0.02
P^*_{680}	negativer als	−0.6
Pheophytin		−0.66 bis −0.45
Plastochinon, gebunden		−0.25 bis −0.05
Plastochinon, frei		+0.11
FeS_R (Rieske Protein)		+0.29
Cytochrom f		+0.35
Plastocyanin (PC)		+0.37
P_{700}		+0.45
$½O_2 + 2H^+$		+0.82
P_{680}	positiver als	+0.82

tor des angeregten Elektrons von P_{700} (A_0, Abb. 2.1.24) ist vermutlich auch ein Chlorophyll a-Molekül (mit E'_0 ca. −0.9 V). Es reduziert einen weiteren Redoxcarrier A_1 (vermutlich wieder ein Chlorophyll-a-Molekül). Die genannten Substanzen bilden (zusammen mit 40 Molekülen Antennenchlorophyll) die kleinste isolierbare Untereinheit des Photosystems I («Core»). Ihre Reaktion nach Absorption eines Lichtquants kann zusammengefaßt werden:

$$P^*_{700} A_0 A_1 \rightarrow P^+_{700} A^-_0 A_1 \rightarrow P^+_{700} A_0 A^-_1.$$

Von A^-_1 werden die Elektronen dann weitergeleitet über ein hochmolekulares Eisen-Schwefel-Protein (A_2) auf den ersten stabilen Elektronenakzeptor im PS I, FeS_{AB} (oder FRS: Ferredoxin-reduzierende Substanz) mit zwei elektronenübertragenden Fe_4S_4-Zentren (FeS_B und FeS_A). Der Übergang eines Elektrons von P_{700} auf dem geschilderten Weg auf FeS_{AB} benötigt 10^{-9} bis 10^{-8} sec. Vom FeS_A^- übernimmt dann Ferredoxin (Fd) einzeln die Elektronen.

Ferredoxine sind niedermolekulare (MG = 1.2 kDa in Chloroplasten), rötlichbraun gefärbte Eisenproteine, die nicht an Häm (d.h. an cyclisches Tetrapyrrol) gebundenes Fe^{3+} enthalten. Das Chloroplasten-Ferredoxin (Abb. 2.1.25) besitzt zwei labile Eisen- und zwei labile Schwefelatome (1 aktives Zentrum) pro Molekül (sie können durch Säurebehandlung entfernt werden), während z.B. bei *Chromatium*, einem photosynthetisierenden Bakterium, vier labile Eisen- und vier labile Schwefelatome (zwei aktive Zentren) vorhanden sind. Das Chloroplasten-Ferredoxin sitzt locker an der Thylakoidaußenseite.

Vom Ferredoxin übernimmt das Enzym Ferredoxin-Oxidoreduktase (FP) noch in der Thylakoidmembran die Elektronen und überträgt sie paarweise auf $NADP^+$. Dabei werden zu dessen Reduktion zu $NADH + H^+$

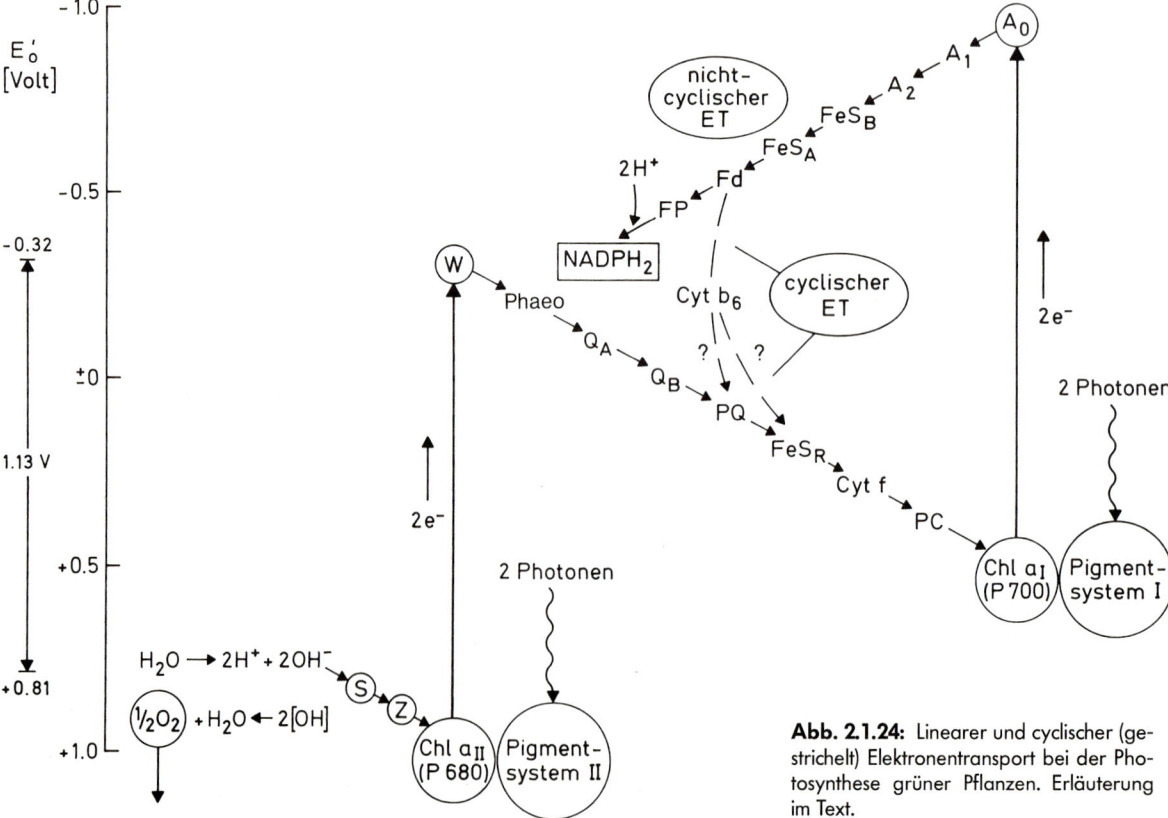

Abb. 2.1.24: Linearer und cyclischer (gestrichelt) Elektronentransport bei der Photosynthese grüner Pflanzen. Erläuterung im Text.

neben den zwei Elektronen auch zwei Protonen benötigt; letztere werden aus dem Medium aufgenommen.
Die FP ist ein Flavoprotein. (Zur Struktur der Flavine, der prosthetischen Gruppe der Flavoproteine, vgl. S. 294.)

Pyridinnucleotide wie das $NADP^+$ nehmen in den Elektronentransportketten der Photosynthese wie der Atmung (S. 294) insofern eine Sonderstellung ein, als sie in der Regel den Elektronenübergang zwischen den membrangebundenen Redoxsystemen und den gelösten, niedermolekularen organischen Verbindungen (und umgekehrt) vermitteln. Als Dinucleotide (Abb. 2.1.25) sind sie ionisiert und wasserlöslich.

Bei dem linearen Elektronenfluß vom P_{700} bleiben bei der Reduktion eines $NADP^+$-Moleküls zwei P_{700}-Moleküle mit «positiven Löchern»: P_{700}^+. (Das Elektronendefizit kann nicht einer definierten Bindung im Molekül zugeschrieben werden.) Diese müssen von einem Elektronenspender aufgefüllt werden; hierfür dient letztlich das Wasser. Da das System $H_2O / \frac{1}{2} O_2$, wie erwähnt, ein E'_0 von $+ 0,81$ V hat, ist der Übergang von Elektronen von Wasser auf P^+_{700} ($E'_0 = + 0,45$ V) ein endergonischer Vorgang, der die Zufuhr von Energie (in Form von Lichtquanten) erfordert. Vermittelt wird diese vom Pigmentsystem II. Dieses PS II besteht aus einem Antennenkomplex, dem eigentlichen Reaktionszentrum («Core»), und dem Sauerstoff-freisetzenden Komplex.

Der Antennenkomplex («**Light Harvesting Complex**», LHC II) enthält etwa 200 Chlorophyll-a- und -b-Moleküle, assoziiert mit etlichen Polypeptidketten.

Das Reaktionszentrum beherbergt weitere ca. 50 Protein-assoziierte Chlorophyll-a-Moleküle. Das Fallenpigment, P_{680}, wird nach Absorption eines Lichtquants in den angeregten Zustand, das P^*_{680}, übergeführt, das ein Elektron in $<$ 10 ps an Phaeophytin a abgibt:

$$P_{680} \overset{h \cdot v}{\to} P^*_{680} \overset{Phaeo}{\to} P^+_{680} + Phaeo^-.$$

Vom $Phaeo^-$ geht ein Elektron in ca. 100 ps auf ein Protein-gebundenes Plastochinon, Q_A, über, wobei ein Semichinonanion entsteht: $Phaeo^- + Q_A = Phaeo + Q_A^-$. Das Q_A befindet sich auf der Außen-(Stroma)-Seite der Thylakoidmembran und ist von einem Proteinschild abgedeckt, der es unzugänglich für artefizielle Elektronendonatoren (z.B. Fe^{2+}) macht. Er kann durch Trypsin entfernt werden.

Plastochinon kommt in den Chloroplasten in großer Menge vor. Wegen seiner lipophilen Isoprenoid-Seitenkette (vgl. S. 363f., Abb. 2.1.25) ist es in der Thyla-

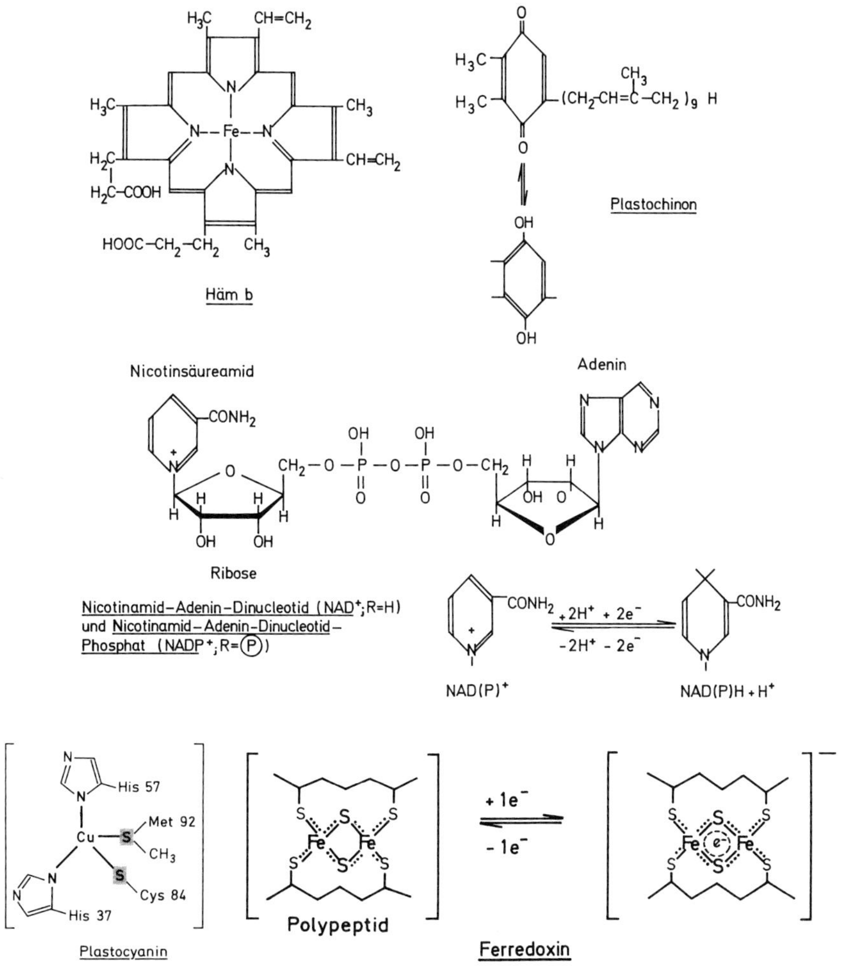

Abb. 2.1.25: Redoxsysteme des photosynthetischen Elektronentransports. Häm b stellt das aktive Zentrum von Cytochromen der Gruppe b und verschiedener Enzyme (Katalase, Peroxidase, Oxygenasen) dar. Beim Ferredoxin in den Chloroplasten besitzt das aktive Zentrum je 2 labile Eisen- und Schwefelatome; es nimmt bei der Reduktion ein Elektron ohne bevorzugte Bindung an ein Eisenatom auf. – Bei den Pyridin-Nucleotiden besteht der Rest R aus H (NAD^+ bzw. $NADH+H^+$) oder aus PO_4^{3-} ($NADP^+$ bzw. $NADPH+H^+$).

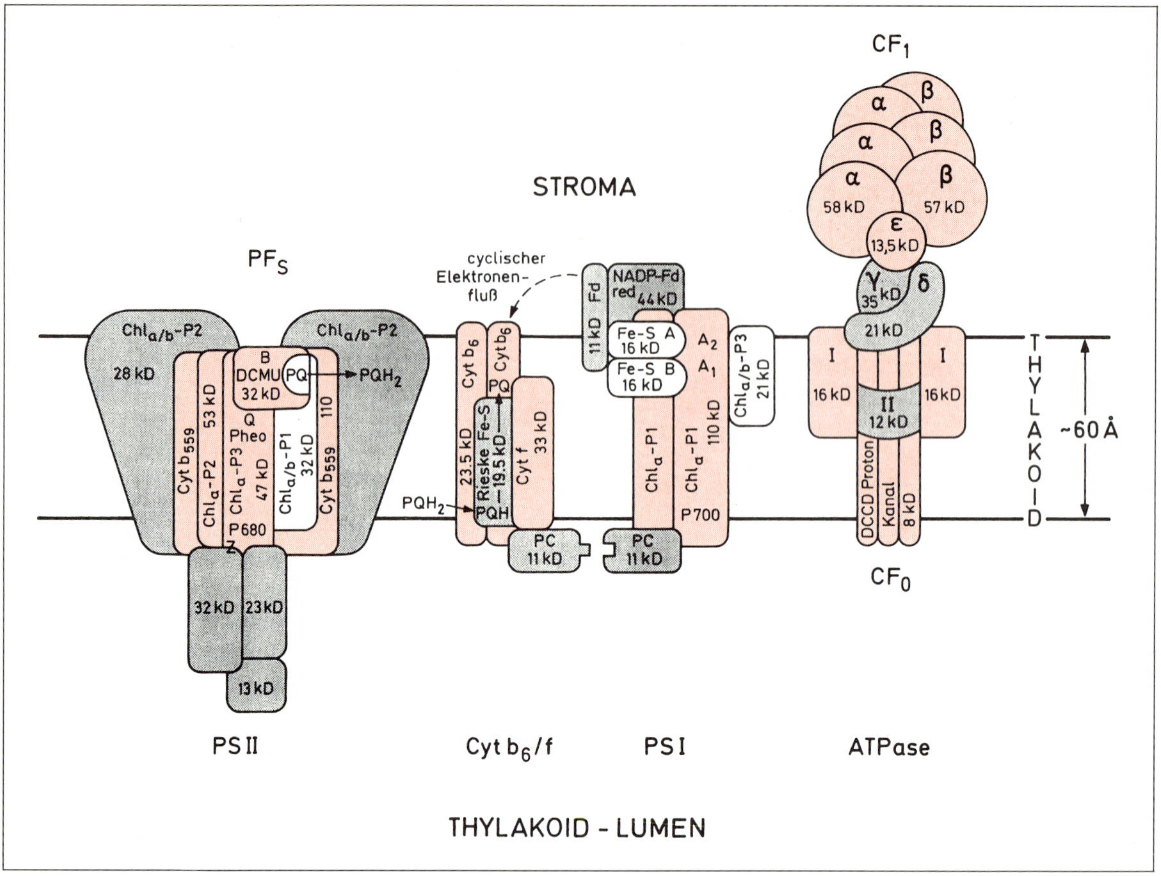

Abb. 2.1.26A: Modell der Thylakoidmembran (hier «Thylakoid») bei Pflanzen. Proteine, die von Genen in der Chloroplasten-DNA codiert sind, sind rot wiedergegeben. Sie werden von nichtadenylierter mRNA an Ribosomen des Chloroplasten-Stromas synthetisiert. Proteine, die von Zellkerngenen codiert sind, sind gerastert gezeichnet. Sie werden mittels polyadenylierter mRNA von den Cytoplasma-Ribosomen synthetisiert und mittels eines Transitpeptids durch die Chloroplastenhülle geschleust. – Die vier Komplexe (PS II: Photosystem II; Cyt b_6/f: Elektronentransportkette zwischen PS II und PS I; PS I: Photosystem I; ATPase: Besteht aus CF_1, ATP-Synthase, und aus CF_0, Protonenkanal). Eine Reihe von Polypeptiden sind nur durch ihre Molekularmasse charakterisiert. (Nach von Wettstein u. Oliver)

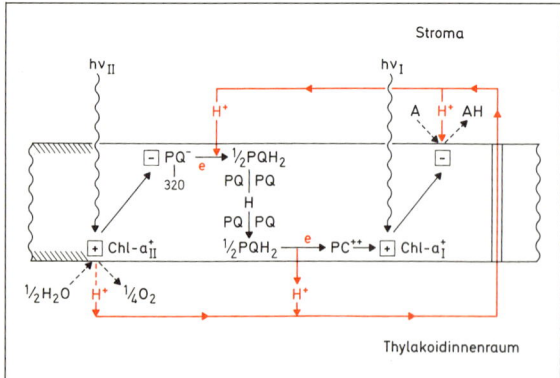

Abb. 2.1.26B: Vereinfachtes Sägezahnschema für den vektoriellen Transport von Elektronen, Protonen und Wasserstoffatomen über die Thylakoidmembran bei Belichtung. Reaktionsfolge: 1. Anregung von Chlorophyll a_I und a_{II}. 2. Photooxidation von Chl a_I und Chl a_{II}. 3. Gerichteter Transport von Elektronen von der Innen- zur Außenseite der Thylakoidmembran. 4. Oxidation von H_2O, Reduktion und Protonierung des terminalen Akzeptors A und Reduktion und Oxidation von Plastochinon (PQ). 5. Protonen-Transport zum Thylakoidinnenraum durch protolytische Reaktionen mit den Ladungen an der Außen- (PQ^-) und Innenseite (Plastocyanin, PC^{2+}) der Thylakoidmembran. 6. Entladung der «energetisierten» Membran durch Efflux der Protonen, dabei Bildung von ATP mittels einer membrangebundenen ATPase. (Nach Tiemann, Renger, Gräber u. Witt)

koidmembran lokalisiert, wo es eine Art «pool» bildet (Abb. 2.1.26). Da Plastochinon neben Elektronen auch Protonen transportiert, spielt es eine maßgebliche Rolle für die Entstehung eines Protonengradienten über die Thylakoidmembran.

Vom Q_A^- führt die weitere Sequenz über ein anderes Protein-gebundenes Plastochinon, Q_B, das zwei Elektronen aufnimmt.

Daß in belichteten Chloroplasten tatsächlich Chlorophyllionen auftreten, konnte mittels der Elektronenspinresonanz-Technik gezeigt werden, die ungepaarte Elektronen erfaßt.

PQ^{2-} gibt seine Elektronen an einen Pool von ca. 7 Plastochinonmolekülen ab, welche die Thylakoidmembran durchsetzen und nicht mehr an Proteine gebunden sind. Bei Lichtsättigung können maximal vier zur Hydrochinonstufe reduziert sein, so daß dieser Pool als dynamischer Speicher für 8 Elektronen dient. Die Reduktion der Plastochinone im Pool erfolgt in 0,6 ms und die Reoxidation in 20 ms; letztere ist somit der langsamste und geschwindigkeitsbestimmende Schritt im linearen Elektronentransport. Die Plastochinon-Pools von mindestens 10 Elektronentransportketten sind miteinander direkt verbunden.

Elektronenakzeptor für den reduzierten Plastochinonpool ist der Cytochrom bf-Komplex. Er besteht aus vier Untereinheiten: einem Cytochrom f (34 kDa), einem Cytochrom b_{563} (23 kDa) mit zwei Hämanteilen, einem Eisen-Schwefelprotein (20 kDa) und einer Polypeptidkette (17 kDa). Der Komplex erstreckt sich durch die ganze Thylakoidmembran. Da sowohl die Cytochrome wie das FeS-Protein nur einzelne Elektronen übertragen, werden beim Übergang von Plastochinon (PQH_2) auf den Komplex Protonen frei und zwar auf der Innenseite der Thylakoidmembran (Abb. 2.1.26 B).

Cytochrome leiten sich wie die Chlorophylle vom Porphyrinringsystem ab, doch besitzen sie als Zentralatom des Tetrapyrrolringes kein Magnesium, sondern Eisen (Abb. 2.1.25). Diese Porphyrin-Eisen-Komplexe sind als prosthetische Gruppen an Protein gebunden. Bei der Elektronenübertragung durch die Cytochrome macht das Zentralatom einen Wertigkeitswechsel durch (Fe^{3+}/Fe^{2+}).

Die verschiedenen Cytochrome werden durch ihre charakteristischen Absorptionsspektren unterschieden, wobei das Spektrum der reduzierten Form herangezogen wird, das sich von dem der oxidierten stark unterscheidet (Abb. 2.1.27). Maßgeblich für die Einordnung der Cytochrome in die verschiedenen Kategorien ist die Position der α-Bande des reduzierten Cytochroms bei Zimmertemperatur: Sie liegt bei Cytochrom a um 600 nm, bei Cyt. b um 560 nm und bei Cyt. c um 550 nm. Das Cytochrom f, das seine Bezeichnung von seinem Vorkommen in Chloroplasten hat (frons = Laub), gehört zu der Cyt. c-Gruppe (= Cyt. c_{555}).

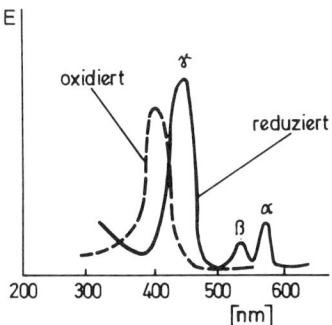

Abb. 2.1.27: Absorptionsspektren der oxidierten (gestrichelt) und reduzierten (ausgezogen) Form eines Cytochroms der Gruppe b. Die α-Banden der Cytochrome der Gruppe a liegen um 600 nm, die der Gruppe b um 560 nm und die der Gruppe c um 550 nm.

Die Elektronen werden vom Cytochrom bf-Komplex auf Plastocyanin übertragen, den unmittelbaren Elektronendonator für das P_{700}^+.

Plastocyanin ist ein wasserlösliches Protein (11 kDa). In seinem Redoxzentrum ist ein Kupferion kooperativ an einen Cystein-, einen Methionin- und zwei Histidinreste gebunden (Abb. 2.1.25). Das Kupferion wechselt zwischen Cu^{2+} und Cu^{1+}. Plastocyanin ist an der Innenseite der Thylakoidmembran lokalisiert (Abb. 2.1.26).

Die zur Reduktion der im Photosystem II entstandenen P_{680}^+-Moleküle benötigten Elektronen stammen letztlich aus dem Wasser; sie werden über eine Zwischensubstanz Z übertragen. Der bei der Wasserspaltung (an der Innenseite der Thylakoidmembran) freigesetzte Sauerstoff ist ein Abfallprodukt der Photosynthese, der jährlich in einer Menge von $2 \cdot 10^{11}$ t entsteht. Es gibt Hinweise, daß nicht H_2O selbst, sondern hydratisiertes CO_2 die unmittelbare Quelle des Photosynthese-O_2 ist. Die ebenfalls anfallenden Protonen decken formal den Bedarf an H^+ bei der $NADP^+$-Reduktion. Die Oxidation des Wassers wird durch ein Enzymsystem S katalysiert. Es wird angenommen, daß 4 P_{680}^+-Moleküle 4 Elektronen von S beziehen, wodurch dieses schrittweise oxidiert wird:

$S_0 \rightarrow S_1^{1+} \rightarrow S_2^{2+} \rightarrow S_3^{3+} \rightarrow S_4^{4+}$.

Durch die Oxidation von 2 Molekülen Wasser (liefert 4 Elektronen, 4 Protonen und 1 O_2) soll dann das S_4^{4+} wieder vollständig reduziert werden ($S_4^{4+} \rightarrow S_0$). Das wasserspaltende Enzym S enthält in seinem aktiven Zentrum eine Gruppe von 4 Mangan-Atomen. Diese dienen als Ladungsträger und ermöglichen die Bildung des (relativ) harmlosen O_2 ohne Auftreten gefährlicher Zwischenprodukte bei der Wasserspaltung.

Durch bestimmte Inhibitoren kann man den Elektronentransport im PS II unterbinden. Triazine (z.B. Atrazin) verdrängen z.B. Q_B von seinem Trägerprotein (32 kDa Protein). Schon eine Punktmutation an diesem Protein führt zur Resistenz der Pflanze gegen das Herbicid. Ähnlich wirkt auch DCMU (Dichlorphenyldimethylharnstoff).

In Algenchloroplasten kommen 5–8 Manganatome auf 400 Chlorophyll a-Moleküle. Auch Chlorid spielt eine Rolle bei der Wasserspaltung; evtl. beschleunigt es die Protonenfreisetzung bei der Wasserspaltung. Auch Calcium-Ionen sind unentbehrlich sowohl für die Oxidation des Wassers, wie für die Funktion des Reaktionszentrums von Photosystem II.

Cyclischer Elektronentransport
Vom reduzierten Ferredoxin kann eine Elektronenübertragung statt auf $NADP^+$ auch über den Cytochrom bf-Komplex und Plastocyanin zurück auf P_{700}^+ erfolgen (Abb. 2.1.24). Dieser cyclische Elektronenfluß führt zum Protonenpumpen durch den Cytochrom bf-Komplex über die Thylakoidmembran. Der entstehende Protonengradient kann bei seinem Ausgleich zur Synthese von ATP aus ADP und P_i benutzt werden («cyclische Photophosphorylierung»). ATP ist demnach das einzige faßbare Produkt dieser Reaktion, bei der nur Photosystem I beteiligt ist und die deshalb keinen Emerson-Effekt zeigt.

Der cyclische Elektronentransport kommt vor allem dann ins Spiel, wenn das NADPH+H$^+$/NADP$^+$-Verhältnis hoch ist, die Fd-NADP$^+$-Oxidoreduktase also Substratmangel hat.

Pseudocyclischer Elektronentransport und Umsetzungen des Sauerstoffs im Chloroplasten

Die aus dem Photosystem I freigesetzten Elektronen können außer auf NADP$^+$ oder P$^+_{700}$ schließlich auch auf O$_2$ übergehen: Pseudocyclischer Elektronentransport, «Mehler-Reaktion». Als Reduktionsmittel dient Ferredoxin oder eine Komponente des PS I, das Produkt ist H$_2$O. Bei dieser Umsetzung sind beide Photosysteme beteiligt; sie liefert keine zusätzlichen Reduktionsäquivalente, aber ATP. Sie dürfte dann ins Spiel kommen, wenn das NADP$^+$ voll reduziert ist.

Bei der Autoxidation des Elektronendonators bei der Mehler-Reaktion entsteht zunächst das Superoxidradikal-Anion, O$_2^{\cdot -}$ (Abb. 2.1.28). Dieses ist zwar selbst nicht besonders toxisch, doch führt die gleichzeitige Anwesenheit des Superoxid-Anions und von H$_2$O$_2$ (bei Gegenwart von Metallionen) zur Bildung des äußerst reaktiven Hydroxylradikals, OH$^{\cdot}$ («Fenton-Chemie»). Dieses kann z.B. die Peroxidierung von Lipiden und dadurch die Zerstörung von Membranen veranlassen. H$_2$O$_2$ entsteht einmal als normales Produkt des photosynthetischen Elektronentransportes (am reduzierenden Ende des Photosystems I), vor allem dann, wenn bei geringem CO$_2$-Angebot das NADP$^+$-System weitgehend reduziert ist. Zum anderen tritt es bei der Umsetzung des Superoxid-Anions durch das (auch in Chloroplasten vorhandene) Enzym Superoxid-Dismutase auf:

$$O_2^{\cdot -} + O_2^{\cdot -} \rightarrow H_2O_2 + O_2$$

Eine weitere sehr reaktive Sauerstoffform ist der Singulett-Sauerstoff ($^1\Delta g$). Dieser entsteht durch Reaktion von Chlorophyll im Triplett-Anregungszustand mit Triplett-Sauerstoff, wie er bei der Wasserspaltung anfällt.

Der aktive Chloroplast wird auf verschiedene Weise von der Schädigung durch diese Sauerstoff-Abkömmlinge geschützt: O$_2^{\cdot -}$ wird durch die Superoxid-Dismutase entfernt; außerdem reagiert es – wie H$_2$O$_2$ und OH$^{\cdot}$ – schnell mit der in Chloroplasten stets in größeren Mengen vorhandenen Ascorbinsäure. Der Singulett-Sauerstoff wird durch die in den Thylakoidmembranen reichlich vorhandenen Carotinoide und das α-Tokopherol wirksam in den Triplett-Zustand zurückgeführt und dadurch unschädlich gemacht. Schließlich wird die Sauerstoffbelastung im Bereich der belichteten Thylakoide auch noch durch die Photorespiration (S. 281 f.) verringert. Gelegentlich versagen diese Schutzmaßnahmen; z.B. wird das Ausbleichen der Nadeln bei bestimmten Waldschäden oder das plötzliche Zusammenbrechen der Massenentwicklung von Cyanobakterien in Teichen oder Seen bei hohem O$_2$- und niederem CO$_2$-Gehalt und starker Sonnenbestrahlung auf photooxidative Vorgänge zurückgeführt.

Photophosphorylierung

Durch die vektorielle Anordnung der Redoxsubstanzen in der Thylakoidmembran (Abb. 2.1.26) werden die Elektronen zu einem Zickzackweg gezwungen und auf der Thylakoidinnenseite Protonen freigesetzt, auf der Außenseite aufgenommen. Dieser Nettotransport von Protonen beruht einmal darauf, daß die Protonen-freisetzende Wasserspaltung auf der Innenseite, die Protonen-zehrende Reduktion des NADP$^+$ auf der Außenseite erfolgt, und zum anderen darauf, daß das membrandurchsetzende Plastochinon mit den Elektronen vom PS II auch Protonen vom Stroma übernimmt (es transportiert ja Wasserstoff), auf der Innenseite (Cytochrom f-Seite) aber wieder nur Elektronen an den Cytochrom bf-Komplex übergibt und die freiwerdenden Protonen in das Thylakoidlumen übertreten. Experimentell ließ sich der bei Belichtung auftretende pH-Gradient (ΔpH (außen – innen)) zu 3,5 bis 4 bestimmen.

Der Ausgleich dieses Protonengradienten erfolgt nach der gut begründeten «chemiosmotischen Theorie» über eine membrangebundene ATP-Synthase. Dieser Kopplungsfaktor CF tritt nur in freiliegenden, nicht mit anderen Thylakoidmembranen assoziierten Membranabschnitten auf (Abb. 2.1.21) und besteht wie in der Mitochondrien- und Bakterienmembran aus einem hydrophilen Anteil, CF$_1$, und einem hydrophoben, membranintegrierten, CF$_0$. Beide Komponenten sind aus einer Reihe von Untereinheiten zusammengesetzt. Diese bilden beim CF$_0$ einen Protonenkanal. Beim CF$_1$ sollen sie nach Bindung von 3 Protonen auf der membranzugewandten Seite einen Konformationswechsel erfahren, der (auf der Stromaseite) zur Bildung von ATP führt, worauf die Protonen auf der Stromaseite sukzessiv entfernt werden, und der Protonen-freie F$_1$-Komplex wieder die Ausgangskonformation annimmt.

Somit ergibt sich für die Umsetzungen, die zur Reduktion eines Moleküls NADP$^+$ führen, folgende Gesamtstöchiometrie: 4 Photonen, 2 Elektronen, 4 Protonen, 1,33 ATP, 0,5 O$_2$.

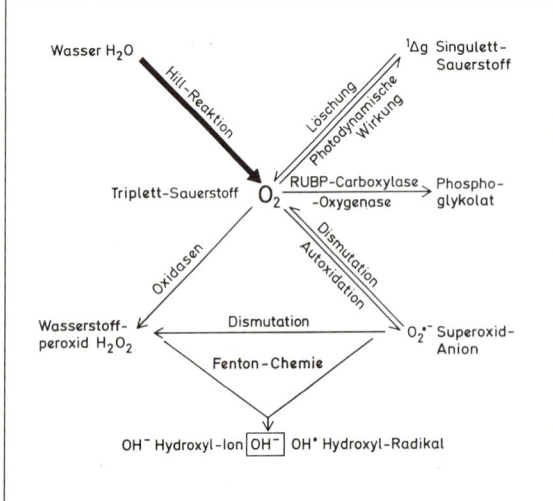

Abb. 2.1.28: Reaktionen des Sauerstoffs im aktiven Chloroplasten. (Nach Foyer u. Hall)

Es konnte gezeigt werden, daß ein experimentell erzeugtes elektrisches Feld oder ein Protonengradient zwischen Thylakoidinnenraum und Stroma auch im Dunkeln bei seinem Ausgleich ATP aus ADP und P_i zu bilden vermag.

Bestimmte Substanzen entkoppeln den photosynthetischen Elektronentransport und die ATP-Bildung; unter ihrem Einfluß läuft also z.B. die Hill-Reaktion weiter, aber die Photophosphorylierung unterbleibt. Zu diesen **Entkopplern** der Photophosphorylierung gehören z.B. NH_4^+-Ionen, Arsenat, CCCP (Carbonylcyanid-m-chlorphenylhydrazon) und Desaspidin, ein Phloroglucinderivat aus *Dryopteris*-Arten. Die entkoppelnde Wirkung dieser Substanzen besteht entweder darin, daß sie die Aufrichtung des Protonengradienten verhindern (nachgewiesen z.B. für CCCP) oder darin, daß sie die ATP-Synthese hemmen.

Die chemiosmotische Theorie erklärt übrigens auch zwanglos, warum für eine Photophosphorylierung (und damit für eine funktionierende Photosynthese) ein vom Stroma abgeschlossener Thylakoidinnenraum notwendig ist (er findet sich ja auch bei photosynthetisierenden Prokaryoten, die noch keine Chloroplasten-Außenhülle haben): nur ein abgeschlossenes Kompartiment vermag gegenüber seiner Umgebung einen Konzentrationsgradienten bestimmter Stoffe, z.B. von Protonen, aufrechtzuerhalten.

Energieumwandlung bei der bakteriellen Photosynthese

Zur Photosynthese befähigte Bakterien besitzen als Prokaryoten keine Chloroplasten, aber Thylakoide, die sich aus der Plasmamembran entwickeln (S. 122).

Die **Chloroxybakterien** (Gattung *Prochloron*) haben die gleichen Reaktionszentren wie höhere Pflanzen (P_{700} bzw. P_{680}) und benutzen Wasser als Elektronendonator für die CO_2-Reduktion; sie setzen dementsprechend O_2 bei der Photosynthese frei. Auch die **Cyanobakterien** photolysieren Wasser und bilden O_2. Wie alle wasserspaltenden photosynthetisierenden Organismen benutzen sie Chlorophyll a als zentrales Pigment in der Elektronentransportkette, daneben die Phycobiliproteine (Abb. 2.1.16 und 2.1.17), β-Carotin und verschiedene Xanthophylle als akzessorische Pigmente. Die übrigen photosynthetisierenden Bakterien (Ordnung *Rhodospirillales*) gehören den Familien der *Rhodospirillaceae* (Schwefelfreie Purpurbakterien), *Chromatiaceae* (Schwefelpurpurbakterien), *Chlorobiaceae* (Grüne Schwefelbakterien) und *Chloroflexaceae* (Schwefelfreie Grüne Bakterien) an. Sie können H_2O nicht als Elektronenspender benutzen und setzen daher kein O_2 frei. Alle Vertreter dieser Gruppen zeigen einen cyclischen Photoelektronentransport, der zu einem Protonengradienten über die Thylakoidmembran führt, dessen Ausgleich zur ATP-Synthese benutzt wird. Ein linearer (nicht-cyclischer) Elektronentransport tritt nur bei den *Chlorobiaceae* auf, während bei den anderen Gruppen in die Redoxkette zum NAD^+ eine endergone Negativierung des Redoxpotentials eingeschaltet ist, die mit Energieäquivalenten aus dem cyclischen Elektronentransport bestritten wird (Abb. 2.1.29). Bei den *Chromatiaceae* und *Chlorobiaceae* dient zumeist H_2S als Elektronendonator:

$H_2S \rightarrow S + 2H^+ + 2e^-$; $E_0' = -0,24$ V.

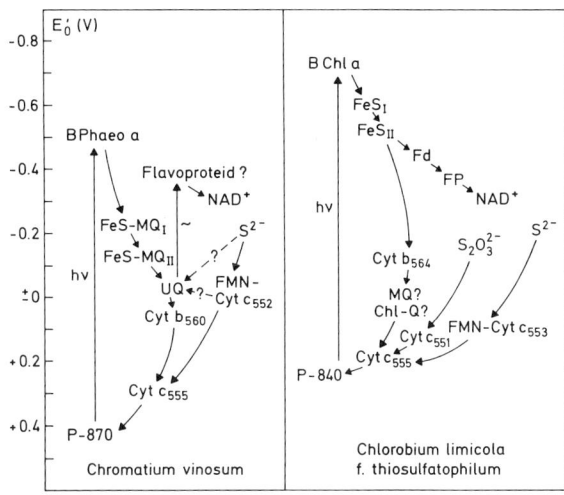

Abb. 2.1.29: Photoelektronentransport bei einem Vertreter der *Chromatiaceae* (Purpurschwefelbakterien) und der *Chlorobiaceae* (Grüne Schwefelbakterien, rechts). BPhaeo Bakteriophaeophytin, BChl Bakteriochlorophyll, FeS Eisenschwefelproteid, UQ Ubichinon, MQ Menachinon, Chl-Q unbekanntes Chlorobium-Chinon, Cyt Cytochrom, FMN-Cyt Flavocytochrom, Fd Ferredoxin, FP Flavoproteid (Fd-NADH-Oxidoreduktase). Die Indizes geben das Absorptionsmaximum in nm an. (Nach Dutton u. Prince)

Da die Redoxdifferenz zwischen H_2S und NAD^+ ($E_0' = -0,32$ V) wesentlich geringer ist als die zwischen H_2O und $NADP^+$, wird verständlich, warum die Lichtreaktion bei diesen photosynthetisierenden Bakterien noch mit Wellenlängen sehr geringer Energie ablaufen kann (z.B. bei *Chlorobium* λ = 840 nm : ca. 142 kJ pro Einstein; vgl. Tab. 2.1.7).

Noch geringer ist der Energiebedarf vielfach bei der Photoorganotrophie: Wenn z.B. *Rhodospirillum* die Elektronen von Succinat ($E_0' = -0,03$ V) zum NAD^+ transportiert, ist nur eine Redoxdifferenz von 0,29 V zu überbrücken.

Bei *Rhodopseudomonas viridis* (*Rhodospirillaceae*) konnte das Reaktionszentrum kristallisiert und seine Struktur durch Röntgenanalyse und der zeitliche Ablauf des Elektronentransportes durch spektroskopische Methoden im Detail aufgeklärt werden. Bei diesem Bakterium besteht das Reaktionszentrum aus vier Bakteriochlorophyll b-Molekülen (BChlb), zwei Phaeophytin b-Molekülen (BPhb) und zwei Chinonen (Abb. 2.1.30). Außerdem sind ihm vier Protein-Untereinheiten zugeordnet (L, M, H, C), von denen C ein Cytochrom mit vier kovalent gebundenen Hämgruppen ist, es liefert Elektronen an das BChl b-Dimer (P_{960}). Das Paket ist in die Membran der Thylakoid-Vesikel eingebettet, und zwar hochsymmetrisch in zwei Ketten (C- und L-Kette nach den jeweils assoziierten Proteinen), die ein BChl b-Dimer («Spezialpaar») gemeinsam haben. Ein Photon regt dieses P_{960}-Dimer nahe der Innenseite der Membran an und bewirkt eine Ladungstrennung. Das abgespaltene Elektron wandert über ein benachbartes Phaeophytinmolekül und über die beiden Chinone (Q_a – Menochinon –, assoziiert mit der L-Kette, und Q_b, assoziiert mit der M-Kette) bis an die Oberfläche der

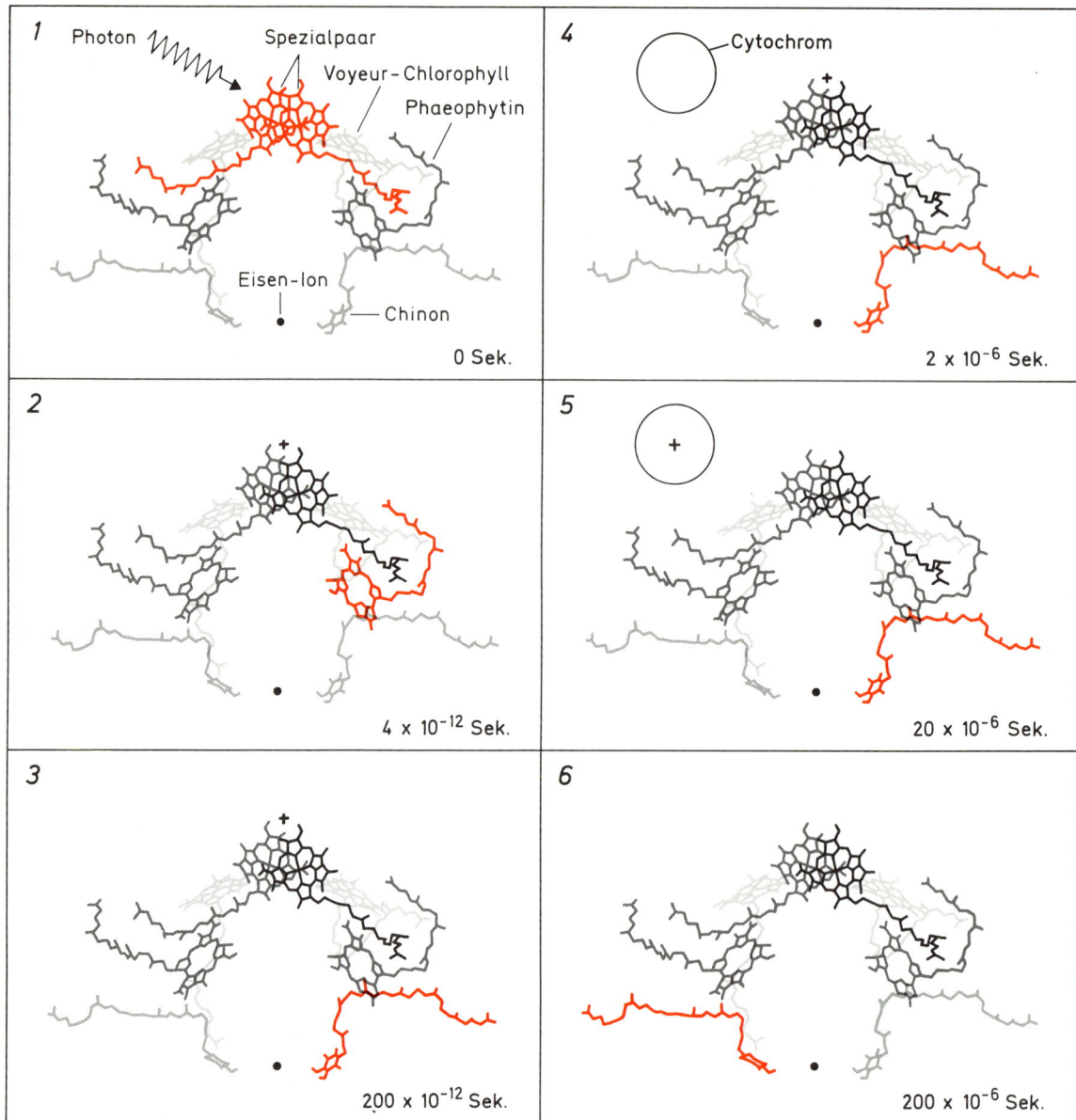

Abb. 2.1.30: Zeitlicher Verlauf des Photoelektronentransportes im Reaktionszentrum von *Rhodopseudomonas viridis* (Rhodospirillaceae). Das jeweils angeregte Molekül ist farbig gezeichnet. (Nach Daten von Deisenhofer, Michel u. Huber nach Youvan u. Marrs, verändert)

Vesikelmembran. Es dient also nur die L-Kette dem Elektronentransport. Auch die außer dem BChl b-Dimer in den beiden Ketten befindlichen Chlorophyllmoleküle sind nicht an der Elektronenwanderung beteiligt («Voyeur-Chlorophylle»); sie dienen evtl. strukturellen Zwecken. Der Elektronenübergang zwischen den Chinonmolekülen der beiden Ketten wird durch ein Fe^{2+}-Ion beschleunigt. Die durch die Ladungstrennung am P_{960}-Dimeren entstandene positive Überschußladung wird durch eine Elektronenübertragung vom Cytochrom-Molekül, das sich frei in Lösung bewegen kann, ausgeglichen. Insgesamt wird durch diese Prozesse eine Ladungstrennung über die Thylakoidmembran erreicht, deren Ausgleich zur Energiegewinnung benutzt werden kann.

Die L- und M-Untereinheiten sind homolog und bestehen aus 273 bzw. 323 Aminosäuren. Sie durchsetzen die Thylakoidmembran fünfmal, während die H-Untereinheit nur mit einer α-Helix die Membran durchzieht.

Es ist anzunehmen, daß sich in der Evolution aus einem heterotrophen Prokaryoten zunächst ein durch den Erwerb von Photosystem I zur cyclischen Photophosphorylierung befähigter Prokaryot entwickelt hat. Später kam dann zunächst die Fähigkeit zum nichtcyclischen Transport von Elektronen aus Substanzen mit noch relativ negativem Redoxpotential auf NAD^+ hinzu, womit schon eine Photoautotrophie an relativ wenigen Standorten (wo diese Reduktionsmittel, z.B.

H₂S, vorhanden waren) möglich wurde. Erst durch die Ergänzung des Photosystems I durch das Photosystem II konnte dann das universell verbreitete Wasser als Reduktionsmittel eingesetzt und die Photosynthese damit zu einem quantitativ dominierenden Prozeß werden. Der als Abfallprodukt der Photosynthese entstehende Sauerstoff reicherte sich von jetzt an allmählich in der Atmosphäre an und ermöglichte in der Folgezeit die Entwicklung aerober Organismen.

Übrigens wird auch beim Ergrünen der Chloroplasten (beim Lichtzutritt zu etioliertem Gewebe, vgl. S. 403 ff.) zuerst das Photosystem I des Photosyntheseapparates gebildet, erst später das Photosystem II.

Bemerkenswerterweise werden lichtgetriebene Protonenpumpen bei Bakterien nicht immer mit Hilfe von Chlorophyll als Quantenfänger betrieben. Bei dem nichtphotosynthetisierenden *Halobacterium halobium* befindet sich unter bestimmten Standortbedingungen (niedere O_2-Konzentration) in der äußeren Zellmembran an distinkten Stellen ein dem Sehfarbstoff Rhodopsin ähnliches Chromoprotein, das durch die ganze Membrandicke hindurch reicht («Purpurmembran»). Mit Hilfe der von diesem Bakterienrhodopsin absorbierten Lichtenergie wird zunächst ein Protonengradient zwischen Zellinnerem und Medium aufgerichtet, dessen Ausgleich als treibende Kraft für ATP-Synthese, Aminosäurenaufnahme und Salzaustausch (Na^+/K^+) dient (Abb. 2.1.31). Dieser Orga-

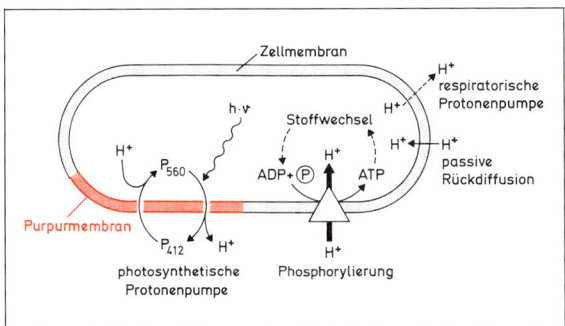

Abb. 2.1.31: Photophosphorylierung bei *Halobacterium halobium*. Durch Absorption eines Lichtquants wird das Bakteriorhodopsin in der Purpurmembran reversibel von der P_{560}- in die P_{412}-Form umgewandelt und dabei ein H^+ in das Außenmedium transportiert («Protonenpumpe»). Der Ausgleich des entstandenen Protonengradienten kann durch eine membrangebundene ATPase zur ATP-Synthese verwendet werden. Bei Anwesenheit von O_2 wird der H^+-Gradient über die Zellmembran durch die Atmung bewerkstelligt. H^+ kann auch passiv, ohne Gewinn verwertbarer Energie, zurückdiffundieren. (Nach Oesterhelt, aus Mohr u. Schopfer)

nismus kann demnach ohne Chlorophyll eine Photophosphorylierung durchführen und auf diese Weise seinen Energiehaushalt entlasten. Um das Cytoplasma der Halobakterien auch bei Volumenvergrößerung mit dem Medium isosmotisch zu halten (etwa 4 M) werden zudem Cl^--Ionen von einer lichtgetriebenen, «Halorhodopsin»-haltigen Pumpe nach innen geschafft. Das gemeinsame Prinzip von Bakterienrhodopsin und Halorhodopsin ist die Schaffung eines relativ hydrophilen, intrahelikalen Raumes, in dem die freie Diffusion von Ionen durch das jeweilige Rhodopsinmolekül gehindert, der Transport von Protonen bzw. Cl^--Ionen aber spezifisch gefördert ist.

Der Weg des Kohlenstoffs bei der Photosynthese

Das Licht hat in der Photosynthese die Aufgabe, in der geschilderten Weise Reduktionsäquivalente und ATP («assimilatory power») bereitzustellen. Für die Fixierung und Reduktion des CO_2 selbst ist das Licht nicht direkt erforderlich. Diese enzymatischen Reaktionen, die sich bei Eukaryoten im Stroma der Chloroplasten abspielen, werden daher oft als «Dunkelreaktionen» der Photosynthese bezeichnet, obwohl sie normalerweise im Licht neben dem Elektronentransport ablaufen und beim Übergang zur Dunkelheit wegen der Erschöpfung der «assimilatory power» und des Substrats für die Carboxylierungsreaktion sehr schnell zum Erliegen kommen. Diese Umsetzungen laufen aber auch ab, wenn man den an ihnen beteiligten Enzymen und Substraten NADPH + H^+ und ATP im Dunkeln zusetzt, statt diese Verbindungen durch belichtete Thylakoide bereitstellen zu lassen.

Wie erwähnt, wird bei der Betrachtung der CO_2-Reduktion der Einfachheit halber meist von einer Hexose als Photosyntheseprodukt ausgegangen, obwohl freie Hexosen in den Chloroplasten kaum auftreten, vielmehr Stärke als Speicherprodukt und andere Zucker (vor allem Saccharose) bzw. Zuckerderivate als Transportkohlenhydrate benutzt werden (S. 275, 370). Außerdem werden neben Kohlenhydraten bei der Photosynthese auch zahlreiche andere Stoffgruppen gebildet (s.u.).

Summarisch läßt sich die CO_2-Verarbeitung mit Hilfe der «assimilatory power» so formulieren:

$6\ CO_2 + 18\ ATP + 12\ NADPH + 12\ H^+ \rightarrow C_6H_{12}O_6 + 18\ ADP + 18\ P_i + 12\ NADP^+ + 6\ H_2O$.

Die Reaktionsfolge ist komplex und umfaßt eine größere Zahl von enzymatisch katalysierten Einzelschritten, wobei nur einige der beteiligten Enzyme spezifisch für den Photosyntheseapparat sind (Abb. 2.1.32, 2.1.33, 2.1.34, 2.1.35). Der Weg des Kohlenstoffs in der Photo-

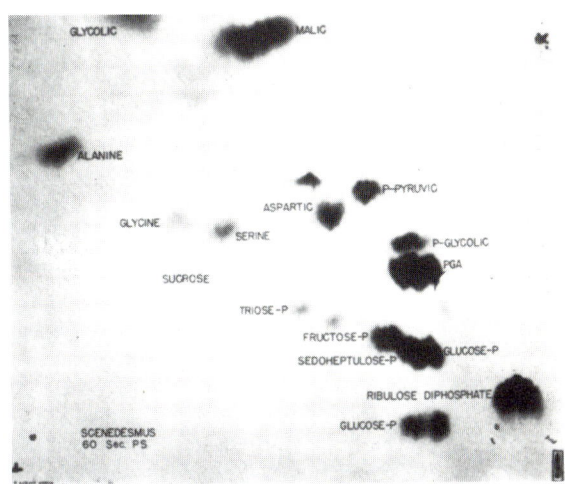

Abb. 2.1.32: Typische Autoradiographie der ^{14}C-markierten löslichen Produkte nach 60 sec Photosynthese von *Scenedesmus* spec. in $^{14}CO_2$. Die Verbindungen waren vor der Autoradiographie zweidimensional papierchromatographisch aufgetrennt worden. (Nach Bassham u. Calvin)

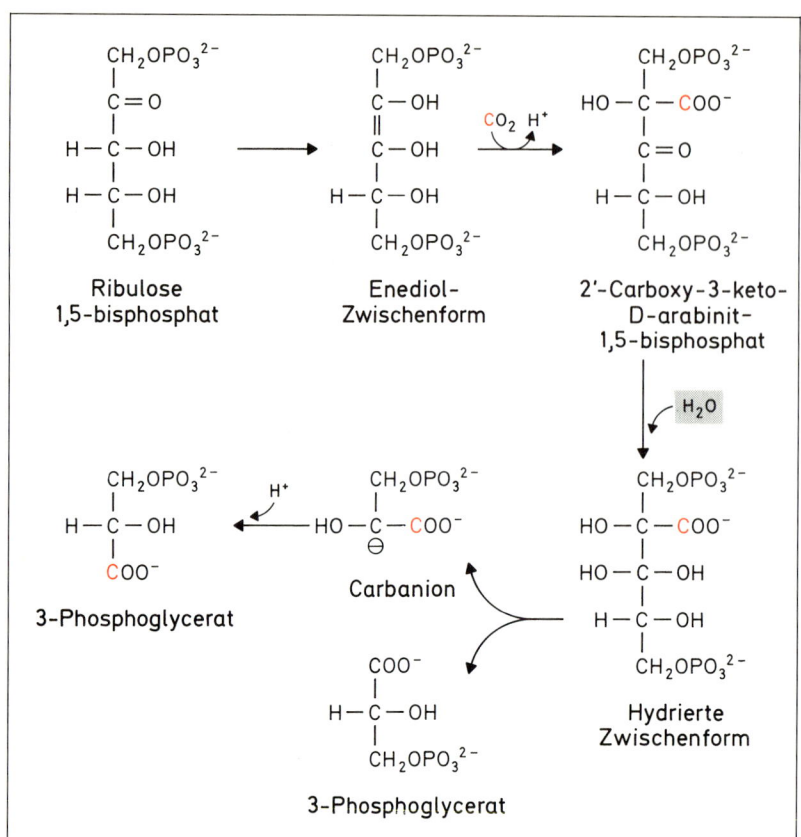

Abb. 2.1.33: Carboxylierungsphase bei der photosynthetischen CO_2-Verarbeitung. Das C-Atom des fixierten CO_2 ist farbig hervorgehoben.

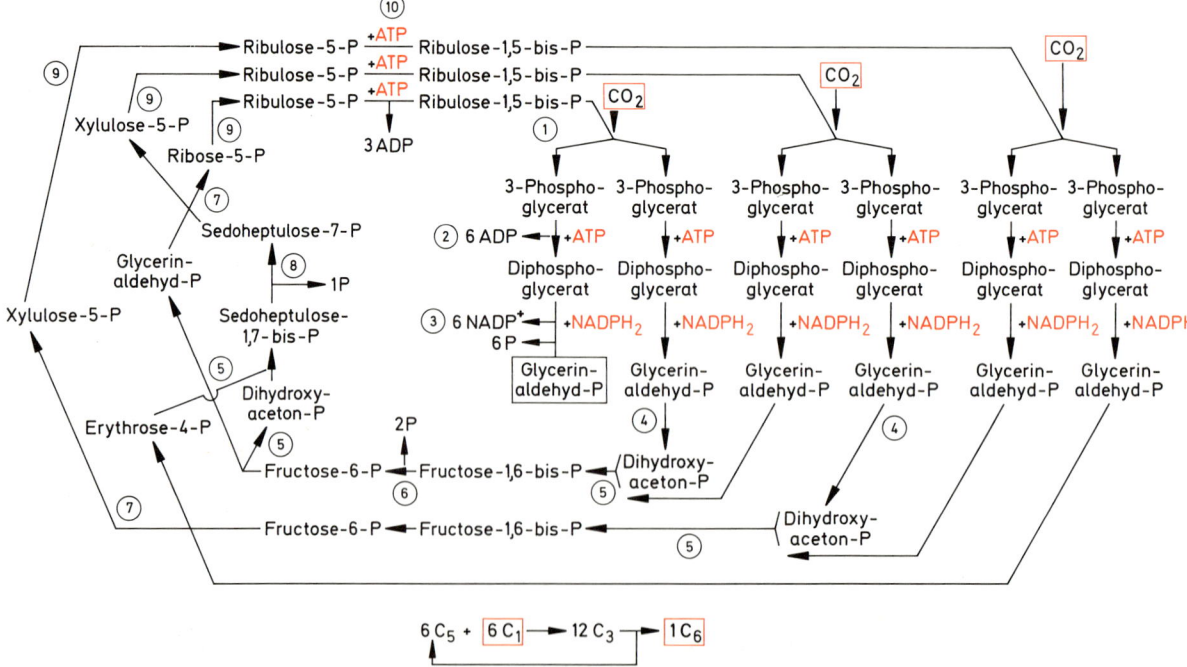

Abb. 2.1.34: Umsetzungen des Calvin-Cyclus, wobei aus Raumgründen nur die Verarbeitung von 3 CO_2 dargestellt ist. Der Nettogewinn ist dabei ein Triosephosphat. Unten ist der zahlenmäßige Umsatz bei Bildung einer Hexose wiedergegeben. Beteiligte Enzyme: (1) RubP-Carboxylase; (2) Phosphoglycerat-Kinase; (3) $NADP^+$-abhängige Glycerinaldehydphosphat-Dehydrogenase; (4) Triosephosphat-Isomerase; (5) Aldolase; (6) Fructosebisphosphat-1-Phosphatase; (7) Transketolase (überträgt in beiden Reaktionen einen C_2-Rest: Glykolaldehydrest; enthält Thiaminpyrophosphat als Cofaktor); (8) Sedoheptulosebisphosphat-1-Phosphatase; (9) Pentose-phosphat-Isomerase; (10) Ribulosephosphat-Kinase.

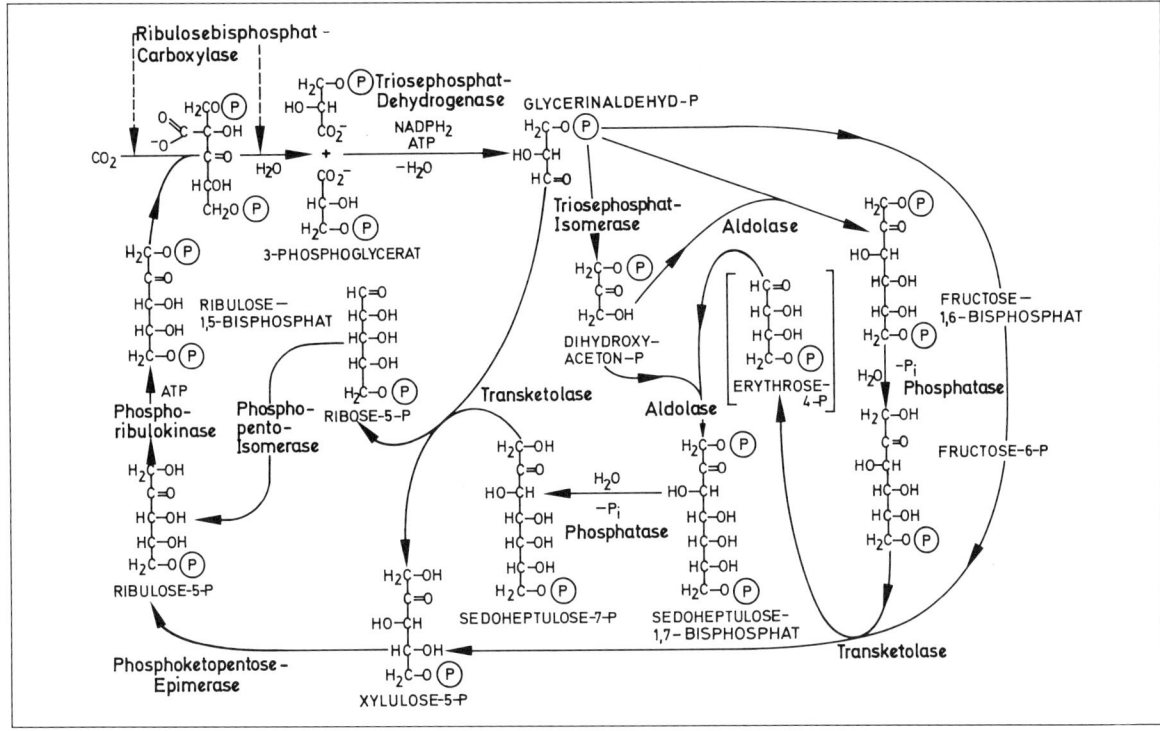

Abb. 2.1.35: Strukturformeln der am Calvin-Cyclus beteiligten Verbindungen.

synthese konnte erst durch Einsatz von radioaktivem $^{14}CO_2$ klargelegt werden. Dabei wurden Algen (später auch isolierte Chloroplasten) sehr kurze Zeit (wenige Sekunden) in $^{14}CO_2$-haltigem Medium belichtet, dann schnell abgetötet und die gebildeten ^{14}C-haltigen Produkte extrahiert, chromatographisch getrennt und durch Positionsvergleich mit authentischen Verbindungen identifiziert (Abb. 2.1.32).

Carboxylierungsphase. Es stellte sich heraus, daß bei den meisten Pflanzen 3-Phosphoglycerat das erste faßbare Photosyntheseprodukt ist. Zwei Moleküle dieser Verbindung entstehen durch Carboxylierung einer C_5-Verbindung, des Ribulose-1,5-bisphosphats (RubP), und hydrolytische Spaltung des extrem instabilen Carboxylierungsproduktes mit verzweigtem Kohlenstoffgerüst, des 2'-Carboxy-3-keto-D-arabinit-1,5-bisphosphats (carboxylierende Phase der Photosynthese; Abb. 2.1.33). Das Hydrierungsprodukt dieses Zwischenproduktes, 2-Carboxy-D-arabinit-1,5-bisphosphat ist ein effektiver Inhibitor der Carboxylierungsreaktion. Der Nettogewinn dieser Carboxylierungsreaktion ist ein organisch gebundenes Kohlenstoffatom, und zwar dasjenige in der Carboxylgruppe eines der beiden entstandenen Phosphoglycerat-Moleküle.

Das carboxylierende Enzym bei diesem Schritt, die RubP-Carboxylase, ist eines der für den Photosyntheseapparat spezifischen Enzyme. Es ist ein wesentlicher Bestandteil des sog. «fraction-1-protein», das den größten Teil der Stromaproteine bildet und bei C_3-Pflanzen bis zu 50% der Gesamtproteine eines Blattextraktes ausmachen kann. Ein Teil des Enzyms ist locker an die Thylakoidmembran gebunden. Die RubP-Carboxylase aus Chloroplasten hat ein Molekulargewicht um 500 000 und ist aus zwei in ihrem Molekulargewicht verschiedenen Untereinheiten zusammengesetzt, von denen die schwere (MG 52 kDa) durch die DNA der Plastiden selbst codiert ist und an den 70 S-Ribosomen der Plastiden (S. 73) synthetisiert wird. Die leichtere Kette (MG 14 kDa) dagegen wird durch die Zellkern-DNA codiert und an den 80 S-Ribosomen des Cytoplasmas synthetisiert. Die native RubP-Carboxylase besteht aus mindestens 8 der schweren und 8 der leichten Untereinheiten. Da das Enzym nur durch Antikörper gegen die schwerere Untereinheit in seiner Aktivität beeinträchtigt wird, wird diesem Bestandteil das aktive Zentrum zugeschrieben; allerdings ist keine der beiden Untereinheiten für sich allein katalytisch wirksam. Das post-translationale Zusammentreten der Untereinheiten der RubP-Carboxylase zum kompletten Enzym vollzieht sich nicht spontan (durch «self-assembly»). Es gibt Anhaltspunkte dafür, daß hier Hilfsproteine (**Chaperonine**) benötigt werden, die vorübergehend mit den Untereinheiten zusammentreten und sie zusammenführen, die aber in der endgültigen Struktur des Proteins nicht enthalten sind.

Das Substrat für die RubP-Carboxylase ist (neben RubP) CO_2, nicht HCO_3^-, mit dem das CO_2 in der Zelle im Gleichgewicht steht:

$$CO_2 \text{ gasförmig} \xrightarrow{①} \boxed{CO_2 \text{ gelöst}} \uparrow \text{Substrat für RubP-Carboxylase}$$

$$H^+ + HCO_3^- \xrightleftharpoons{②}$$

Die Einstellung des Gleichgewichtes der Reaktion 2 wird durch das Enzym **Kohlensäure-Anhydratase** (Carbanhydrase) katalysiert, das sich u.a. auch in den Chloroplasten findet. Es gibt aber bisher keine Hinweise dafür, daß die Aktivität dieses Enzyms bei der Photosynthese geschwindigkeitsbestimmend sein könnte. Die Lage des Gleichgewichts ist pH-abhängig. Durch die innere Membran der Chloroplastenhülle (die das eigentliche Hindernis für den Stoffaustausch der Chloroplasten bildet, s. u.) wird wahrscheinlich CO_2, nicht HCO_3^-, transportiert.

Die Michaelis-Konstante der RubP-Carboxylase für CO_2 ist in vitro 450 μM, das entspricht bei pH 7,5 einem Partialdruck von 1–2% CO_2; dabei erhöht jeder physikalische Widerstand gegen die CO_2-Diffusion den Wert des apparenten K_m. Die CO_2-Konzentration in der Atmosphäre ist aber nur 0,03 Vol. % (entspricht einer Gleichgewichtskonzentration von 10 μM in wäßriger Lösung), also viel zu niedrig, um das Enzym optimal arbeiten zu lassen. Es gibt verschiedene Erklärungen für dieses überraschende Phänomen:

1. Das Enzym arbeitet tatsächlich auch in vivo bei suboptimaler Substratkonzentration.

2. Das Enzym hat in vivo eine höhere Affinität zum CO_2. Dies könnte einerseits auf einer speziellen Form des Enzyms beruhen (die bei der Extraktion verändert würde); es gibt tatsächlich Hinweise, daß in intakten Chloroplasten eine «low K_m»-RubP-Carboxylase vorhanden ist. Auf der anderen Seite könnten die Verschiebungen in der Protonen- und Mg^{2+}-Konzentration im Stroma bei Belichtung (S. 268, 275) die Aktivität des Enzyms beeinflussen; auch hierfür gibt es experimentelle Hinweise. Schließlich ist CO_2 nicht nur ein Substrat, sondern auch ein Aktivator für die RubP-Carboxylase. Dabei bildet CO_2 einen Komplex mit Mg, der wiederum an einen Lysinrest im aktiven Zentrum des Enzyms bindet.

3. Es wurde ein lösliches Protein in Chloroplasten gefunden, die «Rubisco-Activase»; sie fehlt bei Mutanten, deren RubP-Carboxylase nicht mehr durch Licht aktiviert wird. Sie arbeitet bei physiologischen Konzentrationen von CO_2 und Ribulose-bisphosphat.

4. Es könnte ein spezieller CO_2-Konzentrierungsmechanismus im Stroma der Chloroplasten existieren. Dies ist zumindest bei einem speziellen Typus der photosynthetischen CO_2-Fixierung, dem C_4-Typus, der Fall (S. 277 ff.).

Das Produkt der Rubisco-Reaktion, 3-P-Glycerat, wirkt hemmend auf das Enzym.

Reduktionsphase. In der reduktiven Phase der photosynthetischen Kohlenstoffassimilation wird das 3-Phosphoglycerat in Glycerinaldehyd-3-phosphat, also in die Stufe eines Triosephosphats, übergeführt (Abb. 2.1.35). Da diese Reaktion stark endergonisch ist, muß sie mit einer exergonischen gekoppelt werden; es ist dies die Umwandlung des 3-Phosphoglycerats in das 1,3-Diphosphoglycerat, die durch das Enzym Phosphoglycerat-Kinase katalysiert wird. Eine multiple Form dieses Enzyms liegt auch im Cytoplasma vor und ist an der Glykolyse beteiligt (S. 291).

Die eigentliche Reduktion wird durch die $NADP^+$-abhängige Glycerinaldehydphosphat-Dehydrogenase (GAPD) katalysiert, ein Enzym, das wieder für den Photosyntheseapparat spezifisch ist (es fehlt aber den photosynthetisierenden Bakterien). Es wird angenommen, daß das Enzym in den Chloroplasten in zwei ineinander umwandelbaren Formen vorliegt, von denen eine überwiegend NAD^+-, die andere überwiegend $NADP^+$-abhängig ist. Die Aktivität der $NADP^+$-abhängigen (für die Photosynthese bedeutsamen) Form wird durch Belichtung gesteigert, wobei u. a. die erhöhte $NADPH + H^+$-Konzentration wirksam zu sein scheint: Die Aktivierung kann auch im Dunkeln durch $NADPH + H^+$ hervorgerufen werden. Zumeist wird aber derzeit eine reduktive Aktivierung durch einen Elektronenübergang von der photosynthetischen Elektronentransportkette über Thioredoxin auf das zu aktivie-

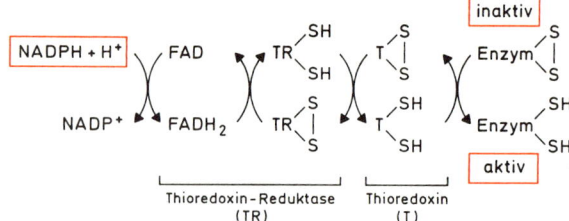

Abb. 2.1.36: (Licht-)Aktivierung von Enzymen (z. B. der Photosynthese) durch eine Reduktion von Disulfidbrücken über eine Redoxkette von $NADH + H^+$ über Thioredoxin (12 kDa-Protein). Die Thioredoxin-Reduktase ist ein Flavoprotein.

rende Enzym angenommen (Abb. 2.1.36). Die NAD^+-spezifische Form der GAPD in den Chloroplasten könnte die Oxidation des Glycerinaldehydphosphats zu 3-Phosphoglycerat im Dunkeln katalysieren. Dieses Enzym ist von der im Cytoplasma aktiven NAD^+-spezifischen GAPD, die bei der Glykolyse wirksam ist (S. 291), verschieden.

Die Akzeptor-regenerierende Phase. Damit die CO_2-Fixierung und -Reduktion kontinuierlich ablaufen kann, muß der Akzeptor für das CO_2, das RubP, laufend regeneriert werden. Durch diese Regenerationsphase wird die Assimilation des Kohlenstoffs in der Photosynthese zu einem Kreisprozeß, der nach seinem Hauptentdecker Calvin-Cyclus, oder – im Gegensatz zu dem in vielen Einzelschritten übereinstimmenden oxidativen Pentosephosphatcyclus (S. 302; Abb. 2.1.37) – reduktiver Pentosephosphatcyclus genannt wird.

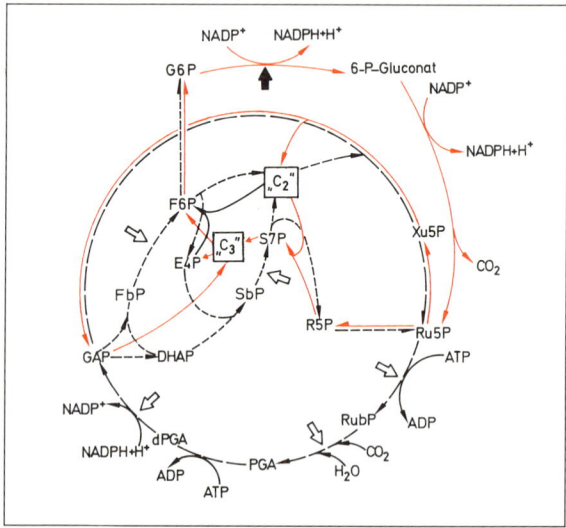

Abb. 2.1.37: Reaktionen des reduktiven (gestrichelt) und des oxidativen (ausgezogen, rot) Pentosephosphatcyclus. Umrandete Pfeile: lichtaktivierte Reaktion. Ausgefüllter Pfeil: lichtgehemmte Reaktion. Abkürzungen: RubP Ribulose-1,5-bisphosphat; PGA 3-Phosphoglycerinsäure; dPGA 1,3-Diphosphoglycerinsäure; GAP Glycerinaldehydphosphat; DHAP Dihydroxyacetonphosphat; FbP Fructose-1,6-bisphosphat; F6P Fructose-6-phosphat; E4P Erythrose-4-phosphat; SbP Sedoheptulose-1,7-bisphosphat; S7P Sedoheptulose-7-phosphat; R5P Ribose-5-phosphat; Ru5P Ribulose-5-phosphat; Xu5P Xylulose-5-phosphat; G6P Glucose-6-phosphat. (Nach Bassham, geändert)

Bei dieser regenerierenden Phase entstehen aus 10 Triosephosphaten letztlich 6 RubP-Moleküle (Abb. 2.1.34, 2.1.35). Als Bilanz für die Assimilation von 6 CO_2-Molekülen haben wir somit die Bildung von 1 Hexose und die Regeneration von 6 C_5-Molekülen.

Von den in der Regenerationsphase beteiligten Enzymen ist eine Reihe auch beim oxidativen Pentosephosphatcyclus aktiv (Abb. 2.1.37). Die für den regenerierenden Teil des Calvin-Cyclus spezifischen Enzyme (Fructosebisphosphat-1-Phosphatase, Sedoheptulosebisphosphat-1-Phosphatase, Ribulosephosphat-Kinase) werden alle durch Licht in ihrer Aktivität gesteigert. Da sie alle Mg^{2+}-abhängig sind, könnte die lichtinduzierte Erhöhung der Mg^{2+}-Konzentration im Stroma der Chloroplasten (und evtl. auch die lichtbedingte pH-Änderung, s. S. 268) für die Lichtaktivierung verantwortlich sein. Von den übrigen Enzymen ist noch die Aldolase erwähnenswert, u. zw. einmal deswegen, weil sich das Chloroplastenenzym von dem im Cytoplasma befindlichen (und bei der Glykolyse beteiligten, S. 291) unterscheidet: Es benötigt im Gegensatz zu diesem Metallionen (Zn^{2+}, Mn^{2+}) zur vollen Aktivität, enthält auf der anderen Seite keinen Lysinrest im aktiven Zentrum. Zum anderen ist die Chloroplastenaldolase nur gegenüber der Ketosekomponente (Dihydroxyacetonphosphat) streng spezifisch, während sie als Aldehyde sowohl Glycerinaldehydphosphat als auch Erythrosephosphat verwerten kann.

Für den Verbleib der «assimilatory power» wesentlich ist, daß die Ribulosephosphatkinase-Reaktion noch ATP verbraucht. Somit ist klar, daß beim Einbau eines CO_2 im Calvin-Cyclus 2 NADPH + 2 H^+ (bei der Reduktion der beiden Triosephosphate) und 3 ATP (2 bei der Phosphoglycerat-Kinase-, 1 bei der Ribulosephosphat-Kinase-Reaktion) verbraucht werden (S. 273).

Die Verarbeitung der Photosynthese-Primärprodukte

Nach den derzeitigen Vorstellungen geht die weitere Verwendung der genannten primären Photosyntheseprodukte vor allem von den Triosephosphaten und vom Hexosephosphat aus. Letzteres (zunächst Fructose-6-phosphat) entsteht durch Kondensation zweier Triosephosphate zum Fructose-1,6-bisphosphat (durch die Aldolase) und nachfolgende Abspaltung eines Phosphatrestes (durch das Enzym Fructosebisphosphat-1-phosphatase) (Abb. 2.1.34). Dieses Enzym wird durch das im Cytosol in nanomolarer Konzentration vorkommende Fructose-2,6-bisphosphat gehemmt (Abb. 2.1.38). Diese Regulatorsubstanz zeigt im Cytosol diurnale Konzentrationsschwankungen, die auf entsprechende Aktivitätsänderungen der synthetisierenden (PFK-2) und abbauenden (FBPase-2) Enzyme zurückgehen. PFK-2 wird z. B. durch Fructose-6-Phosphat und P_i aktiviert, durch 3-Phosphoglycerat und Dihydroxyacetonphosphat gehemmt. Das Fructose-6-phosphat steht mit dem Glucose-6-phosphat in einem durch die Phosphoglucoisomerase, das Glucose-6-phosphat seinerseits wieder mit Glucose-1-phosphat in einem durch die Phosphoglucomutase katalysierten Gleichgewicht (S. 290 f.).

Der weit überwiegende Teil der Photosyntheseprodukte verläßt die Chloroplasten, um den Stoffwechsel der übrigen Kompartimente der photosynthetisierenden Zelle und – nach entsprechendem Transport im Pflanzenkörper – den aller nicht selbst zur Photosynthese befähigten Zellen zu unterhalten. Bei den meisten Pflanzen sind Saccharose oder von ihr abzuleitende Verbindungen die wichtigste Transportform der Kohlenhydrate in den Assimilatleitbahnen der Pflanze (S. 271, 370). Es ist noch nicht endgültig geklärt, ob diese Wanderzucker erst beim Eintritt in die Leitbahnen synthetisiert oder schon im Cytoplasma der photosynthetisierenden Zellen in die endgültige Form gebracht und von hier aus unverändert bis in die Leitbahnen transportiert werden. Die Transportsaccharose wird jedenfalls nicht in den Chloroplasten gebildet; gegen eine solche Annahme spricht einerseits die Undurchlässigkeit der inneren Membran der Chloroplastenhülle für Saccharose, zum andern der Befund, wonach Algenchloroplasten in Symbiose mit tierischen Zellen (S. 376) keine Saccharose bilden können. Die Hauptexportsubstanzen aus den Chloroplasten sind Dihydroxyacetonphosphat, 3-Phosphoglycerat und Glykolat (in dieser Rangfolge), wobei ein gruppenspezifischer Träger in der inneren Membran der Chloroplastenhülle (Phosphat-Carrier, S. 296) den Transport der phosphorylierten Verbindungen im Austausch gegen anorganisches Phosphat (P_i) bewerkstelligt. Ein ähnliches Trägersystem wird für die Amyloplastenmembran angenommen. Dies erklärt, warum die CO_2-Fixierung durch isolierte Chloroplasten Substratmengen an P_i benötigt. Im Cytoplasma kann dann Saccharose gebildet werden (Abb. 2.1.38).

Die Biosynthese der Saccharose erfolgt nicht durch direkte Reaktion eines Glucosephosphats mit Fructose, etwa nach:

Glucose-1-phosphat + Fructose = Saccharose + P_i.

Diese Reaktion, die in Bakterien durch das Enzym Saccharose-Phosphorylase katalysiert wird, verläuft normalerweise von rechts nach links und dient dem Abbau der Saccharose. Die Synthese des Disaccharids geht dagegen von einer an ein Nucleosidbisphosphat gebundenen Glucose aus, die entweder auf Fructose (durch die Saccharose-Synthase) oder – bevorzugt – auf Fructose-6-phosphat (durch die in ihrer Aktivität diurnal schwankende Saccharosephosphat-Synthase) übertragen wird (Abb. 2.1.38). Das im zweiten Falle entstehende Saccharosephosphat wird durch eine Phosphatase in freien Rohrzucker übergeführt. Die Freisetzung von P_i bei der cytoplasmatischen Saccharosesynthese mittels der Saccharosephosphat-Synthase und die Rückkehr über den Phosphattranslokator in die Chloroplasten wird als begrenzende Reaktion für die Photosynthese bei Licht- und CO_2-Sättigung betrachtet (vor allem bei tieferen Temperaturen). Die Fixierungsraten unter diesen Bedingungen betragen etwa 300–400 μmol CO_2 pro mg Chlorophyll und Stunde, erreichen gelegentlich aber 700 μmol. Höhere Werte findet man noch bei marinen Mikroalgen.

Die Saccharosespeicherung im Parenchym des Zuckerrohres kommt derart zustande, daß im Cytoplasma zunächst Saccharosephosphat synthetisiert und danach der Saccharoserest aktiv durch den Tonoplasten in die Vacuole transportiert wird; es scheint sich dabei um einen Zucker/Proton-Cotransport zu handeln.

Kann der Abtransport der Photosyntheseprodukte mit ihrer Entstehung nicht Schritt halten, so wird der Überschuß (bis zu 30 % der Photosyntheseprodukte) im Chloroplastenstroma in Form von Stärke gespeichert (Abb. 2.1.42). Diese primäre oder Assimilations-

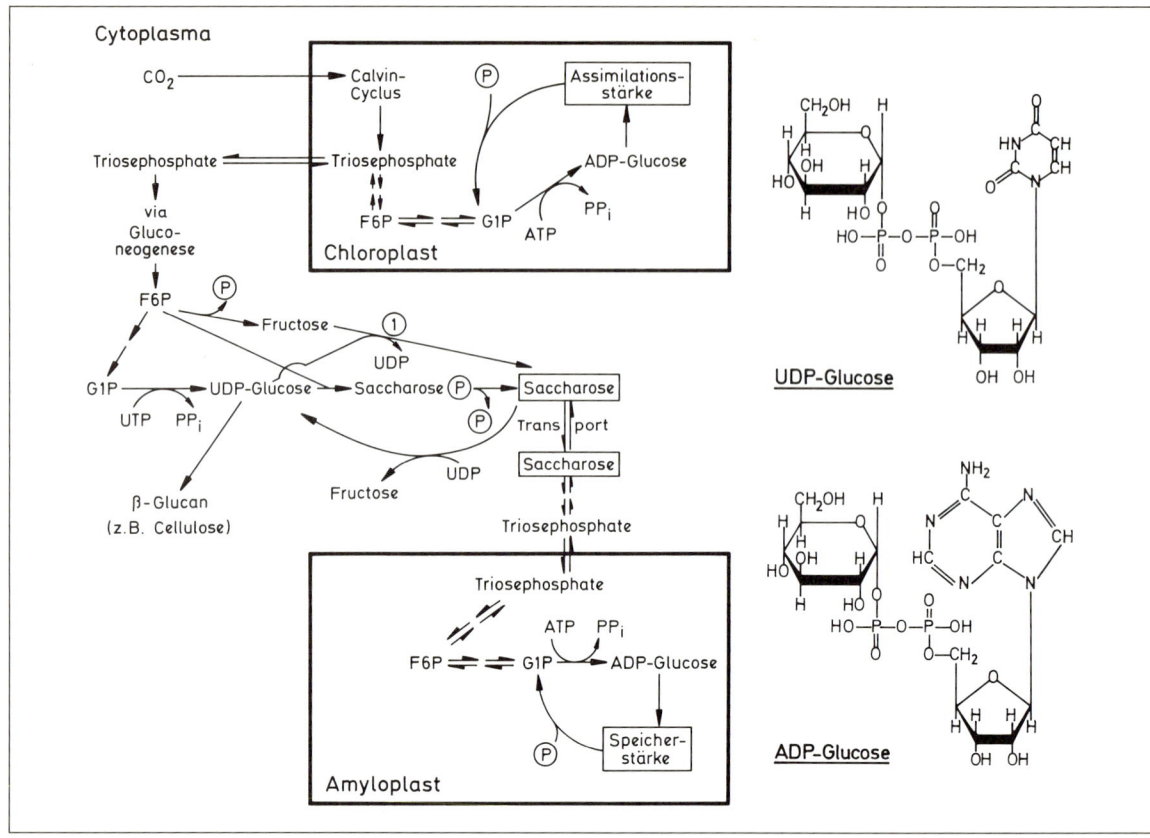

Abb. 2.1.38: Bildung von Assimilations- und Speicherstärke sowie von Struktur-Polysacchariden in verschiedenen Zellkompartimenten. (1) Saccharose-Synthase-Reaktion. (2) Fructose-2,6-bisphosphat-Phosphatase-2 (FBPase-2). (3) Phosphofructokinase-2 (PFK-2).

stärke wird in der Dunkelphase meist vollständig abgebaut («transitorische Stärke») und ihre Mobilisierungsprodukte werden abtransportiert.

Auch die Synthese der Stärke geht in den Plastiden vermutlich nicht vom Hexosephosphat aus, etwa nach:

$(Gluc)_n$ + Glucose-1-phosphat = $(Gluc)_{n+1}$ + P_i,
$\Delta G'_0$ = ca. −3 kJ,

wobei $(Gluc)_n$ hier für ein α-1,4-Glucan steht (S. 95). Die Stärkephosphorylase, die diese Reaktion katalysiert, scheint vielmehr ganz überwiegend den Abbau der Stärke zu bewerkstelligen (S. 296 f.), weil in den Plastiden die Konzentration des anorganischen Phosphats zu hoch liegt, um die Reaktion in Richtung der Synthese ablaufen zu lassen.

Die Stärkesynthese (in den Chloroplasten wie in den Amyloplasten, S. 114 f.) geht, wie die Saccharosesynthese, vom Nucleosidbisphosphatzucker aus, und zwar von ADP-Glucose. Diese Verbindung wird analog zu der Synthese der Uracildiphosphat-Glucose gebildet:

Glucose-1-phosphat + ATP →
ADP-Glucose + Pyrophosphat (→ 2 P_i).

Das verantwortliche Enzym, die ADP-Glucose-Synthetase, ist ein allosterisch reguliertes Enzym (S. 248, 316), das z.B. durch anorganisches Phosphat inhibiert wird. Da im Dunkeln der Phosphatspiegel in den Chloroplasten steigt, könnte auf diese Weise die Synthese der Stärke zugunsten des Abbaues gehemmt werden.

Für die Knüpfung der α-1,4-glykosidischen Bindungen bei der Synthese der Amylose und des Amylopectins ist die «Stärkesynthase» verantwortlich; sie katalysiert die Übertragung eines Glucosylrestes von ADP-Glucose auf das nichtreduzierende Ende eines nieder- oder hochmolekularen α-1,4-Glucans («Startermolekül», «primer»), wobei eine α-1,4-glykosidische Bindung geknüpft wird.

Die Bildung der 1,6-Verzweigungen im Amylopectin (S. 115) bewirkt ein Verzweigungsenzym («Q-Enzym»).

Das Glykogen (S. 115), das photosynthetisierende Bakterien im Cytoplasma als Photosyntheseprodukt bilden, wird analog zum Amylopectin durch zwei Enzyme aufgebaut, wobei sich das Verzweigungsenzym von dem der Amylopectinbildner unterscheidet und für die stärkere Verzweigung des Glykogens gegenüber dem Amylopectin verantwortlich ist.

Weitere Einzelheiten des Kohlenhydratstoffwechsels werden später besprochen (S. 349 ff.).

Aus den Primärprodukten der Photosynthese, z.B. Phosphoglycerat, den Triosephosphaten oder Zwischengliedern des regenerativen Cyclus kann eine große Zahl verschiedener Stoffgruppen, z.B. organische Säuren, Aminosäuren, Lipid- und Nucleinsäurekomponenten, sehr schnell synthetisiert werden. Derartige Verbindungen lassen sich deshalb schon nach kurzen Photosynthesezeiten nachweisen (Abb. 2.1.32).

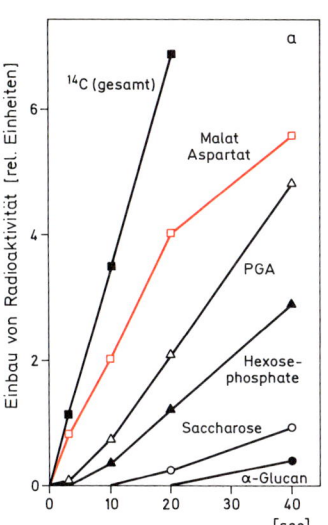
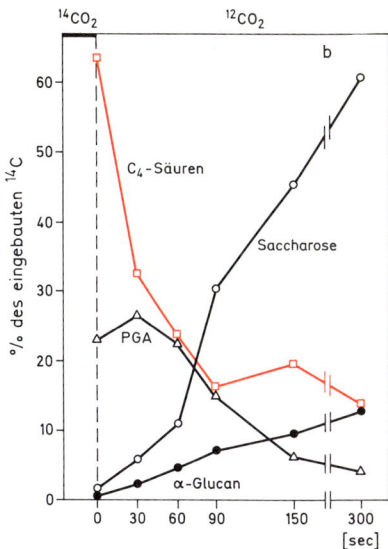

Abb. 2.1.39: Einbau von ^{14}C in verschiedene Verbindungen bei C_4-Pflanzen nach verschieden langer Photosynthese in $^{14}CO_2$. a) Zuckerrohrblätter bei «steady-state» Photosynthesebedingungen (Abszisse gibt Photosynthesedauer in $^{14}CO_2$ an). b) *Sorghum*-Blätter assimilierten 15 sec in $^{14}CO_2$ und dann verschieden lange Zeit in $^{12}CO_2$ («pulse-chase-labelling»). In beiden Fällen findet sich bei sehr kurzen Fixierungszeiten die Radioaktivität vorwiegend in C_4-Säuren, erst später in PGA und schließlich in Saccharose (vorläufiges Endprodukt). (Nach Hatch)

Vorgeschaltete CO_2-Fixierung bei C_4-Pflanzen

Wie bereits angedeutet, haben verschiedene Pflanzen in den Blättern einen CO_2-Konzentrierungsmechanismus entwickelt, der es ihnen erlaubt, an den Orten der endgültigen CO_2-Fixierung durch die RubP-Carboxylase eine hohe stationäre CO_2-Konzentration aufrechtzuerhalten und damit das CO_2-Defizit dieses Enzyms (S. 274) zu verringern oder aufzuheben.

Bei Pflanzen dieses Photosynthesetyps findet sich der Hauptanteil der Radioaktivität nach sehr kurzer Photosynthesedauer in $^{14}CO_2$ nicht im Phosphoglycerat, sondern in Malat oder Aspartat (Abb. 2.1.39), also in Verbindungen mit 4 C-Atomen («C_4-Typ» der Photosynthese); Phosphoglycerat wird erst später radioaktiv markiert.

Bei den Arten dieses Photosynthesetyps wird das CO_2 zunächst mittels der Phosphoenolpyruvat-(PEP)-Carboxylase fixiert (Abb. 2.1.40). Die Aktivität dieses Enzyms ist bei den C_4-Pflanzen ca. 20 mal höher als bei den Pflanzen mit 3-Phosphoglycerat (PGA) als erstem Fixierungsprodukt (C_3-Pflanzen). Die PEP-Carboxylase wird bei den C_4- (wie bei den CAM-, S. 281) Pflanzen durch Phosphorylierung aktiviert und ist in diesem Zustand auch weniger empfindlich gegen die Hemmung durch Malat (S. 281). Die verantwortliche Kinase wird bei C_4-Pflanzen durch Licht aktiviert (bei CAM-Pflanzen inaktiviert).

Das bei der PEP-Carboxylierung zuerst entstehende Oxalacetat wird sofort weiterverarbeitet, und zwar artspezifisch entweder vorwiegend zu Malat (durch die Tätigkeit der Malat-Dehydrogenase, die in den Chloroplasten NADP$^+$-spezifisch ist) oder zu Aspartat (durch die Oxalacetat-Aspartat-Transaminase).

Die C_4-Pflanzen sind durch eine charakteristische Blattanatomie ausgezeichnet («Kranztyp»): Die Leitbündel sind kranzförmig von einer Scheide aus großen Zellen umgeben, deren Chloroplasten sich von denen der Mesophyllzellen durch ihre Größe, bei den Malatbildnern durch das Fehlen der Grana und durch reichliche Stärkebildung auszeichnen (Abb.

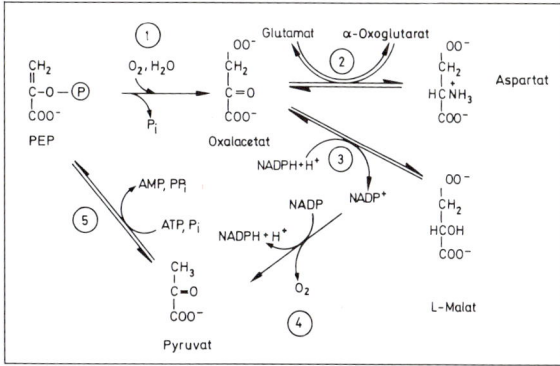

Abb. 2.1.40: Reaktionen im Zusammenhang mit der Phosphoenolpyruvat (PEP)-Carboxylierung. Beteiligte Enzyme: (1) Phosphoenolpyruvat-Carboxylase; (2) Oxalacetat-Aspartat-Transaminase; (3) NADP$^+$-abhängige Malatdehydrogenase; (4) Malatenzym; (5) Pyruvat-Phosphat-Dikinase (diese Reaktion kann durch eine Pyrophosphatase, die das entstehende Pyrophosphat (PP$_i$) spaltet, in Richtung PEP-Synthese gefördert werden).

2.1.41 und 2.1.42). Fossile *Poaceae* mit Kranz-Anatomie wurden schon für das Miocän (vor 7–5 Millionen Jahren) nachgewiesen.

Die für die Überführung von PEP in Malat bzw. Aspartat notwendigen Enzyme sind vorwiegend in den Mesophyll-Chloroplasten lokalisiert (Tab. 2.1.9), so daß man annimmt, das in den Interzellularen herangeführte CO_2 werde zunächst in den Mesophyllzellen fixiert, und die gebildeten C_4-Säuren würden sodann (vermutlich über die hier zahlreichen Plasmodesmen) von den Mesophyllzellen in die Leitbündelscheiden transportiert. Hier würden sie dann wieder decarboxyliert und das freigesetzte CO_2 darauf über die RubP-Carboxylase und den Calvin-Cyclus in der üblichen Weise verarbeitet (Abb. 2.1.43). In den Mesophyll-Chloroplasten ist zwar noch die DNA für die größere Untereinheit der RubP-Carboxylase vorhanden, doch fehlt die entsprechende mRNA. Die Spaltung des Malats erfolgt durch das Malatenzym, wobei neben CO_2 Pyruvat und NADPH + H$^+$ entstehen (Abb. 2.1.40, 2.1.43). Das NADPH + H$^+$ wird im Calvin-Cyclus für die Reduktion der PGA verwendet. Dies ist insofern von besonderer Bedeu-

278 · Physiologie des Stoff- und Energiewechsels

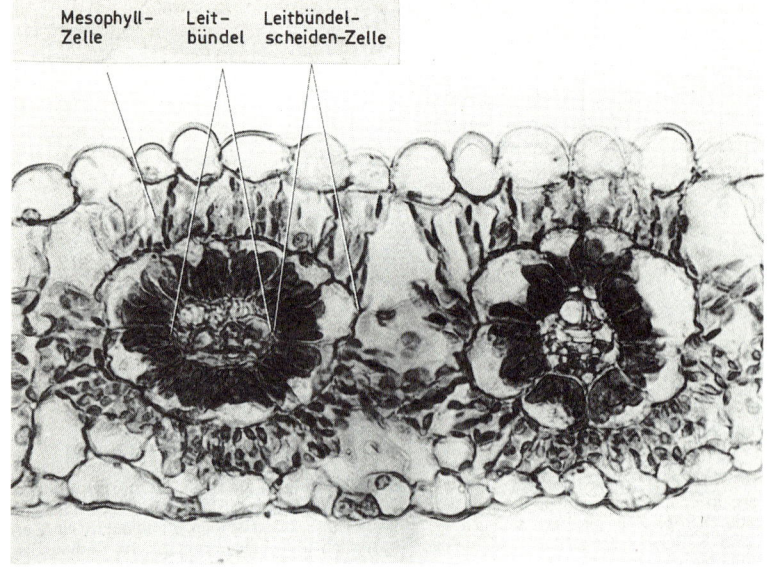

Abb. 2.1.41: «Kranzanatomie» bei einer C$_4$-Pflanze (*Amaranthus edulis*). Die Zellen der Leitbündelscheide umgeben auf dem Blattquerschnitt kranzartig die Leitbündel und heben sich deutlich von den Mesophyllzellen ab. Beachte die Größenunterschiede der Chloroplasten in den Leitbündelscheiden- und den Mesophyllzellen. (Nach Laetsch)

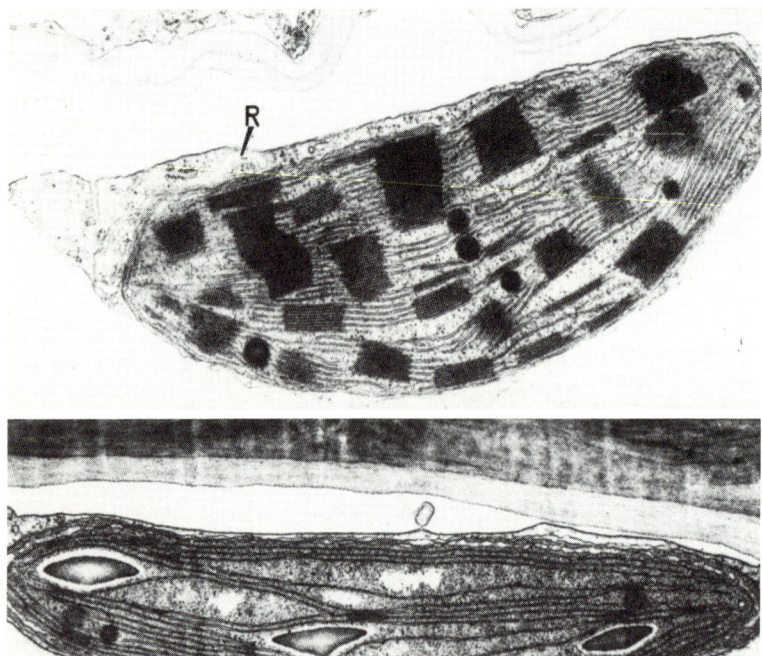

Abb. 2.1.42: Feinstruktur der Mesophyll- (oben) und der Bündelscheiden-Chloroplasten (unten) in einem Maisblatt. Beachte außer den Größenunterschieden auch das Fehlen der Grana in den Bündelscheiden-Chloroplasten, der Stärke in den Mesophyll-Chloroplasten sowie das Auftreten von anastomosierenden Tubuli am Rand der Chloroplasten (R). Dieses «periphere Reticulum» ist meist in den Mesophyll-Chloroplasten besser entwickelt. Markierungsstrich = 1 μm. (Nach Bishop, Andersen u. Smillie)

tung, als bei den C$_4$-Arten mit fehlenden Grana auch nur wenig Chlorophyll b vorhanden ist und das Photosystem II nicht normal funktioniert, so daß der Elektronentransport von Wasser auf NADP$^+$ behindert ist. Das Malat versorgt die Bündelscheidenzellen also nicht nur mit CO$_2$, sondern auch mit Reduktionsäquivalenten. Allerdings kann mit Hilfe des durch das Malatenzym aus Malat gebildeten NADPH + H$^+$ nur die Hälfte der entstehenden PGA reduziert werden; die andere Hälfte wird vielleicht in die Mesophyllzellen transportiert, dort reduziert und als Triosephosphat zurückgebracht (Abb. 2.1.43).

Bei denjenigen Pflanzen, die als erstes CO$_2$-Fixierungsprodukt überwiegend Aspartat aufweisen, wird das Transport-Aspartat in der Leitbündelscheide zunächst wieder in Oxalacetat übergeführt; dieses wird bei bestimmten Arten (Tab. 2.1.10) durch eine PEP-Carboxykinase unter ATP-Verbrauch zu PEP decarboxyliert:

Oxalacetat + ATP → Phosphoenolpyruvat + CO$_2$ + ADP

Bei den Gräsern dieses Typus liegen die Chloroplasten stets zentrifugal in den Scheidenzellen. Bei anderen Arten läuft in den (sehr zahlreichen) Mitochondrien der Scheidenzellen die

Tab. 2.1.9: Bevorzugte Lokalisierung einiger Enzyme in den beiden Chloroplastentypen von C_4-Pflanzen. (Nach Kindl u. Wöber; ergänzt)

Mesophyll-Chloroplasten	Bündelscheiden-Chloroplasten
PEP-Carboxylase	RubP-Carboxylase
Malat-Dehydrogenase (NADP$^+$)[1]	Malatenzym
Oxalacetat-Aspartat-Transaminase[1]	Aldolase
Pyruvat-Phosphat-Dikinase	Stärke-Synthase
Glycerinaldehydphosphat-Dehydrogenase (NADP$^+$)	RubP-Kinase
	Glycerinaldehydphosphat-Dehydrogenase (NADP$^+$)

[1] Chloroplasten mit hohem Spiegel an Malat-Dehydrogenase enthalten geringe Transaminase-Aktivität und umgekehrt.

Reaktionsfolge Aspartat → Oxalacetat → Malat → Pyruvat + CO_2 ab, wobei die letzte Umsetzung von einer NAD$^+$-abhängigen Malat-Dehydrogenase katalysiert wird. Bei den Gräsern dieses Typs sind die Chloroplasten zentripetal angeordnet. Das jeweils freigesetzte CO_2 wird im Calvin-Cyclus verarbeitet. Die Chloroplasten der Leitbündelscheiden haben bei diesen Pflanzen normale Grana und sind offenbar in der Lage, das im Calvin-Cyclus benötigte NADPH + H$^+$ ausreichend zu produzieren. Bei den Gräsern des NADP-Malatenzym- und des PEP-Carboxykinase-Typs ist in die Zellwand zwischen Mesophyll- und Bündelscheidenzellen eine Suberinlamelle eingelagert. Sie wird als Barriere vor allem für den CO_2-Austritt aus den Bündelscheiden betrachtet.

Es wird angenommen, daß bei den Malatpflanzen das Pyruvat, bei den Aspartatpflanzen aber entweder PEP oder Alanin (in das Pyruvat durch Transaminierung – S. 354 – umgewandelt wird) von den Bündelscheiden wieder in die Mesophyllzellen zurückwandert. Hier wird aus Pyruvat (in das auch bei den Aspartatpflanzen das Alanin wieder umgewandelt wird) durch die Pyruvat-Phosphat-Dikinase (Abb. 2.1.43) wieder PEP regeneriert. Bei den C_4-Pflanzen vollzieht sich demnach ein umfangreicher Transport im parenchymatischen Bereich; seine Triebkraft könnten die jeweiligen Konzentrationsgefälle der Wandersubstanzen sein, die ja am Zielort umgewandelt werden.

Die C_4-Pflanzen (Malatbildner) brauchen bei der Photosynthese nicht wie die C_3-Pflanzen 3 ATP und 2 NADPH + 2 H$^+$ pro CO_2, sondern 5 ATP und 2 NADPH + 2 H$^+$, und zwar 2 ATP + 1 NADPH + H$^+$ in den Mesophyll-Chloroplasten, 3 ATP + 1 NADPH + H$^+$ in den Bündelscheidenchloroplasten. Mit diesem verstärkten Energieaufwand wird die Konzentrierungsarbeit des CO_2 in den Bündelscheidenzellen erkauft, in deren Folge die RubP-Carboxylase optimal arbeiten kann. Dies ist vor allem wichtig in den Fällen, wo die CO_2-Konzentration der Minimumfaktor der Photosynthese ist, z.B. bei Lichtsättigung der Photosynthese oder bei Erhöhung der Diffusionswiderstände für den CO_2-Eintritt in das Blatt (Verengung der Stomaweite bei Wassermangel, vgl. S. 286, 463). Es ist daher verständlich, daß C_4-Pflanzen vor allem in trockenen und

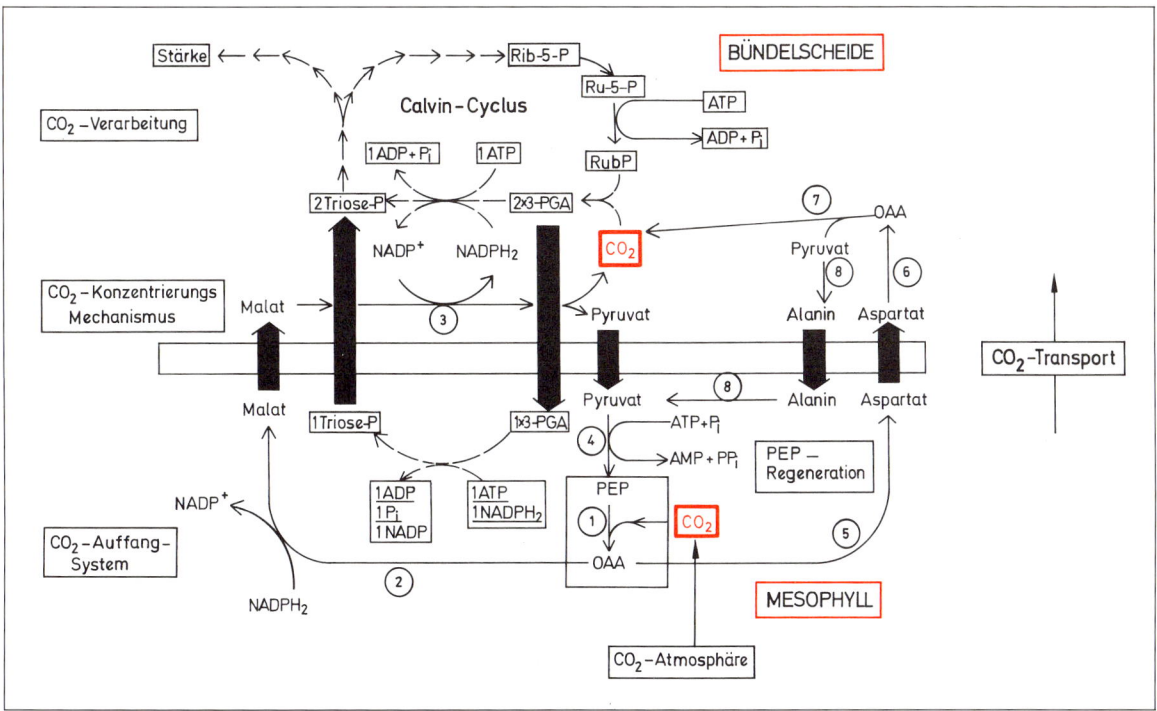

Abb. 2.1.43: Umsetzungen in den Mesophyll- und Bündelscheidenzellen im Blatt einer C_4-Pflanze (Malat- bzw. Aspartat-Typus). Abkürzungen vergl. Abb. 2.1.40, ferner: PEP Phosphoenolpyruvat; OAA Oxalacetat. Gekennzeichnete Enzyme: (1) PEP-Carboxylase; (2) NADP$^+$-abhängige Malat-Dehydrogenase; (3) Malatenzym; (4) Pyruvat-Phosphat-Dikinase; (5), (6) Oxalacetat-Aspartat-Transaminase; (7) nicht näher charakterisiertes Enzym, das Oxalacetat decarboxyliert; (8) Pyruvat-Alanin-Transaminase.

Tab. 2.1.10: Untergruppen der C_4-Arten hinsichtlich der Art und des Schicksals des primären Fixierungsproduktes.
MZ = Mesophyllzellen, BZ = Bündelscheidenzellen.

Primäres CO_2-Fixierungsprodukt (in MZ gebildet, zu BZ wandernd)	Decarboxylierendes Enzym	Reduktionsäquivalente bzw. ATP bei Decarboxylierung	Hauptwandersubstanz BZ → MZ	Cytologische Besonderheiten der BZ (bei Gräsern)	Art (Beispiele)
Malat	NADP-Malatenzym	Bildung von 1 $NADPH_2$ pro CO_2	Pyruvat	Suberinlamelle vorh., Chloroplasten mit reduzierten Grana, zentrifugal	*Zea mays, Saccharum officinarum, Sorghum bicolor, Digitaria sanguinalis*
Aspartat	NAD-Malatenzym	Bildung von 1 $NADH_2$ pro CO_2	Alanin/Pyruvat	Suberinlamelle fehlt, Chloroplasten mit Grana, zentripetal	*Amaranthus retroflexus, Portulaca oleracea, Panicum miliaceum*
Aspartat	PEP-Carboxykinase	Verbrauch von 1 ATP pro CO_2	PEP/Alanin	Suberinlamelle vorh., Chloroplasten mit Grana, zerstreut o. zentrifugal	*Panicum maximum, Chloris gayana*

in stark besonnten Gegenden vertreten sind. Zudem ertragen sowohl PEP-Carboxylase wie Pyruvat-Phosphat-Dikinase hohe Temperaturen. Da die PEP-Carboxylase eine viel größere Affinität zum CO_2 hat (K_m-Wert für CO_2: 70 μM) als die RubP-Carboxylase (K_m-Wert: 450 μM), kann dieses Enzym noch bei CO_2-Konzentrationen die Photosynthese in Gang halten, bei denen die RubP-Carboxylase praktisch nicht mehr arbeitet. In einem abgeschlossenen, belichteten Raum hungern C_4-Pflanzen im Experiment die C_3-Pflanzen daher bei längerer Versuchsdauer aus. Die in einem solchen Fall erreichte minimale CO_2-Konzentration (bei der sich der CO_2-Verbrauch der Photosynthese und die CO_2-Produktion durch die «Photorespiration» (s.u.) gerade die Waage halten: CO_2-Kompensationspunkt) liegt bei C_3-Pflanzen bei etwa 50 μl/l, bei C_4-Pflanzen aber bei etwa 5 μl/l («low-compensation-point»-Pflanzen).

Die geringe O_2-Produktion in den Leitbündelscheiden mancher C_4-Pflanzen (Wegfall des Photosystems II) und die hohe CO_2-Konzentration (zwischen 160 und 990 μM) unterdrücken die Photorespiration (S. 281f.); C_4-Pflanzen haben daher in der Lichtphase geringere Substanzverluste und dadurch eine größere Ökonomie in der Assimilatverwertung (Tab. 2.1.11).

Arten des C_4-Typs der Photosynthese sind an verschiedenen Stellen des Pflanzensystems anzutreffen, wobei sie in einigen Verwandtschaftskreisen gehäuft auftreten, z.B. bei den *Poaceae* (u.a. Mais, Zuckerrohr), den *Amaranthaceae* und den *Chenopodiaceae*. Es gibt aber auch Gattungen, die C_3- und C_4-Arten umfassen (z.B. *Atriplex, Heliotropium*). In der Gattung *Euphorbia* kommen sogar C_3-, C_4- und CAM-Arten vor.

Für die Identifizierung der C_4-Pflanzen zieht man die Bestimmung der primären Photosyntheseprodukte bei Kurzzeit-$^{14}CO_2$-Fixierung, die Blattanatomie, die Bestimmung des CO_2-Kompensationspunktes, das Fehlen einer Photosyntheseförderung bei Erniedrigung des O_2-Partialdruckes (S. 281f.) oder schließlich die Bestimmung des Anteils von ^{13}C und ^{12}C im Kohlenstoff der Pflanze heran. Die letztgenannte Methode beruht auf der Tatsache, daß die Pflanzen bei der Photosyn-

Tab. 2.1.11: Ökonomie des Wasserverbrauches und Wuchsleistungen von höheren Pflanzen verschiedener Photosynthesetypen. (Nach Osmond u. Ziegler).

Stoffwechselweg	Ökonomie des Wasserverbrauches (gH_2O/g Trockengew.)	Wuchsleistung (g/m^2 Blattoberfläche · Tag)
C_3-Pflanzen	610	53–76
C_4-Pflanzen	300	51–78
CAM-Pflanzen		
CO_2-Fixierung im Licht und Dunkeln	240	20[1]
CO_2-Fixierung nur im Dunkeln	33	extrem gering

[1] Vegetative Produktion von *Ananas* bei intensiver Bewässerungskultur.

these die natürlich vorkommenden Isotope des Kohlenstoffs (im CO_2 der Atmosphäre sind 98,89% ^{12}C und 1,11% ^{13}C) nicht gleich willig aufnehmen: $^{12}CO_2$ wird gegenüber dem $^{13}CO_2$ (und noch mehr gegenüber dem $^{14}CO_2$) bevorzugt. Die Diskriminierung des $^{13}CO_2$ ist bei der CO_2-Fixierung durch die RubP-Carboxylase größer als bei der durch die PEP-Carboxylase. Da bei den C_4-Pflanzen die RubP-Carboxylase praktisch das ganze von der PEP-Carboxylase vorfixierte CO_2 verwertet, entspricht der ^{13}C-Anteil der C_4-Pflanzen dem der Produkte der PEP-Carboxylase-Reaktion, während der der C_3-Pflanzen durch die RubP-Carboxylase bestimmt wird. C_4-Pflanzen haben demnach einen relativ höheren ^{13}C-Anteil; sie sind hinsichtlich des Kohlenstoffs schwerer als C_3-Pflanzen.

Das $^{13}C/^{12}C$-Verhältnis wird massenspektrometrisch bestimmt und im $\delta^{13}C$-Wert ausgedrückt:

$$\delta^{13}C\,[\text{‰}] = \left[\frac{^{13}C/^{12}C \text{ der Probe}}{^{13}C/^{12}C \text{ des Standards}} - 1\right] \times 1000,$$

wobei der Standard ein definierter Kalkstein ist. Je negativer der $\delta^{13}C$-Wert, desto geringer ist der ^{13}C-Anteil. Die C_4-Pflanzen haben $\delta^{13}C$-Werte um −14 ‰, die C_3-Pflanzen um −28 ‰. Da das Zuckerrohr eine C_4-, die Zuckerrübe aber eine C_3-Pflanze ist, kann durch Bestimmung des ^{13}C-Gehaltes z.B. die Herkunft von Rohrzucker massenspektrometrisch bestimmt werden.

Vorgeschaltete CO₂-Fixierung bei Pflanzen mit diurnalem Säurerhythmus

Viele Pflanzen mit Wasserspeichergeweben («Succulenten», S. 216), und zwar solche, welche Chloroplasten und große Vacuolen in derselben Zelle haben, bilden und speichern in der Nacht organische Säuren (vorwiegend Malat), setzen bei Tag das CO₂ und die Reduktionsäquivalente wieder frei und verwerten sie im Calvin-Cyclus. Da dieser Stoffwechselweg auch bei Crassulaceen vertreten ist, wird er als «Crassulacean acid metabolism» (**CAM**) bezeichnet. Die Vorgänge bei den meisten dieser CAM-Pflanzen entsprechen weitgehend denen bei den C₄-Pflanzen (Abb. 2.1.44), nur sind die CO₂-Vorfixierung durch die PEP-Carboxylase und die endgültige CO₂-Fixierung nicht räumlich (Mesophyll/Leitbündelscheide), sondern zeitlich getrennt. Bei allen CAM-Pflanzen läuft nachts die PEP-Bildung (auf glykolytischem Wege auf Kosten von Stärke, vgl. S. 290 f.) und die PEP-Carboxylierung im Cytoplasma ab. Bei der Decarboxylierung am Tage gibt es wie bei der C₄-Photosynthese drei Typen: NADP-Malatenzym (z.B. *Cactaceae, Agavaceae*), NAD-Malatenzym (z.B. *Crassulaceae*) und PEP-Carboxykinase (z.B. *Asclepiadaceae, Bromeliaceae, Liliaceae*). Die Refixierung des im Licht durch eines dieser Enzyme freigesetzten CO₂ durch die PEP-Carboxylase statt durch die RubP-Carboxylase wird dadurch verhindert, daß die PEP-Carboxylase durch höhere Malatkonzentrationen gehemmt wird («feed-back»-Hemmung, vgl. S. 316).

Der ökologische Vorteil des CAM besteht darin, daß die CO₂-Aufnahme durch die geöffneten Stomata in der Nacht wegen der zu dieser Zeit an den Succulentenstandorten sehr viel tieferen Temperatur (und dementsprechend höheren relativen Luftfeuchtigkeit) viel geringere Wasserverluste zur Folge hat als die bei Tag. Bei guter Wasserversorgung verwerten CAM-Pflanzen deshalb im Licht nicht nur das beim Malatabbau freiwerdende CO₂, sondern sie öffnen nach Erschöpfung des Malatspeichers auch die Stomata, um externes CO₂ via RubP-Carboxylase zu fixieren; bei Dürrebelastung dagegen, für die diese Pflanzen eigentlich selektioniert sind, schränken sie die Stomataöffnung und damit die Fixierung von externem CO₂ in der Lichtphase viel schneller ein als im Dunkeln.

Hinsichtlich der Isotopendiskriminierung verhalten sich die CAM-Pflanzen bei der Dunkelfixierung (und der Verwertung des vorfixierten CO₂ im Licht) wie die C₄-Pflanzen (geringere Diskriminierung des ¹³CO₂ gegenüber ¹²CO₂), im Licht (bei Fixierung von externem CO₂) dagegen wie C₃-Pflanzen. Da der Anteil der Dunkelfixierung an der Gesamtfixierung bei zunehmender Dürrebelastung zunimmt, werden die CAM-Pflanzen unter diesen Bedingungen reicher an ¹³C (und den C₄-Pflanzen in dieser Hinsicht ähnlicher). Durch Bestimmung des δ^{13}C-Wertes kann man bei CAM-Pflanzen daher die Dürrebelastung am natürlichen Standort feststellen.

Die Fähigkeit zum CAM ist übrigens nicht auf mehr oder weniger succulente Pflanzenarten (z.B. der *Aizoaceae, Asclepiadaceae, Asteraceae, Cactaceae, Crassulaceae, Didiereaceae, Euphorbiaceae, Portulacaceae, Vitaceae, Agavaceae, Bromeliaceae* (z.B. Ananas), *Liliaceae, Orchidaceae* (z.B. Vanille) beschränkt; sie findet sich z.B. auch

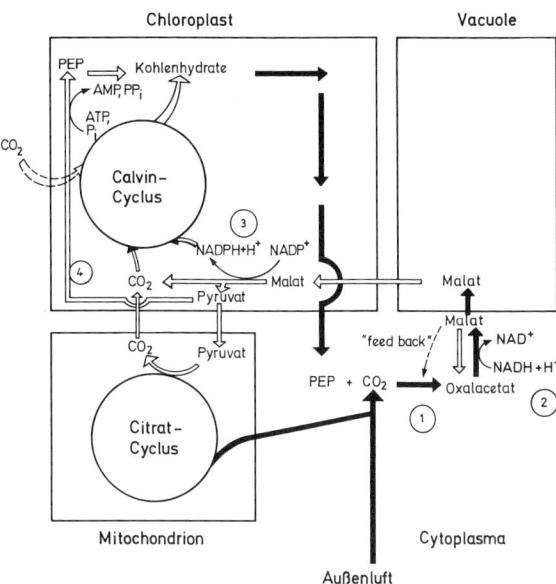

Abb. 2.1.44: Für den «CAM» charakteristische Dunkel- (ausgefüllte Pfeile) und Licht- (umrandete Pfeile) Reaktionen und ihre Verteilung auf verschiedene Zellkompartimente. Gekennzeichnete Enzyme: (1) PEP-Carboxylase; (2) NAD⁺-abhängige Malat-Dehydrogenase; (3) Malatenzym; (4) Pyruvat-Phosphat-Dikinase.

bei *Tillandsia usneoides* (S. 818) und sogar bei der Gymnosperme *Welwitschia mirabilis* und einigen tropischen, epiphytischen Farnen, z.B. *Drymoglossum psilselloides* und *Pyrrosia longifolia*. Wesentlich ist – neben der enzymatischen Ausstattung – nicht die Organ-, sondern die Zellstruktur: Es müssen, wie erwähnt, in derselben Zelle Chloroplasten und große Vacuolen vorhanden sein, sozusagen «Succulenz auf Zellebene».

Die CAM-Pflanzen zeichnen sich nicht durch hohe Stoffgewinne, sondern durch extreme Wasserökonomie aus (Tab. 2.1.11). Sie sind deshalb vor allem auf trockenen Standorten konkurrenzfähig, bei denen kühle Nächte die Malatbildung und -speicherung fördern und gelegentliche, ausgiebige, wenn auch sehr seltene Niederschläge die Auffüllung der Wasserspeicher ermöglichen.

Photorespiration

Die O₂-Aufnahme und CO₂-Abgabe im Licht in photosynthetisierenden Zellen bezeichnet man wegen der formalen Ähnlichkeit mit dem Atmungs-Gaswechsel als **Photorespiration**. Es hat sich aber gezeigt, daß sich die Photorespiration sowohl hinsichtlich ihrer Reaktionsfolge als auch in den beteiligten Zellorganellen grundsätzlich von der normalen Atmung unterscheidet, wie sie auch bei den grünen Zellen im Dunkeln und bei allen aeroben, nichtgrünen Zellen im Licht und Dunkeln abläuft.

Als eigentliches Substrat für die Photorespiration wird Ribulose-bisphosphat angesehen. Dieses kann von dem bifunktionellen Enzym Rubisco (RubP-Carboxylase/Oxidase) entweder carboxyliert oder oxidiert werden. Die Photorespiration wird durch hohen O₂-Partial-

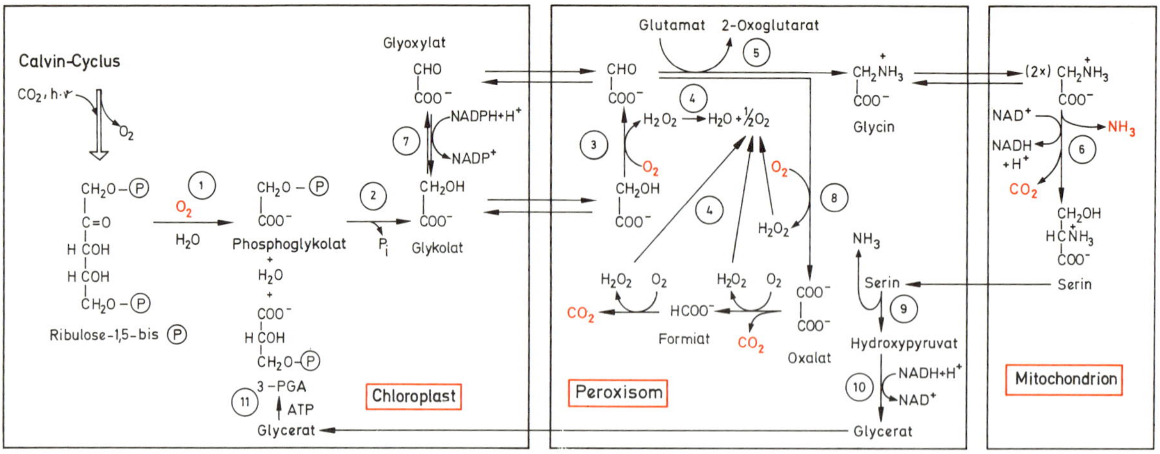

Abb. 2.1.45: Photorespiration. Beteiligte Reaktionen und ihre Verteilung auf verschiedene Zellkompartimente. Beteiligte Enzyme: (1) Ribulosebisphosphat-Oxidase; (2) Phosphoglykolat-Phosphatase; (3) Glykolat-Oxidase; (4) Katalase; (5) Glutamat-Glyoxylat-Aminotransferase; (6) Serin-Synthase (bildet aus 2 Molekülen Glycin unter CO_2- und NH_3-Abspaltung 1 Molekül Serin); (7) Glyoxylat-Reduktase (Bedeutung in Chloroplasten ungeklärt); (8) Reaktionsfolge zur vollständigen Oxidation des Glyoxylats in den Peroxisomen; (9) Serin-Glyoxylat-Aminotransferase; (10) Hydroxypyruvat-Reduktase; (11) Glyceratkinase. (Nach Kindl u. Wöber)

druck begünstigt, die Carboxylierung dagegen durch hohen CO_2-Partialdruck. Die Photorespiration ist deshalb bei den C_4-Pflanzen minimal und kann bei C_3-Pflanzen durch Erniedrigung des natürlichen O_2-Partialdruckes verringert werden, wodurch die Nettophotosynthese (Bruttophotosynthese minus Photorespiration, gemessen als CO_2-Verbrauch und O_2-Bildung) steigt. Lichtabhängig ist die Photorespiration deshalb, weil das Substrat RubP nur im Licht (bei funktionierendem Calvin-Cyclus) nachgeliefert wird.

Die Photorespiration steigt bei Erhöhung der Temperatur, weil die Affinität der Rubisco für CO_2 sinkt und der Anteil des im Wasser gelösten O_2 gegenüber dem CO_2 steigt. C_4-Pflanzen (mit unterdrückter Photorespiration) sind u. a. deshalb vor allem in wärmeren Regionen verbreitet.

Die ersten Schritte der Photorespiration, bis zur Bildung des Glykolats, laufen im Chloroplasten ab (Abb. 2.1.45). Die Weiterverarbeitung des Glykolats, das den Chloroplasten verläßt, erfolgt in den Peroxisomen, Organellen, die den «Microbodies» zugerechnet werden (S. 88 f.) und in den Blättern meist eng mit Chloroplasten (und Mitochondrien) vergesellschaftet sind (Abb. 2.1.46). Das Glykolat wird hier zu Glyoxylat oxidiert, wobei der Sauerstoff zwei Elektronen aufnimmt und in H_2O_2 übergeführt wird. H_2O_2 wird durch die in allen Microbodies vorkommende Katalase (Leitenzym für diese Organellen!) gespalten. Das Glyoxylat wird mittels einer Transaminase in Glycin übergeführt, das die Peroxisomen verläßt. Aus zwei Molekülen Glycin kann dann in den Mitochondrien unter CO_2- und NH_3-Freisetzung ein Molekül Serin gebildet werden, u. zw. durch einen Multienzymkomplex. Dieses kann zur Proteinsynthese verwendet oder aber (vermutlich in den Peroxisomen) über Hydroxypyruvat zu Glycerat und (in den Chloroplasten) in Phosphoglycerat umgewandelt und

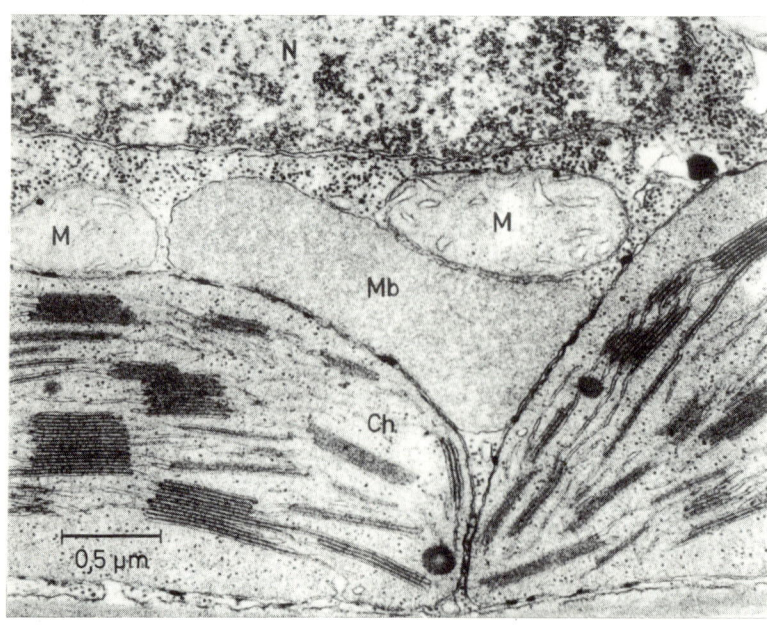

Abb. 2.1.46: «Microbody» (Mb) (vermutlich Peroxisom) in der Zelle eines Tabakblattes, in engem Kontakt mit Chloroplasten (Ch) und Mitochondrien (M). N Zellkern. Microbodies haben eine einfache Membran. (Nach Newcomb u. Frederick)

damit dem Calvin-Cyclus zugeführt werden. Die freiwerdenden NH$_3$-Moleküle werden wahrscheinlich im Cytoplasma und/oder in den Chloroplasten über Glutamin und Glutamat (S. 353) refixiert und können dann für Aminierungen (zB. auch des Glyoxylats) verwendet werden. Dabei wird außer Reduktionsäquivalenten auch ATP benötigt. Nebenreaktionen in den Peroxisomen führen vom Glyoxylat über Oxalat und Formiat zu CO$_2$, womit das Glykolat vollständig oxidiert ist. In den Chloroplasten kann Glyoxylat auch wieder zu Glykolat reduziert werden; die Bedeutung dieser Reaktion ist noch unklar.

Die Bildung von zwei Mol Glykolat und ihre Überführung in 1 Mol Phosphoglycerat erfordert die Aufnahme von 3 Mol O$_2$ und führt zur Freisetzung von 1 Mol CO$_2$. Im Gegensatz zur normalen Respiration liefert die Photorespiration keine verwertbare Energie, sondern verbraucht solche. Die Reaktionsfolge zur Freisetzung von 1 Mol CO$_2$ benötigt etwa doppelt soviel ATP wie die Fixierung von 1 Mol CO$_2$ im Calvin-Cyclus. Das molare Verhältnis verbrauchte Reduktionsäquivalente/verbrauchtes ATP ist bei der Photorespiration etwa das gleiche wie bei der photosynthetischen Kohlenhydratsynthese. Die Photorespiration ist demnach ein «Verschwendungsprozeß», der die Ausbeute bei der Photosynthese sehr beträchtlich zu mindern vermag: Die photorespiratorische CO$_2$-Freisetzung beträgt bei C$_3$-Pflanzen 30–50% der Nettophotosynthese. Ihre Bedeutung für die Pflanze ist nicht eindeutig geklärt. Einerseits wird angenommen, daß die Oxidation des RubP mittels der RubP-Carboxylase/Oxidase unvermeidlich sei und daß die Rückverwandlung von Phosphoglykolat in Phosphoglycerat immerhin 75% des «verlorenen» Kohlenstoffs wieder dem Calvin-Cyclus zuführt. Auf der anderen Seite wird daran gedacht, daß die Photorespiration den Photosyntheseapparat vor photooxidativer Schädigung bewahrt (S. 284).

Photosynthetische Reduktion anorganischer Verbindungen

Als natürliche Elektronenakzeptoren für den linearen Elektronenfluß können außer NADP$^+$ (bzw. NAD$^+$ bei Bakterien) und O$_2$ (S. 268) auch andere anorganische Verbindungen dienen. Die wichtigsten dieser Reaktionen sind die photosynthetischen Reduktionen von N$_2$ (Nitrogenase-Reaktion), von NO$_3^-$ (Nitrat- und Nitritreduktase) und von SO$_4^{2-}$; sie werden im Zusammenhang mit dem Stickstoff- (S. 350 ff.) und Schwefelhaushalt (S. 360 ff.) im einzelnen besprochen.

Auch H$^+$ kann als Elektronenakzeptor dienen. Wegen der Redoxpotentialverhältnisse erfolgt der Elektronenübergang nicht von NADPH + H$^+$, sondern von reduziertem Ferredoxin, katalysiert durch das Enzym Hydrogenase:

2 H$^+$ + 2 Fd$_{red}$ ⇌ H$_2$ + 2 Fd$_{ox}$.

Zur photosynthetischen H$_2$-Produktion befähigt sind photosynthetisierende Bakterien, inklusive Cyanobakterien, und einige Grünalgen; bei letzteren ist die Hydrogenase ein induzierbares Enzym (S. 313 ff.). Die Elektronen für die Hydrogenase-Reaktionen stammen letztlich entweder aus dem Wasser (Cyanobakterien- und Grünalgen), oder aus H$_2$S oder organischen Verbindungen (bei den photosynthetisierenden Bakterien).

Die Hydrogenase-Reaktion ist reversibel, weil E$_0'$ von H$_2$ und Ferredoxin praktisch gleich ist. Sie kann daher auch zur Reduktion von Ferredoxin mit Hilfe von H$_2$ benutzt werden. Die zu dieser Umsetzung befähigten Organismen können daher bei H$_2$-Gegenwart die zur CO$_2$-Reduktion benötigten Reduktionsäquivalente auch im Dunkeln herstellen und benötigen das Licht nur für die ATP-Produktion durch cyclische Photophosphorylierung. Algen zeigen in diesem Falle keinen Emerson-Effekt mehr, weil das Photosystem II nicht beansprucht wird.

Abhängigkeit der Photosynthese von verschiedenen Faktoren

Die Photosynthese wird – wie alle Lebensvorgänge – von den verschiedensten Faktoren in verwickelter Weise beeinflußt. Der allgemeine Entwicklungszustand der Pflanze, die Wasser- und Mineralsalzversorgung, der Öffnungszustand der Stomata, die Qualität und Intensität der Belichtung, die Temperatur und die CO$_2$-Versorgung spielen für die Photosyntheseintensität eine Rolle. Hier wie bei anderen physiologischen Vorgängen, die von einer Vielzahl von Faktoren beeinflußt werden, macht man die Beobachtung, daß unter den verschiedenen Wirkungsfaktoren der jeweils im Minimum vorhandene den Prozeß entscheidend bestimmt (Gesetz des Minimums oder der begrenzenden Faktoren). Bei ungenügender CO$_2$-Versorgung z.B. können auch die günstigsten Licht-, Wasser- und Temperaturverhältnisse nicht voll ausgenützt werden, während umgekehrt optimale CO$_2$-Konzentrationen keine maximale Photosynthese ermöglichen, wenn z.B. das Licht zu schwach ist.

Unter allgemein günstigen Umständen kann als Anhaltspunkt genommen werden, daß ein Quadratmeter grüner Blattfläche in der Stunde 0,5–1,5 g Glucose zu erzeugen vermag. Das entspricht ungefähr dem Verbrauch einer CO$_2$-Menge, die in 3 m^3 Luft vorhanden ist.

Der Chlorophyllgehalt ist unter natürlichen Bedingungen in der Regel kein begrenzender Faktor für die Photosyntheseintensität. Bei einem normal grünen Blatt scheint der Chlorophyllgehalt überdimensioniert, da selbst bei niederen Lichtintensitäten auch Blätter mit vermindertem Chlorophyllgehalt noch so viel Quanten absorbieren, daß der Photosyntheseapparat lichtgesättigt ist. Eine Rolle kann der hohe Chlorophyllgehalt der Blätter spielen, wenn es gilt, die geringen Anteile der photosynthetisch wirksamen Spektralbereiche in dem Licht noch möglichst vollständig zu absorbieren, das bereits andere Blätter passiert hat. Schattenblätter haben deshalb in der Regel höhere Chlorophyllgehalte pro Einheit der Blattfläche als Sonnenblätter. Auch zeigen sie besonders große Grana, in denen bis zu 100 Thylakoide übereinander gestapelt sein können. Schattenpflanzen haben zudem ein verringertes Chlorophyll a/b-Verhältnis, eine relative Steigerung der Leistungsfähigkeit des Photosystems II gegenüber I, wodurch evtl. die verstärkte Anregung des Systems I durch den hohen Infrarot-Anteil der Schattenstrahlung kompensiert wird. Schließlich besitzen Schwachlichtblätter auch eine größere Photosyntheseeinheit als Starklichtblätter, d.h. mehr Pigmentmoleküle sind mit einer Elektronentransportkette verknüpft.

Die Strahlung. Bei geringen Bestrahlungsstärken ist die Photosyntheseintensität der Strahlungsintensität proportional, solange nicht andere Faktoren (z.B. CO$_2$-Konzentration, Temperatur, Kapazität des Photosyntheseapparates) begrenzend werden. Dies ist bei höheren Lichtintensitäten zunehmend der Fall. Die Kurven für die Abhängigkeit der Intensität der apparenten Photosynthese von der Lichtintensität (Lichtkurven der Photosynthese) flachen daher ab (Abb. 2.1.47), bis schließlich die Photosyntheseintensität durch eine weitere Steigerung der Lichtintensität nicht mehr beeinflußt wird («Lichtsättigung»). Bei noch höheren Bestrahlungsstärken kann schließlich der Photosyntheseapparat beschädigt werden, so daß die Photosyntheseintensität wieder absinkt. Unter natürlichen Bedingungen kann dies dann eintreten, wenn Schatten-angepaßte Pflanzen (s.u.) plötzlich vollem Sonnenlicht ausgesetzt werden, vor allem bei niedriger Temperatur, wenn die Energie der Lichtquanten nicht vollständig für die CO_2-Verarbeitung verwertet werden kann. Der Zerstörung des Photosyntheseapparats (unter Beteiligung von Sauerstoffradikalen) geht eine «Photoinhibition» voraus, die vor allem das Photosystem II trifft, wie aus spezifischen Veränderungen der Fluorescenz hervorgeht. Bis zu einem bestimmten Ausmaß kann überschüssige, im Photosyntheseprozeß nicht verwertbare Anregungsenergie durch einen Schutzvorgang unschädlich gemacht werden, bei dem reversibel Violaxanthin über Antheraxanthin in Zeaxanthin umgewandelt wird (Abb. 2.1.48).

Diejenige Lichtintensität, bei der die O_2-Produktion (oder der CO_2-Verbrauch) der Photosynthese gerade die O_2-Aufnahme (bzw. die CO_2-Produktion) der Atmung kompensiert, kennzeichnet den Licht-Kompensationspunkt der Photosynthese (Schnittpunkt der Lichtkurve mit der Null-Linie); hier ist die Netto-Photosynthese Null.

Je nach ihrer Anpassung an verschieden stark belichtete Standorte zeigen verschiedene Arten oder Blätter einer Art (z.B. bei kronenbildenden Bäumen) verschiedene Lichtkurven der Photosynthese. Zunächst unterscheiden sich die C_4-Pflanzen von den C_3-Pflanzen: Erstere erreichen selbst bei sehr hohen Lichtintensitäten die Lichtsättigung nicht (Abb. 2.1.47). Bei ihnen ist offensichtlich die Kohlendioxidverarbei-

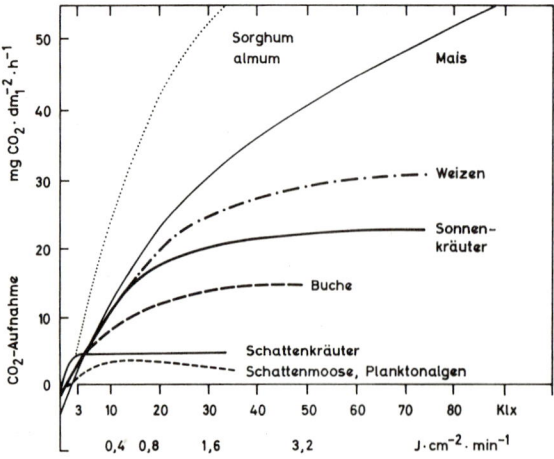

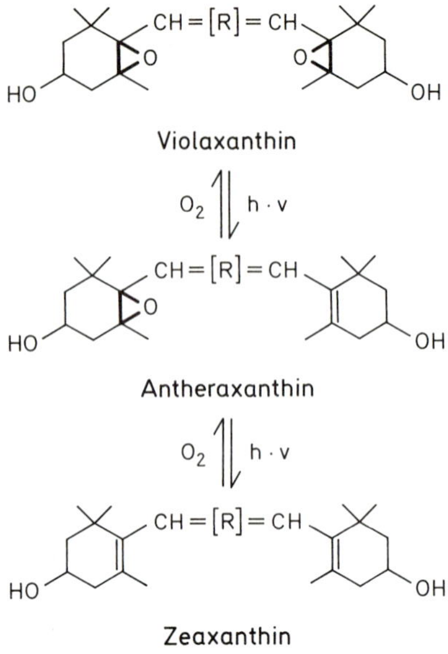

Abb. 2.1.48: Der Xanthophyll-Cyclus als «Puffer» für überschüssige Lichteinstrahlung.

tung in der Photosynthese so effizient, daß sie mit jedem Ausmaß des gelieferten «assimilatory power» Schritt hält. Dies bedeutet, daß die C_4-Pflanzen den C_3-Pflanzen kaum bei Schwachlicht, wohl aber bei voller Sonnenbestrahlung (z.B. bei hohem Sonnenstand an klaren Tagen) hinsichtlich der Strahlungsverwertung überlegen sind (Abb. 2.1.49).

Unter den C_3-Pflanzen gibt es ebenfalls erblich festgelegte oder modifikativ variierte Starklicht- (oder Sonnen-) und Schwachlicht- (oder Schatten-) Typen (oder -Organe). Bei Starklichtpflanzen (oder Sonnenblättern) liegt die Photosyntheseintensität bei Lichtsättigung höher als bei Schwachlichtpflanzen (oder Schattenblättern). Letztere erreichen aber den Lichtkompensationspunkt bei (ca. 0,5–1% des vollen Tageslichtes) und ihre maximale Photosyntheseleistung bei niedrigerer Lichtintensität; sie sind daher unter Schwachlichtbedingungen überlegen (Abb. 2.1.47 und 2.1.49; Tab. 2.1.12).

In einem Pflanzenbestand oder in einer dichten Baumkrone sind die einzelnen Blattschichten sehr verschieden stark an der Gesamtphotosynthese beteiligt. So wird z.B. in einem Luzernebestand von 30 cm Höhe in der untersten Blattschicht der Lichtkompensationspunkt morgens ca. 2 Stunden später überschritten als in den obersten Blättern, und auch bei starker Einstrahlung erreicht die unterste Blattschicht nur etwa 3% der Photosyntheseintensität vollbelichteter Blätter. Ein Blatt aber, das über längere Zeit keinen Stoffgewinn liefert, das also ein Zuschußorgan wäre, wird von der Pflanze abgestoßen. Jedes einzelne Blatt einer Baumkrone ist im entwickelten Zustand in der Bilanz ein Assimilatexporteur, auch wenn es sich im Innern der Krone befindet. Die Verknüpfung von photosynthetischer Effizienz und Verweildauer eines Blattes erfolgt wahrscheinlich dadurch, daß proportional zur (Netto-)Photosyntheseleistung auch Wirkstoffe im Blatt gebildet werden, die die Ausbildung der Trennschicht für den Blattfall (S. 428 ff.) verhindern.

Die Dichte der Belaubung eines Pflanzenbestandes wird durch den Blattflächenindex (leaf area index = LAI) wiedergegeben:

$$LAI = \frac{\text{Gesamtsumme der Blattfläche}}{\text{Bodenfläche}}$$

Abb. 2.1.47: Lichtabhängigkeit der Nettophotosynthese verschiedener Pflanzen bei optimaler Temperatur und natürlichem CO_2-Angebot. (Nach Larcher)

Der LAI reicht von Werten um 0,45 (nivale Polsterpflanzengesellschaft) bis 14 (Hochstaudengesellschaft), ja bis > 20; die höchsten Werte kommen wohl nur bei zusätzlichem Seitenlicht zustande.

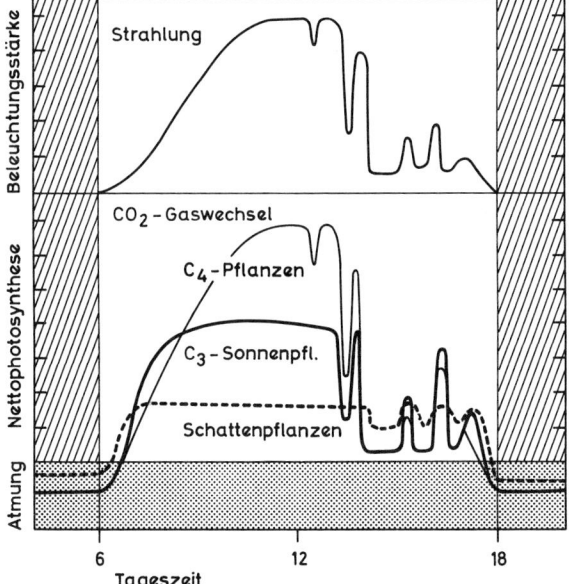

Abb. 2.1.49: Schematischer Tagesverlauf des CO_2-Gaswechsels in Abhängigkeit von der Lichtintensität. Da C_4-Pflanzen kaum je die Lichtsättigung erreichen, können sie auch höchste Lichtintensitäten voll nutzen, während C_3-Pflanzen hierzu nicht in der Lage sind. Schattenpflanzen sind den Sonnenpflanzen in der Ausnützung des Schwachlichtes (z.B. am frühen Morgen oder späten Abend) überlegen, in der des Starklichtes unterlegen. (Nach Larcher)

Tab. 2.1.12: Lichtabhängigkeit der Nettophotosynthese verschiedener Pflanzen (Einzelblätter) bei natürlichem CO_2-Angebot und optimaler Temperatur. (Nach Larcher)

Pflanzentyp	Kompensations-Lichtintensität (Kilolux)	Lichtsättigung (Kilolux)
A. Landpflanzen		
1. Krautige Blütenpflanzen		
C_4-Pflanzen	1 –3	80
Landwirtschaftl. Nutzpflanzen (C_3)	1 –2	30–80
Sonnenkräuter	1 –2	50–80
Schattenkräuter	0,2–0,5	5–10
2. Holzpflanzen		
Sommergrüne Laubbäume und Sträucher		
Lichtblätter	1 –1,5	25–50
Schattenblätter	0,3–0,6	10–15
Immergrüne Laub- und Nadelbäume		
Lichtblätter	0,5–1,5	20–50
Schattenblätter	0,1–0,3	5–10
3. Moose und Flechten	0,4–2	10–20
B. Wasserpflanzen		
Planktonalgen		15–20

Durch die Schichtung der Blätter wächst in einem dichten Pflanzenbestand die Photosyntheseleistung des Gesamtbestandes mit zunehmender Lichtintensität langsam und bis in den Starklichtbereich proportional an.

In dichten Buchen- oder Fichtenwäldern erreichen nur noch etwa 2–5% der auf die obere Laubfläche einfallenden Strahlung den Boden, in Birken-, Lärchen- oder Kiefernwäldern immerhin 18–27%. Dabei ist nicht nur das in «Sonnenflecken» auf den Boden fallende direkte Sonnenlicht, sondern weit mehr das diffus gestreute Himmelslicht wichtig, sei es bei blauem Himmel, sei es bei Wolkenbedeckung (Verringerung der Intensität hier bis unter $1/3$). Wolken am blauen Himmel können durch Reflexion sogar eine höhere Beleuchtungsstärke ergeben als wolkenloser Himmel. Die mittägliche Intensität der vollen Sonneneinstrahlung erreicht in unseren Breiten im Sommer etwa 60 klx bis 80 klx. Bei bedecktem Himmel werden etwa 10 klx erreicht. Am Polarkreis wird als Lichtintensität der Mitternachtssonne etwa 1 klx angegeben, was noch eine positive Stoffbilanz erlaubt; allerdings hätten hier C_4-Pflanzen sowenig Selektionsvorteile wie im Unterwuchs eines Buchenwaldes. Vollmondlicht (ca. 0,25 Lux) genügt dagegen wohl bei keiner im Freien wachsenden Pflanze zum Erreichen des Kompensationspunktes. Eine Lichtintensität unter 1% des vollen Tageslichtes erlaubt auch der Krautflora am Waldboden kaum mehr eine Entwicklung, während Moose in Höhlen noch bei 0,05–0,01% gedeihen.

Im Wasser nimmt die Lichtintensität mit zunehmender Tiefe ab (auch die Lichtqualität ändert sich, vgl. S. 253). Während höhere Wasserpflanzen nahe der Wasseroberfläche ihre höchste Photosyntheseleistung entfalten, haben die gegen Starklicht empfindlichen Planktonalgen (Abb. 2.1.47) ihr Photosyntheseoptimum bei hohem Sonnenstand in einigem Abstand von der Oberfläche (Abb. 2.1.50), je nach einfallender Strahlung und Trübung des Wassers in 2–15 m Tiefe (Seen 2–5 m, offenes Meer 10–15 m). Der Lichtkompensationspunkt wird in der Regel in der Tiefe erreicht («Kompensationstiefe»), in die nicht mehr als 1% des Oberflächenlichtes eindringt.

Zooplankton nährt sich nachts im Ozean wenige Meter unter der Wasseroberfläche von grünem Phytoplankton. Bei dessen Verdauung würden bei Lichtabsorption durch Chlorophyll oder gefärbte Abbauprodukte toxische Sauerstoffradikale entstehen. Dem wird durch die Anwesenheit von Antioxidantien und/oder durch Tauchen in größere Tiefen vor Tagesbeginn abgeholfen bzw. vorgebeugt.

Die Kohlendioxid-Konzentration. Es wurde bereits erwähnt, daß die natürliche CO_2-Konzentration in der Atmosphäre (0,03 Vol%) für die photosynthetische CO_2-Fixierung im Calvin-Cyclus suboptimal ist, weswegen die C_4-Pflanzen unter Energieaufwand einen blattinternen CO_2-Konzentrierungsmechanismus betreiben. Bei C_3-Pflanzen dürfte bei voller Sonneneinstrahlung stets die Menge des verfügbaren CO_2 die Photosynthese begrenzen. Es ist daher bei diesen Pflanzen möglich, durch Erhöhung der CO_2-Konzentration in der Umgebung unter sonst gleichen Umständen eine Steigerung der Photosynthese zu erzielen.

So gelingt es bei Gewächshauskulturen von Tomaten, Gurken usw. durch CO_2-Begasung (bis höchstens 0,1% CO_2; höhere Konzentrationen können manche Pflanzen schädigen) den Ernteertrag bis zum Dreifachen zu erhöhen. Auch in bewohnten, vor allem schlecht gelüfteten Räumen ist der CO_2-Gehalt meist doppelt so hoch wie im Freien und spielt nicht so wie dort für die Photosynthese die begrenzende Rolle. In unmittelbarer Nähe des Erdbodens ist die CO_2-Konzentration infolge der intensiven Atmung der Pflanzenwurzeln (in dichtbe-

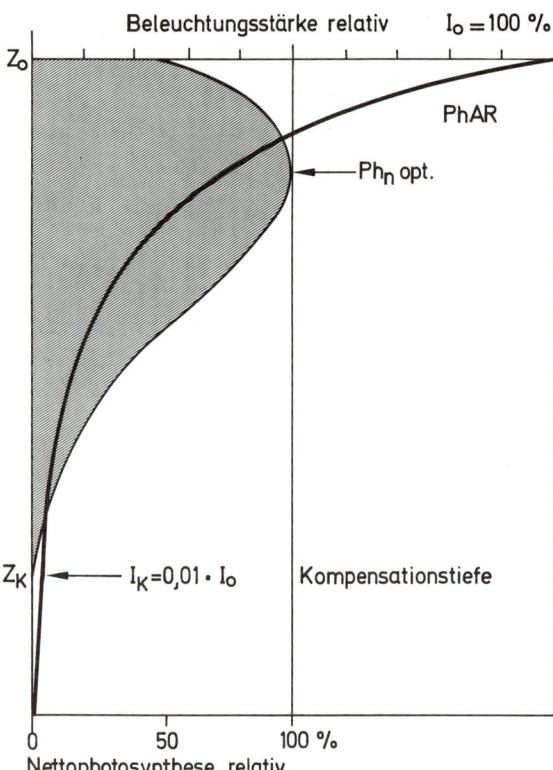

Abb. 2.1.50: Nettophotosynthese des Phytoplanktons (Ph$_n$, schraffiert) und relative Intensität der in der Photosynthese verwertbaren Strahlung (PhAR: Photosynthetic Active Radiation) bezogen auf die Strahlung (I$_o$) an der Oberfläche (Z$_o$). In der Kompensationstiefe Z$_k$ ist die Nettophotosynthese Null; dort herrscht nur noch 1% der Lichtintensität von Z$_o$. (Nach Larcher)

wurzelten Böden stammen bis zu 10% der CO$_2$-Menge in der Bodenluft von ihr) und vor allem der Bodenmikroorganismen meist wesentlich höher als in der freien Atmosphäre; in der gemäßigten Klimazone geben Wald- und Wiesenböden stündlich durchschnittlich ca. 50–500 ml CO$_2$ m^{-2} Bodenoberfläche ab, ärmere Böden weniger. Der CO$_2$-Gehalt im Boden selbst kann bis zu 0,5–1,5 Vol. % ansteigen. Die Krautschicht deckt ihren CO$_2$-Bedarf wohl hauptsächlich aus dieser «Bodenatmung», während z.B. die Kronen hoher Bäume beim Fehlen vertikaler Luftströmungen weitgehend auf den Nachschub aus dem freien Luftraum angewiesen sind. Die günstige Wirkung einer Stallmistdüngung auf den Pflanzenwuchs geht nicht allein auf den Einfluß der zugeführten Nährsalze zurück, sondern beruht z.T. auch auf der Vermehrung der Mikroflora und deren Atmungstätigkeit.

Die Aufnahme des CO$_2$ in die assimilierenden Blattzellen ist ein komplexer Vorgang, in den die Pflanze auch steuernd eingreifen kann.

Der Gasaustausch der photosynthetisierenden wie der (dunkel-)atmenden Pflanze erfolgt durch Diffusion. Der Vorgang läßt sich durch das 1. Ficksche **Diffusionsgesetz** beschreiben:

$$\frac{d_m}{d_t} = - D \cdot q \frac{\delta_c}{\delta_x}.$$

Die Diffusionsrate (diffundierende Substanzmenge d$_m$ im Zeitabschnitt d$_t$) ist um so größer, je steiler das Konzentrationsgefälle (δ_c/δ_x) entlang einer senkrecht zur Fläche q stehenden Koordinate x und je größer die Austauschfläche q ist. Die Diffusionskonstante D ist unter isothermen und isobaren Bedin-

gungen substanzspezifisch und ändert sich auch mit dem Medium, in dem die Diffusion erfolgt: In Luft können CO$_2$ und O$_2$ etwa 10^5 mal so schnell diffundieren wie in Wasser (CO$_2$ in der Gasphase 1 cm · s^{-1}, in wäßriger Phase 10^{-5} cm · s^{-1}). Es ist für die Pflanze deshalb von Vorteil, die mit der Umgebung auszutauschenden Gase möglichst bis unmittelbar zu den Reaktionsorten in Gasphase zu halten. Dafür dient das Interzellularensystem (S. 135 f.).

Das Minuszeichen in der Fickschen Gleichung verdeutlicht den positiven Abwärtstransport bei einem negativen Konzentrationsgradienten. Für den Gaswechsel der Pflanzen kann man eine abgeleitete Form des Fickschen Gesetzes anwenden:

$$F = \frac{\Delta C}{\Sigma r}.$$

Die Diffusionsrate («Flux» F) wird gefördert durch ein steiles Konzentrationsgefälle (ΔC) und verringert durch eine Serie von Diffusionswiderständen (Σr).

Der CO$_2$-Konzentrationsgradient zwischen Außenluft und Interzellularenluft bzw. photosynthetisierendem Chloroplasten ist bei normalem CO$_2$-Gehalt der Atmosphäre sehr flach; er genügt nicht, um das CO$_2$ bei geschlossenen Stomata durch die Diffusionsbarrieren der Cuticula und der Epidermis zu treiben. Dies ist anders bei der O$_2$-Aufnahme bei der Atmung: Der steile Konzentrationsgradient zwischen der Außenluft (ca. 20 Vol%) und den atmenden Mitochondrien (nahe 0%) ermöglicht eine Diffusionsrate, die ausreicht, den O$_2$-Bedarf nicht zu voluminöser Organe auch bei geschlossenen Stomata zu decken. Die Änderung des Diffusionswiderstandes durch die Stomata (s.u.) beeinflußt daher die Photosynthese einschneidend, die Atmung in der Regel nicht.

Zu den Widerständen, die das CO$_2$ auf seinem Wege zu den photosynthetisierenden Chloroplasten in Cormophyten zu überwinden hat (Abb. 2.1.51), zählt einmal der Grenzschichtwiderstand, der proportional der Dicke der Grenzschicht ist, d. h. der blattnahen Luftschicht bzw. der ruhenden Wasserschicht bei Wasserpflanzen, in der keine konvektiven Transporte vonstatten gehen. Bei ruhender Luft kann sie einige Millimeter dick sein, bei starkem Wind bzw. starker Strömung völlig verschwinden. Die Dicke und Beständigkeit der Grenzschicht hängt auch vom Blattbau (z.B. von der Behaarung) ab. Bei hohem Grenzschichtwiderstand kann das CO$_2$ aus dieser Schicht schneller in das Blattinnere gelangen als es von außen ersetzt wird, so daß die blattnächste Luftschicht an CO$_2$ verarmt. Der praktisch unüberwindliche cuticuläre Widerstand wird bei der CO$_2$-Diffusion dadurch umgangen, daß das Gas durch die Stomata eindringt. Der stomatäre Diffusionswiderstand ist von der Pflanze physiologisch regulierbar und schwankt in weiten Grenzen. Bei weit geöffneten Stomata ist er geringer als der Mesophyllwiderstand, der sich aus dem Diffusionswiderstand im Interzellularensystem, dem Grenzflächenwiderstand beim Übertritt in die flüssige Phase in den Zellwänden (z.B. der Palisadenzellen) und dem Diffusionswiderstand innerhalb des Cytoplasmas und der Chloroplasten zusammensetzt. Da die Steilheit des CO$_2$-Gradienten letztlich durch die Leistungsfähigkeit des Carboxylierungssystems bestimmt wird, spricht man schließlich auch noch von einem «Carboxylierungswiderstand» (der kein Diffusionswiderstand ist); er ist bei C$_4$-Pflanzen mit ihrer großen CO$_2$-Affinität viel geringer als bei C$_3$-Pflanzen.

Die Pflanze ist in der Lage, die CO$_2$-Konzentration in den Interzellularen durch Änderung des stomatären Diffusionswiderstandes weitgehend konstant zu halten,

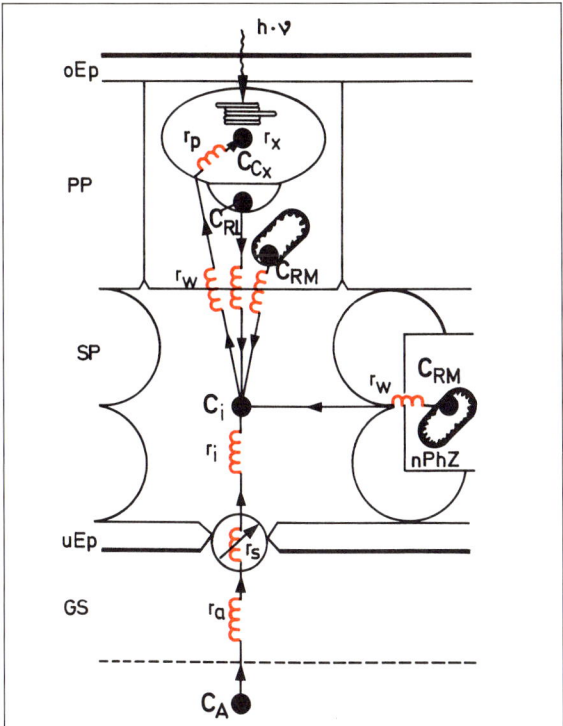

Abb. 2.1.51: CO_2-Konzentrationsgefälle und Transportwiderstände in einem Laubblatt einer hypostomatischen C_3-Pflanze bei der Photosynthese. oEp obere Epidermis, PP Palisadenparenchym, SP Schwammparenchym, uEP untere Epidermis, nPhZ nicht photosynthetisch aktive Zellen, GS Grenzschicht. Es stellt sich ein Gefälle in der CO_2-Konzentration von der Außenluft (C_A) über die Interzellularenluft (C_i) zum Minimum am Ort der Carboxylierung (C_{cx}) ein. In das Interzellularensystem wird CO_2 nicht nur von außen, sondern auch durch die Atmung der Mitochondrien (C_{RM}) und durch die Photorespiration (C_{RL}; in den Peroxisomen) zugeführt. Als Transportwiderstände sind eingeschaltet: Der Grenzschichtwiderstand r_a, der regulierbare stomatäre Widerstand r_s, Diffusionswiderstände in den Interzellularen r_i, Widerstände beim Lösungsvorgang und Transport des CO_2 in der flüssigen Phase der Zellwand (r_w) und im Protoplasma (r_p). r_x bedeutet den «Carboxylierungswiderstand». (Nach Larcher)

sofern diese Regelung nicht durch «Störgrößen» (z.B. Wassermangel) beeinträchtigt wird (S. 305f.).

Wasserpflanzen haben meist keine größeren Schwierigkeiten in der CO_2-Versorgung (wohl aber beim O_2-Nachschub, S. 304) als die Landpflanzen, weil sich das CO_2 im Wasser von 15 °C etwa im gleichen Prozentsatz löst wie es in der Luft vorhanden ist, und der langsamere Transport von gasförmigem CO_2 im Wasser durch die Wasserbewegung ausgeglichen wird. Bei untergetaucht lebenden Wasserpflanzen, denen Spaltöffnungen und meist auch Cuticula fehlen (S. 340), wird durch die gesamte Blattoberfläche entweder nur gelöstes CO_2 oder zusätzlich auch $Ca(HCO_3)_2$ aufgenommen. Bei manchen erfolgt diese Aufnahme ausschließlich an der Blattunterseite.

Bei der Verarbeitung von Ca-Bicarbonat wird nach der Entnahme von Kohlendioxid freies $Ca(OH)_2$ aus der Blattoberseite ausgeschieden, das sich dort durch CO_2-Aufnahme aus dem Wasser wieder in Carbonat oder Bicarbonat umwandelt. Daher kann man oft auf der Oberseite z.B. von *Elodea*- oder *Potamogeton*-Blättern schmutzig graubraune Krusten von $CaCO_3$ sehen («Biogene Entkalkung»).

Bei den Internodialzellen von *Chara* sind die Plasmalemma-gebundene, ATP-abhängige HCO_3^--Pumpe (befördert das Anion nach innen) und der Carrier, der OH^- nach außen transportiert, räumlich getrennt. Letztere verursachen die «alkalischen Bänder» an der Zelloberfläche. Das ganze Transportsystem arbeitet nur im Licht.

Temperatur. Da die Photosynthese enzymatisch katalysierte Reaktionen umfaßt, wird sie von der Temperatur beeinflußt. Enzymreaktionen folgen der Van't Hoffschen Reaktionsgeschwindigkeit-Temperatur-Regel (RGT-Regel), wonach sich die Reaktionsgeschwindigkeit k bei einer Temperaturerhöhung um 10 °C jeweils etwa verdoppelt:

$$Q_{10} = \frac{k_{T+10}}{k_T} \approx 2.$$

Eine strenge Temperaturabhängigkeit der Photosynthese ist allerdings nur dann zu erwarten, wenn enzymatische Prozesse geschwindigkeitsbestimmend sind. Sind die photochemischen Reaktionen begrenzend (z.B. bei Schwachlicht), so ist der Temperatureinfluß gering.

Bei ausreichender Licht- und CO_2-Versorgung folgt die Temperaturabhängigkeit der (Netto-)Photosyntheseintensität meist einer Optimumkurve; sie wird auf der einen Seite durch die Intensität der Lichtatmung, auf der anderen Seite durch die der Bruttophotosynthese bei den jeweiligen Temperaturen bestimmt.

Das Temperaturoptimum der Nettophotosynthese liegt bei verschiedenen Pflanzenarten und auch bei derselben Art je nach ihrem Vorleben bei sehr verschiedenen Werten (Abb. 2.1.52 und 2.1.67). Durch hohe Temperaturoptima (> 30 °C) zeichnen sich die C_4-Pflanzen aus. Bei den C_3-Pflanzen liegt bei Schattenpflanzen, Frühjahrsblühern, Hochgebirgspflanzen, Flechten und Meeresalgen das Optimum meist zwischen 10 und 20 °C; krautige Sonnenpflanzen und wärmeangepaßte Bäume haben dagegen bei 20–30 °C die energiebigste Nettophotosynthese. Arten mit starker Photorespiration (die durch Temperaturerhöhung gesteigert wird), haben kein ausgeprägtes Temperaturoptimum der Nettophotosynthese (z.B. Zuckerrübe, Weizen).

Die untere Grenze für das Auftreten einer apparenten Photosynthese («Temperaturminimum») liegt bei höheren Pflan-

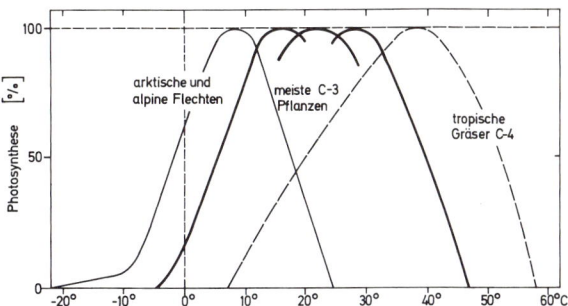

Abb. 2.1.52: Temperaturabhängigkeit und Lage der Kardinalpunkte (Minimum, Optimum, Maximum) der Nettophotosynthese verschiedener Pflanzentypen bei Lichtsättigung. (Nach Larcher)

zen gemäßigter und kalter Gebiete bei der Temperatur, bei der das Wasser zu gefrieren beginnt, also (je nach der Konzentration des Zellsaftes) bei wenigen Grad unter Null. Winterannuelle Pflanzen wie Wintergetreide, Spinat und Feldsalat (*Valerianella olitoria*) vermögen noch bei −2 bis −3 °C, selbst unter Schneebedeckung, mit positiver Bilanz zu assimilieren, ebenso immergrüne Nadelhölzer. Bei Flechten kann CO_2 sogar bei −25 °C in den gefrorenen Thalli photosynthetisch verarbeitet werden. Bei Tropenpflanzen kann dagegen die Nettophotosynthese schon bei +5 bis +7 °C zum Erliegen kommen.

Auch die obere Temperaturgrenze (Temperaturmaximum) der Nettophotosynthese, d.h. die Temperatur, bei der die CO_2-Aufnahme gerade noch die Atmung kompensiert (Hitzekompensationspunkt; Abb. 2.1.67), liegt sehr verschieden. Eine obere Grenze bei besonders niedrigen Temperaturen zeigen Flechten; sie sind nur im feuchten Zustand physiologisch aktiv, also nach Regen oder in den Morgenstunden nach Taufall, wenn die Temperatur relativ niedrig ist. Durch Maxima bei ausnehmend hohen Temperaturen sind wieder manche C_4-Pflanzen (bis 60 °C) und vor allem die in heißen Quellen lebenden Cyanobakterienformen (> 70 °C) ausgezeichnet (Tab. 2.1.4, S. 250).

In Temperaturbereichen über dem Optimum der Nettophotosynthese braucht die Brutto-CO_2-Fixierung durchaus noch nicht abzunehmen; häufig steigt nur die Atmungsintensität mit steigender Temperatur schneller an als die Photosynthese. Bei höheren Temperaturen bricht dann aber der Photosyntheseapparat (durch Inaktivierung von Enzymen und Beschädigung von Membranen) zusammen. Bei Eukaryoten geschieht dies stets zumindest beim Denaturierungspunkt der Proteine (< 60 °C).

Die Lage aller drei Kardinalpunkte der Temperaturkurve der Nettophotosynthese kann durch entsprechendes Vorleben der Pflanzen verschoben werden (Temperaturanpassungen: Abhärtung, Verweichlichung).

Wasser. Wasser ist zwar wie CO_2 ein Substrat für die Photosynthese, doch sind die hierfür benötigten Mengen so gering, daß sich Wassermangel nicht auf diese direkte Weise, sondern indirekt auswirkt: Einmal werden durch die Plasmaentquellung die enzymatischen Prozesse und die Funktionsstrukturen beeinträchtigt und zum andern wird durch den Verschluß der Stomata die CO_2-Zufuhr behindert. Bei geschlossenen Stomata kann ein belichtetes Blatt praktisch nur noch das intern durch die Atmung freigesetzte CO_2 reassimilieren.

Die verschiedene Empfindlichkeit der Photosynthese gegenüber Wassermangel bei einzelnen Arten und Ökotypen äußert sich darin, daß die folgenden charakteristischen Erscheinungen bei verschiedenem Wasserpotential (S. 321 ff.) der Blätter eintreten: Der Beginn des Stomataschlusses und damit der Einschränkung des Gaswechsels; die völlige Unterbindung des CO_2-Flusses von außen; der Beginn der Schädigung des Photosyntheseapparates, die nach erneuter Wasserzufuhr zwar nicht sofort, aber nach einiger Zeit vollständig rückgängig gemacht werden kann; der Beginn einer irreversiblen Schädigung. Alle diese Kardinalpunkte können auch innerhalb einer Art durch das Vorleben (innerhalb bestimmter Grenzen) modifiziert werden («Trockenadaptation»).

Bei Thallophyten fällt die Wirkung des Wassermangels auf die Photosynthese über die Stomata weg; Einschränkungen bei Wassermangel gehen daher bei ihnen immer auf Lähmung des Photosyntheseapparates zurück. Da ihr Wassergehalt im Gleichgewicht mit dem Wasserdampfgehalt der Luft steht («poikilohydre» Organismen, S. 337f.), zeigen sie schnell wechselnde Photosyntheseintensitäten. Die Luftfeuchtigkeit, bei der die Nettophotosynthese einsetzt («Feuchtekompensationspunkt») liegt bei Luftalgen um etwa 70 % relativer Luftfeuchte, bei Flechten um 80 % und bei denjenigen Moosen, die Wasserdampf aus der Luft aufnehmen können, meist bei über 90 %.

Mineralsalze. Eine ausreichende Zufuhr von Mineralsalzen und auch bestimmter Spurenelemente (S. 338 ff.) ist für das optimale Funktionieren des Photosyntheseapparates ebenso unerläßlich wie für andere biochemische Vorgänge. Abgesehen von den Grundelementen, die für den Aufbau der Zellstrukturen allgemein notwendig sind (S. 338), braucht der Chloroplast z.B. Magnesium, Eisen, Kupfer und Mangan für die Pigmente bzw. Redoxsubstanzen.

Vor allem die Freisetzung des P_i durch die cytosolische Saccharosesynthese und der Rücktransport des P_i durch den P_i-Translokator in der inneren Chloroplastenmembran gilt als ein geschwindigkeitsbestimmender Schritt für die Photosynthese.

2. Chemoautotrophie

Bei chemoautotrophen Organismen (vgl. S. 251, Tab. 2.1.5), zu denen ausschließlich chlorophyllfreie Prokaryoten (Eubakterien und einige Archaebakterien, z.B. Methanogene, die CO_2 mit H_2 reduzieren) gehören, wird die Potentialdifferenz anorganischer Redoxsysteme zur ATP-Produktion benützt; auch die primären Elektronendonatoren sind anorganische Substanzen. Die zu oxidierenden Stoffe werden aus dem Medium in die Zelle aufgenommen, und die Oxidationsprodukte wieder abgeschieden.

Die Chemoautotrophen unterscheiden sich von den Photoautotrophen demnach durch die Art der Bereitstellung der «assimilatory power» (ATP, NADH + H$^+$), während der Weg des Kohlenstoffs (bei den Eubakterien) übereinstimmt oder doch sehr ähnlich ist; nur die Archaebakterien haben eine Sonderstellung (Fehlen des Calvin-Cyclus). Es braucht deshalb hier nur auf den Elektronentransport und die damit verbundene Phosphorylierung bei den Chemoautotrophen eingegangen zu werden.

Die energieliefernden Reaktionen

Nitrifikation. Nitrifizierende Bakterien sind strikte Aerobier (S. 290) und oxidieren NH_3 bzw. NH_4^+ über Nitrit zu Nitrat. Dabei arbeiten zwei Gruppen ökologisch eng zusammen: Arten der Nitrosogruppe (z.B. *Nitrosomonas*) wandeln NH_3 in Nitrit, solche der Nitrogruppe (z.B. *Nitrobacter*) Nitrit in Nitrat um:

Nitrosomonas: $NH_4^+ + 1{,}5\, O_2 + H_2O \rightarrow NO_2^- + 2\, H_3O^+$,
$\Delta G^{0'} = -274$ kJ;

Nitrobacter: $NO_2^- + \frac{1}{2} O_2 \rightarrow NO_3^-$,
$\Delta G^{0'} = -77$ kJ.

Die enge Vergesellschaftung beider Gattungen (Parabiose) ist einmal deshalb notwendig, weil *Nitrosomonas* das Substrat für *Nitrobacter* liefert, zum andern aber auch deshalb, weil Nitrit für *Nitrosomonas* (wie für andere Organismen) giftig ist. Die sofortige Entfernung anfallenden Nitrits ist bei der Nitrifikation dadurch gewährleistet, daß *Nitrobacter* für den gleichen Energiegewinn viel mehr Substrat umsetzen muß als *Nitrosomonas*; er ist also viel «hungriger». Die nitrifizierenden Bakterien kommen im Boden mit Fäulnisbakterien zusammen vor, die aus organischem Material NH_4^+ freisetzen. Die Nitrifikation ist für die Bereitstellung von Nitrat, der Hauptstickstoffquelle der höheren Pflanze, im Boden der entscheidende Prozeß.

Schwefeloxidation. Die formenreiche Gruppe der farblosen Schwefelbakterien findet sich z.B. in nährstoffreichen Tümpeln, vor allem aber auch in Rieselfeldern der Abwasserreinigung. Sie vermögen Schwefelverbindungen, etwa bei der Zersetzung organischen Materials oder bei der Sulfatreduktion (z.B. durch Bakterien in den tiefen, sauerstoffarmen Zonen des Schwarzen Meeres) gebildetes H_2S, zu oxidieren:

$$2\,S^{2-} + 4\,H^+ + O_2 \rightarrow 2\,S + 2\,H_2O,$$
$\Delta G^{0\prime} = -209$ kJ;
$$2\,S + 2\,H_2O + 3\,O_2 \rightarrow 2\,SO_4^{2-} + 4\,H^+,$$
$\Delta G^{0\prime} = -498$ kJ.

Diese Reaktion wird z.B. von dem Cyanobakterium *Beggiatoa* und dem Bakterium *Thiothrix* durchgeführt, die vorübergehend auch elementaren Schwefel in den Zellen ablagern. Arten der zumeist obligat chemoautotrophen Gattung *Thiobacillus* oxidieren die verschiedensten Schwefelverbindungen bis zur Stufe des Sulfats: Neben H_2S, Sulfiden und Schwefel auch Sulfit (SO_3^{2-}), Thiosulfat ($S_2O_3^{2-}$), Di-, Tri- und Tetrathionat ($S_2O_6^{2-}$, $S_3O_6^{2-}$, $S_4O_6^{2-}$) und Thiocyanat (SCN^-). Sie spielen deshalb z.B. bei der natürlichen Reinigung von Industrieabwässern eine wichtige Rolle. *Thiobacillus thiooxidans*, der größere Mengen H_2SO_4 produziert, verträgt dementsprechend 1 N Schwefelsäure.

Eisen- und Mangan-Bakterien. Arten der Gattung *Ferrobacillus* (z.B. *F. ferrooxydans*) oxidieren zweiwertiges Eisen:

$$4\,Fe^{2+} + 4\,H^+ + O_2 \rightarrow 4\,Fe^{3+} + 2\,H_2O,$$
$\Delta G^{0\prime} = -67$ kJ.

Bei den am längsten bekannten Eisenbakterien, *Gallionella ferruginea* und *Leptothrix ochracea*, ist noch nicht eindeutig geklärt, ob sie nur Eisenverbindungen speichern oder echte Chemoautotrophe sind. Da die Eisenoxidation nur wenig Energie liefert, werden enorme Substratmengen umgesetzt; Eisenbakterien waren z.B. bei der Bildung von Raseneisenerz beteiligt.

Manganbakterien (*Pedomicrobium manganicum*) oxidieren ganz entsprechend Mn^{2+} zu Mn^{4+}.

Die im Boden verbreiteten **Knallgasbakterien** sind im Gegensatz zu den nitrifizierenden Bakterien, einigen Thiobazillen und Ferrobazillen nicht obligat, sondern nur fakultativ autotroph; sie können auch mit organischen Verbindungen wachsen. Einige Arten der Gattungen *Pseudomonas* (z.B. *facilis*) und *Alcaligenes* (z.B. *eutrophus*) oxidieren mit Hilfe der Hydrogenase molekularen Wasserstoff («Knallgasreaktion»):

$$H_2 + \tfrac{1}{2}\,O_2 \rightarrow H_2O,$$
$\Delta G^{0\prime} = -239$ kJ.

Methanbakterien (z.B. *Methylomonas*) oxidieren Methan zu CO, **Kohlenmonoxidbakterien** CO zu CO_2, u.zw. aerob (z.B. *Pseudomonas carboxydovorans*) und anaerob (z.B. *Rhodopseudomonas gelatinosa*).

Elektronentransport und Phosphorylierung bei der Chemosynthese

Da sich die Redoxpotentiale der Substrate bei den Chemoautotrophen sehr stark unterscheiden, ist die von den einzelnen Vertretern benutzte Elektronentransportkette sehr verschieden. In der Regel (Ausnahme die Archaebakterien, die keine Cytochrome besitzen) beteiligt scheinen aber Cytochrome vom c-Typus und Cytochromoxidase zu sein. Endakzeptor der Elektronen ist der Sauerstoff bzw. eine oxidierte anorganische Verbindung (z.B. SO_4^{2-}, NO_3^-) bei den anaeroben Formen. Während des Elektronentransportes wird ATP gebildet, so daß die Energieumwandlung bei den Chemoautotrophen formale Ähnlichkeit mit der Atmungskettenphosphorylierung (S. 295 f.) hat. Die Elektronentransportkette bei der Chemosynthese und bei der Atmung sind aber verschieden; beide können in derselben Zelle nebeneinander vorliegen. Das chemosynthetisch gebildete ATP wird für die CO_2-Fixierung verwendet.

Als Reduktionsmittel für die CO_2-Reduktion benutzen die Chemoautotrophen wie die photoautotrophen Bakterien $NADH + H^+$. Die Elektronen für die Reduktion des NAD^+ stammen ebenfalls von dem jeweiligen anorganischen Substrat der Chemosynthetiker. Soweit das Redoxpotential des Donators negativer ist als das von NAD^+ ($E_0' = -0{,}32$ V), besteht für den Elektronenübergang keine Schwierigkeit (z.B. bei H_2 als Substrat). Sind die Redoxpotentiale jedoch positiver als $-0{,}32$ V (z.B. $E_0' = +0{,}77$ für Fe^{2+}/Fe^{3+}), so ist der Elektronentransport endergonisch und erfordert Energiezufuhr in Form von ATP. Dieses wird bei der Oxidationsreaktion bereitgestellt (neben dem für die CO_2-Fixierung benötigten ATP).

Liefern die Substrate nur Elektronen, aber keine Protonen, so werden die für die NAD^+-Reduktion benötigten Protonen dem Wasser entnommen. Da das Wasser aber keine Elektronen verliert, kommt es zu keiner oxidativen Wasserspaltung.

B. Heterotrophie

Da das durch die Photophosphorylierung (bei den Photoautotrophen) oder durch den Elektronentransport bei der Oxidation anorganischer Substrate (bei den Chemoautotrophen) gebildete ATP in der Regel für die CO_2-Reduktion gebraucht wird, muß das für die sonstigen Arbeitsleistungen der Zelle benötigte ATP auch bei den Autotrophen auf andere Weise geliefert werden. Zudem müssen die Photoautotrophen auch in der Dunkelperiode ihren Energiebedarf stillen können. Alle Heterotrophen (wie auch die chloroplastenfreien Zellen der vielzelligen Photoautotrophen) verwenden sowohl als Ausgangsstoffe für die Synthese ihrer organischen Zellkomponenten als auch als Energiespender ausschließlich reduzierte Kohlenstoffverbindungen, die sie letztlich von den Autotrophen übernehmen.

Die Bereitstellung der Energie bei den Heterotrophen erfolgt stets durch Oxidations-/Reduktions-Reaktionen, d.h. durch Elektronenübergänge von einem Elektronendonator auf einen Elektronenakzeptor. Je nach dem Endakzeptor der Elektronen bei den energieliefernden Abbau- (katabolen) Reaktionen unterscheidet man zwei Haupttypen der Dissimilation: Im einen Fall dient O₂ als letzter Elektronenakzeptor (aerobe Dissimilation oder Atmung), im zweiten aber ein organisches Molekül, das beim Abbau selber entsteht (anaerobe Dissimilation, Gärung, Fermentation). Bei den Gärungsvorgängen erfolgt demnach keine Nettooxidation des Substrats, sondern vielmehr eine interne Oxidoreduktion, ein Elektronenübergang von einem Teil bzw. Spaltprodukt des Substrats auf einen anderen bzw. ein anderes.

Organismen, die Sauerstoff gar nicht verwerten können, obligatorische Anaerobier (obligatorische Gärer), sind selten und auf einige wenige Bakterien und Invertebraten beschränkt, die z.B. im Faulschlamm von Gewässern und im Darm von Tieren vorkommen. Fakultative Anaerobier, d.h. solche, die nur bei Sauerstoffmangel ihre Energie durch Gärungen gewinnen, sind die meisten lebenden Zellen, wenn auch die Leistungsfähigkeit der anaeroben Dissimilation (und damit die Empfindlichkeit gegen Sauerstoffmangel)

und ihr Mechanismus unterschiedlich sind. Die meisten Hefen z.B. können sich anaerob durch Gärung am Leben erhalten, aber nur aerob, d.h. atmend, sich vermehren. Die Umschaltung vom aeroben zum anaeroben Katabolismus wird dadurch erleichtert, daß beide Reaktionswege über viele Stufen identisch verlaufen, der aerobe Abbau Verbindungen verwendet, die auch beim anaeroben gebildet werden.

Als Substrate für die Gärungen dienen in der Regel Hexosen, meist Glucose. Spezialisten, z.B. unter den Bakterien, können aber auch Pentosen, Aminosäuren oder Fettsäuren vergären. Auch die Atmung geht meist von Glucose als Substrat aus. Der gemeinsame Reaktionsweg der Glucose-Gärungen und der Glucose-Atmung führt bis zum Pyruvat (Glykolyse).

1. Der Abbau der Glucose zum Pyruvat

Die Reaktionsfolge führt in 11 enzymatisch katalysierten Schritten von der Glucose zum Pyruvat (Abb. 2.1.53). Sie läuft (wie die übrigen sich evtl. an-

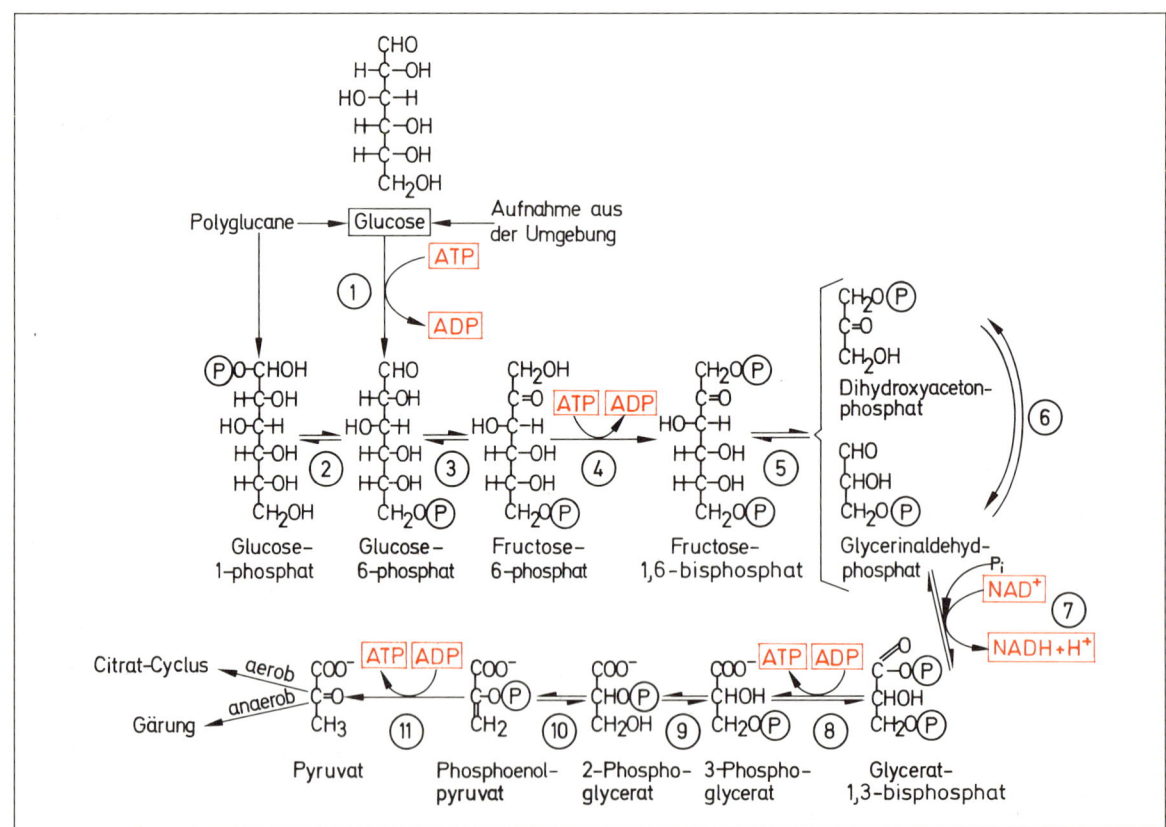

Abb. 2.1.53: Reaktionsfolge bei der Bildung von Pyruvat. Beteiligte Enzyme: (1) Hexokinase. Als Substrat kann außer Glucose auch z.B. Fructose, Mannose und Glucosamin dienen. (2) Phosphoglucomutase. (3) Hexosephosphat-Isomerase. (4) Phosphofructokinase. Da die vorhergehenden Reaktionen auch Bestandteile anderer Sequenzen des Zuckerstoffwechsels sind, kann die Phosphofructokinase-Reaktion als eigentliche Eingangsreaktion der Glykolyse angesehen werden. Es ist daher verständlich, daß das streng auf Fructose-6-phosphat eingestellte, tetramere Enzym allosterisch reguliert wird (S. 316). (5) Aldolase. Das cytoplasmatische Enzym unterscheidet sich von dem in den Plastiden (S. 275). Bei der isolierten Reaktion liegen im Gleichgewicht etwa 90% als Fructose-bisphosphat vor. (6) Triosephosphat-Isomerase. Hier sind im Gleichgewicht der isolierten Reaktion etwa 90% als Dihydroxyacetonphosphat vorhanden. Im Fließgleichgewicht der Pyruvatbildung ist dies ebenso wenig für die Richtung des Ablaufes bestimmend wie bei der Aldolase. (7) Glycerinaldehyd-phosphat-Dehydrogenase (tetrameres Enzym). (8) Phosphoglycerat-Kinase. (9) Phosphoglycerat-Mutase (benötigt Mg^{2+}). (10) Enolase (benötigt Mg^{2+} oder Mn^{2+}). (11) Pyruvatkinase (benötigt Mg^{2+} oder Mn^{2+}, außerdem K^+).

schließenden Gärungsschritte) im Cytoplasma der Zelle ab: Da keine Elektronentransportketten beteiligt sind, werden keine Membranen benötigt.

Bei diesem Abbau wird die Glucose in 2 C_3-Körper zerlegt (Schritt 5, katalysiert durch die Aldolase). Bei zwei Reaktionen wird ATP verbraucht: Bei der Überführung von Glucose in Glucose-6-phosphat durch die Hexokinase, die Startreaktion dieser Sequenz, und bei der Phosphorylierung von Fructose-6-phosphat in Fructose-1,6-bisphosphat durch die Phosphofructokinase, ein Schlüsselenzym des Katabolismus (S. 318).

Der Abbauweg enthält zwei identische Oxidationsschritte, je einen für jede Triose. Die Reaktion wird durch die Glycerinaldehydphosphat-Dehydrogenase katalysiert und führt nicht zum 3-Phosphoglycerat, sondern zum Glycerat-1,3-bisphosphat. Bei der Oxidation des an die -SH-Gruppe des Enzyms gebundenen Aldehyds zur Säure entsteht zunächst eine energiereiche Thioesterbindung. Diese wird dann phosphorolytisch gespalten und liefert das ebenfalls energiereiche Acetylphosphat (vgl. S. 245; Tab. 2.1.2):

Die Elektronen bei dieser Oxidation werden von NAD^+ (Abb. 2.1.25) übernommen. Um den Abbau in Gang zu halten, muß dieses Coenzym durch Oxidation des $NADH + H^+$ laufend regeneriert werden. Die Art dieser Oxidation ist verschieden bei den verschiedenen Gärungen und ganz abweichend bei der Atmung (s. u.).

Bei zwei Reaktionsschritten jeder Triose, also bei vier Reaktionen insgesamt, wird ATP gebildet. Beim ersten wird der energiereich gebundene Phosphatrest des Glycerat-1,3-bisphosphats auf ADP übertragen. Diese Reaktion ist stark exergonisch ($\Delta G^{0\prime} = -18,83$ kJ) und zieht dadurch die gekoppelte, praktisch isergonische ($\Delta G^{0\prime} = +6,28$ kJ) Dehydrogenase-Reaktion auf die Seite der Bildung von Glycerat-1,3-bisphosphat.

Auch der zweiten ATP-bildenden Reaktion beim Glucoseabbau geht die Bildung einer energiereichen Bindung voraus. Dabei wird 2-Phosphoglycerat unter Wasserabspaltung in Phosphoenolpyruvat (PEP; vgl. S. 277) übergeführt, wobei eine intramolekulare Oxidoreduktion stattfindet, bei der das C-Atom 2 stärker oxidiert, das C-Atom 3 stärker reduziert wird. Dadurch wird die freie Enthalpie der Phosphatabspaltung stark gesteigert (Tab. 2.1.2). Das für diese Reaktion verantwortliche Enzym, die Enolase, wird durch Fluorid sehr stark gehemmt. Die Phosphatgruppe des PEP wird von der Pyruvatkinase auf ADP übertragen. Auch dieser Schritt ist stark exergonisch ($\Delta G^{0\prime} = -31,41$ kJ) und unter den Bedingungen in der Zelle irreversibel.

Die beiden ATP-Bildungsreaktionen beim Abbau der Glucose zum Pyruvat werden auch als Substratkettenphosphorylierung bezeichnet.

Das Schicksal des gebildeten Pyruvats (wie des $NADH + H^+$) ist, wie erwähnt, verschieden bei den einzelnen Gärungen und bei der Atmung.

2. Gärungen

Alkoholische Gärung

Ethylalkohol als Endprodukt des anaeroben Glucose-Abbaus tritt nicht nur bei den technisch verwendeten Hefen oder bei dem zur Pulque-Bereitung (südamerikanisches Getränk aus vergorenem Agavensaft) benutzten Bakterium *Pseudomonas lindneri*, sondern auch bei vielen anderen Mikroorganismen und in den Geweben verschiedener höherer Pflanzen (z.B. Erbsensamen, Maiswurzeln) bei Sauerstoffmangel auf. Da Ethanol in höheren Konzentrationen ein Zellgift ist, das infolge seiner hohen Membranpermeabilität auch in einem Speicherkompartiment nicht unschädlich gemacht werden kann, wird es nur bei solchen Organismen nachhaltig gebildet, die in wässerigem Milieu leben und den Alkohol nach außen abgeben können.

Die Bruttogleichung für die alkoholische Gärung lautet:

$C_6H_{12}O_6 \rightarrow 2\ C_2H_5OH + 2\ CO_2$,
$\Delta G^{0\prime} = -234$ kJ.

Da bei einem vollständigen Abbau der Glucose in der Atmung pro Mol 2877 kJ frei werden (S. 295), ist der Ethylalkohol eine noch sehr energiereiche Verbindung und die alkoholische Gärung ein energetisch relativ ineffektiver Prozeß, bei dem sehr große Mengen Substrat umgesetzt werden. Das dabei produzierte CO_2 dient beim Backen von Hefeteig als Treibmittel.

Bei der alkoholischen Gärung ist die Reaktionsfolge der Pyruvatbildung ergänzt durch zwei weitere Reaktionsschritte, durch die Pyruvat in Ethanol übergeführt wird:

```
COO⁻                              CO₂+HCO
 |                                    |
C=O    ─── Pyruvat-Decarboxylase ──→ CH₃
 |                                 Acetaldehyd
CH₃
Pyruvat
                    Alkohol-Dehydrogenase
CH₂OH          ←─────────────────────
 |                    NADH+H⁺
CH₃                    NAD⁺
Ethylalkohol
```

Die durch die Pyruvat-Decarboxylase katalysierte Bildung von Acetaldehyd ist praktisch irreversibel. Das Enzym benötigt als Coenzym Thiaminpyrophosphat (den Pyrophosphatester des Thiamins, Abb. 2.1.54). Das Thiamin kann von vielen Mikroorganismen, den meisten Vertebraten, aber auch den Wurzeln der Cormophyten nicht synthetisiert werden und muß daher mit der Nahrung (bzw. dem Assimilatstrom bei den Wurzeln) als Vitamin (Vitamin B_1) zugeführt werden. Auch andere Vitamine wirken als Coenzyme (Tab. 2.1.13).

Thiaminpyrophosphat dient als Coenzym für eine Reihe von Enzymen, die α-Oxosäuren decarboxylieren; es fungiert als ein Träger aktiver Aldehyd-Gruppen.

Die Alkohol-Dehydrogenase schließlich benutzt bei der Reduktion des Acetaldehyds $NADH + H^+$ als Reduktionsmittel, wobei das für die Trioseoxidation benötigte NAD^+ regeneriert wird.

Tab. 2.1.13: Vitamine als Betandteile von Coenzymen. (Nach Karlson)

Coenzym	Abkürzung	Übertragene Gruppe	Vitamin
Coenzym A	CoA	Acetyl(Acyl)	Pantothensäure
Tetrahydrofolsäure	CoF	Formylgruppe	Folsäure
Biotin		Carboxylgruppen	Biotin
Thiaminpyrophosphat	TPP	C_2-Aldehydgruppen, Decarboxylierung	Thiamin
Pyridoxalphosphat	PAL	Aminogruppe, Decarboxylierung	Pyridoxin
Nicotinamid-adenin-dinucleotid	NAD	Wasserstoff	Nicotinsäureamid
Nicotinamid-adenin-dinucleotid-phosphat	NADP	Wasserstoff	Nicotinsäureamid
Flavin-mononucleotid	FMN	Wasserstoff	Riboflavin
Flavin-adenin-dinucleotid	FAD	Wasserstoff	Riboflavin
B_{12}-Coenzym[1]		Carboxylverschiebung	Cobalamin (Vit.B_{12})

[1] Nicht in höheren Pflanzen.

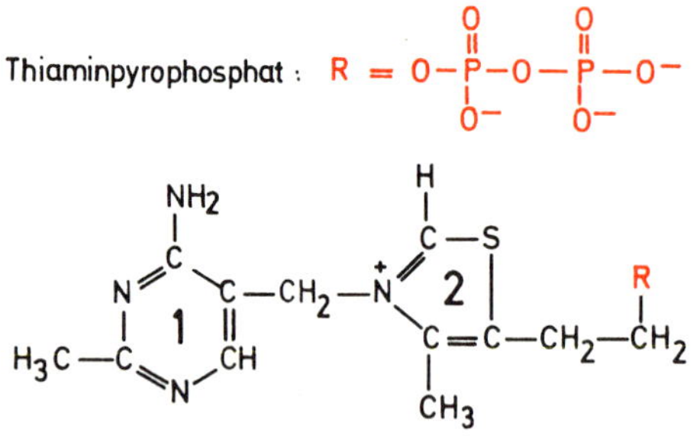

Abb. 2.1.54: Thiamin (Vitamin B_1) und Thiamin-pyrophosphat. Die beiden Ringsysteme leiten sich vom Pyrimidin (1) bzw. Thiazol (2) ab. Bei Mikroorganismen gibt es neben Thiamin-autotrophen Formen und solchen, die das komplette Molekül benötigen, auch solche, die entweder nur Pyrimidin (z.B. *Rhodotorula rubra*) oder nur Thiazol (z.B. *Mucor ramannianus*) von außen brauchen, den Rest des Moleküls aber selbst synthetisieren können. In Mischkulturen von Arten mit komplementären Ansprüchen kann das benötigte Molekül vom jeweiligen Partner geliefert werden.

Geht die alkoholische Gärung von freier Glucose aus, werden pro Mol zwei Mol ATP investiert und 4 Mol ATP gebildet, in der Bilanz also 2 Mol ATP gewonnen. Von den -234 kJ der Reaktion werden also $2 \times 31 = 62$ kJ in ATP gespeichert, das sind etwa 26%. In der Zelle, in der die Reaktionspartner nicht unter Standardbedingungen vorliegen, ist die Ausbeute wesentlich höher.

Milchsäuregärung

Bei der reinen Milchsäuregärung (Homofermentation) wird aus Glucose nur Milchsäure gebildet:

$C_6H_{12}O_6 \rightarrow 2\ CH_3\text{-CHOH-COOH}$,
$\Delta G^{0\prime} = -197$ kJ.

Dieser anaerobe Abbau tritt außer im tierischen Muskel z.B. bei den Bakterien *Streptococcus lactis* (verwendet für die Starterkultur bei der Butter- und Käseherstellung; verursacht auch die spontane Säuerung der Milch) und *Lactobacillus delbrückii* (dient zur technischen Milchsäuresynthese) sowie manchen höheren Pflanzen (z.B. Kartoffeln) auf.

Bei der homofermentativen Milchsäuregärung wird das Pyruvat mit Hilfe von NADH + H$^+$ reduziert (und dadurch auch wieder NAD$^+$ regeneriert); die Reaktion ist katalysiert durch die Lactat-Dehydrogenase:

Pyruvat + NADH + H$^+$ → Lactat + NAD$^+$,
$\Delta G^{0\prime} = -25$ kJ.

Auch bei dieser Milchsäuregärung werden wie bei der alkoholischen Gärung in der Bilanz 2 Mol ATP pro Mol Glucose gewonnen. Die Energieausbeute unter Standardbedingungen ist etwa 31%, in der Zelle aber wieder viel höher (bei Erythrocyten, wo Berechnungen vorliegen, z.B. etwa 53%).

Bei der unreinen Milchsäuregärung (Heterofermentation) treten neben Milchsäure Ethanol und CO_2 in äquimolaren Mengen auf. Sie findet sich z.B. ebenfalls bei bestimmten *Lactobacillus*-Arten.

Andere Gärungen

Es gibt noch verschiedene andere Gärungsformen, die nach ihren Haupt-Endprodukten benannt werden, z.B. Propionsäure-, Ameisensäure-, Buttersäure-, Bernsteinsäuregärung; sie verlaufen nach grundsätzlich ähnlichen Mechanismen wie die alkoholische und Milchsäuregärung.

Auf ganz andere Weise werden Aminosäuren und Fettsäuren anaerob abgebaut.

Keine Gärung, aber traditionellerweise so bezeichnet, ist die «Essigsäuregärung». Bei ihr wird O_2 benötigt:

$C_2H_5OH + O_2 \rightarrow CH_3COOH + H_2O$,
$\Delta G^{0\prime} = -753$ kJ.

Diese Reaktion wird z.B. von *Acetobacter*-Arten durchgeführt, die zur Herstellung von Weinessig benutzt werden.

3. Die Atmung

Unter aeroben Bedingungen wird die im Pyruvat noch vorhandene Energie der Zelle nutzbar gemacht und auch NAD$^+$ aus NADH + H$^+$ unter ATP-Produktion regeneriert.

Bei den Eukaryoten laufen diese Prozesse in den Mitochondrien (S. 107f.) ab, in die das Pyruvat direkt, die

Reduktionsäquivalente des NADH + H⁺ durch Vermittlersysteme gelangen (die innere Membran der Mitochondrien ist wie die innere der Chloroplasten für Pyridinnucleotide undurchlässig, s.u.). Die Umsetzung des Pyruvats beim oxidativen Abbau in den Mitochondrien erfolgt in 3 Stufen:
1. Bildung von Acetyl-CoA;
2. Citratcyclus;
3. Elektronentransport in der Atmungskette.

In der dritten Stufe wird auch das bei der Pyruvatbildung entstandene NADH + H⁺ verarbeitet.

Bildung von Acetyl-Coenzym A

Das Pyruvat wird in den Mitochondrien zunächst oxidativ decarboxyliert, wobei das gebildete Acetat nicht in freier Form, sondern als an das Coenzym A (Abb. 2.1.55) gebundener Acetylrest vorliegt:

Pyruvat + NAD⁺ + CoA-SH →
Acetyl-S-CoA + NADH + H⁺ + CO_2,
$\Delta G^{0'} = -33,5$ kJ.

Diese Umsetzung vollzieht sich in einer komplizierten Reaktionsfolge, die drei verschiedene Enzyme und fünf verschiedene Coenzyme benötigt, die einen Multienzymkomplex, das Pyruvat-Dehydrogenase-System, bilden. Einzelheiten sind Lehrbüchern der Biochemie zu entnehmen.

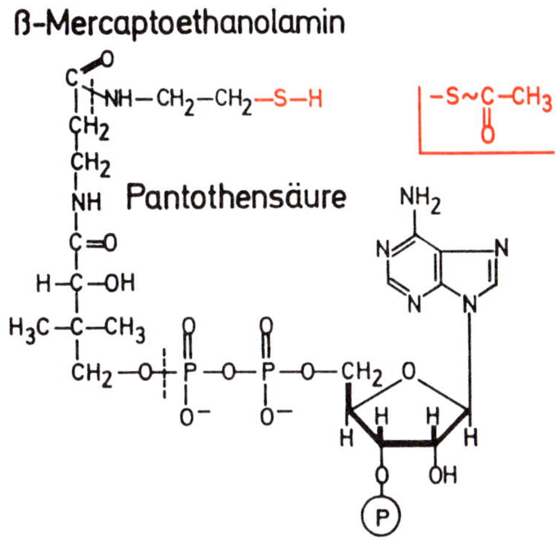

Abb. 2.1.55: Coenzym A und Acetyl-CoA (Einschub), dessen Thioesterbindung energiereich ist. CoA setzt sich aus einem ADP-Derivat, dem Vitamin Pantothensäure und Mercaptoethanolamin zusammen.

Der Acetyl-Rest in dem Acetyl-CoA stellt die «aktivierte Essigsäure» dar, die nicht nur im Citratcyclus katabolisch verarbeitet werden kann, sondern auch als Baustein für zahlreiche Synthesen dient (S. 361 ff.). Da nicht nur Zucker, sondern auch Fettsäuren und verschiedene Aminosäuren zu Acetyl-CoA abgebaut wer-

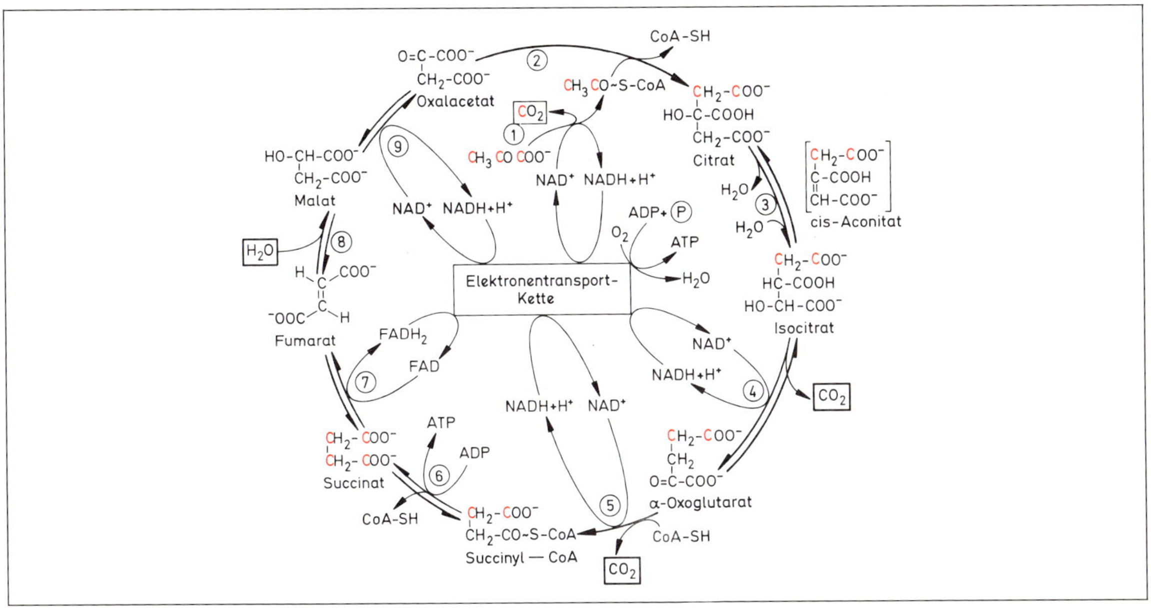

Abb. 2.1.56: Die Bildung von Acetyl-CoA und der Citratcyclus. (1) Pyruvat-Dehydrogenase-System (Multienzymkomplex). (2) Citratsynthase. Die katalysierte Reaktion ist stark exergonisch ($\Delta G^{0'} = -9,08$ kcal). Das Enzym wird allosterisch reguliert, z.B. durch ein hohes Phosphorylierungspotential (S. 245) gehemmt. (3) Aconitase, katalysiert Übergang von Citrat über cis-Aconitat zu Isocitrat. Das Enzym benötigt Fe^{2+}. (4) Isocitrat-Dehydrogenase. Die Reaktion ist geschwindigkeitsbestimmend im Cyclus, das Enzym benötigt Mg^{2+} oder Mn^{2+} und wird durch ADP allosterisch aktiviert. Während das mitochondriale Enzym mit NAD⁺ arbeitet, benötigt eine multiple Form im Cytoplasma NADP⁺ (und dient der NADPH+H⁺-Produktion). (5) α-Oxoglutarat-Dehydrogenase (Multienzymkomplex). (6) Succinat-Thiokinase. Die Energie der Thioesterbindung wird in Form von ATP konserviert. Da das entstehende Succinat symmetrisch gebaut ist, sind die C-Atome 1 und 2 bzw. 3 und 4 nicht mehr unterscheidbar. (7) Succinat-Dehydrogenase. Das Enzym ist streng an die Mitochondrien (bzw. die Bakterienzellmembran) gebunden (Leitenzym). Außer FAD enthält es noch Nichthäm-Eisen gebunden. Es wird durch Oxalacetat sehr wirksam allosterisch gehemmt, wodurch weitere Oxalacetatbildung unterdrückt wird. (8) Fumarase. (9) Malat-Dehydrogenase. Das Enzym der Mitochondrien benötigt NAD⁺. Die Reaktion ist in Richtung Oxalacetatbildung relativ endergonisch ($\Delta G^{0'} = +7,1$ kcal), läuft in der Zelle aber ohne Schwierigkeiten ab, weil Oxalacetat und NADH+H⁺ laufend verbraucht werden.

den (s.u.), kommt dieser Verbindung eine Schlüsselrolle im Stoffwechsel zu.

Citratcyclus (Krebs-Martius-Cyclus)

Die Produkte der Pyruvat-Dehydrogenase-Reaktion werden im Citratcyclus und in der Atmungskette vollständig oxidiert. Die Gesamtreaktion des Citratcyclus lautet:

$CH_3COOH + 2 H_2O \rightarrow 2 CO_2 + 8 [H]$.

Der Cyclus hat somit nur den Acetylrest bis zum CO_2 abzubauen und 4 Elektronenpaare auf Empfänger zu übertragen; er benötigt dazu keinen Sauerstoff. Wie üblich in einem Kreisprozeß (vgl. Calvin-Cyclus, S. 271 ff.), wird die Eingangssubstanz (Oxalacetat), die zunächst den Acetylrest unter Bildung von Citrat übernimmt, im Verlauf des Cyclus regeneriert (Abb. 2.1.56).

Die beiden Reaktionen, bei denen die beiden CO_2-Moleküle freigesetzt werden, sind jeweils oxidative Decarboxylierungen, bei denen ein Elektronenpaar von NAD^+ übernommen wird. Die durch α-Oxoglutarat-Dehydrogenase katalysierte oxidative Decarboxylierung des α-Oxoglutarats verläuft in der gleichen komplexen Weise wie bei der Pyruvat-Dehydrogenase. Auch hier entsteht das Reaktionsprodukt, Succinat, nicht frei, sondern als Succinyl-CoA. Die vorliegende energiereiche Thioesterbindung wird in Form von ATP (bei Säugetieren GTP) konserviert («Substratketten-Phosphorylierung»).

Die zwei weiteren Elektronenpaare werden bei der Oxidation des Succinats und des Malats freigesetzt. Während als Elektronenakzeptor für die Malat-Dehydrogenase ebenfalls NAD^+ dient, enthält die Succinat-Dehydrogenase kovalent gebunden Flavin-Adenin-Dinucleotid (FAD; Abb. 2.1.57), das das Elektronenpaar übernimmt und in die Atmungskette einschleust.

Elektronentransport in der Atmungskette

Die bei der Pyruvatbildung, der oxidativen Decarboxylierung des Pyruvats und im Citratcyclus von Pyridinnucleotid oder FAD übernommenen Elektronen hohen negativen Redoxpotentials durchlaufen nun – ähnlich wie beim photosynthetischen Elektronentransport – eine Kette von Redoxsubstanzen abgestufter Potentiale («Atmungskette»), an deren Ende der Sauerstoff steht. Die bei diesem Elektronenfluß freiwerdende Energie wird wieder zum ATP-Aufbau verwendet («**oxidative Phosphorylierung**», «**Atmungsketten-Phosphorylierung**»). Die Kopplung ist in der Regel so eng, daß bei Erschöpfung des Substrates (ADP) für diese oxidative Phosphorylierung auch der Elektronentransport in der Atmungskette zum Stillstand kommt. Diese Kopplung kann durch einige Verbindungen, z.B. 2,4-Dinitrophenol, aufgehoben werden («**Entkoppler**»); unter ihrer Wirkung läuft die Atmung, evtl. sogar gesteigert, weiter, während keine ATP-Bildung damit verbunden ist. Es gibt Hinweise, daß unter dem Einfluß der Entkoppler kein Protonen-Gradient mehr über die innere Membran der Mitochondrien zustande kommt.

Die Glieder der Atmungskette sind Oxidoreduktasen, deren Coenzyme uns schon vom Elektronentransport in der Photo-

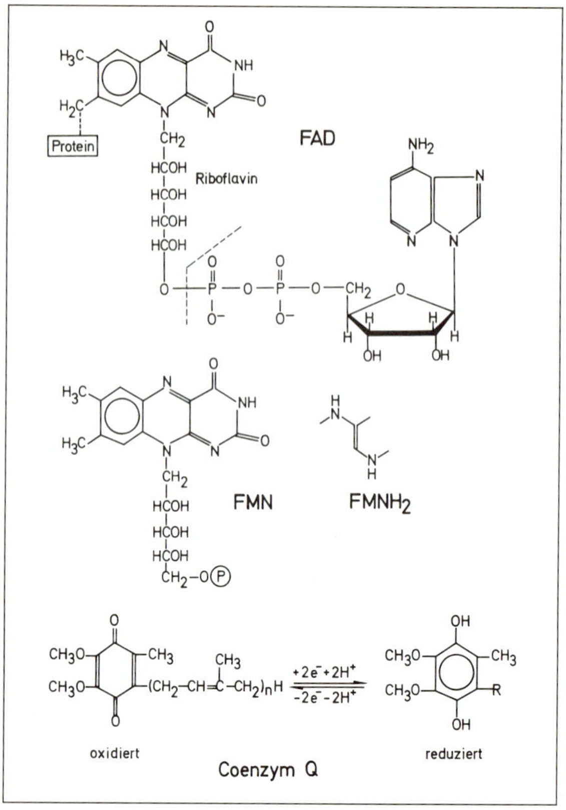

Abb. 2.1.57: Flavinmononucleotid im oxidierten (FMN) und reduzierten ($FMNH_2$) Zustand, Flavinadenindinucleotid (FAD) in oxidierter Form (reduzierte analog zu $FMNH_2$). Ein Teil des Moleküls wird jeweils von Riboflavin (Vitamin B_2) gebildet. Co-Enzym Q (Ubichinon): Die isoprenoide Seitenkette besteht bei Mikroorganismen meist aus 6, bei höheren Pflanzen aus 10 Isoprenresten; sie ist lipophil und verankert das Molekül in der Mitochondrienmembran.

synthese her ihrer grundsätzlichen Natur nach vertraut sind: Außer NAD und Flavoproteiden handelt es sich um ein Chinon (Coenzym Q; Abb. 2.1.57) und um verschiedene Cytochrome (Tab. 2.1.14); hinzu kommen auch hier Nicht-Häm-Eisen-Proteine (enthalten Eisen nicht als Zentralatom eines Porphyrinringes), die an verschiedenen Stellen in die Kette eingebaut sind. Die Apoenzyme sind fest in der inneren Mitochondrienmembran gebunden, wobei die Pyridinnucleotid-Dehydrogenasen wieder den Elektronenübergang von den gelösten organischen Verbindungen auf die membrangebundenen Redoxsysteme übernehmen (vgl. S. 265).

Die Anordnung der Glieder in der Atmungskette folgt ihrem Redoxpotential (Tab. 2.1.14); die Cytochrome übertragen nur Elektronen, während die übrigen Redoxsubstanzen je Molekül 2 Elektronen + 2 Protonen weiterleiten.

Der Übergang von zwei Elektronen von $NADH + H^+$ ($E_0' = -0{,}32$ V) auf Sauerstoff ($E_0' = +0{,}82$ V) ist wegen des großen Unterschiedes im Redoxpotential ein stark exergonischer Prozeß:

$NADH + H^+ + \frac{1}{2} O_2 \rightarrow NAD^+ + H_2O$,
$\Delta G^{0'} = -220{,}6$ kJ

Die freigesetzte Energie wird zur ATP-Auflading verwendet. Dabei reicht die Redoxpotentialdifferenz zwischen $NADH + H^+$ und dem Sauerstoff aus, um 3 ATP

Tab. 2.1.14: Standard-Redoxpotentiale der Glieder in der Atmungskette

	E'_0 (Volt)
NAD	−0.32
Flavoproteide (Fp)	−0.07 bis +0.11
Ubichinon (UQ)	+0.10
b-Cytochrome	+0.07 bis +0.15
Cytochrom C_1	+0.23
Cytochrom c	+0.26
Cytochrom a	+0.29
Cytochrom a_3	+0.39
$\frac{1}{2} O_2 + 2 H^+$	+0.82

pro $\frac{1}{2} O_2$ zu bilden (P:O-Verhältnis = 3), während die Differenz zwischen $FADH_2$ und O_2 nur die Aufladung von 2 ATP pro $\frac{1}{2} O_2$ gestattet (P:O = 2).

Energiebilanz der Atmung beim Glucose-Abbau

Wie aus Tab. 2.1.15 hervorgeht, liefert ein Mol Glucose beim vollständigen oxidativen Abbau nach $C_6H_{12}O_6 + 6 O_2 + 6 H_2O \rightarrow 6 CO_2 + 12 H_2O$ ($\Delta G^{0'} = -2877$ kJ) 36 Mole ATP. Unter Standardbedingungen blieben also im ATP (ADP + $P_i \rightarrow$ ATP + H_2O; $\Delta G^{0'} = +29,3$ kJ) 10 548 kJ (ca. 37%) erhalten. Unter Zellbedingungen (ΔG für ATP-Bildung $\geq +38$ kJ) wären es 1368 kJ (ca. 47%) oder noch mehr.

Der Mechanismus der oxidativen Phosphorylierung und die Struktur der Mitochondrien

Für die oxidative Phosphorylierung werden analoge Mechanismen diskutiert wie für die Photophosphorylierung (S. 268f.). Auch hier erfolgt entsprechend der chemiosmotischen Hypothese beim Elektronentransport eine Ladungstrennung über die Membran, in der die Elektronentransportkette lokalisiert ist (die innere Mitochondrienmembran, Abb. 2.1.58), wobei es zu einer Protonenanhäufung im Intermembranraum (pH 7,0) und zu einer Protonenverarmung im Matrixraum der Mitochondrien (pH 8,6) kommt. Der Ausgleich des Protonengradienten führt wieder zur ATP-Bildung. Wie bei der Photophosphorylierung sind auch in den Mitochondrien bei der Phosphorylierung Koppelungsfaktoren beteiligt, die ATP-Synthase enthalten; sie sind hier der inneren Mitochondrienmembran als sog. Elementarpartikel auf der Matrixseite aufgesetzt (Abb. 1.1.115, S. 107); die ATP-Bildung erfolgt dementsprechend an dieser Stelle. Diese Partikel bestehen ähnlich wie die membrangebundene ATPase der Thylakoide aus einem hydrophilen, der matrixzugewandten Seite der Membran aufsitzenden Kopfteil (F_1) und einem hydrophoben, in die Membran versenkten «Stiel» (F_0). Letzterer bildet einen Kanal, der Protonen

Tab. 2.1.15: ATP-Ausbeute bei der vollständigen biologischen Oxidation eines Moleküls Glucose.

Etappe	in der Endoxidation	
A. Abbau von Glucose zu Pyruvat		
3-Phosphoglycerinaldehyd → 1,3-Diphosphoglycerat:	2 NADH+H⁺	→ 4 ATP[1]
1,3-Diphosphoglycerat → 3-Phosphoglycerat:		2 ATP (Substratkettenphosphorylierung)
B. Bildung aktivierter Essigsäure:	2 NADH+H⁺	→ 6 ATP
C. Citratcyclus		
Isocitrat → α-Oxoglutarat:	2 NADH+H⁺	→ 6 ATP
α-Oxoglutarat → Succinyl-CoA:	2 NADH+H⁺	→ 6 ATP
Succinyl-CoA → Succinat:		2 ATP (Substratkettenphosphorylierung)
Succinat → Fumarat:	2 $FADH_2$	→ 4 ATP
Malat → Oxalacetat:	2 NADH+H⁺	→ 6 ATP
Summe		36 ATP

[1] Die Reduktionsäquivalente des cytoplasmatisch gebildeten 2 NADH+H⁺ liefern in den Mitochondrien nur 2 (statt 3) ATP (S. 296).

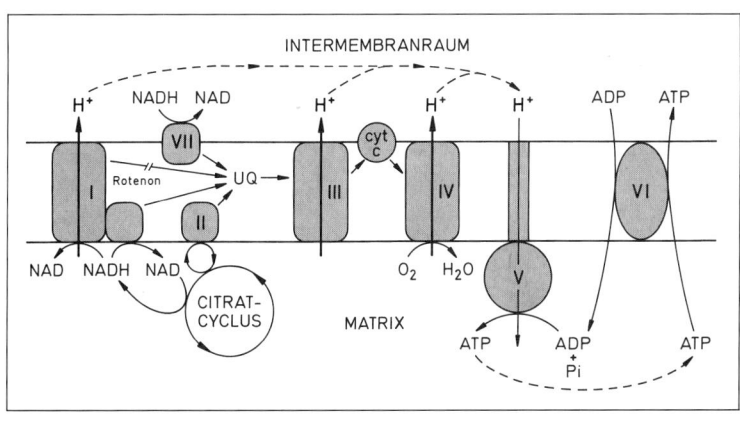

Abb. 2.1.58: Energie-Überträger-Systeme in der inneren Membran von Pflanzenmitochondrien. I NADH+H⁺: Ubichinon-Oxidoreduktase; II Succinat: Ubichinon-Oxidoreduktase; III Cytochrom bc_1-Komplex; IV Cytochrom-Oxidase; V H⁺-ATPase; VI Adeninnucleotid-Carrier; VII NADH+H⁺ Dehydrogenase. (Nach Padovan, Dry u. Wiskich)

durch die Membran zu F_1 führen kann. Sowohl F_1 wie F_0 sind aus mehreren Untereinheiten zusammengesetzt. Bei der ATP-Bildung im F_1-Bereich sind wahrscheinlich Konformationsänderungen dieser Proteine maßgeblich beteiligt.

Der F_0/F_1-Komplex kann durch Phosphorylierungsinhibitoren (z.B. Oligomycin) gehemmt werden.

Die Elektronentransportkette, umfassend NADH-Reduktase, Succinat-Dehydrogenase, Ubichinone, Nicht-Häm-Eisen und die Cytochrome b, C_{549}, c, a und a_3, bildet in der inneren Mitochondrienmembran auch strukturell eine Einheit («respiratory assembly») mit definiertem molarem Anteil der einzelnen Verbindungen. Sie nimmt eine Fläche von etwa 400 bis 500 nm^2 ein; es sind um so mehr derartige Einheiten vorhanden, je größer die Fläche der Mitochondrien-Innenmembran ist (beim Herzmitochondrium des Menschen z.B. etwa 20 000). Die Kette wird von der NADH-Reduktase von der Matrix her mit Elektronen beladen, und die Cytochromoxidase gibt die Elektronen an der Matrixseite wieder an den Sauerstoff ab, so daß die Gesamtkette in der Membran eine «Schleife» bildet.

Die äußere Mitochondrienmembran ist – wie die äußere Chloroplastenmembran – für alle niedermolekularen Stoffe leicht zu passieren, während die innere nur für Wasser und einige niedermolekulare, neutrale Verbindungen (z.B. Harnstoff, Glycerin) sowie für kurzkettige Fettsäuren durchlässig ist, nicht dagegen z.B. für K^+, Na^+, Mg^{2+}, Cl^-, Rohrzucker und die meisten Aminosäuren. Da auch Pyridinnucleotide, Nucleosidmono-, -bis- und -triphosphate sowie Coenzym A und seine Ester nicht frei passieren können, bildet die Matrix der Mitochondrien ein vom Cytoplasma deutlich abgegrenztes Kompartiment.

Der notwendige Austausch bestimmter Verbindungen wird in der inneren Membran durch spezifische Carrier durchgeführt, von denen es z.B. solche für Phosphat, ADP/ATP, Glycerophosphat und Dihydroxyacetonphosphat, Pyruvat, Citrat, cis-Aconitat und Isocitrat, Succinat und Malat sowie für Glutamat gibt (vgl. S. 275). Besonders wichtig sind die Carrier für Pyruvat (das den Citratcyclus speist) und für ATP (und Phosphat), das ja in den Mitochondrien auch für die übrigen Zellbestandteile synthetisiert wird. Der ATP-Carrier transportiert für ein in die Matrix eintretendes Molekül ADP ein Molekül ATP nach außen («Austauschdiffusion»). Der ATP-/ADP-Carrier wird durch Atractylosid, ein toxisches Glykosid der Asteracee *Atractylis gummifera*, spezifisch gehemmt, wobei die oxidative Phosphorylierung der bereits in der Matrix vorhandenen ADP ungehindert weiterläuft.

Für die Einschleusung der Elektronen von cytoplasmatisch gebildetem NADH + H$^+$ (z.B. dem aus der Pyruvatbildung) in die Elektronentransportkette der Mitochondrien ist bei tierischen Mitochondrien ein «Pendeltransport» («shuttle transfer») verantwortlich; dabei werden im Cytoplasma die Reduktionsäquivalente des NADH + H$^+$ zur Bildung von Glycerophosphat aus Dihydroxyacetonphosphat benutzt. Das Glycerophosphat wird durch den entsprechenden Carrier in die Mitochondrienmatrix transportiert, die Reduktionsäquivalente von einer Glycerophosphat-Dehydrogenase übernommen (und über FAD der Atmungskette zugeführt), während das entstehende Dihydroxyacetonphosphat von seinem Carrier wieder nach außen geschafft wird. Bei pflanzlichen Mitochondrien wird das cytoplasmatische NADH + H$^+$ von einer NADH + H$^+$-Dehydrogenase in der Innenmembran oxidiert. Über die normale Atmungskette (Cytochrom-Oxidase als Endoxidase) liefert dieses exogene NADH + H$^+$ nur 2 ATP (das intern gebildete dagegen 3).

Auch in einigen sonstigen Charakteristika unterscheiden sich die pflanzlichen Mitochondrien von den viel leichter zu studierenden und daher hauptsächlich untersuchten tierischen. Bisher sind einige Unterschiede in Details der Atmungskette bekannt geworden. Außerdem besitzen die pflanzlichen Mitochondrien (auch die der Hefe und anderer Pilze) neben der Cyanid-, Azid- und CO-empfindlichen Cytochromoxidase auch noch eine gegen diese Gifte unempfindliche, wohl aber gegen Hydroxamsäuren empfindliche (weniger aktive) Endoxidase. Vermutlich gibt es hier einen Nebenweg der Atmungskette, der statt über die Cytochrome auf einem anderen, derzeit noch nicht geklärten Weg zum O_2 führt; er diskriminiert z.B. auch ^{18}O gegenüber ^{16}O stärker als die cyanidempfindliche Endoxidase. Dieser Seitenweg scheint kein ATP zu liefern, sondern einerseits Substrate für Synthesen bereitzustellen und andererseits Wärme zu erzeugen, ohne durch die Koppelung mit dem Adenylsäuresystem gehemmt zu werden (S. 294). Bei *Arum maculatum* steht diese Reaktionsfolge im Dienst der Duftproduktion, bei *Symplocarpus foetidus* bewahrt sie den Blütenstand vor Kälteschäden, bei Früchten erlaubt sie während des Klimakteriums (S. 430) einen schnellen Abbau der organischen Säuren.

Der oxidative Abbau anderer Substrate (außer Glucose)

Die Mobilisierung der Reservekohlenhydrate

Falls, wie sehr häufig, Zucker als Atmungssubstrat dient, können die Monosen entweder von außen in die Zelle aufgenommen oder aus der Vacuole entnommen oder auch durch Mobilisierung der Speicherkohlenhydrate bereitgestellt werden. Da Stärke (Amylopectin-Komponente) und auch Glykogen sowohl α-1,4- wie α-1,6-Bindungen enthalten (S. 115 ff.), müssen bei der Mobilisierung beider Reservekohlenhydrate jeweils mehrere Enzyme beteiligt sein.

Beim **Abbau der Stärke** wirken folgende Enzyme zusammen:

Die α-Amylase spaltet α-1,4-Bindungen, auch im Innern des Polyglucans («Endoenzym»). α-1,6-Bindungen werden nicht hydrolysiert, aber umgangen (Abb. 2.1.59). Das Enzym kommt außer in höheren Pflanzen (auch in deren Chloroplasten!) bei zahlreichen Bakterien, Pilzen und Tieren vor.

Die β-Amylase ist dagegen ausschließlich auf Pflanzen beschränkt. Sie spaltet als Exoenzym vom (nicht-reduzierenden) Ende des Polyglucans her fortschreitend jede zweite α-1,4-Bindung und setzt Maltose frei (Abb. 2.1.59). Dabei wird die Konfiguration am neu entstehenden Ende des Disaccharids invertiert, d.h. es entsteht β-Maltose (deshalb β-Amylase). α-1,6-Bindungen können von diesem Enzym weder gelöst noch übersprungen werden. Beim Amylopectin kann β-Amylase deshalb nur etwa 60% umsetzen. Der verbleibende verzweigte Rest (mit allen α-1,6-Bindungen) wird als Grenzdextrin bezeichnet.

Die α-1,6-Bindungen (Verzweigungsstellen) im Amylopectin oder in dessen Abbauprodukten nach Wirkung von α- oder β-Amylase werden durch das R-Enzym hydrolysiert (Abb. 2.1.59), das in höheren Pflanzen und Bakterien nachgewiesen wurde und keine α-1,4-Bindungen spalten kann.

Während Stärke vorwiegend von den Amylasen angegriffen wird, werden Maltodextrine mit 5–11 Glucoseresten vor allem durch Phosphorylase abgebaut. Diese Stärke-Phosphory-

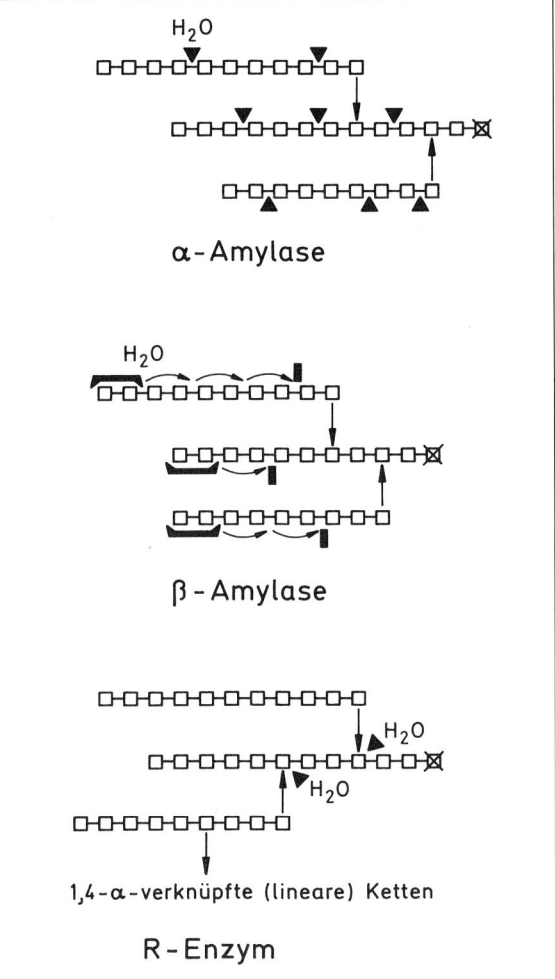

Abb. 2.1.59: Prinzip der Wirkungsweise von α-Amylase, β-Amylase und R-Enzym. □ Jeweils ein Glucoserest, ⊠ reduzierendes Ende. ▲ Einige der möglichen Angriffspunkte.

lase spaltet vom nicht-reduzierenden Ende der Polyglucankette her die α-1,4-Bindungen phosphorolytisch, d.h. sie überträgt einen Glucosylrest auf anorganisches Phosphat unter Bildung von α-Glucose-1-phosphat. 1,6-Bindungen kann das Enzym weder angreifen noch umgehen, so daß es Amylopectin wieder nur bis zu einem Grenzdextrin abbauen kann. Die kürzeste Kette, zu der die Phosphorylase noch Affinität zeigt, besteht aus 4 Glucoseresten (Maltotetraose). Maltotriose oder Maltose können also nicht mehr direkt in Glucose-1-phosphat übergeführt werden.

Die Glucosereste aus diesen niedermolekularen, unverzweigten Verbindungen können aber wieder in längerkettige Moleküle (Maltodextrine) übergeführt werden, die als Substrate der Phosphorylase dienen können. Das verantwortliche D-Enzym überträgt einen Glucosylrest auf den jeweiligen Acceptor.

Durch das Zusammenwirken der genannten Enzyme sowie der Maltase kann Stärke vollständig in Glucose und Glucose-1-phosphat übergeführt werden. Die Einschleusung der Glucose in den Abbau erfordert in der Hexokinasereaktion ATP, während Glucose-1-phosphat ohne weiteren Energieaufwand durch die Phosphoglucomutase in Glucose-6-phosphat umgewandelt werden kann:

Glucose-1-phosphat ⇌ Glucose-6-phosphat.

Die Verwendung von Glucose-1-phosphat anstelle von Glucose als Stärkemobilisierungsprodukt für den weiteren Abbau erspart der Zelle demnach Energie.

Auch bei der Mobilisierung des Glykogens, des Speicherkohlenhydrates der Pilze (S. 115), das übrigens auch in den «Müllerschen Körperchen» (Futter für Schutzameisen!) bei *Cecropia peltata* vorkommt, ist eine Phosphorylase beteiligt, die Glykogen-Phosphorylase. Sie unterscheidet sich von der Stärke-Phosphorylase u.a. dadurch, daß sie nur hochmolekulare, verzweigte Polyglucane angreifen kann. Da sie 1,6-Bindungen weder spalten noch überspringen kann, hinterläßt sie ein Glykogen-Grenzdextrin. Die Hydrolyse der Verzweigungsstellen und die Übertragung der niedermolekularen, linearen Kettenbruchstücke auf Acceptor-Glucane wird bei den Pilzen durch ein Enzym durchgeführt («Amylo-1,6-Glucosidase/Oligoglucan-Transferase»), das somit die Funktionen des R- und D-Enzyms bei den stärkeführenden Pflanzen wahrnimmt.

Die Glykogen-Phosphorylase der Pilze liegt – wie das besonders eingehend studierte Säugetier-Enzym – in der Zelle entweder in Form von enzymatisch aktiver Phosphorylase a oder von inaktiver Phosphorylase b vor, die ineinander umgewandelt werden können:

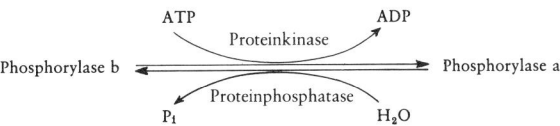

Die enzymatisch kontrollierte Bildung der aktiven Phosphorylase bietet vermutlich auch den Pilzen – wie den Säugern – die Möglichkeit zur Regulation der Glykogenmobilisierung.

Viele Pilze sondern neben anderen hydrolysierenden Enzymen auch α- und β-Glucosidasen, die polymere Substrate abbauen, an die Umgebung ab; die entstehenden Monosen werden in die Zelle aufgenommen und verwertet.

Grundsätzlich ähnlich wie der Abbau der Stärke und des Glykogens verläuft auch derjenige anderer Polysaccharide (z.B. Cellulose, Hemicellulosen, Fructosane). Letztlich werden alle Mobilisierungsprodukte durch wenige enzymatische Reaktionen in Glieder des Glucoseabbaus umgewandelt und münden damit in den beschriebenen Abbauweg ein.

Die Mobilisierung der Reservefette

Triglyceride (S. 78) sind verbreitete Reservestoffe in Samen, Früchten und auch in den Stämmen vieler Bäume; sie werden ja auch vielfach im technischen Maßstab aus pflanzlichem Material gewonnen (z.B. Cocosfett, Olivenöl, Sonnenblumenöl, Leinöl). Die Neutralfette sind im Cytoplasma in kugeliger Form gespeichert; es ist fraglich, ob sie von einer Membran umgeben sind («Oleosomen», vgl. S. 78).

Beim Abbau der Triglyceride werden zunächst die Fettsäuren durch eine Hydrolase (Lipase) vom Glycerin getrennt. Das Enzym ist vermutlich in der Hüllmembran der Fetttropfen lokalisiert, kann aber z.B. von Pilzen auch an das Medium abgegeben werden.

Das Glycerin wird in zwei enzymatischen Schritten in

Dihydroxyacetonphosphat übergeführt und mündet damit in den glykolytischen Abbau ein:

$$CH_2OH-CHOH-CH_2OH \xrightarrow[ATP \quad ADP]{\text{Glycerin-Kinase}} CH_2OH-CHOH-CH_2O\text{\textcircled{P}}$$

Glycerin → Glycerinphosphat

$$CH_2OH-CHOH-CH_2O\text{\textcircled{P}} \xrightarrow[NAD^+ \quad NADH+H^+]{\text{Glycerinphosphat-Dehydrogenase}} CH_2OH-C=O-CH_2O\text{\textcircled{P}}$$

Dihydroxyacetonphosphat

Die Weiterverarbeitung der **Fettsäuren** geschieht bei Säugetieren ausschließlich in den Mitochondrien, während sie in der Pflanzenzelle in zwei verschiedenen Kompartimenten, den Mitochondrien und den Glyoxysomen (evtl. auch in den Chloroplasten), erfolgen kann. In beiden Fällen führt der Weg zunächst zu Acetyl-CoA und Reduktionsäquivalenten («β-Oxidation»), unterschiedlich ist aber das weitere Schicksal dieser Produkte.

Die Fettsäuren müssen vor dem Abbau zunächst in der **Thiokinasereaktion** aktiviert werden (Abb. 2.1.60); dabei wird der Acylrest zuerst an den Phosphatrest der Adenylsäure (aus ATP) anhydrisch gebunden und dann auf Coenzym A übertragen. Der folgende erste Dehydrierungsschritt (katalysiert durch **Acyl-Dehydrogenase**) benötigt FAD als Wasserstoffakzeptor, der zweite dagegen NAD^+ (**Hydroxyacyl-Dehydrogenase**). Das entstandene Produkt trägt eine Carbonyl-Funktion am β-C-Atom. Beim letzten Schritt der Reaktionsfolge wird in einer «thioklastischen» Spaltung Acetyl-CoA von der Fettsäure abgetrennt und der verbleibende Rest gleichzeitig wieder in seinen CoA-Thioester übergeführt. Wird das jeweils verbleibende, um 2 C-Atome verkürzte Fettsäuremolekül mehrmals diesem Umlauf unterworfen, so werden die geradzahligen Fettsäuren (wie sie in der Zelle zumeist vorliegen) vollständig zu an CoA gebundenen Acetylresten abgebaut.

Erfolgt die β-Oxidation der Fettsäuren in den Mitochondrien, so werden die Acetylreste in der Regel im Citratcyclus vollständig abgebaut. Der oxidative Fettabbau in den Mitochondrien dient daher überwiegend der Energiegewinnung. Die ATP-Ausbeute wird noch dadurch verstärkt, daß auch $FADH_2$ und $NADH+H^+$ aus der β-Oxidation zur oxidativen Phosphorylierung verwertet werden können; dabei werden auch die für den weiteren Fettsäureabbau notwendigen oxidierten Wasserstoffüberträger restituiert. Es gibt Hinweise darauf, daß in der Pflanzenzelle die β-Oxidation in den Mitochondrien gegenüber derjenigen in den Glyoxysomen eine geringe Rolle spielt.

In den Glyoxysomen erfolgt der Abbau der Fettsäure bis zum Acetyl-CoA in gleicher Weise wie in den Mitochondrien; die verantwortlichen Enzyme sind in der Glyoxysomenmembran lokalisiert. Auch diese Acetylreste werden letztlich dem Citratcyclus in den Mitochondrien zugeführt. Da die innere Mitochondrienmembran aber, wie erwähnt (S. 296) für Acetyl-CoA undurchlässig ist, muß noch in den Glyoxysomen ein Transportmetabolit gebildet werden: **Succinat**. Der Reaktionsablauf, bei dem zeitweise große Mengen von Acetyl-CoA verarbeitet werden, verläuft bezeichnenderweise wieder als Cyclus, **Glyoxylatcyclus** (Abb. 2.1.61), der bei Bakterien, Pilzen und grünen Pflanzen, nicht aber bei Säugetieren, auftritt. In diesem Kreisprozeß werden zwei Acetylreste oxidativ zu Succinat kondensiert. Das Succinat verläßt das Glyoxysom und wird im Mitochondrium über einige Schritte des Citratcyclus in Malat übergeführt (Abb. 2.1.62). Das Malat kann die

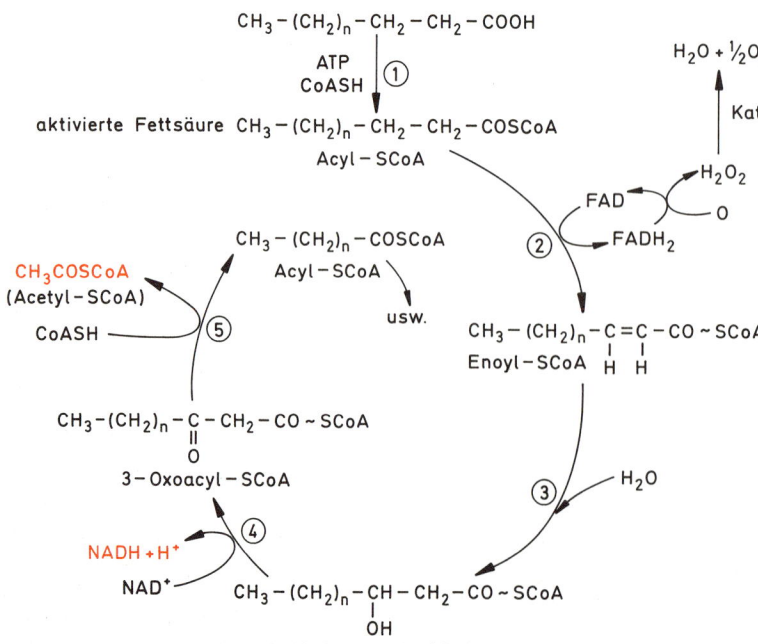

Abb. 2.1.60: β-Oxidation der Fettsäuren, beteiligte Enzyme: (1) Thiokinase. Es gibt verschiedene Enzyme für Acetat, Fettsäuren mit mittellanger (4–12 C) und mit langer Kette. Alle benötigen Mg^{2+}. (2) Acyl-Dehydrogenase. (3) Enoyl-Hydratase (Crotonase). (4) β-Hydroxyacyl-Dehydrogenase. Da die Reaktion H^+ freisetzt, ist sie streng pH-abhängig. (5) β-Oxothiolase. Das Gleichgewicht liegt weit auf Seiten der Spaltung. (Nach Kindl u. Wöber)

Mitochondrienmembran passieren und im Cytoplasma das Substrat der Gluconeogenese (S. 301) bilden. Der Glyoxylatcyclus dient demnach hauptsächlich der Umwandlung von Fett in Kohlenhydrate. Die charakteristischen und spezifischen Enzyme des Cyclus, die Isocitrat-Lyase und die Malat-Synthase, sind deshalb nur in den Geweben aktiv, die rasch Fett in Kohlenhydrate umwandeln (z. B. Speichergewebe fettspeichernder Samen oder Stämme), und nur zu den Zeiten, zu denen diese Umwandlung erfolgt (Samenkeimung, Fettmobilisierung in Stämmen im Frühjahr). Beide Enzyme werden auch koordiniert exprimiert.

Das bei der β-Oxidation der Fettsäuren in den Glyoxysomen entstandene $FADH_2$ wird wahrscheinlich überwiegend durch Luftsauerstoff unter Bildung von H_2O_2 oxidiert, das dann durch die in den Glyoxysomen vorhandene Katalase gespalten wird. Das bei der β-Oxidation und im Glyoxylatcyclus gebildete $NADH + H^+$ wird vermutlich in die Mitochondrien vermittelt und dort zur oxidativen Phosphorylierung benutzt, oder in der Gluconeogenese verwendet. Das oxidierte Coenzym muß wieder in die Glyoxysomen zurückgebracht werden, um den weiteren Abbau in Gang zu halten.

Der Glyoxylatcyclus wird auch von Bakterien, Pilzen und Algen benutzt, um aus vom Medium aufgenommenem Acetat Kohlenhydrate zu bilden. Glyoxysomen finden sich aber nur bei Eukaryoten.

Die Mobilisierung von Speicherproteinen

Viele Samen speichern Proteine als Reservesubstanzen, wodurch der Embryo in den ersten Phasen der Entwicklung ganz unabhängig von exogener Stickstoffzufuhr sein kann. Dieses «ergastische» Eiweiß (S. 90 ff.) unterscheidet sich in seiner Zusammensetzung meist wesentlich von dem der Enzym- und Strukturproteine. Im übrigen tritt es in einer Fülle verschiedener Molekülformen schon innerhalb einer Art, aber vor allem bei verschiedenen Arten auf, so daß bisher meist nur sehr grobe Gruppen charakterisiert werden konnten.

So werden die Speicherproteine der Getreidearten in Prolamine (löslich in 60- bis 80%igem Alkohol) und Gluteline (löslich in Alkali oder Säuren) unterteilt. Erstere, zu denen z. B. das Gliadin des Weizens und Roggens gehört, enthalten viel Glutaminsäure und Prolin, aber nur wenig Arginin und Histidin und kein Lysin. Die Gluteline enthalten dagegen Lysin und Tryptophan und ergänzen so die Prolamine bei der menschlichen Ernährung. Das gleichzeitige Vorhandensein von Gliadin und Glutelin im Weizen- und Roggenmehl ist die Voraussetzung für die Backfähigkeit.

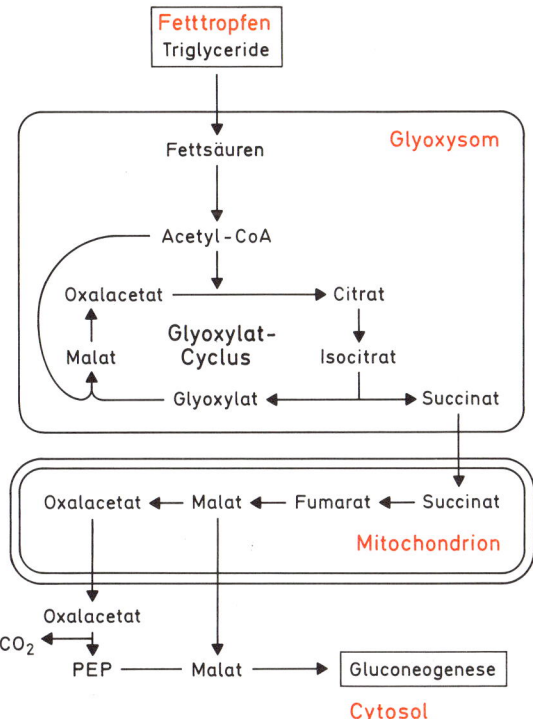

Abb. 2.1.62: Schematische Darstellung des Zusammenwirkens von Glyoxysomen, Mitochondrien und Cytoplasma bei der Umwandlung von Fettsäuren in Kohlenhydrate in der Pflanze.

Die meisten Speicherproteine der anderen Pflanzenarten gehören zu den Globulinen. Sie sind in destilliertem Wasser unlöslich, löslich aber in verdünnten Salzlösungen, aus denen sie durch höhere Salzkonzentrationen (z. B. halbkonzentrierte Ammoniumsulfatlösung) ausgefällt werden können. Die Pflanzenglobuline haben meist hohe Gehalte an Monoaminodicarbonsäuren und dann sauren Charakter (Beispiel: Edestin im Hanfsamen). Albumine (die in salzfreiem Wasser löslich sind) treten als pflanzliche Speicherproteine an Bedeutung zurück (Beispiele: Leucosin im Weizenkorn, das sehr giftige, aber Tumorwachstum-hemmende Ricin im Ricinussamen).

Die pflanzlichen Speicherproteine sind in der Zelle wahrscheinlich in eigenen, membranumschlossenen Kompartimenten lokalisiert, den Proteinkörpern.

Bei der hydrolytischen Spaltung der Proteine, die ihren Abbau einleitet, sind wieder verschiedene Enzyme beteiligt. Bestimmte Proteinasen können das Eiweißmolekül von einem Ende her angreifen (Exopeptidasen) und die Aminosäuren einzeln abspalten. Die Aminopeptidasen greifen dabei vom N-terminalen Ende des Proteins (S. 30 ff.), die Carboxypeptidasen vom C-terminalen Ende her an. Die Endopeptidasen dagegen hydrolysieren Peptidbindungen im Innern des Moleküls.

Die Produkte der Eiweißhydrolyse sind letztlich die Aminosäuren (S. 30). Diese können entweder wieder zur Eiweißsynthese verwendet (S. 310 ff.), aus der Zelle abtransportiert (S. 269 ff.) oder schließlich abgebaut werden. Auch bei den Aminosäuren führt der weitere Abbau meist in wenigen, enzymatisch kontrollierten

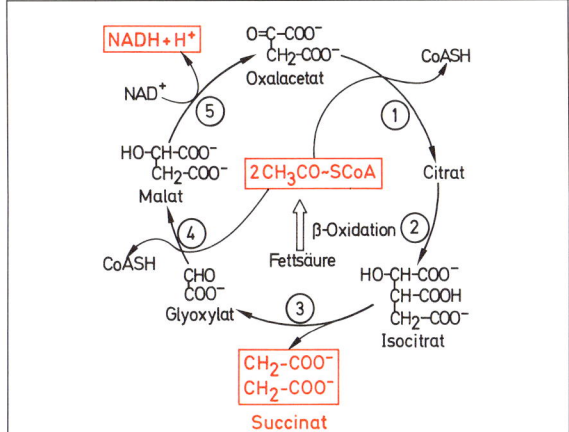

Abb. 2.1.61: Der Glyoxylatcyclus. (1) Citrat-Synthase, (2) Aconitase, (3) Isocitrat-Lyase, (4) Malat-Synthase, (5) Malat-Dehydrogenase. Die Produkte des Cyclus sind Succinat und $NADH+H^+$. (Nach Kindl u. Wöber)

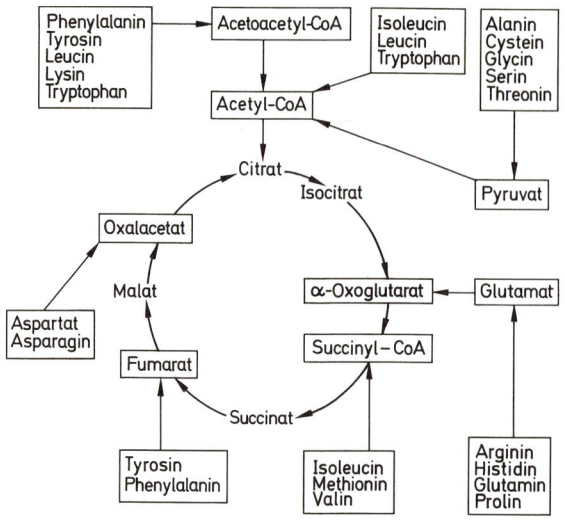

Abb. 2.1.63: Eintrittsstellen der Kohlenstoffskelette von Aminosäuren in die Pyruvatbildung und den Citratcyclus, wie sie hauptsächlich durch Untersuchungen an Bakterien festgestellt wurden. (Nach Lehninger)

Schritten zu Zwischengliedern des glykolytischen Abbaues oder des Citratcyclus. Allerdings ist das Schicksal der einzelnen Aminosäuren bei Bakterien und Säugetieren weit besser bekannt als bei Pflanzen (Abb. 2.1.63). Bei letzteren kommt dem System α-Oxoglutarsäure/Glutaminsäure eine besondere Bedeutung zu. Andere α-Aminosäuren können durch «Transaminierung» ihre $-NH_3^+$-Gruppen auf die α-Oxoglutarsäure übertragen (bzw. α-Oxosäuren durch Transaminierung aus Glutaminsäure aminiert werden, S. 354). Coenzym dieser wie anderer Transaminasen ist Pyridoxalphosphat, das sich vom Pyridoxin (Vitamin B_6) ableitet. Es überträgt als Pyridoxaminphosphat die Aminogruppe (Abb. 2.1.64).

Die Glutaminsäure kann durch die Glutamat-Dehydrogenase oxidativ desaminiert werden, wobei α-Oxoglutarat restituiert wird:

L-Glutamat + NAD^+ →
α-Oxoglutarat + NH_4^+ + NADH + H^+.

Das Enzym besteht aus Untereinheiten und unterliegt einer allosterischen Kontrolle (hemmend wirken z.B. ATP und NADH + H^+, fördernd ADP). Es kann auch $NADP^+$ als Elektronenakzeptor verwenden, wobei das entstehende NADPH + H^+ zu biologischen Synthesen dient (vgl. NADPH + H^+ in der Photosynthese, S. 271 f., und die Bildung im oxidativen Pentosephosphatcyclus, S. 302 f.).

Die α-Oxoglutarsäure kann im Citratcyclus weiterverarbeitet werden, das NADH + H^+ zur oxidativen Phosphorylierung dienen, während Ammoniak bei Pflanzen nur unter pathologischen Bedingungen in größeren Mengen freigesetzt, in der Regel aber in Speichersubstanzen konserviert wird (S. 353 f.).

Die bei der Transaminierung aus den anderen α-Aminosäuren gebildeten Oxosäuren liegen z.T. direkt auf dem zentralen Abbauweg (z.B. Pyruvat aus Alanin, Oxalessigsäure aus Asparaginsäure), z.T. können sie leicht in Verbindungen des Hauptabbauweges übergeführt werden. Vielfach werden sie oxidativ decarboxy-

liert zu organischen Säuren, oder reduktiv zu Alkoholen:

$$R-\underset{\underset{NH_2}{|}}{C}H-COOH \rightarrow R-\underset{\underset{O}{\|}}{C}-COOH \rightarrow$$

$$R-CHO \rightarrow R-COOH$$
$$\searrow R-CH_2OH$$

Auf diesem Wege, also aus dem Eiweißstoffwechsel, soll z.B. ein großer Teil der Oxalsäure des Rhabarbers gebildet werden, so wie aus dem Eiweiß der Maische durch gärende Hefe die Alkohole des Fuselöles.

Häufig bei Bakterien und Pilzen, seltener bei höheren Pflanzen können die Aminosäuren durch Decarboxylierung in Amine umgewandelt werden. Auch bei dieser enzymatischen Reaktion wirkt Pyridoxalphosphat als Coenzym. Aus Alanin entsteht auf diese Weise z.B. Ethylamin:

$CH_3 - CH(NH_2) - COOH \rightarrow CH_3 - CH_2 - NH_2 + CO_2$

Durch Darmbakterien werden aus den Aminosäuren Lysin und Arginin die Diamine Cadaverin und Putrescin gebildet; Cadaverin wurde auch bei Pilzen gefunden. Putrescin ist Ausgangssubstanz für die bei Pflanzen weit verbreiteten Polyamine Spermidin und Spermin, denen verschiedene Wirkungen auf Entwicklungsvorgänge (Samenkeimung, Senescenz) zugeschrieben werden. Das Histamin in den Brennhaaren der Brennessel (Abb. 1.2.17, S. 143) stammt aus Histidin, die auch bei höheren Pflanzen verbreitete γ-Aminobuttersäure aus Glutaminsäure. Auch manche Amine in Blütendüften könnten so entstehen, wenn auch hierfür noch andere Bildungsmöglichkeiten in Betracht kommen.

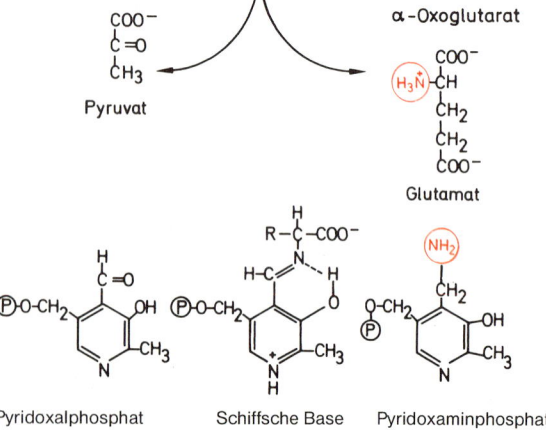

Abb. 2.1.64: Transaminierung von Alanin auf α-Oxoglutarat. Alle Transaminasen haben Pyridoxalphosphat als Coenzym; dieses leitet sich vom Pyridoxin (Vitamin B_6; statt (P) = H) ab. Die Aldehydgruppe kann eine reversible Bindung mit der Aminogruppe von Aminosäuren eingehen (Schiffsche Base). Das entstehende Pyridoxaminphosphat kann die Aminogruppe an eine α-Oxosäure weitergeben.

**Kohlenhydrat-bindende Proteine und
Proteinase-Inhibitoren**

Unter den Proteinen in pflanzlichen Speicherorganen haben zwei Gruppen in letzter Zeit besondere Aufmerksamkeit gefunden: Die Kohlenhydrat-bindenden Proteine (Lectine) und die Proteinase-Inhibitoren.

Die pflanzlichen Lectine sind Proteine oder Glykoproteide, die oft in großen Mengen in Samen (vor allem der Leguminosen) vorkommen und spezifisch an bestimmte Zuckerreste (auch in Polysacchariden oder Glykoproteinen enthaltene) gebunden werden, ähnlich der Antigen-Antikörper-Wechselwirkung. Auf diese Reaktion geht auch die charakteristische, lange bekannte und zum Nachweis verwendete Agglutination von Erythrocyten durch viele Lectine zurück; daher rührt ihre alte Bezeichnung Phytohämagglutinine. Sie haben besondere Beachtung gefunden, weil sie verschieden stark an normale und maligne (Tumor-)Zellen derselben Tierart binden: Sie machen damit die Änderung der Zelloberfläche bei der Umwandlung in Tumorgewebe deutlich. Lectine an der Oberfläche von Fabaceen-Wurzelhaaren (z.B. das Trifoliin bei *Trifolium repens*) sollen bei der spezifischen Bindung der Rhizobien (S. 376f.) eine Rolle spielen.

Das bestuntersuchte pflanzliche Lectin ist Concanavalin A (Con A) aus den Samen der Fabacee *Canavalia ensiformis*, wo es in großer Menge vorkommt. Es enthält keinen kovalent gebundenen Zucker, ist also – im Gegensatz zu vielen anderen Pflanzenlectinen – kein Glykoprotein. Ob das Con A außer als Speicherprotein noch eine spezifische Funktion hat, ist unbekannt.

Die Proteinase-Inhibitoren in den Speicherorganen vieler Pflanzen, auch in wichtigen Nahrungsmitteln (z.B. Kartoffel, Bohne, Erbse), hemmen vor allem Proteinasen tierischer oder bakterieller Herkunft. Sie könnten deshalb evtl. bei der Abwehrreaktion von Pflanzen gegen infektiöse Mikroorganismen oder räuberische Insekten bzw. deren Larven eine Rolle spielen. Es handelt sich um niedermolekulare Proteine (MG um 10 000).

Der respiratorische Quotient

Die verschiedenen Atmungssubstrate brauchen zu ihrer vollständigen oxidativen Überführung in CO_2 je nach ihrer molekularen Zusammensetzung verschiedene Mengen O_2. Das Volumenverhältnis von erzeugtem CO_2 zu verbrauchtem O_2 wird als respiratorischer Quotient (RQ) ausgedrückt:

$$RQ = \frac{CO_2}{O_2}.$$

Da nach dem Avogadroschen Satz gleiche Molzahlen aller Gase gleiche Volumina besitzen, ist der RQ-Wert beim Abbau einheitlichen Substrates leicht theoretisch auszurechnen; andererseits können durch Ermittlung dieses Wertes mit gewisser Vorsicht Schlüsse auf das Atmungssubstrat gezogen werden. Entsprechend der Bruttogleichung der Glucoseveratmung (S. 295) ist der RQ-Wert bei der Veratmung von Kohlenhydraten gleich 1. Bei Abbau von wasserstoffreicheren Molekülen wie Fetten und Proteinen liegt er unter 1 (Fette ca. 0,7; Proteine ca. 0,8), von sauerstoffreichen Säuren über 1:

$C_{16}H_{32}O_2 + 23\, O_2 \rightarrow 16\, CO_2 + 16\, H_2O$
Palmitinsäure (RQ = 0,7)
$HOOC-COOH + \frac{1}{2}\, O_2 \rightarrow 2\, CO_2 + H_2O$
Oxalsäure (RQ = 4,0)

Fett-veratmende Keimlinge haben dementsprechend RQ-Werte um 0,7. Werden Fette in Kohlenhydrate umgewandelt, z.B. während bestimmter Phasen der Keimung von fettspeichernden Samen oder in fettspeichernden Baumstämmen im Frühjahr, so ist ein RQ < 1 zu messen, weil viel O_2 verbraucht und wenig CO_2 produziert wird. Umgekehrt macht sich die Umwandlung von Kohlenhydraten in Fett in einem RQ > 1 bemerkbar (bei einer Gans während der Mästung z.B. RQ = 1,38).

Verknüpfungen des Citratcyclus mit anderen Stoffwechselwegen

Wir haben an einigen ausgewählten Beispielen gesehen, daß der Abbau aller Atmungssubstrate letztlich, meist in wenigen Schritten, in die Hauptabbauwege der Überführung von Glucose in Pyruvat und des Citratcyclus einmündet. Von Gliedern des Citratcyclus zweigen aber auch zahlreiche Synthesewege ab. Dies erfordert auf der anderen Seite Möglichkeiten, die einzelnen Komponenten des Cyclus bei Bedarf wieder aufzufüllen. Wegen seiner Schlüsselstellung zwischen aufbauenden (anabolischen) und abbauenden (katabolischen) Reaktionsfolgen wird der Citratcyclus auch als amphibolischer Weg bezeichnet.

Am Beispiel der **Gluconeogenese** soll das Abzweigen von Gliedern des Citratcyclus in andere Stoffwechselbahnen erläutert werden. Bei der Gluconeogenese werden aus Malat bzw. Oxalacetat Hexosen aufgebaut. Es ist dies der Weg der Kohlenhydratsynthese z.B. bei der Mobilisierung von Speicherfett und -protein in keimenden Samen oder bei der Ernährung von Heterotrophen mit Acetat oder Alkohol.

Der erste Schritt dieser Stoffwechselfolge ist die Bildung von Phosphoenolpyruvat (PEP) aus Oxalacetat, die wir schon früher kennengelernt haben (S. 278). Es ist noch ungeklärt, ob das für diese Gluconeogenese-Schlüsselreaktion verantwortliche Enzym, die PEP-Carboxykinase, bei Pflanzen in den Mitochondrien oder im Cytoplasma lokalisiert ist. Im ersten Falle würde PEP die Mitochondrien verlassen und im Cytoplasma weiter verarbeitet werden, im zweiten würde nicht Oxalacetat (für das die innere Mitochondrienmembran impermeabel ist), sondern Malat aus den Mitochondrien ins Cytoplasma gelangen und dort durch eine Malat-Dehydrogenase erst in Oxalacetat umgewandelt werden.

Die vom PEP bis zum Fructose-1,6-bisphosphat führenden Reaktionen (Abb. 2.1.65) sind Umkehrungen der katabolischen Sequenz und werden durch die gleichen Enzyme katalysiert. Ein zweites für die Gluconeogenese charakteristisches Enzym ist die Fructosebisphosphat-Phosphatase, deren (praktisch irreversible) Reaktion wir schon beim Weg des Kohlenstoffs in der Photosynthese besprochen haben:

Fructose-1,6-bisphosphat + $H_2O \rightarrow$
Fructose-6-phosphat + P_i,
$\Delta G^{0\prime} = -17$ kJ.

Die cytoplasmatische Fructosebisphosphat-Phosphatase ist ein regulatorisches Enzym, das z.B. durch AMP allosterisch streng gehemmt wird. Dadurch kommt es nur zur Gluconeogenese, wenn das Phosphorylierungspotential (S. 245) hoch ist, während bei leerem Energiespeicher die Substanzen dem Abbau zugeführt werden. Reichert sich Fructose-6-phosphat im Cytoplasma an, so wird ein Teil durch die Phosphofructo-2-

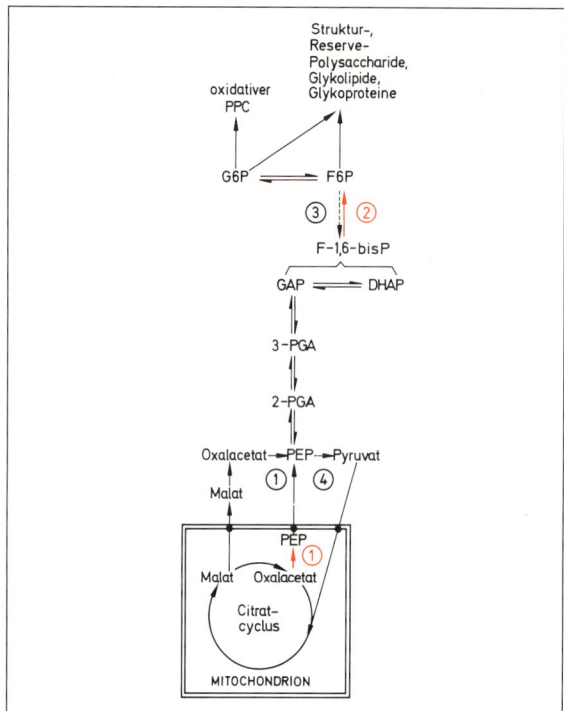

Abb. 2.1.65: Reaktionsfolge der Gluconeogenese. Zwei der angegebenen Enzyme sind charakteristisch für die Gluconeogenese: (1) Phosphoenolpyruvat-Carboxykinase, (2) Fructose-1,6-bisphosphat-Phosphatase. Zwei andere für die Glykolyse: (3) Phosphofructokinase, (4) Pyruvatkinase. Die übrigen cytoplasmatischen Enzyme zwischen PEP und Glucose-6-phosphat sind beiden Sequenzen gemeinsam. G6P Glucose-6-phosphat; F6P Fructose-6-phosphat; F-1,6-bisP Fructose-1,6-bisphosphat; GAP Glycerinaldehyd-3-phosphat; DHAP Dihydroxyacetonphosphat; 3-PGA 3-Phosphoglycerat; 2-PGA 2-Phosphoglycerat; PEP Phosphoenolpyruvat; PPC Pentosephosphatcyclus. (Nach Kindl u. Wöber, verändert)

kinase zu Fructose-2,6-bisphosphat phosphoryliert, das hemmend auf die Fructose-1,6-bisphosphat-Phosphatase wirkt.

Fructose-6-phosphat kann durch die Phosphoglucoisomerase, ein Enzym des Abbaues von Glucose zu Pyruvat, in Glucose-6-phosphat umgewandelt werden. Die Freisetzung der Glucose durch die Glucose-6-phosphat-Phosphatase (die Reaktion, bei der in der Säugerleber der Blutzucker gebildet wird), spielt in der Pflanzenzelle wohl kaum eine Rolle. Meist wird das Glucose-6-phosphat selbst weiter verarbeitet (z.B. im oxidativen Pentosephosphatcyclus, s.u., oder – nach Umwandlung in Glucose-1-phosphat – bei der Bildung von nucleotidgebundenen Zuckern, S. 349f.).

Der Abzug von Gliedern des Citratcyclus für die Gluconeogenese oder andere Stoffwechselseitenwege (z.B. die reduktive Aminierung von Oxalacetat zu Aspartat oder von α-Oxoglutarat zu Glutamat, Abb. 2.1.64) kann zu einer Verarmung der Cycluskomponenten führen, die sein Funktionieren in Frage stellen könnte: Beim Fehlen von Oxalacetat z.B. würde schon die Eingangsreaktion blockiert. Dieser Gefahr wird durch «Auffüll»- oder anaplerotische Reaktionen begegnet.

Ein anaplerotisches Enzym ist z.B. die Pyruvat-Carboxylase, die folgende Reaktion katalysiert:

Pyruvat + CO_2 + ATP $\xrightarrow{\text{Acetyl-CoA}}$ Oxalacetat + ADP + P_i,
$\Delta G^{0\prime} = -2{,}1$ kJ.

Da Oxalacetat vor allem dann gebraucht wird, wenn es Acetyl-CoA zu verarbeiten gilt, ist es verständlich, daß die Pyruvat-Carboxylase nur in Gegenwart von Acetyl-CoA als allosterischem Effektor aktiv ist. Die Auffüllung von Malat kann über die reduktive Carboxylierung des Pyruvats durch das Malatenzym (S. 277f.) erfolgen.

Die beiden genannten Enzyme, Pyruvat-Carboxylase und Malat-Enzym, können, der Gluconeogenese-Sequenz vorgeschaltet, auch die Kohlenhydratbildung aus Pyruvat ermöglichen.

Der oxidative Pentosephosphatcyclus (PPC)

Bei der Besprechung des reduktiven Pentosephosphatcyclus (S. 274) wurde bereits erwähnt, daß dieser eine Reihe von Reaktionsschritten mit dem oxidativen PPC gemeinsam hat. Der oxidative PPC läuft sowohl in den Chloroplasten als auch im Cytoplasma ab. Seine Bedeutung liegt einmal in der Bildung von NADPH + H^+, das für reduktive Synthesen (auch in den Chloroplasten im Dunkeln!) benötigt wird, und zum andern in der Bereitstellung von spezifischen Zuckerphosphaten für verschiedene Synthesen (z.B. der Nucleinsäuren).

Drei Enzyme sind dem oxidativen PPC eigen, die dem reduktiven fehlen:

1. Die Glucose-6-phosphat-Dehydrogenase:

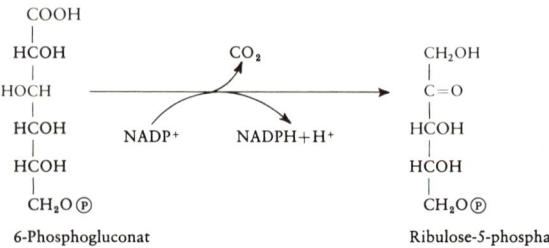

Das Enzym (zumindest das in den Chloroplasten) wird durch Licht inaktiviert, durch Dunkelheit aktiviert. Der Effektor ist das NADPH + H^+/$NADP^+$-Verhältnis: Ist es hoch (z.B. in belichteten Chloroplasten), wird der oxidative PPC «abgeschaltet» und in den Chloroplasten der Weg für den streckenweise konkurrierenden Calvin-Cyclus freigegeben. Ist es niedrig, wird der oxidative Cyclus aktiviert und damit für die Anlieferung von NADPH + H^+ gesorgt.

2. Die 6-Phosphogluconat-Dehydrogenase:

```
COOH                              CH2OH
|                                 |
HCOH              CO2             C=O
|                                 |
HOCH      ───────────────►        HCOH
|                                 |
HCOH    NADP+    NADPH+H+         HCOH
|                                 |
HCOH                              CH2O-P
|
CH2O-P

6-Phosphogluconat                 Ribulose-5-phosphat
```

Mit diesem zweiten NADPH + H^+-liefernden Schritt ist die oxidative Phase des Cyclus abgeschlossen. Es folgt eine Restitutionsphase, bei der 6 Pentosephosphate letztlich wieder 5 Glucose-6-phosphat-Moleküle ergeben (Abb. 2.1.66). Bei diesem Ablauf ist neben Enzymen, die auch im reduktiven PPC tätig sind, ein Enzym beteiligt, das für den oxidativen Cyclus spezifisch ist:

3. Die Transaldolase. Sie überträgt einen Dihydroxyacetonrest von einem 7 C-Zucker auf ein Triosephosphat:

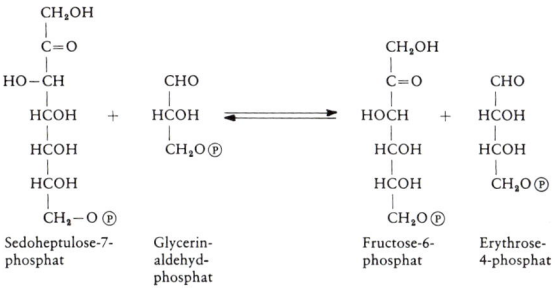

Sedoheptulose-7-phosphat + Glycerinaldehydphosphat ⇌ Fructose-6-phosphat + Erythrose-4-phosphat

Die Reaktionen dieser Restitutionsphase sind für den Zellstoffwechsel auch insofern bedeutsam, als sie, zusammen mit Teilen des Abbauweges von Glucose zu Pyruvat, eine reversible Umwandlung von Zuckern mit 3, 4, 5, 6 und 7 C-Atomen ineinander ermöglichen.

Theoretisch kann ein Glucose-6-phosphat-Molekül durch sechsmaligen Umlauf im oxidativen PPC vollständig in CO_2 zerlegt werden:

6 Glucose-6-phosphat + 12 $NADP^+$ + 7 H_2O
→ 5 Glucose-6-phosphat + 6 CO_2
+ 12 NADPH + 12 H^+ + P_i.

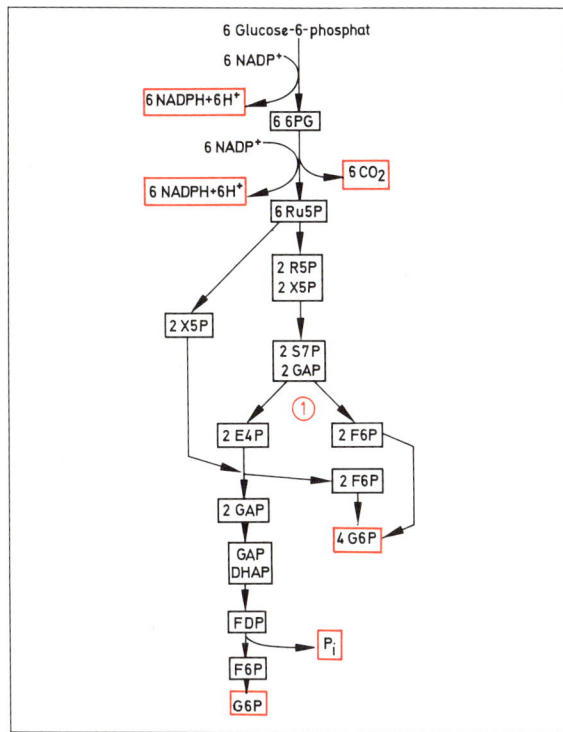

Abb. 2.1.66: Schematische Darstellung der Umsetzungen im oxidativen Pentosephosphatcyclus bei vollständigem Abbau eines Moleküls Glucose-6-phosphat (G6P). Endprodukte stark umrandet. (1) Durch Transaldolase katalysierte Reaktion (vergl. Text). 6 PG 6-Phosphogluconat; Ru5P Ribulose-5-phosphat; R5P Ribose-5-phosphat; X5P Xylulose-5-phosphat; S7P Sedoheptulose-7-phosphat; GAP Glycerinaldehyd-3-phosphat; E4P Erythrose-4-phosphat; DHAP Dihydroxyaceton-phosphat; FDP Fructose-1,6-bisphosphat; F6P Fructose-6-phosphat. (Nach Lehninger, leicht geändert)

Häufig wird die Reaktionsfolge aber in andere Stoffwechselbahnen münden. Der Anteil des oxidativen PPC am Abbau der Glucose variiert sehr und wird hauptsächlich durch den Bedarf an NADPH + H^+ bestimmt.

Abhängigkeit der Atmung von Außenfaktoren

Die Intensität der Atmung ist je nach Pflanzenart und innerhalb einer Art je nach Organ, Entwicklungszustand und Aktivität sehr verschieden (Tab. 2.1.16); sie wird außerdem durch die Außenfaktoren beeinflußt. Als wichtigster Außenfaktor ist die **Temperatur** zu nennen. Als enzymatischer Prozeß folgt die Atmung in ihrer Temperaturabhängigkeit einer Optimumkurve (Abb. 2.1.67). Die Lage der Kardinalpunkte (Minimum, Optimum, Maximum) hängt von der Pflanzenart und innerhalb einer Art auch von deren Vorleben ab (Abhärtung, Verweichlichung). Die Minimaltemperatur, bei der noch Atmung zu messen ist, liegt meist um $-10\,°C$. Frostharte Gewebe (z.B. kälteadaptierte Coniferennadeln) atmen noch bei $< -20\,°C$, während die Atmung kälteempfindlicher Tropenpflanzen bereits zwischen 0 und 5 °C gestört werden kann.

Tab. 2.1.16: Dunkelatmung ausgewachsener Blätter im Sommer bei 20 °C. (Nach Larcher)

Pflanzengruppe	CO_2-Abgabe mg g^{-1} TG h^{-1}
Krautige Kulturpflanzen	3–8
Krautige Wildpflanzen	
Sonnenkräuter	5–8
Schattenkräuter	2–5
Sommergrüne Laubbäume	
Lichtblätter	3–4
Schattenblätter	1–2
Immergrüne Laubbäume	
Lichtblätter	um 0,7
Schattenblätter	um 0,3
Immergrüne Nadelbäume	
Lichtangepaßte Nadeln	um 1
Schattennadeln	um 0,2

Im ansteigenden Ast der Temperaturkurve (z.B. zwischen 15 und 25 °C) wird meist ein Q_{10} (S. 287) von etwa 2 gemessen.

Das Temperaturmaximum der Atmung liegt gewöhnlich wesentlich höher als das der Photosynthese, die auch gegenüber anderen Einflüssen (z.B. Trockenheit) sich stets viel empfindlicher erweist als die Atmung. Allerdings hält die ATP-Produktion mit der Atmungssteigerung bei höheren Temperaturen nicht Schritt. Dies könnte auf zunehmende Entkoppelung von Elektronentransport und oxidativer Phosphorylierung oder auf eine Verstärkung der cyanidresistenten Atmung (S. 296) zurückgehen.

Es gibt eine Reihe von Hinweisen, daß die Adaptation einer Pflanze an geänderte Temperaturverhältnisse mit einer Zunahme der entsprechend angepaßten Isoen-

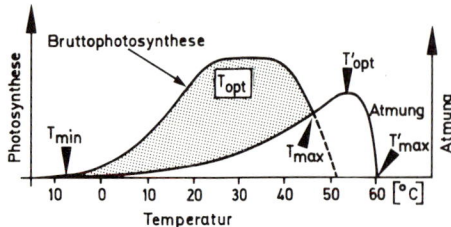

Abb. 2.1.67: Schematische Darstellung der Temperaturabhängigkeit von Atmung und Photosynthese. Temperaturoptimum (T'_{opt}) und -maximum (T'_{max}) der Atmung liegen in der Regel höher als die der Brutto- und Nettophotosynthese (letztere durch punktierten Bereich dargestellt, Kardinalpunkte T_{opt}, T_{max}). Die Temperaturminima (T_{min}) für Nettophotosynthese und Atmung fallen etwa zusammen. (Nach Larcher, verändert)

zyme einhergeht. Die Zelle hat also je nach den Temperaturbedingungen verschiedene Enzym-«Bestecke».

Die bei der Atmung selbst erzeugte Wärme ist bei Pflanzen gewöhnlich nur unter besonderen Versuchsbedingungen zu messen (z. B. bei keimenden Samen in einer Thermosflasche). Da es keine homoiothermen (auf eine bestimmte Temperatur eingestellten) Pflanzen gibt, haben die Pflanzen auch keine Vorrichtungen zur Temperaturregulation. Nur in Ausnahmefällen ist die Erwärmung durch die Atmung bei Pflanzenteilen direkt nachzuweisen (*Spadix* von *Arum italicum* +17 °C, Blüten von *Victoria regia* +10 °C, Blüten von *Cucurbita* +5 °C über der Umgebungstemperatur). Biologisch nutzbar gemacht wird diese Wärmeproduktion beim Aronblütenstand für die Anlockung der Bestäuber (Abb. 3.2.207 G; S. 747); durch sehr schnellen, von der oxidativen Phosphorylierung entkoppelten Abbau der vorher in großen Mengen im Spadix gespeicherten Stärke werden durch die Wärmeentwicklung die Duftstoffe massiv in Freiheit gesetzt. Als Auslöser («Calorigen») dient, zumindest beim Spadix der Aracee *Sauromatum guttatum*, die Salicylsäure. Die Empfindlichkeit des Spadix gegen das Calorigen nimmt mit zunehmender Reife zu und wird photoperiodisch (vgl. S. 411) kontrolliert. – Im Innern dicht gelagerter, feuchter Pflanzenmassen (z. B. Heuhaufen) können durch die Atmungstätigkeit bestimmter thermophiler Bakterien und Pilze Temperatursteigerungen bis über 70 °C zustande kommen; die auf diese Weise in Gang gesetzten exothermen Umsetzungen können dann bis zur Selbstentzündung führen (S. 543). Die Blätter von mit Wurzelfäulepilzen befallenen Pflanzen (z. B. Zuckerrübe und Baumwolle) zeigen mittags Blattemperaturen 3–5 °C über denen gesunder Pflanzen. Dies kann man zum «remote sensing» (Fernerkundung) kranker Pflanzen benützen.

Wesentlichen Einfluß auf die Atmungsintensität hat auch die **Wasserversorgung** der Pflanze. Bei Pflanzen unter Wasser oder in wassergesättigten Böden kann wegen der geringen Löslichkeit des Sauerstoffs in Wasser (1 l Meerwasser enthält bei Luftsättigung ca. 5 ml O_2; Auftreten von O_2-Blasen bei der Photosynthese von Wasserpflanzen!) Sauerstoffmangel die Atmungsintensität begrenzen. Dies kann verhindert werden z. B. durch Zuleitung von Sauerstoff durch das Interzellularensystem von Teilen der Pflanze her (S. 135), die sich in der Atmosphäre befinden und womöglich noch in der Photosynthese zusätzlich selbst O_2 freisetzen (bei vielen Sumpfpflanzen). Es können auch eigene Organe für diese O_2-Zufuhr entwickelt werden (Atemwurzeln, S. 229, Wurzelknie, S. 721). Die starke Entwicklung des Interzellularensystems bei Wasser- und Sumpfpflanzen

allgemein (Abb. 1.2.8, S. 136) dient einmal der Erleichterung dieser O_2-Zufuhr, zum andern der Speicherung des Photosynthese-Sauerstoffs zur Versorgung der Dunkelatmung. Auch Methan aus dem Schlamm der Gewässer kann z. B. bei *Nuphar luteum* durch die Interzellularen der Rhizome, Blattstiele und Blätter sowie die Stomata bis in die Atmosphäre gelangen. Ganz allgemein erleichtert ja das Interzellularensystem den Gastransport (S. 286). Reisfelder verursachen etwa 25% der globalen troposphärischen Methan-Emission, die auf 300–500 Tg pro Jahr geschätzt wird. Meristeme mit hoher Stoffwechselintensität und noch kaum entwickeltem Interzellularensystem sollen z. T. Gärungen durchführen, deren Produkte auch für ihre Entwicklung bedeutsam sein können.

Der Entzug von Wasser drosselt die Atmung von einem bestimmten Wert des Wasserpotentials an dramatisch. Poikilohydre Arten (S. 337f.) oder Stadien (z. B. Samen und Sporen), die hierbei keinen Schaden nehmen, haben im lufttrockenen Zustand (Wassergehalt um 10% des Frischgewichtes) daher nur eine minimale Atmung und damit einen minimalen Stoffverbrauch. Dies ist Voraussetzung für das Überstehen langer Ruheperioden bei Samen, Sporen, Pollen und ganzen trockenen Pflanzen (z. B. Flechten, manche Algen, Moose, Farne und Phanerogamen, S. 338).

Hohe **Kohlendioxid-Konzentrationen** schränken die Atmung ein. Sie finden sich einmal im Holzkörper von Stämmen, zum anderen in Samen mit für CO_2 schwer durchlässigen Samenschalen.

Licht hat verschiedene Wirkungen auf die Atmung. Sieht man von der Photorespiration (S. 281f.) ab, die keine echte Atmung ist, so kann vorhergehende Belichtung photosynthetisch aktiver Pflanzen die Atmung in der nachfolgenden Dunkelphase durch verstärkte Substratanlieferung steigern. Denkbar, aber wenig geklärt ist die Konkurrenz von Atmung und Photosynthese um verschiedene Coenzyme. So soll die mitochondriale Atmung von photosynthetisierenden Zellen im Licht verringert sein (Kok-Effekt). Weiter hat der kurzwellige (blaue) Teil des Spektrums eine spezifische steigernde Wirkung auf die Atmung. Schließlich kann das Licht auch über das Phytochromsystem (S. 404ff.), also über eine Entwicklungsbeeinflussung, die Atmungsintensität verändern.

Bioluminescenz

Auf toten Fischen und auf Fleischstücken siedeln sich zuweilen die im übrigen ungefährlichen Leuchtbakterien (*Photobacterium phosphoreum*, *Pseudomonas lucifera* u. a.) an, die ebenso wie manche Peridineen und das Mycel des baumzerstörenden Hallimaschpilzes (*Armillariella mellea*) die Fähigkeit des Leuchtens besitzen (Bioluminescenz). Auch das Leuchten mancher Tiere ist auf Bakterien zurückzuführen, die symbiontisch in besonderen Organen vorkommen. Doch gibt es auch Tiere (Leuchtkäfer, Süßwasserschnecken, Muschelkrebse), die eigene Leuchtsysteme besitzen.

Der Leuchtvorgang beruht, soweit untersucht, auf einer Oxidation einer an ein Enzym (Luciferase) gebundenen Leuchtsubstanz (Luciferin), die dadurch in einen angeregten Zustand übergeführt wird. Bei Rückkehr in den Grundzustand wird ein Lichtquant emittiert (Abb. 2.1.68). Da die Reaktion strikt O_2-, ATP- und Mg^{2+}-abhängig ist und die Lichtemission sehr empfindlich zu messen ist, kann sie bei entsprechender Variation zum Nachweis auch von Spuren von O_2, ATP oder Mg^{2+} dienen.

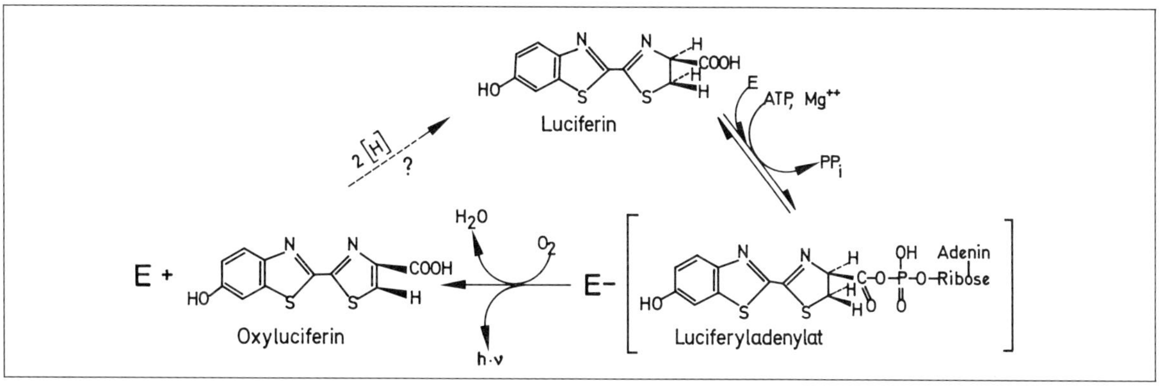

Abb. 2.1.68: Chemische Reaktionen bei der Biolumineszenz des Leuchtkäfers (bei leuchtenden Pflanzen sind grundsätzlich ähnliche Umsetzungen wahrscheinlich). Die Bildung und Oxidation des Luciferyladenylats wird katalysiert durch das Enzym Luciferase (E). Bei der Oxidation entsteht zunächst angeregtes Oxyluciferin, das bei Rückkehr in den Grundzustand pro Molekül ein Lichtquant emittiert. Es ist noch nicht klar, ob Oxyluciferin wieder direkt in Luciferin umgewandelt werden kann, die Reaktionen also einen Kreisprozeß darstellen.

III. Regulationen im Zellstoffwechsel

Eine einzelne Zelle, sei es ein Einzeller oder eine lebende Zelle in einem vielzelligen Organismus, hat zu verschiedenen Zeiten häufig verschiedene Aufgaben zu erfüllen oder sich an wechselnde Umweltbedingungen anzupassen. Die verschiedenen Zellen in einem Vielzeller haben infolge der hier verwirklichten Arbeitsteilung auch zu einem gegebenen Zeitpunkt verschiedene Funktionen, obwohl sie doch zumeist alle die gleichen Erbanlagen besitzen (S. 419f.). Ein Verlust an genetischer Substanz während der Entwicklung ist bei Pflanzen – im Gegensatz zu einigen Tieren – noch nicht gefunden worden. Der Stoffwechsel einer Zelle mit einem definierten Genbestand muß dementsprechend variabel sein und den jeweiligen Anforderungen entsprechend innerhalb seiner genetischen Möglichkeiten einreguliert werden. Diese Regulation erfolgt über:

a) die qualitative und quantitative Zusammensetzung des Enzymbestandes;

b) die Beeinflussung der Aktivität einzelner Enzyme;

c) die Beeinflussung enzymatischer Reaktionen durch die Konzentration beteiligter Substanzen;

d) die Zusammenfassung bestimmter Enzyme in Multienzymkomplexen oder in Kompartimenten.

A. Grundprinzipien der Regulation

Regulationsvorgänge laufen zwar bei allen lebenden Systemen ab, doch wurden ihre grundsätzlichen Gesetzmäßigkeiten zuerst in der Technik erkannt und formuliert («Regelungstechnik»). Die Verallgemeinerung der Erkenntnisse der Regelungstechnik und der Informationstheorie auf nichtlebende (z.B. technische) und lebende Systeme ist Gegenstand der Kybernetik. Jede Regulation setzt den Empfang und die Verarbeitung von Information voraus. Eine Information im Sinne der Kybernetik ist eine quantitativ (mathematisch) zu beschreibende Eigenschaft von Zeichen innerhalb eines Zeichenvorrates («Code»), in dem Nachrichten von einem Sender (z.B. Außenwelt, Nachbarzelle, Zellkern) zu einem Empfänger (Organismus, Zelle, Orte der Proteinbiosynthese) übermittelt werden. Die einzelnen übertragenen Zeichen werden auch als Signale bezeichnet.

Innerhalb des Überbegriffes Regulation unterscheidet man Regelung und Steuerung. Bei der Regelung wird ein Zustand (z.B. die CO_2-Konzentration in den Interzellularen eines Blattes oder das Phosphorylierungspotential – S. 245 – in einer Zelle) trotz störender Einflüsse konstant gehalten. Dies geschieht in einem geschlossenen Wirkungskreislauf (Regelkreis; Abb. 2.1.69). Bei der Steuerung besteht zwar auch eine Beziehung zwischen einem Signal und einem Zustand oder Vorgang (Abb. 2.1.70), doch werden diese nicht konstant gehalten (z.B. Steuerung des pflanzlichen

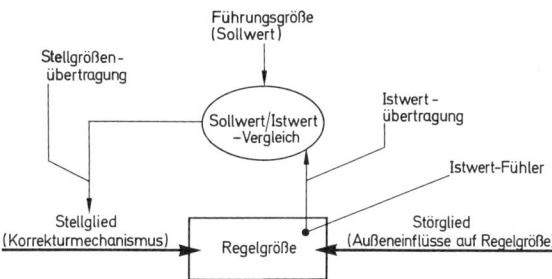

Abb. 2.1.69: Regelkreis. Der tatsächliche Wert (Ist-Wert) der zu regelnden Größe (z.B. Temperatur in einem Raum) wird mit einem Fühler (Thermometer) gemessen und mit einem Sollwert (definierte Temperatur) verglichen. Eine Abweichung des Istwertes vom Sollwert wird über einen Korrekturmechanismus (Heizung bzw. Kühlung) korrigiert und dadurch die Verstellung der Regelgröße vom Sollwert durch Störgrößen rückgängig gemacht.

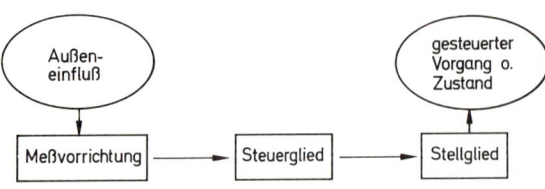

Abb. 2.1.70: Steuerung. Ein bestimmter Außeneinfluß wird gemessen. Auf Grund des Meßwertes wird von einem Steuerglied ein bestimmter Steuerbefehl an das Stellglied gegeben, das den gesteuerten Vorgang oder Zustand beeinflußt, ohne ihn konstant zu halten.

B. Regulation der Enzymsynthese

Enzyme bestehen in der Regel völlig oder doch zu einem wesentlichen Teil aus Protein. Die Frage nach der qualitativen und quantitativen Änderung des Enzymbestandes einer Zelle und deren Regulation ist daher im Grund eine Frage nach den entsprechenden Verhältnissen bei der Eiweißbiosynthese. Die Spezifität eines Proteins und damit seine Verwendung als bestimmtes Enzym (oder Struktureiweiß) wird festgelegt durch seine Primärstruktur, d.h. die Zahl und Sequenz der Aminosäuren im Polypeptidmolekül (S. 30). Die Information für diese Primärstruktur ist in der Zelle niedergelegt in der Basen- (genauer der Basentriplett-, s.u.) -Sequenz der DNA (vgl. S. 44ff.). Da jeder Proteinmolekülsorte ein bestimmter Abschnitt auf einem DNA-Strang entspricht, der als Cistron bezeichnet wird, kann es in einer Zelle maximal so viele verschiedene, direkt aus der Biosynthese hervorgehende Proteinsorten geben, wie verschiedene Cistrons vorhanden sind (potentieller Proteinbestand). Ein DNA-Abschnitt, der die Information zur Bildung eines Enzymmoleküls trägt, wird als Strukturgen bezeichnet. Ein Strukturgen kann aus einem oder mehreren Cistrons bestehen.

Der aktuelle Enzymbestand einer Zelle ist in der Regel ärmer als die Zahl der Strukturgene und wechselt in Anpassung an die jeweiligen Aufgaben zu verschiedenen Zeiten oder an verschiedenen Orten eines Vielzellers. Diese Änderung des Enzymbestandes wird dadurch erreicht, daß jeweils nur bestimmte Strukturgene zur «Ablesung», d.h. zum Ingangsetzen der Biosynthese des entsprechenden Polypeptids, freigegeben, andere aber blockiert werden (oder bleiben). Diese differentielle Genaktivität ist eine Grundlage der Zelldifferenzierung und wird deshalb im Kapitel Entwicklungsphysiologie behandelt.

Um die Regulationen während der Proteinbiosynthese verstehen zu können, ist eine vertiefte Einsicht in deren Mechanismus notwendig; er ist aufs engste mit den Nucleinsäuren verknüpft.

1. Die Funktion der Nucleinsäuren und die Proteinbiosynthese

Es wurde bereits früher erwähnt (S. 44ff.), daß die DNA eine autokatalytische und eine heterokatalytische Funktion hat, d.h. sie birgt die Information für ihre eigene, identische (bzw. komplementäre) Vermehrung (Replikation) und für die Prägung spezifischer RNA-Moleküle (Transkription), die ihrerseits wieder als Matrizen für die gesetzmäßige Anordnung der Aminosäuren in einem Polypeptid dienen (Vorgang der Translation). Nur einige kleinere Peptide werden nicht nach diesem Bauprinzip synthetisiert (S. 359).

Replikation

Bei der DNA-Replikation dient jeder der komplementären Einzelstränge der Doppelhelix als Matrize für einen neuen, jeweils komplementären Strang; es werden also aus einer Doppelhelix zwei gleiche Doppelhelices gefertigt, in denen jeweils ein Strang von der Ausgangshelix übernommen, der andere neu synthetisiert wird. Einzelheiten über die Replikation der nuclearen, mitochondrialen und plastidären DNA und deren Regulation wurden im Kapitel Morphologie behandelt (S. 49ff., 109ff., 119f.).

Transkription, Translation; Genetischer Code

Es wurde bereits erwähnt (S. 44), daß bei der heterokatalytischen Funktion der DNA die im DNA-Strang enthaltene, in der Reihenfolge der Basen niedergelegte Information auf eine einsträngige RNA-Kette (messenger-RNA; mRNA) übertragen wird (Transkription). Jedem Cistron, d.h. jeweils einem bestimmten DNA-Abschnitt, entspricht eine spezifische (komplementäre!) mRNA. Die mRNA wandert aus dem Zellkern zu den cytoplasmatischen Ribosomen und dient dort als Matrize für die richtige Reihung der Aminosäuren in einem Polypeptid im Vorgang der Translation:

DNA $\longrightarrow$ mRNA $\longrightarrow$ Protein
Replikation, Transkription, Translation

Die DNA-Kette wird nicht nur als Matrize für die Prägung definierter mRNA-Moleküle verwendet; auch die verschiedenen transfer-RNA-(tRNA-)-Ketten sowie die ribosomale RNA (s.u.) sind in der DNA codiert. Meist wird aber unter Transkription speziell die DNA-abhängige Bildung der mRNA verstanden.

Die Transkription wird durch die DNA-abhängigen RNA-Polymerasen katalysiert (S. 57). Sie haben im Gegensatz zu der DNA-Polymerase keine nachträgliche Kontrollfunktion, weswegen die Fehlerrate viel höher (bei 10^{-4}) liegt. Ihre Substrate sind Nucleosidtriphosphate, die sich nach den Regeln der Basenpaarung entlang dem zu kopierenden DNA-Strang anordnen, ganz ähnlich, wie wir dies bei der Replikation für den neu zu synthetisierenden, komplementären DNA-Strang gesehen haben. Allerdings tritt in der RNA an die Stelle des Thymins das Uracil, das sich mit dem Adenin in analoger Weise wie Thymin paaren kann. Die RNA-Polymerase ver-

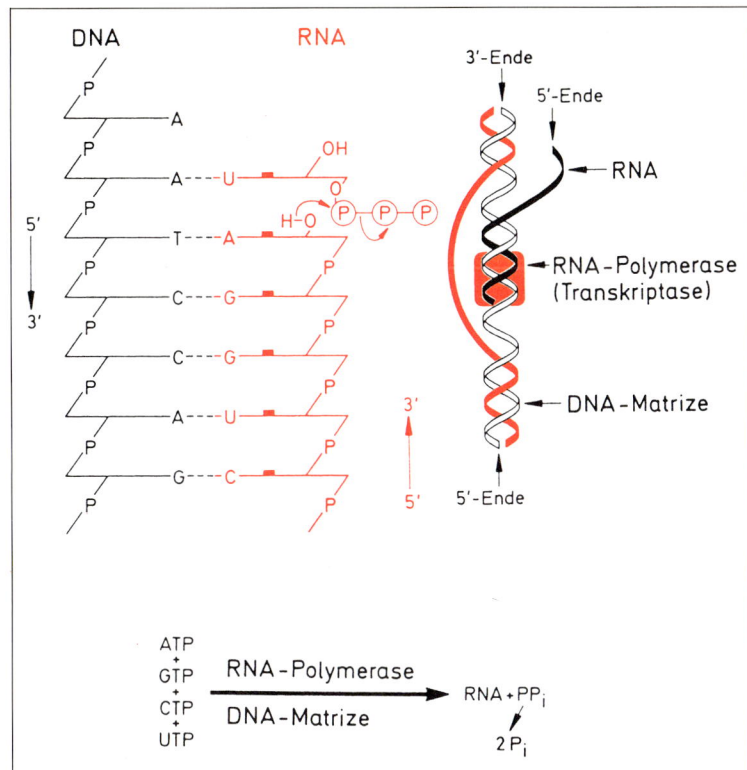

Abb. 2.1.71: Schematische Darstellung der Transkription. Die RNA-Kette verlängert sich dadurch, daß ein Nucleosidtriphosphat mit der passenden Base sich mit der Base des ersten nicht gepaarten Nucleotids im DNA-Matrizenstrang paart. Das freie 3'-Ende der RNA-Kette reagiert dann unter Pyrophosphatabspaltung mit dem Nucleosidtriphosphat. Die RNA-Kette selber wächst demnach vom 5'- zum 3'-Ende. (Nach Kindl u. Wöber und nach Hess)

knüpft die in die richtige Position gebrachten Nucleosidtriphosphate unter Abspaltung von Pyrophosphat zu RNA (Abb. 2.1.71). In vivo wird von den beiden Strängen einer DNA-Doppelhelix nur einer (der «codogene Strang») abgelesen, und zwar vom 3'- zum 5'-Ende; die RNA wächst dementsprechend von ihrem 5'- zum 3'-Ende hin. Die Polymerase erkennt mit Hilfe eines Initiationsfaktors (σ-Faktor) den «richtigen» DNA-Strang an bestimmten Erkennungsmarken (Promotoren; S. 57). Dieses Erkennen beruht hier nicht auf einer Basenpaarung, sondern auf dem Passen der Promotorregion in eine entsprechende Oberflächenstruktur des Enzyms.

Bei der Transkription treten demnach Hybridstränge zwischen der DNA-Matrize und dem RNA-Strang auf, die auch im Experiment durch Paarung einsträngiger DNA mit komplementärer RNA erhalten werden können. Einsträngige DNA kann aus einer DNA-Doppelhelix durch Temperaturerhöhung («Schmelzen») erhalten werden (S. 46).

Bei Prokaryoten trägt die mRNA nicht selten die Information für mehrere Polypeptide (polycistronische mRNA), während die mRNA eukaryotischer Zellen meist monocistronisch ist. Letztere ist aber oft nicht kolinear mit dem codierenden Gen. Die Gene enthalten hier auch nicht-informative Zwischensequenzen («Introns»), die zunächst mit transkribiert werden. Es entsteht (im Nucleoplasma) ein langer mRNA-Vorläufer (heterogene RNA, hnRNA), aus dem dann die «überflüssigen» Sequenzen durch spezielle Schneideenzyme gezielt herausgeschnitten werden. Die verbleibenden, informativen Stücke («Exons») werden dann miteinander zu der «reifen», vollinformativen mRNA verbunden (Abb. 2.1.72). Dieses «splicing» könnte auf verschiedene Weise erfolgen und so die Bildung von mehr als einer funktionalen mRNA von ein- und derselben DNA-Region ermöglichen. An das 5'-Ende der «Roh»-mRNA wird ein Komplex mit methylierten Basen als «Kappe» angehängt («capping»), der das Molekül vor der Wirkung von 5'-Exonucleasen schützen soll. Zudem wird an das 3'-Ende noch ein Schwanz von ca. 200 Adeninresten anpolymerisiert; diese Polyadenylierung soll die Stabilität der RNA erhöhen. Diese Vorgänge der mRNA-Reifung werden auch als «Processing» bezeichnet (S. 58). Für dieses im Zellkern verlaufende Processing wie für den nachfolgenden Transport durch die Porenkomplexe der Kernhülle (S. 60) ins Cytoplasma und die Anheftung der mRNA an die Ribosomen scheint das Zusammentreten der mRNA mit Proteinen zu Ribonucleoproteid-(RNP)-Partikeln eine Rolle zu spielen. Vielleicht ist der Proteinanteil in dem RNP selbst als Splicing-Enzym aktiv.

Die mRNA der Bakterien hat ganz allgemein nur eine kurze Existenzdauer: Ihre Halbexistenzzeit (Zeit, in der die Hälfte abgebaut ist) beträgt oft nur Bruchteile einer Minute. Dies bedeutet zwar einen größeren Syntheseaufwand, hat aber den Vorteil, daß die Synthese eines bestimmten Polypeptids (z.B. Enzyms) nicht über längere Zeit fortgesetzt wird, wenn es von dem Mikroorganismus mit seinem qualitativ oft schnell wechselnden Nährstoffangebot nicht mehr gebraucht wird. Der Enzymbestand einer Bakterienzelle kann demnach veränderten Erfordernissen rasch angepaßt werden.

Bei Eukaryoten, Pflanzen wie Tieren, wird neben kurzexistenter mRNA auch langexistente gebildet. Die Synthese eines bestimmten Proteins kann in diesem Fall noch längere Zeit (z.B. tage- oder auch monatelang) weitergehen, wenn die Bildung weiterer mRNA durch natürliches «Abschalten» des Cistrons, durch spezifische Transkriptionsblocker (z.B. das Antibiotikum Actinomycin D) oder durch Entfernung des Zellkerns (z.B. bei *Acetabularia*, vgl. S. 382 f.) vereitelt ist.

Auch die DNA in den Chloroplasten und Mitochondrien kann durch organelleneigene, spezifische RNA-Polymerasen transkribiert werden. Diese Enzyme können, wie die RNA-

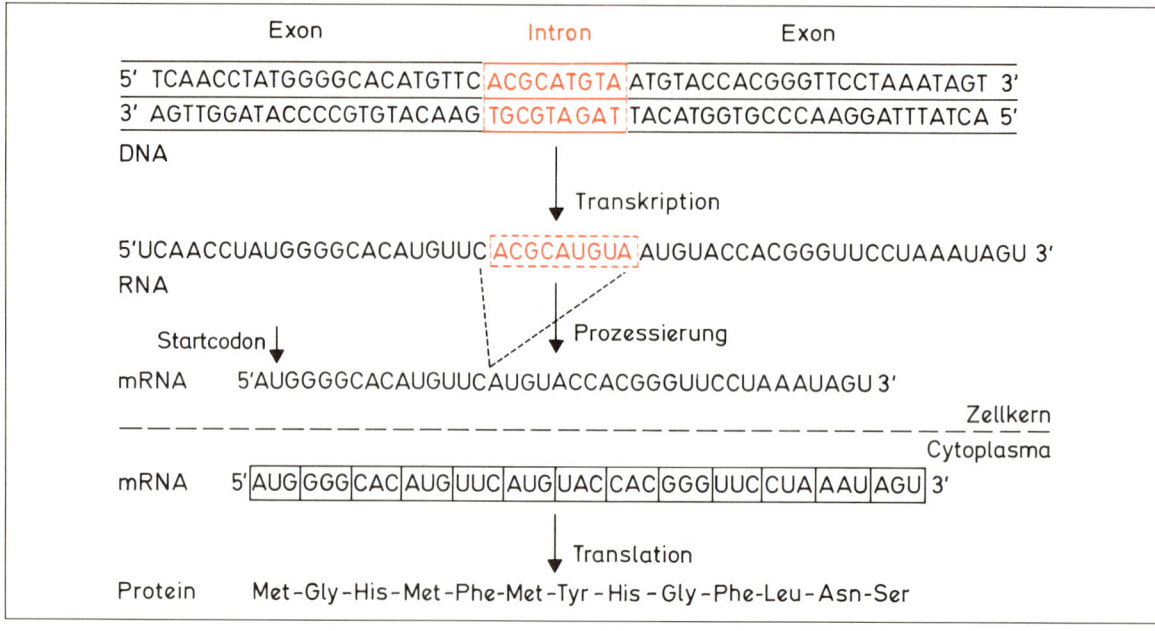

Abb. 2.1.72: Codierung von «heterogener RNA» in der DNA von Eukaryoten und Processing zur funktionalen mRNA. («Capping» und Polyadenylierung nicht berücksichtigt). (Nach Gassen, geändert)

Polymerase der Prokaryoten, durch das Antibiotikum Rifampicin gehemmt werden.

Es ist nicht nur ein Informationsübergang von der DNA zur RNA (und dann zum Protein) möglich, sondern auch von der RNA zur DNA (inverse Transkription). Infektion tierischer Zellen mit bestimmten RNA-Tumorviren führt zur Synthese einer DNA, für welche die Virus-RNA als Matrize benutzt wird; diese DNA wird in das Genom der Wirtszelle eingebaut und kann diese in eine Tumorzelle transformieren. Das verantwortliche Enzym ist eine RNA-abhängige DNA-Polymerase (reverse Transkriptase). Mit Hilfe dieses Enzyms ist es möglich, mit Hilfe vorgegebener mRNA das entsprechende Cistron in der DNA in vitro zu synthetisieren.

Der genetische Code

In den Zellproteinen finden sich in der Regel insgesamt nur 20 der zahlreichen natürlich vorkommenden Aminosäuren (S. 30f.). Die Reihenfolge dieser 20 proteinogenen Aminosäuren im Protein muß nach dem oben Gesagten in der Sequenz der Basen in der DNA festgelegt sein. Der mit vier Zeichen («Codebuchstaben») ausgedrückte Informationsgehalt der DNA (genetischer Code) muß bei der Proteinbiosynthese in die (maximal) 20 Zeichen des – ebenfalls informativen – Polypeptids übersetzt werden. Würde jeweils ein Basendublett von insgesamt 4 verschiedenen Basen das «Codewort» in der DNA-Kette für eine bestimmte Aminosäure im Protein darstellen, ließen sich maximal $4^2 = 16$ verschiedene Aminosäuren codieren. Bilden 3 aufeinanderfolgende Nucleotide (Triplett) im DNA-Strang ein Codewort, so können $4^3 = 64$ verschiedene Aminosäuren codiert werden. Es ist heute experimentell bewiesen, daß je ein Nucleotidtriplett in der DNA je eine Aminosäure im Protein codiert. Es ist weiterhin klargestellt, welche Tripletts welchen Aminosäuren zugeordnet sind. Dies ist um so bedeutsamer, als der genetische Code (mit wenigen geringen Modifikationen, s.u.) universell gültig ist: Beim Tabakmosaikvirus und bei *Escherichia coli* wie beim Weizen, beim Meerschweinchen und beim Menschen codieren die gleichen Tripletts die gleichen Aminosäuren.

Die entscheidenden Versuche zur Entschlüsselung des genetischen Code wurden nicht mit DNA, sondern mit RNA durchgeführt, die ja in der Zelle die in der DNA gespeicherte Information in die Aminosäurensequenz der Proteine übersetzt. Es ist möglich, in vitro eine Eiweißsynthese durchzuführen, wenn das System neben Aminosäuren noch RNA, Ribosomen, einen löslichen Überstand von Bakterienhomogenat sowie ATP, CTP und GTP enthält. Es ist auf der anderen Seite möglich, aus Ribonucleotiden matrizenfrei RNA-Moleküle herzustellen, die im einfachsten Falle nur ein bestimmtes Nucleotid in stetiger Wiederholung enthalten, z.B. solche mit Uracil als Base: UUUUU... («Poly-U»). Setzt man nun Poly-U als RNA in das in-vitro-System der Proteinsynthese ein, so kann nur Phenylalanin in das entstehende Polypeptid eingebaut werden. Dieses hat demnach die Sequenz: Phe-Phe-Phe-Phe... Das Triplett UUU ist somit ein Codezeichen für Phenylalanin.

Die Klärung des Code wurde einmal durch Variation der Basenfolge in der RNA in einem derartigen Ansatz und Analyse der Aminosäurensequenz im entstehenden Polypeptid in Angriff genommen. Zum anderen machte man sich die Tatsache zunutze, daß Ribosomen mRNA anlagern, an deren Tripletts sich je eine tRNA mit spezifischer Aminosäure bindet (s.u.). Da auf der einen Seite noch ein einzelnes Triplett als mRNA dienen kann (ein weiterer Beleg für den Triplettcode!), auf der anderen Seite Tripletts mit definierter Sequenz synthetisiert werden können, war es möglich, alle 64 Tripletts aus den 4 RNA-Basen systematisch durchzutesten. Das Ergebnis ist in Tab. 2.1.17 wiedergegeben.

Es ist ersichtlich, daß manche Aminosäuren nur durch **ein** Triplett, andere aber durch mehrere (bis zu 6 ver-

Tab. 2.1.17: Der genetische Code. Die 64 möglichen Tripletts und die dazugehörigen Aminosäuren bzw. Terminationscodons. Das Triplett AUG codiert sowohl für Methionin wie für Methylmethionin (= Kettenanfang).

	U	C	A	G	
U	UUU Phe UUC UUA Leu UUG	UCU UCC Ser UCA UCG	UAU Tyr UAC UAA ochre (Kettenende) UAG amber (Kettenende)	UGU Cys UGC UGA opal (Kettenende) UGG Try	U C A G
C	CUU CUC Leu CUA CUG	CCU CCC Pro CCA CCG	CAU His CAC CAA GluN CAG	CGU CGC Arg CGA CGG	U C A G
A	AUU AUC Ileu AUA AUG Met (Kettenanfang)	ACU ACC Thr ACA ACG	AAU AspN AAC AAA Lys AAG	AGU Ser AGC AGA Arg AGG	U C A G
G	GUU GUC Val GUA GUG	GCU GCC Ala GCA GCG	GAU Asp GAC GAA Glu GAG	GGU GGC Gly GGA GGG	U C A G

Die drei mit «amber», «ochre» und «opal» bezeichneten Tripletts sind Zeichen für Kettenende (Terminatorcodons). Bei Ciliaten dient nur das Triplett UGA als Stopcodon, während UAA und UGA hier für Glutamin codieren. Vermutlich handelt es sich um eine nachträgliche Umwandlung des Codes. Das Triplett AUG kann nicht nur Methionin, sondern auch Kettenbeginn bedeuten. Zwischen Kettenanfang und -ende ist die Information, d.h. die Triplettsequenz, nicht durch Interpunktionen unterbrochen. Außerdem sind die Tripletts nicht überlappend, d.h. jedes Nucleotid gehört nur einem Triplett an.

Wäre der Code überlappend, d.h., würden die letzten beiden oder das letzte Nucleotid eines Tripletts auch dem nächsten angehören, müßte eine Aminosäure in einem Protein die in der Sequenz folgende bestimmen. So könnten z.B. nach Tryptophan (Triplett UGG) bei starker Überlappung nur Aminosäuren folgen, die durch GG festgelegt sind, d.h. nur Glycin (Tab. 2.1.17). Bei schwacher Überlappung wären, um beim Beispiel zu bleiben, nur Aminosäuren nach Tryptophan möglich, deren Triplett mit G beginnt. Dieser Einschränkung unterliegen die Zellproteine aber nicht.

Da der zuerst aufgeklärte Code ein mRNA-Code war, bezeichnet man ein Nucleotidtriplett in der mRNA als Codon. Das d-Nucleotid-Triplett in der DNA, an dem das Codon im Prozeß der Transkription abgeprägt wird, nennt man Codogen. Das dem Codon ebenfalls komplementäre Triplett, mit dem eine tRNA ihren richtigen Platz an der Matrize findet (Matrizenerkennungsregion, s.u.), schließlich wird als Anticodon bezeichnet (Abb. 2.1.73).

Die erwähnten Punktmutationen sind besonders gut untersucht beim Tabakmosaikvirus, TMV (vgl. Abb. 3, S. 5), wo sie sich im Experiment chemisch herstellen lassen.

Die Einzelmoleküle des Hüllproteins beim TMV (von denen sich 2140 in einem Viruspartikel finden), bestehen aus 158 Aminosäuren, deren Sequenz durch die Triplettfolge in der TMV-RNA festgelegt wird. Bestimmte Basen können frei oder im Nucleinsäureverband durch salpetrige Säure desami-

schiedene) Tripletts festgelegt sind («degenerierter Code»). Es gibt Hinweise, daß die vielfach codierten Aminosäuren auch entsprechend häufiger in den Proteinen zu finden sind; das spräche dafür, daß die verschiedenen Codons etwa gleich häufig vorkommen.

Die Degeneration des Code kann als Selektionsvorteil betrachtet werden: Würde jede Aminosäure nur durch ein Triplett codiert, so würde ein Ersatz eines Nucleotids durch ein anderes («Punktmutation», s.u.) in den meisten Fällen zu «Unsinn-Tripletts» führen, die keine Aminosäuren mehr codieren. Bei einem degenerierten Code aber kann dadurch entweder ein synonymes Triplett gebildet werden, das die gleiche Aminosäure codiert wie das Ausgangstriplett («schweigende Mutation») oder aber eines, das eine andere Aminosäure codiert, womit ein geändertes (s.u.), evtl. auch verbessertes Protein entstehen kann.

Man kann aus der Tab. 2.1.17 ferner entnehmen, daß den beiden ersten Nucleotiden eines Tripletts eine größere Bedeutung zukommt als dem dritten: CCU, CCC, CCA und CCG sind z.B. sämtlich Prolin-Tripletts. Das dritte Nucleotid kann in diesem Falle ausgewechselt werden, ohne daß sich an der Information etwas ändert. Man hat festgestellt, daß etwa ein Drittel aller Nucleotidaustausche in einer Nucleinsäure sich in der Proteinstruktur gar nicht bemerkbar macht.

Es wird daran gedacht, daß der Code ursprünglich nur Dubletts umfaßte und daher nur $4^2 = 16$ Aminosäuren codieren konnte. Erst im Lauf der Phylogenese soll dann die Aminosäurenmannigfaltigkeit in den Proteinen erhöht worden sein, was eine Erweiterung des Codes voraussetzte.

Es ist weiterhin auffallend, daß UC-reiche Tripletts hydrophobe, AG-reiche dagegen hydrophile Aminosäuren codieren; erstere sind daher auf der linken, letztere auf der rechten (unteren) Seite der Tab. 2.1.17 zu finden.

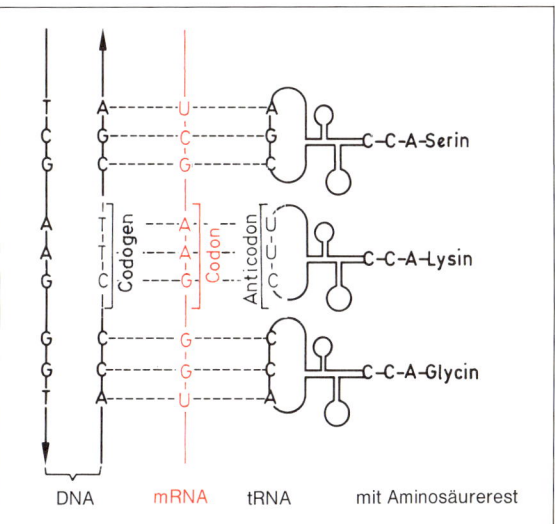

Abb. 2.1.73: Zusammenhang zwischen Codogen auf dem DNA-Strang, Codon auf der mRNA und Anticodon in der tRNA. (Nach Hess, verändert)

niert werden (Abb. 2.1.74): Cytosin geht dabei in Uracil über, Adenin in Hypoxanthin und Guanin in Xanthin. Ein xanthinhaltiges Triplett ist funktionsuntüchtig, während Hypoxanthin wie Guanin paart, wodurch das Triplett brauchbar bleibt. Die Übergänge (Transitionen: Purin → Purin; Pyrimidin → Pyrimidin) von C nach U und von A nach G können also funktionstüchtige, geänderte U- und G-reichere RNA ergeben («Nitritmutanten»). Dabei sind entsprechende Änderungen in der Primärstruktur der Hüllproteine zu erwarten. So sollte z.B. das Triplett CCC (Leucin-codierend) wohl in zunehmend U-reichere Tripletts (bis hin zu UUU: Phenylalanin) umgewandelt werden können, nicht aber an die Stelle eines U ein C treten können. Phenylalanin sollte bei Nitritmutanten also an die Stelle des Leucins im Hüllprotein auftreten können, aber nicht Leucin anstelle von Phenylalanin. Dies hat sich nicht nur für dieses Beispiel, sondern im selben Sinne auch für zahlreiche andere Aminosäuren bestätigt. Nitritmutanten hat man außer beim TMV auch bei Bakteriophagen und Bakterien hergestellt.

Da eine Basendesaminierung nur jeweils eine Aminosäurenänderung zur Folge hat, ist dies ein weiterer Beleg dafür, daß der Code nicht überlappend ist: Gehörte ein Nucleotid zwei benachbarten Tripletts an, so sollte seine Änderung zwei benachbarte Aminosäuren im codierten Protein betreffen.

Ein gesetzmäßiger Zusammenhang zwischen Änderungen in der Basensequenz in der Nucleinsäure und der Aminosäurensequenz im codierten Protein (Colinearität, Abb. 2.1.73) ließ sich auch bei anderen Objekten nachweisen, z.B. bei der Tryptophansynthase beim Bakterium *Escherichia coli*. Das Enzym katalysiert die Reaktion:

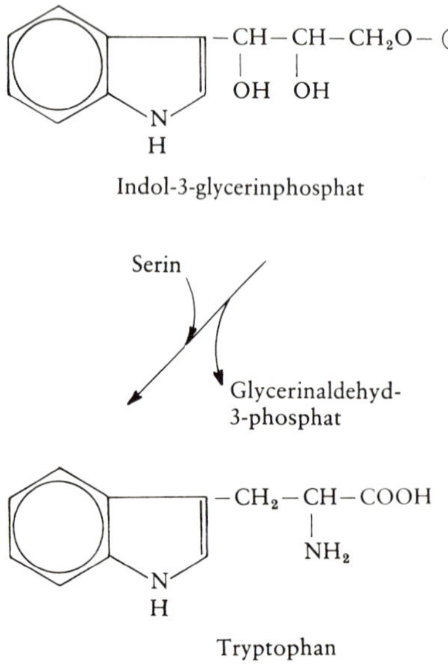

Indol-3-glycerinphosphat

Serin

Glycerinaldehyd-3-phosphat

Tryptophan

Es besteht aus 2 A- und 2 B-Polypeptiden. Für deren Bildung ist ein Gen A und ein Gen B zuständig. Die Primärstruktur des Polypeptids A (267 Aminosäuren) ist vollständig ermittelt. Es ergab sich, daß Mutationen in Codogenen des A-Gens entsprechende Änderungen in der Aminosäurensequenz des A-Polypeptids zur Folge hatten.

Translation

Die Bildung eines spezifischen Proteins anhand der in der Codon-Reihenfolge eines mRNA-Moleküls enthaltenen Information nennt man Translation. Der Prozeß läuft auch in vitro ab, wenn folgende Komponenten zugegen sind:

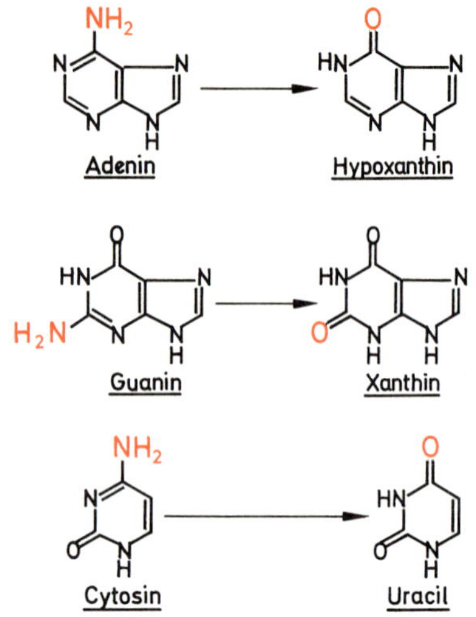

Abb. 2.1.74: Desaminierungen von Nucleinsäure-Basen durch salpetrige Säure.

1. Ribosomen (bzw. Polysomen); 2. mRNA; 3. Aminosäuren; 4. tRNA (verschiedene für die einzelnen Aminosäuren); 5. Aminoacyl-tRNA-Synthetasen; 6. ATP, Mg^{2+}; 7. Enzyme der Peptidbindung.

Ribosomen und Polysomen

Die Ribosomen sind «Dechiffrierorganellen», in denen die Codonsequenz in den angelieferten, verschiedenartigen m-RNA-Molekülen in die Aminosäurensequenz von Polypeptiden übersetzt wird. Ihre Zusammensetzung und Feinstruktur wurde früher beschrieben (S. 73). Sie sind die einzigen Zellorganellen, die in allen Organismen, Prokaryoten wie Eukaryoten, vorkommen.

Bei der Eiweißsynthese tritt vielfach nicht nur ein Ribosom mit einem mRNA-Strang in Verbindung, sondern mehrere (Polysomen; Abb. 1.1.73, S. 75). Durch Behandlung mit Ribonuclease kann diese Verbindung gelöst werden. Bei der Polypeptidsynthese wandern die einzelnen, perlschnurartig angeordneten Ribosomen über die mRNA-Kette hin und exponieren jeweils an einer spezifischen Position der kleineren Untereinheit ein Codon der mRNA zum «Ablesen» (Abb. 2.1.76). Wie findet nun die jeweilige Aminosäure in dem zu synthetisierenden Polypeptid ihren richtigen, durch die Triplettsequenz der mRNA festgelegten Platz, das Phenylalanin z.B. das Codon UUU? Dazu müssen die Aminosäuren mit speziellen Transport-RNA-Molekülen in Verbindung treten, der transfer-RNA (tRNA; S. 73).

tRNA

Die tRNA-Moleküle haben in der Zelle die Aufgabe, sich mit der ihnen zugehörigen Aminosäure zu verbinden und diese an das entsprechende Codon der mRNA heranzubringen. Für jede der 20 proteinogenen Aminosäuren gibt es mindestens eine spezifische tRNA. Von einigen tRNA-Sorten ist die Struktur aufgeklärt.

Die Transkription der Gene für tRNA liefert – wie bei der m- und rRNA – zunächst Vorläufer, die durch Nucleasen in die endgültige Kettenlänge gespalten und – vor allem im Cytoplasma – dann noch an den Basen weiter modifiziert werden können. Solche Modifikationen bestehen z. B. in Methylierungen, in der Einführung von Schwefel oder in der Anheftung eines Isopentenylrestes an einen Adeninrest durch die cytoplasmatische Isopentenyl-Transferase. Im letzten Falle entsteht als Bestandteil der tRNA N^6 (Δ^2-Isopentenyl)-adenin, eine Verbindung, die frei als Cytokinin tiefgreifende Wirkungen auf die pflanzliche Entwicklung ausübt (vgl. S. 392 f.). Die modifizierten Basen befinden sich meist in den Schleifen-Regionen der tRNA, in denen das Molekül nicht gepaart ist (Abb. 2.1.76).

Für tRNA-Moleküle bekannter Basensequenz kann man auf die (komplementäre) Basensequenz des codierenden Gens zurückschließen. Man kann auch derartige Gene in vitro synthetisieren.

Die Aminosäuren werden bei allen tRNA-Molekülen durch ihre Carboxylgruppe mit der 3'-OH-Gruppe der tRNA verestert. Dieses 3'-Ende weist bei allen tRNA-Sorten die Nucleotidsequenz -CCA auf. Die zu einer gegebenen tRNA «passende» Aminosäure wird demnach nicht von der Anheftungsregion erkannt. Die korrekte Wahl der Partner besorgt vielmehr das für die Veresterung verantwortliche Enzym, die **Aminoacyl-tRNA-Synthetase** (Abb. 2.1.75). Es gibt demnach mindestens 20 verschiedene derartige Synthetasen (für jede proteinogene Aminosäure mindestens eine), vermutlich aber noch mehr (so viele, wie es verschiedene tRNA-Moleküle gibt). Diese Enzyme nehmen insofern eine Sonderstellung im Informationsfluß von der DNA bis zum Protein ein, als hier wie bei den RNA-Polymerasen (S. 306) die Dechiffrierung der Information nicht durch Basenpaarung verschiedener Nucleinsäuremoleküle, sondern durch eine spezielle «Paßform» (das Enzym) für die zu verbindenden Komponenten (Aminosäuren und tRNA) erfolgt.

Die Enzyme haben eine schwache Esteraseaktivität gegen die Aminoacyl-tRNA, die aber erheblich stärker ist gegen falsche Aminoacylreste, die somit weitgehend eliminiert werden. Die Fehlerrate bei der Translation wurde bei *Escherichia coli* mit 1 auf 10^4 eingebaute Aminosäuren ermittelt.

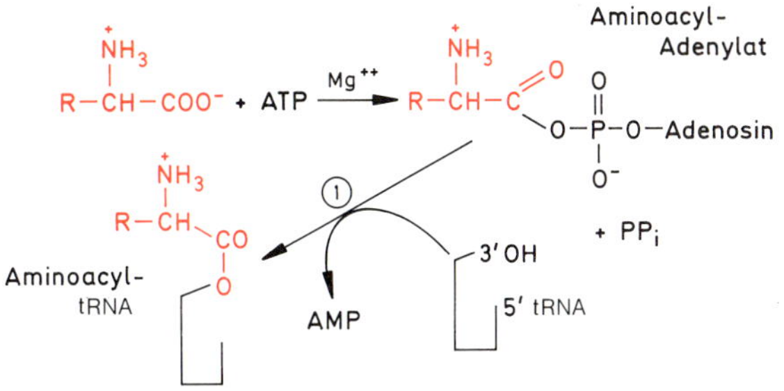

Abb. 2.1.75: Synthese der Aminoacyl-tRNA, katalysiert durch das Enzym Aminoacyl-tRNA-Synthetase. Die Aminosäure wird zuerst durch Reaktion mit ATP (Bindung an AMP) aktiviert.

Den richtigen Platz an der mRNA, d.h. das für die angeheftete Aminosäure codierende Triplett, finden die tRNA-Moleküle durch ihre «Matrizen-Erkennungsregion», das Anticodon, das dem jeweiligen Codon wieder komplementär ist. Die Basen des Anticodons liegen immer ungepaart in der Mitte einer der Schleifen.

Die Synthese der Polypeptidkette aus den an tRNA gebundenen Aminoacylresten vollzieht sich gewöhnlich, wie erwähnt, an den Polyribosomen. Sie läßt sich in drei Phasen gliedern:

In der Start-(Initiations-)Phase tritt zunächst die kleinere Untereinheit des Ribosoms mit der mRNA (am Akzeptor-Ort) in Verbindung. An diesen Komplex lagert sich eine spezielle Start-Aminoacyl-tRNA an, und zwar an das Start-Codon AUG (Tab. 2.1.17). Sie trägt ein mit einem Formylrest substituiertes Methionin (Formylmethionin). Diese tRNA ($tRNA_f$) unterscheidet sich von derjenigen, die Methionin in innere Positionen bringt ($tRNA_m$), und bindet daher nicht an

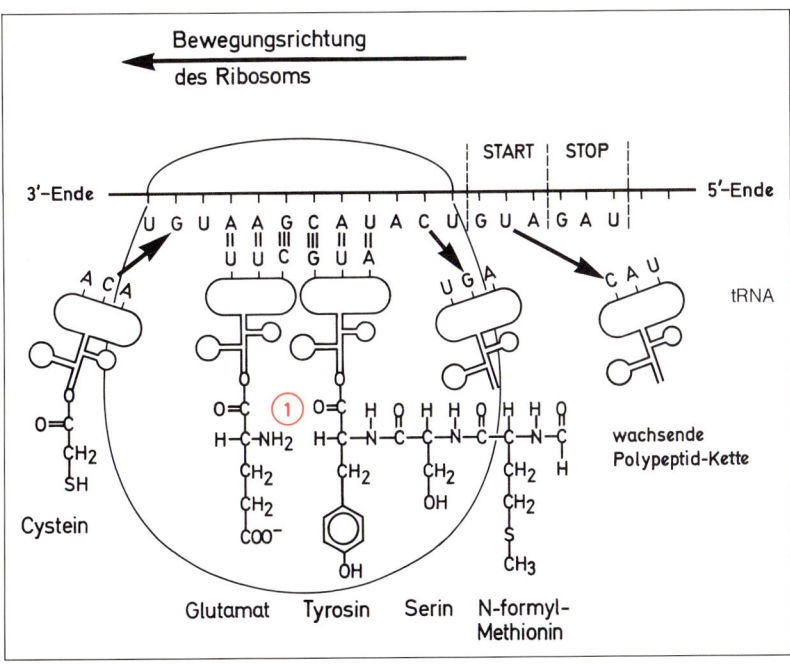

Abb. 2.1.76: Schematische Darstellung der Translation an einem Ribosom. Dargestellt ist der Beginn einer Polypeptidsynthese an einer polycistronischen mRNA (mehrere Kettenanfänge und -enden codiert). Zwei tRNA-Moleküle bereits wieder von der mRNA abgelöst, darunter die Start-tRNA mit dem Anticodon UAC (codiert Formyl-Methionin). Bei (1) wird mit Hilfe der Peptidyl-Transferase gerade die Peptidbindung zwischen einem Tyrosin- und Glutamatrest geknüpft. Das Ribosom wandert an der mRNA entlang und exponiert fortlaufend neue Codons zur Anheftung der entsprechenden tRNA. Nach Ablösen des fertigen Polypeptids wird am N-Terminus entweder nur der Formylrest oder das ganze Formyl-Methionin abgespalten.

innere AUG-Codons. Schließlich tritt auch noch die große Untereinheit des Ribosoms hinzu, wodurch das Ribosom komplett und funktionsfähig wird. Die einzelnen Schritte der Startphase werden durch spezielle Proteine, die «Initiationsfaktoren», kontrolliert; vermutlich dienen dazu einige der Ribosomenproteine. Die Markierung des Kettenanfangs (und -endes) ist besonders wichtig bei polycistronischer mRNA. Die Eukaryoten unterscheiden sich von den Prokaryoten dadurch, daß die Startphase der Translation von mehr Initiationsfaktoren gesteuert wird, die komplizierter zusammenwirken.

In der folgenden Elongationsphase werden die auf das Startcodon der mRNA folgenden Tripletts Schritt für Schritt zur Anheftung der komplementären tRNA-Moleküle mit ihren Aminoacylresten freigegeben (Abb. 2.1.76).

Die ersten beiden Basen der einander findenden Codon- und Anticodon-Tripletts sind dabei normal komplementär, während die Basen des dritten Paares nicht so streng aufeinander abgestimmt sind, so daß z.B. ein Uracil nicht nur mit Adenin, sondern auch mit Guanin in Beziehung treten kann. Dies ist der Grund, weshalb die beiden ersten Basen in einem Triplett eine größere Bedeutung für dessen Spezifität haben als die dritte (vgl. S. 309).

Der Aminoacylrest, einmal an die für ihn zuständige tRNA gebunden, hat keinen Einfluß auf die Auswahl des Codons.

Wandelt man z.B. chemisch den Cystein-Rest an seiner tRNA in einen Alaninrest um, so tritt anstelle von Cystein im Polypeptid Alanin auf.

Der mittels seines tRNA-Trägers in die richtige Position an der mRNA gebrachte Aminoacylrest wird nun mit seiner Carboxylgruppe mit der Aminogruppe des nachfolgenden Aminoacylrestes verknüpft; die Reaktion wird durch ein Enzym katalysiert (Peptidyl-Transferase, lokalisiert in der größeren Untereinheit des Ribosoms). Die ihrer Aminosäure entledigte tRNA löst sich dann von der mRNA und steht für weitere Transfer-Reaktionen zur Verfügung.

Bei der Startaminosäure Formylmethionin ist die Aminogruppe durch den Formylrest blockiert und somit nur die Carboxylgruppe frei. Das Polypeptid wächst dementsprechend von seinem Amino- zum Carboxylgruppen-Ende, wobei in vivo bei 30 °C etwa 10 Aminosäuren pro Sekunde angekoppelt werden. Für das Fortschreiten der Elongation sind wieder Proteinfaktoren (Elongationsfaktoren, die bei Eukaryoten im Cytoplasma, in den Mitochondrien und in den Plastiden verschieden sind) sowie Energie (in Form von GTP) erforderlich. Während der Elongationsphase bewegt sich das Ribosom entlang dem mRNA-Strang, um stets neue Tripletts «abzugreifen». Während dieser Wanderung wächst die Polypeptidkette im Ribosom beim Passieren jedes Tripletts um eine Aminosäure (Abb. 2.1.76). Jeweils die letzten 40 Aminosäuren der wachsenden Proteinkette sind dabei im Ribosom eingebettet.

Die End-(Terminations-)Phase schließlich wird dann erreicht, wenn das Ribosom an eines des Tripletts für «Kettenende» (Tab. 2.1.17) gelangt ist. Das gebildete Polypeptid wird dann, wieder unter Mitwirkung spezieller Proteinfaktoren, von der mRNA abgelöst. Am Aminogruppenende wird dann entweder nur die Formylgruppe oder das ganze Formylmethionin abgespalten. Die frei im Cytoplasma liegenden und die an ER-Cisternen gebundenen Ribosomen unterscheiden sich in ihrer Struktur nicht und können im Experiment auch ausgetauscht werden. Die freien Ribosomen synthetisieren aber vorwiegend lösliche Proteine, membrangebundene Ribosomen hingegen Membranproteine (Abb. 2.1.77) und Sekretproteine, wobei die wachsende Proteinkette direkt in die Cisternen des ER hineingeschoben wird (Abb. 1.1.74).

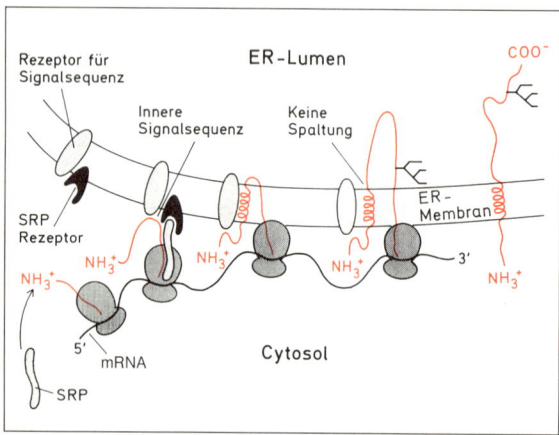

Abb. 2.1.77: Schematische Darstellung der Synthese und des cotranslationalen Einbaus eines integralen Membranproteins in die Membran des ER. Wie bei der Synthese eines Sekretproteins bindet ein Signal Recognition Particle (SRP) zuerst an das naszierende Protein (rot) und dann an einen SRP-Rezeptor. Eine Signalsequenz, hier im Innern der wachsenden Proteinkette, orientiert unter vorübergehender Bindung an einen Rezeptor das Molekül so, daß N- und C-Terminus in das richtige Kompartiment reichen und die ER-Membran von dem hydrophoben Mittelteil in Form einer α-Helix durchzogen wird. Nachträglich kann im ER-Lumen dann noch das Protein glykosyliert werden (schwarz). Eine Abspaltung einer nicht mehr gebrauchten Signalsequenz gibt es hier nicht (vgl. dagegen Abb. 1.1.74, S. 75). (Nach Spiess u. Lodish; Shaw, Rottier u. Rose, aus Darnell, Lodish u. Baltimore, verändert)

Bei den Polyribosomen wird ein mRNA-Strang gleichzeitig von mehreren Ribosomen «abgelesen», deren jedes am 5'-Ende beginnt und am Cistronende (näher dem 3'-Ende) die mRNA verläßt. Zwischen den einzelnen Ribosomen besteht dabei ein Abstand von mindestens 80 Nucleotiden. Der von einem einzelnen Ribosom eines Polyribosoms gebildete Polypeptidstrang ist dabei um so länger, je näher das Ribosom dem Stoptriplett des Cistrons auf der mRNA gekommen ist. In Polyribosomen wird daher die Information der mRNA rationeller (von mehreren Ribosomen gleichzeitig, wenn auch an verschiedener Stelle) abgelesen als in Einzelribosomen. Bei Bakterien werden pro Sekunde etwa 50 Aminosäurereste zusammengefügt, bei Eukaryoten etwa halb soviel. Die nur kurze Zeit existente mRNA der Bakterien (S. 307) kann zur Bildung von 10–20 gleichen Proteinmolekülen benützt werden, bevor sie abgebaut ist.

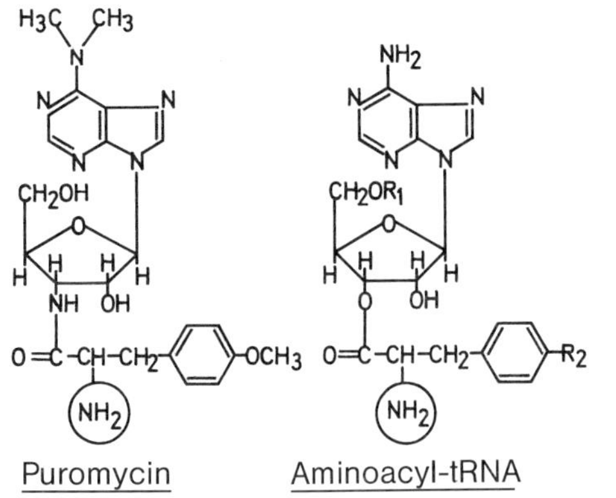

Abb. 2.1.78: Puromycin als Strukturanalogon der tRNA für Phenylalanin und Tyrosin. Über die gekennzeichnete Aminogruppe erfolgt der Einbau in die wachsende Polypeptidkette. $R_2 = H$: Phenylalanin-tRNA, $R_2 = OH$: Tyrosin-t-RNA. (Aus Hess)

Auch die Translation läßt sich durch verschiedene Inhibitoren spezifisch blockieren (vgl. S. 73). Puromycin führt zum Abbruch der sich bildenden Proteinketten, wobei es der Strukturähnlichkeit wegen mit der Phenylalanin- oder Tyrosin-tRNA (Abb. 2.1.78) konkurriert. Chloramphenicol tritt mit der 50 S- (der 70 S-Ribosomen), nicht aber mit der 60 S-Untereinheit (der 80 S-Ribosomen) in Verbindung und hemmt daher die Translation nur bei Bakterien, Chloroplasten und Mitochondrien, nicht aber die im Cytoplasma.

2. Regulation der Transkription – Substratinduktion und Produktrepression

Die Anpassung der Mengen und Sorten von Enzym- und Strukturproteinen in einer Zelle kann durch Regulation der Transkription oder der Translation erreicht werden, während die Replikation kaum einen Einfluß haben sollte. Die Transkription – wie die Replikation – erfolgt in der S-Phase des Mitosecyclus. Es ist nicht im Detail bekannt, welche Faktoren diese vollständige (Replikation) oder teilweise (Transkription) Freigabe eines Stranges der DNA-Doppelhelix im Genom verursachen und welche dafür verantwortlich sind, daß repliziert oder transkribiert wird.

Die Natur der gebildeten mRNA-Moleküle und damit die der durch sie codierten Proteine wird bei ablaufender Transkription bestimmt durch das Muster der Gene, die gerade zur Transkription freigegeben wurden. Gene können demnach aktiviert und inaktiviert werden, wodurch die Synthese der von ihnen codierten mRNA und Proteine induziert oder reprimiert werden kann. Die Genregulationen können durch die verschiedensten Faktoren bewirkt werden, z.B. durch Substrate oder Produkte von Enzymreaktionen, durch Hormone, durch Außenfaktoren wie Licht und Temperatur usw. Wir werden diesen Phänomenen bei der Entwicklungsphysiologie wieder begegnen (S. 381 ff.).

Eine Induktion der Enzymbildung durch das Substrat des Enzyms gibt es wahrscheinlich in allen lebenden Zellen. Besonders gut und seit längerem untersucht sind diese Vorgänge bei Mikroorganismen (s.u.).

Substratinduzierte Enzyme bei höheren Pflanzen sind z.B. die Nitratreduktase (Induktor Nitrat; S. 350) und die Thymidinkinase (Induktor Thymidin; das Enzym führt Thymidin in Thymidinmonophosphat über). Die Induktion einer Enzymneusynthese kann von der Aktivierung eines vorhandenen Enzyms (S. 315 f.) dadurch experimentell unterschieden werden, daß sie durch Inhibitoren der Transkription oder Translation gehemmt wird.

Eine Repression der Enzymbildung wird häufig durch das Produkt der durch das Enzym katalysierten Reaktion hervorgerufen (Produktrepression). Das ist biologisch zweckmäßig, weil beim Vorliegen ausreichender Mengen eines Metaboliten seine weitere Synthese mindestens zeitweise überflüssig ist. Solche Repressionen sind vor allem bei Enzymen der Aminosäuren-Biosynthese bekannt geworden. Bei Mikroorganismen unterdrückt z.B. Arginin 8, Methionin 9 Enzyme, die Schritte des jeweiligen Syntheseweges katalysieren.

Bei höheren Pflanzen reprimieren Ammoniumionen die Nitratreduktase, Glutamin neben diesem Enzym auch die Glutaminsynthetase, evtl. auch Phosphat die Phytase (ein Enzym, das Phytin – S. 346 – in myo-inositol + P_i spaltet).

Wie wirken diese Induktoren und Repressoren?

Für Bakterien wurde, vor allem aufgrund von Studien über die Enzyminduktion durch Lactose bei *Escherichia coli*, von Jacob und Monod ein Modell für die Genregulation entworfen. Durch das Angebot von Lactose als Nährstoff wird bei *Escherichia coli* die Synthese von drei Enzymen induziert, von denen mindestens zwei für die Lactose-Verwertung notwendig sind: Die β-Galactosid-Permease, die den aktiven Transport der Lactose durch die Zellmembran ermöglicht, und die β-Galactosidase, die Lactose in Glucose und Galactose spaltet. (Das dritte Enzym ist eine Transacetylase.) Die drei Gene, die diese induktiven Enzyme codieren («Strukturgene», S. 306, Abb. 2.1.79), werden zusammen durch den Induktor «angeschaltet». Dies wird dadurch verständlich, daß sie zusammen eine Funktionseinheit bilden und gemeinsam transkribiert werden; es entsteht also eine tricistronische mRNA. Diesen Strukturgenen ist noch eine Promotorregion, an der die RNA-Polymerase ansetzt, und ein Operatorgen vorgeschaltet, an dem Regulatorfaktoren angreifen (Abb. 2.1.79). Den gesamten Komplex von Struktur-, Promotor- und Operatorgenen bezeichnet man als Operon (in unserem Beispiel «lac-operon»).

Das Operon steht unter der Kontrolle eines Regulatorgens, das sich außerhalb des Operons befindet und seine Wirkung über Effektoren ausübt. Beim lac-Operon ist der vom Regulatorgen codierte Effektor ein Protein, das mit dem Operatorgen in Verbindung tritt und dadurch die Transkription des gesamten Operons ausschaltet (Repression). Dieses Repressorprotein «erkennt» den Operator (der nur 27 Basenpaare umfaßt) genau: 10 Repressormoleküle können in einer *Escherichia coli*-Zelle die Expression des lac-Operons auf 1:1000 hemmen. Nimmt die *E. coli*-Zelle Lactosemoleküle auf, so werden einige in Allolactose, ein Analogon der Lactose, umgewandelt. Allolactose wirkt als Induktor: Sie verursacht eine Änderung der sterischen Konfiguration des Repressor-Proteins, so daß es nicht mehr auf das Operatorgen paßt und die Repression aufgehoben wird (Enzyminduktion). Diese Art von Regulation, bei der Gene solange inaktiv gehalten werden, bis sie

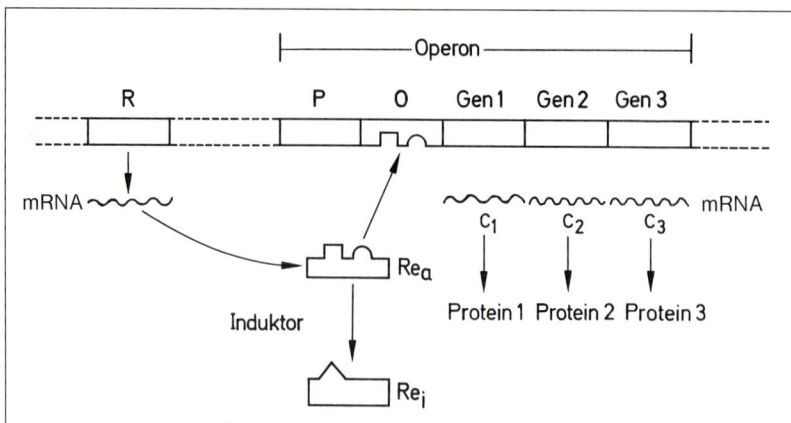

Abb. 2.1.79: Modell nach Jacob und Monod zur Erklärung der Repression und Induktion der Genaktivität bei Bakterien. R = Regulator-, P = Promotor-, O = Operatorgen, Gen 1–3 = Strukturgene, hier zusammen eine tricistronische mRNA codierend (wie beim lac-Operon). Re_a = aktiver Repressor, der durch den Induktor (beim lac-Operon Lactose) in den inaktiven Re_i umgewandelt wird. Dieser paßt nicht mehr zum Operatorgen.

gebraucht werden, bezeichnet man als **negative Kontrolle**.

Die vom Regulatorgen codierten Repressoren können aber auch in zunächst inaktiver Form produziert und erst durch einen Effektor («Corepressor»; z. B. das Endprodukt einer Enyzmreaktion) in eine Konformation übergeführt werden, die eine Bindung an das Operatorgen erlaubt und damit zur Inaktivierung des Operons führt (Abb. 2.1.80).

Eine schnelle Abschaltung der Proteinsynthese auf diesem Wege kommt natürlich nur zustande, wenn die vorher gebildete mRNA keine zu lange Existenzdauer hat. Die noch vorhandenen Enzyme unterliegen dem natürlichen Abbau und werden bei Einzellern auch durch die stattfindenden Zellteilungen ausgedünnt.

Es sind bei Bakterien aber auch Fälle bekannt geworden, in denen keine Transkription stattfindet, obwohl kein Repressor aktiv ist. Hier muß vermutlich die Promotorregion erst aktiviert werden, bevor die RNA-Polymerase an ihr ansetzen kann («**positive Kontrolle**»).

Ein Beispiel ist die Regulation des Arabinose-Operons bei *Escherichia coli*. Das Operon enthält drei Strukturgene; sie codieren für Enzyme, die Arabinose in Ribulose, Ribulose-5-phosphat und Xylulose-5-phosphat überführen (Abb. 2.1.81). Den beiden letztgenannten Verbindungen sind wir beim Pentosephosphatcyclus schon begegnet. Zum Operon gehört ferner eine Promotorregion. Benachbart ist ein Regulatorgen, dessen Effektor (wahrscheinlich ebenfalls ein Protein) erst

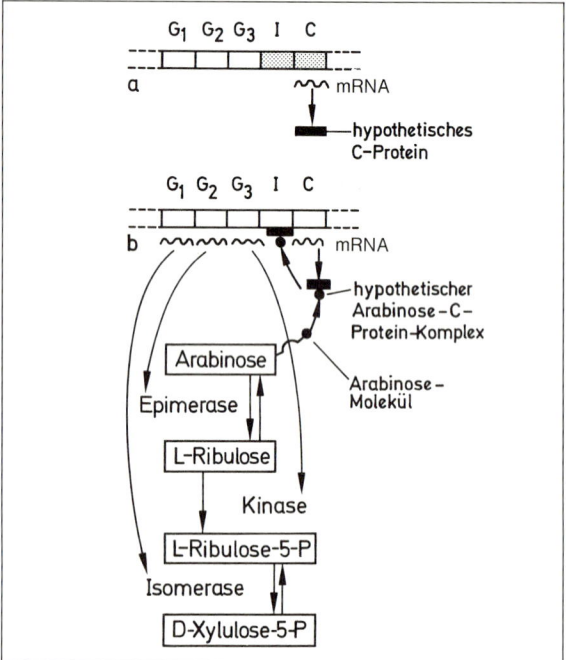

Abb. 2.1.81: Positive Kontrolle des Arabinose-Operons bei Escherichia coli. I entspricht Operatorgen im Jacob-Monod-Modell (mit Promotor), C Regulatorgen, das hier unmittelbar neben dem Operatorgen liegt. (a) Vor Induktion: C codiert ein (noch hypothetisches) Protein, das in Abwesenheit von Arabinose inaktiv ist. Es kann die RNA-Polymerase nicht an I ansetzen und die Strukturgene (G 1–3) können nicht aktiv werden. (b) Arabinose wandelt das C-Protein so um, daß es die Promotorregion verändern kann. Die RNA-Polymerase kann nun ansetzen und die Strukturgene können für drei Enzymproteine codieren, die Arabinose verarbeiten. (Nach Watson aus Hess)

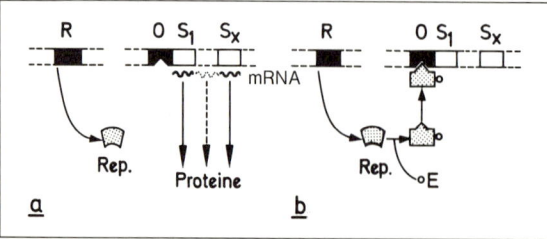

Abb. 2.1.80: Schema einer Endproduktrepression. Der vom Regulatorgen R codierte Repressor (Rep.) ist zunächst inaktiv; die Strukturgene (S) produzieren mRNA als Matrizen für Enzymproteine, die bestimmte Endprodukte anliefern (a). Eines der Endprodukte dient als Effektor (E) für die Aktivierung des Repressors («Corepressor»). Dieser kann nun das Operatorgen (O) blockieren und damit die Strukturgene des Operons ausschalten (b). (Nach Hess)

durch Arabinose in einen Zustand übergeführt wird, in dem er die Promotorregion zu aktivieren vermag. Die Polymerase kann dann ansetzen und die Transkription in Gang bringen.

Positive wie negative Kontrolle sind insofern ökonomische Regulationen, als Enzyme nur dann gebildet werden, wenn Substrate vorhanden sind, und – bei Endprodukthemmung – ihre Bildung gestoppt wird, wenn genug Produkt vorhanden ist.

Die von einem Regulatorgen gesteuerten Strukturgene liegen nicht immer nebeneinander, in einem Operon, sondern können auch über verschiedene Bezirke der DNA verteilt sein.

Eine derartige funktionelle Einheit wird als **Regulon** bezeichnet. So sind z. B. die Gene für die acht Enzyme der Argininbiosynthese, die durch Arginin gehemmt werden, auf 5 getrennte Orte in der DNA verteilt.

Eingehender untersucht ist die Transkription der **Hitzeschockproteine**. Sie sind bei Prokaryoten und Eukaryoten verbreitet und werden bei Überschreiten einer Temperatur von etwa 40 °C synthetisiert. Dabei wird ein bereits vorhandenes Protein, das **Hitzeschockgenaktivatorprotein** (HAP), so umgestaltet, daß es als Expressor wirken kann, indem es an die Promotoren der etwa ein Dutzend verschiedener Hitzeschockgene in der Zelle binden und die Transkription einleiten kann. Schon 4 min nach dem Hitzeschock sind entsprechende mRNA und nach 10 min die Proteine nachweisbar.

Bei höheren Pflanzen sind bisher keine Operons bekannt geworden. Jedes Gen scheint seinen eigenen Promotor zu besitzen. Dieser enthält eine sog. **TATA-Box** (nach der häufigsten Basenfolge) und liegt meist 20–35 Basenpaare vor dem Startpunkt der Transkription. Da Replikation und Transkription nur im dekondensierten Chromatin möglich sind, werden sie durch Änderungen in der Chromatinstruktur einschneidend beeinflußt. Für Details s. S. 52 ff.

Die Transkription kann auch durch den Ortswechsel von Transposonen im Genom (vgl. S. 496) beeinflußt, d.h. Gene können durch die Nachbarschaft dieser «springenden Gene» inaktiviert oder – offenbar seltener – aktiviert werden. Beim Mais bestehen etwa 50% des Genoms aus transposablen Elementen.

Als posttranskriptionale Kontrolle kann das früher beschriebene Processing angesehen werden (S. 307). Eine wichtige Voraussetzung für diese RNA-«Reifung» ist die Trennung des genetischen Materials von der Translations-«Maschinerie» durch die Kernhülle. Deshalb gibt es das typische Processing nur bei Eukaryoten.

3. Regulation der Translation

Die Translationsprozesse könnten durch Regulation der Ablesbarkeit oder der Existenzdauer der mRNA, durch Regulation der tRNA oder durch Regulation der Ribosomenfunktion kontrolliert werden.

So könnte z. B. ein Repressor die vom Strukturgen gebildete mRNA blockieren und evtl. einem beschleunigten Abbau zuführen. Ein Induktor der Proteinsynthese könnte dann diesen Repressor abfangen und dadurch die mRNA funktionsfähig erhalten. Bei *Acetabularia* (S. 382 f.) z. B. werden gleichzeitig vorhandene, verschiedenartige mRNA-Sorten zu verschiedenen Zeiten abgelesen. Im einzelnen ist aber über Translationsregulationen noch wenig bekannt.

4. Regulation des Proteinabbaus

Bei höheren Pflanzen werden pro Tag etwa 5–25% des Gesamtproteins umgesetzt. Die einzelnen Enzyme haben sehr verschiedene Beständigkeit: Regulatorische z. B. werden sehr schnell umgesetzt, was eine Feinregulierung des Stoffwechsels erleichtert. Diese unterschiedliche Abbaurate kann durch Substratspezifität der Proteasen (nachgewiesen z. B. für den Abbau der Tryptophansynthetase bei Hefe) oder durch spezifische Markierung der abzubauenden Proteine erreicht werden, die sie erst zu Substraten für Proteasen macht. Für diese Kennzeichnung spielt ein kleines Protein

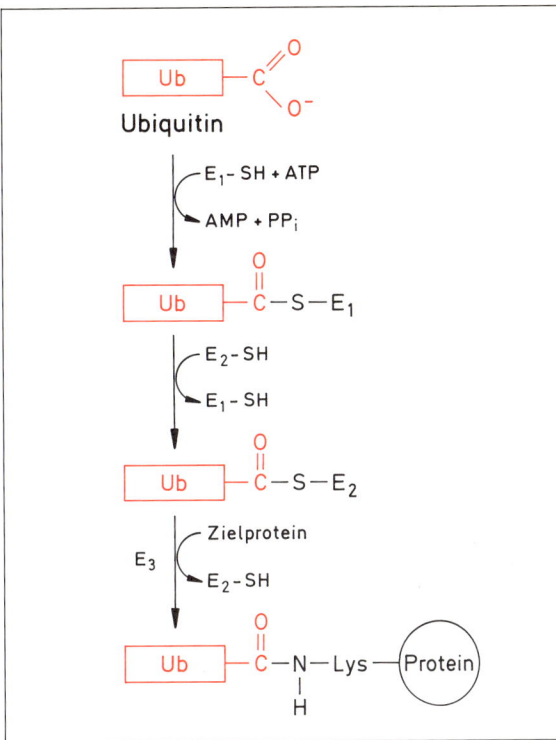

Abb. 2.1.82: Aktivierung und Anheftung von Ubiquitin an ein Protein, das dem Abbau bestimmt ist.

(8,5 kDa), das **Ubiquitin**, bei allen Eukaryoten eine wichtige Rolle, dessen Carboxyl-terminales Glycin kovalent an eine ε-Aminogruppe eines Lysinrestes im Zielprotein gebunden wird (Abb. 2.1.82) und dieses als Substrat für Proteasen signalisiert. Abgebaut wird dann nur das Trägerprotein, nicht das Ubiquitin. Die Bindungsrate des Ubiquitins und damit die Abbaurate eines cytosolischen Proteins wird durch die Natur der N-terminalen Aminosäure bestimmt. So hat z.B. ein Hefeprotein mit Methionin oder Serin als N-Terminus eine Halbexistenzzeit von mehr als 20 Stunden, ein solches mit Arginin aber eine von nur ca. 2 Minuten. Es wird vermutet, daß es noch andere Wege für die Kennzeichnung von abzubauenden Proteinen gibt.

Als Schutz vor Abbau kann z. B. die Bindung der Enzyme an Substrate bzw. deren Analoga oder der Einbau in Überstrukturen (z. B. Membranen) dienen.

C. Regulation der Enzymaktivität

Alle Kontrollen der Enzymsynthese wirken relativ langsam («strategische Kontrollen»). Schnelle («taktische») Kontrollen über bestimmte Reaktionen übt die Zelle durch Regulation nicht der Enzymsynthese, sondern der Enzymaktivität aus.

Wir haben schon eine Reihe von Verbindungen kennengelernt, die einen Einfluß auf die Enzymaktivität haben (Effektoren), sei es ein fördernder (Aktivatoren) oder ein hemmender (Inhibitoren). Ziel ist in jedem Falle eine Einregulierung des Stoffwechsels und seiner einzelnen Wege in eine den jeweiligen Bedürfnissen entsprechende Lage, in der die einzelnen Metaboliten definierte Konzentrationen aufweisen. Gehemmt werden Reaktionen in vivo im allgemeinen durch Substanzen, die im Stoffwechsel hinter der regulierten Reaktion liegen, so daß die Inhibitoren (von einer bestimmten Konzentration an) ihre eigene Bildung blockieren (Rückkopplung, feed-back-Hemmung). Gefördert werden dagegen Reaktionen meist durch Substanzen, die Substrate für die Umsetzung sind; diese Aktivatoren beschleunigen daher ihre Verarbeitung (Vorauskopplung, feed-forward-Aktivierung). In beiden Fällen wird eine zu starke Anreicherung eines Metaboliten verhindert.

Bei der Wechselwirkung von regulatorischem Enzym und Effektor kann man verschiedene Fälle unterscheiden:

a) **Isosterische Effekte**: Der Effektor greift am katalytischen Zentrum (d.h. der Bindungsstelle für das Substrat) an.

b) **Allosterische Effekte**: Der Effektor bindet an einer besonderen, vom katalytischen Zentrum getrennten Stelle des Enzyms und verändert dessen Tertiärstruktur, so daß entweder eine Erhöhung (allosterische Aktivierung) oder eine Verringerung der katalytischen Aktivität (allosterische Hemmung) erfolgt.

Eine andere Einteilung unterscheidet: a) Homotrope Enzyme. Bei ihnen ist das Substratmolekül nicht nur Substrat, sondern auch Effektor (meist Aktivator); es bindet an zwei oder mehr Enzymstellen, von denen mindestens eine das katalytische Zentrum ist. b) Heterotrope Enzyme: Der Effektor ist vom Substrat verschieden und bindet auch an einer anderen Stelle des Enzyms (Normalfall der allosterischen Wirkung).

1. Isosterische Effekte. Kompetitive Hemmung

Ein isosterischer Effekt ist z.B. die kompetitive Hemmung eines Enzyms durch eine dem Substrat ähnliche Verbindung. Wir haben bereits früher Beispiele hierfür kennengelernt, etwa die Hemmung der Citrat-verarbeitenden Aconitase durch Monofluorcitrat (S. 247). Verbreitet sind isosterische feed-back-Hemmungen, bei denen das Produkt einer Reaktion das katalysierende Enzym hemmt. So hemmt z.B. Fructose die Invertase (katalysierte Reaktion: Saccharose → Glucose + Fructose), Glucose-6-phosphat die Hexokinase (Abb. 2.1.87).

2. Allosterische Effekte

Auch allosterisch regulierbare Enzyme haben wir bereits kennengelernt, z.B. die Phosphofructokinase (Abb. 2.1.53) oder die Ribulose-1,5-bisphosphat-Carboxylase (S. 273). Es handelt sich stets um zusammengesetzte Enzyme aus Monomeren, die allosterische Zentren besitzen. Es wird angenommen, daß die allosterischen Enzyme in zwei verschiedenen Konformationen auftreten können, die durch Änderung der Struktur des katalytischen Zentrums verschiedene Substrataktivität haben (Abb. 2.1.83; vgl. auch S. 34).

Weit verbreitet sind allosterische feed-back-Hemmungen; dazu gehören alle die Fälle, in denen das Produkt einer Stoffwechselkette ein in der Reaktionsfolge weiter zurückliegen-

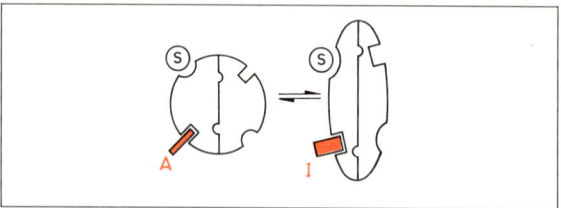

Abb. 2.1.83: Modelldarstellung des allosterischen Effektes. Allosterisch regulierte Enzyme bestehen aus mehreren Untereinheiten (hier zwei identische gezeichnet). Ein Aktivator (A) stabilisiert den aktiveren (links), ein Inhibitor (I) den weniger aktiven Konformationszustand (rechts). S = Substrat. (Nach Monod aus Libbert)

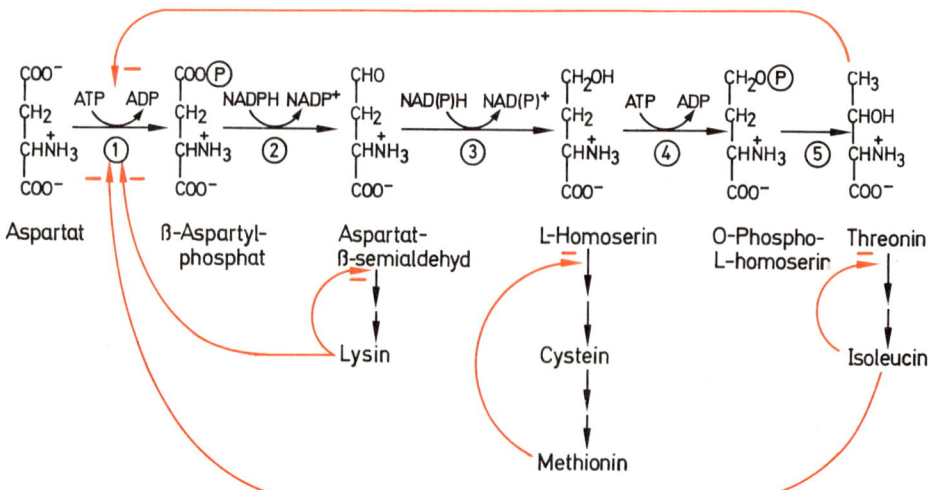

Abb. 2.1.84: Biosynthesewege von L-Threonin und anderer Aminosäuren der Aspartatfamilie. (1) Aspartokinase; (2) Aspartat-β-semialdehyd-Dehydrogenase; (3) L-Homoserin-Dehydrogenase (arbeitet bei Hefe mit NADH+H⁺, bei Bakterien mit NADPH+H⁺); (4) L-Homoserin-Kinase; (5) Threonin-Synthase (benötigt Pyridoxalphosphat als Cofaktor). → = Endprodukthemmung.

des, meist den Beginn einer Sequenz katalysierendes Enzym blockiert (**Endprodukthemmung** der Enzymaktivität).

Als Beispiel sei hier die Biosynthese der Aminosäure Threonin erwähnt (Abb. 2.1.84). Sie beginnt mit der Phosphorylierung von Aspartat, katalysiert durch das Enzym Aspartokinase. Auf dieses regulierte Enzym wirkt Threonin, das Endprodukt der Sequenz, als allosterischer Inhibitor. Da das Enzym außerdem auf dem Syntheseweg etlicher anderer proteinogener Aminosäuren liegt, ist es nicht verwunderlich, daß auch andere Glieder dieser sog. «Aspartatfamilie» (S. 354) einen Einfluß auf seine Aktivität ausüben. So wirken z.B. Lysin und Isoleucin ebenfalls allosterisch inhibierend. Die Aminosäuren, die auf Seitenwegen der Threoninbiosynthese synthetisiert werden, kontrollieren außerdem in der Regel das erste Enzym nach der jeweiligen Verzweigungsstelle; dies gilt für Lysin, Methionin und Isoleucin in der Aspartatfamilie (Abb. 2.1.84).

Wird ein Enzym durch mehr als ein Endprodukt gehemmt, so entsteht das Problem, daß es bei Erreichen einer bestimmten Konzentration der einen Substanz (z.B. des Lysins in unserem Falle) «abgeschaltet» wird, obwohl an einer anderen (z.B. Threonin) noch Mangel besteht. Dieses Dilemma kann dadurch gelöst werden, daß Isoenzyme mit verschiedenen allosterischen Spezifitäten die Schlüsselreaktionen katalysieren (vgl. S. 248, Abb. 2.1.4).

Feed-back-Aktivierungen sind selten. Ein Beispiel ist die Aktivitätssteigerung der Phosphofructokinase durch Fructose-1,6-bisphosphat (Abb. 2.1.87).

Bei **feed-forward-Aktivierungen** können Metaboliten ein Enzym aktivieren, das direkt an ihnen selbst angreift (z.B. Aktivierung der Phosphofructokinase durch Fructose-6-phosphat, Abb. 2.1.87), oder ein solches, das einige Schritte in einer vom Effektor ausgehenden Reaktionsfolge entfernt liegt (z.B. Aktivierung der Pyruvatkinase durch Fructose-1,6-bisphosphat, Abb. 2.1.87).

D. Metaboliten-Regulation (stöchiometrische Regulation)

Enzym-Reaktionen können auch durch Konzentrationsänderungen von Substraten oder Cosubstraten ohne Änderung der Menge oder der Aktivität des Enzyms reguliert werden. Dabei wird die regulierende Substanz stöchiometrisch verbraucht, weshalb man diese Art von Kontrolle auch als stöchiometrische Regulation bezeichnet.

Bei Verzweigungen des Stoffwechsels kann es von der Konzentration des gemeinsamen Substrates konkurrierender Enzyme abhängen, welche Richtung bevorzugt wird.

Bei Organismen, die zur alkoholischen Gärung befähigt sind (z.B. Hefen), kann z.B. Pyruvat entweder nur decarboxyliert oder aber oxidativ decarboxyliert werden (Abb. 2.1.85). Da die beiden Enzyme verschiedene Affinität zum Substrat haben, ist bei niedrigen Konzentrationen von Pyruvat die oxidative Decarboxylierung gefördert, während bei höheren immer mehr die Acetaldehydbildung in den Vordergrund tritt.

Eine rückgekoppelte Metaboliten-Regulation haben wir z.B. in der Abhängigkeit des Elektronenflusses in der Atmungskette (und damit der Atmungsintensität

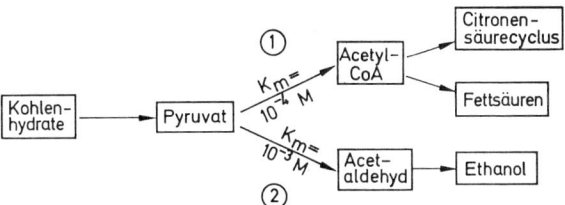

Abb. 2.1.85: Metabolitenregulation beim Abbau des Pyruvats. Der Pyruvat-Dehydrogenase-Komplex (1) (vgl. S. 293) hat eine höhere Affinität zum Substrat als die Pyruvat-Decarboxylase (2). (Aus Libbert, verändert)

überhaupt) vom ADP-Angebot kennengelernt (S. 294). Da immer dann viel ADP vorliegen wird, wenn energiebedürftige Vorgänge eine ATP-Spaltung verursachen, leuchtet der Nutzen dieser Kontrolle unmittelbar ein.

E. Regulation durch Umwandlung inaktiver Vorstufen

Die Enzymaktivität kann auch dadurch reguliert werden, daß die aktive Form des Enzyms irreversibel oder reversibel aus einer inaktiven Vorstufe gebildet wird.

So wird z.B. die fettspaltende Lipase in keimenden Samen von *Ricinus* aus einem Proenzym durch eine Proteinase freigesetzt. Bei *Escherichia coli* liegt die Glutaminsynthetase (vgl. Abb. 1.1.20, S. 37) entweder in einer aktiven oder in einer inaktiven Form vor; in letzterer sind an die 12 Untereinheiten des Enzyms 12 Moleküle Adenylsäure kovalent gebunden. Das «adenylierende», d.h. inaktivierende, Enzym wird durch α-Oxoglutarat gehemmt und durch Glutamin aktiviert, während das deadenylierende Enzym, das die inaktive Glutaminsynthetase wieder in aktive Form überführt, umgekehrt durch Glutamin gehemmt und durch α-Oxoglutarat gefördert wird (Abb. 2.1.86). Das System bewirkt eine automatische Selbstre-

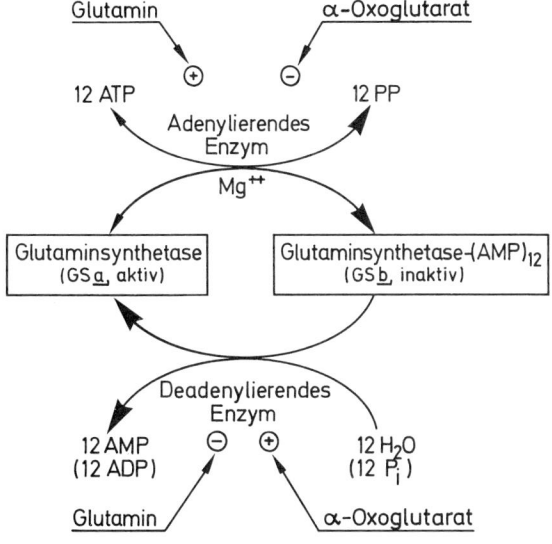

Abb. 2.1.86: Regulation der Glutaminsynthetase bei *Escherichia coli*. (Nach Holzer u. Wohlhüter)

gulation der Synthese von Glutamin aus α-Oxoglutarat: Liegt viel α-Oxoglutarat und wenig Glutamin vor, wird die Synthese angekurbelt, im umgekehrten Falle abgestellt.

F. Regulation über die Zusammenfassung von Enzymen in Multienzymkomplexen oder in Kompartimenten

Eine wesentliche Grundlage für den geordneten, kontrollierten Ablauf des Zellstoffwechsels ist die Zusammenfassung der Enzyme für bestimmte Reaktionssequenzen oder ganze Stoffwechselbereiche in **Multienzymkomplexen** bzw. in Kompartimenten.

In einem Multienzymkomplex sind mehrere Enzyme zu einer Überstruktur zusammengefaßt. Durch diese Anordnung wird ein schnelles, geordnetes Verarbeiten einer Substanz in mehreren aufeinanderfolgenden Schritten gewährleistet. Solche Komplexe haben wir bereits bei der oxidativen Decarboxylierung des Pyruvats und des α-Oxoglutarats sowie bei der Atmungskette kennengelernt; einen weiteren stellt z.B. die Fettsäuresynthetase dar (S. 361).

Die Zusammenfassung von ganzen Enzymgruppen, Cofaktoren und Metaboliten in Reaktionsräumen, die von der Umgebung durch Stoffwechselbarrieren geschieden sind (Kompartimentierung), ist für einen ordnungsgemäßen Ablauf des Zellstoffwechsels und seine Kontrolle von entscheidender Bedeutung.

Der Austausch von Metaboliten zwischen Kompartimenten erfolgt meist durch spezifische Carrier (S. 342), deren Leistung wiederum Regulationen (z.B. kompetitiven Einflüssen) unterliegen kann.

Wäre z.B. die Chloroplastenmembran für das Adenylsäuresystem frei passierbar, würde bei Einsetzen der Photosynthese das Phosphorylierungspotential (S. 245) auch im Cytoplasma erhöht, so daß durch die ADP-Verminderung die Atmungsintensität beeinträchtigt würde. Dies ist nur bei den Cyanobakterien der Fall, bei denen das photosynthetisch gebildete ATP nicht durch eine Chloroplastenhülle zurückgehalten wird und daher auch direkte Wirkungen im Cytoplasma entfalten kann (Phototaxis, vgl. S. 440ff.). Würde NADPH + H$^+$ ungehindert die Chloroplastenhülle passieren, so würde bei Beginn der Photosynthese durch die erhöhte NADPH + H$^+$-Konzentration, die dann auch im Cytoplasma anzutreffen wäre, der oxidative Pentosephosphatcyclus auch im Cytoplasma durch Hemmung der Glucose-6-phosphat-Dehydrogenase (S. 302) blockiert.

Es ist darauf hinzuweisen, daß all die geschilderten Regulationsphänomene meist nur bei einzelnen Organismen, vor allem Bakterien, untersucht wurden, und die Ergebnisse dann nicht ohne weiteres auf andere Lebewesen, z.B. Höhere Pflanzen, übertragen werden dürfen. Allerdings sind die Grundprinzipien der Regulation im Zellstoffwechsel, wie sie hier skizziert werden, sicher allgemein gültig.

G. Gesamtregulation bei Gärungen und Atmung

Wie wir bereits an verschiedenen Beispielen gesehen haben, wird die Intensität der Gärungen und der Atmung besonders fein reguliert; die Zelle soll ja nur soviel Nährstoffe abbauen, wie notwendig sind, andererseits aber, solange Substrat zur Verfügung steht, auch alle anfallenden Bedürfnisse (vor allem an ATP) befriedigen können. Es ist aus diesem Grunde zweckmäßig, daß vor allem Glieder des Adenylsäuresystems (ATP, AMP) und anorganisches Phosphat (P$_i$) zur Regulation als Effektoren herangezogen werden.

Hoher ATP-Gehalt (hohes «Phosphorylierungspotential», S. 245) signalisiert Energieüberschuß bzw. -sättigung und hat eine Drosselung von Pyruvatbildung und Citratcyclus zur Folge. Sie erfolgt durch eine Hemmung der Phosphofructokinase, der Pyruvatkinase und der Citratsynthase (Abb. 2.1.87). Hohe Konzentrationen von P$_i$ oder von AMP bedeuten dagegen Energiemangel und kurbeln die Abbauprozesse an. P$_i$ aktiviert die Hexokinase, die Phosphofructokinase und die Triosephosphatdehydrogenase, AMP speziell die Phosphofructokinase. Ein hoher Spiegel von P$_i$ schaltet gleichzeitig den mit Glucose-6-phosphat mit den Reaktionen der Pyruvatbildung konkurrierenden oxidativen Pentosephosphatcyclus (der auch im Cytoplasma abläuft, S. 302) durch Blockierung der Glucose-6-phosphat-Dehydrogenase, der Transketolase und der Transaldolase aus. Umgekehrt wird bei P$_i$-Mangel (entspricht Energieüberschuß) der Abbau von Glucose zu Pyruvat gehemmt und der oxidative Pentosephosphatcyclus aktiviert. Es kommt dann zur Bildung von Pentosephosphaten und vor allem von NADPH + H$^+$, die für Synthesen benützt werden können. Diese werden auch durch das hohe Phosphorylierungspotential begünstigt.

Es wurde bereits darauf hingewiesen, daß die Phosphofructokinase das eigentliche Eingangsenzym des Abbaus der Glucose ist und deshalb besonders fein geregelt wird (S. 291; vgl. Abb. 2.1.87). Unter aeroben Bedingungen ist bei reichlichem Angebot an Substrat die Konzentration des AMP in der Zelle niedrig, diejenige von ATP und Citrat hoch. Dadurch wird die Phosphofructokinase gehemmt. Durch den Rückstau akkumuliert u.a. Glucose-6-phosphat, das bei Hefe z.B. die Glucose-Permease in der Plasmagrenzschicht hemmt. Bei Aerobiose kommt es daher zu einer drastischen Verringerung des Glucoseumsatzes in der Glykolyse (**Pasteur-Effekt**), verglichen mit dem bei Anaerobiose (bei Gärung). Der Pasteur-Effekt fehlt z.B. in tierischen Tumorzellen.

Bei reichlichem Angebot an reduziertem Stickstoff, d.h. bei guten Wachstumsbedingungen (Stickstoff ist häufig das wachstumsbegrenzende Element, vgl. S. 350), wird die durch hohe Konzentrationen von ATP sonst bewirkte Hemmung der Phosphofructokinase aufgehoben, so daß zügig Bausteine für organische Synthesen nachgeliefert werden können.

Bei Pflanzen scheint die Phosphofructokinase auch durch höhere Konzentrationen von Phosphoenolpyruvat (PEP) gehemmt zu werden. Da auch die Pyruvatkinase, das Enzym, das PEP weiterverarbeitet, durch hohe ATP- und Citratkonzentrationen gehemmt wird (Abb. 2.1.87), staut sich bei Energieüberschuß auch PEP an und hilft mit, die Phosphofructokinase abzuschalten. Niedere Konzentrationen von PEP (wie von ATP) wirken übrigens steigernd auf die Aktivität der Phosphofructokinase.

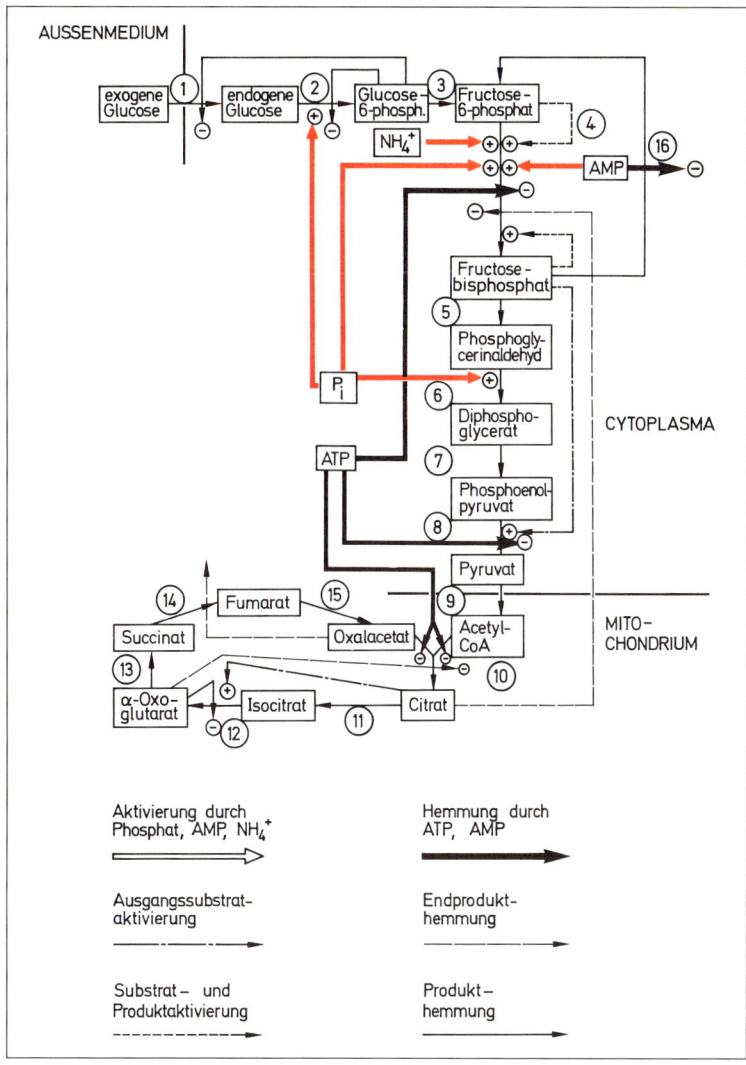

Abb. 2.1.87: Enzymregulationen bei der Pyruvatbildung und im Citratcyclus. (1) Permease; (2) Hexokinase; (3) Hexosephosphat-Isomerase; (4) Phosphofructokinase; (5) Aldolase; (6) Glycerinaldehydphosphat-Dehydrogenase; (7) Phosphoglyceratmutase, Enolase; (8) Pyruvatkinase; (9) Pyruvat-Dehydrogenase-Komplex; (10) Citrat-Synthase; (11) Aconitase; (12) Isocitrat-Dehydrogenase; (13) α-Oxoglutarat-Dehydrogenase, Succinat-Thiokinase; (14) Succinat-Dehydrogenase; (15) Fumarase, Malat-Dehydrogenase; (16) Fructosebisphosphat-1-Phosphatase. (Nach Libbert, verändert)

IV. Die Nährstoffe und ihr Umsatz in der Pflanze

A. Die allgemeine stoffliche Zusammensetzung des Pflanzenkörpers

Die Pflanzen enthalten die durch die Photosynthese gebildeten oder vom Medium aufgenommenen organischen Substanzen und deren Umwandlungsprodukte sowie andere Stoffe, die Auto- wie Heterotrophe aus der Umgebung aufnehmen müssen.

1. Wassergehalt

Der weitaus größte Teil des Frischgewichtes lebender, aktiven Stoffwechsel zeigender Pflanzenteile besteht wie bei allen Organismen aus Wasser. Das Protoplasma enthält im Durchschnitt 85–90% Wasser, selbst lipidreiche Organellen wie Mitochondrien und Chloroplasten noch um 50%. Die wasserreichsten Pflanzenorgane sind saftige Früchte, zu den wasserärmsten gehören Samen, vor allem fettspeichernde (Tab. 2.1.18).

2. Trockensubstanz

Die Trockensubstanz des Pflanzenkörpers kann durch Trocknung bei etwas über 100 °C (meist 105°) bis zur Gewichtskonstanz ermittelt werden. Sie enthält eine Fülle von anorganischen und vor allem organischen Bestandteilen, die z. T. als lebenswichtig, z. T. aber auch als Abfallprodukt des Stoffwechsels betrachtet werden müssen. Hinsichtlich der Mannigfaltigkeit der organischen Verbindungen übertrifft die autotrophe Pflanze den tierischen Organismus weit. Einen Teil dieser Substanzen haben wir bereits kennengelernt, ein weiterer wird später noch besprochen.

Die organischen Verbindungen sind nur aus wenigen Elementen aufgebaut, im wesentlichen aus den sechs Grundbausteinen C, O, H, N, S, P. Quantitativ über-

Tab. 2.1.18: Wassergehalte. (Nach Chatfield u. Adams, ergänzt)

Pflanze	Wassergehalt (% des Frischgewichtes)
Kopfsalat (innere Blätter)	94,8
Tomate (reife Frucht)	94,1
Rettich (Haupt-Wurzel)	93,6
Wassermelone (Fruchtfleisch)	92,1
Apfel (Fruchtfleisch)	84,1
Kartoffelknolle	77,8
Holz (frisch)	ca. 50
Mais (trockene Körner)	11,0
Bohnen (Samen)	10,5
Erdnuß (rohe Frucht, mit Schale)	5,1
Pleurococcus (Luftalge), im trockenen aber noch lebensfähigen Zustand	5,0

wiegt der Gewichtsanteil des Kohlenstoffs (um 50% der organischen Trockensubstanz), während der Gewichtsanteil des Wasserstoffs z.B. nur zwischen 5 und 7% beträgt (der molare Anteil ist demnach aber nicht sehr verschieden).

3. Aschengehalt

Erhitzt man die Trockensubstanz unter Luftzutritt auf hohe Temperaturen, so entweicht ein Teil der Grundelemente in Form von Verbrennungsgasen (CO_2, H_2O, NH_3, SO_2), während in der Asche die Oxide bzw. Carbonate zahlreicher anderer Elemente zurückbleiben. Der Anteil der Asche an der Trockensubstanz ist je nach Pflanzenart und -organ sowie nach Standort sehr verschieden. Niedrig ist er z.B. bei Flechten (0,4–7%) sowie bei Samen und Früchten (1–5%), sehr hoch z.B. in manchen Blättern (z.B. *Zygophyllum stapfii* aus SW-Afrika 56,8%). Tabelle 2.1.19 gibt weitere Werte für den Gehalt an Gesamtasche wie an einzelnen Elementen in einigen Pflanzen.

Prozentual überwiegen demnach K, Na, Ca und P in der Asche. Daneben finden sich stets auch Mg, Fe, Si, Cl, S, oft auch Al (die Proteacee *Orites excelsa* hat bis zu 79% Al_2O_3 in der Asche des Holzes!), Mn, B, Cu, Zn und weitere Elemente in mehr oder weniger großer Menge. Es gibt wohl kaum ein chemisches Element, das nicht in irgendeiner Pflanze gefunden worden wäre.

Aus den Aschenanalysen allein ist kein Urteil darüber zu gewinnen, ob ein nachgewiesenes Element für die Pflanze überhaupt oder in der vorhandenen Menge lebensnotwendig ist oder einen von der Pflanze nur zufällig aufgenommenen Bestandteil darstellt. Hierüber können nur Ernährungsversuche mit Medien bekannter Zusammensetzung Auskunft geben (S. 338). Es gibt Arten, die bestimmte Elemente anreichern («Akkumulatorpflanzen»). Dazu gehört die oben genannte *Orites*, oder bestimmte *Astragalus*-Arten, die Selen anreichern, evtl. sogar benötigen, ferner die afrikanische Lamiacee *Aeolanthus biformifolius* mit bis zu 1,3% Kupfer im Trockengewicht, oder die Sapotacee *Sebertia acuminata* aus Neu-Kaledonien mit 26% Nickel in der Trockensubstanz des blaugrünen Milchsaftes bzw. 1–2% in den Blättern, schließlich die Celastracee *Maytenus bureaviana* aus Neu-Kaledonien mit 3,2% Mangan in der Trockensubstanz der Blätter.

Pflanzen, deren Aschenzusammensetzung die des Untergrundes widerspiegelt, können als **Indikatorpflanzen** benutzt werden.

Einige «bodenzeigende» Pflanzen wachsen nur auf bestimmten Böden, so z.B. das Galmei-Veilchen *(Viola calaminaria)* nur auf zinkhaltigem, die Flechte *Lecanora vinetorum* nur auf kupferreichem Untergrund (z.B. auf Weinberggerüsten in S-Tirol). Auch Pflanzengesellschaften können das Vorkommen bestimmter Elemente oder Elementkombinationen anzeigen: So wächst eine bestimmte Flechtengesellschaft *(Acarosporetum sinopicae)* nur auf Schwermetall- (vor allem Eisen-) haltigem Untergrund (z.B. auf den mittelalterlichen Erzschlackenhalden im Harz). Die Brassicacee *Malcolmia maritima* zeigt auf kupfer-, zink- und bleihaltigen Böden einen Wechsel der Blütenfarbe von Rosa nach Gelbgrün (Komplexe der Metalle mit Anthocyanen). Einen ähnlichen Blütenfarbwechsel findet man auch bei *Papaver commutatum* (durch Kupfer oder Molybdän) oder bei der Myrtacee *Leptospermum* (durch Chrom). Die Berücksichtigung dieser Zusammenhänge kann für das Prospektieren von Bodenschätzen, die Beurteilung des Düngerbedürfnisses von Böden, für die landwirtschaftliche und forstliche Standortslehre, für die geologische Kartierung usw. von praktischer Bedeutung sein.

Tab. 2.1.19: Aschengehalt und -bestandteile bei verschiedenen Pflanzenteilen.

Pflanzenteil	Asche in % der Trockensubstanz	In 100 Teilen Asche gefunden								
		K_2O	Na_2O	CaO	MgO	Fe_2O_3	P_2O_5	SO_3	SiO_2	Cl_2
Tuberkelbazillen	9,56	8,2	11,5	8,6	9,8	?	47,0	10,8	?	1,2
Steinpilze, Fruchtkörper	6,39	57,8	0,9	5,9	2,4	1,0	26,1	8,1	–	3,5
Roggenkörner	2,09	32,1	1,5	2,9	11,2	1,2	47,7	1,3	1,4	0,5
Apfelfrüchte	1,44	35,7	26,2	4,1	8,7	1,4	13,7	6,1	4,3	–
Möhrenwurzeln	5,47	36,9	21,2	11,3	4,4	1,0	12,8	6,4	2,4	4,6
Kartoffelknollen	3,79	60,1	2,9	2,6	4,9	1,1	16,9	6,5	2,0	3,5
Tabakstengel	7,89	43,6	10,3	19,1	0,8	1,9	14,2	3,5	2,4	3,6
Tabakblätter	17,16	29,1	3,2	36,0	7,4	1,9	4,7	3,1	5,8	6,7
Weißkraut, äußere Blätter	20,82	23,1	8,9	28,5	4,1	1,2	3,7	17,4	1,9	12,6

B. Der Wasserhaushalt

Das Wasser ist, wie erwähnt, der Hauptbestandteil aller aktiv lebenden Zellen. Es dient als universelles Lösungsmittel, z.T. auch als Substrat (z.B. als Wasserstoffspender bei der Photosynthese, S. 271) im Zellstoffwechsel. Der Haushalt des Wassers ist daher ein zentrales Problem der Zellphysiologie.

1. Die Aufnahme des Wassers durch die Pflanze

Die Pflanze, sei sie ein- oder vielzellig, nimmt das Wasser auf zweierlei Weise auf, einmal durch Quellung und zum andern auf osmotischem Wege. Triebkraft ist in beiden Fällen ein Gefälle im chemischen Potential des Wassers; der Vorgang selbst ist meist eine Diffusion.

Diffusion. Wir sind Diffusionsphänomenen schon beim Gaswechsel der Pflanze begegnet (S. 286). Ein Nettoflux einer Substanz in einer Richtung setzt ein Gefälle voraus. Dieses wird zwar häufig als Konzentrationsgefälle angegeben, doch ist die ausschlaggebende Größe nicht die Konzentration, sondern das chemische Potential μ_i einer betrachteten Substanz i.

Man versteht darunter die auf diese Substanz entfallende («partielle») molare freie Enthalpie (vgl. S. 243) in einer Mischphase (Lösung, Gasgemisch). μ_i nimmt mit zunehmender Konzentration der Substanz i zu. In verdünnten Lösungen ist μ_i etwa dem Logarithmus der Konzentration proportional. Die Einheit des chemischen Potentials ist $J \cdot mol^{-1}$.

In einer Mischphase zeigen alle Komponenten, für die ein Gradient im chemischen Potential besteht, einen Nettoflux. In einer wässerigen Lösung mit einem Konzentrations-(Potential-)Gradienten der gelösten Substanz tritt zwangsläufig auch für das Wasser ein Gradient auf, der dem der gelösten Substanz entgegengerichtet ist: In Bereichen höherer Konzentration der gelösten Substanz ist die Zahl der Wassermoleküle pro Volumeneinheit, d.h. die «Wasserkonzentration», erniedrigt. Das Wasser diffundiert demnach in entgegengesetzter Richtung wie der in ihm gelöste Stoff.

Die Diffusionsrate wird durch das **1. Ficksche Diffusionsgesetz** bestimmt (S. 286). Da die Geschwindigkeit der Molekularbewegung mit steigender Temperatur zunimmt, ist die Diffusionsgeschwindigkeit der Temperatur proportional; beim absoluten Nullpunkt ($-273\ °C$) kommen alle Diffusionsprozesse zum Stillstand. Sie nimmt mit der Diffusionsdauer ab, u.zw. ist die durch Diffusion zurückgelegte Wegstrecke (s) proportional der Wurzel der Zeit: $s = const. \cdot \sqrt{t}$ (**2. Ficksches Diffusionsgesetz**). So diffundiert z.B. der Farbstoff Fluorescein in Wasser (bei bestimmter Temperatur und bestimmtem Gefälle) in 1 Sekunde 87 μm, in 1 Minute etwa 675 μm ($87 \cdot \sqrt{60} = 673{,}9$), in 1 Stunde etwa 5 mm und in 1 Jahr nur etwa 50 cm. In den Dimensionen pflanzlicher Zellen erreicht demnach die Diffusionsgeschwindigkeit beachtliche Werte. Auch über die Distanz weniger Zellen hinweg (Parenchymtransport, S. 369f.) kann die Geschwindigkeit beträchtlich sein, sofern nicht beim Übertritt in die Nachbarzellen Widerstände auftreten.

Für die Überbrückung großer Dimensionen ist die Diffusion dagegen kein brauchbarer Mechanismus: Bei den herrschenden Konzentrationsgradienten und den sonstigen Bedingungen würde z.B. ein Zuckermolekül, das im Blatt einer Baumkrone in 30 m Höhe gebildet wird, durch Diffusion allein zu Lebzeiten eines normalen Baumes die Wurzel niemals erreichen.

Daß die Diffusion in der Gasphase über weite Strecken viel leistungsfähiger ist, haben wir bereits erfahren (S. 304).

Die Quellung. Lufttrockene Samen (z.B. Erbsen), in Wasser gebracht, vergrößern ihr Volumen durch Wasseraufnahme: Sie quellen. Man versteht unter einer Quellung die Flüssigkeits- oder Dampfaufnahme eines makromolekularen Systems (Quellkörpers) unter Volumenvergrößerung. Es handelt sich dabei um einen rein physikalischen Prozeß, an dem der Stoffwechsel nicht direkt beteiligt ist; z.B. läuft die Wasseraufnahme bei der Quellung von Samen in der ersten Phase der Keimung genauso gut ab, wenn die Samen abgestorben und nicht mehr keimfähig sind.

Im Quellkörper ist das Wasserpotential durch die elektrostatische Anziehung der Wasserdipole durch geladene Gruppen der Makromoleküle (Hydratation, vgl. S. 76f.) und durch Capillarkräfte herabgesetzt und somit ein Wasserpotentialgradient zur Umgebung hergestellt. Im Protoplasma dominieren Hydratationsphänomene, in der Zellwand treten neben die Hydratation (vor allem Protopectine und Hemicellulosen haben geladene Gruppen) auch capillare Wassereinlagerungen zwischen die Mikrofibrillen und in die Intermicellarräume (vgl. S. 97ff.). Der Vacuole fehlen in der Regel quellbare Substanzen.

Man unterscheidet begrenzt und unbegrenzt quellbare Körper. Bei ersteren, zu denen z.B. Cellulose und Stärke gehören, werden zwar die Makromoleküle oder die Molekülaggregate (Micellen) des Quellkörpers durch die Wassermoleküle auseinandergedrängt, bleiben aber durch verschiedenartige Bindungskräfte miteinander zu einem Netzwerk verbunden. Dessen zusammenhängende Zwischenräume, die Intermicellarräume, sind dann von Wasser erfüllt.

Bei unbegrenzt quellbaren Körpern, zu denen auch die Cytoplasmaproteine gehören, werden die einzelnen Teilchen von Wasser völlig auseinandergedrängt und bilden eine kolloidale Lösung (Sol-Zustand). In ihr ist ein Teil der Wassermoleküle an die Teilchen der dispergierten Phase gebunden («gebundenes», Haft- oder Hydratationswasser) und hält diese in der Schwebe. Ein anderer Teil ist frei («freies Wasser») und bildet das Dispersionsmittel. Durch Wasserentzug oder durch Beseitigung der Ladung (der Grundlage für die Hydratation) können die dispergierten, hydrophilen Kolloide verfestigt bzw. ausgefällt werden (Gelzustand).

Eine besonders wichtige Rolle für die Regulation des Hydratationszustandes von Kolloiden spielen anorganische Ionen. Sie vermögen nicht nur selbst Wasser an sich zu binden und so dem Quellkörper Wasser zu entziehen (Aussalzen von Eiweiß aus Lösungen, z.B. durch Ammoniumsulfat), sondern ihn auch durch Ladungsschwächung oder -verstärkung (letzteres nach Adsorption) in seiner Wasserbindungsfähigkeit zu verändern. Da die Proteine bei physiologischen pH-Werten überwiegend negativ geladen sind, werden sie durch Kationen, vor allem durch mehrwertige (z.B. Ca^{2+}, Al^{3+}), in der Regel entladen; diese haben demnach meist eine entquellende Wirkung (vgl. S. 346). Da die Funktion der Plasmaproteine (z.B. der Enzyme, aber auch der Membranproteine) wesentlich durch ihre Hydratation bestimmt wird, ist der Quellungszustand des Protoplasmas von ausschlaggebender Bedeutung für den Zellstoffwechsel. Die Pflanze verwendet denn auch die Entquellung des Protoplasten (z.B. bei der Samen- und Sporenreifung) als Weg zur (reversiblen) Sistierung des Stoffwechsels während Ruheperioden (latente Lebenszustände).

Die Kräfte, mit denen ein Quellkörper Wasser anzieht, können außerordentlich groß sein und viele hundert bar betragen; darauf beruht die Anwendung quellbarer Körper, z.B. trockener Samen, zum Sprengen der Schädelknochennähte bei der Präparation, die Sprengung von Felsen durch quellendes Holz usw.

Bei der Anlagerung an die hydrophilen Gruppen des Quellkörpers verlieren die Wassermoleküle einen Teil ihrer kinetischen Energie. Er wird in Wärme umgewandelt (Quellungswärme), die man z.B. an quellenden Samen messen kann.

Da das Wasser in den Quellkörper durch Diffusion eindringt, entspricht die Temperaturabhängigkeit der Quellung derjenigen der Diffusion (S. 321).

Der Wassereinstrom in einen Quellkörper kann durch einen entgegengesetzten Druck bestimmter Größe verhindert werden; dieser Druck ist betragsmäßig gleich, im Vorzeichen entgegengesetzt, dem sog. Matrixpotential ψ_τ. ψ_τ ist stets negativ. Triebkraft für den Wassereinstrom während der Quellung ist, wie erwähnt, die Differenz in der «Wasserkonzentration» bzw. im «chemischen Potential» des Wassers (μ_w) zwischen dem Quellkörper und dem Medium.

Absolutbeträge im chemischen Potential lassen sich nicht angeben. Man bezieht daher das chemische Potential des Wassers in einem bestimmten Zustand (μ_w), in unserem Falle im Quellkörper, auf reines Wasser bei 25 °C unter Atmosphärendruck, dessen Potential (μ_{ow}) konventionell gleich 0 gesetzt wird. Die Differenz dieser beiden Potentiale teilt man durch das partielle Molvolumen des Wassers $\overline{V}_w$ (Dimension $m^3 \cdot mol^{-1}$) und erhält damit das Wasserpotential mit der Dimension $\frac{J \cdot mol^{-1}}{m^3 \cdot mol^{-1}} = J \cdot m^{-3}$

(Energie pro Volumen), das man dimensionsgleich als Druck angeben kann: $J \cdot m^{-3} = N \cdot m^{-2}$. N (Nernst) $\cdot m^{-2}$ ($= Pa$) ist die Dimension eines Druckes (1 Pa = 10^{-5} bar). Das Wasserpotential ist wie folgt definiert:

$$\psi = \frac{\mu_w - \mu_{ow}}{\overline{V}_w}.$$

ψ bezeichnet man als das (Gesamt-)Wasserpotential und drückt es in MPa ($= 10^6$ bar) oder in bar aus. Dieses Maß für die freie Enthalpie, die chemische Aktivität des Wassers, benutzt man generell zur Charakterisierung des Wasserzustandes in biologischen Systemen und z.B. auch im Boden. Da μ_w im allgemeinen kleiner ist als μ_{ow}, sind die Werte von ψ meist negativ ($\mu_w \geqq \mu_{ow}$; Ausnahme z.B. bei Erhöhung des hydrostatischen Druckes in einem System über den Atmosphärendruck hinaus). Wassertransport durch Diffusion erfolgt immer nur entlang von Gradienten des Wasserpotentials, und zwar von Orten mit höherem («weniger negativem»), zu Orten mit niedrigerem («mehr negativem») Potential.

Das Gesamtwasserpotential in einem komplexen System kann durch eine Reihe von Teilkomponenten bestimmt werden, nämlich durch Quellungs- und Capillarkräfte (Matrixpotential ψ_τ), durch den hydrostatischen Druck (Druckpotential ψ_p) und durch gelöste, osmotisch aktive Stoffe (osmotisches Potential ψ_π).

Der potentielle Quellungsdruck τ^* kann als Saugkraft dem Medium gegenüber voll für die Wasseraufnahme zur Geltung kommen, wenn die mit der Quellung verbundene Volumenzunahme ungehindert vor sich gehen kann. In der von einer Zellwand umschlossenen Pflanzenzelle, deren Protoplasma wir annähernd als Quellkörper ansehen können, wirkt der Druck der elastisch gespannten Zellwand einem weiteren Wassereinstrom bei der Quellung entgegen, so daß nur die Differenz zwischen dem potentiellen Quellungsdruck und dem Wanddruck (P) das jeweilige Gesamtwasserpotential der Zelle bestimmt, das als Saugkraft dem Medium gegenüber wirksam ist. Ist der Zellinhalt so stark gequollen, daß der Gegendruck der Zellwand dem potentiellen Quellungsdruck entspricht, kann kein Wasser mehr aufgenommen werden:

$(-) \psi_w = (+) P + (-) \tau^*.$

(Die Zeichen (+) und (−) bedeuten, daß die betreffenden Größen positiv oder negativ sind.)

Ersetzt man auch τ^* und P durch Potentiale, nämlich durch das (in erster Näherung dem Quellungspotential gleichzusetzende) Matrixpotential ψ_τ (negatives Vorzeichen) und das Druckpotential ψ_p (meist positiv), so erhält man:

$(-) \psi_w = \quad (-) \psi_\tau + \quad (+) \psi_p$
Wasser-   Matrix-   Wanddruck-
potential   potential   potential

In manchen Pflanzenteilen erfolgt die Wasseraufnahme ganz oder doch weit überwiegend durch Quellung (oedotisch), z.B. in Flechten, in Samen und bei verschiedenen Vorrichtungen (z.B. der Epiphyten) zur Aufnahme von Wasser oder Wasserdampf (vgl. S. 218 ff).

Osmose. Der zweite und in der ausgewachsenen, vacuolisierten Pflanzenzelle dominierende Mechanismus der Wasseraufnahme ist die Osmose. Man versteht darunter eine Diffusion durch eine semipermeable (oder eine selektiv permeable) Membran, d.h. eine Membran, die für das Lösungsmittel (Wasser) gut, für die gelösten Substanzen aber nicht (oder zumindest schwerer) durchlässig ist.

Die osmotische Zelle. Als Modell für die Pflanzenzelle dient die Pffefersche Zelle (Abb. 2.1.88). Bei ihr wird in der porösen Wandung einer Tonzelle eine Niederschlagsmembran aus Kupferhexacyanoferrat (II) ($Cu_2[Fe(CN)_6]$) erzeugt. Diese ist für Wasser leicht passierbar, während z.B. Rohrzuckermoleküle nicht durch sie hindurchtreten können. Füllt man die Zelle mit Rohrzuckerlösung und bringt sie in Wasser, so dringt Wasser aufgrund seiner «höheren Konzentration» im Außenmedium entlang dem Gefälle seines chemischen Potentials ein, sofern sich das Volumen der Zuckerlösung im Zellinnern ausdehnen kann (in unserem Beispiel durch ein Steigrohr). Der Wassereinstrom geht so lange weiter, bis der hydrostatische Gegendruck der Wassersäule die Wasserpotentialdifferenz zwischen Außen- und Innenraum der Zelle kompensiert.

In der Pflanzenzelle haben wir im Plasmalemma und im Tonoplasten zwar keine semipermeablen, aber doch selektiv permeable Membranen vor uns: Sie lassen sehr viel leichter das Wasser hindurchtreten als die meisten

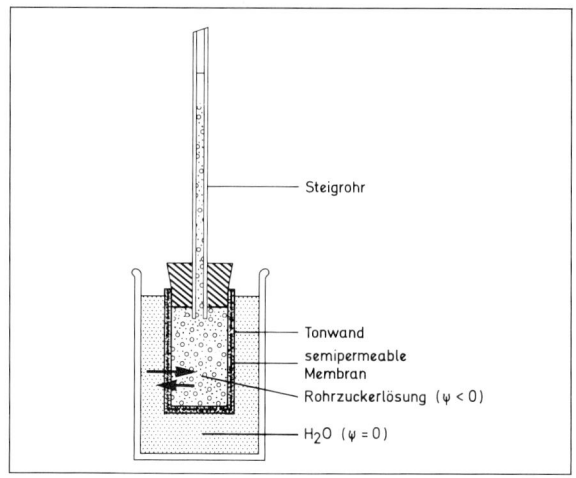

Abb. 2.1.88: Schema eines Osmometers (Pfeffersche Zelle).

der in ihm gelösten Substanzen und begünstigen deshalb ebenfalls den Konzentrationsausgleich durch Wasserverschiebung stark gegenüber dem gleichzeitig ablaufenden Konzentrationsausgleich durch Diffusion der im Wasser gelösten Teilchen. Die osmotisch wirksame Lösung wird in der Pflanzenzelle durch den Zellsaft in der Vacuole repräsentiert, der Salze, organische Säuren, Zucker u.ä. enthält (Gesamtkonzentration meist 0,2–0,8 M).

Das osmotische Potential. Der Druck, mit dem reines Wasser in einer osmotischen Zelle in eine Lösung einströmt, hängt vom osmotischen Potential der Lösung (ψ_π) ab. Ist die Außenlösung einer osmotischen Zelle nicht reines Wasser ($\psi_\pi = 0$), so entspricht dieser Druck $\Delta\psi_\pi = (\psi_\pi)$ innen $-(\psi_\pi)$ außen. ψ_π ist stets negativ, während die früher häufig verwendeten Begriffe π (osmotischer Druck) und π^* (potentieller osmotischer Druck) zwar numerisch gleich, aber nicht mit negativem Vorzeichen versehen sind.

Das osmotische Potential nimmt mit der Konzentration (c) der gelösten Teilchen zu. Für nicht-dissoziierende Stoffe in stark verdünnter Lösung gilt:

$\psi_\pi = - c \cdot R \cdot T$,

wobei ψ_π in bar, c Konzentration in mol/l, T absolute Temperatur, R Gaskonstante bedeutet. Eine 1 M Lösung hat bei 0 °C ein osmotisches Potential von −22,7 bar. Äquimolare (ideale) Lösungen verschiedener, nicht-dissoziierender Substanzen haben demnach gleiche ψ_π-Werte: sie sind isosmotisch oder isotonisch.

Bei dissoziierenden Verbindungen ist in Lösung die Zahl der Teilchen (c) und damit ψ_π erhöht. Bei nicht-idealen, d.h. höher konzentrierten (bei Nicht-Elektrolyten in der Praxis > 0,2 M) und Elektrolyt-Lösungen treten Wechselwirkungen zwischen den Molekülen bzw. zwischen den Ionen auf, die durch einen osmotischen Koeffizienten (g) berücksichtigt werden:

$\psi_\pi = - g \cdot c \cdot R \cdot T$.

Für eine 0,1 M Lösung von KCl, das theoretisch vollständig in K$^+$ und Cl$^-$ dissoziiert, ist g (bei 25 °C) = 0,927; ψ_π beträgt demnach: $-0,927 \cdot 0,1 \cdot 2 \cdot RT$ (=

−4,6 bar bei 25 °C). Das Produkt g · c gibt die Osmolarität an. Sie ist bei 0,1 M KCl demnach 0,97 · 0,1 · 2 = 0,1854; d.h., eine 0,1 M KCl-Lösung ist 0,1854 osmolar.

Das osmotische Potential des Zellsaftes läßt sich entweder durch Konzentrationsbestimmungen in Preßsäften (meist durch Ermittlung der Gefrierpunkterniedrigung, «kryoskopisch») oder plasmolytisch (S. 325) erhalten. Im ersten Fall kann in der Regel nur ein Durchschnittswert für größere Zellverbände, im zweiten auch der Wert einer einzelnen Zelle bestimmt werden.

ψ_π kann nicht nur zwischen den einzelnen Pflanzen (Abb. 2.1.89), sondern auch innerhalb einer Pflanze in den verschiedenen Organen und Geweben sehr verschieden sein. Innerhalb derselben Zelle kann er sich ebenfalls ändern, wobei Regulationen für eine Anpassung an die wechselnden Bedürfnisse sorgen (vgl. z.B. S. 338). In den Parenchymzellen der Wurzelrinde liegen die Werte für das osmotische Potential meist zwischen etwa −5 und −15 bar (vgl. S. 327), in den Sprossen werden sie in der Regel mit der Entfernung von der Wurzel negativer und erreichen in den Zellen des Blattgewebes Werte von −30 bis −40 bar.

In Buchenblättern fand man in den Zellen der unteren Epidermis einen ψ_π-Wert von −13,9 bar, im Schwammparenchym −21,4 und im Palisadenparenchym −38,1 bar. Pflanzen, die auf sehr trockenen Standorten, z.B. in der Wüste, oder auf sehr salzhaltigen Böden, z.B. an der Meeresküste oder in Salz-

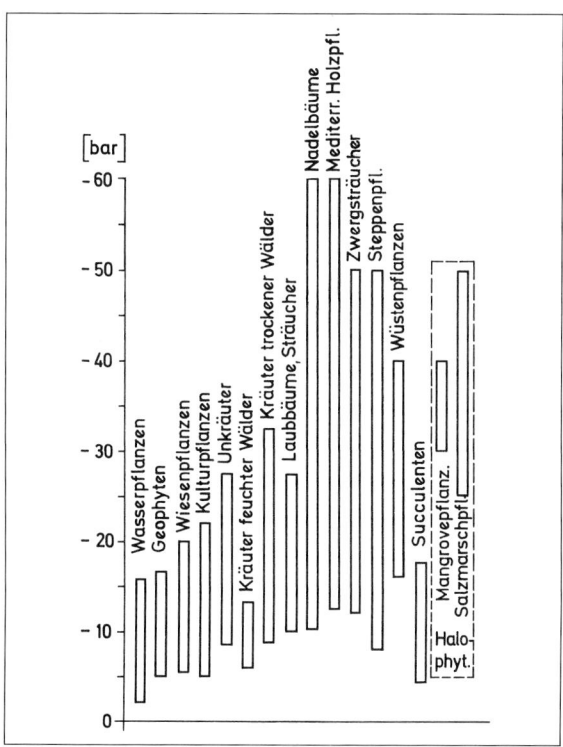

Abb. 2.1.89: Schwankungsbreite des osmotischen Potentials von Blattpreßsäften ökologisch verschiedener Pflanzentypen («Osmotisches Spektrum»). Die angegebene Amplitude ergibt sich aus der Schwankungsbreite zwischen dem niedrigsten und dem höchsten Wert, der bei Arten gefunden wurde, die zu der jeweiligen ökologischen Gruppe gehören. (Nach Walter)

wüsten, wachsen, können sehr negative osmotische Potentiale in ihren Zellsäften erreichen. Man hat hier unter (negativer als) −100 bar gemessen (*Limonium* auf Salzboden < −160 bar, *Atriplex* < −200 bar). Gewisse Schimmelpilze (Aspergillaceen, Mucoraceen) können selbst noch auf hochkonzentrierten Zuckerlösungen (z.B. Fruchtgelee) wachsen und sich steigenden Konzentrationen (konzentrierte Rohrzuckerlösung ψ_π = −220 bar) anpassen.

Pflanzen, die große Schwankungen des osmotischen Potentials ohne Schaden vertragen, werden als **euryhydrisch** bezeichnet; ihnen stehen die **stenohydrischen** Arten gegenüber, die nur eine geringe osmotische Amplitude tolerieren (Abb. 2.1.89).

Wasserpotentialgleichung, Osmotische Zustandsgleichung. In der lebenden, vacuolisierten Pflanzenzelle ist die Wand nicht starr, sondern (begrenzt) dehnbar. Der durch den Wasserpotentialgradienten ausgelöste osmotische Wassereinstrom in die Vacuole erzeugt dort einen hydrostatischen Druck (**Turgordruck** P, auch **Druckpotential** ψ_p genannt), der das Plasmalemma gegen die Zellwand preßt und diese (falls sie bereits im Sekundärzustand ist, vgl. S. 94f.) elastisch dehnt, bis der Gegendruck der gedehnten Zellwand (**Wanddruck** W) den Turgordruck voll kompensiert; dann gilt also ψ_p = P = W (Abb. 2.1.91).

Der Turgordruck, auch Turgor oder Turgescenz genannt, ist für die Festigkeit der Pflanze von großer Bedeutung. Das **Welken** saftiger, unverholzter Pflanzenteile bei starkem Wasserverlust kommt durch Abnahme des Turgors und die dadurch bewirkte Erschlaffung der Zellen zustande. Solange die Zellen noch leben, die selektiv permeablen Plasmamembranen also noch erhalten sind, ist durch erneute Wasserzufuhr die Turgescenz durch osmotische Wasseraufnahme wiederherzustellen, können also welke Pflanzenteile wieder straff (turgescent) werden.

Der Turgordruck (bzw. der numerisch gleiche Wanddruck) wirkt einem weiteren osmotischen Wassereinstrom in die Vacuole ebenso entgegen wie der hydrostatische Druck der Wassersäule in der Pfefferschen Zelle. Nur jener Teil des osmotischen Potentials, der nicht durch den Turgordruck kompensiert ist, steht also als aktueller Triebdruck für den osmotischen Wassereinstrom zur Verfügung.

Der Zusammenhang zwischen Wasserpotential ψ, osmotischem Potential ψ_π und Druckpotential ψ_p (= Turgordruck P) wird durch die Wasserpotentialgleichung wiedergegeben:

$$\psi = \psi_\pi + \psi_p$$
Wasser-   osmotisches   Druckpotential   Potential   potential

Das Wasserpotential ψ ist der Druck, mit dem die Vacuole Wasser an reines Wasser (ψ = 0) abgibt. Da sie unter diesen Bedingungen Wasser aufnimmt, ist ψ negativ. ψ_π ist, wie erwähnt, ebenfalls negativ, ψ_p in der Regel positiv.

Eine ältere Bezeichnung für ψ ist die Saugspannung S, d.h. der Druck, mit dem die Vacuole Wasser aus reinem Wasser aufnimmt. S = −ψ.

Befindet sich eine Zelle nicht isoliert, sondern im Gewebsver-

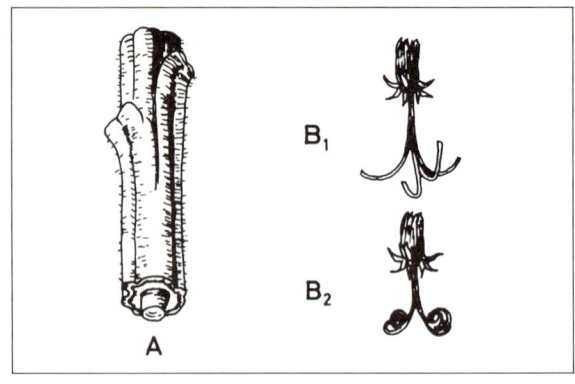

Abb. 2.1.90: Gewebespannung. **A** Sproßstück von *Helianthus annuus*, Mark mit dem Korkbohrer von der Peripherie getrennt und sich in Wasser verlängernd. **B** Blütenstand von *Taraxacum*. Schaft der Länge nach kreuzweise gespalten. B_1 sofort nach der Spaltung, B_2 nach Einlegen in Wasser. (Nach Jost)

band, so wirkt der Dehnung der Einzelzelle auch noch der Druck der gespannten Gewebe (Außendruck A) entgegen, wodurch das Druckpotential weiter erhöht wird:

$$\psi_p = W + A.$$

Daß die einzelnen Zellen in einem Gewebe bzw. die einzelnen Gewebe in einem turgescenten Organ sich häufig in einer durch die Nachbarschaft aufgezwungenen Zwangslage befinden («Gewebespannung»), zeigt sich z.B. darin, daß einzelne Zellen oder Gewebe bei Loslösung von ihrer Umgebung sich stark dehnen können (Abb. 2.1.90); hier hat sich durch Wegfall von A das Druckpotential ψ_p erniedrigt, der Wassereinstrom verstärkt und dadurch die Zellen gedehnt.

Bei voller Turgescenz einer Zelle ist ψ_p = −ψ_π und damit ψ = 0. In diesem Zustand kann die Zelle von außen osmotisch kein Wasser mehr aufnehmen. Umgekehrt steht bei völliger Erschlaffung (ψ_p = 0) der gesamte Betrag von ψ_π für ψ zur Verfügung: ψ = ψ_π. ψ_π wird mit steigender Wasseraufnahme (zunehmender Verdünnung des Zellsaftes) weniger negativ (Abb. 2.1.91), falls das osmotische Potential nicht durch Osmoregulation, z.B. Ab- und Aufbau von Polysacchariden, konstant gehalten wird.

Bei der Bestimmung des Wasserpotentials ψ geht man davon aus, daß eine Zelle (bzw. ein Gewebe) dann gerade kein Wasser aus der Umgebung aufnehmen oder an sie abgeben wird, wenn ψ_π der umgebenden Lösung (z.B. Saccharoselösung) gleich dem ψ der Zelle (bzw. dem mittleren Wert von ψ des Gewebes) ist (Abb. 2.1.91). Ist das osmotische Potential ψ_π der eine Zelle umgebenden, nicht unter Druck stehenden Lösung weniger negativ als das Wasserpotential ψ der Zelle (hypotonische Lösung), so wird die Zelle Wasser aufnehmen; ist dagegen ψ_π der umgebenden Lösung negativer als ψ der Zelle (hypertonische Lösung), so wird die Zelle Wasser an die Umgebung verlieren. Das osmotische Potential ψ_π derjenigen Lösung, in der sich das Volumen einer Zelle (bzw. eines Gewebes) nicht ändert, ist gleich dem Wasserpotential ψ der Zelle (bzw. dem mittleren Wasserpotential des Gewebes), das sich auf diese Weise ermitteln läßt. Das Druckpotential ψ_p wird als Differenz ψ−ψ_π errechnet. Häufig wird die «Dampfdruckgleichgewichtsmethode» benutzt, bei der man ein Gewebe sich in das Gleichgewicht mit der Umgebungsluft (in einem sehr kleinen Luftraum) setzen läßt und dann in diesem Luftraum psychrometrisch oder durch Bestimmung des Taupunktes (thermoelektrisch) den Wasserdampfpartialdruck bestimmt (vgl. auch Druckkammermethode, S. 334).

Nicht nur die Gesamtzelle ist ein osmotisches System, sondern auch membranumschlossene Zellorganellen wie Chloroplasten und Mitochondrien nehmen aus hypotonischen Lösungen osmotisch Wasser auf. Da ihre Dehnung im Gegensatz zur Zelle nicht durch eine feste Wand (Saccoderm, S. 94 ff.) aufgefangen wird, platzen sie in reinem Wasser. Dies macht man sich z. B. zunutze, um die Organellen schonend aufzubrechen («osmotischer Schock») und ihre löslichen Inhaltsstoffe zu gewinnen. Auch nicht-vacuolisierte Pflanzenzellen (z. B. Meristemzellen) nehmen infolge der Wasserpotentialerniedrigung durch im Cytoplasma gelöste Teilchen begrenzt osmotisch Wasser durch das Plasmalemma auf. Allerdings überwiegt bei ihnen die Wasseraufnahme durch Quellung.

Will man osmotische und Quellungsphänomene gemeinsam betrachten, benützt man analog zu den Verhältnissen bei der Quellung (S. 322) statt der osmotischen Zustandsgleichung die Wasserpotentialgleichung, die für ein osmotisches System so aussieht:

$(-)\psi_w = (-)\psi_\pi + (+)\psi_p$.
Wasserpotential- osmotisches Druckpotential
differenz Potential

Für ein System, das Wasser sowohl auf osmotischem als auch auf oedotischem (Quellungs-)Wege aufnimmt (z. B. das Protoplasma), werden osmotisches und Matrixpotential berücksichtigt:

$(-)\psi_w = (-)\psi_\pi + (-)\psi_\tau + (+)\psi_p$.

Wasserpotentialdifferenzen bestimmen letztlich auch die Richtung des Wasserflusses in Geweben, sei es im Apoplasten oder im Symplasten oder auch zwischen Apoplast und Symplast. Der Anteil des osmotischen und des Matrix-Potentials ist dabei sehr verschieden: In der Zellwand z. B. ist nur mit Matrixpotential zu rechnen.

Plasmolyse und Deplasmolyse. Wird einer von einer Zellwand umgebenen Zelle durch ein hypertonisches Außenmedium [$(\psi_\pi)_\text{Lösung}$ negativer als $(\psi_\pi)_\text{Vacuole}$] auch nach völliger Erschlaffung ($\psi_p = 0$) noch weiter Wasser entzogen, dann löst sich der schrumpfende Protoplast von der Zellwand, wobei die hypertonische Lösung zwischen Protoplast und Zellwand eindringt: Plasmolyse (Abb. 2.1.92). Die Plasmolyse schreitet fort, bis ψ_π des Zellsaftes durch den Wasserentzug ψ_π der Außenlösung gleich geworden ist. Wird das hypertonische Außenmedium durch ein hypotonisches ersetzt [$(\psi_\pi)_\text{Lösung}$ weniger negativ als $(\psi_\pi)_\text{Vacuole}$], so nimmt der Protoplast wieder osmotisch Wasser auf, und die Plasmolyse wird rückgängig gemacht (Deplasmolyse). Diese Vorgänge können wiederholt ablaufen. Plasmolysierbar sind nur lebende Zellen, da nur sie semipermeable (bzw. selektiv permeable, s. u.) Membranen besitzen; die Plasmolysierbarkeit ist deshalb ein Test für die Lebensfähigkeit einer Zelle.

Mittels der Plasmolyse kann das osmotische Potential ψ_π des Zellsaftes bestimmt werden, indem die Konzentration der Außenlösung ermittelt wird, die gerade noch (im Gewebe bei 50 % der Zellen) Plasmolyse herbeiführt (Grenzplasmolyse).

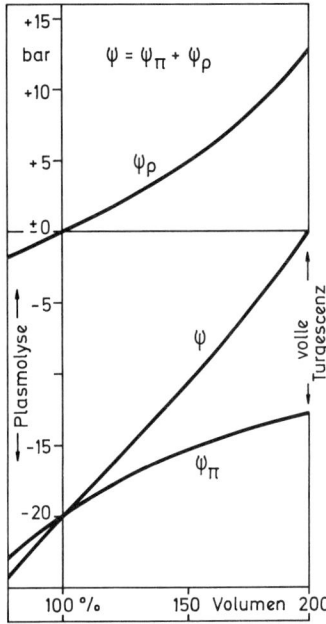

Abb. 2.1.91: Änderung der osmotischen Zustandsgrößen bei der osmotischen Wasseraufnahme und -abgabe. (Nach Libbert)

Befindet sich eine plasmolysierte Zelle länger im Plasmolytikum, so kann gleichfalls Deplasmolyse eintreten. Sie beruht in diesem Falle auf dem Eintritt osmotisch wirksamer Teilchen aus der Außenlösung in den Protoplasten; je schneller diese spontane Deplasmolyse erfolgt, desto durchlässiger sind demnach die Plasmagrenzschichten für die osmotisch wirksame Substanz, desto höher ist also deren Permeabilität für diesen Stoff. Man kann daher mit der Deplasmolyse-Geschwindigkeit Permeabilitätskoeffizienten bestimmen.

Die Erscheinung der spontanen Deplasmolyse läßt erkennen, daß die Plasmagrenzschichten (z. B. Plasmalemma oder Tonoplast, S. 92 f.) nicht semipermeabel, sondern, wie schon erwähnt, selektiv permeabel sind: Sie lassen auch gelöste Verbindungen durchtreten (die einzelnen mit verschiedener Geschwindigkeit), wenn auch viel weniger leicht als das Lösungsmittel Wasser. Eine ideal semipermeable Zelle wäre ja auch gar nicht lebensfähig, weil sie von der Umgebung keine Verbindungen außer Wasser aufnehmen könnte.

Die Aufnahme des Wassers in Pflanzenorgane

Thallophyten, die noch keinen Transpirationsschutz entwickelt haben, können Wasser aus feuchten Unterlagen oder nach Benetzung mit Regen und Tau – wie gesagt – durch Quellung unmittelbar aufnehmen. Manche dieser Formen, z. B. manche Algen, Flechten (und zwar solche mit Grünalgen als Symbionten, vgl. S. 375) und sogar noch einige Moose, können auch Wasserdampf aus feuchter Luft in solchem Umfang absorbieren und zur Steigerung des Quellungsgrades verwenden, daß sie ohne Zufuhr flüssigen Wassers zu einer Nettophotosynthese kommen können.

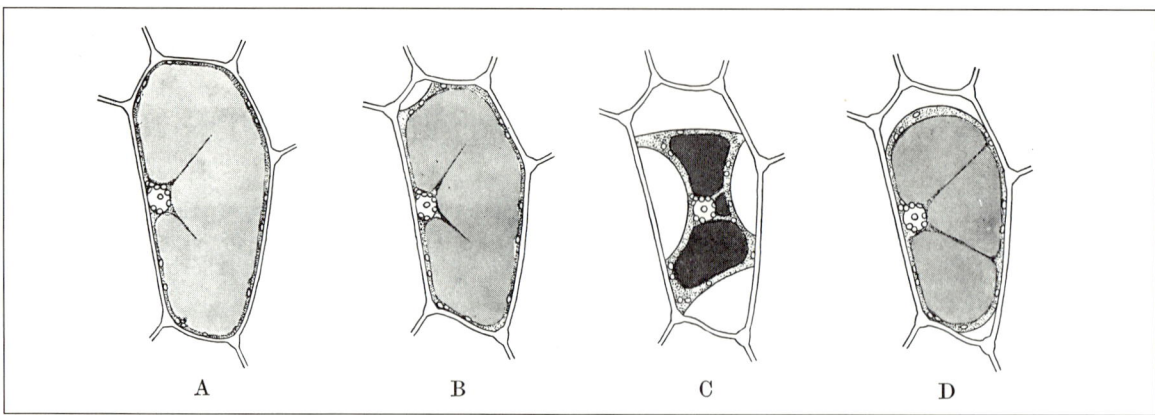

Abb. 2.1.92: Zellen aus der unteren Epidermis eines Blattes von *Rhoeo discolor*. **A** in Wasser. **B** in 0,5 M KNO₃, Volumenabnahme unter Kontraktion der Zellwand, oben links beginnende Plasmolyse. **C** nach längerer Einwirkung von 0,5 M KNO₃ vollendete Plasmolyse. Zellsaft stark konzentriert. **D** nach Übertragung in Wasser weit fortgeschrittene Deplasmolyse. Schematisch. (Nach Schumacher)

Die höheren Pflanzen (Farne und Spermatophyten) sind meist besser an das Landleben angepaßt und haben dementsprechend an ihren in den Luftraum reichenden Oberflächen starke Transpirationswiderstände (Cuticula, Korkgewebe) entwickelt (S. 330). Dies hat zur Folge, daß die Aufnahme von Wasser durch die oberirdischen Teile, auch nach Benetzung durch Regen oder Tau, in der Regel kaum eine Rolle spielt. Dies ist auch darauf zurückzuführen, daß die Stomata, selbst in geöffnetem Zustand, infolge ihres spezifischen Baues das Eindringen von Wasser nicht erlauben; ähnliches gilt vermutlich für die Lenticellen.

Eine Ausnahme bilden z.B. submerse Wasserpflanzen, die keine oder eine stark durchlässige Cuticula besitzen (S. 340) und infolgedessen Wasser mit ihrer ganzen Oberfläche aufnehmen können. Bei manchen Landpflanzen sind an den oberirdischen Teilen bestimmte Durchtrittsstellen für Wasser ausgebildet, z.B. die Ansatzstellen benetzbarer Haare, die Basis der Innenseite von Nadelpaaren (z.B. bei der Kiefer) oder auch spezielle quellbare «Saugschuppen» (bei epiphytischen Bromeliaceen, Abb. 1.3.88, S. 219 und S. 218). Diese Durchtrittsstellen sind nicht oder nur schwach cutinisiert und werden meist bei Trockenheit durch entsprechende Lageveränderungen vor zu starkem Wasserverlust bewahrt.

Die typische höhere Landpflanze hat aber für die Wasser-(und Salz-)aufnahme mit den Wurzeln eigene, Cuticula-freie Organe entwickelt, die das Wasser aus dem Boden aufnehmen (vgl. u.).

Das durch die Niederschläge in den Boden gelangende Wasser wird z.T. in den oberen Bodenschichten adsorptiv oder capillar festgehalten («Haftwasser»), z.T. sinkt es als «Senkwasser» bis zum Grundwasserspiegel ab. Im allgemeinen steht den Rhizophyten nur ein mehr oder weniger großer Teil des Haftwassers zur Verfügung. Das Fassungsvermögen eines Bodens für Haftwasser (g H₂O pro 100 ml Bodenvolumen) wird als seine **Wasserkapazität** bezeichnet. Sie steigt mit zunehmendem Gehalt des Bodens an feindispersem und organischem Material und nimmt daher vom Sand über Lehm, Ton zum Moorboden zu.

Eine Wasseraufnahme durch die Wurzel aus dem Boden ist nur möglich, wenn ein entsprechendes Wasserpotentialgefälle ($\Delta\psi$) besteht. Das Wasserpotential im Boden (oft auch als Bodensaugspannung ausgedrückt) wird bestimmt durch den potentiellen Quellungsdruck (hervorgerufen durch Hydratations- und Capillarkräfte), auch matrikales Wasserpotential (ψ_τ) genannt (S. 322), und durch das osmotische Potential ψ_π des Bodenwassers: $\psi = \psi_\tau + \psi_\pi$. Mit zunehmender Bodentrockenheit nimmt der potentielle Quellungsdruck zu (da dann nur noch die engen Capillaren Wasser enthalten). Das gleiche gilt für das osmotische Potential. Das Wasserpotential im Boden nimmt daher beim Austrocknen ab (wird stärker negativ).

Die lipophile Zellwandsperre des Casparyschen Streifens dürfte die unmittelbare Fortsetzung des Soges in den Zellwandcapillaren unterbrechen (Abb. 2.1.113; S. 345). Man hat daran gedacht, daß in der Wurzelrinde das Wasser überwiegend osmotisch im Symplasten bewegt würde, zumal hier von der Epidermis zur innersten Rindenschicht ansteigende, in der Endodermis aber stark abfallende osmotische Potentiale plasmolytisch gemessen wurden («Endodermissprung»). Da aber die osmotischen Potentiale in den Zellen und das Matrixpotential der Zellwand miteinander im Gleichgewicht stehen (oder zumindest diesem zustreben), wird sich eine Verringerung des Wasserpotentials im Apoplasten der Wurzelzentralzylinders auch über die Erhöhung des osmotischen Potentials in der Endodermis wieder auf das Wasserpotential in den Zellwänden der Wurzelrinde auswirken. (Über die Bedeutung des Casparyschen Streifens für den Mineralstofftransport vgl. S. 345.)

Das osmotische Potential der meisten Böden liegt über (weniger negativ als) -5 bar. In der ungarischen Alkalisteppe hat man aber < -30 bar, in der algerischen Wüste < -1000 bar gemessen.

Die Wasseraufnahme durch die Wurzel läßt sich durch folgende Formel charakterisieren:

$$W_a = A \cdot \frac{\psi_{\text{Wurzel}} - \psi_{\text{Boden}}}{\Sigma r}$$

Danach ist die vom Wurzelsystem pro Zeiteinheit absorbierte Wassermenge W_a proportional der zur Wasseraufnahme befähigten Wurzeloberfläche A (im wesentlichen die Oberfläche der Wurzelhaare bzw. bei Mykorrhizen, S. 378, der Hyphen der Mykorrhizapilze) pro Volumeneinheit des durchwurzelten Bodens und der Wasserpotentialdifferenz zwischen Wurzel und Boden, umgekehrt proportional der Summe der

Transportwiderstände (Σr) für das Wasser im Boden und beim Übergang vom Boden in die Pflanze.
Die für die Wasseraufnahme geeignete Oberfläche der Wurzelhaare ist oft sehr groß (Abb. 2.1.93; ferner S. 221, Abb. 1.3.91). So wurden bei einer einzigen Roggenpflanze ca. $1,43 \cdot 10^{10}$ lebende Wurzelhaare ermittelt, mit einer Gesamtoberfläche von ca. 400 m², die sich an einem Wurzelsystem in nur 56 dm³ Boden befanden. Diese Wurzelhaaroberfläche übertrifft die gesamte äußere Oberfläche der oberirdischen Teile der Roggenpflanze um mehr als 80fache. Selbst, wenn man zu dieser an Luft grenzenden Oberfläche noch die Oberfläche der an die Interzellularen grenzenden Blattmesophyllzellen hinzuzählt, ist die Wurzelhaaroberfläche immer noch ca. 14mal größer.

Das Wasserpotential in den Wurzelhaarzellen wird in der Zellwand, die unmittelbar mit dem Boden Kontakt hat (Abb. 2.1.93), wieder durch das Matrixpotential (ψ_τ), im Zellinnern vorwiegend durch das osmotische Potential (ψ_π) bestimmt. Zwischen den Wasserpotentialen in der Zellwand (Zw), im Protoplasma (Pr) und in der Vacuole (V) stellt sich – wie bei allen lebenden Zellen – nach jeder Wassergehaltsänderung in einer der Phasen wieder ein Gleichgewicht ein:

$(\psi_w)_{Zw} = (\psi_w)_{Pr} = (\psi_w)_V$.

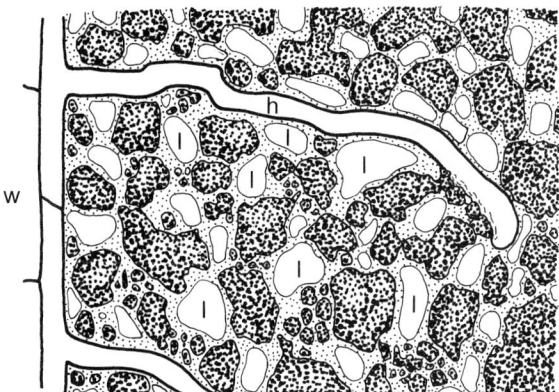

Abb. 2.1.93: Wurzelhaare (h) im Boden, w Wurzelkörper, l lufterfüllte Hohlräume von Wasser umgeben.

Eine Wasseraufnahme durch die Wurzelhaar-Zellwand (die durch Quellungskräfte erfolgt) führt daher sofort auch zu einer Änderung der Plasmaquellung und der Zellsaftkonzentration (osmotischer Wassereinstrom in das Zellinnere). Umgekehrt bedingt eine Erhöhung der Zellsaftkonzentration (= Wasserpotentialerniedrigung) auch eine Erniedrigung des Wasserpotentials in der Zellwand und damit eine Erhöhung der Wasserpotentialdifferenz zum Bodenwasser. Die Wurzel kann demnach die Wasserpotentialdifferenz $\psi_{Wurzel} - \psi_{Boden}$ dadurch erhöhen, daß sie das osmotische Potential erhöht; dies geschieht in der Regel durch Erhöhung der Salzkonzentration in der Vacuole. Zum andern kann der Quellungsdruck der Zellwand durch Abtransport des capillar und durch Hydratationskräfte festgehaltenen Wassers (z.B. im Transpirationsstrom, S. 332 f.) erhöht werden. Wie erwähnt, stehen diese Prozesse miteinander in engstem Zusammenhang.

Das osmotische Potential ψ_π der Wurzelzellen schwankt in Anpassung an die Saugspannung der Böden je nach Standort und Pflanzenart beträchtlich. So fand man bei *Phaseolus* ca. -2 bis $-3,5$ bar, bei *Pelargonium* ca. -5 bar, bei Halophyten (Salzpflanzen) < -20 bar und bei Wüstenpflanzen sogar < -100 bar. Meist genügen aber Saugspannungen von wenigen bar, um dem Boden den größten Teil des Haftwassers zu entnehmen.

Hat die Wurzel dem Boden lokal so viel Wasser entzogen, daß keine Wasserpotentialdifferenz zwischen Boden und Wurzel mehr vorhanden ist, so ist eine weitere Wasseraufnahme durch die Wurzel nur möglich, wenn aus anderen Bodenbezirken mit höherem Wasserpotential Wasser nachströmt. Diese Nachleitfähigkeit ist bei den einzelnen Bodenarten sehr verschieden, erfolgt aber selbst bei sehr feinporigen Böden (z.B. Ton) mit relativ guter Nachleitung nur sehr langsam und über sehr kurze Strecken (höchstens einige cm). Während der Widerstand (r) für die Wasseraufnahme in die Wurzel (speziell die Wurzelhaare) wegen des Fehlens einer Cuticula und von Suberinschichten gering ist, ist demnach der Transportwiderstand im Boden sehr hoch. Die Pflanze begegnet dieser Schwierigkeit dadurch, daß die Wurzeln dem Wasser nachwachsen. Dabei können Teile des Wurzelsystems, die keine Bodenbezirke mit ausnützbarem Wassergehalt mehr erreichen, absterben, während andere in wasserreicheren Bodenregionen lebhaft wachsen, so daß sich das gesamte Wurzelsystem stark asymmetrisch entwickeln kann.

Bei entsprechenden Wasserpotentialgradienten können Wurzeln auch Wasser an den Boden abgeben. Es kann daher über den Weg durch die Wurzeln zu einem Wassertransport von feuchteren, meist tieferen Bodenschichten zu trockeneren, meist höheren kommen («hydraulic lift»).

Die starke Erniedrigung der Wasseraufnahme bei niedrigen Temperaturen (bei vielen Pflanzen schon einige Grade über 0 °C) ist neben der Erhöhung des Transportwiderstandes im Boden und der Erniedrigung der Wasserpermeabilität des Plasmalemmas vor allem auch der Verringerung des Wurzelwachstums zuzuschreiben. Bei Temperaturen < -1 °C gefriert das Haftwasser im Boden, so daß keine Wasseraufnahme mehr möglich ist (Frosttrocknis. Die Folgen oft fälschlich als «Erfrieren» gedeutet; vgl. S. 400 f.).

Trocknet der Boden so stark aus, daß das gesamte Wurzelsystem kein oder nicht mehr ausreichend Wasser aufnehmen kann oder sogar wegen Umkehr des Wasserpotentialgefälles an den Boden Wasser verliert, so kommt es zu einem Welken der Pflanze, das von einem bestimmten Wasserpotential des Bodens an irreversibel wird («permanentes Welken»). Feuchtigkeitsangepaßte Kräuter erreichen diesen Zustand bei etwa -7 bis -8 bar Bodenwasserpotential, die meisten landwirtschaftlichen Nutzpflanzen bei -10 bis -20 bar, Pflanzen mäßig trockener Biotope und verschiedene Holzpflanzen bei etwa -20 bis -30 bar. Die landwirtschaftliche Praxis nimmt vereinbarungsgemäß einen permanenten Welkepunkt bei -15 bar Wasserpotential des Bodens an.

2. Die Wasserabgabe

Die Pflanze gibt das Wasser als Wasserdampf (Transpiration) oder in flüssiger Form (Guttation) nach außen ab. Mengen- und bedeutungsmäßig überwiegt die Transpiration bei weitem.

Die Transpiration. Die Verdunstung (d.h. der Übergang von der flüssigen in die Gas-Phase) des Wassers erfolgt an allen Grenzflächen einer Pflanze gegen nicht wasserdampfgesättigte Luft. Bei Thallophyten sind dies die Außenflächen des Thallus, bei Cormophyten einmal die äußeren Oberflächen des Sprosses, die in der Regel cutinisiert oder verkorkt sind (cuticuläre und Kork- bzw. Borkentranspiration), und zum andern die Grenzflächen der Zellen im Cormusinnern, die an die Interzellularen grenzen. Auch diese haben eine lipophile Auflage, die sie schwer benetzbar macht. Der Wasserdampf in den Interzellularen diffundiert durch die Stomata bzw. die Lenticellen aus der Pflanze heraus (stomatäre und Lenticellen-Transpiration). Von der Körperoberfläche hat der Wasserdampf zunächst die Grenzschicht (S. 286) zu passieren, bevor er in die freie Atmosphäre gelangt. Auch dies geschieht wie der Wasserdampftransport in den Interzellularen durch Diffusion entlang von Wasserpotentialgradienten, entsprechend dem Fickschen Gesetz (S. 286), das hier folgendermaßen formuliert werden kann:

$$\text{Tr} = \frac{C_i - C_a}{\Sigma r}.$$

Dabei ist die Transpiration Tr proportional dem Unterschied im Dampfdruck (g H$_2$O · m^{-3}) im Organinnern (C_i) und in der Atmosphäre (C_a) und umgekehrt proportional den Widerständen (Σr).

Die treibende Kraft der Transpiration ist demnach das niedrige Wasserpotential der nicht wasserdampfgesättigten Luft (Tab. 2.1.20, Abb. 2.1.94); sie erreicht schon bei etwa 99% relativer Luftfeuchte einen Wert, der dem Bodenwasser-Potential beim permanenten Welkepunkt der meisten landwirtschaftlichen Nutzpflanzen (s.o.) gleichkommt. Der Rhizophyt ist demnach zwischen das hohe Wasserpotential des Bodens und das niedrige der Luft «eingespannt» (Abb. 2.1.94). Die Pflanze benutzt dieses Potentialgefälle, um **ohne eigenen Energieaufwand** das Wasser vom Boden durch ihren Körper bis in die Atmosphäre zu transportieren: **Transpirationsstrom** (S. 335).

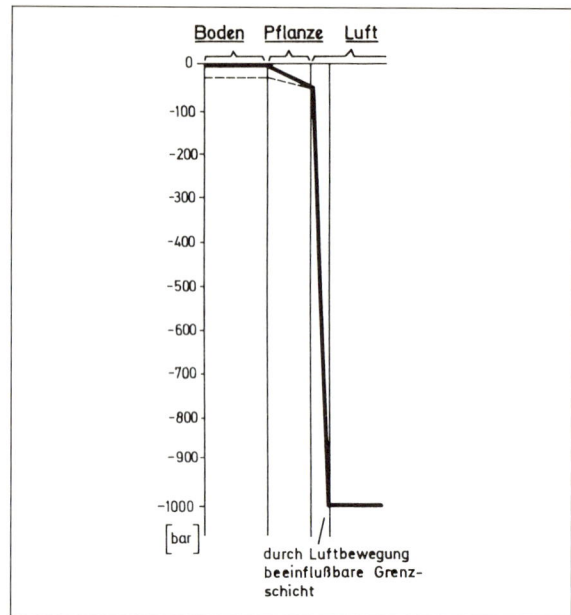

Abb. 2.1.94: Schema des Wasserpotentialgefälles zwischen Boden, Pflanze und Luft. Der größte Potentialsprung liegt nicht zwischen Boden und Pflanze, sondern zwischen Pflanze und Luft. Die gestrichelte Kurve gilt für trockenen Boden. (Nach Gradmann)

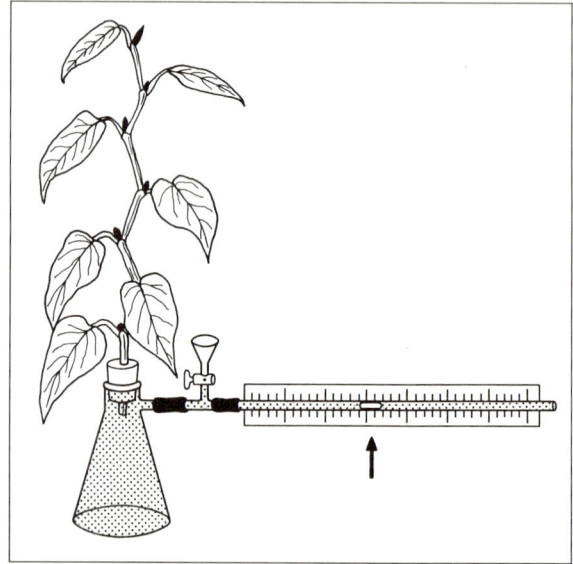

Abb. 2.1.95: Schema eines einfachen Potetometers. Pfeil deutet auf die Luftblase, deren Wanderung in der Capillare verfolgt werden kann.

Tab. 2.1.20: Relative Wasserdampfkonzentration (%rel. Feuchte) der Luft, die sich mit einer Lösung bestimmten osmotischen Potentials (ψ_π, in bar) bei 20°C im geschlossenen System im Gleichgewicht befindet. (Nach Walter)

%rel. Luftfeuchte	bar	% rel. Luftfeuchte	bar
100	0	94,0	−83,2
99,5	− 6,7	93,0	− 97,9
99,0	−13,5	92,0	−112
98,5	−20,3	91,0	−126
98,0	−27,2	90,0	−141
97,5	−34,1	80,0	−301
97,0	−41,0	70,0	−481
96,0	−55,0	60,0	−687
95,0	−69,1	50,0	−933

Eine Vergrößerung der transpirierenden Oberfläche hat ebenso eine Verstärkung der Transpiration zur Folge wie alle Faktoren, die das Wasserpotentialgefälle (Dampfdruckgefälle) zwischen Pflanze und Luft steiler machen. Temperaturerhöhung der Luft vermindert die relative Luftfeuchte und verringert damit das Wasserpotential der Luft (ψ_w der Luft wird negativer). Temperaturerhöhung der transpirierenden Organe (z.B. der Blätter) durch Strahlungsabsorption fördert den Übergang des Wassers von der flüssigen in die Gasphase.

Hoher Wassergehalt der Pflanze (ψ_w wenig negativ) erhöht ebenfalls die Potentialdifferenz. Wind verringert die Dicke der Grenzschicht mit ihrem relativ hohen Wasserdampfgehalt und macht dadurch das Potentialgefälle steiler. Der Grenzschichtwiderstand für den Wasserdampftransport liegt bei einer Windgeschwindigkeit von $0,1 \text{ m} \cdot \text{s}^{-1}$ um $1–3 \text{ s} \cdot \text{cm}^{-1}$, bei $10 \text{ m} \cdot \text{s}^{-1}$ verringert er sich auf $0,1–0,3 \text{ s} \cdot \text{cm}^{-1}$.

Die Haupttranspirationsorgane der Cormophyten sind die Blätter. Wegen der großen Oberfläche beblätterter Pflanzen sind die Wasserverluste durch die Transpiration oft sehr bedeutend.

Man hat errechnet, daß in einem Buchenwald etwa 60 % der gesamten auf ihn niedergegangenen jährlichen Niederschlagsmenge durch die Transpiration als Wasserdampf wieder an die Atmospäre zurückkehren. Eine Sonnenblume vermag an einem Sonnentag leicht 1 Liter, eine Birke mit etwa 200 000 Blättern 60–70, an besonders heißen und trockenen Tagen sogar bis zu 400 Liter Wasser zu verdunsten. In der asiatischen Wüste Kara-Kum verliert die Fabacee *Smirnovia turkestana* bereits in 1 Stunde etwa 7mal so viel Wasser, wie ihr eigener Wasservorrat beträgt. An trockenen Hängen des Kaiserstuhls transpirieren bestimmte Pflanzen pro Tag etwa das 12fache ihres Wassergehaltes.

Soll die Pflanze zur Zeit der maximalen Transpiration keinen Schaden nehmen, muß zumindest des größte Teil dieses Wasserverlustes laufend durch die Wasseraufnahme aus dem Boden ersetzt werden.

Die Transpiration einer Pflanze oder eines Pflanzenteiles kann über kürzere Zeiten einfach durch Wägung zu Beginn und am Ende der Versuchszeit ermittelt werden; die Gewichtsverluste durch Atmung oder die -gewinne durch Photosynthese spielen bei kurzen Zeiten keine wesentliche Rolle. Genauere und Langzeitmessungen, auch solche an großen Pflanzen, erfordern andere Methoden. Sofern die Wasserabgabe gerade durch die Wasseraufnahme kompensiert wird, kann die Transpiration auch mittels eines Potetometers (Abb. 2.1.95) bestimmt werden. Eine Kombination von Wägung und Potetometermessung ermöglicht eine Bestimmung sowohl der Wasseraufnahme wie der -abgabe, d.h. also eine Ermittlung der Wasserbilanz.

Daß die höhere Pflanze in ihrem Wasserpotential auch der oberirdischen Teile (Abb. 2.1.94) viel näher dem des Bodens als dem der Atmosphäre steht, hängt mit den erheblichen Diffusionswiderständen für den Wasserdampf zusammen, die sie an ihren transpirierenden

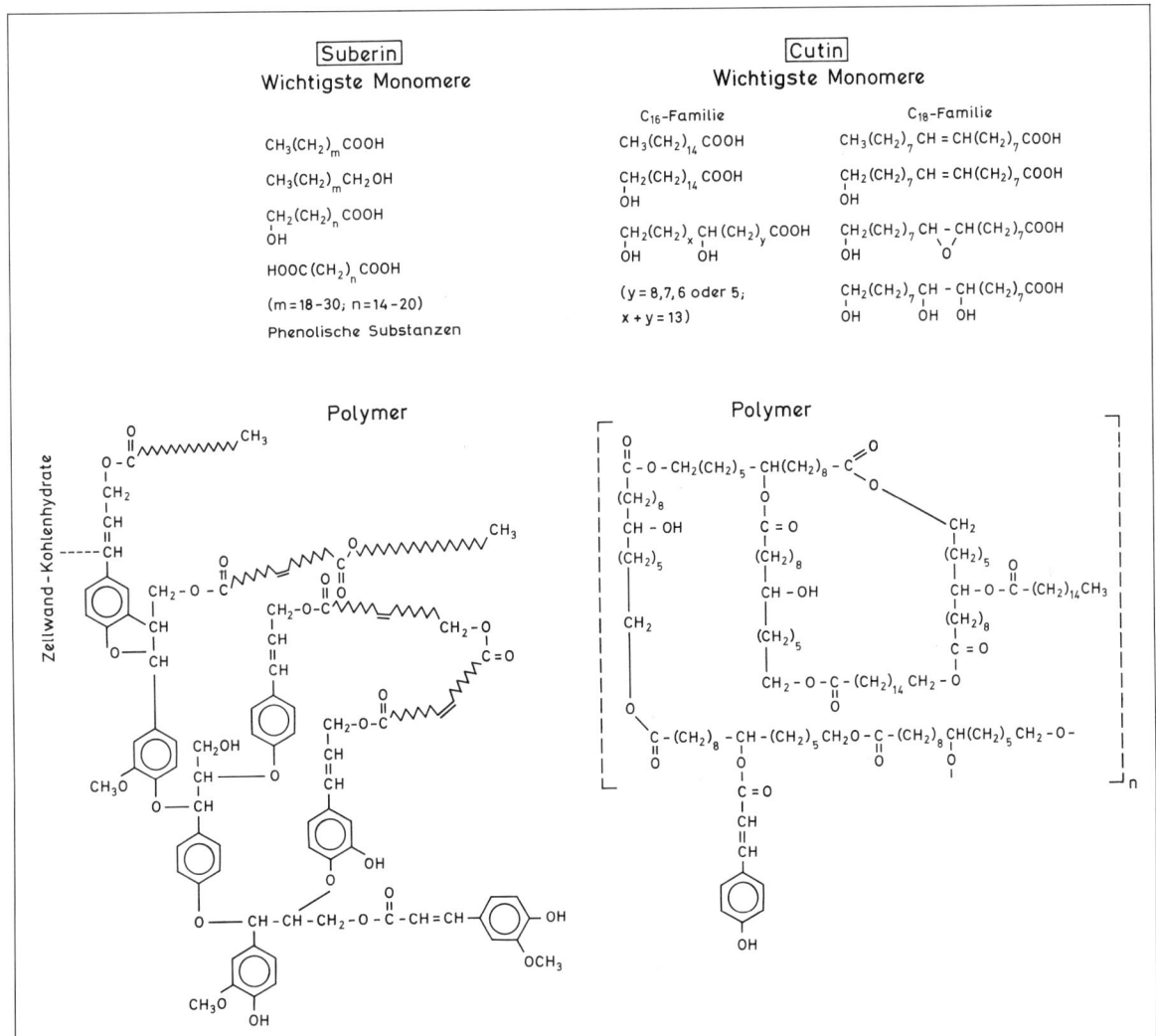

Abb. 2.1.96: Struktur der Bausteine von Cutin und Suberin und Modellvorschläge für die beiden Polymeren. (Nach Kolattukudy)

Oberflächen, vor allem den äußeren, aufgebaut hat. Dazu gehört besonders die **Cuticula**, die erstmalig bei den Moosen auftritt und – wie das Suberin und Lignin – eine unentbehrliche Voraussetzung für die Entwicklung homoiohydrer, größerer Landpflanzen ist (Abb. 2.1.96). Isolierte, lückenlose Blattcuticulae haben eine extrem geringe Durchlässigkeit für Wasser (Permeabilitäts-Koeffizient: 10^{-7} bis 10^{-8} cm · s^{-1}); dies geht hauptsächlich auf ihren Wachsgehalt zurück. Beim intakten Blatt wird diese Schwerdurchlässigkeit noch verstärkt durch Auflagerung weiterer Wachsschichten auf die Cuticula (S. 107; Abb. 1.2.12, S. 139) und durch die Cutineinlagerung in die Epidermisaußenwände. Auch der Deckmantel toter Haare, den man auf manchen Blättern findet (z.B. Edelweiß), wirkt durch die Schaffung windstiller, wasserdampfgesättigter Räume transpirationshemmend (vgl. Abb. 1.2.16, S. 142); desgleichen die Versenkung der Spaltöffnungen in windgeschützte Räume (Abb. 1.3.85 A, S. 218).

Die cuticuläre Transpiration erreicht daher auch bei den zarten Blättern feuchter Standorte weniger als 10% der Verdunstung einer freien Wasseroberfläche gleicher Fläche (der **Evaporation**, d.h. einer Verdunstung ohne Diffusionswiderstände und bei ungehinderter Wassernachfuhr). Bei Coniferennadeln und Hartlaub beträgt sie nur 0,5%, bei Kakteen, die über lange Trockenperioden das Speicherwasser vor der Verdunstung bewahren müssen, gar nur 0,05% der Evaporation.

Ähnlich wirksam wie der Abschluß durch Cutin ist der durch Suberinschichten, z.B. im Cutisgewebe, Kork und Borke (S. 106f.; Abb. 1.1.113, 1.1.114). Dies geht z.B. daraus hervor, daß in einer zugekorkten Sektflasche der Pfropfen undurchlässig ist für Wasser und Gase. Auch die Lagerfähigkeit der Kartoffelknolle ist durch ihre dünne Korkhülle bedingt; geschälte Kartoffeln trocknen daher schnell aus.

Da ein lückenloser Abschluß der Pflanzenorgane mit Cutin oder Suberin nicht nur den Wasserdampfaustritt, sondern auch die Diffusion anderer für die Pflanze lebenswichtiger Gase (vor allem von CO_2 für die Photosynthese, S. 285) behindern würde, hat die Pflanze bei ihren wichtigsten Gasaustauschorganen, den Laubblättern, aber auch an anderen grünen Teilen (primäre Sproßachse, Früchte), regulierbare Poren, die Stomata (S. 140ff.), entwickelt, während verkorkte Gewebe durch nicht regulierbare Porensysteme, die Lenticellen (S. 144), den Diffusionswiderstand lokal herabsetzen.

Die Stomata haben die Aufgabe, einerseits die Nachlieferung des bei der Photosynthese (oder bei der CO_2-Dunkelfixierung) benötigten CO_2 durch Verringerung des Diffusionswiderstandes (Stomataöffnung) zu erleichtern, andererseits bei angespanntem Wasserhaushalt oder auch bei Wegfall der Photosynthesebedingungen (im Dunkeln) durch Schluß (Erhöhung des Diffusionswiderstandes) die stomatäre Transpiration zu drosseln.

Voll geöffnete Stomata verringern den Diffusionswiderstand drastisch gegenüber den Werten der cuticulären Transpiration (Tab. 2.1.21). Die Unterschiede bei den verschiedenen Arten und Standortformen hängen dabei von der Anordnung (hypo- oder amphistomatisch), der Dichte, der Größe und auch den Baueigentümlichkeiten (der «Geometrie») der Stomata (S. 140ff.) ab.

Bei voll geöffneten Stomata kann ein Blatt durch Transpiration maximal 50–70% derjenigen Wasserdampfmenge verlieren, die durch Evaporation einer gleichen Wasserfläche abgegeben wird. Dies ist erstaunlich, weil die Stomata zwar zu mehreren Hundert

Tab. 2.1.21: Transpiration von Blättern verschiedener Pflanzen (mg H_2O pro dm^2 beiderseitige Blattoberfläche und Stunde) bei einer Evaporation (im Piche-Evaporimeter) von 3360 mg $H_2O \cdot dm^{-2} \cdot h^{-1}$. (Nach Pisek u. Mitarb., aus Larcher)

Pflanze	Gesamttranspiration bei geöffneten Spalten	Cuticuläre Transpiration nach Spaltenschluß	Cuticuläre Transpiration in % der Gesamttranspiration
Krautige Pflanzen sonniger Standorte			
Coronilla varia	2000	190	9,5
Stachys recta	1800	180	10
Oxytropis pilosa	1700	100	6
Schattenkräuter			
Pulmonaria officinalis	1000	250	25
Impatiens noli-tangere	750	240	32
Asarum europaeum	700	80	11,5
Oxalis acetosella	400	50	12,5
Bäume			
Betula pendula	780	95	12
Fagus sylvatica	420	90	21
Picea abies	480	15	3
Pinus sylvestris	540	13	2,5
Immergrüne Ericaceen			
Rhododendron ferrugineum	600	60	10
Arctostaphylos uva-ursi	580	45	8

pro Quadratmillimeter (S. 140) auftreten können, ihr gesamtes Porenareal bei maximaler Öffnung aber wegen der geringen Weite des Spaltes von wenigen μm nur selten mehr als 1–2 % der Blattoberfläche erreicht. In Modellversuchen hat man festgestellt, daß viele kleine Poren bei gleicher Gesamtfläche einen viel stärkeren Wasserdurchtritt erlauben als wenige große. Man führt dies auf den «Randeffekt» zurück, d.h. darauf, daß die am Rande austretenden Wasserdampfmoleküle auch nach der Seite freies Diffusionsfeld haben, während die aus der Mitte diffundierenden auf allen Seiten durch Nachbarn behindert werden. Damit wird verständlich, warum zu eng benachbarte Poren einander sogar stören können. Wohl aus dem gleichen Grunde erzielt die erste geringe Erweiterung eines zunächst völlig geschlossenen Stoma den stärksten Effekt auf die Transpiration.

Wegen der Bedeutung der stomatären Transpiration für die Gesamttranspiration bei allen Pflanzen mit funktionierenden Stomata spielen die Faktoren, welche die Spaltenweite regulieren, die Hauptrolle bei der physiologischen Steuerung der Transpiration. Sie werden später eingehend behandelt (S. 461 ff.).

Auch die Lenticellen sind Orte geringeren Diffusionswiderstandes für den Wasserdampf (beim Birkenperiderm ist ihr Permeabilitätskoeffizient um etwa eine Zehnerpotenz höher als der des geschlossenen Periderms), allerdings sind sie im Gegensatz zu den Stomata nicht physiologisch regulierbar.

Der **Transpirationskoeffizient** (k_T) gibt an, wieviel ml Wasser transpiriert werden, wenn 1 g Trockensubstanz synthetisiert wird, ist also ein Maß für die Wasserökonomie. Häufig wird auch die «water use efficiency» (WUE) verwendet, ein reziproker Ansatz zu k_T:

$$\text{WUE} = \frac{\text{g CO}_2 \text{ fixiert}}{\text{g H}_2\text{O transpiriert}}$$

$$\text{oder} \quad \frac{\text{mol CO}_2 \text{ fixiert}}{\text{mol H}_2\text{O transpiriert}}$$

k_T ist art- bzw. sortenspezifisch und sehr unterschiedlich bei den einzelnen Photosynthesetypen: 450–950 bei C_3-, 250–350 bei C_4-, 18–100 bei CAM-Pflanzen (CO_2-Fixierung bei Nacht) und 150–600 bei CAM-Pflanzen (CO_2-Fixierung bei Tag).

Der **Tagesgang der pflanzlichen Transpiration** zeigt bei den Cormophyten meist einen charakteristischen Verlauf: Morgens steigt mit Einsetzen der Belichtung die Transpiration infolge der photoaktiven Öffnung der Stomata (S. 462), nimmt dann bei voll geöffneten Stomata wegen der zunehmenden Erwärmung des Blattes und der Luft (Verringerung der relativen Luftfeuchte) bis zum Mittag zu, um dann wieder abzufallen, bis beim Einbruch der Dämmerung die Stomata wieder geschlossen werden. Bei starker Beanspruchung des Wasserhaushaltes kann es auch mittags vorübergehend zu Stomataschluß kommen. Wenn während des Tages die Wassernachfuhr den Wasserverlust nicht mehr voll ersetzt, so kann dieses Defizit in der kühleren und relativ feuchteren Nacht meist wieder ausgeglichen werden (S. 337).

Die Transpiration ist für die Pflanze nicht nur ein aus physikalischen Gründen nicht zu vermeidendes Übel, wenn auch der Ausgleich der entstehenden Wasserverluste häufig den wachstumsbegrenzenden Faktor darstellt. Die Transpiration hat eine Kühlwirkung, die eine gefährliche Überhitzung der Pflanze bei Sonneneinstrahlung verhindern kann. Es gibt Wüstenpflanzen (vor allem relativ großblättrige), welche den Maximaltemperaturen ihrer Standorte nur dadurch gewachsen sind, daß sie ihre oberirdischen Vegetationsorgane durch starke Transpiration um einige Grade unter diese Umgebungstemperatur kühlen; so erreichte z.B. die Blatt-Temperatur der Cucurbitacee *Citrullus colocynthis* in der Sahara maximal nur etwa 40 °C und lag bis zu 15° unter Lufttemperatur. Andere Arten, deren Wasserversorgung eine lebhafte Transpiration in Hitzeperioden nicht erlaubt, erreichen und überschreiten dann mit geschlossenen Stomata die Standorttemperatur, sind aber mit entsprechender plasmatischer Resistenz ausgestattet. Die Dattelpalme erreicht z.B. in der Sahara Blattemperaturen von maximal > 50 °C; sie liegen oft mehr als 10° C über der Lufttemperatur.

Weiterhin ist die Transpiration die Haupttriebkraft für den Wassertransport in der Pflanze (S. 335), der auch anorganische Ionen und verschiedene organische Verbindungen mit sich führt.

Die Guttation. Die Notwendigkeit, auch bei Wegfall der Transpiration einen Wasserstrom in der Pflanze aufrechtzuerhalten, liegt wohl dem Phänomen der Guttation zugrunde, d.h. der Abscheidung flüssigen Wassers in Tropfenform. Sie tritt dementsprechend vor allem zu Zeiten hoher relativer Luftfeuchtigkeit, bei uns z.B. nachts, sowie im tropischen Regenwald, auf. Die an bestimmten Stellen des Pflanzenkörpers (meist der Blätter) durch Hydathoden (S. 141) oder durch Drüsenhaare (Trichomhydathoden) austretenden Tropfen werden oft fälschlich für Tautropfen gehalten, z.B. beim Frauenmantel *(Alchemilla)*, der Fuchsie, der Kapuzinerkresse *(Tropaeolum*, Abb. 2.1.97) oder an den Blattspitzen vieler Gräser. Die Aracee *Colocasia nymphaeifolia* aus dem tropischen Regenwald kann in einer einzigen Nacht von einem der großen Blätter eine Flüssigkeitsmenge bis zu 100 ml abtropfen. Aber auch niedere Pflanzen, vor allem Pilze, zeigen Guttation, z.B. der Hausschwamm *Serpula (Merulius) lacrymans*, der daher seinen Artnamen («tränend») hat. Der «einzellige» Pilz *Pilobolus* (S. 564, Abb. 3.2.20 A) läßt durch seine Guttation erkennen, daß schon ein querwandloser Zellschlauch die Fähigkeit zur Abscheidung flüssigen Wassers besitzt (auch ohne pulsierende Vacuole als Wasserpumpe).

Die Triebkraft für die Abscheidung der Guttationsflüssigkeit liegt bei den passiven Hydathoden (z.B. bei den Grasblättern) im Wurzeldruck (S. 334 f.); diese Hydathoden stellen Porensysteme dar, durch die der Xyleminhalt unter seinem Eigendruck nach außen tritt, wobei häufig Wasserspalten passiert werden (S. 141). Diese Art von Guttation fällt demnach weg, wenn die Hydathoden von der Wurzel abgetrennt werden. Bei den aktiven Hydathoden (wohl die meisten Epithemhydathoden, z.B. *Tropaeolum, Saxifraga*, und alle Trichomhydathoden, z.B. *Cicer, Phaseolus*) liegen

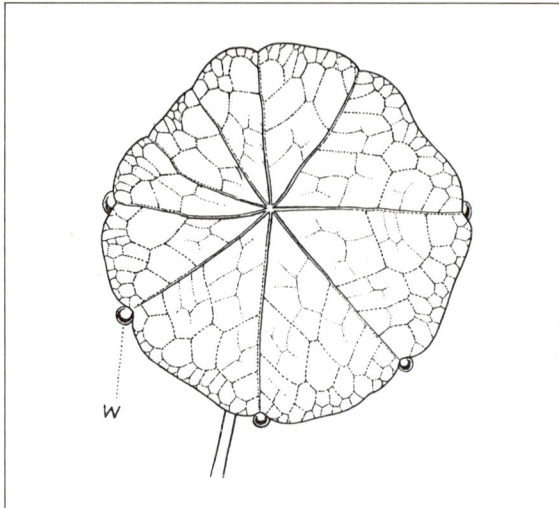

Abb. 2.1.97: Guttationstropfen (W) an einem Blatt von *Tropaeolum majus*. (Nach Meierhofer)

Tab. 2.1.22: Querschnittsfläche des Wasserleitungssystems bei verschiedenen Pflanzen (in mm² pro Gramm Blattfrischgewicht). (Nach Huber und Gessner)

Seerosen (Blattstiele)	0,02
Kräuter des Waldbodens	0,01–0,80
Nadelbäume	0,30–0,61
Laubbäume	0,25–0,79
Wüstenpflanzen	1,42–7,68

Wasserdrüsen vor, die unabhängig vom Wurzeldruck arbeiten. Der Abscheidungsmechanismus ist hier, wie bei allen anderen Drüsen, noch nicht im Detail geklärt.

Es wird einmal daran gedacht, daß das Plasmalemma der Drüsenzellen an den Orten der Wasserabscheidung eine höhere Wasserpermeabilität besitzt («leck» ist) als an der übrigen Zelloberfläche. Zum anderen könnten osmotisch wirksame Substanzen aktiv nach außen abgeschieden werden, die das Wasser passiv nach sich zögen. Die aktiven Hydathoden wären dann funktionell den Salz- und Nektardrüsen (S. 373 f.) verwandt; tatsächlich liefert die Guttation kein reines Wasser, sondern eine verdünnte wäßrige Lösung anorganischer und auch organischer Substanzen.

3. Die Leitung des Wassers

Der Langstreckentransport des Wassers erfolgt in den Elementen des Xylems (S. 150 f.), die speziell für diese Aufgabe eingerichtet sind. Wesentlich ist vor allem, daß die Wasserleitungszellen im funktionsfähigen Zustand tot, d. h. plasmafrei sind, da das Cytoplasma dem Wassertransport einen außerordentlich großen Widerstand entgegensetzt.

Der Cytoplasmasaum zwischen Vacuole und Zelloberfläche (einschließlich Tonoplast und Plasmalemma) einer einzigen *Chara*-Zelle hat eine Wasserpermeabilität von nur etwa 10^{-5} cm · s^{-1} · bar^{-1}, das entspricht dem Wert für 600 m Kiefernholz in der Faserlängsrichtung und von 3 mm in der Radialrichtung.

Die Gesamtquerschnittsfläche an wasserleitenden Elementen, die in der Sproßachse einer Pflanze pro Gramm Frischgewicht der mit Wasser zu versorgenden Blätter entwickelt ist, hängt vom Ökotypus ab: Pflanzen feuchter Standorte (geringer Transpiration) haben geringere Werte als solche trockener Herkünfte (Tab. 2.1.24). Auch innerhalb einer Baumkrone ist dieser Wert in den einzelnen Ästen und Zweigen nicht gleich groß; so ist z. B. der Spitzentrieb in der Wasserversorgung eindeutig bevorzugt.

Die Geschwindigkeit des Wassertransportes. Da die im Xylem transportierten Substanzen (Wasser und darin gelöste anorganische Ionen, in geringer Konzentration auch organische Verbindungen) leicht mit denen in den Zellwänden und in den Zellen in der Umgebung der wasserleitenden Elemente ausgetauscht werden, ist es nicht einfach, die tatsächliche Strömungsgeschwindigkeit des Xyleminhaltes zu ermitteln. In der Regel werden nur Mindestgeschwindigkeiten erhalten. Dies gilt auch für die beste und meist verwendete thermoelektrische Methode (Abb. 2.1.98). Die Werte sind für die einzelnen Arten sehr verschieden, wobei sich die drei großen, im Holzbau unterschiedenen Typen (Gymnospermen, zerstreut- und ringporige Angiospermen) in ihren Höchst- und Durchschnittswerten erheblich voneinander unterscheiden (Tab. 2.1.24).

Die Strömungswiderstände im Xylem. In einer vertikalen, unbewegten Wassersäule ist der hydrostatische Druckgradient etwa 0,1 bar · m^{-1}. In einem Baumstamm, dessen Holzkörper mit Wasser gefüllt ist und der am Grunde Atmosphärendruck aufweist (und in dem keine Wasserströmung erfolgt, z. B. vor Sonnenaufgang bei stark eingeschränkter Transpiration), wäre in 10 m Höhe der hydrostatische Druck gleich 0, in

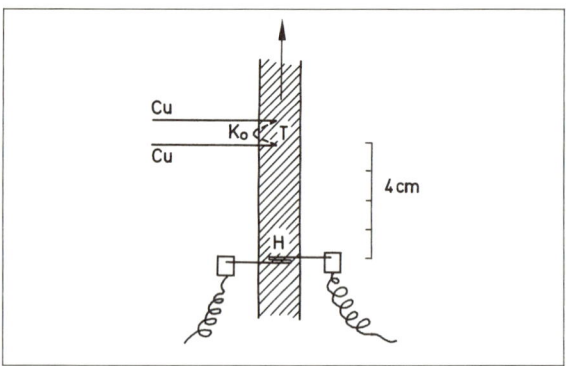

Abb. 2.1.98: Thermoelektrische Messung der Strömungsgeschwindigkeit im Xylem; Schema der Versuchsanordnung. Die Heizdrahtschleife (H) wird kurz (1–3 s) elektrisch aufgeheizt und die Ankunft der Wärmewelle «stromabwärts» mit einem Thermoelement (T; Kupfer-Konstantan-Legierung) in definierter Entfernung von der Heizstelle registriert. Die strömende Front des erwärmten Saftes trifft zuerst die nähere Lötstelle und führt zu einem Galvanometerausschlag. Wird die zweite Lötstelle passiert, wird diese wärmer als die erste, d. h. es kommt zu einer Umkehrung des Galvanometerausschlages. Diese Umkehr ist der sichere Beweis für das Passieren eines Volumens erwärmten Wassers. (Aus Huber)

Tab. 2.1.23: Mittägliche Spitzengeschwindigkeiten des Transpirationsstromes verschiedener Pflanzentypen. Gemessen mit der thermoelektrischen Methode. (Aus Huber)

Objekt	Geschwindigkeit (m·h^{-1})
Moose	1,2- 2,0
Nadelhölzer, immergrün	1,2
Lärche	1,4
Mediterrane Hartlaubgewächse	0,4- 1,5
Sommergrüne zerstreutporige Laubhölzer	1 -6
Ringporige Laubhölzer	4 -44
Krautige Pflanzen	10 -60
Lianen	150

100 m Höhe gleich −9 bar; solche Höhen werden von einigen Baumarten erreicht (*Sequoiadendron, Eucalyptus* bis 120 m).

Ist das Wasser in den Röhrensystemen des Xylems in Bewegung, so kommen Strömungswiderstände dazu. Für einen Fluß durch ideale Capillaren gilt das Hagen-Poiseuillesche Gesetz:

$$V = \frac{\pi}{8\eta} \cdot \frac{\Delta p}{l} \cdot t \cdot r^4,$$

wobei V Volumen der strömenden Flüssigkeit, η Viskosität der Flüssigkeit, $\Delta p/l$ Druckgradient entlang der Capillare, t Zeit, r Radius der Capillare.

Will man aus dieser Gleichung den Druckgradienten im Holz eines Stammes mit strömendem Wasser bestimmen, so muß man demnach – neben den übrigen, leicht zu ermittelnden Werten – das Wasservolumen kennen, das zu einer gegebenen Zeit durch einen Stamm fließt. Dies macht große Schwierigkeiten, weil nur ein Teil der auf einem Querschnitt ausmeßbaren Wasserleitungsbahnen tatsächlich funktioniert; die anderen sind durch Luftembolien (S. 337) oder durch Thyllen (S. 203, Abb. 1.3.64) blockiert. Bequem zu messen ist dagegen, wie erwähnt, die Strömungsgeschwindigkeit (jedenfalls ein Mindestwert). Nun läßt sich aus der Hagen-Poiseuille-Gleichung ableiten, daß die Geschwindigkeit des Flüssigkeitsstromes in einer Capillare eine paraboloide Verteilung über den Querschnitt aufweist, d.h. die Moleküle unmittelbar an der Capillarenwand sind stationär, die in der Mitte werden am schnellsten transportiert. Ein in einer Capillare strömendes Flüssigkeitsvolumen nimmt daher eine paraboloide Form an. Setzt man das Volumen eines Paraboloids (½ r² π h, d.h. die Hälfte eines Zylinders mit derselben Höhe h) gleich dem Volumen einer strömenden Flüssigkeit in einer Einzelcapillare in der Strömungsgleichung, so erhält man:

$$h = \frac{\Delta p}{l} \cdot t \cdot \frac{r^2}{4\eta}.$$

Diese Beziehung ist unabhängig vom transportierten Volumen. h/t gibt die Spitzengeschwindigkeit wieder:

$$\frac{h}{t} = \frac{\Delta p}{l} \cdot \frac{r^2}{4\eta}.$$

Mit Hilfe dieser Gleichung kann man aus der Strömungsgeschwindigkeit den Druckgradienten berechnen, der notwendig ist, um die Flüssigkeit mit der jeweiligen Geschwindigkeit durch Capillaren gegebenen Durchmessers zu drücken (Abb. 2.1.99).

Betrachtet man die Struktur der Wasserleitungselemente (S. 150 ff.), so ist klar, daß die Leitbahnen keineswegs idealen Capillaren entsprechen: Sie haben keine glatten Wände (häufig Aussteifungsstrukturen) und vor

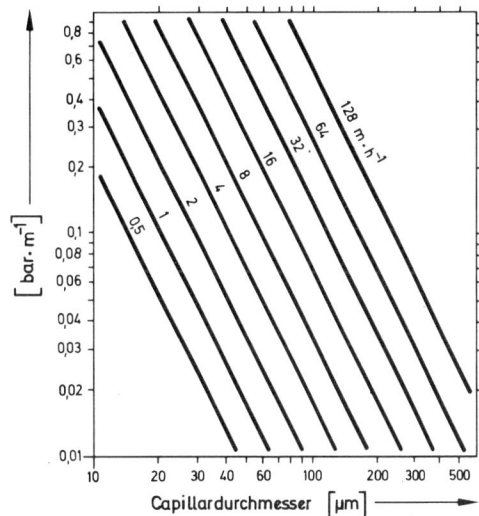

Abb. 2.1.99: Die Abhängigkeit der benötigten Druckgradienten von den Capillardurchmessern bei verschiedenen Strömungsgeschwindigkeiten nach Hagen-Poiseuille. (Aus Zimmermann u. Brown)

allen Dingen nur eine begrenzte Länge, die bei Tracheiden meist nur etwa 0,5–3 mm beträgt. Vergleicht man die hydraulische Leitfähigkeit von Holzstücken definierter Länge mit der von idealen Capillaren des gleichen Durchmessers wie die jeweiligen Wasserleitelemente, so stellt man fest, daß die meisten Holzpflanzen erwartungsgemäß niedrigere Werte haben, während die Leitbahnen der Lianen (mit sehr langen und weiten Tracheen!) sich überraschenderweise fast wie ideale Capillaren verhalten (Tab. 2.1.24). Besonders unerwartet ist die hohe Leitfähigkeit des Tannenholzes, dessen Tracheiden nur wenige Millimeter lang sind, so daß das Wasser auch über kurze Strecken zahlreiche Hoftüpfel in den schrägen Querwänden passieren muß (S. 198 ff.).

Theoretische und gemessene Druckgradienten im Xylem. Aus den gemessenen Wassertransport-Geschwindigkeiten im Holzkörper verschiedener Pflanzen (Tab. 2.1.23) und aus dem Prozentsatz der tatsächlichen hydraulischen Leitfähigkeit im Vergleich zu der idealer Capillaren (Tab. 2.1.24) läßt sich mit Hilfe der Abb. 2.1.99 leicht der jeweils benötigte theoretische Druckgradient in den Stämmen berechnen. Man

Tab. 2.1.24: Hydraulische Leitfähigkeit des Xylems verschiedener Pflanzen in % des theoretischen Wertes für ideale Capillaren des gleichen Durchmessers. (Aus Zimmermann u. Brown)

Art	% des theoretischen Wertes
Weinstock (Liane)	100
Eiche (Wurzelholz)	53–84
Tanne	26–43
Birke (Wurzelholz)	34,8
Pappel (Stammholz)	21,7
Verschiedene Kräuter und Sträucher	12–22

kommt dabei auf Werte in der Größenordnung von 0,05–0,1 bar · m^{-1}, übrigens auch für die Nadelbäume mit ihren Tracheiden. Man muß also mit Druckgradienten zwischen 0,15 und 0,2 bar · m^{-1} rechnen, wenn das Wasser in der Pflanze nicht nur gegen die Schwerkraft gehoben, sondern auch mit den beobachteten Geschwindigkeiten nach oben bewegt werden soll. Die Arten mit geringem Strömungswiderstand (z.B. ringporige Bäume, Lianen) haben dementsprechend höhere Strömungsgeschwindigkeiten (Tab. 2.1.23).

Für die Wasserströmung im Xylem ist es prinzipiell gleichgültig, ob die Druckgradienten dadurch verwirklicht sind, daß in der Wurzel ein positiver Druck erzeugt wird, der nach oben entsprechend abnimmt, oder dadurch, daß am oberen Ende der Transportstrecke ein entsprechend starker Sog entwickelt wird, so daß die kontinuierlichen Wasserfäden in den Wasserleitungsbahnen nicht «geschoben», sondern «gezogen» werden.

Beide Möglichkeiten sind in der Pflanze verwirklicht, wobei die Erzeugung von Überdrucken* in der Wurzel («Wurzeldruck») nur temporär und begrenzt von Bedeutung ist, der Sog durch die wasserverbrauchenden Teile aber bei allen lebhaft transpirierenden oder wachsenden Pflanzen die entscheidende Rolle spielt.

Überdrucke sind, falls vorhanden, leicht mittels spezieller Manometer im Holz zu messen; in Sproßachsen der Weinrebe wurde im Frühjahr (zur Blutungszeit, s.u.) auf diese Weise ein Druckabfall von 0,1 bar · m^{-1} von der Basis zur Spitze erhalten.

Unterdrucke im Holzkörper sind schwieriger zu bestimmen. Der erste Nachweis wurde durch den Befund erbracht, daß abgeschnittene transpirierende *Thuja*-Zweige eine Quecksilbersäule höher ziehen konnten als dem Atmosphärendruck entsprach. Besonders überzeugend ist der in Abb. 2.1.100 dargestellte Versuch.

Inzwischen ist es auch möglich, Gradienten des Unterdrucks in Bäumen direkt zu messen. Dazu wird in einer Druckkammer der Überdruck ermittelt, der nötig ist, um in abgeschnittenen Pflanzenteilen die Menisci der beim Abschneiden durch den herrschenden Sog in das Innere der Wasserleitungsbahnen gezogenen Wasserfäden gerade wieder an der Schnittfläche erscheinen zu lassen (Abb. 2.1.101). Mit Hilfe dieser Methode wurde bei hohen Nadelbäumen tatsächlich ein Druckgradient in der theoretisch zu fordernden Größenordnung nachgewiesen (etwas mehr als 0,1 bar · m^{-1}; Abb. 2.1.102). Die absoluten Werte des Druckes zeigten zudem einen deutlichen Tagesgang mit Maxima der Unterdrucke zur Zeit der höchsten Transpiration; der Wassernachschub hält demnach mit dem Wasserverbrauch nicht immer Schritt (negative Wasserbilanz, vgl. S. 337f.).

---

* Die Bezeichnungen «Überdruck» und «Unterdruck» beziehen sich in diesem Zusammenhang auf den Atmosphärendruck (p = 1 bar). Die lange gebräuchlichen Ausdrücke «positiver» und «negativer» Druck sollten vermieden werden, weil sie mißverständlich sind. Da für den Physiker die Bezugsgröße für den Druck p das (theoretische) absolute Vakuum ist (p = o), gibt es für ihn keine negativen Drucke. Ein physikalisch nicht belasteter Ausdruck ohne fixe Bezugsgröße für relativen Unterdruck ist «Sog».

Die Antriebskräfte für den Wassertransport

«Druckpumpe» beim Wurzeldruck. Auf den Wurzeldruck führt man außer der Guttation durch passive Hydathoden (S. 141) auch die nach Verletzung des Xylems erfolgende Saftabscheidung («Bluten») verschie-

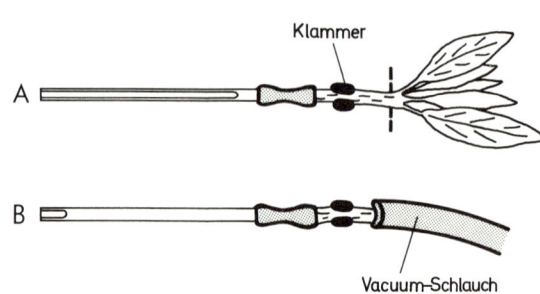

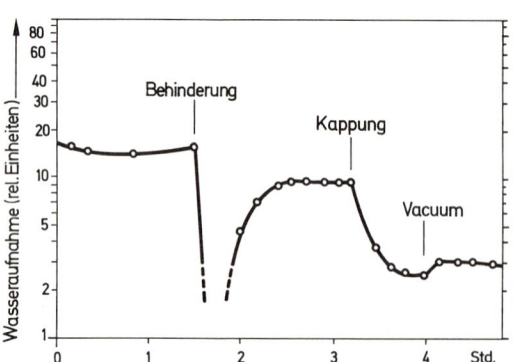

Abb. 2.1.100: «Renner-Versuch». Läßt man einen beblätterten Zweig durch eine graduierte Capillare Wasser aufnehmen und behindert dann die Wasserleitung durch den Druck einer Klammer (**A**), so wird die Wasseraufnahme zunächst vermindert (Kurve unten), erreicht dann aber fast wieder den Ausgangswert. Entfernt man nun die beblätterte Spitze und schließt an den Stumpf eine Vakuumpumpe an (**B**), so erreicht die Wasseraufnahme schließlich nur einen Bruchteil der durch Transpiration bewirkten. (Nach Zimmermann u. Brown, ergänzt)

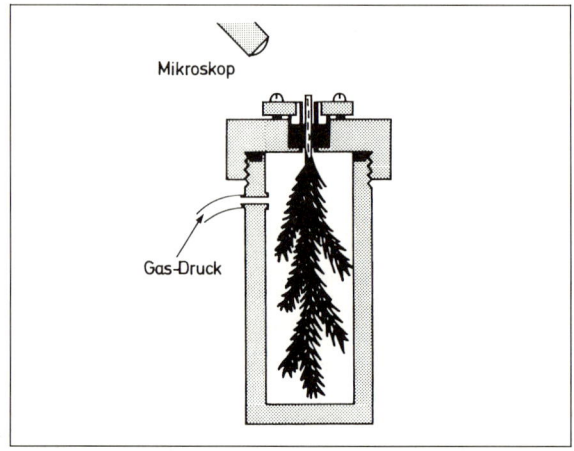

Abb. 2.1.101: Druckkammer zur Messung negativer Drucke im Xylem von Pflanzenteilen. (Nach Scholander u. Mitarb.)

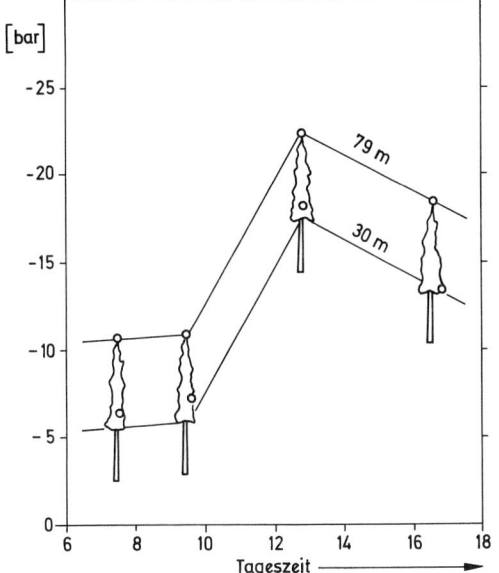

Abb. 2.1.102: Mit der Druckkammer ermittelte Druckgradienten im Xylem einer Douglasie zu verschiedenen Tageszeiten. Die Zweige wurden aus den angegebenen Höhen mit einem Gewehr heruntergeschossen. (Nach Scholander u. Mitarb.)

dener Holzpflanzen im Vorfrühling sowie vieler Kräuter auch während der ganzen Vegetationsperiode zurück. Setzt man auf einen «blutenden» Wurzelstumpf ein Manometer (Abb. 2.1.103), so kann man den Wurzeldruck messen. Er bleibt gewöhnlich unter 1 bar, kann aber bei Birken bis über 2 bar, bei isoliert gezogenen Tomatenwurzeln über 6 bar steigen. Die Mengen von Flüssigkeit, die aus einer Wunde austreten können («Blutungssaft»), sind beträchtlich. Sie können in 24 Stunden bei Reben etwa 1 Liter, bei Birken 5 Liter erreichen. Man darf aus dem Flüssigkeitsaustritt nach Verletzen des Xylems aber nicht schließen, das Wasser in den Leitbahnen von Bäumen (z.B. Birke, Ahorn) werde während der Blutungsperiode, in der sie unbelaubt sind, durch den Wurzeldruck in lebhafter Strömung gehalten. Thermoelektrisch ist im unbelaubten Stamm gar keine Wasserströmung festzustellen. Der Xyleminhalt steht zwar unter Überdruck, ist aber kaum in Bewegung; er hat ja auch zu dieser Zeit kaum Wasserverluste zu ersetzen. Auch bei der Guttation ist die Strömungsgeschwindigkeit im Xylem meist sehr gering.

Wie kommt der Wurzeldruck zustande? Wenn ein Wurzelsystem in einem Medium reinen Wassers einen hydrostatischen Überdruck in den toten Zellen des Xylems entwickelt, so könnte dies einmal darauf zurückgehen, daß die lebenden Zellen in der Umgebung der Wasserleitungsbahnen das Wasser gegen ein Gefälle des Wasserpotentials aus dem Symplasten in den Apoplasten und damit in das Lumen der Leitelemente pressen. Es gibt keinen eindeutigen Hinweis darauf, daß ein derartiger aktiver Wassertransport in diesem oder in irgendeinem anderen Fall verwirklicht ist. Vielmehr wird angenommen, daß der Wassereintritt in die Leitbahnen wieder durch Abscheidung von osmotisch wirksamen Substanzen aus dem Symplasten verursacht wird, denen das Wasser entlang einem Wasserpotentialgradienten osmotisch folgen muß.

Der Inhalt der Wasserleitungsbahnen besteht ja, wie der Guttations- und der Blutungssaft, nicht aus reinem Wasser, sondern aus einer, wenn auch meist sehr verdünnten, Lösung (Gefäßsaft meist 0,1–0,4 %ig). Sie enthält anorganische Substanzen, Zucker, organische Säuren, Aminosäuren, Vitamine, Enzyme, Hormone usw. Bekannt ist z.B. der Zuckergehalt (vorwiegend Saccharose) im Blutungssaft des Zucker-Ahorns *(Acer saccharum)* von durchschnittlich 2,5 %, der in Nord-Amerika zur Bereitung von Sirup (maple syrup) verwendet wird. Ein kräftiger Baum liefert Mitte März etwa 4 l Blutungssaft pro Tag und ca. 2–3 kg Zucker im Frühjahr. Der Ahorn entwickelt im Frühjahr übrigens nicht nur einen Wurzel-, sondern – wie man an gefällten Stämmen messen kann – auch einen Stammüberdruck.

Es ist noch nicht entschieden, ob die eigentliche Konzentrierungsarbeit der osmotisch wirksamen Substanzen gegenüber dem Außenmedium bei der Aufnahme in den Symplasten (z.B. an der Wurzeloberfläche oder in der Wurzelrinde) erfolgt, und der Symplast in der Umgebung der Leitbahnen nur «leckt», oder ob die Osmotika von den lebenden Zellen in der Umgebung der Xylemelemente aktiv in diese sezerniert werden, oder ob schließlich beide Prozesse nebeneinander herlaufen. Auf jeden Fall erfordert der Wurzeldruck den Aufwand von Stoffwechselenergie; er kann daher z.B. durch Atmungsgifte oder niedrige Temperaturen im Wurzelbereich gehemmt werden.

Ein Überdruck kann sich in den Elementen des Xylems nur aufbauen, wenn die unter Druck stehende Lösung nicht durch die Wurzelrinde (z.B. durch deren Zellwände) in den Boden entweichen kann. Das wird aber durch den Casparyschen Streifen in den Radialwänden der Endodermis (S. 145, Abb. 1.2.21) verhindert, dem auch noch andere Aufgaben zugeschrieben wurden.

Sog durch die Transpiration. Der Hauptantrieb für die Wasserströmung im Xylem ist aber nicht der Wurzeldruck, sondern der Transpirationssog, weshalb man die Wasserbewegung im Holz meist als Transpirationsstrom bezeichnet. Daneben spielt auch der (durch Osmose gedeckte) Wasserbedarf bei der Versorgung wasserreichen Zuwachses eine Rolle. Ein bloßer Ersatz der Transpirationsverluste würde ja zu

Abb. 2.1.103: Nachweis des Wurzeldruckes mit Hilfe eines auf den Wurzelstumpf aufgesetzten Quecksilbermanometers.

keiner Nettozunahme des Wassergehaltes einer Pflanze führen können.

Das Wasser kann im Holzkörper (z. B. von transpirierenden Bäumen oder Lianen) auch durch Abschnitte fließen, die durch Hitze oder Gifte abgetötet worden sind, es kann auch von am Xylem saugenden Misteln (vgl. S. 375) noch durch abgestorbene Wirtsbäume gezogen werden: Für den Xylemtransport transpirierender Pflanzen ist eine direkte Mithilfe lebender Zellen nicht notwendig. (Sie können aber für die Verhinderung, evtl. auch Beseitigung von Luftembolien bedeutsam sein, S. 337.) Die Pflanze wendet für den Wassertransport (falls kein Wurzel- oder Stammdruck und keine Stoffwechselprozesse zur Steuerung der osmotischen Wasseraufnahme wachsender Gewebe beteiligt sind) keine eigene Energie auf, sondern nützt – wie erwähnt (S. 328) – das Wasserpotentialgefälle zwischen Boden und Atmosphäre aus, in das sie eingespannt ist.

Man kann dieses Wasserpotentialgefälle zwischen Boden, Pflanze und Atmosphäre wie auch die Wassertransport-Widerstände in einzelne Komponenten zerlegen (Abb. 2.1.104). Dabei liegt das größte Potentialgefälle und der größte Widerstand zwischen der Sproßoberfläche und der Atmosphäre. Dieser hohe Widerstand ergibt sich vor allem aus dem hohen Energiebedarf für den Übertritt des Wassers aus der flüssigen in die Gasphase, d.h. für die Transpiration; diese Energie aber wird von der Sonne geliefert.

Die Transpiration führt zunächst zu einer Minderung der Wassersättigung der an die innere und äußere Gasphase grenzenden Zellen des transpirierenden Organs (gewöhnlich des Blattes), damit zu einer Entquellung, also einer Verringerung der Krümmungsradien der Wassermenisci in den Zellwandkapillaren an der Oberfläche, einem Zurückweichen der Menisci in die Capillaren und damit zu einer Herabsetzung des Wasserpotentials. Da das Imbibitionswasser der Zellwände in direkter Verbindung mit der Wasserfüllung der Leitbahnen steht, setzt sich der Sog aufgrund der Kohäsion der Wassermoleküle bis dorthin fort und «zieht» auf diese Weise die Wasserfäden in den Leitbahnen nach oben.

Dieser Transpirationssog reicht über die Enden der Leitbahnen bis in den Apoplasten der Wurzel und wahrscheinlich bis zur Wurzeloberfläche, die mit dem Bodenwasser Kontakt hat (S. 327), zumindest aber bis zur Endodermis (über deren Rolle bei der Leitung des Wassers vgl. a. S. 335).

Man kann also annehmen, daß der Unterdruck im Xylem ausreicht, um das Wasser aus den Bodencapillaren durch die Wurzelgewebe nach Art einer Unterdruckfiltration in die Leitbahnen und bis an die äußersten, transpirierenden Organe der Pflanze zu ziehen. Dies gilt auch für Pflanzen, die wie die Mangroven Meerwasser im Wurzelmilieu haben; einige von ihnen haben einen fast salzfreien Xyleminhalt, so daß allein die osmotische Potentialdifferenz zwischen dem Xylemwasser und dem Meerwasser etwa −25 bar beträgt. Auch die Triebkraft für diese «umgekehrte Osmose»

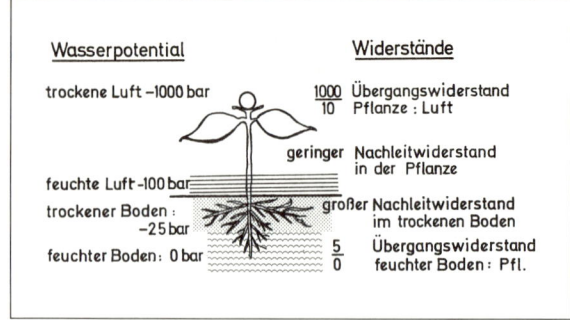

Abb. 2.1.104: Wasserpotentialgefälle und Transportwiderstände zwischen Boden, Pflanze und Atmosphäre. (Nach Kausch, aus Larcher)

wird letztlich vom Transpirationssog, also von der Sonnenenergie, aufgebracht.

Die für diese Wirkung benötigten hohen Söge können vom matrikalen Potential der nicht mehr wassergesättigten Zellwand ohne weiteres geleistet werden. Auch im Holzkörper der Kronen hoher Bäume sind bei lebhafter Transpiration und damit bedeutender Strömungsgeschwindigkeit Wasserpotentiale von −20 bar und mehr erforderlich und auch verwirklicht (Abb. 2.1.105). Bei *Picea engelmannii* hat man unter Wasserstreß sogar −90 bar, bei *Artemisia herba-alba* −163 bar gemessen. Die Wasserfäden in den Leitungsbahnen können dieser Zugspannung nur widerstehen, wenn die Adhäsion an die Gefäßwandungen und die Kohäsion der Wassermoleküle dieser Beanspruchung standhalten. Vor allem die Kohäsion schien lange der kritische Punkt dieser Vorstellung zu sein, welche deshalb auch als **Kohäsionstheorie der Wasserleitung** bezeichnet wird.

Die Zugspannung, bei der die Kohäsion von Wassermolekülen überwunden wird, kann theoretisch berechnet oder auch experimentell ermittelt werden. Die erste derartige Bestimmung benutzte ein natürliches System, nämlich das Reißen der Wasserfüllung in den Anuluszellen eines Farnsporangiums (S. 469, Abb. 2.3.61). Es erfolgt bei Werten zwischen −220 bar (gesättigte Rohrzuckerlösung) und −360 bar (gesättigte Kochsalzlösung). Mit rein physikalischen Methoden erhält man noch weit negativere Werte (unter −1000 bar).

Es besteht also keine Gefahr, daß bei den in den Leitungsbahnen herrschenden Unterdrucken die Kohäsion des Wassers überwunden wird. Die Gefahr für eine Unterbrechung der

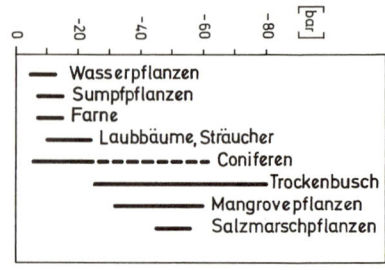

Abb. 2.1.105: Wasserpotentialschwankungen bei Blättern und Zweigen ökologisch verschiedener Pflanzentypen (Messungen mit der Druckkammer bei starker Einstrahlung am Tage). (Nach Scholander u. Mitarb., aus Larcher)

gespannten Wasserfäden im Xylem stark transpirierender Pflanzen besteht vielmehr darin, daß Gasembolien in den Leitbahnen auftreten, wobei bei den herrschenden Unterdrucken auch kleinste Gasblasen große Volumina einnehmen. Durch entsprechende Versuchsanordnung kann man das sprunghafte Auftreten von Gasblasen im Xylem auch akustisch vernehmbar machen. Vor allem bei den weitlumigen Leitelementen scheint es nur eine Frage der Zeit zu sein, wann sie durch Embolien – meist irreversibel – außer Funktion gesetzt werden. Bei den ringporigen Bäumen, z.B. der Eiche, sind die großen Tracheen in der Regel nur während einer Vegetationsperiode funktionsfähig, und zu Beginn einer neuen Wachstumsperiode muß das ganze Wasserleitungssystem vom Cambium neu aufgebaut werden. Dies ist einer der Gründe, warum die Eichen im Frühjahr so spät austreiben. Noch ungeklärt ist, auf welche Weise die weitlumigen Tracheen von Lianen über viele Jahre funktionsfähig gehalten werden.

Aus Tracheiden zusammengesetzte Leitungsbahnen, z.B. im Gymnospermenholz, sind gegen Embolien viel weniger anfällig. Fällt eine Tracheide infolge einer Embolie aus, so verschließen infolge der Druckänderung die Tori der Hoftüpfel das Element sofort irreversibel gegenüber den Nachbartracheiden (Schottenprinzip; Abb. 1.1.112 c, D, S. 105). Ein reversibler Verschluß findet statt, wenn der Tracheideninhalt zu gefrieren beginnt und sich der durch die Volumenvergrößerung bei der Eisbildung entstehende Druck auswirkt. In der nun druckdicht verschlossenen Tracheide genügt das Gefrieren eines kleinen weiteren Teiles des Füllwassers, um einen evtl. vorher vorhandenen Unterdruck zu kompensieren und so die Bildung von Gasblasen zu verhindern. Jede weitere Eisbildung drückt die verbleibende flüssige Phase zusätzlich zusammen und hält so die Gase in Lösung, bis alles Wasser gefroren ist. Beim Auftauen laufen die Vorgänge umgekehrt ab, so daß auch jetzt beim erneuten Auftreten von Unterdrucken keine Gasblasen entstehen. Diese Funktion der Hoftüpfel bedingt – neben anderen Baueigentümlichkeiten – die besondere Eignung der Gymnospermen für die Besiedlung kalter Gebiete. Bezeichnenderweise besitzen nur solche Gymnospermen keinen Torus in den Hoftüpfeln, die keinem Frost ausgesetzt sind (z.B. *Cycas* oder die paläozoischen Gattungen *Callixylon* und *Cordaites*).

Lebende Zellen in der Nachbarschaft der Wasserleitbahnen, vor allem der großen Tracheen (paratracheales Parenchym), könnten eine Schutzfunktion gegen das Eindringen von Gasblasen in die Leitelemente haben; ob sie auch vorhandene Gasblasen in den Leitbahnen wieder zu beseitigen vermögen, ist unklar.

Die Zunahme des Unterdrucks im Xylem bei starker Transpirationsbeanspruchung (Abb. 2.1.102) zeigt, daß – wie bereits erwähnt – der Wassernachschub mit dem Wasserverbrauch bei den Pflanzen nicht immer Schritt hält. Da die Wände der Wasserleitungsbahnen nicht völlig starr sind, wird ein Baumstamm bei Zunahme des Unterdruckes im Holz (bei starker Transpiration, z.B. während der Mittagsstunden) meßbar schlanker; dies hatte man mit empfindlichen «Dendrometern» bereits festgestellt, als man vom Mechanismus des Wassertransportes praktisch noch nichts wußte.

Solange keine Stomataregelung ins Spiel kommt und keine Schwierigkeiten in der Wasseraufnahme bestehen, nimmt die Geschwindigkeit des Transpirationsstromes mit steigender Transpiration zwangsläufig zu. Dabei spiegeln sich z.B. im Stamm eines Baumes auch kurzfristige Transpirationsschwankungen in Änderungen der Transpirationsstroms-Geschwindigkeit wider.

Bei größeren Bäumen kann man nachts (bei geschlossenen Stomata) in der Krone thermoelektrisch keine Wasserbewegung nachweisen. Bei einsetzender stomatärer Transpiration am Morgen beginnt die Wasserbewegung in den peripheren Teilen der Krone und setzt sich dann stammabwärts fort. Abends kommt der Transpirationsstrom in umgekehrter Reihenfolge zum Stillstand; zuerst in der Krone, erst später in den oberen Stammteilen, oft auch in der Nacht nicht vollständig in der Stammbasis und in der Wurzel. Diese Organe brauchen so lange, um die Wasserreserven wieder vollständig aufzufüllen.

4. Wasserbilanz

Als Wasserbilanz einer Pflanze bezeichnet man die Differenz zwischen Wasseraufnahme und Transpiration. Wir haben schon gesehen, daß sie z.B. im Tagesgang einer in der Lichtphase stark transpirierenden Pflanze nicht immer ausgeglichen ist. Bei Tag kann die Transpiration überwiegen (negative Wasserbilanz), während in der Nacht das Defizit wieder ausgeglichen wird (Bilanz positiv). In Dürrezeiten ist die Erholung nicht mehr vollständig, so daß die Bilanz immer negativer wird. Verschiedene Arten bzw. auch verschiedene Ökotypen innerhalb einer Art vertragen ein unterschiedliches Ausmaß und verschiedene Dauer eines solchen Defizits, sie haben eine verschiedene Dürreresistenz (s.u.).

Es gibt verschiedene Möglichkeiten, die Wasserbilanz zu ermitteln. Häufig wird angegeben, welchen Prozentsatz des Sättigungswassergehaltes (W_s) der aktuelle Wassergehalt (W_a) eines Pflanzenorgans (meist des Blattes) ausmacht (Wassersättigungsdefizit, WSD):

$$\text{WSD } [\%] = \frac{W_s - W_a}{W_s} \cdot 100 \, .$$

Eine zunehmend negative Wasserbilanz drückt sich in einem steigenden Wasserdefizit aus.

Auch das osmotische Potential ψ_π erhöht sich bei steigendem Wasserdefizit (S. 323, Abb. 2.1.89). Das korrekteste Maß für die Wasserbilanz einer Pflanze ist aber die Bestimmung des Wasserpotentials ψ der Organe. Auch nach den Maximalwerten und Schwankungsbreiten von ψ lassen sich die verschiedenen Arten bzw. Ökotypen in ökologische Reihen bringen (Abb. 2.1.105).

Es gibt Pflanzen, die durch ein stark entwickeltes Wurzelsystem, durch empfindliche Regulation der Stomata und evtl. auch durch Besitz von Wasserspeichern ihre Wasserbilanz im Tagesgang weitgehend ausgeglichen halten (hydrostabile Arten). Dazu zählen z.B. Bäume, Schattenpflanzen und Succulenten, auch manche Gräser; sie gehören meist auch zu den stenohydren Typen (S. 324). Die hydrolabilen Arten zeigen viel größere Schwankungen der Wasserbilanz (sie sind immer euryhyde Typen), die aber von ihrem Protoplasma ertragen werden. Diese Gruppe umfaßt außer den poikilohydren Arten (s.u.) auch viele Pflanzen warmer Standorte, eine Reihe von Gräsern.

Anpassungen an Wassermangel. Viele Pflanzen können Schäden durch Wassermangel einmal dadurch vermeiden, daß sie schadlos auszutrocknen vermögen (Austrocknungstoleranz, drought tolerance); zu diesem Typ gehören in der Regel die poikilohydren Pflanzen, deren Wasserpotential mit dem der Umgebung weitgehend übereinstimmt. Austrocknungstolerant sind viele Thallophyten, z.B. viele Bakterien,

Algen, Flechten, manche Pilzmycelien und verschiedene Moose. Auch bei den Cormophyten haben wir austrocknungstolerante Stadien: Die meisten Samen, Pollen und Sporen können längere Zeit trocken sein, ohne ihre Keimfähigkeit zu verlieren. Bei manchen Cormophyten vertragen aber auch die vegetativen Organe (z.B. die Blätter und Sproßachsen) eine Austrocknung.

Dazu gehören einige Farne (z.B. der Milzfarn, *Ceterach officinarum*) und Angiospermen. Austrocknungstolerant sind z.B. Arten der Gesneriaceengattungen *Ramonda* und *Haberlea*, die als Tertiärrelikte am Balkan und in den Pyrenäen vorkommen, ferner einige Scrophulariaceen und die Myrothamnacee *Myrothamnus flabellifolia* aus SW-Afrika. Auch einige Monocotyledonen aus Südafrika, z.B. aus den Familien der *Poaceae*, *Cyperaceae* und *Velloziaceae*, sind austrocknungstolerant. Austrocknungsvertragende Gymnospermen sind hingegen nicht bekannt.

Die zweite Möglichkeit, Dürreschäden zu entgehen, ist das Vermeiden entsprechender Austrocknung (drought avoidance). Mittel zur Stabilisierung der Wasserbilanz sind:
1. Verringerung der Transpiration (vgl. S. 330).
2. Verstärkte Wasseraufnahme aus dem Boden.
3. Anlage von Wasserspeichern (vgl. S. 216f.).

Die Transpiration kann vorübergehend eingeschränkt werden durch Verschluß der Stomata, das Falten oder Einrollen von Blättern (z.B. bei Gräsern; Abb. 1.3.85, S. 218) und durch Blattabwurf; durch die Borke ihrer Achsenorgane verlieren große Bäume nur $\frac{1}{300}$–$\frac{1}{3000}$ der Wassermenge, die durch das Laub bei guter Wasserversorgung verdunstet wird. Eine dauernde Einschränkung der Transpiration erfolgt durch entsprechend starke Entwicklung der Cuticula und vor allem der intra- und epicuticulären Wachsschichten (Abb. 1.2.12, S. 139), sowie durch eine Verkleinerung der transpirierenden Oberflächen (Verringerung der Oberflächenentwicklung = $\frac{\text{Oberfläche (dm}^2)}{\text{Frischgewicht (g)}}$). Die kleinste Oberfläche für ein gegebenes Volumen ist die Kugelform, der manche Succulenten (z.B. Cactaceen) recht nahe kommen.

Der verstärkten Wasseraufnahme aus dem Boden dient vor allem ein horizontal oder vertikal stark ausgebildetes Wurzelsystem. So erreichen z.B. die Wurzeln bei *Eryngium campestre* (dessen Sproß höchstens 1 m hoch wird) bis zu 6 m Tiefe. Erweitert wird der Wirkungsbereich des Wurzelsystems durch eine Mykorrhiza.

Die wasserspeichernden Arten (vgl. S. 216f.) benötigen wenigstens von Zeit zu Zeit ergiebige Niederschläge, um den Speicher wieder auffüllen zu können. Sie müssen außerdem möglichst wirksame Vorrichtungen zur Transpirationsdrosselung haben (s.o.), um während der Dürreperiode nicht zuviel des Speicherwassers zu verlieren.

Anpassungen an Wasserüberschuß. Nicht nur Wassermangel, auch Wasserüberschuß kann für die Cormophyten problematisch werden, vor allem eine Überflutung des Wurzelsystems. Die an diese Bedingungen angepaßten Sumpfpflanzen können entweder über die Interzellularen vom Sproß her die Wurzeln mit Sauerstoff versorgen, oder aber sie produzieren unter den Bedingungen des (temporären) Sauerstoffmangels Äpfelsäure oder andere organische Säuren (z.B. Shikimisäure), die – wie wir bei den Succulenten (S. 281f.) gesehen haben – in der Vacuole ohne Schaden für die Zelle gespeichert werden können, und nicht wie die überflutungsempfindlichen Arten Ethanol, das in höheren Konzentrationen giftig wirkt. Eine weitere Anpassung der Sumpfpflanzen an die Sauerstoffarmut des Mediums sind Atemwurzeln (S. 782) und das Durchlüftungsgewebe (S. 136).

Anpassungen an wechselnde osmotische Belastung. Bei bestimmten Rotalgen und bei der Chrysomonadalen *Ochromonas malhamensis* werden bei steigender osmotischer Belastung im Außenmedium zu Lasten von Speicherpolysacchariden α-Galactosylglyceride, z.B. Isofloridosid, gebildet, die das osmotische Gleichgewicht wiederherstellen. Bei Nachlassen der osmotischen Belastung wird das α-Galactosylglycerid wieder in ein Polysaccharid (z.B. Chrysolaminarin), d.h. in osmotisch unwirksame Form, übergeführt.

Die halophile Grünalge *Dunaliella* und der halophile, zellwandlose Flagellat *Asteromonas gracilis* häufen bei Salzstreß intrazellulär Glycerin an, während die marine Blaualgenflechte *Lichina pygmaea* bei steigender Konzentration des Seewassers im Photobionten Mannosidomannit akkumuliert.

C. Die Mineralstoffe

1. Benötigte Nährelemente

Wir haben bereits erfahren (S. 320), daß die Zusammensetzung des Aschengehaltes einer Pflanze keine Schlüsse erlaubt auf ihr qualitatives und quantitatives Bedürfnis an chemischen Elementen («Nährelemente»). Die Notwendigkeit der verschiedenen Nährelemente für eine photoautotrophe Pflanze kann durch Anzucht auf Medien definierter Zusammensetzung, am einfachsten in **Nährlösungen**, erschlossen werden: Bei Versorgung mit allen essentiellen Elementen entwickeln sich die Pflanzen vollkommen normal, während sie bei Fehlen oder Unterversorgung mit notwendigen Elementen Mangelerscheinungen (Abb. 2.1.106) zeigen. Die erstmals von Julius Sachs erprobte Kultur von höheren Pflanzen in Nährlösungen, die auch in die gärtnerische Praxis übernommen wurde, wird als Hydroponik bezeichnet.

Als unbedingt in größeren Mengen (> 20 mg/l) notwendig (**Makronährelemente**) haben sich folgende 10 Elemente erwiesen:

C, O, H, N, S, P, K, Ca, Mg, ... Fe,

von denen die ersten drei Elemente als CO_2 und O_2 aus der Luft und als Wasser aufgenommen werden, während die letzten sieben als Ionen im Nährmedium zugeführt werden müssen. Das Eisen wird in weit geringeren Mengen als die übrigen Elemente benötigt (ca 6 mg/l) und leitet daher zur Gruppe der **Mikronährelemente** oder **Spurenelemente** über.

In geringen Mengen (< 0,5 mg/l) unentbehrlich sind stets:

Mn, B, Zn, Cu, Mo, Cl.

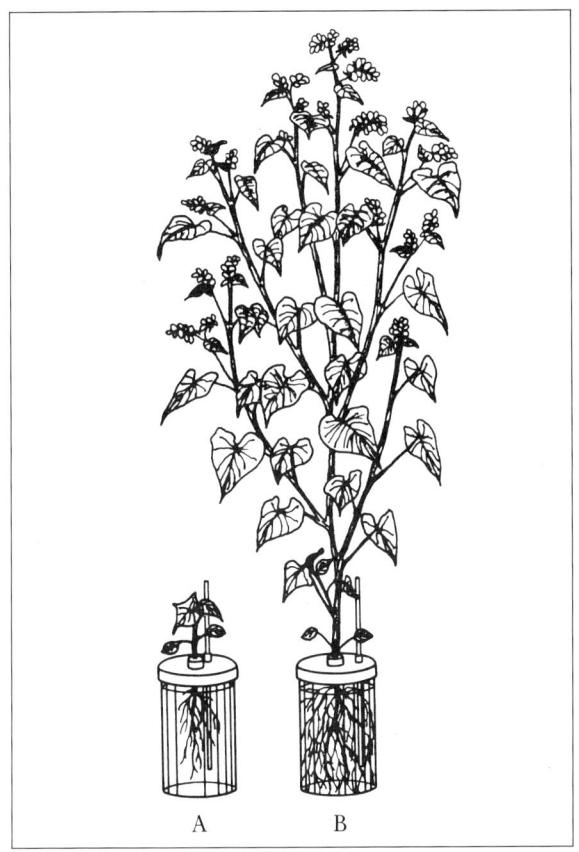

Abb. 2.1.106: Buchweizen in Nährlösung ohne (**A**) und mit (**B**) Kalium. (Nach Pfeffer)

wird Kalium von manchen Vertretern nur in geringen Konzentrationen gebraucht. Ähnliches gilt für Calcium, das für manche Arten sogar entbehrlich ist. Von den Spurenelementen scheint Bor von den Pilzen nicht benötigt zu werden.

Bakterien brauchen von den eindeutigen Makronährelementen der höheren Pflanzen (Eisen nicht dazugerechnet) alle außer Calcium, das nicht oder nur in Spuren notwendig ist. An Spurenelementen scheinen nur Eisen und Mangan von den Bakterien generell benötigt zu werden. Stickstoff-fixierende freilebende Bakterien, z.B. *Azotobacter*-Arten, brauchen, ebenso wie symbiontische N_2-Fixierer, Cobalt als Spurenelement. Für Knallgasbakterien, Clostridien und methanogene Bakterien ist Nickel unentbehrlich. Das Enzym Glutathion-Peroxidase enthält bei Bakterien Selen.

Tab. 2.1.25: Notwendigkeit von mineralischen Elementen für verschiedene Pflanzen. + notwendig; − Notwendigkeit bisher nicht nachgewiesen; ± Notwendigkeit bisher nur für einige Arten nachgewiesen. (Nach Epstein, ergänzt)

Elemente	höhere Pflanzen	Algen	Pilze	Bakterien
N, P, S, K, Mg, Fe, Mn, Zn, Cu	+	+	+	+
Ca	+	+	±	±
B	+	±	−	−
Cl	+	+	−	±
Na	±	±	−	±
Mo	+	+	+	±
Se	±	−	−	+
Si	±	±	−	−
Co	−	±	−	±
I	−	±	−	−
V	−	±	−	−
Ni	±			±

Spurenelemente, die nur von bestimmten Höheren Pflanzen benötigt werden, sind Na, Se, Co, Ni und Si (s.u.).

Etwas abweichend sind die Nährelementbedürfnisse bei den niederen Pflanzen (Tab. 2.1.25). Bei den Algen haben die *Chlorophyta* im allgemeinen die gleichen Bedürfnisse wie die höheren Pflanzen; allerdings ist bei ihnen Calcium eher ein Spuren- als ein Makronährelement. Viele marine und Brackwasser-Algen benötigen – ähnlich wie manche Süßwasser-Cyanobakterien – Natrium und oft größere Mengen an Chlorid (das bei einigen durch Bromid ersetzt werden kann).

Diatomeen brauchen Silicium nicht nur für ihre Zellwand, sondern als Spurenelement auch für ihren Zellstoffwechsel, vor allem für das Funktionieren der Zellteilung.

Die Grünalge *Scenedesmus obliquus* soll Vanadium benötigen. Eine Reihe von Algen gedeiht nur bei Versorgung mit Vitamin B_{12} (das Cobalt enthält); diese Arten (z.B. *Ochromonas malhamensis*) werden auch zur biologischen Bestimmung des Vitamins herangezogen.

Verschiedene marine Algen, vor allem Braunalgen, reichern Iod an (bis zur 30 000fachen Konzentration des Meerwassers), das technisch aus ihnen gewonnen wird; zumindest für einige Arten scheint Jod essentiell zu sein. Auch Gold wird von Braunalgen gegenüber der Konzentration im Meerwasser 100 bis 10 000fach konzentriert. In 1 kg Tang finden sich etwa 17 mg Gold.

Die Eumyceten unter den Pilzen benötigen die gleichen Makronährelemente wie die autotrophen höheren Pflanzen, nur

Eine Reihe von Bakterien, vor allem marine, sind halophil, und zwar in dem Sinne, daß sie mit NaCl nicht nur besser wachsen, sondern Kochsalz unbedingt benötigen. Extrem Halophile wachsen optimal auf ca. 25 % NaCl-Lösungen (ca. 4 M). Das Salz wirkt hier teils osmotisch, teils als Nährelement.

2. Verfügbarkeit der Nährelemente

Außer Kohlenstoff und Sauerstoff, in speziellen Fällen auch Stickstoff, die als Gase (CO_2, O_2, N_2) aufgenommen werden, müssen alle benötigten Elemente in Ionenform aus dem Medium, bei Rhizophyten in der Regel durch die Wurzel, angeliefert werden. Als Nährmedium kann – wie erwähnt – eine durchlüftete Nährlösung dienen.

Als Beispiel für eine für höhere Pflanzen geeignete sei die **Knopsche Nährlösung** genannt: Aqua dest. 100 ml; $Ca(NO_3)_2$, 1 g; $MgSO_4 \cdot 7\,H_2O$ 0,25 g; KH_2PO_4 0,25 g; KNO_3 0,25 g; $FeSO_4$ Spur. Spurenelemente führt man durch einen Tropfen der sog. A-Z-Lösung nach Hoagland zu, die in 1 l Wasser folgende Salze (in mg) enthält: $Al_2(SO_4)_3$ 55; KI 28; KBr 28; TiO_2 55; $SnCl_2 \cdot 2\,H_2O$ 28; $LiCl_2$ 55; $MnCl_2 \cdot 4\,H_2O$ 389; $B(OH)_3$ 614; $ZnSO_4$ 55; $CuSO_4 \cdot 5\,H_2O$ 55; $NiSO_4 \cdot 7\,H_2O$ 59; $Co(NO_3)_2 \cdot 6\,H_2O$ 55.

Die Gesamtkonzentration der Salze in den Nährlösungen liegt bei etwa 0,2 % und ist damit erheblich höher als in der normalen Bodenlösung (s.u.), mit der die Landpflanzen in der Natur auskommen müssen; diese liegt meist bei < 0,01%. Wichtig ist, daß die Salze in den Nährlösungen in ausgewogenen Mengenverhältnissen vorliegen müssen; Lösungen einzelner Salze können spezifisch schädigend wirken.

In der Natur werden die mineralischen Nährelemente in folgender Form aufgenommen:

1. N, S, P, Cl, B, Mo als Anionen (Nitrat, Sulfat, Phosphat, Chlorid, Borat, Molybdat). N auch als NH_4^+ und in Spezialfällen als N_2.
2. Alle übrigen Elemente werden als Kationen aufgenommen (K^+, Mg^{2+}, Ca^{2+}, $Fe^{2+, 3+}$, Mn^{2+}, Zn^{2+}, Cu^{2+}).

Wasserpflanzen können mit ihren submersen Organen oder mit Schwimmblättern die Nährelemente (und Wasser) direkt aus dem Wasser aufnehmen (daneben auch mit Wurzeln, falls vorhanden, aus dem Boden). Sie haben keine oder eine sehr durchlässige Cuticula: Die von *Potamogeton lucens*-Blättern z.B. ist für Wasser um 3 Zehnerpotenzen durchlässiger als die Cuticula von Landpflanzenblättern.

Die Landpflanzen aber nehmen die mineralischen Nährelemente in der Regel mit Hilfe der Wurzeln aus dem Bodenwasser auf, während ihre Blätter (von einigen Spezialisten abgesehen: Ephiphyten, *Tillandsia*, S. 218) nur in sehr begrenztem Umfang zur Salzaufnahme befähigt sind.

Der **Boden** ist ein komplexes, mehrphasiges System, das dauernden physikalischen, chemischen und biologischen Veränderungen unterliegt. Die feste Phase besteht hauptsächlich aus Verwitterungsprodukten der gesteinsbildenden *Mineralien* (Silicate, Tonmineralien, Kalk) und aus Zersetzungsprodukten organischen Materials (dem *Humus*). Die Hohlräume zwischen diesen Teilchen sind teils mit wässeriger Lösung (flüssige Phase, Bodenwasser, Bodenlösung), teils mit Gas gefüllt, das oft eine andere Zusammensetzung hat als die atmosphärische Luft (Bodenluft). Für das Pflanzenwachstum ist es optimal, wenn etwa die Hälfte dieser Hohlräume mit Lösung, die andere mit Luft (zur Unterhaltung der Wurzelatmung) gefüllt ist. Die für dieses richtige Verhältnis günstige Krümelstruktur erhält der Boden durch Ausfällung der negativ geladenen Tonmineralien durch Kalk, der zudem Huminsäuren neutralisiert und so die Versauerung des Bodens verhindert.

Die Bildung von Humus verläuft relativ rasch und überwiegend aerob, während der ggf. anschließende Prozeß bei der Fossilierung organischen Materials, die Inkohlung, langsam und anaerob erfolgt. Humus besteht außer aus unzersetzbarem Material und lebenden Mikroorganismen aus Huminsäuren, Fulvinsäuren und dem alkaliunlöslichen Humin. Humin- und Fulvinsäuren bestehen aus komplizierten Makromolekülen, die aus Benzolringen mit phenolischen Hydroxylgruppen und mit Carboxylgruppen sowie aus aliphatischen Carboxylsäuren zusammengesetzt sind. Die Huminsäuren liegen mit ihren Molekulargewichten zwischen den Fulvinsäuren und dem hochmolekularen Humin. Humin- und Fulvinsäuren stellen Radikale vom Semichinontyp dar (ca. 10^{18} stabile freie Radikale pro g Säure), die hohe Kationenaustausch- und Redoxkapazität aufweisen. Ihre Existenzdauer in der Natur beträgt 25 bis 1400 Jahre.

Die mineralischen Nährelemente kommen im Boden in gelöster oder in gebundener Form vor. Gelöst ist nur ein unbedeutender Anteil (< 0,2%). Etwa 98% sind in Mineralien, schwerlöslichen Verbindungen (Sulfaten, Phosphaten, Carbonaten), Humus und sonstigem organischem Material festgelegt; sie werden nur sehr langsam durch Verwitterung und Zersetzung freigesetzt. Der Rest von etwa 2% ist adsorptiv an kolloidale Bodenteilchen mit überschüssigen Ladungen gebunden. Diese Ionen sind – im Gegensatz zu den gelösten – nicht ohne weiteres auswaschbar. Sie können von der Pflanze durch Austauschabsorption gegen von ihr abgeschiedene Ionen (z.B. H^+, HCO_3^-) freigesetzt und dann verwertet werden. Als Träger für diese adsorptiv gebundenen Ionen kommen vor allem Tonmineralien und Humussubstanzen in Frage. Ihre Austauschkapazität hängt von der Ladungsdichte und der aktiven Oberfläche ab. Letztere beträgt beim Quellton Montmorillonit gegen 600–800 $m^2 \cdot g^{-1}$, bei Huminstoffen 700 $m^2 \cdot g^{-1}$. Die Ladung ist bei Tonmineralien und Humusstoffen meist überwiegend negativ, so daß hauptsächlich Kationen gebunden werden. In geringerem Umfang können Tonmineralien auch Anionen binden. Die Festigkeit der adsorptiven Bindung nimmt bei den Kationen in der Reihenfolge Al^{3+}, Ca^{2+}, Mg^{2+}, NH_4^+, K^+, Na^+ ab; bei den Anionen ist die entsprechende Reihenfolge: PO_4^{3-}, SO_4^{2-}, NO_3^-, Cl^-. Nitrat ist im Boden leicht beweglich, K^+ und vor allem PO_4^{3-} viel weniger.

Die adsorptive Bindung der Ionen im Boden ist für die Nährelementversorgung der Pflanzen insofern von Bedeutung, als dadurch ihre Auswaschung verhindert wird, die Bodenlösung aber mit einem Reservoir in Verbindung steht, das laufend und dosiert verbrauchte Ionen nachliefert.

Wesentlichen Einfluß auf die Nährstoffverfügbarkeit im Boden hat der **pH-Wert**, der auf kleinstem Raum stark schwanken kann. Die Wirkung erstreckt sich einmal auf das Ausmaß der Verwitterung und der Mineralisierung organischen Materials (in sauren Böden ist der Abbau durch die säureempfindlichen Bakterien gestört), weiter auf die Bodenstruktur und schließlich auf die Ionenadsorption und den Ionenaustausch. Die verschiedenen Pflanzenarten bevorzugen bzw. vertragen verschiedene pH-Bereiche im Boden. So können z.B. manche Torfmoose nur in saurem Bereich gedeihen (**acidophile Arten** mit geringer Toleranzbreite); die Besenheide (*Calluna vulgaris*) wächst optimal im sauren Bereich, verträgt aber auch noch neutrale und schwach alkalische Böden (**acidophil-basitolerant**). Als **basiphil-acidotolerant** ist z.B. der Huflattich (*Tussilago farfara*) einzustufen. Die meisten höheren Pflanzen vertragen in Einzelkultur pH-Werte des Bodens zwischen etwa pH 3,5 und 8,5, mit verschiedener Lage des Optimums. Dieses physiologische Entwicklungsoptimum stimmt häufig nicht mit dem ökologischen Verbreitungsoptimum überein, weil viele Arten durch die Konkurrenz auf Standorte außerhalb ihres physiologischen Optimums abgedrängt werden. Arten mit breitem Toleranzbereich sind dabei naturgemäß anpassungsfähiger.

3. Die Aufnahme der Nährelemente

Die Wurzel (und in speziellen Fällen andere Pflanzenorgane) können außer den gasförmigen nur gelöste Nährelemente aufnehmen. Absorptiv gebundene Ionen müssen deshalb vorher durch Austauschabsorption freigesetzt werden. Als Austauschionen liefert die Wurzel, wie erwähnt, hauptsächlich H^+ und HCO_3^- (das Atmungs-CO_2 reagiert im Bodenwasser nach: $CO_2 + H_2O \rightleftharpoons H^+ + HCO_3^-$). Durch die H^+-Ionen des H_2CO_3 und auch von der Wurzel ausgeschiedener organischer Säuren wird auch die Löslichkeit von Phosphaten und Carbonaten erhöht. Auch können freigesetzte Schwermetallionen in Komplexbindungen übergeführt werden, wodurch ihre Aufnahme erleichtert wird. Bei allen untersuchten Pflanzengruppen

(Algen, Moose, höhere Pflanzen) wird durch Angebot von Schwermetallen die Synthese von komplexierenden Peptiden («**Phytochelatine**», PC) induziert. Sie haben die Struktur (γ-Glutaminsäure-Cystein)n-Glycin (n = 2 bis 11) (vgl. Abb. 2.1.107). Bei den *Fabales* ersetzt Homophytochelatin das PC; hier ist der Glycinrest durch β-Alanin ersetzt.

Eine andere Schwermetalle-bindende Substanzgruppe sind die **Metallothioneine**. Es handelt sich um Cystein-reiche, niedermolekulare (MW < 10 000) Proteine, deren Synthese in der Pflanze ebenfalls durch Schwermetalle ausgelöst wird. Beide Gruppen von komplexierenden Verbindungen können Schwermetallionen einerseits aus dem Verkehr ziehen, andererseits bei Bedarf (z.B. als Cofaktoren) wieder in den Zellstoffwechsel einschleusen.

Schließlich verändern die mannigfaltigen von der Wurzel abgegebenen Substanzen (neben organischen Säuren auch Aminosäuren, Zucker, Vitamine usw.) auch die Lebensbedingungen für die Mikroorganismen (Pilze, Bakterien) in der Wurzelumgebung (Rhizoplane, Rhizosphäre, vgl. S. 373) und damit das Ausmaß der Umsetzung der Bodenmineralien und des Abbaues organischen Materials durch diese Mikroorganismen.

Passive Aufnahme. Aus der Bodenlösung gelangen die Ionen durch Diffusion oder mit dem strömenden Wasser zunächst in den frei zugänglichen Apoplasten der Wurzel, d.h. in die Zellwände der Wurzelhaare und der Wurzelrindenzellen. Die Aufnahme erfolgt «passiv», d.h. ohne Zuhilfenahme von Stoffwechselenergie, wobei die strömende Lösung Wasserpotentialgradienten (S. 325), die Diffusion von Ionen Gradienten im chemischen Potential μ (wie die von ungeladenen Teilchen) und im elektrischen Potential ε folgt, die man zum elektrochemischen Potential $\bar{\mu}$ zusammenfaßt:

$$\bar{\mu} = \mu + n \cdot F \cdot \varepsilon,$$

wobei n = Wertigkeit des Ions, F = Faraday-Konstante.

Der auf diese Weise frei zugängliche Teil des Organs wird «**Freier Raum**» (Apparent Free Space, AFS) genannt. Er macht zwischen 8 und 25% des gesamten Gewebevolumens aus. Die Aufnahme in den AFS kann als nichtmetabolischer Prozeß durch niedere Temperaturen oder Stoffwechselgifte nicht wesentlich beeinträchtigt werden; sie ist zudem nicht-selektiv und reversibel, d.h. Substanzen im AFS können leicht wieder ausgewaschen werden.

Für geladene Teilchen ist der AFS in zwei Teilräume unterteilt: Im Wasserfreiraum (Water Free Space, WFS) diffundieren die Ionen in der Lösung, die sich im Apoplasten befindet; im Donnan-Freiraum (Donnan Free Space, DFS) werden sie von festgelegten Ladungen des Apoplasten festgehalten: AFS = WFS + DFS.

Donnan-Verteilungen kommen dann zustande, wenn eine bestimmte Ionensorte durch eine für sie impermeable Membran oder durch Einbau in eine nicht-diffusible Phase (z.B. Zellstrukturen) in ihrer freien Bewegung gehindert wird. Festgelegte oder an der Diffusion gehinderte Anionen (A^-_{fix} in Abb. 2.1.108; z.B. dissoziierte Carboxylgruppen des Protopectins, S. 96 f., in der Zellwand) würden frei bewegliche Kationen

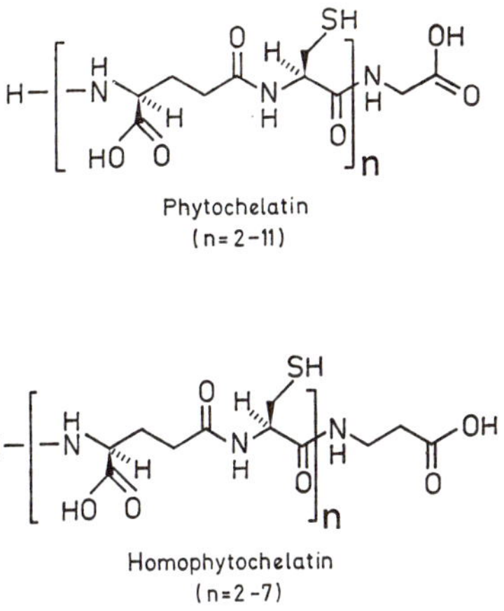

Abb. 2.1.107: Struktur der Phytochelatine und Homophytochelatine. (Originalvorlage M.H. Zenk)

(K^+) aus der Umgebung anziehen. Würde dieser Vorgang bis zur Neutralisierung der fixierten Ladungen fortschreiten, so bestünde zwar Elektroneutralität, aber ein chemischer Gradient für das Kation von der nächsten (Kompartiment I) zu der weiteren Umgebung (II) der fixierten Anionen, d.h. das System ist nicht im Gleichgewicht (Konzentration $K_i^+ > K_o^+$, Abb. 2.1.108). Es werden daher wieder Kationen von I nach II diffundieren, bis die treibenden Kräfte (Potentialgradient einerseits, Konzentrationsgradient andererseits) einander die Waage halten. Das erzielte Gleichgewicht wird als Donnan-Gleichgewicht bezeichnet. Es ist dadurch gekennzeichnet, daß die indiffusible «Festionen» enthaltende Donnan-Phase gegenüber der Außenphase eine höhere Gesamtionenkonzentration aufweist, und daß ein Potentialgradient (Donnan-Potential) verbleibt, dessen Richtung durch die Ladung des nicht-diffusiblen Ions gegeben ist; bei einem fixierten Anion ist die Donnan-Phase im Gleichgewicht gegenüber der Umgebung stets negativ geladen.

Im Apoplasten liegen «Festionen» außer in den Carboxylionen des Protopectins vielleicht auch in anionischen Protein- und Phosphatidgruppen der Plasmalemma-Außenseite vor. Jedenfalls überwiegen im AFS stets die negativen Ladungen, so daß Kationen festgehalten werden. Neu hinzukommende, z.B. aus der Außenlösung aufgenommene, Kationen verschieben in der Regel nicht das Donnan-Gleichgewicht, sondern verdrängen nur vorher absorbierte Kationen, d.h. es kommt zur Austauschabsorption. So verliert z.B. eine in Ca^{2+}-Lösung gehaltene Wurzel das absorbierte Ca^{2+} wohl bei Übertragung in K^+-haltige Lösung, nicht aber in reinem Wasser, d.h., sie verhält sich wie ein Ionenaustauscher.

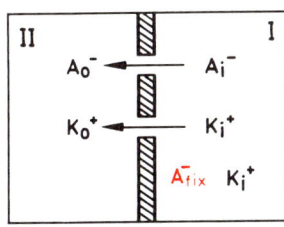

Abb. 2.1.108: Modell zweier Kompartimente, von denen eines (I) Anionen (A^-_{fix}) enthält, für welche die Trennmembran undurchlässig ist, das deshalb als Donnan-Phase wirkt. Der Elektrolyt K^+A^- verteilt sich so zwischen I (innen, in) und II (außen, out), daß das elektrochemische Gleichgewicht erreicht wird. (Nach Lüttge, verändert)

Um vom Apoplasten in den Symplasten zu gelangen, haben die Nährstoffionen zunächst die Plasmalemma-Membran zu passieren; sollen sie in die Vacuole gelangen, ist auch noch der Tonoplast zu passieren. Man unterscheidet gelegentlich diese beiden Vorgänge und bezeichnet den Eintritt einer Substanz vom Apoplasten in das Cytoplasma als **Intrameation** und den Transport vom Apoplasten in die Vacuole als **Permeation**.

Das passive Durchtreten einer Substanz durch eine Membran (z.B. das Plasmalemma) entlang dem chemischen bzw. (bei geladenen Teilchen) dem elektrochemischen Potentialgefälle kann als eine **behinderte Diffusion** betrachtet werden. Die Durchlässigkeit (**Permeabilität**) einer Membran für ein ungeladenes Teilchen (außer Wasser) ist etwa 100 bis 10000fach geringer als die einer Wasserschicht gleicher Dicke.

Die Analyse der Durchlässigkeit der Plasmamembranen (untersucht wurde meist die Permeation, deren Geschwindigkeit durch Messung der Deplasmolysegeschwindigkeit festgestellt werden kann, vgl. S. 325) ergab folgendes:

1. Größere Moleküle (Mol.-Gew. > 70, bzw. Durchmesser > 0,5 nm) permeieren entsprechend ihrer Lipidlöslichkeit.

2. Kleinere Teilchen permeieren weit schneller als es ihrer Lipidlöslichkeit entspricht.

Daraus wurde gefolgert, daß kleinere Teilchen durch Poren (die z.B. in den Eiweißbezirken der Membran auftreten könnten) von etwa 0,5–0,8 nm Durchmesser durchtreten können, während größere durch die Lipidregionen der Membran (S. 81ff.) diffundieren: **Lipidfiltertheorie der Permeabilität**.

Weder der Mosaikaufbau der Membran (Lipid- bzw. Eiweißanteile) noch das Vorhandensein von Poren konnte bisher im Elektronenmikroskop für die Plasmamembranen (Plasmalemma bzw. Tonoplast) gesichert werden (vgl. aber S. 343).

Die Stoffaufnahme durch passive Permeation kann bis zum Ausgleich des chemischen bzw. elektrochemischen Potentials fortschreiten. In vielen Fällen wird aber im Zellinnern ein eingedrungenes Nährelement weiterverarbeitet (z.B. wie Phosphat, Nitrat, Sulfat in organische Verbindungen übergeführt) oder festgelegt (z.B. durch Ausfällung wie Pb^{2+} als $PbSO_4$). Dadurch wird es laufend aus dem Gleichgewicht entfernt und die Aufnahme kann weiterlaufen.

In den passiven Transport können auch **Translocatoren, Carrier,** (vgl. S. 81) eingeschaltet sein. Es sind stets (beim passiven wie beim aktiven Trägertransport) in die Membran integrierte Proteine, die bei der Bindung und Lösung des Substrats (der Substrate) Konformationsänderungen erfahren. Bindet und verfrachtet der Translocator nur eine einzige Substanz, spricht man von **Uniport**, bewegt er stets gleichzeitig zwei, so kann es sich um **Symport** (beide in gleiche Richtung) oder **Antiport** (entgegengesetzte Richtung) handeln (Abb. 2.1.109); letzteren sind wir z.B. bei Transporten in der inneren Chloroplasten- und Mitochondrienmembran begegnet. Als passiv (auch als katalysierte Diffusion) wird der Trägertransport dann bezeichnet, wenn er dem chemischen bzw. elektrochemischen Potentialgradienten des Substrats oder der Summe der Po-

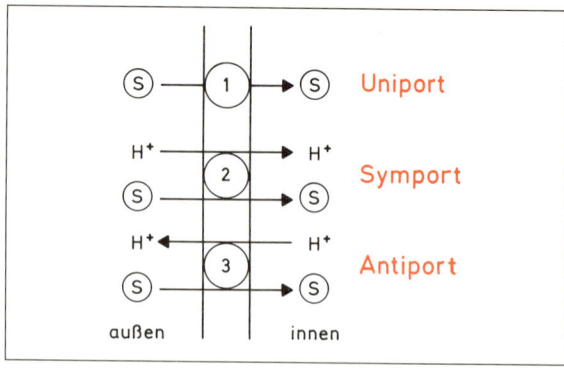

Abb. 2.1.109: Sekundär-aktive Transportprozesse an der Membran. Beim Symport (2) und Antiport (3) ist der Substrat (S)-Transport durch die Membran direkt mit einem gleich- (2) oder gegenläufigen (3) Protonentransport verbunden (Fluxkoppelung). Beim Uniport wird der Antrieb für den Substrattransport durch die elektrische Komponente des primär aktiven Protonentransportes bereitgestellt.

tentialgradienten beider Substrate (bei Symport und Antiport) folgt. Im letzten Falle kann ein Substrat mit geringerem Gefälle auch gegen den eigenen Potentialgradienten transportiert werden.

Aktive (metabolische) Aufnahme. Eine Reihe von Substanzen wird durch «aktiven» Transport durch die Protoplasmamembranen, z.B auch das Plasmalemma, «gepumpt». Unter einem aktiven Transport versteht man einen Transport von Teilchen unter energetischer Koppelung mit einer exergonischen Reaktion (bzw. Reaktionen), an der (denen) das zu transportierende Teilchen nicht selbst beteiligt ist.

Bei biologischen Transportvorgängen ist das Vorliegen eines aktiven Transportes im strengen Sinne in der Regel nicht schlüssig nachzuweisen. Als Indiz wird die Abhängigkeit vom Energiestoffwechsel (ATP-Bildung durch oxidative oder Photophosphorylierung, Errichtung von Protonengradienten über Membranen) angesehen. Hemmung der Energienachlieferung durch niedere Temperaturen, Gifte, Entkoppler, O_2-Entzug oder Dunkelheit (bei Photophosphorylierung) bringt den aktiven Transport zum Stillstand. Hat man eine derartige Koppelung einer Stoffwanderung mit dem Stoffwechsel festgestellt, ohne eindeutig einen aktiven Transport im Sinne der physikalischen Chemie nachgewiesen zu haben, so spricht man auch von einem «metabolischen Transport».

Der **aktive (metabolische) Transport** unterscheidet sich vom passiven in folgenden Punkten:

1. Er kann unter Verbrauch von Stoffwechselenergie Substanzen auch gegen ein Gefälle ihres (elektro-)chemischen Potentials transportieren, also Konzentrationsarbeit leisten («**Bergauftransport**»).

2. Er kann Substanzen durch Membranbarrieren schaffen, die für sie auf anderem Wege nicht oder nicht in ausreichender Geschwindigkeit permeabel wären.

3. Er ist spezifisch auf bestimmte, für den Stoffwechsel der einzelnen Zelle (bzw. des einzelnen Zellkompartiments) wichtige Verbindungen eingestellt.

Innerhalb des **aktiven Transportes** unterscheidet man zwischen «**primär-aktivem**» und «**sekundär-aktivem**» Transport.

Beim primär-aktiven Transport sind stets membrangebundene, hochmolekulare Transport-ATPasen beteiligt, die ATP in stöchiometrischem Verhältnis zur Menge des beförderten Substrates spalten. Bei Pflanzen sind es meist Protonen-Transport-ATPasen, während bei Bakterien auch Transport-ATPasen für organische Verbindungen vorkommen.

Die ursprüngliche Aufgabe dieser Protonenpumpen in Plasmalemma und Tonoplast war vermutlich die Einstellung des cytosolischen pH-Wertes in der Pflanzenzelle auf einen engen Bereich zwischen pH 7,5 und 8,0, im Ungleichgewicht zum meist sauren Außenmilieu und Vacuoleninhalt. Die Plasmalemma-ATPase kann übrigens mit Hilfe eines Protonengradienten ATP produzieren, arbeitet also reversibel.

Bei marinen Algen wird von einer Cl^--Transport-ATPase («Chlorid-Pumpe») Chlorid zur Osmoregulation vom Medium in die Zelle befördert, bei Salzdrüsen *(Limonium, Tamarix)*, dagegen Cl^- sezerniert; das Na^+ folgt durch elektrogene Fluxkopplung (s.u.) nach. Diskutiert wird ferner eine Ca^{2+}-Transport-ATPase im Plasmalemma und in Mitochondrienmembranen, die durch Calmodulin gefördert werden und den Ca^{2+}-Spiegel im Cytosol niedrig halten soll (vgl. S. 347).

Bei **sekundär-aktiven** Transportprozessen (die von passiven Trägertransporten nicht immer leicht abzugrenzen sind), wird der durch aktiven Protonentransport erzeugte elektrochemische Potentialgradient über eine Membran als treibende Kraft für den Transport anderer geladener oder ungeladener Substanzen benützt (**chemische Fluxkopplung**). Der durch Transport-ATPasen oder auch durch Elektronentransporte (z.B. in Bakterien, Chloroplasten und Mitochondrien) aufgerichtete Protonengradient trägt auch zur elektrischen Potentialdifferenz zwischen beiden Seiten einer Membran bei («Transmembranpotential»), das den Transport aller geladenen Teilchen beeinflußt (**elektrogene Fluxkopplung**).

Als Beispiel für eine chemische Fluxkopplung sei das Zuckeraufnahmesystem von *Chlorella vulgaris* erwähnt. Dieses ist stereospezifisch auf Glucose und einige Glucoseanaloge (z.B. 3-O-Methylglucose) eingestellt: Es transportiert diese Zucker gegen ein Konzentrationsgefälle (Konzentrationshub auf das 1500fache bei Methylglucose, die in der Zelle nicht metabolisiert wird) und wird durch die gleichen Substrate auch induziert. Pro Zuckermolekül wird ein Proton in die Zelle aufgenommen; besteht kein Protonengradient zwischen Außenmedium und Zellinnerem, so kommt der aktive Zuckertransport zum Erliegen.

Auch die Beladung der Transportbahnen des Phloems erfolgt durch einen Symport der Wanderzucker bzw. der Aminosäuren mit Protonen (vgl. S. 370), die durch eine Protonen-Transport-ATPase aus den Bahnen gepumpt werden (evtl. elektrogen gekoppelt mit einem Eintransport von K^+-Ionen).

Ein durch elektrogene Fluxkopplung bewirkter sekundär-aktiver Transportvorgang durch Membranen ist die Permeation durch **Ionenkanäle**. Ihre Analyse hat durch eine neue Methode, die «**Patch-Clamp**»-**Technik** (Abb. 2.1.110) große Fortschritte gemacht. Mit ihrer Hilfe können elektrische Ströme mit Amplituden von weniger als einem Picoampere von einzelnen Ionenkanälen, aber auch von Membranstücken oder ganzen (kleinen) Protoplasten mit vielen Kanälen gemessen werden (Abb. 2.1.111).

Dabei kann zwischen Ionenkanälen im Plasmalemma und im Tonoplasten differenziert und auch eine evtl. Polarität der Kanäle durch entsprechende Plazierung der Membran an der Pipette (Abb. 2.1.110) festgestellt werden.

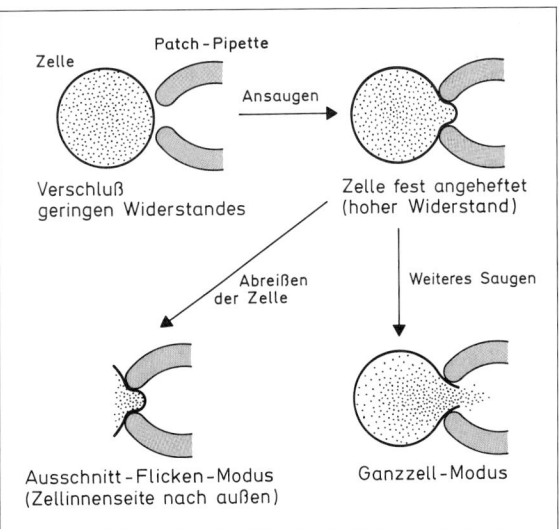

Abb. 2.1.110: Patch-clamp-Technik. Durch Ansaugen einer Zelle (wandfreier Protoplast) an eine Pipettenmündung wird zunächst im Zustand «cell-attached» ein Verschluß der Pipette mit hohem elektrischem Widerstand zwischen der Pipettenfüllung und der Umgebungsflüssigkeit (etliche 10^9 Ohm, «gigaseal») erzielt. Gemessen wird mit hoher zeitlicher Auflösung (μs) der Stromfluß durch den Verschluß bei Anlegen einer definierten Spannung. Wird durch weiteres Saugen der angeheftete Protoplast geöffnet, so entsteht ein Weg geringen elektrischen Widerstandes zwischen der Pipettenfüllung und dem Zellinnern. Bei diesem «Ganzzellmodus» («whole-cell mode») kann der Widerstand und seine durch Öffnen und Schließen von Ionenkanälen bewirkte Änderung im gesamten Plasmalemma ermittelt werden. Durch schnelles Wegziehen der Pipette kann ein Stück Plasmamembran abgerissen werden, das nun die Pipette mit der Zellinnenseite zum Medium hin verschließt («excised-patch mode»; «Ausschnitt-Flicken-Modus»). Durch Kombination der verschiedenen Methoden kann demnach auch eine Polarität von Ionenkanälen analysiert werden.

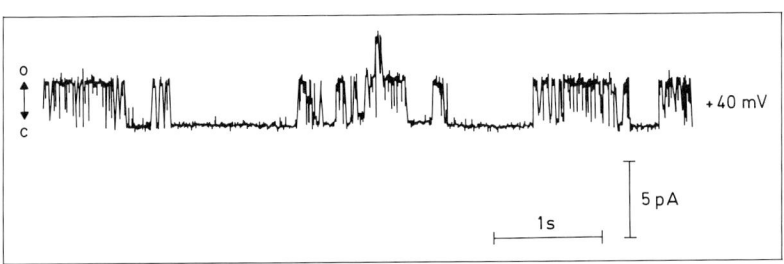

Abb. 2.1.111: Chlorid-Kanäle in der Thylakoidmembran von *Peperomia metallica*. Die für einzelne Cl^--Kanäle ermittelten elektrischen Ströme wurden nach der «excised-patch»-Methode gewonnen, wobei die Intrathylakoid-Seite der Membran der Umgebungslösung zugekehrt war. Es wurde eine Spannung von +40 mV auf der Thylakoid-Innenseite angelegt. (Nach Schönknecht, Hedrich, Junge u. Raschke)

Bisher wurden bei Pflanzen Ionenkanäle für K$^+$, Cl$^-$ und Ca^{2+} nachgewiesen. In Schließzellen der Stomata gibt es verschiedene K$^+$-Kanäle für den K$^+$-Influx (bei der Stomaöffnung) und für den K$^+$-Efflux (beim Stomaschluß, vgl. S. 461 ff.). Es bleibt zu prüfen, welchen Anteil die Kopplung des K$^+$-Transportes an die Protonenpumpe und die Öffnung von K$^+$-Kanälen an der Osmoregulation der Schließzellen haben, bzw. wie beide Prozesse ineinandergreifen.

Da die Öffnung und Schließung von Ionenkanälen durch das Transmembranpotential gesteuert wird, ist diese Art von Transport als sekundär-aktiv zu bezeichnen (s. o.).

Endocytose. Außer durch passiven und aktiven Transport können Substanzen in gewissen Fällen auch durch Einstülpung des Plasmalemmas, Ablösung der dadurch gebildeten Blasen mit ihrem festen (Phagocytose) oder flüssigen Inhalt (Pinocytose; Abb. 1.1.12, S. 26, 27) und Transport in das Zellinnere aufgenommen werden. Über die Bedeutung dieser Endocytose bei Pflanzenzellen ist noch wenig bekannt, auch der Mechanismus liegt noch im Dunkeln.

Aus dem Zusammenwirken von passiven und aktiven Vorgängen lassen sich die wichtigsten Charakteristika der Stoffaufnahme in den Symplasten erklären:

1. Anreicherung. Wie erwähnt (S. 320), kann die Zelle Substanzen gegen ein Konzentrationsgefälle aufnehmen und gegenüber der Umgebung stark anreichern. Dies gilt nicht nur für Zucker (vor allem im Stoffwechsel nicht weiter verwertbare) bei *Chlorella*, sondern z.B. sehr häufig für wichtige Ionen. K$^+$ z.B. wird in den Zellen von Algen oder höheren Pflanzen oft auf das über 1000fache gegenüber dem Medium konzentriert.

Hält man z.B. Rübenstücke in fließendem Leitungswasser (K$^+$-Konzentration ca. 0,01 mM), so erzielt man nach einiger Zeit eine Anreicherung des K$^+$ auf über 10000:1.

Da die Konzentrierung um so stärker erfolgt, je verdünnter die Außenlösung ist, ist sie besonders bei Wasserpflanzen auffällig.

2. Auswahlvermögen. Die Pflanze vermag aus ihrem Medium die für sie bedeutsamen Ionen (z.B. K$^+$, PO$_4^{3-}$) bevorzugt aufzunehmen und nicht oder nicht in größerem Ausmaß benötigte Elemente (z.B. Si oder Na) zu benachteiligen.

Dieses Wahlvermögen kann zu physiologisch bedeutsamen pH-Verschiebungen im Boden führen. Wird z.B. mit NH$_4$Cl gedüngt, so nimmt die Pflanze durch Austauschabsorption gegen H$^+$ bevorzugt NH$_4^+$ auf, so daß sich Protonen im Boden anreichern, der Boden also versauert. NH$_4$Cl ist daher ein physiologisch saures Salz.

3. Mangelndes Ausschlußvermögen. Da die Carrier nicht streng spezifisch sind (ähnlich gebaute Moleküle verwechseln können), und auch eine passive Stoffaufnahme stattfindet, hat die Zelle kein völliges Ausschlußvermögen für nicht benötigte oder auch schädliche Stoffe. Dies ist der Grund dafür, daß man in den Pflanzen mit entsprechend empfindlichen Nachweismethoden wohl alle natürlich vorkommenden Elemente finden würde (S. 320).

Ein spezielles Problem stellt sich der Pflanze, wenn aufgenommene Anionen (z.B. Nitrat, Sulfat) reduziert (S. 350f., 360f.) und damit aus dem elektrochemischen Gleichgewicht entfernt werden. Die nicht mehr balancierten Kationen (z.B. K$^+$ bei Aufnahme von KNO$_3$ oder K$_2$SO$_4$) müssen dann durch andere Anionen neutralisiert werden. Die Pflanze verwendet dazu organische Anionen, vorwiegend zweibasische, z.B. Malat und Oxalat. Oxalat ist hierfür besonders geeignet (und im Pflanzenreich weit verbreitet), weil es praktisch kaum noch Energie enthält.

Verfolgt man die Ionenaufnahme durch eine Pflanzenwurzel (oder anderes Pflanzengewebe, z.B. Blatt- oder Speichergewebe) bei wachsender Ionenkonzentration im Außenmedium, so erhält man Kurven, die formal der Michaelis-Menten-Beziehung gehorchen (Abb. 2.1.112), wie wir sie bereits bei Enzymen kennengelernt haben. So erreicht die Aufnahmegeschwindigkeit für K$^+$ durch eine Gerstenwurzel ein Maximum bei etwa 0,20 mM KCl in der Außenlösung, das auch bei Erhöhung der Konzentration auf 0,50 mM KCl nicht überschritten wird. Bietet man aber sehr hohe Konzentrationen (1–50 mM) KCl an, so bekommt man erneut eine Steigerung der Aufnahmegeschwindigkeit.

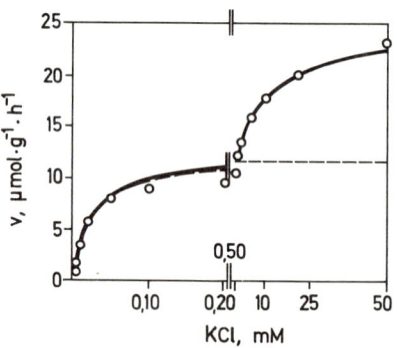

Abb. 2.1.112: Geschwindigkeit (v) der Kaliumaufnahme in Abhängigkeit von der KCl-Konzentration im Medium (das auch 0,5 mM CaCl$_2$ enthielt). Abszisse zwischen 0,20 und 0,50 mM unterbrochen. Die durchgezogene Kurve bei den niedrigen Konzentrationen (fortgesetzt durch die gestrichelte Linie) ist aus der Michaelis-Menten-Gleichung errechnet, wobei K_m = 0,021 mM; V_{max} = 11,9 µmol/g Frischgewicht und Stunde. (Nach Epstein)

Dieser Kurvenverlauf deutet auf zwei verschiedene Aufnahmemechanismen für das Ion hin. Der Mechanismus 1, der bei niedrigen Ionenkonzentrationen (< 1 mM), also hoher Affinität, arbeitet (wie sie den natürlichen Konzentrationen im Boden entsprechen), ist hochspezifisch auf Kalium (und Rubidium) eingestellt und bleibt unbeeinflußt von der Natur und Aufnahmerate des jeweiligen Anions. Diesem Mechanismus ähnliche Typen der Aufnahme sind auch für weitere Kationen und Anionen beschrieben worden.

Der Mechanismus 2 hat eine geringe Substrataffinität (arbeitet nur bei hohen Ionenkonzentrationen effektiv), ist relativ unspezifisch (mit K$^+$ z.B. konkurrieren Na$^+$ und Ca^{2+}) und wird vom Begleition beeinflußt. Auch dieser Aufnahmemechanismus wurde für verschiedene Kationen und Anionen beschrieben.

Es wird als wahrscheinlich angenommen, daß diesen beiden Aufnahmesystemen zwei verschiedene Carrier zugrunde liegen und daß beide im Plasmalemma lokalisiert sind.

4. Der Transport der Mineralstoffe

Der Apoplast der Wurzel ist den Mineralstoffen nur bis zur Sperre des Caspary-Streifens in der Radialwand der Endodermis (S. 145, Abb. 1.2.21) frei zugänglich. Spätestens hier, aber auch schon auf dem gesamten Wege von den Wurzelhaaren bzw. Mykorrhizahyphen (als Hauptaufnahmestellen), über die Rhizodermis und die Wurzelrinde, erfolgt die Aufnahme in den Symplasten mit den geschilderten Gesetzmäßigkeiten. Neben dem Transport im Apoplasten läuft auf der geschilderten Strecke also auch ein symplasmatischer Transport der in das Cytoplasma aufgenommenen Salze, wobei der Übertritt von Zelle zu Zelle durch die Plasmodesmen erfolgt.

Der Transport von den Endodermiszellen in den Zentralzylinder kann wegen des Caspary-Streifens nur symplasmatisch erfolgen. Um dort in die Wasserleitungsbahnen zu gelangen, müssen die Ionen wieder aus dem Symplasten in den Apoplasten übertreten. Es ist noch unklar, inwieweit dieser Vorgang passiv, durch entsprechend permeable («lecke») Plasmamembranen der Xylemparenchymzellen, oder aber aktiv, bzw. metabolisch, unter Einsatz von Stoffwechselenergie, erfolgt. Im letzteren Falle könnten wieder selektiv Ionen abgeschieden werden, auch gegen ein Gefälle des elektrochemischen Potentials. Vermutlich sind passive und aktive Vorgänge beteiligt (vgl. S. 369f.).

Aus dem Symplasten können Ionen und Anelektrolyte auch durch die Tonoplasten der einzelnen Zellen in deren Vacuolen übertreten und dort «aus dem Verkehr gezogen», gespeichert, werden. Dieser Prozeß ist reversibel, für den parenchymatischen Stofftransport allerdings eine «Sackgasse» (Abb. 2.1.113).

Mit dem Transpirationsstrom werden die Nährsalze, zusammen mit geringen Mengen von organischen Verbindungen (S. 335), in der Pflanze verteilt, wobei die Richtung dieses Xylemtransportes, wie auf S. 335f. dargelegt, nur durch Wasserpotentialgradienten bestimmt wird. Die Ionen (vor allem Kationen) werden z.T. auch von geladenen Gruppen in den Wandungen der Wasserleitbahnen absorbiert, die sie bei sinkender Konzentration im Transpirationsstrom wieder teilweise freisetzen, so daß auf diese Weise die Konzentrationsschwankungen der Ionen gedämpft werden.

Über die ganze Länge der Wasserleitungsbahnen können die Nährsalze aus dem Transpirationsstrom wieder in den Apoplasten oder den Symplasten (und schließlich auch die Vacuolen) der benachbarten Gewebe übertreten, wofür grundsätzlich die gleichen Gesetzmäßigkeiten gelten, wie für die Wurzel beschrieben. An den Orten lebhafter Transpiration (z.B. den Cuticularleisten der Stomata) kann es zu einer Anhäufung von Mineralstoffen kommen.

Ein Teil der anorganischen Ionen kann vom Xylem oder dem Parenchym auch in die Assimilatleitbahnen des Phloems (S. 149f.) eintreten und mit den Assimilaten verteilt werden. Andere Ionen sind nur beschränkt im Phloem wanderfähig, wieder andere schließlich praktisch phloemimmobil (Tab. 2.1.26).

Zu den Ionen der ersten Gruppe, die also in der Pflanze nach Bedarf umverteilt, auch z.B. von alten in junge Blätter und die übrigen Organe transportiert werden können, gehört als wichtigstes Kation K^+, von dem auch vermutet wird, daß es spezifische Funktionen beim Phloemtransport ausüben könne (S. 371). Während Stickstoff und Schwefel im Phloem ganz überwiegend als Teil organischer Verbindungen wandern, werden Chlorid und vor allem Phosphat in größeren Mengen als freie Anionen transportiert. Die relativ großen Konzentrationen freien Phosphats in den Siebröhren (ca. 5–10 meq/l) bedingen, daß Kationen, die schwerlösliche Phosphate bilden (z.B. Calcium, Barium, Blei), im Phloem praktisch immobil sind.

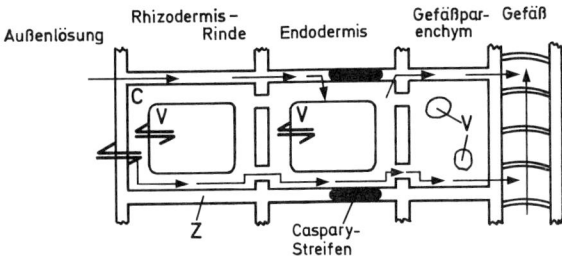

Abb. 2.1.113: Stark vereinfachtes Schema eines Wurzelquerschnittes zur Darstellung der Transportprozesse (Pfeile). Z Zellwand, C Cytoplasma, V Vacuole. (Nach Lüttge, ergänzt)

Tab. 2.1.26: Beweglichkeit mineralischer Elemente im Phloem. (Nach Epstein, ergänzt)

Beweglich	Mäßig beweglich	Unbeweglich
Kalium	Eisen	Lithium
Rubidium	Mangan	Calcium
Caesium	Zink	Strontium
Natrium	Kupfer	Barium
Magnesium	Molybdän	Bor
Phosphor	Cobalt	Blei
Schwefel		Polonium
Chlor		Silber

Dies hat vor allem beim Calcium eine Reihe von weitreichenden Folgen. So wird daran gedacht, daß der Mangel an Ca^{2+}, das für die Aufrechterhaltung der Membranstrukturen in der Zelle eine bedeutende Rolle spielt, ein wesentlicher Grund für die tiefgreifenden cytologischen Besonderheiten der Siebelemente sein könnte (z.B. Degeneration des Tonoplasten und des Zellkerns, z.T. starke Strukturänderungen der Organellen, vgl. S. 150). Die einzige Plasmamembran in den Siebelementen, die für deren Funktion essentiell ist (S. 370), das Plasmalemma, könnte das benötigte Ca^{2+} aus dem angrenzenden Apoplasten beziehen.

Eine weitere Konsequenz der Immobilität des Ca^{2+} im Phloem und seiner Wanderfähigkeit mit dem Transpirationsstrom ist die Erfahrung, daß das Ca/K-Verhältnis in der Asche eines Organs um so niedriger ist, je mehr seine Phloemversorgung diejenige durch das Xylem überwiegt. Sehr niedrig ist es z.B. bei der Kartoffelknolle und der Erdnußfrucht, die beide praktisch ausschließlich durch das Phloem versorgt werden. (Da sie im Boden wachsen, kommt es zu keinem Wasserpotentialgefälle zwischen Wurzel und Organ und daher zu keiner Versorgung über den Transpirationsstrom.) An ihrem Ca/K-Verhältnis kann man auch die pflanzlichen und tierischen Xylem- und Phloemparasiten unterscheiden; bei ersteren (z.B. *Viscum*) ist es hoch (z.T. > 3:1), bei letzteren (z.B. *Cuscuta*) niedrig (ca. 1:17).

Schließlich führt das Fehlen eines Phloemtransportes beim Calcium (und den anderen immobilen Elementen) dazu, daß sie sich in den Transpirationsorganen, vor allem in den Blättern, kontinuierlich anreichern und – im Gegensatz z.B. zum K⁺ und Phosphat – auch vor dem Blattfall nicht mehr in die anderen Organe (z.B. den Stamm) zurückgeführt werden. Die ständige, irreversible Anreicherung von Calcium und anderen phloemimmobilen Elementen ist vermutlich der Grund dafür, daß auch sog. «Immergrüne» ihre Belaubung von Zeit zu Zeit erneuern müssen. So werden die Nadelblätter der Kiefer nur 2–3 Jahre alt, die der Fichte am Ast bei niedriger Seehöhe (< 300 m) 5–7, bei hoher (1600–2000 m) 11–12, die der Tanne 5–7, die der Latsche 6–8. Auch die Blätter des immergrünen Lorbeers werden nicht über 6 Jahre alt, die des Efeus oder der Stechpalme selten älter als 2 Jahre. Durch den Blattfall (auch die Ablösung von Borke, Zweigen u.ä.) kann die Pflanze auf der anderen Seite Ballaststoffe loswerden, wofür noch einige andere, wenn auch begrenzte, Möglichkeiten bestehen (S. 372 f.).

Werden Pflanzen, die in Calcium-reichen Medien gewachsen waren, auf Calcium-freie übergeführt, zeigen die ursprünglich vorhandenen Blätter Ca-Überschuß, während die neu zuwachsenden zur gleichen Zeit Ca-Mangelsymptome aufweisen.

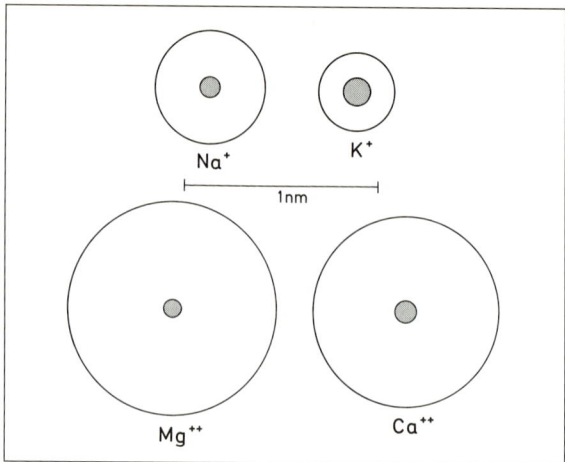

Abb. 2.1.114: Größe einiger Ionen und ihrer Hydratationshüllen.

5. Die Bedeutung der mineralischen Nährelemente für die Pflanze

Die mineralischen Nährelemente haben in der Zelle einerseits Funktionen, die nicht spezifisch mit einzelnen Nährelementen verknüpft sind, und andererseits solche, die nur von bestimmten Elementen bzw. Ionen (allenfalls noch chemisch nahe verwandten) ausgeübt werden können. Zu den unspezifischen Funktionen zählt z.B. ihr Beitrag zum osmotischen Potential der Zelle und ihre Rolle bei der Aufrechterhaltung der Elektroneutralität.

Spezifischer sind schon die Wirkungen von anorganischen Ionen auf die Plasmahydratation. Die Protoplasmaproteine haben bei den pH-Werten der Zelle einen Überschuß an negativen Ladungen, wodurch sie die Wasserdipole anziehen (S. 321, Abb. 1.1.75, S. 77). Kationen wirken entladend und daher dehydratisierend («entquellend»). Das Dehydratisierungsvermögen eines Kations steigt mit zunehmender Ladung: Zweiwertige Kationen entladen daher stärker als einwertige. Wird ein absorbiertes Ca^{2+} gegen K⁺ ausgetauscht, so läßt die dehydrierende Wirkung nach, obwohl K⁺ auf ein Ionen-freies Protein entquellend wirkt. K⁺ fördert also die Hydratation eines Ca^{2+}-ionenhaltigen Proteins. Ca^{2+} und K⁺ wirken demnach antagonistisch auf die Quellung des Plasmas («Ionenantagonismus»); der Quellungsgrad hängt nicht so sehr von der Konzentration einzelner Kationen als von dem Konzentrationsverhältnis der verschiedenen Kationen ab (vgl. S. 321).

Innerhalb der Ionen gleicher Wertigkeit nimmt die entquellende Wirkung mit zunehmender Größe der eigenen Hydratationshülle der Ionen im allgemeinen ab; diese Wasserhüllen behindern nämlich die Annäherung der Kationen an die negativ geladenen Kolloidteilchen. K⁺ entlädt daher relativ stärker als Na⁺, Ca^{2+} relativ stärker als Mg^{2+} (Abb. 2.1.114). Ionen mit besonders großer Hydratationshülle, z.B. Li⁺, können mitsamt ihrer Wasserhülle absorbiert werden und verstärken dann die Hydratation der Kolloidteilchen.

Auf derartigen Wirkungen auf die Ladung und Hydratation der Proteinmoleküle beruht auch ein Teil der Ionenwirkungen auf die Enzymaktivität. Diese Cofaktoren (S. 248) können die Konformation des Enzyms und damit seine katalytische Wirksamkeit ändern. Auf diese Weise wirkt vor allem K⁺, aber auch Mg^{2+} und Ca^{2+}.

Recht spezifisch sind auch diejenigen Cofaktoren, die das Substrat in einen Komplex mit dem Enzym oder Coenzym überführen; dies gilt z.B. für Mg^{2+} bei Reaktionen, in denen ATP beteiligt ist (S. 245), aber auch in anderen Fällen (z.B. mit Zn^{2+} oder Mn^{2+} als Cofaktoren).

Hoch spezifisch schließlich wirken die Metalle als Bestandteile prosthetischer Gruppen. So enthalten – wie erwähnt – Cytochrome, Ferredoxin und Hydroperoxidasen Eisen, Plastocyanin, Ascorbinsäure-Oxidase und Phenol-Oxidasen Kupfer.

Im übrigen sind die verschiedenen Elemente z.T. in unentbehrlichen sonstigen Zellbestandteilen enthalten.

Die Bedeutung der einzelnen mineralischen Nährelemente.

Stickstoff liegt gewichtsmäßig in der Trockensubstanz der Pflanze meist hinter Kohlenstoff und den Elementen des Wassers (H und O) an 4. Stelle: Er macht etwa 18% des Proteingewichtes aus. Stickstoff wird in der Regel als Nitrat aus dem Medium aufgenommen, seltener als NH_4^+ oder N_2. In den organischen Verbindungen (Aminosäuren, Proteinen, Nucleinsäuren, Coenzymen u.ä.) liegt er in reduzierter Form vor. In einer grünen Pflanze befinden sich etwa die Hälfte des Stickstoffs der Gesamtpflanze und etwa 70% des Blattstickstoffs in den Chloroplasten der Pflanze bzw. der Blätter. Normalerweise treten in der Pflanze nur 10–20% des Stickstoffs in Form von freien Nitrat- oder Ammonium-Ionen auf (Einzelheiten über den Stickstoffmetabolismus vgl. S. 350 ff.).

Phosphor. Phosphor wird meist als $H_2PO_4^-$ aufgenommen und in der Zelle nicht reduziert, sondern liegt als anorganisches Phosphat, als Ester oder als Anhydrid vor, z.B. als Bestandteil von Nucleotiden und deren Derivaten, Nucleinsäuren, Zuckerphosphaten, Phospholipiden, Coenzymen, im Phytin der Aleuronglobuline (Ca-Mg-Salz der Phytinsäure, des Hexaphosphorsäureesters des myo-Inositols, S. 313). Seine Hauptrolle liegt also in seinem Vorkommen in wichtigen Strukturkomponenten und in seiner Mitwirkung am Energiehaushalt der Zelle.

Schwefel. Auch Schwefel wird von den Pflanzen (von einigen Spezialisten unter den Bakterien abgesehen) ganz überwiegend in Form des Anions (SO_4^{2-}) aufgenommen und vor Einbau in organische Verbindungen zumeist reduziert (S. 360); wird Sulfat an organische Substanzen gebunden (z.B. bei Sulfolipiden oder manchen sekundären Pflanzenstoffen), so wird durch Einführung der stabilen Säuregruppe deren Wasserlöslichkeit bzw. Polarität erhöht. Wir haben bereits eine Reihe von schwefelhaltigen Verbindungen kennengelernt, z.B. die Aminosäuren Cystein, Cystin, Methionin; ferner Biotin, Coenzym A, Sulfolipide, Nichthäm-Eisenproteine (z.B. Ferredoxin). Weiterhin wären z.B. die Senföle zu nennen, deren Glykoside für die *Capparales* charakteristisch sind (S. 792), z.B. das Sinigrin aus *Brassica nigra*, das Schwefel in reduzierter und oxidierter Form enthält:

$$H_2C=CH-CH_2-\underset{\underset{N-O-SO_3^-}{|}}{\overset{\overset{S-Glucose}{|}}{C}}$$

oder Allicin, der Geruchsstoff des Knoblauchs, und der tränenreizende Faktor der Zwiebel (LF), die beide nach Verletzungen enzymatisch aus Vorstufen freigesetzt werden:

Allicin   Tränen-Faktor

Wie der Stickstoff, so macht auch der Schwefel bei den Zellproteinen einen recht konstanten Anteil aus, u.zw. trifft auf etwa 36 Atome Stickstoff jeweils ein Atom Schwefel. Übersteigt die Aufnahme des Sulfats den Bedarf an reduziertem Schwefel, so kann es zur Anreicherung von freiem Sulfat in der Pflanze kommen. Sie erreicht häufig größere Werte als beim Nitrat. Im Gegensatz zum Stickstoff kann reduzierter Schwefel in der höheren Pflanze auch wieder oxidiert und dann als Sulfat gespeichert werden. Die Sulfataufnahme in die Zelle wird durch deren interne Sulfatkonzentration reguliert.

Kalium. K^+ ist das einzige monovalente Kation, das für alle Pflanzen essentiell ist; nur bei einigen Mikroorganismen kann es durch Rubidium ersetzt werden. Seine Hauptrolle spielt es als Cofaktor bei Enzymreaktionen (s.o.) und – wegen seines hohen Anteils an den mineralischen Komponenten der Zelle (Tab. 2.1.19, S. 320) – als Osmotikum und pH-Regulator. Auch für seine Wirkung als Cofaktor ist die hohe Konzentration bedeutsam, da K^+ eine relativ geringe Affinität zu organischen Liganden (also auch zu Enzymen, Coenzymen und Enzymsubstraten) hat. Die hohe Konzentration des K^+ in der Pflanze (im Cytoplasma 100 bis 120 mM, in den Chloroplasten zwischen 20 und 200 mM) wird durch die hohe Affinität des Aufnahmesystems 1 für dieses Ion erreicht (S. 344). Als osmotisch wirksame Komponente kommt dem K^+ eine Schlüsselrolle bei Osmoregulationen im Zusammenhang mit nastischen Bewegungen zu, z.B. Spaltöffnungsbewegungen (S. 461 f.), Gelenkbewegungen (S. 460). Auch beim Phloemtransport könnte das K^+ eine wichtige Funktion haben (S. 371). Auf die Rolle von K^+ bei Membrantransportprozessen wurde bereits verwiesen (S. 344). Bedeutsam sind K^+-Ionen weiterhin für die Bindung der mRNA an die Ribosomen. In organische Verbindungen wird Kalium in der Zelle nicht eingebaut.

Magnesium, im Erdboden meist als Carbonat vorhanden, ist einmal als Bestandteil der Chlorophylle und des Protopectins sowie von Zellwandkomponenten bei verschiedenen Algen (z.B. Braunalgen) unentbehrlich. Das Magnesium der Chlorophylle macht etwa 10 % des Blattmagnesiums aus, das Gesamtmagnesium der Chloroplasten aber oft mehr als die Hälfte. Es wird z.T. im Phytin gespeichert. Magnesium ist weiter Cofaktor bei sehr vielen Enzymreaktionen, vor allem solchen, bei denen ATP (als Mg-Komplex!) beteiligt ist. Magnesium wirkt in reinen Lösungen stark giftig und hindert z.B. in hohen Konzentrationen die Kaliumaufnahme aus dem Medium. Auf der anderen Seite wird die Mg^{2+}-Aufnahme durch andere Kationen, z.B. K^+, NH_4^+, Ca^{2+}, Mn^{2+} und H^+ behindert. Mg-Mangel infolge Ansäuerung des Bodens wird als Ursache für Schäden an Waldbäumen an bestimmten Standorten diskutiert. Dies unterstreicht erneut die Bedeutung einer ausgewogenen Nährelementzusammensetzung des Mediums für das Pflanzenwachstum.

Calcium liegt im Erdboden als Carbonat, Sulfat oder Phosphat vor. In der Zelle kann es als zweiwertiges Kation (ähnlich dem Mg^{2+}) Salze mit sauren Zellwandbestandteilen (z.B. Protopectin in den Mittellamellen, den Wänden von Wurzelhaaren und Pollenschläuchen, oder Alginsäure in Algenzellwänden) bilden und daher als wesentlicher Baustoff dienen. Ca^{2+}-Mangel hemmt daher z.B. die Pollenkeimung und das Pollenschlauchwachstum und führt zur Schädigung der Meristeme, vor allem der Wurzelmeristeme. Monocotyledonen benötigen für optimales Wachstum wesentlich weniger Ca^{2+} als Dicotyledonen. Ca^{2+} dient weiter als (relativ unspezifischer) Cofaktor bei einer Reihe von Enzymen. Die wesentliche Bedeutung des Ca^{2+} für die Aufrechterhaltung der Struktur und Funktion aller Zellmembranen wurde bereits erwähnt; eine weitere besteht in der Ausbalancierung der Wirkung anderer Kationen.

Für die genannten Funktionen des Calciums würde in der Regel eine viel geringere Konzentration des Elements ausreichen, als sie in der Pflanze normalerweise gefunden wird. Überschüssiges Ca^{2+} wird in der Zelle als Phytat, Oxalat, Carbonat oder (seltener) als Sulfat oder Phosphat festgelegt und in Form dieser schwerlöslichen Salze weitgehend «aus dem Verkehr gezogen». Die Konzentration an freiem Ca^{2+} ist im Cytosol und in den Chloroplasten niedrig, hoch dagegen im Apoplasten und z.T. auch in der Vacuole (hier häufig auch gebunden). Der geringe Gehalt an Ca^{2+} im Cytosol wird bedingt durch die geringe Ca^{2+}-Permeabilität des Plasmalemmas, durch energieabhängige Pumpen (ATPasen), die im Plasmalemma und in Mitochondrienmembranen Ca^{2+} gegen einen enormen Gradienten (zum Apoplasten 10000 bis 100000fach) transportieren, und durch die Bindung an **Calmodulin**. Dieses Protein (MW 17 kDa) enthält 4 Bindungsstellen für Ca^{2+} und findet sich gebunden an Membranen, gelöst im Cytosol, in den Mitochondrien und im Zellkern. Durch Ca^{2+} wird Calmodulin aktiviert und wirkt als Effektor auf verschiedene Enzyme, vor allem solche, die Membranproteine phosphorylieren.

Es wird diskutiert, daß die Erhöhung der Ca^{2+}-Konzentration im Cytosol durch Freisetzung aus Calmodulinbindung oder verstärkte Aufnahme aus dem Apoplasten als Signal für verschiedene Prozesse dient, z.B. für die Mitose, das polare Spitzenwachstum, die Plasmaströmung (hier wirkt höhere Ca^{2+}-Konzentration hemmend), die Phytochrom-induzierte Sporenkeimung, die Cytokinin-ausgelöste Knospenbildung bei Laubmoosen, die Gibberellin-stimulierte α-Amylase-Sekretion und den polaren IAA-Transport.

Eisen ist ebenfalls in einer Reihe von wichtigen Zellbestandteilen eingebaut. Es sei hier an die verschiedenen Porphyrinverbindungen erinnert, z.B. die Cytochrome und prosthetische Gruppen von weiteren Enzymen wie Katalase und Peroxidase, sowie das Leghämoglobin (S. 352). Weiterhin seien die Nichthäm-Eisenverbindungen, z.B. das Ferredoxin, erwähnt. Eisen ist zwar kein Bestandteil des Chlorophylls, wohl aber zu seiner Synthese notwendig; Eisenmangel führt daher zu Chlorophyllmangelerscheinungen (Chlorosen), die denen bei Magnesiummangel ähneln. In Anbetracht der bedeutenden Rolle des Eisens für die Chlorophyllbiosynthese und von Eisenverbindungen im photosynthetischen Elektronentransport ist es nicht verwunderlich, daß der größte Teil des Blatteisens sich in den Chloroplasten befindet.

Eisenmangel tritt nicht selten auf Kalkböden auf, wenn das Eisen durch Carbonat oder Bicarbonat festgelegt wird («Kalkchlorose»). Auch Überschuß von Mangan oder anderen Schwermetallen kann zu Eisenmangel führen, weil diese Ionen mit dem Eisen um Aufnahme- und Wirkorte konkurrieren.

Im Boden liegen Fe^{3+} und gelegentlich Fe^{2+} zumeist als Komplexe vor. Da zumeist Fe^{2+} von den Wurzeln aufgenommen wird (Ausnahme: Gräser), muß das Fe^{3+} an der Wurzeloberfläche reduziert werden. Die Haupttransportform des Eisens im Xylem ist ein Komplex von Fe^{3+} mit Citrat.

Die Wirkungsweise der Mikronährstoffe ist erst sehr lückenhaft bekannt.

Mangan. Bisher ist erst ein Manganprotein unbekannter Funktion aus Pflanzen isoliert worden («Manganin» aus der Erdnuß). Mangan spielt aber eine wichtige Rolle als Cofaktor vieler Enzyme, z.B. solcher des Citratcyclus, und ist schließlich bei der photosynthetischen Sauerstoffentwicklung beteiligt (S. 267).

Auch Manganmangel kann Chlorose hervorrufen. Die sog. Dörrfleckenkrankheit des Hafers und anderer Pflanzen, die vor allem auf Moorböden auftritt, ist eine Folge fehlenden Mangans im Boden bzw. einer Festlegung des Elements in einer für die Pflanze nicht aufnehmbaren Form. Auch Citrus-Kulturen leiden oft unter Mn-Mangel. Pilze, z.B. *Aspergillus niger*, benötigen ebenfalls Mn.

Bor (als $B(OH)_3$) ist in niederen Konzentrationen für höhere Pflanzen und einige Algen (nicht für viele Mikroorganismen oder für die tierische Zelle) ein lebensnotwendiges Spurenelement, wirkt aber in nur wenig höheren Konzentrationen bereits toxisch. Wenn auch eine Reihe von Bormangelerscheinungen klar beschrieben ist, so ist doch der Wirkmechanismus des Elements weitgehend unklar; dies hängt u.a. mit dem Mangel eines für biochemische Untersuchungen geeigneten Radioisotops des Bors zusammen. Es ist keine bioorganische Substanz und kein Enzym bekannt, das Bor einbaut.

Besonders auffallend ist das Absterben der Meristeme bei Bormangel («Herzfäule» bei Futter- und Zuckerrüben), das vielleicht auf eine Störung des RNA-Stoffwechsels zurückgeht. Weiter kommt es zu Hemmungen der Blütenbildung, Unregelmäßigkeiten im Wasserhaushalt und Blockierung des Zuckerexportes der Blätter über das Phloem. Pollen von Tomaten, Seerosen und vielen anderen Pflanzen keimen nur bei Anwesenheit von geringen Mengen Borat im Narbensekret. Borat soll außerdem durch Komplexbildung mit 6-Phosphogluconat den oxidativen Pentosephosphatcyclus (S. 302) beeinflussen; bei Bormangel soll er besonders intensiv ablaufen und so zu dem Überschuß von phenolischen Substanzen führen, der für Bormangelpflanzen charakteristisch ist. Auch Reaktionen von B mit Membranen werden diskutiert, die ATP-abhängige Transporte und Hormonwirkungen beeinflussen könnten.

Zink kommt in Pflanzen in etwa der 10fachen Konzentration von Kupfer, in etwa $1/10$ der Konzentration von Eisen vor. Es ist einmal Bestandteil von mehr als 70 Enzymen, z.B. von Alkohol-Dehydrogenase, Kohlensäure-Anhydrase, Superoxid-Dismutase (neben Kupfer), zum anderen Cofaktor weiterer Enzyme. Zinkmangel bewirkt bei Höheren Pflanzen starke Wachstumsstörungen, z.B. Verzwergung der Blätter, Hemmung des Internodienwachstums. Dies wird auf eine Störung des Wuchsstoffhaushaltes bei Fehlen von Zink zurückgeführt.

Auch für viele niedere Pflanzen (z.B. Pilze wie *Aspergillus niger*, Algen) ist Zn ein unentbehrlicher Mikronährstoff.

Kupfer ist im Boden fest an Humin- und Fulvinsäuren gebunden. Es kommt in Pflanzen in einer Konzentration von etwa 3–10 ppm Trockengewicht vor und ist ebenfalls Bestandteil verschiedener Enzyme (z.B. Ascorbinsäure-Oxidase, Superoxid-Dismutase, Cytochrom-Oxidase, Phenolase, Laccase) und Redoxsubstanzen (Plastocyanin). In den pflanzlichen Leitungsbahnen ist das Kupfer ganz überwiegend komplex gebunden (z.B. an Aminosäuren). Cu-Mangel bewirkt u.a. die sog. Urbarmachungskrankheit auf sauren Heidemoorböden mit einem sehr geringen Kornertrag des Getreides (gleichzeitig Lecksucht des Viehes!). Auch die Ligninsynthese wird bei Cu-Mangel gestört.

Molybdän ist ein Bestandteil von Enzymen der N_2-Fixierung (S. 352) und der Nitratreduktion (S. 351), bei Mikroorganismen auch z.B. der Sulfit-Oxidase, der Aldehyd-Oxidase und der Xanthin-Oxidase. Sein Fehlen wirkt sich daher bei Nitratversorgung der Pflanzen viel stärker aus als bei Ammoniumernährung.

Chlor findet sich bei Pflanzen in einer Konzentration von ca. 50–500 $\mu mol/g$ Trockengewicht (in einer weit höheren bei Halophyten) und ist (als Cl^-) vor allem in den Chloroplasten und im Zellsaft angereichert. Es scheint bei der photosynthetischen Sauerstoffentwicklung eine Rolle zu spielen. Es sind einige wenige Cl-haltige organische Substanzen in Pflanzen beschrieben, doch keine von wesentlicher Bedeutung für den Stoffwechsel. Bei bestimmten Pflanzen, z.B. dem Mais und der Küchenzwiebel, ist es bei der Osmoregulation der Stomata beteiligt (S. 463); vielleicht hängt damit zusammen, daß Chloridmangel im Experiment Welkeerscheinungen hervorrufen kann. Einen Chloridmangel am natürlichen Standort gibt es nicht, wohl aber überoptimale Chloridkonzentrationen.

Cobalt als Bestandteil des Vitamin B_{12} wird von vielen Bakterien, Algen und der tierischen Zelle benötigt, von höheren Pflanzen nur, wenn sie zur symbiontischen N_2-Fixierung befähigt sind (S. 375ff.).

Natrium kommt in gemäßigten Breiten in der Bodenlösung in einer Konzentration von 0,1 bis 1 mM (ähnlich dem K^+) vor, in semiariden oder ariden Regionen aber von 50 bis 100 mM (vorwiegend als NaCl). Wie erwähnt, wird es bei den meisten Pflanzen in der Aufnahme gegenüber K^+ stark diskriminiert.

Na^+ wird als Spurenelement von C_4- und einigen CAM-, gewöhnlich aber nicht von C_3-Pflanzen benötigt. Die lichtabhängige Aufnahme von Pyruvat in die Mesophyll-Chloroplasten bei C_4-Pflanzen (S. 279) soll durch einen Pyruvat/Na^+-Symport erfolgen. Wenn Halophyten, ob C_3- oder C_4-Pflanzen, Wachstumsförderungen durch hohe Na^+-Konzentrationen im Substrat (10–100 mM) erfahren, so beruht dies nicht auf einem spezifischen Bedürfnis für einen bestimmten Stoffwechselprozeß, sondern auf ihrem hohen Bedarf an osmotisch wirksamen Ionen.

Silicium kommt im Boden überwiegend als $Si(OH)_4$ vor. Seine Konzentration in der Bodenlösung bewegt sich meist zwischen 30–40 mg SiO_2-Äquivalenten pro Liter. Bei höheren Pflanzen unterscheidet man Silicium-Akkumulatoren (wie z.B. manche *Poaceae* und *Equisetum*) und Nichtakkumulatoren (wie die meisten Dicotyledonen). Bei ersteren ist Silicium – wie bei den Diatomeen – ein für das Wachstum essentielles Element. Wegen seines universellen Vorkommens und der Gefahr der Nährlösungs-Verunreinigung aus den Wandungen der Kulturgefäße oder durch Staub sind Mangelerscheinungen bei diesem Element schwer nachzuweisen.

Selen soll für Selenindikatorpflanzen (S. 320) nicht nur ein Ballaststoff, sondern in Spuren lebensnotwendig sein, ebenso für manche Bakterien (S. 339).

Nickel ist ein Bestandteil der Urease bei höheren Pflanzen und wird auch von einigen Bakterien benötigt (S. 339). Nickelmangel führt z.B. bei Sojabohnen zu Blattnekrosen infolge der lokalen Anhäufung von Harnstoff (bis 2,5%). Weitere Folgen sind verringertes Keimlingswachstum und verminderte Knöllchenbildung.

6. Mineralsalze als Standortfaktoren

Kalk- und Kieselpflanzen. Unter den Farnen und Angiospermen (S. 844f., 881f.) gibt es Arten, die kalkmeidend und andere, oft nahe verwandte, die auf Kalkböden beschränkt sind. Kalkpflanzen sind hohen Ca^{2+} und HCO_3^--Konzentrationen, relativ hohem pH-Wert, wasserdurchlässigen, warmen und trockenen Böden angepaßt; sie müssen sich aber damit auseinandersetzen, daß außer Schwermetallen auch Phosphat schwer verfügbar ist. Auf sauren Böden dürften sie vor allem durch die höheren Konzentrationen von Eisen-, Mangan- und Aluminiumionen geschädigt werden. Kieselpflanzen «entgiften» dieses Überangebot an Schwermetallionen durch Komplexbildung.

Pflanzen auf Salzstandorten. Höhere Salzkonzentrationen im Medium (im Boden bei Land-, im Wasser bei Wasserpflanzen) wirken einerseits unspezifisch osmotisch, zum andern spezifisch je nach Art der beteiligten Ionen.

Dem osmotischen Sog salzreicher Medien (Meerwasser ca. −20 bar, in abgeschlossenen Lagunen infolge der Wasserverdunstung auch noch erheblich negativer) können die Pflanzen durch entsprechend niedere Wasserpotentiale begegnen (S. 327). Auch Anpassungen an schnell wechselnde osmotische Belastungen haben wir bereits kennengelernt (S. 338).

Da Salzböden in humiden Gebieten meist NaCl enthalten, gehen spezifische Ionenwirkungen hier in der Regel auf Na^+ und Cl^- zurück. Die Empfindlichkeit des Protoplasmas der verschiedenen Pflanzen gegen diese Ionen ist außerordentlich unterschiedlich. Halophile Bakterien und Algen leben in konzentrierten Kochsalzlösungen. Unter den Kulturpflanzen sind relativ kochsalzresistent Gerste, Rübe, Spinat, Küchenzwiebel, Rettich, Baumwolle, Tabak (kann u.U. so viel NaCl in seinen Blättern ablagern, daß sie nicht mehr brennbar sind), Weinrebe, Ölbaum, Dattelpalme, verschiedene Kiefern; von den dicotylen Bäumen Eiche, Platane und Robinie, weshalb sie auch weniger unter Streusalzschäden leiden. Empfindlich sind dagegen Roßkastanien und Linden, ferner Weizen, Kartoffeln, Kernobst, Zitrone und viele Leguminosen.

Echte Halophyten unter den höheren Pflanzen sind den hohen Salzgehalten ihrer Standorte auf verschiedene Weise angepaßt:

1. Sie akkumulieren die Ionen (z.B. Na^+ und Cl^-) und kompensieren so die hohen Bodensaugspannungen.

2. Sie können oft Salze durch Drüsen (S. 372f.) oder durch Abwurf von Pflanzenteilen (z.B. Blasenhaare bei *Atriplex*-Arten) abscheiden.

3. Manche Halophyten wirken zu hohen Salzkonzentrationen im Zellsaft dadurch entgegen, daß sie größere Mengen Wasser speichern (Salzsucculenz, z.B. bei *Salicornia*).

Die Düngung. Die Nährsalzversorgung der Pflanze ist am natürlichen Standort, vor allem aber auf Kulturböden, vielfach für das Pflanzenwachstum begrenzend. Befinden sich die vom Menschen unbeeinflußten Standorte im Gleichgewicht, indem die von den Organismen aufgenommenen Nährelemente nach dem Absterben wieder in den Boden zurückkehren, so wird ihm mit jeder Ernte durch den Menschen eine beträchtliche Menge an Mineralstoffen entzogen. Es muß daher für Ersatz durch entsprechende Düngung gesorgt werden, zumal auch das Gedeihen einer für den gesunden Boden notwendigen Mikroflora davon abhängt. Dabei wirkt das von Liebig – dem Begründer der «künstlichen» Düngung – entdeckte «Gesetz des Minimums», nach dem jeweils derjenige Faktor das Wachstum begrenzt, der in der relativ geringsten Menge vorliegt. Vor allem Stickstoff, Phosphor und Kalium müssen immer wieder in den Boden gebracht werden, um hohe Ernteerträge zu gewährleisten. Eine evtl. notwendige Kalkung des Bodens dient vor allem der Regelung seines pH-Wertes und der Erhaltung seiner Krümelstruktur, die für die Durchlüftung, Wasserführung und Nährstoffverfügbarkeit wichtig ist.

Während die Düngung mit anorganischen Salzen kaum zu gesundheitlichen Bedenken Anlaß gibt, hat die Tatsache, daß Wurzeln auch gewisse organische Substanzen aufnehmen können, für die «natürliche» Düngung mit Stallmist (Fütterung von Tieren mit Antibiotika oder Hormonen, die z.T. wieder ausgeschieden werden) und damit für die menschliche wie tierische Ernährung eine noch nicht abzusehende Bedeutung. Das gleiche gilt für auf die Blattoberfläche gebrachte Substanzen (z.B. Pflanzenschutzmittel), die z.T. in das Blattinnere eindringen und dort gespeichert werden können.

D. Der Stoffwechsel der Kohlenhydrate

Die wesentlichsten Umsetzungen der Kohlenhydrate in der Pflanzenzelle wurden bereits in anderem Zusammenhang besprochen, so z.B. die Saccharose- und Stärkebiosynthese (S. 275f.), die Umwandlung von Zuckerphosphaten ineinander und die Stärkemobilisierung (S. 296f.). Hier sollen noch kurz einige Umsetzungen von Nucleosiddiphosphat-Zuckern erwähnt werden.

Diese Zuckerverbindungen werden, wie erwähnt (S. 276), durch Umsetzung eines Nucleosidtriphosphats (NTP) mit dem jeweiligen Zucker-1-phosphat unter der katalytischen Wirkung einer Pyrophosphorylase gebildet:

NTP + Zucker-1-phosphat ⇌ NDP-Zucker + PP.

Die Reaktion liefert kaum freie Energie; da durch die Pyrophosphatase aber das gebildete PP in freies Phosphat gespalten wird, verläuft sie in der gekoppelten Reaktion irreversibel ($\Delta G^{0\prime} = -29$ kJ) in Richtung des Nucleosiddiphosphat-Zuckers.

Eine Reihe von NDP-Zuckern oder ihrer Derivate wird in der Zelle durch enzymatische Umwandlung anderer NDP-Zucker oder -Zuckerderivate gebildet. Dabei kann z.B. die Hydroxylgruppe am C_6 des gebundenen Zuckers oxidiert werden, wobei Uronsäuren entstehen

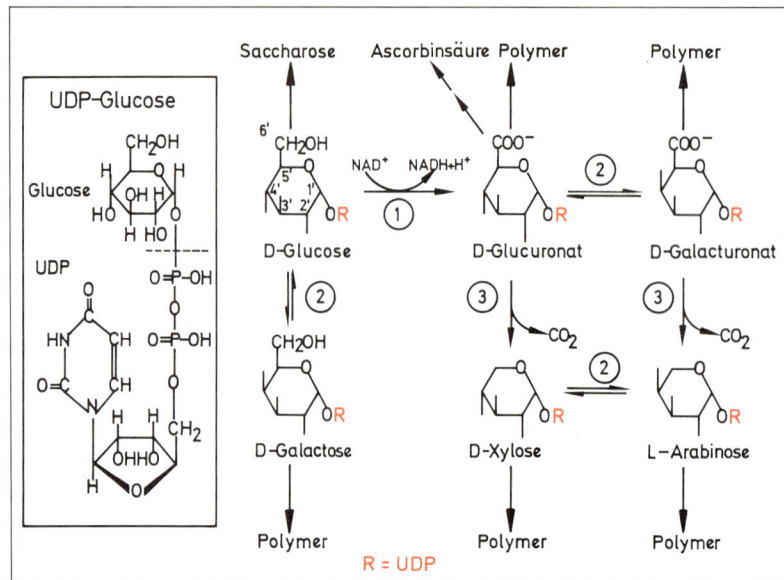

Abb. 2.1.115: Umwandlungen einiger Nucleosiddiphosphat-Zucker und Struktur der UDP-Glucose. (1) Oxidation am C_6; (2) Epimerisierung der Hydroxylgruppe am C_4; (3) Decarboxylierung von NDP-Uronsäuren. (Nach Kindl u. Wöber, ergänzt)

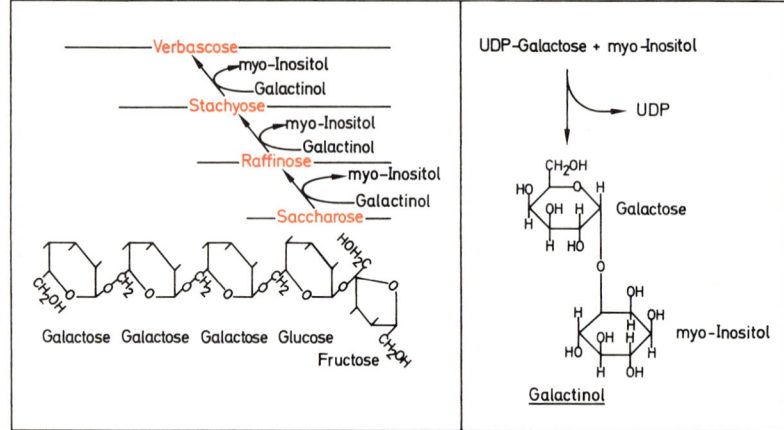

Abb. 2.1.116: Bildung von Galactinol und Struktur und Bildung der Zucker der Raffinose-Familie.

(Abb. 2.1.115). Häufig ist weiterhin die Epimerisierung der Hydroxylgruppe am C_4 des gebundenen Zuckers und schließlich die Bildung von NDP-gebundenen Pentosen durch Decarboxylierung von NDP-gebundenen Uronsäuren.

Die NDP-gebundenen Zucker oder Zuckerderivate können als Bausteine für die Synthese von Polysacchariden oder Polyuronaten dienen, z.B. GDP-Glucose für Cellulose (S. 97 f.), ADP-Glucose für **Stärke** (S. 275 f.) und UDP-Acetylglucosamin für **Chitin**. Aus UDP-Glucose kann auch eine Reihe von Glucosiden, aus UDP-Galactose können Galactoside gebildet werden. Das myo-Inosit-Galactosid **Galactinol** ist seinerseits ein wichtiger Galactosedonator bei der Biosynthese Galactose-haltiger Zucker, z.B. der wichtigen Transportzucker Raffinose, Stachyose und Verbascose (Abb. 2.1.116).

myo-Inosit selbst wird aus Glucose-6-phosphat gebildet; die Synthesewege der anderen in Pflanzen vorkommenden Zuckeralkohole sind noch nicht aufgeklärt.

E. Stickstoff-Metabolismus

Wir haben bereits an verschiedenen Stellen den pflanzlichen Stickstoff-Metabolismus gestreift, z.B. bei der Betrachtung der Struktur von Aminosäuren und Proteinen sowie bei der Biosynthese und beim Abbau der Proteine. Es wurde auch bereits erwähnt (S. 346), daß die meisten Pflanzen Stickstoff als Nitrat- oder Ammoniumion aus dem Medium, einige Spezialisten N_2 aus der Atmosphäre, aufnehmen, und daß der Stickstoff stets in reduzierter Form in organische Verbindungen eingebaut wird. Nitrat und N_2 müssen daher zunächst reduziert werden.

1. Assimilatorische Nitrat-Reduktion

Sowohl Pilze als auch grüne Pflanzen reduzieren Nitrat in zwei enzymkatalysierten Schritten über Nitrit zu NH_4^+:

$$NO_3^- \xrightarrow[2e-]{\text{Nitratreduktase}} NO_2^- \xrightarrow[6e-]{\text{Nitritreduktase}} NH_4^+$$

$(+5) \qquad\qquad (+3) \qquad\qquad (-3)$

[(+5) usw.: Oxidationszahl]

Die **Nitrat-Reduktase** ist bei Höheren Pflanzen ein cytoplasmatisches Enzym, ein Homotetramer (vier identische Untereinheiten). Pro Untereinheit enthält sie eine Redoxkette aus FAD (vgl. S. 294), einer Hämkomponente (Cytochrom 557, vgl. S. 267) und einem Molybdopterin. Elektronenspender für die Reaktion ist bei höheren Pflanzen $NADH+H^+$, dessen Bereitstellung entweder über die photosynthetische Wasserspaltung mit Hilfe des Triosephosphat/Phosphoglycerat-Shuttle (Export von Trisoephosphaten via Phosphat-Translocator aus den Chloroplasten, S. 275, Oxidation unter $NADH+H^+$-Bildung im Cytoplasma durch die Triosephosphat-Dehydrogenase, Rücktransport des entstandenen 3-Phosphoglycerats in die Chloroplasten), oder (in nichtbelichteten Organen) aus der Atmung erfolgt. Bei Pilzen wird $NADPH + H^+$, bei Bakterien reduziertes Ferredoxin als Reduktionsmittel verwendet.

Die Bildung der Nitrat-Reduktase ist in grünen Pflanzen und in Pilzen durch das Substrat Nitrat (und Nitrit) induzierbar; diese Genaktivierung erfolgt beim Mais innerhalb von 2 Stunden. NO_3^- kann bei Samen von *Agrostemma* bei der Induktion der Enzymbildung durch Cytokinin (z.B. Benzyladenin, S. 392, Abb. 2.2.18) ersetzt werden. Durch NH_4^+ kann die Nitrat-Reduktase über das Folgeprodukt Glutamin reprimiert werden. Der Nutzen dieser Regulation ist augenfällig.

Bei dem von der **Nitrit-Reduktase** katalysierten Übergang von Nitrit zu Ammoniak treten keine faßbaren, freien Zwischenprodukte auf.

Das Enzym enthält ein Häm, das Siro häm, und (bei Spinat) pro mol Siroham 6 mol Fe und 4 mol säurelabiles Sulfid. Die Nitrit-Reduktase ist in Chloroplasten-führenden Zellen im Stroma der Chloroplasten lokalisiert (Abb. 2.1.117), in den Wurzeln wahrscheinlich in den Proplastiden. In den Blättern von C_4-Pflanzen finden sich Nitrat- und Nitrit-Reduktase nur in den Mesophyllzellen. Als Elektronenspender für die Nitrit-Reduktion der höheren Pflanzen dient reduziertes Ferredoxin; die Nitrit-Reduktion ist in den Plastiden also direkt mit dem nichtcyclischen Elektronenfluß verbunden und konkurriert mit der $NADP^+$- (und damit letztlich der CO_2-)Reduktion um die Elektronen. Die Synthese der Nitrit-Reduktase in den Chloroplasten ist wieder durch Nitrit und Nitrat induzierbar.

In chloroplastenfreien Zellen, z.B. in Pflanzenwurzeln, Bakterien oder Pilzen, ist die Nitrit-Reduktase zwar nachgewiesen, aber noch wenig untersucht. Der natürliche Elektronendonator ist wahrscheinlich $NADPH + H^+$.

Bei einzelnen Pflanzenarten scheinen die Wurzeln einerseits und die photosynthetisierenden Organe (vorwiegend die Blätter) andererseits in unterschiedlichem Ausmaß an der Nitrat-Reduktion beteiligt zu sein. Vollzieht sich die Reduktion hauptsächlich in den Blättern, so können Wurzeln und Sproßachse größere Nitratmengen aufweisen (z.B. bei *Xanthium, Chenopodium, Beta*). Bei Bäumen und Sträuchern scheint das Nitrat dagegen in der Wurzel vollständig reduziert zu werden.

Die Nitrat-Reduktion ist ebenso wie die CO_2-Reduktion und die SO_4^{2-}-Reduktion eine typische biochemische Leistung der Pflanzenzelle, die von tierischen Zellen nicht durchgeführt werden kann. Auch im Hinblick auf den Stickstoff- und Schwefelstoffwechsel sind die Tiere daher von den Pflanzen abhängig.

2. Dissimilatorische Nitrat-Reduktion (Nitrat-Atmung, Denitrifikation)

Bei vielen Bakterien (bisher bei mehr als 60 Gattungen nachgewiesen) kann unter anaeroben Bedingungen Nitrat als Elektronenakzeptor in einer Elektronentransportkette dienen (ähnlich wie O_2 bei aeroben Verhältnissen). Der Prozeß ($NO_3^- \rightarrow NO_2^- \rightarrow NO \rightarrow N_2O \rightarrow N_2$, bei manchen Bakterien auch $\rightarrow NH_3$), dient kaum der Energiegewinnung, sondern vielmehr der Oxidation reduzierter Pyridinnucleotide. Die entstehenden reduzierten Verbindungen werden aus der Zelle ausgeschieden.

3. Die Reduktion von molekularem Stickstoff (N_2)

Einige Prokaryoten können den reichen Vorrat (Tab. 2.1.27) an molekularem Stickstoff in der Atmosphäre nutzen. Das dazu benötigte Enzymsystem, die **Nitrogenase**, kommt vor bei einigen freilebenden heterotrophen Bakterien, und zwar bei obligat aeroben (z.B. *Azotobacter*-Arten), bei fakultativ anaeroben (z.B. *Klebsiella pneumoniae*) unter anaeroben Bedingungen oder zumindest bei niederem O_2-Partialdruck und bei obligat anaeroben (z.B. *Clostridium pasteurianum*); bei freilebenden photoautotrophen Bakterien (z.B. *Rhodospirillum rubrum*), bei Cyanobakterien und zwar nur vereinzelt bei einzelligen (*Gloeocapsa*-Stamm), nur unter anaeroben oder mikroaeroben Bedingungen bei einigen Heterocysten-freien *Hormogoneae* (S. 546f.), dage-

Tab. 2.1.27: Die Verteilung des Stickstoffs auf der Erde. (Nach Delwiche)

Region	g/cm²
Atmosphäre	755
Biosphäre	0,036
Hydrosphäre (ausschl. gelöstem N_2)	0,033
Erdkruste (rohe Schätzung)	2500

gen verbreitet bei Heterocysten-bildenden *Hormogoneae* (z.B. Arten der Gattungen *Anabaena, Anabaenopsis, Cylindrospermum, Nostoc, Aulosira, Calothrix, Tolypothrix* und *Mastigocladus*). Besondere Beachtung haben neuerdings N_2-fixierende Bakterien aus der Rhizosphäre vor allem von Gräsern gefunden, z.B. *Azospirillum lipoferum, A. brasilense*. Eine Förderung des Ertrags von *Mais* oder *Sorghum* durch *A. lipoferum* ließ sich allerdings nicht nachweisen. Stickstoff-Fixierung erfolgt schließlich auch von symbiontisch lebenden Cyanobakterien (z.B. in Flechten, in den Hyalinzellen von *Sphagnum*-Arten, in *Azolla*, in «Korallenwurzeln» von Cycadeen und in den Blattbasen von *Gunnera*), von *Rhizobium*-Arten in Leguminosen-Wurzelknöllchen und von Actinomyceten in den Wurzelknöllchen anderer Angiospermen (S. 376f.). Die biologische N_2-Fixierung übertrifft die industrielle mengenmäßig noch weit (Tab. 2.1.28). Freilebende N_2-Fixierer binden 15–20 kg N_2 pro Hektar und Jahr, Cyanobakterien in

Azolla ca. 95 kg. Durch Gabe von 0,3 kg Molybdän pro ha wurde in Reinkulturen die N_2-Bindung (vor allem durch Cyanobakterien) um 23% gesteigert.

Die Reduktion von N_2 mit Hilfe der Nitrogenase zu NH_4^+ erfordert 6 Elektronen, die in vivo von reduziertem Ferredoxin geliefert werden; Zwischenprodukte der Reduktion konnten auch bei dieser Reaktion nicht nachgewiesen werden, erst das NH_4^+ wird vom Enzym freigegeben; wahrscheinlich wird aber an das Molybdän des Enzyms gebundenes Distickstoffhydrid gebildet: $Mo=N-NH_2$. Die Nitrogenase-Reaktion benötigt außerdem ATP.

Die Nitrogenase besteht aus zwei verschiedenen Proteinen, einem Eisen-Protein und einem Molybdän-Eisen-Protein. Ersteres hat ein Molekulargewicht von 64 kDa und besteht aus zwei identischen Untereinheiten. Das Molybdän-Eisen-Protein hat ein MG von 245 kDa und besteht aus vier Untereinheiten, von denen je zwei identisch sind. Das Protein enthält zwei Atome Molybdän und 30 ± 2 Eisen-Schwefel-Gruppen (Nichthäm-Eisen). *Azotobacter vinelandii* enthält eine Nitrogenase, die in der größeren Untereinheit Vanadium statt Molybdän enthält und deren Untereinheiten auch sonst ganz abweichend gebaut sind.

Nur die komplette Nitrogenase ist zur N_2-Reduktion befähigt; das aktive Enzym kann aber aus seinen Bestandteilen restituiert werden.

Die Substratspezifität der Nitrogenase ist relativ gering; so können z.B. auch N_3^- ($\rightarrow N_2 + NH_3$), N_2O ($\rightarrow N_2 + H_2O$), H^+ ($\rightarrow \frac{1}{2} H_2$) und Acetylen ($C_2H_2 \rightarrow C_2H_4$) reduziert werden, wahrscheinlich durch verschiedene Konformationstypen des Enzyms. Vor allem die Acetylen-Reduktion durch die Nitrogenase hat die Analyse der Enzymwirkung und das Auffinden neuer Nitrogenase-haltiger (und damit zur N_2-Fixierung befähigter) Organismen sehr erleichtert: Das entstehende Ethylen ist gaschromatographisch leicht nachweisbar. *Rhizobium*-Stämme mit einer Hydrogenase, die das als Nebenprodukt der N_2-Fixierung anfallende H_2 refixieren, haben eine höhere N_2-Bindungskapazität.

Die Nitrogenase ist in zellfreien Extrakten nur unter anaeroben Bedingungen aktiv, und beide Komponenten werden durch O_2 schnell irreversibel inaktiviert. In vivo könnte eine O_2-Empfindlichkeit der Nitrogenase vor allem bei den photosynthetisierenden (und O_2-entwickelnden!) Cyanobakterien zum Problem werden. Bei den Heterocysten-haltigen Cyanobakterien, die, wie erwähnt, die meisten und leistungsfähigsten N_2-Fixierer stellen, scheint die Schwierigkeit dadurch vermindert, daß die Nitrogenase in den Heterocysten lokalisiert ist, die kein Photosystem II besitzen und daher keinen Sauerstoff entwickeln. Ihre Zellwand behindert zudem den Eintritt von O_2.

Bei einer marinen, Heterocysten-freien *Oscillatoria* ist die N_2-Fixierung auf pigmentarme Zellen im Innern der Kolonien beschränkt, die keinen Photosynthese-Sauerstoff erzeugen.

Bei den aeroben freilebenden und den symbiontischen Bakterien ist der O_2-Partialdruck in den Nitrogenase-führenden Zellen vielleicht durch die sehr intensive Atmung erniedrigt, die für den außerordentlich hohen Energieaufwand der N_2-Reduktion erforderlich ist: Die Nitrogenase von *Azotobacter* braucht mindestens 4,5 ATP für die Übertragung von jeweils 2 Elektronen (13,5 für die vollständige Reduktion eines Moleküls N_2), und für die Bereitstellung von 1 mg gebundenem N müssen 50–150 mg Kohlenhydrat verbraucht werden. Bei den symbiontischen Rhizobiaceen in den Leguminosen-Wurzelknöllchen wird der Kohlenhydratverbrauch mit 5–20 mg pro mg N angegeben. Hier wird die Sauerstoffversorgung sogar durch einen eigenen Sauerstoffüberträger, das außerhalb der Rhizobienzellen im Cytoplasma der Wirtszellen lokalisierte Leghämoglobin, ca. 8fach gegenüber der O_2-Diffusion in Wasser erleichtert; die Konzentration des freien O_2 bleibt dabei sehr niedrig (< 10 m mol/l). Es übt damit eine ähnliche Funktion aus wie das Hämoglobin der Tiere.

Die Synthese des Proteinanteils des Leghämoglobins erfolgt im Cytoplasma der Wirtszellen, die der Hämkomponente in den Bakterien.

Die Synthese der Nitrogenase wird nicht durch NH_4^+ selbst, das Produkt der N_2-Reduktion, wohl aber durch organische Verbindungen, die aus NH_4^+ entstehen, reprimiert.

Tab. 2.1.28: Das Stickstoffgleichgewicht auf der Erde. (Nach Quispel)

	Fläche ha · 10^6	kg N_2 fixiert pro ha u. Jahr	Tonnen · 10^6 pro Jahr
Biologische Fixierung			
Leguminosen	250	55–140	14–35
Nicht-Leguminosen	1015	5	5
Reisfelder	135	30	4
Andere Böden und Pflanzengesellschaften	12000	2,5–3,0	30–36
Meer	36100	0,3–1,0	10–36
Industrielle Fixierung			30
Atmosphärische Fixierung			7,6
Juveniler Beitrag (Vulkane)			0,2
Denitrifikation			
Land	13400	3	43
Meer	36100	1	40
Ablagerung in Sedimenten			0,2

Das für die Nitrogenase-Reaktion notwendige ATP und das reduzierte Ferredoxin (bei *Azotobacter* bevorzugt Flavodoxin) kann bei Cyanobakterien und anderen photosynthetisierenden Bakterien durch den lichtgetriebenen Elektronentransport bereitgestellt werden, wobei die Produkte der Lichtreaktion durch keine Plastidenmembranen vor dem Eintritt in das Cytoplasma behindert werden. In den Heterocysten wird das Ferredoxin mit Hilfe von NADPH + H$^+$ reduziert, das durch den oxidativen Pentosephosphat-Cyclus auf Kosten der von Nachbarzellen gelieferten Assimilate gebildet wird. Das benötigte ATP kann hier entweder durch cyclische Photophosphorylierung oder durch oxidative Phosphorylierung (im Dunkeln) geliefert werden. Photosynthetisierende Purpurbakterien können N$_2$ auch im Dunkeln auf Kosten anaeroben Zuckerabbaus oder aerober Atmung bei niedrigen O$_2$-Partialdrucken reduzieren.

Die nichtphotosynthetisierenden N$_2$-Fixierer bilden ATP durch Atmung, reduziertes Ferredoxin z.B. durch die Wirkung des Enzyms Hydrogenase (S. 283), das bei vielen N$_2$-fixierenden Organismen auftritt und Wasserstoff als Elektronendonator benützt:

Ferredoxin (ox.) + H$_2$ ⇌ Ferredoxin (red.) + 2 H$^+$.

Bei zahlreichen fakultativ oder obligat anaeroben Bakterien kann sowohl ATP wie reduziertes Ferredoxin durch oxidative Decarboxylierung des Pyruvats mit dem Pyruvat-Dehydrogenase-Komplex (S. 293) gebildet werden, wobei hier der an Coenzym A gebundene Acetaldehyd (abweichend von den Verhältnissen in den Mitochondrien) durch Ferredoxin oxidiert wird.

Bei dem photoautotrophen Bakterium *Rhodospirillum rubrum* liegt die Nitrogenase in einer aktiven und in einer inaktiven Form vor. Die inaktive Nitrogenase wird durch einen Aktivierungsfaktor (AF, ein Protein) aktiviert, ähnlich wie die Glutamin-Synthetase (S. 317). Cofaktor dieser Aktivierung ist Mn^{2+}, das bei der N$_2$-Fixierung des Bakteriums als Spurenelement benötigt wird.

Theoretisch wäre es denkbar (wenn auch vorläufig praktisch unwahrscheinlich), daß die genetische Information für die N$_2$-Fixierung von Bakterien oder Cyanobakterien experimentell auf Höhere Pflanzen, z.B. Kulturpflanzen, speziell in deren Chloroplasten, die den Eubakterien genetisch am nächsten stehen, übertragen werden könnte. Dies hätte eine außerordentliche wirtschaftliche Bedeutung. Eine Übertragung der Gene für die N$_2$-Fixierung («nif»-Gene; eine Gruppe von mindestens 14 Genen) zwischen einzelnen Arten der Bakterien bzw. Cyanobakterien ist bereits gelungen. Nach Übertragung der «nif»-Gene von *Klebsiella pneumoniae* auf eine nif$^-$-Mutante von *Azotobacter vinelandii* kamen die Gene eines anaeroben N$_2$-Fixierers unter aeroben Bedingungen zur Expression. Auch die Gene für die Wasserstoffaufnahme («hup»-Gene) sind auf defiziente Stämme übertragbar, wodurch deren N$_2$-Fixierungskapazität erhöht wird.

4. Einbau von NH$_4^+$ in organische Stickstoffverbindungen

Sowohl das durch Nitratreduktion und durch N$_2$-Fixierung gewonnene wie das aus dem Medium aufgenommene NH$_4^+$ wird in der Zelle sofort in organische Verbindungen, und zwar in Aminosäuren oder Amide, eingebaut.

Die Bildung von Glutamin wird durch die Glutamin-Synthetase katalysiert (Abb. 2.1.118).

Diese Reaktion gilt bei den N$_2$-fixierenden Organismen als der Hauptweg für den Einbau des in der Nitrogenase-Reaktion gebildeten NH$_4^+$, ebenso für Pflanzen, die Nitrat reduzieren (Abb. 2.1.117) und solche, die geringe Mengen von NH$_4^+$ verwerten (Ausnahme: die meisten Pilze). Vom Glutamin aus wird dann der Stickstoff vor allem zur weiteren Glutamatbildung verwendet (Abb. 2.1.118). Glutamin-Synthetase findet sich im Cytoplasma und in den Plastiden, Glutamatsynthase bei Höheren Pflanzen i.a. nur in den Plastiden. Beide Enzyme werden durch Licht aktiviert. Bei der Glutaminsynthetase wird sowohl die Aktivität wie die Biosynthese durch α-Oxoglutarat gesteigert, durch Glutamin reduziert. Da die Glutamin-Synthetase eine hohe Affinität zum NH$_4^+$ hat (K$_m$ = 2–50 μM, gegenüber ca. 5 mM bei der Glutamat-Dehydrogenase), könnte ihr noch eine spezielle «Entgiftungsfunktion» zukommen, da NH$_4^+$ ein Entkoppler der Photophosphorylierung ist.

Von den symbiontischen Rhizobien in den Wurzelknöllchen der Leguminosen wird das durch die Nitrogenase gebildete NH$_4^+$ an das Cytoplasma der Knöllchenzelle abgegeben und dort von der Glutamin-Synthetase in Glutamin eingebaut (Abb. 2.1.119). Mit Hilfe von Glutamat-Synthase (hier im Cytoplasma) kann dann Glutamat, von Asparagin-Synthetase Asparagin entstehen. Der Abtransport aus den Wurzelknöll-

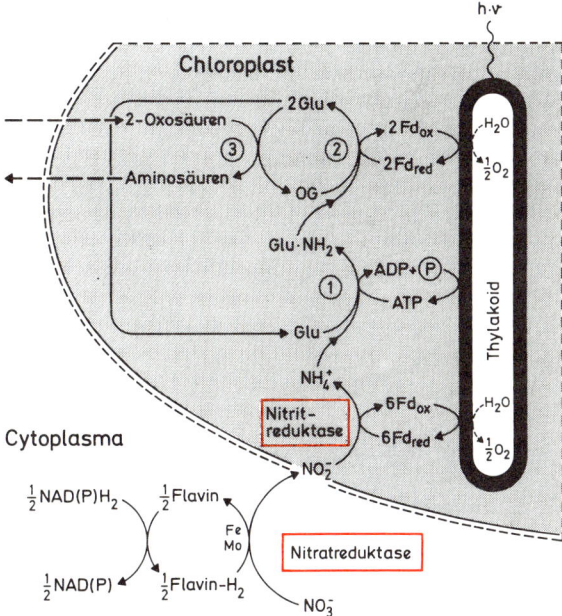

Abb. 2.1.117: Kompartimentierung der einzelnen Schritte der photosynthetischen Nitratreduktion der grünen Pflanzenzelle. Das durch die Nitritreduktase in den Chloroplasten gebildete NH$_4^+$ wird durch die Glutamin-Synthetase (1) an Glutamat (Glu) gebunden. Das entstehende Glutamin (Glu · NH$_2$) wird mit 2-Oxoglutarat (OG) durch die Glutamat-Synthase (2) zu 2 Molekülen Glutamat umgesetzt. Von hier aus kann die Aminogruppe durch Transaminasen (3) auf andere 2-Oxosäuren übertragen werden. (Nach Lea u. Miflin aus Mohr u. Schopfer)

chen erfolgt im Xylem mit dem Transpirationsstrom, wobei Asparagin, Asparaginsäure, Glutamin, Glutaminsäure und Alanin die quantitativ wichtigsten Transportaminosäuren sind. Die Fixierungsrate beträgt dabei 30–100 mg N/g Frischgewicht der Knöllchen pro Tag, d.h. ein Knöllchen kann täglich etwa 3–10mal seinen eigenen Stickstoffgehalt umsetzen.

Der Hauptweg der NH_4^+-Verwertung bei freilebenden N_2-fixierenden Bakterien ist noch nicht gesichert.

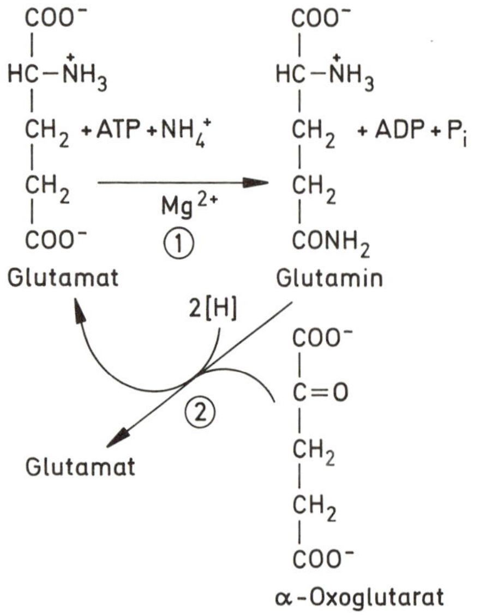

Wie bei der Glutaminsynthese dient auch bei der Synthese der meisten Aminosäuren und des Asparagins Glutamat als Vermittler. Unter der Wirkung von Transaminasen (S. 300) wird die Aminogruppe des Glutamats auf eine entsprechende α-Oxosäure übertragen, z.B. auf Oxalacetat:

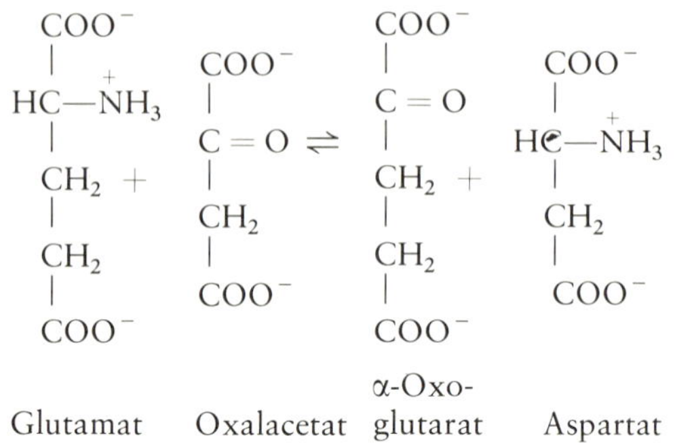

$$\begin{array}{c}COO^-\\|\\HC-NH_3^+\\|\\CH_2\\|\\CH_2\\|\\COO^-\end{array} + \begin{array}{c}COO^-\\|\\C=O\\|\\CH_2\\|\\CH_2\\|\\COO^-\end{array} \rightleftharpoons \begin{array}{c}COO^-\\|\\C=O\\|\\CH_2\\|\\CH_2\\|\\COO^-\end{array} + \begin{array}{c}COO^-\\|\\HC-NH_3^+\\|\\CH_2\\|\\CH_2\\|\\COO^-\end{array}$$

Glutamat   Oxalacetat   α-Oxo-glutarat   Aspartat

Glutamat und Aspartat sind die Ausgangsverbindungen für zahlreiche andere Aminosäuren («Glutamat-Familie», «Aspartat-Familie») und auch für N-Heterocyclen (Abb. 2.1.120). Den Biosyntheseweg der Aspartat-Familie haben wir bereits in anderem Zusammenhang kennengelernt (Abb. 2.1.84); für Einzelheiten der Reaktionen innerhalb der Glutamat-Familie vgl. Lehrbücher der Biochemie.

Abb. 2.1.118: ATP-abhängige Amidierung von Glutamat zu Glutamin durch die Glutamin-Synthetase (1) und nachfolgende reduktive Übertragung der Amidogruppe auf α-Oxoglutarat durch die Glutamat-Synthase (2). Dabei entstehen zwei Moleküle Glutamat.

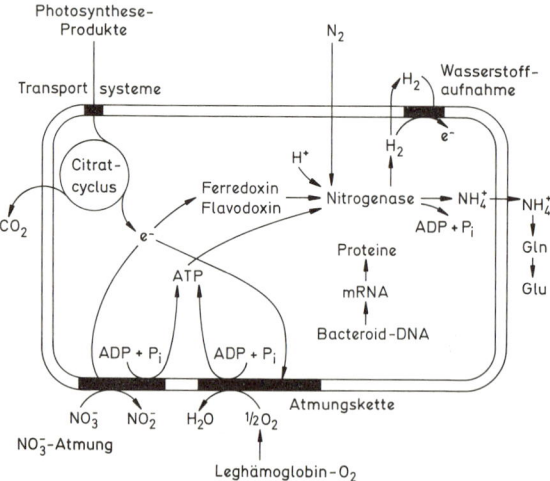

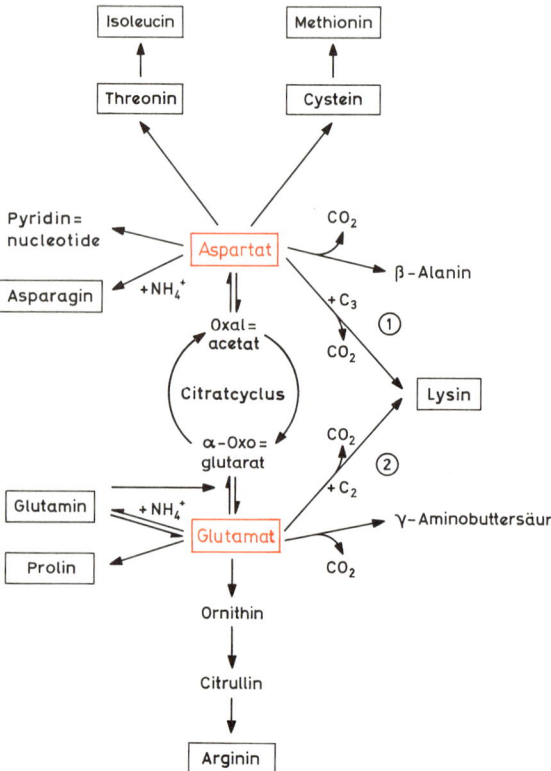

Abb. 2.1.119: Modell für die symbiontische N_2-Fixierung durch *Rhizobium*-Bakterioide. Die Pflanze liefert Photosyntheseprodukte, die von den Rhizobien zu Reduktionsäquivalenten (e⁻) und ATP verarbeitet werden. Etwa ein Drittel der für die N_2-Reduktion benötigten Energie wird von der durch die Nitrogenase bewerkstelligten H_2-Entwicklung verbraucht. Die Wiederverwendung durch die Hydrogenase (H_2-Aufnahme) gestattet die Rückgewinnung eines Teils dieser Energie. Weitere Erläuterungen im Text. (Nach Lim, Andersen, Tait u. Valentine)

Abb. 2.1.120: Aspartat und Glutamat als Ausgangsverbindungen für die Synthese verschiedener Aminosäuren und von Asparagin und Glutamin. Lysin wird bei Bakterien, Grünalgen, Oomyceten (vgl. S. 558), Farnen und höheren Pflanzen aus Aspartat, (1), bei höheren Pilzen und Euglenophyta aus Glutamat, (2), synthetisiert. (Nach Kindl u. Wöber, ergänzt)

Asparagin wird in analoger Weise zum Glutamin durch Übertragung der Aminogruppe des Glutamats durch die Asparagin-Synthetase auf Aspartat gebildet.

Die den verzweigten Aminosäuren Valin und Isoleucin zugrundeliegenden α-Oxosäuren werden aus den um zwei C-Atome kürzeren α-Oxosäuren (Pyruvat bzw. dem aus Threonin entstehenden α-Oxobutyrat) durch Kondensation mit einer C$_2$-Gruppe und anschließende Umlagerung synthetisiert. Für das ebenfalls verzweigte Leucin wird die dem Valin entsprechende α-Oxosäure (α-Oxoisovalerat) noch durch ein C-Atom verlängert und so α-Oxoisocapronat gebildet, das durch Transaminierung der —NH$_2$-Gruppe vom Glutamat her in Leucin übergeht.

Von besonderem Interesse ist aber die **Biosynthese der aromatischen Aminosäuren** (Phenylalanin, Tyrosin, Tryptophan), einmal weil sie ein Beispiel für die Bildung aromatischer Verbindungen allgemein ist, zum andern, weil sie einem Syntheseweg folgt (Shikimat-Weg), von dem auch die Bildung anderer wichtiger und mannigfaltiger pflanzlicher Substanzen abzweigt.

Wie Abb. 2.1.121 zeigt, geht die Reaktionsfolge von Erythrose-4-phosphat, einem Produkt des oxidativen und des reduktiven Pentosephosphatcyclus (S. 302, S. 274), und von Phosphoenolpyruvat (PEP) aus, das aus der Glykolyse stammen oder aus Pyruvat gebildet werden kann (S. 279, Abb. 2.1.43).

Eine direkte Hydroxylierung des Phenylalanins zum Tyrosin scheint bei Pflanzen – im Gegensatz zu Tieren – kaum eine Rolle zu spielen, vielmehr zweigt die Synthese des Tyrosins schon beim Chorismat von der des Phenylalanins ab.

Auch die **Tryptophanbiosynthese** nimmt von der Schlüsselsubstanz Chorismat ihren Ausgang. Der erste von der Anthranilat-Synthetase katalysierte Schritt wird durch Tryptophan gehemmt (Endprodukthemmung). Die Seitenkette des Tryptophans schließlich stammt vom Serin.

Vom Phenylalanin zweigt ein Weg zu den wichtigsten aromatischen, «sekundären» Pflanzenstoffen ab (S. 365 f.).

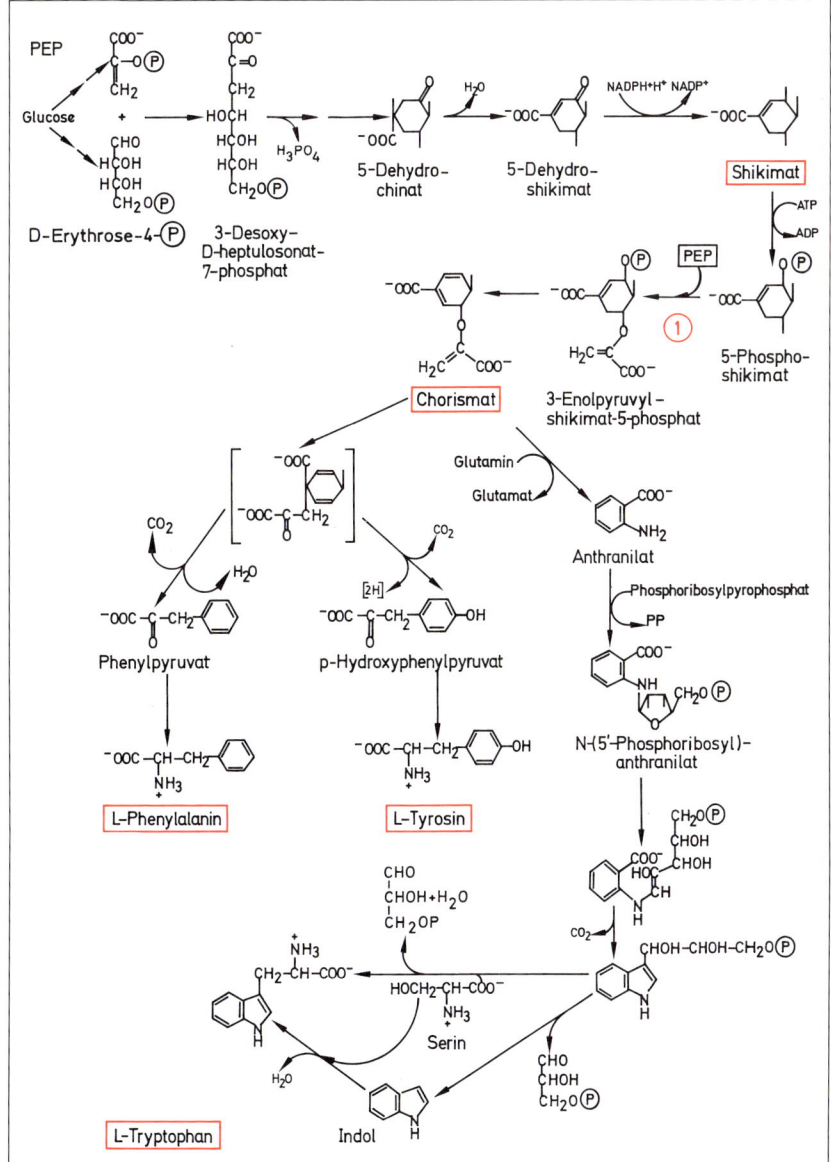

Abb. 2.1.121: Die Biosynthese der aromatischen Aminosäuren über den Shikimatweg. (Nach Kindl u. Wöber, verändert)

Die autotrophe Pflanze ist im Gegensatz zu vielen heterotrophen Organismen, z.B. den Tieren, in der Lage, alle notwendigen Aminosäuren selbst zu synthetisieren, u. zw. sowohl in den oberirdischen wie den unterirdischen Teilen. Die Skelette werden dabei, wie wir gesehen haben, meist in den üblichen Stoffwechselfolgen (oxidativer und reduktiver Pentosephosphatcyclus, Glykolyse, Citratcyclus, Photorespiration) und in verschiedenen Zellkompartimenten (Chloroplasten, Cytoplasma, Mitochondrien, Peroxisomen) hergestellt und schließlich mittels der Transaminasen in die Aminosäuren übergeführt.

Neben den proteinogenen Aminosäuren werden von Pflanzen auch zahlreiche andere, nicht-proteinogene Aminosäuren und sonstige niedermolekulare Stickstoffverbindungen synthetisiert. Einige von ihnen sind Bestandteile wichtiger Zellsubstanzen (z.B. β-Alanin von Coenzym A), andere haben Speicher- und Transportfunktionen, bei vielen ist aber bisher noch keine bestimmte Funktion bekannt.

Der **Stickstoffspeicherung**, die bei den höheren Pflanzen zwangsläufig auch mit einem Stickstofftransport von und zu den Speicherorganen verknüpft ist, kommt bei den Pflanzen insofern besondere Bedeutung zu, als für sie Stickstoff meist ein Minimumfaktor ist und sie daher mit diesem Element haushälterisch umgehen müssen. So spielt z.B. die Exkretion stickstoffhaltiger Stoffwechselschlacken bei den Pflanzen – im Gegensatz zu den Verhältnissen bei Tieren – kaum eine Rolle.

Stickstoff-Transport- und -Speicherformen sind oft identisch und dienen zugleich der Ammoniakentgiftung (vgl. Glutamin); sie sind nicht selten spezifisch für die einzelnen Taxa (z.B. für eine Art, Gattung oder Familie).

Wichtige Transport- und Speichersubstanzen sind z.B.:

1. Die Aminosäuren Glutaminsäure und Asparaginsäure und deren Amide Glutamin und Asparagin («Amidtyp» der Ammoniakentgiftung und -speicherung); Asparagin hat seinen Namen z.B. vom Vorkommen in *Asparagus* (Spargel). Ferner die Aminosäuren Serin und Arginin (z.B. bei Rosaceen – Apfelbäumen! – und Saxifragaceen).

2. Die nichtproteinogene Aminosäure Citrullin (Abb. 2.1.122) ist bei Betulaceen und Juglandaceen die wichtigste Speicher- und Transportform des Stickstoffs (z.B. auch im Xylem und Phloem). Die ebenfalls nichtproteinogene Aminosäure Canavanin spielt als Speichersubstanz bei vielen Leguminosen eine wichtige Rolle. In Samen, in denen es in hohen Konzentrationen vorliegen kann (bei *Dioclea megalocarpa* ca. 13% des Trockengewichtes) dient es als chemischer Schutz gegen Räuber. Es wird im tierischen Stoffwechsel zu L-Canalin umgesetzt, einer neurotoxisch und insecticid wirkenden Aminosäure. Larven des Käfers *Caryedes brasiliensis*, deren einzige Nahrungsquelle diese Samen darstellen, können das Canalin durch reduktive Desaminierung zu Homoserin entgiften (Abb. 2.1.122).

3. Allantoin und Allantoinsäure (Abb. 2.1.122) sind Harnstoffderivate, die beim Purinabbau entstehen. Beide Verbindungen werden im Phloem und im Xylem von *Acer-, Platanus-* und *Aesculus*-Arten als Transportsubstanzen benutzt und dienen auch als Speicher- und Transportverbindungen bei Boraginaceen, z.B. bei *Symphytum*. Der Harnstoff selbst spielt nur bei Pilzen als Stickstoff-Speicher- bzw. Entgiftungssubstanz eine Rolle.

4. Ammoniumsalze organischer Säuren treten bei Pflanzen mit stark sauren Zellsäften auf («Säuretyp» der NH_3-Entgiftung und -Speicherung, z.B. bei *Rheum*).

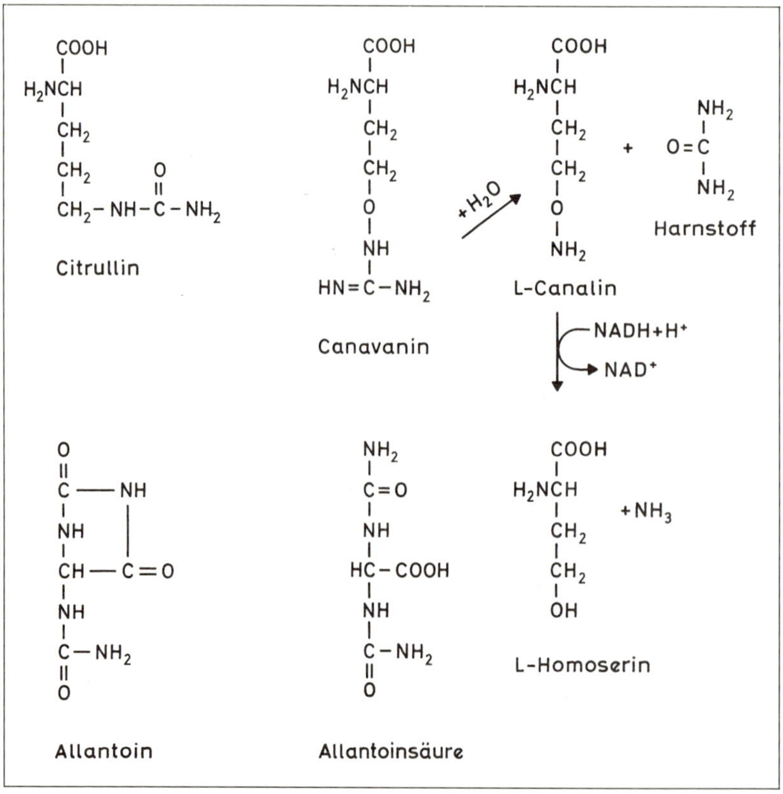

Abb. 2.1.122: Die Struktur einiger Stickstoff-Speicher- und -Transportsubstanzen.

5. Stoffwechsel anderer essentieller Stickstoffverbindungen

Purine und **Pyrimidine**, die Basen der Nucleinsäuren (S. 44ff.), entstehen nicht in freier Form, sondern als Mononucleotide (Abb. 2.1.123 und 2.1.124). Der Ribosephosphatrest des Mononucleotids wird von 5-Phosphoribosyl-1-pyrophosphat (PRPP) geliefert, das auch als Baustein bei der Tryptophan- (Abb. 2.1.121) und Histidin-Biosynthese dient. Zwei der 4 Stickstoffatome des Purinringes stammen vom Glutamin (Transamidierung), eines aus dem Aspartat (das dabei in Fumarat übergeht) und eines wird mit dem Kohlenstoffskelett des Glycins eingebaut. Einer der Ringkohlenstoffe wird durch biotinabhängige Carboxylierung eingeführt (vgl. S. 362), die beiden anderen werden von dem wichtigen C_1-Gruppen-Übertragungssystem der Tetrahydrofolsäure geliefert, die auch Methyl-(—CH_3), Formyl-(—CHO) und Hydroxymethylgruppen (—CH_2OH) für zahlreiche andere Synthesen beisteuert (z.B. bei den Aminosäuren Serin und Methionin und bei Alkaloiden).

Bei der Biosynthese der Purine entsteht zunächst Hypoxanthin-Ribosidphosphat (Inosinmonophosphat, IMP); es kann durch Transaminierung (mit Asparaginsäure) oder Transamidierung (aus Glutamin) in AMP bzw. GMP übergeführt werden.

Die Pyrimidin-Nucleotide entstehen über Orotsäure (Abb. 2.1.124), an die PRPP gebunden wird. Durch Decarboxylierung des entstehenden Nucleosidphosphats wird Uracil-Ribosidphosphat (Uridylsäure, UMP) gebildet. Durch Methylierung mit Hilfe des Tetrahydrofolsäure-Systems entsteht aus UMP Thymin-Ribosidphosphat (TMP).

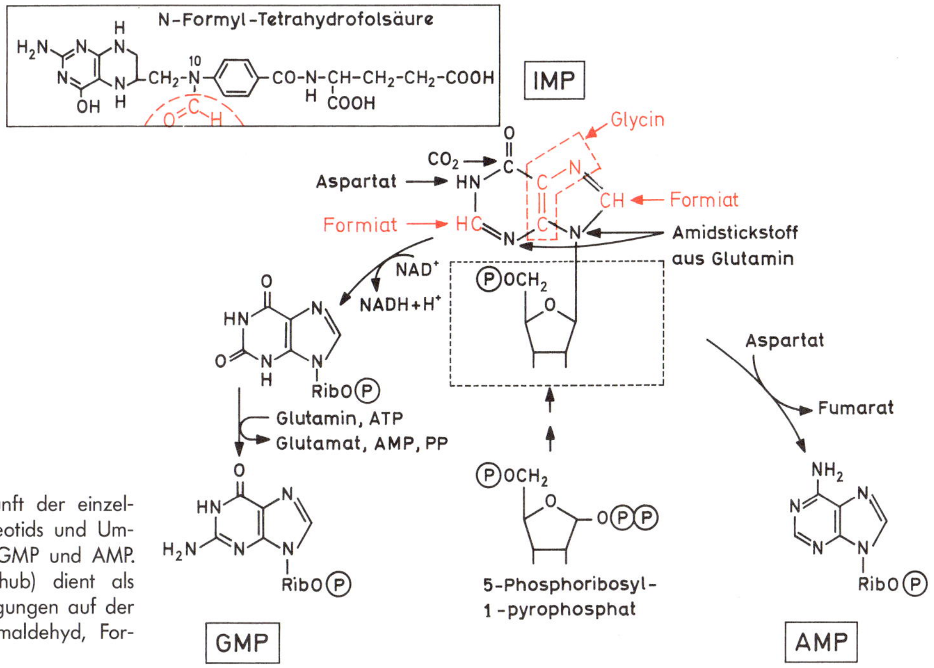

Abb. 2.1.123: Die Herkunft der einzelnen Teile des Purin-Nucleotids und Umwandlung von IMP und GMP und AMP. Tetrahydrofolsäure (Einschub) dient als Cofaktor von C_1-Übertragungen auf der Oxidationsstufe von Formaldehyd, Formiat und Methanol.

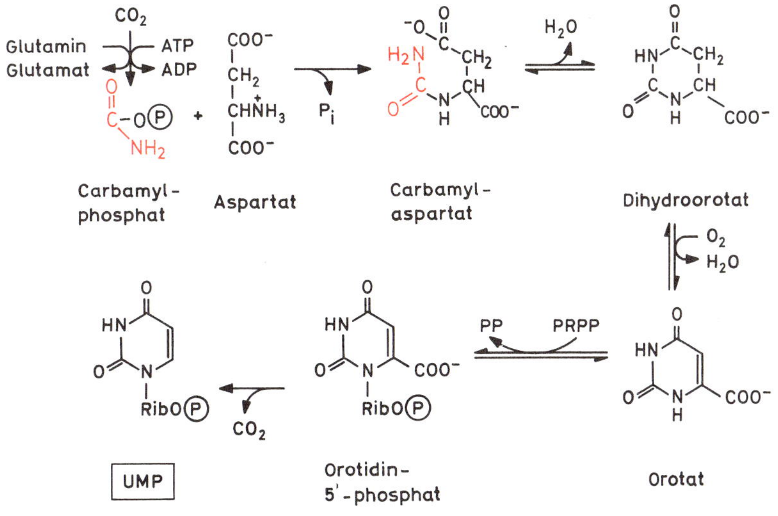

Abb. 2.1.124: Biosynthese des Pyrimidin-Nucleotids UMP. PRPP = Phosphoribosylpyrophosphat. Aus UMP werden dann CTP und dTMP gebildet.

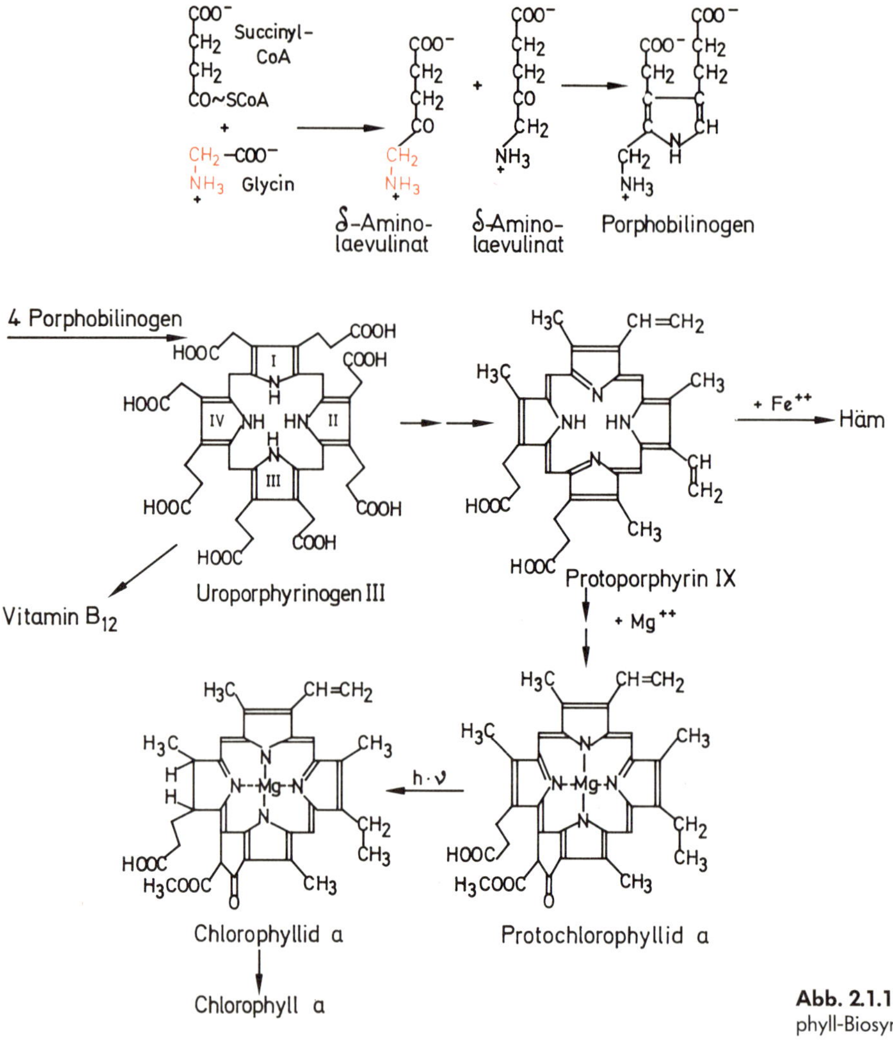

Abb. 2.1.125: Einige Schritte der Chlorophyll-Biosynthese.

Desoxyribose-Nucleoside werden dadurch gebildet, daß die Ribose in Nucleosiddi- oder -triphosphaten reduziert wird.

Zu den **Tetrapyrrolen** gehören so wichtige pflanzliche Verbindungen wie die Phycobilinogene und das Phytochrom (offenkettig) sowie die Chlorophylle, die Cytochrome, die Enzyme Katalase und Peroxidase, das Leghämoglobin und das Vitamin B_{12} (cyclische Tetrapyrrole; Porphyrinderivate).

Die Biosynthese der Tetrapyrrole geht von der Aminosäure Glycin und von Succinyl-CoA aus, das entweder durch die α-Oxoglutarat-Dehydrogenase im Citratcyclus (in den Mitochondrien, S. 294 f.) oder mittels der Succinat-Thiokinase aus Coenzym A und Succinat (in Mitochondrien und Chloroplasten) entsteht (Abb. 2.1.125). Dabei wird (unter Decarboxylierung einer Zwischenverbindung) δ-Aminolaevulinsäure (ALA) gebildet. Das verantwortliche Enzym, die ALA-Synthetase, wird bei höheren Pflanzen durch Licht (über das Phytochromsystem, S. 404 f.) aktiviert, durch Protochlorophyllid (das sich im Dunkeln anhäuft, s. u.) gehemmt. Da die ALA-Synthetase in bestimmten Pflanzen nicht gefunden wurde, gibt es hier vielleicht andere Wege der ALA-Bildung. Die Zusammenlagerung zweier Moleküle dieser Verbindung mit Hilfe der ALA-Dehydratase ergibt das Pyrrolderivat Porphobilinogen.

Die ALA-Dehydratase ist in pflanzlichen wie tierischen Zellen sehr empfindlich gegen Bleiionen; ihre Aktivitätsminderung gilt daher als Test für die Bleibelastung beim Menschen.

Durch Kondensation von 4 Molekülen Porphobilinogen (unter NH_3-Abspaltung), katalysiert durch die Porphobilinogenase, entsteht das Tetrapyrrol Uroporphyrinogen III. Durch Decarboxylierung und Oxidation von Seitenketten wird Protoporphyrinogen gebildet, das durch Oxidation der CH_2-Brücken zwischen den Pyrrolringen in Protoporphyrin übergeht. Vom Protoporphyrin aus verzweigt sich der Biosyntheseweg einerseits in Richtung der eisenhaltigen Hämverbindungen (zu denen z. B. die Cytochrome gehören) und andererseits zu den Mg-haltigen Chlorophyllen. Über den Einbau des Magnesiums in das Protoporphyrin ist noch wenig bekannt. Ringschluß der Seitenkette am Ring III, Veresterung der Carboxylgruppe und Reduktion der Vinyl-Seitenkette am Ring II führt zu Protochlorophyll a, das bereits an Protein gebunden ist.

In den meisten Pflanzen läuft die Biosynthese des Chlorophylls – die sich ausschließlich in den Plastiden abspielt – im Dunkeln (d.h. in den Etioplasten) nur bis zum Protochlorophyllid ab. Die Überführung in Chlorophyll a – eine Reduktion des Ringes IV – ist dann eine nichtenzymatische, lichtabhängige Reaktion, deren Reduktionswasserstoff aus dem Trägerprotein stammt. Das Wirkungsspektrum dieser Umwandlung entspricht dem Absorptionsspektrum des Chlorophyllids. Der letzte Schritt der Biosynthese von Chlorophyll a ist die Veresterung mit dem Phytol, das den Isoprenoiden zuzurechnen ist (S. 363) und wohl vor allem für die Verankerung des Chlorophylls in den Thylakoidmembranen sorgt, wofür es seiner Lipophilie wegen besonders geeignet erscheint. Im übrigen ist die Chlorophyllbiosynthese eng mit der Synthese der Protein- und Lipidkomponenten der Thylakoidmembran verknüpft.

Die Biosynthese des Chlorophyll b (Oxidation einer Methyl- zur Formylgruppe, S. 254) ist noch nicht endgültig abgeklärt; sie zweigt entweder vom Chlorophyllid a oder vom Chlorophyll a (vor oder nach der Veresterung) ab.

Die Bildung der Cytochrome läuft wohl z.T. in den Chloroplasten (Cytochrome der photosynthetischen Elektronentransportkette), z.T. in den Mitochondrien (mitochondriale Cytochrome), evtl. mit Unterstützung cytoplasmatischer Enzyme, ab. Über evtl. Beziehungen zwischen der Porphyrinbiosynthese in den Chloroplasten und Mitochondrien weiß man noch wenig.

Auch über die Entstehung der offenkettigen pflanzlichen Tetrapyrrole ist noch wenig bekannt. Wahrscheinlich entstehen sie – ähnlich wie die strukturell verwandten Gallenfarbstoffe bei Tieren – durch Öffnung des Porphyrinringes, wobei möglicherweise CO freigesetzt wird. Eine Ringöffnung erfolgt auch beim Abbau des Chlorophylls, bei der Vergilbung der Blätter, nachdem der Phytolrest (durch die Chlorophyllase) abgespalten wurde.

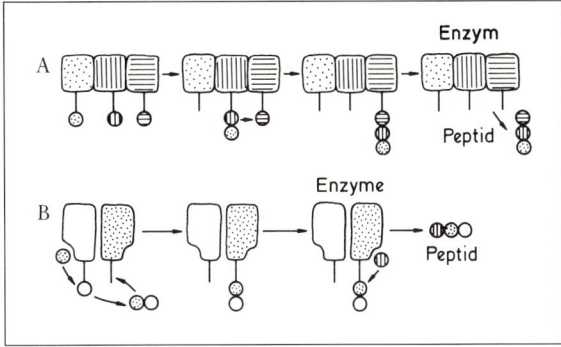

Abb. 2.1.126: Schema der zwei Nucleinsäuren-unabhängigen Biosynthesewege von Antibiotika-Peptiden. **A** Multifunktionales Enzym mit mehreren Domänen, alle Zwischenstufen bleiben am Enzym gebunden. Die Aminosäurensequenz wird durch die Reihenfolge der Teilenzyme bestimmt. **B** Funktionell kooperierende, aber nicht verbundene Einzelenzyme. Die Zwischenstufen sind nicht enzymgebunden. Immer nur ein Baustein liegt in der aktivierten Form vor. (Nach Kleinkauf)

Bei einem zweiten Typ der Peptidsynthasen wird die Reihenfolge der Aminosäuren im Peptid durch die Spezifität einzelner Enzyme bedingt, die nicht kovalent miteinander verbunden sind, sondern jeweils das freigesetzte Produkt des vorher wirkenden Enzyms erkennen und mit einer definierten weiteren Aminosäure verknüpfen (Abb. 2.1.126 B).

7. Der Stickstoffkreislauf

Wie bei anderen Nährelementen sind auch beim Stickstoff die pflanzlichen Umsetzungen Teil eines Kreislaufes (Abb. 2.1.127), in dem enorme Mengen umgesetzt werden (vgl. auch Tab. 2.1.28, S. 352).

6. Biosynthese von Antibiotika-Peptiden

Einige von Bakterien und Pilzen produzierte, lineare, verzweigte oder cyclische, kleinere Peptide werden nicht nach dem allgemeinen Bauprinzip der Proteine gebildet. Dazu gehören Peptide mit antibiotischen Eigenschaften, die Ionen durch Membranen transportieren können (Ionophore), z.B. Valinomycin oder Gramicidin, ferner Antibiotika, die sich strukturell von Peptiden ableiten lassen, z.B. Penicillin und Cephalosporin, und wahrscheinlich auch Protease-Inhibitoren aus Mikroorganismen. Sie enthalten bis zu 30 Aminosäuren, darunter auch solche, die nicht in Proteinen vorkommen. Bei ihrer Synthese ist keine Nucleinsäure als Matrize beteiligt. Das cyclische Dekapeptid Gramicidin S z.B. wird mit Hilfe eines Enzymsystems synthetisiert, das die Aktivierung der Aminosäuren, deren teilweise Epimerisierung (das Peptid enthält neben L-Aminosäuren auch D-Aminosäuren), die spezifische Reihung der Aminosäuren, die Peptidbindung und die abschließende Cyclisierung besorgt. Das Enzym besitzt keine Untereinheiten, aber mehrere Reaktionszentren auf einer Polypeptidkette (multifunktionales Enzym), die in solchen Fällen als Domänen bezeichnet werden. Die Peptidzwischenstufen bleiben am Enzym gebunden; sie werden mittels eines «schwingenden Arms» auf dem Enzym von einem Reaktionsort zum anderen übergeführt, und erst das Endprodukt wird vom Enzym abgegeben (Abb. 2.1.126 A).

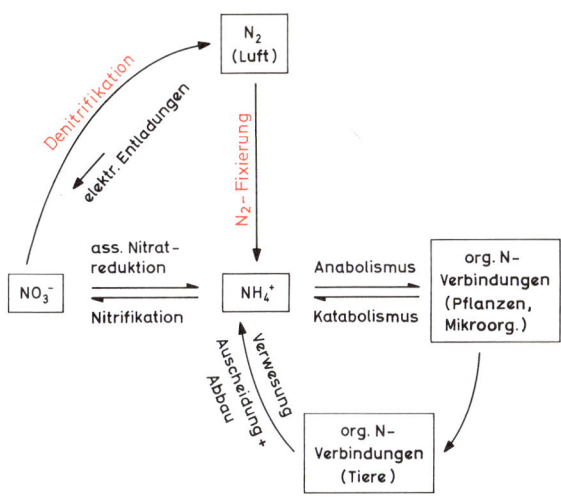

Abb. 2.1.127: Stickstoff-Kreisläufe in der Natur. Denitrifikation («Nitratatmung») und N_2-Fixierung können nur von Prokaryoten durchgeführt werden.

F. Schwefel-Stoffwechsel

Wie der Stickstoff, so wird auch der Schwefel in der Zelle in der Regel in reduzierter Form in die organischen Verbindungen eingebaut (Assimilation des Schwefels). Da er praktisch ausschließlich als Sulfation aus dem Medium aufgenommen wird, muß dieses zunächst bis zur Stufe des Sulfids reduziert werden. Dazu sind nur Bakterien, Pilze und grüne Pflanzen befähigt, während Tiere reduzierte Schwefelverbindungen mit der Nahrung aufnehmen müssen.

Die Reduktion des Sulfats verläuft, wie die des Nitrats, in zwei Schritten:

$$SO_4^{2-} \xrightarrow{2e-} SO_3^{2-} \xrightarrow{6e-} S^{2-}$$
$$(+6) \qquad (+4) \qquad (-2)$$

Die Reaktion erfolgt in den grünen Pflanzenzellen wohl überwiegend in den Chloroplasten, kann aber bei höheren Pflanzen auch in der Wurzel ablaufen, wobei die intrazelluläre Lokalisierung hier ebensowenig geklärt ist wie z.B. bei der sonst gut untersuchten Hefe. Ein (kleiner) Teil des Schwefels wandert daher von der Wurzel im Xylem schon in reduzierter Form (z.B. als Cystein oder Methionin) in die Sproßorgane. Wir wollen im folgenden die Vorgänge in den Chloroplasten betrachten.

Die Reaktionsfolge beginnt mit der Bildung von «aktivem Sulfat», d.h. der anhydridischen Bindung von Sulfat an AMP (→ Adenosinphosphosulfat, APS) und anschließender Phosphorylierung des APS zu Phosphoadenosinphosphosulfat, PAPS (Abb. 2.1.128). Diese Bindung ist energiereich ($\Delta G^{0'}$ der Spaltung −45 kJ). Bei Chloroplasten ist die Bildung von PAPS aus Sulfat und ATP an die Thylakoidmembran gebunden. Sie kann aber auch vom tierischen Organismus vorgenommen werden, der das aktive Sulfat allerdings nur zur Bildung von Sulfatestern verwenden, nicht reduzieren kann.

In den Chloroplasten wird das aktivierte Sulfat auf ein niedermolekulares Protein (MG 5 kDa) übertragen und ohne Auftreten freier Zwischenstufen über proteingebundenes Sulfit bis zur Stufe des Schwefelwasserstoffs reduziert, der auch nicht freigesetzt, sondern durch die O-Acetylserin-Sulfhydrase reduktiv in O-Acetylserin eingebaut wird, wobei Cystein gebildet wird. Von hier aus kann der Schwefel dann in andere Schwefelverbindungen (z.B. Methionin) übergeführt werden. Als Reduktionsmittel dient in den Chloroplasten reduziertes Ferredoxin, das ebenso wie das benötigte ATP aus der Lichtreaktion der Photosynthese stammt. Bei der Hefe wird NADPH + H$^+$ für die Übertragung der 6 Elektronen benützt. Zahlreiche Einzelheiten des Schwefelstoffwechsels sind noch ungeklärt.

Wie Nitrat, so kann Sulfat unter anaeroben Bedingungen (z.B. bei obligat anaeroben Arten der Gattungen *Desulfovibrio* und *Desulfomaculatum*) als Endakzeptor einer ATP-liefernden Elektronentransportkette dienen, wobei H$_2$S (S^{2-}) gebildet und ausgeschieden wird (Abb. 2.1.129). Man bezeichnet auch hier diesen Vorgang als **dissimilatorische Sulfatreduktion** («Sulfat-Atmung») und stellt ihr die oben geschilderte Sulfatreduktion mit Einbau des reduzierten Schwefels in organische Verbindungen als **assimilatorische Sulfatreduktion** gegenüber. Die Sulfat-Atmung ist die Hauptquelle des Faulschlamm-H$_2$S.

Einen Überblick über den Schwefelkreislauf in der Natur gibt Abb. 2.1.129.

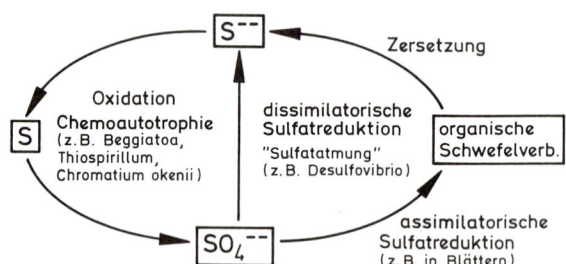

Abb. 2.1.129: Kreislauf des Schwefels in der Natur. Von den dargestellten Reaktionen kann nur die assimilatorische Sulfatreduktion von Eukaryoten (grünen Pflanzen, Pilzen) durchgeführt werden.

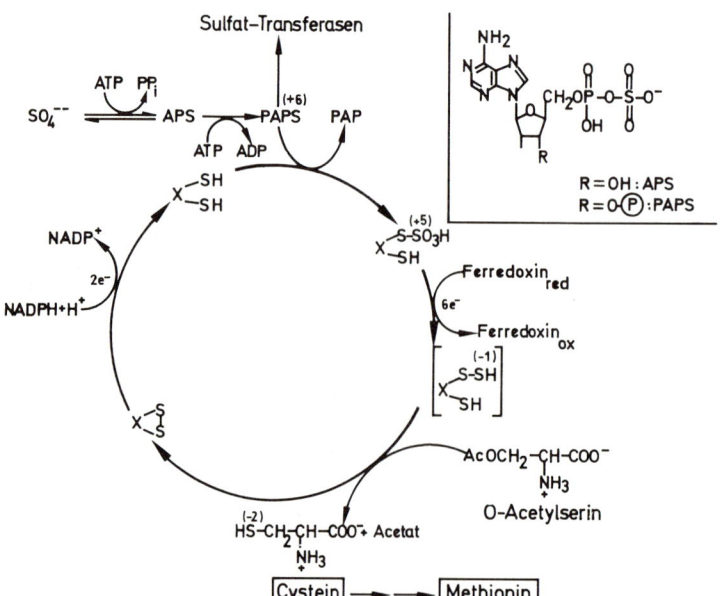

Abb. 2.1.128: Sulfatreduktion und Biosynthese der schwefelhaltigen Aminosäuren Cystein und Methionin in Chloroplasten. Zwischenstufen werden bei den einzelnen Reduktionsschritten normalerweise nicht frei. Einschub: Struktur von Adenosinphosphosulfat (APS) und Phosphoadenosinphosphosulfat (PAPS)

G. Stoffwechsel der Lipide

Den Abbau der Neutralfette und den Umbau der Fettsäuren in Kohlenhydrate (im Glyoxylatcyclus) haben wir bereits kennengelernt (S. 298f.). Hier soll über die Biosynthese einiger Lipide berichtet werden. All diesen Biosynthesesequenzen ist gemeinsam, daß aktiviertes Acetat (in Form von Acetyl-CoA) als Grundbaustein verwendet wird. Es ist wahrscheinlich, daß in Chloroplasten-führenden Zellen die Enzymsysteme für die Synthese der meisten Lipide in den Chloroplasten und im Cytoplasma, für Teilschritte auch in Mitochondrien, vorhanden sind, wobei sich die Synthesewege in den verschiedenen Kompartimenten in Einzelheiten unterscheiden können.

1. Bildung von Acetyl-CoA

Das für die Lipidsynthesen wie für die zahlreichen anderen von aktivierter Essigsäure bestrittenen Reaktionsfolgen notwendige Acetyl-CoA kann auf verschiedenen, in den einzelnen Zellkompartimenten differierenden Wegen bereitgestellt werden (Abb. 2.1.130), von denen wir die Bildung durch die Pyruvat-Dehydrogenase-Reaktion schon kennengelernt haben. Sie ist auf die Mitochondrien beschränkt.

Im Cytoplasma wird die Hauptmenge des Acetyl-CoA durch ein citratspaltendes Enzym (CoASH acetylierend) gebildet, wobei das Citrat aus den Mitochondrien stammen kann. Eine ähnliche Reaktion wird auch für die Chloroplasten vermutet. Schließlich kann auch freies Acetat auf CoASH geladen werden; katalysiert wird diese Umsetzung durch eine Thiokinase, die Acetyl-CoA-Synthetase. Diese Reaktion läuft in Mitochondrien ab und wird auch für die Chloroplasten diskutiert. Das Acetat kann aus dem Medium stammen (bei chemoorganotrophem oder mixotrophem Wachstum) oder im Stoffwechsel entstehen.

2. Biosynthese der Fettsäuren

De novo, d.h. aus dem Grundbaustein Acetyl-CoA, können Fettsäuren in Chloroplasten und im Cytoplasma, wahrscheinlich nicht in Mitochondrien, aufgebaut werden. Eine Verlängerung von vorgebildeten Fettsäuren durch Anfügung weiterer Acetylreste ist im Cytoplasma, in den Mitochondrien und wahrscheinlich auch in den Chloroplasten möglich.

Bei der de-novo-Synthese der Fettsäuren dient das Acetyl-CoA selbst nur als Startmolekül, während die C_2-Bruchstücke, um welche die Kette schrittweise verlängert wird, nicht von Acetyl-CoA direkt, sondern von Malonyl-CoA stammen, das aus Acetyl-CoA unter Wirkung der Acetyl-CoA-Carboxylase gebildet wird (Abb. 2.1.131). Dieses Enzym arbeitet – wie eine Reihe anderer Carboxylierungsenzyme – mit Biotin als prosthetischer Gruppe. Das Biotin ist kovalent an das Enzym gebunden und übernimmt zunächst das CO_2, um es an Acetyl-CoA weiterzugeben; das eingeführte CO_2 bildet dabei die freie (nicht mit CoA veresterte) Carboxylgruppe des Malonylrestes.

Die Acetyl-CoA-Carboxylase wird in tierischen Zellen durch das Citrat (d.h. die Quelle des aktivierten Acetats) aktiviert, nicht dagegen das Enzym aus Bakterien und Hefe. Wie sich das Chloroplastenenzym verhält, ist unbekannt.

Mit Acetyl-CoA als Startmolekül und Malonyl-CoA als C_2-Acylgruppen-Spender operiert nun ein komplexes Enzymsystem aus zwei multi-funktionellen Proteinen, die Fettsäuresynthetase. Die beiden Proteinmoleküle sind mit einem speziellen Acylcarrier (s.u.) im Cytoplasma tierischer Zellen und der Hefe zu einem strukturell eng verbundenen Komplex vereinigt, der auch als Einheit in der Zentrifuge sedimentiert und nicht ohne Aktivitätsverlust der Einzelkomponenten getrennt werden kann. Bei den Chloroplasten und den Prokaryoten sind die Enzyme mit dem Acylcarrier weniger fest verbunden, können getrennt funktionieren und auch wieder

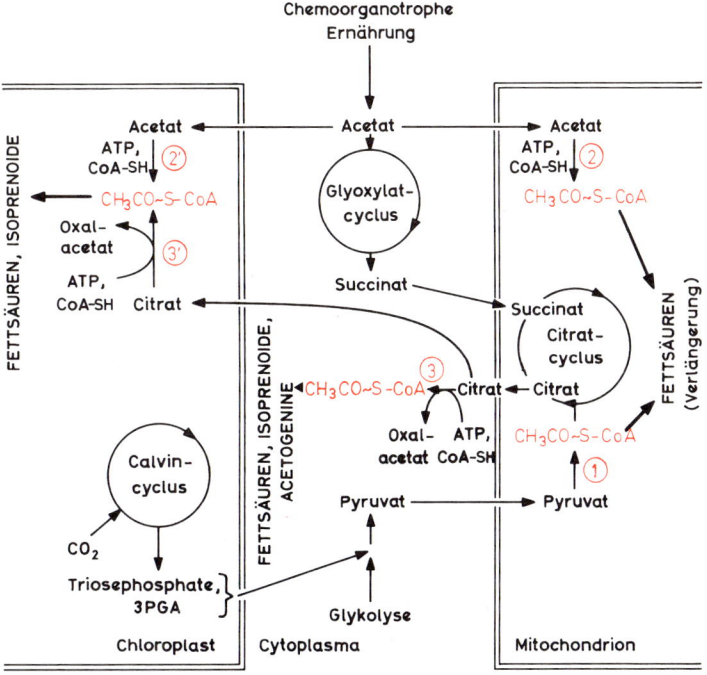

Abb. 2.1.130: Bildungsmöglichkeit von Acetyl-CoA in verschiedenen Zellkompartimenten. (1) Pyruvat-Dehydrogenase; (2), (2') Acetyl-CoA-Synthetase in Mitochondrien bzw. Chloroplasten; (3), (3') Citrat-Spaltung durch das Enzym (CoASH acetylierend) im Cytoplasma bzw. in den Chloroplasten. Die Reaktionen in den Chloroplasten sind noch nicht gesichert. (Nach Kindl u. Wöber)

rekonstruiert werden, wobei sich Einzelkomponenten der Fettsäuresynthetase von Chloroplasten und Bakterien gegenseitig vertreten können.

Die Synthese einer gesättigten C_{16}-Fettsäure (Palmitinsäure) durch die Fettsäuresynthetase läßt sich summarisch so formulieren:

Acetyl-CoA + 7 Malonyl-CoA + 14 NADPH + 14 H$^+$ →
CH$_3$ (CH$_2$)$_{14}$ COOH + 7 CO$_2$ + 8 CoA + 14 NADP$^+$ + 6 H$_2$O

Im einzelnen kann man bei dieser Reaktionsfolge verschiedene Teilschritte unterscheiden: 1. Startreaktion. 2. Kettenverlängerung. 3. Abschlußreaktion.

Bei der Startreaktion werden durch zwei spezifisch auf ihre Substrate eingestellte Transacylasen der Acetylrest (aus Acetyl-CoA) und der Malonylrest (aus Malonyl-CoA) auf die -SH-Gruppe eines Acyl-Trägerproteins (ACP; acyl-carrierprotein) übertragen, das ein Bestandteil der Fettsäuresynthetase ohne eigene enzymatische Aktivität ist. Das ACP hat als (kovalent an das Apoprotein gebundene) prosthetische Gruppe ein Derivat des Vitamins Pantothensäure (Phosphopantethein), an dessen -SH-Gruppe die Acetylreste gebunden werden.

Kettenverlängerung. Dabei wird ein Acylrest des Malonyl-CoA auf den Acylrest (bei Reaktionsbeginn Acetylrest) im Acyl-ACP übertragen (Abb. 2.1.131); durch die dabei erfolgende Abspaltung der freien (durch die vorherige Carboxylierung des Acetyl-CoA eingeführte) Carboxylgruppe des Malonylrestes wird das Gleichgewicht der Reaktion ganz auf die Seite des Oxoacyl-ACP gezogen. Damit wird auch der Sinn der energiezehrenden Carboxylierungsreaktion und die Verwendung von Malonyl-CoA anstelle von Acetyl-CoA als Acetyldonator verständlich. Die folgenden Reaktionsschritte dienen der Reduktion des β-Oxoacylrestes zum Acylrest mit 4 C-Atomen.

Dieser Schritt der Verlängerung des ACP-gebundenen Acylrestes um eine C_2-Einheit vollzieht sich in analoger Weise weiter, bis Acylreste mit typischer Kettenlänge, meist mit 16 oder 18 C-Atomen (erfordert 7 bzw. 8 Verlängerungsschritte), entstehen.

Noch in Bindung an das ACP können bei Chloroplasten in den Acylrest durch Dehydrierung eine oder mehrere Doppelbindungen (schrittweise) eingeführt werden. Eine derartige Dehydrierung kann auch im Cytoplasma stattfinden, während sie in Mitochondrien bisher nicht gefunden wurde.

Bei einer Verlängerung der (gesättigten oder ungesättigten) Fettsäuren über C_{18} hinaus reagiert in den Chloroplasten der

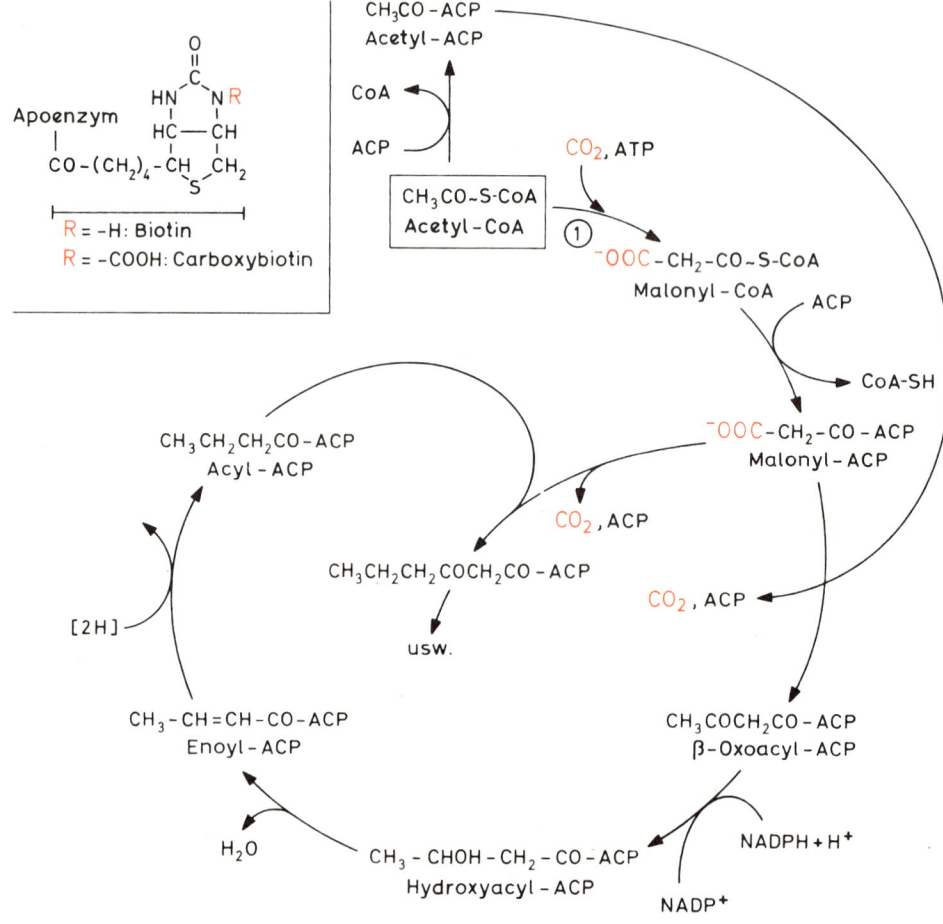

Abb. 2.1.131: Reaktionsfolge am Fettsäure-Synthetase-Komplex. Das carboxylierende Enzym bei Reaktion (1) hat als kovalent gebundenes Coenzym Biotin (Einschub), das durch eine Biotin-Carboxylase carboxyliert werden kann. Die so «aktivierte» Carboxylgruppe wird durch eine Transcarboxylase auf Acetyl-CoA übertragen.

an ACP gebundene Acylrest nicht – wie bei der Fettsäuresynthetase – mit Malonyl-ACP, sondern mit Malonyl-CoA (unter CO_2-Abspaltung). In der Hefe werden die an CoA gebundenen Fettsäurereste (siehe Abschlußreaktion) durch Acetylreste aus Acetyl-CoA verlängert.

In der Abschlußreaktion wird der fertige Fettsäurerest vom ACP auf CoA übertragen und von hier freigesetzt oder in weitere Reaktionen eingeschleust.

3. Bildung von Neutralfetten und Strukturlipiden

In den Chloroplasten wird die fertiggestellte, noch an ACP gebundene Fettsäure (in anderen Kompartimenten der an CoA transferierte Acylrest) auf α-Glycerinphosphat übertragen. Auf diese Weise werden Phosphatidsäuren gebildet (Abb. 2.1.132), die entweder als solche oder nach Abspaltung des Phosphatrestes als Diglycerid Ausgangssubstanz für die Bildung der Neutralfette oder der verschiedenen Strukturlipide (Phosphatide, Sulfolipide, Glykolipide, vgl. S. 78f.) sind.

Über Einzelheiten der Bildung von Wachsen (S. 107), Cutin und Suberin ist noch wenig bekannt.

4. Isoprenoidbiosynthese

Als Isoprenoide faßt man eine außerordentlich mannigfaltige Gruppe von pflanzlichen Inhaltsstoffen zusammen, die sich formal vom Isopren (C_5H_8) ableiten:

$$CH_2 = \overset{\overset{\displaystyle CH_3}{|}}{C} - CH = CH_2$$

Isopren selbst und die meisten Isoprenoide werden vorwiegend in Plastiden (Chloro- und Chromoplasten) synthetisiert, Kautschuk im Milchsaft. Isopren wird von verschiedenen höheren Pflanzen in erheblichen Mengen an die Atmosphäre abgegeben und spielt eine bedeutende Rolle bei luftchemischen Umsetzungen.

Die verschiedenen Isoprenoide werden teils den «primären», teils den «sekundären» Pflanzenstoffen zugerechnet (vgl. S. 365f.), wobei zu betonen ist, daß diese Abgrenzung nicht scharf zu ziehen ist, und oft auch verschieden interpretiert wird, was man z.B. unter «primären» Pflanzenstoffen zu verstehen hat.

Die zahlreichen Isoprenoide in den Pflanzen sind aber nicht nur dadurch gekennzeichnet, daß sie sich formal vom Isopren ableiten lassen, sie werden auch tatsächlich nach einem einheitlichen Prinzip von der Zelle synthetisiert. Baustein ist der an CoA gebundene Acetylrest, und ein Zwischenprodukt der Synthesekette mit 5 C-Atomen, das Isopentenylpyrophosphat (IPP), kann als «aktives Isopren» bezeichnet werden. Es ist vermutlich auch die Vorstufe des Isoprens.

Ausgangssubstanz für die Bildung des IPP ist Acetoacetyl-CoA. Dieses kann entweder beim Abbau von längerkettigen Fettsäuren entstehen (S. 298) oder durch Übergang eines Acetylrestes von Acetyl-CoA durch die Thiolase auf ein zweites Molekül Acetyl-CoA:

Acetyl-CoA + Acetyl-CoA ⇌ Acetoacetyl-CoA + CoA.

Das Acetoacetyl-CoA reagiert mit einem weiteren Acetyl-CoA, und aus der entstehenden C_6-Verbindung wird schließlich IPP gebildet, das mit seinem Isomeren Dimethylallylpyrophosphat in einem enzymatisch katalysierten Gleichgewicht steht (Abb. 2.1.133).

Die C_{10}-(**Monoterpene**), C_{15}-(**Sesquiterpene**) und C_{20}-Verbindungen (**Diterpene**) entstehen dadurch, daß an das Startermolekül Dimethylallylpyrophosphat ein, zwei oder drei Moleküle IPP angelagert werden, u. zw. durch sog. Kopf/Schwanz-Reaktion. Die auf dem «Hauptweg» der Isoprenoidsynthese liegenden Verbindungen Geranylpyrophosphat (C_{10}), Farnesylpyrophosphat (C_{15}) und Geranylgeranylpyrophosphat (C_{20}) sind die Ausgangssubstanzen für die mannigfaltigen Molekülumwandlungen in der Mono-, Sesqui- und Diterpenreihe (Tab. 2.1.29). Allein bei den *Asteraceae* wurden bisher ca. 1000 Sesqui- und Diterpene gefunden.

Ein Sesquiterpen ist z.B. das Juvabion, ein Juvenilhormon-Analogon aus dem Holz der Balsamtanne *(Abies balsaminea)*, das die Entwicklung von Insekten hemmt. In den als Insecticide benutzten Pyrethrinen (aus *Chrysanthemum*-Arten) sind zwei durch einen Cyclopropanring miteinander verbundene Hemiterpen-(C5)-Einheiten mit einem Cyclopentenylrest verestert (Abb. 2.1.134). Die Nadeln von *Podocarpus gracilior* haben drei Abwehrsysteme: a. als Fraßhemmer Diterpenlactone; b. als Insecticide Podolid (verwandt zu a) und Podokarpinflavon A; c. als Häutungshemmer Ponasteron A.

Triterpene, z.B. die Steroide, werden durch Schwanz/Schwanz-Dimerisierung von zwei C_{15}-Verbindungen gebildet, von denen die eine Farnesylpyrophosphat, die andere ein Isomeres dieser Substanz ist (Nerolidylpyrophosphat).

Steroidglykoside sind die weit verbreiteten Saponine. *Solanum*-Früchte z.B. enthalten vor der Reife meist reichlich für Insekten und Wirbeltiere toxische Saponine. Bei der Frucht-

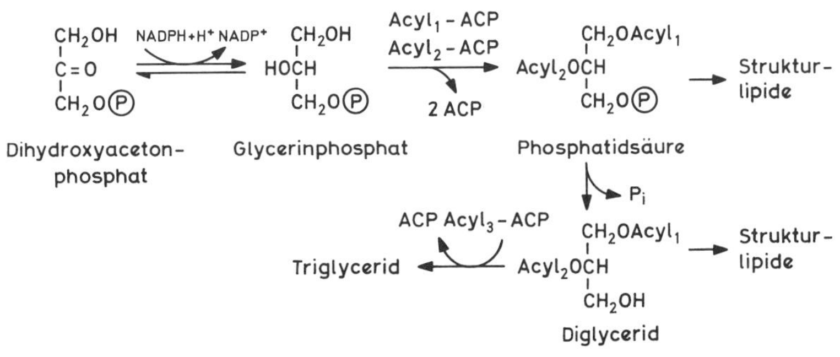

Abb. 2.1.132: Übersicht über die Synthese der Neutralfette und Strukturlipide.

Tab. 2.1.29: Übersicht über die verschiedenen Gruppen der Terpenoide. (Nach Hess, ergänzt)

5-C-Einheiten	Gruppe	Beispiele
1×5-C	Hemiterpene	»Prenylrest« in Chinonen und Cumarinen, Isopren
2×5-C	Monoterpene	offen: Citral, Geraniol, Linalool
		monocyclisch: Limonen, Menthol, Thymol, Menthon, Carvon, Cineol, Phellandren
		bicyclisch: Kampfer, α- und β-Pinen
3×5-C	Sesquiterpene	offen: Farnesol
		cyclisch: β-Cadinen, Abscisinsäure
4×5-C	Diterpene	offen: Phytol
		cyclisch: Harzsäuren, Gibberelline
6×5-C =2×15-C	Triterpene	offen: Squalen
		cyclisch: Triterpenalkohole, Triterpensäuren, Steroide, Gossypol, Cucurbitacine
8×5-C =2×20-C	Tetraterpene	Carotinoide (Carotine, Xanthophylle)
n×5-C	Polyterpene	Kautschuk, Guttapercha, Balata

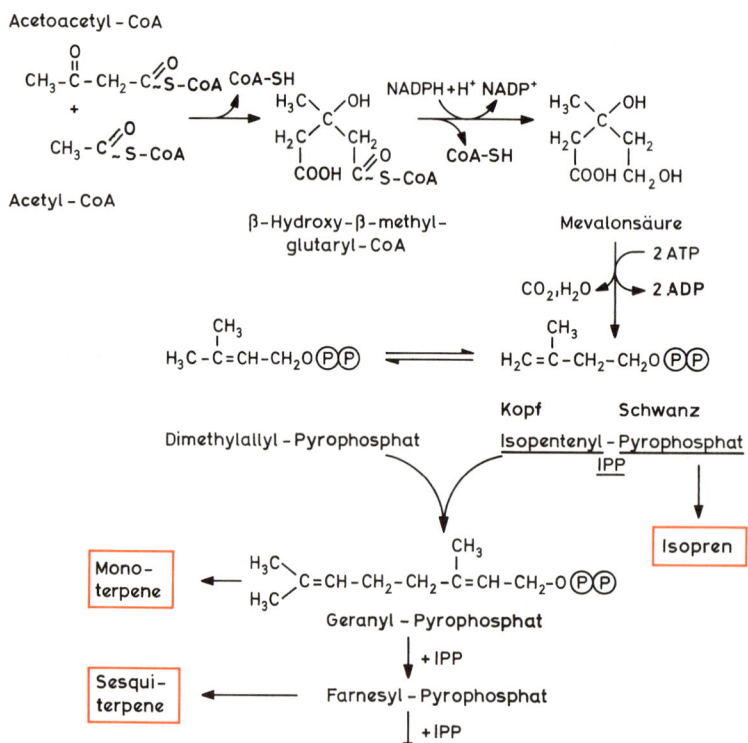

Abb. 2.1.133: Schema der Biosynthese des «aktiven Isoprens» (IPP) und einiger Terpene.

reife werden sie bei den meisten Arten abgebaut oder in nichtgiftige Verbindungen übergeführt (z.B. bei der Tomate); die Früchte können dann endozoochor (S. 755) verbreitet werden. Das Tomatin ist zwar toxisch für einen Tomatenschädling, die Lepidoptere *Heliothis zeae*, aber noch wesentlich giftiger für einen Parasiten dieses Schädlings, die Schlupfwespe *Hyposoter exiguae* (die das Tomatin aus dem Schmetterling bezieht). In diesem komplizierten System kann ein Abwehrstoff demnach sogar zu einer verstärkten Vermehrung eines Pflanzenparasiten führen, weil dieser von seinem Überparasiten befreit wird.

Zu den Triterpenen gehören auch die herzwirksamen Cardia-Glykoside, z.B. das Strophantin und die Digitalisglykoside.

Analog zu den Triterpenen werden **Tetraterpene**, zu denen z.B. die Carotinoide gehören, durch Schwanz/Schwanz-Dimerisierung von zwei C_{20}-Verbindungen synthetisiert, von denen die eine Geranylgeranylpyrophosphat, die andere wieder ein Isomeres davon ist (Geranyllinaloylpyrophosphat).

Polyprenole sind Isoprenoide mit einer endständigen Hydroxylgruppe, die sich formal vom Isopentenol (Prenol) ableiten lassen. Sie enthalten bei Pilzen 18–24 Isopreneinheiten (teilweise hydriert), bei höheren Pflanzen 7–18, und haben als Polyprenolphosphate in beiden Pflanzengruppen wichtige Funktionen bei

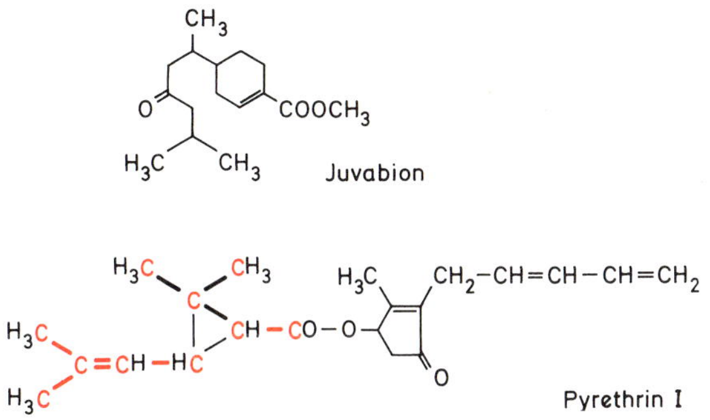

Abb. 2.1.134: Die Isoprenoide Juvabion und Pyrethrin I; bei letzterem die Hemiterpen-Reste farbig hervorgehoben.

Tab. 2.1.30: Übersicht über einige Gruppen der pflanzlichen Phenole. (Nach Hess)

C-Grundgerüst	Gruppe	Beispiele
	einfache Phenole	Hydrochinon Arbutin
	Phenolcarbonsäuren	p-Hydroxybenzoesäure Protocatechusäure Gallussäure
	Phenylpropane	Zimtsäuren Zimtalkohol Cumarine Lignin
	Flavanderivate	Flavanone Flavone Flavonole Anthocyanidine

der Synthese von Glykoproteiden, also wesentlichen Zellbestandteilen. Ein antivirales Glykoproteid wird von bestimmten Tabaksorten nach Virusinfektion gebildet («pflanzliches Interferon»).

Die Polyisoprene Kautschuk und Guttapercha (S. 787) entstehen ebenfalls durch Polymerisierung von «aktivem Isopren». Vermutlich gilt dies auch für die Sporopollenine (S. 106), die chemisch ähnlich gebaut sind.

H. Biosynthesen einiger typischer sekundärer Pflanzenstoffe

Als «sekundäre Pflanzenstoffe» wird eine Gruppe von chemisch sehr verschiedenen Verbindungen bezeichnet, die – im Gegensatz zu den «primären Pflanzenstoffen» – für den Grundstoffwechsel der Pflanzenzelle nicht notwendig sind. Zutreffender könnten diese Substanzen als «ökologisch wirksame Pflanzenstoffe» bezeichnet und den primären als den «physiologisch wirksamen Pflanzenstoffen» gegenübergestellt werden. Hält man sich die vielfältigen ökologischen Aufgaben (Lockstoffe, Fraßhemmer, Gifte, allelopathische Substanzen), die Vielzahl der zu lockenden oder abzuweisenden tierischen und pflanzlichen Organismen und deren dauernde evolutionäre Veränderung vor Augen, so ist die außerordentliche chemische Mannigfaltigkeit der «sekundären Pflanzenstoffe» (mehr als 20 000 sind bisher bekannt, ein Drittel davon sind Alkaloide) nicht verwunderlich, sondern notwendig. Hier sollen nur die Biosynthesen von Phenolabkömmlingen und Alkaloiden in den Grundzügen dargestellt werden.

1. Die Bildung pflanzlicher Phenole und Phenolderivate

Phenolische Substanzen tragen an einem aromatischen Ringsystem mindestens eine Hydroxylgruppe oder deren funktionelle Derivate. Sie sind in den grünen Pflanzen außerordentlich mannigfalig (Tab. 2.1.30), liegen oft als Glykoside oder Zuckerester vor und sind dann in der Regel im Zellsaft gelöst.

Wir haben im Tyrosin schon ein Phenolderivat kennengelernt. Der Shikimatweg, auf dem diese Aminosäure synthetisiert wird, ist der wichtigste Weg für die Bildung aromatischer Verbindungen in der Pflanzenzelle überhaupt. Über ihn werden außer den aromatischen Aminosäuren auch die von Zimtsäure ableitbaren Phenylpropane und Phenolcarbonsäuren gebildet.

Zimtsäurederivate. Zimtsäure, die frei oder verestert in etherischen Ölen, Harzen und Balsamen vorkommt, entsteht aus Phenylalanin (Abb. 2.1.135) unter Freisetzung von NH_3 durch die Phenylalanin-Ammonium-Lyase (PAL). Da das Enzym das Phenylalanin aus der Proteinsynthese in Seitenwege des Stoffwechsels ablenkt, ist es nicht verwunderlich, daß es von einer Reihe von Faktoren, z.B. durch Licht (über das Phytochromsystem, S. 404f.), in seiner Biosynthese oder durch andere Faktoren in seiner Aktivität kontrolliert wird.

Zimtsäure kann durch ein an das ER gebundenes Enzym zu p-Cumarsäure hydroxyliert werden, die auch direkt aus Tyrosin durch eine Tyrosin-Ammonium-Lyase entstehen kann (Abb. 2.1.135); der letztgenannte Weg scheint vor allem bei Gräsern beschritten zu sein.

Einführung von Methoxylgruppen (durch Hydroxylierung und nachfolgende Methylierung) in den Ring der p-Cumarsäure führt zu Ferulasäure (wirkt als Keimungshemmstoff – Blastokolin – in Samen) und Sinapinsäure (die frei z.B. bei Bromeliaceen auftritt), deren Alkohole Coniferylalkohol und Sinapylalkohol zusammen mit dem Alkohol der p-Cumarsäure, dem p-Cumarylalkohol, die Bausteine des Lignins darstellen.

Das **Lignin**, das mengenmäßig nach der Cellulose die wichtigste organische Substanz in der Natur darstellt (Jahresproduktion ca. $2 \cdot 10^{10}$ t, gegenüber 10^{12} t Cellulose), entsteht durch dehydrierende Polymerisation dieser drei Alkohole. Dabei ist das Pteridophyten- und das Gymnospermen-Lignin durch ganz überwiegenden Anteil des Coniferylalkohols und geringe Anteile an den beiden anderen ausgezeichnet, im Dicotyledonen-Lignin sind Coniferyl- und Sinapylalkohol in etwa

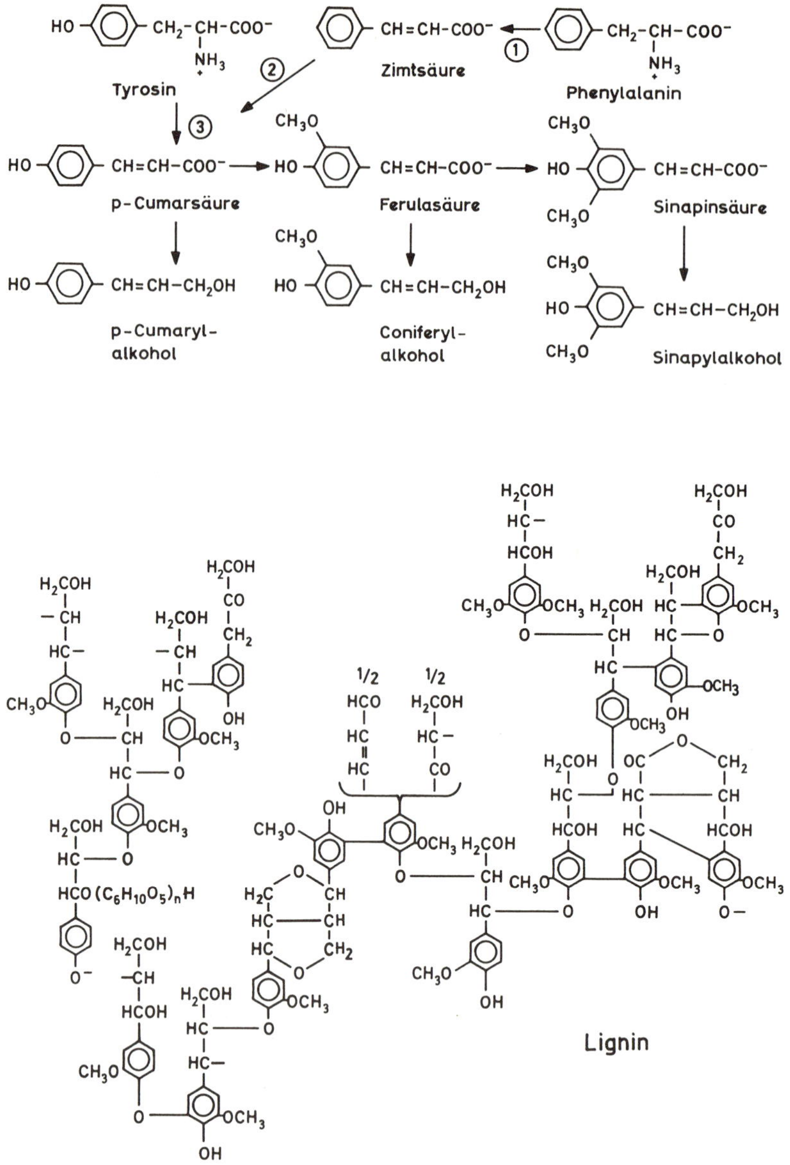

Abb. 2.1.135: Biosynthese der Zimtsäure und von Ligninbausteinen. (1) Phenylalanin-Ammonium-Lyase (PAL); (2) das für die Hydroxylierung der Zimtsäure zu p-Cumarsäure verantwortliche Enzym ist an das ER gebunden und oft mit PAL assoziiert; (3) die Tyrosin-Ammonium-Lyase ist vor allem bei Gräsern verbreitet. Der Formelausschnitt des Fichtenlignins (nach Freudenberg u. Neish) gibt mögliche Verknüpfungen der Bausteine wieder. Das Molekül muß man sich dreidimensional vorstellen.

gleichen Mengen, Cumarylalkohol nur in Spuren vertreten, während im Monocotyledonen-Lignin (vor allem bei Gräsern) neben den beiden anderen Komponenten auch p-Cumarylalkohol in größerer Menge eingebaut ist. Der die Bausteine charakterisierende Methoxylgruppen-Gehalt ist daher eine wichtige Kenngröße für die Herkunft eines Lignins.

Allerdings können auch innerhalb einer Pflanze verschiedene Gewebe, z.B. Rinde und Holz, verschieden methoxylreiche Lignine aufweisen. Auch hat z.B. das Spätholz der Eiche einen höheren Methoxylgehalt als das Frühholz.

Die Ligninbausteine werden an die Orte der Ligninbiosynthese in Form ihrer – leichter wasserlöslichen und nicht spontan polymerisierenden – β-Glucoside Glucocumarylalkohol, Coniferin und Syringin transportiert. An den Syntheseorten werden die Alkohole durch eine β-Glucosidase in der Zellwand freigesetzt und enzymatisch (durch H_2O_2 und eine Peroxidase) zu Radikalen dehydriert, die in mannigfaltiger Weise zu dem dreidimensional polymerisierenden, in der Zellwand zwischen den Cellulosemikrofibrillen eingelagerten (S. 94 ff.) Lignin zusammengeschlossen und auch kovalent mit den polymeren Kohlenhydraten der Zellwand verknüpft werden (Abb. 2.1.135). Lignin bezeichnet demnach keine strukturell streng definierte Verbindung.

Die gelegentlich auftretenden Carbonylreste im Lignin-Molekülverband sind die Grundlage für die Rotfärbung des Lignins mit Phloroglucin/Salzsäure.

Der Ligninabbau wird vor allem durch sog. «Weißfäule»-Pilze vorgenommen und ist generell ein aerober Prozeß. Beteiligt ist eine ligninolytische Oxygenase («Ligninase»), ein O_2- und H_2O_2 abhängiges, hämhaltiges Enzym mit Peroxidasenatur, das vor allem C-C Bindungen oxidativ spaltet.

Von der Zimtsäure und ihren Derivaten leiten sich auch die glucosidischen «gebundenen Cumarine» ab, die durch die

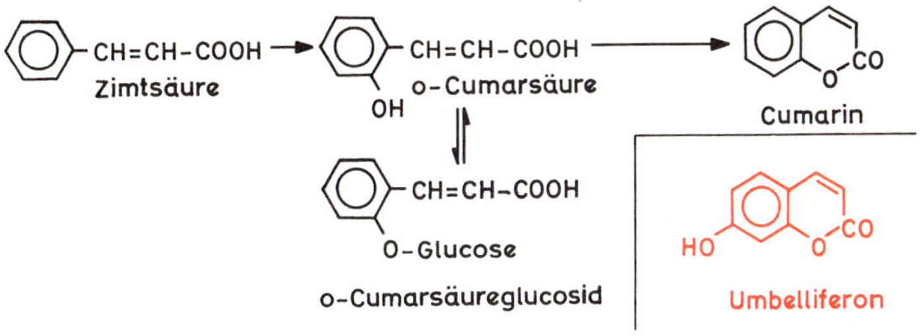

Die Nährstoffe und ihr Umsatz in der Pflanze · 367

Abb. 2.1.136: Bildung von Cumarin und Cumarin-Derivaten aus Zimtsäuren. Von der p-Cumarsäure kommt man zum Umbelliferon, von anderen Zimtsäurederivaten z.B. zum Aesculetin und Scopoletin. (Nach Kindl u. Wöber, ergänzt)

Wirkung von β-Glucosidasen zu freien Säuren gespalten werden, die dann spontan in ihr Lacton, die verschiedenen Cumarine, übergehen (Abb. 2.1.136).

Bei den **Phenolcarbonsäuren** und schließlich den **einfachen Phenolen** wird die Seitenkette des Phenylpropan-Gerüstes teilweise oder vollständig abgebaut. Im übrigen leiten sich die einzelnen Vertreter dieser Gruppen wieder von der Zimtsäure und ihren Derivaten her (Abb. 2.1.137).

Phenolcarbonsäure und freie Phenole bzw. deren Glykoside haben im Pflanzenreich eine weite Verbreitung. p-Hydroxybenzoesäure ist Ausgangssubstanz für das Ubichinon. Von der Gallussäure leitet sich die Gruppe der Gallotannine oder «hydrolysierbaren Gerbstoffe» (Tannine) ab, die neben den «kondensierten Gerbstoffen» oder Catechinen die Hauptgruppe der pflanzlichen Gerbstoffe darstellen.

Die Raupen des Nachtfalters *Nemoria arizonica* ernähren sich bei der Frühjahrsbrut von Kätzchen und Pollen verschiedener Eichenarten, während die Sommerbrut Blätter frißt. Erstere sehen den Kätzchen verblüffend ähnlich und können durch Fütterung der Brut mit Kätzchen erhalten werden, letztere durch Zusatz von Tanninen (wie sie in den Blättern vorkommen) zur Diät.

Gerbstoffe sind dadurch gekennzeichnet, daß sie Eiweiße fällen können, wovon in der Ledergerberei Gebrauch gemacht wird. Im Pflanzenreich sind Gerbstoffe weit verbreitet (vor allem in Gallen und bestimmten Borken); sie werden – wie zumindest ein Teil der Phenolcarbonsäuren und freien Phenole – als Schutz gegen Schädlingsbefall oder Tierfraß betrachtet (vgl. S. 365). So werden z.B. in S-Afrika *Eragrostis*-Arten als Zwischenfrucht zur Nematodenbekämpfung angepflanzt. Wirksames Prinzip der Wurzelausscheidungen ist das o-Diphenol Brenzcatechin, das für Nematodenlarven noch in einer Konzentration von 10^{-9} g/l toxisch ist. Das Urushiol aus dem Gift-Sumach *Rhus toxicodendron* («poison

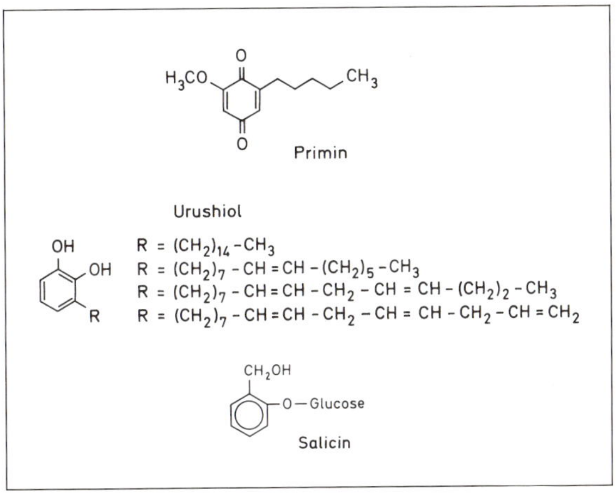

Abb. 2.1.138: Struktur der Phenolderivate Primin, Urushiol und Salicin.

ivy»), das Dermatitis hervorruft, ist ein Gemisch verschiedener Catechole (Abb. 2.1.138). Salicin, ein toxisches Phenolglykosid aus *Salix*-Arten, wird von dem auf Weidenblattnahrung spezialisierten Käfer *Chrysomela aenicollis* nicht nur vertragen, sondern schützt ihn vor Räubern.

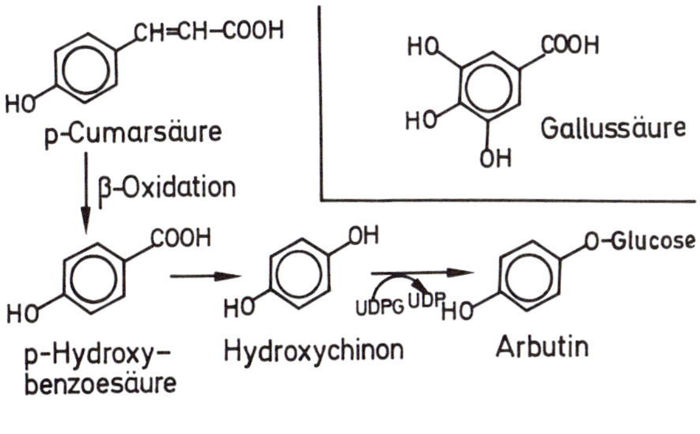

Oft werden niedermolekulare phenolische Verbindungen der verschiedensten Art von der Pflanze erst bei Verletzung oder bei Infektion durch pathogene Organismen gebildet und dann als **Phytoalexine** bezeichnet (Abb. 2.1.139). Besonders eingehend studiert sind die Phytoalexine, die von der Kartoffelpflanze bei Befall durch *Phytophthora infestans* (S. 556) synthetisiert werden; dazu gehören u.a. Chlorogensäure, Kaffeesäure und Scopoletin, weiter die fungitoxischen Sesquiterpene Rishitin und Lubimin. Bei anderen Pflanzen kommen auch Phytoalexine vor, die nicht den Phenolen zuzurechnen sind. Sie wirken unspezifisch gegen das Wachstum von Mikroorganismen (vor allem von Pilzen) und können nicht nur nach Infektionen, sondern auch nach Einwirkung verschiedener abiotischer Streßfaktoren gebildet werden. Die Substanzen des Erregers, die Phytoalexinbildung des Wirtes auslösen, werden als **Elicitoren** bezeichnet. Bei *Phytophthora infestans* gehören dazu z.B. die Fettsäuren Eicosapentaenyl- und Arachidonsäure, bei *Ph. megasperma* var. *sojae* eine Oligosaccharidfraktion aus der Zellwand des Pilzes (Heptaglucosid), die von einem Wirtsenzym freigesetzt wird. In anderen Fällen wirken Zellwandbestandteile des Wirtes selber (z.B. ein Oligogalacturonid, eine unverzweigte Kette von Galacturonsäure-Molekülen), die von Parasitenzymen oder auch von unter Einfluß des Pathogens erzeugten Wirtsenzymen freigesetzt werden. Derartige Kohlenhydrate mit Effektorwirkungen auf Parasiten oder auch auf die Wirtszellen selbst, werden als **Oligosaccharine** bezeichnet.

Von den freien Phenolen kommt Hydrochinon und sein Glucosid Arbutin häufig vor (z.B. in Blättern von Ericaceen und

Abb. 2.1.137: Die Biosynthese von Phenolcarbonsäuren durch β-Oxidation von einfachen Phenolen und Phenolglucosiden sowie Struktur der Gallussäure.

einigen Rosaceen). Die dunkle Herbstfärbung von Birnenblättern beruht z.B. auf der Oxidation des Hydrochinons zum Chinon. Auch andere auffallende Verfärbungen von Pflanzen oder Pflanzenprodukten gehen häufig auf die Oxidation phenolischer Inhaltsstoffe zurück, z.B. das Dunkelwerden von Kartoffeln und Bananen sowie vom Tee bei dessen Fermentation. Ein Benzochinonderivat ist das **Primin** (Abb. 2.1.138), der Allergien-erregende, flüchtige Giftstoff der Gift-Primel *(Primula obconica)*.

Die Überführung der Zimtsäurederivate in die Phenolcarbonsäuren erfolgt durch β-Oxidation der C_3-Seitenkette (analog der β-Oxidation der Fettsäuren). Einfache Phenole können durch Decarboxylierung der Phenylcarbonsäuren erhalten werden. Sowohl für die Phenylcarbonsäuren wie für die freien Phenole gibt es aber auch noch andere Synthesewege.

Flavanderivate (Flavonoide). Außerordentlich mannigfaltig sind die pflanzlichen Inhaltsstoffe, deren Struktur sich vom Flavangrundgerüst ableiten läßt (vgl. S. 294 und Abb. 2.1.140). Je nach dem Oxidationszustand des sauerstoffhaltigen Ringes lassen sie sich verschiedenen Untergruppen zuordnen, deren einzelne Glieder sich wieder durch Substituenten der Ringe A und B unterscheiden. Die Mannigfaltigkeit wird noch dadurch gesteigert, daß die meisten Flavanderivate in den Pflanzen als Glykoside vorliegen, wobei verschiedene Zucker an die Hydroxylgruppen der Ringe A und B angeheftet werden können. Flavonoide wurden bei Algen und Pilzen bisher nicht gefunden. Sie erreichen ihre größte Mannigfaltigkeit bei den Angiospermen.

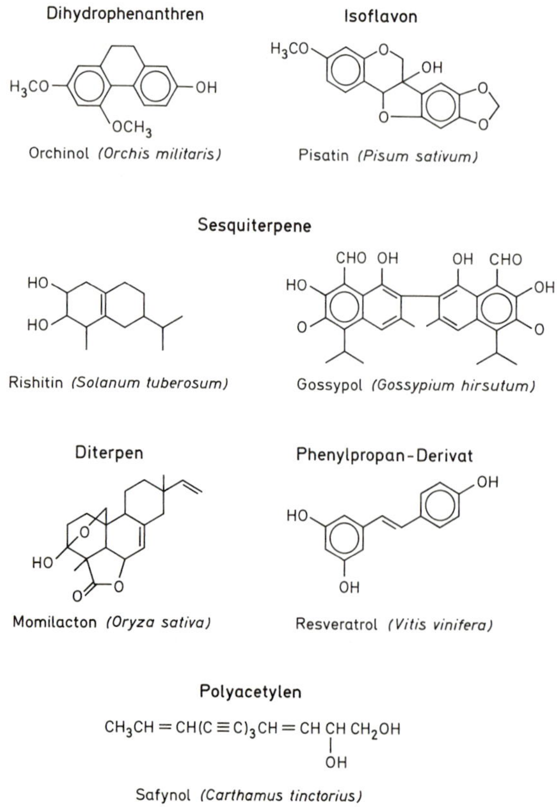

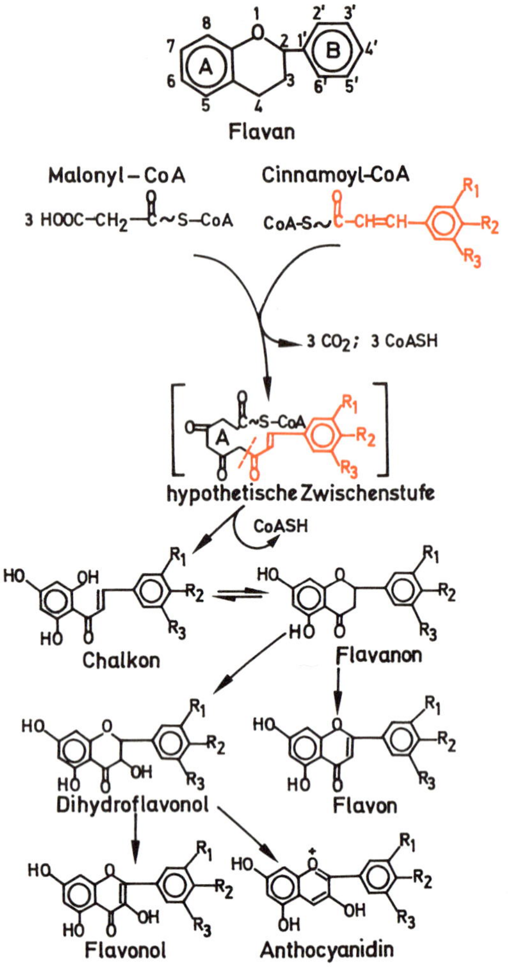

Abb. 2.1.140: Das Grundskelett des Flavans und schematische Übersicht über die Biosynthese der wichtigsten Flavanderivate. R_1, R_2, R_3: H- oder OH-Reste. (Aus Hess, verändert)

Abb. 2.1.139: Vertreter der Phytoalexine aus verschiedenen Verbindungsklassen.

Die verschiedenen Substanzen in den Untergruppen der Flavanderivate haben im Ring B die gleichen Substitutionsmuster wie die Zimtsäurederivate. Dies legt bereits die Vermutung nahe, daß letztere bei der Biosynthese des Flavangerüstes eine Rolle spielen. Die derzeitige Vorstellung geht davon aus, daß Ring B und die C-Atome 2, 3, 4 des Heterocyclus aus Phenylpropanderivaten stammen, während der Ring A aus 3 Acetateinheiten gebildet wird (Abb. 2.1.140). Dies soll in Analogie zur Fettsäurebiosynthese so erfolgen, daß an die CoA-Ester der Zimtsäurederivate, die als Startmoleküle fungieren, nacheinander drei Malonylreste aus Malonyl-CoA unter nachfolgender Decarboxylierung angeheftet werden. Nach Schluß des Ringes A entsteht ein Chalkon, das durch Bildung und Modifikation des Heterocyclus in die eigentlichen Flavanderivate übergeführt werden kann. Einzelheiten dieser Reaktionsfolge sind noch unklar, vor allem auch die Frage, ob Substitutionen des Ringes B bereits am Zimtsäurebaustein oder erst später im Laufe der Biosynthese vorgenommen werden.

Wir haben mit der Synthese des Ringes A der Flavanderivate neben dem Shikimatweg eine zweite Möglichkeit der Biosynthese aromatischer Ringe in der Pflanzenzelle kennengelernt, der als Acetat-Mevalonatweg bezeichnet wird. Da bei

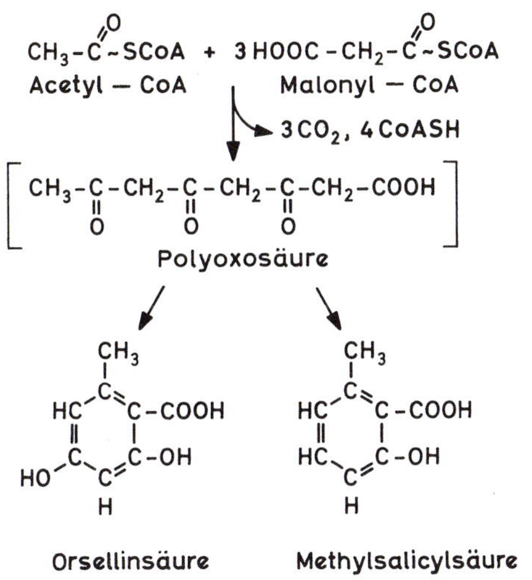

Abb. 2.1.141: Biosynthese von Acetogeninen durch Polyketidaromatisierung. (Nach Kindl u. Wöber)

2. Alkaloid-Biosynthese

Wie die große strukturelle Verschiedenheit der Tausende von pflanzlichen Alkaloiden (S. 365) erwarten läßt, gibt es eine große Zahl von Biosynthesewegen, die hier nicht im einzelnen erläutert werden können. Ausgangssubstanzen sind meist uns schon bekannte Stoffwechselprodukte, z.B. die aromatischen Aminosäuren Tyrosin und Tryptophan, die aliphatischen Aminosäuren Lysin und Ornithin, Nicotinsäure, Isopentenylpyrophosphat und davon abgeleitete Isoprenoide, 5-Phosphoribose-1-pyrophosphat, Polyketidketten, Methylgruppen aus dem C_1-Metabolismus usw.

Als Beispiel sei das Prinzip der Biosynthese der Benzylisochinolin-Alkaloide wiedergegeben (Abb. 2.1.142), zu denen die Alkaloide der Gattung *Papaver* gehören.

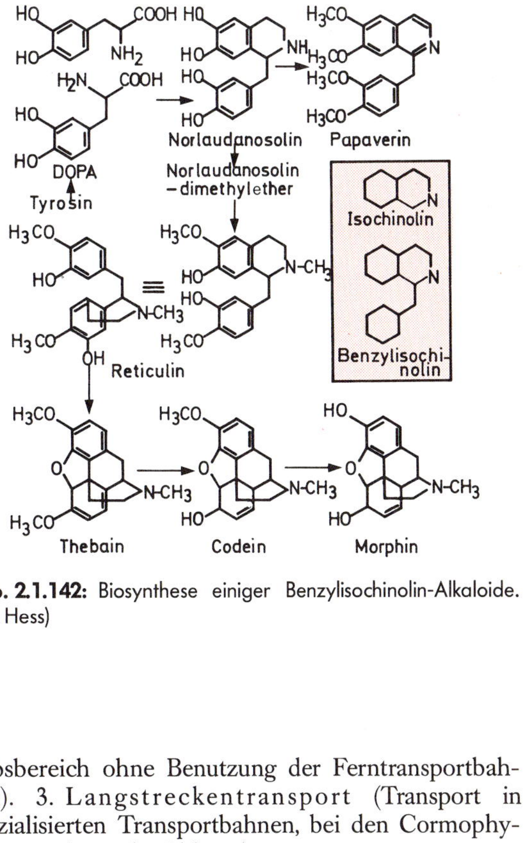

der mehrfachen Kondensation von Acetateinheiten bei diesen Reaktionen – im Gegensatz zur Fettsäurebiosynthese – nicht anschließend gleich reduziert wird, entstehen zunächst (hypothetische, nicht frei auftretende) Zwischenprodukte (Abb. 2.1.141), die man als Polyketide oder Polyoxomethylen-Verbindungen bezeichnet, und als Folgeprodukte hydroxylierte Benzolringe. Derartige, durch Polyketidaromatisierung entstandene Substanzen werden auch als Acetogenine bezeichnet. Dieser Syntheseweg wird vor allem von Mikroorganismen, besonders den Pilzen und Bakterien, zur Synthese zahlreicher Benzoesäurederivate beschritten, z.B. von Anthrachinonen, verschiedener Antibiotika, z.B. der Tetracycline (aus Streptomyceten) oder des Griseofulvins (aus *Penicillium*-Arten), und verschiedener Flechtensäuren.

Eine dritte Möglichkeit der pflanzlichen Biosynthese aromatischer Verbindungen leitet sich ebenfalls von einem Acetat-Mevalonatweg ab, nämlich der Sequenz, die wir bei der Biosynthese der Isoprenoide kennengelernt haben: Cyclische Terpene können zu aromatischen Systemen dehydriert werden.

Abb. 2.1.142: Biosynthese einiger Benzylisochinolin-Alkaloide. (Aus Hess)

V. Assimilattransport in der Pflanze

Wir haben neben dem Transport von Gasen (S. 304) und dem von Wasser und Mineralsalzen (S. 332, S. 345) mit dem Carriertransport und dem (für die Assimilate nur begrenzt bedeutsamen) Transport im Xylem bereits einige Fälle des Assimilattransportes in der Pflanze kennengelernt. Hier wollen wir den Assimilattransport im Zusammenhang betrachten und vor allem auf den Langstreckentransport der Assimilate in spezialisierten Leitsystemen (bei Cormophyten im Phloem) eingehen.

Wie bei den anderen Stoffgruppen (Wasser, Mineralsalze) kann man auch bei den organischen Substanzen drei Arten von Stofftransport unterscheiden: 1. Kurzstreckentransport (intrazellulärer Transport und Transport durch das Plasmalemma). 2. Mittelstreckentransport (Transport im Gewebsbereich ohne Benutzung der Ferntransportbahnen). 3. Langstreckentransport (Transport in spezialisierten Transportbahnen, bei den Cormophyten im Xylem oder Phloem).

A. Beim **Kurzstreckentransport** sind die Antriebsmechanismen einerseits Gefälle im chemischen bzw. elektrochemischen Potential (die Transportform dann eine Diffusion), zum andern – beim Passieren von bestimmten Membranen – Carriermechanismen, die mit Stoffwechselenergie betrieben werden. Die Transportgeschwindigkeit ist bei der Diffusion über die sehr kurzen Entfernungen kein Problem (vgl. S. 321).

B. Beim **Mittelstreckentransport** sind auseinanderzuhalten: a. Der symplasmatische Transport; b. der apoplasmatische Transport; c. der gemischt sym- und apoplasmatische Transport.

Die Bahn des symplasmatischen Transportes ist, wie erwähnt (S. 345), der Symplast, d.h. das Cytoplasma der durch Plasmodesmen miteinander verbundenen Zellen einer Pflanze. Es kann als gesichert gelten, daß die Vacuolen nicht in den symplasmatischen Transport mit einbezogen sind, daß der Tonoplast ein wesentliches Hindernis ist, das nur mit Hilfe spezieller Mechanismen überwunden werden kann. Der Abschluß des Symplasten nach außen, gegen den «Apoplasten», d.h. gegen die ihn umhüllenden Zellwände, das Plasmalemma (das ja auch die Plasmodesmen ummantelt), ist für organische Stoffe ohne spezielle Vorkehrungen (vgl. S. 342) ebenfalls nur sehr schwer zu durchdringen.

Aus der Exosmose der Zucker aus den Holzparenchymzellen von Baumstämmen in die Wasserleitungsbahnen wurde ein Durchtritt von nur 1 mg je m² Zelloberfläche und Tag errechnet, das entspricht einer Wandergeschwindigkeit von etwa 10^{-3} bis 10^{-4} nm je Tag.

Im Symplasten selbst sind die Transportgeschwindigkeiten erheblich größer (ca. 1–6 cm/Std). Über die Antriebsmechanismen weiß man noch wenig; sicher ist aber, daß in vielen Fällen (z.B. beim Markstrahltransport) die Leistungsfähigkeit einer reinen Diffusion nicht ausreicht. In den Zellen wird derzeit vor allem der Plasmaströmung (Geschwindigkeit bis zu 5 cm/Std), evtl. auch anderen Carriermechanismen, in den Plasmodesmen der Diffusion besondere Bedeutung zugemessen. Auch eine Lösungsströmung wird für den symplasmatischen Transport diskutiert, da wandernde Substanzen in einem osmotischen System automatisch Wasser mit sich führen müssen, d.h. ein Konzentrationsgefälle stellt in diesem Falle nicht nur einen Diffusionsantrieb, sondern auch ein mechanisches Druckgefälle dar.

Inwieweit der apoplasmatische Transport, außer in Sonderfällen (z.B. bei Drüsen, S. 372f.), organische Stoffe zu befördern vermag, ist strittig; z.B. nehmen verschiedene Forscher für den parenchymatischen (polaren) Transport der IAA (S. 386) einen gemischt apoplasmatisch-symplasmatischen Transport an, andere für die Verfrachtung der Photosyntheseprodukte von den Chlorenchymzellen z.B. des Blattes zu den Transportbahnen im Phloem. Da der apoplasmatische Transport in einer durch Wasserpotentialdifferenzen gelenkten Lösungsströmung besteht, ist er zur gezielten Verfrachtung von Nähr- und Wirkstoffen wenig geeignet.

Einen gemischt apoplasmatisch-symplasmatischen Transport haben wir bereits in der Wanderung der mineralischen Nährelemente durch die Wurzelrinde zu den Leitbahnen kennengelernt (S. 345).

C. Der **Langstreckentransport** der Assimilate überbrückt weite Strecken in relativ kurzer Zeit. Dies ist nur möglich, weil eigene Leitbahnen (Siebröhren bzw. ihre Äquivalente bei niederen Pflanzen, vgl. S. 149) entwickelt worden sind. Transportiert werden müssen grundsätzlich alle Substanzen (oder deren geeignete Vorstufen), die in den nicht-autotrophen Zellen nicht synthetisiert werden können. Zumeist sind die wichtigsten Transportsubstanzen Zucker.

Sie machen in der Regel über 90% der Trockensubstanz des «Siebröhrensaftes» aus, der beim Anschneiden der turgescenten Siebröhren austritt oder – besonders rein – dadurch gewonnen werden kann, daß man honigtauproduzierenden Läusen, die einzelne Siebröhren anstechen, die Saugrüssel abschneidet; durch den Stumpf tritt dann der Siebröhrensaft aus. Dieser entspricht im wesentlichen dem Lumeninhalt der Siebröhren und besteht aus einer 10–25%igen wässerigen Lösung.

Im Hinblick auf die Transportzucker im Phloem kann man drei Hauptgruppen von Pflanzen unterscheiden: a) Arten, die Saccharose als Haupttransportzucker haben; dazu gehören die meisten der untersuchten Arten, z.B. alle bisher analysierten Farne, Gymnospermen und Monocotyledonen, unter den Dicotyledonen z.B. alle geprüften *Fabaceae*. b) Arten, die neben Saccharose noch beträchtliche Mengen an Oligosacchariden der Raffinosefamilie aufweisen, z.B. Raffinose, Stachyose, Verbascose (vgl. S. 350, Abb. 2.1.116). Auch zu dieser Gruppe zählen Vertreter zahlreicher Pflanzenfamilien, von den heimischen z.B. *Corylaceae, Tiliaceae, Ulmaceae*. c) Arten, die in den Siebröhren neben den genannten Zuckern noch größere Mengen von Zuckeralkoholen enthalten, z.B. die *Oleaceae* Mannit (das «Eschenmanna» mit hohem Mannitgehalt wird z.B. aus dem Siebröhrensaft von *Fraxinus ornus* erhalten), einige Unterfamilien der *Rosaceae* Sorbit, Celastraceen Dulcit.

Außer Zuckern findet man im Siebröhrensaft auch Aminosäuren, andere Stickstoffverbindungen, Nucleinsäuren und ihre Bausteine, auffallend hohe Konzentrationen von ATP, Vitamine (die Wurzeln z.B. sind für verschiedene Vitamine heterotroph), organische Säuren, Enzyme, Wuchs- und Hemmstoffe und, wie schon erwähnt, auch anorganische Komponenten.

Es wird allgemein angenommen, daß der Ein- und vermutlich auch der Austritt der Wandersubstanzen in die Siebröhren und aus ihnen metabolisch kontrolliert wird, und daß bei diesen Vorgängen die Geleitzellen oder ihre funktionellen Äquivalente bei den Gymnospermen und Pteridophyten ebenso eine wesentliche Rolle spielen wie bei der Steuerung des Stoffwechsels der (kernlosen!) Leitbahnen selbst. Bei der Beladung der Siebröhren mit der Transport-Saccharose (und vermutlich auch bei der mit Aminosäuren) spielt ein Cotransport mit H^+ eine wesentliche Rolle. Die benötigten H^+-Ionen werden durch eine Plasmalemma-gebundene H^+-Transport-ATPase (vgl. S. 343) aus den Leitbahnen gepumpt. Es ist noch nicht abschließend geklärt, ob die Energiebedürftigkeit des Phloemtransportes (und damit seine Hemmbarkeit durch verschiedene Inhibitoren) allein auf diese Be- und Entladungsreaktionen (und evtl. die Strukturerhaltung der Leitbahnen) oder auch auf eine direkte Energieabhängigkeit des Stofftransportes in den Siebröhren selbst (s.u.) zurückgeht.

Die Wandergeschwindigkeit der Assimilate im Phloem (0,5–1 m/Std auch über weite Strecken) übersteigt die Leistungsfähigkeit einer Diffusion weit.

Als Mechanismus für diesen Transport wird heute das Vorliegen einer Lösungsströmung im Phloem angenommen, wobei davon ausgegangen wird, daß die verschiedenen wanderfähigen Stoffe gemeinsam und zusammen mit dem Lösungsmittel, dem Wasser, im Lumen der Siebröhren bewegt werden. Strittig ist noch der Antrieb für diese Lösungsströmung.

Die einfachste Vorstellung geht auf Münch zurück, der die physikalischen Grundlagen in einem Modellversuch verdeutlichte (sog. «**Druckstromtheorie**»; Abb. 2.1.143). Er setzte das System A-R-B im Modell gleich dem gesamten Symplasten in

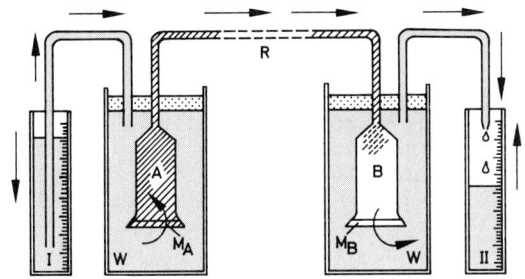

Abb. 2.1.143: Münchscher Modellversuch zur Demonstration einer durch einen osmotischen Gradienten getriebenen Lösungsströmung. Zelle A enthält 10%ige Saccharoselösung, mit Kongorot gefärbt, Zelle B Wasser. R Verbindungsrohr, M semipermeable Membran. Zelle A nimmt durch die semipermeable Membran M_A Wasser aus dem Außenmedium W auf, das durch den entstehenden hydrostatischen Druck durch die Membran M_B aus Zelle B gedrückt wird. Zucker und Kongorot werden mit dem Wasser von A nach B, Wasser von I nach II transportiert, bis der osmotische Gradient A–B ausgeglichen ist.

der Pflanze, der vom Apoplasten (Zellwände + Wasserleitungsbahnen; entspricht Außenmedium W im Modell) bekanntlich durch selektiv permeable Membranen abgegrenzt ist. A entspräche einer Zelle, die osmotisch wirksames Material produziert, z.B. durch Photosynthese oder durch Abbau von Speicherstoffen, B einer Zelle, die osmotisch wirksames Material verbraucht, z.B. durch Einbau in Makromoleküle oder durch Veratmung. Die Verbindung zwischen A und B (R im Modell) sollte nach Münchs Vorstellung durch den Symplasten mit seinen Plasmodesmen, inklusive den Siebröhren mit ihren Siebporen (= modifizierte Plasmodesmen) erfolgen. Beim Transport sollte das osmotisch wirksame Material in den Assimilat-produzierenden Zellen («source») aus dem Apoplasten osmotisch Wasser anziehen und so den Turgor steigern. In den Empfängerzellen («sink») dagegen sollte durch den Verbrauch osmotischen Materials (oder durch Dehnung der noch plastischen Zellwand) der Turgor gesenkt und das nicht mehr osmotisch festgehaltene Wasser in den Apoplasten abgegeben werden. (Dieser Wasseraustausch zwischen Phloem und Apoplast würde auch erklären, warum Phloem und Xylem immer eng benachbart sind.) Es käme somit zu einem Gradienten des osmotischen Drucks zwischen source und sink, der eine Lösungsströmung, einen «Druckstrom», zur Folge hätte.

In dieser ursprünglichen Form wird die Hypothese heute nicht mehr vertreten: Eine Lösungsströmung wird nur für die Siebröhren (oder die Siebzellenreihen bei den Nadelbäumen und Farngewächsen) selbst angenommen, während der Eintritt und der Austritt der Substanzen in die und aus den Siebröhren ± aktiv und selektiv erfolgt. Kompartiment A im Modell entspräche dann den Beladungsabschnitten der Siebröhre, R den Abschnitten der Siebröhre, in denen kein wesentlicher seitlicher Stoffein- und -austritt erfolgt, und B den Entladungsabschnitten der Siebröhre im sink-Bereich.

Ein Druckstrom in den Siebröhren der Pflanzen muß aus physikalischen Gründen erfolgen, wenn folgende Voraussetzungen erfüllt sind:

1. Die Siebröhren müssen an ihren Seitenwänden einen selektiv permeablen Plasmabelag besitzen, durch den gelöste Substanzen (z.B. Zucker) in beiden Richtungen nur unter Aufwand von Stoffwechselenergie «gepumpt» werden können.

2. Die Siebröhren müssen in longitudinaler Richtung, durch die Siebporen hindurch, für eine strömende Lösung mit der entsprechenden Geschwindigkeit passierbar sein.

3. Es muß ein Turgorgradient zwischen source und sink bestehen.

Die erste Voraussetzung ist unzweifelhaft verwirklicht: Siebröhrenglieder sind plasmolysierbar. Auch die Längswegsamkeit der Siebröhren für eine relativ schnell strömende Lösung ist durch den Saftaustritt bei Anschneiden des Phloems und bei Kappen der Rüssel von Phloem-saugenden Läusen gut belegt: Bei der Linde z.B. tritt durch den Rüsselstumpf soviel Saft aus, daß sich das angebohrte Siebröhrenglied in der Sekunde 5mal füllen und entleeren muß, wobei die Konzentration des Exsudats praktisch unverändert bleibt.

Der Turgorgradient in den Siebröhren in der Transportrichtung wurde auf verschiedene Weise ebenfalls experimentell bestätigt. Fraglich ist noch, ob der bestehende Gradient ausreicht, um bei den vorliegenden Strömungswiderständen den Assimilatstrom in der gemessenen Geschwindigkeit zu befördern. Man zieht deshalb zusätzliche Hilfsmechanismen in Erwägung, z.B. elektroosmotische Phänomene (wobei K^+-Konzentrationsgradienten über die Siebplatten Potentiale erzeugen sollen).

Nach der Druckstromtheorie ist die Richtung des Phloemtransportes durch ein osmotisches Gefälle source → sink festgelegt. Als Spenderorgane fungieren z.B. photosynthetisierende, ausgewachsene Blätter oder aber Speicherorgane zur Zeit der Mobilisierung der Speicherstoffe (z.B. Stämme und Wurzeln bei Laubaustrieb; Cotyledonen oder Endosperm bei der Samenkeimung; Knollen, Zwiebeln, Rüben u.ä. beim Austrieb). Ein besonders intensiver Export von Stickstoffsubstanzen setzt bei den Blättern mehrjähriger Pflanzen vor dem Laubfall ein; er führt einen großen Teil der Blatteiweiße nach ihrer Hydrolyse und ihrem Umbau in Wandersubstanzen in die perennierenden Organe zurück. Als Empfängerorgane dienen alle wachsenden Pflanzenteile (z.B. Spitzenmeristeme von Sproß und Wurzel, Cambium, verdunkelte oder wachsende Blätter – bis etwa zur Hälfte ihrer Endgröße, dann setzt Export ein –, wachsende Früchte, Speicherorgane zur Zeit ihrer Auffüllung). Innerhalb einer größeren Pflanze kann es mehrere, zu verschiedenen Zeiten wechselnde Spender- und Empfängerorte geben. So versorgen z.B. die unteren Blätter häufig die Wurzeln, die oberen hingegen Sproßspitze, Blüten und Früchte. Auch gegenläufige Transporte in ein und demselben Sproßachsenabschnitt wurden wiederholt gefunden, dagegen nie solche in ein und derselben Siebröhre zur selben Zeit (was der Druckstromtheorie widersprechen würde).

Die Kenntnis der Transportrichtung und ihrer jahreszeitlichen Änderung ist wichtig z.B. für die gezielte Anwendung von Herbiciden (die häufig im Phloem transportiert werden). Will man unterirdische Teile (z.B. die Rhizome des Adlerfarns) abtöten, so führt eine Herbicidapplikation über die Blätter nur dann zum Ziele, wenn deren Transport tatsächlich zur Zeit der Anwendung zum unterirdischen Organ gerichtet ist.

Da viele der Assimilat-zehrenden und -mobilisierenden Stoffwechselvorgänge von Wuchs- und Hemmstoffen gesteuert werden (S. 384 ff.), ist es nicht verwunderlich, daß die jeweilige Verteilung der Spender- und Empfängerorte für Assimilate in der Pflanze eng mit der lokalen Aktivität dieser Regulatoren zusammenhängt, daß z.B. ein durch Wuchsstoffe zur Teilungstätigkeit angeregtes Cambium als Empfängerort zu wirken beginnt.

VI. Stoffausscheidungen der Pflanzen

Stoffe werden aus dem Protoplasma von Einzelzellen oder von Zellen im Verband einer vielzelligen Pflanze einmal dann ausgeschieden, wenn sie als Stoffwechselschlacken oder als sonstige Ballaststoffe (z. B. anorganische Substanzen) im Zellstoffwechsel nicht oder nicht mehr gebraucht werden und evtl. sogar stören würden (z. B. hohe NaCl-Konzentrationen, $Ca(OH)_2$ bei submersen Wasserpflanzen, vgl. S. 287). Man bezeichnet eine derartige Schlacken- oder Ballastausscheidung auch als **Exkretion** und die ausgeschiedenen Stoffe als Exkrete. Weiterhin werden häufig auch Substanzen ausgeschieden, die außerhalb der Zelle bestimmte Funktionen erfüllen, z. B. Gamone (S. 439), Anlock- und Verköstigungsstoffe für bestäubende Tiere (S. 154), Antibiotika bei Mikroorganismen oder Enzyme bei den carnivoren Pflanzen (S. 219f., 380f.). Diese Verbindungen werden auch als Sekrete bezeichnet.

Häufig ist es schwierig oder sogar sinnlos, entscheiden zu wollen, ob eine abgeschiedene Substanz ein Exkret oder ein Sekret im geschilderten Sinne ist; so wäre die Zuckerabscheidung bei den extrafloralen Nektarien (S. 154) wohl als Exkretion, bei den floralen, wo sie der Anlockung der Bestäuber dient, als Sekretion zu bezeichnen.

Nach Ort und Art der Ausscheidung unterscheidet man verschiedene Mechanismen (Abb. 2.1.144).

1. Intrazelluläre Exkretabscheidung

Hier liegen die Produkte direkt im Cytoplasma oder in den Organellen des Cytoplasmas.

Ein Beispiel sind die Kautschukpartikel in den gegliederten Milchröhren von *Hevea* (Abb. 2.1.145), *Papaver* und *Taraxacum*, die unmittelbar im Grundplasma liegen. (Bei *Euphorbia* befinden sie sich dagegen in Vacuolen.)

2. Intrazelluläre Exkretausscheidung

Dabei verlassen die Stoffe zwar den Protoplasten, nicht aber die Zelle.

So werden z. B. die etherischen Öle bei Arten vieler Familien (z. B. *Araceae, Zingiberaceae, Piperaceae, Lauraceae, Valerianaceae*) in eine extraplasmatische Tasche, den Ölbeutel, abgeschieden, der der Zellwand ansitzt. Hierher kann man auch die Substanzen rechnen, die in die Vacuole transportiert werden, da sie durch den Tonoplasten von den Orten aktiven Stoffwechsels abgeschirmt sind.

3. Granulokrine Ausscheidung

Das Sekret oder Exkret (oder deren Vorstufen) tritt nach der Bildung im Grundcytoplasma oder in Organellen (z. B. Plastiden) durch eine innere cytoplasmatische Membran in Kompartimente, die vom endoplas-

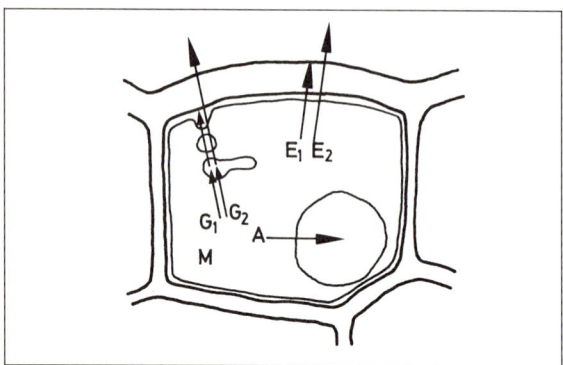

Abb. 2.1.144: Einige Möglichkeiten der Stoffausscheidung einer Zelle. A Exkretabscheidung (intrazellulär); M Ablagerung im Cytoplasma; G Granulokrine Ausscheidung durch Plasmalemma (G_1) und Plasmalemma + Zellwand (G_2); E Ekkrine Ausscheidung durch Plasmalemma (E_1) und Plasmalemma + Zellwand (E_2). (Nach Schnepf)

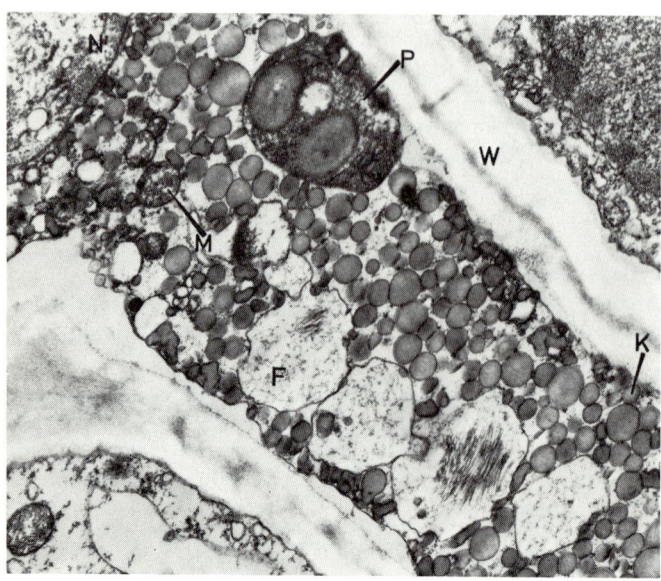

Abb. 2.1.145: Kautschukpartikel (K) im Cytoplasma einer Milchröhre von *Hevea brasiliensis*. Neben normalen Zellbestandteilen wie Zellkern (N), Mitochondrien (M), Zellwand (W) enthält die Milchröhre noch charakteristische Organellen unbekannter Funktion; Fibrillenpartikel (F) mit Eiweißfibrillen und Frey-Wyssling-Partikel (P) mit Einschlußkörpern unbekannter Natur. (20000X)

matischen Reticulum, dem Golgi-Apparat oder dem Vacuom gebildet werden. Es wandert dann (oft nach Umformung in diesen Säckchen) mit den Membranhüllen an die Zelloberfläche und wird dort durch Öffnung des Bläschens nach außen entlassen (Vesikelextrusion, Exocytose). Die Triebkraft für diesen Vorgang ist unbekannt.

Sehr häufig erfolgt die Ausscheidung durch den Golgi-Apparat (vgl. S. 86f.). Jede bedeutendere Gruppe von Makromolekülen kann sezerniert werden. Ein Beispiel für eine granulokrine Ausscheidung durch Vacuolen ist die Flüssigkeitsabscheidung durch pulsierende oder kontraktile Vacuolen bei niederen Pflanzen und Tieren im Süßwasser, die der Osmoregulation dient.

4. Ekkrine Ausscheidung

Die Substanz wird nicht durch ein Membranvesikel transportiert, sondern tritt direkt durch das Plasmalemma nach außen. Ekkrine Ausscheidungen sind z.B. ein Teil der Zellwandsubstanzen (ein anderer wird granulokrin sezerniert), meist auch der Nektar (bei den Kelchblattnectarien von *Abutilon* wird der Nektar aber granulokrin durch ER-Vesikel oder durch ein «Sekretions-Reticulum» ausgeschieden), Wasser (vgl. Guttation, S. 331; bei einigen Phytoflagellaten wird Wasser aber granulokrin durch den Golgi-Apparat abgegeben) und Salze. Auch die meisten lipophilen Sekrete und Exkrete werden wohl nach diesem Modus abgeschieden.

Die meisten **Nectarien, Epithemhydathoden** und **Salzdrüsen** haben vermutlich einen analogen Ausscheidungsmechanismus, da sie durch Übergänge miteinander verbunden sind. Dieser Sekretionsmechanismus ist noch nicht endgültig geklärt. Soweit keine granulokrine Ausscheidung vorliegt, käme einmal ein Carriertransport der Zucker bzw. Salze durch das Plasmalemma nach außen in Betracht; das Wasser würde dann osmotisch nachgezogen werden. Ein solcher Sekretionsmechanismus würde zwar die strenge Stoffwechselabhängigkeit des Sekretionsvorganges verständlich machen, doch wäre damit schwer die oft mannigfaltige Zusammensetzung der Sekrete zu erklären; so enthält der Nektar z.B. in der Regel neben verschiedenen Zuckern auch Aminosäuren, Enzyme, Vitamine, Phytohormone, anorganische Substanzen usw. Dies ist dann leicht verständlich, wenn man als Sekretionsmechanismus eine lokale Durchlässigkeit des Plasmalemmas der Drüsenzellen an den Sekretionsorten annimmt, durch die der (durch aktiven Stoffeintritt aus den Nachbarzellen aufrechterhaltene) Turgordruck der Zelle eine wässerige Lösung durch **Druckfiltration** auspreßt. Die festgestellte Veränderung im Stoffbestand z.B. des Nektars gegenüber dem des Drüsengewebes könnte durch die (experimentell nachgewiesene) Rückresorption bestimmter Stoffe zustande kommen.

Für jeden der genannten Mechanismen der ekkrinen Ausscheidung ist eine große Oberfläche der Drüsenzelle von Nutzen. Sie haben deshalb häufig den Charakter von sog. **Übergangszellen (transfer-Zellen)**, die durch charakteristische zottenartige Wandverdickungen ausgezeichnet sind.

Solche Übergangszellen finden sich außer in bestimmten Drüsenzellen (Nectarien, Hydathoden, Salzdrüsen, Carnivorendrüsen) auch in solchen, die Stoffe aus dem umgebenden Medium aufnehmen (z.B. Epidermiszellen submerser Pflanzen, z.B. bei *Elodea* und *Vallisneria*, oder Hydropoten, z.B. *Nymphaea*), solchen, die Substanzen aus benachbarten Zellen aufnehmen (z.B. Embryozellen, Haustorien parasitischer Angiospermen, z.B. *Orobanche* und *Cuscuta*) und schließlich solchen, die Stoffe an benachbarte Zellen abgeben (z.B. Endospermzellen, Cotyledonenzellen, Tapetumzellen, Geleitzellen und Phloemparenchym in feinen Blattadern, Zellen in Wurzelknöllchen).

Die Leistung derartiger nach außen (exotrop; z.B. Salzdrüsen, Nectarien) oder in das Körperinnere (endotrop; z.B. Geleitzellen, Transferzellen in Wurzelknöllchen, Epithelzellen in Harzkanälen; Abb. 1.2.32, S. 156) absondernden Drüsen ist oft sehr beachtlich. So spielen z.B. Salzdrüsen, die vor allem bei Pflanzen salzreicher Standorte anzutreffen sind (z.B. Arten der Plumbaginaceen und Frankeniaceen), für den Salzhaushalt nicht selten eine wesentliche Rolle. Bei der Mangrovenpflanze *Aegialitis annulata* z.B. befinden sich auf der Blattoberseite > 900 Salzdrüsen pro cm^2, die eine Salzlösung mit 450 μval/ml Cl$^-$, 355 Na$^+$ und 27 K$^+$ abscheiden. Da das Konzentrationsverhältnis Na$^+$:K$^+$ im Blattgewebe nur 3:1 ist, erfolgt hier die Abscheidung (oder die Rückresorption bei einer Druckfiltration) selektiv, d.h. aktiv. Sie kann auch durch Stoffwechselgifte gehemmt werden.

5. Holokrine Ausscheidung

Bei der holokrinen Ausscheidung schließlich wird die Substanz durch Auflösung der Zellen (lysigen) frei. Dieser Prozeß kann wieder endotrop (z.B. in den Exkreträumen der Fruchtschale von *Citrus*; Abb. 1.2.33, S. 156) oder exotrop erfolgen, z.B. bei der Abscheidung der Chemotaktika der Archegoniaten durch Auflösung der Hals- und Bauchkanalzellen (S. 439) oder bei der Bildung des Bestäubungstropfens der Gymnospermen (S. 721; Abb. 3.2.178 D) durch Auflösung des Nucellusscheitels.

Außer durch die genannten Ausscheidungsmechanismen können Substanzen aus der Pflanze z.B. durch Ablösung und Auflösung von Zellen in die Umgebung gelangen, z.B. bei der Wurzel, bei der dauernd Wurzelhaubenzellen sich ablösen und neu gebildet werden (Abb. 1.2.7, S. 134). Die freigesetzten Inhaltsstoffe, z.B. Zucker, Stickstoffsubstanzen, Hormone, Vitamine, sekundäre Pflanzenstoffe (z.B. trans-Zimtsäure, ein Wachstumshemmer, von der Wüsten-Asteracee *Parthenium argentatum*), haben einen wesentlichen Einfluß auf die Rhizoplane, die direkte Wurzeloberfläche, und die Rhizosphäre, d.h. den Lebensbereich von Mikroorganismen in der Umgebung der Wurzeln. Große Stoffmengen werden durch den Blattfall abgegeben. Auch durch Auswaschung, z.B. durch Regen, können ansehnliche Mengen von Ionen (vor allem K$^+$, wenig Ca^{2+}) aus den Blättern freigesetzt werden.

VII. Besonderheiten der heterotrophen Ernährung

Heterotrophe Organismen müssen organische Stoffe als Nährstoffe aus der Umgebung aufnehmen. Als Nährstoffe können die verschiedensten organischen Verbindungen dienen; es gibt keine natürlich gebildete organische Substanz auf der Erde, die nicht von bestimmten Organismen, meist Bakterien oder Pilzen, abgebaut und verwendet werden könnte. Braucht ein zur Photosynthese befähigter Organismus (z.B. bestimmte *Chlamydomonas*-Arten) zum Gedeihen noch einzelne organische Stoffe von außen, so spricht man von **Mixotrophie**. Benötigen heterotrophe Organismen ganz bestimmte organische Verbindungen (häufig in geringer Menge neben einer unspezifischen organischen Nahrung), z.B. einzelne Aminosäuren (Mikroorganismen, Tiere), oder Wirkstoffe, die bei Mikroorganismen als «Wachstumsfaktoren», bei Tieren und beim Menschen als «Vitamine» bezeichnet werden, so nennt man die Ernährungsweise **Auxotrophie**.

Heterotroph sind alle Pilze und Tiere sowie die meisten Bakterien, aber nur wenige Algen und höhere Pflanzen; auch bei letzteren müssen allerdings bei stärkerer Arbeitsteilung zwischen den einzelnen Organen bestimmte Teile (in der Regel z.B. die Wurzel) von anderen (z.B. den Blättern) mitversorgt werden.

Viele heterotrophe Pflanzen können in anorganischen Nährlösungen (vgl. S. 338) gedeihen, wenn diesen lediglich eine geeignete organische C-Quelle zugesetzt wird. Manche brauchen aber zusätzlich organische Stickstoffverbindungen.

Innerhalb der Heterotrophen unterscheidet man Saprophyten, die ihre organische Nahrung toten Substraten entnehmen, und Parasiten, die lebende Organismen bzw. Zellen ausbeuten.

A. Saprophyten

sind die meisten Bakterien und Pilze, dagegen keine höheren Pflanzen. Ihre Ansprüche an das Nährsubstrat sind im einzelnen sehr verschieden. Neben anorganischen Stoffen ist eine Kohlenstoffquelle vonnöten; als solche können nicht nur Kohlenhydrate, Fette oder Eiweiße, sondern auch Alkohole, organische Säuren u.ä., aber auch Erdöl, Paraffin, Benzol und Naphthalin dienen. Häufig werden von den Saprophyten Exoenzyme abgeschieden, welche die hochmolekularen Substrate (z.B. Lignin, Cellulose, Protein) extrazellulär zu resorbierbaren Spaltprodukten abbauen. Das aufgenommene organische Material wird dann in den normalen (kata- bzw. anabolischen) Grundstoffwechsel eingeschleust.

Viele saprophytische Pflanzen brauchen keinen organisch gebundenen Stickstoff, sondern können sich mit NH_4^+ oder NO_3^-, manche auch mit N_2 begnügen. So kann z.B. die Hefe mit NH_4^+, der Schimmelpilz *Aspergillus niger* mit NO_3^- als einziger N-Quelle wachsen. Die Anpassung an bestimmte Substrate ist manchmal sehr spezifisch. So entnimmt z.B. der Pinselschimmel *Penicillium glaucum* einem Racemat aus (+)- und (−)-Weinsäure nur die (+)-Weinsäure, die frei oder als Salz in zahlreichen Früchten vorkommt, nicht dagegen die (unnatürliche) (−)-Weinsäure.

In der Natur arbeiten meist ganze Gruppen verschiedener Organismen zusammen, indem die eine Art die Spalt- oder Abfallprodukte der anderen aufnimmt und sich mit ihnen ernährt, während ihre Abscheidungen wieder weiteren Arten als Nährsubstrat, z.T. auch als «Betriebsstoff» für energieliefernde Umsetzungen bei der Chemosynthese (H_2S, H_2, NH_3), dienen können. Derartige Vorgänge spielen sich z.B. bei der Fäulnis ab, bei der Bakterien und Pilze organisches Material z.B. aus abgestorbenen Pflanzen, Pflanzenteilen (Fallaub) oder Tieren wieder in anorganische Verbindungen überführen (remineralisieren); sie ist damit ein wichtiges Glied des Stoffkreislaufes. Die «biologische Selbstreinigung» verschmutzten Wassers beruht auf solchen Prozessen. Bei der technischen Abwasserreinigung im «Belebtschlammverfahren» werden Saprophytengemeinschaften zur Aufbereitung der organischen Abfallstoffe verwendet. Ähnliche Mineralisierungsvorgänge laufen auch im Boden ab (auch z.B. bei der «Kompostbereitung»). Alle genannten Prozesse sind insgesamt für den Stoffhaushalt der Erde von größter Bedeutung.

Während der Fäulnisprozesse treten häufig charakteristische Zwischen- oder Nebenprodukte auf, unter denen sich auch oft Geruchsstoffe befinden, z.B. Indol, Skatol, Methylmercaptan, Kresol, verschiedene Amine. Sie gehen – wie die ebenfalls übelriechenden Endprodukte Ammoniak und Schwefelwasserstoff – aus dem Aminosäurenabbau hervor; Indol (das auch in Blütendüften, z.B. der Robinie, der Linde und von *Citrus*-Arten vorkommt) und Skatol (auch im Geruch der «Aasblumen», z.B. *Arum*- und *Aristolochia*-Arten) entstehen z.B. aus dem Tryptophan.

Manchmal unterscheidet man auch Fäulnis und Verwesung. Dabei geht die Fäulnis hauptsächlich auf bakterielle Tätigkeit zurück, die vor allem bei hoher relativer Luftfeuchte und nicht zu saurem Milieu dominiert, die Verwesung auf die Aktivität von Pilzen, die auch noch unter trockeneren und saureren Bedingungen zu wirken vermögen.

Produkte des mikrobiellen Abbaues sind auch die Ausgangssubstanzen für die Bildung von Humus, Kohle und Erdöl, bei deren Entstehung aber dann abiotische chemische Umsetzungen, z.T. unter hohen Drucken (Kohle und Erdöl), eine entscheidende Rolle spielen.

B. Parasiten

gibt es unter den Bakterien, Pilzen, Flechten und Angiospermen. Organismen, die sich in der Natur entweder saprophytisch oder parasitisch ernähren, nennt man fakultative Parasiten, solche, die natürlicherweise stets lebende Organismen (als «Wirte») benötigen, obligate Parasiten. Im Experiment können aber auch die obligaten Parasiten häufig auf geeigneten künstlichen Nährmedien saprophytisch leben.

Zu den fakultativen Parasiten zählen z.B. die bakteriellen Erreger des Wundstarrkrampfes, des Milzbrandes, der Cholera und des Typhus; sie leben saprophytisch im Erdboden oder im Wasser und gehen nur bei sich bietender Gelgenheit zum Parasitismus über, während z. B. der Erreger der Diphterie ein obligater Parasit ist. Parasitierende Bakterien und Pilze sind die Ursache vieler Erkrankungen der befallenen Wirtspflanzen oder -tiere und auch des Menschen. Schwere Schäden werden an Kulturpflanzen vor allem durch Pilzkrankheiten (Mykosen) hervorgerufen, etwa durch Oomyceten (z. B. *Peronospora*), Rost- und Brandpilze. Nicht ganz so häufig sind Mykosen bei Tieren; bekannt sind z. B. Pilzkrankheiten bei Insekten, aber auch bei Wirbeltieren, z. B. Fischen, und auch beim Menschen (vor allem Hautkrankheiten). **Bakteriosen** sind sehr häufig bei Tier und Mensch, seltener bei Pflanzen (vgl. z. B. Pflanzenkrebs, S. 431 f.).

Die Schädigung des Wirtes durch den Parasiten erfolgt bei Bakteriosen und Mykosen durch den Stoffentzug, die Gewebszerstörung oder – und vor allen Dingen – durch Ausscheidung giftiger Stoffwechselprodukte (**Toxine**). Ein Beispiel sind die **Welketoxine**, die von einer Reihe von Pilzen als Exotoxine ausgeschieden werden und die Wirte zum Welken bringen (z. B. das Lycomarasmin bei dem Tomatenparasiten *Fusarium lycopersici*, Abb. 2.1.146).

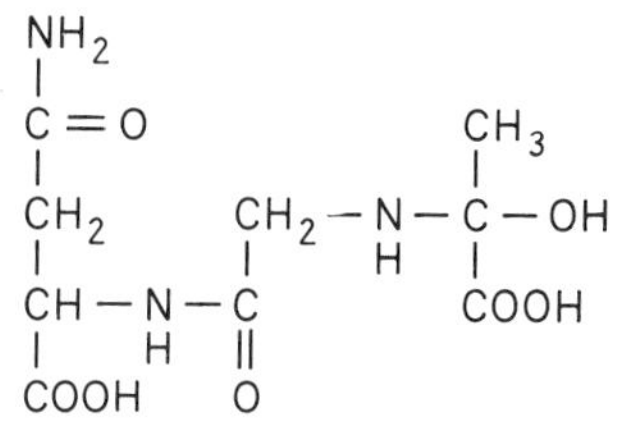

```
     NH2
      |
     C = O
      |                    CH3
     CH2      CH2 — N — C — OH
      |        |    H   |
     CH — N — C         COOH
      |   H   ||
     COOH    O
```

Abb. 2.1.146: Struktur des Lycomarasmins.

Die parasitischen Bakterien und einzelligen Pilze dringen ganz, höhere Pilze teilweise in die Wirtsorganismen ein, wobei dies durch die Abscheidung von Exoenzymen ermöglicht wird, die Cutin (Cutinasen), Cellulose (Cellulasen) oder Pectine (Pectinasen) auflösen. Im Wirt kann der Parasit intrazellulär (Bakterien, viele niedere Pilze) oder interzellulär leben, wobei er im letzten Falle mit Saughyphen in die Wirtszellen eindringt (z. B. Rostpilze).

Bei den parasitischen Angiospermen, die stets obligate Parasiten sind, unterscheidet man **Hemi- und Holoparasiten** (S. 229). Halbschmarotzer (z. B. die Misteln und die Scrophulariaceen *Rhinanthus, Melampyrum, Pedicularis, Euphrasia*) sind zur Photosynthese befähigt, nehmen die anorganischen Nährstoffe und das Wasser aber nicht mit den Wurzeln aus dem Boden, sondern mit Haustorien aus dem Xylem des Wirtes auf. Da sie in der Regel nur auf spezifischen Wirten gedeihen (z. B. auf Tannen, Kiefern und Laubhölzern verschiedene Rassen von *Viscum album*), scheinen aber evtl. auch organische Stoffe eine Rolle zu spielen (die ja auch im Xylem in geringer Konzentration auftreten, S. 335). Da diese Hemiparasiten den Inhalt der Wirtswasserleitungsbahnen gegen die Saugspannung des Wirtes in ihren Vegetationskörper herüberziehen müssen, haben sie in der Regel eine besonders intensive Transpiration pro Einheit der Blattfläche (z. B. schnelles Welken von abgepflücktem *Melampyrum*!). Handelt es sich um Pflanzen, die während gewisser Entwicklungsstadien (z. B. *Tozzia* und *Bartsia*) oder zeitlebens (*Lathraea*) keine entwickelten, transpirierenden Blätter besitzen, so haben sie an ihren Rhizomschuppen Wasserdrüsen entwickelt, die aktiv Wasser abscheiden und auf diese Weise das nötige Wasserpotentialgefälle zwischen Wirt und Parasit aufrechterhalten. Das Endglied dieser Reihe bei den xylemparasitischen Rhinanthoideen unter den Scrophulariaceen stellt *Lathraea*, die Schuppenwurz, dar, die auf ausdauernden Wirten parasitiert und offenbar genügend organisches Material aus dem Xylem des Wirtes erhält, um als Holoparasit leben zu können.

Die anderen vollparasitischen Angiospermen, z. B. *Orobanche* (Abb. 3.2.268, S. 807) und *Cuscuta* (Abb. 1.3.45, S. 190; 3.2. 265, S. 804), haben aber Anschluß an die Siebröhren der Wirte, denen sie mit besonderen Aufnahmezellen (Transferzellen) die Assimilate auf nicht geklärte Weise entnehmen.

C. Symbiose

Unter **Symbiose** versteht man seit De Bary (1879) das enge Zusammenleben zweier artverschiedener Organismen, die beide wenigstens zeitweise einen Nutzen daraus ziehen. Sie ist damit abgegrenzt gegenüber dem **Kommensalismus** (Nutzen eines Partners ohne erkennbare Beeinflussung des anderen) und dem **Parasitismus** (Nutzen des einen zu Lasten des anderen Partners). Das symbiotische Zusammenleben läßt meist noch klar erkennen, daß es aus einem wechselseitigen Parasitismus (**Alleloparasitismus**) entstanden ist, bei dem sich in Angriff und Abwehr zwischen den Partnern ein Gleichgewicht eingestellt hat und sie sich wechselseitig Nähr- und Wirkstoffe entziehen. Dieses Gleichgewicht kann bei Dominantwerden eines Partners unter bestimmten Bedingungen wieder in einseitigen Parasitismus umschlagen (z. B. Verdauung von Knöllchenbakterien durch ihre Wirtszellen, s. u.).

Eine Symbiose ist z. B. bei den **Flechten** verwirklicht, wo Pilze mit Algen oder Cyanobakterien zu einem äußerlich meist als neue Einheit wirkenden Organismus zusammentreten. Der Pilz (**Mykobiont**) tritt in verschiedener Weise, z. T. auch durch Haustorien, mit dem **Photobionten** (Alge bzw. Cyanobakterium) in Beziehung. Letztere werden aber nicht abgetötet, sondern können weiter – z. T. sogar verstärkt – ihre spezifischen Stoffwechselleistungen (Photosynthese, z. T. – bei *Nostoc* als Photobiont – auch N_2-Fixierung) durchführen.

Da Flechten 28 verschiedene Cyanobakterien bzw. Algengattungen enthalten können, ist es nicht verwunderlich, daß die Natur der vom Photobionten zum Mykobionten übertretenden Assimilate variiert. Bisher wurden aber bei allen Cyanobakterien-Photobionten Glucose, bei allen Grünalgen-Photobionten Zuckeralkohole als Transportmetaboliten identifiziert. Enthält eine Flechte sowohl Grünalgen als auch Cyanobakterien (letztere in Cephalodien, z. B. bei *Peltigera aphthosa*), so erhält der Pilz von den Grünalgen Zuckeralkohol, von den Cyanobakterien Glucose; beide Stoffgruppen baut der Mykobiont in Mannit um, eine Hauptspeichersubstanz bei Pilzen. Der Stoffübertritt erfolgt ergiebig und schnell: Bereits 2 min nach Beginn einer Photosynthese in $^{14}CO_2$ sind nachweisbare Mengen von markierten Assimilaten im Pilz vorhanden.

Auch der Export von organischen Stickstoffverbindungen vom N_2-fixierenden *Nostoc*-Symbionten zum Mykobionten erfolgt rasch, wobei z.B. bei *Peltigera aphthosa* die Cyanobakterien in den Cephalodien wohl den Pilz, kaum aber die Grünalgen in der Flechte mit Stickstoff beliefern. Es gibt Hinweise, daß der Pilzpartner die N_2-Fixierung der symbiotischen Cyanobakterien fördert.

Vermutlich erhalten auch die Photobionten in den Flechten von den Pilzen lebensnotwendige Stoffe, z.B. Mineralsalze und Wasser; andernfalls wären die Flechten nicht als symbiotische Systeme zu betrachten. Allerdings ist über Einzelheiten der Versorgung der Algen durch den Pilz wenig bekannt. Gelegentlich wird die Beziehung zwischen den Flechtenpartnern auch als gemäßigter Parasitismus der Pilze gegenüber den Partnern aufgefaßt.

Nicht zu den Flechten gerechnet wird *Geosiphon pyriforme*, ein niederer Pilz mit intrazellulärem *Nostoc*-Symbionten. Der Pilz durchzieht mit einem Hyphengeflecht die oberen Erdschichten und bildet darin etwa 1 mm große Blasen aus, die bei ihrer Bildung die Cyanobakterien der Umgebung phagocytieren. Diese werden im Wirtsplasma durch eine Membran des Wirtes eingehüllt und fungieren sozusagen als eingefangene Plastiden.

Bemerkenswert sind auch die Symbiosen zwischen Algen und **Invertebraten**. So finden sich in den Gastrodermiszellen von *Chlorhydra viridissima* je 15–25 (in einer *Chlorhydra* insgesamt $1,5 \times 10^5$), in *Paramaecium bursaria* um 1000 *Chlorella*-Zellen. Sie werden von einer Vacuolenmembran der Wirtszelle umgeben und geben etwa 30–40% ihrer gesamten Photosyntheseprodukte an das Tier ab, und zwar wahrscheinlich in Form von Glucose und Maltose. Ähnlich ergiebig ist der Export (in diesem Falle von Glycerin und organischen Säuren) aus symbiotischen Dinoflagellaten in marinen Invertebraten, z.B. in der Koralle *Pocillopora damaecornis* und in der Seeanemone *Anthopleura elegantissima*. Der skelettbildende Kalk der Hartkorallen ist ein Produkt der Symbiose. Korallen beherbergen häufig auch Cyanobakterien, die zur N_2-Bindung befähigt sind. Bei einigen Coelenteraten ist die durch die Symbiose gelieferte Nahrung so reichlich, daß der Polypenmund völlig reduziert wird. Bei dem marinen Plathelminthen *Convoluta roscoffensis* müssen die Larven Grünalgen *(Platymonas convolutae)* einfangen, wenn sie zur Reife kommen wollen. Die Alge bildet als Hauptphotosyntheseprodukt Mannit, exportiert aber in den tierischen Wirt wahrscheinlich hauptsächlich Aminosäuren, Amide, Fettsäuren und Sterole, während sie von diesem Harnsäure erhält. Ein Copepode *(Acanthocyclops vernalis)* kann in seinen Darmtrakt aufgenommene Algen unverdaut passieren lassen. Sie können dabei noch photosynthetisieren und den Wirt mit O_2 und evtl. auch mit Photosyntheseprodukten versorgen.

Besonders bemerkenswert ist ein Symbiont der koloniebildenden Ascidie *Didemnum*: Es handelt sich um eine einzellige Alge mit prokaryotischer Zellstruktur, aber Chlorophyll a und b, die zu einer eigenen Abteilung, den *Prochlorophyta*, gestellt wird (vgl. S. 547).

Es gibt auch Fälle, wo nicht ganze Algen, sondern nur deren Chloroplasten von tierischen Zellen vereinnahmt werden und wenigstens eine gewisse Zeit weiterhin photosynthetisch aktiv sein können. Das gilt für Zellen in der Nachbarschaft des Verdauungstraktes einiger durchsichtiger mariner Molluskenarten, die Chloroplasten der Futteralgen (siphonale Grünalgen) enthalten. *Elysia viridis* mit *Codium*-Chloroplasten kommt auf eine Photosyntheserate (pro mg Chlorophyll), die der von *Codium fragile* entspricht. Diese recenten Algen- und Chloroplasten-Symbiosen, bei denen man allerdings über den Nutzen für die Algen noch kaum etwas weiß, werden als mögliche Modelle für eine symbiotische Entstehung der Eukaryotenzelle (S. 125 f.) betrachtet.

Eine Muschel im Golf von Mexiko lebt überwiegend von Assimilaten, die sie von Methan-verwertenden Bakterien erhält, die in den Kiemenzellen leben.

Einige Symbionten sind für den Partner vor allem als Lieferanten organischer Stickstoffverbindungen bedeutsam. So lebt die benthische Diatomee *Rhopalodia gibba* in Symbiose mit N_2-fixierenden Cyanobakterien und benötigt daher keinen gebundenen Stickstoff im Medium. Auch marine, planktische Diatomeen der Gattungen *Rhizosolenia* und *Hemiaulus* können sich die N_2-Fixierung endosymbiontischer Cyanobakterien zunutze machen. Termiten beherbergen N_2-fixierende Bakterien im Darm *(Citrobacter freundii; Enterobacter agglomerans)* und ergänzen so ihre stickstoffarme Diät. Die Darmflora der Papuas auf Neuguinea enthält ebenfalls N_2-fixierende Bakterien. Trotz der einseitigen Ernährung hauptsächlich durch die eiweißarme Süßkartoffel haben die Papuas kaum Proteinmangel.

In hydrothermalen Schloten der Tiefsee im Pazifik leben bei völliger Dunkelheit z.B. Röhrenwürmer und Muscheln in Symbiose mit chemolithotrophen Bakterien, die H_2S oxidieren (vgl. S. 289).

Die wichtigsten N_2-fixierenden Symbionten sind die **Knöllchenbakterien**, vor allem bei Leguminosen. Innerhalb der Leguminosen (Fabales) sind die *Mimosaceae* überwiegend, die *Caesalpiniaceae* zu weniger als der Hälfte, die *Fabaceae* in fast allen der untersuchten Gattungen mit Knöllchen versehen. Die Fabaceen gehören zu den ersten Kulturpflanzen der Steinzeit. Flächenmäßig sind die Hülsenfrüchtler nach den Poaceae die wichtigsten Kulturpflanzen. Auf ihre Fähigkeit, den Boden zu verbessern, hat bereits Theophrast (4. Jahrh. v. Chr.) hingewiesen. Bei der Entstehung der stickstoffbindenden Wurzelknöllchen der Leguminosen handelt es sich zunächst um eine regelrechte Infektion der Wurzel durch verschiedene aerobe, saprophytisch im Erdboden lebende Rassen oder Arten von *Rhizobium* oder *Bradyrhizobium*, die zunächst den geeigneten Wirt «erkennen». Dabei sind wahrscheinlich Lectine (S. 301) von seiten der Leguminosen beteiligt. Die Bakterien dringen dann meist durch die Wurzelhaare in einem «Infektionsschlauch», der seitens der Wirtspflanze durch Cellulose abgekapselt wird, in das Rindengewebe ein. Die ersten Wirtsreaktionen, Kräuselung der Wurzelhaare und Teilung der Wurzelrindenzellen, werden durch Produkte von *Rhizobium*-Genen (**nod-Gene**) ausgelöst, die ihrerseits durch Wurzelexsudate aktiviert werden. Bei *Rhizobium meliloti* wirkt das Flavon Luteolin (Abb. 2.1.147) in dieser Weise. Die Wirtszellen vermehren und vergrößern sich unter der Wirkung der Infektion (Ausscheidung von β-Indolylessigsäure, S. 384 f.) dabei stark; ihre Kerne werden tetraploid. So entstehen die Wurzelknöllchen (Abb. 2.1.148), deren innere Zellen dicht von den jetzt aus den Infektionsschläuchen austretenden Bakterien erfüllt sind. Bis zu diesem Stadium dürfte ziemlich rei-

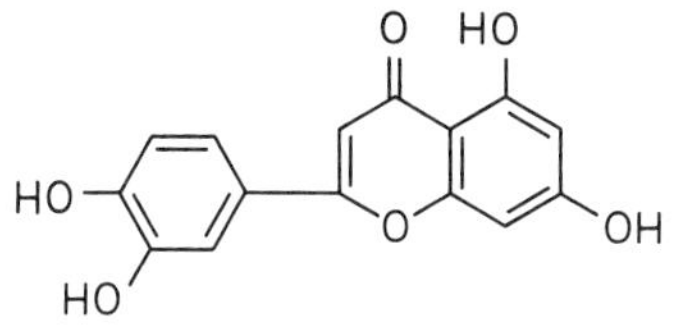

Abb. 2.1.147: Struktur des Luteolins.

ner Parasitismus der Bakterien vorliegen, die sich auf Kosten der Nähr- und Wirkstoffe des Wirtes ernähren und vermehren. Nunmehr kommt aber die Reaktion der befallenen Pflanze immer stärker zur Geltung. Die Infektion breitet sich nicht über die Knöllchen hinaus aus, die Bakterien werden von einer pflanzeneigenen Membran, der «peribacteroid membrane», umgeben. Diese stellt eine physiologische Barriere dar. Erst bei ihrer Zerstörung erkennt die Wirtszelle die Bakterien als Fremdorganismen und bildet z.B. Phytoalexine (S. 367) aus. Die Bakterien verändern bald ihre Gestalt in auffälliger Weise («Bakteroiden»); sie erhalten vom Partner wohl vor allem Kohlenhydrate und geben die Produkte ihrer N_2-Fixierung überwiegend als NH_4^+ an diesen ab (Nitrogenase kann bei den Bakteroiden bis 10% der löslichen Proteine ausmachen). Der Wirt baut dann den reduzierten Stickstoff in artspezifische Verbindungen ein (z.B. Asparagin bei Erbsen, Allantoin und Allantoinsäure, S. 356, bei Bohnen und Sojabohnen) und transportiert die Produkte durch ein zu den Knöllchen führendes Leitbündel ab. Schließlich werden die Protoplasten der Knöllchenzellen und die meisten Bakterien aufgelöst und die Produkte resorbiert. Da in der Regel nach dem Absterben der Leguminosen immer noch mehr Bakterien in den Erdboden zurückgelangen als bei der Infektion ursprünglich eingedrungen waren, hat nicht nur die Höhere Pflanze Nutzen von diesem Zusammenleben.

Bei ausdauernden Leguminosen (z.B. *Robinia, Cytisus*) bleiben auch die Knöllchen mehrere Jahre erhalten. In der Natur erfolgt die N_2-Fixierung durch die Rhizobien wohl nur in Verbindung mit den Leguminosen; im Experiment sind aber auch frei lebende Rhizobiaceen (Vertreter der Gattung *Bradyrhizo-*

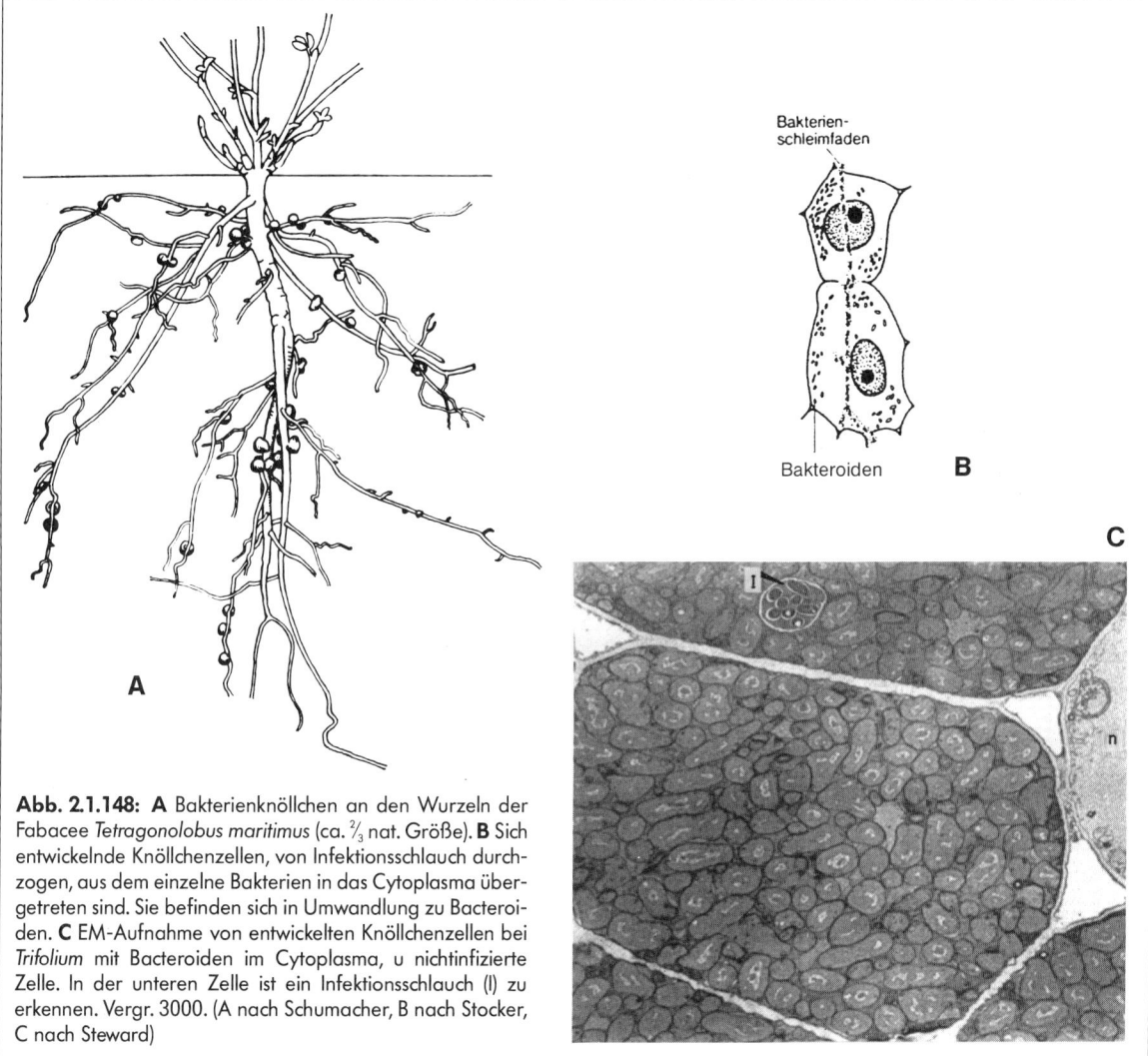

Abb. 2.1.148: **A** Bakterienknöllchen an den Wurzeln der Fabacee *Tetragonolobus maritimus* (ca. ⅔ nat. Größe). **B** Sich entwickelnde Knöllchenzellen, von Infektionsschlauch durchzogen, aus dem einzelne Bakterien in das Cytoplasma übergetreten sind. Sie befinden sich in Umwandlung zu Bacteroiden. **C** EM-Aufnahme von entwickelten Knöllchenzellen bei *Trifolium* mit Bacteroiden im Cytoplasma, u nichtinfizierte Zelle. In der unteren Zelle ist ein Infektionsschlauch (I) zu erkennen. Vergr. 3000. (A nach Schumacher, B nach Stocker, C nach Steward)

bium) zur N₂-Fixierung befähigt, wenn sie zwei verschiedene Kohlenstoffquellen und eine geringe Menge gebundenen Stickstoffs (z. B. NH_4^+, NO_3^-, Glutamin) zur Verfügung gestellt bekommen. Im übrigen können Rhizobien auch bei Abwesenheit von Leguminosen Jahrzehnte frei im Boden überleben.

Bei der Leguminose *Sesbania* entwickeln sich nach Infektion durch Rhizobien Knöllchen an präformierten Stellen entlang der Sproßachse. Die N₂-Fixierung erreicht die hohen Werte von über 200 kg/ha in 2 Monaten.

Bakterien treten regelmäßig auch in den Blättern tropischer Dioscoreaceen, Myrsinaceen und Rubiaceen (z.B. *Psychotria, Pavetta*) auf; die Infektion der Embryonen erfolgt bereits auf der Mutterpflanze (cyclische Symbiose); die Annahme einer Fähigkeit zur N₂-Fixierung hat sich zumindest für *Phyllobacterium rubiacearum* in *Psychotria* und *Pavetta* nicht bestätigen lassen.

In den Wurzelknöllchen anderer Angiospermen (mehr als 140 Arten aus 8 Familien; vgl. Tab. 2.1.31) bilden **Actinomyceten** (Gattung *Frankia*) den Symbiosepartner. Diese Symbiosesysteme sind zur N₂-Fixierung befähigt. Eine «synthetische Symbiose» gelang durch Infektion von Karotten-Zellkulturen mit dem N₂-fixierenden *Azotobacter vinelandii*; der interzellulär lebende Symbiont machte das Gewebe unabhängig von der Zufuhr gebundenen Stickstoffs im Substrat.

Mykorrhiza. Eine besonders wichtige Symbiose hat sich aus dem Nebeneinanderleben von Wurzeln und Pilzen im Bereich der Rhizosphäre ergeben, die Mykorrhiza (benannt von Frank 1885). Es handelt sich um das symbiotische (bzw. durch wechselseitigen Parasitismus gekennzeichnete) Zusammenleben der Wurzeln sehr vieler Landpflanzen mit Pilzen, das schon im Devon auftrat.

Entsprechend der Ausbildungsform unterscheidet man verschiedene Mykorrhiza-Typen.

Am verbreitetsten ist die **vesiculär-arbusculäre (VA-) Mykorrhiza**. Sie ist benannt nach der intrazellulären Form der Pilzhyphen in den Wurzelrindenzellen, die zu Vesikeln angeschwollen oder bäumchenartig ver-

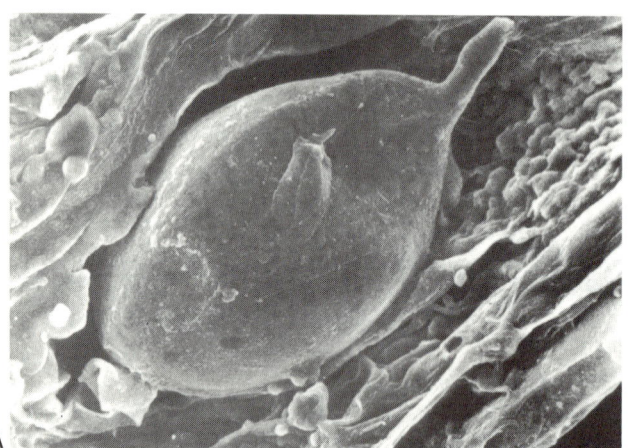

Abb. 2.1.149: Vesiculär-arbusculäre (VA-) Mykorrhiza. (Vergr. ca. 1500fach)
A Vesikel in der Wurzel von *Fragaria* spec. (Original D.G. Strullu u. C. Romand, Angers, Frankreich; aus Werner)
B Stark verzweigte Arbuskeln aus einer Wurzelrindenzelle von *Ginkgo biloba*, infiziert mit *Glomus caledonium*. (Original P. Bonfante-Fasolo, Turin, Italien; aus Werner)

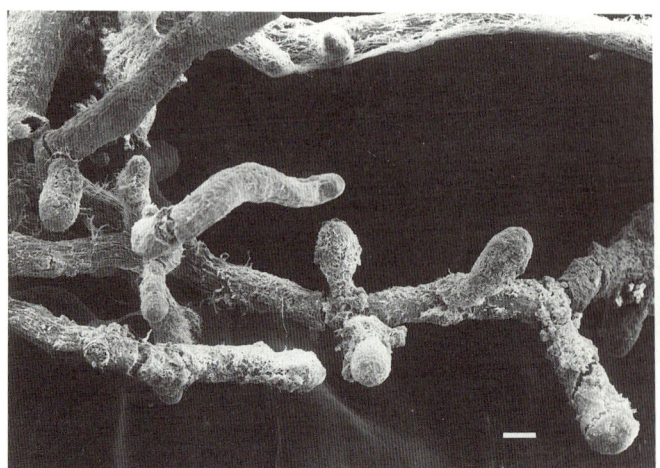
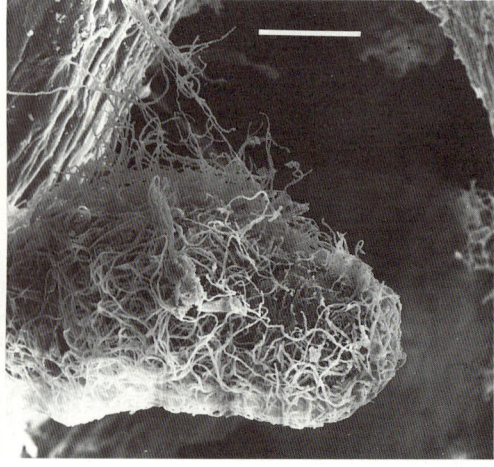

Abb. 2.1.150: Rasterelektronenmikroskopische Aufnahme des Teils einer Tannenwurzel mit Ektomykorrhiza. Balken jeweils 100 μm; **A** Übersicht; **B** einzelne Seitenwurzel.

Tab. 2.1.31: Gattungen außerhalb der Leguminosen, die Arten mit (Actinomyceten-)Wurzelknöllchen aufweisen. *Parasponia* hat *Bradyrhizobium* und auch Hämoglobin in den Knöllchen. (Nach Rodriguez-Barrueco, Bond; ergänzt)

Gattung	Familie
Casuarina	Casuarinaceae
Myrica	Myricaceae
Comptonia	Myricaceae
Alnus	Betulaceae
Dryas	Rosaceae
Cercocarpus	Rosaceae
Chamaebatia	Rosaceae
Cowania	Rosaceae
Purshia	Rosaceae
Rubus	Rosaceae
Coriaria	Coriariaceae
Ceanothus	Rhamnaceae
Colletia	Rhamnaceae
Discaria	Rhamnaceae
Trevoa	Rhamnaceae
Elaeagnus	Elaeagnaceae
Hippophae	Elaeagnaceae
Shepherdia	Elaeagnaceae
Parasponia	Ulmaceae
Datisca	Datiscaceae

zweigt (Arbuskeln) sind (Abb. 2.1.149). In die Endodermis, das Spitzenmeristem und die Wurzelhaube dringen die VA- und andere Mykorrhizapilze nicht ein.

Die Pilzsymbionten gehören bei der VA-Mykorrhiza alle zur Ordnung der *Endogonales* (S. 562); sie sind obligat symbiotisch. Als Partner dienen Arten aus fast allen Familien der Angiospermen; keine oder nur spärlich entwickelte VA-Mykorrhiza zeigen z.B. die *Cyperaceae*, *Chenopodiaceae* und *Brassicaceae*. Bei Bäumen in gemäßigten Zonen ist überwiegend eine ektotrophe Mykorrhiza ausgebildet, bei solchen in den Tropen aber – soweit untersucht – zumeist eine VA-Mycorrhiza. Bei Gymnospermen ist nur bei *Taxus baccata, Sequoia sempervirens, S. gigantea* und *Gingko biloba* eine VA-Mykorrhiza nachgewiesen.

Bei der VA-Mykorrhiza liefert der Pilz mineralische Nährstoffe (vor allem Phosphat und Spurenelemente), u.zw. wesentlich effektiver als die durch ihn ersetzten Wurzelhaare. Der Pflanzenpartner gibt vor allem Kohlenhydrate ab. Die Etablierung einer VA-Mykorrhiza steigert z.B. bei Kulturpflanzen das Wachstum, wobei außer der besseren Nährstoffversorgung auch die erhöhte Resistenz gegen pathogene Pilze und gegen Nematoden verantwortlich sein kann.

Bei der **Ektomykorrhiza** umschließt ein Mantel aus Pilzhyphen die kurz und dick ausgebildeten Seitenwurzeln 2. und 3. Ordnung (Abb. 2.1.150) und ersetzt funktionell die (fehlenden) Wurzelhaare. Dabei erschließen die ausstrahlenden Hyphen der Mykorrhizapilze den Boden wesentlich intensiver. Die Pilze bilden zwischen den Wurzelrindenzellen (ganz überwiegend extrazellulär) ein dichtes Geflecht, das als **Hartigsches Netz** bezeichnet wird.

Ektomykorrhizen haben etwa 3% aller Spermatophyten, darunter, teilweise obligat, viele unserer Waldbäume, z.B. Kiefer, Fichte, Lärche, Eiche (Abb. 2.1.151). Pilzfreie Aufzucht der Bäume führt in der Regel zu Kümmerwuchs.

Bei etwa 65 Pilzgattungen wurde bisher die Fähigkeit zur Bildung einer Ektomykorrhiza nachgewiesen. Manche Gattungen, z.B. Täublinge *(Russula)*, Wulstlinge *(Amanita)*, Röhrlinge *(Boletaceae)*, Milchlinge *(Lactarius)* leben fast ausschließlich symbiotisch und bilden nur in Verbindung mit einer Baumwurzel Fruchtkörper. (Deswegen kann man z.B. den Steinpilz im Gegensatz zu dem saprophytischen Champignon in Kultur nicht zur Fruchtkörperbildung bringen.) Manche Pilze bevorzugen mehr oder weniger streng spezifisch besondere Wirte (S. 594). Die Bäume scheinen dagegen nicht auf bestimmte Pilze spezialisiert zu sein (*Pinus sylvestris* z.B. kann mit mindestens 25 verschiedenen Pilzen eine Ektomykorrhiza bilden), werden aber vielleicht von bestimmten Arten stärker gefördert als von anderen. Ausländische Holzarten, z.B. *Pinus strobus* oder *Pseudotsuga taxifolia*, bilden in Europa normale Mykorrhizen mit einheimischen Pilzarten.

Der Nutzen, den die Bäume aus der Ektomykorrhiza ziehen, wird in der Verbesserung der Mineralsalzernährung und der Wasserversorgung, der verstärkten Stickstoff- und Phosphatanlieferung durch den Humusaufschluß der Pilze, der Wirkstoffversorgung durch die Pilze und wieder in dem Schutz gegen das Eindringen von Pathogenen gesehen, der noch wirksamer ist als bei der VA-Mykorrhiza. Die Pilze erhalten vom Wirt Kohlenhydrate, evtl. noch andere organische Verbindungen. Da speziell für die Fruchtkörperbildung große Stoffmengen benötigt werden, setzt deren Ausbildung meist erst nach Abschluß des Sproßwachstums, in der Speicherphase der Bäume (August–Oktober), ein.

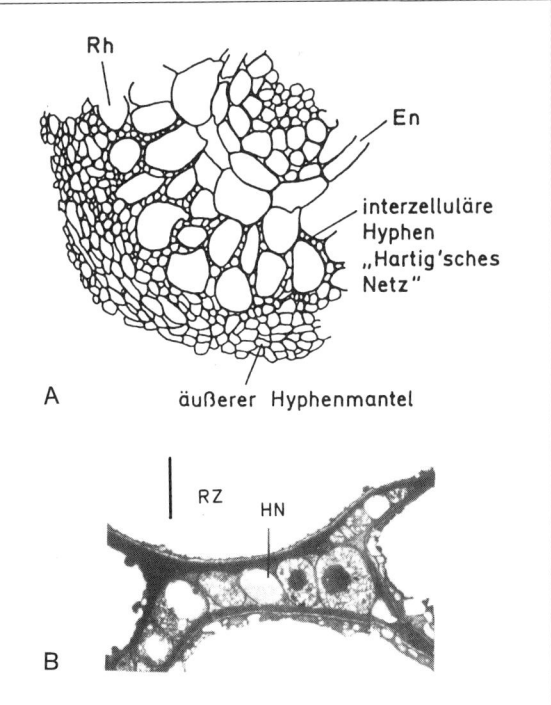

Abb. 2.1.151: Ektomykorrhiza. **A** Ausschnitt aus einem Querschnitt durch eine junge Buchenwurzel. Vergr. ca. 50fach. En Endodermis; Rh Rhizodermis. **B** EM-Aufnahme eines Ausschnittes des Hartig'schen Netzes einer Mykorrhiza zwischen *Suillus grevillei* und Fichte (*Picea abies*). Balken 5 μm. RZ Wurzelrindenzellen (Kottke u. Oberwinkler)

Verbreitet bei Vertretern der Gattungen *Picea* und *Pinus* findet sich eine **Ekt-endo-Mykorrhiza**, bei der sich zu der normalen Ausbildungsform der Ektomykorrhiza intrazelluläre Einwüchse gesellen. Übergänge von Ekto- über Ekt-endo- bis zu reinen Endomykorrhizen finden sich bei verschiedenen Vertretern der Ordnung *Ericales*. Diese z.T. hochentwickelte Mykotrophie ermöglicht den Arten das Gedeihen auf P- und N-armen Böden und ist eine Voraussetzung für die weite Verbreitung der Ericaceen in Heidegebieten, Hochmooren und Nadelwäldern.

Ein Endglied dieser Entwicklungsreihe innerhalb der *Ericales* sind die Monotropaceen (z.B. *Monotropa hypopitys*, der Fichtenspargel), chlorophyllfreie Parasiten. Über die Hyphen der obligaten (Ekt-endo-)Mykorrhiza sind diese Pflanzen direkt mit ektomykorrhizierten Waldbäumen verbunden. Ein Übergang von ^{14}C-markierten Zuckern von den Bäumen über die Pilze in *Monotropa* und umgekehrt von ^{32}P-markiertem Phosphat von *Monotropa* auf die Bäume ist experimentell nachgewiesen.

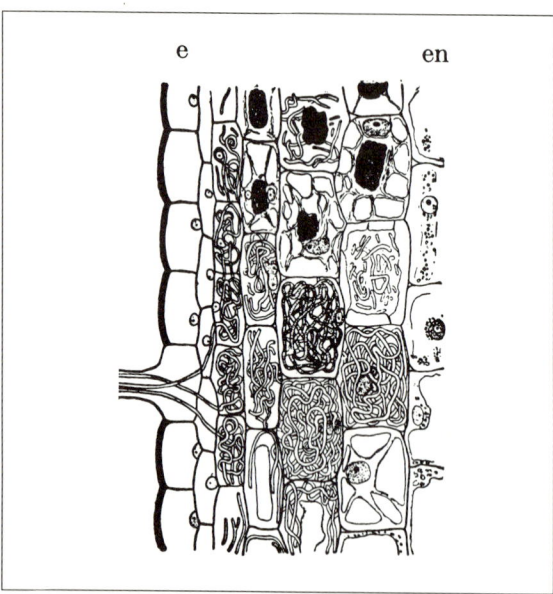

Abb. 2.1.152: Stück eines Längsschnittes durch eine Wurzel der Orchidee *Platanthera chlorantha*. Endomykorrhiza. e Epidermis, en Endodermis, dazwischen Rindenzellen mit Pilzhyphen. Schwarze Knäuel: Von der Wirtspflanze bereits verdaute oder angegriffene Pilzhyphen. (Nach Burgeff, ca. 100 X, etwas schematisch)

Endomykorrhizen finden sich z.B. bei fast allen Orchideen. Deren winzige Samen (0,3–15 µg) haben nur wenig eigene Reservestoffe und brauchen zur Keimung und Entwicklung zur autarken, autotrophen Pflanze symbiotische Pilze (Basidiomyceten), die ihnen neben Wasser und Nährsalzen auch organisches Material und z.T. auch Wirkstoffe zuführen («Ammenpilze»). Auch in den erwachsenen Pflanzen findet man in den äußeren Zellen der Wurzelrinde Pilzhyphen. In den tieferen Gewebeschichten aber werden die Hyphen verdaut oder zum Platzen gebracht (Abb. 2.1.152). Bei denjenigen Orchideen, die auch im ausgewachsenen Zustand nicht oder kaum zur Photosynthese befähigt sind, z.B. der Nestwurz *(Neottia)*, der Korallenwurz *(Corallorrhiza)* oder dem Widerbart *(Epipogium)*, muß die höhere Pflanze alle notwendigen Nutz- und Wirkstoffe als Parasit vom Pilz beziehen (S. 817).

Über die Mykorrhiza der Sprosse bei den *Psilotales* und der Prothallien bei den *Lycopodiales* s. S. 671, S. 673, Abb. 3.2.124, bei Eusporangiaten s. S. 686.

D. Tierfangende Pflanzen

Die tierfangenden Pflanzen (**Carnivoren**, S. 219 ff.) besitzen mit Ausnahme der tierfangenden Pilze (S. 595) stets Chlorophyll, sind zur Photosynthese befähigt und lassen sich bei ausreichender Mineralsalzernährung leicht ohne jede tierische Nahrung kultivieren. Nur bei unzureichendem Nährstoffangebot, wie es an ihren natürlichen Standorten (z.B. auf Hochmooren) häufig der Fall ist, haben sie vom Tierfang Nutzen, vor allem wohl hinsichtlich der N- und P-Versorgung. Bei *Utricularia exoleta* wird die Blütenbildung durch tierische Ernährung deutlich gefördert.

Eine Anpassung der Carnivoren an bestimmte Tiere besteht nur insoweit, als sie von den Lockapparaten angezogen und von den Fangstrukturen festgehalten werden müssen. Die Verdauung erfolgt durch Exoenzyme, vor allem Proteasen, die durch spezielle Drüsen entweder nach Reizung durch das Beutetier (z.B. bei *Drosera*) oder unabhängig davon (z.B. die Pepsin-ähnliche Protease mit stark saurem pH-Optimum in den *Nepenthes*-Kannen; Abb. 1.3.76, S. 212) abgeschieden werden. Bei den *Sarracenia*-Kannen sollen die Verdauungsenzyme von Bakterien in der Fangflüssigkeit abgeschieden werden. Die Verdauungsprodukte werden von der Pflanze – oft mit Hilfe von Absorptionshaaren – resorbiert und dem Stoffwechsel zugeführt.

Zweiter Abschnitt
Physiologie des Formwechsels (Entwicklungsphysiologie)

Die im vorhergehenden Abschnitt betrachteten Stoffwechselvorgänge sind mit solchen des Formwechsels im molekularen Bereich verbunden: Ein Proteinmolekül z.B. ändert seine molekulare Architektur je nach den Umgebungsbedingungen (Abb. 1.1.18, S. 36), Enzymmoleküle speziell auch unter dem Einfluß von Effektoren und Substraten (S. 315). Mit der Kausalanalyse des Formwechsels der Organismen im mikroskopischen und makroskopischen Bereich befaßt sich die Entwicklungsphysiologie. Die Entwicklung eines Lebewesens schließt Wachstums- und Differenzierungsprozesse ein. Unter **Wachstum** versteht man eine irreversible Substanz- oder Volumenzunahme, unter **Differenzierung** eine qualitative Veränderung der Form bzw. Funktion.

Vorwiegend als Wachstumsvorgang wird man z.B. die Entwicklung einer Kartoffelknolle, von der Anschwellung des Stolonen-Endes bis zum Erreichen der endgültigen Größe, bezeichnen. Vorwiegend eine Differenzierung ist z.B. die Umwandlung einer Epidermiszelle in eine Schließzelle (Abb. 141) oder die Umwandlung der Procambiumstränge in die verschiedenen Elemente der Leitbündel (vgl. S. 131, Abb. 1.2.4, S. 195, Abb. 1.3.53).

In aller Regel ist das Wachstum mit einer Differenzierung und eine Differenzierung mit einem Wachstum verknüpft, so daß die getrennte Betrachtung dieser beiden Teilaspekte der Entwicklung vielfach künstliche Grenzen aufrichtet; sie ist nur aus didaktischen Gründen gerechtfertigt (vgl. S. 241).

So differenzieren sich bei unserem Beispiel der Kartoffelknolle einzelne Zellen an der Oberfläche zu verkorkten Zellen, andere bleiben meristematisch (in den Knospen). Bei der Embryoentwicklung auf der anderen Seite ist die Differenzierung mit Teilungs- und Streckungswachstum verknüpft (Abb. 1.2.2, S. 129).

Da alle Entwicklungsvorgänge, Wachstum wie Differenzierung, aufs engste mit Stoff- und Energiewechsel verbunden sind, ist auch die getrennte Behandlung der Stoffwechsel- und Entwicklungsphysiologie nur als ein Weg zur übersichtlichen Darstellung der physiologischen Phänomene im Organismus anzusehen.

Wachstum und Differenzierung werden durch Wechselwirkungen innerhalb der Zelle, bei Vielzellern auch zwischen den einzelnen Zellen und schließlich zwischen den Zellen und ihrer Umgebung reguliert. Innerhalb der durch die Erbanlagen eines Organismus (vom Genotypus) gesetzten Grenze können von außen einwirkende Faktoren die Formbildung stark beeinflussen (Bildung von Modifikanten, vgl. S. 482 f.).

I. Regulation von Wachstum und Differenzierung

A. Intrazelluläre Regulation von Wachstum und Differenzierung

Differentielle Genaktivierung und -inaktivierung als Grundlage der Entwicklung. Ein Angiospermencormus kann über 70 unterscheidbare Zellsorten enthalten. Sie alle gehen aus den embryonalen Zellen der Meristeme hervor, die demnach die genetische Potenz zur Verwirklichung sehr vieler verschiedener Formen mit entsprechend verschiedenen Funktionen haben. Wie wir später noch sehen werden (S. 419), geht bei dieser Zelldifferenzierung keinerlei genetische Information verloren. Da eine Zelle bei der Entwicklung von einer Meristemzelle z.B. zu einer Geleitzelle im Phloem auch keine neuen Erbanlagen dazugewinnt und auch keine qualitativen Änderungen des Genoms (Mutationen) auftreten, bleibt als Erklärungsmöglichkeit für die mannigfaltigen Differenzierungen nur die Annahme, daß die Zelle je nach den speziellen, endogen und exogen bestimmten Bedingungen verschiedene Teile ihrer genetischen Gesamtinformation abrufen kann. Wird bei der Differenzierung einer Meristemzelle ein bestimmtes Genmuster zur Transkription freigegeben, so entsteht z.B. ein Siebröhrenglied, wird ein anderes transkribiert, z.B. eine Epidermiszelle. Nicht nur bestimmte Zellen, sondern auch verschiedene Entwicklungsstadien sind durch ein jeweils spezifisches Muster aktiver Gene ausgezeichnet (vgl. Abb. 2.2.1, S. 382).

Das zentrale Problem der Entwicklungphysiologie ist die Beantwortung der Frage, wie diese Genaktivierung und -inaktivierung kausal zustande kommt und wie sie durch innere und äußere Faktoren so sinnvoll reguliert wird, daß letztlich ein funktionsfähiger, der jeweiligen Umwelt angepaßter, dem Selektionsdruck gewachsener Organismus entsteht, der sich durch gezieltes Durchlaufen definierter Entwicklungsstadien auch zweckmäßig in die Generationenfolge einreiht.

Betrachten wir eine bestimmte Zelle oder ein bestimmtes Entwicklungsstadium einer Zelle im Hinblick auf die Reaktion auf einen bestimmten, die Entwicklung beeinflussenden Faktor, so können wir verschiedene Aktivitätszustände der Gene unterscheiden:

a. Aktive Gene (sind vor wie nach Einwirkung des Faktors aktiv).

b. Inaktive Gene (sind vor wie nach Einwirkung des Faktors inaktiv).

c. **Aktivierbare Gene** (potentiell aktive Gene; vor Einwirkung des Faktors inaktiv, nachher aktiv).

d. **Inaktivierbare Gene** (potentiell inaktive Gene; vor Einwirkung des Faktors aktiv, nachher inaktiv).

Über unsere beschränkten Kenntnisse vom Mechanismus der Transkriptionsregulation wurde bereits berichtet (S. 313f.). Wenn wir annehmen, daß in verschiedenen Geweben oder Entwicklungszuständen verschiedene Gene aktiv sind, so müssen auch bei der Transkription verschiedene mRNA-Sorten und bei der Translation verschiedene Proteingarnituren synthetisiert werden.

Stadienspezifische mRNA wurde z.B. in den Cotyledonen verschieden alter Keimlinge der Gurke (*Cucumis sativus*) nachgewiesen (Abb. 2.2.1). Auch gewebs- oder organspezifische Proteinmuster sind leicht zu demonstrieren (Abb. 2.2.2), vor allem dann, wenn es sich um Enzymproteine handelt. Dabei zeigen verschiedene Gewebe bzw. Organe oder verschiedene Stadien nicht nur eine verschiedene Enzymausstattung, sondern vielfach auch ein abweichendes Isoenzymmuster, z.B. für Proteasen, Amylasen oder Peroxidasen. Diese biochemischen Unterschiede sind nicht als Folge, sondern als Ursache für die morphologische Differenzierung zu betrachten.

Schon vor Klärung der molekularbiologischen Zusammenhänge und damit vor Kenntnis der mRNA war die Wirkung von im Zellkern produzierten Stoffen auf die Formbildung bei der siphonalen Grünalge *Acetabularia* aufgezeigt worden (vgl. Abb. 2.2.3): Die Form des Hutes wird durch «**morphogenetische Substanzen**» bestimmt, die vom Zellkern gebildet werden und sich in der Algenzelle apical ansammeln (Abb. 2.2.3); sie sind artspezifisch. Da bei *Acetabularia* nicht nur Pfropfungen, sondern auch Transplantationen von Zellkernen in artfremdes Protoplasma möglich sind, kann man auch Zellen mit mehreren artverschiedenen Kernen herstellen. In derartigen Versuchen konnte nicht nur gezeigt werden, daß die Hutbildung vom Kern gesteuert wird, es wurden auch folgende zusätzliche Erkenntnisse gewonnen:

a. In Zellen mit Kernen zweier verschiedener Arten (z.B. von *A. mediterranea* und *A. crenulata*) entstanden Hüte, deren Form zwischen derjenigen der einzelnen Arten lag. Enthielt die Zelle mehrere Kerne einer Art, aber nur einen der anderen, so glich der Hut mehr der Art, von der die mehreren Kerne stammten. Die Morphogenese kann also von den Kernen beider Arten gleichzeitig reguliert werden.

b. Nach Übertragung eines Zellkernes von *A. crenulata* in kernfreies Plasma von *A. mediterranea* erhält man zunächst einen Hut, der beiden Arten ähnelt (mit verstärkter Tendenz zu *A. crenulata*). Entfernt man diesen ersten Hut und läßt einen zweiten oder dritten regenerieren, so erhält man Hüte, die ganz *A. crenulata* gleichen. Aus diesem Befund kann man schließen, daß die morphogenetischen Substanzen im Plasma (die in unserem Beispiel noch vom – später entfernten – *A. mediterranea*-Kern gebildet worden waren) noch eine Zeitlang wirksam sind und erst allmählich vollständig durch die des implantierten Kernes ersetzt werden.

Es gibt eine Reihe von Hinweisen, daß es sich bei den «morphogenetischen Substanzen» von *Acetabularia* um mRNA handelt, welche die Merkmalsausprägung über die Synthese spezifischer Proteine steuert (Abb. 2.2.3). In speziellen Fällen hat man sogar die Bildung verschiedener (Iso-)Enzyme unter dem Einfluß artverschiedener Kerne nachweisen können (Abb. 2.2.4). So wird bei Implantation eines Kernes von *A. cre-*

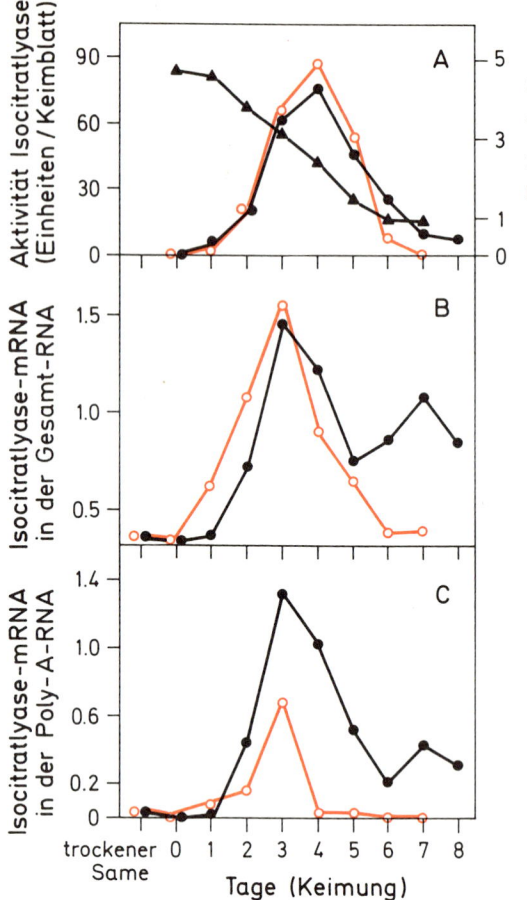

Abb. 2.2.1: Stadienspezifische mRNA für das Enzym Isocitrat-Lyase bei der Keimung der Gurke (*Cucumis sativus*). ▲–▲ Fettgehalt; mRNA-Gehalt ○–○ in hell (rot gezeichnet), ●–● in dunkel gezogenen Keimlingen. **A** Aktivität der Isocitrat-Lyase in Einheiten pro Keimblatt und Fettgehalt in mg pro Keimblatt. **B** Isocitrat-Lyase mRNA in der Gesamt-RNA in Einheiten pro Keimblatt. **C** Isocitrat-Lyase in der Poly-A-RNA in Einheiten pro Keimblatt. (Nach Weir et al. aus Hess)

nulata in das kernlos gemachte Plasma von *A. mediterranea* das für *A. mediterranea* spezifische Isoenzym der Malat-Dehydrogenase innerhalb von 4 Wochen ganz durch das entsprechende Isoenzym von *A. crenulata* ersetzt. Der reziproke Versuch ergibt entsprechende Resultate. Aus diesem Befund und der Erfahrung, daß in einem kernlos gemachten *Acetabularia*-Plasma die Enzymsynthese noch längere Zeit entsprechend dem früher vorhanden gewesenen Kern weitergeht, kann man schließen, daß die morphogenetisch wirksame mRNA von *Acetabularia* recht «langlebig» ist. Es ist nicht ohne weiteres anzunehmen, daß bei allen Eukaryoten mRNA (oder auch andere m-RNA bei *Acetabularia*) ähnlich stabil ist; bei Prokaryoten ist das Gegenteil im Experiment vielfach erwiesen (vgl. S. 307).

Gekoppelte Genaktivierungen bzw. -inaktivierungen. Häufig werden durch Einwirkung eines Faktors oder im Laufe der Ontogenese komplexe Ereignisse ausgelöst (z.B. bei der Induktion der Blütenbildung durch Licht, vgl. S. 411f., oder in einer Blüte im Anschluß an Bestäubung und Befruchtung), die eine differentielle Aktivierung bzw. Inaktivierung ganzer Gruppen von Genen erfordern, häufig auch das zeitlich genau aufeinander abgestimmte An- und Abschalten zahlreicher Gene.

Wenn sich etwa eine Procambiumzelle zu einem Tracheenglied differenziert, so werden z.B. alle Gene, die mit der Zellteilung zu tun haben, reprimiert (oder auch ihre Produkte, z.B. Enzyme, an ihrer Wirkung gehindert), Gene aber, die z.B. die Verholzung der Zellwand, die Auflagerung spezieller Wandverstärkungen, die Auflösung der Querwände und den Abbau des Protoplasten steuern, aktiviert.

Wie diese komplizierten Abstimmungen vorgenommen werden, kann vorerst nur vermutet und in Modellen dargestellt werden. So wäre es z.B. möglich, daß die einzelnen Kontrolleinheiten (S. 313 f.) eines Genoms durch Repressor- oder Induktorsubstanzen miteinander gekoppelt sind. So könnte ein Strukturgen der einen Substanz einen Effektor produzieren, der das Operatorgen einer zweiten Einheit aktiviert (z.B. auch über die Inaktivierung eines Repressors). Diese «Kaska-

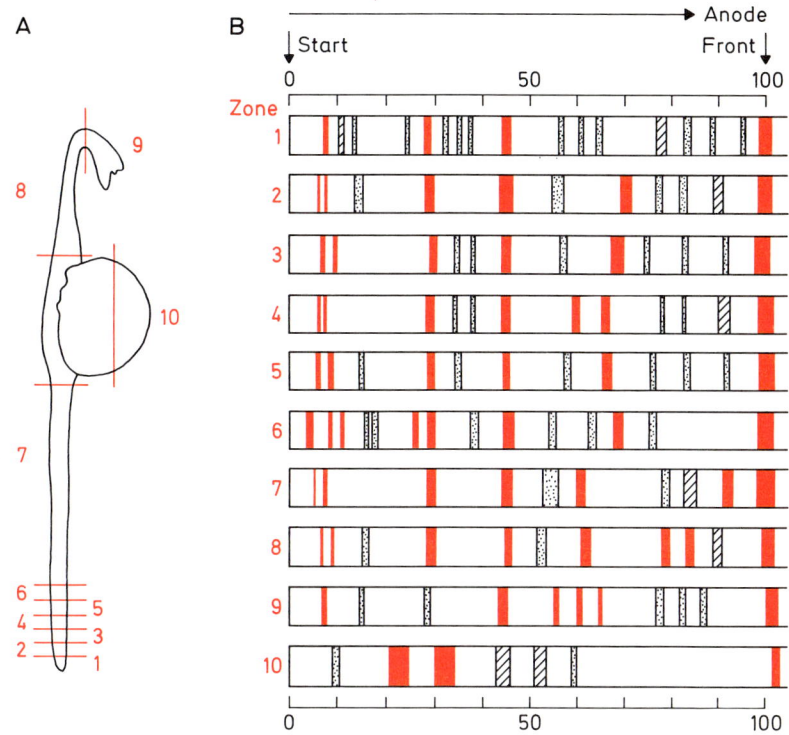

Abb. 2.2.2: Gewebespezifische Proteinmuster in Erbsenkeimlingen (*Pisum sativum*). **A** Keimling, eingeteilt in 10 Abschnitte, **B** Proteinmuster dieser Abschnitte nach Polyacrylamid-Gelelektrophorese. (Nach Steward et al. aus Hess)

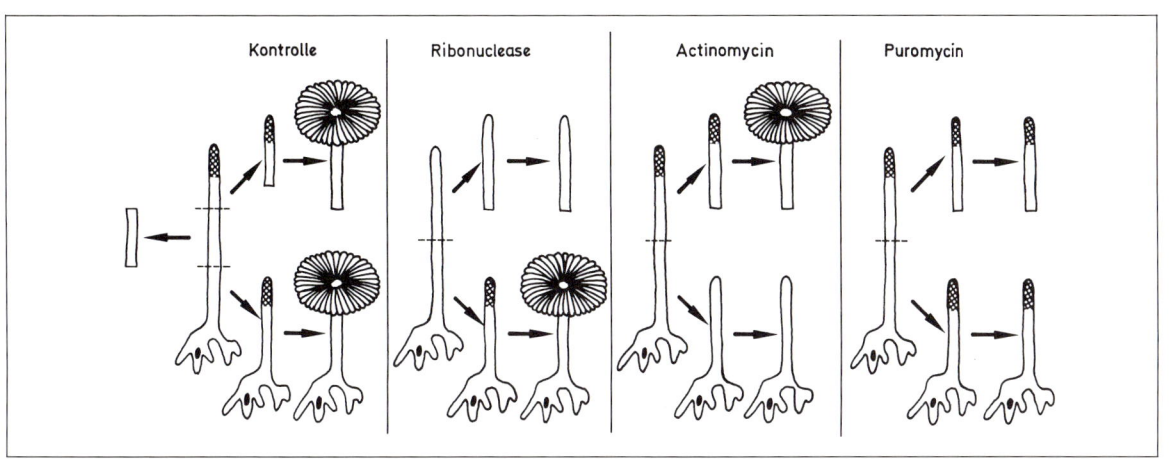

Abb. 2.2.3: Nachweis morphogenetischer Substanzen (schraffiert) und deren RNA-Natur bei *Acetabularia*.-Kontrolle: Das obere Teilstück bildet einen Hut entsprechend der vor der Trennung apical angereicherten mRNA, das untere, kernhaltige, aufgrund der Neubildung von mRNA nach der Operation; das Mittelstück kann keinen Hut bilden. Durch kurzzeitige Behandlung mit Ribonuclease wird die vorhandene RNA abgebaut, eine Neubildung von RNA im kernhaltigen Teil aber nicht beeinträchtigt. – Actinomycin hemmt die Neubildung von RNA im Zellkern, hat aber keine Wirkung auf vorhandene RNA. – Puromycin beeinflußt als Inhibitor der Translation den RNA-Gehalt und die RNA-Synthese nicht, hindert aber die Morphogenese, die demnach eine Proteinsynthese voraussetzt. (Nach Libbert, ergänzt)

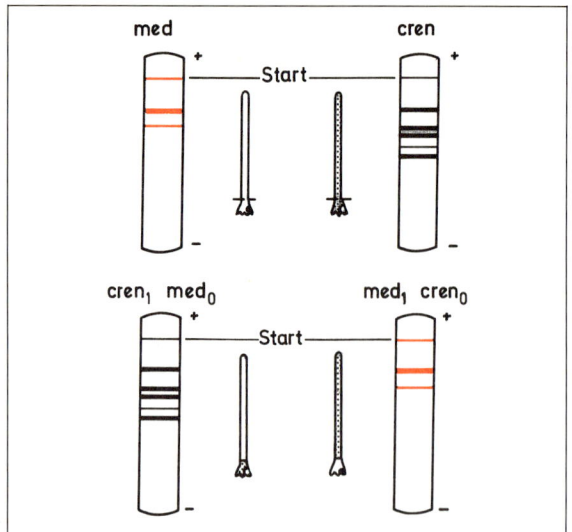

Abb. 2.2.4: Einfluß des Zellkernes auf das Isoenzymmuster der Malat-Dehydrogenase (elektrophoretisch ermittelt) bei zwei Arten von *Acetabularia* (*A. crenulata*, cren, und *A. mediterranea*, med) im Stadium vor der Hutbildung (oben) und vier Wochen nach reziproken Pfropfungen der beiden Arten (unten). Der jeweils vorhandene Zellkern bestimmt das Isoenzymmuster. (Nach Schweiger, Master u. Werz, aus Mohr u. Sitte)

den»-Aktivierung oder -Inaktivierung könnte zahlreiche Transkriptionseinheiten umfassen, und ein auslösender Faktor, z.B. das Licht, hätte nur die Aufgabe, die Initialeinheit zu aktivieren oder zu inaktivieren (Abb. 2.2.5).

B. Interzelluläre Regulation von Wachstum und Differenzierung: Phytohormone

Bei vielzelligen höheren Tieren kann die Abstimmung zwischen den einzelnen Teilen des Organismus durch nervöse oder hormonale Signale erfolgen. Bei Pflanzen ist kein Nervensystem vorhanden, so daß hier die Koordination zwischen den einzelnen Zellen, Geweben oder Organen nur auf chemischem Wege geschehen kann, durch **Hormone**, d.h. chemische Botenstoffe, die in geringen Konzentrationen wirksam sind und bei denen Produktions- und Wirkort auseinander liegen. Phytohormone werden z.T. allerdings auch am Bildungsort wirksam (sie sind dann streng genommen nicht mehr als Hormone zu bezeichnen); außerdem sind sie – im Gegensatz zu vielen tierischen Hormonen – wenig organ- und wirkungsspezifisch: Sie wirken auf viele Organe und üben mannigfaltige Wirkungen aus.

Gewöhnlich unterscheidet man bei den Phytohormonen überwiegend fördernde (Auxine, Gibberelline, Cytokinine) und überwiegend hemmende (Abscisinsäure, Ethylen), doch ist diese Einteilung etwas willkürlich, weil man z.B. die Beschleunigung des Blattfalls durch Abscisinsäure als Hemmeffekt (auf die allgemeine physiologische Aktivität der Pflanze) oder als Förderwirkung (auf die Bildung des Trenngewebes an der Blattbasis) verstehen kann.

1. Auxine

Zu den Auxinen rechnet man nach Thimann sowohl die natürlich vorkommenden als auch die synthetisch hergestellten organischen Wirkstoffe, die in niedrigen Konzentrationen ($< 10^{-6}$ M) das Streckungswachstum von Sprossen fördern (die möglichst an endogenem Wuchsstoff verarmt wurden) und die das Längenwachstum der Wurzeln hemmen. Auxine sind demnach primär nicht nach ihrer chemischen Struktur, sondern nach ihrer Wirkung definiert. Der verbreitetste und wichtigste natürliche Vertreter dieser Klasse ist die β-Indolylessigsäure (IAA, indole acetic acid; Abb. 2.2.6).

Vorkommen von IAA und anderen Indolauxinen und Verteilung der IAA in der Pflanze. IAA wurde von Kögl 1934 im menschlichen Harn entdeckt (sie stammt hier wahrscheinlich aus der Pflanzennahrung), dann aber bald auch in Pilzen und höheren Pflanzen nachgewiesen. Sie kommt auch in Bakterien, Algen und Archegoniaten vor.

Als Hauptbildungsstätten der IAA in der höheren Pflanze gelten einerseits embryonale Gewebe (Meristeme, Embryonen) und andererseits photosynthetisierende Organe (z.B. Laubblätter). Aber auch in Speichergeweben (z.B. Endosperm, Keimblätter), in Coleoptilen und im Pollen kann IAA reichlich vorhanden sein.

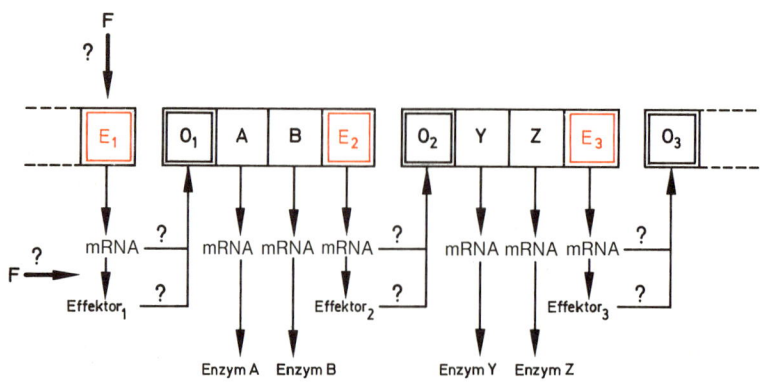

Abb. 2.2.5: Schema der möglichen Koppelung verschiedener Operons (vgl. S. 313) durch Effektoren. Auslösende Faktoren (F; z.B. Licht) könnten entweder das Initialoperon aktivieren bzw. inaktivieren oder auch in die Translation (evtl. auch bei der Effektorbildung) eingreifen. Als Effektor bei diesem Kaskadeneffekt könnte evtl. auch RNA dienen.

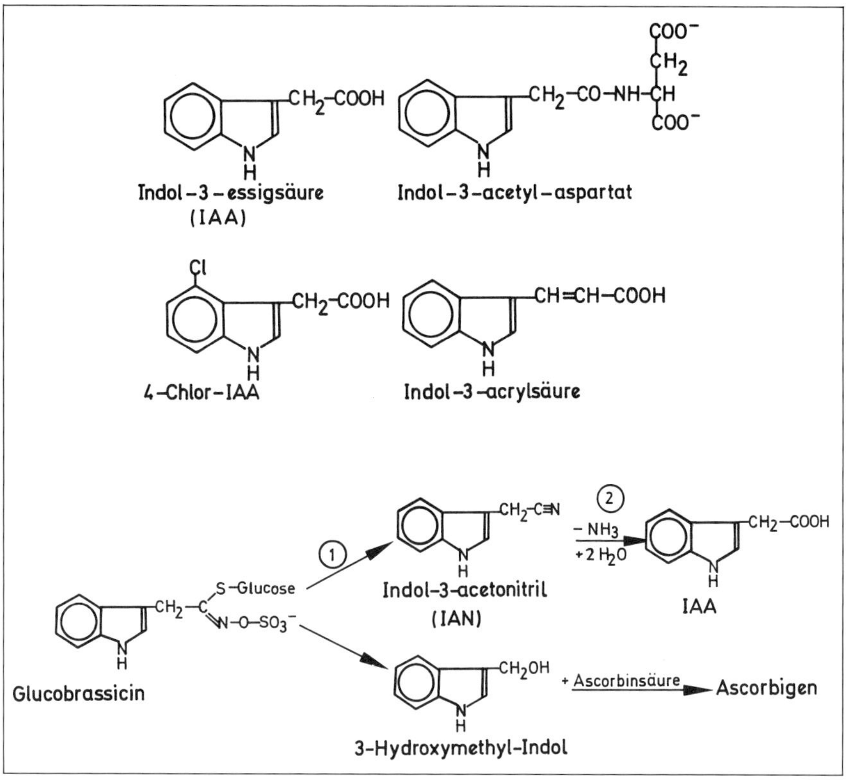

Abb. 2.2.6: Verschiedene natürlich vorkommende Vertreter der Indolauxine und Glucobrassicin und einige seiner Umsetzungen. Die Reaktion ① wird durch Myrosinase, die Reaktion ② durch Nitrilase katalysiert. Ascorbigen gilt als IAA-Speicher.

Mit physikalischen Methoden (Kombination von Gaschromatographie und Massenspektrometrie) fand man z.B. in der Maiscoleoptile 24 μg freie IAA pro kg Frischgewicht (dazu 330 μg/kg gebundene IAA), in der Wurzelhaube des Maises 356 μg/kg Frischgewicht freie IAA, in den darunter liegenden Wurzelteilen (einschließlich des Wurzelmeristems) nur etwa $\frac{1}{4}$ dieser Menge; Wurzelspitzenmeristeme bilden allgemein nur sehr geringe IAA-Mengen. Ananaspflanzen enthalten etwa 6 μg IAA pro kg Frischgewicht. In Sonnenblumenkeimlingen beträgt die Konzentration freier IAA etwa 10^{-7} M. Mit biologischen Nachweismethoden (s. S. 387) erhält man meist größere IAA-Werte als mit physikalischen, vermutlich deshalb, weil einerseits außer IAA auch andere im gewählten Test wirksame Verbindungen miterfaßt werden und andererseits wahrscheinlich gebundene IAA freigesetzt wird. Neuerdings sind für IAA wie für die anderen wichtigen Pflanzenhormone auch Enzym-Immun- und Radio-Immun-Nachweisverfahren entwickelt worden, die besonders empfindlich und spezifisch sind.

Es gibt Hinweise, daß IAA in der Zelle auf mannigfaltige Weise an niedermolekulare Träger oder an Protein gebunden werden kann. So wird sie (über ein Intermediat Indol-3-acetyl-CoA) peptidartig mit Aspartat zu Indol-3-acetyl-aspartat (Abb. 2.2.6) verknüpft oder mit Glucose zu 1-(Indol-3-acetyl)-β-D-glucose verestert. Auch mit Inositol, Arabinose, Galactose, Glutamat und Ethanol können Konjugate gebildet werden. Diese Verbindungen werden vor allem bei IAA-Überschuß synthetisiert (ihre Bildung dient dann vermutlich zur Regulation der IAA-Konzentration), treten aber in geringen Konzentrationen auch sonst häufig auf. Es mehren sich die Hinweise, daß sie kontrolliert wieder IAA freisetzen können, daß sie also als IAA-Speicher dienen. Dies gilt z.B. für den IAA-Inositolester im Getreidekorn-Endosperm (z.B. beim Mais), der von dort über das Phloem in den Keimling einwandert und hier als Quelle für freie IAA dient.

Die Bindung der IAA an Proteine kann verschieden fest (kovalent, durch Wasserstoffbrücken und durch schwache Wechselwirkungen) erfolgen. Die Anheftung der IAA an spezifische Trägerproteine wird sowohl für den Transport wie für die Wirkung des Auxins als wesentlich betrachtet (s.u.).

Neben freier und gebundener IAA kommen auch andere Indolderivate in den Pflanzen vor, die z.T. als Intermediate des IAA-Auf- und Abbaues, z.T. wohl auch als eigenständige Auxine betrachtet werden müssen. Zu letzteren gehören vermutlich Chlorderivate der IAA (z.B. **4-Chlor-IAA**, Abb. 2.2.6) und ihre Methylester, die in den Samen vieler Pflanzen auftreten (zuerst in Erbsensamen nachgewiesen). **Indolacrylsäure** (Abb. 2.2.6) ist das Hauptauxin in Linsenwurzelextrakten. In Brassicaceen und verwandten Familien kommt das Thioglucosid **Glucobrassicin** vor (z.B. im Kohl), das **Indol-3-acetonitril** (IAN) enthält. Glucobrassicin kann durch Myrosinase gespalten und das freigesetzte IAN durch eine Nitrilase in IAA übergeführt werden (Abb. 2.2.6); daher rührt die Auxinaktivität des Glucobrassicins und der IAN. In der Zelle befinden sich Glucobrassicin und Myrosinase in verschiedenen Kompartimenten, wodurch die Umsetzung verhindert wird.

Stoffwechsel der IAA. Für die Pflanze ist es notwendig, die Wirkung so tiefgreifender Stoffe wie der Hormone exakt zu kontrollieren. Das geschieht einmal durch ein ausgewogenes Zusammenspiel antagonistischer Wirkstoffe, zum andern über die Regulation der Synthese und des Abbaues der Phytohormone und der auf sie wirkenden Effektoren.

Bei so allgemein verbreiteten Substanzen wie der IAA liegt von Anfang an die Vermutung nahe, daß ihre Synthese eng mit dem Grundstoffwechsel verknüpft ist. Sie geht in der Regel von der Aminosäure Tryptophan aus und erfordert nur wenige Schritte (Abb. 2.2.7). Die Zwischenprodukte **Indol-3-pyruvat** und **Indol-3-acetaldehyd** sind in Pflanzen nachgewiesen, ebenso die Seitenprodukte **Indol-3-lactat** und **Indol-3-ethanol**. Über die Regulation dieser Biosynthese ist noch wenig bekannt. Bei einigen höheren Pflanzen stammt ein kleiner Teil der IAA möglicherweise von epiphytischen Bakterien, die von der Pflanze abgegebenes Tryptophan in IAA umwandeln und diese wieder der Pflanze zuführen. Auch Bakterien der Rhizosphäre überführen von Wurzeln ausgeschiedenes Tryptophan in IAA und beeinflussen dadurch das Wurzelwachstum.

Der Abbau der IAA geschieht durch ein recht unspezifisches, konstitutives Enzym, das gegenüber IAA als Oxidase (Oxidationsmittel O_2), gegenüber anderen Substraten als Peroxidase (Oxidationsmittel H_2O_2) wirkt. Diese **IAA-Oxidase** ist ein Glykoprotein; sie wird durch Mn^{2+} und Monophenole (z.B. Tyrosin, p-Hydroxybenzoesäure oder Kämpferol, vgl. S. 365 f.) aktiviert, durch o-Diphenole (z.B. Brenzcatechin, Kaffeesäure oder Quercetin) dagegen gehemmt. Auf diese Weise ist über den Stoffwechsel der Phenolverbindungen und die Aktivität der Phenoloxidase eine weitere Regulation des IAA-Gehaltes im Gewebe möglich.

In der Zelle soll die IAA-Oxidase mit Ribosomen assoziiert sein und in diesem Zustand allosterische Eigenschaften mit IAA als Effektor aufweisen. Von den Oxidationsprodukten der IAA werden dem **Methylenoxindol** (Abb. 2.2.8) besondere physiologische Wirkungen (meist Hemmeffekte) zugeschrieben, weil es schon in geringen Konzentrationen mit -SH-Gruppen kovalent reagiert. Die Reduktion zu 3-Methyloxindol ist daher als eine «Entgiftungsreaktion» zu betrachten.

Neben diesem Abbauweg gibt es auch einen nicht-decarboxylierenden Katabolismus (Abb. 2.2.9), dessen erstes Produkt

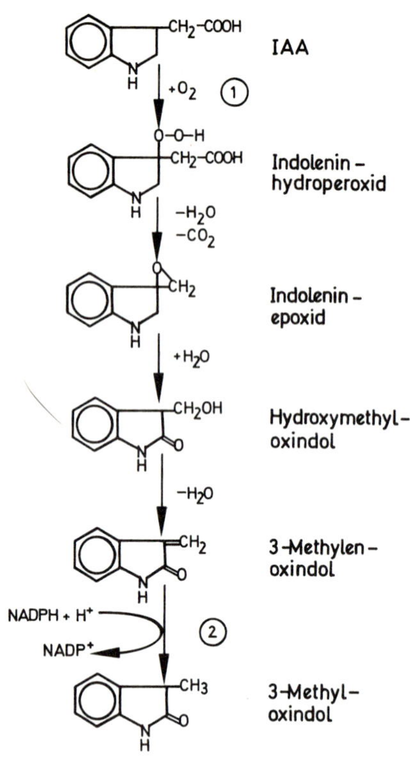

Abb. 2.2.8: Enzymatischer Abbau der IAA, decarboxylierend ① IAA-Oxidase.

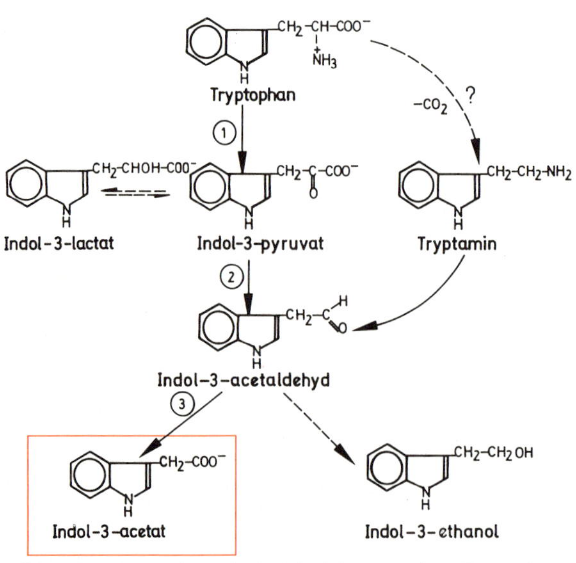

Oxindol-3-essigsäure ist. Dessen Oxidationsprodukt 7-Hydroxy-2-oxindol-3-essigsäure bildet eine wasserlösliche Verbindung mit Glucose, die sich in größeren Konzentrationen (z.B. im Maisendosperm) anreichern kann.

Auxintransport. Die IAA kann in der intakten Pflanze entweder im Phloem (zusammen mit den Assimilaten) oder im Parenchym transportiert werden. Im ersten Falle ist der Transport nicht polarisiert (nur durch das source-sink-Verhältnis der Assimilate bestimmt, vgl. S. 371 f.), im zweiten aber stark bis strikt polar. In verschiedenen isolierten Teilen des Sprosses (Coleoptilen, Sproßachse, Blatt- und Fruchtstiel) z.B. bewegt sich von außen (z.B. mit einem Agarblöckchen) zugeführte IAA polar basipetal; die Schwerkraft hat dabei kaum einen Einfluß (Abb. 2.2.10). Die Transportgeschwindigkeit (2 bis 15 mm/Std) ist unabhängig von der Länge der durchwanderten Strecke und von der IAA-Konzentration im Spenderblock. Dieser polare basipetale Transport ist vom Stoffwechsel abhängig, während der viel geringere akropetale (zur Sproßspitze gerichtete) IAA-Transport eine reine Diffusion ist.

In der Wurzel überwiegt der akropetale IAA-Transport (zur Wurzelspitze) den basipetalen weit. Auch hier hat er eine ähnliche Geschwindigkeit (4–10 mm/Std), ist vom Stoffwechsel abhängig und wird durch die Schwerkraft nicht wesentlich beeinflußt. Durch Belichtung der Wurzeln während des Transportes wird er gefördert. Die Hauptbahnen scheinen im Zentralzylinder zu liegen.

Der Mechanismus dieses polaren, energiebedürftigen Transportes ist noch unklar. Vielfach werden IAA-Carrier von Pro-

Abb. 2.2.7: Biosynthese der IAA (Indol-3-acetat) aus Tryptophan und einige Nebenprodukte. ① Transaminase; ② α-Oxosäuren-Decarboxylase; ③ Aldehyd-Dehydrogenase. Der Seitenweg über Tryptamin ist von untergeordneter Bedeutung.

teinnatur im Plasmalemma angenommen. Sie sollen die IAA aktiv und unter Beteiligung von Ca^{2+}-Ionen bevorzugt basal aus der Zelle in den Apoplasten schaffen, von wo sie von der nächsten Zelle wieder im Symport mit H^+-Ionen aufgenommen würde. Allerdings würde der IAA-Transport im Apoplasten außerhalb der Kontrolle der lebenden Zelle sein und nur durch Wasserpotentialgradienten gerichtet werden, was physiologisch bedenklich wäre. Die Schwierigkeit würde umgangen, wenn der parenchymatische IAA-Transport im Symplasten (durch die Plasmodesmen) verliefe.

Auch viele **synthetische Auxine** werden in Organstücken polar transportiert. 2,3,5-Triiodbenzoesäure (TIBA), die selbst polar im Parenchym wandert, hemmt – offenbar kompetitiv – den IAA-Transport (vielleicht durch Konkurrenz um dieselben Carriermoleküle). Durch Ethylen wird der polare IAA-Transport nur gehemmt, wenn die Pflanzen vorher dem Gas ausgesetzt waren, nicht dagegen, wenn Ethylen nur während der Transportzeit zugeführt wird. Da einerseits IAA Ethylenbildung induziert (S. 395 f.) und andererseits Ethylen den IAA-Gehalt vermindert, ist an einen Regulationsmechanismus zu denken, der den endogenen Gehalt an beiden Wirkstoffen steuert. Der für die Wachstumskrümmungen (S. 444, 455) wichtige Lateraltransport der IAA in den verschiedenen Organen wird im Gegensatz zum Längstransport durch Ethylen sofort gehemmt, was evtl. auf verschiedene Transportmechanismen hindeutet.

Welche Rolle der parenchymatische, polare IAA-Transport neben dem Phloemtransport des Auxins spielt, ist noch weitgehend unbekannt.

Die Wirkungen der IAA. Die Effekte der IAA sind sehr vielfältig. Die hervorstechendste Wirkung ist – wie erwähnt – diejenige auf das Streckungswachstum. Da die Wirkungen konzentrationsabhängig sind, kön-

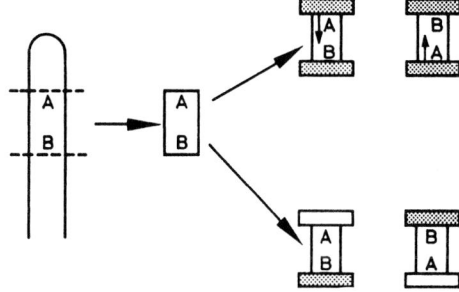

Abb. 2.2.10: Polarer IAA-Transport durch Coleoptilstücke. Der Wuchsstoff wird mittels eines Agarblöckchens einmal der apicalen (A), einmal der basalen (B) Schnittfläche zugeführt. Der Transport erfolgt immer polar basalwärts, unabhängig von der Lage des Coleoptilstückes zur Erdbeschleunigung. (Punktierung: höhere IAA-Gehalte)

nen sie als Grundlage für biologische Bestimmungsverfahren der IAA dienen. Das Längenwachstum der Sprosse oder Sproßteile wird durch exogen gebotene IAA in weiten Konzentrationsbereichen gefördert, das der Wurzel meist gehemmt (Abb. 2.2.11). Man erklärt dies damit, daß beim Sproß die endogen vorhandenen IAA-Konzentrationen weit unter, bei den Wurzeln aber nur sehr wenig unter oder sogar über der jeweiligen (bei der Wurzel viel niedrigeren) Optimalkonzentration liegen.

Die Annahme, daß die Hemmwirkung überoptimaler IAA-Konzentrationen auf die verstärkte Produktion des hemmenden Ethylens (S. 395 f.) zurückzuführen sei, scheint nicht ausreichend begründet zu sein.

Zu den biologischen IAA-Bestimmungsmethoden, die auf der Wirkung des Auxins auf das Streckungswachstum ganzer Organe, von Organteilen oder Organhälften beruhen, gehören z.B. der Hafercoleoptil-Krümmungstest (Abb. 2.2.12), der Längenwachstumstest mit Stücken von Hafercoleoptilen bzw. -mesocotylen oder auch Verfahren, die die Längenwachstumshemmungen von Wurzeln ermitteln.

Über die Vorstellungen, die man sich vom Mechanismus der Auxinwirkung auf das Streckungswachstum macht, wird später berichtet (S. 415).

IAA wirkt außer auf das Streckungswachstum noch auf die Zellteilung (z.B. im Cambium oder in Gewebekulturen, vgl. S. 393) und auf die Bildung von Adventiv- und Seitenwurzeln (S. 426); sie spielt weiterhin eine wesentliche Rolle bei der Apicaldominanz (d.h. dem bestimmenden Einfluß der Gipfelknospe auf Seitenknospen, S. 427) und bei Blatt- und Fruchtfall (S. 428).

Da die meisten dieser Vorgänge von großer praktischer Bedeutung sind, werden Auxine auch in bedeutendem Umfang in der Landwirtschaft und Gärtnerei eingesetzt. Allerdings verwendet man dabei nicht IAA, sondern synthetische Verbindungen ähnlicher Wirkung. Sie sind nicht nur meist billiger herzustellen, sondern werden auch durch die IAA-Oxidase oder andere pflanzeneigene Enzyme nicht oder nicht so schnell wie IAA abgebaut und wirken deshalb nachhaltiger (vgl. S. 396 f.).

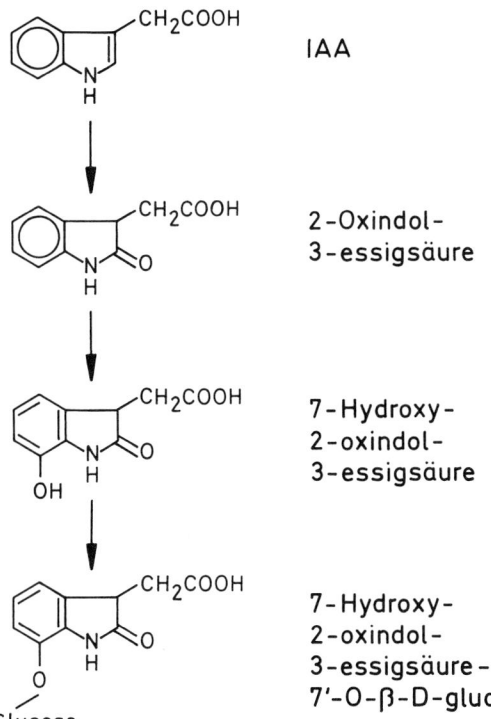

Abb. 2.2.9: Abbau der IAA, nicht-decarboxylierend (Nonhebel u. Bandurski)

Die mannigfachen Wirkungen des Auxins zu verschiedenen Zeiten und an verschiedenen Orten einer

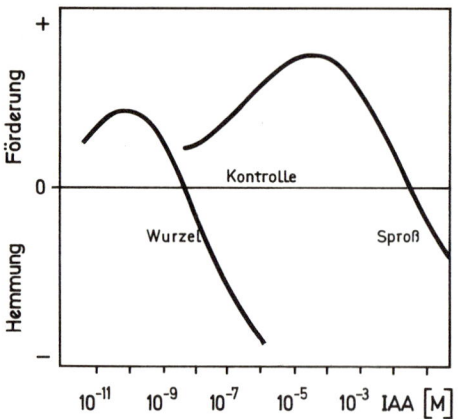

Abb. 2.2.11: Längenwachstum bei Sproß und Wurzel in Abhängigkeit von der IAA-Konzentration im Medium. Kontrolle: keine IAA-Zufuhr von außen. (Nach Thimann)

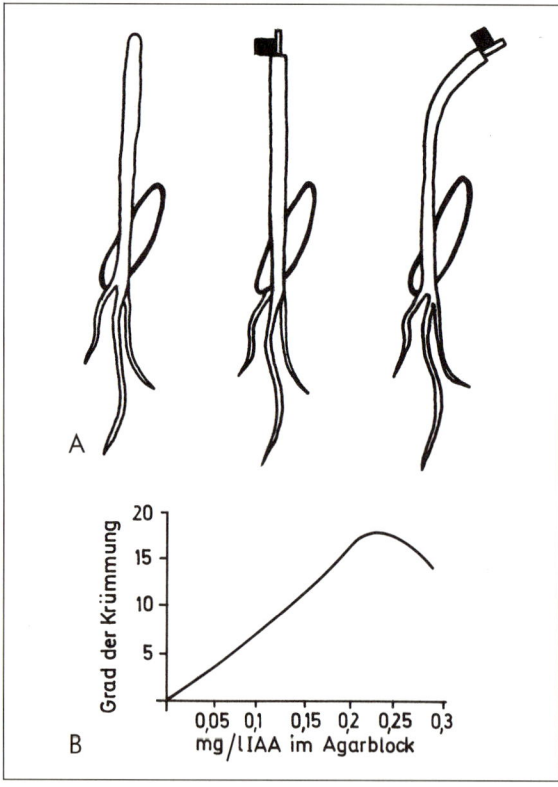

Abb. 2.2.12: Krümmungstest mit der Hafercoleoptile zum quantitativen IAA-Nachweis. **A** Ein Agarblöckchen mit dem zu prüfenden Material wird einseitig auf die dekapitierte Coleoptile aufgesetzt. Die durch einseitige Wachstumsförderung ausgelöste Krümmung ist innerhalb bestimmter Grenzen der IAA-Konzentration proportional (**B**). (A nach Went, B nach Went u. Thimann)

Pflanze lassen erkennen, daß IAA nur als Auslöser wirkt, die Spezifität der Reaktion aber vom jeweiligen Differenzierungszustand der Zelle, d. h. vom Muster der aktiven, aktivierbaren und inaktivierbaren Gene, abhängt. Dies gilt in ähnlicher Weise auch von anderen Phytohormonen.

2. Gibberelline

Vorkommen und Transport der Gibberelline in der Pflanze. Gibberelline sind eine Gruppe von Phytohormonen, die chemisch (Vorkommen eines Gibbanringes im Molekül, Abb. 2.2.13) und physiologisch (aktiv in speziellen Biotests, z.B. Aufhebung des Zwergwuchses oder Induktion der α-Amylase im Gerstenendosperm, s.u.) charakterisiert sind. Man kennt eine große Zahl (1989: 74; bezeichnet als GA_1, GA_2 ... GA_{74}) verschiedener natürlich vorkommender Gibbanverbindungen, von denen etwa ⅓ physiologisch aktiv, also Gibberelline im engeren Sinne sind. Ein in höheren Pflanzen häufig nachgewiesenes, besonders aktives und in vielen Versuchen verwendetes Gibberellin ist die Gibberellinsäure (GA_3; Abb. 2.2.13).

Meist finden sich in einer Pflanze mehrere verschiedene Gibberelline (in Samen von *Phaseolus coccineus* z.B. mindestens 8, in den Achänen von *Helianthus annuus* und in den Karyopsen von Reis jeweils 14), wobei das Muster mit dem Entwicklungszustand wechseln kann. In den verschiedenen Arten, Organen und Entwicklungsstadien kann die Empfindlichkeit der verschiedenen durch Gibberelline beeinflußten Prozesse gegenüber den verschiedenen Gibberellinen differieren.

Gibberelline wurden ihrer Wirkung nach schon 1926, also ein Jahr vor der Wirkung der Auxine, entdeckt: Kurosawa wies nach, daß sich im Kulturfiltrat des Ascomyceten *Fusarium heterosporum* (syn. *Gibberella fujikuroi*) eine Substanz befand, die ähnliche Wirkungen auf das Wachstum von Reispflanzen (Steigerung des Längenwachstums) ausübte wie sie die Infektion der Reispflanzen mit dem Pilz hervorruft («Bakanae-Krankheit», «Krankheit der verrückten Keimlinge»). Diese Substanz wurde Gibberellin genannt. Erst in den 50er Jahren wurden die japanischen Arbeiten weltweit bekannt. Dies führte zur Strukturaufklärung, zum Nachweis von Gibberellinen in einem anderen Pilz *(Sphaceloma manihoticola)*, der Riesenwuchs bei der Cassavepflanze (*Manihot esculenta*, S. 789) hervorruft, und in nichtinfizierten höheren Pflanzen sowie zur Aufdeckung zahlreicher biologischer Wirkungen.

Gibberelline werden in höheren Pflanzen vor allem in wachsenden Geweben gebildet, z.B. in Sproß- und Wurzelmeristemen, in unreifen Samen und Früchten (Hauptquelle; bis zu 125 µg/g) und jungen Blättern; in diesen findet die Synthese vorwiegend in den Plastiden statt. Es gibt auch Hinweise, daß Wurzeln von den Sprossen angeliefertes Gibberellin umbauen und das neu gebildete Gibberellin wieder in den Sproß zurücktransportieren können (bei *Phaseolus aureus* z.B. GA_{19} → GA_1).

Neben freien Gibberellinen kommen auch Gibberellinglykoside (vorwiegend -glucoside) und -glucoseester vor. Letztere könnten Speicher- und Transportfunktionen haben, da sie z.B. in reifenden Samen und im Frühjahrsblutungssaft der Bäume auftreten. Auch eine Bindung der Gibberelline an Proteine ist wahrscheinlich möglich.

Der **Gibberellintransport** in parenchymatischen Geweben ist meist unpolar, in manchen Wurzeln aber auch polar (von der Spitze zur Basis). Er ist energiebedürftig und seine Geschwindigkeit beträgt 5–30 mm/Std. Beim Passieren des Plasmalemmas soll ein Cotransport mit Protonen erfolgen. Wie das Auxin können auch Gibberelline im Phloem mit den Assimilaten

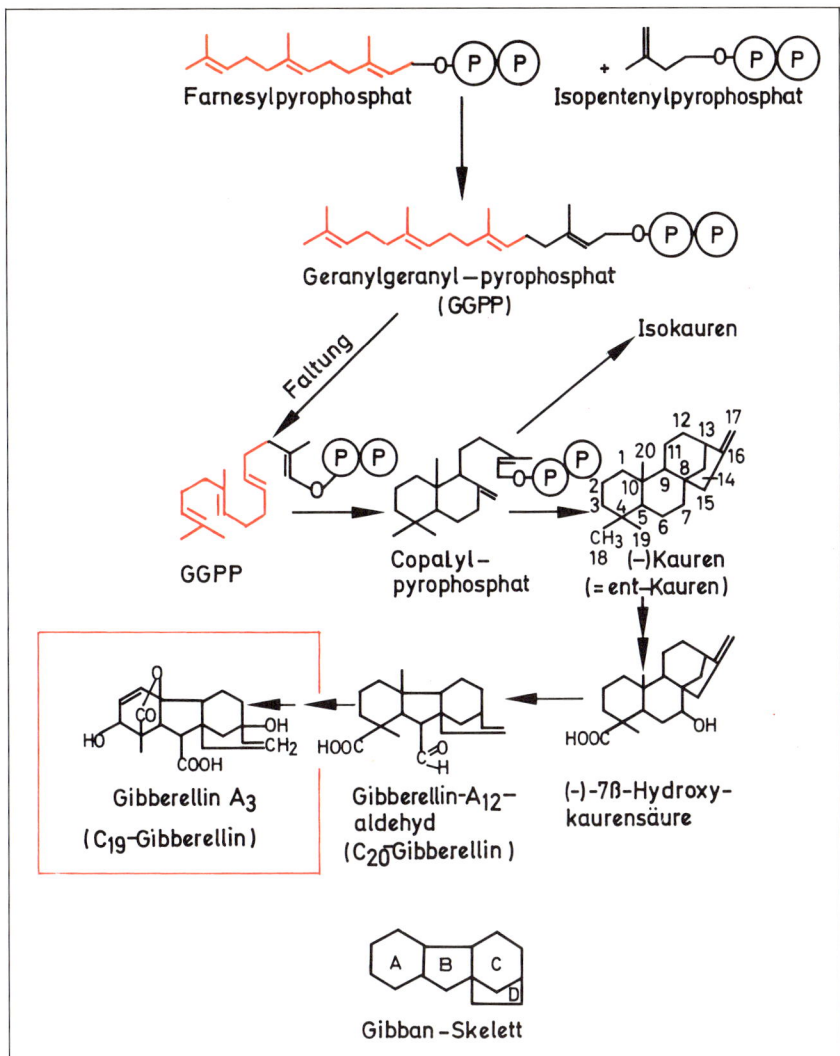

Abb. 2.2.13: Biosynthese der Gibberellinsäure (GA$_3$) und Gibbanskelett.

transportiert werden. Sie können aber, wie erwähnt, auch im Xylem wandern.

Der Stoffwechsel der Gibberelline. Die Gibberelline haben 20 oder 19 C-Atome (nach Eliminierung von C$_{20}$) und sind als Diterpene zu betrachten. Ihre Biosynthese folgt demnach dem normalen Weg der Isoprenoid-Biosynthese (S. 363 f.), u. zw. weitgehend einheitlich, auch in stammesgeschichtlich weit voneinander entfernt stehenden Arten. Aus Geranylgeranyl-pyrophosphat wird durch Ringschluß Copalylpyrophosphat gebildet, die Ausgangssubstanz für die meisten cyclischen Diterpene. Weitere Schritte sind Ringschlüsse, Hydroxylierungen, Oxidationen und Ringverkürzung (Abb. 2.2.13); sie führen zur Vielfalt der natürlichen Gibberelline.

Synthetische Hemmstoffe der Gibberellinbiosynthese (z. B. **Chlorcholinchlorid, Amo 1618, Phosphon D**; Abb. 2.2.14) werden in der Praxis als Wachstumshemmer benützt (S. 398); sie blockieren den Übergang von Geranylgeranyl-pyrophosphat in Copalyl-pyrophosphat (Phosphon D auch die Kaurenbildung). Bei der Zwergmutante d$_5$ des Maises, deren Wachstum durch Gibberellinsäuremangel behindert ist, liegt der Block zwischen Copalyl-pyrophosphat und Kauren; es entsteht das physiologisch inaktive Isokauren (Abb. 2.2.13).

Über den biologischen Abbau der Gibberelline in der Pflanze ist noch wenig bekannt.

Wirkungen und biologischer Nachweis der Gibberelline. Auch die Gibberelline haben, wie die Auxine und die anderen Phytohormone, vielfältige Wirkungen. Teilweise ähneln sie den durch Auxin verursachten Effekten, z. B. der fördernde Einfluß auf das Streckenwachstum und auf die Cambiumtätigkeit und die Parthenokarpie-Auslösung bei Tomaten und Äpfeln. Da Gibberellin auch den Auxingehalt im Gewebe erhöhen kann, hat man zeitweise daran gedacht, daß die Gibberelline ihre Wirkung über die Steigerung der Auxinbiosynthese ausüben könnten; diese Erklärung ist aber nicht zutreffend, zumindest nicht ausreichend, weil Gibberelline auch bei optimaler Auxinkonzentration noch wachstumsfördernd wirken und weil sich die Effekte beider Wuchsstoffe doch in vieler Hinsicht unterscheiden.

So können Gibberelline die IAA bei der Apicaldominanz (S. 427) nicht ersetzen; sie haben keinen Einfluß auf den Blatt- und Fruchtfall und fördern nicht die Seitenwurzelbildung. Auf der anderen Seite gibt es eine Reihe von spezifischen Gibberellineffekten, die von den Auxinen oder anderen Phytohormonen nicht ausgelöst werden können und die deshalb als Basis für den biologischen Gibberellinnachweis dienen können.

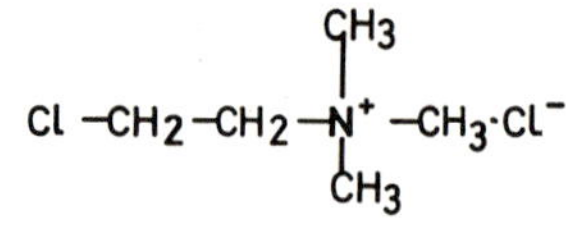

CH₃
Cl—CH₂—CH₂—N⁺—CH₃·Cl⁻
CH₃

CCC

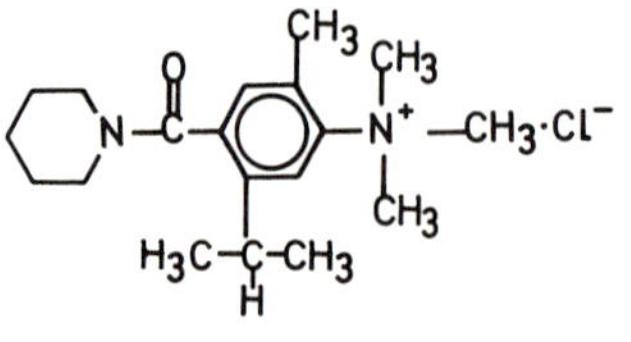

Amo-1618

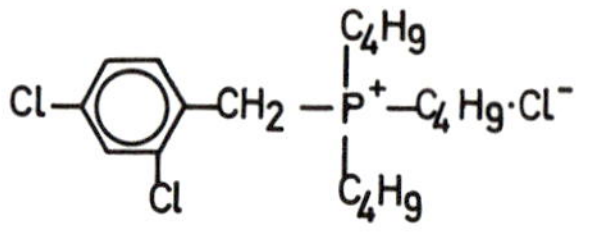

Phosphon D

Abb. 2.2.14: Einige synthetische Hemmstoffe der Gibberellinbiosynthese.

Der meist studierte spezifische Gibberellineffekt ist die Induktion der Synthese von Speicherstoff-mobilisierenden Enzymen in der Aleuronschicht von Getreidekörnern, meist untersucht mit der Gerstenkaryopse. Es war schon lange bekannt, daß bei der Keimung unter dem Einfluß des Embryos die lebenden Zellen der Aleuronschicht (vgl. S. 91, Abb. 1.1.94) stärke- und eiweißmobilisierende Enzyme in das von ihnen umschlossene, im reifen Zustand aus abgestorbenen Zellen bestehende Endosperm absondern, die dort die Reservestoffe auflösen, deren Hydrolyseprodukte dann vom Scutellum – z. T. nach Umformung in Transportstoffe – dem wachsenden Keimling zugeführt werden. Dieses vom Embryo ausgehende Signal kann in embryofreien Karyopsen durch GA_3 ersetzt werden (was als spezifischer Gibberellinnachweis gilt), und es besteht kein Zweifel, daß es im intakten Korn auch Gibberelline sind (bei der Gerste wohl GA_1 und GA_3), die als Hormone vom Embryo gebildet und zur Aleuronschicht transportiert werden. Dort bewirkt das Gibberellin die Neusynthese der Hydrolasen, wie durch den Einbau ^{14}C-markierter Aminosäuren in die Enzyme und durch die Blockierung der Synthese durch Hemmstoffe der Proteinsynthese bewiesen wurde. 70 % des neusynthetisierten Gesamtproteins macht die α-Amylase aus; sie besteht z. B. bei der Gerste aus mehreren Isoenzymen.

Die ursprüngliche Vorstellung, Gibberelline bewirkten in diesem Falle eine spezifische Aktivierung der Gene, die über entsprechende mRNA-Bildung die Synthese der Hydrolasen auslösen sollten, hat sich als zu einfach erwiesen: Die Zeitspanne zwischen der Applikation des Gibberellins und dieser Bildung der Hydrolasen in der Aleuronschicht beträgt mehrere Stunden (bei der α-Amylase 8–10 Std), während andere Vorgänge, vor allem eine verstärkte Bildung des endoplasmatischen Reticulums, von Ribosomen und Polysomen, schon viel früher in den Aleuronzellen beobachtet werden können (Abb. 2.2.15). Es ist anzunehmen, daß diese (ebenfalls z. T. gengesteuerten) Prozesse eine Voraussetzung für die Neusynthese der Hydrolasen sind; daß diese z. B. nur an Polysomen ablaufen kann, die an die neugebildeten ER-Membranen angeheftet sind. Somit ist noch nicht einmal bei diesem scheinbar einfachen Beispiel klar, ob das Phytohormon in die Transkription oder in die Translation (oder in beide Prozesse) eingreift und ob es evtl. eine Kaskadenaktivierung von Genen auslöst (vgl. Abb. 2.2.5).

Die Förderung der Keimung von Getreidekörnern, die auch praktisch (bei der Malzbereitung) verwendet wird, geht nicht allein auf die Induktion der Hydrolasensynthese in der Aleuronschicht zurück; vielmehr beruht sie primär auf einer Auslösung des Embryowachstums, als dessen Folge die Stoffwechselvorgänge im übrigen Korn eingeleitet werden.

Die Förderung der Samenkeimung durch Gibberelline ist nicht auf Gräser beschränkt. Bei Dicotyledonensamen bzw. -früchten kann exogen zugeführte Gibberellinsäure nicht nur die Keimung beschleunigen, sondern sie in vielen Fällen auch dann ermöglichen, wenn sonst unerläßliche äußere Bedingungen fehlen. So brauchen Haselnüsse *(Corylus avellana)* normalerweise eine Kälteperiode (z. B. 12 Wochen bei 5 °C), um keimfähig zu werden (vgl. S. 402). Diese «**Stratifikation**» kann ersetzt werden durch Gibberellinsäure-Zufuhr. Samen, die normalerweise Licht zur Keimung benötigen («**Lichtkeimer**», vgl. S. 404 f.), können z. T. im Dunkeln keimen, wenn sie mit Gibberellinsäure versorgt werden.

Auch bei der Auslösung oder Förderung der **Blütenbildung**, vor allem bei Rosettenpflanzen (vgl. S. 403),

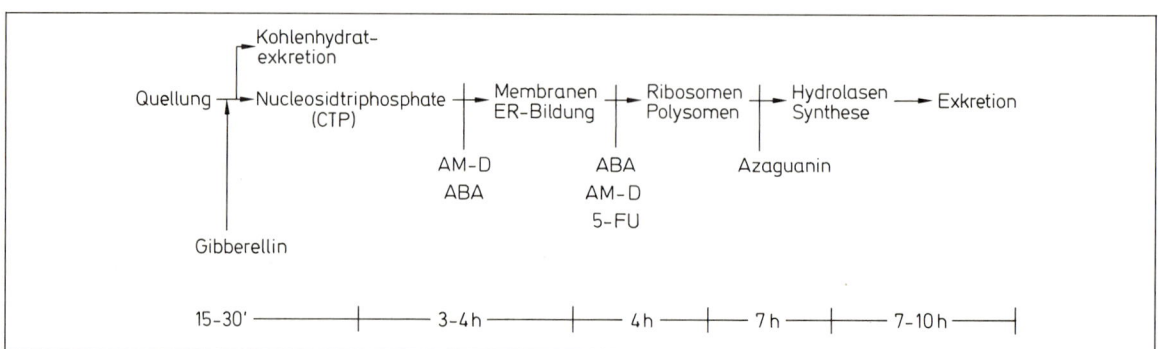

Abb. 2.2.15: Zeitliche Abfolge der unter Gibberellineinwirkung in der Aleuronschicht der Getreidekaryopse ablaufenden Vorgänge. Es sind die Hemmstoffe angegeben, welche bestimmte Reaktionen blockieren. AM-D Actinomycin D; ABA Abscisinsäure; 5-FU 5-Fluordesoxyuridin. (Nach Schraudolf)

kann GA_3-Zufuhr häufig die Wirkung eines Außenfaktors ersetzen, z.B. die Effekte niederer Temperatur («**Vernalisation**», Abb. 2.2.16; S. 399 ff.) oder von Licht (dies nur bei Langtagpflanzen ohne Kältebedürfnis, z.B. *Hyoscyamus niger*; vgl. S. 403). Es gibt Hinweise, daß die Außenfaktoren über eine Veränderung des endogenen Gibberellinspiegels wirken, wodurch ihr Ersatz durch exogen zugeführtes Gibberellin leicht zu erklären wäre.

Abb. 2.2.16: Ersatz der Kälte durch Gibberellin bei der Blütenauslösung von *Daucus carota*. Rechts ohne Kältebehandlung, links nach 8 Wochen Kältebehandlung. Mitte mit 10 µg Gibberellinsäurezufuhr täglich anstelle der Kältebehandlung. (Nach Lang, aus Mohr)

Während bei den Rosettenpflanzen die genetische Potenz für normales Längenwachstum vorhanden ist und zu ihrer Realisierung nur die Auslösung durch Außenfaktoren benötigt, ist bei Zwergmutanten das Längenwachstum genetisch blockiert. Dies hat bei verschiedenen Zwergen verschiedene Ursachen, bei den meisten ist aber entweder die Empfindlichkeit der Pflanze gegen Gibberellin geringer (z.B. bei Zwergerbsen) oder der endogene Gibberellinspiegel gesenkt: die Zwerg- («dwarf»-)Mutante d_1 beim Mais (Abb. 2.2.17, «Zwerg») enthält z.B. nur etwa die Hälfte der Gibberellinkonzentration der Normalpflanzen, die Mutante d_5 (S. 389) gar kein nachweisbares endogenes Gibberellin mehr. Das Längenwachstum solcher genetischer Zwerge kann durch exogen gebotenes Gibberellin konzentrationsabhängig gefördert werden, ein Vorgang, der als spezifischer Biotest für Gibberelline gilt (Abb. 2.2.17) und z.B. von Auxinen nicht ausgelöst werden kann; die einzelnen Gibberelline wirken dabei – wie auch in allen anderen Testverfahren – verschieden stark.

Gegenläufige Effekte haben Gibberelline und Auxine auch auf die Geschlechtsausprägung bei monöcischen Pflanzen (vgl. S. 500 f.), z.B. bei der Gurke. Während Auxine die Bildung von weiblichen (pistillaten) Blüten (und damit den Fruchtansatz) fördern, bewirken Gibberelline die verstärkte Ausbildung männlicher (staminater) Blüten. Ähnlich wie Auxine wirken auch Inhibitoren der Gibberellinbiosynthese (vgl. Abb. 2.2.14), die auch in der Praxis zur Förderung des Fruchtansatzes bei Gurken verwendet werden. Beim Mais erfolgt dagegen die Umstimmung des Meristems zum weiblichen Blütenstand bei höherem endogenem Gibberellinspiegel als die Induktion des männlichen. Es sind diese Regulationen der Geschlechtsausprägung ein weiteres Beispiel dafür, daß die meisten physiologischen und morphogenetischen Prozesse nicht durch ein Phytohormon allein, sondern durch ein kompliziertes Wechselspiel verschiedener Wachstumsregulatoren untereinander (und mit Außenfaktoren) gesteuert werden.

Gibberelline sollen auch den Übergang zwischen den einzelnen Wachstumsprozessen der Pflanze beschleunigen.

Die meisten Gibberellineffekte gehen auf eine Förderung der Zellteilung oder der Zellstreckung (oder beider Vorgänge) zurück (Ausnahme z.B. die Induktion der Hydrolasen).

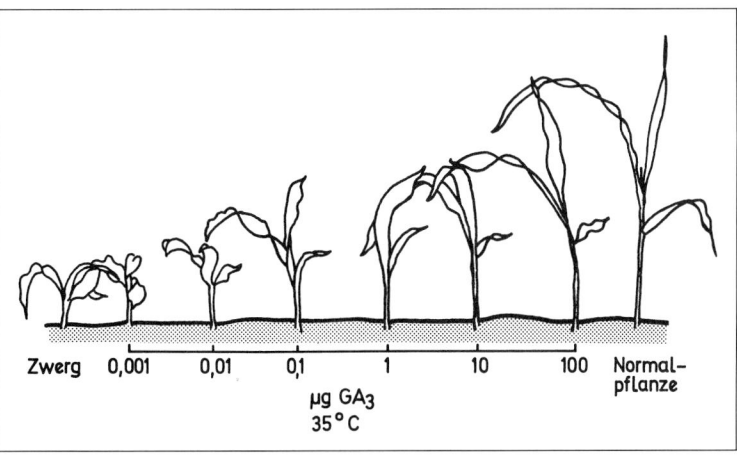

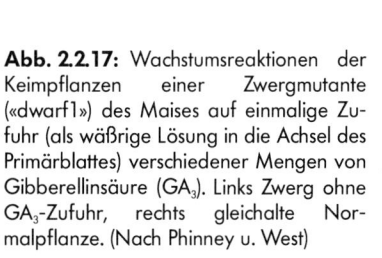

Abb. 2.2.17: Wachstumsreaktionen der Keimpflanzen einer Zwergmutante («dwarf1») des Maises auf einmalige Zufuhr (als wäßrige Lösung in die Achsel des Primärblattes) verschiedener Mengen von Gibberellinsäure (GA_3). Links Zwerg ohne GA_3-Zufuhr, rechts gleichalte Normalpflanze. (Nach Phinney u. West)

3. Cytokinine

Cytokinine sind Substanzen, die die Zellteilung (= Cytokinesis) fördern; sie enthalten Adenin (als hydrophile Gruppe), an dessen Aminogruppe in der Position 6 eine unpolare Seitenkette von relativ geringer Spezifität sitzt (Abb. 2.2.18).

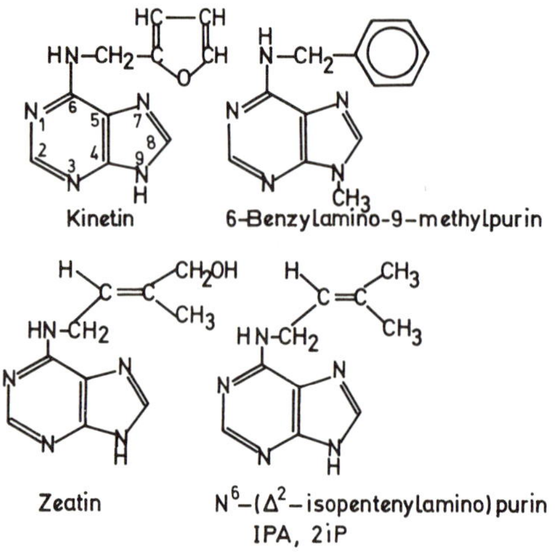

Abb. 2.2.18: Vertreter der Cytokinine

Vorkommen, Umsatz und Transport der Cytokinine in der Pflanze. In Versuchen zur Kultur von Tabakmarkgewebe in vitro auf Medien definierter Zusammensetzung ergab sich, daß IAA als einziger Wuchsstoff im Medium zwar eine enorme Zellvergrößerung, aber keine Zellteilungen bewirkt. Auf der Suche nach Substanzen, die Zellteilungen induzieren, erwies sich autoklavierte DNA als hochaktiv. Die für diese Wirkung verantwortliche Komponente wurde als Abkömmling des Desoxy-Adenosins identifiziert, bei dem der Pentoserest verändert und von der ursprünglichen 9-Stellung (vgl. Abb. 1.1.32, S. 45) an die 6-Stellung des Adenins gewandert war (N^6-Furfuryladenin). Die Verbindung wurde als **Kinetin** bezeichnet; sie kommt als solche in der Natur nicht vor. Später wurden aber ähnliche Verbindungen (Abb. 2.2.18) in Mikroorganismen und Pflanzen nachgewiesen, z. B. **Zeatin** in unreifen Maiskörnern, unreifen Sonnenblumenfrüchten, Pappelblättern, Erbsenwurzelspitzen usw.. N^6-(Δ^2-isopentenylamino)-purin = **IPA** oder **2iP**) fand sich u. a. (neben einem Zeatinisomeren) im Kulturmedium eines phytopathogenen, Fasciation (bandartige Abflachung) von Sprossen hervorrufenden Bakteriums *(Corynebacterium fascians)*, ferner in Gewebestämmen von Tabak, die von der Zufuhr externen Cytokinins unabhängig geworden waren. Auch in Algen sind im Cytokinin-Test (s. u.) wirksame Stoffe nachgewiesen worden, ebenso im Meerwasser, wohin sie vermutlich aus den Algen gelangen. (In der *Fucus/Ascophyllum*-Zone wurde z. B. 2iP gefunden.)

Auch innerhalb einer einzigen Pflanze können mehrere Cytokinine vorkommen; die Mannigfaltigkeit wird noch dadurch verstärkt, daß die natürlichen Cytokinine auch als Ribonucleoside und Ribonucleotide auftreten können.

Zeatinribosid wurde z. B. aus dem Kulturfiltrat von *Phyllobacterium rubiacearum* isoliert, dem symbiotischen Bakterium von *Ardisia* und *Psychotria* (vgl. S. 377); es gibt Hinweise, daß die fördernde Wirkung dieses symbiotischen Bakteriums auf das Wachstum ihrer Wirte auf die Anlieferung von Cytokininen zurückgeht.

Unreife Maiskörner enthalten neben Zeatin noch 8 weitere Cytokinine, die möglicherweise alle durch enzymatischen Umbau des Zeatins entstanden sind. Ausgewachsene Pappelblätter *(Populus × robusta)* weisen mindestens 7 verschiedene Cytokinine auf. In Tumorgewebe von *Vinca rosea* kommen Zeatin, Zeatinribosid, die O-Glucoside dieser Verbindungen, und Zeatin-9-glucosid vor.

Besonders interessant ist das Vorkommen von Cytokininen als Bestandteil der tRNA der verschiedensten Herkünfte, z. B. aus Bakterien, Hefen, höheren Pflanzen und sogar aus tierischer Leber. Häufig, aber nicht immer, handelt es sich um 2iP. Nicht alle der zahlreichen tRNA-Sorten einer Art enthalten Cytokinine als Komponenten. Bei der Hefe z. B. ist 2iP ein Bestandteil der Serin-tRNA, nicht aber der Alanin- oder Phenylalanin-tRNA. Alle Cytokinin enthaltenden tRNA-Moleküle besitzen ein Anticodon, das einem mit Uracil beginnenden Codon auf der mRNA komplementär ist. Das Cytokinin ist in den tRNA-Molekülen, in denen es auftritt, unmittelbar dem Anticodon (Abb. 2.1.73) benachbart, beeinflußt die Konformation der Anticodon-Schleife und ist offenbar für eine ungestörte Translation notwendig.

Über die Biosynthese und den natürlichen Abbau der Cytokinine in der Pflanze ist noch wenig bekannt. Da die Cytokinin-Aktivität zeigenden Komponenten der tRNA nicht als komplette Moleküle eingebaut werden, sondern z. B. das 2iP in der tRNA durch Übertragung eines Isopentenylrestes auf ein Adenin in der Polynucleotidkette entsteht, ist es denkbar, daß umgekehrt die freien Cytokinine durch Abbau von tRNA gebildet werden. Damit stände der Befund im Einklang, daß Cytokinine in wachsenden Geweben mit lebhafter Proteinbiosynthese besonders reichlich auftreten, z. B. in keimenden, aber nicht in ruhenden Samen und in Wurzelspitzen: In dem durch besonders intensive Mitosetätigkeit ausgezeichneten äußersten Millimeter der Erbsenwurzelspitze findet sich z. B. ein 44mal höherer Zeatingehalt als in den folgenden 5 mm. Es gibt aber auch Hinweise, daß mehrere alternative Wege der Cytokinin-Biosynthese beschritten werden.

Der Abbau der freien Cytokinine verläuft relativ schnell und beginnt mit der Abspaltung der Seitenkette am Adenin. Wesentlich stabiler sind die Cytokinin-Riboside.

Der Transport der Cytokinine im Parenchym verläuft vermutlich apolar. Die Verbindungen können aber auch im Phloem und vor allem auch in den Wasserleitungsbahnen transportiert werden, wohin sie vermutlich aus den Cytokinin-produzierenden Wurzelspitzen gelangen: In 1 l Blutungssaft des Weinstocks sind z. B. 50–100 μg Cytokinin enthalten. Bei der Pappel scheint Zeatinribosid das Haupt-Transportcytokinin zu sein, und im Bohnenxylem wird Benzylaminopurin ebenfalls als Ribosid transportiert.

Wirkungen der Cytokinine. Wie die übrigen Phytohormone zeigen auch die Cytokinine vielfältige Wirkungen. Eine der auffallendsten, die Förderung der Zellteilung, haben wir bereits erwähnt. Auf diesem Effekt beruht auch der wichtigste Biotest zum Cytokininnachweis, der Tabakmarkcallus-Test. Auf definierten Nährböden (die u.a. IAA enthalten) ist die Gewichtszunahme steril gezogener Callusgewebe proportional der Cytokininkonzentration. Man hat daran gedacht, daß die Cytokinine ihre zellteilungsfördernde Wirkung nach Einbau in die entsprechenden tRNA-Sorten, evtl. über eine Steigerung der Proteinsynthese, ausüben könnten. Dieser Vorstellung widerspricht jedoch der Befund, daß Cytokinine nicht zuerst frei entstehen und dann erst in die tRNA eingebaut werden, sowie die Erfahrung, daß es Stoffe mit Cytokininwirkung gibt (z.B. 6-Benzylamino-9-methylpurin, Abb. 2.2.18), die gar nicht in RNA eingebaut werden.

Allerdings bewirken Cytokinine eine allgemeine Steigerung des Stoffwechsels, vor allem auch der DNA-, RNA- und Proteinsynthese. Dies hat verschiedene Konsequenzen, die auch als Grundlage für biologische Bestimmungsverfahren dienen können. So wird z.B. die Alterung (Senescenz) von abgeschnittenen Blättern (äußerlich kenntlich an der Vergilbung, d.h. am Chlorophyllabbau) durch von außen gebotenes Cytokinin gehemmt. Weiterhin zeigen Gewebe hoher Cytokininkonzentration eine Attraktionswirkung auf Substanzen, die in stoffwechselaktiven Zellen gebraucht werden (z.B. Aminosäuren, Phosphat, IAA u.ä.; Abb. 2.2.19).

In bestimmten Fällen fördern Cytokinine auch die Zellstreckung (z.B. bei Blättern) und die Samenkeimung; Salatfrüchte, z.B., deren Keimung durch Licht (über das Phytochromsystem, vgl. S. 404 f.) stimuliert wird, kommen bei Cytokininzusatz auch im Dunkeln zur Keimung. Bei der Apicaldominanz (S. 427) wirken Cytokinine oft der IAA entgegen: Sie fördern an intakten Pflanzen das Auswachsen von Seitenknospen und bewirken in Gewebekulturen die Bildung und den Austrieb von Sproßknospen (Abb. 2.2.20). Vermutlich geht auch die Bildung von «Hexenbesen», d.h. das Auswachsen vieler Seitenknospen, bei durch *Rhodococcus fascians* befallenen Pflanzen (z.B. Chrysanthemen, Petunien u.a.) auf die oben erwähnte Cytokininproduktion des Bakteriums zurück.

Wir haben bereits gehört (S. 351), daß Cytokinine auch die Synthese spezifischer Proteine, z.B. der Nitrat-Reduktase, auslösen können (über eine Genaktivierung?).

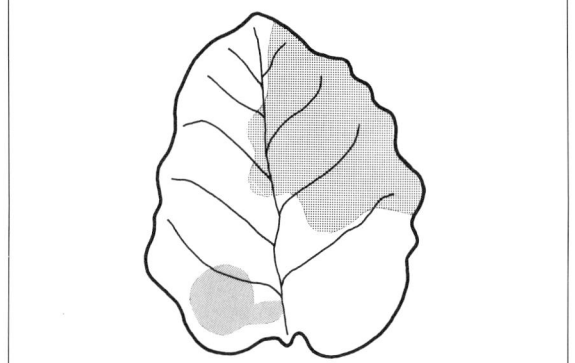

Abb. 2.2.19: Schema eines Radioautogramms eines isolierten älteren Tabakblattes *(Nicotiana rustica)*, das rechts oben mit Kinetin, links unten mit ^{14}C-markiertem Glykokoll besprüht worden war. Die Radioaktivität verlagert sich schnell an den «Kinetin-Ort». (Nach Mothes u. Engelbrecht)

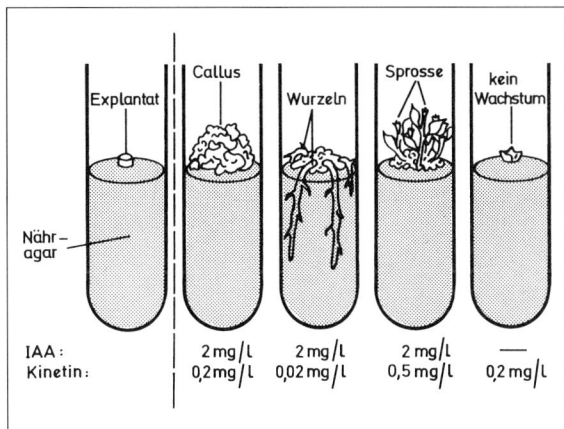

Abb. 2.2.20: Abhängigkeit des Wachstums und der Organbildung eines Gewebestückes (Explantat) aus dem Mark einer Tabakpflanze vom IAA- und Kinetingehalt des Nähragars. Links: Zustand bei Versuchsbeginn, rechts: nach mehrwöchiger Kultur. Die Organbildung wird wesentlich durch das Konzentrationsverhältnis der beiden Wuchsstoffe bestimmt. (Nach Ray, aus Mohr, verändert)

4. Abscisinsäure

Vorkommen, Umsatz und Transport. Im Gegensatz zu den Auxinen, Gibberellinen und Cytokininen wirkt die Abscisinsäure überwiegend hemmend auf Stoffwechsel und Wachstum und wird deshalb als Inhibitor bezeichnet. Hemmstoffe des Wachstums waren ihrer Wirkung nach seit langem bekannt, doch wurde die Abscisinsäure erst in den 60er Jahren näher charakterisiert und ihre chemische Struktur aufgeklärt.

Aus jungen Samenkapseln der Baumwolle wurde eine Substanz isoliert, die das Abfallen der Früchte von der Mutterpflanze fördert; sie wurde deshalb «Abscisin II» genannt. Zum andern wurde gefunden, daß laubabwerfende Bäume unter Kurztagbedingungen (also z.B. im Herbst, vgl. S. 428) in ihren Blättern und Knospen eine Substanz bilden, die wachstumshemmend wirkt und die die Knospenruhe herbeiführt; die Verbindung wurde zunächst «Dormin» genannt. Die Strukturaufklärung des Abscisins wie des Dormins ergab die Identität beider Verbindungen, die jetzt als **Abscisinsäure (ABA)** bezeichnet werden.

Abscisinsäure ist ein Sesquiterpenoid (Abb. 2.2.21 A). Da sie ein asymmetrisches C-Atom enthält, gibt es zwei chirale Formen; die natürlich vorkommende ist S (+)-ABA. In der Pflanze wird ABA wohl überwiegend aus Mevalonsäure über Isopentenyl-pyrophosphat direkt synthetisiert, zu einem kleineren Teil aber evtl. auch auf dem Umweg über die Xanthophylle Violaxanthin und Xanthoxin gebildet (Abb. 2.2.21 A). Die de novo-Synthese kann im Cytoplasma (auch in Plastiden?) erfolgen. Außer in freier Form kommt ABA auch als Glucosid (und in Form anderer Konjugate) vor, das physiologisch inaktiv ist und wohl eine Speicherform der ABA darstellt.

Abscisinsäure ist, sieht man von ihren Vorstufen, Abbauprodukten und Konjugaten ab, der einzige natürlich vorkommende Vertreter dieser Gruppe.

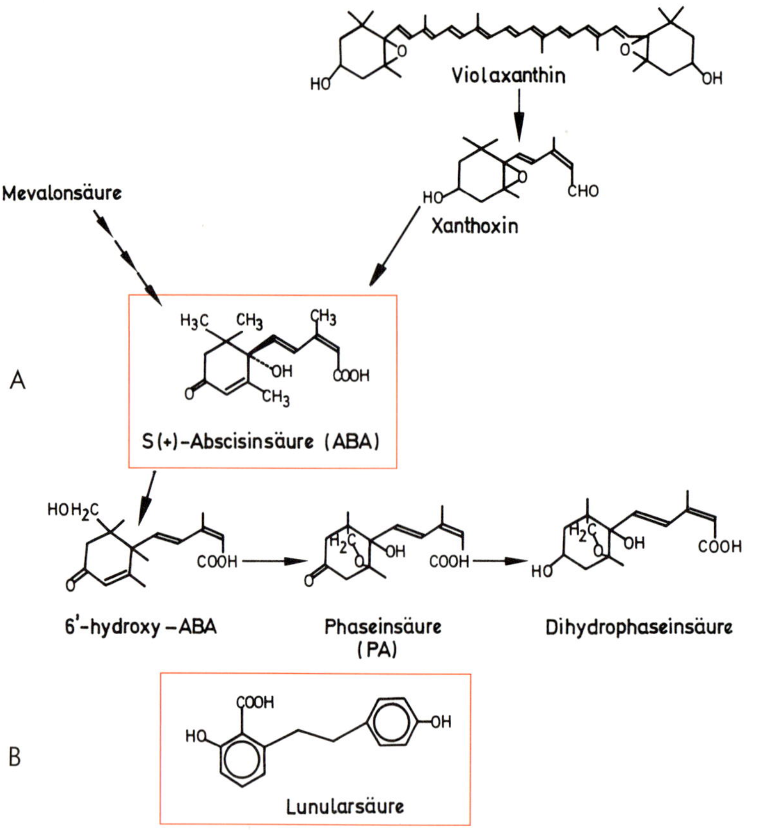

Abb. 2.2.21: **A** Abscisinsäure, Bildung und Abbau in der Zelle. Die Synthese über Violaxanthin und Xanthoxin spielt allenfalls eine Nebenrolle. **B** Lunularsäure.

ABA wurde bisher isoliert aus vielen Angiospermen, aus Gymnospermen und einzelnen Vertretern der Farne, Schachtelhalme, Laubmoose, Algen und aus phytopathogenen Pilzen. In Lebermoosen und in vielen Algen wurde keine ABA, wohl aber ein anderer Inhibitor, **Lunularsäure** (Abb. 2.2.21 B), gefunden, die vielleicht bei niederen Pflanzen an die Stelle der ABA tritt. In Höheren Pflanzen kommt ABA z. B. in Knospen, Blättern, Pollen, Knollen, Samen und Früchten vor; die höchste bisher bekannte ABA-Konzentration (bis 10 mg/kg Frischgewicht) wird im Mesokarp der Avocadofrucht erreicht.

Der Abbau der ABA in der Pflanze führt über Phasein- und Dihydrophaseinsäure (Abb. 2.2.21 A); letztere kommt in größerer Konzentration z. B. in reifen Bohnensamen vor.

ABA wird sowohl im Xylem (Konzentration in Xylemsäften zwischen 6 und 1000 μg/l) und Phloem als auch im Parenchym transportiert. In jungen Blattstielen und Internodien ist der parenchymatische Transport der ABA ausschließlich basalwärts gerichtet, während er in älteren auch akropetal erfolgt. Die Geschwindigkeit des polaren ABA-Transportes liegt mit ca. 30 mm/Std. etwa doppelt so hoch wie die des IAA-Transportes.

Wirkungen der Abscisinsäure. Von den vielfältigen Effekten der Abscisinsäure haben wir die Auslösung von Ruhezuständen und die Förderung des Blatt- und Fruchtfalles bereits gestreift.

Die Anhäufung von ABA in Samen ist wegen der Hemmwirkung der Verbindung auf die Keimung ein wesentlicher Faktor für die Samenruhe; Mutanten ohne ABA erwiesen sich als vivipar (keine Samenruhe). Die hohen ABA-Konzentrationen im Fruchtfleisch werden dagegen mit der Regulation der Reife und des Abfalls der Früchte in Verbindung gebracht. In manchen Samen (z. B. bei der Walnuß, dem Apfel und der Rose) bewirkt Stratifikation (S. 401) eine Verringerung des ABA-Gehaltes und fördert auf diese Weise die Keimung. Wir haben schon gehört, daß Stratifikation von Samen z. T. auch über eine Förderung der Gibberellinbiosynthese wirkt. Auch im Experiment kann die Hemmung der Samenkeimung durch ABA in vielen Fällen durch Gibberellin oder Cytokinine aufgehoben werden.

Der Beginn der Knospenruhe ist häufig, aber nicht immer, mit einem Anstieg der ABA-Konzentration (und oft einem Abfall der Gibberellin-Konzentration) verbunden, während umgekehrt das Ende der Knospenruhe durch Verringerung der ABA- und Erhöhung der Gibberellin-Konzentration erreicht werden kann.

Während die fördernde Wirkung der ABA auf den Fruchtfall gut belegt ist (z. B. zeigen die im Juni unreif abgestoßenen Kapseln der Baumwolle einen erhöhten ABA-Gehalt), ist ein ähnlicher Effekt beim Blattfall in letzter Zeit zweifelhaft geworden. Hier scheinen der Antagonismus IAA (blattfallhindernd, soweit von der Spreite produziert) und Ethylen (blattfallfördernd) die wichtigste Rolle zu spielen.

ABA wirkt weiterhin als allgemeiner Wachstumshemmer und kompensiert häufig die wachstumsfördernde Wirkung von IAA (z. B. beim Streckungswachstum), von Gibberellinen (außer bei der Samenkeimung und Knospenruhe auch beim Streckungswachstum von Blattgewebe und bei der Induktion der α-Amylase-

Synthese im Aleurongewebe) und von Cytokininen (z. B. bei der Hemmung der Senescenz; die Beschleunigung des Alterns durch ABA geht vielleicht z. T. auf eine Stimulierung der RNAase und eine Hemmung der RNA-Synthese zurück).

Physiologisch und ökologisch bedeutsam ist die schnelle und drastische Erhöhung der ABA-Konzentration bis auf das 40fache (durch Neusynthese) in den Blättern (nicht oder kaum aber in den Achsen, Wurzeln und Früchten) vieler Pflanzen bei einsetzendem Wassermangel (wobei nicht das verringerte Wasserpotential ψ, sondern der sinkende Turgor ψ_p als Signal wirkt) oder bei Einwirkung anderer Streßfaktoren (Salzstreß, osmotischer Streß). Dieser erhöhte ABA-Gehalt hat eine Reihe von physiologischen Folgen, unter denen die Erhöhung des Prolingehaltes und vor allem der Schluß der Stomata und damit eine Drosselung der Transpiration (vgl. S. 461ff.) besonders bedeutsam sind.

Eine Tomatenmutante («flacca»), die ihre Stomata normalerweise nicht mehr schließen kann und deshalb leicht welkt, weist nur noch 10% des normalen ABA-Gehaltes in ihren Sprossen auf. Nach Zufuhr von ABA ist der Spaltenschluß und damit ein geordneter Wasserhaushalt möglich.

Bei den Schließzellen der Stomata wird durch ABA vermutlich die Protonenpumpe im Plasmalemma blockiert. Neuerdings häufen sich die Hinweise, daß Einflüsse auf Zellmembranen allgemein zu den ersten Wirkungen der ABA (wie anderer Wachstumsregulatoren) gehören. So wird z. B. auch die Ionenaufnahme in Gewebe (z. B. Rübenwurzelscheiben) beeinflußt. Auf eine Änderung von Membraneigenschaften geht wahrscheinlich auch ein Wechsel in der Oberflächenladung von Wurzelspitzen zurück: Unter dem Einfluß von Rotlicht (wirkend über das Phytochromsystem) oder von geringsten ABA-Konzentrationen (0,0013 μg($\pm$)-ABA/ml) wird eine positive Oberflächenladung erzielt, wodurch die Organe an eine durch PO_4^{3-} negativ geladene Glasplatte ankleben. Der ABA-Effekt kann durch geringe IAA-Konzentrationen wieder aufgehoben werden, wobei vermutlich eine Umladung der Oberfläche erfolgt.

ABA stimuliert etwas die Blütenbildung bei Kurztagpflanzen und hemmt sie bei der Langtagpflanze *Lolium temulentum*.

Der ABA wird auch eine Rolle bei der Induktion von Schwimmblättern (und emersen Blättern?) bei heterophyllen Wasserpflanzen (S. 216, Abb. 1.3.82) zugeschrieben.

5. Ethylen

Ethylen unterscheidet sich vor allen anderen Wachstumsregulatoren dadurch, daß es eine sehr einfache Verbindung und gasförmig ist:

$H_2C = CH_2$

Es kann seine Wirkung nicht nur in einer von seinem Entstehungsort entfernten Stelle ein und derselben Pflanze, sondern auch in einem benachbarten Exemplar ausüben. Es ist daher nicht nur als **Hormon** (Botenstoff innerhalb eines Individuums), sondern auch als **Pheromon** (Botenstoff innerhalb verschiedener Exemplare einer Art) und darüber hinaus auch als Wirkstoff zwischen Exemplaren verschiedener Arten aktiv.

Die dauernde Produktion geringer Mengen von Ethylen scheint für das normale Wachstum der höheren Pflanzen notwendig zu sein. Eine Tomatenmutante («diageotropica»), die kein Ethylen mehr produzieren kann, wächst transversalgravitrop (S. 454) statt orthotrop, zeigt aber normales Wachstum, wenn sie in einer Atmosphäre mit 0,005 μl Ethylen pro Liter Luft gehalten wird.

Der Transport des Ethylens in der Pflanze kann durch die Interzellularen, evtl. auch im Xylem und Phloem in Form der Vorstufe ACC erfolgen.

Die Ethylen-Biosynthese in der Pflanze geht vom Methionin (bei niederen Pflanzen z. T. von Oxoglutarat oder Glutamat) aus, das nach Aktivierung durch ATP über S-Adenosylmethionin in einem Pyridoxalphosphat-abhängigen, geschwindigkeitsbestimmenden Schritt in eine cyclische Verbindung, die 1-Aminocyclopropan-1-carbonsäure (ACC) umgelagert wird; diese ist in reifen Früchten nachweisbar. ACC wird vom Ethylene-Forming-Enzyme (EFE) (sauerstoffabhängig) zu Ethylen, CO_2, Ameisensäure und NH_3 zerlegt (Abb. 2.2.22). Der Ort der Ethylen-Biosynthese aus ACC in der Zelle soll die Vacuole (der Tonoplast?) sein. In geringem Umfang kann Ethylen zu CO_2 oxidiert werden.

ACC kann auch durch eine (über das Phytochromsystem, S. 404, lichtregulierte) Malonyltransferase in Malonyl-ACC (MACC) umgewandelt werden. Hohe Konzentrationen (1 μmol pro g Trockengewicht) von MACC finden sich in Apfelschalen.

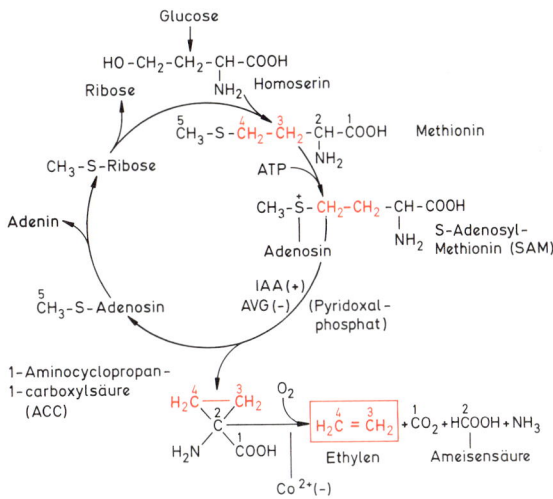

Abb. 2.2.22: Die Biosynthese des Ethylens.

Ethylen wird offenbar in allen Geweben höherer Pflanzen, vor allem in reifen Früchten, und auch in Pilzen gebildet und freigesetzt. Die Synthese wird durch eine Reihe von Faktoren stimuliert, z. B. durch extreme Temperaturen, Infektionen, Trockenheit, Verwundung, aber auch durch die Einwirkung anderer Wachstumsregulatoren, z. B. IAA oder ABA. Ein Teil der Wirkungen dieser Hormone ist vermutlich auf die Steigerung der Ethylenbildung zurückzuführen, z. B. die Abstoßung von Blättern und Früchten bei Zufuhr hoher ABA-Konzentrationen sowie die Hemmung der Blütenbildung bei *Xanthium* und ihre Förderung bei der Ananas durch IAA.

Die zeitweise vertretene Annahme, die meisten oder alle IAA-Wirkungen würden durch induzierte Ethylensynthese vermittelt, Ethylen wirke demnach als «second messenger» der IAA, erwies sich als zu weitgehend.

Die auffallendsten Ethylenwirkungen sind schon lange bekannt, weil Ethylen der auf das Pflanzenwachstum am stärksten wirkende Bestandteil des Leuchtgases ist. Hierher gehört die Förderung des Blattfalles und die epinastische Krümmung von Blattstielen (S. 459, Abb. 2.3.27); letztere kommt durch Hemmung der antagonistisch wirkenden negativ gravitropen Krümmung zustande, die wiederum auf eine Blockierung des IAA-Lateraltransportes durch das Ethylen zurückgeht. Andererseits scheinen geringe Mengen von eigenproduziertem Ethylen für den Gravitropismus nötig zu sein. Auch der polare IAA-Transport wird durch Ethylen gehemmt, weiterhin auch die IAA-Synthese. In der Praxis wichtig ist der fördernde Einfluß von Ethylen auf die Fruchtreifung (z.B. bei Bananen und Äpfeln). In vielen Früchten (z.B. Apfel, Avocado) steigt während einer bestimmten Reifungsphase, die auch durch besonders starke Atmung ausgezeichnet ist («Klimakterium», vgl. S. 431) die Konzentration von ACC und die Aktivität von ACC-Synthase und EFE. Es kommt zur Freisetzung von Ethylen, das in der Nachbarschaft befindliche unreife Früchte zur schnellen Reifung veranlassen kann.

In der Praxis verhindert man durch Blockierung der Ethylenbildung (durch niedere Temperatur) oder durch Entfernung gebildeten Ethylens das Reifen (z.B. während des Transportes von Bananen) und führt zum gewünschten Zeitpunkt die Reifung durch Ethylenbegasung herbei. Aus eben diesem Grunde ist es unzweckmäßig, spätreifende und frühreifende Äpfel im selben Raum zu lagern, da dadurch die «spätreifenden» zu vorzeitiger Vollreife gebracht werden. Eine weitere praktische Anwendung finden Ethylen-produzierende Substanzen in der Kautschuk-Gewinnung aus *Hevea*, weil sie aus unbekannten Gründen den Latexaustritt aus den Milchröhren stimulieren.

Bei Landpflanzen hemmt Ethylen in der Regel das Längenwachstum der Sproßachsen (evtl. über eine Hemmung der Gibberellinsynthese, der IAA-Synthese und des IAA-Transportes), während es bei Wasserpflanzen (z.B. der Reiscoleoptile) fördernd wirkt. Die im Längenwachstum gestörten Achsen nehmen unter Ethyleneinwirkung oft an Umfang zu. Dieser Neuorientierung des Wachstums geht eine Umorientierung des Mikrofibrillenverlaufs in den Zellwänden und auch schon der Anordnung der Mikrotubuli im Cytoplasma voraus: Die neu abgelagerten Fibrillen werden nach der Ethyleneinwirkung vorwiegend in Richtung der Zelllängsachse orientiert, so daß sich die Zellwand vor allem lateral ausweiten kann.

Schließlich bewirkt Ethylen noch eine Beschleunigung der Senescenz; z.B. fördert endogen gebildetes Ethylen das Welken von Blütenblättern, etwa bei den Orchideen nach der Befruchtung.

Über die primären Angriffspunkte des Ethylens in der Zelle weiß man so wenig Präzises wie bei den anderen Wachstumsregulatoren. Wegen der Lipophilie des Gases liegt es nahe, wieder an eine Beeinflussung von Membranen zu denken. Es gibt eine Reihe von experimentellen Befunden, die solche Effekte wahrscheinlich machen, doch ist es auch beim Ethylen noch nicht gelungen, eine schlüssige Kausalkette einzelner Wirkungen aufzustellen. Immerhin kennt man Mutanten (z.B. bei *Arabidopsis thaliana*), die eine Reihe von normalen Reaktionen auf Ethylen nicht zeigen. Sie lassen vermuten, daß es einen zentralen Rezeptor für Ethylen gibt.

6. Weitere natürliche Wuchs- und Hemmstoffe

Außer den genannten Wachstumsregulatoren gibt es noch eine große Anzahl weiterer natürlicher fördernder und hemmender Substanzen; es ist anzunehmen, daß selbst die weitverbreiteten und besonders wirksamen Regulatoren erst zum Teil bekannt sind. Im folgenden werden nur wenige Beispiele noch ungenügend analysierter Wirkstoffe gegeben.

Nicht abschließend geklärt ist die Frage, ob **Sterole** außer bei Tieren und niederen Pflanzen auch bei höheren Pflanzen Hormonfunktionen haben. Im Rapspollen findet sich ein Sterol, das **Brassinolid** (Abb. 2.2.23), das im Biotest das Streckungswachstum von Internodien steigert. Die Bedeutung für den Pollen ist unbekannt. Von dieser Gruppe der **Brassinosteroide** sind bisher 17 Vertreter beschrieben. Sie sind im Pflanzenreich weit verbreitet und sollen wachstumssteigernd und streßmildernd wirken.

3α-Androstenol (Abb. 2.2.23) kommt in der Trüffel vor. Es wirkt als Sexuallockstoff bei Schweinen, weshalb Schweine zum Trüffelsuchen verwendet werden.

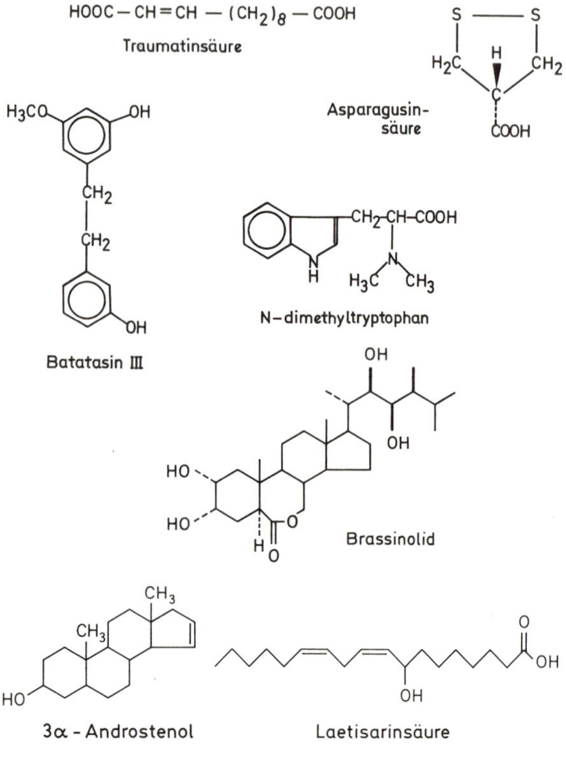

Abb. 2.2.23: Einige natürlich vorkommende Effektoren.

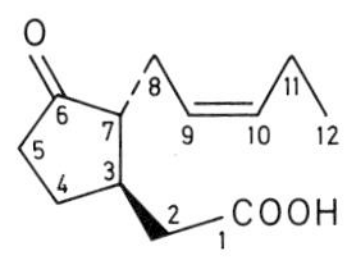

Abb. 2.2.24: Jasmonsäure und Derivate

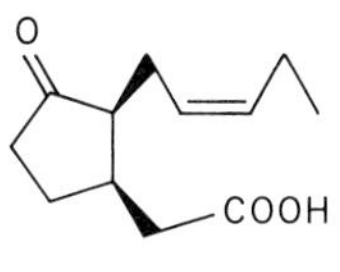

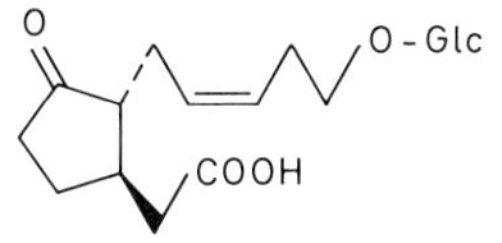

Fraglich ist die Existenz eines «**Wundhormones**», das aus verletzten Zellen freigesetzt werden und die Nachbarzellen zu vermehrter Teilung veranlassen sollte. Aus Bohnenhülsen wurde zwar eine derartige Substanz («**Traumatinsäure**», Abb. 2.2.23) isoliert, die an jungen Bohnenhülsen Callusbildung hervorruft, doch ist das Vorkommen und die Wirkung offenbar auf *Phaseolus* beschränkt. Neuerdings wurde gezeigt, daß eine Verwundung in ausdifferenziertem Gewebe ganz schnell zur Bildung von Polysomen (aus vorhandenen Ribosomen und aus vorhandener mRNA) in den unverletzten Zellen der näheren und weiteren Nachbarschaft führt. Dies deutet auf eine rasche, nicht-polare Ausbreitung eines Wundsignals hin. – Durch **Laetisarinsäure**, eine Hydroxyfettsäure (Abb. 2.2.23), unterdrückt ein bodenbewohnender Basidiomycet, *Laetisaria arvalis*, einige phytopathogene Pilze, z.B. *Pythium-, Rhizoctonia-* und *Phoma-*Arten. – Der Ruhezustand der Yams-Wurzelknollen *(Dioscorea batatas)* wird durch drei Inhibitoren (**Batatasin I–III**, Abb. 2.2.23) hervorgerufen; ABA spielt hier keine Rolle. Gibberelline, die den Batatasingehalt der Knolle erhöhen, verlängern die Ruheperiode. – Ein ähnlich wie ABA wirkender Hemmstoff ist aus dem Spargel *(Asparagus)* isoliert und als **Asparagusinsäure** (Abb. 2.2.23) bezeichnet worden. – Ein seiner Strukturähnlichkeit mit der IAA wegen interessanter Wachstumshemmer ist **N-dimethyltryptophan** (Abb. 2.2.23), das in Samen der Leguminose *Abrus precatorius* (Paternostererbse) gefunden wurde. – Ertragssteigerungen bei verschiedenen Versuchspflanzen wurden nach Applikation des im Bienenwachs und in einer Reihe von Pflanzen nachgewiesenen langkettigen Alkohols **Triacontanol** $CH_3(CH_2)_{28}CH_2OH$ erzielt.

Ein Cyclopentanderivat ist die in höheren Pflanzen häufige und auch in Pilzen nachgewiesene **Jasmonsäure** (Abb. 2.2.24). Sie hemmt auxinausgelöstes Streckungswachstum von Mono- und Dicotyledonen und die Samenkeimung, wirkt Gibberellinen bei der Steigerung des Wachstums von Zwergmais, Cytokininen beim Calluswachstum entgegen und ist seneszenzfördernd. Die Konzentration von Jasmonsäure in Pflanzengeweben kann 1000mal höher, ihre Hemmwirkung 200fach geringer sein als die von ABA. Ihre Synthese geht von der Linolensäure aus. Das 12-O-β-D-Glucopyranosid der 12-Hydroxyjasmonsäure (Abb. 2.2.24) wurde als eine natürliche Knollenbildung-induzierende Substanz identifiziert.

Weitere biogene Stoffe, die in verschiedenen Testsystemen Hemmungen hervorrufen können, sind Derivate der Benzoesäure, der Zimtsäure und des Cumarins sowie einiger Flavonoide.

Es ist nicht statthaft, aus der Förder- oder Hemmwirkung bestimmter von außen gebotener Pflanzenstoffe oder -extrakte ohne weiteres auf eine ähnliche Wirkung der Substanz(en) auch in der intakten Pflanze zu schließen. Durch Fernhalten von den potentiellen Wirkorten (Kompartimentierung in der Zelle, z.B. Einschluß in die Vacuole, oder Vorkommen nur in nicht beeinflußten Geweben oder Organen) oder durch Niedrighalten der Konzentration unter der Wirkschwelle kann eine potentiell stark wirksame Substanz in situ ganz unwirksam sein.

7. Das Zusammenspiel der Wachstumsregulatoren in der Zelle

Es mag zunächst überraschen, daß noch bei keinem einzigen Wachstumsregulator in der Pflanze der Rezeptor oder der Wirkungsmechanismus im Detail bekannt ist, daß vielmehr bei allen Wirkstoffen Genaktivierungen und -inaktivierungen, Förderungen und Hemmungen der Transkription und Translation, Enzymaktivierungen oder -inaktivierungen, Carrierbeeinflussungen und Membraneffekte diskutiert werden.

Dies hängt einmal damit zusammen, daß die Regulatoren vermutlich nicht nur zahlreiche Endwirkungen, sondern auch mehrere primäre Angriffspunkte haben, und zum andern damit, daß ihre Wirkungen aufs engste untereinander verflochten und abgestimmt sind, wie wir an vielen Stellen gesehen haben. Wird z.B. in einem Biotest ein aufnehmbarer Regulator von außen gegeben, so ändert sich nicht nur seine eigene Konzentration im Zellinnern, sondern in vielen Fällen auch die Konzentration anderer Wuchs- und Hemmstoffe und auf jeden Fall auch das Konzentrationsverhältnis der verschiedenen Regulatoren untereinander. Da jeder einzelne dieser Wirkstoffe und zudem auch das Verhältnis ihrer Konzentrationen multiple Wirkungen im vielfältig verwobenen Netz des Stoffwechsels ausübt, ist es nicht verwunderlich, daß praktisch alle Effekte der Wachstumsregulatoren in der Zelle kompliziert und schwer zu analysieren sind und daß die Betrachtung einer Einzelwirkung nur ein sehr einseitiges und unvollständiges Bild vermittelt.

8. Synthetische Wachstumsregulatoren

In neuerer Zeit gewinnen synthetische Wachstumsregulatoren (Abb. 2.2.25), die strukturell häufig Abwandlungen der natürlichen Bioregulatoren sind, zunehmend an Bedeutung. Einige ihrer Anwendungsmöglichkeiten wurden bereits gestreift; einige weitere von praktischer Wichtigkeit sollen noch kurz erwähnt werden:

Förderung der Stecklingsbewurzelung (vor allem Indolylbuttersäure). – Unkrautbekämpfung; in bestimmten Konzentrationen wirkt z.B. 2,4-Dichlorphenoxyessigsäure stark schädigend auf breitblättrige dicotyle Unkräuter (z.B. den Acker-Senf, *Sinapis arvensis*, und den Hederich, *Raphanus raphanistrum*), nicht aber auf Gräser (z.B. die Getreidearten). Seit Beginn der chemischen Unkrautbekämpfung hat sich die Unkrautflora in unseren Getreidefeldern stark zu Ungunsten der Unkräuter und zu Gunsten der «Ungräser» verändert. – Treibhemmung bei Zwiebeln (Maleinsäurehydrazid). – Induktion der Blüten-

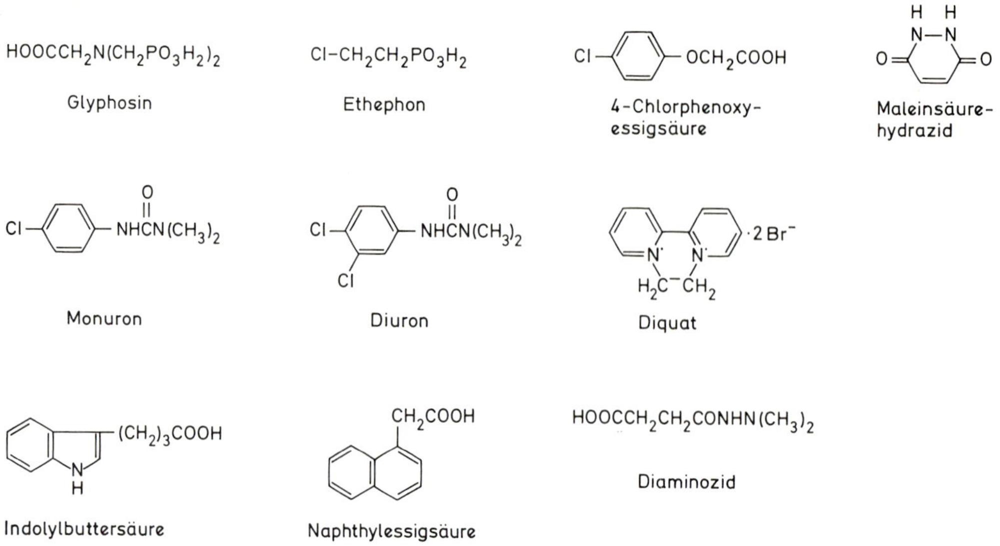

Abb. 2.2.25: Einige synthetische Wachstumsregulatoren.

und damit Fruchtbildung, z.B. bei Ananas (Ethylen oder Ethephon) oder ihre Verhinderung, z.B. beim Zuckerrohr mit erheblicher Steigerung des Zuckerertrages (Monuron, Diuron, Diquat). – Verhinderung des vorzeitigen Fruchtfalls, z.B. bei Äpfeln (Naphthylessigsäure). – Frucht- und Blattfallregulation zur Kontrolle des Fruchtansatzes, zur Auslösung des Fruchtfalls (z.B. bei *Citrus* zur bequemeren Ernte) oder des Blattfalls zur Erleichterung der maschinellen Gewinnung der Früchte (z.B. bei der Baumwolle). – Auslösung von Parthenokarpie (Fruchtbildung ohne vorhergehende Befruchtung), z.B. bei der Tomate (4-Chlorphenoxyessigsäure, 2-Naphthoxyessigsäure). – Steuerung der Geschlechtsausprägung und damit des Frucht- und Samenansatzes, z.B. bei Gurken, Tomaten, Weintrauben, Baumwolle (Naphthylessigsäure, Ethephon, Diaminozid). – Beschleunigung der Reifung, vor allem beim Zuckerrohr (Glyphosin); dieses hat übrigens Strukturähnlichkeit mit PEP und eine etwa 100fache Affinität zum Enzym 3-Enolpyruvylshikimat-5-phosphat-Synthase (Abb. 2.1.121). Es blockiert daher die Bildung von Chorismat und seinen Folgeprodukten und führt zur Anreicherung der Vorstufen der Enzymreaktionen in der Vacuole. – Verkürzung der Halmlänge und damit Verhinderung des Windbruches bei Getreide, vor allem Weizen (CCC; Abb. 2.2.14).

Ohne Zweifel hat der Einsatz dieser synthetischen Wachstumsregulatoren einen bedeutenden Beitrag zur Versorgung der Menschheit mit Nahrungsmitteln und Rohstoffen geliefert, doch ist in letzter Zeit die kritische Anwendung, d.h. eine sorgfältige Abwägung von Nutzen und Schaden, ein wichtiges Anliegen geworden.

C. Die Wirkung äußerer Faktoren auf Wachstum und Entwicklung

Die **Morphogenese** oder **Gestaltwerdung** eines Organismus ist einerseits eine von den ererbten Anlagen endogen genetisch gesteuerte **Automorphose** (Selbstausformung), andererseits aber stets zugleich eine im Rahmen der genetischen Potenz oder der Reaktionsnorm durch Außenfaktoren exogen induzierte und durch differentielle Genaktivierung (vgl. S. 381) gesteuerte **Heteromorphose**.

Die Automorphose ist verantwortlich für die artspezifische Gestalt; sie bestimmt m.a.W. autonom die genotypisch fixierten **Organisationsmerkmale** sowie die im Laufe der stammesgeschichtlichen Entwicklung hinzuerworbenen genotypisch fixierten **Anpassungsmerkmale** (vgl. S. 482 ff.).

Diese Automorphose wird jedoch im Verlauf der Individualentwicklung überformt und modifiziert durch die jeweils wirksamen Umweltbedingungen. Wie groß und wie alt z.B. eine Blütenpflanze wird und wann die irreversible Umsteuerung von der vegetativen zur reproduktiven Entwicklung bei ihr erfolgt, auch wie viele Blüten, Pollen und Samen sie schließlich hervorbringt, das alles wird maßgeblich von den Ernährungsbedingungen, der Wasserversorgung sowie den Temperatur- und Lichtbedingungen beeinflußt und unterliegt somit den Gesetzmäßigkeiten der Heteromorphose: je nach den wirksamen oder induktiven Umweltbedingungen spricht man bei den entsprechenden Effekten von Trophomorphosen, Hydromorphosen, Thermomorphosen, Photomorphosen und photoperiodisch bedingten Morphosen.

Im folgenden sollen vor allem solche Heteromorphosen betrachtet werden, bei denen die Außenbedingungen nicht als Stoff- und Energiequellen, sondern als **Signale** wirken. Sie liefern dabei die Energie nur für einen Auslösemechanismus, nicht für die Durchführung der induzierten Reaktion (ähnlich wie bei den Bewegungsmechanismen, S. 434 ff.).

1. Die Wirkung der Temperatur

Temperaturkoeffizienten. Neben dem Q_{10}-Wert (S. 287) wird häufig auch die Arrhenius-Gleichung zur Charakterisierung der Abhängigkeit von Reaktions- oder Wachstumsgeschwindigkeit von der Temperatur herangezogen. Nach der zugrundeliegenden Theorie sollte sich diese Geschwindigkeit exponentiell mit dem Kehrwert der absoluten Temperatur (1/K) ändern. Trägt man daher den logarithmischen Wert der Reaktionsgeschwindigkeit gegen die reziproke absolute Temperatur auf («Arrhenius-plot»; Abb. 2.2.26), so erhält man in der Regel eine Gerade mit der Steigung E_a/R, wobei R die Gaskonstante und E_a eine Art Aktivierungsenergie ist. Diese Gerade kann bei bestimmten Temperaturen abrupte Steigungsänderungen erfahren (Abb. 2.2.26). Die Wachstumskurve für *Vigna radiata* zeigt z. B. eine starke Erhöhung des Temperaturkoeffizienten bei derjenigen Temperatur, bei der die Membranlipide in Mitochondrien und Chloroplasten bei dieser Art einen Phasenübergang aufweisen.

Kardinalpunkte der Temperatur. Über die Abhängigkeit der Photosynthese (S. 287) und der Atmung (S. 303) von der Temperatur wurde bereits früher berichtet. Wie bei diesen Prozessen, folgt auch die Abhängigkeit des Wachstums von der Temperatur einer Optimumkurve (Abb. 2.2.26 und 2.2.27), wobei die **Kardinalpunkte** (Minimum, Optimum, Maximum) bei den verschiedenen Arten, Ökotypen (vgl. S. 506 ff.) und auch bei der gleichen Pflanze je nach deren Vorleben verschieden liegen können (vgl. auch S. 873). Bei längerer Expositionszeit verschiebt sich zudem sowohl die Optimum- wie die Maximumtemperatur zu niedrigeren Werten.

Sieht man von einigen Algen der polnahen Meere ab, die auch noch bei Temperaturen unter 0° wachsen können, so liegt das **Temperaturminimum** für das Wachstum, z. B. auch für verschiedene Kulturpflanzen, oft erstaunlich hoch. Sommergetreidearten können z. B. nicht unter 5°, Mais nicht unter 8°, Gurken nicht unter 12° und Tabak nicht unter 13° wachsen. Thermophile Organismen haben oft noch viel höhere Temperaturminima. Auch das **Temperaturoptimum** des Wachstums liegt sehr verschieden: Bei psychrophilen (kälteliebenden) Bakterien (z. B. marinen Leuchtbakterien) unter 20 °C, bei mesophilen (den meisten Boden- und Wasserbakterien) zwischen 20 und 25°, bei thermophilen (vor allem Sporenbildnern) über 45°; bei höheren Pflanzen meist bei 25–30°. Der alpine Ascomycet *Herpotrichia nigra* (S. 574, 874, Abb. 4.3.11) hat ein Minimum von –5 °C, ein Optimum bei 15° und ein Maximum bei 25°, wächst aber bei 0° noch mit $\frac{1}{3}$ der Rate bei 15°. Da der Pilz eine relative Luftfeuchte von > 90 % benötigt, wächst er in der Natur nur unter Schnee. Dieser Organismus ist demnach physiologisch mesophil, ökologisch dagegen strikt psychrophil. Ebenfalls variabel ist das **Temperaturmaximum**, das für viele Pflanzen etwa bei 45°–55 °C liegt, bei thermophilen Organismen aber 70°–80° betragen kann.

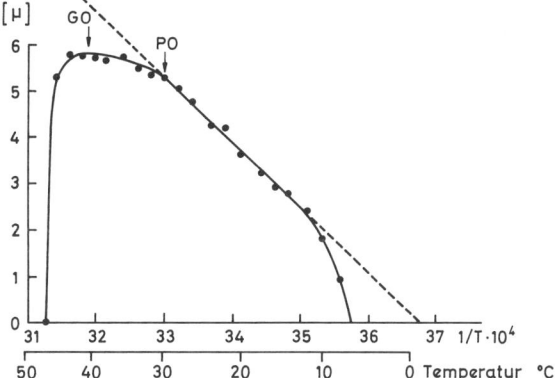

Abb. 2.2.26: Beziehung zwischen der Wachstumsrate (μ) und der Temperatur, Arrhenius-plot. GO Wachstumsoptimum, PO Physiologisches Optimum (höchste Temperatur, bei der die Arrhenius-plot noch linear ist); die gestrichelte Linie gibt die theoretische Arrhenius-Beziehung wider. Die Wachstumsrate μ ergibt sich als Neigung der Kurve, wenn man die Biomasse-Zunahme semilogarithmisch gegen die Zeit aufträgt: $\ln \frac{N}{N_0} = \mu t$. Dabei ist N die Biomasse pro Volumeneinheit, N_0 Biomasse zu Beginn der Messung, t Zeit. (Nach Ingraham)

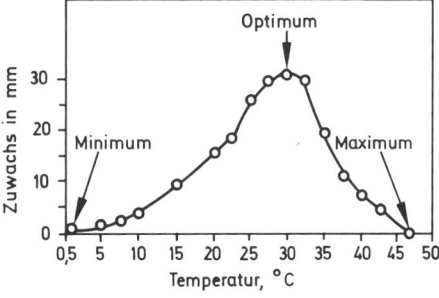

Abb. 2.2.27: Längenzuwachs einer Wurzel von *Lupinus luteus* in 24 Stunden bei verschiedenen Temperaturen. (Nach Vogt, aus Jost)

Photosynthetisierende Organismen vertragen keine Temperaturen über 70–72 °C (hitzetoleranteste Arten: das Cyanobakterium *Synechococcus lividus* und das grüne schwefelfreie Bakterium *Chloroflexus aurantiacus*). Die eukaryote Alge (Rotalge?) *Cyanidium caldarium* kann als einziger photosynthetisierender Organismus in stark sauren (pH bis zu 0) Medien bei Temperaturen über 40 °C wachsen. Viel höhere Temperaturen vertragen einige heterotrophe und chemolithoautotrophe Bakterien, darunter vor allem Archaebakterien (S. 536 f.). So haben *Sulfolobus*-Arten ein Wachstumsmaximum von 85–90° (bei pH-Werten zwischen 1,5 und 4,0), Vertreter der *Methanothermaceae* (Methanbakterien) ein Optimum von 88°, ein Maximum von 97° und Arten der Bakteriengattungen *Pyrococcus* und *Pyrobaculum* haben Temperaturmaxima von 110 °C. Die natürlichen Biotope für diese Spezialisten sind heiße Wässer, Schlämme und Sedimente, z. B. in festländischen Solfatarengebieten und in submarinen Hydrothermalregionen.

Es gibt auch sog. «thermotolerante» Bakterien, die hohe Temperaturen zwar ertragen, aber bei weit niedrigeren Temperaturen ihr Wachstumsoptimum haben. So hat *Methylococcus capsulatus* das Optimum bei 37°, das Maximum bei 50°.

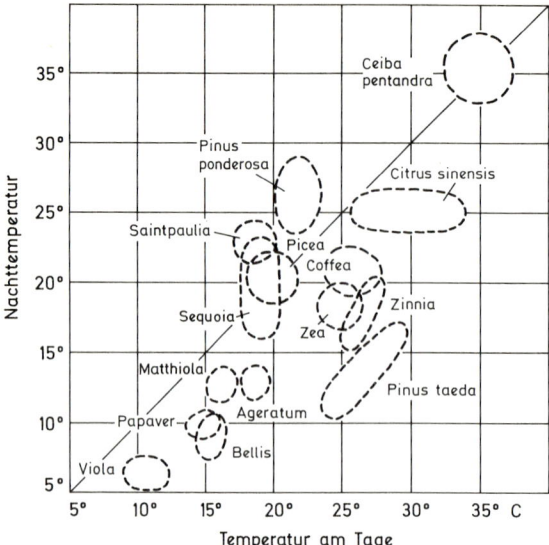

Abb. 2.2.28: Optimaler Temperaturbereich für das Sproßwachstum verschiedener Pflanzen. (Nach verschiedenen Autoren aus Larcher)

Die biochemischen und physiologischen Anpassungen an diese Extremstandorte liegen noch weitgehend im dunkeln.

Die Temperaturoptima für das Sproßwachstum vieler Pflanzen ändern sich oft tagesperiodisch, d.h. diese Pflanzen sind an einen Temperaturwechsel zwischen Tag und Nacht angepaßt (**Thermoperiodismus**) und entwickeln sich nur bei einem solchen regelmäßigen Wechsel optimal.

Pflanzen aus kontinentalen Gebieten mit großen Temperaturschwankungen zwischen Tag und Nacht wachsen am besten, wenn die Nacht 10–15 °C kühler ist als der Tag, Pflanzen ozeanischer Herkunft (z.B. *Papaver, Bellis*) bei einem Unterschied von nur 5–10° (Abb. 2.2.28). Tropische Pflanzen wie Erdnuß oder Zuckerrohr wachsen auch bei konstanter Temperatur vorzüglich, während z.B. das Usambaraveilchen *(Saintpaulia ionantha)* durch eine höhere Nachttemperatur gefördert wird und daher in nachts kühl gehaltenen Zimmern schlecht gedeiht.

Die Wirkung der Temperatur auf die Wachstumsvorgänge ist ebenso komplex und in den Details ebensowenig geklärt wie die Wachstumsprozesse selbst. Die einzelnen Enzyme, aber auch ganze Stoffwechselfolgen, werden selbst innerhalb ein- und derselben Pflanze ganz verschieden beeinflußt. So hat z.B. die Atmung allgemein ein höheres Temperaturoptimum als die Photosynthese und die Chlorophyllbiosynthese bei manchen Pflanzen ein wesentlich höheres Temperaturminimum als das Wachstum; solche Pflanzen wachsen daher bei tiefer Temperatur mit gelblich-bleicher Farbe auf. Man kann das Temperaturoptimum des Wachstums und der Entwicklung eines Organismus ansehen als den Bereich, in dem die Geschwindigkeit der verschiedenen Prozesse optimal harmoniert. Die Schäden, die oft, vor allem bei tropischen Pflanzen, Algen warmer Meere und manchen Pilzen schon bei Temperaturen über 0° auftreten («**Erkältungsschäden**»), beruhen vermutlich auf einer disharmonischen Verschiebung der Geschwindigkeit der einzelnen, im Optimum aufeinander abgestimmten Vorgänge.

Die eigentlichen **Frostschäden** sind eine Folge der Eisbildung in Zellen oder Geweben. Wasserreiche Zellen können intrazellulär Eis bilden und gehen dabei (wohl mechanisch) zugrunde. Meist entsteht das Eis aber in den Zellwänden oder Interzellularen. Da der Dampfdruck über Eis geringer ist als über einer unterkühlten Lösung, wirkt auskristallisiertes Eis als «Kühlfalle» und entzieht den angrenzenden Protoplasten Wasser, bis Wasserpotentialgleichgewicht zwischen Eis und Wasser herrscht. Eisbildung im Gewebe wirkt demnach ähnlich wie **Austrocknung**: Das verbleibende ungefrorene Wasser enthält hohe Konzentrationen osmotisch wirksamer Substanzen (z.B. Salze, organische Säuren) und inaktiviert membrangebundene Enzyme (vor allem der ATP-Synthese) oder führt zur Denaturierung von Enzymen.

Hitzeschäden kommen, soweit sie nicht auf Trockenschäden zurückgehen, durch Denaturierung der Proteine (S. 248f.) zustande. Die meisten Proteine werden bei etwa 60 °C denaturiert. Das «Pasteurisieren» der Milch, wie es früher geübt wurde (5–10 min lange Erhitzung auf 75–80°), führte z.B. zum Abtöten der vegetativen Bakterienformen, während die viel resistenteren Sporen (s.u.) nicht geschädigt wurden («Teilentkeimung»).

Viele Pflanzen können extreme Temperaturen überstehen (**Temperaturresistenz**), wobei diese Fähigkeit oft eine spezielle Anpassung erfordert. Die Resistenz kann hier, wie in anderen Fällen der Beanspruchung durch extreme Standortfaktoren, in der Fähigkeit des Protoplasmas bestehen, die Extremwerte zu ertragen («**Toleranz**»), oder aber in Vorkehrungen, die verhindern, daß derartige Extremtemperaturen überhaupt zur Wirkung kommen («**Vermeidung**»; avoidance). Einen Überblick über mögliche Mechanismen der Temperaturresistenz gibt Abb. 2.2.29.

Die **Erkältungsresistenz** setzt nach dem oben Gesagten voraus, daß bei Abkühlung oberhalb des Gefrierpunktes keine Disharmonisierung des Stoffwechsels eintritt. Die **Frostresistenz** kann ganz erstaunlich sein. So werden von manchen Waldbäumen und alpinen Zwergsträuchern Wintertemperaturen von −60° bis −70 °C, von der in Nordsibirien beheimateten krautigen *Cochlearia fenestrata* solche von −46° schadlos überstanden. Allerdings bewirken Nachtfröste bei Nadelhölzern oft eine längerdauernde Einstellung der Photosynthese, auch wenn die Temperatur wieder über 0° ansteigt. Sporenbildende Bakterien, einige Algen, die meisten Flechten und verschiedene Holzpflanzen können nach entsprechender Abhärtung (s.u.) sogar ohne Schäden auf die Temperatur flüssigen Stickstoffs (−195,8°) abgekühlt werden. Wesentlich scheint für diese Extremanpassung ein geringer Wassergehalt zu Beginn des Gefrierens zu sein. Eine plasmatische Resistenz gegen Frostschäden, d.h. vor allem gegen Austrocknungsschäden, kann auch durch spezielle Schutzstoffe, z.B. gewisse Aminosäuren (evtl. auch Proteine), Zucker und Zuckerderivate, erreicht werden. Sie scheinen vor allem die Membransysteme abzuschirmen und einen irreversiblen Zusammenbruch ihrer Struktur bei der Entwässerung zu verhindern.

Pflanzen, die zwar eis-, aber nicht frostempfindlich sind, kann über Perioden leichten Frostes auch eine **Gefrierverzögerung** hinweghelfen. Sie kann einmal erreicht werden durch

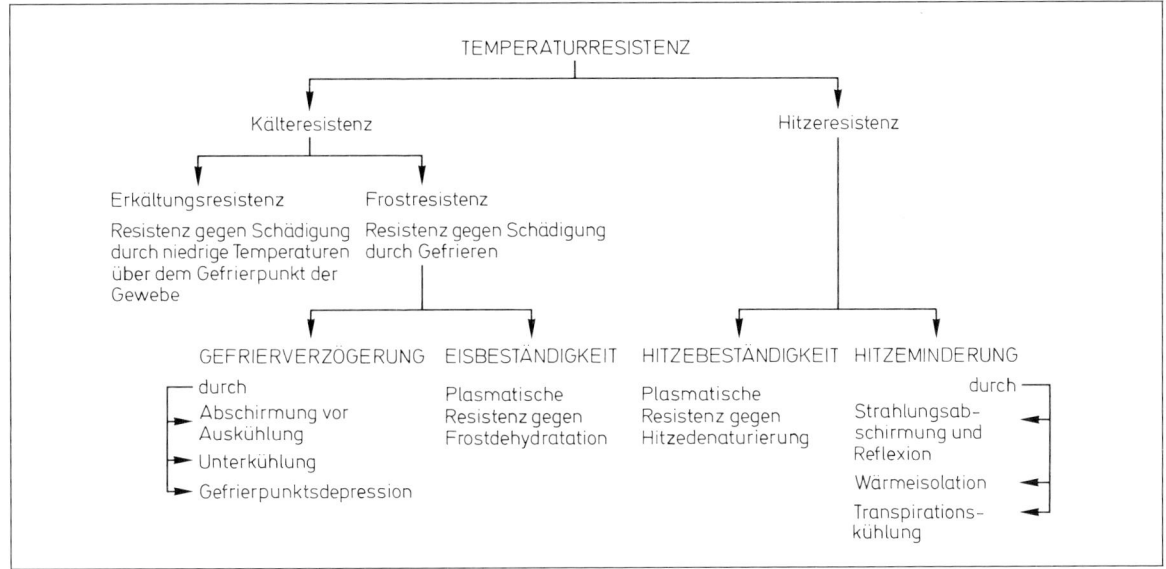

Abb. 2.2.29: Verschiedene Möglichkeiten der Temperaturresistenz. Nähere Erläuterungen im Text. (Nach Levitt, aus Larcher)

Bergung der Pflanzenteile in Knospen, Polstern oder dichten Kronen und zum anderen durch Unterkühlung (d.h. keine Eisbildung trotz Unterschreiten des Gefrierpunktes). Diese beiden Schutzmaßnahmen wirken nur begrenzte Zeit. Einen Dauerschutz bei leichten Frösten bietet die Gefrierpunktserniedrigung durch gelöste Stoffe. Nicht speziell angepaßte Blätter gefrieren bei etwa −2° bis −5°C, immergrüne Blätter reichern im Winter soviel zusätzliches osmotisch wirksames Material an, daß der Gefrierpunkt um weitere 2–5° gesenkt wird. Leicht gefrieren junge Blätter, Blüten und saftige Früchte (bei −1 bis −2°).

Auch bei der **Hitzeresistenz** (vgl. S. 873) sind extrem leistungsfähige Arten durch plasmatische Resistenz ausgezeichnet, während durch avoidance in der Regel nur ein mäßiger Schutz geboten wird. Hitzeschäden können vermieden werden z.B. durch starke Reflexion der Strahlung, durch Profil- oder Vertikalstellung der Blätter (z.B. Kompaßpflanzen; Akazien, Eucalyptus: «schattenlose Wälder»), durch Transpirationskühlung (vgl. S. 331) und durch Isolation (z.B. durch starke Borkenbildung bei Bäumen, die dann etwa Waldbrände besser überstehen, oder durch abgestorbene Blätter bei *Mesembryanthemum*-Arten, S. 768, die als «Folienisolierung» wirken).

In Bereichen mit starken Temperaturschwankungen während des Jahres schwankt die Frostresistenz und in schwächerem Maße auch die Hitzeresistenz oft beträchtlich. Es gibt vor Eintritt der Kälteperiode eine Phase der Frostabhärtung (wobei die Resistenz innerhalb weniger Tage ihren Höchstwert erreichen kann) und nach der Kälteperiode eine Enthärtungsperiode, die bei steigenden Temperaturen einsetzt, nur wenige Tage dauert und eng mit dem Austrieb verknüpft ist.

Der Grad der maximal erreichbaren Resistenz wie die Reaktionsnorm auf den Temperaturgang sind genetisch festgelegt, so daß man Konstitutionstypen der Temperaturresistenz unterscheiden kann.

Beeinflussung der Entwicklung durch extreme Temperaturen. Unter den Auslösewirkungen der Temperatur auf die pflanzliche Entwicklung sind das Brechen der Samen- und Knospenruhe sowie die Induktion der Blütenbildung von besonderer Bedeutung.

Brechen der Samen- und Knospenruhe. Bei einer Reihe von Kräutern und Holzgewächsen fördert oder ermöglicht die vorübergehende Einwirkung niederer Tempraturen die Samenkeimung («**Stratifikation**»). Wirksam sind dabei meist Temperaturen knapp über dem Gefrierpunkt (0–5°C; Abb. 2.2.30), nur wenige Arten (z.B. manche Hochgebirgspflanzen) benötigen Frosttemperaturen («**Frostkeimer**»).

Manche Samen können nur nach Einwirkung niederer Temperaturen keimen (z.B. *Fraxinus excelsior*), bei anderen Arten wird die Keimung nur beschleunigt (z.B. bei *Pinus*-Arten). Die notwendige Dauer der Kälteeinwirkung ist ebenfalls artspezifisch (meist einige Wochen). Stratifizierbar sind nur gequollene, nicht trockene Samen, ein Hinweis auf einen biochemischen Angriffspunkt der Kälteeinwirkung. Bei manchen Arten ist nur der intakte Samen kältebedürftig, während der isolierte Embryo ohne weiteres keimt (z.B. bei *Acer pseudoplatanus*), bei anderen aber muß der Embryo selber stratifiziert werden (z.B. bei *Sorbus aucuparia*). Manche Samen oder Früchte keimen erst im zweiten Frühjahr nach der Aussaat (z.B. *Cratae-*

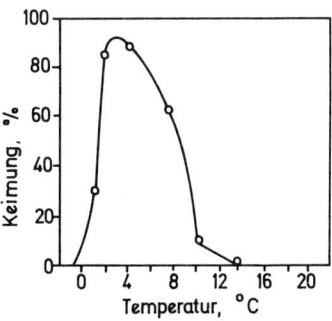

Abb. 2.2.30: Wirkung tiefer Temperaturen auf die Keimung von Apfelsamen (nach 85 Tagen Verweilen in der jeweiligen Temperatur). (Nach de Haas u. Schrader)

gus oder *Cotoneaster*); wegen ihrer harten, schwerdurchlässigen Schalen wird der Embryo in der ersten Kälteperiode noch nicht zur Quellung gebracht und kann daher erst im zweiten Winter, nach Abbau der Schalen durch Mikroorganismen im Sommer, stratifiziert werden. Bei manchen Convallariaceae (z.B. *Convallaria, Polygonatum*) und bei *Trillium* sind aus anderen Gründen zwei Kälteperioden erforderlich: die erste bricht nur die Ruhe der Keimwurzeln und erst die zweite ermöglicht dann auch ein Epicotylwachstum. Bei anderen Pflanzen (z.B. der Aprikose oder bei *Paeonia suffruticosa*) kann die Wurzel auch ohne Kälteeinwirkung keimen, aber das Epicotylwachstum setzt erst nach Stratifizierung ein.

Niedere Temperaturen beenden die Samenruhe auf verschiedene, oft komplexe Weise. Sie können die Samenschale durchlässiger machen, die Samennachreife beschleunigen, Hormon- oder Enzymwirkungen auslösen oder den Hemmstoff- (z.B. Abscisinsäure-)Gehalt erniedrigen. Vielfach kann Gibberellinzufuhr die Kältewirkung ersetzen (vgl. S. 390); es ist aber noch nicht geklärt, ob tiefe Temperaturen tatsächlich über eine Erhöhung des endogenen Gibberellinspiegels oder über eine Verminderung der Konzentration von Gibberellinantagonisten wirken.

Manche Samen brauchen hohe Temperaturen, um keimen zu können (z.B. Baumwolle, Sojabohne, Hirse), bei wieder anderen wirkt ein Temperaturwechsel (warm/kalt) im Tagesgang besonders förderlich auf die Keimung (z.B. bei *Poa pratensis*).

Die Optimaltemperaturen für die Samenkeimung (nicht die für das Herbeiführen der «Keimungsbereitschaft») entsprechen in der Regel den Ansprüchen der einzelnen Ökotypen an die Temperatur während ihrer weiteren Entwicklung. So keimten in Bodenproben der Coloradowüste bei 10 °C die Winterannuellen (d.h. Pflanzen, die im Herbst keimen, als Keimpflanzen überwintern und im Frühjahr des folgenden Jahres blühen und fruchten), bei 26–30° aber die Sommerannuellen (die ihre ganze Entwicklung im Sommer eines Jahres durchlaufen).

Ähnlich wie bei vielen Samen wirken niedere Temperaturen auch bei vielen Knospen als Signal für die Beendigung der endonomen (durch innere Faktoren bedingten) Ruhe. Auch hier sind einige Wochen bei etwa 0–5 °C notwendig, wobei Blütenknospen für das Brechen der Ruhe (nicht zu verwechseln mit der Induktion ihrer Anlage, s. u.) oft eine etwas längere Kälteeinwirkung benötigen. In Gegenden mit warmen Wintern, z.B. in Californien oder S-Afrika, kann es wegen der nicht ausreichenden Kälteeinwirkung auf die Knospen zu Schwierigkeiten bei der Kultur bestimmter Obstsorten (z.B. des Pfirsich) kommen.

Empfänglich für die Kälteeinwirkung sind die Knospen selbst. Der Mechanismus könnte eine differentielle Genaktivierung (evtl. auch -inaktivierung) sein; Folgeprozesse sind häufig Verringerung im Gehalt an Hemmstoffen (z.B. Abscisinsäure) und Steigerung der Konzentration anderer Hormone. Da man aber z.B. mit Gibberellinsäure wohl während der Vor- und Nachruhe, nicht aber während der Hauptruhe die Knospen zum Treiben bringen kann, ist das Brechen der Hauptruhe durch Kälte nicht nur auf eine verstärkte Bereitstellung dieses Hormons zurückzuführen.

Brechen der Sporenruhe. Die Endosporen der Bakterien (der Gattungen *Bacillus* und *Clostridium*) und die Sporen von koprophilen Pilzen brauchen in vielen Fällen einen Hitzeschock zum Brechen der Ruhe. Bei letzteren wird diese Erwärmung bei Passage des Verdauungstraktes von Warmblütern eintreten, so daß die aktivierten Sporen auf dem Kot, ihrem natürlichen Substrat, sofort keimen können. Der kausale Mechanismus dieser Wärmeaktivierung ist noch wenig verstanden. Bei vielen Pilzen, vor allem solchen, deren Lebenscyclus mit dem höherer Pflanzen verknüpft ist (z.B. Mykorrhiza-Pilze und phytopathogene Pilze) wird die Sporenruhe durch Kälte gebrochen. Dies stellt sicher, daß die Sporen nicht im Herbst, sondern erst im Frühjahr keimen.

Blüteninduktion durch Wirkung bestimmter Temperatur: Vernalisation (Jarowisation). Bei der Blütenbildung, d.h. dem Übergang einer Pflanze vom vegetativen zum generativen Zustand, erfolgt eine spezifische Umstimmung der Entwicklung in den Vegetationskegeln. Unter den Signalen, die diese Entwicklung auslösen, spielt neben dem Licht (S. 403 ff.) die Kälte eine Hauptrolle.

Wohl alle Arten, die zur Blüteninduktion Kälte benötigen, können im entwickelten, beblätterten Zustand vernalisiert werden, einige auch schon als Embryonen im Samen. Zu letzteren, die in der Regel durch Kälteeinwirkung bei der Blütenbildung nur gefördert werden, aber auch ohne sie zur Blüte kommen (fakultativ Kältebedürftige), gehören Senf *(Sinapis alba)* und Rübe *(Beta vulgaris)* sowie die Wintergetreide (Winter-Roggen, -Weizen und -Gerste), bei denen die Vorgänge besonders eingehend untersucht worden sind (Abb. 2.2.31).

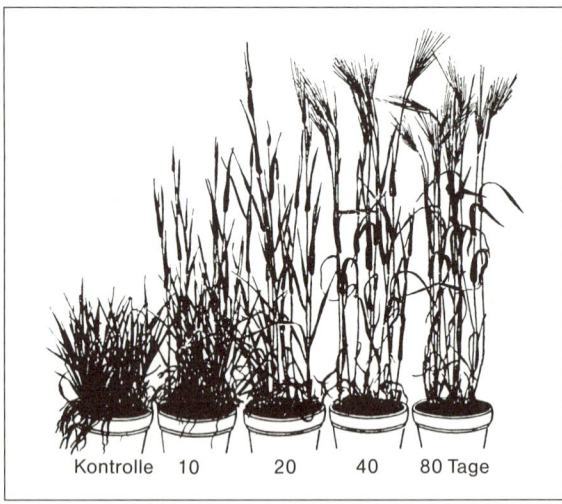

Abb. 2.2.31: Vernalisation (Jarowisation), Beschleunigung der Blütenbildung bei einer winterannuellen Pflanze (Winter-Gerste) durch verschieden lange Kältebehandlung der angequollenen Früchte. (Nach v. Denffer)

Beim Roggen z.B. unterscheidet man Sommervarietäten, die im Frühjahr zur Aussaat gelangen und im Sommer zur Reife kommen, und Wintersorten, die zuerst eine Kälteperiode und dann lange Tage für die Blüten- und Fruchtbildung benötigen, die deshalb im Herbst ausgesät werden und im darauffolgenden Sommer reifen; Wintergetreide sind in der Regel ertragreicher. Die

Unterschiede sind genetisch festgelegt. Die beim Winter-Roggen wirksamen tiefen Temperaturen liegen bei etwa +1 bis +9 °C. Da der Effekt sauerstoffbedürftig ist und bei kultivierten Embryonen durch Zuckerzufuhr gesteigert wird, handelt es sich offensichtlich um einen biochemischen, energiebedürftigen Prozeß. Beim Winter-Roggen muß die Kälte auf den Embryo einwirken, wobei er schon 5 Tage nach der Befruchtung der Eizelle anspricht. Bei bereits gekeimten Pflanzen ist das Apicalmeristem der Rezeptionsort für den Kältereiz. Bis zu einer Vernalisationsdauer von etwa 20 Tagen hat eine Verlängerung der Kälteeinwirkung eine Verkürzung der Zeit zwischen Aussaat und Aufblühen zur Folge. Die Vernalisation scheint sich demnach bei dieser fakultativ kältebedürftigen Pflanze schrittweise bis zu einer maximalen Umstimmung zu vollziehen. Dafür spricht auch der Befund, daß sich der Vernalisationseffekt durch Behandlung mit hohen Temperaturen (beim Petkuser Roggen z.B. 2 Tage bei 40 °C) um so leichter rückgängig machen läßt («**Devernalisation**»), je kürzer die vorhergegangene Vernalisationsdauer war; bei voll vernalisierten Pflanzen ist eine Devernalisation nicht mehr möglich. Wenn eine Roggenpflanze einmal vernalisiert worden ist, vermittelt sie diesen Zustand ohne Anzeichen von Abschwächung an alle neu gebildeten Gewebe einschließlich der Vegetationspunkte weiter.

Weitere Arten, die einer Kälteeinwirkung bedürfen, um zur Blütenbildung zu kommen, finden sich unter Winterannuellen, Zweijährigen und Ausdauernden. Zu den entsprechenden **Winterannuellen** gehören neben den Wintergetreiden z.B. auch *Erophila verna*, *Veronica agrestis* und *Myosotis discolor*. Die **Zweijährigen** bilden meist im ersten Jahr eine bodenständige Rosette aus und entwickeln erst im zweiten Jahr, nach Einwirken von Kälte, einen Blütenstand, und zwar häufig nur dann, wenn Langtagbedingungen eintreten (vgl. S. 411 f.). Hierher gehören z.B. Rübe *(Beta vulgaris)*, Sellerie *(Apium graveolens)*, Gemüse-Kohl (und andere *Brassica*-Arten), zweijährige Rassen von Bilsenkraut *(Hyoscyamus niger)* und Fingerhut *(Digitalis purpurea)*. In einem warmen Treibhaus oder in entsprechenden Klimazonen bleiben diese Arten jahrelang vegetativ. Näher untersucht wurde vor allem die zweijährige Rasse von *Hyoscyamus niger*. Sie braucht zuerst eine Kälteperiode und dann Langtag (in dieser Reihenfolge!), um zum Blühen zu kommen. Der durch Vernalisation induzierte Blühstimulus kann von einem vernalisierten Pfropfreis der zweijährigen Bilsenkraut-Rasse auf eine nichtinduzierte Unterlage der gleichen Rasse übergehen und diese zum Blühen bringen, ebenso von Pfropfreisern aus durch Langtag blühinduziertem einjährigem *Hyoscyamus niger* (S. 411), aber auch von Reisern anderer vernalisierter oder photoperiodisch blühinduzierter Solanaceen-Arten. Das bei der Vernalisation entstehende stoffliche Prinzip wird als **Vernalin** bezeichnet. Es ist strittig, aber eher unwahrscheinlich, ob es mit dem postulierten Blühhormon (**Florigen**; s. S. 412) identisch ist. Es ist nicht ausgeschlossen, daß Gibberelline das Vernalin bilden; jedenfalls kann bei kältebedürftigen Arten vielfach Gibberellin die Kältewirkung ersetzen (vgl. S. 391). Dagegen steht fest, daß Gibberelline das Florigen nicht vertreten können (S. 413).

Ausdauernde Arten, die nur nach Kälteperioden zur Blüte kommen, sind z.B. bestimmte Primeln, Veilchen, Goldlackarten und Varietäten von Chrysanthemen, Astern, Nelken, sowie *Lolium perenne* (Englisches Raygras); sie müssen jeden Winter neu vernalisiert werden. Bei *Lolium perenne* werden die Blüten infolge der Vernalisation im Winter angelegt, die blütentragenden Sprosse kommen aber erst im Langtag

(> 12 Std., im März; S. 411) zur Entfaltung. Die neu gebildeten Ausläufer sind daher zunächst nicht blühfähig und werden erst im folgenden Winter vernalisiert. Bei bestimmten ausdauernden Gartenchrysanthemen muß der Kälteperiode ein Kurztag (S. 411) folgen, damit sie zur Blüte kommen; sie blühen daher jeweils im Herbst. Bei diesen Chrysanthemen kann der kälteinduzierte Blühstimulus nicht von einem vernalisierten Pfropfreis auf eine nichtinduzierte Unterlage übertragen werden, ja nicht einmal von einem lokal vernalisierten Vegetationskegel auf einen anderen, nichtvernalisierten derselben Pflanze.

Es gibt auch Pflanzenarten, die durch vorübergehende **Wärme**behandlung zur Beschleunigung des Blühens und Fruchtens angeregt werden (Baumwolle, Soja, Hirse).

Im einzelnen ist über die biochemischen Vorgänge bei der Vernalisation noch wenig bekannt.

Temperaturempfindliche Phasen. Zuweilen treten im normalen Entwicklungsablauf der Pflanzen temperaturempfindliche Phasen auf. So wird z.B. bei Petunien das Farbmuster der fertig ausgebildeten Blüte durch die Temperatur bestimmt, die während einer kurzdauernden Entwicklungsphase der Knospen herrscht. Das in den Tropen oft beobachtete gleichzeitige massenhafte Blühen gewisser Orchideen und anderer Pflanzen (z.B. Kaffee, Bambus-Arten) scheint ebenfalls auf der Nachwirkung eines kurzdauernden Kältereizes (Abkühlung durch starke Gewitterregen nach trockener Periode) zu beruhen, der die Weiterentwicklung der Blütenknospen synchronisiert.

2. Die Wirkung des Lichtes

Auch das Licht übt mannigfaltige, häufig sehr tiefgreifende Signalwirkungen auf das Wachstum und die Entwicklung der Pflanzen aus.

Photomorphogenese

Photomorphosen, d.h. lichtinduzierte Formänderungen, können auch bei Pflanzen oder Pflanzenteilen auftreten, die nicht photoautotroph sind.

Die geeignetsten Entwicklungsstadien zum Studium morphogenetischer Wirkungen des Lichtes sind solche, die sich aus reservestoffreichen Sporen, Samen, Knollen, Zwiebeln u.ä. entwickeln und daher längere Zeit ohne Lichtzufuhr für die Photosynthese wachsen können.

Kultiviert man z.B. Pflanzen gleicher genetischer Ausstattung unter sonst gleichen Bedingungen und bei ausreichender Ernährung einerseits im Licht, andererseits im Dunkeln, so treten bei der im Dunkeln gehaltenen Pflanze charakteristische Veränderungen auf, die man als **Vergeilung** (Etiolierung, Etiolement) bezeichnet: Bei Dicotyledonen werden die Internodien und oft auch die Blattstiele sehr lang, während die Blattspreiten rudimentär bleiben (Abb. 2.2.32); oft öffnet sich auch der Hypocotylhaken (die Krümmung des Hypocotyls bei jungen Keimlingen) nicht. Weiterhin werden kaum Festigungselemente und Leitbündel ausgebildet, auch unterbleibt meist die Pigmentsynthese (Chlorophyll, Carotinoide, Anthocyane). Die Zartheit etiolierter Sprosse oder Blätter ist z.B. vom Spargel oder vom Endiviensalat *(Cichorium)* bekannt. Bei manchen Monocotyledonen werden beim Etiolement weniger die Sproßachsen als vielmehr die Blätter stark verlängert.

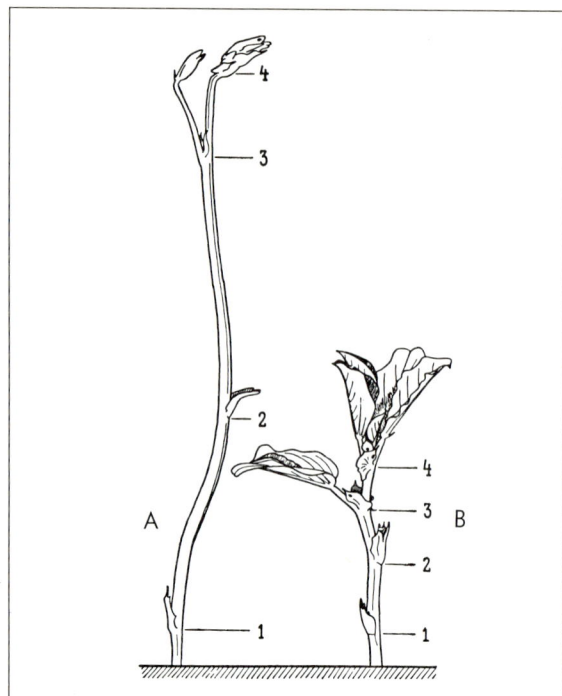

Abb. 2.2.32: Keimpflanzen von *Vicia faba* im Alter von 3 Wochen, **A** im Dunkeln, **B** im Licht herangewachsen. Die Zahlen bezeichnen einander entsprechende Knoten. (Ca. 1/3 x, nach Schumacher)

An physiologischen Kennzeichen des Etiolements wären bei Keimsprossen zu nennen die schwache Ausprägung des negativen Gravitropismus (S. 449 f.) und die starke Ausprägung der positiv phototropischen (S. 444 f.) Empfindlichkeit.

Der ökologische Nutzen dieser Vergeilungsphänomene besteht darin, daß die Pflanze im Dunkeln (z. B. im Boden oder in Felsritzen) alle verfügbaren Baustoffe dazu verwendet, um die Assimilationsorgane an das Licht zu bringen.

Schon eine tägliche Belichtungszeit von wenigen Minuten lenkt die Entwicklung zur Ausbildung der normalen Pflanzengestalt (Deetiolierung): Reduktion des Internodienwachstums, Wachstum der Blattspreiten, Synthese von Farbstoffen, Verholzung, Ausbildung von Leitbündeln usw.

Photomorphosen gibt es bei den meisten Pflanzen: Bei dem Flagellaten *Chlamydomonas* (S. 627) wird z. B. die Bildung der Geschlechtszellen durch Licht gesteuert. Bei manchen Basidiomyceten werden bei Lichtabschluß die Fruchtkörperstiele verlängert und die «Hüte» reduziert. Farnsporen bilden bei der Keimung im Dunkeln oder Rotlicht einen fädigen Zellschlauch (Protonema, wie bei Moosen) und erst im Weiß- oder Blaulicht ein Prothallium.

Unter den Photomorphosen können **Photodifferenzierungen** und **Photomodulationen** unterschieden werden. Photodifferenzierungen sind irreversible lichtinduzierte Änderungen, z. B. die Öffnung des Hypocotylhakens. Photomodulationen dagegen sind voll reversibel: nach Wegfall der Belichtung kehrt der Organismus bzw. das Organ in den Ausgangszustand zurück (z. B. bei der photonastischen Reaktion der Fiederblättchen von *Mimosa pudica*, S. 456). Photodifferenzierungen sind stets auf eine differentielle Photoregulation der Genaktivität zurückzuführen, während Photomodulationen wohl immer auf andere Ursachen, z. B. Membraneffekte, zurückgehen.

Die Photomorphosen sind abhängig von verschiedenen «Steuerpigmenten»: Bei Pilzen, wo meist nur der Spektralbereich < 520 nm Wellenlänge wirksam ist, werden z. B. Carotinoide, Flavine oder auch Phytochrom mit seinen (schwachen) Absorptionsbanden im Blau- oder UV-Bereich in Betracht gezogen. Bei allen grünen oder potentiell grünen Pflanzen ist aber **Phytochrom** universell verbreitet und das ausschlaggebende Pigment für die Rezeption des Lichtreizes und die daraus resultierende Photomorphogenese.

Das Phytochrom-System (reversibles Hellrot/Dunkelrot-System)

Das Spektrum einer Phytochromwirkung wurde erstmals bei der Analyse der spektralen Empfindlichkeit von Licht- und Dunkelkeimern erhalten. Lichtkeimer (z. B. *Nicotiana tabacum*, *Lythrum salicaria*) oder positiv photoblastische Samen müssen im gequollenen Zustand ein Lichtsignal bekommen, um keimen zu können, während die Keimung der – selteneren – Dunkelkeimer (z. B. *Veronica persica*, *Phacelia tanacetifolia*) durch Licht gehemmt wird. Bei den positiv photoblastischen Früchten (Achänen) des Kopfsalats (*Lactuca sativa* cv. Grand Rapids) stimuliert Hellrot (HR)-Strahlung (optimal nahe der Wellenlänge von 660 nm) die Keimung (Abb. 2.2.33). Später wurde gefunden, daß die Hellrot-Induktion dieser wie aller anderen durch Phytochrom gesteuerten Photomorphosen (vgl. Tab. 2.2.1), die alle ähnliche Wirkungsspektren haben, durch nachfolgende Bestrahlung mit dunkelrotem Licht (DR) (Maximum der Wirkung nahe der Wellen-

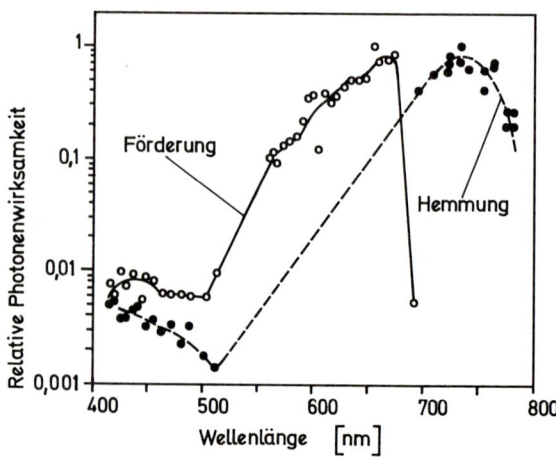

Abb. 2.2.33: Logarithmische Wirkungsspektren für die Photoregulation der Keimung von Kopfsalat-Achänen. (Aus Hartmann u. Haupt)

Tab. 2.2.1: Einige Photomorphosen des Senfkeimlings *(Sinapis alba)*, die durch das Phytochromsystem (F als Effektor) gesteuert werden. (Nach Mohr)

Hemmung des Hypocotyl-Längenwachstums
Hemmung des Transports aus den Cotyledonen
Flächenwachstum der Cotyledonen
Entfaltung der Lamina der Cotyledonen
Haarbildung am Hypocotyl
Öffnung des Hypocotyl-Hakens (=Plumula-Hakens)
Entwicklung der Primärblätter
Bildung von Folgeblatt-Primordien
Steigerung der negativ gravitropischen Reaktionsfähigkeit des Hypocotyls
Bildung von Xylemelementen
Differenzierung der Stomata in der Epidermis der Cotyledonen
Bildung von «Plastiden» im Mesophyll der Cotyledonen
Änderungen der Intensität der Zellatmung (=O_2-Aufnahme)
Synthese von Anthocyan
Steigerung der Ascorbinsäure-Synthese
Steigerung der Chlorophyll a-Akkumulation
Steigerung der RNA-Synthese in den Cotyledonen
Steigerung der Protein-Synthese in den Cotyledonen
Intensivierung des Abbaus der Speicherfette
Intensivierung des Abbaus der Speicherproteine

länge 730 nm) rückgängig gemacht werden kann: Hellrot/Dunkelrot-Antagonismus des Phytochroms. Bei Wechselbestrahlungen mit HR und DR entscheidet die zuletzt gebotene Lichtqualität über den Effekt (Tab. 2.2.2), solange die Photodifferenzierung noch nicht eingesetzt hat (die Lichtkeimer z.B. noch nicht gekeimt sind).

Die HR- wie die DR-Effekte sind exponentiell abhängig von der zugeführten Photonendosis (d.h. es gilt das Reizmengengesetz, vgl. S. 435, 451); sie sind im Bereich von 0 bis 40°C temperaturunabhängig. In trockenen Geweben sind Photoinduktion wie -reversion kaum zu erzielen, dagegen bleibt der jeweilige Induktionszustand über Austrocknungsphasen erhalten. Bei 25°C wird die HR-Induktion mit einer Halbwertzeit von etwa 1 Std gelöscht.

Es zeigte sich, daß das Steuerpigment dieser Photomorphosen, das **Phytochrom**, in zwei relativ stabilen Formen existiert, die in einer Photoreaktion 1. Ordnung (d.h. die Reaktionsgeschwindigkeit ist proportio-

nal der Konzentration nur **einer** reagierenden Substanz) reversibel ineinander überführt werden können (Abb. 2.2.34). R (auch P_{660}, P_{HR} oder P_r genannt) bedeutet die Hellrot-absorbierende, physiologisch inaktive Form des Phytochroms, die im Dunkeln (z.B. in etiolierten Keimlingen) ausschließlich vorliegt. F (auch P_{730}, P_{DR} oder P_{fr} = phytochrome$_{far\ red}$) ist dagegen die physiologisch aktive, Dunkelrot absorbierende Form des Pigments. Durch HR wird R in F, durch DR dagegen F in R umgewandelt.

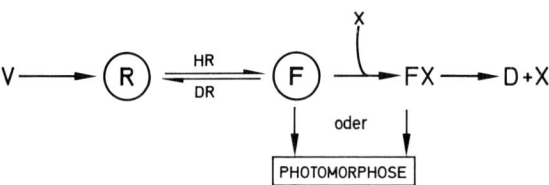

Abb. 2.2.34: Schema der Umsetzungen im Phytochromsystem. Nähere Erläuterungen im Text.

Aufgrund der Spektren der Phytochromwirkungen und der Absorptionsspektren von isoliertem Phytochrom in der R- und F-Form (Abb. 2.2.35) konnte geschlossen werden, daß R ein blaugrünes, F dagegen ein gelbgrünes Pigment sein muß, deren Absorptionsspektren sich im blauen und roten Spektralbereich überlappen. Das Phytochrom erwies sich chemisch als ein Chromoprotein, dessen kovalent gebundene chromophore Gruppe ein offenkettiges Tetrapyrrol ist, also den Phycobilinen (S. 256) oder auch den tierischen Gallenfarbstoffen nahesteht (Abb. 2.2.36).

Beim Übergang R → F erfolgt eine Protonierung des Chromophors von R und auch eine (dadurch induzierte) Konformationsänderung des Proteins.

Die Konzentration des Phytochroms ist am höchsten in den Meristemen etiolierter Pflanzen; sie geht in ausdifferenzierten etiolierten Geweben auf etwa 10% der Meristemwerte zurück (auf etwa 10^{-7} M) und fällt bei der Deetiolierung durch Weißlicht innerhalb einiger Stunden auf < 1% der Meristemwerte. R scheint in der Zelle im Cytoplasma weitgehend diffus verteilt zu sein, sieht man von der offenbar hochgeordneten Lokalisierung im Plasmalemma, zumindest bei einigen Objekten (S. 442), ab. F hingegen scheint schon innerhalb einer Minute

Tab. 2.2.2: Revertierbarkeit der Keiminduktion von Salatachänen durch Verschiebung des R/F-Verhältnisses im Phytochromsystem durch Hellrot- bzw. Dunkelrotbestrahlung (jeweils 5 min mit Bestrahlungsstärken von 1 Wm^{-2}-HR- bzw. 5 Wm^{-2}-DR). (Nach Borthwick, Hendricks, Parker, Toole u. Toole)

Bestrahlungsfolge	Keimungsrate in %
HR	70
HR+DR	6
HR+DR+HR	74
(HR+DR)$_2$	6
(HR+DR)$_2$+HR	76
(HR+DR)$_3$	7
(HR+DR)$_3$+HR	81
(HR+DR)$_4$	7

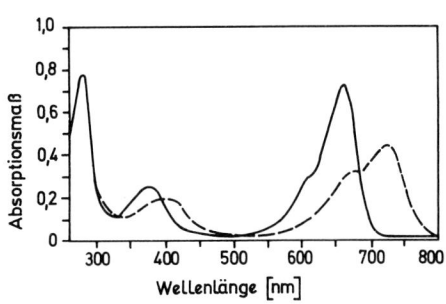

Abb. 2.2.35: Absorptionsspektren von extrahiertem Haferphytochrom nach saturierender Bestrahlung mit 740 nm (ausgezogen; Spektrum von R) bzw. 600 nm (gestrichelt; Spektrum von F). (Nach Mumford u. Jenner, aus Hartmann u. Haupt)

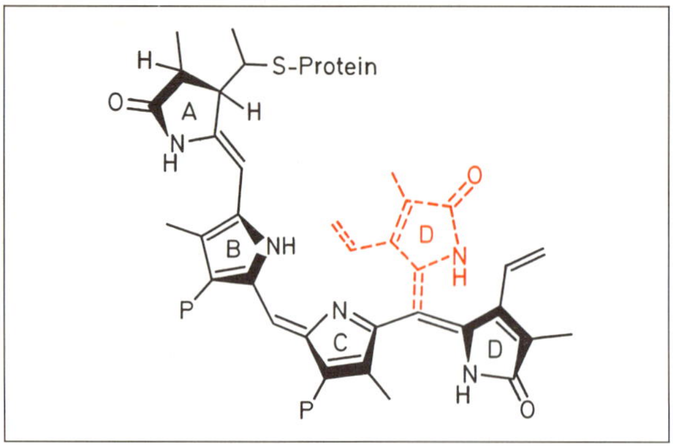

Abb. 2.2.36: Strukturformeln für die beiden Formen Phytochrom 660 (R) und Phytochrom 730 (F; rot angetragen). Die ausgezogenen Linien stellen den R-Chromophor dar. Die gestrichelte Linie gibt die Änderung wieder, die bei der Umwandlung zum F-Chromophor eintritt (ZE-Isomerisierung an der Doppelbindung zum Ring D). (Original von W. Rüdiger)

nach seiner Bildung an Partikel (Membranteile?; allgemein als X bezeichnet) gebunden zu werden und evtl. erst in dieser Bindung (als FX) seine Wirkung zu entfalten. Die diffuse Verteilung von R nach Rückbildung aus F erfordert dagegen längere Zeit (bei 25 °C etwa 2 Std).

Phytochrom ist in der F-Form (bzw. als FX) einer Dunkeldestruktion unterworfen, die vom oxidativen Stoffwechsel abhängt und zu einem biologisch inaktiven Produkt führt (D in Abb. 2.2.34). Es gibt Hinweise, daß das Phytochrom durch Bindung an Ubiquitin (S. 315) als Substrat für abbauende Enzyme markiert wird. Die Geschwindigkeit dieser Umwandlung ist bei Monocotyledonen um mindestens eine Zehnerpotenz schneller als bei Dicotyledonen. Das Phytochromsystem (R + F) in der Zelle wird auf diese Weise laufend dezimiert; dies wird im Gleichgewicht kompensiert durch eine Neusynthese der R-Form aus unbekannten Vorstufen (V in Abb. 2.2.34). Bis zu 50 % des gesamten Phytochroms können sich im übrigen in Zwischenformen zwischen R und F befinden und auf diese Weise der Dunkeldestruktion entzogen sein.

Sonnenlicht enthält HR und DR zu etwa gleichen Teilen. Es führt zu einem R/F-Gleichgewicht, das bis zu 50 % F enthält, jedenfalls immer mehr als im Dunkeln. Das Sonnenlicht wirkt daher morphogenetisch wie Hellrot. Phytochrom registriert (durch Verschiebung der Konzentration von F) die Lichtintensität (den Photonenfluß), die spektrale Verteilung und u. U. (bei spezifischer Anordnung, vgl. S. 442) auch die Schwingungsrichtung linear polarisierten Lichts räumlich (z. B. in den verschiedenen Blattetagen eines Bestandes) und zeitlich. Es ermöglicht so als «intrazelluläres Auge» durch induzierte Photodifferenzierung oder Photomodulation eine Anpassung des Organismus an die Lichtverhältnisse der Umgebung. Rezeptororgane der höheren Pflanzen sind dabei die Laubblätter, im blattlosen Zustand die Knospen.

Es wurde bereits erwähnt, daß es vermutlich mehrere primäre Angriffspunkte für das biologisch aktive Phytochrom (F bzw. FX) gibt. Viele seiner Wirkungen können wohl nur über differentielle Genaktivierungen erklärt werden, z.B. die Ingangsetzung ganzer Syntheseketten durch die Induktion der beteiligten Enzyme. So wird z.B. durch HR-Bestrahlung häufig die Anthocyansynthese angeregt (Tab. 2.2.1), wobei die Bildung der Schlüsselenzyme Phenylalanin-Ammonium-Lyase (PAL) und Zimtsäure-4-Hydroxylase (vgl. S. 365 f.) eingeleitet wird.

Besonders wichtig und gut untersucht ist die Lichtaktivierung der für die Rubisco (S. 273) codierenden Enzyme. Im Licht gewachsene Pflanzen enthalten mehr als das 20fache der mRNA für die (kerncodierte) kleine Untereinheit. «Stromaufwärts» vom codierenden Gen und dessen Promotor (TATA-Box, vgl. S. 57, Abb. 1.1.49) liegt ein DNA-Abschnitt mit komplizierter Sequenz. Er bestimmt, unter welchen Bedingungen und in welcher Menge mRNA gebildet wird. Vermittelt er durch Licht ausgelöste Signale, wird er als LRE (light responsive element) bezeichnet. Durch Gentransfer (S. 433) kann das LRE auch mit ursprünglich nicht lichtempfindlichen Genen kombiniert werden, die dann organspezifisch lichtaktiviert werden (Abb. 2.2.37). Einen direkten Hinweis auf den Einfluß von F auf die Transkription lieferten Experimente, bei denen Zufuhr von F (aber nicht von R) zu isolierten Zellkernen im Dunkeln gewachsener Pflanzen die effektive Bildung von mRNA auslöste.

Unterdrückt wird durch F das Enzym Lipoxygenase, das ungesättigte Fettsäuren unter Peroxidbildung oxidiert. Oft ist aber schwer zu entscheiden, ob es sich bei den Phytochromwirkungen tatsächlich um Genregulationen handelt.

In manchen Fällen ist die Phytochromwirkung sicher nicht auf eine differentielle Genaktivierung zurückzuführen. Dies gilt z.B. für die Steuerung von Blattbewegungen (vgl. Abb. 2.3.38, S. 457) oder für schnelle Änderungen der Membranpermeabilität. Bei diesen Phänomenen wirkt das Phytochrom wahrscheinlich direkt auf die Membranen, u. zw. in einer noch ganz unbekannten Weise.

Hochintensitätsphänomene. Die vom Phytochrom gesteuerten Photomorphosen sind durch kurzzeitige Belichtung mit

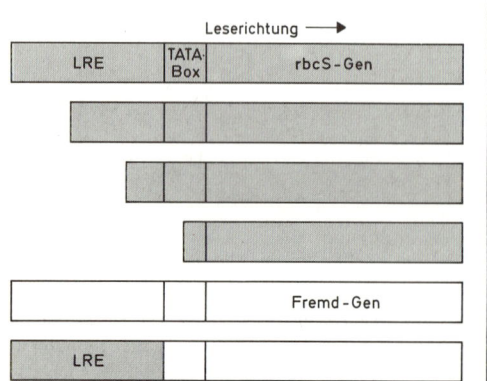

Abb. 2.2.37: Struktur des lichtregulierten Zellkern-Gens, das für die kleine Untereinheit der Rubisco codiert («rbcS-Gen»). Die Tabelle gibt die jeweilige Expressionsstärke dieses Gens in Blättern, Stengeln u. Wurzeln im Licht u. im Dunkeln an. Da in dem Light-Responsive-Element (LRE) die verantwortliche Sequenz doppelt vorhanden ist, wird die Expression erst vermindert, wenn mehr als die Hälfte des LRE fehlt. Durch Übertragung der LRE kann ein anderes Gen, das normalerweise in allen Organen im Licht und Dunkel gleich stark exprimiert wird, Lichtempfindlichkeit und Organspezifität erhalten. (Nach Moses u. Chua)

niedrigen Intensitäten induzierbar. Bei mehrstündiger Bestrahlung mit hohen Intensitäten, wie sie in der Natur normal sind, treten häufig sog. Hochintensitätsphänomene (HIP) in den Vordergrund, deren Empfindlichkeitsmaxima meist im ultravioletten, blauen und dunkelroten Spektralbereich liegen (Abb. 2.2.38). Über die steuernden Pigmente (Blaulicht/UV-A-Rezeptor) gibt es noch keine endgültige Klarheit. Bei höheren Pflanzen wird ein Flavoprotein-Cytochrom-Komplex diskutiert, doch sind hier wie bei Pilzen wahrscheinlich mehrere Pigmente beteiligt.

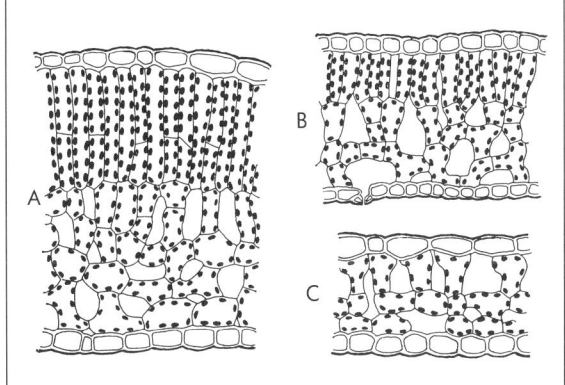

Abb. 2.2.39: Querschnitt durch ein Laubblatt von *Fagus sylvatica*. **A** Sonnenblatt, **B** Blatt mittleren Lichtgenusses. **C** Schattenblatt. (Ca. 340x, nach Kienitz-Gerloff)

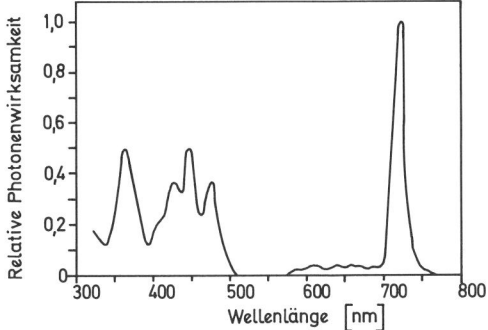

Abb. 2.2.38: Wirkungsspektrum für die Wachstumshemmung des Kopfsalat-Hypocotyls, ein Phytochrom-Hochintensitätsphänomen. (Aus Hartmann u. Haupt)

Einfluß des Lichtes auf Polarität und Dorsiventralität

Soweit die **Polarität** der Zellen durch Außenfaktoren bestimmt wird, spielt Licht neben der Schwerkraft eine ausschlaggebende Rolle. (Einzelheiten finden sich auf S. 424 ff.). Auch die Dorsiventralität von Geweben und Organen wird vielfach als Photomorphose durch das Licht determiniert.

So bestimmt bei den Brutkörpern des Lebermooses *Marchantia* (vgl. S. 651, Abb. 3.2.101) in erster Linie das Licht, welche Seite des Thallus zur Oberseite und welche zur Unterseite determiniert wird. Bei vielen Farnprothallien werden nur auf der vom Licht abgewendeten Seite Geschlechtsorgane sowie Rhizoide gebildet (Abb. 3.2.118 A, S. 667). Bei vielen Bäumen wird dadurch, daß nur die Knospen der Lichtseite austreiben, der ganze Verzweigungshabitus bestimmt. Auch die Dorsiventralität der Seitenzweige mancher Coniferen (z.B. *Thuja, Thujopsis* u.a.) wird durch einseitig einfallendes Licht induziert, während in anderen Fällen *(Taxus, Picea)* die Schwerkraft entscheidet (s.u.).

Viele dorsiventrale Blätter von Laubbäumen lassen eine starke Abhängigkeit ihres anatomischen Baues und ihrer Funktionsstrukturen vom Lichtgenuß erkennen. Die «**Sonnenblätter**» der äußeren Laubkrone auf der besonnten Südseite pflegen höhere Palisadenzellen (manchmal sogar in mehreren Schichten übereinander) und ein höheres spezifisches Gewicht aufzuweisen als die «**Schattenblätter**» im Innern der Krone oder auf der Nordseite (Abb. 2.2.39). Schon die Knospen sind oft auf der Sonnenseite dicker. Sonnenblätter haben auch einen höheren Gehalt an löslichem Protein (auf Blattfläche wie auf Chlorophyllgehalt bezogen), was vor allem auf die höhere Konzentration von RubP-Carboxylase zurückgeht. Auch die Form von Blättern oder Sprossen kann durch das Licht beeinflußt werden. *Campanula rotundifolia* bildet z.B. nur im schwachen Licht rundliche, in starkem Licht dagegen schmale Blätter aus, während bei *Opuntia* und *Nopalxochia* radiäre Sprosse im Starklicht zu Flachsprossen werden (Abb. 1.3.41, S. 188).

Auf die photoperiodischen Erscheinungen wird auf S. 411 ff. näher eingegangen.

3. Die Wirkung der Schwerkraft

Die Schwerkraft kann wie das Licht nicht nur Anlaß zu Orientierungsbewegungen der Pflanze im Raum geben (S. 449 f.), sondern auch tiefgreifende morphogenetische Wirkungen hervorbringen (**Gravimorphosen**). So wird nicht nur die Polarität (S. 424 ff.), sondern auch die Dorsiventralität mancher Organe durch die Schwerkraft mitbestimmt, wobei allerdings ein gleichzeitiger Lichteinfluß die Schwerewirkung meist überdeckt (**Anisophyllie**: Abb. 1.3.81 A u. B).

So kommt z.B. die Dorsiventralität von Eiben- und Tannenzweigen unter dem Einfluß der Schwerkraft zustande. Manche dorsiventralen Blüten, z.B. die von *Epilobium, Gladiolus* oder *Hemerocallis*, werden radiärsymmetrisch, wenn ihre Knospen dem einseitigen Wirken der Schwerkraft, etwa auf

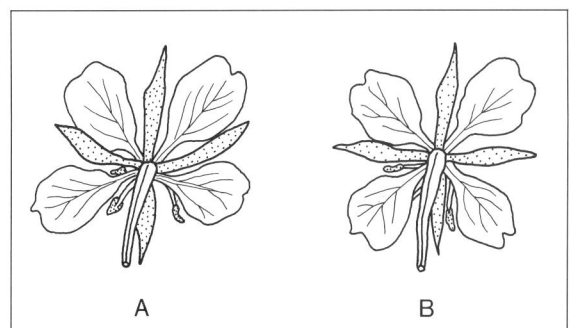

Abb. 2.2.40: Ansicht der Blüten von *Epilobium angustifolium* von hinten. **A** Entwicklung in natürlicher Lage. **B** Entwicklung auf dem Klinostaten. (Nach Schumacher)

einem Klinostaten (Abb. 2.3.27, S. 450), entzogen werden (Abb. 2.2.40). Unter den gleichen Bedingungen unterbleibt auch die Torsion (Resupination) der Orchideenfruchtknoten. Auch die Ausbildung von Zug- und Druckholz (S. 104) ist eine Gravimorphose.

Karottenzellen können sich aber auch unter Ausschaltung der Schwerkraft (im Satelliten) zu normalen Embryonen entwickeln.

4. Einflüsse anderer Außenfaktoren (Xeromorphosen, Hydromorphosen, Trophomorphosen)

Verschiedene weitere Standortfaktoren können die Pflanzengestalt ebenfalls stark modifikatorisch beeinflussen. So prägt sich insbesondere die Wasserversorgung oft auffällig in der Gestalt und Struktur der Pflanzen aus.

Auf trockenen Böden beobachtet man oft typischen Kümmerwuchs (**Nanismus**), in trockener Luft eine Verdickung der Cuticula, eine Verkleinerung der Zahl der Spaltöffnungen pro Flächeneinheit und eine stärkere Ausbildung der Gefäße und Festigungselemente (**Xeromorphosen**). In feuchter Atmosphäre dagegen werden vielfach Internodien und Blattstiele verlängert, die Blattflächen groß, dünn und fast ganzrandig, die Behaarung spärlich (**Hydromorphosen**).

Nicht alle bei Trockenheit anzutreffenden xeromorphen Merkmale brauchen allerdings ausschließlich eine Folge des Wassermangels zu sein, da z.B. auch ein an solchen Standorten oft ebenfalls auftretender Mangel an Nährsalzen, vor allem an Stickstoff, ähnliche Morphosen hervorrufen kann.

Einflüsse der Ernährung (**Trophomorphosen**) lassen sich am leichtesten bei der Entwicklung von Heterotrophen studieren. So bildet z.B. der Pilz *Basidiobolus ranarum* in einer Nährlösung, die Zucker und Pepton enthält, verzweigte Hyphen mit Querwänden, während in einem Medium mit Zucker und Ammoniumsalzen abgerundete, dickwandige Zellen entstehen, die sich unregelmäßig nach allen Richtungen des Raumes teilen. Bei vielen Pflanzen, insbesondere bei vielen niederen, kann auch die Ausbildung von Fortpflanzungsorganen bzw. die Fortdauer des vegetativen Wachstums durch die Ernährungsverhältnisse willkürlich beeinflußt werden (vgl. z.B. S. 632).

Bei höheren Pflanzen spielt, vor allem in dichten Gesellschaften, auch die gegenseitige Konkurrenz um Licht, Wasser und Nährstoffe eine maßgebende Rolle für Wachstum und Entwicklung.

Wieweit zudem noch andere Einflüsse wie Wurzel- oder Blattausscheidungen, Auswaschung von anorganischen oder organischen Stoffen aus frischem wie abgefallenem Laub durch Regen, der diese Substanzen wieder in den Boden bringt, Bildung antibiotischer Stoffe oder von Drüsensekreten und andere Wechselwirkungen zwischen benachbarten Pflanzen (**allelopathische Beziehungen**) in der Natur von größerer Bedeutung sind, ist noch nicht eindeutig geklärt.

Daß auch bei Symbiosen eine starke wechselseitige morphogenetische Beeinflussung der beiden Partner stattfindet, ist schon erwähnt worden. Die Sporen mancher parasitischer Pilze und auch manche Samen höherer Parasiten, z.B. die von *Lathraea, Orobanche, Alectra* und *Striga* keimen nur, wenn ihre Wirtspflanzen in der Nähe sind; von diesen müssen demnach stoffliche Wirkungen ausgehen. Bei der verbreiteten und sehr schädlichen *Striga asiatica* (Scrophulariaceae) kann die Keimung auch bei Abwesenheit des Wirtes durch Ethylenbegasung des Bodens ausgelöst werden, was zum Verhungern der Keimlinge vor Ausbringen der Kulturpflanzen führt. Auch manche Pollenkörner keimen nur in Gegenwart bestimmter, im Narbensekret normalerweise vorhandener Stoffe. Bei *Nymphaea*-Pollen muß z.B. u.a. Borat anwesend sein.

Zuweilen kann schon allein der körperliche Kontakt mit irgendwelchen Gegenständen der Umwelt morphogenetische Wirkungen haben (**Thigmomorphosen**). So bilden manche Algen bei der Berührung mit der Unterlage Rhizoide, die Ranken von *Parthenocissus* Haftscheiben (Abb. 1.3.83 C), *Cuscuta*-Sprosse Vorstufen von Haustorien (Appressorien). Ranken, die eine Stütze umfaßt haben, verdicken sich an der berührten Stelle. Die zunächst frei herabhängenden, dünnen Luftwurzeln epiphytischer *Ficus*-Arten beginnen bei Berührung der Wurzelspitze mit dem Erdboden sekundär in die Dicke zu wachsen und stammartige Stützen zu bilden (vgl. S. 775). Manche Pilze entwickeln im Dunkeln nur dann normale «Hüte», wenn ihre Fruchtkörper irgendeinen Gegenstand berührt haben. In allen diesen Fällen spielt wohl eine chemische Einwirkung von seiten des berührten Substrates keine Rolle.

D. Biologische Rhythmen und biologische Zeitmessung

Viele Leistungen eines Organismus, seien es Stoffwechsel-, Wachstums- und Entwicklungs- oder Bewegungsvorgänge, verlaufen nicht einförmig, sondern rhythmisch. Die Periodendauer dieser Rhythmen, d.h. die Zeit zwischen zwei gleichen Zuständen, kann im Sekunden- oder Minutenbereich liegen (z.B. Rotation der Seitenblättchen von *Desmodium gyrans*, Abb. 2.3.53, S. 465, etwa 30 sec). Derartige Kurzzeitrhythmen werden stets von endogenen cyclischen Vorgängen gesteuert, weil es keine Umweltfaktoren gleicher Frequenz gibt. Längere Rhythmen laufen meist synchron mit periodischen Schwankungen der Umweltbedingungen: Die Gezeitenrhythmik vieler Meeresorganismen (synchron mit dem 12,4stündigen Wechsel von Ebbe und Flut), die weitverbreitete Tagesrhythmik (synchron mit der 24stündigen Erddrehung), die vor allem bei Tieren, aber auch z.B. Braunalgen (S. 613 f.) auftretende Lunarrhythmik (synchron mit dem 29,5tägigen Mondphasenwechsel) und schließlich die Jahresrhythmik (synchron mit dem Wechsel der Jahreszeiten).

Bei Pflanzen spielt vor allem die Tages- und Jahresrhythmik eine entscheidende Rolle, weshalb beide im folgenden näher erläutert werden sollen.

Bei den umweltsynchronen Rhythmen kann ohne Experiment nicht gesagt werden, ob sie nur exogen durch die rhythmisch wechselnden Außensignale in Gang gehalten werden, oder ob sie, in Analogie zu den Kurzzeitrhythmen, durch einen endogenen cyclischen Prozeß, ein inneres zeitmessendes System (innere Uhr, physiologische Uhr) kontrolliert und bedingt sind (**endogene Rhythmen**). Direkt exogen gesteuert sind z.B. die photonastischen und thermonastischen Bewegungen etwa der Blütenblätter (*Tulipa, Bellis*; vgl. S. 456).

1. Tagesrhythmen (Circadiane Rhythmik)

Endogene tagesrhythmische Phänomene sind im Pflanzenreich häufig (Tab. 2.2.3), fehlen aber den Prokaryoten. Sie sind durch folgende Merkmale charakterisiert:

a) Sie laufen auch unter konstanten Außenbedingungen (Dauerdunkel oder Dauerlicht, Temperatur- und Feuchtigkeitskonstanz) noch wochen- (bei Pflanzen meist 1–2 Wochen) bis monatelang (vielfach bei Tieren) weiter, wobei die Schwingungsamplitude in manchen Fällen langsam abnimmt (Abb. 2.2.41 u. 2.2.42).

b) Die Periodenlänge dieser unter konstanten Bedingungen weiterlaufenden («freilaufenden») Schwingungen liegt nicht immer genau bei 24 Stunden, auch wenn die Periode unter natürlichen Bedingungen genau 24 Stunden beträgt. So bewegten sich die Blätter von *Phaseolus multiflorus* in einem Versuch (bei 25 °C) mit einer endogenen Periodenlänge von 28,0 Stunden, während der CO_2-Ausstoß von abgeschnittenen *Bryophyllum*-Blättern bei der gleichen Temperatur eine Periodenlänge von nur 22,4 Stunden aufwies. Beim Übergang vom exogen einregulierten 24 Stunden-Rhythmus zum «reinen» endogenen Rhythmus verschiebt sich die Periodenlänge allmählich (Abb. 2.2.42). Diese Abweichung der Periode der «freilaufenden» von den in natürlicher Umgebung auftretenden Rhythmen wird als stärkstes Indiz für das Vorhandensein einer endogenen Rhythmik betrachtet. Da die endogene Rhythmik nur ungefähr einer Tageslänge entspricht, werden der-

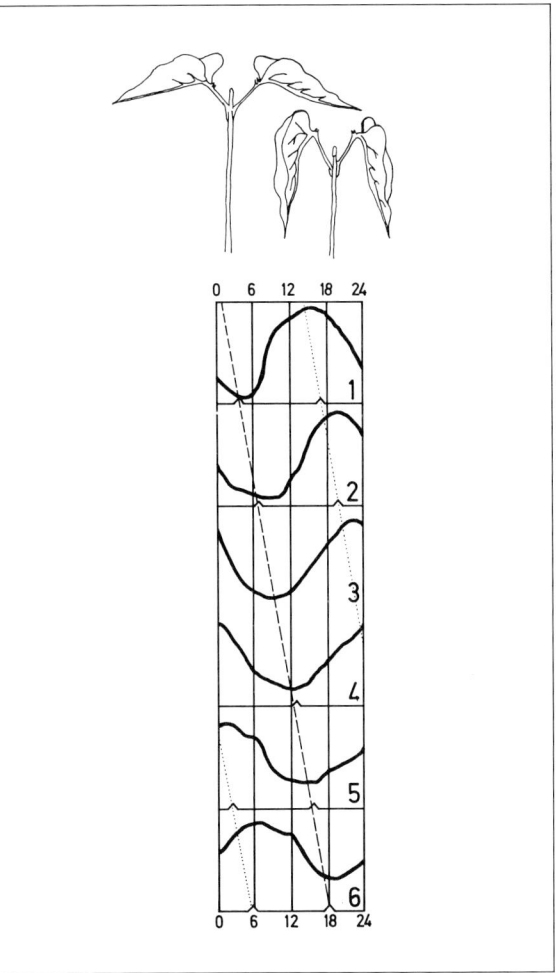

Abb. 2.2.42: Blattbewegungen von *Phaseolus multiflorus* im Dauerschwachlicht während 6 Tagen. Oben: das Phänomen. Im Diagramm gibt die Abszisse die Uhrzeit, die Keile auf den Abszissen die Lage der Maxima und Minima an. Die schrägen Linien markieren das tägliche Weiterrücken der Maxima (punktiert) und der Minima (gestrichelt) um 3 Stunden. Daraus ergibt sich eine Periodenlänge der endogenen Rhythmik von 27 Stunden. (Nach Bünning u. Tazawa)

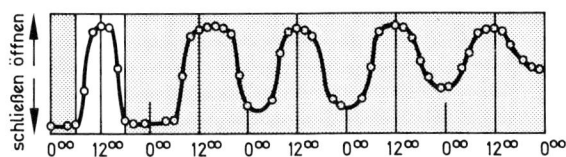

Abb. 2.2.41: Fortlaufende rhythmische Bewegungen der Blütenblätter von *Kalanchoe blossfeldiana*, mit abnehmender Amplitude der Schwingungen, Dunkelperioden punktiert. (Nach Bünsow)

Tab. 2.2.3: Beispiele für circadiane Rhythmen bei Pflanzen. (Nach Wilkins)

Pflanzengruppe	Organismus	Rhythmus
Photosynthetisierende Flagellaten	Gonyaulax polyedra	Luminescenz, Photosyntheserate, Wachstum
Algen	Euglena gracilis	Phototaxis
	Hydrodictyon reticulatum	Photosynthese, Atmung
	Oedogonium cardiacum	Sporenbildung
	Acetabularia major	Photosyntheserate
Pilze	Sclerotinia fructigena	Conidienbildung
	Daldinia concentrica	Sporenausschleuderung
	Pilobolus sphaerosporus	Sporangienabschuß
	Neurospora crassa	Wachstum
Farngewächse	Selaginella serpens	Plastidengestalt
Samenpflanzen	Phaseolus multiflorus	Blattbewegung
	Kalanchoe blossfeldiana	Blütenblattbewegung (Abb. 2.2.41)
	Avena sativa	Wachstum der Coleoptile
	Bryophyllum fedtschenkoi	CO_2-Freisetzung im Dunkeln (Abb. 2.2.43)

artige periodische Vorgänge auch als **circadiane Rhythmen** bezeichnet (circa = ungefähr; dies = Tag).

c) Der rhythmische Vorgang kann durch ein einziges Signal in Gang gesetzt werden.

Hält man z. B. Bohnenkeimlinge von der Keimung an im Dauerdunkel (bzw. Dauerlicht), so fangen die Blätter erst dann an, sich rhythmisch zu bewegen, wenn sie in Licht (oder Dunkelheit) übertragen werden. Die Periodenlänge dieser Bewegungen beträgt unter natürlichen Bedingungen auch dann 24 Std., wenn der Mutterpflanze zuvor ein abweichender Rhythmus aufgezwungen war (s. u.). Hafercoleoptilen wachsen bei Rotlicht und konstanter Temperatur gleichförmig und gehen dann zu rhythmischem Wachstum über, wenn sie 40–50 Std. nach der Quellung verdunkelt werden. Bei dem einzelligen Dinoflagellaten *Gonyaulax polyedra*, der Meeresleuchten erzeugt, genügt nach 3 Jahren arhythmischer Kultur im Dauerlicht ein einziger Wechsel der Lichtintensität, um einen circadianen Rhythmus des Leuchtens «anzustoßen».

d) Circadiane oscillierende Systeme können in ihrer Periode durch überlagernde äußere Schwingungen «verstellt» («mitgenommen») werden. Bei Temperaturkonstanz können auf diese Weise Periodenlängen von 6 bis 36 Stunden erzwungen werden.

Das Ausmaß der Verschiebung scheint zumindest in bestimmten Fällen von der Stärke des einwirkenden «Zeitgebers» abhängig zu sein. So kann die Mitnahme der endogenen circadianen Rhythmik der CO_2-Freisetzung von *Bryophyllum*-Blättern durch eine Lichtintensität von $10 W \cdot m^{-2}$ bei 3:3, 6:6 und 8:8 Std.-Licht/Dunkel-Rhythmen erfolgen, bei $5 W \cdot m^{-2}$ nur bei 6:6 und 8:8 Std. und bei $1 W \cdot m^{-2}$ nur im 8:8 Std.-Cyclus. Werden die oscillierenden Systeme aus den aufgezwungenen Rhythmen in den natürlichen 24 Std.-Rhythmus zurückgebracht, so tritt der endogene circadiane Rhythmus wieder zutage (Abb. 2.2.43). Im übrigen ist auch die Einstellung der vom 24 Std.-Rhythmus oft abweichenden endogenen Rhythmen in eine exakte 24 Std.-Periode als «Mitnahme» zu betrachten.

Äußere Zeitgeber (z. B. Licht/Dunkel- oder Temperaturwechsel, auch periodische Konzentrationsänderung des Kulturmediums) kann man dazu benutzen, um bei Kulturen einzelliger Organismen (z. B. Algen) den Wachstums- und Entwicklungsrhythmus aller Zellen zu synchronisieren. Da sich in diesen «**Synchronkulturen**» alle Zellen gleichzeitig teilen, gleichzeitig ihre DNA verdoppeln, gleichzeitig sporulieren usw., sind diese Kulturen vorzüglich geeignet, physiologische Prozesse an Zellpopulationen statt an Einzelzellen zu studieren.

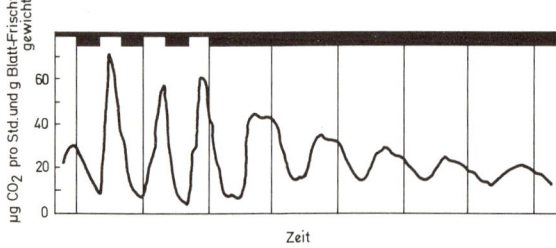

Abb. 2.2.43: Rhythmus der CO_2-Abgabe der Blätter von *Bryophyllum* (CAM-Pflanze, vgl. S. 281 ff.). Zunächst durch entsprechende Licht-Dunkelwechsel (8:8 Stunden) aufgezwungene Periodik, dann Übergang zum endogenen Rhythmus bei Dauerdunkel (mit abnehmender Amplitude). Temperatur 25 °C. Dunkelzeiten schwarz gekennzeichnet. Die senkrechten Striche markieren jeweils Mitternacht. (Nach Wilkins)

e) Die circadianen Rhythmen sind abhängig vom oxidativen Stoffwechsel, d. h. sie werden nach einigen Stunden Sauerstoffabschluß eingestellt. Es gibt auch Hinweise, daß bei dem circadianen Sporulationsrhythmus von *Neurospora* eine intakte Proteinsynthese an 80 S-Ribosomen notwendig ist. Um so erstaunlicher ist der geringe Einfluß der Temperatur auf die Frequenz der endogenen Rhythmen: der Q_{10} (S. 287) beträgt hier nur 0,8–1,03.

Die physiologische Uhr. Der endogene Oscillator, der mit konstanter Geschwindigkeit zwischen zwei Extremzuständen hin und her schwingt, ist wohl kaum eine Substanz, sondern vermutlich eine Reaktionssequenz, die wohl nicht direkt temperaturunabhängig, sondern vielmehr gegen Temperaturschwankungen (im physiologischen Bereich) kompensiert ist. Eine Hypothese (Translations/Membraneinbau-Kopplung) nimmt an, daß zwei Schritte miteinander gekoppelt sind: Die Synthese eines spezifischen Polypeptids (oder mehrerer) und dessen (deren) Einbau in eine Membran. Temperaturerhöhung z. B. würde einerseits die Synthese fördern, andererseits aber diesen Einbau in die dann weniger geordnete, fluidere Membran verlangsamen.

Während die physiologische Uhr in Einzellern jeder Zelle zukommt, könnte sie bei vielzelligen Pflanzen – wie bei manchen Tieren (z. B. *Periplaneta americana*, einer Schabe) nachgewiesen – auf bestimmte Zellen beschränkt sein.

Bei *Phaseolus* z. B. kommt es zu den periodischen Turgoränderungen in den Blattstielknoten und damit zur Blattbewegung nur, wenn die Spreite vorhanden ist; vermutlich kommt das Signal also von dort. Die circadiane Periodizität im CO_2-Umsatz von *Bryophyllum*-Blättern ist aber nicht auf bestimmte Teile des Blattes beschränkt; sie ist sogar noch in Gewebekulturen der Mesophyllzellen erkennbar.

Auch die wichtige Frage nach der intrazellulären Lokalisation der physiologischen Uhr läßt sich noch nicht eindeutig beantworten. Auf der einen Seite geht in kernlosen *Acetabularia*-Zellen (S. 382) die Photosyntheserhythmik im Dauerlicht weiter und kann auch noch durch entsprechende Lichtperioden im Sinne einer «Mitnahme» verschoben werden; andererseits aber zwingt ein transplantierter Zellkern der übrigen Zelle seine mitgebrachte Rhythmik auf (Abb. 2.2.44). Der circadiane Oscillator scheint demnach zumindest bei diesem Objekt im Cytoplasma lokalisiert zu sein, aber bei Anwesenheit eines Zellkerns von diesem gesteuert zu werden. Bei *Neurospora* wurden die Transkripte von zwei Morgan-spezifischen Genen nachgewiesen, die in ihrer Konzentrationsschwankung bei einem im Hinblick auf die circadiane Rhythmik «Wildtyp» eine Periode von 21,5 und bei einer «Langperioden»-Mutante von 29 Stunden aufwiesen.

Mit Hilfe der physiologischen Uhr sind die Organismen in der Lage, Zeitmessungen durchzuführen. Bei Pflanzen dient sie vor allem zur Messung der Tageslänge und damit zur Erkennung der Jahreszeit. Mit diesen photoperiodischen Phänomenen befaßt sich der folgende Abschnitt.

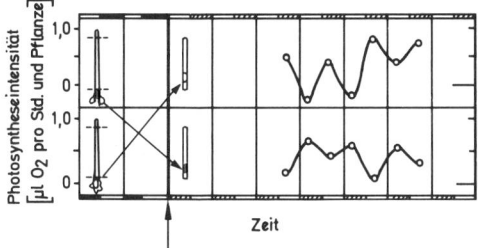

Abb. 2.2.44: Einfluß des Zellkernes auf den Rhythmus der Photosyntheseintensität bei *Acetabularia*. Zwei Kulturen wurden in Licht/Dunkel-Cyclen gehalten, deren Phase um 12 Stunden differierte. Dann wurden Zellkerne reziprok transplantiert (Zeitpunkt mit ↑ markiert) und die Algen dann in Dauerlicht gehalten. (Die Zeiten der vorherigen Licht- und Dunkelphasen sind jeweils noch schraffiert angegeben.) Die senkrechten Linien markieren 24-Stunden-Abstände. Der Photosyntheserhythmus im Dauerlicht entspricht dem, den der jeweilige Zellkern vor seiner Transplantation aufgeprägt erhalten hatte. (Nach Schweiger u. Schweiger)

2. Photoperiodisch induzierte Morphosen

Unter dem Kennwort Photoperiodismus werden diejenigen Morphosen zusammengefaßt, die durch die Dauer des einer Pflanze täglich zur Verfügung stehenden Lichtgenusses induziert und gesteuert werden. Dabei spielt die zugeführte Lichtenergie gegenüber dem Längenverhältnis der tagesperiodisch wechselnden Licht- und Dunkelzeiten eine völlig nebensächliche Rolle; es muß nur eine Schwellenintensität der Strahlung (10^{-3} bis 10^{-2} W · m^{-2}) überschritten werden. Vollmondlicht (ca. $5 \cdot 10^{-3}$ W · m^{-2}) kann demnach bereits photoperiodisch wirksam sein. Man unterscheidet dementsprechend zwischen sog. **Langtagspflanzen** oder **LTP**, die nur dann zur Blüte kommen bzw. mit anderen charakteristischen Morphosen reagieren, wenn die tägliche Bestrahlungsdauer eine artspezifisch festgelegte Minimalzeit, die sog. kritische Tageslänge, überschreitet, während andererseits die **Kurztagspflanzen** oder **KTP** nur dann zur Blütenbildung übergehen und mit einer Reihe weiterer Morphosen reagieren, wenn ihre artspezifische Tageslänge nicht überschritten wird (Abb. 2.2.45). Allerdings weisen keineswegs alle Pflanzenarten eine derartige Abhängigkeit von der jeweiligen Photoperiode auf, sehr viele Arten, insbesondere zahlreiche Kosmopoliten, pflegen nicht oder nur so wenig auf die tägliche Beleuchtungsdauer anzusprechen, daß man sie zunächst als sog. **Tagneutrale** zusammengefaßt hat (Tabelle 2.2.4).

Die **kritische Tageslänge** einer Kurztags-(KT-)Reaktion kann durchaus länger sein als die einer Langtags-(LT-)Reaktion. Bei der bestuntersuchten photoperiodischen Reaktion, der Blühinduktion, beträgt z.B. die kritische Tageslänge einer «klassischen» KTP, *Xanthium pennsylvanicum*, etwa 15 ½ Stunden (sie muß unterschritten werden, um Blütenbildung auszulösen), während die einer häufig studierten LTP, *Hyoscyamus niger*, etwa 11 Stunden beträgt (die für die Blühinduk-

Tab. 2.2.4: Abhängigkeit der Blühinduktion von der Photoperiode bei verschiedenen Pflanzen

Langtagspflanzen (LTP)		Tagneutrale Pflanzen		Kurztagspflanzen (KTP)	
*Avena sativa		Agrimonia eupatoria		Cannabis sativa	
*Triticum aestivum		Cardamine amara		*Chrysanthemum indicum	
*Secale cereale		Cucumis sativus		*Chrysanthemum hort.	
*Alopecurus pratensis		Euphorbia lathyris		*Coffea arabica	
*Anthoxanthum odoratum		Fagopyrum vulgare		Dahlia variabilis	
*Festuca elatior		Helianthus tuberosus		*Glycine max	
*Lemna gibba		Pastinaca sativa		*Kalanchoe blossfeldiana	
*Lolium temulentum		Poa annua		*Lemna perpusilla	
*Phleum pratense		Senecio vulgaris		*Perilla ocymoides	
*Poa pratensis		Stellaria media		*Xanthium pennsylvanicum	
*Anagallis arvensis		Taraxacum officinale		Saccharum officinarum	
*Arabidopsis thaliana		Thlaspi arvense		*Setaria viridis	
*Begonia semperflorens				*Euphorbia pulcherrima	
*Beta vulgaris				*Amaranthus caudatus	
*Vicia sativa					
*Trifolium pratense					
*Hyoscyamus niger					
*Nicotiana tabacum	S.	Nicotiana tabacum	S.	*Nicotiana tabacum	S.
*Digitalis purpurea	S.	Digitalis purpurea	S.		
*Hordeum vulgare	S.	Hordeum vulgare	S.		
*Lactuca sativa	S.	Lactuca sativa	S.		
		Oryza sativa	S.	*Oryza sativa	S.
		Phaseolus vulgaris	S.	*Phaseolus vulgaris	S.
		Soja hispida	S.	Soja hispida	S.
Solanum tuberosum	S.	Solanum tuberosum	S.	Solanum tuberosum	S.
		Zea mays	S.	*Zea mays	S.

S. = Sorten
* = qualitative (absolute) LTP bzw. KTP; alle übrigen reagieren quantitativ.

tion überschritten werden muß). Bei einer Tageslänge von 13 Stunden kommt also sowohl *Xanthium* als auch *Hyoscyamus* zur Blüte (vgl. auch Abb. 2.2.45).

Von der relativen Tages- bzw. Nachtlänge können außer der Blühinduktion u.a. beeinflußt werden: Der Beginn und das Ende von Ruheperioden, die Cambiumaktivität, die Wachstumsrate und die Internodienlänge, die Verzweigung, die Stecklingsbewurzelung, die Blattgestalt und die Blattsucculenz, die Bildung von Speicherorganen, wie z.B. der Kartoffelknolle, der Blattfall, die Pigmentbildung und die Frostresistenz.

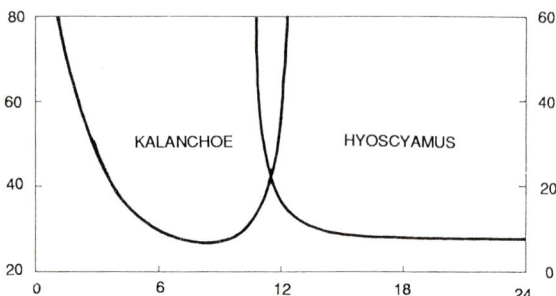

Abb. 2.2.45: Abhängigkeit der Entwicklung einer Kurztagpflanze *(Kalanchoe)* und einer Langtagpflanze *(Hyoscyamus)* von der Dauer der täglichen Belichtung. Abszisse: Tägliche Belichtung in Stunden. Ordinate: Links Tage bis zum Sichtbarwerden der Inflorescenzanlagen von *Kalanchoe*. Rechts Tage bis zum Beginn des Schossens von *Hyoscyamus niger*. (Nach Bünsow)

Das ursprünglich recht einfache Konzept von nur drei nach ihrer photoperiodischen Reaktion hinsichtlich der Blütenbildung zu unterscheidenden Gruppen hat sich nach der genaueren Untersuchung zahlreicher Arten und Sorten (insbesondere der Kultur- und Nutzpflanzen), als zu einfach erwiesen. So unterscheidet man heute zwischen qualitativen oder absoluten LTP bzw. KTP und quantitativen LTP bzw. KTP, da keineswegs alle Arten nach dem oben geforderten «Alles- oder Nichts-Prinzip» reagieren. Zahlreiche ursprünglich als «tagneutral» eingeordnete Arten oder Sorten blühen nämlich zwar bei allen praktisch vorkommenden Photoperioden (im Experiment häufig auch im Dauerlicht und in einigen Fällen bei entsprechender Ernährung sogar im Dauerdunkel; z.B. *Hordeum, Raphanus, Cuscuta*), werden aber durch Verlängerung der täglichen Belichtungsdauer bis hin zum Dauerlicht stark gefördert (**quantitative LTP**). Andere Arten hingegen, die gleichfalls selbst im Dauerlicht zur Blüte kommen, werden durch eine Verkürzung der Bestrahlungsdauer gefördert (**quantitative KTP**).

Neben den KTP und den LTP gibt es auch **Langkurztagspflanzen** (z.B. *Bryophyllum daigremontianum*, die Solanacee *Cestrum nocturnum*) und **Kurzlangtagspflanzen** (z.B. *Campanula medium, Trifolium repens*), die nacheinander zwei verschiedene Photoperioden benötigen, um zum Blühen zu kommen. Eine Langkurztagspflanze wird bei uns unter natürlichen Bedingungen nur im Herbst-KT, nicht aber im Frühlings-KT blühen.

Die Tageslänge ist auf der Erde nur am Äquator während des ganzen Jahres gleich. Hier können die Pflanzen demnach die Messung der Tageslänge nicht zur Orientierung über die Jahreszeit benutzen (es gibt hier ja auch keine biologisch wirksamen Jahreszeiten). Mit zunehmender geographischer Breite schwankt jedoch die Tageslänge im Laufe des Jahres immer stärker: Bei 30 °N (Cairo, Delhi) zwischen 14 und 10 Std., bei 45 °N (Bordeaux, Minneapolis) zwischen 15 1/2 und 9 Std., bei 60 °N (Stockholm, Leningrad) zwischen 19 und 6 Std. Innerhalb dieser Spannen muß also die kritische Tageslänge einer Pflanze liegen, wenn sie in einer der genannten Breiten zur Blüte kommen soll. Dabei haben sich innerhalb einer Art oft Varietäten verschiedenen photoperiodischen Verhaltens ausgebildet: Kulturvarietäten der Sojabohne aus nördlichen Breiten z.B. geben einen Maximalertrag nur in einem Band von 80 km der geographischen Breitenausdehnung, während solche aus südlicheren Breiten weniger spezifische Ansprüche an die Tageslänge haben. Aber auch tropische Pflanzen werden photoperiodisch gesteuert, z.B. das Zuckerrohr oder gewisse Reissorten, obwohl z.B. auf Java die maximale Tageslängendifferenz im Jahr nur 48 min beträgt.

Es ist einleuchtend, daß ein Zusammenhang zwischen der Heimat einer Pflanze und ihrem photoperiodischen Verhalten bestehen muß: Tropenpflanzen müssen KTP oder tagneutral sein, weil es in den Tropen keinen Langtag gibt (jedenfalls nicht mit Tageslängen über 12–14 Std.). Pflanzen hoher Breiten dagegen sind vielfach LTP: Sie müssen so rechtzeitig (im Sommer) blühen, daß sie vor Eintritt des Winters ihre Frucht- und Samenentwicklung zu Ende bringen können. In mittleren Breiten (etwa 35–40°), aus denen zahlreiche Kulturpflanzen stammen, gibt es LTP und KTP. Oft lassen sich hier Beziehungen zur zeitlichen Lage einer Trockenperiode herstellen: Kulturpflanzen aus Gebieten mit Wintertrockenheit (bestimmte Regionen Indiens, Chinas und Mittelamerikas) sind meist KTP, solche aus Gebieten mit Sommertrockenheit (bestimmte Teile des Mittelmeergebietes, Vorderasiens, Mittelasiens) dagegen LTP. In ihrer jeweiligen Heimat müssen die KTP vor dem Winter, die LTP rechtzeitig im Sommer zum Blühen und Fruchten übergehen, um die Trockenzeit als Samen überstehen zu können.

Die Zahl der für die Blühinduktion erforderlichen induktiven Cyclen ist bei den einzelnen Arten sehr verschieden. So genügt bei den KTP *Xanthium pennsylvanicum* und *Pharbitis nil* ein einziger Kurztag, bei der LTP *Lolium temulentum* ein einziger Langtag, während *Salvia occidentalis* 17 KT und *Plantago lanceolata* 25 LT benötigen. Während LTP natürlich auch im Dauerlicht induziert werden können, würden KTP im Dauerdunkel verhungern; mindestens 2–5 Stunden täglich muß die Photosynthese in Gang gehalten werden.

Blühhormon (Florigen). Die photoperiodischen Bedingungen werden normalerweise durch die Blätter perzipiert. Oft genügt schon das Verweilen eines einzigen Blattes oder eines Blatteiles in der induzierenden Tageslänge, um das Blühen auszulösen. Die Blütenbildung selbst erfolgt im Sproßvegetationskegel, an dem statt Laubblattanlagen nun die verschiedenen Blütenorgane gebildet werden. Die Umstimmung vom vegetativen zum generativen Zustand ist von der Bildung spezifischer RNA- und Proteinsorten begleitet und kann durch Hemmstoffe der RNA- oder Proteinsynthese blockiert werden: Es handelt sich demnach zweifellos um eine Genaktivierung.

Vom perzipierenden Blatt zum Vegetationskegel muß der Blühstimulus in Form eines chemischen Signals (Blühhormon, Florigen) transportiert werden. Als Bahn des Transportes wurde das Phloem in Erwägung gezogen, doch läßt sich die sehr geringe Transportgeschwindigkeit des Blühhormons (2–4 mm/Std.) schlecht damit vereinbaren. Das Florigen kann auch zwischen zwei Pfropfpartnern ausgetauscht werden, wobei eine induzierte KTP auch einen LTP-Pfropfpartner zum Blühen bringen kann und umgekehrt. Werden LTP oder KTP mit tagneutralen Pflanzen gepfropft, so blühen sie mit dem Partner unter für sie nicht-induktiven Bedingungen. Auf der anderen Seite blüht der tagneutrale Parasit *Cuscuta* mit der LTP *Calendula* im Langtag, mit der KTP *Cosmos* im Kurztag. Das Blühhormon der Langtags-, Kurztags- und tagneutralen Pflanzen ist daher offenbar identisch.

Die chemische Natur des Florigens ist noch unbekannt; derzeit wird z.B. an eine Steroidverbindung gedacht. Eine Zeitlang hat man vermutet, es könne sich um Gibberelline handeln, weil diese bei einigen LTP den blühinduzierenden Langtag ersetzen können. Es sind dies Pflanzen, die unter nicht-induzierenden Bedingungen (KT) eine Rosette aufweisen (Abb. 2.2.46; vgl. auch S. 391) und die durch Langtag zur Gibberellinsynthese und durch die gebildeten (oder von außen gebotenen) Gibberelline zum Schossen angeregt werden. Dieses Schossen aber ist bei diesen Pflanzen die Voraussetzung für die Blütenbildung.

Bei KTP ist der Gibberellingehalt nicht begrenzend für die Blütenbildung (sie schossen bereits unter nicht-induzierenden Bedingungen, Abb. 2.2.46), sie können dementsprechend durch Gibberellinzufuhr nicht zum Blühen induziert werden: Die bisher bekannten Gibberelline sind demnach nicht mit dem Florigen identisch. Allerdings werden neuerdings bisher unbekannte, polyhydroxylierte Gibberelline als Florigen diskutiert.

Es ist denkbar, daß das «Blühhormon» gar keine definierte chemische Substanz ist, sondern ein Gemisch von einzeln für die Blühinduktion unspezifischen (oder nur in Einzelfällen wirksamen) Wuchs- und Hemmstoffen, das in einer bestimmten Zusammensetzung blühinduzierend wirken kann. Für diese Möglichkeit spricht, daß jeder der bekannten Wachstumsregulatoren (Auxin, Gibberelline, Cytokinine, Ethylen, Abscisinsäure) bei der einen oder der anderen Pflanze blühinduzierend wirken kann.

Photoperiodismus und physiologische Uhr. Unterbricht man eine Dunkelperiode, die an sich lang genug ist, um KTP zum Blühen zu induzieren und um LTP am Blühen zu hindern, durch eine kurze Lichtperiode («Störlicht»), so bleiben die KTP vegetativ und die LTP kommen zum Blühen (Abb. 2.2.47). Auf der anderen Seite hat die Unterbrechung einer LTP induzierenden und KTP hemmenden langen Lichtperiode durch eine eingeschaltete Dunkelphase kaum eine Wirkung. Entscheidend für die photoperiodische Blühinduktion ist demnach die Länge der Dunkelperiode; man sollte

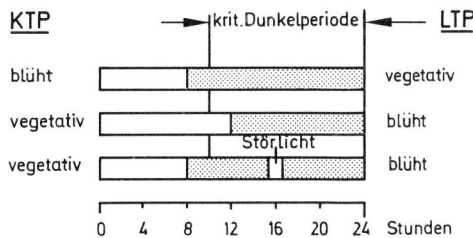

Abb. 2.2.47: Die Wirkung von Störlicht während der Dunkelperiode auf die Blütenbildung von Kurztagpflanzen (KTP) und Langtagpflanzen (LTP). (Aus Hess)

also eigentlich besser von «Langnacht»-(statt KT-) und von «Kurznacht»- (statt LT-)Pflanzen sprechen, doch haben sich die Begriffe KTP und LTP allgemein eingebürgert.

Um wirksam zu werden, muß Störlicht bei KTP in extremen Fällen nur eine Minute einwirken. Will man hingegen bei LTP während einer zu langen Dunkelperiode – etwa bei Gewächshauspflanzen im Winter – die Blütenbildung einleiten, so muß das Störlicht oft mehrere Stunden gegeben werden.

Bei KTP und manchen LTP wird dieser Störlichteffekt über das Phytochromsystem wirksam (Abb. 2.2.48). Bei anderen LTP wird eine Beteiligung des Hochintensitätssystems (S. 406) angenommen.

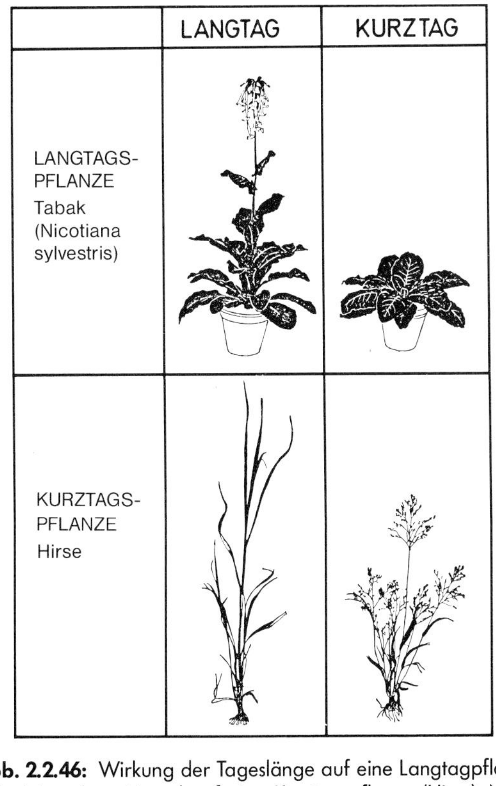

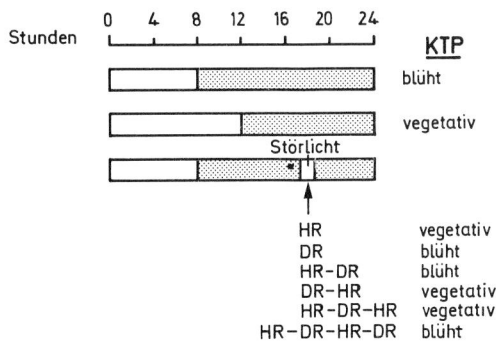

Abb. 2.2.46: Wirkung der Tageslänge auf eine Langtagpflanze *(Nicotinia sylvestris)* und auf eine Kurztagpflanze (Hirse). Nach Melchers u. Lang bzw. Maximov)

Abb. 2.2.48: Nachweis der Beteiligung des Phytochromsystems an der Blühinduktion bei der Kurztagpflanze *Xanthium strumarium*. HR Hellrot, DR Dunkelrot. (Nach Galston, aus Hess)

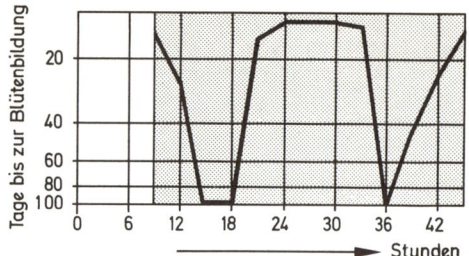

Abb. 2.2.49: Die Kurztagspflanze *Kalanchoe blossfeldiana* wurde 9 Stunden im Licht und darauf in einer verlängerten Dunkelperiode gehalten. Zu verschiedenen Zeiten der Dunkelphase wurde (bei verschiedenen Pflanzen) je 2 Stunden Störlicht gegeben und jeweils die Zeit bis zum Sichtbarwerden der Blütenstandsanlagen bestimmt. Es kehren periodische Phasen verschiedener Lichtempfindlichkeit wieder. (Nach Bünsow, aus Hess)

Bei KTP könnte das aktive Phytochrom (F) über einen noch unbekannten Mechanismus die Blühinduktion hemmen. Es müßte dann das Phytochrom ausreichend lange in der inaktiven (R) Form vorliegen (entsprechend lange Dunkelphase), damit das Blühhormon in entsprechender Menge gebildet werden kann; Störlicht würde dies durch Photokonversion R → F verhindern.

Daß die für die Blühinduktion von KTP und LTP verantwortlichen Prozesse in der Dunkelphase aber nicht gleichförmig (nach dem «Sanduhr»-Prinzip) ablaufen, sondern einem circadianen Rhythmus gehorchen (von der oscillierenden physiologischen Uhr gesteuert werden), zeigen Versuche, in denen das Störlicht zu verschiedenen Zeiten der Dunkelperiode geboten wurde: Sowohl bei der KTP *Kalanchoe blossfeldiana* (Abb. 2.2.49) als auch bei der LTP *Hyoscyamus niger* (Abb. 2.2.50) sind in der Dunkelperiode periodisch wiederkehrende Phasen besonderer Lichtempfindlichkeit nachweisbar, in denen das Störlicht bei der KTP blühhemmend, bei der LTP blühfördernd wirkt.

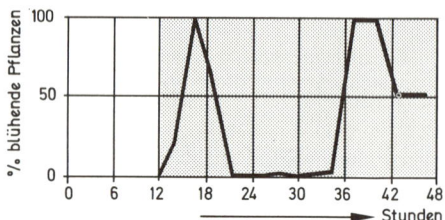

Abb. 2.2.50: Die Langtagspflanze *Hyoscyamus niger* wurde zu verschiedenen Zeiten einer verlängerten Dunkelperiode 2 Stunden belichtet und dann der Prozentsatz zur Blüte kommender Pflanzen ermittelt. Auch hier schwankt die Lichtempfindlichkeit periodisch. (Nach Claes u. Lang, aus Hess)

II. Wachstum

Das Wachstum, d.h. die irreversible Volumen- oder Substanzzunahme, ist charakteristisch für lebende Organismen. Bereits bei einer Einzelzelle ist das Wachstum ein komplizierter Prozeß; in vielzelligen Lebewesen muß das Wachstum der Einzelzelle mit dem der Nachbarn und aller anderen Zellen eines harmonisch gegliederten Organismus räumlich und zeitlich in Einklang gebracht werden, was den Vorgang noch verwickelter macht.

A. Das Wachstum der Zelle

Beim pflanzlichen Zellwachstum unterscheidet man ein **Plasmawachstum** und ein **Streckungswachstum**. Beim **Plasmawachstum** werden die Strukturbestandteile der Zelle vermehrt, wobei das Zellvolumen nur unbedeutend zuzunehmen braucht (Abb. 1.1.53, S. 61). Beim **Streckungswachstum** steht dagegen die Volumenvergrößerung durch Wasseraufnahme (Vacuolenbildung) im Vordergrund, während das Protoplasma kaum oder nur wenig vermehrt wird. In mehrzelligen Organismen wie in Einzellern ist das Plasmawachstum eng verknüpft mit der Zellteilung (**Teilungswachstum bei Mehrzellern**, S. 416 f.). Die Zellstreckung auf der anderen Seite führt bei vielzelligen Organismen oft schon zu einer spezifischen Zelldifferenzierung (S. 419 f.), die meist noch nach Ende der Streckungsphase anhält. In manchen Organen (z.B. in Wurzeln oder in der Grascoleoptile) sind die Zone des Plasma- (und Teilungs-)Wachstums (meristematische, embryonale Zone) und die des Streckungswachstums deutlich voneinander unterscheidbar, während sie in Sproßspitzen ineinander übergehen (Abb. 1.3.53, S. 195).

Plasmawachstum. Ein sich durch Zellteilung vermehrender Einzeller muß zwischen zwei Teilungen sein plasmatisches Material etwa verdoppeln. Über die Biosynthesewege der wichtigsten organischen Zellbestandteile (z.B. Nucleinsäuren, Proteine, Lipide, Zellwandbausteine) und deren Regulation wurde bereits berichtet. Hat sich hier in den letzten Jahren bereits ein sehr detaillierter Einblick ergeben, so ist die Frage nach dem Mechanismus des spezifischen Zusammentretens der organischen Substanzen zu den hochgeordneten Zellstrukturen (wie auch bei der Entstehung des Lebens, vgl. S. 3 f.) noch gänzlich ungeklärt, wenn auch mit der Beschreibung von self-assembly-Vorgängen (S. 34) ein erster Schritt zum Verständnis getan sein könnte. Es wird daran gedacht, daß alle die Zellbestandteile sich durch self-assembly organisieren, die nicht von ihresgleichen abstammen.

Im Vegetationskegel währt das Plasmawachstum zwischen zwei Zellteilungen etwa 15–20 Std.; dabei werden laufend, wenn auch nicht gleichförmig, RNA, Protein, Lipide u.ä. gebildet, während die DNA-Replikation auf die Synthese-Phase (Abb. 1.1.55, S. 64) begrenzt ist. Während der Mitose selbst ist die Sequenz DNA → RNA → Protein zeitweise unterbunden (s. S. 63). Im Cambium von *Tsuga canadensis* nimmt die Zeit zwischen zwei Teilungen der Initialzellen während der Vegetationsperiode von 28 auf 10 Tage ab. Bei *Pinus* dauert die Teilung einer Cambiumzelle etwa einen Tag.

Streckungswachstum. Vielfach geht das Wachstum von Pflanzenteilen ausschließlich auf die Zellstreckung zurück, ohne daß Zellteilungen beteiligt sind. Dies gilt z.B. für das Wachstum von Grascoleoptilen; für das Treiben der Knospen und für das Aufblühen vieler Bäume innerhalb weniger Tage im Frühjahr; für die erste Phase des Wachstums von Keimwurzeln; für die schnelle Streckung mancher Sprosse (z.B. des Bambus); für die Verlängerung von Staubfäden, z.B. bei Gräsern; für das Strecken des Kapselstieles (Seta) bei Moossporogonen (beim foliosen Lebermoos *Lophocolea heterophylla* z.B. auf das 48fache der Ausgangslänge in 3–4 Tagen); für Fruchtkörperstiele von Basidiomyceten. Die Streckungsgeschwindigkeit der Organe ist dabei z.T. recht erheblich (Tab. 2.2.5). Da das Ausmaß der Streckung nicht in allen Bereichen eines wachsenden Organs gleichförmig ist, strecken sich die Zellen in den schnellwachsenden Zonen meist noch erheblich schneller und können ihre Länge pro Stunde verdoppeln.

Die Volumenvergrößerung wird bei der Zellstreckung ganz überwiegend durch Wasseraufnahme bewirkt; das Streckungswachstum ist daher stets mit der Bildung bzw. Vergrößerung der Vacuole(n) verknüpft. Die Gesamtproteinmenge der Zelle braucht bei der Streckung nicht zuzunehmen; allerdings zeigt die Hemmung der längerwährenden auxinabhängigen (S. 387) Streckung durch Inhibitoren der Transkription und Translation, daß sehr wahrscheinlich spezifische Proteine gebildet werden müssen. Auch das Wandmaterial nimmt oft während der Streckung nur mäßig zu: Beim Kapselstiel von *Lophocolea* z.B. während einer 48fachen Verlängerung nur um das 1,8fache.

Das Streckungswachstum kann die ganze Zelloberfläche mehr oder weniger gleichmäßig umfassen oder aber auf bestimmte Abschnitte der Zellwand beschränkt sein. Ein ausgesprochenes Spitzenwachstum zeigen z.B. die Apicalzellen mancher Algen (Abb. 1.4.4, 1.4.5, S. 233), weiter Pilzhyphen, Pollenschläuche, aber auch manche langgestreckten, prosenchymatischen Zellen im Gewebsverband (Abb. 1.2.23, S. 148). Ungleich starkes Wachstum an mehreren Stellen der Zelloberfläche ist die Grundlage für die Bildung komplizierterer Zellformen (z.B. bei der einzelligen Alge *Micrasterias* – Abb. 3.2.93 L, S. 639 –, bei Schwamm- und Sternparenchymzellen, manchen Idioblasten und Haaren, Abb. 1.2.16, S. 142) und kann als ein Differenzierungsvorgang betrachtet werden. Welche Faktoren eine solche lokale Begrenzung des Streckungswachstums bestimmen, ist noch weitgehend unklar.

Der Mechanismus des Streckungswachstums. Wir haben gehört, daß die Volumenvergrößerung der Zelle bei einsetzendem Streckungswachstum auf eine Wasseraufnahme zurückzuführen ist. Nach der Wasserpotentialgleichung (vgl. S. 325)

Wasserpotential = osmotisches Potential + Druckpotential

kann die Wasserpotentialdifferenz zwischen dem Außenmedium (dessen Wasserpotential konstant bleibt) und einer Zelle und damit deren Wasseraufnahme zunehmen, entweder durch Erhöhung des osmotischen Potentials (wie das z.B. bei den Schließzellen der Stomata der Fall ist, S. 461 f.) oder aber durch Erniedrigung des Druckpotentials der Zelle. Es hat sich gezeigt, daß bei der Zellstreckung das osmotische Potential (trotz Wassereinstrom!) durch Osmoregulation (Ionenaufnahme bzw. Polysaccharid-Hydrolyse) konstant gehalten wird, das Druckpotential aber tatsächlich durch «Erweichung» (Erhöhung der plastischen Verformbarkeit) der Zellwand abnimmt. Die treibende Kraft für die Zellstreckung ist aber in jedem Fall die osmotische Wasseraufnahme.

Die Wand der sich streckenden Zellen ist im Zustand der Primärwand (vgl. S. 94). Wie kann man sich deren «Erweichung» und Dehnung vorstellen? In der Primärwand der Dicotyledonen sind die Cellulose-Mikrofibrillen durch mehrere andere Polysaccharidmolekülsorten (**Matrixpolysaccharide**) miteinander verbunden und von einem Netzwerk von Hydroxyprolinreichen Glykoproteinen (HPRG) durchsetzt (Abb. 1.1.106).

Bei den Monocotyledonen scheinen die Primärwände zwar eine ähnliche architektonische Grundstruktur aufzuweisen, aber andere verbrückende Polysaccharide zu verwenden. Außerdem wird für ihren Proteinanteil ein wesentlich geringerer Hydroxyprolingehalt angegeben.

Das «Erweichen» der Zellwand (und damit die Zellstreckung unter dem Einfluß des Turgors) steht bei höheren Pflanzen unter Kontrolle der Auxine, die ihre Streckungswachstums-fördernde Wirkung (S. 387) auf diese Weise ausüben.

Die Auxine könnten die Synthese neuen Zellwandmaterials stimulieren und deren Einbau so lenken, daß eine Lockerung des Zellwandgefüges eintritt; sie könnten die Bildung oder Aktivierung von Enzymen veranlassen, welche kovalente Bindungen in den Polysaccharidketten lösen (Abb. 2.2.51); sie könnten schließlich schwächere Bindungen innerhalb des Polymerengerüstes aufheben, wobei z.B. an die Wasserstoffbrückenbindungen zwischen den Xyloglucanmolekülen und der Cellulose (Abb. 1.1.106, S. 100) bzw. an solche in der Verbindungszone der Matrix gedacht wird (Abb. 2.2.51 B). Es ist wahrscheinlich, daß vor allem der dritte Mechanismus die entscheidende Rolle spielt.

Über Einzelheiten dieser Auxinwirkungen gibt es bisher nur Hypothesen. Eine Reihe von Indizien spricht dafür, daß nicht Auxin selbst, sondern unter dem Einfluß des Auxins Protonen aus dem Zellinnern durch das Plasmalemma in die Zellwand übertreten, sei es durch Aktivierung einer Protonenpumpe im Plasmalemma, sei es durch Förderung einer durch Protonenefflux kompensierten Kationen-(Kalium?)Aufnahme in das Zellinnere. Die Protonen könnten in der Zellwand entweder direkt die Stärke der Wasserstoffbrückenbindungen mindern oder die Aktivität plastizitätserhöhender Enzyme steigern.

Tab. 2.2.5: Wachstumsgeschwindigkeiten pflanzlicher Organe. (Nach Frey-Wyssling)

Organ	Streckungsdauer	Streckungsgeschwindigkeit
Keimwurzel der Saubohne	3 Tage	0,012 mm/min = 1,7 cm/Tag
Hafercoleoptile	2 Tage	0,025 mm/min = 3,7 cm/Tag
Baumbussprosse	mehrere Tage	0,4 mm/min = 57 cm/Tag
Staubfäden des Roggens	10 min	2,5 mm/min
Fruchtkörper d. Schleierpilze (*Dictyophora*)	15 min	5 mm/min

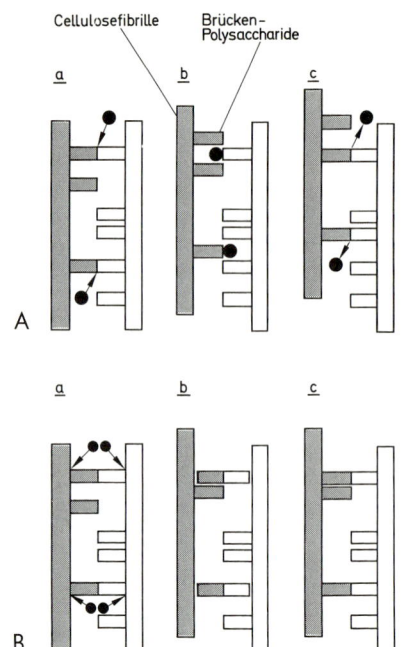

Abb. 2.2.51: Schematische Darstellung der möglichen Wirkung Zellwand-«erweichender» Enzyme auf die Brückenpolysaccharide: **A** Lösung (a) und Wiederknüpfung (c) von kovalenten Bindungen bzw. Wasserstoffbrücken in der Verbindungszone der Matrix, wobei in der Zwischenzeit die Cellulose-Mikrofibrillen gegeneinander verschoben werden können (b). **B** Lösung (a) und Wiederknüpfung (c) von Wasserstoffbrückenbindungen zwischen Cellulose und Xyloglucan mit zwischenzeitlicher Verschiebung der Cellulose-Mikrofibrillen (b). (A nach Albersheim)

Für einen derartigen Mechanismus der Auxinwirkung auf die Zellwand sprechen u.a. folgende Befunde: a) In sauren Lösungen von pH 3 (bei epidermisfreien Coleoptilen von pH 5) kann eine Streckung erzielt werden wie in optimalen Auxinkonzentrationen. b) Diese Reaktion auf exogen zugeführte Protonen erfolgt noch schneller als die mit Auxinzufuhr. c) In Coleoptilen kann unter Auxineinfluß (nicht aber bei Gaben von Auxinanalogen oder -antagonisten) ein Protoneneffux gemessen werden. d) Hemmstoffe der auxininduzierten Streckung (z.B. ABA, S. 394) hemmen auch den auxingeförderten Protoneneffux. e) Bei tropistisch gereizten Organen erfolgt eine verstärkte Ansäuerung jeweils der Flanke, die stärker wächst (Oberseite bei gravitropisch gereizten Wurzeln, Unterseite bei ebensolchen Sproßachsen, lichtabgewandte Seite bei positivem Phototropismus). Es gibt aber auch eine Reihe von Befunden, die der Annahme einer Beteiligung von Protonenfluxen an der Auxinwirkung auf das Streckungswachstum entgegenstehen, so z.B. die Tatsache, daß es Gewebe gibt, die wohl durch IAA, nicht aber durch saure Lösungen zur Streckung gebracht werden können (z.B. Erbsensproßstücke, ähnlich andere Dicotyledonen). Es ist demnach noch nicht klar, ob sich die skizzierte Vorstellung bestätigen wird.

In der durch Auxin erweichten Primärwand werden die von ihrer starren Verklammerung vorübergehend gelösten Cellulose-Mikrofibrillen zunehmend mehr parallel zu einer (bei anisotroper Streckung) sich ausbildenden Längsachse ausgerichtet (Abb. 1.1.107, S. 100). An die gedehnte Primärwand werden während der Streckung wiederholt neue Lagen mit Streutextur aufgelagert (**Apposition**, S. 103), deren Netzmaschen dann wieder scherengitterartig in die Längsrichtung gestreckt werden usw. (**multi-net-Wachstum**, S. 100). In der neuen Lage werden die Cellulosefibrillen wieder mit den Matrixkomponenten verbunden.

Für eine praktisch augenblicklich einsetzende, kurzdauernde, **plastische Zellstreckung** unter Auxineinfluß ist eine Synthese von Zellwandmaterial nicht erforderlich. Eine längeranhaltende Streckung ist aber nur bei gleichzeitig ablaufender Synthese von Wandstoffen möglich und beruht daher vermutlich auf einer differentiellen Genaktivierung.

Das Ende der plastischen Verformbarkeit der Zellwand und damit des Streckungswachstums wird dann erreicht, wenn die Zellwand durch Bildung der abweichend konstruierten Sekundärwand (S. 101f.) **elastische** Eigenschaften annimmt, d.h. nur noch eine beschränkte und reversible Dehnung erlaubt.

Die **Gibberelline** scheinen keinen Einfluß auf die plastische Verformbarkeit der Primärwand und damit auf den Wanddruck zu haben. Ob sie ihre Wirkung auf die Zellstreckung evtl. über eine Erhöhung des osmotischen Potentials ausüben, ist noch unklar.

B. Das Wachstum der Organe

1. Die Zellteilung

Wenn auch eine den höheren Pflanzen äußerlich ähnliche Gestaltbildung bereits von der Einzelzelle erreicht werden kann und nicht unbedingt an die Bildung eines Zellverbandes geknüpft ist (vgl. z.B. die Alge *Caulerpa*, S. 637, Abb. 3.2.91), so sind die höher organisierten Pflanzenkörper doch in der Regel aus vielen, relativ kleinen Einzelzellen aufgebaut. Das Wachstum der Einzelzellen ist hier im allgemeinen nur bis zu einer bestimmten, innerhalb definierter Größen artspezifisch festgelegten Größe möglich (Ausnahme z.B. Bastfasern oder Milchröhren, die sehr lang werden können; Tab. 1.1.1, S. 13). Es schließt sich dann in der Regel eine Zellteilung an, deren Abfolge nach Häufigkeit und Richtung weitgehend die Pflanzengestalt bestimmt.

Eine normale Mitose (vgl. S. 61f.) erfolgt in einer charakteristischen Reihenfolge von Einzelereignissen (Abb. 1.1.53). Die Steuerung der Einzelschritte, soweit bisher bekannt, scheint bei den verschiedenen Organismen – von der Hefe bis zum Menschen – auf ähnliche Weise zu verlaufen. Sie erfolgt durch spezifische Proteine, von denen zwei in ihrem Zusammenwirken näher charakterisiert sind. Das eine ist eine Proteinkinase (ein Protein-phosphorylierendes Enzym) vom Molekulargewicht 34 kDa, die wegen ihrer Regulationsrolle beim Zellcyclus (cell division cycle, cdc) als p 34^{cdc2} oder als cdc 2-Kinase bezeichnet wird. In Zellen mit regelmäßiger Teilungsfolge bleibt die Konzentration dieser Kinase konstant. Das zweite Protein zeigt charakteristische Konzentrationsschwankungen während des Zellteilungscyclus und wurde deshalb als **Cyclin** bezeichnet. Es reichert sich an in den Zellen während der Interphase. Die Mitose wird eingeleitet durch ein Zusammentreten der cdc 2-Kinase und des

Cyclins zu einem Komplex, der nach einigen posttranslationalen Änderungen zu einem aktiven Faktor («Maturation Promoting Faktor», **MPF**) umgewandelt wird, der die Zellteilung in Gang bringt. Durch nachfolgende Zerstörung des Cyclins wird der MPF inaktiviert, wodurch die Vollendung der Mitose und der Eintritt in die Interphase ermöglicht wird (Abb. 2.2.52).

Auf die Wirkung der erwähnten Proteinkinase könnte u.a. die in der späten G_2 und in der Prophase der Mitose erfolgende Phosphorylierung von 50–80% des Histons H1 (S. 52) zurückgehen.

Dieses Grundschema der Mitoseeinleitung wird kompliziert durch eine Reihe anderer interagierender Steuerfaktoren, die derzeit intensiv studiert werden. Bei der Hefe wurden bisher über 50 Zellcyclusgene (cdc-Gene) festgestellt.

In Sonderfällen kann die Reaktionsfolge an beliebiger Stelle im Mitosecyclus unterbrochen werden (Abb. 2.2.53): DNA-Verdoppelung ohne nachfolgende Chromosomenteilung führt zur **Polytaenie**; auch kann nach der Phase der DNA-Replikation (S-Phase, S. 64), in der G_2-Phase, eine Ruheperiode eingeschaltet sein, z.B. in manchen Samen. Kommt es zwar noch zur Chromosomenvermehrung (innerhalb der erhalten bleibenden Kernhülle, ohne Sichtbarwerden der Chromosomen), nicht aber zur Kernteilung, so entstehen endopolyploide Zellen (vgl. S. 426). In Zellen, die nur eine Plastide besitzen (viele Algen, das Moos *Anthoceros*, S. 648) oder sogar nur ein Mitochondrium (die Alge *Micromonas*), teilen sich diese Einzelorganellen streng synchron mit dem Zellkern. Wodurch diese Harmonisierung erreicht wird, ist noch unbekannt.

In den **polyenergiden** Zellen vieler Algen und Pilze sowie im nucleären Endosperm (Abb. 1.1.59, S. 67) kommt es zwar zu vielfachen DNA-Replikationen, Chromosomen- und Kernteilungen, aber die Zellteilung unterbleibt. Bei der nachträglichen Zellwandbildung im nucleären Endosperm werden (z.B. bei *Haemanthus katherinae*) Zellwände auch zwischen solchen Kernen eingezogen, die keine Schwesterkerne sind und zwischen denen deshalb keine Kernteilungsspindel vorhanden war. Hier hat demnach die Zellwandbildung ihre normale Anknüpfung an die Kernteilung verloren. Zellteilungen, bei denen eine der Tochterzellen keinen Kern bekommt, treten bei Pflanzen normalerweise nicht auf; kernlose Zellen, z.B. reife Siebröhrenglieder, haben ihren Zellkern nachträglich verloren.

Über die physiologischen Aspekte der Mitose haben wir nur sehr beschränkte Kenntnisse. Vielfach erfolgen die Zellteilungen rhythmisch, teilweise wohl tagesperiodisch gesteuert (Zwiebelwurzel, Zoosporenbildung bei Algen). Doch können innerhalb von 24 Stunden auch mehrere Perioden vorkommen. Bei vielen Algen erfolgen Mitosen bevorzugt nachts; *Spirogyra* z.B. teilt sich gewöhnlich gegen Mitternacht. Bei vielkernigen Zellen setzen die Kernteilungen oft gleichzeitig (wohl unter der Mitwirkung des Plasmas) ein oder schreiten wellenförmig von einem Ende der Zelle zum anderen fort (vgl. Embryosack, Abb. 1.1.59, S. 67). Wie andere physiologische Vorgänge verläuft die Zellteilung nur innerhalb bestimmter, artspezifischer Temperaturgrenzen, oft mit einem ausgeprägten Optimum (bei der Erbse z.B. zwischen 0° und 45°, Optimum bei 28–30°). Keimlinge können an niedrigere Temperaturen angepaßt sein als ältere Pflanzen.

Wie bereits erwähnt, wird die Zellteilung vermutlich

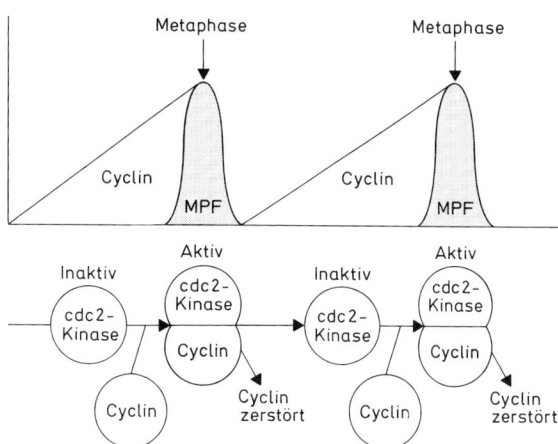

Abb. 2.2.52: Kontrolle des Zellcyclus. Das Protein Cyclin tritt zunächst mit einer Proteinkinase zu einem Komplex (MPF) zusammen, der die Zellteilung initiiert. Nach der Metaphase zerfällt der Komplex wieder und das Cyclin wird zerstört. Dieser Vorgang wiederholt sich beim nächsten Cyclus. (Nach Draetta et al.)

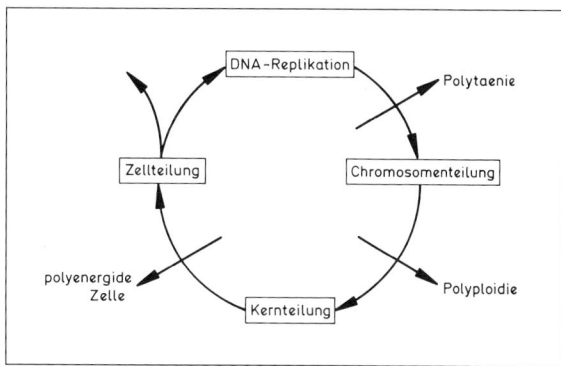

Abb. 2.2.53: Vorgänge bei der Mitose und ihre möglichen Störungen.

durch ein kompliziertes Wechselspiel verschiedener Wachstumsregulatoren (z.B. IAA, S. 384ff., Cytokinine, S. 392ff., Gibberelline, S. 388ff., Abscisinsäure, S. 393ff.) auf eine im einzelnen noch unbekannte Weise gesteuert. Dies bietet auch die Möglichkeit für korrelative Kontrollen (S. 426ff.) der Teilungsaktivität, da diese Regulatoren ja transportiert werden und damit als Hormone wirken können.

Das Zeitprogramm für die DNA-Replikation ist offenbar in den Zellkernen gespeichert: Bringt man Zellkerne des Myxomyceten *Physarum polycephalum* während der G_2-Phase (vgl. S. 64) in Plasma der S-Phase, so wird keine DNA synthetisiert, während S-Kerne, in G_2-Zellen transplantiert, weiter DNA produzieren.

Die Mitose selbst läuft auf Kosten gespeicherter Energie ab und ist von der Sauerstoffzufuhr unabhängig, auch unempfindlich gegenüber Atmungsgiften. Der Spindelmechanismus zur Trennung der Chromatiden während der Anaphase ist dagegen gegenüber einer Reihe von Hemmstoffen («Spindelgiften», z.B. Colchicin, S. 41, 63) empfindlich.

Die Zellwandbildung als Abschluß der Zellteilung scheint, zumindest in bestimmten Fällen, mit dem Schwefelstoffwechsel verknüpft zu sein.

Es gibt Hefestämme, bei denen die Zellen bei niedriger Temperatur (20–25 °C) fädig auswachsen, ohne sich zu teilen, während sie sich bei 35 °C nach Erreichen einer bestimmten Größe teilen. Zusatz von Cystein induziert auch bei niedriger Temperatur die Teilung, ebenso bei einer Mutante, die auch bei 35 °C normalerweise fädig wächst. Es gibt Hinweise, daß in den zellulären Hefen ein in der Zellwand vorhandenes schwefelreiches Protein z.T. freie -SH-Gruppen aufweist, während in der fädigen Form nur Disulfidbrücken vorliegen. Die für die Reduktion der Disulfidbrücken verantwortliche Proteindisulfid-Reduktase könnte daher eine spezifische Rolle bei der Zellteilung spielen. Diese Verknüpfung der Zellteilung mit bestimmten Schwefelverbindungen scheint nicht auf Hefen beschränkt zu sein: Bei *Chlorella* z.B. wird in schwefelfreier Kultur die Zellteilung behindert, es entstehen voluminöse Riesenzellen.

Bei manchen Pilzen haben CO_2 oder HCO_3^- ähnliche Wirkungen wie die Sulfhydrylverbindungen bei Hefen.

2. Die Wachstumszonen der Organe; Verlauf des Wachstums

Bei der Entwicklung einer Keimpflanze geht nur ein Teil der durch Zellteilung neu gebildeten Embryonalzellen nach entsprechender Determination eine spezielle Differenzierung ein, während ein anderer Teil dauernd meristematisch bleibt und nach entsprechendem Plasmawachstum die Teilung fortsetzt (vgl. S. 129 ff.). Hier zeigt sich ein grundsätzlicher Unterschied in der Organisation zwischen Pflanzen- und Tierreich. **Die Pflanze behält als «offene» Form an ihrem Körper dauernd gewisse begrenzte Bezirke embryonalen Gewebes bei und differenziert nur den Rest aus.** Sie ist daher nie wie das Tier völlig ausgewachsen, sondern stets in der Lage, bei gegebenen Umständen neu «auszutreiben» und neue Teile zu gestalten (vgl. S. 186, «Ruhende Knospen»).

Diese Trennung in embryonal bleibende und in sich streckende und differenzierende Bezirke ist auch bei älteren Entwicklungsstadien der Cormophyten deutlich (Abb. 2.2.54).

Man kann die Lage der Streckungszone z.B. dadurch festlegen, daß man das Auseinanderweichen von in gleichmäßigen Abständen angebrachten Marken verfolgt (Abb. 2.2.55), evtl. unter Zuhilfenahme eines waagrecht aufgestellten Mikroskops (Horizontalmikroskop).

Bei den Erdwurzeln liegt die Zone des Streckungswachstums direkt hinter der Spitze und ist nur wenige Millimeter lang (Abb. 2.2.55). Das Spitzenmeristem bildet beim Mais in 24 Std. etwa 10 000 Calyptrazellen (es erneuert somit die Wurzelhaube täglich vollständig), sowie etwa 170 000 Zellen für den Längenzuwachs der Wurzel. Der Mitosecyclus dauert dabei zwischen 12 Std. (in den Calyptrogenzellen) und 200 Stunden (im «ruhenden Zentrum», vgl. S. 130). In der Region, in der die Wurzelhaare beginnen, haben die Zellen meist schon ihre maximale Größe erreicht und sind in das Differenzierungswachstum eingetreten. Nur bei Luftwurzeln ist die Zone des Streckungswachstums länger.

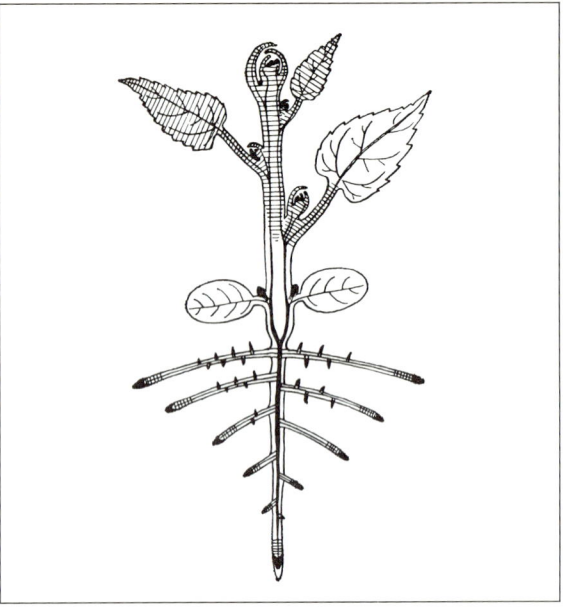

Abb. 2.2.54: Schematische Darstellung der Verteilung der verschiedenen Wachstumszonen bei einer dicotylen Pflanze. Die Bereiche des embryonalen Wachstums an den Vegetationspunkten sind schwarz, die des Streckungswachstums schraffiert, die ausgewachsenen Zonen weiß wiedergegeben. (Nach Sachs)

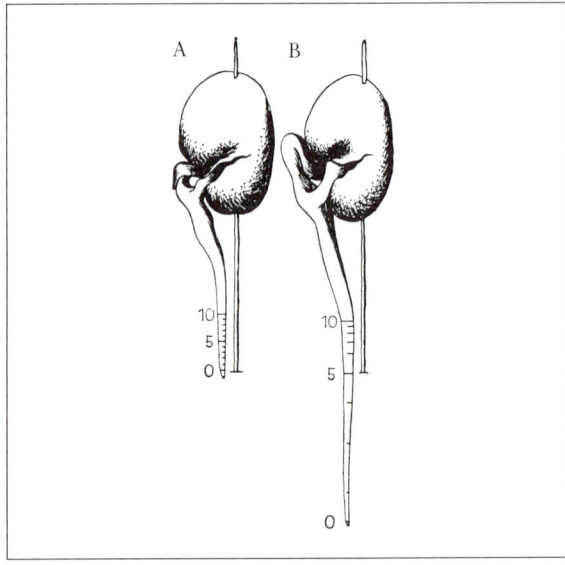

Abb. 2.2.55: Verteilung des Zuwachses an der Wurzelspitze von *Vicia faba*. **A** Wurzelspitze mit Tuschemarken in Millimeterabständen versehen. **B** Dieselbe Wurzel nach 22 Stunden. Tuschestriche durch das ungleiche Wachstum der einzelnen Zonen verschieden weit auseinandergerückt. (Nach Sachs)

Wesentlich länger ist sie beim Sproß; sie kann hier u. U. über 50 cm betragen (z.B. bei *Asparagus officinalis*). Ist die Sproßachse in Knoten und Internodien gegliedert, so bleibt die Basis des Internodiums am längsten wachstumsfähig (S. 134). Bei den Gräsern wird dieses **intercalare Wachstum** lange Zeit beibehalten, wobei die Internodienabschnitte über den Knoten nicht nur Streckungs-, sondern auch Plasma- und Teilungwachstum zeigen. Auch bei den Blättern (besonders deutlich z. B. bei Coniferen und Monocotyledonen, aber auch bei Dicotyledonen) sind solche basalen intercalaren Wachstumszonen ausgebildet. So wird z. B. der Blattstiel stets intercalar zwischen Ober- und Unterblatt eingeschoben.

Verfolgt man den zeitlichen Verlauf des Wachstums an einem Abschnitt bestimmter Ausgangslänge, z. B. in der Streckungszone der Wurzel, so stellt man einen allmählichen Anstieg der Wachstumsgeschwindigkeit bis zu einem Optimum und nachfolgend ein Nachlassen bis zum Stillstand fest («große Periode des Wachstums»). Ein derartiges An- und Abschwellen des Wachstums zeigt natürlich auch jede einzelne Zelle, die die Streckungszone «durchläuft». Der Nachschub der Zellen aus dem Meristem und deren Eintritt in das Streckungswachstum ist so harmonisch mit dem Nachlassen der Wachstumsintensität in den älteren Teilen verknüpft, daß die Wurzel insgesamt gleichmäßig weiterwächst. Bei Sprossen hat man allerdings zuweilen ein «stoßweises» Wachstum gefunden, dessen Ursache ungeklärt ist. Organe mit begrenztem Wachstum, wie Blätter, Blattscheiden (Coleoptilen der Poaceen), Filamente usw., können auch als ganzes eine große Periode aufweisen, wenn das embryonale und das Streckungswachstum zeitlich deutlich voneinander getrennt sind und das Organ nach der Streckung ausgewachsen ist.

III. Differenzierung

Innerhalb eines Meristems sind die einzelnen Zellen auf Teilung spezialisiert und unter sich im allgemeinen wenig verschieden. Eine Differenzierung tritt jedoch schon dann zutage, wenn die eine Tochterzelle einer Meristemzelle meristematisch bleibt, die andere Tochterzelle aber das Streckungswachstum aufnimmt. Schon vor Abschluß des Streckungswachstums entwickeln sich die einzelnen Zellen entsprechend ihren künftigen Aufgaben in verschiedene Richtungen weiter. Diese differenzierte Entwicklung wird durch ein unterschiedliches Enzymmuster der Zellen gesteuert: Die Auseinanderentwicklung ursprünglich einheitlicher Zellen setzt also ein verschiedenes Muster der aktiven, d. h. tatsächlich transkribierbaren Gene voraus. Es gibt eindeutige Belege dafür, daß bei der Differenzierung in der Regel kein Verlust oder Gewinn am Gesamt-Genbestand der Zelle eintritt, sondern eine **differentielle Genaktivierung** bzw. Inaktivierung erfolgt (vgl. Abb. 1.1.48; S. 56 und S. 381 ff).

Bei den vom Cambium von *Tsuga canadensis* abgegebenen prospektiven Tracheiden dauert das Streckungswachstum 18 (zu Beginn der Vegetationsperiode) bzw. 9 Tage (am Ende). Für die gegen Ende des Streckungswachstums einer Tracheide und danach erfolgende Wandverdickung werden zu Beginn der Vegetationsperiode etwa 10, am Ende bis zu 50 Tage benötigt. Die Differenzierung zum Wasserleitungselement ist bei Tracheiden (oder Tracheengliedern) erst beim Absterben des Protoplasten beendet; diese Schlußphase dauert bei *Tsuga* etwa 4 Tage. Während der Zeit des aktivsten Teilungswachstums des Cambiums hält die Differenzierung der Meristemabkömmlinge mit der Neubildung nicht mehr Schritt; das cambiale Meristem kann dann 12–40 Zellen in radialer Reihe umfassen, während es z. B. während der winterlichen Ruheperiode nur 2–4 Lagen dick ist.

A. Potenz, Embryonalisierung und Regeneration

Der wichtigste Beleg dafür, daß während der Differenzierung der Zellen kein Verlust an Genmaterial erfolgt und damit keine Einbuße an der Fähigkeit, die artspezifischen Bau- und Funktionsproteine je nach Bedarf zu bilden, besteht in der Erfahrung, wonach ausdifferenzierte Zellen wieder embryonalisiert werden können und unter bestimmten Bedingungen wieder komplette Pflanzen mit allen artspezifischen Sorten differenzierter Zellen ausbilden können. Die Zellen bleiben also, solange sie leben und den intakten Zellkern besitzen, im Rahmen der artspezifischen Möglichkeiten **totipotent**.

So entwickeln sich aus abgetrennten Begonienblättern nicht nur am unteren Ende des Blattstieles Wurzeln, sondern auch am Ansatz der Blattspreite, und besonders leicht am unteren Schnittrand abgetrennter Blattadern (Stau abwandernder Substanzen!), Adventivknospen, aus denen wieder ganze Begonienpflanzen hervorgehen können (Abb. 2.2.56). Diese Adventivsprosse entstehen aus einer einzigen, wieder embryonal gewordenen Epidermiszelle (Abb. 2.2.57), während Adventivwurzeln aus sich teilenden Zellen in der Nähe der Leitbündelphloeme hervorgehen.

Auch aus experimentell isolierten Einzelzellen können sich unter bestimmten Bedingungen (geeignete Nährmedien mit ausgewogenem Nährstoff- und Hormongehalt) wieder voll-

Abb. 2.2.56: Blattstecklinge von *Begonia* mit Regeneraten. (Nach Stoppel, verkl.)

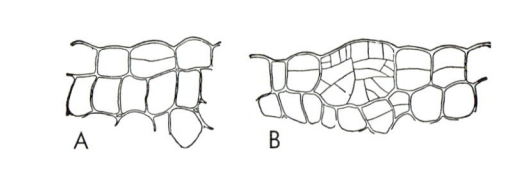

Abb. 2.2.57: Querschnitte durch die Epidermis eines Blattes von *Begonia*. Bildung eines Adventivsprosses aus einer Epidermiszelle. **A** Die Epidermiszelle hat sich einmal geteilt. **B** Aus der Epidermiszelle ist ein vielzelliges sekundäres Meristem geworden, aus dem eine Adventivknospe entsteht. (150 x, nach Hansen)

ständige Pflanzen entwickeln, z.B. aus Phloemzellen von *Daucus carota*-Rüben (Abb. 2.2.58). Auch Markzellen des Kohlrabi können leicht ganze Pflanzen regenerieren. Diese Fähigkeit macht sich z.B. die moderne Orchideenkultur zunutze, indem sie unter Umgehung der schwierigen Samenvermehrung **Klonkulturen** aus mechanisch isolierten Blattmesophyllzellen herstellt.

Derartige Embryonalisierungen ausdifferenzierter Zellen mit nachfolgenden Zellteilungen und sinnvoller Differenzierung der Teilungsprodukte spielen auch bei der Bildung des Interfascicular-Cambiums (S. 197, Abb. 1.3.56, 1.3.57) und des Wurzelcambiums (S. 226), bei der Wundheilung von Pflanzen und beim Verwachsen von Pfropfpartnern eine Rolle.

Wundheilung und Restitution. Bei Verletzung krautiger Pflanzen gehen Parenchymzellen in Wundnähe zur Teilung über und bilden eine Gewebewucherung aus zunächst undifferenzierten Zellen (**Wundcallus**); bei Holzgewächsen geht der Callus meist aus dem Cambium hervor. Später setzt in einigen Zellen des Callus eine Differenzierung ein, die zu einem Regenerat führt: Es werden z.B. Sproß- oder Wurzelvegetationspunkte gebildet oder es wird durch Ausbildung von Leitelementen eine unterbrochene Verbindung innerhalb des Xylems oder Phloems wiederhergestellt. Die Tendenz aller Restitutionen besteht darin, das wiederherzustellen, was verlorengegangen war.

Es gibt hier aber graduelle Unterschiede. Bei höheren Pflanzen werden an den Sproßachsen meist relativ leicht neue Vegetationspunkte für Sprosse und besonders für Wurzeln gebildet (wichtig für Stecklingsbewurzelung!). Verlorene Blattspreiten werden dagegen nur in ganz seltenen Fällen ersetzt; meist wird das ganze Blatt bzw. der Blattstiel abgestoßen.

Bei der Embryonalisierung der Zellen in der Nähe des Wundrandes, bei der Bildung des Callus und bei dessen programmierter Differenzierung spielen Phytohormone, vor allem ihr wechselndes Konzentrationsverhältnis, eine wichtige Rolle (vgl. S. 397). Das Auftreten eines spezifischen «Wundhormones» (vgl. S. 397) ist nach neueren Untersuchungen eher unwahrscheinlich.

Pfropfung. Bei einer erfolgreichen Pfropfung werden abgeschnittene, Knospen tragende Teile einer Pflanze (sog. **Pfropfreiser**) mit entsprechend zugeschnittenen Teilen derselben oder einer anderen Art (der **Unterlage**) durch einen sich an den Wundstellen entwickelnden Callus zur Verwachsung gebracht. In diesem Callus entstehen Phloem- und Xylemelemente, welche die entsprechenden Teile in den Leitbündeln von Reis und Unterlage miteinander verbinden. **Interspezifische Pfropfungen** gelingen in der Regel nur bei systematisch nahe miteinander verwandten Arten.

Pfropfungen sind besonders für die gärtnerische und landwirtschaftliche Praxis bedeutsam, weil durch Pfropfung auf gutwüchsige Unterlagen z.B. nicht samenbeständige Züchtungen (z.B. beim Obst- und Weinbau, in der Rosenzucht usw.) erhalten und vermehrt werden können.

Auch nach erfolgter Verwachsung behält jeder Partner sein Erbgut unverändert bei; durch den zwischen Reis und Unterlage erfolgenden Stoffaustausch ist gelegent-

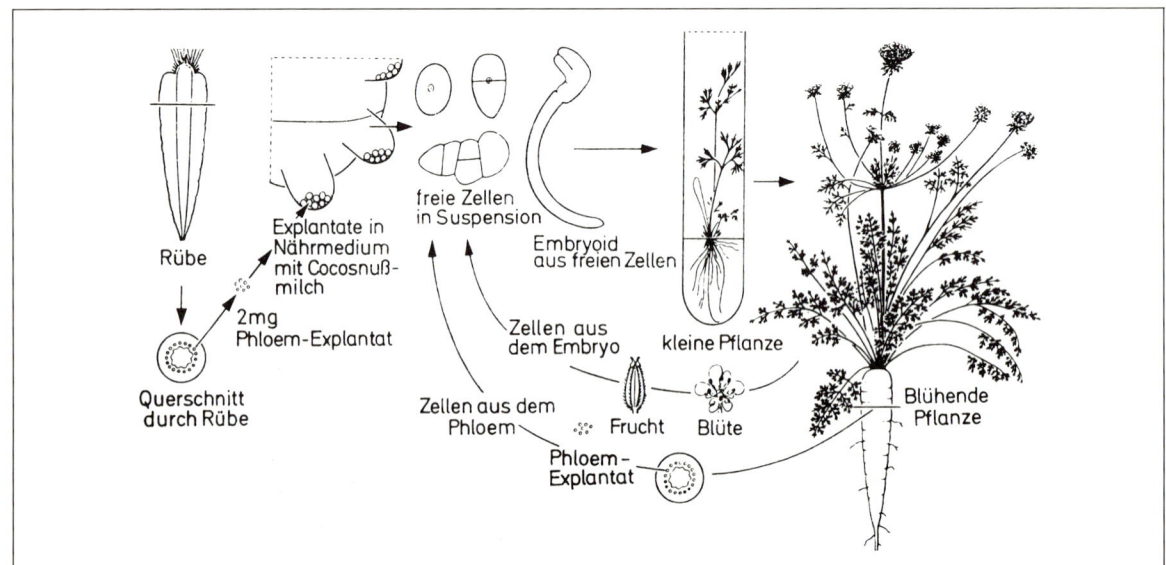

Abb. 2.2.58: Entwicklung von fortpflanzungsfähigen *Daucus-carota*-Pflanzen aus isolierten Einzelzellen. Einzelzellen sowohl aus Phloem-Explantaten als auch aus unreifen Embryonen entwickeln sich über embryoähnliche Gebilde (Embryoiden) zu kleinen und schließlich zu großen, blühenden und fruchtenden Pflanzen. (Nach Stewart, Mapes, Kent u. Holsten, aus Hess)

lich eine modifikatorische (S. 482 ff.) Beeinflussung von Eigenschaften in beiden Pfropfpartnern möglich.

Das ist besonders eindrucksvoll bei denjenigen Pfropfungen, bei denen aus dem Callus der Pfropfstelle Adventivsprosse entstehen, die aus den miteinander verwachsenen Geweben beider Partner zusammengesetzt sind (**Chimären**). Bei **Sektorialchimären** stammt ein Sektor eines Sprosses oder Blattes vom Reis, der Rest dagegen von der Unterlage. Besonders merkwürdig sind die **Periklinalchimären**, bei denen die Epidermis und evtl. einige äußere Schichten von dem einen Partner, die inneren Gewebe dagegen vom anderen Partner gebildet werden (Pfropfungen bei *Cytisus*-Arten, zwischen *Crataegus* und *Mespilus* u. a.). Derartige «**Pfropfbastarde**» können äußerlich den Eindruck echter, geschlechtlich entstandener Bastarde erwecken, dürfen mit diesen aber nicht gleichgesetzt werden; denn selbst bei diesen engsten Verwachsungen bewahrt doch jede Zelle bzw. Zellschicht ihren erblichen Artcharakter, auch wenn die äußere Gestalt eine wechselseitige Beeinflussung der artverschiedenen Gewebeschichten deutlich erkennen läßt.

B. Determination

Unter Determination einer Zelle versteht man die Festlegung ihrer Differenzierungsrichtung. Wenn eine vom Spitzenmeristem abgegebene Zelle sich z. B. zu einer Epidermiszelle, eine andere zu einem Siebröhrenglied entwickeln soll (vgl. z. B. Abb. 1.3.55 B, S. 196), muß zu Beginn der abweichenden Differenzierung im Rahmen der vorhandenen genetischen Potenzen eine Auswahl getroffen werden, welche Gene in der Zelle abgerufen und welche stillgelegt werden sollen.

Die Determination ist, wie erwähnt, in vielen Fällen rückgängig zu machen; man kann die Embryonalisierung einer bereits ausdifferenzierten Zelle aber auch als neue Determination (in Richtung teilungsfähige Meristemzelle) betrachten.

Der Vorgang der Determination ist einer der wichtigsten, aber noch am wenigsten verstandenen Prozesse der Entwicklungsphysiologie. Je nachdem, ob die Determination einer Zelle vorwiegend durch innere (intrazelluläre) oder durch außerhalb der Zelle liegende Faktoren bestimmt wird, unterscheidet man eine **endonome** und eine **aitionome** Determination. Vielfach sind diese beiden Vorgänge aber (noch) nicht eindeutig voneinander abzugrenzen.

1. Endonome Determination

Über unsere noch beschränkten, aber schnell fortschreitenden Kenntnisse von der intrazellulären Regulation der Gentranskription wurde bereits auf S. 313 ff. berichtet. In vielen Fällen scheint der Entwicklungsablauf einer Zelle im Verband eines Gewebes genetisch vorprogrammiert. Dies ist besonders auffällig, wenn abweichend gestaltete Zellen in einem regelmäßigen Muster angeordnet sind, z. B. die Spaltöffnungsapparate in der Blattepidermis der Gräser und die Trichoblasten (Wurzelhaar-bildende Zellen) in der Rhizodermis mancher Pflanzen (vgl. S. 221), die Wasserspeicher- und Chlorophyllzellen in den Blättchen von *Sphagnum* (Abb. 3.2.111 H, S. 659) und *Leucobryum* (Abb. 3.2.112, S. 659), die Drüsenzellen in der Blasenwand von *Utricularia*, die Siebröhren und ihre Geleitzellen im Angiospermenphloem (Abb. 1.2.29 A, S. 153) usw. In den genannten Fällen wird in regelmäßiger, genetisch festgelegter Folge nach normalen Zellteilungen eine **inäquale Zellteilung** eingelegt, bei der eine plasmareichere, kleinere Zelle von einer plasmaärmeren, größeren Schwesterzelle getrennt wird (Abb. 1.2.14, 2.2.64, S. 141, 424). Streng endogen programmiert und von Außenfaktoren nicht zu beeinflussen ist z. B. auch die Determination und die dadurch bestimmte Entwicklung der von den Cambiuminitialen abgegebenen Bastelemente bei den *Taxaceae*, *Taxodiaceae* und *Cupressaceae* («Viertakt»: Siebzelle – Bastfaser – Siebzelle – Parenchymzelle usw.).

Wir haben noch keine begründete Vorstellung davon, welche molekularen Vorgänge dieser endonomen Determination zugrunde liegen, auch nicht davon, wie es z. B. zu der Ungleichverteilung des Cytoplasmas in einer Zelle kommt, die sich zu einer endonom festgelegten inäqualen Teilung anschickt (vgl. Abb. 1.4.4, S. 233).

2. Aitionome Determination

Auch nicht viel mehr als über die endonome Determination ist über die aitionome Determination bekannt, bei der die Entwicklungsrichtung einer Zelle durch Faktoren bestimmt wird, die außerhalb dieser Zelle liegen.

Determination durch Nachbarzellen. Benachbarte Zellen können die Entwicklung einer Zelle in eine bestimmte Richtung leiten (Induktion) oder auch blockieren (Sperreffekt). Es gibt Induktionseffekte, bei denen eine ausdifferenzierte Zelle eine Nachbarzelle dazu veranlaßt, sich in die Richtung zu entwickeln, welche die induzierende Zelle selbst durchlaufen hat. Eine derartige **homoiogenetische Induktion** finden wir z. B. bei der Bildung des Interfasciculär-Cambiums im Anschluß an das fasciculäre Cambium (Abb. 1.3.56, S. 197), bei der Bildung von Phloem- und Xylembrükken in Wundcalli (S. 420), beim Anschluß der Leitelemente der Seitenwurzeln an die der Hauptwurzel (Abb. 1.3.97, S. 226) usw.

In anderen Fällen veranlaßt die induzierende Zelle ihre Nachbarzelle zur Entwicklung in eine ganz andere Richtung (**heterogenetische Induktion**). So können sich Endodermiszellen über Xylemelementen der Wurzel zu Durchlaßzellen differenzieren (Abb. 1.3.96 A, S. 225); die Meristemzellen in jungen Knospen oder die Drüsenzellen in Epithemhydathoden (S. 331) veranlassen basalwärts anschließende Zellen, sich zu Leitelementen zu entwickeln, die den Anschluß an bereits bestehende Leitbahnen bewerkstelligen usw. Weder über die der homoiogenetischen noch über die der heterogenetischen Induktion zugrunde liegenden molekularen Vorgänge sind bisher Einzelheiten bekannt.

Bei den **Sperreffekten** (vgl. S. 174 f., Abb. 1.3.19, S. 177) verhindert eine Zelle in ihrer unmittelbaren Nachbarschaft die Entstehung ihr gleichender oder auf ähnliche Weise sich bildender Zellen. **Störfelder**, wie sie diesen Sperreffekten zugrunde liegen, sind z.B. um die Meristemoide in den Blattepidermen bei den Dicotyledonen ausgebildet, die sich zu Haaren, Drüsen oder Spaltöffnungsapparaten entwickeln. Dies führt dazu, daß diese Gebilde unter sich bestimmte Abstände einhalten, wenn auch das entstehende Muster nicht so regelmäßig ist wie bei der endonom programmierten Determination der Blattepidermis bei vielen Monocotyledonen. Der Sperreffekt könnte auf das Vorliegen von Hemmstoffen in der Umgebung eines Hemmzentrums, oder – wahrscheinlicher – auf die Verarmung von Stoffen in diesem Bereich zurückgehen, die für die Differenzierung benötigt werden.

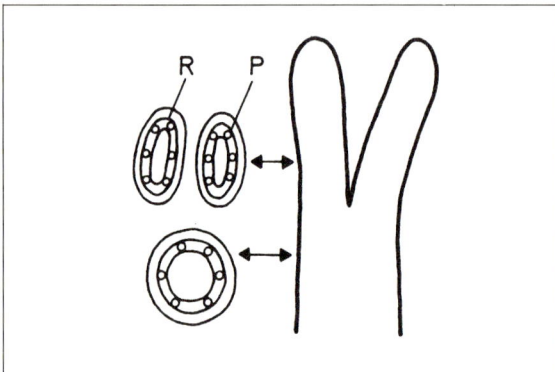

Abb. 2.2.59: Einfluß der Längsteilung des Sproßscheitels einer dicotylen Pflanze auf die Differenzierung des Restmeristems R und die Procambiumstränge P. (Nach Libbert)

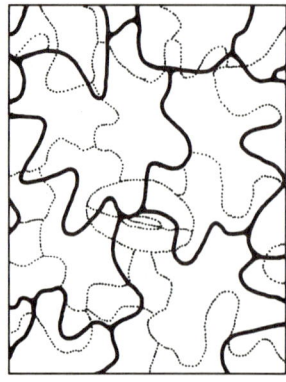

Abb. 2.2.60: Flächenansicht eines Blattes der Mutante *rhytidiophyllum* von *Epilobium hirsutum*. Unter der Epidermis (stark gezeichnet) liegt eine zweite (punktiert), die sogar eine Spaltöffnung ausgebildet hat. (Nach Bartels)

Determination durch Lage im Organ. Vielfach hängt die Determination und die durch sie gerichtete Differenzierung von der Lage der Zelle im Organ ab, ohne daß ein direkter Einfluß benachbarter Zellen festzustellen ist. So entwickeln sich die Leitbündel im Sproß-

scheitel von Dicotyledonen in einem bestimmten Abstand von der Oberfläche (Abb. 2.2.59), während die Epidermis normalerweise nur direkt an der Oberfläche entsteht. Daß dies nicht zwangsläufig der Fall ist, zeigt die Plasmamutante *rhytidiophyllum* von *Epilobium hirsutum*, die im Blattinnern an etlichen Stellen eine weitere Epidermis enthält, die sogar (funktionslose) Schließzellen ausbildet (Abb. 2.2.60).

Ob die Normalanordnung der Gewebe, z.B. der Leitbündel oder der Epidermis, auf entsprechende chemische oder physikalische Gradienten im Organ zurückgeht (O_2-, CO_2-Partialdruck, Wasserpotential, Licht, Gewebedruck u.ä.) ist noch ungeklärt.

Determination durch Hormone. Die homoiogenetische wie die heterogenetische Induktion durch Nachbarzellen erfolgt sicher durch Vermittlung chemischer Substanzen, ist demnach hormonal gesteuert. Inwieweit es sich um die bekannten Phytohormone (in wechselnden Konzentrationsverhältnissen) oder aber um andere Verbindungen (evtl. informative Makromoleküle wie Nucleinsäuren oder Proteine) handelt, ist noch unklar.

Bei der Determination der Cambiumelemente während des sekundären Dickenwachstums konnte ein direkter Einfluß von Phytohormonen wahrscheinlich gemacht werden: IAA scheint vor allem die Xylembildung, Gibberellin die Phloembildung zu fördern. Die normale Entwicklung (z.B. Bildung von 4 Xylemzellen auf nur eine Phloemzelle bei der Kiefer während der Hauptwachstumszeit) erfordert das Vorhandensein beider Hormone in bestimmtem Konzentrationsverhältnis.

Gallbildungen. Daß durch Einwirkung bestimmter Stoffe die Formbildung der Einzelzelle wie ganzer Organe tiefgreifend beeinflußt werden kann, geht besonders eindrucksvoll aus den vielgestaltigen Gallbildungen (Cecidien) hervor, die an Pflanzen unter der Einwirkung von Bakterien, Pilzen oder Tieren (Cecidozoen: z.B. Gallmücken, -wespen, -läusen, -milben) entstehen.

Organoide Gallen bestehen aus den zwar stark veränderten, aber doch noch deutlich erkennbaren Grundorganen der Wirtspflanzen. Dazu gehören z.B. die Hexenbesen, d.h. eine Zusamendrängung zahlreicher Seitenäste auf engstem Raume, die z.B. auf Birken, Hainbuchen und Kirschbäumen durch den Befall mit *Taphrina*-Arten, bei den Edeltannen durch Rostpilze hervorgerufen werden. Organoide Gallen sind auch die Rosenäpfel («Bedeguar»), die nach dem Einstich der Rosengallwespe in die jungen Blattanlagen und Sproßachsen durch Zusammendrängung zahlreicher sich entwickelnder, mißgebildeter Blätter entstehen (Abb. 2.2.61). Eine von dem Rostpilz *Uromyces pisi* befallene Cypressen-Wolfsmilch hat etwa den fünffachen IAA- und den dreifachen Gibberellinsäuregehalt und verändert ihren ganzen Habitus; sie bildet nur kurze dicke Blätter, aber keine Blüten und Seitenzweige (Abb. 2.2.62).

Histoide Gallen lassen keine organoide Gliederung erkennen, sondern entstehen als Wucherungen aus Teilen von Sproßachse, Blatt oder Wurzel. Vor allem die histoiden Gallen sind oft in auffallender und komplizierter Weise den Bedürfnissen eines Galltieres angepaßt. So entsteht z.B. die häufige Beutelgalle an Buchenblättern (Abb. 2.2.63) durch ein von den Larven der Buchengallmücke induziertes lokales Flächenwachstum. Die Larven «modellieren» sich das Gallgehäuse mit ihrem Speichel. Die eingespeichelten Bereiche wölben sich

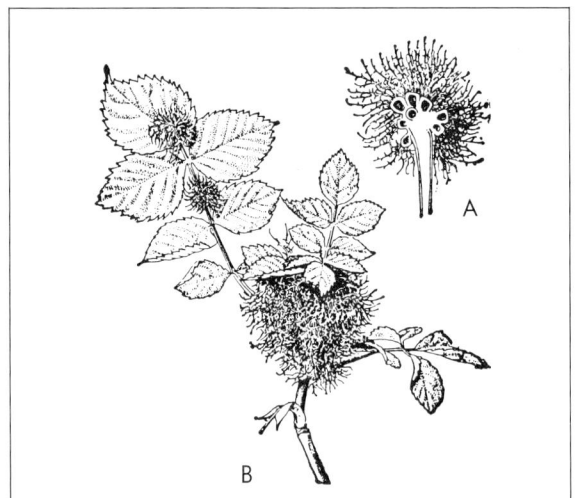

Abb. 2.2.61: «Rosenapfel» an *Rosa canina*, hervorgerufen durch den Stich und die Eiablage der Rosengallwespe *Rhodites rosae* in die jungen Blattanlagen. **A** Habitusbild. Linkes Blatt mit nur kleinen Teilwucherungen, in der Mitte fast völlige Umwandlung der Blattanlagen. **B** Schnitt durch die Sproßspitze mit mehreren Larvenkammern. (Nach Ross u. Hedicke)

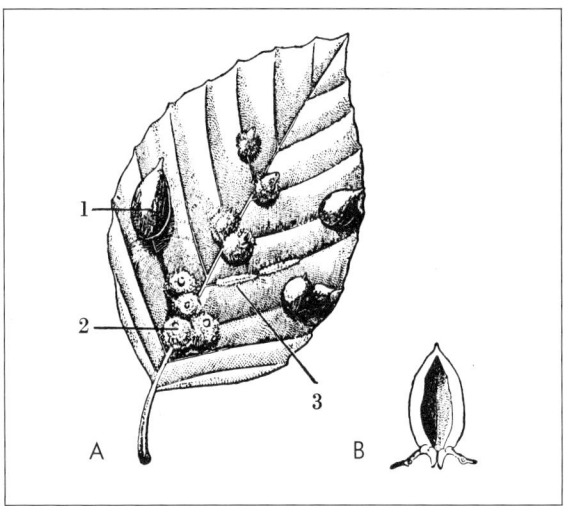

Abb. 2.2.63: A verschiedene histoide Gallen auf einem Blatt von *Fagus sylvatica*. Die spezifische Form der Gallen geht auf die Wirkung des Tieres zurück. 1 Beutelgalle, verursacht durch die Buchengallmücke *Mikiola fagi*, 2 behaarte Beutelgalle der Gallmücke *Hartigiola annulipes*, 3 Filzgalle auf Blattnerven, verursacht durch die Milbe *Eriphyes nervisequus*. **B** Schnitt durch die Beutelgalle 1. (Nach Ross u. Hedicke)

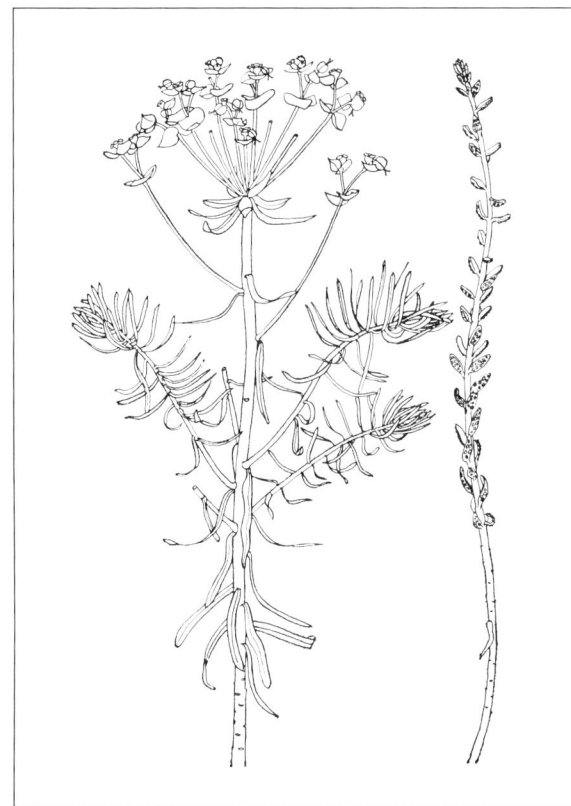

Abb. 2.2.62: *Euphorbia cyparissias*, links normale, rechts durch Infektion mit *Uromyces pisi* veränderte Pflanze. (ca. 2/3 x, nach Schumacher)

schließlich taschenförmig ein, so daß die Erreger völlig in den nach unten einen Ausführgang zeigenden Beutel eingeschlossen werden. Auch nachfolgendes Dickenwachstum und Ausbildung von sclerenchymatischen Elementen findet bei vielen Gallen statt, so daß ein widerstandsfähiges Gehäuse zum Schutz des sich entwickelnden Tieres entsteht. Reichliche Haarbildungen und zartwandige, nährstoffreiche Zellen im Innern dienen oft zur Ernährung des Galltieres.

In den genannten Beispielen werden demnach unter dem Einfluß eines Fremdorganismus Zell- und Organformen produziert, für die zwar die genetische Potenz in der Pflanze vorhanden ist, die aber normalerweise nicht gebildet werden.

Es besteht kein Zweifel, daß die verschiedenen Gallen durch die erregerspezifische, räumlich und zeitlich gezielte stoffliche Einwirkung der gallerzeugenden Organismen zustande kommen. Dabei scheinen Phytohormone eine maßgebliche Rolle zu spielen.

Daß *Corynebacterium fascians* ein Cytokinin bildet, das bei der Auslösung der Verbänderung beteiligt sein dürfte, wurde bereits erwähnt (S. 392), ebenso die Gibberellinproduktion durch *Fusarium heterosporum* (S. 388) und die IAA-Bildung durch *Rhizobium*, die bei der Bildung von Wurzelknöllchen wichtig ist (S. 376).

Auch bei der Entstehung komplizierter histoider Gallen scheint IAA beteiligt zu sein, die neben anderen Substanzen (z.B. Aminosäuren und Enzymen) im Speicheldrüsensekret von Gallinsekten vorkommt. Zu der Entwicklungsanregung durch die Ei-ablegende Imago muß in der Regel eine anhaltende, vermutlich räumlich und zeitlich programmierte stoffliche Beeinflussung durch das Ei und die sich entwickelnde und in der Galle bewegende Larve kommen, um die Galle zur vollen Entwicklung kommen zu lassen. So verwundert es nicht, daß eine einzige Wirtspflanze, wie z.B. die Eiche, über hundert verschiedene Gallsorten hervorbringen kann.

C. Polarität

Unter Polarität versteht man in der Biologie die physiologische und morphologische Ungleichwertigkeit zweier Pole oder zweier Oberflächen in einem lebenden System. Phänomenen morphologischer Polarität sind wir schon bei der Betrachtung des Baues von Einzelzellen, von Thallo- und Cormophyten im Kapitel Morphologie begegnet (S. 170); physiologische Polarität (wie sie letztlich auch jeder morphologischen zugrunde liegt) ist uns z.B. vom Elektronen- und Protonentransport durch die Thylakoidmembran (S. 263 f.) und vom parenchymatischen Wuchsstofftransport (S. 386) vertraut. Als besonders auffälliges weiteres Beispiel kann der Befund angeführt werden, daß gewisse Haarzellen bestimmte Farbstoffe in ihrem Plasma nur von der Zellbasis zur Spitze transportieren, obwohl eine lebhafte Circulationsströmung des Plasmas besteht.

Auch die inäquale Zellteilung (S. 421), die – wie erwähnt – ein entscheidender Schritt der Differenzierung ist, setzt ja eine Polarität der Zelle voraus, die durch die Teilung nur sichtbar fixiert wird, aber bereits vorher, z.T. sogar irreversibel, festgelegt war. Nicht die inäquale Zellteilung selbst oder die Richtung der Teilungsspindel und damit der neu gebildeten Zellwand bestimmen letztlich die charakteristische dreidimensionale Form des Pflanzenkörpers, sondern die diesen Phänomenen zugrunde liegende Zellpolarisierung.

Induktion der Polarität. Falls die befruchtete Eizelle und der aus ihr entstehende Embryo zunächst von den Geweben der Mutterpflanze umschlossen bleibt, bestimmen diese die Hauptachse der Polarität. Da bereits die befruchtete Eizelle polarisiert wird, ist schon die erste Zellteilung inäqual und trennt einen Wurzelscheitel (bei leptosporangiaten Farnen dem Archegonienhals, bei Samenpflanzen der Mikropyle zugekehrt) und einen Sproßscheitel (Abb. 1.2.2, S. 129).

Werden Eizellen oder Sporen bei niederen Pflanzen von der Mutterpflanze entlassen, dann sind sie nur in Ausnahmefällen (z.B. die Eizellen der Braunalgen *Sargassum* und *Coccophora*) bereits durch die Mutterpflanze polarisiert. In der Regel (z.B. bei den Eizellen bzw. Zygoten der Braunalge *Fucus*, bei den Meiosporen von Moosen und Farnpflanzen) erfolgt die Polarisierung erst durch Außeneinflüsse, vor allem durch das Licht.

Werden die Sporen von *Equisetum* bzw. die befruchtete Eizelle von *Fucus* einseitig belichtet, so wird eine inäquale Verteilung des Protoplasmas und anschließend eine inäquale Zellteilung induziert, wobei die Zelle auf der Schattenseite zum Rhizoidpol, die andere (größere) zur Ausgangszelle des übrigen Thallus wird (Abb. 2.2.64). Bei den *Fucus*-Zygoten kann unter bestimmten Umständen das Rhizoid (an der dunkelsten Stelle) schon vor der Zellteilung austreiben, d.h. die Teilung stabilisiert lediglich eine vorher in der Zelle erfolgte Polarisierung. Bestimmend für die induzierte Polarität ist der Intensitätsabfall des Lichts in der Zelle, nicht die Einfallsrichtung des Lichtes, wie Halbseitenbeleuchtungen zeigen (Abb. 2.2.65).

Die zur Polaritätsinduktion benötigte Belichtungsdauer nimmt mit zunehmender Lichtintensität ab; wesentlich ist

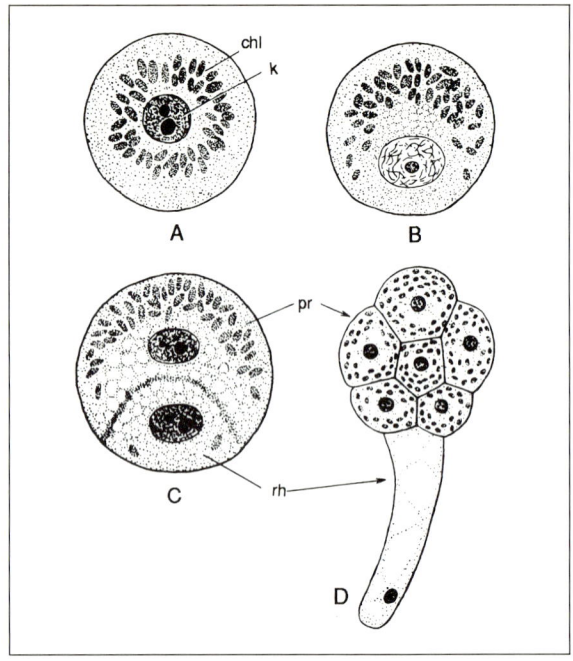

Abb. 2.2.64: Polarisierung der *Equisetum*-Spore. **A** unpolarisierte Spore mit Zellkern k und Chloroplasten chl. **B** Beginn der Polarisierung. **C** Abgrenzung der Rhizoid-(rh) und Prothalliumzelle (pr.) **D** Frühes Mehrzellstadium. (Nach Nienburg)

demnach die Lichtmenge. Bei *Equisetum*-Sporen werden bei 2 W · m^{-2} Weißlicht ca. 10 min, bei 20 W · m^{-2} 1–5 min, bei einem Elektronenblitz nur 10^{-3} sec zur maximalen Polarisation benötigt.

Die wirksamen Wellenlängen liegen bei Eiern bzw. Zygoten von Braunalgen und bei *Equisetum*-Sporen meist im blauen und ultravioletten Bereich; das Wirkungsspektrum läßt ein Flavoprotein als Rezeptor vermuten. Die Rezeptormoleküle liegen im peripheren Protoplasma, wahrscheinlich oberflächenparallel.

Die erste auffallende Reaktion in *Equisetum*-Sporen, die durch einseitige Belichtung polarisiert wurden, ist eine Verlagerung der Plastiden in die lichtzugewandte Seite der Zelle, also in die künftige Chloronemazelle, und des Zellkerns in die entgegengesetzte Richtung (Abb. 2.2.64B). Diese Bewegung wird auch dann induziert, wenn weder die Plastiden noch der Zellkern, sondern ausschließlich das Cytoplasma belichtet wird.

Wird der induzierende Einfluß einseitiger Belichtung ausgeschaltet, so wird oft die Schwerkraft wirksam (Rhizoidpol zum Erdmittelpunkt hin gerichtet). Gibt es gar keine richtenden Außenfaktoren (verwirklicht nur im Experiment), so entstehen die Rhizoiden bei *Fucus*-Zygoten an einer zufälligen Stelle, bei *Equisetum*-Sporen an einem definierten Ort, dem Rhizoidpunkt (der bei anders gerichteter Induktion normalerweise nicht in Erscheinung tritt).

Auch Einflüsse von benachbarten Zellen auf die Polaritätsinduktion wurden nachgewiesen: Liegen mindestens 10 *Fucus*-Zygoten dicht beieinander, so bilden die inneren Zellen z.T. gar keine Rhizoiden aus, während sie bei den äußeren zum Inneren der Gruppe hin entstehen. Der wichtigste Schritt bei der Induktion der Polarität scheint eine lokal gesteigerte Aufnahme von Ca^{2+} zu sein: an diesen Orten erfolgt das verstärkte Wachstum. Diese Ca^{2+}-Aufnahme ist Teil eines die

Zelle passierenden Ionenstroms: Am «nichtwachsenden» Pol wird Ca^{2+} aktiv aus der Zelle gepumpt, das am wachsenden (oder zukünftig wachsenden) Pol passiv wieder einströmt. Der Ca^{2+}-Strom scheint von der Ungleichverteilung der Ca^{2+}-Pumpen und -Kanäle in den Membranen gerichtet zu werden.

Stabilität der Polarität. Kurz nach der Induktion ist die Polarisierung bei *Fucus*-Zygoten durch anders gerichtete Gradienten (z.B. entgegengesetzte Belichtung) noch aufhebbar oder sogar umkehrbar.

Bei der fädigen Grünalge *Cladophora* (S. 636, Abb. 3.2.90), deren Fäden polarisiert sind (basales Ende bildet Rhizoid), kann man die plasmatische Verbindung der Fadenzellen untereinander durch Plasmolyse abbrechen; nach Deplasmolyse regeneriert dann jede Zelle einen neuen Zellfaden, wobei das basale Ende der Zelle sich zum Rhizoid entwickelt. Diese Polarität kann durch Zentrifugieren umgekehrt werden. Dies ist nicht möglich z.B. bei den polar determinierten Eizellen von *Sargassum* und *Coccophora*.

Besonders nachhaltig fixiert und im allgemeinen irreversibel ist die einmal aufgeprägte Polarität bei höheren Pflanzen.

So treiben z.B. an abgeschnittenen Weidenzweigen in feuchter Atmosphäre am apicalen Ende Knospen aus, während sich am basalen Ende Wurzeln bilden, obwohl auch hier genügend Knospenanlagen vorhanden sind (Abb. 2.2.66). Ebenso treiben Wurzelstücke z.B. des Löwenzahns oder der Zichorie in feuchter Erde Knospen an der proximalen, dagegen Wurzeln an der distalen Seite (Abb. 2.2.67). Auch bei Pfropfungen offenbart sich die Polarität der Pfropfpartner, indem nur richtig orientierte Teile miteinander verwachsen. Diese Polarität ist endogen bestimmt und kann nicht durch Außenfaktoren umgestimmt werden, auch nicht durch veränderte Einwirkung der Schwerkraft (Abb. 2.2.66, 2.2.67). Sie ist in jedem noch so kleinen Sproß- und Wurzelstück ausgeprägt, so daß man an

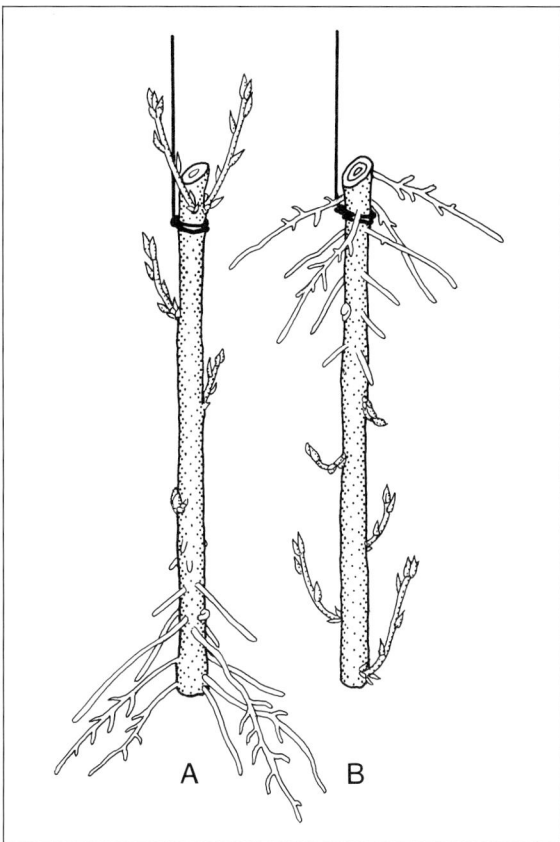

Abb. 2.2.66: Zweigstücke einer Weide. **A** in normaler, **B** in umgekehrter Lage, im feuchten Raum hängend und austreibend. (Nach Pfeffer)

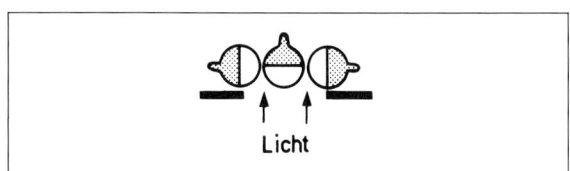

Abb. 2.2.65: Entstehung der Rhizoiden bei der *Fucus*-Zygote an der jeweils dunkelsten Stelle. (Nach v. Wettstein)

das Verhalten von Permanent-Magneten erinnert wird, bei denen auch die Bruchstücke stets wieder Plus- und Minus-Pole aufweisen. Der Schluß scheint gerechtfertigt, daß auch bei höheren Pflanzen jede Einzelzelle polarisiert ist, und die Polarität der Einzelzellen die des Organs bestimmt.

Eine Umkehr der ursprünglichen Polarität ist bei Organen offensichtlich nur möglich, wenn eine Mitose eingeschaltet wird und die neu gebildete Zelle invers induziert wird, z.B. die Cambiumderivate in Sproßstecklingen. Es können auch mehrere Zellteilungen nötig sein, bevor eine neue Polarität fixiert ist.

Die strukturellen Grundlagen der Polarität. Welche Baueigentümlichkeiten zeichnen eine polarisierte gegenüber einer unpolarisierten Zelle aus?

Nur begrenzte Auskunft über dieses Problem geben die Ereignisse bei der Polaritätsinduktion. Die im Mikroskop sichtbare Verlagerung von Zellorganellen und Teilen des Cytoplasmas ist sicher Folge, nicht Ursache der Polarisierung.

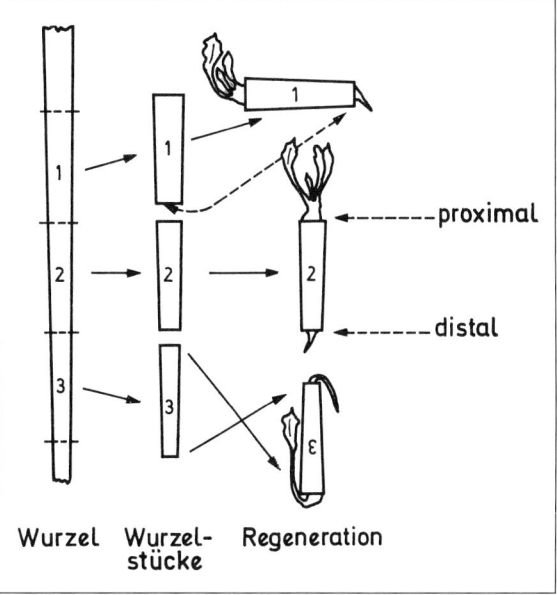

Abb. 2.2.67: Polare Regeneration bei Wurzelstücken. Sproßknospen entstehen immer am proximalen (am nächsten dem Wurzelhals befindlichen) Ende, unabhängig von der Lage in Raum. (Nach Warmke u. Warmke)

Die einzige sichere Aussage, die wir über die strukturelle Grundlage der Zellpolarität heute machen können, ist die, daß die zugrunde liegenden Strukturasymmetrien, z.B. in der Verteilung und Umverteilung der Ca^{2+}-Pumpen und -Kanäle, ihren Sitz im randständigen Plasma haben müssen: Die Zellpolarität wird z.B. durch Plasmaströmung, die ja das Ektoplasma nicht erfaßt, nicht verändert.

Es ist deshalb nicht verwunderlich, daß alle Faktoren, die Polarität induzieren können, Membraneffektoren sind.

D. Endopolyploidie

Die Differenzierung von Zellen innerhalb eines vielzelligen Organismus ist bei Pflanzen häufig mit einer Änderung in der Zahl der Chromosomensätze in den Zellen verbunden. Auf diese Vorgänge, die nach unserer derzeitigen Kenntnis wohl eher Begleiterscheinungen, nicht Ursachen der Differenzierung sind, wird in anderem Zusammenhang näher eingegangen (vgl. S. 63 und S. 497 ff.).

IV. Korrelationen

Zwischen den einzelnen Zellen, den Geweben und den Organen, die sich zu einem übergeordneten, komplizierten, aber harmonischen Organismus zusammenschließen, müssen enge Wechselwirkungen (Korrelationen) bestehen. Schon die homoiogenetische und die heterogenetische Induktion und der Sperreffekt durch Nachbarzellen kann im weiteren Sinne als korrelative Wirkung betrachtet werden. Besonders auffallend sind die Korrelationen bei den ausgedehnten Vegetationskörpern Höherer Pflanzen, wenn sie auch den niederen Pflanzen keineswegs fehlen.

Soweit es sich bei den korrelativen Wechselwirkungen nicht einfach um die Konkurrenz um Nährstoffe oder die gegenseitige Belieferung mit Nährstoffen handelt, werden sie in der Regel durch Hormone verursacht.

A. Korrelative Förderung

Korrelative Förderung kann auf der Belieferung mit Nährstoffen beruhen. So wird ein ergiebig assimilierendes Sproßsystem die Entwicklung des Wurzelsystems durch reichliche Assimilatanlieferung fördern, das seinerseits wieder bei üppiger Entwicklung den Sproß ausreichend mit Wasser und Mineralsalzen versorgt.

Der Sproß beliefert die Wurzel aber auch mit Vitaminen (u.a. mit Thiamin, das offensichtlich keine nichtgrüne Wurzel synthetisieren kann) und mit IAA, die nicht nur das Längenwachstum der Wurzel, sondern auch (neben Thiamin und Nicotinsäureamid) die Bildung der Seitenwurzeln steuert. Die Wurzel ihrerseits versorgt den Sproß mit Cytokininen und Gibberellinen, die dort wieder spezifische Wirkungen entfalten können (S. 392f., 388f.).

Bei Bäumen mit einem nur zeitweise aktiven Cambium geht der Anstoß zur Aufnahme der Teilungsaktivität zu Beginn der Wachstumsperiode von den sich entwickelnden Knospen aus und schreitet basalwärts fort.

Bei ringporigen Bäumen (vgl. S. 200) erfolgt diese Cambiumaktivierung über die ganze Stammlänge so schnell, daß die Entwicklungsanregung durch die Knospen oft nicht nachweisbar ist; bei großen Coniferen kann es aber eine Woche dauern, bis die Induktion der Cambiumaktivität von den Knospen bis zur Stammbasis fortgeschritten ist, bei hohen zerstreutporigen Laubbäumen 3–4 Wochen und mehr. Diese Entwicklungsanregung geht auf die Wirkung von IAA zurück.

Staut sich das Auxin auf seiner Wanderung durch die Sproßachse an, z.B. über Ringelungsstellen, so wird dort das Dickenwachstum besonders angeregt (Anschwellungen), häufig auch die Bildung von Adventivwurzeln ausgelöst.

Auch die Bewurzelung von Sproßstecklingen wird durch Applikation von IAA auf die Basalzone gefördert (Abb. 2.2.68), wobei die bei vielen Pflanzen vor allem über den Stengelknoten vorhandenen, äußerlich unsichtbaren embryonalen Wurzelanlagen zur Weiterentwicklung angeregt werden oder auch endogene Neubildungen aus Perizykel oder Cambium erfolgen können. Das Verfahren wird auch praktisch angewandt, z.B. bei der vegetativen Vermehrung des Kakao.

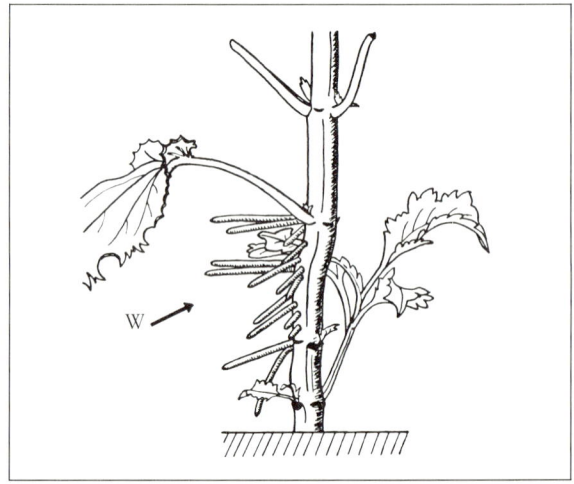

Abb. 2.2.68: Basale Stengelzone einer *Coleus*-Pflanze mit Bildung von Adventivwurzeln (W) nach Aufstreichen einer Wuchsstoffpaste an der linken Stengelseite. (Ca. ½×, aus Schumacher)

Korrelative Steuerung des Fruchtwachstums und der Samenkeimung. Wegen der praktischen Bedeutung der Früchte ist die Regulation ihres Wachstums, die vorwiegend korrelativ mit Hilfe von Hormonen erfolgt, besonders gut untersucht.

Die erste Phase des Fruchtknotenwachstums (vor dem Aufblühen) ist meist durch starkes Teilungswachstum bei nur geringer Zellstreckung charakterisiert. Die Teilungen werden bei vielen Arten (z.B. bei der Tomate und bei der Johannisbeere) nach dem Aufblühen weitgehend eingestellt und das folgende Wachstum geht

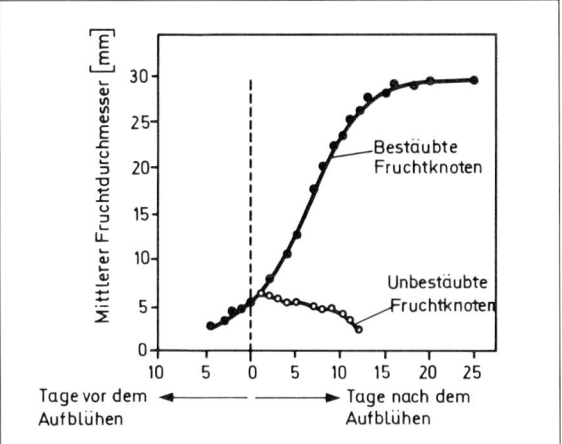

Abb. 2.2.69: Wachstum des Fruchtknotens von Cucumis anguria. In unbestäubten Blüten kommt es gleich nach dem Aufblühen zum Stillstand (die Abnahme beruht auf Schrumpfung), während die bestäubten Fruchtknoten eine typische sigmoide Wachstumskurve zeigen. (Nach J.P. Nitsch)

dann allein auf die Zellstreckung zurück; diese wird aber nur ausgelöst, wenn eine Bestäubung eingetreten ist (Abb. 2.2.69). Die Zellen können so groß werden, daß sie mit bloßem Auge erkennbar sind (z.B. bei *Citrullus vulgaris*).

Bleibt die Bestäubung aus, werden die Blüten in der Regel abgestoßen, erfolgt sie aber, so welken zwar die Blüten- und Staubblätter, aber die Fruchtentwicklung setzt ein. Für die erste Phase des Fruchtwachstums («Fruchtansatz») ist in den meisten Fällen eine erfolgte Befruchtung nicht notwendig; es genügt die Bestäubung, oft selbst eine durch artfremden Pollen, der gar keine Befruchtung durchführen kann. Der (sehr auxinreiche) Pollen wirkt über eine Abgabe von IAA. Man kann deshalb die Wirkung einer Bestäubung vielfach ersetzen durch Applikation von IAA oder ähnlich wirkenden Auxinen auf die Narbe (z.B. Besprühen mit Auxinlösung oder Auftragen einer Lanolinpaste mit Auxin).

Bei den meisten Früchten löst die Bestäubung zwar den Fruchtansatz, nicht aber ein fortdauerndes Wachstum der Früchte aus. Dieses setzt erst nach erfolgter Befruchtung ein und wird wieder korrelativ durch Auxinabgabe von seiten der sich entwickelnden Samenanlagen gesteuert. Bei vielen Früchten, z.B. Weinbeeren, Äpfeln, Birnen, Tomaten und Johannisbeeren, ist deshalb die Größe der ausgewachsenen Frucht normalerweise der Zahl der in ihr sich entwickelnden Samen proportional. Bei der Erdbeere unterbleibt das Fleischigwerden der Blütenachse praktisch vollständig, wenn man die Nüßchen entfernt, tritt aber in normalem Umfang ein, wenn man anstelle der Nüßchen eine Lanolinpaste mit Auxin aufträgt. Diese Koppelung des Fruchtwachstums an die erfolgte Befruchtung und die beginnende Samenentwicklung gewährleistet, daß die oft erhebliche Stoffzufuhr für die weitere Fruchtentwicklung nur dann erfolgt, wenn sie biologisch sinnvoll ist.

Bei einer Reihe von Arten führt Auxinzufuhr zur Narbe (anstelle einer Bestäubung) nicht nur zum Fruchtansatz, sondern auch zur weiteren Entwicklung der Frucht bis zur völligen Reife (z.B. bei Tomate, Johannisbeere, Tabak, Feige). Diese ohne Befruchtung entstandenen Früchte (**Parthenokarpie**) sind natürlich samenlos. Es wird angenommen, daß bei diesen Arten das zugeführte Auxin die sonst nur nach Befruchtung erfolgende weitere Produktion von Auxin durch Teile des Fruchtknotens (z.B. die Samenanlagen) auslöst. Bei anderen Arten wird durch zugeführtes Auxin nur der Fruchtansatz, nicht die weitere Entwicklung in Gang gesetzt (z.B. bei Olive, Hopfen, Mais).

Bei den natürlich parthenokarp entstehenden und daher ebenfalls samenlosen Früchten, z.B. Varietäten von Tomaten, Gurken, Feigen, Orangen, Bananen und Ananas, erfolgt die Fruchtentwicklung z.T. ohne Bestäubung, z.T. nach Bestäubung und Befruchtung mit nachfolgendem Abort der Embryonen. Die für die Stoffzufuhr und das Fruchtwachstum notwendige Auxinproduktion der Samenanlagen bzw. anderer Teile des Fruchtknotens bedarf bei diesen Pflanzen offensichtlich keiner oder nur gewisser korrelativer Einflüsse von außen.

Auxine sind wie bei anderen Wachstumsvorgängen so auch beim Fruchtwachstum nicht die einzigen wirksamen Hormone. Es gibt Hinweise, daß sich entwickelnde Samen neben Auxinen auch Gibberelline an ihre Umgebung abgeben und daß auch diese bei der Kontrolle der Fruchtentwicklung beteiligt sind. Bei einigen Arten kann man mit Gibberellinzufuhr, nicht aber durch Auxinapplikation, Parthenokarpie auslösen (z.B. bei *Prunus*-Arten). Schließlich hat man auch gefunden, daß Früchte, die während des Wachstums noch Zellteilungen aufweisen, zur Zeit des aktivsten Teilungswachstums auch den höchsten Cytokiningehalt besitzen (z.B. Apfel, Tomate, Banane).

Über die korrelativen, durch Hormone bewirkten Regulationen bei der Samenkeimung, z.B. die Induktion der Enzymsynthese in der Aleuronschicht der Gräser durch ein vom Embryo abgegebenes Gibberellin, wurde bereits früher (S. 390f.) berichtet.

B. Korrelative Hemmung

Auch korrelative Hemmungen können entweder über die Nährstoffversorgung oder über hormonale Wechselwirkungen zustande kommen. Im ersten Falle kann es sich z.B. um eine Konkurrenz um Nährstoffe handeln: Die Einzelfrucht wird kleiner, wenn sich zahlreiche Früchte entwickeln, ebenso der Einzelsamen in der Frucht, wenn mehrere Samen zur Reife kommen (z.B. Roßkastanie). Weiterhin wird das vegetative Wachstum meist drastisch eingeschränkt, sobald eine Pflanze Früchte und Samen ausbildet.

Apicaldominanz. Normalerweise wächst die Gipfelknospe einer Pflanze schneller als die Seitenknospen, obwohl sie gegenüber letzteren ihrer Lage wegen in der Versorgung mit Assimilaten von Seiten der exportierenden Blätter und mit Nährsalzen durch die Wurzel benachteiligt sein sollte. Diese **Bevorzugung der Gipfelknospe** (Apicaldominanz) ist bei verschiedenen Arten unterschiedlich ausgeprägt. Sie ist z.B. meist absolut bei der Sonnenblume (nur die Gipfelknospe kommt zur Entwicklung), dagegen relativ schwach bei der Tomate, wo schon in geringem Abstand von der Gipfelknospe Verzweigung einsetzt. Oft läßt auch die Dominanz der Gipfelknospe im Laufe der Entwicklung einer Pflanze nach: So wachsen z.B. viele Bäume zunächst unverzweigt in die Länge und verzweigen sich erst nach einigen Jahren.

Entfernt man die Gipfelknospe (unter natürlichen Bedingungen geschieht dies z.B. durch Wind- oder Schneebruch oder durch Tierfraß), so treiben eine oder mehrere der bisher gehemmten Seitenknospen aus. Dabei übernimmt dann in der Regel die sich am schnellsten entwickelnde und in die Vertikallage einrückende Seitenknospe die Dominanz und unterdrückt das weitere Wachstum der übrigen Seitenknospen.

Die Dominanz der Gipfelknospe geht auf ihre Auxinproduktion und -abgabe zurück: Entfernt man die Gipfelknospe und ersetzt sie durch eine Auxinpaste (Konzentration z.B. 1 ppm), so bleiben die Seitenknospen weiter unterdrückt. Der Mechanismus dieser Auxinwirkung ist noch nicht ganz klar; es sieht so aus, als hemme ein durch die Gipfelknospe hoch gehaltener Auxingehalt in der Sproßachse die Ausbildung einer Leitbündelbrücke zwischen den Seitenknospen und den Achsenbündeln und drossele damit die Versorgung der Lateralknospen. Nach Dekapitierung wird diese Brücke schnell geschlagen.

Cytokinine fördern, den Seitenknospen zugeführt, deren Wachstum (vgl. S. 393), vermögen also der Apicaldominanz begrenzt entgegenzuwirken; für eine anhaltende Entwicklung dieser Seitenknospen ist aber auch Auxin notwendig.

Unter komplizierter korrelativer Kontrolle steht auch das Wachstum der Stolonen bei der Kartoffel (vgl. S. 173, Abb. 1.3.18). Normalerweise wachsen sie unter der Erde horizontal, wobei die Blätter rudimentär bleiben und die Internodien stark verlängert werden. Werden die Gipfelknospe und alle Seitenzweige entfernt, so richten sich die Stolonen auf und entwickeln sich zu normalen, beblätterten Sprossen. Auch Seitensprosse an den oberen Teilen der Kartoffelpflanze können experimentell durch eine Behandlung mit IAA + Gibberellin zur Bildung von Stolonen veranlaßt werden.

Apicaldominanz findet sich auch bei niederen Pflanzen: Isolierte Thallusstücke des Lebermooses *Lunularia cruciata* z.B. regenerieren aus ausgewachsenen Thalluszellen, während Stücke mit Scheitel nur an diesem weiterwachsen. Auch hier unterdrückt IAA die Regeneration aus Thalluszellen und ersetzt somit den Scheitel.

C. Abscission

Das Abwerfen von Blättern, Blüten und Früchten, manchmal auch von Zweigen (z.B. bei Pappeln), gehört zum normalen Entwicklungsablauf ausdauernder Pflanzen. Die Pflanze kann damit einmal überflüssige oder nicht mehr funktionsfähige Organe beseitigen und zum andern reife Früchte der Ausbreitung zuführen.

Blattfall. Sommergrüne Holzpflanzen verlieren ihre Blätter im Herbst, Immergrüne und Tropenpflanzen während des ganzen Jahres. Der Blattfall kann unter bestimmten klimatischen Bedingungen (Auftreten einer Trockenzeit oder einer Kälteperiode, die wegen der geringen relativen Luftfeuchte und der Schwierigkeit der Wasserversorgung bei Frieren von Boden und Leitbahnen wie eine Trockenzeit wirkt) notwendig sein, um zu große Wasserverluste zu vermeiden. Alle Blätter aber reichern mit der Zeit bei langdauernder Transpiration Ballastionen an (vor allem Ca^{2+}, das auch nicht mehr im Phloem zurücktransportiert werden kann, vgl. S. 345), so daß sie mit der Zeit funktionsuntüchtig werden; ihr Abwurf kommt daher einer Entschlackung gleich.

Bei *Welwitschia* (vgl. S. 729, Abb. 3.2.187 A) werden die beiden einzigen Laubblätter während ihrer langen Lebensdauer zwar nicht abgeworfen, sie sterben aber von der Spitze her ab und wachsen an der Basis nach, so daß auch hier die mit Ballastionen beladenen Teile abgestoßen werden.

Der Blattfall wird ermöglicht durch die Bildung eines **Trennungsgewebes** an der Basis des Blattstieles (Abb. 2.2.70). Es besteht aus kleinen Parenchymzellen mit wenig Interzellularen. Die eigentliche Abtrennung oder Abscission ist ein aktiver Prozeß, der die Synthese spezieller Enzyme, vor allem von Pectinase und Cellulase, und damit energiebedürftige RNA- und Proteinsynthese erfordert. Entzug von Sauerstoff oder Atmungssubstrat oder Zufuhr von Hemmstoffen wie Actinomycin D oder Chloramphenicol zum Blattstiel blockieren daher die Abscission (der Spreite geboten, fördern die Hemmstoffe den Blattfall, wahrscheinlich über eine Beschleunigung der Senescenz, s.u.). Die Trennung selbst verläuft, je nach Pflanzenart, entweder durch Auflösung der Mittellamellen (durch Pectinase), der Mittellamellen und der Primärwände (durch Pectinase + Cellulase) oder auch ganzer Zellen.

Die Ausbildung der Trennschicht und damit die Einleitung des Blattfalls wird wieder durch ein kompliziertes hormonel-

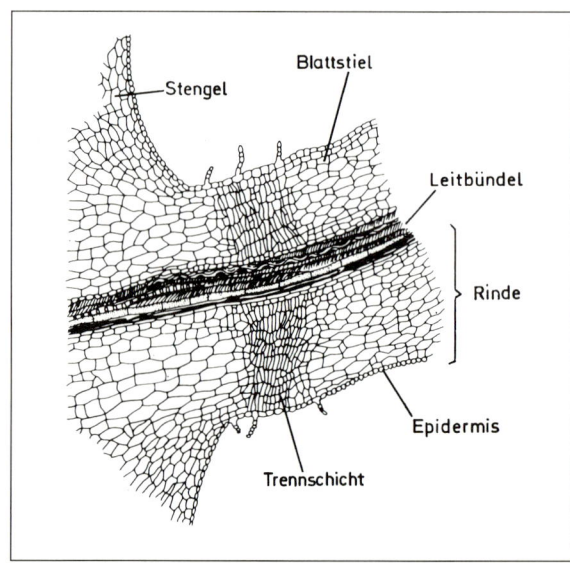

Abb. 2.2.70: Längsschnitt durch die basale Region eines Dicotyledonen-Blattstieles mit entwickelter Trennschicht. (Nach Torrey)

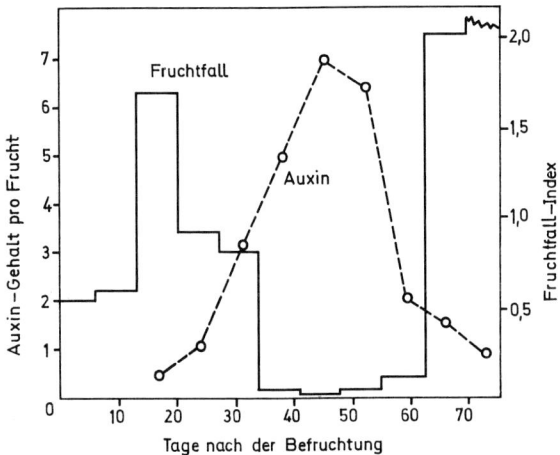

Abb. 2.2.71: Ausmaß des Fruchtfalls und relativer Gehalt eines unbekannten sauren Auxins in den Früchten der Schwarzen Johannisbeere. (Nach Wright)

les Wechselspiel korrelativ kontrolliert. In einer Einleitungsphase (Phase 1) des Abscissionsprozesses muß zunächst der Blattstiel durch eine Art Alterung (Senescenz, vgl. S. 430 f.) in einen Zustand übergeführt werden, in dem die eigentliche Ablösung erfolgt (Phase 2). Hoher Auxingehalt der Spreite und damit gute Auxinversorgung des Blattstiels von der Spreite her verzögert die Senescenz und verhindert daher die Abscission. Die Spreite kann dabei durch einen Agarwürfel mit Auxin ersetzt werden, der, auf das abaxiale Ende des Blattstieles aufgesetzt, dessen Abwurf verzögert, wenn dieser noch nicht gealtert ist. Beschleunigt wird die Senescenz des Blattstiels durch Verminderung der Auxinversorgung von der Spreite her und durch Senescenzfaktoren, die ebenfalls von der Spreite gebildet und abgegeben werden. Es ist möglich, aber nicht sicher, daß dazu auch ABA gehört.

Die eigentliche Ablösung in der Phase 2 wird vorwiegend durch Ethylen gefördert, das kaum einen Einfluß auf die Alterung des Blattstieles in Phase 1 hat. Wird das von der Pflanze gebildete Ethylen ständig entfernt, so wird der Blattfall verzögert. Andererseits wird die Abscission durch Ethylenbegasung (1:10^7 Ethylen in Luft) beschleunigt.

Blüten- und Fruchtfall. Es wurde bereits erwähnt (S. 427), daß Blüten, die nicht bestäubt und befruchtet wurden, abgestoßen werden. Dies geschieht durch ein Trenngewebe an der Basis des Blütenstieles. Auch Früchte können in verschiedenen Phasen ihres Wachstums abgestoßen werden.

Beim Apfel z.B. kommt es zu vier Hauptperioden des Fruchtfalls: 1. gleich nach der Bestäubung; 2. bald nach Beginn des Fruchtwachstums («Junifall»); 3. während der Reifung; 4. nach der Reifung. Die Abscission dient in den drei ersten Fällen der Verdünnung des Fruchtansatzes (anderenfalls gäbe es zu kleine Früchte), im letzten Fall der Ausbreitung der Früchte.

Die hormonelle Steuerung des Fruchtfalls scheint ganz entsprechend der des Blattfalls zu verlaufen: Hoher Auxingehalt der Früchte wirkt der Abscission entgegen (Abb. 2.2.71); vorzeitiger Fruchtfall kann daher durch Besprühen der Früchte mit Auxinlösungen verhindert werden. Allerdings besteht eine derartige Beziehung zwischen Fruchtfall und Auxingehalt nicht bei allen Arten. Die eigentliche Ablösung scheint auch bei Früchten – wie deren Reifung – hauptsächlich durch Ethylen beeinflußt zu werden.

D. Altern und Tod

Einzellige Organismen pflanzen sich vegetativ meist durch eine Zweiteilung des Körpers fort, worauf jede Hälfte wieder zur ursprünglichen Größe heranwächst; diese Organismen sind potentiell unsterblich, wenn sie nicht durch äußere Katastrophen zugrunde gehen.

Versteht man unter Altern jede zeitabhängige Veränderung, so müssen auch diese Einzeller altern: Sie wachsen ja nach der Teilung heran, bis sie eine neue Teilung in lebensfähige Tochterzellen durchführen können (sog. «zeitliches Altern»). Definiert man Alterung aber als Entwicklungsvorgang, der, falls er nicht gestoppt oder umgekehrt wird, zwangsläufig zum Tode führt (sog. «physiologisches Altern»), dann gibt es bei einem Einzeller, isoliert betrachtet, auch keine Alterung. Sehr wohl aber können Kulturen von Einzellern altern, dann nämlich, wenn die Nährlösung nicht erneuert wird und sich toxische Stoffwechselprodukte ansammeln.

Bei vielzelligen Pflanzen mit Arbeitsteilung zwischen den Zellen und ihrer entsprechenden Differenzierung kann der Tod einzelner Zellen eine notwendige Voraussetzung für die Übernahme ihrer Funktion sein, z.B. bei den Zellen der Wasserleitungsbahnen, bei Sclerenchymfasern, Stein- und Korkzellen. Aber auch die übrigen Zellen einer vielzelligen Pflanze, die ihre Funktionen im Organismus lebend ausüben, verfallen gewöhnlich nach einer Periode der Alterung dem Tode. Es gibt zwei bemerkenswerte Ausnahmen von dieser Regel: Die Fortpflanzungszellen und schnell sich teilende, undifferenzierte Zellen, z.B. Meristemzellen, altern und sterben nicht zwangsläufig.

Juveniler und adulter Zustand. Bei manchen, vor allem mehrjährigen Blütenpflanzen unterscheidet sich die Jugendphase (**Juvenilphase**) morphologisch oder physiologisch deutlich von der Phase der Fortpflanzungsfähigkeit (**adulte Phase**). Juvenile Pflanzen haben oft eine einfachere (beim Efeu aber kompliziertere) Blattform (Abb. 2.2.72, S. 430); sie sind in der Regel blühunfähig; Stecklinge bewurzeln sich leichter und Pfropfreiser verwachsen williger, z.T. auch mit systematisch ferner stehenden Partnern, als bei Adulten; der Laubabwurf ist oft verzögert (z.B. bei Eichen, Buchen, Hainbuchen); Dornen oder Stacheln sind bei vielen Arten nur in der Jugend vorhanden (z.B. Apfel, Birne, *Citrus*, Rosen, Brombeeren); Kulturobstsorten, bei denen die adulten Teile wegen der besseren Fruktifikation zur Vermehrung durch Pfropfung verwendet werden, haben keine Dornen, wohl aber ihre Sämlinge.

Auffällig sind die Unterschiede beim Efeu. Die Juvenilform zeigt gelappte Blätter, Kletterwuchs mit Haftwurzeln, keine Blüten, häufig Anthocyanbildung; die adulte Form dagegen hat eirautenförmige Blätter, aufrechten Wuchs, keine Haftwurzeln und kaum Anthocyan, aber Blüten und Früchte (Abb. 2.2.72). Die Merkmale werden bei Stecklingsvermehrung beibehalten; so erhält man durch vegetative Vermehrung aus der fertilen (adulten) Region älterer Pflanzen aufrecht wachsende und sofort blühreife «Efeubäume».

Man betrachtet die beiden Stadien als Produkte einer stabilen Determination. Beim Übergang vom juvenilen in den adulten

Abb. 2.2.72: *Hedera helix* in juvenilem (rechts) und adultem Zustand (links).

Zustand kommt es vermutlich zu einer allmählichen Umprogrammierung des Musters aktiver Gene in den Apicalmeristemen; Einzelheiten sind noch nicht bekannt. Die adulte Form kann durch übertragbare Faktoren aus der juvenilen (z.B. von einer juvenilen Unterlage her auf ein adultes Reis bei der Pfropfung oder sogar bei gemeinsamem Einstellen von juvenilen und adulten Teilen in eine Nährlösung) wieder «juvenilisiert» werden. Der umgekehrte Vorgang ist im Experiment nicht möglich. Da Gibberelline ähnliche Wirkungen wie dieser Juvenilfaktor haben, könnten sie für den Effekt verantwortlich sein.

Bei der Samenbildung an den adulten Sprossen erfolgt in den Embryonen wieder eine Umstimmung in den juvenilen Zustand.

Senescenz von Organen. Die Einzelorgane einer mehrjährigen Pflanze haben oft eine viel kürzere Lebensdauer als die Gesamtpflanze. Dies gilt für Blätter, Blüten und Früchte. Bei den Schaftpflanzen unter den Hemicryptophyten und bei den Geophyten (S. 180 f.) sterben im Herbst regelmäßig alle oberirdischen Sproßteile ab.

Bei den **Blättern** unterscheidet man eine sequentielle Senescenz und eine synchrone Senescenz. Im ersten Falle altern (und sterben) nur jeweils die ältesten Blätter, während im zweiten Fall (z.B. beim herbstlichen Laubfall der Sommergrünen) alle Blätter auf einmal der Senescenz anheimfallen.

In beiden Fällen ist das Altern wahrscheinlich hormonal bestimmt: Der Gehalt an Senescenz-verhindernden oder -verzögernden Faktoren (vor allem Cytokininen, aber auch Auxinen und Gibberellinen) wird vermindert, derjenige der Senescenzfaktoren (u.a. Abscisinsäure, evtl. auch Ethylen) dagegen erhöht. Diese Verschiebung in den Konzentrationsverhältnissen der Hormone wird bei den synchron alternden Blättern häufig photoperiodisch gesteuert (vgl. S. 411 f.). Tiefe Temperaturen beschleunigen die Senescenz. Bei den sequentiell alternden Blättern geht das Altern wohl ganz überwiegend auf die Anhäufung von Ballaststionen und Stoffwechselschlacken zurück. Die Konsequenz ist in beiden Fällen eine verringerte Atmungs- und Photosyntheseintensität, eine Verlangsamung aller anabolen Stoffwechselprozesse (vor allem der RNA- und der Proteinsynthese) und eine Beschleunigung der Abbauvorgänge (z.B. von Chlorophyll, RNA, Protein). Durch den verstärkten Anfall der Abbauprodukte und die Blockierung der Synthesen werden die alternden Blätter zu Lieferanten zusätzlicher Aminosäuren, phloemmobilen Ionen usw. Als Empfängergewebe dienen bei den Sommergrünen im Herbst vor allem die Speicherparenchyme in Stamm und Wurzel, bei den sequentiell alternden Blättern die jungen, noch in Entwicklung begriffenen Blätter.

Der herbstliche Chlorophyllabbau bei den Sommergrünen vollzieht sich sehr rasch: Die Welle der Verfärbung schreitet in W-Europa vom Polarbereich südwärts mit 60–70 km/Tag fort und dauert an einem gegebenen Ort nur 2–3 Tage. Auch in den Tropen benötigen Laubverfärbung und Blattfall zu Beginn der Trockenzeit nur wenige Tage. Der schnelle Abbau des Chlorophylls zu farblosen Produkten ist physiologisch notwendig, weil gefärbte Zwischenprodukte phototoxische Wirkungen ausüben könnten (vgl. S. 268).

Man schätzt, daß auf dem Lande jährlich etwa 300 Millionen Tonnen Chlorophyll abgebaut werden. Dazu kommen noch ca. 900 Millionen t in den Ozeanen durch das Absterben der kurzlebigen Algen. Auch etwa 200 Millionen t Carotinoide werden jährlich zu farblosen Produkten abgebaut. Da das Chlorophyll in der Regel einige Tage vor den Carotinoiden verschwindet, tritt oft eine Umfärbung von Grün nach Gelb ein. Bei einzelnen Arten kommt es noch zur Anthocyansynthese («Indian-Summer»).

Ein Ersatz von Magnesium durch Zink oder Kupfer stabilisiert das Chlorophyll (Abb. 2.2.73); davon macht die Lebensmittelindustrie Gebrauch (Erbsenkonserven!). In Sedimenten kann das Magnesium durch Nickel oder Vanadium ersetzt werden. Derartige «Geoporphyrine» werden als Zeiger für Erdölvorkommen benützt.

Die Senescenz kann sowohl bei isolierten Blättern als auch bei noch am Sproß sitzenden durch Zufuhr von solchen Hormonen verzögert werden, welche die RNA- und Proteinsynthese ankurbeln. Besonders wirksam sind hier vielfach die Cytokinine (vgl. S. 392 f.), vor allem auch an isolierten Blättern. Diese leben länger, wenn sie Adventivwurzeln gebildet haben; dies geht wahrscheinlich auf die Versorgung mit Cytokininen durch die Wurzeln zurück.

Bei einigen Pflanzen (z.B. *Rumex, Tropaeolum, Taraxacum*) wirken vor allem Gibberelline senescenzhemmend, während in den Blättern von Holzgewächsen und im Perikarp von *Phaseolus vulgaris* Auxine am effektivsten sind.

Ein praktisch wichtiger und daher oft untersuchter Senescenzvorgang ist die **Fruchtreifung**, die manches mit der Blattalterung gemeinsam hat, aber auch spezifische Prozesse umfaßt.

Auffallend ist bei vielen reifenden Früchten ein Farbwechsel, der meist durch Abbau des Chlorophylls und durch Synthese von Carotinoiden oder Anthocyanen zustande kommt. Bei Banane, Tomate und Paprika, z.B., werden die Chloroplasten der Perikarps in Chromoplasten umgewandelt. Weiterhin werden oft Stärke und organische Säuren abgebaut (bei der Zitrone aber die letzteren verstärkt gebildet), die Zucker vermehrt («Süßwerden» der Früchte), Duft- und Aromastoffe synthetisiert und Wachsüberzüge gebildet. Die Mittellamellen werden oft aufgelöst («Teigigwerden»), wobei das wasserlösliche Pectin zuerst zu, dann abnimmt (nicht vollreife Früchte, z.B. Äpfel, als Quelle für lösliche Pectine, die z.B. als Gelierhilfe benützt werden).

Viele dieser Prozesse sind energiebedürftig. Es überrascht daher nicht, daß in der Reifeperiode vieler Früchte (z.B. Apfel, Birne, Banane, Tomate) ein vor-

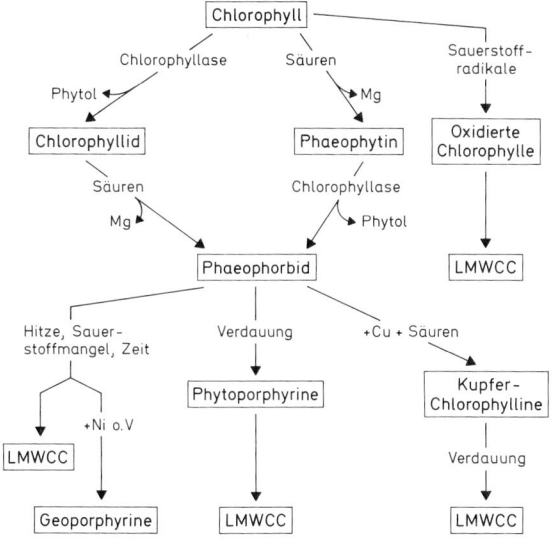

Abb. 2.2.73: Abbauwege des Chlorophylls. LMWCC sind ihrer Struktur nach unbekannte «low-molekular-weight colourless compounds». (Nach Hendry)

übergehender starker Atmungsanstieg zu verzeichnen ist (**Klimakterium**); gegen Ende der Reifeperiode, mit zunehmender Senescenz, nimmt dann die Atmung stetig ab.

Ausgelöst wird die Reifung hauptsächlich durch das in der Frucht gebildete Ethylen (vgl. S. 395f.), dessen Bildung während des Klimakteriums am intensivsten ist. Ethylenzufuhr von außen beschleunigt den Eintritt des Klimakteriums wie den Ablauf der gesamten Reife und kann sogar bei solchen Früchten einen klimakterischen Atmungsanstieg auslösen, die ihn normal nicht zeigen (z.B. bei Zitronen und Orangen).

Senescenz der ganzen Pflanze. Man unterscheidet hapaxanthe Arten, die nur einmal blühen und fruchten und dann absterben, und pollakanthe, die zu wiederholten Malen Blüten und Früchten bilden.

Hapaxanth sind alle ein- und zweijährigen Arten sowie eine begrenzte Zahl von mehrjährigen, die viele Jahre vegetativ wachsen können, nach dem Blühen und Fruchten aber sterben (z.B. Agave, Bambus oder die über 300 Jahre alt werdende Talipot-Palme *Corypha umbraculifera*). Bei diesen hapaxanthen Arten sind – im Gegensatz zu den pollakanthen – die Senescenz und der Tod eng mit der Bildung der Fortpflanzungsorgane verknüpft: Verhindert man bei annuellen oder biennen Pflanzen, z.B. der Zuckerrübe, die Blütenbildung, so können sie viele Jahre leben.

Diese korrelative Koppelung von Senescenz mit der Bildung von Fortpflanzungsorganen geht nicht, zumindest nicht allein, darauf zurück, daß die sich entwickelnden Blüten und vor allem Früchte mit ihrem erheblichen Stoffbedarf den übrigen Pflanzenteilen die lebensnotwendigen Stoffe entziehen: Beim diöcischen Spinat z.B. löst das Blühen der männlichen Pflanzen das Altern der Blätter ebenso aus wie dies das Blühen und Fruchten der weiblichen Pflanzen tut. Es ist daher wahrscheinlicher, daß andere Wechselwirkungen zwischen den Fortpflanzungsorganen und der übrigen Pflanze das Altern und den Tod bedingen, z.B. Senescenzfaktoren, die von den Blüten und Früchten abgegeben werden, oder der hohe Bedarf der Früchte und Samen an von der Wurzel geliefertem Cytokinin, das dann den übrigen Teilen nicht mehr ausreichend zur Verfügung stünde.

Bei den **pollakanthen** Arten beruht der normale Tod wohl nicht auf einer zwangsläufigen, programmierten Alterung ihrer Meristeme, sondern vielmehr auf der immer schwieriger werdenden Versorgung derselben mit Wasser, Salzen, Nähr- und Wirkstoffen. Es ist oft möglich, solche Apicalmeristeme durch fortgesetzte Stecklingsvermehrung (z.B. bei der Pyramidenpappel und bei vielen Kulturpflanzen wie z.B. Erdbeeren, Bananen und Rosen) oder in vitro praktisch unbegrenzt am Leben zu halten. Auch hier ist also der Tod korrelativ bedingt.

Sehr hohes **Alter** können viele Bäume erreichen. Nach verbürgten Jahresringzählungen können z.B. Pappeln und Ulmen bis 600 Jahre, Eichen bis 1000 Jahre, Linden 800–1000 Jahre, Eiben bis 3000 Jahre, Mammutbäume *(Sequoiadendron giganteum)* bis 4000 und *Pinus longaeva* (= *P. aristata p.p.*) bis 4600 Jahre erreichen. Viele unserer sonstigen einheimischen Bäume bringen es auf einige hundert Jahre, und selbst so unscheinbare Pflanzen wie *Vaccinium myrtillus* können 28 Jahre alt werden. Dabei ist allerdings zu beachten, daß bei den langlebigen Pflanzen eine dauernde Zellerneuerung stattfindet, bei den Bäumen z.B. nicht nur in den Apicalmeristemen, sondern vor allem auch im Cambium. Die Lebensdauer der einzelnen Pflanzenzelle, etwa der Markstrahlzellen in Bäumen oder der Markzellen im Innern saftig succulenter Kakteen, dürfte selten mehr als 100 Jahre erreichen, wenn nicht durch Zellteilung und erneutes Wachstum eine Art «Verjüngung» erfolgt. Die meisten Zellen erreichen aber bei weitem kein so hohes Alter. Selbst im Zustand der Ruhe, der bei Samen und Sporen durch weitgehende Austrocknung erreicht wird, und in dem der Stoffwechsel fast völlig stillgelegt ist, scheint in der Regel eine zwar langsame, aber unaufhaltsame Alterung zu erfolgen, da erfahrungsgemäß die Keimfähigkeit eine Höchstgrenze von 100–200 Jahren kaum überdauert. Sehr langlebige Samen findet man vor allem bei den Leguminosen, Malvaceen, Lotosblume *(Nelumbo nucifera)*; für letztere eine Lebensdauer bis zu 1000 Jahren angegeben. Auch die Samen vieler Unkrautarten (z.B. *Spergula arvensis, Chenopodium album*) sollen bei völligem Sauerstoffabschluß Hunderte von Jahren lebensfähig bleiben. Immer wiederholte Angaben über die Keimfähigkeit des sog. «Mumienweizens» aus ägyptischen Gräbern sind jedoch falsch, da Weizen höchstens 10 Jahre keimfähig bleibt. Samen von Tropenpflanzen, die nicht an die Überdauerung ungünstiger Klimaperioden angepaßt sind, bleiben oft nicht einmal ein Jahr am Leben.

E. Tumoren

Tumoren der Pflanzen sind wie die der Tiere durch desorganisiertes, ungehemmtes und unkontrolliertes Wachstum und weitgehendes Fehlen einer Zelldifferenzierung charakerisiert. Tumorgewebe sind den korrelativen Einflüssen der Nachbargewebe praktisch vollständig entzogen und ordnen sich deshalb nicht den normalen Gestaltungsprinzipien des Organismus unter; sie machen somit besonders deutlich, welche

Bedeutung die funktionierende Korrelation für das normale Wachstum hat.

Die Pflanzentumoren können durch **Infektion** oder aber infolge der Kombination bestimmter **Erbanlagen** entstehen.

Infektionstumoren. Bei höheren Pflanzen kann es durch Infektion mit bestimmten Bakterien, Viren oder Pilzen zur Bildung von krebsähnlichen Wucherungen kommen (vgl. S. 491, 539). Am eingehendsten untersucht sind die «Wurzelhalstumoren» (crown gall) bei Gymnospermen und Dicotyledonen, die schon Aristoteles bekannt waren. Sie treten zwar bei Rüben am Wurzelhals, bei anderen Pflanzen (bei > 650 Arten aus 60 Familien) aber an den verschiedensten Stellen auf (Abb. 2.2.74) und werden durch Infektion mit *Agrobacterium tumefaciens* verursacht.

Der erste Schritt zur Tumorbildung ist eine Verwundung, die nicht nur dem Bakterium Eingang verschafft, sondern auch die umliegenden Zellen für die aus den Bakterienzellen abgegebene **Tumor-DNA (T-DNA)** empfänglich macht. Diese T-DNA (10–25 kbp) ist in der *Agrobacterium*-Zelle Teil eines großen (150–250 kbp) Plasmids (vgl. S. 532), des **Ti-Plasmids**. Sie wird aus diesem Plasmid in die Kern-DNA der konditionierten Pflanzenzelle übertragen («Gentransfer») und mit dieser repliziert und auf die Tochterzellen übertragen. Ist der Tumor induziert, sind für die weitere Entwicklung und für die Beibehaltung des Tumorcharakters die Bakterienzellen entbehrlich. Werden die Tumoren experimentell (z. B. durch Erhitzen hitzetoleranter Wirtspflanzen auf 46–47 °C) bakterienfrei gemacht oder entstehen bakterienfreie Sekundärtumoren (Metastasen), so wachsen die Tumorgewebe desorganisiert weiter. Dies geschieht auch nach Pfropfung auf gesunde Pflanzen oder nach Isolierung und Kultur in vitro. Im letzten Falle braucht das Tumorgewebe im Gegensatz zum Normalgewebe keine Zufuhr von

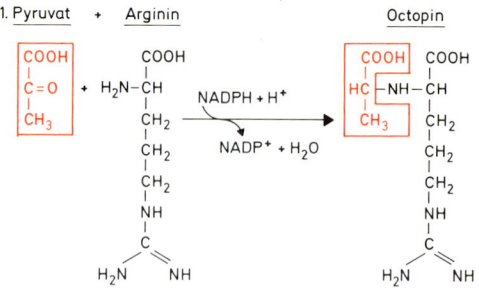

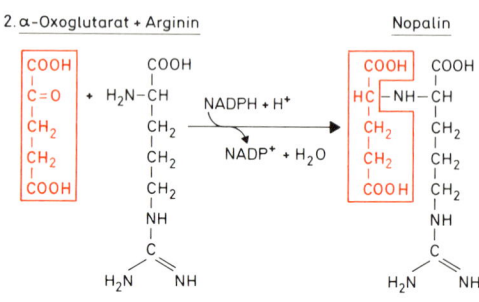

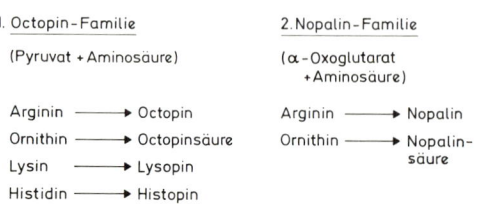

Abb. 2.2.75: Octopin und Nopalin und ihre Biosynthese. Die beiden verschiedenen Enzyme der Reaktionen 1 und 2 können statt mit Arginin auch mit einigen anderen Aminosäuren reagieren, wodurch die Octopin- oder Nopalinfamilie entsteht. Die Tumoren enthalten Glieder der Octopin- oder der Nopalin-Familie, nie beide gleichzeitig. (Nach Schell)

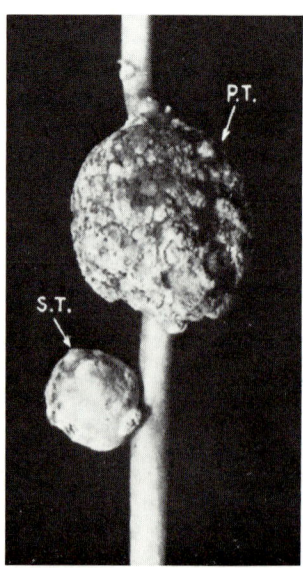

Abb. 2.2.74: Primärtumor (PT) und Sekundärtumor (ST) an *Datura tatula*, gebildet nach Infektion durch *Agrobacterium tumefaciens*. (Nach Stapp)

Auxin oder Cytokinin: Es ist in der Produktion dieser reichlich in ihnen enthaltenen Phytohormone autark, ähnlich wie «habituierte» Gewebekulturen (Kulturen, die ohne Hormonzufuhr vom Medium wachsen), die in dieser Hinsicht dem Tumorgewebe gleichen.

Die Gene für diese hohe Phytohormonproduktion werden mit der T-DNA in das Wirtsgenom transferiert, neben der eigentlichen tumorinduzierenden (onkogenen) Region und einer weiteren, die Enzyme für die Synthese von ungewöhnlichen Aminosäuren (**Opine**) codiert (Octopin, Nopalin und Agropin, je nach Stamm; vgl. Abb. 2.2.75). Diese Opine können nicht von der Wirtszelle, wohl aber von dem jeweiligen parasitischen Bakterienstamm als Baustein und Energiequelle benutzt werden («genetischer Parasitismus»).

Der Einbau von T-DNA in das Wirtsgenom benötigt die Mitwirkung von Transkripten von weiteren Regionen des Ti-Plasmids, die im *Agrobacterium* verbleiben. Dazu gehört einmal die «metabolische» Region; sie enthält u. a. Gene für die Aufnahme und den Abbau der Opine und den **tra-Bereich** (Transfer-Bereich), der für den Plasmidtransfer bei der Konjugation (S. 490 f.) verantwortlich und auch beim Transfer der T-DNA in die Wirtszelle beteiligt ist. Dieser Transfer wird weiterhin durch die Gene der **vir-Region** (Virulenzregion) des Ti-Plasmids gesteuert, die ebenfalls im *Agrobacterium* verbleiben und dort transkribiert werden. «Angeschaltet» werden die Gene der vir-Region durch Signalsubstanzen aus den verletzten Wirtszellen, beim Tabak z. B. durch Acetosyringon (Abb. 2.2.76) und α-Hydroxy-acetosyringon.

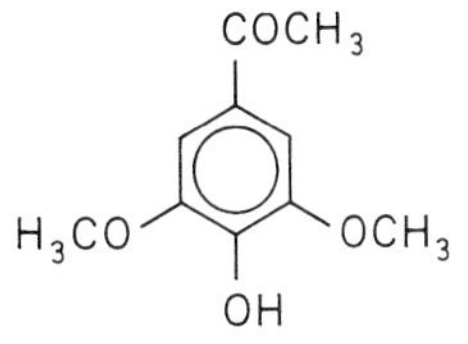

Die Ti-Plasmide von *Agrobacterium tumefaciens* können als Vektoren für den experimentellen Gentransfer (als «Genfähren») verwendet werden. Dazu ist es notwendig, die erwünschten Gene in das Ti-Plasmid einzubauen, den Transfer-Apparat funktionsfähig zu erhalten und die Tumorbildung zu verhindern, d. h. die tumorinduzierenden Gene auszuschalten. Im Experiment baut man zusammen mit dem Wunschgen häufig als «Markierungsgen» ein bakterielles Resistenzgen gegen das Antibiotikum Kanamycin ein. Wird es in das Wirtsgenom integriert und exprimiert (und damit wahrscheinlich auch das gewünschte Gen), so überleben die Pflanzen die Kultur auf Kanamycin-haltigen Medien.

Praktisch wichtig wäre z. B. die Übertragung der Gene für N_2-Fixierung (vgl. S. 353) oder von Resistenz gegenüber Herbiciden auf Kulturpflanzen.

Ein Beispiel für ein derartiges Experiment: Das Herbicid Bromoxynil hemmt das Photosystem II. Ein Gen codiert für ein spezifisches Enzym, das das Herbicid abbaut. Dieses Gen wurde aus dem Bodenbakterium *Klebsiella ozaenae* isoliert, kloniert, mit einem lichtregulierten, chlorenchymspezifischen Promotor, dem der kleineren Untereinheit der Rubisco (S. 406), kombiniert und mittels der *Agrobacterium*-Genfähre in Blätter von Tabakspflanzen eingeschleust. Es entstanden transformierte Pflanzen mit hoher Resistenz gegen Bromoxynil.

Es gibt, z. B. beim Tabak, nach Infektion mit Bakterien geringer Virulenz, Tumoren, die nicht – wie üblich – vollständig desorganisiert sind, sondern Anfänge einer Organisation zeigen (Komplextumoren, Teratome). Pfropft man die am höchsten organisierten Teile des Tumors auf gesunde Pflanzen und wiederholt dieses Verfahren mehrmals, so entstehen schließlich normal aussehende Pflanzen (phänotypische Reversion). Die redifferenzierte Pflanze zeigt aber wieder Tumoreigenschaften, wenn sie in Gewebekultur übergeführt wird; sie ist daher vermutlich «epigenetisch» redifferenziert. Man kennt aber auch eine genotypische Reversion, bei der völlig normale Pflanzen entstehen, die auch keine Opine mehr synthetisieren und in Gewebekulturen Hormone benötigen. Diese Redifferenzierung geschieht dann, wenn Teratome blühen und Samen bilden. Offenbar gehen die Tumor-induzierenden Gene bei der Meiose – auf noch unbekannte Weise – verloren.

Abb. 2.2.76: Struktur von Acetosyringon.

Genetisch bedingte Tumoren. Bei verschiedenen Artbastarden, vor allem innerhalb der Gattungen *Nicotiana* und *Brassica*, entstehen in einem bestimmten Entwicklungsstadium an verschiedenen Stellen Tumoren, die sich bei in-vitro-Kultur ebenfalls als Auxin- und Cytokinin-autotroph und besonders reich an diesen Hormonen erweisen. Bei Übertragung auf eine der Elternarten erzeugen diese Tumoren keine neuen Wucherungen (im Gegensatz zu den crown-gall-Tumoren); sie bilden sich auch nicht bei bloßer Pfropfung der Elternarten. Voraussetzung für ihr Entstehen ist demnach die Kombination von zwei nicht vollständig harmonierenden Genomen in einer Zelle, die zu bestimmter Zeit und an bestimmten Orten zur Störung der normalen Korrelationen und damit zu unkontrolliertem, ausferndem Wachstum führt.

Dritter Abschnitt
Physiologie der Bewegungen

Wachstum und Entwicklung sind zwangsläufig mit gewissen, allerdings meist sehr langsamen Bewegungen der sich gestaltenden und entfaltenden Organe verbunden (**Wachstumsbewegungen**). Darüber hinaus gibt es bei den Pflanzen aber auch schnellere Bewegungsvorgänge (**Reizbewegungen**), die zwar meist nicht so auffällig sind wie die der Tiere, aber in der Regel – wie bei den Tieren – den Organismus befähigen, die günstigen Bereiche der Umgebung zu erreichen und die ungünstigen zu fliehen oder zu vermeiden. Um dies zu erreichen, ist es notwendig, Änderungen in der Umgebung wahrnehmen, sowie die empfangenen Signale verarbeiten und sinnvoll beantworten zu können. Manche niederen Pflanzen (z.B. manche Bakterien, Algen, Pilze) oder Teile von höher organisierten Pflanzen (Sporen, Gameten) sind in der Lage, wie ein Tier frei ihren Ort zu wechseln, d.h. sie bewegen sich lokomotorisch, schwimmend oder kriechend, aktiv von der Stelle. Die Höhere, ihrem Standort fest verhaftete Pflanze führt mit ihren einzelnen Organen verschiedenartige Bewegungen aus, wobei es sich meist um Krümmungen oder Drehungen, teilweise aber auch um scharnierartige Klappvorgänge handelt.

I. Grundbegriffe

Reiz. Unter einem Reiz versteht man ein physikalisches oder chemisches Signal, das in der Zelle eine Reaktionsfolge auslöst, deren Energiebedarf aus dem Organismus selbst gedeckt und nicht durch den Reiz zugeführt wird. So wirkt z.B. ein Sekundenbruchteile dauernder Lichtblitz, der eine vorher verdunkelte Pflanze einseitig trifft, als Reiz, der eine Stunden dauernde Wachstumskrümmung hervorrufen kann; das Licht, das die Photosynthese einer grünen Pflanze speist, dient dagegen als direkte Energiequelle und kann nicht als Reiz bezeichnet werden. Der Reizvorgang zeigt demnach den Charakter einer **Auslösungserscheinung**, ähnlich wie der Druck auf einen Klingelknopf oder einen Lichtschalter den Kontakt schließt, der einen elektrischen Strom zum Fließen bringt.

Die meisten Reize werden dem Organismus von der Umgebung vermittelt; die dadurch verursachten Reaktionen werden als **induzierte** oder **aitionome** Vorgänge bezeichnet. Manche Reaktionen werden aber auch durch innere, im Organismus liegende, noch wenig bekannte Reize bedingt und dann als **autonom** oder **endogen** benannt.

Viele pflanzliche Bewegungen sind charakteristische Reizerscheinungen; einige rein mechanische Bewegungen können allerdings nur bedingt oder gar nicht unter sie eingeordnet werden, wie z.B. die Schleuderbewegungen vieler Früchte, die hygroskopischen Bewegungen toter Zellen oder Zellwände oder die Kohäsionsbewegungen.

Die komplizierte, in der Regel zweckmäßige Reaktion auf einen Reiz kann dazu verleiten, bei Pflanzen das Auftreten psychischer Phänomene, z.B. von Empfindung und Bewußtsein, anzunehmen. Der pflanzliche Organismus hat aber für eine subjektive Wahrnehmung von Eindrücken keinerlei strukturelle Voraussetzungen, und die Zweckmäßigkeit ist stets durch stammesgeschichtliche Anpassung zu erklären. Auch ist nicht daran zu zweifeln, daß die durch den Reiz ausgelösten Reaktionsabläufe rein kausal zu erklären sind, wenn sie auch bisher wegen ihrer Komplexität in keinem Falle in allen Einzelheiten aufgeklärt werden konnten.

Reizaufnahme, Erregung, Erregungsleitung. Bei der Untersuchung eines reizinduzierten Vorganges unterscheidet man gewöhnlich verschiedene Phasen, die in der sog. **Reizkette** nacheinander durchlaufen werden. Ihre Benennung ist meist aus der tierischen Sinnes- und Nervenphysiologie entlehnt, wenn sich auch wegen der sehr verschiedenartigen zugrunde liegenden Strukturen die Begriffe nicht immer decken.

Die **Reizaufnahme** (**Reizperzeption**) setzt einen entsprechenden Empfänger voraus, z.B. ein geeignetes Pigment für einen Lichtreiz, ein spezifisches Rezeptormolekül für ein chemisches Signal. Ein adäquater Reiz (z.B. Licht bestimmter Wellenlänge und ausreichender Intensität) führt nach seiner Perzeption zu einem veränderten physiologischen Zustand der gereizten Zelle, zu einer **Erregung**.

In der tierischen Reizphysiologie versteht man darunter speziell das Auftreten eines elektrischen Potentials, des **Aktionspotentials**, in der gereizten Zelle. Aktionspotentiale treten auch in verschiedenen Pflanzenzellen auf, doch führen sie nicht immer zu einer Bewegungsreaktion, auch sind nicht alle reizinduzierten Bewegungen bei Pflanzen mit dem Erscheinen von Aktionspotentialen verbunden.

Die großen Internodialzellen von *Chara* oder *Nitella* z.B. haben ein Ruhepotential von -90 mV (Plasma negativ gegenüber der Zellaußenfläche), das durch ungleiche Ionenverteilung zwischen innen und außen zustande kommt. Bei (mechanischer, chemischer, elektrischer) Reizung, die hier zu keiner Bewegung führt, kommt es zu einer Umkehr des Ruhepotentials (Abb. 2.3.1), d.h. zum Auftreten eines Aktionspotentials. Es schließt sich die energiebedürftige (durch Atmungshemmung zu beeinträchtigende) **Restitutionsphase** an, in der der ursprüngliche Zustand wie-

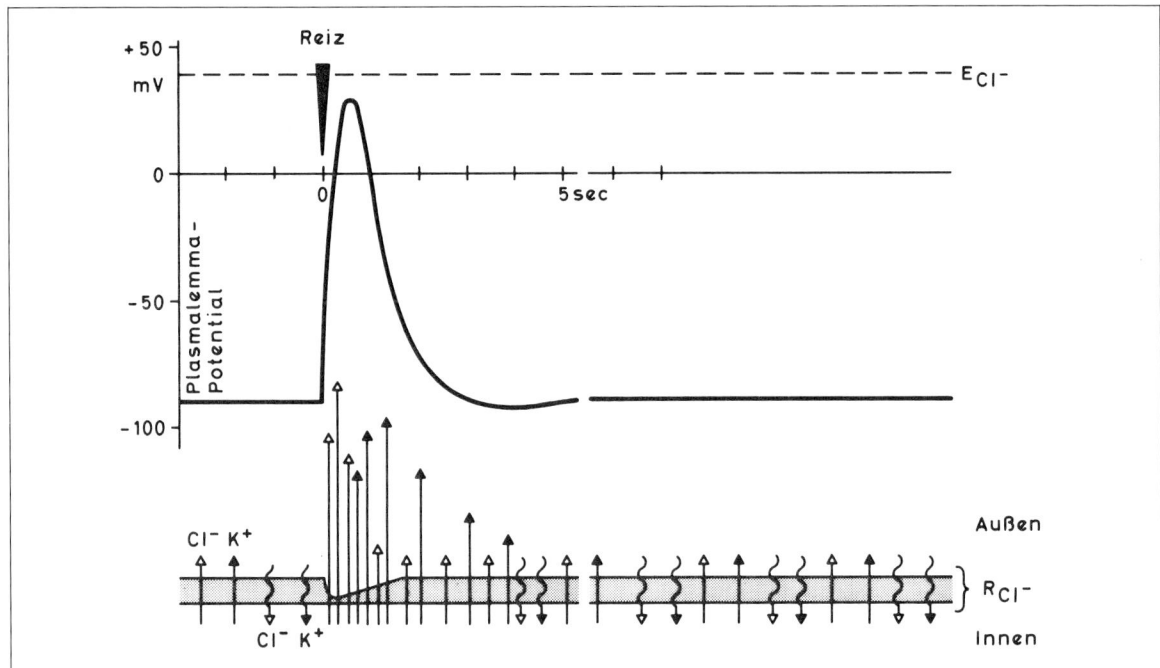

Abb. 2.3.1: Schema der Auslösung eines Aktionspotentials am Plasmalemma. In der Membran einer nicht erregten Zelle werden ständig Cl⁻-(weiße Pfeilspitzen) und K⁺-Ionen (schwarze Pfeilspitzen) in das Cytoplasma gepumpt und verlassen es durch Diffusion nach außen. Im Gleichgewicht zwischen aktivem Influx (gewellte Pfeile) und passivem Efflux (gerade Pfeile) überwiegen die Cl⁻-Ionen im Innern; das Ruhepotential entspricht praktisch der Cl⁻-Verteilung. Nach Erregung wird die Ionenpermeabilität der Membran (der Transportwiderstand für Cl⁻-Ionen wird im Schema durch die Membrandicke dargestellt) kurzzeitig rasch erhöht, wodurch der Überschuß an Cl⁻-Ionen schnell nach außen tritt: Positivierung des Zellinnern. Auch dieses Aktionspotential entspricht nahezu dem aus der Cl⁻-Verteilung zu erwartenden (E_{Cl^-}). Innerhalb weniger Sekunden wird die normale Membranpermeabilität wieder hergestellt und durch die Ionenpumpen das Ruhegleichgewicht der K⁺- und Cl⁻-Verteilung wieder erreicht, dem das Ruhepotential entspricht. (Nach Nultsch, und W. Haupt)

derhergestellt wird. Während der Restitutionsphase kann eine erneute Reizung kein oder kein volles Aktionspotential und damit keine oder nur eine verminderte Erregung bzw. Reaktion (Abb. 2.3.2) hervorrufen (**absolutes bzw. relatives Refraktärstadium**).

Falls bei Pflanzenzellen die Reizperzeption zu keinem Aktionspotential führt, kann die Erregung auf andere Weise, z.B. durch Ingangkommen oder Verhindern einer chemischen Reaktion oder Reaktionsfolge, verursacht werden. Auch in diesem Falle ist der Reiz aber nur das auslösende Signal, nicht Substrat oder Energiequelle der Reaktion.

Um eine Reaktion auslösen zu können, muß die Reizmenge einen bestimmten Schwellenwert überschreiten (**Reizschwelle**). Allerdings können vielfach auch unterschwellige Reize perzipiert werden, was daraus hervorgeht, daß mit kurzen Unterbrechungen (intermittierend) gebotene, unterschwellige Einzelreize sich summieren können, so daß der reaktionsauslösende Schwellenwert erreicht wird. Zudem kann durch die unterschwelligen Reize die Empfindlichkeit des reagierenden Organismus («**Tonus**») für einen über dem Schwellenwert liegenden Reiz verändert werden. Tonische Wirkungen haben auch die verschiedensten sonstigen Außeneinflüsse. So reagiert z.B. ein dunkel gezogener Keimling viel empfindlicher auf eine einseitige Belichtung als ein in allseitig gleichmäßig einfallendem Licht aufgezogener (abstumpfende Wirkung von Dauerreizen; **Adaptation**).

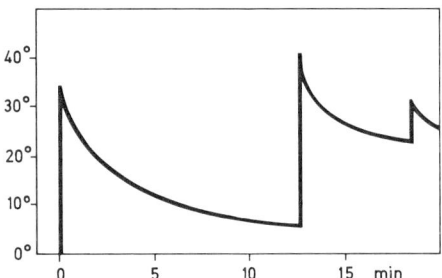

Abb. 2.3.2: Refraktärstadium bei der Seismonastie eines Staubfadens von *Berberis*. Ordinate: Krümmungswinkel nach der Stoßreizung. Abszisse: Zeit nach der ersten Reizung. Der zweite Reiz (12,5 Minuten nach dem ersten) erfolgte nach Ablauf des Refraktärstadiums (7–9 Minuten) und führt deshalb zur vollen Reaktion. Der dritte Reiz (6 Minuten nach dem zweiten) fällt hingegen noch in das relative Refraktärstadium und löst daher eine schwächere Reaktion aus. (Nach Bünning)

Die Mindestzeitdauer, die ein Reiz gegebener Stärke einwirken muß, um eine eben sichtbare Reaktion herbeizuführen, bezeichnet man als **Präsentationszeit**. In der Nähe der Reizschwelle gilt das **Reizmengengesetz**, d.h. der Reizerfolg (R) wird bestimmt durch das Produkt aus Reizintensität (I) und Reizdauer (t):

$R = I \cdot t.$

Je größer die Reizintensität, desto kürzer braucht für den gleichen Reizerfolg die Präsentationszeit zu sein (Tab. 2.3.1). Bei Reizmengen, die weit über dem Schwellenwert liegen, gilt das Reizmengengesetz nicht mehr, weil hier abstumpfende Wirkungen stark zur Geltung kommen.

Die Zeit zwischen dem Beginn der Reizung und dem sichtbaren Beginn der Reaktion wird als **Reaktionszeit**, die Zeit zwischen Ende der Reizeinwirkung und dem Beginn der Reaktion als **Latenzzeit** bezeichnet.

Ist das Ausmaß der Reaktion unabhängig davon, wieweit die Reizschwelle überschritten wird, erfolgt also bei Überschreiten der Reizschwelle unabhängig von Dauer und Stärke des Reizes stets die volle Reaktion (z.B. das Zusammenklappen der Blatthälften bei *Dionaea*, S. 220, Abb. 1.3.89, S. 458), so spricht man von einer «**Alles-oder-Nichts-Reaktion**». Andere Reaktionen werden in ihrem Ausmaß durch die Intensität und/oder die Dauer des wirkenden Reizes bestimmt,

Tab. 2.3.1: Präsentationszeiten für die phototropische Krümmung von *Avena*-Coleoptilen bei verschiedenen Beleuchtungsstärken. (Nach Blaauw)

Beleuchtungsstärke in Meterkerzen	Präsentationszeit in Sekunden	Lichtmenge in MK·s
0,00017	154800,0	26,3
1,0998	25,0	27,5
26520,0	0,001	26,5

z.B. die phototropische Krümmung des Sporangienträgers von *Phycomyces* (S. 446).

Sind die Orte der Reizperzeption und der Reaktion, wie bei vielen pflanzlichen Bewegungen, räumlich voneinander getrennt, so enthält die Reizkette eine **Erregungsleitung** (oft fälschlich als Reizleitung bezeichnet); diese kann in der Weitergabe eines Aktionspotentials oder im Transport einer chemischen Verbindung bestehen (Beispiele S. 459).

II. Die freien Ortsbewegungen

Sieht man von den Bewegungen ab, durch welche sich manche Keimlinge und Erdsprosse langsam fortbewegen, indem sie an der Spitze weiterwachsen und am hinteren Ende absterben (z.B. *Cuscuta*-Keimlinge, Abb. 1.3.45, S. 190), so findet man freie Ortsbewegungen vor allem bei niederen Pflanzen, z.B. bei Bakterien, Cyanobakterien, Flagellaten, Volvocalen, Diatomeen, Myxomyceten, daneben bei speziellen Stadien anderer Pflanzen, z.B. bei den Schwärmsporen vieler Algen und Pilze und bei ♂ Geschlechtszellen, die ja selbst noch bei Pteridophyten und einigen Gymnospermen (*Cycas*, Abb. 3.2.163, S. 705; *Ginkgo*, Abb. 3.2.169C, S. 713) frei beweglich sind. Die Zellen schwimmen dabei vielfach aktiv mit Hilfe von Geißeln oder bewegen sich, wie z.B. die Amöben- und Plasmodienstadien der Myxomyceten, amöboid kriechend über und durch das Substrat (Abb. 1.4.3, S. 231). Einseitige Schleimausscheidungen führen bei Desmidiaceen, strömendes Plasma im Bereich der Raphe (Raupenkettenprinzip!) bei pennaten Bacillariophyceen (Diatomeen) die Fortbewegung herbei. An der Kriechbewegung vieler Cyanobakterien sind Mikrofibrillen beteiligt (vgl. S. 545). Nur bei der Geißelbewegung sind Einzelheiten über die Bewegungsmechanik bekannt.

Mechanismus der Geißelbewegungen. Die Geißeln der Bakterien und die einheitlich gebauten der Eukaryoten unterscheiden sich nicht nur hinsichtlich ihrer Struktur (vgl. S. 41f.), sondern auch hinsichtlich ihres Bewegungsmechanismus fundamental voneinander.

Die **Eukaryotengeißel** vermag chemische Energie (zugeführt in Form von ATP) in mechanische Energie (Geißelbewegung) umzuwandeln; sie bedarf dazu, solange der Energievorrat reicht, keiner Zelle, ja nicht einmal der Hüllmembran, die das Axonema (S. 42) umgibt: Die bewegungsaktive Struktur ist das Axonema. Die Geißelmembran reguliert die Ca^{2+}-Konzentration im Geißelinnern, die maßgeblich an der Steuerung der Bewegung beteiligt ist. Bei *Chlamydomonas* z.B. ändert die Geißel oberhalb einer inneren Ca^{2+}-Konzentration von 10^{-5} M den Schlagmodus so, daß die Zelle rückwärts schwimmt. Bei der Krümmung der Geißel werden die Mikrotubuli-Dupletts in der Peripherie des Axonemas auf der konkav werdenden Seite nicht einfach kürzer; die Bewegung kommt demnach nicht durch die Kontraktion der Mikrotubuli in bestimmter Folge zustande. Vielmehr gleiten die benachbarten Dupletts ähnlich aneinander vorbei wie die Filamente bei der Muskelkontraktion (vgl. S. 41f.). Das Gleiten kann in definierter, auch veränderbarer Abfolge zwei oder mehrere der peripheren Dupletts ihrer ganzen Länge nach oder auch nur abschnittsweise erfassen, so daß die verschiedenartigsten Bewegungstypen zustande kommen.

Im einfachsten Falle schlägt eine nach vorne (in die Schwimmrichtung) gerichtete Geißel (Zuggeißel) ruderartig in einer Ebene (Abb. 2.3.3). Sind mehrere Geißeln ausgebildet (bei großer Anzahl werden sie als Cilien bezeichnet), so müssen die Bewegungen der Einzelgeißeln aufeinander abgestimmt sein, damit es zu einer koordinierten Bewegung der Zelle kommt. *Pyr-*

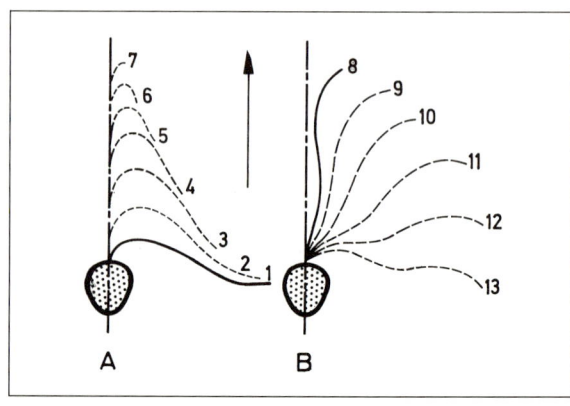

Abb. 2.3.3: Geißelschlag bei dem Flagellaten *Monas* spec. (Chrysomonadales, S. 612). **A** Vorholen der Geißel; **B** aktiver Schlag. (Nach Krijgsman)

rhophyceae, die zwei verschiedenartige Geißeln besitzen (Abb. 3.2.60, S. 604), schwimmen in einer Schraubenbahn mit weiten Windungen bei gleichzeitiger Drehung des Zellkörpers. Bei Eukaryoten mit vielen Geißeln bzw. Cilien (z.B. *Volvox*, Farnspermatozoiden) bewegen sich diese in der Regel ruderartig in koordiniertem Ablauf.

Die Geschwindigkeit, mit der die verschiedenen aktiv beweglichen Eukaryoten durch Geißeln fortbewegt werden, kann beträchtlich sein: Gewisse *Pyrrhophyceae* erreichen 200 μm/s (s. S. 603), die Schwärmer des Schleimpilzes *Fuligo varians* sogar 1 mm/s, also das Vielfache ihrer Körperlänge von ca. 10 μm.

Die **Bakteriengeißeln** (vgl. S. 41) sind dagegen keine zur Krümmung oder zur Undulation befähigten «Ruder», sondern starre «Propeller», die von einer Art «Umlaufmotor» angetrieben werden (Abb. 2.3.4). Es ist dies der einzige bekannte Fall des Auftretens echter Rotoren bzw. «Räder» in der belebten Natur. Die Synthese einer Bakteriengeißel benötigt ca. 35 verschiedene fla-Gene, ihre Funktion etwa die gleiche Zahl.

So sind die 4–8 an verschiedenen Stellen der Zelle inserierten Geißeln bei einer vorwärts schwimmenden *Escherichia coli* nach rückwärts gerichtet, jede einzelne rotiert entgegengesetzt dem Uhrzeigersinn und ihre Bewegung ist mit der der Nachbargeißeln so abgestimmt, daß der Geißelschopf wie eine Schiffsschraube die Zelle (mit etwa 20 μm/s) vor sich her schiebt. Das Rotieren der Einzelgeißeln wurde dadurch nachgewiesen, daß eine Geißel mit einem spezifischen Antikörper versehen und damit an einen Objektträger geheftet wurde. In diesem Falle rotiert die Bakterienzelle selbst, was mikroskopisch leicht beobachtet werden kann.

Erfahren die Einzelgeißeln eine Umkehr ihres Drehsinns (entsprechend der Uhrzeigerrichtung), so ist ihre Bewegung nicht mehr koordiniert und die Zelle taumelt, statt geradlinig fortzuschwimmen (vgl. S. 438).

Die Antriebskraft für die Rotation wird durch einen Protonengradienten zwischen Medium und Geißelinnerem geliefert (proton-motive force, PMF), der seinerseits aus der Atmung mit Energie gespeist wird. Bei *Spirillum* werden nur ca. 0,1% der Stoffwechselenergie für die Bewegung benötigt.

Die Geißelbewegungen erfolgen mit sehr kleiner Reynold-Zahl (d.h. die Trägheitskräfte des Flagellaten sind sehr gering gegenüber der Zähigkeit des Mediums), so daß beim Aufhören des Antriebs die Bewegung sofort zum Stillstand kommt.

A. Die Taxien

Werden die freien Ortsbewegungen in ihrer Richtung durch einen Außenfaktor bestimmt, so spricht man von einer **Taxis** oder **Taxie** (sprich Taxí, plur. Taxí-en). Ist die Bewegung zur Reizquelle hin gerichtet, handelt es sich um eine positive Taxis, führt sie von ihr weg, um eine negative Taxis. Schwimmt ein Organismus gezielt zur Reizquelle hin oder gezielt von ihr weg, so spricht man von **Topotaxis**. Findet ein frei beweglicher Organismus den optimalen Bereich innerhalb des Reizfeldes aber nur dadurch, daß Einschlagen der «richtigen» Richtung gegenüber dem Wählen der «falschen» bevorzugt, das umgekehrte Verhalten aber behindert wird, so handelt es sich um eine **Phobotaxis**. Bakterien z.B. können aufgrund der Bewegungsmechanik ihrer Geißeln grundsätzlich nur phobisch reagieren.

Da bei der Phobotaxis nicht die Richtung des Reizgefälles, sondern die zeitliche Änderung seiner Intensität wahrgenommen wird (s.u.), wird die Reaktion neuerdings häufig nicht mehr als Taxis bezeichnet, sondern als «phobische Reaktion» (phobic response).

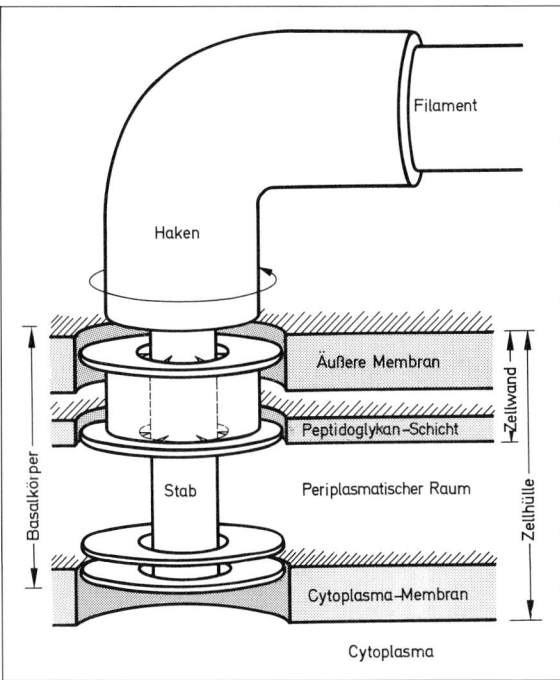

Abb. 2.3.4: Schema des basalen Teiles einer Geißel von *Escherichia coli* mit dem «Antriebsapparat» für die Bewegung. Der Basalkörper, der mit dem Flagellum durch einen Haken (flexible Kupplung) verbunden ist, besteht aus einem Stab und vier Ringen und ist in der Zellhülle inseriert. Der innerste Ring steht in Kontakt mit der Plasmamembran und soll rotieren (Rotor), der zweite soll evtl. fest mit der Zellwand verbunden sein (Stator), während die beiden anderen vielleicht nur als «Führungsringe» durch die komplexe Zellwand des gramnegativen Bakteriums dienen; sie fehlen bei grampositiven. Die Ringe haben Durchmesser von etwa 20 nm. Das Flagellum rotiert (sieht man vom Filament gegen die Zelle) normalerweise gegen den Uhrzeigersinn (Pfeil). (Nach Adler)

1. Chemotaxis

Die Chemotaxis ermöglicht saprophytischen und parasitischen Bakterien und Pilzen (soweit frei beweglich) das Auffinden von Nahrungsquellen bzw. Wirten und das Meiden von Bereichen mit schädigenden Stoffen, ferner Gameten das gezielte Aufsuchen des Geschlechtspartners. Im ersten Falle sind in der Regel viele verschiedene Substanzen anziehend oder abstoßend chemotaktisch wirksam, im zweiten ist der Lockstoff dagegen meist (z.T. hoch-)spezifisch. Als richtender Reiz dient entweder ein örtliches Konzentrationsgefälle (topische Reaktionen, z.B. bei Moos- und Farnspermatozoiden) oder ein zeitlicher Konzentrationsunterschied (phobische Reaktionen, z.B. bei Bakterien).

Eingehender untersucht wurde in letzter Zeit die Chemotaxis bei einigen Bakterien, vor allem bei *Escherichia coli*. Besteht kein Konzentrationsgefälle (isotropes, homogenes Medium), so schwimmen die Zellen in leichten Kurven vorwärts, wobei sie nach einiger Zeit (etwa nach 1 s) durch Umkehr des Drehungssinnes der Geißeln (S. 437) in ein kurzes (ca. 0,1 s) Taumeln verfallen, um dann in einer neuen, zufälligen Richtung weiterzuschwimmen. Schwimmt das Bakterium in Richtung der höheren Konzentration eines Lockstoffes, so ist das Taumeln und damit die Richtungsänderung seltener, bei umgekehrter Richtung aber häufiger als normal. Gerade entgegengesetzt verhält sich die Zelle im Konzentrationsgefälle eines Schreckstoffes. Infolge dieses Verhaltens müssen sich die Bakterien einer Population schließlich überwiegend beim Konzentrationsmaximum des Lockstoffes bzw. in größter Entfernung vom Maximum eines Schreckstoffes ansammeln. Die «richtige» Lage im Konzentrationsgefälle wird dabei nicht durch den (äußerst geringen!) Konzentrationsunterschied zwischen der Vorder- und Hinterseite der schwimmenden Zelle ermittelt, sondern durch einen zeitlichen Konzentrationsvergleich, d.h. einen Vergleich der Umgebungskonzentration zur Zeit t_1 mit der zur Zeit t_2. Die Rezeptoren für die chemotaktisch wirkenden Substanzen sind in der Plasmamembran oder im periplasmatischen Raum (zwischen Plasmamembran und Zellwand) lokalisierte Proteine, die spezifisch auf bestimmte Stoffe oder Stoffgruppen eingestellt sind; bei Bindung des Reizstoffes sollen sie Konformationsänderungen erfahren. Die Rezeptoren sind in der Regel auch am Transport der betreffenden Stoffe in das Zellinnere beteiligt. Bei Bakterien wurden bisher 30 verschiedene Chemosensoren ermittelt, 20 für Lockstoffe und 10 für Schreckstoffe; allein für die Chemoperzeption von Galactose soll eine Zelle etwa 50 000 Rezeptoren haben. Es gibt Mutanten, die die Fähigkeit verloren haben, auf ein spezifisches Chemotaktikum zu reagieren, andere, die überhaupt nicht mehr chemotaktisch empfindlich sind, obwohl sie sich noch bewegen können. Dies läßt darauf schließen, daß die Informationen von den einzelnen Chemosensoren über eine gemeinsame Endstrecke zu den Geißeln gelangen: Eine Unterbrechung dieser Endstrecke bedeutet den Verlust des gesamten chemotaktischen Reaktionsvermögens. Bei *Salmonella typhimurium* sind mindestens 9 Gene für die Entstehung des Übermittlungssystems zwischen den Chemosensoren und den Geißeln zuständig, zwei davon sind auch für die Bildung der Geißeln verantwortlich. Es gibt Mutationen dieser Gene, bei deren Trägern die Geißeln intakt sind, das chemotaktische Reaktionsvermögen aber fehlt.

Einzelheiten über den Mechanismus der Informationsübertragung zwischen einem reizempfangenden Chemosensor und dem Erfolgsorgan, den Geißeln, sind noch unbekannt. Es gibt Hinweise, daß bei der Informationsübertragung bei *Escherichia coli* die Methylierung von vier Proteinen (MCP = methyl-accepting chemotaxis proteins) in der Cytoplasmamembran mit Hilfe von s-Adenosylmethionin eine Rolle spielt; Mutanten, die kein Methionin bilden können oder von außen erhalten, zeigen keine Richtungsänderung beim Schwimmen, d.h. sie können die Rotationsrichtung der Geißeln nicht vorübergehend ändern. Eine Mutante von *Escherichia coli*, der das methylierte Protein fehlt, zeigt eine «reversed taxis».

Bei **Eukaryoten** werden phobische Reaktionen für die Zoosporen mancher niederen Pilze und die Schwärmer von Myxomyceten (Abb. 2.3.5) angegeben.

Die Spermatozoiden des Adlerfarnes, die sich in einem homogenen Medium um ihre Achse rotierend mit Seitwärtsbewegungen vorwärts bewegen, verringern die Winkel dieser Abweichungen von der Hauptrichtung stark, wenn sie sich «stromaufwärts» in einem Gradienten ihres spezifischen Chemotaktikums Ca-Bimalat bewegen, während sie sie in umge-

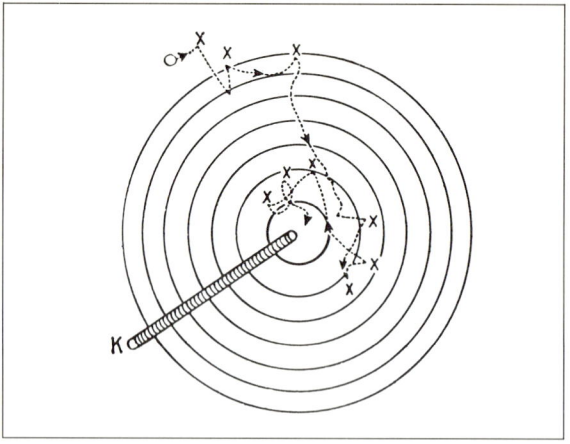

Abb. 2.3.5: Bahn der positiven chemophobotaktischen Bewegung eines Myxomyceten-Schwärmers. K Capillare mit 0,5 M Malat-Lösung. Die Kreise bedeuten Orte gleicher, nach innen zunehmender Konzentration. Bei x phobische Reaktionen. (Nach Kusano, verändert)

kehrter Richtung vergrößern. Die Reizquelle wird demnach recht gezielt angeschwommen, dagegen nicht geradenwegs verlassen, ein Verhalten, das sehr an das von *Escherichia coli* erinnert. Daneben scheint es aber bei diesen Farnspermatozoiden wie bei anderen Gameten auch eine echte topische Chemotaxis zu geben; über ihren Mechanismus ist noch wenig bekannt.

Eine topische Chemotaxis zeigen auch die zellulären Schleimpilze (S. 230 f.). Zellen der vegetativen Phase (Freßzellen) reagieren auf Folsäure, Zellen der Aggregationsphase dagegen auf cAMP (s.u.). In der frühen Phase der Aggregation wird ein an die Zelloberfläche gebundener cAMP-Rezeptor gebildet. Dieser weist einen hohen Anteil von hydrophoben Aminosäuren in 7 Domänen (S. 35, Abb. 1.1.17) auf, ähnlich wie z.B. das Rhodopsin (auch das Bakteriorhodopsin, S. 271), mit dem es auch immunologische Kreuzreaktion zeigt. Es wird daran gedacht, daß der *Dictyostelium*-Rezeptor und verschiedene Vertebraten-Rezeptoren von einem gemeinsamen Vorläufer stammen.

Bei *Dictyostelium* muß das Chemotaktikum in der Aggregationsphase nur Bruchteile von Sekunden auf die Zellen einwirken, während die dadurch ausgelöste gerichtete Bewegung über Minuten anhält. Es wird angenommen, daß die einzelne Zelle auf Überschreiten einer bestimmten Schwelle des Reizstoffes mit einer «Alles-oder-Nichts-Reaktion» antwortet, die zur Bildung eines Pseudopodiums in dem Bezirk führt, in dem die Schwelle zuerst überschritten wird; während einer Refraktärzeit von einigen Minuten wird dadurch die Bildung von Pseudopodien an anderen Stellen der Zelle unterdrückt. In dem Aggregationszentrum wird cAMP periodisch synthetisiert und in 6minütigem Abstand sezerniert. Dadurch kommt es zu einer wellenförmigen Änderung der Bewegungsgeschwindigkeit im Aggregationsfeld.

Das Konzentrationsgefälle des Chemotaktikums Acrasin bei den zellulären Schleimpilzen wird dadurch aufrechterhalten, daß die Zellen ein Acrasin abbauendes Enzym, die Acrasinase, bilden; *Polysphondylium*, das keine Acrasine bilden kann, zeigt auch keine Chemotaxis. Bei dem Acrasin handelt es sich um cyclisches Adenosin-3,5-Monophosphat (cAMP) (Abb. 2.3.6), während die Acrasinase identisch ist mit Phosphodiesterase (cAMP-ase). Beim Übergang von der vegetativen zur Aggregationsphase (vgl. S. 231, Abb. 1.4.3) steigt sowohl die Produktion von cAMP als auch die chemotaktische Empfindlichkeit auf cAMP je um mindestens das 100fache an.

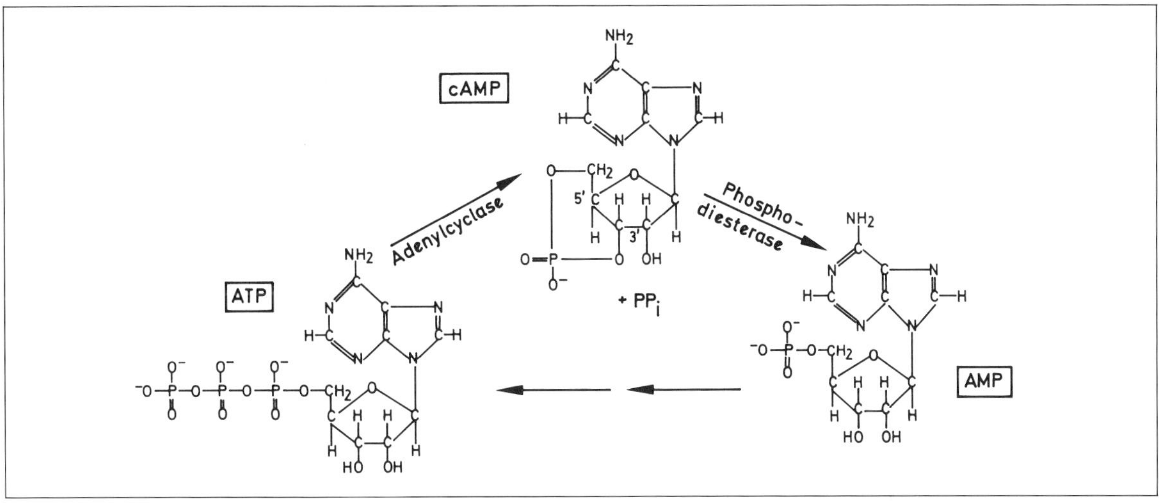

Abb. 2.3.6: Bildung und Abbau von cAMP. Es ist fraglich, ob cAMP in höheren Pflanzen vorkommt.

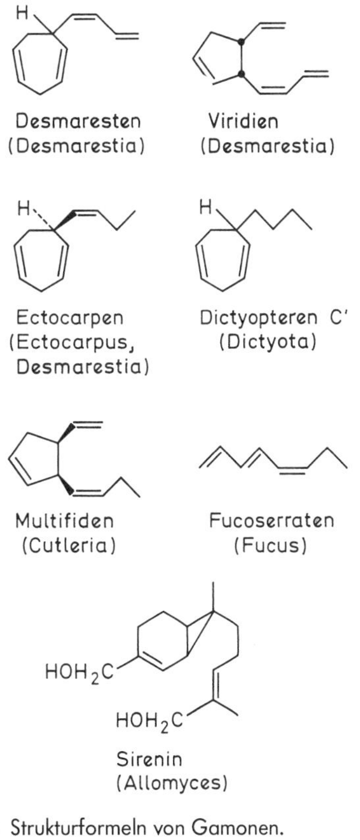

Bei der Plasmodienbewegung der nichtzellulären Schleimpilze (z.B. *Physarum*; vgl. S. 551) sind wahrscheinlich kontraktile Fibrillen wesentlich beteiligt. Sie bestehen aus einem Protein, das sich ähnlich wie das Actomyosin der Muskeln verhält: Es läßt sich in eine Myosin-(Plasmodium-Myosin A) und eine Actin-ähnliche (Plasmodium-Actin) Komponente zerlegen und wird als Myxomyosin bezeichnet. Es benötigt wie das Actomyosin zur Kontraktion ATP als Energiequelle und Mg^{2+} als Cofaktor. Ca^{2+}-Ionen sind als Regulatoren beteiligt. Auch bei der chemomechanischen Energiewandlung in den Myxamöben der zellulären Schleimpilze wird dem Actomyosin eine entscheidende Rolle zugeschrieben.

Spezifische Lockstoffe (**Gamone**) ermöglichen den Geschlechtszellen das Finden des Partners. *Chlamydomonas* verwendet hierfür Glykoproteide. Die ♀ Gameten (Eier) der Braunalgen sezernieren flüchtige, in Wasser schwer lösliche, mehrfach ungesättigte C8- oder C11-Kohlenwasserstoffe als Gamone (Abb. 2.3.7). Offenkettig ist z.B. das Fucoserraten (bei *Fucus*-Arten), einen dreigliedrigen (Cyclopropan-)Ring besitzt das (−) Hormosiren (z.B. bei *Hormosira, Colpomenia*), fünfgliedrige (Cyclopenten-)Ringe das (+) Multifiden *(Cutleria, Chorda)* und das (+) Viridien *(Syringoderma)*, schließlich siebengliedrige (Cycloheptadien-)Ringe das Dictyopteren C' *(Dictyota)*, das (+) Ectocarpen (z.B. *Ectocarpus*), das (−) Desmaresten *(Desmarestia)* und das (+) Lamoxiren *(Laminaria, Alaria, Lessonia)*. Die meisten Braunalgen-Gameten scheiden mehrere dieser Kohlenwasserstoffe ab, aber nur einer ist der spezifische Lockstoff von hoher Stereospezifität. Die anderen können Köder für die Spermatozoiden anderer Taxa sein, die zwar fremde Gameten nicht befruchten können, aber auf diese Weise auch für ihre eigenen verlorengehen. Einige dieser Braunalgen-Gamone synchronisieren auch die Freisetzung der Spermatozoiden. Gebildet werden diese Kohlenwasserstoffe aus mehrfach ungesättigten Fettsäuren.

Eine schwerflüchtige, wasserlösliche Substanz ist dagegen das Sirenin, das von den ♀ Gameten des Pilzes *Allomyces* (S. 560, Abb. 3.2.17) gebildet wird; es handelt sich um ein Sesquiterpendiol. Die (artspezifischen) Gamone bei Hefen sind Oligopeptide.

Die Spermatozoiden der Archegoniaten werden durch sehr verschiedene **Chemotaktika** angezogen, von denen bestimmte für die Anlockung durch das Archegonium als spezifisch angesehen werden: Bei *Marchantia* Proteine (?), bei einigen Laubmoosen Saccharose, bei vielen Pteridophyten Ca-Malat (vgl. den Adlerfarn), bei *Lycopodium* (Ca-?) Citrat (*Marsilea* reagiert dagegen weder auf Malat noch auf Citrat!). Saprophytische Bakterien werden z.B. durch verschiedene Zucker, Stickstoffverbindungen, Phosphat-, Alkali- und Erdalkaliionen u.a. angelockt. Myxomyceten-Schwärmer reagieren auf niedere Konzentrationen von H^+-Ionen positiv, auf höhere negativ. Auch Sauerstoff kann positive oder negative chemotaktische Wirkungen hervorrufen (**Aerotaxis**; Abb. 2.3.8).

Abb. 2.3.7: Strukturformeln von Gamonen.

Abb. 2.3.8: *Spirogyra*-Zelle mit Ansammlung positiv aerotaktischer Bakterien am belichteten bandförmigen Chloroplasten (O_2-Entwicklung). Der Raum zwischen dem Band zeigt bei Belichtung keine O_2-Entwicklung und daher auch keine Bakterienanlockung. (Nach Engelmann)

Für *Euglena gracilis* wurde Cytochrom a_3 als Chemorezeptor für aerotaktische Bewegungen ermittelt.

Das Konzentrationsgefälle muß, um als solches empfunden zu werden, eine bestimmte Steilheit besitzen. In einer Malatlösung von 0,001 % wird schon eine Konzentration von 0,03 % in einer eingeführten Capillare von Farnspermatozoiden als neuer Reiz empfunden, in einer solchen von 0,01 % aber erst eine von 0,3 %, d.h. die Unterschiedsschwelle entspricht dem konstanten Faktor 30. Diese als Webersches Gesetz bezeichnete Erscheinung ist auch aus der menschlichen und tierischen Sinnesphysiologie bekannt, wie denn überhaupt die grundsätzlichen zellulären Reizvorgänge bei allen Organismen weitgehend übereinstimmen.

Eine homogene Lösung einer Substanz wirkt also mit der Zeit abstumpfend, aber nur gegen solche Stoffe, die vom gleichen Chemosensor wahrgenommen werden. Auf diese Weise kann man Spezifität der Chemosensoren testen und hat z.B. festgestellt, daß etwa Aminosäuren von Ammoniumsalzen und selbst Stereoisomeren voneinander unterschieden werden.

2. Phototaxis

Phototaxis, d.h. eine lichtgerichtete freie Ortsbewegung, zeigen vor allem photosynthetisch aktive Organismen, die auf diese Weise Bereiche für sie optimaler Lichtintensität aufsuchen. Sie tritt aber auch bei einigen nicht grünen Flagellaten, ferner bei Plasmodien von Myxomyceten auf, die zunächst negativ reagieren, aber eine Umstimmung zur positiven Phototaxis zeigen, sobald sie zur Sporangienbildung übergehen. Auch bei der Phototaxis gibt es phobische und topische Reaktionen. Bei der phobischen Reaktion unterscheidet man die Antwort auf eine Verringerung (step down response) und auf eine Erhöhung (step up) der Strahlungsintensität.

Die phobische positive Phototaxis kommt bei dem Purpurbakterium *Chromatium* dadurch zustande, daß die Geißelbewegung für kurze Zeit eingestellt wird, wenn das Licht plötzlich an Intensität verliert. Da der Bakterienkörper praktisch keine Trägheit besitzt, kommt er sofort zum Stillstand; bei Wiederaufnahme der Bewegung wird aber in der Regel eine neue Richtung eingeschlagen. Eine Intensitätserhöhung des Lichtes hat dagegen keinen Einfluß auf die Bewegungsrichtung. Bei *Rhodospirillum* dagegen kommt es bei einer Minderung der Lichtintensität zu einer Änderung der Bewegungsrichtung der Geißel, die ein Rückwärtsschwimmen zur Folge hat. Der Faktor, um den eine Lichtquelle stärker sein muß als eine zweite, damit sie in ihrer Gegenwart attraktiv wirken kann, beträgt bei *Rhodospirillum* nur 1,01 bis 1,03, die Unterschiedsempfindlichkeit ist also sehr hoch. In beiden Fällen, bei *Chromatium* sowohl wie *Rhodospirillum*, sammeln sich die Bakterien schließlich im belichteten Bereich, den sie nicht mehr ohne weiteres verlassen können («Lichtfalle»).

Das Wirkungsspektrum der Phobophototaxis der Purpurbakterien ist identisch mit dem Wirkungsspektrum der Photosynthese. Entscheidend für die phobische Reaktion scheint die plötzliche Änderung im photosynthetischen Elektronentransport zu sein. Dies gilt ganz entsprechend für die phobophototaktische Reaktion kriechender Cyanobakterien (Umkehr der Bewegungsrichtung bei plötzlicher Verringerung der Lichtintensität), bei denen eine eingehendere Analyse ergab, daß offenbar der Redoxzustand des Plastochinons die entscheidende Steuergröße für die phobische Reaktion ist. Die Energie für die Bewegung sowohl der photosynthetisierenden Bakterien wie der Cyanobakterien wird durch ATP geliefert. Da bei Photosynthesebedingungen mehr ATP zur Verfügung steht, wird durch Licht nicht nur die Richtung, sondern auch die Geschwindigkeit der Bewegung beeinflußt («Photokinese»). Das unmittelbare Wirken eines Photosyntheseproduktes auf den Bewegungsapparat wird bei diesen Prokaryoten ja dadurch ermöglicht, daß die Thylakoide nicht von einer schwer durchlässigen Hülle umgeben sind wie bei den Chloroplasten der Eukaryoten.

Bei *Halobacterium* haben step-down und step-up Reaktion verschiedene Rezeptoren: erstere das Bakteriorhodopsin in der Purpurmembran, das also gleichzeitig als Energie- (S. 271) und Signalwandler dient, letztere ein Retinyliden-Protein, vermutlich eine Vorstufe bei der Biosynthese des Rhodopsins.

Bei kriechenden Organismen, z.B. Cyanobakterien (*Phormidium*) oder Bacillariophyceen (*Navicula*), gibt es noch eine besondere Art von Phototaxis: Sie wählen diejenige der beiden möglichen Richtungen aus, die zur Lichtquelle führt; sie sind dazu befähigt, weil sie Belichtungsunterschiede auf der Vorder- und Hinterseite der Zelle wahrnehmen können. Bei *Navicula* z.B. ist die in bestimmten Zeitabständen erfolgende autonome Umkehr der eingeschlagenen Bewegungsrichtung verzögert, wenn das Vorderende stärker belichtet wird als das rückwärtige, aber gefördert, wenn das Hinterende höhere Lichtintensitäten erhält.

Die Umkehr wird durch eine plötzliche Entleerung des Elektronen-pools zwischen Lichtreaktion 2 und 1 (Plastochinonpool, S. 266) verursacht, u.zw. entweder durch ein step-down-Signal in System 2 (verringerte Füllung des pools) oder durch ein step-up-Signal in System 1 (verstärkte Leerung des pools). Die beiden Vorgänge unterscheiden sich naturgemäß im Wirkungsspektrum.

Flagellaten können entweder phobo- oder topo-phototaktisch reagieren, und – je nach den Umständen – entweder positiv oder negativ.

Das Wirkungsspektrum für die Topo-Phototaxis des marinen Flagellaten *Platymonas subcordiformis* ist für die positive und negative Phototaxis gleich (die Bewegungsrichtung kann hier durch das Mengenverhältnis von Ca^{2+}, Mg^{2+} und K^+ im Medium eingestellt werden), dagegen völlig verschieden von dem der Photosynthese. Als Photorezeptor wird ein Chromoproteid mit einem Carotinoid als chromophorer Gruppe angenommen (grundsätzlich ähnlich den Sehpigmenten der höheren Tiere!). Das direkte Anschwimmen einer Licht-

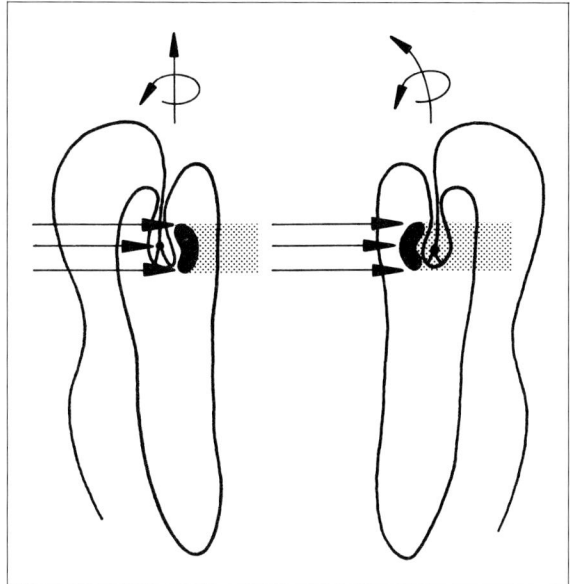

Abb. 2.3.9: *Euglena*-Zelle bei seitlicher Belichtung. Infolge der Rotation wird der Photorezeptor an der Geißelbasis durch das Stigma periodisch beschattet (rechte Figur), was eine Wendung nach links (Pfeil) zur Folge hat. (Nach Haupt)

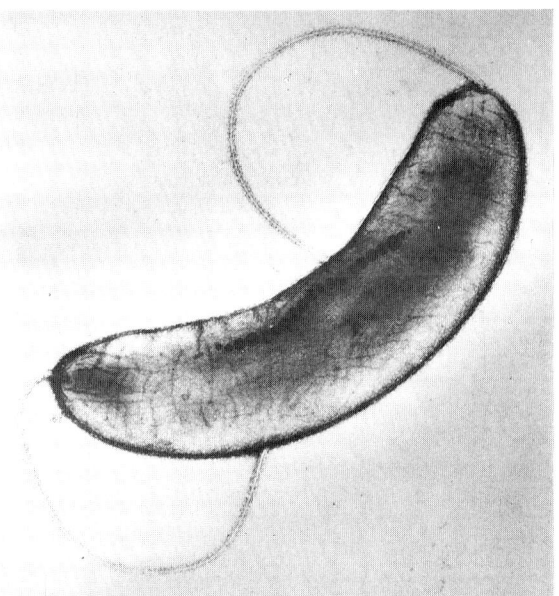

Abb. 2.3.10: Bipolar begeißeltes, magnetotaktisch reaktionsfähiges Bakterium mit einer Kette von Magnetit-Partikeln («Magnetosomen»). Vergr. 30000fach. (Nach Blakemore u. Frankel)

quelle bei der positiven und das gezielte Wegschwimmen von dieser bei der negativen Topo-Phototaxis setzt voraus, daß der Flagellat sowohl zeitliche Intensitätsänderungen des Lichtes als auch verschieden starke Belichtung der Flanken (bei Abweichung von der direkten Richtung zu oder von der Lichtquelle) wahrzunehmen vermag. Bei der während des Schwimmens um ihre Längsachse rotierende *Euglena* (Abb. 1, S. 1) wird der Photorezeptor in der Nähe der Geißelbasis bei seitlichem Lichteinfall durch das seitlich gelegene Stigma periodisch beschattet (Abb. 2.3.9), was – auf eine noch unbekannte Weise, aber wahrscheinlich unter Beteiligung von Ca^{2+}-Ionen – zu einer Änderung des Geißelschlages und damit zu einer Kurskorrektur führt, so lange, bis der Photorezeptor vom Stigma nicht mehr beschattet wird. Der Photorezeptor enthält hier wahrscheinlich Flavoprotein, das Stigma Carotinoide, vor allem Astaxanthin (das auch im Tierreich vorkommt).

Neuerdings werden Phototaxis (topische Phototaxis), photophobische Reaktion (= phobische Phototaxis) und Photokinese gern unter den Sammelbegriff «Photomovement» eingeordnet.

3. Magnetotaxis

Einige Bakterien im Schlamm von Süß- oder Salzwasser können sich in einem Magnetfeld orientieren. Diese magnetotaktischen Bakterien halten, sofern sie aus der N-Halbkugel stammen, im erdmagnetischen Feld stets die N-Richtung ein, falls sie aus der S-Halbkugel kommen, dagegen die S-Richtung. Am erdmagnetischen Äquator sind beide Orientierungstypen etwa gleich häufig vertreten. Da die vertikale Feldkomponente zumeist stärker ist als die horizontale, bedeutet diese Orientierung die gerichtete Bewegung der Bakterien nach unten, in den Schlamm, ihr natürliches Biotop. Im künstlichen Magnetfeld kann man durch Umpolung die Bewegungsrichtung umkehren.

Den Schlüssel für diese gerichtete Bewegung bildet eine Kette von Magnetit- (Fe_3O_4)-Kristallen (bis zu 100 Stück) von ca. 50 nm Kantenlänge in der Zelle (Abb. 2.3.10), die ähnlich wie eine Kompaßnadel funktionieren. Ihre Größe liegt gerade in dem Bereich, in dem die Kristalle nicht mehr durch die Übertragung von Wärmeenergie aus der Umgebung gestört werden, andererseits aber auch noch nicht durch zu große Ausdehnung ihre Polarität verlieren. Die Magnetbakterien besitzen eine etwa 10fach höhere Eisenkonzentration als «normale» Bakterien.

4. Andere Taxien

Außer auf chemische, Licht- und magnetische Reize reagieren manche der frei beweglichen Organismen auch noch auf Feuchtigkeitsdifferenzen (Hydrotaxis), Berührungsreize (Thigmotaxis), Erdanziehung (Gravitaxis) und Temperaturänderungen (Thermotaxis). Bei *Escherichia coli* kann man die abstoßende Wirkung bestimmter niederer Temperaturen durch positive Chemotaktika, die anziehende höherer Temperaturen durch negative Chemotaktika kompensieren bzw. überkompensieren. In diesem Falle müssen die Zellen also die Information von zwei Reizquellen gegeneinander «verrechnen». *Dictyostelium*-Pseudoplasmodien können noch einen Temperaturgradienten von 0,05 °C/cm perzipieren. Grundlage für dieses extrem empfindliche «Biothermometer» könnten evtl. Phasenübergänge von Membranlipiden sein.

B. Bewegungen in den Zellen

Wie schon mehrfach erwähnt worden ist, zeigen Plasma, Zellkern und Plastiden innerhalb der sie umgebenden Zellwände oft Bewegungserscheinungen, die sich in vielfacher Hinsicht an die freien Ortsbewegungen der einzelligen Organismen anschließen lassen.

1. Plasmaströmung

Die Plasmaströmung (S. 29) ist nur zum Teil autonomer Natur, z. T. wird sie erst durch die Außenreize ausgelöst.

So kommt sie z. B. in den Blattzellen von *Vallisneria* durch Verdunkelung zum Stillstand, wird aber durch Belichtung, vor allem mit Rotlicht, sofort wieder ausgelöst (Photodinese). Der Photorezeptor ist hier noch unbekannt, in anderen Fällen der Photodinese sind vielleicht Carotinoide beteiligt. Auch durch chemische Reize (Chemodinese), z. B. durch Aminosäuren bei *Vallisneria* und *Elodea* (l-Histidin wirkt noch in einer Verdünnung von 1 : 80 Millionen!), durch Wärme (Thermodinese) oder durch Verwundung (Traumatodinese) kann Plasmaströmung induziert werden (wobei Wärme und Verletzung vermutlich auch über die Freisetzung chemischer Substanzen, also letztlich auch chemodinetisch, wirken).

Die Strömungsgeschwindigkeit beträgt im Durchschnitt etwa 0,2–0,6 mm/Minute, kann aber in den Internodialzellen von *Nitella* bei hoher Temperatur bis zu 6 mm/Minute erreichen. Nicht in Bewegung ist in jedem Falle die äußerste Plasmaschicht, das Ektoplasma. Da durch die Plasmaströmung die Polarität der Zelle nicht beeinträchtigt wird, ist sie wohl im Ektoplasma verankert. Auch die Perzeptionsorte des Lichtreizes für den Phototropismus einzelliger Organe (z. B. Sporangienträger von *Phycomyces*, S. 446) oder für die Chloroplastendrehung bei *Mougeotia* (s. u.) befinden sich ortsfest im Ektoplasma.

Verantwortlich für die Bewegung scheinen wie bei der Geißelbewegung, der Plasmodienbewegung oder der Muskelkontraktion zu Gleitbewegungen befähigte Proteine zu sein. Bei Characeen mit Rotationsströmung wurden bewegliche Filamente (Durchmesser 5 nm) gefunden, die sich vom Ektoplasma ablösen und im Endoplasma zu in Strömungsrichtung orientierten Bündeln zusammentreten. Die Antriebsenergie für diese Bewegungsmechanik des «aktiven Gleitens» wird wieder durch ATP-Spaltung geliefert. Die Antriebskraft wurde bei *Nitella* zu 3,6 dyn/cm² (bzw. 0,36 Nm^{-2}) ermittelt.

Es ist nicht bekannt, ob diesen (keineswegs immer und in allen Zeiten vorhandenen) Plasmaströmungen eine physiologische Bedeutung zukommt; daß sie etwa beim Stoffaustausch in der Zelle oder zwischen benachbarten Zellen (s. S. 370) eine wesentliche Rolle spielen, hat sich bisher nicht nachweisen lassen.

2. Bewegungen der Zellkerne und Chloroplasten

Zellkerne und Chloroplasten können, wie andere Zellorgane, gelegentlich vom strömenden Plasma mitgeführt werden, aber auch unabhängig davon eigene Bewegungen durchführen.

Zellkerne bewegen sich meist zu den Orten stärksten Wachstums: Sie finden sich z. B. bei Zellen mit ausgeprägtem Spitzenwachstum (Pollenschläuche, Wurzelhaare) stets nahe der wachsenden Spitze. Nach Verletzungen liegen sie oft in der Nähe der Zellwand, die der Wunde zugekehrt ist; in einem bestimmten Umkreis von Meristemoiden, z. B. Spaltöffnungsinitialen, sind sie in Richtung dieser meristematischen Zellen verlagert und spiegeln vermutlich einen stofflichen Gradienten wider. Während der Bewegung können die Zellkerne amöboide Gestalt annehmen. Die Mechanik der Bewegung ist unbekannt.

Auffallender sind die Bewegungen der Chloroplasten bei vielen Pflanzen, die sie in die Stellung bzw. an die Orte optimaler Belichtung führen. In Algenthalli, Moosblättchen, Farnprothallien und verschiedenen Spermatophyten (z. B. Wasserpflanzen) finden sie sich im Schwachlicht an den direkt bestrahlten Vorder- und Hinterwänden der Zellen, um in den vollen Lichtgenuß zu kommen, während sie bei Starklicht an die Seitenwände wandern (Abb. 2.3.11), wodurch Strahlenschäden vermieden werden. Auch sind sie im Schwachlicht meist scheibenförmig, während sie sich im Starklicht kugelig kontrahieren.

Bei der Alge *Mougeotia* bieten die plattenförmigen Chloroplasten bei Schwachlicht ihre Fläche, bei Starklicht ihre Kante der Bestrahlung dar (Abb. 2.3.11 A und 2.3.12). Hier dauert die Schwachlichtreaktion noch 30–60 Minuten (im Dunkeln) nach induzierendem Schwachlicht an, während die Bewegung bei anderen Pflanzen meist nur solange fortgesetzt wird, wie das induzierende Licht einwirkt. Wird bei *Mougeotia* nur ein Teil der Zelle punktförmig mit Schwachlicht bestrahlt, so dreht sich der Chloroplast nur in diesem Bereich in die Reaktions-Stellung. Perzipiert wird die induzierende Strahlung bei *Mougeotia*, wie wohl auch in den meisten anderen Fällen, im

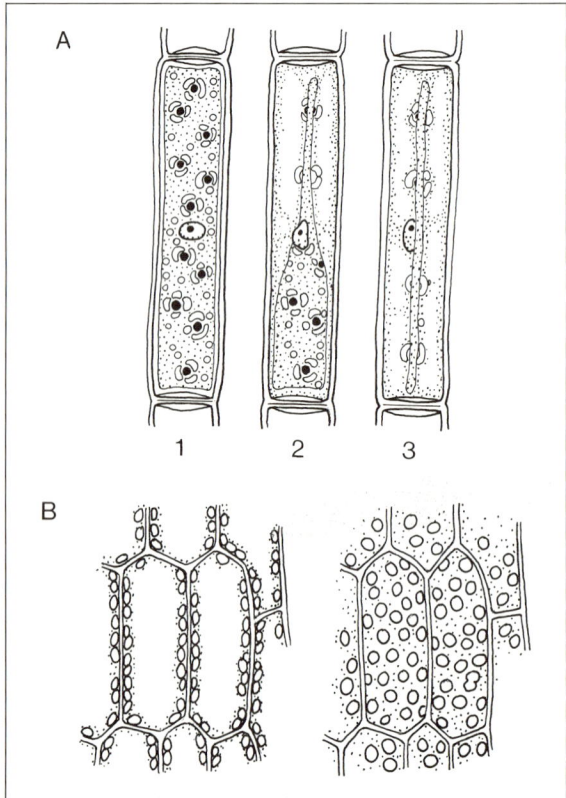

Abb. 2.3.11: A Stellung des plattenförmigen Chloroplasten in der Zelle von *Mougeotia scalaris*, 1 im Schwachlicht, 2 im Übergang, 3 im Starklicht. (Nach Palla aus Oltmanns, verändert, ca. 400 ×). **B** Stellung der Chloroplasten in Zellen eines Moosblättchens, links bei starker, rechts bei schwacher Belichtung. (Nach Schumacher)

peripheren Cytoplasma. Der Photorezeptor für die Schwachlichtreaktion ist bei *Mougeotia* das Phytochrom, wahrscheinlich auch für die Starklichtreaktion; allerdings hat hier Blaulicht eine starke Wirkung, vor allem bei der Umschaltung von der Schwachlicht- in die Starklichtreaktion. Man kann demgemäß die Bewegung in die Schwachlichtstellung durch Hellrot induzieren und die Induktion durch eine sofort anschließende Dunkelrotbelichtung wieder löschen. Die Phytochrom-660-Moleküle liegen nach Untersuchungen mit polarisiertem Licht im peripheren Protoplasma oberflächenparallel in einer Schraubenlinie mit einem Steigungswinkel von 45°, die Phytochrom-730-Moleküle dagegen senkrecht zur Oberfläche. Phytochrom-730 bewirkt eine verstärkte Aufnahme von Ca^{2+} in die Zelle und eine verstärkte Freisetzung von Ca^{2+} aus Vesikeln in der Umgebung der Chloroplastenkante. Vermutlich unter Beteiligung von Calmodulin (S. 347) kommt es dadurch zu einer Verkürzung der an der Chloroplastenkante angreifenden Mikrofilamente und dadurch zur Bewegung.

In anderen Fällen (z.B. beim Moos *Funaria* und bei *Vallisneria*) weisen die Wirkungsspektren für die Schwach- und Starklichtreaktionen der Chloroplastenbewegung auf ein Flavin oder Flavoproteid als Rezeptor hin. Auch gibt es Hinweise auf eine oberflächenparallele Orientierung dichroitischer, im Ektoplasma (Plasmalemma?) lokalisierter Rezeptor-Moleküle. In manchen Fällen (z.B. bei der Grünalge *Hormidium*, bei *Funaria, Selaginella* und *Vallisneria*) soll sich auch ein zweiter Rezeptor, möglicherweise Chlorophyll, an der Reaktion beteiligen.

Bei der Schwachlichtreaktion von *Mougeotia* und bei allen Chloroplastenbewegungen bei *Lemna* wird die Energie in Form von ATP durch die oxidative Phosphorylierung, bei der Starklichtbewegung von *Mougeotia* durch die Photophosphorylierung geliefert.

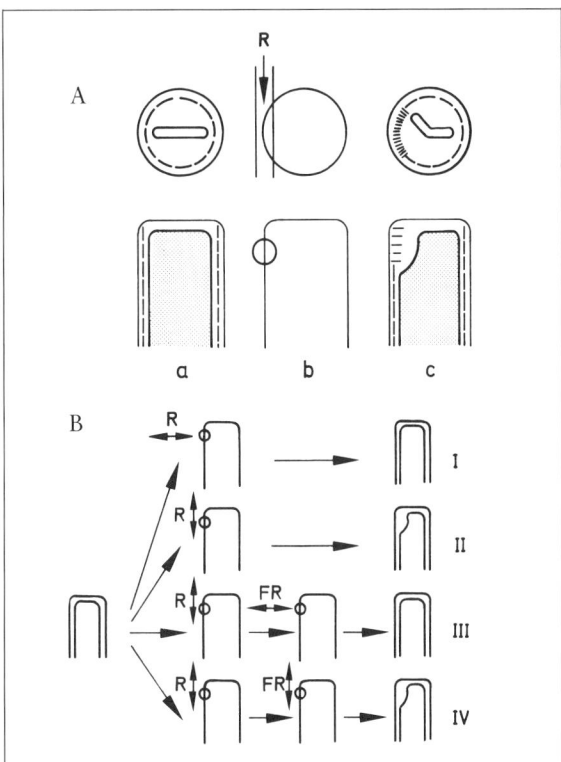

Abb. 2.3.12: A Teil einer *Mougeotia*-Zelle im Querschnitt (ganz oben) und in Oberflächenansicht (darunter); a vor, b während und c nach einer Bestrahlung mit einem polarisierten Strahl roten Lichtes (649 nm; Schwingungsrichtung in Richtung des mit R bezeichneten Pfeiles, b); Stellung des Chloroplasten und Orientierung der Phytochrommoleküle sind in a und c wiedergegeben. **B** Verschiedene Bestrahlungsprogramme mit polarisiertem Licht und ihre Folgen für die Chloroplastenstellung. Die Wirkung des längsschwingenden Hellrot (R) wird durch sofortige Nachbestrahlung mit querschwingendem Dunkelrot (FR) ausgelöscht, nicht aber durch Nachbestrahlung mit längsschwingendem FR (IV).

III. Bewegungen lebender Organe

Krümmungsbewegungen festgewachsener Organismen oder Organe, die durch einen einseitigen Reiz induziert und in ihrer Richtung bestimmt werden, nennt man **Tropismen**. Die Krümmungen kommen in der Regel durch verschieden starkes Wachstum gegenüberliegender Flanken eines Organs (Nutationsbewegungen) zustande, nur selten sind Turgorbewegungen beteiligt (S. 449).

Wird dagegen die Art und Richtung der Bewegung allein durch den Bau des reagierenden Organs bestimmt, und dient der Reiz (ob einseitig oder allseitig einwirkend) nur als Signal für diese festgelegte Bewegung, so handelt es sich um eine **Nastie** (sprich Nastíe, plur. Nastíen). Nastien können durch (reversible) Turgoränderungen (Variationsbewegungen) oder (seltener) auch durch ungleiches Wachstum entgegengesetzter Organflanken verursacht werden.

Tropismen wie Nastien werden wieder, wie die Taxien, nach dem Reiz benannt, der sie auslöst, also z.B. Phototropismus, Gravitropismus, Photonastie, Seismonastie usw.

Werden Bewegungen lebender Organe nicht durch äußere Reize, sondern durch innere Mechanismen gesteuert, so spricht man von endogenen oder autonomen Bewegungen.

A. Tropismen

Erfolgen die tropistischen Krümmungen zur Reizquelle hin (beim Phototropismus z.B. zur Lichtquelle), so spricht man von positiven, im umgekehrten Falle von negativen Tropismen (Abb. 2.3.13). Beim **Plagiotropismus** stellt sich das reagierende Organ in einem bestimmten Winkel zur Reizrichtung ein; beträgt er 90°, spricht man von Transversal-Tropismus (Diatropismus, Abb. 2.3.13). Da Tropismen in aller Regel auf Wachstumsvorgänge zurückgehen, sind gewöhnlich nur wachstumsfähige Organe oder Organteile tropistisch reaktionsfähig. Es handelt sich meist um Streckungswachstum, doch können auch Plasmawachstum und Zellteilungen beteiligt sein, z.B. bei der Aufkrümmung von horizontal gelegten Stämmen. Bei der positiven Krümmung wächst normalerweise die reizabgewandte Organflanke stärker und wird konvex (Abb. 2.3.14 A; differentielles Wachstum). Dies gilt nicht nur für Keimlinge höherer Pflanzen, sondern auch für manche einzelligen Systeme, z.B. die Sporangienträger von *Phycomyces* und *Pilobolus*. Bei Zellen mit ganz ausgeprägtem Spitzenwachstum, z.B. Farn-Chloronemen, unreifen *Pilobolus*-Sporangienträgern oder Pollenschläuchen, kann aber durch seitliche Reizung das Spitzenwachstum gehemmt und reizzugewandt ein seitlicher neuer Apex induziert werden, der mit scharfem Knick weiterwächst (Abb. 2.3.14B). Hier wächst also die reizzugewandte Seite stärker.

1. Phototropismus

Die **Reaktionsweise**. In der Regel bringen die durch einseitigen Lichteinfall induzierten Wachstumskrümmungen die Organe in eine vorteilhafte Lage, z.B. für optimale Lichtausnützung bei der Photosynthese, sind also ökologisch sinnvoll (deshalb haben sie sich in der Evolution durchgesetzt).

Positiv phototrop sind meist die Sproßachsen (Abb. 2.3.13) und viele Blattstiele, die einzelligen Sporangienträger mancher Mucoraceen, z.B. von *Phycomyces* und *Pilobolus* (deren Mycel kaum phototrop empfindlich ist), und die Fruchtkörper mancher *Coprinus*-Arten. Seltener ist der **negative Phototropismus**; er findet sich z.B. bei Haft- und manchen Luftwurzeln (Efeu, Araceen), Keimwurzeln weniger Pflanzen (z.B. *Sinapis*, Abb. 2.3.13), Rhizoiden von Lebermoosen und Farnprothallien, den mit Haftscheiben versehenen Ranken des Wilden Weins, dem Hypocotyl der keimenden Mistel u.a.m. Die meisten Wurzeln werden in ihrer Wachstumsrichtung durch Licht nicht beeinflußt (aphototrop). **Plagiophototropismus** zeigen viele Seitenzweige, **Transversal-Phototropismus** z.B. Lebermoosthalli und Blattspreiten (Abb. 2.3.13).

Manche Pflanzen sonniger Standorte stellen ihre Blattspreiten in Nord-Süd-Richtung (Kompaßpflanzen; z.B. *Lactuca serriola, Silphium laciniatum* u.a.), so daß das schwächere Morgen- und Abendlicht die Flächen, das starke Mittagslicht die Kanten trifft. Doch spielen für diese Orientierung neben dem Licht noch andere Faktoren, insbesondere Wärmestrahlen, eine maßgebliche Rolle.

Gelegentlich wird im Laufe der Entwicklung die phototrope Reaktionsweise umgeschaltet. So reagieren die Blütenstiele von *Cymbalaria muralis* (Abb. 2.3.15) zuerst positiv –, nach der Befruchtung aber negativ phototrop, verlängern sich stark und bergen die reifenden Früchte in Mauerritzen oder ähnlichen für die Samenkeimung geeigneten Orten. Auch die Blüten bzw. Früchte von *Helianthemum nummularium* und *Tropaeolum majus* verhalten sich ähnlich.

Abb. 2.3.13: Senfkeimling in Wasserkultur, von rechts (Pfeile) einseitig beleuchtet. Sproßachse positiv, Wurzel (ausnahmsweise!) negativ phototrop, Blattspreiten senkrecht zum Lichteinfall transversalphototrop ausgerichtet. (Nach Noll)

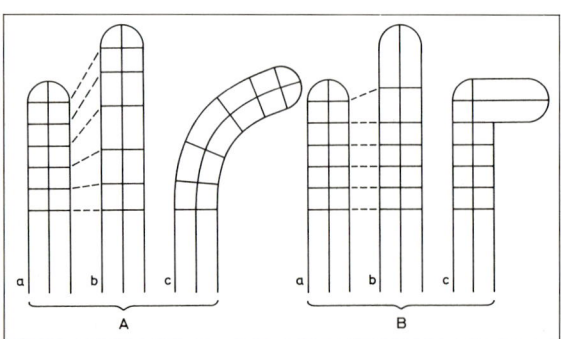

Abb. 2.3.14: Wachstum und tropistische Krümmung bei fadenförmigen Einzelzellen. (Zelle in Abschnitte gegliedert, um Zuwachsverteilung deutlich zu machen.) **A** Zelle mit intercalarem Wachstum, z.B. Sporangienträger von *Phycomyces*. **B** Zelle mit extremem Spitzenwachstum, z.B. Farn-Chloronema. a Ausgangszustand, b nach symmetrischem Wachstum, c nach tropistischer Krümmung. (Aus Libbert)

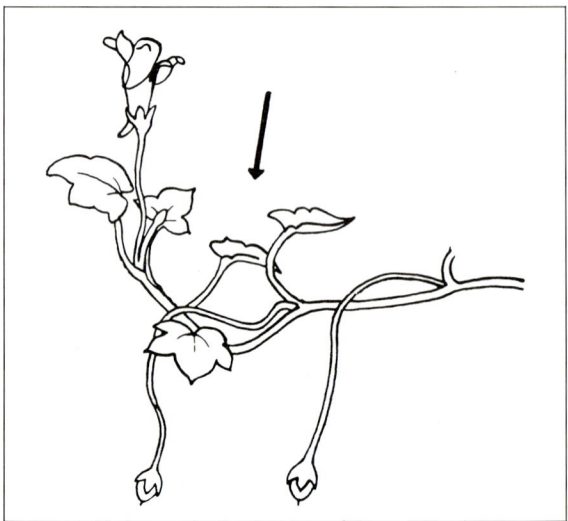

Abb. 2.3.15: *Cymbalaria muralis*. Blütenstiel positiv, Stiel der reifenden Frucht negativ phototrop. Pfeil = Richtung des Lichteinfalls (ca. 1 1/2 x). (Nach Schumacher)

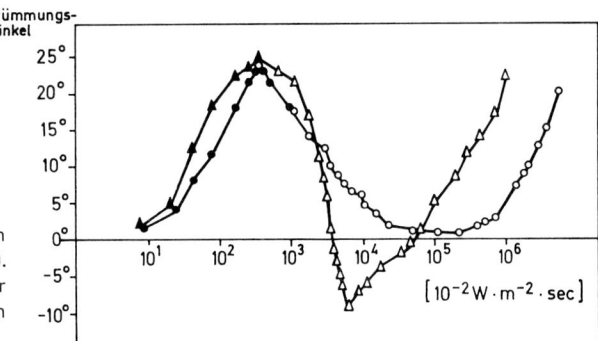

Abb. 2.3.16: Dosis-Wirkungs-Kurven der phototropen Reaktion von Hafercoleoptilen (Kreise) und Linsen-Epicotylen (Dreiecke). Die Pflanzen wurden 1–120 s mit $8 \cdot 10^{-2}$ W · m^{-2} (●, ▲) oder 1 s bis 3 Stunden mit $350 \cdot 10^{-2}$ W · m^{-2} (○, △) belichtet. (Nach Steyer)

Keimlinge (Grascoleoptilen, Hypocotyle, Epicotyle) und auch *Phycomyces*-Sporangienträger reagieren je nach der Lichtmenge, d.h. dem Produkt aus Lichtintensität (W · m^{-2}) und Einwirkungszeit (s) entweder positiv oder negativ phototrop (Abb. 2.3.16). Bei der (am besten untersuchten) *Avena*-Coleoptile ist der Bereich der ersten positiven Reaktion (etwa zwischen 10^{-1} und 10^2 W · m^{-2}) von dem der zweiten positiven Krümmung durch einen Bereich negativer Reaktion getrennt. Bei sehr hohen Lichtmengen folgt ein Indifferenzbereich und schließlich eine dritte positive Reaktion, die aber ökologisch kaum von Bedeutung ist. Die natürliche phototrope Reaktion ist in der Regel die zweite positive, die bestuntersuchte die erste positive Krümmung.

Der Verlauf der Reaktion. Sieht man vom Phototropismus der Zellen mit Spitzenwachstum (S. 415) ab, so erfolgt eine positiv phototrope Krümmung durch ein gegenüber der Lichtflanke verstärktes Wachstum der Schattenflanke. Da Sproßteile lange Wachstumszonen haben, beschreiben sie Krümmungen mit großem Radius (Abb. 2.3.17A), die Wurzeln mit ihren kurzen Wachstumszonen solche mit kleinem Radius (Abb. 2.3.13), ähnlich wie die Sporangienträger von *Pilobolus* (Abb. 2.3.17C).

Der Bereich maximaler Lichtempfindlichkeit liegt in der Regel apical der Krümmungszone; da die Krümmung auch erfolgt, wenn nur der «Rezeptionsbereich» bestrahlt wird, ist eine Erregungsleitung erforderlich. Bei Coleoptilen ist für Licht, das die erste positive Krümmung auslösen würde, praktisch nur die äußerste Spitze (etwa 250 μm) empfindlich. Die erste positive Krümmung beginnt an der Spitze (Spitzenreaktion), schreitet aber allmählich zur Basis fort (Abb. 2.3.17A). Die zweite positive Krümmung erfolgt von Anfang an nahe der Coleoptilbasis (Basisreaktion, Abb. 2.3.17B), auch hier ist die Coleoptilspitze besonders empfindlich (ca. 500 μm), die basaleren Teile in geringerem Maße. Ältere Pflanzen perzipieren Lateralbelichtung in den Sproßspitzen oder (häufiger) in den Spreiten der obersten Blätter. Auch hier liegt die Krümmungszone zur Basis hin verschoben. Bei Blättern von *Tropaeolum* sind dagegen die Blattstiele die Perzeptionsorte, während die Spreiten nur als Wuchsstofflieferanten dienen.

Die Reizschwelle für den Phototropismus der Hafer-Co-

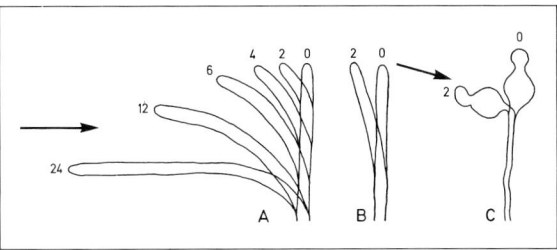

Abb. 2.3.17: Ablauf phototroper Krümmungen bei einseitiger Bestrahlung (Pfeil). **A** Erste positive Reaktion («Spitzenreaktion»). **B** Zweite positive Reaktion («Basisreaktion») bei der Hafercoleoptile. (Nach Arisz aus Libbert) **C** Sporangienträger von *Pilobolus kleinii*. Zahlen: Zeit in Stunden nach Bestrahlungsbeginn. (Aus Libbert)

leoptile liegt bei $3–25 \cdot 10^{-2}$ W · m^{-2} · s. Gewisse Proportionalität zwischen der Reizmenge und der Reaktionsgröße besteht bis etwa 1 W · m^{-2} · s. Die Reaktionszeit für die erste positive Reaktion liegt, je nach den Bedingungen (z.B. Temperatur), bei 25–60 Minuten, die Reaktionsdauer (Zeit von Krümmungsbeginn bis -ende) bei etwa 24 Stunden (Abb. 2.3.17A). Bei *Pilobolus* ist die Krümmung schon in weniger als 2 Stunden abgeschlossen (Abb. 2.3.17C). Belichtet man eine *Avena*-Coleoptile von zwei genau entgegengesetzten Seiten, so muß die Bestrahlungsstärke auf einer Seite um mindestens den Faktor 1,03 (d.h. 3%) höher sein als auf der anderen, um die Krümmung auszulösen. Bei *Phycomyces*-Sporangienträgern ist die Unterscheidungsschwelle größer, d.h. das Unterscheidungsvermögen weniger ausgeprägt. Hier muß die eine Belichtung die andere um 20% an Intensität übertreffen. Wir sind diesem Weberschen Gesetz schon bei den Taxien begegnet (S. 440).

Wird eine phototrop reaktionsfähige Pflanze gleichzeitig aus zwei verschiedenen Richtungen, die jedoch keinen Winkel von 180 miteinander bilden, mit gleicher oder verschiedener Intensität belichtet, so erfolgt zumeist, z.B. bei Coleoptilen und dicotylen Keimpflanzen, eine Krümmung in die Richtung der Resultante, die man aus einem Kräfteparallelogramm aus Richtung und Reizmenge der beiden Lichtreize bilden kann (Resultantengesetz, Abb. 2.3.18). *Pilobolus*-Sporangienträger aber krümmen sich in Richtung der stärkeren Lichtquelle; da sie normalerweise in Pferdemist wachsen und die Sporangien aus dem Substrat herausschießen sollen, ist dieses Verhalten ökologisch zweckmäßig.

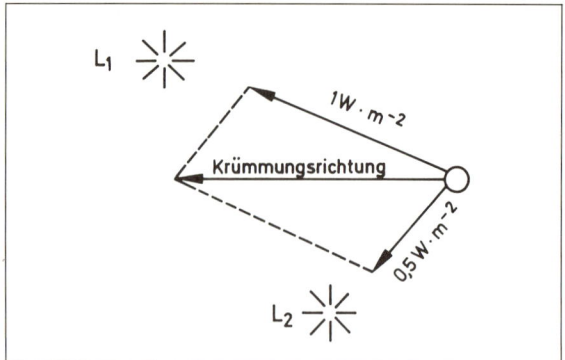

Abb. 2.3.18: Phototrope Krümmung nach dem Resultantengesetz bei gleichzeitiger Belichtung mit verschieden starken Lichtquellen (L$_1$, L$_2$). Die Bestrahlungsstärken, die jede der Lichtquellen allein am Objekt (hier von oben gesehen) erzielt, sind als Vektoren eines Kräfteparallelogramms wiedergegeben.

Die Lichtperzeption. Die Reaktionsfolge beginnt mit der Perception des Lichtreizes, die zu einer physiologischen Polarisierung und schließlich zu den Wachstumsunterschieden in Licht- und Schattenflanke führt. Perzipiert wird nicht die Lichtrichtung, sondern der Helligkeitsunterschied zwischen Licht- und Schattenseite. Dies läßt sich durch Halbseitenbeleuchtung (Abb. 2.3.19) oder durch einseitige Belichtung aus dem hohlen Coleoptileninnern experimentell zeigen.

Bei *Avena*-Coleoptilen wird die belichtete Flanke im Wachstum gehemmt, bei *Phycomyces*-Sporangienträgern gefördert. Das entspricht auch dem Wachstumsverhalten dieser Organe bei allseitiger Belichtung. Diese **Lichtwachstumsreaktion** hat auch die gleiche spektrale Abhängigkeit wie der Phototropismus; doch währt sie im Gegensatz zum Phototropismus nur kurze Zeit und schlägt bald in die gegenteilige Reaktion um, so daß der Effekt schnell wieder ausgeglichen wird. Bei *Phycomyces* hat sich gezeigt, daß eine Photoadaptation dadurch verhindert wird, daß infolge des schraubigen Wachstums der Sporangiophoren immer neue Wandsektoren in den hellen Brennstreifen geführt werden, u.zw. mit einer Geschwindigkeit von 10°/min. Diese Sektoren erfahren jeweils einen «Licht-an-Stimulus» mit nachfolgender positiver Wachstumsreaktion. Rotiert man mit gleicher Winkelgeschwindigkeit, so bleibt immer derselbe Wandsektor stark belichtet, was zum Ausbleiben des Phototropismus führt. Wie bei der phototaktischen Lichtrichtungsortung von *Euglena* ist demnach auch beim Phototropismus von *Phycomyces* eine Bewegung Voraussetzung für den Perzeptionsvorgang.

Die nötigen Helligkeitsunterschiede zwischen beiden Flanken entstehen durch Lichtabsorption und -streuung im Innern des belichteten Organs, bei sehr durchsichtigen Teilen (z.B. Sporangienträgern von *Pilobolus* – Abb. 2.3.20 –, evtl. auch bei etiolierten Coleoptilen) durch Beschattungspigmente (z.B. Carotinoide).

Der transparente Sporangienträger von *Phycomyces* wirkt als Sammellinse und focussiert das Licht auf die der Bestrahlungsquelle abgewandte Zellseite; da hier die stärker beleuchtete Flanke stärker wächst, kommt es auch hier zu einer positiven Krümmung. Bei einseitiger Belichtung der Sporangienträger in Paraffinöl, einem Medium mit hohem Brechungsindex, wirken die Zellen als Zerstreuungslinse (Abb. 2.3.21), wodurch sich die Krümmungsrichtung umkehrt (negativer Phototropismus). Den gleichen Effekt erreicht man auch durch Bestrahlung der Sporangienträger aus nächster Nähe mit divergierenden Lichtstrahlen.

Bei Moos-Chloronemen und Farn-Prothallien, bei denen die phototrope Krümmung, wie erwähnt, auf eine Verlagerung des Wachstumsschwerpunktes zurückgeht, ist der **Photorezeptor** das Phytochromsystem; daneben ist wahrscheinlich ein Flavoproteid wirksam. Alle phototropen Reaktionen, die auf differentiellem Wachstum von Licht- und Schattenflanke beruhen (also z.B. auch die erste und zweite positive Krümmung der *Avena*-Coleoptile), zeigen das gleiche Wirkungsspektrum (Abb. 2.3.22). Das Maximum im Ultraviolett (370 nm) stimmt gut mit dem Absorptionsspektrum des Riboflavins überein, die drei Maxima im Blaubereich lassen dagegen ein Carotinoid als Photorezeptor vermuten.

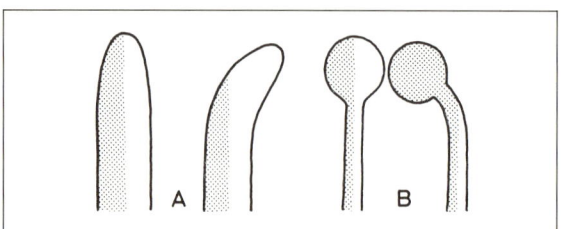

Abb. 2.3.19: Halbseitenbestrahlung einer Coleoptile (**A**, etwa 5 ×), und eines *Phycomyces*-Sporangienträgers (**B**, etwa 30 ×). Das Licht trifft senkrecht zur Papierebene die eine Hälfte, die andere (linke) bleibt im Dunkeln. Die Objekte krümmen sich nicht in Richtung der Lichtquelle (zum Betrachter), sondern entsprechend der Helligkeitsdifferenz zwischen belichteter und unbelichteter Hälfte in der Papierebene. Bei der Coleoptile stärkeres Wachstum der verdunkelten, bei *Phycomyces* der belichteten Flanke. (Die Coleoptile ist einige Zentimeter, der Sporangienträger einige Millimeter lang.) (Aus Libbert)

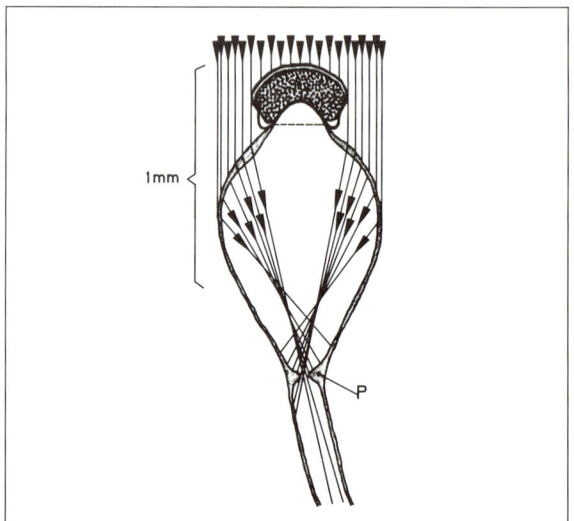

Abb. 2.3.20: Schematische Darstellung des Strahlenganges in einem symmetrisch von oben belichteten Sporangienträger von *Pilobolus*. Die Lichtstrahlen werden infolge der Linsenwirkung der subsporangialen Blase auf den Wulst (P) mit Carotinoiden als Pigmenten an ihrer Basis konzentriert, wobei die zentral auftreffenden Strahlen durch das schwarze Sporangium ausgeblendet werden. Bei Änderung der Einfallsrichtung des Lichtes reagiert der Sporangienträger solange mit der Krümmung, bis der Carotinoidwulst wieder gleichmäßig ausgeleuchtet ist. (Nach Buller, aus Esser)

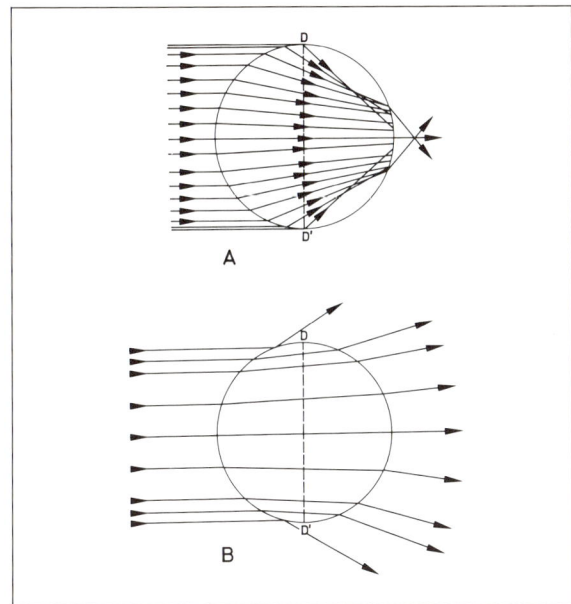

Abb. 2.3.21: Schema des Strahlendurchganges durch den Querschnitt des transparenten Sporangienträgers von *Phycomyces*, wobei der Brechungsindex der Zelle zu 1,37 angenommen wurde. **A** Sporangienträger in Luft, als Sammellinse wirkend, wobei die mittlere Weglänge der Strahlen rechts von D/D' (lichtabgewandte Seite) um 25 % größer ist als links davon (lichtzugewandte Seite). **B** Strahlengang im Sporangienträger, der sich in Paraffinöl (Brechungsindex 1,47) befindet und daher als Zerstreuungslinse wirkt. Weglänge der Strahlen in der rechten Hälfte kürzer. Der Sporangienträger in A krümmt sich positiv, der in B negativ phototrop. (Nach Castle, aus Banbury)

Derzeit werden mehrere Erklärungsmöglichkeiten diskutiert: a) Der Photorezeptor ist ein Carotinoid mit «normalem» Absorptionsverhalten; der Gipfel um 370 nm spiegelt die Absorption von Flavinen wider, die nur als Beschattungspigmente (zur Herstellung eines ausreichenden Helligkeitsgradienten zwischen Licht- und Schattenseite, s. o.) dienen. b) Ein Carotinoid ist der eigentliche Photorezeptor und ein Flavin wirkt als akzessorisches Pigment (wie die Antennenpigmente bei der Photosynthese), das die im Ultravioletten absorbierte Strahlungsenergie durch Resonanz-Transfer (S. 263) auf das Carotinoid überträgt. c) Der Photorezeptor ist ein noch nicht identifiziertes Carotinoid (oder Carotinoidproteid) oder ein noch unbekanntes Flavin (oder Flavoproteid), dessen Absorptionsspektrum mit dem Wirkungsspektrum übereinstimmt. Flavine gelten z.Z. als die wahrscheinlichsten Photorezeptoren, wobei einer der Folgeschritte die Reduktion eines Cytochroms sein soll.

Zur Festlegung der Anordnung des jeweiligen Photorezeptors in der lichtperzipierenden Zelle hat sich wieder – wie bei der Analyse der Chloroplastenbewegung – die Verwendung polarisierten Lichtes als nützlich erwiesen. Farn-Chloronemen, bei denen Phytochrom 660 als Rezeptor fungieren kann, die bei horizontalem Wachstum mit linear polarisiertem Hellrot bestrahlt werden, wachsen streng senkrecht zur Schwingungsebene des elektrischen Vektors. Dreht man die Schwingungsebene, so ändert sich die Richtung des neuen Zuwachses entsprechend (Abb. 2.3.23 A, B), und zwar wie beim Phototropismus mit scharfem Knick («Polarotropismus»). Da langgestreckte Pigmentmoleküle polarisiertes Licht dann absorbieren, wenn ihre Längsachse senkrecht zur Lichtrichtung und parallel zur Schwingungsebene des Lichtes liegt (Abb.

2.3.23 C), wird angenommen, daß die Photorezeptormoleküle im Ektoplasma mit ihrer Längsstreckung oberflächenparallel angeordnet sind. Der Wachstumspol würde sich dann jeweils dort befinden, wo am meisten Hellrot absorbiert wird.

Grundsätzlich ähnlich verläuft die polarotropische Reaktion auch bei den Sporenkeimlingen des Lebermooses *Sphaerocarpos donnellii* und bei den Sporangienträgern von *Phycomyces*; allerdings läßt hier das Wirkungsspektrum erkennen, daß Phytochrom 660 als Photorezeptor keine Rolle spielt (Abb. 2.3.23 D). Aber auch hier muß das verantwortliche Pigment hochgradig orientiert im Ektoplasma angeordnet sein.

Die Mechanik der Krümmung. Bei der phototropen Krümmung einzelliger Gebilde, z.B. der Sporangienträger von niederen Pilzen oder der Sporenkeimlinge von Moosen und Farnen, ist die Kausalkette zwischen der Lichtperzeption und dem differentiellen Wachstum der Flanken bzw. der Verlagerung des Wachstumsschwerpunktes nicht bekannt. Bei *Phycomyces* denkt man z.B. an eine Aktivitätserhöhung der Chitin-Synthase, die mit einer erhöhten plastischen Dehnbarkeit der Zellwand in Verbindung gebracht wird. Bei Coleoptilen und sehr wahrscheinlich auch bei Dicotyledonen-Keimlingen ist die Querverschiebung von Auxin, bei manchen Arten (z.B. *Helianthus*) auch von Gibberellin, ein Glied in dieser Reaktionsfolge. Die seitliche Bestrahlung von Coleoptilen mit Lichtmengen der ersten und zweiten positiven Krümmung führt zur Anhäufung des Auxins auf der lichtabgewandten Flanke, und zwar schon vor Sichtbarwerden der phototropen Krümmung (Abb. 2.3.24). Die Fähigkeit der Coleoptilteile zum lichtinduzierten Auxin-Quertransport geht dabei parallel mit der phototropen Empfindlichkeit. Die Querpolarisierung, die diesem Wuchs- oder Hemmstofftransport vorausgeht, ist energiebedürftig und unterbleibt z.B. in sauerstofffreier Atmosphäre. Ihre Natur ist unbekannt.

Einseitige Belichtung führt weiterhin zur Hemmung des basipetalen Auxintransportes auf der Lichtseite;

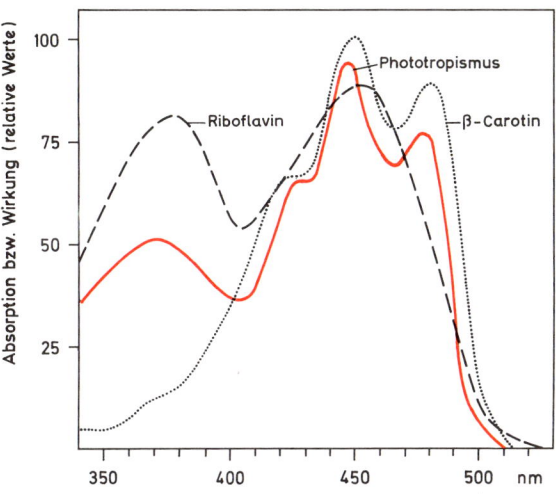

Abb. 2.3.22: Wirkungsspektrum des Phototropismus (erste positive Krümmung von *Avena*-Coleoptilen) sowie Absorptionsspektren von Riboflavin und β-Carotin. (Aus Libbert)

darauf könnte der Befund zurückgehen, daß zweimal dekapitierte, an Auxin weitgehend verarmte Coleoptilen sich noch phototrop induzieren lassen. Die Krümmung erfolgt erst dann, wenn man den Coleoptilen von der apicalen Schnittstelle her Auxin zuführt. Es ist dies noch mehrere Stunden nach der Induktion möglich.

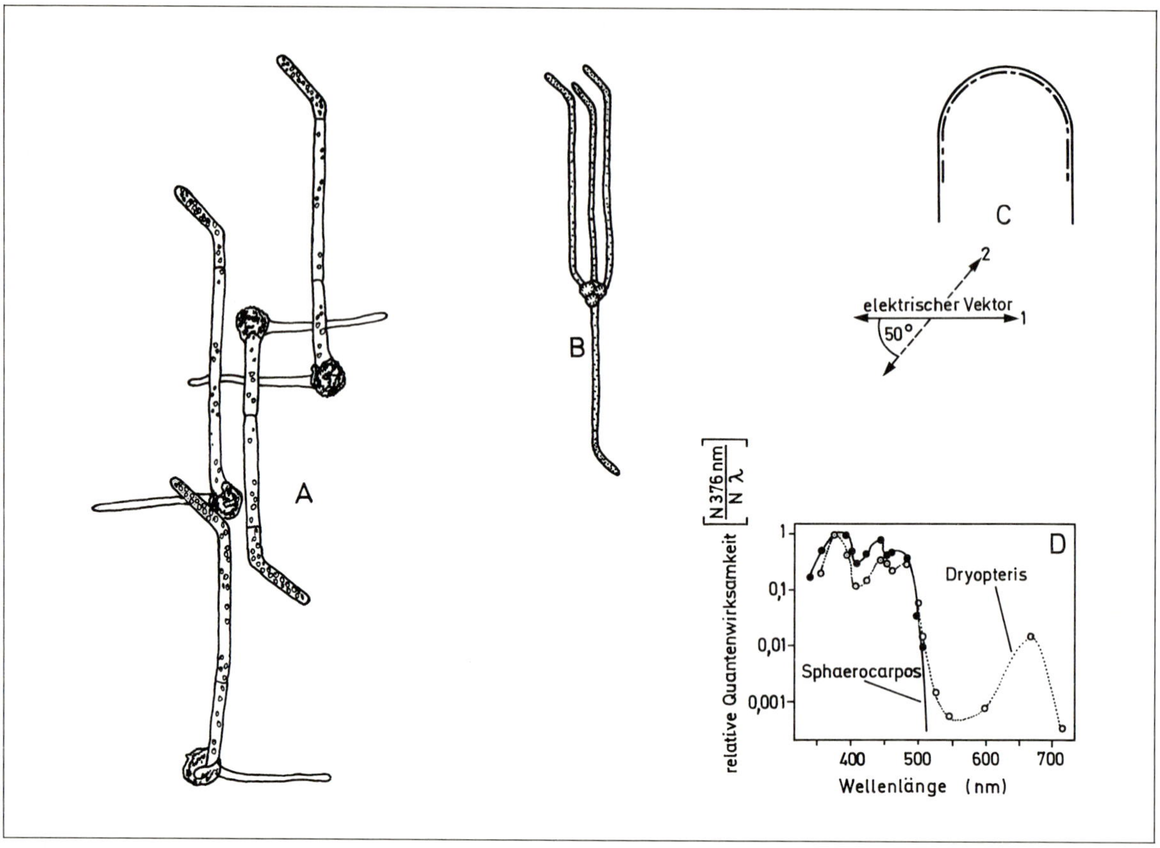

Abb. 2.3.23: Polarotropismus. Bestrahlt man horizontal wachsende Chloronemen des Farns *Dryopterisfilix-mas* (**A**) oder die fädigen Sporenkeimlinge des Lebermooses *Sphaerocarpos donnellii* (**B**) mit linear polarisiertem Licht von oben, so wachsen sie senkrecht zur Schwingungsebene des ε-Vektors (↔ 1). Dreht man die Schwingungsebene (← — 2), so schwenken die Fäden mit scharfem Knick in die neue Richtung, senkrecht zur neuen Richtung des ε-Vektors, ein. **C** Schematische Darstellung der Achsen maximaler Absorption der Photorezeptormoleküle in der Spitze eines *Dryopteris*-Chloronemas. Die Achsen laufen alle oberflächenparallel, im übrigen ist die Ausrichtung zufällig (angedeutet durch Striche und Punkte). **D** Wirkungsspektren für den Polarotropismus von *Dryopteris*- und *Sphaerocarpos*-Sporenkeimlingen. Bei *Dryopteris* ist P 660 Photoreceptor, bei *Sphaerocarpos* nicht. (A. u. C nach Etzold, B. u. D nach Steiner, aus Mohr, verändert)

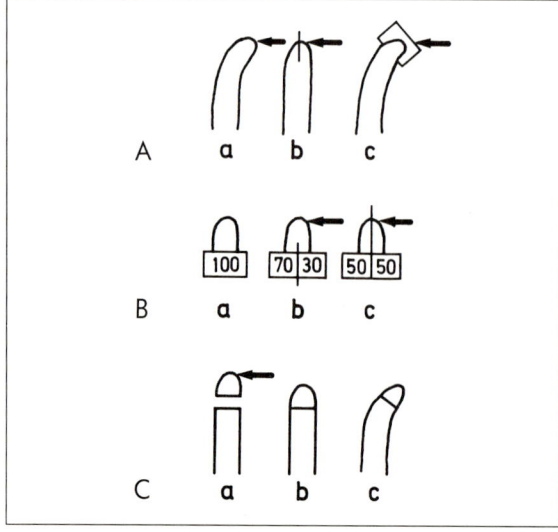

Abb. 2.3.24: Quertransport von IAA beim Phototropismus von Coleoptilen. Pfeile: Bestrahlungsrichtung. **A** Nachweis der Notwendigkeit ungehinderten Lateraltransportes. Senkrecht zur Lichtrichtung eingesetztes Glasplättchen (b) hindert Transport und Krümmung, parallel zur Lichtrichtung plaziertes (c) nicht. **B** Abfangen des aus der abgetrennten Coleoptilspitze diffundierenden Wuchsstoffes mit Hilfe von Agarblöckchen bei der Kontrolle (a), unbehindertem (b) und behindertem (c) Quertransport. Zahlen: relativer Auxingehalt, der im Avena-Krümmungstest (S. 388, Abb. 2.2.12) festgestellt wurde. Einseitige Belichtung führt bei unbehindertem Quertransport zu einer verstärkten Auxinabgabe auf der lichtabgewandten Flanke. Zu vergleichbarem Ergebnis führt die Versorgung der Spitzen mit radioaktiver IAA von außen und nachfolgende Messung der Radioaktivität in den Blöckchen. **C** «Erregungsleitung» durch IAA-Längstransport. a Einseitige Belichtung erzeugt in der abgetrennten Spitze IAA-Quertransport; b Spitze wird der Basis wieder aufgesetzt; c die asymmetrische IAA-Verteilung teilt sich der Basis mit und führt dort zur Krümmung. (Aus Libbert)

Eine früher oft zur Erklärung des Auxingradienten herangezogene Photooxidation des Auxins auf der Lichtseite spielt für den Phototropismus keine Rolle. Die in der Coleoptilspitze verursachte **Asymmetrie in der Auxinverteilung** pflanzt sich dann durch den polaren Auxintransport (s.S. 386f.) bis zur Basis fort und führt zum stärkeren Wachstum der auxinreicheren Schattenflanke; eine Wachstumsdifferenz von nur 2% auf den antagonistischen Organhälften führt dabei bereits zu einer Krümmung von 10°. Die «Erregungsleitung» besteht demnach beim Phototropismus in einem **asymmetrischen Auxintransport**. Hemmstoffe, die den polaren Auxintransport hemmen (z.B. TIBA, S. 387, oder Morphactine), stören deshalb auch die phototrope Reaktion.

Neuerdings wird bezweifelt, ob einseitige Belichtung in den Coleoptilen tatsächlich eine Querverschiebung von Auxin auslöst, vielmehr soll es zu einem Quertransport von Hemmstoffen des Wachstums in entgegengesetzter Richtung kommen. Eine Bestätigung dieser Annahme bleibt abzuwarten.

Bei älteren Pflanzen, bei denen junge Blätter für die Reizperzeption verantwortlich sind, kann Licht die Auxinsynthese der Blätter fördern und so zur phototropen Krümmung führen (z.B. bei *Helianthus*).

Transversalphototropismus. Über den Mechanismus, der die Blattspreiten senkrecht zum Lichteinfall orientiert, ist noch sehr wenig bekannt. Es können ein positiver Phototropismus des Blattstieles und auch durch Perception in der Spreite vermittelte Krümmungen des Stieles und der Spreite beteiligt sein. Bei seitlicher Belichtung eines Blattes können auch Torsionen des Blattstieles erfolgen. Transversalphototrope Reaktionen von mit Blattpolstern ausgestatteten, ausgewachsenen Blättern (z.B. bei Fabaceen, wie *Robinia pseudoacacia*, oder gewissen Malvaceen) beruhen auf durch das Licht ausgelösten Turgorschwankungen. *Malva neglecta* folgt auf diese Weise mit den Blättern dem täglichen Gang der Sonne.

Es ist fraglich, ob man all diese Phänomene bei genauerer Kenntnis ihres Zustandekommens noch als Phototropismus bezeichnen würde.

2. Skototropismus

Bei tropischen Lianen (z.B. der Aracee *Monstera gigantea*) wurde gezeigt, daß sie als Keimlinge ihrem Stützbaum gezielt durch eine Wachstumskrümmung in Richtung des dunkelsten Sektors am Horizont (Wachstum zum Schatten, Skototropismus) zustreben. Im Gegensatz zu einem negativen Phototropismus führt der Skototropismus die Keimlinge von allen Seiten auf einen Stützbaum zu. Der Einflußbereich eines Baumes ist dadurch begrenzt, daß das Zielobjekt für den Skototropismus der Keimlinge einige Winkelgrade des Horizonts ausmachen muß. Dadurch hat aber ein dickerer Baum einen größeren Attraktionsbereich. – Hat der Keimling den Stützbaum erreicht, so wandelt sich die skototrope Empfindlichkeit in einen positiven Phototropismus um, der die Pflanze dem Licht im Kronenbereich entgegenführt. Der kausale Mechanismus des Skototropismus ist unbekannt.

3. Gravitropismus

Viele Pflanzen können durch Wachstumskrümmung ihre Organe in eine bestimmte Richtung zur Erdbeschleunigung ($g = 9{,}81 \text{ m} \cdot \text{s}^{-2}$) bringen; diese Reaktion bezeichnet man als Gravitropismus (auch Geotropismus). Bäume an einem Steilhang wachsen z.B. so, daß die Stammlängsachse in der Richtung des Lotes, nicht etwa senkrecht zur lokalen Erdoberfläche, steht. Aus der Normallage gebrachte Achsen, z.B. Bütenstiele, krümmen sich so lange, bis sie wieder in der Lotrichtung stehen; Getreidehalme, die durch Wettereinwirkung umgelegt worden sind, können sich durch Krümmung in den Knoten wieder aufrichten.

Die gravitropen Reaktionsweisen. Positiv gravitrop, d.h. in Richtung auf den Erdmittelpunkt zuwachsend, sind Hauptwurzeln (Abb. 2.3.25), ferner die Rhizoide von Algen, Lebermoosen oder Farnprothallien. Negativ gravitrop reagieren dagegen die Hauptsprosse, die Sporangienträger der Mucoraceen und die Fruchtkörper vieler Hutpilze. Die Seitenwurzeln erster Ordnung wachsen meist horizontal (Abb. 1.3.94, S. 224) oder in einem bestimmten Winkel schräg nach abwärts; bei ihnen liegt **Transversal-** oder **Plagiogravitropismus** vor. Auch viele Seitenzweige

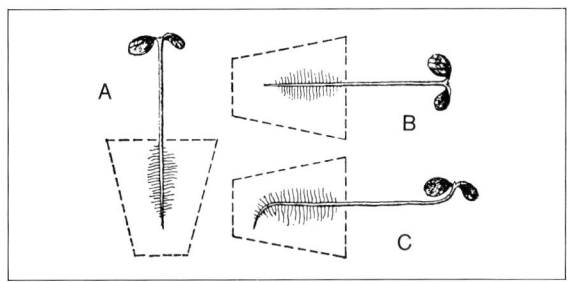

Abb. 2.3.25: Schema der gravitropen Reaktion einer Keimpflanze. **A** Normalstellung, **B** Pflanze horizontal gelegt, **C** gravitrope Reaktion. (Nach Sierp)

und Blätter reagieren transversalgravitrop, ebenso Erdsprosse, die in einer bestimmten Bodentiefe horizontal oder schräg dahinwachsen (Abb. 1.3.94, S. 224) und diese Lage auch wieder einnehmen, wenn sie daraus abgelenkt werden. Die Seitenwurzeln zweiter Ordnung sind meist gravitrop unempfindlich (agravitrop), ähnlich die Seitenzweige bei Trauerformen (z.B. Trauer-Weide).

Dorsiventrale Organe, wie die Blätter und manche Blüten, vermögen nach Abweichung von ihrer «Normallage» diese durch Drehung der Stiele (Gravitorsionen) wieder einzunehmen. Die Drehung vieler Orchideenfruchtknoten (S. 817, Abb. 3.2.278B, b) kommt ebenfalls unter dem Einfluß der Schwerkraft zustande.

Wie der Phototropismus, so kann auch der Gravitropismus bei manchen Pflanzen im Lauf der Entwicklung oder durch Änderung der Umweltbedingungen eine Umschaltung erfahren.

So ist z.B. der obere Teil des Stengels einer jungen Mohnknospe positiv gravitrop («nickende Knospe»), wird aber negativ, sobald die Blüte sich zur Öffnung anschickt. Bei vielen Arten (z.B. *Holosteum umbellatum, Calandrinia, Arachis* u.a.) sind die Blütenstiele negativ, die Fruchtstiele positiv gravitrop; bei *Lilium martagon* ist es dagegen umgekehrt. Wird, z.B. bei Fichten oder Tannen, der negativ gravitrope Gipfeltrieb gekappt, so richten sich die ursprünglich transversal- oder plagiogravitropen oberen Seitenäste negativ gravitrop auf; einer übernimmt dann die Funktion und Lage des Haupttriebes, während die anderen wieder in die Ausgangslage zurückkehren (**Apicaldominanz**, vgl. S. 427).

Die niedere Temperatur des Winters macht z.B. die im Sommer negativ gravitropen Sprosse mancher unserer Ackerunkräuter (*Senecio vulgaris, Sinapis arvensis, Lamium purpureum* usw.) transversalgravitrop; sie kommen so evtl. in den Schutz der Schneedecke. Die transversalgravitropen Rhizome von *Adoxa* oder *Circaea* werden durch Belichtung positiv gravitrop und gelangen so wieder in das Erdreich zurück; bei Erdsprossen von *Aegopodium podagraria* genügt für diese Umstimmung eine Rotlichtbestrahlung von 30 s. Eine Verdunkelung läßt die transversalgravitropen Sprosse von *Vinca, Lysimachia nummularia* u.a. negativ gravitrop werden.

Das Phytochromsystem hat einen Einfluß auf die Stärke der gravitropen Reaktion von Coleoptilen: Bei *Avena* vermindert 12–24 Stunden vor der gravitropen Reizung gebotenes Rotlicht die gravitrope Reaktion, unmittelbar vor der Reizung gebotenes Rotlicht wirkt dagegen verstärkend.

Nachweis der Schwerkraftwirkung. Daß die gravitropen Krümmungen Reaktionen auf eine Massenbeschleunigung sind, die normalerweise durch die einseitig wirkende Schwerkraft hervorgerufen werden, kann man auf verschiedene Weise belegen. Einmal wirkt eine Zentrifugalbeschleunigung (z) in gleicher Weise wie die Erdbeschleunigung (g, Abb. 2.3.26); sind beide Kräfte von gleicher Größenordnung, so gilt wieder das Resultantengesetz: Schwerkraft und Zentrifugalkraft werden demnach von der Pflanze als gleichwertig empfunden.

Auf der anderen Seite kann man gravitrope Krümmungen ausschalten, wenn man eine zunächst orthotrop gewachsene Pflanze in der Horizontallage langsam um ihre Längsachse rotiert (auf einem «**Klinostat**», Abb. 2.3.27). Ist die Rotationsgeschwindigkeit schnell genug, um eine einseitige Graviperzeption auszuschalten, andererseits langsam genug, um Zentrifugalkräfte nicht wirksam werden zu lassen (einige Umdrehungen pro Minute), so ist das Schwerefeld kompensiert. Es hat sich gezeigt, daß sich die Pflanzen bei echter Schwerelosigkeit (im Satelliten) weitgehend so verhalten wie auf dem Klinostaten.

Der Ablauf der gravitropen Reaktion. Auch beim Gravitropismus wird die Krümmungsbewegung in der Regel durch differentielles Wachstum zweier Organhälften hervorgerufen; es reagieren also wieder die wachstumsfähigen Zonen. Aus diesem Grunde sieht man bei einer horizontal gelegten, orthotrop reagierenden Pflanze die Krümmung stets in den direkt hinter der Spitze gelegenen Hauptwachstumszonen der Wurzeln bzw. der Sprosse eintreten, während die anderen Teile ungekrümmt bleiben (Abb. 2.3.25).

In bestimmten Fällen können nach gravitroper Reizung auch ausgewachsene Teile ihr Wachstum wieder aufnehmen: Bei aus ihrer Ruhelage gebrachten Grashalmen beginnen die

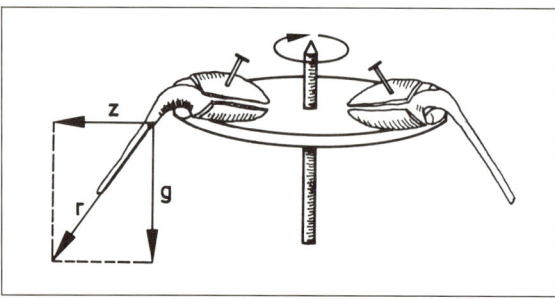

Abb. 2.3.26: Gültigkeit des Resultantengesetzes bei gleichzeitiger Einwirkung einer Zentrifugalbeschleunigung (z) und der Erdbeschleunigung (g). Die Wachstumsrichtung folgt der Resultante (r). (Aus Libbert)

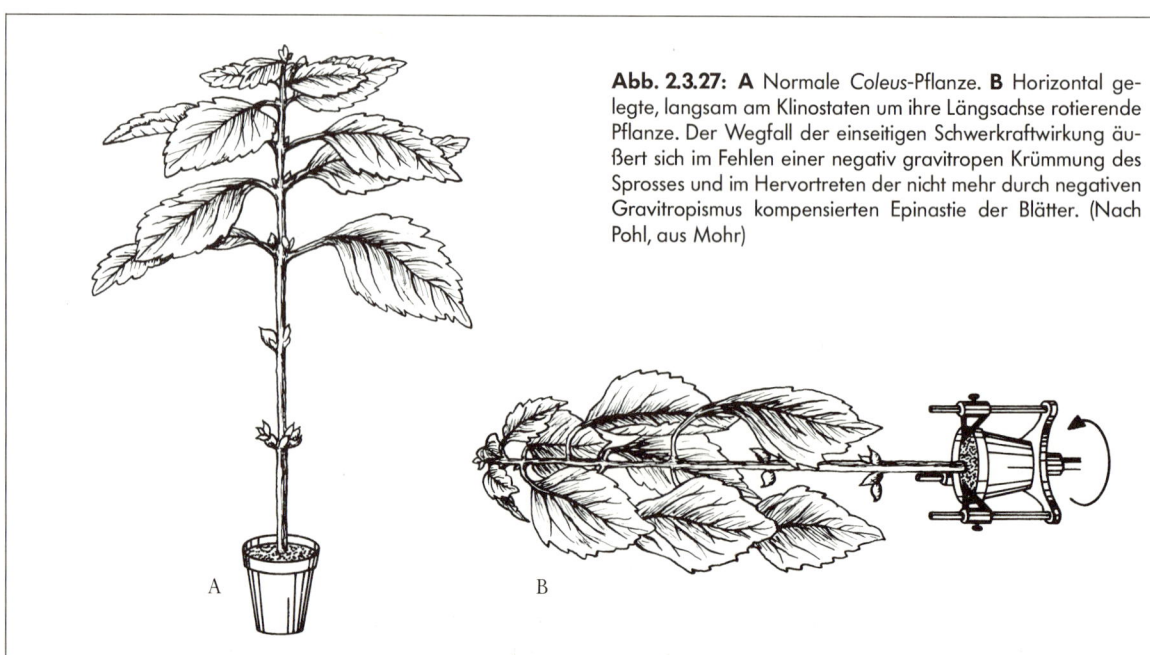

Abb. 2.3.27: A Normale *Coleus*-Pflanze. **B** Horizontal gelegte, langsam am Klinostaten um ihre Längsachse rotierende Pflanze. Der Wegfall der einseitigen Schwerkraftwirkung äußert sich im Fehlen einer negativ gravitropen Krümmung des Sprosses und im Hervortreten der nicht mehr durch negativen Gravitropismus kompensierten Epinastie der Blätter. (Nach Pohl, aus Mohr)

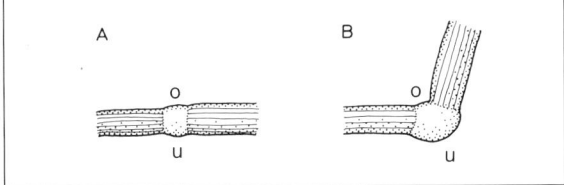

Abb. 2.3.28: **A** Gravitrope Aufrichtung eines horizontal gelegten Grasknotens. Bei **B** die Unterseite des Knotens (u) stark verlängert, die Oberseite (o) verkürzt, wodurch das Halmstück um etwa 75° aufgerichtet wurde. (Nach Noll)

Knoten auf ihrer Unterseite verstärkt zu wachsen, so daß sich der Halm wieder aufrichtet (Abb. 2.3.28). Auf dem Klinostat setzt eine allseitige Wachstumsförderung der Knoten ein, was zeigt, daß auch hier der Schwerereiz noch empfunden wird (wenn auch nicht einseitig); diese Förderung entfiele z.B. im Satelliten. Auch Stämme, Äste und Wurzeln von Bäumen können durch verstärktes Längen- und Dickenwachstum mittels ihrer Cambien, allerdings sehr langsam, gravitrope Reaktionen ausführen; dabei bildet das gravitrop gereizte Cambium anatomisch speziell differenziertes «**Reaktionsholz**» aus, bei Nadelhölzern auf der Unterseite (Druckholz), bei Laubhölzern auf der Oberseite (Zugholz). Zur Bildung des Reaktionsholzes kommt es auch bei Fehlen eines Längenwachstums und damit auch Fehlen einer Aufkrümmung (z.B. nach Entfernen der Gipfelknospe); seine Entstehung wird also nicht durch den Krümmungszug oder -druck induziert, vielmehr ist die Ausbildung des «Reaktionsholzes» die Ursache der gravitropen Aufkrümmung.

Der Krümmungsverlauf ist bei Wurzeln wegen der kurzen Streckungszone relativ einfach (Abb. 2.3.29). Bei Sprossen beginnt die Krümmung an der Spitze und schreitet dann immer weiter basalwärts fort (Abb. 2.3.30); dabei geht die gravitrope Aufkrümmung über die Lotrechte hinaus, worauf eine Rückkrümmung erfolgt, bis der Sproß (nach einigen Pendelbewegungen) genau in der Senkrechten eingestellt ist. Diese Pendelbewegungen sind nur teilweise auf die erneute (entgegengesetzte) gravitrope Reizung bei der Überkrümmung zurückzuführen, teilweise erfolgen sie unabhängig von der Schwerkraft (z.B. auch am Klinostat), wobei die Steuerungsmechanismen noch unbekannt sind («**Autotropismus**»).

Die **Präsentationszeiten** für den Gravitropismus können sehr kurz sein: Blütensprosse von *Capsella bursa pastoris* reagieren noch, wenn sie nur 2 Minuten, die von *Sisymbrium, Plantago* und die Hypocotyle von *Helianthus*, wenn sie nur 3 Minuten gravitrop gereizt und dann auf dem Klinostat der weiteren einseitigen Schwerkraftwirkung entzogen werden. Die gravitrope **Reaktionszeit** kann bei *Lepidium*-Wurzeln weniger als 20 Minuten, bei Hafercoleoptilen 14 Minuten betragen. Die Sprosse und Wurzeln von *Vicia faba* beginnen allerdings erst nach 85 Minuten zu reagieren, Grasknoten benötigen dazu oft mehrere Stunden. Die **Reizschwelle** liegt bei Dauerreizung etwa bei einer Massenbeschleunigung von 10^{-2} g (g = Erdbeschleunigung, S. 449). Unterschwellige Reize können sich wieder (falls die Pausen zwischen den Einzelreizen nicht zu lange dauern) bis zum Auftreten einer sichtbaren Reaktion summieren, selbst dann, wenn der Einzelreiz nur Bruchteile einer Sekunde einwirken konnte. Diese Befunde führten zu dem Schluß, daß eine Pflanze fast jede noch so kurz dauernde Veränderung ihrer Lage im Raum wahrnimmt, daß sie aber nur dann sichtbar mit einer Krümmung antwortet, wenn der Schwerereiz längere Zeit auf sie eingewirkt hat. Diese Trägheit ist ökologisch sinnvoll, weil sonst die zahlreichen Biegungen der oberirdischen Pflanzenorgane im Wind zu dauernden Krümmungsbewegungen führen müßten.

Für das Auftreten einer eben erkennbaren Reaktion ist es wie beim Phototropismus innerhalb gewisser Grenzen gleichgültig, ob ein starker Reiz kurze Zeit oder ein schwacher Reiz entsprechend länger einwirkt; entscheidend ist die Reizmenge I · t (**Reizmengengesetz**). Bis zur Erreichung relativ kleiner Reizmengen besteht wieder Proportionalität zwischen Reizmenge und Reaktionsgröße, darüber hinaus jedoch nicht mehr. Man kann diese Gesetzmäßigkeiten dadurch untersuchen, daß man statt der Schwerkraft die leicht zu dosierende Zentrifugalkraft verwendet oder die Schwerkraft in einem kleineren Winkel als 90° angreifen läßt. Es hat sich herausgestellt, daß in einem solchen Fall nur jener Bruchteil der Schwerkraft zur Wirkung kommt, der dem Sinus des Ablenkungswinkels aus der Lotrechten proportional ist (**Sinusgesetz**; Abb. 2.3.31). In einem Kräfteparallelogramm würde dies der Komponente (g · sin α) entsprechen, die senkrecht zur Längsachse des schräg stehenden Organs angreift. Aber auch die in die Längsachse fallende Komponente bleibt nicht völlig wirkungslos, wenn sie auch keine gravitrope Krümmung auszulösen vermag. Wie beim Phototropismus achsenparallel einfallendes Licht eine abstumpfende Wirkung hervorbringt, so

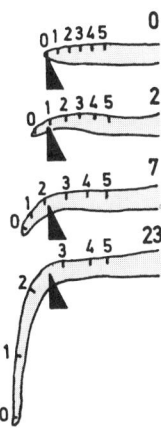

Abb. 2.3.29: Gravitrope Krümmung einer Keimwurzel, 0, 2, 7, 23 Stunden nach der gravitropen Reizung. (Nach Sachs)

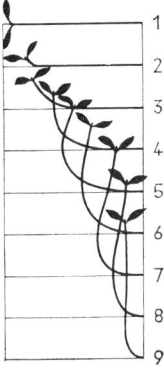

Abb. 2.3.30: Schema des Verlaufs einer negativ gravitropen Bewegung bei einer Keimpflanze. (Nach Noll)

wirkt auch die Schwerkraft, die in der Längsrichtung nach der Wurzelspitze zu und von der Sproßspitze hinweg angreift, abstumpfend auf die gravitrope Empfindlichkeit. In umgekehrter Richtung wirkt diese Längskomponente dagegen steigernd. Es scheint indessen, daß diese abstumpfende bzw. steigernde (tonische) Wirkung wie beim Phototropismus einen eigenen Reizvorgang darstellt. Bei länger dauernden Versuchen, in denen die Längskomponente zur vollen Wirksamkeit kommt, kann daher das Sinusgesetz keine strenge Gültigkeit mehr haben. Hier ergibt auch nicht ein Winkel von 90°, sondern erst eine Reizlage zwischen 90–135° maximale Wirkung.

Die Perzeption. Perzipiert wird der gravitrope Reiz bei Wurzeln in der Spitze (vgl. Abb. 2.3.32), und zwar in der Wurzelhaube; entfernt man diese z. B. bei Keimlingen von *Zea, Hordeum* oder *Pisum*, so bleibt das Längenwachstum der Wurzel unbeeinflußt (oder wird sogar gefördert, s. u.), aber die gravitrope Reaktionsfähigkeit geht verloren. Sie kehrt zurück in dem Maße, wie die Wurzelhaube regeneriert wird. (Diese Regeneration geschieht bemerkenswerterweise nicht unter «Microgravity»-Bedingungen im Weltraum.) Auch bei Coleoptilen perzipieren die Spitzen (ca. 3 mm), bei Sprossen wahrscheinlich die Streckungszonen aller noch wachsenden Internodien. Die Perzeptionsvorgänge und die eigentliche gravitrope Reaktion lassen sich im Versuch zeitlich weit trennen (Abb. 2.3.33).

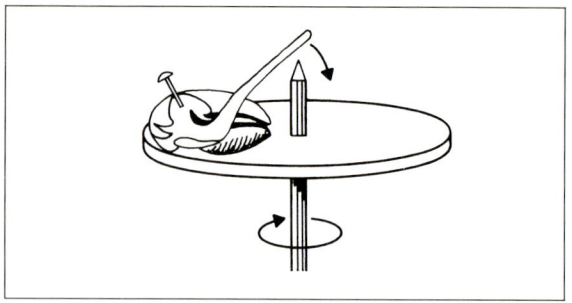

Abb. 2.3.32: Experimenteller Beleg für die Perzeption des gravitropen Reizes in der Wurzelspitze. Eine *Vicia-faba*-Keimwurzel ist so auf einer Zentrifuge befestigt, daß die Zentrifugalbeschleunigung auf Wurzelspitze und -basis aus entgegengesetzten Richtungen wirkt. Die Wurzel krümmt sich in der durch den Pfeil angedeuteten Richtung, also gemäß der von der Spitze vermittelten Graviinduktion. (Nach v. Guttenberg, aus Libbert, verändert)

Die Perzeption der Erdbeschleunigung scheint meist (immer?) mit der Verlagerung spezifisch schwerer Partikel (Statolithen) im Cytoplasma verbunden zu sein. Vor allem kommen hierfür Amyloplasten («**Statolithenstärke**») in Betracht, die sich in Zellen (Statocyten) im Zentrum der Wurzelhaube oder in Stärkescheiden der Stengel befinden und sich bei Lageänderungen des Organs rasch auf die jeweilige physikalische Unterseite verlagern (Abb. 2.3.34; vgl. Abb. 1.2.7 B, S. 134). Der Wegfall der gravitropen Rezeptionsfähigkeit nach Entfernen der Wurzelhaube wird so verständlich. Ähnliche Wirkungen hat auch ein Verschwinden der Stärke in den Statolithen-Amyloplasten infolge experimenteller Eingriffe (Verdunkelung, Kühlung u. ä.); entscheidend für die Statolithenfunktion sind demnach nicht die Amyloplasten selbst (die spezifisch zu leicht wären), sondern ihr Stärkegehalt.

Ausschlaggebend sein könnte bei der Verlagerung der Statolithen: a) ihre asymmetrische Verteilung in der Zelle (topographischer Effekt); b) das Entlanggleiten während der Verlagerung (kinetischer Effekt), oder c) der Druck auf plasmatische Strukturen (Deformationseffekt). Während bei *Chara*-Rhizoiden dem topographischen Effekt eine wesentliche Rolle zugeschrieben wird (s. u.), wird bei Zellen höherer Pflanzen vor allem der Deformationseffekt für ausschlaggebend gehalten. Dabei denkt man insbesondere an die Druckentlastung an den Orten, an denen die Statolithen zu Beginn der gravitropen Reizung lagen. Als druckempfindliche Struktur hat man in den Statocyten von Wurzelhauben ER-

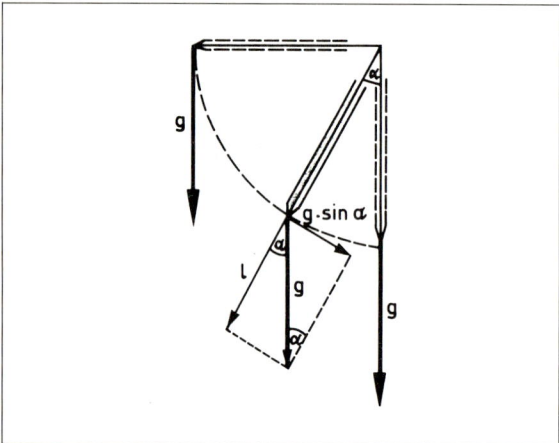

Abb. 2.3.31: Schwerkraftwirkung auf eine Wurzel, die um den Winkel α von der Richtung der Erdschwere (g) abweicht. Gravitrop krümmend wirkt allein die Komponente g sin α, während die «Längskraft» (l) nur eine tonische Wirkung besitzt. (Nach Sierp)

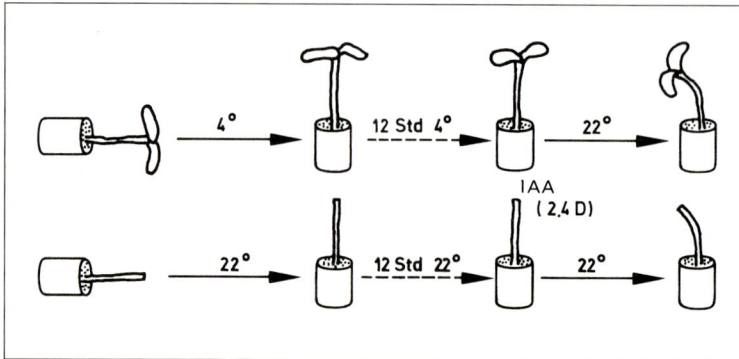

Abb. 2.3.33: Trennung von Graviinduktion und -reaktion bei Keimpflanzen von *Helianthus annuus*. Oben: «Konservierung» einer bei 4°C herbeigeführten Graviinduktion über eine größere Zeitspanne (12 Stunden bei 4°C) hinweg und Auslösen der Reaktion durch Temperaturerhöhung. Unten: Durch Dekapitierung an Wuchsstoff verarmte Hypocotyle können gravitrop induziert werden, krümmen sich aber erst nach Auxinzufuhr. Auch hier bleibt die Induktion (selbst bei 22°C) über längere Zeit erhalten. (Nach Brauner u. Hager, aus Mohr)

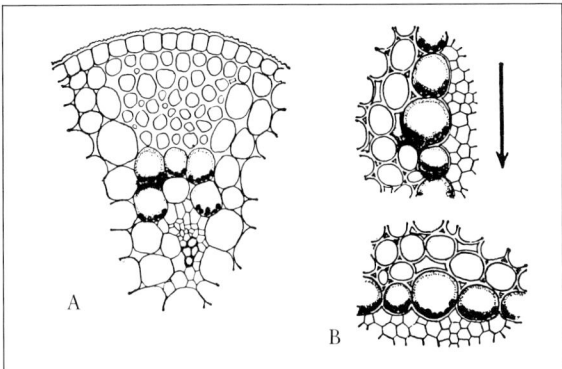

Abb. 2.3.34: Statolithenstärke, **A** in der Leitbündelscheide eines quergelegten und geschnittenen Blütenstandschaftes von *Arum ternatum*. **B** im Querschnitt eines horizontal liegenden Sprosses von *Vinca minor*. Darunter dasselbe Sproßstück nach Drehung um 90°. (Nach Haberlandt)

Komplexe verantwortlich gemacht, die immer distal (der Wurzelspitze zugekehrt) lokalisiert sind (der Zellkern proximal). Diese Polarität der Statocyten bildet sich auch unter Microgravity-Bedingungen aus. Die spezifische schräge Orientierung der lateralen Statocyten führt dazu, daß in gravitroper Reizlage der Druck auf die ER-Kissen in beiden Wurzelhälften asymmetrisch verteilt ist. Bei den Statocyten negativ gravitroper oberirdischer Organe wurden bisher keine ER-Polster als Sedimentationsunterlage der Statolithen gefunden; evtl. übernimmt hier das Plasmalemma die Rolle der Perzeptionsstruktur.

Der Schwellenwert der Statocyten für die Perzeption einer Linearbeschleunigung liegt zwischen 10^{-3} und 10^{-4} g, die minimale Abweichung vom Lot, die noch wahrgenommen wird, bei 2–3°. Die Geschwindigkeit der Signalwandlung beträgt 3 sec. Die Energiemenge für die Signalwandlung läßt sich zu ca. 10^{-18} Watt · sec pro Zelle errechnen, das entspricht etwa der Energie eines Photons der Wellenlänge 500 nm.

Es gibt eine Reihe von Hinweisen, daß bei der gravitropischen Reizkette Ca^{2+}-Ionen eine Rolle spielen:

- Werden Wurzelspitzen einseitig mit Ca^{2+} versorgt, so krümmen sie sich in Richtung der Applikationsstelle, auch wenn die Wurzelhaube entfernt wird.
- In gravitropisch gereizten Wurzeln reichert sich Ca^{2+} aktiv an der Unterseite der Wurzelspitze und der Streckungszone an.
- Komplexbildner (z.B. EDTA) hemmen den Gravitropismus.
- Aus den Statocyten isolierte ER-Cisternen akkumulieren aktiv Ca^{2+}, evtl. wird in situ bei Gravistimulation Ca^{2+} freigesetzt. Möglicherweise kommt dem Calmodulin (S. 347) bei diesen Abläufen eine Schlüsselrolle zu.

Bei den gravitrop reagierenden Pilzen, die keine Stärke besitzen, und in einigen anderen Fällen müssen allerdings andere verlagerbare Partikel anstelle der Amyloplasten als Statolithen fungieren. Bei den einzelligen Rhizoiden der Armleuchteralge *Chara* (S. 640f.) dienen sog. «Glanzkörper» als Statolithen, in einer speziellen Vacuole liegende Einschlußkörper aus $BaSO_4$, also von hohem spezifischem Gewicht. Zentrifugiert man diese aus der Spitze des Rhizoids, in der sie normalerweise liegen (Abb. 2.3.35), in die Basis, so geht die gravitrope Reaktionsfähigkeit bis zur Regeneration neuer Statolithen verloren.

Die Folgereaktionen der Graviperzeption. Eine einfache Erklärung der kausalen Zusammenhänge zwischen gravitroper Krümmung wurde für die *Chara*-Rhizoiden vorgeschlagen. Die Streckung dieser Einzelzelle erfolgt ausschließlich durch Spitzenwachstum. Dabei werden die Membran- und Zellwandbausteine durch Dictyosomen im subapicalen Bereich synthetisiert und in Vesikeln zur wachsenden Spitze transportiert. Verlagern sich die Statolithen auf die Unterseite, wird dort die Passage für die Vesikel gesperrt (Abb. 2.3.35B); sie wandern daher bevorzugt auf der Oberseite und bewirken dort verstärktes Wandwachstum (positiver Gravitropismus). Es gibt aber neuerdings Hinweise, daß diese einfache Erklärung des Gravitropismus der *Chara*-Rhizoide allein als Folge des Positionseffektes der Statolithen (s.o.) nicht ausreichend ist und auch hier evtl. Deformationswirkungen im Spiele sind.

Bei Organen höherer Pflanzen ist ein Folgeeffekt der Graviperzeption und ein Glied in der Kette der gravitropen Reaktionsfolge die laterale Ungleichverteilung von IAA (oder von Gibberellin): Die physikalischen Unterseiten der Sproßachsen bzw. Wurzeln weisen jeweils eine höhere Konzentration auf (Abb. 2.3.36, I). Bei Stämmen wird dann entweder auf der Seite erhöhten (Druckholz bei Nadelhölzern) oder erniedrigten IAA-Gehaltes (Zugholz bei Laubhölzern) das Reaktionsholz gebildet. Die Schwerkraft hemmt dabei auf der Oberseite z.B. von Coleoptilen den basipetalen Auxinlängstransport und induziert unabhängig davon einen lateralen Auxintransport zur physikalischen

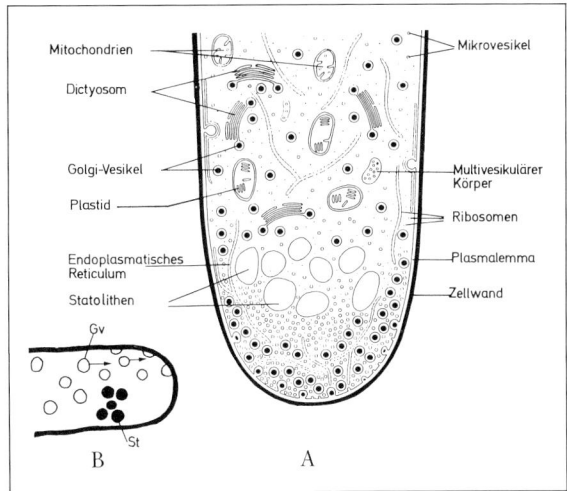

Abb. 2.3.35: A Schema der Feinstruktur der Spitzenregion eines orthotrop (positiv gravitrop) wachsenden Rhizoids von *Chara foetida*. Die von den Dictyosomen abgeschnürten Golgi-Vesikel mit Wand- bzw. Membransubstanz wandern im peripheren Bereich um die Gruppe von insgesamt ca. 50 Statolithen («Glanzkörpern») apicalwärts und ermöglichen an der Spitze ein gleichmäßiges Flächenwachstum auf allen Seiten. **B** Horizontallage des Rhizoids: Die verlagerten Statolithen ST blockieren auf der Unterseite die Wanderung der Golgi-Vesikel (Gv), die dadurch gegenüber der stark wachsenden Oberseite im Wachstum zurückbleibt. Dies hat positiven Gravitropismus zur Folge. (A nach Sievers, aus Mohr u. Schopfer)

Unterseite (Abb. 2.3.36, II). Bei beiden Prozessen wird eine Beteiligung von Ca^{2+}-Ionen in Erwägung gezogen. Das verstärkte Wachstum der Sproßunterseite, ihr Konvexwerden und das dadurch bewirkte Aufrichten der Sproßachse ist auf diese Weise ebenso leicht verständlich wie die Erregungsleitung (Abb. 2.3.36, III), die hier – wie beim Phototropismus – auf einem Auxintransport beruht. Allerdings ist der Zusammenhang zwischen Statolithenverlagerung, d.h. der Reizperzeption, und der Wuchsstoffverlagerung noch ganz ungeklärt.

Die Auxinverlagerung bei gravitroper Reizung konnte noch auf andere Weise belegt werden. In vertikal orientierten Sojabohnen-Hypocotylen sind IAA-induzierte RNA-Moleküle in der Streckungszone symmetrisch verteilt. Nach Horizontallage tritt innerhalb von 20 min eine Asymmetrie auf, die zur Zeit des Beginns der gravitropischen Aufkrümmung ein Maximum erreicht.

Allerdings gibt es auch Befunde, die bei Sprossen (wie Wurzeln) eine Querverschiebung von IAA oder Gibberellinen bei gravitroper Reizung nicht bestätigen konnten. Die Auflösung dieser Widersprüche bleibt abzuwarten.

Bei der Wurzel sind die Verhältnisse noch unübersichtlicher. Hier wächst ja die wuchsstoffreichere (Unter-)Seite schwächer. Die alte Annahme, bei der wuchsstoffempfindlicheren Wurzel (vgl. S. 387f.) sei der Auxingehalt nach gravitroper Reizung überproportional und daher hemmend, ist zweifelhaft geworden. Weiterhin findet ein lateraler Auxintransport von der physikalischen Ober- zur Unterseite nur in der äußersten Spitze statt und entfällt, wenn die Wurzelhaube entfernt wird. Schließlich kann die Erregungsleitung kaum durch einen Wuchsstofftransport vom Perzeptionsort (der Wurzelhaube) zum Reaktionsort (Streckungszone) erfolgen, weil bei den bisher untersuchten Wurzeln der Wuchsstofftransport vorwiegend in umgekehrter Richtung (zur Wurzelspitze hin) verläuft; der gegenläufige Transport soll unbedeutend sein und andere Bahnen benützen.

Man diskutiert deshalb neuerdings eine Querverlagerung eines Hemmstoffes auf die Unterseite in der Calyptra bei gravitroper Reizung und einen basipetalen Längstransport dieses Inhibitors bevorzugt auf der physikalischen Unterseite. Dafür spricht die Steigerung des Längenwachstums mancher Wurzeln bei totaler Entfernung der Wurzelhaube und die Wachstumshemmung bei halbseitiger Entfernung der Calyptra (auf der Flanke über der verbleibenden Hälfte). Die Natur des (wasserlöslichen) Hemmstoffes ist noch unbekannt. Gegen Abscisinsäure, an die zunächst gedacht wurde, spricht, daß Wurzeln, die durch Hemmung der ABA-Synthese ABA-frei waren, oder solche von ABA-freien Mutanten noch gravitropisch reagierten.

Andere gravitrope Reaktionen. Bei der plagiotropen Einstellung von Seitenzweigen und Blättern ist neben einem negativen Gravitropismus (bewirkt verstärktes Wachstum der Unterseite) ein verstärktes Wachstum der Oberseite (**Epinastie**) beteiligt. Die Epinastie läßt sich bei Ausschaltung einseitiger Schwerkraftwirkung (auf dem Klinostat, Abb. 2.3.27) oder bei Hemmung des gravitrop induzierten Auxinquertransportes (z.B. durch den synthetischen Wirkstoff Morphactin) besonders klar zeigen.

Es ist noch nicht entschieden, ob die stärker wachsende (Ober-)Seite bei der Epinastie gegenüber Auxin reaktionsfähiger ist oder ob epinastische Organe eine dauernde Wuchsstoffquerverschiebung zur Oberseite erfahren. Bei Blättern ist die Epinastie autonom, während sie bei vielen Seitenzweigen durch Dauereinwirkung der Schwerkraft induziert wird. Sie kann vielfach nach Entfernen des Gipfeltriebes beseitigt werden (Aufrichten von Seitenzweigen, S. 428), wird demnach normalerweise korrelativ induziert. Dauernd plagiotrop bleiben z.B. Seitenzweige von *Araucaria*.

Die plagiogravitropen Reaktionen sind in der Regel Wachstumsbewegungen, nur bei einigen Blättern mit Gelenkpolstern (Leguminosen, z.B. *Phaseolus*, Malvaceen) Turgorbewegungen.

Ungeklärt ist das Zustandekommen der Reaktion bei gewissen Windepflanzen, wo unter der Schwerkraftwirkung eine Seitenflanke zu verstärktem Wachstum angeregt wird (**Lateralgravitropismus**, vgl. S. 465).

In der Natur bewirkt eine phototrope Krümmung auf seitlich einfallendes Licht gleichzeitig auch eine gravitrope Reizung des gekrümmten Organs und umgekehrt. Im allgemeinen wirkt aber der phototrope Reiz wesentlich stärker als der gravitrope: Bei Haferkeimlingen vermögen z.B. schon $4 \cdot 10^{-4}\,W \cdot m^{-2}$ von unten die gravitrope Aufrichtung der horizontal gelegten Coleoptile zu verhindern.

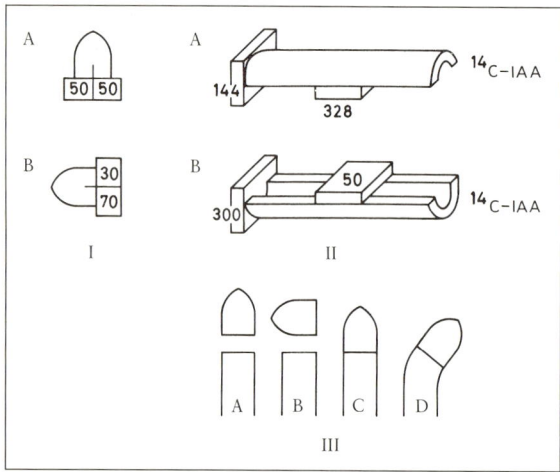

Abb. 2.3.36: Längs- und Quertransport von Auxin beim Gravitropismus. **I** Orthotrop gewachsene (A) und gravitrop induzierte (B) Coleoptilspitzen auf Agarblöcken, deren Auxingehalt in relativen Einheiten wiedergegeben ist. Die Graviinduktion führt zu asymmetrischer Auxinverteilung. **II** Halbierte Coleoptilstücke werden in Horizontallage über die apikale Schnittstelle (jeweils rechts) mit radioaktiver IAA versorgt und deren Austritt an den lateralen und basalen Schnittflächen mit der Agar-Abfangmethode gemessen. In der oberen Coleoptilhälfte ist der Längstransport des Auxins gegenüber der unteren verringert, während lateral zur Unterseite mehr transportiert wird als zur Oberseite. Zahlen bedeuten Impulse pro Minute bei der Radioaktivitätsmessung im Agar. (Nach Hager u. Schmidt). **III** Erregungsleitung durch IAA. Wird in der abgeschnittenen Spitze (A) gleich eine Ungleichverteilung des Wuchsstoffes induziert (B), so kommt es nach Wiederaufsetzen der Spitze auf den Stumpf (C) dort zu einer Krümmung (D), die auf den polaren Transport des asymmetrisch verteilten Auxins zurückzuführen ist. (Aus Libbert)

4. Thigmotropismus

Zahlreiche Pflanzen sind für Berührungsreize empfindlich. Viele Keimlinge (vor allem etiolierte) beantworten die Berührung einer Seite (z.B. durch Reiben mit einem Holzstäbchen) mit einer Wachstumskrümmung nach der berührten Seite hin. Auch manche Blattstiele (z.B. von *Tropaeolum-, Clematis-* oder *Fumaria*-Arten), Blattspitzen *(Gloriosa)*, Luftwurzeln *(Vanilla)*, Stengel und Blütenstände können derart auf Berührungsreize reagieren (Thigmotropismus, Haptotropismus). Besonders auffallend sind thigmische Reaktionen bei Ranken; da es sich hier aber meist nicht um thigmotrope, sondern um thigmonastische Bewegungen handelt, werden sie bei den Nastien näher erläutert.

5. Chemotropismus

Unter chemotropen Reaktionen versteht man Wachstumskrümmungen, die durch inhomogene Verteilung chemischer (gelöster oder gasförmiger) Substanzen in der Umgebung des wachsenden Organs verursacht werden und deren Richtung durch den Konzentrationsgradienten dieser Stoffe bestimmt wird. Nicht selten wirkt eine chemotrop aktive Substanz in niederen Konzentrationen anlockend, in höheren abstoßend.

Auf Chemotropismus beruht wahrscheinlich das gezielte Gegeneinanderwachsen der Kopulationsfortsätze bei *Spirogyra* (vgl. S. 640, Abb. 3.2.94). Pilzhyphen, vor allem im Keimstadium, reagieren positiv chemotrop (d.h. sie wachsen in Richtung des Konzentrationsmaximums) in einem Konzentrationsgefälle z.B. von Zuckern, Aminosäuren, Proteinen, Ammonium- und Phosphationen, negativ auf Säuren und vor allem auf eigene Stoffwechselprodukte («Vergrämungssubstanzen»). Hyphen von *Saprolegnia* oder von *Achlya polyandra* werden durch Gemische von Aminosäuren (nicht durch eine einzelne Aminosäure) chemotrop angezogen, während z.B. *Achlya racemosa* und *A. glomerata* auf Aminosäuren nicht chemotrop reagieren; auch innerhalb einer Pilzgattung kann demnach die Reaktion ganz verschieden sein. Bei der geschlechtlichen Vereinigung von Pilzen spielen chemotrope Reaktionen auf spezifische Gamone eine wichtige Rolle: Bei den (+)- und (−)-Hyphen von *Mucor* (S. 563, Abb. 3.2.19) handelt es sich um einen flüchtigen Lockstoff, bei den Gametangien von *Achlya* (S. 555, Abb. 3.2.13) vermutlich um das Steroid Antheridiol, das auch die Ausprägung von Sexualorganen bewirkt.

Sporangienträger von *Phycomyces* (S. 446), die sich in unmittelbarer Nachbarschaft anderer Objekte (auch toter, inerter) befinden, krümmen sich von diesen fort (Autochemotropismus). Dies wird mit dem Stau des vom Pilz produzierten Ethylens in Verbindung gebracht.

Bei Sproßachsen höherer Pflanzen spielen chemotrope Reaktionen nur in Ausnahmefällen eine Rolle. So wachsen z.B. *Cuscuta*-Keimlinge gerichtet auf bestimmte Wirtspflanzen zu. Da sie auch durch eine Reihe von natürlich vorkommenden, leichtflüchtigen Alkoholen, Estern und etherischen Ölen angezogen werden, ist es naheliegend, derartige gasförmige Substanzen (neben Wasserdampf, s.u.) für die Lockwirkung verantwortlich zu machen. Auch beim Auffinden spezifischer Wirtsgewebe (z.B. der Siebröhren) durch Haustorien von Parasiten könnten chemotrope Reaktionen bedeutsam sein.

Vielfach wird auch für das gerichtete Wachstum der Pollenschläuche durch das Narben- und Griffelgewebe sowie zu den Samenanlagen eine chemotrope Lenkung angenommen. Es ist aber wahrscheinlich, daß für das Eindringen der Pollenschläuche durch die Narbenoberfläche in den Griffel hydrotrope (s.u.), gelegentlich vielleicht auch negativ aerotrope (Luftsauerstoff fliehende) und thigmotrope Reaktionen bestimmend sind, daß aber der Weg der Schläuche im Griffel selbst vorwiegend durch die anatomischen Verhältnisse vorgezeichnet ist: Sie wählen den Weg des geringsten Widerstandes. Nur in unmittelbarer Nähe der Samenanlagen scheinen die Pollenschläuche durch chemotrop wirksame Substanzen ausgerichtet zu werden, die von unbekannten Zellen der Samenanlagen (Synergiden?) ausgeschieden werden. Auf derartig spezifische, genetisch determinierte Anziehung ist vermutlich die «selektive Befruchtung», d.h. die bevorzugte oder alleinige Verschmelzung von Gameten bestimmter genetischer Konstitution, bei bestimmten Oenotheren zurückzuführen.

Auch Wurzeln können chemotrop reagieren, positiv z.B. auf Phosphationen, z.T. auch auf O_2 (Aerotropismus; Hinstreben zu gut durchlüfteten Bodenbezirken) und CO_2 sowie auf Stellen höheren Wasserdampf-Partialdruckes (positiver Hydrotropismus). So finden Baumwurzeln häufig kleinste Defekte im unterirdischen Wasserleitungsnetz und bilden dann in ihnen verstopfende «Wurzelzöpfe». Bei der Scrophulariacee *Striga*, einem Xylemparasiten, krümmt sich die Wurzel dadurch dem Wirt zu, daß von diesem ein Hemmstoff (Cumarinderivat?) abgegeben wird, der das Wachstum der Parasitenwurzel auf der wirtszugewandten Seite hemmt.

Hydrotrop empfindlich sind außer Wurzeln und Pollenschläuchen auch *Cuscuta*-Keimpflanzen (die so ihre transpirierenden Wirte finden) und Rhizoiden von Moosen und Farnprothallien. Manche parasitischen Pilze steuern hydrotrop die Spaltöffnungen an, durch die sie in das Blattinnere eindringen; so verringert sich z.B. die Infektionshäufigkeit des Blattes von *Lathyrus odoratus* bei Schluß der Stomata auf etwa 10%. Transversal hydrotrop reagieren Lebermoosthalli; sie schmiegen sich auf diese Weise fest dem feuchten Untergrund an.

Positiv chemotrope Krümmungen führen diejenigen Tentakeln von *Drosera*-Blättern (vgl. Abb. 1.2.34, S. 157) aus, die radiär gebaut sind; es sind dies diejenigen auf der Blattfläche. (Zur Chemonastie der Randtentakeln vgl. S. 457.) Sie krümmen sich zu einem anderen Tentakel hin, dessen Köpfchen chemische (oder thigmische) Reizung erfährt, selbst dann, wenn sie des eigenen Köpfchens beraubt sind. Bruchteile eines Milligramms eines Reizstoffes genügen zur Auslösung der Krümmung. Bei den Tentakelkrümmungen handelt es sich um Wachstumsvorgänge, wie in allen anderen Fällen von Chemotropismus. Da die Zuwachsmöglichkeiten eines Einzeltentakels begrenzt sind, kann die Emergenz nur etwa dreimal eine vollständige Krümmung durchführen. Die Rückkrümmung in die Ausgangslage nach Ende der Reizung erfolgt wieder durch «Autotropismus». Über den Mechanismus der Lateralpolarisierung des Tentakels durch den chemischen Reiz, die zum differentiellen Wachstum der antagonistischen

Flanken führt, ist sowenig bekannt wie bei den anderen chemotrop reagierenden Organen.

Sofern beim Chemotropismus Erregungsleitung nachgewiesen ist (z.B. bei *Drosera* oder bei Wurzeln, die nur in der äußersten Spitze chemotrope Reize perzipieren können, die Krümmung aber in der Streckungszone durchführen), ist der Mechanismus gleichfalls noch unklar.

6. Andere Tropismen

Auch elektrische, Wund- und thermische Reize können tropistische Erregungen hervorrufen (**Galvano-, Traumato-, Thermotropismus**); sie spielen für die Orientierung der Pflanzen keine oder nur eine untergeordnete Rolle. Ein Teil dieser Tropismen ist vielleicht nur eine besondere Form des Chemotropismus.

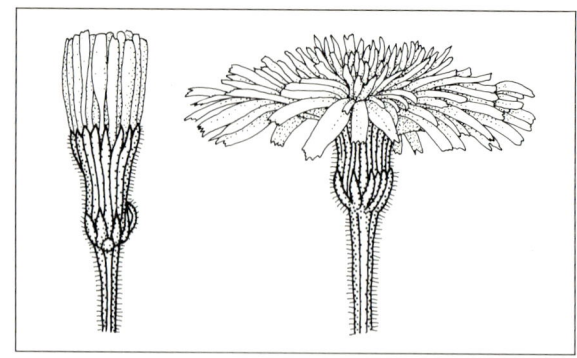

Abb. 2.3.37: Blütenköpfchen der Asteracee *Leontodon hispidus*: links im Dunkeln geschlossen, rechts im Licht geöffnet. (Nach Detmer)

B. Nastien

Wie auf S. 443 erwähnt, wird die Bewegungsrichtung bei den Nastien nicht durch die Richtung des auslösenden Reizes, sondern durch den Bau der nastisch reagierenden Organe bestimmt, die meist morphologisch, immer aber physiologisch dorsiventral sind; Nastien dienen daher nicht der räumlichen Orientierung der Pflanze. Sind die Tropismen zumeist Wachstumsbewegungen, so die Nastien meist (reversible) Turgorbewegungen; bei der Thermo-, Photo-, Thigmo- und Chemonastie sind aber auch mehr oder weniger starke Wachstumsbewegungen beteiligt.

1. Thermonastie

Manche Blüten (z.B. Tulpen, *Crocus*) öffnen sich bei Erhöhung der Temperatur und schließen sich bei Abkühlung. Diese Thermonastie geht auf die unterschiedliche Beeinflussung des Wachstums der Ober- und Unterseite an der Blütenblattbasis zurück (Temperaturoptimum für das Streckungswachstum der Oberseite liegt höher). Die Geschwindigkeit der Temperaturänderung bestimmt dabei das Ausmaß der Bewegung. Besonders schnelle Temperaturerhöhung führt z.B. zu besonders weitem Öffnen. Die Blütenblätter sind wiederholt reaktionsfähig und verlängern sich z.B. bei der Tulpe während einer einzigen thermonastischen Bewegung um etwa 7%, so daß im Verlauf der ganzen Blütezeit durch wiederholte thermonastische Bewegungen ein Gesamtzuwachs von über 100% zustande kommen kann. Die Temperaturempfindlichkeit ist beachtlich: *Crocus*-Blüten können schon Temperaturunterschiede von 0,2 °C, Tulpenblüten solche von 1° beantworten.

Auch manche Blütenstiele, z.B. bei *Anemone, Oxalis, Geranium*, sind thermonastisch reaktionsfähig. Auch können Ranken sowohl auf Steigerung wie auf Senkung der Temperatur mit nastischen Einrollungen reagieren. Laubblätter antworten im allgemeinen kaum auf Temperaturänderungen; doch können einige der mit Gelenken versehenen Pflanzen *(Oxalis acetosella, Desmodium, Mimosa)* thermonastische Turgorbewegungen ausführen.

2. Photonastie

Auch Intensitätsschwankungen des Lichtes können zu nastischen Wachstumsbewegungen, vor allem wieder von Blütenblättern, Anlaß geben. So macht z.B. eine Blumenwiese an trüben Tagen einen ganz anderen Eindruck als an hellen. Dabei ist oft erst im Experiment zu entscheiden, ob thermische oder photische Reize oder beide zusammen wirksam sind.

Photonastie zeigen u.a. die Blütenblätter vieler Seerosen, Kakteen und Oxalidaceen sowie die Blütenköpfchen vieler liguliflorer Asteraceen (Abb. 2.3.37), deren zungenförmige Randblüten sich wie einzelne Blütenblätter verhalten. Schon vorüberziehende Wolkenschatten können bei empfindlichen Pflanzen (z.B. *Gentiana*-Arten) eine Reaktion auslösen. Meist bewirkt Belichtung Öffnung, Beschattung bzw. Verdunkelung dagegen Schließen der Blüten oder Blütenstände; Nachtblüher verhalten sich aber umgekehrt (*Silene mutans, S. alba* u.a.). Auch Laubblätter verschiedener Pflanzen können während ihres Wachstums photonastisch reagieren. So senken sich z.B. die jungen Blätter von *Impatiens*-Arten bei Verdunkelung durch eine Wachstumsbeschleunigung der Blattoberseite, die später allerdings durch verstärktes Wachstum der Unterseite auch bei andauernder Dunkelheit ausgeglichen wird. Ausgewachsene Blätter können nur dann photonastisch reagieren, wenn sie mit Gelenkpolstern versehen sind (z.B. *Oxalis, Mimosa* und andere Leguminosen); es handelt sich hier aber um reine Turgorbewegungen (Variationsbewegungen, S. 465). Gelegentlich scheinen Nachwirkungen des Lichtwechsels bedeutsam zu sein, z.B. bei *Selenicereus grandiflorus* oder bei *S. pteranthus*, der «Königin» bzw. «Prinzessin der Nacht», deren nur eine einzige Nacht geöffnete Blüten stets 12 Stunden nach einem vorhergegangenen Wechsel vom Dunkeln zum Hellen aufblühen.

Über den Mechanismus der photonastischen Wachstumsreaktionen ist ähnlich wie bei den thermonastischen wenig bekannt; auch der Photorezeptor ist noch nicht identifiziert. Bei *Mimosa* ist zur Dunkelstellung der Blätter (die der seismonastischen Reizstellung ähnlich ist, vgl. S. 457f.) Phytochrom 730 notwendig, aber nicht ausreichend (es liegt ja auch in der Lichtphase vor): Belichtet man am Ende der Hellperiode 2 Minuten mit Dunkelrot und beseitigt dadurch das Phytochrom 730 weitgehend (vgl. S. 404f.), so behalten die Blätter auch im Dunkeln die Lichtstellung bei (Abb. 2.3.38). Der kausale Zusammenhang zwischen dem

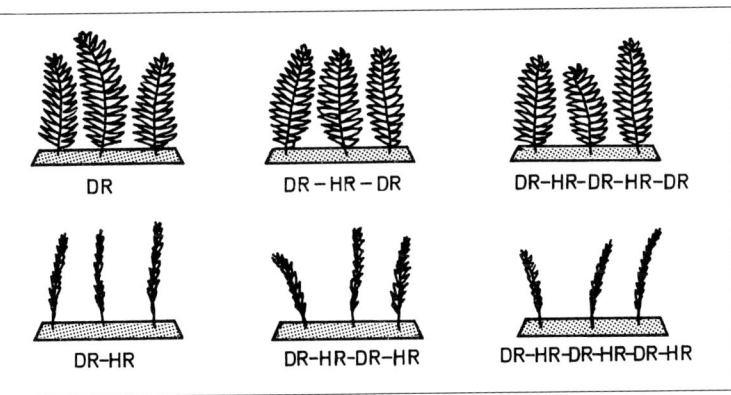

Abb. 2.3.38: Fiederblättchen 1. Ordnung von *Mimosa pudica* 30 Minuten nach Übergang von Weißlicht zu Dunkelheit. Unmittelbar nach Ende der Weißlichtbestrahlung wurden die Blättchen jeweils 2 Minuten mit Hellrot (HR) oder Dunkelrot (DR) bestrahlt, um das Phytochromsystem bevorzugt in P 730 oder P 660 überzuführen (vgl. S. 404 f.). Die Fiederblättchen schließen nur, wenn bei Eintritt der Dunkelheit vorwiegend P 730 vorhanden ist (d. h., nach Hellrotbestrahlung). (Nach Fondeville, Borthwick u. Hendricks, aus Mohr)

P 730 und der Permeabilitätsänderung in den motorischen Zellen des Gelenkes, die zur Bewegung führt (S. 457 f.), ist noch unklar.

In der Natur führt der Tag- und Nachtwechsel bei allen thermo- und photonastisch empfindlichen Blüten zu periodischen Öffnungs- und Schließbewegungen, die man als **nyctinastisch** bezeichnet. Die Analyse wird dadurch erschwert, daß zu den durch Außeneinflüsse induzierten Bewegungen oft auch autonome Bewegungen hinzukommen. Die wichtigsten photonastischen Bewegungen überhaupt, nämlich die der Stomata, werden später behandelt (S. 461 f.).

3. Chemonastie

Im Gegensatz zu den radiär gebauten Mittelentakeln des *Drosera*-Blattes, die Chemotropismus zeigen (vgl. S. 455), reagieren die dorsiventralen Randtentakeln auf Reizung ihres eigenen Köpfchens mit einer nastischen Krümmung zur Blattmitte hin und bringen so die Beute mit anderen Tentakeln, die sich z. T. nachträglich krümmen, in Berührung. Sie sprechen dabei am stärksten auf chemische Reize, schwächer auf «Kitzel»- (thigmische) Reize an (die beide normalerweise vom tierischen Opfer ausgehen), gar nicht dagegen auf gleichmäßigen Druck (z. B. mit einem Wasserstrahl oder mit feuchter Gelatine). Werden nicht die Randtentakeln, sondern die kürzeren auf der Blattfläche gereizt, so kommt es zur Erregungsleitung auch zu den Randtentakeln und diese krümmen sich nicht mehr rein nastisch, sondern auch gezielt zur Reizquelle hin, also tropistisch; hier gehen die nastischen Bewegungen in tropistische über und umgekehrt.

Bei *Drosera*-Arten mit langen, schmalen Blättern kann sich auch die ganze Blattspreite über ein gefangenes Tier nastisch einkrümmen, während bei *Pinguicula* nur die Blattränder schwache nastische Einrollungsbewegungen ausführen.

4. Seismonastie

Eine Reihe von ausgewachsenen Pflanzenteilen zeigt nach Erschütterung sehr auffallende und z. T. sehr schnelle Bewegungen, die nicht durch Wachstum, sondern durch Turgoränderungen bestimmter Zellen bewirkt werden und deren Richtung durch den Bau der reagierenden Teile bestimmt ist: **Seismonastie**.

Während bei thigmotropen (S. 455) und thigmonastischen Reaktionen (S. 460) nur ein Reibe- oder Kitzelreiz empfunden wird, führt bei den seismonastischen Bewegungen jeder Stoß, also auch das Aufprallen von Regentropfen oder das Schütteln durch Wind, zu einer sofortigen Reaktion, die meist mit voller Stärke einsetzt, sofern die Reizschwelle überhaupt überschritten wird. Bei ausgewachsenen Pflanzen und genügend hohen Temperaturen besteht also meist keine Proportionalität zwischen Reiz- und Reaktionsgröße (**Alles-oder-Nichts-Reaktion**).

Die Reaktionsweisen. Die auffälligsten seismonastischen Bewegungen sieht man bei verschiedenen tropischen Mimosen, wo die mit Blattgelenken versehenen Blättchen oder Blattstiele bei Erschütterung schnelle Reaktionen zeigen. Auch Verwundung, Erhitzung oder elektrische Reizung können die nastische Antwort auslösen (Traumato-, Thermo-, Elektronastie).

Mimosa. *Mimosa pudica*, die Sinnpflanze (Abb. 2.3.39, I), besitzt an der Basis des primären und der vier sekundären Blattstiele sowie der paarweise angeordneten Fiederblättchen jeweils ein Gelenk. Es besteht aus zartwandigen, unterseits meist etwas größeren, isodiametrischen Parenchymzellen, während der im Stiel peripher angeordnete Leitbündelkranz zu einem zentralen Strang zusammentritt, der einer Biegung viel geringeren Widerstand entgegensetzt (Abb. 2.3.39, II).

Erschüttert man einzelne Blätter, Zweige oder die ganze Pflanze (besonders empfindlich ist das Gelenk des primären Blattstieles an seiner Unterseite), so klappen die Fiederblättchen paarweise nacheinander schräg nach oben, die sekundären Blattstiele (Fiederstrahlen) nähern sich seitlich einander, und schließlich klappt auch der primäre Blattstiel nach unten (Abb. 2.3.39, I). Bei starker Reizung kann die Erregung auch noch die Sproßachse auf- und abwärts fortschreiten, bis über eine Strecke von ca. 50 cm. Die von der Erregung erreichten Blätter reagieren zuerst in ihren basalen Blattstielgelenken, dann in den Fiederstrahl- und Fiederblatt-Gelenken. Unterbleibt eine weitere Reizung, so erholt sich die Pflanze innerhalb von 15 bis 20 Minuten völlig, wobei alle Teile wieder ihre Ausgangslage einnehmen. Bei natürlicher Reizung der Pflanzen durch vorbeistreifende oder grasende Tiere erfolgt eine spontane Gesamtreaktion.

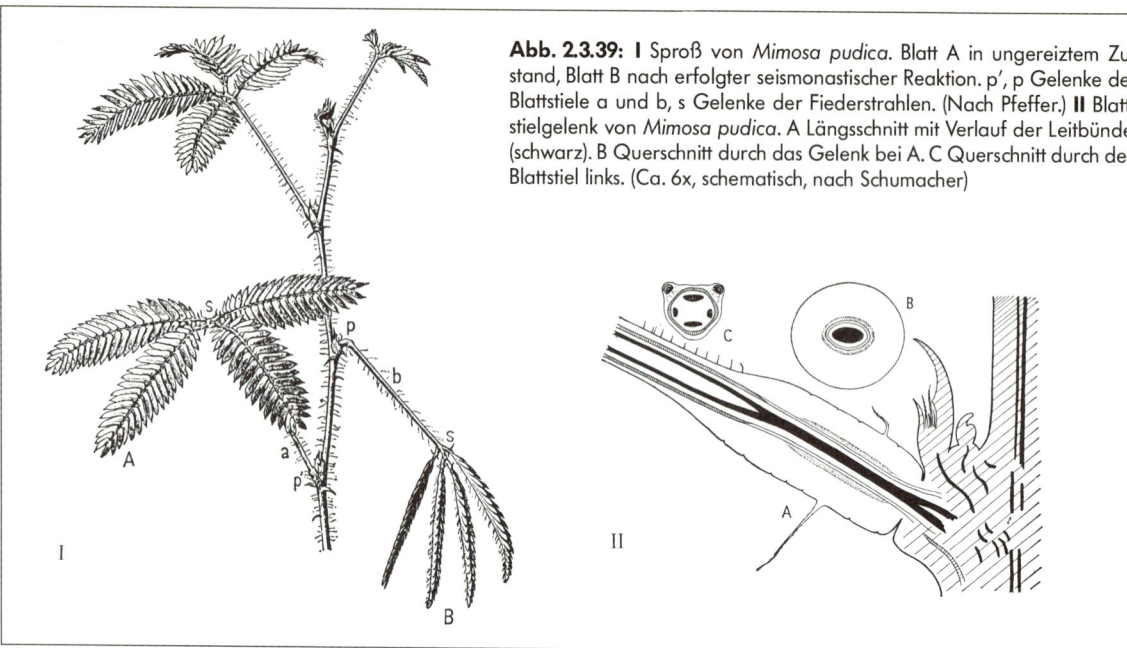

Abb. 2.3.39: I Sproß von *Mimosa pudica*. Blatt A in ungereiztem Zustand, Blatt B nach erfolgter seismonastischer Reaktion. p', p Gelenke der Blattstiele a und b, s Gelenke der Fiederstrahlen. (Nach Pfeffer.) **II** Blattstielgelenk von *Mimosa pudica*. A Längsschnitt mit Verlauf der Leitbündel (schwarz). B Querschnitt durch das Gelenk bei A. C Querschnitt durch den Blattstiel links. (Ca. 6x, schematisch, nach Schumacher)

Ähnlich wie *Mimosa* vermögen noch einige andere Leguminosen (z.B. *Neptunia, Desmanthus*) und Oxalidaceae (z.B. *Biophytum*) auf Stoß- und Wundreize zu reagieren. Bei den meisten, z.B. auch bei *Robinia pseudoacacia* und bei *Oxalis acetosella*, ist die Reizbarkeit aber gering; es bedarf sehr kräftiger und vor allem auch wiederholter Reize, bis eine langsame Reaktion einsetzt. Hier besteht also zwischen Reiz- und Reaktionsgröße eine gewisse Proportionalität, die bei der hochempfindlichen *Mimosa pudica* in der Regel fehlt.

Tierfangende Pflanzen. Während bei *Mimosa* eine ökologische Bedeutung der seismonastischen Bewegungen nicht eindeutig zu erkennen ist, dient die Seismonastie der Blätter von *Dionaea muscipula* (vgl. S. 220, Abb. 1.3.89) und *Aldrovanda vesiculosa* dem Tierfang. Der schnellen Klappbewegung der Spreitenhälften, die eine Turgorbewegung ist, folgen bei *Dionaea* (nicht bei *Aldrovanda*) noch langsamere Wachstumsprozesse, welche die Klappe noch fester über die Beute schließen. Es dauert Wochen, bis sich die Falle, wenn überhaupt, über der inzwischen durch Verdauungsenzyme ausgelaugten Leiche wieder öffnet, da auch chemonastische Reize wirksam sind. Erfolgt hingegen eine rein mechanische Reizung durch unverdauliche Objekte, öffnen sich die Blätter bereits nach wenigen Stunden wieder und stehen zu neuer Reaktion bereit.

Staubblattbewegungen. Verschiedene Staubblätter klappen bei Reizung nach innen, zur Narbe (z.B. *Berberis*, Abb. 2.3.40, *Opuntia*) oder nach außen (Zimmerlinde: *Sparmannia africana; Helianthemum*). Wird die Bewegung durch ein Insekt ausgelöst, so kann es mit Pollen bepudert werden. Reizbar ist die Filamentbasis (bei *Berberis* nur die Innen-, bei *Sparmannia* nur die Außenseite), an der auch die Krümmungsreaktion erfolgt. Erregungsleitung erfolgt nur bei *Sparmannia* (zu den Nachbarfilamenten).

Staubblätter von *Centaurea*-Arten verkürzen sich bei Berührung durch Turgorverlust, so daß die verwachsene Antherenröhre nach abwärts gezogen wird und

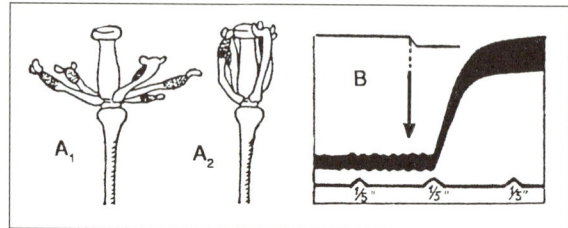

Abb. 2.3.40: Blüte von *Berberis vulgaris*, Perianth entfernt. **A₁** Staubblätter im ungereizten Zustand, **A₂** nach Berührung. **B** Photographische Registrierung einer Staubblattbewegung (schwarzes Band), unten Zeitmarken (Abstand in s). Pfeil = Moment der Berührung. (A ca. 2x nach Schumacher, B nach Colla)

der wie ein Pumpenkolben im Innern stehende Griffel mit seinem Narbenkopf den in der Antherenröhre befindlichen Pollen herausschiebt, der dann von einem Insekt abgebürstet werden kann (Abb. 2.3.41). Die Kontraktion beträgt oft 20–30% der Ausgangslänge und vollzieht sich in wenigen Sekunden. Sofort nach der Reaktion setzt sowohl bei der Berberitze wie bei den *Centaurea*-Arten eine Erholung ein; die Turgescenz wird oft schon im Laufe einer Minute wiederhergestellt, die Antheren kehren in ihre Ausgangslage zurück und sind aufs neue reizbar und reaktionsfähig.

Reizbare Narben. Bei *Mimulus*-Arten, bei *Incarvillea, Catalpa, Torenia* u. a. klappen die Narbenlappen bei Berührung der Innenseite zusammen (Abb. 2.3.42) und können dabei einem Insekt den anhaftenden Pollen abstreifen. Erregungsleitung kann von einem Narbenlappen zum anderen erfolgen. Auch hier kommt es zu einer raschen Erholung und Wiederöffnung der Narbe.

Die Reaktionszeit (vom Reizbeginn bis zum Bewegungsbeginn) beträgt bei *Dionaea* und *Berberis* unter optimalen Bedingungen 0,02 s (Abb. 2.3.40 B), bei *Mimosa* 0,08 s. Die seismonastische Bewegung selbst dauert bei *Dionaea* und *Berberis* weitere 0,1 s, bei *Mimosa* ca. 1 s, bei *Mimulus* 6 s.

Die Perzeption des seismischen Reizes. Bei *Mimosa* tritt als Folge der Reizung ein Aktionspotential von etwa 140 mV auf (Ruhepotential −160 mV, nach Reizung −20 mV; Zellinneres immer negativ). Eine der ersten (die erste?) Wirkungen des Reizes dürfte also eine Beeinflussung der Membranpermeabilität sein.

Bei *Dionaea* und *Aldrovanda* werden vermutlich spezifische Sinneszellen im Sockel der Borsten (Abb. 2.3.43) durch die Verbiegung der Borsten deformiert und dadurch gereizt. Das Aktionspotential beträgt etwa 100 mV. Bei 35–40 °C genügt zur Auslösung der seismonastischen Bewegung die einmalige Verbiegung einer Fühlborste, sonst müssen zwei Reizungen einer oder zweier verschiedener Fühlborsten aufeinanderfolgen. Blatthälften, deren Fühlborsten entfernt wurden, sind nicht mehr reaktionsfähig.

Erregungsleitung bei der Seismonastie. Die Erregungsleitung ist bei verschiedenen seismonastischen Reaktionen besonders auffällig und schnell.

Bei *Mimosa* kann die Geschwindigkeit der Erregungsleitung an der schrittweisen Reaktion der einzelnen Gelenke leicht abgelesen werden; sie beträgt bei Erschütterung je nach der Temperatur etwa 4 bis 30 mm/s. Als Maximalwert ist nach einer schweren Verletzung eine Geschwindigkeit von 10 cm/s beobachtet worden. Dieser Wert liegt bereits im Bereich der Leitungsgeschwindigkeit in den Nerven primitiver Tiere (Teichmuschel nur 1 cm/s!).

Man kann bei der Mimose drei verschiedene Mechanismen der Erregungsleitung unterscheiden:

a) Bei der **chemischen Erregungsleitung** wird von den gereizten Zellen eine (oder mehrere) Erregungssubstanz(en) abgegeben, die durch Phloem und Parenchym transportiert wird

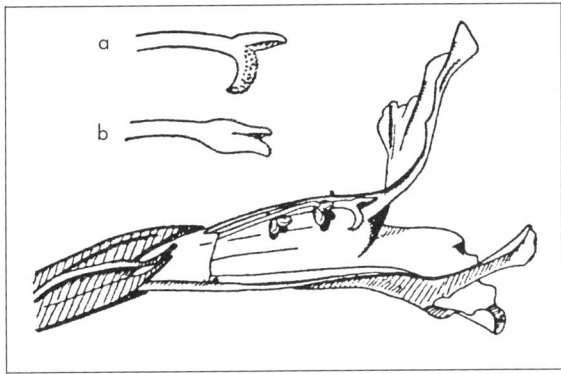

Abb. 2.3.42: *Mimulus luteus*, Blüte aufgeschnitten, so daß die Lage der Staubblätter und die der ungereizten Narbe sichtbar sind. **a** Narbe ungereizt, **b** gereizt. (a und b ca. 2×, nach Schumacher)

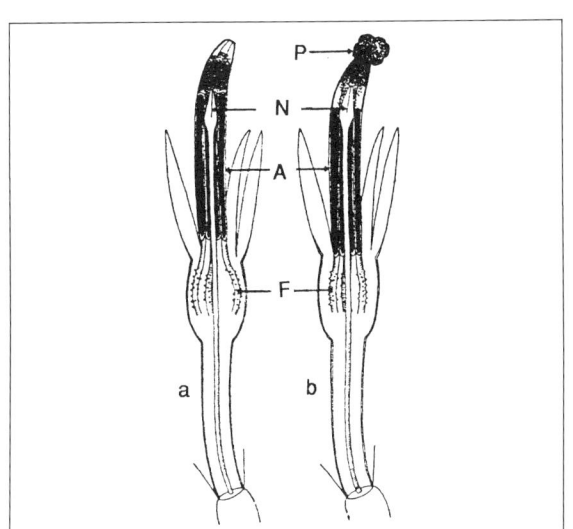

Abb. 2.3.41: Scheibenblüten von *Centaurea jacea*, aufgeschnitten. **a** Filamente (F) turgescent nach außen gekrümmt, **b** nach Berührung entspannt und kontrahiert, Antherenröhre (A) am Narbenkopf (N) herabgezogen, so daß Pollen (P) oben ausgepreßt wird. (Ca. 3×, nach Schumacher)

Abb. 2.3.43: *Dionaea muscipula*. Längsschnitt durch den unteren Teil einer Fühlborste. p parenchymatischer Sockel der Borste, g Gelenk, s vermutlich reizperzipierende Zelle, t tafelförmige Zellen, e gestreckte Endzellen der Borste. (Nach Haberlandt)

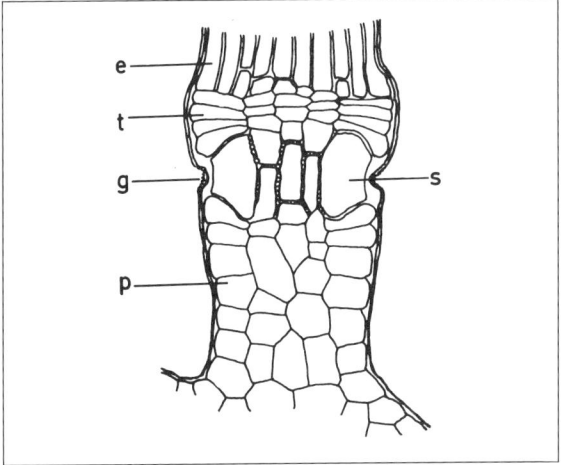

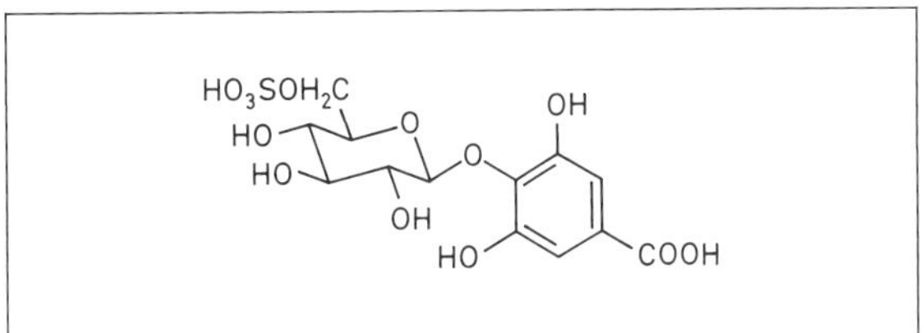

Abb. 2.3.44: Struktur einer der Erregungssubstanzen von *Mimosa pudica* («Leaf Movement Factor»). (Nach Schildknecht)

und auch Gelenke und selbst tote Gewebe passieren kann. Sie kann auch von einem gereizten Blatt über ein wassergefülltes Glasrohr in den Stielstumpf übertreten und dort die Erregung weiterleiten. Die Substanz erregt die von ihr erreichten Zellen; in den Bewegungsgeweben der Gelenke (s.u.) hat dies die Bewegung zur Folge. Eine Erregungssubstanz wurde als 4-O-

460 · Physiologie der Bewegungen

(β-D-glucopyranosyl-6H-sulfat-)gallussäure (Abb. 2.3.44) identifiziert. Sie kann im Experiment auch über das Xylem zugeführt werden und ist dann noch in einer Konzentration von 2×10^{-7} mol · l^{-1} wirksam. In höheren Konzentrationen wirken auch andere Substanzen (z.B. Anthrachinone, Aminosäuren) ähnlich.

b) Bei der **elektrischen Erregungsleitung** schreitet das Aktionspotential mit einer Geschwindigkeit von 2 bis 5 cm/s fort, wobei besonders langgestreckte Parenchymzellen des Phloems und des Protoxylems als Bahnen dienen sollen. Diese Erregung kann keine toten oder gekühlten Gewebe passieren und pflanzt sich über Gelenke nur dadurch fort, daß hier der elektrische Reiz in Erregungssubstanz umgesetzt wird, die jenseits des Gelenkes wieder ein fortschreitendes Aktionspotential auslöst.

c) Die **schnelle Erregungsleitung** (10 cm/s) tritt nur nach traumatischer, nicht nach seismischer Reizung auf und führt nur vom verletzten Fiederblättchen bis zum primären Blattstielgelenk; benachbarte Gelenke reagieren nicht. Auf +3 °C abgekühlte Gewebe werden passiert, nicht aber tote. Über den Mechanismus dieser Erregungsleitung ist noch nichts bekannt.

Bei *Dionaea* und *Aldrovanda* schreitet das Aktionspotential von der Basis einer gereizten Fühlborste nach allen Seiten mit einer Geschwindigkeit von 6 bis 20 cm/s fort; das ist die höchste bei Pflanzen gemessene Geschwindigkeit einer Erregungsleitung.

Die Bewegungsmechanik bei der Seismonastie. In bestimmten («motorischen») Zellen der Bewegungsgewebe führt die Erregung zu einem plötzlichen Zusammenbruch des Turgors. Dies geschieht durch Erhöhung der Membranpermeabilität (Tonoplast + Plasmalemma), wobei der Zellsaft in den Apoplasten (Zellwand + Interzellularen) übertritt. Beim primären Blattstielgelenk von *Mimosa* kann man im Augenblick der Reaktion ein Dunklerwerden der Unterseite beobachten; hier liegen die motorischen Zellen. Bei den *Mimosa*-Fiederblättchen-Gelenken befinden sie sich oberseits, ebenso in den Gelenken von *Dionaea*; bei *Berberis*-Filamenten an der Innenseite, bei denen von *Sparmannia* an der Außenseite der Basis.

Bei dem reizbedingten Turgorverlust der motorischen Zellen z.B. auf der Unterseite des primären Blattstielgelenkes bei *Mimosa* verlieren die turgescent bleibenden Zellen der Oberseite einen Teil des Gegendruckes, der sich im ungereizten Zustand ihrem Ausdehnungsbestreben (Gewebsspannung) entgegenstellt. Dadurch erhöht sich die Wasserpotentialdifferenz zwischen den Apoplasten und den Zellen der Oberseite, was zur Wasseraufnahme und stärkeren Ausdehnung führt. Die Folge ist eine Bewegung des Gelenkes um den zentralen Leitbündelstrang als Kippachse. Bei *Dionaea* fungieren Gewebe der Blattmittelrippe als Drehachse.

Eine Beteiligung von ATP oder ATPasen am Bewegungsvorgang in den *Mimosa*-Gelenken, wie sie von manchen Autoren angenommen wird, ist nicht gesichert.

Bei der Restitution muß in den motorischen Zellen die ursprüngliche Membranpermeabilität wiederhergestellt und das osmotische Potential durch Aufnahme oder Neubildung osmotisch wirksamer Substanz regeneriert werden; dies ist ein energiebedürftiger Vorgang. Während der Erholungsphase herrscht ein **Refraktärstadium**.

5. Thigmonastie, Rankenbewegungen

Besonders auffällig ist die thigmonastische Empfindlichkeit bei den Rankenkletterern (vgl. S. 217), die auf diese Weise Stützen umklammern können. Gegen Erschütterung (seismisch) sind die Ranken unempfindlich.

Der Verlauf der Rankenbewegungen. Die fadenförmigen Blattranken der Zaunrübe *(Bryonia)*, die als Beispiel genannt seien, sind im Jugendstadium nach der morphologischen Oberseite uhrfederartig eingerollt (Abb. 2.3.45 A). Sie strecken sich dann und beginnen aus autonomem Antrieb zu kreisen (Circumnutation; vgl. S. 464), wobei ihre Spitze eine Ellipse, die ganze Ranke einen Kegelmantel beschreibt. Die Achse dieses Kegels steht zunächst schräg nach aufwärts, kann sich aber später nach abwärts bis über die Horizontale hinaus senken. Bei Berührung einer Stütze krümmt sich die

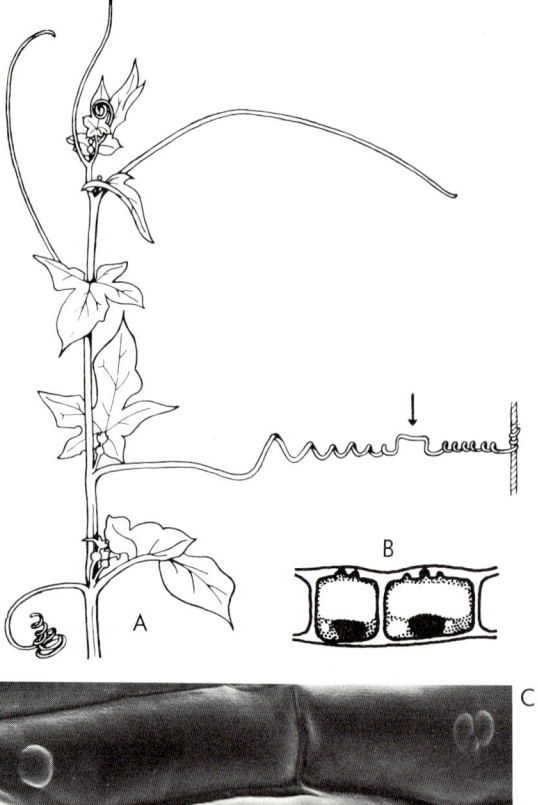

Abb. 2.3.45: *Bryonia dioica*: **A** Sproß-Stück mit Ranken in verschiedenen Entwicklungsstadien. Oberste Ranke noch uhrfederartig eingerollt, in der Mitte eine Ranke nach dem Fassen einer Stütze mit «Umkehrpunkt» (Pfeil), unten links Ranke mit Alterseinrollung. B, C «Fühltüpfel» in der Epidermisaußenwand; **B** im Querschnitt, **C** in der Aufsicht. (A ca. 1/3×, nach Schumacher; B nach Tronchet, C Original-Rasterelektronen-Aufnahme von Chr. Koppmaier; Balken = 10 μm).

Ranke gegen die morphologische Unterseite hin. Die Reaktionszeit kann bei günstigen Bedingungen und empfindlichen Objekten *(Cyclanthera, Sicyos, Passiflora)* weniger als 30 sec, bei trägen Arten (z. B. *Corydalis claviculata)* aber auch 18 Stunden betragen. Nach vorübergehender Berührung streckt sich die Ranke wieder gerade (Autotropismus, S. 451). Wird aber eine Stütze erfaßt, so führt die fortgesetzte Krümmung zu einem mehrfachen Umwickeln dieser Stütze durch das Rankenende. Auch die basaleren Teile der Ranke erfahren durch thigmonastisches, verstärktes Wachstum ihrer Oberseite eine Einrollung, wodurch die ganze Pflanze elastisch federnd an die Stütze herangezogen wird. Aus mechanischen Gründen müssen dabei ein oder mehrere «Umkehrpunkte» zwischen links- und rechtsgängigen Windungen eingeschaltet werden (Abb. 2.3.45 A), um Torsionen zu vermeiden. Durch den Berührungsreiz kommt es auch zur Ausbildung von Festigkeitselementen und häufig zu Dickenwachstum (**Thigmomorphosen**), wodurch die Verankerung stabilisiert wird. Hat eine Ranke keine Stütze erreicht, so rollt sie sich bei *Bryonia* im Alter zur Unterseite hin autonom ein; bei anderen Arten verkümmert sie.

Die *Bryonia*-Ranke krümmt sich bei Berührung ihrer Ober- wie ihrer Unterseite stets zur Unterseite hin; ähnlich verhalten sich z. B. die Ranken von *Sicyos* und *Momordica*. Es handelt sich hier also um eine eindeutig nastische Reaktion. Bei den meisten Arten, z. B. der Erbse, führt aber nur die Berührung der Rankenunterseite zur Krümmung, wobei wieder die Unterseite konkav wird. Die Oberseite ist aber in diesen Fällen ebenfalls berührungsempfindlich, da ihre gleichzeitige Reizung mit der Unterseite deren Krümmung verhindert. Auch diese Bewegung ist als Thigmonastie zu betrachten. Schließlich gibt es Arten (z. B. *Cobaea scandens*, *Cissus*-Arten), deren Ranken morphologisch und physiologisch radiär gebaut sind und sich daher nach allen Richtungen krümmen können, wobei stets die jeweils berührte Seite konkav wird. Es handelt sich in diesem Falle demnach um Thigmotropismus, nicht um eine Nastie. Der Mechanismus dieser tropistischen Reaktion, bei der die berührte Seite im Längenwachstum relativ zurückbleibt, ist unbekannt.

Die Perzeption des thigmonastischen Reizes. Am berührungsempfindlichsten ist gewöhnlich das oberste Drittel der Ranke. Der Reiz darf nicht in einem gleichmäßigen Druck, sondern muß in einem Reibungs- oder Kitzelreiz bestehen: Ein Wasserstrahl (z. B. Regen), selbst ein Quecksilberstrahl oder Berührung mit einem glatten Stab, führt zu keiner Reaktion, wohl aber ein Wasserstrahl mit suspendierten Tonpartikeln oder Berührung mit einem rauhen Stab. Selbst die Bewegung eines Wollfädchens von nur $2,5 \cdot 10^{-7}$ g Gewicht auf einer empfindlichen Ranke *(Sicyos)* löst eine Krümmung aus; dieser Reiz kann vom menschlichen Tastempfinden nicht mehr wahrgenommen werden.

Empfunden wird demnach nicht einfach ein Druck, sondern zeitliche oder örtliche Druckdifferenzen. Auffällige Tüpfel in den Epidermisaußenwänden («Fühltüpfel», Abb. 2.3.45 B, C) werden mit der Perzeption in Verbindung gebracht. Allerdings sind sie nur bei einem Teil der Ranken und manchmal nur auf deren Unterseite vorhanden, obwohl auch die Oberseite den Reiz wahrnimmt; sie können also nicht ausschließlich für die Reizperzeption verantwortlich sein.

Die thigmonastische Perzeption führt zu einem Aktionspotential.

Die Erregungsleitung bei Ranken. Daß eine Erregungsleitung quer durch die Ranke erfolgen kann, ist eindeutig in jenen Fällen, in denen die Reizung der Oberseite zu einer Verkürzung der Unterseite führt. Die Geschwindigkeit dieser Erregungsleitung wird bei empfindlichen Ranken auf mindestens 4 mm/Minute geschätzt und übertrifft damit die gravitrope Erregungsleitung um mehr als das Zehnfache. Die Erregungsleitung in Richtung der Längsachse der Ranke löst immerhin das Aufrollen und die Thigmomorphosen in den nicht mit der Stütze in Berührung befindlichen Rankenteilen aus. Der Mechanismus der Erregungsleitung ist unbekannt.

Der Mechanismus der Rankenkrümmung. Die erste Reaktion bei der thigmonastischen Rankenkrümmung ist ein Turgorverlust der konkav werdenden Flanke und eine entsprechende Turgorzunahme der Gegenseite (vgl. seismonastische Bewegungen, S. 457 f.). Es ist denkbar, daß hierbei (wie auch bei der Auslösung der Thigmomorphosen) die thigmisch induzierte verstärkte Ethylenproduktion der Ranke eine Rolle spielt. Bei *Pisum* sollen in Zellen der sich kontrahierenden (Unter-)Seite auch unter ATP-Verbrauch sich bewegende Proteine an der Reaktion beteiligt sein. Die Expansion der Zellen auf der Konvexseite ist nicht nur auf eine Verringerung des Gegendruckes durch die Gewebe der Konkavseite zurückzuführen, sondern auch von einer auxinabhängigen Erhöhung der plastischen Wanddehnbarkeit begleitet.

In der zweiten Phase ist die Krümmung eine Wachstumsbewegung, bei der die Konvexseite stärker wächst als die gegenüberliegende Konkavseite. Dekapitierte, auxinverarmte Ranken können sich nicht mehr krümmen. Bei thigmonastisch reagierenden Ranken, die also zumindest physiologisch dorsiventral gebaut sind, führt allseitige Auxinzufuhr ohne Reizung zur Krümmung; die Oberseite erfährt demnach durch Auxin eine stärkere Wachstumsförderung als die Unterseite.

Ein auffallendes Phänomen ist der Flavonoidreichtum der Ranken. Da z. B. bei *Pisum* bei der Bewegung etwa zwei Drittel des Quercetintriglucosyl-p-cumarats verschwinden und diese Substanz ein Hemmstoff der IAA-Oxidase (S. 386) ist und bei Zufuhr von außen die Rankenbewegung hemmt, besteht vielleicht ein kausaler Zusammenhang, der aber noch nicht entschlüsselt ist.

6. Die nastischen Bewegungen der Spaltöffnungen

Entsprechend ihrer Aufgabe, den Diffusionswiderstand so zu regulieren, daß der Wasserverlust durch die Transpiration und die CO_2-Aufnahme für die photosynthetische oder die Dunkel-CO_2-Fixierung in einem den jeweiligen Bedürfnissen angepaßten Verhältnis stehen (vgl. S. 330), reagieren die Stomata vorwiegend photonastisch und hydronastisch. Da unter bestimmten Bedingungen die Transpiration auch der Kühlung dient, erscheint es ökologisch außerdem zweckmäßig, daß die Spaltöffnungen auch thermonastisch empfindlich sind. Überlagert werden diese durch Außenbedingungen induzierten Bewegungen durch eine circadiane Komponente (vgl. S. 409 ff.), d. h. eine zu verschiedenen Tageszeiten verschieden starke Bereitschaft, auf exogen induzierende Faktoren zu reagieren: Die Öffnungsreaktionen sind in der Lichtphase auch endogen bevorzugt. Zeitgeber für diese Rhythmik ist der Beginn der Dunkelphase.

Die unmittelbare Ursache der Spaltöffnungsbewegung ist in jedem Falle eine Differenz des Turgors in den Schließzellen und den angrenzenden Epidermiszellen, die auch morphologisch besonders ausgebildet sein können und dann als Nebenzellen bezeichnet werden (vgl. S. 140): Die verschiedenen bewegungsinduzierenden Faktoren verändern das osmotische Potential oder die Menge gelöster Substanzen in den Schließzellen nicht gleich wie die in den funktionellen Nebenzellen. Infolge des Zellwandbaues, speziell auch der Anordnung der Mikrofibrillen (Abb. 2.3.46), führt eine relative Zunahme des Turgors der Schließzellen gegenüber dem der funktionellen Nebenzellen bei allen Spaltöffnungstypen zu einem Öffnen, die umgekehrte Turgoränderung zu einem Schließen der Stomata (vgl. S. 141). Die Turgoränderungen werden von mehreren miteinander in Wechselwirkung stehenden Regelkreisen kontrolliert (Abb. 2.3.47), in denen die Schließzellen als Stellglieder (vgl. Abb. 2.1.69, 2.1.70, S. 305, 306) fungieren.

Die photonastische Spaltöffnungsbewegung. Licht induziert normalerweise über eine Erhöhung des osmotischen Potentials eine relative Erhöhung des Turgors der Schließzellen gegenüber den Nachbarzellen und führt daher zur Öffnung der Spalten. Wirkungsspektren dieser Photonastie lassen einmal die Beteiligung der Photosynthese und zum anderen einen zusätzlichen Blaulichteffekt erkennen. Die Lichtempfindlichkeit der Stomata ist dabei außerordentlich groß: Bereits 25–30 pE cm^{-2} s^{-1} genügen, um die Öffnung zu induzieren. Der ausschlaggebende Faktor bei der Steuerung der Photonastie der Stomata durch das Licht über die Photosynthese ist die Erniedrigung der CO_2-Konzentration – [CO_2] –, die zwar in den Schließzellen selbst gemessen, aber hauptsächlich durch die Photosynthese des Mesophylls bestimmt wird; die Eigenphotosynthese der (chloroplastenhaltigen) Schließzellen trägt allenfalls begrenzt zu dieser Erniedrigung von [CO_2] bei. Statt bei Belichtung kann dementsprechend die Stomaöffnung auch durch die CO_2-Dunkelfixierung (z. B. bei CAM-Pflanzen in der Nacht, vgl. S. 281 f.) oder durch Erniedrigung von [CO_2] in der Außenluft auch im Dunkeln (im Experi-

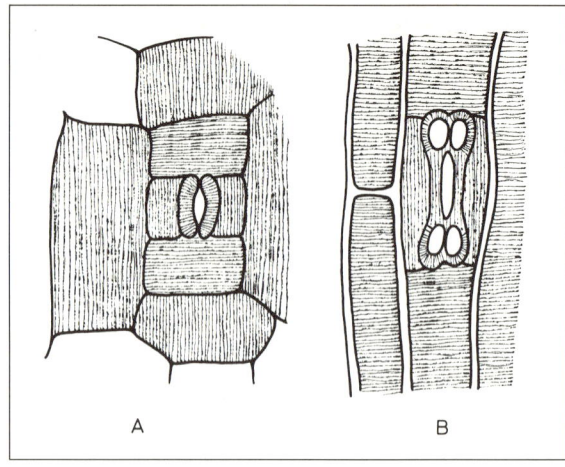

Abb. 2.3.46: Schematische Darstellung des Mikrofibrillenverlaufs («Micellierung») in Schließzellen und ihren Nachbarzellen. **A** bei der Commelinacee *Rhoeo discolor*; **B** bei *Hordeum*. Die Mikrofibrillenanordnung ist in den Schließzellen von *Rhoeo* (*Amaryllis*-Typ) insgesamt, und in den dünnwandigen Endblasen der Gramineen-Schließzelle «radiomicellat», d. h. die Mikrofibrillen verlaufen fächerförmig. Da die Ausdehnung bei Turgorzunahme vorwiegend senkrecht zum Verlauf der Micellierung erfolgt, werden die Schließzellen (bei *Rhoeo*) bzw. die Endblasen (bei *Hordeum*) dabei stark gekrümmt. Der Mikrofibrillenverlauf in den Nachbarzellen der Schließzellen ist derart, daß sie bei Öffnung als Antagonisten der Bewegung dienen und beim Schließen das Ausdehnungsbestreben der Nachbarzellen unterstützen. Bei den Grasschließzellen verhindert die Längsmicellierung der Mittelleisten zwischen den Blasen deren seitliche Verbiegung. (Nach Ziegenspeck)

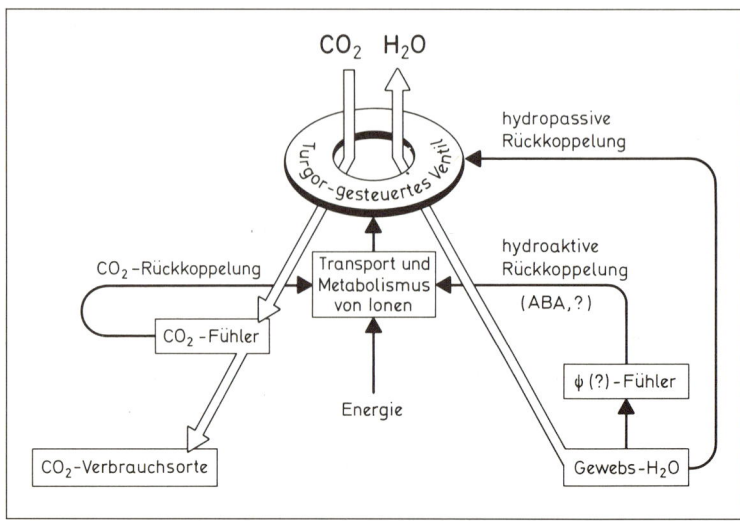

Abb. 2.3.47: Vereinfachtes Schema des Rückkopplungssystems der Stomata. Sie fungieren als turgorgesteuerte Ventile, welche die CO_2-Aufnahme und die Wasserdampfabgabe regulieren. Der CO_2-Fühler befindet sich in den Schließzellen. ABA = Abscisinsäure; ? evtl. weitere Wirkstoffe; ψ Wasserpotential (vgl. S. 322). Nicht berücksichtigt ist u. a. die Temperatursteuerung der Schließzellenbewegung. Weitere Erläuterungen im Text. (Nach Raschke)

ment) erreicht werden, während umgekehrt eine Erhöhung des [CO_2] der Außenluft auch im Licht einen Stomaschluß induziert. In bestimmten Grenzen hält die Änderung des Diffusionswiderstandes durch die Stomabewegung demnach die CO_2-Konzentration in den Schließzellen und damit proportional auch in den Interzellularen konstant oder mindert zumindest die Abhängigkeit der Schwankungen in der CO_2-Konzentration in den Interzellularen von denjenigen in der Außenluft. Es kann aber auch durch Erhöhung der externen CO_2-Konzentration über die Spaltöffnungsreaktion zu einer Erhöhung oder einer Erniedrigung des [CO_2] in den Interzellularen und damit zu einer Steigerung oder Verringerung der Photosynthese bei steigendem [CO_2] der Außenluft kommen.

Die Erniedrigung der CO_2-Konzentration in den Schließzellen führt dort in einer komplizierten, noch nicht in allen Details bekannten Reaktionsfolge zu einer **Erhöhung des osmotischen Potentials**. Dabei spielt die Aufnahme von K^+ durch die Schließzellen aus den Nachbarzellen eine entscheidende Rolle (Abb. 2.3.48); dies wurde für zahlreiche Arten von den Laubmoosen bis zu den Angiospermen nachgewiesen. Als Reservoir für das K^+ dienen häufig die funktionellen Nebenzellen, deren Volumen immer viel größer ist als das der Schließzellen, die daher ein großes Speichervermögen besitzen. Aus elektrochemischen Gründen muß in den Schließzellen eine äquivalente Menge Anionen mit dem K^+ aufgenommen oder gebildet werden, während in den K^+-abgebenden Zellen entweder Anionen verschwinden oder andere Kationen aufgenommen werden müssen.

Als Anion, das mit dem K^+ in die Schließzellen einwandert, spielt Cl^- bei *Allium cepa*, das im Blatt wegen des Fehlens von ADP-Glucose-Pyrophosphorylase keine Stärke bilden kann, eine ausschlaggebende (das importierte K^+ völlig neutralisierende), beim Mais eine bedeutende (K^+ in den Schließzellen zu etwa 40%, in einigen Schließzellen zu 100% neutralisierende), bei anderen Arten eine geringere Rolle. Der Hauptteil des Ladungsausgleichs in den K^+-akkumulierenden Schließzellen scheint aber bei den meisten Arten durch eine gleichzeitig (?) mit der K^+-Aufnahme erfolgende Bildung von organischen Säuren, vor allem der zweiwertigen Äpfelsäure, auf Kosten der Schließzellenstärke zu erfolgen. Die Äpfelsäure wird dabei vermutlich auf analogem Weg wie bei der nächtlichen Säurebildung in den CAM-Pflanzen (vgl. S. 281 f.) synthetisiert; die PEP-Carboxylase-Aktivität ist in Epidermen nachgewiesen, und zwar ist sie proportional der Zahl der Stomata, so daß sie den Schließzellen zuzuschreiben ist. Das für die Carboxylierung erforderliche CO_2 könnte durch die Atmung der Schließzellen, z.T. aber auch durch externes CO_2 geliefert werden; dies würde auch erklären, warum bei verschiedenen Arten die maximale Stomaöffnung – bei allmählicher Steigerung von [CO_2] von 0 an beginnend – nicht in CO_2-freier Luft, sondern bei einer geringen CO_2-Konzentration (ca. 100 μl l^{-1}) erfolgt.

Es gibt Hinweise, daß die von der Äpfelsäure abdissoziierenden Protonen durch eine **Protonenpumpe** aktiv aus den Schließzellen gepumpt und im Austausch dafür die K^+-Ionen (durch eine spezifische Kaliumpumpe oder einfach dem Gefälle des elektrochemischen Potentials folgend) aufgenommen werden. Durch diesen Protoneneffluß wird das Innere der Schließzellen nicht nur negativer, sondern auch basischer. Der steigende pH-Wert könnte der Auslöser für einen Cl^-/OH^--

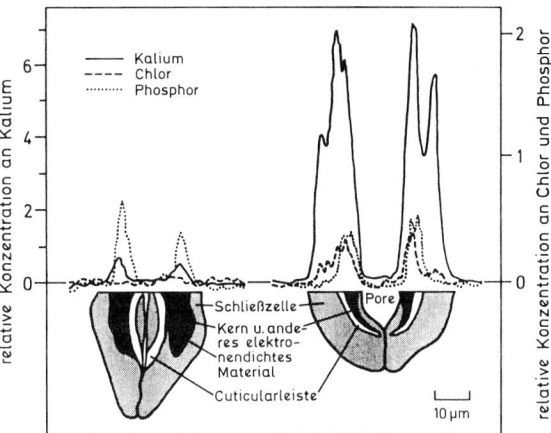

Abb. 2.3.48: Verteilung der relativen Konzentrationen von Kalium, Chlor und Phosphor über die Fläche eines geschlossenen (links) und eines geöffneten Stomas (rechts) der unteren Blattepidermis von *Vicia faba*. Messungen mit der Röntgen-Mikrosonde. Bei *Vicia* zeigt von den dargestellten Elementen nur K einen deutlichen Anstieg in den Schließzellen bei deren Öffnung. (Nach Humble u. Raschke, aus Mohr u. Schopfer)

Austausch und die Bildung der organischen Säuren, speziell der Äpfelsäure, sein.

Wie mit Hilfe der **patch-clamp-Technik** (Abb. 2.1.110, S. 343) gezeigt wurde, kommt es bei Aktivierung der H^+ aus den Schließzellen pumpenden ATPase zu einer Hyperpolarisierung des Schließzellen-Plasmalemmas und zu einer Öffnung von Kanälen für den K^+-Eintritt. Eine Depolarisierung des Plasmalemmas dagegen öffnet Kanäle, die einen K^+-Efflux aus den Schließzellen verursachen.

Durch Abscisinsäure (vgl. S. 393 ff.) scheinen die Protonenpumpen und der K^+-Eintritt in die Spaltöffnung blockiert bzw. geöffnete Spalten geschlossen zu werden. Das Welketoxin **Fusicoccin** (Abb. 2.3.49) aus dem Pilz *Fusicoccum amygdali* dagegen führt, vermutlich über eine Aktivierung der Protonenpumpe und des K^+-Influx, zur Stomaöffnung.

In den K^+-speichernden Nachbarzellen scheinen fixierte Anionen bisher unbekannter Natur vorzuliegen, die bei der Stomaöffnung K^+ gegen H^+ austauschen.

Beim Stomaschluß laufen die geschilderten Prozesse vermutlich rückläufig ab, doch ist hierüber noch wenig bekannt.

Die **Energie für die Ionenpumpen** kann aus der Photophosphorylierung stammen (dann hat das photosynthetisch wirksame Licht eine Doppelfunktion bei der Spaltöffnungsbe-

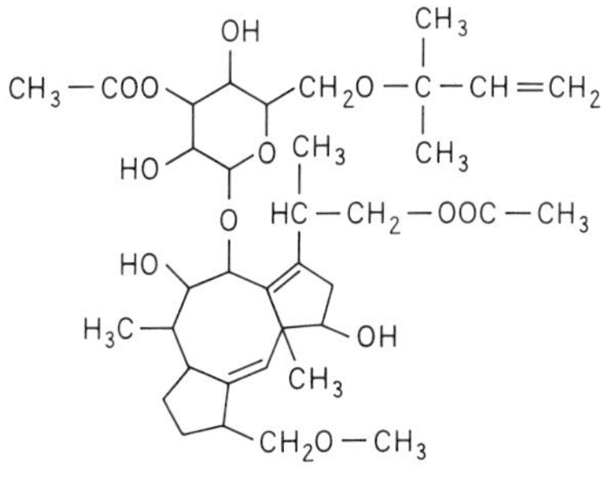

Abb. 2.3.49: Struktur des Fusicoccin.

wegung), oder aber aus der Respiration: Die Ionenpumpen funktionieren ja auch im Dunkeln (z.B. in der Dunkelphase der CAM-Pflanzen oder in CO_2-freier Luft). Über eine Förderung der Respiration könnte vielleicht auch die spezifische Blaulichtwirkung zur Geltung kommen, evtl. aber auch über eine Aktivitätssteigerung der PEP-Carboxylase.

Offene Stomata von gut mit Wasser versorgten Pflanzen können ihre Empfindlichkeit gegen Schwankungen der CO_2-Konzentration verlieren; sie gewinnen sie aber zurück, wenn nach einsetzender Dürrebelastung der Abscisinsäure-Gehalt steigt, und regeln dann den Diffusionswiderstand wieder entsprechend dem Bedarf an CO_2.

Die hydronastischen Spaltöffnungsbewegungen. Auch im Licht können sich Stomata schließen, wenn das Wasserpotential der Blätter einen bestimmten Stellenwert (zwischen -7 bis -18 bar) unterschreitet. Dies könnte einmal dadurch geschehen, daß bei gleichbleibendem Schließzellenturgor der Turgor der Nachbarzellen zunimmt; es erfolgt dies z.B., wenn eine unter Wassermangel leidende Pflanze beregnet wird, weil das Wasser von den Epidermiszellen schneller aufgenommen wird als von den Schließzellen. Umgekehrt tritt beim Abschneiden eines Blattes zuerst ein Turgorverlust der Epidermiszellen auf, weshalb sich die Stomata vorübergehend öffnen («Iwanoff-Effekt»). Spaltbewegungen ohne Änderung des Gehalts der Schließzellen an gelösten Stoffen werden auch als hydropassiv bezeichnet (vgl. Abb. 2.3.47).

Meist liegt aber auch den hydronastischen Stomabewegungen eine Änderung des Gehalts an gelösten Stoffen (Osmotika) in den Schließzellen zugrunde (hydroaktive Bewegung).

Eine Turgorminderung der Schließzellen (absolut und relativ zu den Nachbarzellen) wird auch dann eintreten, wenn die Transpiration der Schließzellen (peristomatäre Transpiration) höher ist als die der Nachbarzellen. Die Schließzellen wären dann spezielle «Fühler» für die relative Luftfeuchte. Dafür spricht u.a. der Befund, daß Blätter gleichen Wassergehaltes in trockener Luft viel höhere Transpirationswiderstände aufweisen als in feuchter. Der solcherart induzierte Spaltenschluß kann zur Folge haben, daß in trockener Luft die Transpiration geringer und der Wassergehalt des Blattes höher sein kann als in feuchter.

Eine besonders wichtige hydroaktive Rückkoppelung der Stomatabewegung wird hormonal bedingt (Abb. 2.3.47: «hydroaktive Rückkoppelung»). Durch Minderung des Wasserpotentials bei Dürrebelastung wird der Abscisinsäuregehalt im Gewebe schnell erhöht (vgl. S. 395). Es wird angenommen, daß ABA unter diesen Bedingungen hauptsächlich im Mesophyll synthetisiert und zu den Schließzellen transportiert wird. In den Schließzellen aber führt die ABA (und zwar nur das (+)-Enantiomer) zum Spaltenschluß (S. 395), u.zw. in wenigen Minuten.

Ähnlich wie ABA sollen sich auch andere in der Pflanze vorkommende Substanzen verhalten, z.B. Xanthoxin, Phaseinsäure, all-trans-Farnesol, Vomifoliol (Abb. 2.3.50). Evtl. wirken sie z.T. erst nach Umwandlung in ABA, wie dies für Xanthoxin wahrscheinlich gemacht wurde.

Thermonastische Spaltöffnungsbewegung. Im allgemeinen entspricht die Temperaturabhängigkeit der Spaltenöffnung derjenigen der Photosynthese. Bei gut mit Wasser versorgten Pflanzen kann bei hohen Temperaturen die CO_2-Abhängigkeit der Spaltbewegung verlorengehen. Dies ist ökologisch zweckmäßig, weil durch die Transpirationskühlung eine Überhitzung des Blattes verhindert und die Blatt-Temperatur nahe der für die Photosynthese optimalen gehalten werden kann.

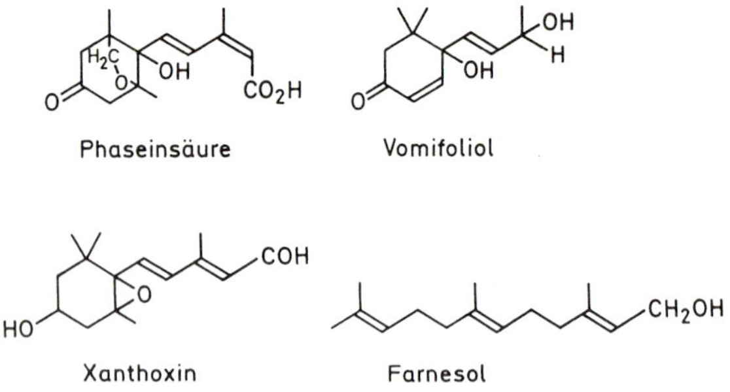

Abb. 2.3.50: Einige natürliche Verbindungen, die einen Stomaschluß herbeiführen können.

C. Autonome Bewegungen

Bewegungen, die nicht von Außenfaktoren, sondern endogen gesteuert werden, werden als **autonom** bezeichnet. Sie können wieder entweder durch Wachstums- oder durch Turgorvorgänge bewirkt werden.

Autonome Wachstumsbewegungen, Windebewegungen. Bei Keimpflanzen und jungen Sproß- und Inflorescenzteilen treten oft wechselnde Krümmungsbewegungen (**Nutationen**) auf, die auf zeitlich ungleiches Wachstum verschiedener Organflanken zurückgehen.

Coleoptilen von Poaceen zeigen ebenso mit dem Zeitraffer leicht nachweisbare Pendelbewegungen wie die Blütenschäfte der Küchenzwiebel, deren Spitze dabei gelegentlich sogar den Boden berühren kann. Bei der Asteracee *Calendula officinalis* öffnen und schließen sich die Köpfchen auch im Dauerdunkel in einem zwölfstündigen Rhythmus, der in der Natur entsprechend dem Tag- und Nachtwechsel einreguliert ist, da die Blüten auch photonastisch empfindlich sind. Die Bewegung geht, wie bei der Thermo- und Photonastie, auf eine unterschiedliche Wachstumsförderung der Ober- und Unterseite der randständigen Strahlenblüten zurück. Bei *Ruta graveolens*-Blüten (vgl. Abb. 3.2.243 C, S. 784) führen die Filamente der Staubblätter in regelmäßiger Reihenfolge autonome Bewegungen – zum Fruchtknoten und von ihm weg – durch. Die Wachstumsförderung einmal der Außen-, dann der Innenflanke des Filaments erfolgt auch bei isolierten, antherenfreien Filamenten unter konstanten Bedingungen.

Häufig sind kreisende Bewegungen (**Circumnutationen**). Sie treten bei Keimpflanzen, jungen Ranken (vgl. S. 460) und vor allem bei Windepflanzen auf und kommen durch einseitige, die Organachse umkreisende Wachstumsförderung zustande. Ihre autonome Natur wird dadurch unterstrichen, daß sie auch unter Microgravity-Bedingungen auftreten. Die Keimsprosse der **Windepflanzen** wachsen zunächst durch negativen Gravitropismus orthotrop, dann neigt sich die Sproßachse transversalgravitrop zur Seite und beginnt autonom zu kreisen (Abb. 2.3.51). Die Umlaufzeit kann 2 bis 9 Stunden betragen. Beim Hopfen kann der von der Spitze beschriebene Kreis einen Durchmesser von über

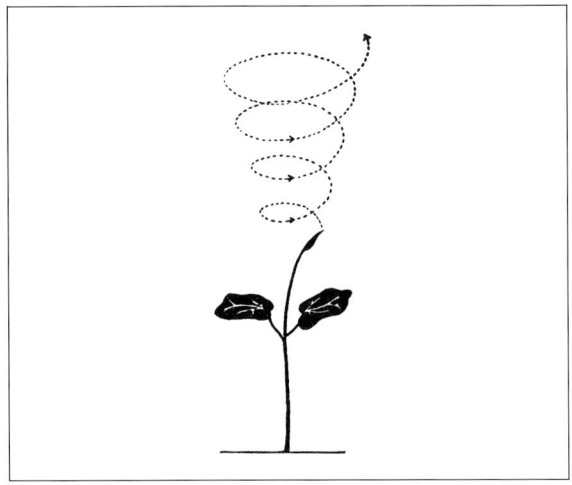

Abb. 2.3.51: Schema der beginnenden Circumnutation einer Keimpflanze von *Pharbitis hispida*.

Im Gelenk von *Phaseolus* treten bei Senkung des Blattes (Nachtstellung) auf der Unterseite (ähnlich wie beim *Mimosa*-Gelenk nach Reizung oder in Nachtstellung) Ionen (hauptsächlich K⁺-Ionen – im Austausch gegen Protonen – und Chlorid-Ionen) aus den Zellen («**Extensor-Zellen**») in die Interzellularen über. Dadurch läßt der Turgor auf dieser Gelenkseite nach, während die Zellen der Oberseite («**Flexor-Zellen**») ihr Volumen ausdehnen. Bei der Aufwärtsbewegung spielt sich das gleiche auf der Gelenkoberseite ab. Vermutlich liegen auch diesen Turgorschwankungen rhythmische Permeabilitätsänderungen zugrunde. Dem Ca^{2+}-Ion wird auch bei diesen Gelenkbewegungen eine regulierende (weniger eine osmotisch bedeutsame) Rolle zugeschrieben.

50 cm, bei *Hoya carnosa* von über 150 cm erreichen. Bei den meisten Windepflanzen kreist die Sproßspitze, von oben betrachtet, entgegengesetzt dem Uhrzeigersinn, so daß die Windesprosse eine Rechtsschraube bilden (Abb. 2.3.52 A). Nur wenige Pflanzen, z. B. der Hopfen und das Geißblatt, umkreisen die Stütze mit einer Linksschraube (Abb. 2.3.52 B). Bei *Fallopia (Polygonum) convolvulus* und einigen anderen Pflanzen kann die Winderichtung wechseln (*Loasa* und *Bowiea* wechseln die Winde-Richtung sogar an derselben Sproßachse).

Dünne, senkrecht oder nur schwach schräg stehende Stützen können wohl allein durch fortdauernde Circumnutation umwunden werden. Bei Umwinden dickerer Stützen kommt bei manchen Pflanzen ein **Lateralgravitropismus** hinzu, bei dem eine Seitenflanke verstärkt wächst und so die Umfassungsbewegung verstärkt. Berührungsempfindlichkeit wie bei den Ranken besteht bei Windepflanzen nicht.

Da Windepflanzen besonders reich an Gibberellin sind und auch Nichtwinder durch Gibberellin zum Winden gebracht werden können, ist eine Beteiligung der Gibberelline beim Winden anzunehmen. Wie die Ranken, so sind auch die windenden Teile besonders flavonoidreich, doch ist die Bedeutung dieses Befundes unklar.

Autonome Turgorbewegungen. Ändert sich der Turgor auf der Ober- und Unterseite eines Blattgelenkes ungleichzeitig, so kann es zum Auf- und Abwärtspendeln des Blattes kommen.

Blättchen von *Trifolium pratense* z. B. schwingen im Dunkeln in einem 2- bis 4stündigen Rhythmus auf und ab. Bei der ostindischen Fabacee *Desmodium gyrans* laufen die Turgorschwankungen sogar rhythmisch um den Stiel der Seitenblättchen herum, so daß diese bei genügend hoher Temperatur mit ihrer Spitze in etwa ½ Minute eine Ellipse beschreiben (Abb. 2.3.53). Die Bewegung geht auch im Dauerlicht weiter.

Zu den autonomen Turgorbewegungen gehören auch die circadianen sog. Schlafbewegungen vieler Leguminosenblätter (z.B. *Robinia pseudoacacia*, *Phaseolus*, *Albizia*), die in der Natur mit einem ungefähr 12stündigen Rhythmus, entsprechend dem Tag- und Nachtwechsel, verlaufen (vgl. S. 409).

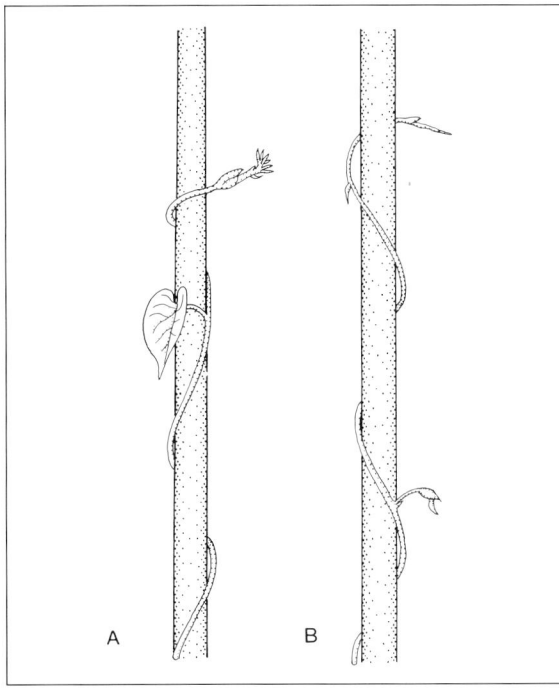

Abb. 2.3.52: Windepflanzen. **A** Linkswinder (= Rechtsschraube). Seitenansicht ergibt ein Z. **B** Rechtswinder (= Linksschraube). Seitenansicht ergibt ein S. (Nach Noll)

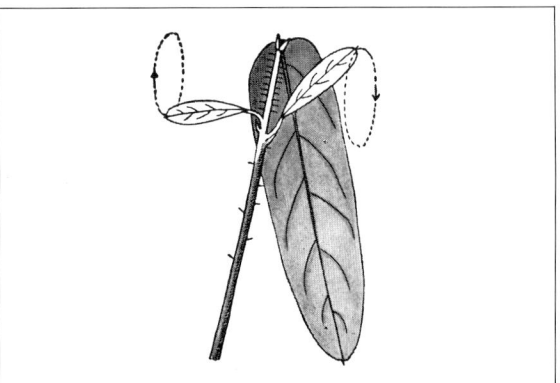

Abb. 2.3.53: Blatt von *Desmodium gyrans*. Die Pfeile deuten die Bewegungen der seitlichen kleinen Fiederblättchen an. (Ca. nat. Größe, nach Schumacher)

D. Durch Turgor bewirkte Schleuder- und Explosionsbewegungen

Während bei den bisher behandelten Turgorbewegungen Turgoränderungen einer bestimmten Flanke zu **reversiblen Krümmungen** eines Organs führen, wird in anderen, vorwiegend der Ausbreitung von Fortpflanzungseinheiten dienenden Fällen die Turgordifferenz zwischen bestimmten Gewebsschichten zu Bewegungen ausgenützt, die meist nicht mehr als typischer Reizvorgang gedeutet werden können, sondern in der Regel das Ergebnis natürlicher Entwicklungs- und Reifungsvorgänge und nicht reversibel sind. Man unterscheidet: a) Turgorschleudermechanismen; b) Turgorspritzmechanismen.

Turgorschleudermechanismen beruhen auf Gewebespannungen (vgl. S. 324). Ein **Schwellgewebe** wird durch ein **Widerstandsgewebe** an maximaler Wasseraufnahme und Längenausdehnung gehindert. Überschreitet die Spannung einen bestimmten Grenzwert (was vielfach durch Berührung gefördert werden kann), so kommt es zu einem explosionsartigen Zerfall, wobei das Organ entlang vorgebildeter Rißstellen aufreißt.

Bei Springkraut-*(Impatiens-)*Arten entwickeln die zartwandigen Parenchymzellen der äußeren Fruchtwand (Schwellgewebe) bei der Reife ein hohes osmotisches Potential (ψ_π negativer als -20 bar bei *I. parviflora*). Dem dadurch bewirkten Ausdehnungsbestreben setzen die innersten Schichten der Fruchtwand, die aus gestreckten Faserzellen bestehen (Abb. 2.3.54, 5f), Widerstand entgegen (Widerstandsgewebe). Solange die 5 Karpelle röhrenförmig verwachsen sind, bleibt die Frucht trotz der herrschenden Gewebsspannung (meta-)stabil. Wenn sich aber bei fortschreitender Reifung die Mittellamellen entlang den Verwachsungsnähten der Fruchtblätter auflösen (Trenngewebe), kann es nach Berührung oder auch

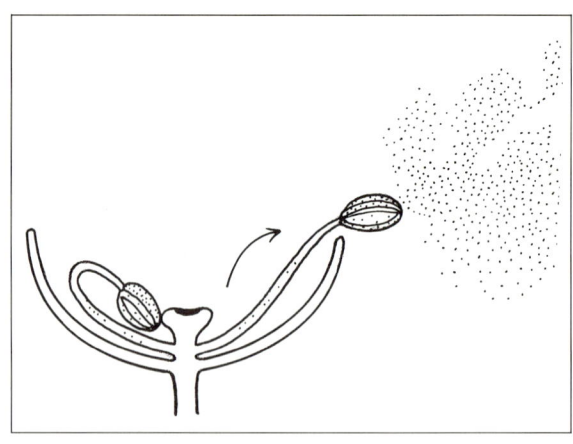

Abb. 2.3.55: *Urtica dioica*, Längsschnitt durch eine männliche Blüte. Die Anthere des linken Staubblattes ist noch unter dem Rand des verkümmerten Fruchtknotens eingeklemmt, während rechts das Filament schon nach auswärts geschnellt ist und den Pollen freigibt. (Ca. 10×, nach Ingold)

spontan zum Spannungsausgleich kommen. Dabei reißt die Ansatzstelle am Fruchtstiel durch, die Karpelle rollen sich uhrfederartig nach innen ein und die noch anklebenden Samen werden einige Meter (bei *I. parviflora* etwa 3 m, bei *I. glandulifera* bis etwa 6 m) weit weggeschleudert. Die äußeren Fruchtteile verlängern sich bei der Krümmung um ca. 32%, während sich die Faserschichten um etwa 10% verkürzen.

Ähnliche «**Rollschleudern**» wie bei *Impatiens* finden sich z.B. auch bei den Früchten der Cucurbitacee *Cyclanthera explodens* und der Brassicacee *Cardamine impatiens*, «**explodierende Staubgefäße**» z.B. bei den Urticaceen (Abb. 2.3.55) und bei der Orchideengattung *Catasetum*, bei der die Pollinien bis zu 80 cm weit fortgeschleudert werden können (S. 817).

Turgorspritzmechanismen sind weit verbreitet.

So erfolgt das **Ausschleudern der Pilzsporen** aus einem reifen Ascus derart, daß die vom Turgor (ψ_π in reifen Asci etwa -10 bar) elastisch gespannte Zellwand an einer vorgebildeten Stelle der Ascusspitze (Operculum; vgl. S. 571, Abb. 3.2.27) plötzlich aufreißt und die Sporen unter Kontraktion des Ascus bis zur Hälfte des Ausgangsvolumens wenige Millimeter bis maximal 60 cm weit (bei *Dasyobolus immersus*) wegschießt. Entscheidend ist in diesen wie in anderen Fällen (z.B. bei *Urtica*-Pollen), daß die Ausbreitungseinheiten durch die an der Oberfläche des Bildungs-Organs in Ruhe befindliche Luftschicht aktiv in die turbulenten Luftschichten gelangen, in denen sie dann durch die Luftbewegung passiv über weitere Strecken verbreitet werden können. Im übrigen müssen bestimmte Außenbedingungen gegeben sein, damit die Asci platzen; neben ausreichender Feuchtigkeit (für das Turgescentwerden) brauchen manche Arten auch Licht (z.B. *Sordaria curvula*; wirksam ist Blaulicht, der Photorezeptor ist noch nicht identifiziert). Andere Ascomyceten (z.B. *Hypoxylon fuscum*) sind dagegen Nachtschleuderer.

Auch das **Abschießen der Sporangien** von *Pilobolus* beruht auf dem gleichen Mechanismus. Das obere Ende des reifen einzelligen Sporangienträgers (Abb. 2.3.20, S. 446) ist durch Turgordruck (ψ_π etwa $-5{,}5$ bar) keulig aufgetrieben, wobei die Zellwand bis zu 100% elastisch gedehnt wird. Nur jene ringförmige Zone, wo sich der Träger als Columella in das Innere des Sporangiums hineinwölbt, ist unelastisch und damit als Rißstelle präformiert. Beim Aufreißen wird das ganze Sporangium mit einer Anfangsgeschwindigkeit von ca.

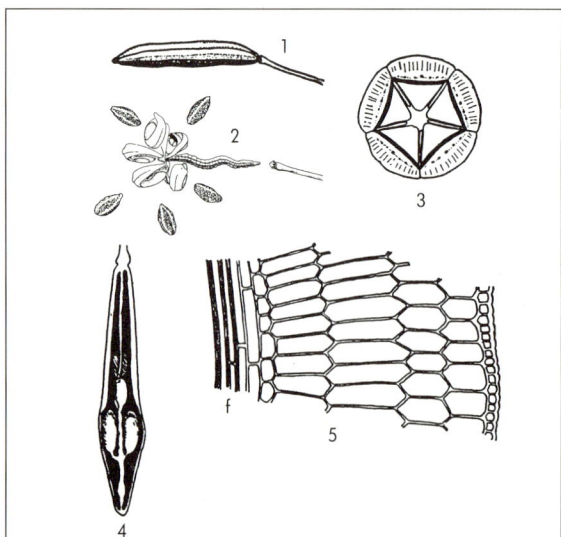

Abb. 2.3.54: *Impatiens* spec. 1 reife Frucht, 2 aufspringende Frucht, 3 Frucht im Querschnitt, 4 desgl. im Längsschnitt, 5 Teil eines Längsschnittes durch die Fruchtwand, stärker vergrößert, f Faserzellen. (1, 2 nach Troll, etwas verändert, ca. 1/2×; 3–5 nach Overbeck)

6 m · s⁻¹ etwa 2,5 m weit oder etwa 1,8 m hoch fortgeschossen (Namen!) und zwar wegen des positiven Phototropismus in Richtung des einfallenden Lichtes (vgl. S. 446).

Eine höhere Pflanze mit vergleichbarer Art von Explosionsmechanismus ist die Spritzgurke *(Ecballium elaterium)*. Zartwandige, große Zellen im Fruchtinnern bilden das Schwellgewebe, das bei Reife ein osmotisches Potential von etwa −15 bar erreicht. Die äußeren Schichten der Fruchtwand bilden ein Widerstandsgewebe, das stark elastisch gespannt wird. An der Ansatzstelle des Fruchtstieles bildet sich schließlich ein Trenngewebe aus, das aufreißt, wobei der Fruchtstiel durch den Binnendruck der Frucht wie ein Sektpfropfen fortgeschossen wird. Die gespannte Fruchtwand zieht sich gleichzeitig zusammen, wodurch der flüssige Inhalt der Frucht mitsamt den Samen ausgeschleudert wird (Abb. 2.3.56). Die abgeschossenen Samen fliegen bis über 12 m weit fort, während die entkernte Fruchthülle durch den Rückstoß in die entgegengesetzte Richtung geschleudert wird.

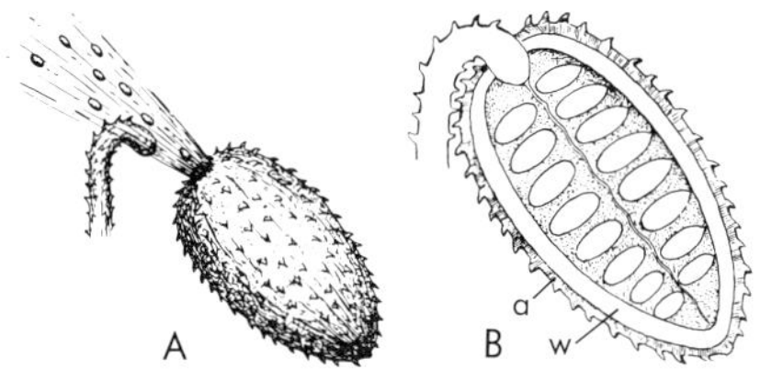

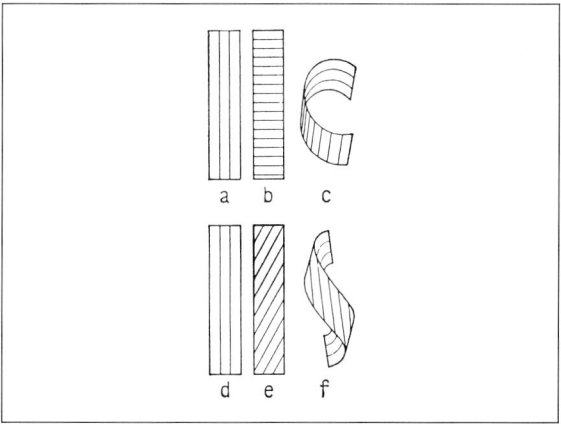

Abb. 2.3.56: *Ecballium elaterium*, Spritzgurke. **A** Reife Frucht im Augenblick der Ablösung vom Fruchtstiel und des Ausspritzens des Fruchtfleisches mit den Samen (etwa 1/2×). **B** Längsschnitt durch noch nicht abgelöste Frucht (schematisch). a Grünes Außengewebe der Fruchtwand. w Widerstandsgewebe. (Nach Overbeck aus Straka)

IV. Sonstige Bewegungen

A. Hygroskopische Bewegungen

Bei den hygroskopischen Bewegungen sind keine lebenden Pflanzenzellen direkt beteiligt. Hier führen allein die physikalischen Prozesse der Quellung bzw. Entquellung toter Zellwände zu Bewegungen, die infolgedessen beliebig wiederholbar sind.

Da die Mikrofibrillen der Zellwände sich bei der Quellung zwar relativ leicht voneinander entfernen, aber kaum in ihrer Längenausdehnung verändern lassen, kommt es bei paralleler Anordnung der Mikrofibrillen bei Quellung zu einer Dehnung fast ausschließlich senkrecht zur Richtung der Mikrofibrillen (**Quellungsanisotropie**). Besteht ein Geweberverband aus zwei Lagen von Zellen, in deren Wänden der Mikrofibrillenverlauf um 90° wechselt, so verläuft die Längenausdehnung der beiden Schichten bei Wasseraufnahme in zwei aufeinander senkrecht stehenden Richtungen, wobei für jede Richtung die eine als Quell- (bzw. bei Wasserentzug Schrumpf-), die andere als Widerstandsschicht dient. Ist die Ausdehnung einer dieser Schichten bevorzugt, kommt es zur Krümmung. Bilden die Fibrillenlängsachsen in den Wänden benachbarter Zellschichten spitze Winkel miteinander, so entstehen bei Quellung oder Entquellung Torsionen.

Man kann derartige Quellungs- und Schrumpfungsbewegungen im Modell nachahmen, wenn man Schreibpapier, in dem die Fasern aufgrund des Herstellungsprozesses in der Regel vorzugsweise in einer bestimmten Richtung laufen, entsprechend aufeinander klebt (Abb. 2.3.57).

Auch Unterschiede im chemischen Bau der Zellwände können Quellungsanisotropien zugrunde liegen. Die wichtigsten Zellwandstoffe zeigen in folgender Reihenfolge zunehmend starkes Quellungsvermögen: Lignin → Cellulose → Hemicellulosen → Pectin.

Derartige hygroskopische Bewegungen dienen der Sporen-, Pollen-, Samen- und Fruchtausbreitung.

Die äußeren Peristomzähne an den Sporenkapseln der Laubmoose, die meist nur noch aus Teilen der Zellwände zweier aneinander grenzender Zellschichten bestehen, krümmen sich

Abb. 2.3.57: Krümmung von Papierstreifen c und f, die aus je zwei in verschiedenen Richtungen herausgeschnittenen Streifen a und b bzw. d und e zusammengeklebt und dann angefeuchtet wurden. (Nach Jost)

beim Eintrocknen je nach ihrer Feinstruktur hygroskopisch nach innen oder nach außen und befördern bzw. behindern durch diese den Feuchtigkeitsschwankungen der Luft folgenden Bewegungen das Ausstreuen der Sporen. In dem in Abb. 2.3.58 dargestellten Beispiel kommt die Bewegung eines Peristomzahnes bei Austrocknen dadurch zustande, daß die Mikrofibrillen in der äußeren Lamelle (a) quer zur Längsachse des Zahnes liegen, so daß sich diese Schicht vorzugsweise in der Längsachse verkürzt. Die innere Lamelle (i) dagegen schrumpft infolge der Achsenlage ihrer Fibrillen lediglich etwas in der Dicke ein, ohne an Länge abzunehmen. Mit der äußeren Wandschicht fest verbunden, verhindert sie daher eine Verkürzung des Zahnes und bewirkt dessen Auswärtskrümmung. Der Zellwandbau ist bei den Peristomen der einzelnen Moosgattungen sehr mannigfaltig und die Bewegungsrichtungen infolgedessen – in Anpassung an die jeweiligen ökologischen Bedürfnisse – verschieden. Ähnliche hygroskopische Bewegungen führen auch die ebenfalls nur aus Wandsubstanz bestehenden Hapteren der *Equisetum*-Sporen (vgl. S. 680, Abb. 3.2.133) sowie die Capillitien mancher Schleimpilze aus (vgl. S. 550, Abb. 3.2.9).

Viele Fruchtkapseln öffnen sich, sobald die Protoplasten der Fruchtwandzellen abgestorben sind und die Zellwände auszu-

468 · Physiologie der Bewegungen

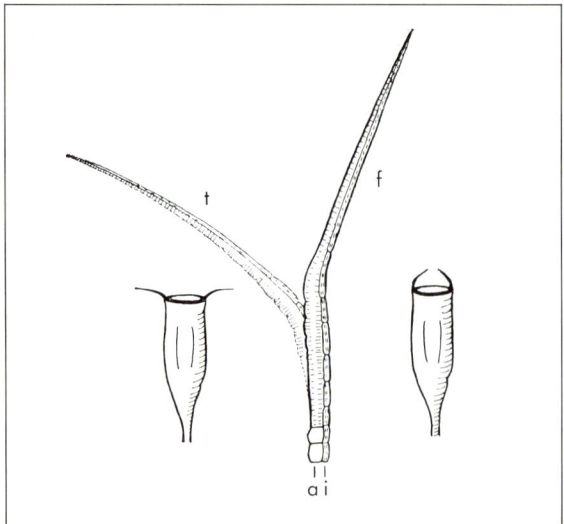

Abb. 2.3.58: Äußerer Peristomzahn der Kapsel des Mooses *Orthotrichum diaphanum* in trockenem (t) und gequollenem Zustand (f). a äußere, i innere Lamelle des Zahnes mit schematischer Andeutung der Mikrofibrillen-Richtung. Links und rechts Kapsel mit geöffnetem bzw. geschlossenem Peristom (schematisch, nur zwei Peristomzähne gezeichnet). (Nach Steinbrinck, geändert)

trocknen beginnen (Xerochasie). Bei der Öffnung der Frucht von *Saponaria* (Abb. 2.3.59) z.B. schrumpfen die dicken Außenwände der Epidermis an den Kapselzähnen vor allem in der Längsrichtung stärker als die Wände der inneren Zellen, so daß sich die Außenseiten der Zähne konkav einkrümmen müssen. Geöffnete Kapseln schließen sich meist bei Benetzung wieder. In anderen Fällen erfolgt umgekehrt gerade die Öffnung bei Benetzung durch Regen oder Tau (*Mesembryanthemum-*, *Veronica*, *Sedum*-Arten u.a.). Bei der nordafrikanischen Brassicacee *Anastatica hierochuntica* («Rose von Jericho») sind bei der abgestorbenen Pflanzen die trockenen Äste einwärts gekrümmt, befeuchtet jedoch weit ausgebreitet. Dieser Vorgang ist beliebig oft wiederholbar (Hygrochasie). Die Vorstellung, daß die kugeligen Trockenpflanzen von *Anastatica* als sog. «Bodenroller» oder «Steppenhexen» vom Wind fortgerollt würden und so die Samen verbreiten sollten, hat sich nicht bestätigt. Bei der in denselben Gebieten heimischen Asteracee *Asteriscus pygmaeus* schließen die toten Hüllblätter der reifen Köpfchen zusammen und breiten sich erst bei Befeuchtung aus, um die Früchte freizugeben. Auf anisotrope Quellung der einzelnen Schichten der Schuppen sind auch die Öffnungs- (beim Trocknen) und Schließbewegungen der Coniferen-Zapfenschuppen zurückzuführen (z.B. beim Kiefernzapfen, s. S. 177, Abb. 1.3.23 B).

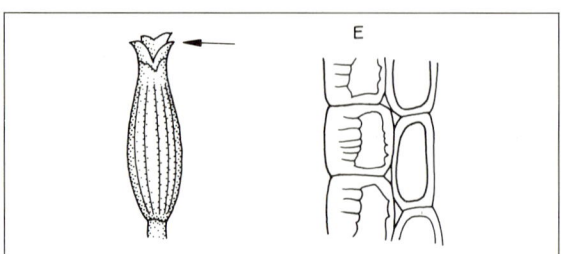

Abb. 2.3.59: Fruchtkapsel von *Saponaria officinalis*. Rechts radialer Längsschnitt (vergrößert) durch die äußersten Zellschichten eines Kapselzahnes (Pfeil). E Epidermis. (Rechts nach Steinbrinck)

Bei den Teilfrüchten der *Erodium*-Arten (Abb. 2.3.60) sind die Strukturelemente in der Granne entsprechend dem Modell f in Abb. 2.3.57 angeordnet. Beim Eintrocknen kommt es daher zu einer schraubenförmigen Einrollung. Bei Wiederbenetzung versuchen die Grannen sich wieder gerade zu strecken und bohren dabei, wenn ihr freies Ende an ein Widerlager stößt, die Teilfrüchtchen in den Erdboden. Ähnlich wirken auch die Grannen mancher Graskaryopsen (z.B. von *Stipa*). Hygroskopisch beweglich sind auch die Flughaare vieler Samen und Früchte.

Durch das Verkürzungsbestreben anisotrop entquellender Zellschichten kann es auch in Fruchtwänden beim Austrocknen zu Spannungen kommen, die schließlich zum Zerreißen führen, wobei die Samen weit fortgeschleudert werden. Dies gilt z.B. für die Schleuderfrüchte von *Geranium*-Arten (Abb. 3.2.244, S. 785) oder für die Hülsen vieler Leguminosen, deren Fruchtwand-Hälften sich beim Aufreißen der präformierten Nähte schraubig einrollen.

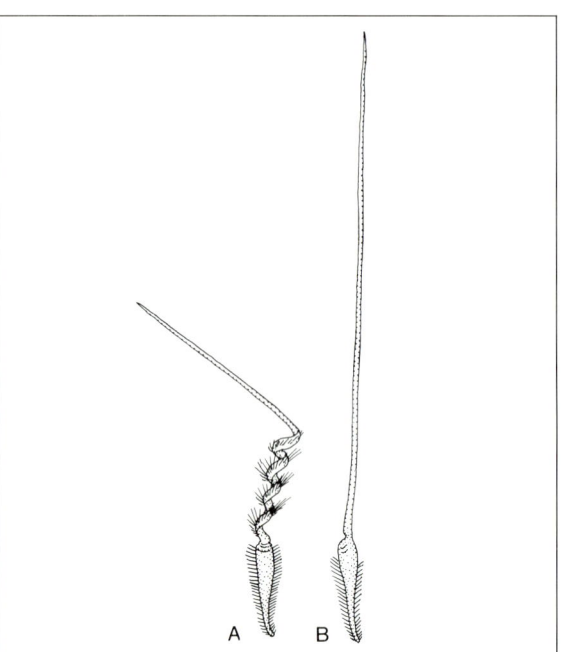

Abb. 2.3.60: Teilfrüchtchen von *Erodium gruinum*. **A** in trockenem, **B** in feuchtem Zustand. (Nach Noll)

B. Kohäsionsbewegungen

Eine Austrocknung kann aber auch dadurch mechanisch wirksam werden, daß die Kohäsionskräfte (vgl. S. 336) im Füllwasser wasserabgebender Zellen Anlaß zu einer Krümmung toter, seltener auch lebender Gewebeteile geben (Kohäsionsbewegungen).

So besitzen z.B. die Einzelzellen des bogenartig das Farnsporangium umfassenden Anulus (Abb. 2.3.61) verdickte Zwischen- und Innenwände, während die Außenwände unverdickt sind. Bei der Reife des Sporangiums beginnen diese Zellen langsam ihr Wasser zu verlieren, obwohl sie wahrscheinlich zu dieser Zeit noch am Leben sind. Da das Wasser aber fest an den wasserdurchtränkten Wänden haftet und die Wasserfüllung wegen der hohen Kohäsionskräfte zwischen den Wassermolekülen zunächst auch nicht in sich reißt (dazu sind Söge negativer als −250 bar notwendig!), werden die antiklinen Zellwände beim Schwinden des Wassers aus dem Zellinnern in ihrem äußeren Teil unter Eindellung der dünnen Außenwand zusammengezogen. Hierdurch entsteht an der Oberfläche des Sporangiums ein tangentialer Zug, in dessen

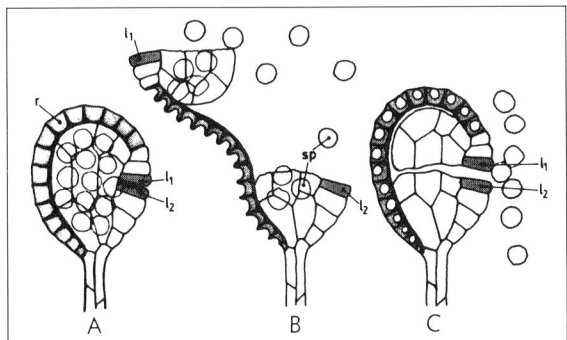

Abb. 2.3.61: Kohäsionsmechanismus beim Anulus des Sporangiums von *Dryopteris*. **A** Noch geschlossenes Sporangium. **B** Aufreißen. **C** Endzustand nach dem Wiederzusammenschnellen. r Anulus, in b Zellen außen durch Kohäsionszug des Wassers zusammengezogen, in C Spannung durch eingedrungene Luftblasen aufgehoben. l_1, l_2 Peristomiumzellen, sp Sporen. (Nach Metzner, aus Stocker)

Folge zwei Zellen an einer präformierten Stelle (Stomium, Abb. 2.3.61) voneinander weichen, so daß die inzwischen tote Sporangienwand von hier aus langsam aufzureißen und sich nach außen umzustülpen beginnt. Wenn die Deformation der Bogenzellen soweit fortgeschritten ist, daß in den einzelnen Zellen nacheinander die Kohäsion des Füllwassers überwunden wird, kommt es zu einem Ausgleich der Spannungen in den einzelnen Anuluszellen. Jedes «Springen» einer Zelle führt zu einem Ruck; insgesamt kehrt demnach die zurückgebogene Sporangienwand «rüttelnd» in ihre Ausgangslage zurück und schleudert dabei die Sporen aus. Auf einem ganz ähnlichen Mechanismus beruht auch die Öffnung der Antheren, wo die in der Antherenwand liegenden Faserzellen (s. S. 737 u. Abb. 3.2.195E) des Endotheciums aufgrund ihrer Wandaussteifungen ähnlich wie die Anuluszellen wirken. Auch in den Wandungen der Sporenkapseln und bei den Elateren vieler Lebermoose sind Kohäsionsmechanismen wirksam (Abb. 2.3.62).

Die seitliche Eindellung und Spannung der *Utricularia*-Blasen (Abb. 2.3.63, vgl. auch S. 220, Abb. 1.3.90) vor dem Schluckakt beruht ebenfalls auf der Adhäsion des Wassers an der Innenwand der Blase, auf der Kohäsion im Füllwasser und auf dem Druck des Außenwassers, wobei etwa 40% durch aktive Pumpleistung der Blasenwand, die K^+-, Na^+- und Cl^--Ionen erfaßt, nach außen geschafft werden. Hier ist das Zustandekommen der Kohäsionsspannung also ausnahmsweise an die Tätigkeit lebender Zellen gebunden.

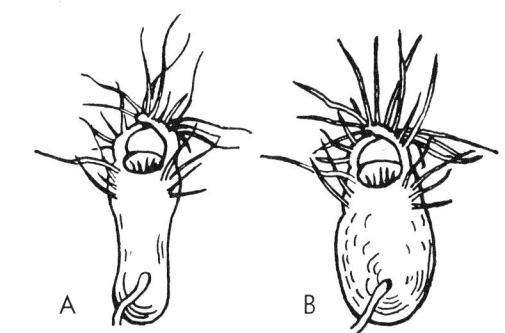

Abb. 2.3.62: Elateren des Lebermooses *Cephalozia bicuspidata*. **A** aufgesprungene Kapsel, **B** einzelne Elatere mit Sporen, **C** Stück aus einer Elatere, links mit Wasser gefüllt, rechts nach teilweiser Verdunstung des Füllwassers. (Nach Ingold, A 6 x, B 100 x, C 425 x)

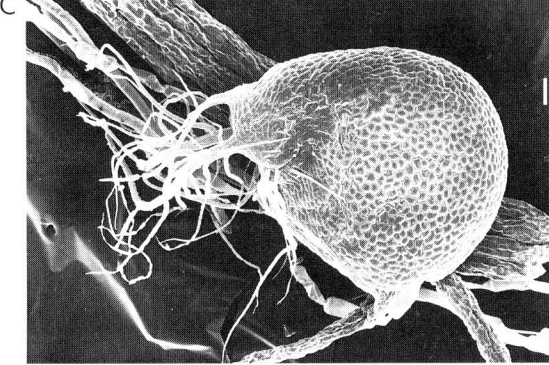

Abb. 2.3.63: *Utricularia exoleta*. Blase **A** vor, **B** nach der Schluckbewegung. **C** Rasterelektronenaufnahme der Blase von *Utricularia* spec. (entspannt). (A u. B nach Bünning, etwa 10fach; C Original Karin Held, Marke μm.)

DRITTER TEIL
EVOLUTION UND SYSTEMATIK

# Erster Abschnitt
Allgemeine Grundlagen

Fortpflanzung und Vermehrung bilden die Voraussetzung für die Entstehung und Ausbreitung der Lebewelt unseres Planeten. Dabei ist es zu einer heute kaum mehr überschaubaren Mannigfaltigkeit und Formenfülle der Lebewesen gekommen: Wohl kein Individuum gleicht dem anderen völlig, selbst innerhalb verwandtschaftlich eng verknüpfter Fortpflanzungsgemeinschaften (also etwa zwischen Eltern und Kindern) findet man Unterschiede und damit Variation. Dazu kommt die Vielfalt der Organismengruppen: Gegenwärtig dürften über 500 000 Pflanzen- und mehr als zwei Millionen Tier-Arten die verschiedenen Lebensräume unserer Erde bevölkern. Dabei stehen Differenzierung und Merkmalsausbildung der Lebewesen in Beziehung zur Umwelt und haben Anpassungswert.

Diese Formenfülle der heutigen Lebewesen tritt uns jedoch nicht als ein Formenkontinuum entgegen, sie besteht vielmehr aus mehr oder weniger deutlich gegeneinander abgegrenzten Gruppen von verwandten Individuen (= Sippen). Diese Grenzen kommen durch Formenlücken, also durch Diskontinuitäten zustande. Nach dem Ausmaß ihrer gegenseitigen abgestuften Ähnlichkeiten lassen sich Sippen niederen Ranges und umfassendere Sippen höheren Ranges unterscheiden, wobei sich die letzteren aus ersteren zusammensetzen. Dies kommt schon in einer entsprechenden vorwissenschaftlichen Begriffsbildung zum Ausdruck, wie z. B. Rot-, Schwarz- und Leg-Föhre = Föhren (Kiefern); Föhren, Lärchen, Fichten und Tannen = Nadelbäume. Das Organismenreich zeigt somit eine diskontinuierliche und hierarchische Gliederung. Dies kommt dem Ordnungsbedürfnis des menschlichen Geistes und der Benennung entgegen und erleichtert zudem Orientierung und Überblick über die fast unüberschaubar große Zahl von Sippen.

Aus diesen einleitenden Überlegungen ergeben sich folgende Fragen:
1. Welche Möglichkeiten der Fortpflanzung und Vermehrung haben sich bei den Lebewesen herausgebildet?
2. Was sind die Grundlagen für Verwandtschaft, Variation und Anpassung in den Fortpflanzungsgemeinschaften, und wodurch entstehen Isolation und Diskontinuität zwischen den Sippen?
3. Ist die Bildung und hierarchische Gliederung der Sippen das Ergebnis verwandtschaftlicher Differenzierung im Verlauf der Stammesgeschichte, und welche Prozesse sind dabei wirksam?
4. Wie kann die abgestufte Ähnlichkeit der Lebewesen aufgeklärt werden, und ergeben sich daraus auch Rückschlüsse auf die Stammesgeschichte?
5. Wie können die Pflanzen- und Tiersippen wissenschaftlich gruppiert und weltweit verbindlich benannt werden?

Auf diese Fragen versuchen Fortpflanzungsbiologie (1), Genetik (2) und Evolutionsforschung (3), Systematik und Phylogenetik (4) sowie Taxonomie und Nomenklatur (5) Antworten zu geben. Einiges Grundsätzliche dazu wollen wir am Modell einer fiktiven Verwandtschaftsgruppe höherer Pflanzen mit Fremdbefruchtung erläutern (Abb. 3.1.1).

1. Fortpflanzung und Vermehrung

Alle Lebensvorgänge der Organismen sind letztlich auf die Erhaltung ihrer Art ausgerichtet, was insbesondere die Vermehrung und Ausbreitung (Propagation) der Individuen einschließt. Voraussetzung dafür sind Zellteilung, Wachstum und Fortpflanzung. Dabei darf Fortpflanzung (Reproduktion) nicht einfach mit Vermehrung gleichgesetzt werden. Vermehrung bedeutet stets eine Zunahme der Individuenzahl, was bei bloßer Fortpflanzung nicht der Fall zu sein braucht. (Ein Elternpaar mit nur einem Kind hat sich fortgepflanzt, aber nicht vermehrt.)

Grundsätzlich ist bei den eukaryotischen Pflanzen und Tieren zwischen zwei Fortpflanzungsweisen zu unterscheiden, der vegetativen (ungeschlechtlichen, asexuellen) und der sexuellen (geschlechtlichen, generativen). Die vegetative Fortpflanzung beruht auf Mitose und Zellteilung und führt normalerweise zu erbgleichen Nachkommen. Dagegen ist die sexuelle Fortpflanzung durch zwei Schritte charakterisiert: Gametenverschmelzung (Syngamie) und Meiose. Dabei kommt es zur Reduktion der Chromosomenzahl, zur Durchmischung des elterlichen Erbgutes (Rekombination) und in weiterer Folge zur Ausbildung erbungleicher Nachkommen. Ganz allgemein bezeichnen wir Einzelzellen oder mehrzellige Gebilde, welche der vegetativen oder sexuellen Fortpflanzung dienen, als Keime.

Abweichende Formen der Fortpflanzung finden wir bei den prokaryotischen Bakterien und Blaualgen. Insgesamt sind die vielfältigen Erscheinungsformen und Umweltbezüge von Vermehrung und Fortpflanzung bei den Lebewesen Gegenstand der **Fortpflanzungsbiologie**.

2. Verwandtschaft und Variation

Die konkrete Grundlage der Verwandtschaft (Genealogie) sind die körperlich-zellulären Keimbahnen. Darunter versteht man jede zwischen der Bildung von Keimen liegende Zellabfolge (Abb. 3.1.1). Bei sexueller Fortpflanzung beginnt die Ontogenese jedes In-

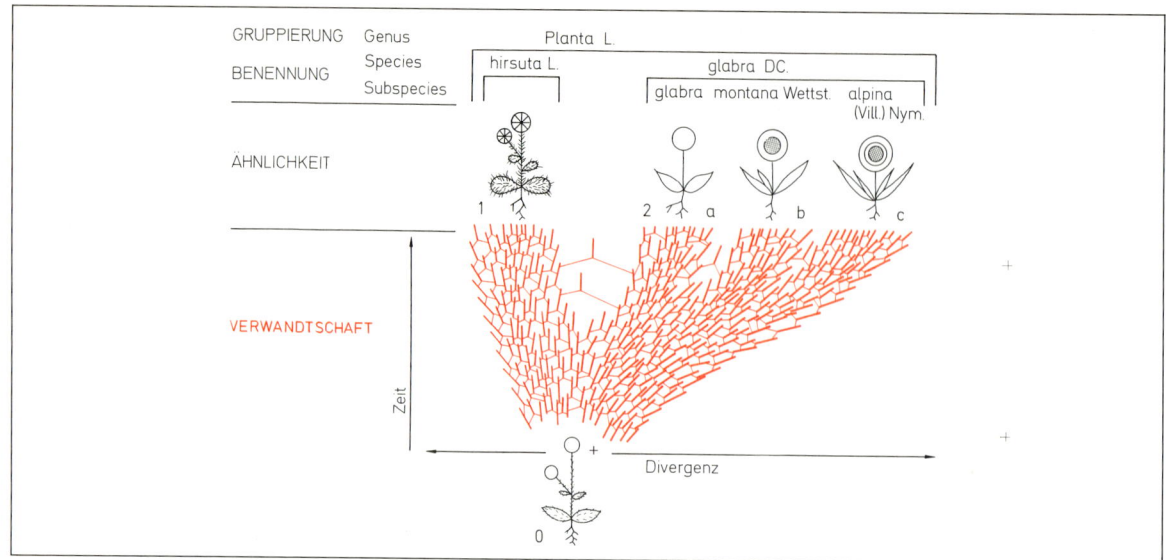

Abb. 3.1.1: Modell einer fiktiven Verwandtschaftsgruppe und Fragestellungen der Systematik. Verwandtschaft: Stammbaum mit individuellen Keimbahnen (rot; Gameten: dünne Linien, Ontogenie der Individuen: dicke Linien), Koordinatensystem Zeit/Divergenz, ausgestorbene Stammsippe (0) und heutige Tochtersippen (1 und 2 stehen einander verwandtschaftlich ferner als 2 a, b und c und sind nur noch durch vereinzelte sterile Hybriden miteinander verbunden; 2 zeigt beginnende Auffächerung und Anpassung an montane bis alpine Lebensräume 2a → b → c). Ähnlichkeit: vgl. Behaarung, Stengelhöhe und -verzweigung, Blütenform u.a.; relativ zur Stammsippe ursprüngliche (= plesiomorphe) und abgeleitete (= apomorphe) Merkmale. Gruppierung, Einstufung und Benennung: Taxa verschiedener Rangstufe (Unterarten, Arten und Gattung) mit Phantasie-Namen und Abkürzungen für die (angenommenen) Erstbeschreiber der Taxa (z.B. L. = C. Linnaeus, DC. = A. P. de Candolle). Weitere Erklärungen im Text; vgl. dazu auch Abb. 3.1.51. (Original.)

dividuums mit der Verschmelzung der elterlichen Gameten und endet mit seinem Tod. Die Kontinuität der Entwicklung von einer Generation zur nächsten wird durch die Weitergabe der Keimzellen und der darin enthaltenen Erbanlagen gewährleistet (Vererbung). Alle Individuen, zwischen denen eine Übertragung von Erbgut erfolgt, gehören zu einer Fortpflanzungsgemeinschaft (Population); ihre Keimbahnzusammenhänge bilden ein raum-zeitliches Netzwerk.

Mutative Veränderung und Rekombination der Erbanlagen (S. 493 ff., 484 ff.) sind die Grundlage für das Auftreten genetisch verschiedener Individuen und für die genetische Variation der Populationen. Aus diesem Rohmaterial werden unter dem Einfluß von Selektion und Isolation unterschiedlich angepaßte und fortschreitend differenzierte Sippen geformt.

All diese Aspekte der Vererbung und biologischen Formenbildung lassen sich mit Hilfe von Kreuzungsexperimenten und anderen Methoden der **Genetik** analysieren.

3. Sippenbildung und Evolution

Historisch betrachtet stellen also Populationen und Sippen raum-zeitliche Abstammungsgemeinschaften dar, bei denen sich infolge Veränderung des Erbgutes die Ontogenien, und damit auch das Erscheinungsbild der fortpflanzungsfähigen Individuen allmählich verändert: So wird Stammesgeschichte (= Phylogenie, Phylogenese). Wenn sich die Abstammungsgemeinschaften aufspalten, Bindeglieder aussterben und Kreuzungsbarrieren die Bildung von Keimbahnverbindungen verhindern, entsteht Diskontinuität (Abb. 3.1.1).

Engere oder fernere stammesgeschichtliche Verwandtschaft ist demnach durch die spätere oder frühere Trennung der Keimbahnverbindungen zwischen den Abstammungsgemeinschaften (Sippen) bedingt. Im vereinfacht dargestellten Stammbaum (z.B. Abb. 3.1.49) bilden die «Querschnitte» der letzten «Verzweigungen» die gegeneinander ± klar abgegrenzten Sippen der Gegenwart; sie werden durch verschieden weit in der Vergangenheit zurückliegende Stamm-Sippen in einer durchaus konkreten, raum-zeitlichen Sippen-Hierarchie zusammengehalten. Diese These wird als Abstammungslehre heute allgemein anerkannt. Mit der Untersuchung der noch keineswegs restlos geklärten Ursachen und Triebkräfte der stammesgeschichtlichen Entfaltung der Lebewesen steht die **Evolutionsforschung** an einem zentralen Problem der gesamten Biologie.

4. Ähnlichkeit und Abstammung

Einen unmittelbaren Zugang zu den historischen, ± weit in die Vergangenheit zurückreichenden Verwandtschaftsbeziehungen und damit zur Sippenbildung und Stammesgeschichte der Lebewesen haben wir nicht. Nun ist aber Verwandtschaft bekanntlich bis zu einem gewissen Grad mit Ähnlichkeit (= Übereinstimmung in

Merkmalen) gekoppelt, was auf Gemeinsamkeiten des über die Keimbahnen weitergegebenen Erbgutes beruht (Abb. 3.1.1). Ähnlichkeiten können allerdings auch zufällig (vgl. «Doppelgänger») oder infolge Anpassung an ähnliche Lebensbedingungen (z.B. bei Haien und Delphinen oder bei Stammsucculenten: Abb. 1.3.43) entstehen. Daher erhalten Rückschlüsse auf den Grad der Verwandtschaft eine gewisse Fundierung erst durch Berücksichtigung und Vergleich möglichst vieler Merkmale: Vom makroskopischen Bereich der äußeren Gestalt (Abb. 3.1.1) bis zum molekularen Bereich der chemischen Inhaltsstoffe und zum physiologisch-ökologischen Bereich der Lebensabläufe. All dieses Vergleichen ist **Systematik** und ermöglicht Erfassung, Abgrenzung und Ähnlichkeitsbestimmung der heutigen Sippen sowie Erhellung ihrer Baupläne.

Darüber hinaus erlauben historische Dokumente (Fossilien), gerichtete Merkmalsreihen (Progressionen von ursprünglicher zu abgeleiteter Merkmalsausbildung: vgl. Abb. 3.1.1), Sippenareale (als Ausdruck räumlichen Werdens) sowie cytogenetische Methoden (z.B. experimentelle Rekonstruktion der Sippenentstehung) eine zumindest annähernde Aufklärung der Stammesgeschichte und führen zur **Phylogenetik**, also zur historisch-kausalen Interpretation der Sippen und ihrer Baupläne. Systematik und Phylogenetik beruhen daher auf einer fortlaufenden Synthese unseres gesamten, derzeit allerdings noch sehr lückenhaften Wissens über die Organismen.

5. Gruppierung und Benennung

Die Erkenntnisse der Systematik über die Abgrenzung und die natürlichen Verwandtschaftsbeziehungen der Sippen bilden die Grundlage für ihre Gruppierung durch die **Taxonomie**. Dabei wird für die Gruppierung ein abstraktes Schema von hierarchischen Kategorien verwendet, den sog. Rangstufen (z.B. Gattung = Genus, Art = Species, Unterart = Subspecies: Abb. 3.1.1). Den konkreten Sippen wird entsprechend ihrer hierarchischen Stellung eine bestimmte Rangstufe zugeordnet; sie werden dadurch zu Taxa (sing. Taxon) («Sippe + Rangstufe = Taxon») und erhalten nach bestimmten Regeln wissenschaftliche (lateinische) Namen. Die Benennung von Arten beruht auf der seit 1753 üblichen binären **Nomenklatur** (z.B. *«Planta hirsuta»*) mit Gattungs- und Art(bei)namen.

Aus den verfügbaren Befunden über den phylogenetischen «Stammbaum» der Organismen lassen sich verschiedene mehr-minder «natürliche», hierarchisch-taxonomische Systeme ableiten. Die damit verknüpfte Namenshierarchie soll unser derzeitiges Wissen von der abgestuften Ähnlichkeit, Entwicklungshöhe bzw. Verwandtschaft der Pflanzen zum Ausdruck bringen. Damit ist nicht nur der notwendige Überblick über die Formenfülle, sondern auch eine sonst nicht erreichbare Möglichkeit für die Generalisierung, Wiederholung und sogar Vorhersage von Versuchsergebnissen und Merkmalsanalysen bei demselben Taxon oder nahestehenden Taxa gegeben. Neue Erkenntnisse machen bei solchen Systemen allerdings immer wieder Änderungen der Gruppierung und Benennung erforderlich. Trotz dieses Wissenszuwachses und der verschiedenen möglichen Gruppierungsprinzipien muß die Taxonomie aber natürlich bestrebt sein, eine möglichst weitgehende Stabilisierung der wissenschaftlichen Pflanzennamen zu erreichen, denn sie stellen ja den wichtigsten Schlüssel zur botanischen Literatur und die Grundlage internationaler Verständigung dar.

Wir sehen also, daß botanische Fortpflanzungsbiologie, Genetik, Evolutionsforschung, Phylogenetik, Systematik und Taxonomie nicht nur eine Synthese unserer gesamten Kenntnisse über alle Pflanzen anstreben, sondern gleichzeitig auch die Grundlage für jede weiterführende Erforschung und Nutzung der Pflanzenwelt darstellen.

I. Allgemeine Fortpflanzungsbiologie

Bei den einfachsten Formen der Fortpflanzung, wie wir sie bei vielen einzelligen Organismen finden, gehen die Eltern zur Gänze in den Nachkommen auf, sie sind also potentiell unsterblich. Schon bei Algenkolonien (z.B. *Volvox*) oder Schleimpilzplasmodien und dann besonders bei allen vielzelligen Organismen erfolgt aber eine Arbeitsteilung zwischen generativen (fortpflanzungsfähigen) und somatischen (schließlich absterbenden) Zellen. Der Fortpflanzung dienende generative Einzelzellen heißen Keimzellen; daneben gibt es auch vielzellige Fortpflanzungs- bzw. Keimkörper; insgesamt spricht man von Keimen.

Die Zeit von einem Fortpflanzungsvorgang bis zum nächsten gleichartigen Fortpflanzungsvorgang heißt Generationsdauer. Je kleiner ein Organismus ist, desto kürzer ist im allgemeinen seine Generationsdauer. Bei manchen Bakterien beträgt sie unter optimalen Kulturbedingungen weniger als 20 Minuten. Man kann leicht errechnen, daß die Vermehrungspotenz derart winziger Organismen gewaltig ist. Im Laufe eines einzigen Tages könnte ein solches Bakterium theoretisch 2^{72} Nachkommen haben; in weniger als einem weiteren Tag würde die produzierte Biomasse bereits das Volumen unseres Erdballs übersteigen (vgl. S. 2).

Bei den Pflanzen ist in der Regel mit der Fortpflanzung auch Vermehrung verbunden, doch gibt es auch Ausnahmen davon (z.B. in Verbindung mit der sexuellen Fortpflanzung bei einigen Jochalgen und Diatomeen). Eine erstaunliche Vermehrungsrate veranschaulicht dagegen der Riesenbovist *Lagermannia gigantea*: Hier entstehen in einem einzigen, fußballgroßen Fruchtkörper über 7 Billionen Sporen, die zu neuen Pilzmycelien heranwachsen können (vgl. S. 590).

Bei den *Eukaryota* ist es meist zu einer klaren Differenzierung von vegetativer und sexueller Fortpflanzung (S. 548) gekommen. Bei der vegetativen Fortpflanzung entstehen aus einem Mutterindividuum als Folge von Zell- und Kernteilungen (Mitosen) selbständig entwicklungsfähige Keime und daraus (sofern nicht Mutationen auftreten) erbgleiche Nachkommen. Auf diese Weise aus einem einzigen Individuum hervorgegangene Nachkommen bilden einen Klon.

Voraussetzung für die **sexuelle Fortpflanzung** ist fast immer die Bildung von geschlechtlich differenzierten haploiden Keimzellen (Gameten), die erst nach ihrer paarweisen Verschmelzung weiter entwicklungsfähig sind. Als Ergebnis dieser Befruchtung oder Syngamie (von griech. gamein = heiraten) entsteht eine diploide Zygote. – Sexuelle Fortpflanzung ist immer mit Kernphasenwechsel (S. 72) und Meiose (S. 67 ff.) verknüpft. Infolge der Durchmischung (Rekombination) des Erbgutes entstehen dabei erbungleiche Nachkommen.

Vegetative und sexuelle Fortpflanzung haben sich im Laufe der Stammesgeschichte erst allmählich herausdifferenziert. Bei manchen ursprünglichen eukaryotischen Organismen sind die haploiden Keimzellen noch «totipotent», sie entwickeln sich entweder vegetativ oder geschlechtlich weiter (fakultative Sexualität, z.B. bei *Chlamydomonas eugametos* oder bei vielen niederen Pilzen, etwa *Olpidiaceae*, S. 558). Ausnahmsweise können sich Gameten ohne Syngamie weiterentwickeln, etwa bei der Parthenogenese von Eizellen (S. 502). Die Degeneration bzw. den sekundären Verlust der sexuellen Fortpflanzung (insbesondere der Syngamie) bezeichnet man als Apomixis (S. 502 f.). Dagegen ist die Grenze zwischen vegetativer und sexueller Fortpflanzung bei vielen *Prokaryota* infolge von parasexuellen Rekombinationsvorgängen (S. 490 ff.) von Anfang an unscharf. Parasexuelle Vorgänge werden jetzt in zunehmendem Maße auch bei *Eukaryota* entdeckt.

Die große Mannigfaltigkeit von Erscheinungsformen der vegetativen und sexuellen Fortpflanzung und Vermehrung im Pflanzenreich soll im folgenden kurz allgemein dargestellt werden und ist im 2. Abschnitt (S. 530 ff.) an vielen Einzelbeispielen erläutert.

A. Vegetative Fortpflanzung

Die verschiedenen Formen der vegetativen (ungeschlechtlichen, asexuellen) Fortpflanzung dienen vor allem der Vermehrung gut angepaßter und in der Evolution bewährter Individuen und der Bildung erbgleicher Nachkommenschaft.

1. Zwei- und Mehrfachteilung bei Einzellern

Dabei handelt es sich um die einfachsten Formen der vegetativen Fortpflanzung. Bei der Zweiteilung wird die Mutter-(Ursprungs-)Zelle vollständig auf die zwei neuen Tochterzellen aufgeteilt (Schizotomie, z.B. bei *Ankylonoton*, Abb. 3.2.62 D). Einen höheren Propagationswert hat die Mehrfachteilung (Schizogonie) einer Zelle (z.B. bei *Chlamydomonas*, Abb. 3.2.82 B, oder *Chlorella*, Abb. 3.2.85 H–J).

Der Schizotomie vergleichbar ist die Zellsprossung, nur ist hier die Tochterzelle zuerst viel kleiner als die Mutterzelle (z.B. *Saccharomyces*, Abb. 1.1.60, 3.2.21 G). Bei der Mehrfachteilung kommt es entweder über mehrfache freie Kernteilungen und erst später nachfolgende Zergliederung des Cytoplasmas («simultane Schizogonie») oder über Kern- und sofort folgende Zellteilungen («sukzedane Schizogonie») zur Ausbildung mehrerer Tochterzellen; dadurch wird die Mutterzelle zum Keimbehälter. Entsprechend verläuft auch die Bildung von neuen Zellkolonien (z.B. *Volvocales*, Abb. 3.2.83 G–H, 3.2.84 D–I) oder Aggregationsverbänden (z.B. *Chlorococcales*, Abb. 3.2.85, 3.2.86).

2. Vegetative Fragmentation bei Vielzellern

Durch Zerfall von Zell-, Thallus- und Sproßverbänden entstehen Tochterindividuen. Diese Form der vegetativen Fortpflanzung findet sich von den fädigen Blaualgen (z.B. *Plectonema*, Abb. 3.2.7 J) bis hinauf zu Moosen und Angiospermen (z.B. Rhizomzerfall bei Einbeere: Abb. 1.3.26 A oder Ausläuferbildung bei der Erdbeere).

Bei vielen Blaualgenfäden sind Bruchstellen durch Heterocysten schon vorgebildet (z.B. *Rivularia*, Abb. 3.2.7 F). Höher entwickelte Algen (z.B. *Fucus, Sargassum*), Flechten (z.B. *Cladonia*) und Moose (z.B. *Scapania*-Arten) vermehren sich oft reichlich (und teilweise ausschließlich) durch Fragmentation aus Thallusbruchstücken.

Bei den Angiospermen können durch Absterben älterer Cormusteile jüngere Sproßstücke selbständig werden (z.B. durch Rhizomzerfall) oder durch oberirdische Sproßausläufer Tochterpflanzen entstehen. Die zu Beginn des vergangenen Jahrhunderts nach Europa eingeschleppte Wasserpest, *Elodea canadensis*, vermehrt sich ausschließlich durch Fragmentation ihrer Sprosse. Bei solchen Pflanzen kann man kaum von «Individuen» sprechen; eher handelt es sich hier um «Dividuen» (von lat. dividere, teilen).

In der gärtnerischen Praxis und der Landwirtschaft wird die hohe Regenerationsfähigkeit vieler Nutzpflanzen häufig für die Vermehrung über Sproßteile, Stecklinge und neuerdings auch über Zellkulturen ausgenützt.

3. Mehrzellige vegetative Keimkörper

Dabei handelt es sich um Thallus- oder Sproßteile vielzelliger Pflanzen, die für die Abgliederung von der Mutterpflanze und für die Ausbreitung besonders spezialisiert sind. Beispiele dafür sind etwa die Brutkörper beim Brunnenlebermoos (*Marchantia*, Abb. 3.2.101 A–F) oder die Brutknospen bei *Bryophyllum* (Abb. 1.3.38).

Bei der Braunalge *Sphacelaria* sind die Brutkörper mehrzellig und quirlartig, beim Laubmoos *Tetraphis pellucida* kugelig und in Behältern (Abb. 3.2.117 J); bei Flechten finden sich Soredien und Isidien (Abb. 3.2.56). Brutsprosse oder Bulbillen entstehen bei den Angiospermen durch verschiedenartige Differenzierung aus gedrungenen Achselsprossen, etwa durch Nährstoffspeicherung in Niederblättern (z.B. bei *Lilium bulbiferum, Dentaria bulbifera*), in der Achse (z.B. *Polygonum viviparum*) oder in Wurzelanlagen (z.B. *Ranunculus ficaria*), bzw. aus Blütenständen (z.B. bei verschiedenen *Allium*-Arten), an Blattrippen (z.B. *Asplenium bulbiferum, A. viviparum*) oder an Blatträndern (Abb. 1.3.38), von wo ihre Ablösung durch ein Trenngewebe erfolgt. Bei «unecht viviparen» Gräsern (z.B.

Poa bulbosa f. vivipara) wachsen die Deckspelzen der Ährchen zu kleinen Laubblättern aus; so entwickeln sich am Blütenstand viele kleine Brutknospen, die schließlich abfallen, nach Bodenkontakt sproßbürtige Wurzeln bilden und wieder zu ganzen Pflanzen auswachsen (über «echte Viviparie» vgl. S. 759). Der vegetativen Vermehrung dienen auch die «Überwinterungsknospen» verschiedener Wasserpflanzen (z. B. *Utricularia, Hydrocharis*), die unterirdisch gebildeten Brutzwiebeln beim Knoblauch, die Ausläuferknollen bei der Kartoffel (Abb. 1.3.18) u. a.

4. Besondere ungeschlechtliche Keimzellen

Als ein wesentliches Mittel der Vermehrung haben sich bei fast allen Gruppen pro- und eukaryotischer Pflanzen besonders differenzierte asexuelle Keimzellen, sogenannte Agameten, herausgebildet. Ohne Rücksicht auf ihre z. T. offenkundige Ungleichwertigkeit, werden diese Agameten als Sporen (griech. spóros = aussähen) bezeichnet, wenn sie (meist zu mehreren oder vielen als Ergebnis von Schizogonie) im Inneren von Behältern (Sporangien: griech. ángion = Behälter; Abb. 3.2.91 F', 3.2.18 A–B, 3.2.108, 3.2.110, 3.2.118 C–G), also endogen gebildet werden. Dagegen nennt man exogen und einzeln abgeschnürte Agameten Conidien (oder genauer Exosporen bzw. Conidiosporen; Abb. 3.2.18 C, 3.2.25 A–B). Sporen sind bei wasserbewohnenden Algen und Pilzen häufig begeißelt und aktiv beweglich (Zoo- oder Planosporen; griech. plané = das Herumschweifen; Abb. 3.2.85 D, 3.2.87 B–C; 3.2.63 B, 3.2.13 A–B), sonst unbegeißelt (Aplanosporen; Abb. 3.2.85 J) und im Zusammenhang mit der passiven Ausbreitung durch Wind (Anemochorie) oder Tiere (Zoochorie) sehr dickwandig. Sporen können entstehen als Ergebnis von Mitosen (Mitosporen in Mitosporangien) oder von Meiosen (Meiosporen in Meiosporangien).

Meiosporen (und Meiosporangien) treten immer im Zusammenhang mit sexueller Fortpflanzung (vgl. S. 479) und nur in der Diplophase in Erscheinung, während sich Mitosporen (und Mitosporangien) in der Haplo- und in der Diplophase (S. 478) finden. Im übrigen weisen Mito- und Meiosporen viele funktionelle Ähnlichkeiten auf. Die endogenen Sporen bei Algen und Pilzen entwickeln sich vielfach in Sporangien, die nur von einer Zellwand umgeben sind, dagegen sind die Sporangien der landlebenden Embryophyten durchwegs von einer oder mehreren sterilen Zellschichten umgeben.

B. Sexuelle Fortpflanzung

Die Bedeutung der sexuellen (geschlechtlichen, generativen) Fortpflanzung bei den *Eukaryota* liegt weniger in der Vermehrung als in der Rekombination der mutativ veränderten Erbanlagen verschiedener Individuen. Dadurch werden die Voraussetzungen für Anpassung und Evolution wesentlich verbessert.

1. Gameten und Gametangien

Bei vielen Flagellaten sind die Gameten den vegetativen Zellen ähnlich und nur physiologisch als Geschlechtszellen differenziert (Abb. 3.2.82 C–D, 3.2.16 F). Hier und bis hin zu manchen mehrzelligen Algen sind auch noch die beiden miteinander verschmelzenden Gameten morphologisch gleichgestaltet und als Isogameten nur physiologisch (bzw. genetisch) als + bzw. − Gameten determiniert (Abb. 3.1.6, 3.2.87 E–G). Dies ist die einfachste Form der Syngamie, die Isogamie (Isogametie).

Bei Anisogamie unterscheiden sich die konträrgeschlechtlichen Gameten zwar nicht in ihrer äußeren Gestalt, aber in ihrer Größe (Mikro- und Makrogameten; der größere und weniger bewegliche Gamet wird dabei als der weibliche (♀) Gamet definiert. Bei Oogamie schließlich ist die ♀ Geschlechtszelle unbeweglich, sie ist als typische Eizelle (griech. óon, lat. ovum, Ei) um ein Vielfaches größer als die männlichen Geschlechtszellen (♂), die als Spermien (= Spermatozoiden: mit Geißeln) bzw. als Spermazellen (bzw. Spermatien: unbegeißelt) bezeichnet werden (griech. spérma, Same, Samenzelle).

Die ein- oder mehrzelligen Behälter bzw. Bildungsorte von Gameten werden als Gametangien bezeichnet. ♀ Gametangien heißen Oogonien, ♂ Gametangien Spermatogonien (bzw. Spermatangien: S. 621). Bei den niederen Pflanzen werden sie meist nur von einer Zellwand begrenzt. Die von einer besonderen sterilen Zellschicht umgebenen Gametangien der ursprünglichen Embryophyten (Moose und Farnpflanzen) heißen Archegonien (♀, mit einer Eizelle bzw. Antheridien (♂, mit vielen Spermien).

Gameten entstehen bei Pflanzen im allgemeinen infolge von Mitosen als Mitogameten (bei Haplonten und Diplohaplonten); Meiogameten aus einer unmittelbar vorhergehenden Meiose (nur bei Diplonten) sind dagegen selten (vgl. z. B. S. 611 f.). Bei der Bildung der Gameten wird zwischen Hologamie und Merogamie unterschieden. Bei Hologamie werden ganze Individuen zu Geschlechtszellen, was natürlich nur bei Einzellern möglich ist (z. B. *Chlamydomonadaceae*). Bei Merogamie werden ein Einzeller oder eine bzw. mehrere Zellen eines Vielzellers zu einem Gametangium. Sowohl bei hologamen wie bei merogamen Arten kommt Iso- und Anisogamie vor. Hologame Oogamie tritt z. B. bei *Chlamydomonas coccifera* auf (S. 628).

Wegen der Bildung von ♂ und ♀ Keimzellen und Geschlechtsorganen auf einem oder auf verschiedenen Individuen (Monöcie, Diöcie) und wegen der modifikativen oder genotypischen Geschlechtsbestimmung vgl. S. 500 f.

2. Syngamie und Zygotenbildung

Gameten finden aufgrund gegenseitiger chemotaktischer Anlockung (vgl. S. 438 f.) paarweise zusammen. Die Syngamie (S. 72 f.) beginnt mit der Fusion ihres Cytoplasmas (Plasmogamie). Dann verschmelzen die beiden haploiden Gametenkerne zum diploiden Zygotenkern (Karyogamie). Damit sind Zygotenbildung und Syngamie abgeschlossen. Als letzte Phase jeder sexuellen Fortpflanzung folgt darauf aber schließlich noch früher oder später die Meiose mit der Chromosomenpaarung (Chromosomogamie) und der Rückkehr zur Haplophase (S. 67 ff.).

Für mehrere Algen und Pilze wurden verschiedene geschlechtsspezifische Wirkstoffe (z. B. Gamone) nachgewiesen, die in komplexer Weise die sexuelle Differenzierung sowie die chemotaktische Anlockung und Kopulation der Gameten (bzw. Gametangien) steuern (vgl. S. 439).

Die schon oben geschilderte Differenzierung von Isogamie über Anisogamie zu Oogamie ist bei der Höherentwicklung fast allen eurkaryotischen Algen- und Pilzgruppen mehrfach unabhängig und parallel erfolgt. Mit einer solchen Arbeitsteilung zwischen ♂ und ♀ Gameten sind nämlich große Vorteile verbunden: Verbesserte Chancen für die Kontaktnahme, mehr Reservestoffe aus den großen Eizellen für die Zyote und dementsprechend bessere Überdauerungsmöglichkeiten (Ruheperioden) sowie günstigere Startbedingungen für die Tochterindividuen.

Wenn begeißelte Gameten miteinander verschmelzen, kann auch die Zygote noch kurzzeitig begeißelt sein (Planozygote), ehe sie nach Verlust der Geißel zur unbeweglichen Aplanozygote wird. Im Süßwasser bilden Zygoten vielfach dicke und mehrschichtige Zellwände, durch die sie u.a. vor plötzlicher Austrocknung geschützt sind; im gleichbleibenden Milieu der Meere fehlen solche Bildungen meist, die Zygoten keimen ohne längere Ruhepausen. Bei den im Wasser lebenden isogamen, anisogamen und oogamen Algen und Pilzen erfolgt die Syngamie außerhalb der Mutterpflanze (z.B. *Chlorogonium*, Abb. 3.2.83 E; *Dictyota*, Abb. 3.2.73 C). Bei höher entwickelten Grünalgen (z.B. *Coleochaete*, Abb. 3.2.88 D–F) oder *Chara*, Abb. 3.2.95 A) und bei Rotalgen erfolgt die Befruchtung der Eizelle jedoch im allgemeinen im Oogonium, wobei die Mutterpflanze die heranwachsende Zygote versorgen und schützen kann. Noch mehr gilt dies für die Zygoten der Moose und Farne, die sich innerhalb der Archegoniumwand (Austrocknungsschutz in der freien Atmosphäre) entwickeln. Einen Höhepunkt mütterlicher Fürsorge für die Syngamie sowie die Zygoten- und Embryoentwicklung haben schließlich die Samenpflanzen erreicht (vgl. S. 699 ff.).

Eine andersartige Anpassung der generativen Fortpflanzung an das Landleben ist bei vielen Pilzen dadurch entstanden, daß die Bildung von individuellen Gameten unterdrückt wird. So verschmelzen z.B. bei den *Oomycetes* und *Zygomycetes* ganze Gametangien miteinander (Gametangiogamie) zu einer «Sammelzygote» (Coenozygote), in der sich die konträrgeschlechtlichen Kerne vereinigen. Bei vielen *Ascomycetes* und allen *Basidiomycetes* werden nicht einmal mehr Gametangien ausgebildet und vegetative Zellen übernehmen die Funktion der Geschlechtszellen. Beim Kontakt verschiedengeschlechtlicher Hyphen verschmelzen somatische Zellen miteinander (Somatogamie), wobei Plasmogamie und Karyogamie meist nicht unmittelbar aufeinanderfolgen und eine Dikaryophase (vgl. S. 574, 577) entsteht.

3. Kernphasenwechsel und Meiosporenbildung

Bei allen Organismen mit sexueller Fortpflanzung kommt es infolge der Syngamie haploider Gameten zu einer Abfolge von Haplophase (Zellkerne mit einem Chromosomensatz: n; so zumindest in den Gameten), Dikaryophase (Zellen mit zwei Kernen, jeder mit einem Chromosomensatz, n + n; so zumindest nach der Plasmogamie der Gameten, aber noch vor der Karyogamie ihrer Zellkerne in der Zygote) und Diplophase (Zellkerne mit zwei Chromosomensätzen: 2n; so zumindest in der Zygote nach der Karyogamie). Im Zuge der Meiose entstehen dann wieder haploide Keimzellen. Diese cyclische Abfolge nennt man Kernphasenwechsel.

Nach dem Auftreten von Mitosen in der Ontogenie der Organismen lassen sich verschiedene Typen des Kernphasenwechsels unterscheiden (Abb. 3.1.2). Finden sich Mitosen nur in der Haplophase, erfolgt also die Meiose bereits bei der Keimung der Zygote, dann liegt ein zygotischer Kernphasenwechsel vor. Solche Organismen werden als Haplonten bezeichnet. Dieser Kernphasenwechseltyp findet sich bei vielen (besonders bei niedrig organisierten) Algen und Pilzen und muß als ursprünglich gelten, weil hier die unmittelbare Abfolge der zusammengehörigen Teilprozesse der Syngamie und Meiose noch gewahrt ist. Erfolgen Mitosen sowohl in der Haplophase als auch in der Diplophase, dann handelt es sich um Diplohaplonten (mit einem intermediären Kernphasenwechsel), wie sie bei höher organisierten Algen und Embryophyten dominieren. Wenn Mitosen sowohl in die Haplophase als auch in der Dikaryophase (also gleichsam zwischen Plasmogamie und Karyogamie) ablaufen, dann handelt es sich um Dikaryohaplonten, wie sie vor allem bei vielen höheren Pilzen *(Ascomycetes, Basidiomycetes)* auftreten. Finden sich Mitosen in einer Ontogenie nur in der Diplophase und erfolgt die Meiose erst unmittelbar vor der Gametenbildung, dann haben wir es mit Diplonten und mit einem gametischen Kernphasenwechsel zu tun. Im Gegensatz zu den Metazoen ist dieser Kernphasenwechseltyp bei Pflanzen selten (z.B. bei Diatomeen, S. 609 ff., gewissen *Siphonales* S. 636 ff., *Oomycota* S. 554 ff.).

Der Vermehrungseffekt aus einem Akt der Syngamie ist bei Haplonten gering: Aus der Meiose der Zygote entstehen ja nur 4 Gonen (S. 68 ff.). Bei Diplonten ist die Situation nur dann besser, wenn pro Individuum eine große Anzahl von Gamentenmutterzellen gebildet wird (was z.B. bei Diatomeen

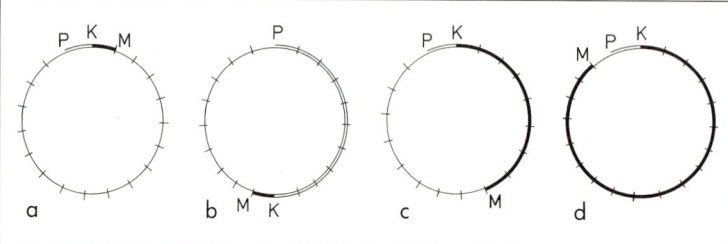

Abb. 3.1.2: Schema wichtiger Typen des Kernphasenwechsels. Ontogenetische Entwicklung (im Uhrzeigersinn zu lesen) mit Plasmogamie (P), Karyogamie (K) und Meiose (M) sowie Haplophase (einfache Linie), Dikaryophase (Doppellinie), Diplophase (dicke Linie) und Mitosen (senkrechte Querstriche). a Haplont, b Dikaryohaplont, c Diplohaplont, d Diplont. Weitere Erklärungen im Text. (Original.)

oder *Oomycota* nicht der Fall ist). Bei den Diplohaplonten entstehen dagegen aus jeder Zygote ein Sporophyt (s. unten), der eine sehr große Anzahl von Meiosporenmutterzellen bilden kann. Es wird also verständlich, warum dieser Kernphasenwechseltyp im Pflanzenreich so häufig geworden ist.

Die Produkte der Meiose (jeweils vier Meiocyten II bzw. Gonen) sind im Pflanzenreich vielfach als Meiosporen ausgebildet; häufig treten sie in Tetraden auf, und bei vielzelligen Pflanzen werden sie fast immer endogen in Meiosporangien gebildet (Abb. 1.1.61, 1.1.66, 3.1.6, 3.2.37, 3.2.80 A–B, 3.2.82 G, 3.2.128 B). Ähnlich wie bei den Mitosporen (S. 477) sind sie bei Wasserbewohnern oft begeißelt (Zoomeiosporen), bei Landbewohnern dagegen meist dickwandig und vielfach an Windausbreitung (Anemochorie) angepaßt (Abb. 3.2.24 A, J; 3.2.118 G). Wenn aus Meiosporen geschlechtlich differenzierte größere ♀ und kleinere ♂ Gametophyten (s. unten) entstehen, hat das vielfach auch Rückwirkungen auf die Meiosporen, die dann vielfach als Mega- und Mikrosporen in Erscheinung treten (z.B. bei heterosporen Farnpflanzen: Abb. 3.2.128 oder bei den Samenpflanzen: Abb. 3.2.155, 3.2.156).

C. Fortpflanzungs- und Generationswechsel

Bei den meisten Pflanzen kommen verschiedene Formen der vegetativen bzw. sexuellen Fortpflanzung nebeneinander (gleichzeitig oder nacheinander) am gleichen Individuum vor (z.B. bei den *Volvocales*, Abb. 3.2.84; *Ulothrix*, Abb. 3.2.87 A–K; *Oomycota*, Abb. 3.2.13–15; *Fragaria*, S. 499). Dieser Fortpflanzungswechsel kann endogene und/oder exogene Ursachen haben.

Im Zuge der Evolution vielzelliger Pflanzen ist es bei der Ausgestaltung der Entwicklungskreisläufe und der Verbesserung der Vermehrungsraten vielfach zu einer regelmäßigen Aufteilung bestimmter Fortpflanzungsformen auf bestimmte, öfters ganz selbstständige Abschnitte der Ontogenie gekommen: Damit entstehen verschiedene Formen von Generationswechsel. Als Generation bezeichnet man dabei einen Ontogenieabschnitt, der mit einem bestimmten Keimtyp (Keimzellen, Keimkörper) beginnt und nach Mitosen mit einem anderen Keimtyp abschließt. Die Benennung der Generationen erfolgt nach den von ihnen gebildeten Keimen, z.B. Gameten-bildende Generation = Gametophyt, Sporen-bildende Generation = Sporophyt. Klassische Beispiele für Generationswechsel finden sich bei Pilzen (z.B. Abb. 3.2.17 P), Algen (z.B. Abb. 3.2.78, 3.2.96) und Embryophyten (z.B. Abb. 3.2.98, 3.2.118). Die allmähliche Herausbildung eines regelmäßigen Generationswechsels aus einem unregelmäßigen Fortpflanzungswechsel läßt sich z.B. bei *Ectocarpus*, *Ulotrichales* oder *Endomycetidae* gut verfolgen. Keime allein bilden keine eigene Generation (z.B. die diploide Zygote bei Haplonten). Auch sogenannte Nebenkreisläufe, wobei bei verschiedenen Pflanzengruppen zum Zweck der Vermehrung Keime gebildet werden, begründen keine eigene Generation, da sie gleichsam «in sich geschlossen sind». Beispiele dafür sind etwa bei *Ectocarpus* Sporophyten, die fallweise Mitosporangien und Mitosporen bilden, aus denen wieder neue Sporophyten entstehen (S. 614f.), die Nebenfruchtformen bei den Pilzen (S. 553), etwa die sommerliche Vermehrung des Teleutosporophyten bei den Rostpilzen durch Uredosporen (Abb. 3.2.42) oder die vegetative Vermehrung des Sporophyten bei Angiospermen (S. 476f.).

Bei Pflanzen mit Sexualität und Generationswechsel wird vielfach die Gametophytengeneration als «geschlechtliche», die Sporophytengeneration als «ungeschlechtliche» Generation bezeichnet. Das ist problematisch und sollte vermieden werden. Alle Generationen sind in den Sexualprozeß einbezogen, da ja auch die Meiose am Sporophyt ein wesentlicher Teilschritt jeder sexuellen Fortpflanzung ist.

1. Generationswechsel und Kernphasenwechsel

Bei den Pflanzen ist Generationswechsel fast immer mit einem intermediären Kernphasenwechsel gekoppelt. Isospore Farnpflanzen (Abb. 3.2.118, 3.2.155) entwickeln z.B. einen haplophasischen Gametophyten der mit haploiden Gameten (Eizellen und Spermien) abschließt. Durch Syngamie entsteht eine dipoloide Zygote als Ausgangspunkt für den Sporophyt. Er gehört der Diplophase an, mit Ausnahme der haploiden Meiosporen, mit denen wieder die Haplophase des Gametophyt beginnt. Sowohl in den verschiedenen Generationen als auch in den verschiedenen Kernphasen laufen Mitosen ab; dementsprechend liegt ein heterophasischer (oder antithetischer) Generationswechsel vor. Trotz der häufigen Koppelung von Kernphasen- und Generationswechsel handelt es sich um ursprünglich getrennte und verschiedenartig endogen und exogen determinierte Erscheinungen.

Bei den Kernphasenwechseltypen der Haplonten und Diplonten (S. 478) mit sexueller Fortpflanzung fehlt im Pflanzenreich (aber nicht bei vielzelligen Tieren!) ein Generationswechsel fast immer (vgl. aber die «Zwergmännchengeneration» bei *Oedogonium*, Abb. 3.2.89). Dafür gibt es eine Reihe von Beispielen für Generationswechsel unabhängig von Kernphasenwechsel oder ohne Kernphasenwechsel: So gehören z.B. der Karposporophyt und der Tetrasporophyt der Rotalgen der Diplophase an. Bei apogamen Farnen und Angiospermen, wo Sporophyten ohne Syngamie aus unreduzierten Gametophyten bzw. Gameten entstehen (S. 503) ist zwar der Kernphasenwechsel ausgefallen (die Pflanzen sind rein diplophasisch), der Generationswechsel ist aber in sekundär homophasischer Form erhalten geblieben. Auch rein haploide Angiospermen behalten die Differenzierung in Sporo- und Gametophyt bei (S. 498), ebenso wie Laubmoose unabhängig vom Ploidiegrad (Abb. 3.1.21). Bei *Ectocarpus* (S. 614f.) können die Sporophyten der Haplo- oder der Diplophase angehören; die Ausbildung von Gameto- bzw. Sporophyten wird durch die Wassertemperatur gesteuert.

2. Unterschiedliche Formen des Generationswechsels

Im häufigsten Fall ist die Ontogenie bei generationswechselnden Pflanzen zweigliederig (mit Gametophyt und Sporophyt). Dreigliedrige Formen des Generationswechsels finden sich z.B. bei den Rotalgen (Abb. 3.2.79 A: Gametophyt, Karposporophyt, Tetrasporophyt) oder bei den Rostpilzen (Abb. 3.2.42: Gametophyt, Aecidiosporophyt, Teleutosporophyt). Je nachdem, ob die Generationen selbständige Individuen darstellen oder auf einem Individuum zusammengefaßt sind, spricht man von diplobiontisch bzw. haplobiontisch (vgl. z.B. diplo- oder haplobiontische Rotalgen: Abb. 3.2.79 A, B; oder haplobiontische Ascomyceten: Abb. 3.2.24 A und Moose: Abb. 3.2.98). Nach der äußerlichen Morphologie unterscheidet man einander ähnliche (isomorphe) oder deutlich verschiedenartige (heteromorphe) Generationen (beide Typen z.B. innerhalb der *Chlorophyceae:* Abb. 3.2.96 oder *Phaeophyceae:* Abb. 3.2.78).

Einen isomorphen Generationswechsel trifft man nur bei einigen wenigen Algen an (z.B. *Cladophora, Ulva, Dictyota*), der heteromorphe Generationswechsel dominiert bei weitem (Abb. 3.2.78, 3.2.96). Hierbei können die beiden Generationen so unterschiedlich gestaltet sein, daß sie zunächst als verschiedene Arten beschrieben wurden (z.B. *Halicystis/Derbesia, Cutleria/Aglaozonia*).

Sehr auffällig ist die fortschreitende Förderung der überwiegend diplophasischen (bwz. dikaryotischen) Sporophytengeneration gegenüber der haplophasischen Gametophytengeneration, z.B. bei den Entwicklungslinien der *Eumycota* (S. 558 ff.), *Phaeophyceae* (S. 613 ff.), *Siphonales* (S. 636 ff.) sowie bei den *Embryophyta* (S. 647 ff.). Die Gründe dafür dürften allgemein in den Vorteilen der Diplo- und Dikaryophase gegenüber der Haplophase liegen (vgl. S. 499 f.). Dazu kommen noch Vorteile des Sporophyten aus der Vermehrungsrate (S. 478 f.) und aus der vom Wasser unabhängigen Fortpflanzung (wie z.B. innerhalb der *Embryophyta* S. 636 ff., 708 f., 827 f.).

Eine besonders eindrucksvolle Entwicklungsreihe mit fortschreitender Reduktion des Gametophyten und zunehmender Höherentwicklung des Sporophyten läßt sich z.B. an den heute lebenden Braunalgen aufzeigen (Abb. 3.2.78). So dominiert bei *Cutleria/Aglaozonia* noch die Gametophytengeneration, bei *Dictyota* sind beide Generationen gleich gestaltet, bei *Laminaria* ist der Gametophyt mikroskopisch klein, während der Sporophyt einige Meter groß werden kann; bei den *Fucus*-Arten kommt es schließlich überhaupt nicht mehr zur Ausbildung einer selbständigen Gametophytengeneration (sie ist auf 1–4 Mitosen beschränkt).

II. Genetik und Evolutionsforschung

Die molekulare Grundlage der Vererbung wird bei allen Lebewesen durch die Desoxyribonucleinsäure (DNA) gebildet (vgl. S. 44 ff.). Als «Doppelhelix» ist sie zur «semikonservativen Re(du)plikation» befähigt und ermöglicht damit die exakt identische Weitergabe der in Form von bestimmten Nucleotidsequenzen gespeicherten Erbinformation von Zellteilung zu Zellteilung und von Generation zu Generation. Bei allen eukaryotischen Organismen fungieren die Chromosomen als wichtigste Träger der DNA. In der Mitose fällt ihnen als Transportchromosomen die Aufgabe einer exakten Weitergabe der replizierten DNA an die Tochterkerne zu, in der Meiose sind die Chromosomen Träger des Rekombinationsgeschehens (vgl. S. 61 ff., 67 ff.).

Die in der DNA niedergelegte Erbinformation wird wirksam durch ihre Fähigkeit, die Proteinsynthese und damit alle Lebensvorgänge zu steuern. Dieser grundlegende Vorgang ist an die Teilprozesse der Transkription und Translation gebunden (vgl. S. 306 ff.). Das Erscheinungsbild (Phaenotypus) jedes Individuums realisiert sich im dauernden Wechselspiel zwischen seiner im Erbgut (Genotypus) festgelegten Reaktionsnorm und seinem Innen- bzw. Außenmilieu (vgl. S. 482 ff.).

Replikation und Steuerfunktion der DNA sind für die Entwicklung und Funktion des Einzelindividuums entscheidend und wurden daher bereits in den Abschnitten «Morphologie» (S. 49 ff.) und «Physiologie» (S. 306 ff.) ausführlich beschrieben. Wesentliche Aspekte der Genetik ergeben sich aber weiter aus der Vererbung, Rekombination und Veränderung (Mutation) der DNA bzw. des Erbgutes. Diese Prozesse sind vorzüglich ein Fortpflanzungs- und Generationsproblem und von entscheidender Bedeutung für die Formbildung und Evolution; sie sollen daher in diesem Teil des Lehrbuches behandelt werden.

Die Vorstellungen über die Vererbung und ihre Grundlagen waren trotz ihrer Bedeutung für die Pflanzen- und Tierzucht und für den Menschen selbst bis ins späte 19. Jahrhundert nur sehr verschwommen. Die grundlegende Erkenntnis von den zahlenmäßigen Gesetzmäßigkeiten bei der Weitergabe der partikulären Erbanlagen, die der Augustinermönch G. Mendel 1865 in seiner berühmten Schrift «Versuche über Pflanzenhybriden» vorgelegt hatte, blieb unbeachtet. Erst mit der Wiederentdeckung dieser Mendelschen Vererbungsregeln im Jahr 1900 durch H. de Vries, C. Correns und E. Tschermak-Seysenegg war der Durchbruch zur heute weithin selbständigen biologischen Forschungsdisziplin der Genetik gegeben. Es folgten die Erstbeschreibungen von Mutationen (H. de Vries) und Biotypen, die Erkenntnis vom Geno- und Phaenotypus (W.L. Johannsen), die Einführung der Fruchtfliege *(Drosophila)* als Versuchsobjekt und die Entdeckung der Genkoppelung (T.H. Morgan). Schon Anfang des 20. Jahrhunderts wurde die Chromosomentheorie der Vererbung begründet und mit der Polyploidieforschung und der Entdeckung der Riesenchromosomen bei Dipteren als Cytogenetik zu Höhepunkten in den 30er Jahren weitergeführt. Parallel dazu entwickelte sich aus mathematischen Überlegungen über Genhäufigkeiten in Populationen (G.H. Hardy, W. Weinberg) die Populationsgenetik und aus der experimentellen Erhöhung der Mutationsrate durch Röntgenstrahlen (H.J. Muller) die Strahlengenetik. Ein weiterer Durchbruch wurde in den 40er Jahren durch die Einführung von Viren und Bakterien in die Genetik (M. Delbrück, J. Lederberg) sowie durch die Verbindung mit der Biochemie zur Genphysiologie erzielt. Schließlich führte die Entdeckung der DNA als Erbträger (O.T. Avery) und das Verständnis ihrer Doppelhelix-Struktur (J.D. Watson und F.H.C. Crick) zur Aufklärung des genetischen Code und der Proteinsynthese in den 60er Jahren. Seither hat sich diese Molekulargenetik vor allem aufgrund neuer Methoden für die Identifikation und Isolierung bestimmter DNA-Sequenzen, ihre Manipulation und Rekombination *in vitro* und ihre Wiedereinführung in Organismen (genetische Transformation, Gen-Klonierung, etc.) sehr rasch weiterentwickelt.

Die frühere Annahme, daß die Pflanzen- und Tiersippen, jede für sich und unabhängig voneinander, erschaffen wurden bzw. entstanden seien, ist namentlich unter dem Einfluß Darwins durch die Abstammungslehre (Descendenztheorie) ersetzt worden. Danach sind alle Lebewesen miteinander verwandt; durch Umformung von Gestalt und Lebensweise haben sich aus einfacheren, vorzeitlichen Vorfahren die heutigen Pflanzen und Tiere entwickelt.

Die überzeugendsten Beweise für die Abstammungslehre sind: grundsätzliche Übereinstimmung in den molekularen Grundlagen der Lebensvorgänge bei allen Organismen (z.B. S. 2 ff.), fossile Dokumente zur allmählichen Herausbildung der heutigen Sippen, ausgestorbene Stammformen (z.B. S. 668f., 710f.), Hierarchie der Baupläne bei Pflanzen und Tieren (z.B. Abb. 3.2.285), Auftreten von Rudimenten (z.B. Abb. 3.1.52) und Atavismen (Rückschläge zu ursprünglicheren Merkmalen; z.B. Abb. 1.3.71, 3.1.16E), sowie abgestufte Kreuzbarkeit (z.B. Abb. 3.1.39) und experimentelle Wiederholung des Artbildungsvorganges (z.B. S. 514).

Als wichtigste Ursache für die stammesgeschichtliche Entfaltung der Organismen und ihre Anpassung an die Umwelt postuliert die moderne synthetische Evolutionstheorie vor allem:

1) **Mutation** und **Rekombination** verändern die Genotypen (die Gesamtheit der Erbanlagen).

2) **Selektion** steuert über die Innen- und Außenwelt der Individuen die phänotypische Variation und Anpassung der Populationen. **Isolation** ermöglicht die Differenzierung und schließlich Divergenz der Sippen.

Auch die Evolutionsforschung konnte sich als biologische Fachrichtung erst spät durchsetzen. Von der Antike bis ins 18. Jahrhundert hatte man die Entstehung der Arten auf Urzeugung, sprunghafte Transformationen (z.B. Würmer aus Tierkadavern) oder göttliche Erschaffung zurückgeführt. Vielfach war damit die Ansicht der Artkonstanz verbunden (z.B. beim jungen C. v. Linné = C. Linnaeus, 1707–1778). Seit der Mitte des 18. Jahrhunderts beginnen sich aber Vermutungen zu regen (so auch schon beim älteren Linné), daß die abgestufte Ähnlichkeit der Organismen auf abgestufte Verwandtschaft, die «Stufenleiter» von einfachen zu komplexen Formen auf Evolution zurückzuführen sei, und daß die infraspezifische Variabilität als Vorstufe der Artbildung aufgefaßt werden könne. J.B. Lamarck (1744–1829) ist ein wichtiger Wegbereiter dieser Abstammungslehre, Ch. Darwin (1809–1882) verhilft ihr 1859 mit seinem Werk «On the Origin of Species» zum endgültigen Durchbruch. Als Ursache für die Evolution hatte man teilweise schon seit der Antike ein aktives «Sich-Anpassen» der Organismen an die Umwelt, sogar die Entstehung neuer Organe infolge entsprechender «Bedürfnisse» und schließlich die Vererbung solcher «erworbener Eigenschaften» postuliert (sog. «Lamarckismus»). Darwin stellte demgegenüber die richtungslose Variation und die Bevorzugung besser angepaßter Individuen im «Kampf ums Dasein» infolge Auslese (Selektion) als Triebfeder der Evolution heraus (sog. «Darwinismus»). Während die Thesen des Lamarckismus im wesentlichen unbewiesen blieben, hat die Selektionstheorie bis heute ihre Gültigkeit behalten. Dazu wurden seither allerdings weitere, in ihrer Bedeutung zuerst vielfach zu einseitig interpretierte Evolutionsfaktoren erkannt, etwa geographische Isolation (besonders M. Wagner, A. Kerner v. Marilaun), Mutation (besonders H. de Vries), Hybridisierung (besonders J.P. Lotsy, E. Anderson), Rekombination (im Gen-Pool der Populationen, z.B. S. Wright), genetische Isolation (infolge Kreuzungsbarrieren, z.B. Th. Dobzhansky) usw. Schließlich haben Molekularbiologie und Systemtheorie die komplex hierarchische und kybernetisch verknüpfte Natur aller Lebensprozesse belegt. Daraus resultiert die heutige Form der **synthetischen Evolutionstheorie**.

A. Variation und Vererbung

Die Mannigfaltigkeit unterschiedlicher Merkmalsausbildungen bei Individuen einer Fortpflanzungsgemeinschaft und ihre Weitergabe durch die Vererbung ist uns vertraut: Sie tritt uns nicht nur in menschlichen Populationen entgegen (z.B. Augen- oder Haarfarbe), sondern auch bei Pflanzen, als **kontinuierliche Variation** etwa hinsichtlich der Größe von Samen aus einem Bohnenfeld (Abb. 3.1.4), als **diskontinuierliche Variation** etwa hinsichtlich der Zahl der Perigonblätter bei der Sumpf-Dotterblume *(Caltha palustris)* oder der Blütenfarbe bei der Wunderblume *(Mirabilis jalapa,* Abb. 3.1.7: weiß, rosa, rot etc.). Dabei finden wir Merkmalsunterschiede teils schon innerhalb eines Einzel-Individuums (intra-individuell), teils innerhalb der Populationen, aber auch zwischen ihnen: **Intra- und Interpopulations-Variation** (Abb. 3.1.3). Im folgenden wird zu zeigen sein, auf welche Ursachen diese Variation zurückzuführen ist, wie sie z.T. durch Vererbung weitergegeben wird und inwieweit sie als Grundlage für die Sippenbildung und Evolution der Pflanzen in Frage kommt.

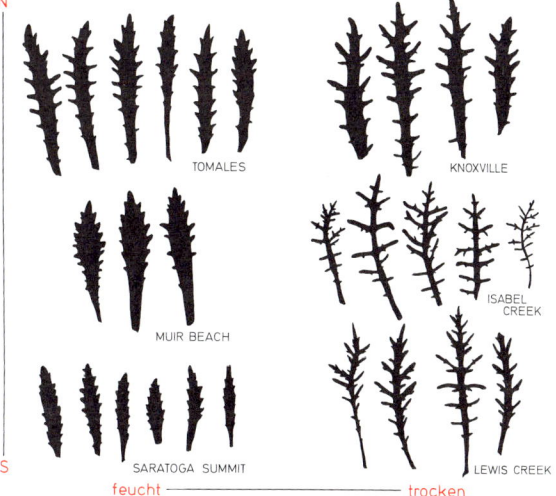

Abb. 3.1.3: Variation der Grundblätter innerhalb und zwischen 6 Populationen eines californischen Korbblütlers, *Layia gaillardioides*. Links: Populationen der feuchten äußeren, rechts: der trockenen inneren Küstenberge. Pflanzen unter gleichartigen Bedingungen kultiviert; jedes Blatt von einem anderen Individuum. (Nach J. Clausen.)

482 · Allgemeine Grundlagen

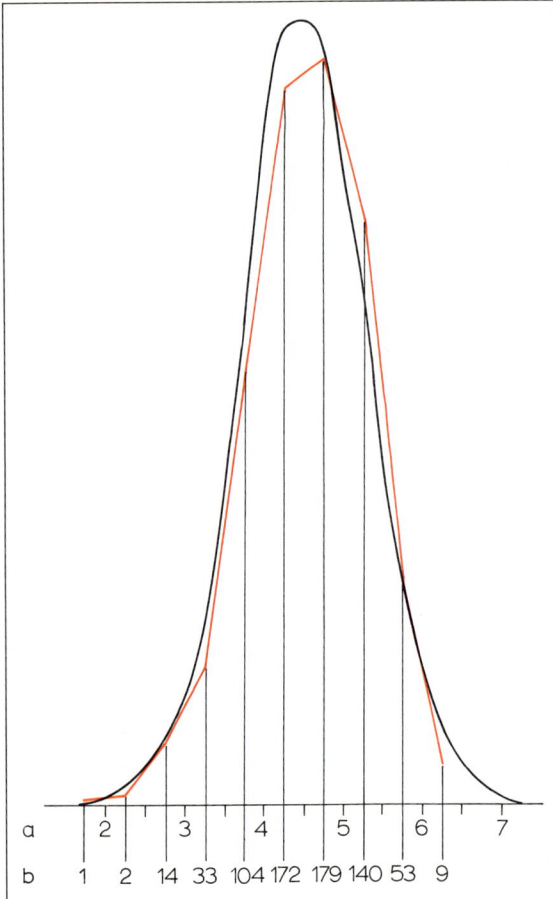

Abb. 3.1.4: Kontinuierliche Modifikationskurve der Gewichte von 712 Bohnensamen aus mehreren erbgleichen Individuen. a Gewichte in 0,1 g. b Zahl der Bohnen je 0,05-g-Gewichtsklasse. Rot: tatsächliche Variation; schwarz: theoretische Zufallskurve. Die mittleren Werte treten viel häufiger auf als die extremen. (Nach Johannsen, verändert.)

1. Ontogenie, Phänotypus und Genotypus

Ein Teil der Variation pflanzlicher Populationen ist ontogenetisch bedingt.

Wie groß derartige entwicklungsgeschichtlich bedingte Unterschiede sein können, zeigen Schleimpilze (Abb. 1.4.3), generations- und wirtswechselnde Rostpilze (Abb. 3.2.42), gelegentlich als verschiedene Gattungen (!) beschriebene Gameto- und Sporophyten bei Braunalgen (Abb. 3.2.74, 3.2.75) sowie die Ausbildung sehr unterschiedlicher Blattformen bei der Individualentwicklung von Samenpflanzen (Abb. 1.3.4, 1.3.71). Um die ontogenetische Komponente der Variation auszuschalten, müssen also gleichartige Entwicklungsstadien und vergleichbare Organe verschiedener Individuen untersucht werden.

Ein weiterer Teil der intra-individuellen sowie der Intra- und Interpopulations-Variation wird durch unterschiedliche Umweltbedingungen ausgelöst, ist also **modifikativ** (z.B. die Ausbildung von Licht- und Schattenblättern bei Laubbäumen: vgl. Abb. 2.2.39. Zerteilt man Schafgarben-Pflanzen (*Achillea millefolium* agg.) und läßt die Teile im Tiefland bzw. im Gebirge wachsen, so werden schon nach Monaten auffällige **Modifikationen** erkennbar (Abb. 3.1.5). Nachkommen der Gebirgsmodifikante nehmen aber im Tiefland sofort wieder die Tieflandgestalt an. Die Umweltbedingungen im Gebirge haben also nicht das Erbgut verändert, sondern nur bestimmte, vorher unterdrückte Reaktionsmöglichkeiten zur Ausbildung gebracht bzw. vorher manifestierte unterdrückt.

Bemerkenswerte Modifikationen lassen sich etwa durch Aufzucht von *Euglena*-Arten (z.B. *E. gracilis*; vgl. S. 602) im Licht oder im Dunkeln erzielen. Auch die Geschlechtsdifferenzierung (vgl. S. 500 f.) läßt sich – besonders bei genotypisch hermaphrodit (also bisexuell) angelegten Organismen – modifikativ verändern. So bilden sich z.B. bei der Volvocale *Haematococcus pluvialis* aus ♀ Zellen im N- und P-freien Kulturmedium

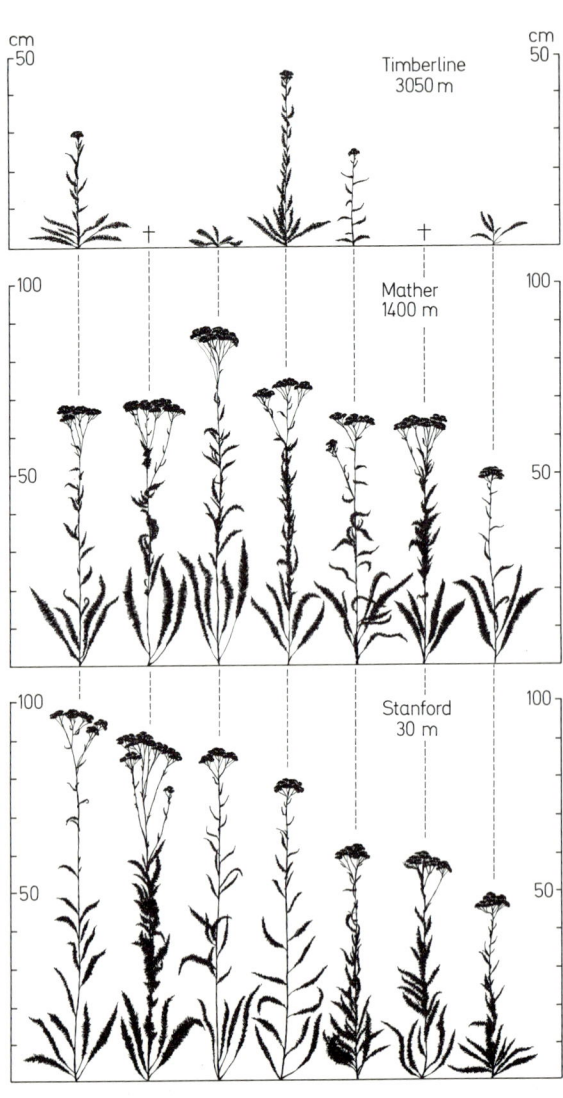

Abb. 3.1.5: Experimentell ausgelöste Modifikationen bei einer californischen Schafgarbe (*Achillea millefolium* agg.: *A. lanulosa*, tetraploid): Vegetativ vermehrte Teile (Klone) von 7 Individuen aus einer Population der Bergstufe der Sierra Nevada (Mather) in 3 Versuchsgärten: Stanford (30 m), Mather (1400 m) und Timberline (3050 m). Erbliche Unterschiede zwischen den Individuen, u.a. unterschiedliche Reaktionsnorm jedes Individuums in verschiedener Seehöhe. (Nach Clausen, Keck & Hiesey.)

Gameten mit ♀ Verhaltensweise und bei weiblichen Lichtnelken *(Silene)* bewirkt Brandpilz-Befall Staubblattentwicklung (vgl. S. 578).

Da die modifizierenden Faktoren auf eine größere Anzahl gleicher Pflanzen oder Pflanzenorgane in der Natur wohl nie in genau derselben Stärke einwirken, ist es nicht verwunderlich, daß selbst Pflanzen mit völlig gleichem Erbgut unter scheinbar konstanten Bedingungen eine gewisse Variabilität zeigen. Zum Beispiel variiert die Größe der Samen bei einer einzigen Bohnenpflanze wie auch zwischen erbgleichen Pflanzen eines gleichartig behandelten Feldes, weil die Ernährungsbedingungen jeder Pflanze und jedes heranreifenden Samens zufallsbedingten Schwankungen unterworfen sind (Abb. 3.1.4).

Die Modifikationskurve der Bohnengröße ist kontinuierlich (fluktuierende Modifikation) und weitgehend symmetrisch. Solche Kurven entsprechen oft weitgehend einer Zufalls-(Binomial-)kurve, weil eben die einzelnen, die Größe fördernden oder hemmenden Faktoren sich rein nach den statistischen Zufallsregeln in ihrer Wirkung kombinieren. Am häufigsten findet man die mittleren Werte, bei denen sich fördernde und hemmende Wirkungen gegenseitig die Waage halten, am seltensten die Extremfälle, wo alle Faktoren gleichzeitig nur hemmend oder fördernd gewirkt haben. Aber wenn man nun unter denselben Bedingungen sowohl von den kleinsten wie von den größten Samen getrennt wieder Pflanzen aufzieht, so zeigen die von diesen Pflanzen geernteten Samen genau die gleiche Modifikationskurve, da die aus den kleinen Samen erwachsenen Exemplare nun nicht etwa kleinere und die Pflanzen aus den großen Samen auch keineswegs größere Bohnen ergeben (vgl. dazu auch S. 484).

Es gibt aber auch stark asymmetrische modifikative Variabilität, so z.B. bei den Perigonblattzahlen der Sumpf-Dotterblume *(Caltha palustris)*:

| Perigonblätter | 5 | 6 | 7 | 8 |
| Blüten | 299 | 85 | 25 | 8 |

Die wichtigste Komponente der Variation zwischen verschiedenen Individuen und Populationen ist aber die erblich fixierte oder genetische. Sie wird sichtbar durch Ausschaltung unterschiedlicher Umwelteinflüsse, also beim Vergleich von nebeneinander am selben Standort wachsenden Individuen, bei Kultur unter möglichst gleichartigen Bedingungen, im Versuchsgarten (Abb. 3.1.3, 3.1.5, 3.1.31, 3.1.33) oder noch besser in Klimakammern und womöglich im Nachkommenschaftstest über mehrere Generationen. Dabei treten dann die erblichen Merkmalsunterschiede klar hervor. Erbgleiche Individuen bilden einen Biotyp. Die Populationen der meisten Organismen mit sexueller Fortpflanzung und Fremdbefruchtung umfassen zahlreiche Biotypen und zeigen starke erbliche Variabilität (Abb. 3.1.3, 3.1.5, 3.1.33). So entstehen Variationskurven, die den Modifikationskurven ähneln können, aber auf genetischen Ursachen beruhen.

Das Zusammenspiel zwischen der Gesamtheit der Erbanlagen (Genotypus) mit den übrigen Innen- und Außenweltbedingungen eines Individuums und der fortschreitenden Entfaltung seines Erscheinungsbildes (Phänotypus) ist sehr komplex (S. 313ff., 381ff., 494); die beiden Bereiche sind nicht scharf trennbar.

Vererbt werden nicht Merkmale (bzw. Merkmalsunterschiede), sondern durch Regelkreise kompliziert verknüpfte Reaktionsnormen.

Bei einem amphibischen Hahnenfuß *(Ranunculus aquabilis*: Abb. 1.3.82 A) entstehen z.B. die Schwimmblätter nur an der Grenzschicht zwischen Wasser und Luft und nur unter Langtagbedingungen; ebenfalls nur im Langtag bilden sich beim Austrocknen von Gewässern im Luftraum die derber zerteilten Landblätter; Unterwasserblätter können sich nur unter Kurztagbedingungen differenzieren (alternative Modifikation). Ähnlich gibt es bei der Chinesen-Primel *(Primula sinensis)* Biotypen, die bei Temperaturen unter 20° rot, über 30° aber weiß blühen, aber auch andere, die immer rot oder immer weiß blühen. Unter bestimmten Temperaturverhältnissen wird man also diese verschiedenen Biotypen phänotypisch nicht unterscheiden können. Solche Phänokopien sind auch die unter Hochgebirgsbedingungen kultivierten Bergrassen (Abb. 3.1.5) im Vergleich zu den erblich fixierten Hochgebirgsrassen californischer Schafgarben (Abb. 3.1.33). Auch in scheinbar einheitlich zwergwüchsigen Küstenrassen verschiedener Stauden hat man bei Kultur unter normalen Bedingungen nebeneinander erblich fixierte und modifikativ bedingte Zwergformen gefunden. Die Reaktionsnormen eines Genotypus offenbaren sich also erst unter verschiedenen Umweltbedingungen (Abb. 3.1.5). Dabei weisen verschiedene Sippen, aber auch verschiedene Organe einer Pflanze oft eine sehr unterschiedliche modifikative Plastizität auf.

Ontogenetische bzw. modifikative Veränderungen können unter gewissen Umständen auch über mehrere Generationen erhalten bleiben; man spricht dann von Dauermodifikationen. Hungermodifikationen mit schlechter Reservestoffversorgung ihres Samens produzieren neuerlich Magerpflanzen (z.B. beim Radieschen); Juvenil- und Adultstadien bleiben bei vegetativer Vermehrung konstant (z.B. beim Efeu, vgl. S. 429f. und Abb. 2.2.72).

Die naheliegende Frage, ob über Dauermodifikationen und Phänokopien nicht auch Veränderungen des Erbgutes erfolgen können, muß offenbar weitestgehend negativ beantwortet werden, da der fast immer einseitige Reaktionsablauf von der DNA zur Proteinsynthese (S. 48f.) eine gezielte Rückwirkung modifizierender Einflüsse von Protoplasma auf die erbtragende DNA ausschließt. Mit Hilfe der Reversen Transkriptase (S. 308), wie sie z.B. gewisse RNA-Viren produzieren, kann zwar aus RNA ein- und auch doppelsträngige DNA gebildet werden, die Bildung von RNA mittels Proteinen ist aber auszuschließen.

Allerdings ist unter bestimmten Voraussetzungen eine direkte Beeinflussung der DNA bzw. ihrer Bausteine möglich. Manche Bakterienstämme können die DNA ihrer Phagen zwar nicht durch Veränderung ihrer Nucleotidsequenz, aber durch Methylierung einiger Basen (z.B. Cytosin oder Adenin) so verändern und «an sich gewöhnen», daß die Phagen auf anderen, ihnen sonst zugänglichen Stämmen ihre Vermehrungsfähigkeit weitgehend einbüßen. Bei der Transformation werden aus einem abgetöteten Organismus Erbanlagen in Form molekularer DNA in das Genom eines anderen lebenden Organismus eingeschleust. Solche Gen-Übertragungen wurden nicht nur bei Bakterien (S. 502) sondern auch bei Höheren Pflanzen festgestellt.

Schließlich rechnet man auch bei anderen, nicht direkt auf die DNA wirkenden, aber länger andauernden modifizierenden Einflüssen damit, daß zufällig in gleicher Richtung zielende Mutationen leichter fixiert werden können («genetische Assimilation», z.B. totale mutative Inaktivierung bzw. Verlust der Chloroplasten in Dunkelkulturen von *Euglena gracilis*).

Angebliche Beweise für die «Vererbung erworbener Eigenschaften» haben sich vielfach widerlegen lassen.

Wird z.B. der S. 483 geschilderte Versuch mit der Weiterzucht jeweils größter und kleinster Bohnensamen nicht mit erbgleichen Individuen, sondern an einer Population durchgeführt, in der hinsichtlich der mittleren Samengröße geringfügig, aber erblich verschiedene Biotypen durcheinander wachsen, so werden die Modifikationskurven der groß- und kleinsamigen Nachkommen verschieden sein: Aber nicht, weil Modifikation vererbt, sondern weil erbverschiedene Biotypen ausgelesen (selektioniert) wurden (vgl. dazu auch Abb. 3.1.30).

2. Kreuzungsversuch und Weitergabe der Erbanlagen

Im Kreuzungsversuch wird das Erbgut genotypisch verschiedener Individuen (Biotypen) zusammengebracht. In den Nachkommen kann dann die Weitergabe und Rekombination der Erbanlagen (Gene) verfolgt werden. Der Kreuzungsversuch ist die wichtigste Methode der Genetik, um die Natur und Funktion der Erbanlagen zu erforschen. Eukaryotische Organismen können bei Fähigkeit zur sexuellen Fortpflanzung (Verschmelzung ganzer Geschlechtszellen: Plasmogamie und Karyogamie, Meiose und Bildung neuer Geschlechtszellen) miteinander gekreuzt werden. Wirken sich die analysierten Erbanlagen vor allem in der Haplophase (vgl. S. 478) aus, so spricht man von haplogenotypischer Vererbung, bei Genexpression in der Diplophase liegt dagegen diplogenotypischer Erbgang vor. Besondere Vererbungserscheinunen sind bei Genen zu erwarten, die nicht im Zellkern bzw. in den Chromosomen lokalisiert sind (extrachromosomale Vererbung). Schließlich lassen sich Kreuzungsversuche aber auch mit prokaryotischen Organismen (Bakterien) und sogar mit Viren durchführen, obwohl hier echte Sexualität, Meiose und eigentliche Chromosomen als Erbträger fehlen. Bemerkenswerte Experimente der letzten Zeit haben auch die vegetative Hybridisierung isolierter pflanzlicher Protoplasten und ihre Weiterzucht ermöglicht (vgl. S. 510).

a) **Haplogenotypische Vererbung.** Einfache Vererbungsverhältnisse bei *Eukaryota* können am Beispiel eines einzelligen grünen Flagellaten, *Chlamydomonas reinhardii* (vgl. S. 627ff.), demonstriert werden, der sich gut kultivieren und experimentell manipulieren läßt. Es handelt sich um einen Haplonten (S. 478), bei dem Mitosen, vegetative Fortpflanzung und Merkmalsdifferenzierung in der Haplophase (n) erfolgen, Gametenpaarung und Zygotenbildung ist nur zwischen Klonen mit erblicher, aber äußerlich nicht erkennbarer, unterschiedlicher Geschlechtsdifferenzierung (+ und −) möglich. Aus der diploiden Zygote (2n) entstehen nach der Meiose Tetraden mit 4 Meiosporen, die sich als Schwärmer weiter entwickeln.

Analysiert man die Nachkommen einer Tetrade (Abb. 3.1.6A), so findet man immer 2 Schwärmer, die später +Gameten und 2 Schwärmer, die −Gameten liefern (Eltern-Zweiertyp). Die Anlagen für das spezifische Geschlechtsverhalten werden also von beiden elterlichen Gameten an die Schwärmer weitergegeben. Die einfachste Erklärung für das konstante Zahlenverhältnis 2:2 ist die, daß die Anlage für das Geschlechtsverhalten (hier als a bezeichnet) in einem Chromosom (I) liegt und entweder in + oder −Form ausgebildet ist; von den Gameten werden die Erbanlagen a^+ und a^- in die Zygote eingebracht und aufgrund der Meiose im Verhältnis $a^+/a^+/a^-/a^-$ auf die Meiosporen aufgeteilt (Abb. 1.1.66, 3.1.6A). Unser erster Kreuzungsversuch weist also darauf hin, daß in den Chromosomen **partikuläre Erbanlagen** (auch **Gene** oder Erbfaktoren genannt) vorliegen. Die beiden gekreuzten Individuen unterscheiden sich in einer Erbanlage (Ein-Faktor-Kreuzung). Die untersuchte Anlage ist für die haplogenotypische Geschlechtsbestimmung verantwortlich. Ihre beiden Ausbildungszustände (Allele) sind a^+ und a^- und alternieren; ein Gen kann an seinem Ort (Locus) jeweils nur durch eines seiner Allele vertreten sein (vgl. dazu auch S. 486, 493, 495).

Bei *Chlamydomonas reinhardii* läßt sich cytologisch kein Unterschied feststellen zwischen den Chromosomen, welche die geschlechtsbestimmenden Faktoren a^+ und a^- tragen. Bei anderen Organismen mit haplogenotypischer Geschlechtsbestimmung sind die einander homologen ♀ und ♂ Geschlechtschromosomen (X und Y) auch ihrem Aussehen nach sehr verschieden geworden (z.B. bei *Sphaerocarpos*, Abb. 3.1.24, 3.2.100A); hier läßt sich der Zusammenhang zwischen Geschlechtsvererbung und meiotischer Chromosomenverteilung augenscheinlich demonstrieren.

Bei *Chlamydomonas reinhardii* finden sich Biotypen mit erblichen Chlorophyll-Defekten, die nicht grüne, sondern gelbliche Chloroplasten bilden (z.B. Stamm ac-31). Vermischt man +Gameten der Normalform mit − Gameten eines gelblichen Biotyps, so ergibt die Analyse (Abb. 3.1.6B), daß aus jeder Tetrade dieses Kreuzungsversuches wieder je 2 grüne und 2 gelbliche Meiosporen entstehen. Auch die Erbanlage für die Chlorophyllbildung (b) wird also in normaler (b^+) oder defekter (b^-) Form von den Gameten über die Zygote und Meiose unverändert, unvermischt und im Verhältnis 2:2 an die Nachkommen weitergegeben.

Bemerkenswert am Kreuzungsversuch zwischen grünen +Individuen (mit der Erbformel a^+b^+) und gelblichen −Individuen (a^-b^-) ist, daß in der Nachkommenschaft nicht nur den Elternstämmen entsprechende Individuen entstehen, sondern auch neue Kombinationstypen, also a^+b^- und a^-b^+, und zwar a^+b^+ : a^-b^- : a^+b^- : a^-b^+ im Verhältnis 1:1:1:1 (Abb. 3.1.6B). Die Erklärung für das Ergebnis dieses Kreuzungsversuches mit zwei verschiedenen Erbanlagen (Zwei-Faktoren-Kreuzung) ergibt sich wiederum aus der Tetradenanalyse: Dabei finden wir nämlich etwa gleich viele Eltern-Zweiertypen (a^+b^+/a^+b^+ a^-b^-/a^-b^-) und neukombinierte Zweiertypen (a^+b^-/a^+b^- a^-b^+/a^-b^+). Die Erbanlagen a und b liegen demnach auf verschiedenen Chromosomen (I und II) und es bleibt dem Zufall überlassen, ob die beiden von einem Elter stammenden Chromosomen in der Anaphase der Meiose I zum gleichen oder zu verschiedenen Polen

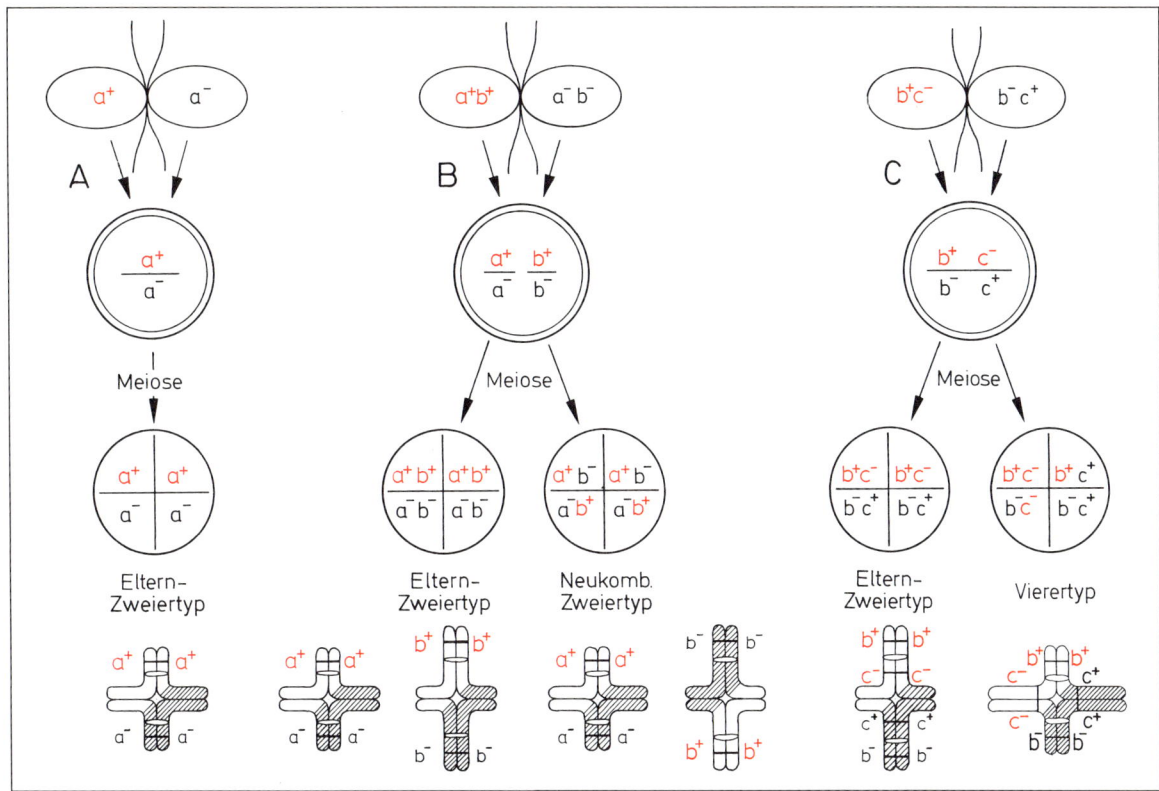

Abb. 3.1.6: Haplogenotypische Vererbung bei *Chlamydomonas reinhardii* (schematisch); oben Gameten (n), darunter Zygote (2n), Tetraden mit 4 Meiosporen (n) und Chromosomenpaare I und II (Metaphase I der Meiose), jeweils mit Centromeren und 4 Chromatiden (Herkunft von den Elternindividuen durch Weiß bzw. Schraffierung verdeutlicht; alle Bivalente werden durch Crossing-over zusammengehalten, ihre Centromere stoßen sich ab; die Erbanlagen sind durch Buchstaben und Marken an den Chromatiden, ihre verschiedene Ausbildung (Allele) durch + und − bzw. Rot und Schwarz (vom ersten und vom zweiten Elter) gekennzeichnet; die Erbanlage a liegt am Chromosom I, die Erbanlagen b und c am Chromosom II. **A** Ein-Faktor-Kreuzung: Unterschied in einer Erbanlage (a); **B** und **C** Zwei-Faktoren-Kreuzungen: Unterschiede in zwei Erbanlagen, die entweder auf verschiedenen Chromosomen (B: a und b auf I und II) oder auf einem Chromosom liegen (C: b und c auf II, Koppelung; Rekombination nur aufgrund von Crossing-over zwischen Centromer und Erbanlage: Vierertyp). In den Tetradenschemata sind nur die wichtigsten Aufspaltungsmöglichkeiten dargestellt. (Teilweise nach Grell, verändert.)

wandern, wobei entweder Eltern-Zweiertypen oder neukombinierte Zweiertypen entstehen.

Dieser Kreuzungsbefund an *Chlamydomonas reinhardii* zeigt neuerlich, daß die **Gene** durch ihre verschiedenen Ausbildungszustände (**Allele**) faßbar werden: a^+ und a^-, b^+ und b^- sind verschiedene Allele der Gene a und b. In verschiedenen Chromosomen des haploiden Satzes lokalisierte Gene werden mit den Chromosomen durch die elterlichen Gameten an die Zygote weitergegeben und aufgrund der freien Rekombination der elterlichen Chromosomen in der Meiose den Gesetzen des Zufalls folgend auf die Nachkommenschaft aufgeteilt (**interchromosomale Rekombination**; vgl. auch S. 67).

Manche Kreuzungsexperimente an *Chlamydomonas* lassen allerdings an der freien Kombinierbarkeit der Erbanlagen zweifeln. Wenn man z.B. den grünen, aber durch unbewegliche Geißeln ausgezeichneten Stamm pf-1 (b^+c^-) mit dem gelblichen, aber beweglichen Stamm ac-31 (b^-c^+) kreuzt, so erhält man überwiegend Tetraden des Eltern-Zweiertyps $b^+c^-/b^+c^-/b^-c^+/b^-c^+$) und demnach einen Überschuß von den Eltern entsprechenden Individuen b^+c^- und b^-c^+. Seltener findet man allerdings auch Tetraden eines Vierertyps mit 4 verschiedenen Schwärmern: $b^+c^-/b^+c^+/b^-c^-/b^-c^+$ und damit auch einen geringen Anteil von neuen Kombinationstypen. Wie Abb. 3.1.6C darlegt, ist die relative **Koppelung** der Gene b und c darauf zurückzuführen, daß sie auf ein und demselben Chromosom (II) liegen und nur durch **Faktorenaustausch** oder **Crossing-over** (S. 70 ff.) zwischen Centromer und Gen neu kombiniert werden können. (Crossing-over zwischen Gen und Chromosomenende kann keine Rekombination bewirken!). Außer der meiotischen Rekombination ganzer Chromosomen läßt sich auf genetischem Weg also auch eine reziproke Rekombination von homologen Chromosomenabschnitten nachweisen (**intrachromosomale Rekombination**; vgl. auch S. 67 ff.).

Wir sehen aus diesen Beispielen, daß die Gesetzmäßigkeiten der Vererbung eukaryotischer Organismen auf den Gesetzmäßigkeiten von Sexualität, Karyogamie und Meiose beruhen.

Besonders überzeugend läßt sich dieser Zusammenhang zwischen Vererbung und Meioseablauf an Genen demonstrieren, welche die Farbe der haploiden Meiosporen bei Ascomyceten beeinflussen (wegen der Entwicklungsgeschichte vgl. S. 565, 567f.). Ein Beispiel dafür ist die Aufspaltung des Gens für schwarze (g^+) bzw. graue (g) Sporenfarbe in den Sporenschläuchen (Asci) bei einem heterozygoten Individuum (g^+g) von *Neurospora sitophila*. Werden die beiden Allele gemeinsam mit dem Centromer schon in der Meiose I getrennt, so läßt sich die erfolgte Präreduktion am Aufteilungsmuster 4–4 erkennen. Erfolgt aber zwischen dem immer präreduzierten Centromer und dem Sporenfarbengen ein Crossing-over, so werden g^+ und g erst in der Meiose II getrennt (Postreduktion), und es ergibt sich ein 2-2-2-2-Muster (vgl. S. 71f., Abb. 1.1.66, 1.1.67). – Sogar an Samenpflanzen läßt sich haplogenotypische Vererbung demonstrieren, z.B. an Pollenmerkmalen beim Mais (Gen für Stärke- bzw. Amylopectinbildung).

Crossing-over zwischen Centromer und bestimmten Genen führt bei den in Abb. 3.1.6 dargestellten Kreuzungs-Versuchen auch zu anderen als den abgebildeten Tetradentypen; z.B. bei B zur Bildung von Vierertyp-Tetraden ($a^+b^+/a^+b^-/a^-b^+/a^-b^-$) oder bei C zu neukombinierten Zweiertypen ($b^+c^+/b^+c^+/b^-c^-/b^-c^-$), wenn zwischen allen 4 Chromatiden der Tetrade Crossing-over erfolgt.

Da alle auf einem Chromosom liegenden Gene genetisch ± gekoppelt sind, entspricht die Zahl der Koppelungsgruppen der haploiden Chromosomenzahl eines Organismus (bei *Chlamydomonas reinhardii*: n = 16). Die Häufigkeit, mit der zwischen Genen, die auf einem Chromosom liegen, Rekombination bzw. Crossing-over erfolgt, hängt verständlicherweise von ihrer räumlichen Entfernung ab: Je weiter auseinander, desto häufiger, je näher beieinander, desto seltener. Das Ausmaß genetischer Koppelung und die jeweilige Distanz lassen sich also durch die Rekombinationsrate kennzeichnen. Vergleicht man etwa bei *Chlamydomonas reinhardii* die Rekombinationsraten der zur gleichen Koppelungsgruppe gehörigen Gene b, c und d (Stamm thi-8 mit d^-: benötigt Pyrimidin im Nährmedium) so findet man, daß die Raten b-d und c-d niedriger sind als b-c und daß b-d plus c-d etwa b-c ergibt: Daraus kann auf eine lineare Reihenfolge der Gene b-d-c am Chromosom geschlossen werden. Aufgrund solcher 3-Faktoren-Kreuzungen haben sich für *Chlamydomonas* (und andere, genetisch gut analysierte Organismen, z.B. manche Bakterien, den Pilz *Neurospora*, Mais, Erbse etc.) wie für das klassische Versuchsobjekt *Drosophila* genetische Chromosomenkarten erstellen lassen (vgl. dazu auch S. 489 und Abb. 3.1.10).

b) **Diplogenotypische Vererbung.** Die Mendelschen Vererbungsgesetze wurden bekanntlich an eukaryotischen Samenpflanzen mit Merkmalsdifferenzierung in der Diplophase entdeckt. Wir haben hier Diplohaplonten mit stark reduzierter Haplophase vor uns (S. 478). Die Körperzellen besitzen jeweils zwei Chromosomensätze (2n), einen vom Vater und einen von der Mutter. Erst bei der Meiose erfolgt die Durchmischung bzw. Rekombination elterlicher Chromosomen bzw. Chromosomenstücke und nach wenigen haploiden Mitosen die Gametenbildung, die Befruchtung des Eikerns durch den Spermakern und die Entwicklung eines neuen Individuums mit diploiden Körperzellen. Gegenüber den Vererbungsverhältnissen in der Haplophase ergeben sich hier gewisse Komplikationen:

1) Nach der Kreuzung der Eltern (= Parentalgeneration: P) erfolgt die Rekombination der Erbanlagen erst in der Meiose vor der Gametenbildung der 1. Tochter- oder Filialgeneration (F_1). 2) Die Aufspaltung der elterlichen Erbanlagen wird daher erst in der 2. Tochtergeneration (F_2) sichtbar. (Die so instruktive Tetradenanalyse ist hier also nicht möglich.) 3) Eine bestimmte Merkmalsbildung wird jeweils durch 2 homologe Gene, ein mütterliches und ein väterliches, beeinflußt. Homozygot (reinerbig) werden dabei solche Individuen genannt, bei denen die beiden homologen Gene gleichartig ausgebildet, also durch dasselbe Allel repräsentiert sind, heterozygot (mischerbig) dagegen solche, bei denen unterschiedliche Allele vorliegen. Setzen sich in einem heterozygoten Individuum die beiden Allele bei der phänotypischen Merkmalsausprägung gleichermaßen durch, dann liegt «intermediäres» Verhalten vor, verdeckt dagegen eines die Wirkung des anderen, so spricht man von einem «dominanten» und einem «recessiven» Allel; dominante Allele werden üblicherweise mit Großbuchstaben, rezessive mit Kleinbuchstaben bezeichnet (z.B. Z–z).

Die Abb. 3.1.7 und 3.1.8 illustrieren klassische Beispiele für diplogenotypische Kreuzungsversuche, bei denen sich die Parentalgeneration in einem Gen unterscheidet (Ein-Faktor-Kreuzungen). Bei der Wunderblume, *Mirabilis jalapa*, werden weiß- bzw. rotblühende Elternpflanzen (P) gekreuzt. Die F_1-Bastarde sind einheitlich rosa. Die daraus weitergezüchtete F_2 spaltet zufallsgemäß etwa in weiß (25%): rosa (50%): rot (25%) auf. Dieses Spaltungsverhältnis 1:2:1 kann nur so gedeutet werden, daß in jeder Pflanze je 2 homologe Chromosomen am gleichen Chromosomenort (Locus) ein für die Blütenfarbe maßgebliches Gen tragen, das entweder als Allel R (für rot) oder als Allel r (für weiß) ausgebildet sein kann (Abb. 3.1.7). Die Kreuzung der homozygoten Elternpflanzen (♀ rr × ♂ RR oder ♀ RR × ♂ rr) ergibt eine heterozygote (rR bzw. Rr), aber in sich einheitliche F_1 (**1. Mendelsche Regel: Uniformität der F_1**). Die Wahl von rot- bzw. weiß-blühenden Pflanzen als Väter bzw. Mütter (reziproke Kreuzung) hat keinen Einfluß auf die F_1. Die rosa Blütenfarbe der F_1 zeigt, daß die Allele R und r sich «intermediär» auswirken. Als Ergebnis der Chromosomenaufteilung während der Meiose findet sich in genau 50% der Geschlechtszellen der F_1 das Allel r, in 50% das Allel R. Zufallsgemäße Befruchtungsvorgänge zwischen den beiden Gametensorten resultieren demnach in einer 1:2:1-Aufspaltung der F_2 in Individuen mit rr (25%): Rr bzw. rR (50%): RR (25%) (**2. Mendelsche Regel: Aufspaltung der F_2**). Die Homozygotie der rr- bzw. RR-Pflanzen und die Heterozygotie der Rr- bzw. rR-Pflanzen aus der F_2 läßt sich schließlich noch durch Weiterzucht einer F_3 beweisen.

Der Kreuzungsversuch zwischen Formen von *Urtica pilulifera* zeigt einen entsprechenden monofaktoriellen Erbgang, aber mit einem dominant/recessiven Allelpaar (Z/z): Die scharfzähnige Normalform hat die Genformel ZZ, die fast ganzrandige «dodartii»-Form zz. Die F_1 (Zz) entspricht wegen der Dominanz von Z

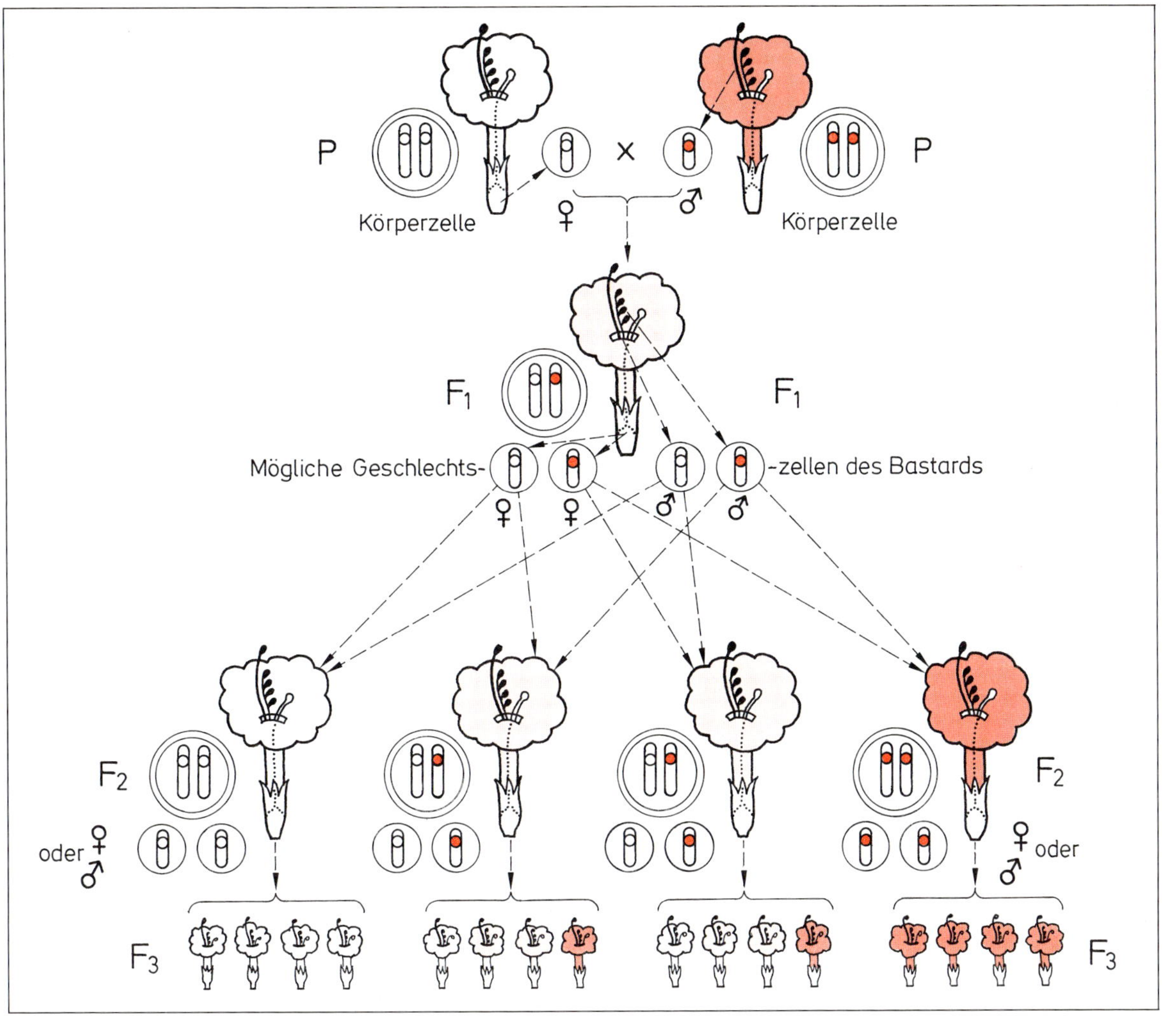

Abb. 3.1.7: Diplogenotypische Vererbung der Blütenfarbe bei *Mirabilis jalapa*. Ein Faktor-Kreuzung von Elternpflanzen (P) mit weißen bzw. roten Blüten; ihre Nachkommen in 3 Generationen (F_1, F_2, F_3), heterozygote Individuen mit intermediärer rosa Blütenfarbe. In den schematisch angedeuteten Körper- und Geschlechtszellen sind im Chromosom mit dem Blütenfarbengen das Allel R rot, das Allel r weiß eingezeichnet. (Schema abgeändert nach Correns.)

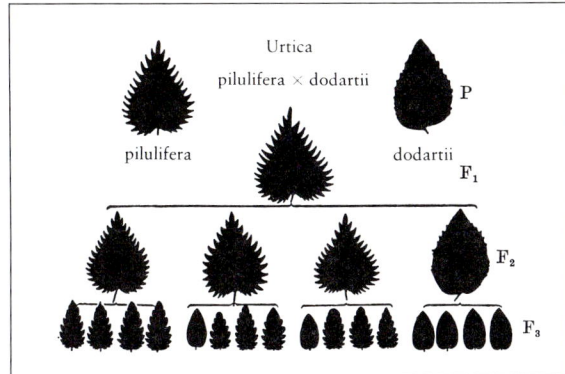

Abb. 3.1.8: Vererbung der Blattzähnung bei *Urtica pilulifera*. Ein-Faktor-Kreuzung von Elternpflanzen (P) mit scharfzähnigen («*pilulifera*») bzw. fast ganzrandigen Blättern («*dodartii*»); ihre Nachkommen in 3 Generationen (F_1, F_2, F_3). (Schema nach Correns.)

über z phänotypisch der Normalform. Die F_2-Aufspaltung im Phänotypen-Verhältnis 3:1 resultiert aus Individuen mit ZZ (25%) : Zz bzw. zZ (50%) : zz (25%). Die genotypische Verschiedenheit von ZZ- und Zz-Pflanzen der F_2 läßt sich eindeutig aus der F_3 ablesen. Sie kann aber auch durch eine Rückkreuzung mit dem rezessiven Elter (zz) erwiesen werden: Zz × zz spaltet nämlich in der Nachkommenschaft (R) 1:1 auf (Zz 50% : zz 50%), während ZZ × zz natürlich wieder eine phänotypisch einheitliche Zz-Nachkommenschaft ergibt.

Dem Rückkreuzungsschema (1:1) folgt auch die **diplogenotypische Geschlechtsbestimmung**, die wir nicht nur bei den meisten Tieren, sondern z.B. auch bei Samenpflanzen mit Diöcie im Sporophyt finden (S. 500 f.).

Bei der Zaunrübe *Bryonia dioica* etwa sind die ♂ Pflanzen im Hinblick auf das geschlechtsbestimmende Gen heterozygot nach der Genformel Mm, die ♀ dagegen homozygot mit mm. Aus der Kombination ♂ Mm × ♀ mm entstehen naturgemäß immer wieder 50% ♂ Mm und 50% ♀ mm. Auch bei diöcischen Samenpflanzen ist es durch Chromosomenmutationen zur Ausbildung von charakteristischen Geschlechtschromosomen gekommen, so z. B. bei der Weißen Lichtnelke *Silene alba* (= *Melandrium album*) mit XX bei ♀ und XY bei ♂ Pflanzen (vgl. S. 500, 767, Abb. 3.1.24). Wenn in den Geschlechtschromosomen noch andere Gene lokalisiert sind, so zeigen sie Geschlechtskoppelung (z. B. die rezessive Anlage für die Bluterkrankheit im X-Chromosom beim Menschen: sie tritt fast nur beim Mann mit XY auf).

Verwickelter wird der Erbgang, wenn sich die Eltern in 2 oder noch mehr Genen unterscheiden (Zwei- und Mehr-Faktoren-Kreuzungen). Maßgeblich bleiben natürlich auch hier die Gesetzmäßigkeiten der Sexualität und Chromosomenverteilung bei der Meiose. Die Analyse von F_1 und F_2 erlaubt demnach Rückschlüsse auf Verhalten und Zahl der für die Merkmalsdifferenzierung verantwortlichen Gene.

In Abb. 3.1.9 wird die Kreuzung einer rot und radiär mit einer weiß und zygomorph blühenden Sorte des Löwenmäulchens *(Antirrhinum majus)* interpretiert. Wir beobachten eine einheitlich rot-zygomorphe F_1 und die Aufspaltung der F_2 in rot-zygomorph (9) : rot-radiär (3) : weiß-zygomorph (3) : weiß-radiär (1). Daraus ergibt sich, daß die Anlage von rot (R) dominant über weiß (r) ist, und die von zygomorph (Z) dominant über radiär (z). Aufgrund zufallsgemäßer interchromosomaler Rekombination in der Meiose entstehen in der F_1 4 Gametensorten. Aus den 16 Paarungsmöglichkeiten resultiert in der F_2 das Aufspaltungsverhältnis 9 : 3 : 3 : 1 folgendermaßen:

$$\underbrace{RRZZ\ (1) : RRZz\ (2) : RrZZ\ (2) : RrZz\ (4)}_{\text{rot-zygomorph (9)}} :$$

$$\underbrace{RRzz\ (1) : Rrzz\ (2)}_{\text{rot-radiär (3)}} : \underbrace{rrZZ\ (1) : rrZz\ (2)}_{\text{weiß-zygomorph (3)}} :$$

$$\underbrace{rrzz\ (1)}_{\text{weiß-radiär (1)}}$$

Bemerkenswert sind in diesem Kreuzungsversuch die neuartigen (und teilweise reinerbigen) Kombinationstypen rot-zygomorph und weiß-radiär. Es liegen also 2 voneinander unabhängige Gene vor (**3. Mendelsche Regel: freie Kombinierbarkeit der Erbanlagen**).

Mendel hat für seine Untersuchungen besonders Formen der Erbse *(Pisum sativum)* verwendet. Seine Erbregeln hat er u. a. an einer Kreuzung zwischen einer gelb- und glattsamigen und einer grün- und runzelsamigen Sorte mit Unterschieden in zwei dominant/rezessiven Genen (IIRR × iirr) demonstriert.

Aus den Spaltungszahlen der F_2-Phänotypen kann man demnach auf die Zahl und das Verhalten der die zwei Kreuzungspartner unterscheidenden Gene schließen. Bei 3 Genen und intermediär wirksamen Allelen gibt es in der F_2 bereits 27, bei dominant-recessiven Allelen immerhin noch 8 verschiedene Phänotypen (im Verhältnis 27 : 9 : 9 : 9 : 3 : 3 : 3 : 1). Allgemein sind bei n Genen mit je 2 Allelen in der F_2 3^n verschiedene Genotypen

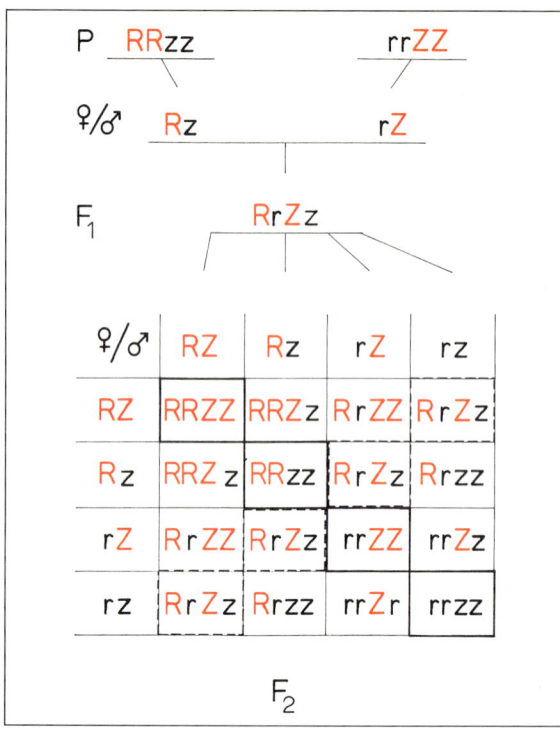

Abb. 3.1.9: Schema einer Zwei-Faktoren-Kreuzung bei *Antirrhinum majus*. Elternpflanzen (P) mit roten und radiären bzw. mit weißen und zygomorphen Blüten; ihre Nachkommen in F_1 und F_2; ♀/♂ Gametenzellen. Gene (jeweils mit zwei Allelen, dominant: rote Großbuchstaben, rezessiv: schwarze Kleinbuchstaben) für Blütenfarbe (R = rot, r = weiß) und Blütenform (Z = zygomorph, z = radiär) in verschiedenen Chromosomen (also nicht gekoppelt). Aufspaltung in der F_2 = dick umrandet doppelt Homozygote, punktiert umrandet: doppelt Heterozygote. (Original.)

zu erwarten. Die großen Zahlen neuartiger Kombinationstypen, die bei solchen **multifaktoriellen Kreuzungen** auftreten, machen ihre Bedeutung für die rasche Formbildung in der Natur und für die Pflanzenzüchtung deutlich (vgl. S. 511).

Bei vielen Kreuzungsversuchen scheint eine mehr oder minder kontinuierliche Merkmalsaufteilung in der F_2 der Mendelschen Spaltungsregel zu widersprechen. Dies gilt besonders für quantitativ differenzierte Merkmale, z. B. Stengelhöhe, Blattlänge, aber auch für unterschiedlich intensive Färbung. So ergibt etwa die Kreuzung gewisser rot- und weißfrüchtiger Weizen-Sorten in der F_2 ein kontinuierliches Farbspektrum. Als Ursache dafür konnte gezeigt werden, daß die Rotfärbung additiv durch 3 Gene gesteuert wird. Man spricht in einem solchen Fall von **Polygenie**. In unserem Beispiel haben RRSSTT-Individuen dunkelrote Körner, mit RrSsTt, Rrsstt nimmt die Farbintensität allmählich bis rosa ab, und rrsstt ist schließlich weiß.

Bei manchen Zwei-Faktoren-Kreuzungen (z. B. bei *Pisum*: gerade, grüne Hülse × gekrümmte, wachsgelbe Hülse = CpCpGpGp × cpcpgpgp) trifft die erwartete 9 : 3 : 3 : 1-Spaltung der F_2 nicht zu: Die von den Elternpflanzen eingebrachten Kombinationstypen sind viel häufiger als die Neukombinationen. Die Ursache für diese Abweichung von der 3. Mendelschen Regel liegt darin, daß die betreffenden Gene nahe beieinander im gleichen Chromosom V liegen (Abb. 3.1.10): Sie

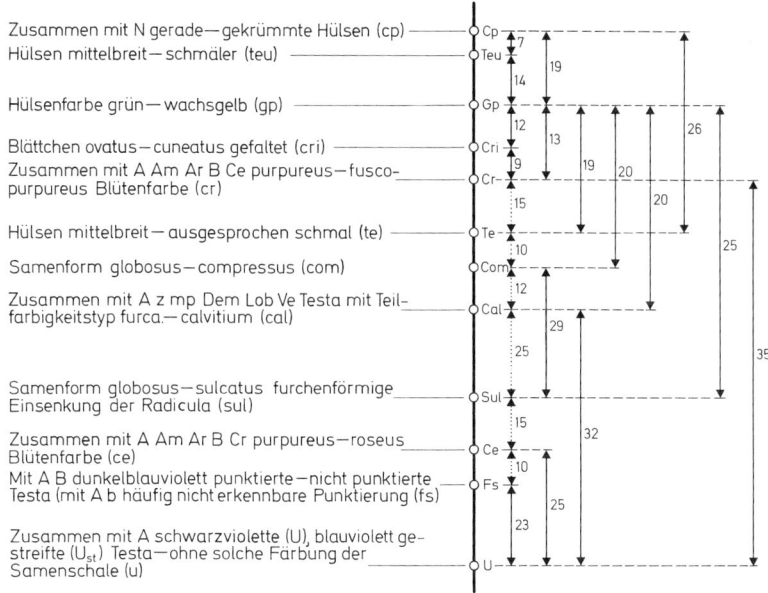

Abb. 3.1.10: Lage einiger Gene (Cp, Teu, Gp etc.) am Chromosom V der Erbse (*Pisum sativum*). Links der Phänotypus bei normalem bzw. mutiertem Zustand der Gene; Auswirkung teilweise nur zusammen mit anderen Genen (z.B. mit A, einem Grundgen für die Anthocyanbildung). Rechts die Rekombinationsraten. (Nach Lamprecht aus Günther.)

zeigen daher genetische Koppelung und sind nur durch Crossing-over und damit intrachromosomal rekombinierbar (vgl. S. 67, 71f.).

So wie bei *Chlamydomonas* hat man auch bei *Pisum* aus den Rekombinationsraten zwischen gekoppelten Genen die relative Lage der Genorte an jedem der 7 Chromosomen ermittelt und in Form von Chromosomenkarten dargestellt (Abb. 3.1.10). Dabei liegt die direkt bestimmte Rekombinationsrate weiter voneinander entfernter Gene (z.B. Cp/Gp = 19) immer unter dem Wert, der sich durch Addition der Raten für die dazwischen liegenden Gene (Cp/Teu + Teu/Gp = 21) ergibt. Das geht darauf zurück, daß über größere Chromosomenentfernungen durch doppeltes Crossing-over die Rekombinationshäufigkeit wieder abnimmt.

Scheinbare Abweichungen von den Mendelschen Erbregeln können auch durch Letalfaktoren (Faktoren mit tödlicher Wirkung) verursacht werden.

Bei vielen Pflanzen sind z.B. gelbgrüne Formen (Gg) bekannt, die mit der grünen Normalform (GG) eine heterogene F$_1$ von normal:gelbgrün wie 1:1 und nach Selbstung der Gg-Pflanzen eine Nachkommenschaft von normal:gelbgrün wie 1:2 ergeben. Hier liegt ein intermediär vererbter, homozygot aber letaler (tödlicher) Chlorophylldefekt vor: gg-Individuen sind weiß und chlorophyllos; sie sterben infolgedessen schon als Keimling ab. Die meisten Letalfaktoren sind Defekt-Allele von Genen, welche lebenswichtige Funktionen steuern. Häufig sind Letalfaktoren rezessiv und fallen daher in Heterozygoten nicht auf. Erst durch Selbstung und Inzucht erweist sich ihre weite Verbreitung (vgl. S. 502).

c) Extrachromosomale Vererbung. Obwohl die Erbanlagen in ihrer überwiegenden Mehrzahl bei den *Eukaryota* als Genom in den Chromosomen lokalisiert sind und damit dem Verteilungsmechanismus von Mitose und Meiose unterliegen, haben doch auch außerhalb der Zellkerne bzw. Chromosomen liegende Zellorganellen an Vererbungserscheinungen Anteil. Soweit man weiß, handelt es sich aber auch dabei immer um DNA-tragende und damit mehr-minder zur Autoreplikation und eigenen Proteinsynthese befähigte Strukturen. Solches extrachromosomales Erbgut findet sich besonders als Plastom in den Plastiden (S. 119f., Abb. 1.1.124) bzw. als Chondriom in den Mitochondrien (S. 107ff., Abb. 1.1.115); insgesamt wird es als Plasmon dem Genom gegenübergestellt. Bau und Funktion von Plastiden und Mitochondrien werden aber nicht nur von ihrer eigenen DNA, sondern auch von der chromosomalen DNA gesteuert (vgl. z.B. S. 110f., 120, 484, Legende zu Abb. 3.1.12). Es liegt also eine komplexe Kooperation von Plasmon und Genom vor.

Plastiden und Mitochondrien verhalten sich hinsichtlich Teilung, Formwechsel, Weitergabe an die Gameten sowie Zygotenentwicklung oft anders als Zellkerne und Chromosomen. Daher zeigen sich bei der Vererbung von Plastiden- und Mitochondrien-Genen verschiedene Besonderheiten. So gibt es z.B. bei vielen Samenpflanzen Formen mit weiß-grüngescheckter Blattzeichnung (Panaschierung), die bei Kreuzungen mit der grünen Normalform oft nur über die Mutterpflanze weitergegeben wird (z.B. bei *Mirabilis*, Abb. 3.1.11A). Die F$_1$ ist also reziprok verschieden und umfaßt – ebenso wie die Nachkommenschaft aus der Selbstung der weißgrünen Mutter – grüne, gescheckte und weiße Pflanzen. Dieses Ergebnis beruht darauf, daß gescheckte Pflanzen ihre normalen grünen und defekten farblosen Plastiden nur an die Eizellen, nicht aber an die plasmaarmen Spermazellen weitergeben (vgl. S. 471, Abb. 3.1.11B; mütterliche Vererbung). Bei der Nachkommenschaft erfolgt alsdann im Verlauf der embryonalen Zellteilungen und während der weiteren Entwicklung eine zufallsgemäße Entmischung grüner und farbloser Plastiden (Abb. 3.1.11C–F), woraus die eigenartige, nichtmendelnde, vegetative «Aufspaltung» in der F$_1$ resultiert.

Bei der Hefe *(Saccharomyces cerevisiae)* treten relativ häufig schlechtwüchsige Individuen («petit») auf, denen das Fermentsystem zur Veratmung des Zuckers fehlt (sie können ihn nur vergären). Es handelt sich um einen Defekt der Mitochondrien, der meist durch teilweisen (oder sogar völligen) Ausfall ihrer DNA (vgl. S. 109f.) bedingt ist. Bei den Angiospermen ist Pollensterilität häufig mit Veränderungen an der Mitochondrien-DNA verbunden. Bei Kreuzung mit Normalformen beobachtet man mütterliche Vererbung bzw. Verschwinden der Defekte, weil es zur Weitergabe von normalen Mitochondrien bzw. zur Rekombination zwischen normaler und defekter Mitochondrien-DNA gekommen ist (vgl. S. 110).

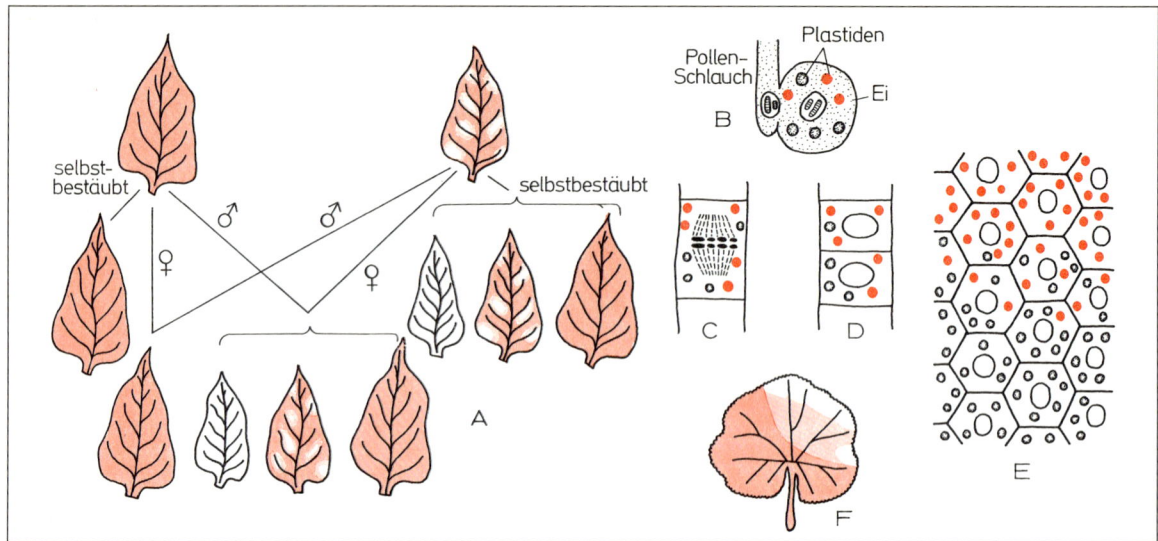

Abb. 3.1.11: Extrachromosomale Vererbung der grün-weißen Blattscheckung (Schema-Farben: rot–rosa–weiß). **A** Mütterliche Vererbung bei *Mirabilis jalapa*. Schemata zur Erklärung der Befruchtung (**B**) und der Plastiden-Entmischung (**C–E**). **F** Panaschiertes Blatt von *Pelargonium* mit grün-weißer Übergangszone. Normale Plastiden rot, defekte weiß, Chromosomen schraffiert. (A nach Correns, Oehlkers; B–F nach Kühn.)

Als Grundlage für extrachromosomale Rekombinationsvorgänge hat man z.B. in der Zygote von Einzellern an Plastiden (z.B. bei *Chlamydomonas*) bzw. an Mitochondrien (z.B. bei *Polytoma*) Fusionsvorgänge festgestellt. Trotzdem erfolgt die Vererbung von entsprechenden Genen vielfach nicht über beide Eltern. Mit Hilfe von Rekombinationsversuchen, Restriktions-Endonucleasen (S. 48), RNA/DNA-Hybridisierung (S. 48) u.a. lassen sich heute bereits Genkarten von ringförmigen Plastiden- bzw. Mitochondrien-DNA aufstellen (Abb. 3.1.12). In den Organellen finden sich jeweils mehrere bis viele solcher DNA-Ringe (vgl. Abb. 1.1.37). Darüber hinaus beweisen elektronenoptische Bilder von DNA-Ringen im Zellplasma und genetische Experimente das Vorkommen von Plasmiden, wie man sie von Bakterien kennt (S. 491, Abb. 1.1.36), auch bei Eukaryoten, und zwar sowohl in den Mitochondrien und Plastiden als auch im Cytoplasma.

d) Vererbung bei Bakterien und Viren. Kreuzungsversuche mit Bakterien und Viren haben in den letzten Jahrzehnten zu ganz entscheidenden Durchbrüchen im Bereich der Molekularbiologie geführt. Von diesen neuen Erkenntnissen ist an vielen Stellen dieses Lehrbuches die Rede (vgl. z.B. S. 5, 120 ff., 306 ff., 313 ff.). Im folgenden sei beispielhaft einiges über die genetische Seite dieser Versuche dargelegt. Dabei ist die gegenüber eukaryotischen Organismen völlig andersartige Entwicklungsgeschichte zu beachten (S. 120 ff., 499, 530 ff.). Besonders wesentlich ist, daß bei Kreuzungen von Bakterien bzw. Viren immer nur Teile von Zellen (bzw. Partikeln) verschmelzen und auch immer nur Teile ihres Erbgutes rekombiniert werden (Parasexualität). Diese Prozesse sind übrigens viel seltener als Sexualvorgänge bei den meisten *Eukaryota*. Voraussetzung für ihre Entdeckung war also die Entwicklung von entsprechenden Selektionsmethoden.

Beim Bakterium *Escherichia coli* finden sich z.B. Stämme, welche das lebenswichtige Vitamin Biotin nicht bilden können und andere, bei welchen dies für die Aminosäure Threonin gilt. Mischt man diese beiden Stämme (bio$^-$ thr$^+$ und bio$^+$ thr$^-$) auf einem Nährboden, der diese beiden Verbindungen enthält, so entwickeln sie sich normal. Überträgt man die beiden Stämme dann aber auf einen Minimalnährboden ohne Biotin und Threonin, dann sterben fast alle Zellen, bis auf einige wenige, bei denen es zur Rekombination gekommen ist: bio$^+$ thr$^+$. Ein Filterversuch beweist, daß dafür die **Konjugation** lebender Zellen notwendig ist, und im Elektronenmikroskop läßt sich bei der Wahl von kugelig bzw. länglich geformten Ausgangsstämmen der Paarungsvorgang sichtbar machen (Abb. 3.1.13 A); dabei stellen von einem Partner gebildete

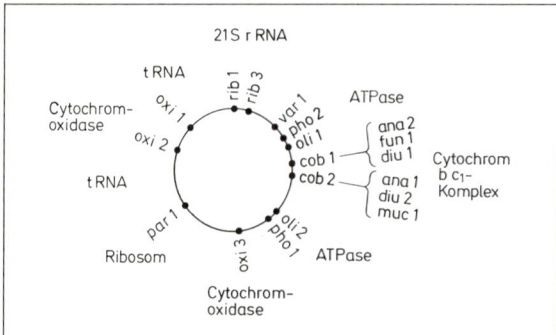

Abb. 3.1.12: Genkarte für die kreisförmige Mitochondrien-DNA der Hefe *Saccharomyces cerevisiae*. Innen stehen die Kürzel für die Genorte, außen die Genprodukte. Das Strukturgen für Cytochrom b enthält zwischen cob 1 und cob 2 ein nicht transkribiertes Intron (vgl. S. 307, Abb. 2.1.72). Gezielte Blockierungsversuche mit spezifischen Antibiotika haben gezeigt, daß von den 7 Polypeptid-Untereinheiten der für die Atmung wesentliche Cytochrom-Oxidase drei von der Mitochondrien-DNA und vier von der Zellkern-DNA codiert werden. Man beachte auch die Gene für tRNA, rRNA und ribosomale Proteine, ATPase sowie diverse Antibiotikaresistenzen (z.B. ana = Antimycin). (Nach Michaelis & Pratje.)

Sexualpili die Verbindung her. Konjugation ist fast nur zwischen Stämmen möglich, die einen Sexualfaktor F⁺ haben, und solchen, denen dieser Faktor fehlt (F⁻). Eigenartigerweise werden die F⁻-Individuen nach der Konjugation zu F⁺; als Empfänger-Zellen werden sie also einseitig mit dem F-Faktor der Spender-Zellen «infiziert». Im Elektronenmikroskop läßt sich dieser Sexualfaktor als geschlossener, vom übrigen Bakteriengenophor freier DNA-Ring in den F⁺-Zellen nachweisen (Abb. 1.1.36). Durch Acridinorange kann die Replikation des F-Faktors gehemmt werden; es entstehen F⁻-Individuen.

Bei manchen *Escherichia-coli*-Stämmen ist die sonst sehr geringe Rekombinationsbereitschaft wesentlich erhöht (Hfr). Hier wird der F-Faktor in das übrige fadenförmige Bakteriengenom eingebaut (vgl. unten). Er bewirkt aber weiterhin Konjugation mit F⁻-Zellen, zieht dabei den übrigen daranhängenden DNA-Faden der Spender-Zelle mehr-minder weit (aber kaum vollständig!) in die Empfänger-Zelle hinüber (Abb. 3.1.13 B) und verursacht so die einseitige genetische Rekombination zwischen den konjugierenden Stämmen. Der Übertragungsvorgang erfolgt parallel mit der Replikation der DNA der Spender-Zelle und kann zeitlich dosiert unterbrochen werden. So kann die lineare Reihenfolge der Gene im Bakteriengenom ermittelt und mit der aus Rekombinationswerten gewonnenen Genkarte parallelisiert werden. Dabei stellt sich heraus, daß auch der Hauptanteil der *Escherichia-coli*-DNA in Form eines insgesamt etwa 1 mm langen Ringes vorliegt, in den der F-Faktor an verschiedenen Stellen ein- oder ausgebaut werden kann. Auch dabei können andere Gene «hängen bleiben» und zwischen konjugierenden Stämmen ausgetauscht werden.

Frei im Plasma liegende DNA-Ringe (wie z.B. der F-Faktor von *Escherichia coli*), die sich autonom replizieren, im Gegensatz zu Viren aber keine eigene Proteinhülle bilden, nennt man **Plasmide** (Abb. 1.1.36). Bei manchen Bakterien können solche Plasmide Gene für Antibiotikaresistenz oder Toxinproduktion enthalten oder Pflanzentumoren auslösen. Besondere Bedeutung haben Bakterien-Plasmide in den letzten Jahren für die **Gentechnologie** («genetic engineering») erhalten (S. 48f.). Dabei wird Fremd-DNA mit Hilfe von Restriktions-Endonucleasen in ein Plasmid eingebaut und mit dem Plasmid in den sich teilenden Bakterienzellen repliziert (Gen-Klonierung; ist auch in Bakteriophagen möglich; vgl. dazu auch Abb. 3.1.14 B). Unter günstigen Bedingungen kann es dabei auch zur Transkription und Translation der Fremd-DNA kommen. So ist es z.B. gelungen, das für die Bildung von Insulin verantwortliche Gen aus der Ratte in das Bakterium *Escherichia coli* zu übertragen und dort Insulinbildung auszulösen.

Von großer medizinischer Bedeutung sind Plasmide, bei denen die Fähigkeit der Konjugation gekoppelt ist mit Resistenzfaktoren gegen diverse Antibiotika, Sulfonamide, UV-Licht u.a. Solche Plasmide werden leicht auf ursprünglich nicht resistente Bakterienstämme übertragen, wodurch ihre Bekämpfung immer schwieriger wird.

Bei den derzeit geläufigsten Verfahren der Gentechnologie isoliert man eine bestimmte mRNA aus einem eukaryotischen Organismus und macht aus ihr mit Hilfe der Reversen Transkriptase (S. 48f.) korrespondierende DNA. Für die Öffnung der ringförmigen Plasmid-DNA aus dem Bakterium verwendet man eine Restriktions-Endonuclease, die an den Enden alternierend überstehende einsträngige DNA («sticky ends») produziert. Wenn nun auch an der Eukaryoten-DNA entsprechende Enden hergestellt werden, kann mit Hilfe von Ligasen die Eukaryoten-DNA in das Bakterien-Plasmid eingefügt werden. Vielversprechend sind gentechnologische Versuche, Bakterienplasmide mit den Genen für die Luftstickstoffbindung (vgl. S. 351 ff.) nicht nur auf dazu unfähige andere Bakterienstämme, sondern vielleicht auch auf Angiospermen zu übertragen.

Agrobacterium tumefaciens (S. 540) enthält ein Plasmid, das nach Infektion und Einbau in das Genom bei verschiedenen Angiospermen Tumorbildungen bewirkt (S. 432 f.). Die Tumor-auslösenden DNA-Abschnitte können eliminiert und das Plasmid als Vektor (Überträger) für diverse Gene verwendet werden.

Auch die Viren der Bakterien, die Bakteriophagen (S. 536), können als Überträger von Bakterien-Genen bei Kreuzungsversuchen fungieren; es handelt sich um das Phänomen der **Transduktion**. Dabei bedient man sich «temperenter» Phagenstämme (Abb. 3.1.14). Im Gegensatz zu «virulenten» Phagen verursacht ihre DNA in den Wirtszellen nicht immer nur die Bildung neuer Phagenpartikel mit Eiweißhülle und zuletzt die Zerstörung der befallenen Zelle (Lyse; lytischer Cyclus). Die DNA temperenter Phagen kann nämlich auch als «Prophage» und aufgrund von Crossing-over-artigen Vorgängen (S. 71 f.) in die ringförmige Bakterien-DNA eingebaut und damit parallel repliziert wer-

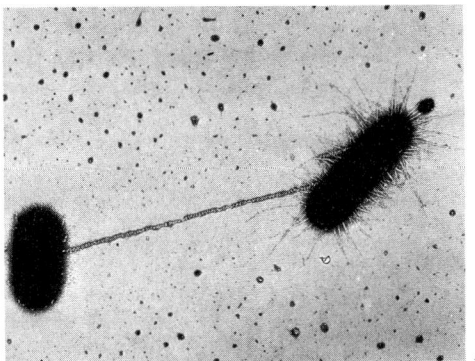
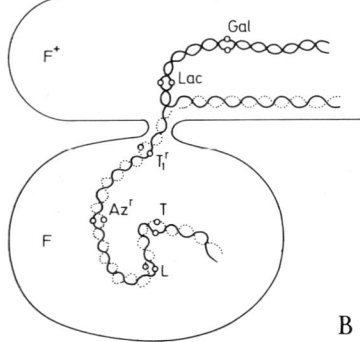

Abb. 3.1.13: Konjugation bei *Escherichia coli*. Eine längliche Hfr-Zelle (Donor) verbindet sich durch einen Sexualpilus mit einer rundlichen F⁻-Zelle (Rezeptor). **A** Elektronenmikroskopische Aufnahme (3500×). **B** Schema der schrittweisen Übertragung von DNA der Spender- auf die Empfänger-Zelle; einige Genorte markiert. (A nach Brinton & Carnahan, B nach Nultsch.)

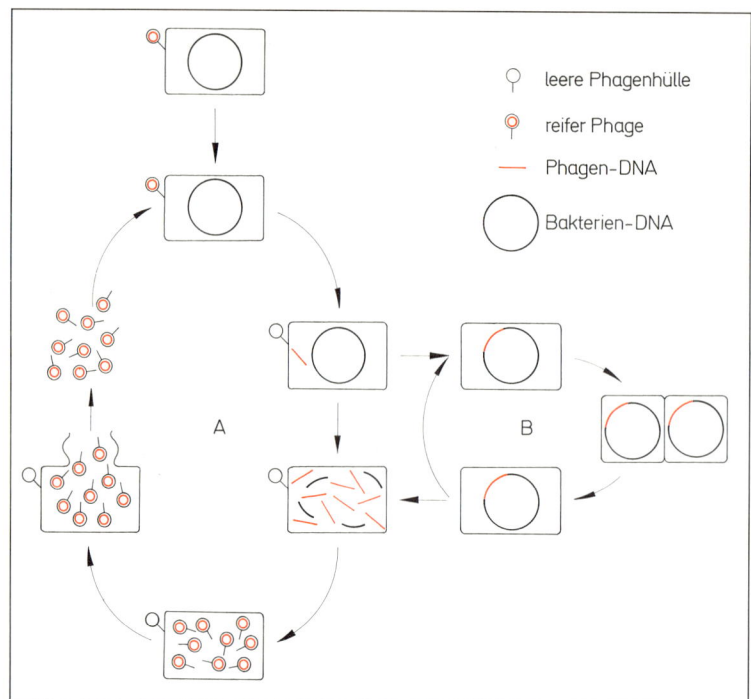

Abb. 3.1.14: Schema der Entwicklung eines temperenten Bakteriophagen in einer Bakterienkolonie. **A** Lytischer Cyclus: Bildung von Bakteriophagen und Zerstörung der Wirtszelle. **B** Lysogener Cyclus: Einbau der Phagen-DNA (rot) in die Bakterien-DNA und ungestörte Teilung der Wirtszelle. Beim neuerlichen Übergang zum lytischen Cyclus kann es zur Transduktion kommen. (Original.)

den, ohne daß die Bakterienzellen dabei Schaden nehmen (lysogener Cyclus). Durch gelegentlichen «Ausbau» vermag die Phagen-DNA aber auch wieder die Lyse ihrer Wirtszelle auszulösen.

Die Ähnlichkeit im Verhalten von temperenten Phagen und Plasmiden (z. B. dem F-Faktor, S. 491) ist augenscheinlich. Die charakteristischen Anlagen mancher Bakterien können sich manchmal mit ihren Phagen geradezu «selbständig machen». So liegt z. B. beim Diphtherie-Erreger, *Corynebacterium diphtheriae*, das Gen für die Toxinbildung in der Prophagen-DNA; nur lysogene Stämme sind zur Bildung des Toxins befähigt. Geht der Prophage verloren, so entsteht ein Toxin-freier, nicht-pathogener Stamm; er kann nur durch erneute Phageninfektion wieder toxisch werden. Dabei kann die DNA vieler temperenter Phagen an sehr verschiedenen, bei anderen (z. B. λ) nur an ganz bestimmten Stellen des Wirtszellengenophors eingefügt werden. Das genaue Einpassen des Prophagen λ in das Genom von *Escherichia coli* steht im Zusammenhang mit der auffälligen Übereinstimmung von Gensequenzen bei Phage und Wirt (S. 536). Alle diese Befunde sprechen für einen sehr engen genetischen Zusammenhang zwischen Bakteriengenom und Bakteriophagen.

Bei der Lyse von Bakterien kann es gelegentlich (10^{-5} bis 10^{-6}) dazu kommen, daß kleine Stücke der Wirts-DNA von der Bakteriophagen-DNA «mitgenommen» werden. Infiziert man etwa einen Arginin-bedürftigen und Streptomycin-sensiblen *Salmonella*-Stamm (arg$^-$ str^s) mit Bakteriophagen, die sich auf einer normalen und resistenten Kolonie (arg$^+$ str^r) entwickelt hatten, so lassen sich auf Nährböden ohne Arginin oder mit Streptomycin die seltenen Rekombinationstypen (arg$^+$ str^s oder arg$^-$ str^r) auslesen. Es ist zur Transduktion gekommen.

Wegen der Seltenheit der Transduktionsvorgänge und der Tatsache, daß vom Phagen immer nur sehr kurze, wenige Gene umfassende DNA-Stücke von einem Wirt auf den anderen übertragen werden, kommt es nicht zur gemeinsamen Transduktion der am *Salmonella*-Genom weiter auseinanderliegenden Gene arg$^+$ und str^r. (Auf einem Nährboden mit Streptomycin und ohne Arginin findet man also keine Nachkommen.) Näher beieinanderliegende Gene können aber auch gemeinsam transduziert und rekombiniert werden. Aus den entsprechenden Rekombinationsraten haben sich sehr detaillierte Genkarten für *Salmonella*, *Escherichia* und andere Bakterien erstellen lassen. Sie haben etwa für *Salmonella* gezeigt, daß die an der Biosynthese der Aminosäure Histidin aufeinanderfolgend beteiligten Enzyme von Genen produziert werden, die auch im Genophor in entsprechender Abfolge angeordnet sind, was etwa einem Fließband vergleichbar wäre. Eine solche räumliche Nachbarschaft hat sich auch bei *Escherichia coli* für das genetische Kontrollsystem des Lactose-Abbaues ergeben (Operon, vgl. S. 313 ff.).

Es ist sehr bemerkenswert, daß sich Erbanlagen auch in Form isolierter, molekularer DNA aus abgetöteten Zellen auf andere, lebende Zellen übertragen und in deren Erbgut permanent einbauen lassen; dieser Vorgang wird **Transformation** genannt. Von *Diplococcus pneumoniae*, dem Erreger der Lungenentzündung, gibt es z. B. kapselbildende pathogene (S) und harmlose Stämme ohne Kapsel (R). Wenn man R-Kolonien mit der gereinigten DNA aus abgetöteten S-Kolonien versetzt, kommt es vereinzelt zum Einbau des S-Faktors und damit zur Entstehung pathogener Individuen. Mit dieser Methode haben O. T. Avery und Mitarbeiter 1944 bewiesen, daß es sich bei der Erbsubstanz um DNA handelt.

Kreuzung und Rekombination der DNA ist schließlich auch bei vielen Bakteriophagen und einigen Viren nachgewiesen worden. Dazu kommt es gelegentlich bei Mischinfektionen einer Wirtszelle mit verschiedenen Stämmen.

Ähnlich wie bei der Transduktion lassen sich auch hier trotz der geringen Frequenz der Rekombinationsvorgänge wegen der ungeheuren Partikelzahlen sehr exakte Schlüsse auf die räumliche Anordnung und Struktur der Gene ziehen. Beim Phagen T4 hat man Hunderte von parallel entstandenen rII-Mutationen isoliert, die am *Escherichia-coli*-Stamm B besonders große Lyse-Löcher erzeugen, am Stamm K aber wirkungslos sind. Die Mutationsorte (z.B. rII$_1$, rII$_2$) liegen als molekulare Veränderungen der Phagen-DNA zwar nahe beieinander, vielfach aber nicht an genau derselben Stelle. Das läßt sich durch Kreuzung und Entstehung von normalen Rekombinationstypen beweisen, die wieder auf Stamm K wachsen können und daher auch bei sehr geringer Frequenz zu finden sind: rII$_1$/+ × +/rII$_2$ = rII$_1$/rII$_2$ und +/+ (normal). Mit dieser Methode läßt sich zeigen, daß Mutations- und Rekombinationsorte oft nicht mehr als ein Nucleotidpaar auf der DNA auseinanderliegen. Daß es sich bei diesen kleinsten Abschnitten um verschiedene Mutations- und Rekombinationsorte innerhalb eines Gens und nicht um Gene im Sinne von Funktionseinheiten (S. 306ff.) handelt, läßt sich durch Doppelinfektion der Bakterien und den *Cis-Trans*-Test zeigen: Das gleichzeitige Vorhandensein der beiden Bakteriophagentypen rII$_1$/+ und +/rII$_2$ *(Trans)* in einer Zelle des Stammes K bewirkt nämlich noch keine Lyse, während rII$_1$/rII$_2$ und +/+ *(Cis)* zusammen zur Lyse führen. Die *Cis*-Stellung umfaßt also ein intaktes Gesamt-Gen und liefert daher das für die Lyse notwendige Genprodukt, bei *Trans*-Stellung komplementieren sich die beiden intakten Gen-Teile dagegen nicht, das Genprodukt wird nicht gebildet und die Wirtszelle bleibt intakt. Derartige genetische Komplementierungsversuche sind verständlicherweise auch zwischen verschiedenen Genomen in der Diplophase (bzw. Dikaryophase, S. 478) bei heterozygoten eukaryotischen Organismen möglich. Durch *Cis-Trans*-Tests als kleinste Funktionseinheiten der Proteinsynthese bestätigte Gene nennt man Cistron (vgl. dazu auch S. 306ff.).

Die Kreuzungsversuche mit Bakterien und Viren nötigen also zu einer viel differenzierteren Auffassung von den Erbanlagen und den Möglichkeiten ihrer Weitergabe, als dies aufgrund der klassischen Vererbungsexperimente an den *Eukaryota* zu postulieren war.

Grundsätzlich können Erbanlagen (Strukturgene bzw. einfach Gene) jedenfalls als spezifische Sequenzen von DNA-Nucleotiden (bei Viren auch RNA) charakterisiert werden, welche als letzte, nicht weiter unterteilbare Funktionseinheit (Cistron) die Bildung bestimmter Polypeptide steuern (S. 306, 313). Für die Bildung komplexer Enzyme sind oft mehrere Gene notwendig. Innerhalb eines Gens kann es grundsätzlich an jedem einzelnen Nucleotid zu Rekombinations- oder Mutationsvorgängen kommen. Durch Mutationen entstehen die miteinander alternierenden («entweder -oder») Ausbildungszustände eines Gens, seine Allele (S. 484). Gene finden sich als Elemente des Genoms in den Chromosomen der *Eukaryota* bzw. im Genophor der *Prokaryota* und als Elemente des Plasmons in Plastiden, Mitochondrien und Plasmiden im Cytoplasma der Organismen oder als DNA- bzw. RNA-Abschnitte der Viren. Die Vererbung der Gene bzw. ihrer Allele ist vor allem von den sehr mannigfaltigen Mechanismen ihrer Weitergabe abhängig, bei den chromosomalen Genen der *Eukaryota* also besonders von Sexualität, Karyogamie und Meiose. Von grundlegender Bedeutung ist dabei die Bereitschaft der meisten Organismen zur Kopulation oder Konjugation und die Fähigkeit der DNA (bzw. RNA) – auch der Viren – zur Rekombination.

Voraussetzungen für die Rekombination von DNA (bzw. RNA) sind das Erkennen homologer Sequenzen, Spaltung und reziproke Wiedervereinigung von Einzelsträngen sowie die Beseitigung von Paarungsfehlern. Dafür sind bei *Escherichia coli* mindestens 4 verschiedene Enzyme notwendig.

3. Mutation

Erbgut und Gene haben eine sehr hohe Beständigkeit und werden im allgemeinen über tausende von Zellteilungen und über viele Generationen identisch repliziert und unverändert weitergegeben. Trotzdem kommt es gelegentlich zu Veränderungen des Erbgutes: Wir bezeichnen sie ganz allgemein als Mutationen; sie sind die Grundlage jeder Evolution. Als Träger mutativer Differenzierung kommen alle Komponenten des Genotyps, also alle DNA-haltigen Zellstrukturen in Frage. Für eine Analyse bedient man sich vor allem des Kreuzungsexperiments, der vergleichenden cytologischen Untersuchung der Chromosomen und ihres Verhaltens bei Parental- und Hybridpflanzen, der experimentellen Auslösung von Mutationen (S. 484ff.) und in letzter Zeit auch des molekularen Vergleichs von Genprodukten (Polypeptiden) bzw. Genen (Nucleotidsequenzen) bei Parentalpflanze und Mutante.

Mutative Differenzierung ist schon bei Viren (teilw. mit RNA) und Bakteriophagen, dann weiter bei allen Pro- und Eukaryoten nachgewiesen worden. Abb. 3.1.15 zeigt z.B. eine schlitzblättrige recessive Mutante des Schöllkrauts, *Chelidonium majus*, die 1590 in einem Heidelberger Garten plötzlich entstanden ist und sich bis heute konstant erhalten hat.

Spontane Mutationen sind recht seltene aber ± regelmäßige Ereignisse («molekular clock») und können in allen Zellen und Geweben auftreten. In der Meiose (als Fehler in der DNA-Rekombination, der Chromosomenaufteilung etc.) wirken sie sich meist auch unmittelbar auf die Nachkommenschaft aus. In der Mutationsrate bestehen zwischen verschiedenen Genen und Chromosomenabschnitten eines Individuums, zwischen verschiedenen Genotypen einer Sippe, aber auch zwischen verschiedenen Sippen sehr große Unterschiede. Die Mutationsrate kann modifikativ verändert werden, ist aber grundsätzlich unter genotypischer Kontrolle. So können «Mutator-Gene» die Mutationsrate anderer Gene oder die Bruchrate von Chromosomen stark erhöhen. Pro Generation sind Mutationen einzelner Gene kaum häufiger als 0,05% (meist aber viel seltener). Bei der hohen Genzahl höherer Organismen (mindestens 10000!) können aber doch bis zu 10% der Individuen einer Nachkommenschaft Träger

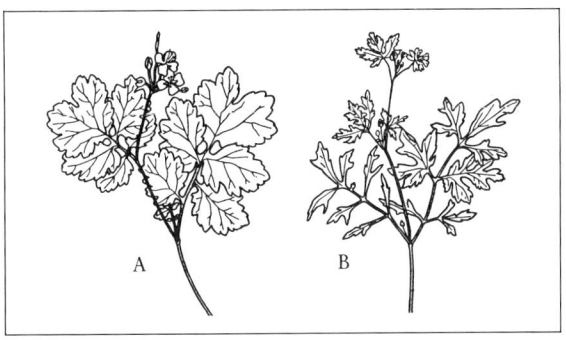

Abb. 3.1.15: Normalform (**A**) und schlitzblättrige Mutante (**B**) von *Chelidonium majus*. (Nach Lehmann.)

neuer Mutationen sein. Die Geschwindigkeit mutativer Änderung einer Population ist demnach auch sehr von der Geschwindigkeit ihrer Generationsfolge abhängig.

Mutationen, besonders Gen-Mutationen, können sich auf alle Strukturen und Prozesse der Organismen auswirken. Dabei schwankt die Differenz zwischen Ausgangsform und Mutante, also die Größe des Mutationsschrittes, von kaum merkbaren Mikro-Mutationen bis hin zu drastischen Makro-Mutationen, die wesentliche Organisationsmerkmale verändern (vgl. Abb. 3.1.16). Allerdings haben Mikro-Mutanten wesentlich günstigere Überlebenschancen und werden daher viel häufiger angetroffen als Makro-Mutanten.

Die Mehrzahl der spontan beobachteten oder experimentell hergestellten Mutationen wirkt sich negativ auf die Vitalität oder Fertilität ihrer Träger aus. Das wird verständlich, wenn man bedenkt, daß jeder Organismus ein höchst kompliziertes, seit unzähligen Generationen an seine Umwelt angepaßtes und vervollkommnetes System darstellt. Infolgedessen ist die Wahrscheinlichkeit sehr gering, daß eine Änderung positive Auswirkungen zeigt. Trotzdem hat man schon viele Mutanten gefunden, die unter normalen, besonders aber unter veränderten Bedingungen den Ausgangsformen überlegen sind, also einen positiven Selektionswert besitzen.

Dies gilt etwa für Phagen- und Streptomycin-resistente Bakterien-Mutanten, für zunehmend aggressive Mutanten parasitärer Rostpilze, denen die Züchtung immer wieder verstärkt resistente Getreidesorten entgegenstellen muß, für größerwüchsige, früher blühende oder zwergwüchsige Mutanten von Sproßpflanzen (Abb. 3.1.16) u. a. Experimentell ausgelöste Mutationen entsprechen vielfach den genetischen Unterschieden innerhalb von Populationen, zwischen verschiedenen Rassen, aber auch zwischen Sippengruppen größeren Umfanges.

Mutationen sind im Hinblick auf die jeweiligen Bedürfnisse und die Innen- bzw. Außenwelt eines Organismus normalerweise ungerichtet, also nicht von vornherein auf eine verbesserte Anpassung hin orientiert. Weil aber Genotypus und Phänotypus durch viele Regelkreise miteinander verknüpft sind, kommt es schon während der Ontogenie eines mutierten Organismus zu diversen Kompensations- und Korrekturvorgängen bzw. zu einer inneren Selektion von Mutanten.

So werden im Lauf der Ontogenie zahlreiche Mutationen eliminiert, deren Auswirkungen sich mit den normalen Entwicklungsprozessen nicht vertragen. Dadurch kommt es zu einer endogenen Ausrichtung der mutativen Differenzierung. Schon die Struktur des Genotyps beeinflußt und begrenzt seine Mutationsmöglichkeiten. Daraus erklärt sich die Häufigkeit homologer Mutationen bei verwandten Sippen (z.B. schlitzblättrige oder rotblättrige [Anthocyangehalt!] Mutanten bei den verschiedensten Angiospermen).

Obwohl man also bei Mutanten sicher nicht von reinen Zufällen sprechen kann, läßt sich doch vielfach auch das Fehlen einer direkten Ausrichtung auf die Außenwelt nachweisen. So treten z.B. in Bakterienkolonien auf einem schwach Streptomycin-haltigen Medium Mutationen in Richtung auf Streptomycin-Resistenz nicht häufiger auf als auf einem Streptomycin-freien Medium. Eine gewisse indirekt exogene Ausrichtung von Mutationen ist allerdings infolge «genetischer Assimilation» möglich (S. 483).

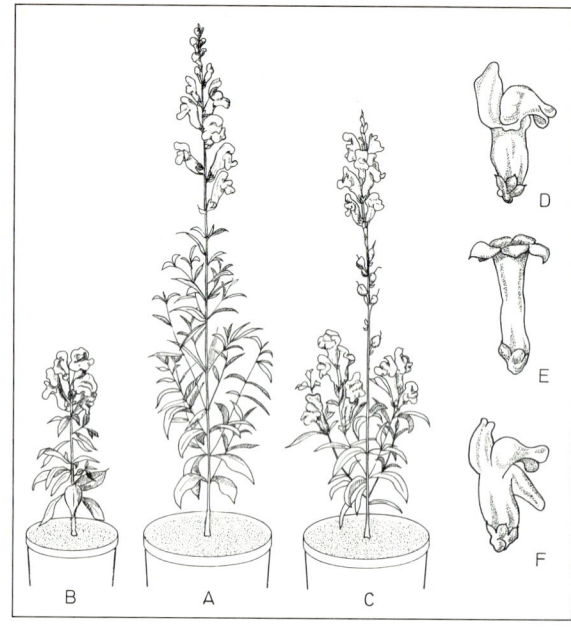

Abb. 3.1.16: Gen-Mutanten beim Löwenmäulchen (*Antirrhinum majus*). Gesamtentwicklung: **A** normal, **B** zwergwüchsig, **C** frühblühend. Blütenform: **D** normal zygomorph, **E** radiär (Atavismus), **F** gespornt. (Nach H. Stubbe.)

a) Gen-Mutationen beruhen auf molekularen Veränderungen in der DNA einzelner Gene (vgl. S. 44ff., 306ff., 493). Spontan auftretend oder experimentell ausgelöst, beeinflussen sie alle Lebensstrukturen und -funktionen (Abb. 3.1.16, 3.1.35) und sind wohl der wichtigste Evolutionsmechanismus.

Genmutationen treten in den Chromosomen der *Eukaryota*, in der DNA ihrer Plastiden und Mitochondrien (hier spricht man von Plasmon-Mutationen), im Genophor der *Prokaryota* und in der DNA (oder RNA) der Viren auf. Die spontanen Gen-Mutationsraten können durch Bestrahlung mit ultraviolettem Licht (UV), Röntgen- oder γ-Strahlen, sowie durch die Einwirkung verschiedener Chemikalien beträchtlich erhöht und in ihrem Spektrum verändert werden.

UV verursacht z.B. an der DNA die Bildung von miteinander fest verkoppelten und dann nicht mehr paarungsfähigen Pyrimidin-Dimeren (z.B. Thymin = Thymin; vgl. S. 50, Abb. 1.1.40). Ionisierende Strahlung kann zu Brüchen an einem der gepaarten DNA-Stränge führen. Salpetrige Säure (HNO_2) verändert DNA-(oder RNA-)Basen durch Desaminierung (z.B. Cytosin zu Uracil; vgl. S. 309f.).

Das Ergebnis experimentell ausgelöster ebenso wie spontaner Gen-Mutationen sind jedenfalls Replikationsfehler und Brüche der DNA, durch die ein, mehrere oder viele Nucleotide verändert, herausgenommen oder neu eingefügt werden (Punkt- und Blockmutationen). Die Folgen sind an der Bildung veränderter Polypeptide erkennbar.

Beim Tabakmosaikvirus (TMV) bedingt z.B. die durch HNO_2 ausgelöste Veränderung des RNA-Triplett CCC zu UCC eine Veränderung im Hüllprotein, wo nun anstelle der Aminosäure Prolin ein Serin eingebaut wird. Ausfall nur eines Nucleotids und Einfügen an einer anderen Stelle verändert beim TMV infolge der verschobenen Triplettgruppierung den Informationsgehalt aller dazwischenliegenden Tripletts.

Künstlich erzeugte Genmutationen sind für die Molekulargenetik, die Züchtung usw. von großer Bedeutung; sie zeigen aber auch, wie anfällig das Erbgut (auch das des Menschen!) gegenüber den verschiedensten Eingriffen ist.

Allerdings sorgen verschiedene Reparatur- und Kontrollmechanismen dafür, daß von vielen angelegten oder auch fixierten Gen-Mutationen nur sehr wenige tatsächlich zur Wirkung kommen (Abb. 1.1.40).
Pyrimidin-Dimere können z.B. durch ein licht-abhängiges Enzym wieder getrennt werden (Photoreaktivierung). Ligasen verbinden gebrochene DNA-Stränge (Bruchreparatur). Ein ganzer Enzymkomplex vermag «fehlerhafte» Abschnitte eines mutativ veränderten DNA-Stranges aufgrund eines «Vergleiches» mit dem unveränderten DNA-Strang zu «erkennen», aufzuschneiden, teilweise abzubauen, neu zu synthetisieren, wieder zu verkoppeln und damit zu reparieren (Excisions-Reparatur; S. 50, Abb. 1.1.40). Viele mutative Veränderungen können durch Rückmutationen aufgehoben werden. Genaue Kreuzungsanalysen (S. 502 f.) zeigen allerdings, daß dabei die ursprüngliche Molekularstruktur des betroffenen DNA-Abschnittes nur selten exakt wiederhergestellt wird. Viel häufiger sind zusätzliche sogenannte Suppressor-Mutationen, die an anderen Stellen des Genoms auftreten und nun die Wirkung der ersten, erhalten gebliebenen Mutation unterdrücken bzw. kompensieren.

Durch jede mutative Veränderung eines Gens entsteht ein neues Allel; sind es mehr als zwei, sprechen wir von multipler Allelie (z.B. Abb. 3.1.10: U–U$_{st}$–u). Von intermediärer und dominanter bzw. recessiver Kooperation zweier Allele in der Diplophase war schon die Rede (S. 486 ff.). Vielfach kooperieren auch verschiedene Gene.

So kann sich das Gen U bei der Erbse nur dann auf die Art der Anthocyanfärbung der Samenschale auswirken, wenn durch das Gen A die Bildung von Anthocyan grundsätzlich gewährleistet ist (Abb. 3.1.10).

Drastische Defekte können sich ergeben, wenn durch Mutationen Regulator- und andere Steuer-Gene betroffen werden; sie kontrollieren bekanntlich Intensität, Ort und Zeit der Wirksamkeit der normalen Strukturgene. Ähnliches gilt von Veränderungen in der lebensnotwendigen Kooperation von Genen des Genoms und Plasmons (S. 107 ff., 119 f., 489, Abb. 3.1.12).

Mutationen und Kreuzungsexperimente zeigen, daß sich manche Gene nur sehr begrenzt, andere aber auf viele Merkmalsbereiche auswirken (Pleiotropie). Umgekehrt können auch mehrere Gene auf einen Merkmalsbereich wirken (Polygenie; vgl. S. 488).

Das oben besprochene Anthocyan-Gen der Erbse wirkt sich etwa pleiotrop auf Nebenblattflecken und Farbe von Blüten, Hülsen und Samen aus. Die zwei *Nicotiana*-Arten *N. alata* und *N. langsdorffii* (Abb. 3.1.17) unterscheiden sich vor allem durch schmälere bzw. breitere Blätter sowie die größere bzw. geringere Länge der Kelchblätter, Kronröhren, Kronzipfel und Griffel. All dies läßt sich auf stärkeres bzw. schwächeres Streckungswachstum und letztlich auf die pleiotrope Wirkung Gen-bedingter Unterschiede zurückführen, welche den Wuchsstoffhaushalt beeinflussen (vgl. S. 384 ff.). Umfangreiche Kreuzungsversuche an ökologischen Rassen californischer Schafgarben (Abb. 3.1.33) und Fingerkräuter *(Potentilla glandulosa)* haben gezeigt, daß sich hier kleine Mutations-

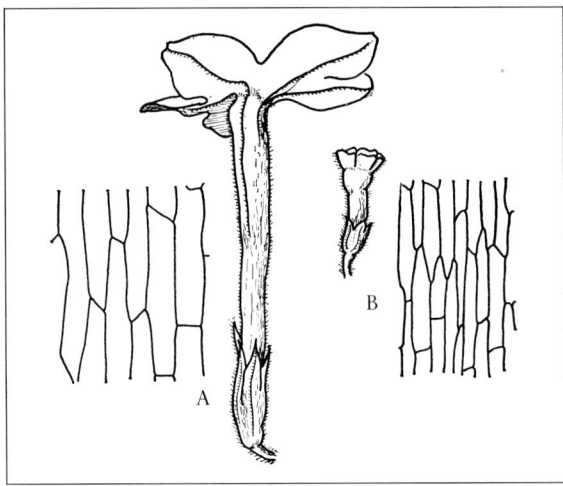

Abb. 3.1.17: Durch Gen-Mutationen bedingte Artunterschiede zwischen *Nicotiana alata* (A) und *N. langsdorffii* (B): Verschiedene Form und Größe der Blüten (Kelch, Krone) und Zellen (Epidermis des Kronröhrenschlundes). (Nach Anderson & Ownbey.)

schritte an mehreren bis vielen Genen, also polygenisch, zu den großen Unterschieden hinsichtlich Stengelhöhe, Blütezeit, Winterruhe, Blattgliederung, Behaarung sowie der Blüten- und Fruchtmerkmale addieren.

Viele Beispiele belegen die überragende Bedeutung von Mutationen chromosomaler Gene für die Evolution (vgl. z.B. Abb. 3.1.16–3.1.17).

Hinweise für die alle Lebensbereiche betreffenden Auswirkungen von Gen-Mutationen enthalten die besprochenen Kreuzungsexperimente (S. 484–493): Stoffwechselphysiologische Vorgänge (Aminosäurenbildung, Atmung und Gärung, Photosynthese), Antibiotika-Resistenz, Geißelbewegung, Sexualverhalten und Sporenfarbe etc. bei Bakterien, Flagellaten und Pilzen, Merkmalsausbildung im Bereich von Blättern, Blüten, Früchten und Samen bei Angiospermen.

Unter den Moosen zeigt die Gattung *Marchantia* ein Mutationsspektrum, das die Differenzierung verwandter Gattungen widerspiegelt, darüber hinaus aber auch die Ausbildung radiärer, sproßähnlicher Bildungen ermöglicht. Beim Löwenmäulchen *(Antirrhinum majus)* treten im Blütenbereich Makro-Mutationen auf (Abb. 3.1.16 b–F), die mit radiärer bzw. gespornter Krone im Blütendiagramm etwa den verwandten Rachenblütler-Gattungen *Verbascum* bzw. *Linaria* oder mit nur 2 Staubblättern etwa *Gratiola* entsprechen (Abb. 3.1.52, 3.2.267). Weiter betreffen Mutationen bei Angiospermen u.a. noch folgende, systematisch wichtige Merkmalsbereiche: Zwei- und Einkeimblättrigkeit, Ein- und Zweijährigkeit, Geschlechtsverteilung (z.B. zwittrige oder eingeschlechtige Blüten), Vorhandensein oder Fehlen der Blütenhülle, Zahl der Blütenglieder und freie oder verwachsene Blumenkrone.

b) Auch **Plasmon-Mutationen** sind für die Sippen-Differenzierung bei den Eukaryoten wichtig (vgl. z.B. Abb. 3.1.18, 3.1.42 A).

Wie schon im Abschnitt über extrachromosomale Vererbung (S. 489 f.) gezeigt, betreffen Plasmon-Mutationen etwa Plastidenform (z.B. bei *Chlamydomonas*), Paarungsverhalten (z.B. bei *Podospora: Ascomycetes*), Blattmerkmale (z.B. *Epilobium: Onagraceae*) oder Geschlechtsverteilung bzw. Pollensterilität (z.B. Gynodiöcie bei vielen *Lamiaceae*, vgl. auch S. 702). Bei Moosen zeigen reziproke Art- und sogar Gattungsbastarde in der F$_1$ deutlich mütterlich beeinflußte Merkmalsausbildung (z.B. in der Kapselform: Abb. 3.1.18). Ähnliches gilt auch für die in dieser Hinsicht besonders eingehend untersuchte Angiospermengattung *Epilobium (Onagraceae)*. Solche reziproke F_1-Unterschiede bleiben auch nach mehrfacher Rückkreuzung mit dem väterlichen Elter erhalten. Bei *Oenothera (Onagraceae)* sind im Lauf der Evolution Plastomtypen mit immer rascherer Vermehrungsrate und damit großen selektiven Vorteilen entstanden. Die divergente Differenzierung von Genomen, Plastomen und Chondriomen führt aber auch dazu, daß bei Sippenkreuzungen das notwendige Zusammenwirken gestört sein kann (z.B. *Onagraceae*, bei *Achillea*: Abb. 3.1.42, u.a.): defekte Genwirkungen, Sterilität, verminderte Vitalität sind das Ergebnis und haben den Effekt von Kreuzungsbarrieren (vgl. S. 509). Umgekehrt trägt das Zusammenwirken besonders harmonierender Plasmone und Genome bei gewissen Biotypen- oder Sippen-Hybriden wesentlich zum Heterosis-Phänomen bei (vgl. S. 512).

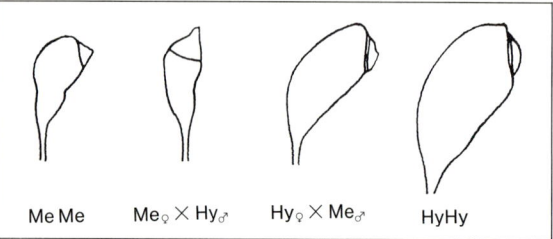

Abb. 3.1.18: Durch Plasmon-Mutationen mitbestimmte Artunterschiede bei der Laubmoosgattung *Funaria*. Sporogone von *F. mediterranea* (Me Me) links und *F. hygrometrica* (Hy Hy) rechts. In der Mitte die beiden reziprok verschiedenen F_1-Hybriden. (Nach F. v. Wettstein.)

Sehr eigenartig und mannigfaltig sind genetische Veränderungen an Pro- und Eukaryoten, die durch Insertionssegmente (IS) ausgelöst werden. Dabei handelt es sich um bestimmte DNA-Abschnitte, die illegitime, Crossing-over-artige Vorgänge bewirken. Allein oder gekoppelt mit anderen Genen als Transposons («jumping genes») können sie an verschiedenen Stellen des Genoms ein- bzw. ausgebaut werden (vgl. auch S. 58, 315).

Insertionssegmente dürften beim Ein- und Ausbau von dispersen repetitiven Sequenzen (S. 58) und Plasmiden bzw. bei der Transduktion von Phagen bei den Bakterien (S. 491 f.) eine Rolle spielen. Beim Einbau zwischen oder in Gene können sie die Genexpressionen kontrollieren, verändern bzw. gänzlich blockieren (z.B. bei Genen für die Anthocyanpigmentierung der Samen verschiedener Mais-Biotypen). Auch als Mutator-Gene (S. 493) und für die Auslösung von den im folgenden behandelten Chromosomen-Mutationen dürften sie von Bedeutung sein.

c) **Chromosomen-Mutationen** bezeichnen Änderungen der **Struktur**, **Genom-Mutationen** Änderungen der **Zahl** der Chromosomen; es sind immer mehrere Gene betroffen. Chromosomen-Mutationen werden durch **Brüche** und darüber hinaus durch neuartige **Fusionen** von Bruchstellen verursacht, wie sie besonders an Überkreuzungsstellen von Chromosomen und bei fehlerhaftem Crossing-over auftreten. Im einzelnen handelt es sich dabei, wenn Einzelchromosomen betroffen sind, um Deletionen (terminaler oder intercalarer Chromosomenstückverlust, z.B. ABCD → BCD oder ABCD → ACD), Duplikationen (Verdoppelung eines Chromosomenabschnittes, z.B ABCD → ABCBCD), sowie um Inversionen (Drehung eines Chromosomenabschnittes, z.B. ABCD → ACBD; Abb. 3.1.40). Bei Translokationen werden Chromosomenstücke innerhalb eines oder meist zwischen verschiedenen Chromosomen verlagert bzw. ausgetauscht (z.B. ABCD + GHIK → ABG + CDHIK; Abb. 3.1.19A). Die Paarung unveränderter und strukturell mutierter Chromosomen in der Meiose heterozygoter F_1-Hybriden (Abb. 3.1.19B, 3.1.40) dient vielfach als Nachweis für solche Chromosomen-Mutationen.

Im Zusammenhang mit Chromosomenumbauten kann sich schrittweise auch die Chromosomenzahl ändern (Dysploidie, Abb. 3.1.19C–D). Infolge ungleichmäßiger Verteilung während der Mitose oder Meiose können aber auch strukturell unveränderte Chromosomen zum normalen Chromosomensatz hinzutreten oder ausfallen (Aneuploidie). Schließlich kann es bei gestörtem Ablauf von Mitose oder Meiose zwar zur Teilung der Chromosomen, nicht aber zur Aufteilung der Chromosomenhälften auf Tochterkerne kommen. Die resultierende Vervielfachung der Chromosomensätze wird als Polyploidie bezeichnet.

Chromosomen- und Genom-Mutationen treten spontan bei allen eukaryotischen Organismengruppen auf, besonders häufig bei Hybriden mit labilem Mitose- und Meiose-Ablauf. Durch verschiedene experimentelle Eingriffe kann ihre Häufigkeit stark angehoben werden. Eine klare Grenze zwischen größeren Gen-Mutationen und Chromosomen-Mutationen besteht nicht.

Der Verlust von Chromosomenstücken (Deletion) oder ganzen Chromosomen wirkt sich in der Haplophase bzw. bei Homozygotie in der Diplophase meist letal aus. Die übrigen Chromosomen- und die Genom-Mutationen vermehren aber meist nur die Zahl der Gene oder verändern ihre Position. Daraus ergeben sich vielfach nur mäßige unmittelbare morphologische oder physiologische Auswirkungen. So hat man etwa mehrfach bei der Verlagerung eines Gens von seiner ursprünglichen an eine neue Chromosomenposition eine Änderung in der Wirkung feststellen können (Positionseffekt; vgl. dazu die räumliche Nachbarschaft von Genen im Operon bei *Prokaryota*, S. 313 ff.).

Eine wesentliche Bedeutung für die Sippenbildung haben Chromosomen- und Genom-Mutationen als Steuerfaktoren der Rekombination und als Kreuzungsbarrieren. Ein gutes Beispiel für Differenzierung aufgrund von Chromosomen-Mutationen bietet die Gattung *Pisum* (Erbse). So unterscheiden sich etwa die Kultursorten L 110 und L 379 durch eine reziproke Translokation zwischen den Chromosomen III und V. Das erweist sich aus den Karyogrammen (Schemata der Chromosomengarnitur, Abb. 3.1.19A), aus der Chromosomenpaarung in der Meiose bei heterozygoten F_1-Hybriden (Abb. 3.1.19B), aus veränderter Merkmalsaufspaltung sowie aus Sterilität bei etwa 50% der F_2-Nachkommenschaft wegen defekter Chromosomenkombination (III + V' und III' + V anstelle III + V und III' + V'). Auch geographische Rassen von *Pisum* sind ähnlich differenziert; so weicht die Sippe *abyssinicum* u.a. durch mehrere Translokationen (in den Chromosomen I, II und wahrscheinlich auch VI) von der Normalsippe ab und die Hybriden sind zu etwa 75% steril. Weiterhin treten Inversionen nicht selten als sippendifferenzierende Chromosomen-Mutationen in Erscheinung (vgl. Abb. 3.1.40).

Aneuploidie führt infolge überzähliger Chromosomen zu Störungen der Meiose, infolge Chromosomenausfall aber zu

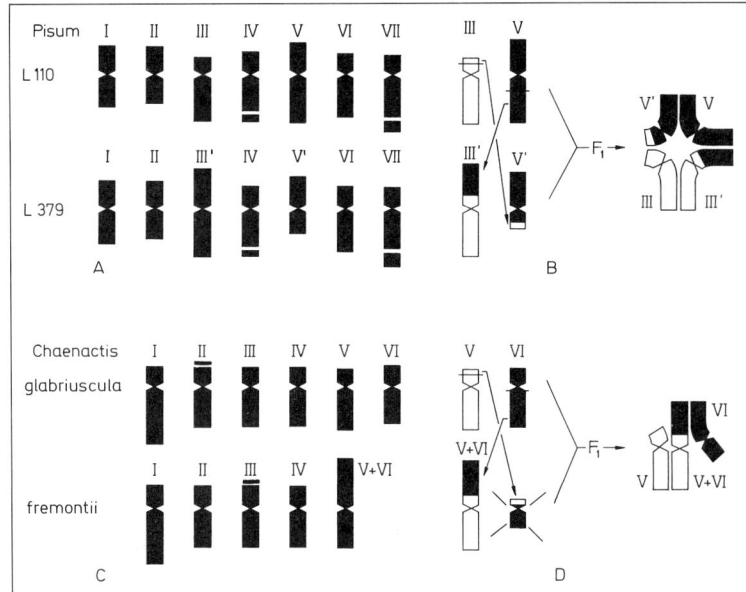

Abb. 3.1.19: Chromosomen-Mutationen und Dysploidie. **A** Haploide Karyogramme zweier Kultursorten der Erbse (*Pisum sativum*); **B** Schema der differenzierenden reziproken Translokation sowie der meiotischen Chromosomenpaarung in der strukturheterozygoten F_1. **C** Haploide Karyogramme zweier nahverwandter Arten von *Chaenactis (Asteraceae)* mit 2n = 12 und 2n = 10; **D** Schema der differenzierenden reziproken Translokation und des Fragmentausfalls sowie der meiotischen Chromosomenpaarung in der F_1. (A nach Lamprecht; C nach Kyhos; B und D Originale.)

Genausfall und damit in beiden Fällen meist zu defekter Entwicklung; dementsprechend ist Aneuploidie gewöhnlich nur eine vorübergehende Erscheinung. Wenn überzählige Chromosomen aber strukturell umgebaut werden, oder wenn alle wesentlichen Abschnitte zweier Chromosomen durch Translokationen in einem einzigen kombiniert werden und das Reststück ausfällt (vgl. Abb. 3.1.19C, D), kann es zu auf- oder absteigender Dysploidie kommen. Ähnlich wirkt sich auch die Trennung eines metazentrischen Chromosoms am Centromer zu zwei telozentrischen Chromosomen bzw. die Vereinigung von zwei solchen Chromosomen an ihren Centromeren aus («Robertsonian Fisson bzw. Fusion»).

Dysploide Zahlenveränderungen wurden bereits mehrfach experimentell hergestellt (z.B. bei der Gerste, 2n = 14 → 16); sie finden sich innerhalb von Populationen (z.B. bei *Nigella*, Ranunculaceae, 2n = 12 ⇌ 14), gelegentlich bei geographischen Rassen (z.B. *Myosotis sylvatica*, Boraginaceae, 2n = 22 → 20 → 18), bei nah verwandten Arten (z.B. *Chaenactis*, Asteraceae, aus dem westlichen Nord-Amerika, Abb. 3.1.19C und D: 2n = 12 → 10), oder innerhalb von Gattungen oder Familien (z.B. *Dipsacaceae*, Abb. 3.1.48). Bei der nordamerikanischen Gruppe des *Haplopappus gracilis (Asteraceae)* ist durch dysploide Zahlenreduktion auch die niedrigste bisher bei Pflanzen bekannte Chromosomenzahl entstanden: 2n = 8 → 6 → 4.

Bei Verwandtschaftsgruppen mit polyzentrischen Chromosomen (Spindelfasern nicht nur an einem, sondern an mehreren Chromosomenabschnitten ansetzend) kommt es durch ungehinderte Weitergabe von Chromosomenbruchstücken besonders leicht zur Veränderung der Chromosomenzahlen (d.h. zur Agmatoploidie, z.B. bei *Juncales*).

Aus vegetativen endopolyploiden Zellen bzw. Geweben (S. 64, 426; somatische Polyploidie) oder infolge Verschmelzung unreduzierter Gameten können zur Gänze – also auch in der Keimbahn – polyploide Individuen und Sippen entstehen (generative Polyploidie, Abb. 3.1.20, 3.1.21; vgl. auch S. 513ff.). Umgekehrt ist bei normal diplohaplontischen Pflanzen auch die Bildung von durchaus haploiden Nachkommen mit nur einem somatischen Chromosomensatz möglich.

Polyploidie kann besonders durch das Herbstzeitlosen-Alkaloid Colchicin (Abb. 1.1.25) experimentell ausgelöst werden. Es hemmt den Spindelapparat, aber nicht die Chromosomenteilung, und löst damit die Bildung von Restitutionskernen mit verdoppelter Chromosomenzahl aus. Bei Moosen und Farnen führt die Regeneration von gametophytischen Prothallien aus Sporophytengewebe relativ leicht zur Entstehung von Polyploiden (Abb. 3.1.21).

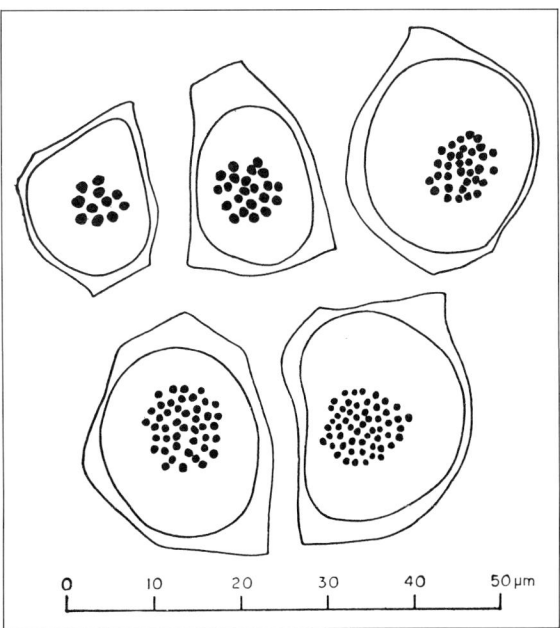

Abb. 3.1.20: Infraspezifische Polyploidiereihe bei einem Labkraut (*Galium anisophyllon*). Meiose (Metaphase I) der Pollenmutterzellen bei di-, tetra-, hexa-, octo-, und decaploiden Rassen (2x, 4x, 6x, 8x und 10x mit der Chromosomengrundzahl x = 11); Größenabnahme der Chromosomen mit steigender Ploidiestufe. (Original.)

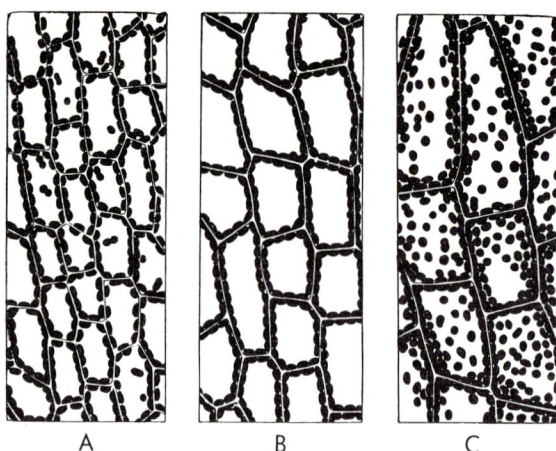

Abb. 3.1.21: Experimentell ausgelöste Autopolyploidie beim Laubmoos *Funaria hygrometrica*; Abhängigkeit der Zellgröße und Chloroplastenzahl (schwarze Scheibchen) von der Anzahl der Chromosomensätze: **A** haploid, **B** diploid, **C** tetraploid. (A bis C 200×, nach F. v. Wettstein, umgezeichnet.)

Da zwischen Zellkern und Cytoplasma enge Wechselbeziehungen bestehen, hat die Vergrößerung des Kernvolumens durch Polyploidisierung Rückwirkungen auf die Zellgröße und nicht selten auch auf die Größe des gesamten polyploiden Organismus (Abb. 3.1.21). Oft stehen auch eine verlangsamte Entwicklung und verringerte Vitalität damit im Zusammenhang. Im Zuge der natürlichen Selektion wurden diese Nachteile bei Polyploiden häufig durch Reduktion der Chromosomen-, Kern- und Zellgrößen ± ausgeglichen (Abb. 3.1.20).

Bei generativer Polyploidie kennzeichnet man die haploide Chromosomengrundzahl mit x. Aus Diploiden (2x) können Tetraploide (4x), daraus weiter Hexaploide (6x), Octoploide (8x) u.a. Ploidiestufen entstehen.

Durch Kreuzung ist auch die Bildung von Triploiden (3x) Pentaploiden (5x) usw. oder von aneuploiden Individuen mit Chromosomenzwischenzahlen möglich (vgl. S. 496f.).

Werden die homologen Chromosomensätze von Nicht-Hybriden vervielfacht, so spricht man von Autopolyploidie, bei der Vervielfachung von einander nicht mehr ganz homologen Chromosomensätzen bei Sippenbastarden handelt es sich dagegen um Allopolyploidie; selbstverständlich gibt es Übergänge zwischen diesen beiden Typen (S. 513 ff.).

Autopolyploide haben vor allem wegen der Paarung von mehr als zwei homologen Chromosomen vielfach eine gestörte Meiose und verringerte Fertilität; sie sind daher für die stammesgeschichtliche Entwicklung und für die Praxis von mäßiger Bedeutung. Dagegen haben Allopolyploide in der Evolution der Pflanzen (im Gegensatz zum Tierreich) und in der Pflanzenzüchtung eine wichtige Rolle gespielt (S. 513 ff.).

Gelegentlich können in der Nachkommenschaft von diploiden bzw. polyploiden Pflanzen Individuen mit der halben Chromosomenzahl auftreten: Haploidie.

Haploide Angiospermen können infolge spontaner Entwicklung der unbefruchteten Eizelle (Parthenogenese; vgl. S. 476) oder anderer Zellen des ♀ Gametophyten entstehen. Experimentell lassen sie sich u.a. aus unreifen Pollenkörnern herstellen. Monohaploide (aus Diploiden) sind meist weniger vital und haben eine gestörte Meiose (meist nur Chromosomen-Univalente), entsprechen aber sonst normalen Pflanzen. Als haploide Sporophyten demonstrieren sie die Unabhängigkeit von Kern- und Generationswechsel (vgl. S. 479). Polyhaploide (aus Polyploiden) sind oft wenig gestört und können eine Rückkehr zur Diploidstufe ermöglichen. Aus allen Haploiden lassen sich durch spontane oder experimentelle Chromosomenverdoppelung absolut homozygote Diploide herstellen.

Von größerer Bedeutung für die Evolution ist die Vermehrung, aber auch Verminderung des DNA-Materials durch Polyploidie, besonders aber durch Duplikationen bzw. Deletionen. Dies zeigt sich u.a. in der durchschnittlichen DNA-Zunahme von Prokaryoten über Pilze zu Algen und Gefäßpflanzen (Abb. 1.1.42, S. 50f.) bzw. zu höheren Tieren oder im regelmäßigen Auftreten von mittel- und hochrepetitiven (also im Genom mäßig bis vielfach wiederholten) DNA-Sequenzen bei allen Eukaryoten. Diese DNA-Komponente wird im allgemeinen nicht transkribiert, läßt sich als konstitutives Heterochromatin in Arbeitskernen und Transportchromosomen nachweisen und hat sich während der Evolution vieler Sippengruppen relativ rasch verändert (vgl. S. 57f. und Abb. 1.1.47, 3.1.22, 3.1.23).

Die DNA-Menge pro haploidem Genom (G_1) liegt bei Prokaryoten in der Größenordnung von 10^{-3} pg, bei Pilzen um 10^{-2} pg, und bei Gefäßpflanzen meist um 1–20 pg (vereinzelt aber auch nur 0,5 pg und bis über 300 pg). Bei den meisten Angiospermen alternieren mittelrepetitive DNA-Sequenzen von etwa 300–400 Nucleotidpaaren mit singulären Sequenzen von etwa 1000–2000 Nucleotidpaaren; letztere entsprechen wohl meist Strukturgenen (S. 306, 493). Dazu kommen noch, besonders im konstitutiven Heterochromatin (vgl. S. 57f.), hochrepetitive Abschnitte, in denen sich bestimmte Nucleotidgruppen 10^3 bis 10^6 mal wiederholen können. Diese hoch-, aber auch viele mittelrepetitive DNA-Sequenzen werden im Gegensatz zu den etwa 20–30000 Strukturgenen, die man bei allen Angiospermen vermuten kann, nicht transkribiert. Die starken Schwankungen im Heterochromatingehalt (Abb. 3.1.23), in der Chromosomengröße und in der DNA-

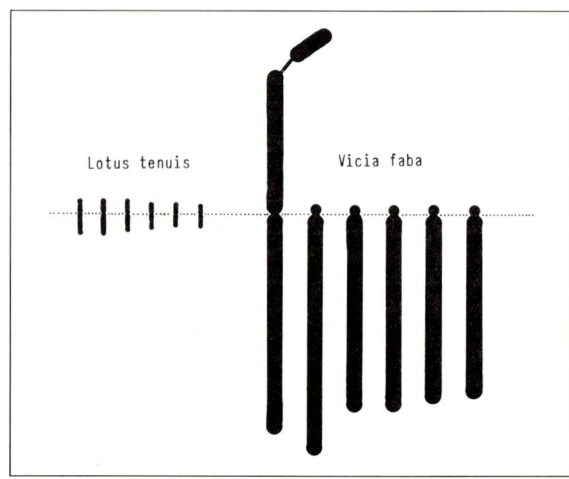

Abb. 3.1.22: Haploide Chromosomensätze von zwei Fabaceen mit n = 6 bei gleicher Vergrößerung (× 3300), *Lotus tenuis* mit 0,5 pg DNA und *Vicia faba* mit 14,4 pg DNA im haploiden Genom (G_1). (Nach Stebbins.)

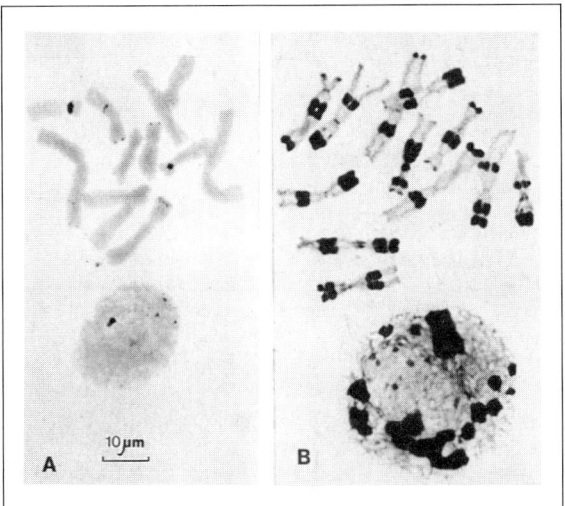

Abb. 3.1.23: Diploide Chromosomensätze von zwei nahe verwandten *Scilla*-Arten (Blaustern, *Hyacinthaceae*), *S. rosenii* (**A**) und *S. leepii* (**B**), beide mit 2n = 12. Die Giemsafärbung läßt das konstitutive Heterochromatin als auffällige dunkle Bänder (bzw. als Chromozentren in den Interphasekernen) hervortreten und veranschaulicht die stammesgeschichtliche Veränderlichkeit dieser hochrepetitiven DNA-Komponente. (Greilhuber, Original.)

Masse (Abb. 3.1.22) bei den Angiospermen beruhen dementsprechend weitgehend auf der Veränderung von repetitiver DNA. Dabei wird durch starke DNA-Zunahme zwar «Rohmaterial» gebildet, die Evolutionsgeschwindigkeit aber verlangsamt, während DNA-Abnahme und -Differenzierung vielfach mit starker stammesgeschichtlicher Progression und Spezialisation einhergeht. Für die Evolution der Getreide Hafer, Gerste, Weizen und Roggen gibt es bereits quantitative Vorstellungen über dieses stammesgeschichtliche Alternieren von DNA-Vermehrung und DNA-Differenzierung.

4. Gen-Pool und Rekombinationssystem

In jeder Population stellt sich ein Gleichgewicht zwischen genetischer Plastizität und Stabilität ein: Anpassungsmerkmale müssen erblich stabilisiert, bei Umweltveränderungen aber auch entsprechend variierbar sein. So wichtig Mutationen nun als Rohmaterial für die Evolution sind, für sich allein reichen sie meist nicht aus, um die notwendige genetische Variation und Anpassungsfähigkeit der Populationen zu gewährleisten. Wählen wir als Beispiel unsere Wald-Erdbeere *(Fragaria vesca)*: Bei streng vegetativer Fortpflanzung (vgl. S. 476ff.) durch Ausläufer müßte jeder Klon für sich die notwendige genetische Plastizität aufgrund seltener Knospenmutationen schrittweise aufbauen. Erst sexuelle Fortpflanzung und Meiose machen eine Rekombination, damit eine Kombination (Vereinigung) vorteilhafter Mutationen aus verschiedenen Klonen und so eine wesentliche Steigerung der genetischen Plastizität und Anpassungsfähigkeit möglich (vgl. S. 477ff.). Vorteilhafte Kombinationstypen können nun wieder starke vegetative Vermehrung erfahren (z.B. Kulturformen). So trägt das Gleichgewicht zwischen vegetativer und sexueller Fortpflanzung zu dem besprochenen genetischen Gleichgewicht und zur Rekombinationsrate bei.

Ein großer Teil der erblichen und phänotypisch greifbaren Variation in natürlichen Populationen ist also auf die Rekombination mutativ differenzierter und mendelnder Gene und Allele zurückzuführen.
Der Gen-Pool einer Population (ihr Gen-Reservoir) besteht bei höheren Pflanzen aber nicht nur aus diesen phänotypisch manifesten, sondern vor allem auch aus recessiven oder sonst verdeckten (und teilweise auch nachteiligen) Erbanlagen; sie können gegebenenfalls herausspalten und eine Anpassung an veränderte Umweltbedingungen ermöglichen. Dieses Mitführen einer recessiven Allel-Reserve ist verständlicherweise nur in der Diplo- (oder Dikaryo-), nicht aber in der Haplophase möglich. Auch die Organisation des Erbguts hat also Einfluß auf das Gleichgewicht zwischen genetischer Plastizität und Stabilität.

Weiter sind die Bestäubungs- und Befruchtungsverhältnisse für das Ausmaß der Rekombination wesentlich: *Fragaria vesca* hat Zwitterblüten und ist selbstfertil. Daher ist hier Bestäubung und Befruchtung der Individuen mit eigenem (Autogamie) oder fremdem Pollen (Allogamie) möglich. Naheliegenderweise führt Autogamie durch Inzucht zur Einschränkung, Allogamie dagegen zur Steigerung der Rekombinationsrate und genetischen Variationsbreite. Schließlich wird der Ausbreitungsradius von Pollen und Früchten die Ausbreitungsmöglichkeit von Erbanlagen in der Population, also den Gen-Fluß in räumlicher Hinsicht beeinflussen, während sich die Geschwindigkeit der Generationsfolge in zeitlicher Hinsicht auf den Gen-Fluß auswirkt. Alle besprochenen Faktoren zusammen bilden das Rekombinationssystem einer Population und steuern damit den Einbau und die Mobilisierung vorhandener bzw. durch Mutationen neu entstehender genetischer Variation.

Nach diesem Überblick sollen im folgenden die einzelnen Komponenten des Rekombinationssystems besprochen werden.

a) Die wichtigsten Typen der **Organisation und Weitergabe des Erbgutes** im Pflanzenreich wurden anhand von Kreuzungsversuchen bereits beispielhaft dargestellt (S. 484ff.): Die Bakterien und Blaualgen haben als *Prokaryota* nur wenig DNA im Genophor (und allenfalls in Plasmiden); vegetative Fortpflanzung überwiegt, und nur vereinzelt finden sich verschiedene Formen der Parasexualität (Transformation, Transduktion und Konjugation) als Voraussetzung für genetische Rekombination. Demgegenüber stehen alle anderen pflanzlichen und tierischen Organismen als *Eukaryota* mit mehr DNA in den Chromosomen (bzw. im Zellkern), aber auch in Mitochondrien und Plastiden, und mit präziser Aufteilung der chromosomalen DNA in der Mitose. Bei einigen niedrig organisierten *Eukaryota* (z.B. *Euglenophyta*) wurde zwar bisher nur vegetative Fortpflanzung festgestellt, sonst findet sich aber meist schon echte Sexualität mit nachfolgender Meiose und inter- bzw. intrachromosomaler genetischer Rekombination (S. 67ff.). Alle ursprünglichen *Eukaryota* sind

Haplonten mit Mitosen und Merkmalsdifferenzierung in der Haplophase. In vielen Entwicklungslinien werden dann aber im Kernphasenwechsel (S. 478f.) Mitosen in der Diplo- (bzw. Dikaryo-)phase eingeschoben, und schließlich entstehen abgeleitete diplohaplontische oder diplontische Sippengruppen mit stark geförderter 2n- (bzw. n+n)-Phase [vgl. dazu Abb. 3.1.2 und als Beispiele *Chlorophyceae*, Abb. 3.2.96, Pilze (Abb. 3.2.24 A) und Embryophyten: *Bryophyta, Pteridophyta* (Abb. 3.2.118 H) und *Spermatophyta*]. Welche selektiven Vorteile sind mit dieser Entwicklung verbunden? In der Diplo- (bzw. Dikaryo-)Phase wird nicht nur Recessivität und Dominanz möglich, sondern auch eine bessere Pufferung (Homöostasis) gegenüber der Umwelt (Kooperation zweier ± verschiedener Genome) und gegenüber recessiven Defektmutationen (Reserve-Funktion des zweiten Normal-Allels oder Normal-Chromosoms). Der evolutionsgeschichtliche Vorteil der Haplodiplonten und Diplonten gegenüber den Haplonten ist damit ohne weiteres einsichtig.

Für die meiotische Rekombination sind folgende Fragen wesentlich: Wie häufig ist Crossing-over? Sind bestimmte Chromosomenabschnitte (z.B. infolge chromosomenstruktureller Heterozygotie, S. 496, Abb. 3.1.40) als «Super-Gene» vom Crossing-over ausgenommen? Auf wie viele Chromosomen (Koppelungsgruppen) ist das Erbgut aufgeteilt? (Je mehr Chromosomen, um so mehr interchromosomale Rekombination, je weniger, um so stärkere Koppelung; vgl. S. 485 f.).

Eine Besonderheit der Dikaryophase der Pilze ist das Nebeneinander von zwei vielfach genetisch verschiedenen Zellkernen (n+n). Gelegentliche Verschmelzung und daraufolgende Rückkehr zur Haplo- bzw. Dikaryophase kann hier mit somatischer Rekombination verbunden sein. Daraus resultiert u.a. die große genetische Plastizität bei vielen Pilzgruppen (z.B. *Aspergillus*).

Die Tendenz Haplonten → Diplonten wird in vielen Verwandtschaftsgruppen noch durch das Überhandnehmen von Polyploiden fortgesetzt (z.B. bei den Farnen).

b) **Geschlechtsdifferenzierung und Sexualität** sind für die Mehrzahl der *Eukaryota* charakteristisch und resultierten letztlich in der Karyogamie von ♂ und ♀ (bzw. − und +) Zellkernen mit früher oder später folgender Meiose. Zumindest der Anlage nach besitzen alle höheren pflanzlichen und tierischen Organismen bisexuelle Potenzen für Männlichkeit und Weiblichkeit. Wenn ein Klon oder ein Individuum wechselweise oder gleichzeitig als Kernspender (♂) und als Kernempfänger (♀) fungieren kann, spricht man von Monöcie (Einhäusigkeit) bzw. einem Monöcisten (♂ ♀; ♂ und ♀ Geschlechtsorgane getrennt, aber auf einem Individuum) oder von einem Zwitter (Hermaphrodit, ⚥; ♂ und ♀ Geschlechtsorgane beieinander). Ist bei einem Klon oder Individuum jeweils nur eine Potenz vorhanden, die andere aber unterdrückt, so liegt Diöcie (Zweihäusigkeit ♂/♀) vor; es handelt sich dann um einen Diöcisten mit ♂ und ♀ (bzw. − und +) Individuen.

Bei monöcischen bzw. zwittrigen Pflanzen wird die Bildung von ♂ und ♀ Gameten bzw. Fortpflanzungsorganen im Laufe der Ontogenie von inneren Regulatoren bestimmt und ist vielfach auch von den Umweltverhältnissen abhängig (vgl. S. 482 f.). Die Geschlechtsbestimmung ist hier modifikativ (oder «phänotypisch»).

Beispiele dazu finden sich bei einer Vielzahl von Algen (Abb. 3.2.63 D–E, 3.2.84 K, 3.2.95 A, 3.2.79), Pilzen (Abb. 3.2.17 G, J–N, 3.2.19 E–F, 3.2.24 A, 3.2.25 C), Moosen (Abb. 3.2.105 A), und isosporen Farnpflanzen (Abb. 3.2.118 A, 3.2.122 H–J, 3.2.124 C, 3.2.138 C) mit ♂ und ♀ Gametangien auf dem gleichen Gametophyten. Bei den zwittrigen heterosporen Farnpflanzen (Abb. 3.2.129, 3.2.149 C, 3.2.151 C) und Samenpflanzen (Abb. 3.2.156, 3.2.163, 3.2.164, 3.2.189, 3.2.203, 3.2.204 etc.) finden wir reduzierte, modifikativ eingeschlechtige ♂ bzw. ♀ Gametophyten. Ihre Geschlechtsdifferenzierung greift nun gleichsam auf den Sporophyten zurück. Er trägt auf der gleichen Pflanze Mikro- und Mega-Sporen, Mikro- und Mega-Sporangien sowie Mikro- und Mega-Sporophylle oder sogar ausschließlich ♂ und ♀ Blüten.

Die ♂ und ♀ Individuen diöcischer Pflanzen lassen überwiegend eine genotpyische Geschlechtsbestimmung erkennen. Hier müssen wir unterscheiden: Die Diöcie der ♂ und ♀ Gametophyten bei vielen Algen (Abb. 3.2.96 C, 3.2.78), Pilzen (Abb. 3.2.16 O) und Moosen (Abb. 3.2.98, 3.2.102, 3.2.114) ist haplogenotypisch determiniert (vgl. S. 484 und Abb. 3.1.6, 3.1.24). Ganz andersartig, nämlich diplogenotypisch bedingt (vgl. S. 487f. und Abb. 3.1.24) und unabhängig entstanden ist dagegen die Diöcie der ♂ und ♀ Sporophyten bei verschiedenen Samenpflanzen (z.B. Abb. 3.2.178, 3.2.231 K–N, 3.2.251).

Bei der Volvocalen-Gattung *Chlamydomonas* läßt sich die Entwicklung von Sippen mit äußerlich gleichen − und + Gameten (Isogamie; vgl. S. 477 und Abb. 3.1.6) zu solchen mit ungleichen ♀ und ♂ Gameten (Anisogamie) und schließlich mit Spermatozoiden und Eizellen (Oogamie) verfolgen; dabei finden sich hier nebeneinander diöcische und monöcische Sippen mit haplogenotypischer bzw. modifikativer Geschlechtsbestimmung.

Das diöcische Lebermoos *Sphaerocarpos* (Abb. 3.2.100 A) ist ein Beispiel dafür, daß sich die Geschlechtschromosomen (X und Y) durch Chromosomenmutationen von den übrigen Chromosomen (den sog. Autosomen) und voneinander strukturell differenzieren können; in der Meiose zeigen X und Y nur Distanzpaarung, aber keine Chiasmata (S. 70 ff.; Abb. 3.1.24). Die Tetraden weisen zwei Sporen mit X- und zwei mit Y-Chromosomen auf; daraus gehen ♀ und ♂ Gametophyten hervor. Wird aus dem X-Chromosom durch Röntgenstrahlen ein Stück abgesprengt, so werden die ♀ in ♂ umgewandelt: Das Y-Chromosom hat also offenbar gar keine ♂-bestimmende Wirkung; ♂ entstehen vielmehr allein durch Abwesenheit des ♀-bestimmenden X-Chromosoms.

Wahrscheinlich liegen auch bei vielen anderen diöcischen Pflanzen in den Geschlechtschromosomen nicht die Erbfaktoren für die Ausbildung der ♀ und ♂ Geschlechtsorgane selbst, sondern lediglich sog. Realisatorgene, welche die in den Autosomen lokalisierte bisexuelle Potenz so beeinflussen, daß jeweils nur die Anlage des einen Geschlechtes zur Ausbildung kommt.

Die diplogenotypische Geschlechtsbestimmung bei Samenpflanzen wirkt sich im Sporophyten aus. Dabei ist im allgemeinen die ♂ Pflanze heterozygot und heterogametisch, denn sie liefert 50% ♂ und 50% ♀ determinierenden Pollen bzw. Spermazellen, während das ♀ Geschlecht homozygot und homogametisch erscheint. Dies gilt etwa für *Bryonia dioica* (♂ = Mm, ♀ = mm; Geschlechtschromosomen mikroskopisch nicht erkennbar; S. 487 f.) und *Silene alba* (= *Melandrium album*) (mit Geschlechtschromosomen: ♂ = XY, ♀ = XX; S. 488, Abb. 3.1.24).

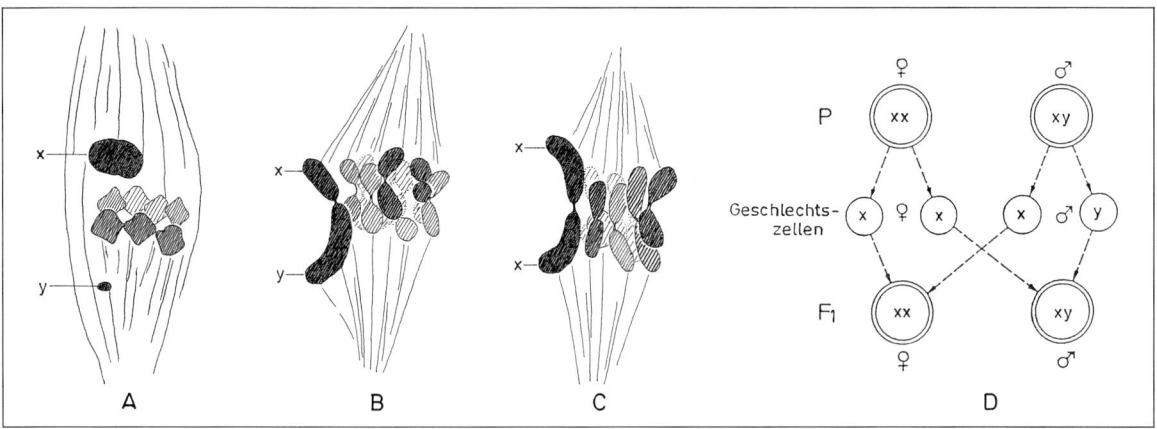

Abb. 3.1.24: Geschlechtschromosomen und haplogenotypische (A) bzw. diplogenotypische (B–D) Geschlechtsbestimmung: Meiose (Metaphase I) einer Sporenmutterzelle beim Lebermoos *Sphaerocarpos michelii* (A) bzw. einer Pollenmutterzelle (B) und einer Embryosackmutterzelle (C) bei der diöcischen (♂/♀) Blütenpflanze *Silene alba* sowie Schema der diplogenotypischen Geschlechtsbestimmung (D); X, Y die Geschlechtschromosomen. (A 2300×, nach Lorbeer; B–C 1800×, nach Belar; D nach Schumacher.)

Die Anlagen, welche die ♀ Potenzen unterdrücken, liegen in einem, die, welche die Staubblattentwicklung steuern, im anderen Arm des Y-Chromosoms. Experimentell hergestellte Polyploide zeigen, daß erst 3 Autosomensätze + 3X die Wirkung von 1Y kompensieren. Nur ein sehr kurzer Abschnitt von X und Y ist homolog. – Durch experimentelle Eingriffe kann man übrigens die normale Sex-Rate (1:1) verschieben. In gealtertem Pollen (80–100 Tage) sind z.B. die X-Körner so benachteiligt, daß fast nur noch ♂ Nachkommenschaft entsteht.

Die Entwicklung diöcischer Samenpflanzen ist offenbar mehrfach von zwittrigen Ausgangsformen erfolgt. Bindeglieder sind dabei häufig Sippen, in denen sich noch nebeneinander ⚥ und ♂ oder ♀ Individuen finden. Ursprüngliche Diöcisten haben noch keine Geschlechtschromosomen. Die fortschreitende Differenzierung der Geschlechtschromosomen verhindert eine Rekombination zwischen den geschlechtsbestimmenden Genblöcken und damit einen Zusammenbruch der Diöcie. Besonders abgeleitet ist unser Sauer-Ampfer, *Rumex acetosa*; er hat nämlich in ♂ 2n = 15 mit 3 Geschlechtschromosomen: XY_1Y_2 (sie bilden in der Meiose ein Trivalent), in ♀ dagegen nur 2n = 14 mit XX.

Die Geschlechtsdifferenzierung fördert schon an und für sich die Fremdbefruchtung (Allogamie) zwischen verschiedenen Elternpflanzen und damit die Rekombinationsrate einer Population. Allerdings ist bei Monöcisten mit ♂ und ♀ Fortpflanzungszellen doch häufig Selbstbefruchtung (Autogamie) möglich, auch wenn dies durch räumliche und zeitliche Trennung der Geschlechter erschwert wird (z.B. bei verschiedenen Angiospermen, vgl. S. 745f. und Abb. 3.1.26, 3.2.206). Durch den Übergang von Monöcie zu Diöcie wird dagegen Allogamie erzwungen. Außer Sexualität und Diöcie gibt es aber noch andere, in der gleichen Richtung wirkende, also Rekombinations-fördernde Evolutionsmechanismen:

c) Homogenische Inkompatibilität verhindert, daß sich Monöcisten bzw. Zwitter ohne Partner sexuell fortpflanzen; dabei wird letztlich die Karyogamie von ♂ und ♀ (bzw. − und +) Zellkernen mit denselben Inkompatibilitäts-Allelen verhindert. Abb. 3.1.25 demonstriert das anhand eines Selbststerilitäts-Gens (S) mit multiplen Allelen (S_1, S_2, S_3, S_4...), das bei der

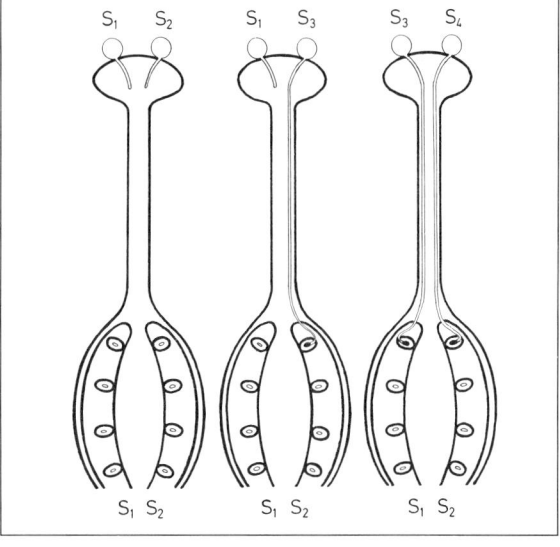

Abb. 3.1.25: Inkompatibilität bei der Bestäubung und Befruchtung von Angiospermen. S-Allele (S_1, S_2, S_3, S_4) der Pollenkörner auf der Narbe (oben) und im mütterlichen Gewebe von Griffel und Fruchtknoten (unten). (Original.)

Bestäubung und Befruchtung vieler Angiospermen infolge von Immunreaktionen Autogamie verhindert und damit Allogamie erzwingt: Es können nur solche Pollenkörner bzw. -schläuche bis zu den Samenanlagen vordringen, deren S-Allel **nicht** mit den S-Allelen im Narben- bzw. Griffelgewebe übereinstimmen. So wird bei einer Mutterpflanze S_1S_2 nicht nur Autogamie verhindert (Selbstinkompatibilität oder **Selbststerilität**), sondern auch die Kreuzung mit anderen S_1S_2-Pflanzen (Kreuzungsinkompatibilität); mit S_1S_3- oder S_2S_4-Partnern besteht halbe Kompatibilität. Verschiedene Typen homogenischer Inkompatibilität finden sich in allen eukaryotischen Pflanzengruppen (vgl. z.B. Abb. 3.2.11).

Die einfachste Form der homogenischen Inkompatibilität ist

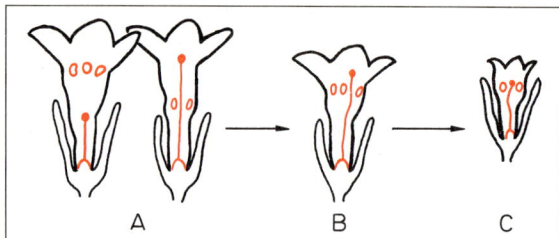

Abb. 3.1.26: Übergang von Fremdbestäubung (Allogamie) zu Selbstbestäubung (Autogamie) bei der californischen *Amsinckia spectabilis (Boraginaceae)*. **A** Heterostyle, allogame Form; **B** homostyle, langgriffelige, großblütige Form; **C** homostyle, kurzgriffelige, kleinblütige autogame Form; Fruchtknoten mit Griffel und Staubblätter rot. (Nach Ray & Chisaki.)

durch ein S-Gen mit zwei Allelen, + und –, bedingt (Abb. 3.2.11, rechts). So bildet z.B. jedes Individuum des Ascomyceten *Neurospora crassa* ♀ und ♂ Fortpflanzungsorgane, Karyogamie ist aber nur zwischen den Kreuzungstypen + und – möglich, während – und –, ebenso wie + und +, miteinander inkompatibel sind. Dieses bipolare genetische System entspricht ganz dem der haplogenotypischen Geschlechtsbestimmung (S. 484, 500). Beim Fehlen einer deutlichen ♂/♀-Geschlechtsdifferenzierung (vgl. dazu etwa Beispiele von Algen: Abb. 3.1.6, 3.2.96 A–B und Pilzen: Abb. 3.2.21, 3.2.36 B) ist eine eindeutige Abgrenzung zwischen «Diöcie» einerseits und «Monöcie + homogenische Inkompatibilität» andererseits kaum möglich. Vielleicht liegt also hier einer der Ausgangspunkte für diese beiden Evolutionsrichtungen.

Mehrfach haben sich Komplikationen des bipolaren Inkompatibilitätssystems herausgebildet, z.B. 2S-Gene mit je 2 Allelen (tetrapolar) bei gewissen Holobasidiomyceten und Brandpilzen (Abb. 3.2.47). Bei den diplohaplontischen Angiospermen kann ein bipolares System nicht funktionieren: Die Diplophase aller Pflanzen wäre ja dabei $S^+ S^-$. Daher ist hier ein multipolares System mit einem S-Gen (oder auch zwei, z.B. bei Gräsern) und multipler Allelie ($S_1, S_2, S_3, S_4 \ldots$ teilweise bis zu 50!) entstanden. Die Koppelung von Inkompatibilität mit 2 (oder 3) verschiedenen, wechselweise zusammenpassenden Staubblatt- und Griffelpositionen hat bei einigen Angiospermengruppen schließlich zum Phänomen der Heterostylie geführt (S. 747, Abb. 3.1.26 A, 3.2.206 A–B).

d) **Autogamie**, also Selbstbefruchtung (einschließlich Selbstbestäubung), hat sich bei zahlreichen monöcischen bzw. zwittrigen niederen und höheren Pflanzen herausgebildet, zuerst als gelegentliche (fakultative), dann auch als konstante (obligate) Form der sexuellen Fortpflanzung (Abb. 3.1.26). Als Voraussetzung dafür läßt sich vielfach der Zusammenbruch eines Inkompatibilitätssystems feststellen. Die Folgen von Autogamie sind Inzucht, gesenkte Rekombinationsrate und eingeschränkte Variationsbreite der Populationen, aber auch die Möglichkeit zur geschlechtlichen Fortpflanzung von Einzelpflanzen.

Autogamie findet sich z.B. schon bei verschiedenen Algen (z.B. *Spirogyra*: S. 640 und einigen Diatomeen), bei manchen Pilzen, Moosen und Pteridophyten, besonders aber bei verschiedenen Angiospermen (S. 746). Bei der Boraginaceen-Gattung *Amsinckia* werden nach dem Zusammenbruch der Heterostylie bei den Ausgangsformen (A) die relativ großblütigen Zwischenformen (B) noch von Insekten besucht und wegen der Trennung von Staubbeuteln und Narben auch noch fremdbestäubt; dagegen sind die unauffälligen kleinblütigen Populationen (C) aufgrund des Kontaktes von Staubbeuteln und Narben bereits weitgehend zur Selbstbestäubung übergegangen (Abb. 3.1.26). Autogamie ist besonders bei einjährigen Unkräutern häufig, z.B. beim Hirtentäschel *(Capsella bursa-pastoris)*, Acker-Stiefmütterchen *(Viola arvensis)*, Kleb-Labkraut *(Galium aparine)*, Greiskraut *(Senecio vulgaris)* usw. Für diese Pioniere an kurzfristig verfügbaren Standorten ist es vorteilhaft, auch aus Einzelpflanzen und unabhängig von Blütenbesuchern rasch große Populationen aufbauen zu können, wobei relative genetische Einheitlichkeit durch modifikative Plastizität kompensiert wird.

e) **Apomixis** schließlich kennzeichnet die völlige Degeneration und den Verlust der sexuellen Fortpflanzung. Dabei können der Gametophyt und die Geschlechtsorgane erhalten bleiben, während Syngamie und normale Meiose entfallen und die Entwicklung somit auf die Diplophase beschränkt wird (z.B. ungeschlechtliche Entwicklung von Samen bei den Angiospermen: Agamospermie, Abb. 3.1.27). Oder es kommt zu einem Ersatz durch rein vegetative Vermehrung (S. 476f.; z.B. bei der praktisch sterilen *Dentaria bulbifera*). Apomixis führt zwar zum Verlust der genetischen Rekombination, ermöglicht aber die unveränderte und fortdauernde Vermehrung konkurrenzfähiger Biotypen.

Bei manchen Algen (z.B. einigen Diatomeen) und zahlreichen Pilzen ist die sexuelle Fortpflanzung gänzlich verlorengegangen («Fungi imperfecti»; S. 592f.); sie können jedoch die meiotische Rekombination offenbar oft durch «somatische Rekombination» (S. 500) kompensieren. Bei den Farn- und Samenpflanzen können sich neue Sporophyten aus unbefruchteten Eizellen (Jungfernzeugung, Parthenogenese) oder aus anderen Zellen der Gametophyten (Apogamie) entwickeln. Der Kernphasenwechsel wird dadurch unterdrückt, daß die Meiose degeneriert und die Chromosomenre-

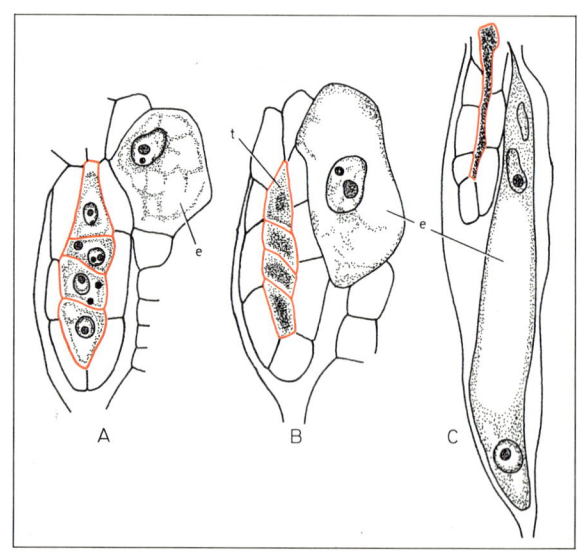

Abb. 3.1.27: Apomixis und Agamospermie bei Angiospermen: *Hieracium flagellare (Asteraceae)*. Der Nucellus der Samenanlage ist nach unten (gegen die Mikropyle) gewendet. Die normale Megasporentetrade (rot, t), aus deren unterster Zelle sich ein haploider Embryosack entwickeln sollte, verkümmert. Statt dessen entwickelt sich eine auffällige Integumentzelle (e) zum diploiden, aposporen Embryosack. (Nach Rosenberg.)

duktion unterbleibt (Diplosporie: diploide Meiosporen) oder daß überhaupt keine Meiose erfolgt und keine Meiosporen gebildet werden (Aposporie). Verschiedene Farne (z. B. *Dryopteris pseudo-mas*) bilden diploide Sporen und Gametophyten und daraus ohne Syngamie neue Sporophyten. Bei manchen Angiospermen entstehen diploide Embryosäcke, entweder infolge defekter Meiose der Embryosackmutterzelle (Diplosporie) oder infolge Verdrängens des ursprünglichen haploiden durch einen adventiv entstandenen diploiden Embryosack (Aposporie) (Abb. 3.1.27). Aus der unbefruchteten diploiden Eizelle entwickelt sich ein Embryo (Parthenogenese); teilweise ist als Entwicklungsanstoß noch Bestäubung notwendig (Pseudogamie). Diese besondere Form der vegetativen Fortpflanzung verhindert normalerweise genetische Rekombination, vereinzelt «durchkommende» haploide Eizellen, ihre Befruchtung und Weiterentwicklung schaffen aber auch hier einen Ausgleich. Agamospermie ermöglicht besonders bei hybridogenen und polyploiden Formkreisen mit gestörter sexueller Fortpflanzung die Fixierung und Vermehrung günstiger Kombinationsformen (z. B. bei *Rosaceae*, *Asteraceae* und *Poaceae*; vgl. S. 516 f.).

f) Gen-Fluß ist ein Ausdruck für das Ausmaß und die Geschwindigkeit, mit der Erbanlagen innerhalb und zwischen benachbarten Fortpflanzungsgemeinschaften ausgetauscht werden. In räumlicher Hinsicht wird dies vor allem durch die Verbreitung von Individuen und Keimen: Conidien, Sporen, Pollen, Gameten, Samen, Früchten usw., bestimmt. In zeitlicher Hinsicht besteht ein Zusammenhang mit der Generationsdauer (S. 475). Starker Gen-Fluß steigert, schwacher senkt die Rekombinationsrate.

Hinsichtlich der Pollenübertragung erreicht der Genfluß etwa bei Windbestäubern mit massenhafter Pollenproduktion größere Ausmaße als bei Selbstbestäubern mit wenig Pollen. In großen kontinuierlichen Populationen ohne interne Differenzierung der Chromosomenstruktur und -zahl und bei häufiger Hybridisierung mit andern Sippen werden Genfluß und Rekombinationsrate verstärkt sein, eingeschränkt dagegen in kleinen und disjunkten Populationen oder bei genischer Kreuzungsinkompatibilität, chromosomaler Differenzierung und Barrierenbildung. Ein enger Zusammenhang besteht auch zwischen Genfluß, Rekombinationsrate und Generationsdauer: Bei kurzen, rasch aufeinanderfolgenden Generationen wird sich die Rekombinationsrate erhöhen (z. B. bei Bakterien, Einjährigen), bei langen dagegen senken (z. B. bei spät fortpflanzungsfähigen, vieljährigen Holzpflanzen).

Das Rekombinationssystem ist also für die Makro- und Mikro-Evolution von entscheidender Bedeutung. Erst die Ausbildung von Mitose, Sexualität + Meiose und die Dominanz der Diplophase haben die präzise Weitergabe und Rekombination von Erbanlagen und deren Mutationen in einem Ausmaß ermöglicht, daß damit die Voraussetzung für die Entstehung langlebiger, komplexer und vielzelliger Organismen gegeben war. Nicht minder wichtig ist das Rekombinationssystem für die laufende Steuerung der erforderlichen genetischen Plastizität und Stabilität im lokalen Populationsbereich.

Alle Komponenten des Rekombinationssystems stehen selbst unter genetischer Kontrolle (z. B. das Ausmaß von Crossingover oder von sexueller und vegetativer Fortpflanzung). So kann eine mutative Veränderung des Systems ebenso erfolgen wie eine Koordinierung seiner Komponenten unter sich und mit der Umwelt durch kybernetische Rückkoppelung und Selektion (vgl. dazu auch S. 305 f. und 849).

B. Anpassung und Differenzierung, Divergenz und Konvergenz

Nur ein Bruchteil der infolge Mutation und Rekombination möglichen Mannigfaltigkeit einer Verwandtschaftsgruppe kann sich infolge Innen- und Außenbedingungen sowie Kreuzungsbarrieren wirklich durchsetzen. Ein Vergleich zwischen der Formenfülle der vom Menschen geförderten Kulturformen und ihren wenig variablen wilden Ausgangsformen demonstriert dies (Abb. 3.1.32). Der Ablauf der Evolution wird also vor allem durch Selektion und Isolation «kanalisiert». Die folgenden Abschnitte sollen dartun, wie diese Faktoren im Zusammenspiel mit den zuvor besprochenen Faktoren der Mutation und Rekombination zur Anpassung, Rassenbildung und Sippendivergenz beitragen.

1. Selektion, Drift und Populationsstruktur

Erbgefüge und Allel-Frequenz in einer Population von Fremdbefruchtern können durch Rekombination allein nicht verändert werden. Nach der sogenannten Hardy-Weinberg-Formel wird die Häufigkeit zweier Allele A und a durch p und q angegeben und $p + q = 1$ gesetzt: $p^2 AA + 2pq Aa + q^2 aa = 1$, z. B. $p = 0,5$ (50 %), $q = 0,5$ (50 %) : p^2 (0,25) $+ 2pg$ (0,5) $+ q^2$ (0,25) $= 1$. Ganz gleich wie groß die ursprüngliche Häufigkeit von A und a in einer Population ist, sie wird sich auch nach vielen Generationen nicht verschieben. Voraussetzung dafür ist allerdings, daß keine neuen Mutationen auftreten, daß Inzucht ausgeschlossen ist (dann würde es zu einer Vermehrung der Homozygoten AA und aa kommen), daß die Population sehr groß ist und daß kein Genotyp dem anderen überlegen ist. In kleinen Populationen oder bei gelegentlich starker Reduktion der Populationsgröße in Katastrophensituationen oder im Zuge der Wanderung kann es nämlich zur zufälligen Eliminierung bzw. Fixierung von Allelen kommen (genetische Drift).

Eine bemerkenswerte Konsequenz des Hardy-Weinberg-Gesetzes ist übrigens, daß Mutationen, die sich als seltene recessive Allele in einer Population auszubreiten beginnen, kaum von der Selektion betroffen werden. Ist z. B. q für a nur 0,01 (1 %), so treten aa-Individuen nur mit einer Frequenz von 0,0001 (0,01 %) in Erscheinung. Unter solchen Umständen werden also Zufall und genetische Drift wirksamer sein als die Selektion.

Für die weitere Veränderung der Allel-Frequenz ist aber die differenzierte Förderung bzw. Benachteiligung der Fortpflanzung und Vermehrung bestimmter Genotypen durch Selektion (Auslese, Zuchtwahl) wesentlich. Allele, deren Träger mehr bzw. weniger Nachkommenschaft produzieren, werden also in der Population zu- bzw. abnehmen. Selektion bezeichnet demnach die Komponente von Konkurrenz bzw. Wettbewerb, die sich auf die Fortpflanzung auswirkt. Der inneren (S. 483, 494) kann dabei die äußere (durch Außenfaktoren bewirkte) Selektion gegenübergestellt werden, der natürlichen die künstliche Selektion durch den Menschen (z.B. bei der Zuchtwahl der Kulturpflanzen).

Als Beispiel sei auf die Konkurrenz von normalen, dunkelgrünen und hellgrünen Mutanten mit reduziertem Chlorophyllgehalt bei der Kleinen Brennessel *(Urtica urens)* hingewiesen (Abb. 3.1.28). Unter gleichartigen Bedingungen zeigt sich die Normalform der Mutante in Mischkultur wegen ihrer viel besseren Photosyntheseleistung stark überlegen (B), während die Unterschiede bei Reinkultur nicht so stark sind (A, C). Selbstverständlich wird sich diese Über- bzw. Unterlegenheit auch auf die Fortpflanzung der beiden Formen auswirken und eine selektive Verschiebung der entsprechenden Allel-Frequenzen in der Population verursachen. Daß recessive Allele für solche Chlorophylldefekte (also a) nicht völlig eliminiert werden, hängt damit zusammen, daß die Heterozygoten (also Aa) den homozygoten Normalformen (also AA) oft nicht unterlegen, sondern an bestimmten Standorten sogar überlegen sind; dies wurde z.B. für verschiedene Gräser nachgewiesen.

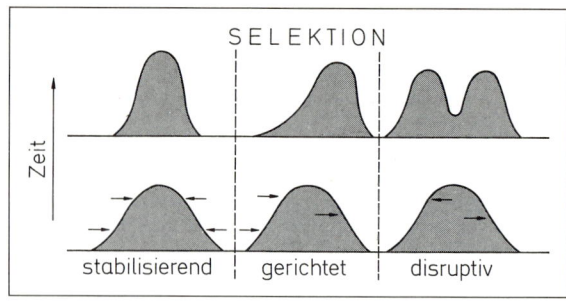

Abb. 3.1.29: Stabilisierende, gerichtete und disruptive Selektion. Die Variationsbreite (Abszisse) der Ausgangspopulationen (unten) ist durch die Frequenz erbverschiedener Individuen bedingt: Sie wird durch die verschiedenen Formen der Selektion (Pfeile) entweder eingeengt, verschoben oder aufgeteilt (oben). (Nach Mather.)

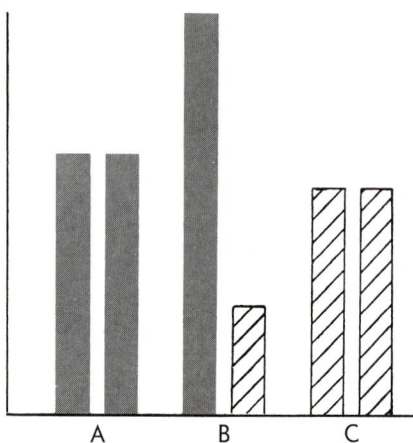

Abb. 3.1.28: Wettbewerb zwischen der chlorophyllreichen Normalform (dunkle Säulen) und einer chlorophyllarmen Mutante (schraffierte Säulen) der Kleinen Brennessel *(Urtica urens)*. Frischgewichte bei Konkurrenzversuchen **A** der Normalform unter sich, **B** der Normalform und der Mutante, und **C** der Mutante unter sich. (Nach Correns.)

Die besprochene Überlegenheit von Heterozygoten (bei Gen- und Chromosomen-Mutationen) gegenüber Homozygoten steht mit dem Heterosis-Phänomen (vgl. S. 496, 512) im Zusammenhang und dürfte weiterhin für den «balancierten» genetischen Polymorphismus und die Häufigkeit homozygot nachteiliger Allele in vielen Populationen verantwortlich sein. Viele Angiospermen sind etwa hinsichtlich der Behaarung, der Blütenfarben (z.B. rot- und weißblühende Formen beim Lerchensporn *Corydalis cava*) oder der Inhaltsstoffe (z.B. *Trifolium repens*, S. 506f.) polymorph. Gefördert wird Polymorphismus auch dadurch, daß bei Umweltschwankungen einmal diese, einmal jene Genotypen bevorzugt werden (z.B. bringt frühes Austreiben für Rotbuchen in milden Frühjahren infolge vermehrter Assimilationsleistung Vorteile, bei Spätfrösten aber infolge von Blattschäden Nachteile). Auch an nebeneinanderliegenden, verschiedenen Kleinstandorten können jeweils unterschiedliche Biotypen einer Population gefördert werden. Schließlich erbringen Mischbestände verschiedener Biotypen infolge positiver Kooperation oft bessere Erträge als Reinbestände. All dies trägt zum Polymorphismus bei und erweitert den Umfang des Gen-Pools der Populationen.

Abb. 3.1.29 verdeutlicht die verschiedenen möglichen Auswirkungen der äußeren Selektion auf die Phänotypen und damit das Genotypen-Spektrum bzw. den Gen-Pool jeder Population. Stabilisierende Selektion (A) eliminiert bei gleichmäßig verschärften Umweltbedingungen nur die Extremformen und engt damit die Variationsbreite ein. Allzufrüh oder allzuspät austreibende Rotbuchen würden demnach in unserem vorerwähnten Beispiel allmählich eliminiert werden. Gerichtete Selektion (B) verschiebt aufgrund einseitiger Umweltveränderungen die Variationsbreite. Man denke z.B. an die Züchtung von immer ertragreicheren Kultursorten. Abb. 3.1.33 veranschaulicht die natürliche Selektion von fortschreitend zwergwüchsigen Schafgarben beim Vordringen in höhere Gebirgslagen. Schließlich muß die mehrfach parallel bis zur Kugelform «verbesserte» Stammsucculenz der Kakteen (Abb. 1.3.42) als Ergebnis lange andauernder Selektion in Richtung auf Transpirationseinschränkung unter immer extremerer Trockenheit gedeutet werden. Disruptive Selektion (C) schließlich führt infolge gleichzeitiger Einwirkung verschiedener Umwelteinflüsse zur mehrgipfeligen Aufteilung der Variationskurve. Ein Beispiel aus der Pflanzenzüchtung wären etwa Maissorten mit hohem bzw. niedrigem Ölgehalt (Abb. 3.1.30), die aus einheitlichen Stammformen ausgelesen wurden. Unter natürlichen Bedingungen kommt solche divergierende Auslese z.B. an Standortsgrenzen zustande oder wenn Blütenbesucher in farbpolymorphen Populationen bestimmte Blütenfarben einseitig bevorzugen (vgl. S. 509, 748). Durch den Weidegang von Großtieren kann das Biotypen-Spektrum einer Gras-Population schon innerhalb weniger Monate drastisch verändert werden (Abb. 3.1.31). Als letztes Beispiel für langdauernde Zuchtwahl des Menschen seien noch die heute üblichen Kohlsorten angeführt, die sich durch Förderung von verbaßbarem Stamm-, Blatt- oder Blütenstandsgewebe unterscheiden (Abb. 3.1.32).

Durch Selektion können übrigens auch neutrale (indifferente) und sogar nachteilige (negative) Merkmale gefördert werden, nämlich dann, wenn sie infolge pleiotroper Genwirkung, genetischer Koppelung oder entwicklungsphysiologischer Korrelation an selektiv unmittelbar beeinflußte Merkmale gebunden sind. Im Fall von *Nicotiana* (S. 495, Abb. 3.1.17) zieht etwa Selektion auf Kronröhrenlänge auch Veränderungen von Kronzipfel-, Kelch- und Fruchtlänge nach sich.

Die selektiven Vor- oder Nachteile bestimmter Gene und Genkombinationen in einer polymorphen Population sind unter verschiedenen Bedingungen sehr unterschiedlich. Dies läßt sich durch Selektionskoeffizienten ausdrücken. Sie kön-

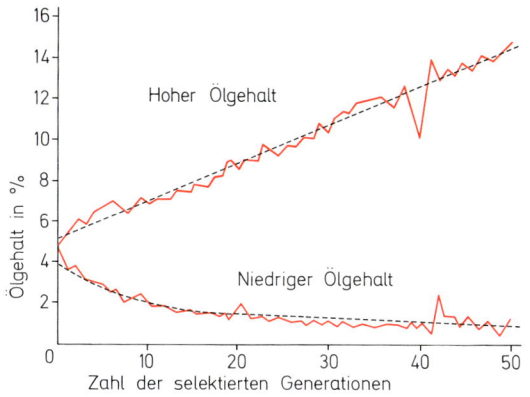

Abb. 3.1.30: Ergebnis künstlicher disruptiver Selektion auf vermehrten bzw. verminderten Ölgehalt bei einer Maissorte über 50 Generationen. (Nach Woodworth et. al.)

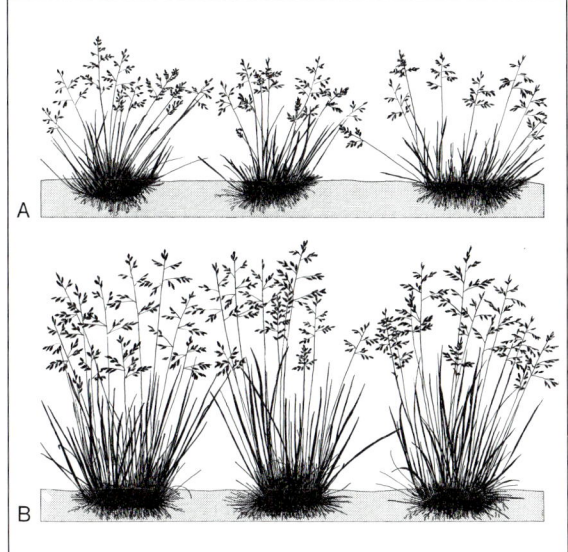

Abb. 3.1.31: Ergebnis natürlicher disruptiver Selektion durch Weide bzw. Mahd auf das Biotypen-Spektrum beim Wiesen-Rispengras (*Poa pratensis*): **A** kleinwüchsiger Biotyp von einer Weide, **B** hochwüchsiger Biotyp von einer Mähwiese, beide unter gleichartigen Bedingungen im Versuchsgarten. (Nach Kemp.)

nen mit Faktoren für Mutationsdruck, Genfluß, Populationsgröße, Generationsdauer usw. in die Rekombinationsformeln eingebaut und zu komplexen mathematischen Populationsmodellen zusammengefaßt werden. Untersuchungen der Variationsbreite und genetischen Struktur natürlicher pflanzlicher Populationen versprechen in Zukunft ein besseres Verständnis der tatsächlichen Bedeutung dieser Faktoren unter natürlichen Bedingungen.

Ein Rückblick zeigt, daß die Anpassung von Populationen an ihre Umwelt ein sehr komplexes Phänomen ist. Anpassung ist nämlich möglich durch 1) Modifikation, 2) Verschiebung des prozentualen Anteils verschiedener Biotypen, 3) neuartige Rekombination der im Gen-Pool vorhandenen Anlagen und 4) Entstehung neuer Mutanten.

2. Räumliche Isolation und Rassenbildung

Viele Sippen mit größerem Verbreitungsgebiet bestehen aus erblich verschiedenen, räumlich differenzierten und standörtlich besonders angepaßten Rassen. Dies gilt für Mensch und Tiere ebenso wie für Pflanzen, von Einzellern (z.B. Kieselalgen) bis zu Samenpflanzen (vgl. z.B. die Tiefland-, Berg- und Alpenrasse in Abb. 3.1.1).

So kommen z.B. innerhalb der Berg-Föhre *Pinus mugo* die aufrechten baumförmigen Haken-Föhren mehr im westlichen, die buschigen Leg-Föhren dagegen mehr im östlichen Alpenraum vor.

Diese ökologische bzw. geographische Rassenbildung kann durch Modellversuche illustriert werden.

So lassen sich durch Kultur auf Antibiotika- (z.B. Streptomycin-)haltigen Nährmedien aus Normalkulturen von Bakterien (z.B. *Staphylococcus*) die höchst selten beigemischten resistenten Mutanten auslesen und vermehren. Auf entsprechende Weise sind in den letzten Jahren zahlreiche Antibiotika-resistente Bakterienrassen aus empfindlichen Stammformen entstanden. Wird eine bestimmte Mischung verschiedener Getreide-Biotypen (etwa verschiedener autogamer Gerstensorten) an verschiedenen Orten angebaut, so setzen sich nach einigen Jahren der Konkurrenz jeweils nur wenige oder ein einziger Biotyp durch, während die anderen ausgemerzt werden. In vergleichbarer Weise setzen sich bei californischen Schafgarben in den Populationen aus verschiedenen Höhen-

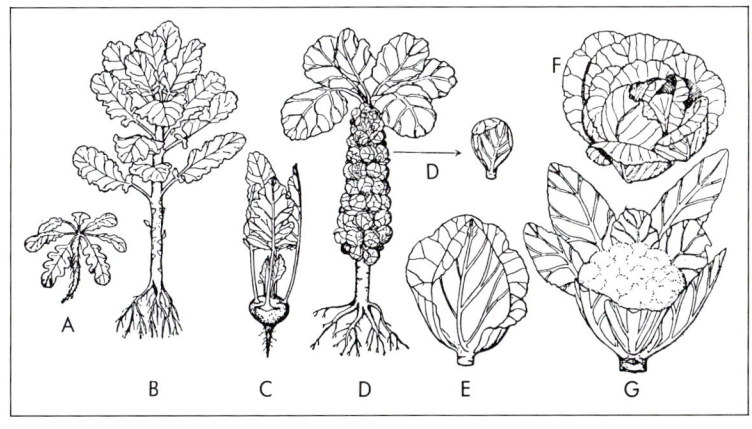

Abb. 3.1.32: Ergebnis menschlicher Zuchtwahl beim **A** Wild-Kohl (*Brassica oleracea* var. *oleracea* und verwandte Sippen): **B** Blattkohl (var. *viridis*), **C** Kohlrabi (var. *gongylodes*), **D** Rosen- oder Sprossenkohl (var. *gemmifera*), **E** Weiß- bzw. Rotkraut oder Weiß- bzw. Rotkohl (var. *capitata*), **F** Wirsing (var. *sabauda*), **G** Blumenkohl oder Karfiol (var. *botrytis*). (Nach Transeau, Sampson & Tiefany.)

stufen jeweils nur solche Biotypen durch, deren Stengelhöhe, Behaarung, Periodizität, Respirationsrate usw. den jeweiligen Umweltbedingungen ausreichend entsprechen (Abb. 3.1.33).

Diese Beispiele legen nahe, daß die Rassenbildung auf einer «Kanalisierung» des aus Mutation und Rekombination gespeisten Gen-Pools der Lokalpopulation durch Selektion, genetische Drift und räumliche Isolation beruht. Für die ökologische Anpassung ist dabei besonders die gerichtete selektive Förderung bestimmter Erbanlagen bedeutungsvoll. Bei der geographischen Differenzierung kommt es dagegen im Zusammenhang mit eingeschränkten Populationsgrößen vielfach auch zur zufälligen Verteilung und Fixierung selektiv neutraler Anlagen infolge genetischer Drift (S. 503). Räumliche Isolation reduziert schließlich den Genfluß zwischen den Initialrassen und trägt damit zu ihrer Stabilisierung und eigenständigen Weiterentwicklung bei.

Die ökologisch-geographische Merkmalsdifferenzierung kann entlang allmählich veränderter Umweltgradienten mehr-minder kontinuierlich sein. In diesem Fall sprechen wir von einer Cline bzw. sinngemäß von Öko-Cline oder Topo-Cline. Zwischen schärfer abgesetzten Standorten und Lebensräumen ist die Merkmalsdifferenzierung aber vielfach auch deutlicher abgestuft: Dadurch wird die Unterscheidung von ökologischen Rassen (Ökotypen) bzw. von geographischen Rassen möglich. Ein Blick auf das Populationsmuster der californischen *Layia gaillardioides* (Abb. 3.1.3) zeigt allerdings sofort, wie eng ökologische und geographische Differenzierung ineinandergreifen: Die Populationen der äußeren bzw. inneren Küstenberge lassen sich zu zwei geographischen Rassen zusammenschließen; diese sind wegen ihrer Anpassung an feuchteres bzw. trockeneres Klima (Blattschnitt!) gleichzeitig aber auch Ökotypen. Darüber hinaus stellt jede Population für sich nochmals eine morphologisch klar erkennbare untergeordnete Sippeneinheit (bzw. einen Cline-Ausschnitt) dar. Diese verschachtelte Struktur wird dadurch noch komplizierter, daß andere Merkmale (z.B. die Blütenfarbe) teilweise unabhängig von den Blattmerkmalen variieren (etwa weil sie einer andersartigen selektiven Steuerung unterliegen). Solche Verhältnisse sind für die Differenzierung von Sippen durchaus charakteristisch.

Ein relativ einfacher Fall clinaler Differenzierung von Inhaltsstoffen wurde für den Kriech-Klee *(Trifolium repens)* festgestellt: Hier bedingt das dominante Allel A die Bildung cyanogener Glykoside, die bei Verletzung der Pflanze infolge fermentativer Spaltung Cyanwasserstoff (Blausäure) freisetzen. Die Genotypen AA und Aa sind cyanidhaltig; aa ist davon frei. Abb. 3.1.34 zeigt die Veränderung der Allelfrequenz in den Populationen, wobei A gegenüber a von Süd nach Nord bzw. von tieferen zu höheren Lagen abnimmt. Dies dürfte auf Koppelung mit temperaturabhängigen Wuchsleistungsgenen bzw. auch auf besseren Schutz der A-Genotypen in Räumen mit vielen Pflanzenfressern zurückgehen. Für zahlreiche Pflanzengruppen wurde differenzierte erbliche Anpassung hinsichtlich der Frostresistenz erwiesen; Abb. 3.1.35B verdeutlicht eine entsprechende Cline für die Wald-Föhre *(Pinus sylvestris)*. Allgemein wird dabei auch die Respirationsrate mit der mittleren Standorts-Temperatur erblich abgestimmt. Dementsprechend ist bei gleicher Temperatur die Atmung alpiner Schafgarben-Ökotypen viel intensiver als bei montanen Ökotypen (Abb. 3.1.33). Im Tiefland können alpine Sippen den mit höheren Temperaturen und verstärkter Atmung verbundenen Reservestoffverbrauch vielfach nicht mehr kompensieren und sterben daher ab. Entsprechende Anpassungen finden sich nicht nur bei der Respiration, sondern auch bei der Photosynthese: Beim Säuerling *(Oxyria digyna)* sind dabei die alpinen Ökotypen besser an höhere, die arktischen besser an niedrigere Temperaturen angepaßt (Abb. 3.1.35 A).

a) Die **ökologische Differenzierung** innerhalb des Artbereiches durch Öko-Clines bzw. Ökotypen kann alle Funktions- und Merkmalsbereiche erfassen: Ernährungsform (etwa Autotrophie, Mixotrophie oder Heterotrophie bei Flagellaten), erbliche Anpassung von Parasiten an bestimmte Wirtspflanzen (z.B. bei Rostpilzen oder bei der Mistel), edaphische Spezialisation (z.B. Anpassung an verschiedene Salz-, Kalk-, Serpentin- oder Schwermetallböden: vielfach sehr engräumiges Nebeneinander edaphischer Ökotypen), Lichtausnutzung (z.B. Schattenformen mit schwächerer, Sonnenformen mit stärkerer Enzymaktivität bei der photosynthetischen CO_2-Bindung), Trockenresistenz (unterschiedliche Transpirationsraten, Blattflächen: Abb. 3.1.3, Behaarung, Wachsüberzüge usw.), Rhythmik (Kurz- und Langtagsformen, zeitliche Differenzierung hinsichtlich Austreiben, Blühen: Abb. 3.1.16, Blattfall und Ruheperioden, Samenkeimung usw.), Lebens- und Wuchsform (etwa unterschiedliche Ausbildung von Schwebefortsätzen bei Plankern zur Regulation der Absinkgeschwindigkeit: Abb. 3.2.60, Ein- und Mehrjährigkeit bei Angiospermen, Wuchshöhe und Stengelhaltung: Abb. 3.1.16, 3.1.31, 3.1.33) sowie Blüten- und Frucht- bzw. Samenform (Anpassung an unterschiedliche Bestäubung oder Ausbreitung: Abb. 3.1.26).

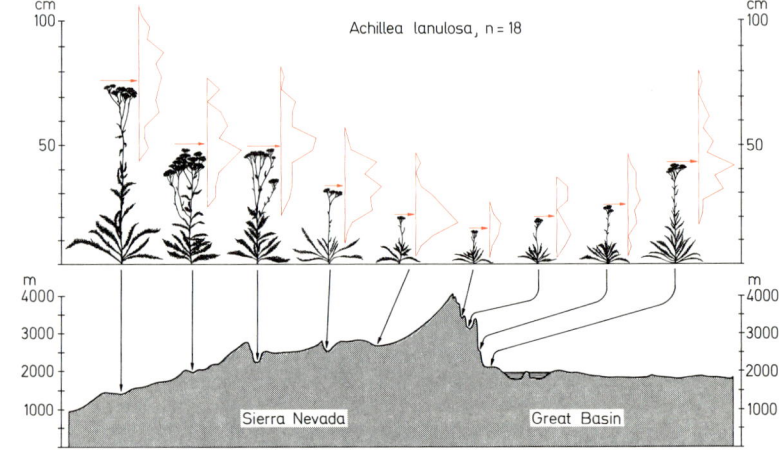

Abb. 3.1.33: Ökologische Rassen einer californischen Schafgarbe (*Achillea lanulosa*, tetraploid) aus verschiedener Seehöhe (1400–3350–2100 m) entlang einem etwa 60 km langen Transsekt durch die Sierra Nevada und das angrenzende Great Basin bei etwa 38° nördlicher Breite. Etwa 60 Individuen aus jeder Population wurden in Stanford (30 m) aus Samen herangezogen. Die Diagramme (rot) zeigen die erbliche Variation der Stengelhöhe, den Mittelwert (Pfeil) und ein typisches Individuum aus jeder Population. (Nach Clausen, Keck & Hiesey.)

Genetik und Evolutionsforschung · 507

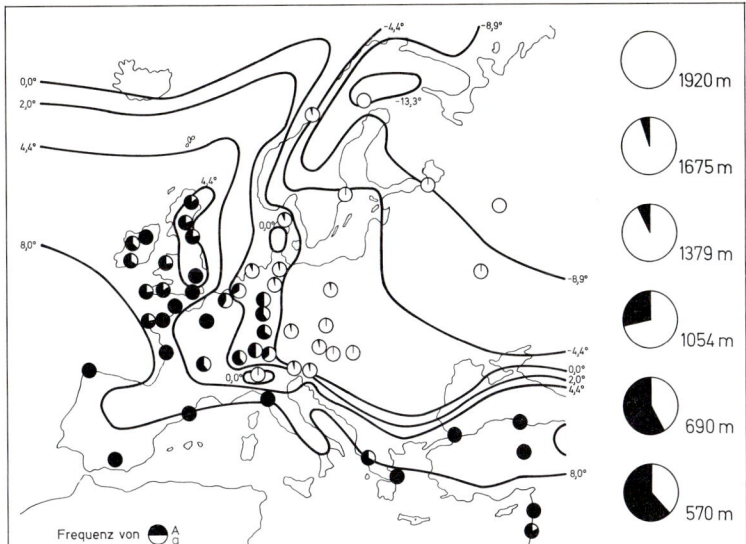

Abb. 3.1.34: Clinale Differenzierung beim Kriech-Klee *(Trifolium repens)*. Die Frequenz des für die Bildung cyanogener Glykoside verantwortlichen Allels A (gegenüber a) in den Populationen (Kreise mit schwarzen = A und weißen = a Sektoren) ist vom Mittelmeergebiet bis Nordeuropa (Karte links) mit den Januar-Isothermen, in den Alpen (rechte Teilfigur) mit der Seehöhe korreliert. (Nach Daday, teilw. veränd.)

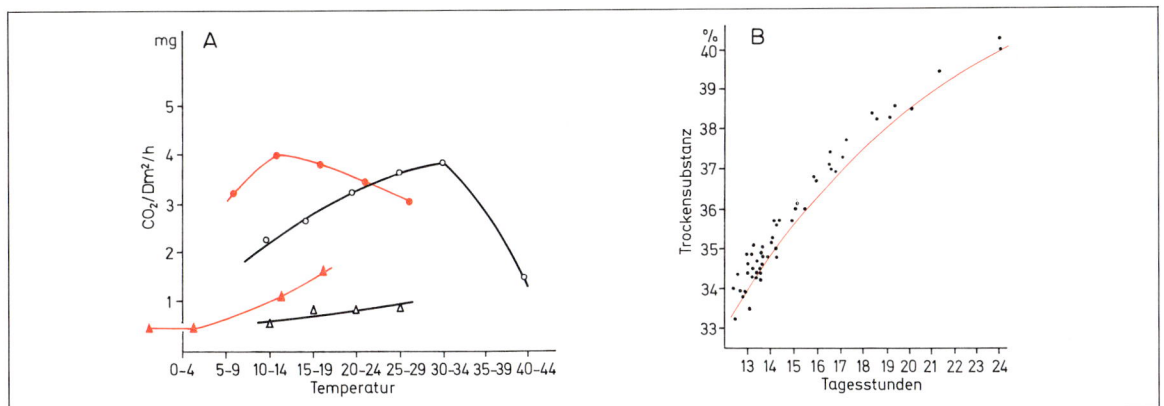

Abb. 3.1.35: Ökologische Differenzierung bei Samenpflanzen. **A** Ökotypen des Säuerlings *(Oxyria digyna, Polygonaceae)* und ihre unterschiedliche physiologische Reaktionsnorm: mittlere Raten der Photosynthese (○) und Respiration (△), gemessen in mg CO_2 pro Qudratdezimeter Blattfläche, in Abhängigkeit von der Temperatur bei einer südlichen alpinen (rot) und einer nördlichen arktischen (schwarz) Rasse. **B** Clinale Variation der Wald-Föhre *(Pinus sylvestris)*: Bei gleichartigen Kulturbedingungen zeigen 52 europäische Herkünfte eine enge Korrelation der Trockensubstanz der Nadeln (als Maß der Kälteresistenz) mit der Zahl der Tagesstunden am ersten Frühlingstag (Mitteltemperatur +6°) an ihrem natürlichen Standort (als Maß seiner geographischen Breite, Kontinentalität und der Länge seiner Vegetationszeit). (A nach Mooney & Billings, B nach Langlet.)

Es ist bemerkenswert, daß sich alle diese ökologischen Differenzierungen auch in den Bereich der Arten und höheren taxonomischen Einheiten hinein verfolgen lassen: Erinnern wir nur an Bodenzeiger (z.B. bei den Stengellosen Enzianen: *Gentiana clusii* auf Kalk, *G. acaulis* s. str. auf Silicat), an Immer- und Sommergrüne (z.B. Zeder und Lärche), Holzige und Krautige (z.B. *Magnoliales* und *Ranunculales*) sowie Süß- und Salzwasserbewohner (z.B. *Oedogoniales* und *Siphonales*).

b) Die Grundzüge **geographischer Differenzierung** können am Beispiel der Wildformen des Goldlack *(Erysimum* sect. *Cheiranthus)* dargelegt werden. Sie bewohnen meist in kleinen Populationen Felsstandorte in der Inselwelt der Ägäis. Unter dem Einfluß von räumlicher Isolation und genetischer Drift hat sich hier seit etwa 5 Millionen Jahren ein System fortschreitend divergierender und räumlich vikariierender (stellvertretender) Arten, Unterarten und Lokalrassen herausgebildet (Abb. 3.1.36). Kreuzungsexperimente beweisen, daß dabei infolge genischer und chromosomenstruktureller Umbauten allmählich auch reproduktive Barrieren aufgebaut wurden: So ist etwa *E. naxense* mit seinen Nachbarsippen kaum mehr kreuzbar. Weitere Beispiele für das weitverbreitete Phänomen geographischer Rassenbildung infolge räumlicher Isolation (aber noch ohne oder mit geringer genetischer Isolation) sind der mediterran-montane Formenkreis der Schwarz-Föhre (Abb. 3.1.37) und die Gattung Leberblümchen *(Hepatica)* mit stark disjunkten Vorkommen in den Laubwaldregionen der nördlichen Hemisphäre (Abb. 3.1.38): Unsere *H. nobilis* ist in Ostasien durch 2 andere Rassen vertreten. Damit nah verwandt sind auch die beiden nordamerikanischen Arten: Ihre Areale sind sekundär übereinandergeschoben; trotz gelegentlicher Hybridisierung bleibt ihre Identität aber wegen unterschiedlicher Standortsansprüche gewahrt. Noch weiter fortgeschritten ist die Divergenz zwischen *H. nobilis* und der gemeinsam damit vorkommenden karpatischen *H. transsilvanica*.

Auch das Prinzip geographischer Vikarianz und Sippendifferenzierung ist vielfach noch auf der Ebene höherer taxonomischer Einheiten erkennbar, z.B. bei den *Fagaceae* mit *Fagus* (und verwandten Gattungen) auf der Nordhemisphäre, *Nothofagus* auf der Südhemisphäre, oder bei den *Caryophyllidae*, wo die *Cactaceae* ihr Verbreitungsschwergewicht in den Trockengebieten der Neuen Welt, die *Aizoaceae* dagegen in denen der Alten Welt haben.

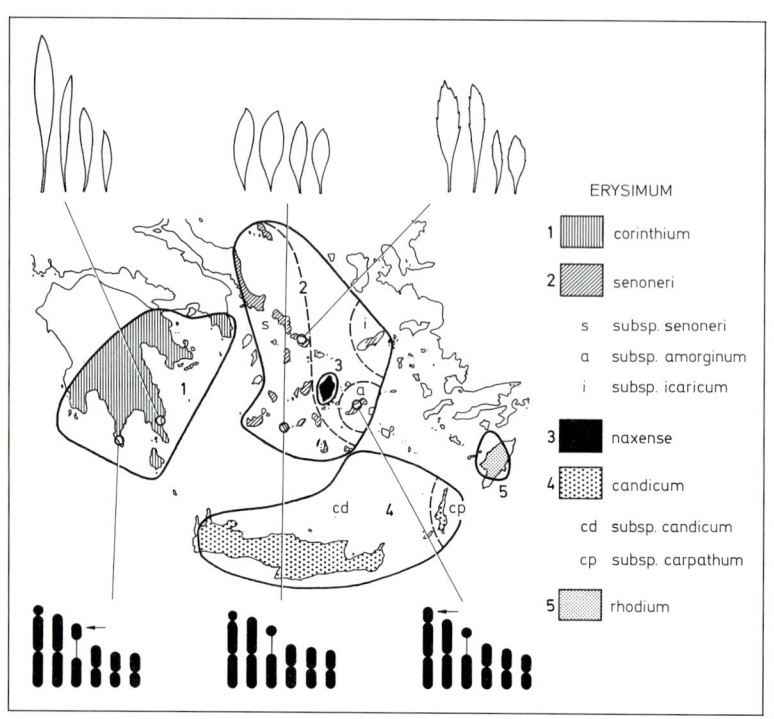

Abb. 3.1.36: Geographische Rassenbildung beim Goldlack (*Erysimum* sect. *Cheiranthus*) in der Ägäis: vikarierende Verbreitung von Arten und Unterarten; beispielhafte Hinweise auf einige Lokalrassen und ihre morphologische (oben: Blattbereich) sowie chromosomenstrukturelle Differenzierung (unten: Karyogramme; Pfeile). (Nach Snogerup.)

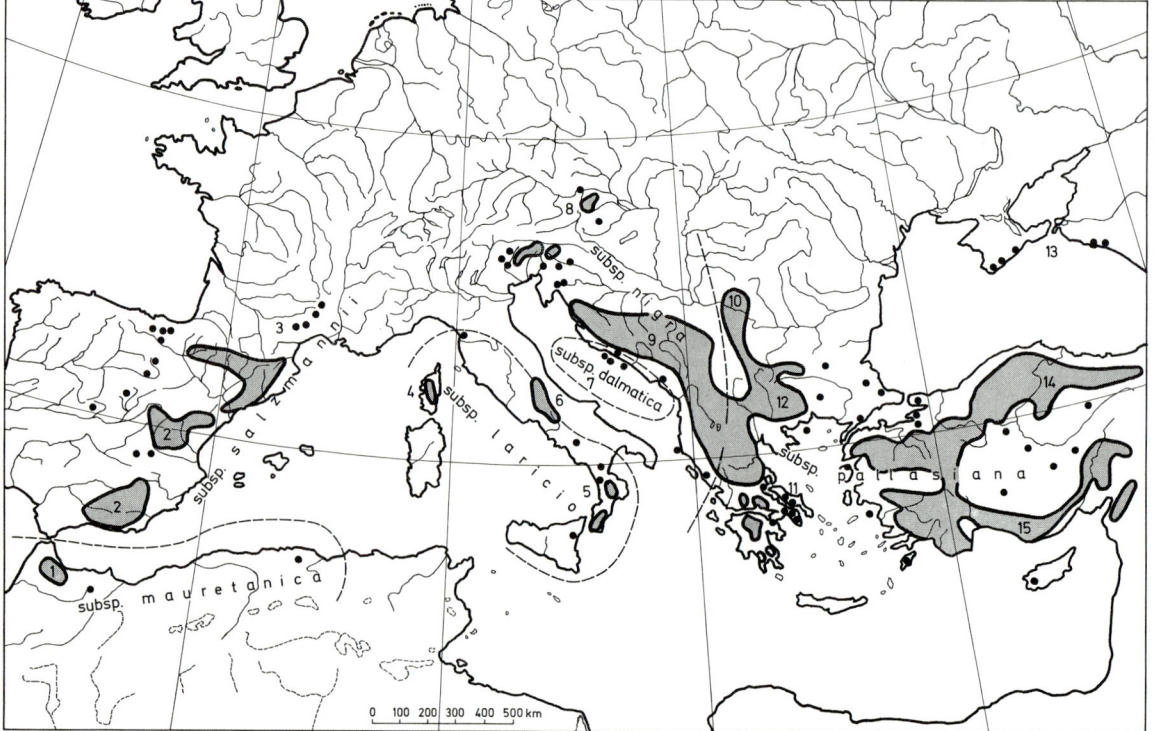

Abb. 3.1.37: Geographische Differenzierung des mediterran-montanen Formenkreises der Schwarz-Föhre *(Pinus nigra)*. Subspecies sind namentlich, untergeordnete Lokalrassen durch Zahlen hervorgehoben. (Nach Critchfield & Little; Meusel, Jäger & Weinert sowie Niklfeld.)

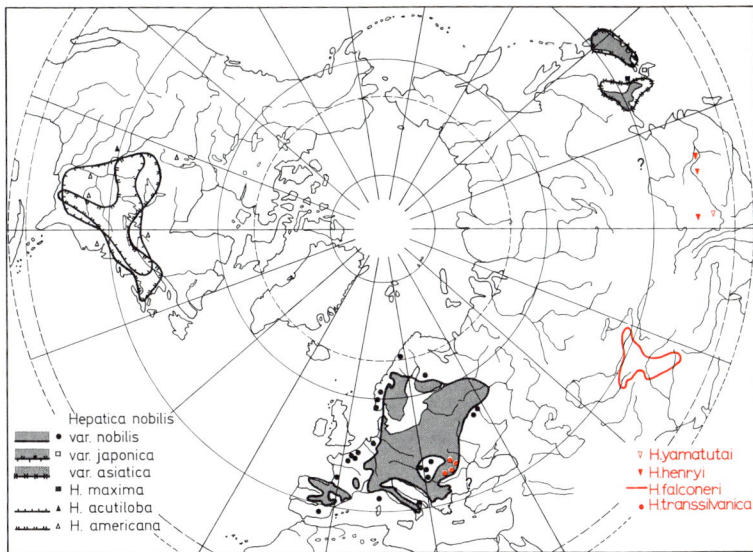

Abb. 3.1.38: Geographische Differenzierung der Gattung *Hepatica* (Leberblümchen, *Ranunculaceae*) in den Laubwaldregionen der nördlichen Hemisphäre: die *H. nobilis*-Serie mit schwarzen, die *H. transsilvanica*-Serie mit roten Signaturen. (Nach Meusel, Jäger & Weinert.)

Die ökologische und geographische Differenzierung stellt also vielfach eine sehr wesentliche erste Phase des Evolutionsvorganges dar. Die räumliche Isolation erleichtert dabei divergierende genetische Anpassung und Rassenbildung unter dem Einfluß von Selektion und genetischer Drift, indem sie eine Vermischung der Initialrassen durch Kreuzung und Rekombination hintanhält und ihre unmittelbare Konkurrenz ausschließt. So entstehen in verschiedenen benachbarten Lebensräumen (= allopatrisch) nah verwandte stellvertretende (vikariierende) Rassen. Erst nach dem Einbau von reproduktiven Isolationsfaktoren (z. B. Kreuzungsbarrieren), also in einer zweiten Evolutionsphase, wird auch ein gemeinsames (= sympatrisches) Vorkommen von Sippen gleicher Abstammung möglich (s. unten).

Diese Grundzüge der allopatrischen Sippenbildung gelten vor allem bei sexuellen Gruppen mit hoher Rekombinationsrate. Bei Autogamie oder Apomixis, bei abruptem Aufbau von Kreuzungsbarrieren oder eingeschränktem Genfluß (z. B. in sehr kleinen, eben erst begründeten Pionier-Populationen), oder bei verstärktem Selektionsdruck (z. B. an besonders scharfen Lebensraumgrenzen) kommt es nicht selten schon von allem Anfang an zu einer annähernd sympatrischen, also parapatrischen Sippen- bzw. Artbildung (vgl. Abb. 3.1.47).

3. Reproduktive Isolation und Artbildung

Weitere phylogenetische Divergenz und sympatrische Lebensweise sind nur infolge Einbaus von Kreuzungsbarrieren zwischen den Fortpflanzungsgemeinschaften möglich.

In Abb. 3.1.1 sind «*Planta hirsuta*» und «*P. glabra*» nur durch sterile Bastarde miteinander verbunden (vgl. aber auch *Platanus*, S. 511). Vielfach kommt es im Anschluß an die ökologisch-geographische Differenzierung also zu reproduktiver Isolation (vgl. z. B. *Erysimum* sect. *Cheiranthus* oder *Hepatica*, Abb. 3.1.36, 3.1.38). Bei unseren oft sympatrisch vorkommenden gelben Schlüsselblumen (*Primula veris, P. elatior* und *P. vulgaris*) wird etwa die ökologische Differenzierung der Arten durch komplexe Kreuzungsbarrieren verstärkt: Kreuzbefruchtung führt nämlich zu schlechtem Samenansatz, und die Hybriden zeigen verminderte Fertilität; all dies ist genisch, chromosomenstrukturell und plasmatisch bedingt und wirkt sich durch gestörte Endosperm- und Embryoentwicklung, Meiose-Defekte u. a. aus.

Man kann prä- und postzygotische (vor und nach der Befruchtung wirksam werdende) sowie umweltbedingte (exogene) und in den Organismen selbst verankerte (endogene) Isolationsmechanismen unterscheiden. Exogen und präzygotisch ist die schon besprochene räumliche Isolation, endogen und präzygotisch sind dagegen zeitliche, blütenbiologische und gametische Isolation bzw. Inkompatibilität, postzygotisch schließlich Lebensunfähigkeit und Sterilität der Hybriden. Gewöhnlich sind Kreuzungsbarrieren durch das Zusammenwirken mehrerer dieser Mechanismen bedingt.

a) Die Bedeutung **präzygotischer Isolationsmechanismen** sei zuerst anhand der zeitlichen Unterschiede bei der Fortpflanzung verwandter Sippen erläutert. Während z. B. unser Schneeglöckchen (*Galanthus nivalis* subsp. *nivalis*) ein Vorfrühlingsblüher ist, bilden die südwestasiatischen Rassen subsp. *cilicicus* ihre Blüten im Winter, subsp. *reginae-olgae* im Herbst. Bei Gräsern stäuben sympatrische Rassen oder Arten oft zu verschiedenen Tageszeiten.

Weiter wirkt unterschiedliche blütenbiologische Spezialisation als Isolationsfaktor, weil Bestäubung nur (oder bevorzugt) innerhalb des gleichen Blütentyps erfolgt (vgl. S. 504, 748). Die relative Blütentreue von blütenbesuchenden Insekten (besonders der Honigbiene) kann zu divergierender Differenzierung beitragen: in mischfarbigen Populationen z. B. dadurch, daß bevorzugt gleichfarbige Individuen angeflogen und untereinander bestäubt werden (z. B. bei *Phlox*). Im besonderen Maß wird blütenbiologische Isolation wirksam, wenn Sippen an verschiedene Blütenbesucher angepaßt sind. So werden nah verwandte montane und alpine Maskenblumen Californiens (*Mimulus cardinalis* und *M. lewisii*) durch Kolibris bzw. Hummeln bestäubt und isoliert. Ähnliches gilt für Akeleien (vgl. S. 524 und Abb. 3.1.54) und viele Orchideen, z. B. für die an bestimmte Arten und Hymenopteren-Männchen angepaßten, deren Weibchen imitierenden Täuschblumen der mediterranen Gattung *Ophrys*.

Als gametische Isolation bzw. Hybrid-Inkompatibilität bezeichnen wir schließlich den Umstand, daß zwischen verwandten Sippen die chemische Attraktion der Gameten (z. B. bei Flagellaten und Algen), Gametangien oder Kopulationshyphen (z. B. bei Pilzen) fehlt bzw. die Pollenschlauchkeimung gehemmt ist (z. B. auf den Narben von Angiospermen; vielfach im Zusammenhang mit nicht zusammenpassenden S-Gensystemen; vgl. S. 455, 501 f.).

b) Ursachen und Auswirkungen **postzygotischer Isolationsmechanismen** können vor allem anhand von Hybridisierungsexperimenten analysiert werden. Als ein Beispiel für viele sei auf Versuche mit einjährigen californischen Körbchenblütlern aus der Gattung *Layia* verwiesen (Abb. 3.1.39): 1) Innerhalb der Gruppen von *L. platyglossa* und *L. glandulosa* sind ± fertile F_1 möglich, die F_2 zeigen aber verschiedene Depressionserscheinungen, 2) zwischen den beiden Gruppen entstehen nur sterile F_1, 3) *L. heterotricha* gibt mit anderen Arten vielfach nur (sub)letale F_1 (Keimlinge oder nicht blühende Blattrosetten), während 4) *L. septentrionalis* überhaupt nicht mehr kreuzbar ist. Diese abgestufte Kreuzbarkeit ist hier und bei vielen anderen Gruppen durch divergente Differenzierung von Genen, Chromosomenstrukturen, Genomen (Dysploidie: n = 7,8; Polyploidie: n = 16) und Cytoplasmen bei den Sippen, und daraus resultierende genetische bzw. physiologische Disharmonie bei den Hybriden bedingt (z. B. mangelhafte Chromosomenpaarung oder mangelhafte Kooperation von Embryo und Endosperm).
Der Aufbau genetischer Barrieren ist normalerweise allmählich, besonders infolge von Polyploidie, aber auch abrupt und anfangs oft noch nicht (oder kaum) von morphologischen Veränderungen begleitet («kryptische Barrieren»). Z. B. zeigen schon einige Populationen innerhalb von *Layia glandulosa* (Abb. 3.1.39) Kreuzungssterilität. Bei der Erbse (*Pisum*, vgl. Abb. 3.1.19 A), beim Roggen und bei vielen anderen Arten setzen chromosomenstrukturelle Differenzierungen und dadurch verursachte Isolationswirkungen bereits im Populationsbereich ein und lassen sich von hier über den Rassen- bis in den Artbereich verfolgen (Abb. 3.1.47). Ähnliches gilt auch für Polyploidie (vgl. S. 497 f., 513 ff.).

Die postzygotischen Auswirkungen von Sterilitätsfaktoren reichen von Mitosestörungen und Entwicklungsdefekten des F_1-Embryos über Zusammenbruch des Endosperms bei der F_1 und damit ausbleibender Embryoernährung bis zu defekter Ausbildung der Sexualorgane. Bei den Meiosestörungen der F_1-Hybriden kann sich das mangelhafte Zusammenspiel der unterschiedlichen Genome bzw. Cytoplasmen in fehlerhafter oder ausbleibender Paarung der Chromosomen (Abb. 3.1.19, 3.1.40), in defekten oder unreduzierten Gameten u. a. auswirken. Während in der F_1 noch 2 verschiedene, in sich aber ausgeglichene Genome zusammenwirken, kommt es bei hybridogenen F_2-Generationen zur Aufspaltung (wobei dann etwa Chromosomenabschnitte fehlen oder doppelt vorhanden sein können) und damit zu vermehrter genetischer Disharmonie: Vitalität und Fertilität sind daher meist noch stärker gesenkt, von den Ausgangssippen oder der F_1 stärker abweichende Rekombinationstypen fallen vielfach ganz aus (in Streudiagrammen fehlen daher Individuen außerhalb der Korrelationsspindel zwischen den Parentalsippen, vgl. Abb. 3.1.42 A u. S. 512).

Ein wichtiges Anliegen der Pflanzenzüchtung ist die Überwindung natürlicher Kreuzungsbarrieren. Vielfach gelingt dies durch die experimentelle Kultur der Embryonen außerhalb der Mutterpflanze. Neuerdings lassen sich Hybriden zwischen sexuell nicht kreuzbaren Sippen durch die Fusion ihrer somatischen Protoplasten herstellen (z. B. zwischen Kartoffel und Tomate; vgl. Abb. 1.1.97). Wegen Genübertragung durch Transformation vgl. S. 483, 502.

Zwischen genetischen Veränderungen mit postzygotischen Isolationseffekten und solchen mit morphologischen Auswirkungen bestehen nur teilweise Korrelationen (etwa infolge Pleiotropie oder enger Koppelung). Bei *Layia* entsprechen die morphologischen Zäsuren nicht immer der Intensität der Kreuzungsbarrieren (*L. septentrionalis* gehört etwa eng zu *L. glandulosa* und *L. pentachaeta*, Abb. 3.1.39). Das weist darauf hin, daß Kreuzungsbeziehungen auch nicht unbedingt ein Spiegelbild der Verwandtschaft sein müssen (vgl. S. 520). Wenn man schließlich bedenkt, daß die phylogenetische Trennung der nordamerikanischen und mediterranen Platanen (*Platanus occidentalis* und *P. orientalis*) zumindest ins frühe Tertiär zurückgeht, ohne daß deshalb eine Kreuzungsbarriere zwischen den beiden Sippen entstanden wäre (häufige Kulturhybriden!), so demonstriert dies die Unabhängigkeit der Barrierenbildung auch vom Zeitfaktor.

Die Ausbildung reproduktiver Isolationsmechanismen ist aber trotzdem kein zufälliges Nebenprodukt der divergenten Evolution. Mehrfach konnte nämlich in letzter Zeit die **selektive**

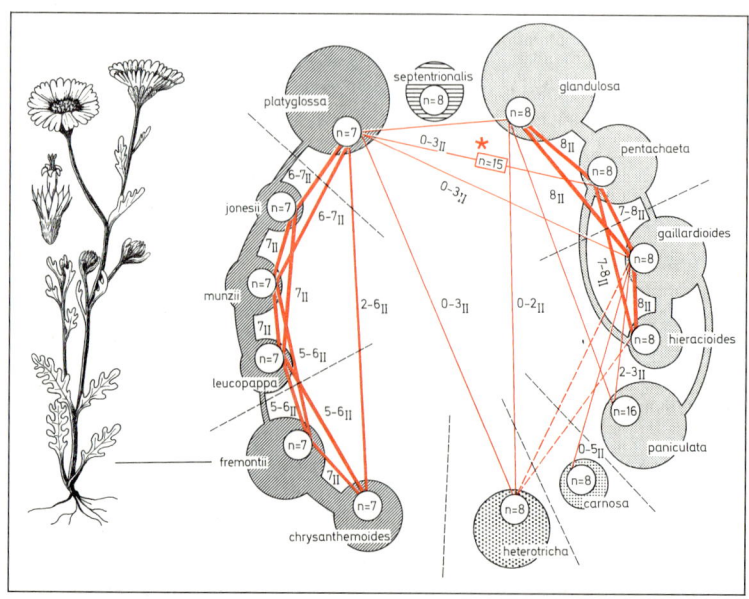

Abb. 3.1.39: Kreuzungspolygon der californischen Gattung *Layia (Asteraceae)*. Angegeben sind: Artnamen; haploide Chromosomenzahlen; Fertilität der experimentellen F_1-Hybriden (rote Verbindungslinien: unterbrochen = (sub)letal, dünn = steril, dick = ± fertil) sowie ihre pollenmeiotische Chromosomenpaarung (durchschnittliche Zahl der Bivalente = II); eine synthetische Allopolyploide (roter Stern); Ausmaß des natürlichen Genaustausches (gerasterte Verbindungen); wichtigste morphologische Zäsuren (gestrichelte Querlinien). Links Habitus und Röhrenblüte von *L. fremontii*. (Nach Clausen, Keck & Hiesey sowie Abrams & Ferris.)

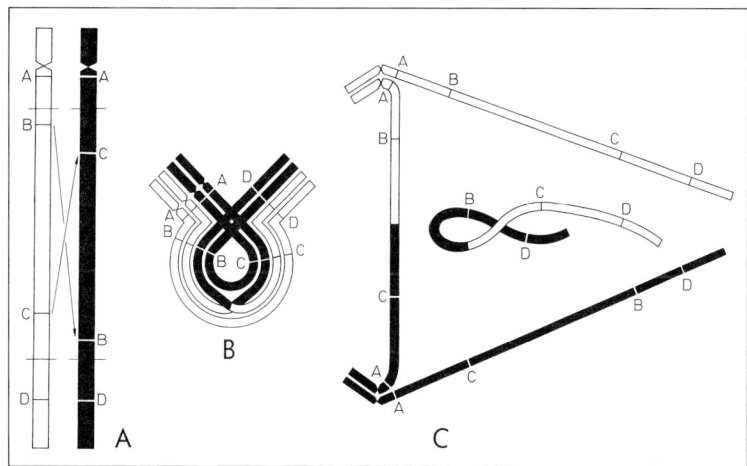

Abb. 3.1.40: Barriereneffekt einer Chromosomen-Mutation: Inversion. **A** Schema des veränderten Chromosomenpaares bei Ausgangsform (weiß) und Mutante (schwarz), eingetragen sind einige Markierungsgene (A, B, C, D), Bruchstellen und die Drehung des betroffenen Chromosomenabschnittes; **B** Meiose, der F_1: Paarung der strukturverschiedenen Chromosomen und Crossing-over im invertierten Abschnitt; **C** dadurch in Anaphase I Brücke mit zwei Centromeren und Fragment ohne Centromer: beide werden eliminiert, nur Gameten mit den unveränderten Chromosomen von Ausgangsform bzw. Mutante sind lebensfähig. (Nach Stebbins, verändert.)

Steuerung der Barrierenbildung demonstriert werden: Für Rassen extremer Standorte etwa ist Barriereneinbau deshalb vorteilhaft, weil dadurch die Vermischung mit der Normalrasse verhindert und eine «Abschirmung» der Anpassungsmerkmale möglich wird. Ganz allgemein ist die Barrierenwirkung sehr von der Umwelt abhängig: Wenn eine starke Konkurrenz gegen Hybriden besteht (z.B. in stabilen Lebensräumen, wo sie gegen die Ausgangssippen nicht Fuß fassen können), werden auch schwache Isolationsmechanismen wirksam bleiben; wenn Hybriden aber selektiv gefördert sind (z.B. in labilen, offenen und noch «unbesetzten» Lebensräumen, wo die Ausgangssippen zurücktreten) werden sie sich trotz starker Barrieren vermehren (S. 512). So kommen Hybriden zwischen Stiel- und Trauben-Eiche in Mitteleuropa nur stellenweise vor, in Schottland dominieren sie dagegen.

Die Ausbildung verschiedener und vielfach komplexer reproduktiver Isolationsmechanismen ist also besonders für den inneren Zusammenhalt, die gegenseitige Abgrenzung und die endgültige phylogenetische Divergenz der Sippen und ihrer Gen-Pools wesentlich. Diese Vorgänge haben für die «Artbildung» (S. 528) große Bedeutung. Dabei sind Barrierenbildung und stammesgeschichtliche Verwandtschaft zwar miteinander ± korreliert, morphologisch-physiologische Differenzierung und Anpassung aber ± unabhängige Prozesse. Die reproduktive Isolation verwandter Sippen ist vielfach nur relativ und durch Selektion steuerbar. Reproduktive Barrieren fördern die genetische Stabilität; wenn sie aber infolge Hybridisierung wieder durchbrochen werden, so führt das zu vermehrter genetischer Plastizität (s. unten). Damit wird ein enger Zusammenhang zwischen Isolation und Rekombination sichtbar.

4. Hybridisierung und Allopolyploidie

Kreuzungsvorgänge zwischen unvollständig isolierten Sippen mit unterschiedlicher genetischer Struktur und Merkmalsausbildung bezeichnen wir als **Hybridisierung** (= Bastardierung). Kommt es dabei zur Chromosomenverdopplung, sprechen wir von **Allopolyploidie** (vgl. S. 498). Bei apomiktischen Hybriden überwiegt die ungeschlechtliche Fortpflanzung.

Bei Hybridisierung handelt es sich um genetische Rekombinationsvorgänge, die über den Bereich der normalen Fortpflanzungsgemeinschaft (Population) hinausgehen. Daraus kann eine weitgehende Verschmelzung von Sippen und stammesgeschichtliche Vernetzung resultieren. Die früher oft zu gering geschätzte Bedeutung dieser Vorgänge für die Evolution erhellt allein schon aus der Tatsache, daß fast alle unsere Kulturpflanzen, mindestens die Hälfte aller Cormophyten und wohl auch viele Thallophyten im Zusammenhang mit Hybridisierung bzw. Allopolyploidie entstanden sind.

Viel stärker als bei Kreuzungen zwischen Biotypen mit wenigen Erbunterschieden (S. 484–489) machen Hybridisierungsvorgänge zwischen Sippen mit zahlreichen Erbunterschieden in F_2- und weiteren Filialgenerationen infolge Rekombination eine ungeheure Variabilität frei. Vielfach entstehen dabei auch durchaus neuartige Merkmale (S. 488).

Bei Biotypen mit Unterschieden in 2 Genen sind in der F_2 nur $3^2 = 9$ Rekombinationstypen möglich (Abb. 3.1.9 u. S. 488), bei Ausgangssippen mit Unterschieden in 10 Genen dagegen schon $3^{10} = 59049$! Hybridogene Variabilität wird also sehr rasch freigesetzt und ermöglicht nach Siebung durch Selektion (und infolge Isolation) rasche Anpassung, auch an drastisch veränderte Umweltbedingungen.

Modellhaft wurden derartige natürliche Vorgänge etwa so nachvollzogen, daß man ökologisch stark verschiedene Rassen von Schafgarben und anderen Sippen kreuzte, die stark aufspaltenden F_2-Individuen vegetativ teilte und jeweils in Versuchsgärten der Ebene, Berg- und Alpenstufe kultivierte. Dabei fielen zwar in kurzer Zeit sehr viele unzureichend angepaßte Rekombinationstypen aus, gleichzeitig wurden aber auch neuartige und den Ausgangsformen überlegene Biotypen ausgelesen. Analoge Beispiele liefern Kulturpflanzen: Die meisten unserer heutigen Hochleistungssorten sind aus Kreuzungsexperimenten und durch Kombination erwünschter Merkmale aus verschiedenen älteren Landsorten bzw. Wildrassen hervorgegangen. Aus den Hybridnachkommen weiß- und violettblühender diploider Wildarten *(Petunia axillaris* und *P. violacea)* wurden z.B. unsere buntfarbigen, diploiden und später auch tetraploiden Hybrid-Petunien *(P. hybrida)* ausgelesen. In ähnlicher Weise entstanden auf der Diploidstufe aus verschiedenen mediterranen Wildformen die Fülle unserer heutigen Kohlsorten (Abb. 3.1.32), auf Polyploidstufen (4x, 6x) die zahlreichen Weizensorten (Abb. 3.1.44).

Ein weiterer Vorteil der Hybridisierung ist, daß besonders in der F_1 gegenüber den Ausgangssippen häufig eine bessere Wüchsigkeit und Produktivität auftritt (Heterosis). Ursachen dafür sind wohl besonders die additive Wirkung wachstumsfördernder Faktoren in Genom und Plasmon (S. 496), die Bildung leistungsfähigerer «Hybrid-Enzyme» sowie die bessere Anpassungsfähigkeit und Homöostasis (S. 500) bei Heterozygoten. Infolge Rekombination klingt die Heterosis-Wirkung allerdings ab der F_2 meist wieder ab.

In der Landwirtschaft konnten in den letzten Jahrzehnten die Erträge bei vielen Nutzpflanzen (z.B. Mais, Zuckerrüben etc.) durch den Anbau von F_1-Saatgut aus der Kombination von Inzuchtlinien mit starkem Heterosis-Effekt wesentlich gesteigert werden. Für die Massenproduktion dieses F_1-Saatgutes sind plasmatisch pollensterile Linien als Mutterpflanzen von größter Bedeutung (S. 110).

Eine erfolgreiche Etablierung hybridogener Populationen ist allerdings nur unter bestimmten Voraussetzungen möglich: 1) Um der Konkurrenz der Ausgangssippen zu entgehen, bedarf es meist neuer Lebensräume. In jüngster geologischer Vergangenheit wurden solche besonders durch den Menschen, vorher etwa durch die Eiszeiten, durch Vulkanismus u.a. geschaffen. 2) Gegen Sterilitätserscheinungen (als Folge postzygotischer Kreuzungsbarrieren zwischen den Ausgangssippen) und allzu große genetische Labilität (als Folge von Rekombination) muß ein notwendiges Maß an Fortpflanzungsfähigkeit und Stabilität erreicht werden. Dies wird durch verschiedene cytogenetische Mechanismen erreicht:

a) **Homoploide Hybriden** entsprechen in der Zahl (oft auch der Struktur) der Chromosomen ihren Ausgangssippen; sie sind steril oder pflanzen sich ± normal sexuell fort.

Die folgende Reihe illustriert verschiedene Stadien der Durchbrechung von Kreuzungsbarrieren: Nur einzelne, sterile Bastardindividuen finden sich etwa zwischen Orchideengattungen (z.B. *Nigritella nigra* × *Gymnadenia odoratissima*), im Artbereich zwischen Schwarz- und Wald-Föhre *(Pinus nigra × P. sylvestris)* oder Heidel- und Preiselbeere *(Vaccinium myrtillus × V. vitis-idaea)*: größere und etwas formenreichere Bastardpopulationen (gelegentliche Rückkreuzungen, F_2-Individuen usw.) kommen zwischen Zitter- und Silber-Pappel *(Populus tremula × P. alba)*, Alpenrosen *(Rhododendron hirsutum × Rh. ferrugineum*; Abb. 4.3.20), Frühlings-Veilchen *(Viola odorata × V. hirta)* u.a. vor; polymorphe und ± fertile Hybridschwärme verbinden stellenweise (und gelegentlich auch ohne ihre Ausgangssippen) etwa unsere Eichenarten *(Quercus robur × Qu. petraea* bzw. *Qu. pubescens)*, Weiden (z.B. *Salix alba × S. fragilis)*, Rote und Weiße Lichtnelke *(Silene dioica × S. alba)* oder Gelbe und Blaue Luzerne *(Medicago falcata × M. sativa*; tlw. mit auffällig grünen Blüten). Bei den Küchenschellen im bayerisch-österreichischen Donauraum bietet sich schließlich das Bild einer Cline (Abb. 3.1.41): Erst Kreuzungsexperimente und quantitative Merkmalsanalysen dokumentieren die hybridogene Entstehung der kontinuierlichen Übergangsserie zwischen den tetraploiden *Pulsatilla vulgaris* und *P. grandis*, die im Postglazial aus West und Ost eingewandert sind.

Hybridnachkommen sind allgemein durch eine gewisse «Kohäsion» der Merkmale ihrer Ausgangssippen gekennzeichnet. (S. 510). Das Streudiagramm Abb. 3.1.42 A zeigt dies für experimentell hergestellte Hybriden zwischen reproduktiv stark isolierten diploiden Schafgarben *(Achillea)*. Umgekehrt deuten entsprechende Merkmalskorrelationen in natürlichen Populationen auf hybridogene Entstehung (Abb. 3.1.42 B). Diese Methode legt nahe, daß *A. roseoalba* (Wald- und Wiesenpflanze der geologisch jungen Oberitalienischen Tiefebene und ihrer Randzonen) aus den erdgeschichtlich älteren *A. setacea* (pontisch-pannonische Steppenpflanze) und *A. asplenifolia* (pannonische Niederungswiesenpflanze) durch Kreuzung sowie Rückkreuzung und einseitigen Genfluß in Richtung *A. asplenifolia* entstanden ist (dies läßt sich u.a. auch durch entsprechende Kreuzungsversuche erhärten). Solche beschränkte hybridogene Gen- bzw. Merkmals-Infiltration (= Introgression) dürfte zwischen stärker isolierten Arten weit verbreitet sein.

Selbst starke und komplexe reproduktive Barrieren können bei entsprechendem Selektionsdruck durch Hybridisierung aufgelöst werden.

Kreuzungsversuche (etwa an *Nicotiana*-Arten) zeigen, daß auch aus extrem sterilen Hybrid-Nachkommenschaften fertile Rekombinationstypen ausgelesen werden können; unter Umständen sind sie infolge Aufspaltung von Sterilitätsfaktoren oder Chromosomenumbauten von ihren Ausgangssippen wieder isoliert (experimentelle «Artbildung»). Bei der polygenischen Steuerung der meisten Merkmale (S. 495) ist auch eine genetische Stabilisierung diploider Hybrid-Nachkommen möglich (etwa AABBCCDD × aabbccdd → AABBccdd).

Dazu können gewisse Genom- (bzw. Genom-Plasmon-) Kombinationen auch noch durchaus neuartige Merkmalsausprägungen oder erhöhte Mutationsraten aufweisen. Diese Hinweise machen verständlich, daß Hybridisierung vielfach zu neuer Differenzierung führt (vgl. Abb. 3.1.47).

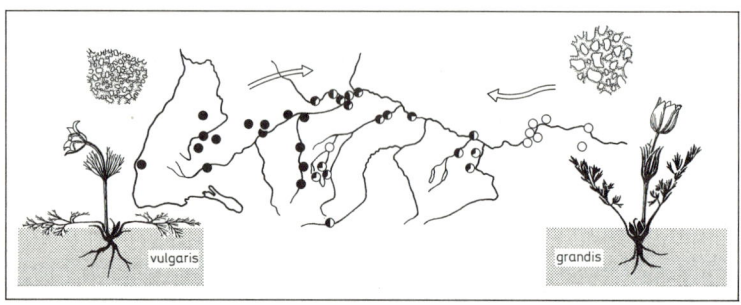

Abb. 3.1.41: Hybridogene Verschmelzung der westlichen *Pulsatilla vulgaris* (schwarze Kreise) und der östlichen *P. grandis* (weiße Kreise) im bayerisch-österreichischen Donauraum. Habitusbilder, Schwammparenchym, Einwanderungsrichtungen und Fundorte untersuchter Populationen: In den Übergangspopulationen entsprechend die schwarz-weißen Sektoren dem jeweiligen Merkmalsanteil der Ausgangssippen. (Nach Voelter-Hedke & Zimmermann.)

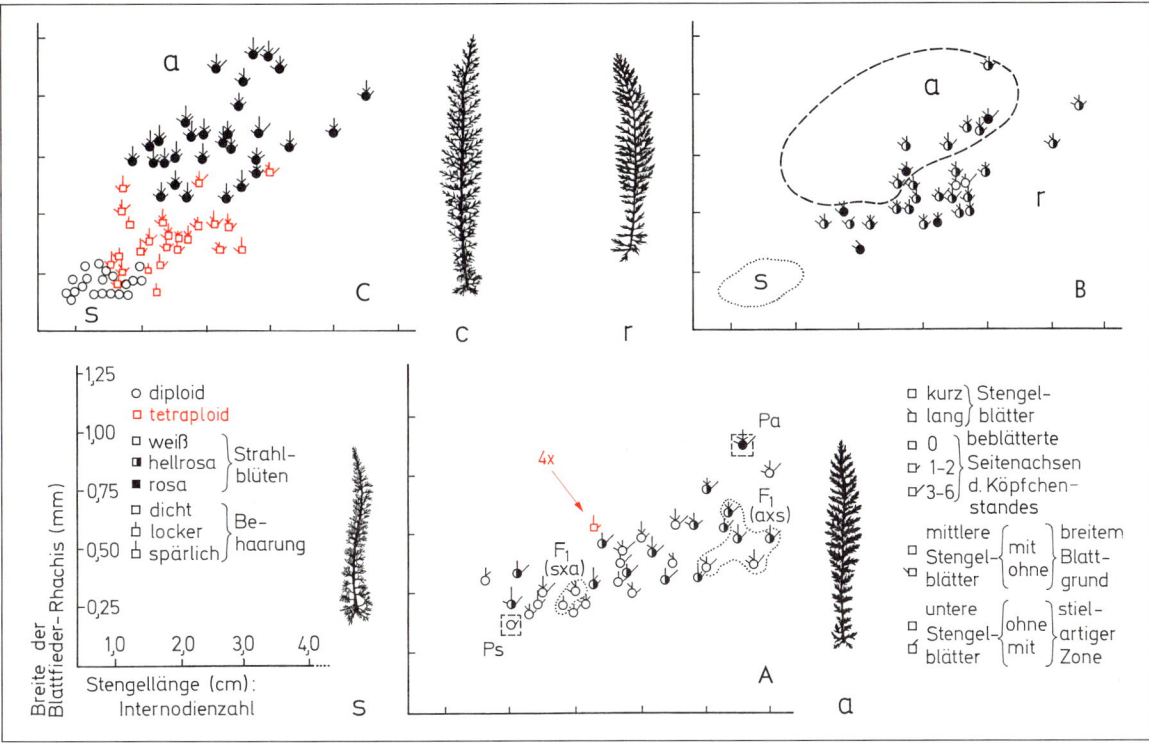

Abb. 3.1.42: Experimentelle Analyse der Verwandtschaft und Evolution einiger Kleinarten aus dem Hybrid- und Polyploidkomplex der Schafgarbe *Achillea millefolium* agg. (x = 9): *A. setacea* (s; 2x), *A. aspleniifolia* (a; 2x), *A. roseo-alba* (r; meist 2x), *A. collina* (c, rot; 4x). Blattumrisse und Streudiagramme (Merkmalsdifferenzierung aus den Koordinaten und den Symbolen für die einzelnen Individuen ersichtlich). **A** Experimentelle Kreuzung der diploiden *A. setacea* (P$_s$) und *A. aspleniifolia* (P$_a$), Punktlinien umgeben die reziprok verschiedenen F$_1$ (s×a und a×s: plasmatische Differenzierung!), weiter die subvitale F$_2$ mit eingeschränkter Rekombination (Spindel!) und spontan aufgetretene Allotetraploide (→4x, rot = synthetische *A. collina*). **B** 30 Individuen einer sehr variablen Population der hybridogenen *A. roseo-alba*, stärkere Annäherung an *A. aspleniifolia* (infolge Rückkreuzung und Introgression!). **C** Individuen aus verschiedenen Populationen der diploiden *A. setacea* und *A. aspleniifolia* sowie der daraus entstandenen allotetraploiden *A. collina* (rot; Mittelstellung!). (Original.)

Im Experiment entstehen etwa aus der Kreuzung blau- und lachsrotblühender *Streptocarpus*-Sippen F$_2$-Nachkommen mit neuen Anthocyanen und damit neuen Blütenfarben. Im Zusammenhang mit den quartären Florenwanderungen hat sich z.B am Ost-Balkan die Tanne *Abies borisii-regis* infolge von Hybrid-Kontakten aus der mitteleuropäischen *A. alba* und der griechischen *A. cephalonica* herausgebildet, oder in Süd-Polen die lokale *Betula oycoviensis* aus einer subarktischen Zwerg-Birke (sect. *Nanae*) und der weitverbreiteten baumförmigen Weiß-Birke (*B. pendula*). Menschliche Kulturmaßnahmen haben bei Möhren und Karotten (*Daucus*) sowie Rettichen (*Raphanus*) zur Hybridisierung mediterraner Wildformen und zur parallelen Herausbildung von neuen Kultur-, Acker- und Ruderalsippen geführt.

b) Heterogame Hybriden vererben die beiden strukturell verschiedenen, haploiden Chromosomensätze ihrer Ausgangssippen über Ei- bzw. Spermazellen unverändert an ihre Nachkommen (Komplexheterozygotie). Dies wird dadurch möglich, daß sich die Chromosomensätze durch Translokationen der Chromosomenarme unterscheiden, bei je vier Chromosomen also, etwa 1.2 3.4 5.6 7.8 in einem und 2.3 4.5 6.7 8.1 im anderen Satz. In der Meiose kommt es dann infolge Paarung homologer Chromosomenendabschnitte zur kettenförmigen Zick-Zack-Anordnung der Chromosomen während der Metaphase I und dadurch schließlich in der Anaphase I zur blockweisen Aufteilung der ursprünglichen Chromosomensätze auf die Gameten. Homozygote Kombinationen dieser Chromosomensätze sind wegen des Einbaus von Letalfaktoren (S. 489) nicht lebensfähig. Dieser eher seltene Typ permanenter Strukturhybriden findet sich z.B. bei den Nachtkerzen (*Oenothera*).

Einen Sonderfall und Übergang zur folgenden Gruppe stellen die hybridogenen Hecken-Rosen der *Rosa canina*-Gruppe dar. Sie haben meist 5 Chromosomensätze (5x, 2n = 35), von denen aber nur 2 homolog sind und sich in der Meiose zu Bivalenten paaren, während die anderen als Univalente verbleiben und auf der ♂ Seite eliminiert, auf der ♀ aber in die Eizelle eingeschlossen werden. Dadurch ist der Fortbestand der Pentaploidie gewährleistet (Pollen n = 7, Eizelle n = 28, Zygote 2n = 35).

c) Allopolyploide Hybriden verdoppeln die genisch, der Struktur oder auch der Zahl nach ± unterschiedlichen haploiden Chromosomensätze ihrer beiden Ausgangssippen (vgl. S. 498). Im folgenden wollen wir die besonders häufigen und wichtigen Allopolyploiden mit sexueller Fortpflanzung betrachten. Sie sind besonders bei Farnpflanzen und Angiospermen sehr verbreitet, kommen aber auch bei Algen, Pilzen, Moosen und Gymnospermen vor.

Die große Bedeutung hybridogener Polyploidie für die Entstehung von Verwandtschaftsgruppen verschiedensten Umfanges sei im folgenden kurz illustriert: Polyploide Rassen treten etwa bei Armleuchteralgen (*Chara zeylanica*: 2x, 3x, 4x, 5x), Brillenschötchen (*Biscutella laevigata*: 2x, 4x; Abb. 3.1.46), Labkräutern (z. B. *Galium anisophyllon*: 2x, 4x, 6x, 8x, 10x: Abb. 3.1.20) und innerhalb vieler anderer Arten auf. Bekannte Beispiele für verwandte diploide und polyploide Arten finden sich in den Gattungen Sternmoos (*Mnium*: 2x, 4x), Tüpfelfarn (*Polypodium*, auf polyploider Grundzahl x = 37: 2x, 4x, 6x), Ampfer (*Rumex*: 2x, 4x, 6x, 8x, 10x, 12x, 14x, 20x), Weizen (*Triticum*: 2x, 4x, 6x; Abb. 3.1.44) u. a. Als Gattungen, Unterfamilien und Familien mit polyploiden Grundzahlen können etwa *Sequoia* (2n = 66, 6x), *Platanus* (2n = 42, 6x), *Soldanella* (2n = 40, 4x), *Rosaceae-Pomoideae* (2n = 68, 4x aus 8 + 9?), *Equisetaceae* (2n = 216, 14x??) und *Salicaceae* (2n = 38, 6x) genannt werden. Schließlich haben auch die *Psilotales* und alle eusporangiaten sowie die meisten leptosporangiaten Farne so hohe Chromosomengrundzahlen, daß sie als polyploid gelten müssen.

Fast alle in der Natur oder als Nutzpflanzen erfolgreichen Polyploiden erweisen sich bei genauer Analyse als hybridogen. Diese bevorzugt **hybridogene Entstehung** von Polyploiden wird durch die größere Anfälligkeit der diploiden Hybriden für Mitose- und Meiosestörungen und dadurch bedingte Bildung von polyploiden Restitutionskernen und unreduzierten Gameten verständlich (vgl. S. 510).

Hybridogen aus den bereits erwähnten diploiden Schafgarben *Achillea setacea* und *A. aspleniifolia* (S. 512) ist etwa die allotetraploide *A. collina* entstanden (Abb. 3.1.42 C). An mäßig trockenen (auch ruderalen) Standorten drängt sie sich erfolgreich zwischen ihre Ausgangssippen und überflügelt sie auch verbreitungsmäßig im kontinentalen Mittel- und SO-Europa. Zwischen 1870 und 1890 hat sich an der südenglischen Küste bei Southampton aus dem dort heimischen Marschgras *Spartina maritima* (2n = 60) und der aus N-Amerika eingeschleppten *S. alternifolia* (2n = 62) zuerst eine fast sterile Hybride: *S. × townsendii* (2n = 61) und daraus eine Allopolyploide gebildet: *S. anglica* (2n = 122); sie ist heute in Südengland und auf dem Kontinent bereits weit verbreitet. In vielen Fällen sind Allopolyploide spontan aus experimentell hergestellten F$_1$-Hybriden entstanden (wie z. B. bei *Layia*, Abb. 3.1.39, oder *Achillea*, Abb. 3.1.42 A). Dies gilt auch für allopolyploide Gattungsbastarde von Kulturpflanzen, etwa *Raphanus × Brassica* (× *Raphanobrassica*) oder *Triticum × Secale* (× *Triticale*).

Worauf beruht die **Überlegenheit von Allopolyploiden** gegenüber Autopolyploiden und vielfach auch gegenüber diploiden, homoploiden Hybriden? Wenn wir die Chromosomensätze bzw. Genome bei den Allopolyploiden formelhaft mit AABB, bei den Autopolyploiden mit AAAA und bei den diploiden Hybriden mit AB kennzeichnen, wird erkennbar, warum Meiose und Fertilität bei letzteren oft gestört sind: bei Autopolyploiden besonders wegen der Bildung von Multivalenten bzw. Univalenten (Paarung von mehr als 2 homologen Chromosomen bzw. ungepaarte Einzelchromosomen: A–A–A–A bzw. A–A–A/A), bei diploiden Hybriden dagegen häufig wegen ausbleibender oder fehlerhafter Chromosomenpaarung A/B, etwa infolge struktureller Differenzen), bei beiden oftmals wegen mangelhafter genetischer bzw. physiologischer Balance. Allopolyploide können nun durch **homogenetische Chromosomenpaarung** (d. h. A–A/B–B) und bessere Genom-Balance die besprochenen Defekte von Meiose, Fertilität und Lebensfähigkeit umgehen. Während die Variabilität homoploider Hybriden infolge **heterogenetischer Chromosomenpaarung** (d. h. A–B) und Rekombination rasch freigesetzt wird (Aufspaltung!), bedingt homogenetische Paarung bei Allopolyploiden eine Stabilisierung F$_1$-ähnlicher Phänotypen (dabei können auch Heterosis-Effekte: S. 512 fixiert werden!). Sind die beiden Genom-Paare einer Allopolyploiden strukturell stark verschieden, wird es fast nur zu homogenetischer Paarung kommen, sind sie aber ähnlich, wird auch heterogenetische Paarung (d. h. A–B/B–A) häufiger werden. Dabei gibt es zwischen mehr allo- und mehr autopolyploidem Rekombinationsverhalten alle Übergänge und auch Möglichkeiten der genetischen Steuerung. Wesentlich ist jedenfalls, daß Allopolyploide dadurch das Potential ihrer Rekombinationsvariabilität «speichern» oder «freisetzen» können. Dazu kommt als weiterer Vorteil, daß ihr Rekombinationsspielraum bei mehreren Genomen größer ist als bei nur zweien. Divergente genetische Differenzierung des doppelt vorhandenen Genmaterials kann schließlich zur «Diploidisierung» von Polyploiden führen.

Für die **Aufklärung der Entstehungsgeschichte von Polyploiden** werden quantitative Analysen morphologischer Merkmale (etwa in Form von Streudiagrammen, Abb. 3.1.42 C), aber auch chemischer Inhaltsstoffe (Abb. 3.1.43) herangezogen. Die Homologie bzw. Verschiedenheit der Genome kann durch Karyogramme (Abb. 3.1.45), meiotische Chromosomenpaarung in experimentellen Hybriden und genetische Analysen ermittelt werden. Beim triploiden *Asplenium*-Bastard RMM (Abb. 3.1.43) bilden etwa die homologen Chromosomensätze M–M Bivalente, während R ungepaart bleibt (Univalente); RMP hat nur Univalente, das tetraploide RMPM hat Univalente (R, P) und Bivalente (M–M). Eine gewisse genische Steuerung der Chromosomenpaarung setzt dieser Genom-Identifizierung allerdings Grenzen. Am überzeugendsten ist natürlich die experimentelle Synthese von Allopolyploiden aus Hybriden ihrer vermuteten diploiden Stammformen infolge spontaner oder durch Colchicin ausgelöster Polyploidisierung (S. 497), wie dies z. B. bei Bauern-Tabak, *Nicotiana rustica* (2n = 48): aus *N. paniculata* (2n = 24) × *N. undulata* (2n = 24), Raps, *Brassica napus* (2n = 38): aus *B. oleracea* (2n = 18) × *B. campestris* (2n = 20), *Achillea collina* (Abb. 3.1.42 A) und vielen anderen Gruppen gelungen ist.

Als besonders spektakuläres Beispiel sei hier noch die experimentelle Aufklärung der Entstehungsgeschichte des polyploiden Weizens geschildert (Abb. 3.1.44, 3.2.282 C–E): Archäologische Befunde zeigen, daß im Nahen Osten schon seit dem 7. Jahrtausend v. Chr. von frühesten Ackerbauern aus Wildformen mit brüchiger Ährenspindel festspindelige Kulturformen ausgelesen wurden: auf der Diploidstufe (*Triticum monococcum*) die Kulturform Einkorn (*monococcum*) aus der Wildsippe *boeoticum*, auf der Tetraploidstufe (*T. turgidum*) die Kulturrassen des Emmers (*dicoccon*) aus der Wildsippe *dicoccoides*. Erst mit der Wende zum 3. Jahrtausend v. Chr. sind dann aus tetraploiden Kultur-Emmern und einer diploiden Unkrautsippe (*Aegilops tauschii* = *Ae. squarrosa*) durch Allopolyploidie die hexaploiden Saat-Weizen (*T. aestivum*) entstanden; wegen ihres höheren Ertrages verdrängten sie allmählich diploide und tetraploide Kulturformen und sind heute allein von weltwirtschaftlicher Bedeutung.

Der **Aufbau von Polyploidkomplexen** verläuft regelmäßig so, daß aus Diploiden zuerst niedrig und

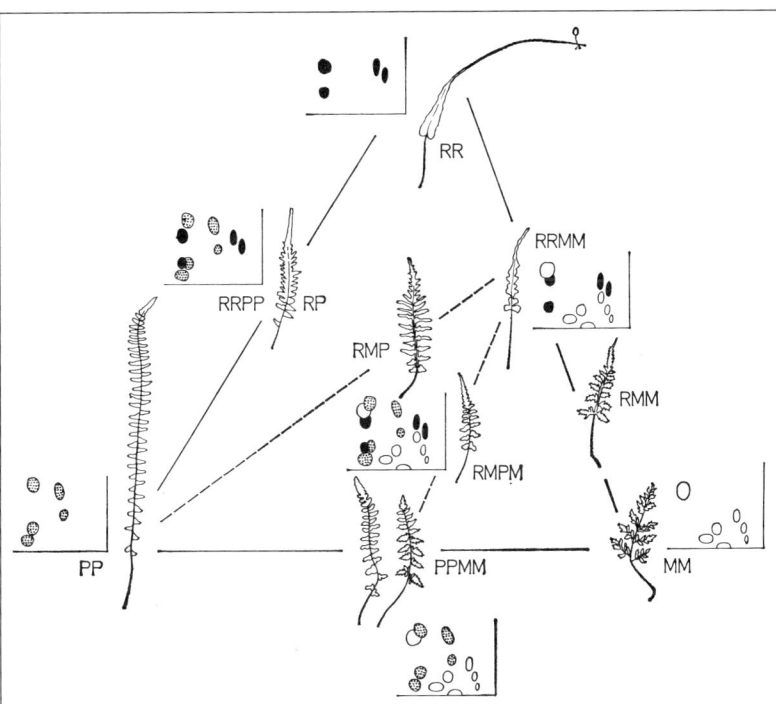

Abb. 3.1.43: Entstehung und Analyse eines Polyploidkomplexes bei Farnen (nordamerikanische *Asplenium*-Arten). Durch Chromosomenzählungen und Chromosomenpaarung bei Hybriden festgestellte Genom-Formeln: Diploide Grundarten *A. platyneuron* (PP) *A. rhizophyllum* (RR) *A. montanum* (MM), di-, tri- bzw. tetraploide Hybriden: RP, RMM, RMP und RMPM sowie allotetraploide Tochterarten *A. ebenoides* (RR PP), *A. pinnatifidum* (RR MM) und *A. bradleyi* (PP MM); Bestätigung dieser Entstehungsgeschichte durch Morphologie (z.B. Blattwedel) und vergleichende Phytochemie (phenolische Inhaltsstoffe: Xanthone). (Nach Wagner, Smith & Levin; verändert.)

weiter höher Polyploide entstehen, z.B. 2x + 2x = 4x, 2x + 4x = 6x, 4x + 4x = 8x usw. Diese Abfolge gibt eines der verläßlichsten Kriterien für die raum-zeitliche Entwicklung (Phylogenie) entsprechender Verwandtschaftsgruppen ab.

Danach kann auch der stammesgeschichtliche Entwicklungsgang eines Polyploidkomplexes beurteilt werden: Er beginnt mit ± isolierten Diploiden und vereinzelten hybridogenen «Neopolyploiden» (z.B. *Layia*, Abb. 3.1.39) und setzt sich fort mit immer weitergehender Verlagerung auf höhere Ploidiestufen und allmählichem Aussterben der diploiden Ausgangssippen. Dabei werden die Kreuzungsbarrieren zwischen den Polyploiden abgeschwächt, es gibt hybridogene Kontakte zwischen Sippen derselben Ploidiestufe, aber auch über Ploidiebarrieren hinweg, außerdem aneuploide Variation der Chromosomenzahlen; die Formenmannigfaltigkeit erreicht ein Optimum (z.B. *Galium anisophyllon*: 2x–10x, *Achillea*: 2x–8x, *Triticum*: 2x–6x). Schließlich kommt es aber zur Formverarmung, und zuletzt künden nur noch isolierte «Paläopolyploide» vom allmählichen Aussterben eines Polyploidkomplexes. Im Verlauf ihrer bis ins Paläozoicum zurückgehenden Geschichte hat etwa die heute reliktäre eusporangiate Farngruppe der *Ophioglossales* alle Sippen unter 2n = 90 verloren und bei *Ophioglossum reticulatum* mit 2n = ca. 1260 die höchste bekannte Chromosomenzahl aller Organismen erreicht. Innerhalb der Angiospermen sind z.B. die altertümlichen *Magnoliaceae* paläopolyploid (abgeleitete Grundzahl = 19, wohl 6x; vgl. auch Abb. 3.2.218 A-B, 4.4.6).

Ebenso wie homogame Hybriden haben Allopolyploide in neu zugänglichen und rasch veränderlichen Lebensräumen die besten Chancen, sich infolge besonders guter Anpassungsfähigkeit gegenüber ihren Ausgangssippen erfolgreich durchzusetzen. Dafür geben beredtes Zeugnis die vielen polyploiden Kulturpflanzen (z.B. Pflaume, Ananas-Erdbeere, Raps, Tabak, Weizen: Abb. 3.1.44, Hafer, viele Zierpflanzen; vgl. auch S. 512) und Unkräuter (z.B. *Stellaria media, Urtica dioica, Polygonum aviculare, Capsella bursa-pastoris, Solanum nigrum, Agropyron repens* sowie *Aegilops [Triticum] triuncialis*: Abb. 3.1.45). Polyploide waren auch sehr wesentlich an der Wiederbesiedlung Mitteleuropas und der Alpen nach der letzten Eiszeit beteiligt; ihre diploiden Stammformen haben oft in eisnahen oder südlichen Refugien überdauert. So waren an der Entstehung der in Mitteleuropa weitverbreiteten tetraploiden Sippen von Hornklee *(Lotus corniculatus)* oder Ruchgras *(Anthoxanthum odoratum)* offenbar alpine und (sub)mediterrane Diploide beteiligt. Der Formenkreis von *Biscutella laevigata* ist im stärker vergletscherten Alpenraum fast ausschließlich durch 4x-Rassen vertreten, während die 2x-Stammformen vor allem in unvergletscherten Teilen Mittel- und Westeuropas sowie der Karpatenländer erhalten geblieben sind (Abb. 3.1.46). Beim gebirgsbewohnenden *Galium anisophyllon* (Abb. 3.1.20) spiegeln die Areale der Diploiden und Polyploiden die mehrfachen Rückzugs- und Ausbreitungsphasen während, zwischen und nach den Eiszeiten wider (vgl. dazu auch S. 843, 900 u. 909).

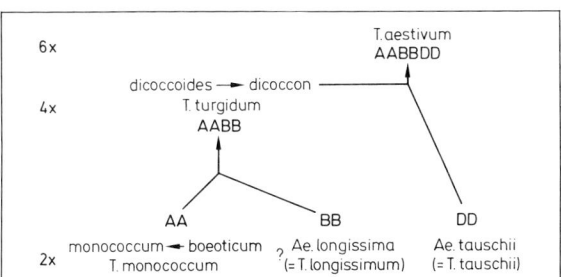

Abb. 3.1.44: Stammbaum der wichtigeren Wild- und Kulturformen diploider, terraploider und hexaploider Weizen (*Triticum monococcum, T. turgidum, T. aestivum*; taxonomische Rangstufe der Sippen teilweise noch umstritten; Ae. = *Aegilops*, kann auch mit *Triticum* zu einer Gattung vereinigt werden). Die Großbuchstaben bezeichnen die Genomformeln; Chromosomengrundzahl x = 7. (Original.)

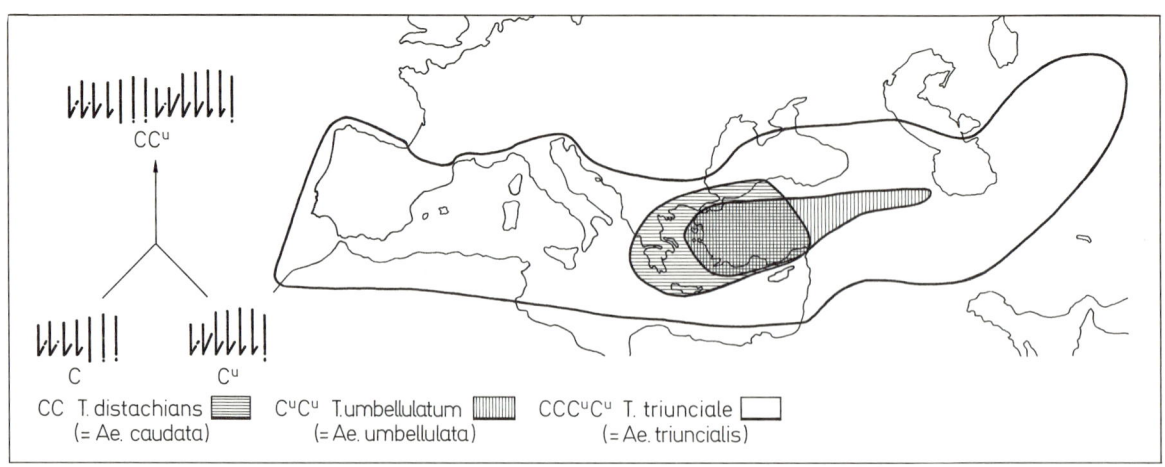

Abb. 3.1.45: Entstehung und Verbreitung eines Polyploidkomplexes bei einjährigen Gräsern der Gattung *Aegilops* (= *Triticum* s. lat.): links haploide Chromosomensätze (schematisiert als Karyogramme) und experimentelle Synthese von *Ae. triuncialis*, rechts weitere Verbreitung der allotetraploiden im Vergleich zu den diploiden Sippen. (Nach Kihara sowie Stebbins, etwas verändert.)

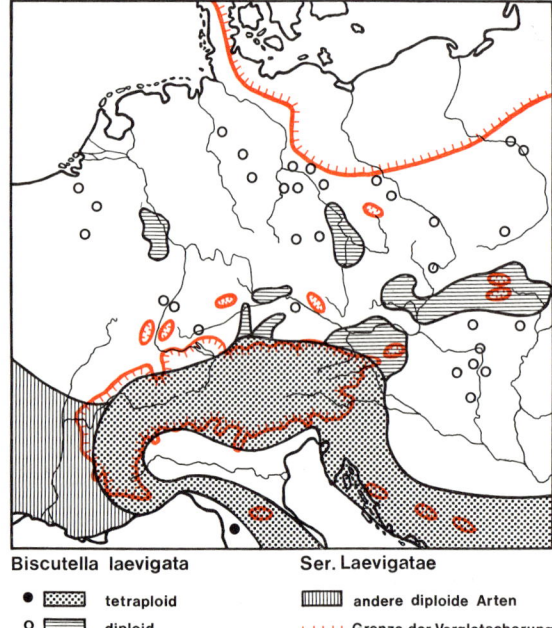

Abb. 3.1.46: Verbreitung diploider und tetraploider Sippen von *Biscutella* ser. *Laevigatae* in Zentraleuropa: die Diploiden bevorzugt in würmeiszeitlich unvergletscherten Bereichen, die Tetraploiden auch im ehemals stark vergletscherten Alpenraum. (Nach Manton u.a., schematisch verändert und ergänzt: König.)

d) Apomiktische Hybriden sind durch überwiegend oder ausschließlich ungeschlechtliche Fortpflanzung gekennzeichnet. Beispiele dafür kennen wir vor allem aus dem Bereich der Farne und Angiospermen. Dabei sind die verschiedenen Formen der Apomixis (S. 502 f.) meist mit Strukturheterozygotie, Polyploidie (auch mit ungeraden Ploidiestufen, z.B. 3x, 5x) und Aneuploidie gekoppelt. Apomiktische Formenkreise greifen allerdings kaum über den Gattungsbereich hinaus: Weitreichende Bedeutung für das Evolutionsgeschehen kommt diesem Variationsmuster also nicht zu.

Die weite Verbreitung des diploiden Hexenkraut-Bastardes *Circaea* × *intermedia* (aus *C. lutetiana* × *C. alpina*) in Europa wurde durch vegetative Vermehrung ermöglicht. Vegetativ vermehren sich auch viele hybridogene und polyploide Rassen bei Minzen (z.B. die Pfefferminze, *Mentha* × *piperita*) oder bei *Acorus* (meist 3x). Entsprechendes gilt für viele Kultursorten von Bananen, Zuckerrohr und auch Kartoffeln. Durch Brutzwiebeln pflanzt sich die hochpolyploide, in Mitteleuropa verbreitete *Dentaria bulbifera* (12x) fort; sie ist wohl hybridogen aus 6x-Sippen eiszeitlicherr Waldrefugien entstanden.

Ungeschlechtliche Sporen- bzw. Samenbildung (vgl. S. 502 f. und Abb. 3.1.27) hat im Verein mit Hybridisierung, Polyploidie und Aneuploidie bei verschiedenen Farn- und Angiospermen-Gruppen zur Entstehung höchst **polymorpher Formenschwärme** geführt. Dies gilt etwa für die Gruppe des Alpen-Rispengrases (*Poa alpina*), bei dem aus sexuellen Diploiden (und Tetraploiden) im stark vergletscherten arktisch-alpinen Raum mehr-minder apomiktische Polyploide und Aneuploide (2n = 31 bis 61) mit Agamospermie oder Inflorescenz-Brutsprossen hervorgegangen sind. Auch der apomiktisch-polyploide Formenschwarm unserer Frühlings-Fingerkräuter (*Potentilla verna* agg., 4x bis 12x) ist aus sexuellen 2x- und 4x-Sippen der Mittelmeerländer, der Alpen und der östlichen Steppen entstanden. Ähnliches gilt auch für weitere Gattungen der *Poaceae* (z.B. *Calamagrostis*), *Rosaceae* (z.B. *Rubus, Alchemilla, Sorbus*), *Asteraceae* (z.B. *Taraxacum, Hieracium*) u.a.

Der Übergang von Sexualität zu Apomixis, besonders zu Agamospermie, ist ein komplexer Vorgang, der von mehreren Genen gesteuert wird. Die dafür notwendigen Mutationen finden sich zwar gelegentlich schon bei Nicht-Hybriden und auf der Diploidstufe, ihre Kombination wird aber durch Hybridisierung und Polyploidisierung sehr erleichtert. Dazu kommt noch starke selektive Förderung: Für viele vegetativ konkurrenzstarke, aber ± sterile Kombinationstypen (etwa Strukturheterozygote, ungradzahlige Polyploide: 3x, 5x, Aneuploide usw.) bietet ja Apomixis günstige Überlebens-Chancen. Daneben ermöglichen vereinzelte befruchtungsfähige

Pollenkörner oder Embryosäcke (S. 503) laufend neue Hybridisierung und Formbildung. So führt dieses Variationsmuster zu rascher Anpassung und erfolgreicher Ausbreitung, besonders wieder in neuen und labilen Lebensräumen.

Die verschiedenen Formen der Hybridisierung ermöglichen also im Übergangsfeld zwischen dem Einbau relativer und absoluter Kreuzungsbarrieren eine rasche Mobilisierung genetischer Variabilität. Besonders für die Anpassung an labile und neue Lebensbedingungen ist dies von außerordentlicher Bedeutung. Verschiedene cytogenetische Mechanismen (besonders Polyploidie und Apomixis) erlauben dabei auch die Überbrückung von Kreuzungsbarrieren und gewährleisten die notwendige genetische Stabilisierung. Polyploidie ermöglicht darüber hinaus die Vermehrung von DNA sowie fortschreitende «Arbeitsteilung» und Differenzierung zwischen ursprünglich gleichen Genen. Schließlich führen Hybridisierungsvorgänge aber nicht nur zu Sippen-Konvergenz, sondern sie katalysieren in verschiedener Weise auch die stammesgeschichtliche Divergenz.

C. Mikro- und Makro-Evolution

Die Vorgänge der Differenzierung und Divergenz von Populationen und Rassen bis in den Artbereich hinein bezeichnet man als Mikro-Evolution, die Ausbildung größerer, umfassenderer Verwandtschaftsgruppen (etwa im Rang von Gattungen und darüber) als Makro-Evolution.

Einige Grundzüge der vorausbesprochenen Mikro-Evolution sind in Abb. 3.1.47 zusammenfassend veranschaulicht: A) Variation aufgrund von Mutation und Rekombination, allopatrische geographisch-ökologische Initialdifferenzierung (West/Ost-Cline); B) räumliche Isolierung einer östlichen Randsippe, Anpassung und Vereinheitlichung unter dem Einfluß von Selektionen, Entstehung «kryptischer» Barrieren (etwa infolge von Chromosomen-Mutationen) im Nordwesten; C) Hybridisierung zwischen der Ost- und der Ausgangssippe auf der Diploidstufe, räumliche Ablösung der Nordwest-Sippe; D) allotetraploide und abrupt isolierte Sippe aus der Hybridzone im Osten, hybridogene Introgression im Süden, Nordwest- und Ausgangssippe teilweise wieder sympatrisch, aber durch allmählich verstärkte Kreuzungsbarrieren isoliert.

In den vorigen Abschnitten wurde mehrfach die prinzipielle Übereinstimmung hinsichtlich der Auswirkungen von Mutation, Rekombination, Selektion und Isolation inner- und außerhalb des Artbereiches betont; das begründet die heute weithin akzeptierte Annahme, daß diese Faktoren auch im Bereich der Makro-Evolution Gültigkeit haben. Zur Erläuterung sei auf die Angiospermen-Ordnung der *Dipsacales* mit der Familie der Kardengewächse *(Dipsacaceae)* verwiesen (Abb. 3.1.48).

Innerhalb der *Dipsacales* sind die vorwiegend krautigen *Dipsacaceae* offenbar aus den meist holzigen *Caprifoliaceae* entstanden. Die *Caprifoliaceae* sind vor allem in sommergrünen nordhemisphärischen Laubwäldern gut repräsentiert, die *Dipsacaceae* dagegen besonders an offenen Standorten der Mittelmeerländer und des Nahen Ostens (aber auch Mitteleuropas). Charakteristisch für die *Dipsacaceae* ist eine Kombination von Merkmalen, die annäherungsweise auch schon bei den *Capri-*

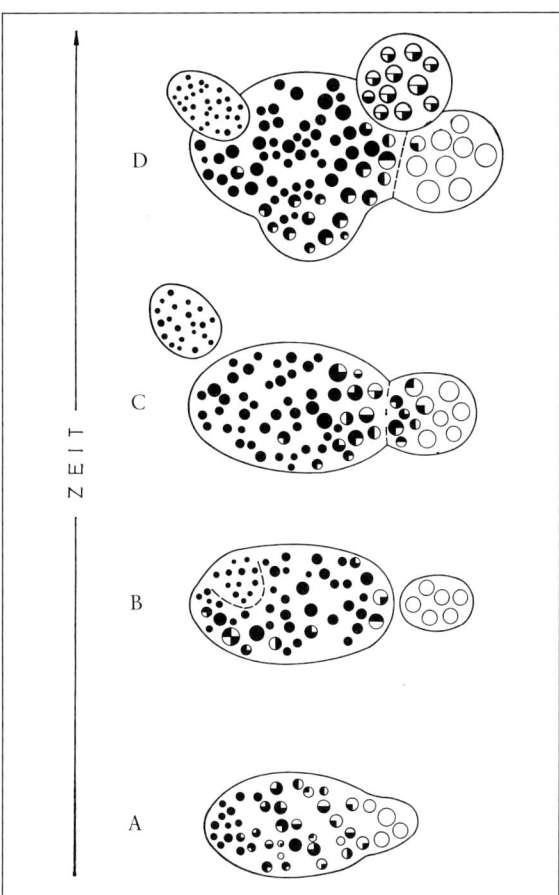

Abb. 3.1.47: Schema der Evolution und Phylogenie einer Verwandtschaftsgruppe über 4 Zeitabschnitte **A – D**. Die Kreise stehen für Individuen, ihre Größe und Markierung kennzeichnet genetische und physiologische Konstitution, ihre Entfernung geographisch-ökologische Position. Unterbrochene bis kontinuierliche Grenzlinien verweisen auf partielle bis vollständige Kreuzungsbarrieren. Weitere Erläuterungen im Text. (Original.)

foliaceae vorkommen: Die Blüten sind in dichten, von Hüllblättern umgebenen thyrsisch aufgebauten Köpfchen angeordnet; oft sind die Randblüten strahlig vergrößert; trotz der Kleinheit der Einzelblüten ist dadurch die optische Anlockung von Blütenbesuchern gewährleistet. Außerdem wird durch vier an den unterständigen Fruchtknoten eng herangerückte und verwachsene Hochblätter ein sogenannter Außenkelch gebildet.

Die Entfaltung der *Dispacaceae* beruht weitgehend auf fruchtbiologischer Differenzierung, wobei Blüten-Tragblätter sowie Außen- und Innenkelch mannigfache Veränderungen erfahren. Ursprünglich sind offenbar krautige Tragblätter, kurz 4lappige Außenkelche und 5borstige Innenkelche; entsprechend undifferenzierte Nußfrüchte finden sich etwa bei *Succisa*. Bei *Dipsacus* ermöglicht die Versteifung und teilweise hakenförmige Verlängerung der Tragblätter zusammen mit dem distelartigen, steif federnden Habitus beim Vorbeistreifen von Tieren ein wirkungsvolles Katapultieren der Nußfrüchte. Bei den flugfrüchtigen Gattungen (mit Anemochorie) sind demgegenüber die Tragblätter reduziert. *Pterocephalus* bildet durch Vermehrung, Verlängerung und Behaarung der Innenkelchborsten einen Flugschopf (Pappus), *Scabiosa* entwickelt einen hautartig vergrößerten Außenkelch als Fallschirm. Bei *Knautia* fördert die Ausbildung eines nähr-

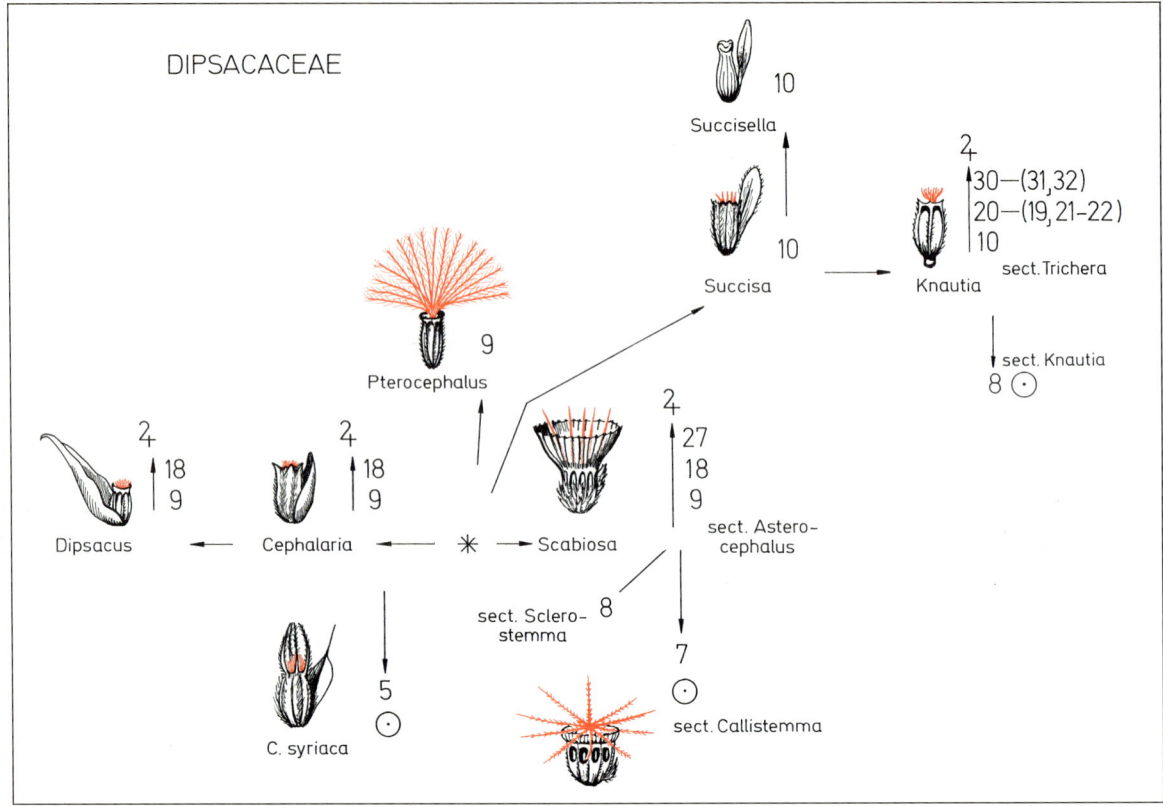

Abb. 3.1.48: Makro- und Mikro-Evolution bei den *Dipsacaceae*. Schema der vermutlichen phylogenetischen Zusammenhänge zwischen den wichtigsten Sippengruppen (Pfeile), hypothetische Ausgangssippe (✱), Differenzierung der Tragblätter (soweit vorhanden) und Früchte (mit Außenkelchen: schwarz und Innenkelchen: rot), Lebensformen (2_+ = ausdauernd, ☉ = einjährig), haploide Chromosomenzahlen (neben bzw. am Ende der Pfeile; Dysploidie, Polyploidie: 2x, 4x, 6x, Aneuploidie). Weitere Erklärung im Text. (Original.)

stoffreichen Elaiosoms (S. 827) an der Fruchtbasis die Verbreitung durch Ameisen (Myrmecochorie). Schließlich haben einige einjährige Arten von *Cephalaria* und *Scabiosa* mittels vergrößerter und sparrig-rauher Außen- bzw. Innenkelchzähne Haftfrüchte ausgebildet (Epizoochorie). Sippengruppen und Gattungen der *Dipsacaceae* haben sich also – entsprechend ihren unterschiedlichen Lebensräumen – auf verschiedene Formen der Fruchtausbreitung spezialisert. Die Ausbildung und schrittweise Verbesserung der dafür notwendigen Mechanismen unter dem Einfluß der Selektion läßt sich überall verfolgen.

In der Stammesgeschichte der *Dipsacaceae* ist frühzeitig aufsteigende Dysploidie (n = 9 → 10) erfolgt, bei der Differenzierung der Gattungen spielen bei ausdauernden Sippen Allopolyploidie (Aneuploidie) und Allogamie, bei den einjährigen dagegen Chromosomenumbauten und absteigende Dysploidie bzw. Autogamie eine große Rolle. Auffällige Parallelen bei verschiedenen Gattungen weisen auch auf eine selektive Steuerung dieser «Evolutions-Strategien». Die artenarme Gattung *Morina (Morinaceae)* ist als altes Bindeglied zwischen *Dipsacaceae* und *Caprifoliaceae* nur noch paläopolyploid (n = 17, offenbar aus 8 + 9) erhalten.

Auch im Bereich der Makro-Evolution lassen sich also ineinandergreifende Phasen erkennen: 1) **Anagenese** kennzeichnet die Entstehung neuartiger Konstruktionstypen und wesentliche stammesgeschichtliche Progression, 2) **Kladogenese** charakterisiert die Abwandlung und Differenzierung bestimmter Grundtypen und bringt durch Spezialisation große Formenmannigfaltigkeit hervor, während 3) **Stasigenese** phylogenetische Erstarrung, Stabilisierung und Konservierung bezeichnet. Vielfach drängt sich der Vergleich mit der Abfolge technischer Konstruktionstypen auf: Kombination vorgegebener Bauelemente zu einer neuen Type [z. B. Rad, Wagen, Verbrennungs- (Kolben-) Motor = Automobil], Verbesserung und Differenzierung (LKW, PKW, verschiedene Fabrikate usw.), allmähliche Ablösung durch neue Typen (Wankel-Motor, Turbine, Luftkissenfahrzeuge usw.).

Progressive Evolution und **Anagenese** beruhen vielfach auf der Kombination von Prozessen, Zellsorten oder Organen. Dadurch entstehen oft relativ rasch neue Organisationstypen mit neuartigen oder verbesserten komplexen Prozessen, Geweben oder Organsystemen.

So hat sich der Atmungsvorgang offenbar schrittweise aus der «Kombination» von anaerobem Zuckerabbau (Gärung), aerober CO_2-Abspaltung aus Brenztraubensäure, Citronensäurecyclus und Endoxidation (enzymatische Vereinigung von Wasser- und Sauerstoff) herausgebildet (vgl. auch S. 289 ff.). Ähnliches gilt für die Photosynthese und ihre entscheidende Verbesserung von Bakterien zu Blaualgen, wobei als Ausgangsmaterial H_2O anstelle von H_2S tritt (vgl. S. 251 ff.). Grundlegende Progressionen im Pflanzenreich sind auf der Stufe der Zellorganisation etwa der Schritt von *Pro-* zu *Eukaryota* und damit zur echten Sexualität, auf der Stufe der Gewebe- und Organdifferenzierung etwa die Entstehung der

Embryophyta mit ihren zahlreichen Anpassungen an das Landleben (Epidermis mit Cuticula, Leitbündel und Festigungsgewebe mit Lignin, Archegonien und Antheridien etc.; vgl. S. 128 ff.) oder die Samenbildung bei den *Spermatophyta* und die damit erreichte Unabhängigkeit des Befruchtungsvorganges von atmosphärischem Wasser. Es kann kein Zweifel darüber bestehen, daß diese auch historisch dokumentierten Entwicklungen eine fortschreitende Verbesserung der Fähigkeiten zur autonomen Regulation und zur Ausnutzung der Umwelt ermöglicht haben (vgl. auch S. 826 ff.) und durch Selektion gesteuert wurden. Der oft relativ rasche Ablauf solcher anagenetischer Entwicklungen entspricht dem Prinzip des «Punktualismus».

In der Phase der **Kladogenese** werden erfolgreiche neue Konstruktionstypen durch Differenzierung, Spezialisierung und Anpassung in vielfältiger Weise aufgefächert (adaptive Radiation). Häufig vermehren auch «spielerische» Veränderungen die Formenfülle, ohne daß dabei Verbesserungen (im Sinne von mehr Ökonomie oder Effizienz) erkennbar sind. Während der **Stasigenese** erfährt diese Formenfülle dann starke Reduktionen, und schließlich kann es auch zum Aussterben ganzer Verwandtschaftsgruppen kommen.

Kladogenese und Stasigenese laufen oft langsamer und nach den Prinzipien des «Gradualismus» ab. Beispiele sind etwa die Mannigfaltigkeit der devonischen *Psilophytatae* an der Basis der Sproßpflanzen im Vergleich zu den wenigen heutigen Nachfahren *(Psilotatae)*, die Fülle der mesozoischen Ginkgogewächse im Gegensatz zu dem einzigen heute noch lebenden Vertreter *(Ginkgo biloba)* oder die geschlossene Masse der Kreuzblütler gegenüber ihren aufgesplitterten, ursprünglicheren Verwandten, den Kapergewächsen.

Aufgrund der häufig parallel oder einseitig gerichteten Abläufe der stammesgeschichtlichen Entwicklung (**Orthogenese**) hat man vielfach besondere Faktoren der Makro-Evolution postuliert. Beispiele wären etwa die parallelen Entwicklungslinien von Flagellaten zu fädigen und komplexen Thalli bei den verschiedenen Algengruppen oder die fortschreitende Größenzunahme bei den Gefäßpflanzen. Dabei können Endglieder, z. B. Riesenformen (etwa *Sequoia*), in Anpassungsschwierigkeiten geraten. Gerade solche Entwicklungslinien demonstrieren aber nur eine gewisse «Kanalisierung» mutativer Änderungen (S. 494), besonders durch die gleichsinnig ausrichtende Wirkung der Selektion bei vergleichbaren Innen- und Außenbedingungen. So wird etwa Größenzunahme ortsfester Pflanzen vielfach einen Vorteil beim Kampf ums Licht verschaffen und selektiv gefördert werden. Vielfältige korrelative Zusammenhänge verhindern aber natürlich auch hier, daß «Bäume in den Himmel wachsen». Wir ersehen daraus, daß Spezialisation zwar ganz allgemein Vorteile bei der Ausnutzung der Umwelt schafft, aber mit reduzierter Anpassungsfähigkeit erkauft werden muß.

Ein auffälliges Phänomen komplexer Evolutionsvorgänge ist, daß sie nicht umkehrbar sind (**Irreversibilität**); eine Rückkehr zu aufgegebenen Lebensformen wird demnach auf neuen Wegen vollzogen.

So kann der Verlust von Chromatophoren beim Übergang von Autotrophie zu Heterotrophie bei verschiedenen niederen Tieren und Pilzen durch intrazelluläre Symbiose mit Algen (Abb. 1.1.138–139) oder sogar bloße Chloroplastenaufnahme kompensiert werden. Die Monocotyledonen entwickeln anstelle des verlorengegangenen typischen sekundären Dickenwachstums der Samenpflanzen neue Formen der Erstarkung (S. 194, 198). Die schuppenartigen Blätter werden bei *Ruscus* nicht wieder vergrößert, sondern es entstehen blattartige Phyllocladien (Abb. 1.3.2). Die Blüten vieler windbestäubter *Euphorbiaceae* sind stark reduziert und eingeschlechtig; bei Rückkehr zur Tierbestäubung treten sie bei *Euphorbia* zu zwittrigen Blütenständen zusammen, die von gefärbten Hochblättern und Nektardrüsen umgeben sind und funktionell zoophilen Zwitterblüten entsprechen (Cyathien, S. 788). Demgegenüber sind einfache phylogenetische Veränderungen noch reversibel, z. B. die Rückkehr von dorsiventraler zu radiärer Blütensymmetrie (Abb. 3.1.16). Je mehr Mutationen für den Aufbau von komplexen Strukturen oder Prozessen notwendig waren, um so unwahrscheinlicher wird aber nach ihrem Verlust eine genaue Umkehrung ihrer stammesgeschichtlichen Entwicklung.

Mikro- und Makro-Evolution scheinen also grundsätzlich gleichartigen Gesetzmäßigkeiten zu folgen: Autonome, nicht primär umweltbezogene Mutationen liefern das genetische «Rohmaterial», das durch Rekombination und Hybridisierung organisiert und mobilisiert wird. Innere und äußere Selektion «kanalisieren» die resultierende geno- und phänotypische Variation; dabei werden konkurrenzstarke und fortpflanzungstüchtige Biotypen gefördert, Individuen oder Sippen mit neutralen oder sogar mäßig nachteiligen Merkmalen aber nicht notwendigerweise eliminiert. Isolation schließlich sichert die erreichten Organisationsstufen und Anpassungen gegen hybridogene «Einschmelzung» ab und ermöglicht damit endgültig stammesgeschichtliche Divergenz und Progression. Unsere Einsicht in Zusammenspiel und Umweltbezogenheit dieser Evolutionsfaktoren ist aber vielfach noch unvollkommen.

III. Systematik und Phylogenetik

Die Problemstellungen von Systematik und Phylogenetik konzentrieren sich auf Erfassung, Abgrenzung (Diskontinuität), Vergleich, Baupläne, Hierarchie und Stammesgeschichte der natürlichen Sippen. Wir haben schon gesehen (Abb. 3.1.1), daß die konkreten Grundlagen dafür ausschließlich in den historischen Keimbahnzusammenhängen (mit den darin weitergegebenen Anlagen), also in den stammesgeschichtlichen Verwandtschaftsbeziehungen zwischen den Individuen der Vergangenheit und Gegenwart liegen.

Früher hat man sich bei systematisch-phylogenetischen Untersuchungen vor allem auf makroskopisch-morphologische und qualitativ erfaßte Merkmale und eher intuitive Gruppierungsprinzipien gestützt. Heute werden demgegenüber viel breitere Merkmalsspektren meist mittels quantitativer (und EDV-gestützter) Methoden erfaßt und nach klar definierten (also überprüfbaren) Analysengängen für entsprechende Gruppierungen ausgewertet; sie bilden das Fundament für die «natürlichen Systeme» der Taxonomie.

Bei unserer «Übersicht des Pflanzenreiches» (S. 530 ff.) handelt es sich nur um eine sehr vereinfachte und vielfach nicht weiter begründete Darstellung. Deshalb wollen wir hier noch Hinweise auf die Grundlagen und Beispiele für die Hilfsmittel der systematisch-phylogenetischen Arbeitsrichtung voranstellen.

Die historische Entwicklung der Systematik als «Ähnlichkeitsforschung» folgt den von der Botanik bzw. Biologie entwickelten Arbeitsrichtungen und Methoden. Seit der Antike bilden zuerst Habitusmerkmale, dann seit dem 16. und 17. Jahrhundert bis zu C. v. Linné und weit ins 19. Jahrhundert besonders makroskopische Blüten- und Fruchtmerkmale die wichtigste Vergleichsbasis. Mit der allgemeinen Verwendung des Mikroskops beginnt im 19. Jahrhundert die Erforschung der Thallophyten und ihrer Fortpflanzungsorgane (E.M. Fries, H.A. de Bary, A. Pascher u.a.) sowie die zusätzliche Berücksichtigung anatomischer Merkmale der Cormophyten (z.B. H. Solereder, C.R. Metcalfe). Seit der Durchbruch der Abstammungslehre wird die Paläobotanik zu einer immer wichtigeren Stütze der historischen Verwandtschaftsforschung bzw. Phylogenetik (H. Graf zu Solms-Laubach, R. Kidston, W. Zimmermann u.a.). Noch in der 2. Hälfte des 19. Jahrhunderts hat man auch die Bedeutung der Arealkunde für die Verwandtschaftsforschung erkannt (A. Kerner v. Marilaun, R. v. Wettstein u.a.). In der 1. Hälfte des 20. Jahrhunderts treten dann Cytologie und Genetik als Grundlage der experimentellen Systematik (z.B. G. Turesson, A. Müntzing, G.L. Stebbins) sowie systematische Embryologie (K. Schnarf u.a.) und Palynologie (besonders G. Erdtmann) hinzu. In den letzten Jahrzehnten haben besonders die vergleichende Serologie und Phytochemie (C. Mez, R.E. Alston, R. Hegnauer u.a.) sowie die Elektronenmikroskopie (z.B. im Bereich der Algen: I. Manton u.a.) große Fortschritte gemacht. Immer wichtiger werden auch die quantitativ-statistische Behandlung von Sippen unterschieden mittels Computer («numerische Taxonomie», u.a. R.R. Sokal und P.H.A. Sneath). Damit haben Systematik und Phylogenetik zwar eine beachtliche, aber bei den meisten Verwandtschaftsgruppen trotzdem noch viel zu schmale Vergleichsbasis erreicht.

1. Merkmale, Ähnlichkeit, Verwandtschaft und Phylogenie

Eine der wichtigsten Aufgaben jeder systematisch-phylogenetischen Analyse muß es sein, aus den Merkmalen der recenten (und fossilen) Sippen ihre abgestufte Ähnlichkeit darzustellen und ihre Verwandtschaft und Stammesgeschichte zu erschließen.

a) Der Grad der Verwandtschaft wird bestimmt durch engere oder fernere genealogische und phylogenetische Beziehungen, d.h. durch spätere oder frühere Trennung der Keimbahnzusammenhänge infolge von Fortpflanzungsbarrieren. Es entstehen Diskontinuitäten und Divergenzen zwischen den Stammbaumästen.

Im Stammbaum-Modell der Abb. 3.1.49 sind die «vernetzten» Fortpflanzungs- und Abstammungsgemeinschaften (vgl. Abb. 3.1.1) vereinfacht als Stammbaumäste dargestellt. Danach sind die Sippen 3 und 4 näher miteinander als mit 5 und 6 verwandt, 2 und 1 stehen noch ferner. Die «horizontalen» Verwandtschaftsbeziehungen der Gegenwart sind durch Klammern angedeutet, wobei sich allerdings bei hybridogener Sippenbildung (z.B. durch Allopolyploidie: 9) Schwierigkeiten ergeben. Die «vertikale» Verwandtschaft verbindet in der Vergangenheit Vorfahren und Nachkommen (z.B. zwischen O und 1). Während in der horizontalen Richtung der Zeitquerschnitte Sippen in Erscheinung treten, ist in der vertikalen zeitlichen Dimension ein Formkontinuum gegeben. Sippen einer geschlossenen Abstammungsgemeinschaft (z.B. 3–4 und 5–6) sind monophyletisch, d.h. aus einer Stammsippe entstanden; eine Gruppe 8–11 (aber ohne 12) wäre dagegen als paraphyletisch zu bezeichnen und würde keine geschlossene Abstammungsgemeinschaft repräsentieren; polyphyletisch sind Gruppen, die aus konvergent ähnlichen, aber nicht näher verwandten Sippen gebildet werden (also z.B. nur 6–7). «Ableiten» im phylogenetischen Sinn heißt, Stammformen und Tochtersippen in Verbindung setzen (z.B. kann 1 von O «abgeleitet» werden).

b) Die Aufklärung der Stammbaumzusammenhänge führt zur Rekonstruktion der **Sippenphylogenie**. Da die historischen Keimbahnzusammenhänge nicht überliefert sind, ist dies vielfach nur annäherungsweise möglich, denn auch Fossilformen und die Kreuzungsaffinität geben dafür keine untrüglichen Hinweise.

Schwierigkeiten bei der Rekonstruktion der verwandtschaftlichen Zusammenhänge werden sich überall dort ergeben, wo Stammbaumäste in zeitlicher Nähe divergieren (vgl. z.B. Abb. 3.1.49: Sippen 7, 8, 10), besonders also in Phasen der raschen Kladogenese (z.B. bei der Entfaltung der dicotylen Angiospermen). Fossilformen werden nur aufgrund von Merkmalsvergleichen phylogenetischen Entwicklungslinien zugeordnet (vgl. z.B. Abb. 3.1.58); dabei können Repräsentanten von Seitenlinien leicht für Stammformen gehalten werden (vgl. z.B. Abb. 3.1.49: + und 12). Schließlich ist auch die Kreuzungsaffinität (also das Fehlen, Vorhandensein und die Stärke genetischer Isolationsmechanismen) kein untrügliches Kriterium für Verwandtschaftsbeziehungen. Die Ausbildung von Barrierefaktoren ist nämlich vielfach unabhängig von der übrigen Differenzierung (vgl. S. 510 und Abb. 3.1.39): Wenn etwa zwischen den Sippen 9 und 10 (infolge Polyploidie) oder zwischen 11 und 12 (infolge Dysploidie) Barrieren ausgebildet wurden, 10 und 11 aber noch kreuzbar sind, so wird der Widerspruch zu den verwandtschaftlichen Beziehungen deutlich sichtbar.

c) Wichtigste Grundlage der Systematik und Phylogenetik sind **vergleichende Merkmalsanalysen**. Grundsätzlich sind systematische Merkmale dabei logisch nicht weiter unteilbare Begriffe für bestimmte

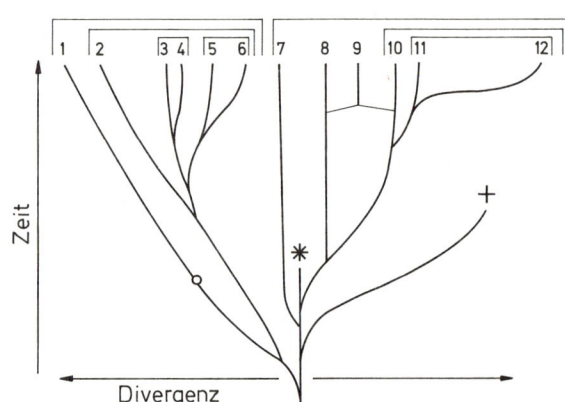

Abb. 3.1.49: Stammbaum-Modell einer Verwandtschaftsgruppe. Koordinatensystem Zeit/Divergenz; weiter entwickelte (O) bzw. ausgestorbene (*, +) Sippen der Vergangenheit, recente Sippen (1–12); ihre «natürliche» genealogische Verwandtschaft (phylogenetische Beziehungen) durch eckige Klammern, ihre Ähnlichkeit (phänetische Beziehungen) durch räumliche Position angedeutet. Weitere Erläuterungen im Text. (Original.)

Ausbildungsformen von Organen, Strukturen oder Verhaltensweisen. Der systematisch-phylogenetische Zeigerwert der Merkmale hängt dabei auch von ihrer genetischen Verankerung sowie ihrer Entwicklungsgeschichte und Funktion ab.

Systematische Merkmale sind etwa die rote oder schwarze Farbe der Beeren bei Preisel- und Heidelbeere, Asci oder Basidien als Sporangienform bei Asco- und Basidiomyceten, verschiedene Kombinationen von Chlorophyll a, b, c, d, e, Fucoxanthin, Phycoerythrin u.a. Assimilationspigmenten bei den diversen Algengruppen (S. 600 ff.) oder aerobe bzw. anaerobe Lebensweise bei verschiedenen Bakterien. Darüber hinaus sind aber auch für Populationen bis zu den großen Sippengruppen kennzeichnende Tendenz-Merkmale für die Systematik wichtig, z.B. der Farbpolymorphismus beim Lerchensporn *Corydalis cava*, die häufige Succulenz bei den *Caryophyllidae* oder der Übergang von schraubiger zu wirteliger Anordnung der Blütenorgane bei den ursprünglicheren Angiospermen. Naheliegenderweise sind systematische Vergleiche nur zwischen verschiedenen Ausbildungen ursprungsgleicher, d.h. homologer Organe, Strukturen und Verhaltensweisen sinnvoll. Ganz allgemein ist man bestrebt, qualitative durch quantitative Analysen zu vertiefen.

Merkmalsunterschiede, die auf einfachen Mutationsschritten beruhen und daher relativ leicht rückgängig gemacht werden können (z.B. Vorhandensein oder Ausfall von Anthocyan: Albinoformen, normale oder zerschlitzte Blätter: Abb. 3.1.15, Vorhandensein oder Fehlen von Spreublättern bei Korbblütlern) werden einen geringeren Zeigerwert für die Verwandtschaftsforschung haben als genetisch komplex bedingte Verschiedenheiten (z.B. dichotome oder fiederige Blattaderung: Abb. 1.3.72, 3.2.157, thyrsisch oder traubig gebaute Blütenköpfchen bei Kardengewächsen bzw. Korbblütlern).

Die entwicklungsgeschichtliche und funktionelle Analyse von Merkmalsunterschieden ist nicht nur für ein kausales Verständnis der Differenzierung wesentlich (vgl. z.B. Abb. 3.1.17, 3.1.48), sondern beleuchtet auch die Wertigkeit der Merkmale als Verwandtschaftszeiger: Unter intensiver Kontrolle der Selektion stehende Anpassungsmerkmale (z.B. Wuchsform oder Stengelhöhe, vgl. Abb. 3.1.33) werden dabei im allgemeinen geringeren Zeigerwert haben als weniger selektions- und umweltabhängige Organisationsmerkmale (z.B. verschiedene «innere» Strukturen bei Leitbündeln: Abb. 1.2.28, Pollenkörnern: Abb. 1.3.13, 3.1.53, Embryosäcken: Abb. 3.2.205 etc.).

d) Die **abgestufte Ähnlichkeit** ergibt sich aus der relativen Merkmalsübereinstimmung zwischen verschiedenen Phänotypen (phänetische Affinität) und erlaubt **phänetische Gruppierungen** (Abb. 3.1.50). Bei Berücksichtigung vieler Merkmale sind dabei auch Rückschlüsse auf verwandtschaftliche Zusammenhänge möglich. Schwierigkeiten ergeben sich bei mangelhafter Korrelationen zwischen Ähnlichkeit und Verwandtschaft, etwa wenn die Merkmalsdifferenzierung besonders beschleunigt (Abb. 3.1.49: Sippen 11, 12), verlangsamt (Sippen 7, 8), parallel (Sippen 1, 2) oder gar konvergent (Sippen 6, 7 oder 8, 9, 10) verläuft. Phänetische Gruppen stellen also oft keine geschlossenen Abstammungsgemeinschaften sondern **Entwicklungsstufen** bzw. **Organisationstypen** dar.

Ähnlich wie bei einem Vaterschaftsnachweis wird die Sicherheit der Schlußfolgerung von relativer Ähnlichkeit auf Verwandtschaft vielfach von der Zahl der analysierten Merkmale abhängen: Einzelne Unterschiede oder Übereinstimmungen können zufällig oder konvergent entstanden sein, bei zahlreichen wird dies immer unwahrscheinlicher werden. In den Abb. 3.1.1 und 3.1.51 wird die verwandtschaftliche Stellung der Sippe 2a in der Nähe von 2b und 2c durch ihre unverzweigten Stengel und niedrigeren Wuchs angedeutet, durch ihre schmäleren und spitzen Blätter, ihre Kahlheit und ihre größeren Blüten aber sehr wahrscheinlich gemacht. Die *Rubiaceae* wurden bisher besonders wegen ihrer unterständigen Fruchtknoten mit den *Caprifoliaceae* in Verbindung gebracht; nunmehr wurde aber festgestellt, daß sie wegen vieler Ähnlichkeiten in vegetativen, floralen und chemischen Merkmalen den *Loganiaceae* und *Apocynaceae* näher stehen.

Bei der quantitativen, statistisch-numerischen Ähnlichkeitsbestimmung und phänetischen Gruppenbildung werden zuerst an beliebigen Einheiten (Individuen, Populationen, Arten usw.) möglichst viele (mindestens 50) Merkmale festgelegt und nach einem einheitlichen Schema quantitativ klassifiziert. Ein Vergleich aller Einheiten in allen Merkmalen (mittels Computerprogrammen) ergibt dann (etwa in % ausgedrückte) Ähnlichkeitskoeffizienten. Nach verschiedenen Methoden können die Einheiten daraufhin taxonomisch gruppiert und auch in Form eines phänetischen «Dendrogramms» dargestellt werden (Abb. 3.1.50). Multivariate Analysen illustrieren die Abgrenzung und die mehrdimensionalen phänotypischen Affinitäten der Sippen.

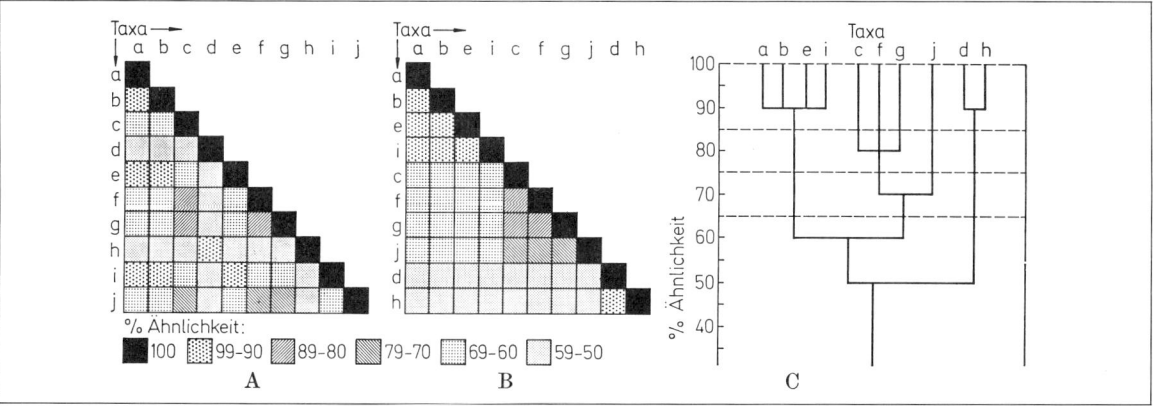

Abb. 3.1.50: Quantitative Ähnlichkeitsbestimmung und phänetische Gruppierung bei einer Modellgruppe mit den Taxa a–j. Ähnlichkeitskoeffizienten (%) aller Taxa untereinander, in **A** ungeordnet, in **B** geordnet; **C** daraus entwickeltes «Dendrogramm»; Gruppen gleicher Wertigkeit durch horizontale Linien verbunden. (Nach Sneath.)

522 · Allgemeine Grundlagen

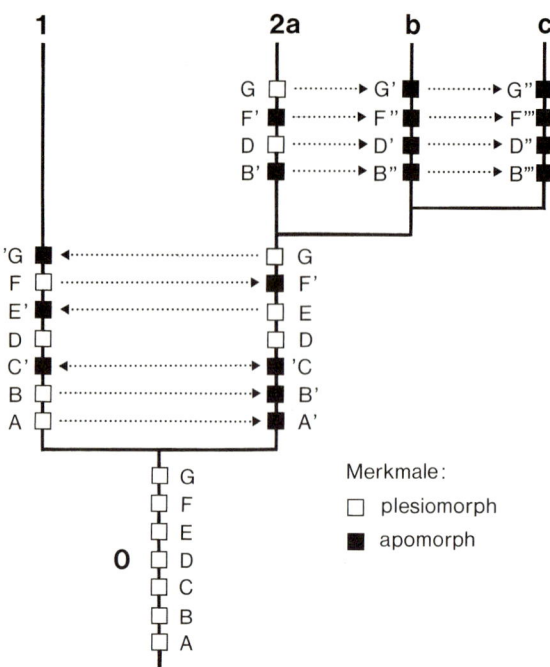

Abb. 3.1.51: «Phylogramm» der fiktiven Verwandtschaftssippe aus Abb. 3.1.1 mit einer ausgestorbenen Stammart (**O**) und zwei Tochter- bzw. Schwesterarten (1, 2), die letztere mit drei Unterarten (2a, b, c). Dargestellt ist mit kladistischen Methoden die Parallelität zwischen phylogenetischer und morphologischer Differenzierung mit ursprünglichen (plesiomorphen) und abgeleiteten (apomorphen) Merkmalen: Stengel verzweigt (A) → unverzweigt (A'); Wuchs hoch (B) → mittel (B') → niedrig (B'') → zwergig (B'''); Behaarung kurz (C) → lang (C') oder fehlend ('C); Blätter breit (D) → schmal (D') → sehr schmal (D''); Blätter spitz (E) → stumpf (E'); Blüten klein (F) → mittel (F') → groß (F'') → sehr groß (F'''); Blütenzeichnung einfach (G) → strahlig ('G) oder einfach konzentrisch (G') → doppelt konzentrisch (G''). A' und 'C sind Synapomorphien von 2a, b und c. (Original Greilhuber.)

Parallele Entwicklungslinien von normalen Flagellaten über capsale und kokkale Koloniebildner zu trichalen und dreidimensionalen Thallusformen finden wir z.B. bei den verschiedensten Algengruppen. Vertreter dieser monadalen, capsalen, kokkalen, trichalen bzw. thallosen Entwicklungsstufen hat man früher, von ihren äußerlichen Übereinstimmungen (Analogien) beeindruckt, auch taxonomisch zusammengefaßt (z.B. «*Flagellatae*»). Ein gutes Beispiel für konvergente Evolution ist auch der aus verschiedenen Pilz- und Algengruppen entstandene symbiontische Organisationstyp der Flechten. Wegen der Schwierigkeiten einer Auftrennung in echte Abstammungsgemeinschaften (und auch aus praktischen Gründen) werden die Flechten vielfach noch als «*Lichenes*» taxonomisch vereint. Entwicklungsstufen sowie Organisationstypen sind zwar keine Sippen, werden aber doch häufig formal-taxonomisch eingestuft, weil sie den Überblick erleichtern und bei verwandtschaftlich noch ungenügend abgeklärten Organismengruppen eine Klassifikation ermöglichen.

Schließlich kommt es häufig vor, daß in ein und derselben Gruppe die Differenzierung eines Merkmalsbereiches gegenüber der Ausgangssippe beschleunigt, in einem anderen dagegen sehr verlangsamt ist; dieses Phänomen bezeichnet man als Heterobathmie. Beispielsweise entwickeln die größtenteils sehr ursprünglichen *Psilotopsida* (S. 670 f.) im unterirdischen Gametophyten eine Mykorrhiza; der urtümliche Ginkgobaum (S. 713 f.) hat eine spezialisierte Sproßgliederung (Lang- und Kurztriebe); die innerhalb der Angiospermen vor allem im Blütenbau ursprünglichen *Magnoliidae* weichen durch den Besitz spezialisierter Alkaloide ab.

e) Ein wesentliches Hilfsmittel der systematisch-phylogenetischen Analyse ist die **phylogenetische Bewertung von Merkmalen** als ursprünglich (plesiomorph; Merkmalsbestand bei Stammsippen) und abgeleitet (apomorph; Neuerwerbung bei Tochtersippen) (Abb. 3.1.1, 3.1.51). Stammbaumverzweigungen lassen sich demnach durch die Divergenzen von ursprünglichen und abgeleiteten Merkmalen (Plesiomorphien und Apomorphien) kennzeichnen. Sippen monophyletischer Gruppen haben abgeleitete Merkmale gemeinsam (Synapomorphien). Diese Prinzipien der Merkmalsbewertung («Merkmalsphylogenie») erlauben sogenannte **kladistische Gruppierungen**, welche den Verwandtschaftsgrad (bzw. die Genealogie) der Sippen widerspiegeln sollen. Schwierigkeiten hat diese «Kladistik» vor allem bei reversiblen Merkmalsveränderungen, bei mehrmaliger paralleler bzw. konvergenter Merkmalsentstehung und sonst bei der Beweisführung für den plesio- oder apomorphen Zustand vieler Merkmale. Umfangreichere kladistische Gruppen sind phänetisch oft sehr heterogen, da sie als geschlossene Abstammungsgemeinschaften immer eine Stammsippe und alle ihre Abkömmlinge umfassen sollten.

Als Grundsätze der für Morphologie und Systematik gleichermaßen wichtigen Merkmalsphylogenetik können etwa gelten: 1) Fossilfunde geben Aufschlüsse über ursprüngliche Merkmalsausbildungen und ihren historischen Wandel (z.B. allmähliches Zurücktreten dichotomer Verzweigung bei Cormophyten, S. 668 ff. und Abb. 3.2.119). 2) Treten innerhalb einer Verwandtschaftsgruppe Merkmale in Alternativen auf, so ist im allgemeinen jener Zustand ursprünglich, der auch außerhalb der Gruppe (in einer entfernter verwandten «Außengruppe») vorkommt. So ist z.B. bei den *Zygnematophyceae* das Fehlen begeißelter Stadien gegenüber der bei den *Chlorophyceae* u.a. Algen verbreiteten Ausbildung begeißelter Gameten und Zoosporen eine Apomorphie. Ähnliches gilt für die Sippen mit 2 bzw. 5 Staubblättern bei den *Scrophulariaceae* (Abb. 3.1.52); 5 Staubblätter sind bei den *Sympetalae Tetracyclicae* weit verbreitet und daher plesiomorph. 3) Jugendstadien weisen öfters ursprüngliche Merkmale auf (z.B. die Abfolge Nadeln → Schuppenblätter bei *Thuja* oder Fiederblätter → Phyllodien bei *Acacia* (Abb. 1.3.71); darauf beruht die «Biogenetische Regel» von E. Haeckel. 4) Unspezialisierte Ausbildungen sind meist ursprünglicher als spezialisierte (z.B. Isosporie im Vergleich zu Heterosporie, S. 674 ff.). – Auf diese Weise lassen sich (im phylogenetischen Sinn) also auch Merkmalsausbildungen voneinander «ableiten» und Entwicklungsreihen aufstellen.

Beispiele für Entwicklungsreihen von ursprünglichen zu abgeleiteten Merkmalen finden sich etwa in den Abb. 3.2.119 (Elementarprozesse), 1.3.33 (Blütenstände), 1.3.74 (Blattformen), 1.3.42 (Cactusform) u.a.

Arbeitsweise und Prinzipien der kladistischen Systematik sind aus einem Vergleich der Abb. 3.1.1 und 3.1.51 ersichtlich. Diese Richtung akzeptiert als Klassifikationsprinzip nur die phylogenetische Verwandtschaft und als Kriterium dafür die Synapomorphie. Daraus resultieren dann der Organisationsstufe nach so heterogene Taxa wie die «*Viridiplantae*» (oder «*Chlorobionta*»), in denen die Grünalgen, Moose, Farn- und Samenpflanzen (aber nicht die *Euglenophyta* oder andere eu-

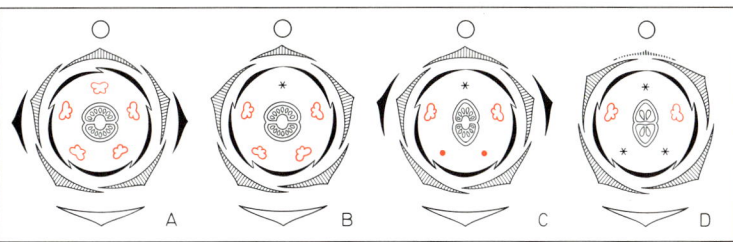

Abb. 3.1.52: Progression im Blütenbau der Rachenblütler *(Scrophulariaceae)*. Blütendiagramme von **A** *Verbascum spec.*, **B** *Digitalis purpurea*, **C** *Gratiola officinalis*, **D** *Veronica officinalis*; pollenbildende Staubblätter rot, rudimentäre = rote Punkte, ausgefallene = Sterne. (Teilweise nach Eichler, Entwurf Hartl.)

karyotische Algen!) zusammengefaßt werden, die tiefen Zäsuren zwischen diesen Gruppen aber nicht zum Ausdruck kommen. Dagegen müßten die bauplanmäßig einheitlichen Moose *(Bryophyta)* aufgelöst werden, weil sie offenbar paraphyletisch sind, d.h. keine gemeinsame und alleinige Stammsippe für Horn-, Leber- und Laubmoose aufweisen.

2. Hilfsmittel und Unterlagen der Ähnlichkeits- und Verwandtschaftsforschung

Voraussetzungen für jede systematisch-phylogenetische Analyse sind: Beobachtungen über Variation, Standort und Verbreitung der Populationen und Sippen im Gelände, Sammlungen von lebenden Pflanzen für die Kultur (in Botanischen Gärten bzw. in Thallophyten- und Moos-Kollektionen, in umweltkontrollierten Versuchsgärten und Klimakammern), von getrocknetem oder sonst konserviertem bzw. fixiertem Material in Herbarien und für Spezialuntersuchungen sowie von Fossilmaterial. Anhand solcher Unterlagen (vielfach sind sie noch sehr unzulänglich und wenig repräsentativ) können dann die eigentlichen systematischen Untersuchungen erfolgen.

Die moderne Systematik beruht auf den Untersuchungsergebnissen zahlreicher Arbeitsrichtungen. Daraus resultieren naturgemäß Überschneidungen der Betrachtungsweise: So werden etwa in sehr verschiedenen Bereichen Gesichtspunkte der Entwicklungsgeschichte (Ontogenie), der Funktion, der Vererbung oder des historischen Werdeganges (Paläobotanik) Berücksichtigung finden. Die folgenden Hinweise und Beispiele können die Breite solcher Analysen nur andeuten.

a) Die wichtigste «Hilfswissenschaft» für die Systematik ist unzweifelhaft die **Morphologie**. Bauplan-Verschiedenheiten und Progressionen im großen (z.B. *Chlorophyta–Embryophyta, Bryophyta–Pteridophyta–Spermatophyta*: Abb. 3.2.155, Blüten der Angiospermen: Abb. 3.2.232) ebenso wie im kleineren Rahmen (z.B. Ordnungen der *Phaeophyceae*: Abb. 3.2.78, Gattungen der *Rosaceae*: Abb. 3.2.235–236 oder *Scrophularicaceae*: Abb. 3.1.52, 3.2.267 und *Betulaceae*: Abb. 3.2.228) bilden weithin die Grundlage für Gliederung und Reihung. Allerdings sind die einschlägigen Analysen bisher vielfach noch zu oberflächlich, und exakte Unterlagen über die funktionellen Aspekte fehlen fast vollständig. Die Bedeutung morphologisch-entwicklungsgeschichtlicher Untersuchungen ergibt sich etwa aus Studien am Androeceum der Angiospermen (S. 736f.). Auch die Abkürzung der Ontogenie mit Fortpflanzung in frühen Entwicklungsstadien (Neotenie) für die Sippendifferenzierung wurde noch kaum untersucht (vgl. dazu etwa die Progression von *Araceae* zu *Lemnaceae*).

b) Große systematische Bedeutung haben auch Beiträge der **Anatomie** (bzw. **Histologie**): So erfährt die Gruppierung der Ascomyceten aufgrund der Wand- und Apicalstrukturen der Asci tiefgreifende Veränderungen (Abb. 3.2.27, 3.2.33). Die Flechtensystematik baut vielfach auf Merkmalen des Thallusbaues und der Sporenformen auf, und für die Stammesgeschichte der Gefäßpflanzen sind die Leitbündelanordnung und ihre Progressionen (Abb. 1.3.50) von großer Wichtigkeit. Ähnliches gilt für die Merkmalsphylogenie von einfachsten Siebzellen zu komplexen Siebröhren im Phloem (Abb. 1.2.25 A→D). Im Familienbereich unterscheiden sich die *Solanaceae* von ihren nächsten Verwandten u.a. durch ihre bicollateralen Leitbündel, die *Elaeagnaceae* durch ihre charakteristischen Schuppenhaare (Abb. 1.2.16F). Systematisch immer wichtiger werden auch elektronenmikroskopische Befunde (mit dem TEM bzw. REM), sowohl bei Algen und Pilzen (z.B. Geißelstrukturen, Abb. 1.1.27, 3.2.12) als auch bei *Embryophyta* (z.B. Siebröhrenplastiden, Abb. 3.2.158 oder Cuticularstrukturen: Abb. 1.2.12).

c) Für die Systematik der Farn-, besonders aber der Samenpflanzen werden von der **Palynologie** ermittelte Grob- und Feinstrukturen der Sporen bzw. Pollenkörner immer bedeutungsvoller. Abb. 3.1.53 bringt ein Beispiel *(Cactaceae)*, das auch für andere Angiospermengruppen charakteristische Progressionen erkennen läßt (3-colpat → pantocolpat → pantoporat, Vergrößerung der Sexinestrukturen; wegen der Fachausdrücke vgl. S. 703 f., 738 ff.). Ultradünnschnitte und elektronenmikroskopische Analysen von Pollenkörnern haben u.a. wichtige Anhaltspunkte für die ursprüngliche Tierblütigkeit der Angiospermen (Pollenkitt, S. 750) oder die Gliederung der *Magnoliidae* gegeben.

d) Vergleichende Untersuchungen der Entwicklung von Sporangien, Gametophyten, Endosperm und Embryonen durch die **Embryologie** weisen etwa auf tiefgreifende Unterschiede der Pteridophytengruppen, die notwendige Überstellung der perianthlosen *Callitrichaceae* zu den sympetalen *Lamiales* oder eine verbesserte Gliederung der Gräser *(Poaceae)*. Tendenzen zur Reduktion der Integumente und des Nucellus sowie Progressionen der Embryosacktypen (Abb. 3.2.205) ergeben wichtige merkmalsphylogenetische Hinweise für die Angiospermen.

e) Von großer Bedeutung für Analyse und Verständnis der Sippendifferenzierung sind die Befunde der **Fortpflanzungsbiologie**. Die Endosporenbildung bei gewissen Bakterien *(Bacillaceae)*, die Progressionen von Iso- über Aniso- zu Oogamie und weiter zu Gametangio- und Somatogamie innerhalb der meisten Algen- und Pilzgruppen oder die Differenzierung der Fruchtkörperformen und Hymeniumträger im Zusammenhang mit der Sporenausbreitung bei den Holobasidiomyceten sind von funktioneller wie z.T. auch von systematischer Bedeutung. Ein ähnlich grundlegendes Leitprinzip gibt die Entwicklung von Iso- zu Heterosporie und weiter zur Samenbildung bei den Sproßpflanzen ab. Die Entwicklung der Angiospermen läßt sich ohne Berücksichtigung der Anpassung ihres primären Blütenbaues an Insektenbestäubung ebensowenig verstehen wie der Werdegang der Amentiferen (Kätzchenblütler) ohne den Zusammenhang mit einer Rückkehr zur Windbestäubung (S. 746ff.). Die Gliederung der *Ranunculaceae* beruht vielfach auf blütenbiologischer Spezialisation (vgl. z.B. Nektarblätter: Abb. 3.2.222 I-M, Dorsiventralität bei

524 · Allgemeine Grundlagen

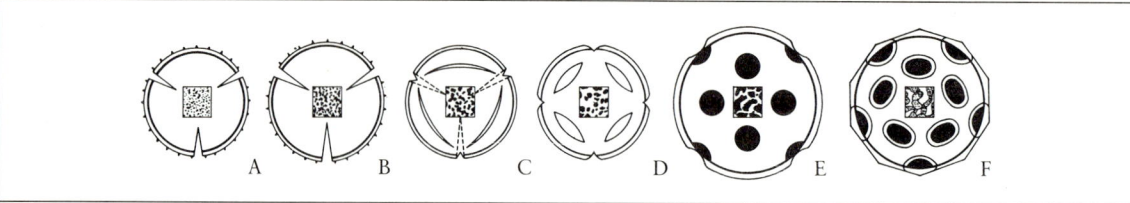

Abb. 3.1.53: Pollenkorn-Typen und ihre Progressionen bei den *Cactaceae*. Umrisse und Aperturen (Colpen: Falten bzw. Poren: schwarz) (ca. 400×) und Feinstruktur der Sexine (quadratische Einsatzbilder, ca. 800×). **A** und **B** 3-colpat, **C** 6-pantocolpat, **D** 12-pantocolpat, **E** 12-pantoporat, **F** 15-pantoporat. (Nach Tsukada.)

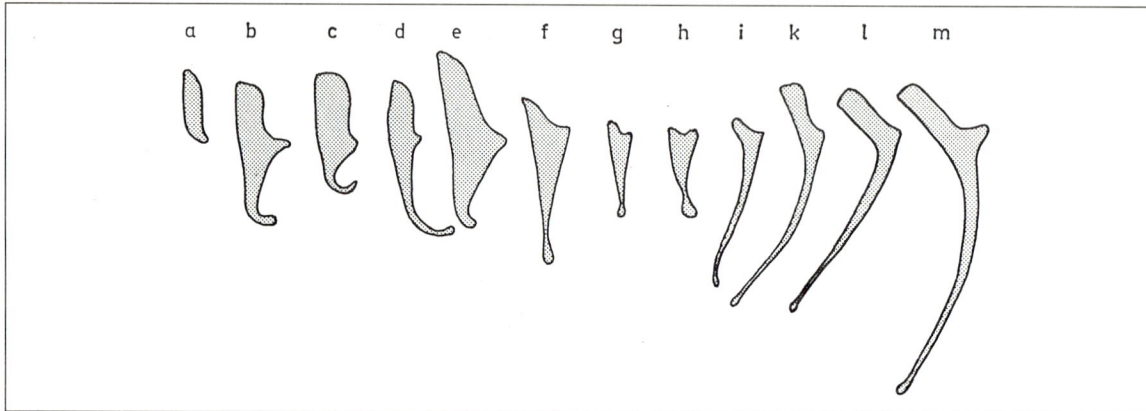

Abb. 3.1.54: Die Verschiedenheit der Nektarblätter bei Arten der Gattung Akelei *(Aquilegia, Ranunculaceae)* (ohne: a oder mit breiten bis engen: e/k bzw. kurzen bis sehr langen Spornen: c/m) steht mit der Anpassung an verschiedene Blütenbesucher im Zusammenhang. (Nach Pražmo.)

Aconitum: Abb. 3.2.222 D–H, sekundäre Anemogamie: *Thalictrum*). Innerhalb der Gattung *Aquilegia* wird diese Entwicklungsrichtung etwa fortgeführt durch Ausbildung unterschiedlich langer Nektarblattsporne und diverser Blütenfarben als Anpassung an den Blütenbesuch durch verschiedene Hymenopteren, Abendschwärmer oder Kolibris mit unterschiedlich langen Mundwerkzeugen (Abb. 3.1.54). Die Differenzierung von *Ficus* ist mit der eigenartigen Bestäubung durch Gallwespen, die von *Salix* mit der neuerlichen Rückkehr von Anemophilie (entsprechend *Populus*) zu Entomophilie verknüpft. Weitere wichtige Leitlinien lassen sich aus den Progressionen zu Heterostylie, Diöcie, Autogamie und Apomixis ablesen (vgl. S. 500 ff., 702, 745 f., 752). Nicht minder wichtig ist für die Phylogenie und Systematik der Samenpflanzen die Samen- und Fruchtbiologie. Die Progression von Streu- zu Schließfrüchten spiegelt sich etwa in der Gliederung von *Scrophulariales* und *Lamiales* oder von verschiedenen *Rosaceae* (Abb. 3.2.236), während die Ausgestaltung von Schließfrüchten mit verschiedenen Anhängen eine entsprechende Grundlage für die *Dipsacaceae* abgibt (Abb. 3.1.48).

f) Befunde der **Cytologie**, besonders auch solche, die mit dem Elektronenmikroskop gewonnen werden konnten, haben die tiefe Kluft im Zellbau zwischen *Prokaryota* und *Eukaryota* dargetan (Nucleoid – Nucleus, Thylakoide – Plastiden usw.). Feinstrukturelle Unterschiede des Geißelbaues, der Plastiden, Augenflecke u.a. werden immer entscheidender für die Gliederung der Flagellaten- und Algengruppen; das Problem ihrer Beziehungen zu verschiedenen Pilzgruppen erscheint in neuem Lichte. Aus dem Teilgebiet der Karyologie (der Zellkern- und Chromosomenforschung) haben wir schon viele Beispiele, besonders auch die Bedeutung der Polyploidie als Zeiger für phylogenetische Progressionen, kennengelernt (vgl.

S. 499 f., 515 ff.). Als Ergänzung sei hier verwiesen auf aufsteigende Dysploidie 8n = 8, 9, 11, 13) als Leitlinie chromosomaler Differenzierung bei den *Cycadales*, auf die Vereinigung der früher zu *Amaryllidaceae* bzw. *Liliaceae* gestellten Gattungen *Agave* und *Yucca* bei den *Agavaceae* aufgrund sehr charakteristischer Karyogramme (5 große und 25 winzige Chromosomenpaare: Abb. 3.1.55), auf den Zeigerwert Giemsa-gebänderter Karyogramme (Abb. 3.1.23) und auf die Bedeutung der Feinstruktur der Interphasekerne für die Systematik der *Onagraceae* und *Magnoliidae*.

g) Befunde der **Genetik** und **Cytogenetik** bilden einen integrierenden Bestandteil jeder modernen Verwandtschaftsfor-

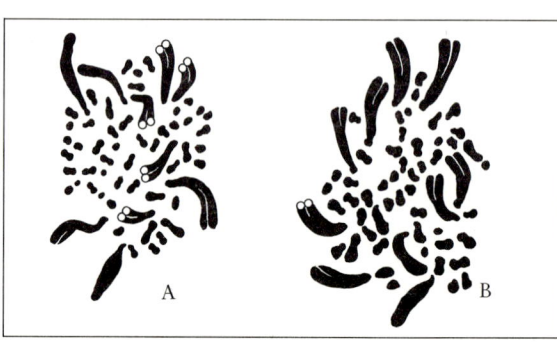

Abb. 3.1.55: Somatische Chromosomensätze von *Yucca* (**A**) und *Agave* (**B**): auffällige Übereinstimmungen, jeweils mit 5 großen und 25 winzigen Chromosomenpaaren. Die beiden Gattungen wurden früher in verschiedene Familien gestellt. (Nach Matsuma & Suto.)

schung. Darauf wurde im vorigen Abschnitt bereits vielfach hingewiesen (S. 480 ff.). Besonders wichtig sind dabei Daten über natürliche Variation, Vererbung von Differentialmerkmalen, chromosomale Affinität (Meiose), reproduktive Isolation und Barrierenbildung sowie die Möglichkeit einer experimentellen Rekonstruktion des Evolutionsablaufes (z.B. Abb. 3.1.44). Abgesehen von wenigen, relativ intensiv bearbeiteten Gruppen (z.B. *Escherichia, Chlamydomonas, Neurospora, Arabidopsis, Potentilla glandulosa, Clarkia, Oenothera, Nicotiana, Zea, Triticum*), läßt die Breite genetischer Analysen aber noch viele Wünsche offen.

Eine neuere Methode der Verwandtschaftsforschung beruht auf der quantitativen Analyse homologer Nucleotidsequenzen in der DNA (bzw. RNA) verschiedener Sippen aufgrund von **DNA-Hybridisierung**. Dazu isoliert man DNA-Fraktionen aus Sippe I, trennt ihre Doppelstränge und fixiert sie auf einem Filter. Entsprechende DNA von Sippe II wird radioaktiv gemacht, ebenfalls aufgetrennt und in Lösung zugefügt. Homologe DNA-Abschnitte aus I und II bilden nun Hybrid-Doppelstränge. Verbliebene Einzelstränge werden enzymatisch herausgelöst und das Ausmaß der DNA-Paarung aus I und II am Filter durch Messung der Radioaktivität festgestellt. Diese Methode ermöglicht DNA-Vergleiche selbst zwischen sehr entfernt verwandten Organismen. Noch präzisere Ergebnisse erbringt die sog. *in situ*-Hybridisierung von DNA in Chromosomenpräparaten mit definierter (vielfach durch Klonierung vermehrter) und radioaktiv (oder andersartig) markierter DNA aus der gleichen oder aus verwandten Sippen. Dadurch kann die evolutionäre Veränderung bestimmter DNA-Sequenzen verfolgt werden.

h) Besonders tiefgreifende Auswirkungen auf die Verwandtschaftsforschung haben die Befunde der vergleichenden **Phytochemie** und **Serologie**. Bekannt ist etwa der systematische Wert des Vorkommens von Cellulose bzw. Chitin in den Zellwänden der Pilze (S. 554, 558). Papier-, Dünnschicht- und Gaschromatographie ermöglichen heute chemosystematische Routineanalysen etwa von Flavonoiden (z.B. bei Farnen: Abb. 3.1.43), Terpenoiden (z.B. für die Gliederung von *Pinus, Citrus* usw.) oder Alkaloiden (z.B. Abtrennung der *Papaverales* von den *Capparales* und Überstellung zu den *Ranunculidae* wegen sehr ähnlicher Isochinoline usw.). Spektakulär ist das alternierende Vorkommen von Anthocyanen und den chemisch völlig anders gebauten Betacyanen bei den *Caryophyllidae* (Abb. 3.1.56). Allerdings können auch Inhaltsstoffe konvergent entstehen; dies läßt sich allenfalls durch ihre verschiedene Biosynthese erhellen: So entsteht etwa das Coffein beim Tee- und Kaffeestrauch (*Theaceae* bzw. *Rubiaceae*) auf verschiedenen Wegen. Von großer Tragweite ist schließlich die fortschreitende Aufklärung von Verteilung und Biosynthesewegen bei den Porphyrinen (einschließlich Häminverbindungen und Chlorophyll) sowie Phycobilinen für die Verwandtschaftsforschung der Bakterien, Blaualgen und höheren Algen. Die Differenzierung dieser Pigmente steht im Zusammenhang mit der Evolution und schrittweisen «Verbesserung» von Photosynthese und Respiration in diesen Ausgangsgruppen des Pflanzenreiches.

Im makromolekularen Bereich werden schon seit längerer Zeit Methoden der Serologie zur Klärung von Verwandtschaftsbeziehungen verwendet. Sie beruhen auf der Tatsache, daß in Versuchstiere injiziertes Fremdeiweiß (A) die Bildung von Antikörpern verursacht. Das aus dem Tierblut gewonnene Antiserum ergibt dann mit Eiweiß A (als Antigen) die stärkste mögliche Niederschlags-(Präzipitations-)Reaktion; mit einem anderen Eiweiß B wird die Reaktion um so stärker sein, je ähnlicher B zu A ist. Solche Methoden der Ähnlichkeitsbestimmung von Proteinen wurden in letzter Zeit verbessert und mit Erfolg etwa bei den *Ranunculaceae* verwendet (Abb. 3.1.59). Wenn Antiserum und Antigen der Gel-Diffusion bzw. Elektrophorese unterworfen werden, ergeben sich fixierte Niederschläge in Bandenform (Anwendung z.B. bei *Solanaceae*).

Mit den Methoden der Elektrophorese können Proteine auch direkt analysiert werden. So sind z.B. Iso- und Allozymmuster für die Populationsgenetik und Evolutionsforschung bedeutsam geworden (vgl. Abb. 2.2.4).

Besonders interessante Hinweise auf verwandtschaftliche Zusammenhänge haben sich in den letzten Jahren aus vergleichenden Protein-, RNA- und DNA-Analysen ergeben. So finden sich z.B. bei verschiedenen Bakterien- und Pilzgruppen in der DNA sehr unterschiedliche Anteile der Basenpaare GC und AT (vgl. S. 45 ff.), mit GC-Prozenten von etwa 20%–75% (und AT dementsprechend 80%–25%); diese Werte haben sich als systematisch sehr relevant erwiesen. Noch wichtiger geworden ist die Aufklärung der Primärstruktur von konservativen Proteinen und Nucleinsäuren mit Hilfe der Aminosäuren- bzw. Basensequenzierung (vgl. S. 31 ff.). Dabei geht man davon aus, daß die Organismen miteinander um so näher verwandt sind, je mehr sich die Aminosäuren- bzw. Basensequenz in ihren homologen Makromolekülen gleicht. Alle Verschiedenheiten werden als mutative Fortentwicklung der ursprünglich übereinstimmenden Sequenzen interpretiert. Als besonders aufschlußreich haben sich in dieser Hinsicht die Aminosäurensequenzierungen beim Atmungsenzym Cytochrom c (S. 32 f., 267, Tab. 1.1.1 und Abb. 3.1.57) und bei ribosomalen Proteinen (S. 73 f.) erwiesen. Wesentliche Erkenntnisse über den Ablauf der frühen Stammesgeschichte der Organismen hat man aus der rRNA gewinnen können (S. 536 ff., Abb. 3.2.5). Von den drei bei Prokaryoten in Frage kommenden rRNA-Komponenten 5S, 16S und 23S, ist die 5S rRNA (mit ca. 120 Basen) bisher vollständig sequenziert worden. Für phylogenetische Untersuchungen hat sich aber die Bestimmung der Sequenzen in Teilstücken der mit ^{32}P markierten 16S rRNA durchgesetzt.

Diese Teilstücke sind Oligonucleotide, entstehen bei Behandlung mit basenspezifischen Ribonucleasen (Ribonuclease T_1),

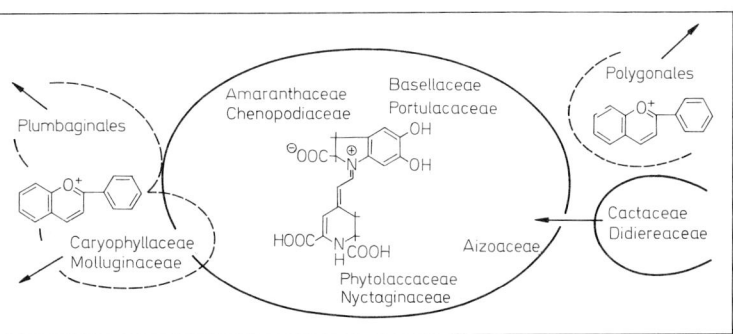

Abb. 3.1.56: Das Vorkommen von Betacyanen (Mitte ——) und Anthocyanen (Seite ----) bei den Caryophyllidae: Pfeile weisen auf dadurch nahegelegte Veränderungen gegenüber früheren Gruppierungsversuchen. (Nach Merxmüller, verländ.)

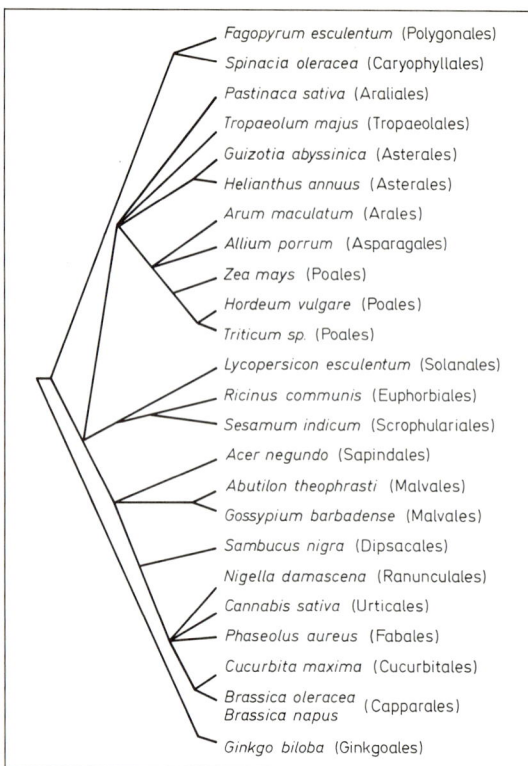

Abb. 3.1.57: Interpretation phylogenetischer Zusammenhänge zwischen 25 verschiedenen Samenpflanzen aufgrund der abgestuften Ähnlichkeit der Aminosäuresequenzen im Atmungsenzym Cytochrom c; vgl. dazu auch Tab. 1.1.1. (Nach Boulter.)

die immer am Guanosin (=G) spalten und haben daher immer ein 3'-Ende mit G. Die so gewonnene Mischung aus 110–120 verschiedenen Oligomeren wird in 2dimensionaler Elektrophorese getrennt, wobei ein chromatographisches Muster von hoher Spezifität nach Art eines Fingerabdruckes entsteht. Nun erfolgt die Sequenzbestimmung der Oligomere und die Berechnung der Ähnlichkeit nach folgender Formel:

$$S_{AB} = \frac{2 N_{AB}}{N_A + N_B}$$

Dabei steht N_A und N_B für die Nucleotide der beiden Organismen A und B, N_{AB} für die Summe gemeinsamer Nucleotide in Oligomeren gleicher Sequenz. S_{AB} ist der daraus errechnete Koeffizient für die Ähnlichkeit; er umfaßt die Spanne von 0 (= keine Übereinstimmung) bis 1 (= größte Übereinstimmung).

i) Die Spezialisation verschiedener Bakterien, Pilze und phytophager Insekten auf bestimmte Pflanzensippen gibt auch der **Phytopathologie** ein Mitspracherecht bei systematischen Fragen: So fressen etwa die Schmetterlingsraupen der *Pierinae* nur auf *Capparaceae* und *Brassicaceae* (nicht aber auf den früher damit verknüpften *Papaveraceae*). Rostpilze *(Uredinales)* differenzieren zwischen den Unterfamilien der *Rosaceae*: so kommen etwa *Phragmidieae* nur auf *Rosoideae* vor, *Gymnosporangium* nur auf *Maloideae* und *Thecospora* nur auf *Prunoideae*

k) Die vielen Querverbindungen zwischen **Physiologie** bzw. **Ökologie** und Systematik sind noch wenig untersucht, obwohl Stammesgeschichte und funktionelle Differenzierung doch aufs engste miteinander verknüpft sind. So beruht die Evolution und Systematik der Bakterien weitgehend auf ernährungsphysiologischer Differenzierung (vgl. z.B. Substratabhängigkeit, Gärung, Chemo- und Photosynthese usw.). Die Gliederung der *Eukaryota* stützt sich auf die Divergenz Autotrophie (Algen) – Heterotrophie (Pilze, Protozoen). Beispiele für mannigfache ökologische Anpassungen als Grundlage der Sippendifferenzierung und fortschreitenden Eroberung immer neuer Lebensräume wurden im Kapitel über Evolutionsforschung angeführt (S. 505ff.). Noch im Ordnungs- und Familienbereich läßt sich solche physiologisch-ökologische «Schwerpunktbildung» erkennen, etwa hinsichtlich Wasserhaushalt: *Nymphaeales* (Hydrophyten) – *Cactaceae* (Xerophyten), Stoffaufnahme: *Chenopodiaceae* (Mineralstoffpflanzen) – *Ericaceae* (Rohhumuspflanzen), Insectivorie: *Sarraceniales* oder Parasitismus: *Loranthaceae, Orobanchaceae* usw.

l) Auch die Rolle der **Arealkunde** für ein Verständnis der raumzeitlichen Sippenbildung haben wir bereits mehrfach herausgestellt (S. 505ff.). Geographisch-morphologische Analysen stützen sich dabei vor allem auf die Erfahrung, daß nächst verwandte Sippen zuerst meist allopatrisch, später aber, nach Barriereneinbau, auch sympatrisch vorkommen (vgl. S. 524ff. und Abb. 3.1.37, 3.1.38, 3.1.47). Die Areale sind allerdings selbst bei auffälligen Sippen und in einigermaßen durchforschten Gebieten oft nur mangelhaft bekannt.

m) Die **Paläobotanik** liefert die einzigen direkten Beweise für Vorfahren und Stammformen. Ihr verdanken wir die Kenntnis von so wichtigen und heute ausgestorbenen Schlüsselgruppen wie den Psilophyten an der Basis der Pteridophyten

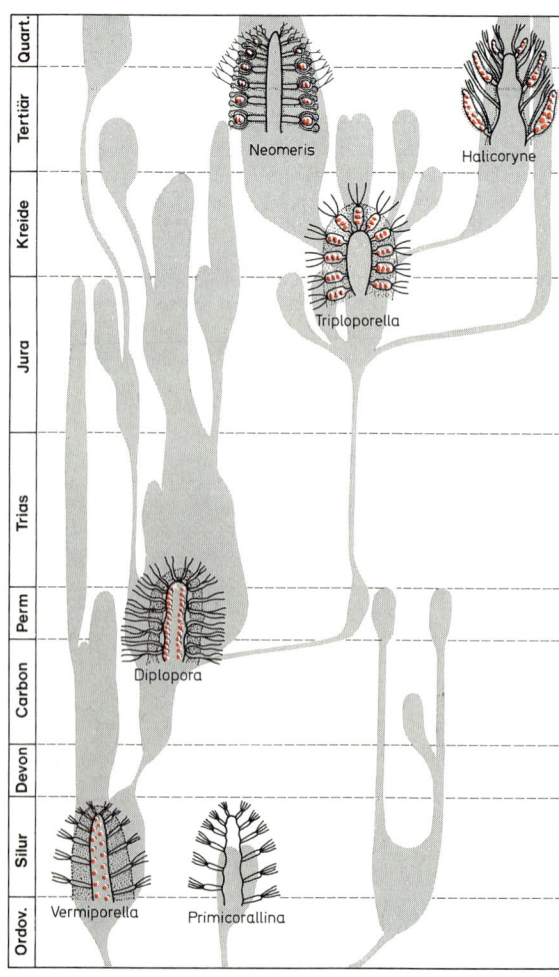

Abb. 3.1.58: Stammbaum der Grünalgen-Familie *Dasycladaceae*, eingezeichnet Schemata einiger charakteristischer Vertreter (vgl. Hauptachse, Seitenäste, Kalkmantel: punktiert und Cysten: rot). Teilweise nach Pia, Kamptner und Zimmermann.)

(S. 668 ff.), den Progymnospermen als Wurzelgruppe der Samenpflanzen, den Cordaiten als Ausgangsgruppe der Coniferen oder den Pteridospermen als Vorläufern der Cycadeen, Benettiteen und Angiospermen (S. 710 ff., 714 ff., 723 ff.). Pflanzliche Fossilien stützen die Annahme vieler Merkmalsreihen und dokumentieren Anagenese, Kladogenese und Stasigenese als charakteristische Evolutionsphasen (vgl. Abb. 3.1.58, 3.2.168) sowie die historische Expansion und Schrumpfung von Verbreitungsgebieten (vgl. Abb. 4.1.9, 4.4.6). Wesentliche Beiträge zur Stammesgeschichte der Pflanzen ergeben sich auch aus der Untersuchung fossiler Sporen- und Pollenformen.

Fossil besonders gut dokumentiert ist z.B. die Grünalgen-Familie der *Dasycladaceae* (Abb. 3.1.58; vgl. auch S. 638). Die Hauptperioden ihrer stammesgeschichtlichen Entfaltung liegen im Silur, Perm, Jura und in der Kreide, zahlreiche Entwicklungslinien sind heute ausgestorben. Die *Dasycladaceae* sind Bewohner der Brandungszone und Riffbildner. So kommt es bei ihnen sehr frühzeitig zur Ausbildung eines Kalkmantels und zum dichten Zusammenschluß der Seitenäste (vgl. *Primicorallina–Vermiporella*). Weitere wichtige stammesgeschichtliche Veränderungen betreffen den Übergang von unregelmäßiger zu wirteliger Stellung der Seitenäste (vgl. *Vermiporella–Diplopora*), die Ausbildung von Cysten in der Hauptachse (vgl. *Primicorallina–Vermiporella*) und ihre schrittweise Verlagerung in Seitenäste erster (vgl. *Triploporella*) und später auch zweiter Ordnung (vgl. *Neomeris*), die Arbeitsteilung zwischen vegetativen und fertilen Seitenästen (vgl. *Halicoryne*) sowie schließlich die hutförmige Verwachsung solcher fertiler Seitenäste (*Acetabularia*, vgl. Abb. 3.2.92).

n) Die **Synthese** morphologischer, anatomischer, embryologischer, palynologischer, karyologischer, phytochemischer und besonders serologischer Befunde gibt heute eine gute Vorstellung von der Verwandtschaftsbeziehungen der *Ranunculaceae* (Abb. 3.1.59). Die Phylogenie der Familie steht mit der Entwicklung nordhemisphärischer Lebensräume (Holarktis) während des Tertiärs und Quartärs im Zusammenhang und ist durch adaptive Radiation bzw. Expansion aus Laubwäldern in offene xerische, hygrische und arktisch-alpine Standorte gekennzeichnet. Parallel dazu verändern sich Lebens- und Wuchsform, Blattgestalt, aber auch die Fruchtformen. Die überaus mannigfaltige Blütendifferenzierung führt zur Ausnutzung immer neuer Bestäubungsmöglichkeiten (vgl. Abb. 3.1.54). Reliktstandorte bergen artenarme Gruppen in Stasigenese, junge Lebensräume ermöglichen die Kladogenese neuer Formenschwärme, und die cytogenetischen Verhältnisse spiegeln diese unterschiedlichen Evolutionsphasen getreulich wider (vgl. z.B. aus der *Anemone*-Gruppe: *Hepatica*, Abb. 3.1.38 und *Pulsatilla*, Abb. 3.1.41).

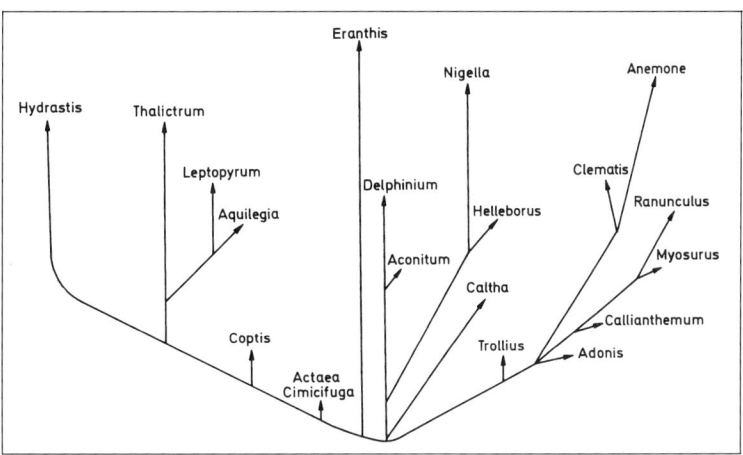

Abb. 3.1.59: Synthetisches Verwandtschafts-Schema der wichtigsten *Ranunculaceae*-Gattungen (unter besonderer Berücksichtigung serologischer Ähnlichkeiten). (NACH JENSEN).

IV. Taxonomie und Nomenklatur

Ein Kartenspiel kann entweder nach den Farben oder nach Zahlen und Figuren geordnet werden. Auch die Formenfülle der Organismen kann nach verschiedenen Grundsätzen geordnet werden. Der vielfach übersehene Unterschied gegenüber unbelebten Objekten ist der, daß aufgrund ihrer stammesgeschichtlichen Verwandtschaft für die Organismen ein hierarchisches, vom Beobachter unabhängiges Ordnungsprinzip bereits vorgegeben ist. Daher kann man Organismen in «natürlichen» hierarchisch-taxonomischen Systemen gruppieren. Sie sind wegen ihres höheren Informationsgehaltes anderen Ordnungsmöglichkeiten gegenüber vorzuziehen.

Im vorigen Kapitel wurden die verschiedenen Hilfsmittel, Grundlagen und Klassifikationsprinzipien für die Erstellung solcher «natürlicher» hierarchisch-taxonomischer Systeme dargestellt (vgl. S. 520 ff., Abb. 3.1.1, 3.1.49–51). Vielfach stützt man sich dabei heute auf eine Verbindung von phänetischen Prinzipien (Berücksichtigung von abgestufter Ähnlichkeit, Organisationshöhe, Zäsuren zwischen den Sippengruppen etc.) und kladistischen Prinzipien (Merkmalsphylogenetik, Sippengruppen soweit als möglich monophyletisch, wenn auch nicht notwendigerweise geschlossene Abstammungsgemeinschaften etc.). Diese Richtung wird als **synthetische** oder **evolutionäre Systematik** angesprochen.

Die Geschichte der Systeme des Pflanzenreiches (vgl. S. 531) spiegelt den historischen Wandel wider, der sich hinsichtlich der Grundsätze der Klassifikation vollzogen hat. In den künstlichen Systemen wurden dazu willkürlich bestimmte Leitmerkmale ausgewählt (z. B. Wuchsform, Zahlenverhältnisse der Blütenorgane). Aufgrund der Berücksichtigung einer größeren Zahl von Merkmalen konnten später Verbesserungen erreicht werden, viele Gruppen entsprachen aber eher Entwicklungsstufen als Abstammungsgemeinschaften: formale Systeme. Nach Annahme der Abstammungslehre interpretierte man etwas voreilig alle Ähnlichkeiten als Ausdruck von Verwandtschaft; so entstanden die verschiedensten sogenannten (nicht wirklich) phylogenetischen Systeme. Heute ist man sich der diesbezüglichen Schwierigkeit bewußt: Mangel an Fossilfunden, unterschiedliche Evolutionsgeschwindigkeiten, parallele, konvergente und reticulate Entwicklungslinien usw. (vgl. S. 520ff.). Daher versucht man auf möglichst breiter Basis die natürlichen Sippen zu erfassen und ihre Entstehung zu rekonstruieren. Aufgrund der verschiedenen möglichen Klassifikationsprinzipien resultieren daraus heute noch miteinander konkurrierende und mehr phänetisch, kladistisch-phylogenetisch oder synthetisch-evolutionär orientierte Systemvorschläge.

1. Taxonomische Rangstufen und Einheiten. Im System der Pflanzen werden verbindliche taxonomische Rangstufen oder Kategorien verwendet; dabei handelt es sich um «leere», abstrakte Ordnungsbegriffe, denen im Rahmen einer Hierarchie bestimmte Positionen zugewiesen werden. So steht etwa die taxonomische Rangstufe der «Art = species» innerhalb der «Gattung = genus» zwischen «Serie = series» und «Unterart = subspecies» bzw. «Varietät = varietas». Durch Anwendung dieser Kategorien auf konkrete Sippen werden taxonomische Einheiten oder «Taxa» (sing. «Taxon») gebildet. Die Taxa und ihre Hierarchie, also das taxonomische «System», sollen die Vorstellungen von Abgrenzung und Verwandtschaft der Sippen einigermaßen zum Ausdruck bringen. Hinsichtlich der Modellgattung *«Planta»* (Abb. 3.1.1) kann dies in Form einer Horizontalprojektion dargelegt werden: Abb. 3.1.60. Tab. 3.1.1 bringt eine Übersicht der wichtigeren

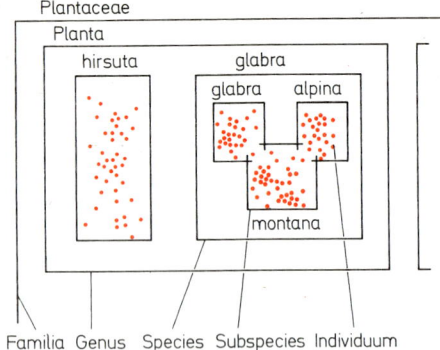

Abb. 3.1.60: Modell der Verwandtschaftsgruppe *«Planta»* (Abb. 3.1.1) in schematischer Horizontalprojektion: Auf die konkreten Individuen der ebenso konkreten Abstammungsgemeinschaften werden abstrakte taxonomische Kategorien (subspecies, species, genus, familia) bezogen; daraus resultieren Taxa verschiedener Rangstufen (hier mit Phantasie-Namen, z. B. subsp. *montana*, *Planta glabra*, *Planta*, *Plantaceae*). (Original.)

taxonomischen Kategorien, ihrer normierten Endungen sowie der taxonomischen Einheiten am Beispiel unserer Gewöhnlichen Schafgarbe (*Achillea millefolium* L.).

Taxonomische Einheiten sollen womöglich mit Abstammungsgemeinschaften übereinstimmen und durch erblich fixierte Merkmale gekennzeichnet sein. Für die Umgrenzung der Taxa sind ihre Isolation bzw. morphologische Diskontinuität gegenüber den Schwester-Taxa, also der Besitz von Differentialmerkmalen wesentlich. Die Hierarchie der Taxa soll die stammesgeschichtliche Divergenz der zugrundeliegenden Sippen widerspiegeln. Diesen Forderungen stehen vielfach praktische und grundsätzliche Schwierigkeiten entgegen: Abstammungsgemeinschaft kann durch äußerliche Ähnlichkeit und Konvergenz vorgetäuscht sein (S. 474f., 520ff.); die erbliche Verankerung von Differentialmerkmalen ist vielfach nur aufgrund von Kulturversuchen feststellbar; Vorhan-

Tab. 3.1.1: Übersicht der wichtigeren taxonomischen Kategorien, ihrer normierten Endungen sowie der taxonomischen Einheiten am Beispiel unserer Gewöhnlichen Schafgarbe (*Achillea millefolium* L.)

Taxonomische Kategorien (deutsch, lateinisch, Abk.)	Übliche Endungen	Taxonomische Einheiten (Beispiele, Synonyme)
Reich (regnum)	-ota	Eukaryota
Unterreich (subregnum)	-bionta	Cormobionta
Abteilung (phylum)	-phyta, -mycota	Spermatophyta
Unterabteilung (subphylum)	-phytina, mycotina	Angiospermae (= Magnoliophytina)
Klasse (classis)	-phyceae, -mycetes und -opsida (bzw. -atae)	Dicotyledoneae (= Magnoliopsida)
Unterklasse (subclassis)	-idae	Asteridae
Überordnung (superordo)	-anae (bzw. -florae)	Asteranae (= Synandrae)
Ordnung (ordo)	-ales	Asterales
Familie (familia)	-aceae	Asteraceae (= Compositae)
Unterfamilie (subfamilia)	-oideae	–
Tribus (tribus)	-eae	Anthemideae
Gattung (genus)		Achillea
Sektion (sectio, sect.)		sect. Achillea
Serie (series, ser.)		–
Aggregat (agg.)		Achillea millefolium agg.
Art (species, spec. bzw. sp.)		Achillea millefolium
Unterart (subspecies, subsp. bzw. ssp.)		subsp. sudetica
Varietät (varietas, var.)		–
Form (forma, f.)		f. rosea

densein oder Fehlen von morphologischen Zäsuren zwischen Sippen wird erst beim Vorliegen repräsentativen Materials erkennbar, vielfach sind solche Zäsuren infolge erst beginnender Differenzierung bzw. «kryptischer» Barrieren morphologisch kaum faßbar oder wegen Hybridisierung sekundär überbrückt (S. 509ff., 511ff.); solche reticulate (d.h. vernetzte) stammesgeschichtliche Zusammenhänge (etwa infolge Allopolyploidie, S. 513ff.) lassen sich überhaupt nicht hierarchisch darstellen, usw. In all diesen Fällen wird also ein Kompromiß zwischen augenblicklichem Wissensstand und praktischen Erfordernissen nach Übersicht und allgemeiner Benützbarkeit erforderlich sein. Natürlich haben aber auch Tradition und Bemühung um relative Stabilisierung ihren Anteil am Werdegang der heutigen taxonomischen Systeme.

Bei dem Streben nach Normierung und Vergleichbarkeit taxonomischer Rangstufen nimmt seit jeher die Art (= species) eine Schlüsselstellung ein. Im Zeitalter synthetischer Systeme zieht man dafür so weit wie möglich phänetische, genetische, genealogische und öko-geographische Kriterien heran (vgl. S. 520ff.). Demnach wird die Rangstufe der Art bzw. Species auf solche kleinste Sippen (also Abstammungsgemeinschaften) bezogen, welche sich von allen anderen Sippeneinheiten durch konstante, erbliche Merkmale unterscheiden und aufgrund reproduktiver Isolation abheben.

Die Art markiert also vielfach die entscheidende Phase im Ablauf der Stammesgeschichte, in der sich die Keimbahnzusammenhänge zwischen den Fortpflanzungs- und Abstammungsgemeinschaften lösen. Freilich gilt diese Feststellung nur für Formenkreise mit sexueller Fortpflanzung (die bei niederen, aber auch bei höheren Pflanzen öfters fehlt). Auch sonst umfaßt die Rangstufe der Art noch sehr unterschiedliche Sippentypen. Dazu erschweren mangelhafte Kenntnisse sowie geringe Korrelation oder unklare Ausprägung der phänetischen, genetischen, genealogischen und öko-geographischen Kriterien bei vielen Sippen die eindeutige Anwendung dieser Rangstufe. All das gibt vielen Meinungsverschiedenheiten über engere oder weitere Fassung der Arten Raum. Trotzdem bildet die «Species» die wichtigste Einheit der biologischen Taxonomie, von der aus erst alle anderen Rangstufen im infra- und supraspezifischen Bereich (unter- bzw. oberhalb der Species) faßbar werden.

Bei formenreichen Arten kann sich die Unterscheidung infraspezifischer Taxa empfehlen. Nur unscharf gegeneinander abgrenzbare Sippen innerhalb der Arten werden meist als Unterarten (= subspecies, abgekürzt subsp. bzw. ssp.) bezeichnet. Dabei handelt es sich vielfach um geographische oder ökologische, allopatrische und durch Übergangspopulationen miteinander verbundene Rassen, aber auch um autogame, polyploide oder sonst fortpflanzungsbiolgisch voneinander schon ± isolierte und dann oft sympatrische Sippen. Die Kategorie der Varietät (= varietas, abgekürzt var.) wird heute meist nur noch selten, z.B. für die notwendige Unterteilung von Unterarten oder für noch ungenügend bekannte infraspezifische Sippen, verwendet. Bei Kulturpflanzen wird als infraspezifische Einheit die Sorte (cultivar, cv.) verwendet. Schließlich können auffällige Biotypen oder Mutanten allenfalls noch als Formen (= forma, f.) taxonomisch gekennzeichnet werden.

Im supraspezifischen Bereich ist die Gattung (= genus) die wichtigste, auch durch die binäre Nomenklatur verankerte Rangstufe: Darunter werden Gruppen von Arten zusammengefaßt, die sich durch deutliche Zäsuren von allen anderen Artengruppen abheben. Soweit notwendig lassen sich innerhalb der Gattungen auch noch Sektionen, Serien u. a. unterscheiden. Unzureichend erforschte und/oder schwer unterscheidbare Arten (sog. «Kleinarten») können schließlich noch zu nomenklatorisch unverbindlichen Aggregaten (agg.) vereinigt werden.

Zwischen der Gattung und der höchsten Einheit im System der Organismen, dem Reich (regnum), werden noch weitere Rangstufen eingeschoben, von denen in aufsteigender Reihe Familie (familia), Ordnung (ordo), Klasse (classis) und Abteilung (phylum) die wichtigsten sind. Auch bei den höherrangigen Taxa wird trotz vieler Schwierigkeiten eine gewisse Vergleichbarkeit nach Differenzierung und Umfang angestrebt. Aus praktischen Gründen haben aber besonders formenreiche Gruppen vielfach eine relativ hohe taxonomische Einstufung erfahren (z.B. die *Cormobionta* bzw. *Embryophyta*, die ja eigentlich nur ein Entwicklungsast der *Chlorophyceae* sind, oder die *Apiaceae*, die eine viel geringere Divergenz erreicht haben als ihre Ausgangsgruppe, die *Araliaceae*).

2. Nomenklatur. Der «Internationale Code der botanischen Nomenklatur» gibt verbindliche Regeln für die Beschreibung und Benennung der Pflanzen-Taxa. Für neue Taxa ist eine lateinische Diagnose und «wirksame» Veröffentlichung notwendig. Alle wissenschaftlichen Pflanzennamen werden in lateinischer Form gebraucht. Als Gattungsnamen (bzw. Namen höherer Taxa) finden Substantiva (Großschreibung!), für Artbeinamen (und infraspezifische Namen) meist Adjectiva (Kleinschreibung!) Verwendung. Namen von Bastarden sind durch ein vorgesetztes × gekennzeichnet (z.B. × *Raphanobrassica*, *Mentha* × *piperita*). Die Interpretation jedes Namens wird (von der Familie abwärts) durch Angabe eines nomenklatorischen Typus festgelegt (meist Herbarbelege bzw. Leit-Taxa). Der Gattung bzw. Art untergeordnete Taxa, welche den Typus enthalten, wiederholen den Gattungs- bzw. Artnamen (z.B. *Achillea* sect. *Achillea* bzw. *A. millefolium* subsp. *millefolium*). Auf einer bestimmten Rangstufe gilt für ein Taxon jeweils immer nur der älteste legitime (regelgemäße) Name (Prioritätsregel), wobei man bei den Gefäßpflanzen bis zur 1. Auflage der «Species Plantarum» von Linné (1753) zurückgeht. Synonyme sind verschiedene Namen für ein und dasselbe Taxon, Homonyme gleichlautende Namen für verschiedene Taxa. Gebräuchliche, aber nicht korrekte Familien-, Gattungs- und Artnamen können nur in Ausnahmefällen «konserviert» werden. Zur besseren Kennzeichnung eines Taxons wird der Name des Erstbeschreibers (Autors) meist in abgekürzter Form beigefügt (so etwa in Fachbüchern, nicht aber in Lehrbüchern). Bei Veränderung der Rangstufe eines Taxons erscheint der Autor des «Basionyms» in Klammer, gefolgt von dem Autor der Neukombination, z.B. *Achillea sudetica* OPIZ → *A. millefolium* L. subsp. *sudetica* (OPIZ) OBORNY; ebenso wird bei Übertragung eines Taxons in eine andere Art bzw. Gattung verfahren. Da die korrekte Benennung der Taxa nicht nur von der richtigen Anwendung der Nomenklaturregeln und der manchmal schwierigen Interpretation der Typen abhängt, sondern auch von der systematischen Gruppierung und taxonomischen Einstufung, werden Namensänderungen leider nie ganz vermeidbar sein.

3. Dokumentation. Die Fülle an systematischer und taxonomischer Information über das Pflanzenreich ist in Monographien und Revisionen verschiedener Verwandtschaftsgruppen, in Florenwerken bestimmter Regionen, in zahllosen Einzelpublikationen, in den Herbarien usw. niedergelegt. System und wissenschaftliche Pflanzennamen erschließen diese Information, erlauben die Identifikation neuen Pflanzenmaterials, die laufende Einarbeitung neuer Erkenntnisse und eine fortschreitende Synthese. Dabei ist die elektronische Datenverarbeitung bereits unentbehrlich geworden.

Zweiter Abschnitt
Übersicht des Pflanzenreiches

Die Begriffe «Pflanzen» und «Tiere» hat man ursprünglich mit den beiden früher üblichen systematisch-taxonomischen Hauptgruppen der Lebewesen («*regnum vegetabile*» und «*regnum animale*») gleichgesetzt. Heute wissen wir, daß es sich dabei um ernährungsphysiologisch differenzierte Organisationstypen (vgl. S. 1, 8 f.) und nicht um «natürliche» Verwandtschaftsgruppen handelt. Daher stellt auch das «Pflanzenreich» keine Abstammungsgemeinschaft und dementsprechend kein Taxon dar. Demgegenüber hat die ultrastrukturelle Erforschung des Zellbaues bei den Organismen zwei grundsätzlich verschiedene, heute nicht mehr durch Übergangsformen miteinander verknüpfte Baupläne enthüllt: Protocyten und Eucyten (vgl. S. 1 f., 4, 120 ff.). Diese beiden Zellbaupläne werden heute ganz allgemein als charakteristisch für die beiden grundlegenden, als «Reiche» eingestuften «natürlichen» Taxa der Lebewesen aufgefaßt: *Prokaryota* und *Eukaryota* (vgl. S. 532, 546, Abb. 3.2.285).

In der folgenden systematisch-taxonomischen Übersicht sollen alle Gruppen der *Prokaryota* und von den *Eukaryota* aller autotrophen Pflanzen (i.e.S.) sowie die heterotrophen Pilze (i.w.S.) behandelt werden. In der Regel sind dies festsitzende Lebewesen mit derben Zellwänden, die ihre Nahrung nur in gelöster (bzw. gasförmiger) Form aufnehmen können. Ausgeschlossen bleiben hier also die ein- und vielzelligen Tiere (*Protozoa* und *Metazoa* = *Zoobionta*). Dabei müssen wir in Kauf nehmen, daß die Abgrenzung von Pflanzen, Pilzen und Tieren bei den niedrig organisierten *Eukaryota* (z.B. bei den Schleimpilzen und Euglenophyten: vgl. S. 1, 547, 600; Abb. 3.2.285) auf Schwierigkeiten stößt.

Innerhalb der beiden «Reiche» *Prokaryota* und *Eukaryota* stufen wir umfassende, aber eindeutig zusammengehörige, also offenbar von einer gemeinsamen Ahnengruppe ausgegangene und «monophyletische» (S. 520) Abstammungsgemeinschaften als «Abteilungen» ein. Ihre Namen enden bei Bakterien mit *-bacteria*, bei autotrophen Gruppen mit *-phyta* und bei Pilzen mit *-mycota*. Weil aber die verwandtschaftlichen Beziehungen dieser Abteilungen untereinander oft noch ungeklärt sind, ordnen wir sie zuerst nach ihrer charakteristischen Ernährungsphysiologie in zwei Hauptgruppen, Heterotrophe und Autotrophe. Für die weitere Zusammenfassung von Abteilungen (aber tlw. auch von Taxa innerhalb der Abteilungen) haben sich dann vielfach Organisationstypen (S. 522) als Ordnungsprinzip bewährt. Diese kennzeichnen zwar nur Gruppen vergleichbarer Entwicklungshöhe (und nicht notwendigerweise gemeinsamer Abstammung), eignen sich aber für Zwecke der besseren Übersicht.

Zu einem Organisationstyp (beliebigen Umfangs) stellen wir Organismengruppen, die in Merkmalen ihrer äußeren (d.h. morphologischen) bzw. auch inneren (d.h. anatomischen und cytologischen) Organisation weitgehend übereinstimmen. Organisationstypen entsprechen vielfach Entwicklungsstufen und sind als solche Ausdruck mehrfach unabhängig vollzogener Anpassungen an bestimmte Lebensbedingungen bzw. der allgemeinen organisatorischen Höherentwicklung (vgl. S. 230 ff.). Sie kennzeichnen also bei parallelen Evolutionslinien ein bestimmtes Niveau der stammesgeschichtlichen Entwicklung. Solche Entwicklungsstufen bzw. Organisationstypen (z.B. thallose Algen, Flechten, Pflanzen mit Samen, sympetale Angiospermen) umfassen daher teilweise verwandtschaftlich durchaus heterogene Gruppen, trennen aber andererseits auch nicht selten Abstammungsgemeinschaften voneinander, die verwandtschaftlich und systematisch eigentlich in engere Beziehung zueinander gebracht werden sollten. [So werden z.B. die «Falschen Mehltaupilze» (*Oomycota*) von den verwandten Algen der Abteilung *Heterokontophyta* abgesondert; die Vereinigung der *Chlorophyta* mit den *Rhodophyta* u.a. zum Organisationstyp der eukaryotischen Algen verdunkelt den engen stammesgeschichtlichen Zusammenhang von *Chlorophyta, Bryophyta, Pteridophyta* und *Spermatophyta*.]

Die Evolution der Organismen war jedenfalls ein sehr komplexer Vorgang und läßt sich im Rahmen einer notgedrungen linearen Abfolge taxonomischer Gruppen und mittels eines einzigen Ordnungsprinzips nur sehr unzureichend wiedergeben. Deshalb, und nicht zuletzt auch aus didaktischen Gründen, legen wir unserer synthetischen Übersicht des Pflanzenreiches die zwei einander teilweise überlagernden Gliederungsprinzipien nach Organisationshöhe und nach Stammesgeschichte gemeinsam zugrunde. Hierbei werden die Organisationstypen mit Buchstaben, die Abteilungen und die ihnen untergeordneten Taxa dagegen mit Ziffern gekennzeichnet.

Innerhalb der *Prokaryota* werden im Rahmen dieser Gliederung als Organisationstypen unterschieden die Bakterien (A) mit den sehr eigenständigen *Archaebacteria* sowie den *Eubacteria* und den daran anschließenden prokaryotischen Algen (B), innerhalb der *Eukaryota* einerseits die heterotrophen Schleimpilze (A) und die Pilze i.e.S. (B), andererseits die autotrophen symbiontischen Flechten (C), die eukaryotischen Algen (D), sowie die Moose und Gefäßpflanzen (E). Die niederen *Eukaryota* (A, B, C und D) sind untereinander und mit den *Protozoa* eng verknüpft und können zum Unterreich der *Protobionta* zusammengefaßt werden. Daraus haben sich nicht nur die vielzelligen Tiere (Unterreich *Metazoa* = *Zoobionta*), sondern auch die eigentlichen Landpflanzen oder Embryophyten (E) entwickelt, die vielfach auch als ein drittes Unterreich der *Eukaryota*: *Cormobionta* eingestuft werden.

Wechselseitige Beziehungen und wahrscheinliche Verwandtschaft der besprochenen Gruppen des Pflanzenreiches wollen wir jeweils am Schluß der betreffenden Abschnitte und schließlich in einem Rückblick (vgl. Abb. 3.2.285 und den dazugehörigen Text S. 826 ff.) erörtern. Ein Überblick des Pflanzenreiches ergibt sich aus dem Inhaltsverzeichnis.

Die Geschichte des Systems des Pflanzenreiches wird durch den Wandel der dabei grundlegenden Gesichtspunkte gekennzeichnet (vgl. S. 528 f.). Das bekannteste der künstlichen Systeme ist das von Linné (1735) aufgestellte Sexualsystem. 23 Klassen von Blütenpflanzen stellte Linné eine 24. Klasse gegenüber, die «*Cryptogamia*», zu denen er nicht nur die damals noch wenig bekannten Farne, Moose, Algen und Pilze rechnete, sondern auch einige höhere Pflanzen mit schwer erkennbaren Blüten (*Ficus, Lemna*) und sogar Korallen und Schwämme. Die Unterabteilungen der Blütenpflanzen (*Phanerogamia*) unterschied er vor allem nach der Geschlechtsverteilung in den Blüten und nach der Zahl, Verwachsung, Anordnung und den Längenverhältnissen der Staubblätter. Die Cryptogamen kann man heute als «Sporenpflanzen» bezeichnen, da bei ihnen die Entwicklung neuer Individuen aus meist einzelligen Keimen (z.B. Sporen) erfolgt, die Phanerogamen als Blüten- oder besser als Samenpflanzen.

Bereits Linné hat versucht, ein natürliches Pflanzensystem aufzustellen, aber erst A.L. Jussieu (1789), A.P. de Candolle (1819), St. Endlicher (1836) u.a. können als Begründer der wichtigsten formalen Systeme gelten. Auch nach dem Durchbruch der Descendenzlehre blieben die Systeme von A. Braun (1864), G. Bentham und J.D. Hooker (1862–1883), A. Eichler (1883) und besonders die noch heute weiterhin verwendete Gruppierung von A. Engler der taxonomischen Verwendung von Organisationshöhe und Entwicklungsstufen verhaftet. Der erste Versuch eines phylogenetischen Systems stammt dann von R.v. Wettstein (1901–1908). Die heute üblichen Systeme repräsentieren verschiedene Etappen auf dem Weg von formaler über phylogenetischer zu synthetischer Gruppierung.

Überblickt man die diversen, heute miteinander konkurrierenden Systeme, so finden sich noch immer viele, oft auch recht tiefgreifende Unterschiede. Dies zeigt, wie sehr die Systematik und Taxonomie noch in Fluß ist und wie viele grundlegende Untersuchungen noch notwendig sein werden, um vielleicht einmal eine allgemein akzeptable Gruppierung zu erreichen. Auch die hier getroffene Einteilung stellt nur einen Versuch dar, die großen Zusammenhänge einigermaßen übersichtlich aufzuzeigen. Mit Rücksicht auf die Zwecke eines Lehrbuchs sind dabei bewußt gewisse Vereinfachungen vorgenommen worden.

Bis jetzt sind weit über 400 000 lebende Pflanzenarten bekannt. Von ihnen gehören etwa zwei Drittel zu den Samenpflanzen (etwa 800 Gymnospermen und 240 000 Angiospermen), etwa 10 000 zu den Farnpflanzen und 24 000 zu den Moosen. Innerhalb der *Protobionta* schätzt man, daß die Zahl der beschriebenen Arten der Algen etwa 23 000, der Pilze etwa 100 000 und der Flechten etwa 20 000 beträgt. Schließlich sind noch 1700 Bakterien und 2000 Blaualgen zu veranschlagen. Bei Berücksichtigung der starken jährlichen Zuwachsraten an neu beschriebenen Arten (besonders bei Pilzen und Angiospermen!) geht man wohl in der Annahme nicht fehl, daß die noch lange nicht abgeschlossene Inventur des Pflanzenreichs weit mehr als eine halbe Million Arten erbringen wird.

Prokaryota

Organismen mit prokaryotischem Zellbau werden als Prokaryoten zusammengefaßt (S. 120 ff.). Die **prokaryotische Zelle (Procyt)** besitzt keinen echten, d.h. von einer Hülle umschlossenen Zellkern (daher auch die frühere Bezeichnung Anucleobionta), sondern ein bis mehrere Kernäquivalent(e) / = Nucleoid(e). Die DNA liegt als Genophor frei im sog. Nucleoplasma. Mitose und Meiose fehlen. Die Unterteilung der Zelle in Reaktionsräume (Kompartimente) ist weniger ausgeprägt als bei den Eukaryoten: es fehlen Chloroplasten und Mitochondrien. Die Bewegungsorganellen sind zwar teilweise vorhanden, aber grundsätzlich anders strukturiert als bei den Eukaryoten. Die Wand der prokaryotischen Zelle besteht aus heteropolymeren Substanzen, die bislang bei keinem eukaryotischen Lebewesen nachgewiesen werden konnten. Die Zellwand ist ein netzartig durch Hauptvalenzen zusammenhängendes, sackförmiges, polysaccharidhaltiges Riesenmolekül von unterschiedlichem chemischen Aufbau (vgl. S. 122 ff.).

Während Eukaryoten weitgehend auf Sauerstoff angewiesen sind, verhalten sich die Prokaryoten hierin verschieden. Bei ihnen vollzieht sich ein Übergang von der absoluten Intoleranz gegenüber Sauerstoff bis zu seiner unbedingten Notwendigkeit (S. 535). Auf die Prokaryoten beschränkt ist die bei ihnen verbreitete Fähigkeit, Luftstickstoff zu binden.

Vorwiegend heterotrophe Gruppen

A. Organisationstyp: Bakterien

Bakterien sind in der überwiegenden Zahl ihrer Arten heterotroph (s.S. 289), außerdem sehr klein (vgl. S. 13) und morphologisch wenig differenziert. Die meisten Arten sind einzellig. Die verschiedenen Zellformen der Bakterien lassen sich auf die Grundform der Kugel, des geraden oder gekrümmten Zylinders zurückführen (Abb. 3.2.1). Man unterscheidet: kugelförmige Kokken, die zu einfachen kolonienartigen Verbänden zusammengeschlossen sein können; Stäbchen, deren sporenbildende Formen Bazillen genannt werden; gekrümmte (Vibrionen) bis schraubig gedrehte Stäbchen (Spirillen). Bei manchen Bakterien bleiben die Zellen nach der Teilung miteinander verbunden und bilden Zellhaufen, Pakete (Sarcinen, Abb. 3.2.1F), Fäden (Abb. 3.2.1H) oder Netze. Die Zellfäden können einfach oder verzweigt sein; teilweise stecken sie in Scheiden (Scheidenbakterien) oder sind begeißelt. Eine analoge Konvergenz zum Mycel eukaryotischer Pilze stellen die verzweigten, mehrzelligen Fäden der Actinomyceten der (Abb. 3.2.1J). Die Myxobakterien sind flexible, auf Oberflächen kriechende Prokaryoten. In Analogie zu manchen eukaryotischen Myxomyceten werden z.T. durch Zusammenkriechen von Einzelzellen Fruchtkörper von weniger als 1 mm Größe ausgebildet (Abb. 3.2.1K–M). Die morphologische Differenzierung läßt also Entwicklungen zu komplexeren Strukturen erkennen. Wenn auch hierbei keineswegs die Komplexität der Eukaryoten erreicht wird, so treten doch in Anpassung an bestimmte Lebensbedingungen den Eukaryoten bereits entsprechende Formen auf (Kolonien, Fäden, verzweigte Fäden, Mycelien, Fruchtkörper, Sporen s.S. 535, Geißeln s.S. 534). Es kommt aber auch zu Reduktionserscheinungen, bis hin zu Virus-Größe (S. 541).

Nucleoid und Plasmide: Die DNA der Bakterien ist nicht diffus im Cytoplasma verteilt, sondern in bestimmten Bereichen (Nucleoplasma) lokalisiert. Das Nucleoid stellt einen feinfädigen Knäuel dar und grenzt unmittelbar an das Cytoplasma, eine Kernhülle ist nicht vorhanden. Infolge vorauseilender Teilung des Genophors findet man in Bakterienzellen vielfach 2–4 Nucleoide. Bei *Escherichia coli* besteht der Genophor aus einem einzigen, ringförmig geschlossenen DNA-Faden mit einem Umfang von 1,4 mm. Die Aufteilung des Genophors erfolgt bei den Bakterien wahrscheinlich unter vorübergehender Anheftung an die Zellmembran (keine Mitose und Meiose!). Außer dem Genophor finden sich in Bakterienzellen auch noch kleinere, zur selbständigen Replikation befähigte DNA-Ringe, sog. Plasmide (S. 491; Abb. 1.1.36).

Angesichts vieler Besonderheiten sollte man bei den Bakterien im Unterschied zu den Eukaryoten (S. 548 ff.) auf keinen Fall schon von «Zellkernen» und «Chromosomen» sprechen, wenn das auch heute leider oft geschieht. Hingegen entspricht die DNA der Bakterien in Bau und Funktion weitgehend der DNA aller anderen Lebewesen (S. 44 ff.). Bei rascher Replikation erreicht die DNA-Neubildungsrate 33 μm (Kettenlänge) pro Minute. Bakterien sind diejenigen Organismen, an denen die tiefsten Einblicke der molekularen Genetik gewonnen wurden (S. 490 ff.). Für *Escherichia coli*, *Salmonella typhimurium* und andere Bakterien ließen sich bereits Genkarten aufzeichnen.

Das Cytoplasma ist gegenüber der Zellwand durch die Cytoplasmamembran abgegrenzt; sie ist wie in allen anderen Organismen mehrschichtig (= Plasmalemma). Im Cytoplasma finden sich das Nucleoid (z.T. mehrere), diverse Membransysteme und Zelleinschlüsse. Die 16 × 18 nm großen Ribosomen der Bakterien bestehen zu ca. 60% aus RNA und 40% aus Protein und sind in einer Zahl von ungefähr 5000–50 000 je Zelle enthalten. Sie sedimentieren in der Ultrazentrifuge bei 70 S (S = Svedberg-Einheit; Koeffizient zur Bestimmung der Molmasse). Dagegen haben die Eukaryoten im Cytoplasma 80 S-Ribosomen, in Mitochondrien und Chloroplasten 70 S-Ribosomen. Die interplasmatischen Membranen in der Bakterienzelle bilden – soweit untersucht – ein Netzwerk. Mesosomen gehen aus Einstülpungen der Cytoplasmamembran hervor. Sie sind u. a. als Vesikel und tubuläre Körper beschrieben worden. Bei phototrophen Bakterien werden die schlauchförmigen und photosynthetisch aktiven Vesikel in Analogie zu den entsprechenden Strukturen in den Chloroplasten der grünen

fette und Wachse. Phosphorsäure wird in Form von Polyphosphatgranula («Volutin») angehäuft (Abb. 1.1.132).

Die Zellwand der Bakterien ist etwa 20 nm dick und zeigt keine Fibrillärstruktur wie die Cellulosewand der Zellen höherer Pflanzen. Ihre mechanische Festigkeit wird in der Regel durch eine Hülle, den Sacculus, gewährleistet. Dieser besteht zumeist aus dem Polymer Murein, das aus N-Acetylmuraminsäure- und N-Acetylglucosamin-Untereinheiten zusammengesetzt ist;

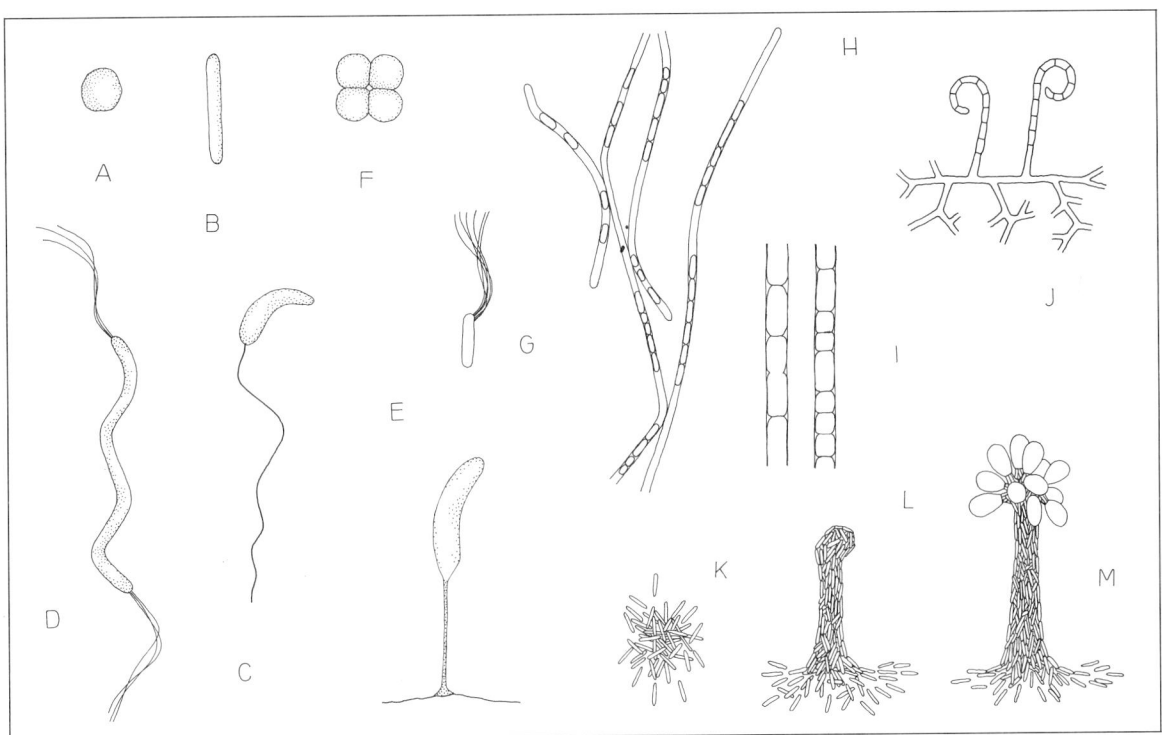

Abb. 3.2.1: Bakterienformen. **A** *Staphylococcus*. **B** *Lactobacillus*. **C** *Bdellovibrio*. **D** *Spirillum*. **E** *Caulobacter* (4000×). **F** *Sarcina*. **G–I** *Sphaerotilus*. **G** Bewegliches Stadium (700×). **H** *Sphaerotilus*-Form (330×). **I** Beginn der Zelltrennung (800×). **J** *Streptomyces*. **K–M** *Chondromyces*; Stäbchen (200×); Fruchtkörper (30×). (A nach Umeda; B nach Kandler; C nach Stolp; D nach Krieg; E nach Houwink; F nach Beveridge; G–I nach Brock & Höninger; J nach Schlegel; K–M nach Grillone.)

Pflanzen Thylakoide genannt (Abb. 3.2.3); sie sind teilweise auch ähnlich gestapelt. Die Membranen dieser Thylakoide sind Träger der lichtabsorbierenden Pigmente (Bakteriochlorophylle und Carotinoide) sowie der Komponenten des photosynthetischen Elektronentransport- und Phosphorylierungssystems. Allerdings sind die Thylakoide hier nie von einer gemeinsamen Hülle umgeben; es liegen somit keine echten Plastiden vor. In manchen Bakterien finden sich auch Gasvesikel (z.B. *Chromatiaceae*).

Zellinhaltsstoffe: Intrazellulär abgelagerte Substanzen können z.T. als Reservestoffe angesprochen werden. Viele Bakterien speichern Polysaccharide von glykogenartigem Charakter. Lipophile Grana bestehen aus Poly-β-hydroxybuttersäure. *Mycobacterium* und *Actinomyces* speichern vorzugsweise Neutral-

sie sind in alternierender Folge β-1,4-glykosidisch zu Polyglykansträngen verbunden. Durch Verknüpfung dieser Stränge mit kurzen Peptiden (D- und L-Aminosäuren enthaltende Tetra- oder Pentapeptide) entsteht ein vernetztes Makromolekül, der «Murein-Sacculus». Peptidoglykan ist bei allen Prokaryoten mit Ausnahme der Archaebakterien in mehr als 100 Varianten (Peptidoglykantypen) Bestandteil der Zellhülle. Manche Bakterien entwickeln an ihrer Oberfläche stark aufgequollenen Schleim (Zooglöen) oder «Kapseln» verschiedener Zusammensetzung (meistens sind es Polysaccharide oder Polypeptide). Die Zellen von *Acetobacter xylinum* werden durch Cellulose zu einer Haut («Essigmutter») zusammengehalten; bei *Sarcina ventriculi* sind die Zellen ebenfalls durch Cellulose miteinander verkittet. Verschiedenheiten der Bakterien-

534 · Übersicht des Pflanzenreiches

zellwand können durch die sog. Gram-Färbung erkannt werden. Diese Unterschiede liegen im Aufbau der Peptidoglykan-Makromoleküle und der akzessorischen Substanzen der Zellwand: Gram-negativ sind Bakterien, wenn nach Anilinfärbung der Farbstoff wieder ausgewaschen werden kann, gram-positiv, wenn er in der Zelle verbleibt. Auf zellwandlose Bakterien, sog. L-Formen, die spontan wie auch im Experiment entstehen können, läßt sich die Gram-Färbung nicht anwenden (vgl. Mycoplasmen S. 542).

Die Bewegung erfolgt durch äußerst zarte Plasmageißeln, die in bestimmten Entwicklungsstadien vieler Bakterien auftreten und die Zelle zu aktiven, in ihrer Richtung umkehrbaren Schwimmbewegungen befähigen (vgl. S. 122 und S. 437). Im Elektronenmikroskop zeigen diese Bakteriengeißeln schraubige Oberflächenstruktur (Abb. 3.2.2 B); sie sind aus einigen miteinander verdrillten, äußerst feinen Längsfibrillen zusammengesetzt, haben aber nicht die «2 + 9»-Struktur wie die echten Geißeln der Eukaryoten (vgl. Abb. 1.1.27 u. S. 41). Die Bewegungsfähigkeit beruht auf kontraktilem, dem Myosin der Muskelzellen ähnlichem Protein (= Flagellin). Der Durchmesser der Geißeln beträgt meist 10–20 nm, ihre Länge bis 20 μm. Sie treten endständig als Einzelgeißel (monotrich, Abb. 3.2.2 A) oder in Büscheln (lophotrich, so bei *Spirillum*, Abb. 3.2.2 D) auf oder sie sind über die ganze Oberfläche verteilt (peritrich, Abb. 3.2.2 E). Der Ansatz der Geißel ist polar (Abb. 3.2.2 C), bipolar, seitlich (lateral) oder etwas unterhalb des Zellendes (subpolar). Jede Geißel entspringt – soweit ermittelt – aus einem Basalkörper (Abb. 3.2.2 C); dieser ist in der Zellhülle eingesenkt (vgl. Abb. 2.3.4). Die Anzahl der Geißeln ist u. a. auch von den Außenbedingungen abhängig; so hat *Proteus vulgaris* bei dürftiger Ernährung 2 subpolare anstelle der normal über die Oberfläche verteilten Geißeln. Geißelbüschel bestehen aus 2–50 Einzelgeißeln (polytrich).

Die Bewegungsgeschwindigkeit mit Hilfe der Geißeln beträgt z.B. bei *Bacillus megatherium* bis zu 200 μm pro Sekunde, also etwa das 50fache seiner Eigenlänge. *Spirillum* kann sich in der Sekunde 13mal um seine Achse drehen, wobei die Geißeln 40 Umdrehungen ausführen, was etwa der Drehzahl eines Elektromotors entspricht. Die Bewegung geschieht in der Regel durch Schub wie bei einer Schiffsschraube; sie kann jedoch in eine Zugbewegung nach Art eines Flugzeugpropellers umgeschaltet werden. Sie vollzieht sich meist innerhalb flüssiger Medien, seltener über feuchte Oberflächen hinweg (so der peritrich begeißelte *Proteus vulgaris* über Agar). Je nach auslösendem Faktor erfolgt die Bewegung als Chemotaxis (S. 437), Aerotaxis, Phototaxis (S. 440) und Magnetotaxis (S. 441). Die Reizbewegungen ermöglichen den beweglichen Formen eine Ansammlung in jeweils optimalen Stoff- und Konzentrationsbereichen. Die Beweglichkeit der begeißelten Prokaryotenzelle ist nach Bau und Stammesgeschichte als analoge Konvergenz zur entsprechenden Lokomotion der begeißelten Eukaryotenzelle aufzufassen.

Zu einer gleitenden Bewegung sind geißellose, den Cyanophyceen ähnliche, aber heterotrophe Bakterien befähigt. Die Kriechbewegung ist sehr langsam (etwa 250 μm/min) und mit der Absonderung von Schleimhüllen verbunden. Auf die Bewegungsfähigkeit der Myxobakterien nach Art nackter Protoplasten wurde schon hingewiesen.

Außer den Geißeln finden sich bei manchen Bakterien zahlreiche feinere Fäden («Fimbrien» oder «Pili»),

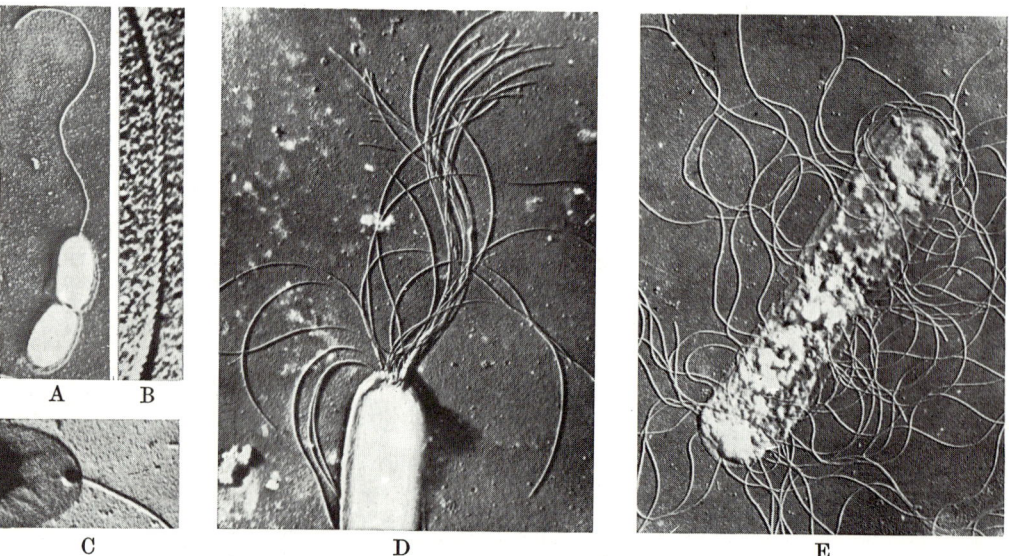

Abb. 3.2.2: Begeißelung der Bakterien. **A** Monotriche Begeißelung (*Vibrio metchnikovii*, 7000×). **B** Teil einer Geißel (*Bordetella bronchiseptica*, 60000×). **C** Basalkorn am Geißelansatz (*Rhizobium radicicola*, 20000×). **D** Lophotriche Begeißelung (*Spirillum undula*, 8000×). **E** Peritriche Begeißelung (*Proteus vulgaris*, Zellinhalt z.T. autolysiert, 10000×). (A. nach van Iterson, B nach Labaw & Mosley, C nach Ziegler, D nach Scanga, E nach Houwink & van Iterson.)

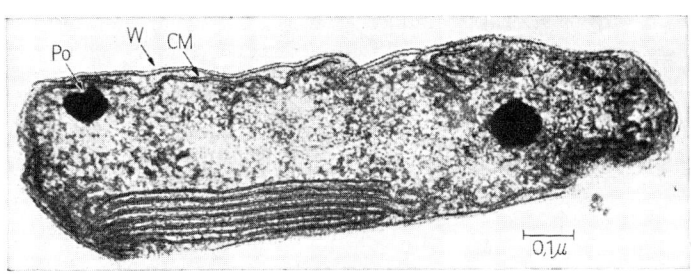

Abb. 3.2.3: Photoautotrophes *Rhodopseudomonas* mit Thylakoiden, CM Cytoplasma-Membran, Po Polyphosphatkörper, W Zellwand. (Nach Drews & Giesbrecht).

deren Funktion noch weitgehend unbekannt ist. Bei *Escherichia coli* ermöglichen sog. F- oder Sexualpili parasexuelle Konjugation (S. 490, Abb. 3.1.113).

Physiologie: Die Ernährung der Bakterien kann je nach Energiequelle, Elektronendonator und C-Quelle verschieden sein. Die Energiegewinnung erfolgt entweder durch Abbau von Stoffen im Substrat (Chemotrophie, S. 288 ff.) oder durch Nutzung der Lichtenergie (Phototrophie, S. 252 ff.). Als Elektronendonator dienen organische (Organotrophie) oder anorganische Stoffe wie z. B. NH_3, H_2S oder Fe^{++} (Lithotrophie), als Kohlenstoffquelle vorwiegend organische Verbindungen (Heterotrophie, S. 289 ff.), seltener auch CO_2 (Autotrophie). Autotrophe Bakterien sind je nach Elektronendonator und Energiespender chemolithotroph oder phototroph. – Streng anaerobe Arten vermögen in Gegenwart von Sauerstoff weder zu wachsen noch sich zu vermehren. Die fakultativen Anaerobier können auch ohne Sauerstoff existieren; mikroaerophile Formen vertragen nur geringe Sauerstoffkonzentrationen. Für obligat aerobe Bakterien ist Sauerstoff unbedingt notwendig. Über die Entstehung aerober Prokaryoten im Verlaufe der Erdgeschichte s. S. 900, über die Phylogenie stoffwechselphysiologischer Besonderheiten s. S. 270 u. 825. Verbreitet – und auf die Prokaryoten beschränkt – ist die Fähigkeit zur Luftstickstoffbindung (S. 351 ff.).

Fortpflanzung und Vermehrung geschehen in der Regel durch Zweiteilung der Zellen, bei gestreckten Formen stets senkrecht zur Längsachse. Dabei bildet sich vom Rande gegen die Mitte fortschreitend (zentripetal) zunächst eine Querwand durch die Zelle, die sich später der Fläche nach spaltet, wodurch sich die Zellen voneinander lösen (daher der alte Name Spaltpflanzen = *Schizophyta*). Bei fast allen bisher untersuchten Bakterien nimmt der Peptidoglykansacculus von Anfang an an der Septumbildung teil (Ausnahmen: unter den Archaebakterien). Die Zellen können nach der Teilung in lockeren Ketten verbunden bleiben (z. B. *Streptococcus*).

Zur Überdauerung ungünstiger Lebensbedingungen bilden manche Formen Dauerzellen oder Sporen aus. Bei einigen Gruppen stäbchenförmiger Bakterien werden sie im Inneren der Zellen als Endosporen angelegt; diese unterscheiden sich von den vegetativen Zellen durch ihre geringere Färbbarkeit und durch ihr starkes Lichtbrechungsvermögen. Die Bedeutung der Endosporen beruht vor allem auf ihrer Hitzeresistenz, aufgrund derer sie beispielsweise stundenlanges Kochen unbeschädigt überstehen können. Die vegetativen Zellen dieser Sporenbildner gehen dagegen bereits durch Pasteurisieren (10 min Erhitzung auf 80 °C) zugrunde. Die Sporenbildung im Inneren der Bakterienzelle beginnt mit verschiedenen Stoffumwandlungen in der Mutterzelle, wobei 75 % ihrer Proteine abgebaut werden. Dann folgt die Teilung der Mutterzelle in zwei ungleich große Tochterzellen. Die Sporenbildung wird abgeschlossen durch die Umhüllung der kleineren, zur Spore bestimmten Zelle mit einer dicken Zellwand, die bis zu 50 % ihres Volumens und Trockengewichtes ausmachen kann. In thermoresistenten Sporen wird die sporenspezifische Dipicolinsäure angereichert, wobei Lichtbrechung und Thermoresistenz zunehmen.

Die Sporenbildung wird durch Außenbedingungen beeinflußt und erfolgt z. B. bei Nährstoffmangel. Die Keimungsbereitschaft der Sporen wird durch Lagerung und Erhitzen erhöht. Aus datierbaren Bodenresten, die Bakteriensporen enthielten (z. B. Erde an Herbariumpflanzen), konnten Sporen noch nach 200–320 Jahren trockener Lagerung zum Keimen gebracht werden. Bei trockener Aufbewahrung einer Bodenprobe verlieren allerdings 90 % der Sporen innerhalb von 50 Jahren ihre Lebensfähigkeit.

Bei Bakterien ist eine partielle Übertragung genetischen Materials möglich («Parasexualität»): DNA-Stücke können von einer Spenderzelle auf eine Empfängerzelle direkt durch Konjugation, mit Hilfe von Bakteriophagen indirekt durch Transduktion oder in extrahierter Form durch Transformation übertragen werden (S. 490 ff.).

Unterscheidung gegenüber **Viren** (S. 5, 490 ff.): Im Gegensatz zu den meist größeren Bakterien sind die sehr viel kleineren, Bakterienfilter passierenden Viren keine selbständigen Organismen. Viren haben sich aus dem genetischen Material von Zellen entwickelt. Sie sind gleichsam selbständig gewordene Gene, die sich dem Steuerungseinfluß der Wirtszelle entzogen haben und nunmehr ihrerseits den Stoffwechsel der Wirtszelle auf ihre Synthese umlenken. Vielleicht sind Viren teilweise auch durch extreme Reduktion aus pathogenen Bakterien entstanden. Während Bakterien die DNA und RNA im Verhältnis von etwa 1:3,5 enthalten, besitzen Viren stets nur einen Typ von Nucleinsäuren, entweder DNA oder RNA. Viren können nur in lebenden Zellen reproduziert werden; sie zeigen weder Wachstum noch Teilung und sind gegenüber Penicillin und Sulfonamiden unempfindlich. Im elektronenmikroskopischen Bild fehlen – trotz teilweise recht hoher morphologischer Organisation – alle für die Bakterien kennzeichnenden Strukturen.

Bakteriophagen sind besonders hoch organisierte, relativ große Viren (Länge $1/50$–$1/10$ μm), die in der Hauptsache aus einem «Köpfchen» mit DNA als Inhalt sowie einer Hülle und einem «Schwanz» aus Proteinen bestehen (Abb. 3.2.4). Ihre Schwanzspitze heftet sich an der Oberfläche einer Bakterienzelle fest, woraufhin nur der DNA-Inhalt des Köpfchens durch den hohlen Schwanz in den Bakterienleib eindringt. Nach wenigen Minuten werden erste Andeutungen neu gebildeter Phagenteile sichtbar, und nach abermals etwa gleicher Zeit werden einige hundert neuer Phagen durch Auflösung (Lyse) der Bakterienzelle frei. Sie sind nicht durch Teilung,

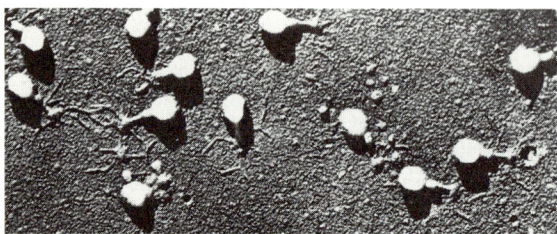

Abb. 3.2.4: Bakteriophagen. Einzelne T_2-Phagen (40 000×). (Nach Kellenberger & Arber.)

sondern durch Neubildung aus dem Plasma des Bakteriums entstanden. Dies beruht darauf, daß die Phagen-DNA sich in den Stoffwechsel des Wirtes einschaltet und dessen genetischen Apparat so umsteuert, daß statt der normalen Bakterienbestandteile die spezifischen Bestandteile der Phagen synthetisiert werden. Die Phagen können im Inneren der Wirtszelle durch Mutation ihre biochemischen Eigenschaften ändern; sie lassen sich kreuzen und rekombinieren. Man hat daher zunächst daran gedacht, daß sie möglicherweise Vorstufen des Lebens sein könnten. Sie haben aber keinen eigenen Stoff- und Energiewechsel (z.B. keine Atmung), und man hält sie daher heute für verselbständigte Teile von Bakterien-DNA, die die Fähigkeit der Selbstvermehrung in fremdem Plasma behalten und dazu die Möglichkeit hinzuerworben haben, außerhalb der Zelle in völlig inaktivem (latentem) Zustand zu überdauern, bis sie wieder in den Stoffwechsel eines Wirtes gelangen. Diese Annahme findet eine wesentliche Stütze u.a. durch den Befund, daß nicht alle Bakteriophagen für die Bakterien tödlich sind, sondern daß die DNA der sog. «temperenten», d.h. gemäßigten Phagen ohne Schaden lange Zeit mit der Bakterien-DNA repliziert werden kann (S. 491f., Abb. 3.1.14). Ihre «genetische Substanz» ist jener der Bakterien teilweise sehr ähnlich.

Systematische Gliederung der Bakterien: Bei der vorherrschenden Armut an morphologischen Merkmalen sind für eine verwandtschaftsgerechte Untergliederung der Bakterien neben den verfügbaren morphologischen Daten auch und in besonderem Maße biochemische und physiologische Kriterien von Bedeutung. Ein hoher Rang wird dem Vergleich von Sequenzen und Strukturen der Proteine und Nucleinsäuren eingeräumt (vgl. S. 32f.). Man hat davon auszugehen, daß die Organismen einander um so näher verwandt sind, je mehr sich die Basen- bzw. Aminosäuresequenz in ihren homologen Makromolekülen gleicht. Dabei wird weiterhin angenommen, daß eine konvergente Entwicklung der DNA bzw. RNA nicht in Frage kommt: jede Änderung der Sequenz ist lediglich als Fortentwicklung der ursprünglichen Sequenz zustandegekommen (zur Methode vgl. S. 525).

In ihren photoautotrophen Vertretern entsprechen die Bakterien und die ihnen nahestehenden Blaualgen der pflanzlichen Lebensform; dieses rechtfertigt eine Darstellung der ganzen Gruppe im Rahmen der Botanik.

Erste Abteilung: Archaebacteria*

Im Bau von Zellwänden und Membranen herrscht bei den Archaebakterien (ca. 80 Arten) eine große Vielfalt, wobei jedoch Muraminsäure, das typische Bauelement der Eubakterien-Zellwände (vgl. S. 533 u. S. 537), stets fehlt. Es werden je nach Gattung Protein- und Polysaccharidhüllen, Proteinscheiden wie auch Zellwände gebildet, z.T. mit Pseudomurein, bei dem als Baustein nicht Muraminsäure (sondern L-Talosaminuronsäure) verwendet wird. Es lassen sich nur L-Aminosäuren nachweisen. Aufgrund ihrer abweichenden Zellstruktur sind die Archaebakterien resistent gegen Penicillin, D-Cycloserin und andere die Mureinbiosynthese störende Antibiotika. Weitere Spezifika sind ethergebundene, verzweigte, phytanhaltige Lipide, komplex aufgebaute RNA-Polymerasen und eine hohe Anzahl modifizierter Nucleotide in den ribosomalen Nucleinsäuren; Sequenzanalysen an rRNA unterstreichen die von den Eubakterien abgehobene verwandtschaftliche Stellung der Archaebakterien (Abb. 3.2.5).

Ähnliche oder sogar übereinstimmende Formen und Leistungen bei Archaebakterien und den folgenden Eubakterien sind offenbar in unabhängiger stammesgeschichtlicher Entwicklung entstanden. Kokken, Stäbchen, Sarcinen, Spirillen und fädige Formen finden sich in beiden Gruppen. Bei den Archaebakterien kommen noch plattenförmige Zellen hinzu und vielfach gibt es Übergänge von einer Form in die andere. Einige Vertreter sind mittels meist monotricher Begeißelung zur aktiven Bewegung befähigt (z.B. *Methanobacterium mobile*). Wie bei Eubakterien gibt es aerobe und anaerobe, heterotrophe, schwefelabhängige und phototrophe Formen. Einige Vertreter sind darüber hinaus extrem thermophil, acidophil oder halophil. Sie lassen sich in drei Gruppen zusammenfassen.

1. **Methanbakterien** sind Methan-produzierende (methanogene) Anaerobier, die, in Luft ausgesetzt, schneller absterben als andere anaerobe Bakterien. Sporenbildung wurde nicht nachgewiesen. Sie sind eine morphologisch vielfältige, physiologisch recht einheitliche Gruppe und zu autotropher Lebensweise mit CO_2 und H_2 als einziger Kohlenstoff- und Energiequelle befähigt. Als alternative Kohlenstoffquellen

* Zur Schreibweise vgl. S. 1.

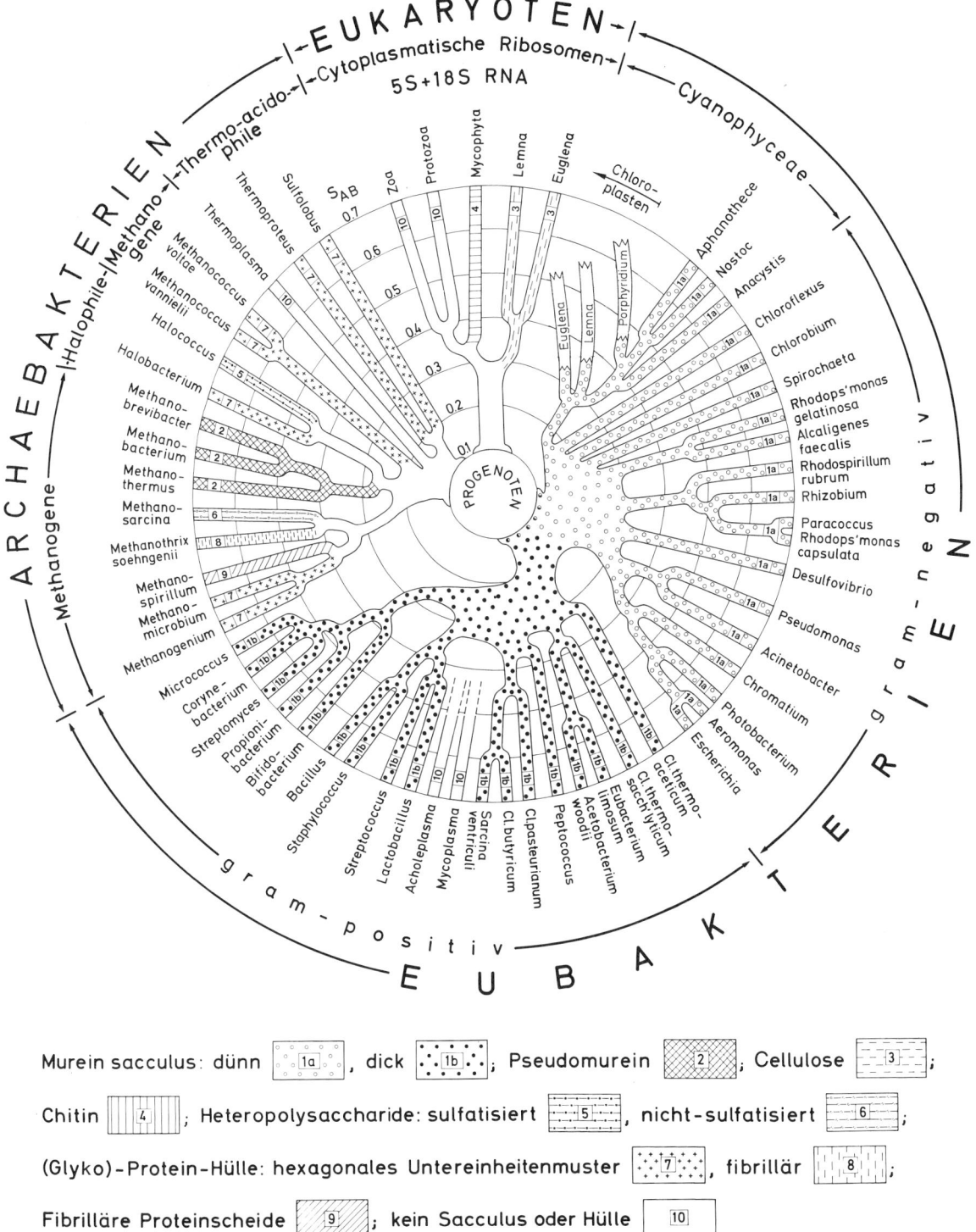

Murein sacculus: dünn `1a`, dick `1b`; Pseudomurein `2`; Cellulose `3`; Chitin `4`; Heteropolysaccharide: sulfatisiert `5`, nicht-sulfatisiert `6`; (Glyko)-Protein-Hülle: hexagonales Untereinheitenmuster `7`, fibrillär `8`; Fibrilläre Proteinscheide `9`; kein Sacculus oder Hülle `10`

Abb. 3.2.5: Phylogenetische Zusammenhänge ermittelt nach übereinstimmender Basensequenz der rRNA. Die S_{AB}-Werte (vgl. S. 526) bedeuten: 0,2 = fast keine Übereinstimmung; 1 = völlige Identität der oligomeren Teilstücke aus der rRNA. Die Zellwandzusammensetzung ist durch unterschiedliche Schraffuren und Ziffern (1–10) gekennzeichnet. Die phylogenetische Eigenständigkeit des Cytoplasmas der Eukaryoten ergibt sich aus Untersuchungen an der 5 S und 18 S rRNA; die 16 S rRNA ihrer Chloroplasten (z.B. *Lemna*) zeigt hingegen mit jener der prokaryotischen Cyanophyceen größere Übereinstimmung. Diese Befunde bestätigen die Endosymbiontentheorie (S. 125). Die Archaebakterien, Eubakterien (einschließlich Cyanophyten) und Eukaryoten sind in dieser Darstellung drei Reichen zugeordnet. Andererseits lassen sich, wie im Text aufgrund des Zellbaus geschehen, Archaebakterien, Eubakterien, Cyanophyten (und Prochlorophyten) als Prokaryoten den Eukaryoten gegenüberstellen. Man beachte in diesem Zusammenhang die stammesgeschichtliche Heterogenität herkömmlicher Gruppierungen, z.B. der *Rhodospirillales* (S. 540) mit *Chlorobium*, *Rhodopseudomonas*, *Rhodospirillum* und *Chromatium*. Cl, *Clostridium*; Progenoten, einfachste Lebewesen vor der stammesgeschichtlichen Differenzierung. (Nach Kandler unter Berücksichtigung von Woese.)

können auch einfache Carbonsäuren und Alkohol genutzt werden. Sie sind außerdem durch den Besitz zweier spezifischer, sonst nirgends vorkommender Cofaktoren gekennzeichnet, von denen einer (CoM, 2-Mercaptoethansulfonsäure) als Methylüberträger an der Methanbildung beteiligt ist, der andere (F_{420}) als Wasserstoffüberträger wirkt. – Die Formen von *Methanobacterium (Methanobacteriales)* reichen von kokkoid bis schlank stäbchenartig; außerdem sind alle Arten gram-positiv und besitzen einen Pseudomurein-Sacculus. – Die folgenden Gattungen sind gram-negativ. *Methanospirillum (Methanomicrobiales)* umfaßt lange, gewundene Stäbchen; ihre Proteinscheide ist nicht an der Septenbildung beteiligt (vgl. dagegen die Septenbildung bei Eubakterien). – *Methanosarcina* hat ungewöhnlich große, in Paketen zusammenhängende Zellen mit einem Heteropolysaccharid-Sacculus. – *Methanococcus* (nicht zu verwechseln mit *Methylococcus*), die namengebende Gattung der *Methanococcales*, bildet Kokken; anstelle einer festen Zellwand findet sich eine Oberflächenschicht aus Proteinbausteinen. Die meisten Gattungen der Methanbakterien haben demnach ganz unterschiedliche Lösungen für den Aufbau einer Zellhülle gefunden. Hierbei besteht kaum untereinander noch gegenüber den Eubakterien eine über höchstens allgemeine chemische Grundprinzipien hinausgehende Ähnlichkeit.

Eine andere Gruppe bilden die

2. **schwefelabhängigen** Archaebakterien, von denen die meisten extrem thermophil sind. Die obere Temperaturgrenze dieser an archaische Lebensbedingungen angepaßten Organismen wird durch die Verfügbarkeit von Wasser sowie durch die Stabilität der Zellbausteine bestimmt. Die Zellen von *Pyrodictium occultum (Sulfolobales)* sind scheiben- bis schüsselförmig mit einem Durchmesser von 0,3–2,5 μm und werden von einem Netzwerk aus hohlen Fibrillen eingeschlossen; ihr Wachstumsoptimum erreichen sie bei 100°, die Wachstumsgrenze bei 110 °C. Wasser mit derart hohen Temperaturen bleibt nur unter Druck, z.B. am Meeresboden oder in der Tiefe von Solfatarenfeldern, flüssig. *Pyrodictium* wurde in vulkanisch aufgeheiztem, tiefem Meereswasser entdeckt; es ist extrem anaerob und bestreitet seinen Stoffwechsel durch Reduktion von Schwefel zu Schwefelwasserstoff (Lithoautotrophie). *Sulfolobus acidocaldarius* ist aerob und extrem acidothermophil; die Art ist fakultativ autotroph, indem sie teils organisches Substrat veratmet, teils aber auch Schwefel mit Sauerstoff und Wasser zu Schwefelsäure oxidiert; ihr Wachstumsminimum liegt bei 60 °C (bei *Pyrodiction occultum* bei 82 °C). *Acidothermus infernus* kann je nach Verfügbarkeit von Sauerstoff Schwefelwasserstoff oder Schwefelsäure bilden. *Thermoplasma acidophilum (Thermoplasmales)* wurde aus schwelenden Kohlehalden und heißen Quellen isoliert. Diese zellwandlosen Bakterien gehen in neutralem Medium zugrunde; ihr Wachstumsoptimum liegt bei einem pH-Wert von 1–2 und einem Temperaturoptimum von 59 °C; ihre durch Knospung vermehrenden Zellen sind sehr variabel, langgezogen bis unregelmäßig kokkoid; auch bewegliche Formen mit Flagellenschopf wurden entdeckt. Die scheibenförmigen Zellen der Arten von *Thermoproteus* und *Thermofilum (Thermoproteales)* können auch zu Fäden von über 100 μm Länge auswachsen.

3. **Halophile** Archaebakterien *(Halobacteriales)* überleben sogar in getrocknetem Salz und kommen in Salinen, Salzlaken und Salzseen vor. *Halobacterium halobium* benötigt für das Wachstum 12% NaCl. Unter einem pH-Wert von 5,5 vermögen Halobakterien nicht mehr zu leben; ihr Temperaturoptimum liegt bei 40–45 °C. Sie können unter bestimmten Bedingungen Photophosphorylierung betreiben (S. 271) und das Salzwasser infolge ihres Carotinoid-Gehaltes rot verfärben.

Hinsichtlich der abgestuften Ähnlichkeit bei der 16S rRNA lassen die bisherigen Untersuchungen an repräsentativen Vertretern eine starke **stammesgeschichtliche Divergenz von Archaebakterien, Eubakterien und Eukaryoten** (ohne Berücksichtigung von deren Chloroplasten bzw. Mitochondrien) vermuten (Abb. 3.2.5).

In einer Anzahl biochemischer Merkmale weisen aber die Archaebakterien stärkere Beziehungen zu den Eukaryoten als zu den Eubakterien auf, wodurch ihre Sonderstellung innerhalb der Prokaryoten weiterhin unterstrichen wird.

Innerhalb der Prokaryoten sind die Archaebakterien und Eubakterien mindestens als verschiedene Abteilungen zu bewerten; sie werden z.T. auch als eigene Reiche aufgefaßt und von einem dritten Reich der Eukaryota abgegrenzt. Die stammesgeschichtliche Abspaltung dürfte vor etwa 4 Milliarden Jahren stattgefunden haben, da die ältesten bekannten Fossilfunde von Cyanophyceen etwa 3 Milliarden Jahre alt sind und die Archaebakterien aufgrund der 16S rRNA-Verwandtschaft vor der Aufgliederung in Eubakterien und Cyanophyceen, d.h. vor der Anreicherung von O_2 in der Atmosphäre entstanden sein müssen. In diesem frühen Zeitabschnitt der Differenzierung des Lebens, vor mehr als 3 Milliarden Jahren, gab es eine weitgehend reduzierende Erdatmosphäre, in der die Methanbakterien existieren konnten (H_2 aus der Atmosphäre; CO_2 aus primitiven Gärungsvorgängen in den Urmeeren. Vgl. S. 3, 827).

Die Abteilung der *Archaebacteria* beinhaltet alte ökophysiologische Anpassungstypen, die sich – wohl unter gewisser Fortentwicklung – in geeigneten Biotopen bis heute erhalten haben (z.B. Methanbakterien im Faulschlamm und Pansen). Die Aufgliederung in frühzeitig isolierte und verwandtschaftlich stark divergierende Stämme spricht für die Reliktnatur ihrer heute noch lebenden Vertreter.

Zweite Abteilung: Eubacteria

Von den schon genannten Unterschieden zu den Archaebakterien sind hier die Muraminsäure-haltigen **Murein-Zellwände** besonders hervorzuheben. In ihrer morphologischen Ausgestaltung setzen die Eubakterien die Entwicklung zu komplexeren Strukturen fort. Neben einzelligen Kokken, Bazillen, Vibrionen und Spirillen, mehrzelligen Zellhaufen und Paketen treten hier nunmehr auch verzweigte vielzellige Fäden auf. Durch Geißelschlag bewegliche Formen sind nicht nur monotrich, sondern auch lophotrich, peritrich oder bipolar begeißelt. In mehrzelligen Formen ist das Prinzip der arbeitsteiligen Übernahme bestimmter Funktionen kaum verwirklicht (vgl. aber *Chlorochromatium* S. 541).

Die Eubakterien gliedern sich in eine gram-negative und gram-positive Gruppe, die jeweils als Klasse bewertet wird.

I. Klasse: gram-negative Eubakterien

In dieser Klasse sind Kokken, Stäbchen, Vibrionen, Spirillen, Spirochaeten und gleitende Formen zusammengefaßt. Bei gram-negativen Bakterien ist das Mureinnetz dünn, einschichtig und nur zu weniger als 10% am Trockengewicht der Zellwand beteiligt; die Gramfarbstoffe lassen sich leicht auswaschen. Die äußere Membran besteht aus aufgelagerten, jedenfalls nicht kovalent gebundenen Lipoproteinen, Lipopolysacchariden und anderen Lipiden, die bis zu 80% des Trockengewichtes der Zellwand ausmachen. Ca^{++}-Ionen erhöhen die Stabilität der Lipopolysaccharidschicht. Teichonsäuren (Abb. 1.1.136B, S. 541) wurden nicht nachgewiesen.

Die Energiegewinnung ist phototroph oder chemotroph. Im Unterschied zu den gram-positiven Bakterien sind hier einige Gruppen zur Photosynthese befähigt, wobei diese hier grundsätzlich ohne Sauerstoffabscheidung vonstatten geht (also anders als bei Cyanophyceen und Eukaryoten). Die verwandtschaftliche Übereinstimmung der phototrophen mit den nicht-phototrophen gram-negativen Eubakterien ist meist deutlich größer als mit den Cyanophyceen, die bei der Photosynthese Wasser als Elektronendonator verwenden. Ob die chemotrophen gram-negativen Bakterien sich in polyphyletischer Entwicklung von phototrophen Eubakterien ableiten lassen, ist umstritten. Unter den chemotrophen Gruppen unterscheidet man chemolithotrophe von chemoorganotrophen (s. S. 535).

Die Untergliederung der Klasse in Ordnungen und Familien ist im Fluß und nur teilweise nach verwandtschaftlichen Gesichtspunkten vollzogen. Neben weitgehend natürlichen Ordnungen sind auch verschiedene Familien nach überschaubaren künstlichen Einteilungsprinzipien – Übereinstimmung in Gestalt und Stoffwechsel – zu Gruppen (1–12) vereinigt. Wir beginnen mit Kokken und/oder Stäbchen und fassen diese in einer anaeroben (1), fakultativ anaeroben (2) und aeroben Gruppe (3) zusammen. Es folgen gestreckte und zugleich gewundene Formen, nämlich die starren Spirillen (4) und die flexiblen Spirochaeten (5), sowie die Anhängsel tragenden Bakterien (6). Eine morphologische Sonderstellung kommt jeweils auch den Scheidenbakterien (7) und den zu gleitenden Bewegungen befähigten Arten innerhalb der Cytophagales (8) und Myxobacterales (9) zu; letztere bilden Fruchtkörper-ähnliche Strukturen. Durch ihren Stoffwechsel lassen sich die chemolithoautotrophen (10) und die photoautotrophen (11), durch ihre Lebensweise die obligat parasitischen Bakterien (12) kennzeichnen.

1. Anaerobe Kokken und Stäbchen sind jeweils in den Familien der **Veillonellaceae** (*Acidaminococcus, Megasphaera, Veillonella*) und **Bacteroidaceae** (*Bacteroides, Fusobacterium*) zusammengefaßt. *Veillonella* und *Megasphaera* können keine Kohlenhydrate vergären. *V. alcalescens*, im Speichel von Menschen und Tieren sowie im Pansen von Wiederkäuern vorkommend, vergärt Milchsäure zu Propionsäure, Essigsäure, CO_2 und H_2. *Bacteroides succinogenes* ist in der menschlichen Darmflora stark vertreten; er vergärt Kohlenhydrate unter Bildung von Bernsteinsäure und Essigsäure. Anzuschließen an die Bacteroidaceen, jedoch in noch nicht abgeklärter systematischer Stellung, sind polar-monotrich oder -polytrich begeißelte *Desulfovibrio*-Arten in Gestalt von Vibrionen oder Spirillen. Sie gehören zur kleinen Gruppe der «Desulfurikanten», die zur «Sulfatatmung» (S. 360) befähigt sind und chemolithoheterotroph leben. *Desulfovibrio* ist Faulschlamm-Bewohner. Anaerobe Stäbchen, die Essigsäure vergären, bildet *Acetobacterium*.

2. Fakultativ anaerobe Stäbchen bilden die **Enterobacteriaceae** und **Vibrionaceae**. – Zu ersteren gehört die im Darm von Warmblütern lebende, als Untersuchungsobjekt häufig verwendete *Escherichia coli*. *Erwinia carotovora* bewirkt Wurzel-Fäule an Möhren. *Serratia marcescens* lebt in Wasser und im Boden; sie bildet gelegentlich auf Brot, Mehl usw. bluttropfenähnliche Kolonien («Hostienpilz»), deren roter Farbstoff wasserunlöslich ist. Salmonellen rufen Typhus (*Salmonella typhi*) und Paratyphus (*S. paratyphi*) beim Menschen hervor, *Salmonella typhimurium* ist für viele sog. «Nahrungsmittelvergiftungen» verantwortlich. *Shigella*-Arten (z. B. *Sh. dysenteriae*) sind Erreger von Ruhr und Diarrhoe. *Enterobacter*-Arten bilden bei der Gärung – kennzeichnend für die ganze Familie – Ameisensäure. *Proteus vulgaris* ist ein Vertreter der Darmflora, aber auch im Boden und in Gewässern verbreitet. *Klebsiella pneumoniae* verursacht eine gefährliche Form der Lungenentzündung; andere Arten der Gattung sollen an der Bakteriensymbiose von *Psychotria* beteiligt sein (S. 377). In die Nähe der Enterobakterien werden *Chromobacterium* und *Pasteurella* gestellt. Ersteres hat seinen Namen von der violetten Farbe seiner Kolonien (Violacein mit antibiotischen Eigenschaften) und kann Infektionskrankheiten in den Tropen verursachen. Die nach L. Pasteur benannte zweite Gattung ist obligat an Säugetiere gebunden; sie verursacht auch beim Menschen Infektionskrankheiten (Pest!). – Zu den **Vibrionaceae** zählt: *Vibrio cholerae*, der Erreger der Cholera. Es wird durch verunreinigtes Wasser übertragen und verursacht starken Wasserverlust durch enzymatische Lyse der Darmschleimhaut und Abscheidung eines Toxins. Hierher ist auch *Aeromonas* zu stellen. Die Gattungen *Photobacterium* und *Benekkea* sind an das Leben im Meerwasser angepaßt und als Leuchtbakterien bekannt («Biolumineszenz», S. 304) – *Flavobacterium* (S. 542), als Gattung unsicherer systematischer Stellung in die Nähe der Vibrionaceen gestellt, oxidiert Ethan.

3. Zu den **aeroben Kokken und Stäbchen** gehören verschiedene Familien. Die **Neisseriaceae** bilden unbewegliche Kokken. *Neisseria gonorrhoeae* ist Erreger der Gonorrhoe, *N. meningitidis* ruft über den Blutkreislauf in das Gehirn eindringend Gehirnhautentzündung hervor. Wegen guter Penicillinempfindlichkeit sind diese Bakterien heute gut zu bekämpfen. Hier anzuschließen sind *Acinetobacter* und *Paracoccus*. – Die **Pseudomonadaceae** (mit *Pseudomonas* und *Xanthomonas*) enthalten polar begeißelte, gerade oder schwach gekrümmte Stäbchen. Die Energiegewinnung erfolgt durch aerobe (z. T. auch durch anaerobe) Dissimilation (Denitrifikation, Nitrat-Atmung); Gärungen fehlen. Die Arten sind organotroph, einige auch fakultativ chemolithotroph; es werden verschiedenste organische Materialien, u. a. auch heterocyclische und aromatische Verbindungen verwertet. Hierzu zählt auch *Zoogloea*, ein sichtbare Flocken bildendes Faulschlammbakterium. – Die Essigsäurebakterien (z. B. *Acetobacter aceti*), die Ethanol zu Essigsäure oxidieren, werden verwandtschaftlich in die Nähe der Pseudomonaden gestellt; es sind peritrich begeißelte Stäbchen. – Zur Bindung des freien Luftstickstoffes sind Arten der **Azotobacteraceae** und **Rhizobiaceae** befähigt. Erstere sind freilebend und können bis zu 20 mg Stickstoff je g umgesetzten Zucker binden. *Azotobacter* bildet relativ große eiförmige Zellen (ebenso *Azomonas*, zugleich auch mit Cystenbildung); kleine Stäbchen werden bei den Gattungen *Beijerinckia* und *Derxia* beobachtet. – Vertreter der Rhizobiaceen befallen Leguminosenwurzeln, die mit der Bildung von Wurzelknöllchen reagieren (vgl. S. 376, Symbiose S. 375). Man unterscheidet mehrere Gattungen, die wichtigste ist *Rhizobium*. Die Gattung *Agrobacterium* ist nicht zur Bindung molecularen Stickstoffs befähigt. *Agrobacterium tumefaciens* erzeugt Gallen an Blütenpflanzen (Abb. 2.2.74). – Die **Methylomonadaceae** nutzen lediglich organische Verbindungen mit einem Kohlenstoffatom wie Methan oder Methanol; *Methylococcus* z.B. verwertet keine Zucker und organische Säuren. – *Bordetella bronchiseptica* (Abb. 3.2.2) befällt Atemwege von Säugern und ist in die Gruppe der aeroben Kokken einzureihen, obwohl ihre Familienzugehörigkeit noch unbekannt ist.

4. Spirillen (Spirillales) werden wegen ihrer auffallenden Gestalt zu einer Gruppe vereinigt. Es handelt sich um gekrümmte, starre Stäbchen mit weniger als einer bis zu vielen Windungen. Die Begeißelung ist bipolar-polytrich. Sie leben meist aerob, wenige Vertreter sind fakultativ anaerob. Kohlenhydrate können nicht vergärt werden. Die Formen lassen sich größtenteils in der Familie der **Spirillaceae** zusammenfassen; eine Art unter ihnen *(Spirillum itersonii)* ist ein Denitrifikant. In die Nähe wird auch *Bdellovibrio* gestellt, dessen Arten auf anderen Bakterien parasitieren.

5. Spirochaeten (Spirochaetales) sind außergewöhnlich lange (bis zu 500 µm!) und schlanke (Durchmesser 0,1–0,6 µm) anaerobe bis aerobe Bakterien, die wie die Spirillen gewunden sind. Im Gegensatz zu diesen sind sie jedoch flexibel: ihre dünnen Zellwände gestatten die Kontraktion eines im Inneren der Zellen liegenden Achsenfadens, wobei sie sich ohne Geißeln lebhaft bewegen. Das Achsialfilament ist aus einer von Gattung zu Gattung verschiedenen Anzahl von Fibrillen (4, 18, mehr als 100) zusammengesetzt. Die größeren Formen sind in der Familie der **Spirochaetaceae** vereint, während die kleineren die Familie der **Treponemataceae** bilden. Es sind aerobe wie anaerobe Formen bekannt. *Spirochaeta plicatilis* (bis 500 µm lang) lebt in eutrophen Gewässern; *Treponema pallidum* erregt die Syphilis; *T. denticola* findet sich als Saprophyt im Zahnbelag des Menschen.

6. Anhängsel tragende Bakterien sind Formen unterschiedlicher Verwandtschaft, die bei der Zellspaltung z.T. ungleich große Teilzellen und außerdem Anhängsel in Form von Stielen und Fortsätzen bilden. Die Stiele bestehen aus Schleim, die fadenförmigen Fortsätze sind Auswüchse der Zelle. *Gallionella ferruginea* ist als **Eisenbakterium** bekannt, das im Frühjahr in eisenhaltigen Gewässern rostbraune Massen bildet. Das bohnenförmig gestaltete Bakterium scheidet ein spiralig gedrehtes, mit Eisenhydroxid inkrustiertes Band als Stiel aus. *Nevskia nervosa* bildet Kahmhäute auf Wasser; mehrere Schleimstiele sind zu einer verzweigten Bakterienkolonie zusammengefaßt. *Caulobacter* setzt sich mit seiner Geißel fest, bildet einen Stiel und vermehrt sich durch Querteilung. *Pedomicrobium manganicum* oxidiert Mangan (**Manganbakterien** s.S. 289).

7. Die Scheidenbakterien besitzen röhrenförmige Scheiden, welche die Zellen in Ketten zusammenhalten. Als sog. «Abwasserpilz» ist *Sphaerotilus natans* (Abb. 3.2.1) sehr bekannt. Dieses Bakterium (!) wächst in stark verschmutzten Gewässern, so auch z.B. in Vorflutern von Zuckerfabriken. Durch Bildung von Fäden, Flocken oder sogar fellartigen Belägen und Überzügen kann es Rohre und Gräben verstopfen. *Leptothrix ochracea* speichert in und an seinen Scheiden Eisenoxide; dieses in eisenhaltigen Gewässern lebende Bakterium ist entgegen früherer Annahmen nicht chemolithoautotroph.

8. Gleitende Bewegungen führen die Vertreter der **Cytophagales** aus. Die beiden Gattungen *Cytophaga* und *Sporocytophaga* gehören mit den folgenden Myxobakterien zu den aeroben Cellulose-abbauenden Bakterien des Bodens. In der Ordnung der *Cytophagales* werden im Unterschied zu den Myxobakterien keine Fruchtkörper gebildet. – Als gleitende, fädige Formen sind in einem künstlichen System hier *Thiothrix* (s.S. 289) und die *Beggiatoaceae* (s.S. 544) anzuschließen. *Chloroflexus*, gleitend und photoautotroph, vermittelt zwischen Gruppe 8 und 11.

9. Die Myxobacterales bilden den Hauptteil der Gruppe der **gleitenden Bakterien**. Sie sind von der vorigen Gruppe durch ihre komplexe Organisation abgehoben, bei der Einzelzellen zu Fruchtkörpern zusammengefaßt sein können. Die roten oder andersfarbigen Zellaggregate der auf Erde oder Mist lebenden Myxobakterien bestehen aus einem Schwarm («Pseudoplasmodium») von kleinen, zellwandlosen, aktiv biegsamen und geißellosen Stäbchen, die sich wohl durch aktive Kontraktionen der Zellen gleitend bewegen. Bei manchen Arten sammeln sich die Stäbchen durch Zusammenkriechen an bestimmten Stellen an und bilden charakteristische, je nach Gattung verschieden gestaltete und gefärbte, z.T. durch Gallerte verbundene Zusammenhäufungen: sog. Fruchtkörperchen oder Cystophoren, aus deren Innerem sich wieder neue Schwärmer bilden können (z.B. bei den verbreiteten *Myxococcus*-Arten und bei *Chondromyces*, Abb. 3.2.1). In Kultur lassen sich manche Myxobakterien mit lebenden Mikroorganismen (z.B. Bakterien) füttern. Im Lebenskreislauf ergibt sich damit eine bemerkenswerte Konvergenz zu den eukaryotischen *Acrasiomycota* (vgl. S. 549).

10. Chemolithoautotrophe Bakterien: Im Gegensatz zu den entsprechenden heterotrophen Bakterien (siehe 1) besteht in dieser aeroben Gruppe eine obligate Koppelung der Chemolithotrophie mit autotropher CO_2-Fixierung. (S. 288 ff.).

Die aeroben **Nitrobacteraceae** oxidieren Ammoniak zu Nitrit *(Nitrosomonas)*, oder Nitrit zu Nitrat *(Nitrobacter)*. Es handelt sich morphologisch um Kokken, Stäbchen oder Spirillen, deren Begeißelung, falls vorhanden, subpolar oder peritrich ist. – An diese Familie können jene Bakterien angeschlossen werden, die reduzierte Schwefelverbindungen (*Thiobacillus* z.T.), oder Fe^{++} zu Fe^{+++} (*Thiobacillus* z.T. und *Siderocapsaceae*) zu oxidieren vermögen. Schließlich sind noch die **Knallgasbakterien** zu erwähnen, die nur fakultativ autotroph sind. Sie können einerseits besser auf organischen Nährböden gedeihen, andererseits aber auch molecularen Wasserstoff mit Hilfe von Hydrogenasen aktivieren: dadurch vermögen sie Energie zu gewinnen, reduktive Synthesen durchzuführen und zelleigene Kohlenhydrate über CO_2-Fixierung aufzubauen (z.B. *Pseudomonas facilis*, eine *Pseudomonadaceae*, die bereits in Gruppe 3 besprochen wurde; *Alcaligenes eutrophus*).

11. Die photoautotrophen Rhodospirillales sind weitgehend **anaerob** und durch den Besitz verschiedener Photosynthesepigmente (Bakteriochlorophyll a–e) und Carotine gekennzeichnet, die ihnen eine charakteristische purpurviolette, rötliche, braune, olivfarbene oder grüne Färbung verleihen. Sauerstoff hemmt Synthese und Funktion ihrer verschiedenen Bakteriochlorophylle, die sich auch darin vom Chlorophyll a der Cyanophyceen (S. 255) und Eukaryoten unterscheiden. Als Elektronendonatoren werden z.T. auch organische Verbindungen *(Rhodospirillaceae)* verwertet. Die auf das Licht als Energiequelle angewiesenen, phylogenetisch recht uneinheitlichen (Abb. 3.2.5) photoautotrophen Bakterien kommen als Kokken, Stäbchen oder Spirillen vor. Soweit beweglich, sind die Zellen polar oder bipolar begeißelt.

Die **Rhodospirillaceae**, also die schwefelfreien Purpurbakterien, enthalten wie die folgende Familie vornehmlich Bakteriochlorophyll a oder b an einem cytoplasmatischen Membransystem. Elementarer Schwefel wird von ihnen in der Regel nicht oxidiert. Die bekanntesten Vertreter gehören den Gattungen *Rhodospirillum*, *Rhodopseudomonas* und *Rhodomicrobium* an.

Bei den beiden folgenden Familien wird elementarer **Schwefel** oder **Schwefelwasserstoff** als **Elektronendonator** genutzt. – Die **Chromatiaceae** reichern in den Zellen oder an deren Außenfläche Schwefel an; wegen ihrer meist purpurnen Färbung heißen sie dementsprechend auch **schwefelhaltige Purpurbakterien**. Unter ihnen sind *Chromatium* und *Thiospirillum*, die beachtliche Zellgrößen erreichen (20–40 × 3,5–4 µm), sowie *Thiocapsa* zu nennen. – Die zur Familie der **Chlorobiaceae** gehörenden grünen Schwefelbakterien, mit *Chlorobium* und anderen Gattungen, vermögen keinen Schwefel zu speichern oder abzulagern. Sie enthalten Bakteriochlorophylle (vorwiegend c oder d; z. T. a in geringen Mengen) in Vesikeln, die nahe der Cytoplasmamembran liegen oder an dieser befestigt sind; in dieser Eigenschaft sind sie von den beiden ersten Familien verschieden. Sonderbare Formen sind unter dem Namen *Chlorochromatium* bekannt. Es handelt sich um **Aggregate** aus jeweils mehreren unbeweglichen grünen Schwefelbakterien und einem zentral gelegenen, polar begeißelten, farblosen Bakterium; die Gebilde bewegen sich als Einheit fort.

Die photoautotrophen Bakterien haben ihren Lebensraum in anaeroben Zonen in Süßwassertümpeln und -seen, in langsam fließenden Gewässern, aber auch in Meeresbuchten. Schwefelpurpurbakterien bilden z. B. lachsfarbene oder weinrote Überzüge an sich zersetzenden Pflanzenteilen am Grunde der Gewässer. Gelegentlich kommt es zu einer Massenentwicklung («**Wasserblüte**») in den tieferen anaeroben Zonen von Seen, unter bestimmten Temperaturbedingungen, bei genügend hohen Konzentrationen von Schwefelwasserstoff, Kohlendioxid und organischen Verbindungen. Mit Hilfe ihres hohen Carotinoidgehaltes können die Purpurbakterien das bis in die Tiefe vordringende kurzwellige Licht absorbieren, um es für ihren Photostoffwechsel zu nutzen. Dementsprechend herrschen als Anpassung an die Lichtverhältnisse in größeren Gewässertiefen die Purpurbakterien und unter den Schwefelbakterien die braun gefärbten Arten mit starker Carotinoidpigmentierung vor.

12. Obligat parasitische Bakterien sind in den **Rickettsiales** vereinigt, die als Erreger des **Fleckfiebers** gefürchtet sind. Sie werden durch Zecken, Milben, Flöhe und Läuse auf Menschen und Tiere übertragen. Sie sind sehr klein. Von den Viren unterscheiden sie sich durch ihren DNA-/RNA-Gehalt (1:3,5); auch ist die Zellwand lysozymempfindlich und Muraminsäure-haltig. Als obligate Zellparasiten sind Rickettsien außerhalb lebender Zellen nicht kultivierbar.

An die Rickettsien lassen sich möglicherweise die lange für Viren gehaltenen Erreger der Papageienkrankheit (**Psittakose-Gruppe**) anschließen. Sie sind an parasitische Lebensweise angepaßte Bakterien mit DNA und RNA sowie mit spezifischen zelleigenen Stoffen (z. B. Muraminsäure). Dabei besteht jedoch eine große Abhängigkeit vom Wirtsstoffwechsel, da ein eigenes energieproduzierendes System verloren gegangen ist. Die obligat intrazellulären Bakterien werden als abgeleitete Glieder einer regressiven Entwicklung aufgefaßt, die in Anpassung an die Wirtszelle zum Verlust verschiedener synthetischer Fähigkeiten geführt hat.

II. Klasse: gram-positive Eubakterien

Die in dieser Klasse zusammengefaßten Eubakterien kommen weitgehend in ähnlichen morphologischen und stoffwechselphysiologischen Typen vor, wie sie uns von der gram-negativen Gruppe bekannt sind. Die höchste morphologische Organisation erreichen die verzweigt-fädigen, ein Mycel (s. S. 542) bildenden Actinomyceten. Fruchtkörper wie bei Myxobakterien fehlen ebenso wie die Fähigkeit zur Photosynthese. Das Merkmal der **Endosporenbildung** bei einzelnen stäbchenbildenden gram-positiven Bakterien kommt ausschließlich diesen, also nicht den gram-negativen Bakterien zu. Aus dem **mehrschichtigen Mureinsacculus** der gram-positiven Eubakterien läßt sich der **Gramfarbstoff nicht auswaschen**. Ihre Zellhülle (Abb. 1.1.136A) ist durch folgende Besonderheiten gekennzeichnet: das vielschichtige Mureinnetz ist zu 30 bis 70% am Trockengewicht der Zellwand beteiligt; von den Aminosäuren wird Diaminopimelinsäure häufig durch Lysin ersetzt; Polysaccharide fehlen oder sind kovalent gebunden; der Proteingehalt ist geringer; häufige Bestandteile sind **Teichonsäuren**, das sind Polymere der Ribitphosphorsäure und Glycerophosphorsäure, die über eine Phosphodiesterbindung mit Muraminsäure verknüpft sind. Auch in dieser Klasse kann die Vielfalt zunächst nur in **künstlichen Gruppen** untergliedert werden.

1. Kokken: Anaerobe Kokken sind in der Familie der **Peptococcaceae** zusammengefaßt. Ihre morphologische Organisation reicht von Einzelzellen über in Paaren oder Tetraden zusammenhängende Zellen bis zu unregelmäßigen Zellpaketen oder zu kürzeren und längeren Ketten. Die aus über 64 Einzelzellen gebildeten Zellpakete von *Sarcina ventriculi* werden durch Cellulose zusammengehalten. Der chemoorganotrophen Familie fehlen Geißeln. Ihre Vertreter kommen im Mund und in den Atmungswegen von Mensch und Tier, z. T. auch im Urogenitalsystem oder im Erdboden vor. – Zu den fakultativ anaeroben Kokken gehören beispielsweise Milchsäurebakterien mit den Gattungen *Streptococcus*, *Leuconostoc* und *Pediococcus*; diese lassen sich zusammen mit anderen Gattungen in einer Familie der **Streptococcaceae** vereinigen. Sie sind ebenfalls chemoorganotroph und verwerten Kohlenhydrate unter Bildung von Milchsäure. *Streptococcus* und *Pediococcus* sind homofermentativ, d. h. sie vergären Glucose zu Milchsäure, ohne weitere Produkte zu bilden. *Leuconostoc* ist dagegen heterofermentativ, da neben Milchsäure auch Ethanol (oder Essigsäure) und CO_2 entstehen. Die Fähigkeit, Milchsäuregärung durchzuführen, kommt auch in anderen gram-negativen und gram-positiven Bakteriengruppen vor. *Streptococcaceae* sind neben Vertretern aus anderen Familien bei der Silageherstellung, bei der Produktion von Sauerkraut, Quark und verschiedenen Arten von Sauermilch wie Buttermilch, Joghurt und Kefir beteiligt. Auch sind sie teils Bestandteile der Darmflora, teils harmlose Kommensalen an Schleimhäuten; einige zählen allerdings auch zu den hochvirulenten Blutparasiten. – Die **Micrococcaceae** sind fakultativ anaerob oder aerob. *Staphylococcus*, eine fakultativ anaerobe Gattung, hat ihren Namen nach den traubenförmigen Zellpaketen und beinhaltet als Erreger von Eiter auch pathogene Formen. Die aerobe Gattung *Micrococcus* bildet gelbe oder orangefarbene Kolonien auf geeigneten Nährboden.

2. Nicht-sporenbildende Stäbchen kennzeichnen die zweite größere Gruppe von Milchsäurebakterien mit der Familie der **Lactobacillaceae**; sie sind gewöhnlich unbegeißelt. Die Milchsäuregärung kann wie bei den Streptokokken homo- und heterofermentativ erfolgen. Wie diese besiedeln sie unter natürlichen Bedingungen Milch, intakte und sich zersetzende Pflanzen sowie den Darm und die Schleimhäute von Mensch und Tier. Aufgrund ihrer Säuretoleranz und der Ansäuerung des sie umgebenden Mediums durch die Milchsäurebildung setzen sie sich rasch durch; sie unterdrücken das Wachstum anderer anaerober Bakterien und haben somit eine sterilisierende und konservierende Wirkung. Im Gegensatz zu den ebenfalls Milchsäure bildenden gram-negativen Enterobakteriaceen (S. 539) sind die gram-positiven Streptokokken (Gruppe 1) und Lactobazillen obligate Gärer. Alle drei Familien von Milchsäurebakterien sind anaerob oder fakultativ **anaerob**. Lactobazillen können – obwohl im Prinzip anaerob – auch in Gegenwart von Luftsauerstoff wachsen.

3. Sporenbildende Stäbchen vermögen Endosporen zu erzeugen (vgl. S. 535). Die Formen mit Endosporenbildung sind in einer einzigen Familie, den **Bacillaceae**, zusammengefaßt. Es sind aerobe, im Boden lebende oder fakultativ anaerobe Bakterien. Viele von ihnen bilden auch Zellketten oder Fäden. *Bacillus anthracis* wurde von ROBERT KOCH 1876 als erstes Bakterium in Zusammenhang mit der Erregung einer Krankheit gebracht, dem Milzbrand. *B. subtilis* ist der eiweißzersetzende Heubacillus. *Sporolactobacillus* gehört zu den homofermentativen Milchsäurebakterien. Zur Gruppe der Bakterien, die Harnstoff mittels des Enzyms Urease zersetzen, zählt *Sporosarcina ureae*. Die anaeroben Sporenbildner werden in der Gattung *Clostridium* zusammengefaßt. Bei *Clostridium* blähen sich die Zellen bei der Sporenbildung auf (*Cl. botulinum* auf verdorbenem Fleisch; *Cl. tetani*, Erreger des Wundstarrkrampfes). Die sulfatreduzierenden Bakterien dieser Gruppe sind in einer eigenen Gattung, *Desulfotomaculum*, vereinigt.

Die Bacillaceen sind entweder unbewegliche oder durch laterale oder peritriche Geißeln bewegliche Formen. *Oscillospira*, eine in ihrer systematischen Stellung noch nicht völlig abgeklärte anaerobe Gattung, bildet zahlreiche seitliche Geißeln an Fäden von erheblicher Größe, in denen Polysaccharide gespeichert werden.

4. Coryneforme Bakterien (einschl. **Actinomycetales**): gram-positive Bakterien mit stark abwandelbarer Gestalt nennt man coryneform, d.h. daß Stäbchen in Keulen, Kurzstäbchen, Kokken oder schwach verzweigte Formen umgewandelt werden können. Das Merkmal der Endosporenbildung fehlt durchgehend.

Zu ihnen zählen die Propionsäurebakterien (**Propionibacteriaceae**), die als anaerobe Organismen im Pansen und Darm der Wiederkäuer vorkommen. Die morphologische Plastizität coryneformer Bakterien ist bei ihnen im Gegensatz zu den Milchsäurebakterien (S. 541) ziemlich deutlich ausgeprägt. *Propionibacterium acni* ist pathogen und führt zu Entzündungen der Haarfollikel (Akne). Propionsäure entsteht, wie bei anderen Bakterien (*Veillonella*, S. 539) auch, durch Vergärung von Glucose, Saccharose, Pentosen oder von Substraten wie Milchsäure, Äpfelsäure, Glycerin etc. In dieser Familie einzureihen ist auch *Eubacterium*. – Typisch coryneform sind Angehörige der Gattung *Corynebacterium*, deren Familienzugehörigkeit wie bei den folgenden zwei Gattungen noch nicht festgelegt werden konnte. Es sind fast durchweg aerobe Organismen. *C. diphtheriae*, der Erreger der Diphtherie, lebt mikroaerophil (S. 535) bis anaerob. Die Arten dieser Gattung sind nicht nur Krankheitserreger an Mensch und Tier, sondern auch Verursacher von Pflanzenkrankheiten. *Cellulomonas* ist ein Cellulose-abbauendes Bodenbakterium, *Arthrobacter* herrscht mengenmäßig in der Bodenmikroflora vor und vermag verschiedene Kohlenstoffquellen zu nutzen, jedoch keine Cellulose.

Bei den bereits den **Actinomycetales** zugerechneten **Mycobacteriaceae** erreicht die Tendenz, Verzweigungen zu bilden, gegenüber den bisher besprochenen coryneformen Bakterien einen hohen Grad. Sie sind durch die «Säurefestigkeit» der Carbolfuchsinfärbung in den Zellwänden gekennzeichnet, da ein hoher Gehalt an Wachsen (Mykolsäureester) die Entfärbung durch Säuren wie HCl verhindert. Zu dieser Familie zählen die Tuberkelbakterien (*Mycobacterium tuberculosis*), die gewöhnlich als unverzweigte, schlanke, unbewegliche, sporenbildende Stäbchen wachsen.

Während echte Verzweigungen bei *Mycobacterium* nur in jungen Kulturen vorkommen, sind sie bei den sog. «Strahlenpilzen» (**Actinomycetaceae, Streptomycetaceae, Nocardiaceae**) die Regel. Die im Boden häufigen und artenreichen fädigen Actinomyceten entwickeln in künstlicher Kultur meist ein «Mycel» (s. S. 552) von mehreren cm Durchmesser, das oft aus einer einzigen, querwandlosen, oft reich verzweigten, äußerst zarten chitin- wie cellulosefreien Zelle mit zahlreichen Nucleoiden besteht (Fadendurchmesser 0,5–1 μm; Abb. 3.2.1). Die Fäden werden z.T. vielzellig und zerfallen dann leicht in Stäbchen, die manchen Stäbchenbakterien außerordentlich ähnlich sehen; außerdem bilden sie – besonders in der Luft – verschiedene Sorten von kettenförmig angeordneten Sporen. Solchen Exosporen stehen die in Sporangien entstehenden Endosporen der **Actinoplanaceae** gegenüber. Die Actinomyceten sind morphologisch mit den an den Anfang gestellten einfacheren Formen durch eine lückenlose Reihe von Zwischengliedern (z.B. *Bifidobacterium*) verbunden.

Actinomyces bovi erregt eitrige Geschwülste im Körper von Menschen und Tieren (Actinomykose); *Streptomyces scabies* ruft durch Wundkorkbildung sichtbar werdende Schorfkrankheiten bei Kartoffeln und Rüben hervor; in den Wurzelknöllchen der Erle und anderer Gattungen lebt ein zu den Actinomyceten gehörender Symbiont (*Frankia alni*) und assimiliert hier freien Luftstickstoff (s. S. 351, 376). *Nocardia*-Arten vermögen ebenso wie Vertreter von *Mycobacterium* Ethan (vgl. *Flavobacterium* S. 539) zu oxidieren. *Thermomonospora*- und *Thermoactinomyces*-Arten wachsen bei hohen Temperaturen (S. 250). Die Ausscheidungsprodukte mancher Actinomyceten finden in der Medizin als Antibiotika Verwendung im Kampf gegen Infektionen durch pathogene Bakterien (Actinomycin, Streptomycin etc.). Unter natürlichen Bedingungen sind sie wohl zur Abwehr konkurrierender Mikroorganismen bedeutsam.

5. Mycoplasmen, früher auch als PPLO (= pleuropneumonialike organisms) bezeichnet, besitzen keine Zellwand und somit auch keine feste Gestalt; sie können deswegen auch nicht durch die Gram-Färbung gekennzeichnet werden. Die 16S rRNA-Verwandtschaft deutet allerdings darauf hin, daß sie von gram-positiven Eubakterien abstammen (hierher *Mycoplasma* und *Acholeplasma*, Abb. 3.2.5). Einige *Mycoplasma*-Arten leben saprophytisch, andere parasitisch als Erreger von Lungenkrankheiten beim Menschen und bei Säugetieren. Erstere kommen ohne Cholesterin aus, während letztere durchweg auf Steroide (Cholesterin) angewiesen sind. Hierher gehört wahrscheinlich auch die Gattung *Metallogenium*, die an der Oxidation von Mangan in Seen beteiligt ist (Manganbakterien s. S. 289). Mycoplasmen ähneln den sog. L-Formen der übrigen Bakterien (S. 534).

Vorkommen und Lebensweise der Bakterien

Die Bakterien sind in zahlreichen Arten (etwa 1600) in unermeßlicher Individuenzahl über die ganze Erde im Wasser, im Boden und mit dem Staub auch überall in der Atmosphäre und auf allen Gegenständen vorhanden. Ihre weite Verbreitung verdanken sie hauptsächlich folgenden Faktoren: ihrer Kleinheit und der damit verbundenen sehr großen Oberfläche im Vergleich zur Körpermasse, wodurch eine sehr hohe physiologische Aktivität und Stoffwechselintensität möglich wird (z.B. sehr rasche Vermehrungsfähigkeit); ferner der Widerstandsfähigkeit ihrer vegetativen Zellen und besonders ihrer Sporen gegen ungünstige Außeneinflüsse, sowie der Mannigfaltigkeit ihrer Ernährungsweisen. Unter optimalen Verhältnissen vermögen sich manche Arten (z.B. *Vibrio cholerae*) mehrmals in einer Stunde zu teilen, so daß von einer Bakterienzelle innerhalb 24 Stunden viele Billionen Nachkommen entstehen können.

Die Sporen der Bakterien sind gegen Austrocknung und Temperatureinflüsse sehr widerstandsfähig; einige ertragen mehrstündigen Aufenthalt in siedendem Wasser (maximal 30 Stunden) sowie hohe Kältegrade. Auch die vegetativen Zellen vieler Arten sind besonders gegen Austrocknung sehr resistent. Manche vermögen auch bei hoher Temperatur (90–110 °C) zu leben, z.B. in heißen Quellen, und einige erzeugen aktiv beträchtliche Wärmemengen («Selbsterhitzung») bis über 60 °C von feuchtem Heu, Mist, Tabak, Baumwolle z.B. durch *Bacillus stearothermophilus, Thermomonospora-* und *Thermoactinomyces*-Arten).

Thermophile Bakterien, z.B. div. Archaebakterien und Arten der Gattungen *Bacillus, Clostridium*, verschiedene Mycobakterien und chemolithoautotrophe Bakterien, sind nicht nur hohen Temperaturen gegenüber stabil, sie benötigen sogar diese zum optimalen Wachstum. Echte Thermophilie in diesem Sinne kommt nur bei Prokaryoten vor. Zu den gemäßigten Thermophilen gehören Bakterien, die Wärme durch die beim Stoffwechsel freigesetzte Energie erzeugen. Die thermophilen Bakterien verfügen über thermostabile Proteine und über Enzyme, die durch höhere Temperaturoptima gekennzeichnet sind. Die Stabilität der Proteine wird u.a. durch Metallionen oder durch Bindung an Zellmembranen sowie durch spezielle Aminosäurenzusammensetzung erhöht; so enthalten thermostabile Proteine mehr Argininreste als thermolabile.

Unter den Prokaryoten, und zwar allein schon unter den Eubakterien, gibt es eine größere Zahl von Stoffwechseltypen als bei den Eukaryoten. Die Mehrzahl der Bakterien lebt saprophytisch oder parasitisch heterotroph. Obligater Parasitismus (Rickettsien S. 541) ist jedoch selten; denn die meisten der pathogenen Arten können sich auch außerhalb des tierischen oder menschlichen Körpers vermehren. Die Kultur in geeigneten Nährlösungen (z.B. Fleischwasser mit Pepton) bereitet daher im allgemeinen keine Schwierigkeit. Auf festen Nährböden (Agar, Gelatine) bilden die Bakterien oft schleimige, verschieden gestaltete Anhäufungen, «Kolonien» (Coenobien, s.S. 230), die meist farblos, bisweilen aber auch durch Farbstoffausscheidung gefärbt sind; Farbstoffe in den Zellen (in Thylakoiden, Abb. 3.2.3, bzw. in der Cytoplasmamembran) haben nur die zur Photosynthese befähigten grünen Bakterien, die Purpurbakterien und die Halobakterien.

Bakterien rufen durch ausgeschiedene Enzyme weitgehende Zersetzung des Substrates entweder unter anaeroben oder aeroben Bedingungen hervor. Als stoffwechselphysiologische Besonderheiten gewisser Bakterien sind u.a. zu nennen: Autotrophie, entweder durch Photosynthese (rote und grüne Schwefelbakterien) oder durch Chemosynthese (s.S. 288); Heterotrophie bei Saprophyten, bei Parasiten oder in Symbiose; oxybiontischer oder anoxybiontischer Energiestoffwechsel; Denitrifikation oder Desulfurikation (s.S. 359, 360); Bindung von molekularem Stickstoff (s.S. 351). Viele Gärungen werden durch Bakterien bewirkt; die Milchsäure- und Buttersäuregärung, die Cellulose-, Pectin- und Eiweißvergärung sowie die aerobische Essigsäuregärung (vgl. S. 292ff.). Nahezu alle Naturstoffe können durch Bakterien abgebaut werden, sogar Erdöl, Paraffine, Asphalt. Kohlenwasserstoffe werden um so schwerer abgebaut, je kürzerkettig sie sind; Ethan und Methan werden von Spezialisten (S. 539, 538, 289) verwendet. Nur einige Kunstharze und Plastikmaterialien sowie das besonders resistente Sporopollenin (vgl. S. 106) widerstehen weitgehend dem bakteriellen Abbau.

Zahlreiche Bakterien-Arten erzeugen Krankheiten bei Tieren und Menschen. Die vorbeugende Bekämpfung solcher Krankheiten ist durch aktive Immunisierung (Schutzimpfung) möglich: hierbei werden dem Körper abgeschwächte Krankheitserreger oder deren Gifte zugeführt, um in ihm die Bildung von Antikörpern zu veranlassen. Bei der passiven Immunisierung injiziert man Antikörper aus immunisierten Tieren.

Die pflanzenpathogenen Arten dringen entweder durch Stomata, Hydathoden und dgl. in die Pflanze ein (besonders *Pseudomonas-* und *Xanthomonas*-Arten), oder sie infizieren Wunden (Frostrisse, Insektenschädigungen und ähnliches; z.B. *Erwinia carotovora*). Die pathogenen Bakterien vergiften im allgemeinen durch Toxine. Das Vorhandensein oder Fehlen von Geißeln spielt für die Pathogenität keine Rolle; sonderbarerweise sind nur stäbchenförmige und sporenlose Formen pflanzenpathogen. Die pathogenen Bakterien leben meist in den Interzellularen und lösen von hier aus die Mittellamellen auf (vgl. S. 94), so daß die voneinander isolierten Zellen absterben, wobei gelegentlich auch Toxine beschleunigend wirken; das Wirtsgewebe wird dabei in eine breiige, faulige Masse verwandelt (Naßfäulen). In die lebenden Zellen dringen nur relativ wenige Bakterien ein (u.a. *Pseudomonas tabaci*). Selten verstopfen sie die Gefäße und bringen so die Pflanze zum Verwelken und Absterben, wobei meistens auch Welketoxine beteiligt sind (z.B. *Corynebacterium michiganense*). Es sind mehr als 200 Bakteriosen an Pflanzen bekannt.

Bakterien und andere Mikroorganismen sind bei technischen Verfahren und industriellen Produktionen (Biotechnologie) wichtig; z.B.: Gewinnung von Antibiotika (auch durch Seitenkettenabspaltung synthetisch gewonnener Vorstufen), von Enzymen und anderen Proteinen; Abbau von Abfallstoffen (z.B. Methanvergärung von Abwasserschlamm); Anreicherung von Metallen durch mikrobielle Laugung (Überführung schwerlöslicher Kupfer- und Uranverbindungen in wasserlösliche Sulfate durch *Thiobacillus*-Arten). Auf erdölhaltigen Substraten wachsende Bakterien können bei der Suche nach neuen Lagerstätten als Indikatoren dienen.

Autotrophe Gruppen

B. Organisationstyp: Prokaryotische Algen

Algen, d.h. gewöhnlich an das Leben im Wasser angepaßte, einfach gebaute Pflanzen wurden früher in einer einzigen Gruppe zusammengefaßt, ehe man den tiefgreifenden Unterschied zwischen Pro- und Eukaryoten erkannte (eukaryotische Algen s.S. 600). Durch prokaryotischen Zellbau gekennzeichnete Algen, die Cyanophyta (Blaualgen) und die Prochlorophyta, bilden einen eigenen Organisationstyp. Stammesgeschichtlich stehen die Blaualgen den Eubakterien viel näher als allen anderen Algen. Sie sind mit den Eubakterien über den prokaryotischen Zellbau durch ähnlichen Bau der Zellwand (Murein!) sowie durch photoheterotrophe, im übrigen aber den Blaualgen ähnelnde Übergangsformen verbunden.

So wird die Gattung *Beggiatoa* bald zu den gram-negativen Eubakterien (Gruppe 8), bald zu den Cyanophyten gerechnet. Ihre zarten weißlichen Fäden erinnern an die blaugrüne, phototrophe Gattung *Oscillatoria* (S. 546). Die pigmentfreien *Beggiatoa*-Rasen finden sich am Grunde H_2S-haltiger Gewässer, wo sie sich gleitend fortbewegen können. Sie oxidieren Sulfid zu Sulfat, wobei vorübergehend Schwefel in den Zellen abgelagert werden kann. Ob dabei autotroph CO_2 fixiert wird, oder nur der Abbau organischer Substrate zum Kohlenstoffgewinn beiträgt, ist noch ungeklärt. Die auf absterbenden Meeresalgen gedeihende farblose Gattung *Leucothrix* kommt manchen pigmentierten Vertretern der Cyanophyten sehr nahe, wie auch die heterotrophe *Lampropedia* der autotrophen *Merismopedia*.

Die Trennung der Cyanophyten von den Bakterien und die Zusammenfassung mit den Prochlorophyten (s.S. 547) erfolgt somit – wie bei den anderen Organisationstypen auch – nach gewissen Übereinstimmungen in Bau, Lebensweise und Leistung, nicht primär nach verwandtschaftlichen Gesichtspunkten.

Erste Abteilung: Cyanophyta, Blaualgen, Cyanobakterien

Innerhalb der Prokaryoten bilden die *Cyanophyta* eine relativ homogene Gruppe, die schon vor der Differenzierung in gram-negative und gram-positive Eubakterien ihre stammesgeschichtliche Eigenständigkeit erhalten haben dürfte. Sequenzbestimmungen an 16S rRNA, die bislang allerdings nur an wenigen Gattungen von Cyanophyten ausgeführt worden sind, weisen zwischen den Gattungen der Blaualgen einen höheren Grad von Homogenität auf als zwischen diesen und den übrigen Eubakterien (Abb. 3.2.5). Von den phototrophen Gattungen der Eubakterien unterscheiden sich die Cyanophyten durch andersartige Photosynthesepigmente (Chlorophyll a anstelle von Bakteriochlorophyll) und durch die Freisetzung von Sauerstoff bei der Photosynthese; neben oxygener kann aber unter Umständen auch anoxygene Photosynthese durchgeführt werden. Die Cyanophytenzelle ist durchschnittlich 5- bis 10mal größer als die Bakterienzelle.

Die photoautotrophen, oft einfachen oder verzweigte Fäden bildenden Blaualgen unterscheiden sich als Prokaryoten von den eukaryotischen Algen in wesentlichen Merkmalen (S. 600). Den Zellen fehlen Zellkern, Mitochondrien, Lysosomen, endoplasmatisches Reticulum, membranbegrenzte Chloroplasten und von einem Tonoplasten umgebene Zellsaftvacuolen; allerdings haben mehrere Cyanophyten, wie manche Eubakterien auch, gasgefüllte Vesikel, sog. Gasvacuolen. Im Gegensatz zu allen Eukaryoten, jedoch in Übereinstimmung mit einigen Eubakterien, vermögen manche Blaualgen den freien Luftstickstoff (N_2) zu binden. Diese Fähigkeit ist vor allem an das Vorkommen von Heterocysten gebunden (S. 351ff.), die sich durch ihre Größe, den Verlust der Pigmentierung, durch Cellulose sowie oft durch den Besitz lichtbrechender Polkörperchen (Abb. 3.2.7 E') von den übrigen Zellen unterscheiden. Die in den Heterocysten erzeugten Stickstoffverbindungen werden offenbar über feine Kanäle der Polkörperchen zu den Nachbarzellen geleitet.

Im zentralen, farblosen Teil der Blaualgenzellen (Nucleo- oder Centroplasma) liegen grana-, stab-, netz- oder fadenförmige Elemente, die DNA enthalten; sie werden in ihrer Gesamtheit als Chromatinapparat bezeichnet und stellen das Kernäquivalent dar. Bei der Zellteilung wird der gesamte Komplex quer durchschnürt (Abb. 3.2.7M). Das Centroplasma ist ohne scharfe Abgrenzung vom peripheren, gefärbten Chromatoplasma – je nach Zellform als Hohlkugel oder -zylinder – umgeben. Das Chromatoplasma ist sehr viskos und strömt im Gegensatz zum Protoplasma der eukaryotischen Zellen nicht. Es enthält in diffus verteilten Ribosomen Ribonucleinsäure und an Thylakoide gebunden das Assimilationspigment Chlorophyll a (kein Chlorophyll b!). Als akzessorische Pigmente finden sich neben Carotinoiden (besonders β-Carotin, z.T. auch Zeaxanthin, Echinenon und Myxoxanthophyll; jedoch nicht Lutein) zwei wasserlösliche Chromoproteide (Phycobiliproteide), deren prosthetische Gruppen (das hier überwiegende Phycocyanin sowie das Phycoerythrin) Phycobiline genannt werden. Phycobiline sind mit den Gallenfarbstoffen verwandt und finden sich in geringfügig abweichender Form auch bei den eukaryotischen Algenabteilungen der Cryptophyten und Rhodophyten. Die Phycobiliproteide sind bei den Cyanophyten wie bei den Rhodophyten in Körperchen lokalisiert, die als sog. Phycobilisomen den in ungefähr gleichen Abständen verteilten, nicht zu zweien oder dreien stapelartig geschichteten, Thylakoiden (Abb. 3.2.6A) aufgelagert sind.

Als Reservestoff wird Cyanophyceenstärke in lichtmikroskopisch nicht sichtbaren Partikeln zwischen den Thylakoiden gespeichert. Sie ist ein dem Glykogen ähnliches Glucan und der Florideenstärke der Rhodophyten verwandt. Weiterhin finden sich Cyanophy-

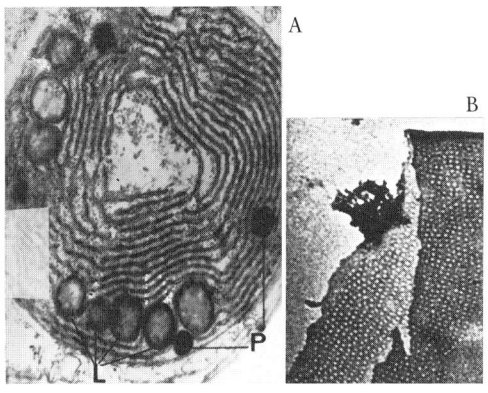

Abb. 3.2.6: *Cyanophyta*. **A** konzentrische Thylakoide, L Lipoidkörper, P Phosphatkörper. **B** *Cylindrospermum*, Porengürtel an der Querwand. (A 25000×, nach Hall & Claus; B 26000×, nach Drawert.)

cinkörner, lichtmikroskopisch sichtbare, leicht eckige, kleine Körper, die aus Polymeren der Aminosäuren Arginin und Asparagin bestehen; es handelt sich offenbar um eine Stickstoffreserve. Als Phosphorreserve sind aus Nucleoproteiden aufgebaute, hochpolymere Phosphate enthaltende Volutinkörner zu deuten. Sie dienen möglicherweise auch als Energie-(ATP-)speicher.

Die feste Zellwand (= Stützschicht) besteht aus Murein: Cellulose fehlt weitgehend (siehe aber Heterocysten S. 544). Außen finden sich bei den Cyanophyten vielfach noch Gallertscheiden, die im Elektronenmikroskop von faseriger Struktur sind und neben Aminosäuren und Fettsäuren auch Polysaccharide enthalten. Die Zellwand besteht aus vier Schichten und wird durch Lysozym aufgebrochen. In Ultrastruktur und Chemismus nimmt sie eine vermittelnde Stellung zu den Zellwänden gram-negativer und gram-positiver Eubakterien ein.

Einige Cyanophyten sind einzellig (u.a. *Dermocarpa*). Die darüber hinausgehende morphologische Differenzierung umfaßt wenig- bis vielzellige Coenobien (*Chroococcus, Merismopedia*), unverzweigte Fäden ohne (*Oscillatoria*) oder mit Heterocysten (*Nostoc, Anabaena*) und Fäden mit heteropolarer Differenzierung (*Rivularia*), Fäden mit unechter Verzweigung (*Tolypothrix, Scytonema*) oder echter Verzweigung (*Hapalosiphon*). Unechte Verzweigungen entstehen durch Bruchstücke, die aus der Gallertscheide des Mutterfadens herauswachsen (Abb. 3.2.7J). Im Gegensatz dazu kommen echte Verzweigungen durch Änderung der Teilungsebene zustande. Die Verzweigung beginnt hier mit Zellen, die sich durch abweichende Teilung parallel zur Längsachse des Fadens gebildet haben, und die dann diesen Teilungsmodus beibehalten. Einige fadenförmige Cyanophyten sind sowohl in Längsrichtung wie auch im Querschnitt viel- bzw. mehrzellig und zugleich mit echten Verzweigungen versehen (*Stigonema*, z.T. mit Scheitelzellen-Wachstum; *Fischerella*). Hier teilen sich die Zellen generell in mehr als einer Richtung. Bei allen vielzelligen Arten von Cyanophyten handelt es sich um Coenobien, in denen die Einzelzellen locker innerhalb einer gemeinsam ausgeschiedenen Gallerte oder der ursprünglichen Zellwand zusammenhängen (vgl. S. 231).

Viele, meist fädige Arten führen gleitende Kriechbewegungen aus (2–11 μm in der Sekunde). Die Bewegung kann nur auf festem und zugleich feuchtem Substrat erfolgen und beruht nicht auf einfacher Schleimsekretion (vgl. Bewegungen von Zieralgen S. 639), sondern vermutlich auf der Wirkung von Mikrofibrillen. Diese sind außerhalb der Mureinschicht um den Faden oder die Zelle gewunden und vermitteln durch Reibung mit dem Substrat eine rotierende Bewegung. Als Widerlager dient dabei der eigene, durch feinste Zellwandporen von 10 nm Durchmesser (Abb. 3.2.6B) ausgeschiedene Schleim. Zu rotierender Fortbewegung sind nur die Arten der fädigen Oscillatoriaceen befähigt, während sich Vertreter anderer Gruppen ohne gleichzeitige Rotation fortbewegen.

Fortpflanzung und Vermehrung der Blaualgen erfolgen durch Zellteilung. Begeißelte Schwärmer fehlen. Fadenförmige Blaualgen wachsen intercalar durch Teilung beliebiger Zellen im Faden, unter Bildung zentripetaler, irisblendenartiger Querwände (Abb. 3.2.7M), die nur aus dem Material der Stützschicht bestehen. Sie vermehren sich entweder durch unspezifische Fadenfragmentation oder durch wenigzellige Hormogonien (Abb. 3.2.7K). Diese sind aus jungen und nicht spezialisierten Zellen aufgebaute Fadenabschnitte, die sich vom Mutterfaden trennen, fortgleiten und zu neuen Fäden heranwachsen. Bei einigen einzelligen Formen teilt sich der Zellinhalt unter Vergrößerung der Mutterzelle sukzedan in eine größere Zahl kugeliger Endosporen auf, die nach dem Austritt aus der Mutterzelle jede wieder zu einem neuen Individuum heranwachsen. Bei gewissen Arten mit langgestreckten Zellen bleibt der basale Teil steril, während der apicale sich immer wieder zur Ausbildung von Sporen regeneriert (Abb. 3.2.7D). Die Endosporen der Cyanophyten unterscheiden sich von denen der Eubakterien in ihrer Struktur und Entwicklung. Auch Exosporen kommen vor; sie werden von einer Mutterzelle abgeschnürt. Alle diese Sporenarten sind unbegeißelt. Zum Überdauern ungünstiger Perioden werden (besonders bei den *Hormogoneae*) durch Einlagerung von Reservestoffen sowie durch Vergrößerung und starke Wandverdickung einzelner Zellen Dauerzellen (Akineten) gebildet (Abb. 3.2.7H). Sie keimen zu Hormogonien aus. Es können aber auch kurze seitliche Fadenabschnitte ganz von einer gemeinsamen derben Wand eingehüllt und zu einem Dauerorgan, der Hormocyste, werden. Es bestehen damit nicht nur verschiedene Möglichkeiten zur vegetativen Vermehrung, sondern auch zur Bildung von Überdauerungsorganen, die im Vermehrungs- und Fortpflanzungscyclus unter definierten (d.h. ungünstigen) Lebensbedingungen auftreten können.

Geschlechtliche Fortpflanzung ist unbekannt. Ob gelegentlich beobachteter Austausch genetischen Materials – so ließen sich gegenüber verschiedenen Antibiotika wirksame Resistenzfaktoren zweier Stämme in einem einzigen rekombinieren – auf parasexuellen Vorgängen beruht, ist ungewiß.

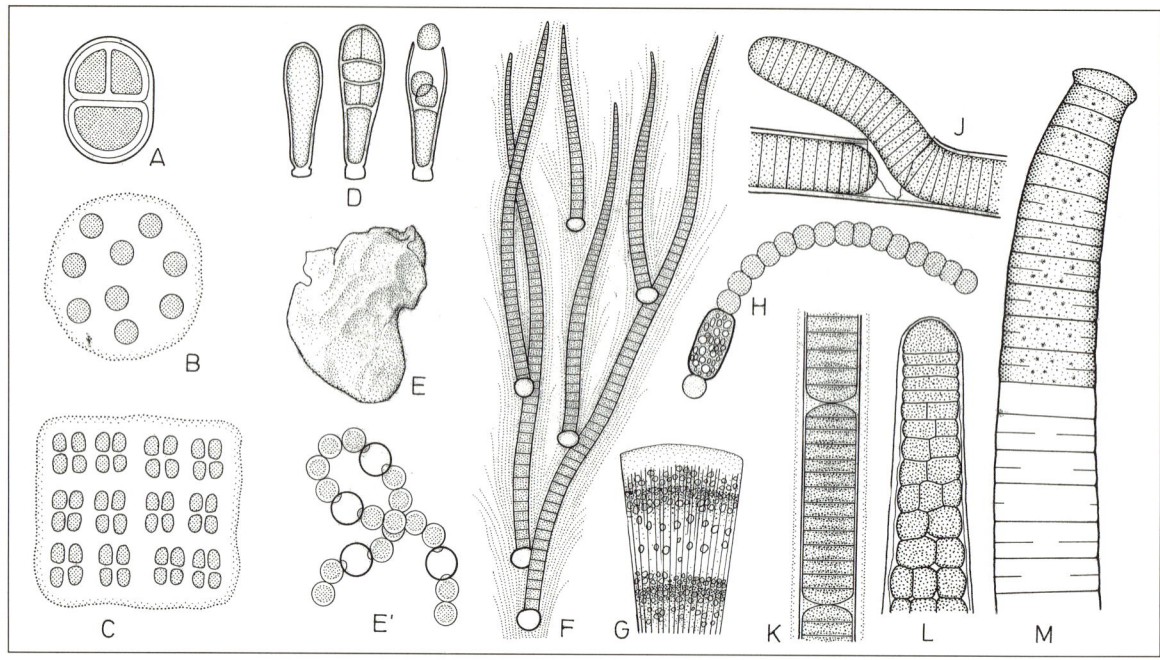

Abb. 3.2.7: Cyanophyta. **A** *Chroococcus turgidus* (400×). **B** *Aphanocapsa pulchra* (500×). **C** *Merismopedia punctata* (600×). **D** *Dermocarpa clavata*, Endosporenbildung (450×). **E** *Nostoc commune*, Lager (1×). E' desgl., Zellfaden mit 4 Heterocysten (400×). **F** *Rivularia polyotis*, Teil eines Lagers (200×). **G** *Rivularia haematites*, Teil eines Lagers im Querschnitt, mit Kalkablagerung und Jahresschichtung (15×). **H** *Cylindrospermum stagnale*, mit länglicher Dauerzelle und kugeliger Heterocyste nahe dem Fadenende (500×). **J** *Plectonema wollei* mit unechter Verzweigung (200×). **K** *Lyngbya aestuarii* Hormogonienbildung (500×). **L** *Stigonema mamillosum*, Fadenspitze (250×). **M** *Oscillatoria princeps*, Fadenspitze; verschiedene Stadien der Zellteilung (300×). (A, D, H, L nach Geitler; B nach Mägdefrau; C nach Smith; E', F nach Thuret; G nach Brehm; J, K nach Kirchner; M nach Gomont.)

Systematik: Die Cyanophyten mit ihrer einzigen Klasse der **Cyanophyceae** werden ihrer unterschiedlichen Organisationshöhe gemäß in zwei Gruppen eingeteilt. Obwohl diese systematisch teilweise als Unterklassen bewertet werden, entsprechen sie kaum natürlichen phylogenetischen Einheiten.

Die **Coccogoneae** (1. Unterklasse) sind Einzeller oder sie bilden wenig- bis mehrzellige kugelige oder kettenartige Coenobien. Kurze Zellketten wachsen hier niemals zu langen Fäden aus. Sie stellen gegenüber den fädigen *Hormogoneae* die primitivere Organisationsform dar.

Die Ordnung der **Chroococcales** umfaßt einzellige Formen oder Coenobien (Abb. 1.4.2). Die Vermehrung geschieht durch Zellteilung. Wachsen dabei die Tochterzellen nicht zur Normalgröße der Mutterzellen heran, spricht man von einer Vermehrung durch Nanocyten. *Synechococcus* ist einzellig. Bei *Chroococcus* und *Gloeocapsa* bleiben die Zellen nach der Teilung innerhalb von z.T. geschichteten Gallerthüllen zu 2-, 4- oder 8zelligen kugelförmigen Coenobien (s.S. 230) verbunden. Bei *Chroococcus* sind die jungen Tochterzellen halbkugelig (Abb. 3.2.7A), während sie bei *Gloeocapsa* eiförmig gerundet sind und in auffallend dickeren Scheiden liegen. Die Arten beider Gattungen treten meist in gallertigen Überzügen an feuchten Felsen und Mauern auf. Bei *Aphanocapsa* (Abb. 3.2.7B), *Aphanothece*, *Microcystis* und *Merismopedia* (Fig. C) ist die an den Coenobien beteiligte Zahl von Zellen größer. Die tafelförmigen Coenobien von *Merismopedia* kommen durch streng 2dimensionale Zellteilungen zustande; sie leben im Süßwasser, z.T. auch im Meer.

Die **Chamaesiphonales** enthalten einzellige oder kurzfädige Formen, deren unverzweigte Fäden mit dem basalen Ende einer Unterlage fest aufsitzen. Die Vermehrung erfolgt durch Endo- oder Exosporen.

Die **Pleurocapsales** sind eine Ordnung, deren Vertreter einzellig sind (*Dermocarpa*) oder kurze, verzweigte oder unverzweigte Fäden bilden, die zu einer Art «Pseudoparenchym» vereinigt sein können. Es werden Endosporen gebildet (z.B. *Dermocarpa*; Abb. 3.2.7D).

Die langfädigen **Hormogoneae** (2. Unterklasse) werden nach dem Grad der Zelldifferenzierung und nach der Verzweigungsform in drei Ordnungen unterteilt.

Den **Oscillatoriales** fehlen differenzierte Zellen nach Art der Heterocysten und Akineten. Nur die Endzellen weisen gegenüber den übrigen Zellen des Fadens eine abweichende Gestalt auf. Da die Teilung der Zellen stets in der gleichen Richtung erfolgt, fehlen Verzweigungen. Die überall in Wasser und auf Schlamm häufige *Oscillatoria* setzt sich aus gleichartigen, oft scheibenförmigen Zellen zusammen (Abb. 3.2.7M). Das Wachstum erfolgt intercalar, die Vermehrung durch Hormogonien. Weitere Gattungen sind *Phormidium*, *Schizothrix*, *Spirulina*, *Plectonema* und *Lyngbya*.

Auch bei den **Nostocales** verläuft die Zellteilung nur senkrecht zur Längsachse der Fäden. Die Vermehrung vollzieht sich wie bei den *Oscillatoriales* durch Hormogonien. Als besondere Zellform fallen im Faden regelmäßig Heterocysten und gelegentlich Akineten auf. Die Gattung *Nostoc*, die im Wasser oder auf feuchtem Boden kugelig oder unregelmäßig lappig gestaltete Gallertlager mit Polysaccharidschleim bildet (Abb. 3.2.7E), besitzt rosenkranzähnliche Fäden (Abb. 3.2.7E'). Die z.T. planktontisch lebenden Gattungen *Cylindrospermum*, *Aphanizomenon* und *Anabaena* bilden Dauerzellen (Abb. 3.2.7H). Bei der an Wasserpflanzen und Steinen sitzenden *Rivularia* (Abb. 3.2.7F, G) besteht ein deutlicher Gegensatz zwischen Basis und Spitze des Fadens: an seinem unteren Ende liegt eine Heterocyste, oben läuft er allmählich in ein farbloses Haar aus; er weist also schon eine bauplanbestimmte Differenzierung auf. *Tolypothrix* und *Scytonema* bilden unechte Verzweigungen. – Weitere Gattungen sind *Anabaenopsis, Calothrix* und *Aulosira* (s. S. 351).

Zur Ordnung der **Stigonematales** gehören die am stärksten differenzierten Formen. Durch transversale und longitudinale Zellteilungen sind echte Verzweigungen und vielreihige (multiseriale) Fäden möglich und charakteristisch. Die Vermehrung erfolgt durch Hormogonien. Heterocysten oder Akineten können auftreten. Bei *Stigonema* (Abb. 3.2.7L) besteht eine Gliederung in Basis und Spitze; eine Scheitelzelle gibt nach hinten Segmente ab, die sich durch Längs- und Querwände weiterzerlegen; die mehrreihigen Fäden können auch Seitenzweige bilden. Weitere Vertreter der *Stigonematales* sind die Gattungen *Fischerella, Hapalosiphon* und *Mastigocladus* (S. 250 u. 351).

Vorkommen und Lebensweise der Blaualgen

Die Cyanophyten sind mit etwa 2000 Arten über die ganze Erde verbreitet. Sie können oft schon mit dem bloßen Auge als gallertige Masse, feinfädige Überzüge, gefärbte Wasserblüten etc. sichtbar sein. Sie leben vor allem im Süßwasser (selbst in 75 °C heißen Thermen, s. Abb. 4.3.11), aber auch auf und in feuchten bis ariden Böden, auf Baumrinde und Felsen bis in die Arktis und Antarktis. Bei etlichen Arten ist also eine Anpassung an das Leben außerhalb des Wassers erfolgt.

Großen Schwankungen der Temperatur und der Wasserversorgung sind Kalkfels bewohnende Blaualgen ausgesetzt, wo sie teils an der Oberfläche (epilithisch), teils in Capillarklüften (endolithisch) leben und nicht selten schwarze Streifen (Tintenstriche) bilden. Einige endolithische Arten vermögen Kalkgestein aufzulösen, bei anderen (z.B. *Rivularia, Schizothrix*) lagert sich Kalk in ihren Gallertscheiden ab (Abb. 3.2.7G), was im Süßwasser zur Bildung von Seekreide und Kalktuff (s. S. 665), im Gezeitenbereich warmer Meere zur Ablagerung geschichteter Kalkkrusten (Stromatolithe) führt. Stromatolithe haben sich bereits in präcambrischen Ablagerungen nachweisen lassen, und man nimmt an, daß die zugehörigen Blaualgen in jener erdgeschichtlichen Epoche flächendeckend und weit verbreitet waren. In großen Massen an der Oberfläche von Süß- und Salzwasser vorkommende Arten können sog. Wasserblüten erzeugen. *Oscillatoria rubescens* verursacht in eutrophierten Gewässern eine rote Wasserblüte und ist als «Burgunderblutalge» bekannt. Andere Arten, so *Microcystis aeruginosa* und *Aphanizomenon flos-aquae*, bilden giftige Peptide, durch die im Süßwasser Fischsterben verursacht werden kann. Die Wasserblüte von *Spirulina platensis* in den ostafrikanischen Sodaseen ist die Hauptnahrung des Kleinen Flamingo. – Bei der biologischen Wasseranalyse bedeutet starkes Auftreten von Cyanophyten eine kritische Belastung und Eutrophierung (s. S. 646).

In mehreren Gattungen (*Nostoc, Anabaena* u. a.) gibt es Arten, die den freien Stickstoff der Luft binden (s. S. 351). In Sumpfreisfeldern wird jährlich bis zu 50 kg Stickstoff je Hektar durch Cyanophyten gebunden. Im Gegensatz zu manchen Eubakterien *(Rhizobiaceae)* sind die Luftstickstoff fixierenden Cyanophyten dazu durchweg auch in frei lebender Weise befähigt. Der Beitrag der Blaualgen in den Ökosystemen soll hierbei größer sein als jener der Stickstoff-fixierenden Eubakterien. Auch ist die Zahl der den Stickstoff bindenden Arten und Gattungen unter den Cyanophyten größer.

Mehrere Gattungen bilden mit anderen Lebewesen Symbiosen. Die Algen der Flechten sind vielfach Cyanophyten (s. S. 596). Einige Formen leben endophytisch in Gewebehöhlungen anderer Pflanzen, so *Anabaena* in *Azolla*-Blättern (Abb. 3.2.150D), *Nostoc* im Thallus mancher Lebermoose (*Blasia, Anthoceros,* Abb. 3.2.99B), in Wurzeln von *Cycas* und im Rhizom von *Gunnera* (Angiospermen s. S. 778). Die Cyanophyten dürften in diesen symbiontischen Lebensgemeinschaften zur Stickstoffversorgung des Partners beitragen. Gewisse, allerdings nicht in allen Punkten ganz normal gebaute Cyanophyten kommen als sog. Cyanellen endosymbiontisch in den lebenden Zellen farbloser Flagellaten und Chlorokokkalen vor; sie haben hier die gleiche Funktion wie Plastiden (z.B. die Blaualge *Skujapelta* in der farblosen Chlorokokkalen *Glaucocystis*; Abb. 1.1.139). Dieser Befund hat neben anderen Beobachtungen dazu geführt, generell die Plastiden der eukaryotischen Pflanzenzellen als endosymbiontische Cyanophyten aufzufassen (s. S. 125, Abb. 3.2.5).

Zweite Abteilung: Prochlorophyta

Einzellige, in Symbiose mit marinen Ascidien (Seescheiden) lebende Algen, denen Phycobiline fehlen und die zusätzlich gekennzeichnet sind durch Chlorophyll a und b, sind in ihrem Zellbau typische Prokaryoten; u.a. fehlen Zellkerne, die Zellwände bestehen aus Murein. In Kultur vermehren sie sich selbständig. Auch freilebende, fädige Süßwasserformen gehören aufgrund ihrer im übrigen übereinstimmenden Merkmale hierher.

Eukaryota

Die Eukaryoten stellen nach Artenzahl und Masse den Großteil der gegenwärtig lebenden Organismen.

Die **eukaryotische Zelle (Eucyt)** ist durch den Besitz eines echten Zellkernes gekennzeichnet, der durch eine mit Poren ausgestattete Doppelmembran (= Kernhülle) vom Cytoplasma der Zelle abgegrenzt ist (Abb. 1.1.52). Der Zellkern teilt sich bei normaler, z. B. vegetativer Zellteilung durch Mitose. Bei der sexuellen Fortpflanzung verschmelzen Cytoplasma und Kerne zweier vielfach als Gameten spezialisierter Zellen (Plasmo- und Karyogamie); die regelmäßig folgende Meiose führt von der Diplophase wieder zur Haplophase und bedingt so den für die Eukaryoten charakteristischen Kernphasenwechsel (S. 478). Zusätzliche wichtige Kennzeichen sind verschiedene Zellorganellen, die ebenso wie der Kern deutlich vom Grundplasma abgegrenzt sind. Dazu gehören: endoplasmatisches Reticulum, Dictyosomen (Golgi-Apparate), Mitochondrien und Microbodies (S. 107 ff.). Für die photoautotrophen eukaryotischen Pflanzen sind weiterhin die von zwei Membranen umhüllten Chloroplasten charakteristisch (S. 111). Bei begeißelten eukaryotischen Zellen sind die Geißeln einheitlich aus zwei zentralen einfachen und 9 peripheren doppelten Tubuli (Abb. 1.1.27) zusammengesetzt (2 + 9-Struktur!). Die Zellwand wird, soweit vorhanden, von einem Geflecht aus Makromolekülen gebildet, die lediglich durch Nebenvalenzen zusammengehalten werden (Cellulose, Chitin etc.; S. 96 ff.). Insgesamt unterscheiden sich die Eukaryoten von den Prokaryoten durch eine deutlich stärkere Komplexität der Zellen. Dieser Unterschied bildet eine tiefe Kluft zwischen allen fossilen und recenten Prokaryoten einerseits und Eukaryoten andererseits (vgl. allerdings die Dinophyten S. 603). Die Aminosäuresequenzen funktionsgleicher Enzymproteine stimmen zwischen Pro- und Eukaryoten dementsprechend in wesentlich geringerem Maße überein als zwischen den Vertretern jeweils einer dieser beiden Gruppen. So sind die Kettenglieder des Cytochrom c bei Bakterien und Eukaryoten zu 60 % mit unterschiedlichen Aminosäuren besetzt, während der entsprechende Vergleich zwischen Mensch und Weizenpflanze 45 %-, zwischen Säugern und Vögeln 12 %-, sowie zwischen Mensch und Schimpansen 0 %-Werte ergibt (S. 32 ff.).

Die Entstehung der Eukaryoten und damit die Bildung von membranbegrenzten Organellen im Eucyt wird derzeit meist im Lichte der Endosymbionten-Hypothese (s. S. 125, Abb. 3.2.4) gesehen. Die Symbionten-Hypothese legt eine mehrfach und unabhängig erfolgte Aufnahme von Symbionten in primitive Eucyten nahe. Danach wären die Eukaryoten polyphyletisch entstanden (S. 520) hinsichtlich der symbiontischen Prokaryoten, monophyletisch aber im Hinblick auf den ursprünglichen Eucyt.

Fossilfunde erlauben eine ungefähre Zeitbestimmung für die stammesgeschichtliche Abgliederung der Eukaryoten. Älteste Einzeller aus dem Archaikum (vor über 3,4 Milliarden Jahren) haben eine durchschnittliche Größe von 5 μm und entsprechen damit heutigen Prokaryoten. Vor 1,4 Milliarden Jahren beginnen dann Zellen mit größeren Maßen – im Mittel 13 μm – vorzuherrschen, wie sie für Eukaryoten charakteristisch sind. Daher könnte die Trennung von Pro- und Eukaryoten vor etwa 2 Milliarden Jahren erfolgt sein, während die Aufgliederung von Pflanzen und Tieren «erst» vor etwa 1,1 Milliarden Jahren anzunehmen ist.

Die weitere Evolution der Eukaryoten ist durch fortschreitende Komplexität, Differenzierung und Arbeitsteilung von Organen sowie Anpassung an verschiedene Ernährungsstrategien und Lebensräume gekennzeichnet. So sind Organisationsstufen bzw. -typen entstanden, die meist nicht als Abstammungsgemeinschaften anzusehen sind. Besonders augenfällig ist dies beim Organisationstyp der Flechten, der sich durch Symbiose verschiedener Pilze und Algen mehrfach und unabhängig herausgebildet hat. Auch die Pilze stellen eher eine übereinstimmende Anpassungsform an die heterotrophe Lebensweise als eine phylogenetisch einheitliche Gruppe dar. Ähnliches gilt wohl auch für die frühzeitig unabhängigen Entwicklungslinien der eukaryotischen Algen, zumindest im Hinblick auf die vereinnahmten photoautotrophen Endosymbionten, wenn man der Symbionten-Hypothese folgt.

Den Bereich der Eukaryoten gliedern wir hier in folgende Organisationsstufen bzw. -typen: A) Schleimpilze. – B) Pilze. – C) Flechten. – D) Eukaryotische Algen. – E) Moos- und Gefäßpflanzen.

Heterotrophe Gruppen

A. Organisationstyp: Schleimpilze

Für die Schleimpilze sind zellwandlose, vielkernige, amöboid bewegliche Plasmamassen, die Plasmodien, kennzeichnend. Sie stellen den vegetativen Zustand im Lebenskreislauf dar und entstehen: 1. als Aggregationsplasmodium oder 2. als Fusionsplasmodium. Im ersten Falle kriechen Myxamöben zu Plasmaanhäufungen zusammen, ohne ihre individuelle Selbständigkeit zu verlieren. Im zweiten Falle müssen entweder Myxamöben oder Myxoflagellaten miteinander verschmelzen, ehe sich ein diploid-vielkerniges Fusionsplasmodium bilden kann. Eine 3. Möglichkeit ist die ungeschlechtliche Entstehung des Plasmodiums aus einer Einzelzelle durch Kernteilungen (aber ohne Zellteilungen). Die im Lebenscyclus stets auftretenden Plasmodien sind also sehr verschiedener Natur und analog den prokaryotischen Plasmodien der Myxobakterien (S. 540).

Die Vermehrung erfolgt durch Sporen, die in besonderen Fruchtkörpern (Abb. 3.2.9 H) entstehen, falls es sich nicht um endoparasitisch lebende Formen handelt. Die begeißelten Stadien verfügen über zwei glatte, meist ungleich lange Geißeln, seltener ist eine Geißel reduziert. Verwandtschaftlich gesehen bestehen zwischen den verschiedenen Abteilungen innerhalb der Schleimpilze keine direkten Beziehungen.

Die in ihrer äußeren Form und Lebensweise sehr eigentümlichen Schleimpilze haben einige Merkmale mit den von Zoologen behandelten Protozoen gemeinsam, von denen sie sich durch die Fruchtkörper- und Sporenbildung unterscheiden. Übereinstimmung besteht hinsichtlich: 1. der Heterotrophie; die meisten Formen ernähren sich wie Tiere phagotroph, indem sie ganze Partikel vereinnahmen; – 2. der amöboiden Stadien, die in den Lebenscyclus eingeschaltet sind; – 3. des Fehlens von Zellwänden, zumindest in den vegetativen Lebensphasen. Diese Ähnlichkeit mit Protozoen hat viele Forscher dazu bewogen, die Schleimpilze unter dem Namen Mycetozoa dem Tierreich zuzuordnen. In Anbetracht fließender Grenzen zwischen Tieren und Pflanzen auf den niederen Evolutionsstufen ist jedoch ein Streit darüber müßig. Wichtig ist die Erkenntnis, daß die Schleimpilze sich nicht ohne weiteres an die Pilze im engeren Sinne anschließen lassen und somit als eigene Äste des Stammbaumes aufzufassen sind.

Erste Abteilung: Acrasiomycota

In dieser Abteilung mit ihrer einzigen Klasse der **Acrasiomycetes** kriechen Myxamöben zu einem Aggregationsplasmodium (auch Pseudoplasmodium genannt, S. 231; Abb. 1.4.3 A) zusammen, ohne miteinander zu verschmelzen. Begeißelte Myxoflagellaten fehlen. Die Zellwände bestehen aus Cellulose.

Lebenscyclus: In der Phase ungeschlechtlicher Vermehrung teilen sich die Amöben, solange genügend Nahrung verfügbar ist. Die Ernährungsweise ist wie bei den Myxomyceten phagotroph; es werden vornehmlich Bakterien aufgenommen. Ist das Nahrungsangebot nicht mehr ausreichend, dann findet ausgehend von einer als Bildungszentrum bestimmten Gruppe von Amöben die Aggregation (Abb. 1.4.3 B) statt. Die in das Aggregationsplasmodium einfließenden, dabei nicht miteinander verschmelzenden Amöben locken sich gegenseitig chemotaktisch durch Acrasin (s.S. 438) an.

Das Aggregationsplasmodium (= Pseudoplasmodium) vermag auf dem Substrat sich kriechend fortzubewegen, ehe es in der Kulminationsphase sich zu einem säulenförmigen Gebilde auftürmt. Auch jetzt bleibt die Individualität der einkernigen Amöben erhalten, wenn auch bestimmte Differenzierungsvorgänge bei der sich nunmehr anschließenden Ausformung des Fruchtkörpers deutlich werden: Im zentralen Teil der Fruchtkörperanlage (Abb. 1.4.3 C–E) kommen die Amöben bald zur Ruhe, umgeben sich mit einer festen Zellwand und bilden einen zellulären Stiel; der Name zelluläre Schleimpilze für die Acrasiomyceten leitet sich hiervon ab. Durch Zufügung weiterer Amöben verlängert sich der Stiel von unten her. An ihm kriechen weitere Amöbenströme in den köpfchenförmigen oberen, zum eigentlichen Sporangium bestimmten Abschnitt hinein. Im Köpfchen werden die peripheren Zellen zur Rinde, die inneren Zellen runden sich zu haploiden Sporen (Cysten) ab, und eine Columella bildet sich als Fortsetzung des Stieles. Nach der Sporulation sterben Stiel- und Rindenzellen ab.

Sexuelle Kopulationen von Amöben zu diploiden Megacysten und eine sich anschließende Meiose waren lange umstritten. Heute gilt geschlechtliche Fortpflanzung zumindest im Aggregationsplasmodium von *Polysphondylium* (**Dictyosteliales**) als gesichert. Ein bekanntes Laboratoriumsobjekt ist *Dictyostelium*. Bei *Acrasis* (**Acrasiales**) bilden die Amöben, im Gegensatz zu der vorigen Gattung, innerhalb des Aggregationsplasmodiums keine auf das Bildungszentrum zufließenden Amöbenströme.

Zweite Abteilung: Myxomycota

Die Plasmodien entstehen bei ihnen durch Fusion von Myxoflagellaten oder Myxamöben, oder sie entwickeln sich aus Einzelzellen ohne vorausgehende geschlechtliche Vorgänge. Im Lebenscyclus treten begeißelte Keimzellen auf. Die Zellwände sind, soweit sie in bestimmten Lebensstadien sichtbar werden, aus Galactosamin und Cellulose aufgebaut.

I. Klasse: Myxomycetes

Die vegetative (= somatische) Phase ist ein diploides, vielkerniges, nicht zellulär untergliedertes Fusionsplasmodium (Abb. 1.1.13 u. 3.2.8) mit phagotropher Ernährungsweise. Aus den Plasmodien entwickeln sich Fruchtkörper, wobei ein Teil des Plasmas verhärtet und charakteristische Strukturen liefert, während der andere, die Zellkerne enthaltende Teil in Meiosporen umgewandelt wird; sie besitzen eine mindestens 2schichtige Zellwand, die nach neueren Untersuchungen weder Cellulose noch Chitin, sondern hauptsächlich ein polymeres Galactosamin enthält. Als Reservesubstanz wird Glykogen gebildet. Die Myxomyceten sind vielfach in ihren Plasmodien und meistens in ihren Fruchtkörpern lebhaft gefärbt. Die Farb-

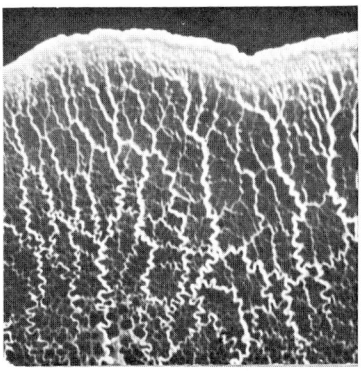

Abb. 3.2.8: *Myxomycota*. Rand des Plasmodiums von *Badhamia utricularis*. (2×; nach Jahn.)

stoffe sind erst teilweise in ihrer chemischen Struktur aufgeklärt und weichen von denen der Pilze ab.

Lebenscyclus: Die Sporen keimen im Wasser oder auf feuchtem Substrat aus. Die Keimfähigkeit bleibt vielfach sehr lange erhalten; so gelang es, Sporen von einer über 70 Jahre alten Herbarprobe zum Auskeimen zu bringen. Die Sporen entlassen dabei entweder einkernige, nackte, amöboid bewegliche Myxamöben oder begeißelte Myxoflagellaten (Abb. 3.2.9 A). Die Myxoflagellaten sind meist 2geißelig, wobei eine Geißel oft zu einem Stummel reduziert ist oder auch ganz fehlt. Wo die zweite Peitschengeißel fehlt, ist wenigstens ein zweiter, funktionslos gewordener Blepharoplast vorhanden. Schwärmer können durch Verlust ihrer Geißeln in Myxamöben übergehen. Diese vermehren sich – wie übrigens auch die Schwärmer – durch Teilung. Myxamöben oder Myxoflagellaten verschmelzen paarweise miteinander zu Amöbozygoten (bzw. begeißelten Planozygoten), in denen dann auch die Kerne fusionieren (Plasmogamie, dann Karyogamie). Das diploide Gebilde entwickelt sich unter zahlreichen mitotischen Kernteilungen zu größeren vielkernigen Plasmodien, die ihrerseits wieder untereinander verschmelzen können (Abb. 3.2.8). Die Mitosen erfolgen intranuclear und bei allen Kernen eines Plasmodiums synchron. In den Plasmodien befindet sich das Plasma in lebhafter Bewegung. Die Plasmodien entwickeln sich bei hoher Luftfeuchtigkeit im Waldboden, in der Streu, zwischen Kräutern, Moosen oder in vermoderndem Holz, später kriechen sie unter Formänderung und Aufteilung langsam auf Oberflächen umher. Zellwände treten in und am Plasmodium, das von einer Schleimhülle umgeben ist, nicht auf. Seine Vorderfront (Abb. 3.2.8) besteht aus dichterem Plasma; nach hinten erscheint es oft in ein Maschenwerk einzelner Stränge aufgelöst. Die Plasmodien gewisser Arten können Durchmesser bis über 20 cm erreichen (z.B. *Fuligo*, *Brefeldia*). Die Fruchtkörperbildung setzt unter bestimmten, noch nicht genügend erforschten exogenen Bedingungen ein (Substraterschöpfung, Licht, Temperatur, pH); möglicherweise wirken auch endogene Faktoren auslösend. Zuvor ändert das Plasmodium sein reizphysiologisches Verhalten; es kriecht aus dem feuchten Substrat dem Licht entgegen und wandelt sich unter starkem Wasserverlust in zahlreiche Sporangien um (Abb. 3.2.9D). Diese Fruchtkörper besitzen eine äußere, oft kalkhaltige Wand, die Peridie, sowie vielfach einen Stiel, der sich in das Innere des Sporangiums als Columella fortsetzen kann und oft ein System aus Fasern, die in ihrer Gesamtheit als Capillitium bezeichnet werden. Diese Strukturen werden aus dem erstarrenden kernlosen Restplasma geformt, das bei der Sporenbildung nicht verbraucht wird. Die Entstehung des Capillitiums wird offenbar durch Ablagerung von Baumaterial in besonderen Vesikeln eingeleitet. Das kernhaltige Plasma bildet durch Zerklüftung einkernige, zunächst diploide Sporen. Als Folge der sich anschließenden Meiose entstehen in jeder Spore 4 haploide Kerne, von denen alle bis auf einen wieder schwinden. Bei der Fruchtreife bricht die Peridie des Sporangiums auf, die Sporen können dann aus dem Capillitiumgerüst herausgeblasen werden; bei einigen Arten fördert das Capillitium in ähnlicher Weise wie die Elateren der Lebermoose die Entleerung des Sporangiums durch hygroskopische Bewegungen. Im Lebenscyclus sind haploid die Myxoflagellaten und die nicht kopulierenden Myxamöben, diploid die Plasmodien, Fruchtkörper und jungen Sporen, wieder haploid die reifen Sporen. Die diploide Phase ist demnach die im Entwicklungsgang vorherrschende.

Die Ernährung der Plasmodien bzw. der ihnen vorausgehenden einzelligen Stadien erfolgt in der Natur wohl stets durch Einverleibung verschiedener Mikroorganismen, wie Bakterien, Protozoen, Sporen, Hefezellen, Pilzhyphen usw. Die Nahrungspartikel werden in Nahrungsvacuolen eingeschlossen und enzymatisch verdaut; Unverdauliches wird nach einiger Zeit ausgeschieden. In Kultur lassen sich die meisten Arten nur dann erhalten, wenn lebende Mikroorganismen (z.B. Bakterien) als Futter angeboten werden. Einige Arten von Myxomyceten konnten auch rein saprophytisch auf Nährböden definierter Zusammensetzung gehalten werden.

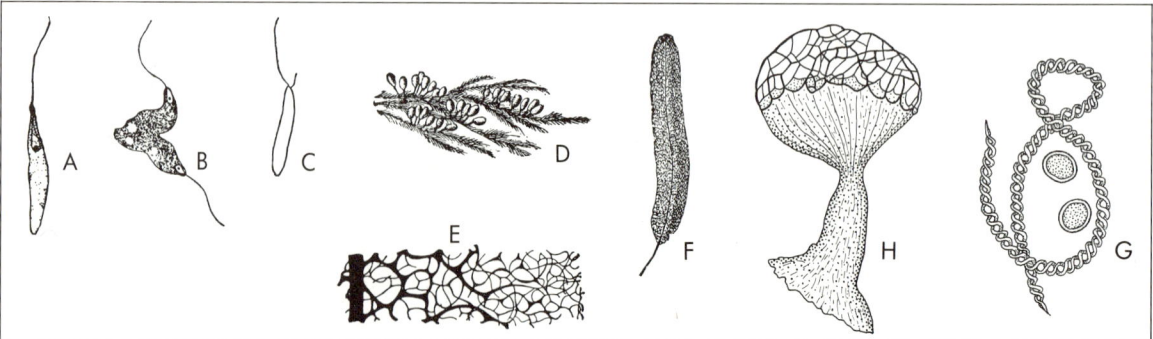

Abb. 3.2.9: *Myxomycota*. A–C Myxoflagellaten; in **A** und **B** kurze Geißel nicht gezeichnet. B Kopulation. (1500×). **D** *Leocarpus fragilis* zahlreiche Fruchtkörper auf Moos (nat. G.) **E** *Comatricha typhoides*, Teil des Capillitiums (180×). **F** *Stemonitis fusca*, Fruchtkörper (5×). **G** *Trichia varia*; Capillitiumfaser und Sporen (300×). **H** *Cribraria rufa*, Fruchtkörper (30×). (A nach Gilbert; B nach von Stosch und von Wettstein; C nach Elliot; D, E, F nach Schenck; G, H nach Lister.)

Systematik: Die Gliederung der Myxomyceten beruht vor allem auf der unterschiedlichen Ausgestaltung der Fruchtkörper. In ursprünglichen Gruppen fehlt ein Capillitium. Eine weitere stammesgeschichtliche Progression führt von sitzenden zu gestielten und von Einzel- zu Sammelfruchtkörpern. Die etwa 500 bekannten Arten werden den folgenden Ordnungen zugeteilt.

1. Ordnung: **Ceratiomyxales.** Die Sporenbildung erfolgt exogen. An der Oberfläche eines säulenförmigen Körpers werden gestielte Sporen (= wohl einsporige Sporangien) abgegliedert. Jede Spore entläßt bei der Keimung einen Plasmaschlauch mit 4 haploiden Kernen, aus denen nach Mitose 8 haploide Schwärmer entstehen. Die Ordnung enthält nur eine Gattung, *Ceratiomyxa*, mit einer formenreichen Art, die kosmopolitisch verbreitet auf morschem Holz lebt.

In allen folgenden Ordnungen (2–6) werden die Sporen endogen im Inneren der Fruchtkörper gebildet.

Die Fruchtkörper formen sich bei den nächsten vier Ordnungen (2–5) aus halbkugeligen Vorwölbungen des Plasmodiums, die zunächst mit diesem und untereinander durch Plasmastränge verbunden, später jedoch isoliert werden: Die dem Substrat anliegende, grundständige Schicht des Plasmodiums («Hypothallus») bleibt bei der Fruchtkörperreife entweder überhaupt nicht oder nur als Überbleibsel einer Schleimhaut erhalten.

2. Ordnung: **Liceales.** Im Gegensatz zu den sich anschließenden Ordnungen (3–6) fehlen Capillitium und Columella (z.B. *Lycogola; Cribraria*, Abb. 3.2.9H).

3. Ordnung: **Echinosteliales.** Columella vorhanden.

4. Ordnung: **Trichiales.** Eine Columella fehlt; Capillitium besteht aus frei endenden Fasern, wie bei *Trichia* (Abb. 3.2.9 G).

Bei allen drei vorausgehenden Ordnungen (2–4) sind die Sporenmassen blaß gefärbt.

5. Ordnung: **Physarales.** Die Sporenmassen sind schwarz oder tief violett- bis rostfarbig. Auf der Peridie und oft auch auf dem Capillitium sind weiße Kalkablagerungen sichtbar (z.B. *Didymium*). Hierzu zählen auch *Leocarpus* (Abb. 3.2.9D); *Badhamia* (Abb. 3.2.8); *Fuligo septica* (sog. «Lohblüte» auf Gerberlohe) mit Sammelfruchtkörper (Aethalium). – Bei der

6. Ordnung: **Stemonitales** entwickeln sich die zuletzt 0,5–1–2 cm großen Fruchtkörper aus einem «Hypothallus». Sie sind in ihrem Inneren in Columella, Capillitium und Sporen differenziert. Bei *Stemonitis* bildet das Capillitium nach außen ein geschlossenes Netz, bei *Comatricha* frei endende Fasern (Abb. 3.2.9E). *Lamproderma* besitzt eine metallisch irisierende Peridie, bei *Brefeldia* ist der flache, große Fruchtkörper aus vielen Sporangien zusammengesetzt (Aethalium).

Die praktische Bedeutung der Myxomyceten ist gering. Als physiologisches und biochemisches Untersuchungsobjekt hat *Physarum (Physarales)* großes Interesse gefunden.

In den nächsten beiden Klassen entstehen Plasmodien ohne vorausgehende sexuelle Vorgänge direkt aus Einzelzellen (keine Fusions- oder Aggregationsplasmodien).

II. Klasse: Protosteliomycetes. Die vielkernigen netzartigen Plasmodien bilden sich aus (un)begeißelten Zellen. An schlanken Stielen werden ein bis vier Sporen exogen abgegliedert.

III. Klasse: Labyrinthulomycetes. Sie enthalten Arten, die im Salzwasser lebende Pflanzen (z.B. *Zostera, Laminaria*) endoparasitisch befallen. Charakteristisch sind vielzellige Netzplasmodien; diese entstehen durch Teilung zweigeißeliger Flagellaten innerhalb einer sich vergrößernden Schleimhülle. Manche Autoren ordnen die Klasse neuerdings auch in die Oomycota (S. 554) ein.

Dritte Abteilung: Plasmodiophoromycota

Diese Abteilung weicht von allen bisher besprochenen Schleimpilzen durch den Besitz von **Chitinzellwänden**, sowie durch eine Besonderheit der Kernteilung ab: in der Metaphase ordnen sich die Chromatinmassen senkrecht zu beiden Seiten des großen, etwas gestreckten Nucleolus an, so daß eine kreuzförmige Teilungsfigur innerhalb der Kernmembran entsteht. Es muß fraglich bleiben, ob man – wie dies z.T. geschieht – die *Plasmodiophoromycota* als endoparasitisch gewordene Abkömmlinge der Myxomyceten auffassen darf, denen sie allerdings in der Begeißelung ihrer Zoosporen mit 2 ungleich langen Geißeln ähneln. In ihrem Entwicklungscyclus treten **haploide und diploide Plasmodien** auf; bei den Myxomyceten sind sie stets diploid, bei den Protosteliomyceten haploid.

Ein bekannter Vertreter der einzigen Klasse **Plasmodiophoromycetes** ist *Plasmodiophora brassicae;* der Erreger der Kohlhérnie (Abb. 3.2.10). Lebenscyclus: Überwinterte **Dauersporen** (Ruhesporen, Hypnosporen) des Parasiten keimen im Frühjahr im Boden mit zweigeißeligen haploiden Zoosporen aus, die – nach Abwurf ihrer Geißeln – amöboid in die Wurzelhaare junger Kohlpflänzchen eindringen. Hier bildet jede heranwachsende parasitische Amöbe vielkernige haploide Plasmodien aus (Abb. 3.2.10B). Diese können sich in mehrkernige Portionen zerteilen, die ihrerseits – nach Auflösung der Zwischenzellwände des Wirtsgewebes – von Zelle zu Zelle weiterwandern und solcherart den Infektionsherd schnell vergrößern. Später entstehen nach Zerfall der Plasmodien in zunächst einkernige, dann vielkernige Bereiche vielkernige Gametangien. Diese zerfallen in eine der Kernzahl entsprechende Anzahl zweigeißeliger **Gameten**, die nach Zerstörung des Wirtsgewebes frei werden und im Boden miteinander kopulieren.

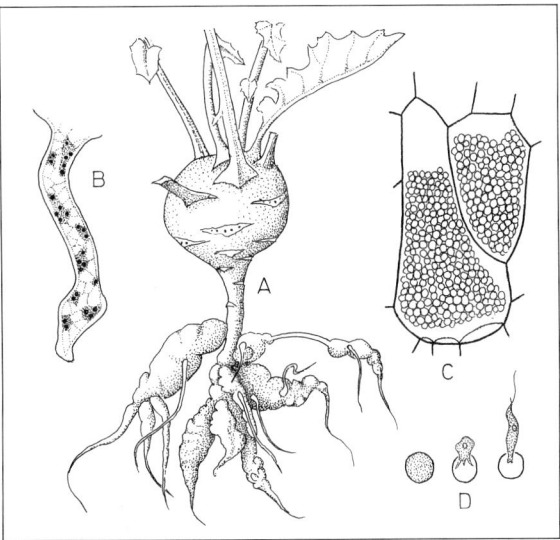

Abb. 3.2.10: *Plasmodiophoromycota, Plasmodiophora brassicae.* **A** Kohlhérnie an Wurzeln einer Kohlrabipflanze (⅓×). **B** Plasmodien in Wurzelhaar (300×). **C** Zellen der Wurzelrinde mit Sporen (520×). **D** Sporenkeimung (1240×). (A nach Ross; B nach Chupp; C und D nach Woronin.)

Die diploiden Planozygoten dringen – nach Abwerfen ihrer Geißeln – erneut in die Wurzeln der inzwischen erstarkten Kohlpflanzen ein (nun nicht mehr ausschließlich durch die Wurzelhaare), wo sie zu vielkernigen zellwandfreien Protoplasten – den diploiden Plasmodien – heranwachsen. Die Wirtspflanzen reagieren mit der Bildung kropfartiger Tumoren («Hernie» oder Wurzelkropf, Abb. 3.2.10 A). Unter Meiose entstehen schließlich in ihren Wirtszellen und in den Kröpfen überdauernde dickwandige haploide Meiosporen (Ruhesporen, Hypnosporen), die mit der befallenen Pflanze überwintern und im Frühjahr – nach Zerstörung des faulenden Kropfgewebes – erneut in den Boden gelangen.

Zoosporen und Gameten tragen apical zwei sehr ungleich lange, flimmerlose Geißeln (Abb. 3.2.12). Der Wechsel zwischen haploiden und diploiden Plasmodien entspricht einem Generationswechsel; allerdings ist der Lebenscyclus in seinem Ablauf wie auch hinsichtlich der Karyogamie und Meiose noch keineswegs eindeutig geklärt.

Die Arten einiger verwandter Gattungen (z.B. *Polymyxa*) parasitieren auf verschiedenen Land- und Wasserpflanzen, wobei sie ähnliche Organanschwellungen erzeugen (60 obligat endoparasitische Arten in Gefäßpflanzen, Algen und Pilzen).

Rückblick auf die **Schleimpilze**: Die Schleimpilze (ca. 600 Arten) stehen an der Basis der stammesgeschichtlichen Entwicklung heterotropher Eukaryoten. Primäre Ursprünglichkeit haben sich, wohl ausgehend von farblosen Flagellaten, die Protosteliomyceten und Myxomyceten, sowie ausgehend von Amöben, die Acrasiomyceten bewahrt. Diese Gruppen nehmen wegen ihrer morphologischen und entwicklungsgeschichtlichen Besonderheiten eine sehr isolierte Stellung im Stammbaum ein («Mycetozoa»). Bei den Labyrinthulomyceten und Plasmodiophoromyceten ist die Frage, ob das Plasmodium ursprünglich oder erst sekundär infolge endoparasitischer Lebensweise entstanden ist, nicht zu entscheiden. Im zweiten Falle wären diese Klassen bei den jetzt folgenden Pilzen anzuschließen und dort von Gruppen mit verwandten Merkmalen abzuleiten. Allerdings kommen Schwärmer mit zwei ungleich langen, glatten Geißeln, wie wir sie bei Myxomyceten, Protosteliomyceten, Labyrinthulomyceten und Plasmodiophoromyceten finden, dort nirgends vor.

B. Organisationstyp: Pilze

Die Pilze im engeren Sinne haben wie die Schleimpilze keine Plastiden und kein Chlorophyll; sie leben als Saprophyten oder Parasiten im Süßwasser und auf dem Lande, seltener im Meer. Sie lassen sich vielfach – und zwar die Mehrzahl der Saprophyten, wie auch manche Parasiten – auf geeigneten Nährböden kultivieren; sie sind nicht nur hinsichtlich des Kohlenstoffs, sondern manche auch bezüglich des Stickstoffs und gewisser Wirkstoffe heterotroph. Es sind eukaryotische, einen Thallus (Lager) bildende Organismen, die – obwohl traditionsgemäß den Pflanzen zugerechnet – eine Sonderstellung einnehmen. Im Gegensatz zu den Schleimpilzen ist kein Plasmodium vorhanden, vielmehr ein Thallus, der meist nicht nackt und amöboid, sondern von einer Zellwand aus Chitin, Cellulose, Glucanen etc. umgeben ist. Der Vegetationskörper ist selten bläschen- oder tropfenförmig, häufiger fädig. Der einzelne Pilzfaden wird Hyphe, die Gesamtheit von Hyphen außerhalb von Fruchtkörpern Mycel genannt. In den Fruchtkörpern sind die Hyphen zu Flechtthalli verflochten.

Bei den Pilzen lassen sich die folgenden Organisationsstufen unterscheiden:

a) Nackte parasitierende Protoplasten (z.B. *Olpidium*, S. 558).

In allen folgenden Fällen sind Zellwände für die vegetative Phase kennzeichnend.

b) Rhizoidmycel: eine kernhaltige Blase zerteilt sich im Substrat in fädige, keine Kerne enthaltende Ausläufer (z.B. *Rhizophydium*, Abb. 3.2.16 K).

c) Sproßmycel: der Thallus besteht aus tropfenförmigen oder etwas gestreckten Zellen, die durch Sprossung Tochterzellen bilden. Unvollkommene Abgliederung läßt kurze Ketten von aneinanderhängenden Zellen entstehen (z.B. bei Hefe; Abb. 1.1.60), die zum

d) Pseudomycel überleiten. Hier verbleiben aus Sprossung hervorgegangene Zellen in einem kettenförmigen, verzweigten Verbande (ähnlich Abb. 3.2.21 G).

e) Hyphenmycel und Fruchtkörpergeflechte: der Thallus wird aus fädigen Zellen gebildet; diese sind meist verzweigt, z.T. ungegliedert schlauchförmig (siphonal; Abb. 3.2.20 D), z.T. auch durch Querwände regelmäßig septiert (trichal; Abb. 3.2.36 A). Die Hyphen sind oft verfilzt, bzw. zu Fruchtkörpern verflochten (Abb. 3.2.36 B).

Pilze mit Thalli in Form blasiger Einzelzellen oder nicht septierter Hyphen werden auch als Phycomyceten (Algenpilze) zusammengefaßt und Pilzen mit septiertem Hyphenmycel gegenübergestellt. Die Querwände letzterer sind von einem zentralen, einfachen oder komplexen Porus durchbrochen. Der Porus ist meist offen und gestattet so den Durchtritt von Plasma und Kernen. Das Plasma befindet sich innerhalb der Hyphen in lebhafter Bewegung.

Als Speicherstoffe treten Glykogen und Fett in weiter Verbreitung auf; seltener sind Mannit und andere Stoffe; Stärke kommt bei den Pilzen nicht vor.

Die Vermehrung erfolgt durch viele Arten von Keimzellen, die bei endogener Entstehung als Sporen bezeichnet werden. Conidien bilden sich stets exogen und dienen der ungeschlechtlichen Vermehrung, ausnahmsweise als Überträger von ♂ Kernen bei der sexuellen Fortpflanzung. Bei Wasserbewohnern sind die Sporen nackte, begeißelte Schwärmer (Zoosporen, Planosporen), bei Landbewohnern sind sie mit Zellwänden umgeben und unbegeißelt (Aplanosporen). Sporen können auf geschlechtliche Vorgänge folgend nach der Meiose entstehen (Meiosporen) oder sich nach mitotischen Kernteilungen bilden (Mitosporen). Manche Pilze können sich auch durch Zerfall des Mycels in einzelne Zellen (Oidien) vermehren. Vielfach werden Dauerzustände in Form fester, knolliger Hyphenverbände (Sclerotien) angelegt. Beachtlich sind Verflechtungen zu meterlangen, schnurähnlichen Strängen (Rhizomorphen), die der Ausbreitung dienen (z.B. bei *Armillaria mellea*).

Bei der geschlechtlichen Fortpflanzung kopulieren Gameten (Iso-, Aniso- und Oogamie), ganze Gametangien (Gametangiogamie s.S. 478, 562), Gameten bzw. Conidien mit Gametangien (Gameto- bzw. Conido-Gametangiogamie) oder zwei nicht als spezifische Sexualzellen differenzierte Thalluszellen (Somatogamie s.S. 478, 577). Gametangien sind – falls vorhanden – niemals von einer vielzelligen Wand umgeben; sie werden daher übereinstimmend mit den Algen nicht als Antheridien und Archegonien (s.S. 477) bezeichnet, sondern je nach Differenzierung, Bildungsweise und Weiterentwicklung einfach als ♂ oder ♀ Gametangien (S. 477) bzw. u.a. als Spermatogonien (♂, S. 600), Spermatangien (♂, S. 600), Oogone (♀, S. 477) und Ascogone (♀, S. 567).

Vielfach herrscht die vegetative Vermehrung vor, in manchen Fällen ist die geschlechtliche Fortpflanzung unbekannt bzw. im Verlaufe der stammesgeschichtlichen Entwicklung verloren gegangen. Diejenigen Thallusteile, welche ohne Kernphasenwechsel vegetative Vermehrungskeime (Mitosporen, Conidien etc.) bilden, werden bei den Pilzen Nebenfruchtform (Anamorphe) genannt. Im Gegensatz dazu besteht die Hauptfruchtform (Teleomorphe) aus Thallusteilen, in denen Kernverschmelzung (Karyogamie) und Kernphasenwechsel (Meiose) stattfinden.

Geschlechtsverteilung und Differenzierung in ♂ und ♀ Organe bzw. Keimzellen sind oft nicht augenfällig. Immerhin kann der gespendete Kern als ♂, der empfangende als ♀ definiert werden. Unter dieser Voraussetzung ist die Geschlechtsverteilung als diöcisch oder monöcisch zu kennzeichnen. (Abb. 3.2.11). Diöcie liegt vor (vgl. S. 500), wenn ein Mycel entweder nur zum Kernempfänger oder nur zum Kernspender bestimmt ist (Abb. 3.2.11 links). Bei Monöcie kann jedes einzelne Mycel sowohl als Kernspender wie auch als Kernempfänger auftreten.

Das folgende, vielfach für das Fortpflanzungsverhalten von Pilzen benutzte Begriffspaar ist mit den eben definierten Bezeichnungen nicht deckungsgleich und beruht auf anderen genetischen Grundlagen. Homothallische Pilze bilden in Kulturen aus Einzelsporen Zygoten bzw. Fruchtkörper, während bei heterothallischen dazu zwei Mycelien unterschiedlichen Kreuzungstyps (z.B. + und –) notwendig sind.

Bei monöcisch-heterothallischen Pilzen ist eine Verschmelzung von Kernen eines einzigen Mycels unmöglich (wie im Falle der Diöcie). Genetisch beruht diese Unverträglichkeit auf mindestens 2 Allelen eines Kreuzungsfaktors, die man mit + und – (oder mit anderen Symbolen) bezeichnet. Kerne mit identischen Anlagen (z.B. + und +) sind unverträglich und verschmelzen nicht miteinander; man spricht daher von homogenischer Inkompatibilität, (Abb. 3.2.11, rechts; s.S. 484). Heterogenische Inkompatibilität ist bei der Kreuzung geographischer Rassen einer Art nachgewiesen worden; sie beruht auf der Unverträglichkeit verschiedener Anlagen.

Die Schwärmer (Zoosporen, Gameten) der Pilze lassen verschiedene Typen der Begeißelung erkennen: opisthokont: mit einer einzigen glatten Schubgeißel; – akrokont: mit einer einzigen mit Flimmerhaaren besetzten Zuggeißel; – heterokont mit Flimmergeißel: 2 Geißeln, von denen die glatte eine Schleppgeißel, die mit Flimmerhaaren versehene eine Zuggeißel ist.

Die Pilze sind in Gestalt und Ontogenie außerordentlich mannigfaltig und weithin noch unzureichend erforscht. Ihre systematische Gliederung befindet sich in vielen Bereichen noch in lebhafter Diskussion.

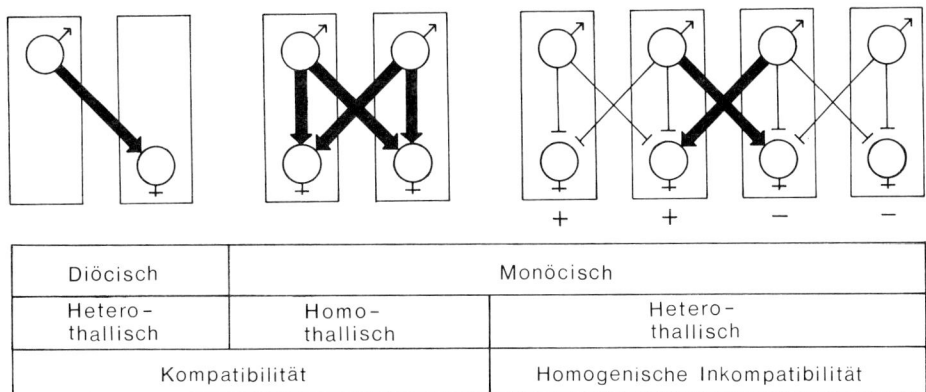

Abb. 3.2.11: Sexualverhalten der Pilze. Die Rechtecke stellen Mycelien mit ♂ Kernspender- und/oder ♀ Kernempfängerorganen dar. Diöcie: ♂ und ♀ auf verschiedenen Mycelien. Monöcie: ♂ und ♀ auf dem gleichen Mycel. Heterothallie: ein isoliertes Einzelmycel vermag keine Zygoten zu bilden. Bei monöcischen Pilzen kann Heterothallie durch homogenische Inkompatibilität bedingt sein: d.h. es sind nur solche ♂ Kerne mit ♀ kompatibel, die sich in ihrem Kreuzungsfaktor unterscheiden, also – ♂×+♀ und + ♂×–♀, nicht jedoch z.B. – ♂×–♀. (Nach Esser.)

Erste Abteilung: Oomycota

Die etwa 500 Arten dieser Abteilung unterscheiden sich in einer Reihe von Merkmalen von allen anderen Pilzen. Der seltener einzellige *(Lagenidiales)*, meist **siphonale Thallus** besitzt fast stets Cellulose-Wände. Die Fortpflanzung erfolgt durch Verschmelzung von ♂ Gametangien mit Oogonien (Gametangiogamie); erstere bilden in die Oogonien einwachsende Befruchtungsschläuche. Nach der Befruchtung entwickeln sich in den Oogonien die Zygoten in Ein- bis Mehrzahl (sog. «Oosporen»). Sofern bei der ungeschlechtlichen Vermehrung Zoosporen entstehen, sind sie heterokont begeißelt; sie tragen eine nach vorn gerichtete Flimmergeißel und eine nach hinten schlagende glatte, meist etwas längere Schleppgeißel (Abb. 3.2.12 C, E). Außerdem sind die **Oomyceten** (einzige Klasse der Abteilung) nach allen bisherigen Kenntnissen durchweg **Diplonten**: mit Meiose vor der Gametenbildung in den Gametangien (gametischer Kernphasenwechsel). Flechtthalli und Fruchtkörper werden nicht gebildet.

In ihrem Stoffwechsel haben die Oomyceten über den Chemismus der Zellwand hinausgehend folgende weitere Eigenheiten: Das Zellwandprotein enthält Hydroxyprolin. Die Biosynthese von Lysin erfolgt mit Verknüpfung von Pyruvat und Aspartat zu Dihydrodipicolinsäure über den Diaminopimelinsäure-Weg (bei den anderen Pilzen über Aminoadipinsäure). Nicotinsäure wird nicht aus dem Grundbaustein Tryptophan (wie bei den Tieren und den anderen Pilzen) sondern aus C-3-Verbindungen synthetisiert. Die am Tryptophan-Stoffwechsel beteiligten Enzyme bilden einen spezifischen, sonst nirgends vorkommenden, durch das Assoziationsverhalten charakterisierten Typ. Das Molekulargewicht der ribosomalen RNA (25 s-Fraktion) ist von dem anderer Pilze (Ausnahme Schleimpilze) verschieden. Die Oomyceten sind weitgehend farblos; es konnten aus ihnen keine Pigmente isoliert werden.

Alle diese morphologischen wie chemischen Merkmale sowie der diplontische Lebenscyclus sprechen für die Eigenständigkeit der *Oomycota* gegenüber den übrigen Abteilungen der Pilze.

Die Arten mit einer als ursprünglich zu bewertenden Merkmalsausstattung sind Bewohner des Wassers und meistens Saprophyten. Die stärker abgeleiteten Landbewohner sind Parasiten höherer Pflanzen. Diese Gliederung in Gruppen unterschiedlicher Lebensweise kommt in den zwei wichtigsten Ordnungen (1 und 3) der Oomyceten zum Ausdruck.

1. Ordnung: **Saprolegniales.** Das schlauchförmige, querwandlose, vielkernige Mycel (Abb. 3.2.13 C) lebt im Wasser, meist in Süßwasser, bei einigen Arten auch in Brackwasser, meist saprophytisch an untergetauchten, faulenden Pflanzenteilen und Insektenleichen, seltener parasitisch auf geschwächten lebenden Fischen. Zur vegetativen Fortpflanzung schwellen Hyphenenden zu schwach abgesetzten, keulenförmigen Zoosporangien an und grenzen sich durch ein Septum gegenüber ihrer Traghyphe ab; unter Plasmazerklüftung entstehen in ihnen einkernige, birnenförmige, ausschwärmende Mitosporen mit 2 ungleich langen apicalen Geißeln, von denen die eine mit zwei Reihen von Flimmerhaaren besetzt ist (Abb. 3.2.13 A; 3.2.12 C, E). Nach dem Schwärmen werden die Geißeln eingezogen. Die nunmehr kugeligen und mit einer Wand umgebenen Sporen entwickeln sich auf geeignetem Substrat unter Bildung eines Keimschlauches zu einer neuen Pflanze.

Bei manchen Oomyceten werden zunächst nochmals Zoosporen gebildet. Diese zweiten Schwärmer (B) unterscheiden sich hinsichtlich der Gestalt und der Inserierung der Geißeln von den zuerst gebildeten (A): sie sind nierenförmig und haben seitenständige Geißeln (B). Diese Erscheinung der **Diplanetie** ist für *Saprolegnia* – und nur hier – kennzeichnend.

Bei anderen Gattungen treten die primären Zoosporen nur innerhalb bzw. nahe des Sporangiums *(Achlya)* oder überhaupt nicht mehr auf *(Thraustotheca, Dictyuchus)*; im letzteren Fall ist die Diplanetie aufgegeben worden. Bei *Aplanes* erschei-

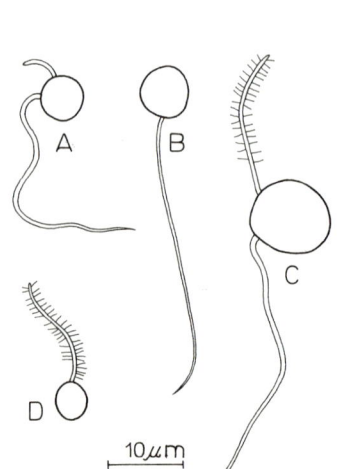
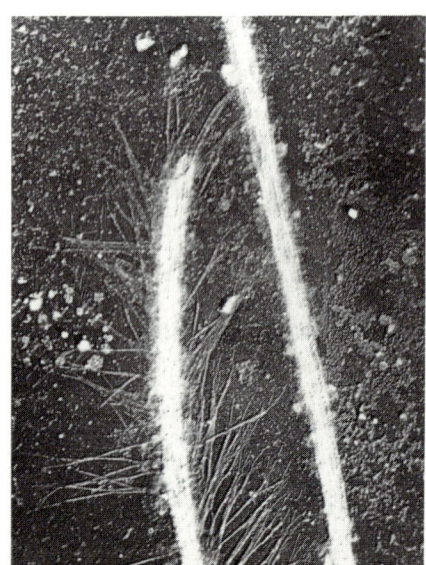

Abb. 3.2.12: Begeißelungstypen der aktiv beweglichen Keimzellen von Schleimpilzen und Pilzen. A *Plasmodiophora* (*Plasmodiophoromycetes*; 2 glatte Geißeln). B *Cladochytrium* (*Chytridiomycetes*; opisthokonte Schubgeißel). C *Achlya* (*Oomycetes*; heterokont, mit beflimmerter Zug- und glatter Schleppgeißel). D *Rhizidiomyces* (*Hyphochytridiomycetes*; akrokonte, beflimmerte Zuggeißel). E *Oomycetes*. Flimmergeißel (links) und Peitschengeißel (rechts) einer Zoospore von *Phytophthora infestans*. A–C nach Kole & Gielink und Couch; E 8000×; nach Kole & Horstra.)

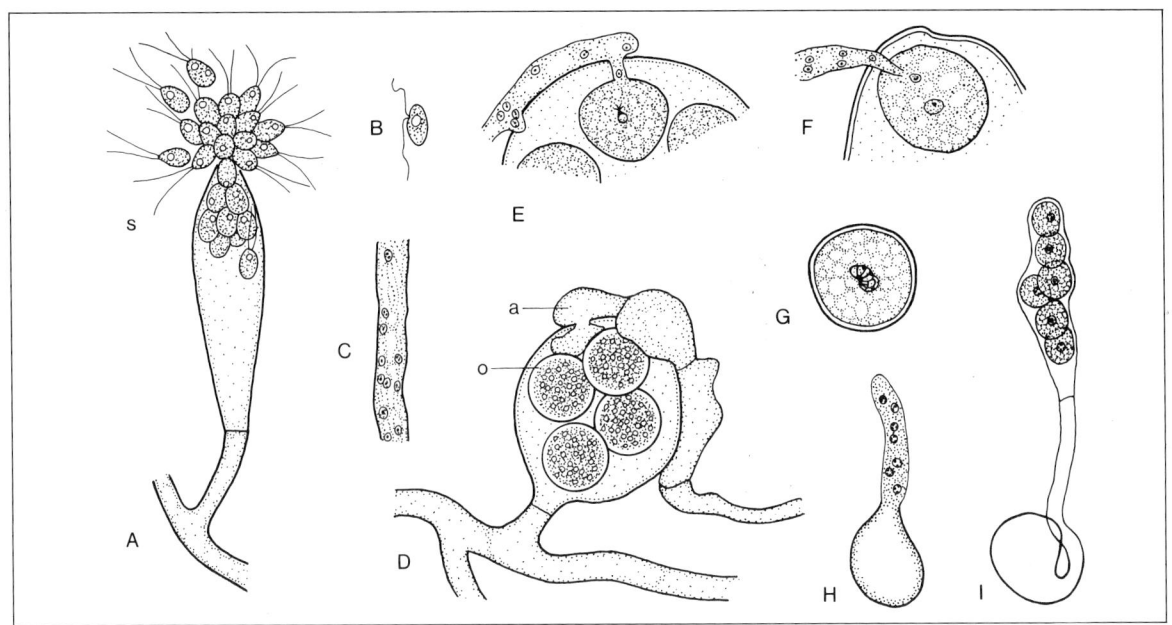

Abb. 3.2.13: *Oomycota, Saprolegniales*. **A** Sporangium, die akrokont zweigeißeligen Zoosporen s entlassend (200×). **B** Zweiter Sporentypus mit seitlicher Begeißelung (etwa 350×). **C** Stück der Schlauchhyphe mit zahlreichen Kernen (500×). **D** Hyphe mit Geschlechtsorganen: a ♂ Gametangium, das Befruchtungsschläuche in das Oogonium getrieben hat, o befruchtete Eier (600×). **E** Befruchtungsschlauch mit ♂ Kernen, **F** ♂ Kern in ein Ei eindringend. **G** Zygote mit verschmelzenden Kernen (E–G 600×). **H** Keimschlauch. **I** Keimsporangium mit noch unbeweglichen Zoosporen (H–I 14000×). A, B, D *Saprolegnia mixta*; C *Thraustotheca*; E–G *Achlya flagellata*; H *Isoachlya intermedia*; I *Thraustotheca primoachlya*. (A, D nach Klebs; B nach Höhnk; C nach Schrader; E–G nach Moreau; H–I nach A.W. Ziegler).

nen keine Zoosporen; die sich innerhalb des Sporangiums encystierenden Sporen durchwachsen mit Keimschläuchen die Wand desselben. Ähnlich verhält sich *Geolegnia*, mit dem Unterschied, daß die Sporen aus dem Sporangium freigesetzt werden, ehe sie mit einem Keimschlauch keimen. *Saprolegnia* zeigt ein typisches Kennzeichen an den entleerten Sporangien: sie werden von ihren eigenen Trägerhyphen durchwachsen; diese bilden alsdann innerhalb des entleerten Sporangiums sofort ein neues.

Die Gametangien sind durch Querwände von den schlauchförmigen Traghyphen getrennt. Die kugeligen Oogonien enthalten anfangs viele Kerne, die aber zum größten Teil zugrunde gehen, worauf sich um jeden der übrigbleibenden Plasma ansammelt (Oosphäre) und sich zu je einem kugelrunden, nackten Ei kontrahiert, von denen eines bis mehrere frei (d.h. ohne Umhüllung durch Periplasma) im Oogonium liegen. Die vielkernigen ♂ Gametangien bilden keine Sexualzellen aus, sondern zur Befruchtung legt sich das ♂ Gametangium als Ganzes, chemotropisch (durch Antheridiol, Oogoniol) gesteuert an das Oogonium und treibt einfache oder verästelte Befruchtungsschläuche in das Oogonium hinein bis zu den Eizellen (Abb. 3.2.13 E, F; Analogie zur Pollenbefruchtung der Samenpflanzen), in die nun je ein ♂ Kern entlassen wird, um mit dem Eikern zu verschmelzen. Hierauf bildet sich jedes Ei zu einer Cystozygote mit derber, gegen Mikroorganismenangriffe resistenter Wand um (Gametangiogamie, vgl. S. 478).

Die Zygoten keimen nach einer Ruhepause ohne Reduktionsteilung mit einem vielkernigen Keimschlauch aus, der meist bald ein Keimsporangium bildet (Abb. 3.2.13 I). Es gibt monöcische (♂ Gametangien und Oogonien am selben Thallus) und diöcische Arten.

Hier lassen sich die **Leptomitales** (2. Ordnung) anschließen; sie sind submers lebende Saprophyten mit regelmäßig eingeschnürten, jedoch nicht septierten Hyphen und blasenförmigen Sporangien. Im Oogon entwickelt sich wie in der folgenden Ordnung eine von Periplasma umgebene Oospore. *Leptomitus* ist ein Bewohner stark verschmutzten Wassers (Abwasserpilz).

3. Ordnung: **Peronosporales**. Sie umfaßt Parasiten, die als «falsche Mehltaupilze» (so besonders die *Peronosporaceae*) vorwiegend höhere Landpflanzen befallen. Die interzellulär im Wirtsgewebe wachsenden Pilzhyphen senden kurze Fortsätze – Haustorien (Abb. 3.2.15 D) – in die lebenden Zellen. Meist wächst das Mycel aus den Spaltöffnungen der Wirte heraus und bildet hier makroskopisch als Schimmelrasen erkennbare, verzweigte Sporangienträger (Abb. 3.2.15 A), die eine große Zahl von Zoosporangien tragen. Die Sporangien weichen von denen der *Saprolegniales* ab, indem sie von den Trägerhyphen meist als kugelige oder ellipsoidische Gebilde abgesetzt sind. Meistens (z.B. bei *Plasmopara*) werden die ganzen (!) Sporangien durch den Wind auf die Blätter anderer Pflanzen getragen, wo sie in Wassertröpfchen (Regen, Tau) ihren inzwischen aufgeteilten Inhalt in Gestalt einer Anzahl nierenförmiger Schwärmsporen entlassen (den sekundären Zoosporen von *Saprolegnia* entsprechend, Abb. 3.2.15 C₃; hier also keine Diplanetie).

Im Zusammenhang mit einer fortschreitenden Anpassung an das Landleben (vgl. Algen S. 604, 634) werden

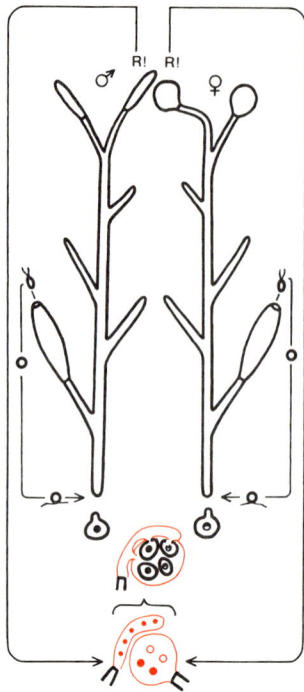

Abb. 3.2.14: *Oomycota, Saprolegniales.* Lebenskreislauf. Rote Linien: Haplophase; schwarze Linien: Diplophase; R! Reduktionsteilung. Diplogenotypische Geschlechtsbestimmung (○ = ♀ Kern; ● = ♂ Kern).

die Zoosporangien der *Peronosporales* zunehmend zu Conidien.

Bei *Pythium* entlassen die an ihren Trägern fixierten Zoosporangien stets Zoosporen. Die Sporangien sind den vegetativen Hyphen sehr ähnlich. Bei *Phytophthora, Plasmopara* und *Pseudoperonospora* lösen sich die Sporangien und werden durch den Wind verbreitet; sie keimen in der Regel mit Zoosporen, unter besonderen äußeren Bedingungen (geringe Feuchtigkeit!) jedoch auch mit Keimschläuchen. Bei *Phytophthora* sind die Sporangienträger von den übrigen Hyphen bereits deutlich verschieden; sie können nach der Abtrennung der Sporangien wie die vegetativen Hyphen weiterwachsen. Bei *Plasmopara, Pseudoperonospora* und *Peronospora* sind die Sporangien- bzw. Conidienträger morphologisch in artspezifischer Weise differenziert; ein Auswachsen der Träger nach der Sporulation erfolgt hier nicht. *Peronospora*-«Sporangien» keimen nur noch mit infektionsfähigen Hyphen aus; die den Sporangien homologen Organe sind damit zu Conidien geworden, die durch Bewegungen der Träger bei abnehmender Luftfeuchte aktiv abgeschleudert werden.

Die Sexualorgane entstehen im Inneren der Wirtspflanze, die Oogonien als kugelige Anschwellungen von Hyphenenden, die ♂ Gametangien als schlauchförmige Ausstülpungen (Abb. 3.2.15E). Beide Organe werden durch Querwände abgegrenzt und enthalten viele Kerne. Eine scharfe Umgrenzung von ♂ Gameten unterbleibt; die in der Regel einzige Eizelle jedes Oogons ist von Periplasma umgeben. Die Befruchtung und die Ausbildung der Zygote im Oogon sind in der Abb. 3.2.15E–G am Beispiel der Gattungen *Peronospora* und *Albugo* dargestellt.

Die Zahl der befruchtungsfähigen Kerne im ♂ Gametangium und im Oogonium variiert je nach Gattung von vielen bis zu 1. In den befruchteten Oogonien entsteht je eine Oospore, die teilweise viele diploide Kerne enthalten kann (Coenozygote).

Bei einigen Peronosporaceen (so bei *Basidiophora entospora*) fehlen funktionsfähige ♂ Gametangien vollständig; hier erfolgt paarweise Verschmelzung der Kerne eines Oogoniums (Autogamie). Einige Arten vermehren sich in weiten Teilen ihres Verbreitungsgebietes nur ungeschlechtlich. Der heterothallische Kartoffelmehltau *(Phytophthora infestans)* ist in seiner süd- und mittelamerikanischen Heimat in beiden Kreuzungstypen vertreten, so daß dort auch geschlechtliche Fortpflanzung nachgewiesen ist. In Europa, Nordamerika usw. ist jedoch offenbar nur einer der beiden Kreuzungstypen eingeschleppt worden; hier erfolgt die Vermehrung daher ausschließlich vegetativ durch die Nebenfruchtform.

Die Keimung der Zygoten vollzieht sich entweder direkt unter Entlassung von Zoosporen oder, häufiger, über einen Keimschlauch, der an seinem Ende ein Sporangium mit Zoosporen (Abb. 3.2.15H) bildet. In abgeleiteten Fällen dringt der Keimschlauch, ohne daß er noch ein Zoosporangium abgliedert, unmittelbar in das Wirtsgewebe ein (in Analogie zur Umwandlung der Zoosporangien in Conidien).

Innerhalb der Gattungen (besonders *Peronospora*) sind die Arten vielfach auf einen oder wenige Wirte spezialisiert. Die Sippendifferenzierung ist mit unterschiedlicher Wirtswahl und einer zunächst mehr oder minder kontinuierlichen, bei weiter fortgeschrittener Artbildung diskontinuierlichen Abänderung morphologischer Merkmale (z.B. Conidiengröße) verbunden. Da diese Merkmale zugleich auch einer umweltbedingten Variabilität (z.B. Beeinflussung der Conidiengröße, abgesehen vom Alter auch durch Temperatur, Feuchtigkeit, Substrat) unterliegen, kann der genetisch bedingte Artbildungsprozeß und damit die Artunterscheidung durch Modifikationen verschleiert sein.

Lebensweise der Peronosporales: Nur wenige Glieder der Ordnung leben im Süßwasser oder im Boden (einige Vertreter der *Pythiaceae*). Als vorwiegend auf Landpflanzen parasitierende Pilze (z.B. *Peronosporaceae, Pythiaceae*) können sie zahlreiche Krankheiten an Kulturgewächsen hervorrufen. Sie können über die ganze Erde verbreitet sein, bleiben jedoch auf hohe Feuchtigkeit angewiesen.

Ein gefährlicher Kartoffelschädling ist *Phytophthora infestans (Pythiaceae)*; der Pilz bedingt die Krautfäule der Kartoffel und greift auch auf die Knollen über, da bei Regen Sporangien von den Blättern in den Boden geschwemmt werden und die Knollen durch die Lenticellen infizieren. Die Zoosporen werden von den Wurzeln chemotaktisch angelockt; dies geschieht bei den verschiedenen wirtsspezifischen Arten nur durch den jeweiligen Wirt. In nassen Jahren können bei uns mehr als 20% der Kartoffelernte vernichtet werden. Im vorigen Jahrhundert haben Epidemien der Bevölkerung ganzer Landstriche die Ernährungsgrundlage entzogen. So wurde der Kartoffelmehltau 1845/46 zur Ursache einer großen, die Bevölkerung stark dezimierenden Hungersnot in Irland, der eine Auswanderungswelle in die USA folgte. Bis heute ist die ehemalige Bevölkerungszahl von 8 Millionen nicht wieder erreicht worden.

Ebenfalls wirtschaftlich von Bedeutung ist der durch *Plasmopara viticola (Peronosporaceae)* hervorgerufene «falsche Mehltau» der Weinrebe («Peronosporakrankheit» Abb. 3.2.15A), der bei feuchtem Wetter epidemisch auf den Blättern auftritt und sie zum Abfallen bringt; die Beeren verwandeln sich daraufhin in «trockenfaule» Lederbeeren. Von der Weinernte werden jährlich etwa 20% durch diese und andere, weniger wichtige Pilzkrankheiten vernichtet (weitere 20% durch tierische Schädlinge). Peronosporakrankheiten treten außerdem an Rüben, Zwiebeln, Hopfen und anderen Kulturpflanzen auf. 1959 trat zum ersten Mal in Europa (vorher in Amerika und Australien) *Peronospora tabacina*, der Blauschimmel des Tabaks auf (so genannt wegen seiner weiß-bläulichen Conidien)

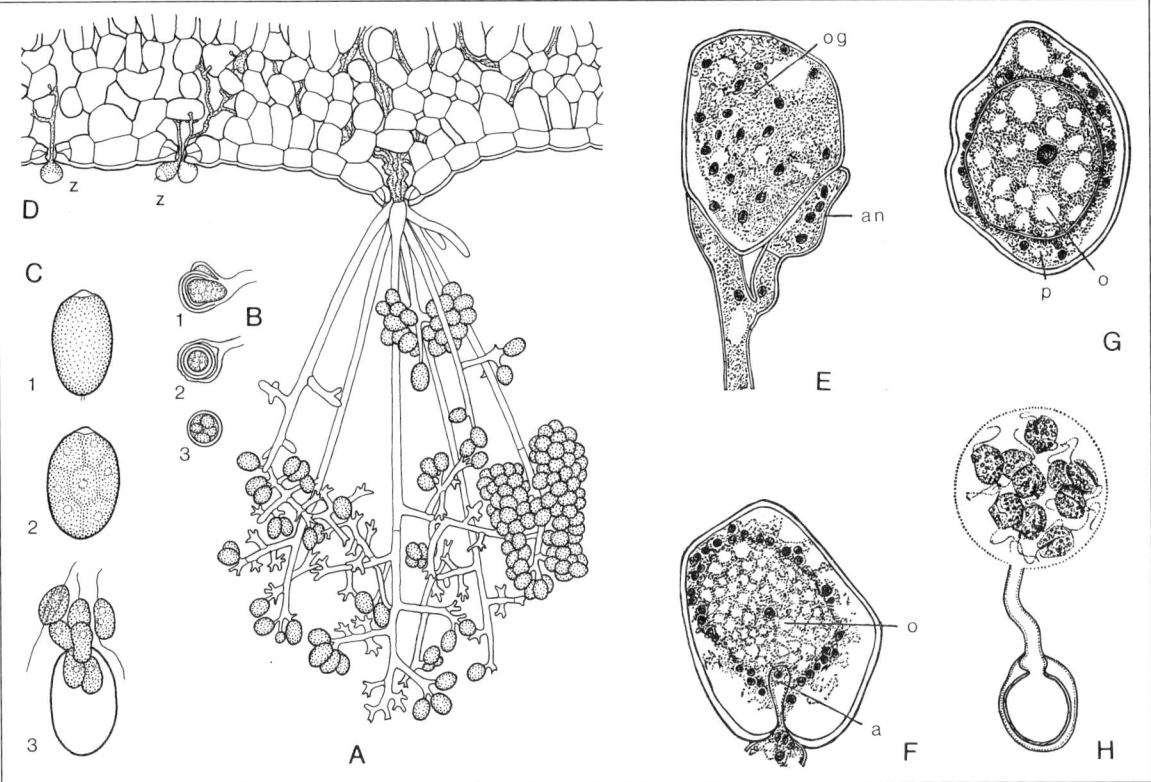

Abb. 3.2.15: *Oomycota, Peronosporales*, A–D *Plasmopara viticola*. **A** Sporangienträger aus einer Spaltöffnung hervortretend. **B** Oogonien (mit ♂ Gametangium) und Zygoten (100×). **C** Bildung und Ausschlüpfen der Zoosporen (600×). **D** Keimung der Zoosporen z durch die Stomata in die Interzellularen (250×). **E** *Peronospora parasitica*. Junges vielkerniges Oogonium og und ♂ Gametangium an. **F–G** *Albugo candida*. **F** Oogonium mit dem zentralen einkernigen Teil o und dem Befruchtungsschlauch a des ♂ Gametangiums, der den ♂ Kern einführt. **G** Zygote im Oogonium, umgeben von der jungen Zygotenwand und dem Periplasma p. **H** *Pythium ultimum*; mit Zoosporen auskeimende Zygote; (E–G 600×; H 800×). (A–B nach Millardet; C–D nach Arens; E–G nach Wager; H nach Drechsler.)

und vernichtete bereits in dem regenreichen Sommer 1960 große Teile des Tabakbaus in Mitteleuropa. *Pythium debaryanum*, weit verbreitet im Boden, ruft an Keimlingen verschiedener Pflanzen eine tödliche «Umfallkrankheit» hervor. Die durch «falsche Mehltaupilze» («echter Mehltau» vgl. S. 569) bewirkten Krankheiten lassen sich durch Bespritzen der Blätter mit kupferhaltigen Fungiciden (ursprünglich Kupfer-Kalkbrühe) bekämpfen, wodurch die Keimung der Sporangien verhindert wird.

Rückblick auf die **Oomyceten**: Die hier vereinigten Ordnungen lassen einen Aufstieg vom Wasser- zum Landleben, einen schrittweisen Ersatz von Zoosporen durch Conidien und einen Übergang von hydrochorer zur anemochoren Ausbreitung erkennen. Mit diesen Progressionen, die in der Familie der Peronosporaceen ihren Höhepunkt erreichen, ist eine Steigerung der biologischen Ansprüche und eine Spezialisierung in den parasitischen Eigenschaften verbunden. Dies wird im Übergang vom Saprophytismus zum Parasitismus, der Spezialisierung auf besondere Wirte und Wirtsorgane sowie in der zuletzt nur partiellen Schädigung des befallenen Wirtes deutlich. In der Stickstoffernährung ist eine fortschreitende (mit den genannten Progressionen nicht verbundene) Beschränkung auf organische N-Verbindungen zu beobachten. Während einige *Peronosporales* neben Ammonium- auch Nitratstickstoff nutzen, vermögen die *Saprolegniales* und *Leptomitales* keinen Nitratstickstoff, letztere darüber hinaus auch keinen Ammoniumstickstoff, sondern nur organisch gebundenen Stickstoff zu verwerten. Bei der Fortpflanzung werden nur bestimmte Thallusteile aufgebraucht, die übrigen setzen ihr Wachstum fort («Eukarpie»); nur in den einfachsten Formen (z. B. *Lagenidiales* mit *Lagenisma; Thraustochytridiales*) dient der gesamte Thallus als Gametangium («Holokarpie»).

Phylogenie: Die Oomyceten haben sich vermutlich aus autotrophen Algen vom Typ der *Heterokontophyta* entwickelt (s. S. 606). Sie stimmen mit diesen in der heterokonten Begeißelung, im siphonalen Thallusbau und im Besitz von Cellulose-Wänden überein und weichen darin von allen übrigen Pilzen ab. Allerdings ist der Fortpflanzungsmodus bei den Oomyceten mit Gametangiogamie und dem damit einhergehenden Verlust begeißelter Gameten stark abgeleitet. Als Schwärmer treten lediglich der vegetativen Vermehrung dienende Zoosporen auf; diese sind mit Ausnahme hochentwickelter Formen (z.B. *Peronospora*) in der ganzen Abteilung regelmäßig vorhanden.

Die kleine Klasse der **Hyphochytridiomycetes** (15 Arten) vereinigt in sich Vertreter mit Merkmalen, die denen der Oomyceten teilweise ähnlich sind. Zwar besitzen die Schwärmer nur eine nach vorne gerichtete Geißel, diese ist aber wie bei den Oomyceten eine Flimmergeißel. In den Zellwänden ist neben Chitin auch Cellulose enthalten. Diese Merkmale reichen aber nicht aus, um die verwandtschaftliche Stellung der Hyphochytridiomyceten zweifelsfrei zu bestimmen. – Sie leben im Süßwasser und im Meer als Parasiten von Algen und Pilzen oder saprophytisch auf Resten von Pflanzen und Insekten. Die Arten, z.B. *Anisolpidium ectocarpi* mit einfachen flaschenförmigen Zellen innerhalb der Wirtszellen (der Braunalge *Ectocarpus*), sind meist «holokarp» (s. S. 557).

Zweite Abteilung: Eumycota

Im Zusammenhang mit der fortschreitenden Anpassung an das Leben außerhalb des Wassers sind den abgeleiteten Klassen innerhalb der «echten Pilze» *(Eumycota)* begeißelte Zoosporen und Gameten vollständig verloren gegangen. Wo sie bei ursprünglichen Vertretern noch vorkommen, ist die als Schuborganelle wirksame einzige Geißel glatt (opisthokont). Im Thallusbau werden von dieser als monophyletisch angesehenen Abteilung alle bei den Pilzen bekannten Organisationsstufen erreicht; in den artenreichen abgeleiteten Klassen herrschen in bestimmten Entwicklungsphasen Flechtthalli (Fruchtkörper) vor. Die Zellwand enthält fast immer Chitin (oft zusammen mit Glucanen) als Baustoff, Cellulose fehlt durchgehend. Einige Gruppen sind mit Mannan-β-Glucan- *(Saccharomyces)* oder Galactosamin-Galactan-Wänden *(Trichomycetes)* ausgerüstet. Einige wenige an parasitische Lebensweise angepaßte Formen haben die Zellwände vollständig rückgebildet, so daß sekundär nackte Protoplasten im Entwicklungscyclus auftreten (z.B. *Olpidium*, Abb. 3.2.16C). Die Befruchtung findet als Isogamie, Anisogamie, Gametangiogamie und Somatogamie statt. Falls Gametangiogamie auftritt, sind daran fast nie Oogonien mit Eizellen beteiligt. Dauerorgane entstehen niemals innerhalb von Oogonien (vgl. Oomyceten, S. 554). Die meisten Vertreter sind Haplonten, Haplo-Diplonten oder Haplo-Dikaryonten; Diplonten zählen zu den Ausnahmen; eine stärker und stärker ausgeprägte Dikaryophase (s. S. 567ff.) setzt sich durch.

Die bei den Oomyceten erwähnten biochemischen Besonderheiten fehlen den *Eumycota* (s. S. 554) oder sie sind abweichend. Insbesondere verläuft die Synthese des Lysins über den Aminoadipinsäureweg. Viele Arten bilden – von den Algen als akzessorische Assimilationspigmente bekannte – Carotine; sie dienen teilweise als Photoreceptor bei phototropischen Wachstumskrümmungen *(Pilobolus)*. Daneben kommen viele andere Pigmente vor, die verschiedensten Strukturtypen angehören. Häufig sind phenolische Pigmente (Abb. 3.2.52); auch stickstoffhaltige Heterocyclen sind bekannt; Anthocyane und Flavone, bei den folgenden Abteilungen verbreitet, fehlen jedoch weitgehend.

I. Klasse: Chytridiomycetes

Die Chytridiomyceten leben als einkernige Zellen oder bilden einen vielkernigen querwandlosen (siphonalen) Thallus. Die beweglichen Zellen (Gameten und Zoosporen) sind opisthokont (Abb. 3.2.12B). Anstelle eines Nucleolus findet sich meist eine RNA-reiche «Kernkappe» (Abb. 3.2.17E). Die meisten Arten leben im Wasser, manche auch im Boden oder als Parasiten in Zellen höherer Pflanzen. Die drei Ordnungen der Chytridiomyceten unterscheiden sich im Thallusbau, in der Art ihrer geschlechtlichen Fortpflanzung und in der Feinstruktur der Zoosporen. Es sind etwa 500 Arten bekannt.

1. Ordnung: **Chytridiales.** Der Thallus der zu dieser Ordnung zählenden Pilze ist wenig entwickelt, meist einzellig, kugel- oder blasenförmig; ein Hyphenmycel wird nicht gebildet, wohl aber vielfach feine kernlose Fortsätze einer Einzelzelle (Rhizoidmycel). Die geschlechtliche Fortpflanzung wird als Isogamie, Anisogamie oder Gametangiogamie vollzogen. Die Geschlechtsbestimmung ist genotypisch *(Olpidiaceae: Rozella)* oder modifikatorisch *(Synchytrium)*. Gewöhnlich wird der ganze Thallus bei der Bildung von Sporen oder Gameten aufgebraucht («Holokarpie»); abgeleitete Formen mit ihrem Rhizoidmycel entwickeln für die Bildung und Entleerung der Keimzellen eigene Thallusteile («Eukarpie»). Die Zoosporen enthalten einen auffallend großen Ölkörper.

Der Entwicklungsgang niederer *Chytridiales* sei am Beispiel der **Olpidiaceae** dargelegt. Der nackte Protoplast lebt parasitisch in der Zelle der Wirtspflanze, umgibt sich nach dem Heranwachsen mit einer Chitinwand (Abb. 3.2.16C, D), bildet unter Kernteilung und Zerklüftung des Cytoplasmas viele opisthokonte Schwärmer; der gesamte Protoplast geht dabei in der Schwärmerbildung auf. Die Schwärmer infizieren entweder als Zoosporen neue Wirtszellen oder sie kopulieren als Gameten paarweise miteinander (fakultative Funktionsbestimmung; Isogamie) zu nackten, zweigeißeligen Planozygoten (Abb. 3.2.16F), die in Wirtszellen eindringen und sich später in diesen zu derben Hypnozygoten umwandeln; die beiden Sexualkerne verschmelzen erst im nächsten Frühjahr (Beginn einer Dikaryophase; Abb. 3.2.16G, H), und dann bilden sich – wahrscheinlich unter Reduktionsteilung – zahlreiche Schwärmer, die durch eine hervorwachsende Entleerungspapille ausschlüpfen.

Olpidium brassicae ist Erreger einer «Umfallkrankheit» bei Kohlkeimlingen. – Die verwandten **Synchytriaceae** leben als Endoparasiten in Blütenpflanzen, wo sie gallenartige Wucherungen erzeugen können; *Synchytrium endobioticum* ruft den Kartoffelkrebs hervor. Alle diese Pilze entwickeln sich endobiontisch, also vollständig im Inneren der befallenen Zellen; sie sind außerdem «holokarp».

Bei den folgenden Familien geht der Thallus in der Bildung von Keimzellen nicht mehr vollständig auf («Eukarpie»). –

Die **Rhizidiaceae** sind häufige Parasiten auf Planktonalgen und Pollenkörnern (*Rhizophydium*; Abb. 3.2.16K). Der Thallus gliedert sich «arbeitsteilig» in ein reproduktives Bläschen außerhalb des Substrates und in ein nahrungsaufnehmendes Rhizoid, das in die Wirtszelle eindringt. Den Mittelpunkt des monozentrischen Thallus bildet bei *Polyphagus euglenae* eine einzige «Zentralblase», welche mehrere Rhizoide aussendet. Die Art ernährt sich, indem sie mittels ihrer Rhizoidfortsätze Algen der Gattung *Euglena* angreift und aussaugt. Ein einziges Exemplar von *Polyphagus euglenae* vermag über 50 Euglenen zu befallen (Abb. 3.2.54A). Die geschlechtliche Fortpflanzung ist eine Anisogametangiogamie: Kleinere ♂ Individuen entsenden «Suchrhizoide»; sobald diese auf die Zentralblase eines ♀ Individuums stoßen, schwellen diese (Suchrhizoide) an und nehmen den ♂ und ♀ Kern

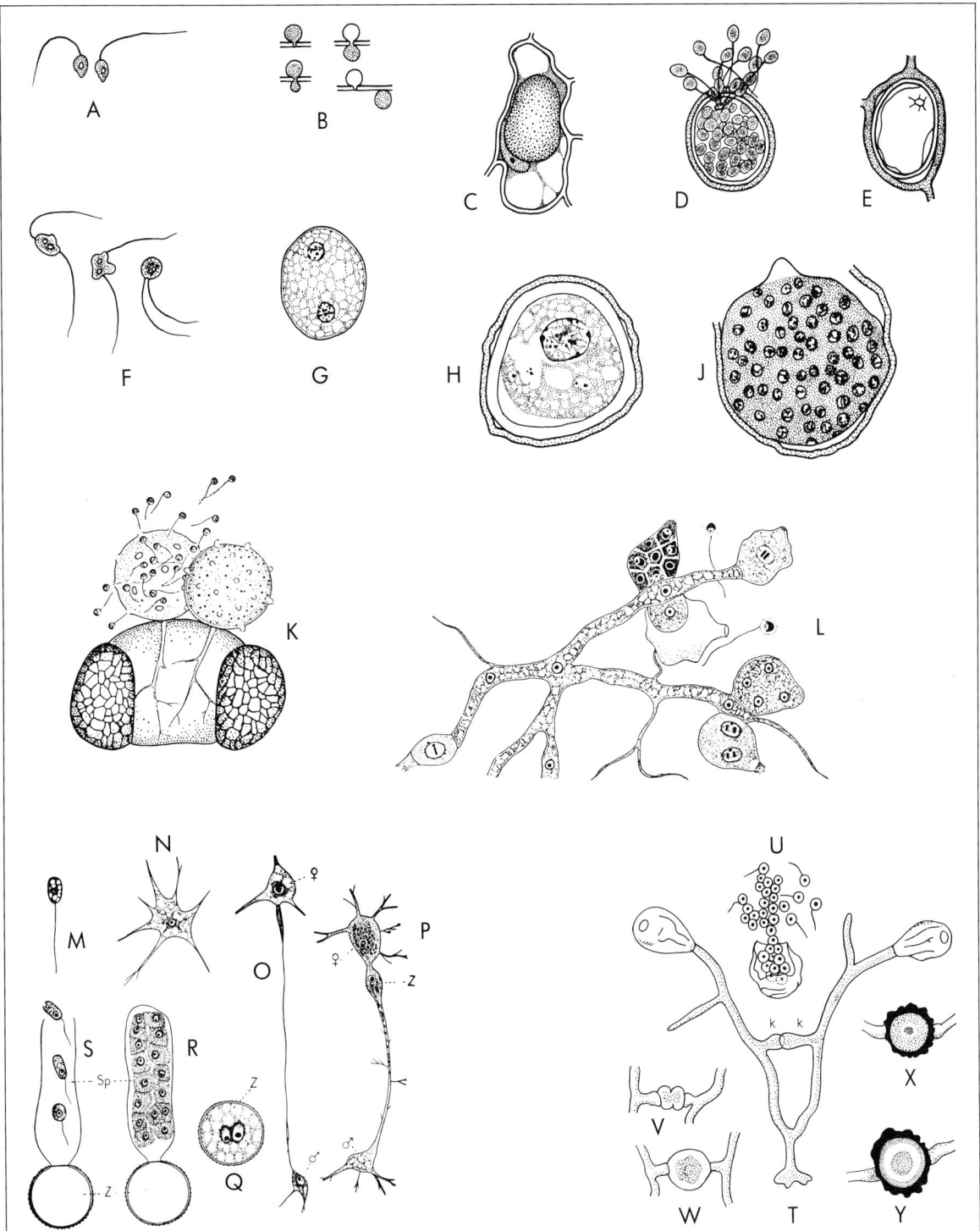

Abb. 3.2.16: *Chytridiomycetes, Chytridiales*, A–J *Olpidium viciae*. **A** Zoosporen. **B** Eindringen in die Wirtszelle. **C** Nackter Protoplast des Pilzes in der Wirtszelle. **D** Zoosporangium bzw. Gametangium. **E** Desgl. entleert. **F** Kopulation zweier opisthokonter Gameten. **G** Junge, noch zweikernige Zygote. **H** Encystierte Zygote. **J** Desgl., keimend. **K** *Rhizophydium halophilum*. Zoosporangien mit Entleerungspapillen und mit austretenden opisthokonten Zoosporen. Auf einem Pollenkorn von *Pinus* mit Haustorien im Inneren. **L** *Polychytrium aggregatum*. Kleines, mehrkerniges Schlauchmycel mit verschieden entwickelten Sporangien und 2 opisthokonten Zoosporen. M–S *Polyphagus euglenae*. **M** Zoospore, **N** Thallus, Rhizoiden aussendend. **O** Kopulation zwischen dem kleineren ♂ und größeren ♀ Individuum. **P** ♂ Kern in der künftigen Zygote (Z). **Q** Zygote mit noch unverschmolzenem ♂ und ♀ Kern. **R, S** Entwicklung und Entleerung des Zoosporangiums (Sp.). T–Y *Zygochytrium aurantiacum*. **T** Pflänzchen mit 2 endständigen, entleerten Zoosporangien und 2 kopulierenden Gametangien (k). **U** Zoosporangium in Entleerung. V–Y Zygotenbildung aus kopulierten Gametangien. **Y** Reife Hypnozygote («Zygospore»). (A–F 500×; G 600×; H, J 120×; K, L 400×; M–S etwa 450×; T–Y 350×). (A–J nach Kusano; K nach Uebelmesser; L nach Ajello; M–S nach Wagner; T–Y nach Sorokin.)

aus den Zentralblasen der kopulierenden Pilze auf (Abb. 3.2.16 O, P). Die entstehende Zygote ist derbwandig, stachelig und überdauert als dikaryotische Hypnozygote («Dauerspore», E). Kernverschmelzung (Karyogamie) und wohl auch Meiose finden beim Auskeimen der Hypnozygote statt (F); in einem Keimschlauch bilden sich unter Kernvermehrung und simultaner Plasmazerklüftung zahlreiche Zoosporen (wohl Meiozoosporen). Die freigesetzten Schwärmer setzen sich an Euglenen fest, encystieren sich, worauf die Cyste auskeimt und eine «Zentralblase» mit Rhizoiden entsteht, die weitere Euglenazellen befallen.

In den folgenden beiden Familien werden die Zoosporen aus dem Sporangium durch Absprengen eines Deckels freigesetzt (operculater Typ im Gegensatz zum inoperculaten der vorigen Familien).

Die **Chytridiaceae** formen einen monozentrischen, die **Megachytriaceae** meist einen polyzentrischen Thallus mit mehreren durch Rhizoidstränge verbundenen blasenförmigen Zoosporangien. Die geschlechtliche Fortpflanzung ist in den wenigen erforschten Fällen eine Gametangiogamie. Bei *Zygochytrium (Megachytriaceae)* wachsen 2 in diesem Falle gleichwertige Kopulationsäste aufeinander zu, und an der Verschmelzungsstelle ihrer Enden (Abb. 3.2.16 T) bildet sich eine derbwandige Hypnozygote; über das Verhalten der Kerne bis zur Zygotenbildung ist nichts bekannt.

Es gibt Fälle, in denen die – mit oder ohne Schlauch – kopulierenden Gametangien vielkernig sind. Solche Vorgänge erinnern stark an die Verhältnisse, denen wir später bei den Zygomyceten wieder begegnen werden. Während bei den *Chytridiales* ein heterophasischer Generationswechsel noch nicht vorhanden ist (nur bei *Physoderma* bestehen Anzeichen dafür), finden wir ihn vielfach in der nächsten Ordnung in charakteristischer Ausprägung.

2. Ordnung: **Blastocladiales.** Die Vertreter dieser Ordnung bilden meist einen Hyphenthallus, der mehrere Keimzellenbehälter an den Hyphenenden durch Querwände abgrenzt. Im Substrat ist der Thallus mit rhizoidartigen Fortsätzen (Abb. 3.2.17 A) verankert. Die einfachsten Vertreter stehen äußerlich den *Chytridiales* sehr nahe, z.B. die in der Erde lebende «holokarpe» *Blastocladiella* (Abb. 3.2.17 A). Die Zoosporen

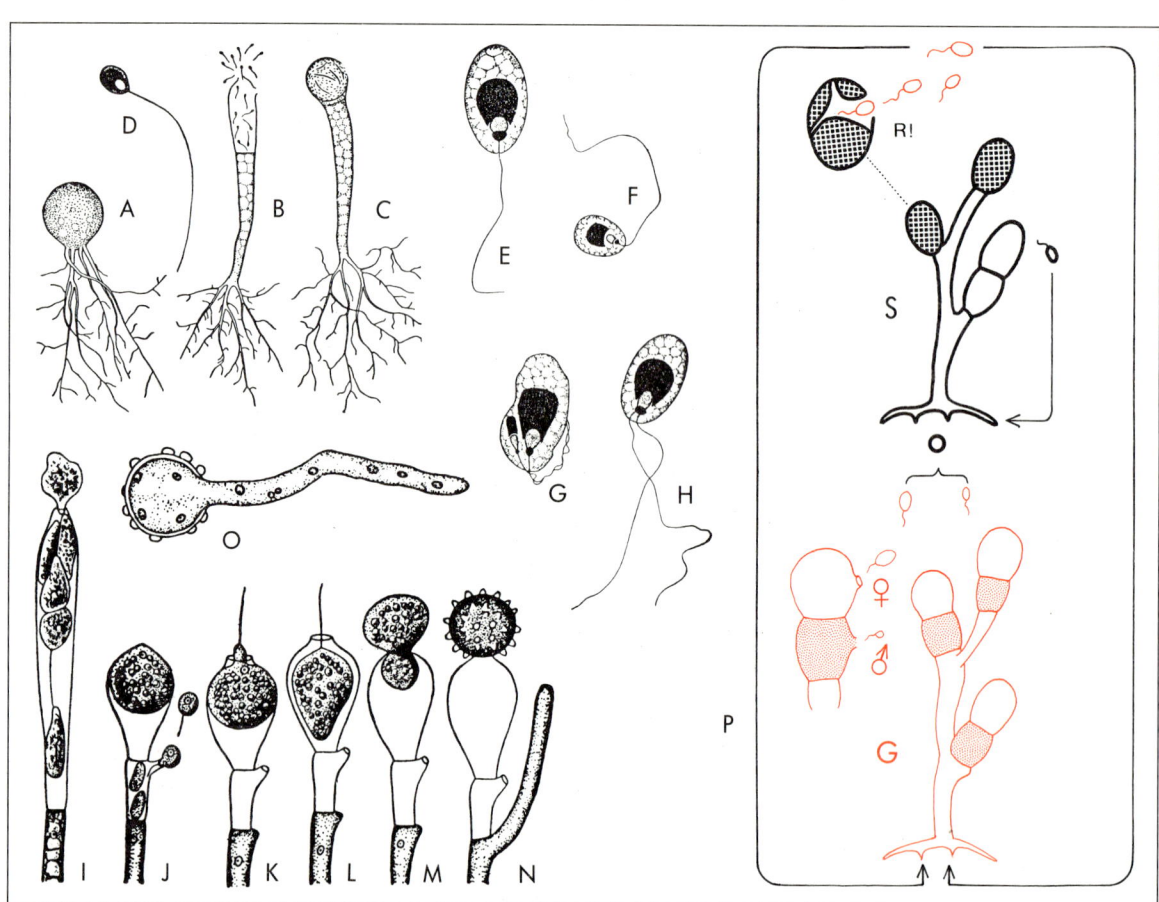

Abb. 3.2.17: *Chytridiomycetes*, A–H *Blastocladiales*, A–D *Blastocladiella variabilis*. **A** Sporophyt, **B** Zoosporangium in Entleerung, **C** mit Dauersporangium, **D** Zoospore, E–H *Allomyces javanicus*. **E** ♀, **F** ♂ opisthokont begeißelter Gamet. **G** in Kopulation. H Planozygote. I–O *Monoblepharidales*, *Monoblepharis*. **I** Sporangium mit ausschlüpfenden Zoosporen. **J** Ende eines Fadens mit einem Oogonium und dem darunter liegenden Spermatogonium, aus dem ein Spermatozoid ausschlüpft. **K** Ein Spermatozoid ist durch die apikale Öffnung zum Ei vorgedrungen und verschmilzt mit ihm. **L** Verschmelzung vollzogen. **M** Das befruchtete Ei rutscht aus dem Oogonium heraus. **N** Hypnozygote mit derber stacheliger Wand. **O** Zygotenkeimung. I *M. macrandra*, J–O *M. sphaerica*. **P** *Blastocladiales*, *Allomyces*. Schema des Generationswechsels. Rote Haplophase; schwarze Diplophase. R! Reduktionsteilung. (A–C 33×; D 450×; E–H 1000×; I–O 300×). (A–D nach Harder & Soergel; E–H nach Kniep; I–N nach Woronin; O nach Laibach.)

enthalten mehrere nicht besonders große Ölkörper und keimen mit zwei Keimschläuchen. Die meisten Vertreter leben saprophytisch im Boden, in Wasser, vielfach an Resten von Pflanzen und Tieren. Zwei Arten von *Blastocladiella* befallen Blaualgen.

Die Besonderheiten der Fortpflanzung lassen sich am Beispiel von *Allomyces* verdeutlichen. Dieser «eukarpe» Erdpilz hat bereits reichverzweigte, vielkernige Hyphen (Abb. 3.2.17P). Der Lebenscyclus verläuft als isomorpher Generationswechsel (bei «Eu-Allomyces»).

Der Gametophyt bildet an den Hyphenenden durch Septen abgeschnürte Gametangien; das ♀ Gametangium sitzt meist unmittelbar auf einem ♂ Gametangium (Monöcie). Beide entlassen durch geöffnete Entleerungspapillen die Gameten; die ♂ Gameten sind kleiner und durch γ-Carotin orangerot gefärbt, die ♀ Gameten farblos. Die ♀ Gameten scheiden Sirenin (S. 439) aus und locken dadurch die ♂ Gameten chemotaktisch an. Nach der Anisogamie entsteht eine diploide, nur anfangs begeißelte Zygote. Aus dieser keimt der Sporophyt, der in Größe und Habitus dem Gametophyten gleicht. An den Hyphenabschnitten des Sporophyten entwickeln sich zwei verschiedene Typen von Sporangien. Seitenständige, dünnwandige, meist paarweise übereinanderstehende, mit Papille sich öffnende Mitosporangien entlassen nach ausschließlich mitotischen Kernteilungen diploide Mitozoosporen; diese keimen erneut zu diploiden Sporophyten aus, so daß der Generationswechsel durch eine reichliche vegetative Vermehrung des Sporophyten unterbrochen wird (Nebenfruchtform mit Mitosporangien). Endständig und vielfach einzeln werden derbwandige, wabig gemusterte, dunkel gefärbte Meiosporangien abgegliedert, die als Ganzes abfallen. Nach Überdauerung (als Hypnosporangien) entlassen sie unter Meiose haploide Meiozoosporen, die zum Gametophyten auskeimen.

Die «Eu-Allomyces»-Gruppe wird durch die Arten *A. arbuscula* (♂ Gametangien auf ♀) und *A. macrogynus* (♀ auf ♂) repräsentiert. Der Bastard der beiden in verschiedenen Ploidie-Varianten (*A. arbuscula*: n = 8, 16, 24, 32; *A. macrogynus*: n = 14, 28, 56) vorkommenden Arten, *A.* × *javanicus*, liefert Meiosporen mit geringer Keimkraft (0,1–3,2%) und Gametophyten mit variierender Stellung der Gametangien. Vom vollständigen Generationswechsel gibt es Abweichungen mit Rückbildung des Gametophyten (z.B. Brachy-Allomyces).

Blastocladiella (Abb. 3.2.17 A) bildet Thalli mit nur einem Typ von Keimzellenbehältern: Der Gametophyt entwickelt je ein Gametangium; die verschmelzenden Isogameten sind nur in der Färbung (Carotin) verschieden. Der Sporophyt trägt entweder ein Mitosporangium oder ein Meiosporangium.

3. Ordnung: **Monoblepharidales.** Die Ordnung unterscheidet sich von der vorausgehenden durch die Abwesenheit eines deutlich abgesetzten basalen, Rhizoiden tragenden Thallusabschnittes sowie vor allem durch die oogame Fortpflanzung. Die ♀ Keimzellen werden als unbegeißelte Eizellen angelegt, die sich nach der Befruchtung durch begeißelte ♂ Gameten (Oogamie) zu Oosporen fortentwickeln. Trotz der gegenüber den *Blastocladiales* fortgeschrittenen Form der Fortpflanzung sind Haplonten geblieben, deren Meiose bei der Keimung der Zygote stattfindet (zygotischer Kernphasenwechsel); ein Generationswechsel fehlt.

Zur geschlechtlichen Fortpflanzung dienen die meist endständigen, angeschwollenen, einkernigen Oogonien (Abb. 3.2.17J); ihr Inhalt ist auf ein einziges einkerniges Ei reduziert. Die unter den Oogonien stehenden Spermatogonien entlassen eine Anzahl von einkernigen und eingeißeligen Spermatozoiden (J). Diese dringen durch eine Öffnung in das Oogonium ein und befruchten das Ei (K, L), das nun entweder im Oogonium liegenbleibt oder sich – bei den meisten Arten – durch die Mündung des Oogoniums zwängt (M) und hier zur derbwandigen stacheligen Hypnozygote wird (N); oder die Zygote schwimmt sogar mittels der erhalten bleibenden ♂ Geißel davon. Die Zygoten keimen nicht mit Zoosporen, sondern mit einem Keimschlauch (O), was als abgeleitetes Merkmal gilt. Die vegetative Fortpflanzung erfolgt durch Zoosporen (I). Die Vertreter der 3. Ordnung leben saprophytisch an Pflanzenresten im Wasser.

Beim Rückblick auf die Chytridiomyceten erkennen wir einige wichtige Progressionen. Anstelle ursprünglicher «Holokarpie» setzt sich zunehmend «Eukarpie» durch (vgl. S. 558). Von der Isogamie mit fakultativer Funktionsbestimmung der Keimzellen über Isogamie mit genotypisch festgelegter Gametenkopulation wird Anisogamie, Oogamie *(Monoblepharidales)* und Gametangiogamie erreicht. Vereinzelt wird die Karyogamie nach der Kopulation der Gameten und nach der damit erfolgten Plasmogamie verzögert; die Einschaltung einer Dikaryophase ist die Folge *(Olpidium, Polyphagus)*. Neben Monöcie ist auch Diöcie verwirklicht; in einzelnen Gruppen wird ein Generationswechsel und seine Fortentwicklung zu einem diplontischen Lebenscyclus *(Allomyces)* beobachtet. Nackte Thalli sind an endoparasitische Lebensweise angepaßt. Echte Landbewohner mit Luftmycelien sind in diesem Verwandtschaftsbereich noch nicht entwickelt.

In allen nun folgenden Klassen (II–IV) fehlen begeißelte Schwärmer (Gameten, Zoosporen) vollständig. Die Anpassung an das Landleben ist weitgehend vollzogen.

II. Klasse: Zygomycetes

Die Zygomyceten besitzen meist reich entwickelte Hyphenmycelien, die gewöhnlich unseptiert und vielkernig sind (coenocytisch, der siphonalen Organisationsstufe der Algen entsprechend); bei gewissen Formen gibt es Querwände. Bei der geschlechtlichen Fortpflanzung werden nirgends Gameten ausgebildet: stets kopulieren zwei aufeinander zuwachsende, ganze, häufig gleichgestaltete, meist vielkernige Gametangien miteinander (Gametangiogamie, vgl. S. 478) zu einer überdauernden Zygote. Diese sog. «Zygospore» ist das Ergebnis der geschlechtlichen Vorgänge; sie keimt unter Meiose mit einem Keimsporangium aus, in welchem endogen unter Zerklüftung des vielkernigen plasmatischen Inhaltes die Meiosporen in Vielzahl entstehen. Die vegetative Vermehrung ist an das Landleben angepaßt, jedoch in einer etwas anderen Weise als bei den Oomyceten: Bei diesen sahen wir das ganze Sporangium sich loslösen, um die Zoosporen an ihren Keimungsort zu bringen; bei den Zygomyceten entstehen (unter Zerklüftung) endogen im Inneren der Sporangien von Zellwänden umhüllte Sporangiosporen, die aus dem Sporangium freikommend in der Luft verbreitet werden. Auch die bei den Oomyceten vorhandene Umbildung von Sporangien zu mit Keimschlauch auswachsenden Conidien kehrt bei den Zygomyceten in analoger Weise wieder. Die Klasse enthält etwa 500 vorwiegend saprophytisch lebende Arten in mehreren Ordnungen.

1. Ordnung: **Mucorales.** Die Sporen werden hier in Sporangien gebildet, wobei diese zumeist aufspringen und zahlreiche Sporangiosporen freilassen; seltener sind die Sporangien wenig- bis einsporige, als Ganzes abfallende, Sporangiolen genannte Verbreitungseinheiten. Die «Zygosporen» entstehen als Teil der fusionierenden Gametangien. – Hierzu gehören terrestrische Schimmelpilze, die vorwiegend saprophytisch, seltener parasitisch auf Pflanzen und Tieren leben.

Eine der am weitesten verbreiteten Arten ist der Köpfchenschimmel, *Mucor mucedo,* dessen stark verzweigtes, querwandloses Mycel weiße Schimmelrasen auf Mist, Brot usw. bildet. Aus den das Substrat durchziehenden, nahrungsaufnehmenden Hyphen erheben sich in die Luft senkrechte Mycelschläuche, die am Ende je ein kugeliges Sporangium tragen (Abb. 3.2.18 A), in dessen Innerem an das Landleben angepaßte, mit einer Zellwand versehene austrocknungsfähige Sporen in sehr großer Zahl entstehen: sie sind rund, mehrkernig, gehören als Mitosporen der Nebenfruchtform an und bleiben längere Zeit keimfähig.

Geschlechtliche Fortpflanzung tritt ein, wenn Mycelien konträren Kreuzungstyps (+ und −) zusammentreffen. Dann bilden die beiden Mycelien unter wechselseitiger Beeinflussung durch ausgeschiedene Gamone keulenförmige, sich aufeinander zukrümmende und schließlich an den Spitzen einander berührende Gametangien, die vielkernig und durch eine Querwand von den Trägerhyphen (Suspensoren) abgegrenzt sind. Die trennende Doppelwand zwischen den Gametangien verschwindet (Abb. 3.2.19 B) und beide Gametangien nehmen an der Ausgestaltung der nunmehr entstehenden Zygote teil. Diese ist eine überdauernde, mit dicker mehrschichtiger, außen war-

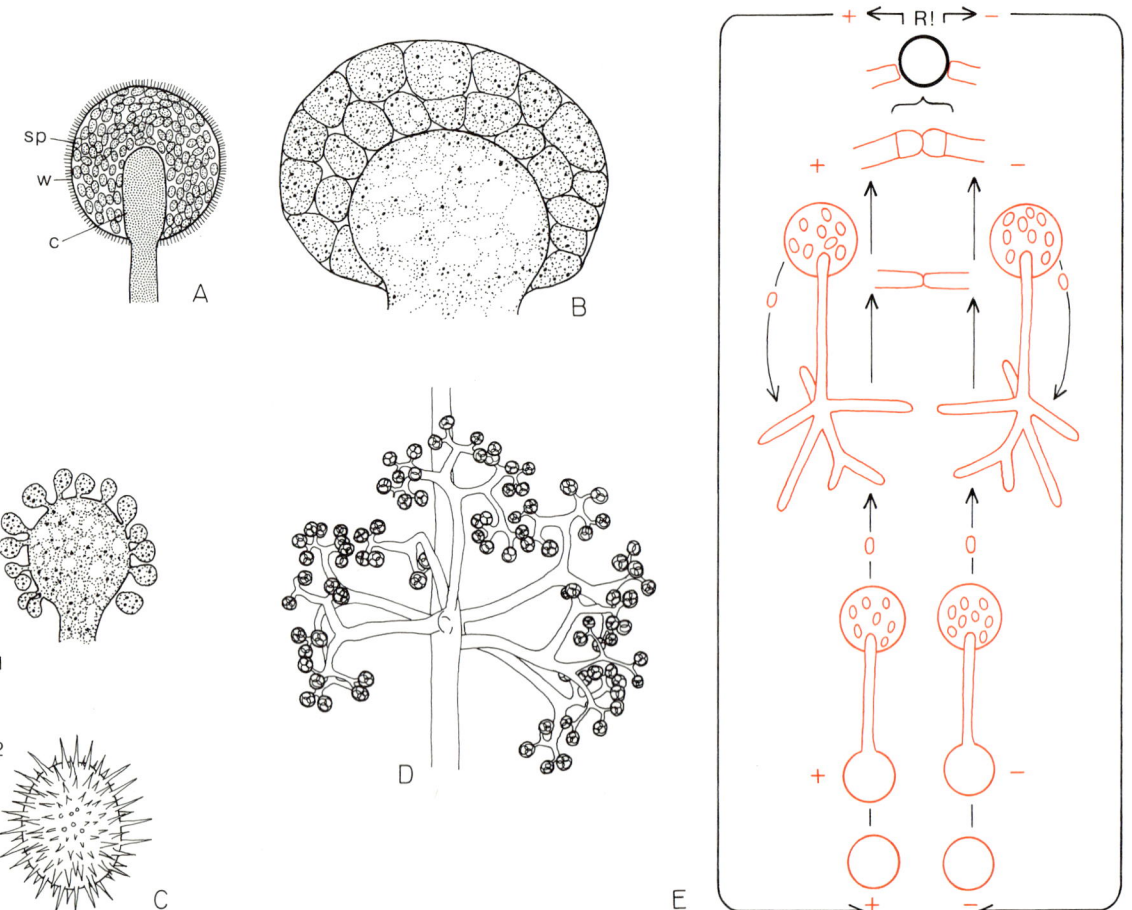

Abb. 3.2.18: *Zygomycetes, Mucorales.* **A** Sporangium im optischen Längsschnitt von *Mucor mucedo* (225×). c Columella, w Wand, sp Sporangiosporen. **B** Schnitt durch ein reifes Sporangium mit mehrkernigen Mitosporen von *Sporodinia grandis.* **C** *Cunninghamella echinulata.* 1 Conidienbildung (370×). 2 Conidie (1000×). **D** *Thamnidium elegans* Sporangiolen tragende Verzweigungen (200×); **E** Lebenskreislauf. Rote Haplophase; schwarze Diplophase; R! Reduktionsteilung. (A nach Brefeld; B nach Harper; C nach Moreau; D nach Webster; E Orig.)

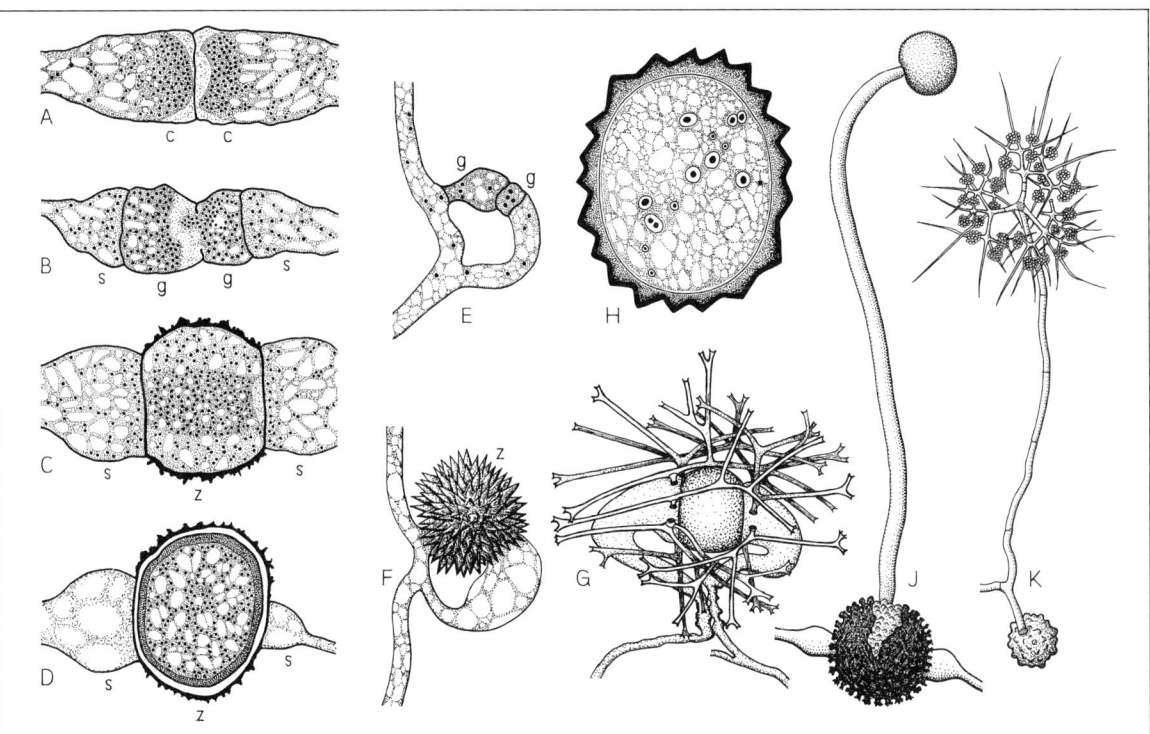

Abb. 3.2.19: *Zygomycetes, Mucorales.* **A–D** Befruchtungsorgan und Bildung der Hypnozygote von *Sporodinia grandis* (50×). c Kopulationsast, g Gametangium, s Suspensor, z Zygote. **E, F** Desgl. bei *Zygorrhynchus moelleri* (75×). **G** *Phycomyces blakesleeanus*, Zygote mit Hüllfäden (30×). **H** *Mucor hiemalis*, Zygote mit haploiden Kernen, Kernverschmelzung und diploiden Kernen (550×). **J** *Mucor mucedo*, Keimsporangium (60×). **K** *Chaetocladium jonesii*, Keimung der Zygote mit Conidienträger (75×). (A–D nach Keene; E, F nach Green; G nach Gwynne Vaughan; H nach Moreau; J, K nach Brefeld.)

ziger Wand versehene Hypnozygote («Zygospore» D), in der sich die zahlreichen Geschlechtskerne (+, −) paaren. Am Ende der Ruhepause haben wenige, manchmal nur ein einziges Kernpaar die Kernverschmelzung (Karyogamie) vollzogen, während die anderen zugrunde gegangen sind. An der Befruchtung nehmen demnach ausschließlich Gametenkerne, keine freien Gameten teil. Die «Zygospore» keimt unter Meiose mit einem Keimschlauch aus, wobei sich nur ein einziger haploider Gonenkern (die übrigen Meioseprodukte degenerieren) mitotisch weiterteilt: alle Kerne sind daher genotypisch gleichwertig. Am Ende des Keimschlauches bildet sich ein Keimsporangium (J), das zahlreiche einem einzigen Kreuzungstyp (+ oder −) angehörende Meiosporen enthält. Es gleicht zwar äußerlich den Mito-Sporangien der vegetativen Nebenfruchtform, im Unterschied zu jenen sind die hier entstehenden Sporen jedoch einkernige gleichgeschlechtige (+ oder −) Meiosporen. In beiden Fällen werden die Sporangien von ihren Traghyphen durch eine Querwand abgegrenzt, die sich kegelförmig als sog. Columella in das Sporangium vorwölbt (Abb. 3.2.18A). Das vielkernige Plasma der Sporangien zerfällt jeweils durch Zerklüftung, entweder in vielkernige haploide Mitosporen oder in einkernige haploide Meiosporen.

Im einzelnen bestehen bei den verschiedenen Arten viele Abweichungen im Bau der Sporangien, Gametangien und Zygosporen sowie im Fortpflanzungsverhalten. Einerseits gibt es Sporangientypen, die ähnlich wie bei den Chytridiomycetes sich mit einem Porus öffnen *(Saksenaea)*, während im Regelfall die Sporangiosporen durch Platzen der Sporangienwand frei werden. In den Nebenfruchtformen wird die Tendenz deutlich, die Sporen in den Sporangien zahlenmäßig stark zu verringern und die zugleich in der Größe reduzierten Sporangien als ganze Einheiten zu verbreiten (sog. Sporangiolen mit rückgebildeter Columella, z.B. bei *Thamnidium*). Am Ende dieser Entwicklung sind die Sporangien bzw. Sporangiolen exogen abgeschnürten Conidien gleichzusetzen, in deren Innerem die Fähigkeit zur Sporenbildung stark verkümmert (z.B. *Haplosporangium, Blakeslea, Choanephora*) oder gänzlich abhanden gekommen ist *(Cunninghamella)*. Bei *Choanephora* bilden sich je nach den Außenbedingungen (Ernährung, Temperatur) «Conidien» oder Sporangien mit Sporangiosporen. Manche Arten haben nur Conidien. Der regelmäßig auf Pferdemist auftretende «Pillenwerfer» *Pilobolus* schleudert durch Turgordruck sein ganzes endständiges, schwarz gefärbtes Sporangium vom positiv phototropen Träger ab (Abb. 3.2.20A). Die vertikale Schußweite beträgt bis 1,8 m, die horizontale bis 2,4 m bci einer Anfangsgeschwindigkeit von etwa 10 m/sec. Bei der Gametangiogamie der diöcischen (Abb. 3.2.19A) oder monöcischen Arten (E) sind die beteiligten Gametangien weitgehend gleichgestaltet (Isogametangiogamie; A, G), oder sie sind in Größe und Verhalten verschieden (Anisogametangiogamie; E). Die Hypnozygoten werden nicht selten durch Hüllhyphen, die aus den Suspensoren hervorwachsen, geschützt. Wir stehen hier am Anfang der Fruchtkörperbildung wie sie bei den Ascomyceten und Basidiomyceten weithin zum Regelfall wird. Unter Fruchtkörpern verstehen wir makroskopisch sichtbare Hyphengeflechte der Hauptfruchtform. Bei *Absidia*

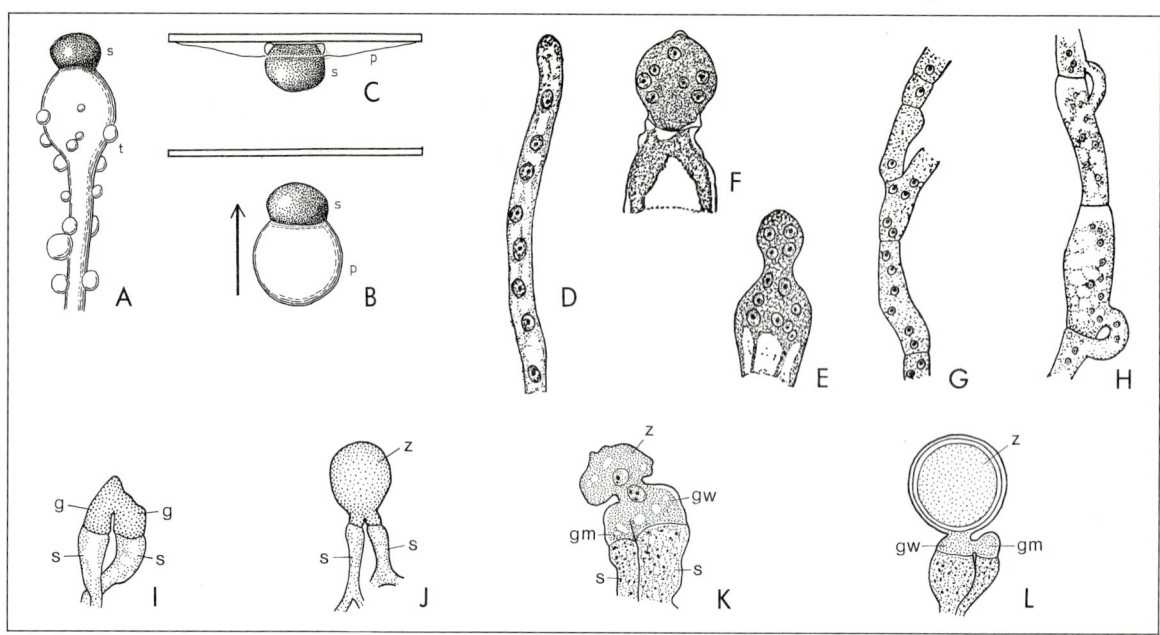

Abb. 3.2.20: *Zygomycetes.* A-C *Mucorales, Pilobolus crystallinus.* **A** Sporangiophor mit Sporangium (s); ersterer mit ausgeschiedenen Flüssigkeitstropfen t besetzt (20×). **B** abgeschossenes Sporangium kurz vor, **C** nach dem Aufschlag auf ein Hindernis; p Schleimpfropf (Sporangiophorplasma). D-H *Entomophthorales.* D-E *Entomophthora muscae* (450×). **D** Hyphenende aus einer Fliege. **E** Daraus entstandener, nach außen hervorgebrochener Conidienträger. **F** Bildung der Conidie. **G** Junge Hyphe von *Entomophthora sciarea* (180×). **H** *Ancylistes closterii.* Befruchtung zwischen benachbarten Zellen (500×). I-L *Endogonales, Endogone,* Befruchtung. **I** Kopulation. **J** fertige Zygote von *E. pisiformis.* **K** Ausgewachsen der Zygote nach Übertritt des Kerns aus dem ♂ (gm) in das ♀ (gw) Gametangium, und **L** fertige Zygote (Z) von *E. lactiflua.* g Gametangium, s Suspensor. (300×). (A nach Webster; B, C nach Buller; D-G nach Olive; H nach Dangeard; I-K nach Thaxter; J, L nach Buchholz.)

(Anisogametangiogamie) bildet nur der dem größeren Gametangium zugeordnete Suspensor unverzweigte lange, braune, die Zygospore einhüllende Auswüchse; bei *Phycomyces* (Isogametangiogamie) überwachsen von beiden Suspensoren aus fast schwarze, verzweigte Anhängsel die Zygote (G). Bei *Mortierella* entwickelt sich um jede einzelne Zygote, bei *Endogone* (nächste Ordnung) um mehrere von ihnen ein Hüllgeflecht aus dichter verflochtenen Hyphen.

2. Ordnung: **Endogonales** (mit *Endogone* und einigen anderen Gattungen): Die knöllchenförmigen haselnußgroßen Fruchtkörper von *Endogone* leben hypogäisch im Boden; die Gametangien bilden nach ihrer Kopulation brückenartige Gebilde (Abb. 3.2.20 I), aus deren Scheitel sich die Zygoten als Kugel herauswölben (L). Das Mycel ist anfangs vielkernig und unseptiert, später werden Querwände ausgebildet.

In der *3. Ordnung* der **Entomophthorales** vermehren sich die Arten in der vegetativen Phase fast ausnahmslos mit «Conidien»; diese leiten sich ebenfalls von Sporangien ab. Die Gametangienkopulation findet zwischen zwei Fäden oder auch seitlich zwischen Nachbarzellen des gleichen Fadens statt (Abb. 3.2.20 H). Die Hypnozygote wird wie bei *Endogone* als Auswuchs der vereinigten Gametangien angelegt. In den schlauchförmigen Hyphen treten Querwände auf; die dadurch entstehenden Abschnitte sind unregelmäßig vielkernig bis einkernig (Abb. 3.2.20 G), bei *Basidiobolus ranarum* sogar fast nur einkernig. – Bei dem bekanntesten Vertreter, *Entomophthora muscae,* der eine epidemische Fliegenkrankheit hervorruft, wird die vielkernige Conidie (Abb. 3.2.20 F, E) von ihrem Träger abgeschleudert; sie bildet auf getroffenen Fliegen einen Keimschlauch, der in das Innere des Tierkörpers eindringt und hier ein parasitisches, die Fliege tötendes Mycel entwickelt. Aus der Leiche wachsen massenhaft Conidienträger hervor, deren abgeschleuderte Conidien die tote Fliege (z.B. an einer Fensterscheibe) mit einem weißen Hof umgeben. In ausgetrockneten Fliegen entstehen innerhalb der Hyphen derbwandige Cysten, die vielleicht als parthenogenetische Zygoten aufzufassen sind.

Die den *Entomophthorales* nahestehenden **Zoopagales** *(4. Ordnung)* parasitieren auf Amöben und Nematoden mittels Hyphenästen, die zu Haustorien umgebildet werden (Abb. 3.2.54 G; S. 595).

Unklar ist der Anschluß einiger in der Klasse der **Trichomycetes** vereinigter Gattungen mit 60 Arten. Sie leben parasitisch in oder auf Insekten (bes. Wasserinsekten) und besitzen einen stark reduzierten Thallus, dessen Zellwände aus Polygalactosamin und Galactan bestehen. Die als Folge einer Gametangiogamie entstehenden «Zygosporen» und das Fehlen von Gameten sprechen für eine Verwandtschaft mit den Zygomyceten, die allerdings Chitin-Zellwände haben. Gelegentlich auftretende amöboide Stadien begründen eine gewisse Sonderstellung. Gattungsbeispiele sind *Amoebidium* auf Wasserinsekten und *Harpella* im Darm von Kriebelmücken.

III. Klasse: Ascomycetes

Die Ascomyceten leben ebenso wie die Basidiomyceten (IV. Klasse) überwiegend terrestrisch. Einige Arten kommen im Süßwasser oder im Meer vor. Es sind meistens Pflanzenparasiten oder Saprophyten auf abgestorbenen pflanzlichen Geweben und in Pflanzensäften. Der Thallus ist im Regelfall ein reichverzweigtes Mycel aus septierten Hyphen; ihre Querwände sind von einem einfachen Porus durchbrochen. An bestimmte Ernährungsweisen angepaßte Formen haben ein Sproßmycel nach Art der Hefe. Die Zellwände bestehen aus Chitin und Glucanen (bei den Hefen, *Endomycetidae*, ist der Chitin-Anteil sehr klein oder es fehlt Chitin vollständig). Sie sind bei starker Vergrößerung im Elektronenmikroskop zweischichtig; die innere Schicht ist hell, dick und strukturlos, die äußere dunkel und dünn. Die sexuelle Fortpflanzung führt zur Bildung eines charakteristischen schlauchförmigen Meiosporangiums, des Ascus. Im Ascus vollzieht sich: die Verschmelzung der Geschlechtskerne (z.B. + und −Kerne; Karyogamie); die Reifeteilung (Meiose), sowie die endogene Bildung von Meiosporen (= Ascosporen), und zwar in freier Zellbildung. Die Asci sind darüber hinaus vielfach für die aktive Ausschleuderung der Ascosporen eingerichtet. Begeißelte Keimzellen fehlen ebenso wie dies bei den Zygomyceten und den vollständig an das Landleben angepaßten Basidiomyceten der Fall ist.

Die Ascomyceten oder Schlauchpilze umfassen mit ca. 30 000 bekannten Arten etwa 30 % aller bisher beschriebenen Pilze. Zählt man die sich größtenteils von den Ascomyceten ableitenden imperfekten Pilze (*Deuteromycetes* S. 592) hinzu, so erhöht sich ihr Anteil auf 60 %. Die systematische Gliederung gründet sich auf die unterschiedliche Entstehung der Asci im Lebenscyclus, auf Bau und Öffnungsweise der Asci sowie auf Form und Entwicklung der Fruchtkörper. Die Anordnung der Taxa wird je nach Bewertung der Merkmale von verschiedenen Autoren unterschiedlich vorgenommen. Im folgenden gehen wir davon aus, daß sich die Entwicklung von Chytridiomyceten über Zygomyceten zu den Ascomyceten vollzogen hat.

1. Unterklasse: Endomycetidae

In dieser Unterklasse werden als ursprünglich betrachtete hefeartige Ascomyceten vereinigt. Hefen sind Pilze, die sich durch Knospung nach Art der Bäckereihefe vermehren (Abb. 1.1.60); auch die Vermehrung durch Hyphenbruchstücke (Arthrosporen) ist für sie kennzeichnend. Die Asci entstehen direkt aus Zygoten oder anderen Einzelzellen, nicht in Fruchtkörpern. Die Ascuswand zerfällt oder verschleimt nach der Sporenreife; die Ascosporen werden also nicht ausgeschleudert. Der Thallus ist z.T. in Einzelzellen zerfallen, meist ein Sproßmycel, seltener ein septiert-fädiges Mycel. Die Pilze dieser Unterklasse leben oft in zuckerhaltigen Substraten (z.B. im Blutungssaft von Holzpflanzen, Nektar).

1. Ordnung: **Endomycetales**. Sie repräsentieren den typischen Bau innerhalb der Unterklasse und sollen erläutert werden am Beispiel der Gattungen *Dipodascus*, *Endomyces* und *Saccharomyces*, welche jeweils eigenen Familien zugeordnet sind.

Dipodascaceae: Die Hyphenzellen von *Dipodascus* bilden einen längerkettigen Verband, dessen einzelne Zellen ein- *(D. uninucleatus)* oder mehrkernig (z.B. *D. albidus*) sind. Bei *D. albidus*, der im Schleimfluß von Bäumen vorkommt, bilden sich schnabelförmige Gametangien (Abb. 3.2.21 W), die an ihren Spitzen miteinander fusionieren und sich dann an der Basis durch Querwände abgrenzen (Fig. X). Die Kerne des einen Gametangiums (♂) treten in das etwas größere andere (♀) über. Es verschmilzt jedoch nur ein Kernpaar miteinander. Das weibliche Gametangium streckt sich zu einem langen Ascus. Während die überzähligen Kerne zugrunde gehen, entstehen aus dem diploiden Fusionskern unter Meiose zahlreiche haploide Kerne, von denen jeder durch freie Zellbildung zum Kern einer Ascospore wird. *D. uninucleatus* besiedelt tote Insekten; hier verschmelzen zwei benachbarte, zu Gametangien umgewandelte Zellen, deren Kerne größer als diejenigen der benachbarten Zellen sind.

Die **Endomycetaceae** und **Saccharomycetaceae** enthalten in ihren Asci höchstens acht Ascosporen.

Endomyces bildet ein fädiges Mycel. Bei *E. magnusii*, der im Schleimfluß (entstanden aus Phloemexsudat) der Eiche lebt, weisen der männliche und weibliche Kopulationsast einen beträchtlichen Größenunterschied auf; letzterer wird nach Kernverschmelzung und anschließender Meiose zu einem viersporigen Ascus (T, U).

Saccharomyces und nahe verwandte Gattungen enthalten die bekannten und in der Praxis vielfach verwendeten Hefepilze. Ihre kugeligen oder ovalen, einkernigen Zellen vermehren sich meist durch Zellsprossung (Abb. 1.1.60) und bleiben z.T. in kürzeren oder längeren, mehr oder weniger verzweigten Zellketten (Abb. 3.2.21 G) verbunden; bei *Schizosaccharomyces* vermehren sich die Zellen durch Querteilung (A). Die meisten Hefen (z.B. Bäcker-, Wein- und Bierhefen) sprossen nach dem Narbentypus. Tochterzellen entstehen hier, indem die Mutterzelle die Zellwand an einer Stelle knospenförmig nach außen stülpt. Die heranwachsende Tochterzelle, in die ein Kern eintritt, löst sich nach Bildung einer Trennwand von der Mutterzelle, die nunmehr eine Bildungsnarbe trägt, während an der Tochterzelle eine Entstehungsnarbe zurückbleibt. Jede Hefezelle besitzt eine Entstehungs- und viele (bis zu 32) Bildungsnarben. Die Zellen führen Glykogen als Reservestoff und enthalten zahlreiche Vitamine, insbesondere solche der B-Gruppe.

Bei der geschlechtlichen Fortpflanzung (Abb. 3.2.21) kopulieren zwei Zellen miteinander (mitunter über eine kurze Kopulationsbrücke). Werden Suspensionen von Hefepilzen verschiedenen Kreuzungstyps vermischt, kommt es zu einer wolkenartigen Ausfällung. Diese Agglutination beruht auf spezifischen Zellwandproteinen des einen Kreuzungstyps und Zellwandpolysacchariden des anderen. Die Verbindung zu einem Protein-Polysaccharidkomplex ist die Ursache für die Agglutination. Die Zygote wird unmittelbar oder nach Zwischenschaltung einer Sprossungsphase zum Ascus, indem sich unter Meiose vier oder acht Ascosporen bilden, die nach Aufreißen der Ascuswand frei werden und zu neuen vegetativen Zellen auskeimen.

Hinsichtlich des Entwicklungsganges lassen sich bei den Hefen drei Typen unterscheiden. Beim haplontischen Typus (*Schizosaccharomyces*, Abb. 3.2.21 A–F) teilt sich der Zygotenkern sofort nach seiner Bildung unter Meiose und die Zygote wird unmittelbar zum Ascus; die vegetative Vermehrung erfolgt in der Haplophase. Beim haplo-diplontischen Typus (*Saccharomyces cerevisiae*, G–L) wächst die Zygote zu einem diploiden Sproßmycel aus, in dessen Zellen

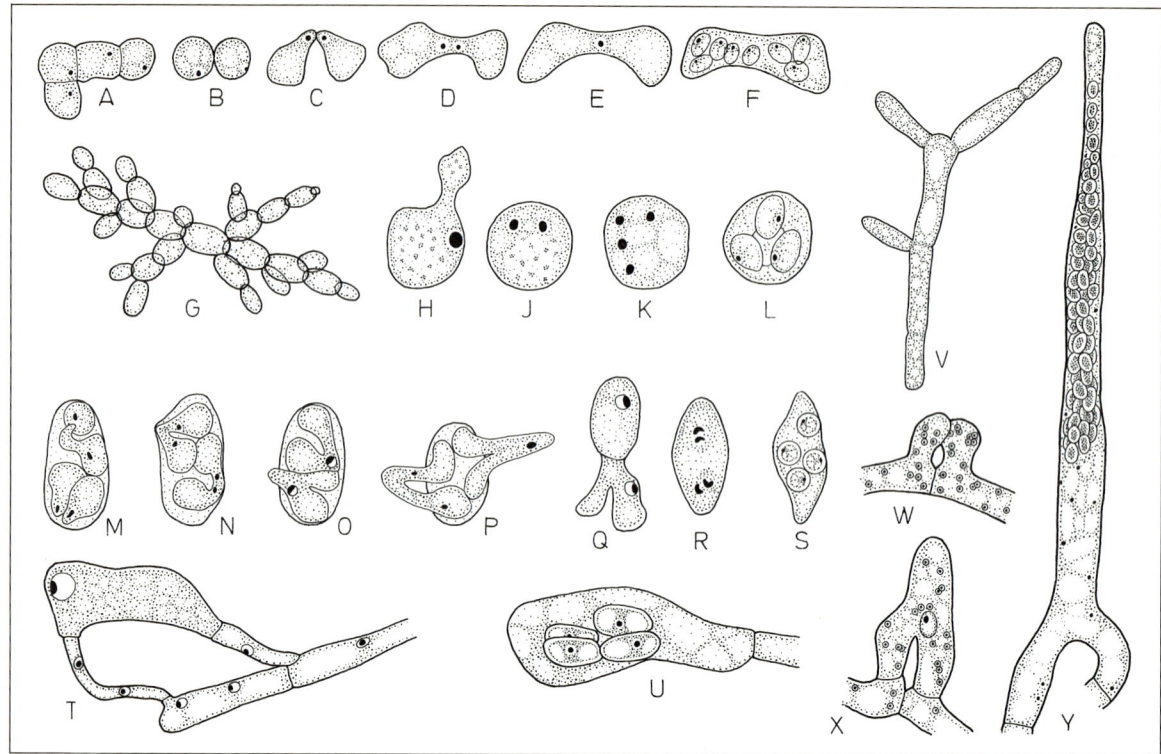

Abb. 3.2.21: *Endomycetidae, Saccharomycetales.* A–F *Schizosaccharomyces octosporus* (350×). **A** Zellverband; **B–F** Kopulation und Ascusbildung. G–L *Saccharomyces cerevisiae.* **G** Sproßketten (200×); **H–L** Ascusbildung (550×); M–S *Saccharomycodes ludwigii* (375×); **M–P** Kopulation keimender Meio-Sporen im Ascus; **Q** Sprossung der diploiden Zelle; **R, S** Ascosporenbildung; **T, U** *Endomyces magnusii,* Kopulation und Ascusbildung (375×); **V** *Candida reukaufii* (375×); **W–Y** *Dipodascus albidus,* Kopulation und Ascusbildung (275×). (A, V nach Lodder & Kreger; B–J, H–U nach Guillermond; G nach Lindau; W–Y nach Juel.)

nach der Meiose Ascosporen entstehen. Der Kernphasenwechsel ist hier also intermediär. Aus den haploiden Ascosporen wächst wieder ein Sproßmycel aus, das nunmehr haploid ist. Beim diplontischen Typus schließlich (*Saccharomycodes ludwigii,* M–S) verschmelzen je zwei Ascosporen bereits im Ascus miteinander; die vegetative Sprossung erfolgt ausschließlich in der Diplophase.

Die Hefepilze (*Saccharomyces*) finden als Verursacher der Alkoholgärung vielseitige Verwendung, wobei einmal das Endprodukt Alkohol (Wein, Bier, Pulque aus Agaven etc.), zum anderen CO_2 (zur Lockerung des Brotteiges) genutzt wird. Während die Weinhefe (*Saccharomyces ellipsoideus = S. vini*) auch wild auf den Beeren vorkommt, sind die Bierhefen (*S. cerevisiae* und *S. carlsbergensis* mit zahlreichen Rassen) nur in Kultur bekannt. Bei der Gärung sedimentieren die größeren Hefezellen, während die kleineren schwebend bleiben. Bei den «obergärigen» Bieren (z.B. Weißbier) wird der größte Teil der Hefezellen mit dem Schaum abgeführt (im Gegensatz zu den normalen «untergärigen» Bieren). Der zum Brotbacken benutzte Sauerteig enthält außer Hefe auch Milchsäurebakterien.

Weitere kleinere, in die Nähe der *Endomycetidae* gestellte Ordnungen sind:

2. Ordnung: **Protomycetales.** Sie enthalten einige Parasiten auf Blütenpflanzen, die charakteristische Verfärbungen oder blasige Anschwellungen an ihren Wirten verursachen.

3. Ordnung: **Ascosphaerales.** *Ascosphaera apis* verursacht eine Krankheit bei Bienen.

Hefeähnliche Thalli sind nicht auf die *Endomycetidae* beschränkt; sie kommen – zumindest in bestimmten Entwicklungsstadien – auch bei anderen Ascomyceten (*Taphrinomycetidae*), bei Basidiomyceten (z.B. *Sporobolomycetaceae, Exobasidiaceae, Ustilaginaceae*) und bei den imperfekten Pilzen (z.B. *Cryptococcaceae*) vor.

2. Unterklasse: Taphrinomycetidae

In dieser Gruppe von Ascomyceten, die parasitisch auf Pflanzen leben, tritt erstmals eine ausgeprägte Paarkernphase (= Dikaryophase) im Entwicklungscyclus auf; sie ist für alle weiteren Asco- und Basidiomyceten kennzeichnend. Fruchtkörper werden jedoch im Gegensatz zu den folgenden Schlauchpilzen nicht gebildet.

Taphrina-Arten können auf den befallenen Wirtspflanzen verschiedene Mißbildungen hervorrufen. Manche Arten verursachen Hexenbesen (s. S. 422) auf Kirschbäumen, Birken und Hainbuchen; *T. deformans* erzeugt die Kräuselkrankheit der Pfirsich-Blätter; *T. pruni* wandelt den Fruchtknoten der Pflaume in hohle, steinkernlose Gallen, sog. Narrentaschen, um. Die Asci entstehen aus kurzen, zunächst zweikernigen, dann einkernig diploiden Hyphenabschnitten zwischen Cuticula und Epidermis des Wirtes, nach Reifeteilung und einigen Mitosen. Sie brechen zwischen den Epidermiszellen der Wirtspflanze hervor, bilden eine palisadenartige Schicht (Abb. 3.2.22) und öffnen sich am Scheitel mit einem einfachen Riß, durch den die Ascosporen ins Freie gelangen. Diese keimen durch Knospung und gleichen hierin Hefezellen. Daraufhin entsteht auf der Oberfläche der Wirtspflanzen zunächst ein haploides, saprophytisch lebendes Sproßmycel. Durch Verschmelzung vegetativer Zellen oder durch autogame Kernpaarung wird das Stadium eines dikaryotischen Hyphenmycels eingeleitet, das nunmehr parasitisch zwischen die Wirtszellen (interzellulär) eindringt. Seine Weiterentwicklung erfolgt unabhängig vom haploiden Mycel. In dieser Hinsicht ähneln die *Taphrinomycetidae* eher den Basidiomyceten mit ihrer selbständigen Paarkernphase als den folgenden Ascomyceten.

3. Unterklasse: Laboulbeniomycetidae

Wir streifen nur kurz diese Gruppe von auf Insekten parasitisch lebenden Pilzen, die sich stammesgeschichtlich früh isoliert haben. Charakteristisch sind reduzierte Thalli mit dabei doch streng fixiertem Aufbau von winzigen Fruktifikationsorganen (Abb. 3.2.23). Die Pilze dringen meist nur mit einem kurzen, dunkel gefärbten «Fuß» in den Chitinpanzer der Wirtsorganismen ein. Viele Arten (von ca. 1500) sind sehr wirtsspezifisch. Die Thalli entwickeln in einem Gehäuse («Perithecium») das weibliche Geschlechtsorgan (Ascogon) mit Trichogyne. Es wird durch Spermatien befruchtet (keine Gametangiogamie!), die aus kleinen flaschenförmigen Spermatangien entlassen werden. Nach der Befruchtung entstehen zartwandige Asci, die ein- bis zweizellige Ascosporen enthalten. Die Zeit von der Wirtsinfektion bis zur Sporenreife beträgt nur 10–20 Tage. – Die einzige Ordnung (**Laboulbeniales**) der Unterklasse läßt gewisse Beziehungen zu den *Ascomycetidae* erkennen; nach anderer Ansicht steht sie jedoch sehr isoliert.

4. Unterklasse: Ascomycetidae

Die Vertreter dieser Unterklasse sind untereinander wohl näher verwandt als mit den vorausgehenden, sehr abweichenden Ascomyceten. Sie sind durch fädige haploide Mycelien in der vegetativen Phase, durch Paarkernhyphen (ascogene Hyphen) im generativen Stadium sowie durch aus haploiden und dikaryotischen Hyphen verflochtene Fruchtkörper gekennzeichnet. Die paarkernigen Hyphen der Dikaryophase sind räumlich und ernährungsphysiologisch mit den haploiden Mycelien verbunden. Die Kernpaarung erfolgt nach unterschiedlichen Befruchtungsvorgängen. Bei der Gametangiogamie z.B. von *Pyronema confluens* entstehen in jungen Fruchtkörperanlagen an einigen Hyphenenden ♀ Organe; sie bestehen aus einer Stielzelle, dem angeschwollenen, vielkernigen ♀ Gametangium, Ascogon genannt (Abb. 3.2.24 B ag; A), und einem seinem Scheitel aufsitzenden, gebogenen, vielkernigen Fortsatz, der Trichogyne(t). In unmittelbarer Nähe des Ascogons entspringt – ebenfalls aus haploiden, einkernigen Hyphen – ein keulenförmiges, vielkerniges ♂ Gametangium (a). Die verschiedenen Sexualorgane treten z.T. in Gruppen auf und wachsen aufeinander zu, wobei das ♂ Gametangium mit einer Trichogyne verschmilzt. Die Trichogyne öffnet sich an ihrer Berührungsstelle (woraufhin ihre Kerne degenerieren), und die ♂ Kerne wandern aus dem ♂ Gametangium in die Trichogyne und von hier durch einen vorübergehend sich öffnenden Porus in das Ascogon (Plasmogamie). Dort legen sich die ♂ und ♀ Kerne paarweise aneinander (Fig. 3.2.24c). Das Ascogon treibt daraufhin zahlreiche Schläuche aus, in welche die Kernpaare hineinwandern: die ascogenen Hyphen,

die unter Zellteilungen wachsen und sich verzweigen. Bei allen Zellteilungen bleiben in jeder Zelle die Kerne paarweise erhalten, weil sie sich konjugiert (d.h. gleichzeitig) teilen. So entstehen die Zellen der Dika-

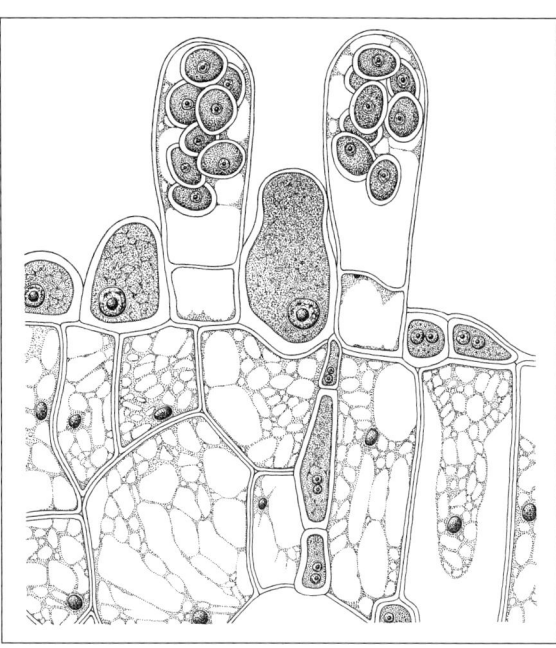

Abb. 3.2.22: *Taphrinomycetidae. Taphrina deformans.* Karyogamie und reife Asci. (800×; nach Martin.)

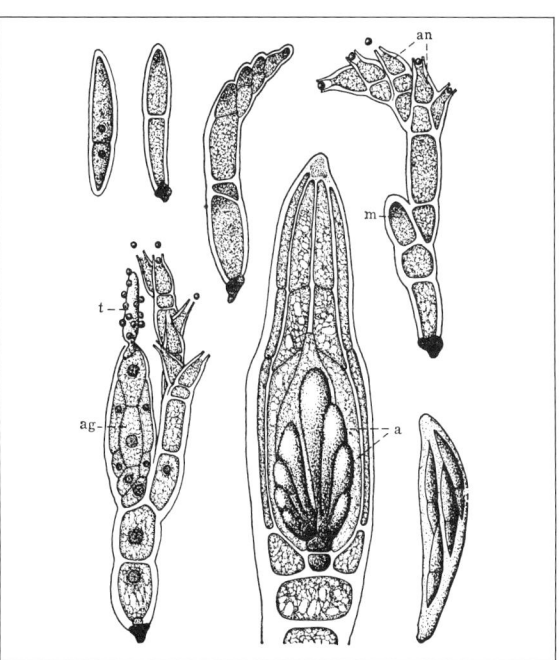

Abb. 3.2.23: *Laboulbeniomycetidae. Stigmatomyces baerii.* Obere Reihe: Entwicklung bis zur Ausbildung der Spermatangien (an) und der Ascogon-Mutterzelle (m). Untere Reihe: Befruchtungsstadium (ag Ascogon, t Trichogyne), halbreifes Perithecium mit jungen Asci (a), Ascus mit 4 zweizelligen Sporen. (400×; nach Thaxter.)

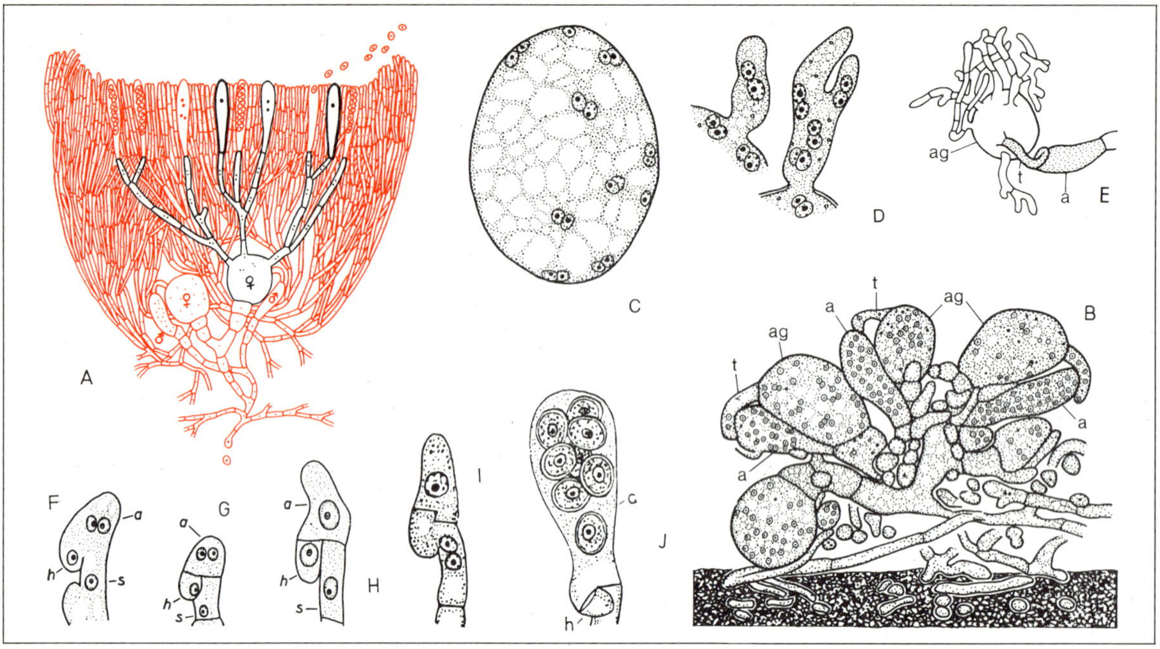

Abb. 3.2.24: *Ascomycetidae*. **A** Fruchtkörper eines monöcischen Discomyceten (Schema). Rot: haploide, dünn schwarz: dikaryotische, dick schwarz: diploide Phase. Haken nicht gezeichnet. B–I *Pyronema confluens*. **B** Anlage eines Fruchtkörpers, ag Ascogone mit Trichogynen t, a ♂ Gametangien. **C** Querschnitt, Paarung der ♂ und ♀ Kerne im Ascogon. **D** Einwanderung der Paarkerne in die aus dem Ascogon hervorsprossenden ascogenen Hyphen. **E** Ascogon mit ascogenen Hyphen (B 450×, C, D 1000×, E 150×) F–I Ascus-Entwicklung von *Pyronema confluens*. J junger Ascus von *Boudiera* (c) mit Ascosporen. s Stielzelle, h Haken, a späterer Ascus. (F–J 1000×). (A nach Harder; B–D nach Claussen; E nach De Bary; F–I nach Harper; J nach Claussen.)

ryophase mit je 2 Kernen unterschiedlichen Kreuzungstyps (hier ♂ und ♀). Bei anderen Ascomyceten kann die Übertragung der ♂ Keimzellen in das Ascogon anstelle durch ♂ Gametangien auch durch mehrkernige oder einkernige Conidien sowie durch haploide Hyphen geschehen. An der Somatogamie sind keineswegs Gametangien beteiligt, sondern es verschmelzen gewöhnliche, nicht besonders differenzierte haploide Hyphen. Auch hier wächst aus dem Verschmelzungsprodukt (nach Plasmogamie) ein dikaryotisches Mycel hervor. Oft wird die Sexualität unterdrückt. Man spricht: von Parthenogamie, wenn innerhalb des Ascogons Kernpaarungen ohne vorausgehende Befruchtung durch ♂ Kerne erfolgen, – von Autogamie, wenn Kernpaarungen irgendwo, ohne Beteiligung von Ascogonen, eintreten, – von Apomixis, wenn die Sexualität erloschen ist und die Entwicklung in der Haplophase verläuft. Die Paarkernhyphen (ascogene Hyphen der Dikaryophase) sind bei Ascomyceten vielfach an den Querwänden durch eigentümliche Haken gekennzeichnet, die auf folgendem Wege entstehen (Abb. 3.2.24 F–I): Die wachsende Spitzenzelle bildet seitlich etwas unterhalb der Hyphenspitze (subterminal) eine nach unten, gegen die Wachstumsrichtung weisende, hakenförmige Ausbuchtung. Gleichzeitig teilen sich die Kerne des Kernpaares, wobei einer der abgegliederten Tochterkerne in den hakenförmigen Auswuchs einwandert. Nunmehr wird durch Querwände das obere Kernpaar abgesondert (G), während der Haken an seiner Spitze mit der Stammhyphe verschmilzt und der aufgenommene Kern dorthin zurückwandert (I). Die Hakenbildung wiederholt sich bei jeder neuen Zellteilung der Spitzenzelle, solange, bis in ihr durch Karyogamie die Ascusbildung eingeleitet wird (H). Aus den Endzellen der ascogenen Hyphen entstehen, nachdem dort Karyogamie und Meiose stattgefunden haben, die Asci. Die junge Ascusanlage ist zunächst noch zweikernig (Abb. 3.2.24 F–G). Nach der vollzogenen Kernverschmelzung (H) wird die Endzelle zum keulenförmigen, zunächst noch einkernigen diploiden Sporangium. Aus dem Verschmelzungskern gehen dann durch dreimalige Teilung, wobei die Meiose stattfindet, 8 Kerne hervor, um die sich auf dem Wege freier Zellbildung (S. 565) die 8 haploiden Meiosporen (Ascosporen) durch Wände abgrenzen. Der Ascus ist also ein Meiosporangium, in dem an die beiden Reifeteilungen (Meiose) noch eine Mitose angeschlossen wird.

Das zur Sporenbildung nicht verbrauchte Plasma, das Periplasma, findet vielfach Verwendung zur Auflagerung einer weiteren, mannigfaltig skulpturierten Schicht auf die Sporenwand. Die Asci entwickeln sich in der Regel im Inneren von Fruchtkörpern, seltener frei an ungeschützten Hyphen der Fruchtkörperanlage. Von ascohymenialer Entwicklung des Fruchtkörpers spricht man, wenn erst die ascogenen Paarkernhyphen von einer Hülle umschlossen werden; die Fruchtkörperbildung wird also durch die Befruchtung eingeleitet. Beim ascoloculären Entwicklungstyp werden die Fruchtkörperinitialen oder Geflechte für Sammelfruchtkörper bereits vor der Befruchtung angelegt und die ascogenen Hyphen wachsen in nachträglich sich formende Höhlungen (Loculi) hinein. Die systematische Gliederung beruht u. a. auf unterschiedlicher Anlage und verschiedenem Bau von Fruchtkörpern und Asci. Die Fruchtkörper sind: kugelförmig geschlossen, Kleistothecium; schüsselförmig offen, Apothecium; flaschenförmig, mit vorgebildeter Öffnung, Perithecium bei ascohymenialer und Pseudothecium bei ascoloculärer Entwicklung. Pseudothecien können sich weit öffnen oder wie Kleistothecien passiv aufbrechen.

1. Überordnung: Eurotianae. Die Wände ihrer (prototunicaten) Asci sind undifferenziert, dünn, und verschleimen oft schon vor der Sporenreife, so daß die Ascosporen passiv freigesetzt werden.

1.1. Ordnung: **Eurotiales.** Zu ihnen zählen Pilze mit vielfach unterdrückter oder fehlender Hauptfruchtform. Die Charakterisierung und Stellung der Ordnung im System der Ascomyceten wird jedoch durch Merkmale der Hauptfruchtform begründet (Abb. 3.2.25 C–E). Sie bildet sich z.B. bei **Eurotiaceae** nach der Verschmelzung keulenförmiger Gametangien (Ascogon, ♂ Gametangium). An den Querwänden der daraufhin entstehenden dikaryotischen ascogenen Hyphen fehlen Haken. Die kugeligen Asci werden im Inneren geschlossener, kugelförmiger Fruchtkörper angelegt. Sie enthalten je 4 oder 8 oft scheibenförmige Ascosporen und liegen in großer Zahl ungeordnet im Fruchtkörper, deren plectenchymatische Wand verwesen muß, damit Asci und Ascosporen verbreitet werden können. Es sind Kleistothecien ohne vorgebildete Mündung. Auch die Nebenfruchtformen sind sehr charakteristisch (Abb. 3.2.25 A–B); einige werden als *Aspergillus* und *Penicillium* bezeichnet und gehören zu den häufigsten Schimmelpilzen («Schimmel» ist kein systematischer Begriff, sondern eine Sammelbezeichnung für oberflächlich wachsende Pilzmycelien). Hier erfolgt die Vermehrung vegetativ durch Conidien (S. 552), die sich an rasenartig dichtstehenden Trägern bilden und oft blaugrün gefärbt sind.

Beim Gießkannenschimmel *Aspergillus* sitzen auf dem kugelig angeschwollenen Träger kurze, allseitig ausstrahlende Zellen (Sterigmen); diese schnüren fortlaufend Conidien ab, die in Ketten aneinanderhaften. Beim Pinselschimmel *Penicillium* entstehen die ebenfalls perlschnurartig angeordneten Conidien auf verzweigten Trägern, wobei die Conidien-bildenden Zweige als Phialiden, die darunter folgenden als Metulae bezeichnet werden. Die systematischen Einheiten innerhalb der *Eurotiales* werden nach der Hauptfruchtform benannt, wenn diese fehlt, nach der Nebenfruchtform: z.B. *Eurotium, Sartroya* (Nebenfruchtform: *Aspergillus*); *Talaromyces, Carpenteles* (Nebenfruchtform: *Penicillium*).

Einer eigenen Familie gehört die unterirdisch (hypogäisch) lebende Hirschtrüffel *Elaphomyces* an (**Elaphomycetaceae**). Die 1–4 cm großen, knollenförmigen Fruchtkörper sind für den Menschen ungenießbar, werden aber von Wildtieren ausgegraben und gefressen; die Sporen werden auf diese Weise verbreitet.

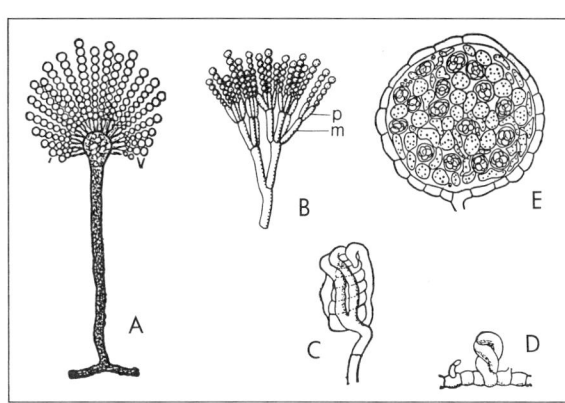

Abb. 3.2.25: *Ascomycetidae, Eurotiales.* **A** *Aspergillus glaucus,* «Gießkannenschimmel», Conidienträger (300×). **B** *Penicillium glaucum,* »Pinselschimmel« Conidienträger (300×). p Phialide, m Metula. **C** *Eurotium,* schraubiges Ascogon vom ♂ Gametangium umgriffen (450×). **D** *Talaromyces,* sich umschlingende Gametangien (500×). **E** *Eurotium,* Kleistothecium im Querschnitt (250×). (A nach Kny; B, D nach Brefeld; C, E nach De Bary.)

Verwendung und Schadenswirkungen. Aus *Penicillium notatum, P. chrysogenum* u.a. Arten wird das Antibiotikum Penicillin (s.S. 359, 542) gewonnen, das der Pilz in der Nährlösung abscheidet; es hemmt die Synthese der Bakterien-Zellwände. *Penicillium roqueforti* und *P. camemberti* sind für die Herstellung bestimmter Käsesorten erforderlich, *Aspergillus wentii* produziert Amylasen und Proteasen und wird daher in der Fermentationsindustrie verwendet, *Aspergillus flavus* bildet Aflatoxine, welche krebserregend sind und Leberschäden bewirken. *Aspergillus fumigatus* ruft Lungen- und Bronchialerkrankungen beim Menschen hervor. Wichtige Erreger menschlicher und tierischer Pilzerkrankungen (sog. Mykosen) zählen ebenfalls zu dieser Ordnung oder sind aufgrund ihrer ausschließlich bekannten, jedoch gewissen Eurotialen mit vollständigem Entwicklungsgang ähnelnden Nebenfruchtformen hierher zu stellen.

Zu den prototunicaten Euascomyceten gehören einige weitere, kleinere Ordnungen. Die

1.2 Ordnung: **Microascales** enthält den bekannten Erreger des Ulmensterbens, *Ceratocystis ulmi.* Weitere Ordnungen sind die **Onygenales** (*Onygena equina* auf Pferdehufen), die meist flechtenbildenden **Caliciales,** die **Coronophorales** und die **Meliolales.**

Die Ascuswand ist bei allen folgenden Ordnungen eutunicat, d.h. als dickere Schicht deutlich erkennbar, dauerhaft und mit Einrichtungen zum Ausschleudern der Ascosporen versehen. Ihre Wände sind zunächst noch einschichtig (Ordnungen 2–4: unitunicat).

2. (Über-)ordnung: Erysiphales. Es sind parasitische Pilze, die als «echte Mehltaupilze» auf pflanzlichen Wirten leben. Die befallenen Pflanzen sehen wie mit Mehl bestäubt aus. Dieser Eindruck rührt vom weißen Oberflächenmycel her, das während des Sommers in großer Menge Conidien bildet (Abb. 3.2.26 A). Über Haustorien, die in die Epidermiszellen des Wirtes eingesenkt werden (Ah), entnimmt

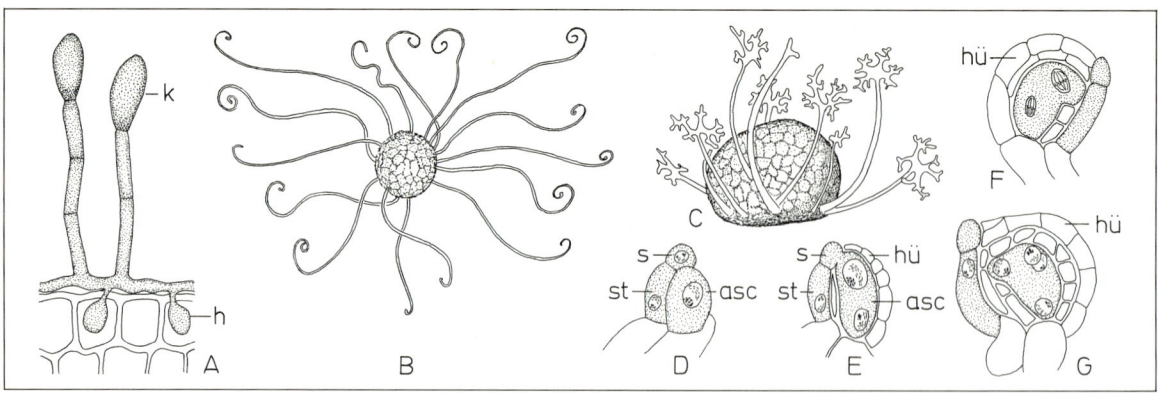

Abb. 3.2.26: *Ascomycetidae,* Erysiphales. **A** *Uncinula necator,* Conidienbildung (100×). **B** Desgl. Kleistothecium mit Anhängseln (30×). **C** *Microsphaera alphitoides,* Kleistothecium mit Anhängsel (30×). **D–G** Befruchtung bei *Sphaerotheca fuliginosa* (250×). asc Ascogon, h Haustorium, hü Hüllhyphen, k Conidie, s ♂ Gametangium, st Stielzelle. (A, B nach Sorauer; C nach Blumer; D–G nach Bergman.)

der Pilz seinem Wirt die Nährstoffe. Die **Hauptfruchtform** stellen kleine braune bis schwarze, mit bloßem Auge als punktförmige Erhebungen sichtbare **Kleistothecien** dar, die auf dem weißen Überzug der Nebenfruchtform erscheinen. Hierbei erfolgt die geschlechtliche Fortpflanzung.

Der männliche Kopulationsast, der sich in eine Stielzelle und in das einkernige ♂ Gametangium teilt, legt sich an das ebenfalls einkernige Ascogon an (D). Der ♂ Geschlechtskern tritt in das Ascogon über (E). Nunmehr entsteht ein Ascus aus je einem befruchteten Ascogon ohne Zwischenschaltung von ascogenen Hyphen, oder es wächst das Ascogon zu ascogenen Hyphen aus, deren terminale Zellen je die Asci liefern. Im ersten Fall verschmilzt ein Kernpaar nach einer konjugierten Teilung (G) zum diploiden Zygotenkern, der sich unter Meiose in 4 bis 8 Ascosporenkerne teilt. Im zweiten Fall entspricht die Entwicklung der Asci dem geschilderten Normalfall, nur daß keine Haken an den Querwänden der ascogenen Hyphen sichtbar werden.

Gleichzeitig mit der Bildung und Befruchtung des Ascogons wird dieses von **Hüllhyphen** umsponnen, die schließlich das helle Grundgeflecht und die dunkle Peridie des **Kleistotheciums** bilden. Letzteres wird bei der Reife durch den Druck der anschwellenden Asci entlang eines Risses gesprengt. Meist entspringt den Kleistothecien an ihrer Basis ein Kranz von oft dichotomen oder hakenförmig eingekrümmten Hyphen, welche die Verbreitung fördern sollen (B, C). Die Asci sind im Kleistothecium rosettenförmig angeordnet – falls sie nicht überhaupt nur zu je 1 gebildet werden – und öffnen sich mit einem Deckelchen, wobei die Ascosporen bis zu 2 cm in die Luft geschleudert werden.

Uncinula necator (A, B) befällt Blätter und Beeren des Weinstockes (Nebenfruchtform: *Oidium tuckeri*). *Sphaerotheca morsuvae* (mit 1 Ascus im Kleistothecium) infiziert die Stachelbeeren; *Sphaerotheca pannosa* Rosen; *Microsphaera alphitoides* (C) lebt auf Eichenblättern. *Erysiphe graminis* ist ein Parasit auf Getreide und Wildgräsern. Die «echten Mehltaupilze» werden mit Schwefelpräparaten bekämpft.

Auch in der folgenden Ordnung öffnen sich die Asci an ihrem Scheitel mit einem Deckelchen; sie sind also **unitunicat-operculat**.

3. (Über-)ordnung: Pezizales. Die in Entwicklung und Bau sehr mannigfaltige Ordnung enthält etwa 1000 durchweg saprophytische Arten. Die typische Fruchtkörperform der **Pezizaceae** und ihnen nahestehender Familien ist das becher- bis scheibenförmige **Apothecium** (z.B. *Peziza*), dessen Oberfläche in palisadenförmiger Anordnung das aus Asci und haploiden sterilen **Paraphysen** bestehende **Hymenium** trägt. Die Sporen werden oft weit ausgeschleudert (*Dasyobolus*, S. 466).

Die Befruchtung und Ascusbildung wurden bei *Pyronema* erstmals entdeckt und eingehend untersucht (vgl. S. 567 u. Abb. 3.2.24). *Pyronema confluens* bildet relativ kleine scheibenförmige Fruchtkörper, die oft dicht gedrängt als fast krustenförmige Überzüge auf ehemaligen Brandstellen oder auf Erde erscheinen. Schon vor der Kopulation werden die Sexualorgane von einer lockeren Schicht von haploiden Hüllhyphen umsponnen. Nach der Befruchtung (Plasmogamie) entstehen **ascogene Hyphen**; die monokaryotischen haploiden und die meist hakenbildenden dikaryotischen, ascogenen Hyphen verflechten sich jetzt und formen gemeinsam den Fruchtkörper. Die Fruchtkörperbildung ist an die sexuellen Vorgänge gebunden, die sich gleichzeitig oder in den weitgehend vorgebildeten Fruchtkörperanlagen vollziehen. Das Hymenium entwickelt sich bei *Pyronema* von Anfang an frei auf der Oberfläche des Fruchtkörpers (**gymnokarper Typ**). Bei anderen Gattungen (z.B. *Ascophanus*) entsteht das Hymenium im Inneren der zunächst kugelförmigen Fruchtkörperanlage, deren Deckschichten später oben aufreißen, wobei das Hymenium freigelegt wird (**hemiangiokarper Typ**). Die Größe der Fruchtkörper ist artgebunden verschieden von wenigen Millimetern bis zu über einem Dezimeter (*Sarcosphaera*).

Einige Vertreter besitzen länger gestielte Apothecien, z.T. mit rillenförmiger Versteifung des Stieles (z.B. *Helvella*) oder kammerförmiger Unterteilung der Oberfläche des nunmehr nach unten geschlagenen ursprünglichen Bechers (z.B. *Morchella*). Die Vergrößerung des Hymeniums und seine Erhebung auf Stielen ermöglicht eine wirksamere Sporenausbreitung. Bei manchen Gattungen (z.B. *Helvella, Gyromitra*) werden keine Ascogone und ♂ Gametangien gebildet. Es verschmelzen vegetative Hyphen kompatibler Kreuzungstypen miteinander («Somatogamie»). Bei *Morchella* fusionieren weitgehend nur Hyphen desselben Mycels (Autogamie).

Die meist unterirdisch im Waldboden lebenden Fruchtkörper der **Tuberaceae** lassen sich von der offenen Schüsselform ableiten und werden wegen vorhandener Übergänge zu den *Pezizales* gestellt. Die Fruchtkörper bleiben jedoch im Erdboden und geschlossen (hypogäische Lebensweise); das Hymenium wird nicht mehr frei exponiert. Die Befreiung der Ascosporen geschieht vielmehr durch Vermittlung von pilzfressenden Tieren oder durch Zerfall der Fruchtkörper. Die meist knollenförmigen Fruchtkörper sind von Gängen durchzogen, die wenigstens im Jugendstadium nach außen münden und von einer Art Hymenium ausgekleidet sind (Abb. 3.2.29); sie weisen eine extreme innere Einfältelung des Hymeniums auf. In den breit keulenförmigen Asci, die nach Somatogamie (Autogamie) aus den Endzellen ascogener, schnallentragender Hyphen (s. S. 576) entstehen, liegen 1–5 skulpturierte, braun gefärbte Ascosporen. Der ursprünglich operculate Bau der Asci ist kaum noch zu erkennen, da die zarte Wand undifferenziert ist.

Die größeren Vertreter der *Pezizales* (z.B. *Morchella*) finden als Speisepilze Verwendung. Auch giftige Arten sind bekannt. Zu ihnen zählt der Kronenbecherling *(Sarcosphaera crassa)*. Die Frühjahrslorchel *(Gyromitra esculenta)* mit nicht hitzebeständigem Gift wird nach Wegschütten des Kochwassers z.T. dennoch verzehrt; vom Genuß ist aber wegen Vergiftungsgefahr abzuraten. Mehrere der mit Waldbäumen in Mykorrhiza-Symbiose lebenden Trüffel-Arten *(Tuber)* werden seit dem Altertum als Speisepilze geschätzt.

4. Überordnung: Leotianae. Am Scheitel des unitunicaten und inoperculaten Ascus ist eine porenförmige Öffnung entweder von einem einfachen quellfähigen Wulst umgeben oder zusätzlich von einem Apicalring oder Scheitelwulst umschlossen; letztere verfärben sich bei Anwendung von Iod-Reagenz-Lösung vielfach blau und werden dann amyloid genannt. Die durch Licht oder Feuchtigkeitsänderungen auslösbare Ausschleuderung ist nicht völlig aufgeklärt. Der Quellungszustand des Wulstes bzw. des Apicalringes muß wohl dabei ebenso wie der Turgor im Inneren des Ascus entscheidend sein. Als Fruchtkörper werden zunächst noch (4.1–4.4) überwiegend Apothecien gebildet.

4.1. Ordnung: **Leotiales.** Sie haben becher- bis schüsselförmige ascohymenial entstehende Fruchtkörper, doch sind sie darin, wie auch in den Maßen der Asci und Sporen vielfach

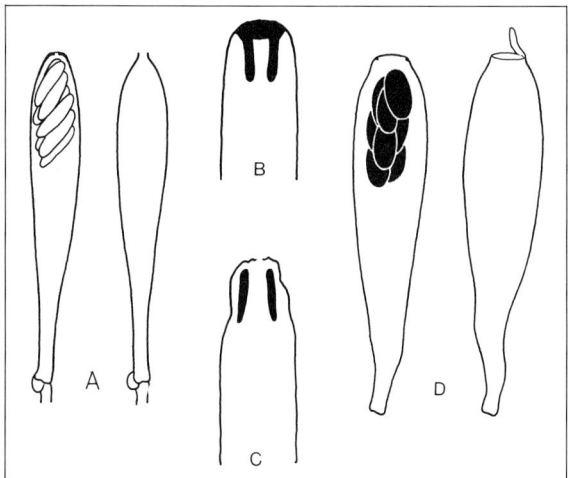

Abb. 3.2.27: *Ascomycetidae.* Asci vor und nach der Sporenausschleuderung. **A–C** Inoperculate Asci. **B–C** Ascusspitzen mit Apicalapparaten vor (B) und nach (C) Entleerung. **D** Operculater Ascus; Öffnung mit Deckel. (A, D nach Oberwinkler; B, C nach Beckett.)

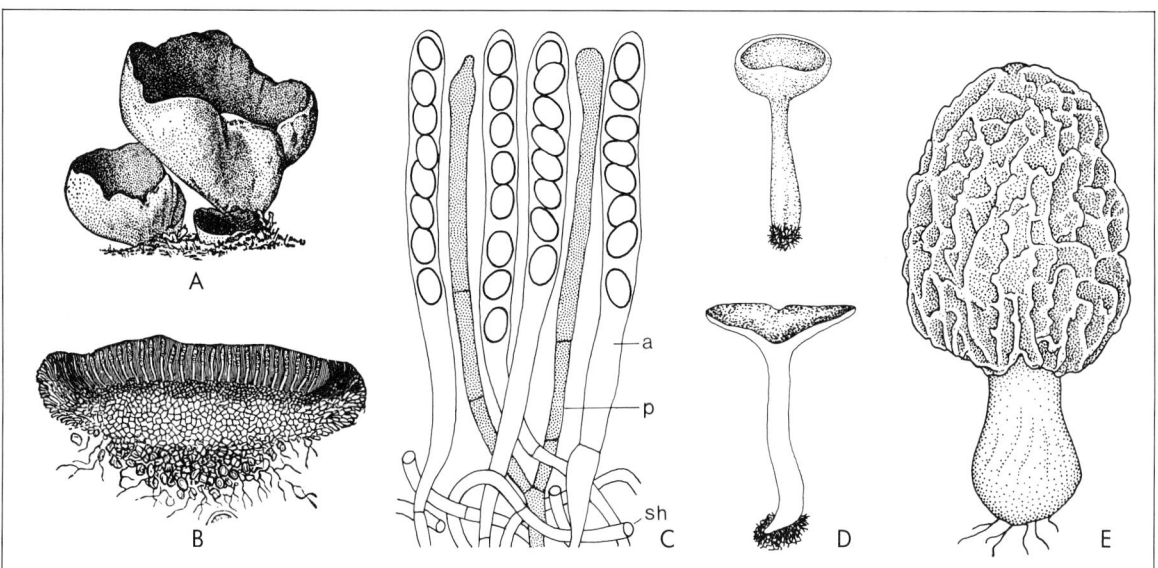

Abb. 3.2.28: *Ascomycetidae, Pezizales.* **A** *Peziza (Otidea) leporina* (²/₃×). **B** *Pulvinula convexula,* Querschnitt durch Apothecium; oberseits Hymenium (20×). **C** *Morchella esculenta,* Teil des Hymeniums; a Asci, p Paraphysen, sh subhymeniales Geflecht (240×). **D** *Helvella pezizoides,* Fruchtkörper (³/₄×). **E** *Morchella esculenta,* Fruchtkörper (³/₄×). (A nach Michael; B nach Sachs; C Orig.; D nach Bresadola, E nach Schenck.)

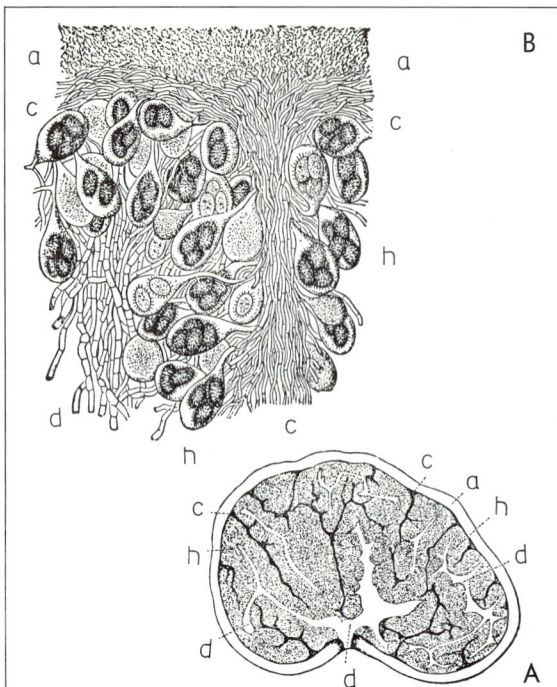

Abb. 3.2.29: *Pezizales, Tuberaceae, Tuber rufum.* **A** Fruchtkörper im Vertikalschnitt. **B** Ausschnitt aus dem Hymenium, a Rinde, d lockeres lufthaltiges Geflecht, c dunkle Adern aus dichtem Geflecht, h Hymenium (A 3×, B 300×; nach Tulasne.)

den Apothecien, die zwischen Paraphysen (S. 570) mit kopfig verdickten Enden Asci von besonderem Bau enthalten. Diese sind keulig, dickwandig, z.T. mehrschichtig (wobei die Schichten, anders als beim bitunicaten Ascus, in ihrer Elastizität gleich sind) und besitzen rund um die porenförmige Öffnung einen mit Iod blau anfärbbaren Scheitelwulst.

Die folgenden Ordnungen (4.4–4.7) sind durch flaschenförmige Fruchtkörper (Perithecien) mit von vornherein angelegter scheitelständiger Öffnung (Ostiolum) gekennzeichnet; sie gehören dem ascohymenialen Entwicklungstyp an. Die Asci bilden zusammen mit zahlreichen haploiden Hyphen (Paraphysen) die palisadenartige Fruchtschicht (Hymenium), welche den vorgebildeten Fruchtkörper-Hohlraum am Grunde und seitlich auskleidet (Abb. 3.2.31 A). Bei der Reife streckt sich ein Ascus nach dem anderen so weit, bis seine Spitze in Höhe der Peritheciumöffnung steht, worauf der Ascus alle 8 Sporen auf einmal ausschleudert. Die Schußhöhe beträgt bis 20 cm und mehr. Nach Entleerung fällt der Ascus zusammen, so daß der Porus des Peritheciums für den nächsten Ascus frei wird.

4.4. Ordnung: **Sphaeriales.** Die oben stumpfen Asci dieser Ordnung besitzen rund um den Apicalporus einen von der Scheitelpartie des Ascus gebildeten Wulst; der Apicalapparat erscheint meist als ein plattenförmiger Verschluß des Porus. Als Beispiel für diese Ordnung sei zunächst *Neurospora* erwähnt. *N. sitophila* und *N. crassa* verursachen den «roten Brotschimmel» und ertragen hohe Temperaturen (bis 75°). *Neurospora*-Arten bilden an jedem Mycel Ascogone sowie Zellen, die zur Übertragung der ♂ Kerne geeignet sind. Als Überträger von ♂ Kernen auf die Trichogyne eines Ascogons dienen mehrkernige Conidien (Megaconidien), einkernige Spermatien oder Mikroconidien sowie somatische Hyphen. Spermatien sind für diesen Zweck spezialisierte Zellen, Mega- und Mikroconidien können auch mit einem Keimschlauch auskeimen und damit vegetativ ein neues Mycel bilden. Fremdbefruchtung wird gesichert, da Ascogone nur durch Kerne des konträren Kreuzungspartners befruchtet werden können (homogenische Inkompatibilität; s.S. 553). Nach der reziproken Befruchtung (Plasmogamie) wachsen aus dem Ascogon in der üblichen Weise dikaryotische hakenbildende ascogene Hyphen aus.

kleiner als die der *Pezizales*. Neben den typischen Apothecien treten wie bei jenen auch andere, abgeleitete Fruchtkörperformen auf, z.B. keulenförmige bei *Trichoglossum*, gestielt-schüsselförmige bei *Sclerotinia* oder gestielt-hutartige bei *Cudonia* (konvergente Entwicklung der Fruchtkörperformen zu *Pezizales* etc.). Die meisten Arten der zahlreichen Gattungen leben saprophytisch, einige jedoch parasitisch, z.B. *Trichoscyphella willkommii*, der Erreger des Lärchenkrebses oder *Pseudopeziza trifolii* und *Sclerotinia trifoliorum* als Verursacher von Krankheiten des Klees. *Sclerotinia fructigena* lebt auf Äpfeln und Birnen; zunächst entwickeln sich die oft in konzentrischen Kreisen (bedingt durch den täglichen Licht-Dunkel-Wechsel) auftretenden Conidien-Pusteln der *«Monilia»*-Nebenfruchtform, im Frühjahr auf den Fruchtmumien die langgestielten Apothecien (Abb. 3.2.30). Die als *Botrytis cinerea* benannte Nebenfruchtform von *Sclerotinia fuckeliana* bringt in nassen Jahren die Weinbeeren zum Abfallen, ruft aber bei trockner Witterung als «Edelfäule» bei reifen Weinbeeren besonders hohen Zuckergehalt hervor («Beerenauslese»-Weine!). Das saprophytisch auf morschem Laubholz wachsende *Chlorosplenium aeruginosum* färbt dasselbe intensiv blaugrün.

4.2. Ordnung: **Phacidiales.** Diese früher mit voriger Ordnung vereinigte Gruppe ist durch die ascoloculäre Fruchtkörperentwicklung von jener verschieden. Die flachen Fruchtkörper öffnen sich mit Rissen oder Längsspalten. Die *Phacidiales* leben vorwiegend parasitisch. Hierher gehören der Erreger des Ahornrunzelschorfes, *Rhytisma acerinum*, der im Herbst schwarze Flecke auf Ahornblättern hervorruft (Apothecienbildung im Frühjahr), und *Lophodermium pinastri* auf Kiefernnadeln, die «Schütte» verursachend.

4.3. Ordnung: **Lecanorales.** Sie stellen den Hauptanteil der Flechtenpilze unserer Breiten und werden daher dort behandelt (S. 599). Die in Flechtensymbiose lebenden Pilze bil-

Abb. 3.2.30: *Ascomycetidae, Leotiales, Sclerotinia fructigena.* **A** Fruchtkörper auf mumifiziertem Pfirsich (¾×). **B** Nebenfruchtform, *Monilia*-Fäule an Birne. Das Mycel bildet in konzentrischen Ringen Conidien (½×). (A nach Honey, B nach Kotte.)

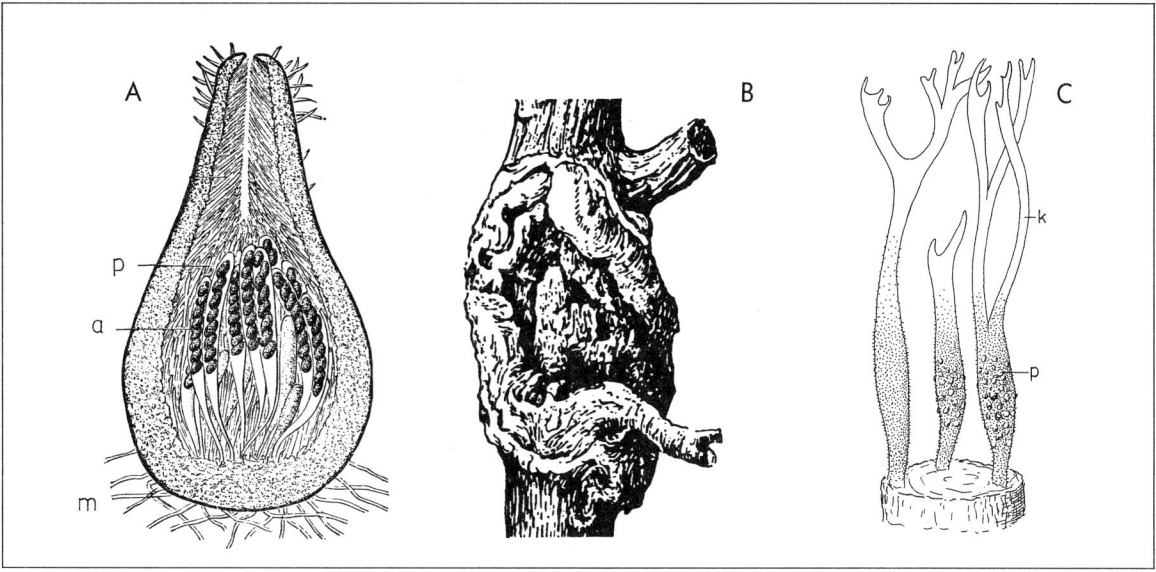

Abb. 3.2.31: *Ascomycetidae*, A–B *Sphaeriales*. **A** *Podospora fimiseda*. Perithecium; a Asci, p Paraphysen, m Mycelfäden. (90×). **B** *Nectria*-Krebs an Obstbaumzweig (nat. Gr.) C *Xylariales*, *Xylaria hypoxylon* (nat. Gr.) k Conidienbereich, p Perithecienbereich. (A nach V. Tavel; B nach Brauns & Riehm; C nach Mägdefrau.)

Große Bedeutung für die genetische Forschung haben die in der Natur Dung bewohnenden Arten *Podospora anserina, Sordaria fimicola* und *S. macrospora* erlangt. Während die Asci dieser *Sordaria*-Arten 8 Ascosporen enthalten, sind diejenigen von *Podospora anserina* 4-sporig. *Podospora anserina* fehlen Megaconidien; die ♂ Kerne werden durch Spermatien übertragen. Bei beiden *Sordaria*-Arten fehlen Mega- und Mikroconidien, die Ascogone bilden keine Trichogyne, die Kernpaarung erfolgt parthenogenetisch; es entwickeln sich Selbstungsperithecien. Bei Mutanten kann allerdings zwischen verschiedenen Mycelien auch Somatogamie stattfinden; im Konfrontationsbereich entstehen dann Kreuzungsperithecien, in deren Asci Prä- bzw. Postreduktion beobachtet werden kann (vgl. S. 486).

Die oft kaum ½ mm großen Perithecien der *Sphaeriales* stehen meist einzeln, z.T. aber auch in Gruppen, die über ein Geflecht (Stroma) mehr oder minder deutlich miteinander verbunden sein können. Ein Stroma ist ein meist hartes, also sclerotienartiges Lager, in das einzelne oder mehrere Perithecien (dann ist das Gebilde ein Sammelfruchtkörper) eingebettet sind. Die Perithecien von *Nectria cinnabarina* sitzen auf polsterförmigen, zinnoberroten Stromata; diese entwickeln zunächst Conidien, später Perithecien; sie sind in beiden Formen als rote Pusteln auf abgestorbenen Ästen sichtbar. *Nectria galligena* (mit farblosen Conidien) lebt parasitisch in der Rinde und verursacht den Krebs der Obstbäume. Durch den Pilz abgetötete Rindenteile werden durch Wundcallus überwuchert, der selbst wieder abgetötet wird, was zu unregelmäßigen Überwallungswucherungen führt (Abb. 3.2.31B) und schließlich das Absterben des Baumes zur Folge haben kann. Aus Kulturfiltraten der auf Reispflanzen schmarotzenden *Gibberella* hat man den Wuchsstoff Gibberellin (S. 388) isoliert.

4.5. Ordnung: **Diaporthales.** Der Porus der Asci ist zusätzlich zum Scheitelwulst noch von einem optisch dichteren Ring umschlossen, der sich mit Anilinblau gut anfärben läßt. Die Asci lösen sich oft ab und werden zuletzt samt Sporen aus den Fruchtkörperöffnungen herausgepreßt. Im übrigen ist die durch *Diaporthe, Diaporthella* u.a. Gattungen vertretene Ordnung der vorigen sehr ähnlich. Die Perithecien entstehen innerhalb stromatischer Geflechte. Die vielfach parasitischen Arten durchdringen mit ihren Stromata das Wirtsgewebe, aus dem meist nur die langen Mündungen der Perithecien etwas herausragen. *Endothia parasitica* wurde nach Nordamerika eingeschleppt und hat dort die früher in großen Beständen auftretenden Kastanien (*Castanea dentata*; S. 884) praktisch völlig vernichtet; auch in Europa (z.B. Tessin) sehr schädlich.

4.6. Ordnung: **Xylariales.** Die Stromata erheben sich hier zu größeren polster-, kugel-, keulen- oder geweihförmigen Sammelfruchtkörpern, in welche zahlreiche Perithecien eingebettet sind. Bei der auf Laubholzstubben häufigen *Xylaria hypoxylon* (Abb. 3.2.31 C) tragen die geweihförmigen Stromata im oberen weißen Abschnitt Conidien, später im unteren schwarzen Teil Perithecien. Der Apicalapparat der Asci ist ähnlich wie in der vorigen Ordnung aufgebaut, mit dem Unterschied, daß sich der Apicalring am Ascusscheitel der *Xylariales* mit Iodlösung blau anfärben läßt.

4.7. Ordnung: **Clavicipitales.** Hier haben die Asci Scheitel mit einem optisch dichteren halbkugeligen bis fast kugeligen Quellkörper. Die septierten Ascosporen sind fädig lang, die Asci dementsprechend schmal. Die Perithecien sind in gestielt-hutförmige Stromata eingesenkt. In den beiden letzten Ordnungen erreicht somit die Ausformung der Stromata in analoger Entwicklung zu Einzelfruchtkörpern (z.B. *Helotiales*) das höchste Niveau; in ihrer äußeren Gestalt sind Einzel- und Sammelfruchtkörper vielfach trotz unterschiedlicher morphologischer und stammesgeschichtlicher Entstehungsweise sehr ähnlich (analoge Konvergenz z.B. zwischen *Trichoglossum-Helotiales* und *Cordyceps-Clavicipitales*).

Der Mutterkornpilz, *Claviceps purpurea*, wächst parasitisch in jungen Fruchtknoten von Gräsern und bildet dort Conidien aus. (Abb. 3.2.32 A, B). Eine gleichzeitig abgeschiedene zuckerhaltige Flüssigkeit (Honigtau) veranlaßt Insekten, die Conidien auf andere Blüten zu übertragen. Das Mycel geht nach

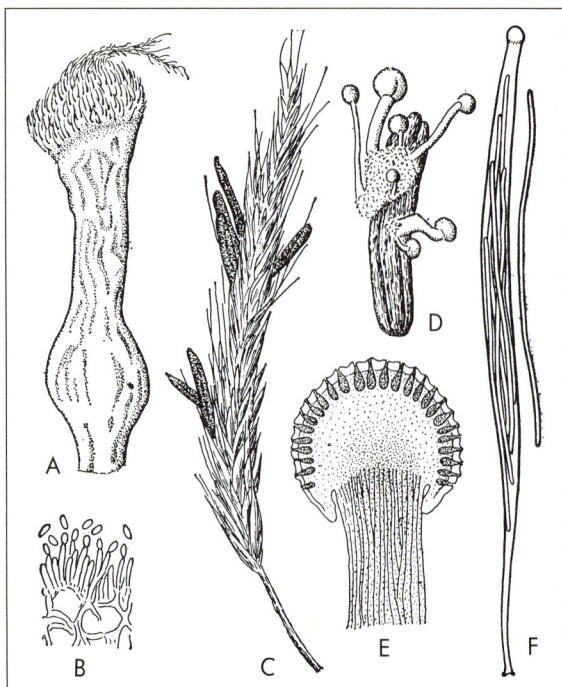

Abb. 3.2.32: *Ascomycetidae, Clavicipitales, Claviceps purpurea.*
A Befallener Roggenfruchtknoten (15×); unten beginnende Sclerotienbildung, darüber Condienmycel, oben Narbenreste. **B** Conidienbildung (300×). **C** Roggenähre mit reifen Sclerotien (²/₃×). **D** Gekeimtes Sclerotium mit gestielten Fruchtkörpern (2×). **E** Längsschnitt durch Fruchtkörper mit zahlreichen Perithecien (25×). **F** Ascus und Ascospore (400×). (A, B, D-F nach Tulasne; C nach Schenck.)

Aufzehrung des Fruchtknotengewebes in ein Sclerotium (s. S. 553) über, indem die Hyphen dicht zusammenwachsen und vor allem an der Peripherie unter Querteilung ein Pseudoparenchym bilden (B). Die außen schwarzen, aus den Spelzen hervorragenden, harten Sclerotien (C, D) werden **Mutterkorn** genannt. Sie fallen zu Boden, überwintern und treiben zu Zeit der Grasblüte Stromata in Gestalt rötlicher, gestielter Köpfchen, in welche zahlreiche Perithecien eingesenkt sind (E). Die Perithecienbildung wird durch Kopulation von jeweils mehrkernigen Ascogonen und ♂ Gametangien eingeleitet (ascohymenialer Typ!). Die langen Asci enthalten 8 Sporen (F), welche durch Wind auf Gräser-Narben übertragen werden. – *Cordyceps* lebt als Parasit auf Organismen mit Chitinwänden: z. B. hypogäischen Pilzen wie *Elaphomyces* oder auch Insekten, die sich nach der Infektion in den Boden verkriechen. Die keulenförmigen, über den Boden hervorwachsenden Stromata enthalten in ihrem oberen Teil zahlreiche Perithecien. Die fädigen Sporen werden bereits im Ascus durch Querteilungen vielzellig und zerfallen in Teilstücke. – *Epichloe typhina* parasitiert auf Gräsern; ihr anfangs weißes, dann gelbes Stroma umschließt den Halm und bildet zunächst Conidien, später Perithecien. Mit den *Clavicipitales* verwandt sind die Flechtenpilze der Ordnungen **Ostropales** und **Graphidales** (s. S. 599).

Verwendung und Schadwirkungen. Die Sclerotien von *Claviceps purpurea* enthalten giftige Alkaloide (Ergotamin, Ergotoxin), die früher bei Verwendung infizierten Getreides gefürchtete Vergiftungserscheinungen («Kribbelkrankheit»; «Heiliges Feuer») verursachen konnten. Auf gleicher stofflicher Grundlage beruht die Verwendung in der Gynäkologie vor allem als wehenförderndes Mittel (daher der Name Mutterkorn). Die Sclerotien werden hierfür in großem Maßstab, z. B. durch Infektion von Roggen, kultiviert.

5. (Über-)ordnung: Dothideales. Die Ascuswand besteht in dieser Gruppe aus zwei verschieden dehnbaren Schichten; sie ist also, anders als bei den vorausgehenden Ordnungen, bitunicat. Die äußere dünne Schicht ist nicht elastisch und reißt bei steigendem Turgordruck des Ascusinneren. Die dicke innere, dehnbare Ascuswand streckt sich hierauf über ihre ursprüngliche Länge hinaus, wobei infolge des weiter steigenden Druckes eine Ascospore nach der anderen, den Scheitelporus zunächst verstopfend, ausgestoßen wird (Abb. 3.2.33 C). Die Erhöhung des osmotischen Wertes im Inneren des Ascus ist durch die Umwandlung von osmotisch inaktiven zu aktiven Stoffen (vielleicht von Glykogen in Zucker) bedingt. Die flaschenförmigen Fruchtkörper mit vorgebildeter Öffnung entstehen meist nach dem ascoloculären Typ (s. S. 568). Den Perithecien äußerlich gleichend werden die Fruchtkörper diesen Unterschied berücksichtigend **Pseudothecien** (Abb. 3.2.33) genannt.

Hierher gehören mehrere Erreger von Pflanzenkrankheiten. *Venturia* (imperfekte Conidienform: *Fusicladium*) ruft den Schorf der Äpfel und Birnen hervor, indem sie an befallenen oder heranwachsenden Früchten dunkle Flecke erzeugt (Abb. 3.2.34). *Capnodium* bildet den braunschwarzen «Rußtau» auf Blättern; als Saprophyt verwertet dieser Pilz Blattausscheidungen oder Blattlaussekret. *Herpotrichia* überzieht vom Schnee bedeckte Nadelholzzweige im alpinen Bereich mit braun-schwarzem Hyphengeflecht und bringt die Nadeln zum Absterben (vgl. Abb. 4.3.11). Auch Flechten bildende Arten haben sich in diesem Verwandtschaftsbereich entwickelt; sie werden u. a. in der Ordnung der *Verrucariales* (S. 599) geführt.

Rückblick auf die Ascomyceten. Innerhalb der Fruchtkörper-bildenden Ascomyceten *(Ascomycetidae)* werden in paralleler stammesgeschichtlicher Entwicklung (Konvergenz s. S. 162) oft unter Ausnützung verschiedener Bauprinzipien ähnliche Formen zur Gewährleistung einer effektiven Sporenverbreitung entwickelt, z. B. keulige, flaschenförmige oder gestielt-hutförmige Fruchtkörper. Die stammesgeschichtlich verschiedene Wurzel wird durch den ascohymenialen (Perithecium) bzw. ascoloculären (Pseudothecium) Entwicklungstypus deutlich. Abgesehen von den abweichenden Laboulbeniomycetiden und Endomycetiden weisen die Ascomyceten eine grundsätzliche Gemeinsamkeit im Entwicklungscyclus auf. Der Sexualakt erfolgt vielfach in Ascogonen durch Aufnahme ♂ Kerne. Die Geschlechtskerne der Kreuzungspartner verschmelzen zunächst nicht, sondern sie wandern zu Paaren vereint in die ascogenen Hyphen, vermehren sich hier durch konjugierte Teilung und verschmelzen erst in der jungen Ascusanlage (= Endzellen der ascogenen Hyphen) zu einem diploiden Kern. Plasmogamie und Karyogamie liegen also räumlich und zeitlich weit auseinander und sind durch das Paarkernstadium (Dikaryophase) getrennt. Dikaryotische Zellen sind funktionell bereits diploid; lediglich ihre Kerne sind noch individualisiert. Die typischen Ascomyceten sind Haplonten mit daraus hervorgehendem Dikaryophyten, der aber ernährungsphysiolo-

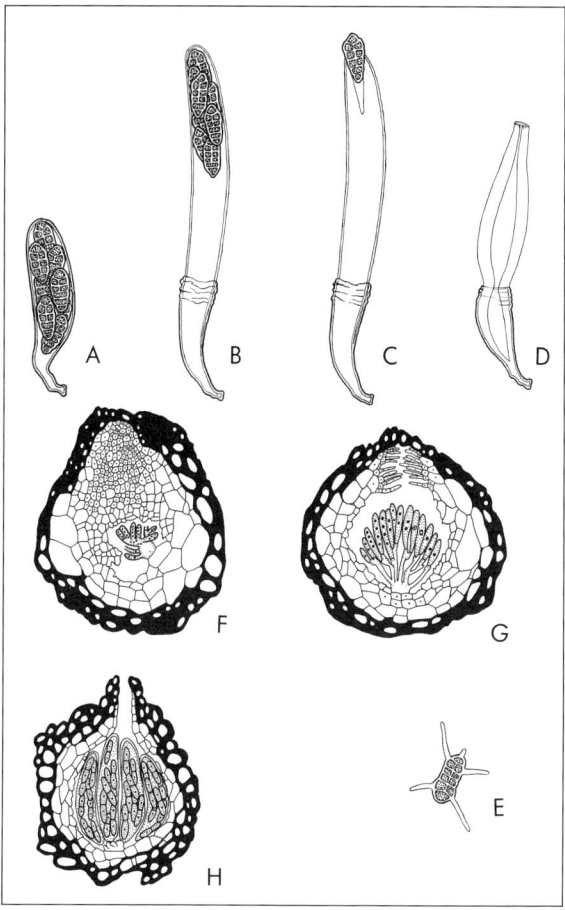

Abb. 3.2.33: *Ascomycetidae, Dothideales* A–E *Pyrenophora scirpi.* Öffnungsweise des bitunicaten Ascus. **A** Reifer Ascus mit 8 vielzelligen Sporen. **B** Desgl., äußere Ascuswand geplatzt, innerer Schlauch gestreckt. **C** letzte Spore kurz vor der Ausschleuderung. **D** Entleerter Ascus. **E** Keimende Spore. F–H *Mycosphaerella tulipifera.* Entwicklung des Pseudotheciums. **F** Junges Stadium mit verzweigtem Ascogon. **G** mit Asci verschiedenen Alters. **H** reifes Pseudothecium. (A–E 175×; nach N. Pringsheim; F–H 400×; nach Higgins.)

gisch von der vorausgehenden haploiden Generation abhängig bleibt (Ausnahme: Taphrinomycetiden). Das haploide, meist ♂ Gametangien und Ascogone bildende, Mycel kann als Gametophyt, die dikaryotischen ascogenen Hyphen als Sporophyt aufgefaßt werden. Der dikaryotische Sporophyt schließt mit der Bildung von Asci (Meiosporangien) ab; in ihnen formen sich nach Kernverschmelzung und Reduktionsteilung die haploiden Meiosporen (= Ascosporen). Gewöhnlich entstehen von ihnen 8 je Ascus, manche Arten besitzen aber auch 1-, 2-, 4- oder vielsporige Asci. Das Plectenchym der Fruchtkörper besteht aus haploiden Hyphen des Gametophyten, in welche dikaryotische Hyphen des Sporophyten eingeflochten sind (Abb. 3.2.24A); die haploiden Hyphen des Gametophyten sind hierbei stark entwickelt. Ascogone und ♂ Gametangien bzw. die ♂ Kerne liefernden Zellen (also Megaconidien, Mikroconidien, somatische Hyphen) werden am gleichen Mycel gebildet (Monöcie; Abb. 3.2.24B). Selbstung wird vielfach durch bipolare homogenische Inkompatibilität verhindert (Abb. 3.2.11). Innerhalb der Ascomyceten läßt sich eine Reduktion der Gametangien verfolgen. Reduktion oder völliger Verlust der Sexualität ist bei parthenogenetischen oder autogamen Arten zu beobachten, die sich von sexuell vermehrenden ableiten lassen.

Phylogenie und Verwandtschaft. Die Abstammung der Ascomyceten ist umstritten.

Eine Ableitung von den Rotalgen (*Rhodophyta*) wird heute kaum noch diskutiert (Ascogon-Karpogon etc. s. S. 621, 625).

Verschiedenheiten zu den Rhodophyten ergeben sich aus dem Fehlen von Assimilationspigmenten und – bedeutsamer – in der Ausbildung einer Dikaryophase, im Chemismer der Zellwand sowie im Golgi-Apparat. Gegen die Annahme einer solchen phylogenetischen Herkunft ist auch anzuführen, daß Rhodophyten als sehr spezialisierte Algen erst ab dem Perm auftreten, während Ascomyceten in mit recenten Taxa übereinstimmenden Formen schon seit dem Carbon bekannt sind (s. auch S. 625).

Für eine Ableitung von Pilzen mit Eigenschaften, wie sie heute für die Zygomyceten und Chytridiomyceten charakteristisch sind, sprechen die weitgehend oder teilweise schon dort verwirklichte Gametangiogamie und gelegentlich angedeutete Dikaryophasen, die Zusammensetzung der Zellwände aus Chitin und übereinstimmenden Glucanen (in β1,3-, β1,4-, β1,6-Bindung), die Lysinsynthese über den Aminoadipinsäureweg, die intakt bleibende Kernmembran während der Kernteilung. Der Verlust aktiv beweglicher Keimzellen bei Asco- und Zygomyceten ist gegenüber den Chytridiomyceten als vollzogene Anpassung an das Landleben zu deuten. Im gleichen Sinne kann die zunehmende Förderung von Fruchtkörpern und die Septierung der Hyphen interpretiert werden. In morphologischer Hinsicht stehen die Zygomyceten, in biochemischen Merkmalen die Chytridiomyceten den Ascomyceten näher.

Die Ableitung der Ascomyceten von niederen Pilzen macht eine Gliederung und Anordnung sinnvoll, in welcher die

Abb. 3.2.34: *Ascomycetidae, Dothideales. Fusicladium*-Schorf auf Birne. (Nach Kirchner & Boltshauser.)

Endomycetiden am Anfang stehen. Ob allerdings jochartige Verbindungen, wie sie zwischen kopulierenden Zellen von *Saccharomycetales* beobachtet werden, auf die entsprechenden Verhältnisse bei Zygomyceten zurückgeführt werden dürfen, muß wohl zweifelhaft bleiben. Die Merkmale der Endomycetiden, vor allem das Fehlen einer Dikaryophase, begründen ihre Sonderstellung, die teilweise so stark bewertet wird, daß man sie auch in einer eigenen Klasse von den Ascomyceten abtrennt. Bei manchen Endomycetiden keimt die Zygote zu einem kleinen diploiden Mycel aus, an dem erst die Asci gebildet werden. Durch Verzögerung der Kernverschmelzung und mit der dadurch mehr und mehr hervorgehobenen Dikaryophase haben sich alle anderen Gruppen der Ascomyceten phylogenetisch früh getrennt.

Diese Abgliederung hat sich wohl von Ahnen mit Merkmalen der Taphrinomycetiden vollzogen, die im Vergleich zu den Ascomycetiden zwar z.T. einfacher sind (Fehlen von Fruchtkörpern), jedoch bereits über eine Dikaryophase (das dikaryotische Mycel ist ernährungsphysiologisch selbständig) wie alle anderen Asco- und Basidiomyceten verfügen. Deren hefeähnlichen Entwicklungsstadien weisen noch auf Beziehungen zu den Endomycetiden hin. Von hier aus führen Entwicklungslinien einerseits zu den übrigen Ascomyceten, andererseits zu den Basidiomyceten. Während bei letzteren das dikaryotische Mycel selbständig bleibt, gerät es bei ersteren in ernährungsphysiologische Abhängigkeit vom haploiden Gametophytenmycel. An der Basis der Ascomyceten dürften – nach Pilzen mit Eigenschaften der *Taphrinomycetidae* – solche mit Merkmalen der heutigen *Eurotiales* und niederen *Pezizales (Ascomycetidae)* gestanden haben. Die weitere Evolution betraf hier vor allem die Ausgestaltung der Asci und Fruchtkörper.

IV. Klasse: Basidiomycetes

Das charakteristische Meiosporangium der etwa 30 000 Arten (30% aller Pilze) umfassenden Basidiomyceten ist die Basidie oder der «Sporenständer», der im Regelfall 4 getrennt stehende Meiosporen nach außen abschnürt. In der Basidie finden ebenso wie im Ascus in unmittelbarer Folge Karyogamie und Meiose statt (Abb. 3.2.45). Im Unterschied zum Ascus wandern die aus der Reifeteilung hervorgegangenen meist 4 haploiden Kerne in die Spitzen von stielartigen Auswüchsen der Basidie (Sterigmen, Fig. 9) und erst hier erfolgt «exogen» die Basidiosporenbildung. Der Lebenscyclus – bei den verschiedenen Gruppen der Basidiomyceten teilweise abgewandelt – verläuft nach folgendem, etwa für die Blätterpilze geltenden Schema: Die Basidiosporen keimen zu einem Mycel mit einkernigen Zellen von praktisch unbegrenzter Wachstumsfähigkeit; Gametangien werden wie bei den abgeleiteten Ascomyceten nicht ausgebildet. Treffen Mycelien konträren Kreuzungsty-

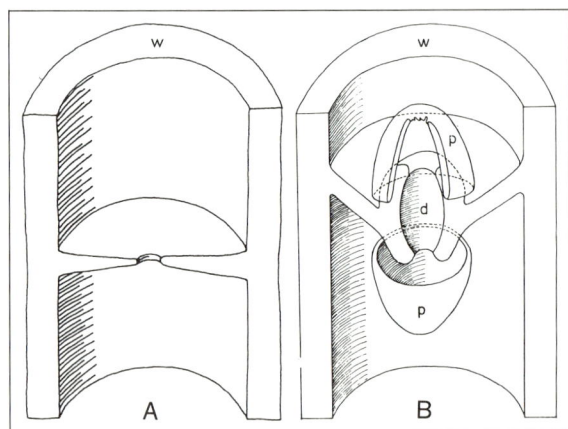

Abb. 3.2.35: *Basidiomycetes.* Querwände von Basidiomyceten-Hyphen. **A** mit einfachem Ponis **B** mit Doliporus. d Doliporus, p Parenthesom, w Zellwand. (Nach Moore & McAlear.)

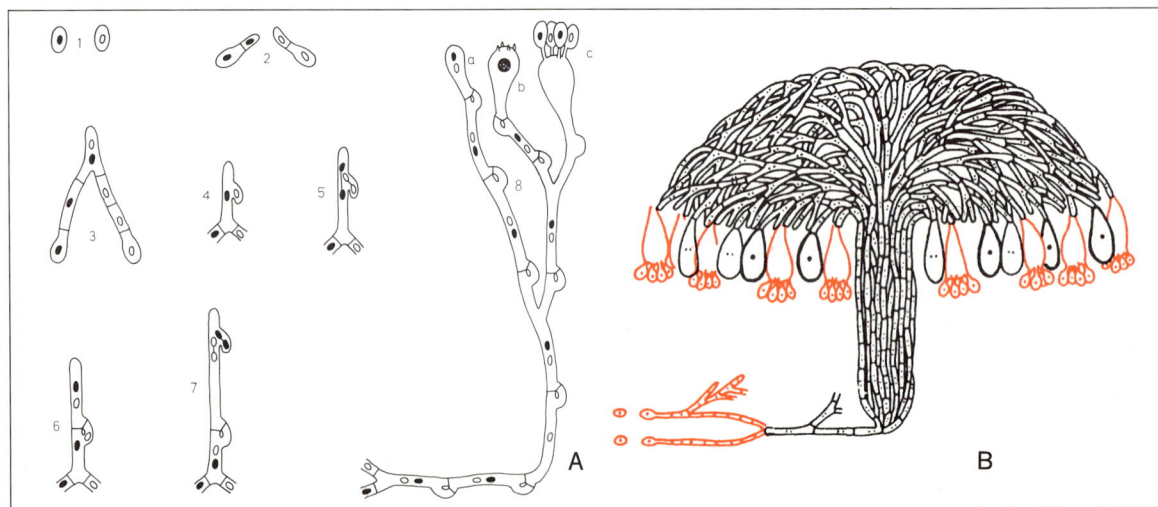

Abb. 3.2.36: *Basidiomycetes.* **A** Entwicklungsschema des Schnallenmycels eines Holobasidiomyceten. 1 Genotypisch verschiedene (+,−) Sporen, 2 deren Keimung zu schnallenlosem Mycel, 3 Kopulation, 4–6 Bildung der ersten Schnalle, 7 der folgenden Schnallen, 8 Schnallenmycel mit einer paarkernigen Basidienanlage (a), einer jungen Basidie mit Verschmelzungskern (b) und einer reifen Basidie mit Sporen verschiedenen Kreuzungstyps (c). **B** Schematische Darstellung der Entwicklung eines Hutpilzes. Rot: haploide Phase; dünn schwarz: dikaryotische Phase; dick schwarz: diploide Phase. Schnallen nicht gezeichnet, Basidien im Verhältnis zum Hut sehr groß dargestellt. (Nach Harder.)

pes (z. B. + auf −) aufeinander, so fusionieren zwei sich berührende vegetative Zellen miteinander (Somatogamie, Abb. 3.2.36₃), wobei sich die beiden Kerne paaren, ohne miteinander zu verschmelzen. Das auf diese Weise begründete Dikaryon bildet ein ernährungsphysiologisch von den haploiden und monokaryotischen Hyphen unabhängiges Mycel.

Die Basidiomyceten unterscheiden sich von den Ascomyceten außerdem in der Tüpfelung der Hyphenquerwände. Während bei den Ascomyceten die Tüpfel einfache Wanddurchbrechungen darstellen, sind sie bei den Basidiomyceten z. T. einfach, meistens aber von tonnenförmiger Gestalt («Doliporus») und dann beiderseits von einem «Parenthesom» bedeckt, das vom endoplasmatischen Reticulum gebildet wird (Abb. 3.2.35). Die Zellwand der Basidiomyceten weist eine lamellär geschichtete Ultrastruktur auf (vgl. S. 565).

Die Basidie kann septiert (Phragmobasidie, Abb. 3.2.37 A, B) oder keulenförmig und einzellig (Holobasidie, Abb. 3.2.37 F) sein. Diesem unterschiedlichen Bau entsprechend können die «Phragmobasidiomyceten» von den «Holobasidiomyceten» unterschieden werden. Die allermeisten Gruppen innerhalb der Phragmobasidiomyceten lassen ihre septierten Basidien aus kugeligen Probasidien entstehen; solche fehlen den Holobasidiomyceten.

Die Gliederung in die folgenden 2 Unterklassen berücksichtigt zusätzlich zu diesem unterschiedlichen Bau der Basidien auch das Keimungsverhalten der Basidiosporen: einerseits mit Conidien oder Sekundärsporen (**Heterobasidiomycetidae**), andererseits mit Hyphen (**Homobasidiomycetidae**) keimend

(Abb. 3.2.38). Sekundärsporen sind einmalige Abschnürungen, in die der einzige Kern der Basidiospore eintritt.

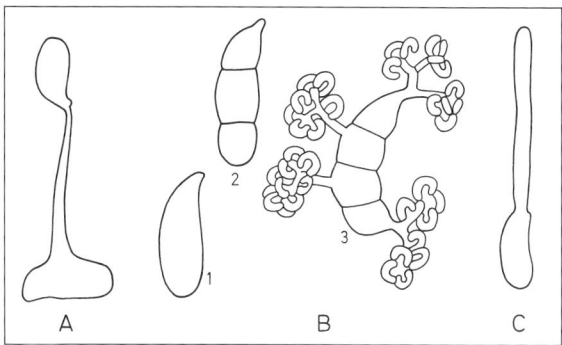

Abb. 3.2.38: *Basidiomycetes.* Auskeimende Sporen. **A** *Exidiopsis effusa* mit Sekundärspore. **B** *Auricularia auricula-judae* 1–3 Basidiosporen, 2 durch Querwände untergliedert, 3 mit Conidien. **C** *Pleurotus ostreatus* mit Keimhyphe (1000×; A nach Oberwinkler; B nach Brefeld; C Orig.)

1. Unterklasse: Heterobasidiomycetidae

Hierher gehören alle Basidiomyceten, welche Pro- und Phragmobasidien bzw. mit Conidien oder Sekundärsporen keimende Basidiosporen besitzen. Weiterhin sind oft kennzeichnend: hefeähnliche Entwicklungsstadien bei der Keimung; an den Querwänden der Hyphen einfache Tüpfel an Stelle von Doliporen oder Doliporen, deren Porenkappen nicht perforiert sind. Es werden zunächst an parasitische Lebensweise angepaßte, fruchtkörperlose Ordnungen (1–4.1) besprochen.

1. (Über-)ordnung: Ustilaginales. Ihre Arten sind zusammen mit der nachfolgenden Ordnung Erreger der Brandkrankheiten («Brandpilze»). Die fruchtkörperlosen Ustilagineen leben als Parasiten meist interzellulär in höheren Pflanzen, und entwickeln in bestimmten Organen ihrer Wirte (z.B. Wurzeln, Stengeln, Fruchtknoten, Antheren) ihre dickwandigen Sporen, welche den befallenen Teilen ein «verbranntes Aussehen» geben.

Lebenscyclus: Aus den bipolar determinierten Basidiosporen (+, −) keimt jeweils ein hefeartiges Sproßmycel; dieses ist haploid und vermag nur saprophytisch zu leben. Es kann auch auf künstlichem Nährboden kultiviert werden. Treffen genotypisch verschiedene Zellen des (+ und −) Sproßmycels aufeinander, dann erfolgt über einen Kopulationsschlauch die Verschmelzung der plasmatischen Inhalte (Plasmogamie) und die Kernpaarung. Da der Inhalt der einen Zelle in die andere hinüberwandert, wird die empfangende Zelle dikaryotisch; sie wächst zu einer dikaryotischen Hyphe aus, die nunmehr in der Lage ist, ein Wirtsgewächs zu befallen. Die Fähigkeit zum Parasitismus ist also auf die Paarkernphase beschränkt. Das dikaryotische Mycel breitet sich im Wirt aus und bildet in bestimmten Organen des Wirtes die Brandsporen aus, in denen die Karyogamie erfolgt. Im einzelnen werden folgende Stadien durchlaufen: Das dikaryotische Mycel, das bei einigen Arten Schnallen (Abb. 3.2.39 D, E) trägt, dringt im Keimling der Wirtspflanze

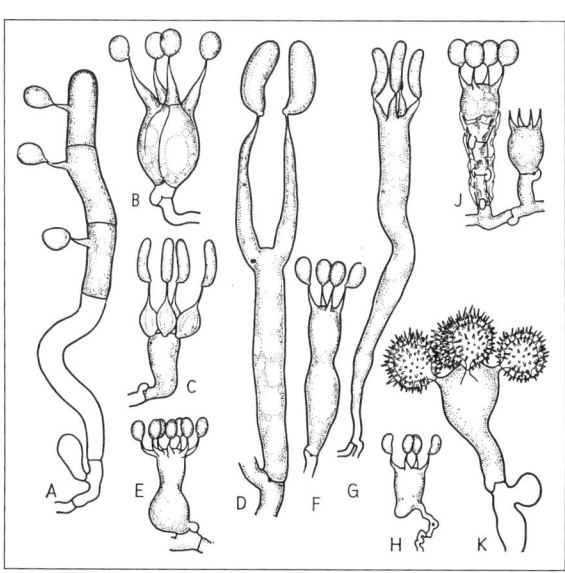

Abb. 3.2.37: *Basidiomycetes.* Basidien-Formen. **A** *Platygloea* (Auriculariales). **B** *Bourdotia* (Tremellales). **C** *Tulasnella* (Tulasnellales). **D** *Dacrymyces* (Dacrymycetales). **E** *Sistotrema* (Poriales). **F** *Hyphoderma* (Poriales). **G** *Exobasidium* (Exobasidiales). **H** *Xenasma* (Protohymeniales). **J** *Repetobasidium* (Poriales). **K** *Scleroderma* (Sclerodermatales). (750×; nach Oberwinkler.)

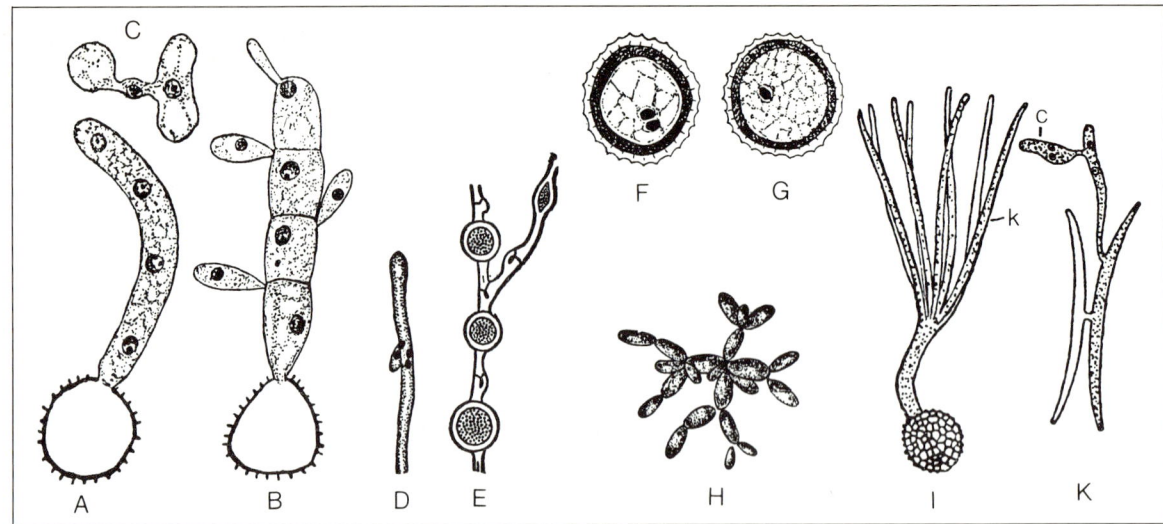

Abb. 3.2.39: *Heterobasidiomycetidae. Ustilaginales* und *Tilletiales.* **A, B** *Ustilago scabiosae*, gekeimte Brandspore und Meio-Sporenbildung an vierzelliger Basidie (110×). **C** *Ustilago carbo*, kopulierende Basidiosporen (1200×). **D** *Entyloma calendulae*, Schnallenmycel mit Paarkernen. **E, F, G** *Ustilago vuijckii*, Brandsporenbildung, dikaryotische und diploide Brandspore. **H** *Ustilago* spec., in Nährlösung sprossende Brandspore (350×). **I** *Tilletia caries*, aus der Brandspore hervorgegangene Basidie mit vier Paaren endständiger Meio-Sporen k (300×). **K** *T. caries*, zwei kopulierte Basidiosporen, zum Paarkernmycel auswachsend, mit Conidie c (650×). (A, B nach Harper; C, K nach Rawitscher; D nach Stempell; E, F, G nach Seyfert; H, I nach Brefeld.)

interzellulär bis zum Apicalmeristem vor und wächst mit ihm zunächst weiterhin interzellulär und ohne äußere Krankheitssymptome hervorzurufen empor, bis es sich an bestimmten Stellen intrazellulär weiter entwickelt, z.B. in den Antheren – oder bei anderen Arten in den Fruchtknoten –, und unter völliger Zerstörung des Wirtsgewebes Hyphen in dichten Mycellagern mit kugeligen, perlschnurartig geordneten Anschwellungen bildet, die sich mit einer dicken, braunschwarz gefärbten Wand umgeben (E) und sich aus dem Hyphenverband lösen. Sie stäuben aus den Lagern wie Kohlenstaub hervor, weshalb man sie «Brandsporen» nennt. In dieser Form sind die Brandsporen jungen Basidien homolog, weil hier wie dort die Karyogamie vollzogen wird. Da jedoch die Brandsporen selber noch kein Sporangium nach Art der Basidie darstellen, werden sie als Probasidien bezeichnet. Die Brandsporen keimen – meist erst nach der Überwinterung – mit einem später querseptierten Hyphenschlauch aus (A–B). Hierbei findet die Meiose statt, so daß sich jetzt in jeder der 4 durch Querwände abgegliederten Zellen ein haploider Kern befindet. In diesem Stadium entspricht der, auch als Promycel bezeichnete Auswuchs, einer septierten Phragmobasidie. Diese schnürt seitlich die haploiden Sporen ab (sog. Sporidien; Fig. B), wobei mitotisch entstandene Tochterkerne in die Basidie zurückwandern. Sie sind im Verhältnis 1:1 genotypisch als + und − determiniert. Bei guter Ernährung können immer wieder neue Basidiosporen von der Basidie abgeschnürt werden. Der Entwicklungscyclus ist haplo-dikaryotisch; er ist dem haplo-diplontischen der Hefen analog.

Wie bei den Hefen sind einige Formen (z.B. von *Ustilago maydis*, Maisbrand) rein haplontisch. Auch andere Abweichungen kommen vor. Manche Formen sind bereits tetrapolar (vgl. S. 585).

Wirtschaftlich von großer Bedeutung sind die Brandkrankheiten der Getreidearten. *Ustilago maydis* erzeugt an Blütenständen (und anderen Teilen) von Mais faustgroße, geschwürartige Beulen und Blasen, die mit Brandsporen angefüllt sind; andere *Ustilago*-Arten füllen u.a. die Fruchtknoten, zum Teil auch benachbarte Ährenteile von Hafer, Gerste und Weizen mit einem staubartigen Brandsporenpulver an (Flug- oder Staubbrand, z.B. *U. avenae*, Hafer-Flugbrand). Beim Flugbrand der Gerste *(U. hordei)* und des Weizens *(U. tritici)* bilden sich die Brandsporen schon vor der Öffnung der Blüten in den jungen Fruchtknoten und stäuben bereits aus, wenn die Pflanzen in voller Blüte stehen. Vom Winde übertragen, keimen sie noch im gleichen Jahr zwischen den Spelzen der gesunden Blüten aus (Blüteninfektion). Das aus den Basidiosporen gekeimte Mycel wächst alsdann sofort in das sich bildende Saatkorn hinein und überwintert in dessen Embryo.

Microbotryum violaceum, der Antherenbrand der Caryophyllaceen, füllt die Antheren des Wirtes mit schwarzvioletten Brandsporen aus, die an Stelle des Pollens treten. Er befällt auch weibliche Pflanzen von Lichtnelken *(Silene alba* u. *S. dioica)*, die dadurch zur Bildung von Antheren veranlaßt werden, in denen sich dann die Brandsporen entwickeln.

2. (Über-)ordnung: Tilletiales. Von den *Ustilaginales* unterscheidet sich diese Ordnung dadurch, daß in den Brandsporen nicht nur die Karyogamie, sondern meist auch schon die Meiose stattfindet. Die Basidien haben eine andere Gestalt; ihnen fehlen nämlich Querwände und sie gleichen daher eher Holobasidien, die an ihrem Scheitel meist 4 oder 8 langgestreckte Basidiosporen anlegen (Abb. 3.2.39I); lediglich zur Abgrenzung gegen die Probasidie («Brandspore») werden ein oder mehrere Septen gebildet. Die Basidien der *Tilletiales* repräsentieren demnach einen eigenen Typ.

Zwischen Basidiosporen entgegengesetzten Kreuzungstyps entstehen – oft schon während sie noch an den Basidien sitzen – Kopulationsbrücken (K), über welche Plasma und Kern der einen Spore in die andere einwandern. In dem jetzt auswachsenden paarkernigen Mycel gliedern sich dikaryotische Conidien ab, die aktiv als Ballistoconidien abgeschleudert werden. Sowohl das dikaryotische wie das haploide Stadium können sich durch Conidien vermehren. Am Weizen ist *Tilletia caries* der Erreger des Stein- oder Stinkbrandes, *Urocystis tritici* des Blattstreifenbrandes. *Entyloma*-Arten (D) befallen vor allem Asteraceten. *Tilletia caries* läßt sich erfolgreich bekämpfen durch kurzes Einlegen des befallenen Saatgutes in heiße oder giftige «Beizen» oder Bestäuben mit Substanzen, welche die anhaftenden Brandsporen abtöten. Da eine befallene Getreidepflanze mehrere Millionen Brandsporen enthält, die beim Dreschen des Getreides auf das Saatgut ausstäuben und nach der Aussaat die jungen Keimpflanzen infizieren (Keimlingsinfektion), kann sich die Krankheit leicht auf viele Pflanzen ausbreiten; infolgedessen wurden früher bis 20% (bisweilen sogar 60%) des Körnerertrages vernichtet.

Rückblick auf die **Brandpilze** *(Ustilaginales* und *Tilletiales)*: Das Promycel der Brandpilze wird meistens als eine den Basidien der übrigen Basidiomyceten homologe Bildung interpretiert; bei den *Ustilaginales* als Phragmobasidie, bei den *Tilletiales* als Holobasidie. Eine nähere Verwandtschaft der beiden Ordnungen wird heute nicht mehr angenommen.

Bei einigen weitgehend asexuellen Hefen ist erst in jüngerer Zeit sexuelle Fortpflanzung in einer den Basidiomyceten entsprechenden Weise nachgewiesen worden. *Rhodotorula*-Hefe bildet den *Ustilaginales* ähnelnde septierte Promycelien (Phragmobasidien) aus, die aus kugeligen Probasidien keimen (Hauptfruchtform: *Rhodosporidium*). Pilze mit hefeähnlichem Wachstum können demnach je nach ihrer Hauptfruchtform Ascomyceten oder Basidiomyceten zugeordnet werden. Fehlt die Hauptfruchtform, dann kann auf die Basidiomycetenzugehörigkeit von Hefen (z.B. *Sporobolomycetaceae* mit Ballistoconidien) aufgrund verschiedener ultramikroskopischer (s.S. 565, 577) und biochemischer Kriterien (GC-Gehalt der DNA bei Basidiomyceten über 47%) geschlossen werden. Bei den Brandpilzen einerseits und den Ascomyceten-Hefen andererseits stehen wir möglicherweise der stammesgeschichtlichen Wurzel von Ascomyceten und Basidiomyceten nahe. Die Spezialisierung der Hefen auf zuckerhaltige Substrate und der Brandpilze auf höhere Pflanzen als Wirte erforderte evolutive Fortentwicklung und Anpassung, wobei jedoch ursprüngliche Merkmale teilweise noch erhalten geblieben sind.

An die *Tilletiales* anschließen läßt sich die

3. (Über-)ordnung: Exobasidiales. Die Vertreter dieser Ordnung leben als Parasiten auf Blütenpflanzen (in Europa vor allem auf Ericaceen) und bilden keine Fruchtkörper. Häufig verursachen sie an den befallenen Wirtspflanzenteilen gallenartige Deformationen (Abb. 3.2.44 A), die durch Hypertrophie des Mesophylls zustande kommen (B). Das Mycel durchzieht das Pflanzengewebe intra- und interzellulär. Der Parasit wächst durch die Stomata oder zwischen den Epidermiszellen hindurch an die Oberfläche des Wirtes und bildet dort unseptierte (Holo-)Basidien (C). Auf den stumpfen und stark spreizenden Sterigmen sitzen zueinander gekrümmte Basidiosporen, die passiv abfallen und unter Bildung von Quersepten mit Conidien keimen (C). Über die *Exobasidiales* mögen stammesgeschichtliche Verbindungen zu den gemeinsamen Vorläufern von Asco- und Basidiomyceten bestehen; denn von manchen Autoren wurden sie als «Ascomyceten mit exogener Sporenbildung» in die Nähe der *Taphrinales* gestellt. In Reinkultur wachsen z.B. aus den Sporen beider Gruppen hefeähnlich sprossende Zellhaufen hervor; in diesem Verhalten sowie im Parasitismus sind tatsächlich gewisse Ähnlichkeiten vorhanden. Aufgrund ultrastruktureller und biochemischer Merkmale sind sie jedoch zweifelsfrei echte Basidiomyceten. Die

4. Überordnung: Tremellanae enthält Parasiten, deren verschiedene Sorten von Sporen hervorbringende Dikaryophase schließlich mit der Bildung von quer septierten Phragmobasidien abgeschlossen wird, oder aber Fruchtkörper bildende Parasiten und Saprophyten mit Phragmobasidien, die z.T. auch längsseptiert sind.

4.1. Ordnung: **Uredinales**, Rostpilze. Die mehrere tausend Arten umfassenden Uredineen – die Erreger der sehr verbreiteten Rostkrankheiten – besitzen vierzellige, quergeteilte Phragmobasidien (Abb. 3.2.41D, F). Sie leben parasitisch, vor allem in den Interzellulärräumen, ohne das befallene Gewebe abzutöten. In die Wirtszellen dringen Haustorien ein (Abb. 3.2.40a). Das Mycel durchwuchert selten die ganze Pflanze *(Uromyces pisi)*, meist breitet es sich nur nahe um die Infektionsstelle aus. An den dikaryotischen Hyphen fehlen Schnallen. Den Verhältnissen bei Ascomyceten gleichen folgende Merkmale: bipolare Heterothallie, Spermatien und Empfängnishyphen als Geschlechtsorgane, einfache Septenporen, ausgeprägte Nebenfruchtformen. Von wenigen Ausnahmen abgesehen, bilden die Rostpilze – bedingt durch ihre Anpassung an parasitische Lebensweise auf meist kurzlebigen, krautigen Organen höherer Pflanzen – keine auffälligen Fruchtkörper. Sie sind durch eine große Mannigfaltigkeit ihrer Sporen (im vollständigen Entwicklungscyclus 5 verschiedene Sporenarten; Abb. 3.2.42) charakterisiert, die mit Kernphasenwechsel und oft mit Wirtswechsel gekoppelt in regelmäßiger Folge auftreten. Als typisches Beispiel soll der Entwicklungsgang des weitverbreiteten Getreiderosts *(Puccinia graminis)* beschrieben werden: Die Basidiosporen keimen im Frühling auf den Blättern der Berberitze aus. Ihre Keimschläuche dringen ein und wachsen zu einem interzellulär parasitierenden Mycel aus, dessen Zellen einkernig-haploid sind. Jedes aus einer Basidiospore hervorgegangene Mycel bildet nahe der Blattoberseite subepidermale krugartige Pycnidien (auch Spermogonien genannt) und nahe der unteren Blattepidermis rundliche Hyphenkomplexe, die Aecidienanlagen. Erstere sind jene Teile des Mycels, welche Geschlechtskerne liefern, letztere die Bereiche, welche in sog. Basalzellen Geschlechtskerne zur Begründung eines Dikaryons aufnehmen. Pycnidien und Aecidienanlagen entwickeln sich am gleichen Mycel, das somit zugleich als Kernspender wie auch als Kernempfänger dienen kann; Selbstung wird aber durch die bipolare Differenzierung der Basidiosporen und der aus ihnen hervorgehenden (+, −)-Mycelien ausgeschlossen (bipolare Inkompatibilität).

Paarkernhyphen entstehen aus Basalzellen der Aecidienanlage, wenn diese einen Kern nach einem von zwei möglichen Wegen erhalten haben. Bei der Kernübertragung durch Spermatien spielen die ge-

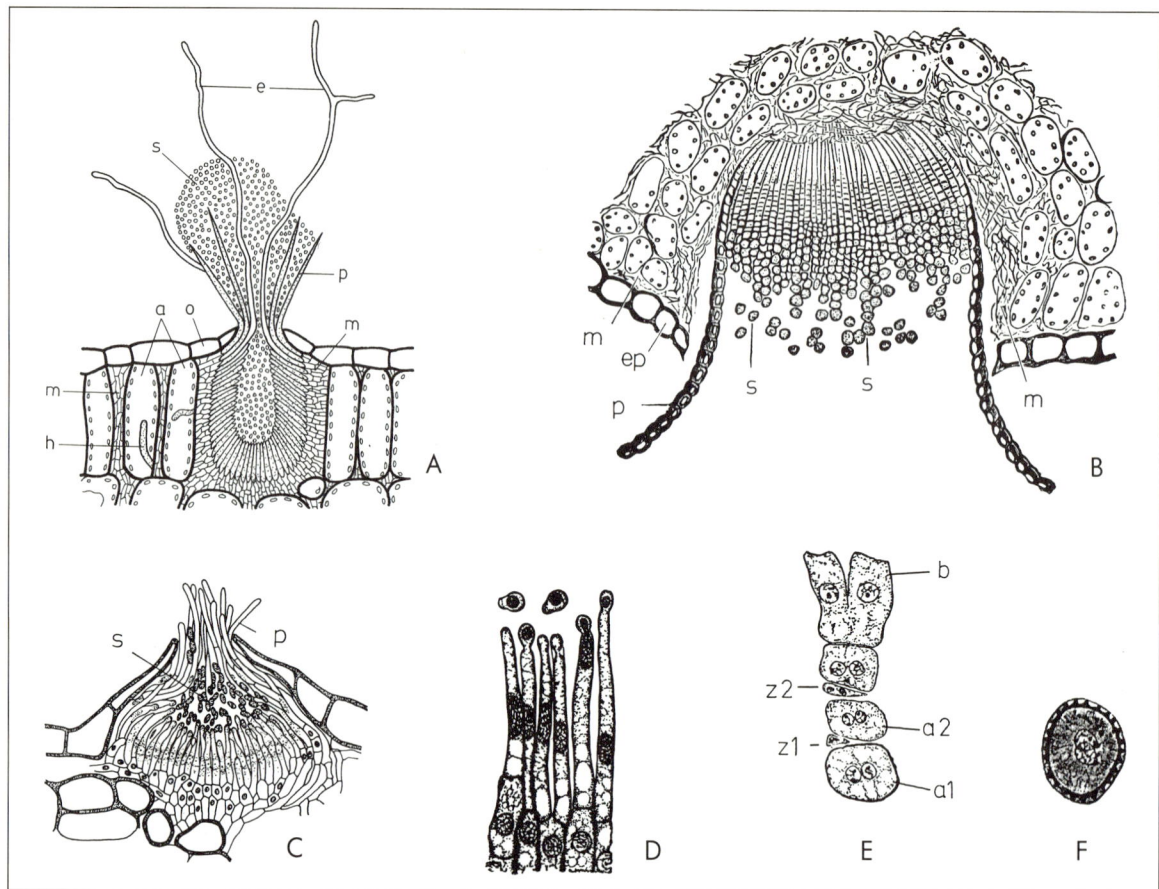

Abb. 3.2.40: *Heterobasidiomycetidae, Uredinales.* A–B *Puccinia graminis.* **A** Pycnidium auf *Berberis* im Längsschnitt o Epidermis, a Palisadenzellen mit Haustorium h, m haploides interzelluläres Mycel, p Periphysen, e Empfängnishyphen, s Spermatien. **B** Aecidium auf *Berberis.* ep Epidermis der Blattunterseite, m haploides interzelluläres Mycel, p Pseudoperidie, s dikaryotische Aecidiosporenketten. **C** *Gymnosporangium clavariaeforme.* Pycnidium auf *Crataegus*-Blatt, die Epidermis der Oberseite durchbrechend. s Spermatien, p Periphysen. **D** *Peridermium strobi.* Abschnürung der einkernigen Spermatien. E–F *Phragmidium speciosum* (E) und *violaceum* (F). **E** Basalzellen b mit Kopulationsbrücke; a_1 und a_2 paarkernige Aecidiosporen; z_1 und z_2 Zwischenzellen. **F** Reife Aecidiospore. (A nach Buller. B 140×; nach Schenck. C 450×; nach Blackman. D 1200×; nach Colley. E nach Christmann. F 800×; nach Blackman.)

nannten Pycnidien eine wichtige Rolle. Ihre krugförmigen, plectenchymatischen Mycelkörper durchbrechen bei ihrer Reifung als gelbliche Pusteln die obere Epidermis der befallenen Berberitzenblätter (Abb. 3.2.40 A); sie enthalten außer sterilen Hyphen an der Mündung des Pycnidiums (Periphysen) in ihrem Zentrum kurze, dichtgedrängte Hyphen, die kleine einkernige elliptische Spermatien abgliedern (sog. Pycnosporen; Fig. D). Diese wachsen in Nährlösung zwar zu einem kurzen Keimschlauch aus, sind aber bei Übertragung auf ein gesundes Blatt nicht infektionsfähig, vielmehr besteht ihre Funktion darin, ihren Kern auf sog. Empfängnishyphen zu übertragen. Empfängnishyphen sind Auszweigungen des haploiden Mycels, die zwischen den Epidermiszellen und Periphysen (Abb. 3.2.40 A_e) hindurch über die Blattoberfläche herausragen; sie haben keine Querwände. Die Spermatien verschmelzen nur mit den Empfängnishyphen des konträren Kreuzungstyps (+ × −), was bei einer (+, −)-Mischinfektion ohne Schwierigkeiten möglich ist. Außerdem sondern die Pycnidien Nektar aus, der von Insekten geborgen wird, so daß die Spermatien durch sie auch auf andere Blätter übertragen werden können, die zunächst nur mit dem anderen Kreuzungstyp infiziert worden waren.

Der in die Empfängnishyphen eindringende Kern wandert durch die Querwandperforationen von Zelle zu Zelle bis zu der Aecidienanlage, wo in den Basalzellen das Paarkernstadium begründet wird. Bei der zweiten Möglichkeit der Kernübertragung durch bei anderen Rostpilzen verwirklichte Somatogamie fusionieren einfache (+ und −)-Hyphen im Wirtsgewebe, falls eine Mischinfektion stattgefunden hat. Die nunmehr dikaryotischen Basalzellen der Aecidienanlagen wachsen zu becherförmigen, die Blattunterseite durchbrechenden, lebhaft orange gefärbten Aecidien aus, in denen sich zahlreiche Ketten mit dikaryotischen Aecidiosporen bilden. Die Aecidiosporen-Ketten bestehen meist abwechselnd aus echten Sporen und kleinen, später verschleimenden und verschwindenden Zwischenzellen (Fig. $E_{Z1/Z2}$). Bei manchen Gattungen (z.B. *Puccinia*) verlieren vor dem Durchbruch durch die

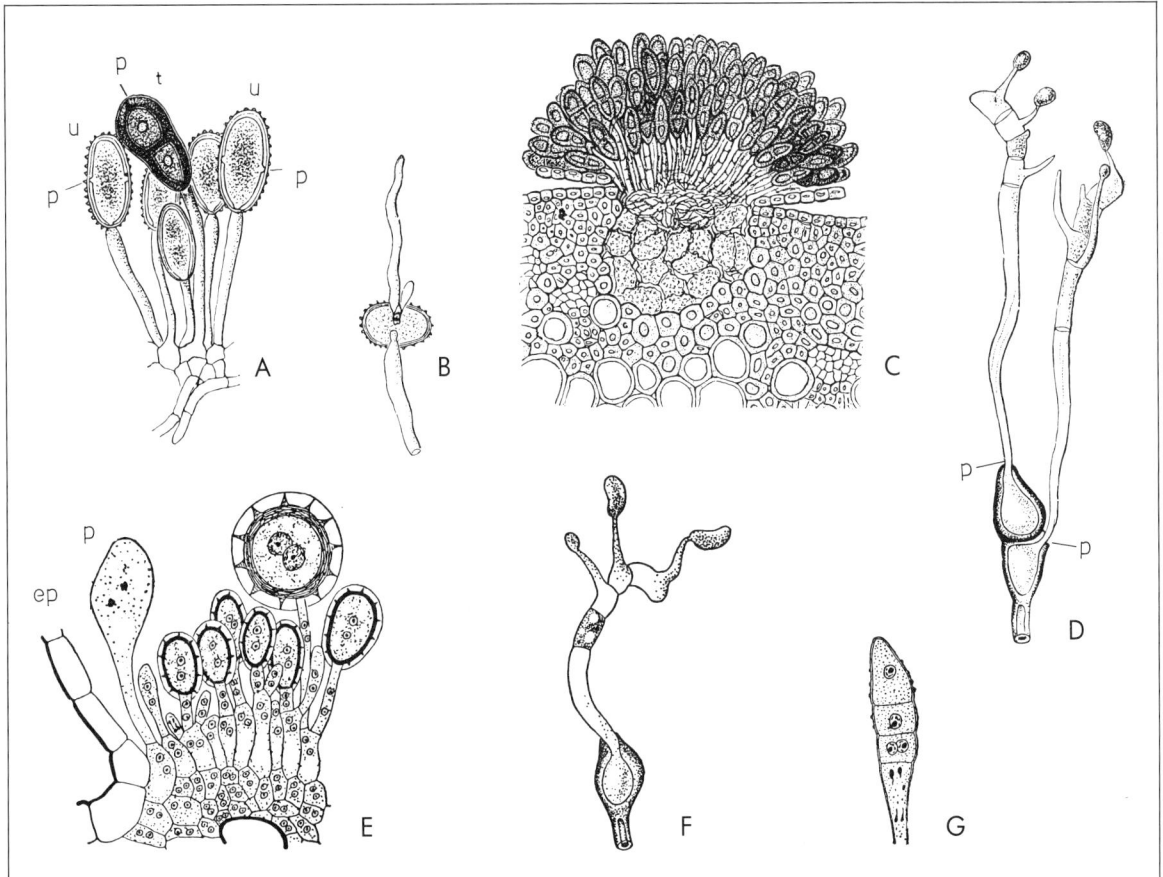

Abb. 3.2.41: *Heterobasidiomycetidae, Uredinales,* A–D *Puccinia graminis.* **A** Gruppe von Uredosporen u, dazwischen eine dickwandige, zweizellige Teleutospore t (p die Keimporen). **B** Keimende Uredospore. **C** Querschnitt durch einen Getreidehalm mit einem Teleutosporenlager. **D** Keimende zweizellige Teleutospore mit zwei Basidien (p die Keimporen). **E** *Phragmidium rubi.* Randteil eines paarkernigen, fast reifen Uredosporenlagers nach Durchbruch durch die nach links aufgeklappte Epidermis ep der Wirtspflanze; Sporen in verschiedenen Reifestadien. p Paraphyse. F–G Teleutosporen. **F** *Uromyces appendiculatus,* einzellig (Zellkerne nicht gezeichnet), mit Basidie. **G** *Phragmidium violaceum;* unten mit Paarkernen, die in den beiden oberen Zellen bereits verschmolzen sind. A, B, D 300×. C 150×; A, B nach De Bary; C nach Tavel; D nach Tulasne. E 565×; nach Sappin-Trouffy. F–G 500×; F nach Tulasne, G nach Blackman.)

Epidermis die obersten (also die End-) Sporen jeder Kette sowie sämtliche Sporen der peripheren Ketten ihren Sporencharakter und verkleben miteinander zu einer festen Decke (Pseudoperidie, Fig. Bp). Durch den Druck der an der Basis der Ketten sich dauernd neu bildenden Sporen (bei *Puccinia graminis* über 10 000 in einem Aecidium) werden Pseudoperidie und die Epidermis gesprengt, worauf die durch den gegenseitigen Druck zunächst eckig deformierten, sich später abrundenden Sporen durch den Wind ausgebreitet werden können.

Mit dem Wechsel der Kernphase (haploid-dikaryotisch) ändert sich auch das parasitische Verhalten. Die Aecidiosporen keimen nur auf Getreide und Wildgräsern (Wirtswechsel). Ihr Keimschlauch dringt durch die Spaltöffnungen in das Gewebe dieser zweiten Wirte ein und entwickelt sich zu einem interzellulären, lokal beschränkten, paarkernigen, aber schnallenlosen Mycel, das bald zu lebhafter Bildung von dikaryotischen Conidien übergeht, die hier Uredosporen genannt werden (Abb. 3.2.41 E). Diese entstehen einzeln aus den anschwellenden Endzellen ihrer Träger in kleinen, strichförmigen, rostfarbenen (Rostpilze!), die Epidermis aufbrechenden Lagern. Sie besorgen die Ausbreitung des Pilzes im Sommer (Übertragung auf andere Individuen des gleichen Wirtes durch «Sommersporen»). Jedes einzelne Uredo-Lager bildet sehr viele, eine befallene Pflanze Millionen von Uredosporen. Diese infizieren sofort weitere Getreidepflanzen, an denen sich schon 3 Wochen nach der Infektion neue Uredo-Lager entwickeln. Auf diese Weise breitet sich die Krankheit sehr rasch und über weite Entfernungen aus.

Gegen den Herbst bringt das Paarkernmycel in den Uredo-Lagern oder an anderen Stellen eine weitere Sporenform hervor, die zweizelligen Teleutosporen (Fig. A_t, C). In ihren Zellen verschmelzen die Kernpaare miteinander (Karyogamie). Die Teleutosporen sind dickwandig, gegen Trockenheit und Kälte widerstandsfähig und machen eine winterliche Ruhezeit durch. Im nächsten Frühjahr keimt jede der beiden diploiden Zellen (= Probasidien) einer Teleutospore an einer vorgebildeten Keim-Pore (Fig. Dp) unter Meiose zu einer schlauchförmigen Basidie aus (Fig. D, F). Zwischen den vier haploiden Kernen werden Querwände eingezogen, und aus jeder der vier Zellen sproßt eine Basidiospore (Meiospore) aus, in die der Kern eintritt (Fig. D). Die Basidiosporen werden abgeschleudert und vom Wind auf den ersten Wirt, die Berberitze, verweht. Damit ist der Entwicklungscyclus geschlossen, in dessen Verlauf monokaryotisch-haploide Basidiosporen (1) und haploide Spermatien (2), dikaryotische Aecidio- (3) und Uredosporen (4) sowie erst dikaryotische, dann diploide Teleutosporen (5), also insgesamt **fünf** verschiedene Sporentypen, auftreten.

Bei den sog. Euformen ist der Entwicklungsgang vollständig und als Generationswechsel angelegt. Gegenüber dem haploiden Gametophyten ist die dikaryotische Sporophytenphase gefördert; durch wiederholte Bildung von Uredosporen (Abb. 3.2.42), seltener von Aecidien (*Cronartium* spec.) wird diese Tendenz verstärkt. Neben Arten mit obligatem Wirtswechsel (Heteröcie) und regulärer Abfolge von haploider und dikaryotischer Phase gibt es auch solche, deren Lebenscyclus auf einer einzigen Wirtspflanze vollendet wird (Autöcie). Durch Unterdrückung der einen oder anderen Sporenform wird der Lebenskreislauf zusätzlich vereinfacht; es können ausfallen: Aecidiosporen (Brachytypus, z.B. *Uromyces fabae*); Aecidio- und Uredosporen mit (Mikrotypus, z.B. *Tranzschelia fusca*) oder ohne Keimruhe der Teleutosporen (Leptotypus, z.B. *Puccinia malvacearum*); Uredosporen (Opsistypus, z.B. *Gymnosporangium juniperinum*); Uredo- und Teleutosporen (Endotypus; z.B. *Endophyllum sempervivi*); Aecidio-, Teleuto- und Basidiosporen (imperfekte Rostpilze). Stets bleibt eine ausgeprägte Dikaryophase erhalten. In Gebieten mit kurzer Vegetationsdauer sind die genannten abgekürzten, auf einen Wirt beschränkten Entwicklungstypen von Vorteil.

Ähnlich wie der Getreide-Rost gehört der ebenfalls weit verbreitete Erbsenrost *(Uromyces pisi)* zu den Euformen: Die Pycnidien und Aecidien treten auf Wolfsmilch-Arten (*Euphorbia cyparissias* u.a.) auf. Die befallenen Pflanzen bleiben unverzweigt, haben gelbliche, kurze, dicke Blätter und kommen meist nicht zur Blüte (Abb. 2.2.62 B). Die Uredo- und die (hier einzelligen) Teleutosporen entwickeln sich auf den Blättern der Erbse *(Pisum sativum)* und *Lathyrus*-Arten. Autöcisch verläuft die gesamte Entwicklung des Bohnenrostes *(Uromyces phaseoli)*. Die Pycnidien und Aecidien treten im Sommer an etwas hypertrophierten, buckeligen Blattstellen auf. Die Aecidiosporen infizieren wiederum Bohnenblätter, auf denen im Herbst die Uredosporen und schließlich die Teleutosporen gebildet werden. – Ebenso verhalten sich die auf Blättern von Rosaceen schmarotzenden Arten der Gattung *Phragmidium* (Abb. 3.2.41E). Die Aecidien sind hier nicht, wie beim Getreide-Rost, von einer Pseudoperidie umgeben, sondern die Aecidiosporenketten durchbrechen, oft in beträchtlicher Flächenausdehnung, die Epidermis in gleicher Weise wie die Uredolager («Caeoma-Typus»). Ansätze zu einer Fruchtkörperbildung stellen die gallertigen und stielförmig erhobenen Teleutosporenlager der *Gymnosporangium*-Arten oder die Teleutosporenketten enthaltenden säulchenförmigen Gebilde der *Cronartium*-Arten dar.

Phylogenie. Die Rostpilze sind stammesgeschichtlich eine sehr alte Gruppe und bereits im Carbon als Parasiten auf Farnen aufgetreten. Die basidienbildenden *Uredinales* und die ascogenen *Taphrinomycetidae* haben möglicherweise eine gemeinsame stammesgeschichtliche Wurzel. Ihre gemeinsamen Vorfahren müßten das ernährungsphysiologisch selbständige

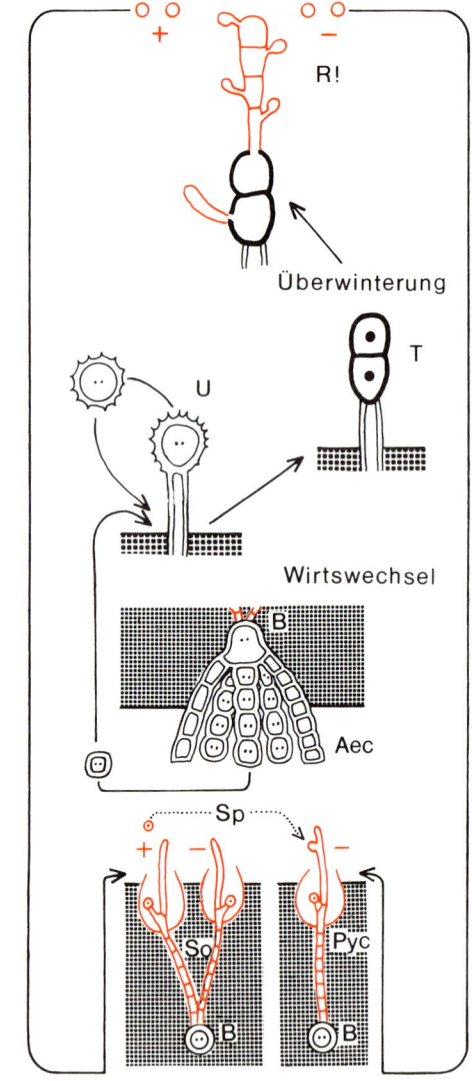

Abb. 3.2.42: *Heterobasidiomycetidae, Uredinales*. Schema der Entwicklung von *Puccinia graminis*. Haploide Phase: rote Linien, dikaryotische Phase: doppelte schwarze Linien, diploide Phase: dicke schwarze Linien. R! Reduktionsteilung, B Basalzelle, So Somatogamie, Sp Befruchtung durch Spermatien, Pyc Pycnidium, Aec Aecidium, U Uredosporenlager, T Teleutosporenlager (Sporenzahl jeweils verringert dargestellt). Fein punktiert Berberitze, grob punktiert Gras als Wirt. Vgl. Abb. 3.2.40–3.2.41

Dikaryon entwickelt haben. Auch bei den Taphrinomycetiden weisen die auf Farnen parasitierenden Vertreter auf das hohe Alter der Gruppe hin. Im Mesozoikum gingen die *Uredinales* auf Gymnospermen, besonders Coniferen, und schließlich von der Oberkreide ab auf Angiospermen über. Mit dem Vordringen in kühlere Klimate sind wohl die überdauerungsfähigen Probasidien, d.h. mit dicken Wänden versehene Teleutosporen entstanden.

Die Rostpilze sind gefährliche Krankheitserreger. Besonders die Getreideernte wird durch sie erheblich beeinträchtigt (fallweise bis zu 25%, im allgemeinen jedoch nicht wesentlich mehr als ca. 5%). Über die ganze Erde ist *Puccinia graminis* verbreitet, wegen der dunkelgefärbten Teleutosporenlager Schwarzrost genannt; er befällt alle unsere Getreidearten und zahlreiche Wildgräser. In Mitteleuropa ist sein Schaden nicht so groß wie in wärmeren Ländern, weil dort die Entwicklung des relativ wärmebedürftigen Pilzes rascher verläuft. Besonders gefährlich ist bei uns der Gelbrost, *P. striaeformis*, mit hellgelborangen Uredosporenlagern, der vor allem auf Weizen, aber auch auf Gerste und Roggen und verschiedenen Wildgräsern epidemisch auftritt; sein Zwischenwirt ist unbekannt. *P. coronata*, der Kronenrost des Hafers und anderer Gräser, hat als Zwischenwirt *Rhamnus cathartica*, und *P. simplex*, der Zwergrost der Gerste, bildet seine Aecidien auf *Ornithogalum*-Arten.

Damit ist die Zahl der Getreideroste aber noch nicht erschöpft. Andere *Puccinia*-Arten treten auf Spargel, Möhre, Zwiebeln, Stachelbeeren u. a. Kulturpflanzen auf, *Uromyces*-Arten auf Erbsen, Bohnen und *Beta*-Rüben; *Gymnosporangium* auf Birnblättern («Gitterrost»). Zu anderen Familien der Uredineen gehören *Melampsora lini*, der autöcische Leinrost, der die Bastfasern des Leins zerstört, und die forstwirtschaftlichen Schädlinge *Melampsorella caryophyllacearum* (Hexenbesen und Krebs auf Weißtannen, Uredo- und Teleutosporen auf Caryophyllaceen) und *Cronartium ribicola* (seine Aecidiengeneration schädigt Weymouths-Kiefern und bringt sie oft zum Absterben; die Aecidien brechen als große blasige Lager aus der Baumrinde hervor; Wirtswechsel mit *Ribes*).

Die Hoffnung, die wirtswechselnden Schädlinge durch Ausrottung des Zwischenwirts zu beseitigen, hat sich nur sehr beschränkt erfüllt, weil bei den allermeisten Arten auch die Uredosporen überwintern können oder schon im Herbst die junge Saat des Wintergetreides sowie verschiedene Kulturgräser infizieren (beim Gelbrost auch die Quecke); zudem können Uredosporen durch den Wind aus länderweit entfernten Gebieten (selbst über die Alpen) herbeigeführt werden. Da die Anwendung chemischer Bekämpfungsmittel umstritten ist, sucht man rostfeste Sorten zu züchten, was aber auch auf Schwierigkeiten stößt, weil es von jeder Rost-Art eine große Zahl morphologisch meist nicht unterscheidbarer, physiologischer Rassen gibt, die auf die verschiedenen Sorten der Kulturpflanzen spezialisiert sind und durch Mutation und Neukombination bei Kreuzungen immer wieder neu entstehen. Derartige Rassenbildungen krankheitserregender Pilze spielen in der Pflanzenpathologie eine sehr große Rolle, so daß die Arbeit des Resistenzzüchters niemals zu einem Ende kommt.

In den folgenden Ordnungen bildet das Mycel Fruchtkörper, also makroskopisch sichtbare Hyphengeflechte, an denen die Basidien angelegt werden. Der Entwicklungsgang stimmt mit dem der Homobasidiomycetidae überein (S. 576).

4.2. Ordnung: **Auriculariales**, Ohrlappenpilze. Mit der vorigen Ordnung haben die *Auriculariales* die querseptierte Phragmobasidie gemeinsam. Parasitische Gattungen ohne Fruchtkörper (z. B. *Herpobasidium*, *Helicobasidium*) weisen auf engere stammesgeschichtliche Beziehungen zu den *Uredinales* hin. Das Judasohr (*Auricularia auricula-judae*, Abb. 3.2.43 A) ist hingegen mit seinen aus Holunderstämmen hervorbrechenden, gallertigen, dunkelbraunen, ohrmuschelförmigen Fruchtkörpern als abgeleitet anzusehen. Sie tragen auf ihrer glatten bis gefalteten, dem Substrat abgewandten konkaven Fläche das Hymenium. Die Basidien sind wie bei allen *Auriculariales* durch Querwände in 4 etagenförmig übereinanderliegende Zellen geteilt, aus denen seitlich je ein Sterigma mit einer Meiospore hervorwächst (Abb. 3.2.43 B, 3.2.37 A). Bei manchen *Auriculariales* trägt die Basidie an ihrer Basis eine kugelige Anschwellung. In dieser «Probasidie», die eine Zeitlang das Ende der Paarkernhyphe bildet, findet die Kernverschmelzung statt; nach der Meiose wächst aus ihr die eigentliche Basidie hervor. Die Basidiosporen erhalten bei der Keimung – z. B. bei *Auricularia* – mehrere Querwände und bilden von jeder so entstandenen Zelle eine Mehrzahl von Conidien. – Hier anzuschließen sind die **Septobasidiales**, die mit Schildläusen vergesellschaftet (Symbiose?) leben.

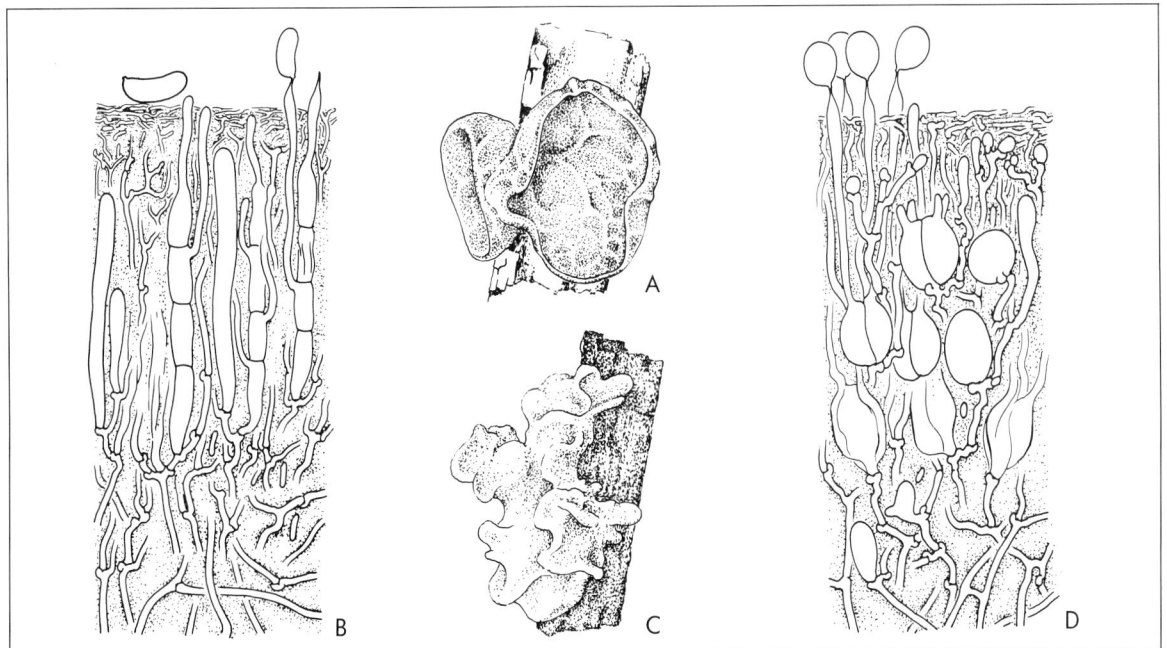

Abb. 3.2.43: *Heterobasidiomycetidae.* **A** *Auricularia auricula-judae*, Fruchtkörper (nat. Gr.). **B** Querschnitt durch das Hymenium (400×). **C** *Tremella mesenterica*, Fruchtkörper (nat. Gr.). **D** Querschnitt durch das Hymenium (400×). (Nach Oberwinkler.)

4.3 Ordnung: **Tremellales**, Zitterpilze: Ihre Phragmobasidien sind durch 2 kreuzförmig stehende Wände längsseptiert (Abb. 3.2.43 D, 3.2.37 B). Sie leben vorzugsweise auf abgestorbenem Holz, selten besiedeln sie andere Substrate, oder sie befallen als Parasiten andere Pilze. Ihre einfachsten Vertreter sind fruchtkörperlos. *Tremella* und *Exidia* bilden gehirnähnliche bis blattartige, gallertige Fruchtkörper von gelber, bräunlicher oder schwarzer Farbe (Abb. 3.2.43 C); die Fruchtkörpergallerte dient der Wasserspeicherung. Der seitlich gestielte, hutförmige Fruchtkörper von *Pseudohydnum* trägt unterseits Stacheln, die von Hymenium überzogen sind. *Exidiopsis* vgl. Abb. 3.2.38.

Hier anzuschließen sind die **Tulasnellales** (Abb. 3.2.37 C).

Rückblick auf die **Tremellanae**: Der stammesgeschichtliche Zusammenhang zwischen *Uredinales*, *Auriculariales* und *Septobasidiales* wird durch Übergangsglieder verdeutlicht. So entwickeln einige Familien der *Uredinales* (z.B. *Chrysomyxa* mit Aecidien auf *Picea*, Uredo- und Teleutosporen auf *Ericales*) an Stelle dickwandiger Teleutosporen Basidien vom *Auricularia*-Typ. *Uredinella coccidiophaga* bewohnt nach Art der *Septobasidiales* Schildläuse, hat aber Teleutosporen-ähnliche Probasidien. *Patouillardina (Tremellales)* mit unregelmäßig septierten Basidien vermittelt zwischen *Auriculariales* und *Tremellales*. Bei *Bourdotia (Tremellales)* gehen die Längswände der Basidien nicht bis zu deren Grunde durch; solche Formen leiten über zur Holobasidie. Mit Ausnahme der *Uredinales* treten im Lebenscyclus der besprochenen Ordnungen hefeähnlich sprossende Stadien auf. Die Basidiosporen keimen vielfach mit Conidien oder Sekundärsporen. Während bei den *Uredinales* die Basidien nur ausnahmsweise an einfachen Fruchtkörpern gebildet werden, durchlaufen die *Auriculariales* und *Tremellales*, ausgehend von Formen ohne Fruchtkörper, eine Stufenleiter verschiedenster Fruchtkörpertypen: schichtartig-flach, keulenartig, gestielt-kopfig, konsolenförmig, gestielt-hutförmig. Konvergent entstandene Fruchtkörperformen werden uns bei anderen Gruppen von Basidiomyceten (Abb. 3.2.49) wieder begegnen. Die hymeniumbedeckte Fläche kann durch Falten, Waben oder Zähne vergrößert werden. *Auricularia auricula-judae* zeigt innerhalb einer Art Übergänge von glatter über faltiger bis zu wabig-porenartiger Gestalt der die Sporen erzeugenden Fläche (= Tendenz zur Ausbildung eines Hymenophors). Bei den *Auriculariales* (z. T.) und *Tremellales* (regelmäßig) tritt zum erstenmal ein Schnallenmycel innerhalb der hier gewählten Reihenfolge der Ordnungen auf; es entsteht nach Somatogamie und kennzeichnet die Dikaryophase.

5. (Über-)ordnung: **Dacrymycetales**: Sie sind durch 2sporige, stimmgabelartige Holobasidien (Abb. 3.2.37 D), durch meist septierte mit Conidien keimende Basidiosporen und ihre saprophytische Lebensweise auf Holz gekennzeichnet. Die Fruchtkörper werden als einfache krustenförmige, pustelförmige, gestielt-kopfige, becherförmige bis verzweigt keulige Gebilde, also in verschiedenen, zu anderen Verwandtschaftskreisen wiederum konvergenten Varianten angelegt; sie sind durch Carotinoide gefärbt und meist weich bis zähgelatinös. Die Hyphen tragen an den Septen Schnallen.

Die Ordnung zeigt gewisse Anklänge an die bereits besprochenen parasitischen *Exobasidiales*, u.a. in der Keimung der quersptierten Basidiosporen mit häkchenförmig gebogenen Conidien, ein bei den übrigen mit Holobasidien ausgestatteten Basidiomyceten nicht wiederkehrendes Merkmal. Andererseits ergeben sich Beziehungen dieser zu den *Tulasnellales* (C).

2. Unterklasse: Homobasidiomycetidae («höhere Holobasidiomyceten»)

Die nun folgenden Ordnungen der Basidiomyceten sind ausnahmslos mit Holobasidien ausgestattet. Die Sporen keimen stets mit Hyphen aus. Die Kappen der doliporen Septen sind siebartig durchbrochen. Gestalt und Größe der Holobasidien zeigen eine beträchtliche Mannigfaltigkeit (Abb. 3.2.37). Neben der weit verbreiteten Keulenform (F) finden sich z.B. bauchig erweiterte Urnenbasidien (E), seitlich an der Traghyphe entstehende Pleurobasidien (H), mehrfach hintereinander hervorsprossende Repetobasidien (J). Es besteht eine große Mannigfaltigkeit der Fruchtkörperformen und der Oberflächengestaltung der hymenientragenden Schichten (Hymenophore). Wie bereits bei den Ordnungen mit Phragmobasidien, werden in getrennten Entwicklungslinien immer wieder die gleichen Fruchtkörpertypen durchlaufen bzw. erreicht, und wie bei den Algen lassen sich somit auch bei den Pilzen konvergente Stufen aufstellen. Die äußere Form der Fruchtkörper liefert hier vielfach die Kriterien für die Unterscheidung von Gattungen und Familien innerhalb der Ordnungen.

Im Lebenskreislauf, dem alle fruchtkörperbildenden Basidiomyceten folgen (vgl. S. 576), verschmelzen aus Basidiosporen gekeimte, haploide, in ihren Zellen einkernige Hyphen zu einem dikaryotischen, meist

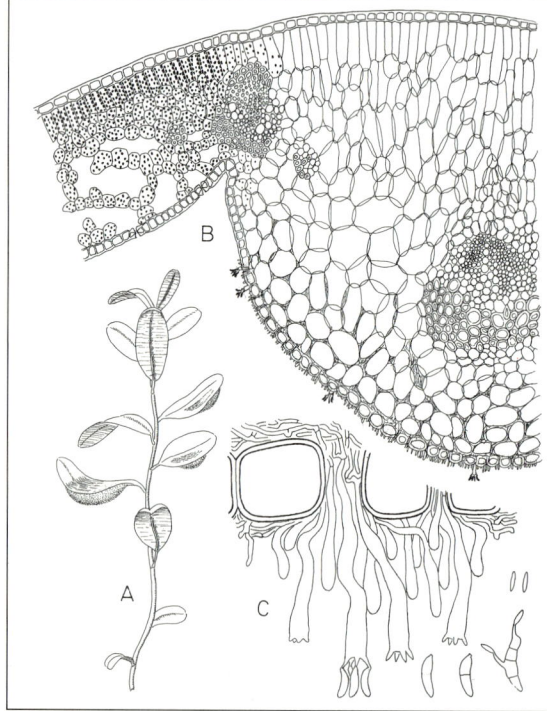

Abb. 3.2.44: *Heterobasidiomycetidae, Exobasidiales, Exobasidium vaccinii.* **A** *Vaccinium vitis-idaea* mit 3 von *Exobasidium* befallenen Blättern (²/₃ ×). **B** Querschnitt durch befallenes Blatt; links normale Ausbildung des Blattgewebes, rechts durch Pilzbefall hypertrophiert (60 ×). **C** Zwischen den Epidermiszellen hervorbrechendes Mycel mit Basidien und Keimung der Basidiosporen (330 ×). (A nach Mägdefrau, B nach Woronin, C nach Oberwinkler.)

Schnallen tragenden Mycel (Abb. 3.2.36$_{4-6}$). Die Fusion der Kreuzungspartner wird genetisch kontrolliert.

Bipolare und tetrapolare Inkompatibilität: Bei mehreren Basidiomyceten wird das Kreuzungsverhalten nicht bipolar durch einen Faktor (Allelenpaar + und −), sondern tetrapolar durch 2 unabhängig voneinander mendelnde Faktoren gesteuert. Die Allele des einen Faktors werden A_1 und A_2, die des anderen B_1 und B_2 bezeichnet. Der diploide Zygotenkern enthält demnach A_1/A_2 und (!) B_1/B_2. Nach der Reifeteilung liegen die Basidiosporen eines Fruchtkörpers in den 4 Typen $A_1 B_1$, $A_2 B_2$, $A_1 B_2$ oder $A_2 B_1$ vor. Nur Kreuzungen mit verschiedenen A- und B-Faktoren setzen den Lebenscyclus in einem dikaryotischen Mycel (meist mit Schnallen an den Hyphensepten) fort; so sind $A_1 B_1 \times A_2 B_2$ kompatibel, hingegen $A_1 B_1 \times A_1 B_1$ oder $A_1 B_1 \times A_1 B_2$ inkompatibel (Abb. 3.2.47).

Man spricht hier von tetrapolarer homogenischer Inkompatibilität, durch die bedingt wird, daß bei Konfrontation haploider monokaryotischer Hyphen, die aus Sporen eines Fruchtkörpers gekeimt sind, nur in 25% der Fälle tatsächlich Schnallenmycelien entstehen. Die genetische Rekombination von Mycelien verschiedener geographischer Herkunft wird durch das Phänomen der multiplen Allelie gefördert, weil hier weitere Allele, z.B. $A_3 B_3$ und $A_4 B_4$, ins Spiel kommen. Kreuzungen mit den Faktoren A_1/A_2 bzw. $B_1/B_2 \times A_3/A_4$ bzw. B_3/B_4 (z.B. $A_1 B_1 \times A_3/B_3$) sind daher zu 100% kompatibel. Der Mechanismus der bipolaren oder tetrapolaren Inkompatibilität, der zumeist mit multipler Allelie verbunden ist, fördert auf diese Weise die Fremdbefruchtung (outbreeding), wobei der Effekt bei der tetrapolaren Inkompatibilität stärker (25%:100%) als bei bipolarer (50%:100%) ist. Während bei Ascomyceten nur bipolare Inkompatibilität vorkommt, hat sich bei den Basidiomyceten der tetrapolare Mechanismus zunehmend durchgesetzt.

Die Schnallen sind den Haken der Ascomyceten homolog (zur Bildungsweise vgl. S. 568). Sie nehmen einen der beiden während der Zellteilung entstehenden Tochterkerne vorübergehend auf, ehe er in die Stammhyphe zurückwandert (Abb. 3.2.36$_{5-6}$).

Der Vorgang der Schnallenbildung wiederholt sich bei jeder Zellteilung, so daß ein reichverzweigtes, in allen Zellen paarkerniges (also dikaryotisches) und an jeder Querwand mit einer Schnalle versehenes «Schnallenmycel» entsteht (Abb. 3.2.36$_8$). Das so etablierte Dikaryon ist – anders als bei den Ascomyceten – selbständig lebensfähig; es kann jahrelang in Erde, Holz und anderen Substraten weiterwachsen und unzählige weitere Zellteilungen mit konjugierten Kernteilungen vollziehen, bis es unter dem Einfluß noch unbekannter Bedingungen unter Hyphenverflechtungen Fruchtkörper entwickelt. Im Gegensatz zu den Ascomyceten (Abb. 3.2.24) ist der Basidiomycetenfruchtkörper ausschließlich aus dikaryotischen Hyphen verflochten (Abb. 3.2.36). Seine Entstehung ist daher nicht – wie dort – jedesmal aufs Neue an die geschlechtlichen Vorgänge der Plasmogamie gebunden. Diese findet bei den Basidiomyceten jeweils nur einmal zur Etablierung eines meist mehrjährigen Dikaryons statt, das nun anders als bei den Ascomyceten über Jahre hinweg immer wieder Fruchtkörper zu bilden vermag. An oder in den Fruchtkörpern (meist auf ihrer Unterseite) ordnen sich die keulenförmig angeschwollenen Endzellen der dikaryotischen Hyphen zu palisadenartigen Hymenien (Abb. 3.2.36) an; erst in diesen Endzellen, den jungen Basidien, verschmelzen die beiden Kerne miteinander (Karyogamie, Abb. 3.2.45$_6$), worauf sofort die Meiose (mit Bestimmung des Kreuzungstyps) einsetzt und vier haploide Meiosporen – die Basidiosporen – gebildet werden. Die aus den Basidiosporen entstehenden haploiden Mycelien entsprechen dem Gametophyten; das aus ihnen durch somatogame Kopulation hervorgehende Paarkernmycel kann als dikaryotischer Sporophyt aufgefaßt werden.

Bei der Entwicklung der Basidiosporen schwellen die Enden der Sterigmen zu einem Sporensäcken an (Abb. 3.2.45$_8$). Von den 4 haploiden Kernen zwängt sich je einer durch ein Sterigma hindurch (Fig. 9), und in jedem Sporensäckchen bildet sich nun eine Spore aus (Abb. 3.2.46). Fast ausnahmslos verschmilzt allerdings die Sporenwand frühzeitig mit der Säckchen-

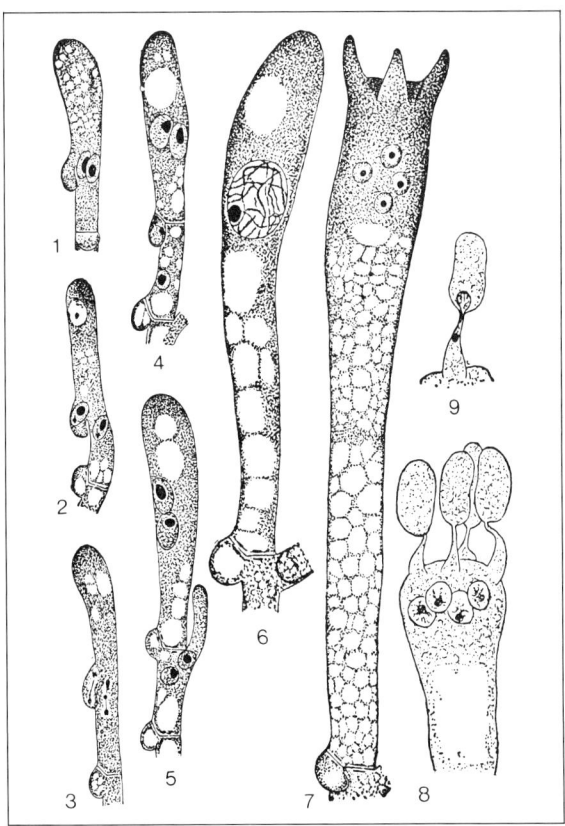

Abb. 3.2.45: *Basidiomycetes, Agaricales,* Schnallenbildung und Basidienentwicklung. **1** Beginn der Schnallenbildung in der zweikernigen Endzelle. **2** Ein Zellkern in die Schnalle eingerückt. **3** Konjugierte Kernteilung. **4** Wandbildung in und neben der Schnalle, Basidienanlage von der Stielzelle abgegrenzt. **5** Fusion der Schnalle mit der Stielzelle. **6** Die beiden haploiden Kerne der Basidienanlage zu einem diploiden Kern vereinigt. **7** Junge Basidie mit den vier nach Meiose gebildeten Basidiosporenkernen (oben mit den vier Sterigmenanlagen; eine verdeckt). **8** Basidie mit 4 Kernen vor deren Übertritt in die jungen scheitelständigen Basidiosporen. **9** Übertritt des Zellkernes durch das Sterigma in die Basidiospore, 1–7 *Oudemansiella mucida* 8–9 *Psathyrella* (1–7 620×, nach Kniep; 8–9 1500×, nach Ruhland.)

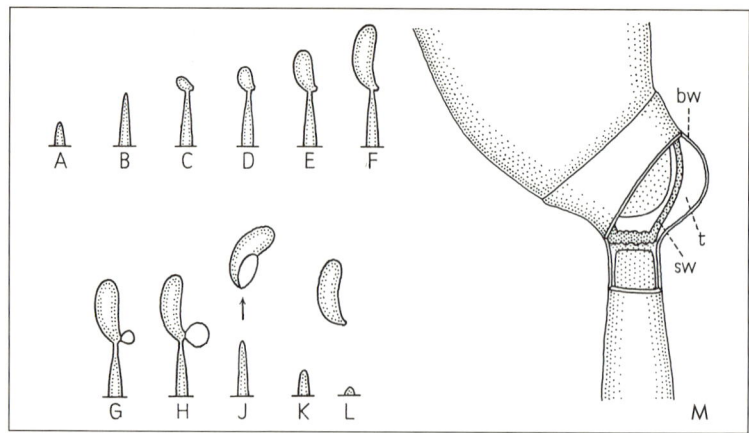

Abb. 3.2.46: *Basidiomycetes,* A–L *Dacrymycetales, Calocera cornea.* Abschleuderung der Basidiospore, **A, B** Streckung des Sterigmas. **C–F** Abschnürung der Basidiospore (Dauer: etwa 40 min). **G, H** Bildung des Tropfens an der Ansatzstelle der Spore (Dauer: etwa 10 sec). **J** Abschleuderung der Spore samt Tropfen. **K, L** Zusammensinken des Sterigmas. **M** *Schizophyllales, Schizophyllum commune.* Ansatzstelle der Basidiospore am Sterigma. bw Basidienwand, sw Sporenwand, t Flüssigkeitstropfen. (A–L 900×; nach Buller. M 15000× nach Wells.)

wand, so daß die Doppelnatur der Sporenhülle nicht in Erscheinung tritt; die Säckchenwand bildet dabei das Perispor. Die Meiosporen werden also nur scheinbar exogen angelegt. Sie sind meistens ellipsoidisch und einseitig abgeplattet. Die Sporen werden nur eine kurze Strecke weit abgeschleudert, indem die hochturgescente Basidie plötzlich aus der Sterigmenspitze einen Tropfen auspreßt, der die Spore mitreißt (Abb. 3.2.46).

Hierher gehört die Mehrzahl der als «Schwämme» bekannten großen Pilze (Abb. 3.2.49 bis 3.2.51; 3.2.53). Die Mycelien lassen sich vielfach künstlich kultivieren, Fruchtkörperbildung in Kultur ist jedoch selten. Besonders im Spätsommer und Herbst entwickeln viele Arten oft raschwüchsige Fruchtkörper; es lassen sich hymeniale und gastroide Fruchtkörper unterscheiden.

Beim **hymenialen Fruchtkörper** der «Hymenomyceten» (Abb. 3.2.49) werden im Lauf der Entwicklung Hymenien frei exponiert und die Basidiosporen von den Basidien aktiv abgeschossen. Ein Hymenium enthält Basidien und gegebenenfalls Cystiden in palisadenförmiger Anordnung (Abb. 3.2.48, 3.2.51 C). Hymenophore stellen makroskopisch sichtbare Strukturen zur Oberflächenvergrößerung des Hymeniums dar. In der äußeren Morphologie der hymenialen Frucht-

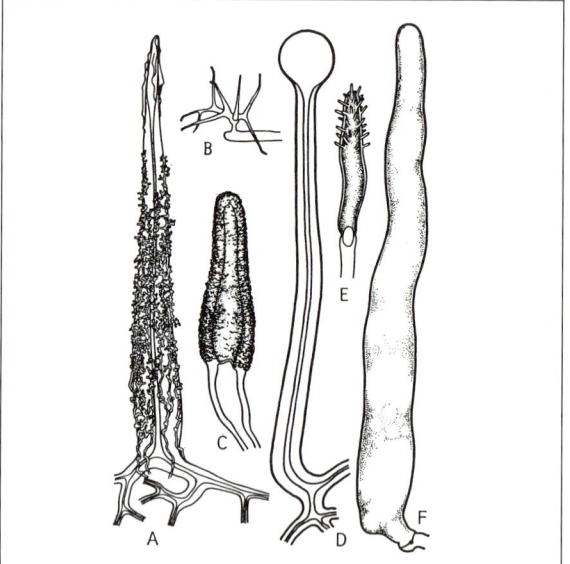

Abb. 3.2.48: *Homobasidiomycetidae.* Cystiden-Formen *(Poriales).* **A** *Tubulicium.* **B** *Vararia.* **C** *Peniophora.* **D** *Tubulicrinis.* **E** *Stereum.* **F** *Hyphoderma.* (750×; nach Oberwinkler)

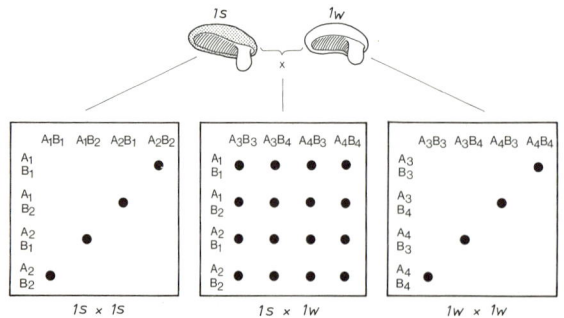

Abb. 3.2.47: *Basidiomycetes, Polyporales, Pleurotus ostreatus.* Förderung der Fremdbefruchtung durch homogenische Inkompatibilität (tetrapolarer Mechanismus, multiple Allelie, vgl. S. 585). Die Fruchtkörper mit etwas verschieden gefärbtem Hut sind Stämme der gleichen Art unterschiedlicher geographischer Herkunft. A, B Kreuzungsfaktoren der zur Kreuzung angesetzten monokaryotischen Mycelien; ● Kreuzung ergibt dikaryotisches Schnallenmycel. (Orig.)

körper herrscht große Vielfalt. Sie können krustenförmig, keulig bis stark verzweigt, konsolenförmig oder gestielt-hutförmig («Hutpilze») sein. Ähnlich vielgestaltig ist die Ausbildung der Hymenophore als ebene Fläche, Falten, Waben, Poren, Röhren, Stacheln oder Lamellen. Es sind nahezu alle möglichen Kombinationen von Fruchtkörperformen und Hymenophortypen verwirklicht, wobei eine möglichst große Zahl von Sporen in günstiger Weise für die Sporenausbreitung zu exponieren, die Evolution bestimmt hat. Der Fruchtkörper des hymenialen Typs entwickelt sich in unterschiedlicher Weise. Gymnokarp ist ein Fruchtkörper, wenn die Hymenien, bzw. Hymenophore von Beginn an auf freien Außenflächen angelegt werden. – Bei der hemiangiokarpen Entwicklung (Abb. 3.2.51 A, B) bildet sich das Hymenium zunächst im Inneren der noch jungen Fruchtkörper. Durch Streckung des Stieles und Aufschirmen des Hutes reißt jedoch die ursprüngliche

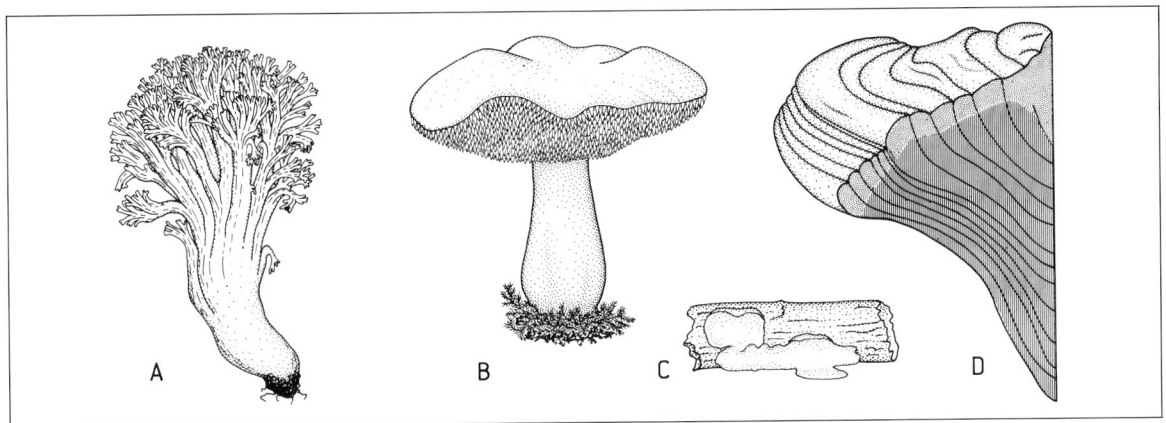

Abb. 3.2.49: *Homobasidiomycetidae.* Verschiedene hymeniale Fruchtkörper. **A** *Ramaria botrytis* (½×). **B** *Hydnum repandum* (½×). **C** *Stereum hirsutum* (½×). **D** *Phellinus igniarius*, mehrjähriger Fruchtkörper mit Jahreszuwachszonen (½×). (A nach Schild, B nach Schenck, C nach Oberwinkler, D nach Harder.)

Umhüllung. Ihre Reste bleiben vielfach auch am reifen Fruchtkörper als Teile des Velum universale und/oder Velum partiale erhalten. Das Velum partiale (vp) bildet dann einen Ring (ar), oder es verbindet als zarter Schleier (Cortina) noch kurze Zeit Hut und Stiel; oder es verschwindet völlig. Das Velum universale (vu) liefert scheidenförmige Hüllen am Stielgrund (Volva, v; z.B. Grüner Knollenblätterpilz) und/oder weiße Fetzen und Schollen auf der Hutoberfläche (f; z.B. *Amanita muscaria*, Fliegenpilz). – Die pseudoangiokarpe Entwicklung gleicht zunächst der gymnokarpen, jedoch biegt sich der Hutrand derart einwärts, daß sich seine Hyphen mit denen der Stielrinde verflechten.

Die Sporen werden von den Basidien eine kurze Strecke weit abgeschleudert. Die Schußweite der Sporen beträgt bei Röhrenpilzen etwa die Hälfte des Röhrendurchmessers (bei Blätterpilzen die Hälfte des Lamellenabstandes). Die Flugbahn geht bald in senkrechten Fall über bis hinab in die freie, bewegte Luft unterhalb der Röhren bzw. Lamellen. Die eigentliche Ausbreitung der Sporen erfolgt durch Luftströmungen. Legt man den ausgebildeten Hut eines Blätterpilzes mit den Lamellen nach unten auf ein Blatt Papier, so entsteht durch die herabfallenden Sporen bereits nach wenigen Stunden ein klares Abbild des Lamellenverlaufes. – Man hat berechnet, daß ein reifer Fruchtkörper des Feld-Champignons *(Agaricus campestris)* von 10 cm Durchmesser eine Hymeniumoberfläche von 1200 cm² besitzt, welche insgesamt etwa 1,8 Milliarden Sporen erzeugt; pro Stunde werden ungefähr 40 Millionen Sporen abgeworfen.

Im Hymenium stehen neben reifen auch junge Basidien sowie sterile Hyphen mit degenerierten Kernpaaren und größere, ebenfalls sterile Endhyphen von mannigfaltiger Form, die Cystiden (Abb. 3.2.48). Letztere wirken als Schutz und Ausscheidungsorgane (z.B. bei den *Poriales*) oder sie verhindern möglicherweise ein Zusammenkleben der Lamellen (z.B. *Coprinus*); sie sind für die systematische Gliederung und Artunterscheidung wichtig. Auch die das Fruchtkörpergeflecht (Abb. 3.2.50) aufbauenden Hyphen in der sog. Trama

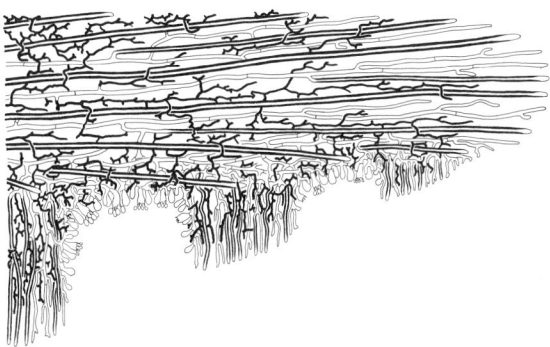

Abb. 3.2.50: *Homobasidiomycetidae, Poriales, Coriolus versicolor.* Schnitt durch den Rand eines wachsenden Fruchtkörpers mit zwei Anlagen von Hymenophor-Röhren. Dickwandig: Skeletthyphen; dünnwandig: Basidien bildende Hyphen; schwarz: Bindehyphen. (150×; nach Corner)

weisen Differenzierungen auf: z.B. dickwandige «Skeletthyphen», die der Festigung dienen; dickwandige, verzweigte, die anderen Hyphen umklammernde «Bindehyphen»; dünnwandige, Basidien bildende «generative Hyphen».

Der **gastroide Fruchtkörper** der «Gasteromyceten» (Abb. 3.2.53) bildet die Basidien in seinem Inneren; Hymenien werden hierbei entweder nicht angelegt oder sie zerfallen bereits während der Sporenreife; die Fruchtkörperentwicklung ist angiokarp oder hemiangiokarp. Die Fruchtkörper sind entweder geschlossen, mit oder ohne innere Kammerung, oder es werden durch streckungsfähige Elemente (Receptaculum) die Sporenmassen aus der Fruchtkörperhülle (Peridie) herausgehoben (Abb. 3.2.53 A–C). Die Sporen werden von den Basidien nicht abgeschossen. Ihre Ausbreitung erfolgt durch den Wind, in speziellen Fällen auch durch Insekten und Säugetiere. Hymeniale und gastroide Fruchtkörper sind durch Übergänge verbunden.

Systematik. Die Neuordnung des Systems der höheren Basidiomyceten ist noch nicht abgeschlossen, wes-

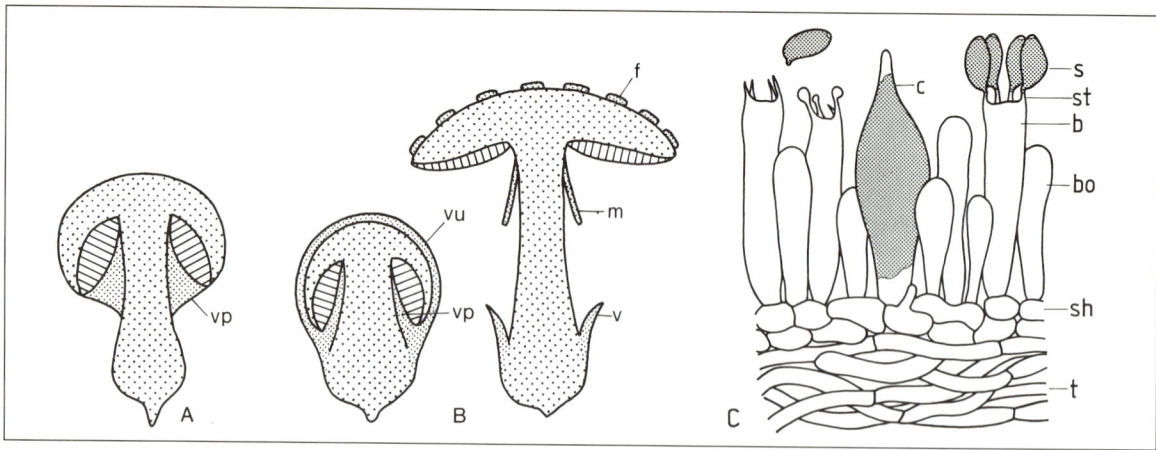

Abb. 3.2.51: *Homobasidiomycetidae*, Agaricales. A, B Schematische Längsschnitte durch Fruchtkörper. **A** mit Velum partiale (vp). **B** mit Velum universale (vu) und Velum partiale (vp); links im jungen, rechts im reifen Stadium; m Manschette als Rest des Velum partiale, v Volva als Rest des Velum universale an der Stielbasis, f Reste des Velum universale auf dem Hut. **C** Schnitt durch das Hymenium von *Hypholoma*; b Basidie, s Basidiospore, st Sterigma, bo junge Basidie, c Cystide, sh Subhymenium, t Trama (1000×). (A, B nach E. Fischer).

halb hier nur einige repräsentative Ordnungen vorgestellt werden sollen. Nach der äußeren Form der Fruchtkörper unterschied man früher die künstlichen, d.h. natürliche Verwandtschaftszusammenhänge nicht nachzeichnenden Gruppen der Nichtblätterpilze (*Poriales* = *Aphyllophorales* im weiten Sinne), der Blätterpilze (*Agaricales* im weiten Sinne) und der Bauchpilze (*Gasteromycetales*). In den neueren systematischen Gliederungen wird nach verwandtschaftlichen Zusammenhängen gesucht, und zwar auf der Grundlage übereinstimmender Merkmale aus möglichst vielen Merkmalsbereichen: z.B. mikroskopische Strukturen wie Aufbau der Hymenien und der Geflechte im Fruchtkörper (= Trama), chemische Merkmale etc. Bei der Zusammenfassung von niederen taxonomischen Einheiten zu höheren (z.B. Ordnungen) spielen Verbindungsglieder eine wichtige Rolle, die teils Merkmale verschiedener Taxa in sich vereinigen, teils Übergänge von Merkmalen zeigen. Fließende Übergänge zwischen den oben genannten Fruchtkörperformen der Nichtblätter-, Blätter- und Bauchpilze haben u.a. zum Scheitern des Fruchtkörpersystems geführt. Dennoch lassen sich weitgehend die Überordnungen 1 mit 2 den «Hymenomyceten», 3 mit 4 den «Gasteromyceten» zuweisen.

1. Überordnung: Porianae («Aphyllophoranae»). Es sind dies Pilze mit gymnokarpen, hymenialen Fruchtkörpern, die in der Regel kein Lamellenhymenophor ausbilden.

Vertreter mit lamellenähnlichem Hymenophor sind entweder über entsprechende Übergangsglieder (z.B. *Trametes, Gloeophyllum*) mit typischen Vertretern dieser Überordnung verbunden oder lassen sich wegen besonderer Merkmale (z.B. *Pleurotus, Cantharellus*) nicht mit den folgenden Blätterpilzen vereinen.

Die Mehrzahl der Arten ist auf die eine oder andere Weise in der Lage, mit ihren Fruchtkörpern Fremdgegenstände (z.B. Äste oder Grashalme) zu umwachsen.

1.1. Ordnung: **Poriales** (Aphyllophorales). Sie sind derzeit eine noch provisorische Ordnung, in der alle langlebigen, gymnokarpe Fruchtkörper bildenden Formen ohne heraushebbare weitere Ordnungsmerkmale (siehe nachfolgende Ordnungen) vereinigt sind. Das Hymenium liegt frei auf dem Fruchtkörper, es wird frühzeitig gebildet und erhält mit der Vergrößerung des Fruchtkörpers immer neuen Zuwachs. Die Typusgattung *Poria* (**Poriaceae**) bildet flache, dem Substrat anliegende Krusten, die oberseits ein Porenhymenophor tragen. Bei *Corticium* (**Corticiaceae**) ist das Hymenophor ohne besondere räumliche Feingliederung glatt und eben angelegt. Bei dem auf morschem Holz wachsenden *Stereum* (**Stereaceae**) ist der mehrschichtige Fruchtkörper z.T. von der Unterlage abgewendet; das Hymenophor ist glatt wie bei der vorigen Gattung. Vom Substrat abstehende, lederig-korkige Fruchtkörper mit Porenhymenophor besitzen die auf Baumstümpfen häufigen *Coriolus*-Arten (z.B. *Coriolus versicolor*, der Schmetterlingsporling). Ein ebensolches Hymenophor bilden die konsolenförmigen, vieljährigen Fruchtkörper des Zunderschwammes, *Fomes fomentarius*, der besonders auf der Buche parasitiert. Das Hymenophor der flach bis konsolenförmig vom Substrat abstehenden Fruchtkörper von *Trametes* zeigt Übergänge von Poren über weite, labyrinthartige Gänge (*Trametes quercina*, Eichenwirrschwamm) bis zu lamellenähnlicher Ausprägung (*Trametes tricolor*). Verschiedene Fruchtkörper und Hymenophore werden auch innerhalb der Gattung *Gloeophyllum* gebildet; der Zaunblättling (*Gloeophyllum sepiarium*) wächst mit vom Substrat abgehobenen Fruchtkörperkanten und hat ein lamellenähnliches Hymenophor, während die Fencheltramete (*G. odoratum*), durch fenchelähnlichen aromatischen Geruch kenntlich, an der Unterseite konsoliger Fruchtkörper ein Porenhymenophor besitzt. Die orangebraune Farbe der Fruchtkörper beider Arten kommt durch Trametin zustande. – *Heterobasidion* verursacht Braunfäule (s. S. 593).

1.2. Ordnung: **Schizophyllales.** *Schizophyllum* ist ein oft verwendetes Untersuchungsobjekt (Abb. 3.2.46); das Hymenophor ist hier in Form längs gespaltener, hygroskopisch beweglicher, zäher Lamellen angelegt.

1.3 Ordnung: **Hymenochaetales.** Die Hyphen sind hier durch braune, membranäre Farbstoffe (Styrylpyrone) pigmentiert. An den Hyphensepten fehlen Schnallen und im Hymenium fallen meistens spitz zulaufende, dickwandige, braun gefärbte Cystiden (= Seten) auf. Die Sporen sind glattwandig. In der Wuchsweise und Zählebigkeit ähneln die hierher gestellten Pilze im übrigen denen der vorigen Ordnung, von denen sie aber aufgrund der genannten Merkmale abgetrennt werden.

Die Gattungsgliederung spiegelt die auftretenden verschiedenen Fruchtkörperformen wider. Glatte Krusten, die teilweise kantenartig vom Substrat abstehen, bildet *Hymenochaete*. Mehrjährige Konsolen mit geschichtetem Porenhymenophor sind für die Gattung *Phellinus* kennzeichnend; im Querschnitt läßt der Fruchtkörper des Jahreszuwachs als Poren- und Tramaschichten erkennen (Abb. 3.2.49 D). Die Röhren mit ihren porenförmigen engen Mündungen zeigen bei derartigen Fruchtkörpern (auch in anderen Ordnungen) positiv gravitropische Wachstumsrichtung von höchster Genauigkeit, ein Verhalten, welches den Sporenabwurf in der geschilderten Weise ermöglicht. *Coltricia* besitzt gestielt-hutförmige, zähe, ausdauernde Fruchtkörper mit Porenhymenophor.

1.4. Ordnung: **Thelephorales.** Sie unterscheiden sich von den *Poriales* und *Hymenochaetales* durch ihre höckerigen, membranär pigmentierten Sporen, die mit meist paarweise angeordneten Warzen oder Stacheln ausgerüstet sind. Die Pilze speichern Thelephorsäure in Form von pigmentierten Auflagerungen auf den Tramahyphen. Von flachen, dem Substrat anliegenden Fruchtkörpern mit glattem oder stacheligem Hymenophor *(Tomentella)* führen Übergänge zu keulig-verzweigten und hutartigen Fruchtkörpern *(Thelephora)*. Gestielt-hutförmige Fruchtkörper mit Stachelhymenophor sind u.a. für *Sarcodon* (z.B. Habichtpilz *S. imbricatum*), mit Porenhymenophor für *Boletopsis* bezeichnend.

Der Semmelstoppelpilz *(Hydnum repandum)* ist mit seinem äußerlich zwar ähnlichen Stachelpilzfruchtkörper, bei jedoch völlig anderen mikroskopischen und chemischen Merkmalen nicht in diese Ordnung einzureihen (Konvergenz!).

1.5. Ordnung: **Cantharellales.** Bekanntester Vertreter ist der als Pfifferling (*Cantharellus cibarius*; **Cantharellaceae**) geschätzte Speisepilz, der Typus für die Gattung und Ordnung ist. Sein gestielt-hutförmiger Fruchtkörper hat ein Hymenophor aus dicken, vielfach miteinander verbundenen Leisten, und ein Hymenium mit langgestreckten, stichischen Basidien, in denen die Kernteilungsspindeln in der Längsachse der Basidie liegen. Als Pigmente treten Carotinoide auf, die sonst bei den höheren Holobasidiomyceten selten sind. – Einige Arten haben fast ebene Hymenophore. Ob die Gattungen *Typhula*, *Ramaria* und *Clavaria* (**Clavariaceae**) mit keuligen oder verzweigt keuligen Fruchtkörpern hier anzuschließen sind, ist umstritten. Die

1.6. Ordnung: **Polyporales** vermittelt zur nächsten Überordnung. Im Gegensatz zu den *Poriales* vermögen die *Polyporales* Fremdkörper lediglich mit ihrem Hymenophor zu umwachsen. Sie enthalten Vertreter mit weißlich-hyalinen, dünn- und glattwandigen Sporen. Konsolenförmige Fruchtkörper mit unterseits feinem Porenhymenophor besitzt der Birken-Porling *(Piptoporus betulinus)*, während *Polyporus* gestielt-hutförmige, unterseits mit Poren oder Waben ausgestattete Fruchtkörper ausbildet. Möglicherweise gehören in diese Verwandtschaft auch Lamellenpilze mit gewissen Übereinstimmungen im Merkmalsbestand, etwa die Sägeblättlinge *(Lentinus)* und die Seitlinge *(Pleurotus)*; *Pl. eryngii* bildet unter bestimmten Kulturbedingungen anstelle eines Lamellenhymenophors unregelmäßige Poren aus. – Bei *Polyporus* und *Pleurotus* entstehen auch aus dem monokaryotischen Mycel, in diesem Falle haploide, Fruchtkörper.

2. Überordnung: Agaricanae. Im Mittelpunkt stehen hier zunächst gestielt-hutförmige, kurzlebige, zum Umwachsen von Fremdkörpern nicht befähigte Pilze, die unterseits ein Lamellenhymenophor (*Agaricales* im weiten Sinne) ausbilden. Deutliche verwandtschaftliche Verbindungen solcher typischen Blätterpilze zu Gattungen mit anders gestalteten Fruchtkörpern, etwa vom aphyllophoralen oder gastroiden Typ, haben zu einer neuen Konzeption der Ordnungen geführt, von denen im Anschluß an die *Agaricales* die *Russulales* und *Boletales* beispielhaft behandelt werden sollen.

2.1. Ordnung: **Agaricales.** Sie sind in ihrer provisorischen Umgrenzung ein analoges Gegenstück zu den *Poriales*. Ihr endgültiger Umfang (in Mitteleuropa etwa 2000 Arten) wird sich an den Übereinstimmungen im Merkmalsbestand zur Typusgattung *Agaricus* (Champignon) bemessen. Bei vielen Vertretern dieser Gruppe wird das Hymenium im Inneren des Fruchtkörpers in schizogenen Höhlungen gebildet, bei dessen Entfaltung aber freigelegt. Neben dieser hemiangiokarpen kommt aber auch pseudoangiokarpe und gymnokarpe Entwicklung vor. Die Fruchtkörper sind kurzlebig und zersetzen sich bei einzelnen Gattungen (z.B. Tintlinge; *Coprinus*) bereits in wenigen Stunden nach ihrer Entstehung. Die Anlage des Hymenophors erfolgt nicht allmählich und von innen nach außen fortschreitend (so bei den *Aphyllophorales*), sondern auf einmal. Das Hymenophor hat meist die Gestalt blattartiger, radialer, senkrechter Lamellen, die im reifen Zustand die Unterseite des gestielten Hutes bekleiden. Das Grundgeflecht der Lamellen, die Lamellentrama, trägt außen eine aus kugeligen Zellen bestehende Schicht, das Subhymenium, welches schließlich vom Hymenium überkleidet wird. Das Hymenium setzt sich größtenteils aus Basidien unterschiedlicher Reife und vielfach auch aus Cystiden zusammen (Abb. 3.2.51 C). Die Kernteilungsspindel liegt quer zur Längsachse der Basidien (Chiastobasidien). Zu dieser Ordnung gehören sowohl geschätzte Speisepilze, als auch gefährlichste Giftpilze. Im großen Maßstab wird der Champignon (*Agaricus bisporus*) als Speisepilz kultiviert. Die zwei Sporen (nicht 4!) seiner Basidien enthalten je zwei kompatible (+ und –) Kerne; sexuelle Vorgänge sind demnach hier im Gegensatz zu den meisten anderen *Agaricales* für den Beginn eines neuen Lebenskreislaufes nicht erforderlich, und der Champignonzüchter kann ausschließlich mit dikaryotischer Brut vermehren. Gefährliche und heimtückische Giftpilze (Vergiftungserscheinungen erst 6–24 Stunden nach Verzehr!) sind verschiedene Arten der Gattung *Amanita*, besonders der Grüne und Kegelhütige Knollenblätterpilz *(A. phalloides* und *A. virosa)*. Sie enthalten als Gifte cyclische Peptide (Ama- und Phallotoxine) und besitzen frei abgerundete, d.h. nicht mit dem Stiel verwachsene – im Unterschied zum Champignon – weiß oder weißlich bleibende Lamellen sowie eine sackförmige Scheide an der Stielbasis als Überbleibsel des Velum universale.

Hierher auch *Kuehneromyces* S. 592, *Psilocybe* S. 592, *Armillaria* S. 593, *Omphalina* S. 600, *Clitocybe*, *Lepista* S. 850 u. *Termitomyces* S. 594.

In der Ordnung der *Agaricales* sind alle Blätterpilze (z.B. **Agaricaceae, Coprinaceae**) und mit diesen durch Übergänge oder Übereinstimmungen verwandte Formen (z.B. gastroide Fruchtkörper entwickelnde **Secotiaceae** und **Podaxaceae**, die vorwiegend in Steppengebieten leben) vereinigt, denen die besonderen, hervorhebbaren Merkmale der folgenden Ordnungen fehlen.

2.2. Ordnung: **Russulales.** Die als Täublinge und Milchlinge bekannten Pilze und deren Verwandte sind durch amyloides (s. S. 571) Sporenornament sowie meist durch Nester kugeliger Zellen zwischen gestreckten Hyphen und durch Terpenoide führende Exkretionsorgane (Milchsafthyphen, in Vanillin-Schwefelsäure blauende Cystiden) trotz unterschiedlichster Fruchtkörperformen unverwechselbar gekennzeichnet. Die Täublinge *(Russula)* mit ihren spröden, leicht splitternden Lamellen besitzen stickstoffhaltige, wasserlösliche Russupteridine als Farbstoffe. Die Milchlinge *(Lactarius)* scheiden bei Verletzung eine z.T. gefärbte Milch aus.

Gleitende Übergänge verbinden die gestielt-hutförmigen, hymenialen Fruchtkörperformen mit unterirdischen (hypogäischen), gastroiden Typen der Ordnung.

2.3. Ordnung: **Boletales.** Nicht nur Röhrlinge vom Typ des Steinpilzes *(Boletus edulis)*, sondern auch gewisse Lamellen-, Bauch- und Krustenpilze werden aufgrund von Übergangsformen oder folgender Merkmale in diese Ordnung gestellt: pigmentierte, oft spindelige Sporen und/oder gegen die Hymenien divergierende Tramahyphen des Hymenophors, Pigmente vom Typ der Pulvinsäurederivate. Diese Pigmente bedingen bei Anwesenheit von Oxidasen die oft zu beobachtende Blauverfärbung der Fruchtkörper (Abb. 3.2.52). Die Evolution innerhalb der Ordnung nahm ihren vermutlichen Ausgang von Holzbewohnern (Braunfäule s. S. 593) mit krustenähnlich dem Substrat anliegenden Fruchtkörpern und glatten *(Coniophora)* oder bereits faltig-wabigen Hymenophoren: *Serpula (Merulius) lacrymans,* der Hausschwamm, bildet bis zu 1 m² große, schnellwachsende, weichfleischige Fruchtkörper. Noch Holzbewohner sind Vertreter mit ungestielt muschelförmigen bis gestielt hutförmigen, ein Lamellenhymenophor ausformenden Fruchtkörpern (z. B. *Omphalotus,* Ölbaumseitling); innerhalb einzelner Gattungen hat sich jedoch bereits eine zunehmende Spezialisierung der Ernährungsweise vollzogen: *Paxillus atrotomentosus* wächst auf Holz; *P. involutus* ist an verschiedene Bäume, *P. filamentosus* spezifisch an Erle als Mykorrhiza-Wirt (s.S. 594) gebunden. Es folgt das Evolutionsniveau meist Mykorrhiza bildender Hutpilze mit Lamellen, Röhren oder einer dazwischen stehenden Ausbildung des Hymenophors. Bei *Phylloporus* (Goldblatt) ist dieses z.B. lamellig und durch zahlreiche Querverbindungen kammerig untergliedert. *Gomphidius* (Schmierling) hat zwar ausgeprägtes Lamellenhymenophor, jedoch die mikroskopischen und chemischen Merkmale der Röhrlinge. Die hier einzuordnenden Vertreter mit Röhrenhymenophor unterscheiden sich von entsprechend gebauten Formen anderer Verwandtschaftskreise (z.B. *Polyporales* mit *Polyporus, Thelephorales* mit *Boletopsis, Hymenochaetales* mit *Coltricia*) u.a. durch: Kurzlebigkeit der fremde Gegenstände nicht umwachsenden Fruchtkörper, vom Hute abtrennbare Röhren, andere Mikromerkmale und Pigmente. Als Anpassung an vulkanische Böden, trockene Klimaperioden usw. ist schließlich die jüngste Entwicklung zu gastroiden Fruchtkörpern zu verstehen, die ebenfalls durchweg Mykorrhiza bilden und z. T. ernährungsphysiologisch stark spezialisiert sind. Die in Amerika beheimateten *Gastroboletus*-Arten lassen sich in einer Reihe mit kürzer werdendem Stiel, fortschreitender Desorganisation des Röhrenhymenophors, Schließung des Fruchtkörpers zwischen Hutrand und Stiel sowie unterirdischer Fruktifikation ordnen. In ähnlicher Weise dürften die ausschließlich hypogäischen Gattungen *Truncocolumella* und *Rhizopogon* abzuleiten sein.

3. Überordnung: Lycoperdanae. Hier sind die typischen Bauchpilze («Gasteromycetes») vereinigt mit zumindest jung geschlossenen, gastroiden, angiokarpen Fruchtkörpern, deren Hülle (Peridie) erst nach der Sporenreife in oft charakteristischer Weise aufplatzt oder zerfällt. Die aus Basidiosporen und aus meist verzweigten Hyphenfasern (Glebafasern, Capillitium) bestehende Innenmasse wird Gleba genannt. Die Fruchtkörper öffnen sich in den einzelnen Verwandtschaftskreisen auf unterschiedliche Weise.

3.1. Ordnung: **Lycoperdales.** Die Vertreter dieser Ordnung sind unter dem Namen Stäublinge bekannt. Die kugeligen bis keuligen gastroiden Fruchtkörper leben nur in frühen Entwicklungsstadien unterirdisch. Sie sind außen durch eine meist zweischichtige Hülle geschützt, die sich in Exo- und Endoperidie gliedert. An reifen Fruchtkörpern wird die Exoperidie gesprengt; sie erscheint dann in Form von Körnern, Warzen oder Schollen der zähen, häutigen Endoperidie aufgelagert. Die Endoperidie öffnet sich vielfach mit einem scheitelständigen Porus. Das Innere des Fruchtkörpers ist zunächst gekammert, wobei die Kammern innen mit einem Hymenium ausgekleidet sind. Die Basidien sind kurz, keulig und tragen an auffallend langen Sterigmen kugelige Sporen; diese werden nicht aktiv abgeschossen, vielmehr durch Zerfall der Basidien befreit. Der sporenreife Fruchtkörper enthält lediglich eine pulverige Masse, die Gleba, welche aus unzähligen Sporen und Glebafasern besteht. Sie entsteht durch Zersetzung des Hymeniums und der sterilen Geflechte, wobei nur die Sporen und die Glebafasern (Capillitium) als Reste langer Tramahyphen erhalten bleiben und die Gleba zusammensetzen. In manchen Gattungen ist der untere Teil des Fruchtkörpers steril (Subgleba). Häufig ist der in Wäldern wachsende Flaschenbovist *(Lycoperdon perlatum),* dessen keulige Fruchtkörper auf Druck wolkenartig stäubende, braune Sporenmassen freigeben. Bei dem Riesenbovist *(Langermannia gigantea),* dessen Fruchtkörper einen Durchmesser von 50 cm erreichen kann, führt die Gleba bis 7½ Billionen Sporen (S. 475). Würde sich jede Spore zu einem Fruchtkörper entwickeln, dann würde bereits in der 21. Tochtergeneration eine Pilzmasse erzeugt, die 800mal so groß ist wie die der Erde.

Die eigentlichen Boviste (Arten der Gattung *Bovista*) wachsen vornehmlich auf Wiesen und Weiden; ihren Fruchtkörpern fehlt wie dem des Riesenbovists die sterile Subgleba. Der harte Kartoffelbovist (Abb. 3.2.53 D) gehört einer eigenen Ordnung (**Sclerodermatales**) an, die in verwandtschaftlicher Beziehung zu den *Boletales* (Pigmente!) steht.

3.2. Ordnung: **Geastrales.** Die Fruchtkörper der Erdsterne *(Geastrum)* erhalten ihre charakteristische Gestalt, indem sich Teile der Exoperidie sternförmig ablösen und die kugelige papierartige Endoperidie mit der darin enthaltenen Glebamasse freigeben (G). Die Hyphen tragen an ihren Septen Schnallen (weiterer Unterschied zu den *Lycoperdales*). Die Basidien sind bauchig angeschwollen; an ihnen werden die Sporen (oft mehr als 4) an kurzen Sterigmen abgegliedert.

3.3. Ordnung: **Nidulariales**: Sie kapseln im Fruchtkörper Glebabereiche ab, die als ganze Einheiten, Peridiolen, verbreitet werden. Bei *Cyathus,* dem Teuerling, liegen die Peridiolen bei der Reife als winzige Scheibchen in der becherförmigen

Abb. 3.2.52: Variegatsäure aus *Suillus variegatus,* Boletales. Links nicht oxidiert, rechts als oxidiertes blaues Anion R = OH. (Nach Steglich.)

Peridie (E). Der senfkorngroße Kugelschneller, *Sphaerobolus*, bildet eine einzige kugelförmige Peridiole, die durch plötzliche Umstülpung der inneren Exoperidienschicht bis zu 1 m weggeschleudert wird (F).

4. (Über)ordnung: Phallales. Die Fruchtkörper sind in ihren jungen Entwicklungsstadien von einer gallertigen Hülle umgeben, die später gesprengt wird und mit der Volva (Velum universale) mancher Blätterpilze vergleichbar ist. Die zunächst so umschlossene Gleba ist kammerig untergliedert und bildet bei der Reife eine tropfende, stinkende, die Basidiosporen enthaltende Masse. Diese wird bei vielen Vertretern durch streckungsfähige Achsenelemente (Receptaculum) herausgeschoben. Die Sporenausbreitung erfolgt durch Insekten, die durch den Geruch der Gleba und das z.T. lebhaft gefärbte Receptaculum angelockt werden. Hauptsächlich in den Tropen sind auffällige Formen (sog. «Pilzblumen») entwickelt.

Die heimische Stinkmorchel, *Phallus impudicus* (Abb. 3.2.53 A), hat eine gewisse äußere Ähnlichkeit mit der zu den Ascomyceten gehörenden Morchel, aber eine völlig andere Entwicklung und Struktur (analoge Konvergenz). Der junge, von der weichen weißen Hülle (Volva) umschlossene Fruchtkörper wird «Hexenei» genannt. Die Volva besteht aus einer äußeren und inneren häutigen Peridie und einer gallertigen Zwischenschicht. Die Fruchtkörperentwicklung kann an den aus dem Boden gelösten, außen weichen, innen harten Hexeneiern beobachtet werden: Das Receptaculum – im Inneren der jungen Fruchtkörperanlage bereits angelegt – streckt sich in wenigen Stunden bis zu etwa 15 cm Länge, sprengt dabei die als Becher zurückbleibende Hülle und hebt einen Hut empor. Dieser ist schon im Hexenei als eine glockenförmig den Stiel umgebende und außen von der Volva umschlossene Schicht angelegt. Der «Hut» besteht aus einer häutigen, gekammerten Trägerschicht und der darauf liegenden grünschwarzen, schleimigen, stinkenden Sporenmasse; er entspricht in seiner Gesamtheit der Gleba, nach anderer Ansicht z.T. einem Auswuchs des Receptaculums (Trägerschicht), z.T. der Gleba (Sporenmasse). Die Sporenmasse zerfließt und tropft von dem wabenförmig strukturierten Hut ab. Fliegen (Schmeiß-, Goldfliegen) verbreiten die Sporen endozoisch. Bei der tropischen *Dictyophora* entfaltet sich von der Stielspitze zunächst zwischen Stiel und Hut, dann sich nach unten kegelig erweiternd, ein Schleier («Schleierdame»).

Clathrus, Gitterpilz (C), und *Anthurus*, Tintenfischpilz (3.2.53 B), haben einen ähnlichen Entwicklungsgang bei der Fruchtkörperreifung, nur mit dem Unterschied, daß das rot gefärbte Receptaculum gitterförmig, bzw. in mehrere freie Arme aufgeteilt ist.

Verwendung. Seit der Jungsteinzeit bis zur Mitte des vorigen Jahrhunderts diente der aus dem Fruchtkörpergeflecht von *Fomes fomentarius* hergestellte Zunder (Zunderschwamm) zum Feuermachen. Zahlreiche Arten der höheren Holobasidiomyceten werden als Speisepilze gesammelt, einige, z.B. der Champignon (*Agaricus bisporus* u.a.), auch kultiviert. Die Weltproduktion an Kulturchampignons beträgt jährlich mehr als 670000 t. Neben dem Champignons werden für Speisezwecke, besonders in Ostasien, verschiedene andere Basidiomyceten (z.B. Shiitake, *Lentinus edodes*) gezogen. Man bemüht sich, weitere geeignete Pilze zu domestizieren. Manche hochwertige Arten (z.B. Steinpilz, Pfifferling) bringen jedoch in Kultur keine Fruchtkörper hervor. Bei Kulturverfahren interessiert neben der Gewinnung von Pilzen als Würzmittel und als Nahrung für Mensch und Tier auch die Verwertung von Abfallstoffen wie Dung, Stroh, Sägespäne und andere cellulose- und ligninhaltige Materialien (Recyc-

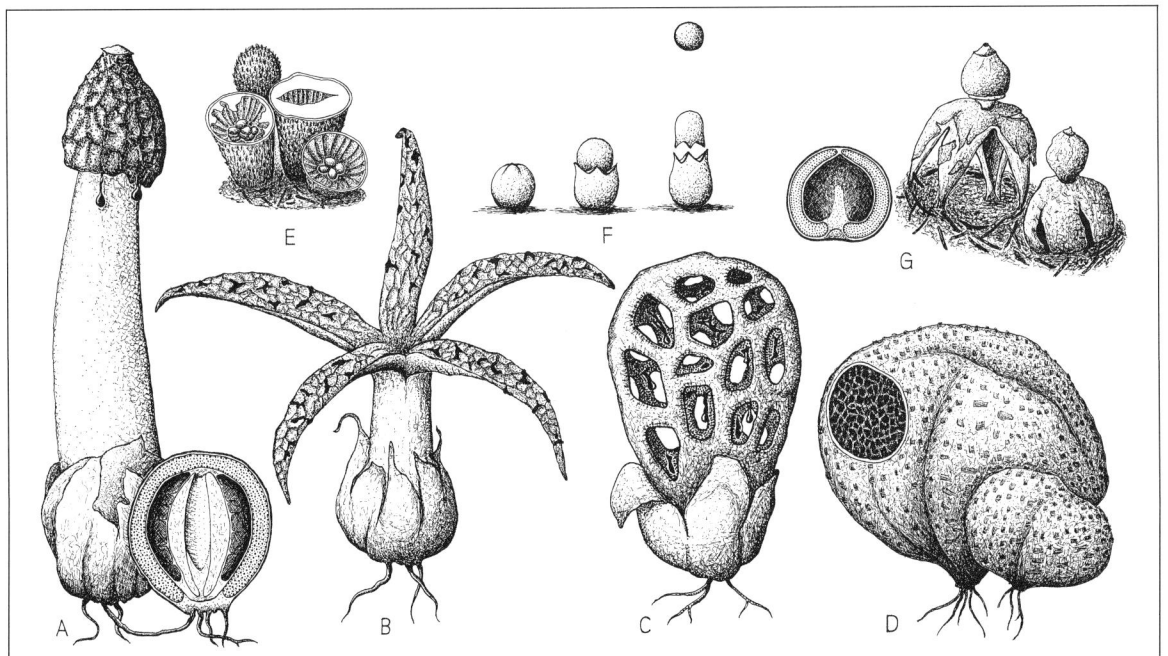

Abb. 3.2.53: Homobasidiomycetidae, «Gasteromycetes». Phallales A–C, Sclerodermatales D, Nidulariales E–F, Geastrales G. **A** *Phallus impudicus*; reifer Fruchtkörper mit Gleba-Tropfen am Hut und junger Fruchtkörper im Längsschnit (½×). **B** *Anthurus archeri* (½×). **C** *Clathrus ruber* (½×). **D** *Scleroderma aurantium*; am Anschnitt gefelderte Gleba erkennbar (½×). **E** *Cyathus striatus* (nat. Gr.). **F** *Sphaerobolus stellatus*; rechts Abschleuderung der Endoperidie (3×). **G** *Geastrum quadrifidum* (½×). (A nach Lange; B, D, G nach Poelt, Jahn & Caspari; C nach Fayod; E nach Gramberg; F nach Michael & Hennig.)

ling). Durch Beimpfung von Holz mit geeigneten Pilzmycelien (z. B. Stockschwämmchen, *Kuehneromyces mutabilis*, oder Austernseitling, *Pleurotus ostreatus*) verändern sich seine Eigenschaften; es wird leicht und läßt sich als Mykoholz industriell für bestimmte Zwecke (z. B. in der Bleistiftindustrie anstelle von Zedernholz) bearbeiten. *Psilocybe*-Arten *(Agaricales)* enthalten halluzinogene Indolderivate, die auch in religiösen Riten, z. B. in Mexiko, eine Rolle spielen. Verschiedene Pilze scheiden in das Kulturmedium Antibiotika aus, die z. T. pharmazeutisch verwendet werden.

Einige Pilze sind giftig. Auf die gefährlichen Knollenblätterpilze wurde schon hingewiesen; insgesamt sind etwa 150 höhere Holobasidiomyceten (Ascomyceten nur etwa 10 Arten) als Giftpilze, davon allerdings nur eine geringe Zahl als hochgiftig, bekannt. – Auch in alten Fruchtkörpern eßbarer Arten bilden sich Giftstoffe wie bei der Fleischfäulnis.

Rückblick auf die **Basidiomyceten**. Die verwandtschaftlichen Beziehungen zwischen Ascomyceten und Basidiomyceten werden durch Homologien belegt. Wie bei den Ascomyceten ist bei der sexuellen Fortpflanzung zwischen Plasmogamie und Karyogamie das charakteristische Paarkernstadium (Dikaryophase) eingeschoben. Das Paarkernstadium muß nicht unmittelbar nach der Plasmogamie zustande kommen, sondern der aktivere der beiden Kerne kann noch durch viele Zellen des den Kern aufnehmenden Mycels hindurchwandern, ehe er mit einem genotypisch verschiedenen Kern ein Kernpaar bildet (z. B. bei dem Ascomyceten *Neurospora* oder dem Basidiomyceten *Typhula*). Die am Paarkernmycel vieler Basidiomyceten auftretende Schnallenbildung ist der Hakenbildung der Ascomyceten homolog; manche Ascomyceten bilden sogar bereits Schnallen (S. 571) anstelle von Haken. Der geringe Unterschied zwischen Haken und Schnallen besteht darin, daß erstere terminal, letztere lateral angelegt werden; außerdem ist bei den Ascomyceten die Anlage der Haken vielfach auf die Endzellen der ascogenen Hyphen beschränkt. Die Fruchtkörper der Basidiomyceten lassen sich dagegen nicht mit denen der Ascomyceten homologisieren; denn sie setzen sich nur aus dikaryotischen Hyphen zusammen, während diejenigen der Ascomyceten aus haploiden und dikaryotischen ascogenen Hyphen bestehen (Abb. 3.2.24A und 3.2.36B). Während die Verflechtung dieser Hyphen zu Fruchtkörpern bei Ascomyceten durch den Sexualvorgang stets aufs Neue ausgelöst wird oder mit demselben eng zusammenhängt, erscheint die Fruchtkörperbildung der Basidiomyceten von der Verschmelzung der Hyphen (Somatogamie) losgelöst: ein einmal entstandenes dikaryotisches Basidiomyceten-Mycel vermag – von Außenfaktoren gesteuert – immer wieder Fruchtkörper zu bilden. Bei den Ascomyceten ist die Dikaryophase auf eine begrenzte Zahl von Zellen beschränkt: die haploiden Hyphen bestimmen hier noch weitgehend den Lebenskreislauf, und sie ernähren die dikaryotischen Hyphen. Lediglich bei den Taphrinomyceten, die den Basidiomyceten nahestehen, sind die dikaryotischen Hyphen von den haploiden ernährungsphysiologisch unabhängig. Bei den Basidiomyceten schiebt sich die Dikaryophase als selbständiger Lebensabschnitt in den Vordergrund des gesamten Lebenscyclus. Die als ursprüngliche Basidiomyceten anzusehenden *Uredinales* sichern die Dominanz der Dikaryophase durch Vermehrung mit mehreren Sporenarten, die höheren Holobasidiomyceten durch mehrjährige Überdauerung und vegetative Vermehrung (Oidien, Hyphenfragmente etc.) des Dikaryons. In der Evolution der Ascomyceten deutet sich bereits eine gewisse Vereinfachung der Sexualität an. Sie erreicht bei den Basidiomyceten ihren Höhepunkt, indem keine spezifischen Sexualorgane mehr angelegt werden, und Somatogamie zur Regel wird (Ausnahme *Uredinales*). Auch die wiederholte Fruchtkörperbildung am dikaryotischen Mycel der Basidiomyceten kann als Einschränkung der Sexualität aufgefaßt werden.

Fungi imperfecti (Deuteromycetes)

Das natürliche System der Pilze beruht u.a. auf dem Entwicklungsablauf und den mit der sexuellen Fortpflanzung zusammenhängenden Organen der Hauptfruchtform. Von vielen Pilzen (etwa 30 000 Arten) ist jedoch nur die Art und Weise ihrer vegetativen Vermehrung durch Conidien in der Nebenfruchtform (Anamorphe) bekannt. Hierbei ist es unentschieden, ob wir die Hauptfruchtform noch nicht kennen, oder ob der Pilz die Fähigkeit, sie zu bilden, verloren hat. Alle diese Pilze hat man in die künstliche Gruppe der Fungi imperfecti oder Deuteromycetes zusammengefaßt.

Eine zunehmende Kenntnis der gesamten Merkmalsausstattung wird es in Zukunft ermöglichen, die Fungi imperfecti mehr und mehr den Klassen und Ordnungen des natürlichen Pilzsystems zuzuordnen. Ihre Mehrzahl gehört zu den Ascomyceten, nur wenige zu den Basidiomyceten. Kriterien für derartige Erkenntnisse sind Hyphen- und Septentypen, Chemismus und Ultrastruktur der Zellwand, GC-Verhältnis (s. S. 525) und übereinstimmende Nebenfruchtformen.

Eine vorläufige künstliche, praktischen Zwecken dienende Gliederung der Fungi imperfecti beruht auf den die Conidien erzeugenden Strukturen. Die Conidien entstehen fast immer an Trägern, die frei sind oder auf Lagern oder in Pycnidien stehen.

1. Sphaeropsidales: Conidien in Perithecien-ähnlichen Behältern (Pycnidien) oder in kammerartigen Höhlungen gebildet. *Septoria apii* erzeugt den Sellerie-«Rost».

2. Melanconiales: Conidien auf stromatischen Lagern entstehend. *Gloeosporium fructigenum* ruft die Bitterfäule der Äpfel hervor.

3. Moniliales *(Hyphomycetales)*: Conidien nicht auf stromatischen Lagern; an oft reich verzweigten Trägern gebildet, die einzeln stehen oder zu Bündeln (Coremien) vereinigt oder zusammen mit sterilen Hyphen zu Gallertlagern (Sporodochien) verbunden sind. Beispiele: *Aspergillus, Penicillium* in zahlreichen Arten; von manchen Conidienformen kennen wir die Zugehörigkeit zur Hauptfruchtform (s. S. 569). *Histoplasma* (S. 595), *Trichophyton* (S. 595), *Arthrobotrys, Dactylella* und

Dactylium (S. 596 f.) gehören ebenfalls hierher. *Fusarium oxysporum f. lycopersici* bringt die Tomatenpflanzen zum Welken.

4. Blastomycetales: hefeartig sprossend ohne sexuelle Stadien, z. B. *Cryptococcaceae* (den *Ascomycetes* nahestehend). *Candida* und *Torulopsis* s. S. 595).

5. Mycelia sterilia: Mycelien, bei denen keinerlei Fortpflanzungszellen bekannt sind (z. B. Mykorrhizen, Sclerotien, Rhizomorphen).

Vorkommen und Lebensweise der Pilze

Die Pilze mit etwa 100 000 Arten (*Oomycota* 500, *Eumycota* über 90 000) leben durchweg heterotroph und – im Gegensatz zu den Algen – vor allem auf dem Land. Wasserbewohner (weniger als 2% aller Arten) finden sich einerseits primär unter den durch Zoosporen sich vermehrenden *Oomycetes* und *Chytridiomycetes*, andererseits sekundär unter den *Ascomycetes* und Fungi imperfecti (*Moniliales*). Die aquatischen Pilze leben meist im Süßwasser, doch hat man neuerdings eine Anzahl mariner Arten (bes. Ascomyceten, auch einige Basidiomyceten) festgestellt. Oft finden sich an ihren Sporen und Conidien Schwebeinrichtungen; bei *Moniliales* z. B. sind die Conidien fadenförmig oder 3–4strahlig.

In fossilem Zustand sind Pilze nur sehr spärlich erhalten. Die ältesten Funde sind Chytridiomyceten in Schalenfragmenten von Meerestieren; sie reichen bis ins Cambrium zurück. Im Devon sind querwandlose Hyphen in Überresten von Landpflanzen gefunden worden; im Carbon gab es auf den Farnen schon Uredineen (und wohl auch Ascomyceten) und an den Baumwurzeln Mykorrhizen; gut erhaltene Schnallenmycelien deuten darauf hin, daß es im Steinkohlenwald bereits höhere Basidiomyceten (Hymenomyceten?) gab.

Die Pilze ernähren sich als Saprophyten, biotrophe oder nekrotrophe Parasiten (bei letzteren rasches Abtöten lebender Organismen in einer parasitischen Phase; anschließend saprophytische Lebensweise auf den abgestorbenen Resten) oder in symbiontischen Lebensgemeinschaften (z. B. Mykorrhiza, Flechten). Vielfach werden besondere Substrate besiedelt, z. B. Insekten, Moose, andere Pilze usw. (oft nur bestimmte Arten davon).

Da Pilze verschiedenste organische Substrate abzubauen und lebende Organismen zu befallen vermögen und dabei beeinträchtigen oder abtöten, können sie erheblichen Schaden (s. S. 594) verursachen. Eine Eurotiale (*Amorphotheca resinae*) ist sogar auf Öle, Benzin und Teer bzw. auf die darin enthaltenen Kohlenwasserstoffe spezialisiert; im Flugbetrieb hat sie Schäden durch Verstopfung von Benzinleitungen und Korrosion von Aluminium angerichtet. Durch Holzzerstörung, durch Erregen von Krankheiten an Mensch, Tieren und Pflanzen sowie durch Verderben von Lebensmitteln und Textilien sind Pilze als Schadorganismen wirtschaftlich bedeutsam. Demgegenüber stehen die Nutzanwendungen; auf diese wurde bei den einzelnen Pilzklassen schon hingewiesen (alkoholische Gärung s. S. 291; Antibiotika s. S. 359, 569; Nahrungsmittel s. S. 590; Förderung des Baumwachstums in Mykorrhiza-Symbiose s. S. 377 f.). Aus der großen Fülle der Anpassungen an besondere Lebensbedingungen sollen nur wenige ökologisch bedeutsame herausgegriffen werden.

1. Pilze als Holzzerstörer. In der Natur wird das Holz abgestorbener Bäume und Stubben vorwiegend durch Pilze abgebaut. Tierischer und bakterieller Holzabbau fallen demgegenüber weniger ins Gewicht. Nach neueren Untersuchungen sollen Bakterien keine aggressiven Holzzerstörer sein. Unter den Pilzen sind vor allem Basidiomyceten mit hymenialen Fruchtkörpern («Hymenomyceten»: z. B. *Poriales, Hymenochaetales, Polyporales, Agaricales*), teils Ascomyceten (z. B. *Ceratocystis*) und Fungi imperfecti am Abbau des Holzes beteiligt. Einige dieser Holzzerstörer befallen als Parasiten bereits lebende Stämme, so *Phellinus pini* und *Heterobasidion annosum*, die Erreger von Fäulen der Kiefer und der Fichte, ferner *Phellinus alni* (Feuerschwamm) auf Apfel- und anderen Laubbäumen, sowie *Fomes fomentarius* (Zunderschwamm) auf Buchen und Birken. Viele Pilze leben saprophytisch nur auf abgestorbenem Holz (z. B. *Coriolus-, Trametes-* und *Gloeophyllum*-Arten). Auch kann parasitischer Befall von saprophytischer Lebensweise auf abgestorbenem Holz ausgehen, wie beim Hallimasch (*Armillaria mellea*), der in abgestorbenen Baumstümpfen lebt und an ihnen seine Fruchtkörper bildet, aber von hier auf lebende Bäume überzugehen vermag, vor allem wenn diese (etwa durch eine längere Trockenperiode) physiologisch geschwächt sind («Schwäche-Parasiten»). Besonders innerhalb der vorzugsweise parasitischen Gattungen hat sich die Artbildung unter Spezialisierung auf bestimmte Wirte vollzogen (z. B. *Phellinus hartigii* auf Tanne, *Ph. robustus* auf Eiche, *Ph. hippophaecola* auf Sanddorn). Einige Pilze sind gefährliche Lager- und Bauholz-Zerstörer, z. B. der Kellerschwamm (*Coniophora cerebella*) und vor allem der Hausschwamm (*Serpula lacrymans*), der in Häusern, von feuchten Stellen ausgehend, beträchtlichen Schaden anrichten kann. Die Holzzerstörung durch Pilze geschieht als Destruktions-(Braunfäule) oder als Korrosionsfäule (Weißfäule). In ersterem Fall verzehrt der Pilz vorzugsweise die Cellulose, so daß der Ligninanteil des Holzes übrigbleibt; das Holz wird braun, querrissig und zerfällt würfelig (z. B. *Coniophora, Serpula*). Die Erreger der Korrosionsfäule (z. B. *Phellinus igniarius* auf Weide) bauen Lignin und Cellulose ab, wie sie meist im Gegensatz zu den Braunfäulepilzen Phenoloxidasen in das Substrat ausscheiden; das morsche Holz wird infolge von Bleichungsvorgängen weiß und längsfaserig. Manche Gehölze widerstehen dem Abbau mit Hilfe von Giften, die vor allem im Kernholz (Kernholztoxine) vorhanden sind. Einige Pilze vermögen allerdings derart geschütztes Holz trotzdem zu zerstören, wobei Phenoloxidasen möglicherweise an einer Entgiftung der Toxine beteiligt sind. Erst in neuerer Zeit wird die Moderfäule als dritter Typ der Holzzerstörung stärker beachtet. Die Moderfäule – vorwiegend durch Kleinpilze mit kleinen Fruchtkörpern (z. B. Ascomyceten) oder ohne Hauptfruchtform (Fungi imperfecti) verursacht – ist vom Abbau gesehen eine langsam verlaufende Braunfäule (seltener Weißfäule). Ein Beispiel hierfür liefern verschiedene *Chaetomium*-Arten (*Ascomycetes*), deren Hyphen die Sekundärwand der Tracheiden bzw. Holzfasern angreifen. Bei den genannten drei Fäuletypen wird die Druck- wie die Biegefestigkeit des Holzes beeinträchtigt oder weitgehend aufgehoben. Die Blaufärbung des Kiefernholzes hat jedoch keinen Einfluß auf dessen statische Eigenschaften, da die Erreger (*Ceratocystis*-Arten) nur den Zellinhalt des Holzparenchyms verzehren.

Am Vergrauen des wetterausgesetzten Bauholzes, z.B. im Gebirge, sollen – falls dieser Vorgang nicht ausschließlich durch Einwirkung der Luft ausgelöst wird – Fungi imperfecti beteiligt sein. Einige holzabbauende Pilze verursachen nächtliches Leuchten (s. Biolumineszenz, S. 304), so z.B. der Hallimasch, *Armillaria mellea*; bei dem auf alten Ölbäumen lebenden *Omphalotus olearius* leuchten sogar die Fruchtkörper. Physiologisch mit dem Holzabbau verwandt ist der Abbau der Streu (Blätter, Nadeln) auf dem Waldboden, an dem neben Bakterien vor allem wiederum Pilze («Streubewohner») mitwirken, die somit wesentlichen Anteil an der Humusbildung haben.

2. Pilze als Symbionten. Ein Großteil der Cormophyten geht mit Pilzen eine symbiontische Mykorrhiza (s. S. 378f.) ein; man unterscheidet obligat und fakultativ mykotrophe Pflanzen. Von unseren heimischen Bäumen sind vor allem die Coniferen und unter den Angiospermen die Hamamelididen regelmäßige Wirte ektotropher Mykorrhizen. Auch bei den Kulturpflanzen ist Mykorrhiza (meist endotroph) weit verbreitet, z.B. bei Erdbeere, Tomate, Erbse und den Getreide-Arten. Die Orchideen vermögen unter natürlichen Bedingungen ohne Mykorrhiza-Pilz die Keimung der staubfeinen, über kein Nährgewebe verfügenden Samen nicht fortzusetzen. Mykorrhiza fehlt nur wenigen Verwandtschaftskreisen vollständig, z.B. den *Cyperales, Plumbaginales, Brassicaceae*. Von den Pilzen bilden die Schleimpilze sowie die *Oomycetes* bis *Chytridiomycetes* keine Mykorrhizen, im übrigen sind alle Klassen beteiligt, besonders die höheren Asco- und Basidiomyceten (z.B. die meisten Hutpilze des Waldbodens), aber auch Zygomyceten *(Endogone)*.

Vielfach bilden die Pilze nur mit bestimmten Mykorrhiza-Wirten Fruchtkörper oder leben ausschließlich mit diesen zusammen; so ist innerhalb der «Rauhfuß-Röhrlinge» *(Leccinum)* der Birkenpilz *(L. scabrum)* und die Schwarzschuppige Rotkappe *(L. testaceoscabrum)* an Birke, der Fuchs-Röhrling *(L. vulpinum)* an 2-nadelige Kiefern, der Eichen-Rauhfuß *(L. quercinum)* an Eiche, der Kapuziner *(L. aurantiacum)* an Espen, und *L. carpini* an Hainbuchen, Hasel oder Espe gebunden. Mykorrhiza-Symbiosen können «entarten» oder sich zu rein parasitischen Verhältnissen entwickeln. Entweder parasitieren dann manche Pilze auf der Wirtspflanze, oder die ursprünglich als Wirt für einen Pilz dienende höhere Pflanze wird zum Parasiten des Pilzes (z.B. *Neottia*, s.S. 379). Eine Nutzanwendung der Mykorrhiza-Forschung erfolgt bei der Aufforstung in vorher waldfreien Gebieten, indem durch Impfung mit Pilzbrut die Bäume mit geeigneten Mykorrhiza-Partnern versorgt werden.

Auf die Symbiose von Pilzen mit Algen, wie sie in den Flechten zu einer festen Partnerschaft geführt hat, wird im nächsten Abschnitt näher eingegangen (S. 596).

Außerordentlich mannigfaltig sind die Symbiosen von Pilzen mit Tieren. Auf einseitige Ernährung spezialisierte Tiere, wie Blutsauger, holzfressende oder Pflanzensäfte saugende Insekten führen in bestimmten Teilen ihres Verdauungstraktes oder aber in besonderen Organen, sog. Mycetomen, pflanzliche Symbionten, und zwar Bakterien und Hefen, deren Übertragung auf die nächste Generation durch verschiedene Einrichtungen gesichert ist. Die pilzlichen Symbionten ermöglichen ihren Wirten z.T. den Aufschluß der Nahrung (Holz für Holzwespenlarven), z.T. wird der Pilz vom Tier verzehrt, so daß dieses sich auf dem Umweg über den Pilz von Holz etc. zu ernähren vermag (z.B. Klopfkäfer). In allen diesen Fällen ermöglichen die Symbionten ihren Wirten das Überleben bei einseitiger Nahrung dadurch, daß sie auf verschiedene Art den Stoffwechsel der Wirte ergänzen. – Die tropischen Blattschneiderameisen kultivieren in ihren unterirdischen Bauten das Mycel bestimmter Pilzarten (zu den *Agaricales* oder Fungi imperfecti gehörend), deren verdickte, nährstoffreiche Hyphen-Enden ihnen als Nahrung dienen; der Cellulose abbauende Pilz wird von den Ameisen auf einem aus zerkauten Blattstücken gebildeten Substrat gepflegt und bei der Neuanlage eines Nestes übertragen. Bei den Termiten dient das auch hier sorgfältig kultivierte Pilzmycel *(Termitomyces, Agaricales)* nur der Ernährung der Königin und der Larven. Eine ähnliche Bedeutung besitzen die sog. Ambrosia-Pilze, die in den Gängen von einheimischen Borkenkäfern (Ipiden) leben und von den Käferlarven abgeweidet werden.

3. Pilze als Krankheitserreger. Von den 162 wichtigsten Infektionskrankheiten der in Mitteleuropa genutzten Pflanzen werden 83% durch Pilze verursacht. Die Schäden belaufen sich jährlich auf Milliardenbeträge und haben Hungersnöte zur Folge gehabt (s. *Phytophthora* S. 556). Unter den Organismen, die auf Pflanzen parasitieren, spielen neben Tieren, Bakterien und Viren die Pilze eine dominierende Rolle. Manche Gruppen (unter den Schleimpilzen die Plasmodiophoromyceten, unter den übrigen z.B. die *Peronosporales, Erysiphales, Uredinales, Ustilaginales*) leben fast ausschließlich als Schmarotzer und Krankheitserreger auf höheren Pflanzen. Daneben zählen auch zahlreiche Fungi imperfecti zu den Pflanzenparasiten (S. 592). Am Beginn der Entwicklung des parasitischen Pilzes auf der Wirtspflanze steht die Infektion. Sie nimmt ihren Weg durch Wunden, durch Stomata oder direkt durch die Epidermisaußenwand. Das Eindringen durch die Cuticula der Epidermis erfolgt enzymatisch durch spezielle Ektoenzyme (Cutinasen) oder mechanisch, indem die Cuticula mit einem spitzen Fortsatz der Infektionshyphe durchstoßen wird. Vielfach geschieht die Infektion an empfindlichen Organen der Wirte, z.B. Wurzelhaaren, Organen der Keimlinge, Blütenblättern und Narben. Oft genügt eine einzige Spore oder Conidie zur erfolgreichen Infektion. Ausschlaggebend für die Keimung der Sporen bzw. Conidien ist neben der Temperatur vor allem ausreichende Feuchtigkeit (daher in feuchten Jahren besonders starke Entwicklung der Pilzkrankheiten).

Auf den Einbruch des Pilzes reagiert die Wirtspflanze mit Abwehrmaßnahmen mechanischer oder chemischer Natur; Verdickung von Zellwänden, Bildung von Abwehrstoffen wie die unspezifischen Gerbstoffe (werden z.T. durch Phenoloxidasen entgiftet) oder die spezifischen Phytoalexine. Ob letztlich der Wirt infiziert wird, hängt von der Virulenz des Pilzes und von der Resistenz des Wirtes ab. Die Resistenz des Wirtes wird bedingt durch seine genetische Konstitution und damit durch verschiedene mechanische, chemische und physiologische Resistenzfaktoren. Demgegenüber ist die jeweilige Disposition des Wirtes von den Umweltbedingungen abhängig; auch sie kann darüber entscheiden, ob eine Infektion erfolgt. Gute Stickstoffernährung bedingt z.B. geringere mechanische Festigkeit der Zellen bei schnellem Wachstum, wodurch die Disposition für eine Infektion meist erhöht ist.

Die Virulenz der Pilze unterliegt selbst innerhalb der Arten großen, genetisch bedingten Schwankungen. Ausgehend von 53 Ascosporenkulturen erhielt man – selbst aus Sporen eines Fruchtkörpers – beim Gerstenmehltau 14 verschiedene pathogene Typen. Dem entspricht bei vielen Parasiten eine Aufgliederung der Sippen in eine Vielzahl wirtsspezifischer Formen.

Als Infektionsquellen kommen alle Conidien und Meiosporen bildenden Stadien der Pilze in Betracht. Überwinterung erfolgt mit Hilfe von Stromata, die im Frühjahr Fruchtkörper bilden (z.B. *Venturia, Claviceps, Rhytisma*), im Frühjahr auskeimende Zygoten *(Peronosporales)* und Teleutosporen *(Uredinales)*; z.T. überwintern die Pilze auf den Wirten in Rhizomen, Knollen, Winterknospen usw. Die Ausbreitung eines Krankheitserregers erfolgt – oft sehr rasch – in derselben Weise wie bei Früchten und Samen höherer Pflanzen: meist durch Luftströmungen, vielfach durch Tiere und in neuerer Zeit auch durch den Menschen, der viele Pflanzenkrankheiten von Erdteil zu Erdteil verschleppt hat. Epidemisches Auftreten von phytopathogenen Pilzen kennen wir nur in Monokulturen einzelner Kulturpflanzen, bei denen es gebietsweise sogar zur völligen Vernichtung der Kulturen kommen kann (z.B. des Rebenanbaus auf Teneriffa und Madeira um 1850 durch *Uncinula necator*).

Bei der Bekämpfung der Pflanzenkrankheiten spielt – im Gegensatz zu den bakteriellen und pilzlichen Krankheiten des Menschen – die Therapie aus technischen Gründen nur eine untergeordnete Rolle. Die wichtigste Maßnahme besteht in der Prophylaxe, indem man zu verhindern sucht, daß Erreger und Wirt zusammenkommen (geeignete Kulturmaßnahmen, Fruchtwechsel, Ausrottung des Zwischenwirts bei Rostpilzen) oder dadurch, daß man die Erreger vor oder während der Keimung vernichtet (Beizen des Saatgutes, Besprtizen oder Bestäuben mit Fungiciden). Eine wichtige Rolle spielt auch die Züchtung von Sorten, die gegenüber dem Krankheitserreger resistent sind (Resistenzzüchtung). Eine erfolgreiche Bekämpfung hat die genaue Kenntnis der Entwicklungsgeschichte und der Lebensbedingungen des Parasiten zur Voraussetzung.

Bei Menschen und Tieren verursachen Pilze verschiedenste Krankheiten. Indirekt mit der Lebensweise der Pilze hängen Mykotoxikosen und mykogene Allergien zusammen. Mykosen verursachende Pilze können direkt als Parasiten von Warmblütlern angesehen werden. *Aspergillus flavus* wächst auf verschiedenen Nüssen und erzeugt Leberschäden hervorrufende Aflatoxine. Im Gegensatz zu einer Mykotoxikose, die z.B. auch durch *Claviceps* (s. S. 573) verursacht werden kann, spricht man von Mycetismus, falls Pilze bewußt verspeist werden und sich daraufhin Vergiftungserscheinungen einstellen (s. S. 592). Aus der Luft in die Atemorgane dringende Pilzsporen können Allergien verursachen. Der Sporengehalt der Luft ist oft beträchtlich hoch; so fand man in einem landwirtschaftlichen Gebäude im Extremfall bis zu 21 Millionen *Aspergillus*-Sporen je 1 cm³ Luft. Im Freiland liegen die Werte erheblich niedriger, nämlich bei 0,25–7 Sporen je 1 cm³. In der Lunge von frisch geschlachteten Kühen wurden bis zu 1700 Pilzkolonien je Gramm Frischgewicht gezählt, und zwar von Arten, deren Sporen mit unter 10 μm Größe die Atemwege passieren können.

Die Mykosen an Mensch und Tieren werden nach dem Krankheitsbild in oberflächliche, Haut, Haare, Nägel, Federn, Krallen und Hufen befallende, sowie in tiefe Mykosen geschieden, die sich im Körperinneren ausbreiten und zum Tode führen können. Die 30 bis 50 Erreger sind hefeähnliche *(Candida, Torulopsis, Cryptococcus)* oder fädige Mycelien bildende Pilze *(Aspergillus, Trichophyton, Mucor)*. Manche Arten sind ausschließlich auf Warmblütler spezialisiert, andere leben auch im Erdboden, von wo aus die Infektion erfolgt. Der «Fußpilz» *(Trichophyton rubrum)* infiziert den Menschen über feinste am Boden zerstreute Hautschuppen, die mit Pilzmycel bewachsen sind. Tiefe Mykosen werden kaum durch Kontakt, wohl aber durch den Magen-Darm-Trakt und vor allem über die Atmungsorgane übertragen. *Histoplasma*-Arten sind Erreger einer in wärmeren Ländern weit verbreiteten Lungenerkrankung.

4. Carnivore Pilze (Abb. 3.2.54) sind Ernährungsspezialisten, die eine Sondergruppe fakultativer Parasiten bilden. Zwar fangen diese Pilze kleine Bodentiere (Nematoden, Rotatorien) oder bewegliche Algen *(Euglena)* mittels verschiedener Einrichtungen, doch können sie vielfach auch saprophytisch ohne ihre Beuteorganismen auf den üblichen Nährböden kultiviert werden. Zu den *Chytridiales* zählen *Polyphagus euglenae* (A; s. auch S. 558) und Arten der Gattung *Arnaudovia*; letztere leben an der Wasseroberfläche (Neuston) und fangen Einzeller mit Hilfe von sechs langen feinfiedrigen Hyphen (B). – Die Zoopagaceen *(Zygomycetes)* sind durchweg Tierfänger, die von Amöben- und Nematodenfang leben. An den Hyphen von *Zoopage thamnospira* (G) bleiben Amöben haften, die dann mittels Haustorien, die in die Beute hinein-

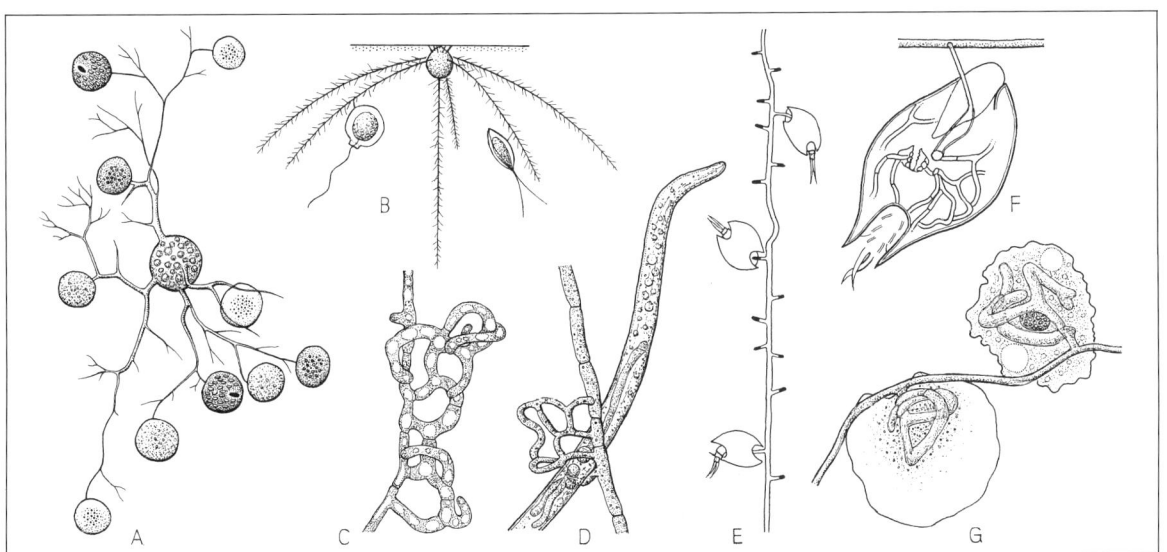

Abb. 3.2.54: Tierfangende Pilze. **A** *Polyphagus euglenae* mit 10 kontrahierten Euglenen in verschiedenen Verdauungsstadien (200×). **B** *Arnaudovia hyponeustica* mit gefangenem *Tylenchus* (150×). **C** *Arthrobotrys oligospora* mit Fangschlingen. **D** mit gefangenem Fadenwurm (150×). **E** *Zoophagus insidians* mit 3 gefangenen Rotatorien (90×). **F** von *Zoophagus* gefangenes und durchwachsenes Rädertier (125×). **G** *Zoopage thamnospira* mit zwei Amöben (500×). (A nach Nowakowsky; B nach Valkanow; C, D nach Zopf; E, F nach Sommerstorff; G nach Drechsler.)

wachsen, abgebaut werden. – Die tierfangenden Pilze der *Arthrobotrys*-Gruppe gehören zu den Fungi imperfecti *(Hyphomycetes)*. Sie fangen ihre Beute (Nematoden) mittels Klebästen oder -netzen (C), Klebknöpfen *(Dactylella)* oder mit starren oder zuschnappenden Ringen *(Dactylium)*. – Auch bei den *Oomycetes* ist räuberische Lebensweise, und zwar innerhalb der Gattung *Zoophagus* entstanden. Die Hyphen bilden hier mit schleimigem Sekret versehene Fortsätze, an denen Rädertierchen hängen bleiben (E, F). – Insgesamt sind etwa 80 Arten tierfangender Pilze beschrieben worden.

Autotrophe Gruppen
C. Organisationstyp: Flechten (Lichenes)

In den Flechten bilden Hyphen bestimmter Pilzarten mit autotrophen Algen (S. 375, 544, 600) einen Verband, der zu einer morphologischen und physiologischen Einheit geworden ist. Die in den Flechten vorkommenden Algen (Phycobionten) sind einzellige oder fädige Vertreter der bereits besprochenen Cyanophyceen (z.B. *Chroococcus, Gloeocapsa, Scytonema, Nostoc*) oder von Chlorophyceen (s.S. 626ff.; z.B. der Volvocale *Coccomyxa*, der Chlorokokkalen *Cystococcus, Trebouxia* und *Chlorella*, der Chaetophorale *Trentepohlia*). Als Pilze (Mykobionten) beteiligen sich an der Flechtenbildung in erster Linie Ascomyceten (meist Apothecien-, seltener Perithecien-bildende Arten), nur in ganz wenigen Fällen Basidiomyceten (z.B. *Corticiaceae, Clavariaceae*). Die Zugehörigkeit der Flechtenpilze zu verschiedenen Klassen im System der Pilze macht deutlich, daß die Flechten-Symbiosen mehrfach und auf verschiedenen Wegen der Stammesgeschichte entstanden sind. Daraus ist eine neue Organisationsform thallophytischer Pflanzen mit eigenen Merkmalen hervorgegangen. Aus dem Zusammenleben von Pilz und Alge entwickeln sich bestimmte neue gestaltliche und chemische Merkmale. Die Flechtenpilze verlieren in der Flechtensymbiose ihre Eigenständigkeit; sie vermögen in der Natur nur in Verbindung mit der zugehörigen Alge zu wachsen. Aus diesem Grunde wurden die Flechten früher auch als eine eigene systematische Einheit, als Abteilung Lichenes behandelt.

Morphologie. Die Gestalt der Flechten hängt in seltenen Fällen ab vom Bau der Alge, meist jedoch von dem des Pilzes. Das erstere finden wir u.a. bei den Fadenflechten (z.B. *Ephebe*), wo der Pilz eine fädige Cyanophycee umspinnt. Bei der überwiegenden Zahl der Gattungen bestimmt der Pilz die Flechtengestalt. Bei den langsam wachsenden Krustenflechten, die auf der Oberfläche von Gestein, Erde oder Rinde leben, ist der Thallus mit der Unterlage fest verbunden, durchsetzt sie meist bis zu einem gewissen Grade und besitzt meist eine klar ausgeprägte Gestalt (Abb. 3.2.55 H). Der flächig entwickelte, meist gelappte Thallus der Laubflechten (G) ist mit dem Substrat durch Hyphenstränge (Rhizinen) verbunden. Bei den Nabelflechten (E) ist der scheibenförmige Thallus nur

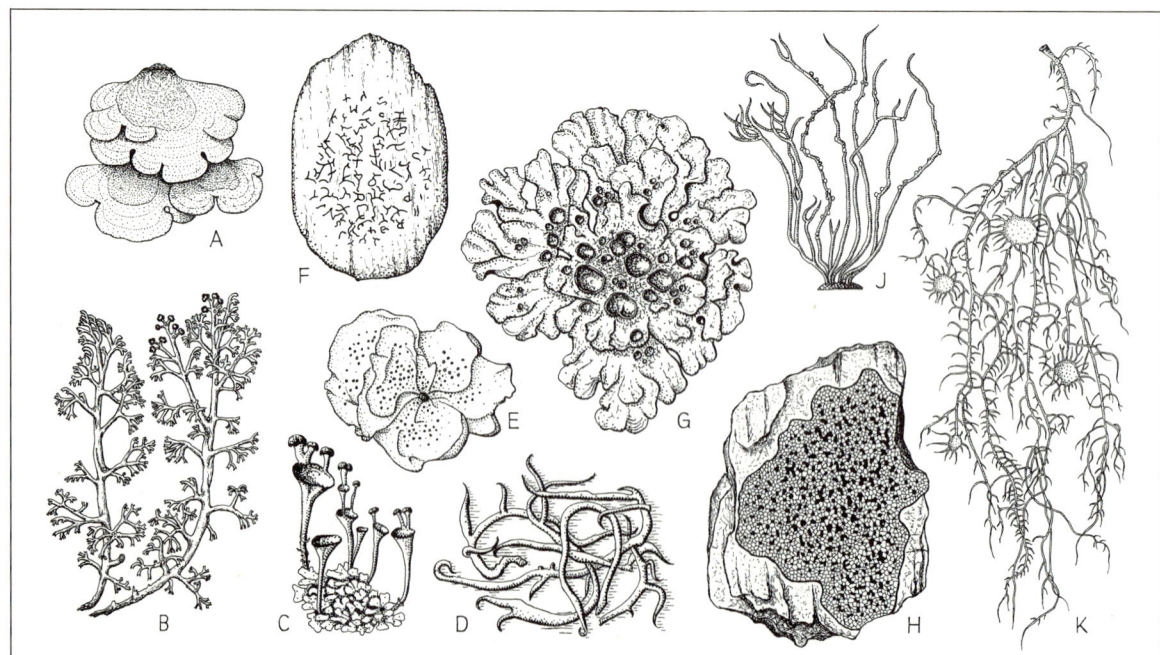

Abb. 3.2.55: Lichenes. **A** *Dictyonema pavonia*. **B** *Cladonia rangiferina*. **C** *Cladonia pyxidata* (Thallus mit becherförmigen Podetien). **D** *Thamnolia vermicularis*. **E** *Dermatocarpon miniatum*. **F** *Graphis scripta*. **G** *Parmelia acetabulum*. **H** *Rhizocarpon geographicum*. **J** *Roccella boergesenii*. **K** *Usnea florida* (Alle Abb. ½×.) (Nach Mägdefrau.)

in der Mitte befestigt. Die Strauchflechten schließlich sitzen mit sehr schmaler Basis der Unterlage auf und verzweigen sich strauchähnlich (J). Die arktischalpine *Thamnolia vermicularis* (D) liegt lose auf dem Boden, höchstens mit wenigen Hyphensträngen angeheftet. Bei der Gattung *Cladonia* (B, C) erheben sich auf dem in der Regel nur schwach entwickelten, laubartigen Thallus becher- oder strauchförmige Podetien, welche die Apothecien tragen.

Histologie und Physiologie. Der Querschnitt durch eine Gallertflechte (Abb. 3.2.56 A) zeigt eine mehr oder weniger gleichmäßige Verteilung von Alge und Pilz im Thallus (homöomerer Bau); der Schleim einer *Nostoc*-Kolonie wird hier von Pilzhyphen durchwuchert. Die Pilzhyphen schließen an der Ober- und Unterseite vielfach dichter zusammen und können eine Rindenschicht bilden. – Bei den Strauch- und Laubflechten (Abb. 3.2.56 B) sowie bei zahlreichen Krustenflechten liegen die Algen in einer bestimmten, parallel zur Thallusoberfläche verlaufenden Schicht (heteromerer Bau). In der oberen Rindenschicht schließen sich die Pilzhypen oft zu festen Geflechten zusammen.

Bei den Laub- und Strauchflechten sind die Rinden meist stärker differenziert als bei den Krustenflechten (vgl. B und C). Bei den endophlöischen (in der Rinde bzw. Borke von Bäumen lebenden) und endolithischen (im Gestein lebenden) Flechten dringt der Thallus so tief in das Substrat ein, daß er kaum an die Oberfläche hervortritt.

Pilz und Alge leben in enger Symbiose miteinander, wobei der Pilz die Algen umspinnt (Abb. 3.2.56 E, F) und in sie eindringt. Hierbei entstehen vielfach Haustorien, also Ausstülpungen des Pilzes in das Innere der Algenzellen (G). Der Pilz bleibt in der Regel von den Algenprotoplasten getrennt, weil diese die Einbrüche mit Wänden abriegeln. Bei vielen Flechten bilden die Pilze lediglich in die Wände der Algen eindringenden Appressorien (E), wobei die Alge mit Zellwandverdickung (J) abwehrend reagieren kann.

Bei manchen Flechten beobachtet man noch Algen einer zweiten Art, die von der ersten systematisch wesentlich verschieden ist. Entweder sitzt die Sekundär-Alge im Thallus selbst an bestimmten Stellen (z.B. bei *Solorina crocea*) oder in kleinen Thallusköpfchen, sog.

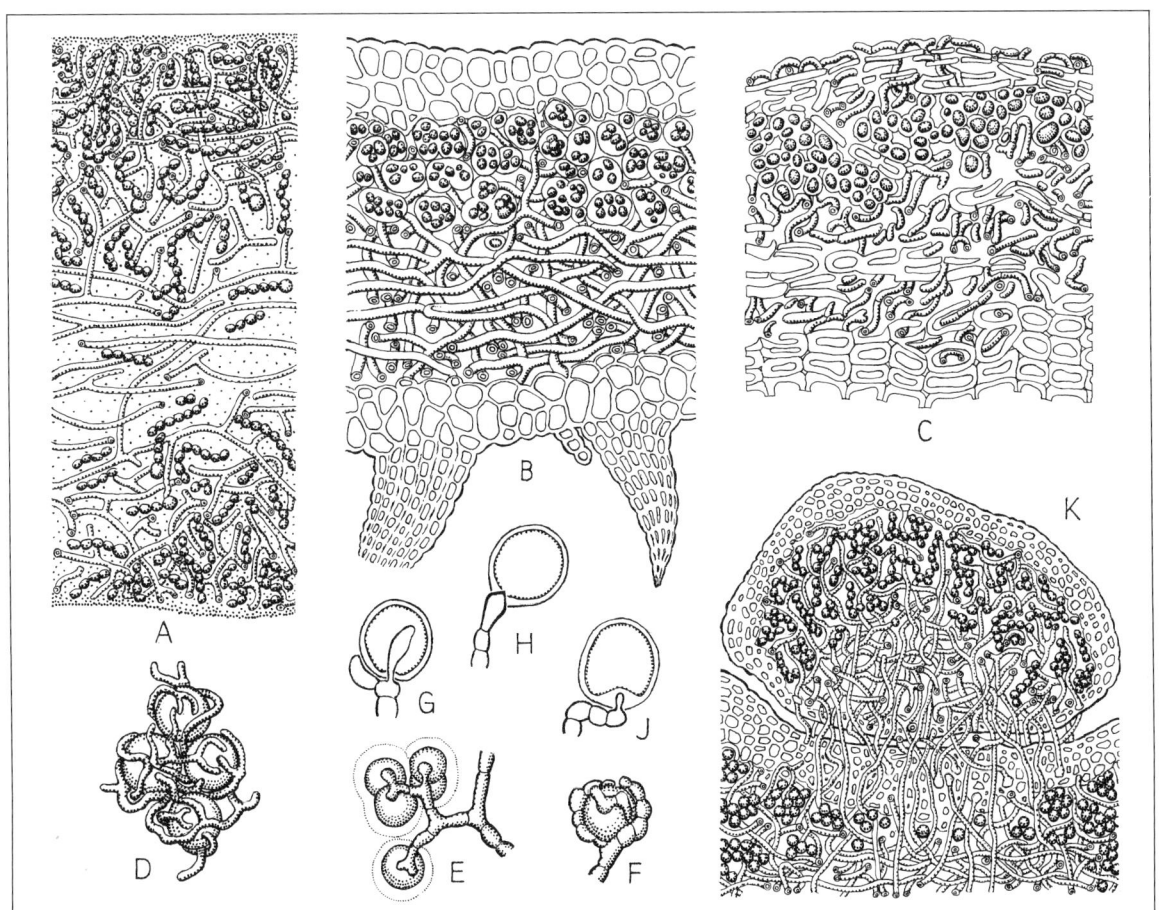

Abb. 3.2.56: *Lichenes.* **A** *Collema pulposum*, Thallusquerschnitt (200×). **B** *Sticta fuliginosa*, Thallusquerschnitt (250×). **C** *Graphis dendritica*, Thallusquerschnitt (200×). **D** Soredium von *Parmelia sulcata* (450×). E–J Haustorien (**E** Appressorien, **F** Klammerhyphen, **G** intrazelluläres Haustorium, **H** intramembranöses Haustorium, **J** durch Cellulose-Auflagerung ausgeschaltetes intramembranöses Haustorium; E, F 450×, G–J 600×). **K** Cephalodium auf *Peltigera aphthosa* (200×). (A nach des Abbayes; B nach Sachs; C nach Bioret; D, K nach Mägdefrau; E, F nach Bornet; G, H nach Tschermak; J nach Plessl.)

Cephalodien (Abb. 3.2.56K); diese enthalten Luftstickstoff bindende Blaualgen (z.B. *Nostoc*, vgl. S. 546) und kommen bei Flechten vor, die sonst nur Grünalgen (s. S. 626) im Thallus führen. Auch kann sich zur normalen Algen-Pilz-Symbiose noch ein zweiter Pilz gesellen, der als «Parasymbiont» oder auch als echter Schmarotzer lebt; solche «Flechtenparasiten» sind in großer Zahl bekannt. Schließlich gibt es Flechten, die sich regelmäßig als Parasiten im Thallus anderer Arten einnisten.

Der Pilz (Mykobiont) ist in seinem Kohlenhydratstoffwechsel völlig auf die Alge (Phycobionten) angewiesen. Die Pilze erhalten von den Algen meist Zukker oder Zuckeralkohole. Die im Pilzgeflecht eingeschlossenen Algen sind in ihrer Wasser- und Mineralstoffversorgung vom Pilz abhängig. Dieser gewährt außerdem Schutz vor zu hohen Lichtintensitäten. Im Zusammenhang mit der Symbiose stehen die zahlreichen, für die Flechten charakteristischen Flechtenstoffe, die von den isolierten Partnern nicht gebildet werden; sie werden vorwiegend an der Außenseite der Hyphen als kleine Kristalle ausgeschieden und verleihen vielen Flechten ihre kennzeichnende Farbe. Es handelt sich um sehr verschiedene Stoffgruppen: Aliphatische Säuren, Depside, Depsidone, Chinone, Dibenzofuranderivate usw.

Fortpflanzung und Vermehrung. Die Algen im Flechtenthallus vermehren sich nur vegetativ; ihre Zellen sind hier größer als im freilebenden Zustand, da sie offenbar als Symbionten in ihrer Teilung gehemmt sind. Die Pilze jedoch entwickeln ihre charakteristischen Fruchtkörper (Apothecien, Perithecien, Pseudothecien). Das Hymenium derselben führt meist keine Algen. Ein neuer Flechtenthallus kann also nur zustandekommen, wenn eine keimende Pilzspore zufällig wieder mit der zugehörigen Alge zusammentrifft. Solche «Flechten-Synthesen» sind teilweise auch experimentell gelungen. Nur bei wenigen Flechten (z.B. *Endocarpon*) liegen auch im Hymenium Algen, die beim Ausschleudern der Sporen mitgerissen werden, so daß dem keimenden Pilz die richtige Alge sofort zur Verfügung steht. Welche Funktion den bei vielen Flechten sich findenden Pycnidien zukommt, ist noch ungeklärt. – Die Vermehrung der Flechten erfolgt bei den Laub- und Strauchflechten vielfach (bei uns überwiegend) auf vegetativem Wege. In erster Linie dienen hierzu Soredien (Abb. 3.2.56D), das sind von Pilzhyphen umsponnene Gruppen von Algenzellen, die oft an bestimmten Stellen des Thallus, den Soralen, gebildet und durch den Wind verbreitet werden, um auf geeigneter Unterlage wieder zu einer Flechte heranzuwachsen. Bei anderen Arten entstehen auf der Thallusoberfläche kleine stift- oder korallenförmige Auswüchse (Isidien), die leicht abbrechen und ebenfalls der vegetativen Vermehrung dienen. Schließlich vermag bei den Flechten jedes Thallusbruchstück wieder zu einem normalen Thallus heranzuwachsen.

Vorkommen und Lebensweise. Flechten wachsen auf den verschiedensten Unterlagen: auf Fels, Erdboden, Rinden von Laub- und Nadelbäumen, totem Holz usw. In den Tropen leben kleine Flechten auch auf Blättern. Die felsbewohnenden Krustenflechten, die Kalk (aber nicht Quarz) zu lösen vermögen, bereiten als Erstbesiedler das Substrat für höhere Pflanzen vor. Einige wenige Flechten leben amphibisch im Süßwasser, andere submers im Meer oder im Spritzgürtel der Meeresküsten (Abb. 3.2.97). Die größte Üppigkeit erreicht der Flechtenwuchs in den luftfeuchten Bergwäldern der gemäßigten Zonen und den Nebelwäldern der tropischen Hochgebirge sowie in den Tundren, wo der Boden oft auf weite Strecken vorwiegend von Flechten besiedelt wird; sie bilden hier eigene Vegetationsformationen. Die Flechten meiden im allgemeinen die Steinwüste der Großstädte, wo sie durch Rauchgase (vor allem SO_2, s.S. 898) geschädigt werden. Wegen ihrer unterschiedlichen Empfindlichkeit – einige Krustenflechten sind sogar weitgehend resistent – können sie als Indikatoren für den Grad der Luftverschmutzung dienen.

Die Wasseraufnahme (auch als Dampf) erfolgt durch die Pilzhyphen. Doch ist, besonders bei den großen Laubflechten, vielfach ein Teil der Hyphen unbenetzbar, so daß auch bei voller Durchfeuchtung des Thallus die Durchlüftung gesichert bleibt; mitunter finden sich auf der Thallusunterseite regelrechte Atemporen (Cyphellen). Die Bewohner sonniger Felsen vertragen nicht nur eine hohe Erwärmung (bis 70° am Standort), sondern auch ein monatelanges, völliges Austrocknen. Bei Befeuchtung setzt die Photosynthese nach wenigen Minuten wieder ein («poikilohydrische Pflanzen», s.S. 230).

Das Wachstum der Flechten vollzieht sich im Vergleich zu anderen Thallophyten sehr langsam. Selbst die großen Laub- und Strauchflechten unserer Breiten wachsen im Jahr nicht mehr als 1–2 cm. Bei der auf Felsen der alpinen Region wachsenden Krustenflechte *Rhizocarpon geographicum* (Landkartenflechte, Abb. 3.2.55H) wurde unter bestimmten Bedingungen ein jährlicher Zuwachs von etwa 0,5 mm gemessen. Aus dem Durchmesser solcher felsbewohnender Krustenflechten hat man das Alter postglazialer Moränen berechnet. Die Lebensdauer der Flechten schwankt zwischen einem Jahr (epiphylle Flechten der Tropen) und mehreren hundert, vielleicht sogar tausend Jahren (arktisch-alpine, felsbewohnende Krustenflechten).

Die Flechten dringen als Vorposten des Lebens am weitesten in die Kältewüsten der Hochgebirge sowie der Arktis und Antarktis vor; manche vermögen eine Abkühlung bis −196° ohne Schaden auszuhalten und bei −24° noch CO_2 zu binden.

Fossil kennt man die Flechten erst seit dem Tertiär (Bernstein), jedoch bereits in hochentwickelten, von recenten kaum verschiedenen Arten.

Verwendung. *Cetraria islandica* (Isländisches Moos), in trokkenen Wäldern und Heiden von der Tundra bis in die Hochgebirge verbreitet, wird als Heilpflanze (Schleimdroge) verwendet. Aus mehreren Flechten hat man neuerdings Antibiotika isoliert. Die Mannaflechte *Lecanora esculenta*, eine kleinlappige bis knollige Flechte der Steppen Nordafrikas und des Orients, soll gegessen werden. Einige Flechten, so *Roccella*-Arten (Abb. 3.2.55J) Nordafrikas und der Kanarischen Inseln, liefern den Lackmus-Farbstoff. Aus *Cladonia stellaris*, meist aus Nordeuropa eingeführt, macht man Dauerkränze

Evernia prunastri liefert ein Parfüm (Mousse de chêne). *Cladonia rangiferina*, die Rentierflechte (B), bildet mit anderen Strauchflechten die Hauptnahrung der Rentiere. *Letharia vulpina*, eine gelbe, epiphytische Strauchflechte, mit u.a. alpiner Verbreitung, ist die einzige Giftflechte Europas; sie diente früher zum Vergiften der Wölfe.

Systematik. Die einzelnen Klassen und Ordnungen der Flechten sind in einem phylogenetischen System den entsprechenden bzw. nächstverwandten Taxa der Pilze zuzuordnen (vgl. z.B. *Lecanorales* S. 572). Die Abgrenzung der Ordnungen und Familien der Flechten, von denen etwa 400 Gattungen mit insgesamt mehr als 20000 Arten bekannt sind, erfolgt nach dem Bau der Pilzfruchtkörper, da diese noch am ehesten Merkmale für eine verwandtschaftsgerechte Gliederung bieten. Ein wichtiges Kennzeichen ist das Verhalten zu Iod-Reagenz; färben sich Hyphen oder Asci blau, bezeichnet man sie wieder als amyloid. Für die Artunterscheidung bedient man sich darüber hinaus weiterer chemischer Merkmale.

Eine von einem Zygomyceten, *Geosiphon pyriforme*, mit einer Alge gebildete Gemeinschaft unterscheidet sich von den Flechten durch die endosymbiontische Lebensweise des Phycobionten in den Pilzhypen; z.T. wird *Geosiphon* auch zu den Flechten, *Phycolichenes*, gerechnet (vgl. S. 376).

I. **Ascolichenes** (s. Klasse *Ascomycetes*, s.S. 564 ff.). Die Ordnungen aus dem Bereich der Ascolichenen stehen den entsprechenden Pilzordnungen im System der Ascomyceten sehr nahe und wurden z.T. schon dort behandelt (z.B. *Lecanorales*, S. 572). Auch finden wir Ordnungen mit Übergängen zwischen nicht lichenisierten Formen und solchen, die mit Algen morphologisch hoch entwickelte Flechten-Thalli bilden. Wie bei den Ascomyceten wird auch hier die Reihung der Ordnungen nach dem Ascusbau vorgenommen. Auf die *Caliciales* mit oft prototunicaten Asci folgen die *Ostropales* und *Graphidales* mit unitunicaten, die *Lecanorales* mit vorwiegend unitunicaten sowie die *Pyrenulales*, die *Verrucariales* und *Arthoniales* mit bitunicaten Asci. Die *Dothideales* sind durch bitunicate Asci in rein ascoloculär entwickelten Fruchtkörpern gekennzeichnet (s. S. 568, 572).

1. Ordnung: **Caliciales.** In dieser Ordnung gibt es auch nicht lichenisierte Vertreter; die lichenisierten bilden Krusten-, Blatt- oder Strauchflechtenthalli. Die Apothecien sind meist deutlich gestielt. Die Asci zerfallen, so daß die Sporen mit den weiterwachsenden Paraphysen eine lockere Masse («Macaedium») bilden. Die reifen ein- bis mehrzelligen Sporen befinden sich meist zu jeweils 8 im Ascus. – *Calicium* vor allem auf Rinde, *Sphaerophorus* vorwiegend auf Silicatgestein.

2. Ordnung: **Ostropales.** Hierher gehören Krustenflechten mit Apothecien. Die farblosen amyloiden oder braunen Ascosporen sind quer- bis mauerförmig geteilt; sie befinden sich jeweils zu 1 bis 8 in den nicht amyloiden Asci. Die Fruchtkörper entwickeln sich wie bei den *Caliciales* hemiangiokarp. Die entweder weit geöffneten und scheibenförmigen oder eng urnenförmig vertieften Apothecien sind in das Lager oder in Lagerwarzen eingesenkt.

3. Ordnung: **Graphidales.** Die Apothecien sind meist strichförmig, seltener rund, eingesenkt oder sitzend. Die Asci stehen zwischen einfachen oder verzweigten Paraphysen. Die Algen gehören zu den *Chlorococcales* oder sind *Trentepohlia*-Arten. – *Graphis* in 300 Arten vorwiegend in den Tropen und Subtropen auf Baumrinde lebend; bei uns auf Buchenrinde die durch ihre runenförmigen Apothecien gekennzeichnete «Schriftflechte» (*Graphis scripta*, Abb. 3.2.55 F).

4. Ordnung: **Lecanorales.** Die im Thallusbau sehr vielgestaltige und artenreiche Ordnung (mehrere Unterordnungen) ist gekennzeichnet durch runde, oft schüsselförmige Apothecien. Die Ascuswand ist meistens dickwandig, unitunicat (s.S. 569), bei den *Lichinineae* prototunicat, bei den *Peltigerineae* zweischichtig. Die Phycobionten sind Grünalgen (*Chlorococcales*: z.B. Trebouxia, Coccomyxa) und Blaualgen (z.B. Nostoc).

Ephebe-Arten (*Lichinineae*) bilden filzartig verwebte, schwarze Thallusfäden auf feuchtem Silicatgestein der Mittel- und Hochgebirge. *Collema* (*Collematineae*) ist durch gallertige, laubartige Thalli mit *Nostoc* als Symbionten gekennzeichnet; die Gallertflechten (Abb. 3.2.56A) leben auf Gestein und Erde vom Flachland bis in die nivale Region.

Die nun folgenden Gattungen haben heteromere Thalli. Dem Krustenflechten-Typus sind die Gattungen *Pertusaria, Rhizocarpon* («Landkartenflechte», Abb. 3.2.55H) und *Lecidea* zuzuordnen. Krustig-schuppige bis rein laubförmige Lager haben *Xanthoria*- und *Lecanora*-Arten; erstere mit oft gelb bis orange gefärbten Thalli an stickstoffreichen Standorten. Laubflechten sind *Parmelia*- und *Physcia*-Arten. Zu den oft beträchtlich großen *Peltigerineae* (Schildflechten) zählen: *Peltigera* mit randständig schildförmigen Apothecien und z.T. Cephalodien; *Lobaria pulmonaria* ist ein nur in reiner Luft gedeihender Epiphyt an alten Laubbäumen, vornehmlich im Gebirge; *Sticta* mit von Cyphellen durchlöcherter Thallusunterseite; *Solorina* mit flächenständigen Apothecien und vielfach im Lager auch mit Blaualgen, welche die Grünalgen oft weitgehend verdrängen können. Die Nabelflechten (*Umbilicariineae*; *Umbilicaria*; Thallus bis über 15 cm Durchmesser) gedeihen auf Silicatfelsen in Gebirgen der kalten und gemäßigten Zonen. Den Strauchflechten werden folgende Gattungen zugerechnet: *Alectoria*; *Ramalina*; *Letharia*; *Evernia*; *Anaptychia*; *Usnea* (Bartflechten, K) in langen Bärten (bis 8 m) von den Ästen der Bäume herabhängend; *Thamnolia* (Wurmflechte, D) in allen Hochgebirgen und in den arktischen Gebieten; *Cladonia* und *Stereocaulon* (*Cladoniineae*; B, C) in großer Formenmannigfaltigkeit über alle Klimazonen verbreitet; hierher auch *Cetraria islandica*, das Isländische Moos.

5. Ordnung: **Pyrenulales.** Krustenflechten mit Perithecien von ascohymenialer Entwicklung. Die mehrzelligen Sporen liegen jeweils zu 8 in den Asci, die zwischen fadenförmigen Paraphysen stehen. Phycobionten sind *Trentepohlia*-Arten. – *Pyrenula* findet sich in vielen Arten auf Rinde, vor allem in den Tropen und Subtropen.

6. Ordnung: **Verrucariales.** Flechten mit sitzenden oder meist eingesenkten, ascohymenial sich entwickelnden Perithecien. Echte Paraphysen fehlen. Die keuligen oder zylindrischen Asci enthalten 1–8 farblose oder braune Sporen. Algen: *Chlorococcales*. – Die vielen Arten von *Verrucaria* leben endo- bis epilithisch auf Kalkfels, einige Arten völlig oder zeitweise submers in Süßwasserbächen oder an Meeresküsten. Die schuppigen bis blättrigen Thalli von *Dermatocarpon*-Arten siedeln auf Felsen. *Endocarpon* besitzt mauerartig-vielzellige Sporen (vgl. Abb. 3.2.33 E).

Während in allen bisher genannten Ordnungen (1–6) die Fruchtkörper nach dem ascohymenialen Typ entwickelt werden, kommen bei den folgenden Ordnungen (7–8) Abweichungen von diesem verbreiteten Modus vor.

7. Ordnung: **Arthoniales.** Flechten von sehr verschiedenem Habitus (krustenförmig bis strauchig) mit runden (Apothecien) bis strichförmigen (Hysterothecien) Fruchtkörpern. Die keuligen bis eiförmigen Asci enthalten zwei- bis mehrzellige

Sporen. Algen: überwiegend *Trentepohlia*. – *Arthonia*, mit etwa 500 Arten vorwiegend in den Tropen lebend, besitzt dünne, krustige, meist rindenbewohnende Thalli mit rundlichen bis sternförmig gelappten Apothecien; diese unberandet und ohne Gehäuse. Die ebenfalls krustige *Opegrapha* mit runden bis strichförmigen, schwarzen Fruchtkörpern in sterilen Gehäusen ist in vielen Arten auf Rinde, Holz und Gestein weltweit verbreitet. *Roccella* (Abb. 3.2.55 J) bildet strauchige Thalli und besiedelt vorwiegend Felsen an den Küsten wärmerer Meere.

Die 8. *Ordnung*: **Dothideales** ist durch Pseudothecien gekennzeichnet, die in ihrer Entwicklung dem ascoloculären Typ folgen. Die Pilzhyphen sind lose mit verschiedenen Algen vergesellschaftet.

II. Basidiolichenes (s. Klasse *Basidiomycetes*, s. S. 576)
Lange Zeit waren nur wenige tropische Vertreter bekannt, bei denen *Poriales* mit Cyanophyceen zusammenleben, z. B. die pantropische, erdbewohnende *Dictyonema pavonia* (= *Cora p.*; Abb. 3.2.55 A). Neuerdings wurden sowohl in den Tropen als auch in der gemäßigten Zone Basidiolichenen gefunden, die aus Clavariaceen bzw. *Agaricales (Omphalina)* und Chlorophyceen (*Coccomyxa* u. a.) aufgebaut sind.

D. Organisationstyp: Eukaryotische Algen

Die eukaryotischen Algen (Algen i. e. Sinne) sind ein- bis vielzellige, verschieden gefärbte, primär photoautotrophe Pflanzen von meist thallophytischer Organisation, die noch größtenteils auf das Leben im Wasser angewiesen sind. Ihre Chloroplasten enthalten die Photosynthesepigmente zusammen mit akzessorischen Farbstoffen. Die Plastiden aller eukaryotischen Algen führen Chlorophyll a und meist eine weitere Chlorophyllkomponente (Tabelle S. 601). Für die Photosynthese dient Wasser als Elektronendonator, wobei Sauerstoff freigesetzt wird. Unter den akzessorischen Pigmenten sind verschiedene Carotinoide (und auf wenige Gruppen beschränkt Phycobiline, S. 256 f. u. S. 621) zu nennen. Vielfach führen die Chloroplasten Pyrenoide (vgl. S. 112).

Die Gameten- und Sporen-bildenden Organe besitzen keine vielzelligen Wandschichten und sind meist auch nicht von postgenitalen, also später wachsenden Hüllen umgeben. Die Sporangien sind stets, die Gametangien meist einzellig. Die Gametangien (S. 477) der Algen werden im Unterschied zu den mit vielzelligen Wänden versehenen Antheridien und Archegonien der Moose und Farne (s. S. 648) bezeichnet als: Spermatogonien (♂: mit begeißelten Spermatozoiden; Abb. 3.2.63 Es) bzw. Spermatangien (♂: mit unbegeißelten Spermatien; Abb. 3.2.81 D) und Oogonien (♀: mit Eizelle; Abb. 3.2.63 Eo) bzw. Karpogonien (♀: mit besonderer Entwicklung nach der Befruchtung; Abb. 3.2.81 F–J).

Die Zygoten entwickeln sich niemals innerhalb der weiblichen Sexualorgane zu vielzelligen Embryonen. Bei den meisten Algengruppen sind die Fortpflanzungszellen (Gameten, Sporen) begeißelt, bei einigen höher entwickelten Gruppen allerdings lediglich die männlichen Gameten; nur wenige Algengruppen (S. 612, 621, 638) bilden keine begeißelten Stadien aus. Die Geißeln haben die für die Eukaryoten charakteristische 2 + 9-Struktur (Abb. 1.1.27). Sie sind teils nach vorne gerichtet (Zuggeißeln), teils nach hinten (Schub- oder Schleppgeißeln), vielfach in Zweizahl (entweder zwei gleich lange oder eine lange und eine kurze) vorhanden, glatt und oft am Ende peitschenartig verdünnt (Peitschengeißel) oder mit Flimmerhaaren besetzt (Flimmergeißel).

Die Algen haben im Verlaufe ihrer Evolution eine Fortentwicklung vom Einzeller bis zum komplizierten Flecht- und Gewebethallus erfahren (S. 233 f.). Die Formen auf dem Niveau der Thallophyten lassen keine Gliederung in «echte» Blätter, Sproß und Wurzeln erkennen. Andeutungsweise ähnliche Bildungen einiger hochentwickelter Algen enthalten keine Leitstrukturen, die mit Leitbündeln der Gefäßpflanzen vergleichbar wären (z. B. Phaeophyceen nur mit einzelnen siebröhrenähnlichen Leitelementen). Größtenteils sind die den Grundorganen des Cormus entfernt ähnelnden Strukturen ohne anatomische Differenzierung; sie werden daher, falls überhaupt ausgebildet, als Phylloide, Cauloide und Rhizoide bezeichnet (S. 234).

Folgende morphologische Gruppen unterschiedlicher Organisationshöhe (**«Organisationsstufen»**) können unterschieden werden.

a) Amöboide (= rhizopodiale) Stufe: Einzellige nackte Algen bilden Pseudopodien, mit denen sie feste Nahrungspartikel aufnehmen. Falls diese Fortsätze dünn und fadenförmig sind, werden sie Rhizopodien genannt (Abb. 3.2.64 C). Auch Verbände solcher Zellen kommen vor.

b) Monadale Stufe: Einzellige, begeißelte, meist mit Augenflecken und kontraktilen Vacuolen ausgerüstete Algen (Flagellaten; Abb. 3.2.57), die nach Zellteilung zu mehr- bis vielzelligen Kolonien zusammengeschlossen bleiben können (Abb. 3.2.83 G, 3.2.64 F). Das Palmella-Stadium vermittelt zur capsalen Stufe: bei der Zellteilung werden keine neuen Geißeln gebildet und die Tochterzellen sind in Gallerte eingebettet (Abb. 3.2.65 G).

c) Capsale (= tetrasporale) Stufe: Verschiedene Merkmale der monadalen Stufe sind z. T. noch rudimentär vorhanden. So sind die Geißeln, falls sie nicht fehlen, steif oder reduziert, die aktive Bewegungsfähigkeit ist allenfalls auf die Keimzellen beschränkt. Da die Zellen nach Teilung in gemeinsamer Gallerte eingebettet bleiben, entstehen Coenobien, die auch fadenförmig gestreckt sein können (Abb. 3.2.65 D). Die Zellwand ist dünn oder fehlt.

d) Kokkale Stufe: Keine Reste monadaler Organisation in den vegetativen Zellen, die unbegeißelt und von einer Zellwand umgeben sind. Es handelt sich um Einzeller, Coenobien oder Aggregationsverbände (Abb. 3.2.66, 3.2.62 B).

Einige chemische Merkmale der Algenklassen (nach van den Hoek; Zusammenfassung der Xanthophylle nach Metzner)

	Chlorophylle			Phycobiline	Carotinoide		Xanthophylle									Reservestoffe			
	a	b	c		α	β	Diadinoxanthin (C)	Diatoxanthin (C)	Fucoxanthin (D, B, A)	Heteroxanthin (C)	Vaucheriaxanthin (B)	Alloxanthin (C)	Peridinin (D, B)	Lutein	Zeaxanthin	Chrysolaminarin	Stärke	Florideenstärke	Paramylum
Euglenophyta	+	+	−	−	−	+	+	(+)	−	−	−	−	−	−	−	−	−	−	+
Cryptophyta	+	−	+	+	+	(·)	−	−	−	−	−	+	−	−	−	−	+	−	−
Dinophyta	+	−	+	−	(+)	(+)	(·)	−	−	−	−	−	+	−	−	+	+	−	−
Haptophyta	+	−	+	−	−	+	(+)	(+)	+	−	−	−	−	−	−	+	−	−	−
Heterokontophyta	+	−	+	−	−	+	+	(+)	(+)	(+)	(+)	−	−	−	−	+	−	−	−
Chloromonadophyceae	+	−	+	−	−	+	+	(+)	−	−	−	−	−	−	−	+	−	−	−
Xanthophyceae	+	−	+	−	−	+	+	+	−	+	+	−	−	−	−	+	−	−	−
Chrysophyceae	+	−	+	−	−	+	(+)	(+)	(+)	−	−	−	−	−	−	+	−	−	−
Bacillariophyceae	+	−	+	−	(·)	+	+	+	+	−	−	−	−	−	−	+	−	−	−
Phaeophyceae	+	−	+	−	−	+	(·)	(·)	+	−	−	−	−	−	−	+	−	−	−
Rhodophyta	+	−	−	+	(·)	+	−	−	−	−	−	−	−	−	(+)	−	−	+	−
Chlorophyta	+	+	−	−	(·)	+	−	−	−	−	−	−	−	+	+	−	⊕	−	−
Chlorophyceae	+	+	−	−	(·)	+	−	−	−	−	−	−	−	+	+	−	⊕	−	−
Zygnematophyceae	+	+	−	−	−	+	−	−	−	−	−	−	−	+	−	−	⊕	−	−
Charophyceae	+	+	−	−	−	+	−	−	−	−	−	−	−	+	(+)	−	⊕	−	−

Bemerkungen zur Tabelle: + = wichtiges Pigment, bzw. Reservepolysaccharid; (+) = Pigment kommt vor; (·) = Pigment selten oder nur in geringer Menge; − = Pigment bzw. Reservepolysaccharid fehlt. Bei Stärke: + = außerhalb des Chloroplasten, ⊕ = im Chloroplasten gelagert. A = 8-Keto-Carotin, z. B. Fucoxanthin und Siphonoxanthin (letzteres nur bei *Prasinophyceae* und *Chlorophyceae*). − B = Allen-Carotin, z.B. Vaucheriaxanthin und Neoxanthin (letzteres bei *Euglenophyta*, *Chlorophyta*, *Eustigmatophyta*, *Heterokontophyta* z. T., *Rhodophyta*). − C = Alkin-Carotinoide. − D = Carotinoid-Ester, also Xanthophylle, die an einer oder an beiden Hydroxylgruppen Fettsäurereste tragen. In der Tabelle nicht berücksichtigt 4-Keto-Carotine, z.B. Echinenon bei *Euglenophyta* und *Chlorophyta* +, bei *Heterokontophyta* (+).

e) **Trichale Stufe**: Die einkernigen (monoenergiden) Zellen bilden verzweigte oder unverzweigte, intercalar oder mit Scheitelzellen wachsende Fäden (Abb. 3.2.87 A).

f) **Siphonocladale Stufe**: Die Faden-bildenden Zellen enthalten jeweils mehrere Zellkerne; sie sind also polyenergid (S. 635).

g) **Siphonale Stufe**: Thallus in Form einer einzigen großen, vielkernigen, kugel-, fadenförmigen oder auch anders gestalteten Zelle, die makroskopisch sichtbar ist und erhebliche Ausmaße erreichen kann (Abb. 3.2.63 D, 3.2.91, 3.2.92 D).

h) **Filz- und Flechtthallus**: Die Seitenäste bzw. Fäden sind verfilzt oder miteinander verflochten; die Zellen sind oft auch verklebt oder sogar verwachsen (Abb. 1.4.7 C; S. 233).

i) **Gewebethallus**: Die multiserial sich teilenden Zellen bleiben in einem Geweberverbande miteinander verbunden (Abb. 1.4.5; vgl. S. 234).

Diese hier kurz charakterisierten Organisationsstufen wurden von den verschiedenen Stämmen der Algen unabhängig erreicht bzw. verschieden weit durchlaufen. Der Gewebethallus wurde beispielsweise annäherungsweise von Chlorophyceen und besonders von Phaeophyceen, der Flechtthallus von Phaeophyceen und Rhodophyceen erworben. Jüngere stammesgeschichtliche Reihen auf dem Niveau von Familien und Gattungen sind jedoch vielfach durchgehend durch die gleiche morphologische Organisationsform gekennzeichnet.

In den beiden ersten Abteilungen sind die Organismen zum allergrößten Teil Flagellaten mit Pellicula (monadale Stufe). Als Reservestoffe werden die Polysaccharide Paramylum oder Stärke außerhalb der Chloroplastenmembran gespeichert. Die Chloroplasten besitzen keine Gürtellamelle (vgl. Abb. 3.2.62 G). Die Vermehrung erfolgt vegetativ durch Längsteilung der Zellen; Sexualität ist bisher nicht sicher nachgewiesen worden. Die in der zweiten Abteilung auftretenden Phycobiline sind nicht in Phycobilisomen lokalisiert.

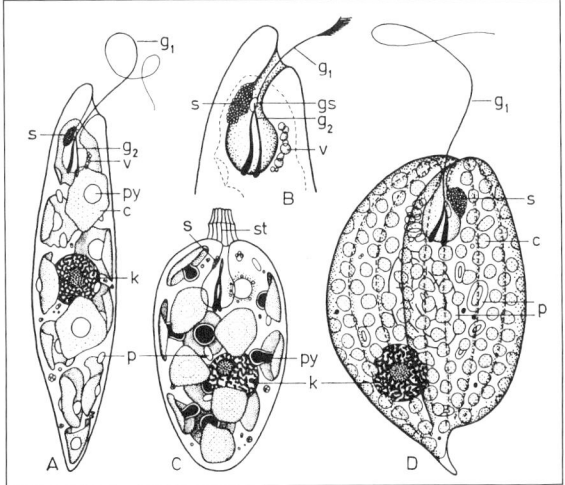

Abb. 3.2.57: *Euglenophyta*. **A** *Euglena gracilis* (600×), **B** Desgl. Vorderende (1000×). **C** *Colacium mucronatum* (500×). **D** *Phacus triqueter* (600×). c Chloroplast, g_1 Bewegungsgeißel, g_2 zweite Geißel, gs Geißelanschwellung (Photorezeptor), k Zellkern, p freies Paramylum, py Pyrenoid mit Paramylumhülle, s Augenfleck, st Gallertstiel, v kontraktile Vacuolen. (Nach Leedale.)

Erste Abteilung: Euglenophyta

Die Abteilung umfaßt **Einzeller der monadalen Organisationsstufe**, die unter bestimmten Lebensbedingungen teilweise auch in capsale Stadien übergehen können. Die Vermehrung erfolgt durch **Längsteilung**, sexuelle Fortpflanzung ist unbekannt. Die grünen Chloroplasten führen einen ähnlichen Farbstoffbestand wie bei Chlorophyten (Chlorophyll a und b, β-Carotin, Spuren von α-Carotin), enthalten aber ein sonst im Pflanzenreich nicht bekanntes Xanthophyll. Als Reservestoff wird neben Phospholipiden in Bläschen ein Polysaccharid in Körnern oder Scheiben im Plasma abgelagert, das **Paramylum**. Dieses ist ein β-1,3-gebundenes Glucan, welches sich mit Iod nicht blau verfärbt. – Die Zellen sind vielfach schraubenförmig gewunden und besitzen fast immer eine einfache, vorwiegend aus Proteinen bestehende Hülle, die unmittelbar vom Plasmalemma begrenzt ist und als **Pellicula** bezeichnet wird (Ausnahme z.B. *Trachelomonas* mit eisenhaltigem Gehäuse). Am Vorderende der Zelle liegt eine flaschenförmige Einstülpung, die Ampulle, die sich in Bauch- und Kanalteil gliedert. Der Ampulle benachbart ist eine **pulsierende Vacuole**, die von mehreren akzessorischen pulsierenden Vacuolen umgeben ist und als Organell der Osmoregulation dient. An der Basis der Ampulle entspringen fast durchweg zwei Geißeln aus je einem Basalkörper: eine lange und eine aus der Ampulle nicht hervortretende kurze Geißel, die mit der längeren verschmilzt; an dieser Stelle befindet sich ein lichtempfindliches Organell, der **Photorezeptor**. In der Nähe der Ampulle liegt der durch Carotine rot gefärbte «**Augenfleck**» (Abb. 3.2.57B), der aus einzelnen, jeweils von einer Elementarmembran umhüllten Lipidtropfen besteht (zur Rolle des Augenfleckes bei der Phototaxis vgl. S. 441). Die lange Geißel, eine mit Flimmern besetzte **Zuggeißel** (vgl. Abb. 3.2.12E), beschreibt bei ihrer Bewegung einen Kegelmantel. Unter gleichzeitiger Drehung um die Längsachse bewegt sich z.B. die Zelle von *Euglena* um das Zwei- bis Dreifache ihrer Körperlänge pro Sekunde vorwärts.

An ultramikroskopischen Strukturen haben die Euglenophyten folgende Besonderheiten aufzuweisen: im Interphasenkern sind kontrahierte Chromosomen sichtbar; die Chloroplasten besitzen eine Hülle aus drei Membranen, die niemals über das endoplasmatische Reticulum mit der Kernhülle verbunden ist; in den Chloroplasten liegen die Thylakoide meistens zu dritt in Stapeln.

Die Euglenophyten umfassen mehr als 800 Arten in etwa 40 verschiedenen Gattungen, die größtenteils im Süßwasser leben. *Euglena*-Arten haben den Schwerpunkt ihres Vorkommens in nährstoffreichen, stehenden Gewässern. *Phacus* (Abb. 3.2.57D) hingegen bevorzugt nährstoffarmes Wasser. *Colacium* (C) ist mittels eines Gallertstiels an freischwimmenden Kleinorganismen festgeheftet; nur bei Vermehrung ist es durch Geißeln freibeweglich.

Obwohl die meisten Arten photoautotroph sind, besteht auch bei ihnen die Tendenz, organische Stoffe zusätzlich zu den Photosyntheseprodukten aufzunehmen. **Mehrere farblose Formen** haben sich völlig auf die **heterotrophe Ernährungsweise** spezialisiert; einige unter ihnen vermögen mittels eines Fangapparates und mit Hilfe eines Zellmundes (Cytostom) Mikroorganismen wie Bakterien, Algen oder Hefezellen aufzunehmen (z.B. *Peranema*). **Die Grenzen zwischen pflanzlicher und tierischer Organisation sind also noch fließend.**

Euglena gracilis verliert in Dunkelkulturen ihr gesamtes Chlorophyll und ihre Thylakoide. Die übrigbleibenden Körper erinnern an Protoplastiden; sie erhalten sich ihre Teilungsfähigkeit auch während der Dunkelphase, wodurch die Kontinuität des Plastidoms bestehen bleibt. Bei darauf folgender Belichtung entwickeln sich diese erhalten gebliebenen farblosen Plastiden wieder zu Chloroplasten mit Thylakoiden und es setzt wieder die Photosynthese ein. Daneben gibt es Varianten der gleichen Art, die überhaupt keine Chloroplasten besitzen; diese unter bestimmten Bedingungen (z.B. bei sehr schneller Teilungsfolge) erzeugbaren Formen können niemals wieder Chloroplasten bilden.

Zweite Abteilung: Cryptophyta

Die Vertreter dieser Abteilung sind bis auf wenige (capsale und trichale) Ausnahmen Flagellaten der monadalen Organisationsstufe. *Bjornbergiella* hat einen fädigen Thallus. Die begeißelten asymmetrischen Zellen, wie sie für die allermeisten Arten charakteristisch sind, besitzen keine Zellwand, sondern nur eine **Pellicula**, die aus rechteckigen oder polygonalen Protein-Platten aufgebaut ist. Dem Vorderende entspringen zwei in ihrer Länge etwas verschiedene Geißeln. Beide Geißeln tragen Flimmerhaare, die längere in zwei Reihen, die kürzere in einer Reihe.

Die Geißeln sind meist nach vorne, seltener entlang des Körpers nach hinten orientiert (Abb. 3.2.58C). Sie entspringen dicht oberhalb eines tiefen Schlundes, der von meist stark lichtbrechenden Ejectosomen ausgekleidet ist; das sind Körperchen, die bei Reizung ausgeschleudert werden. Die verschieden gefärbten (z.T. blauen, blaugrünlichen, rötlichen) Chloroplasten enthalten

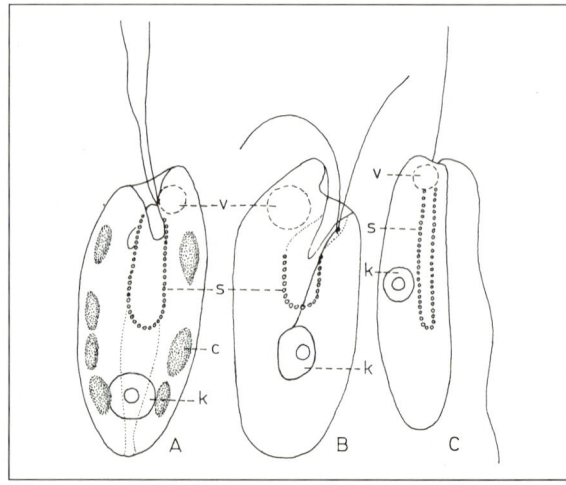

Abb. 3.2.58: *Cryptophyta.* **A** *Cryptomonas* sp. (1200×). **B** *Chilomonas paramaecium* (1200×). **C** *Katablepharis phoenicoston* mit Zug- und Schleppgeißel (1200×) c Chromatophor mit mehreren Pyrenoiden (punktiert), k Kern, s Schlund, v Vacuole. (A nach Fott, B nach Uhlela, C nach Skuja.)

Chlorophyll a und c, α- und β-Carotin und das Xanthophyll Diatoxanthin sowie z. T. die Phycobiline Phycoerythrin und Phycocyanin. Im Unterschied zu den Rhodophyten und Cyanophyten werden diese Farbstoffe hier nicht in Phycobilisomen gespeichert. Wichtigster Reservestoff ist Stärke, die an Pyrenoiden abgelagert wird; diese liegen zwar innerhalb einer Falte des endoplasmatischen Reticulums (= Chloroplastenhülle), jedoch außerhalb der Chloroplastenmembran. Ungeschlechtliche Fortpflanzung erfolgt durch Längsteilung; geschlechtliche Fortpflanzung ist nicht sicher bekannt. Die 120 Arten (zu gleichen Anteilen im Meer und im Süßwasser) werden in 12 Gattungen zusammengefaßt.

Die Deutung der Chloroplasten als stark reduzierte eukaryotische Endosymbionten (aus der Verwandtschaft der Rhodophyten) wird bestätigt durch erhalten gebliebene, verkümmerte Zellkerne, sog. Nucleomorphe. Diese liegen jeweils zu 1 im Pyrenoid oder an der Chloroplastenoberfläche.

Innerhalb der einzigen Klasse der **Cryptophyceae** gibt es nur eine Ordnung, die **Cryptomonadales**. *Cryptomonas* (Abb. 3.2.58 A) lebt in zahlreichen Arten in vorwiegend mesotrophen Gewässern. Die rötlich gefärbte *Rhodomonas* kommt im Süßwasser wie im Meer vor. Die saprophytische *Chilomonas* (B) ist farblos, enthält aber noch einen Leukoplasten. Die ebenfalls farblose *Katablepharis* (C) ist phagotroph. Eine Art lebt in stark reduzierter Form als Endosymbiont im Ciliaten *Mesodinium rubrum*, der damit sekundär die Fähigkeit zur Photosynthese erworben hat; die symbiontische Alge enthält nur einen Chloroplasten und wenige Mitochondrien.

In allen folgenden Abteilungen sind lediglich behäutete, sog. nackte Flagellaten sehr ausnahmsweise vertreten und in diesen Fällen mindestens durch eines der folgenden Merkmale gekennzeichnet: Reservestoff Öl oder Chrysolaminarin; Chloroplasten mit peripherer Gürtellamelle; sexuelle Fortpflanzung; Peridinin als akzessorisches Pigment. – In der Regel ist jedoch eine feste Zellwand vorhanden.

In den beiden sich anschließenden Abteilungen (dritte bis vierte) sind fast durchweg noch Einzeller eingeordnet, die mit einem Platten- oder Schüppchengehäuse aus Polysaccharid (z. T. Cellulose) und mit dem Pigment Peridinin (nur bei der dritten) ausgestattet sind.

Dritte Abteilung: Dinophyta

Dinophyten *(Pyrrhophyceae, Dinoflagellata)* sind meist Einzeller, die zwei lange, fein beflimmerte Geißeln tragen; nur wenige kokkale und trichale Formen sind bekannt. Es kommt neben vegetativer auch sexuelle Fortpflanzung vor. Die Chloroplasten enthalten Chlorophyll a; auch Chlorophyll c wurde bei einigen Arten nachgewiesen. Ihre gelbbraune bis rötliche, selten blaugrüne Farbe verdanken sie akzessorischen Pigmenten wie β-Carotin und verschiedenen Xanthophyllen, von denen Peridinin am wichtigsten ist. Das Haupt-Assimilationsprodukt ist Stärke, die in Körnchen außerhalb der Chloroplasten gespeichert wird. Daneben treten auch fettartige Stoffe auf. Die Zellwand besitzt vielfach feine Poren, in die säckchenförmige Trichocysten münden; diese schleudern bei Reizung Proteinfäden aus. Die Zellwand ist bei vielen Dinophyten in sehr charakteristischer Weise aus polygonalen Cellulose-Platten gebaut, die einen Panzer mit einer Quer- und Längsfurche ausbilden. An der Kreuzung von Quer- und Längsfurche entspringen die beiden je in einer dieser Furchen verlaufenden Geißeln (Abb. 3.2.60 A). Die Quergeißel trägt eine Reihe von etwas längeren Haaren, die Längsgeißel zwei Reihen mit kürzeren Flimmerhaaren. Die Seitenhaare sind sehr viel dünner als bei den Heterokonto- und Cryptophyten. Die in der Querfurche schlagende Geißel verursacht eine Drehbewegung um die Längsachse, während die in der Längsfurche bewegte Geißel den Vortrieb der Zelle bewirkt. Eine *Peridinium*-Zelle bewegt sich z. B. in der Sekunde um das Vielfache ihrer Körperlänge in einer Schraubenlinie vorwärts und führt gleichzeitig eine Umdrehung aus. Die Schuppen des Panzers werden (wie bei Schalen der Kieselalgen) in flachen Hohlräumen innerhalb des Plasmalemmas angelegt; die Plasmamembran bleibt außerhalb des Panzers erhalten.

Die Chromosomen lassen sich bei den meisten Dinophyten (wie auch bei den Euglenophyten) auch im Ruhekern erkennen, denn sie sind während der Interphase derart kontrahiert, daß sie sichtbar bleiben (vgl. übrige Eukaryoten; S. 61 ff.). In elektronenmikroskopischer Betrachtung erscheinen die Chromosomen aus kompakt gelagerten Fibrillen zusammengesetzt («Girlandenstruktur»). Die Fibrillen haben einen Durchmesser von nur 2,5 nm; dies entspricht dem Durchmesser der doppelten DNA-Helix (Abb. 1.1.34, S. 46). Die Chromosomen der anderen Eukaryoten besitzen demgegenüber submikroskopische Fibrillen mit etwa 10fach dickerem Durchmesser von 25–30 nm (Abb. 1.1.43). Diese dickeren Chromatin-Solenoide aus einer DNA-Doppelhelix mit zentralem Nucleohiston-Strang fehlen den Chromosomen der Dinophyten. In dieser Eigenschaft sind gewisse Ähnlichkeiten zu den Ver-

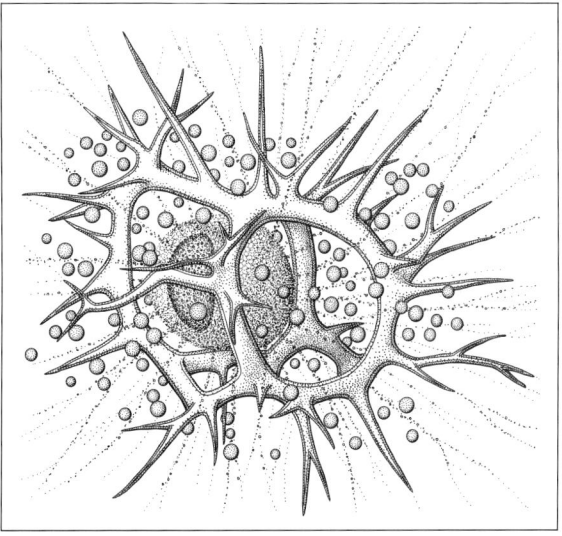

Abb. 3.2.59: *Dinophyta.* Zooxanthellen in einem Radiolar *(Eucoronis challengeri).* (260×; nach E. Haeckel.)

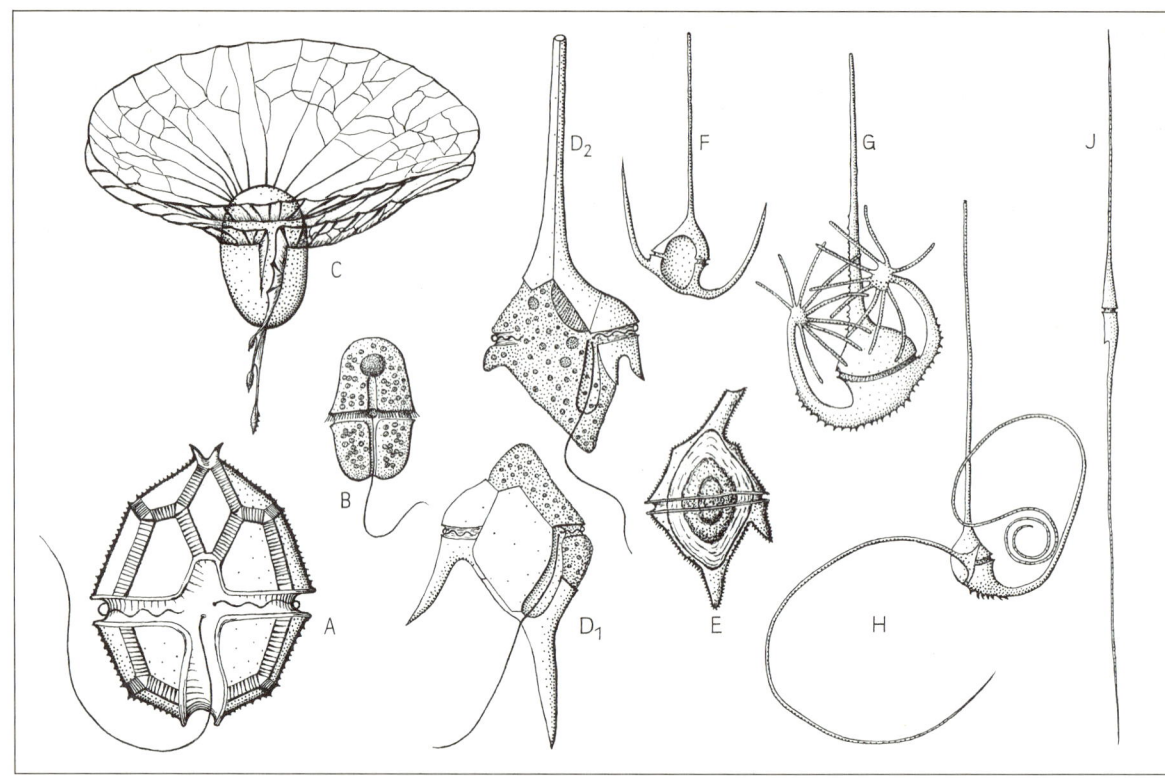

Abb. 3.2.60: Dinophyta (Pyrrhophyceae). **A** *Peridinium tabulatum* (600×). **B** *Gymnodinium aeruginosum* (300×). **C** *Ornithocercus splendidus* (125×). **D₁, D₂** *Ceratium hirundinella* nach der Teilung (350×). **E** *Ceratium cornutum*. Cyste (150×). **F** *Ceratium tripos* (125×). **G** *C. palmatum* (125×). **H** *C. reticulatum* (65×). **J** *C. fusus* (50×). (A nach Schilling; B nach Stein; C nach Schütt; D nach Lauterborn; E nach Schilling; F, G, H nach Karsten; J nach Schütt.)

hältnissen im Nucleoplasma der prokaryotischen Bakterien und Blaualgen gegeben.

Die Chloroplastenwand besteht aus drei Membranen, die nicht mit dem endoplasmatischen Reticulum des Kernes in Verbindung stehen. Die Thylakoide liegen zu dritt in Stapeln und bilden keine periphere Gürtellamelle (also anders als in Abb. 3.2.62 G).

In letzter Zeit mehren sich die Hinweise darauf, daß die Chloroplasten der Dinophyten als vereinnahmte, endosymbiontisch lebende Algen zu deuten sind.

Die vegetative Fortpflanzung vollzieht sich durch schräge Längsteilung. Bei bepanzerten Formen (z.B. *Ceratium*) wird die Hülle in der Regel schräg zur Querfurche gesprengt und die jeweils fehlende Panzerhälfte ergänzt (Abb. 3.2.60 D). Bei manchen Gattungen (z.B. *Peridinium*) wird jedoch der ganze Panzer vor der Teilung abgeworfen, so daß jede der entstehenden Tochterzellen einen eigenen Panzer vollständig neu zu bilden hat. Nach mehreren solchen Teilungen entwickeln sich innerhalb des Panzers zwei zunächst nackte, begeißelte Zellen, welche die Mutterhülle verlassen und sich neu bepanzern. Unter ungünstigen Bedingungen entstehen innerhalb des Panzers dickwandige, überdauerungsfähige Cysten. Geschlechtliche Fortpflanzung konnte bisher bei wenigen Dinophyten nachgewiesen werden. Sie erfolgt bei *Ceratium* über Anisogamie mit zygotischem Kernphasenwechsel (Meiose bei der Keimung der Zygote); bei *Glenodinium* wurden Isogameten beschrieben, die in Zellen (Gametangien) entstehen, freigesetzt werden und miteinander verschmelzen.

Die meisten der 1000 Arten (120 Gattungen) von Dinophyten leben im Meer, wo sie zusammen mit den Diatomeen (Abt. *Heterokontophyta*) die Hauptmenge des Phyto-Planktons bilden (wichtigste Primärproduzenten im Meer). Den größten Formenreichtum erreichen sie in wärmeren Meeren, ihre größte Massenentwicklung dagegen in kühleren Gewässern. Im Süßwasser leben nur wenige *Peridiniales*, jedoch mitunter in großer Menge; in Hochgebirgsseen können sie bis zu 50% der Biomasse ausmachen. Viele Arten besitzen auffällige Schwebefortsätze (Abb. 3.2.60 C, F–J). *Noctiluca miliaris* (nackt und heterotroph!) sowie *Ceratium-*, *Gonyaulax-* und *Peridinium*-Arten bewirken das Meeresleuchten. Massenentwicklungen von Dinophyten in Wasserblüten (z.B. «Rote Tiden») können Fischsterben verursachen. Hierfür sind die von verschiedenen Arten (der Gattungen *Peridinium*, *Gymnodinium*) ausgeschiedenen Toxine verantwortlich. Kugelige Endosymbionten verschiedener Meerestiere werden unter dem Begriff «Zooxanthellen» zusammengefaßt (Abb. 3.2.59). Alle riffbauenden Korallen leben mit solchen Dinophyten in Symbiose. Ohne Endosymbionten bleiben die Korallen zwar am Leben, verlieren aber die Fähigkeit, Kalkskelette zu bilden. Einige Arten parasitieren an und in Meerestieren. Unter den sonstigen heterotrophen Formen kommt Phagotrophie («Verschlucken» von Bakterien und planktonischen Algen) vor.

Systematik. Die einzige Klasse **Dinophyceae** enthält 4 Ordnungen. Die **Dinophysiales** (1) haben eine Wand, deren zwei

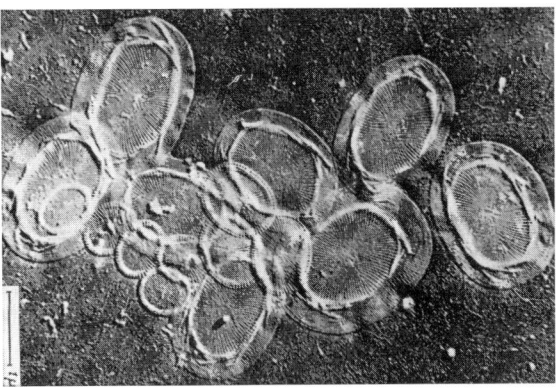 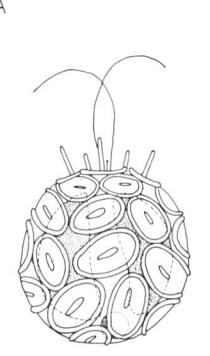 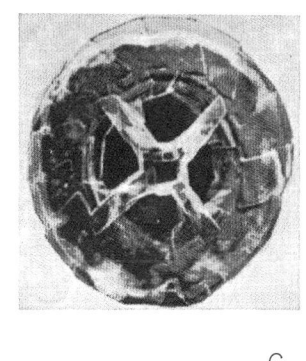

Abb. 3.2.61: Haptophyta. **A** Prymnesiales. Chrysochromulina chiton. Panzerplättchen. (10 000 ×). B–C Coccolithophorales, **B** Syracosphaera pulchra. Reduziertes Haptonema zwischen den Geißeln. (1500 ×) **C** Fossiler, aus Calcitrhomboedern aufgebauter Coccolith (Deflandrius sp.). Unterkreide. (700 ×). (A nach Parke, Manton & Clarke; B nach Lohmann und von Stosch; C nach Black.)

Hälften (Epicone und Hypocone) zusätzlich durch einen Längsspalt untergliedert werden; Längs- und Querfurche werden oft durch weit vorspringende Leisten gesäumt (Ornithocercus Abb. 3.2.60 C). – Bei den **Peridiniales** (2) ist die Zelle entweder einfach behäutet (**Gymnodiniaceae**, B) oder von Celluloseplatten panzerumhüllt (**Peridiniaceae** mit Peridinium und Ceratium, A, D–J). Bei marinen Arten finden sich sackförmige «Pusulen», die mit einem engen Kanal in die Geißelspalte münden; ihre Funktion ist noch ungeklärt. – Die kokkale Organisationsstufe wird durch die **Dinococcales** (3), die trichale durch die **Dinotrichales** (4), mit jeweils wenigen Gattungen repräsentiert.

Fossil sind die Dinophyten in großer Vielfalt vom Jura ab bekannt; im Kreide-Feuerstein finden sich zahlreiche Taxa in vorzüglicher Erhaltung. Darüber hinaus wurden die sog. Hystrichosphaeren in Ablagerungen vom Präcambrium bis zum Holocän als zu den Dinophyten gehörende Keimzellen identifiziert. Sie spielen als Mikroleitfossilien eine wichtige Rolle.

Vierte Abteilung: Haptophyta

Die Abteilung (auch Prymnesiophyta genannt) umfaßt Vertreter der monadalen, capsalen, kokkalen und trichalen Organisationsstufe. Einzeller vom monadalen Typ überwiegen. Die meisten Arten leben im Meeresplankton. Die begeißelten Zellen verfügen über zwei meist gleichlange Geißeln, die nicht mit Flimmerhaaren, wohl aber mit submikroskopischen Schüppchen oder Knötchen aus organischem Material besetzt sind. Zusätzlich zu diesen Geißeln besitzt jede Zelle ein weiteres fadenförmiges Anhängsel, das **Haptonema**. Es dient nicht der Bewegung, sondern der Anheftung. Seine submikroskopische Struktur unterscheidet sich deutlich vom Bau der Geißeln. Das Haptonema läßt im Querschnitt 6 oder 7 sichelförmig angeordnete Tubuli (keine 2 + 9-Struktur!) erkennen. Bei manchen Formen ist dieses Haptonema auf einen kurzen Stummel reduziert. Die Zelloberfläche ist außen mit Schuppen, Schüppchen oder Knötchen besetzt, die in Golgi-Vesikeln gebildet und dann nach außen verlagert werden. Die Golgi-Cisternen sind in der Mitte blasenförmig erweitert. Die gelben, gelbbraunen oder braunen Chloroplasten führen Chlorophyll a und c, β-Carotin und Xanthophylle; als Reservestoffe werden **Chrysolaminarin**, **Öl** und **Paramylum** abgelagert. Die Chloroplasten werden von einer Falte des endoplasmatischen Reticulums umhüllt; eine Gürtellamelle (Abb. 3.2.62 G) ist nicht vorhanden. Die Thylakoide sind in Stapeln zu jeweils drei geordnet. Der aus Kügelchen zusammengesetzte Augenfleck liegt im Chloroplasten knapp unterhalb von dessen Membran. Eine basale Geißelanschwellung fehlt.

In dieser Abteilung sind 250 Arten in rund 45 Gattungen bekannt. Im Süßwasser wurden nur wenige Arten gefunden. Die **Haptophyceae** bilden die einzige Klasse der Abteilung.

1. Ordnung: **Prymnesiales**. Sie sind durch ein meist sehr langes Haptonema gekennzeichnet. Die Zellen sind in zwei Schichten mit nur elektronenoptisch sichtbaren Polysaccharidschüppchen bedeckt (Abb. 3.2.61 A). Die Schüppchen fallen durch ihre radiäre Speichenstruktur auf; diejenigen der äußeren Schicht haben zudem einen emporstehenden Rand. Chrysochromulina hat ein sehr langes Haptonema, das bis zu 5mal so lang wie die Geißeln ist. Neben autotropher Ernährung ist auch Phagotrophie möglich, bei der beispielsweise ganze Chlorella-Zellen aufgenommen werden. Die Zellen können in eine amöboide Phase übergehen. Die **Fortpflanzung** geschieht durch **Längsteilung von begeißelten** oder durch **Aufteilung von amöboiden Zellen** in mehrere Tochterzellen. – Prymnesium-Arten verfügen über ein kürzeres, Chrysochromulina-Arten über ein längeres Haptonema. Prymnesium parvum heftet sich mit seinem Haptonema an den Kiemen von Fischen fest und bewirkt bei Massenvorkommen in salzhaltigen Teichen durch Ausscheiden eines Toxins (ebenso wie Chrysochromulina polylepis) Fischsterben.

2. Ordnung: **Coccolithophorales**. Das Haptonema ist kurz oder kann auch vollständig fehlen (Abb. 3.2.61 B). Die Zellen tragen auf dem Plasmalemma zwei Schichten feiner Polysaccharid-Schüppchen. Eine weitere nach außen folgende Schicht ist von sehr mannigfaltig gestalteten Schalen, Plättchen oder Stäbchen («**Coccolithen**») besetzt. Diese werden ebenfalls in Golgi-Vesikeln zunächst als Celluloseplättchen angelegt, auf die dann in erstaunlicher, artspezifischer Formenmannigfaltigkeit Calcit abgelagert wird. Die nach außen geschobenen Coccolithen bilden einen regelrechten Panzer um die Zelle. In dieser Ordnung kennt man auch durch Geißelverlust unbeweglich gewordene Arten (Coccolithus pelagicus) bzw. einen Wechsel von begeißelten zu sessilen Stadien (Syracosphaera). Hymenomonas carterae pflanzt sich in einem heteromorphen Generationswechsel fort, wobei der gegenüber dem Sporophyten stärker entwickelte Gametophyt die Gestalt verzweigter Fäden hat. Die *Coccolithophorales* (bzw. ihre Coccolithen) sind fossil vom Jura ab bekannt (Abb. 3.2.61 C), stellen wichtige Mikroleitfossilien dar (128 Gattungen) und haben einen wesentlichen Anteil an der Bildung bestimmter Kalksedimente, aus denen früher Schreibkreide gewonnen wurde (bis zu 800 Millionen Coccolithen in 1 cm^3 Gestein).

In den folgenden Abteilungen (fünfte bis achte) setzen sich zunehmend die höheren Organisationsstufen, nämlich Faden-, Flecht- und Gewebethalli durch. Falls Platten- oder Schüppchengehäuse auftreten, bestehen diese weder aus Polysaccharid noch aus Calcit.

In der nächsten Abteilung sind Algen zusammengefaßt, deren schwärmende Stadien durch heterokonte Begeißelung gekennzeichnet sind. Als Reservestoffe werden Chrysolaminarin, Mannit und Öl gespeichert, die grünen, gelben oder braunen Chromatophoren enthalten Chlorophyll a und c. Die am stärksten differenzierten Vertreter (Phaeophyceen) haben sich im Meer entwickelt.

Fünfte Abteilung: Heterokontophyta (= Chrysophyta)

Die Abteilung ist bei sehr unterschiedlichen Formen des Thallus in den ultramikroskopischen Strukturen sehr einheitlich. Von der monadalen bis zur siphonalen Organisation sind alle morphologischen Stufen entwickelt; in ihrer höchsten Organisation bilden die Heterokontophyten gegliederte und anatomisch differenzierte Gewebethalli aus.

Die teils grünen, meist jedoch durch akzessorische Pigmente gelben, gelbbraunen bis braunen Chromatophoren enthalten Chlorophyll a und c, β-Carotin und verschiedene Xanthophylle (vgl. Tab. S. 601). Zusätzlich zur doppelten Chromatophorenmembran umhüllt eine Falte des endoplasmatischen Reticulums die Plastiden (Abb. 3.2.62 G). In diesen sind jeweils drei Thylakoide zu Stapeln zusammengefaßt, eine Anordnung, wie sie uns bereits bei den Euglenophyten und Dinophyten begegnet ist. Unmittelbar unterhalb der Chromatophorenmembran verlaufen parallel zur Oberfläche und durchgehend Thylakoide in einer sog. Gürtellamelle, die hier sehr charakteristisch ist (vgl. hingegen z.B. Haptophyten mit ähnlichem Stoffbestand und Chlorophyten). Soweit Augenflecke vorhanden, liegen sie nahe der Geißelbasis, noch innerhalb der Chloroplasten.

Als Reservepolysaccharide werden Chrysolaminarin, z.T. auch Laminarin und der Zuckeralkohol Mannit außerhalb der Chloroplasten, oft jedoch an Pyrenoiden, gebildet. Vielfach wird auch Öl – an Pyrenoiden entstehend, meist jedoch sekundär in Vacuolen – gespeichert.

Die begeißelten Zellen sind heterokont. Sie tragen eine lange nach vorne gerichtete Zuggeißel und eine nach hinten gerichtete Schleppgeißel. Die Zuggeißel besitzt zwei Reihen von Flimmerhaaren, die in Cisternen des endoplasmatischen Reticulums gebildet werden. Die glatte, gelegentlich rückgebildete Schleppgeißel ist an ihrer Basis zu einer Anschwellung erweitert. Die Zellwände sind in sehr unterschiedlicher Weise durch zusätzliche Schutzschichten verstärkt.

Die Abteilung gliedert sich in fünf Klassen. In den ersten beiden (I–II) führen die grünen bis gelbgrünen Chromatophoren kein Fucoxanthin.

I. Klasse: Chloromonadophyceae

Diese Klasse enthält ausschließlich Vertreter der monadalen Organisationsstufe. Die Chloroplasten sind grün bis gelbgrün (akzessorische Pigmente s. Tabelle, S. 601). Als Reservestoff wurde nur Fett in den relativ großen, 50–100 μm messenden, mit einer Pellicula versehenen Zellen nachgewiesen. Pyrenoide fehlen. Unter der Zelloberfläche liegen Trichocysten (s. S. 603).

Die Klasse enthält in sechs Gattungen lediglich 10 Arten, die, von einer Ausnahme abgesehen, alle in Süßwasser vorkommen. *Goniostomum* und *Vacuolaria* werden in Moortümpeln gefunden.

II. Klasse: Xanthophyceae

Die Xanthophyceen entfalten sich von der amöboiden und monadalen bis zur siphonalen Stufe in allen Organisationsformen des Thallus. Die grünen Chloroplasten verfärben sich mit HCl blau und enthalten anstelle von Fucoxanthin (s. Tabelle S. 601) die Xanthophylle Heteroxanthin und Vaucheriaxanthin. Die begeißelten Zellen tragen zwei meist etwas seitlich inserierte, ungleich lange Geißeln vom heterokonten Typ. Die Xanthophyceen stimmen somit trotz ihrer grünen Färbung weitgehend mit den übrigen Klassen der Heterokontophyten überein. Fehlendes Chlorophyll b und das Auslaufen der hinteren Geißel in ein dünnes Haar (wie bei den Phaeophyceen) sind weitere Kennzeichen, die sie von den Chlorophyten trennen.

Bei mehreren Formen besteht die Zellwand aus zwei ineinandergreifenden Hälften. Sie ist wohl überwiegend aus Cellulose-Mikrofibrillen aufgebaut und oft mit Kieselsäure imprägniert (jedoch keine Kieselsäureschalen!). Einige Arten bilden endogene Cysten mit Kieselsäure-imprägnierter Wand; die Cysten haben die Form einer Dose mit Deckel- und Bodenteil. Die meisten Xanthophyceen pflanzen sich vegetativ fort; nur in einer Gattung *(Vaucheria)* ist geschlechtliche Fortpflanzung in einem haplontischen Lebenskreislauf (zygotischer Kernphasenwechsel!) bekannt. Es sind etwa 400 Arten in 40 Gattungen beschrieben worden, die im Süßwasser, z.T. auch im Meer oder auf feuchten Böden gedeihen.

Die monadalen Formen werden als **Heterochloridales** *(1. Ordnung)* zusammengefaßt (*Ankylonoton*, Abb. 3.2.62 D). Die **Heterococcales** *(2. Ordnung)* umfassen schwebende oder sitzende Formen mit fester Zellwand. Bei der verzweigten, landbewohnenden *Capitulariella* (C) lösen sich die Sporangien als Ganzes ab, um erst

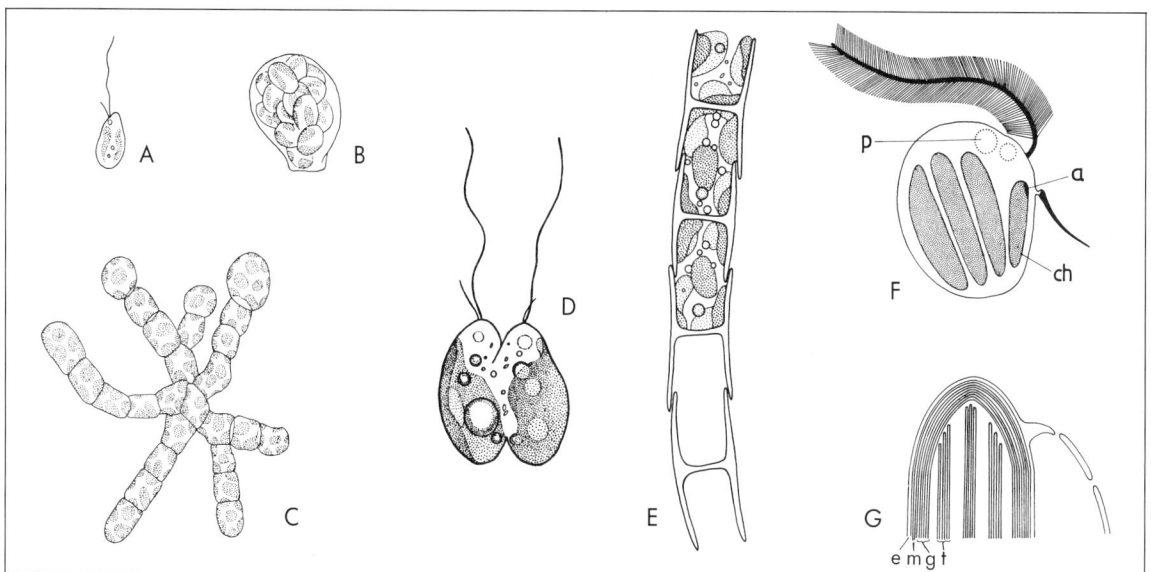

Abb. 3.2.62: Xanthophyceae, A–C *Heterococcales. Capitulariella radians.* **A** Zoospore, **B** abgelöstes Zoosporangium. **C** Thallus mit endständigen Sporangienanlagen. **D** *Heterochloridales. Ankylonoton pyreniger* in Teilung. E–G *Heterotrichales.* **E** Fadenstück von *Tribonema* mit der charakteristischen H-förmigen Zellwandstruktur aus je zwei ineinandergeschobenen Hälften. **F** heterokont begeißelte Zoospore von *Tribonema*. **G** Chloroplast von *Bumilleria*. a Augenfleck, ch Chloroplast, p pulsierende Vacuole, e Hülle aus ER-Falte, m doppelte Chloroplastenmembran, g Gürtellamelle aus 3 peripheren Thylakoiden, t Thylakoidstapel aus je 3 Thylakoiden (A–C 500×; D 1000×; E 600×; F 2300×; G 30 000×; A–C, E nach Pascher; F, G nach Massalski & Leedale und v. d. Hoek.)

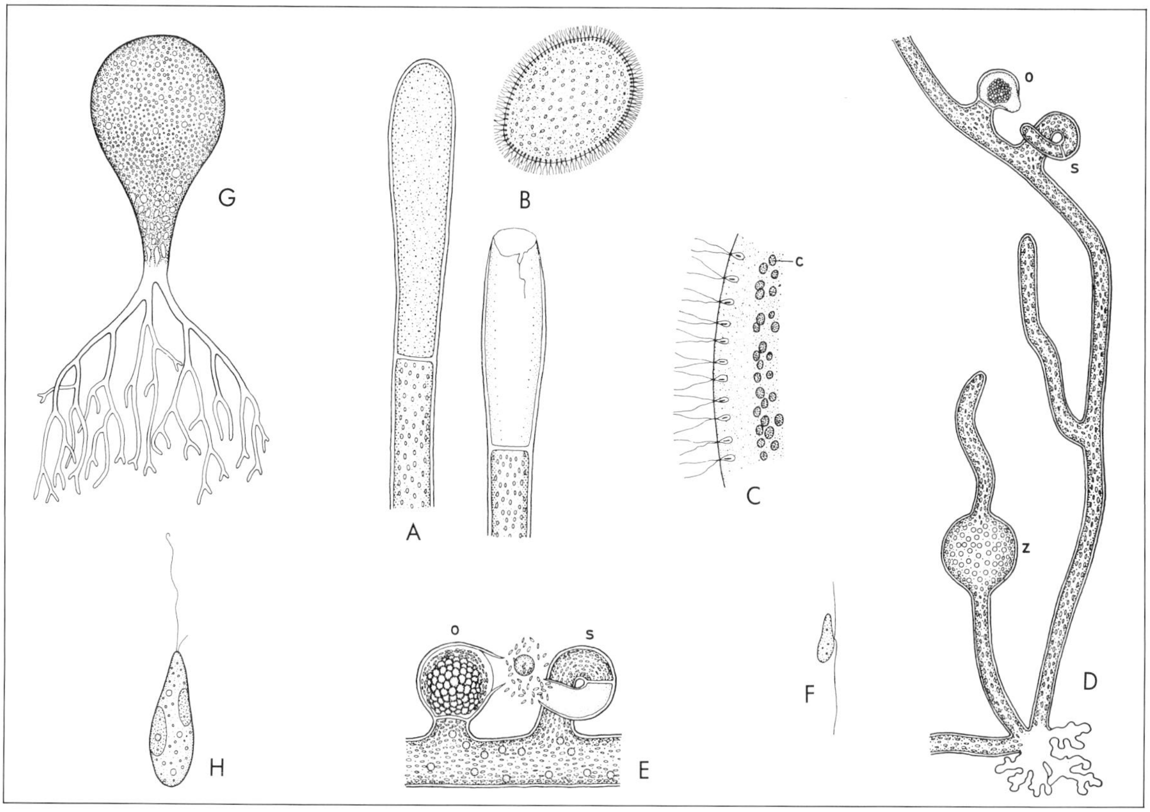

Abb. 3.2.63: Xanthophyceae, Heterosiphonales. A–F *Vaucheria* (A–C *V. repens*, D–E *V. sessilis*, F *V. synandra*). **A** Anlage eines Sporangiums (150×). **B** Aus dem Sporangium ausgeschlüpfte Synzoospore (150×). **C** Rand der Synzoospore (500×). **D** Aus der Synzoospore entstandene Pflanze mit Rhizoid und Gametangien (70×). **E** Fadenstück mit Gametangien (150×). **F** Spermatozoid (700×). G–H *Botrydium granulatum*. **G** ganze Pflanze (30×). **H** Zoospore (1000×). c Chromatophoren, o Oogonium, s Spermatogonium, z Zoospore. (A, B nach Goetz; C nach Strasburger; D nach Sachs, veränd.; E nach Oltmanns; F nach Woronin; G nach Rostafinsky & Woronin, H nach Kolkwitz.)

dann ihre Zoosporen zu entlassen (ähnlich *Trentepohlia* Abb. 3.2.88 I). Die **Heterotrichales** *(3. Ordnung)* werden im Süßwasser und auf feuchtem Boden durch die häufige Gattung *Tribonema* (Abb. 3.2.62 E) vertreten, deren unverzweigte Zellfäden aus – im Längsschnitt gesehen – H-förmigen Wandstücken aufgebaut sind. –

Zu den **Heterosiphonales** *(4. Ordnung)* zählt das blasenförmige, auf feuchtem Schlamm lebende *Botrydium* (Abb. 3.2.63 G), dessen etwa 2 mm große Zelle mit Rhizoiden im Schlamm verankert ist.

Die Blase enthält im randständigen Plasma zahlreiche Kerne und viele scheibenförmige Chromatophoren, ihre Wand besteht aus einer pectinartigen Fraktion und Cellulose. Wenn *Botrydium* von Wasser bedeckt wird, dann bilden sich zahlreiche heterokonte Schwärmer, die nach Verquellen der Blasenwand frei werden und auf geeignetem Substrat zu neuen Blasen heranwachsen. Bei Trockenheit entstehen zahlreiche vielkernige Cysten aus dem sich in die Rhizoiden zurückziehenden Protoplasten.

Siphonal ist auch die weit verbreitete Gattung *Vaucheria*. Ihre Arten leben im Süßwasser oder auf feuchter Erde, sitzen mit einem Rhizoidenbüschel fest und bestehen aus einem querwandlosen, verzweigten Schlauchsystem (Abb. 3.2.63 D) mit zahlreichen Kernen und Plastiden. Die Zellwand enthält eine pectinartige Masse und Cellulose. Die Wände einiger Arten sind mit Kalk inkrustriert und können Kalktuffe bilden (s. S. 665)

Zur vegetativen Vermehrung schwellen die Zweigenden an und grenzen durch eine Querwand eine Zelle ab, deren gesamter vielkerniger Protoplast nach Aufreißen der Wand als eiförmiger, etwa $\frac{1}{10}$ mm großer Schwärmer (Abb. 3.2.63 B) heraustritt. Seine Oberfläche ist mit zahlreichen paarweise stehenden, etwas ungleich langen Geißeln besetzt, die sich synchron bewegen. In dem farblosen Saum dieses Schwärmers liegen hinter jedem Geißelpaar 2 Blepharoplasten und ein birnförmig zugespitzter Zellkern; anschließend folgen nach innen die Chloroplasten (Abb. 6.2.63 C); auch pulsierende Vacuolen sind vorhanden. Morphologisch entspricht dieses Gebilde der Gesamtheit aller in einer Zelle gebildeten Zoosporen; es stellt also eine «Synzoospore» dar.

Die Oogonien und Spermatogonien von *Vaucheria* entstehen an den Thallusfäden als seitliche Ausstülpungen, die durch die Querwand abgegrenzt werden (Abb. 6.2.63 E, o, s). Die Oogoniumanlage (o) enthält anfangs zahlreiche Kerne, die aber alle bis auf einen, den Eikern, zusammen mit einem Teil der Chloroplasten in den Tragfaden zurückwandern; hierauf erst wird die Querwand ausgebildet. Die restlichen Chloroplasten, Öltröpfchen und der Eikern treten in den hinteren Teil des Oogoniums zurück, während sich in der schnabelartigen Vorstülpung farbloses Plasma ansammelt, das bei der Öffnung des Oogons als Kugel austritt. Das vielkernige Spermatogonium (s) ist mitsamt seinem Tragast hornförmig gekrümmt. Auch bei ihm verschleimt die Spitze bei der Reife. Die zahlreichen winzigen Spermatozoiden schwärmen aus, dringen in die Oogonienöffnung ein und sammeln sich vor dem farblosen Empfängnisfleck des Eies an. Die Spermatozoiden (Abb. 6.2.63 F) sind heterokont begeißelt.

Nach der Befruchtung der Eizelle durch einen der ♂ Gameten umgibt sich die ölreiche Cystozygote mit einer mehrschichtigen Wand, geht in einen Ruhezustand über (Hypnozygote) und keimt später unter Reduktionsteilung unmittelbar zu einem neuen haploiden Faden aus.

Hier anzuschließen ist eine kleine Gruppe (auch als eigene **Abteilung Eustigmatophyta**), die von den Xanthophyceen durch einige Merkmale im ultrastrukturellen Bereich verschieden ist: Chloroplasten ohne periphere Gürtellamelle; Pyrenoide nur in Chloroplasten vegetativer Zellen; Augenfleck am Vorderende der Zelle außerhalb der Chloroplasten. – Im Lebenscyclus der capsalen und kokkalen Organismen können heterokont begeißelte Zellen auftreten. Bei *Chlorobotrys* sind mehrere Zellen in einer Gallerthülle zu einer Zellkolonie zu-

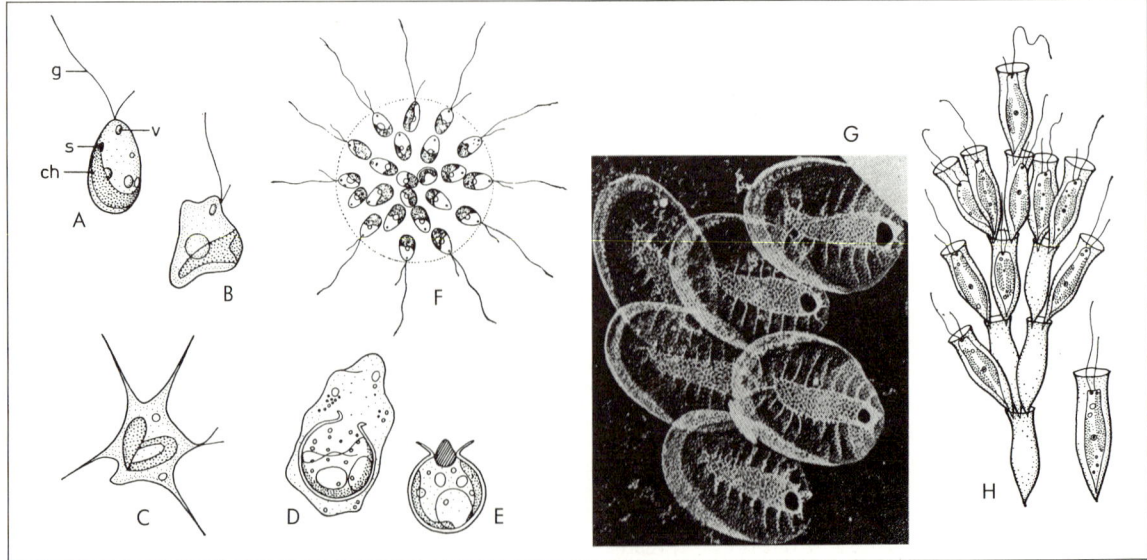

Abb. 3.2.64: Chrysophyceae, Chrysomonadales. A–E *Ochromonas* (1000×). **A–C** Übergang von der Normalform mit 2 Geißeln zum amöboiden Zustand mit Pseudopodien. **D** Cystenbildung im amöboiden Protoplasten. **E** Cyste mit Loch und Pfropf (schraffiert). s Augenfleck, ch gelbbrauner Chromatophor, v Vacuole, g Geißel. **F** *Uroglena americana* (400×). **G** *Synura glabra*. Kieselschuppen (7200×). **H** *Dinobryon sertularia* (350×) (A–E nach Pascher; F nach Pascher; G nach Hansen; H nach Klebs.)

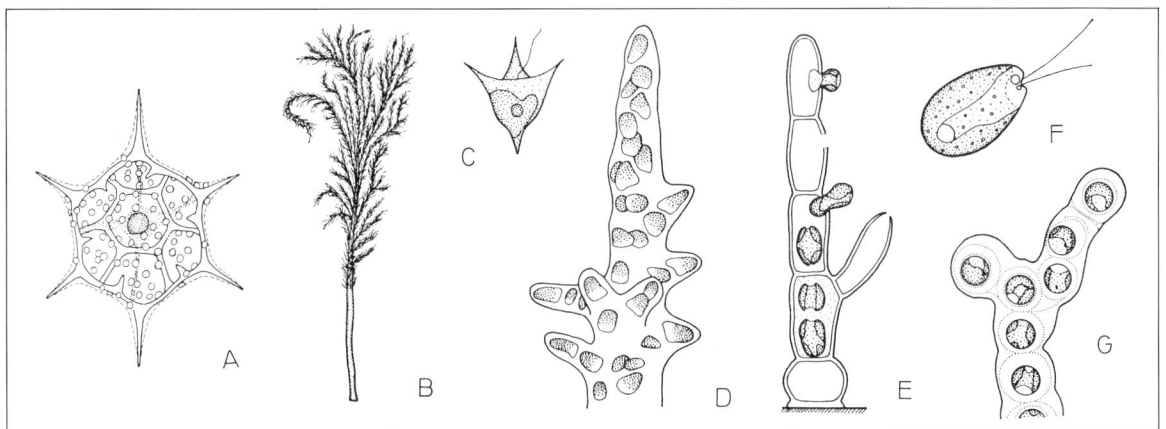

Abb. 3.2.65: *Chrysophyceae*, **A** *Dictyochales, Distephanus speculum*. Chromatophoren vor allem im Ektoplasma außerhalb des Kieselskeletts. Geißeln weggelassen.(1000×) B–D *Chrysocapsales, Hydrurus foetidus*. **B** junge Pflanze (1×). **C** Schwärmer (1200×). **D** Spitze eines Zweiges (450×). E–G *Chrysotrichales, Phaeothamnion borzianum*. **E** Thallus mit Zoosporenbildung (400×). **F** Zoospore (750×). **G** Palmella-Stadium (400×). (A nach Gemeinhardt, B nach Rostafinsky, C nach Klebs, D nach Berthold, E–G nach Pascher.)

sammengefaßt; einige ihrer Arten sind in Moortümpeln weit verbreitet.

In den sich nunmehr anschließenden Klassen (III–V) ist Fucoxanthin als akzessorisches Pigment in den gelben bis braunen Chromatophoren charakteristisch.

Die zwei zunächst folgenden Klassen III und IV vereinigen vorwiegend einzellige oder koloniebildende bis unverzweigt fädige Algen. Ausnahmsweise auftretende einfache Gewebethalli sind mikroskopisch klein. Ein Generationswechsel ist nicht bekannt.

III. Klasse: Chrysophyceae

Die meisten Arten dieser Klasse sind monadale Einzeller, die z.T. auch in Kolonien zusammengefaßt sein können. Seltener sind Vertreter der amöboiden *(Rhizochrysis)*, capsalen *(Chrysocapsa)*, kokkalen *(Chrysosphaera)*, trichalen *(Phaeothamnion)* und Gewebethalli bildenden *(Thallochrysis)* Organisationsstufe. Die Chromatophoren sind meist goldbraun bis braun («Goldalgen»; Fucoxanthin!). Die Zelloberfläche ist bei einigen Gattungen mit charakteristischen Kieselschüppchen bedeckt, die innerhalb der Zelle in Vesikeln nahe dem Chromatophoren gebildet und dann in fertiger Form auf der Zelloberfläche abgelagert werden; auch kommen verkieselte Cysten vor (Abb. 3.2.64E). Geschlechtliche Fortpflanzung wurde bei einigen Arten beobachtet (Isogamie). Die Klasse enthält in 200 Gattungen etwa 1000 Arten, die zumeist in Süßwasser, seltener im Brack- und Salzwasser vorkommen. Die Süßwasserformen bevorzugen helles und kühles Wasser. Die Ernährungsweise ist meist photoautotroph, z.T. heterotroph und phagotroph.

1. Ordnung: **Chrysomonadales.** Die goldbraun gefärbten Einzeller sind begeißelt (Abb. 3.2.64). Manche Gattungen bilden innerhalb ihrer Zellen endogene Cysten mit meist verkieselter Wand und Stöpselverschluß (D–E). Bei den im Süßwasserplankton häufigen Gattungen *Uroglena* (Abb. 3.2.64F) und *Synura* bilden zahlreiche Zellen in strahliger Anordnung ein kugelförmiges Coenobium (monadale koloniebildende Form); bei *Synura* sind die Zellen mit zarten Kieselplättchen bedeckt (Abb. 3.2.64G). Bei *Mallomonas* tragen die Kieselschuppen lange Schwebefortsätze. Das im Süßwasser und im Meer häufige *Dinobryon* (Abb. 3.2.64H) erzeugt um seine langgestreckten Zellen unter kreisender Bewegung Cellulosegehäuse; nach der Teilung setzen sich die Tochterzellen am Rand des Muttergehäuses fest und bilden neue Gehäuse aus, so daß buschig verzweigte Coenobien entstehen. Zur Kopulation schwimmen zwei einzelne Zellen samt Becher aufeinander zu, verschmelzen und bilden eine verkieselte Cystozygote. *Ochromonas* (Abb. 3.2.64A–C) und *Monas* sind einander ähnliche Gattungen; letztere hat allerdings Chromatophoren und autotrophe Lebensweise eingebüßt. Heterotroph sind auch die *Craspedomonadaceae* («Choanoflagellata»); durch Geißelschlag wird Nahrung (Detritus, Bakterien) in einen plasmatischen Kragen geschwemmt, der am oberen Ende der Zelle sitzt.

Nur im Meer kommen die nackten Silicoflagellaten vor, die in einer

2. Ordnung: **Dictyochales** zusammengefaßt werden. Sie bilden ein zierliches, im Zellinneren liegendes Kieselskelett, z.B. *Distephanus*, Abb. 3.2.65A. Fossil sind sie seit der mittleren Kreide bekannt.

3. Ordnung: **Chrysocapsales.** Bei dieser Gruppe leben die Zellen im vegetativen Zustand unbeweglich in Gallertcoenobien (capsale Organisationsstufe; vgl. S. 600). Die moosartigen Lager von *Hydrurus* sind in kalten Gebirgsbächen auf Steinen festgewachsen (Abb. 3.2.65B).

4. Ordnung: **Chrysotrichales.** Hier sind die Zellen zu einfachen oder verzweigten Fäden verbunden, wie z.B. bei dem im Süßwasser vorkommenden *Phaeothamnion* (trichale Organisationsstufe; Abb. 3.2.65E). Die Schwärmer dieser Algen verlieren unter besonderen Bedingungen ihre Geißeln, umgeben sich mit einer dicken Hülle und vermehren sich durch Teilung («Palmella-Stadium»; Abb. 3.2.65G). *Stichochrysis immobilis* hat die Fähigkeit, begeißelte Schwärmer zu bilden, gänzlich verloren, ebenso wie viele Vertreter der folgenden Klasse (S. 612).

IV. Klasse: Bacillariophyceae (= Diatomeae)

Die Diatomeen sind mit etwa 6000 Arten und 200 Gattungen eine Gruppe äußerst formenreicher, mitunter zu Bändern oder Fächern vereinigter kokkaler Einzeller. Die braunen, manchmal nur in Ein- oder Zweizahl vorhandenen Chromatophoren führen weitgehend die gleichen Farbstoffe wie die der Chrysophyceen. Auch die Reservestoffe stimmen überein. Die Assimilationsprodukte werden außerhalb der Chromatophoren abgelagert: Chrysolaminarin im Zellsaft (bei Chrysophyceen dagegen in eigenen Vacuolen), Öl in besonderen Ölvacuolen. Nur die männlichen Gameten einiger Arten aus der Ordnung *Centrales* sind begeißelt; sie besitzen eine nach vorne schlagende Flimmergeißel.

Eine Sonderstellung nehmen die Diatomeen durch den Besitz zweier innerhalb der äußeren Plasmaschicht abgelagerter Kieselsäureschalen ein, von denen eine (Epitheca) wie der Deckel einer Schachtel über die untere Hälfte (Hypotheca) greift (Abb. 3.2.66B). Die seitlichen Mantelflächen nennt man Gürtel, ihren Überlappungsbereich Gürtelband. Die Zelle hat verschiedenes Aussehen, je nachdem, ob man sie in der sog. Schalenansicht, d.h. von oben oder unten betrachtet (A), oder in der Gürtelbandansicht, d.h. von der Seite (B). Zwischen Schale und Gürtel werden mitunter Septen eingefügt (G), die ins Innere der Zelle vorspringen.

Die Kieselhülle weist besonders auf den Schalenflächen äußerst verwickelt gebaute, oft in Reihen angeordnete Strukturen auf; sie bestehen vielfach aus winzigen Kämmerchen, deren Decke oder Boden entweder offen oder geschlossen und dann von feinsten Poren oder Spalten durchsetzt ist (Abb. 3.2.67). Die Kieselsäure ist nicht kristallin, sondern zeigt eine äußerst feine, polarisationsoptisch isotrope Schaumstruktur; diese bedingt zwischen unterschiedlichen Medien (Cytoplasma/Wasser!) ein elektrostatisches Membranpotential, welches möglicherweise für die Stoffaufnahme der Zelle von Bedeutung ist. Bei fossilen Diatomeenschalen wird das amorphe Gefüge zu einem Kristallgitter umgebaut. Neben Kieselsäure wurden in der Zellwand auch Polysaccharide («Pectine»), Proteine und fettartige Stoffe, jedoch keine Cellulose nachgewiesen. Die Schalen werden in flachen Vesikeln unterhalb des Plasmalemmas gebildet. Diese Vesikel sind möglicherweise vom Golgi-Apparat abzuleiten; mehrere Golgi-Vesikel verschmelzen offenbar zu den Silicat-bildenden Vesikeln.

Die Diatomeen vermehren sich vegetativ durch Zweiteilung. Hierbei werden die beiden Schalen durch den sich vergrößernden Protoplasten an den Gürtelbändern auseinandergeschoben. Von jeder der beiden Tochterzellen wird jeweils nur die Hypotheca zu der übernommenen Schale ergänzt. Diejenigen Tochterzellen, die zur ursprünglichen Hypotheca (jetzt Epitheca) eine passende Schale (also die neue Hypotheca) bilden, sind kleiner als die Mutterzelle. Dies führt bei weiteren Teilungen zu einer fortschreitenden Verkleinerung der Zellen bis zu einer bestimmten Mini-

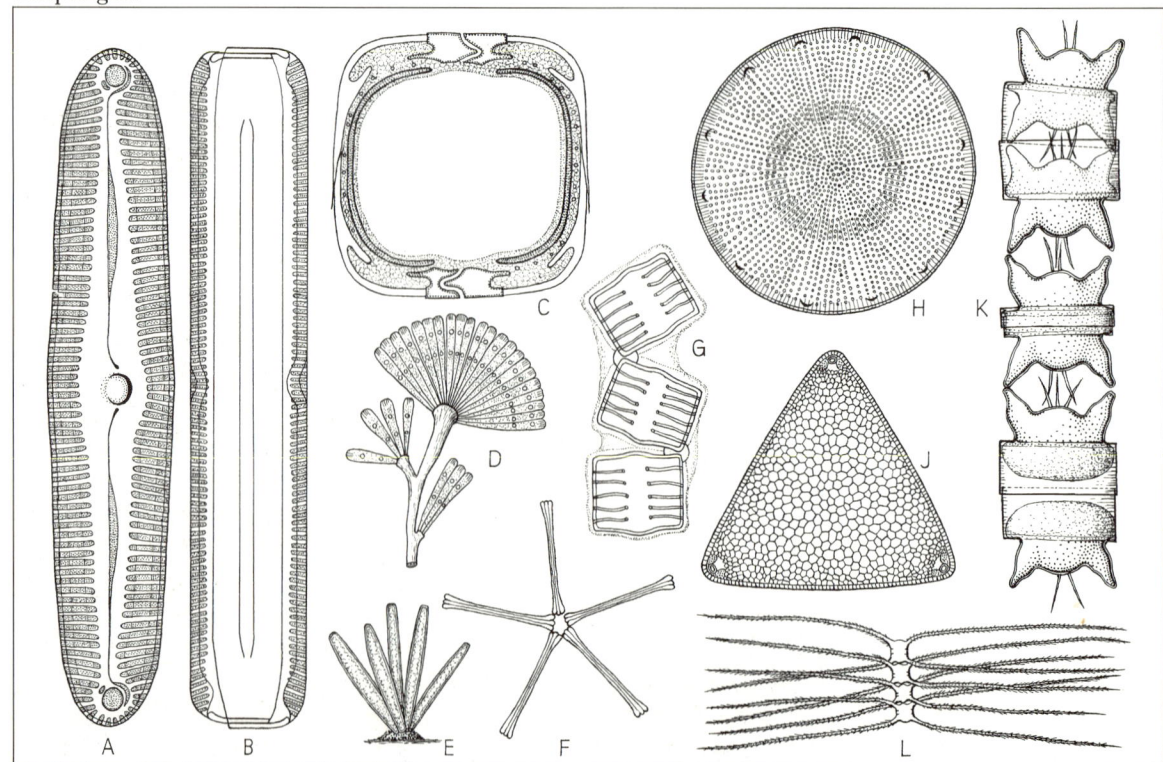

Abb. 3.2.66: Bacillariophyceae, A–G Pennales: A–C *Pinnularia viridis*. **A** Schalenansicht, mit Raphe (600×), **B** Gürtelbandansicht (600×). **C** Querschnitt (1200×). **D** *Licmophora flabellata* (200×). **E** *Synedra gracilis* (200×). **F** *Asterionella formosa* (200×). **G** *Tabellaria flocculosa* (400×). H–L Centrales: **H** *Coscinodiscus pantocseki* (200×). **J** *Triceratium distinctum* (200×). **K** *Biddulphia aurita* (400×). **L** *Chaetoceras castracanei* (250×). (A, B nach Pfitzer; C nach Lauterborn; D, E nach Smith; F nach van Heurck; G nach Schröder; H nach Pantocsek; J nach A. Schmidt; K nach Smith; L nach Karsten.)

malgröße (etwa der Hälfte der Ausgangsgröße), bei der dann die mit einer beträchtlichen Volumenvergrößerung der Zygoten (Auxozygoten) verbundene geschlechtliche Fortpflanzung einsetzt. Der zunehmenden Verkleinerung wirken manche Arten dadurch entgegen, daß sich die größere der beiden Tochterzellen häufiger teilt. Bei anderen wird der Größenunterschied zwischen Epi- und Hypotheca durch die Elastizität der Gürtel ausgeglichen.

Der Lebenscyclus ist diplontisch mit gametischem Kernphasenwechsel; die Diatomeenzelle enthält also einen diploiden Zellkern (im Gegensatz z.B. zu den Zygnematophyceen S. 638ff.). Bei der Reifeteilung entstehen aus diploiden Zellen haploide Gameten.

Diatomeen sind im Süßwasser und in den Meeren aller Klimate verbreitet; sie entwickeln sich besonders stark im Frühjahr und Herbst, weniger im Sommer. Viele Formen leben in feuchten Böden und auf Fels, andere in den Tropen zusammen mit Blaualgen auf Blättern (epiphylle Arten).

Nach der Symmetrie ihrer Schalen teilt man die *Bacillariophyceae* in zwei Ordnungen: *Centrales* und *Pennales*. Bei jenen sind die Schalen radiär, bei diesen bilateral; abgesehen vom Bau der Schalen ist auch die Art der geschlechtlichen Fortpflanzung in beiden Ordnungen sehr verschieden.

1. Ordnung: **Centrales.** Ihre Schalen zeigen einen kreisförmigen oder abgerundet dreieckigen Umriß (Abb. 3.2.66 H–L), bei radialer oder konzentrischer Anordnung der Wandskulpturen. Im Gegensatz zu den meisten *Pennales* sind die vegetativen Zellen der *Centrales* unbeweglich. Die männlichen Gameten sind jedoch mit einer Flimmergeißel (vgl. Abb. 3.2.12 E) ausgerüstet und beweglich. Die geschlechtliche Fortpflanzung ist besonders bei *Stephanopyxis* und *Melosira varians* untersucht worden:

Die Geschlechtsbestimmung erfolgt modifikatorisch. In den männlich determinierten Zellen – sie verwandeln sich meist direkt zum Spermatogonium – entstehen 4 Spermatozoiden (Abb. 3.2.69 d–f) mit Geißeln. In anderen, meist größeren, in Oogonien umgewandelten Zellen bilden sich unbegeißelte weibliche Gameten, die Eier. Im einzelnen verläuft die Gametenbildung sehr viel differenzierter und die Zahl der erzeugten Gameten kann je nach Art verschieden sein. Die Spermatozoiden schwimmen mit ihrer Flimmergeißel zu den Eizellen. Nach der Befruchtung innerhalb oder außerhalb des Oogoniums umgibt sich jede Zygote mit einer pectinartigen Hülle (Perizonium), keimt aber alsbald, indem sie unter Dehnung der Wand zur 2–4fachen Größe der Ausgangszelle heranwächst und zur «Auxozygote» wird. Die gegebenenfalls noch an ihr hängenden alten Schalen werden auseinandergedrängt und ein neues Schalenpaar wird innerhalb des Perizoniums gebildet. Damit ist eine neue, diploide «Erstlingszelle» entstanden, aus der dann, wie oben beschrieben, unter schrittweiser Verkleinerung eines Großteils der Nachkommenschaft neue diploide Tochtergenerationen vegetativ hervorgehen.

Generell ist die Anlage von Schalen an Mitosen geknüpft; auch der Zygotenkern macht bei der Bildung der beiden Erstlingsschalen je eine mitotische Teilung durch, einer der beiden Tochterkerne degeneriert.

Die *Centrales* leben vorwiegend im Meer und bilden einen hervorragenden Bestandteil des Phytoplanktons (erste

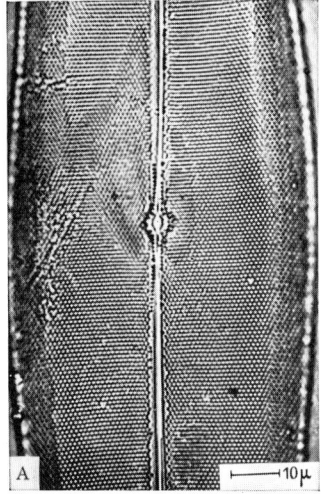
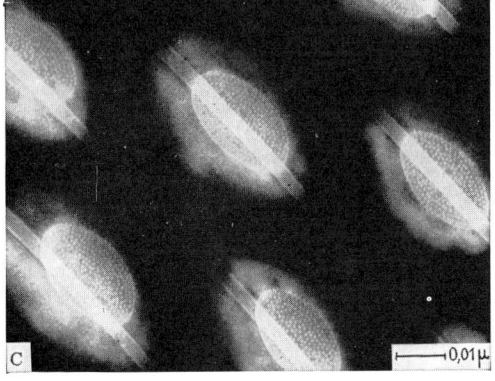
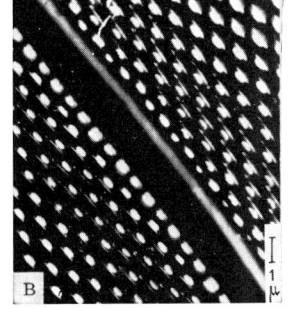
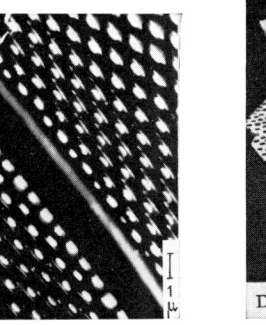

Abb. 3.2.67: *Bacillariophyceae, Pennales, Pleurosigma angulatum.* Bau der Kieselschale. **A** Übersichtsbild des mittleren Schalenteils mit Raphe. **B** Raphe und Poren. **C** Poren. **D** Rekonstruktion des Schalenbaues nach elektronenmikroskopischen Aufnahmen. (Nach Helmcke & Krieger.)

612 · Übersicht des Pflanzenreiches

Stelle unter den Primärproduzenten in den Weltmeeren; s.S. 646). Viele unter ihnen besitzen besondere Schwebefortsätze Abb. 3.2.66L) oder sind zu Ketten oder anderen Verbänden durch Gallerte vereinigt (K).

Die kurz-zylindrische Zellen bildende *Melosira* (Abb. 3.2.69) ist sowohl im Meer wie im Süßwasser verbreitet, die artenreiche Gattung *Coscinodiscus* nur im Meer. *Triceratium* (Abb. 3.2.66J), ebenfalls marin, zeigt eine drei- bis vieleckige Schalenansicht. Die büchsenförmige *Antelminellia gigas* (in warmen Meeren) stellt mit fast 2 mm Durchmesser die an Volumen größte Diatomee dar. *Stephanodiscus* ist am Rande der kreisförmigen Schalen mit einem Stachelkranz besetzt.

2. Ordnung: **Pennales.** Ihre Zellen sind stab- oder schiffchen-, seltener keilförmig (Abb. 3.2.66A–G), ihr Symmetriezentrum ist daher zu einer Linie verlängert, von der die Kieselsäure-Wandskulpturen federartig ausstrahlen. Bei sehr vielen Formen verläuft im Kieselpanzer in Längsrichtung eine Spalte, die «Raphe», deren Feinbau bei den einzelnen Gattungen sehr verschieden ist (Abb. 3.2.66A, 3.2.67A, 3.2.68); man nimmt an, daß die Strömung des an der Raphe austretenden extramembranösen Plasmas die eigentümlichen, nur bei den pennaten Diatomeen vorkommenden Kriechbewegungen (bis 20 μm/s) bewirkt. Sessilen unbeweglichen Formen fehlt die Raphe. Im Zentrum wird die Raphe durch den Zentralknoten unterbrochen, an den Schalenenden mündet sie in die Endknoten (Abb. 3.2.66A). Nach einer anderen Theorie soll die Bewegung durch Schleimsekretion aus Poren der Knoten verursacht werden.

Die geschlechtliche Fortpflanzung der *Pennales* weicht vom «Normaltyp» der *Centrales* ab, weil keine begeißelten Gameten auftreten. Es fusionieren Isogameten in Form nackter Protoplasten (einzige Ausnahme *Rhabdonema* mit Oogamie, wobei die ♂ Gameten allerdings unbegeißelt sind).

Zur Paarung kriechen zwei vegetative Zellen zusammen und scheiden meist reichlich Gallerte aus. Der Kern jeder Zelle teilt sich unter Meiose in 4 haploide Kerne, von denen jedoch zwei degenerieren. Epi- und Hypotheca weichen etwas auseinander. Durch diesen Spalt kopulieren je zwei Gameten, so daß zwei Zygoten entstehen, die sofort zu Auxozygoten heranwachsen. Jede derselben scheidet ein Kieselsäure-Schalenpaar ab und bildet eine Erstlingszelle von mehrfacher Größe der Ausgangszellen. Erstlings- und Elternzellen liegen entweder quer (Abb. 3.2.70) oder parallel zueinander. Von diesem Normalverhalten kommen zahlreiche Abweichungen vor.

Die meisten beweglichen pennaten Diatomeen leben vorwiegend auf dem Grunde von Süß-, Brack- und Salzwäs-

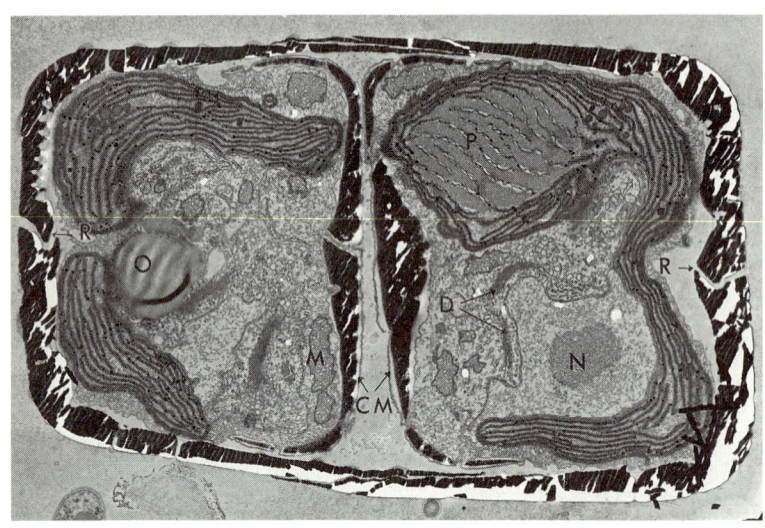

Abb. 3.2.68: *Bacillariophyceae, Pennales, Gomphonema parvulum.* Querschnitt durch eine Zelle am Ende der Teilung. (10000×). CM Cytoplasma-Membran, D Dictyosomen, M Mitochondrium, N Nucleolus, O Öltropfen, P Pyrenoid im Chromatophor, R Raphe. (Nach Drum & Pankratz.)

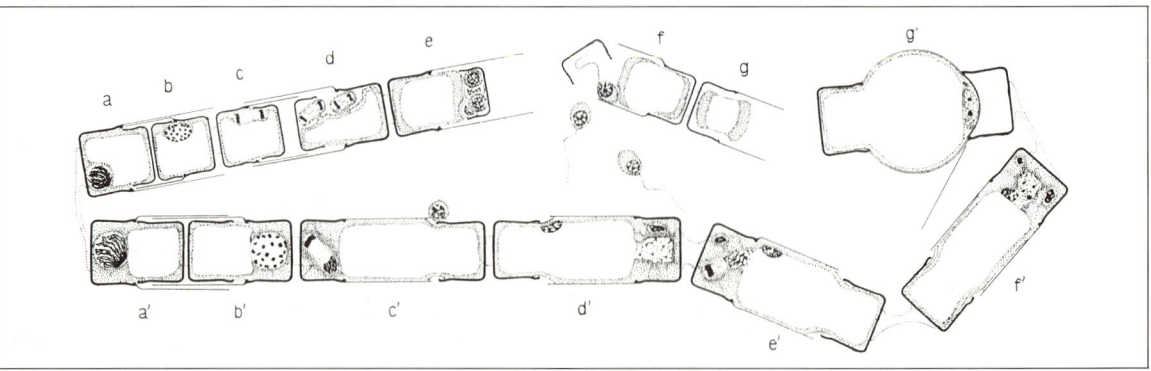

Abb. 3.2.69: *Bacillariophyceae, Centrales, Melosira varians.* Geschlechtliche Fortpflanzung (Schema). a–g männlicher, a'–g' weiblicher Fadenabschnitt, a–e und a'–e' Meiose. f geöffnetes, g entleertes Spermatogonium. d' männlicher Kern durch Befruchtungsspalt eingedrungen. f' Befruchtung. g' junge Auxozygote. (Nach von Stosch.)

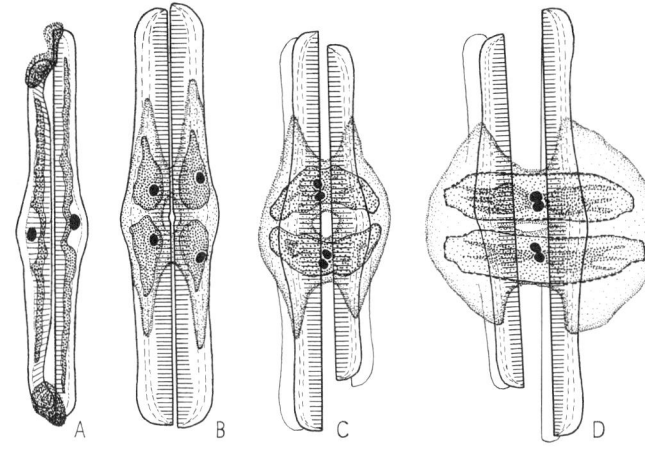
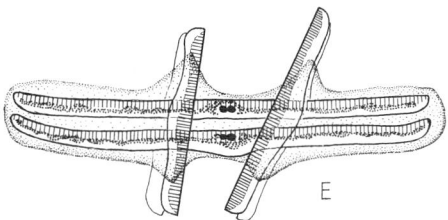

Abb. 3.2.70: *Bacillariophyceae, Pennales, Rhopalodia gibba.* Geschlechtliche Fortpflanzung (A–D 410×, E 240×). **A** 2 Zellen mittels Gallertkappen verbunden. **B** Teilung der Mutterzellen (degenerierte Kerne bereits aufgelöst). **C** Zygotenbildung nach der Gametenfusion. **D** Streckung der Auxozygoten. **E** Endstadium und Ausbildung der neuen Schalen. (Nach Klebahn.)

sern (mitunter in Massenentwicklung), epiphytisch auf Wasserpflanzen oder im Boden; doch haben sie auch Planktonformen entwickelt.

Die durch ihre Schiffchen-Form gekennzeichnete Gattung *Navicula* ist mit etwa 500 Arten in allen Gewässern verbreitet; die ähnliche linear-elliptische *Pinnularia* (Abb. 3.2.66 A–C) bevorzugt Süßwasser. Das schwach S-förmig gebogene *Pleurosigma* kann mit seiner sehr feinen Schalenstruktur (Abb. 3.2.67) als Testobjekt zur Prüfung von Mikroskopobjektiven dienen. Bei den vorwiegend limnischen Gattungen *Diatoma*, *Tabellaria* (Abb. 3.2.66 G), *Fragilaria* u. a. bilden die Zellen lange Ketten, bei *Asterionella* (F) sternförmige, bei *Meridion* fächer- bis kreisförmige Kolonien. Manche Arten der Gattung *Synedra* schweben frei im Wasser, andere sitzen, durch Gallertpolster angeheftet, auf größeren Algenfäden (E). Bei der ebenfalls sessilen *Licmophora* bleiben die Zellen nach der Teilung aneinander haften, so daß an Gallertstielen bäumchenförmige Kolonien entstehen (D). – Weitere, an anderer Stelle erwähnte, hierher zu stellende Gattungen sind: *Surirella* s. S 646, *Nitzschia* S. 884, *Gomphonema* Abb. 3.2.68, und *Rhopalodia* Abb. 3.2.70.

Phylogenie. Die *Centrales* mit ihren begeißelten Spermatozoiden sind ursprünglicher als die *Pennales*, bei denen die Geißeln völlig verlorengegangen sind. Als Vorfahren der Diatomeen kommen vor allem Algen vom Typ der Chrysomonadalen in Betracht, deren Zellen bereits Kieselschüppchen tragen können. Die Diatomeen sind im wesentlichen auf der kokkalen Stufe, mit ersten Andeutungen trichaler Organisation, stehengeblieben.

Die ältesten Diatomeen, und zwar zentrische Formen, kennt man aus dem Jura. In großem Artenreichtum treten sie von der Kreide ab auf. Im Tertiär und in den Interglazialen führte die Massenentfaltung von Diatomeen sogar zur Gesteinsbildung (Polierschiefer, Kieselgur).

Im Gegensatz zu den vorigen beiden Klassen fehlen der folgenden einfache Organisationsformen (z. B. keine Einzeller oder unverzweigte Fäden). Vielfach werden makroskopische Gewebethalli mit starker Organ- und Gewebedifferenzierung gebildet. Es treten verschiedene Typen des Generationswechsels sowie als Zellwandstoffe – nur hier – Alginate und Fucoidan auf.

V. Klasse: Phaeophyceae

Die Braunalgen oder Phaeophyceen bilden eine formenreiche Gruppe (vgl. Abb. 1.4.5, 3.2.71A, 3.2.74, 3.2.76). Ihr Habitus schwankt zwischen winzigen, verzweigten Zellfäden, heterotrichen Fadenthalli, pseudoparenchymatischen Thalli bis zu vielschichtigen, viele Meter groß werdenden Pflanzen mit starker Organ- und Gewebedifferenzierung (Gewebethalli! S. 234). Die in ihren derben Formen auch «Tange» genannten Pflanzen lassen vielfach eine Gliederung in Organe erkennen, die an Blätter, Stengel und Wurzeln der Cormophyten erinnern (Phylloide, Cauloide, Rhizoide). Einzeller fehlen, d. h. die monadale und kokkale Organisationsstufe ist nicht ausgebildet. Neben den Rhodophyten zählen die Phaeophyceen zu den höchstentwickelten Algen. Die braunen Chromatophoren enthalten neben den für die Abteilung charakteristischen Assimiliationspigmenten vor allem Fucoxanthin als akzessorische, die anderen Farbstoffe überdeckende Komponente. Die Zellwand besteht aus einer festen und einer schleimigen Fraktion; erstere setzt sich aus Cellulosefibrillen und Alginat, letztere aus Alginat und Fucoidan zusammen. Alginate sind Salze der Alginsäure (Polymer der beiden Zuckersäuren β-D-Mannuronsäure und β-L-Guluronsäure) mit verschiedenen Kationen (wie Ca^{++}-, Mg^{++}-, Na^+-Ionen). Die Schwärmer (Zoosporen und Gameten) tragen an ihrem birnen- bis spindelförmigen Körper meist 2 ungleich lange Geißeln (Abb. 3.2.71 A–B). In der Nähe der Geißeln liegt ein rotbrauner Augenfleck im braunen Chromatophor (hiervon 1, selten mehrere). Die Flimmerhaare der Zuggeißel werden in Vesikeln des endoplasmatischen Reticulums oder in blasenförmigen Teilen des Kern-ER angelegt. Die Schleppgeißel ist basal angeschwollen; diese Geißelanschwellung ist möglicherweise als Photorezeptor wirksam und liegt in Nachbarschaft zum Augenfleck. Die Schleppgeißel mündet stets, die Zuggeißel gelegentlich in einen dünnen Haarfortsatz. Dieses Merkmal kommt außer bei den Xanthophyceen und Phaeophyceen sonst nirgends vor. Der Lebenscyclus vollzieht sich in einem Generationswechsel, wobei die Meiosporen stets in uniloculären Sporangien, die Gameten in der Regel in

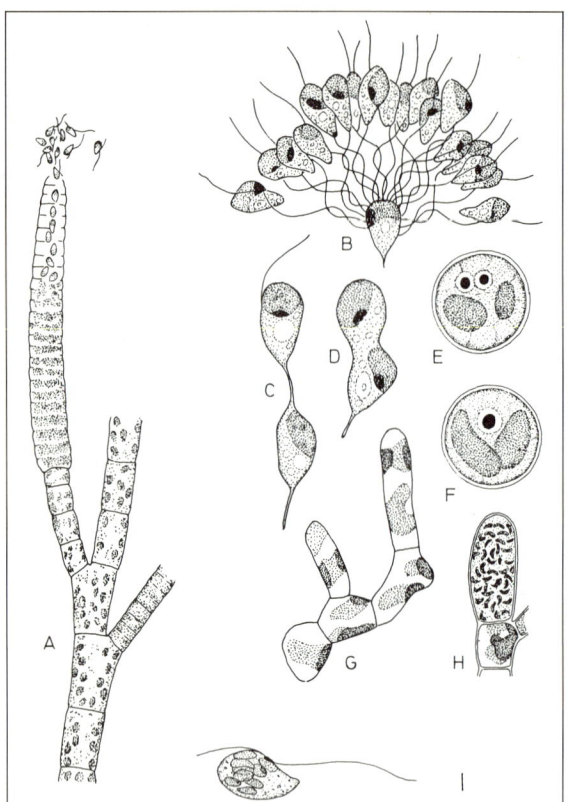

Abb. 3.2.71: *Phaeophyceae, Ectocarpales.* A–D *Ectocarpus siliculosus:* **A** Gametophytenast mit pluriloculärem Gametangium (380×). **B–D** Befruchtung (B 1200×, C, D 1600×). **E–F** *Asperococcus bullosus,* Zygote und Kernverschmelzung (2000×). **G** *Nemacystus divaricatus,* Keimling (780×). **H** *Ectocarpus lucifugus,* uniloculäres Meiosporangium am diploiden Sporophyten (400×). **I** *Ectocarpus globifer.* Zoospore, Flimmerhaare nicht gezeichnet! (A nach Thuret; B–D nach Berthold; G, H nach Kylin; G nach Hygen; H–J nach Kuckuck.)

pluriloculären (= vielkammerigen) Gametangien gebildet werden. Der heterophasische Generationswechsel ist isomorph, heteromorph bzw. extrem heteromorph mit (fast) vollständiger Rückbildung des haploiden Gametophyten. Die Förderung des diploiden Sporophyten – eine sich bereits innerhalb der *Ectocarpales* anbahnende Entwicklung – wird als abgeleitetes Merkmal verstanden.

Vorkommen und Lebensweise. Die meisten der 250 Gattungen zugeordneten 1500–2000 Phaeophyceen-Arten sind Meeresalgen, deren stärkste Entwicklung in den gemäßigten und kälteren Teilen der Ozeane liegt. Sie gehören dem Benthos (s. S. 644 f.) an und leben festgewachsen als Lithophyten auf Felsen, Steinen, Balken usw., manche bei Niedrigwasser freiliegend, oft auch epiphytisch auf anderen Algen. Sie bilden in der Gezeitenzone der Felsküsten eine üppige Vegetation in charakteristischer Zonierung der Arten (Abb. 3.2.97). Eindrucksvoll sind an der pazifischen Küste Amerikas unterseeische Wälder, welche von den viele Meter langen Braunalgen *Lessonia, Macrocystis* und *Nereocystis* gebildet werden. Demgegenüber fallen winzige fadenförmige oder scheibenförmige Braunalgen zwar weniger auf, sie sind jedoch weit verbreitet; u.a. auf Gestein, Seepocken, Schnecken, Muscheln und epiphytisch auf größeren Algen. Kleine Braunalgen können bis zu einem gewissen Grade endophytisch in größeren Algen leben. Im Süßwasser kommen nur etwa fünf Gattungen mit wenigen Arten vor.

Die Klasse gliedert sich in 11 Ordnungen, von denen folgende weniger bedeutende nicht näher besprochen werden: *Chordariales* (mit *Chordaria* und *Leptonema; Elachista* als Epiphyt auf *Fucus* mit vegetativer Diploidisierung im Gametophyten); die *Desmarestiales* (nachträgliche Vereinigung von Fäden zu einer pseudoparenchymatischen Rinde; heteromorpher Generationswechsel), *Dictyosiphonales* (parenchymatischer Thallus), *Scytosiphonales* [pseudoparenchymatische krustenförmige Mikrothalli (Sporophyt?) wechseln im Lebenskreislauf mit parenchymatischen Megathalli (Gametophyt?) ab], *Sporochnales* und *Sphacelariales* (z.B. *Halopteris;* von den *Ectocarpales* u.a. durch Besitz einer Scheitelzelle verschieden).

1. Ordnung: **Ectocarpales.** Zu ihnen gehören die meisten Braunalgen. Sehr verbreitet ist *Ectocarpus.* Mit seinen büschelig verzweigten Fadenthalli ist er ein zarter, dem Habitus der Grünalge *Cladophora* (Abb. 3.2.90) ähnlicher, aber braun gefärbter Bewohner der oberflächennahen Regionen unserer Meere, der mit kriechenden Haftfäden am Substrat (Fels, größeren Algen) befestigt ist. Die Fäden wachsen intercalar ohne Scheitelzelle; nur ein Teil ihrer Zellen vermag sich in Fortpflanzungsorgane umzuwandeln. Der Lebenscyclus ist ein weitgehend isomorpher (oder schwach heteromorpher) Generationswechsel.

Gametophyt: der haploide, büschelig verzweigte Fadenthallus des Gametophyten trägt seitlich und an den Fadenenden pluriloculäre Gametangien, in denen durchaus nicht jede Zelle befähigt ist, tatsächlich je einen Gameten zu bilden. Zur Entlassung der Gameten werden die inneren Wände im Gametangium aufgelöst und die Gameten treten an dessen Spitze ins Freie. Trotz morphologischer Isogamie besteht bei vielen Arten der Gattung *Ectocarpus* physiologische Anisogamie, indem die weiblichen (–)-Gameten bald nach ihrer Entlassung zur Ruhe kommen und ihre Geißeln abwerfen, während sie von den männlichen (+)-Gameten, die von dem Lockstoff Ectokarpen chemotaktisch angelockt werden, weiter umschwärmt werden (Gruppenbildung). Mit der Spitze ihrer längeren Geißel heften sich die (+)-Gameten an den weiblichen Ruhegameten fest und verschmelzen schließlich mit ihnen (Abb. 3.2.71B).

Sporophyt: Nach der Befruchtung wächst die Zygote ohne Ruhestadium zum oft etwas derberen und weniger stark verzweigten diploiden Sporophyten aus. An ihm entstehen in großer Zahl eiförmige uniloculäre Sporangien, in denen nach Meiose zahlreiche Meio-Zoosporen gebildet werden, aus denen die neue Gametophytengeneration hervorgeht. Die Geschlechtsbestimmung ist haplogenotypisch.

Dieser normale, isomorphe, heterophasische Generationswechsel kann durch zahlreiche Abweichungen von der Regel in oft unübersichtlicher Weise kompliziert werden:

1. Im Generationswechsel sind die Generationen nicht immer an eine bestimmte Kernphase gebunden. 2. Jede Generation kann sich unmittelbar wieder selbst erzeugen. 3. Die Sexualität ist nicht fest fixiert; es kann auf sie verzichtet werden.

Während die Keimzellenbehälter bei *Ectocarpus* endständig an Seitenzweigen entstehen, werden sie bei *Pylaiella* intercalar in Fadenabschnitten ausdifferenziert.

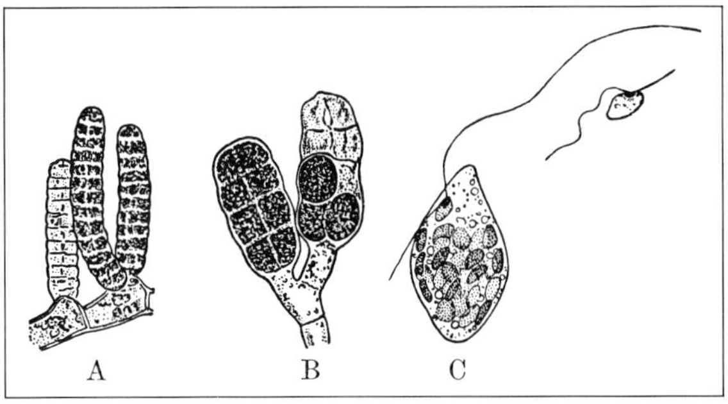

Abb. 3.2.72: *Phaeophyceae, Cutleriales, Cutleria multifida.* **A** drei ♂, **B** zwei ♀ pluriloculäre Gametangien (400×). **C** Weiblicher und männlicher Gamet; Flimmerhaare der Geißeln nicht dargestellt (1200×). (A, B nach Thuret; C nach Kuckuck.)

Bei gewissen epiphytischen *Ectocarpus-* und *Pylaiella-*Arten kommen die Gametophyten und Sporophyten nicht auf den gleichen, sondern auf verschiedenen Substratpflanzen vor (z. B. bei *Pylaiella litoralis* der Sporophyt auf *Fucus*, der Gametophyt auf *Ascophyllum*).

2. Ordnung: **Cutleriales.** Der Generationswechsel von *Cutleria* ist heteromorph mit stark geförderter Gametophytengeneration (Abb. 3.2.78 A). Der Gametophyt ist aufrecht, gabelig verzweigt, bandförmig und an den Enden zerschlitzt. Bei *Cutleria multifida*, einer Alge der wärmeren europäischen Meere, lebt er nahe der Meeresoberfläche, ist etwa 40 cm groß und bildet auf ♂ und ♀ Pflanzen in Mikro- und Megagametangien kleine ♂ und größere ♀

begeißelte Gameten. Die ♂ Gameten werden von den ♀ mittels des Lockstoffes Multifiden angezogen, worauf sich die Kopulation (Anisogamie) anschließt. Der früher als eigene Gattung *(Aglaozonia)* beschriebene Sporophyt ist deutlich kleiner (wenige cm), flach, gelappt, niederliegend und krustenförmig (Abb. 3.2.78); er lebt auf Felsen und Muschelschalen in 8 bis 10 m Tiefe. Auf der Oberseite des parenchymatischen Thallus stehen Sori aus unilokulären Sporangien. Nach der Meiose entlassen diese die Zoosporen. *Zanardinia* hat einen isomorphen Generationswechsel.

3. Ordnung: **Dictyotales.** Die etwa handgroßen, flachen Gewebethalli sind bei *Dictyota* mehrfach dichotom verzweigt. Wachstum und Gabelverzweigungen beruhen auf Zellteilungen einer großen einschneidigen Scheitelzelle (Abb. 1.4.12 B), die nach hinten Basalsegmente abgliedert. Diese teilen sich weiter auf in eine Vielzahl von Zellen, die das Gewebe bilden (Abb. 1.4.12). Sie sind in periphere Assimilations- und zentrale Speicherzellen differenziert (Abb. 3.2.73). Hin und wieder untergliedert eine in der Längsrichtung des Thallus verlaufende Zellwand die ursprüngliche Scheitelzelle in zwei nebeneinander liegende Tochterscheitelzellen, die das Wachstum fortsetzend eine dichotome Verzweigung des Thallus verursachen. Der Generationswechsel ist isomorph (Abb. 3.2.78 B).

Gametophyt: Die sexuelle Fortpflanzung ist zur Oogamie fortgeschritten. Die pluriloculären Spermatogonien und die Oogonien sind auf verschiedene Pflanzen verteilt und immer in Gruppen (Sori) angeordnet (Abb. 3.2.73 A, B).

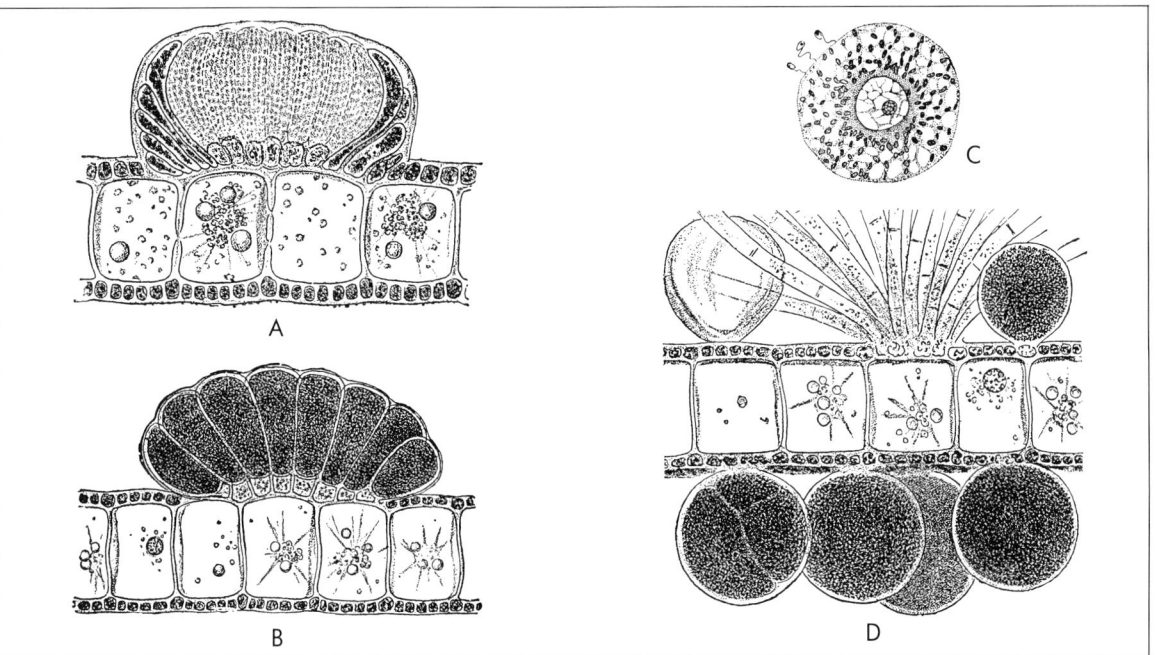

Abb. 3.2.73: *Phaeophyceae, Dictyotales, Dictyota dichotoma.* **A** Querschnitt durch ♂ Thallus mit Spermatogoniengruppe (von einem Becher steriler Umwallungszellen umhüllt, 200×). **B** Querschnitt durch ♀ Thallus mit Oogoniengruppe (200×). **C** Ei mit 3 Spermatozoiden (400×). **D** Thallusquerschnitt mit Tetrasporangien (davon eines entleert) und «Phaeophyceen-Haaren» (200×). (A, B, D nach Thuret; C nach Williams).

616 · Übersicht des Pflanzenreiches

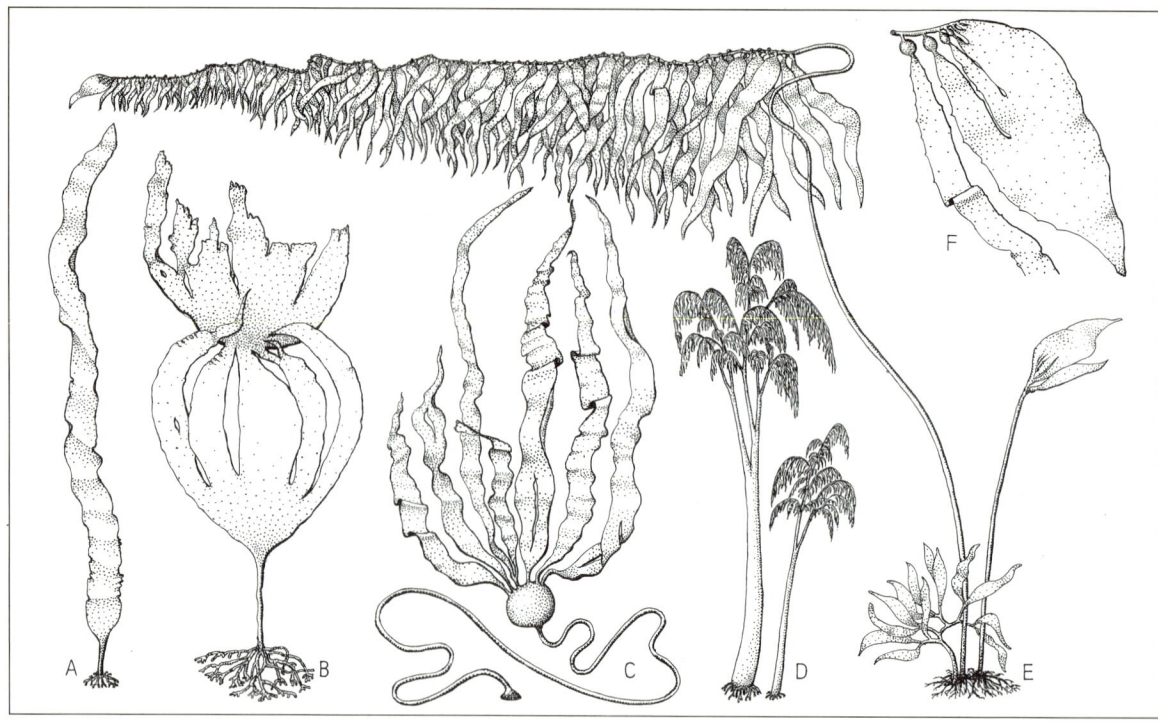

Abb. 3.2.74: Phaeophyceae, Laminariales, **A** Laminaria saccharina ($1/40 \times$). **B** Laminaria hyperborea, oben mit vorjährigem Thallusrest ($1/40 \times$). **C** Nereocystis luetkeana ($1/10 \times$). **D** Lessonia flavicans ($1/30 \times$). **E** Macrocystis pyrifera ($1/250 \times$). **F** Desgl., Thallusspitze ($1/20 \times$). (A nach Mägdefrau; B nach Schenck; C nach Postels & Ruprecht; D, E, F nach J. D. Hooker.)

Jedes Oogonium enthält ein großes unbewegliches braunes Ei, das im Wasser umhergeschwemmt und durch Spermatozoiden befruchtet wird (C). Die birnenförmigen ♂ Gameten haben einen stark reduzierten Chromatophor und nur eine seitliche Geißel mit Flimmerhaarbesatz; eine zweite, reduzierte Geißel steckt mit einem eigenen Basalkorn als winziger Stummel äußerlich unsichtbar im Plasma. Die Gametangien entwickeln sich nur in den Sommermonaten; die Entleerung findet lunar und solar gesteuert nur an 2 Tagen im Monat, jeweils in der ersten Stunde nach Lichtbeginn statt.

Sporophyt: Dem haploiden Gametophyten gleicht der diploide Sporophyt in seiner äußeren Gestalt vollständig (Abb. 3.2.78). Die Meiosporen, zu je 4 in den uniloculären Tetrasporangien des Sporophyten entstehend (Abb. 3.2.73 D), sind relativ groß und unbegeißelt. Zwischen den Tetrasporangien ragen farblose sog. Phaeophyceenhaare hervor.

Die in wärmeren Meeren häufige, fächerförmige *Padina* wächst mit einem Randmeristem, *Dictyopteris* mit apicaler Initialzellengruppe.

4. Ordnung: Laminariales. Ihr Generationswechsel ist heteromorph mit entschiedener Förderung des diploiden Sporophyten (Abb. 3.2.78 C). Die Sporophyten sind morphologisch und histologisch sehr differenziert und erreichen oft beträchtliche Ausmaße (Abb. 3.2.74 A–F).

Die Gametophyten aller *Laminariales* sind hingegen mikroskopisch klein. Die ♂ und ♀ Pflänzchen unterscheiden sich deutlich im Bau und weisen somit sekundäre Geschlechtsmerkmale auf. Die männlichen Gametophyten sind relativ stark verzweigt, raschwüchsig, zellenreich, aber kleinzellig (Abb. 3.2.75 G) und tragen an den Zweigspitzen einzellige Spermatogonien mit nur je einem zweigeißeligen Spermatozoid. Die weiblichen Gametophyten (F) besitzen wesentlich größere Zellen, wachsen aber langsamer und sind zellärmer – im Extrem bestehen sie sogar aus nur einer einzigen schlauchförmigen Zelle – und erzeugen Oogonien mit jeweils einer Eizelle. Das nackte Ei tritt durch ein Loch an der Spitze des Oogoniums heraus, wo es meist liegen bleibt (F: e) und nach der Befruchtung – einer Oogamie also – zum diploiden Sporophyten heranwächst (F: k_1–k_3).

Die Sporophytengeneration stellt die makroskopisch auffällige Phase im Lebenscyclus dar. Der Sporophyt erzeugt an seiner Oberfläche außer schlauchförmigen sterilen Zellen (Paraphysen) ausgedehnte Lager von keulenförmigen uniloculären Sporangien (Abb. 3.2.75 D), in denen sich die 2geißeligen Zoosporen in Vielzahl unter Reduktionsteilung und gleichzeitiger genotypischer Geschlechtsbestimmung bilden.

Die Sporophyten von *Macrocystis pyrifera* (Abb. 3.2.74 E) werden in den kühleren Meeren der Südhalbkugel über 50 m lang; ihr in 2–25 m Tiefe mit einem krallenartigen Haftorgan festsitzender Thallus trägt an seinen Achsen (Cauloid, s. S. 234) einseitig lang herabhängende Thalluslappen (Phylloide, s. S. 234), die an der Basis je eine große Schwimmblase besitzen, durch die sie an der Meeresoberfläche schwimmend gehalten werden. Die antarktischen *Lessonia*-Arten (D), die eine schenkeldicke, verzweigte, stammartige Hauptachse bis zu 5 m Länge mit überhängenden langen Phylloiden an den Zweigen entwickeln, haben einen palmenähnlichen Habitus. Bei *Nereocystis* (Pazifik-Küste von Californien bis Alaska) trägt

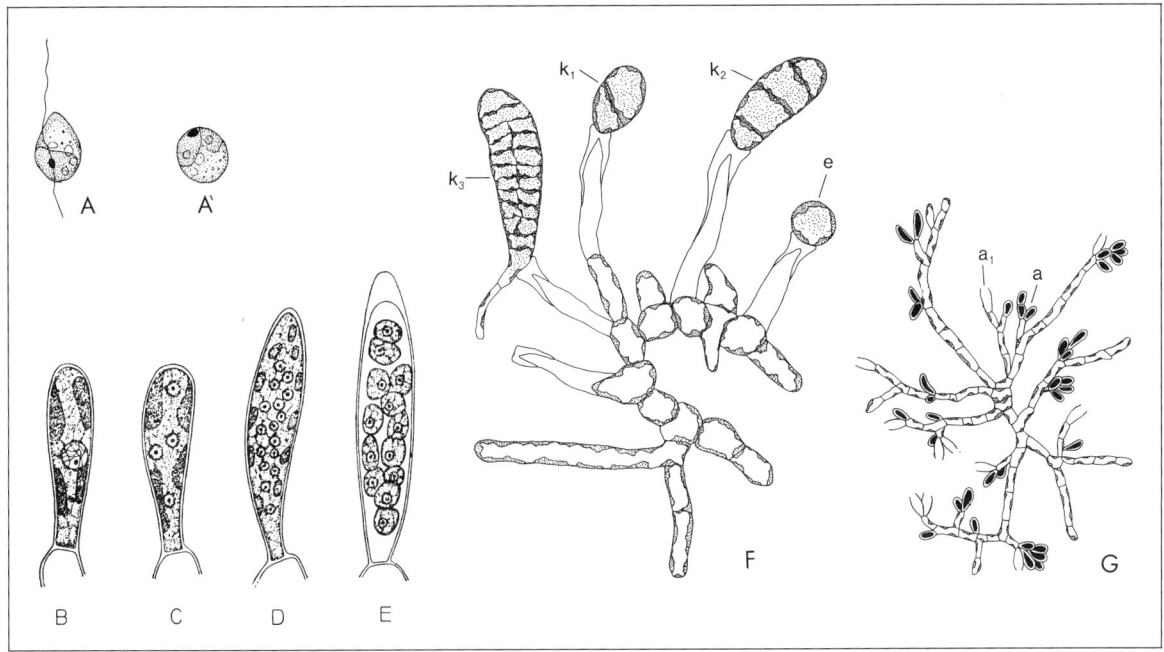

Abb. 3.2.75: *Phaeophyceae, Laminariales, Chorda filum.* **A, A'** Meio-Zoosporen, (A') zur Keimung abgerundet (1200×). B–E Entwicklung des unilokulären Sporangiums. **B** 1kernig; **C** 4kernig; **D** 16kernig; **E** fast fertige Zoosporen. F–G *Laminaria*, Gametophyt. **F** ♀ Gametophyt (300×). **G** ♂ Gametophyt (300×). a Spermatogonien (a_1 entleert); e Eizelle; k_1–k_3 junge Sporophyten, noch auf dem entleerten Oogonium sitzend. (A, A' nach Kuckuck. B–E 1000×; nach Kylin. F–G nach Schreiber.)

ein (ca. 25 m) langer, seilartiger Thallusabschnitt eine große Schwimmblase (mit hohem Kohlenmonoxid-Gehalt!), der ein Büschel von Phylloiden ansitzt (C). *Chorda filum*, die Meersaite, besitzt einen schnurähnlichen, unverzweigten Thallus von mehreren Metern Länge. *Alaria* bildet außer dem endständigen Phylloid seitlich kleinere blattartige Flügel (Abb. 3.2.97).

Die an den Küsten des Nordatlantik verbreiteten, bis 5 m lang werdenden, unterhalb der Niedrigwassergrenze ganze Wiesen bildenden *Laminaria*-Arten (vgl. Abb. 3.2.97) tragen auf einem perennierenden Stiel mit einem krallenartigen Rhizoid (Abb. 3.2.74B) einen blattartigen, aus sehr vielen Zellagen bestehenden Thalluslappen (A), der jedes Jahr erneuert wird, indem gegen Ende des Winters eine an der Basis des Phylloids liegende intercalare Wachstumszone ein neues «Blatt» erzeugt; das alte wird dabei vorgeschoben und stirbt allmählich ab (B). Das Phylloid ist beim Zuckertang (*L. saccharina*, Abb. 6.2.74A) einfach, beim Fingertang (*L. digitata*, u.a., Abb. 6.2.74B) handförmig zerteilt. Die Sporophyten von *L. hyperborea* können 10–20 Jahre alt werden.

Der Querschnitt durch das Cauloid der *Laminariales* läßt von außen nach innen eine starke Differenzierung erkennen. Außen ist ein Meristoderm (Abschlußgewebe) sichtbar. Seine in mehreren Richtungen teilungsfähigen Zellen bilden tangentiale, radiale und horizontale Wände. Die tieferen Schichten des Meristoderms sind vor allem für das Dickenwachstum verantwortlich. Den Jahreszeiten angepaßt erfolgt das Dickenwachstum periodisch unter Ausbildung von deutlichen Jahresringen in älteren Cauloiden. Die Zellen des Cortex (Rinde) werden nach innen zunehmend größer. Durch Verschleimung der Zellwände entstehen z.T. längs und radial verlaufende lose Zellreihen, in älteren Cauloiden auch weitlumige Schleimgänge. Die Cortex-Schicht sorgt für die mechanische Festigkeit des Cauloids und funktioniert in ihren äußeren, kleinzelligen chromatophorenführenden Teilen als Assimilationsgewebe; z.T. erfolgt auch hier noch Dickenwachstum. Die Medulla (Mark) dient der Speicherung und Leitung von Stoffen. Sie setzt sich aus Zellfäden (sog. «Hyphen») zusammen, die an ihren Querwänden trompetenartig aufgeschwollen sind. Bei anderen Gattungen (z.B. *Nereocystis* und *Macrocystis*) sind die Querwände solcher Zellfäden siebplattenartig durchbrochen. Mittels radioaktiv markierter Kohlenstoffverbindungen konnte die Transportfunktion dieser Elemente nachgewiesen werden. Derartige «Siebröhren» ähneln damit in Bau und Funktion bereits den entsprechenden Gefäßen der Cormophyten.

5. Ordnung: **Fucales**. Sie können aufgrund einer extremen Reduktion des Gametophyten als praktisch reine Diplonten aufgefaßt werden (Abb. 3.2.78D). Die Fortpflanzung erfolgt durch Oogamie. Der Kernphasenwechsel ist gametisch, d.h. die Meiose findet bei der Bildung der Gameten statt. Der diploide Sporophyt (Abb. 3.2.76) bildet den einzigen im Lebensablauf auftretenden Vegetationskörper in Form eines gelegentlich bis über 1 m lang werdenden Thallus aus. Bei den mehrere Jahre alt werdenden *Fucus*-Arten sind die ledrigen, bandförmigen, dichotom verzweigten Thalli durch eine Art «Mittelrippe» versteift. Sie sitzen mit einer Haftscheibe am Gestein. Die Enden der Thalluszweige (Scheitelzelle s. S. 237) sind bei manchen *Fucus*-Arten etwas angeschwollen und tragen dichtstehende krugförmige Einsenkungen, sog. Conceptaceln (Abb. 3.2.77A), in denen zwischen sterilen Haaren (Paraphysen) die ♂ und ♀ Keimzellenbehälter stehen. Die Teile des Thallus mit den Conceptaceln werden alljährlich abgeworfen. In den Keimzellenbehältern erfolgt jeweils nach der Meiose eine unterschiedliche Anzahl von Mitosen. Die Behälter können als unilokuläre, geschlechtlich differenzierte Meiosporangien, die primären Meioseprodukte als

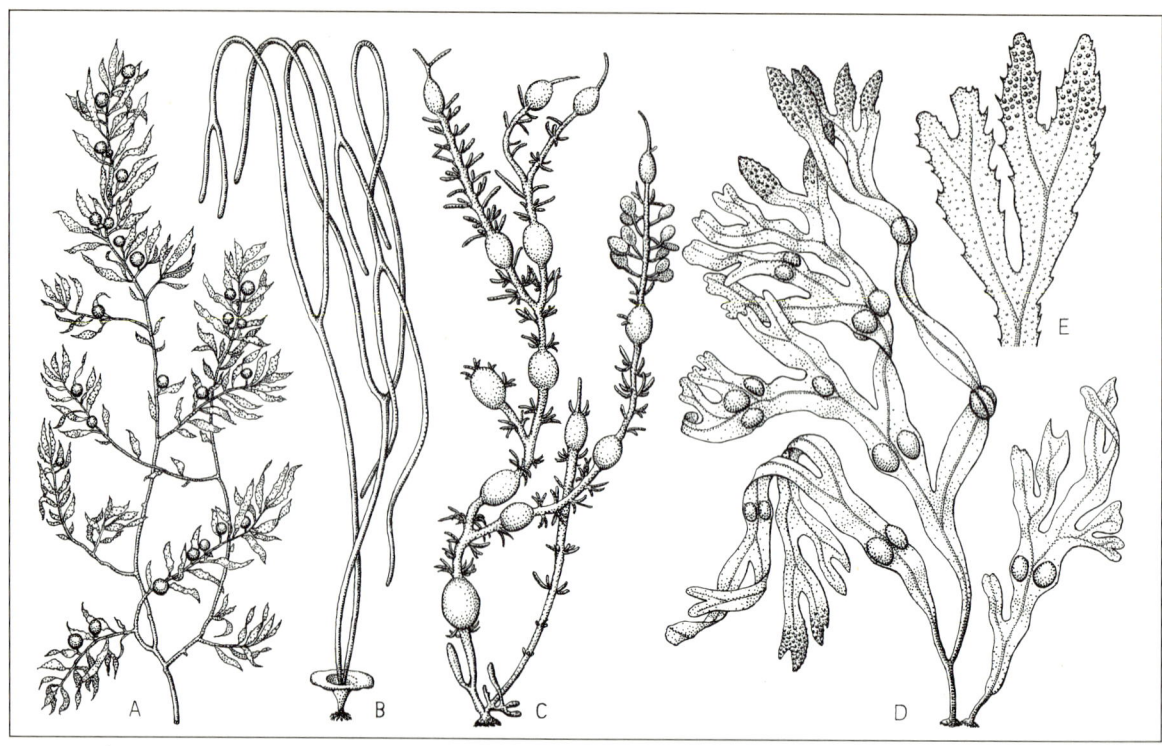

Abb. 3.2.76: *Phaeophyceae, Fucales.* **A** *Sargassum bacciferum.* **B** *Himanthalia lorea.* **C** *Ascophyllum nodosum.* **D** *Fucus vesiculosus.* **E** *Fucus serratus,* Thallusspitze (Alle Abb. ¹/₄×). (Nach Mägdefrau.)

Meiosporen gedeutet werden. Die anschließend in diesen uniloculären Behältern mitotisch gebildeten Zellen ersetzen demnach gewissermaßen den **extrem reduzierten Gametophyten**, dem keine Selbständigkeit mehr zukommt und der – als **Oogonium** bzw. **Spermatogonium** – völlig in die entsprechenden Meiosporangien integriert erscheint (Keimzellenbehälter = Meiosporangium = Gametangium). Ausgehend von jeweils 4 nach der Meiose vorhandenen haploiden Zellen entstehen in den Oogonien nach 1 Mitose 8 Eizellen und in den Spermatogonien nach 4 Mitosen 64 Spermatozoiden.

Die Oogonien (Abb. 3.2.77 A o, D) sind große, rundliche, auf einzelligem Stiel sitzende Gebilde. Die Spermatogonien stehen als ovale Zellen dicht gedrängt an reichverzweigten, kurzen Fäden (Abb. 3.2.77 A a, B). Bei manchen Arten kommen Oogonien und Spermatogonien im gleichen Conceptaculum vor (Monöcie z. B. bei *Fucus spiralis,* Abb. 3.2.77 A); andere Arten sind diöcisch (z. B. *F. serratus* und *F. vesiculosus*). Die Gameten verlassen die Gametangien zu je 8 (♀) oder 64 (♂). Die Wand des Oogoniums besteht aus 3 Schichten. Bei der Reife platzt zunächst nur die äußere Wandschicht, so daß die 8 Eizellen von den beiden inneren Wänden umhüllt bleiben, wenn sie das Conceptaculum verlassen (E). Im Meerwasser wird schließlich auch die innerste Wandschicht gesprengt, worauf sich die Eizellen frei schwebend voneinander trennen (F). Die Wand des Spermatogoniums setzt sich aus 2 Schichten zusammen. Die innere Wand bleibt erhalten und umschließt die 64 Spermatozoiden, wenn das ganze Paket bei der Reife aus dem Conceptacel durch Schleimsekretion ausgepreßt wird. Die Spermatozoiden schwärmen dann aus (C) und setzen sich – durch den Lockstoff **Fucoserraten** (s. S. 439) angelockt – an Eizellen fest. Die Spermatozoiden bestehen hauptsächlich aus Kernsubstanz und einem einzigen rudimentären Chromatophor, dem ein Augenfleck ansitzt; sie sind mit zwei Geißeln versehen (im Gegensatz zu den übrigen Phaeophyceen ist die nach vorne gerichtete Flimmergeißel die kürzere). Die zunächst nackte Zygote umgibt sich mit einer Cellulose-haltigen Wand, setzt sich fest und wächst unter Teilung wieder zum diploiden Sporophyten aus (vgl. S. 424).

Die *Fucales* sind als Endglied einer Reihe mit fortschreitender Gametophytenreduktion aufzufassen. Dies wird u. a. bei der Berücksichtigung von Besonderheiten einiger *Laminariales* deutlich. Bei ihnen kann der ♀ Gametophyt gelegentlich auf eine einzige Zelle reduziert sein, indem der Inhalt einer zur Ruhe gekommenen Meiozoospore sich entleert und unmittelbar zum Ei wird. Die diploide *Fucus*-Pflanze kann demnach als Sporophyt verstanden werden, dessen Meiosporen direkt zum fast völlig verschwundenen Gametophyten werden.

Wie bei den meisten größeren *Laminariales* verleihen Schwimmblasen auch vielen Arten der *Fucales* dem an sich schlaffen Thallus im Wasser eine aufrechte Lage und ermöglichen ihm, im Fließfeld der Wellen hin- und herzuschwingen, ohne über den Boden geschleift zu werden. *Fucus*-Arten bilden in den nordeuropäischen Meeren in flachem Wasser wiesenartige, bei Niedrigwasser zeitweise trockenliegende, aber durch Schleimaussonderung (Fucoidin) geschützte und daher trotzdem noch photosynthetisch tätige Bestände.

Fucus serratus, der Sägetang, besitzt einen gezähnten Thallus; *F. vesiculosus,* der Blasentang, führt runde, gasführende Schwimmblasen im Thallus. Auch der an gleichen Standorten vorkommende Knotentang *Ascophyllum nodosum* (Abb. 3.2.76 C) hat Schwimmblasen. Bei *Himanthalia* (B) besteht der Thallus aus einer kreiselförmigen Basis, der ein bis mehrere gabelteilige, riemenförmige Abschnitte trägt. Reichere Gliede-

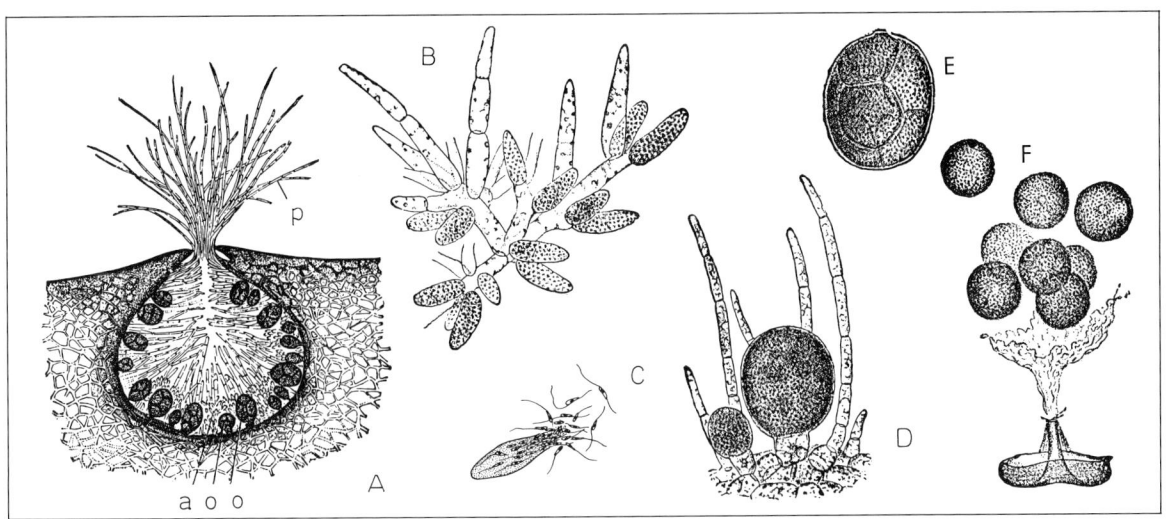

Abb. 3.2.77: Phaeophyceae, Fucales, **A** Fucus spiralis. Zwitteriges Conceptaculum mit Oogonien verschiedenen Alters o und Spermatogonienbüscheln a, Paraphysen p. B–F Fucus vesiculosus. **B** Spermatogonienstand. **C** Spermatogonium entläßt seine Spermatozoiden. **D** Junge Oogonien, **E** nach Austritt aus der Oogoniumwand in acht Eizellen geteilt. **F** Befreiung der Eier. (A 25×; B 200×; C 250×; D–F 120×; nach Thuret.)

rung des Thallus weist das in wärmeren Meeren verbreitete *Sargassum* auf (250 Arten!); einige seiner Arten treiben mittels Schwimmblasen in zahllosen Büscheln frei in der «Sargasso-See» des Atlantischen Ozeans (vom Golfstrom zwischen Westindien und den Azoren zusammengetrieben); sie vermehren sich hier rein vegetativ durch Zerfall der Thalli (A). – Weitere, an anderer Stelle erwähnte, hierher gehörende Gattungen sind: *Cystoseira* und *Halidrys* (Abb. 3.2.97); *Pelvetia* (Abb. 3.2.97); *Coccophora* (S. 424) und *Durvillea* (S. 644).

Bei den Braunalgen läßt sich ein Aufstieg von Isogamie über Anisogamie zu Oogamie verfolgen. Bei den ursprünglichen Formen (*Ectocarpus*, Abb. 3.2.71 A) sind die Gametangien beider Geschlechter vielzellig und gleichgestaltet; bei höher organisierten (z. B. *Cutleria*) tritt mit der Vergrößerung der ♀ Gameten auch eine Vergrößerung der Gametangien mit gleichzeitiger Verringerung der Zahl der Loculi ein, die bei *Dictyota* und *Laminaria* zur Ausbildung nur eines Eies im nunmehr einfächrigen Oogonium führt. Während bei *Dictyota* die Spermatogonien noch vielzellig sind, finden wir sie bei *Laminaria* ebenfalls einzellig mit jeweils nur einem Spermatozoid. Diese Merkmalsprogressionen erlauben jedoch keinen Rückschluß auf die tatsächliche Phylogenie. Der Generationswechsel (Abb. 3.2.78) ist isomorph (Isogeneratae) oder heteromorph (Heterogeneratae), wobei die Gleichheit der Generationen als ursprünglich, die Förderung der Sporophytengeneration, die sich bereits bei den *Ectocarpales* anbahnt, als abgeleitet bewertet wird.

Phylogenie. Die Phaeophyceen dürften zusammen mit den Chrysophyceen aus einem gemeinsamen Ursprungszentrum hervorgegangen sein und sich schon frühzeitig in voneinander unabhängigen Linien entwickelt haben. Trotz ihrer z. T. sehr erheblichen Ausmaße sind die Phaeophyceen in fossilem Zustand im allgemeinen schlechter erhalten als die verkalkten Formen der Chlorophyceen. Sehr wahrscheinlich waren sie aber schon im Silur und Devon vorhanden. Gewisse unterdevonische und silurische, bis schenkeldicke «Stämme» (*Nematophycus = Prototaxites*), die aus einem Geflecht röhrenförmiger Zellfäden bestanden und mit mächtigen Schöpfen flacher, laminariaähnlicher Thalluslappen endigten, gehören wohl hierher.

Verwendung. Verschiedene Laminariaceen liefern aus ihrer Asche (Varec, Kelp) Iod, das in diesem Verfahren noch bis in die dreißiger Jahre gewonnen wurde. Die dazu geeigneten Braunalgen können in ihren Zellen Iod (bis zu 0,3% des Naßgewichtes) aus dem Seewasser (hier in 0,000005%) anreichern. Weiterhin liefern Braunalgen Alginate, die ihrer kolloidalen Eigenschaften halber vielseitig in der Textil-, Lebensmittel-, Foto- und kosmetischen Industrie verwendet werden; Weltproduktion 1964: 14 000 Tonnen; z. B. für Speiseeis, Pudding, Salben, Zahnpasta, Schlankheitsdiäten, Medikamentenkapseln, Leim, Farbe etc. Auch Soda und Mannit werden aus Braunalgen gewonnen. Als «Kobu» werden Braunalgen von Chinesen und Japanern verzehrt.

Rückblick auf die Heterokontophyten: In ihrer äußeren Gestalt zeigen die Heterokontophyten die gesamte Vielfalt der bei Algen entwickelten Organisationsformen. In diesem Sinne scheint die Abteilung sehr heterogen zu sein. Auf der anderen Seite ist der verwandtschaftliche Zusammenhang der verschiedenen Formen durch eine Reihe von gemeinsamen «konservativen» Merkmalen unverkennbar, die offensichtlich entweder selektionsneutral und stabil oder absolut notwendig zum Fortbestand der Sippen waren. Aufgrund der Ultrastruktur der begeißelten Zellen und der Chromatophoren, sowie des Chlorophyllbestandes, der akzessorischen Pigmente und der Reservestoffe lassen sich die Heterokontophyten gut als eine stammesgeschichtlich einheitliche Algengruppe charakterisieren.

Mit ihren Gewebethalli gehören die Braunalgen zu den höchstentwickelten Meerespflanzen. Sie erinnern in der Gliederung des Vegetationskörpers und mit ihren den Siebröhren analogen Leitelementen

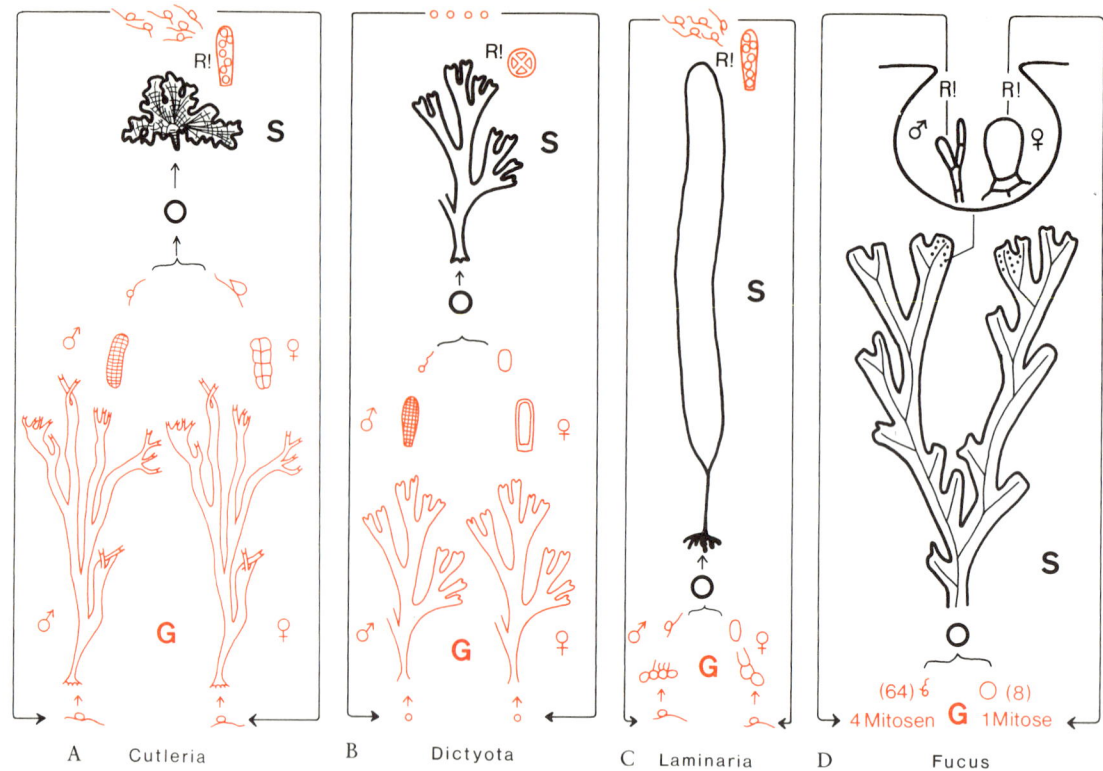

Abb. 3.2.78: *Phaeophyceae.* Schematische Darstellung des Generations- und Kernphasenwechsels einiger Braunalgen. G Gametophyt, S Sporophyt, o Zygote, R! Reduktionsteilung. Haploide Phase mit roten, diploide mit schwarzen Linien gezeichnet. (Nach Harder ergänzt.)

bereits an die cormophytische Organisation der Gefäßpflanzen. Die Abwandlung des Vegetationskörpers in Anpassung an die Vielfalt äußerer Lebensbedingungen ist ein in verschiedensten Pflanzengruppen verwirklichtes Evolutionsprinzip. Dabei läßt sich immer wieder feststellen: Eine einzige Stammeslinie (Verwandtschaftsgruppe) entwickelt in vielfältiger Differenzierung verschiedenste Anpassungsformen, wie umgekehrt verschiedene Stammeslinien in Anpassung an ähnliche Lebensbedingungen ähnliche Organisationsformen auszubilden vermögen (Konvergenz!). Ein Beispiel für die erste Aussage sind die verschiedenen Organisationsstufen der Heterokontophyten. Die zweite Aussage wird durch manche Parallelentwicklungen zwischen Heterokontophyten und den später zu besprechenden Chlorophyten belegt.

Bei der Bildung und Ausgestaltung einer festen Zellwand ist innerhalb der Heterokontophyten eine häufige Verwendung von Kieselsäure kennzeichnend. Kieselsäureplättchen, -schalen und -einlagerungen sind zwar kein durchgehendes Merkmal aller Vertreter – sie fehlen z. B. den nackten Chloromonadophyceen gänzlich bzw. in den übrigen Klassen vielfach – sie sind aber andererseits bei den übrigen Algenabteilungen so sehr die Ausnahme (z. B. *Pediastrum*, vgl. S. 630), daß hier eine deutliche Tendenz erkennbar bleibt. Cellulose hat sich offenbar noch nicht allgemein als bevorzugtes Baumaterial der Zellwand durchgesetzt. Bei den Chloromonadophyceen fehlt eine feste Cellulosewand, und bei den weiteren Klassen – mit Ausnahme der Phaeophyceen – ist sie nicht allgemein verbreitet.

Die Anpassung an das Landleben ist bereits mehrfach vollzogen worden. Bewohner des feuchten Bodens sind z. B. verschiedene Diatomeen und unter den Xanthophyceen z. B. *Botrydium* (Abb. 3.2.63 A). Zur gleichen Klasse zählt auch die Luftalge *Capitulariella*, die durch Verwehung ganzer Zoosporangien (funktionell nun Aplanosporen gleichzusetzen) ausgebreitet wird (Abb. 3.2.62 B). Die ♂ Keimzellen der Heterokontophyten besitzen – soweit Anisogamie oder Oogamie vorkommt – vielfach nurmehr stark reduzierte Chromatophoren.

Die Fortentwicklung zu reinen Diplonten ist bei den stark abgeleiteten Verwandtschaftskreisen in unabhängiger Entwicklung verwirklicht. So sind die Kieselalgen durchweg Diplonten, die darüber hinaus bei den *Pennales* keine begeißelten Gameten mehr besitzen. Innerhalb der Braunalgen läßt sich die Förderung des Sporophyten und die Entwicklung zum praktisch reinen Diplonten in einer Progressionsreihe verfolgen. Bei ihren oogamen Vertretern sind die ♀ Keimzellen zu unbeweglichen Eiern geworden.

Den nunmehr zu besprechenden beiden letzten Algenabteilungen fehlt das Chlorophyll c in den Plastiden.

Die zunächst folgende Abteilung ist von allen übrigen eukaryotischen Algen stark abgesetzt. Die rötlich oder violett gefärbten Chromatophoren enthalten in Phycobilisomen lokalisiert die akzessorischen Pigmente Phycoerythrin und Phycocyanin. Ihre stärkste Entwicklung haben die sehr differenziert gebauten Rhodophyten im Meer erfahren.

Sechste Abteilung: Rhodophyta, Rotalgen

Die überwiegend marinen Rhodophyten sind leuchtend rot bis violett gefärbt, selten auch dunkelpurpur-, braunrot bis nahezu schwarz oder auch blau- bis olivgrün. Begeißelte Formen oder Stadien – wie monadale Arten, Zoosporen und Spermatozoiden – **fehlen**. Einzeller treten nur bei den ziemlich isoliert stehenden *Bangiophycidae* auf. Sowohl bei dieser kleinen Gruppe als auch bei den anderen Rotalgen überwiegen Vertreter mit trichalem, verflochtenem oder pseudoparenchymatischem Thallus. Echte Gewebe fehlen vollständig. Die Flechtthalli und Pseudoparenchyme (= Plectenchyme) der Rotalgen bilden sich nach dem uniaxialen Zentralfaden- oder nach dem multiaxialen Springbrunnentypus (s. S. 233 ff., Abb. 1.4.6, 1.4.7). In den fast ausnahmslos einkernigen Zellen liegen meist zahlreiche, einfach gestaltete scheibenförmige, ovale oder gelappte, aber nie becherförmige Chromatophoren. In ihnen sind das Chlorophyll a (kein Chlorophyll b und c; das Vorkommen von Chlorophyll d ist fraglich geworden) und seine Begleitcarotinoide verdeckt durch rote, stark fluoreszierende Farbstoffe, die in den sog. Phycobilisomen sitzen. Phycobilisomen, die auch bei den prokaryotischen Cyanophyten vorkommen, sind 30–40 nm große, scheibenförmige oder kugelige Körper. Sie liegen in den Chromatophoren auf den Thylakoiden und enthalten die wasserlöslichen Phycobiliproteide mit den prosthetischen Phycobilinen, welche den Farbcharakter bestimmen. Bei den Rotalgen geschieht dies vornehmlich durch das rote Phycoerythrin; auch Phycocyanin ist in den Phycobilisomen enthalten.

Von beiden Farbstoffen gibt es mehrere Varianten, die sich u.a. durch die Absorption und ihr Vorkommen (in Blau- oder Rotalgen) unterscheiden. Die Phycobilisomen der Blau- und Rotalgen sind Lichtsammler, welche die Anregungsenergie an das eigentliche Photosynthesepigment weiterleiten. Eine Schichtung der Phycobiline in den Phycobilisomen – innen Phycocyanine, außen Phycoerythrin – gibt dem Energietransfer die Richtung. Bei den gleichfalls Phycobiline führenden *Cryptophyta* fehlen Phycobilisomen.

In den Chromatophoren sind die Thylakoide nicht stapelweise zusammengefaßt, sondern sie liegen in gleichen Abständen voneinander getrennt (wie bei den Cyanophyten). Eine doppelte Membran grenzt die Chromatophoren nach außen ab; das endoplasmatische Reticulum ist hierbei nicht beteiligt. Pyrenoide sind nur bei einigen Formen vorhanden, aber wohl funktionslos.

Als Reservestoff wird vor allem Florideenstärke in Form von rundlichen, unlöslichen, oft geschichteten, mit Iod sich rötlich färbenden Körnchen gespeichert. Es handelt sich hierbei um ein in den Eigenschaften zwischen Glykogen und Stärke stehendes Polysaccharid. Die Körnchen werden nicht wie die Stärke bei den Chlorophyten innerhalb der Chromatophoren, sondern an deren Oberfläche und im Cytoplasma kondensiert. Auch gewisse andere, auf Rotalgen beschränkte Substanzen («Floridoside» = Galactose-Glycerinverbindungen) sowie Öltröpfchen kommen vor.

Der fibrilläre Anteil der Zellwand besteht meistens und überwiegend aus Cellulose, deren Mikrofibrillen nicht aus parallel geordneten (wie bei höheren Pflanzen und einigen Grünalgen), sondern aus filzartig verflochtenen Ketten aufgebaut sind. Der amorphe Teil enthält vielfach verschleimende Galactane (z.B. Agar; Carrageen = Galactansulfate; Galactane sind Polymere von Galactose).

Für die Rhodophyten ist ein dreigliedriger Generationswechsel charakteristisch, bei dem auf den haploiden Gametophyten ein diploider Karposporophyt sowie eine weitere diploide Sporophytengeneration (zumeist der Tetrasporophyt) folgen (Abb. 3.2.79).

Der Gametophyt ist eine selbständige haploide Pflanze. Er entwickelt das ♀ Gametangium, Karpogon genannt. Bei vielen Rotalgen (z. B. allen Florideen) mündet dieses in eine Trichogyne, d.h. in ein langes, meist schlankes Empfängnisorgan (Abb. 3.2.80 F, 3.2.81 Ft). An anderen Teilen oder Individuen des Gametophyten entstehen die unbegeißelten männlichen Keimzellen in Spermatangien (= männliche Gametangien). Die ♂ Keimzellen – Spermatien – sind einkernig; sie werden wohl zunächst passiv im Wasser verschwemmt, setzen sich später an der Trichogyne fest und entleeren ihren ♂ Geschlechtskern in diese, worauf er zum Eikern wandert, mit dem die Verschmelzung erfolgt (Gameto-Gametangiogamie oder unscharf Oogamie).

Aus der befruchteten Eizelle entsteht der Karposporophyt in Form von diploiden Zellfäden, die aus dem Karpogon herauswachsen, dabei jedoch mit dem haploiden Gametophyten verbunden bleiben. Es hat sich demnach eine von Kernphasenwechsel begleitete Folge zweier Generationen (1. und 2.) auf ein und derselben Pflanze vollzogen. Der Karposporophyt erzeugt nach ausschließlich mitotischen Kernteilungen diploide Karposporen, die also Mitosporen sind.

Tetrasporophyt: Bei der überwiegenden Mehrzahl der Rotalgen entsteht aus den Karposporen eine meist dem Gametophyten gleichende, jedoch diploide neue Pflanze, an der sich unter Reduktionsteilung aus je einer Sporenmutterzelle 4 haploide Tetrameiosporen bilden (Abb. 3.2.79, 3.2.80 B); diese Generation wird daher Tetrasporophyt genannt. Vom Karposporophyten zum Tetrasporophyten spielt sich – demnach ohne Änderung der Kernphase – der Wechsel von der 2. zur 3. Generation des Lebenscyclus ab.

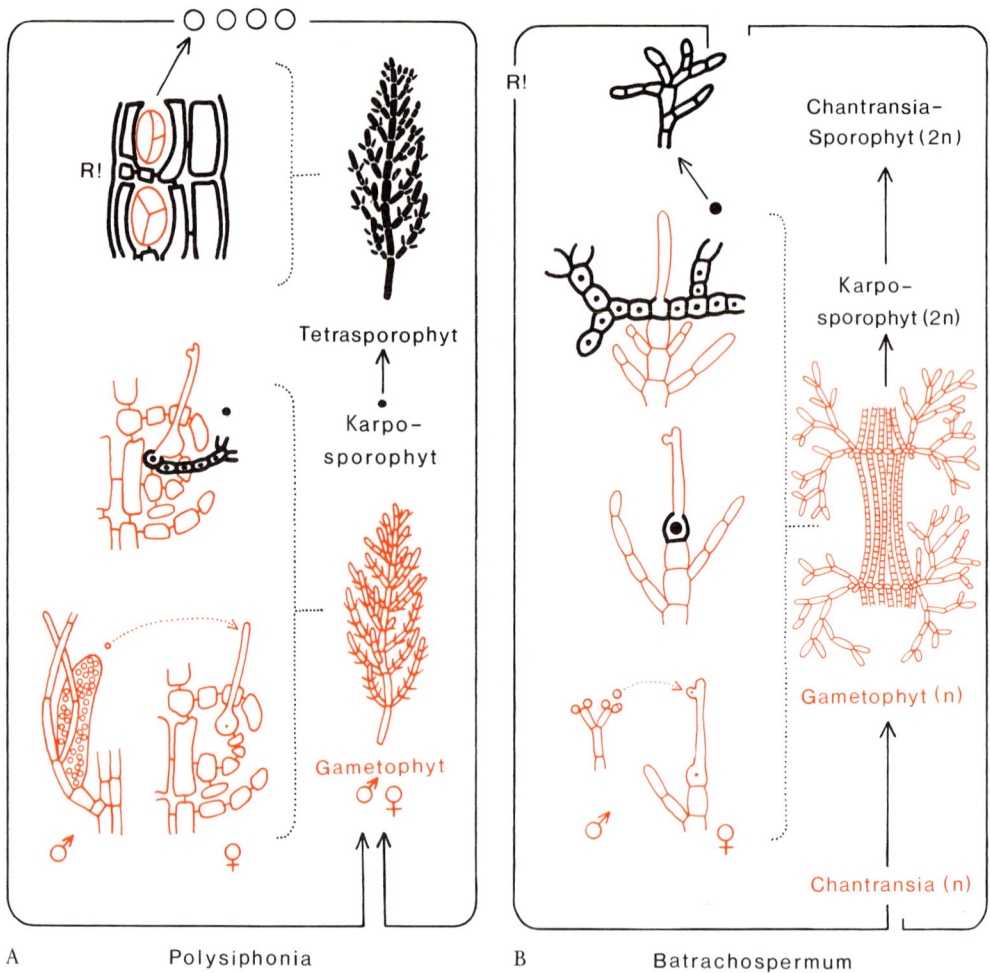

Abb. 3.2.79: *Rhodophyceae.* Generations- und Kernphasenwechsel. *Polysiphonia* dreigliedrig-diplobiontisch; *Batrachospermum* dreigliedrig-haplobiontisch. Rote Linien: Haplophase; schwarze Linien: Diplophase. R! Reduktionsteilung.

Die Entwicklung der drei Generationen vollzieht sich somit auf nur zwei Vegetationskörpern (diplobiontisch); die meisten Rotalgen (außer den *Nemalionales*) gehören diesem Typus an. – Gametophyt und Tetrasporophyt sind meist gleichgestaltet, können aber auch so unähnlich sein (Abb. 3.2.80 C, D), daß man sie früher nicht nur verschiedenen Gattungen, sondern sogar entfernt voneinander stehenden Ordnungen zugewiesen hat. Auch wirkt der parasitierende Karposporophyt in einigen Fällen derart fremdartig, daß man ihn für einen echten Fremdparasiten gehalten und mit einem besonderen Namen belegt hat. Der Gametophyt ist monöcisch oder diöcisch. Im letzteren Fall kommen gelegentlich Unterschiede im Bau der ♂ und ♀ Pflanzen vor. Häufig erscheint der Karposporophyt (= Gonimokarp) von besonderen Hüllzweigen des Gametophyten umwachsen, wodurch eine sog. Hüllfrucht, ein Cystokarp (Abb. 3.2.80 E), entsteht. Wird die Hülle schon vor der Befruchtung des Karpogons angelegt, spricht man von einem Prokarp.

Vielfach wird der Karposporophyt durch sog. Hilfs- oder Auxiliarzellen, die wahrscheinlich ernährungsphysiologische Bedeutung haben, unterstützt. Das sind plasmareiche, neben dem Karpogon liegende Zellen des Gametophyten, die den Zygotenkern (oder einen diploiden Kern) aus dem Karpogon übernehmen, durch mitotische Teilungen vermehren und schließlich die Bildung des Karposporophyten fortsetzen. Von einem Karpogon ausgehende Verbindungsfäden (Abb. 3.2.80 F: sf) können viele Auxiliarzellen erreichen, wobei diploide Kerne im Gametophyten vermehrt und verteilt werden, so daß – einem einzigen Befruchtungsvorgang folgend – zahlreiche Karposporophyten dem Gametophyten entwachsen und von ihm ernährt werden können. Einen vom Normaltypus abweichenden Entwicklungsgang zeigt *Batrachospermum* (siehe Systematik, *Nemalionales*), das sich auch durch das Vorkommen in Süßwasser, und zwar meist in schnell fließenden Bächen hoher Gewässergüte, von den meisten übrigen Rotalgen deutlich absetzt.

Vorkommen und Lebensweise. Die Rhodophyten leben in etwa 4000 Arten, die sich in über 500 Gattungen verteilen, abgesehen von wenigen Ausnahmen (z.B. *Batrachospermum, Lemanea*) in der Litoralzone der Meere, insbesondere der wärmeren; viele Arten sind gegen Temperaturschwankungen sehr empfindlich. Sie besiedeln vielfach die tieferen Meeresregionen (maximal bis 180 m), wo nur noch schwaches kurzwelliges Licht vorhanden ist und wo sie nicht nur als Schwachlichtalgen leben können, sondern durch ihre Antennenpig-

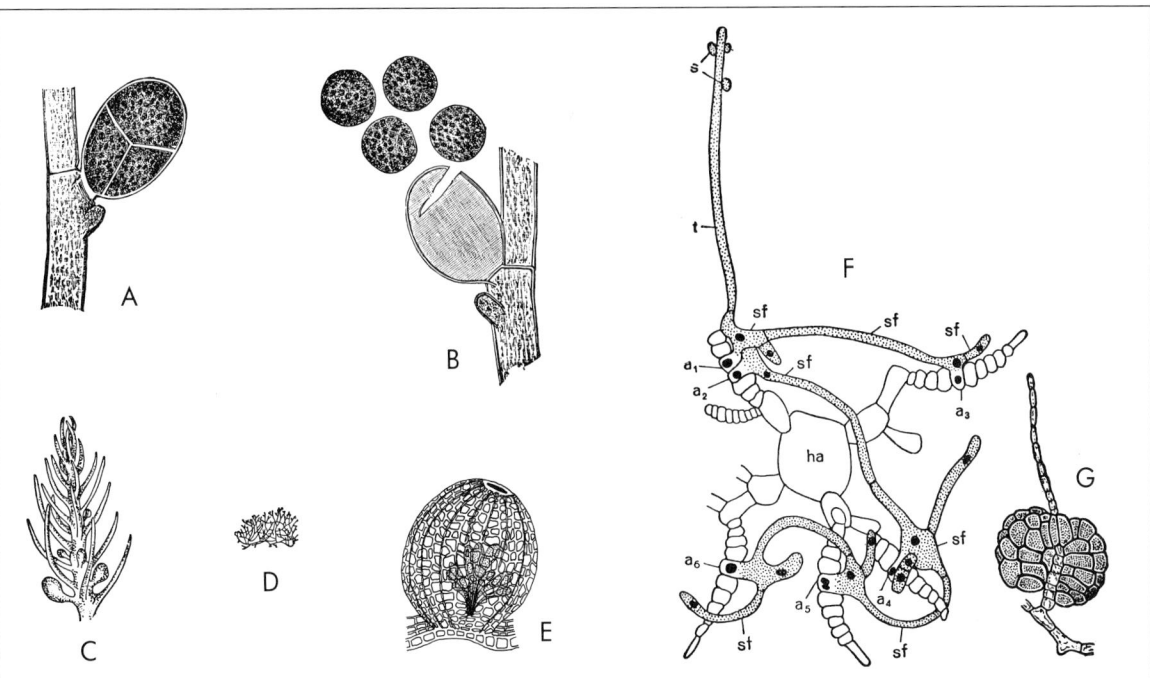

Abb. 3.2.80: *Rhodophyceae*, A–B *Callithamnion corymbosum.* Tetrasporenbildung. **A** Geschlossenes, **B** entleertes Sporangium mit den 4 Tetrameiosporen. C–D Gametophyt und Tetrasporophyt von *Bonnemaisonia hamifera.* **C** Gametophyt mit Cystokarpanlagen, **D** Sporophyt, als *Trailiella intricata* bekannt. **E** Ceramiales, *Platysiphonia miniata.* Cystokarp mit durchschimmerndem Karposporophyten. **F–G** Cryptonemiales, *Dudresnaya.* Das befruchtete Karpogon, an dessen Trichogyne (t) noch einige Spermatien (s) kleben, ist zum verzweigten sporogenen Faden (sf) ausgewachsen, der mit sechs Auxiliarzellen ($a_1 – a_6$) in Verbindung getreten ist. Die Zellen $a_1 – a_6$ sind Ästen eingefügt, die von der Achse ha entspringen. **G** Reifer Karposporenknäuel. (A–B 300×; nach Thuret. C–D 5×; nach Koch. E 100×; nach Börgesen. F–G 250×; F nach Oltmanns. G nach Bornet.)

mente (Phycobiliproteide) das in der Tiefe herrschende, zu ihrer Eigenfarbe komplementäre kurzwellige Licht auch optimal ausnützen (vgl. S. 257). Die Rotalgen sind Benthonten und stets mit Haftfäden oder Haftscheiben festgewachsen, meist auf Gestein, einige auch als Epiphyten auf größeren Algen. Manche dieser Epiphyten wachsen sehr spezifisch nur auf einer Trägerpflanzengattung (z. B. *Polysiphonia* spec. auf *Ascophyllum*). Die Rhodophyten leben autotroph; manche sind farblose Parasiten, von denen einige Dutzend sehr reduzierte Formen auf andere nahe verwandte Rhodophyten beschränkt sind («Adelphoparasiten»).

Systematik. Die einzige Klasse der Rhodophyten ist die der **Rhodophyceae**. Diese untergliedert sich in die beiden Unterklassen der *Bangiophycidae* und der *Florideophycidae*.

1. Unterklasse: Bangiophycidae

Es sind recht einfach gebaute einzellige, fädige oder blattförmige Algen mit intercalarem Wachstum. Tüpfel fehlen meistens. Die Chromatophoren sind sternförmig und besitzen ein Pyrenoid.

1. Ordnung. **Porphyridales.** In der Ordnung sind einzellige, z. T. koloniebildende Formen zusammengefaßt. Geschlechtliche Fortpflanzung ist unbekannt. Bei der häufigen Erdalge *Porphyridium purpureum* sind zahlreiche Einzelzellen in Gallerte vereinigt.

2. Ordnung: **Bangiales.** Die Ordnung enthält fädige (z. B. *Bangia*) oder blattartige (z. B. *Porphyra*) Formen. *Erythrotrichia* bildet unverzweigte Zellfäden, in denen vegetativ Monosporangien und daraus je eine Monospore entstehen können. Die Monosporen sind zunächst nackt und amöboid beweglich. Aus ihnen keimen neue *Erythrotrichia*-Fäden aus. Bei *Porphyra* (Purpuralge) sind die Karpogone meist nicht von vegetativen Zellen unterscheidbar. Nach der Befruchtung durch Spermatien soll sich die diploide Zygote nach mehreren Mitosen direkt in eine Anzahl von diploiden Karposporen aufteilen; die Karposporophytengeneration fehlt also oder ist jedenfalls stark reduziert. Die Karpospore keimt zu einem fädigen, wahrscheinlich weiterhin diploiden Gebilde aus, das sich in das Kalkgehäuse von Muscheln und Seepocken einbohrt; damit wird die sog. *Conchocelis*-Phase, die als Sporophytengeneration gedeutet wird, etabliert. Sie endet mit der Bildung von Conchosporen (Tetrasporen homolog), nachdem offensichtlich die Reduktionsteilung stattgefunden hat. Die *Conchocelis*-Phase ist an den europäischen Küsten weit verbreitet. – Hierher gehört möglicherweise *Cyanidium caldarium* (S. 250), für das auch eine Verwandtschaftsbeziehung zu den Blaualgen (Cyanophyten) diskutiert wird.

2. Unterklasse: Florideophycidae

Die Vertreter dieser Unterklasse haben einen stärker abgeleiteten Thallusbau, der auf verzweigte Zellfäden mit Scheitelzellenwachstum zurückzuführen ist. Die Zellfäden sind oft zu pseudoparenchymatischen Thalli von blattförmiger, drehrunder oder abgeplatteter Gestalt vereinigt. Einzellige Vertreter kommen nicht vor. Auch die einfachsten *Florideophycidae* sind bereits heterotrich (d.h. differenziert in Sohle und aufrechte Fäden), andererseits sind aber auch die höchst entwickelten Vertreter – im Gegensatz zu den Phaeophyceen – niemals parenchymatisch, sondern höchstens plectenchymatisch (s. S. 234) und bauen ihren Thallus durch Abwandlungen des Zentralfaden- oder des Springbrunnentypus auf (s.S. 233 ff., Abb. 1.4.6, 1.4.7). Die Zellen sind untereinander oft durch «Tüpfel» verbunden; es sind dies Löcher oder Kanäle mit stöpselartigen Gebilden in ihrem Inneren; ihre Funktion ist nicht eindeutig geklärt.

1. Ordnung: **Nemalionales.** Auxiliarzellen fehlen. Die Ordnung ist in Mitteleuropa durch die vorwiegend in schnell fließenden, schattigen Quellbächen wachsende Froschlaichalge *Batrachospermum* vertreten, in Form bräunlicher bis olivgrüner, in Gallerte gehüllter, laichähnlicher Massen. Der Entwicklungsgang weicht vom Normaltyp insofern ab, als anstelle eines Tetrasporophyten ein vorkeimähnlicher Chantransiasporophyt (Chantransia-Stadium) eingeschaltet ist; er bildet keine freiwerdenden Sporen, vielmehr unter Meiose direkt den Gametophyten.

Gametophyt: Der monöcische Thallus besteht aus haploiden, wirtelig verzweigten Fäden (Abb. 3.2.81 A). Die zahlreichen Spermatangien sprossen meist in Zweizahl aus den Endzellen der Wirtelzweige hervor. Jedes Spermatangium besteht aus nur einer Zelle, deren gesamtes Plasma in der Bildung eines einzigen rundlichen, farblosen Spermatiums aufgeht, das mit großem Kern und sehr zarter Wand versehen ist (D). Die weiblichen Karpogonien sitzen zwischen den Spermatangien-tragenden Ästen ebenfalls an den Zweigenden und bestehen aus einer langen Zelle, die im unteren Teil flaschenförmig angeschwollen ist und im oberen Teil in die keulenförmige Trichogyne ausläuft (E, F). Das Karpogon mit seiner Trichogyne ist tief in Gallerte eingebettet. Ein passiv durch Wasserbewegung angeschwemmtes Spermatium vermag diese Gallerte aktiv zu durchdringen (der Mechanismus ist unbekannt); es gelangt dabei zur Trichogyne, in die sein ganzer Inhalt entlassen wird. Der so empfangene Spermakern wandert in das Karpogon, und nach der Verschmelzung mit dem darin befindlichen Eikern schließt sich der basale Teil des Karpogons mit dem Verschmelzungskern durch einen Gallertpfropf gegen die Trichogyne ab (G).

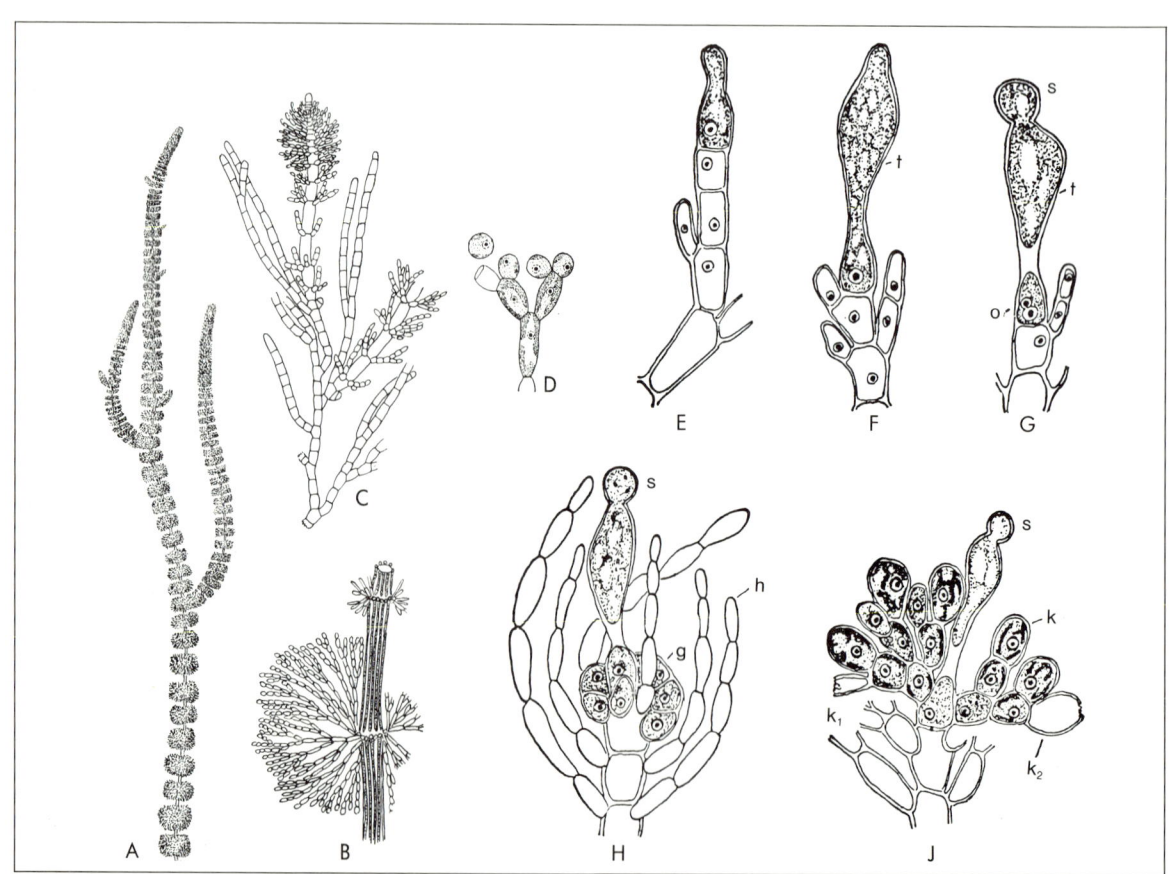

Abb. 3.2.81: *Rhodophyceae, Nemalionales, Batrachospermum moniliforme.* **A** Habitus (3×). **B** Thallusstück des Gametophyten mit Astwirtel (20×). **C** diploider Chantransia-Sporophyt mit 2 darauf sitzenden haploiden Gametophyten (100×). **D** Zweigstück des Gametophyten mit vier Spermatangien, links ausgeschlüpftes Spermatium (540×). **E** Karpogonanlage. **F** Reifes Karpogon mit Trichogyne (t). **G** Karpogon nach Befruchtung durch Spermatium (s), an der Basis Kopulation der Sexualkerne (o). **H** Diploider Karposporophyt (g) mit haploiden Hüllfäden (h). **J** Reifer Karposporophyt mit Karposporangien (k); k_1 und k_2 entleerte Karposporangien. (A–C nach Sirodot; D nach Strasburger; E–J nach Kylin.)

Karposporophyt: Er besteht aus verzweigten diploiden Zellfäden, die aus der Zygote hervorwachsen, dabei jedoch mit dem Gametophyten verbunden bleiben (Abb. 3.2.81 H). Der Karposporophyt erzeugt in seinen anschwellenden Endzellen je eine kugelige, einen Kern und einen Chromatophor führende Mitospore: die diploide Karpospore. Die Karposporen werden aus den zurückbleibenden Hüllen der Endzellen (Jk$_1$, k$_2$) als kugelige, geißellose Gebilde entleert. Sie wachsen zum Chantransiasporophyt aus. Er besteht aus sich verzweigenden diploiden Fäden, die auf dem Substrat festsitzen und die den Vorkeim für den später daraus hervorgehenden haploiden Gametophyten darstellen. Das Chantransia-Stadium ist also noch diploid, der eigentliche Gametophyt aber haploid. Die Meiose findet ohne Bildung von Meiosporen in einzelnen Zellen der Chantransia-Fäden statt. Diese haploiden Zellen entwickeln sich sodann zu den wirtelig verzweigten Gametophyten (C).

Bei einigen Arten wird als 2. Sporophyt eine kleine, wirtelig verzweigte Pflanze gebildet, die an bestimmten Stellen nach Meiose direkt zum Gametophyten auswächst.

Es liegt also auch bei *Batrachospermum* ein dreiteiliger, heteromorpher und heterophasischer Generationswechsel vor, dessen drei Glieder jedoch zeitlebens miteinander verbunden bleiben: 1. diploider Chantrasiasporophyt (Vorkeim), 2. wirteliger haploider Gametophyt und 3. diploider Karposporophyt. Diese Entwicklung durch drei verschiedene Generationen vollzieht sich somit in diesem Falle auf einem einzigen Vegetationskörper (haplobiontisch).

Rhodochorton investiens, eine auf *Batrachospermum* epiphytisch lebende Rotalge, entwickelt sich demgegenüber in einem normalen diplobiontischen Cyclus; Gametophyt – damit verbundener Karposporophyt – selbständiger Tetrasporophyt; Gametophyt und Tetrasporophyt gleichen einander in diesem Fall weitgehend. Das nahverwandte marine *Rhodochorton purpureum* ist haplobiontisch, mit zweigliedrigem Generationswechsel, da die Karposporophytengeneration ausfällt und das befruchtete Karpogon direkt zum Tetrasporophyten auswächst; dieser bleibt mit dem gleichgestalteten Gametophyten verwachsen.

Eine weitere Süßwasseralge dieser Ordnung ist *Lemanea*, während *Nemalion*, *Bonnemaisonia* (Abb. 3.2.80 C, D) und *Gelidium* im Meer leben. Letztere ist in ihrer systematischen Stellung umstritten, da als Auxiliarzellen zu interpretierende Zellen auftreten.

2. Ordnung: **Cryptonemiales.** Die Auxiliarzellen werden vor der Befruchtung an besonderen Zweigbüscheln angelegt. Bei den **Corallinaceae** (*Corallina, Lithothamnion, Lithophyllum*) sind die Zellwände mit Calcitkristallen inkrustiert (Korallenriffbildung); fossile Vertreter sind als Gesteinsbildner von Bedeutung. Hierher gehört auch *Melobesia* (Abb. 1.4.7 B) mit Thallus nach dem «Springbrunnen-Typus».

3. Ordnung: **Gigartinales.** Eine normale intercalare Zelle des Thallus wird zur Auxiliarzelle. Zu dieser Ordnung gehören das kammartig gefiederte *Plocamium*, die nach dem Springbrunnentyp gebaute *Furcellaria* (Abb. 1.4.7 A) und der flächiggabelige *Chondrus*.

4. Ordnung: **Rhodymeniales.** Die Tragzelle des Karpogons schnürt vor der Befruchtung eine Tochterzelle und diese wiederum die Auxiliarzelle ab. Das Karpogon entspringt einem Prokarp (aus Tragzelle, Tochterzelle, Auxiliarzelle und Karpogonast), das nach der Befruchtung zum Cystokarp wird. Hierher ist die im Atlantik häufige *Rhodymenia* mit blattähnlichem Thallus zu stellen.

5. Ordnung: **Ceramiales.** Die Auxiliarzelle wird nach der Befruchtung des Karpogons von der Tragzelle des Karpogonastes abgeschnürt. Prokarp (hier aus Tragzelle, Auxiliarzelle und Karpogonast) und Cystokarp treten ebenso wie in der vorigen Ordnung auf. Der Lebenscyclus entspricht dem eingangs geschilderten Grundschema (Abb. 3.2.79 A). Der Thallus ist nach dem Zentralfadentypus aufgebaut und besteht aus reichlich verzweigten, oft berindeten Zellfäden.

Besonders reich gegliedert ist *Delesseria sanguinea* des Atlantischen Ozeans. Ihre blattähnlichen, einer Basalscheibe entspringenden Thallusteile sind mit Mittel- und Seitenrippen versehen; im Herbst gehen die Spreiten zugrunde, die Hauptrippen aber bleiben als Achsen bestehen, um im nächsten Frühjahr neue Thallusblätter zu treiben. Zu den *Ceramiales* gehören *Grinnellia* (Abb. 1.4.8 B), *Platysiphonia* (Abb. 3.2.80 E) sowie die in der Nord- und Ostsee lebenden Gattungen *Polysiphonia*, *Ceramium* und *Plumaria*.

Die stammesgeschichtliche Herkunft der Rhodophyten ist noch unklar. Wegen der übereinstimmenden Anordnung der Thylakoide und des Vorkommens von Phycobilinen denkt man an eine Verwandtschaft mit den Blaualgen (vgl. auch *Cyanidium* S. 623). Da zu den prokaryotischen Cyanophyten andererseits eine große Kluft besteht, hat man die Möglichkeit erwogen, daß die Rotalgenplastiden aus endosymbiontischen Blaualgen hervorgegangen sein können.

Die Rotalgen werden bisweilen als stammesgeschichtliche Ausgangsgruppe der Pilze mit Asci angesehen (*Ascomycetes*; S. 567, 575). Umgekehrt könnten sich die Rotalgen auch aus pilzähnlichen Vorläufergruppen (ev. bereits mit Merkmalen der heutigen Ascomyceten) durch Aufnahme von Blaualgenzellen als Endosymbionten entwickelt haben. Auffallende Übereinstimmungen sind jedenfalls in den folgenden Merkmalen gegeben; ♀ Gametangium (hier Karpogon, dort Ascogon, jeweils mit Trichogyne; hier Zellfäden des Karposporophyten, dort ascogene Hyphen); Zusammenhang von Gametophyten- und Sporophytengeneration; Fehlen begeißelter Keimzellen; Befruchtung durch Spermatien (so auch bei einigen Ascomyceten); Flechtthalli aus Zellen mit Septenporen und mit Fähigkeit zur Bildung von Anastomosen; Ähnlichkeiten im chemischen Bau des Glykogens der Pilze und der Florideenstärke; Reservestoff Trehalose. Verschieden ist allerdings der Chemismus der Zellwand: hier Cellulose, dort Chitin.

Fossil finden sich die Rhodophyten, vom Perm ab durch alle Formationen; *Solenopora* aus dem Ordovicium ist hinsichtlich seiner Zugehörigkeit zu den Rotalgen umstritten.

Verwendung. Aus den Zellwänden mehrerer Rotalgen werden Polysaccharide zu Arzneimittel- und technischen Zwecken gewonnen. Carrageen aus *Chondrus crispus* und *Gigartina mamillosa* der Nordseeküsten (getrocknet auch «Irländisches Moos»); Agar aus verschiedenen Florideen des Pazifischen Ozeans (so *Gelidium*- und *Gracilaria*-Arten), neuerdings z.T. auch aus europäischen Arten. Japan ist mit jährllich 2000 Tonnen der wichtigste Produzent von Agar (Verwendung für Kulturen von Mikroorganismen, ferner für die Lebensmittel- und pharmazeutische Industrie). *Porphyra* (an ostasiatischen Meeresküsten auf im Wasser hängenden Netzen plantagenmäßig kultiviert) wird besonders in Ostasien gegessen («Nori»).

Die Phaeophyceen und Rhodophyceen stellen stammesgeschichtlich nicht weiter fortgeführte «Seitenlinien» dar, im Gegensatz zu den nun folgenden progressiven Chlorophyten. Diese enthalten in ihren Plastiden die Chlorophylle a und b. Sie teilen diese Kombination der Assimilationspigmente unter den Algen nur mit den Prochlorophyten (S. 549) und den Euglenophyten (S. 603), die jedoch u.a. durch das Fehlen von Stärke als Reservestoff verschieden sind. Die Chlorophyten haben im Gegensatz zu den vorausgehenden Algenabteilungen auch im Brack- und Süßwasser in größerer Anzahl Formen mit stark differenziertem Bau entwickelt und leiten über zu den höheren Landpflanzen.

Siebte Abteilung: Chlorophyta, Grünalgen

Die Chlorophyten sind in nahezu allen Organisationsstufen vertreten. Abgesehen von amöboiden Formen (solche kommen allerdings gelegentlich als Fortpflanzungszellen vor) werden alle morphologischen Typen von ihnen erreicht, selbst Gewebe- bzw. Flechtthalli (*Ulva* bzw. *Codium*). Sie umfassen mikroskopisch kleine Einzeller, unverzweigte oder verzweigte, oft dichte Büschel bildende Fadenalgen (Abb. 3.2.90) und auch komplexer gestaltete Gewächse, die äußerlich z.T. durch blattartige Thalli eine gewisse Ähnlichkeit mit Höheren Pflanzen haben.

Die Chloroplasten sind rein grün. Carotine und Xanthophylle (vgl. Tab. 3.2.62) vermögen die grünen Assimilationspigmente Chlorophyll a und b nicht zu überdecken. Die Chloroplasten werden lediglich durch eine doppelte Membran – nicht zusätzlich durch endoplasmatisches Reticulum und Gürtellamelle (Abb. 3.2.62 G) begrenzt. Die Thylakoide sind zu Stapeln zusammengefaßt. Die Pyrenoide liegen – soweit vorhanden – innerhalb der Chloroplasten.

Das wichtigste Reservepolysaccharid ist Stärke, die in Form von Körnchen an den Pyrenoiden frei innerhalb der Chloroplasten gebildet wird. Vielfach werden auch erhebliche Mengen von Fett in die Zellen eingelagert. Die Zellwand besteht aus Polysaccharid-Fibrillen (vorwiegend Cellulose, z.T. auch Mannan, Xylan), die in einer amorphen, oft schleimartigen Fraktion eingebettet sind; sie bildet sich meist direkt über dem Plasmalemma (anders als bei den Dinophyten und Diatomeen). Die amorphe Fraktion setzt sich gewöhnlich aus verschiedenen Polysacchariden – oft als Pectin bezeichnet – zusammen. Das widerstandsfähige Sporopollenin (S. 106) ist vereinzelt nachgewiesen worden.

Die begeißelten Zellen sind meist birnenförmig, radialsymmetrisch und mit 2 oder 4 (selten vielen) gleichlangen, d.h. isokonten, flimmerlosen Peitschengeißeln ausgerüstet. Sie enthalten vielfach kontraktile Vacuolen (meist 2) sowie im unteren Teil einen gebogenen oder auch becherförmigen, wandständigen Chloroplasten, mit oder ohne Augenfleck (Stigma; Abb. 3.2.82 A).

Der rote Augenfleck besteht aus Augenfleck-Globuli, die Carotine enthalten; er ist nicht (wie bei den Euglenophyten, Eustigmatophyten und Heterokontophyten) mit einer Geißelanschwellung verbunden.

Bei der sexuellen Fortpflanzung treten fast durchweg begeißelte Gameten auf. Dabei kopulieren 2 Gameten (vgl. Abb. 3.2.87), die häufig den vegetativen Schwärmern sehr ähnlich sind und in einzelligen Gametangien entstehen. Die ♂ Gameten sind in der Regel begeißelt, die ♀ können auch unbewegliche Eier sein (z.B. Abb. 3.2.89E). Ausnahmen bilden die Zygnematophyceen, denen begeißelte Gameten gänzlich fehlen, und die Charophyceen mit komplizierter gebauten ♂ Gametangien. Der einfache haplontische Lebenskreislauf wird vielfach zu einem haplodiplontischen Generationswechsel erweitert, einige wenige Vertreter sind durch Gametophytenreduktion diplontisch geworden; d.h. der ursprünglich zygotische Kernphasenwechsel wird intermediär oder gametisch (Abb. 3.1.2). Das Kopulationsprodukt, die Zygote, ist bei den Süßwasserformen meist eine derbwandige, rundliche Dauerzelle (Cystozygote), die oft durch Carotinoide rot gefärbt ist.

Die Chlorophyten umfassen 450 Gattungen mit 7000 Arten, die größtenteils (etwa 90%) im Plankton oder Benthos (s.S. 644) des Süßwassers leben. Manche größeren Arten kommen auch im Meere vor, und zwar nahe der Küste vor; am marinen Plankton haben die Chlorophyceen dagegen nur geringen Anteil. Einige Grünalgen leben außerhalb des Wassers: auf oder in feuchtem Boden, epiphytisch auf Bäumen etc. Gewisse Arten vertragen sogar weitgehende Austrocknung und sind ausgesprochene Landpflanzen. Manche leben symbiontisch in Flechten oder als intrazelluläre Endosymbionten in niederen Tieren («Zoochlorellen», z.B. in *Hydra*). Einige Vertreter haben ihre Assimilationspigmente verloren und leben heterotroph. Sie lassen sich aufgrund ihrer sonstigen Übereinstimmung mit autotrophen Formen den Chlorophyten zuordnen.

Die Chlorophyten untergliedern sich in 3 Klassen: *Chlorophyceae, Zygnematophyceae* und *Charophyceae*.

Gelegentlich wird eine **Klasse** der **Prasinophyceae** aufgrund von eigentümlichen Schüppchen auf der Zelloberfläche wie auf den 2 bis 4 gleichlangen Geißeln (selten nur eine) von den ähnlichen Chlorophyceen abgetrennt. Die dazu gerechneten monadalen (z.B. *Pyramimonas, Pedinomonas, Platymonas*), z.T. auch capsalen und kokkalen Organismen sind größtenteils Planktonten des Meeres; nur wenige Arten leben im Süßwasser. *Platymonas convolutae* ist Endosymbiont eines marinen Plattwurms.

I. Klasse: Chlorophyceae

Die Klasse der *Chlorophyceae* im engeren Sinne enthält jenen Großteil von Grünalgen, die im Entwicklungscyclus begeißelte Schwärmer bilden und deren Thallus nicht in Knoten und Internodien gegliedert ist. Der so verbleibende größere Teil von eigentlichen

Chlorophyceen läßt sich in 7 (z. T. künstliche) Ordnungen gliedern, die nach der vorherrschenden Organisationsstufe gekennzeichnet und gereiht werden. Die Reihe beginnt mit monadalen *Volvocales* und kokkalen *Chlorococcales*; sie setzt sich mit den größtenteils trichalen *Ulotrichales* und den heteropolar differenzierten *Chaetophorales* fort; sie erreicht mit den ebenfalls trichalen *Oedogoniales* eine im Pflanzenreich einzigartige Spezialisierung hinsichtlich des Zellteilungsmodus und endet nach den siphonocladalen *Cladophorales* mit den *Siphonales*.

1. Ordnung: **Volvocales.** Die Ordnung enthält begeißelte Einzeller, die zu Zellkolonien vereinigt sein können (S. 230). Der Übergang vom Einzeller zu Zellkolonien unterschiedlicher Differenzierung und zunehmender Polarität läßt sich innerhalb dieser Ordnung gut verfolgen. Die radiär-symmetrischen Zellen sind mit 2, 4 oder 8 gleichlangen, apikalen, flimmerlosen Peitschengeißeln (vgl. Abb. 3.2.85D, 3.2.12A) ausgestattet. Sie entspringen zu beiden Seiten einer apicalen Papille.

Die Bewegungsgeschwindigkeit, z. B. von *Chlamydomonas*, beträgt bei phototaktischen Reaktionen etwa das 10fache der Körperlänge je Sekunde. Unweit des Geißelansatzes befinden sich zwei pulsierende Vacuolen, die sich abwechselnd kontrahieren und dabei Wasser ausstoßen. Sie halten den osmotischen Wert der Zelle konstant. Jede Zelle enthält einen becherförmigen Chloroplasten, der am Grunde meist ein stärkeführendes Pyrenoid trägt (s. S. 112 u. Abb. 3.2.82A, 3.2.84B), sowie am Vorderende einen roten Augenfleck (Stigma, Abb. 3.2.82A). Die Stärkebildung im Chloroplasten ist nicht ausschließlich an das Pyrenoid gebunden. Die den Augenfleck zusammensetzenden Pigmentkügelchen (Carotin-Globuli) bilden insgesamt 3 bis 8 Reihen. Am Aufbau der Zellwand (falls vorhanden; so z. B. bei *Chlamydomonas*) sind Glykoproteide (u. a. Hydroxyprolin und Arabinose an Galactose gebunden) und Polysaccharide (jedoch nicht Cellulose!) beteiligt.

Die *Volvocales* sind weit verbreitete Planktonorganismen des Süßwassers, die in so großen Mengen auftreten können, daß das Wasser völlig grün erscheint; im Meer fehlen sie.

Aufnahme organischer Stoffe fördert bei vielen Arten die Entwicklung (Mixotrophie; s. S. 374); sie kommen daher z. T. in Gewässern mit organischen Schmutzstoffen vor. Wenige Arten (z. B. *Polytoma uvella*) leben rein saprophytisch. Chlorophyll fehlt dann zwar, aber der ursprünglich vorhanden gewesene Chloroplast ist noch als farbloser Plastid erkennbar. Anstelle von Thylakoiden enthält dieser ein System ungeordneter Röhren. Entsprechende Plastiden findet man in durch UV-Bestrahlung erzeugten, gelben, nicht photosynthetisierenden Mutanten von *Chlamydomonas*.

Gliederung der *Volvocales*:

Ausschließlich nackte Vertreter hat die kleine, wohl ursprüngliche Familie der **Polyblepharidaceae**. Während sich *Polyblepharides*, soweit bekannt, nur durch Zweiteilung in der Längsrichtung vermehrt, zeigen höher entwickelte Gattungen auch geschlechtliche Fortpflanzung mit phänotypischer oder genotypischer Differenzierung von Kreuzungstypen (+ und –). *Dunaliella salina* gehört zur letzteren Gruppe, lebt in hochprozentigen Salinengewässern und ist durch Carotinoide rot gefärbt.

Die **Chlamydomonadaceae** unterscheiden sich von den Polyblepharidaceen durch den Besitz einer Zellwand. Ursprünglich ist der Chloroplast zentralständig, bei den meisten *Chlamydomonas*-Arten wandständig, bei den abgeleiteten Formen netzartig durchbrochen oder auch in einzelne Scheibchen aufgelöst. In der sexuellen Fortpflanzung ist eine Progression bis zur Oogamie vollzogen.

Fortpflanzung und Vermehrung: Sie erfolgt vegetativ durch Zoosporen, die durch wiederholte, sukzedane Längsteilung des Inhalts einer Mutterzelle zu 2–16 gebildet (Abb. 3.2.82B) und durch Zerreißen der Wand des so entstandenen Sporangiums befreit

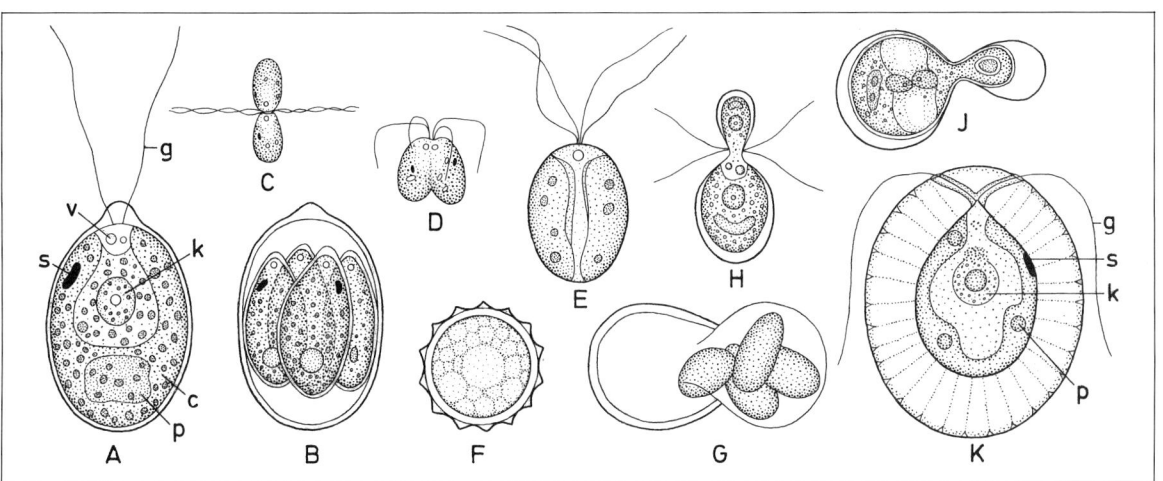

Abb. 3.2.82: Chlorophyceae, Volvocales, Chlamydomonadaceae. **A** *Chlamydomonas angulosa* (1100×). **B** Desgl., vier Tochterzellen in der Mutterzelle (1100×). **C, D** *Chlamydomonas botryoides*, Kopulation zweier Isogameten (250×), **E** *Chlamydomonas paradoxa*, Zygote (500×). **F** *Chlamydomonas monoica*, ruhende Cystozygote (500×). **G** *Stephanosphaera pluvialis*, keimende Hypnozygote (300×). **H, J** *Chlamydomonas braunii* Anisogameten-Kopulation (400×). **K** *Haematococcus pluvialis* (Zelle mit dicker Gallertschicht umhüllt, 330×). c Chloroplast, g Geißel, k Zellkern, p Pyrenoid, s Augenfleck, v kontraktile Vacuole. (A, B nach Dill; C–G nach Strehlow; H, J nach Goroschankin; K nach Reichenow.)

werden. In der geschlechtlichen Fortpflanzung (bei *Chlamydomonas* 10% der Arten) verschmelzen zweigeißlige Gameten oder Eier und Spermatozoiden.

Bei der Isogamie (Abb. 3.2.82 C) sind die kopulierenden Gameten in Größe, Aussehen und Bewegung völlig gleich; im allgemeinen unterscheiden sie sich nicht von den vegetativen Zellen. Sie können unter entsprechenden Umständen entweder wahllos miteinander kopulieren oder sich vegetativ entwickeln (fakultative Funktionsbestimmung). Wir stehen hier also noch ganz an der Basis der Sexualität. Die Gameten können hierbei einem einzigen Kreuzungstyp (Monöcie) angehören, andererseits ohne sichtbare Unterschiede genotypisch verschieden sein (Diöcie mit + und − Gameten; z.B. *Chlamydomonas reinhardii*). Teilweise ist die Funktionsbestimmung der Keimzellen von den Außenbedingungen abhängig. Stickstoffreiches Medium (NH_4-Ionen!) bedingt Ausbildung ausschließlich vegetativer Zellen. Ca-Ionen fördern die Funktionsbestimmung als Gameten.

Bei Arten mit Anisogamie (Abb. 3.2.82 H, J) kopulieren kleinere ♂ mit großen ♀ Gameten. Bei *Chlamydomonas suboogama* sind beim ♀ Gameten die Geißeln funktionsuntüchtig; dies leitet zur nächsten Gruppe von Arten über.

Oogamie: bei *Chlorogonium oogamum* fehlen die Geißeln am ♀ Gameten ganz, der amöboid aus der Mutterzelle austritt (Abb. 3.2.83 D) und zur Eizelle geworden ist. Das Ei wird durch Spermatozoiden befruchtet, die zu 64 oder 128 als blaßgrüne, zweigeißlige, nadelförmige Gebilde in ♂ Individuen durch sukzedane Teilung entstehen. Bei *Chlamydomonas coccifera* vollzieht sich die Fortpflanzung als Gameto-Gametangiogamie, da die gesamte ♀ Zelle unter Verlust ihrer Geißeln zum Oogonium und durch Spermatozoiden befruchtet wird.

Es läßt sich also schon bei diesen Einzellern eine aufsteigende Entwicklung von der Isogamie über die Anisogamie und Oogamie bis zu einer Verschmelzung von ♂ Gameten mit dem Oogon verfolgen.

Die begeißelten Keimzellen entstehen in meist großer Zahl (2–64) in einer Mutterzelle durch wiederholte Längsteilung. Bei Iso- und Anisogamie vereinigen sie sich paarweise zu Zygoten (Abb. 3.2.82 C–E), wobei sich meist als erstes die Geißelspitzen der Kreuzungspartner berühren und schraubig umschlingen (C). Bei der Kopulation wirken Glykoproteine als Gamone (S. 439), welche die Gameten des konträren Kreuzungstyps anlocken und eine vorübergehende Verklebung der Geißeln bedingen. Die Zygote ist viergeißelig und zunächst noch beweglich (Planozygote). Später werden die Geißeln eingezogen und die dann derbwandige Zygote kann in einen Ruhezustand übergehen (Cystozygote; F). Die Gameten werden stets nackt angelegt, können sich aber auch mit einer Wand umgeben, so daß dann der Inhalt bei der Kopulation ausschlüpfen muß. Bei der Keimung der Zygote (G) erfolgt die Meiose, wobei die entstehenden Schwärmer im Verhältnis 1:1 in die beiden Kreuzungstypen (+ und −) aufgespalten sind. Die Schwärmer sind also Meiozoosporen, der Kernphasenwechsel ist zygotisch und der Lebenscyclus haplontisch. Es erschöpfen sich jeweils ganze Individuen in der Bildung von Gameten.

Manche Arten (*Haematococcus pluvialis*, Abb. 3.2.82 K) färben infolge ihres Carotinoidgehalts (s.S. 256) Regenpfützen rot. *Chlamydomonas nivalis* verursacht den «Roten Schnee» des Hochgebirges und der Arktis. Einige Chlamydomonadaceen

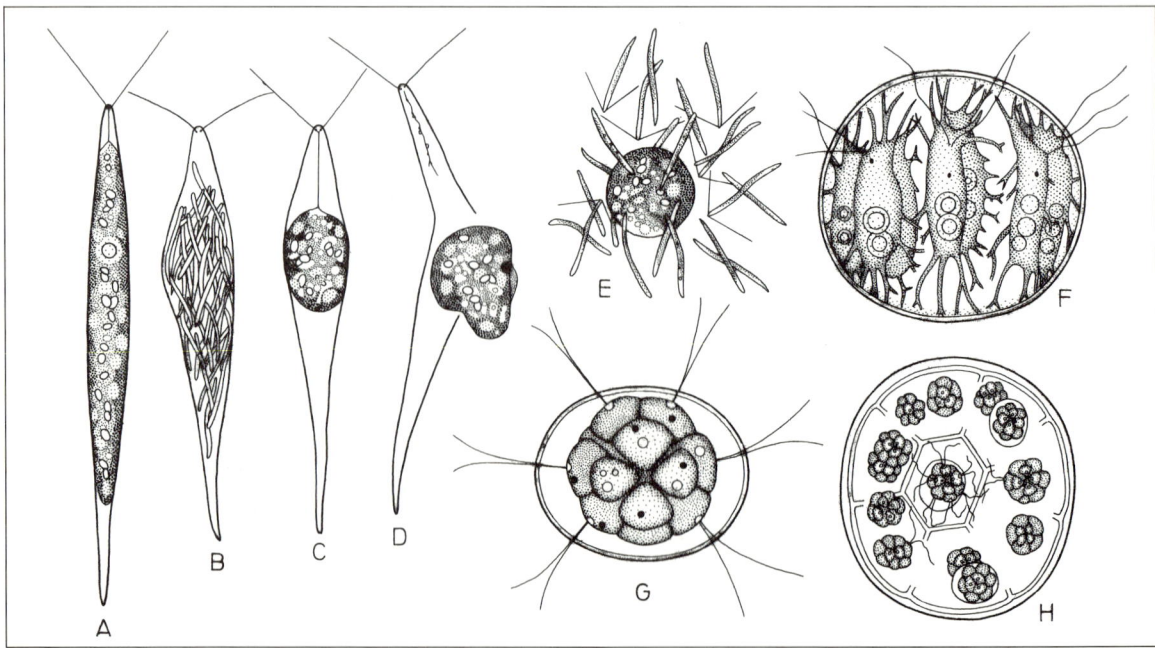

Abb. 3.2.83: *Chlorophyceae, Volvocales.* A–E *Chlorogonium oogamum* (240×). **A** Vegetative Zelle. **B** Männliche Zelle mit Spermatozoiden. **C** Weibliche Zelle mit Ei. **D** Ausschlüpfen des Eies. **E** Von Spermatozoiden umschwärmtes Ei. **F** *Stephanosphaera pluvialis* (250×). **G** *Pandorina morum* (160×). **H** Desgl., Bildung von Tochterkolonien (die Mutterzellwände bereits z.T. aufgelöst, 150×). (A–E nach Pascher, F nach Hieronymus, G nach Stein, H nach N. Pringsheim.)

(und auch andere Flagellaten) besiedeln im Winter auch im Tiefland nasses Eis und Schneebrei (vgl. S. 645 u. Abb. 4.3.11). *Carteria* (mit 4 Geißeln) s.S. 646.

Die Familie der **Volvocaceae** hat gegenüber der vorigen durch Bildung von Kolonien eine Fortentwicklung erfahren. Die vielfach nach dem *Chlamydomonas*-Typ gestalteten Einzelzellen sind durch Gallerte, bzw. auch durch Plasmodesmen miteinander verbunden. Bei *Oltmannsiella* sind 4 Zellen zu einem Band, bei *Gonium* 4–16 Zellen zu einer flachen Tafel vereinigt, wobei die Geißeln alle nach der gleichen Richtung weisen. Die Kolonien der in Regenpfützen lebenden *Stephanosphaera* (Abb. 3.2.83F) bestehen aus einem Kranz von 4, 8 oder 16 Zellen mit starren Fortsätzen; die Chloroplasten besitzen meist 2 Pyrenoide. Bei *Pandorina* bilden 16 *Chlamydomonas*-ähnliche Zellen eine Kugel, und bei *Eudorina* und *Pleodorina* sind 32 bzw. 128 solcher Zellen zu einer Hohlkugel verbunden. Bei allen diesen Kolonien schlagen die Geißeln synchron, was durch Plasmodesmen (s.S. 94, 100) ermöglicht wird. Von *Pandorina* über *Eudorina* bis *Pleodorina* deutet sich eine polare Differenzierung in der Schwimmrichtung (Augenfleckgröße, Zellgröße, Fortpflanzungsfähigkeit u.a.) an. Die Einzelzellen sterben am Ende der individuellen Entwicklung nicht ab, sondern teilen sich oder verbrauchen sich in der Bildung von Keimzellen. Die höchste Organisation hinsichtlich der Zahl der beteiligten Zellen, der Differenzierung und Polarität hat *Volvox* erreicht (Abb. 3.2.84): bis zu mehrere Tausend (*V. globator* bis 16 000) Zellen, die mit je 2 Geißeln, einem Augenfleck und einem Chloroplasten versehen sind, bilden eine millimetergroße, mit Schleim ausgefüllte, mit bloßem Auge sichtbare Hohlkugel; ihre Zellen sind durch breite Plasmodesmen miteinander verbunden (B; C). Nur ein Teil der Zellen – in der hinteren Hälfte der Kugel zerstreut liegend – ist fortpflanzungsfähig. Die meisten dienen nur der Photosynthese und der Bewegung; aber auch sie unterscheiden sich durch eine graduelle Abnahme der Stigmengröße (bei zunehmender Zellgröße) vom vorderen zum hinteren Pol (Polarität!). Der vordere Pol der Kugel ist außerdem durch die Schwimmrichtung festgelegt. Die **Volvox-Kugel ist eigentlich nicht mehr als Kolonie, sondern als vielzelliges Individuum aufzufassen. Die Einzelzellen sind nicht mehr totipotent.** Da nur ein Teil der Zellen fortpflanzungsfähig ist, stirbt der Großteil der Zellen nach der Bildung von Tochterkugeln bzw. von Gameten ab («Leiche» als Rest des Verbandes).

Bei der vegetativen Fortpflanzung von *Volvox* (Abb. 3.2.84 D–I) teilen sich einzelne, relativ große Zellen (D) am hinteren Pol der Kolonie mehrmals längs und es bildet sich unter Einstülpung nach innen ein Hohlnapf (F–G), der sich schließlich zu einer oben offenen Hohlkugel (G) formt. Die derart entstandene Tochterkugel löst sich, stülpt sich um (H) und versinkt mit nunmehr nach außen orientierten Geißeln in das inzwischen ausgefüllte Innere der Mutterkugel. Auf diese Weise entstehen mehrere Tochterkugeln (A), die erst nach Zerfall des Mutterindividuums frei werden.

Die geschlechtliche Fortpflanzung erfolgt bei *Eudorina* und *Volvox* durch Oogamie. Innerhalb größerer Einzelzellen (sog. generativen Zellen) entstehen einerseits grüne Eier (eines je Zelle, insgesamt 6–8), andererseits in Vielzahl kleine gelbliche, vor dem Freiwerden in einer Platte angeordnete Spermatozoiden (Abb. 3.2.84K, M). Die Geschlechtsverteilung ist bei den *Volvox*-Arten verschieden: *Volvox globator* ist monöcisch, *V. aureus* und *V. carteri* sind diöcisch. Die Entwicklung vegetativ entstehender Kugeln zu ♂ oder ♀ Individuen wird bei den diöcischen Arten durch ein Geschlechtshormon

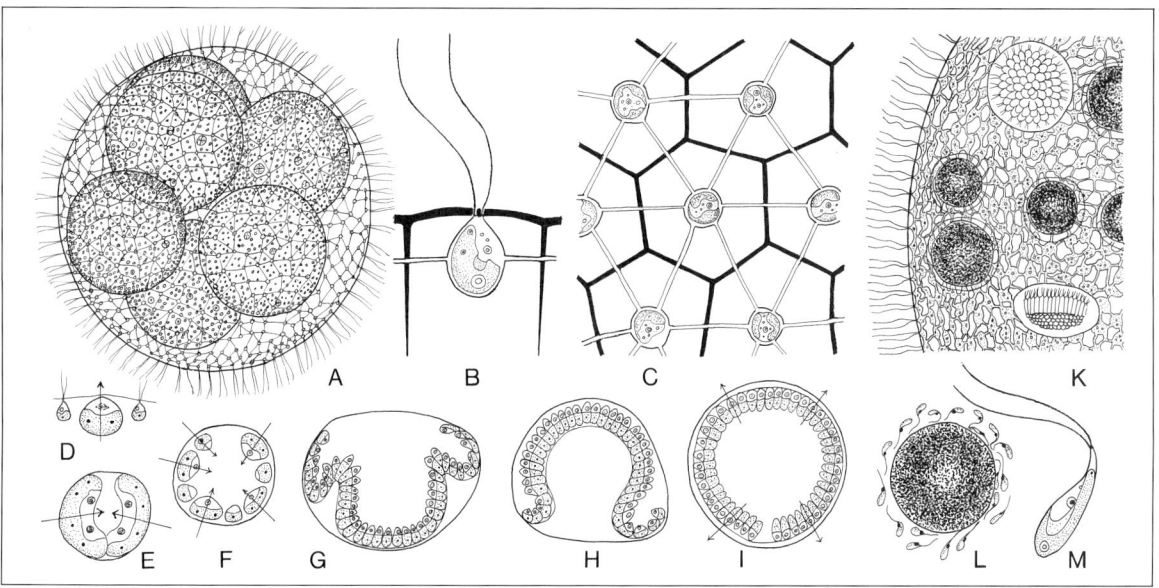

Abb. 3.2.84: *Chlorophyceae, Volvocales, Volvox.* **A** Individuum mit 6 Tochterindividuen (50×). **B** Einzelzelle mit seitlich zu den Nachbarzellen verlaufenden Plasmodesmen (1000×). **C** Zellverband, Aufsicht (500×). **D–I** Entwicklung und Umstülpung einer Tochterkugel (D 250×, E–F 350×, G–I 250×). **K** Teil eines monöcischen Individuums mit 5 Eiern und 2 Spermatozoidenplatten (200×). **L** Ei, von Spermatozoiden umschwärmt (265×). **M** Spermatozoid (1000×). A–I, M *Volvox aureus*, K. L, *V. globator*. (A nach Klein; B, C nach Janet; D–I nach Zimmermann; K, L nach Cohn; M nach Janet.)

(Glykoproteid) induziert; es wird von ♂ Individuen (bzw. deren Spermatozoiden) gebildet und es ist erforderlich, damit sich die genetisch als ♂ oder ♀ determinierten jungen Kugeln zu geschlechtlichen Individuen fortentwickeln. Fehlt das Geschlechtshormon, so bilden sich nur ungeschlechtliche *Volvox*-Kugeln. Nach der Befruchtung wird die Eizelle zu einer derbwandigen, ruhenden Zygote, bei deren Keimung die Meiose stattfindet. Bei allen Volvocaceen gehen sämtliche Zellen des Verbandes also stets auf nur eine einzige Zelle zurück.

Hier anzuschließen sind unbewegliche einzellige oder kolonienbildende Grünalgen mit teilweise noch ausgeprägten Merkmalen monadaler Algen wie z.B. pulsierenden Vacuolen, Augenflecken, auffallend begeißelten Stadien. Sie werden auch als **Tetrasporales** in eine eigene Ordnung gestellt.

2. Ordnung: **Chlorococcales** (= *Protococcales*). Die mit meist einem Kern und einem Chloroplasten ausgestatteten Zellen besitzen im vegetativen Zustand keine Geißeln, sind also unbeweglich. Nur bei der Vermehrung erscheinen zweigeißelige, bewegliche Schwärmer (Zoosporen, Abb. 3.2.85D; bzw. Gameten). Diese treten meist nackt aus und umgeben sich erst nach der Schwärmzeit mit einer Wand (Encystierung). Teilweise werden nur geißellose «Aplanosporen» freigesetzt (Abb. 3.2.85J). Soweit in seltenen Fällen geschlechtliche Fortpflanzung nachgewiesen wurde, ist diese eine Isogamie mit begeißelten Gameten (z.B. *Pediastrum* und *Hydrodictyon*); Oogamie ist äußerst selten. Die Zygoten keimen unter Reduktionsteilung, so daß der Lebenscyclus ausschließlich in der Haplophase verläuft. Manche Arten bilden, ausgehend von den einzelligen Formen, charakteristisch gestaltete Aggregationsverbände (S. 230; z.B. *Pediastrum* Abb. 3.2.86, *Scenedesmus* Abb. 3.2.85K). Der Chemismus der Polysaccharid-Zellwand ist weitgehend unbekannt; bei *Pediastrum* findet sich in ihr Kieselsäure und bei manchen Arten Sporopollenin eingelagert.

Bei der Zellteilung wird vielfach (z.B. *Chlorococcum*) zuerst eine Anzahl nackter Tochterzellen gebildet, die sich erst dann simultan mit Zellwänden umgeben. Die elektronenmikroskopisch genauer untersuchte *Kirchneriella* weicht von diesem Modus ab, indem nach Teilungen Septen mit Zellwandmaterial jeweils sofort (sukzedan) entstehen, bald jedoch wieder schwinden. Die 4 gebildeten Tochterzellen lösen sich nachträglich voneinander und umgeben sich jeweils mit einer eigenen neuen Zellwand, bevor sie als Einzelzellen die Mutterzelle verlassen.

Die *Chlorococcales* leben vorwiegend im Plankton des Süßwassers. Einige Formen haben den Übergang zum Landleben

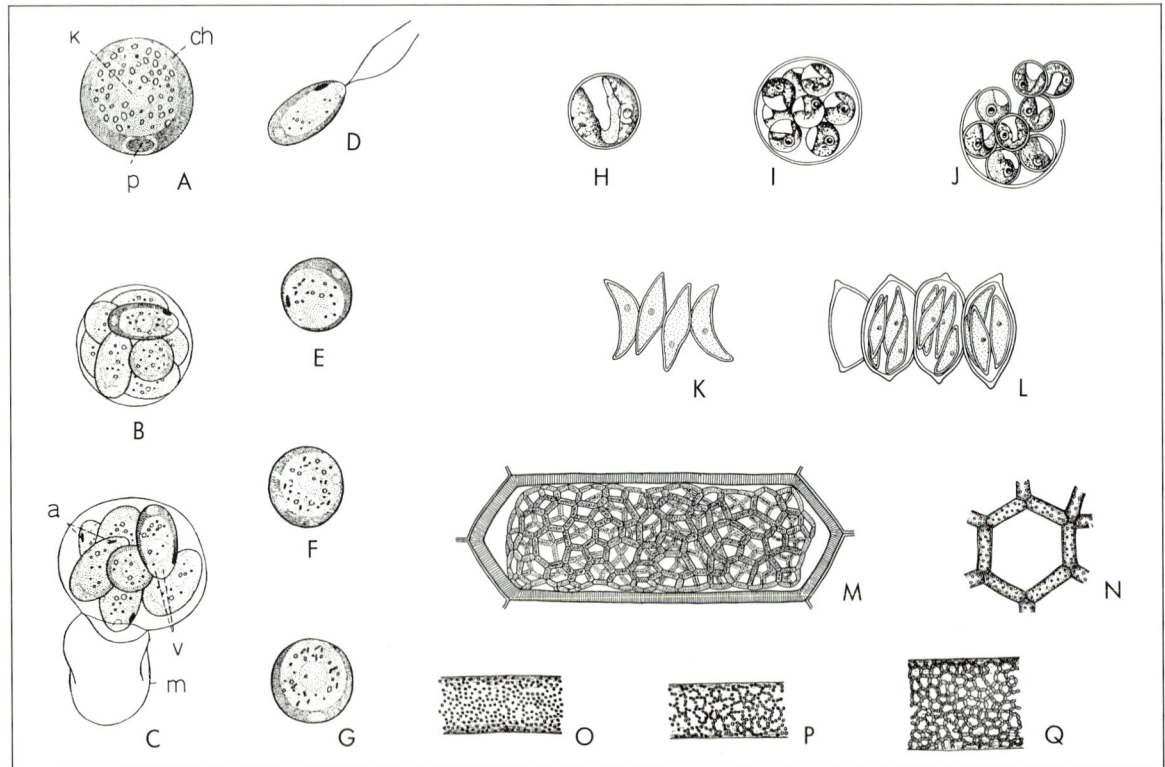

Abb. 3.2.85: *Chlorophyceae, Chlorococcales, A–G Chlorococcum sp.* **A** Vegetative Zelle mit topfförmigen nur vorne sehr wenig ausgespartem, also offenem Chloroplast (ch) mit Pyrenoid (p); k durchschimmernder Zellkern. **B** Teilung in 8 Tochterzellen. **C** Entleerung der Zoosporen (a Augenfleck, v kontraktile Vacuolen) in einer später verquellenden Blase aus der inneren Schicht der Mutterzellenmembran m. **D** Freie Zoospore mit gleichlangen apikalen Geißeln. **E** Dieselbe zur Ruhe gekommen. Augenfleck und Vacuolen noch vorhanden. **F, G** Entwicklung zum Stadium A unter Verlust von Augenfleck und Vacuolen. **H–J** *Chlorella vulgaris.* **H** vegetative Zelle. **I, J** Teilung in 8 Aplanosporen. **K–L** *Scenedesmus acutus.* **K** Vierzelliger Zellverband. **L** Teilung. **M–Q** *Hydrodictyon utriculatum.* **M** Junges Netz in einer Zelle des Mutternetzes. **N** Masche des jungen Netzes. **O** Teil einer älteren Zelle mit Zoosporen. **P, Q** Ordnung der Zoosporen zu einem neuen Netz im wandständigen Protoplasten. (A–G 1200×; nach Pascher. H–J 500×; nach Grintzesco. K–L 1000×; nach Senn. M 15×; N 80×; O–Q 10×; M, N nach Klebs; O–Q nach Harper.)

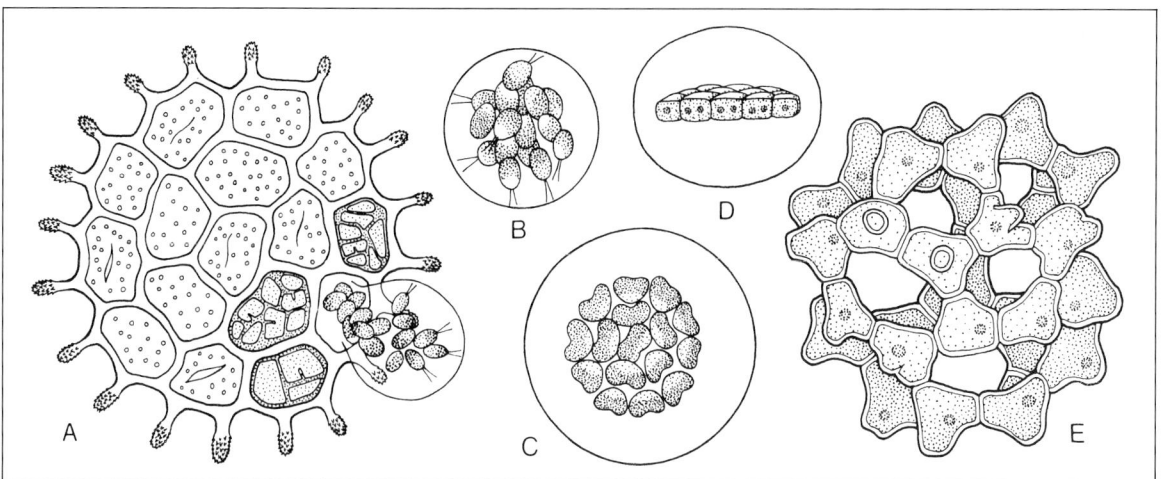

Abb. 3.2.86: *Chlorophyceae, Chlorococcales.* A–D *Pediastrum granulatum.* **A** Scheibenförmiger Zellverband, entleert bis auf wenige Zellen. Drei davon in Aufteilung begriffen; die vierte Zelle entläßt eine Blase, mit 16 Schwärmzellen. **B** bewegliche Zoosporen in der abgelösten Blase, **C** 4½ Stunden später: die Aggregation zu einem der insgesamt 16 Tochterindividuen ist eingetreten. **D** desgl. in Seitenansicht (300×), **E** *Coelastrum proboscideum* (550×). (A–D nach Braun, veränd.; E nach Senn.)

vollzogen. Solche Arten sind Bewohner des feuchten Bodens oder auch von trockenem Sand und von Felsen. Die Bodenalge *Spongiochloris* ist thermoresistent. Auch in den grünen Bezügen auf Baumrinden und Mauern sind *Chlorococcales* (neben anderen Algen) ein regelmäßiger Bestandteil. Andere gedeihen als Symbionten teils in Flechten, teils sogar im Plasma von niederen Tieren (*Chlorella vulgaris* in Infusorien, *Chlorohydra* u.a., vgl. S. 376). *Chlorella, Scenedesmus, Ankistrodesmus* und *Hydrodictyon* werden in Reinkultur häufig zu physiologischen Versuchen verwendet. Wie bei den *Volvocales* finden wir eine aufsteigende Reihe von einzelligen Arten zu Aggregationsverbänden (s. S. 230), die als Scheiben oder Hohlkugeln organisiert sein können. Die Ontogenie von *Kirchneriella* (s.o.) erlaubt allerdings auch die Deutung, daß hier die einzelligen Formen von mehrzelligen Verbänden abzuleiten sind. *Protosiphon* hat mehrkernige (polyenergide) Zellen.

Kugelige bis ellipsoidische Einzelzellen stellen *Chlorococcum* (mit Zoosporen; Abb. 3.2.85D), *Oocystis,* und *Chlorella* (mit Aplanosporen; Abb. 3.2.85J) dar, ebenso wie die Cyanellen führende *Glaucocystis* (Abb. 1.1.139), deren Stellung im System umstritten ist. Zellaggregate einfachster Form von meist 4 (oder 8) zu einer Querreihe verbundenen Zellen bildet der im Süßwasser weit verbreitete *Scenedesmus* (Abb. 3.2.85 K, L). Reicher zusammengesetzt ist das ebenfalls häufige *Pediastrum* in Gestalt von zierlichen, freischwebenden, flachen Täfelchen, einem geißellosen *Gonium* vergleichbar (Abb. 3.2.86 A; vgl. S. 629). Das Zellaggregat von *Coelastrum* schließlich ist dreidimensional aufgebaut, indem die Zellen eine Hohlkugel bilden (E). Bei dem Wassernetz *Hydrodictyon reticulatum*, einer freischwebenden Süßwasseralge, stoßen die zylindrischen Zellen zu 3–4 sternförmig an ihren Enden zusammen und bilden einen sackförmigen, bis ½ m langen, vielzelligen Verband in Form eines langgestreckten, vielmaschigen Hohlnetzes (Abb. 3.2.85).

Die geschlechtliche Fortpflanzung erfolgt durch Isogameten, die kleiner sind als die Zoosporen. Bei der Zygotenkeimung entstehen zunächst 4 Meiozoosporen, die sich nach einer kurzen Schwärmzeit zu unbeweglichen, derbwandigen «Polyedern» umgestalten. Erst diese keimen alsdann zu neuen, bei *Hydrodictyon* zunächst viel kleineren, Aggregationsverbänden aus. Bei der vegetativen Fortpflanzung aller dieser Gattungen bilden sich bewegliche Zoo- oder unbewegliche Aplanosporen, die aber nicht einzeln frei werden, sondern sich frühzeitig unter Verkittung ihrer Zellwände miteinander zu einem Verband von der für die betreffende Art charakteristischen Zellenzahl und Gestalt zusammenlagern (Abb. 3.2.85–86). Diese Vereinigung kann bald nach dem Austritt aus der Mutterzelle in eine Gallertblase erfolgen (Abb. 3.2.86 A) oder sogar schon in der Mutterzelle selbst (Abb. 3.2.85–86), so daß nach deren Auflösung eine der Zellenzahl nach fertige, wenn auch zunächst noch kleine Pflanze frei wird; weitere Zellteilungen finden in den Verbänden dann nicht mehr statt (außer bei der Bildung von Fortpflanzungszellen). Die erwähnte Ähnlichkeit mit der entsprechenden Reihe bei den *Volvocales* besteht somit nur im äußeren Aussehen, nicht der Entstehung nach. Bei den *Volvocales* kommen die Kolonien durch die wiederholte Längsteilung der sie bildenden Zellen zustande, wodurch die Lage jeder Zelle des Verbandes von vornherein festgelegt ist. Bei den *Chlorococcales* kann der ganze «Wurf» der aus der Plasmazerklüftung entstandenen Zellen zunächst (innerhalb von Zellen oder Gallertblasen) frei durcheinanderwimmeln, ehe sie sich erst sekundär zusammenfinden (Abb. 3.2.86 A, B).

Fossil sind dem heutigen *Pediastrum* ähnliche Formen bereits aus dem Perm und aus der Trias beschrieben worden. *Chlorococcales*-ähnliche Formen *(Caryosphaeroides)* zählen zu den ältesten Funden eukaryotischer Zellen (s. S. 900).

3. Ordnung: **Ulotrichales.** Die künstliche Ordnung enthält Formen, die z. T. noch der kokkalen Stufe angehören und regelmäßige Zellpakete (z.B. *Chlorosarcinopsis*) oder von Gallertscheiden zusammengehaltene Ketten (z.B. *Radiofilum* mit unechter Verzweigung) bilden. Meistens bestehen die Thalli aus unverzweigten Fäden, die sich unter («diffuser») Querteilung vieler oder aller Zellen verlängern (trichale Organisationsstufe). Bei der

Gattung *Monostroma* sind die älteren Fäden durch Längsteilungen der Zellen nach einer Richtung des Raumes, also flächenförmig verbreitert. Einen großen, blattartigen, grünen, zweischichtigen Gewebethallus bildet die an der Meeresküste lebende *Ulva lactuca* (Meersalat; Abb. 3.2.87L) aus. *Enteromorpha*, ebenfalls eine Küstenalge, die jedoch gelegentlich in salzhaltigen Binnengewässern auftritt, ist schlauchförmig oder abgeplattet bandförmig. Polarität ist z.T. nur schwach ausgebildet; sie wird z.B. bei *Ulothrix* durch die als einzige Zelle nicht teilungsfähige und farblose Rhizoidzelle (Abb. 3.2.87A) bestimmt. Die Zellen besitzen einen Zellkern und je einen wandständigen, bandartigen Chloroplasten, in Form eines geschlossenen oder längsseits offenen Zylinders oder einer gekrümmten Platte mit einem bis mehreren Pyrenoiden. Nach der Kernteilung wird zur Abgrenzung von Tochterzellen eine gemeinsame Zellwand sofort eingezogen (vgl. *Chlorococcales*).

Dies geschieht im einfachsten Falle, indem sich das Plasma irisblendenartig einschnürt unter gleichzeitiger zentripetaler Anlage der neuen Zellwand im Einschnürungsbereich (z.B. *Klebsormidium*). Bei anderen Gattungen entstehen die Querwände als Platten in einem Phyco- oder Phragmoplasten (s.S. 66, 642).

Die vegetative Fortpflanzung geschieht durch Zoosporen, die geschlechtliche durch Kopulation von begeißelten Gameten oder durch Eibefruchtung *(Prasiolaceae)*. Der Entwicklungscyclus vollzieht sich teils rein haplontisch mit zygotischem Kernphasenwechsel, teils haplo-diplontisch als heterophasischer Generationswechsel.

Die *Ulotrichales* leben im Süßwasser wie im Meer, z.T. auch im Boden. Die Thalli der Wasserbewohner sind vielfach am Substrat festgewachsen.

Die im Süßwasser häufige *Ulothrix zonata* (Abb. 3.2.87A) bildet unverzweigte, intercalar wachsende Fäden; ihre kurzen Zellen enthalten einen bandförmigen Chloroplasten, der als ein an einer Seite offener Ring der Zellwand anliegt (A). Sie sind mit einer meist farblosen Rhizoidzelle auf Steinen und dgl. festgewachsen. Außer der Rhizoidzelle kann jede andere Zelle der Reproduktion dienen; nichts bleibt dabei in den Zellen zurück. Im Fortpflanzungscyclus (Abb. 3.2.96A, 3.2.87 A–K) besorgen 4geißelige, haploide Mitozoosporen die vegetative Vermehrung. Sie sind mit einem Augenfleck und einem Chloroplasten versehen und werden durch Zerklüftung des zuvor vielkernig gewordenen Protoplasten simultan als einkernige Schwärmer gebildet, die durch ein seitliches Loch in der Wand der Mutterzelle (= Sporangium) ausschlüpfen (B). Nach ihrer Schwärmphase setzen sie sich unter Gallertausscheidung fest, Geißeln und Augenfleck werden rückgebildet und die Zellen wachsen zu einem neuen haploiden, polaren Faden aus. Unter ungünstigen Lebensverhältnissen bilden sich in gleicher Weise, aber in viel größerer Zahl (D, E), die Isogameten; sie gleichen den Zoosporen, sind aber kleiner und besitzen nur

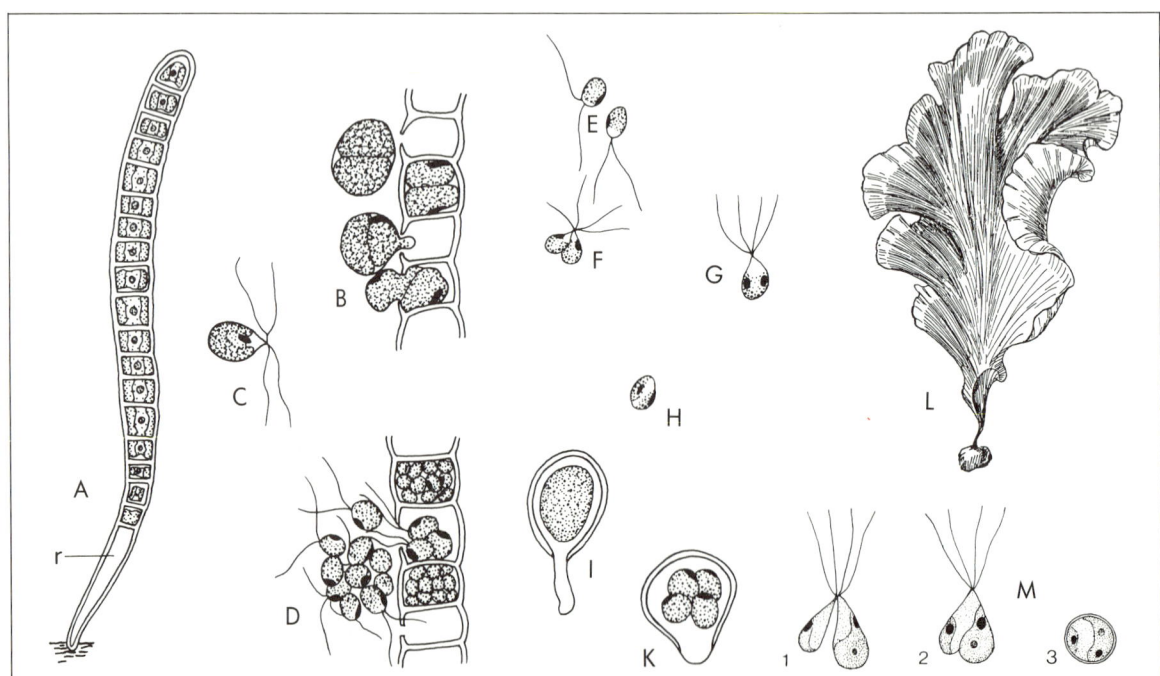

Abb. 3.2.87: *Chlorophyceae, Ulotrichales,* A–K *Ulothrix zonata.* **A** Junger Faden mit Rhizoidzelle r. **B** Fadenstück mit ausschlüpfenden Zoosporen, die zu zweien in jeder Zelle entstehen. **C** Einzelne viergeißelige Mitozoospore. **D** Bildung und Entleerung der kleineren zweigeißeligen Gameten aus einem Fadenstück. **E** Gameten, **F** deren Kopulation. **G, H** Zygote. **I** Zygote nach der Ruheperiode keimend. **K** Meiozoosporenbildung in der Zygote. **L** *Ulva lactuca* (Meersalat) auf einem Stein. Randzellen farblos durch Austritt von Zoosporen. **M** *Enteromorpha intestinalis.* Anisogameten-Kopulation und Zygote. (A 300×, B–K 480×; nach Dodel. M 1800× nach Kylin; L ½× nach Kuckuck.)

2 Geißeln. Gameten unterschiedlichen Kreuzungstyps (+, −) verschmelzen (F) paarweise zur Zygote (G). Die zunächst mit 4 Geißeln schwärmende Zygote zieht die Geißeln ein, rundet sich ab (H), umgibt sich mit einer derben Wand (Cysto-Zygote) und ist durch Carotinoide rot gefärbt. Sie stellt einen Ruhezustand dar, der durch Meiose und anschließendes Schlüpfen von je 4–16 haploiden Meio-Zoosporen (K) beendet wird. Hierbei erfolgt die Aufspaltung in die beiden Kreuzungstypen. Die Meio-Zoosporen setzen sich mit ihrer Flanke unter Rhizoidbildung fest, so daß die Längsachse des Schwärmers bei der nun einsetzenden Teilung zur Querachse wird. Es entwickeln sich nunmehr haploide Fäden mit genotypischer Plus- und Minus-Differenzierung (A), die außer Gameten auch Mito-Zoosporen erzeugen können. Die Pflanzen sind also Haplonten mit zygotischem Kernphasenwechsel. Die einen stielförmigen Fortsatz bildende Zygote (I) wird z.T. auch als extrem unterentwickelter Sporophyt gedeutet.

Bei *Ulva* und *Enteromorpha* (Meersalat und Darmtang) ist in einem heterophasischen, isomorphen Generationswechsel eine diploide Sporophytenphase eingebunden.

Diese Verhältnisse seien kurz (am Beispiel von *Ulva*) geschildert. Gametophyt und Sporophyt gleichen einander in ihren blattartigen Gewebethalli (Abb. 3.2.87 L). Der Generationswechsel entspricht dem von *Cladophora* (Abb. 3.2.96B). Die Gametophyten zeigen eine genotypische (+ und −) Differenzierung. Zwischen 2geißeligen Gameten konträrer Kreuzungstyps findet isogame Kopulation statt. Die so gebildeten Zygoten keimen wie bei vielen Meeresalgen (dauernd günstige Vegetationsverhältnisse im Gegensatz zum Süßwasser) sofort zum diploiden Sporophyten aus. Er erzeugt 4geißelige Zoosporen, mit deren Bildung sowohl die Meiose wie auch die genotypische Geschlechtsbestimmung verbunden ist. Aus diesen Zoosporen entstehen wieder haploide geschlechtsverschiedene Gametophyten. Sowohl dem Gametophyten wie dem Sporophyten geht jeweils ein fädiger Vorkeim voraus, der durch longitudinale Zellteilungen in den blattartigen Gewebethallus übergeht.

Enteromorpha und *Monostroma* unterscheiden sich von *Ulva* durch Anisogamie. Die Geschlechtsdifferenzierung der Gametophyten erfolgt genotypisch; die männlichen Thalli erzeugen kleinere ♂ Gameten mit gelbgrünen Chloroplasten, die weiblichen größere ♀ Gameten mit einem grünen Chloroplasten (vgl. Abb. 3.2.87M). Nicht bei allen *Ulotrichales* mit Generationswechsel sind die beiden Generationen isomorph. Bei *Monostroma grevillei* ist der blattförmige männlich oder weiblich determinierte Gametophyt die dominante Generation. Der sehr viel kleinere Sporophyt entwickelt sich aus der Zygote zu einem selbständigen, in die Kalkschalen von Seetieren sich einbohrenden Bläschen (Codiolum). Bei manchen Arten schwillt die Zygote ohne Querwandbildung auf das Zwanzigfache (und mehr) des Ausgangsdurchmessers an. Die gleiche Zelle ist also in allen diesen Fällen nacheinander Zygote, Sporophyt und Meiosporangium (vgl. auch *Ulothrix*, wo die Zygote als Codiolum-ähnliches Gebilde interpretiert wird). In solchen Fällen haben also Gametophyt und Sporophyt verschiedene Gestalt und der Generationswechsel ist heteromorph und heterophasisch. – Bei *Hormidium* wurde die Chloroplastenbewegung studiert (s. S. 443).

An die hier besprochenen Algen sind die **Prasiolaceae** anzuschließen, die z.T. in eine eigene Ordnung gestellt werden. *Prasiola stipitata* besitzt einen eigentümlichen Lebenscyclus. Der blattartige Sporophyt vollzieht in rein vegetativen, oberen Teilen Meiosen, denen Mitosen folgen. Der sich so entwickelnde Gametophyt bleibt auf diese Weise seines Lebens mit dem Sporophyten verwachsen. Einzelne Felder von Zellen des Gametophyten erzeugen Eizellen, andere die kleinen 2geißeligen ♂ Gameten (genotypische Geschlechtsdifferenzierung, Oogamie). Die freigesetzten Keimzellen verschmelzen daraufhin zur Zygote.

4. Ordnung: **Chaetophorales.** Der Thallus der zu dieser Ordnung zählenden Algen bildet verzweigte Fäden aus einkernigen und 1 Chloroplasten enthaltenden Zellen. Er ist gewöhnlich heterotrich, d.h. er besteht aus 2 Teilen: einer «Sohle» aus verzweigten, oft pseudoparenchymatisch verbundenen Fäden, die dem Substrat flach aufliegen und aus mehr oder weniger reich verzweigten, aufrechten, die Reproduktionsorgane tragenden Fäden (Abb. 3.2.88A).

Bei manchen Gattungen ist allerdings dieser zweiteilige Aufbau bei nur schwacher Ausbildung eines Teiles verwischt bzw. gar nicht mehr erkennbar. Wegen der gleitenden Übergänge im Thallusbau sowie wegen der übereinstimmenden Chloroplasten, die die Form wandständiger Zylinder oder gebogener Platten haben, ist die Abgrenzung gegenüber den *Ulotrichales* problematisch und wohl künstlich.

Bei der Zellteilung werden die neuen Zellwände durch Verschmelzung von Vesikeln im Phycoplasten (vgl. S. 642) aufgebaut, wie dies bei den abgeleiteten *Ulotrichales* der Fall ist (S. 631). Der Modus der Querwandbildung wird bei *Coleochaete* insofern abgewandelt, als die bei der Kernteilung entstehenden Spindelmikrotubuli einen Phragmoplasten (wie bei den Embryophyta) erzeugen, innerhalb dessen sich eine neue Platte mit Zellwandmaterial ausformt.

Die geschlechtliche Fortpflanzung – soweit vorhanden – ist eine Iso-, Aniso- oder Oogamie. Neben haplontischen sollen auch diplontische Lebenscyclen vorkommen.

Die meisten Arten sind – vielfach epiphytisch auf Algen und anderen Wasserpflanzen – Bewohner des Süßwassers (z.B. *Chaetophora, Stigeoclonium, Coleochaete*). Die Anpassung an das Landleben ist in dieser Ordnung öfters vollzogen worden (z.B. «*Pleurococcus*»-Typ, *Trentepohlia*); manche Formen haben im Zusammenhang damit differenzierte Thalli entwickelt (*Fritschiella*). *Gomontia* lebt endolithisch in Muschelschalen.

Die Typusgattung *Chaetophora* bildet Seitenäste, die in zugespitzte, vielzellige haarförmige Endstücke auslaufen. Manche Formen vereinigen mehrere Individuen in durch Schleim zusammengehaltenen Kolonien. – Bei *Stigeoclonium* (Abb. 3.2.88A) kommen neben 4geißeligen Zoosporen (B) 2geißelige Isogameten vor. – *Coleochaete* besitzt mit scheibenförmig ausgebildeter Sohle (C), besonders differenzierten Haaren, in denen der Chloroplast spontan rotiert, und oogamer Fortpflanzung eine hohe Entwicklung unter den Chlorophyceen. Ihr flaschenförmiges Oogon hat einen farblosen Hals (D), der sich an der Spitze zur Aufnahme des völlig farblosen 2geißeligen Spermatozoids öffnet. Nach der Befruchtung vergrößert sich die kugelige Zygote, und gleichzeitig wachsen von ihrer Tragzelle und den benachbarten Zellen Fäden um sie herum, so daß sie schließlich, in ein einschichtiges Plectenchym eingehüllt, zur «Zygotenfrucht» wird (F). Bei der Keimung dieses Dauerorgans entstehen nicht direkt Meiozoosporen, sondern

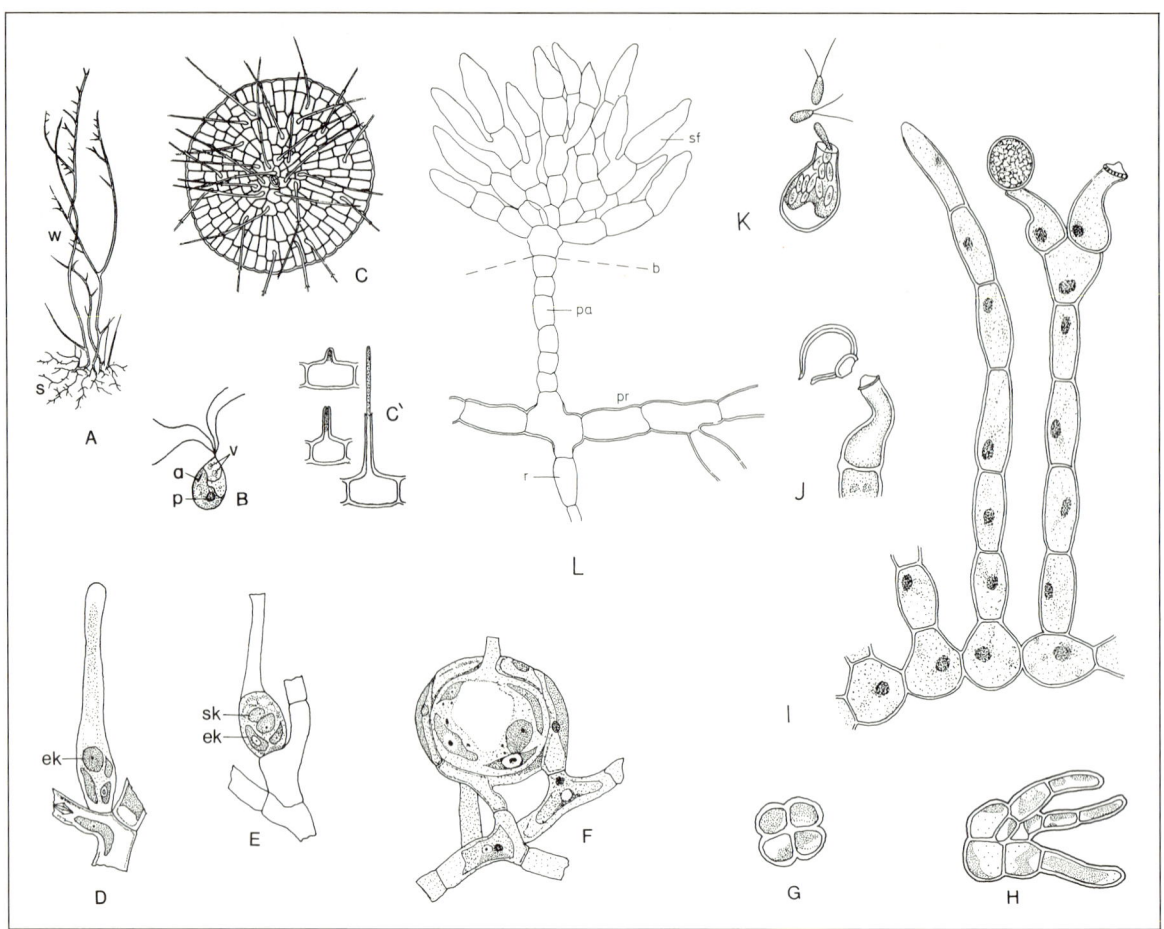

Abb. 3.2.88: *Chlorophyceae, Chaetophorales.* **A** *Stigeoclonium tenue.* s Sohle, w Wasserfäden (4×). **B** *Stigeoclonium subspinosum*, Zoospore. p Pyrenoid, a Augenfleck, v pulsierende Vacuolen (900×). **C** *Coleochaete scutata*, Sohle (80×). **C'** *Aphanochaete repens*, Entwicklung eines Scheidenhaares (250×). D–F *Coleochaete pulvinata*. **D** Oogonium kurz vor der Öffnung. **E** Dasselbe befruchtet, ek Eikern, sk Spermakern. **F** Zygote durch Umwachsung zur «Frucht» entwickelt (500×). **G, H** *Pleurococcus naegelii* (600×). I–K *Trentepohlia*. **I** *T. aurea*, Stück eines kriechenden Fadens mit aufrechten Zweigen (eine Terminalzelle mit Zoosporangium, an der anderen das Sporangium abgefallen; 500×). **J** *T. umbrina*, Ablösung des entleerten Sporangiums (300×). **K** *T. umbrina* Zoosporangium, die Zoosporen entlassend (300×). **L** *Fritschiella tuberosa*. b Bodenoberfläche, pa aufrechte Zellfäden, pr unterirdische, kriechende Fäden, r Rhizoid, sf sekundäre Fadenbüschel. (A nach J. Huber; B nach Juller; C nach M. Jost; C' nach J. Huber; D–F nach Oltmanns; G, H nach Chodat; I nach K.J. Meyer; J nach Gobi; K nach Karsten; L nach Singh.)

zunächst innerhalb der Zygoten unter Meiose 16- bzw. 32zellige, haploide Körper, in deren Zellen je eine haploide Zoospore frei wird. – *Trentepohlia* (Abb. 3.2.88I) findet sich häufig als Symbiont in Flechten oder als Landalge an Felsen (*T. aurea* auf Kalk, die nach Veilchen duftende *T. iolithus* auf Silicatgestein) und Baumstämmen, in den Tropen auch auf lederigen Blättern. Die Anpassung an das Landleben drückt sich auch darin aus, daß die Zoosporangien oft als ganze abgeworfen werden. Die 2geißeligen Schwärmer kopulieren als Gameten miteinander oder dienen der vegetativen Fortpflanzung (fakultative Funktionsbestimmung). – Die sehr verbreiteten grünen Algenüberzüge auf Baumrinde und Felsen werden durch Algen vom «*Pleurococcus*»-Typ (*Apatococcus* und *Desmococcus*) verursacht; diese Luftalgen bilden z. T. keine beweglichen Zellen mehr und sind auch sonst reduziert. – Bei der bodenbewohnenden *Fritschiella* (Indien, Afrika; Abb. 3.2.88L) erheben sich aus im Substrat kriechenden Zellreihen aufrechte, verzweigte Fäden in den Luftraum. Hier deutet sich eine bei den höheren Landpflanzen stark ausgebaute funktionelle Differenzierung in einerseits vornehmlich resorbierende und andererseits assimilierende Teile an.

5. Ordnung: **Oedogoniales.** Die *Oedogoniales* bilden hier eine dritte Chlorophyceen-Ordnung mit trichaler Organisation. Die Zellfäden sind zwar meist unverzweigt, aber die oogame Fortpflanzung wie auch die einmalige Form der Zellteilung und -streckung sprechen für eine stark abgeleitete Sonderentwicklung. Die einkernigen Zellen enthalten einen wandständigen, gitterförmig durchbrochenen Chloroplasten mit zahlreichen Pyrenoiden (Abb. 3.2.89A). Der Lebenscyclus ist haplontisch.

Die verhältnismäßig großen Zoosporen gehen in Einzahl aus dem gesamten Inhalt einer Fadenzelle hervor. Sie besitzen einen charakteristischen subapicalen Kranz von zahlreichen, nicht in Paaren angeordneten Geißeln (Abb. 3.2.89C) nahe ihrem chloroplastenfreien Vorderende. An anderen Stellen des Fadens schwellen einzelne Zellen tonnenförmig zu Oogonien an; ihr Inhalt wird zu einem großen Ei (E), das dauernd vom Oogonium umschlossen bleibt. Wiederum andere Fadenabschnitte des gleichen Individuums oder anderer Pflanzen (modifikatorische Geschlechtsbestimmung) erzeugen in relativ niedrig bleibenden Zellen, meist zu je zwei, die den Zoosporen ähnelnden, aber kleineren, gelblichen Spermatozoiden.

Ein anderer Weg zur Übertragung der ♂ Keimzellen verläuft über sog. Androsporen und «Zwergmännchen». In Zellen, die den eben beschriebenen ♂ Gametangien ähneln, werden anstelle von Spermatozoiden die etwas größeren Androsporen gebildet. Diese werden chemotaktisch von den Oogonien angelockt. Sie vermögen die Eizellen nicht direkt zu befruchten, sondern sie setzen sich an den Oogonien oder in ihrer unmittelbaren Nähe fest und wachsen zu kleinen, aus wenigen Zellen bestehenden Pflänzchen, sog. «Zwergmännchen» (Abb. 3.2.89 E, F), aus, deren obere Zellen dann als Gametangien befruchtungsfähige Spermatozoiden entlassen. Die gleichzeitige Reifung der Oogonien wird offensichtlich von Hormonen gesteuert, die von den aufsitzenden Zwergmännchen ausgeschieden werden. Andererseits werden die Spermatozoiden chemotaktisch von den Oogonien angelockt, wo sie durch eine sich bildende Öffnung hinein schlüpfen und mit der Eizelle verschmelzen. Es entwickelt sich hierauf innerhalb des Oogoniums eine derbwandige, rote Hypnozygote. Bei der Keimung (G) teilt sich der Inhalt in 4 große haploide Meiozoosporen (zygotischer Kernphasenwechsel), welche ausschlüpfen und neue Fäden bilden (D).

Die einzigartige Teilung und Streckung einzelner Zellen ist mit der Bildung von «Kappen» am oberen Zellende verknüpft (Abb. 3.2.89 I). Deren Entstehung wird schon bei der beginnenden Kernteilung (Prophase) eingeleitet, indem am oberen Ende der Zelle ein ringförmiger Wulst aus verschmelzenden (Golgi-?)Vesikeln gebildet wird; er besteht größtenteils aus der amorphen, dehnbaren Zellwandfraktion. Nach Abschluß der Kernteilung erscheint außerdem zwischen den Tochterkernen innerhalb eines Phycoplasten (s. S. 642) ein Septum, aus dem eine zunächst noch verschiebbare Zellplatte – die spätere Querwand – hervorgeht. Im Bereich des oberen Ringwulstes reißt alsdann die Außenwand der Zelle ringförmig auf, worauf sich der Ringwulst zu einem Zylinder streckt. An der Bruchstelle hinterbleibt dabei jeweils eine charakteristische Kappe. Durch Wiederholung dieses Vorgangs am oberen Ende jeweils der gleichen Zelle kommt es zur Anhäufung solcher Kappen, die wie ineinander gesteckt erscheinen (Abb. 3.2.89 C).

Die folgenden Ordnungen sind durch Thalli gekennzeichnet, deren Zellen in der Regel vielkernig sind.

6. Ordnung: **Cladophorales.** Die Vertreter dieser Ordnung repräsentieren die siphonocladale Organisationsstufe. Die oft büschelförmig verzweigten Thalli sind vielzellig und jede Zelle ist vielkernig. Ob die Vielkernigkeit abgeleitet oder ursprünglich ist, ist nicht zu entscheiden. Man wird wohl Parallelentwicklungen zu anderen Algengruppen anzunehmen haben. Vielkernige Zellen sind auch in anderen Ordnungen als Sonderentwicklungen aufgetreten (z.B. *Chlorococcales* mit *Hydrodictyon*).

Die im Süßwasser (oft in fließenden Gewässern) und im Meer auf festem Substrat häufigen Fadenbüschel der *Cladophora*-Arten (Abb. 3.2.90) sitzen an der Basis mit einer rhizoidartigen Zelle fest und weisen ein bevorzugtes Spitzenwachstum auf. Verzweigungen entstehen durch Ausstülpungen der «Stammzelle» jeweils unterhalb einer zentripetal gebildeten

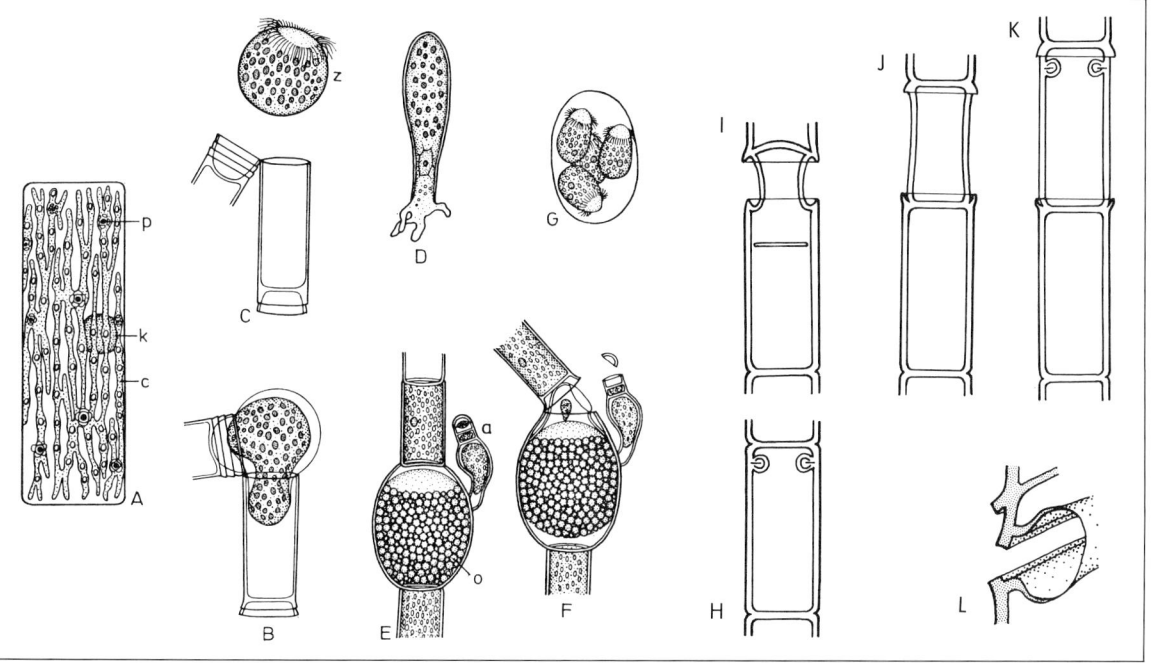

Abb. 3.2.89: *Chlorophyceae, Oedogoniales, Oedogonium.* **A** Einzelne Zelle (600×). **B–D** *Oed. concatenatum*, Ausschlüpfen einer Zoospore und deren Keimung (300×). **E, F** *Oed. ciliatum*, Befruchtung (350×). **G** Desgl., Keimung der Zygote (350×), a Zwergmännchen, c Chromatophor, k Zellkern, o Oogonium, p Pyrenoid, z Zoospore mit, den einzigen Zellkern (siehe D) verdeckenden, Reservestoffen. **H–K** Kappenbildung bei der Zellteilung, **L** Aufreißen der Zellwand am Wulst. (A nach Schmitz; B–D nach Hirn; E, F nach N. Pringsheim; G nach Juranyi; H–K 200×; nach Esser; L 2000×; verändert nach Pickett-Heaps.)

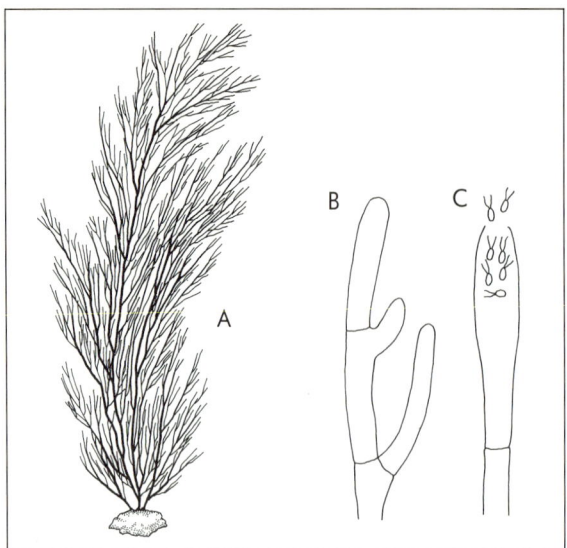

Abb. 3.2.90: *Chlorophyceae, Cladophorales, Cladophora.* **A** Habitus. **B** Verzweigung, **C** Gametangium mit Gameten (A ⅓×, nach Oltmanns; B, C 250×.)

Cladophora hat meist einen **heterophasischen isomorphen Generationswechsel** (Abb. 3.2.96 B). Dabei kann sich jede Generation auch vegetativ erneuern. Die Isogameten sind 2geißelig, während die Meio-Zoosporen mit 4 Geißeln ausgerüstet sind (Süßwasserarten mit 2). Bei der im Süßwasser oft fußlange Büschel bildenden *Cladophora glomerata* ist die Gametophytengeneration ausgefallen, so daß hier die Entwicklung zu einem reinen Diplonten fortgeschritten ist. – *Siphonocladus* ist marin. Die auf überschwemmter Erde nicht gerade häufigen, unverzweigten monöcischen Fäden von *Sphaeroplea annulina* pflanzen sich oogam fort und bilden in den weiblichen Fäden Gruppen roter Hypnozygoten.

An die *Cladophorales* ist die nahe verwandte Ordnung der **Acrosiphonales** mit Abweichungen im Bau der Zellwand und im Lebenscyclus anzuschließen. Die feste Zellwandfraktion besteht aus filzartig verflochtenen Cellulose-Fibrillen (Cellulose eines anderen Typs als die kristalline Cellulose der *Cladophorales* und der meisten Cormophyten). Die Thalli von *Spongomorpha* (Gametophyt) können filzartig verflochten sein. Der Generationswechsel ist hier mit Codiolum-ähnlichem Sporophyt (s. S. 633) **heteromorph**. – Hierher gehört auch *Urospora* (Abb. 3.2.97).

7. Ordnung: **Siphonales.** Die besonders in warmen Meeren vorkommenden, außerordentlich vielgestaltigen Siphoneen oder Schlauchalgen haben in ihrem Thallus keine Querwände, sondern lediglich ein Maschenwerk aus Stützbalken. Die Zellwand umschließt somit einen einzigen polyenergiden Protoplasten, der mit zahlreichen kleinen, scheibenförmigen Chloroplasten ausgestattet ist. Nur die Keimzellenbehälter werden durch Querwände abgetrennt (siphonale Organisationsstufe). Die Schläuche einiger Arten sind zu einem **Flecht-Thallus** verflochten. Zu dem für die

Querwand; sie setzen das Wachstum unter Einziehung einer zur Längsachse der Bildungszelle spitzwinkeligen Grenzwand fort. Der wandständige Chloroplast ist netzförmig durchbrochen und enthält Pyrenoide mit Stärkekörnern. Die Zellwand besteht u. a. aus Cellulosemikrofibrillen; diese sind schichtweise in verschiedenen Winkeln angeordnet und verleihen der Zellwand hohe Festigkeit. Wie bei den *Ulotrichales* entstehen die Schwärmer (Zoosporen und Isogameten) in äußerlich kaum verschiedenen Zellen, jedoch in der Regel an den Enden der Seitenzweige.

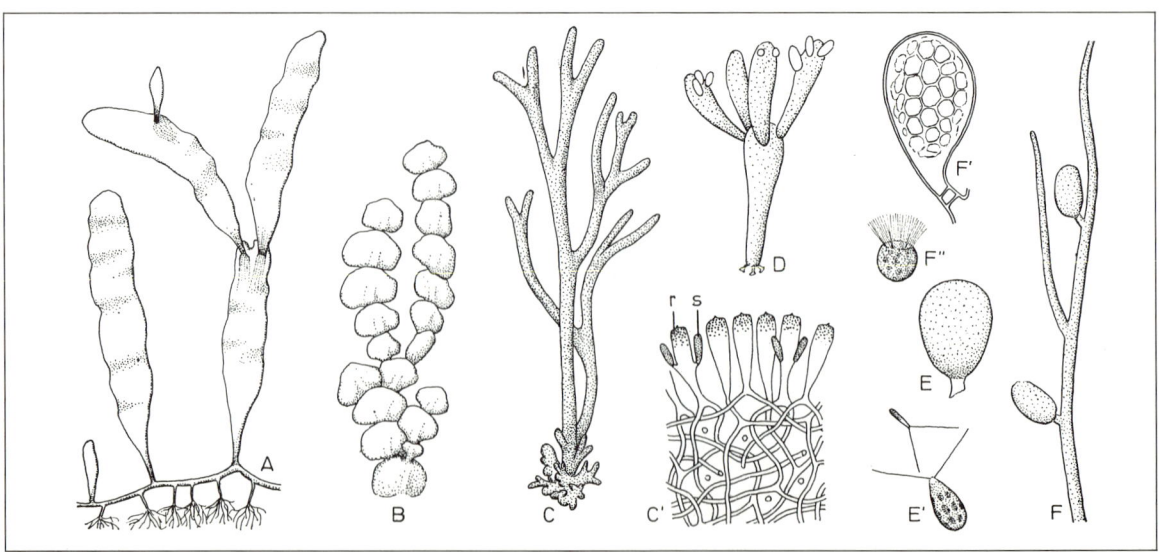

Abb. 3.2.91: *Chlorophyceae, Siphonales.* **A** *Caulerpa prolifera,* Thallus (½×). **B** *Halimeda tuna,* Thallus (½×). **C** *Codium tomentosum,* Thallus (½×). C′ Desgl., Thallusquerschnitt (15×). **D** *Valonia utricularis,* Thallus (1½×). **E** *Derbesia marina* («*Halicystis ovalis*») Gametophyt (3×). E′ Desgl., männlicher und weiblicher Gamet (500×). **F** *Derbesia marina,* Thallus-Stück des Sporophyten (30×). F′ Desgl., Sporangium (120×). F″ Zoospore (400×). r Rindenschlauch, s Gametangium. (A nach Schenck; B nach Oltmanns; C und C′ nach Mägdefrau; D nach Schmitz; E, E′, F nach Kuckuck; F nach Harder; F″ nach Davis.)

Chlorophyceen charakteristischen Farbstoffbestand kommen bei den *Siphonales* Siphonoxanthin und Siphonein als weitere, die Ordnung kennzeichnende akzessorische Pigmente hinzu.

Die geschlechtliche Fortpflanzung erfolgt anisogam, seltener isogam und zwar in einem diplo-haplontischen Lebenscyclus. Der Generationswechsel ist heterophasisch und heteromorph, mit Förderung teils der Gametophyten-, teils der Sporophytengeneration. Einige Arten sind offensichtlich reine Diplonten.

Als Zellwandbaustoffe treten bei den *Siphonales* neben Cellulose auch Mannan und Xylan auf.

Die *Siphonales* lassen sich in drei gut unterscheidbare Gruppen untergliedern, die neuerdings auch als eigene Ordnungen bewertet werden.

Die erste Gruppe, die *Siphonales* im engeren Sinne (**Caulerpales**), enthält Vertreter mit schlauchförmigem Thallus, der bei abgeleiteten Formen als Geflecht organisiert sein kann.

Die **Bryopsidaceae** haben einen heteromorphen Generationswechsel. Die Abfolge der Generationen wird entweder auf einer Pflanze (haplobiontisch) vollzogen oder in zwei voneinander getrennten Individuen (diplobiontisch). Bei *Bryopsis* ist im allgemeinen der haploide Gametophyt die in den Vordergrund tretende Generation. Er stellt einen einfach bis doppelt gefiederten schlauchförmigen, bis 10 cm langen, polyenergiden Thallus dar, der mit einem verzweigten Rhizoidabschnitt dem Substrat angeheftet ist. Die Fiederzweige werden schließlich durch eine Querwand als Gametangien abgegrenzt. Durch Anisogamie zwischen 2geißeligen kleineren ♂ Gameten und größeren ♀ Gameten – sie werden in den entsprechenden Gametangien auf ♂ und ♀ Pflanzen erzeugt – entsteht zunächst eine 4geißelige Planozygote, die dann aber ihre Geißeln abwirft und zum kleinen verzweigt-schlauchförmigen Sporophyten auskeimt. Dieser Zellschlauch enthält anfangs nur einen einzigen großen Kern. Bei haplobiontischer Entwicklung (z.B. fakultativ bei *Bryopsis plumosa*), ist der Sporophyt lediglich ein Vorkeim, denn er wächst unter Reifeteilung des Kernes und Bildung vieler kleiner Kerne direkt zu ♂ oder ♀ Gametophyten aus. Eine andere Form der Entwicklung ist diplobiontisch (z.B. *Bryopsis halymeniae*), da sich im Sporophyten unter Meiose Zoosporen mit Geißelkranz bilden. Erst aus den ausschwärmenden Zoosporen entsteht die neue Gametophyten-Generation. In beiden Fällen hat der Gametophyt eine andere Zellwand-Zusammensetzung als der Sporophyt: beim Gametophyt ist Xylan neben Cellulose, beim Sporophyt Mannan vorherrschend. *Bryopsis halymeniae* leitet mit kräftigerem, verzweigtfädigem Sporophyten, der in terminal abgegrenzten Keimzellenbehältern die Meiozoosporen entwickelt, zur Gattung *Derbesia* über.

Bei ihr besteht der Gametophyt aus blasenförmigen, 0,5 bis 3 cm großen Gametangien, die einem perennierenden Rhizoid entspringen; wegen Unkenntnis des Zusammenhanges zum Sporophyten stellte man früher diese Pflanzen in eine eigene Gattung («*Halicystis*» = Gametophyt von *Derbesia*; Abb. 3.2.91E). Die getrenntgeschlechtlichen «*Halicystis*»-Pflanzen entlassen Anisogameten mit zwei gleichlangen Geißeln (E'). Aus der Zygote geht der Sporophyt, die verzweigt-schlauchförmige *Derbesia*, hervor. An eiförmigen Sporangien dieser diploiden Pflanzen entstehen nach der Meiose die mit einem Geißelkranz versehenen Meio-Zoosporen. Der Generationswechsel ist heteromorph mit schwacher Förderung des bis 10 cm hohen Sporophyten (Abb. 3.2.96C). Die Zellwandzusammensetzung der beiden Generationen ist wie bei *Bryopsis* (s.o.) verschieden. Beide Gattungen kommen an den europäischen Atlantikküsten vor.

Die **Caulerpaceae** mit der formenreichen, in wärmeren Meeren verbreiteten Gattung *Caulerpa* bilden eine farblose, kriechende, bis 1 m lange Hauptachse, die einerseits Rhizoide in den Boden entsendet, andererseits mannigfaltig gestaltete, grüne Thalluslappen trägt, die mehrere Dezimeter groß wer-

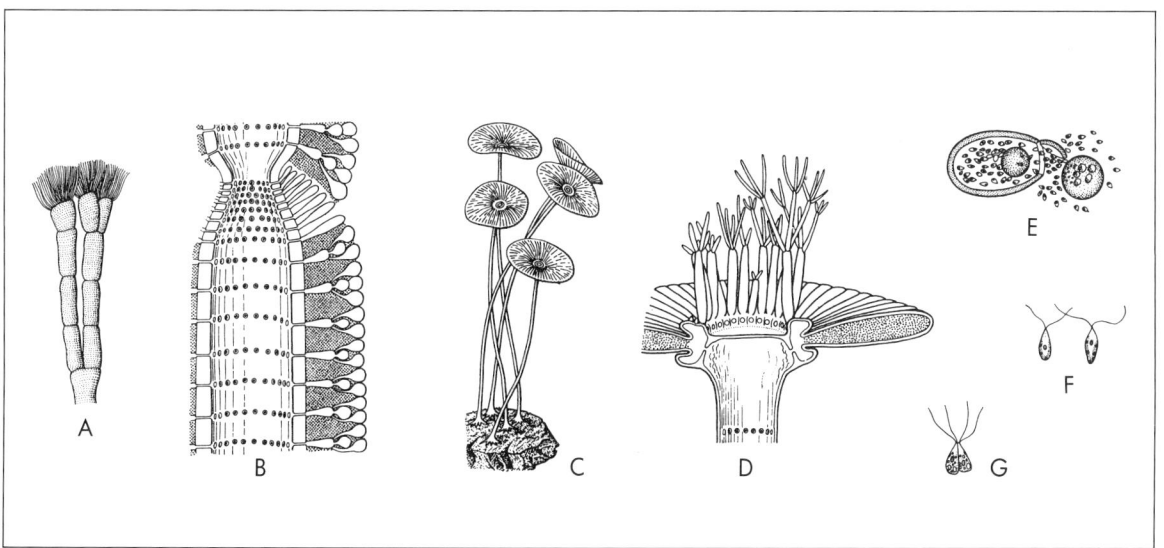

Abb. 3.2.92: *Chlorophyceae, Siphonales, Dasycladaceae.* **A** *Cymopolia barbata*, oberer Teil einer Pflanze (4×). **B** Desgl., Längsschnitt durch Thallusstück; punktiert: Kalkmantel (40×). **C–G** *Acetabularia mediterranea*. **C** Erwachsene Thalli (nat. Gr.). **D** Längsschnitt durch Schirmchen; oben Kranz von sterilen Trieben, unten Narben des abgefallenen Wirtels steriler Triebe (6×). **E** Geöffnete Cyste, die Gameten entlassend (100×). **F** Gameten (300×). **G** Kopulation (300×) (A, B nach Solms-Laubach; C, D, nach Oltmanns; E–G nach De Bary und Strasburger.)

den können (Abb. 3.2.91). Die großen Pflanzen bestehen aus einer einzigen, vielkernigen Riesenzelle, deren Außenwand im Inneren lediglich durch mehrfach verzweigte balkenartige Verstrebungen gestützt wird. Die Zellwand enthält überwiegend Xylan. Ob bei der Bildung der Gameten – sie werden in grünen Wolken entlassen, worauf die entleerten Pflanzen absterben – die Meiose stattfindet, ist ungewiß.

Ein diplontischer Lebenscyclus wird auch für die **Codiaceae** angenommen. Ihre z. T. mehr als meterlangen Thalli (z. B. manche *Codium*-Arten; Abb. 3.2.91) werden aus einem Geflecht verzweigter, querwandloser Schläuche gebildet, die durch Zellwandringe versteift sind. Die Zellwand besteht überwiegend aus einem Mannan. Bei der in wärmeren Meeren verbreiteten Gattung *Halimeda* (B) sind die scheibenförmigen Thallusglieder mit Kalk inkrustiert. Die *Codiaceen* sind fossil bereits aus dem älteren Paläozoikum bekannt.

Die zweite Gruppe um die *Valoniaceae* (**Valoniales**) ist aufgrund eines besonderen Teilungsmechanismus der Zellen von den vorausgestellten *Siphonales* im engeren Sinne unterschieden.

Der Protoplast eines Zellschlauches zerklüftet sich in mehrere Teile unterschiedlicher Größe, die sich unter Abrundung, meist noch innerhalb der Zellwand des Mutterschlauches, mit neuen Zellwänden umgeben. Auf diese Weise kann ein vielzelliger pseudoparenchymatischer Thallus entstehen. Die Thalli von *Valonia*, welche eine große Vacuole, viele Kerne und zahlreiche wandständige Chloroplasten enthalten, stellen ein günstiges Objekt für Permeabilitäts- und Zellwandstudien dar (vgl. Abb. 1.1.104 B).

Die dritte Gruppe mit den *Dasycladaceae* (**Dasycladales**) ist von den typischen *Siphonales* durch die radiäre Symmetrie ihres Thallus und durch haarförmige Fortsätze, die z. T. abgeworfen werden und dabei Narben hinterlassen, geschieden.

Die Zellwand besteht überwiegend aus einem Mannan. Der Thallus setzt sich aus einer langen, durch Rhizoide am Substrat befestigten «Stammzelle» und den hieraus abzweigenden wirteligen Seitenästen zusammen (Abb. 3.2.92 B). Diese sind einfach oder verzweigt und enden vielfach mit einem Gametangium.

Als morphogenetisches Untersuchungsobjekt ist besonders *Acetabularia* bekannt (Abb. 3.2.92 C–G). Sie trägt auf einem ungeteilten Stiel zunächst einen Wirtel dünner Äste, dann darunter einen schirmartigen Hut, der aus radialen, dicht aneinandergereihten Kammern besteht, sowie darunter und darüber je einen Wirtel verzweigter, steriler Zellen, die bei Reife des Schirmes zugrunde gehen. Der Thallus hat zunächst nur einen einzigen Kern (Primärkern), der lange unverändert im Rhizoid liegen bleibt. Nach Ausbildung des Schirmes teilt er sich in zahlreiche haploide Sekundärkerne, die in die Kammern wandern und hier die Bildung derbwandiger Cysten einleiten (E). Die Cysten werden bei Zerfall des Schirmes frei, öffnen sich mit einem Deckel und entlassen die Gameten (E). Die aus der Kopulation von zwei Isogameten hervorgehende Zygote (G), setzt sich fest und wächst zu einem neuen diploiden Thallus heran. *Acetabularia* ist nach neueren Untersuchungen kein Diplont, da bereits der Primärkern haploid sein soll. Nach anderer Ansicht erfolgt aber die Meiose bei der Bildung der Sekundärkerne; dann wäre der Lebenscyclus diplontisch (mit gametischem Kernphasenwechsel).

Die äußeren Zellwandschichten der Stammzelle verkalken bei den Dasycladaceen sehr stark (B), so daß nach Absterben des Thallus ein durchlöchertes Kalkröhrchen übrigbleibt; hierauf beruht die bedeutende Rolle der fossilen Dasycladaceen als Gesteinsbildner, z. B. in der alpinen Trias. Vom Cambrium ab sind die Dasycladaceen in 120 Gattungen durch sämtliche Formationen hindurch bekannt, während heute nur noch 10 Gattungen leben. Anhand der Fossilfunde können wir die Evolution von einfachen Formen, bei denen die Äste regellos der Stammzelle entspringen, bis zu hochdifferenzierten Gattungen, wie *Acetabularia*, verfolgen (vgl. auch Abb. 3.1.58).

II. Klasse: Zygnematophyceae (= Conjugatae), Jochalgen

Die Jochalgen bilden keinerlei Schwärmer, also weder Zoosporen noch begeißelte Gameten. Die geschlechtliche Fortpflanzung erfolgt durch Jochbildung, wobei zwei gleichgestaltete, nackte Protoplasten zweier Zellen zu einer Zygote verschmelzen. Die Zygote keimt nach längerer Ruhe unter Meiose; der Kernphasenwechsel ist zygotisch. Die Jochalgen sind demnach reine Haplonten, die sich in der kokkalen und trichalen Organisationsstufe entfaltet haben. Die fädigen Formen sind unverzweigt und zerfallen leicht in Einzelzellen. Die Zellen sind mit je einem in der Mitte liegenden Kern versehen. Die Kombination aller dieser Merkmale ist innerhalb der Algen einmalig, weshalb die Stellung der Jochalgen in einer eigenen Klasse innerhalb der Chlorophyten gerechtfertigt ist. Sie leben in etwa 4000–6000 Arten (50 Gattungen) im Benthos, z. T. auch im Plankton, fast nur im Süßwasser.

Die **Mesotaeniaceae** sind relativ ursprünglich. Sie leben einzeln oder in Gallertkolonien (Abb. 3.2.93 A; kokkale Organisationsstufe). Die Zellwand besteht aus einem einzigen Stück und weist keine Skulpturen auf. Der Chloroplast ist schraubenförmig *(Spirotaenia)* oder im Querschnitt sternförmig *(Cylindrocystis, Netrium)*. *Mesotaenium berggrenii* und *Ancylonema nordenskioeldii*, beide mit rotem Zellsaft, haben Anteil an der Bildung des «Roten Schnees» auf Gletschern der Alpen, der Arktis und Antarktis (s. a. S. 628, 645).

Die **Desmidiaceae** oder Zieralgen sind in der Regel einzellig (kokkal). Die meist skulpturierten, oft eisenhaltigen (daher gelblichen) Zellwände bestehen aus zwei gleichen Hälften, die durch eine Naht oder eine Einschnürung (Isthmus) voneinander getrennt sind. Das Innere der Zelle enthält in jeder der beiden genau symmetrischen Hälften je einen großen zentralen, also nicht wandständigen Chloroplasten mit einem oder mehreren Pyrenoiden (Abb. 3.2.93 B, C). In der Mitte der Zelle liegt der Kern.

Die vegetative Fortpflanzung erfolgt durch Zweiteilung, wobei – wie bei den Diatomeen (S. 610) – je eine Zellwandhälfte ergänzt werden muß (Abb. 3.2.93 J, K). Hierbei entstehen wieder einzellige Individuen. Bei gewissen Gattungen bleiben die Tochterzellen jedoch auch miteinander verbunden, so daß Zellketten gebildet werden.

Zur geschlechtlichen Fortpflanzung legen sich 2 genotypisch verschiedene Zellen nebeneinander (Abb. 3.2.93 D) und umgeben sich mit Gallerte. Die Zellwand öffnet sich darauf in der Mitte, die Protoplasten treten als nackte Gameten in den sich vorwölbenden, bald verschleimenden Kopulationsschlauch aus und vereinigen sich zur Zygote (E), deren Wand oft Stacheln trägt. Neben der reifen Hypnozygote liegen zunächst noch die 4 leeren Zellwandhälften der beiden verschmolzenen Zellen. Bei der Zygotenkeimung gehen von den 4 durch Meiose entstandenen haploiden Gonenkernen bei

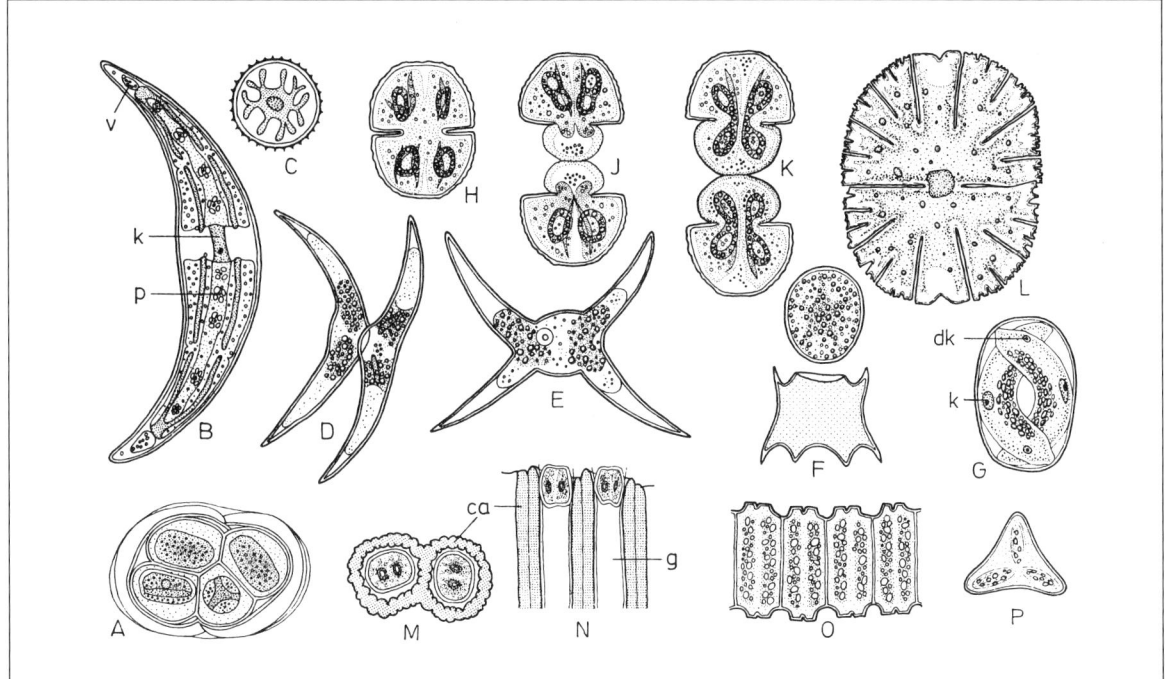

Abb. 3.2.93: Zygnematophyceae; Mesotaeniaceae und Desmidiaceae. **A** *Mesotaenium braunii* (280×). **B** *Closterium moniliferum* (200×). **C** *Closterium regulare*, mit geripptem Chloroplasten, Querschnitt (200×). **D, E** *Closterium parvulum*, Kopulation (300×). **F** *Closterium rostratum*, Austreten der Zygote aus der Hülle (200×). **G** *Closterium* sp., Teilung der Zygote (200×). **H** *Cosmarium botrytis* (280×). **J, K** Desgl., Teilung (280×). **L** *Micrasterias denticulata* (125×). **M, N** *Oocardium stratum*, von oben gesehen und im Längsschnitt (320×). **O** *Desmidium swartzii*, Teil einer Zellkette. **P** Desgl., Zellquerschnitt (350×). ca Kalkhülle, dk degenerierter Zellkern, g Gallertstiel, k Zellkern, p Pyrenoid, v Vacuole mit Gipskriställchen. (A, D – F, H – K nach De Bary; B nach Palla; C, L nach Carter; G nach Klebahn; M, N nach Senn; O, P nach Delponte.)

den meisten Desmidiaceen 2 zugrunde, so daß nur 2 haploide «Keimlinge» entstehen (G).

Die Desmidiaceen gehören zu den zierlichsten Algen und sind in ihrer Gestalt sehr mannigfaltig. Ihre Zellen sind z. B. halbmond- (*Closterium*, Abb. 3.2.93 B) oder biskuit- (*Cosmarium*, H) bis sternförmig (*Micrasterias*, L). *Euastrum* (s. S. 646) besitzt an den Zellenden Einschnitte, *Staurastrum* (s. S. 646) ist in Frontalansicht kantig. An beiden Zellenden von *Closterium* sind Vacuolen mit Gipskristallen, die sich in lebhafter Brownscher Bewegung befinden (B). Manche Desmidiaceen stoßen durch Membranporen Schleimfäden aus, mittels derer sie sich langsam fortbewegen. *Oocardium*, in kalkreichen Bächen lebend, sitzt auf einem Gallertstiel, der mit Kalk inkrustiert wird (M, N; Oocardientuff!). Die Zieralgen entwickeln vornehmlich in nährstoffarmen Gewässern mit niederem pH-Wert, z. B. in Torfsümpfen, eine große Artenvielfalt; *Pleurotaenium* und *Staurastrum* leben auch in alkalischen Gewässern.

Die Familie der **Zygnemataceae** wird durch unverzweigt-fadenförmige Vertreter repräsentiert. Am bekanntesten ist die Gattung *Spirogyra* (Abb. 3.2.94 A). Ihre zahlreichen Arten treten häufig im Frühjahr in ruhigen Gewässern als frei schwebende, fädige, gelbgrüne «Watten» auf. Die Fäden wachsen intercalar durch Streckung und Querteilung aller Zellen in die Länge; sämtliche Zellen sind also gleichwertig; die Fäden besitzen auch keinerlei Polarität. Ihre glatten, porenlosen Cellulosewände verschleimen oberflächlich, weshalb sich die Fäden schlüpfrig anfühlen. Bei der Mitose bleibt die Kernmembran größtenteils erhalten (intranucleäre Mitose). Die Querwand bildet sich zentripetal als irisblendenartig wachsendes Septum und zusätzlich als Zellplatte in einem Phragmoplasten. Die Fäden können an den Querwänden in ein- oder mehrzellige Teilstücke zerfallen, die der vegetativen Vermehrung dienen (s. S. 476).

Der Kern jeder *Spirogyra*-Zelle liegt in der Zellmitte und ist an Protoplasmasträngen in einer großen Vacuole aufgehängt. Weiterhin erkennt man ein oder mehrere stets als Linksschraube (S-Windung) der Wand anliegende, band- bzw. rinnenförmig gestaltete Chloroplasten (Abb. 3.2.94 A, C: ch) mit Pyrenoiden (p).

Bei der geschlechtlichen Fortpflanzung lagern sich zwei morphologisch meist gleichgestaltete Fäden parallel. An der Berührungslinie wölben sich zwischen den Zellen Mamillen vor, so daß das Fadenpaar sekundär auseinandergedrängt und leiterförmig wird (Leiterkopulation; Abb. 3.2.94 B). Die Mamillen werden durch die Auflösung der Wand an der Berührungsstelle in einen Kopulationskanal zwischen je zwei Zellen («Gametangien») verwandelt. Jede Zelle eines Fadens kann zu einem «Gametangium» werden. Die Geschlechtsbestimmung erfolgt modifikatorisch (♂ und ♀ Fäden). Der Protoplast aus der ♂ Zelle tritt als nackter «Wander-Gamet» in die gegenüberliegende ♀ Zelle und verschmilzt mit derem Protoplast («Ruhegamet»)

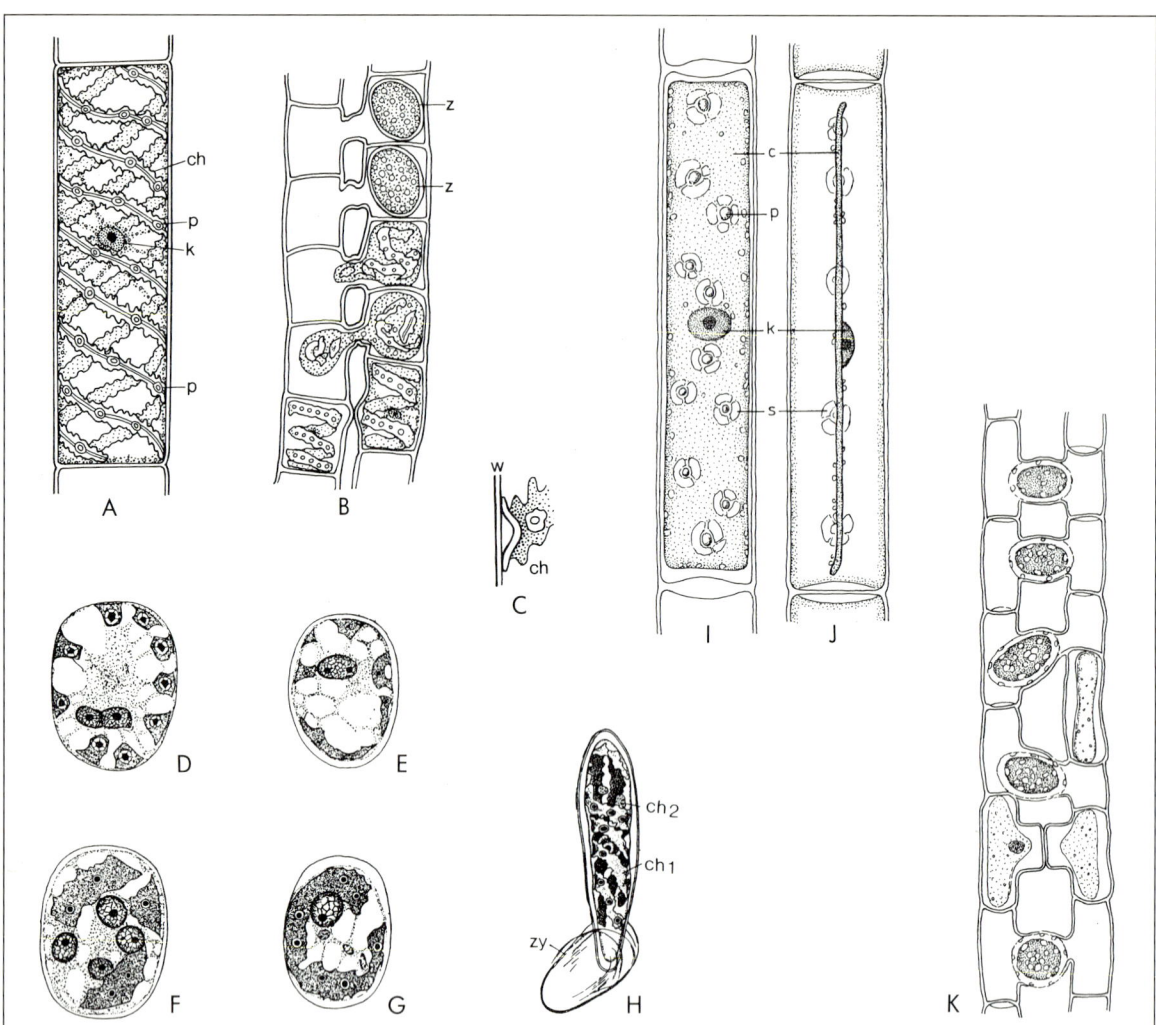

Abb. 3.2.94: *Zygnematophyceae, Spirogyra.* **A** *Sp. jugalis*, Zelle (250×). **B** *Sp. quinina*, anisogame Kopulation (240×). C–H *Sp. longata*, **C** Chloroplastenteilstück an der Zellwand (750×), ch Chloroplast, k Zellkern, p Pyrenoid, w Zellwand, z Zygote. D–H Junge und alte Zygoten. **D** Die beiden Sexualkerne vor der Kopulation, **E** nach der Verschmelzung. **F** Teilung des Zygotenkerns in 4 haploide Kerne. **G** die 3 kleinen Kerne degenerieren (D–G, 250×). **H** einkerniger Keimling (180×); zy Zygotenwand, ch Chloroplasten. I–K *Mougeotia*. **I–J** *M. scalaris*, Chloroplast in Flächenstellung und in Profilstellung (600×). c Chloroplast, k Zellkern, p Pyrenoid, s Stärke, **K** *M. calospora*, isogame Kopulation (450×). (A, B nach Schenck; C nach Kolkwitz, D–H nach Tröndle; I–K nach Palla.)

unter Wasserabgabe und Schrumpfung zu einer Hypnozygote (z), die, mit einer mehrschichtigen, dicken, braunen Wand umgeben sowie dicht mit Stärke und Öl angefüllt, zur Überdauerung geeignet ist. Der oder die Chloroplasten des ♂ «Gameten» gehen zugrunde. Bei der mit der Meiose verbundenen Keimung der Zygote degenerieren 3 Kerne (G), so daß nur ein haploider Keimling entsteht, der schlauchförmig auswächst und durch Zellteilungen einen neuen Faden bildet (H).

Manche *Spirogyra*-Arten sind monöcisch. Bei ihnen verschmelzen die Protoplasten benachbarter Zellen des gleichen Fadens über eine seitliche Kopulationsbrücke.

Von *Spirogyra* unterscheiden sich *Zygnema* und *Mougeotia* durch abweichende Chloroplasten. Bei *Zygnema* sind je Zelle zwei sternförmige Chloroplasten vorhanden, bei *Mougeotia* (I, J) ein einziger, axial angeordneter, plattenförmiger, auf Lichtreize reagierender Chloroplast (vgl. S. 442). In beiden Gattungen gibt es Arten, bei denen sich die Zygote mitten im Kopulationskanal (K) bildet, ein Vorgang, der an die vorige Familie erinnert.

Die Zygnematophyceen sind eine durch Fortpflanzungsart und Zellbau gut charakterisierte Gruppe, die sich wahrscheinlich schon frühzeitig aus anderen Grünalgen abgezweigt und sämtliche begeißelte Stadien eingebüßt hat.

III. Klasse: Charophyceae, Armleuchteralgen

Die in wenigen Gattungen vertretenen, sehr hoch organisierten Charophyceen bilden in Teichen und Bächen oft fußhohe «Unterwasser-Wiesen». Es sind etwa 300 Arten in Süß- und Brackwasser bekannt; sie «wur-

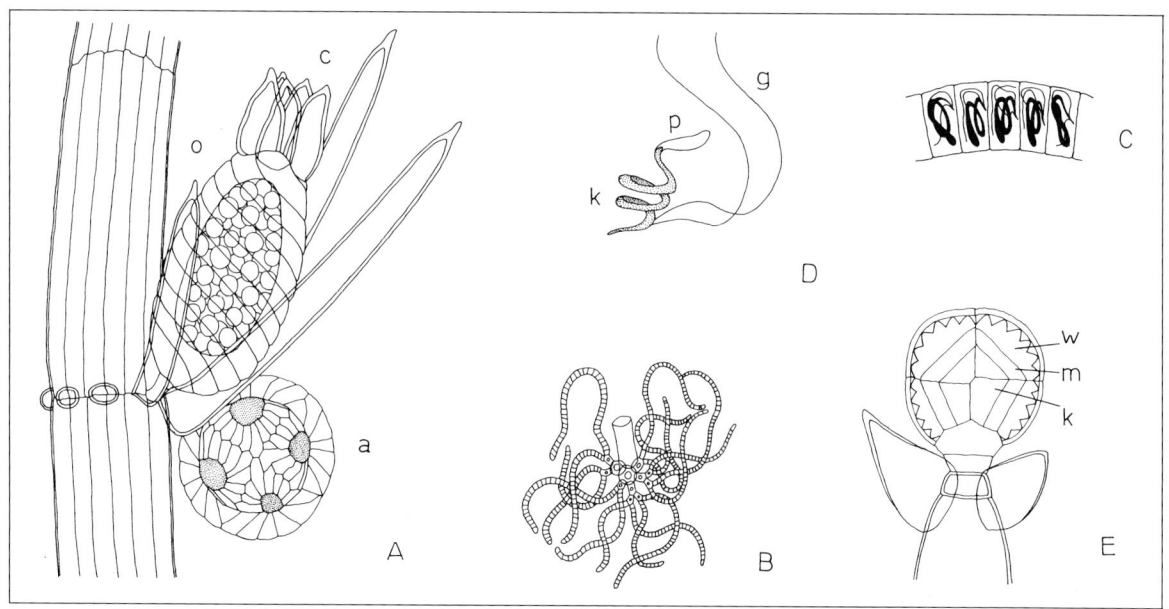

Abb. 3.2.95: *Charophyceae* (A, D *Chara fragilis*; B, C, E *Nitella flexilis*). **A** Seitenansicht mit Chara-Spermatogonium a und Chara-Oogonium o mit Hüllschläuchen und Krönchen c (50×). **B** Griffzelle mit Köpfchen und spermatogenen Fäden. **C** Zellen der spermatogenen Fäden mit je 1 Spermatozoid. **D** Spermatozoid (540×); g Geißeln, k schraubig gewundener langer Kern, p Plasma. **E** Längsschnitt durch ein junges Chara-Spermatogonium; k Köpfchenzelle, m Griffzelle, w Wand. (A, B, C, E nach Sachs; D nach Strasburger.)

zeln» in Schlamm und Sand; Süßwasserarten gedeihen vielfach in Gewässern mit hohem pH-Wert (pH 7 und mehr; hartes Wasser). Die **Characeae** sind die einzige heute noch lebende Familie der Klasse.

Die Zellwände sind oft mit Kalk inkrustiert, und manche Characeen gehören zu den wichtigsten Kalktuffbildnern. Hohe Phosphatkonzentrationen, wie sie bei der Gewässerverschmutzung auftreten, werden nicht vertragen.

Die Armleuchteralgen sind charakterisiert durch die regelmäßige Untergliederung des bis mehrere Dezimeter großen Thallus in Knoten (Nodi) und Stengelglieder (Internodien). Aus den Knoten entspringen Quirle von Seitenzweigen mit derselben Gliederung wie die Hauptachse. Junge Zellen sind unmittelbar nach der Zellteilung einkernig. Der Kern wächst endomitotisch und zerfällt in zahlreiche Kernfragmente in den langen Internodialzellen, so daß diese vielkernig werden. Die Chloroplasten befinden sich in größerer Zahl im wandständigen Protoplasmasaum jeder Zelle. Die feste Fraktion der Zellwand besteht aus Cellulose von einem mit den Cormophyten übereinstimmenden Feinbau. Die neuen Querwände der Zellen entstehen im Phragmoplasten. Die Charophyceen sind durchweg oogame Haplonten mit zygotischem Kernphasenwechsel. Die aufrechten *Chara*-Oogonien sind von Hüllfäden schraubig umwunden. Die männlichen Gameten entstehen in kugelförmigen Behältern mit kompliziertem Aufbau (*Chara*-Spermatogonien). Die 2geißeligen Spermatozoiden sind korkenzieherartig gewunden, während sie bei allen anderen Grünalgen radial symmetrisch sind. Alle diese Merkmale kennzeichnen die Armleuchteralgen in einzigartiger Weise. In ihrem Farbstoffbestand sowie in ihren Reservestoffen stimmen sie jedoch mit den übrigen zu den Chlorophyten gehörenden Algen überein (s. Tab. S. 601).

Die an den Knoten entspringenden Kurztriebe sind ebenfalls in Internodien und Nodi gegliedert; sie sind einfach oder tragen an ihren Knoten kurze Seitenäste zweiter Ordnung.

In jedem Quirl entspringt aus der Achsel von Kurztrieben je ein der Hauptachse ähnlicher Langtrieb (Abb. 1.4.9). An ihrer Basis sind die Pflanzen mittels farbloser, verzweigter, aus den Knoten entspringender, fädiger Rhizoide im Schlamm verankert. Einige Characeen bilden an den unteren Teilen der Achsen mit Stärke dicht gefüllte Knöllchen als Überwinterungsorgane.

Haupt- und Seitenachsen wachsen an ihren Spitzen mittels je einer einschneidigen Scheitelzelle (Abb. 1.4.9B). Diese gliedert nach unten abwechselnd schmale Knoten- und längere Internodienzellen ab; letztere teilen sich nicht mehr weiter und strecken sich unter Vacuolisierung bis zu einer Länge von mehreren Zentimetern (Tabelle S. 601). Das Plasma befindet sich hier meist in lebhafter Rotationsströmung (vgl. S. 442). Die Knotenzellen bleiben teilungsfähig und entwickeln sich zu vielzelligen Knotenscheiben, aus denen die gegliederten Seitenachsen verschiedener Ordnung und am unteren Teil der Hauptachse auch die Rhizoide herauswachsen. Außerdem entspringen hier kurze, pfriemförmige, nicht gegliederte Stipularzellen und Rindenzellen. Diese Rindenzellen, für *Chara* kennzeichnend, fehlen bei *Nitella* und den anderen Gattungen (Internodien hier also unberindet).

Die runden, im reifen Zustand durch Carotinoide gelbrot gefärbten *Chara*-Spermatogonien und die eiförmigen, grünen *Chara*-Oogonien (auch Eiknospen genannt) – beide mit bloßem Auge sichtbar – bilden sich an den Knoten der Seitenachsen.

Die Spermatogonien (Abb. 3.2.95 Aa; E) gehen aus einer sich zunächst in 8 Zellen teilenden Mutterzelle hervor. Jeder Oktant wird alsdann durch 2 tangentiale Wände in 3 Zellen zerlegt (E). So ergeben sich insgesamt 24 Zellen, die das kugelige Spermatogonium zellig untergliedern: 8 äußere flache Wandzellen (Schilder), die durch einspringende Wände unvollständig gefächert werden; 8 mittlere Zellen (Griffzellen, Manubrien), die sich später radial strecken; und 8 innere Zellen (primäre Köpfchenzellen), die schließlich rundliche Form annehmen. Infolge stärkeren Flächenwachstums der 8 Schilder entsteht eine Hohlkugel, in welche eine Stielzelle und darauf sitzend die Köpfchen- und Griffzellen – gleichsam 8 Stützen bildend – hineinragen. Die primären Köpfchenzellen entwickeln 3–6 sekundäre Köpfchenzellen, und aus diesen sprossen schließlich je 3–5 lange, unverzweigte spermatogene Zellfäden in den Hohlraum hinein (B, C). Aus ihren zahlreichen scheibenförmigen Zellen entlassen diese je ein schraubig gewundenes, mit 2 Geißeln und einem Augenfleck versehenes, plastidenfreies Spermatozoid (D).

Das Oogonium (Ao) enthält eine einzige, mit Öltropfen und Stärkekörnern dicht gefüllte Eizelle; es ragt frei hervor und wird später von 5 Hüllschläuchen in Linksschrauben dicht umschlossen. Ihre Enden bilden – durch Querwände abgegrenzt – das Krönchen c, zwischen dessen Zellen die Spermatozoiden eindringen. Nach der Befruchtung umgibt sich die Zygote mit einer derben farblosen Wand. Auch die Innenwände der Hüllschläuche verdicken sich, werden braun und inkrustieren sich oft mit Kalk, während die äußeren weichen Zellwände der Schläuche bald nach dem Abfallen der «Oospore» (Dauerorgan) vergehen. Bei der Keimung der Zygote findet die Meiose statt; von den 4 haploiden Kernen degenerieren 3, so daß nur 1 Keimling entsteht.

Der eigenartige Bau des Thallus, vor allem aber auch der Spermatogonien und Oogonien mit ihrer sonderbaren, in ähnlicher Weise bei keiner anderen Pflanze vorkommenden Schutzhülle, und die Schraubenwindung der Spermatozoiden, die bei keiner Alge sonst zu finden ist, weisen den Charophyceen eine ausgesprochene Sonderstellung zu ohne engere Verwandtschaft mit den übrigen grünen Algen (daher z.T. auch als eigene Abteilung *Charophyta* bewertet).

Fossil sind die Charophyceen (besonders in Form ihrer Zygoten) seit dem Devon bekannt; von 6 Familien, die es früher gab, existiert gegenwärtig nur noch eine.

Rückblickend erweisen sich die **Chlorophyta** als natürliche Verwandtschaftsgruppe, die allerdings in mehrere divergierende Linien aufgespalten ist. Sie setzen sich von allen übrigen Algenabteilungen deutlich ab und lassen sich andererseits gut charakterisieren. Von ursprünglichen Grundgruppen der Chlorophyten ausgehend, ist der Großteil der heute lebenden grünen Landpflanzen, also die im folgenden zu besprechenden Moose (vgl. S. 647) und Cormophyten (vgl. S. 666) entstanden. Ihr stammesgeschichtlicher Zusammenhang wird durch übereinstimmende Merkmale höchst wahrscheinlich gemacht: Ultrastruktur der Chloroplasten bzw. Chemie ihrer Farbstoffe (Chlorophyll a und b!); Lage und Bau der Pyrenoide; Stärke als Reservestoff; isokonte Begeißelung der beweglichen Stadien; Cellulose als Baumaterial der Zellwände. – Im weitesten Sinne werden daher die Chlorophyten auch als eine einzige große Abteilung angesehen, welche die dann als Unterabteilungen zu bewertenden Grünalgen, Moose und Gefäßpflanzen umfaßt. Die Bryophyten und Cormophyten haben jedoch – trotz vieler Gemeinsamkeiten mit den Grünalgen – eine entschiedene Weiterentwicklung generativer und vegetativer Merkmale erfahren, die als Ausdruck einer stärkeren stammesgeschichtlichen Eigenentwicklung gedeutet werden muß (Anpassung an das Landleben!).

Es herrscht bei den Grünalgen eine große morphologische Vielfalt. Im Übergang vom Einzeller zum vielzelligen Lager wird eine Reihe von Organisationsstufen durchlaufen bzw. erreicht. Dies geschieht in den verschiedenen Klassen konvergent, also in unabhängiger stammesgeschichtlicher Entwicklung. Das gilt nicht nur für die einzelnen Klassen der Chlorophyten, sondern erweist sich als generelles Evolutionsprinzip bei den verschiedenen Algenabteilungen. Die lediglich von einem (z.T. modifizierten) Plasmalemma «behäutete» Zelle (z.B. *Polyblepharides*) ist bei den Chlorophyten fortentwickelt worden; alle höher entwickelten Taxa besitzen Zellen mit mehr oder minder dicken Zellwänden. Diese ermöglichen es manchen Formen, auch außerhalb des Wassers als Boden- oder Luftalgen zu leben.

Unter den verschiedenen Zellwandbaustoffen setzt sich kristalline Cellulose, die in Fibrillenpaketen geordnet ist, mehr und mehr durch (in Übereinstimmung zu den Zellwänden der Höheren Landpflanzen). Der ursprünglich becherförmige Chloroplast wird teils in Netze und Einzelscheiben zerlegt, teils bilden sich auch große platten- und bandförmige Chloroplasten. Die Zellteilung, bzw. die Trennung von Tochterzellen durch Querwände durchläuft verschiedene Evolutionsstadien. In einfachen Fällen folgt auf die Kernteilung eine Zerklüftung des Plasmas und noch innerhalb der Mutterzelle eine simultane Umhüllung aller Teile mit Zellwänden. – Eine von den Seitenwänden ausgehende zentripetale irisblendenartige Durchtrennung der Mutterzelle zwischen den auseinanderrückenden Tochterkernen ist ein weiterer, als ursprünglich zu betrachtender Modus. In den stärker abgeleiteten Fällen ist an der Ausbildung der neuen Zellwand ein Phycoplast beteiligt, der irisblendenartig oder als perforierte Zellwandplatte mit Plasmodesmen von innen her angelegt wird. Erstmalig bei einigen Grünalgen auftretend und alsdann bei den Gefäßpflanzen zur Regel werdend, entwickelt sich bisweilen bereits ein Phragmoplast, dessen Spindelmikrotubuli in der Längsrichtung der Zelle (also abweichend vom Phycoplasten nicht in der Äquatorialebene, sondern senkrecht zu ihr) verlaufen; aus den Vesikeln des Phragmoplasten bildet sich ebenfalls eine Zellwandplatte mit Löchern für die Plasmodesmen.

Die Sexualität schreitet von Isogamie über Anisogamie zur einfachen Oogamie fort und schließlich zu deren höchster Stufe, bei der das Ei nicht mehr entlassen, sondern im Oogonium befruchtet wird. Auch eine Art «Fruchtbildung» kommt vor, indem durch die Befruchtung ausgelöst Hüllen um das Oogonium gelegt werden (*Coleochaete*). Bereits vor der Befruchtung wird die Oogoniumhülle bei den Charophyceen angelegt. In den ♂ Gameten sind die Chloroplasten z.T. vollständig reduziert (z.B. *Chara*). Manche Grünalgen haben – abgesehen von den ohnehin unbegeißelten Eizellen – die Begeißelung ihrer Keimzellen eingebüßt. So werden manche Arten von «*Pleurococcus*» (*Apatococcus*, S. 634, hingegen mit Zoosporen), in Anpassung an das Leben außerhalb des Wassers, durch geißellose Aplanosporen ausgebreitet. Den Zygnematophyceen gehen begeißelte Zellen gänzlich ab.

Im Lebenscyclus läßt sich eine Tendenz zur Betonung der Diplophase verfolgen (Abb. 3.2.96). Gewöhnlich sind die Grünalgen Haplonten mit zygotischem Kernphasenwechsel; diploid sind in diesem Fall nur die Zygoten (A). Durch Verschiebung der Meiose (mitotische Kernteilungen anstelle der Meiose) keimt die Zygote zu einem diploiden Vegetationskörper aus. Damit wird in den Lebenskreislauf zusätzlich eine diploide Phase eingeschaltet, die erst durch die zeitlich und örtlich verschobene Meiose beendet wird. Es ist somit eine Abfolge zwischen haploiden Gametophyten und diploiden Sporophyten, also ein heterophasischer Generationswechsel, entstanden.

Der Generationswechsel (Abb. 3.2.96) kann isomorph (*Cladophora* spec., B) oder heteromorph sein (mit gefördertem Sporophyten, *Derbesia* C). Eine starke Abkürzung der Gametophytengeneration führt dann zum diplontischen Cyclus, wie er nur bei wenigen Grünalgen (z.B. *Cladophora* spec., *Codiaceae* D) verwirklicht ist. Im allgemeinen vollzieht sich der Generationswechsel auf verschiedenen Individuen (diplobiontisch). Ein haplobiontischer Generationswechsel auf einem Individuum (bei Moosen der Regelfall) zählt bei den Grünalgen zu den seltenen Ausnahmen (Beispiel *Prasiola stipitata*, *Bryopsis*). Der Generationswechsel ist keineswegs immer als eine regelmäßige Abfolge der verschiedenen Phasen zu verstehen. Durch ungeschlechtliche Vermehrung kann sich jede Generation unabhängig vom Generationswechsel ausbreiten. Grünalgen mit einfachem Lebenscyclus (*Ulothrix*, A) pflanzen sich im Regelfall vegetativ fort (z.B. durch Zoosporen), während die sexuelle Fortpflanzung lediglich unter ganz bestimmten äußeren Bedingungen einsetzt.

Die Grünalgen sind zweifellos eine sehr alte Gruppe niederer Pflanzen. Mit Sicherheit sind aber nur die durch die Kalkabscheidungen widerstandsfähigen Thalli mariner *Siphonales* (besonders Dasycladaceen) bis ins Cambrium zurück nachgewiesen worden (Abb. 3.1.58). Da die Dasycladaceen schon im Ordovicium in großer Mannigfaltigkeit vorkommen, müssen sie bereits noch früher entstanden sein; von 120 Gattungen, die im Laufe von mehr als 500 Millionen Jahren aufgetreten sind, leben heute nur noch 10. Auch die unverkennbaren Zygoten der *Charales* gab es schon im Devon.

Verwendung: Für eine direkte Verwertung haben Grünalgen eine geringere Bedeutung als etwa Braun- und Rotalgen. In Westsibirien werden fädige Grünalgen in Massen geerntet (etwa 1 000 000 Tonnen jährlich auf einer Fläche von einigen Tausend Quadratkilometern) und zu Papier bzw. Isolations- und Baumaterial (Algilit) verarbeitet. Einer biotechnologischen Nutzung sind kokkale Grünalgen (*Chlorella*, *Scenedesmus*) wegen ihrer Photosyntheseleistungen und der Möglichkeit zur Massenzucht zugänglich. Derartige Versuche zielen auf die Gewinnung von Proteinen und Vitaminen für die Ernährung von Mensch und Tieren ab (Maximalerträge in tropischen Freilandkulturen: 5 Tonnen je Monat und Hektar). Mit sog. «Algenreaktoren» läßt sich ein biologischer Gasaustausch (CO_2 gegen O_2 bei Photosynthese) bewerkstelligen. Entsprechende Einrichtungen sind auf ihre Eignung als Sauerstoff- und Nahrungsmittelspender erprobt worden (z.B. für Raumschiffe).

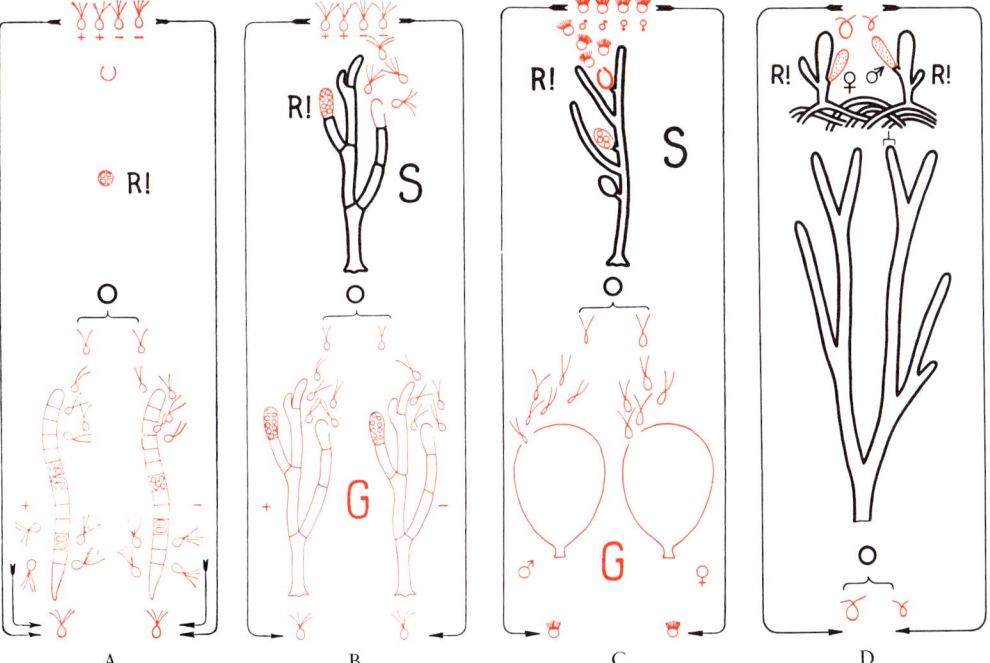

Abb. 3.2.96: *Chlorophyta*, *Chlorophyceae*. Schematische Darstellung der beiden Haupttypen des Generations- und Kernphasenwechsels bei Grünalgen. **A** *Ulothrix*. **B** *Cladophora*. **C** *Halicystis-Derbesia*. **D** *Codium*. Diploide Phase: schwarze Linien, haploide: rote Linien. G Gametophyt. S Sporophyt. O Zygote. R! Reduktionsteilung. (A–C nach Harder, D Orig.)

Vorkommen und Lebensweise der Algen

Pro- und eukaryotische Algen treffen wir zwar in fast allen Biotopen an, doch sind die meisten Arten an das Leben im Wasser gebunden, wo sie entweder als «Plankton» im Wasser schweben oder als «Benthos» an Gestein, Sand und dgl. festgewachsen sind. Durch den unterschiedlichen Salzgehalt ist der Lebensraum des Wassers in zwei völlig verschiedene Lebensbereiche gegliedert: Meer und Süßwasser.

Das pflanzliche **Plankton** des **Meeres** wird in erster Linie von Diatomeen und Dinophyceen (Peridineen) gebildet, sowie von winzigen Haptophyceen (Coccolithophoraceen) und Chrysophyceen (Silicoflagellaten). Die Vertreter der beiden letztgenannten Gruppen werden von den Maschen des Plankton-Netzes nicht mehr erfaßt und können nur durch Zentrifugieren gewonnen werden («Nanoplankton»).

Die größte Planktondichte (bis zu 100000 Zellen im Liter Wasser) findet sich in der durchleuchteten Wasserschicht. In einem Liter Oberflächenwasser des Atlantik nahe der Färöer-Inseln hat man festgestellt: 32000 Dinophyten-, 1600 Diatomeen- und 54000 Coccolithophoraceen-Zellen. Unterhalb von 100 m geht die Zahl der Planktonten stark zurück. Doch hat man auch in großen Tiefen (4000–5000 m) noch Coccolithophoraceen und «olivgrüne Zellen» gefunden, deren systematische Zugehörigkeit bislang ungeklärt ist. Außerdem treffen wir die größte Planktondichte in den kälteren Meeren und im Bereich der kühlen Meeresströmungen; sie ist bedingt durch größeren Reichtum des Wassers an Stickstoff- und Phosphat-Verbindungen. Diese Stoffe werden in den oberen Wasserschichten verbraucht und reichern sich in den tieferen infolge Absinkens der toten Zellen an. In den kalten Gebieten findet durch die winterliche wie durch die nächtliche Abkühlung der Meeresoberfläche eine bessere Durchmischung der Wasserschichten statt als in den Tropen, was letzten Endes zu einer üppigeren Entwicklung des Planktons führt. Planktonreichtum stellen wir auch fest, wo kaltes, an Stickstoff-Verbindungen und Phosphaten reiches Tiefenwasser in Meeresströmungen an die Oberfläche kommt.

Das Schweben der Planktonten im Wasser wäre lediglich ein mehr oder minder langsames Absinken, wenn es nicht über das spezifische Gewicht und Reibungswiderstände sowie durch aktive Geißelbewegung reguliert würde. Dies erklärt viele Eigentümlichkeiten der Plankton-Algen: das Vorhandensein (Bildung und Abbau) von Öl als Reservestoff, die Ausbildung von Fortsätzen und vorspringenden Zellwänden, das Zusammenhängen vieler Zellen in Ketten (Abb. 3.2.60, 3.2.66) sowie die Beobachtung, daß die Schwebefortsätze in warmen Gewässern (mit geringerer Viskosität) größer sind als in kalten. – Die Mineralskelette der Plankton-Algen werden auf dem Meeresgrunde sedimentiert. Da der Kalk unterhalb von 4000–5000 m Tiefe aufgelöst wird, finden wir in den größten Tiefen nur Skelette von Diatomeen, Silicoflagellaten und tierischen Radiolarien im Meeressediment. In geringerer Tiefe (2000–5000 m) kommt es auch zur Kalkablagerung (Coccolithophoraceen, tierische Globigerinen usw.), und zwar setzt sich in 1000 Jahren eine Schicht von nur 1,5 cm Mächtigkeit ab.

Im **Meer** besteht das pflanzliche **Benthos** – von den Seegräsern (*Zosteraceae*, s. S. 812) abgesehen – ausschließlich aus Algen, und zwar überwiegend aus Phaeophyceen und Rhodophyceen. Meist sind sie mittels Haftscheiben oder -krallen am festen Untergrund (Fels) angeheftet (Abb. 3.2.74, 3.2.76). Bewegliches Substrat (Schlamm, Sand) wird nur von wenigen Gattungen, z.B. *Caulerpa* (Abb. 3.2.91 A), besiedelt. Wir treffen Benthos-Algen von der Spritzzone der Küsten bis in die Tiefen, welche noch Photosynthese gestatten (180 m).

In den tropischen Meeren erreicht die Algenvegetation nicht die Üppigkeit wie in denen der gemäßigten und kalten Zonen (vgl. hierzu die für die Planktonten angeführten Ursachen). Phaeophyceen treten stark zurück, Rhodophyceen dagegen sind reich vertreten, ebenso einige an höhere Wassertemperatur gebundene Chlorophyceen-Familien aus der Ordnung der *Siphonales*: Caulerpaceen, Dasycladaceen, Codiaceen, Valoniaceen (s. S. 636 ff.). Reichhaltig ist auch die Vegetation der tropischen Korallenriffe, haben doch die Algen (*Halimeda*, Abb. 3.2.91 B; die Dasycladaceen, Abb. 3.2.92 B; *Lithothamnion*, s. S. 625 u.a.) an der Kalkbildung einen höheren Anteil als die Korallen selbst. – Eine einmalige Erscheinung ist das «Sargasso-Meer», wo die Braunalge *Sargassum* (Abb. 3.2.76 A) als schwimmende Hochsee-Alge eine Massenvegetation bildet (durch Meeresströmungen zusammengetrieben bis zu 5 t Pflanzenmasse je Quadratseemeile).

In den warmtemperierten Meeren, z.B. im Mittelmeer, besteht das Benthos vorwiegend aus Rhodophyceen und kleineren Phaeophyceen. Die eben genannten tropischen *Siphonales* sind noch durch einige Arten vertreten. *Lithothamnion*-Arten gelangen zu guter Entfaltung. Die jahreszeitlich verschiedene Lichtintensität hat zur Folge, daß die Hauptvegetationszeit der Algen in der Nähe der Oberfläche in das Frühjahr, in der Tiefe in Sommer und Herbst fällt.

In den kalttemperierten Meeren, z.B. in der Nordsee, überwiegen an Größe wie an Masse bei weitem die Phaeophyceen. Die Jahreszeiten prägen sich bei vielen Arten deutlich aus. So verliert *Desmarestia* (s. S. 614) im Herbst ihre assimilierenden Haare und die Rotalge *Delesseria* ihre zarten Thallusflächen, so daß nur die Rippen überwintern. Die großen Laminarien (Abb. 3.2.74) erneuern jährlich ihre Phylloide. Abb. 3.2.97 zeigt am Beispiel der Felsküste des Kanals die ausgeprägte vertikale Gliederung der Algenvegetation im Zusammenhang mit dem Wasserstand der Gezeiten. Die Arten der oberen Zonen (wie *Bangia, Porphyra, Fucus*) halten noch Temperaturen bis zu −20 °C aus, während die nie trockenfallenden Bewohner der tieferen Zonen (*Laminaria, Delesseria*) schon bei wenigen Kältegraden absterben.

Obwohl die kalten Meere artenarm sind, erreichen hier die Phaeophyceen ihre höchste Größenentfaltung; es seien nur *Macrocystis* (Abb. 3.2.74 E), *Lessonia* (D) und *Nereocystis* (C), alles *Laminariales*, sowie von den *Fucales Durvillea* genannt. Sie stehen an Ausmaßen ihres Vegetationskörpers hinter den großen Landpflanzen kaum zurück.

Verschmutzung und Nährstoffgehalt bedingen bei den Algen des marinen Benthos unterschiedliche Verbreitung: z.B. wächst *Ulva* im sehr nährstoffreichen, *Padina* im mäßig nährstoffreichen, *Sargassum* und *Fucus* im nährstoffarmen Meereswasser.

Zwischen Meer und Süßwasser liegt der **Brackwasser**-Bereich. Hier ist durch die regelmäßigen Gezeiten oder durch Spritzwasser der Brandung Süß- und Salzwasser gemischt; auch die Mündungen der Fließgewässer fal-

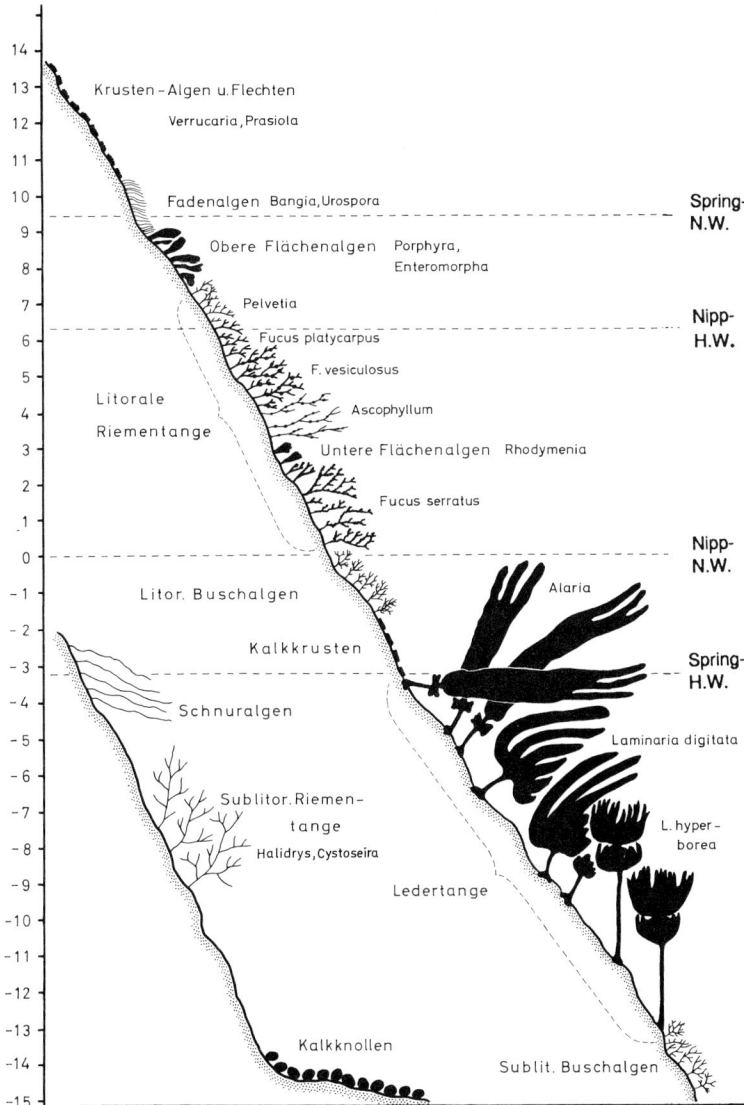

Abb. 3.2.97: Vegetationsprofil an der Kanalküste. H.W. Hochwasser, N.W. Niedrigwasser. *Chlorophyceae: Prasiola, Urospora, Enteromorpha; Rhodophyceae: Bangia, Porphyra, Rhodymenia*, Kalkknollen (z.B. *Lithothamnion*); *Phaeophyceae: Pelvetia, Fucus, Ascophyllum, Alaria, Laminaria, Halidrys, Cystoseira; Lichenes: Verrucaria*. (nach Nienburg.)

len in diese Region, mit spezifischer Flora von Plankton- und Benthos-Algen (z.B. Characeen).

Im **Süßwasser** hängt die Artenzusammensetzung der pflanzlichen Planktonten weitgehend vom Nährstoffgehalt des Wassers ab; in nährstoffreichen (eutrophen) Gewässern nehmen sie auch organische Stoffe auf (Mixotrophie). In gemäßigten Klimaten haben die jahreszeitlichen Unterschiede der Wassertemperatur, der Einstrahlung, des pH-Wertes usw. beträchtliche Veränderungen in der Zusammensetzung des Planktons zur Folge. Im Süßwasser liegen die Temperatur-Extreme viel weiter auseinander als im Meer; sie reichen von den Werten in Schmelzwasserpfützen (um 0 °C) der Gletscher und des Polareises, den Lebensorten des aus bestimmten, vielfach rot gefärbten Chlamydomonaden (s. S. 627), Chlorokokkalen (s. S. 630) und Mesotaeniaceen (s. S. 638) bestehenden «Kryoplanktons», bis zu Temperaturen heißer Gewässer, in denen noch einige Diatomeen (bis 50°) und prokaryotische Blaualgen (bis 75°) zu gedeihen vermögen (Abb. 4.3.11).

Das Benthos des Süßwassers wird bei weitem in der Masse und nach Artenzahl durch die Blütenpflanzen beherrscht; nur unter besonderen Bedingungen überwiegen die Algen (z.B. Characeen).

Dem Neuston, der Lebensgemeinschaft der Wasseroberfläche, gehören vor allem einzellige Algen an, z.B. *Euglena*-Arten und *Chromulina rosanoffii*; von letzterer, die der Wasseroberfläche einen goldenen Schimmer verleiht («Goldalge»), hat man bis zu 40000 Zellen pro m^2 festgestellt. Es ist zu unterscheiden zwischen auf der Oberfläche der Wasserhaut lebenden Epineustonten und von dort in das Wasser hineinragenden Hyponeustonten.

Mit stärkerer Eutrophierung («Umkippen») eines Gewässers nimmt die Bildung der Biomasse und damit auch der Sauerstoffverbrauch beträchtlich zu; am Boden lagert sich (anstelle der Seekreide oligotropher Seen) Faulschlamm ab. Nährstoffarme (oligotrophe) Gewässer sind infolge der künstlichen Düngung der

Gärten und Äcker sowie der allgemeinen Gewässerverschmutzung in starkem Rückgang begriffen. Aus dem Vorkommen kennzeichnender Arten (Planktonten und Benthonten) kann man auf den Verschmutzungsgrad bzw. auf die mit den Ziffern I bis IV bewertete Gewässergüte schließen. Neben eukaryotischen Algen werden hierfür auch Prokaryoten (Blaualgen, Bakterien), Pilze und höhere Pflanzen als Indikatoren verwendet.

Die stärkste Verschmutzung wird mit IV (polysaprobe Zone) gekennzeichnet. Hier überwiegen wegen Sauerstoffmangel Fäulnisprozesse. Die Sauerstoffzehrung ist außerordentlich hoch. Unter den extremen Lebensbedingungen der polysaproben Zone kommt es zu einer Massenentwicklung von Bakterien; daneben gibt es *Beggiatoa* und prokaryotische Blaualgen aus den Gattungen *Spirulina* und *Anabaena*. Es fehlen jedoch fast vollständig chlorophyllführende eukaryotische Algen und Wasserpflanzen; *Euglena*- und *Carteria*-Arten bilden die einzige Ausnahme. Neben diesen wenigen grünen Algen kommt auch die farblose heterotrophe *Polytoma* vor. Selbst bei starker Verschmutzung, etwa infolge des Einleitens ungeklärter Abwässer, kann eine gewisse Selbstreinigung der Fließgewässer erfolgen.

In den noch stark verunreinigten Gewässern der Güteklasse III (α-mesosaprob) setzen Oxidationsprozesse stürmisch ein. Eine hohe Anzahl verschiedener Bakterien ist auch hier noch charakteristisch, daneben können aber auch Massenentwicklungen von Algen, und zwar von Blaualgen sowie von Kiesel- und Grünalgen vorkommen; selbst einige höhere Pflanzen beginnen zu gedeihen. Der Sauerstoffgehalt kann beträchtlich sein und die Sättigungswerte am Tage überschreiten; nachts erfolgt aber eine starke Abnahme. Von den prokaryotischen Algen leben hier verschiedene Arten von *Oscillatoria* (in IV dagegen nur *O. putida* und *O. chlorina*) und von *Phormidium*; von den Diatomeen *Stephanodiscus*; von den Jochalgen *Closterium leibleinii* und *Cosmarium botrytis*; von den übrigen Chlorophyten *Chlamydomonas* und *Gonium*. Ferner sind die Abwasserpilze *Leptomitus* und *Fusarium* charakteristisch.

Die mäßig verunreinigten Gewässer der Güteklasse II (β-mesosaprob) sind durch weiter fortgeschrittene Oxidationsprozesse gekennzeichnet; die Sauerstoffzehrung ist dementsprechend relativ gering. In dieser Zone ist die Zahl der Bakterienkeime weiter abgesunken. Demgegenüber steht eine große Mannigfaltigkeit an Kiesel- und Grünalgen. Die Blaualgen sind mit *Anabaena flos-aquae*, *Aphanizomenon flos-aquae*, *Nostoc* und einigen *Oscillatoria*-Arten vertreten. Unter den Diatomeen kommen verschiedene Arten der Gattungen *Melosira*, *Asterionella* u.a., unter den Chrysophyceen *Synura* vor. Unter den Chlorophyten sind hier *Pediastrum*, *Scenedesmus*, *Chaetophora* und *Oedogonium* zu nennen. Die Desmidiaceen haben mit verschiedenen *Closterium*-Arten ihre Hauptverbreitung.

Kaum verunreinigte Gewässer werden in die Güteklasse I (oligosaprob) eingestuft. In dieser Zone ist das Wasser, von gelegentlichen Wasserblüten abgesehen, klar und reich an Sauerstoff. Falls dieser Bereich auf verunreinigte Flußstrecken folgt, ist hier die organische Substanz abgebaut und die sehr rasch verlaufenden Zersetzungsprozesse sind abgeklungen, Oxidationsprozesse sind abgeschlossen. Die Bakterienkeime sind auf den geringsten Wert abgesunken. Unter den Blaualgen ist beispielsweise *Hapalosiphon* charakteristisch. Die Kieselalgen sind mit *Surirella* und *Meridion*, die Grünalgen mit *Ulothrix*, *Cladophora* (*glomerata*), *Vaucheria*, *Spirogyra* (*fluviatilis*) und verschiedenen Arten von Desmidiaceen (der Gattungen *Closterium*, *Staurastrum*, *Euastrum*, *Micrasterias*) vertreten. Sehr typisch ist auch das Vorkommen von Süßwasser-Rotalgen wie *Lemanea annulata* und *Batrachospermum moniliforme*.

Nur wenige Algen leben als **Luftalgen** außerhalb des Wassers, vor allem an der Schattenseite von Felsen und Baumstämmen (z.B. Algen vom «*Pleurococcus*»-Typ und *Trentepohlia*, Abb. 3.2.88G, I; «Tintenstriche» aus Blaualgen). Am häufigsten sind sie in den feuchten Tropengebieten, wo sie auch Blätter besiedeln. Anstehendes Kalkgestein ist nahe der Oberfläche (oberste mm) vielfach von Algen durchsetzt. Weiter verbreitet, aber noch wenig erforscht sind die **Bodenalgen**. Zum «Edaphon», der Lebensgemeinschaft des Bodens, gehören außer Blaualgen verschiedene Chlorophyceen, Xanthophyceen und Diatomeen. In 1 g Boden der obersten Schicht hat man bis 100 000 Algenzellen festgestellt. An das Landleben ist die Grünalge *Fritschiella* in besonderer Weise angepaßt (S. 634; Abb. 3.2.88L).

Eine wichtige Rolle kommt verschiedenen Algen als Symbionten zu (S. 547, 604, 631, 596, 648, 693). Auch als Gesteinsbildner sind sie vielfach von großer Bedeutung (S. 638).

Die überwiegende Zahl der eukaryotischen (und prokaryotischen) Algen ist photoautotroph. Ihnen stehen mixotrophe und heterotrophe Formen gegenüber. Die Mixotrophie erlaubt photosynthetisierenden Organismen zusätzlich die Aufnahme organischer Stoffe aus dem umgebenden nährstoffreichen Medium. Heterotrophe Algen haben ihre Assimilationspigmente verloren und resorbieren organische Stoffe zu ihrer Ernährung; phagotrophe Vertreter unter ihnen «fressen» feste Nahrungspartikel, die in Nahrungsvacuolen aufgenommen werden. Während die phototrophen Algen typische Pflanzen sind, besitzen die pigmentfreien phagotrophen Vertreter Kennzeichen der tierischen Lebensweise. In engeren Verwandtschaftsbereichen innerhalb der monadalen Organisationsstufe können nahverwandte Arten einmal die pflanzliche autotrophe, zum anderen die tierische phagotrophe Organisationsform repräsentieren. Die Grenzen zwischen Pflanzen und Tieren sind also auf diesem relativ niedrigen Niveau der Evolution noch fließend.

E. Organisationstyp: Moose und Gefäßpflanzen (Embryophyten)

Moose und Gefäßpflanzen sind primär an das Landleben angepaßte Gewächse, mit zunehmend differenzierten Anhangsorganen, die der Befestigung im Boden, der Wasser- und Nährsalzaufnahme und der Photosynthese dienen (S. 170 u. 236). Aus ursprünglich thallosen Vegetationskörpern haben sich in Anpassung an das Landleben und im Zusammenhang mit Größenzunahme und Arbeitsteilung verschiedene Organe entwickelt: am Gametophyt höherer Moose Cauloid, Phylloid und Rhizoid (S. 234), am Sporophyt der Gefäßpflanzen Achse, Blatt und Wurzel (S. 170). Die Fortpflanzung vollzieht sich als heterophasischer, heteromorpher Generationswechsel, bei dem teils der Gametophyt (Moose), teils der Sporophyt (Farne, Samenpflanzen) im Vordergrund des Lebenskreislaufes steht. Nach der Befruchtung entwickelt sich die Zygote zu einem vielzelligen, von der Mutterpflanze ernährten Embryo *(Embryophyta)*. Die Gametangien – sie werden hier als Antheridien (♂) bzw. Archegonien (♀) bezeichnet – sind mit einer schützenden Hülle steriler Zellen umkleidet. Auch die Sporangien sind durch eine solche Zellschicht geschützt. Vergleichbare Hüllen fehlen den Pilzen und finden sich bei den Gametangien der Algen nur vereinzelt.

Die Meiosporangien der Pilze werden vielfach durch Hyphengeflechte in Fruchtkörpern geschützt; jedoch fehlt ihnen eine von einer Zellschicht gebildete Sporangienhülle. Bei den Algengattungen *Chara* und *Coleochaete* wird das Oogonium (postgenital) von auswachsenden Zellschläuchen bedeckt (Abb. 3.2.95 und 3.2.88F). Die Wand des Chara-Spermatogoniums ist noch am ehesten mit den (congenital entstehenden) vielzelligen Wänden der Antheridien zu vergleichen.

Der Vegetationskörper ist aus verschiedenen Geweben aufgebaut, die stark differenziert sind und unterschiedliche Aufgaben erfüllen. Die Verdunstung wird durch eine Cuticula eingeschränkt bzw. durch meist vorhandene Spaltöffnungen reguliert. Der Transport von Wasser und Nährstoffen erfolgt bisweilen in einfachen Leitsträngen (Moose; s.S. 658) bzw. zunehmend in komplexen Leitbündeln (Farne, Samenpflanzen; s.S. 149 ff.). Die Plastiden führen Chlorophyll a und b sowie Carotinoide. Als Assimilationsprodukt wird Stärke in Chloroplasten gebildet. Die Zellwände bestehen aus Cellulose.

Die Embryophyten gliedern sich in die Abteilungen: Bryophyta (Moose), Pteridophyta (Farngewächse) und Spermatophyta (Samenpflanzen). Bei den Samenpflanzen sind die Antheridien und Archegonien sehr stark reduziert, so daß sie als solche kaum wiederzuerkennen sind. Samenpflanzen werden daher nicht mehr zu den **Archegoniaten** i.e.S. (= Moose und Farngewächse) gerechnet. Die Sammelbezeichnung **Cormobionta** leitet sich vom Cormus, dem in Sproßachse, Blätter und Wurzeln gegliederten Vegetationskörper ab (S. 170f.) und umfaßt die Moose mit ihren

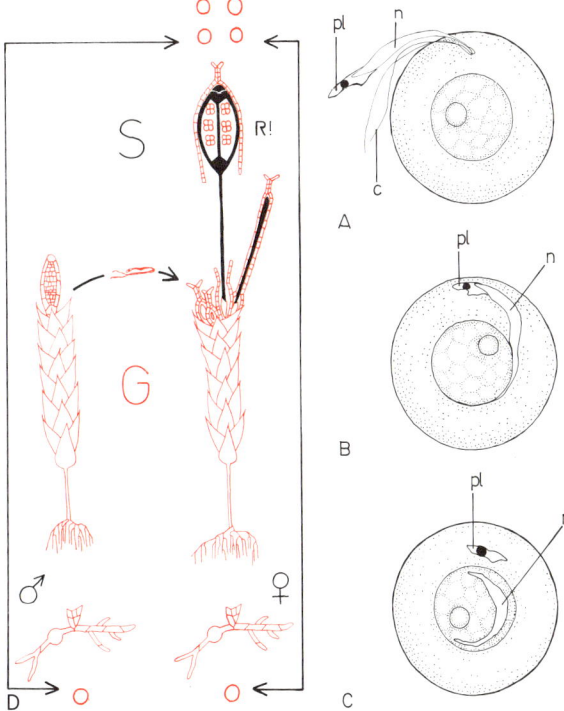

Abb. 3.2.98: *Bryophyta.* A–C Befruchtung bei *Phaeoceros laevis.* **A** Spermatozoid erreicht die Eizelle. **B** Eindringen des Spermatozoids. **C** Spermatozoid im Eikern. Cytoplasmarest im Eiplasma zurückgeblieben. pl Plastide, n Nucleus, c Geißeln. **D** Entwicklung eines diöcischen Laubmooses (Spore, Protonema, Gametophyt G, Befruchtung, Sporophyt S, Reduktionsteilung, Sporen). Rote Linien: haploide; schwarze: diploide Phase. R! Reduktionsteilung. (A–C 900×; nach Yuasa; D nach Harder.)

nicht derart gegliederten Sporophyten insoweit, als auch diese von Telomen abgeleitet werden können.

So können Moossporogone bei gestörter Entwicklung ausnahmsweise auch gabelig verzweigt sein.

Farngewächse und Samenpflanzen werden aufgrund ihrer Leitbündel als Gefäßpflanzen (**Tracheophyta**) zusammengefaßt. Die Leitbahnen der Moose sind, soweit vorhanden, viel einfacher aufgebaut. Sie zeigen aber funktionelle und einige strukturelle Übereinstimmungen mit den Leitelementen der Gefäßpflanzen (vgl. S. 658). Alle hier genannten Pflanzengruppen stehen in enger Verwandtschaftsbeziehung zueinander, so daß der Organisationstyp der Moose und Gefäßpflanzen zugleich auch als Gruppe gemeinsamer Abstammung aufgefaßt werden kann, deren Glieder sich in unterschiedlichen Richtungen und zu verschiedener Entwicklungshöhe fortentwickelt haben.

Alle anderen bisher beschriebenen Organisationstypen und Abteilungen der Eukaryoten werden wegen ihrer sehr viel einfacheren Organisation auch als *Protobionta* (S. 826ff.) den *Cormobionta* gegenübergestellt.

Erste Abteilung: Bryophyta, Moose

Dem Entwicklungsgang der Moose liegt ein klarer Generationswechsel zugrunde (Abb. 3.2.98), bei dem der grüne, photoautotrophe Gametophyt gegenüber dem Sporophyten gefördert ist.

Der Gametophyt ist entweder ein äußerlich wenig gegliederter, gelappter und unterseits mit Rhizoiden versehener Thallus (thallose Moose) mit z. T. hoher Gewebedifferenzierung (z. B. assimilierendes und speicherndes Gewebe), oder ein liegendes bis aufrechtes Stämmchen, das mit Blättchen und Rhizoiden ausgestattet ist (foliose Moose). Die Blättchen sind mit Ausnahme der Mittelrippe meist einschichtig (Blätter der Farne und Samenpflanzen vielschichtig). In ihrem äußeren Bau erinnern die foliosen Moose bereits ein wenig an die Gefäßpflanzen; sie unterscheiden sich jedoch von ihnen u.a. darin, daß hier der Gametophyt und nicht der Sporophyt die höhere morphologische und anatomische Differenzierung erfahren hat. Außerdem fehlen den Moosen Leitbündel, in den meisten Fällen auch Leitgewebe (vgl. S. 658). Die Rhizoide sind einzellige oder vielzellig septierte Schläuche und somit ebenfalls noch keineswegs mit den hochdifferenzierten Wurzeln der Cormophyten (eher mit den Wurzelhaaren) vergleichbar. Die Cuticula der Moose ist meist sehr zart, und sie trocknet daher bei Wassermangel rasch aus (poikilohydrische Pflanzen s. S. 230). Spaltöffnungen fehlen dem Gametophyten fast aller Moose (Ausnahme: Hornmoose); sehr selten dienen aber sog. Atemöffnungen (*Marchantiales*, Abb. 3.2.101; vgl. S. 653) dem Gasaustausch.

Die Archegonien (Abb. 3.2.102 J) der Moose sind flaschenförmige Organe, deren sog. Bauch- und Halsteil eine Wand aus einer meist einfachen Zellage besitzt. Der Bauchteil umschließt eine große Zentralzelle, die sich vor der Reife in die Eizelle und eine am Grunde des Halses gelegene Bauchkanalzelle teilt. An diese schließen im Halse die Halskanalzellen an; die Moose besitzen davon stets eine ganze Reihe (Abb. 3.2.102 J).

Die Antheridien (Abb. 3.2.102 E) sind kugelige oder keulige, auf kurzem Stiel stehende Gebilde.

Die sich darin entwickelnden spermatogenen Zellen, die von der Antheridienwand umschlossen werden, teilen sich in je 2 Spermatiden, die sich aus dem Geweberverband lösen und in je 1 Spermatozoid verwandeln.

Die Spermatozoiden sind stets kurze, etwas gewundene Fäden, die in ihrer Hauptmasse aus dem Zellkern bestehen, nahe am Vorderende 2 lange, glatte, von ihrem Ansatzpunkt in spitzem Winkel nach rückwärts gerichtete Geißeln tragen (F) und z. T. im Plasmarest eine winzige Plastide besitzen (Abb. 3.2.98). Auch die Eizellen können wenige und besonders kleine Chloroplasten enthalten.

Die Befruchtung der Eizelle kann auch bei Landformen nur bei Gegenwart von Wasser vollzogen werden (Regen, Tau). Dazu öffnet sich das Archegonium an seiner Spitze, die Kanalzellen verschleimen und entlassen bestimmte Stoffe, welche die Spermatozoiden chemotaktisch (s. S. 437) anlocken. Aus der befruchteten Eizelle entsteht dann ein diploider Embryo (Abb. 3.2.102 K), der sich stets ohne Ruhepause zum Sporophyten weiterentwickelt.

Die diploide Sporophytengeneration bildet sich also stets auf dem dominierenden, haploiden Gametophyten und bleibt mit diesem zeitlebens verbunden. Trotz ihres Chlorophyllgehaltes kommen isolierte Sporophyten nicht zur vollständigen Entwicklung. Das Wachstum des Sporophyten erfolgt also weitgehend auf Kosten des Gametophyten. Die bei Pflanzen vielfach vorkommende Ernährung einer Generation durch die andere (z. B. bei Rhodophyceen) wird als «Gonotrophie» (Ernährung durch den Erzeuger) bezeichnet. Der Stofftransport in den Sporophyten nimmt ab oder wird eingestellt, wenn dieser etwa $2/3$ seiner endgültigen Größe erreicht hat. Die in der Stammesgeschichte erstmals bei den Moosen auftretenden Spaltöffnungen werden fast ausschließlich am Sporophyten ausgebildet (Abb. 3.2.99 G). Er dringt mit seinem Basalteil (Haustorium, auch Fuß genannt, Abb. 3.2.99 D, 3.2.111 C) meistens in das tiefer liegende Gewebe ein, wächst aber in der Hauptsache gegen die Spitze des Archegoniums zu einem kürzer oder länger gestielten, rundlichen oder ovalen Sporenbehälter (Kapsel, Abb. 3.2.102 L, 3.2.114 E) aus. Das ganze Gebilde wird Sporogon genannt.

Aus dem inneren Gewebe der Sporenkapsel, dem Archespor, entstehen durch zweimalige mit Meiose verbundene Teilung der Sporenmutterzellen die Meiosporen in Gruppen zu vieren, also in Tetraden, die sich vor ihrer Reife voneinander lösen und abrunden. Die Ausbreitung der Meiosporen erfolgt durch die Luft. Die Wand der Sporen besteht aus einem inneren zarten Endospor und einem äußeren widerstandsfähigen Exospor; letzteres wird bei der Keimung gesprengt. Die Sporen keimen zum Gametophyten aus, unter Bildung eines fädigen bis flächigen Vorkeimes (Protonema; Abb. 3.2.114 A, B, C, 3.2.111 D, 3.2.98 D), der alsbald in die grüne Moospflanze übergeht.

Neben der Ausbreitung durch Sporen ist bei den Moosen vegetative Vermehrung sehr häufig, z. B. durch Brutkörper (Abb. 3.2.101 A, 3.2.105, s. S. 476), die auf verschiedene Weise am Gametophyten, und zwar am Stämmchen, an den Blättchen oder auch am Vorkeim, entstehen können, sich loslösen und zu neuen Pflanzen auswachsen.

Das Wachstum der Gewebe erfolgt mit 2-, 3- oder mehrschneidigen Scheitelzellen (S. 236f, Abb. 1.4.13), seltener bereits mit Meristemen (z. B. *Riella* s. S. 650), *Riccia* s. S. 653 und *Anthoceros* s. S. 649).

Lignin fehlt den Moosen, bzw. es treten ganz vereinzelt ligninähnliche Verbindungen auf.

Systematik: Die Moose umfassen etwa 24 000 Arten, die sich in drei stammesgeschichtlich stärker getrennte Gruppen, die *Anthocerotopsida*, *Marchantiopsida* und *Bryopsida* aufgliedern lassen.

I. Klasse: Anthocerotopsida, Hornmoose

Sie bilden eine kleinere Gruppe mit etwa 100 Arten, die als Relikte der frühen Stammesgeschichte der Pflanzen aufzufassen sind und in einer einzigen recenten

Ordnung: **Anthocerotales** zusammengefaßt werden. Der Gametophyt ist ein scheibenförmiger, gelappter, einige Zentimeter großer, am Boden mittels Rhizoiden festgewachsener Thallus einfachster Bauart (Abb. 3.2.99 A). Die Zellen des weitgehend einheitlichen Parenchyms enthalten im Gegensatz zu allen anderen Moosen nur je einen großen schüsselförmigen, Pyrenoide führenden Chloroplasten. Die Epidermis der Thallusunterseite hat Spaltöffnungen mit 2 bohnenförmigen Schließzellen, die Interzellularräume hinter ihnen sind allerdings mit Schleim gefüllt und meist von der Blaualge *Nostoc* besiedelt (B). Blätter und Schuppen auf der Unterseite des Thallus (Ventralschuppen) fehlen ebenso wie Ölkörper in den Zellen. Die Rhizoide sind innen glattwandig.

Antheridien und Archegonien sind in die Thallusoberseite eingebettet; ihre Entwicklung erfolgt von Anfang an endogen. Die befruchtete Eizelle teilt sich durch eine Querwand in zwei Zellen, von denen die obere, also gegen den Hals des Archegoniums gewendete, nach weiteren Teilungen zum Sporogon, die untere zu dessen angeschwollenem, mit rhizoidartigen Zellen im Thallus befestigtem Fuß wird (Haustorium, Abb. 3.2.99 D).

Das Sporogon ist eine ungestielte hornförmige, ein bis mehrere Zentimeter lange, schotenförmig mit 2 Längsklappen aufspringende Kapsel (Abb. 3.2.99 A). Es zeichnet sich (anders als bei den folgenden *Marchantiopsida*) durch einen reicher differenzierten inneren Bau aus. In seiner Längsachse befindet sich eine aus wenigen Zellreihen bestehende sterile Gewebesäule, die Columella (C und Dc). Diese wird mantelförmig von der dünnen sporenbildenden Zellschicht (Archespor, a) umhüllt, die außer Meiosporen auch sterile Zellen, sog. Elateren, erzeugt. Die diploiden Sporenmutterzellen und Elateren bzw. zu Elateren bestimmten Zellen sind Schwesterzellen: auf jede Sporenmutterzelle (bzw. Sporentetrade nach der Meiose) kommt eine fertige Elatere oder eine noch teilungsfähige sterile Zelle, durch deren mitotische Teilungen die Zahl der Elateren schließlich ein Vielfaches der Sporenzahl ausmachen kann; sie liegen senkrecht zur Längsachse des Sporogons (transversal; E).

Anders als bei allen übrigen Moosen reift der als Kapsel angelegte Teil des Sporophyten nicht gleichzeitig heran, sondern wird durch eine meristematische Zone an der Kapselbasis dauernd verlängert. Die Sporogonwand besitzt zweizellige Spaltöffnungen (Abb. 3.2.99 G), außerdem enthält sie in ihren Zellen Chloroplasten.

Die Familie der **Anthocerotaceae** entwickelt auf dem Thallus 1–7 cm lange Sporogone; sie ist bei uns in zwei Gattungen vertreten: *Anthoceros* (z.B. *A. punctatus*) mit Schleimhöhlen, die auf der Oberseite des zerschlitzten Thallus punktförmig durchscheinen, und mit schwarzen, dicht stacheligen Sporen im Sporogon. *Phaeoceros* (z.B. *Ph. laevis* auf kalkarmen Stoppeläckern) ohne Schleimhöhlen auf der Oberseite des gelappten Thallus, mit gelblichen, papillös-rauhen Sporen. Der Thallus der **Notothylaceae** ist im Vergleich zur vorigen Familie winzig klein (wenige Millimeter im Durchmesser).

Fossile Zeugnisse für die Stammesgeschichte der *Anthocerotopsida* fehlen leider vollständig. Sie haben eine Reihe von Besonderheiten, woraus manche Autoren den Schluß ziehen, daß die Moose polyphyletisch entstanden sein müssen und daher verschiedenen Abteilungen zuzuordnen sind, je nachdem, ob die Zellen je

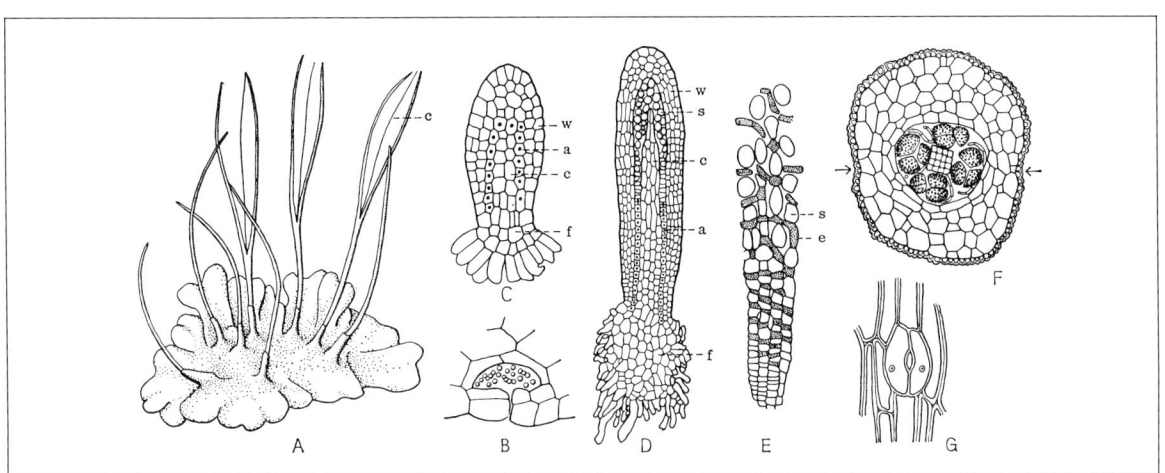

Abb. 3.2.99: *Anthocerotopsida, Anthocerotales.* **A** *Phaeoceros laevis,* Thallus mit jungen und geöffneten Sporogonen; c Columella (2×). **B** *Anthoceros vincentianus,* Spaltöffnung der Thallusunterseite, Atemhöhle von *Nostoc* besiedelt (270×). **C** *Anthoceros punctatus,* Längsschnitt durch junges Sporogon (130×). **D** *Dendroceros crispus,* Längsschnitt durch fast reifes Sporogon; a Archespor, c Columella, f Sporogonfuß, s Sporen, w Sporogonwand (80×). **E** *Anthoceros punctatus,* inäquale Zellteilungen im Archespor; e Elateren, s Sporenmutterzellen (100×). **F** *Anthoceros husnoti,* Sporogonquerschnitt mit Sporentetraden und Columella; Pfeile = Dehiscenzstellen der Sporogonwand (100×). **G** *Anthoceros pearsoni,* Spaltöffnung des Sporogons (125×). (A nach Mägdefrau; B, C, D nach Leitgeb; E nach Goebel; F nach K. Müller; G nach Campbell.)

einen Chloroplasten *(Anthocerophyta)* oder mehrere davon (übrige *Bryophyta*) besitzen. Diesem Konzept wird hier nicht gefolgt, da in anderen einheitlich erscheinenden Gruppen (innerhalb der *Lycopodiopsida* z.B die *Selaginellales*; S. 676) die Zahl der Chloroplasten ebenfalls auf einen je Zelle beschränkt sein kann.

Von den Hornmoosen sind die folgenden Moose durch mehrere Merkmale deutlich abgesetzt: Die Zellen des Gametophyten enthalten vielfach Ölkörper und jeweils mehrere Chloroplasten ohne Pyrenoide. Im Gametophyten finden sich keine Spaltöffnungen, wohl aber bei einzelnen Formen Atemhöhlen. Dem Sporophyten fehlt ein intercalares Meristem; sein Wachstum ist daher begrenzt. Die Sporenkapseln öffnen sich nie mit 2 Klappen. Die Antheridien werden zunächst exogen angelegt, können aber nachträglich von Gametophytengewebe eingeschlossen werden; die Archegonien sind nicht in den Thallus eingebettet. Lebermoose *(Marchantiopsida)* ähneln – soweit sie thallos sind – den Hornmoosen *(Anthocerotopsida)*, sie unterscheiden sich aber von diesen durch die vorstehend genannten Merkmale, weiterhin durch das gänzliche Fehlen von Spaltöffnungen sowie eine andere Entstehungsweise und Gestalt der Elateren. Den Laubmoosen *(Bryopsida)* schließlich fehlen Elateren vollständig; sie haben außerdem stets beblätterte Gametophyten.

II. Klasse: Marchantiopsida (= Hepaticae), Lebermoose

Der Gametophyt der Lebermoose ist ein flächiger, meist mehr oder minder gabelig verzweigter Thallus, oder er ist in Stämmchen und Blättchen, denen eine Mittelrippe fehlt, gegliedert. Die meisten Lebermoose speichern in ihren Zellen von einer Membran umgebene «Ölkörper» (das sind charakteristische Tropfenzusammenballungen von Terpenen) in Ein- oder Mehrzahl, die in dieser Form allen anderen Pflanzen fehlen (Abb. 3.2.101 G). Der Sporophyt wird lange Zeit vollständig von der sich vergrößernden Wand des Archegoniums, der Embryotheca, umhüllt; sie wird erst kurz vor der Reife an der Spitze durch den Sporophyten durchbrochen. Im reifenden Sporogon teilen sich die Archesporzellen jeweils in eine Sporenmutterzelle und eine Elatere, die demnach wieder synchron entstehende Schwesterzellen sind.

Aus der Sporenmutterzelle entstehen nach der Meiose je 4 Sporen. Das 4:1-Verhältnis von haploiden Sporen (4) und sterilen, diploiden Elateren (1) kann – im Gegensatz zu den *Anthocerotopsida* – zugunsten der Sporenzahl (z.B. 8:1, 128:1) verschoben sein. Sporen- und Elaterenmutterzellen werden durch longitudinale, also parallel zur Längsachse des Sporogons ausgerichtete Wände voneinander getrennt.

Die Elaterenwände besitzen meist Spiralbänder (bei *Anthocerotopsida* meist glatt). Eine konvergente Entwicklung von Elateren bei *Anthocerotopsida* und *Marchantiopsida* ist nicht völlig auszuschließen. Die Elateren gehören zu jenen die Sporenausbreitung fördernden Strukturen (Capillitiumfasern S. 550; Glebafasern S. 590; Hapteren S. 681), die als analoge Bildungen aufzufassen sind.

Das Antheridium (Abb. 3.2.102 E) entsteht aus einer Epidermiszelle, die durch senkrechte, sich kreuzende Wände in je 4 Zellen zerlegt wird, worauf in den Quadranten dieses turmförmigen Gebildes periphere Wandzellen durch tangentiale Zellwände von den inneren, das spermatogene Gewebe liefernden Zellen abgeteilt werden.

Bei der Entwicklung der Archegonien (Abb. 3.2.102 J) teilt sich eine über die benachbarten Zellen herauswölbende Epidermiszelle durch eine perikline Wand in eine den Stiel liefernde untere und in eine obere Zelle, die Archegoniuminitiale. Drei antikline Wände zerlegen letztere in eine zentrale Axialzelle und in drei tangentiale Sektoren bildende Mantelzellen. Der Querschnitt durch eine junge Archegoniumanlage läßt alle 4 Zellen, der Längsschnitt die Axialzelle und nur zwei der drei Mantelzellen erkennen. Die Axialzelle ist seitlich von den Mantelzellen umgeben und oben frei; sie gliedert sich später durch eine Querwand in eine Deckelzelle und eine Innenzelle. Aus den Mantelzellen geht ohne wesentliche Beteiligung der Deckelzelle die Wandung des Hals- und Bauchteiles hervor, aus der Innenzelle (Zentralzelle) bilden sich 4–8 Halskanalzellen, eine Bauchkanalzelle und basal die Eizelle. Zur unterschiedlichen Entwicklung der Archegonien von *Anthocerotopsida* und *Bryopsida* vgl. S. 657 und S. 689.

Leitstränge im Gametophyten sind meist nicht und im Sporophyten überhaupt nicht ausgebildet. Der Wassertransport wird z.B. bei *Marchantia* durch perforierte Zellen im Thallus oder bei *Symphogyna* und *Haplomitrium* durch einfache Leitstränge mit Hydroiden (vgl. S. 658) gefördert.

Die Lebermoose werden in zwei Unterklassen gegliedert.

1. Unterklasse: Marchantiidae

Der Gametophyt ist hier stets ein flächiger, anatomisch oft hochdifferenzierter Gewebethallus (thallose Lebermoose). Er ist unterseits meist sowohl mit glatten Rhizoiden als auch mit sog. Zäpfchenrhizoiden versehen, die nach innen vorragende Wandverdickungen tragen. Im typischen Falle werden die Antheridien und Archegonien auf besonderen Trägern (Gametangienständen) emporgehoben.

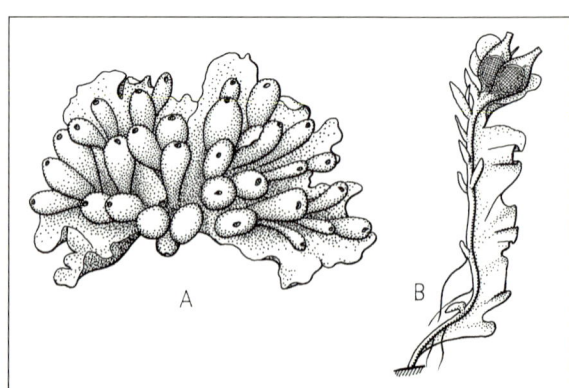

Abb. 3.2.100: *Marchantiopsida, Marchantiidae, Sphaerocarpales.* **A** *Sphaerocarpos michelii*, ♀ Thallus mit Gametangienhüllen. **B** *Riella helicophylla*, ♀ Thallus. (A 5×, B 2,5×; nach K. Müller.)

1. Ordnung: **Sphaerocarpales**; bisweilen auch schon einer eigenen Unterklasse *(Sphaerocarpidae)* zugerechnet. Der einfach gebaute Thallus bildet kleine auf Erde wachsende Rosetten (*Sphaerocarpos*, Abb. 3.2.100 A) oder aufrechte, im Wasser lebende Achsen mit gewelltem Flügel (*Riella*, B). Archegonien und Antheridien werden von birnförmigen, oben offenen Hüllen umschlossen. Die Sporogonwand besteht aus einer einzigen, bei der Reife verwitternden Zellschicht. Bei *Sphaerocarpos*, einer in der Genetik viel benutzten Versuchspflanze, wurde (1917) erstmals im Pflanzenreich ein Geschlechtschromosom (s. S. 501) nachgewiesen. Hier erfolgt, wie bei manchen anderen Moosen auch, bei der Meiose der Sporenmutterzellen die Geschlechtsbestimmung.

2. Ordnung: **Marchantiales**; sie besitzen einen hochdifferenzierten Thallus. Als Beispiel sei die an feuchten Orten häufige *Marchantia polymorpha* (Brunnenlebermoos) geschildert (Fam. **Marchantiaceae**). Sie bildet bis 2 cm breite, bandartig flache, etwas fleischige, mit Initialzellgruppen wachsende, sich gabelig verzweigende Thalli (Abb. 3.2.102 A und G) mit schwachen Mittelrippen. An der Unterseite entspringen einschichtige Bauch- oder Ventralschuppen und die negativ phototropischen einzelligen Rhizoiden (G), die den Thallus am Substrat befestigen und ihm Wasser zuführen (vorwiegend capillar zwischen den dochtartig wirkenden Rhizoiden; teils durch Aufnahme in dieselben).

Unter der Epidermis der Oberseite mit fast wasserdichter C u t i c u l a liegen große Interzellularräume (Abb. 3.2.101 G, I), «L u f t k a m m e r n», die seitlich voneinander durch Wände getrennt sind, welche aus einer oder zwei Zellschichten bestehen. An der Thallusoberfläche sind sie als Grenzen einer rhombischen oder sechseckigen Felderung erkennbar (Abb. 3.2.102 H). Vom Boden der Kammern erheben sich zahlreiche kurze, aus rundlichen Zellen bestehende, verzweigte, mitunter mit der Epidermis verbundene Assimilatoren, die Chloroplasten enthalten und das A s s i m i l a t i o n s g e w e b e (Abb. 3.2.101 G) bilden. Jede Kammer steht mit der Außenluft durch eine tonnenförmige »A t e m ö f f n u n g« in Verbindung; diese besteht bei *Marchantia polymorpha* aus 4 ringförmigen Stockwerken von je 4 Zellen. Sie vermag sich bei Wassermangel sogar ein wenig zu verengen, was allerdings für die Regulation des Wasserhaushalts noch ziemlich bedeutungslos ist. Ihr Bau verhindert das Eindringen von Wasser in die «Atemöffnung». Im ganzen Pflanzenreich gibt es sonst kaum einen Gametophyten mit derart v o l l k o m m e n e m Assimilations- und Transpira-

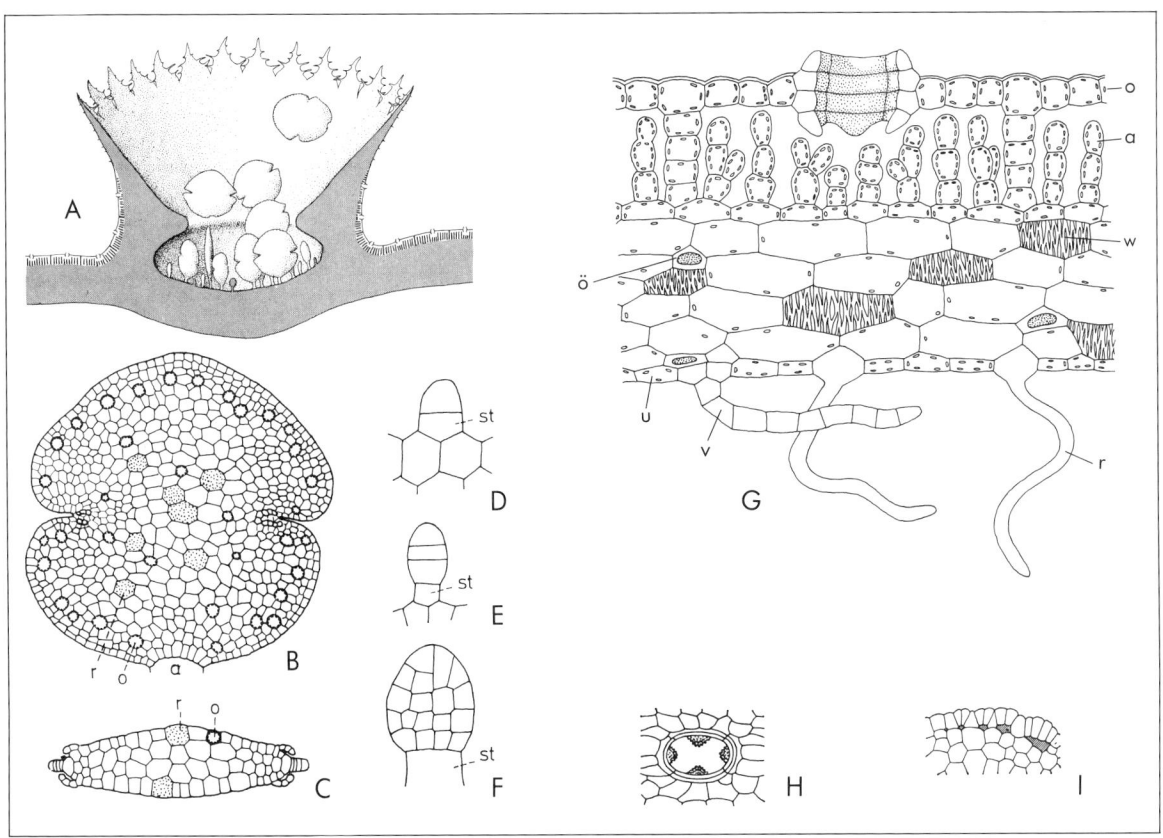

Abb. 3.2.101: *Marchantiales, Marchantia polymorpha.* A–F Vegetative Fortpflanzung. **A** Schnitt durch Brutbecher (12×). **B** Brutkörper in Flächensicht (80×); a Ablösungsstelle, o Ölzelle, r Rhizoidinitiale. **C** Brutkörper, Querschnitt (80×). **D–F** Brutkörperentwicklung (300×); st Stielzelle. **G** Thallusquerschnitt; a Assimilatoren, o obere Epidermis mit Atemöffnung, ö Ölkörper, r Rhizoid, u untere Epidermis, v Ventralschuppe, w Wandverdickungen (200×). **H** Atemöffnung, von oben gesehen (200×). **I** Entwicklung der Luftkammern (270×). (A nach Mägdefrau; B–F nach Kny; G nach Mädgefrau veränd.; H nach Kny; I nach Leitgeb.)

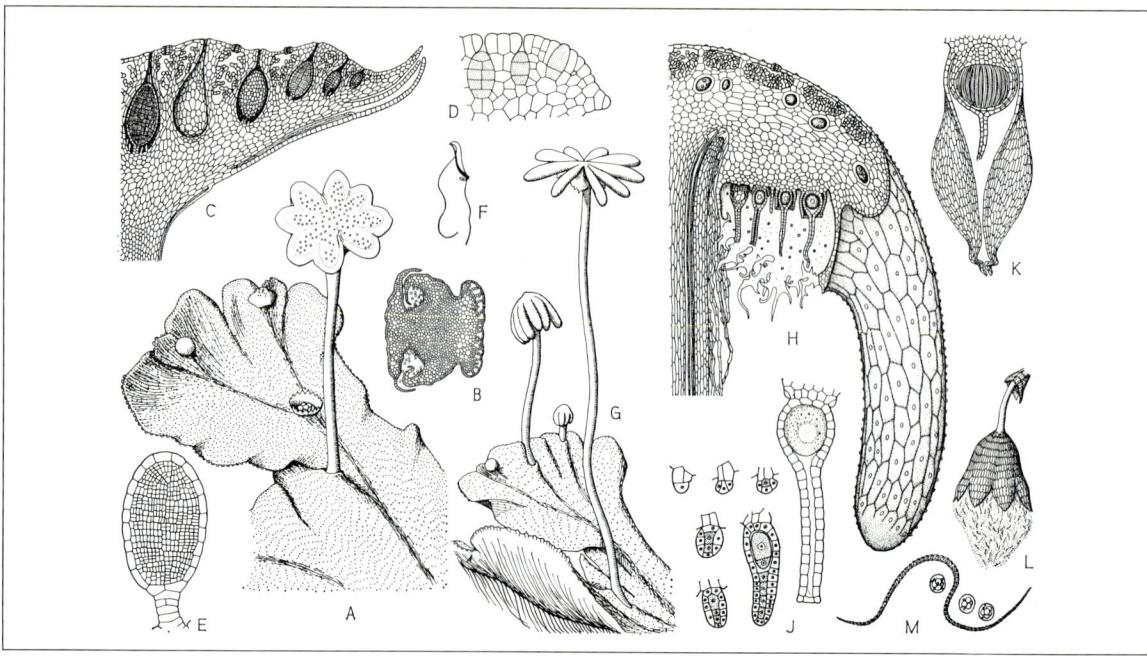

Abb. 3.2.102: *Marchantiales, Marchantia polymorpha,* geschlechtliche Fortpflanzung. **A** ♂ Pflanze mit Brutbecher und Antheridienstand; Punkte auf der Thallusoberfläche: Atemöffnungen (1,5×). **B** Querschnitt durch den Stiel des Antheridienstandes kurz unterhalb des «Schirms» (13×); rechts Dorsalseite mit Luftkammern, links Ventralseite mit zwei Rhizoiden-Rinnen. **C** Längsschnitt durch Antheridienstand (18×). **D** Entwicklung der Antheridien (160×). **E** Fast reifes Antheridium im Längsschnitt (160×). **F** Spermatozoid (400×) **G** ♀ Pflanze mit Archegonienständen (1,5×). **H** Längsschnitt durch Archegonienstand; hinter der Archegonienreihe das Perichaetium (25×). **J** Archegonien-Entwicklung (160×). **K** Längsschnitt durch junges, noch von der Archegonwand umschlossenes Sporogon, von der «Einzelhülle» umgeben (35×). **L** Aufgesprungenes Sporogon, aus dem die Sporen und Elateren austreten; am Grund des Stiels Rest der Archegonwand (10×). **M** Sporen und Elater (160×). (A, C, D, E, G, H, K, L, M nach Kny; B nach Mägdefrau; F nach Ikeno; J nach Duran.)

tionsapparat (vgl. *Polytrichum* S. 662). Die großen, chlorophyllarmen Parenchymzellen auf der Thallusunterseite dienen als Speicherzellen (z. T. mit Ölkörpern, ö).

Auf den Mittelrippen der Oberseite wölbt sich in der Regel der Thallus zu becherförmigen Auswüchsen mit gezähntem Rande empor, den Brutbechern oder Brutkörbchen (Abb. 3.2.101 A, 3.2.102 A) mit einer Anzahl von flachen Brutkörperchen. Letztere entstehen, wie Abb. 3.2.101 D–F zeigt, durch Hervorwölbung und weitere Teilung einzelner Oberflächenzellen und sitzen mit einer Stielzelle (st) fest, von der sie sich (B bei a) ablösen. Sie haben an den beiden Einbuchtungen je einen Vegetationspunkt und bestehen aus mehreren Schichten von Zellen (C), von denen einige farblose die Anlagen der späteren Rhizoiden (r) darstellen. Die Brutkörper wachsen zu neuen Thalli aus und dienen sehr ausgiebig der vegetativen Vermehrung der Gametophyten.

Die Gametangien werden von besonderen, aufrechten Thalluszweigen (Ständen) getragen (Abb. 3.2.102 A und G). Im unteren Teil sind diese Gametangienstände stielartig zusammengerollt, im oberen Teil verzweigen sie sich durch wiederholte Gabelung zu sternförmigen «Schirmen». Antheridien und Archegonien sind diöcisch verteilt. Die Geschlechtsbestimmung erfolgt wie bei vielen anderen Bryophyten haplogenotypisch durch Geschlechtschromosomen (s. S. 501). In den Trägern der Gametangienstände gelangen die auf der Ventralseite entspringenden Rhizoiden in der durch Zusammenrollung entstehenden Rinne (B, C) im Laufe ihres Wachstums bis unter die Thallusunterseite und saugen das Wasser wie ein Docht capillar empor.

Die Antheridienstände schließen mit einem horizontalen, durch 3malige dichotome Gabelung 8lappig gerandeten «Schirm» ab (Abb. 3.2.102 A), in dessen Oberseite die Antheridien eingesenkt sind, und zwar ein jedes in einen flaschenförmigen Hohlraum, der mit einer engen Öffnung nach außen mündet (C). Diese Höhlungen sind durch ein Luftkammern führendes Gewebe voneinander getrennt. Die Öffnung und Entleerung der Antheridien erfolgt nach Regen durch Verschleimung und Verquellung der Wandzellen. Die Spermatozoiden (F) sammeln sich auf dem Antheridienstand in dem Wasser (Tau oder Regen), das durch den etwas aufgebogenen Rand festgehalten wird.

Die Archegonienstände (Abb. 3.2.102 G) sind in ihrer frühesten Entwicklung den Antheridienständen sehr ähnlich. Die Archegonien werden in acht radialen Serien angelegt, wobei die beiden der Rückseite des Stieles benachbarten Serien weiter voneinander entfernt stehen als die übrigen. Der Rand des jungen Schirms biegt sich während seiner Entwicklung zunehmend nach unten, so daß die Archegoniengruppen auf dessen Unterseite zu stehen kommen (wodurch sich die ursprünglich akropetale Entstehungsfolge der Archegonien zu einer basipetalen umkehrt). Schließlich wachsen die zwischen Archegoniengruppen liegenden Gewebepartien zu insgesamt neun (!) Schirmstrahlen aus; zwei davon entwickeln sich zwischen den etwas entfernteren Archegoniengruppen (s.o.).

Die Befruchtung erfolgt bei Regenwetter, indem Regentropfen das die Spermatozoiden enthaltende Wasser von den ♂ auf die ♀ Schirme spritzen. Deren Epidermiszellen springen papillenförmig vor und stellen ein oberflächliches Capillarsystem dar. In diesem werden die Spermatozoiden zu den Archegonien hinabgeleitet, von denen sie dann chemotaktisch – wahrscheinlich durch bestimmte Proteine – angelockt werden (s.S. 439).

Wenige Tage nach der Befruchtung beginnt die Zygote sich zu einem vielzelligen Embryo zu entwickeln, der zu einem sehr kurz gestielten, kleinen, ovalen, ergrünenden Sporogon heranwächst (Abb. 3.2.102 K, L).

Wie bei *Anthoceros* (s.S. 649) bildet sich aus der oberen der beiden bei der ersten Teilung der Zygote entstandenen Zellen, also aus der gegen den Archegoniumhals gerichteten, die runde Kapsel (exoskopische Lage des Embryos), während die untere deren Fuß und in diesem Falle auch noch den Kapselstiel bildet (Abb. 3.2.102 L). Die Anfangsentwicklung ist bei den verschiedenen Gattungen und Familien nicht ganz einheitlich. Durch perikline Wände sondert sich die Kapsel in äußere und innere Zellen (K); letztere liefern das vielzellige sporogene Gewebe (Archespor).

Die Kapsel hat bei *Marchantia* eine einschichtige Wandung, deren Zellen Ringfaserverdickungen aufweisen.

Nur am Scheitel ist die Wandung zweischichtig; hier beginnt auch das Einreißen der Kapsel, indem das Deckelstück zerfällt und die Wandung sich in Form mehrerer Zähne zurückkrümmt. Die reife Kapsel ist anfangs noch bedeckt von der eine Zeitlang mitwachsenden Archegoniumwand (Abb. 3.2.102 K), die aber bei der Streckung des Stieles durchbrochen wird und an der Basis als Scheide zurückbleibt. Außerdem ist jede Kapsel von einer vier- bis fünfspaltigen, dünnhäutigen «Einzelhülle» umgeben, die schon vor der Befruchtung aus dem kurzen Stiel des Archegoniums ringsum sackartig hervorzusprossen beginnt (H, K). Schließlich ist jede radiale Archegonienreihe noch von einer weiteren Thalluswucherung, einer zierlich gezähnten «Gruppenhülle» (Perichaetium) umgeben (Abb. 3.2.102 H und 3.2.105 A).

Die Kapsel entläßt mehrere hunderttausend Sporen (Abb. 3.2.102 L, M). Zwischen den Sporen liegen als ungeteilte, zartwandige, faserförmige Schläuche mit schraubenförmigen Wandverdickungsleisten die Elateren (M; Entstehungsweise S. 650), die sich nach der Öffnung der Kapsel hygroskopisch bewegen, wobei sie die Sporen auflockern und ausstreuen (L). Aus den Sporen bildet sich dann je ein sehr kurzer chloroplastenhaltiger Keimfaden (Protonema), der zunächst mit einer keilförmigen Scheitelzelle, später in verwickelter Weise zum Thallus heranwächst.

Das ebenfalls auf Felsen und feuchter Erde häufige *Conocephalum conicum* (**Conocephalaceae**) ist *Marchantia* im Thallusbau ähnlich, besitzt aber einfacher gebaute Atemöffnungen und keine Brutbecher. Die Spermatozoiden werden aus dem Antheridienstand durch Turgordruck mehrere Zentimeter hoch herausgespritzt. *Lunularia* (**Lunulariaceae**; s.S. 428) hat halbmondförmige Brutbecher und ungestielte Antheridienstände. Bei dem kleinsten Vertreter, *Monocarpus sphaerocarpus* (**Monocarpaceae**; Australien), trägt ein stark reduzierter Thallus ein einziges, kugeliges Sporogon, das von einer relativ gut entwickelten Hülle umschlossen ist.

Die Familie der **Ricciaceae** zeigt einen einfacheren Bau (Abb. 3.2.103). Die Gabelteilungen des Thallus mittels 2schneidiger Scheitelzellen (Abb. 1.4.12) folgen meist rasch aufeinander, so daß kleine Rosetten entstehen (Abb. 3.2.103 A). Bei einigen Arten ist der Thallus gekammert und besitzt einfache Öffnungen; bei den meisten aber löst sich der Thallus oberseits in vertikale Zellreihen auf, die mit einer größeren, farblosen Zelle enden (C). Die Gametangien sind ebenso wie der stiel- und fußlose Sporophyt in den Thallus eingesenkt (C). Die meisten *Riccia*-Arten sind Erdbewohner (A); die dichotom-bandförmige *R. fluitans* (B) lebt submers, *Ricciocarpos natans* schwimmt wie Wasserlinsen auf der Wasseroberfläche.

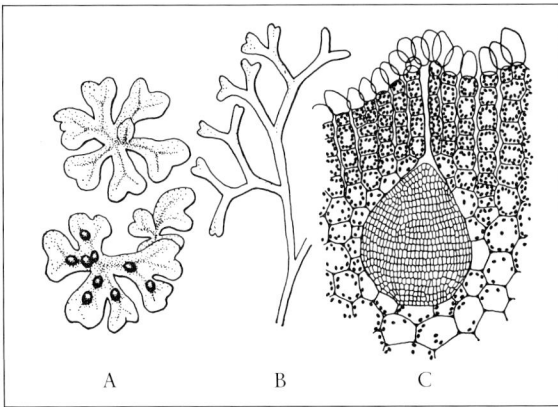

Abb. 3.2.103: *Marchantiales, Riccia*. **A** *R. glauca*, untere Pflanze mit Sporogonen (2×). **B** *R. fluitans*, submerse Wasserform (2×). **C** *R. glauca*, Thallusquerschnitt mit Antheridium (125×). (A–B nach Mägdefrau; C nach Kny.)

2. Unterklasse: Jungermaniidae

Sie enthalten thallose und foliose Formen, die durch Übergänge miteinander verbunden sind. Erstere zeigen eine geringe anatomische Differenzierung; sie tragen unterseits auch nur glatte Rhizoiden. Vom Gametophyten gebildete Gametangienstände fehlen. Die Ölkörper finden sich meist in allen Zellen und in Mehrzahl, während sie bei den *Marchantiidae* auf besondere Speicherzellen beschränkt waren. Die Sporenkapsel wird auf einem langen, dem Sporophyten zuzurechnenden Kapselstiel (Seta) exponiert (Anpassung an die Windausbreitung der Sporen) und öffnet sich meist mit 4 Klappen (Abb. 3.2.105 A). In der vorigen Unterklasse fehlen solche Seten, oder sie sind sehr kurz.

1. Ordnung: **Metzgeriales**. Der mit einer Scheitelzelle (Abb. 1.4.12 B, C) wachsende, meist gabelig verzweigte Thallus ist aus einer oder mehreren Schichten gleichartiger Zellen aufgebaut; bei einigen Arten besitzt er eine aus verlängerten Zellen bestehende Mittelrippe (Abb. 3.2.105 A, B), bei *Symphyogyna* sogar einen primitiven Zentralstrang. Bei *Blasia* ist der mit flaschenförmigen Brutkörperbehältern besetzte Thallus am Rande in blattartige Lappen zerteilt (C) und trägt unterseits kleine Schuppen. *Fossombronia* ist durch zwei Reihen schräg inserierter, am Grunde mehrschichtiger Blättchen ge-

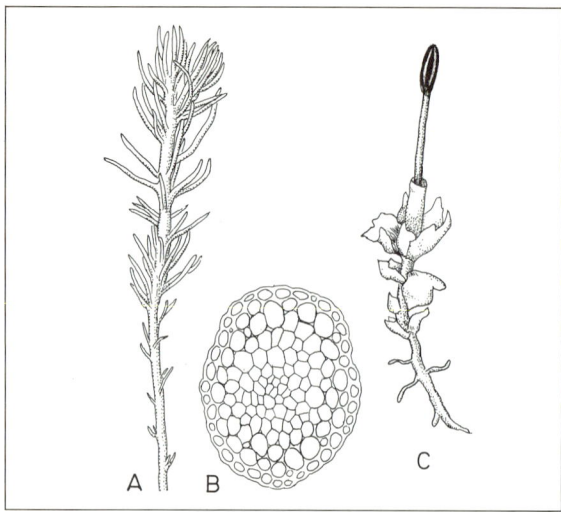

Abb. 3.2.104: *Marchantiopsida, Jungermaniidae*. **A** *Takakia lepidozioides* (6×). **B** Desgl., Querschnitt durch Stämmchen (100×). **C** *Haplomitrium hookeri* (6×). (A, B nach Schuster; C nach K. Müller.)

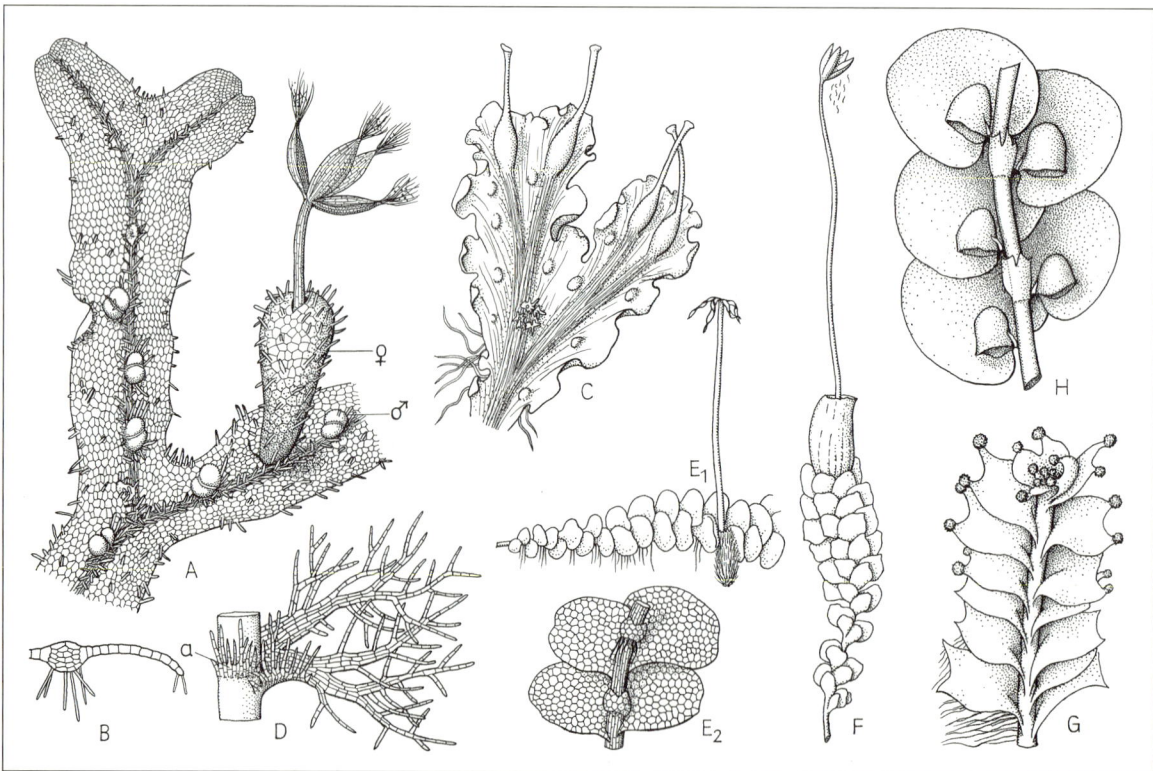

Abb. 3.2.105: *Jungermaniidae, Metzgeriales* (A–C) und *Jungermaniales* (D–H). **A** *Metzgeria conjugata* (Unterseite) mit mehrern ♂ und einem ♀ Thallusast; an den 4 Kapselklappen Elaterenbüschel. Sporogonstiel von Perichaetium umschlossen (15×). **B** *Metzgeria conjugata*, Thallusquerschnitt (30×). **C** *Blasia pusilla*, mit flaschenförmigen Brutkörperbehältern und mit zahlreichen, von *Nostoc* besiedelten «Öhrchen» auf der Thallusoberseite (4×). **D** *Trichocolea tomentella*, Blatt und Amphigastrium a (7×). **E** *Calypogeia trichomanis*: E_1 Pflanze von oben gesehen, mit Marsupium und reifem Sporogon (2×); E_2 Teilstück mit 4 Blättchen und 2 Amphigastrien, von unten gesehen (6×). **F** *Scapania undulata* mit «Perianth» und reifem Sporogon (2×). **G** *Lophozia ventricosa*, von oben gesehen, mit Brutkörperhäufchen an den Blattspitzen (10×). **H** *Frullania dilatata*, von unten gesehen, mit «Wassersäcken» (25×). (A, C nach Schiffner; B nach Lindberg; D, E, F nach W. J. Hooker; G, H nach K. Müller.)

kennzeichnet. Wir haben hier somit eine zwischen thallosen und beblätterten Formen vermittelnde Entwicklungsreihe vor uns. Die Archegonien entwickeln sich hinter der (weiterwachsenden) Scheitelzelle; die von einem Perichaetium umgebenen Sporogonien sitzen auf dem Thallus (A) oder auf kurzen Seitenästen («anakrogyn»). Bei einigen Gattungen haften die Elateren in pinselförmigen Gruppen an den oberen Enden der Kapselklappen (*Metzgeria*, A) oder in der Mitte der Kapselbasis *(Pellia)*. Die meisten Gattungen der etwa 500 Arten umfassenden Ordnung, z.B. *Riccardia, Pellia, Blasia, Fossombronia*, leben auf feuchtem Erdboden, *Metzgeria* dagegen wächst an schattigen Felsen oder als Epiphyt auf Laubholzrinden.

2. Ordnung: **Calobryales**. Die aufrechten Stämmchen tragen drei Reihen gleichartig gebauter Blättchen und wurzeln im Substrat mit fleischigen, verzweigten «Rhizomen», die keine Rhizoiden besitzen, aber endotroph lebende Pilze führen (Mykorrhiza). Das z.T. auch in Europa vorkommende *Haplomitrium* (Abb. 3.2.104 C) hat flache, am Grunde mehrschichtige Blättchen und einen Zentralstrang im Cauloid.

3. Ordnung: **Takakiales**. Hierher gehört die asiatische *Takakia* (Abb. 3.2.104 A) mit bis zum Grunde in 2–4 zylindrische Zipfel geteilten Blättchen und Zentralstrang in der Stämmchenachse.

4. Ordnung: **Jungermaniales**. Die vorwiegend tropischen, meist kleinen, auf Erde oder an Baumstämmen, in den Tropen auch auf Blättern von Waldbäumen lebenden *Jungermaniales* machen mit rund 9000 Arten (in Mitteleuropa 250) etwa 90% der Lebermoose aus. Sie zeigen eine deutliche Gliederung in ein niederliegendes oder aufstrebendes, verzweigtes, dorsiventrales Stämmchen und einschichtige Blättchen ohne Mittelrippe, die in zwei Zeilen an den Flanken des Stämmchens mit schiefer Stellung ihrer Spreiten angeordnet sind (Abb. 3.2.105 D–H). Das Stämmchen besitzt im Innern kein Leitgewebe. Die *Jungermaniales* haben weder Luftspalten (wie die *Marchantiales*) noch echte Spaltöffnungen (wie die *Anthocerotales*).

Die schräg am Stengel angehefteten und daher dachziegelartig stehenden Blättchen weisen unterschiedliche Deckung und eine große Formenmannigfaltigkeit auf. Sie werden oberschlächtig genannt, wenn der untere Rand eines jeden Blättchens vom oberen des nächsten tieferstehenden bedeckt wird (Abb. 3.2.105 E 1); unterschlächtig, wenn der untere Rand, von oben betrachtet, nicht verdeckt wird (G); die Blättchen sind einfach (E), zwei- und mehrzipfelig (G), zweilappig (F) oder in fädige Zipfel zerteilt (D). Bei der epiphytischen *Frullania* (H) ist einer der beiden Blattlappen zu einem becher- oder flaschenförmigen Gebilde umgestaltet, das zum Festhalten von Wasser dient («Wassersack»).

Bei den meisten Gattungen tritt zu den 2 Zeilen von Flankenblättern auch noch eine bauchständige Reihe von kleineren und anders beschaffenen Blättchen, Amphigastrien oder Bauchblättern, hinzu (z.B. *Frullania, Calypogeia*, Abb. 3.2.105 E 2, H). Die Ausbildung von 3 Blattreihen ist auf das Vorhandensein einer dreiseitig-pyramidalen, auf der Spitze stehenden Scheitelzelle zurückzuführen, deren eine Seite jedoch nur kleine oder – bei den zweizeilig beblätterten Arten – gar keine Blättchen liefert. Die Seitenzweige entspringen neben den Blättchen.

Die endständigen (akrogynen) Archegonien sind von einem «Perianth» (Abb. 3.2.105 F) umgeben, das aus drei miteinander verwachsenen Blättchen besteht. Bei manchen Arten teilen sich die Zellen unterhalb des befruchteten Archegoniums, so daß eine sackartige Höhlung («Marsupium») als Schutz für den nach der Befruchtung der Eizelle heranwachsenden jungen Sporophyten entsteht. Das Sporogon ist schon fertig ausgebildet, ehe es durch Streckung seines Stieles (der Seta; s.S. 469) die Archegonienwand durchdringt und als häutige Scheide an seinem Grunde zurückläßt. Die Kapsel bildet keine Columella aus. Die Zellen der mehrschichtigen Kapselwand sind mit ringförmigen oder leistenartigen Verdickungen versehen oder gleichmäßig verdickt bis auf die dünnen Außenwände; das Aufspringen wird verursacht durch Kohäsion ihres schwindenden Füllwassers (s.S. 468).

Das Protonema der *Jungermaniales* ist zwar bei den Gattungen verschieden, besteht aber meist nur aus wenigen Zellen. Bei *Metzgeriopsis pusilla* ist es hingegen flächenförmig ausgebildet und stellt den eigentlichen Vegetationskörper dar, dem die winzigen, nur als Träger der Geschlechtsorgane dienenden, wenigblättrigen Pflänzchen aufsitzen. Bei *Protocephalozia* trägt das fadenförmige Protonema Antheridien und Archegonien.

Vegetative Vermehrung ist auch bei den *Jungermaniales* weit verbreitet, teils durch besonders gestaltete, leicht abbrechende Brutsprosse und Brutblätter (häufig bei tropischen epiphyllen *Lejeuneaceae*), teils durch vorwiegend an Blatträndern oder Blattspitzen gebildete, wenig- bis einzellige Brutkörper (Abb. 3.2.105 G).

Zu den *Jungermaniales* gehören auch: *Scapania, Lophozia* und *Trichocolea* s. Abb. 3.2.105; *Lophocolea* S. 415; *Cephalozia* S. 469.

Die *Metzgeriales, Calobryales* und *Jungermaniales* machen den Eindruck einer von thallosen zu foliosen Formen aufsteigenden Reihe; man kann aber auch die beblätterten für ursprünglich halten und aus ihnen die thallosen ableiten durch die Annahme einer Verschmelzung sich überlappender Blätter und Verbreiterung der Achsen.

III. Klasse: Bryopsida (= Musci), Laubmoose

Der Gametophyt der Laubmoose ist stets in Stengel und Blättchen gegliedert und mit meist verzweigten, durch schräge Querwände vielzellig untergliederten Rhizoiden (bei den vorausgehenden Moosen unverzweigt und fast immer ohne Querwände) im Boden oder auf der Unterlage befestigt (Abb. 3.2.114 E). Die Blättchen sind im Gegensatz zu den beblätterten Arten der *Marchantiopsida (Jungermaniales)* nicht dorsiventral, sondern meist schraubig angeordnet und zwar von oben gesehen dreizeilig oder radiärsymmetrisch. Seitenzweigbildung erfolgt jeweils unterhalb der Blättchen (vgl. Abb. 1.4.13; also anders als bei den Samenpflanzen). Die mit einer 2schneidigen Scheitelzelle wachsenden Blättchen besitzen vielfach eine Mittelrippe, während Ölkörper fehlen (foliose Lebermoose häufig mit Ölkörpern; Blättchen mit 1schneidiger Scheitelzelle wachsend).

Bei Laubmoosen mit niederliegenden Stengeln sind die Blättchen bei schraubiger Anordnung einseitswendig

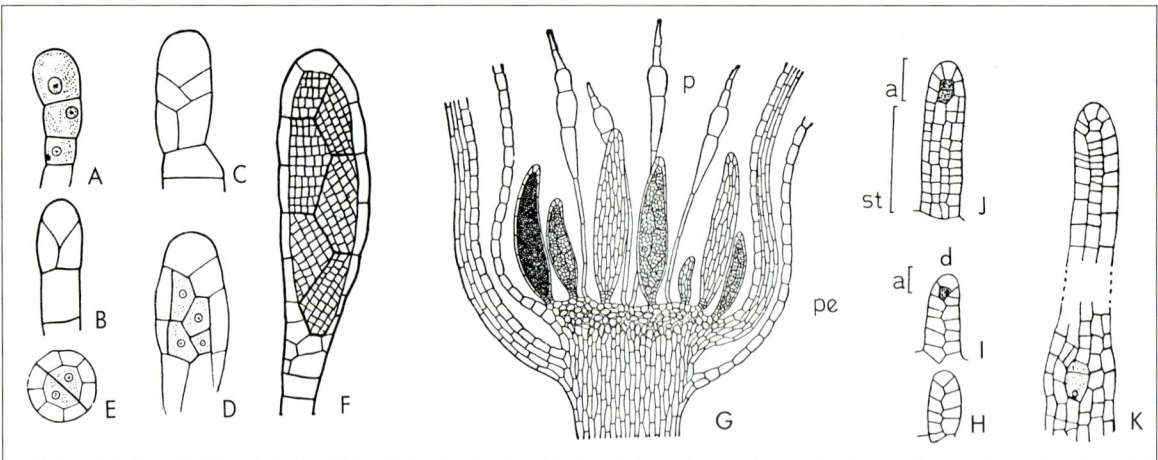

Abb. 3.2.106: *Bryopsida.* A–G Antheridium-Entwicklung von *Funaria hygrometrica.* **A** Querteilung der Anlage. **B** Bildung und **C** Teilung der Scheitelzelle. **D** Scheidung in Wandung und Anlage des spermatogenen Gewebes. **E** Desgl. im Querschnitt. **F** Fast reifes Antheridium. **G** Längsschnitt durch den Antheridienstand von *Mnium hornum.* Antheridien teils in Seitenansicht, teils im Längsschnitt. p Paraphysen, pe Hüllblätter. H–K Archegonium-Entwicklung von *Mnium undulatum.* **H** Stiel noch ohne Archegoniumanlage. **I** Archegonium a angelegt durch Bildung der Zentralzelle (punktiert), Deckelzelle d und Wandzellen. **J** Zentralzelle in Eizelle und Bauchkanalzelle geteilt; st Stiel. **K** Zahlreiche Halskanalzellen von der Deckelzelle abgegliedert. A–E 600×, F 300×; nach Campbell. G 100×; nach Harder. H–K 250×; nach Goebel.)

oder gescheitelt, so daß zwar ein Gegensatz von Ober- und Unterseite, aber in anderer Weise als bei den Lebermoosen zustande kommt. Nur ausnahmsweise stehen sie zweizeilig (z.B. bei *Fissidens,* Abb. 3.2.117 C).

Auch im Sporophyten unterscheiden sich die Laubmoose von den übrigen Moosen: Er besitzt meist Spaltöffnungen und ist als Kapsel mit Columella auf meist langer Seta entwickelt. Elateren fehlen.

Die Sporen der Laubmoose keimen zu einem sich reich verzweigenden, positiv phototropischen grünen Faden – dem Protonema (Abb. 3.2.114A) – aus, das bei massenhaftem Vorkommen dem bloßen Auge als grüner Filz erscheint. Zunächst entwickeln sich chloroplastenreiche Fäden mit senkrecht zur Fadenachse stehenden Querwänden, die als Chloronema bezeichnet werden. Dieses geht allmählich in das chloroplastenärmere, mit schräggestellten Querwänden versehene, dem Substrat anliegende Caulonema über. An diesem entwickeln sich bei ausreichender Beleuchtung die Knospen der Moospflänzchen (Abb. 3.2.114A), und zwar meist an kurzen Seitenzweigen. Am Caulonema entstehen zudem zahlreiche, meist nach oben gerichtete Seitenzweige vom Charakter des Chloronemas. Die Knospenbildung erfolgt in der Weise, daß nach Abtrennung von 1 oder 2 Stielzellen in der anschwellenden Endzelle durch schief gestellte Wände eine dreischneidige pyramidenförmige Scheitelzelle auftritt (B, C), die durch Segmentbildung ein beblättertes Moospflänzchen entwickelt. Wo viele solche Knospen entstehen, sind die Moospflänzchen dicht rasenförmig angeordnet.

Die Sexualorgane stehen bei den Laubmoosen in Gruppen an den Enden der Hauptachsen oder kleiner Seitenzweige, umgeben von den obersten Blättchen, die oft als besondere «Hüllblätter» (Perichaetialblätter, Abb. 3.2.106 pe) ausgestaltet sind.

Hinsichtlich der Verteilung der Gametangien sind die Laubmoose entweder zwittrig, monöcisch oder diöcisch, je nachdem, ob die Antheridien und Archegonien am selben Sproß, an verschiedenen Sprossen derselben Pflanze oder an verschiedenen Pflanzen ausgebildet werden.

Zwischen den Sexualorganen steht gewöhnlich eine Anzahl von mehrzelligen, oft mit kugeligen Endzellen versehenen «Safthaaren» oder Paraphysen.

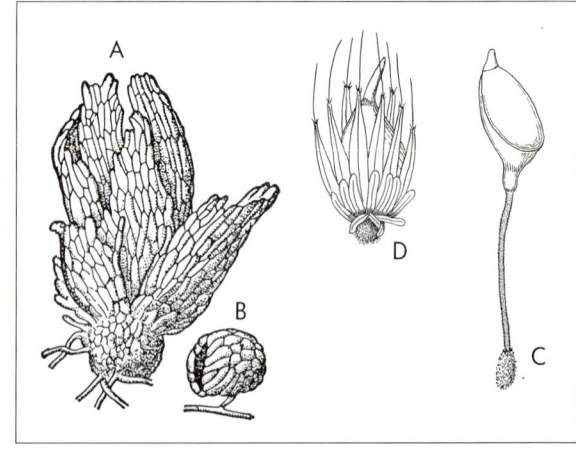

Abb. 3.2.107: *Bryopsida, Buxbaumiales.* A–C *Buxbaumia aphylla, Gametophyten,* **A** ♀, **B** ♂, **C** Sporophyt. **D** *Diphyscium sessile.* (A–B 35×; A nach Dening, B nach Goebel, C, D nach Mägdefrau.)

Die Antheridien und Archegonien der Laubmoose sind gestielt und unterscheiden sich entwicklungsgeschichtlich von den übrigen Moosen (und Archegoniaten s. S. 647) durch den komplizierten Aufbau ihres Körpers aus den Segmenten von Scheitelzellen (s. Abb. 3.2.106).

Nach der Befruchtung der Eizelle durch die chemotaktisch (s. S. 439) angelockten Spermatozoiden teilt sich die Zygote zunächst mehrfach quer und entwickelt so einen aus Segmenten aufgebauten langgestreckten Embryo, in dessen oberster Zelle bei typischer Ausbildung schiefe Wände auftreten, die eine keilförmige, zweischneidige Scheitelzelle abtrennen (Abb. 3.2.108 A, B; 3.2.109). Dieser sondert nach zwei Seiten Segmente ab, die sich weiter teilen. In denjenigen Segmenten, die die Mooskapsel liefern, tritt in der rechten wie linken Zelle eine zur Segmentwand senkrechte Radialwand auf, so daß hier auf dem Querschnitt des Embryos nunmehr 4 Quadranten (Abb. 3.2.108 C) liegen; in diesen findet dann durch perikline Wände eine Zerlegung in äußere Zellen (Amphitecium) und innere Zellen (Endothecium) (a und e in Abb. 3.2.108 C, D) statt. Die äußerste Schicht des Endotheciums wird meist zum Archespor (E, F ar), das sich restlos in Sporenmutterzellen aufteilt (G sm). Die Sporenmutterzellen zerfallen unter Meiose in je 4 haploide Sporen. Im Gegensatz zu den *Marchantiopsida* sind die inneren Zellen des Endotheciums an der Archesporbildung nicht beteiligt, sondern liefern meist einen Strang sterilen Gewebes, die Columella (co in Abb. 3.2.108 E, 3.2.110c), die vom sporenbildenden Gewebe (s in Abb. 3.2.110) umgeben ist. Die Columella dient als Nährstoffzuleiter und Wasserspeicher für die sich bildenden Sporen, denen außerdem die plasmareichen Zellen der Sporenraumwandung die Nährstoffe zuführen. Der untere Teil des Embryos (Abb. 3.2.109 A), der Sporogonfuß (Haustorium), ist im Gametophytengewebe verankert.

Der junge Sporophyt (Embryo) ist anfangs noch von einer Hülle (Embryotheca) umschlossen, die vom Archegoniumbauch sowie vom Gewebe des Archegoniumstiels, sogar von Gewebe des Stämmchens gebildet wird. Mit der zunehmenden Streckung des Sporophyten vermag die Embryotheca im Wachstum nicht mehr Schritt zu halten; sie reißt schließlich quer durch, wobei der obere Teil oft als Calyptra (Haube) vom Sporophyten emporgehoben wird, während der untere als Vaginula stehenbleibt (Abb. 3.2.109 B).

Die reife Kapsel bildet an ihrem oberen Ende eigenartige, ringförmig angeordnete Strukturen, die zu ihrer Öffnung dienen und das Ausstreuen der Sporen vermitteln. Ein Stiel hebt die Kapsel empor, so daß der Wind die Sporen leicht ausbreiten kann. Im jungen Sporogon liegt außerhalb des Sporenraumes ein leistungsfähiges Assimilationsgewebe, das von einer Epidermis bedeckt ist.

Die am Sporogon vorkommenden Spaltöffnungen gehören dem auch bei den Farnen verbreiteten *Mnium*-Typus (Abb. 3.2.110 A, B) an, weisen aber bei den einzelnen Familien hinsichtlich Anzahl (3–300 an

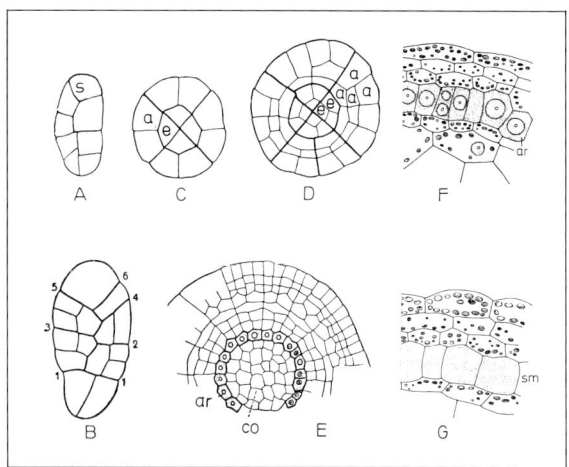

Abb. 3.2.108: *Bryopsida.* Sporogon-Entwicklung von *Funaria hygrometrica.* **A, B** Längsschnitt. Erste Teilungen der Zygote, s Scheitelzelle. **C–E** Querschnitt. **C** Teilungen in Endothecium e und Amphithecium a. **D** Weitere Teilungen. **E** Älteres Sporogon; im Endothecium die äußerste Zellschicht, das Archespor ar, abgeteilt von der Columella co. **F, G** Querschnitt durch das Archespor (ar) und die aus ihm hervorgegangenen, noch nicht isolierten Sporenmutterzellen (sm). (A–E 300×, nach Campbell; F, G 250×, nach Sachs).

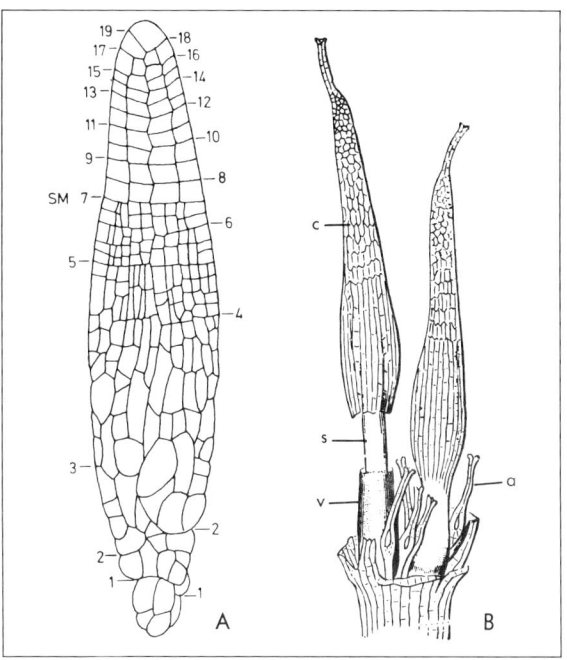

Abb. 3.2.109: *Bryopsida.* **A** Längsschnitt durch jungen Laubmoos-Sporophyten (*Pogonatum urnigerum*). Die Zahlen geben die aufeinanderfolgenden Segmente an. Die Segmente 1–7 bilden den Fuß des Sporophyten. SM Beginn des Seta-Meristems. **B** *Pottiales, Pottia lanceolata.* Oberer Teil eines Stämmchens, Blätter entfernt. Zwei Archegonien sind befruchtet: der Embryo des links stehenden hat durch Streckung der Seta (s) den oberen Teil der Embryothecha als Calyptra (c) emporgehoben und den unteren Teil als Vaginula (v) zurückgelassen. Die Hülle rechts ist noch ganz. a unbefruchtete Archegonien. (A 150×; nach Roth; B 40×; nach Leunis & Frank.)

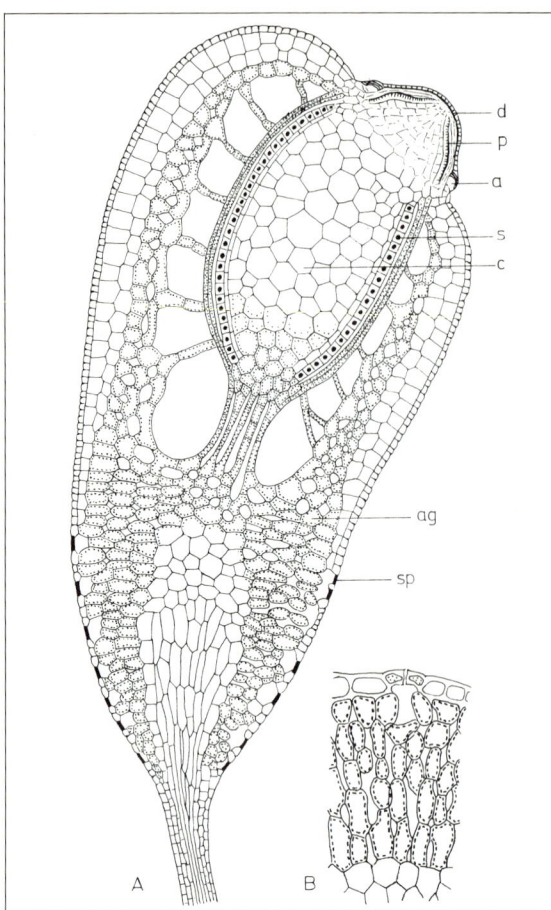

Abb. 3.2.110: *Bryopsida, Bryidae*. **A** Längsschnitt durch das Laubmoos-Sporogon *(Funaria hygrometrica)*. a Anulus; ag Assimilationsgewebe; c Columella; d Deckel; p Peristom; s sporogene Zellen; sp Spaltöffnung (25×). **B** Assimilationsgewebe mit Spaltöffnung (90×). (Nach Haberlandt, veränd. durch Mägdefrau.)

einer Kapsel), Form und Größe beträchtliche Unterschiede auf.

Manche Arten besitzen einfache, der Stoffleitung dienende Gewebe (Abb. 3.2.114H, 3.2.113), welche sich sowohl im Gametophyten als auch im Sporophyten erstrecken können. Wie in den Leitbündeln der Gefäßpflanzen erfolgt die Stoffleitung in verschiedenen Zellen. Dem Transport von Wasser und Nährsalzen dienen Hydroiden, gestreckte tote Zellen, im voll entwickelten Zustande ohne Kern und Plasma, mit verdickten Längswänden und steilen Querwänden. Im Unterschied zu den Tracheiden der Gefäßpflanzen sind ihre Zellwände weder verholzt, noch durch Ring- oder Spiralverdickungen verstärkt. Die Leitung von Assimilaten geschieht in ebenfalls gestreckten Zellen, Leptoiden, die in Entwicklung und Bau an die Siebelemente der Gefäßpflanzen erinnern. Die Seitenwände sind oft verdickt und in geringerem Grade als die manchmal schrägen Querwände durch Siebporen mit Plasmodesmen durchbrochen. Die Leptoiden enthalten in ihrem Plasma, wenn auch rückgebildet, Kerne und Plastiden. Meist liegen die Hydroiden innen, die Leptoiden außen, oft untermischt mit weiteren Elementen in einem Zentralstrang. Dieser ist eingebettet in einen Mantel aus dünnwandigen (innere Rinde) und dickwandigen Zellen (äußere Rinde).

Stereide sind lebende, mit Zellkern und Plastiden versehene, gestreckte, den Hydroiden benachbarte Zellen, die mit ihren verdickten, aber unverholzten Wänden der mechanischen Festigung dienen (Collenchymzellen vergleichbar).

An Leptoiden grenzende Parenchymzellen unterscheiden sich von diesen bei bisweilen großer struktureller und funktioneller Übereinstimmung durch das Fehlen von Siebporen in den Querwänden. Von den derart zusammengesetzten Strängen gibt es verschiedene Abweichungen mit einfacherem Bau (z. B. Fehlen von Leptoiden) bis hin zur vollständigen Reduktion.

Mit dem Zentralstrang vereinigte oder im Rindenparenchym blind endende Blattspurstränge (Abb. 3.2.114H) setzen sich als Leitgewebe in die Blättchen fort und beteiligen sich am Aufbau ihrer Mittelrippe. In den Blättchen dienen weitlumige parenchymatische Zellen, die Deuter, wahrscheinlich der Assimilatleitung, während hier typische Leptoiden selten sind *(Polytrichales)*. Vereinfachungen des Leitsystems der Blättchen sind häufig, etwa derart, daß Hydroiden fehlen, bzw. nicht oder in stark reduzierter Zahl in das Rindenparenchym des Cauloids reichen. Nur bei einer lückenlosen Hydroiden-Verbindung zwischen den Blättchen und dem Zentralstrang des Cauloids, also durch echte Blattspurstränge, sind die Voraussetzungen für ein geschlossenes Wasserleitungssystem gegeben. Für die Versorgung des Sporophyten ist dessen Verankerung im Gametophyten bedeutungsvoll. Der als Saugorgan dienende Sporogonfuß (Haustorium) dringt in das sich oft stark vergrößernde Gewebe des Archegoniumstiels, in manchen Fällen *(Polytrichum)* sogar tief in das Gewebe des Stämmchens bis zu dessen Zentralstrang ein. Die Hydroiden des Sporogonfußes schließen eng an diejenigen der Gametophytenachse an. Am Sporogonfuß finden sich bisweilen rhizoidartige, ins Gametophytengewebe eindringende Anhängsel und, regelmäßiger, Transferzellen, die an Parenchymzellen oder Leptoiden anschließen und durch höcker- bis zapfenförmige, oberflächenvergrößernde Wandlabyrinthe gekennzeichnet sind. Cytoplasmatische Verbindungen (durch Plasmodesmen) zwischen den beiden Generationen fehlen hingegen. Vielfach scheint auch die Abstimmung der Gewebe zwischen Gametophyt und Sporophyt ziemlich unvollkommen zu sein.

Die Moose sind außerordentlich regenerationsfähig. Abgebrochene Stämmchen und Blätter können unmittelbar oder auf dem Umweg über Protonemen zu neuen Pflanzen auswachsen. Bei manchen Arten wachsen aus Blattachseln und Sproßspitzen Zellkomplexe hervor, die als «Brutkörper» abgestoßen werden (Abb. 3.2.117J).

Die Laubmoose werden in drei Unterklassen gliedert.

1. Unterklasse: Sphagnidae, Torfmoose

Sie umfassen nur die Familie der **Sphagnaceae** mit der einzigen, allerdings sehr artenreichen (über 200!), Gat-

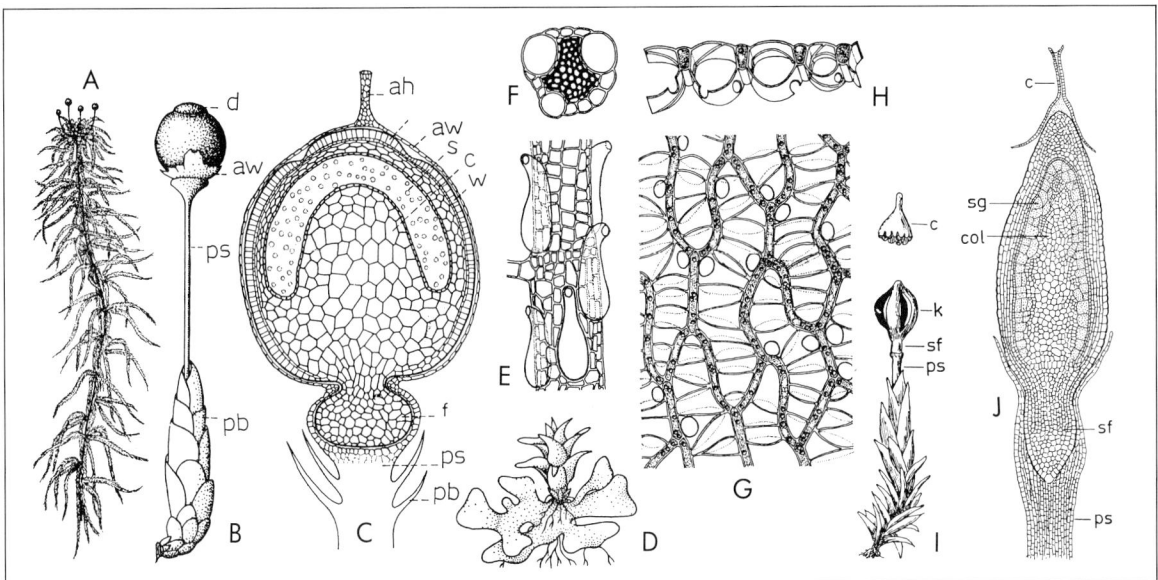

Abb. 3.2.111: *Bryopsida*. A–H *Sphagnidae*, *Sphagnum*. **A** *Sph. acutifolium*, Pflanze mit Sporogonen (²/₃×). **B** *Sph. squarrosum*, reifes Sporogon am Ende eines Zweiges, pb Perichaetialblätter, ps Pseudopodium, aw Embryotheca, d Deckel (10×). **C** *Sph. acutifolium*, junges Sporogon im Längsschnitt, f Sporogonfuß, w Sporogonwand, c Columella, s Sporen, ah Archegoniumhals (17×). **D** *Sph. acutifolium*, Protonema mit jungem Pflänzchen (100×). **E** *Sph. molluscum*, entblättertes Zweigstück mit flaschenförmigen Wasserspeicherzellen (100×). **F** Desgl. im Querschnitt (10×). **G** *Sph. acutifolium*, Ausschnitt eines einschichtigen Blattes; große Wasserzellen mit Ringverdickungen und Löchern, dazwischen schmale Chlorophyllzellen (300×). **H** Desgl. im Querschnitt (300×). **I–J** *Andreaeidae*, *Andreaea rupestris*. **I** Ganze Pflanze (8×). **J** Längsschnitt durch jungen Sporophyten (40×). c Calyptra, col Columella, k Kapsel, ps Pseudopodium, sf Sporogonfuß, sg sporogenes Gewebe. (A, E–H nach Mägdefrau; B, D nach W.Ph. Schimper; C nach Waldner; I nach Schenck; J nach Kühn.)

tung *Sphagnum*. Ihre Arten leben an sumpfigen, meist kalkarmen Orten mit oft niederem pH-Wert und bilden große Polster und Decken, die an ihrer Oberfläche von Jahr zu Jahr weiterwachsen, während die tieferen Schichten absterben und schließlich in Torf übergehen. In den Zellwänden sind ligninähnliche Stoffe eingelagert.

Die tetraedrischen Sporen keimen in Gegenwart gewisser Mykorrhizapilze zu einem Protonema aus, das zunächst fadenförmig ist, dann einen kleinen, gelappten, einschichtigen Thallus darstellt, der mit Fadenrhizoiden besetzt ist; es bildet meist nur einen Gametophyten mit einem Rhizoidenbüschel am Grunde (Abb. 3.2.111D).

Die aufrechten, rhizoidenlosen Stämmchen stehen fast immer in dichten Polstern beisammen und tragen in regelmäßigen Abständen Büschel von Seitenästen, von denen jeweils einige abstehen, einige nach unten gerichtet dem Stämmchen dicht anliegen (Abb. 3.2.111 A). Am Gipfel bilden die Äste eine dichte Rosette. Manche *Sphagnum*-Arten (besonders die Hochmoorbewohner) sind durch Zellwandfarbstoffe braun oder leuchtend rot gefärbt. Ein Zweig unter dem Gipfel entwickelt sich alljährlich ebenso stark wie der Muttersproß, der damit eine falsche Gabelung (Scheindichotomie) erfährt. Indem die Stämmchen von unten her allmählich absterben, werden die nacheinander erzeugten Tochterzweige zu selbständigen Pflanzen.

Die Rinde der Stämmchen besteht aus einem ein- oder mehrschichtigen Mantel toter, leerer Zellen, die capillar Wasser aufsaugen; ihre Längs- und Querwände sind häufig mit rundlichen Löchern versehen

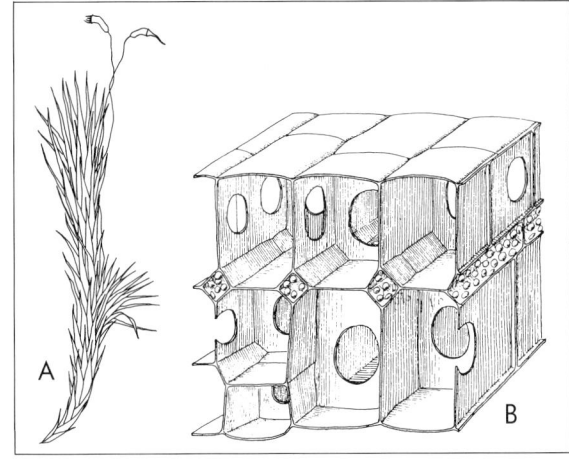

Abb. 3.2.112 *Bryopsida*, *Bryidae*, *Leucobryum glaucum*. **A** Gametophyt mit Sporophyten (nat. Größe). **B** Bau des Blattes. Zwei Schichten plasmaleerer, durch große Wanddurchbrechungen miteinander verbundener Zellen; dazwischen kleine, langgestreckte, chloroplastenführende Zellen (300×). (B nach Mägdefrau.)

(Abb. 3.2.111E). Auch in den Blättern liegen solche von Poren durchsetzten, ring- und schraubenförmig versteiften Zellen einzeln in den Maschen eines einschichtigen Netzes aus langgestreckten, lebenden, chloroplastenführenden Zellen (G, H; Abb. 1.4.15). Diese eigentümlichen Strukturen stehen im Dienste der Wasser- und Nährsalzversorgung; die Pflanzen können damit bis zum etwa Zwanzigfachen ihres Trokkengewichts an Wasser festhalten. Die Blättchen haben keine Mittelrippe, die Achsen keinen Zentralstrang. Einzelne Zweige der Rosette fallen durch ihre besondere Gestalt und Färbung auf: sie erzeugen die Geschlechtsorgane. Die ♂ Zweige bilden in den Blattachseln die langgestielten runden **Antheridien** (die ihnen entschlüpfenden Gameten waren die ersten entdeckten pflanzlichen Spermatozoiden); die ♀ Zweige tragen an ihrer Spitze die **Archegonien**. Letztere wachsen im Gegensatz zu den übrigen Laubmoosen **ohne Scheitelzelle**, also wie die der Lebermoose. Die **Sporogone** entwickeln nur einen sehr kurzen Stiel mit angeschwollenem Fuß, sind längere Zeit von der Embryotheca (s.S. 657) eingeschlossen und sprengen diese an der Spitze, lassen sie also an ihrer Basis als Scheide zurück (Abb. 3.2.111B aw). In der kugeligen Kapsel wird die hier halbkugelige Columella von dem sporenbildenden Gewebe (Cs) kuppelförmig überlagert. Das **Archespor** entsteht hier nicht aus dem Endothecium, sondern aus der **innersten Schicht des Amphitheciums**. Das Sporogon ist mit seinem erweiterten Fuß in das angeschwollene obere Ende seines Tragsprößchens eingesenkt. Dieses streckt sich nach der Ausbildung des Sporogons als **Pseudopodium** beträchtlich in die Länge und hebt das Sporogon empor (B ps). Durch Überdruck der in der Kapsel eingeschlossenen Luft werden der Deckel mit vernehmbarem Geräusch ab- und die Sporen über 20 cm emporgeschossen.

2. Unterklasse: Andreaeidae

Sie enthalten nur die Familie der *Andreaeaceae* mit drei Gattungen. *Andreaea* (Klaffmoos) bildet kleine, dichte dunkelbraune Rasen und lebt in 120 Arten auf kalkfreien Felsen der Hochgebirge, der Arktis und Antarktis. Das Sporogon wird wie bei *Sphagnum* auf einem **Pseudopodium** emporgehoben, das vom Archegoniumstiel gebildet wird. Die anfangs von einer mützenförmigen Calyptra bedeckte **Kapsel** öffnet sich durch **vier Längsspalten**, wobei die vier Klappen an der Spitze und an der Basis miteinander verbunden bleiben (Abb. 3.2.111 I). Die Columella wird wie bei *Sphagnum* vom Sporenraum glockenförmig überlagert (J). Das Protonema ist bandförmig und verzweigt. Der Gattung *Andreaeobryum* fehlt ein Pseudopodium.

Bei den Vertretern der nächsten Unterklasse wird die Sporenkapsel nicht von einem dem Gametophyten zuzurechnenden Pseudopodium, sondern durch einen vom Sporophyten gebildeten Stiel, der **Seta**, emporgehoben.

3. Unterklasse: Bryidae

Hier erreicht der Gametophyt die größte Mannigfaltigkeit und höchste Differenzierung unter den Laubmoosen; in wenigen Fällen ist er jedoch fast auf das Protonema-Stadium beschränkt (z.B. *Ephemeropsis tjibodensis, Viridivellus pulchellum*). Die Stämmchen wachsen entweder aufrecht und tragen am Gipfel die Archegonien und später die gestielte Kapsel (**akrokarpe Moose**, Abb. 3.2.114E) oder sie sind plagiotrop und zugleich meist fiedrig verzweigt, die Archegonien und später die Kapsel auf kurzen Seitenzweigen bildend (**pleurokarpe Moose**, Abb. 3.2.117M). Das Stämm-

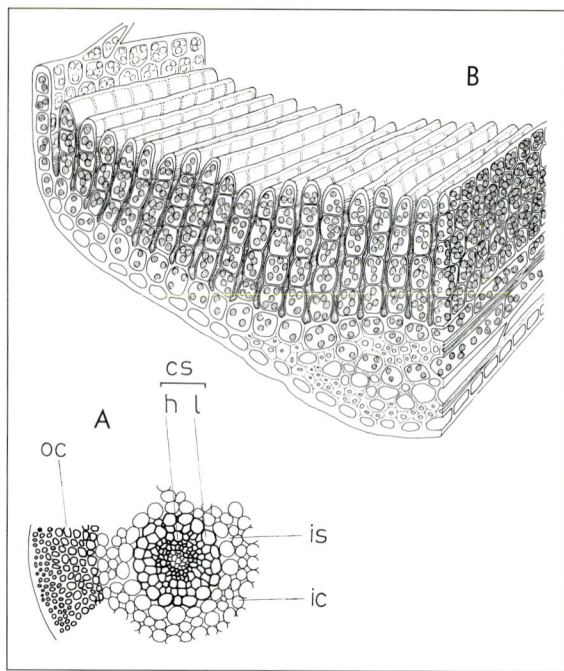

Abb. 3.2.113 Bryidae, Polytrichales. **A** *Polytrichum juniperinum*. Querschnitt durch das Stämmchen. Innen der Zentralstrang cs, der Leptoide l und Hydroide h zeigt, und außen von der inneren ic und äußeren Rinde oc umschlossen ist; is Interzellularen. (120×). **B** Bau des Blattes von *Polytrichum formosum*. Auf der Oberseite chloroplastenführende Zellbänder. (250×). (A nach Vaisey und Hebant; B nach Mägdefrau.)

chen wird meist von einem **Zentralstrang** durchzogen (Abb. 3.2.114H), der bei den höchstentwickelten Formen (*Polytrichum*) eine beträchtliche histologische Differenzierung erreicht (S. 238).

Die Blättchen bestehen weitgehend aus einer einzigen Zellschicht. Vielfach bilden die Randzellen der Lamina einen besonderen Saum (Abb. 3.2.114K) oder sind zu Zähnchen ausgezogen. Die Blattzellen sind bei den akrokarpen Moosen oft parenchymatisch (isodiametrisch, Abb. 3.1.21 A bis C), bei den pleurokarpen dagegen vielfach prosenchymatisch (gestreckt wie in Abb. 3.2.111G). Die Scheitelzelle der Blättchen gibt bei den akrokarpen Formen einige Descendenten ab, die sich dann durch mehr oder weniger senkrecht aufeinanderstehende Wände aufteilen, so daß ein Netz isodiametrischer Zellen entsteht. Bei den pleurokarpen Arten werden die von der Scheitelzelle durch schiefstehende Wände abgegliederten Descendenten sofort weiter in rhombische Zellen aufgeteilt, deren seitliche Zellecken sich strecken, so daß ein prosenchymatisches Zellnetz zustande kommt. Die Blättchen (besonders die mit parenchymatischem Zellnetz) werden oft von einer mehrschichtigen Mittelrippe durchzogen (Abb. 3.2.114J–L).

Auch die **Mooskapsel** erreicht bei den *Bryidae* die höchste Ausgestaltung. Das Sporogon besteht aus einem dünnen, federnden Stiel, der **Seta** (Abb. 3.2.114E, 3.2.117B–O) und aus der **Kapsel**, die radiär (Abb. 3.2.114E) oder dorsiventral (Abb. 3.2.107D) gebaut ist und anfangs von der später abfallenden **Calyptra** (dem oberen Teil der Embryotheca, Abb. 3.2.109B; 3.2.114E, M) bedeckt wird. Der Archego-

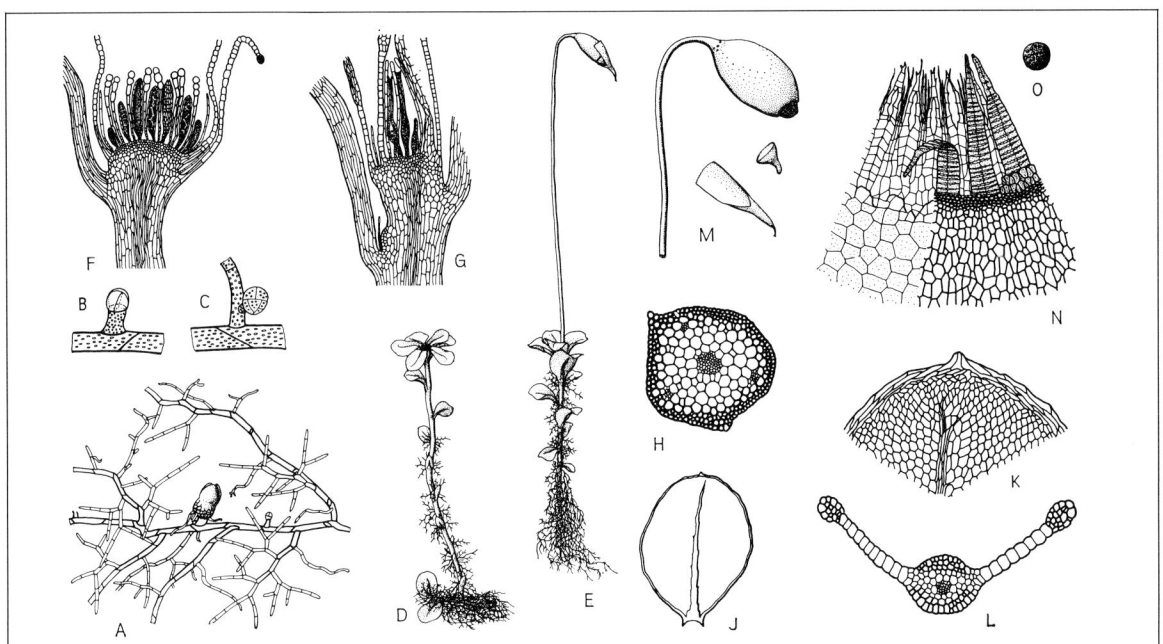

Abb. 3.2.114: *Bryidae, Bryales, Mnium punctatum.* **A** Protonema mit Knospe (20×). **B** Entstehung der Knospe am Protonema; Chloroplasten in den oberen Zellen nicht gezeichnet (80×). **C** Anlage der dreischneidigen Scheitelzelle (85×). **D** ♂ Pflanze (nat. Gr.). **E** ♀ Pflanze mit Sporophyt (nat. Gr.). **F** Antheridienstand im Längsschnitt (15×). **G** Archegonienstand im Längsschnitt (15×). **H** Stengelquerschnitt mit Zentralstrang und drei Blattspursträngen (40×). **J** Blatt (4×). **K** Blattspitze (25×). **L** Querschnitt durch den unteren Teil eines Blattes (50×). **M** Reife Kapsel nebst Deckel und Calyptra (4×). **N** Peristom; links äußeres Peristom entfernt; einer der drei äußeren Peristomzähne in Trockenstellung zurückgekrümmt (30×). **O** Spore (100×). (Nach Mägdefrau.)

niumhals vertrocknet bald und bleibt als Spitze auf der Haube sitzen. Die Haube besteht also nicht aus diploidem Sporophyten-, sondern aus haploidem Gametophytengewebe (Abb. 3.2.98 D). Der oberste Teil der Seta unter der Kapsel wird Apophyse genannt; sie ist der bevorzugte Bereich für die Ausbildung der Spaltöffnungen. Die Kapsel wird der Länge nach von der Columella durchzogen, in deren Umkreis der hohlzylindrische Sporenraum liegt (Abb. 3.2.110 s). Columella und Sporenraum sind außerdem von Interzellularräumen umgeben (Abb. 3.2.110), die vom Amphithecium gebildet und besonders bei der Reife stark entwickelt sind. Die mehr oder weniger kugelförmigen Meiosporen enthalten meist zahlreiche Chloroplasten (Abb. 3.2.114 O).

Der obere Teil der Kapselwandung ist als Deckel ausgebildet (Abb. 3.2.110 d, 3.2.114 M). Unterhalb des Deckelrandes liegt oft eine schmale, kranzförmige Zone, der sog. Anulus (Abb. 3.2.110 a, 3.2.115). Seine Zellen enthalten aufquellenden Schleim und vermitteln so das Absprengen des Deckels bei der Reife (die Calyptra ist bereits vorher abgefallen). Am Rande der nach dem Öffnen urnenförmigen Kapsel befindet sich – vorher von dem Deckel bedeckt – bei den meisten Laubmoosen ein in der Regel von Zähnen gebildeter «Mundbesatz», das Peristom (Abb. 3.2.110 p, 3.2.114 N), das den übrigen Moosen fehlt. Im Bau des Peristoms herrscht große Mannigfaltigkeit.

Bei wenigen Moosen (*Polytrichales, Tetraphidales,* Abb. 3.2.117 J′) bestehen die Peristomzähne aus Reihen vollständiger Zellen. Bei allen anderen Moosen jedoch bildet sich das Peristom unter dem Deckel aus verdickten Zellwandpartien der drei innersten Schichten des Amphitheciums.

Seine Entstehung läßt sich im Querschnitt (Abb. 3.2.115 B) und Längsschnitt (Abb. 3.2.115 A) durch den oberen Bereich der Sporenkapsel verfolgen. Die tangentialen Wände zwischen den Zellagen 1 und 2 werden stark und in besonderer Weise, die Wände zwischen den Zellagen 2 und 3 schwächer verdickt; die radialen und auch die nicht verdickten Teile der tangentialen Wände der drei Zellagen werden schließlich aufgelöst, so daß allein die verdickten Tangentialwände übrigbleiben. Sie stellen dann das Peristom dar, das hier also doppelt ist (Abb. 3.2.114 N) und nicht aus ganzen Zellen, sondern nur aus den stehengebliebenen Tangentialwänden gebildet wird. Das äußere Peristom besteht aus 16 am Innenrande der Kapselwandung befestigten quergestreiften Zähnen (Abb. 3.2.114 N, 3.2.115 B), das innere («Wimpern») liegt dem äußeren dicht an und setzt sich aus schmalen Lamellen und Fäden zusammen, die mit Querleisten an der Innenfläche besetzt und in ihrem unteren Teile zu einer gemeinsamen Membran verschmolzen sind (Abb. 3.2.114 N, 3.2.115 i). Zwischen zwei äußeren Peristomzähnen stehen jedesmal zwei Wimpern des inneren Peristoms (Gruppe der Diplolepideae im Gegensatz zu den Haplolepideae mit nur einem Peristomkranz).

Die äußeren Peristomzähne führen hygroskopische Bewegungen aus (vgl. Abb. 2.3.58, S. 467), verschließen oder öffnen die Kapsel (Abb. 3.2.114 N) je nach dem Wetter (bei Austrocknung meistens Auswärtskrümmung) und bewirken so ein allmähliches Ausstreuen der Sporen. Geneigte Sporogone und solche mit weiter Mündung besitzen meist ein gut entwickeltes Peristom, während dieses bei Gattungen mit aufrechtem, engmündigem Sporogon oft reduziert ist (vgl. Abb. 3.2.116D).

Da man junge Sporophyten zur Regeneration von Protonema bringen kann, ist es möglich, diploide Gametophyten zu erzeugen, die dann ihrerseits tetraploide Sporophyten bilden. Durch mehrfache Wiederholung dieses Verfahrens ist es gelungen, Gametophyten mit 16fachem Chromosomenbestand zu erzielen (s.S. 496, Abb. 3.1.21 A–C). Chromosomenzählungen an vielen Arten haben ohnehin ergeben, daß die Gametophyten der Moose oft einen doppelten bis vielfachen Chromosomensatz je Zellkern besitzen und damit häufig polyploid sind; auch in diesen Fällen hat der Sporophyt den doppelten Chromosomensatz gegenüber dem Gametophyten.

Systematik. Der systematischen Gliederung der etwa 15 000 Arten umfassenden *Bryidae* liegen Merkmale des Gametophyten wie des Sporophyten (hier besonders des Peristoms) zugrunde.

1. Überordnung: Polytrichanae. Peristom noch aus ganzen hufeisenförmigen Zellen oder aus gestreckten Faserzellen bestehend. Stengel akrokarp, mit hochdifferenziertem Leitgewebe (geschlossenes Wasserleitungssystem; s.S. 658). Die unterirdischen «Rhizome» unterscheiden sich von den oberirdischen Teilen des Gametophyten durch die annähernd radiäre Anordnung der wasserleitenden Hydroiden und erinnern darin an den Bau der Wurzeln der zweikeimblättrigen Blütenpflanzen. Blättchen oberseits mit chloroplastenreichen, längs verlaufenden Zellbändern («Assimilationslamellen», Abb. 3.2.113).

1.1 Ordnung: **Dawsoniales.** Stattliche, bis zu 70 cm hohe Rasen in Australien und anderen Gebieten der Südhemisphäre bildend.

1.2 Ordnung: **Polytrichales.** Kapselöffnung im Unterschied zu den Arten der vorigen Ordnung zunächst durch eine Membran (Epiphragma) verschlossen. *Polytrichum* (Abb. 3.2.117O) mit nadelförmigen Blättchen, bis 40 cm hoch, auf Wald- und Moorboden. *Pogonatum* mit ausdauerndem Protonema. *Atrichum undulatum* mit welligen, zungenförmigen Blättern ein häufiges Waldbodenmoos.

2. Überordnung: Dicrananae. Das Peristom ist, falls nicht vollständig zurückgebildet, einfach (Haplolepideae), die Wuchsform überwiegend akrokarp.

2.1 Ordnung: **Dicranales.** Peristom gewöhnlich aus 16 zweischenkligen Zähnen bestehend. *Dicranum* häufig mit sichelförmigen Blättchen auf Waldböden. Bei *Leucobryum* hat die das Blatt fast ganz ausfüllende Rippe zweierlei Zellen: grüne lebende und tote wasserspeichernde (Abb. 3.2.112). Auf saurem Waldhumus. Hierher auch *Archidium* (Abb. 3.2.117A) mit ungestieltem Sporogon, ohne Deckel und ohne Peristom. Die Kapselwand öffnet sich unregelmäßig durch Verwesung (Kleistokarpie).

2.2 Ordnung: **Fissidentales.** Blättchen zweizeilig angeordnet und mit Rückenflügel; bei uns mit den Gattungen *Fissidens* (Abb. 3.2.117C) und *Octodiceras* vertreten.

2.3 Ordnung: **Pottiales.** Blattzellen an ihrer Außenseite mit zapfenförmigen Zellwandverdickungen («Papillen»). *Tortula* mit langem, gedrehtem Peristom (Abb. 3.2.117D). *Eucladium* (s.S. 665) bildet meist kalkinkrustierte Polster.

2.4 Ordnung: **Grimmiales.** Überwiegend polsterförmige Gesteinsbesiedler. Ohne die Merkmale der beiden vorausgehenden Ordnungen. Blättchen, z.B. *Grimmia* (Abb. 3.2.117E) und *Rhacomitrium*, häufig in farblose Haare oder Glasspitzen auslaufend.

Die folgenden Überordnungen sind durch doppeltes Peristom (Diplolepideae) gekennzeichnet. Die Vertreter der

3. (Über)ordnung: Bartramiales haben akrokarpe Wuchsform. Die Kapseln, z.B. *Bartramia* und *Timmia*, sind meist geneigt, keulenförmig und fast kugelig, gefurcht. Die

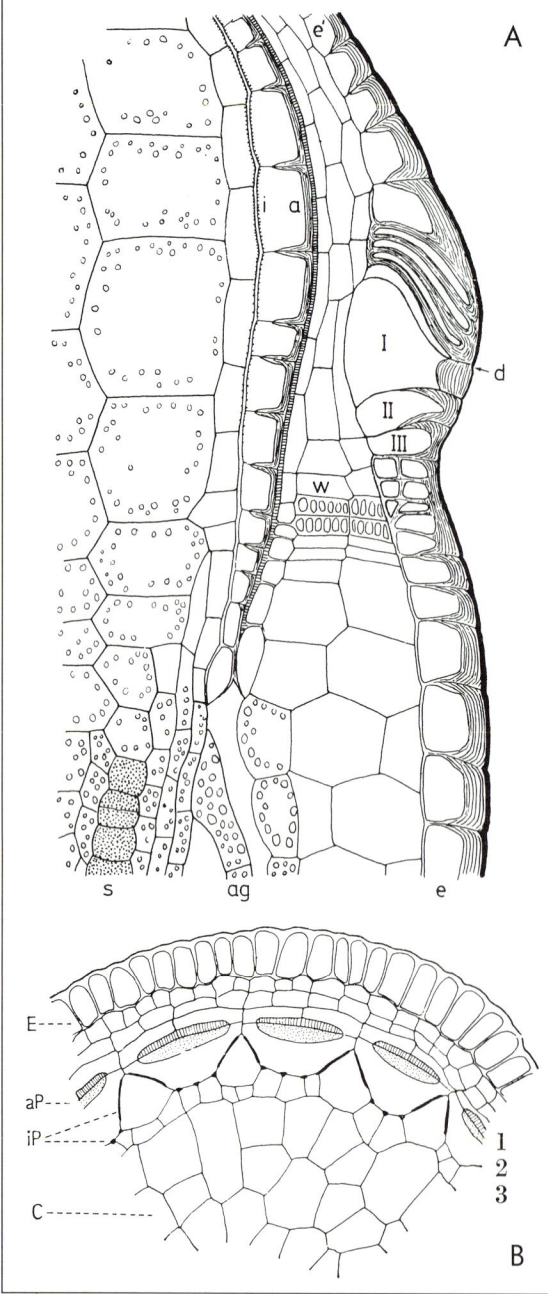

Abb. 3.2.115: *Bryidae.* **A** *Funaria hygrometrica.* Längsschnitt durch den oberen Teil der Laubmooskapsel vor der Öffnung. a äußeres Peristom; ag Assimilationsgewebe; d Dehiscenzstelle; e Epidermis der Kapsel, e' des Deckels; i inneres Peristom; s Sporenmutterzellen; w Widerlager des Peristoms; I–III Anuluszellen. **B** *Mnium punctatum.* Querschnitt durch die Peristomzone. E Epidermis des Deckels, aP äußeres Peristom, iP inneres Peristom, **C** Columella, 1, 2, 3 die drei innersten Schichten des Amphitheciums. (A 200×; nach Sachs, veränd. durch Mägdefrau. B 120×; nach Mägdefrau.)

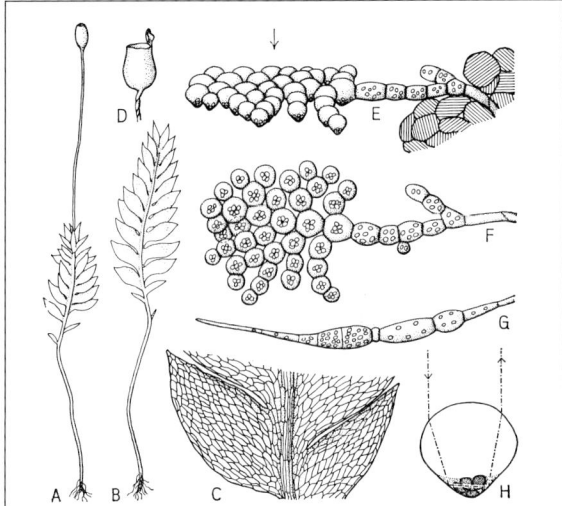

Abb. 3.2.116: *Bryidae, Schistostegales, Schistostega pennata.*
A Kapseltragendes Pflänzchen (10×). **B** Steriles Pflänzchen (10×).
C Ausschnitt aus vorigem (50×). **D** Geöffnete Kapsel (25×).
E Protonema («Leuchtmoos»), von der Seite gesehen; Pfeil gibt Richtung des Lichteinfalls an (150×). **F** Desgl. von oben gesehen (150×). **G** Protonema-Brutkörper (150×). **H** Strahlengang in einer Protonemazelle. (A, B, D nach W. Ph. Schimper; C, E – G nach Mägdefrau; H nach Noll.)

4. (Über)ordnung: **Funariales** ist bei uns durch die weltweit verbreitete, häufig auf Brandstellen wachsende *Funaria hygrometrica* (Abb. 3.2.117F) vertreten. Es handelt sich um akrokarpe Erdmoose mit großen glatten Blattzellen (Abb. 3.1.21). Deuter geteilt oder ungeteilt. *Splachnum luteum* (Abb. 3.2.117G), wie andere Arten der Gattung auf Wiederkäuermist wachsend, ist diöcisch und durch die auffallend gefärbte scheibenförmige Apophyse am Sporogon gekennzeichnet (s. S. 665). Die ♀ Pflänzchen haben gedrungenen Wuchs und größere Blättchen als die ♂, und ihre Archegonien sind von anliegenden (♂ spreizenden) Hüllblättern umgeben, so daß eine Knospe entsteht. Bereits die Protonemen zeigen Geschlechtsdimorphismus. Bei *Ephemerum* ist das Protonema ausdauernd.

5. (Über)ordnung: **Bryales.** Die inneren Zähne des doppelten Peristoms sind hier hoch differenziert (Abb. 3.2.114N), und es gibt Übergänge von der akrokarpen zur pleurokarpen Wuchsform sowie zwischen parenchymatischem und prosenchymatischem Blattzellennetz. Deuter geteilt.
Hierher zählen *Bryum, Rhodobryum* (Abb. 3.2.117H) mit großem Blattschopf und die häufigen Waldbodenmoose aus der Gattung *Mnium* (Abb. 3.2.114), sowie *Mittenia plumula* (Australien, Tasmanien, Neuseeland), dessen Protonema Licht sammelt und reflektiert (vgl. «Leuchtmoos»). Bei der

6. Überordnung: **Hypnanae** überwiegt die pleurokarpe Wuchsform. Das Blattzellennetz ist prosenchymatisch. Die Blattrippe (falls vorhanden) ist anders als bei den Arten der vorausgehenden Gruppen homogen, d. h. aus einer Sorte von Zellen aufgebaut.

6.1 Ordnung: **Neckerales.** Das innere Peristom der aufrechten Kapseln ist meist rückgebildet. *Climacium* (Abb. 3.2.117K) mit bäumchenförmiger Verzweigung. Die in den Tropen häufige epiphytische *Papillaria* (N) und verwandte Gattungen bilden «Hängeformen». *Fontinalis* (s. S. 665) ist an das Leben im Wasser angepaßt. *Macromitrium*-Arten bilden auf ♂ Pflänzchen kleinere, auf ♀ größere Sporen aus (vgl. Heterosporie S. 668).

6.2 Ordnung: **Hookeriales.** Das Peristom ist reduziert; die Blättchen besitzen große Zellen und sind flach ausgebreitet; z. B. *Hookeria lucens* auf feuchtem Waldboden.

6.3 Ordnung: **Hypnales.** Das innere Peristom ist hochdifferenziert. Die langen Seten münden in meist geneigte Kapseln. *Brachythecium, Hypnum, Hylocomium* (Abb. 3.2.117L), *Pleurozium* und *Plagiothecium* mit zahlreichen auf Waldböden häufigen Arten; zu *Cratoneuron* (M) gehören wichtige Kalktuffbildner.

Die systematische Stellung der folgenden Ordnungen ist derzeit noch ungeklärt.

7. Ordnung: **Buxbaumiales.** Protonema langlebig, chlorophyllreich, größtenteils die Ernährung des Gametophyten und Sporophyten übernehmend. Bei *Buxbaumia* kann der weitgehend rückgebildete Gametophyt (Geschlechtsdimorphismus; Abb. 3.2.107) wenig zur Ernährung des physiologisch selbständigen, mit Assimilationsgewebe gut ausgerüsteten Sporophyten beitragen. Bei *Diphyscium* sitzt eine ungestielte Sporenkapsel in einer Rosette aus grünen Blättchen.

8. Ordnung: **Tetraphidales.** Die vier Peristomzähne bestehen aus Bündeln von Zellreihen. *Tetraphis pellucida* (Abb. 3.2.117J) häufig auf morschem Holz.

9. Ordnung: **Schistostegales.** Die einzige Art der Ordnung, das «Leuchtmoos» *Schistostega pennata* (Abb. 3.2.116), ist gekennzeichnet durch die sekundär zweizeilig gestellten Blättchen, das Fehlen eines Peristoms und das ausdauernde Protonema, das sich durch mehrzellige Brutkörper vermehrt. Das Protonema wächst in Felshöhlen und Erdlöchern und bildet kugelförmige Zellen aus, durch die das einfallende Licht gesammelt und teilweise reflektiert wird (E, H). Die Blättchen des Gametophyten sind anfangs quer inseriert und schraubig angeordnet, stellen sich aber im Laufe ihrer Entwicklung vertikal und in eine Ebene senkrecht zum Lichteinfall (A, B).

Vorkommen und Lebensweise der Moose

Die Moose haben das Land erobert und besiedeln es mit der überwiegenden Zahl ihrer Arten. Ihre Anpassungen an diesen Lebensraum beanspruchen besonderes Interesse: also ihre starke Resistenz gegenüber Austrocknung (poikilohydrische Pflanzen s. S. 230), die Einschränkung bzw. Regelung der Transpiration (z. B. durch Cuticula; Schutzschichten der Gametangien und des Sporogons; Spaltöffnungen; Wuchs in dichteren Polstern und Rasen), ihre Vorrichtungen zur Aufnahme, Speicherung und Leitung von Wasser, die Ausbildung verschiedener landangepaßter Lebensformen (z. B. Bäumchen Abb. 3.2.17K, Wedel L, Gehänge N, Filze, Decken M, Polster E, Rasen), die Einnischung in günstige und die Anpassung an extreme Standorte.

Bei den beblätterten Arten erfolgt Aufnahme und Abgabe von Wasser – von wenigen Fällen abgesehen – durch die gesamte Oberfläche. Das Capillarsystem zwischen Stengel, Blättchen und Rhizoiden ermöglicht eine beträchtliche Wasserspeicherung, die bei manchen foliosen Lebermoosen durch «Wassersäcke» (Abb. 3.2.105H), dachziegelartige (ober- und unterschlächtige, s. S. 655) Beblätterung, Bauchblätter, Blattlappen und -zipfel (Abb. 3.2.105E2, F, D), bei Laubmoosen durch Wuchs in dichten hohen Rasen erhöht werden kann. Wasserspeicherung erfolgt bei *Marchantia, Sphagnum* und *Leucobryum* auch in Wasserspeicherzellen (Abb. 3.2.101, 3.2.111G, 3.2.112). Die Columella in der Kapsel der Laub-

Abb. 3.2.117: *Bryopsida, Bryidae.* **A** *Archidium phascoides,* ganze Pflanze (5×) und Kapsel (20×). **B** *Dicranum scoparium,* dreijährige Pflanze (nat. Gr.). **C** *Fissidens bryoides* (4×); **C'** Blatt (15×). **D** *Tortula muralis* (4×); **D'** Peristom (30×); **D''** Blatt mit Glashaar (10×). **E** *Grimmia pulvinata* (nat. Gr.). **F** *Funaria hygrometrica* (2×). **G** *Splachnum luteum* (nat. Gr.) **H** *Rhodobryum roseum* (nat. Gr.). **J** *Tetraphis pellucida* (2×); **J'** Peristom; **J''** Brutkörperbehälter (8×). **K** *Climacium dendroides* (nat. Gr.). **L** *Hylocomium splendens,* vierjährige Pflanze (½×). **M** *Cratoneuron commutatum* (½×). **N** *Papillaria deppei* (½×). **O** *Polytrichum commune* nebst jungem, von der Calyptra bedecktem Sporogon (½×). (Nach Mägdefrau.)

moose dient als Nährstoff- und Wasserspeicher für die sich bildenden Sporen. Bei gewissen Moosen (z.B. *Funaria, Encalypta*) ermöglicht eine bauchig erweiterte Calyptra die Wasserspeicherung. Auf dem Vermögen der Moose, beträchtliche Wassermengen festzuhalten, beruht im wesentlichen die ausgleichende Wirkung der Wälder im Wasserhaushalt der Landschaft. Der Wasserhaushalt der Hochmoore wird durch die Niederschläge und die sehr große Wasserspeicherkapazität der Torfmoose (verschiedene Arten von *Sphagnum,* s.S. 660) bestimmt.

Das erwähnte Capillarsystem dient zugleich der bei Moosen vorherrschenden äußeren Wasserleitung. Moose mit Zentralstrang – hierzu gehören die meisten akrokarpen Laubmoose und einige wenige Lebermoose – leiten das von den Rhizoiden aufgenommene Wasser in Hydroiden. Besonders gut ausgeprägt ist dieses innere Wasserleitungssystem bei den *Polytrichanae,* wo auch echte, mit dem Zentralstrang verbundene Blattspurstränge die Versorgung der Blättchen mit Wasser gewährleisten (geschlossenes Wasserleitungssystem).

Während die Befruchtung der Eizelle durch Spermatozoiden an tropfbar flüssiges Wasser geknüpft ist, werden die Sporen durch die Luft ausgebreitet. Ihre Freisetzung wird durch Feuchtigkeitsunterschiede und Kohäsionsmechanismen (z.B Elateren, s.S. 469; Öffnungsmechanismen der Kapseln, s.S. 467) ermöglicht. Die schirmförmige, auffallend gefärbte

Apophyse am Sporogon von *Splachnum*-Arten (Abb. 3.2.117G) vermittelt Ausbreitung der zu Ballen verklebten Sporen durch Insekten.

Manche Arten verfügen über hochentwickelte Assimilationsorgane. Der Thallus von *Marchantia* ähnelt bereits dem anatomischen Bau eines Cormophytenblattes einschließlich seiner – allerdings weniger effektiven und anders strukturierten – Einrichtungen zum Gasstoffwechsel. Die Blättchen von *Polytrichum* bilden auf ihrer Oberfläche frei in die Luft ragende, das Licht zur Photosynthese absorbierende Lamellen. Wo echte Spaltöffnungen bereits vorkommen (bei den Hornmoosen am thallosen Gametophyten und am Sporophyten, bei den Laubmoosen ausschließlich am Sporophyten) sind sie vielfach sekundär funktionslos geworden. Wie noch bei einigen recenten Moosen sind sie ursprünglich zur Förderung des Gasstoffwechsels und der Wasserleitung durch Transpiration bestimmt. Meist liegen sie in der Ebene der Epidermis, sind aber bei manchen Arten tief eingesenkt.

Ihre Hauptverbreitung erreichen die Moose als Hygrophyten in Gebieten höherer Feuchtigkeit: in Wäldern und Mooren. Im allgemeinen sind die Lebermoose feuchtigkeitsbedürftiger als die Laubmoose.

Ihren größten Formenreichtum, u.a. mit bis zu meterlangen Hängemoosen (Abb. 3.2.117N) und Epiphyten, besitzen die Moose in den Tropen, hier besonders in Nebel- und Bergwäldern. Einrichtungen zum capillaren Festhalten von Wasser sind bei ihnen mannigfaltig ausgebildet. In oft erstaunlicher Artenzahl besiedeln sie auch die Oberfläche von Blättern anderer Pflanzen. Solche epiphyllen Moose werden heute teilweise nicht ausschließlich als Epiphyten, sondern z.T. als Halbparasiten aufgefaßt, die mit ihren Rhizoiden durch die Cuticula des Trägerblattes dringen und von dort Wasser und Salze beziehen.

Die Laubmoose der gemäßigten Zone zeigen oft einen auffälligen, jahreszeitlich bedingten Wachstumsrhythmus (Abb. 3.2.117B, L). Sie sind seltener einjährig, meist ganzjährig grün und behalten wie die foliosen Lebermoose ihre Blättchen auch im Winter bei. Sie sind innerhalb der von Blütenpflanzen beherrschten Formationen zu eigenen, untergeordneten Gesellschaften (Synusien; s.S. 863) zusammengeschlossen, nicht selten in Konkurrenz zu Flechten. Eigene Formationen bilden sie nur in der Arktis (Tundra) und gelegentlich auch in Hochmooren, wo die Stoffproduktion einer geschlossenen Moosdecke ihre höchsten Werte mit 200–900 g Trockensubstanz pro qm und Jahr erreicht; das entspricht dem Heuertrag einer Wiese mittlerer Qualität. In der Arealgestaltung stimmen die Moose weitgehend mit den Blütenpflanzen überein; die weltweite Verbreitung mancher Arten *(Marchantia polymorpha, Bryum argenteum, Funaria hygrometrica)* ist möglicherweise durch den Menschen bedingt.

Xerophytische Moose besitzen große Widerstandsfähigkeit gegen Austrocknung sowie gegen hohe Temperaturen und vermögen lange Zeit (*Tortula muralis* bis 14 Jahre) im lufttrockenen Zustand zu verharren, ohne ihre Lebensfähigkeit einzubüßen. Die Sporen dagegen sind viel weniger resistent. Voll der Sonne und damit oft der Trockenheit ausgesetzte Moose bilden häufig Kurzrasen und dichte Polster (Abb. 3.2.117E); sie zeigen vielfach ein silbergraues Aussehen, das durch lange tote Blattspitzen bedingt ist. Solche «Glashaare» (D″) wirken möglicherweise als Lichtschutz und Transpirationshemmer. Die einschichtigen breiten Blatträner von *Polytrichum piliferum* sind über den mehrschichtigen, mit Assimilationslamellen versehenen Teil gewölbt und schützen so vor Austrocknung (wie Rollblätter). Hinsichtlich der Temperatur vermögen Moose hohe Extremwerte auszuhalten. Finden wir sie doch einerseits an Felsen der nivalen Stufe der Hochgebirge sowie in der Arktis und Antarktis, andererseits an sonnenexponierten Standorten, an denen Bodentemperaturen bis zu 70 Grad gemessen wurden. Im Experiment vermochten einige lufttrockene Laubmoose sogar eine halbstündige Erhitzung auf 110 Grad lebend zu überstehen.

Im allgemeinen kommen die Moose, solchen extremen Bedingungen wie großer Trockenheit, hoher Temperatur und starker Strahlung weniger ausgesetzt, mit einer geringeren Lichtintensität aus als Blütenpflanzen; sie dringen daher in Höhlen sehr weit nach innen vor und können auf dem Waldboden und anderen schattigen Standorten besonders in Form von Filzen, Rasen und Decken gedeihen.

Mehrere Arten haben sich wieder an das Leben im Wasser (Hydrophyten) angepaßt, wobei äußere und innere Leitungsbahnen rückgebildet wurden; *Fontinalis antipyretica* und andere Wassermoose sind darüber hinaus auch gegen längere Austrocknung recht empfindlich. Die in kalkreichen Bächen und Wasserfällen lebenden Moose (z.B *Eucladium verticillatum, Bryum pseudotriquetrum, Cratoneuron commutatum*) haben neben verschiedenen Arten von Cyanophyten (s.S. 544), *Oocardium* und *Chara* (s.S. 640f.) einen wesentlichen Anteil an der Bildung von Kalktuffen; indem sie dem Wasser Kohlendioxid entnehmen, bringen sie das gelöste Hydrogencarbonat als schwerlösliches Calciumcarbonat zur Ausfällung.

Einige wenige Laubmoose (z.B. *Pottia*-Arten) wachsen als Halophyten am Meeresstrand und an Salzstellen des Binnenlandes.

Als Symbionten enthalten die Thallushöhlen von *Blasia* (Abb. 3.2.105C) und *Anthoceros* (Abb. 3.2.99B) die Blaualge *Nostoc*. Viele Lebermoose führen regelmäßig in ihren Rhizoiden, bzw. Thallus- und Stammzellen Pilzhyphen; doch ist im Einzelfall schwer zu entscheiden, wann Parasitismus, wann Symbiose nach Art der Mykorrhiza (s.S. 378) vorliegt. Das chlorophyllfreie, unter Laubmoosdecken wachsende Lebermoos *Cryptothallus mirabilis* ernährt sich parasitisch von Pilzhyphen, während umgekehrt die Rhizoiden von *Marchantia* und anderen Moosen von Pilzen parasitisch befallen werden können.

Rückblick auf die Moose. Die Bryophyten und die folgenden Gefäßpflanzen sind mit den vorausgehenden Chlorophyten durch eine Vielzahl gemeinsamer Merkmale verbunden, u.a. durch gleiche Photosynthesepigmente, Bildung von Stärke in den Plastiden, Besitz von Cellulose in den Zellwänden sowie durch übereinstimmenden Bau ihrer beweglichen Keimzellen (s.S. 641). Sie haben sich daher vermutlich von Vorfahren entwickelt, die den Chlorophyten entsprochen haben. Unter ihnen stehen den Moosen die Armleuchteralgen *(Charophyceae)* aufgrund 2geißeliger asymmetrischer Spermatozoiden sowie verschiedener ultrastruktureller und biochemischer Kennzeichen wie vielleicht auch *Coleochaete* näher als andere Grünalgen. Die Protonemen der Moose, die bei einzelnen Formen die Gametangien direkt entwickeln können und teils fadenförmig, teils flächig sind, geben einen Hinweis auf den vollzogenen Übergang vom Faden- zum Gewebethallus.

Die stammesgeschichtliche Herausbildung der Moose ist wohl an der Wende vom Silur zum Devon in paralleler Entwicklung zu den ersten landbewohnenden Farngewächsen erfolgt. Ungeklärt ist der Anschluß der Lebermoose, die sich schon sehr frühzeitig parallel zu den Laubmoosen entwickelt haben. In ihren ursprünglichsten Formen hatten wohl Moose wie Gefäßpflanzen die Leitstrukturen für Wasser und Assimilate von ihren gemeinsamen Ahnen übernommen. Dafür sprechen die auffallenden Übereinstimmungen in Bau und Funktion von Hydroiden und Leptoiden bei Moosen mit

Tracheiden (Tracheen) und Siebzellen bei Farnen und schließlich auch der Besitz von Archegonien und Spaltöffnungen in beiden Gruppen. Die Bryophyten haben hierbei eine Entwicklung durchlaufen, bei welcher ihr Gametophyt, also die grüne Moospflanze, wie auch vermutlich der Sporophyt verschiedenen Vereinfachungen und zugleich auch Progressionen unterworfen waren (progressive Reduktion). So werden innerhalb der Laubmoose aufrechte, hochwachsende akrokarpe Formen mit gut entwickeltem, einer Protostele vergleichbarem Leitsystem *(Polytrichanae)* gegenüber niederliegenden, verzweigten, pleurokarpen Gliedern ohne Leitsystem und ohne Blattrippe als ursprünglich angesehen. Auch das Vorkommen funktionsloser Spaltöffnungen läßt sich im Sinne einer Regression deuten. Eine Fortentwicklung haben hingegen das Blattzellnetz (parenchymatisch zu prosenchymatisch), das Verzweigungssystem (akrokarp zu pleurokarp) und die Ausgestaltung der Kapselöffnung (Peristom) erfahren.

Fossile Moose sind vereinzelt bis zum Oberdevon hinab gefunden worden; sie haben zur Kenntnis ihrer stammesgeschichtlichen Herkunft nicht viel beitragen können. *Sporogonites* aus dem Devon mag ein allerdings zweifelhaftes Bindeglied zwischen Moosen und und den sich anschließenden Pteridophyten *(Psilophytopsida)* sein. Thallose und foliose Lebermoose wie auch die ersten Laubmoose *(Muscites)* treten im englischen Carbon auf. Dies spricht für ein hohes Alter der Bryophyten. Den *Sphagnidae* und *Bryidae* zuzuordnende Laubmoose wurden aus dem Perm der UdSSR (Petchora, Kuznetsk) beschrieben. Die Laubmoose des Untercarbons und Perms besaßen Blattrippen (so auch die *Protosphagnales*), während solche ohne Rippe erst aus der Trias sowie zunehmend aus dem späteren Jura bekannt wurden. Die meisten Funde fossiler Moose, nun auch mit steigendem Anteil pleurokarper Wuchsform, stammen aus dem Tertiär und lassen sich den heutigen Gattungen zuordnen.

Zweite Abteilung: Pteridophyta, Farnpflanzen

Im Generationswechsel der Farnpflanzen dominiert der Sporophyt (Abb. 3.2.118). Er stellt eine selbständige grüne Pflanze dar und ist bei den Bärlappgewächsen, den Schachtelhalmen und den echten Farnen gegliedert in Achse, Blätter und Wurzeln. Die Sprosse der ausgestorbenen Urfarne waren hingegen meist noch aus lauter gleichartigen, blattlosen Gabeltrieben (Telomen, Abb. 3.2.120A) aufgebaut. Ihnen fehlten, ebenso wie dies bei den recenten Gabelblattgewächsen der Fall ist, echte Wurzeln.

Der haploide Gametophyt wird bei den Farnpflanzen Prothallium genannt (Abb. 3.2.118A). Er lebt meistens nur wenige Wochen, erreicht höchstens einige Zentimeter Durchmesser und gleicht in seinem Aussehen häufig einem einfachen thallosen Lebermoos. Bei typischer Ausbildung – die Abweichungen von der Regel sind sehr mannigfaltig – besteht er aus einem einfachen grünen, auf der Unterseite mit einzelligen, schlauchförmigen Rhizoiden am Boden befestigten Thallus. An ihm entstehen in größerer Zahl die Antheridien und Archegonien. Die Befruchtung ist wie bei den Moosen nur in Wasser, also bei Benetzung der Prothallien, möglich.

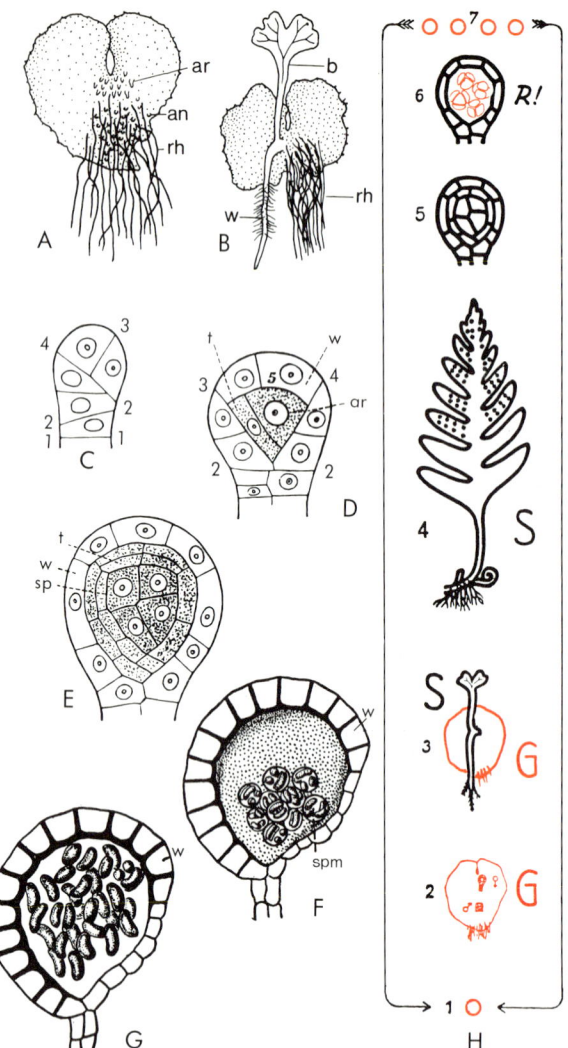

Abb. 3.2.118: *Pteridophyta, Pteridopsida.* A–B *Dryopteris filix mas.* **A** Prothallium (Unterseite) mit Archegonien ar, Antheridien an und Rhizoiden rh. **B** Prothallium mit jungem Sporophyten, b erstes Blatt, w Wurzel (5×). C–G Entwicklung des Farnsporangiums. (C–E *Asplenium*, 300×; F, G *Polypodium*, 200×) **C** erste Teilungen der aus einer Epidermiszelle hervorgehenden Anlage. **D** Teilung in periphere Wandschicht w und zentrale Zelle ar (Archespor), die bereits eine Tapetenzelle t abgeteilt hat; 1–5 nacheinander gebildete Wände. **E** Archespor hat sich in Tapetenzellen und sporogenes Gewebe sp geteilt. **F** Wandzellen w zum Anulus verdickt, Tapetenzellen aufgelöst, Sporenmutterzellen spm bilden Sporentetraden. **G** Reifes Sporangium mit Sporen s. **H** Entwicklungsschema eines Farnes. G Gametophyt, S Sporophyt. Haploide Phase: rote Linien, diploide Phase: schwarze Linien, R! Reduktionsteilung. 1 Spore, 2 Prothallium mit ♀ und ♂ Gametangien, 3 Prothallium mit jungem Sporophyten, 4 Sporophyt (stark verkl.) mit Sporangiensori, 5 unreifes Einzelsporangium (stark vergrößert) aus einem Sorus, 6 reifes Sporangium mit Sporentetraden, 7 Sporen. (A–B nach Schenck; C–E nach Sadebeck; F–H nach Harder.)

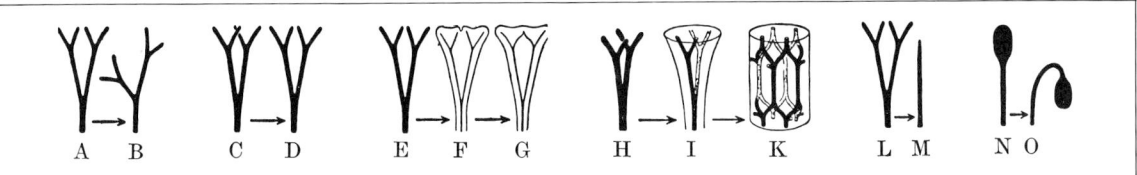

Abb. 3.2.119: Schematische Darstellung der fünf Elementarprozesse, die nach der Telomtheorie zur Ausbildung des Cormus heutiger Prägung geführt haben: **A, B** Übergipfelung; **C, D** Planation; **E–G** und **H–K** Verwachsung; **L, M** Reduktion; **N, O** Einkrümmung. (Nach Zimmermann.)

Nach der Befruchtung entwickelt sich aus der Zygote die diploide Generation, der Sporophyt (Abb. 3.2.118 H,3,4), der bei den Farnen jedoch völlig anders gestaltet und viel höher entwickelt ist als bei den Moosen. Nur seine anfängliche Entwicklung verläuft allenfalls ähnlich wie bei den Moosen. Das Prothallium geht bei den meisten Arten bald zugrunde (bei Verhinderung der Befruchtung kann es jahrelang fortleben), der Keimling des Sporophyten aber wächst zu einer selbständigen, vieljährigen Pflanze mit Wurzeln, Stamm und Blättern heran: der Farnpflanze im eigentlichen Sinne (Abb. 3.2.118 H,4, 3.2.139, 141, 143).

Der Farnsporophyt ist also ein echter Cormus. Die für die Cormophyten typischen Organe sind wahrscheinlich aus blattlosen Gabeltrieben (Telomen; Abb. 3.2.120 A) durch einige grundlegende Vorgänge (Elementarprozesse der Telomtheorie) entstanden, nämlich durch Übergipfelung, Planation, Verwachsung, Reduktion und Einkrümmung (Abb. 3.2.119).

Durch Übergipfelung (Abb. 3.2.119 A) soll aus gleichwertigen Telomen, welche noch den Sproß der meisten Urfarne durchgehend zusammengesetzt haben, eine Differenzierung und Arbeitsteilung zwischen tragenden Hauptachsen und seitlichen Nebenachsen eingeleitet worden sein. Der übergipfelnde Haupttrieb erhält somit einen größeren Wachstumsimpuls als die von ihm übergipfelten Schwestertriebe, die zu seitlich gestellten Anhangsorganen werden (B) und zunehmend die Aufgabe der Assimilation übernehmen können. Bei der Planation richten sich die Achsen der Seitentriebe in einer Ebene aus (C, D). Durch congenitale Verwachsung können diese nunmehr in eine Ebene eingerückten Telome zu flachen, blattartigen Anhangsorganen umgestaltet werden (F, G). So dürften sich die größeren, vielfach gegliederten, mit zunächst dichotom verzweigten Adern versehenen Blätter (Makro- oder Megaphylle) entwickelt haben. Auch dreidimensional angeordnete Telome können miteinander verwachsen, wodurch eine dickere parenchymatische Achse entsteht, die nicht mehr von einem einzigen zentralen Leitstrang (Protostele, Abb. 3.2.120 B) durchzogen wird, sondern zwei oder mehr Leitbündel (Abb. 3.2.119 I, K) umfaßt. Auf diese Weise wird die Festigkeit von Achsen erheblich gefördert. Durch Reduktion (L, M) kann man sich kleine, mehr oder minder nadelförmige, einaderige Blätter (Mikrophylle) entstanden denken, obgleich umstritten ist, ob es sich hierbei nicht um Auswüchse der Achse, also um Organe «sui generis» handelt, die nicht von Telomen abgeleitet werden können. Der Vorgang der Einkrümmung läßt sich z.B. bei den Sporangien tragenden Achsen der Schachtelhalmgewächse verfolgen (N, O; Abb. 3.2.133).

Bei den recenten Farngewächsen entstehen bald nach den ersten Zellteilungen der befruchteten Eizelle außer einem Haustorium (Fuß) im allgemeinen ein Wurzelscheitel, ein Stammscheitel und ein Blattscheitel, die sich beim heranwachsenden, zunächst noch mit dem Prothallium verbundenen Embryo (Abb. 3.2.118 B, 3.2.146) weiterentwickeln zur ersten Wurzel, dem Stamm und dem ersten Blatt (Cotyledone).

Der Besitz von Wurzeln ist charakteristisch für die meisten Pteridophyten. Das dem «Sproßpol» gegenüberliegende Ende der Keimlingsachse könnte man «Wurzelpol» nennen; aus ihm entwickelt sich aber nur bei den Spermatophyten die Primärwurzel (Abb. 1.2.2), während bei den Pteridophyten die erste Wurzel als endogenes, sproßbürtiges Gebilde seitlich an dem Achsenkörper entspringt (Abb. 3.2.146 B_w). Der Keimling der Farngewächse ist also nicht bipolar wie jener der Spermatophyten gebaut, sondern unipolar. Die Keimwurzel (Abb. 3.2.118 B w) geht aber bald zugrunde, und es entstehen zahlreiche weitere seitliche, sproßbürtige Wurzeln (primäre Homorrhizie; s. S. 223).

Die 3 Grundorgane wachsen bei den meisten Pteridophyten mit Scheitelzellen heran (vgl. S. 132, Abb. 1.2.3 A, 1.2.7 A). Der gabelig oder seitlich (aber nie aus den Blattachseln!) verzweigte Stamm (vgl. S. 132) ist reich beblättert. Die Wurzeln tragen eine Wurzelhaube (Abb. 1.2.7 A); ihre Seitenwurzeln entstehen nicht aus dem Perizykel, sondern aus der innersten Rindenschicht (s. S. 226). Die Epidermis der oberirdischen Teile ist in der Regel mit einer Cuticula (wichtige Voraussetzung für das Landleben in größerem Abstand vom Erdboden!) und Spaltöffnungen (Abb. 1.2.15 A; S. 140) versehen, jedoch enthalten die Epidermiszellen meist noch Chloroplasten. Die Blätter stimmen, wenigstens bei den höchstentwickelten Farnen, in ihrem anatomischen Bau im wesentlichen mit denen der Spermatophyten überein. Stämme, Wurzeln und Blätter sind von wohldifferenzierten, aus Sieb- und Gefäßteil bestehenden Leitbündeln durchzogen, die hier zum erstenmal in der Stammesgeschichte der Pflanzen in typischer Ausbildung erscheinen und als wasserleitende Elemente verholzte Tracheïden führen; ganz selten (z.B. bei *Pteridium*) sind auch schon Tracheen vorhanden (Abb. 3.2.140, t). Besondere Festigungselemente sind in den Leitbündeln noch nicht ausgebildet, wohl aber sind die wasserleitenden Elemente oft mit Ringen oder anderen Strukturen verstärkt (Abb. 3.2.140). Konzentrische Leitbündel (und zwar mit Innenxylem) in Ein- oder Mehrzahl herrschen vor, doch kommen auch andere Bündeltypen vor. Die gesamte Reihe der in Abb. 1.3.50 dargestellten Leitbündelphylogenie läßt sich bei den Pteridophyten verfolgen. Durch die verholzten Tracheiden wird die Fernleitung des Wassers und zugleich die Tragfähigkeit des Sprosses so gefördert, daß die Farnpflanzen sich im Gegensatz zu den Moosen zu reichgegliederten, z.T. baumartigen Landpflanzen zu entwickeln vermögen. Auch die Zellwände der außerhalb der Leitbündel angelegten Festigungsgewebe enthalten regelmäßig Lignin. Der Besitz der Wurzeln sichert die hinreichende Wasserversorgung und ermöglicht die Ausbildung größerer Laubblätter, welche die Assimilate beschaffen. Die Stoffleitung erfolgt in langgestreckten Siebzellen (vgl. S. 149). Sekundäres Dickenwachstum durch Cambiumtätigkeit kommt bei den jetzt lebenden Familien zwar nur ganz vereinzelt und schwach vor, zeichnet aber gewisse fossile Pteridophytengruppen aus. Die Sporangien mit den Meiosporen (Abb. 3.2.18 G, H$_6$) werden an den Blättern und nur bei ganz ursprünglichen Klassen direkt an undifferenzierten Sproßachsen erzeugt. Die Sporangien können sehr verschieden ausgebildet sein. Die sporangientragenden Blätter heißen Sporophylle. Sie sind häufig von einfacherer Gestalt als die assimilierenden Blätter (die Trophophylle) und zu mehreren in besonderen Ständen vereinigt: solche Sporophyllstände kann man «Blüten» nennen. Sie erheben sich im Dienste der Sporenausstreuung oft verhältnismäßig hoch über das Substrat.

Die Sporangien umschließen das Archespor mit dem sporogenen Gewebe (Abb. 3.2.18 H 5, Esp); seine Zellen runden sich ab, lösen sich voneinander los und stellen die Sporenmutterzellen (meist 16) dar, die unter Meiose je 4, oft tetraedrisch angeordnete, haploide Meiosporen liefern.

Im Umkreis des sporogenen Gewebes finden sich in oft mehreren Schichten an die Sporangienwand anschließende Zellen, welche die Ernährung der Sporen vermitteln und in ihrer Gesamtheit das Tapetum (Et) bilden. Die Zellen eines Sekretionstapetums sondern ihren Inhalt durch die Wände hindurch ab. Beim Plasmodialtapetum werden die Zellwände aufgelöst und die Protoplasten freigesetzt, die sich zum Periplasmodium vereinigen. Dieses wandert dann zwischen die sich aus dem Tetradenverband lösenden jungen Sporen ein, ernährt sie, beteiligt sich an der Ausgestaltung der Sporenwände (Perispor) und wird dabei aufgebraucht (F, G).

Die Sporenwand gliedert sich in ein inneres Endospor und ein widerstandsfähiges äußeres Exospor, dem das Perispor als unterschiedlich aussehendes Ornament aufgelagert ist. Die bräunlich bis gelb gefärbten Sporen sind fast stets chlorophyllfrei.

Bei der Mehrzahl der Pteridophyten (nämlich den primitiven) sind alle Sporen innerhalb einer Art von gleicher Beschaffenheit, und bei der Keimung geht aus ihnen ein Prothallium hervor, an dem meist sowohl Antheridien als auch Archegonien entstehen. In abgeleiteten Fällen können die Prothallien aber auch diöcisch sein. Diese Trennung der Geschlechter hat bei einigen Pteridophytengruppen zur Ausbildung von zweierlei Formen von Meiosporen geführt: reservestoffreichen Megasporen (= Makrosporen), die in Megasporangien (= Makrosporangien) entstehen und bei der Keimung relativ große weibliche Prothallien liefern, und Mikrosporen, die in Mikrosporangien erzeugt werden und kleinere männliche Prothallien bilden (Abb. 3.2.128). Danach hat man also zwischen gleichsporigen (isosporen) und verschiedensporigen (heterosporen) Sippen zu unterscheiden, ein Unterschied, der sich in der Stammesgeschichte der Farngewächse mehrmals unabhängig herausgebildet hat.

In den ersten beiden Klassen (I–II) stehen die Sporangien endständig an dichotom verzweigten Achsen oder seitlich. Echte Wurzeln fehlen noch; sie werden durch Erdsprosse und Rhizoide ersetzt. Im Sproß sind lediglich einfache Proto- oder Actinostelen ausgebildet. Es herrscht Isosporie.

I. Klasse: Psilophytopsida, Urfarne

Die ausgestorbenen *Psilophytopsida* bilden die ursprünglichste Gruppe der Pteridophyten. Ihr Vegetationskörper ist aus Telomen (s.S. 666) aufgebaut, die bei den primitiven Familien kahl, bei den höheren mit Emergenzen besetzt sind und von einer Proto- oder Actinostele durchzogen werden. Die Sporangien stehen end- oder seitenständig an Haupt- oder Seitentrieben. Alle Gattungen sind isospor. Gestalt und Bau der Gametophyten sind unvollständig bekannt.

Die Ur- und Nacktfarne waren die ältesten mit Leitbündel und Spaltöffnungen ausgestatteten Landpflanzen. Sie traten an der Wende Silur/Devon (also vor etwa 400 Millionen Jahren) auf, erreichten rasch eine beträchtliche Formenmannigfaltigkeit und starben bereits mit Beginn des Oberdevons wieder aus. Ihre morphologisch primitivsten Vertreter innerhalb der

1. Ordnung: **Rhyniales** besaßen einen aus nackten, gabeligen, von einem einfachen Leitbündel durchzogenen Telomen aufgebauten Vegetationskörper mit endständigen Sporangien.

Rhynia (Abb. 3.2.120 A), die namengebende Gattung der **Rhyniaceae**, auch als «Urlandpflanze» bekannt, im Mitteldevon von Schottland in zwei Arten gefunden, war $\frac{1}{2}$ m hoch und völlig blattlos. Der Sporophyt erhob sich auf unterirdischen, horizontal wachsenden, wurzellosen, mit querwandlosen Rhizoiden versehenen «Rhizomen». Er bestand aus oberirdischen, aufrechten, stielrunden, gabelig verzweigten Sprossen ohne Blätter. Die Sprosse besaßen eine Cuticula und Spaltöffnungen von noch relativ einfachem Bau (s.S. 140f.) und waren offenbar Assimilationsorgane. *Rhynia* war also eine Landpflanze und bildete binsenähnliche Bestände. Das Leitbündel bestand aus

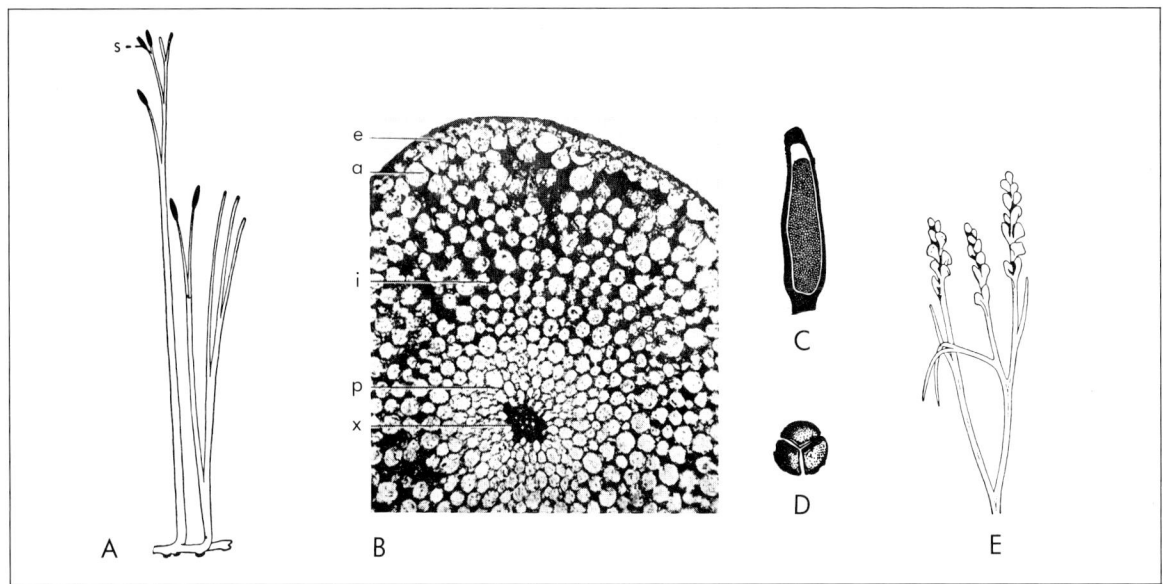

Abb. 3.2.120: *Psilophytopsida,* A–D *Rhynia.* **A** Rekonstruktion (¹/₄×). **B** Sproßquerschliff, die Protostele zeigend (50×). a Außenrinde, e Epidermis, i Innenrinde, p Phloem, s Sporangium, x Xylem. **C** Sporangium, Längsschliff (2×). **D** Sporentetrade (100×). **E** *Zosterophyllum rhenanum.* Rekonstruktion (½×). (A–D nach Kidston & Lang; E nach Kräusel & Weyland.)

Tracheiden mit sehr einfachen Wandverdickungen (Ringen und Schrauben) und war eine Protostele (Abb. 1.3.50 A, 3.2.120 B), teilweise bereits mit Metaxylem; typische Siebzellen mit Siebfeldern im äußeren Gewebe des Bündels, dem Phloem, fehlten aber noch. Auch sekundäres Dickenwachstum war noch nicht vorhanden. Die relativ großen zylindrischen bis keulenförmigen Sporangien standen endständig an den Sproßachsen, hatten eine aus mehreren Zellagen bestehende Wand und öffneten sich mit einem Längsriß. Sie waren dicht mit Tetraden von Isosporen angefüllt (Abb. 3.2.120 C, D). – Bei dem habituell der Gattung *Rhynia* ähnlichen *Horneophyton* erinnert der Bau der in Gruppen zu 2–4 dicht beisammenstehenden, länglichen Sporangien an den eines *Sphagnum*-Sporogons: Das Sporenlager wölbt sich glockenförmig über eine aus langgestreckten Zellen gebildete Columella. Die Sporangien öffneten sich mit einem apikalen Porus.

Bei der Familie der **Trimerophytaceae** stehen die länglichen Sporangien an übergipfelten seitlichen Ästen. Hierher gehören *Trimerophyton* s. Abb. 3.2.167 A u. S. 900 und *Dawsonites princeps* mit abwärts gerichteten Sporangien an gekrümmten Achsen.

Die im Unterdevon weltweit verbreiteten Arten der

2. Ordnung: **Zosterophyllales** (-ceae) waren ebenfalls aus nackten, gabeligen Trieben aufgebaut, aber ihre seitenständigen, mit einer präformierten Queröffnung versehenen Sporangien waren meist in Ähren zusammengefaßt (Abb. 3.2.120 E). Sie werden als Ahnengruppe der Bärlappgewächse angesehen und deshalb diesen vielfach zugeordnet. *Psilophyton ornatum* trug an den Achsen kleine Auswüchse (Abb. 3.2.121 A).

Im Falle einiger Gattungen (z.B. *Zosterophyllum* und bei der zur vorigen Ordnung zählenden *Taeniocrada*) konnte gezeigt werden, daß der Gametophyt eine kleine, sternförmig verzweigte (als *Sciadophyton* beschriebene) Pflanze darstellte, die an bogig aufsteigenden Gametangienträgern Schirme mit zentralen Archegonien und peripheren Antheridien ausbildete. Der aus der Befruchtung hervorgegangene junge Sporophyt löste sich vom Gametangienträger und entwickelte sich alsdann zum selbständigen Sporophyten. Die

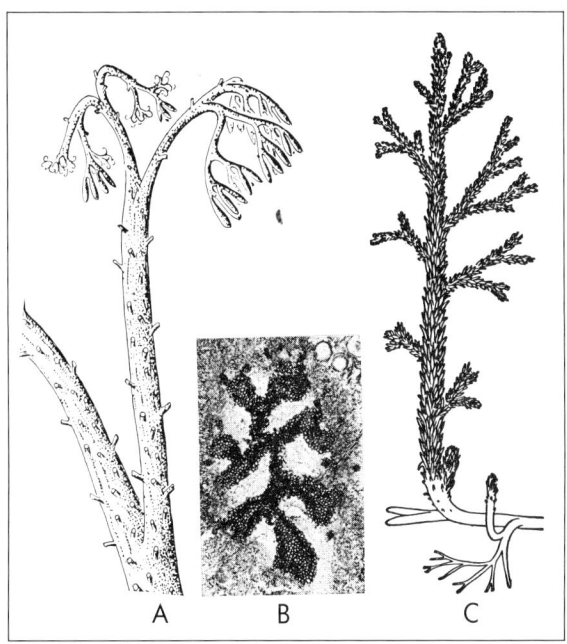

Abb. 3.2.121: *Psilophytopsida.* **A** *Psilophyton princeps,* sporangientragender Sproß (³/₄×). **B** *Asteroxylon mackiei,* Querschliff durch die Actinostele; dunkel: Xylem, hell: Phloem (10×). **C** Desgl., Rekonstruktion (⅓×) (A nach Hueber; B, C nach Kidston & Lang.)

«Rhizome» der Rhyniaceen als Gametophyten anzusehen, die mit dem Sporophyten zeitlebens nach Art der Moose verbunden blieben, ist demnach nicht richtig. Bei der

3. Ordnung: **Asteroxylales** (-ceae) waren die Triebe von locker bis dicht stehenden, nadel- oder stachelähnlichen Emergenzen besetzt, die den Pflanzen ein bärlappähnliches Aussehen verleihen. Aufgrund dieser und anderer Merkmale werden sie vielfach den *Lycopodiopsida* zugeordnet.

Die Triebe von *Asteroxylon mackiei*, zusammen mit *Rhynia* im schottischen Mitteldevon vorkommend, waren von einer im Querschnitt sternförmigen Stele (Actinostele, Abb. 1.3.50 B, 3.2.121 C) durchzogen. Die Arme des Sternes kommen durch abzweigende Seitenstränge zustande, die bis zum Ansatz der nadelförmigen Emergenzen führen, die selbst jedoch leitbündelfrei sind. Das Xylem der Stele besteht aus Ring- und Schraubentracheiden. Die Sporangien saßen direkt oder mit Emergenzen gekoppelt am Sproß.

Die *Psilophytopsida* bilden als Urlandpflanzen die Ausgangsgruppe für die phylogenetische Ableitung der übrigen Pteridophyten, vielleicht sogar gewisser Gymnospermen (Vgl. S. 710).

II. Klasse: Psilotopsida, Gabelblattgewächse

Die heute noch lebenden *Psilotum*- oder Gabelblatt-Arten haben eine gewisse Ähnlichkeit mit manchen Arten der vorigen Klasse. Sie werden daher mit ihnen gelegentlich zusammengefaßt. Mit ihren seitenständigen, synangial verwachsenen Sporangien sowie mit ihren echten Blättern (Mikrophylle) haben aber die *Psilotopsida* eine deutliche Fortentwicklung gegenüber den *Psilophytopsida* erfahren; es ist daher berechtigt, sie in einer eigenen Klasse mit der einzigen

Ordnung **Psilotales** zu führen. *Psilotum*-Arten sind niedrige, ausdauernde, sparrige, dichotom verzweigte Kräuter (Abb. 3.2.122 A). Sie haben eine Actinostele (B), sind wurzellos (auch der Embryo ohne Wurzelanlage) und besitzen blattlose Rhizome mit einer Protostele, Mykorrhizapilzen und schlauchförmigen Rhizoiden. Ihre Blätter sind sehr kleine, rippenlose Schuppen (Mikrophylle) in locker schraubiger Anordnung. Ihre Meiosporangien haben eine mehrschichtige Wand, sind zu je drei zu einem Synangium verbunden (C, D) und haben noch kein echtes Tapetum (die Isosporen werden von sterilen Archesporzellen versorgt, die die fertilen Zellgruppen umgeben und durchsetzen). Die Synangien sitzen auf sehr kurzem Stiel in der Achsel eines Schuppenpaares («Gabel-Blätter») (C).

Die Gametophyten oder Prothallien werden einige Zentimeter lang, sind walzenförmig und verzweigt (Abb. 3.2.122 H), farblos und leben unterirdisch mit Hilfe von Mykorrhizapilzen (J my). An ihrer Oberfläche tragen sie vielkammerige Antheridien, die viele Spermatozoiden mit zahlreichen Geißeln entlassen; die kleinen Archegonien (mit nur 1, selten 2 Halskanalzel-

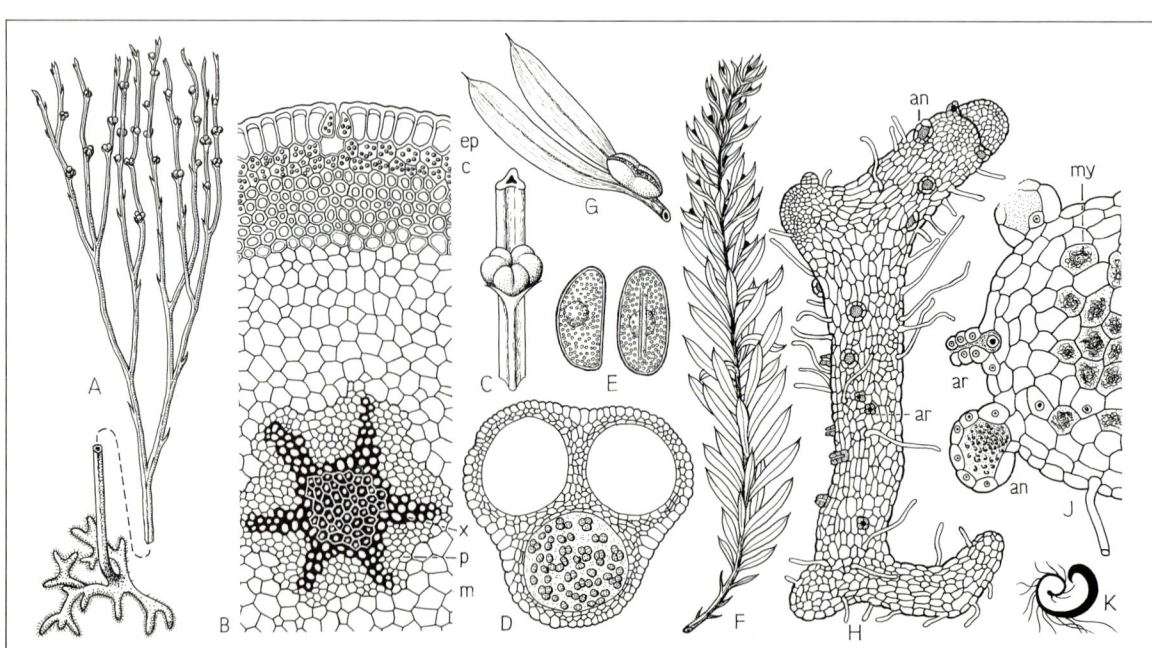

Abb. 3.2.122: *Psilotopsida, Psilotaceae:* **A** *Psilotum triquetrum*, Habitus (½×). **B** Desgl., Stengelquerschnitt mit Actinostele (40×); ep Epidermis, c äußere grüne Rindenschicht, x Xylem, p Phloem, m innere Rinde. **C** Desgl., Sproßstück mit Synangium (2,5×). **D** Desgl., Querschnitt durch Synangium (8×). **E** Desgl., Sporen (250×). **F** *Tmesipteris tannensis*, Habitus (½×). **G** Desgl., Sporophyll (2,5×). **H** Prothallium von *Psilotum triquetrum* (15×). **J** Desgl., Querschnitt (40×); ar Archegonien, an Antheridien, my *Mykorrhiza*-Zellen. **K** Desgl., Spermatozoid (990×). (A nach Wettstein und Pritzel; B, C, E, F nach Pritzel; D, G nach Wettstein; H–K nach Lawson.)

len) sind etwas eingesenkt. Besonders kräftige Prothallien haben Leitbündel mit verholzten Ringtracheiden und eine Endodermis.

Zu den *Psilotopsida* gehören nur *Psilotum* und *Tmesipteris* (mit je nur 2 tropischen, vorwiegend epiphytisch lebenden Arten). *Tmesipteris* (Abb. 3.2.122 F, G) hat etwas größere «Gabel-Blättchen», die flügelartig an der Sproßachse herunterlaufen und deren Flächen parallel zur Sproßachse stehen; sie sind noch nicht ohne weiteres den Blättern der höheren Pflanzen gleichzusetzen. Fossilien sind von den *Psilotales* noch nicht gefunden worden. Trotzdem müssen sie alte Relikte sein, die einerseits den *Psilophytopsida* ähnlich sind, jedoch andererseits auch deutliche Anklänge zu den folgenden *Lycopodiopsida* und *Pteridopsida* (über die *Gleicheniaceae* mit der neukaledonischen *Stromatopteris* und über die *Schizaeaceae*) aufweisen.

In allen folgenden Klassen (III bis V) sind die Sporophyten mit echten Wurzeln im Boden verankert. Progressionen von der Actino- und Plecto- bis zur Siphono-, Poly- oder Eustele, von der Iso- bis zur Heterosporie sind kennzeichnend. Die Vertreter der III. und IV. Klasse sind lediglich mit Mikrophyllen ausgestattet, wobei sich bei den *Lycopodiopsida* die Sporophylle nicht wesentlich von den assimilierenden Trophophyllen unterscheiden.

III. Klasse: Lycopodiopsida, Bärlappgewächse

Der oft gabelig verzweigte Sporophyt der Bärlappgewächse trägt einfache, nicht gegliederte, kleine bzw. schmale Blätter (= Mikrophylle) in meist schraubiger Stellung. Die Sporangien stehen, von wenigen fossilen Formen abgesehen, einzeln adaxial auf oder am Grunde von Blättern (Sporophyllen), die meist zu endständigen Sporophyllständen («Blüten») vereinigt sind. Der Telomtheorie (s.S. 666) folgend kann man sich die blattständige Stellung der Sporangien wie in Abb. 3.2.125 entstanden denken. Neben Isosporie ist Heterosporie weit verbreitet. Die Spermatozoiden sind selten vielgeißelig (*Isoetes*; S. 678), meist jedoch zweigeißelig und darin von denen aller anderen Pteridophyten verschieden. Der Ursprung der *Lycopodiopsida* wird bei einfachen, mit Anhangsorganen und endständigen Sporophyllständen versehenen Psilophyten (*Zosterophyllales, Asteroxylales*; vgl. S. 668 f.) gesucht.

Die ausgestorbenen Vertreter der

1. Ordnung: **Protolepidodendrales** entwickelten dagegen ihre Sporangien bereits auf oder in Nachbarschaft zu Blättern. In ihrer Gestalt ähnelten sie trotz lockerer Stellung der Blätter den recenten Bärlappen *(Lycopodiales)*. Die beiden wichtigsten Familien der **Drepanophycaceae** und **Protolepidodendraceae** sind aus dem Unter- und Mitteldevon erhalten. Die verwandtschaftliche Stellung von *Drepanophycus* (Abb. 3.2.126 A) gilt als ungeklärt (Beziehungen zu den *Zosterophyllaceae*); entgegen früherer Ansicht saßen die Sporangien nicht auf der Oberfläche von Blättern, sondern zwischen diesen auf kurzen, leitbündelversorgten Stielchen. Die Blätter von *Protolepidodendron* (B) waren an ihrer Spitze noch gegabelt; die Sporangien waren auf der Oberseite von blattartigen Gebilden (Sporophylle; z.T. auch gabelig verzweigte Seitensprosse) befestigt.

Die Vertreter der überwiegend recenten

2. Ordnung **Lycopodiales** werden meist in einer einzigen Familie (**Lycopodiaceae**) zusammengefaßt. Sie enthalten krautige, immergrüne Gewächse (400 Arten; 9 davon heimisch) mit dicht stehenden, mehr oder minder nadelförmigen Blättern. Sekundäres Dickenwachstum der Sproßachsen fehlt wie in der vorausgehenden Ordnung.

Bei *Lycopodium* (Abb. 3.2.123) wird der gabelteilige Sproß durch Übergipfelung jeweils eines Triebes scheinbar monopodial (vgl. S. 182). Der Stengel kriecht weit über den Boden hin. Auf der Unterseite tragen die Stengel dichotom verzweigte Wurzeln, die gleichfalls mit einer Gruppe von Initialzellen wachsen. Die kleinen pfriemlichen, im wesentlichen schraubig angeordneten Blättchen (Abb. 3.2.123) besitzen eine unverzweigte Mittelrippe und gleichen im übrigen den Mikrophyllen der *Asteroxylales*.

Das Mesophyll von *L. clavatum* ist einfach; nur wenige Arten lassen bereits eine Differenzierung in Palisaden- und Schwammparenchym erkennen. Die Blattepidermis führt keine Chloroplasten. Wie stets bei Dichotomie, steht die Verzweigung des Stengels nicht in Beziehung zu den Blättern.

Das Leitsystem des Sprosses ist eine aus einer Actinostele abzuleitende, reichgegliederte Plectostele (s.S. 193) mit Siebzellen im Phloem, die Siebfelder an den Längswänden, aber noch keine Siebplatten besitzen. Diese Plectostele ist nach außen von einer Scheide aus unverholzten Zellen umgeben, deren äußerste Lage stärkehaltig ist; es folgt eine ein- bis zweischichtige Endodermis mit Lignin in den dünnen Zellwänden; die Endodermis ist hier wie bei allen Pteridophyten die innerste Schicht der Rinde. Die äußere Rinde besteht aus stark verholzten Sclerenchymzellen (Abb. 3.2.123 L).

Ein Teil der Äste ist negativ gravitrop. Ihre Sporophylle stehen oft oberhalb einer blattärmeren Region zu dichten, ährenförmigen Sporophyllständen (Blüten) vereinigt (Abb. 3.2.123 G); bei ihrer Entstehung wird der Sproßscheitel aufgebraucht, so daß der Sporophyllstand das Ende des Stengels bildet. Die Sporophylle (H) sind breit schuppenförmig und tragen am Grunde ihrer Oberseite je ein großes, abgeflachtes, nierenförmiges Sporangium, das zahlreiche Meiosporen, alle von gleicher Größe (Isosporen), entläßt (J, K). Vom Rande der Sporophylle hängen hautartige Lappen herunter, welche als «Indusium» jeweils das benachbarte untere Sporangium schützen.

Die Wand des Sporangiums besteht aus mehreren äußeren Zellagen; an sie schließt sich nach innen ein Sekretionstapetum (vgl. S. 668) an. Das Sporangium öffnet sich zweiklappig durch einen Längsriß auf dem Scheitel an einer schon am anatomischen Bau der Zellen erkennbaren Linie. Die Sporen bleiben bis zu ihrer Reife in Tetraden verbunden; ihr mehrschichtiges Exospor ist mit netzförmigen Verdickungsleisten bedeckt (Abb. 3.2.123 J, K). Sie keimen in der Natur erst nach 6–7 Jahren und liefern auf Kosten ihrer Reservestoffe zunächst einen fünfzelligen Keimling (Abb. 3.2.124 A), der sich nach einer Ruhezeit erst dann

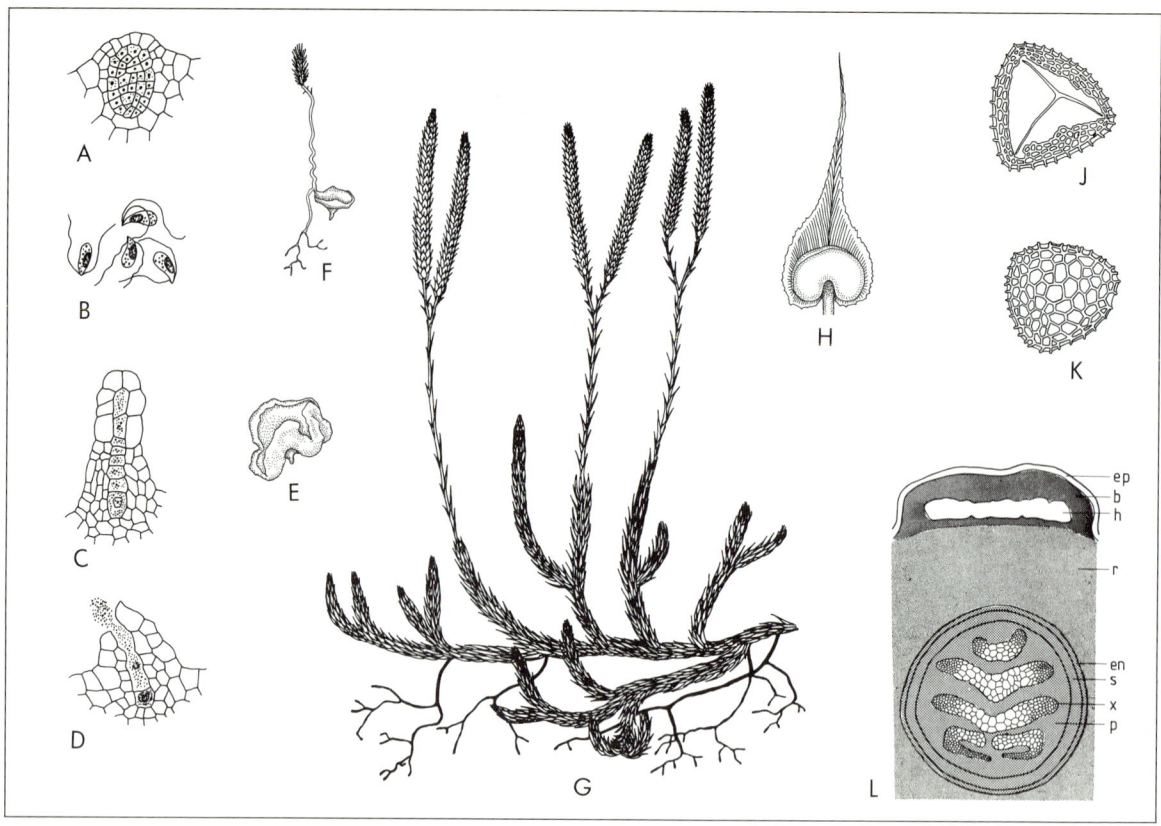

Abb. 3.2.123: *Lycopodiopsida, Lycopodiales, Lycopodium clavatum.* **A** Antheridium, noch geschlossen, Längsschnitt (75×). **B** Spermatozoiden (400×). **C** Jüngeres, noch geschlossenes, **D** befruchtungsreifes, geöffnetes Archegonium (75×). **E** Älteres Prothallium (2×). **F** Prothallium mit junger Pflanze (³/₄×). **G** Pflanze mit Sporophyllständen (⅓×). **H** Sporophyll mit aufgesprungenem Sporangium (8×). **J, K** Sporen in zwei Ansichten (400×). **L** Querschnitt durch den Sproß (100×); ep Epidermis, b Blattbasis mit Hohlraum h, r Rinde, en Endodermis, s Stärkescheide, x Xylem, p Phloem. (A–F nach Bruchmann; G–H nach Schenck; J–L Orig.)

weiterentwickelt, wenn Pilzfäden nach Art der Mykorrhiza in seine unteren Zellen eingetreten sind (Bp).

Die Prothallien (Abb. 3.2.123 E, F; 3.2.124) leben unterirdisch und stellen heterotrophe, weißliche Knöllchen dar; sie sind wulstig gelappte, bis etwa 2 cm große Gewebekörper, die mit langen, der Wasseraufnahme dienenden, schlauchförmigen Rhizoiden besetzt sind. Für ihre Ernährung dürften zweifellos die in ihren peripheren Zellagen lebenden Mykorrhizapilze (Abb. 3.2.124 B, C) eine wichtige Rolle spielen. Unter natürlichen Bedingungen tritt die Geschlechtsreife erst nach 12–15 Jahren ein, und die gesamte Lebensdauer der Prothallien mag etwa 20 Jahre betragen. In künstlicher, bakterienfreier Reinkultur läuft die ganze Entwicklung jedoch bereits in wenigen Monaten ab. Bei manchen Arten ragen die Prothallien mit ihrem oberen Teil über den Erdboden heraus, wo sie dann ergrünen. Die Prothallien sind monöcisch und tragen die zahlreichen Geschlechtsorgane meistens in ihrem apicalen Teil (Abb. 3.2.123 A–D, 3.2.124 C an, ar). Die Antheridien (an) sind in das Gewebe etwas eingesenkt und vielzellig; jede Zelle, außer den Wandzellen, entläßt ein ovales, unter seiner Spitze nur zwei Geißeln tragendes Spermatozoid (Abb. 3.2.123 B). Die Archegonien (Abb. 3.2.123 C, D, 3.2.124 c), ebenfalls eingesenkt, haben oft zahlreiche Halskanalzellen (bis 20, doch kommt auch Reduktion bis auf eine vor); die obersten Wandzellen werden beim Öffnen abgestoßen. Aus der befruchteten Eizelle entsteht nach mehreren Zellteilungen ein Embryo, dessen Suspensor (et) ihn in das Gewebe des Prothalliums hineindrückt. Die Entwicklung eines aus dem Prothallium Nährstoffe aufsaugenden Haustoriums und des ersten schuppenförmig bleibenden Blattes (b) zeigt Abb. 3.2.124 E. Die erste Wurzel erscheint als sproßbürtige Bildung.

Bei *Lycopodium* stehen die Sporophylle in Ähren beisammen, die sich auf kurzen Seitenzweigen erheben; bei *Huperzia* werden an aufrechten, gabelteiligen Sprossen im jahreszeitlichen Wechsel Trophophylle und Sporophylle nacheinander gebildet. *Diphasium* besitzt Sporophyllähren wie *Lycopodium*, aber flache, dorsiventrale Sprosse mit schuppenartigen Blättern.

Die *Lycopodites*-Arten des Oberdevon waren den recenten Vertretern der Familie schon sehr ähnlich. Die Bärlappgestalt hat sich also mehr als 300 Millionen Jahre hindurch unverändert erhalten.

Während bisher Isosporie herrschte, sind die folgenden Ordnungen zur Heterosporie fortgeschritten. In den Achseln der Blätter befindet sich ein kleiner zungenförmiger Auswuchs, die Ligula (Abb. 3.2.127 C).

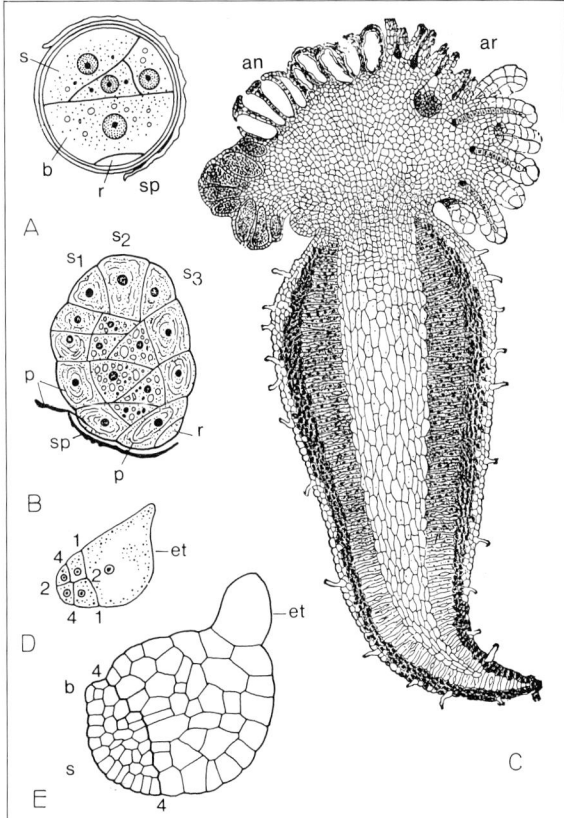

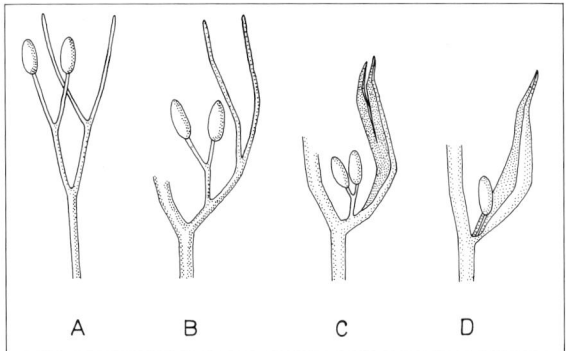

Abb. 3.2.125: Übergang von der endständigen Sporangienstellung der *Psilophytopsida* (**A**) zur epiphyllen Anordnung bei den *Lycopodiopsida* (**D**). (Nach Zimmermann.)

Abb. 3.2.124: *Lycopodiales*, A–B *Lycopodium annotinum*. Prothalliumentwicklung. **A** fünfzelliger farbloser Sporenkeimling mit Sporenhaut sp, Rhizoidzelle r, Basalzelle b, Scheitelzelle s (580×). **B** junger Keimling, in dessen unteren Zellen der endophytische Pilz p lebt; die Scheitelzelle hat sich in drei Scheitelmeristemzellen (s$_1$, s$_2$, s$_3$) geteilt (470×). C–E *Diphasium complanatum*. **C** Reifes Prothallium mit Antheridien an, Archegonien ar und pilzführende Zellen (schwarz) (24×). D–E Embryoentwicklung. **D** Embryo mit den ersten Teilungen; die Basalwand 1 teilt die Anlage des Embryoträgers et von der Anlage des Embryokörpers ab. Die Transversalwände 2 und 3 (letztere in der Ebene des Schnittes) sowie die Querwand 4 liefern zwei vierzellige Stockwerke, von denen das zwischen 1 und 4 gelegene das Haustorium bildet, das unterste den Sproßteil. **E** Mittleres Stadium. s Stammscheitel, b Blattanlage. (112×). (Nach Bruchmann.)

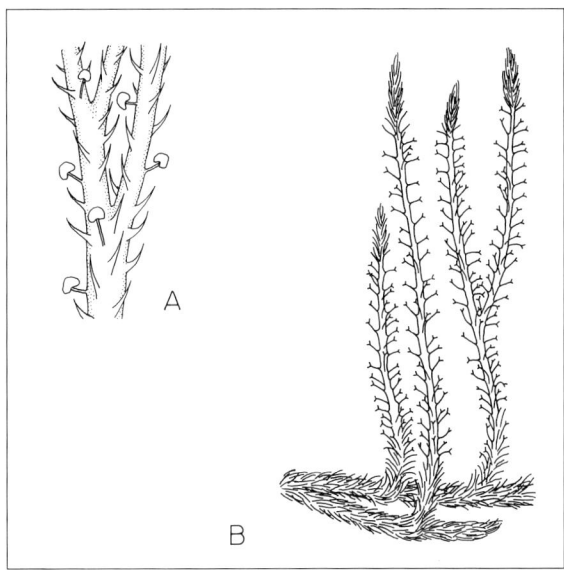

Abb. 3.2.126: Fossile *Lycopodiales*. **A** *Drepanophycus spinaeformis*. Unterdevon. (¼×). **B** *Protolepidodendron scharyanum*. Mitteldevon. (¼×). (A nach Schweitzer; B nach Kräusel & Weyland.)

3. Ordnung: **Selaginellales**. Im Habitus ähneln die krautigen *Selaginella*-Arten oder Moosfarne etwas den Moosen. In ihren generativen und anatomischen Merkmalen sind sie aber eindeutige Farngewächse und damit echte Cormophyten. Sie sind bei uns durch wenige, in den Tropen dagegen durch etwa 700 Arten vertreten.

Selaginella besitzt teils niederliegende, teils aufrechte, reich gabelig verzweigte Stengel; einige sind rasenbildend, andere klettern mit mehrere Meter langen Sprossen im Gesträuch empor. Der Stengel ist mit kleinen, schraubig oder meist decussiert in 4 Zeilen dorsiventral stehenden schuppenartigen Blättchen besetzt, und zwar mit 2 Reihen kleiner sog. Oberblätter und 2 Reihen diesen gegenüberstehenden größeren Unterblät-

tern (Abb. 1.3.81B, 3.2.127A, Anisophyllie s.S. 214). An den Gabelungsstellen der Stengel entstehen bei vielen Arten exogen zylindrische, gestreckte, abwärts wachsende, gabelig verzweigte, aber farb- und blattlose Sprosse, Wurzelträger (Rhizophoren, w in Abb. 3.2.127A), an deren freiem Ende endogen Büschel von Wurzeln entspringen. Die Wurzelträger können unter geeigneten Bedingungen wie typische Sprosse Blätter bilden. Die Blätter haben nur eine unverzweigte Mittelrippe und weisen erst selten neben Schwammparenchym auch Palisadenparenchyme auf; bei manchen Arten enthalten die Mesophyllzellen nur einen großen, schüsselförmigen Chloroplasten. Die Leitbündelausbildung schwankt von zentraler Protostele, Distele bis zur Siphonostele; sekundäres Dickenwachstum fehlt, ganz selten kommen

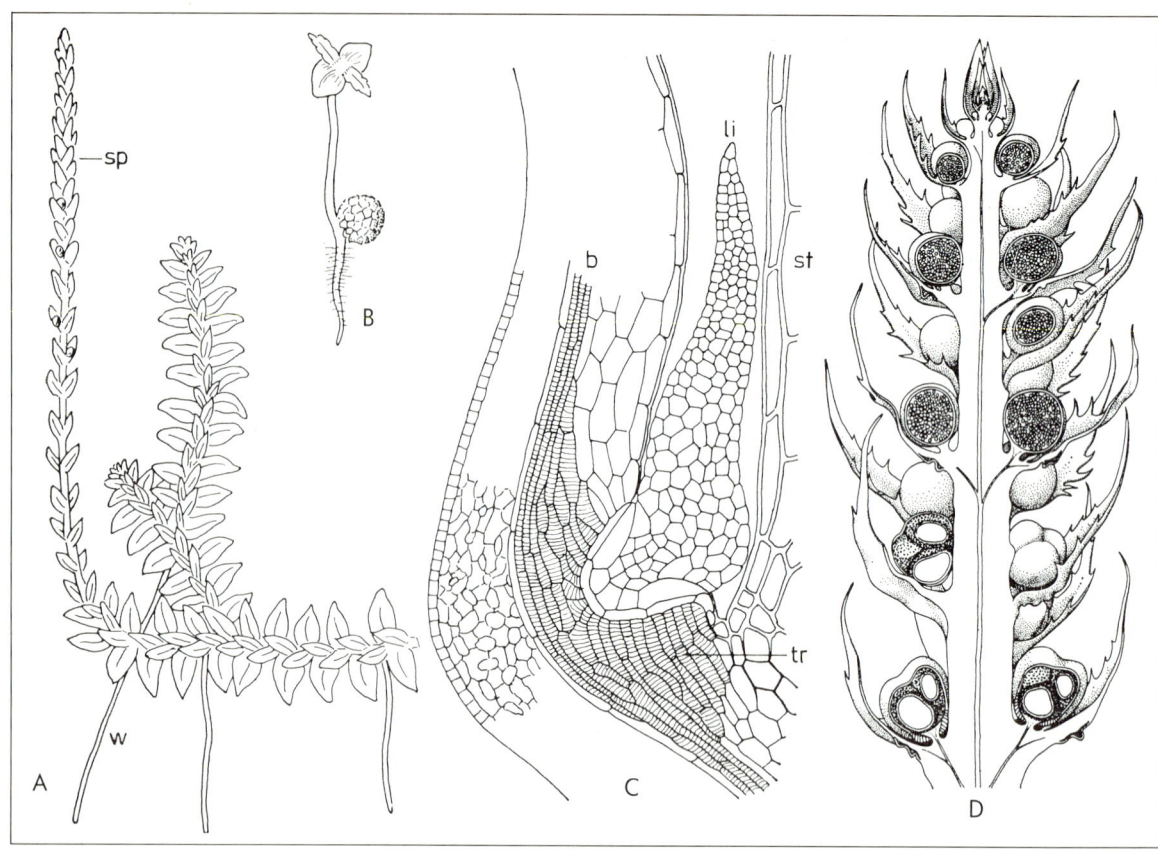

Abb. 3.2.127: *Lycopodiopsida, Selaginellales, Selaginella.* **A** *S. helvetica*, Pflanze mit Sporophyllstand (2×). **B** *S. kraussiana*, Megaspore mit Keimpflanze (10×). **C** *S. lyallii*, Längsschnitt durch die Blattbasis (250×). **D** *S. selaginoides*, Längsschnitt durch Sporophyllstand mit Megasporangien (unten) und Mikrosporangien (oben); an den median getroffenen Sporangien oberhalb ihrer Ansatzstelle ist die Ligula erkennbar (6×). b Blattbasis, li Ligula, sp Sporophyllstand, st Epidermis des Stengels, tr Tracheiden, w Wurzelträger. (A nach Luerssen; B nach Bischoff; C nach Harvey-Gibson; D nach Oberwinkler.)

schon Tracheen mit treppenförmigen Wandverdickungen vor. Die **Endodermis** des Sprosses (z.B. *S. kraussiana*) besteht aus röhrenförmigen, voneinander getrennten, mit Casparischen Streifen versehenen Zellen (**Trabeculae**).

Die Blättchen der Selaginellen tragen eine am Grunde der Blattoberseite aus der Epidermis entspringende kleine, häutige, chlorophyllfreie Schuppe, die **Ligula** (Abb. 3.2.127 C), die als Organ der Wasseraufnahme ein sehr rasches Aufsaugen von Niederschlägen durch die beblätterten Sprosse ermöglicht und bei manchen Arten durch Tracheiden mit dem Leitbündel verbunden ist.

Die **Selaginellaceae** (einzige Familie) zeichnen sich durch **Heterosporie** und sehr stark reduzierte Prothallien aus.

Die endständigen Sporophyllstände («Blüten») (Abb. 3.2.127 A, D) sind einfach oder verzweigt, vierkantig radiär oder – bei anderen Arten – dorsiventral. Jedes Sporophyll trägt nur ein aus der Blattachsel entspringendes Sporangium. Die Sporangien enthalten große **Mega**- oder kleine **Mikrosporen**; diese kommen immer nur getrennt voneinander in **Mega**- und **Mikrosporangien** vor. (Abb. 3.2.128 A, B). Beide Sorten von Sporangien treten jedoch in einem und demselben Sporophyllstand auf (Abb. 3.2.127 D). Die Geschlechtsbestimmung erfolgt also bereits in der Diplophase auf modifikatorischem Wege (**diplomodifikatorische Geschlechtsbestimmung**). In den Megasporangien gehen alle angelegten Sporenmutterzellen zugrunde bis auf eine, welche unter Reduktionsteilung die 4 großen, mit buckeliger Wand versehenen Megasporen (♀) liefert (Abb. 3.2.128 B). In den Mikrosporangien entstehen – ebenfalls unter Reduktionsteilung – zahlreiche kleine Mikrosporen (♂) (Abb. 3.2.128 A).

Die Sporangienwand besteht aus 3 Zellagen (die mittlere ist im reifen Sporangium sehr schmal); die innerste, die Tapetenschicht (Abb. 3.2.128 A t), ernährt die Sporen, ohne sich jedoch aufzulösen (**Sekretionstapetum**). Die Sporangien öffnen sich durch einen Kohäsionsmechanismus auf einer vorbezeichneten Linie, wobei die Sporen ausgeschleudert werden.

Die Mikrosporen beginnen ihre Weiterentwicklung schon innerhalb des Sporangiums. Die Spore teilt sich dabei zunächst in eine kleine linsenförmige Zelle (p in Abb. 3.2.128 C) und eine große Zelle, die nacheinander in 8 sterile Wandzellen und 2 oder 4 zentrale Zellen zerlegt wird (C). Diese Zellen stellen das Pro-

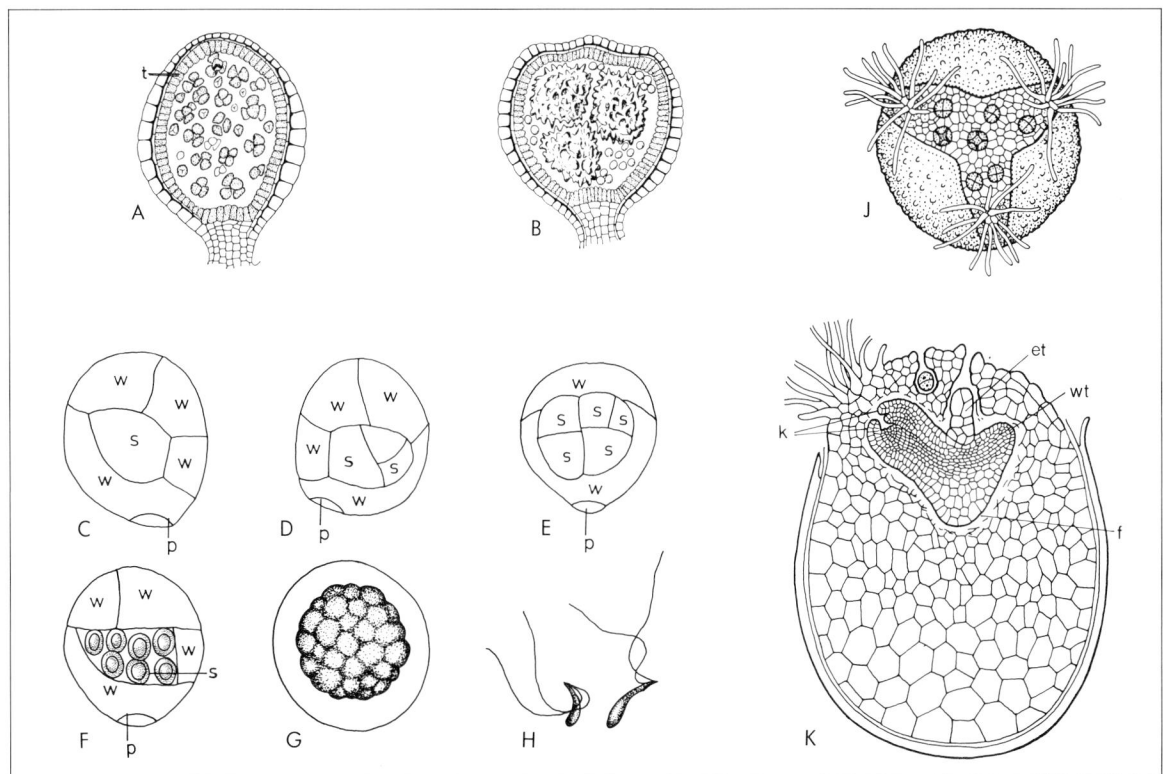

Abb. 3.2.128: *Lycopodiopsida*, A–B *Selaginella inaequalifolia*. **A** Mikrosporangium mit Mikrosporentetraden; t Tapetenzellen. **B** Megasporangium mit einer einzigen Megasporentetrade und verkümmerten Sporenmutterzellen. (70×). C–G *Selaginella stolonifera* (640×). Keimung der Mikrosporen, aufeinanderfolgende Stadien; p Prothalliumzelle, als Rhizoidzelle aufzufassen, w Antheridiumwandzellen, s spermatogene Zellen. **C, D, F** von der Seite, **E** vom Rücken. In **G** die Prothalliumzelle nicht sichtbar, die Wandzellen aufgelöst. **H** *S. cuspidata*, Spermatozoiden. (780×). J–K *Selaginella martensii*. **J** Aufgesprungene Megaspore. Prothallium mit 3 Rhizoidhöckern und mehreren Archegonien in Aufsicht (112×). **K** Längsschnitt, 2 Archegonien mit sich entwickelnden Embryonen, et Embryoträger, f Haustorium, wt Wurzelträger, k Keimblätter mit Ligula (150×). A–B nach Sachs verand.; C–H nach Belajeff; J–K nach Bruchmann.

thallium dar, das die Spore überhaupt nicht mehr verläßt. Nur die kleine linsenförmige Zelle ist als vegetativ aufzufassen und wird als funktionslose Rhizoidzelle gedeutet; die übrigen Zellen betrachtet man als ein einziges Antheridium, aus dessen von den Wandzellen (w) umschlossenen zentralen Zellen durch weitere Teilungen eine größere Anzahl von sich abrundenden Spermatiden entsteht (D–F). Die Wandzellen lösen alsdann ihre Wände auf und werden zu einer Schleimhaut, in welcher die zentrale Masse der Spermatiden eingebettet liegt (G). Die kleine Prothalliumzelle (p) bleibt hingegen erhalten. Das ganze ♂ Prothallium ist bis zu diesem Stadium noch von der Mikrosporenwand umschlossen; schließlich bricht diese auf und die aus den Spermatiden entstandenen ♂ Gameten werden als schwach gekrümmte, keulenförmige, an der Spitze mit zwei langen Geißeln versehene Spermatozoiden (H) entlassen.

Die nicht ganz so stark reduzierten weiblichen Prothallien bilden sich in den Megasporen (Abb. 3.2.128 J). Ihre Entwicklung ist bei den einzelnen Arten etwas verschieden. Der Sporenkern teilt sich frei in viele Tochterkerne, die sich in dem Wandplasma am Sporenscheitel verteilen, und nun erfolgt zunächst hier die Ausbildung von Zellwänden, später auch weiter nach unten. So wird von oben nach unten fortschreitend meistens die ganze Spore mit großen Prothalliumzellen angefüllt; zugleich beginnt aber auch in derselben Richtung die weitere Teilung dieser Zellen in kleinzelliges Gewebe. Im oberen Teil des Prothalliums werden einige wenige Archegonien angelegt.

Die Megasporenwand springt an den 3 Sporenkanten auf (Abb. 3.2.128 J); das kleinzellige, farblose Prothallium tritt etwas hervor und bildet auf 3 Gewebehöckern einige Rhizoide, die zur Aufnahme von Wasser dienen. Dann erfolgt die Befruchtung von einem oder wenigen Archegonien. Die Zygote teilt sich durch ihre erste Wand in einen zum Archegoniumhals gewendeten Suspensor (Embryoträger, K) und den eigentlichen Embryo, der sich zur Befreiung aus dem Prothallium nach außen krümmen muß (K); zunächst bleibt er im Megaprothallium eingeschlossen, das wiederum in der Megaspore steckt.

Die meisten *Selaginella*-Arten leben als Bodendecker in feuchten Tropenwäldern. Nur wenige Arten sind an trockene Standorte angepaßt, wie die mittelamerikanische *S. lepidophylla*, deren zu einer Rosette angeordnete Sprosse sich bei Trockenheit einrollen (falsche «Rose von Jericho»). Die krautigen, *Selaginella*-ähnlichen, *Selaginellites*-Arten des Carbons waren auch bereits heterospor. Sie sahen vor etwa 300 Millionen Jahren schon aus wie heutige *Selaginella*-Arten.

Abb. 3.2.129: *Lycopodiopsida, Selaginellales.* Entwicklungsschema von *Selaginella*. G Gametophyt, S Sporophyt. Haploide Phase: rote Linien, diploide Phase: schwarze Linien oder ganz schwarz. R! Reduktionsteilung. 1 Meiosporen. 2. Dsgl. nach Prothallienbildung. 3 Megaspore und Prothallium mit gekeimtem Sporophyten. 4 Sporophyt (S). 5 Sporangien. 6 Meiosporen nach ihrer Freisetzung. (Nach Harder.)

4. Ordnung: **Lepidodendrales** (Lepidophyten). Die bis 40 m hohen und bis 5 m dicken «Bärlappbäume» (Abb. 3.2.130) erreichten ihre Hauptentfaltung im Carbon (Abb. 3.2.154) und hatten an der Steinkohlenbildung wesentlichen Anteil. Ihre linealischen, schraubig angeordneten Blätter (vom Typus der Mikrophylle, die jedoch bis zu 1 m Länge erreichten) hatten ihre Spaltöffnungen in 2 Längsrillen auf ihrer Unterseite. Nach ihrem Abfall ließen sie charakteristische Narben und Blattpolster an der Stammoberfläche zurück (Abb. 3.2.130B, D). Die Bäume waren verankert mit flachstreichenden (nasser Boden!), wie der Stamm sekundäres Dickenwachstum aufweisenden, wiederholt gabelig verzweigten Wurzelträgern (A, C); ihnen entsprangen exogen sehr viele relativ schwache Wurzeln von eigentümlichem Bau (sog. Appendices), die später abbrachen und zahlreiche Narben hinterließen, weshalb die Wurzelträger Stigmarien genannt werden.

Die Blätter waren von einem einfachen, selten gegabelten Leitbündel durchzogen und hatten noch kein Palisadengewebe. Die auf der Blattnarbe neben dem Leitbündelmal in einem Paar (Abb. 3.2.130B) oder in zwei Paaren (D) erkennbaren Male kennzeichnen die Austrittstellen lacunöser, der Durchlüftung dienender Gewebestränge, die parallel zu den Blattspuren die primäre Rinde durchliefen. Die Stämme hatten Siphonostelen (Abb. 3.2.131A); ihr dünnwandiges Phloem war noch wenig differenziert. Ein nicht sehr tätiger Cambiumring bildete durch sekundäres Dickenwachstum neue Gewebe, wobei die Treppentracheiden (mit etwas abweichend gebauten Verdickungsleisten) des sekundären Holzes sehr gleichmäßige Weite hatten und mit ihren teilweise schon vorhandenen einreihigen Markstrahlen an recentes Coniferenholz erinnern (jedoch ohne Hoftüpfel und, wie bei fast allen Carbonpflanzen der Nordhalbkugel, ohne Jahresringe). Das ganze sekundäre Holz war aber offenbar für die Stabilität und Wasserleitung der Bäume unbedeutend. Die Stämme hatten auch bereits ein dem Korkcambium entsprechendes Meristem; es sonderte besonderes nach innen sehr lebhaft Zellen ab, so daß eine im Verhältnis zum Holz außerordentlich mächtige Rinde gebildet wurde (bei *Lepidodendron* bis 99% des Querschnitts(!), deshalb «Rindenbäume» genannt, Abb. 3.2.131A). Die Rinde bestand hauptsächlich aus Festigungsgewebe; sie war außerdem aber mittels der sogar nach dem Blattabfall noch längere Zeit erhalten bleibenden Ligulae wohl auch mit an der Wasserversorgung beteiligt.

Die Stämme der **Sigillariaceae**, Siegelbäume (Abb. 3.2.130A), waren mit Längsreihen mehr oder weniger sechseckiger Blattpolster (B) bedeckt (beim sekundären Dickenwachstum vergrößerten diese sich durch Dilatation). Ihre bis 1 m langen und bis 10 cm breiten, einfachen Blätter standen schopfig gehäuft am Ende der säulenförmigen, unverzweigten oder nur wenig gegabelten Stämme. Im unteren Teil der Krone hingen an sehr kurzen Seitenzweigen die mächtigen Sporophyllzapfen.

Bei den **Lepidodendraceae**, den Schuppenbäumen (Abb. 3.2.130C), saßen die schraubig angeordneten, bis einige Dezimeter langen Blätter auf rhombischen Blattpolstern (D). Ihre Stämme waren reich dichotom verzweigt und trugen endständig an den Zweigen bis ¾ m lange, äußerlich Coniferenzapfen ähnliche Sporophyllzapfen (C, E), deren sehr zahlreiche, schuppenförmig verbreiterte und schraubig-dachziegelig angeordnete Sporophylle schützend ihre Sporangien deckten. Die Lepidodendren waren fast ausnahmslos heterospor und hatten im Megasporangium teilweise nur eine einzige, bis über 6 mm dick werdende Megaspore; bei gewissen Vertretern (*Lepidostrobus major*) war diese mit der Sporangienwand teilweise verwachsen, so daß die Prothalliumbildung im Innern des Sporangiums stattfinden mußte. Die Prothallien waren denen der Selanginellaceen ähnlich (Abb. 3.2.131B).

Von hohem Interesse sind einige carbonische *Lepidodendrales* (*Miadesmia*, krautig, *Selaginella*-ähnlich; *Lepidocarpon*, baumförmig) mit samenähnlichen Gebilden; man kann sie danach, obgleich sie wohl kaum näher verwandt miteinander sind, als «**Lepidospermae**» zusammenfassen.

Das Megasporophyll legt sich bei diesen Samenbärlappen als eine Hülle rings um das Sporangium (Abb. 3.2.131Cj); sie war am Scheitel offen und konnten hineinstäubende Mikrosporen aufnehmen, von denen aus dann in noch unbekannter Weise die Befruchtung innerhalb des in der einzigen vorhandenen Megaspore gebildeten Prothalliums (p) stattfand. Das ganze Organ blieb auf der Mutterpflanze sitzen und entwickelte sich hier zu einem Samen, an dessen Schalenbildung außer der Me-

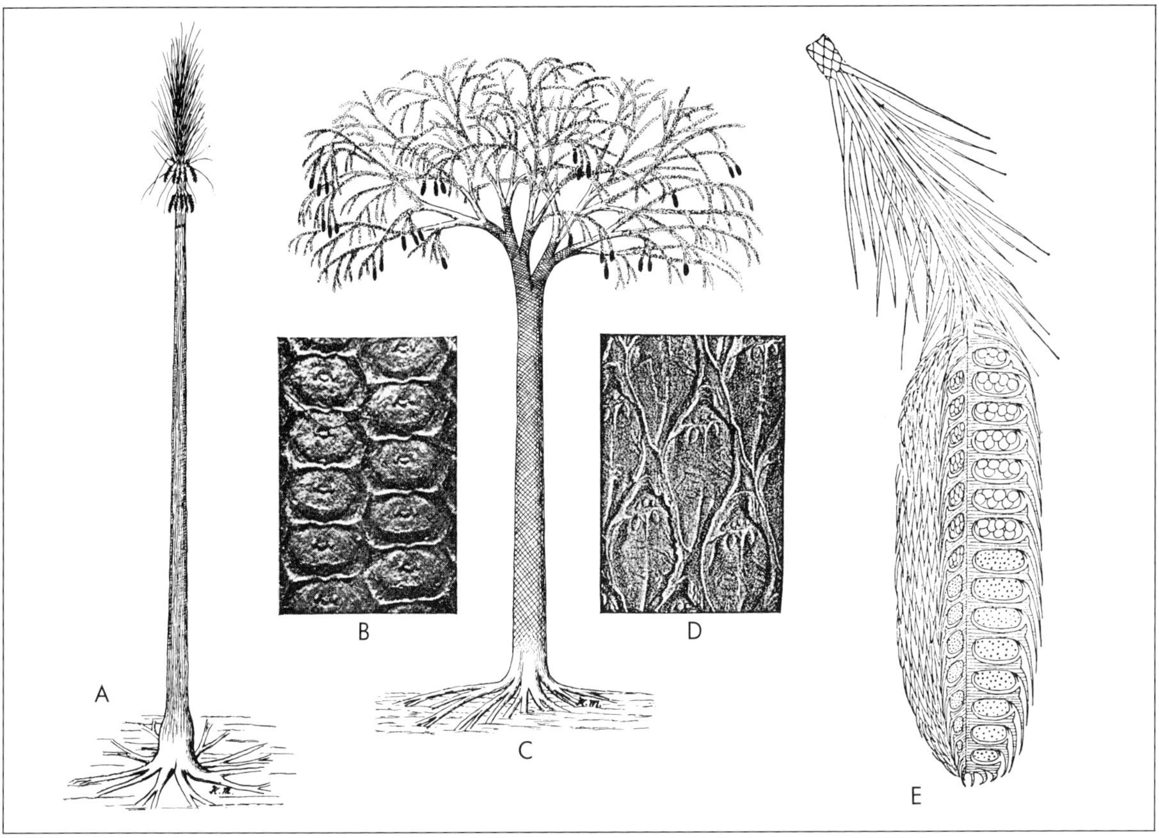

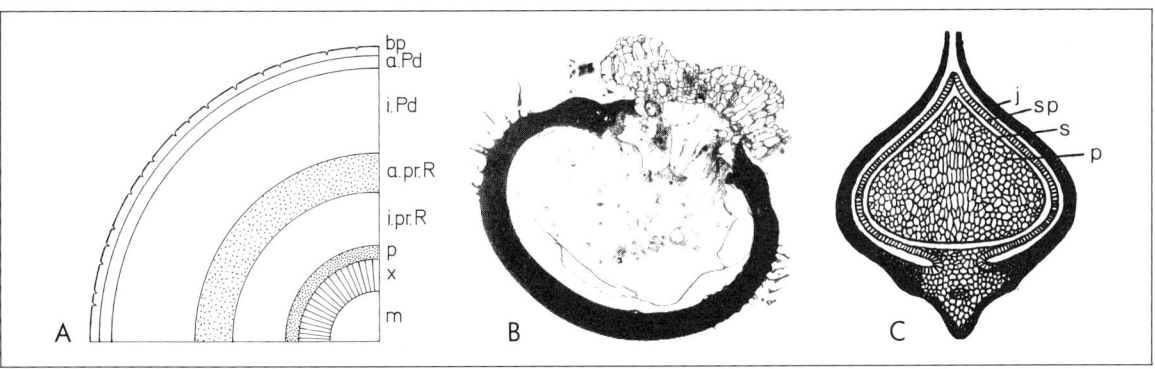

Abb. 3.2.130: *Lycopodiopsida, Lepidodendrales* A, B *Sigillaria*, C–E *Lepidodendron*. **A** *Sigillaria*, Rekonstruktion ($^1/_{80}$×). **B** Blattpolster (2,5×). **C** *Lepidodendron*, Rekonstruktion ($^1/_{200}$×). **D** Blattpolster (nat. Gr.) **E** Sporophyllzapfen (nat. Gr.). (A–C, E nach Mägdefrau; D nach Stur.)

Abb. 3.2.131: *Lycopodiopsida, Lepidodendrales, Lepidodendron.* **A** Stammquerschnitt (Schema). bp Blattpolster; a.Pd äußeres, i.Pd inneres Periderm; a.pr.R. äußere, i.pr.R. innere primäre Rinde; p Phloem; x Xylem; m Mark. **B** *Bothrostrobus mundus.* Längsschliff durch eine Megaspore mit Prothallium (35×). **C** *Lepidocarpon lomaxi.* Längsschliff durch Megasporangium, p Prothallium. s Sporenwand. sp Sporangienwand, j Hülle (8×). (A nach Hirmer; B nach McLean; C nach Scott.)

gasporangienwand auch die Hülle beteiligt war. Die Megasporophylle waren zapfenartig angeordnet, so daß S a m e n z a p f e n entstanden, die den heutigen Gymnospermen ähnelten. Die

5. Ordnung **Isoetales** ist recent durch die Familie der **Isoetaceae** mit 2 Gattungen vertreten. Die etwa 60 Arten von *Isoetes*, die Brachsenkräuter (Abb. 3.2.132), sind teils untergetaucht, teils auf feuch-

tem Boden lebende ausdauernde Kräuter mit knolliger, gestauchter, selten dichotom gegabelter Achse, die ein hohes Alter erreichen können.

Der Achse entspringen aus 2–3 Längsfurchen Reihen von dichotom verzweigten Wurzeln und oben lange pfriemenförmige, eine Rosette bildende Blätter (bei bestimmten Arten bis zu 1 m lang!).

Die von 4 Luftkanälen durchzogenen Blätter sind auf der

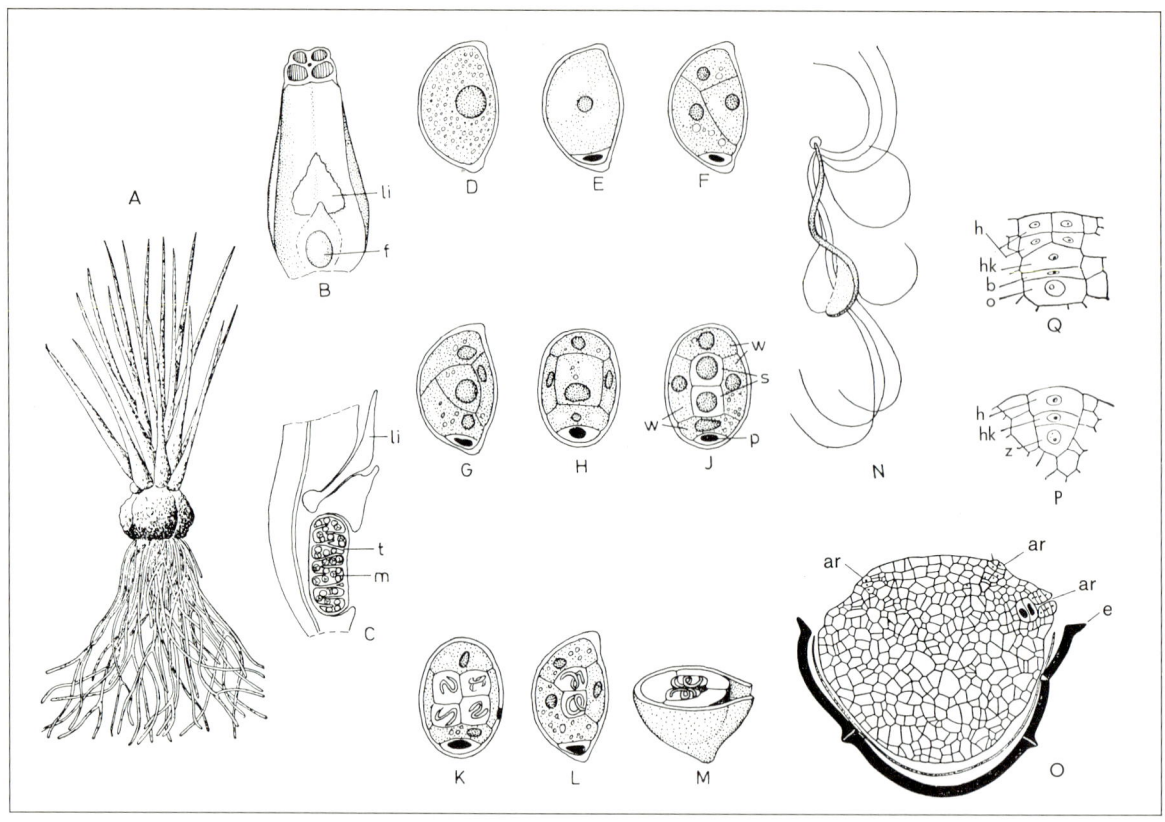

Abb. 3.2.132: *Lycopodiopsida, Isoetales.* A–C *Isoetes lacustris,* D–M *I. setacea,* N *I. malinverniana.* O *Stylites andicola,* P–Q *Isoetes echinospora.* **A** Ganze Pflanze (½×). **B** Basaler Blattabschnitt mit Ligula und Fovea (2×). **C** Desgl., Längsschnitt (4×). **D–M** Mikroprothallienentwicklung mit Spermatozoidbildung (500×). **N** Spermatozoid (1100×). f Fovea, li Ligula, m Mikrosporen, p Prothalliumzelle, s spermatogene Zellen, t Trabeculae, w Wandzellen. **O–P** Megaprothallium. **O** ♀ Prothallium, in den aufgeplatzten Sporenhüllen mit Archegonien (ar), das rechte mit Bauchkanal- und Eizelle; e Exine, darin die Intine (60×). **P, Q** Entwicklung des Archegoniums aus einer Oberflächenzelle, h Halswandzellen, hk Halskanalzelle, z Zentralzelle; sie liefert: b Bauchkanalzelle, o Eizelle (250×). (A–C nach Wettstein, D–M nach Liebig, N nach Belajeff, O nach Rauh & Falk; P, Q nach Campbell.)

Oberseite ihres verbreiterten Grundes mit einer länglichen, grubenartigen Vertiefung («Fovea») versehen. Die meisten Blätter sind Sporophylle mit je einem Sporangium in der Fovea; lediglich die innersten Blätter der Rosette sind steril, ohne daß Formenunterschiede bestehen. Über der Fovea ist die Ligula als dreieckiges Häutchen mit eingesenkter Basis eingefügt (Abb. 3.2.132 B, C).

An den äußeren Blättern der Rosette bilden sich Megasporangien mit zahlreichen Megasporen, an den nach innen folgenden jüngeren Blättern Mikrosporangien mit jeweils sehr vielen Mikrosporen. Die Sporangienwand wird nach innen von einem Sekretionstapetum begrenzt. Die Prothallien sind äußerst stark reduziert und werden in den Mikro- (♂) bzw. Megasporen (♀) gebildet. Die ♂ Prothallien zeigen während ihrer frühen Entwicklung eine auffallende Ähnlichkeit zu denen in den Sporen von *Lycopodium* (Abb. 3.2.124 A). Im übrigen gleichen sie den Mikroprothallien von *Selaginella*, entlassen aber nur 4 schraubig gewundene Spermatozoiden, die am vorderen Ende mit einem Geißelbündel besetzt sind. Auch das ♀ Prothallium (Abb. 3.2.132 O; hier die verwandte Gattung *Stylites*) wird ähnlich wie bei *Selaginella* gebildet und füllt die ganze Megaspore aus. Es entwickelt einige wenige Archegonien an einer Stelle, wo die Sporenwand reißt. Dem in Megaprothallium und Megaspore sich entwickelnden Embryo fehlt ein Suspensor.

Bei der einzigen weiteren, stammesgeschichtlich wohl älteren Gattung *Stylites* (2 Arten in Peru) wird das mit Blattnarben bedeckte Stämmchen größer (15 cm); es hat nur eine Längsfurche mit Wurzeln und stärkere Neigung zu dichotomer Verzweigung.

Die in den Familien **Pleuromeiaceae** und **Nathorstianaceae** zusammengefaßten ausgestorbenen Vertreter der *Isoetales* waren wesentlich größer als die heute lebenden Arten. Dies gilt in beschränktem Maße für *Nathorstiana* aus der Unterkreide und ausgeprägter für *Pleuromeia* aus dem Buntsandstein; bei ihr erreichten die etwa armdicken, unverzweigten Stämme (mit kurzen Blättern und einem endständigen, heterosporen Sporophyllzapfen) 2 m Höhe. Die heutigen Isoeten stehen am Ende einer Entwicklungsreihe, die von den relativ langblättrigen und wenig oder gar nicht verzweigten, jedoch viel größeren Sigillarien *(Lycopodiales)* ausgeht und sich mit *Pleuromeia, Nathorstiana* sowie mit der recenten *Stylites* unter zunehmender Stauchung des Stammes fortsetzt.

Nach dem bisher Dargelegten lassen sich die recenten Vertreter der *Lycopodiopsida* vielfach mit ausgestorbenen Formen in Verbindung bringen. Sie waren besonders im Carbon mit zahlreichen baumförmigen Gattungen wesentlich stärker entwickelt als in der Jetztzeit (vgl. Abb. 3.2.154) und hatten vereinzelt (Lepidospermae) die Organisationsstufe der Samenbildung erreicht. Die Unvollkommenheit ihrer Wasserleitungsbahnen und der Wasseraufnahme mag dazu beigetragen haben, daß die baumförmigen Vertreter mit dem Trockenerwerden des Klimas am Ende des Paläozoikums ausstarben bzw. durch das Aufkommen von Typen mit vollkommeneren Leitungssystemen (z.B. die *Cordaitidae*) verdrängt wurden (vgl. Abb. 3.2.154). Die krautigen Bärlappe und die Moosfarne haben sich dagegen durch die rund 300 Millionen Jahre bis zur Gegenwart so gut wie unverändert erhalten («persistente Typen»). Im gegenwärtigen Landschaftsbild spielen sie allerdings keine Rolle mehr, während die Bärlapp-Bäume zusammen mit den Calamiten (s.S. 681) und einigen Farnbäumen (s.S. 687) die Physiognomie des Steinkohlenwaldes (Abb. 4.4.1) beherrschten.

Die nun folgende Klasse (IV) unterscheidet sich von der vorigen in mehreren Merkmalen: Die Sporophylle sind von den Trophophyllen deutlich verschieden. Bei den recenten Arten sitzen die Sporangien zu mehreren an tischchenförmigen Sporangienträgern, keinesfalls in den Achseln von Blättern. Die Sporangien besitzen ein Plasmodialtapetum (bei den *Lycopodiopsida* Sekretionstapetum). Der Sproß ist in Knoten mit wirtelig angeordneten Blättern und Internodien gegliedert.

IV. Klasse: Equisetopsida (= Sphenopsida), Schachtelhalmgewächse

Als gemeinsame Merkmale der Schachtelhalmgewächse lassen sich anführen: ihre im Vergleich zum Stamm kleinen Blätter (Mikrophylle), die im Gegensatz zu den übrigen Pteridophyten in Wirteln angeordnet sind. Der meist wirtelförmig verzweigte Stamm ist deutlich in Nodi und lange Internodien gegliedert (Abb. 3.2.135 A, B). Die Sporophylle sind stets von den assimilierenden Blättern verschieden; sie haben meist die Form eines zentral gestielten Schildchens, an dessen Unterseite eine Vielzahl von Sporangien hängt, und sind zu zapfenförmigen, endständigen Ähren (= «Blüten») vereinigt.

Zur morphologischen Einförmigkeit der heutigen Schachtelhalme (Abb. 3.2.133 E, K) steht die Formenfülle der fossilen *Equisetopsida* in auffälligem Gegensatz. Völlig ausgestorben sind die Vertreter der

1. Ordnung: **Sphenophyllales**, Keilblattgewächse. Ihre fossilen Reste aus dem Paläozoicum (vom Oberdevon bis Perm) zeichnen sich durch (meist sechszählige) Quirle noch gabelteiliger oder zu keilförmigen Flächen mit vielen Gabelnerven verwachsener Blätter aus (Abb. 3.2.134 A). Die Sphenophyllen waren krautige, etwa 1 m lang werdende, wohl als Spreizklimmer lebende Pflanzen, im Habitus unseren heutigen *Galium*-Arten vergleichbar. Die dünnen, langgliedrigen, wenig verzweigten Stengel wurden von einem triarchen Leitbündel mit Sekundärzuwachs (Netz- und Hoftüpfeltracheiden) durchzogen (B). Die ziemlich wickelig gebauten Sporophyllstände waren bei manchen Arten isospor, bei anderen heterospor.

2. Ordnung: **Equisetales**. Sie bilden die vom Devon-Ende bis zur Jetztzeit verbreitete Hauptgruppe der Klasse und sind gekennzeichnet durch einen zentralen Markhohlraum, der von einem Kranz collateraler Leitbündel umgeben ist, an die sich bei den baumförmigen paläozoischen Vertretern Sekundärholz anschließt.

Die **Equisetaceae**, Schachtelhalmgewächse, leben heute nur noch in einer einzigen Gattung, *Equisetum*, deren sämtliche (32) Arten in den Grundzügen ihres Baues und ihrer Entwicklung übereinstimmen.

Aus einem im Boden oft in beträchtlicher Tiefe kriechenden ausdauernden Erdsproß entspringen aufrechte Luftsprosse oder «Halme» mit Scheitelzelle (Abb. 1.2.3 A, B u. S. 132) von meist nur einjähriger Lebensdauer. Sie bleiben entweder einfach oder verzweigen sich in wirtelige Äste zweiter, dritter usw. Ordnung (Abb. 3.2.133).

Die gerieften Achsen sind aus gestreckten Internodien zusammengesetzt. An den Knoten sitzen, durch diese Internodien voneinander getrennt, Wirtel (s.S. 174) von zugespitzten zähnchenförmigen Mikrophyllen, die mit einem Leitbündel versehen und an ihrer Basis zu einer den Stengel umschließenden Scheide verwachsen sind (Abb. 3.2.133 E). Die Internodien sind an ihrem Grunde, wo sie intercalar wachsen, von diesen Scheiden umhüllt. In den Knoten befindet sich jeweils ein geschlossener Leitbündelring mit Innenxylem und Außenphloem (Siphonostele). Die Internodien zeigen diesen Ring aufgegliedert in Leitbündelstränge, welche in Parenchym eingebettet sind (Eustele; L).

An einem Knoten finden sich nacheinander jeweils unten Anlagen der Seitenzweige und darüber die aus Protoxylem bestehenden Blattspurstränge; letztere treten an dem nächstoberen Knoten in die Blätter aus. Die Leitbündel samt ihren Blattspursträngen sind in den aufeinander folgenden Internodien versetzt angeordnet (wie in Abb. 3.2.134 E). Die Seitenzweige brechen zwischen den Blättern quer durch die Scheiden nach außen hervor.

Bei der geringen Größe der Blattspreiten, die bald ihr Chlorophyll verlieren, übernehmen die grünen Halme die Assimilation. Die collateralen (s.S. 152) Leitbündel sind sehr xylemarm. Die ältesten Xylemteile schwinden bald und weichen Interzellulargängen, die im Sproßquerschnitt als Kreis sog. Carinalhöhlen erscheinen (Abb. 3.2.133 L). Auch im ausgedehnten Mark entsteht ein großer, luftführender Interzellularraum (Zentralkanal) und ebenso in der Rinde ein Kreis der sog. Vallecularkanäle (unter den Oberflächenrinnen des Stengels). Nach innen wird die Rinde meist durch eine 1- bis 2schichtige Endodermis mit Casparischen Streifen begrenzt.

Die äußeren Zellwände der Stengelepidermis sind bei den Schachtelhalmen mehr oder weniger stark mit Kieselsäure imprägniert (daher früher als «Zinnkraut» zum Putzen metallener Gefäße verwendet). In den Furchen zwischen den Rippen liegen die Spaltöffnungen, immer je 2 nebeneinander in Längsreihen geordnet. Sie zeigen den übrigen Pflanzen fehlende Eigentümlichkeiten: die Schließzellen werden von ihren Nebenzellen vollständig überdeckt; bei steigendem Turgor runden sich die Schließzellen ab, wobei sich die Bewegung durch Vermittlung von Verdickungsleisten der Grenzwände auf die Nebenzellen überträgt und die Spalten geöffnet werden.

Die Sporangien werden von besonders gestalteten Sporangiophoren erzeugt. Diese sind in mehreren alternierenden Quirlen an den Enden der Sprosse infolge starker Internodienverkürzung zu zapfenförmigen Sporophyllständen («Blüten») vereinigt (Abb. 3.2.133 E). Die Sporophylle selbst haben die Form eines einbeinigen Tischchens, an dessen Unterseite 5–10 sackförmige Sporangien sitzen (F, G); ihre Leitbündel sind konzentrisch.

Das sporenbildende Gewebe ist im jüngeren Sporangium von einer mehrschichtigen Wandung umgeben. Deren innerste Lage (Plasmodialtapetum) bildet unter Wandauflösung der Zellen ein Periplasmodium, das zwischen die sich abrundenden Sporen eindringt und für die Ausgestaltung der

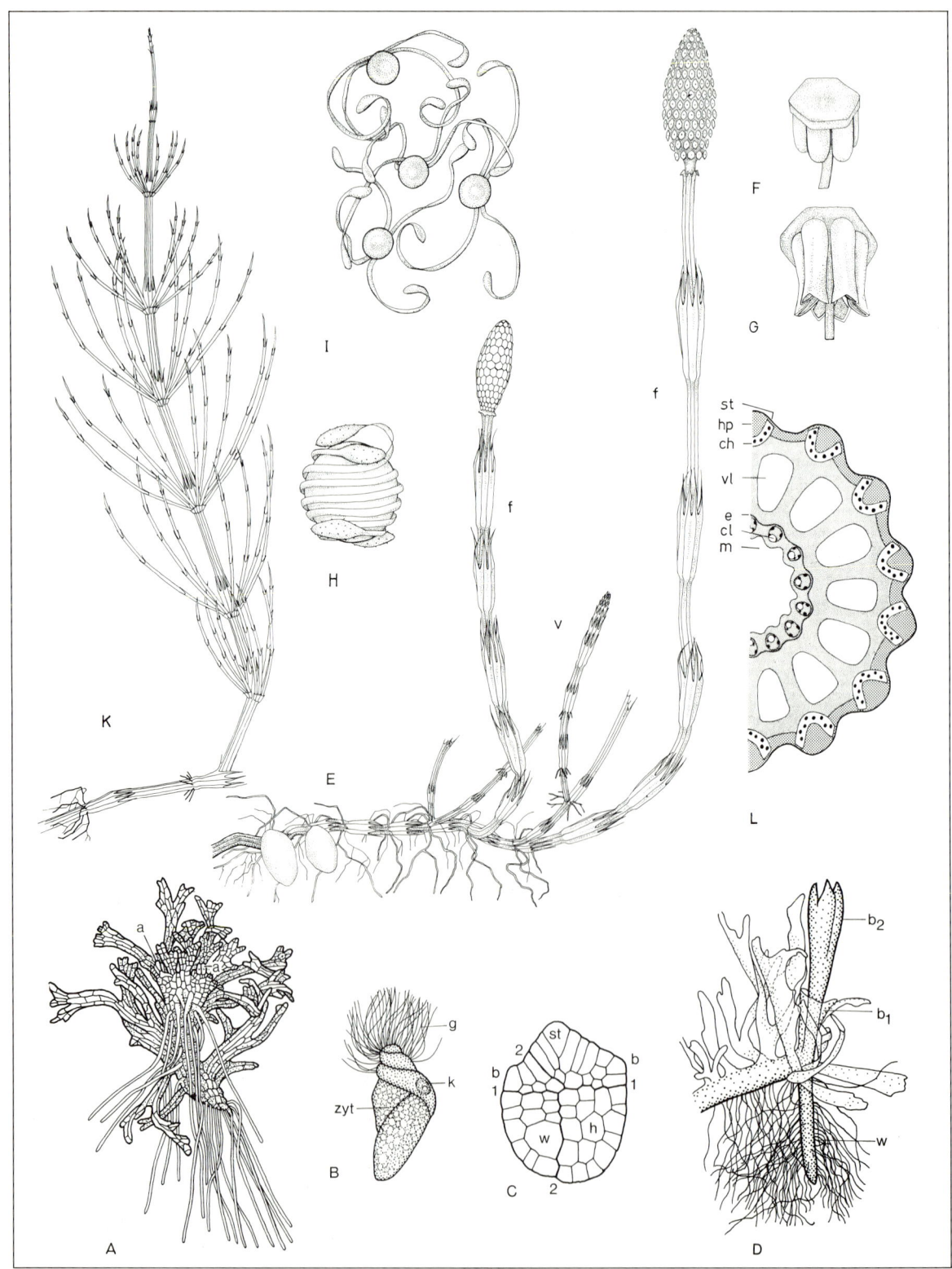

Sporenwand aufgebraucht wird. So bleiben bei der Reife nur die 2 äußeren Zellschichten als definitive Wandung des Sporangiums erhalten; die Zellen der Epidermis haben Verdickungen in Form von Ringfasern und Schrauben. Die Sporangien springen mit einem Längsriß an der Innenseite auf, und zwar durch den Kohäsionszug des schwindenden Füllwassers in den Wandzellen (vgl. S. 468).

Das geöffnete Sporangium der recenten *Equisetum*-Arten entleert zahlreiche grüne Meiosporen mit eigenartig gebauter Wand. Der aus Endospor und Exospor zusammengesetzten eigentlichen Sporenwand wurde zuvor vom Periplasmodium ein mehrschichtiges Perispor aufgelagert. Dessen äußerste Schicht besteht aus 2 schmalen, parallel laufenden, im feuchten Zustande schraubig um die Spore gewundenen, an ihren Enden spatelförmigen Bändern (Hapteren; Abb. 3.2.133 I, H). Beim Austrocknen der Sporen rollen sich die Hapteren ab, bleiben aber an einer Stelle in ihrer Mitte miteinander und mit dem Exospor verbunden (I); sie strecken sich dabei aus, legen sich bei Zutritt von Feuchtigkeit aber wieder zusammen (vgl. S. 467) und mögen durch ihre hygroskopischen Bewegungen dazu dienen, die Sporen nicht nur auszubreiten, sondern auch gruppenweise zu verketten; dementsprechend wachsen die Gametophyten vielfach in dichten Gruppen nebeneinander. Die Sporen sind nur einige Tage keimfähig.

Die Meiosporen sind sämtlich von gleicher Beschaffenheit und keimen zu thallosen, stark gelappten, grünen Prothallien aus (Abb. 3.2.133 A).

Die Prothallien stellen ziemlich reichlich verzweigte, dorsiventrale, krause Lappen dar, die monöcisch oder diöcisch sein können. Die Geschlechtsbestimmung der potentiell bisexuellen Prothallien erfolgt phänotypisch durch äußere Faktoren. Unter Mangelbedingungen entstehen vornehmlich ♂ Gametophyten. Die Geschlechtsreife tritt in nur 3- bis 5wöchiger Entwicklung ein, offenbar so rasch, um die hinsichtlich des Wasserhaushaltes und gegenüber der Konkurrenz von Moosen empfindliche Gametophytenphase bald zu beenden. Die ♂ Gametophyten sind im Gegensatz zu den ♀ durch Carotinoide stark pigmentiert, eine Erscheinung, die auch von Moosen (hier an den Antheridienwand) und Pilzen (hier ♂ Gameten bei *Allomyces* s. S. 561) bekannt ist und als Schutz vor mutagener Strahlung gedeutet wird.

Die Antheridien sind in das Prothallium eingesenkt, die Archegonien ragen aus seiner Oberfläche heraus. Die schraubenförmigen Spermatozoiden entstehen zu ca. 250 bis 1000 je Antheridium und besitzen zahlreiche Geißeln (Abb. 3.2.133 B).

Bei der Teilung der Zygote werden durch die erste Wand (Basalwand, 1-1 in Abb. 3.2.133 C) Hälften gebildet, von denen – im Gegensatz zu *Lycopodium* (Abb. 3.2.124 D) – beide nach weiteren Teilungen (Quadranten, Oktanten) an der Bildung des Embryos beteiligt sind; ein Suspensor wird nicht entwickelt. Die ersten Blätter treten am Sproßpol gleich in einem Quirl angeordnet auf und umwallen ringförmig den Stammscheitel, der mit dreischneidiger Scheitelzelle weiterwächst (Abb. 1.2.3 A). Die Anlage der ersten Wurzel liegt seitlich zur Längsachse (Abb. 3.2.133 C); sie durchbricht das Prothallium nach unten (Abb. 3.2.133 D).

Die meisten Arten der von den Tropen bis in die kalten Zonen verbreiteten Gattung *Equisetum* bevorzugen feuchte Standorte. Das südamerikanische *E. giganteum* und einige andere tropische Vertreter erreichen als Spreizklimmer bis zu 12 m Länge, während unsere heimischen Arten maximal 2 m *(E. telmateia)* hoch werden.

Bei *Equisetum arvense*, dem Acker-Schachtelhalm (Abb. 3.2.133), sowie anderen, ebenfalls ihre oberirdischen Teile im Winter einziehenden Arten werden seitliche kurze Erdsproßäste zu rundlichen, reservestoffhaltigen Überwinterungsknollen; es gibt aber auch immergrüne Arten (z. B. *E. hyemale*).

Bei gewissen Schachtelhalm-Arten bleibt ein Teil der Halme steril und verzweigt sich reichlich, andere Halme tragen an ihren Enden die «Blüten» und verzweigen sich dann später und sparsamer oder überhaupt nicht in unfruchtbare Seitenzweige (Abb. 3.2.133 E, K).

Die folgenden beiden Familien sind vollständig erloschen. Die nur im Untercarbon vorkommenden Arten der **Archaeocalamitaceae** trugen gabelteilige Blätter (Abb. 3.1.135 A), die entsprechend den an den Knoten geradlinig durchlaufenden Leitbündeln in superponierten Quirlen standen.

Die **Calamitaceae** unterscheiden sich von den *Equisetaceae* durch folgende Merkmale: An den reproduktiven Achsen wechseln Wirtel von schildförmigen Sporangiophoren und lanzettlichen Bracteen miteinander ab (Abb. 3.2.135 C). Neben isosporen Arten gab es auch heterospore (D). Die Sporen besaßen keine Hapteren. – Die im Obercarbon und Perm weitverbreitete Gattung *Calamites* (Abb. 3.2.134 C) bildete einen wichtigen Bestandteil der Steinkohlenwälder und hatte mit den Lepidodendren und Sigillarien einen wesentlichen Anteil an der Kohlebildung. Manche Arten erreichten 30 m Höhe und infolge der mächtigen Sekundärholzbildung einen Durchmesser bis zu 1 m (C, D), jedoch – wie *Equisetum* – mit einer großen zentralen Markhöhle (Röhrenbäume). Die Stämme waren bei den meisten Arten wirtelig verzweigt, bei einigen jedoch unverzweigt. Die Leitbündel gabelten sich (ebenso wie bei *Equisetum*) am oberen Ende des Internodiums; je zwei Gabeläste benachbarter Bündel schließen sich zu einem Bündel des nächstoberen Internodiums

Abb. 3.2.133: *Equisetopsida, Equisetaceae, Equisetum.* **A** ♀ Prothallium von der Unterseite, mit Archegonien a. (17×). **B** Spermatozoid: k Kern, g Geißeln, zyt Cytoplasma. (1250×). **C** Embryo; 1, 2 Quadrantenwände; aus der über der Basalwand 1 liegenden Hälfte der Stamm st und der erste Blattquirl b, aus der unteren Hälfte die Wurzel w und das Haustorium h. (165×). **D** ♀ Prothallium mit Keimpflanze (diese dunkler gezeichnet) von der Seite. b₁, b₂ die ersten Blattwirtel, w Wurzel. E–L *Equisetum arvense*. **E** Fertile Halme (f), dem knollentragenden Erdsproß entspringend, mit vegetativem Halm (v) noch in der Knospe. (½×). **F** und **G** Sporophylle mit Sporangien, in G aufgesprungen. (6×). **H** Spore mit den beiden Schraubenbändern (Hapteren) des Perispors. (360×). **I** Sporen mit den im trockenen Zustand ausgebreiteten Sporenbändern, schwächer vergrößert als H. (100×). **K** unfruchtbarer, vegetativer Halm. (½×). **L** Stengel quer. m lysigene Markhöhle, e Endodermis, in den Leitbündeln schwarz das Xylem und cl Carinalkanal, vl Vallecularkanal, hp Sclerenchymstränge in den Riefen und Rippen, ch Chlorophyllführendes Gewebe der Rinde, st Spaltöffnungsreihe. (16×). (A, D nach Goebel; B nach Sharp; C nach Sadebeck; E–K nach Schenck; L Orig.)

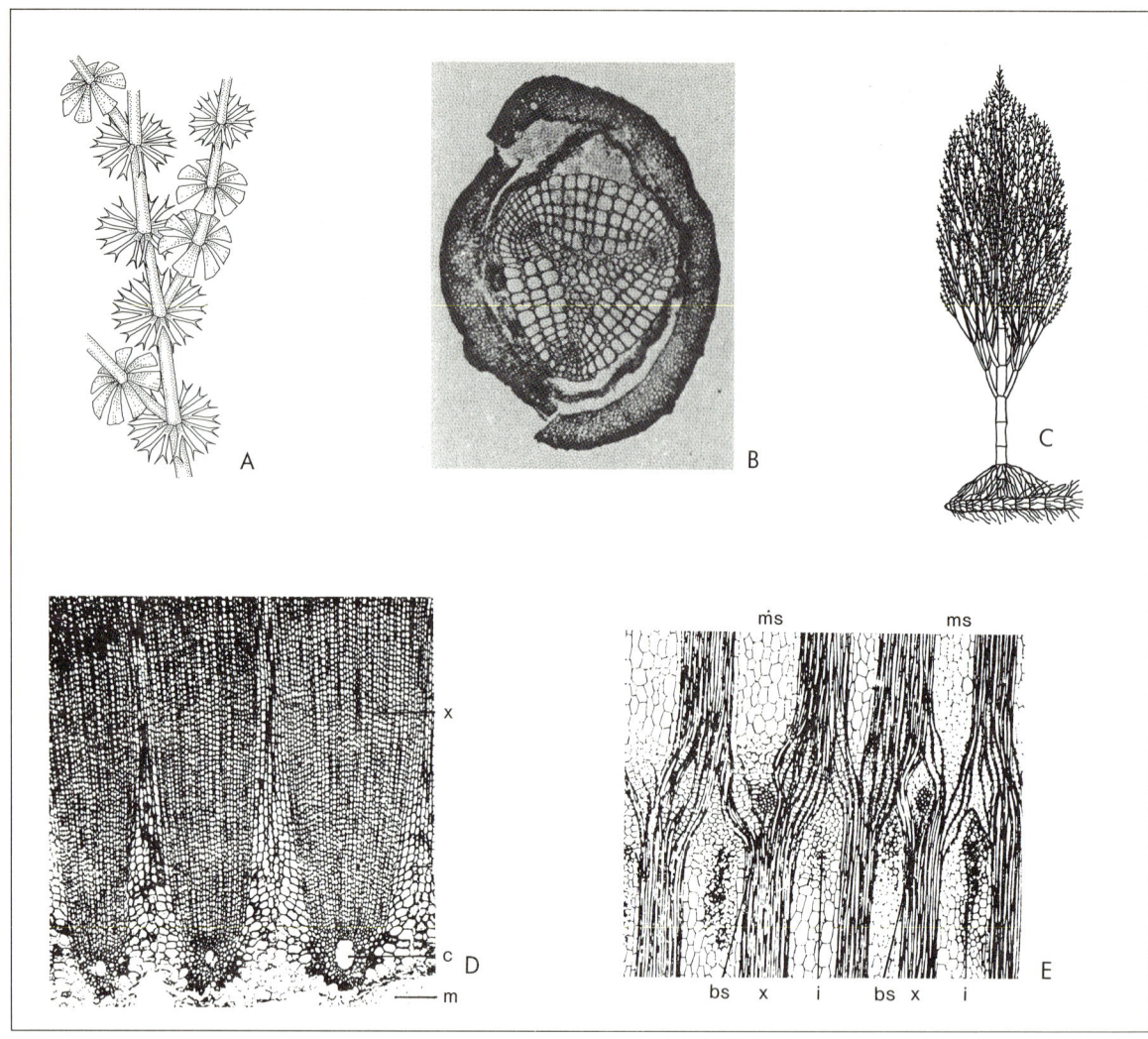

Abb. 3.2.134: A–B *Sphenophyllales, Sphenophyllum*. **A** *Sph. cuneifolium*, Sproßstück mit gabelteiligen und ungeteilten Blättern (1/3 ×). **B** *Sph. plurifoliatum*, Querschliff durch Sproßachse; innen dreieckiges Primärxylem mit drei Protoxylemgruppen, rings umgeben von Sekundärxylemen (7 ×). C–E *Equisetales, Calamitaceae*. **C** *Calamites carinatus*. Rekonstruktion (1/200 ×). D–E *Arthropitys communis*. **D** Querschliff durch einen Teil des Holzkörpers (10 ×). c Carinalkanal, m Mark, x Sekundärxylem. **E** Tangentialschliff durch jungen Sproß (10 ×). bs Blattspur, i Infranodalkanal, ms Markstrahl, x Xylem. (A, C nach Hirmer; B nach Mägdefrau; D nach Knoell, E nach Scott.)

zusammen, während ein drittes Bündel als Blattspurstrang nach außen führt (E). Radial verlaufende, durch Auflösung dünnwandiger Zellen entstandene «Infranodalkanäle» dienten wohl der Durchlüftung. Die Blätter (Abb. 3.2.135B) waren einfach, lanzettlich und einaderig; an der Blattspitze befand sich – wie an den Guttationstropfen ausscheidenden Blattzähnchen der lebenden Schachtelhalme – eine Hydathode. Entsprechend der Alternanz der Primärbündel in den aufeinanderfolgenden Internodien standen die Blätter in alternierenden Quirlen.

Die Klasse der *Equisetopsida* hatte ihre Hauptentwicklungszeit im Paläozoikum und ist bis auf die einzige Gattung *Equisetum* ausgestorben (vgl. Abb. 3.2.154). Auch diese stellt nur noch Überreste ehemals stärkerer Entwicklung dar; denn im Mesozoikum gab es auch von *Equisetites* Baumformen mit sekundärem Dickenwachstum. Unsere heutigen Equiseten sind also nur Relikte, die wir jedoch nicht etwa an die heterosporen Vertreter des Paläozoikums anschließen dürfen; denn Heterosporie kann stets nur aus Isosporie abgeleitet werden, nicht umgekehrt. Die recenten Schachtelhalme müssen also schon aus frühen, noch isosporen Formen hervorgegangen sein. Manche der ausgestorbenen Formen *(Calamites, Sphenophyllum)* waren zwar heterospor, bis zur Samenbildung – wie die *Lepidospermae* – haben es die *Equisetopsida* aber, soweit bekannt, nicht gebracht.

Die Vertreter der letzten Klasse (V) sind mit großen, oft geteilten Megaphyllen ausgestattet, die auch «Wedel» genannt werden. Die ursprünglich terminal angeordneten Sporangien sitzen bei den abgeleiteten Formen am Blattrand oder auf der Blattunterseite. Sprosse, Wurzeln und Blätter wachsen – wie in der

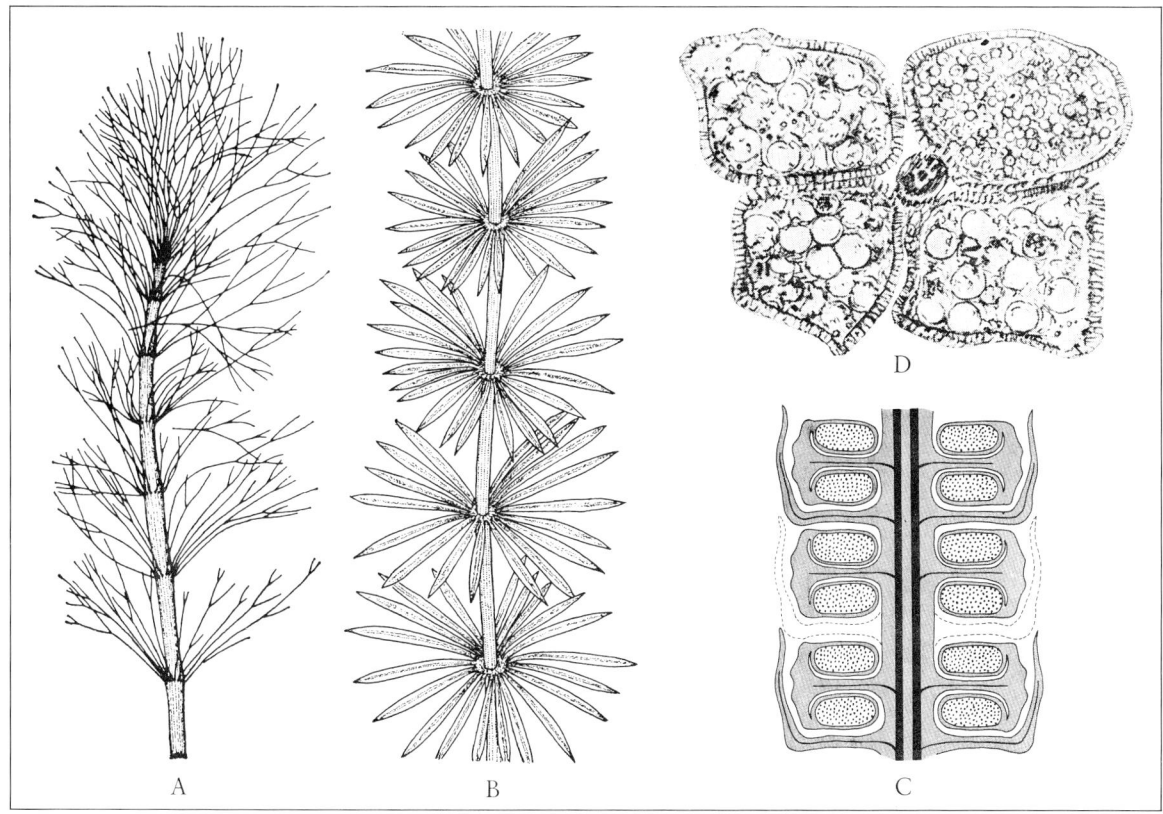

Abb. 3.2.135: *Equisetales, Archaeocalamitaceae* (A) und *Calamitaceae* (B–D). **A** *Archaeocalamites radiatus* (⅓×). **B** *Annularia stellata* (½×). **C** *Calamostachys binneyana*, Sporangienstand im Längsschliff, mit sterilen Blättern (4×). **D** *Calamostachys caseana*, Tangentialschliff durch Sporangienträger, der 3 Megasporangien und 1 Mikrosporangium trägt (22×). (A, B nach Stur; C nach Hirmer, veränd.; D nach Williamson & Scott.)

vorigen Klasse der *Equisetopsida* – meist mit Scheitelzellen; also anders als bei den Lycopodiaten nicht mit Initialzellengruppen.

V. Klasse: Pteridopsida (= Filicopsida), Farne

Alle Vertreter der *Pteridopsida* haben meist gestielte, mit reicher Aderung ausgestattete, große Megaphylle (Wedel), die in der Jugend an der Spitze eingerollt sind (Ausnahme *Ophioglossales*). Die Einrollung entsteht durch rascheres Wachstum der abaxialen Unterseite junger Anlagen (des Blattes bzw. Teloms) und gleicht sich erst später aus. Die sich also meist akroplast (s. S. 211) entwickelnden Blätter tragen bevorzugt auf ihrer Unterseite zahlreiche, häufig in Gruppen (Sori) zusammenstehende Sporangien. Der Stamm ist meist nicht oder nur spärlich verzweigt. Die Entstehung der Blattspreiten aus Telomsystemen und das Unterständigwerden der Sporangien durch stärkeres Wachstum der Oberseite des Blattes kann man sich nach Art der Abb. 3.2.136 A–H vorstellen. Ein fossiles Übergangsstadium ist in I abgebildet. Auch die großen gefiederten Wedel kann man sich in entsprechender Weise entstanden denken (S. 666). Die ausgestorbenen *Primofilices* und die heute lebenden Farngruppen der *Eusporangiatae*, *Leptosporangiatae* und *Hydropterides* hängen zwar verwandtschaftlich zusammen, entsprechen aber kaum natürlichen Abstammungsgemeinschaften, sondern sind Ausdruck für die Fortentwicklung verschiedener Merkmale (Entwicklungsstufen).

a) Entwicklungsstufe: Primofilices (= Protopteridiidae)

Als Ahnen der *Pteridopsida* sind die *Psilophytopsida* anzusehen. Ein Bindeglied stellen die *Primofilices* dar, die einerseits noch gewisse Anklänge an die Psilophyten zeigten, andererseits daneben auffallend hoch entwickelte Merkmale aufwiesen. Gemeinsam war allen *Primofilices* der Besitz von endständigen Sporangien (Abb. 3.2.137) sowie der Umstand, daß die Fiederabschnitte noch nicht in einer Ebene lagen («Raumwedel»). Der Übergang von den Psilophyten zu den *Primofilices* verlief so allmählich, daß man im Zweifel sein kann, ob manche Formen (*Protopteridium* und *Pseudosporochnus*; Abb. 3.2.137) noch zu den Psilophyten oder schon zu den Farnen zu rechnen sind. Der phylogenetischen Stellung entspricht auch die zeitliche Verbreitung der *Primofilices*: sie traten im Mitteldevon auf und starben im Unterperm wieder aus.

Innerhalb der *Primofilices* vollzieht sich die Umwandlung von fast büschelig gestellten Gabeltrieben mit

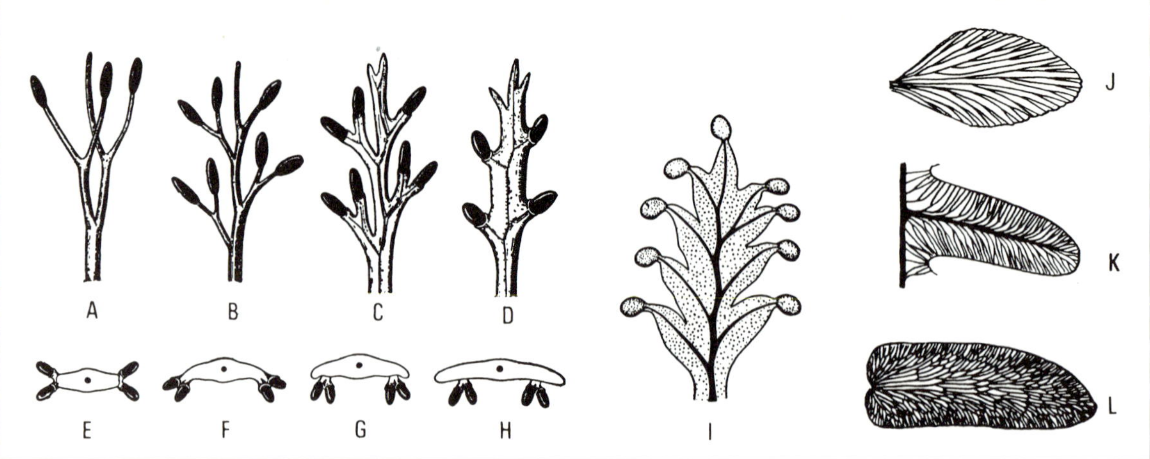

Abb. 3.2.136: *Pteridopsida.* Übergang vom fertilen Telom zum Sporophyll (**A–D**) und Herabrücken der Sporangien auf die Blattunterseite (**E–H**). I Sporophyll von *Acrangiophyllum* (farnähnliches Gewächs unbekannter Stellung), aus dem Obercarbon (7×). J–L Aderung der Fiedern farnähnlicher Gewächse. **J** Fächeraderung (*Archaeopteris*, Oberdevon), **K** Fiederaderung (*Alethopteris*, ein Vertreter der Samenfarne aus dem Obercarbon, s. S. 725, **L** Netzaderung (*Linopteris*, Obercarbon) (½×). (A–H nach Zimmermann; I nach Mamay; J–L nach Seward und Gothan.)

endständigen Sporangien (z. B. *Pseudosporochnus*; Abb. 3.2.137A) zu keilförmig-flächigen, unregelmäßig gabelig verzweigten Blättchen und ebenso gestalteten Sporophyllen mit randständigen Sporangien (z. B. *Cladoxylon*; Abb. 3.2.137L). Die Sporophylle waren teils mit Laubblattfiedern untermischt (Abb. 3.2.137N) oder teils sogar schon zu Gruppen, wenn auch noch nicht zu «Blüten» vereinigt. Weitergehende seitliche Verwachsungen der Telome führen zu größerflächigen, gabeladrigen Blättern, wie sie schon im Oberdevon vorkamen (Abb. 3.2.136J, vegetative Blattfiedern von *Archaeopteris hibernica*; vgl. unter den recenten *Leptosporangiatae* auch *Adiantum*, Abb. 1.3.72A).

Aus der Gabeladerung entwickelte sich dann bei Farnen und Pteridospermen (S. 725) allmählich die Netzaderung. Im Oberdevon gab es nur Fächeraderung mit gabeliger Aderverzweigung, im Untercarbon trat erstmalig die Fiederaderung auf und im Obercarbon die Netzaderung, die das Blatt am vollkommensten mit Wasser und Nährstoffen versorgt (Abb. 3.2.136J–L).

Voraussetzung für das Zustandekommen solcher flächiger Blattbildung ist, daß die Telome in eine Ebene gerückt sind. Bei den primitiven Formen standen sie aber z. T. noch senkrecht aufeinander (wie es noch heute z. B. bei den *Ophioglossales* der Fall ist), auch die Abflachung konnte noch fehlen, so daß die «Blätter» noch stielrund waren. Beides war bei *Stauropteris* (Abb. 3.2.137G, Obercarbon) der Fall; in solchen zylindrischen Blatt-Telomen konnte schon Palisadenparenchym vorkommen.

Die *Primofilices* waren überwiegend isospor; mit den *Archaeopteridales* haben sie aber auch bereits die Stufe der Heterosporie erreicht. Sie besaßen Sporangien mit mehrschichtiger Wandung, waren also eusporangiat. Vereinzelt kamen schon besondere Öffnungsmechanismen bei ihnen vor. Eine aufsteigende Mannigfaltigkeit herrschte auch im Bau der Stele, von der Protostele bis zur Eustele.

Die Entstehung der für die heutigen *Pteridopsida* charakteristischen Merkmale läßt sich also an dem Formenschwarm der *Primofilices* verfolgen, so daß sich auch die megaphyllen *Pteridopsida* als Parallel-Ast zu den mikrophyllen *Lycopodiopsida* und gemeinsam mit *Equisetopsida* aus den *Psilophytopsida* ableiten lassen.

Systematik: Die *Primofilices* bilden insgesamt eine recht heterogene Gruppe, die in fünf Ordnungen gegliedert werden kann. Die Vertreter der

1. Ordnung: **Pseudosporochnales** kamen im (Unter-) Mitteldevon vor; z. B. *Pseudosporochnus* (Abb. 3.2.137A), kaum mehr als 1 m hoch werdend, mit ungegliederter Hauptachse und einer Vielzahl gleichstarker, wenig gegabelter Seitenäste, die zahlreiche dünne, dichotome Auszweigungen trugen. In einigen Fällen waren die Zweigenden etwas verbreitert; Beginn der Planation und Verwachsung im Sinne der Telomtheorie (s. S. 666). Die Seitenzweige mit ihren verbreiterten Assimilationsflächen kann man als Vorläufer von großen, mehrfach gefiederten Blättern (Megaphyllen) oder «Wedeln» betrachten. Auch die Arten der

2. Ordnung: **Protopteridiales** muten im Bau ihrer «Wedel» noch mehr oder weniger psilophytenähnlich an. Einige Gattungen bildeten einen kräftigen Stamm mit Treppentracheiden im Sekundärholz. Auch die früher als primitive *Equisetopsida* angesehenen Gattungen *Hyenia* und *Calamophyton* gehören nach neueren Untersuchungen in diesen Formenkreis ebenso wie *Protopteridium* (Abb. 3.2.137C), *Aneurophyton*, *Tetraxylopteris*, *Rhacophyton* und *Pertica* (Abb. 3.2.137F). Die Arten der

3. Ordnung: **Coenopteridales** (Oberdevon bis Unterperm mit Höhepunkt im Untercarbon) besitzen durchweg noch im Raum verzweigte Wedel (*Stauropteris*, Abb. 3.2.137G, *Botryopteris*, der Kletterfarn *Ankyropteris* u. v. a.). Manche Arten lassen in ihren Sporangien bereits eine das Öffnen bewirkende Gruppe dickwandiger Zellen und eine vorgebildete Dehiscenzlinie erkennen, ähnlich wie beim *Osmunda*-Sporangium (Abb. 3.2.147A). Die strauchartigen Vertreter der

4. Ordnung: **Cladoxylales** (*Cladoxylon*, Abb. 3.2.137J) lebten vom Mitteldevon bis ins Untercarbon; der Bau ihrer Stele, die

aus zahlreichen, im Querschnitt V-förmigen Einzelbündeln besteht (Abb. 3.2.137 M), weicht von dem aller übrigen Gefäßpflanzen ab. Zur heterosporen
5. *Ordnung*: **Archaeopteridales** gehört die im Oberdevon in vielen Arten weltweit verbreitete Gattung *Archaeopteris* (Abb. 3.2.137 N). Sie bildete bereits stattliche Bäume mit doppelt gefiederten Raumwedeln. Die spatelförmigen Fiederchen besaßen Fächernervatur (Abb. 3.2.136 J); die Basis der Wedel flankierten zwei Nebenblätter, ähnlich wie bei den *Marattiales*. An den fertilen Wedeln trugen die unteren Fiedern

Abb. 3.2.137: *Primofilices, Pseudosporochnales* (A–B), *Protopteridiales* (C–F), *Coenopteridales* (G–H), *Cladoxylales* (I–M) und *Archaeopteridales* (N). A–B *Pseudosporochnus*. **A** Rekonstruktion. **B** Zweigende (nat. Gr.). C–E *Protopteridium hostimense*. Devon. **C** Wedel (¼×). **D** Sterile und **E** fertile Fiedern (3×). **F** *Pertica quadrifaria*. Devon. Zweig mit Sporangien sp. G–H *Stauropteris oldhamia*. Carbon. **G** steriler Wedelabschnitt, Rekonstruktion (nat. Gr.). **H** Sporangium mit Öffnungsstelle (35×). J–M *Cladoxylon scoparium*. Mitteldevon. **J** Zweigstück (⅔×). **K** Blättchen (2×). **L** Sporangiengruppe (2×). **M** Querschnitt durch die Plectostele (4×). **N** *Archaeopteris*. Oberdevon. Megaphyll mit vegetativen (v) und fertilen (f) Fiedern (½×), Mikro- und Megasporenhaufen (mi, ma; 10×). (A nach Zimmermann; B nach Leclercq & Banks; C–E und J–M nach Kräusel & Weyland; F nach Kasper & Andrews; G nach Chaphekar, veränd. durch Mägdefrau; H nach Scott; N nach W.Ph. Schimper und Arnold.)

randständige, nach vorn gerichtete Sporangien. Die Mikrosporangien enthielten viele Mikrosporen von 0,03 mm Durchmesser, die Megasporangien 8–16 Megasporen von 0,3 mm (Abb. 3.2.137N). Die bis 9 m hohen und bis 1,5 m dicken Stämme besaßen ein mächtiges Sekundärxylem aus Tracheiden mit araucarioider Tüpfelung (S. 720). *Archaeopteris* vereinigt somit Merkmale der Farne und der Gymnospermen.

Manche Autoren fassen die zwischen *Psilophytopsida* und *Filicopsida* vermittelnden *Protopteridiales* und die zwischen *Filicopsida* und *Gymnospermae* stehenden *Archaeopteridales* als «Progymnospermae» zusammen (vgl. S. 712). Sie haben sekundäres Dickenwachstum und markieren auch mit ihrer sonstigen Merkmalsausstattung das weitgespannte Übergangsfeld zwischen Pteridophyten und Gymnospermen.

b) Entwicklungsstufe: Eusporangiatae (= Ophioglossidae)

Die mit mehrschichtiger Wand versehenen Sporangien (Abb. 3.2.138G) entwickeln sich jeweils aus mehreren Zellen. Die Vertreter der

1. Ordnung: **Ophioglossales** haben Wedel, die aus einem assimilierenden (palisadenfreien) grünen und einem dazu senkrecht stehenden fertilen gelblichen Teil bestehen (Abb. 3.2.138 A, D). Die Blätter sind dreidimensionale Raumwedel und entsprechen darin einem ursprünglichen Verzweigungstyp (vgl. *Primofilices*). Am sporentragenden Teil ist das Flächenwachstum gehemmt.

Das Wachstum erfolgt nicht mit einer großen Scheitelzelle, sondern mit mehreren den Vegetationspunkt bildenden Initialzellen. Am kurzen, unterirdischen Stamm entfaltet sich jährlich meist nur ein einziger, langgestielter, mit kleiner häutiger Scheide versehener, in der Jugend nicht eingerollter Blattwedel. In den unteren Teilen des Stammes findet sich eine Protostele, die sich nach oben teilt und zu einem Bündelrohr entwickelt. Die unterirdischen, stark reduzierten, einige Millimeter langen, chlorophyllfreien Prothallien sind vielschichtige, oft jahrelang existierende Knöllchen, die symbiontisch mit Hilfe von Mykorrhizapilzen leben. Die Antheridien und Archegonien sind in das Gewebe eingesenkt (Abb. 3.2.138C). Der aus der befruchteten Eizelle entstehende Embryo führt bei manchen Arten eine Reihe von Jahren hindurch ein unterirdisches Dasein.

Die Ordnung ist in einer einzigen Familie (**Ophioglossaceae**) mit etwa 80 isosporen Arten vertreten.

Der Wedel von *Botrychium* ist in seinem assimilierenden, gabeladerigen und Sporangien tragenden Teil fiedrig verzweigt. Die rundlichen Sporangien stehen am Rande von Fiederästen und sind nicht miteinander verwachsen (Abb. 3.2.138D–E). Im Erdsproß kommt schwaches sekundäres Dickenwachstum vor (einziger Fall unter allen recenten Farnen).

Bei *Ophioglossum* ist der grüne Teil des Blattes zungenförmig und netzaderig, der gelbe, zwei Reihen eingesenkte und seitlich miteinander verwachsene Sporangien (Abb. 3.2.138 A) tragende Teil einfach zylindrisch. Die Ernährung der Pflanzen wird offenbar unterstützt durch die stets in den Wurzeln vorhandenen Mykorrhizapilze; bei *Ophioglossum simplex* führt das Blatt meistens gar kein Assimilationsgewebe, sondern trägt nur Sporangien. Das Prothallium ist zylindrisch-radiär (Abb. 3.2.138C). Die Chromosomenzahl ist auffallend hoch ($O.\ vulgatum$ n = 256, $O.\ reticulatum$ n = 630). In der auf die Tropen beschränkten

2. Ordnung: **Marattiales** sind ebenfalls ursprüngliche und erdgeschichtlich alte Farne vereinigt. Ihre recenten Arten tragen an einem kurzen, knolligen Stamm ein Bündel von Blattwedeln, die meist mehrere Meter lang, mehrfach gefiedert, in der Jugend eingerollt und am Grunde mit Nebenblattpaaren versehen sind. Die Blattnervatur ist offen (vgl. *Ophioglossum* mit Netznervatur). Die isosporen Sporangien sind bei manchen Gattungen seitlich zu kapselartigen, gefächerten, später aufspringenden Synangien (Abb. 3.2.139B, C) verwachsen, bei anderen frei und in Haufen (Sori) zusammengefaßt.

Die langlebigen Prothallien beherbergen endophytische Mykorrhizapilze, wachsen aber oberirdisch als grüne, autotrophe, mehrschichtige, lebermoosähnliche Thalli mit unterseits eingesenkten Antheridien und Archegonien.

Heute leben die *Marattiales* mit etwa 200 Arten und mehreren Gattungen in den tropischen Waldgebieten, z.B. *Angiopteris* in Asien (Wedellänge bis 5 m!), *Danaea* in Südamerika, *Marattia* über die ganzen Tropen verteilt.

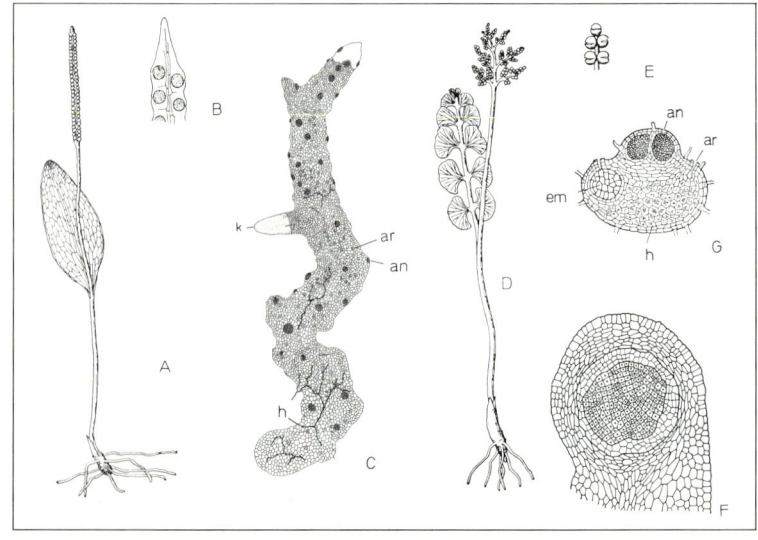

Abb. 3.2.138: *Eusporangiatae, Ophioglossales*, A–C *Ophioglossum vulgatum*. **A** Sporophyt (½×). **B** Längsschnitt durch die Spitze des fertilen Blattabschnitts (2×). **C** Prothallium; an Antheridien, ar Archegonien, k junger Sporophyt mit erster Wurzel, h Pilzhyphen (10×). D–G *Botrychium lunaria*. **D** Sporophyt (½×). **E** Sporangien von unten gesehen. **F** Längsschnitt durch ein unreifes Sporangium mit mehrschichtiger Wand; innen Sporenmutterzellen, umgeben von Tapetenzellen (10×). **G** Schnitt durch Prothallium mit Antheridium an, Archegonium ar, Embryo em, Pilzhyphen h (35×). (A–B nach Mägdefrau; C nach Bruchmann; D, E nach Mägdefrau, F nach Goebel, G nach Bruchmann).

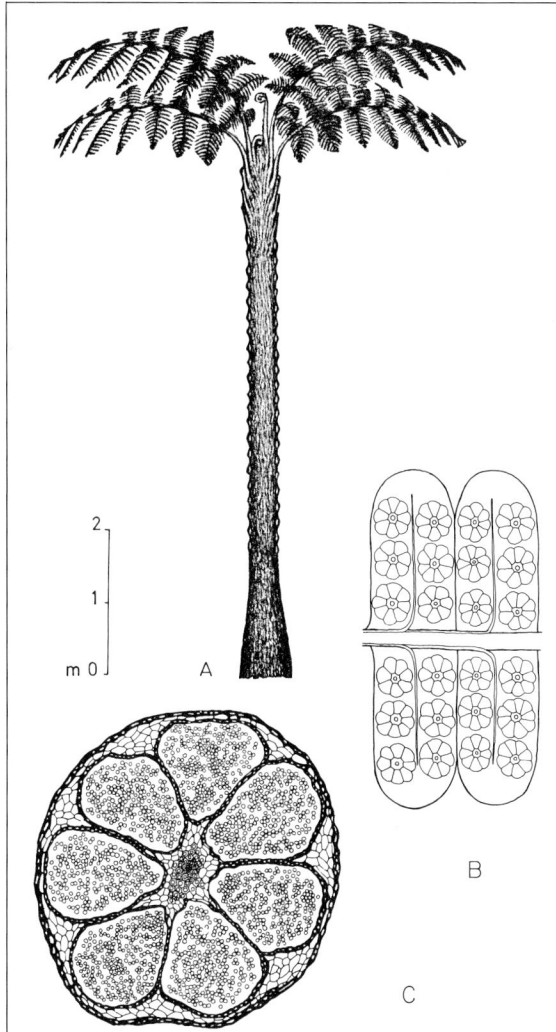

Tapetums aus einer einzigen Zellschicht besteht. Die hierzu zählenden Farne sind als meist schattenliebende Pflanzen in großer Artenzahl (90% aller *Pteridopsida*; etwa 9000 Arten) über alle Erdteile verbreitet; ihre Hauptentwicklung erreichen sie in den Tropen, wo sie sich in großer Formenfülle von nur wenige Millimeter großen reduzierten Zwergformen (z. B. *Didymoglossum*-Arten aus der Familie der *Hymenophyllaceae*) bis zu 20 m hohen Schopfbäumen finden (Abb. 3.2.141). Der holzige, meist etwa armdicke Stamm der Baumfarne (Familie *Cyatheaceae*, Gattungen *Cyathea, Dicksonia, Cibotium*) ist unverzweigt und trägt an seinem Ende eine Rosette schraubig gestellter, bis 3 m langer, mehrfach gefiederter Wedel. Unsere einheimischen Farne sind hingegen meistens krautig und haben ein im Boden ausdauerndes waagerechtes oder aufsteigendes, wenig verzweigtes Rhizom, das bei *Pteridium* 40 m lang und 70 Jahre alt werden kann.

Die Stämme – bei den krautigen Formen die Rhizome – haben in der Jugend meist eine zentrale Protostele, die in ihren älteren Teilen in ein sehr formenmannigfaltiges Siphono- und Polystelengerüst (Abb. 1.3.50 C, D) mit meist zentralem Xylem und peripherem Phloem (Abb. 3.2.142 A, vgl. S. 152) übergeht. Selten werden auch schon Tracheen gebildet (so bei *Pteridium aquilinum*, Abb. 3.2.140). Die Leitbündel sind von einer Endodermis umschlossen (Abb. 3.2.140). Sekundäres Dickenwachstum fehlt, so daß die Stabilität der Stämme anders als bei den *Lycopodiopsida* und *Equisetopsida* zustande kommt: Die zahlreichen Blattspurstränge verlaufen meistens über längere Strek-

Abb. 3.2.139: *Eusporangiatae, Marattiales.* **A** Marattiaceen-Baumfarn *Megaphyton*, Rekonstruktion (Obercarbon). Am Stamm in zwei Zeilen die Narben der abgefallenen Wedel. Stammbasis durch einen Mantel nach unten wachsender, sproßbürtiger Wurzeln verstärkt. B – C *Ptychocarpus unitus.* Obercarbon. **B** Fiederunterseite mit Synangien (8×). **C** Querschliff durch ein Synangium (60×). (A nach Hirmer. B – C nach Renault.)

Die ersten *Marattiales* traten im Carbon auf; sie dürften aus isosporen *Primofilices*, die fast durchweg Sporangien mit mehrschichtiger Wand hatten, hervorgegangen sein. Bis ins Rotliegende hinein waren sie wesentlich artenreicher und stärker verbreitet als gegenwärtig; sie bildeten Bäume mit wurzelumkleideten Stämmen bis zu 10 m Höhe (der mächtigste und häufigste war *Asterotheca arborescens*) und waren damals durchaus vorherrschend gegenüber den Leptosporangiaten. Besonders auffällig war *Megaphyton* mit nicht schraubig, sondern in 2 Zeilen angeordneten Wedeln (Abb. 3.2.139 A).

c) Entwicklungsstufe: Leptosporangiatae (= Pteridae)

Die Sporangien (Abb. 3.2.118) entwickeln sich jeweils aus einer Epidermiszelle und werden von einer zarten Wand geschützt, die nach frühzeitiger Auflösung des

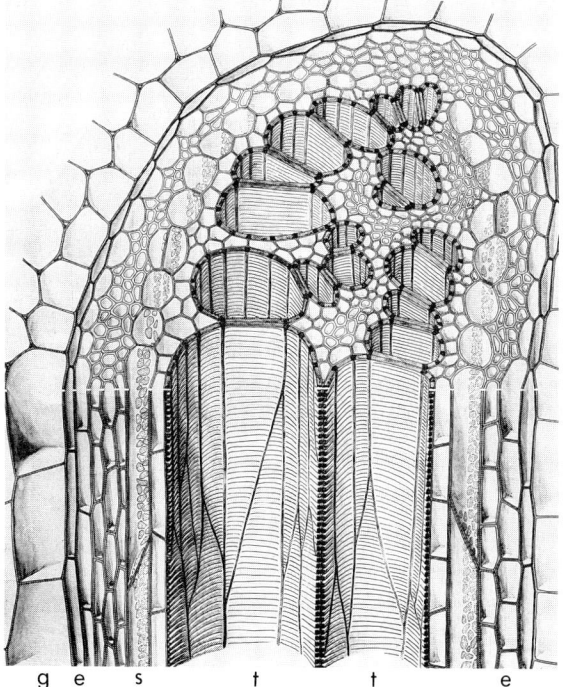

Abb. 3.2.140: *Leptosporangiatae, Pteridales, Pteridium aquilinum.* Leitbündel, Quer- und Längsschnitt (100×). e Endodermis, g parenchymatisches Grundgewebe, s Siebzellen, t Treppengefäße. (Nach Mägdefrau.)

ken in der Rinde und tragen – gemeinsam mit Sclerenchymplatten (Abb. 3.2.142 A) – zur Festigung der Achsen bei (s. auch S. 146). Bei manchen Baumfarnen wird die Standfestigkeit auch noch durch einen teilweise außerordentlich dicken (bis einige Dezimeter!) Mantel von steifen, sproßbürtigen Wurzeln erhöht.

In den aus vielen Telomen zusammengesetzten Megaphyllen verzweigen sich die Adern in mannigfaltiger Weise. Altertümliche Gabelblätter (Abb. 3.2.148) oder Gabeladern (Abb. 1.3.72 A; an Blättern mit zusammenhängender Fläche) treten selten auf; letztere in der Regel nur an Keim- und Jugendblättern. Die Blätter nehmen im voll entwickelten Zustand unterschiedliche Gestalt an. Häufig sind gefiederte Wedel (z.B. 2- bis 4fach *Pteridium aquilinum*, der Adlerfarn; doppelt *Dryopteris filix-mas*, Wurmfarn, Abb. 3.2.143; einfach gefiedert *Polypodium vulgare*, Tüpfelfarn), aber auch ungeteilte Blätter mit dominierender Mittelrippe und weniger auffälligen Seitennerven kommen vor (*Phyllitis scolopendrium*, Hirschzunge; Abb. 3.2.142 C). Ihr sehr lang anhaltendes, bisweilen unbegrenztes Spitzenwachstum geht im Gegensatz zu den Blättern der Samenpflanzen von einer zweischneidigen Scheitelzelle aus, die allerdings später oft durch eine Initialengruppe ersetzt wird.

Die Entwicklung der Blätter erstreckt sich oft über viele Jahre. Beim Adlerfarn *(Pteridium aquilinum)* z.B. legt jeder Kurztrieb jährlich nur ein Blatt an, das 3 Jahre braucht, bis es fertig ausgebildet ist. Nach dem Absterben hinterlassen die Blätter, vor allem bei den Baumfarnen, deren Blätter einige Jahre nach Entfaltung erhalten bleiben, große, auffällige Narben (Abb. 3.2.141). Der histologische Bau mit Palisaden- und Schwammparenchym ähnelt weitgehend dem der Blätter höherer Landpflanzen, jedoch führt die Farnepidermis meist Chloroplasten.

Die Sporangien werden in großer Zahl am Rande oder meist auf der Unterseite der Blätter erzeugt (Abb. 3.2.143 B–D). Die Sporophylle sind in ihrer äußeren Gestalt von den sterilen Laubblättern (Trophophyllen) in der Regel nur wenig verschieden; bei einigen Gattungen sind sie aber – vor allem durch Reduktion der Blattspreitenfläche – wesentlich anders gestaltet (vgl. *Matteuccia, Blechnum, Osmunda*, S. 690 ff.).

Im typischen Falle (z.B. bei den *Aspidiales*, zu denen die weit überwiegende Mehrzahl unserer einheimischen Farne gehört) sind viele Sporangien jeweils zu Sori (Einzahl Sorus) vereinigt. Diese entspringen auf einem hervortretenden Blattgewebehöcker, der Placenta (Abb. 3.2.143 B; auch Receptaculum genannt) und werden bei vielen Arten vor der Reife von einem häutigen Auswuchs der Blattfläche, dem sog. Schleier (oder Indusium; B–D) bedeckt und geschützt. Das einzelne Sporangium stellt im reifen Zustande eine kleine gestielte Kapsel dar, die eine größere Zahl von fast immer gleich großen Meiosporen (Isosporie!) enthält. Sehr charakteristisch ist ein unterschiedlich differenzierter Anulus, der bei den Polypodiaceen als vortretende Zellreihe (sog. Bogen) mit stark verdickten Radial- und Innenwänden über dem Rücken und Scheitel des Sporangiums bis zur Mitte der Bauchseite verläuft (Abb. 3.2.147 D) und mittels eines Kohäsionsmechanismus (unter Mitwirkung der Trennzellen des

Abb. 3.2.141: *Pteridopsida, Cyatheales, Cyathea crinita.* Baumfarn von Ceylon. ($^1/_{100}$ ×). (Nach Schenck.)

Stomiums, vgl. S. 468) die Öffnung und das Sporenausschleudern bewirkt (vgl. Abb. 2.3.61)

Aus der keimenden Spore entwickelt sich das kurzlebige, haploide Prothallium (Abb. 3.2.118 A, B, 3.2.144), das höchstens einige Zentimeter lang wird und in der Regel beiderlei Gametangien (Antheridien und Archegonien) trägt; die Geschlechtsbestimmung erfolgt also normalerweise haplomodifikatorisch; die Prothallien sind haplomonöcisch. Nur die australische Gleicheniacee *Platyzoma* bildet zweierlei Sporen aus, die sich zu eingeschlechtigen (haplodiöcischen) Prothallien entwickeln (Abb. 3.2.144 D–E).

Zunächst entsteht ein fadenförmiges, mit Rhizoiden versehenes «Protonema», das aber nur selten stark ausgebildet ist und dann z.B. bei *Trichomanes (Hymenophyllaceae)* und *Schizaea (Schizaeaceae)* an seinen Ästen die Antheridien und auf besonderen mehrzelligen Seitenästen die Archegonien trägt (Abb. 3.2.144 C). Gewöhnlich ist das Fadenstadium nur sehr kurz und bildet schon nach ganz wenigen Zellen am Ende eine keilförmige zweischneidige Scheitelzelle aus, deren Segmente sich weiter aufteilen (A, B) und so zur Bildung des meistens herzförmigen, dem Substrat flach anliegenden, dünnhäutigen Prothalliums führen (Abb. 3.2.118 A); schließlich wird die Scheitelzelle durch mehrere Initialen ersetzt.

Antheridien und Archegonien entstehen auf der von dem einfallenden Licht abgewandten Seite, normal also an der boden- und feuchtigkeitsnahen Unterseite;

sie sind nach Abschluß ihrer Entwicklung nicht oder wenig in das Gewebe eingesenkt. Die Archegonien bilden sich meist später als die Antheridien; bei sehr schlechter Ernährung unterbleibt die Bildung der Archegonien ganz.

Die Antheridien sind kugelig vorgewölbte Gebilde, die ohne Stiel mitten auf einer Epidermiszelle sitzen, aus der sie durch papillenartige Vorwölbung und Abgrenzung durch eine Querwand hervorgegangen sind (Abb. 3.2.145). Die von ihnen gebildeten Spermatozoiden sind korkenzieherartig gewunden und vielgeißelig (F) und bestehen – wie übrigens bei allen Archegoniaten – im wesentlichen aus dem Zellkern. Sie tragen anfangs an ihrem Hinterende einen blasenförmigen Plasmarest mit kleinen Plastiden und Stärkekörnern als Reservesubstanz, der aber vor Eintritt in das Archegonium abgeworfen wird.

Die Archegonien entstehen in dem mehrschichtigen mittleren Teil älterer Prothallien durch Teilung aus einer Oberflächenzelle. Im Inneren der Anlage bilden sich eine Halskanalzelle und eine Zentralzelle; diese wiederum unterteilt sich in die Eizelle und Bauchkanalzelle (Abb. 3.2.145 M). Bei einigen Arten können noch mehrere Halskanalzellen vorhanden sein (vergleichende entwicklungsgeschichtliche Aspekte s. S. 698). Das Archegonium ist befruchtungsbereit nach Platzen der Bauch- und Halskanalzelle, nach Verquellung des darin enthaltenen Schleims und nach Öffnung des Archegoniumhalses an dessen Spitze; die Spermatozoiden werden chemotaktisch in den Archegoniumhals und zur Eizelle gelockt (vgl. S. 438).

Nach den ersten Wandbildungen in der Zygote (Abb. 3.2.146 A) liegt der Stammscheitel (s) des Embryos endoskopisch neben dem künftigen Fuß (f); die Anlagen des ersten Blattes (b) und der Wurzel (w) sind gegen den Archegoniumhals gewendet. Die Wurzel entsteht am suspensorlosen Embryo nicht gegenüber dem Sproßscheitel, sondern – wie bei allen Pteridophyten – seitlich von der Längsachse. Da

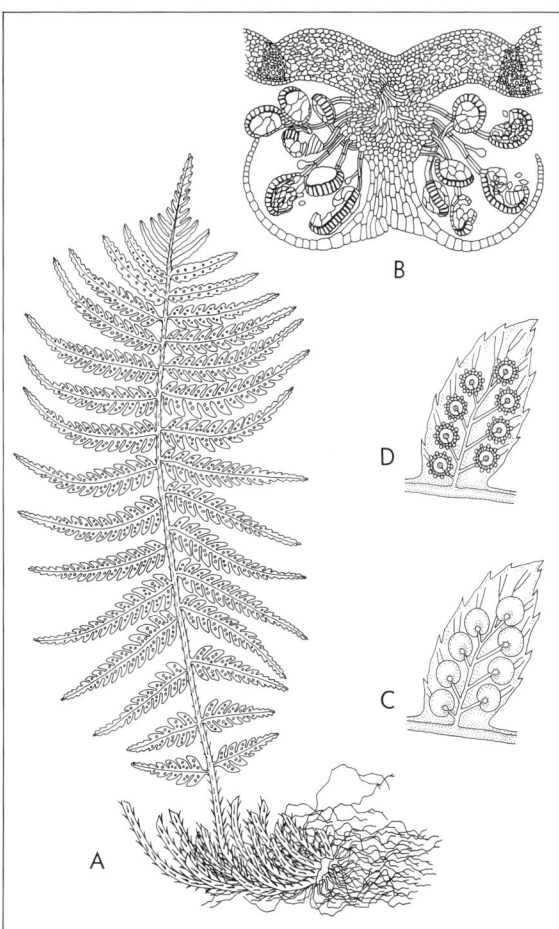

Abb. 3.2.143: *Pteridopsida, Aspidiales, Dryopteris.* **A** Habitus (¼×). **B** Schnitt durch Sorus; Placenta mit Sporangien und schirmförmigem Indusium (30×). **C** Fiederchen mit jungen, noch vom Indusium bedeckten Sori. **D** Desgl. im älteren Stadium mit geschrumpften Indusien (3×). (A, C, D nach Schenck; B nach Kny.)

das Archegonium auf der Unterseite des Prothalliums sitzt, müssen sich der Sproßteil und das erste Blatt des Embryos nach ihrem Austritt aus dem Archegonium gravitropisch aufwärtskrümmen (B). Der Sporophyt bleibt noch einige Zeit durch das Haustorium (f) mit dem Prothallium verbunden, bis dieses abstirbt. Die primäre Wurzel wird später durch zahlreiche weitere sproßbürtige Nebenwurzeln ergänzt. Die Lage der Polaritätsachse des Embryos läßt sich weder durch Schwerkraft noch durch Licht verändern; folglich muß schon das Prothallium bei den *Leptosporangiatae* eine Polarität aufweisen, die dann auf das Cytoplasma der Eizelle übertragen wird.

An den Blättern treten nicht selten Zusatzknospen (Brutknospen, s. S. 476) auf, die sich ablösen und der vegetativen Vermehrung dienen; auch die Umbildung von Sprossen und sogar Blättern zu Ausläufern dient dem gleichen Zweck. Vom normalen Ablauf des Generationswechsels weichen manche Arten durch Apogamie und Aposporie ab (s. S. 502 f.); es handelt sich dabei meistens um polyploide Formen, von denen es bei den *Pteridopsida* viele mit hohen Chromosomenzahlen gibt.

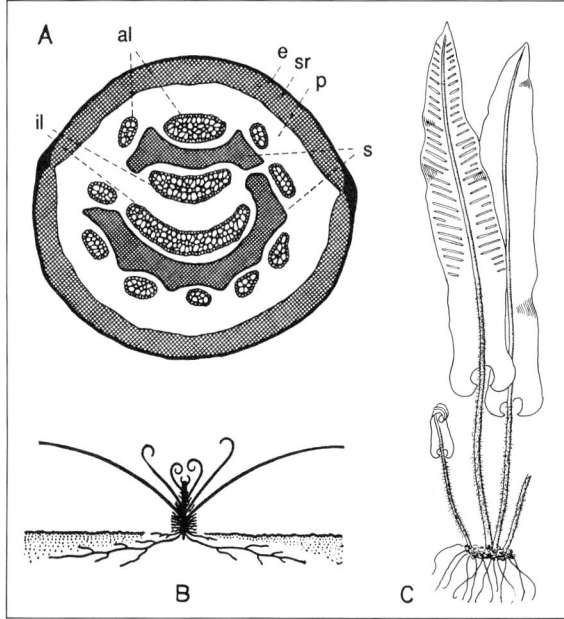

Abb. 3.2.142: *Pteridopsida,* **A** *Pteridium aquilinum.* Rhizom-Querschnitt, al äußere, il innere Leitbündel, s Sclerenchymplatten, p Parenchym, sr Sclerenchymring, e Epidermis (7×). **B** *Asplenium nidus.* Wuchsschema. **C** *Phyllitis scolopendrium* (¼×). (A, C nach Mägdefrau. B nach Troll.)

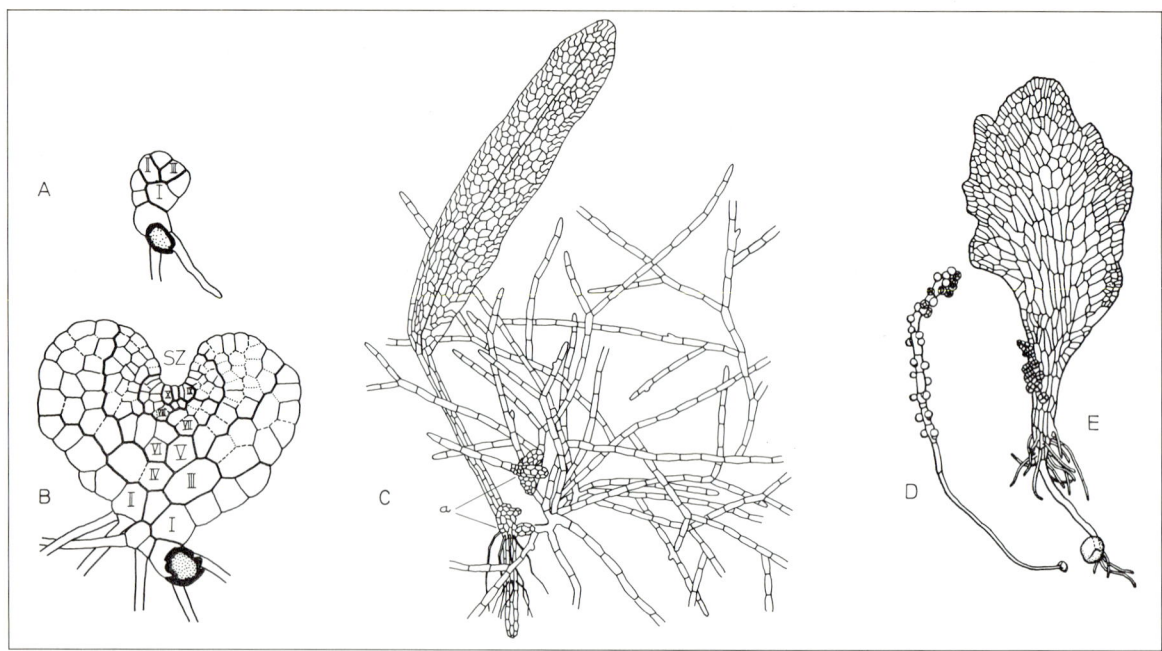

Abb. 3.2.144: *Pteridopsida*, A–B *Aspidiales*. Entwicklung des Prothalliums von *Matteuccia struthiopteris* aus der Spore. **A** 11, **B** 21 Tage alt. SZ Scheitelzelle, I–X von ihr abgesonderte Segmente, **C** *Hymenophyllales, Trichomanes rigidum*. Fadenprothallium mit Archegoniumträgern a, davon einer mit Keimpflanze. D–E *Gleicheniales, Platyzoma microphyllum*. **D** männliches, **E** weibliches Prothallium. (A–B 70×; nach Döpp; C nach Goebel; D–E 20×; nach Tryon.)

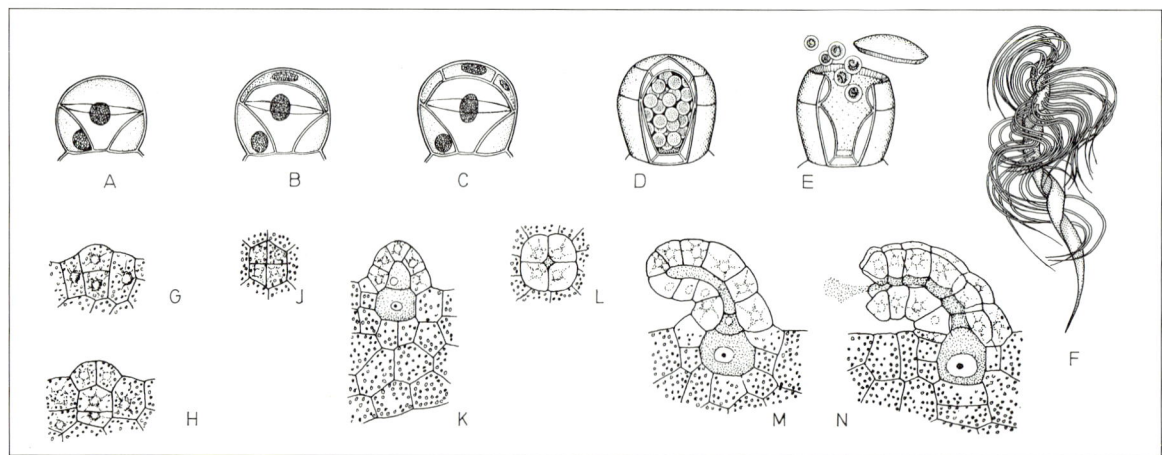

Abb. 3.2.145: *Pteridopsida, Aspidiales*. **A–E** Entwicklung des Antheridiums von *Dryopteris filix-mas* (250×). Erklärung im Text. **F** Spermatozoid von *Thelypteris palustris* (3000×). **G–N.** Entwicklung des Archegoniums von *Dryopteris filix-mas* (200×). Erklärung im Text. (A–E nach Kny, ergänzt nach Schlumberger und Schraudolf; F nach Dracinschi; G–N nach Kny.)

Systematik: Die Gliederung der formen- und artenreichen leptosporangiaten Farne beruht auf dem unterschiedlichen Bau der Sporangien und auf deren Stellung am Sporophyll. Auf der Grundlage dieser Merkmale werden mehrere Ordnungen unterschieden.

In den ersten drei Ordnungen (1–3) fehlt an den Sporangien der Anulus oder er verläuft quer (Abb. 3.2.147 A–B).

1. Ordnung: **Osmundales**. Die Sporangien stehen nicht in Sori und besitzen keinen Anulus; eine Gruppe verdickter Zellen bewirkt das Aufreißen am Scheitel (Abb. 3.2.147 A). Indusium und Spreublätter fehlen. Die Prothallien sind langlebig, oft sogar mehrjährig. Die in einer einzigen Familie (**Osmundaceae**) zusammengefaßten Arten tragen ihre Sporangien entweder an eigenen Sporophyllen *(Osmunda cinnamomea)* oder an bestimmten Abschnitten der Trophophylle: beim Rispen- oder Königsfarn *(O. regalis)* sind die oberen Teile des sonst normal gestalteten Laubblattes umgebildet, bei *O. claytoniana* die mittleren. Die bereits im Obercarbon auftretende Familie lebt recent nur noch in wenigen Gattungen.

2. Ordnung: **Gleicheniales**. Die sitzenden Sporangien haben einen oberhalb der Mitte quer verlaufenden Anulus und ste-

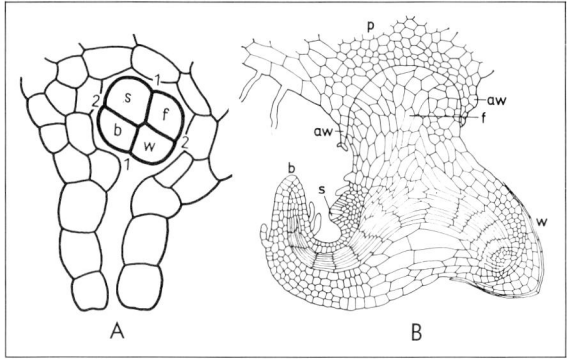

Abb. 3.2.146: *Pteridopsida, Pteridales, Pteridium aquilinum,* Embryobildung. **A** nach den ersten Wandbildungen im Archegonium. **B** in fortgeschrittenem Stadium, der Fuß im erweiterten Archegoniumbauch aw steckend. f Fuß, s Stammscheitel, b erstes Blatt, w Wurzel, p Prothallium (A nach Zimmermann, B nach Hofmeister.)

hen zu wenigen in einem Sorus beisammen, der aber nicht von einem Indusium geschützt ist. Fossil sind Vertreter dieser Ordnung vom Obercarbon ab bekannt, gegenwärtig in den Tropen weit verbreitet. Wedel (pseudo-) dichotom mit «schlafenden» Knospen in den Gabelungen (Abb. 3.2.148). Die Stellung von *Platyzoma* (angedeutete Heterosporie, s. S. 688, Abb. 3.2.144 D, E) innerhalb dieser Ordnung ist umstritten.

3. Ordnung: **Schizaeales**. Die randständigen, sitzenden Sporangien öffnen sich mit einem Längsriß vermittels eines dicht unter dem Scheitel quer verlaufenden Anulus (Abb. 3.2.147 B). Auch diese Ordnung ist fossil vom Obercarbon ab nachweisbar; heute ist sie vorwiegend auf die Tropen beschränkt. Die Blätter sind bei **Schizaea(-ceae)** grasartigdichotom, bei **Anemia(-ceae)** gefiedert mit unterem fertilen Fiederpaar, bei *Lygodium* (**Lygodiaceae**) windend.

Die nächsten drei Ordnungen (4–6) haben einen schief verlaufenden Anulus wie z. B. bei *Hymenophyllum* (Abb. 3.2.147 C) in der

4. Ordnung: **Hymenophyllales**, mit fast sitzenden Sporangien. Die Sori stehen am Blattrand jeweils auf einem oft stark verlängertem Receptaculum (Fortsetzung einer Blattader) und werden von einem becherförmigen oder zweiklappigen Indusium geschützt. Blätter meist zart mit einschichtiger Lamina ohne Spaltöffnungen. Sichere Reste sind erst aus dem Tertiär bekannt. Heute leben etwa 650 Arten, vor allem in feuchten Wäldern der Tropen und Subtropen, so z.B. die Gattungen *Hymenophyllum* (jedoch *H. tunbrigense* sehr selten in Europa) und *Didymoglossum*.

5. Ordnung: **Matoniales**. Die sitzenden Sporangien stehen zu wenigen in Sori beisammen, die von einem schildförmigen Indusium überdacht sind. Diese im Mesozoicum verbreitete Ordnung ist heute lediglich durch 3 Arten im malayischen Archipel vertreten.

6. Ordnung: **Cyatheales** (incl. **Dicksoniales**). Die gestielten Sporangien stehen in flächen- oder randständigen Sori beisammen. Sie traten im Jura auf und leben heute vorwiegend als Baumfarne (bis 20 m hohe Schopfbäume) in Bergwäldern der Tropen und Subtropen. Artenreiche Gattungen: *Cyathea* (incl. *Alsophila*, Abb. 3.2.141), *Dicksonia, Cibotium*.

In den folgenden Ordnungen öffnen sich die meist deutlich gestielten Sporangien mittels eines längs verlaufenden (Abb. 3.2.147 D), in seltenen Fällen auch mittels eines vertikalen Anulus.

7. Ordnung: **Polypodiales**. Die Sori bilden sich auf der Blattunterseite; ihnen fehlt ein Indusium. Die Wedel der ausdauernden Pflanzen sind fiederteilig oder einfach gefiedert. Hierher neben *Polypodium* auch *Drynaria* (S. 695, Abb. 3.2.153 B), *Platycerium* (S. 695, Abb. 3.2.153 A) und *Microsorium* (S. 696).

8. Ordnung: **Pteridales**. Die Sori stehen am Rande der Blattfiedern. Ein häufiger Vertreter ist der Adlerfarn, *Pteridium aquilinum* (**Pteridaceae**), mit 2–4fach gefiederten bis zu 2 m großen Wedeln, die langen, kriechenden Rhizomen entspringen. Die Sori sind einerseits vom umgerollten Blattrand, andererseits vom Indusium bedeckt. Zur gleichen Familie zählt *Acrostichum* (s. S. 695). Bei *Adiantum* (**Adiantaceae**) findet sich als ursprüngliches Merkmal die Fächeraderung der Blätter (Abb. 1.3.72 A), deren umgerollter Blattrand die Sori schützt; ein Indusium fehlt ihnen. *Ceratopteris* (**Parkeriaceae**) ist eine Schwimmpflanze mit sterilen Schwimmblättern und fertilen Luftblättern, welche die fast ungestielten, nicht zu Sori vereinigten, kugeligen Sporangien tragen. Diese haben einen senkrecht gestellten Anulus. Hierher auch die **Gymnogrammaceae** mit *Anogramma* (S. 695), die **Sinopteridaceae** mit *Notholaena* und *Cheilanthes* (S. 695), und die **Davalliaceae** mit *Davallia* (S. 695).

9. Ordnung: **Aspidiales**. Die Sori sind auf der Blattunterseite flächenständig und von einem meist vorhandenen Indusium geschützt. Die Blattspreite ist selten einfach oder gelappt, meist 1- bis 4fach gefiedert. Zu dieser Ordnung mit mehreren Familien gehören die meisten einheimischen Gattungen. Bei den **Thelypteridaceae** *(Thelypteris)* sitzen die Sori auf dem Rücken, bei den **Aspleniaceae** *(Asplenium, Ceterach)* seitlich an den Endadern der Fiedern. Zur letzten Familie zählt auch der Hirschzungenfarn, *Phyllitis*, mit ungeteilt zungenförmigen Wedeln (Abb. 3.2.142 C). Die Vertreter der **Aspidiaceae** bilden an den Sori häufig schild- oder nierenförmige Indusien (z. B. *Dryopteris*, vgl. Abb. 3.2.143 C, *Bolbitis* s. S. 696). Ihnen

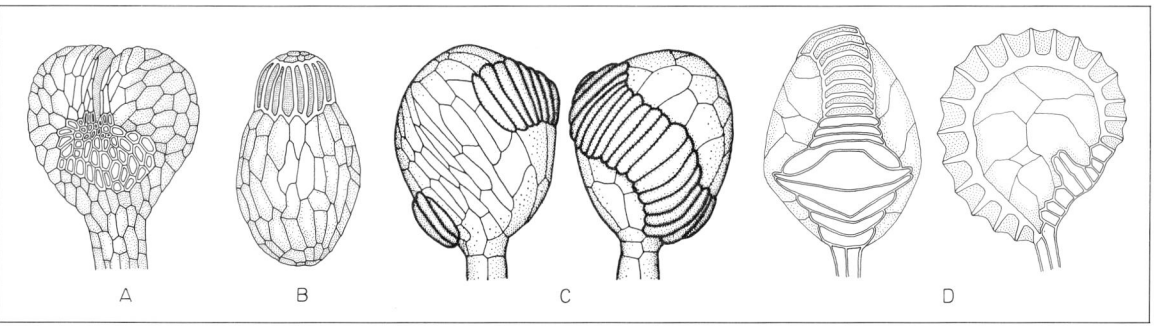

Abb. 3.2.147: *Leptosporangiatae*. Sporangien. **A** *Osmunda regalis* (Osmundales, Stomium geöffnet). **B** *Anemia caudata* (Schizaeales). **C** *Hymenophyllum dilatatum* (Hymenophyllales). **D** *Dryopteris filix-mas* (Aspidiales, Stomium in Aufsicht und Seitenansicht). (A 40×, B–D 70×; A, B nach Luerssen; C nach Bower, D Orig.)

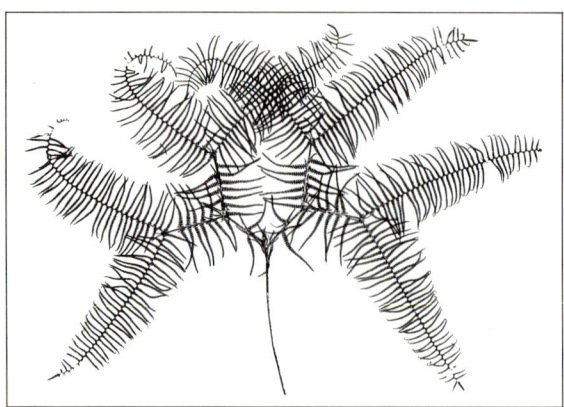

Abb. 3.2.148: Pteridopsida, Gleicheniales, *Gleichenia circinata*. Australien (⅕ ×). (Nach Mägdefrau.)

stehen die **Athyriaceae** mit oft länglichen Sori sehr nahe (so beim Frauenfarn, *Athyrium filix-femina*). Am ebenfalls zur vorigen Familie gerechneten Straußfarn, *Matteuccia struthiopteris*, lassen sich wie bei der folgenden Ordnung Sporophylle von grünen Trophophyllen unterscheiden, die nacheinander in trichterförmiger Stellung angelegt werden.

10. Ordnung: **Blechnales**. Beim einzigen heimischen Vertreter, dem Rippenfarn, *Blechnum spicant*, stehen dunkelbraune Sporophylle zu mehreren in einer Rosette aus grünen Trophophyllen; die Sori erstrecken sich über die ganze Länge der schmalen fertilen Fiedern. Hierher außer *Blechnum* auch *Salpichlaena* (S. 695).

d) Entwicklungsstufe: Hydropterides (= Salviniidae), Wasserfarne

Zu den Wasserfarnen zählen nur wenige Gattungen wasser- oder sumpfbewohnender Kräuter. Sie sind sämtlich **heterospor**. Ihre Mega- und Mikrosporangien sind dünnwandig, haben keinen Anulus und sind von besonderen, an der Basis der Blätter sitzenden **Behältern eingeschlossen** (z.B. Abb. 3.2.149 C). Die Meiosporen sind von eigenartigen Perisporien, die aus dem Plasmodialtapetum hervorgehen, umgeben.

Die Wasserfarne umfassen 2 Ordnungen mit etwa 1000 Arten. Die zur

1. Ordnung: **Salviniales** (einzige Familie **Salviniaceae**) gehörenden Arten sind **freischwimmende** Wasserpflanzen. Die Gattung *Salvinia* ist in unserer Flora durch den selten gewordenen Schwimmfarn, *S. natans*, vertreten, der an jedem Knoten des wenig verzweigten Stengels 3 Blätter trägt.

Die 2 oberen (Abb. 3.2.149 A) grünen sind als ovale **Schwimmblätter** sehr reich mit großen Interzellularen ausgestattet, das untere (wb) dagegen ist in zahlreiche, in das Wasser herabhängende **fadenförmige**, behaarte Zipfel geteilt und übernimmt als nicht grünes, submerses **Wasserblatt** die Funktion der fehlenden Wurzeln (Heterophyllie, s. S. 214). Am Grunde der Wasserblätter sitzen zu mehreren die kugeligen **Sporangienbehälter** (A); sie umschließen die Sporangien, die auf einer säulenförmigen Placenta entspringen (C).

Diese entspricht ihrer Anlage nach einem modifizierten Wasserblattzipfel, während die den Behälter bildende Hülle als zweischichtiges **Indusium** aufzufassen ist; es entsteht in Form eines Ringwalles, der krugförmig und schließlich hohlkugelförmig über die Placenta und ihren Sporangiensorus emporwächst und dann am Scheitel dicht zusammenschließt.

Die Behälter umschließen je einen Sorus von entweder Mikrosporangien in größerer oder Megasporangien in geringer Zahl (Abb. 3.2.149 C mi ma); die Geschlechtsbestimmung erfolgt somit diplomodifikatorisch. Beiderlei Sporangien sind gestielt und besitzen im reifen Zustand eine einschichtige Wandung (D, F); in ihnen entstehen unter Reduktionsteilung die Meiosporen.

Die **Mikrosporangien** enthalten 64 in Tetraden gebildete Mikrosporen. Diese liegen eingebettet in eine schaumige, erhärtende Zwischensubstanz (Perispor, Abb. 3.2.149 E).

Die Mikrosporen entwickeln je ein kurzes, schlauchförmiges ♂ Prothallium, das sich lediglich aus wenigen Zellen aufbaut und nur 2 Antheridien enthält (Abb. 3.2.149 H). Jedes Antheridium erzeugt (aus 2 spermatogenen Zellen, die 4 Spermatiden bilden) 4 Spermatozoiden; diese gelangen durch Aufbrechen der Zellwände nach außen. Das Prothallium ist also sehr vereinfacht. Diese Entwicklung findet im Inneren des Sporangiums statt, das sich nicht öffnet, sondern dessen Wand von den fast pollenschlauchartig gestreckten Prothallien lokal durchbohrt wird, wodurch die Spermatozoiden ins Freie gelangen.

Die **Megasporangien** sind größer als die Mikrosporangien und haben ebenfalls eine einschichtige Wandung (Abb. 3.2.149 F), enthalten aber nur eine einzige **Megaspore**, da nur eine der 32 (aus 8 Sporenmutterzellen) angelegten Sporen sich auf Kosten der übrigen weiterentwickelt. Die Megaspore ist mit Proteinkörnern, Öltröpfchen und Stärkekörnern dicht gefüllt; an ihrem Scheitel liegt dichteres Plasma und der Kern. Ihre braune Sporenwand (Exospor) ist von einer dicken, schaumigen Hülle, dem Perispor, überlagert. Die Megaspore bleibt von der Sporangienwand umschlossen, löst sich mit dieser von der Mutterpflanze ab und schwimmt an der Wasseroberfläche. Bei ihrer Keimung entsteht ein scheitelständiges, kleinzelliges ♀ Prothallium (Abb. 3.2.149 K) und eine dahinterliegende große Zelle (S), die mit ihrem Reichtum an Reservestoffen zur Ernährung des Prothalliums dient und sich nicht weiter teilt, obwohl ihr Kern durch freie Kernteilungen zahlreiche wandständige Tochterkerne liefert.

Die Sporenwand platzt mit 3 Klappen auf, ebenso springt die Sporangienwand auf, und das Prothallium ragt nun als kleines, dorsiventrales Gebilde etwas hervor. Es enthält zwar Chloroplasten, ist aber trotzdem auf die Reservesubstanzen der großen Zelle (S) angewiesen. Es entwickelt einige Archegonien; aber nur eine Eizelle kommt zur Weiterentwicklung und zur Bildung eines Embryos, der mit seinem Haustorium im erweiterten und schließlich gesprengten Archegoniumbauch steckt (Abb. 3.2.149 K). Wurde keines der Archegonien befruchtet, so werden noch weitere gebildet.

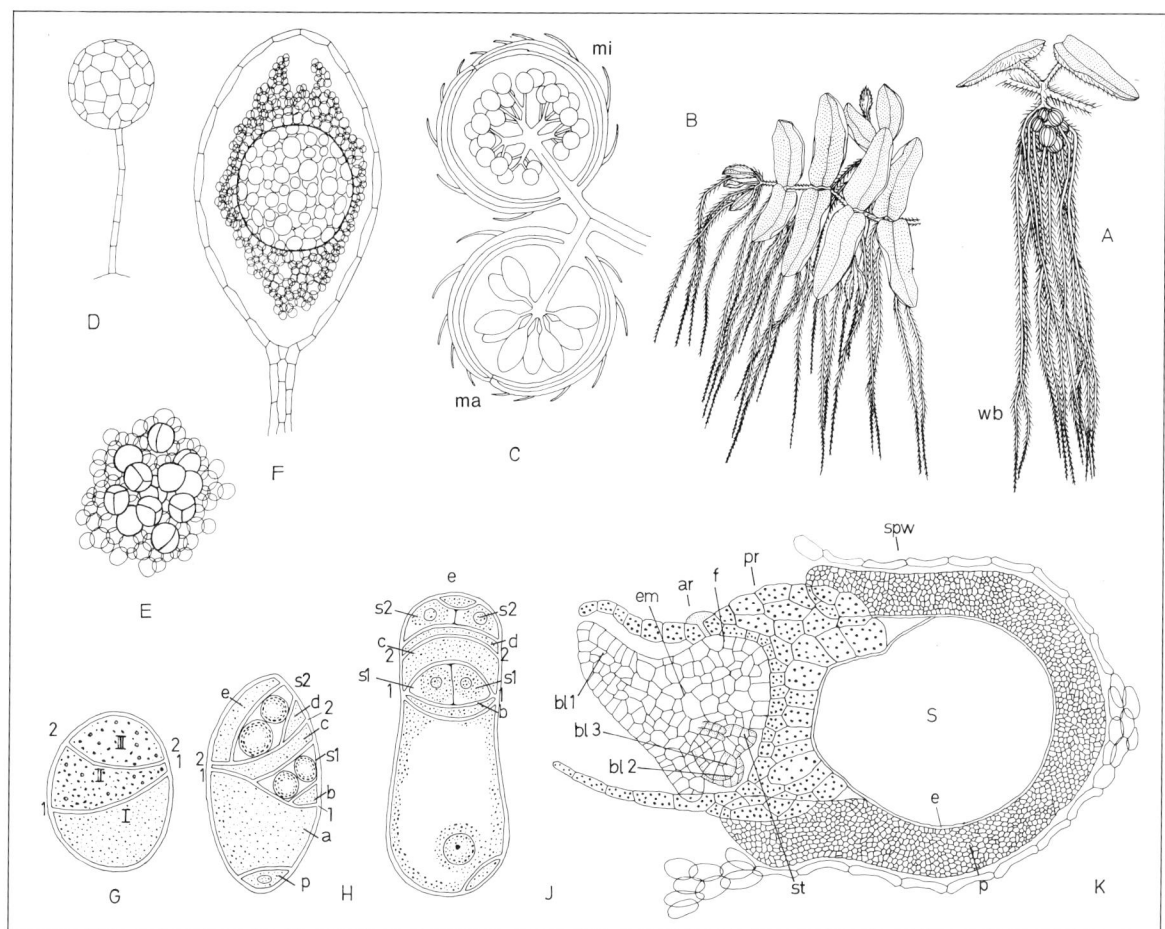

Abb. 3.2.149: *Hydropterides, Salviniales, Salvinia natans.* **A** Sproßstück, von der Seite, mit rundlichen Sporangienbehältern; wb Wasserblatt (²/₄×). **B** Desgl., von oben (²/₄×). **C** Megasporangienbehälter ma und Mikrosporangienbehälter mi im Längsschnitt (8×). **D** Mikrosporangium (55×). **E** In schaumige Zwischensubstanz eingebettete Mikrosporen (250×). **F** Megasporangium mit Megaspore, letztere vom Perispor umgeben, im Längsschnitt (55×). **G–J** ♂ Prothallium. **G** Teilung der Mikrospore in die drei Zellen I–III (860×). **H** Fertiges Prothallium von der Flanke, **J** von der Bauchseite. Zelle I hat sich in die Prothalliumzellen a und p geteilt (p funktionslose Rhizoidzelle), Zelle II in die sterilen Zellen c, b und die beiden spermatogenen Zellen s₁, von denen jede 2 Spermatozoiden bildet; Zelle III in die sterilen e, d und die beiden spermatogenen Zellen s₂. Die Zellen s₁ s₁ und s₂ s₂ sind zwei Antheridien, die Zellen b, c, d, e deren Wandungszellen; die Ziffern 1–1 und 2–2 markieren die Lage der ersten Zellwände. (640×). **K** Embryo em im Längsschnitt, Prothallium pr mit Chloroplasten, S Sporenzelle, e Exospor, p Perispor, spw Sporangiumwand, f Haustorium, bl₁, bl₂, bl₃ die ersten Blätter, st Stammscheitel, ar Archegoniumrest (100×). (A, B nach Bischoff; C–F nach Strasburger; G–J nach Belajeff, K nach N. Pringsheim.)

Die zweite Gattung *Azolla* ist vorwiegend tropisch; die zierlichen, reichverzweigten Schwimmpflänzchen tragen dicht aufeinanderfolgende Blättchen in zweizeiliger Anordnung und an der Unterseite des Stengels lange Würzelchen (Abb. 3.2.150 A). Jedes Blatt ist in 2 Lappen geteilt, von denen der obere schwimmt und assimiliert, der untere ins Wasser taucht und sich an der Wasseraufnahme beteiligt (B, C); außerdem sind an einzelnen Seitenzweigen die unteren Blattlappen zu Sporangienbehältern umgewandelt und von einem Auswuchs eines der Blattlappen eingehüllt. In Höhlungen des Oberlappens lebt die den Luftstickstoff bindende Cyanophycee *Anabaena azollae* als Symbiont (D); deshalb wird *Azolla* in Reisfeldern zur Gründüngung benutzt (vgl. S. 547). *Azolla* ist interessant durch ihre Einrichtungen zur sicheren Herbeiführung der Befruchtung. Die 64 Mikrosporen werden nach Austritt aus dem Mikrosporangium durch das schaumige Periplasmodium zu 5–8 rundlichen, schwimmfähigen Ballen, den sog. Massulae, zusammengehalten. Jede Massula ist an der Oberfläche mit gestielten Widerhäkchen, Glochidien, besetzt (H, J), die auch aus Periplasmodiumsubstanz des Tapetums hervorgehen. Diese Häkchen dienen zur Verankerung an der Megaspore, die mit einem besonderen, aus dem stark vacuolisierten Periplasmodium des Megasporangiums gebildeten, dem Sporangiumscheitel anhaftenden, lufthaltigen Schwimmkörper (G, J) im Wasser umhertreibt und alsdann ein Prothallium wie bei *Salvinia* entwickelt. Zu der

2. Ordnung: **Marsileales** gehören Gattungen, deren Arten sumpfigen Boden bewohnen. *Marsilea* (**Marsileaceae**), die bei uns noch bis vor kurzem durch *M. quadrifolia*, den Kleefarn, vertreten war, jetzt aber erloschen ist (Abb. 3.2.151 A), hat eine kriechende, verzweigte Achse mit einzelstehenden, langgestielten Blättern, deren Spreite sich aus zwei sehr nahe beieinanderstehenden Fiederblattpaaren zusammensetzt. Die an den Blättern beobachteten Schlafbewegungen kommen bei den übrigen Farnen nicht vor. Über der

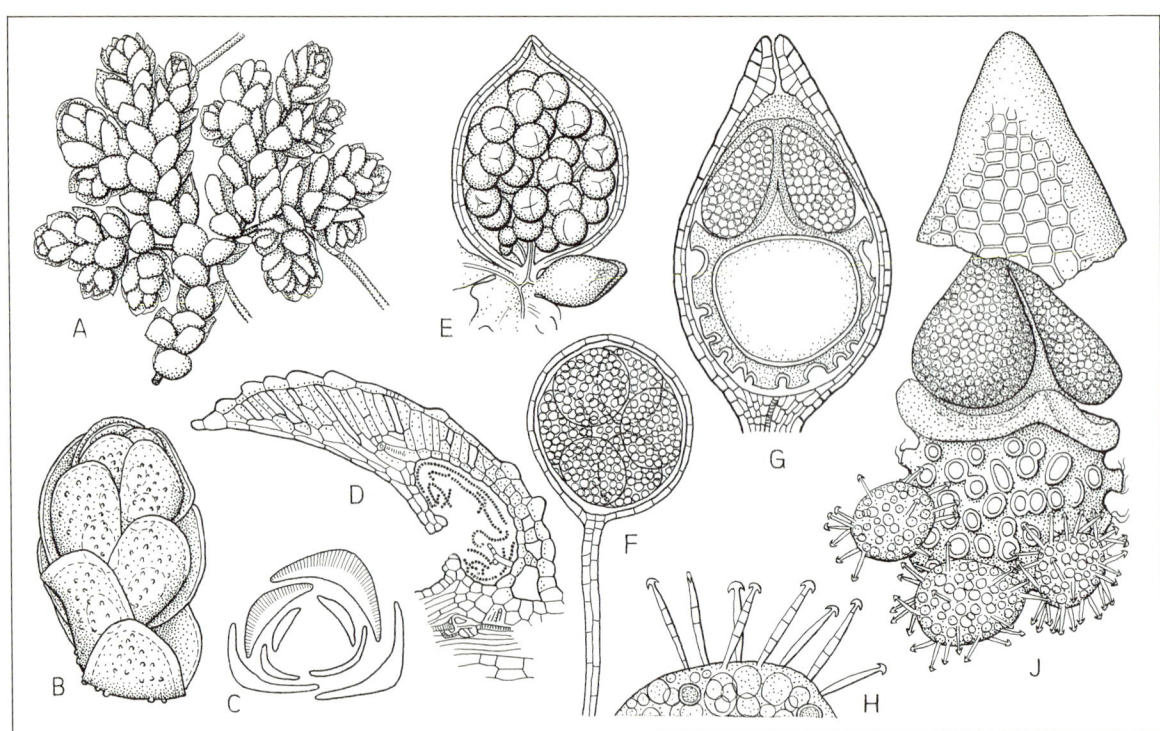

Abb. 3.2.150: *Hydropterides, Salviniales, Azolla* (A, H *Azolla caroliniana*, alles übrige *A. filiculoides*). **A** Pflanze von oben gesehen (4×). **B** Sproßspitze, von oben (12×). **C** Desgl. im Querschnitt (12×). **D** Längsschnitt durch den Oberlappen eines Blattes; in der Höhle *Anabaena azollae* (70×). **E** ♂ (oben) und (unten) ♀ Sorus (20×). **F** Mikrosporangium (65×). **G** Vom Indusium umschlossenes Megasporangium, enthaltend Megaspore mit Schwimmkörper (65×). **H** Teil einer Massula mit Glochidien (160×). **J** Megaspore, aus der oberen Indusiumhälfte hervorgezogen, um den Schwimmkörper sichtbar zu machen; am Epispor haften drei Massulae mittels ihrer Glochidien fest (65×). (A, D–J nach Strasburger; B, C nach Goebel.)

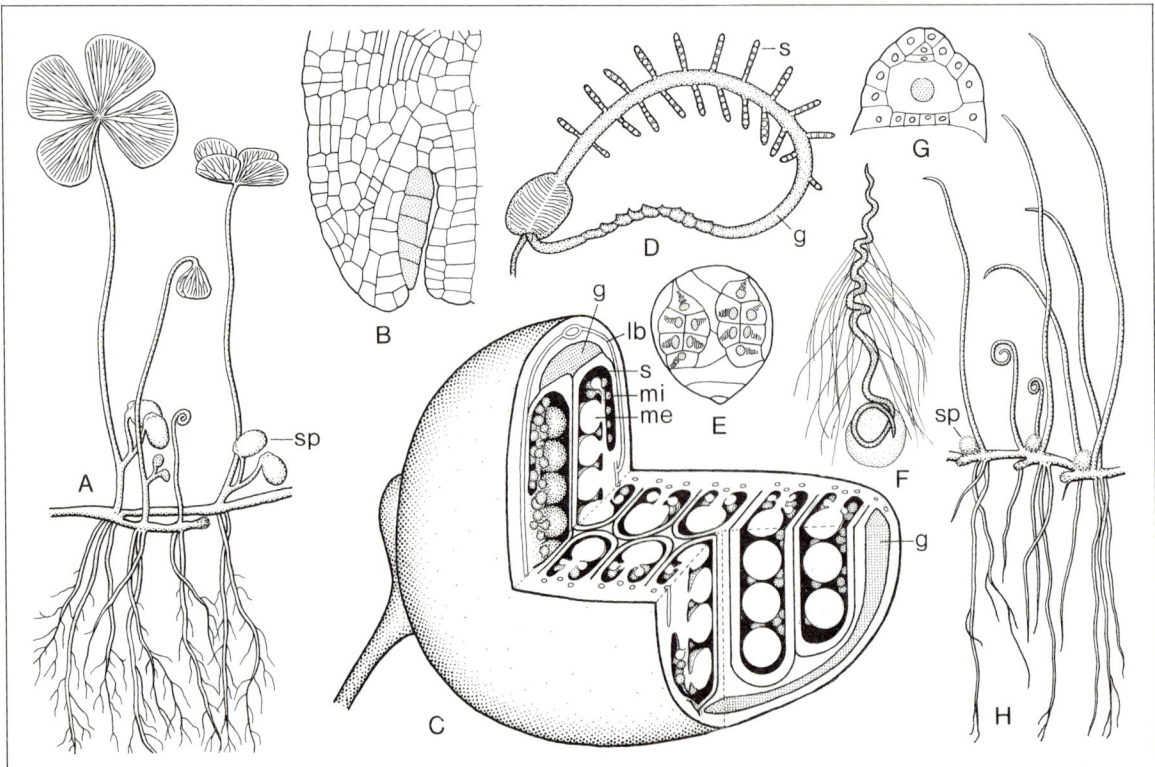

Basis des Blattstieles entspringen paarweise, bei anderen Arten in größerer Anzahl, die gestielten ovalen Sporangienbehälter. Im Gegensatz zu den *Salviniales* entspricht bei den *Marsileales* die Hülle jedes Behälters seiner Anlage nach einem assimilierenden Blatteil, bei dem durch gesteigertes Wachstum der Unterseite die Sorusanlagen in die Tiefe eingesenkt werden (B). Die Behälter werden deshalb Sporokarpien genannt.

Die aus dem Megasporangium und zahlreichen Mikrosporangien bestehenden Sori stehen in Reihen, die in Kammern eingeschlossen sind (C). Durch Quellung eines Gallertrings (g), der das Sporokarp durchzieht, werden bei dessen Reife die Sorussäckchen herausgezogen (D): Das Mikroprothallium, welches in der Mikrospore eingeschlossen bleibt (E), enthält zwei Antheridien, die wenige korkenzieherförmige Spermatozoiden (F) bilden. Das Megaprothallium entwickelt ein Archegonium (G). – Die Gattung *Pilularia*, mit der einheimischen *P. globulifera*, unterscheidet sich von *Marsilea* durch einfache lineare Blätter, an deren Grunde die kugeligen, in der Anlage ebenfalls einem assimilierenden Blatteil entsprechenden Sporokarpien einzeln entspringen (Abb. 3.2.151 H). Die Sporokarpien von *Pilularia* enthalten vier Sorushöhlen. Die Blätter beider Gattungen sind wie bei den meisten anderen Farnen in der Jugend schneckenförmig eingerollt (A, H; akroplastes Wachstum, s. S. 211).

Fossil wurden *Azolla* von der Unterkreide, *Salvinia* von der Oberkreide und *Pilularia* vom Miocän ab nachgewiesen. In Nordamerika ist *Salvinia* seit dem Miocän ausgestorben.

Vorkommen und Lebensweise der Farnpflanzen

Die Pteridophyten sind über alle Klimazonen verbreitet, doch erreichen sie – vor allem die *Pteridopsida* und die *Lycopodiopsida* – sowohl ihre bedeutendste Größe (Baumfarne!) wie auch ihre höchste Artenzahl in den Tropen; sie bevorzugen in gleicher Weise wie die Bryophyten feuchtere Standorte, dringen aber mit einzelnen Arten in trockenere Gebiete vor. Salzstandorte werden gemieden; lediglich der Farn *Acrostichum aureum* bewohnt Mangrovesümpfe aller Tropengebiete.

Die Farngewächse haben in Anpassung an die unterschiedlichen Bedingungen des Lebens auf dem Festlande zweckmäßige morphologische und physiologische Eigenschaften angenommen und treten in den gleichen Lebensformen (s. S. 180) wie die Spermatophyten auf. Sie nehmen hinsichtlich ihrer Wasserversorgung eine Zwischenstellung zwischen Bryophyten und Spermatophyten ein. Die Prothallien der meisten Farngewächse sind gegenüber Austrocknung ebensowenig widerstandsfähig wie die Protonemen der Moose. Die ausgewachsene grüne Farnpflanze reguliert jedoch bei der Mehrzahl der Arten ihren Wasserhaushalt selber (homoiohydrische Pteridophyten) im Gegensatz zu den vom Wasserhaushalt der Umgebung abhängigen, Austrocknung ertragenden Bryophyten. Allerdings können mehrere poikilohydrische Arten von *Selaginella (Lycopodiopsida)* sowie unter den *Pteridopsida* z.B. *Ceterach*, *Notholaena* und *Cheilanthes* nach völliger Lufttrockenheit und nach mehrmonatiger Austrocknung ihre immergrünen Blätter unter Wasseraufnahme wiederaufleben lassen.

Die innere Leitung ist bei der Wasserversorgung entscheidend; einige Farngewächse verfügen zusätzlich über Vorrichtungen zur capillaren Aufnahme und Speicherung von Wasser (s. S. 674, 676).

Die verhältnismäßig wenigen Xerophyten, z.B. unter den *Pteridopsida*, sind durch Wachsbelag, durch ein Kleid von Spreuschuppen und Haaren oder auch durch Succulenz im Sproß *(Davallia)* oder in den Blättern (z.B. manche *Polypodium*-Arten) vor Austrocknung geschützt. Bei Bewohnern feuchter Standorte (Hygrophyten) beobachten wir Guttation, sei es durch Hydathoden an den Blattscheidenzähnchen von *Equisetum* oder durch eigentümliche «Wassergruben» bei manchen Farnen (Abb. 3.2.152).

Neben immergrünen Arten der Gattungen *Lycopodium*, *Selaginella (Lycopodiopsida)*, *Equisetum* (E. hyemale) und *Polypodium (Pteridopsida)* ist ein großer Teil der Pteridophyten der gemäßigten und kühlen Zonen sommergrün (vgl. hierzu die Bryophyten S. 665). Die Pteridophyten haben in ihren verschiedenen Abteilungen, z.T. schon im Devon und Carbon, die Baumform erreicht (Phanerophyten; vgl. S. 180): z.B. unter den *Lycopodiopsida Sigillaria*, *Lepidodendron*, *Pleuromeia*, unter den *Equisetopsida Calamites*, unter den *Pteridopsida* verschiedene *Primofilices*, eusporangiate (*Megaphyton*, Abb. 3.2.139 A) und leptosporangiate Farne (*Cyathea* s. S. 3.2.141). Voraussetzung hierfür war die Verstärkung der Achsen (teils schon durch sekundäres Dickenwachstum, häufiger noch mittels anderer Einrichtungen, s. S. 676, 687) und die effektive Ausgestaltung der Leitgewebe (s. S. 670, 671, 676, 679, 687). Zu den Phanerophyten zählen auch die besonders in den Tropen entfalteten kletternden (Lianen) und die epiphytischen Farngewächse: etwa tropische *Gleicheniaceae* (Spreizklimmer); *Lygodium* und *Salpichlaena*, jeweils mit windender, bis zu 15 m langer Rhachis; einzelne Arten der Gattung *Polypodium* als Wurzelkletterer an Baumstämmen in den Tropen; *Platycerium* und *Drynaria* als mit Nischenblättern Humus sammelnde Epiphyten, s. Abb. 3.2.153. Es spricht einiges für die Annahme, daß alle lebenden Pteridophyten von immergrünen baumförmigen Ahnen mit ursprünglich autotrophen Prothallien abzuleiten sind, z.B. Chamaephyten mit z.T. mykotrophen *(Lycopodium)*, z.T. unselbständigen Prothallien *(Selaginella)*, Hemicryptophyten mit autotrophen, kurzlebigen Prothallien (z.B. *Dryopteris*), Geophyten mit mykotrophen (z.B. *Ophioglossum*) oder autotrophen Prothallien (z.B. *Pteridium, Equisetum*) und Therophyten (z.B. *Anogramma*). Zu heterotropher (parasitischer) Lebensweise sind abgesehen von den Prothallien mancher Arten (s. S. 670, 672) und dem weitgehend mykotrophen *Ophioglossum simplex* (s. S. 686) die Farngewächse ebenso wie die Moose (vgl. aber

---

Abb. 3.2.151: *Hydropterides, Marsileales.* **A** *Marsilea quadrifolia*, Habitus (²/₃ ×). **B** Schnitt durch junges Sporokarp; punktiert: Sorusanlage (200×). **C** Reifes Sporokarp (8×). **D** Geöffnetes Sporokarp von *M. salvatrix* (nat. Gr.) **E** Gekeimte Mikrospore mit zwei Antheridien (150×). **F** Spermatozoid (700×). **G** Archegonium (150×). **H** *Pilularia globulifera*, Habitus (²/₃ ×). g Gallertring, lb Leitbündel, me Megasporangium, mi Mikrosporangium, s Sorussäckchen, sp Sporokarp. (A, H nach Bischoff; B nach Johnson; C nach Mägdefrau; D nach Hanstein; E nach Belajeff; F nach Sharp; G nach Campbell.)

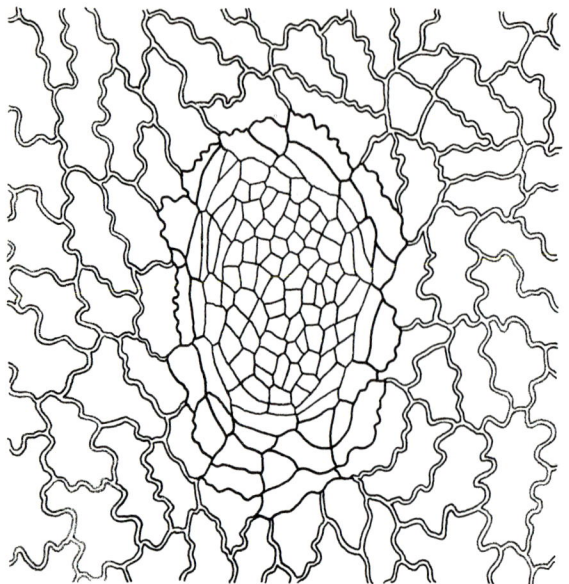

Abb. 3.2.152: *Leptosporangiatae, Polypodiaceae, Polypodium vulgare.* «Wassergrube» (80×). (Nach Mägdefrau.)

Cryptothallus, S. 665) nicht übergegangen. Wenige Vertreter haben die Fähigkeit zum Leben im Wasser (als Hydrophyten) rückentwickelt: z.B. unter den *Pteridopsida Salvinia* und *Azolla (Salviniales)* als Schwimmgewächse sowie *Ceratopteris (Pteridales)* teils schwimmend bis submers, teils auf feuchtem Boden lebend. Die in Aquarien kultivierten *Bolbitis heudelottii* und *Microsorium pteropus* bilden submers lediglich sterile Wedel, während sich Sori ausschließlich an aus dem Wasser ragenden Blättern entwickeln. Die Arten der Gattung *Isoetes (Lycopodiopsida)* leben teils auf periodisch nassem Boden, teils untergetaucht in Seen, oft in 1–3 m Tiefe.

Die Farngewächse treten in Wettbewerb besonders mit Individuen aus der gleichen Lebensklasse: Baumfarne z.B. mit Gymnospermen, Palmen und baumförmigen Dicotyledonen; Farnprothallien sowie Hymenophyllaceen mit Moosen und Flechten; *Equisetum* mit Juncaceen und Cyperaceen; *Salvinia* mit Lemnaceen etc. Einige Pteridophyten sind hierbei sehr konkurrenzfähig und treten unter zusagenden Bedingungen in solcher Menge auf, daß sie eigene Gesellschaften bilden, wie etwa der Adlerfarn *(Pteridium aquilinum)* an Waldrändern oder der Teich-Schachtelhalm *(Equisetum fluviatile)* im Verlandungsgürtel der Seen. Manche Arten sind weltweit verbreitet, z.B. wiederum der Adlerfarn (als Spreizklimmer bisweilen bis zu 5 m hoch) oder der Keulen-Bärlapp *(Lycopodium clavatum)*; andere liefern treffende Beispiele für kleinere Areale, Disjunktionen und Endemismen.

Rückblick auf die Pteridophyten. Die Pteridophyten dürften als Parallel-Ast zu den Bryophyten aus einer gemeinsamen, vermutlich bereits das Festland bewohnenden Ahnengruppe (*«Propsilophytopsida»*) hervorgegangen sein, die sich wiederum aus algenähnlichen Vorfahren entwickelt hatte. Unter den Algen kommen als Ahnen dieser frühen Landbewohner nur Vertreter der Chlorophyten in Betracht (vgl. S. 641). Die früher diskutierte Fortentwicklung von Bryophyten zu Pteridophyten, z.B. von *Anthoceros*-ähnlichen Vorläufern durch Größenzunahme, Differenzierung und zunehmende Selbständigkeit des Sporophyten *(Sporogonites)* ist demgegenüber weniger wahrscheinlich. Während die Moose sich schon seit dem Carbon nicht mehr wesentlich höher entwickelt haben, also vor rund 250 Millionen Jahren schon «fertig» waren, haben die Farngewächse seitdem erst ihren Hauptaufschwung genommen (Abb. 3.2.154).

Eroberten die Moose das Land mit Hilfe des Gametophyten, und blieben sie dabei in ihrer Ausbreitung auf besondere ökologische Großnischen beschränkt, so

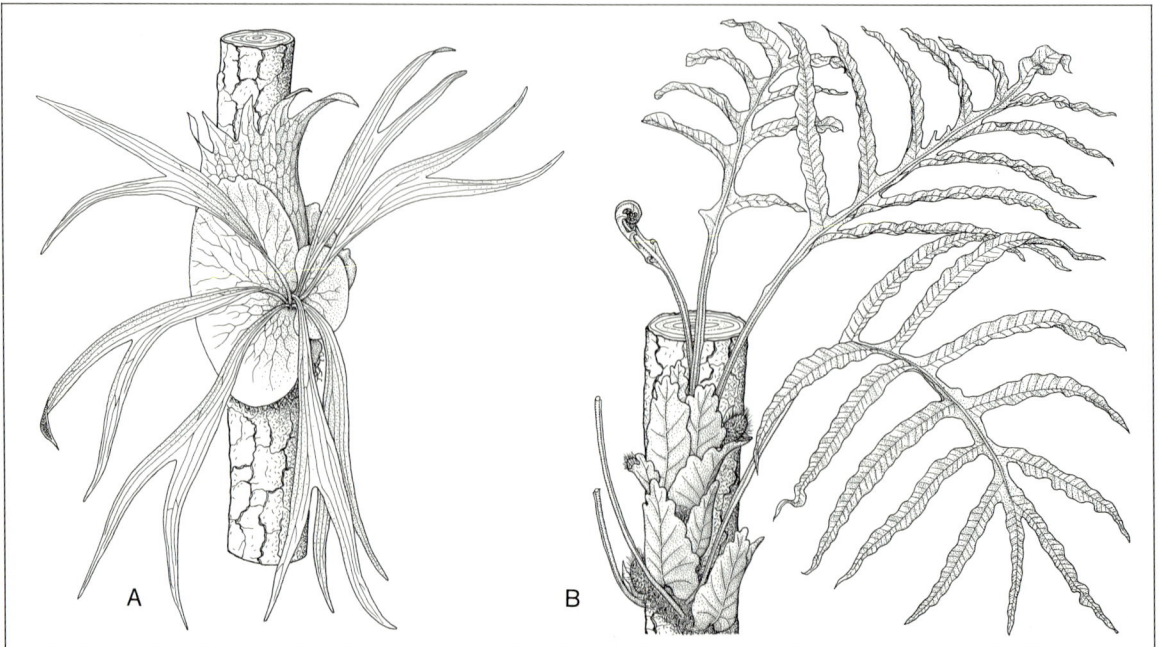

Abb. 3.2.153: Epiphytische Farne mit Blattdimorphismus (Heterophyllie: humussammelnde «Nischenblätter» und Sporotrophophylle). **A** *Platycerium alcicorne.* **B** *Drynaria quercifolia* (⅙×). (Nach Mägdefrau.)

haben die Farngewächse und (vor allem) die Samenpflanzen ihre dominierende Rolle beim Aufbau der Landvegetation unter Fortentwicklung ihres Sporophyten erreicht. Die evolutive Potenz der Sporophyten-Pflanzen beruht vermutlich auf ihrer erhöhten genetischen Stabilität und Rekombinationsrate sowie auf der Entwicklung von Schutzeinrichtungen für die unter den Bedingungen des Landes empfindlichen Gametophyten. Der diploide Sporophyt der Farngewächse ist sehr stark entwickelt und mannigfaltig gestaltet, was im Gegensatz zu den Moosen dadurch möglich ist, daß bei ihm verholzte, also tragfähige Leitbündel im Gange der phylogenetischen Entwicklung immer stärker ausgebildet worden sind (Leitung von Wasser wie von organischen Substanzen). Auch die Ausbildung von echten Wurzeln wirkt im gleichen Sinne. Da zudem die Epidermen cutinisiert sind, kann der Sproß in den Luft-Lichtraum hinaufwachsen, kann Blätter ausbilden und Kohlendioxid assimilieren; er ist also nicht auf die Versorgung mit organischen Substanzen seitens des Gametophyten angewiesen, womit eine weitere Hemmung für seine Größenentwicklung wegfällt.

Das Scheitelwachstum erfolgt – wie bereits betont (s. S. 667) – meist mittels Scheitelzelle (Abb. 1.2.3 A). Mit Initialengruppen (S. 132) wachsen hingegen die eusporangiaten Farne und einige Vertreter der *Lycopodiopsida* (*Lycopodium*; *Selaginella* z. T. auch noch mit Scheitelzellen); unter den *Psilophytopsida* war bereits *Rhynia* durch dieses abgeleitete Merkmal gekennzeichnet.

Die Lage des Embryos (Abb. 3.2.146) ist meist endoskopisch (Sproßscheitel vom Archegoniumhals abgewandt; *Leptosporangiatae*, auch *Lycopodium*, *Selaginella*), seltener noch exoskopisch (*Eusporangiatae* mit Ausnahme der *Marattiales*; weiterhin *Psilotum, Equisetum, Isoetes*).

Bei ursprünglichen Formen sind die Sporen unter sich alle gleich (Isosporie), bei höheren ist dagegen eine Differenzierung in Mikro- und Megasporen eingetreten. Das Auftreten der Heterosporie ist innerhalb der verschiedenen Pteridophytenklassen mehrfach unabhängig voneinander erfolgt (*Lycopodiopsida*; *Equisetopsida* – hier sowohl bei den Calamiten wie auch bei den Sphenophyllen – und *Pteridopsida*);

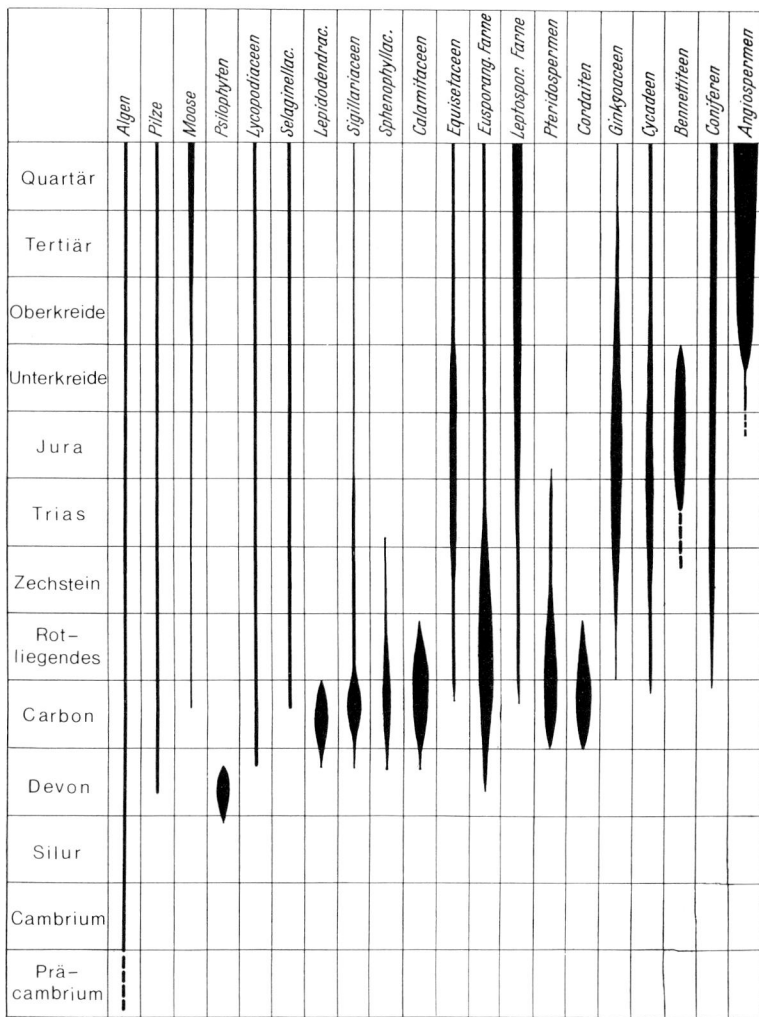

Abb. 3.2.154: Die Entfaltung der wichtigsten Pflanzengruppen während der Erdgeschichte. (Nach Mägdefrau.)

damit verbunden ist die Arbeitsteilung zwischen kleineren ♂ und größeren ♀ Prothallien. In den Samenbärlappen (S. 676) haben die Pteridophyten unabhängig von den Spermatophyten die Entwicklungsstufe der **Samenbildung mit extremer Heterosporie** erreicht.

Der haploide Gametophyt der Farngewächse bleibt – falls nicht ohnehin stark reduziert – thallos (Prothallium) und bildet selten Tracheiden aus *(Psilotum)*. Er schließt seine Entwicklung frühzeitig mit der Bildung von Antheridien und Archegonien ab, die oft einfacher als bei den Moosen gebaut sind; große vielzellige Gametangien gelten als primitiv gegenüber kleinen wenigzelligen. Haben die Laubmoose *(Bryopsida)* im Archegonium zahlreiche Halskanalzellen (10–30 oder mehr), so sind es bei den Lebermoosen *(Marchantiopsida)* 4–8, bei den Hornmoosen *(Anthocerotopsida)* 6 und bei den Pteridophyten oft nur noch einige bis wenige. Bei den *Anthocerotopsida* liefert die zum Archegonium bestimmte Epidermiszelle keine Stielzelle mehr; d.h. anders als bei den *Marchantiopsida* und *Bryopsida* teilt sie sich direkt in eine Axialzelle und drei Mantelzellen. Bei den Pteridophyten unterbleibt darüber hinaus der die Mantelzellen liefernde Teilungsschritt. Die Antheridien und Archegonien der *Bryopsida* und *Marchantiopsida* werden exogen und frei angelegt, bzw. erst später vom Gametophytengewebe umhüllt. Bei den *Anthocerotopsida* und Pteridophyten sind sie schon in jungen wie z. T. auch späteren Entwicklungsstadien vom Gewebe des Gametophyten eingeschlossen (endogene Bildung).

Die *Psilophytopsida, Lycopodiopsida* und *Equisetopsida* hatten ihre größte Entfaltung sowohl nach der Formenmannigfaltigkeit wie der Individuenzahl im Paläozoicum. Die *Pteridopsida* waren noch im Mesozoicum stark vertreten und haben sich auch in größerem Umfang als die anderen beiden recenten Klassen bis in die Gegenwart erhalten (Abb. 3.2.154); bei ihren vom Carbon bis zur Trias vorherrschenden Formen handelt es sich jedoch um Vertreter, die heute nur noch in wenigen Arten leben, während diejenigen Familien, die gegenwärtig dominieren, erst im Mesozoicum auftragen.

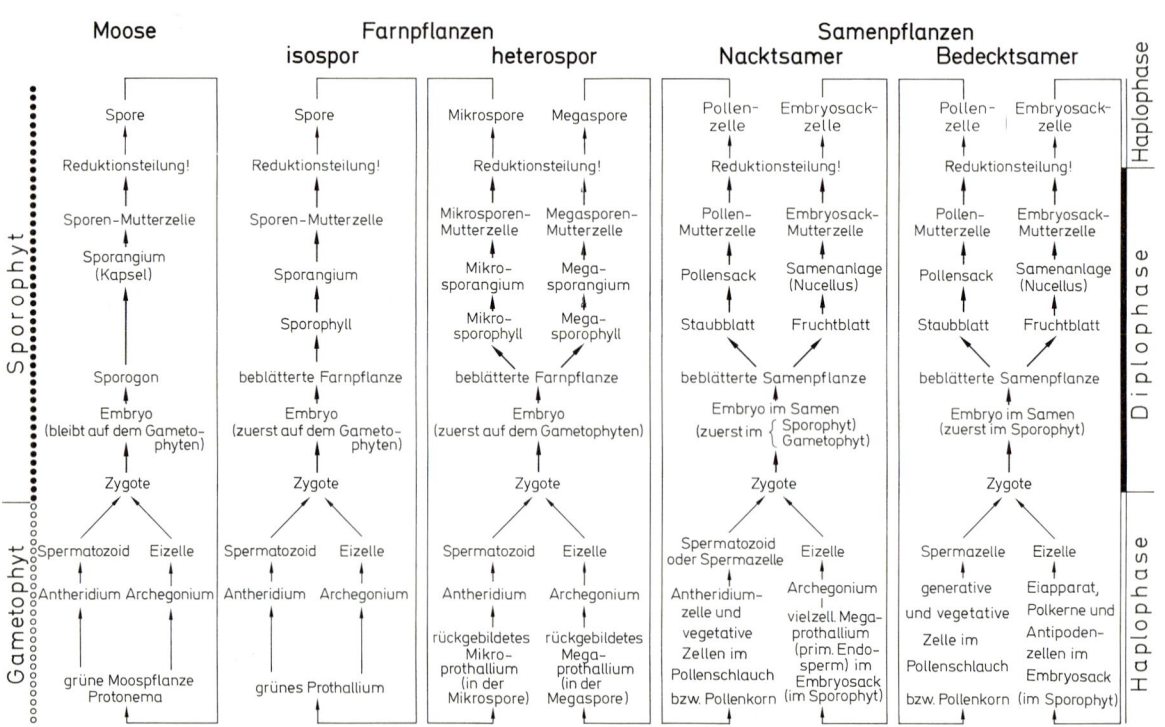

Abb. 3.2.155: Vergleich des Generations- und Kernphasenwechsels bei den *Embryophyta* bzw. *Cormobionta*. Dargestellt sind die Verhältnisse bei den Moosen, iso- und heterosporen Farnpflanzen sowie den Samenpflanzen. Homologe Entwicklungsphasen, Fortpflanzungszellen und -organe stehen jeweils auf gleicher Höhe (vgl. dazu auch Abb. 3.2.98, 3.2.118, 3.2.129, 3.2.156 u. 3.2.189).

Dritte Abteilung: Spermatophyta, Samenpflanzen

Die Samenpflanzen zeigen wie Moose und Farnpflanzen einen **heteromorphen Generationswechsel** mit Gametophyt und Sporophyt, weiterhin auch einen entsprechenden Kernphasenwechsel mit Haplo- und Diplophase (vgl. Abb. 3.2.155, 3.2.156 und S. 478ff.). Bei den ursprünglicheren Vertretern sind am ♀ Gametophyten noch deutliche **Archegonien** erkennbar, während die Antheridien am ♂ Gametophyten stark reduziert sind. Ebenso wie bei den heutigen Farnpflanzen weist der Sporophyt eine charakteristische Gliederung in **Wurzel** und **Sproß** mit **Achse** und **Blättern** auf. Die Samenpflanzen gehören also zu den **Embryophyten** bzw. **Cormobionta** = Sproßpflanzen, **Cormophyten** (vgl. S. 162 ff.).

Erst 1851 hat Wilhelm Hofmeister den «versteckten» Generationswechsel der Samenpflanzen und damit den engen Zusammenhang mit Moosen und Farnpflanzen erkannt. Damals waren für die Fortpflanzungsorgane der Samenpflanzen bereits eigene Bezeichnungen entstanden. Obwohl ihre Homologie mit den entsprechenden Organen der Farnpflanzen weitgehend feststeht, haben sich die beiden Begriffsgruppen bis heute nebeneinander erhalten und werden im folgenden auch vielfach nebeneinander verwendet. Eine tabellarische Übersicht findet sich in Abb. 3.2.155. Für weibliche Fortpflanzungszellen bzw. -organe wurde im deutschen Sprachraum bisher meist die griechische Vorsilbe «Makro-» verwendet; nunmehr bürgert sich die international übliche griechische Vorsilbe «Mega-» ein.

Wie die höchstentwickelten, heterosporen *Pteridophyta* bilden auch die *Spermatophyta* nach der Meiose **Mikrosporen** (= einkernige Pollenkörner bzw. Pollenzellen) und **Megasporen** (= einkernige Embryosackzellen). Die Rückbildung der männlichen und weiblichen Gametophyten bzw. Prothallien (mehrzelliges Pollenkorn bzw. Pollenschlauch und Embryosack) ist allerdings so stark fortgeschritten, daß sie äußerlich nicht mehr in Erscheinung treten und vielfach vom Sporophyten ernährt werden müssen. Besonders wesentlich ist dabei, daß die Megaspore das **Megasporangium** (= Nucellus der Samenanlage) und damit die sporophytische Mutterpflanze bei der Reife nicht mehr verläßt. So entsteht auch der **weibliche Gametophyt** (= Embryosack) mit den Eizellen (tlw. noch in Archegonien) auf der Mutterpflanze. Weiter sind in den **Mikrosporangien** (= Pollensäcken) die Mikrosporen (= einkernigen Pollenkörner) herangereift. Schon jetzt beginnt mit mindestens einer Zellteilung die Entwicklung des **männlichen Gametophyten**. Diese mehrzelligen Pollenkörner werden nun in den Bereich der Megasporangien und weiblichen Gametophyten übertragen (Bestäubung) und bilden dort einen **Pollenschlauch** mit Spermatozoiden (= Spermien), meist aber mit geißellosen Spermazellen. Es folgt die **Befruchtung** der Eizelle und die Entwicklung der Zygote zum Embryo. Gleichzeitig hat sich am mütterlichen Sporophyten aus der Hülle des Megasporangiums (den 1–2 Integumenten der Samenanlage) eine Hülle (= **Samenschale, Testa**) um den Embryo und sein Nährgewebe (Endosperm) gebildet: Damit

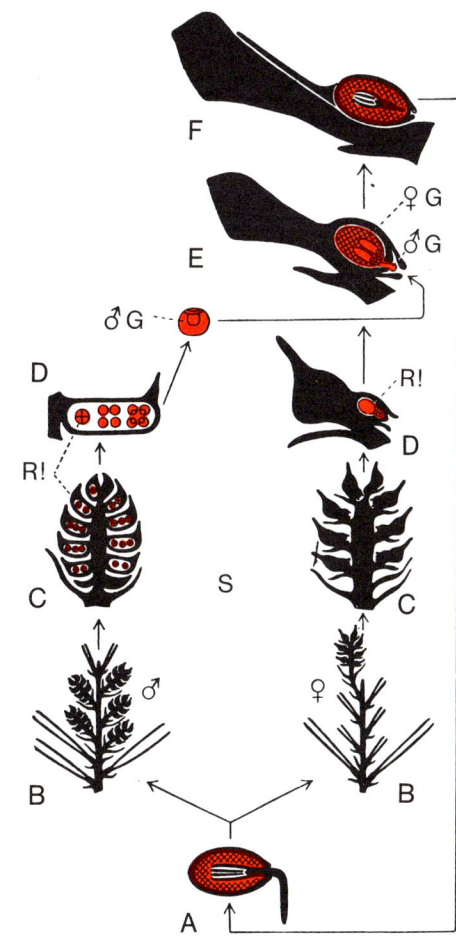

Abb. 3.2.156: Entwicklungsschema einer gymnospermischen Samenpflanze *(Pinus)* mit Generationswechsel: Sporophyt (S) und Gametophyt (G) sowie Kernphasenwechsel: Diplophase (schwarz ausgefüllt), Reduktionsteilung (R!) und Haplophase (rote Farbe). **A** Keimender Same mit Testa, primärem Endosperm (haploid, Kreuzschraffur) und Embryo. **B** Sprosse mit Achsen, Blättern sowie ♂ und ♀ Blütenständen. **C** ♂ Blüte und Blütenstand (junger Zapfen). **D** links: Staubblatt mit Pollenmutterzellen, ein- und mehrzelligen Pollenkörnern (Luftsäcke nicht gezeichnet) sowie Entwicklung des ♂ Gametophyten; rechts: Tragblatt der ♀ Blüte (= Deckschuppe), darüber verschmolzene «Fruchtblätter» (= Samenschuppe) und darauf freiliegende Samenanlage mit Embryosack (nur 1 von 4 Megasporen entwickelt). **E** Weibliche Blüte und Samenanlage zur Zeit der Befruchtung mit keimendem Pollenkorn (♂) und ♀ Gametophyten (vielzellig: Kreuzschraffur, zwei große Eizellen). **F** Reife Zapfenschuppe mit (geflügeltem) Samen und Embryo im (primären) Endosperm. (Nach Firbas.)

ist anstelle der Ausbreitungseinheit Megaspore eine neue, nämlich der **Same**, entstanden. Diese Veränderungen gegenüber den Farnpflanzen machen den Befruchtungsvorgang von der Gegenwart atmosphärischen Wassers unabhängig und geben dem jungen Sporophyten bessere Startmöglichkeiten.

Im Bereich der Sporangien entsprechen einander bei den *Spermatophyta* Megasporangien mit steriler Hülle (Samenanlagen aus Nucellus und Integument[en]) und Mikrosporangiengruppen (Pollensackgruppen) (vgl. S. 702). Diese morphologischen Grundbausteine der Fortpflanzungsorgane sitzen einzeln oder zu mehreren bis vielen an einfachen oder ± komplex verzweigten Trägern, die als Mikro- bzw. Megasporophylle (Staub- und Fruchtblätter) bezeichnet werden können.

Die Sporophylle stehen bei den *Spermatophyta* fast immer an Kurzsprossen mit begrenztem Wachstum: Wir sprechen hier von **Blüten**. Die Samenpflanzen können dementsprechend auch als Blütenpflanzen (*«Anthophyta»*) bezeichnet werden. Blüten können sowohl eingeschlechtig als auch zwittrig sein, je nachdem, ob in einer Blüte nur Mikro- oder nur Megasporophylle oder beide ausgebildet werden. Vor allem bei Zwitterblüten kommt es vielfach zur Ausbildung einer Blütenhülle (Perianth). Die Anordnung der Mikro- und Megasporophylle in Blüten, die vom vegetativen Bereich abgesetzt sind, erleichtert im Zustand der Blütenentfaltung (Anthese) die Bestäubung. Bei den Nacktsamern (*«Gymnospermae»*) wird dabei der Pollen auf die Samenanlage, bei den Bedecktsamern (*Angiospermae*) auf die Narbe der Fruchtblätter übertragen, was Befruchtung und Samenentwicklung ermöglicht. Organe, welche dabei die reif(end)en Samen umschließen bzw. ihrer Ausbreitung dienen, bezeichnen wir als **Früchte**.

Die ursprünglichen Samenpflanzen lassen schon am Embryo einen Sproß- und einen Wurzelpol erkennen (Abb. 1.2.2), aus denen sich zuerst der Primärsproß und die Hauptwurzel entwickeln. Charakteristisch ist des weiteren für den Achsenbereich der Samenpflanzen axilläre Verzweigung, der Besitz einer Eustele und die Fähigkeit zum sekundären Dickenwachstum. Es handelt sich also primär um Holzpflanzen mit leistungsfähigem System der Wasseraufnahme und Wasserleitung (Abb. 1.3.53).

Die Samenpflanzen beherrschen seit Beginn des Mesophytikums (Oberperm) die Landfloren der Erde. Obwohl wir Ansätze zur Ausbildung von entsprechenden Merkmalen bei verschiedenen Gruppen Höherer Pteridophyten erkennen können (z.B. Rückbildung der Gametophyten, Heterosporie, blütenartige Sporophyllstände, ja sogar Samenbildung, vgl. S. 676f.), geht die Entstehung der Samenpflanzen aus psilophytenartigen Vorläufern bis ins Devon zurück und erfolgte parallel zur Entfaltung der Pteridophyten.

Vegetationsorgane

Die Keimlinge der Samenpflanzen sind bipolar gebaut und zeigen einen primären Sproß- und einen primären Wurzelscheitel (Abb. 1.3.14 A–C). Die ursprüngliche Zahl der Keimblätter ist wohl 2; sie kann vermehrt (Abb. 3.2.166F) oder auf 1 vermindert sein. Die Scheitelmeristeme von Sproß und Wurzel sind mehrzellig und erfahren eine fortschreitende schichtartige Aufgliederung (vgl. Tunica und Corpus, Abb. 1.2.4–6). Die Blattstellung ist bei allen ursprünglichen Samenpflanzen schraubig, wird aber mehrfach zu distich, decussiert oder wirtelig abgewandelt (S. 173ff.). Charakteristisch ist weithin die seitliche und blattachselbürtige (axilläre) Verzweigung (Abb. 1.3.14D). Der Sproßaufbau ist monopodial oder sympodial, undifferenzierte Sprosse sind ursprünglicher als die Gliederung in Lang- und Kurzsprosse. Im Achsenbereich ist eine Anordnung offener, collateraler Leitbündel zu Eustelen bezeichnend (Abb. 1.3.53).

Fossilfunde belegen, wie innerhalb der Samenpflanzen gelappte Proto- bzw. Actinostelen durch Bildung von zentralem Mark und von Markstrahlen schließlich zu Eustelen aufgelöst werden; Nebenlinien führen auch zu Poly- bzw. Atactostelen mit geschlossenen Leitbündeln (vgl. S. 193f., Abb. 1.3.50, 1.3.49). Für den Wurzelbereich sind markführende Actinostelen (radiale Leitbündel, vgl. S. 224ff.) charakteristisch.

Alle ursprünglichen Samenpflanzen lassen ein sekundäres Dickenwachstum erkennen: Durch die Tätigkeit eines Cambiums wird nach innen Holz, nach außen sekundäre Rinde gebildet (S. 195ff., 226f.).

Wesentliche Progressionen lassen sich hinsichtlich der fortschreitenden Differenzierung dieser Gewebe (z.B. Leit-, Faser- und Parenchymzellen in Holz und Rinde) sowie bei der Vervollkommnung der leitenden Tracheiden zu Tracheen bzw. der feinporigen Siebzellen zu weitporigen Siebröhren erkennen (Abb. 1.2.25). Die phylogenetische Abfolge der Wandversteifungen im Xylem verläuft offenbar von Ring-, Schrauben- und Netz- zu Leiter- und Hoftüpfelelementen (Abb. 1.2.27).

Bei den Blättern der Samenpflanzen lassen sich grundsätzlich 2 Typen erkennen: der dichotome (gabelige) Typ bei den *Coniferophytina* (Abb. 3.2.157A, z.B. *Ginkgo*, Abb. 3.2.169) und der fiederige bei den *Cycadophytina* (Abb. 3.2.157B, z.B. *Tetrastichia* oder *Lyginopteris*, Abb. 3.2.180A, 3.2.181B) und *Angiospermae* (Abb. 1.3.7I, H; 1.3.73).

Die Abfolge von Ausbildungen mit noch telomartigen, räumlich verzweigten und mehr-minder radiären Abschnitten zu in einer Ebene verzweigten, zusammengesetzten Blättern mit flächigen Abschnitten, weiter zu ungeteilten durchaus bifacialen Blättern mit Blattstielen bzw. ohne solche und schließlich auch zu Nadel- oder Schuppenblättern ist durch Fossilfunde und vergleichende Analysen dokumentiert (vgl. Abb. 3.2.167, 169, 170B, 174A, 175, 180A, 181B–C). Parallel damit kommt es zur Reduktion des Spitzenwachstums der Blätter.

Hinzuweisen ist auch auf die Entwicklung von immergrüner zu saisongrüner (besonders sommergrüner) Ausbildung sowie auf die fortschreitende ontogenetische Differenzierung der Blattorgane (Nieder- und Hochblätter, Knospenschuppen usw., vgl. S. 214f.). Bei der Leitbündelversorgung der Blätter treten Lücken (Lacunen) im Holz-

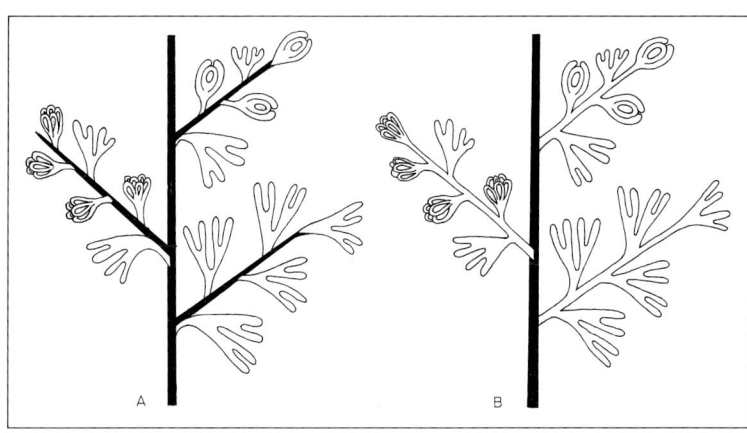

Abb. 3.2.157: Schema des Sproßaufbaues bei ursprünglichen Samenpflanzen der Unterabteilungen *Coniferophytina* (**A**) und *Cycadophytina* (**B**) mit Achsen (schwarz ausgefüllt) sowie einfachen bzw. komplexen vegetativen und sporenbildenden Blattorganen (dünne Umrandungslinien) Trophylle, Mikrosporophylle (mit Pollensackgruppen) und Megasporophylle (mit Samenanlagen). (Orig.)

körper auf, aus welchen die Blattspuren ausscheren (Abb. 1.3.50 D). Offenbar sind bei Gymnospermen unilacunäre und einspurige Blattknoten ursprünglich, bei den Angiospermen dagegen trilacunäre und dreispurige.

Alle primitiven Spermatophyten sind **bäumchen- bzw. baumförmige Holzpflanzen**. Aus Baumformen sind dann offenbar mehrfach parallel Lianen und Sträucher sowie alle anderen Wuchs- und Lebensformen der Samenpflanzen entstanden (vgl. S. 180 ff., Abb. 1.3.27).

Während die *Coniferophytina* offenbar schon von Anfang an stärker verzweigt, dünnästig (leptocaul) und kleinblättrig waren, ist für die *Cycadophytina* eine nicht oder wenig verzweigte dickstämmige *(pachycaule)* Wuchsform mit umfangreichen, fiedrig zusammengesetzten Blättern ursprünglich (z. B. Abb. 3.2.180A, 3.2.184A). Daraus haben sich mehrfach sekundär leptocaule Sippen entwickelt (z. B. Abb. 3.2.186A, 1.3.27C). Möglicherweise steht diese Progression im Zusammenhang mit Entwicklungsbeschleunigung (Achsen- und Blattbildung an kleineren Sproßscheiteln rascher als an voluminösen), Risikominderung (viele kleinere Sproßscheitel weniger schadensanfällig – z. B. gegenüber pflanzenfressenden Insekten – als wenige große) und besserer Lichtausnutzung (kleinere Blätter eher mosaikartig anzuordnen als große).

Auch Befunde der Ultrastrukturforschung sind in letzter Zeit für die Systematik der Samenpflanzen wichtig geworden.

Elektronenmikroskopische Untersuchungen an Siebröhren-Plastiden haben verschiedene für größere Verwandtschaftsgruppen charakteristische Typen erkennen lassen: Der weitverbreitete und wohl ursprüngliche S-Typ (Abb. 3.2.158 A) speichert nur Stärke, der P-Typ teilweise oder ausschließlich Protein; die Proteineinschlüsse können dabei fädig oder kristalloid sein (Abb. 3.2.158 B, C).

Blüten

Die Blüten der Samenpflanzen dienen der geschlechtlichen Fortpflanzung. Im Zusammenhang mit der fortschreitenden Reduktion der männlichen und weiblichen Gametophyten (mit den ♂ und ♀ Geschlechtszellenbehältern) und der Verlagerung derselben – und damit der Befruchtung – auf den Sporophyten übernehmen die Blüten immer weitergehend Funktionen der Vorbereitung des Geschlechtsvorganges sowie der Fürsorge für die Entwicklung der Zygote zum Embryo und seiner Ausbreitung im Samen.

Es ist daher verständlich, daß man früher die Blütenorgane der Samenpflanzen als die eigentlichen Geschlechtsorgane auffaßte und die Gruppe dementsprechend als «*Phanerogamae*» (d. h. «öffentlich Heiratende») bezeichnete.

Blüten sind Sporophyllstände, also mit Mikro- und/oder Megasporophyllen besetzte Kurzsprosse

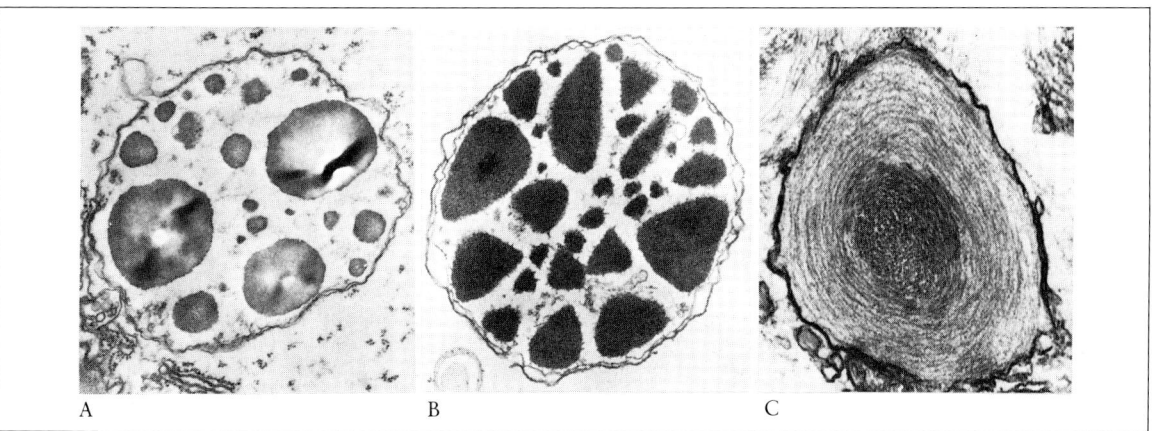

Abb. 3.2.158: Siebenröhrenplastiden bei *Spermatophyta (Angiospermae)*. **A** S-Typ mit Stärkeeinschlüssen: *Nuphar (Nymphaeaceae)*, **B** P-Typ mit kristalloiden Proteineinschlüssen: *Gloriosa (Liliales: Colchicaceae)*, **C** P-Typ mit fädigen Proteineinschlüssen: *Allenrolfea (Chenopodiaceae)*. (A 20000×, B und C 30000×; nach Behnke.)

mit begrenztem Wachstum. Bei den *Cycadophytina* läßt sich die Entwicklung von Blüten schrittweise verfolgen: Sporo-Trophophylle zerstreut an der fortwachsenden Hauptachse (z.B. beim Samenfarn *Tetrastichia*, Abb. 3.2.180A), Sporophylle und Trophophylle alternierend an der fortwachsenden Hauptachse (z.B. bei den Megasporophyllständen von *Cycas*, Abb. 3.2.184 A–C), Sporophylle schraubig und in großer Zahl an eigenen Sprossen mit begrenztem Wachstum (z.B. bei den Mikro- und Megasporophyllständen von *Encephalartos*. Abb. 3.2.185 A). Dies entspricht einer fortschreitenden Arbeitsteilung zwischen Fortpflanzungssprossen (Blüten) und vegetativen Sprossen, wie wir sie auch schon bei Farnpflanzen finden (z.B. bei *Lycopodium, Selaginella* oder *Equisetum*). Im Zuge der phylogenetischen Weiterentwicklung von Blüten der Samenpflanzen werden die ursprünglich zahlreichen Blütenorgane vielfach vermindert und zahlenmäßig fixiert (Oligomerisation), anstelle der schraubigen tritt wirtelige Anordnung, und parallel dazu erfährt die Blütenachse eine starke Stauchung; besonders bei Zwitterblüten kommt es mehrfach zur Ausbildung einer Blütenhülle (= Perianth).

Die Blüten der Samenpflanzen sind ursprünglich eingeschlechtig (unisexuell, nur mit Staubblättern, männlich = ♂, oder nur mit Fruchtblättern, weiblich = ♀) und windbestäubt; zwittrige Blüten (mit Staub- und Fruchtblättern, bisexuell oder hermaphroditisch = ⚥) erscheinen später und im Zusammenhang mit Tierbestäubung (vgl. S. 746 ff.); schließlich kommt es häufig sekundär wieder zur Eingeschlechtigkeit. Sippen mit ♂ und ♀ Blüten auf jedem ihrer gemischtgeschlechtigen Individuen nennt man einhäusig (monöcisch = ♂ ♀, z.B. Kiefer oder Haselstrauch); solche, wo ♂ und ♀ Blüten auf verschiedenen, getrenntgeschlechtigen Individuen vorkommen, heißen zweihäusig (diöcisch = ♂/♀, z.B. Eibe oder Weiden) (vgl. S. 500). Sippen mit eingeschlechtigen und zwittrigen Blüten in unterschiedlicher Verteilung bezeichnet man als vielehig (polygam, etwa andromonöcisch = ♂⚥, z.B. *Veratrum album*, gynodiöcisch = ♀/⚥, z.B. *Thymus serpyllum*, oder triöcisch = ♀/♂/⚥, z.B. Esche).

Ursprünglich stehen die relativ großen Blüten bei verschiedenen Samenpflanzengruppen einzeln. Im Zusammenhang mit der allgemeinen Tendenz zur Reduktion der Blütengröße entstehen als Kompensation vielfach Blütenstände (Inflorescenzen, vgl. S. 183f., Abb. 1.3.33).

Staub- und Fruchtblätter

Ein Vergleich der Sporangienträger bei den ältesten Samenpflanzengruppen (besonders *Ginkgoopsida, Cordaitidae* und *Lyginopteridales*) läßt als morphologische Grundeinheiten in diesem Bereich ± radiär gebaute Pollensackgruppen und radiäre (oder ± abgeflachte) Samenanlagen mit Nucellus und steriler Hülle aus 1–2 Integumenten erkennen (Abb. 3.2.157).

Die Verhältnisse bei den Vorläufern der Samenpflanzen (den «*Progymnospermae*», vgl. S. 710ff. und Abb. 3.2.137E, F, N; 3.2.167) legen nahe, daß die Pollensackgruppen durch Kontraktion aus dichotom oder ± fiedrig verzweigten Mikrosporangiengruppen hervorgegangen sind. Entsprechende Vorgänge an Megasporangiengruppen waren anscheinend von der Differenzierung eines zentralen fertilen Sporangiums zum Nucellus und äußerer steriler Abschnitte (Hüll-Telome) zum (inneren) Integument begleitet und haben damit zur Entstehung von Samenanlagen geführt (vgl. Abb. 3.2.159, 3.2.183 A–C).

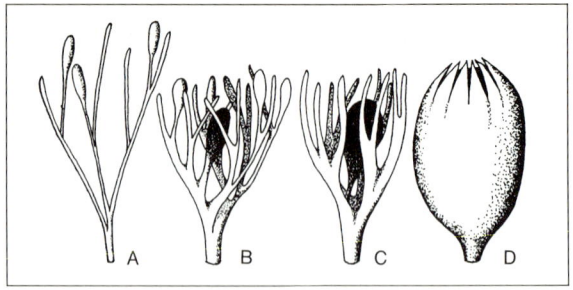

Abb. 3.2.159: Vermutliche phylogenetische Entstehung der Samenanlagen: Aus einem teils vegetativen, teils sporangientragenden *Rhynia*-ähnlichen Telomsystem (**A**) differenzieren sich ein fertiler Nucellus (dunkel) und als sterile Hülle ein Integument (hell) (**D**). (Nach Walton aus Andrews.)

Bei allen ursprünglichen *Spermatophyta* entsprechen einander Pollensackgruppen und Samenanlagen, beide stehen terminal an ± radiären, telomartigen Trägern und stimmen dadurch mit den Psilophyten (und anderen ursprünglichen Pteridophyten) überein. Während aber bei den ältesten *Coniferophytina* die Pollensackgruppen und Samenanlagen (ebenso wie die entsprechenden ± dichotomen vegetativen Organe) immer einzeln und an kurzen, unverzweigten Trägern direkt den Blütenachsen aufsitzen (Abb. 3.2.157A), sind sie bei den ursprünglichsten *Cycadophytina* (also den älteren Pteridospermen) zu mehreren bis vielen Bestandteile komplexer, fiedrig verzweigter Blattorgane (Abb. 3.2.157B; vgl. dazu auch S. 710f.). Üblicherweise spricht man trotz der großen Verschiedenheit der Sporangienträger bei *Coniferophytina* und *Cycadophytina*, und trotz ihrer oft sehr geringen Blattähnlichkeit, von Mikro- und Megasporophyllen bzw. Staub- und Fruchtblättern. Auch geht die ursprüngliche Übereinstimmung zwischen den Trägern von Pollensackgruppen und Samenanlage (vgl. z.B. Abb. 3.2.182 A und 3.2.183 F) bei vielen späteren Gruppen (z.B. bei den Bennettiteen, Abb. 3.2.186) infolge divergenter Entwicklung im ♂ und ♀ Bereich vielfach verloren.

Pollensäcke

Sie entsprechen den aus mehreren Gewebeschichten bestehenden Eusporangien bzw. Mikrosporangien der Pteridophyten (vgl. Abb. 3.2.122D, 3.2.128A, 3.2.138G; 3.2.160). Aus einem zentralen Archespor entwickeln sich die Pollenmutterzellen; aus diesen entstehen nach der Meiose je 4 haploide, zunächst einkernige Pollenkörner (= Pollenzellen, Mikrosporen); sie werden bald mehrkernig bzw. mehrzellig und heißen in ihrer Gesamtheit Blütenstaub oder Pollen. Um die Pollenmutterzellen liegt eine Zellschicht, welche vor allem der Ernährung und auch Wandbildung der heranwachsenden Pollenkörner dient, das Tapetum (Abb. 3.2.160). Die mehrschichtige Wand des Pollensackes öffnet sich infolge eines Kohäsionsmechanismus (vgl. S. 468f.), der von einer Faserschicht ausgeht, entweder einem epidermalen Exothecium (so

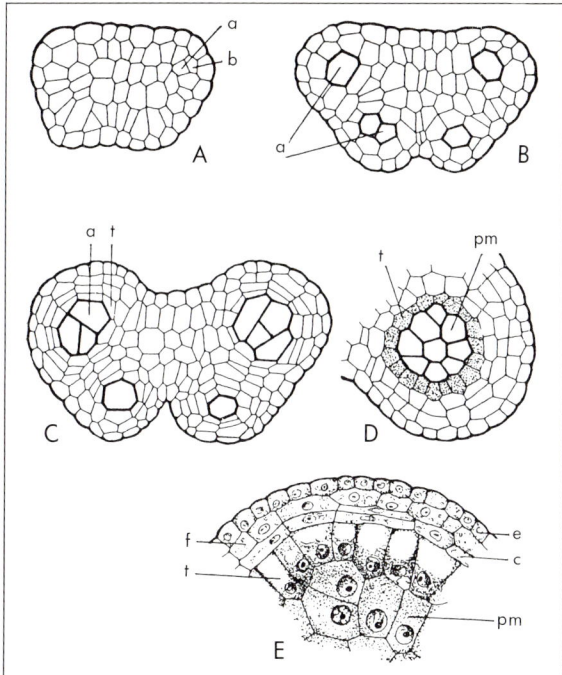

Abb. 3.2.160: Entwicklung der Pollensäcke am Staubblatt von Angiospermen mit Archespor (a), parietaler Zellschicht (b), Epidermis (e), Faserschicht (Endothecium: f), Zwischenschicht (c), Tapetum (t) und Pollenmutterzellen (pm). Vollständige (**A–C:** *Chrysanthemum*) und partielle (**D:** *Menyanthes*, **E:** *Hemerocallis*) Querschnitte durch Antheren. (Vgl. auch S. 737 f.) (A–D nach Warming; E nach Strasburger.)

bei den meisten Gymnospermen z.B. Abb. 3.2.185F) oder einem subepidermalen Endothecium (so besonders bei den Angiospermen, Abb. 3.2.195 E).

Pollen

Die Pollenkörner sind beim Transport von den Pollensäcken durch den Luftraum zu den weiblichen Blütenorganen oft längere Zeit Extrembedingungen ausgesetzt. Der Schutz ihres Inhaltes (väterliches Erbgut!) ist aber für die Fortpflanzung überaus wesentlich: Er wird zum Großteil durch die Pollenkornwand, das Sporoderm, gewährleistet. Das Sporoderm besteht aus zwei Schichtkomplexen, aus der Exine (außen) und der Intine (innen); sie entsprechen topographisch dem Exo- bzw. Endospor der *Pteridophyta*-Sporen. Besonders die Exine kann im Zusammenhang mit der Anpassung an verschiedene Bestäubungsformen stark differenziert werden (Abb. 1.3.13, 3.2.161).

Die Intine umgibt den Protoplasten lückenlos, sie ist meist zart und chemisch wenig widerstandsfähig. Vielfach wurden zwei bis drei Schichten nachgewiesen, wovon die äußerste oft reichlich Pectine enthält, was leichtes Lösen der Intine von der Exine ermöglicht; in der inneren oder mittleren Schicht sind Cellulosefibrillen wesentliche Bauelemente. Beim Keimen der Pollenkörner wächst nur die Intine zum Pollenschlauch aus. Der äußere Schichtkomplex, die Exine, wird im wesentlichen aus den chemisch überaus widerstandsfähigen und nur durch Oxidation zerlegbaren Sporopolleninen (S. 106) gebildet; es handelt sich dabei um Terpene, von denen neuerdings vermutet wird, daß sie durch oxidative Polymerisation aus Carotinoiden und Carotinoidestern entstehen. Die Exine ist auf chemischem Wege leicht isolierbar und zeigt einen sehr vielfältigen und komplizierten Bau. Grundbausteine sind etwa 60 Å große Granula. Bei den Gymnospermen lassen sich im allgemeinen an der Exine von innen nach außen 3 Schichten (lamellär strukturierte Endexine sowie innen granuläre bzw. alveoläre und außen ± kompakt tectate Ektexine) erkennen; Differenzierungen ergeben sich durch verschiedene Ausbildung und allenfalls Abheben der äußeren Schichten (Luftsackbildung: Abb. 3.2.171K, 3.2.172 A). Bei den Angiospermen (Abb. 3.2.161) lassen sich rein topographisch eine innere, dichtere und homogenere Nexine (mit Foot-Layer) und eine äußere, meist stärker strukturierte und skulpturierte, ± columelläre (seltener granuläre) Sexine unterschieden. Die innere Nexine entspricht der Endexine, der Foot-Layer und die Sexine der Ektexine. Besonders die Sexine kann vielfach sehr komplex zusammengesetzt sein (S. 738 f.).

In der derben Exine sind im allgemeinen Keimstellen (Aperturen) vorgebildet; durch sie wölbt sich die Intine vielfach schon beim jungen und feuchten Pollenkorn papillenartig vor und von hier wächst sie schließlich nach der Bestäubung zum Pollenschlauch aus (Abb. 3.2.163, 3.2.172 B–C, 3.2.203).

Die Pollenkörner ursprünglicher Samenpflanzen haben offenbar erst allmählich deutlich umgrenzte Aperturen heraus-

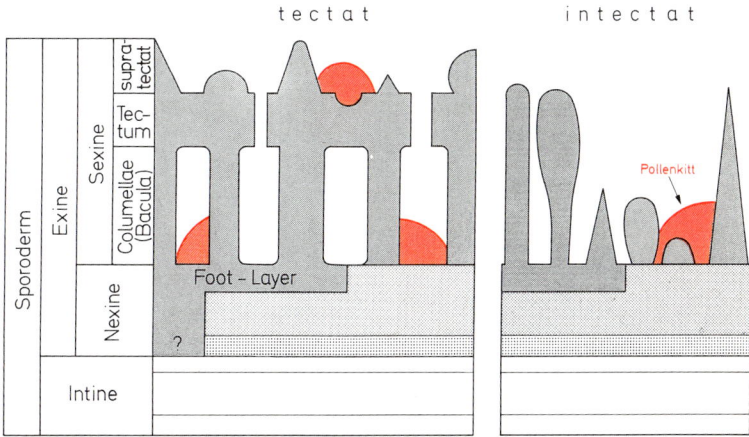

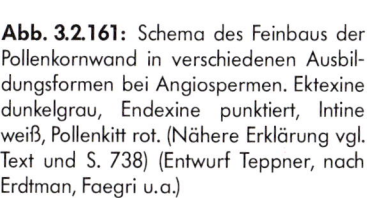

Abb. 3.2.161: Schema des Feinbaus der Pollenkornwand in verschiedenen Ausbildungsformen bei Angiospermen. Ektexine dunkelgrau, Endexine punktiert, Intine weiß, Pollenkitt rot. (Nähere Erklärung vgl. Text und S. 738) (Entwurf Teppner, nach Erdtman, Faegri u.a.)

gebildet: Sie stellen Löcher durch einen Teil oder die ganze Exine dar. Pollenkörner ohne Aperturen heißen **inaperturat**.

Lage und Zahl der Aperturen sind ebenfalls wichtige Pollenmerkmale (Abb. 3.2.197). Dabei bezeichnet man den in das Zentrum der Tetrade weisenden Pol eines Pollenkorns als **proximal**, den nach außen gerichteten als **distal**. Beide Pole werden durch die Polachse verbunden; senkrecht auf der Polachse steht die Äquatorebene. Während bei den Sporen der Pteridophyten proximale Keimstellen verbreitet sind, finden sich bei den Pollenkörnern der Samenpflanzen ursprünglich nur distale Aperturen. Die Verlagerung von Keimstellen an den Äquator und schließlich auf die ganze Oberfläche, die zahlenmäßige Vermehrung der Keimstellen von 1 bis auf mehr als 100 sowie das Beieinanderbleiben von Pollentetraden oder noch größeren Pollenverbänden sind als Progressionen auf die Angiospermen beschränkt (Abb. 3.1.53, 3.2.197).

Aperturen sind ursprünglich langgestreckt und heißen dann **Keimfalten** (in distaler Lage **Sulcus**, in äquatorialer **Colpus**). Im Zuge weiterer Differenzierung werden sie vielfach umgeformt zu rundlichen **Poren** (distal **Ulcus**, äquatorial **Porus**).

Samenanlagen

Samenanlagen (Ovula, Einz.: Ovulum) **sind die sehr bezeichnenden, von einer Hülle umgebenen Megasporangien der Spermatophyta** (Abb. 3.2.162, 3.2.164A). Etwa 10–0,1 mm groß und meist eiförmig, bestehen sie aus einer Stielzone, dem **Funiculus**, einem festen Gewebekern, dem **Nucellus**, einer Basalregion, der **Chalaza**, und aus 1 oder 2 Hüllen, den **Integumenten**. Die Integumente gehen vom Grunde der Samenanlage aus und lassen am gegenüberliegenden Pol einen Zugang zum Nucellus, die **Mikropyle**, frei.

Nach der Position am Funiculus unterscheidet man u.a. 1) aufrechte (**atrope**), 2) umgewendete (**anatrope**) und 3) querliegend-gekrümmte (**campylotrope**) Samenanlagen (Abb. 3.2.162E, F, G). Die atrope Stellung (E) ist offenbar ursprünglich (vgl. Abb. 3.2.174C–D, 3.2.179E). Bei der Entwicklung der Samenanlage wird zunächst der Nucellus gebildet, danach die Integumente, die von unten her um den Nucellus hochwachsen (vgl. Abb. 3.2.162A–D). Sind 2 Integumente vorhanden, entsteht meist zuerst das innere, dann das äußere.

Entsprechend ihrer Entstehung aus Hüll-Telomen (vgl. S. 702, 725, Abb. 3.2.159, 3.2.183A–D) bestehen die Integumente bei ursprünglichen Samenpflanzen aus teilweise noch freien und leitbündelversorgten Abschnitten; dies gilt sowohl für die stammesgeschichtlich zuerst ausgebildeten einfachen Integumente (z.B. Abb. 3.2.183A) als auch für die später aus Cupulen entstehenden äußeren (zweiten) Integumente (z.B. Abb. 3.2.183D). Weiter kommt es zu einer völligen Fusion der Integument-Abschnitte (z.B. Abb. 3.2.183C), zur Reduktion der Leitbündel und teilweise auch zur Verschmelzung innerer und äußerer Integumente. Bei den ältesten fossil bekannten *Spermatophyta* waren die Samenanlagen bzw. Samen radiärsymmetrisch, später wurden sie teilweise auch disymmetrisch abgeflacht (so z.B. bei vielen *Coniferophytina*). Samenpflanzen mit Spermatozoidbefruchtung haben am Scheitel des Nucellus eine Pollenkammer (Abb. 3.2.164, 3.2.183D); sie wird bei abgeleiteten Gruppen mit Pollenschlauchbefruchtung rückgebildet.

Ähnlich wie im Pollensack entwickeln sich auch im Nucellus aus einem Archespor mehrere, schließlich aber nur noch eine **Embryosackmutterzelle**. Nach der Meiose entstehen daraus 4 haploide, zunächst einkernige **Embryosackzellen** (= Megasporen), von denen in der Regel 3 zugrunde gehen (Abb. 3.2.204D–F). Obwohl die verbleibende Embryosackzelle infolge Neotenie (vgl. unten) ihr Sporangium (den Nucellus) bzw. die Samenanlage nicht verläßt, bildet sie bei allen ursprünglicheren Samenpflanzen noch eine in Exo- und Endospor gegliederte, wenn auch dünne Zellwand aus (Abb. 3.2.164); sie entspricht damit durchaus den Megasporen heterosporer Pteridophyten. Die Mutterpflanze muß auch weiterhin durch diese Wand hindurch für die Entwicklung des Megaprothalliums bzw. des Keimlings sorgen. Damit wird der physiologische Engpaß sichtbar, der bei der Samenbildung und beim Funktionswechsel von der Megaspore zum Samen als Verbreitungseinheit zu überwinden war (vgl. S. 710).

Gametophyten

Die Bildung der ♂ Gametophyten (**Mikroprothallien**) beginnt, wenn die einkernigen Pollenkörner (Mikrosporen) noch in den Pollensäcken (Mikrosporangien) liegen, und wird nach der Bestäubung auf den ♀ Organen abgeschlossen. Gegenüber den ♂ Gametophyten der heterosporen Pteridophyten (vgl. Abb. 3.2.128C–G, 3.2.132D–L 3.2.149G–J) ist eine weitere Vereinfachung und Reduktion festzustellen. Bei den ursprünglichsten gymnospermischen Samenpflanzen verläuft die Entwicklung folgendermaßen (Abb.

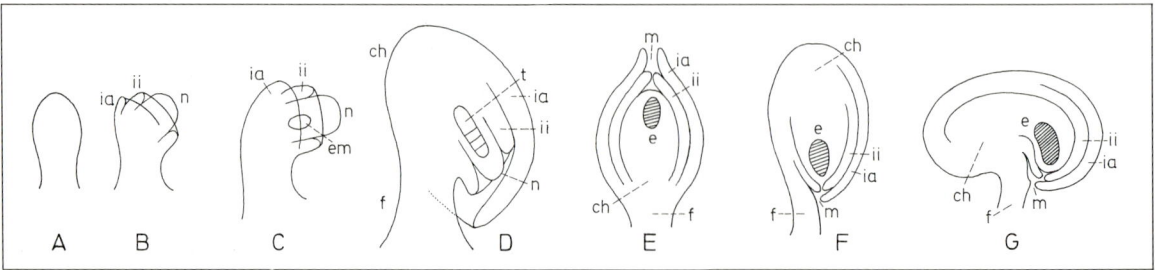

Abb. 3.2.162: Entwicklung (**A–D**) und Position (**E–G**) von Samenanlagen bei Angiospermen: Funiculus (f), Mikropyle (m), äußere und innere Integumente (ia ii), Nucellus (n), Chalaza (ch), Embryosackmutterzelle (em), Megasporentetrade (t), Embryosack (e, schraffiert); atrop (**E**), anatrop (**F**), campylotrop (**G**). (A–D nach W. Troll, schematisch; E–G nach Karsten.)

3.2.163): Im einkernigen Pollenkorn werden durch inäquale Zellteilungen zunächst mehrere (bei *Araucaria* bis 40!), meist aber nur 2 und schließlich nur noch eine linsenförmige Prothalliumzelle gegen die Pollenkornwand hin abgegeben. Die übrigbleibende Antheridium-Mutterzelle teilt sich in eine große, das Pollenkorn ausfüllende vegetative oder Pollenschlauchzelle (mit Pollenschlauchkern) und in eine kleinere, der (den) Prothalliumzelle(n) anliegende generative Zelle; sie kann als Antheridiumzelle aufgefaßt werden. Während die Pollenschlauchzelle schließlich den Pollenschlauch entwickelt (S. 707), teilt sich die generative Zelle weiter in eine basale Stielzelle und eine spermatogene Zelle. Die Stielzelle ist offenbar einer sterilen Antheridiumzelle homolog. Durch ihre Auflösung werden die zwei Spermazellen frei, die aus der spermatogenen Zelle entstehen und die schließlich 2 polyciliate Spermatozoiden (Spermien) entlassen. Ihre zahlreichen Geißeln (unter Umständen 20 000!) weisen den typischen Feinbau aus 9 + 2 Fibrillen auf (vgl. Abb. 1.1.27) und sind an einem Spiralband inseriert (Abb. 3.2.163J, 3.2.169C). Ausnahmsweise können durch weitere Teilungen der Stielzelle bis über 20 zusätzliche Spermatozoiden entstehen (z.B. bei *Microcycas*, Abb. 3.2.163F). Bei der Mehrzahl der Gymnospermen und bei allen Angiospermen funktionieren die Spermazellen aber direkt als unbegeißelte ♂ Gameten. Schließlich werden bei *Taxus* und den abgeleiteten *Gnetopsida*, besonders aber bei den Angiospermen, die ♂ Prothallien auf 4 bzw. 3 Zellen reduziert: eine vegetative bzw. Pollenschlauchzelle, eine (schließlich ausfallende) Stielzelle und 2 Spermazellen (vgl. Abb. 3.2.203).

Weniger stark vereinfacht ist der ♀ Gametophyt, der sich aus dem einkernigen Embryosack (Megaspore) in der Samenanlage bzw. im Nucellus (Megasporangium) entwickelt. Bei den ursprünglichen gymnospermischen Samenpflanzen (Abb. 3.2.164) ergeben sich klare Homologien mit dem ♀ Prothallium der heterosporen Pteridophyten (vgl. Abb. 3.2.128J–K, 3.2.132O–Q): Innerhalb der großen Embryosackzelle wird die Entwicklung des Megaprothalliums (= primäres Endosperm; S. 708) durch freie Kernteilungen im wandständigen Plasmabelag eingeleitet (tausende bis einige hundert Kerne!) und durch Bildung von Zellwänden fortgeführt. An dem der Mikropyle zugewandten Pol entwickeln sich (nahe der zukünftigen Archegonienkammer) mehrere eingesenkte Archegonien, die jeweils aus einer großen Eizelle, einer Anzahl von Halswandzellen (echte Halskanalzellen fehlen) und oft auch aus einer vergänglichen Bauchkanalzelle (bzw. wenigstens einem Bauchkanalkern) bestehen. Schon bei abgeleiteten Gymnospermen *(Gnetopsida)*, besonders aber bei den Angiospermen (S. 743f., Abb. 3.2.205), kommt es zu einer Abkürzung dieser Entwicklung: Die Megaprothallien können sich teilweise unter Beteiligung aller 4 Megasporen (tetrasporische Embryosäcke) entwickeln, teilweise wird die Zellwandbildung und auch die Ausbildung der Archegonien unterdrückt, und in extremen Fällen enthält der Embryosack nur noch 4 Zellen bzw. Kerne.

Die fortschreitende Reduktion der ♂ und ♀ Gametophyten bei den Samenpflanzen stellt ein eindrucksvolles Beispiel für **Neotenie** dar: Geschlechtsreife in immer früheren und weniger differenzierten

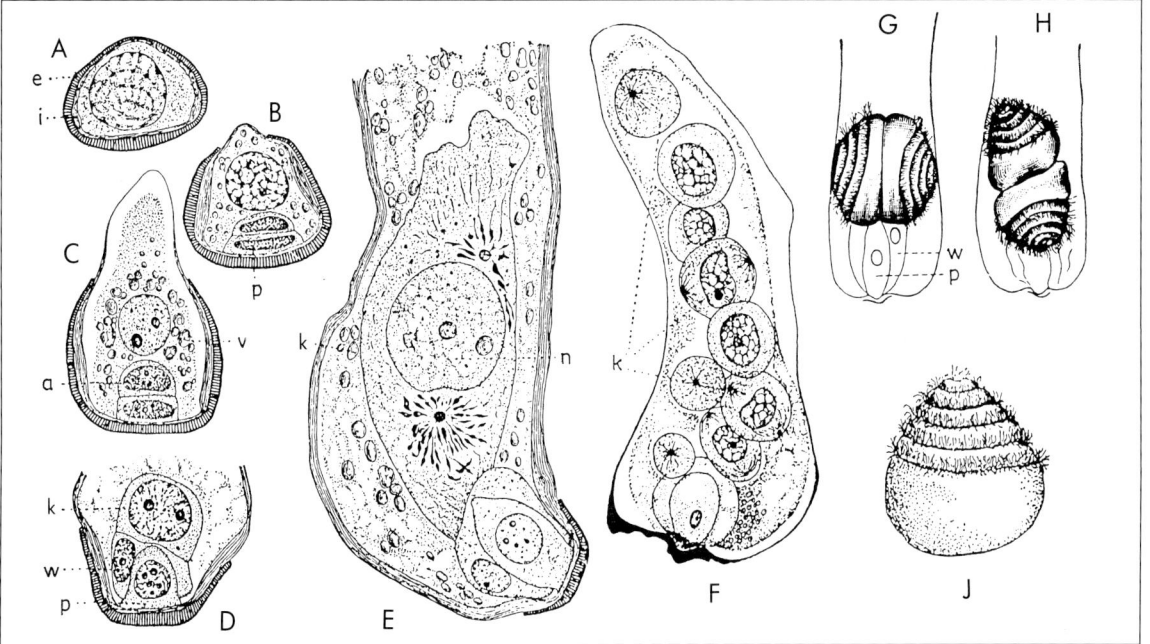

Abb. 3.2.163: Entwicklung des ♂ Gametophyten bei ursprünglichen Samenpflanzen *(Cycadales)*. **A–E** Keimung des Pollenkorns (Wand mit Exine: e und Intine: i) bei *Dioon edule*. **F** Gekeimtes Pollenkorn von *Microcycas calocoma* mit 9 spermatogenen Zellen. **G–J** Pollenschlauch und Spermatozoiden von *Zamia floridana*. – Prothalliumzellen (p), Pollenschlauchzelle (v), Antheridiumzelle (a), Stielzelle (w), spermatogene Zellen (k; ihr Kern n; bei der Mitose werden 2 Centriolen ausgebildet; vgl. E, F, Abb. 1.1.30 u. S. 42f.). (A–C 840×, D 667×, E 420×; nach Chamberlain. F etwa 200×; nach Caldwell. G–H 50×, J 75×; nach H.J. Weber.)

Entwicklungsstadien (S. 523). Zusammen mit der Reduktion der anderen Blütenorgane ermöglicht dies eine Entwicklungsbeschleunigung, wesentlich raschere Fortpflanzung und damit vielfach ein Vordringen in sonst nicht zugängliche Lebensräume mit extremeren Klimabedingungen.

Bestäubung

Bei den Samenpflanzen müssen die Pollenkörner (Mikrosporen bzw. -prothallien) aus den Pollensäcken auf die Empfängnisstelle der Samenanlagen (Mikropyle; Abb. 3.2.156 E, 3.2.162, 3.2.164 A) bzw. ihres Gehäuses (Narbe der Fruchtblätter; Abb. 3.2.189 B, 3.2.209 A) übertragen werden, um dort zu keimen. Wir bezeichnen diesen Vorgang als Bestäubung (Pollination). Während die Sporen der Pteridophyten an verschiedene Standorte verbreitet werden und dort keimen können, ist also bei den Spermatophyten eine wesentlich größere Präzision der Mikrosporenübertragung notwendig. Viele Einrichtungen und Veränderungen im Blütenbau der Samenpflanzen lassen sich nur als Anpassungen hinsichtlich der Entlassung, der Übertragung und des Auffangens von Pollen verstehen.

Die Bestäubung kann erfolgen zwischen Blüten verschiedener Individuen einer Sippe: Fremdbestäubung (Allogamie oder Xenogamie) oder zwischen den Blüten ein und desselben Individuums: Selbstbestäubung (Autogamie; entweder innerhalb einer Blüte oder zwischen verschiedenen Blüten: Nachbarbestäubung, Geitonogamie; vgl. S. 746). Bei einhäusigen oder zwitterblütigen Sippen sind vielfach Einrichtungen entstanden, durch welche Autogamie und damit Inzucht reduziert oder verhindert wird: genetische Inkompatibilität (S. 501 f.; so vielfach schon bei Gymnospermen, z.B. Coniferen, besonders aber bei Angiospermen), räumliche oder (der Entwicklung nach) zeitliche Trennung männlicher und weiblicher Blüten bzw. Blütenorgane (vgl. z.B. *Pinus*, Abb. 3.2.171 und viele Angiospermen, S. 745 f. usw.).

Die bestäubungsbiologisch-funktionelle Einheit der Samenpflanzen bezeichnen wir als Blume (Anthium). Sie fällt oft mit der morphologischen Einheit der Blüte zusammen (Euanthium, z.B. Abb. 3.2.186 B, 3.2.190 A, 3.2.207 A–E), gelegentlich ist sie aber nur ein Teil davon (Meranthium, Teilblume; z.B. *Iris*: Abb. 3.2.277 D–G, wo jede Blüte 3, aus je einem Griffeldach und Außenperigonblatt gebildete Lippenblumen enthält). Schließlich können Blumen auch aus mehreren Blüten (und noch anderen zusätzlichen Organen) bestehen (Pseudanthium, Überblume; z.B. die weiblichen Blütenzapfen der Coniferen: Abb. 3.2.171 B, 3.2.178 D, die Cyathien von *Euphorbia*: Abb. 3.2.247 H–K oder die Blütenköpfchen der *Asteraceae*: Abb. 3.2.269 F, G; vgl. auch S. 748 f.).

Die Ausgangsform der Bestäubung bei den ursprünglichen Spermatophyten ist unzweifelhaft die **Windblütigkeit** (Anemophilie, «Anemogamie»), also die Übertragung des Pollens durch den Wind. Dies ist ja auch schon die grundlegende Form der Sporenausbreitung bei den Pteridophyten. Die Schwierigkeit der gezielten Übertragung auf die Samenanlagen wird überwunden durch Massenproduktion von Pollen («Schwefelregen» zur Blütezeit heimischer Nadelhölzer!), erhöhte Schwebefähigkeit der Pollenkörner infolge Kleinheit und Leichtigkeit, Vereinzelung (glatte Oberflächen, kein Pollenkitt) bzw. Oberflächenvergrößerung (z.B. durch «Luftsäcke», Abb. 3.2.171 K, 3.2.172 A), Absonderung von Bestäubungstropfen an der Mikropyle der Samenanlagen als Pollenfänger (vgl. Abb. 3.2.178 D) und durch die gut exponierte Position der männlichen und weibliche Blüten an den Zweigenden (vgl. Abb. 3.2.171 A).

Tatsächlich hat man Windverwehung beträchtlicher Pollenmengen anemogamer Sippen über Hunderte von Kilometern und noch in Höhen von 1000–1500 m über dem Erdboden nachgewiesen. Allerdings werden alle die genannten Einrichtungen nur dann funktionieren, wenn auch durch das Vorkommen der windblütigen Sippen an freien und windausgesetzten Standorten, durch ihre Hochwüchsigkeit und durch ihr Auftreten in dichten Populationen (mit geringen Distanzen zwischen den Individuen) die Chancen für eine ausreichende Windbestäubung gewahrt bleiben.

Schon die Blüten ursprünglicher und normalerweise windbestäubter gymnospermischer Samenpflanzen werden gelegentlich und ± zufällig von Tieren, und zwar vor allem von Insekten mit beißenden Mundwerkzeugen (z.B. Käfern) aufgesucht: Sie verköstigen sich etwa am nährstoffreichen Pollen der Staubblätter oder an den schleim- und zuckerhaltigen Bestäubungstropfen der Samenanlagen und verwenden allenfalls auch weibliche Blüten als Platz für die Eiablage (so z.B. bei *Cycadales*: *Encephalartos*). Diese zuerst sehr losen Pflanzen–Tier-Beziehungen können durch Selektion intensiviert und verbessert werden, wenn der Pflanze daraus für Bestäubung und Samenansatz Vorteile erwachsen. So finden wir schon beim *Cycadales*-Pollen Farbigkeit und Duft als Anlockungsmittel. Weiter können die zuerst unscheinbaren Blüten optisch auffälliger werden, und die Verbreitung des Pollens kann durch Klebrigkeit (Pollenkitt, vgl. S. 748) und damit verbesserte Haftfähigkeit am Tier erleichtert werden. Schließlich wird durch die Entstehung von Zwitterblüten (bzw. von zwittrigen Pseudanthien) die Schwierigkeit der unterschiedlichen und getrennten Verköstigung in männlichen und weiblichen Blüten vermieden und die gleichzeitige Aufnahme und Abgabe des Pollen ermöglicht. Diese Entwicklung hat schon bei gewissen gymnospermischen *Cycadophytina* (*Bennetitopsida*, *Gnetopsida*), besonders aber bei den *Angiospermae* zu einer regelmäßigen und obligaten symbiontischen (vgl. S. 375 ff., 745 ff.) Beziehung zwischen Blütenbesucher und Blütenpflanze, also zur **Tierblütigkeit** (Zoophilie, «Zoogamie») geführt. Parallel dazu entstanden auch Schutzeinrichtungen gegenüber den Blütenbesuchern, besonders Hüllbätter um die jungen Blütenknospen sowie Interseminalschuppen (*Bennettitopsida*, Abb. 3.2.186 E) oder Karpelle (*Angiospermae*, Abb. 3.2.199) zur Bergung der zarten Samenanlagen.

Die großen Vorteile der Zoophilie liegen offensichtlich in der wesentlich besser gezielten Übertragung des Pollens durch Tiere, die von Blüte zu Blüte fliegen und dabei vielfach bei Individuen derselben Art bleiben. Die für Windbestäubung notwendige große Masse von Pollen kann damit wesentlich reduziert werden. Weiterhin wird dadurch auch ein Vorkommen an windstillen Standorten (z.B. im Unterwuchs von Wäldern) und auch in sehr aufgelockerten Populationen möglich sein.

Allerdings ist die Progression von (primärer) Anemophilie zu Zoophilie nicht irreversibel. So finden sich bei den Angiospermen zahlreiche Beispiele für sekundäre Anemophilie (vgl. S. 750). Schließlich ist auch noch auf die Progession zur Wasserblütigkeit (Hydrophilie = Hydrogamie) bei einigen Angiospermen zu verweisen (S. 750).

Befruchtung, Samen- und Fruchtbildung

Die Keimung der Pollenkörner und damit die Weiterentwicklung des ♂ Gametophyten beginnt entweder in der Pollenkammer am Nucellusscheitel oder in der Mikropyle der Samenanlagen (bei Gymnospermen: Abb. 3.2.164) oder auf der Narbe der Fruchtblätter (bei den Angiospermen: Abb. 3.2.209 A). Dabei öffnet sich vielfach an vorgebildeten, dünnwandigen Stellen (Keimstellen) die Exine des Pollenkorns, und die Pollenschlauchzelle bildet nun unter starker Streckung der Intine einen Pollenschlauch (S. 455, 703, Abb. 3.2.172 B–C, 3.2.209 A). Bei den ursprünglichsten Samenpflanzen mit Spermatozoidbefruchtung (Zoidiogamie) dient er nur der Ernährung und rhizoidartigen Verankerung des ♂ Gametophyten in der Wand der Pollenkammer. Die austretenden Spermatozoiden schwimmen von hier in einer von der Mutterpflanze abgesonderten Flüssigkeit aktiv zu der am Scheitel des Nucellus durch Gewebeauflösung gebildeten Archegonienkammer und zu den Archegonien (Abb. 3.2.164 B). Bei der Masse der stärker abgeleiteten Samenpflanzen mit Pollenschlauchbefruchtung (Siphonogamie) fällt dem Pollenschlauch aber die neue Aufgabe zu, unter teilweise sehr starker Verlängerung sowie unter Auflösung und Ernährung durch das sporophytische Nucellus- bzw. Griffel-Gewebe (z.T. unter dessen Auflösung) die ± passiven Spermazellen bis an den ♀ Gametophyten heranzuführen (Abb. 3.2.172).

Nun erfolgt die Befruchtung: Ein Spermatozoid bzw. eine aus dem geöffneten Pollenschlauch austretende Spermazelle dringt in die Eizelle ein. Nach Auflösung der Zellmembranen kommt es zur Vermischung der Protoplasten (Plasmogamie) und schließlich auch zur Kernverschmelzung (Karyogamie): Damit ist die Bildung der Zygote vollzogen. – Bei den Gymnospermen liegen meist Monate bis mehr als ein Jahr zwischen Bestäubung und Befruchtung, bei den Angiospermen dagegen meist nur Tage oder Stunden.

Die erste Phase der Entwicklung der Zygote ist bei den ursprünglicheren Gymnospermen nucleär und als Folge freier Kernteilungen durch zahlreiche (etwa 1000!) bis wenige Zellkerne gekennzeichnet; die Zellwandbildung folgt später (Abb. 3.2.165). Demgegenüber weisen fast alle Angiospermen (aber nur sehr we-

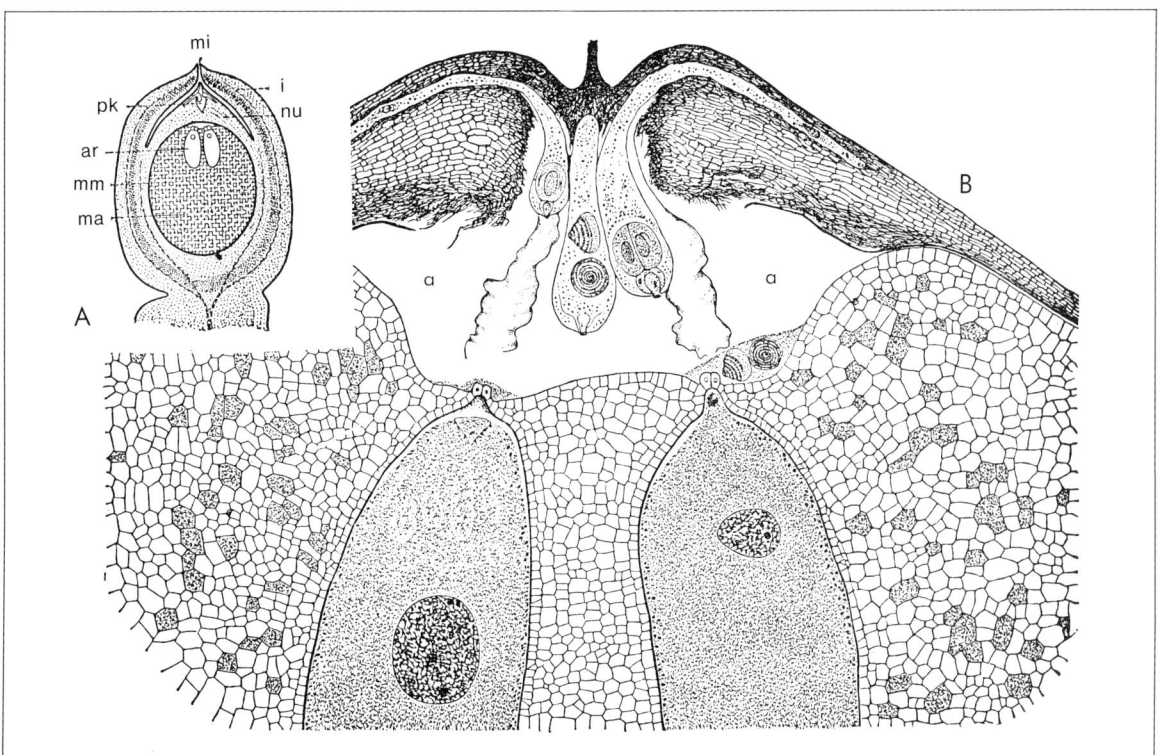

Abb. 3.2.164: Samenanlage und Befruchtung bei ursprünglichen Samenpflanzen *(Cycadales)*. **A** Längsschnitt einer Samenanlage von *Ceratozamia* mit Mikropyle (mi), Integument (i), Nucellus (nu) und Pollenkammer (pk) mit auskeimenden Pollenkörnern; gekeimte Megaspore: Megaprothallium (= Embryosack, ma) mit Wand (mm) und 2 Archegonien (ar, je 2 Halswandzellen und Eikern) (2,5×). **B** Oberer Teil des Nucellus zur Zeit der Befruchtung bei *Dioon edule*. Pollenschläuche im Nucellusgewebe verankert, in die Archegonienkammern (a) vorgedrungen, Spermatozoiden bereits teilweise entlassen, das linke der beiden Archegonien schon befruchtet (etwa 100×). (Vgl. auch S. 727 f.) (A nach Firbas; B nach Chamberlain.)

nige Gymnospermen) von Anfang an eine zelluläre Entwicklung auf (Abb. 1.2.2, 3.2.210). Der somit entstandene **Proembryo** differenziert sich zu einem gegen die Mikropyle gerichteten Embryoträger oder **Suspensor** und dem eigentlichen, gegen die Embryosackbasis bzw. Chalaza hin orientierten Embryo. Sein endogen und ± seitlich angelegter Wurzelpol mit der Hauptwurzelanlage (Radicula) ist der Mikropyle, sein Sproßpol mit den Keimblattanlagen dagegen der Chalaza zugewandt. Der Embryo der Samenpflanzen ist also endoskop gelagert und sekundär bipolar gebaut (Abb. 1.3.14); er unterscheidet sich also nicht grundsätzlich von den Embryonen der Farnpflanzen.

Meist ist der heranwachsende Embryo von Nährgewebe (Endosperm) umgeben. Bei den ursprünglichen Gymnospermen besteht dieses Nährgewebe vor allem aus dem schon vor der Befruchtung gebildeten ♀ Prothallium: primäres (haploides) Endosperm (Abb. 3.2.166, 3.2.179F). Bei den Angiospermen entsteht dagegen erst nach der Befruchtung (meist aus der Verschmelzung von 2 Embryosackkernen und einer Spermazelle) ein (triploides) sekundäres Endosperm (S. 752f., Abb. 3.2.210I, K). Als Nähr- und Speichergewebe können aber auch (diploides) Nucellusgewebe bzw. Gewebe des Embryos selbst (z. B. seine Keimblätter) ausgebildet werden.

Aus den Integumenten der heranreifenden Samenanlage bildet sich eine normalerweise mehrschichtige **Samenschale (Testa)**. Bei ursprünglichen Sippen besteht diese Testa vielfach aus äußeren fleischigen (Sarcotesta) und inneren verholzten Zellschichten (Sclerotesta); sonst wird sie häufig trocken und fest, bei eingeschlossen bleibenden Samen auch reduziert. Gewöhnlich bleibt die Stelle der Mikropyle dünner, um das Hervortreten der Wurzelanlage bei der Keimung zu erleichtern. Die Abbruchstelle des Funiculus bezeichnet man als Nabel (Hilum). Bei anatropen Samenanlagen ist auch bei der Reife noch der anliegende Funiculusstrang (mit Leitbündelversorgung) als Samennaht (Raphe) erkennbar.

Die Samenanlage im Zustand der Reifung und Trennung von der Mutterpflanze bezeichnen wir als **Same**. Gewöhnlich enthält er, umgeben von der Samenschale, einen vorübergehend ruhenden Embryo und Nährgewebe. Ursprünglich bildet der Same für sich allein das grundlegende Ausbreitungsorgan der Samenpflanzen. Später werden die Samen allerdings oft mit anderen Organen der Mutterpflanze verbunden; dadurch können zusammengesetzte Ausbreitungseinheiten, nämlich **Früchte**, entstehen. Früchte bestehen also aus Blütenteilen, Blüten oder Blütenständen (allenfalls mit Hilfsorganen) im Zustand der Reifung; sie geben die Samen frei oder fallen mit ihnen ab.

Auch im Bereich der Samen und Früchte lassen sich viele Einrichtungen und Veränderungen nur als Anpassungen hinsichtlich der Ausbreitung und Fürsorge für die in ihnen enthaltenen jungen Sporophyten verstehen. Damit beschäftigt sich die Samen- und Fruchtbiologie bzw. -ökologie. Als wichtigste Ausbreitungsmedien des Samens bzw. der Früchte der *Spermatophyta* kommen – ähnlich wie beim Pollen – Tiere (Zoochorie; ursprünglich wohl Reptilien: Saurochorie), der Wind (Anemochorie) bzw. das Wasser (Hydrochorie) in Frage (vgl. besonders S. 757ff.).

Die Bildung von Samen ist unter den lebenden Pflanzen auf die Samenpflanzen beschränkt. Fossile Vertreter der *Lycopsida* (z. B. *Lepidocarpon*, *Miadesmia*, S. 676f.) zeigen aber, daß die Entstehung von Samen innerhalb der Landpflanzen mehrfach parallel erfolgt ist. Die Verlagerung des Befruchtungsvorganges von freilebenden Gametophyten auf sporophytische Mutterpflanzen hat den Samenpflanzen gegenüber den Farnpflanzen wesentliche Vorteile bei der fortschreitenden Eroberung des trockenen Landes gebracht: 1) Es werden fest umwandete Pollenkörner (Mikrosporen bzw. Mikroprothallien) und nicht mehr Spermatozoiden in den Bereich des ♀ Gametophyten verfrachtet. Soweit noch Spermatozoiden auftreten, bewegen sie sich im Inneren

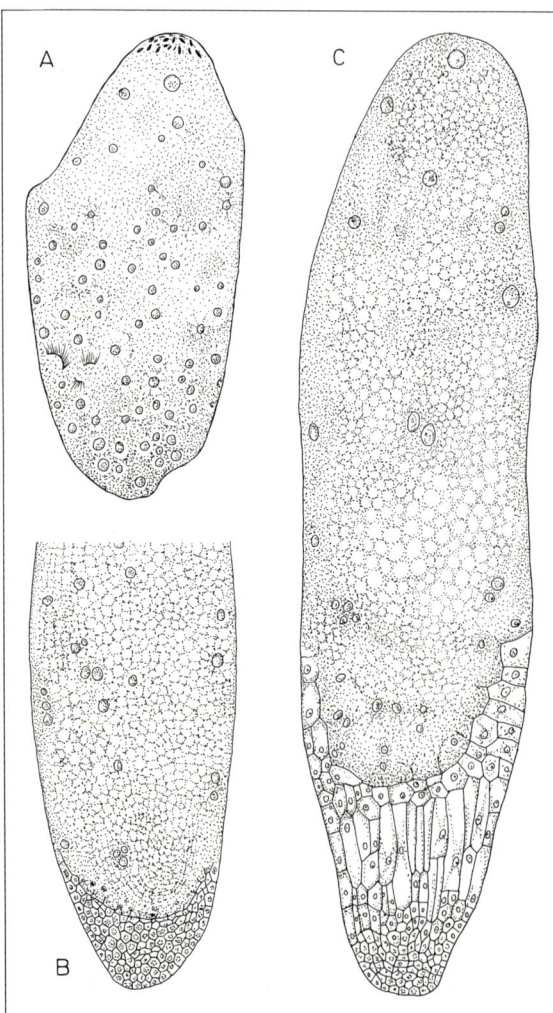

Abb. 3.2.165: Embryonalentwicklung bei *Cycadales* (*Zamia floridana*). Freie Kernteilung in der Zygote (**A**, 12×), Zellwand- und Gewebebildung an der Basis (**B**, 18×), beginnende Differenzierung der Proembryos in Suspensor (mit langgestreckten Zellen) und basalen Embryo (**C**, 22×). (Nach Coulter & Chamberlain.)

der Mutterpflanze und in einem von ihr abgesonderten wäßrigen Milieu. Bei der Pollenschlauchbefruchtung fällt auch noch diese Abhängigkeit von Feuchtigkeit weg. Damit wird der Engpaß einer an die Gegenwart von atmosphärischem Wasser gebundenen Befruchtung vermieden. 2) Es werden Samen (Megasporangien + Megaprothallien, meist auch + Zygote bzw. Embryo) anstelle von Megasporen verbreitet. Dadurch werden Schutz und Versorgung von Zygote und embryonalem Sporophyten wesentlich verbessert, der Engpaß der ± selbständigen und ungeschützten Embryoentwicklung wird umgangen.

Diese Funktionsübertragungen vom Spermatozoid auf das Pollenkorn bzw. von der Megaspore auf den Samen haben, vor allem bei der Ernährung des ♀ Prothalliums (S. 705), sicherlich aber auch bei der neuartigen Abtrennung der «reifen» Megasporangien, Schwierigkeiten geboten. Als sie überwunden waren, kam es zu einer immer weitergehenden Beschleunigung der Entwicklungsabläufe: Während in den abfallenden Samen bei den ursprünglichsten Nacktsamern (z.B. *Ginkgo*, Cordaiten, Pteridospermen, Cycadeen) die Befruchtung eben erst (oder noch nicht!) stattgefunden hat und die Embryoentwicklung erst auf dem Boden einsetzt, erfolgt sie bei den fortschrittlichen Samenpflanzen schon auf der Mutterpflanze, bei den übrigen Gymnospermen zwar noch recht langsam (Samenreifung vielfach ein Jahr und mehr!), bei den Angiospermen aber wesentlich rascher (teilweise innerhalb von Wochen). Diese vorteilhafte Beschleunigung der Fortpflanzung geht auf die fortschreitende Reduktion und Neotenie der Gametophyten, der Sporangien und Sporangienträger sowie der ganzen Blüten zurück.

Samenkeimung

Durch den Ausbreitungsvorgang gelangt schließlich wenigstens ein Teil der Samen, allein oder von der Fruchtwand umhüllt, auf oder in die obersten Bodenschichten. Hier erfolgt unter den auf S. 214f., 390 besprochenen Bedingungen die Keimung: Der Same nimmt Wasser auf und quillt, die inneren Gewebe sprengen die Samen- (und gegebenenfalls auch die Frucht-)schale; gleichzeitig beginnt der Embryo zu wachsen und das Nährgewebe abzubauen. Dabei scheiden besonders die Keimblätter Enzyme ab und verbleiben wenigstens eine Zeitlang im Samen.

Da der Embryo immer so im Samen liegt, daß die Radicula der Mikropyle zugewendet ist, tritt nun bei der Keimung auch immer zuerst das Würzelchen mit dem Hypocotyl durch diese Öffnung aus dem Samen (Abb. 3.2.166). Bei der ursprünglichen epigäischen Keimung (Abb. 1.3.80) werden danach auch die Keimblätter aus der Samenschale herausgezogen und durch Streckung des Hypocotyls über den Boden gehoben. Damit ist der Entwicklungskreislauf geschlossen.

Generations- und Kernphasenwechsel

Ein Rückblick auf den geschilderten Entwicklungsablauf der Samenpflanzen ergibt folgendes Bild (vgl. dazu auch S. 479 f. und Abb. 3.2.155): Der Generationswechsel umfaßt so wie bei allen anderen *Embryophyta* Gametophyt und Sporophyt. Der Gametophyt endet mit ♂ und ♀ Geschlechtszellen: Spermatozoiden bzw. Sperma- und Eizellen, der

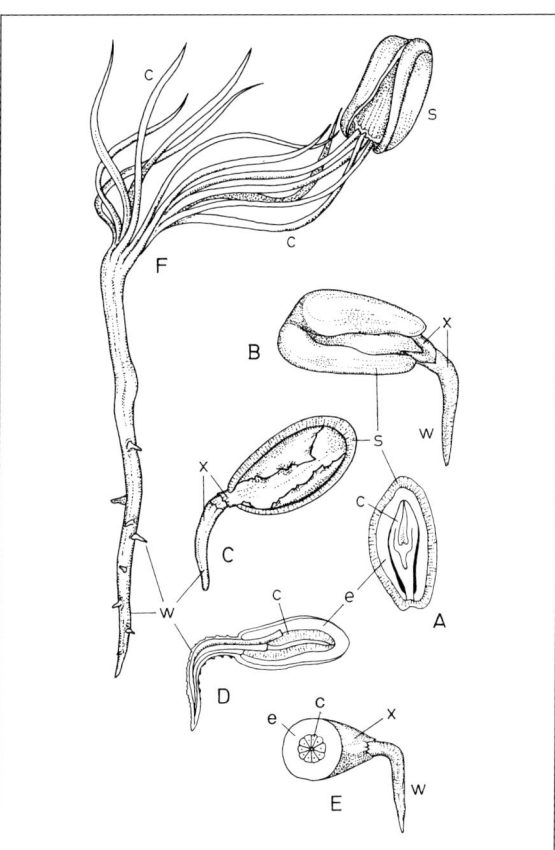

Abb. 3.2.166: Same (Längsschnitt: **A**) und Samenkeimung (**B–F**) bei *Pinales (Pinus pinea)*: Samenschale (s), primäres Endosperm (e), Embryo bzw. Keimling mit Cotyledonen (c), Hypocotyl, Haupt- und Nebenwurzeln (w), ausgestülpter und zerrissener Embryosack (x). (Nach Sachs.)

Sporophyt beginnt mit der Zygote und endet mit Meiosporen: einkernige Pollenkörner und Embryosäcke, die sich wieder zu ♂ und ♀ Gametophyten entwickeln. Im Gegensatz zu den *Pteridophyta* läßt sich am Sporophyten der *Spermatophyta* mit der Ruhepause des jungen Sporophyten im Samen noch eine sehr deutliche Zäsur erkennen. Man kennzeichnet diese Jugendphase als Embryo. Der Kernphasenwechsel ist normalerweise diesem Generationswechsel eng (aber nicht gänzlich) zugeordnet: Die Haplophase erstreckt sich von den einkernigen Pollenkörnern bzw. Embryosäcken bis zu den Geschlechtszellen, die Diplophase von der Zygote bis zu den Pollen- bzw. Embryosackmutterzellen.

Abstammung und Systematik

Die Samenpflanzen beherrschen heute mit etwa 240 000 bekannten Arten die Festland-Biocoenosen unserer Erde. Davon sind nur etwa 800 Arten Nacktsamer (*Gymnospermae*: 600 *Coniferophytina* und etwa 200 *Cycadophytina*), die überwältigende Mehrheit dagegen Bedecktsamer (*Angiospermae*, S. 731). Diese Dominanz der Samenpflanzen und besonders der Bedecktsamer gegenüber den sporenausstreuenden Farnpflanzen hat sich im Lauf der Erdgeschichte erst allmählich herausgebildet (vgl. Abb. 3.2.154).

Die ältesten eindeutigen **Fossilfunde** (Samenreste) von *Spermatophyta* konnten neuerdings für das Oberdevon nachgewiesen werden (*Archaeosperma*, S. 723 ff., Abb. 3.2.180 B, C). Seither hat der Anteil der Samenpflanzen unter den Landpflanzen dauernd zugenommen. Die Stammbaum-Übersicht (Abb. 3.2.168) läßt erkennen, daß zumindest schon seit dem untersten Carbon gymnospermische Entwicklungslinien der *Coniferophytina* (*Cordaitidae, ?Ginkgoopsida*) und der *Cycadophytina* (*Lyginopteridopsida* = Pteridospermen) nebeneinander in Erscheinung treten, dabei allerdings gegenüber den dominierenden Pteridophyten-Gruppen der *Lycopodiopsida, Equisetopsida* und *Pteridopsida* noch untergeordnet bleiben (jüngeres «Farn-Zeitalter» oder «Palaeophytikum»). Dies ändert sich erst, als mit den Klimaänderungen (Trockenheit u. a.) an der Wende vom Rotliegenden zum Zechstein (Unter-/Oberperm) die Vorherrschaft dieser Pteridophyten-Gruppen gebrochen wird und auch die älteren Nacktsamer aussterben oder zurücktreten, dafür aber jüngere Gymnospermen-Gruppen (besonders *Ginkgoopsida, Pinidae* = Coniferen, *Cycadopsida* und *Bennettitopsida*) so stark vorherrschend werden, daß man geradezu von einem «Gymnospermen-Zeitalter» («Mesophytikum») sprechen kann (vgl. S. 902). In der mittleren Kreide ergibt sich dann mit dem raschen Überhandnehmen der *Angiospermae* (Bedecktsamer) neuerlich eine wesentliche Florenveränderung: Das «Angiospermen-Zeitalter» («Neophytikum») bricht an (vgl. S. 902 ff.), viele Gymnospermen sterben aus oder bleiben nur als Reliktgruppen (z. B. *Ginkgoopsida, Cycadopsida, Gnetopsida*) bis zur Gegenwart erhalten. Nur einige Entwicklungslinien der *Pinidae* (Coniferen) können sich gegenüber den Angiospermen einigermaßen behaupten.

Bei der **systematischen Gliederung** der *Spermatophyta* hat man bisher fast ausschließlich als gleichwertige Unterabteilungen «*Gymnospermae*» und «*Angiospermae*» einander gegenübergestellt.

Bei den Überlegungen über die **Stammesgeschichte** der *Spermatophyta* standen bisher vor allem die Ähnlichkeiten zwischen eusporangiaten Farnen und Pteridospermen im Vordergrund: Hier hat man ganz allgemein eine unmittelbare verwandtschaftliche Entwicklung postuliert. Problematisch blieben dabei vor allem das frühe, mit den eusporangiaten Farnen im wesentlichen parallele Auftreten der Pteridospermen und der weithin andersartige Stelenbau (S. 686) der beiden Gruppen. Größte Schwierigkeiten hat aber seit jeher die Ableitung der *Coniferophytina* und die morphologische Interpretation ihrer im wesentlichen direkt an den Blütenachsen sitzenden Samenanlagen gemacht. Meist hat man dabei an Reduktionslinien aus Pteridospermen-artigen *Cycadophytina* und an drastische Rückbildungen aus reichgegliederten, zahlreiche Samenanlagen tragenden Fruchtblättern gedacht. Ungeklärt blieb dabei das gleichzeitige Auftreten der ältesten *Cycadophytina* und *Coniferophytina* sowie das Fehlen jeglicher Übergangsbildungen. Vielfach wurde daher auch die Ansicht einer polyphyletischen Entstehung der *Spermatophyta* diskutiert: die «mikrophyllen» *Coniferophytina* sollten danach von *Lycopsida* abstammen, bei denen ja bekanntlich auch die Entwicklungsstufe der Samenbildung erreicht wurde (vgl. S. 676 f., 708). Dieser zweiten Hypothese standen einerseits die vielen Ähnlichkeiten zwischen *Coniferophytina* und *Cycadophytina* (etwa hinsichtlich der Wurzelbildung und der axillären Verzweigung, der Struktur von Xylem und Phloem, der Pollenkörner und der Pollenschlauchbildung usw.), andererseits ebenso tiefgreifende Unterschiede gegenüber den *Lycopsida* (mit andersartigen Wurzelträgern und Verzweigungen, immer nur mit Einzelsporangien an der Oberseite von Sporophyllen usw.) im Wege.

Erst die fortschreitende Klärung von noch iso- bzw. heterosporen unmittelbaren Vorläufern der *Spermatophyta* aus dem (?Unter-) bzw. Mittel- bis Oberdevon (bzw. Untercarbon), den sogenannten «**Progymnospermae**» (vgl. *Pteridophyta*, S. 686), hat neue Gesichtspunkte für unser Verständnis von Verwandtschaft und Phylogenie der *Spermatophyta* erbracht. Wesentlich ist dabei, daß die Progymnospermen ein unmittelbares Bindeglied sind zwischen den noch älteren, telomartigen, also nicht klar in Achsen-, Blatt- und Wurzelbereich gegliederten Psilophyten *(Psilophytopsida)* und den jüngeren, in diese Grundorgane differenzierten und samentragenden *Spermatophyta*, und zwar sowohl den *Coniferophytina* als auch den *Cycadophytina*.

Es war eine sensationelle Entdeckung, als 1960 der völlig unvermutete Zusammenhang großer farnartiger und heterosporer Wedelsysteme (*Archaeopteris*: Abb. 3.2.136 J, 3.2.137 N) mit baumförmigen, gymnospermenartigen Stämmen (*Callixylon*; bis 1,5 m im Durchmesser und vermutlich bis 20 m hoch!) festgestellt wurde. Seither nimmt die Gruppe der «*Progymnospermae*» immer klarere Gestalt an: Es handelt sich um (?unter-)mitteldevonische bis untercarbonische Holzpflanzen mit sekundärem Dickenwachstum (Tracheiden), Periderm und endständigen, zeilenförmig oder büschelig angeordneten dickwandigen Sporangien (Abb. 3.2.167 C–D), in denen sich Iso- oder Heterosporen finden. Die Progymnospermen werden teilweise noch bei den *Filicatae* geführt (vgl. S. 684 ff.), doch weisen die angeführten Merkmale viel eher auf *Psilophytatae* (z. B. *Trimerophyton*: Abb. 3.2.167 A) und frühe *Spermatophyta* (z. B. *Ginkgoopsida, Cordaitidae* bzw. *Lyginopteridopsida*). Die ältesten Progymnospermen (etwa *Protopteridium*: Abb. 3.2.137 C–E; *Aneurophyton* oder *Pertica*: Abb. 3.2.137 F, 3.2.167 B–C) aus dem (Unter- bzw.) Mitteldevon haben noch räumlich verzweigte und kaum flächige Telomsysteme, an denen keine klare Abgrenzung zwischen Achsen- und Blattbereich erkennbar ist; der anatomische Bau mit Proto- bzw. Actinostelen ist denkbar einfach. Bei den späteren Vertretern sind die äußeren Verzweigungen in einer Ebene ausgebreitet bzw. flächig «verwachsen» und die Achsen/Blatt-Differenzierung wird faßbar; weiter wird Mark gebildet (Übergang zur Eustele). Diese Entwicklung scheint bei den *Archaeopteridales* (= *Pityales*) zu mehr *Coniferophytina*-ähnlichen Sippen mit mäßig komplexen Lateralorganen und kompaktem Sekundärholz zu führen (z. B. *Barrandeina*: Abb. 3.2.167 E und *Ginkgoopsida*: Abb. 3.2.169), während die *Protopteridiales* (= *Aneurophytales*) mit komplex und fiedrig zusammengesetzen Lateralorganen und infolge Markstrahlenbildung stärker aufgelockertem Holz sich mehr den *Cycadophytina* annähern (vgl. z. B. *Tetraxylopteris*: Abb. 3.2.167 D und Pteridospermen: Abb. 3.2.180–183). Die mitteldevonischen Progymnospermen sind noch isospor, im Oberdevon ist mehrfach Heterosporie belegt (vgl. z. B. *Archaeopteris*: Abb. 3.2.137 N). Auf die vermutliche Weiterentwicklung zu Samenanlagen mit einem oder zwei Integumenten wurde bereits verwiesen (S. 702 und Abb. 3.2.159, 3.2.183). Fast lückenlos belegt ist der Übergang von extremer Heterosporie mit einer Megasporen-Tetrade zu Samen, deren einzige tetraedrische Megaspore im Nucellus nur noch Rudimente der 3 anderen Megasporen erkennen läßt (Abb. 3.2.180 C).

Die undifferenzierten, telomartigen Sproßorgane, zumindest bei den älteren Progymnospermen, erinnern noch stark an die Verhältnisse bei den Psilophyten. Bei der Weiterentwicklung der Psilophyten ist es im Zusammenhang mit einer Achsen/

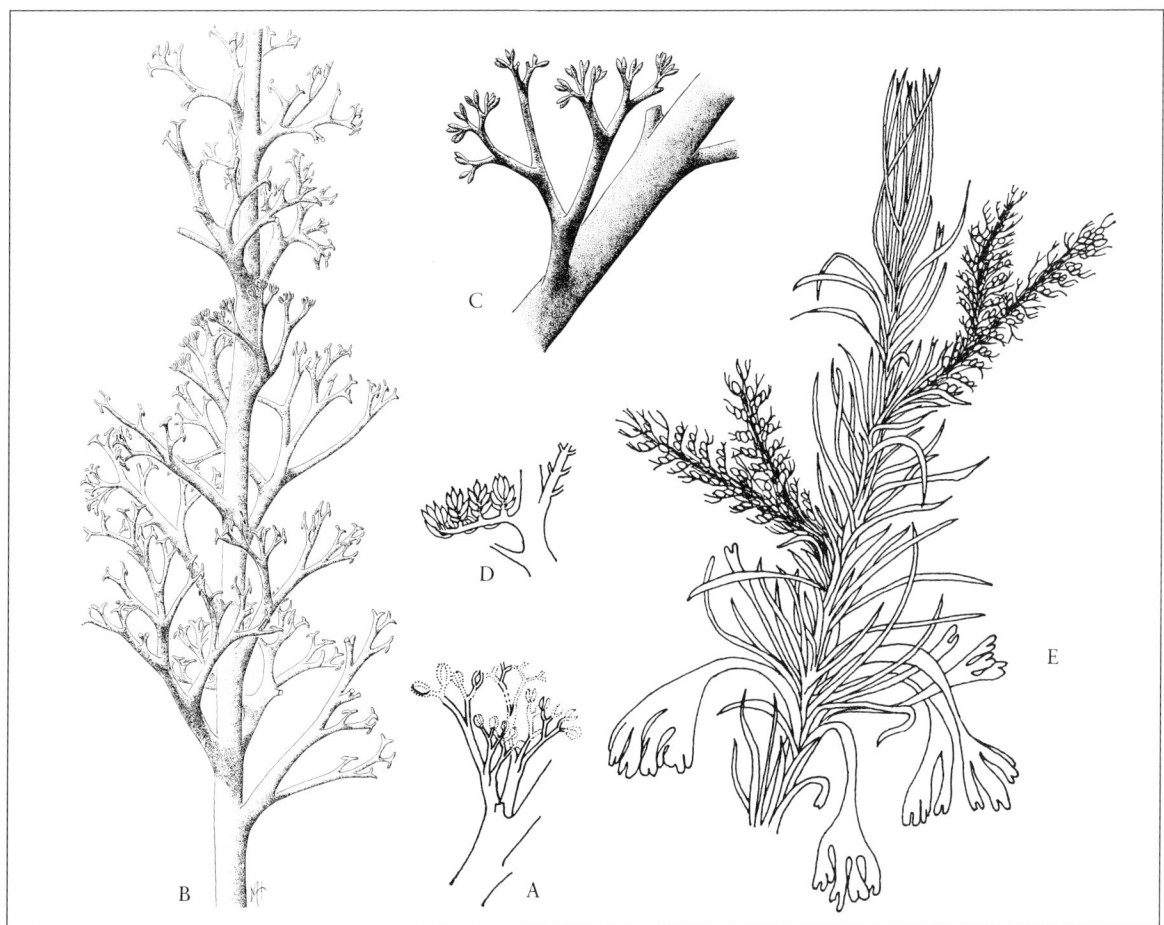

Abb. 3.2.167: Ausgestorbene Vorläufer der Samenpflanzen. **A** *Psilophytatae*: *Trimerophyton robustius* (Unterdevon; Telomsystem mit Sporangiengruppen). B–E «*Progymnospermae*»: **B, C** *Pertica varia* (Mitteldevon; Sproßsystem der ca. 3 m hohen Pflanze mit vegetativen und sporangientragenden Abschnitten). **D** *Tetraxylopteris schmidtii* (Oberdevon; Abschnitte komplexer Sporophylle mit Sporangiengruppen). **E** *Barrandeina dusliana* (Mitteldevon; Sproßsystem mit dichotomen Blättern und einfachen Sporangiengruppen). (A, D E etwa $^3/_4\times$, B$^1/_3\times$, C$^2/_3\times$.) (A nach Hopping; B–C nach Granoff, Gensel & Andrews; D nach Bonamo & Banks; F nach Kräusel & Weyland; etwas verändert.)

Blatt-Differenzierung bei den Bärlapp-, Schachtelhalm- und Farngewächsen offenbar parallel zur Einbeziehung verschieden umfangreicher Telomsysteme in den Blattbereich (vgl. Abb. 3.2.125, 3.2.136) gekommen. Daher liegt die Hypothese nahe, daß durch einen entsprechenden Differenzierungsprozeß nebeneinander auch die einfacheren und die komplexeren vegetativen bzw. fertilen Blattorgane der *Coniferophytina* und der *Cycadophytina* aus den noch undifferenzierten Sproßorganen der älteren Progymnospermen entstanden sind. Abb. 3.2.157 deutet dies in schematischer Form an.

Die derzeit wahrscheinlichste Hypothese über die Stammesgeschichte und Verwandtschaft der *Spermatophyta* vermeidet demnach die S. 710 angeführten Schwierigkeiten und läßt sich folgendermaßen zusammenfassen: 1) Die Samenpflanzen sind im Devon über iso- und heterospore Progymnospermen direkt aus Psilophyten entstanden; sie gehen nicht auf eusporangiate Farne oder Bärlappgewächse zurück, sondern haben sich parallel mit diesen und anderen höheren Pteridophyten entwickelt. 2) Die gemeinsame Abstammung aus Progymnospermen macht die zahlreichen Ähnlichkeiten zwischen *Coniferophytina* und *Cycadophytina* verständlich und rechtfertigt die Aufrechterhaltung des Taxon «*Spermatophyta*». 3) *Coniferophytina* und *Cycadophytina* haben sich nebeneinander aus den noch psilophyten-ähnlichen Progymnospermen herausgebildet und lassen sich nicht voneinander ableiten. Ebenso sind ihre unterschiedlich komplexen Tropho- und Sporophylle nebeneinander aus den noch telomartigen Sproßorganen der älteren Progymnospermen entstanden; sie lassen sich daher nur bedingt homologisieren und ebenfalls nicht voneinander ableiten.

Der Erkenntnis, daß innerhalb der «*Gymnospermae*» die *Coniferophytina* und *Cycadophytina* nebeneinander bis ins Oberdevon und möglicherweise getrennt auf Sporen ausstreuende Vorfahren zurückgehen, trägt die Systematik neuerdings durch die gleichwertige Einstufung der beiden Gruppen als Unterabteilungen Rechnung. Als dritte Gruppe der *Spermatophyta* läßt man ihnen die *Angiospermae* folgen; sie stehen als stärkst abgeleitete und jüngste Unterabteilung der Samenpflanzen offenbar nur mit den *Cycadophytina* in stammesgeschichtlicher Verbindung (S. 759f.). Die «*Gymnospermae*» stellen also eine frühe Entwicklungsstufe – aber keine natürliche Verwandtschaftsgruppe – der *Spermatophyta* dar.

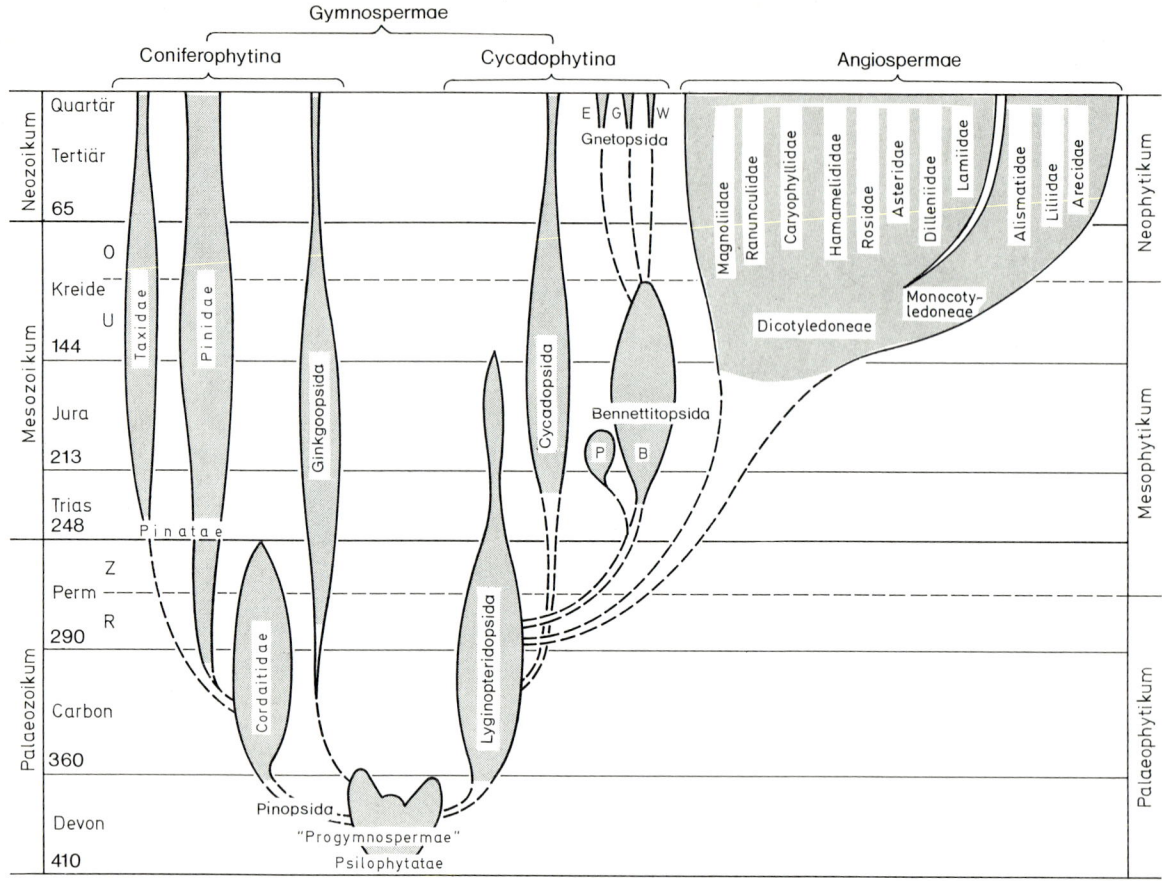

Abb. 3.2.168: Vermutliche stammesgeschichtliche Zusammenhänge zwischen den Verwandtschaftsgruppen der Samenpflanzen und ihre Entfaltung in den Zeitaltern der Erde (die Zahlen am Beginn der Formationen stehen für Jahrmillionen). Unsichere, durch Fossilfunde nicht dokumentierte Verbindungen gestrichelt bzw. weiß belassen. B = *Bennetitidae*, P = *Pentoxylidae*, E = *Ephedridae*, G = *Gnetidae*, W = *Welwitschiidae*. «Pinatae» signalisiert die engere Zusammengehörigkeit der Coniferen (*Pinidae*) und Eiben (*Taxidae*). (Orig.)

a) Entwicklungsstufe: Gymnospermae, Nacktsamer

Die **Samenanlagen** sind nicht in ein Fruchtblattgehäuse eingeschlossen, die Bestäubung erfolgt durch direkte Übertragung der Pollenkörner auf ihre Empfängnisstelle, die **Mikropyle**. Die Blüten sind fast immer eingeschlechtig und meist windbestäubt, die Gametophyten noch weniger stark reduziert (♂ immer mehr als 3zellig, ♀ vielzellig). Die Ernährung des Embryos erfolgt durch ein **primäres Endosperm** (haploides Megaprothallium-Gewebe).

Die Gymnospermen umfassen ausschließlich vieljährige Holzpflanzen mit sekundärem Dickenwachstum und geringer Differenzierungshöhe (z.B. fast nur Tracheiden und Siebzellen). Ihre Stammformen gehen in das Oberdevon zurück, viele Verwandtschaftsgruppen sind heute ausgestorben, die überlebenden sind relativ artenarm.

1. Unterabteilung: Coniferophytina, Gabel- und Nadelblättrige Nacktsamer

Diese erste Gruppe von gymnospermischen Samenpflanzen ist vor allem durch ihre einfach gebauten vegetativen und fertilen Lateralorgane gekennzeichnet: Den Laubblättern (Trophophyllen) liegt ein dichotomer, gabeliger Bauplan zugrunde, die Staubblätter (Mikrosporophylle) bestehen aus Trägern einzelner Pollensackgruppen, die «Fruchtblätter» («Megasporophylle») sind von vornherein auf einfache (sehr selten gegabelte) Samenanlagen-Träger beschränkt (Abb. 3.2.157A).

Bei den *Coniferophytina* handelt es sich um stark verzweigte, von Anfang an eher leptocaule Holzpflanzen mit monopodialem Sproßaufbau. Das Sekundärholz besteht vorwiegend aus dicht gelagerten Hoftüpfel-Tracheiden (Abb. 1.1.112 C–F) und schmalen Markstrahlen (= pyknoxyl, Abb. 1.3.60, 1.3.62 A–C); Tracheen fehlen. Der grundsätzlich dichotome Bau der Laubblätter (Abb. 1.3.78 B) wird vielfach bandförmig (Abb. 3.2.170 B) oder nadel- bis schuppenartig (Abb. 1.3.69 D, 3.2.175, 3.2.178) vereinfacht; sie stehen schraubig, bei abgeleiteten Gruppen aber auch wirtelig oder gegenständig.

Die Blüten sind immer eingeschlechtig, ein- oder seltener zweihäusig verteilt und sehr einfach gebaut: An den Blütenachsen sitzen Staubblätter bzw. (1 bis) mehrere «Fruchtblätter», vielfach auch sterile Schuppenblätter; eine eigentliche Blütenhülle fehlt. Die Staubblätter umfassen nur eine einzige, ursprünglich radiäre, gestielte Pollensackgruppe (vgl. z.B. Abb. 3.2.169 A–B, 3.2.170 D, 3.2.179 C); ihr Oberteil kann vegetativ werden (vgl. Abb. 3.2.171 H, 3.2.176 D), wodurch eine dorsiventrale Struktur entsteht. Die «Fruchtblätter» bestehen nur aus einer einzigen, gestielten bis sitzenden, nackten Samenanlage (sehr selten infolge Gabelung auch zweien) und sitzen zu mehreren lateral, seltener auch einzeln und dann allenfalls auch terminal direkt an der Blütenachse (stachyspor). Die Samenanlagen sind ± disymmetrisch-abgeflacht, ihr Integument ist immer einfach und öfters ist seine Entstehung aus 2 Telomen erkennbar (vgl. Abb. 3.2.170, 3.2.174 C–E). Stark reduzierte weibliche Blüten sind öfters zu offenen, zapfenartigen Blütenständen zusammengefaßt. Die Pollenkörner weisen eine angedeutete oder deutliche distale Keimöffnung auf; teilweise kommt es infolge Abhebens der äußeren Exine zur Ausbildung ring- oder blasenförmiger Luftsäcke. Die Bestäubung erfolgt durch den Wind. Neben Pollenschlauchbefruchtung (Siphonogamie) kommt auch noch die ursprüngliche Spermatozoidbefruchtung (Zoidiogamie) vor. Die Samen sind saftig (mit Sarco- und Sclerotesta) oder trocken und dann allenfalls mit fleischigen Schuppenblatt- oder Achsenbildungen oder mit Flughäuten versehen; sie stehen nicht selten in zapfenartigen, verholzten oder fleischigen Fruchtständen.

Die *Coniferophytina* sind seit dem (? Oberdevon) Untercarbon bekannt, gehen offenkundig auf devonische Progymnospermen zurück und haben auch noch heute (mit allerdings nur noch etwa 600 Arten) als Waldbäume weltweite Verbreitung und Bedeutung.

I. Klasse: Ginkgoopsida

Die ♂ und die ♀ Blüten der *Ginkgo*-Gewächse stehen in der Achsel von Tragblättern. Es handelt sich um recht lange Achsen mit locker seitlich bzw. terminal ansitzenden, gestielten Pollensackgruppen (Staubblätter) bzw. mit gestielten bis sitzenden Samenanlagen («Fruchtblätter») (Abb. 3.2.169). Damit ist eine sehr weitgehende Übereinstimmung mit dem Grundbauplan der *Coniferophytina*-Blüten (Abb. 3.2.157 A) gegeben; allerdings fehlen hier sterile Blattorgane.

Die Klasse ist mit Sicherheit bis ins Unterperm *(Trichopitys)* nachgewiesen, reicht aber wahrscheinlich bis ins Oberdevon. Manche Progymnospermen zeigen auffällige Ähnlichkeiten (vgl. z.B. die mitteldevonische *Barrandeina*, Abb. 3.2.167 E). Die größte Formenfülle wurde von der Trias bis zur Kreide ausgebildet. Im Jura findet sich die Gattung *Ginkgo* mit Sippen, die der einzigen heute noch lebenden Art *G. biloba* (Abb. 3.2.169 B) bereits sehr ähnlich waren. Fossilfunde belegen eine weltweite Verbreitung in Jura/Kreide und eine fortschreitende Arealschrumpfung der Gattung bis zur Gegenwart (Abb. 4.1.9). Als Kulturbaum Chinas und Japans vor dem Aussterben bewahrt, findet sich *G. biloba* heute wieder weltweit in Gartenanlagen: Paradebeispiel für ein «lebendes Fossil».

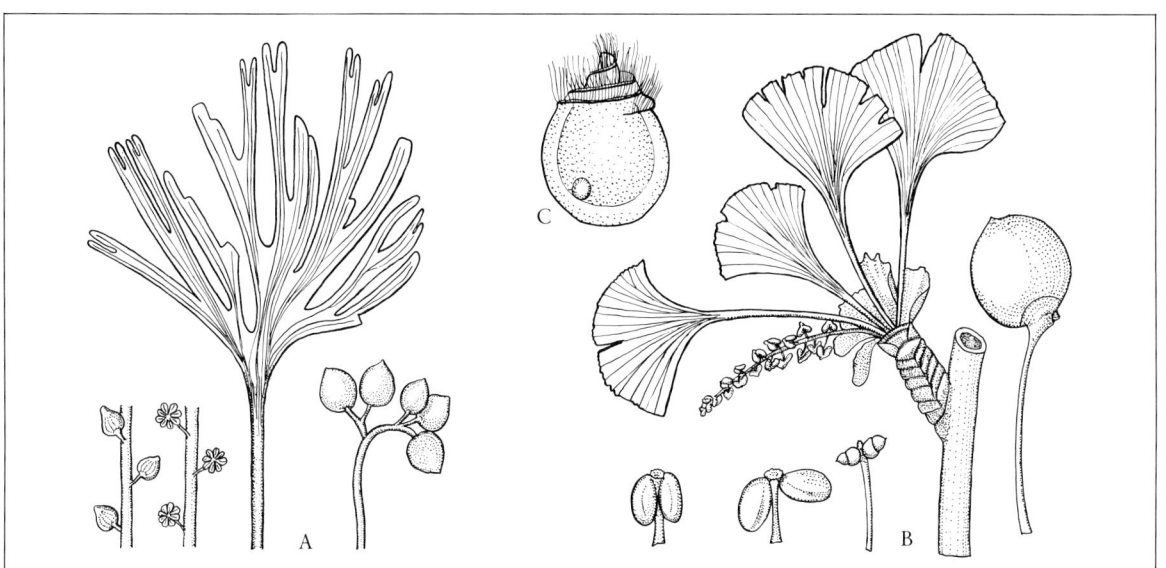

Abb. 3.2.169: *Ginkgoopsida* **A** *Baiera muensterana* (Rhät-Lias): Laubblatt; Samenanlagen an ♀ Blütenachse (etwas verkl.); radiäre, geschlossene bzw. geöffnete Pollensackgruppen an ♂ Blütenachsen (etwa 2×). B und C *Ginkgo biloba* (recent): **B** Kurztrieb mit ♂ Blüte und jungen Blättern (nat. Gr.), dorsal reduzierte, 2teilige Pollensackgruppen (Staubblätter) (vergr.), Samenanlagen (♀ Blüten) bzw. Samen (etwas verkl.). **C** Spermatozoid (etwa 200×). (A nach Schenk; B nach Richard & Eichler; C nach Shimamura, verändert und etwas schematisiert.)

Aus Keimlingen mit 2 Keimblättern wächst *Ginkgo biloba* zu einem stark verzweigten sommergrünen Baum mit Lang- und Kurzsprossen. Die Blätter sind fächerförmig und streng dichotom gabeladerig (Abb. 3.2.169B). Bei älteren Vertretern (Abb. 3.2.169A) sind die Blätter noch stark zerteilt. Mesozoische Gattungen demonstrieren aber auch die Weiterentwicklung zu schmal bandförmigen Blättern.

Ginkgo biloba ist diöcisch. Die ♂ Blüten tragen zahlreiche dorsiventrale Staubblätter mit 2 Pollensäcken; bei der mesozoischen *Baiera* (Abb. 3.2.169A) waren die Staubblätter noch ± radiär gebaut. Die ♀ Blüten haben bei *G. biloba* meist nur noch 2 Samenanlagen und waren bei *Baiera* noch viel stärker verzweigt. Die ♂ und ♀ Gametophyten sind relativ vielzellig, die Befruchtung erfolgt noch mittels großer Spermatozoiden (Zoidiogamie; Abb. 3.2.169C). Bestäubung und Befruchtung sind zeitlich durch Monate getrennt, z. T. fallen die Samen noch unbefruchtet (also fast noch als Samenanlagen) ab. Sie bilden aus ihrem einzigen Integument eine äußere fleischige und intensiv nach Buttersäure riechende Sarcotesta und eine innere Sclerotesta (endozoochore Ausbreitung).

II. Klasse: Pinopsida, Nadelhölzer

Die ♂ und ♀ Blüten bestehen aus verkürzten Achsen, an denen seitlich bzw. auch terminal dicht gedrängt flachstielige Pollensackgruppen (Staubblätter) bzw. gestielte oder sitzende Samenanlagen («Fruchtblätter») und dazu fast immer auch sterile Blattorgane ansitzen. Besonders die ♀ Blüten sind oft zu kätzchen- bis zapfenartigen Blütenständen zusammengefaßt.

Die Klasse umfaßt 3 Unterklassen, die sich vor allem durch den Bau ihrer ♂ und ♀ Blüten unterscheiden.

1. Unterklasse: Cordaitidae

Bei der ausgestorbenen Gruppe der Cordaiten finden sich bei den ♂ und ♀ Blüten neben den lateralen Staubblättern bzw. «Fruchtblättern» (Samenanlagen) auch zahlreiche sterile Schuppenblätter. Abgesehen von den gestauchten Blütenachsen ist also auch hier noch eine klare Übereinstimmung mit dem Grundbauplan der *Coniferophytina*-Blüten erkennbar (Abb. 3.2.157A).

Die Cordaiten traten im Carbon waldbildend auf, starben aber offenbar im Perm schon wieder aus. Es waren bis 30 m hohe, in der Krone reichverzweigte Bäume (Abb. 3.2.170A) mit sekundärem Dickenwachstum und «araucarioid» getüpfelten Tracheiden (vgl. S. 718), mit quer gefächertem Mark und mit ungeteilten, bandförmigen oder lanzettlichen, dichotom-paralleladerigen und schraubig gestellten Blättern (Abb. 3.2.170B). Ihr Mesophyll war z. T. bereits in Palisaden- und Schwammparenchym differenziert. Die Blüten wurden in den Achseln von Tragblättern gebildet und waren zu kätzchenförmigen Blütenständen vereinigt.

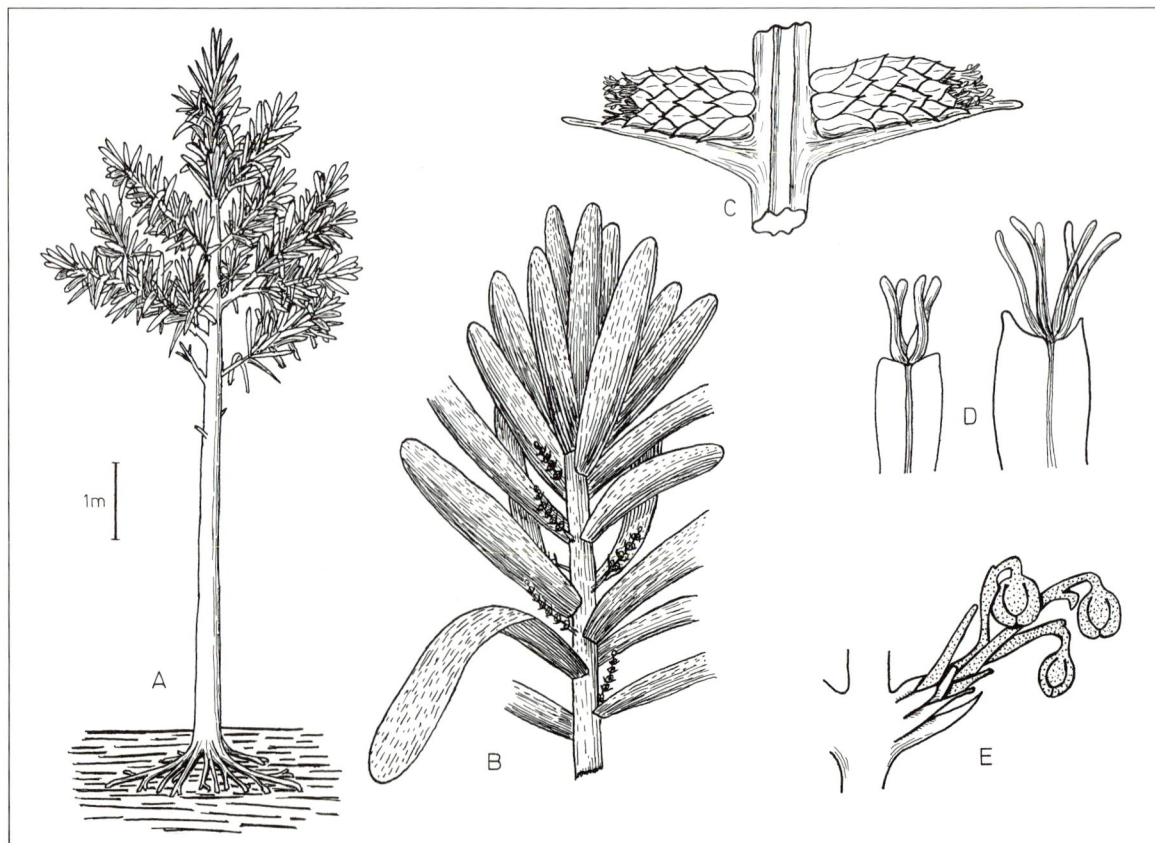

Abb. 3.2.170: *Cordaitidae* (Carbon-Perm). **A** Habitus von *Cordaites* spec. (ca. 10 m). **B** Beblätterter Sproß mit achselständigen Blütenständen von *Cordaites laevis* (verkl.). **C** 2 ♂ Blüten von *Cordaianthus concinnus* (etwa 2,5×). **D** Staubblätter mit aufrechten Pollensackgruppen von *C. penjonii* (etwa 10×). **E** ♀ Blüte von *C. pseudofluitans* mit Tragblatt, sterilen Schuppen und gestielten Samenanlagen («Fruchtblättern») (1,5×). (A–B nach Grand'eury; C nach Delevoryas; D–E nach Florin.)

Die ♂ Blüten bestanden aus einer kurzen Achse, an der in schraubiger Stellung zunächst einige Perianthblätter und dann mehrere Staubblätter saßen, ein jedes mit mehreren endständigen Pollensäcken (Abb. 3.2.170 C–D). In den ♀ Blüten (Abb. 3.2.170 E) folgten, ebenfalls schraubig, auf mehrere schuppenförmige Perianthblätter einige wenige Fruchtblätter mit einer (infolge Gabelung selten auch 2) endständigen, atropen Samenanlage(n). Da Pollenkammern vorhanden waren, kann man vermuten, daß noch Spermatozoiden gebildet wurden.

2. Unterklasse: Pinidae (= Coniferae)

Der Blütenbau der Coniferen (Abb. 3.2.156) entspricht im wesentlichen dem der Cordaiten. Allerdings sind die ♀ Blüten vielfach stark reduziert und zu sog. Samenschuppen verschmolzen; meist sind sie auch noch mit ihren Tragblättern (Deckschuppen) verwachsen. Vielfach bilden diese Deck-Samenschuppen-Komplexe zapfenförmige Blütenstände. Die Befruchtung erfolgt (zumindest bei den heutigen Sippen) durch Pollenschläuche (Siphonogamie).

Die Nadelhölzer entwickeln sich aus Keimlingen mit 2 bis zahlreichen Cotyledonen zu reichverzweigten Bäumen oder (seltener) Sträuchern mit einem meist monopodialen Stamm, an dem die Seitenzweige verschiedener Ordnung oft stockwerkartig angeordnet sind; nicht selten kommt es zu einer deutlichen Differenzierung in Lang- und Kurztriebe. Die Blätter sind gabelig bis paralleladrig, bei primitiven Sippen auch noch gabelig verzweigt, später aber reduziert, ungeteilt und band-, nadel- oder schuppenförmig. Ursprünglich schraubig, werden sie später auch wirtelig oder gegenständig gestellt. Neben überwiegend mehrjährigen, derben und xeromorphen finden sich sehr vereinzelt auch sommergrüne Ausbildungen. Harzgänge sind in allen Organen häufig (Abb. 1.2.32).

Die eingeschlechtigen **Blüten** sind ein- oder zweihäusig verteilt. Die zäpfchenartigen ♂ Blüten stehen meist einzeln oder in lockeren Verbänden; an ihren Blütenachsen sind die zahlreichen dorsiventralen Staubblätter (Pollensäcke auf der Unterseite!) dicht schraubig angeordnet (Abb. 3.2.171 E, G, 3.2.175 B, 3.2.176 A u.a.). Dagegen bilden die reduzierten ♀ Blüten (fast

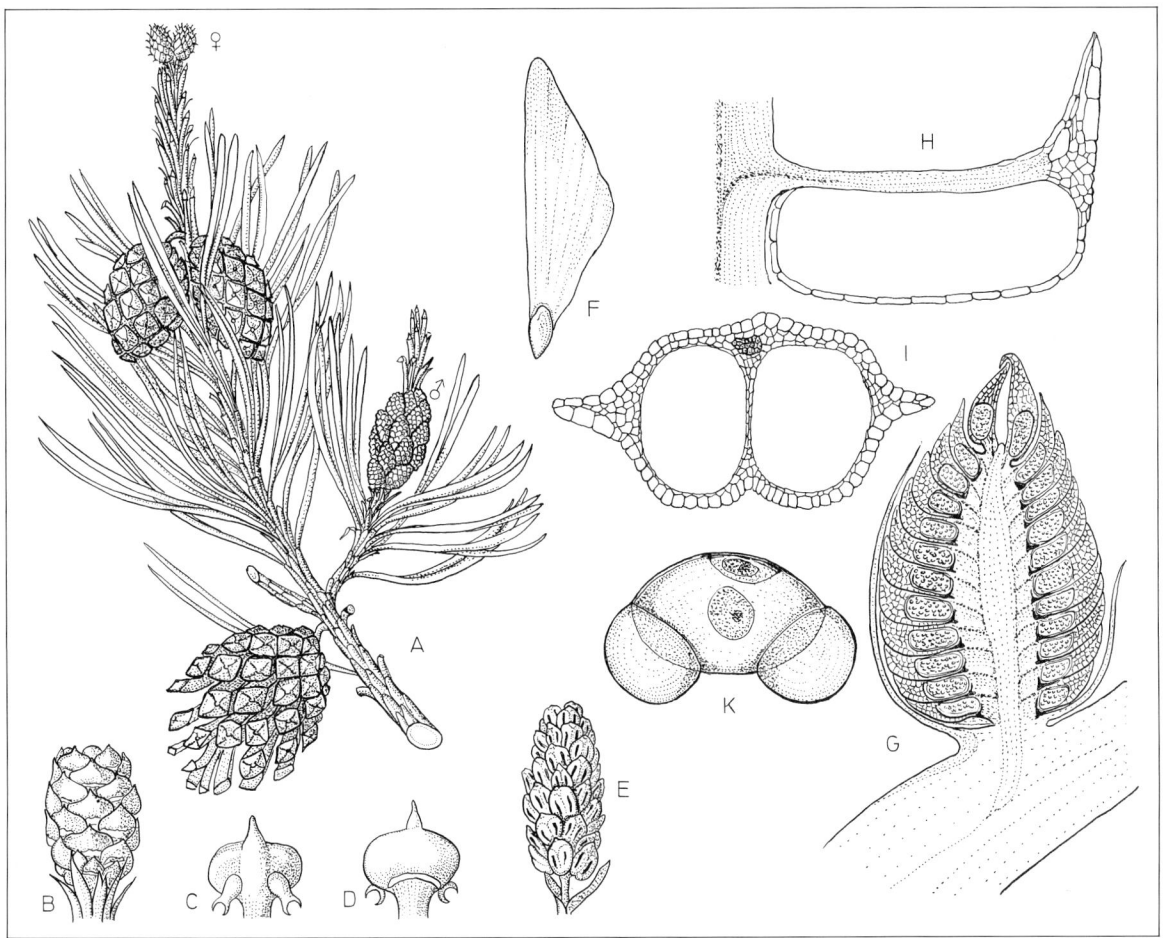

Abb. 3.2.171: *Pinus* (A–F, K: *P. sylvestris*, G–I: *P. mugo*). Blühender und fruchtender Sproß, in der Achsel abfälliger Schuppenblätter 2nadelige Kurztriebe (**A**). ♂ Blüten (**E**, Längsschnitt **G**), Staubblätter mit 2 Pollensäcken (Längs- und Querschnitt **H, I**), saccates Pollenkorn mit 2 Luftsäcken (**K**). ♀ Blütenstand (**B**) mit Deck-Samenschuppen-Komplexen (von oben und unten **C, D**), daraus einjährige, noch grüne und zweijährige, reife und sich öffnende Zapfen (A) mit je 2 geflügelten Samen (**F**) auf der Oberseite der nun holzigen Schuppenkomplexe. (A, etwas verkl., B–F vergr.; nach Berg & Schmidt, verändert. G 10×, H 20×, J 27×, K 400×; nach Strasburger.)

immer) ± reichblütige und meist zapfenartige Blütenstände (Abb. 3.2.171 A, B, 3.2.175 A, u. a.). Sie umfassen ± zahlreiche schraubige, wirtelige oder gegenständige Tragblätter (= Deckschuppen) und in ihren Achseln Samenschuppen. Letztere bestehen meist aus mehreren (selten aus vielen oder nur 1) Samenanlagen, die vielfach noch einem vegetativen Schuppenanteil aufsitzen (vgl. Abb. 3.2.175 C–D).

Die morphologische Deutung der ♀ Coniferenzapfen war lange umstritten. Erst Untersuchungen an den fossilen *Voltziales* (Abb. 3.2.174) haben mit völliger Sicherheit ergeben, daß die Samenschuppe einem Kurzsproß mit sterilen und fertilen Schuppenblättern (d.h. Samenanlagen), also den Verhältnissen bei den *Cordaitidae* (Abb. 3.2.170), entspricht. Die Coniferenzapfen stellen daher keine Einzelblüten (bzw. -früchte) sondern Blüten- (bzw. Frucht-)stände dar.

Jede Samenanlage enthält nur 1 Megaspore, die Embryosackzelle (Abb. 3.2.156 D). Daraus bildet sich der ♀ Gametophyt (Embryosack) in Gestalt eines vielzelligen Prothalliums, das mehrere Archegonien (bei *Sequoia* bis zu 60!) entwickelt. Jedes besitzt eine größere Zahl von Halswandzellen, bei den Pinaceen auch eine selbständige Bauchkanalzelle (Abb. 3.2.172 C).

Der ♂ Gametophyt entsteht in Pollenkörnern, die der Wind an die Samenanlagen heranträgt, wo sie in der Regel auf dem Scheitel des Nucellus mit einem Pollenschlauch keimen (Abb. 3.2.172 C). Spermatozoiden werden aber nicht mehr gebildet, vielmehr dient der Pollenschlauch zur Übertragung der beiden sich nicht weiter umbildenden Spermazellen zu den Archegonien. Meist führt nur eine der Spermazellen die Befruchtung aus, während die andere, häufig schon von Anfang an kleinere, zugrunde geht (Abb. 3.2.172 D–E).

Aus der befruchteten Eizelle geht zunächst ein **Proembryo** hervor, und erst aus diesem entstehen (auf eine bei den einzelnen Familien und Gattungen etwas verschiedene Weise) ein oder mehrere Embryonen.

Abb. 3.2.173 zeigt dies für *Pinus*. Der befruchtete Eikern teilt sich zunächst in 4 freie Kerne, die in das untere Ende der Zygote wandern und sich dort in einer Fläche anordnen. Hier bilden sich zunächst zwei Stockwerke von je 4 Kernen und dann, durch Bildung von Zellwänden und weitere Teilung eines jeden Stockwerkes, 4 Stockwerke mit je 4 Zellen (A–D). Aus dem untersten entstehen Embryonen, aus dem darüberliegenden Embryoträger = Suspensoren (E). Letztere verlängern und teilen sich und schieben die Embryonen in das

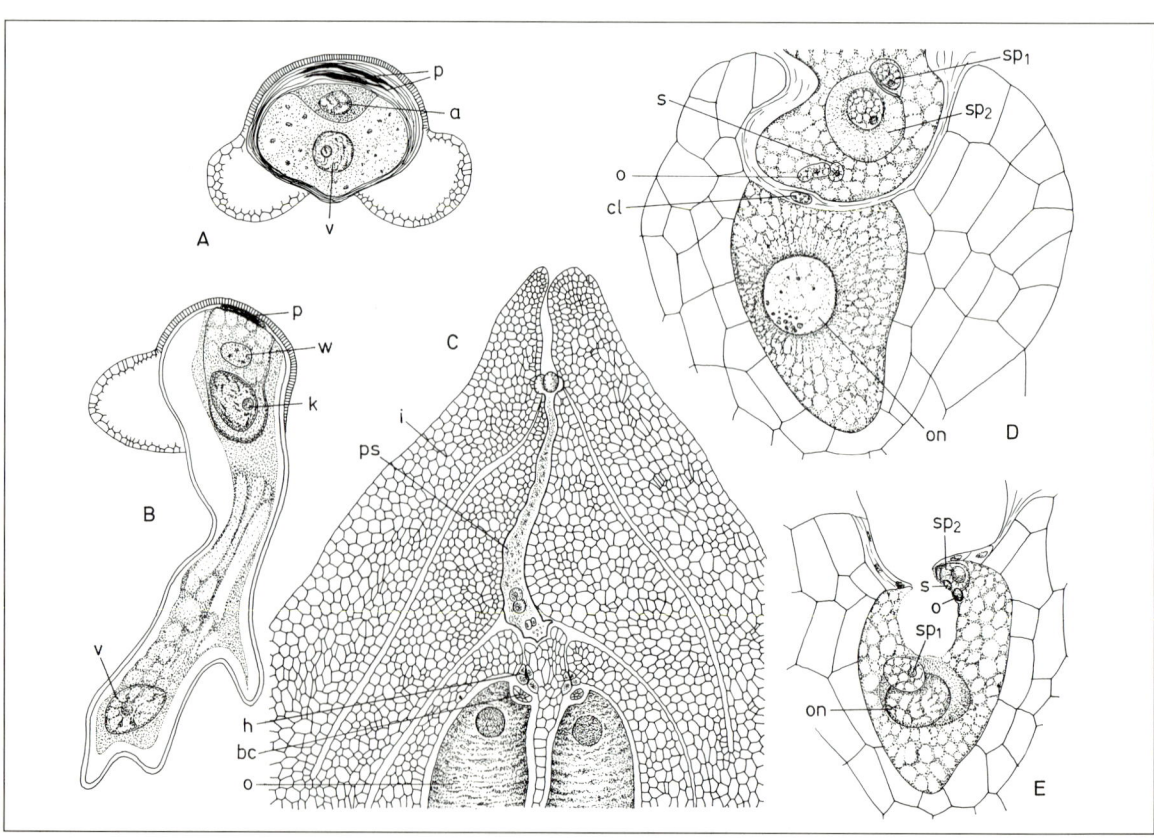

Abb. 3.2.172: Pollenkeimung und Befruchtung bei Pinatae (A–B *Pinus nigra*, C *P. sylvestris*: Pinaceae; D–E *Torreya taxifolia*: Taxaceae). **A–B** Entwicklung des ♂ Gametophyten im Pollenkern und Pollenschlauch: Prothalliumzellen (p), Kern der vegetativen Pollenschlauchzelle (v), Antheridiumzelle (a), daraus Stielzelle (w) und spermatogene Zelle (k), aus letzterer 2 Spermazellen (etwa 500×). **C** Empfängnisreife Samenanlage mit Integument (i), Pollenschlauch (ps) sowie Archegonien mit Hals- (h), Bauchkanal- (bc) und Eizellen (o) (vergr.). **D** Pollenschlauch mit 2 Spermazellen (sp_1, sp_2) sowie Pollenschlauch- und Stielzellenkern (o, s) an der Eizelle (Eikern on, Rest einer Halszelle cl); **E** Verschmelzung des Eikerns mit einem der Spermakerne, die anderen Kerne degenerieren (367×). (A–B nach Coulter & Chamberlain; C nach Strasburger; D–E nach Coulter & Land.)

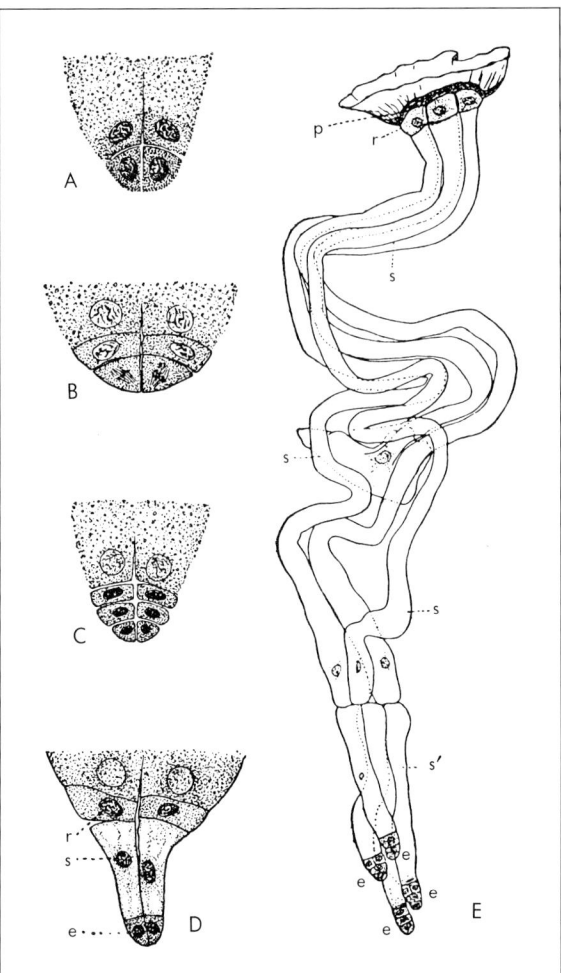

mit Nährstoffen gefüllte Prothalliumgewebe, das primäre Endosperm, hinein. Durch Längsspaltung und seitliche Isolation sind aus dem untersten Zellstockwerk 4 genotypisch gleiche Embryonen entstanden (monozygotische Polyembryonie). Da bei *Pinus* auch mehrere Archegonien befruchtet werden können, findet sich dazu noch polyzygotische Polyembryonie. Doch bleibt schließlich meist nur ein Embryo, nämlich der mit Hilfe seines Suspensors am tiefsten ins Prothallium versenkte und daher wohl besternährte, am Leben. Aus ihm entwickeln sich nach einiger Zeit eine Hauptwurzel und mehrere Keimblätter (5–18, Abb. 3.2.166). Bei den anderen Gattungen und Familien der *Pinidae* verläuft die Entwicklung ähnlich, nur stammt von einer Eizelle meist auch nur ein Embryo ab, was wohl als ursprünglicher zu betrachten ist.

Die Coniferen treten mit den noch deutlich Cordaitenähnlichen *Voltziales* erstmalig im Obercarbon in Erscheinung. Im Mesozoikum bilden sich dann die weltweit verbreiteten *Pinales* heraus, die mit 6 Familien und etwa 600 vielfach bestandbildenden Arten auch heute noch mit Abstand die «erfolgreichste» Gruppe gymnospermischer Samenpflanzen darstellen. Viele Arten sind wegen ihres Holzes von größter wirtschaftlicher Bedeutung; genutzt werden häufig auch die Harze, etherischen Öle und ihre Gemische: Terpentine (z. B. in der Technik und Heilkunde).

Vor allem durch den noch sehr deutlich erkennbaren Kurzsproßcharakter der ♀ Blüten ausgezeichnet ist die ausgestorbene

2.1. Ordnung: **Voltziales**. Die sterilen Schuppenblätter bzw. die Samenanlagen («Fruchtblätter») sind hier teilweise noch ± schraubig angeordnet und noch nicht miteinander zu einer komplexen Samenschuppe verschmolzen (Abb. 3.2.174 C–E).

Teilweise finden sich noch Gabelblätter (Abb. 3.2.174 A–B). Das Sekundärholz war «araucarioid» getüpfelt (vgl. unten). Die baumförmigen *Voltziales* haben vom Obercarbon bis Perm (etwa mit *Lebachia* = *Walchia* und *Ullmannia*), weiter in Trias und Jura (etwa mit *Pseudovoltzia* und *Glyptolepis*) als Waldbildner eine große Rolle gespielt, sind aber dann ausgestorben.

Abb. 3.2.173: Embryobildung bei *Pinus* (**A–D** *P. nigra*, **E** *P. banksiana*): Rosette (r), Basalplatte (p), Suspensor (s) mit sekundären Suspensorzellen (s'), Embryo (e), (A–D 100×, nach Coulter & Chamberlain; E 80×, nach Buchholz.)

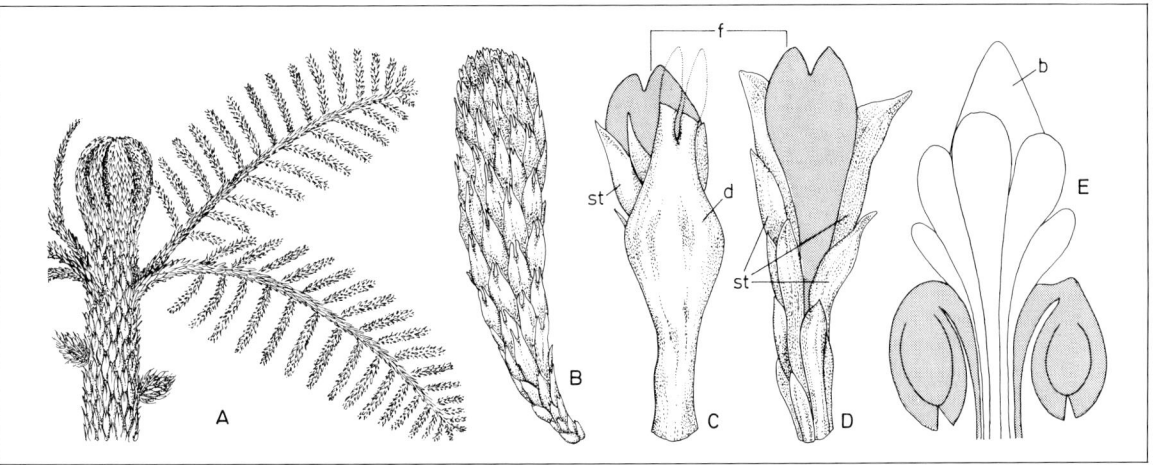

Abb. 3.2.174: *Voltziales*. A–D *Lebachia piniformis* (Rotliegendes): **A** Sproßgipfel; Hauptachse mit Gabelblättern (⅓×); **B** aufrechter ♀ Zapfen mit gegabelten Deckschuppen (½×); **C–D** ♀ Blüte von hinten und vorne, Deckschuppe (= Tragblatt, d), sterile Schuppen (st) und abgeflachte atrope Samenanlage (f) mit 2teiligem Integument (5×). **E** *Glyptolepis longibracteata* (Untertrias): ♀ Blüte mit Deckschuppe (b), sterilen Schuppen und 2 anatropen Samenanlagen (2×). (Nach Florin, E schematisch.)

Durch mesozoische Übergangsformen sind die *Voltziales* verbunden mit der damals in Erscheinung tretenden und bis heute erhaltenen

2.2. Ordnung: **Pinales,** bei der die ♀ Blüten nur noch als Samenschuppen auftreten und überdies meist ± weitgehend mit ihren Deckschuppen verwachsen sind.

Seit der Trias weit, auch in Europa und Grönland, verbreitet, heute aber auf die südliche Erdhälfte beschränkt sind die **Araucariaceae** mit zahlreichen 1samigen Deck-Samenschuppen-Komplexen in holzigen Zapfen.

Die Tracheiden des Sekundärholzes haben bienenwabenartig angeordnete Holztüpfel (ursprünglicher, «araucarioider» Bau). Von den *Araucaria*-Arten, mächtigen, auffallend gesetzmäßig verzweigten Bäumen mit schraubig gestellten und meist sehr kräftigen Nadeln, ist *A. excelsa* von der Insel Norfolk als Zierpflanze («Zimmertanne») sehr bekannt. Die *Agathis*-Arten liefern harte Kopalharze.

Schraubig gestellte, nadelförmige Blätter und holzige Zapfen mit je 2 Samen pro Samenschuppe zeichnen dagegen die **Pinaceae** aus. Zu ihnen gehören unsere wichtigsten Nadelbäume, die mit Ausnahme der Lärche immergrüne und mehr oder weniger xeromorphe Nadeln tragen (Abb. 1.3.78). Alle bilden ektotrophe Mykorrhizen (Abb. 2.1.150–151).

Bei den einheimischen Kiefern, Fichten und Tannen leben die Nadelblätter je nach den Bedingungen 3–9 Jahre, selten länger. Sie sind in Blattspreite und Blattgrund gegliedert. Bei der Fichte stellt die Blattspreite die eigentliche, abfallende «Nadel» dar, der Blattgrund ist mit der Sproßachse verwachsen und berindet sie als sog. «Blattkissen» (Abb. 1.3.69E).

Nach der Stellung der Nadeln an Lang- oder Kurztrieben kann man die Gattungen zu 3 Unterfamilien zusammenfassen (vgl. Abb. 3.2.171, 3.2.175–176): So stehen die Nadeln bei den Tannen (*Abies*, Abb. 1.3.23E, 3.2.175), Fichten (*Picea*, Abb. 1.3.69E, 3.2.176A–F), bei *Tsuga* und *Pseudotsuga* lediglich an Langtrieben: **Abietoideae.** Sowohl an Lang- wie an Kurztrieben finden wir die Nadeln bei den immergrünen Zedern (*Cedrus*) und den sommergrünen Lärchen (*Larix*, Abb. 3.2.176H–G): **Laricoideae.** Bei beiden trägt jeder Langtrieb im 1. Jahr grüne Nadeln; im 2. Jahr aber entwickeln sich aus deren Achseln Kurztriebe, die ganze Nadelbüschel tragen und mehrere Jahre weiterwachsen können (Abb. 1.3.16A–B). Ausschließlich an Kurztrieben stehen dagegen die Nadeln der erwachsenen Bäume bei den **Pinoideae:** Kiefern (*Pinus*, Abb. 3.2.171). Keimlinge im 1. und 2. Jahr bilden zwar auch bei ihnen Langtriebe mit grünen Nadeln. Später aber tragen die Langtriebe nur noch braune Schuppenblätter, aus deren Achseln sich schon im gleichen Jahr Kurztriebe entwickeln, die an der gestauchten Achse zunächst einige häutige Niederblätter und dann bloß eine Gruppe von 5, 3, 2 Nadeln oder sogar nur noch 1 lange grüne Nadel tragen (vgl. S. 720). – Die *Pinaceae* haben Siebröhrenplastiden vom P-Typ, andere Gymnospermen dagegen vom S-Typ (vgl. S. 701).

Die ♂ Blüten haben an der Achse zuunterst einige schuppenförmige Blättchen (als einfaches Perianth) und darüber zahlreiche, schraubig gestellte Staub-

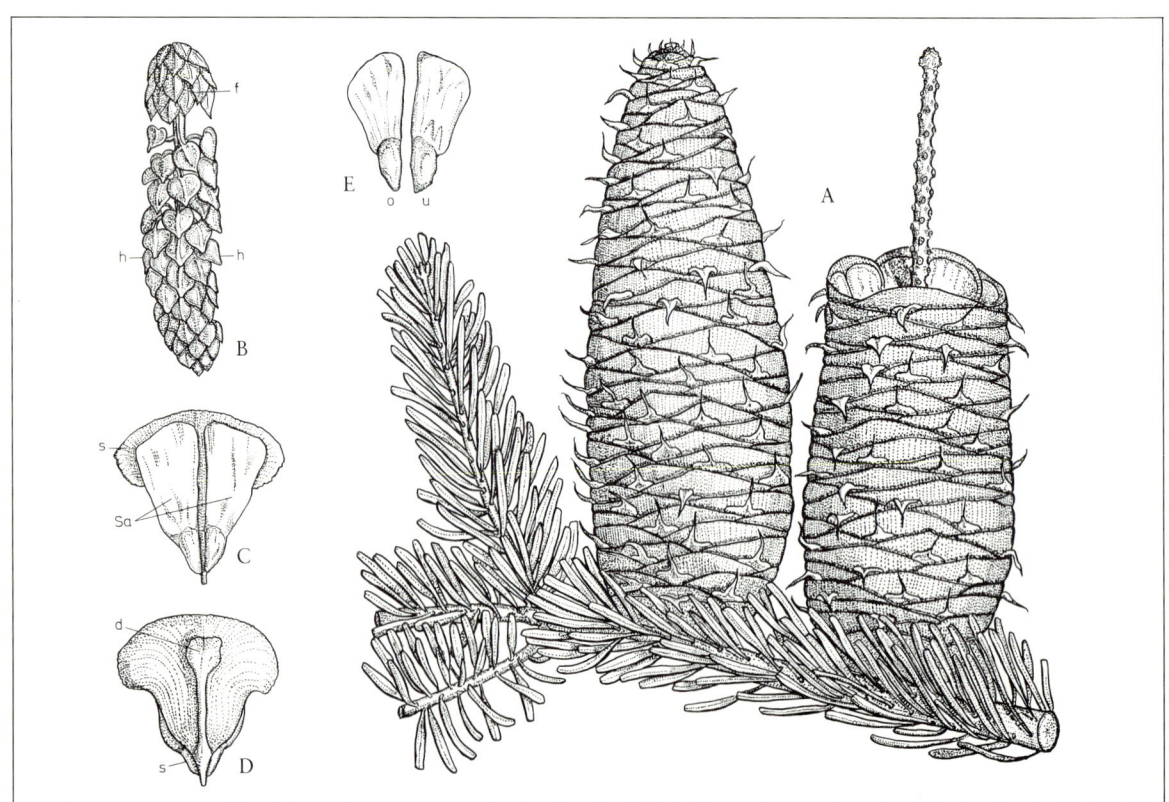

Abb. 3.2.175: *Abies* (A, *A. nordmanniana*, B–E *A. alba*). **A** Sproß mit reifen, z.T. schon zerfallenden Zapfen (etwas verkl.). **B** ♂ Blüte mit Schuppen- (f) und Staubblättern (h) (etwa 2×). **C–D** Reife ♀ Blüte mit Deckschuppe (d), Samenschuppe (s) und 2 Samen (Sa, E), von der Ober- (o) bzw. Unterseite (u) (etwas verkl.). (A nach Berg & Schmidt; B–D nach Firbas; E nach Eichler.)

blätter (Abb. 3.2.171 E, G, 3.2.175 B). Diese besitzen einen kurzen Stiel, ein schuppenförmig aufgebogenes Ende und unterseits 2 Pollensäcke, deren Öffnung durch ein Exothecium bewirkt wird (Abb. 3.2.171 H–J, 3.2.176 D).

Die ♀ Blütenstände tragen in schraubiger Stellung zahlreiche unfruchtbare Deckschuppen und in deren Achsel je eine Samenschuppe (vgl. Abb. 3.2.156, 3.2.175 D); beide sind ± verwachsen. Am Grunde der Samenschuppe sitzen 2 zur Basis gekehrte Samenanlagen. Die Samenschuppen wachsen bei der Umwandlung des Blütenstandes zum Zapfen stark heran und bilden dann die festen «Zapfenschuppen» (Abb. 1.3.8 D, 1.3.23 B–C). Die Deckschuppe kann ebenfalls mitwachsen und dann noch am Zapfen deutlich hervortreten (z. B. bei *Abies*, Abb. 3.2.175 A und *Pseudotsuga*); meist bleibt sie aber klein, bei *Pinus* verkümmert sie völlig.

Die relativ großen Pollenkörner vieler Pinaceen, so wie die von *Abies*, *Picea*, *Pinus*, vermindern ihre Sinkgeschwindigkeit durch «Luftsäcke» (Abb. 3.2.171 K, 3.2.172 A, 3.2.117: saccater Pollen). Diese kommen dadurch zustande, daß sich die beiden äußeren Schichten der Exine an 2 Stellen blasenförmig abheben. Wenn der Wind die Pollenkörner zu den Samenanlagen trägt, ist in diesen das Megaprothallium noch nicht entwickelt, ja zum Teil noch nicht einmal die Megaspore gebildet. Zwischen Bestäubung und Befruchtung vergeht daher eine längere Zeitspanne, während der sich die Mikropyle schließt und den keimenden Pollen in der Samenanlage birgt. Dieser Zeitraum ist am längsten bei den meisten *Pinus*-Arten: Blüten, die im Mai bestäubt werden, sind im nächsten Frühjahr erst zu kleinen, grünen Zapfen herangewachsen (Abb. 3.2.171 A). Erst jetzt werden die Geschlechtszellen gebildet, und es kommt – 1 Jahr nach der Bestäubung – zur Befruchtung. Im Sommer wachsen die Zapfen zu ihrer vollen Größe heran und entlassen schließlich im nächsten Vorfrühling die Samen. Bei den anderen einheimischen Gattungen erfolgen Bestäubung und Befruchtung im gleichen Jahr.

Die ♀ Blütenstände sind zur Zeit der Bestäubung immer aufwärts gerichtet. Bei *Abies* und *Cedrus* behalten sie diese Lage auch später bei, und bei der Reife lösen sich die Schuppen einzeln von der Spindel (Abb. 3.2.175 A). Bei den anderen Gattungen aber krümmen sich die Zapfen später abwärts (Abb. 3.2.176 C), geben beim Austrocknen den Zugang zu den Samen frei und werden nach dem Ausstreuen der Samen als Ganzes abgeworfen. Die Samen besitzen einen sich von der Samenschuppe ablösenden häutigen Flügel als Flugorgan (Abb. 3.2.171 F, 3.2.175 E, 3.2.176 F).

Die Pinaceen treten schon seit dem Jura auf und sind fast ausschließlich auf der nördlichen Halbkugel verbreitet, wo sie im Nadelwaldgürtel Nordamerikas und Eurasiens die Wälder der Ebene beherrschen und zusammen mit Birken vielfach die polare Waldgrenze bilden. Weiter im Süden bleiben sie mehr auf die Gebirge beschränkt, übernehmen aber auch hier in bestimmten Höhenstufen, besonders an der Wald- und Baumgrenze, die Vorherrschaft (vgl. Abb. 4.2.26, 4.5.3). In Europa meiden sie in auffälliger Weise den wintermilden Westen und Südwesten (Abb. 3.2.177). Für Mitteleuropa sind folgende Gattungen und Arten hervorzuheben:

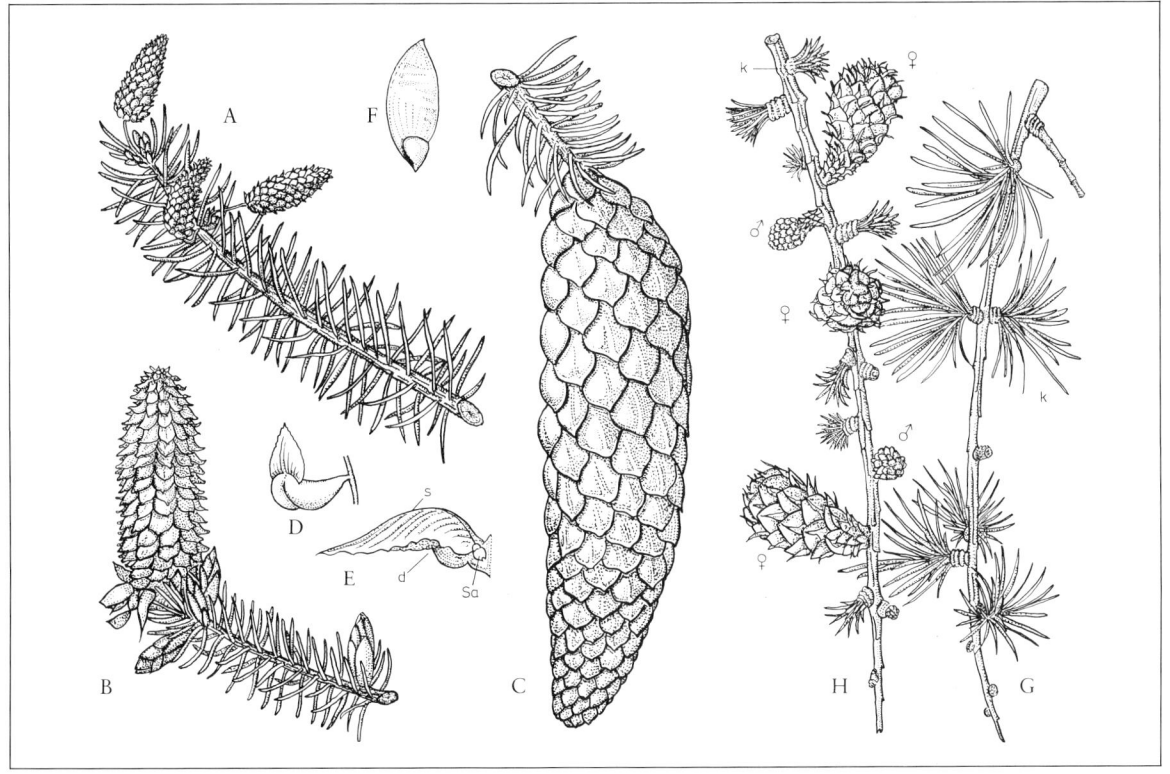

Abb. 3.2.176: Pinaceae. A–F *Picea abies*. **A–C** Sprosse mit ♂, ♀ Blüten und Zapfen (verkl.); **D** Staubblatt; **E** ♀ Blüte mit Deck- (d) und Samenschuppe (s) sowie Samenanlage (Sa) (vergr.); **F** geflügelter Same (nat. Gr.). G–H *Larix decidua*. **G** Langtrieb mit benadelten Kurztrieben (k) im Sommer; **H** Langtrieb mit ♂ Blüten, ♀ Blütenständen und austreibenden Kurztrieben (k) im Frühjahr (etwa nat. Gr.) (A–F nach Karsten; G–H nach Willkomm.)

Abies. Die Edel-Tanne (*A. alba*, Abb. 3.2.175), wegen ihrer hellen Rinde auch Weiß-Tanne genannt, erkennt man an den unterseits mit 2 Wachsstreifen versehenen, flachen, an der Spitze eingekerbten Nadeln. Sie ist ein hinsichtlich Boden und Klima eher anspruchsvoller mittel- und südeuropäischer Gebirgsbaum (Abb. 3.2.177), der meist in Mischbeständen mit Buche und Fichte auftritt. Wegen ihrer Empfindlichkeit haben sie Spätfröste (wie sie besonders bei Freistellung in Kahlschlägen auftreten), Wildverbiß und die Abgase der Industriegebiete vielfach zurückgedrängt.

Picea. Die an ihren spitzen, 4kantigen Nadeln leicht kenntliche Fichte (oder Rottanne: *P. abies = P. excelsa*, Abb. 3.2.176 A–F) reicht mit ihrem geschlossenen nordeuropäisch-sibirischen Verbreitungsgebiet in der Ebene bis zur Weichsel und Mittelschweden. Weiter südlich ist sie auf die Gebirge beschränkt (Abb. 3.2.177), wo sie vielfach die Waldgrenze bildet; auch im Norden reicht sie nahe an diese heran. Die Fichte ist von besonderer forstwirtschaftlicher Bedeutung und wird vielfach künstlich aufgeforstet.

Larix. Die Europäische Lärche (*L. decidua*, Abb. 3.2.176 G–H) ist ein lichtbedürftiger Baum, der vor allem in den kontinentalen Zentralalpen nahe der Waldgrenze häufig ist, außerhalb der Alpen aber nur noch kleine natürliche Verbreitungsinseln besitzt. In tieferen Lagen wird er vielfach aufgeforstet.

Pinus. Unter den Föhren oder Kiefern (= «Kien-Föhren») ist die Rot- oder Wald-Kiefer (*P. sylvestris*, Abb. 1.3.67G, 3.2.171) ein ziemlich viel Licht erfordernder, aber sonst sehr anspruchsloser Baum, der die trockenwarmen Sommer an der Steppengrenze ebenso verträgt wie die Winterfröste Sibiriens, von der Ebene bis an die alpine Waldgrenze steigt und trockene Sandböden, nasse Moore, Kalk- und Kieselböden zu besiedeln vermag (Abb. 3.2.177). Er ist daher dort am häufigsten, wo anspruchsvollere Holzarten versagen, z.B. auf Sandböden im nordöstlichen Mitteleuropa (Abb. 4.0.3, 4.0.4). Im Gebirge oberhalb der Waldgrenze und in tieferer Lage auf Hochmooren ist die Berg-Kiefer (*P. mugo*) in mehreren Unterarten verbreitet, teils in strauchig niederliegenden (Leg-Föhre, Latsche), teils in aufrechten Wuchsformen. Sie trägt ebenso wie die Rot-Kiefer nur je 2 Nadeln an jedem Kurztrieb, während wir bei der Zirbe, Arve oder Zirbel-Kiefer (*P. cembra*) je 5 finden. Auch die Zirbe gedeiht an der Waldgrenze der kontinentalen Gebirgsteile der Alpen und Karpaten, nächste Verwandte auch in Sibirien. 5 Nadeln am Kurztrieb zeichnen auch die nordamerikanische Weymouths-Kiefer (*P. strobus*) aus, die bei uns häufig angepflanzt wird; ebenso die Borsten-Kiefer (*P. longaeva* = *P. aristata* p.p.), deren Individuen in den White Mountains Californiens z.T. über 4600 Jhre alt sind. Weitere Arten besitzt vor allem das Mittelmeergebiet, wie die noch bis Niederösterreich vorstoßende, weiter nördlich an trockenen Hängen gerne aufgeforstete 2-nadelige Schwarz-Kiefer (*P. nigra*; vgl. Abb. 3.1.37), die Pinie (*P. pinea*) u.a. Die großen Samen der Pinie und der Zirbe (Zirbelnüsse) sind genießbar; ihre Ausbreitung erfolgt durch Tiere.

In Gärten werden zahlreiche fremdländische Pinaceen gepflanzt. Von ihnen besitzen aber bisher nur wenige auch forstliche Bedeutung, so neben der Weymouths-Kiefer vor allem die Douglasie (*Pseudotsuga menziesii* = *P. douglasii*; kann über 120 m hoch werden!) und die Sitka-Fichte (*Picea sitchensis*), beide aus dem westlichen Nordamerika, sowie die Japanische Lärche (*Larix leptolepis*).

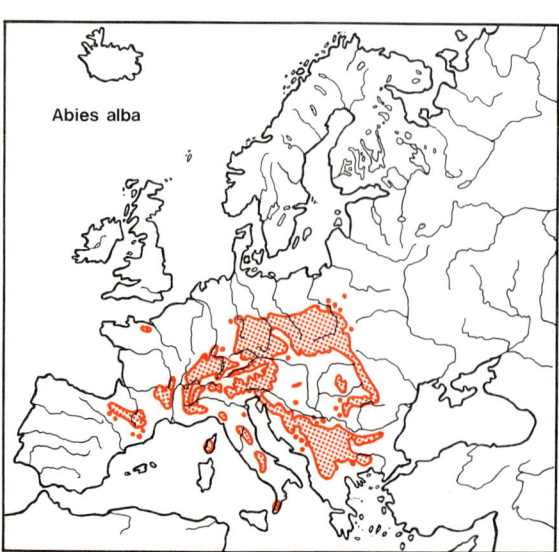

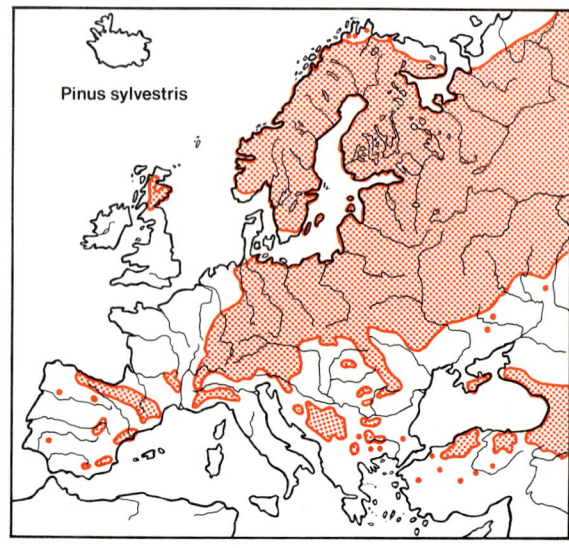

Abb. 3.2.177: Natürliche Verbreitungsgebiete (Raster und Punkte) verschiedener *Pinaceae* in Europa. (Nach Rubner u.a.) (Vgl. auch *Pinus nigra*, Abb. 3.1.37.)

Bei den folgenden Familien werden oft mehr als 2 und meist aufrechte Samenanlagen auf den sehr stark verwachsenen Samen- bzw. Deckschuppen ausgebildet. Luftsäcke an den Pollenkörnern fehlen. Die **Taxodiaceae** tragen vorwiegend schraubig gestellte Nadeln und holzige Zapfen.

Hierher gehören z.B. die immergrünen Mammutbäume Californiens: *Sequoiadendron giganteum* aus der Sierra Nevada erreicht Durchmesser von mehr als 8 m und ein Alter von über 3000 Jahren. *Sequoia sempervirens* aus den Küstenbergen wird über 100 m hoch und wächst rascher; sie wird als Nutzholz sehr geschätzt. Zusammen mit den heute auf Ostasien beschränkten Schirmtannen *(Sciadopitys)* und Wasserfichten *(Glyptostrobus)* waren beide Gattungen im Tertiär auf der nördlichen Halbkugel weit verbreitet; ihr Holz findet sich häufig in den Braunkohlen. Die um 1940 in China auch noch lebend gefundene und seitdem vielerorts kultivierte *Metasequoia*, mit im Herbst abfallenden nadelblättrigen Kurztrieben, war vordem nur fossil aus dem Mesozoikum und Tertiär bekannt; ihre Reste wurden selbst noch in Nordamerika und Spitzbergen nachgewiesen. Ähnlich sommergrün ist die Sumpfzypresse *(Taxodium distichum)*, welche an der Nordküste des Golfes von Mexiko ausgedehnte Sumpfwälder bildet. Sie ist besonders durch aus dem Wasser oder Schlamm hervorragende «Wurzelknie» (Organe zur Sauerstoffversorgung?) bekannt.

Nahe verwandt sind die über die ganze Erde verbreiteten **Cupressaceae**; ihre nadelförmigen, meist aber schuppenförmigen Blätter (vgl. Abb. 1.3.69 D) stehen gegenständig oder zu dreien in Wirteln. Die meisten Gattungen bilden holzige Zapfen, die einzige auch in Mitteleuropa vertretene Gattung *Juniperus* fleischige Beerenzapfen (Endozoochorie!).

Holzige Zapfen haben z.B. die mediterrane Zypresse *(Cupressus sempervirens)* und die Gattungen *Thuja* (Lebensbaum) und *Chamaecyparis*, deren teils nordamerikanische, teils ostasiatische Arten gerne angepflanzt werden.

Juniperus communis, der zweihäusige Wacholder (Abb. 3.2.178), trägt seine spitzen Nadeln zu dreien wirtelig und blattachselständige Blüten. Die ♂ bilden zunächst einige Schuppenblätter und dann mehrere Wirtel von Staubblättern, unterseits mit 3–7 (meist 4) Pollensäcken. Die ♀ Blütenstände haben ebenfalls zahlreiche Schuppenblätter, aber nur noch 3 aufrechte Samenanlagen. Bei der weiteren Entwicklung – zwischen Bestäubung und Befruchtung vergeht hier ähnlich wie bei der Kiefer 1 Jahr – werden die drei obersten Schuppenblätter fleischig, schließen die Samen ein und bilden so den kugeligen Beerenzapfen. – Der Gemeine Wacholder ist ein anspruchsloses Gehölz, das vor allem für beweidete Triften und Zwergstrauchheiden bezeichnend ist. Oberhalb der alpinen und außerhalb der polaren Waldgrenze wird er durch die niederliegende subsp. *alpina* (= subsp. *nana*) vertreten.

Bei den südhemisphärischen **Podocarpaceae** sind die ♀ Blütenstände sehr verarmt, es kommt nicht zur Bildung von Holzzapfen: Die Samenschuppen entwickeln bei der Reife eine einseitige, fleischige Samenhülle. Sie finden sich vor allem in den tropischen und subtropischen Gebirgswäldern der südlichen Erdhälfte (besonders Neuseeland, Australien, südamerikanische Anden, Südostasien und Südafrika) und bezeugen einen ehemals engeren Zusammenhang der Floren dieser Länder über die Antarktis hinweg. Die wichtigsten Gattungen sind *Podocarpus* und *Dacrydium*. Manche Arten haben sehr breite Nadelblätter, die Gattung *Phyllocladus* lappige Phyllocladien.

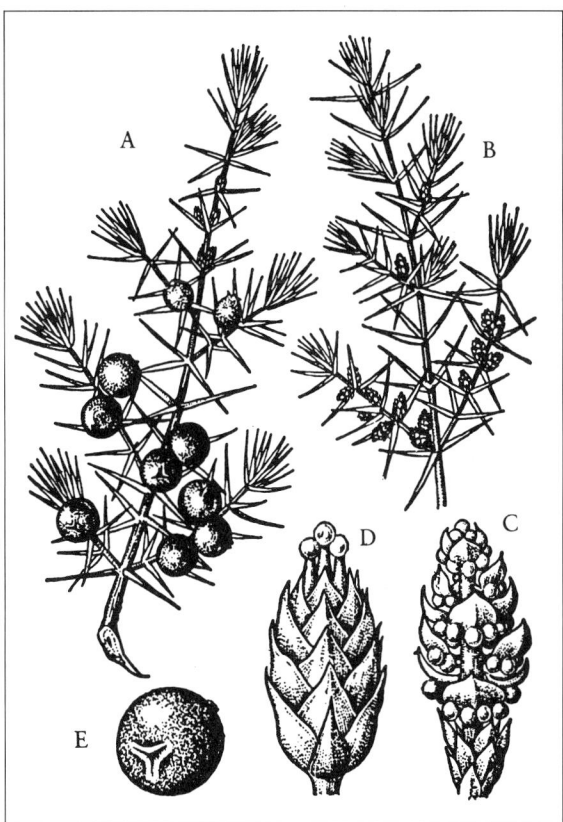

Abb. 3.2.178: *Juniperus communis*. Sproß einer ♀ Pflanze (**A**) mit ♀ Blüten (**D**: mit Bestäubungstropfen) sowie 1- bis 2jährigen Beerenzapfen (**E**). Sproß einer ♂ Pflanze (**B**) mit ♂ Blüten (**C**). (A–B etwa ⅔×; C–E vergr.) (A–B nach Firbas; C–E nach Berg & Schmidt.)

Die reliktären, heute mit nur einer Gattung auf den Himalaya und Ostasien beschränkten **Cephalotaxaceae** erinnern in manchen Merkmalen an die *Taxidae*, besitzen aber seitenständige ♀ Blüten in armblütigen Ständen.

3. Unterklasse: Taxidae

Die ♀ Blüten dieser Gruppe sind pseudoterminal, tragen am Grunde einige Schuppenblatt-Paare und eine einzige apicale, aufrechte Samenanlage. Diese Ausbildung kann aus dem Grundbauplan der *Coniferophytina* (Abb. 3.2.157 A) durch Ausfall der lateralen Samenanlagen abgeleitet werden.

Zu der einzigen Familie **Taxaceae** zählen fast nur auf der nördlichen Halbkugel heimische Bäume oder Sträucher mit meist schraubig gestellten Nadeln. Ihr einziger europäischer Vertreter ist die Eibe, *Taxus baccata* (Abb. 3.2.179), die man an den flachen, oberseits dunkler, unterseits hell grünen, spitzen, gescheitelt an Langtrieben stehenden Nadeln leicht erkennen kann. Die zweihäusig verteilten Blüten werden in den Achseln der Nadeln gebildet. Die ♂ tragen basal einige schuppenförmige Blättchen, darüber eine größere Zahl schildförmig-radiärer Staubblätter mit 6–8 herabhängenden Pollensäcken (ähnlich den Sporophyllen von *Equisetum*).

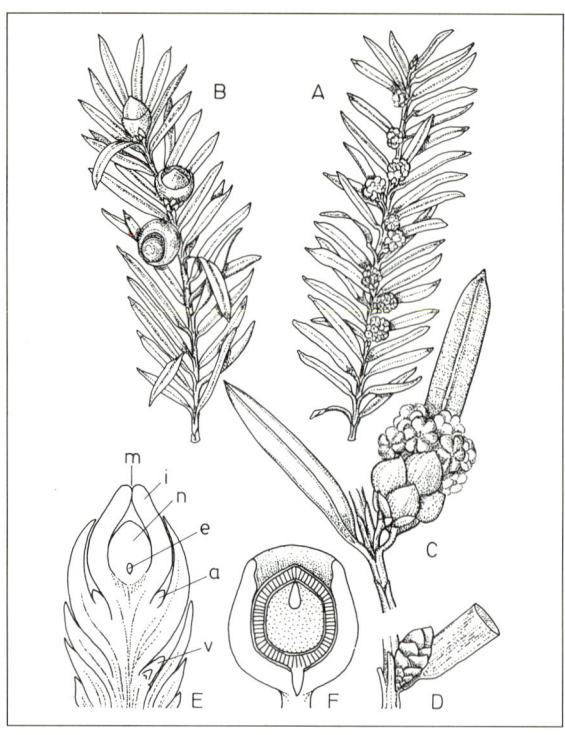

Die ♀ Blüten entstehen in der Achsel einer Nadel als Sprößchen zweiter Ordnung (Abb. 3.2.179 D, E) und tragen nur eine endständige atrope Samenanlage. Sie scheidet durch die Mikropyle einen Bestäubungstropfen aus, der die Pollenkörner auffängt. An ihrem Grund ist sie von einem meristematischen Ringwulst umgeben, der als Achsenwucherung gedeutet wird: Er wächst bei der Reife heran und bildet um den Samen einen roten und fleischigen, süß schmeckenden Becher («Arillus»), der der Samenausbreitung durch Vögel dient und als einziger Teil der ganzen Pflanze frei von dem giftigen Alkaloid Taxin ist.

Die Taxaceen sind schon aus der oberen Trias bekannt. Unsere Eibe ist im Laufe der Jahrhunderte trotz ihres Ausschlagvermögens selten geworden. Ihr langsamer Wuchs, die schon für vorgeschichtliche Zeiten nachgewiesene Wertschätzung ihres dichten, harten Holzes und ihre Frostempfindlichkeit dürften daran schuld sein.

Abb. 3.2.179: *Taxus baccata.* **A–B** Blühender ♂ und fruchtender ♀ Sproß (mit 1 unreifen und 2 reifen Samen; $^{3}/_{4}$×). **C–D** ♂ und ♀ Blütensproß, jeweils in der Achsel einer Nadel (2,5×). **E** ♀ Blütensproß im Längsschnitt mit Mikropyle (m), Integument (i), Nucellus (n), Embryosack (e), Arillusanlage (a) und Vegetationskegel des primären Achselsprosses (v) (9×). **F** Samen längs, mit Arillus, Samenschale, Endosperm und Embryo (2×). (A, B, D nach Firbas; C, F nach Wettstein; E nach Strasburger.)

2. Unterabteilung: Cycadophytina, Fiederblättrige Nacktsamer

Diese zweite Gruppe von Nacktsamern läßt sich vor allem durch ihre komplex gebauten vegetativen und fertilen Lateralorgane charakterisieren: Den Laubblättern (Trophophyllen) liegt ein fiedriger Bauplan zugrunde, die Staubblätter (Mikrosporophylle) umfassen mehrere Pollensackgruppen (bzw. Synangien), die Fruchtblätter (Megasporophylle) tragen zumindest ursprünglich mehrere Samenanlagen.

Die *Cycadophytina* sind ursprünglich nur sehr wenig, bei abgeleiteten Gruppen aber auch stärker verzweigt (pachycaul und leptocaul); der Sproßaufbau wandelt sich von dichotom zu monopodial bzw. sympodial. Ausgestorbene Pteridospermen dokumentieren die Entwicklung von gelappten Proto- zu Eustelen mit umfangreicherem Mark. Das Sekundärholz wird vielfach aus locker gelagerten Leiter- bzw. Holztüpfel-Tracheiden gebildet und ist meist von breiten Markstrahlen durchsetzt (= manoxyl, Abb. 3.2.181 A). Abgeleitet ist anomales Dickenwachstum mit mehreren Cambiumringen und das vereinzelte Auftreten von Hoftüpfel-Tracheen *(Gnetopsida).* Die komplex fiedrig verzweigten Laubblätter werden mehrfach zu ungeteilten, bandartigen oder sogar schuppigen Formen reduziert (Abb. 3.2.181 B–C, 3.2.187–188). Die ursprüngliche dichotome Verzweigung besonders der endständigen Fiedern tritt immer stärker zurück. Dementsprechend läßt auch die Leitbündelversorgung Progressionen von einer offenen Gabel- zu Fieder- und weiter zu Netzaderung erkennen. Die ursprünglich schraubige Blattstellung kann zu wirtelig oder gegenständig abgewandelt werden.

Aus ursprünglichen Sporo-Trophophyllen entstehen ♂ und ♀ Sporophylle und durch ihre Zusammenfassung an Kurzsprossen mit begrenztem Wachstum schließlich Blüten.

Sie sind ursprünglich eingeschlechtig, können aber auch zu Zwitterblüten umgeformt und mit einer Hülle (Perianth) umgeben werden. Durch Verkürzung der Blütenachse kann es zum Übergang von schraubiger zu wirteliger Stellung der Blütenorgane kommen. Sekundär vereinfachte (bzw. sekundär eingeschlechtige) Blüten können wieder zu ein- bzw. auch zweigeschlechtigen Inflorescenzen zusammentreten *(Gnetopsida).*

Die Staubblätter und Fruchtblätter sind ursprünglich als räumlich verzweigte und nicht flächige (aber Blättern entsprechende) Sporangienträger ausgebildet; sie tragen neben vegetativen Abschnitten zahlreiche Pollensackgruppen bzw. Samenanlagen (Abb. 3.2.180 A, 3.2.182–183). Im Staubblattbereich entstehen daraus allmählich flächige, fiedrig verzweigte, ungeteilte schuppenförmige oder stielförmige Gebilde (Abb. 3.2.185–188). Die Zahl der Pollensackgruppen je Staubblatt wird reduziert, vielfach kommt es zur Verwachsung und Synangienbildung. Die Samenanlagen sitzen ursprünglich an Blättern (Blattabschnitten) homologen Trägern (phyllospor); diese können sich zu typisch blattartigen Fruchtblattformen (Abb. 3.2.183 I, 3.2.184 B), teilweise aber auch zu schild- oder becherförmigen Gebilden (Abb. 3.2.183 E, G–H) entwickeln; schließlich können infolge Reduktion daraus auch einzelne, direkt an der Blütenachse ansitzende Samenanlagen werden (diese sind dann sekundär stachyspor: Abb. 3.2.186 B, E, 3.2.188 E). Im allgemeinen sind die Samenanlagen nicht in Gehäusen eingeschlossen (vgl. aber Abb. 3.2.183 K und S. 725) und radiär-symmetrisch gebaut. Ihr (inneres, erstes) Integument bildet sich aus der Fusion von Hülltelomen (Abb. 3.2.183 A–C); außerdem findet sich meist noch ein zweites äußeres Integument; es dürfte aus Cupula-artigen Strukturen entstanden sein (Abb. 3.2.183 C–D). Die Verhältnisse und Progressionen im Bereich

Gymnospermae, Nacktsamer. Lyginopteridopsida · 723

Gruppe nur noch durch wenige (etwa 200), kaum vegetationsbestimmende Reliktsippen («lebende Fossilien») vertreten.

I. Klasse: Lyginopteridopsida (= Pteridospermae), Samenfarne

Diese ausgestorbene, farnähnliche Basisgruppe der gymnospermischen *Cycadophytina* besitzt noch keine Blüten. Die Pollensackgruppen bzw. Samenanlagen finden sich an bestimmten Abschnitten von meist reichgegliederten Wedeln (Sporo-Trophophylle). Seltener treten sie in größerer Zahl zu eigentlichen Sporophyllen, also Staub- bzw. Fruchtblättern, zusammen, diese sind aber noch nicht in Kurzsprossen mit begrenztem Wachstum (Blüten) zusammengefaßt. Damit ist weitgehend der Grundbauplan der *Cycadophytina* (Abb. 3.2.157B) realisiert.

Die Pteridospermen haben sich schon vom Oberdevon an, besonders aber im Carbon und Rotliegenden überaus formenreich entfaltet und reichen mit ihren letzten Ausläufern noch bis in die Kreide, wo sie aussterben. Da sie meist nur bruchstückhaft erhalten sind, liegt die Systematik der Gruppe noch sehr im argen. Es war eine der bedeutendsten Leistungen der Paläobotanik, als 1904–1906 der Nachweis gelang, daß schon lange vorher unter verschiedenen Namen bekannte Stämmchen mit sekundärem Dickenwachstum sowie farnartige Wedel, Mikrosporangiengruppen (?) und besonders auch bestimmte Samen zu einer Pflanze *(Lyginopteris hoeninghausii)* gehören. Etwas besser wissen wir dagegen über die höchst wichtige historische Differenzierung der einzelnen Organgruppen der Pteridospermen Bescheid.

Die ursprüngliche Merkmalsausbildung der Samenfarne wird besonders bei der ältesten Leitfamilie der

1. Ordnung: **Lyginopteridales** (= *Cycadofilicales*), den unter- bis obercarbonischen **Lyginopteridaceae** klar.

An den dünnen, kaum verzweigten Stämmchen (etwa 1 cm ⌀) von *Tetrastichia* (Abb. 3.2.180A) finden wir noch eine gelappte Protostele ohne Mark, bei *Lyginopteris*-Stämmchen (etwa 4 cm ⌀, Abb. 3.2.181A) schon eine Eustele mit zentralem Mark; beide weisen aber bereits sekundäres Dickenwachstum mit locker gebautem (manoxylem) Sekundärholz auf. Die Entwicklung der Tracheiden geht von Schrauben- und Leiter- zu «araucarioiden» Hoftüpfel-Tracheiden. Die Laubblätter waren vielfach fiedrig bzw. teilweise auch noch dichotom zerteilt, nur wenig flächig und offen gabelnervig, also noch recht telomartig (Abb. 3.2.180A, 3.2.181B). Die Pollensackgruppen waren vielleicht vom Typ *Crossotheca* (Abb. 3.2.182A–B) und ± radiär, mit mehreren, untereinander noch wenig verwachsenen Pollensäcken; sie standen an räumlich verzweigten Trägern, die ihrerseits wieder ein Teil von Laubblättern waren. Auch die Samenanlagen von *Lyginopteris* (Abb. 3.2.183D), vom Typ *Lagenostoma*, wurden von verzweigten, im Querschnitt ± rundlichen Abschnitten der Laubblätter getragen. Sie besaßen ein inneres, mit dem Nucellus weitgehend verwachsenes Integument und außen herum eine lappige, mit Drüsen besetzte Hülle, die Cupula. Eine Pollenkammer läßt auf Spermatozoidenbefruchtung schließen. Die Embryoentwicklung war sehr verzögert und erfolgte offenbar erst, nachdem der Samen abgefallen war (die Cupula blieb dabei meist an der Mutterpflanze).

Im Stammbereich abgeleiteter Pteridospermen ist vor allem eine Progression zu Polystelen bemerkenswert. Dadurch ist die Familie der obercarbonischen bis permischen **Medullosaceae** besonders gekennzeichnet. Die geschlossene

Abb. 3.2.180: Altertümliche *Cycadophytina*: Pteridospermen. **A** Habitus von *Tetrastichia bupatides* (oder verwandte Sippe, Untercarbon) mit komplexen Laubblättern und daran Pollensackträgern und Samen. B–C *Archaeosperma arnoldii* (Oberdevon): **B** Rekonstruktion eines räumlich verzweigten Samenträgers mit 2 Paaren von Samen und vegetativen Abschnitten, **C** Megaspore mit vielzelligem Megaprothallium, an der Spitze noch Reste der 3 anderen Megasporen der Tetrade, Nucellus angedeutet, außen gelapptes Integument. (A ⅓×, Rekonstruktion nach Andrews; B 15×, C 50×, nach Pettit & Beck.)

der Pollenkörner, der ♂ und ♀ Gametophyten sowie der Befruchtung und Samenbildung entsprechen weitgehend denen der *Coniferophytina* (S. 712 ff.). Vereinzelt unterbleibt aber die Archegonienbildung in den ♀ Prothallien (vgl. S. 730). Mehrfach wird der Übergang von Wind- zu Tierbestäubung erreicht. Pollenkitt fehlt aber grundsätzlich.

Die *Cycadophytina* reichen offenbar bis ins Oberdevon zurück und stehen mit den damaligen Progymnospermen in verwandtschaftlicher Beziehung. Heute ist die

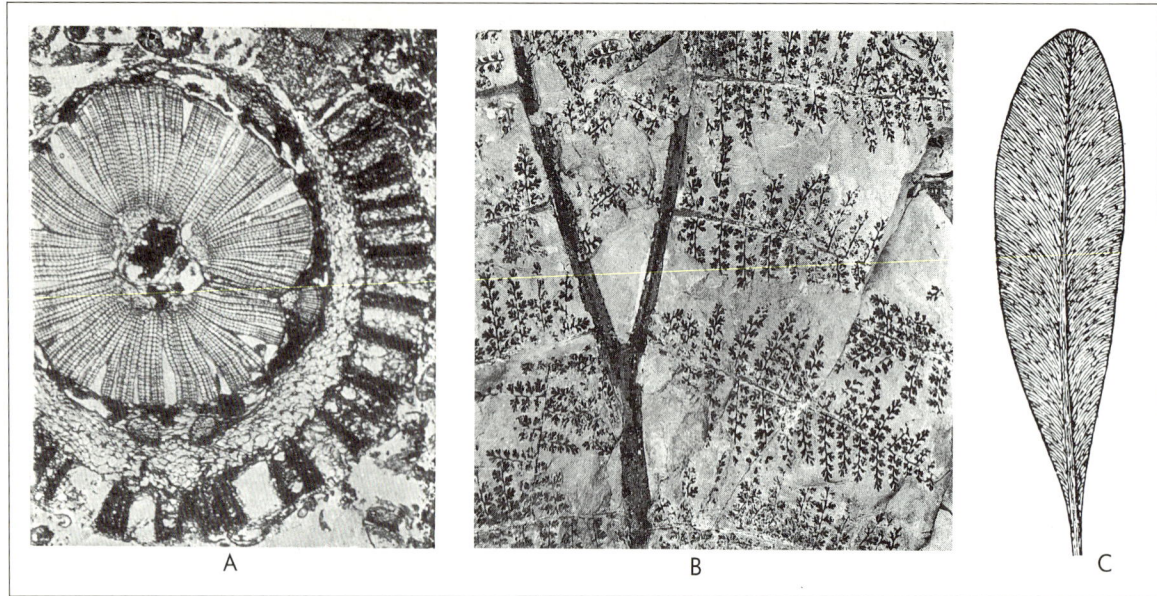

Abb. 3.2.181: Vegetative Organe der *Lyginopteridopsida.* A–B *Lyginopteris (Sphenopteris) larischii* (Obercarbon): **A** Stammquerschliff, von innen nach außen Mark, Ring von Sekundärholz (mit Tracheiden, Markstrahlen), Blattspurstränge (Blätter 1spurig), Innenrinde (mit Parenchym), Außenrinde (mit radialen, gitterartig verknüpften Sclerenchymplatten) (etwa 3×). **B** Teil eines Blattwedels mit gegabelter Hauptrippe (⅓×). **C** *Glossopteris* (Permo-Carbon), ungeteiltes Blatt mit Netzaderung (⅓×). (A nach Scott; B nach Potonié; C nach Gothan.)

Stele wird hier über «selbständig werdende» Blattspuren immer stärker in zahlreiche Stammbündel aufgelöst. Dabei wächst jedes Bündel für sich sekundär und allseitig in die Dicke. Der Stamm zerfällt offenbar nur deshalb nicht, weil auch das dazwischenliegende Parenchym noch mitwächst. Vielleicht handelt es sich teilweise um Lianen.

Im Blattbereich der späteren Pteridospermen ist ein fortschreitender Übergang zu stärker flächigen, weniger geteilten und schließlich auch ungeteilten Blättern und zu ± geschlossener Maschenaderung festzustellen. Ein charakteristisches Beispiel dafür sind die zungenförmigen Blätter der **Glossopteridaceae** (Abb. 3.2.181C). Sie sind Leitformen der sehr selbständigen permocarbonischen (bis untermesozoischen) Gondwana-Flora, welche die damals offenbar noch nicht voneinander getrennten Landmassen der Südhalbkugel (mit Einschluß von Indien) kennzeichnet.

Bei den Pollensackträgern der jüngeren Pteridospermen läßt sich vor allem fortschreitende synangiale Verschmelzung und auch zahlenmäßige Vermehrung der Pollensäcke feststellen. Bildungen wie *Whittleseya* (Abb. 3.2.182C–D), *Aulacotheca* (E) und *Potoniea* (G) finden sich vor allem bei den *Medullosaceae*. Erst später werden die räumlich verzweigten Pollensackträger flächig und blattartig (z.B. *Zeilleria*: Abb. 3.2.182F).

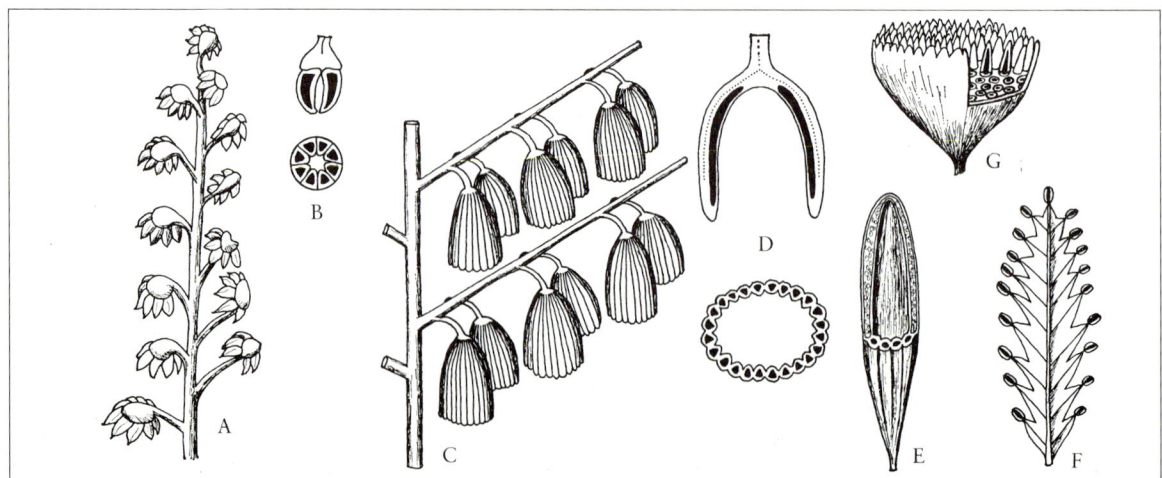

Abb. 3.2.182: Pollensackträger der *Lyginopteridopsida* **A–B** *Crossotheca* (Mittelcarbon bis Rotliegendes), Gesamtansicht (etwa 1½×), Längs- und Querschnitt durch eine Pollensackgruppe (etwa 3×). **C–D** Dasselbe für *Whittleseya* (Mittelcarbon; etwa ⅓× bzw. ⅔×). **E, G** Pollensackgruppen von *Aulacotheca* und *Potoniea* (beide Mittelcarbon; etwa 1½× bzw. 3×). **F** Blattartige Ausbildung mit zahlreichen Pollensackgruppen bei *Zeilleria* (Obercarbon; 1½×). (Nach Hirmer, Remy u.a.)

Besonders bemerkenswert sind die Progressionen im Bereich der Samenanlagen und Fruchtblätter. Die Entwicklung der Samenanlage aus einem Megasporangium zeigt etwa die oberdevonische Form *Archaeosperma*: Nur eine einzige Megaspore ist fertil; sie ist noch deutlich trilet und trägt die Rudimente der 3 anderen Megasporen (Abb. 3.2.180 C). Ein Vergleich untercarbonischer Formen (*Genomosperma kidstonii – G. latens – Eurystoma angulare*; Abb. 3.2.183 A–C) demonstriert höchst eindrucksvoll die fortschreitende Fusion von Hülltelomen (bzw. steril gewordenen Megasporangien) um einen mittelständigen Nucellus (fertiles Megasporangium), also die Bildung eines (ersten) Integuments. Bei obercarbonischen Pteridospermen (z.B. *Lyginopteris, Gnetopsis*: Abb. 3.2.183 D, H oder *Medullosaceae*) verwächst dieses Integument oft weitgehend mit dem Nucellus. Eine ähnliche Umhüllung mit telomartigen Blattabschnitten kann sich nun bei einzelnen oder auch in Gruppen stehenden Samenanlagen wiederholen. Abb. 3.2.180 B und 3.2.183 demonstrieren dies für die oberdevonische Gattung *Archaeosperma*, für die untercarbonischen *Eurystoma* (C) bzw. *Calathospermum* (G) und die mittel- bis obercarbonischen *Lyginopteris* (D) bzw. *Gnetopsis* (H). Auf diese Weise entstehen bei den *Lyginopteridaceae* Cupulen um einen oder um mehrere Samen. Dadurch, daß die Samen bei der Reife nicht mehr aus den Cupulen herausfallen, daß je Cupula nur noch ein Same ausgebildet wird und daß nun auch die Cupula selbst stärker mit dem Samen und seinem (ersten inneren) Integument verschmilzt, ist es bei den jüngeren Pteridospermen und ihren Nachkommen schließlich zur Bildung eines zweiten, äußeren Integuments gekommen. Als Auffangvorrichtungen für den Pollen können die Integumente auch verlängert und die Pollenkammern kompliziert ausgestaltet werden (Abb. 3.2.183 D).

Alle älteren Pteridospermen haben im Querschnitt ± radiäre, räumlich und vielfach auch noch ± dichotom verzweigte Samenanlagen-Träger. Sie können teilweise zu stärker blattähnlichen Fruchtblättern umgebildet werden (z.B. bei *Pecopteris pluckenetii* aus dem Obercarbon bis Rotliegenden: Abb. 3.2.183 I), aber auch andere, sehr eigenartige Weiterbildungen erfahren: so etwa bei den oberpermischen bis triassischen **Peltaspermaceae** mit schildförmiger Gestalt (Abb. 3.2.183 E) oder bei der

2. Ordnung: **Caytoniales**, wo bei den **Caytoniaceae** fiederartige Blattabschnitte mehrere Samenanlagen weitgehend einhüllen (Abb. 3.2.183 K). Allerdings konnten die mit Luftsäcken versehenen Pollenkörner hier wahrscheinlich doch mit Hilfe eines Bestäubungstropfens durch eine kleine Öffnung bis zu den Mikrophylen eingesaugt werden. Echte Angiospermie lag also bei dieser eigenartigen Endgruppe der Pteridospermen (Obertrias bis Unterkreide) noch nicht vor. Die Blätter

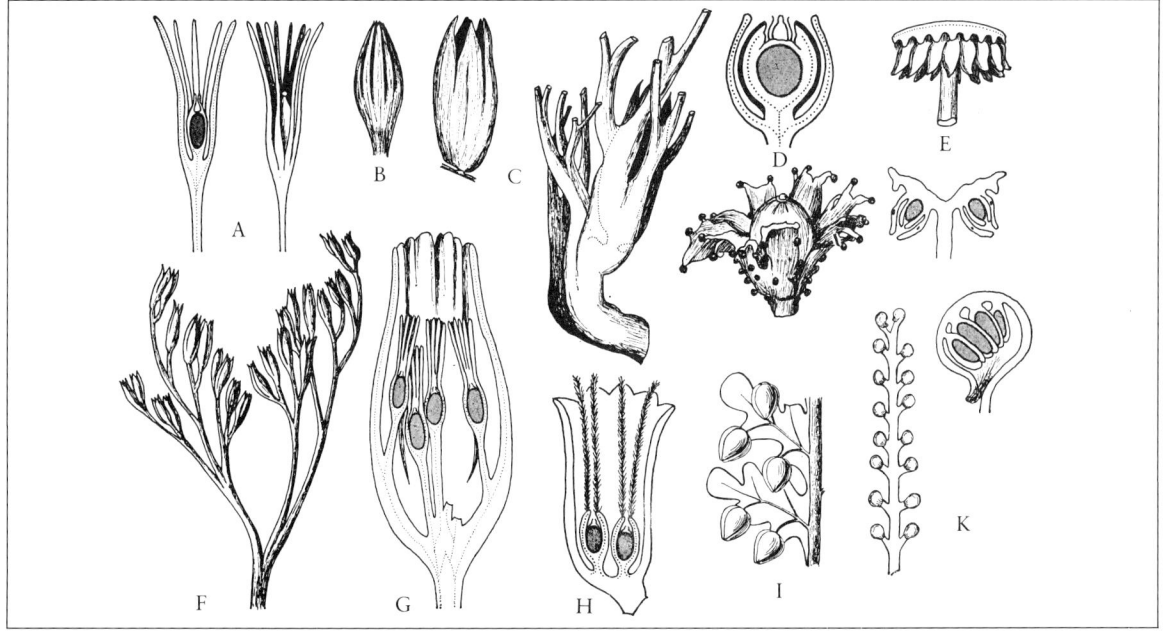

Abb. 3.2.183: Samenanlagenträger der *Lyginopteridopsida*. Verwachsung von Hülltelomen zum (ersten) Integument bei Samenanlagen von **A** *Genomosperma kidstonii* (1,5×), **B** *G. latens* (2×), **C** (links) *Eurystoma angulare* (2,5×) (alle Untercarbon). Ausbildung von Hülltelomen zur Cupula (= zweites Integument) bei **C** (rechts) *Eurystoma angulare* (Untercarbon; 2,5×) und **D** *Lyginopteris (Lagenostoma) hoeninghausii* (Mittelcarbon; Rekonstruktion und Längsschnitt; etwa 2×). **E** Schildförmiger Samenanlagenträger von *Peltaspermum rotula* (Trias; Rekonstruktion und Längsschnitt; nat. Gr.). **F** Dichotome Träger von mehrsamigen Cupulen bei *Stamnostoma huttonense* (Untercarbon; etwa ½×). Cupulen mit mehreren Samenanlagen bei **G** *Galathospermum scoticum* (Untercarbon; vereinfacht gezeichneter Längsschnitt; etwa ¾×) und **H** *Gnetopsis elliptica* (Obercarbon; mit griffelartig verlängerten Integumenten; Längsschnitt; etwa 5×). **I** Ausschnitt eines blattartigen Samenanlagenträgers (Fruchtblatt) von *Pecopteris pluckenetii* (Obercarbon bis Rotliegendes; etwas vergr.). **K** In fiederartigen Blattabschnitten eingeschlossene Samenanlagen von *Caytonia*-Arten (Lias; Gesamtansicht, etwa ½× und Fiederlängsschnitt, etwa 3×. (A–B nach Andrews; C, F nach Long; D nach Oliver & Scott; E nach Harris, verändert; G nach Walton; H nach Renault & Zeiller; I nach Arnold; K nach Thomas.)

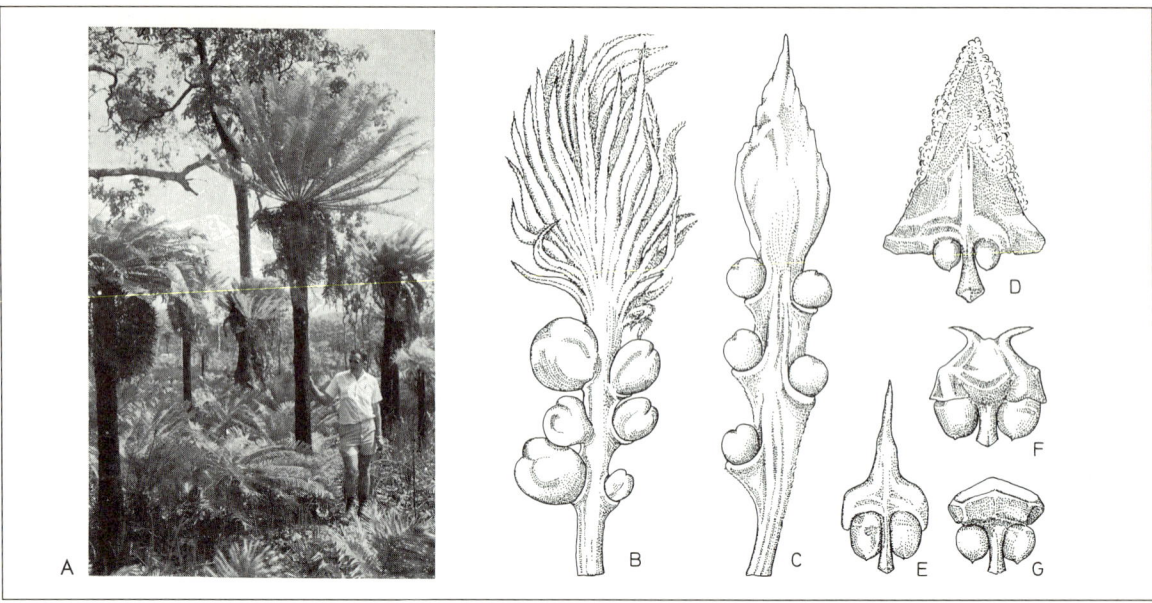

Abb. 3.2.184: Cycadales. **A** *Cycas rumphii* in Neuguinea, Habitus. B–G Fruchtblätter (Megasporophylle) von *Cycas revoluta* (**B**), *C. circinalis* (**C**), *Dioon edule* (**D**), *Macrozamia* spec. (**E**), *Ceratozamia mexicana* (**F**) und *Zamia skinneri* (**G**). (A Foto Ehrendorfer; B, D–G nach Firbas u.a.; C nach Schuster).

der *Caytoniaceae* waren handförmig-vierteilig *(«Sagenopteris»)*, die komplex verzweigten Staubblätter trugen viele Synangien mit 4 Pollensäcken.

II. Klasse: Cycadopsida

Die seit dem Perm (Obercarbon?) bekannten und als «lebende Fossilien» bis in die Gegenwart reichenden Cycadeen unterscheiden sich von den Samenfarnen vor allem dadurch, daß die Pollensackgruppen und Samenanlagen an typischen Mikro- und Megasporophyllen stehen. Diese Staub- und Fruchtblätter bilden in großer Zahl an Sprossen mit begrenztem Wachstum einfache Blüten. Nur bei *Cycas* werden die weiblichen «Blüten» immer wieder «durchwachsen», wobei Gruppen von Sporophyllen und Trophophyllen aufeinanderfolgen.

Außer der ausgestorbenen mesozoischen Ordnung **Nilssoniales** (mit sehr lockeren ♀ Blütenzapfen) umfaßt die Klasse vor allem die eigentlichen **Cycadales**. Nach artenreicher Entfaltung im Mesophytikum sind davon heute nur 10 artenarme Gattungen mit stark zerrissenen Verbreitungsgebieten in den (Sub)Tropen erhalten geblieben: die **Cycadaceae** mit *Cycas* von Madagaskar bis Polynesien und Ostasien, die **Stangeriaceae** mit *Stangeria* in Afrika und die **Zamiaceae** mit *Lepidozamia, Macrozamia* und *Bowenia* in Australien, mit *Encephalartos* in Afrika sowie mit *Dioon, Microcycas, Ceratozamia* und *Zamia* in Amerika.

In ihrer Gestalt erinnern die Cycadeen an Palmen (Abb. 3.2.184 A): Ein kräftiger, meist unverzweigter, oft nur kurzer und eventuell im Boden eingesenkter Stamm (pachycaul!) trägt oben einen Schopf großer, schraubig gestellter, doppelt oder meist einfach gefiederter, farnwedelartiger Laubblätter.

Die Laubblätter weisen ein lang anhaltendes Spitzenwachstum auf und sind daher mit ihren Fiedern anfangs farnartig eingerollt. Die Fiederaderung ist häufig noch dichotom und offen. Auffällig ist die Ausbildung eines Transfusionsgewebes. Abwechselnd mit den Laubblättern werden vom Vegetationspunkt auch Niederblätter gebildet; sie berinden zusammen mit den basalen Teilen der abgestorbenen Laubblätter den Stamm. Die Spaltöffnungen sind haplocheil (d.h. Schließzellen und Nebenzellen aus verschiedenen Initialen). Während etwa *Dioon* nur einen einfachen Holzzylinder bildet, findet man bei anderen Gattungen nach außen zusätzliche Cambiumringe mit Xylem- und Phloembildungen, was etwas an die *Medullosaceae* (S. 723 f.) erinnert. Dabei werden besonders Leiter- und Hoftüpfel-Tracheiden gebildet. In allen Teilen der Pflanzen finden sich Schleimgänge.

Die **Blüten** sind diöcisch verteilt. Ein Perianth fehlt allgemein. Die ursprünglichsten weiblichen «Blüten» besitzt *Cycas*. Hier bildet nämlich der Vegetationspunkt des Stammes zeitweise an Stelle der Laubblätter eine größere Zahl von dicht gelbbraun behaarten Fruchtblättern, die ihre Homologie mit den Laubblättern noch ohne weiteres an den ± stark gefiederten Endabschnitten erkennen lassen (Abb. 3.2.184B). Sie ergrünen aber nicht und tragen im unteren Teil randständig einige Samenanlagen. Da der Vegetationspunkt bei der «Blütenbildung» nicht aufgebraucht wird, bilden sich nach einiger Zeit wieder Laub- und Niederblätter. Die primitive ♀ «Blüte» von *Cycas* besitzt also noch kein begrenztes Wachstum. Bei den endständigen ♀ Blüten der übrigen und bei den ♂ Blüten aller Gattungen stellt der Vegetationspunkt aber wie bei allen anderen Samenpflanzen nach der Bildung einer größeren Zahl von Frucht- bzw. Staubblättern seine Tätigkeit ein (Abb. 3.2.185 A–B); danach wird der Blütenzapfen durch einen weiterwachsenden Vegetationspunkt zur Seite gedrängt. Bei *Macrozamia* kommen aber auch echt axilläre Blüten vor.

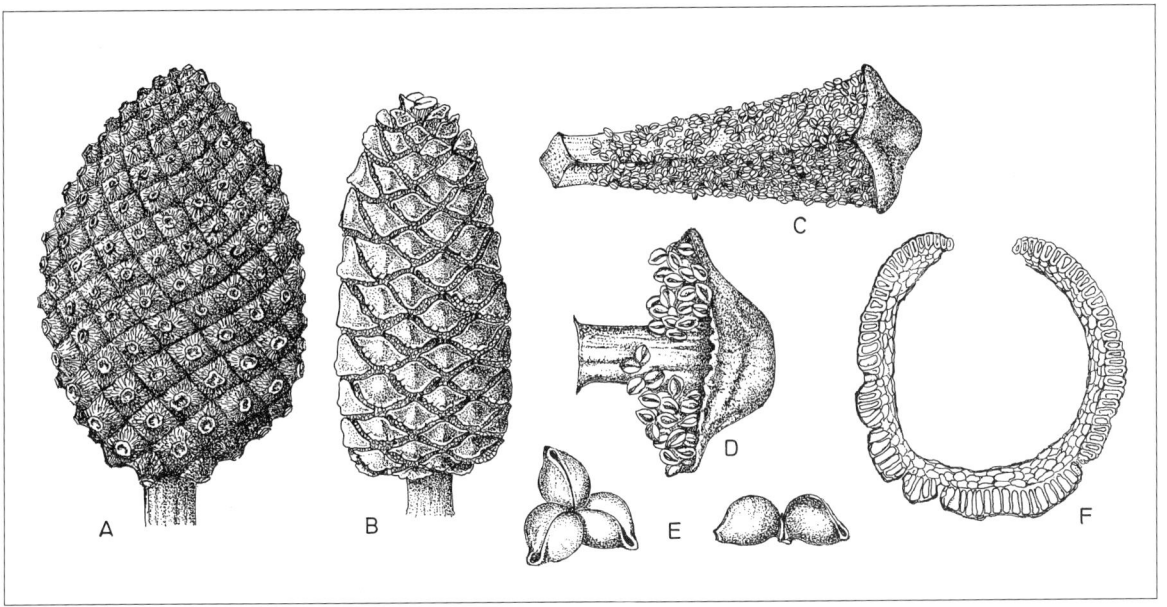

Abb. 3.2.185: Cycadales. **A–B** ♀ und ♂ Blüte von *Encephalartos altensteinii* (verkl.). Staubblätter von *Cycas circinalis* (**C**, etwa 2×) und *Zamia integrifolia* (**D**, etwa 5×) mit Pollensackgruppen (**E**, etwa 15×). **F** Querschnitt durch die Wand eines aufgesprungenen Pollensakkes von *Stangeria paradoxa* mit Exothecium (etwa 80×). (A nach Gruschwickovo u. Tschantschawadze; B nach Troll; C–E nach Karsten; F nach Goebel.)

Schon beim Vergleich der Fruchtblätter (Abb. 3.2.184 B–G) verschiedener *Cycas*-Arten (B, C) kann man eine Rückbildung des sterilen Endabschnittes und eine Verringerung der Zahl der Samenanlagen feststellen. Bei den übrigen Gattungen wird dies noch offensichtlicher (D–F), und schließlich finden wir einfache, schildförmige Fruchtblätter mit nur noch 2 Samenanlagen (G). Sie stehen schraubig an einer langen Blütenachse und bilden so, mit ihren verbreiterten Enden dicht aneinanderschließend, feste Zapfenblüten. Zur Zeit der Bestäubung rücken jedoch die Schuppen durch Streckung der Achse etwas auseinander, so daß der vom Winde herangewehte, seltener (so z.B. bei *Encephalartos*; vgl. S. 706) durch Käfer übertragene Pollen die Samenanlagen erreichen kann.

Ähnlich sind bei allen Arten auch die ♂ Blüten gebaut (Abb. 3.2.185). Die Staubblätter sind an langer Achse schraubig aufgereiht, besitzen einen sterilen Endabschnitt und tragen auf der Unterseite eine große Zahl von Pollensackgruppen. Ihre Wand öffnet sich durch ein Exothecium.

Die Hülle der Samenanlagen wird von 2 Leitbündelsystemen versorgt und ist wahrscheinlich aus der Verschmelzung von 2 Integumenten hervorgegangen (Abb. 3.2.164 A). In den Nucellus ist unterhalb der Mikropyle eine Pollenkammer eingetieft. Sie erweitert sich nach einiger Zeit bis zu einer Öffnung in der Megasporenwand. Das Megaprothallium ist mächtig entwickelt und enthält in einer der Mikropyle zugekehrten Archegonienkammer eine wechselnde Zahl von Archegonien (Abb. 3.2.164 B). Diese besitzen eine auffällig große Eizelle (bis 6 mm!), einen bald vergehenden Bauchkanalkern und im übrigen meist nur 2 Halswandzellen.

Zur Zeit der Bestäubung scheidet die Samenanlage durch die Mikropyle einen Bestäubungstropfen aus, der die Pollenkörner auffängt. In ihnen hat sich außer einer Prothalliumzelle auch schon die generative Zelle gebildet (Abb. 3.2.163 B, C). Die Pollenkörner werden wahrscheinlich durch Eintrocknen des Bestäubungstropfens in die Pollenkammer der Samenanlage eingesogen, die sich hierauf nach außen schließt, nach innen aber durch Auflösung von Nucellusgewebe mit der Archegonienkammer vereinigt. Nunmehr wird die Exine gesprengt, und die Pollenschlauchzelle wächst zu einem in das Gewebe des Nucellus eindringenden Pollenschlauch aus (Abb. 3.2.163 E–H, 3.2.164 B). Er dient hier aber offenbar, ebenso wie bei *Ginkgo*, nur der Befestigung und Ernährung des ♂ Gametophyten in der Pollenkammer und noch nicht, wie bei allen übrigen Samenpflanzen, der Übertragung der Geschlechtszellen. Denn gleichzeitig mit der Bildung des Pollenschlauches teilt sich die generative Zelle in die Stielzelle und die spermatogene Zelle, die letztere weiter in die beiden Spermazellen, und in diesen entstehen einzelne, frei bewegliche Spermatozoiden; sie werden schließlich durch Aufplatzen der Intine ausgestoßen (Abb. 3.2.163 E–H, 3.2.164 B). Bei *Microcycas* entsteht sogar noch eine größere Zahl von Spermatozoiden (Abb. 3.2.163 F). Diese Spermatozoiden sind auffällig groß – mit Durchmessern bis 0,3 mm die größten des Tier- und Pflanzenreichs – und mit einem schraubig gewundenen Geißelband versehen (Abb. 3.2.163 J). Sie können in dem durch die Vereinigung der Pollenkammer mit der Archegonienkammer entstandenen Hohlraum in einer wahrscheinlich aus dem Pollenschlauch austretenden Flüssigkeit zu den Archegonien schwimmen; eines dringt in die Eizelle ein, streift dabei seine

Plasmahülle mit dem Geißelband ab, und sein Kern vereinigt sich mit dem Eikern (Zoidiogamie: Abb. 3.2.164B). Zwischen Bestäubung und Befruchtung vergehen einige Monate.

Die Zygote entwickelt sich unter starkem, mit freien Kernteilungen verbundenem Wachstum zu einem «Proembryo» (Abb. 3.2.165). Nur dessen unterstes Ende wird vielzellig, und wiederum nur die unteren von diesen Zellen liefern den Embryo selbst. Die oberen werden zum Embryoträger oder Suspensor, strecken sich stark in die Länge und schieben so den Embryo in das Prothallium hinein, das jetzt als Nährgewebe, als primäres (haploides) Endosperm, dient. Sind mehrere Archegonien befruchtet worden, so können auch mehrere Embryonen entstehen; doch gehen nach einiger Zeit alle bis auf einen zugrunde. Gleichzeitig wandelt sich das Integument zur Samenschale um und wird außen fleischig (Sarcotesta), innen durch Sclerenchym steinig (Sclerotesta): Aus der Samenanlage wird der **Same**. Sein Keimling besitzt meist 2 Keimblätter, die bei der Keimung im Samen verbleiben und der Nährstoffaufnahme aus dem Endosperm dienen. – Die wirtschaftliche Bedeutung der Cycadeen ist gering; aus dem stärkereichen Mark einiger Arten wird Sago gewonnen, die Blätter dienen in den Mittelmeerländern am Palmsonntag als «Palmwedel» und finden in der Kranzbinderei Verwendung.

III. Klasse: Bennettitopsida

Diese im Mesophytikum reich entfaltete, seither aber ausgestorbene Klasse weicht von Samenfarnen und Cycadeen vor allem durch die extrem vereinfachten Fruchtblätter ab: Sie bestehen nur aus einer einzigen, gestielten und direkt an der Blütenachse sitzenden Samenanlage.

Bedeutungsvoll ist vor allem die Unterklasse (bzw. Ordnung) der **Bennettitidae (Bennettitales)**, weil bei ihnen erstmals auch echte Zwitterblüten mit Perianth entstanden sind; sie wurden offenbar von Insekten bestäubt. Die Bennettiteen haben von der oberen Trias bis zur unteren Kreide in den Landfloren eine große Rolle gespielt, sind dann aber wohl im Konkurrenzkampf mit den Angiospermen ausgestorben (wegen der möglichen Verwandtschaft mit den *Gnetopsida* vgl. S. 730).

Wichtige Gattungen waren etwa *Williamsonia*, *Wielandiella*, *Williamsoniella* und *Cycadeoidea* (Abb. 3.2.186). Die Bennettiteen erinnern teilweise im Wuchs an pachycaule Cycadeen (z.B. *Williamsonia*), waren aber teilweise auch leptocaul und sympodial verzweigt (etwa *Wielandiella*, Abb. 3.2.186A). Der Holzbau ist mit einfachen Eustelen und überwiegenden Leitertracheiden ursprünglicher als bei den heutigen Cycadeen. Die Blätter sind ähnlich, fiedrig zusammengesetzt bis ungeteilt, tragen aber syndetocheile Spaltöffnungen (d.h. Spaltöffnungs- und Nebenzellen aus einer Initiale). Während die ursprünglichere *Williamsonia* noch eingeschlechtige Blüten trug (ähnlich Abb. 3.2.186E), finden sich bei den anderen Gattungen vielfach Zwitterblüten. Die Blüten stehen end- oder seitenständig. Meist ist ein Perianth aus sterilen Hüllblättern ausgebildet. Die Staubblätter sind teils fiedrig verzweigt, teils kappenförmig verwachsen oder perigonblattartig vereinfacht (*Williamsoniella*, Abb. 3.2.186C), die Pollensäcke bilden daran randständige bzw. oberseits eingesenkte Synan-

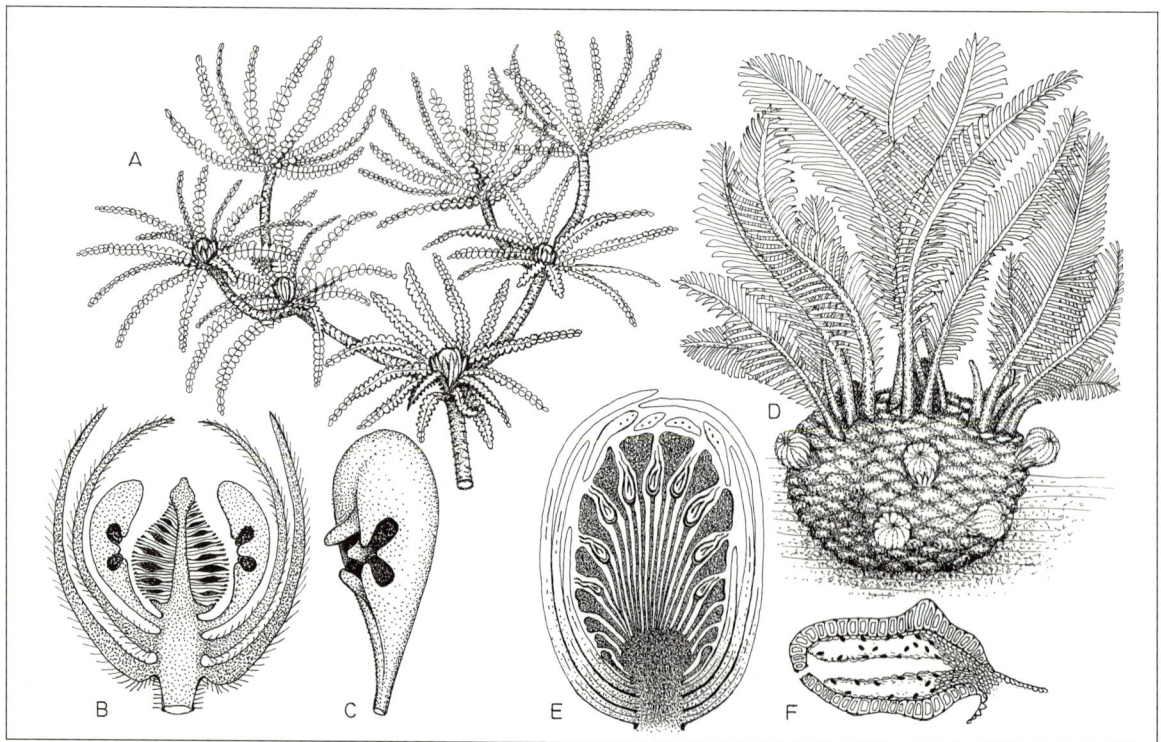

Abb. 3.2.186: *Bennettitidae.* **A** *Wielandiella angustifolia* (Obertrias), Rekonstruktion mit Ästen, Blättern und Blüten bzw. Früchen ($^1/_5 \times$). **B** Blüte von *Williamsoniella coronata* (Mitteljura) mit Hüll- und Staubblättern sowie Gynoeceum (etwa nat. Gr.), **C** petaloides Staubblatt (2×). **D** knolliger Stamm, Blattwedel und Blütenknospen von *Cycadoidea* spec. (Rekonstruktion, stark verkl.). **E** Längsschliff durch die aus einer ♀ Blüte hervorgegangene Frucht von *Bennettites gibsonianus* (Unterkreide) mit Perianthblättern, Interseminalschuppen und gestielten Samen (etwa $^1/_3 \times$). **F** Längsschnitt durch eine Pollensackgruppe mit Exothecium von *Cycadeoidea dacotensis* (etwa 16×). (A nach Nathorst; B, C nach Harris; D Orig.; E nach Solms; F nach Wieland.)

gien mit Exothecium (Abb. 3.2.186 F). Im obersten, weiblichen Teil der Blüte (dem Gynoeceum) sitzen an der ± konisch verlängerten Achse dicht gedrängt und schraubig angeordnete Interseminalschuppen und dazwischen die auf eine gestielte Samenanlage reduzierten Fruchtblätter. Die Bennettiteen sind also offenbar sekundär stachyspor geworden; die ursprüngliche Entsprechung zwischen ♂ und ♀ Blütenorganen ist weitgehend verwischt worden. Das (ursprünglich wohl doppelte) Integument der Samenanlagen ragt zur Blütezeit über die fest zusammenschließenden Interseminalschuppen heraus, um den Pollen aufzunehmen. Vieles spricht für Proterandrie, Tierbestäubung (Käfer?) und Spermatozoidbefruchtung. Zur Fruchtzeit wurden die Interseminalschuppen ± fleischig und bildeten offenbar mit den Samen (einschließlich Embryo mit 2 Keimblättern) Früchte.

Eine kleinere Nebengruppe der Bennettiteen ist die Unterklasse (bzw. Ordnung) der jurassischen **Pentoxylidae** (**Pentoxylales**). Der Stamm ist polystelisch, die Blätter sind zungenförmig, zwischen den zu dichten ♀ Blüten vereinigten stachysporen Samenanlagen fehlen Interseminalschuppen.

IV. Klasse: Gnetopsida (= Chlamydospermae)

Durch teilweise zwittrig angelegte Blüten, eine Blütenhülle und direkt an der Achse sitzende Samenanlagen erinnern die *Gnetopsida* an die *Bennettitopsida*. Die Blüten sind aber extrem reduziert und enthalten nur noch wenige bis ein Staubblatt und eine Samenanlage. Hierher gehören nur die eigenartigen Gattungen *Welwitschia*, *Gnetum* und *Ephedra* als Vertreter monotypischer Unterklassen (bzw. Familien): *Welwitschiidae (Welwitschiaceae)*, *Gnetidae (Gnetaceae)* und *Ephedridae (Ephedraceae)*.

Bei sehr unterschiedlichem Habitus finden sich im Sekundärholz neben Tracheiden auch Holzfasern und Tracheen (allerdings mit Hoftüpfeln!), im Bast Siebzellen. Die Blätter sind gegenständig (oder wirtelig), bei *Gnetum* noch netzaderig, sonst streifenaderig *(Welwitschia)* oder schuppenförmig reduziert *(Ephedra)*. Die Blüten haben ein deutliches Perianth, sind funktionell eingeschlechtig und 2-, seltener 1häusig verteilt; gelegentlich kommen auch gemischtgeschlechtige Blütenstände vor. Die Staubblätter tragen meist mehrere Pollensackgruppen (Synangien), die Samenanlagen sind von 2 oder (infolge Fusion) von 1 Integument umhüllt. Der Gametophyt ist stärker rückgebildet als bei den übrigen Gymnospermen. Die *Gnetopsida* repräsentieren demnach eine besonders weit fortgeschrittene, teilweise schon angiospermenähnliche Entwicklungsstufe der *Cycadophytina*.

Die Gattung **Welwitschia** kennen wir nur in der einzigen, berühmten und überaus bizarren Art *W. mirabilis* (Abb. 3.2.187) aus den küstennahen Nebelwüsten Südwestafrikas und Angolas. Die mächtige Pflanze besteht aus einem kurzen, knolligen Stamm, der aus dem Hypocotyl der Keimpflanze hervorgeht und eine Pfahlwurzel in die tieferen, feuchteren Bodenschichten sendet. Der Hauptsproß bildet 2 hinfällige Keimblätter, zwei winzige Schuppenblätter und zwei meterlange, breit bandförmige, zeitlebens am Grunde nachwachsende, vorne absterbende Blätter mit parallelen, aber durch Anastomosen verbundenen Adern. Die Blüten sitzen in zapfenartigen Blütenständen in der Achsel von Deckschuppen. Die ♂ (Abb. 3.2.187 B) bestehen aus einer von 2 Vorblättern und einem zweiblättrigen Perianth gebildeten Hülle, 6 unterwärts verbundenen Staubblättern (mit je 3 miteinander verwachsenen Pollensäcken) und 1 rudimentären Samenanlage; sie werden also angedeutet zwittrig angelegt. Die ♀ lassen außer einer zweiblättrigen, verwachsenen Hülle nur 1 an der Achse endständige Samenanlage mit zwei Integumenten erkennen. Die Bestäubung erfolgt offenbar durch den Wind. *Welwitschia* zeigt als einzige Gymnosperme die Fähigkeit zur CO_2-Dunkelfixierung (CAM-Stoffwechsel, vgl. S. 281).

Die **Gnetum**-Arten sind meistens Lianen, seltener Bäume oder Sträucher der tropischen Regenwälder mit elliptischen, netzaderigen Blättern (die Seitenadern werden allerdings dichotom angelegt; Abb. 3.2.188 A). Ihre Blüten sind eingeschlechtig, zwei- oder einhäusig (vgl. Abb. 3.2.188 B–D) verteilt und sitzen in der Achsel ringförmig verwachsener Schuppenpaare zu ährenartigen Blütenständen vereinigt. Die ♂ Blüten bestehen aus 1 Staubblatt und Perianth, die ♀ aus 1 Samenanlage mit 2 Integumenten (das innere röhrenförmig verlängert) und Perianth (Abb. 3.2.188 E).

Die **Ephedra**-Arten sind Rutensträucher des Mittelmeergebietes sowie der asiatischen und amerikanischen Trockengebiete. Ihre grünen, stark verzweigten Sproßachsen tragen nur kleine, gegenständige oder wirtelige, schuppenförmige Blätter. Die meist zweihäusig verteilten Blüten sitzen einzeln, zu zweit oder gehäuft an den Enden der Verzweigungen in der Achsel decussierter Tragblätter oder auch endständig (Abb. 3.2.188 F, I). Die ♂ haben eine zweiteilige Blütenhülle (Abb. 3.2.188 G, H) und ein manchmal gabelig geteiltes, stielartiges (aus der Verwachsung mehrerer Anlagen entstandenes) Staubblatt; an

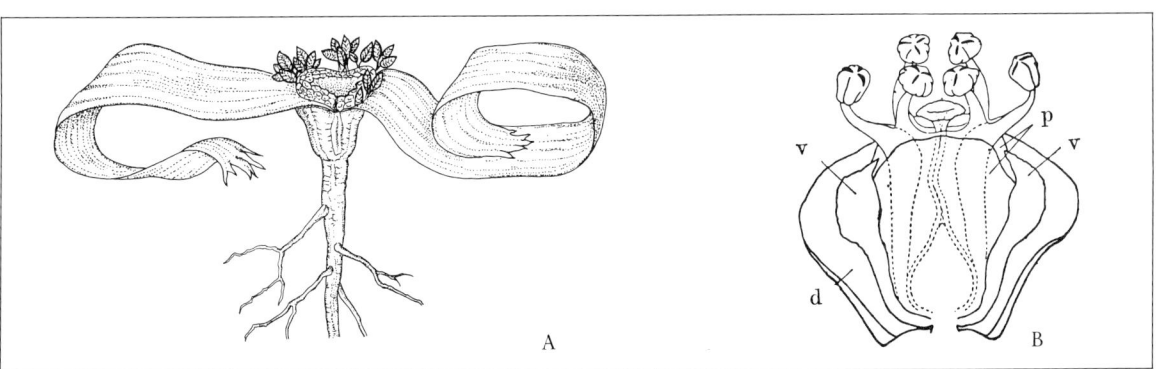

Abb. 3.2.187: *Welwitschia mirabilis.* **A** Habitus einer jüngeren Pflanze mit ♀ Blütenständen (etwa $1/20 \times$). **B** ♂ Blüte mit Deckblatt (d), Vorblättern (v), Perianthblättern (p), miteinander verwachsenen Staubblättern und steriler Samenanlage (etwa $7 \times$). (A nach Eichler; B nach Church.)

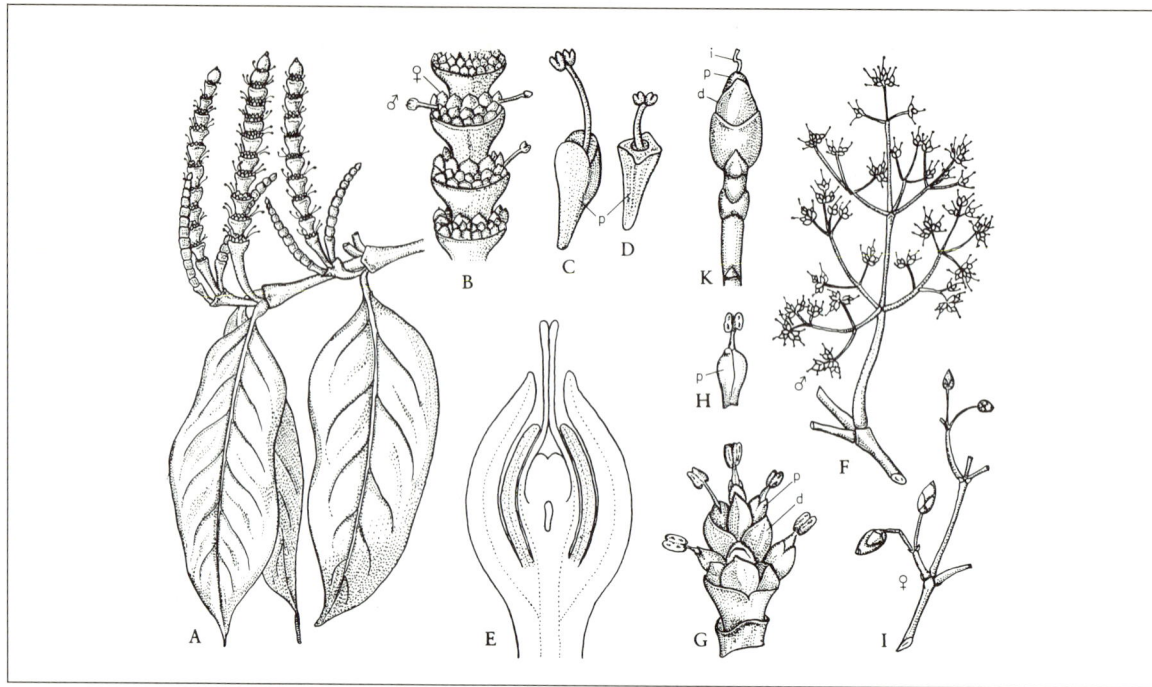

Abb. 3.2.188: *Gnetum* (A–B, E, *G. gnemon*, C *G. costatum*, D *G. montanum*). **A** Sproß mit ♂ Blütenständen (⅜×). **B** Wirtelige Teilblütenstände, außen mit fertilen ♂, innen mit sterilen ♀ Blüten (1,5×). **C–D** ♂ Blüten mit Perianth (p). **E** Längsschnitt durch ♀ Blüte mit Perianth, äußerem (verholztem) und innerem (verlängertem) Integument, Nucellus und Embryosack (vergr.). *Ephedra altissima* (F–K). **F** ♂ Sproß (⅔×). **G–H** ♂ Teilblütenstand und ♂ Blüte (7,5×). **I–K** ♀ Sproß mit unreifen Samen (⅔×) und endständige ♀ Blüte (2×). Deckblatt (d), Perianth (p), röhrenförmig verlängertes Integument (i). (A, B nach Karsten und Liebisch, verändert; C–D nach Markgraf; E nach Pearson, verändert; F, I nach Karsten; G–H nach Stapf; K nach Wettstein.)

der Spitze stehen stark verschmolzene Pollensackgruppen. In den ♀ Blüten findet sich außer einem zweiteiligen Perianth nur 1 Samenanlage mit einem aus zwei Anlagen verwachsenden, röhrenförmig ausgezogenen Integument (Röhren-Mikropyle) (Abb. 3.2.188K). Bei *E. campylopoda* werden innerhalb der ♂ Blütenstände auch unfruchtbare ♀ Blüten gebildet, deren Samenanlagen ähnlich wie die der fruchtbaren ♀ Blüten einen zuckerhaltigen Bestäubungstropfen abscheiden. Dieser wird von Insekten (Apiden und Syrphiden) aufgesucht, die dabei den Pollen übertragen. Sehr vereinzelt kommen auch Zwitterblüten vor.

Die Entwicklung der Gametophyten der *Gnetopsida* ist durch fortschreitende Reduktion gekennzeichnet. Der ♂ Gametophyt ist nur 4zellig: Pollenschlauchzelle, Stielzelle (?) und zwei Spermazellen. Der ♀ Gametophyt von *Ephedra* entwickelt sich monospor und läßt noch Archegonien erkennen. Bei *Welwitschia* und *Gnetum* entsteht das weibliche Prothallium aus allen 4 Meiosporen (tetraspor); eine Differenzierung von Archegonien fehlt. Bei *Ephedra* gibt es Ansätze zu einer doppelten Befruchtung (wie bei den *Angiospermae*). Polyembryonie ist verbreitet: Teils ist sie durch Entwicklung mehrerer Zygoten, teils durch Aufspaltung von Proembryonen bedingt. Die Embryonen aller Gattungen bilden 2 Keimblätter.

Die kümmerlichen Fossilfunde der *Gnetopsida* geben keinen Hinweis auf ihre Stammesgeschichte. Offenkundig handelt es sich aber um uralte und sehr verarmte Reste ehemals reicher differenzierter Verwandtschaftsgruppen. Zahlreiche Merkmalsähnlichkeiten weisen darauf hin, daß es sich dabei am ehesten um Bennettiteen-ähnliche Vorfahren gehandelt haben könnte. Wenig wahrscheinlich ist dagegen eine nähere Verwandtschaft zu den *Pinopsida*.

Rückblick auf die Stammesgeschichte der Gymnospermae

Die vermutliche parallele Entwicklung von samentragenden *Coniferophytina* und *Cycadophytina* aus noch iso- bzw. heterosporen Progymnospermen im Oberdevon ist aus Abb. 3.2.168 ersichtlich. Innerhalb der *Coniferophytina* entfaltete sich der größte Formenreichtum der *Gingkoopsida* im Mesophytikum, während die *Cordaitidae* bereits mit dem Ende des Palaeophytikums ausstarben. Aus letzteren sind die *Pinidae* (Nadelhölzer) entstanden; sie haben sich vor allem an Extremstandorten des Holzpflanzenwuchses bis heute relativ konkurrenzfähig erhalten.

Als Basisgruppe der *Cycadophytina* müssen die morphologisch überaus plastischen *Lyginopteridopsida* (Samenfarne) gelten; ihre Hauptentfaltung lag im Paläophytikum. Die Herausbildung echter Blüten läßt sich dann bei den stammesgeschichtlich anschließenden und für das Mesophytikum bezeichnenden *Cycadopsida* und *Bennettitopsida* feststellen. Mit der Massenentfaltung der *Angiospermae* in der mittleren Kreide erfahren diese Klassen eine drastische Reduktion. Während die *Cycadopsida* mit einigen Restgruppen bis heute überleben, sind die typischen *Bennettitopsida* ausgestorben; möglicherweise stellen aber die heutigen *Gnetopsida* ihre letzten und heterogenen Nachkommen dar.

b) Entwicklungsstufe und 3. Unterabteilung: Angiospermae (= Magnoliophytina), Bedecktsamer

Die Angiospermen ähneln durch ursprünglich fiedrige oder fiederartige Laubblätter, mehrere (meist 2) Pollensackgruppen an den Staubblättern und vielfach mehrere Samenanlagen an den Fruchtblättern den gymnospermischen *Cycadophytina*. Sie unterscheiden sich von ihnen (ebenso wie von den *Coniferophytina*) vor allem dadurch, daß ihre Samenanlagen immer in ein von den Fruchtblättern gebildetes Gehäuse, den **Fruchtknoten**, eingeschlossen sind, aus dem sie frühestens als reife Samen entlassen werden, nachdem sich der Fruchtknoten – allein oder mit anderen Blütenteilen – zur **Frucht** umgewandelt hat (vgl. Abb. 3.2.189). Der Einschluß der Samenanlagen sowie die Ausbildung einer Blütenhülle (Perianth), die überwiegende Zwittrigkeit der Blüten und die allgemeine Pollenkitt-Bildung aus dem Antheren-Tapetum stehen mit der Übertragung des Pollens durch Tiere bei allen ursprünglichen Angiospermen im Zusammenhang. Die Pollenkörner werden nun nicht mehr unmittelbar von den Samenanlagen, sondern von der **Narbe** aufgefangen, einem hierfür neu gebildeten Empfängnisorgan der Fruchtblätter. Von der Narbe bringt ein Pollenschlauch die Spermazellen zur Samenanlage und zum Embryosack.

Hervorzuheben ist weiter die verstärkte Rückbildung der Gametophyten bei den Angiospermen. Im Pollenkorn fehlen die Prothallium- und Stielzelle, und Spermatozoiden werden nirgends mehr gebildet. In der Samenanlage unterbleibt im Embryosack die Bildung eines vielzelligen Megaprothalliums und die Ausgliederung von Archegonien. Der ♀ Gameophyt wird vielmehr auf wenige Zellen beschränkt, von denen nur eine zur Eizelle wird. Aus ihr entsteht nach der Befruchtung durch eine der beiden Spermazellen der Embryo. Aber auch die andere Spermazelle führt eine Befruchtung aus (**doppelte Befruchtung**) und leitet damit die Bildung eines sekundären Endosperms ein. Diese Abkürzung der Gametophytenentwicklung ermöglicht u.a. eine wesentliche Beschleunigung der geschlechtlichen Fortpflanzung.

Die höhere Differenzierung der Gewebe bei den Angiospermen kommt besonders durch die Ausbildung von Tracheen und Siebröhren mit Geleitzellen zum Ausdruck. Auch die Plastizität im vegetativen Bereich ist gegenüber den Gymnospermen wesentlich erweitert: Neben holzigen finden sich vielfach auch krautige, und zwar mehr- bis einjährige Lebensformen.

Die Bedecktsamer beherrschen seit der mittleren Kreide als artenreichste Pflanzengruppe die Landfloren der Erde. Ihre stammesgeschichtliche Herkunft ist noch ungeklärt, doch spricht vieles für eine Entstehung aus dem weiteren Verwandtschaftsbereich der Pteridospermen, also der Ausgangsgruppe der *Cycadophytina*.

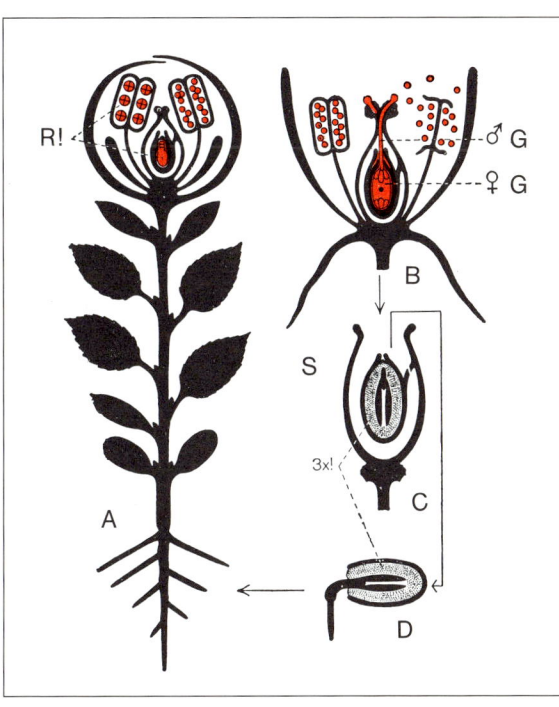

Abb. 3.2.189: Entwicklungsschema einer Angiosperme. Generationswechsel: Gametophyt (G), Sporophyt (S) sowie Kernphasenwechsel: Diplophase (2n; schwarz ausgefüllt), Reduktionsteilung (R), Haplophase (n; rot) und triploides Endosperm (3×; punktiert). **A** Ganze Pflanze mit Wurzel, Achse, Blättern und zwittriger Blütenknospe. **B** Offene Blüte mit Blütenhülle (Kelch- und Kronblätter) sowie Staubblättern (mit Pollenkörnern) und Fruchtblättern (Fruchtknoten, Griffel, Narbe, eingeschlossene Samenanlage): bestäubt (Pollenschläuche!) und unmittelbar vor der Befruchtung der Eizelle im Embryosack. **C** Same mit Testa, sekundärem Endosperm und Embryo, sich aus der hier einsamigen Frucht lösend. **D** Keimender Same. (Nach Firbas.)

Vegetationsorgane

Die Keimlinge der Angiospermen haben ursprünglich zwei Keimblätter (so bei Dicotyledonen, z.B. Abb. 1.3.15); die Ausbildung von nur einem Keimblatt (besonders bei Monocotyledonen) ist demgegenüber abgeleitet (Abb. 3.2.271 A–D). Die Scheitelmeristeme erreichen den höchsten Grad der Differenzierung (S. 130 ff.). Der Sproßaufbau hat sich von monopodial teilweise oder ganz zu sympodial gewandelt (S. 182 f.). Im Achsenbereich werden die charakteristischen Eustelen mit offenen Bündeln und sekundärem Dickenwachstum (Abb. 1.3.56, 1.3.60) bei den Monocotyledonen abgelöst durch Atactostelen mit geschlossenen Bündeln; sie haben kein oder anomales sekundäres Dickenwachstum (S. 193,

198). Weitere Progressionen führen innerhalb der Dicotyledonen von nicht bis zu stark vernetzten Bündelsystemen und von collateralem zu bicollateralem Bündelbau.

Hinsichtlich der Markbildung, des relativ lockeren Sekundärholzes und der weiten Verbreitung von leiterförmig durchbrochenen Elementen weisen die Angiospermen Ähnlichkeiten mit den *Cycadophytina* auf, doch erfahren sowohl Xylem als auch Phloem eine viel weitergehende Differenzierung. Mit Ausnahme weniger primitiver Sippen (und einiger sekundär vereinfachter Gruppen; vgl. S. 762f., 770) finden sich bereits überall Tracheen und Siebröhren mit Geleitzellen (aus einer Initiale: Abb. 1.2.25E). Bei den Tracheen geben die fortschreitende Auflösung der Querwände infolge Reduktion ihrer leiterförmigen Quersprossen sowie die fortschreitende Verkürzung und Verbreiterung der Tracheenglieder (vgl. Abb. 1.2.27, 1.3.59) hervorragende merkmalsphylogenetische Leitlinien ab. Analog dazu lassen sich offenbar auch bei den Siebröhren Querstellung der Siebplatten, Porenvergrößerung, Verkürzung und Verbreiterung verfolgen (Abb. 1.2.25 A–D).

Weitere Progressionen betreffen die Ausbildung von Bast- und Holzfasern, die Annäherung von Holzparenchym an die Gefäße, die räumliche Trennung von Festigungs- und Leitgewebe sowie die Vereinheitlichung und radiale Streckung der Markstrahlzellen. Es kann kein Zweifel darüber bestehen, daß damit bei Holzpflanzen eine durchschnittliche Verbesserung der Leit- und Festigkeitsfunktionen von Xylem und Phloem erreicht wird. Im Gegensatz dazu ist bei krautigen Lebensformen vielfach Rückbildung oder völliges Erlöschen der Cambiumtätigkeit und damit des sekundären Dickenwachstums festzustellen.

Den Blättern der *Angiospermae* liegt wie denen der *Cycadophytina* ursprünglich ein fiedriger Bauplan zugrunde (Abb. 1.3.80). Wegen der großen Formenfülle und Plastizität bleibt allerdings noch offen, ob dabei eine zusammengesetzte oder ungeteilte Blattgestaltung ursprünglicher ist. Für die Aderung ist eine fortschreitende Verschmelzung freier Fiederrippen zu komplexer Maschen- bzw. Netzanordnung bezeichnend (offene → geschlossene Aderung). Abgeleitet ist gegenüber der fiedrigen die fingerige (Abb. 1.3.7) und auch die streifige Blattaderung, wie sie vor allem bei den Monocotyledonen dominiert (Abb. 1.3.72D, 3.2.275F). In den Blattknoten der Angiospermen wird der offenbar ursprüngliche trilacunäre und 3spurige Bau durch Vermehrung bzw. Verminderung der Lacunen bzw. der Bündelspuren abgewandelt (vgl. S. 701). Wegen verschiedener Blattstellungen vgl. S. 173 ff.

Bei verschiedenen Angiospermengruppen, besonders bei den Monocotyledonen, wird die Hauptwurzel frühzeitig zurückgebildet; ihre Funktionen können dann teilweise durch unterirdische Sprosse (z.B. Rhizome), besonders aber durch sproßbürtige Nebenwurzeln ersetzt werden (Allorrhizie → sekundäre Homorrhizie) (Abb. 1.3.93, 3.2.272).

Systematisch bedeutungsvoll ist schließlich auch die fortschreitende Differenzierung von Sekret- und Schleimbehältern, Milchröhren, Spaltöffnungen, Haar- und Wachsbildungen usw. im Bereich der Angiospermensprosse (vgl. S. 135ff.).

Im Hinblick auf die Mannigfaltigkeit ihrer Wuchs- und Lebensformen übertreffen die Angiospermen alle anderen Samenpflanzengruppen (vgl. S. 180f., 184ff., 187ff., 701; Abb. 1.3.27). Als Ausgangspunkt dieser umweltbezogenen Entfaltung können niedrige und wenig verzweigte immergrüne Bäumchen angenommen werden. Daraus haben sich offensichtlich vielfach parallel stärker verzweigte immer- und sommergrüne Bäume und Sträucher, Lianen, Zwerg- und Halbsträucher, Stauden und schließlich einjährige Kräuter herausgebildet (gelegentlich ist es auch rückläufig zur Entwicklung sekundärer Holzpflanzen gekommen). Die Entstehung dieser sowie zahlloser anderer Anpassungsformen aufgrund der Umgestaltung von Achsen, Blättern und Wurzeln sowie paralleler anatomisch-histologischer Differenzierungen (S. 135ff.) bildet die Grundlage für die stammesgeschichtliche Entfaltung zahlreicher weiterer und engerer Verwandtschaftsgruppen der Angiospermen.

Blüten

Bei ursprünglichen Angiospermen (vgl. z.B. Abb. 3.2.190 A) sind die Blüten relativ voluminös und tragen an einer gestreckt-konischen Blütenachse (Receptaculum) in schraubiger (acyclischer) Anordnung zahlreiche Blütenhüll-, Staub- und Fruchtblätter, zwischen denen gelegentlich auch Übergangsbildungen vorkommen. Vielfach ist bei abgeleiteten Gruppen eine progressive Verkleinerung (Reduktion) der Blüten und eine zahlenmäßige Verminderung (Oligomerisation) der Blütenglieder festzustellen (Abb. 3.2.190 B–E).

Ähnlich wie bei der analogen Progression im Sproßbau (S. 701) können als Gründe für diese Entwicklung im Blütenbereich postuliert werden: 1) Raschere Entwicklung und geringeres Beschädigungsrisiko bei zahlreichen kleinen im Vergleich zu wenigen großen Blüten und Früchten und 2) mehr Möglichkeiten für eine verstärkte räumliche und gestaltliche Integration der Blütenorgane bei oligomeren (wenigliedrigen) im Vergleich zu polymeren (vielgliedrigen) Blüten (vgl. z.B. Abb. 3.2.190 A und 3.2.191 C).

Im Zusammenhang mit Reduktion und Oligomerisation kommt es zur Verkürzung der Blütenachse (= Blütenboden) und über kombiniert schraubig-wirtelige (hemicyclische) schließlich zur einheitlich wirteligen (cyclischen) **Stellung** der Blütenglieder (Abb. 3.2.190–191). Gelegentlich läßt sich anhand der Deckungsverhältnisse und Entwicklungsgeschichte die Herkunft der Wirtel aus Schrauben noch gut erkennen (z.B. die 2/5-Schraube beim Kelchblattwirtel von *Rosa*: Abb. 1.3.5A, 3.2.235C).

Die wirtelige Stellung dominiert bei der Masse der Angiospermen; sie begünstigt die scharfe Scheidung der in den einzelnen Kreisen stehenden Blütenorgane und ihre zahlenmäßige Fixierung (meist 5, aber auch 4, 3 und 2 bei den Dicotyledonen, meist 3 bei den Monocotyledonen). Die Zahl der Wirtel pro Blüte kann verschieden sein. Besonders häufig sind pentacyclische Blüten mit 5 Wirteln: 2 Perianthkreise (Kelch und Krone), 2 Staubblattkreise, 1 Fruchtblattkreis (z.B. Abb. 3.2.191A). Bei den abgeleiteten Sympetalen u.a. kommt es durch Ausfall eines Staubblattkreises zu tetracyclischen Blüten (z.B. Abb. 3.2.191C). Die eingeschlechtigen Blüten von *Urtica* oder *Alnus* sind nur noch di- bzw. monocyclisch (♂ bzw. ♀, Abb. 3.2.190D–E, 3.2.228A). In aufeinanderfolgenden Wirteln stehen die Blütenglieder in der Regel über den Lücken zwischen den Gliedern des nächst unteren Kreises, sie alternieren also mit diesen (vgl. S. 173ff.). Seltener stehen sie über den vorangegangenen Gliedern, denselben superponiert (vgl. S. 736).

Auch hinsichtlich ihrer (lateralen und spiegelbildlichen) **Symmetrie** (vgl. S. 163ff.) lassen die Angiospermenblüten mannigfache Entwicklungslinien erkennen. Abgesehen von der 1) primären Asymmetrie acyclisch gebauter Blüten lassen sich bei cyclischem

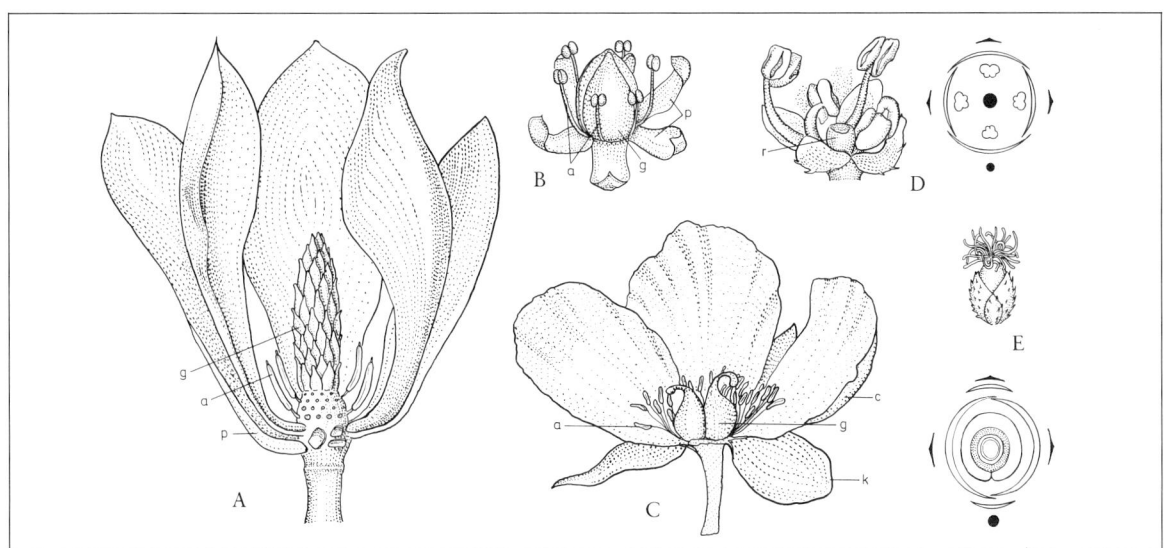

Abb. 3.2.190: Blüten verschiedener Angiospermen. A *Magnolia*: langgestreckte Blütenachse mit zahlreichen, schraubig angeordneten und freien Perigon- (p), Staub- (a) und Fruchtblättern (g) (vorne z.T. entfernt) (etwa $^1/_2\times$). B *Acorus calamus*: verkürzte Blütenachse mit wirtelig angeordneten Blütengliedern, 3+3 (grünliche, p) Perigon-, 3+3 (a) Staub- und 3 miteinander verwachsene (g) Fruchtblätter (vergr.). C *Paeonia*: wirtelige 5 (k) Kelch-, 5 (farbige, c) Kron-, zahlreiche (sekundär vermehrte, a) Staub- und 2 (freie, g) Fruchtblätter ($^1/_2\times$). D–E Blüten von *Urtica dioica* in Gesamtsicht (8×) und Grundrissen: Abstammungsachse, Trag- und 2 Vorblätter, Perianth nur aus 4 (unscheinbaren) Perigonblättern; D männliche Blüte mit 4 Staubblättern und Rudiment (r) des Fruchtknotens; E weibliche Blüte mit fädlich zerteilter Narbe, pseudomonomerem Fruchtknoten und 1 Samenanlage. (A nach Zimmermann; B nach Eichler; C nach Schenck; D–E nach Firbas, Grundrisse nach Eichler.)

Bau unterscheiden 2) polysymmetrische (multilaterale, radiäre, strahlige oder actinomorphe) Blüten mit mehr als 2 Symmetrie-Ebenen (Abb. 1.3.9 B–C, 3.2.191 A), 3) disymmetrische («bilaterale») Blüten mit 2 S.E. (Abb. 3.2.191 B), 4) monosymmetrische (zygomorphe bzw. dorsiventrale) Blüten mit nur 1 S.E. (Abb. 1.3.10, 3.2.191 C) sowie 5) sekundär asymmetrische (cyclische) Blüten ohne S.E. (z.B. *Canna*, Abb. 3.2.279 D, S. 818).

Als median bezeichnet man die Ebene, die sich durch Abstammungsachse, Blütenachse und Tragblatt der Blüten legen läßt (z.B. Abb. 3.2.238), als transversal die senkrecht darauf stehende und quer durch die Blüte ziehende Ebene (z.B. Abb. 3.2.223 H); andere Ebenen heißen schräg (z.B. Abb. 3.2.263 B, E). Danach lassen sich etwa median-, transversal-, oder schräg-monosymmetrische (zygomorphe) Blüten unterscheiden. Die merkmalsphylogenetische Abfolge der besprochenen Symmetrietypen ist vielfach: 1 → 2, 2 → 3, 2(3) → 4 und 2 bzw. 4 → 5.

Die Veränderungen der Blütensymmetrie lassen sich vielfach auf Förderung oder Ausfall einzelner Blütenglieder zurückführen und durch das Auftreten rudimentärer Organe (vgl. z.B. Abb. 3.1.52, 3.2.191 C für die charakteristische Progression von radiären zu dorsiventralen Blüten) bzw. durch atavistische Abweichungen (z.B. radiäre Gipfelblüten bei *Digitalis*: Pelorien) oder Mutanten (Abb. 3.1.16 E) beweisen. Während disymmetrische und sekundär asymmetrische Blüten selten sind, spielen neben radiären vor allem monosymmetrische Blütentypen eine große Rolle. Dabei steht der dorsiventrale Blütenbau häufig im Zusammenhang mit der dorsiventralen Struktur blütenbesuchender Tiere: Veränderung der vertikal aufrechten oder hängenden in eine horizontale Stellung der Blüten, Ausbildung von Anflugplätzen und dachförmigen Oberlippen usw. (Abb. 3.2.191 C, 3.2.207 A–B, 3.2.267, 3.2.278, 3.2.279).

Bei den Angiospermenblüten finden sich alle möglichen Formen der **Geschlechtsverteilung** (vgl. S. 500f., 702). Dabei war lange umstritten, ob hier zwittrige oder eingeschlechtige Blüten als ursprünglicher anzusehen seien. Heute hat sich fast allgemein die erste Auffassung aus folgenden Gründen durchgesetzt: 1) In fast allen eingeschlechtigen Gruppen finden sich in den ♀ und ♂ Blüten Rudimente von Staubblättern bzw. Fruchtknoten (z.B. bei *Castanea* oder *Urtica*: Abb. 3.2.190 D). 2) Die in anderen Merkmalen ursprünglichsten Angiospermengruppen haben überwiegend Zwitterblüten (z.B. *Magnoliidae*). Nur sie ermöglichen bei Tierbestäubung die gleichzeitige Aufnahme und Abgabe des Pollens (vgl. S. 706). 3) Der Übergang von zwittrigen zu eingeschlechtigen Blüten wird vielfach durch den Übergang von Insekten- zu sekundärer Windbestäubung geradezu selektiv erzwungen (z.B. bei *Acer*: Abb. 3.2.244 A–C oder *Fraxinus*: Abb. 3.2.259 E–G).

Der Bau der Blüten läßt sich am besten durch Grundrisse (Blütendiagramme) darstellen (vgl. S. 174 und Abb. 3.2.191). Empirische Diagramme stellen tatsächliche Gegebenheiten dar, theoretische enthalten bestimmte Deutungen (z.B. Ausfall von Organen: vgl. Abb. 3.2.52, 3.2.191 C). Blütenformeln geben Aufschluß über Symmetrie [☉ = schraubig, ✳ = radiär, ╬ bzw. + = disymmetrisch, ↓ bzw. ← oder ↙ zygomorph, ↯ = (cyclisch) asymmetrisch], Blütenorgane (P = Perigon, K = Kelch, C = Corolle od. Krone, A = Androeceum, G = Gynoeceum), ihre Zahl pro Wirtel (z.B. A5+5, zwei Staubblattkreise zu je 5; ∞ = zahlreich und unbestimmt), Veränderung (z.B. A3st = Staminodien, 3° = ausgefallen, 5$^\infty$ = sekundär vermehrt), Verwachsung (Zahlen in Klammer, z.B. C(5) = Kronblätter verwachsen), Stellung (z.B. G($\underline{5}$) = ober-, G-(5)- = mittel, G($\overline{5}$) = unterständiger Fruchtknoten), falsche Wandbildung [z.B. G($\overset{\cdot}{2}$) /= Übergänge,

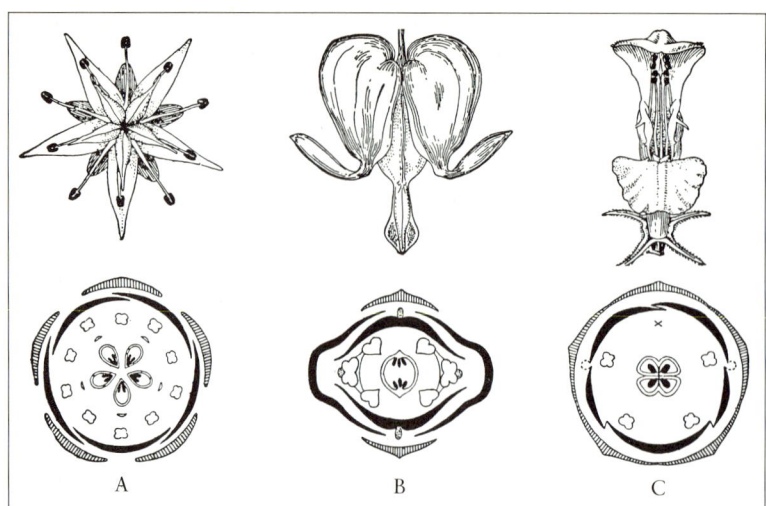

Abb. 3.2.191: Blütensymmetrie und Blütendiagramme (Grundrisse). **A** *Sedum sexangulare*: polysymmetrisch (radiär). **B** *Dicentra spectabilis*: disymmetrisch. **C** *Lamium album*: monosymmetrisch (dorsiventral). Wegen der Blütenformeln vgl. Text. (Teilweise nach Eichler sowie Hegi.)

+ = Zahlen verschiedener Kreise, : = Zahlen des gleichen Kreises etc. Also z.B. *Adonis*: ∗/ ⊖ K5 C6–10 A ∞ G ∞

Sedum: ∗ K5 C5 A5 + 5 G$\underline{5}$

Dicentra: + K2 C2 + 2 A2 + 2 bzw. (gespaltene und verwachsende Staubblätter!) (½ · 1 · ½) + (½ · 1 · ½) G($\underline{2}$)

Lamium: ↓ K(5) [C(5) A1° :4] G $\underline{\underline{2}}$

Iris: ∗ P3 + 3 A3 + 3° G($\overline{3}$)

Vgl. dazu auch die Blütendiagramme Abb. 3.2.191, 3.2.222S, 3.2.277D.

Blütenstände

Vielfach läßt sich bei den Angiospermen eine Zusammenfassung von Einzelblüten zu fortschreitend komplexen Blütenständen (Inflorescenzen) feststellen (vgl. S. 183f., Abb. 1.3.33, 1.3.34). Häufig ist dabei ein Zusammenhang zwischen zunehmender Verkleinerung, dafür aber zahlenmäßiger Vermehrung der Blüten erkennbar. Die Entwicklung dürfte damit begonnen haben, daß im Zuge der Blütenvermehrung unterhalb von terminalen Einzelblüten in Blattachseln Lateralblüten entstanden. Von solchen geschlossenen Rispen lassen sich dann alle anderen Blütenstandstypen der Angiospermen ableiten. Daraus ergeben sich überaus wichtige systematische und phylogenetische Leitlinien.

In den Blütenständen wird meist die Laubblattbildung unterdrückt [dafür unscheinbare Hochblätter: Trag-(Deck-) und Vorblätter], die zahlreichen Blüten sind oft zusammengedrängt: So wird die Unauffälligkeit der kleinen Einzelblüten kompensiert (vgl. z.B. *Apiaceae*, Abb. 3.2.248); außerdem haben gegenüber manchen Blütenbesuchern viele kleinere Blüten einen größeren Reizwert als einzelne größere Blüten. Durch Förderung der Randblüten (z.B. bei *Iberis*), durch sterile Randblüten mit Schaufunktion (z.B. *Hydrangea* oder *Viburnum opulus*, S. 397) oder durch hinzutretende gefärbte Hochblätter (z.B. bei *Astrantia* oder *Cornus suecica*) kann das für den Blütenbesucher optisch attraktive, strahlige Aussehen des Blütenstandes gefördert werden. So entstehen schließlich durch Arbeitsteilung der Einzelblüten und Hinzutreten akzessorischer Achsen- und Blattgebilde neue, Einzelblüten analoge, blütenbiologisch-funktionelle Einheiten (Blumen, S. 706), wie z.B. die Cyathien von *Euphorbia* (Abb. 3.2.247H–K), die Köpfchen der *Dipsacaceae* (Abb. 3.2.258I) und *Asteraceae* (Abb. 3.2.269F–G) oder die Kesselfallenblumen von *Arum* (Abb. 3.2.207G). Die auslesende (selektive) Wirksamkeit der Blütenbesucher bei der Entstehung und Verbesserung dieser «zusammengesetzten» Überblumen (Pseudanthien) ist naheliegend. Sie sind für die Endphase von Entwicklungsreihen bezeichnend.

Blütenachse

Bei einigen ursprünglich Angiospermen ist die Blütenachse (Receptaculum) noch gestreckt-konisch (Abb. 3.2.190A), meist erscheint sie jedoch verkürzt. Weiterhin kann es zu scheibenförmiger Verbreiterung, besonders aber zu schüssel- und schließlich becher- bis röhrenförmiger Vertiefung kommen (Abb. 3.2.192, 3.2.242I). An der Entstehung dieser Blütenbecher und -röhren (Hypanthien) nehmen vielfach auch die congenital verwachsenen Basen von Kelch-, Kron- und Staubblättern teil, wobei die Abgrenzung der verschiedenen Organbereiche oft kaum mehr möglich ist. Durch diese Entwicklung werden die freien oder zu einem Fruchtknoten verwachsenen Fruchtblätter im Blütenbecher eingesenkt, bleiben dabei frei (z.B. *Rosa* oder *Prunus*, Abb. 3.2.235D, F) oder verwachsen mit dem Blütenbecher (z.B. *Pyrus* oder *Conium*, Abb. 3.2.235E, 3.2.248H), während Kelch-, Kron- und Staubblätter vom Becherrand emporgehoben erscheinen. Nach der fortschreitenden Verwachsung des Fruchtknotens mit dem Blütenbecher unterscheidet man dabei ober-, mittel- und unterständige Gynoeceen bzw. hypo-, peri- und epigyne Blüten (Abb. 3.2.192).

Die Versenkung der Fruchtblätter bzw. Fruchtknoten hat sich bei allen Unterklassen der Angiospermen, also vielfach parallel, vollzogen. Diese charakteristische Progression beruht möglicherweise darauf, daß die im Blütenzustand noch zarten Fruchtblätter und Samenanlagen dadurch vor Beschädigung und Abfressen durch blütenbesuchende Tiere besser geschützt sind.

Weitere Veränderungen der Blütenachse betreffen sekundäre Streckung der Internodien zwischen einzelnen Blütenwirteln, wodurch der Fruchtknoten bzw. auch die Staubblätter emporgehoben werden (Gynophor, z.B. bei *Capparaceae* oder *Brassicaceae*, Abb. 3.2.250F: g, bzw.

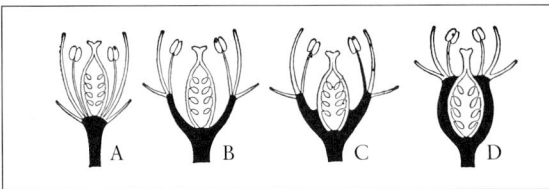

Abb. 3.2.192: Stellung des Fruchtknotens (G) relativ zur Blütenachse (schwarz) bzw. zu den anderen Blütenorganen (weiß). **A** G oberständig, Blüte hypogyn, **B** G oberständig, Blüte perigyn, **C** G mittelständig, Blüte perigyn, **D** G unterständig, Blüte epigyn. (Nach Englers Syllabus.)

Androgynophor, z.B. bei *Passifloraceae*, S. 792). Von blütenbiologischer Bedeutung sind schließlich Nektar sezernierende Ausgliederungen der Blütenachse. Sie können als Nektardrüsen (z.B. bei *Brassicaceae*, Abb. 3.2.250C) oder als umfangreichere, oft ringförmige Diskus-Bildungen (z.B. bei *Rutaceae* und *Aceraceae*, Abb. 3.2.243–245) zwischen Fruchtknoten und Staubblättern (intrastaminal) oder zwischen Staub- und Kronblättern (extrastaminal) ausgebildet sein.)

Blütenhülle

Ebenso wie die ausgestorbenen Bennettiteen (und ihre recenten Verwandten, die *Gnetopsida*) weisen auch die Angiospermen eine Blütenhülle (ein Perianth) auf. Dabei sind die funktionellen Zusammenhänge mit der Tierbestäubung offenkundig: Im Knospenstadium schützt die Blütenhülle die noch nicht herangereiften Fortpflanzungsorgane vor den Blütenbesuchern; im Blütenstadium tragen auffällig gefärbte Teile der Blütenhülle wesentlich zur Anlockung der Blütenbesucher bei.

Die häufigsten Ausbildungsformen der Blütenhülle bei den Angiospermen sind: a) homoiochlamydeisch, mit ± gleichartigen Hüllblättern (Perigonblättern oder Tepalen) in 2 oder mehreren Schraubenumgängen oder Kreisen: mehrfaches Perigon (z.B. *Magnolia* oder *Tulipa*: Abb. 3.2.190A, 3.2.275A, mit gefärbten, corollinischen, oder *Acorus*: Abb. 3.2.190B, mit unscheinbar grünlichen Tepalen), b) heterochlamydeisch, mit ungleichartigen Hüllblättern, nämlich mit äußeren, meist grünen Kelchblättern (Sepalen) und inneren, meist lebhaft gefärbten (Blumen-) Kronblättern (Petalen): «doppeltes» Perianth aus Kelch und Krone (Corolle) (z.B. *Paeonia*: Abb. 3.2.190C), c) haplo- oder monochlamydeisch, nur mit 1 Kreis von Perianthblättern: einfaches Perigon (z.B. *Urtica*, *Paronychia* oder *Beta*: Abb. 3.2.190D–E, 3.2.224H, N) und d) apochlamydeisch, Perianth ausgefallen (z.B. *Carpinus*: Abb. 3.2.228A, 3.2.229).

Bei ursprünglichen Angiospermenblüten finden wir eine homoiochlamydeische Blütenhülle aus zahlreichen, schraubig angeordneten und voneinander freien, außen hochblattartigen, nach innen zu allmählich bunten und corollinischen Perigonblättern (Abb. 3.2.232 I, vgl. z.B. *Magnolia*: Abb. 3.2.190A). Die Herausbildung eines solchen «primären Perianths» aus Hochblättern verdeutlicht etwa *Helleborus* (Abb. 3.2.193A–D): Wie ist es aber zur Bildung von «doppelten» Blütenhüllen gekommen? Einerseits durch Differenzierung innerhalb eines mehrfachen Perigons (z.B. bei gewissen *Magnoliales*; ähnlich auch bei Monocotyledonen, vgl. Abb. 3.2.279B–C), viel häufiger aber offenbar durch Umwandlung von Staubblättern in Kronblätter (Abb. 3.2.232 → IV): So finden sich etwa bei *Rosa* und *Nymphaea* alle Übergänge zwischen Staub- und Kronblättern, während die Kelchblätter scharf abgehoben bleiben (Abb. 1.3.5B, 3.2.193E–L, 3.2.221C–D).

In «gefüllten» Blüten verschiedenster Zierpflanzen erfolgt die Umwandlung von Staub- in Kronblätter als Abnormität. Bei den *Ranunculaceae* (S. 765f., Abb. 3.2.222) weist *Caltha* ein corollinisches Perigon und Staubblätter auf; auch *Trollius* hat ein corollinisches Perigon, aber aus einigen Staubblättern haben sich unscheinbare Nektarblätter gebildet; bei *Ranunculus* sind das Perigon kelchartig, die Nektarblätter dagegen corollinisch geworden; *Adonis* schließlich hat typische Kelch- und Kronblätter. In entsprechender Weise sind zumindest bei den Dicotyledonen die Kronblätter meist aus Staubblättern hervorgegangen und werden wie diese fast immer nur durch ein einziges Leitbündel versorgt. Die Kelchblätter lassen sich demgegenüber auf Perigon- bzw. Hochblätter zurückführen; sie sind dem Unterblatt von Laubblättern homolog und zeigen eine entsprechende, meist aus mehreren Leitbündeln bestehende Versorgung (vgl. dazu auch Abb. 3.2.193). Weitere Untersuchungen zur Frage der Entstehung der Blütenhülle sind aber noch notwendig, besonders auch hinsichtlich des Perigons der Monocotyledonen.

Unscheinbare haplo- und apochlamydeische Blüten (z.B. *Urtica*: Abb. 3.2.190D–E) sind weithin im Zuge progressiver Blütenverkleinerung und -vereinfachung entstanden, entweder ± direkt aus vielgliedrigen (polymeren) und schraubigen, homoiochlamydei-

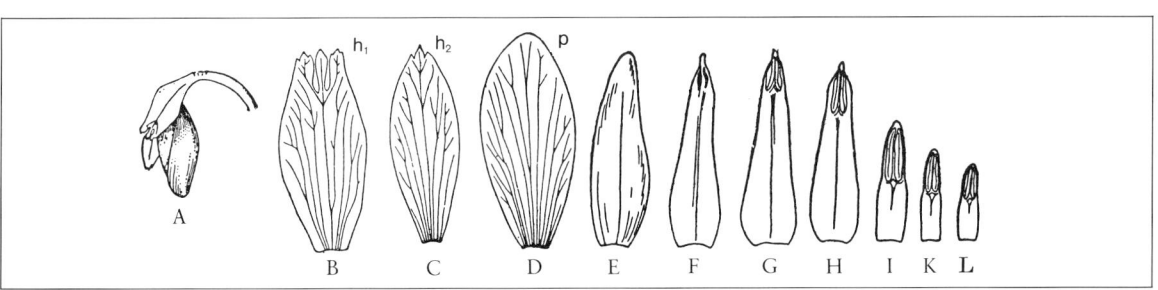

Abb. 3.2.193: A–D Übergang von Hochblättern (h) zu Perigonblättern (p) an einer Blütenknospe von *Helleborus niger* (A etwa $^1/_2\times$, B–D vergr.). E–L Übergang von Staubblättern (L–G) zu Kronblättern (F–E) bei *Nymphaea*. (Nach W. Troll, etwas verändert.)

schen Blütentypen (Abb. 3.2.232 II–III, z. B. bei *Piperaceae*, S. 763, oder *Tetracentraceae* und *Trochodendraceae*, S. 770 u. Abb. 3.2.226) oder indirekt, über solche mit heterochlamydeischem Perianth (z. B. bei *Euphorbiaceae* oder *Oleaceae, Fraxinus*: Abb. 3.2.259 E, G). Derartig sekundär vereinfachte Blüten kennzeichnen oft windbestäubte Formenkreise, bei denen eine differenzierte Blütenhülle wegen des Wegfalls tierischen Besuches nicht nur unnötig, sondern für die Pollenausschüttung bzw. den Pollenfang durch Staub- bzw. Fruchtblätter geradezu hinderlich ist (vgl. auch S. 750).

Umgekehrt stehen die häufigen congenitalen Verwachsungen im Bereich von Perigon-, Kelch- und besonders Kronblättern vielfach im direkten Zusammenhang mit Wirtelstellung, Schutz der Fortpflanzungsorgane und Spezialisierung der Tierbestäubung. Dementsprechend lassen sich ursprünglich freie den abgeleiteten verwachsenen Ausbildungen gegenüberstellen: chori- und syntepal (P), chori- und synsepal (K) sowie chori- und sympetal (C). Beispiele wären etwa *Polygonatum* (Abb. 3.2.275 E) für Syntepalie, *Silenoideae* (Abb. 3.2.224 A, E, F) oder *Fabaceae* (Abb. 3.2.241 C) für Synsepalie und die allermeisten *Lamiidae* (vgl. *Salvia, Sanchezia* oder verschiedene *Scrophulariaceae*: Abb. 3.2.207 A–E, 3.2.267) für Sympetalie.

An sympetalen Blütenhüllen kann man eine basale verwachsene Röhre und einen Saum mit freien Zipfeln unterscheiden. Derartige Verwachsungen gewährleisten vielfach einen besseren Schutz der Fortpflanzungsorgane vor der Witterung bzw. unerwünschten Tieren und eine bessere räumliche Koordinierung und Fixierung der Blütenorgane gegenüber den Blütenbesuchern, etwa hinsichtlich Anflugsfläche, Zugang zum Nektar, Berührung von Staubbeuteln und Narben usw. Blütenbiologisch bedeutsam sind naheliegenderweise auch corollinische Ausbildungen von Kelchblättern (z. B. *Polygala*: Abb. 3.2.244 L–M oder *Impatiens*), unterschiedliche Differenzierung der Kronblätter eines Kreises (z. B. Ober- und Unterlippe, etwa Abb. 3.2.191 C, 3.2.207 B), Ausgestaltung von Kronblättern mit (meist) nektarbildenden Spornen (z. B. *Aquilegia*: Abb. 3.2.222 M, T; *Corydalis*: Abb. 3.2.223 F; *Viola*: Abb. 3.2.249 D–F; ohne Nektar: *Orchis*: Abb. 3.2.278 A–B), Nebenkronen (z. B. *Silenoideae*: Abb. 3.2.224 A, E; *Narcissus*: Abb. 3.2.277 I) usw. Schließlich können spezialisierte Kelchblätter auch bei der Fruchtausbreitung mitwirken (z. B. als Pappus: Abb. 3.1.48, 3.2.269 N–P).

Hinzuweisen ist auch noch auf die systematische Bedeutung von Stellung und Deckung der Perianthblätter, die man als **Knospendeckung** (Aestivation) bezeichnet. Ausgehend von schraubiger Anordnung (z. B. Krone bzw. Nektarblätter von *Nuphar*: Abb. 3.2.221 C) können wir in Perianthwirteln folgende Formen der Knospendeckung feststellen: bei gegenseitiger Deckung der Perianthblätter dachig (imbricat), aus ursprünglicher ⅖-Stellung (quincuncial, z. B. Kelch von *Rosa*: Abb. 1.3.5 A, 3.2.235 C; Krone von *Sedum*: Abb. 3.2.191 A), mühlradartig gedreht (contort, z. B. Kronen bei *Malva*: Abb. 3.2.253 G–H, *Nerium, Gentiana*: Abb. 3.2.262 A) oder sonst aufsteigend (etwa bei der Krone der *Caesalpiniaceae*: Abb. 3.2.238 C) bzw. absteigend (z. B. bei der Krone der *Fabaceae*: Abb. 3.2.238 E bis F); durch Auseinanderrücken der Perianthblätter klappig (valvat, z. B. Krone der *Mimosaceae*: Abb. 3.2.238 A, B) bis offen (apert, z. B. Krone von *Acer*: Abb. 3.2.244 A–C).

Staubblätter

Die Gesamtheit der Staubblätter einer Blüte nennt man **Androeceum**. Ursprünglich ist die schraubige Anordnung zahlreicher Staubblätter (z. B. Abb. 3.2.190 A: primäre Polyandrie). Im Zusammenhang mit Oligomerisation und Übergang zur Wirtelstellung finden wir mehrere Staubblattkreise (z. B. Abb. 3.2.218 G: A 3 + 3 + 3 + 3), sehr häufig dann 2 (z. B. Abb. 3.2.275 C: Diplostemonie) oder schließlich nur noch einen (z. B. Abb. 3.2.191 C, 3.2.277 D: Haplostemonie). Normalerweise alternieren die von unten nach oben an der Blütenachse angelegten Kreise (S. 174, d. h. der äußere (und untere) Staubblattkreis steht zwischen den Kronblättern, aber vor den Kelchblättern (episepal), während der innere (obere) vor den Kronblättern (epipetal) ausgebildet wird. Diese Alternanz kann dadurch gestört sein, daß Kreise ausfallen [so steht z. B. der einzige Staubblattkreis der *Rhamnales* vor den Kronblättern; hier fehlt der äußere [episepale] Kreis: Abb. 3.2.245 E, F]. Es können aber auch durch nachträgliche Wachstumsverschiebungen die später angelegten, epipetalen Staubblätter weiter nach außen verschoben werden als die früher angelegten, episepalen (z. B. Abb. 3.2.191 A, 3.2.257 B: Obdiplostemonie).

Die Staubblattzahlen werden bei den Angiospermen aber nicht immer nur reduziert, sondern nicht selten auch vermehrt (sekundäre Polyandrie, Abb. 3.2.194). Ähnlich wie bei der Bildung von Beiknospen (S. 181f., Abb. 1.3.30) werden dabei infolge meristematischer Vergrößerung der Bildungszonen Staubblattgruppen gebildet, wo vordem nur Einzelstaubblätter standen (Dédoublement). Dabei können sich einheitliche Primordien im Lauf der ontogenetischen Entwicklung stärker aufgliedern (z. B. bei den 5 oder 3 Staubblattbündeln von *Theales*, Abb. 3.2.194 F, 3.2.249 B–C), oder aber die Primordien sind von Anfang an vermehrt. Beim Studium der Entwicklungsgeschichte läßt sich vielfach feststellen, in welcher Richtung zusätzliche Staubblattanlagen entstehen und wo damit die sekundären Bildungsmeristeme aktiv werden (vgl. Abb. 3.2.194): Bilden sich die zusätzlichen Staubblattanlagen an den Primordien von außen nach innen gegen den Scheitel bzw. das Zentrum der Blüte (A, B), so sprechen wir von zentripetalem Dédoublement (so besonders bei *Rosidae*): entstehen sie aber von innen nach außen (D, E, F), von zentrifugalem Dédoublement (so besonders bei *Dilleniidae*, dazwischen vermittelt seitliche Vermehrung (seriales Dédoublement: C). Auch «Einschieben» von zusätzlichen Staubblattanlagen kommt vor (z. B. am verbreiterten Blütenboden vieler *Rosaceae*, Abb. 3.2.235).

Diese zentripetale bzw. zentrifugale Anlage des Androeceums ist von gewisser systematischer Bedeutung. Noch nicht allgemein anerkannt ist jedoch, ob derartige Wachstumsveränderungen immer mit sekundärer und nicht auch mit primärer Polyandrie gekoppelt sein können (etwa bei *Dilleniidae*). Die sekundäre Staubblattvermehrung steht vielleicht mit einem Funktionswechsel von vereinfachten und eher windbestäubten zu komplexeren, verstärkt insektenbestäubten Blüten im Zusammenhang (vgl. S. 777 und Abb. 3.2.232). Bemerkenswerterweise findet sich dieses Phänomen vielfach bei (sekundären?) Pollenblumen, die den Blütenbesuchern besonders

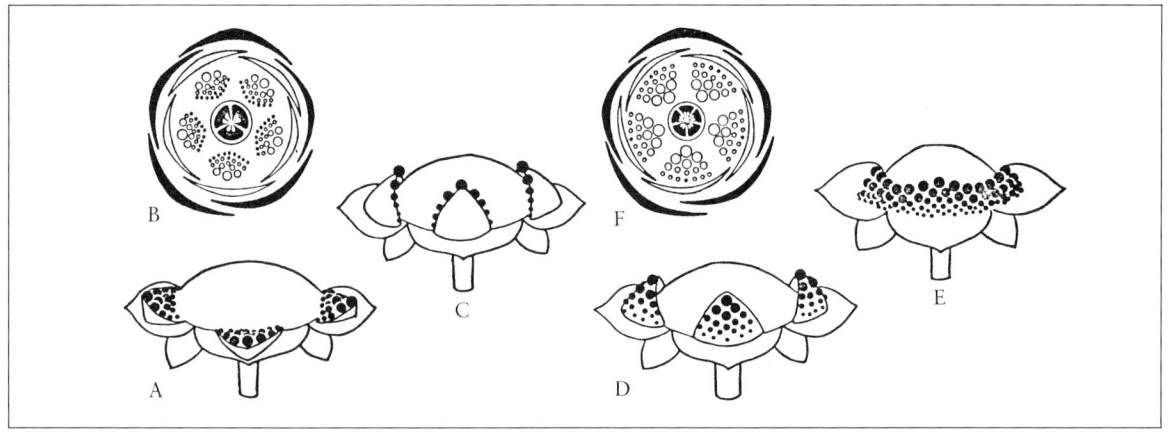

Abb. 3.2.194: Sekundäre Vermehrung der Staubblätter aus wenigen (5) Anlagen infolge von Dédoublement (sekundäre Polyandrie). **A, B** zentripetales, **C** seriales und **D, E, F** zentrifugales Dédoublement. Die räumlichen Darstellungen zeigen, daß sich die vermehrten Staubblattanlagen immer in basipetaler Richtung bilden und dabei an den Primordien entweder ventral (A), randlich (C) oder dorsal (D, E) entstehen. (B *Melaleuca hypericifolia:* Myrtaceae, Rosidae, F *Hypericum hookerianum:* Hypericaceae, Dilleniidae, nach Leins; A, C–E nach Leins, Mayr u. Kubitzki.)

viel Blütenstaub anbieten (S. 746). Im weiteren Verlauf der Stammesgeschichte ist es jedenfalls auch in sekundär polyandrischen Gruppen vielfach neuerlich zur Reduktion der Staubblattzahlen gekommen (vgl. z.B. Abb. 3.2.232). – Während es beim Dédoublement zur Vermehrung ganzer Staubblätter kommt, werden durch **Spaltung** Staubblatthälften erzeugt (z.B. bei *Betulaceae,* Abb. 3.2.228 A, K).

Hinzuweisen ist schließlich noch auf die häufige post- oder congenitale **Verwachsung** der Staubblätter untereinander (z.B. Abb. 3.2.269 E, I, L: im Antherenbereich), mit dem Perigon bzw. der Krone (so besonders bei sympetalen Blüten, z.B. Abb. 3.2.266 B) oder mit Teilen des Gynoeceums (z.B. Abb. 3.2.260 H, K; 3.2.278 A, C) sowie auf die Reduktion von Staubblättern zu sterilen **Staminodien.** Als solche können sie entweder gänzlich ausfallen oder neue Aufgaben übernehmen, z.B. als Nektarblätter die Nektarbildung (z.B. Abb. 3.2.222 I–M) oder aber in kronblattartiger (petaloider) Ausbildung die optische Anlockung (z.B. Abb. 3.2.279 B–D).

Bei der **Entwicklung der Angiospermen-Staubblätter** (Abb. 3.2.196 A–C) entsteht zuerst an der Ventralseite der Anlage (also adaxial) eine meristematische Querzone: die Anlage wird ± schildförmig (peltat). Nun wachsen sowohl der Rückenteil der Anlage als auch die Querzone in die Höhe und bilden an ihren Randzonen 2 Pollensackgruppen (Thecen) mit je zwei Pollensäcken. Die Staubblätter der ursprünglichsten Angiospermen tragen die **Pollensäcke** ± apical und sind kaum gegliedert (Abb. 3.2.200 D). Die Verlagerung der Pollensäcke auf die Flanken (lateral), Bauch- (intrors) oder Rückseite (extrors), eine starke Abflachung (vgl. Abb. 3.2.193 G–L), besonders aber die typische Gliederung der Staubblätter (Abb. 3.2.195 A–B) in eine Stielzone (Staubfaden oder **Filament**) und die eigentliche **Anthere** mit ihrem sterilen Mittelabschnitt (Konnektiv) und den beiden Thecen aus je 2 miteinander verwachsenen Pollensäcken dürften dagegen als abgeleitet zu betrachten sein. Insgesamt entspricht das typische Angiospermen-Staubblatt einem **Mikrosporophyll** mit 4 Mikrosporangien bzw. 2 bisporangiaten Synangien. Staubblätter mit nur 2 oder mehr als 4 Pollensäcken sind selten.

Ein Querschnitt durch eine junge Anthere (Abb. 3.2.160, 3.2.195) zeigt an jedem Pollensack innen ein pollenbildendes **Archespor** und außen eine mindestens 4schichtige Wand. Diese besteht von außen nach innen aus der **Epidermis,** der **Faserschicht** (oder dem **Endothecium**), einer vergänglichen **Zwischenschicht** und einem 1(2)schichtigen **Tapetum.**

Letzteres dient mit seinen plasmareichen Zellen, deren Kerne gewöhnlich durch Restitutionskernbildung polyploid werden, der Ernährung der Pollenkörner und der Bildung von Pollenkitt (S. 738). Dabei kann das Tapetum als Gewebe erhalten bleiben (**Sekretionstapetum**) oder nach Auflösung der Zellwände mit seinen isolierten bzw. zusammenfließenden Protoplasten zwischen die jungen Pollenkörner dringen (**Plasmodialtapetum**).

Das **Archespor** bildet eine größere Zahl von **Pollenmutterzellen** (Abb. 3.2.160 D–E); aus diesen entstehen durch Meiose (Abb. 1.1.61, 1.1.66) je vier Meiosporen: die einkernigen Pollenkörner (Pollenzellen). Nach der Reifung der Pollenkörner bewirkt die Faserschicht schließlich durch einen Kohäsionsmechanismus (vgl. S. 468 f.) die Öffnung der Pollensäcke.

Die Zellen der **Faserschicht** besitzen Verdickungsleisten, die oft gegen die Innenwand verstärkt und vereinigt, gegen die Außenwand verdünnt sind (Abb. 3.2.195 E–J). Ähnlich wie beim Farn-Anulus (Abb. 3.1.19) können sich die Zellen daher bei Wasserverlust nur außen (tangential, und zwar besonders in der Querrichtung) verkürzen. Dadurch entstehen Spannungen, die schließlich das Aufreißen der Wandung herbeiführen – meist als **Längsriß** dort, wo sich die Trennungswand zwischen den beiden Pollensäcken befindet, die übrigens vielfach schon vorher resorbiert wird (Abb. 3.2.195 D).

Doch gibt es auch Pollensäcke, die sich durch Auflösung des Gewebes an bestimmten Stellen mit **Poren** öffnen (*Ericaceae,* Abb. 3.2.257 C, D) oder eine Faserschicht nur in einem engen Bereich entwickeln, der sich dann als **Klappe** abhebt (*Lauraceae,* Abb. 3.2.218 G). Manchmal sind die Verdickungen der Faserzellen auch umgekehrt gelagert, so daß sich der Pollensack beim Austrocknen der Länge nach verkürzt (z.B. *Liliales*) oder zusammenzieht (z.B. *Araceae*) und den Pollen aus einer Öffnung herausquetscht.

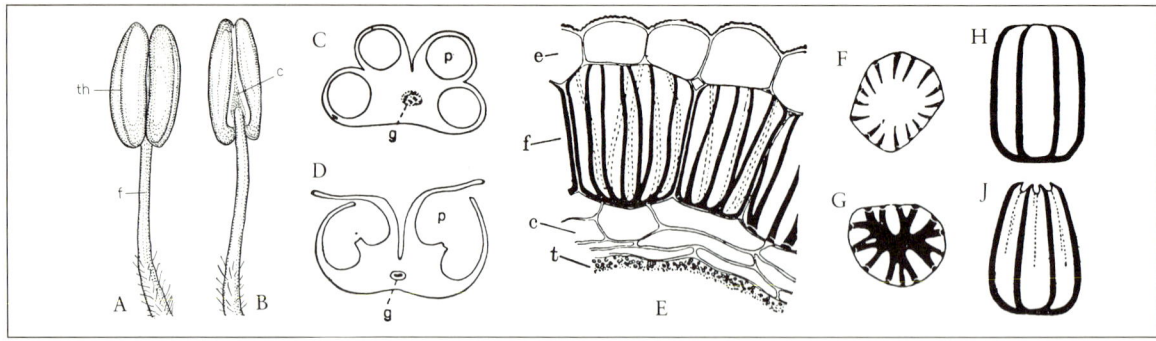

Abb. 3.2.195: Das Staubblatt der Angiospermen und sein Bau (A–B *Hyoscyamus niger*, C–D *Hemerocallis fulva*, E–G *Lilium pyrenaicum*). **A–B** Gesamtansicht von vorn und von hinten, mit Filament (f), 2 Thecen (th) und Konnektiv (c) (vergr.). **C–D** Querschnitte durch Antheren mit noch geschlossenen und bereits geöffneten Pollensäcken (p) sowie Leitbündel (g). **E** Querschnitt durch die Antherenwand mit Epidermis (e), Faserschicht (f), Zwischenschichten (c) und Resten des Tapetums (t); einzelne Faserzelle von oben (**F**) und von unten (**G**) (150×). **H–J** Schema einer Faserzelle vor und während des Schrumpfens. (A–B nach A. F. W. Schimper; C–D nach Strasburger; E–J nach Firbas.)

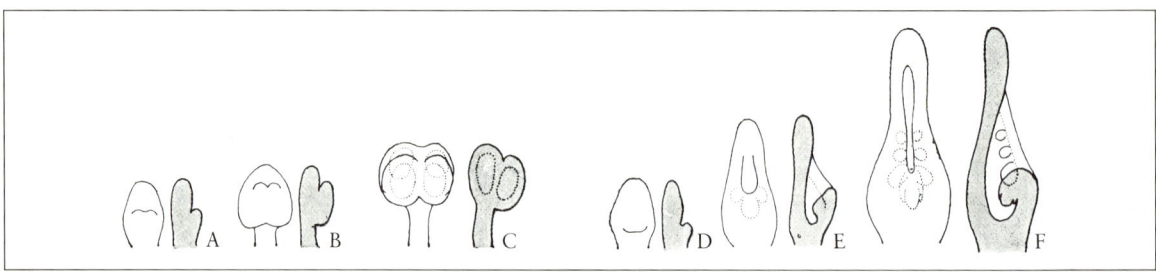

Abb. 3.2.196: Schema der ontogenetischen Entwicklung typischer Staubblätter (**A–C**) und Fruchtblätter (**D–F**) bei den Angiospermen. Vorderansichten und Längsschnitte (grau). Weitere Erklärung S. 737 u. 740f. (Original, teilweise nach Payer, Baum und Leinfellner.)

Pollen

Der Feinbau der Pollenkörner der Angiospermen entspricht zwar grundsätzlich dem der Gymnospermen (S. 703 f.), hat aber eine nichtlamelläre Endexine und erreicht ein höheres Maß an Differenzierung, z.B. durch die Ausbildung von Columellae (Abb. 3.2.161).

Über der mehrschichtigen Intine folgt nach außen die Exine, zuerst mit der kompakten, 2- bis 3schichtigen, sonst aber kaum lamellären Nexine. Ihre Außenschicht wird als Foot-layer bezeichnet und gehört färbe- und entstehungsmäßig bereits zur darüberliegenden Sexine; beide kann man auch als Ektexine zusammenfassen und der basalen Endexine gegenüberstellen. Die Sexine neigt bei den Angiospermen zu besonders starker Differenzierung. Bei den intectaten Pollenkörnern sitzt die Sexine nur in Form von Stäbchen, Keulen, Kegeln, Warzen oder als Netz der Nexine auf. Die säulchenförmigen Bauelemente (Columellae, Bacula) können jedoch am distalen Ende verbunden sein und so eine zusätzliche, äußere Schicht, das Tectum, aufbauen (tectate Pollenkörner). Das Tectum kann von Poren verschiedenster Form durchbrochen, selbst wieder mehrschichtig und außen (supratectat) skulpturiert sein. In den Tectum-Hohlräumen können Inkompatibilitätsproteine (Immunstoffe), Pollenkitt u.a. Stoffe eingelagert sein.

Elektronenmikroskopische Untersuchungen der Entwicklungsgeschichte zeigen, daß zuerst – noch innerhalb der von der Pollenmutterzelle stammenden dicken Callosewand – auf das Plasmalemma eine dünne Schicht fibrillären Materials, die Primexine, aufgelagert wird. In dieser erscheinen dann kompaktere Elemente, die durch Streckung und Dickenwachstum zu den Columellae werden, sich an den beiden Enden seitlich erweitern und so Tectum und Foot-layer, also die äußere Exine (Ektexine), aufbauen. An der Basis des Foot-layers entsteht die nichtlamelläre innere Exine (Endexine). Schließlich wird die cellulosehaltige Intine abgelagert. Der sippenspezifische Bau der sporopolleninhaltigen Exine wird vom jungen Pollenkern selbst gesteuert, ist im Aufbau aber stark von den Sekreten des sporophytischen Tapetums abhängig.

Während die Pollenkörner heranwachsen, bildet sich aus dem Tapetum eine besonders Lipid- und Carotinoid-haltige, klebrige Substanz, der Pollenkitt. Bei tierbestäubten Sippen wird er vor allem auf der Pollenoberfläche abgesetzt und ermöglicht so gruppenweises Zusammenkleben der Pollenkörner und Haften am Blütenbestäuber.

Diese Klebewirkung des Pollenkitts kann aber auch auf verschiedene Weise inaktiviert werden (z.B. bei sekundär windblütigen Angiospermen; vgl. S. 750).

Die Vielfalt der Pollenkorntypen ist bei den Angiospermen, besonders hinsichtlich Bau, Lage und Zahl der Aperturen (S. 703 f.), wesentlich größer als bei den Gymnospermen und systematisch höchst bedeutungsvoll (Abb. 1.3.13, 3.2.197, 3.2.198).

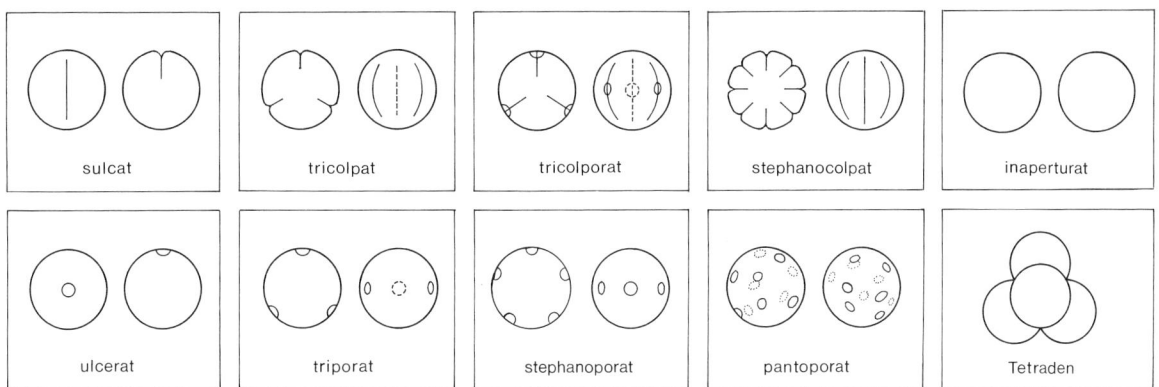

Abb. 3.2.197: Übersichtstabelle einiger häufiger Pollentypen mitteleuropäischer Samenpflanzen. Links jeweils distale Polansicht, rechts Äquatoransicht. **Monaden** (Einzelkörner): sulcat («monocolpat») (viele *Magnoliidae, Liliidae*), ulcerat («monoporat») *(Poaceae)*, tricolpat (*Ranunculaceae* z.T., *Quercus, Acer, Brassicaceae, Salix, Lamiaceae* z.T.), triporat (*Betula, Corylus, Urticaceae, Onagraceae*), tricolporat (*Fagus, Rosaceae* z.T., *Apiaceae, Tilia, Asteraceae*), stephanocolpat (*Rubiaceae, Lamiaceae* z.T.), stephanoporat (*Alnus, Ulmus*), pantoporat (*Juglans*, Großteil der *Caryophyllaceae, Chenopodiaceae, Plantaginaceae*), inaperturat in sonst äquatorial-aperturaten Formenkreisen (*Populus, Callitriche*). **Tetraden:** in Formenkreisen, wo sonst Monaden vorkommen (*Orchidaceae* z.T., *Typha* z.T., Großteil der *Ericales*) (nach Faegri & Iversen und Erdtman zusammengestellt von Teppner bzw. Hesse.)

Ausgangspunkt für alle Entwicklungslinien sind die noch sehr gymnospermenähnlichen Pollenformen mit einem distalen Sulcus («monocolpat»), wie wir sie bei vielen *Magnoliidae* und Monocotyledonen finden. Daneben gibt es hier auch ulcerate («monoporate») und sekundär inaperturate Pollenformen sowie Übergänge zu den für die ± abgeleiteten Dicotyledonen so bezeichnenden Pollen mit 3 Meridian-parallelen, in der Äquatorebene zentrierten Colpen: tricolpat. Die weitere Progression zu Aperturen, die über die ganze Pollenoberfläche verteilt sind (äquatorial → pantotrem) demonstrieren etwa die *Cactaceae* (Abb. 3.1.53, 3.2.198 A, C) und die *Caryophyllaceae*. Dabei kann die Aperturenzahl stark erhöht werden (*Caryophyllaceae* bis etwa 40, *Chenopodiaceae* bis etwa 100!). Ursprünglich sind die Aperturen also einfache Keimfalten (distal sulcat, äquatorial colpat). Davon leiten sich porenförmige (distal ulcerat, äquatorial porat) bzw. kombinierte (colporate) Ausbildungen ab. Infolge Ausgestaltung der Aperturenränder, deckelartiger Verschlüsse etc. können hochkomplizierte Keimöffnungen entstehen. Wahrscheinlich haben alle diese Veränderungen der Aperturen eine funktionelle Bedeutung bei der Wasseraufnahme und -abgabe (Volumenänderung!) und Keimung der Pollenkörner.

Die in ungeheurer Vielfalt ausgebildeten Pollenkorntypen lassen sich mit Hilfe eines künstlichen Systems (NPC-System), das auf Anzahl (Numerus), Lage (Positio) und Art (Charakter) der Aperturen beruht, klassifizieren und ordnen. Eine vereinfachte Übersicht über einige häufige mitteleuropäische Pollenformen gibt Abb. 3.2.197. Außerdem sind noch viele Unterschiede betreffend Symmetrie, Form und Größe der Pollenkörner sowie Feinstruktur ihrer Exine systematisch bedeutungsvoll. Abb. 3.2.198 zeigt, wie diese Differenzierungen durch sog. Palynogramme bzw. durch elektronenmikroskopische Bilder deutlich gemacht werden können.

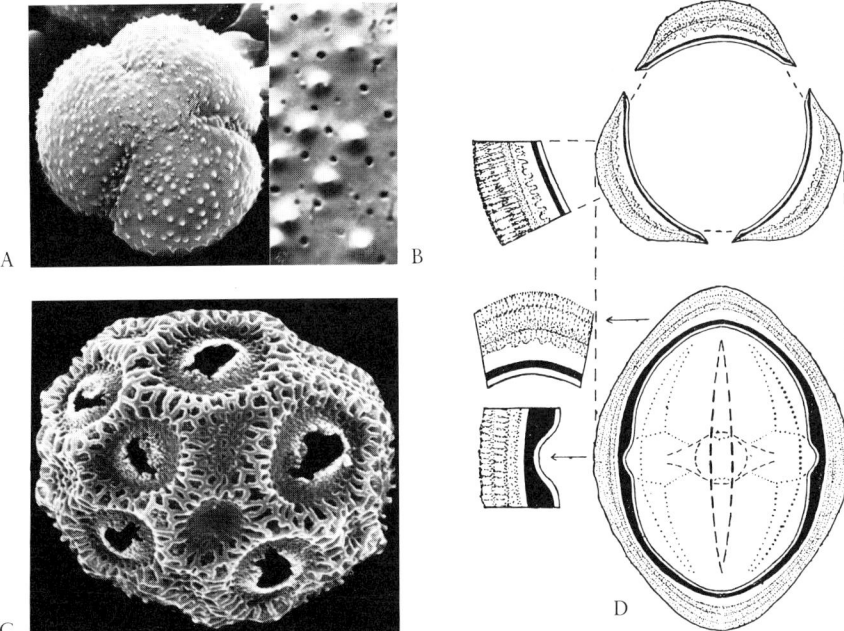

Abb. 3.2.198: A–C Pollenkörner verschiedener Kakteen nach Aufnahmen mit dem Rasterelektronenmikroskop; **A–B** *Gymnocalycium mihanovichii* (3-colpat, Übersicht: 500×; Detail des spitzwarzigen und porendurchsetzten Tectums: 5000×); **C** *Opuntia* spec. (pantoporat, Übersicht: 1000×). **D** Palynogramm der Pollenkörner von *Centaurea scabiosa* (3-colporat): Äquatoransicht, optischer Querschnitt und Details der Wandstruktur (Lichtmikroskop, 1500× bzw. 3000×). (A–C nach Klaus; D nach Erdtman.)

Die Pollenkörner der Angiospermen treten keineswegs immer nur einzeln (als Monaden) auf. Die Tochterzellen einer Pollenmutterzelle können etwa dauernd im Tetradenverband verbleiben und als solche verbreitet werden, z. B. bei *Ericales, Drosera, Epilobium, Juncaceae* u. a. (Abb. 3.2.257 G).

Besonders bei den *Cyperaceae* entstehen durch fortschreitende Reduktion von 2 oder 3 Zellen einer Tetrade schließlich «falsche» Einzelkörner (Pseudomonaden). Bleiben aus mehreren Pollenmutterzellen hervorgegangene Pollenkörner miteinander zu Paketen vereinigt, so entstehen Polyaden, Ausbreitungseinheiten, die aus 8, 16 oder 32 Pollenkörnern bestehen (z. B. bei *Mimosaceae*). Schließlich kann auch der gesamte Inhalt eines Pollensackes zu einem Pollinium, jener aus 2 (oder mehr) Säcken und verschiedenen zusätzlichen Bildungen zu einem Pollinarium vereinigt bleiben (z. B. bei *Asclepiadaceae, Orchidaceae*) (Abb. 3.2.260 L, 3.2.278 C–D).

Fruchtblätter

Sie entsprechen Megasporophyllen, werden hier oft als Karpelle bezeichnet und bilden zusammen mit den daransitzenden Samenanlagen das **Gynoeceum** (Gynaeceum) der Angiospermenblüte. Dabei sind die Fruchtblätter immer zu einem die Samenanlagen umschließenden Gehäuse umgestaltet.

Die *Angiospermae* sind also «angiovulat» (aber nur in abgeleiteten Fällen wirklich «angiosperm» – d. h. mit eingeschlossen bleibenden Samen; vgl. S. 755 ff.). Dadurch werden die noch zarten Samenanlagen vor Austrocknung und vor dem Zugriff blütenbesuchender Insekten geschützt, und der direkte Zutritt von Pollen wird verhindert (wegen der «Filterwirkung» gegenüber Pollen desselben Individuums oder fremder Arten vgl. S. 455, 501 f., 745).

Auch im Bereich des Gynoeceums der Angiospermen ist die schraubige Anordnung zahlreicher, freier Fruchtblätter ursprünglich (vgl. Abb. 3.2.190 A). Oligomerisation (S. 732) führt auch hier vielfach zur Wirtelbildung freier Fruchtblätter (vielfach 5, 3 oder 2: Abb. 3.2.191 A, 3.2.199 D) und weiter zur Reduktion bis auf ein Fruchtblatt (z. B. Abb. 3.2.199 A). Sekundäre Vermehrung der Fruchtblattzahl ist seltener (öfters wird dadurch die Reduktion der Samenzahl pro Fruchtblatt kompensiert, z. B. bei *Ranunculaceae*, Abb. 3.2.222 A–B, P–Q). Vielfach kommt es infolge Verwachsung von freien Fruchtblättern zur Weiterentwicklung des freiblättrigen oder chorikarpen (= «apokarpen») zum verwachsenblättrigen oder coenokarpen Gynoeceum (vgl. Abb. 3.2.199, 3.2.201–202, S. 741 f.). Sowohl freie als auch bereits miteinander ± verwachsene Fruchtblätter können mit dem Blütenbecher verwachsen (vgl. S. 734 f.).

Die Entwicklung eines freien Fruchtblattes verläuft anfangs meist ähnlich wie die eines Staubblattes (Abb. 3.2.196 D–F, 3.2.200 A–C): Über einer unifacialen Stielzone bildet sich auf der Ventralseite eine meristematische Querzone; dadurch entsteht auch hier zuerst ein ± peltates Stadium. Die Ränder wachsen nun (auf der Rückenseite stärker als auf der Bauchseite) ± schlauchförmig (utriculat oder ascidiat) in die Höhe und lassen dabei nur einen Ventralspalt (Bauchnaht) offen. Im Inneren entwickeln sich im

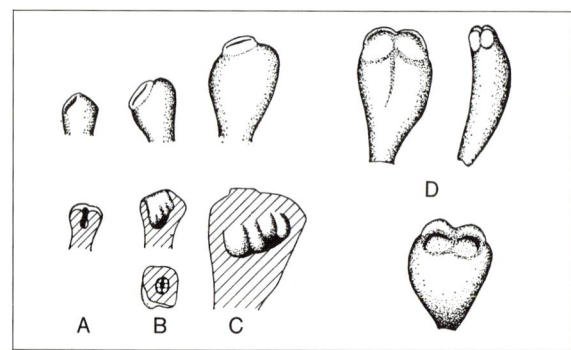

Abb. 3.2.200: Ursprüngliche, wenig differenzierte, schlauch- bzw. schildförmige Frucht- und Staubblätter der *Winteraceae (Pseudowintera)*. **A–C** Ontogenie der Fruchtblätter mit lateralen Placenten unter dem Ventralspalt (Gesamtansichten und Längsschnitte, **B** unten Querschnitt). **D** Ausgewachsene Staubblätter mit apicalen Pollensäcken in Vorder-, Seiten- und Schrägansicht (10×). (Nach Sampson.)

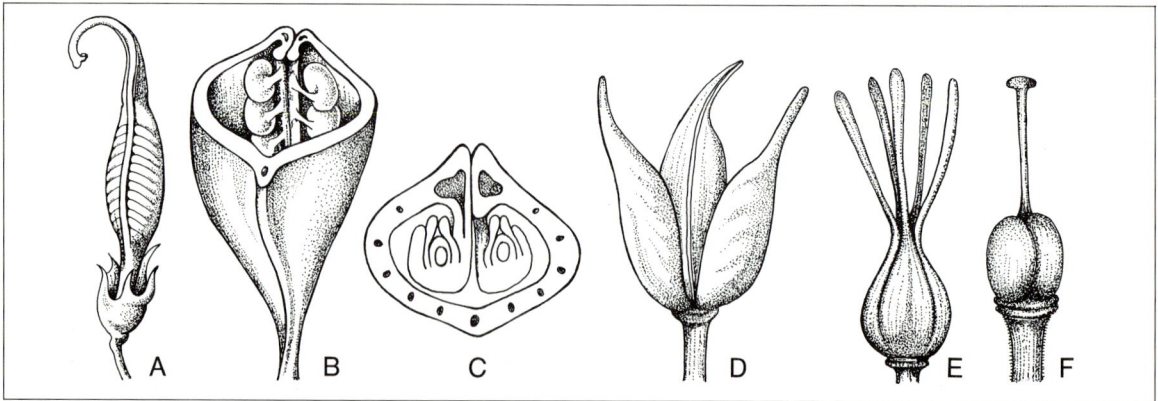

Abb. 3.2.199: Bau der Fruchtblätter (A–C) und fortschreitende Verwachsung (D–F). **A** Gesamtansicht eines heranreifenden, einzelnen und freien Karpells von der Ventralseite mit geschlossener Bauchnaht (an der Basis der Kelch) (etwa 3×), **B–C** im Querschnitt, mit Dorsal- und 2 Ventralbündeln, 2teiliger Placenta und Samenanlagen (etwa 10×). **D** Chorikarpes, **E–F** coenokarpes Gynoeceum mit freien bzw. verwachsenen Griffeln (vergr.). (A–B *Colutea arborescens*, C–D *Delphinium elatum*, E *Linum usitatissimum*, F *Nicotiana rustica*). (A–D nach Troll; E–F nach Berg & Schmidt.)

fertilen Hauptabschnitt des Fruchtblattes (dem Fruchtknoten oder Ovar) an Placenten die Samenanlagen. Endlich schließt sich die Bauchnaht durch postgenitale Verwachsung. Steril bleibt öfters ein stielartiger Endabschnitt, der Griffel; in seinem Inneren werden die Pollenschläuche geleitet und ernährt. Als Empfängnisstelle für die Pollenkörner trägt der Griffel eine meist papillöse oder schleimig-klebrige Narbe. Wir können demnach an freien Karpellen (Abb. 3.2.201 A) von unten nach oben vielfach eine Stielzone, eine von Anfang an (congenital) geschlossene Schlauchzone (asciidiate Zone = a), eine erst während der Ontogenese (postgenital) geschlossene Verwachsungszone (plikate Zone = p) und eine Griffelzone unterscheiden.

Außer Fruchtblättern mit sehr ausgeprägter Schlauchzone und fast kreisförmiger Bauchnaht (Abb. 3.2.200 A–C) gibt es vielfach solche, bei denen die Schlauch- und Stielzone zurücktritt, die Verwachsungszone und Bauchnaht dagegen verlängert wird (Abb. 3.2.196 D–F). Schließlich kommen öfters auch epeltate Karpelle (ohne Querzonenmeristem) vor, bei denen die Schlauch- und Stielzone überhaupt fehlen und das Fruchtblatt gefaltet (conduplikat) erscheint.

Die **Placenten** mit den Samenanlagen können im Inneren der Fruchtblätter flächenständig (laminal) oder dem Rand genähert (submarginal) ausgebildet sein (Abb. 3.2.202 A, B). Bei submarginaler Ausbildung sind wohl um den Ventralspalt O-förmige Placenten ursprünglich; davon lassen sich U-förmige und weiter laterale, nur an den seitlichen Ventralspalt-Rändern ausgebildete zweizeilige bzw. an der Querzone entwickelte mediane Placenten ableiten (Abb. 3.2.200 B). Ursprünglich ist die Ausbildung mehrerer bis vieler Samenanlagen in jedem Fruchtblatt, abgeleitet die Reduktion auf eine (z.B. Abb. 3.2.222 P, Q). Die Position der Samenanlagen an der Placenta kann verschieden sein (z.B. hängend, waagrecht, schräg oder aufrecht, mit dorsaler oder ventraler Raphe; vgl. Abb. 3.2.222 O–Q und S. 704).

An primitiven Karpellen ist die Narbenzone auf die papillösen Ränder der Bauchnaht beschränkt (vgl. z.B. Abb. 3.2.200 C). Erst später sind mehrfach parallel durch Verlängerung apicaler Karpellabschnitte Griffelzonen und lokalisierte Narben entstanden (vgl. z.B. Abb. 3.2.222 N–Q) und verschieden ausgestaltet worden (vgl. z.B. Abb. 3.2.190 E, 3.2.230 C, 3.2.281). Ganz allgemein werden dadurch die Möglichkeiten für die Pollenaufnahme und Bestäubung verbessert (vgl. S. 745 ff.).

Die morphologische Interpretation der Karpelle ist noch immer umstritten. So wurde etwa die Ansicht vertreten, die Samenanlagen bzw. Placenten aller (oder eines Teiles der) Angiospermen wären ursprünglich achsenständig («stachyspor») und erst sekundär mit Tragblättern verschmolzen. Dem widersprechen viele Ähnlichkeiten zwischen Karpellen und vegetativen, besonders auch schildförmigen oder schlauchförmigen Blättern (z.B. *Tropaeolum* oder *Nepenthes*, Abb. 1.3.75–76, 2.1.97) hinsichtlich Entwicklung, Wachstum und Adernverlauf. Auch tragen vergrünte Karpelle die Rudimente ihrer Samenanlagen ± randständig. Demnach wären die Samenanlagen bei den Angiospermen also blattständig («phyllospor»). Vielfach hat man sich bei den phylogenetischen Werdegang der Karpelle so vorgestellt, als ob sich ihre blattähnliche und bifaciale Fruchtblätter (etwa ähnlich denen von *Cycas*, Abb. 3.2.184 C) seitlich «eingerollt» hätten (Abb. 3.2.216 I–II). Die fast allgemein schild- oder schlauchförmigen Entwicklungsstadien der Angiospermen-Karpelle (und -Staubblätter) sowie das Vorkommen von krug- und becherförmigen Samenanlagen- (und Pollensack-)Trägern bei den Pteridospermen (vgl. Abb. 3.2.182–183 und S. 723 ff., 760), den vermutlichen Vorläufern der Angiospermen, machen aber solche, weder durch Fossilfunde noch durch die Entwicklungsgeschichte gestützte Annahmen unnötig.

Ein verwachsenblättriges, coenokarpes Gynoeceum bezeichnet man in seiner Gesamtheit als Pistill (Stempel), den Basalteil wieder als Fruchtknoten (Ovar), die sterilen, verlängerten Apicalabschnitte als Griffel und Narben (vgl. oben). Verschiedene Übergangsbildungen verdeutlichen, wie die Verwachsung freier Fruchtblätter erfolgt (vgl. Abb. 3.2.199 D → F und 3.2.201: A → B → C). Dabei kommt es zu einer fortschreitenden congenitalen Verschmelzung der Stiel-, Schlauch- und Verwachsungszonen; nur die apicalen Abschnitte bleiben oft unverschmolzen, aber auch sie können schließlich zu einem einheitlichen Griffel verbunden werden, an dessen Spitze nur noch die Narbenlappen die Zahl der beteiligten Fruchtblätter erkennen lassen.

An vielen coenokarpen Gynoeceen lassen sich diese verschieden weit fortgeschrittenen Verwachsungen in übereinanderliegenden Zonen wiederfinden (vgl. Abb. 3.2.201 C): Dabei sind die basalen, asciidiaten Zonen der Fruchtblätter miteinander congenital verschmolzen (synasciidiat = sa), ebenso darüber die plikaten vollständig (symplikat = sp) bzw. unvollständig (hemisymplikat = hsp) verbunden, die apicalen dagegen vielfach noch unverwachsen (asymplikat = asp); diese Gliederung kann durch nachträgliche postgenitale Verwachsungen verwischt werden. Die 4 Zonen können sehr unterschiedlich gefördert bzw. teilweise auch völlig unterdrückt sein. Placenten und Samenanlagen können in allen, besonders aber den mittleren Abschnitten gebildet werden.

Bei ursprünglichen coenokarpen Gynoeceen erscheint demnach das Ovar durch «echte» Scheidewände (Septen) vollständig gefächert (gekammert), die Placenten und Samenanlagen sind zentralwinkelständig. Erfaßt diese Fächerung den Großteil des Fruchtknotens, so sprechen wir von einem synkarpen Gynoeceum (z.B. Abb. 3.2.202 C–D–G, 3.2.242 E–F, 3.2.253 A). Wird das Wachstum der Septen eines synkarpen Gynoeceums aber gehemmt, so entstehen teilweise oder auch gänzlich ungefächerte parakarpe Fruchtknoten: Dabei sind die Placenten parietal, mit wandständigen Samenanlagen (z.B. Abb. 3.2.202 E–F, 3.2.223 C–D, 3.2.249 F–G), oder zentral und freiständig, mit zahlreichen oder auch nur einer einzigen basalen Samenanlage (z.B. Abb. 3.2.202 H–I, 3.2.224, 3.2.225, 3.2.254). Zentralplacenten entstehen offenbar direkt aus den hochwachsenden Querzonen synkarp-synasciidiater Fruchtknoten. Eine Übersicht wichtiger Progressionen im Gynoeceum-Bereich ist aus Abb. 3.2.202 zu entnehmen.

Im Zusammenhang mit der Reduktion von Fruchtblättern und Samenanlagenzahl können in coenokarpen Gynoeceen auch sterile Fächer entstehen (z.B. Abb. 3.2.258), oder die Fruchtknoten werden scheinbar einfächerig (pseudomonomer, z.B. Abb. 3.2.190 E, 3.2.218 G) bzw. ganz eingeschlechtig (z.B. 3.2.246 C). Umgekehrt kann es durch Gewebewucherungen auch zur Bildung «falscher» Scheidewände und zur nachträglichen Fächerung der Fruchtknoten kommen (vgl. z.B. S. 805, 807 u. Abb. 3.2.266). Auch können freie Fruchtblätter durch Achsengewebe umwachsen werden (z.B. 3.2.221 B–C): unecht coenokarpe Gynoeceen. Sonderentwicklungen

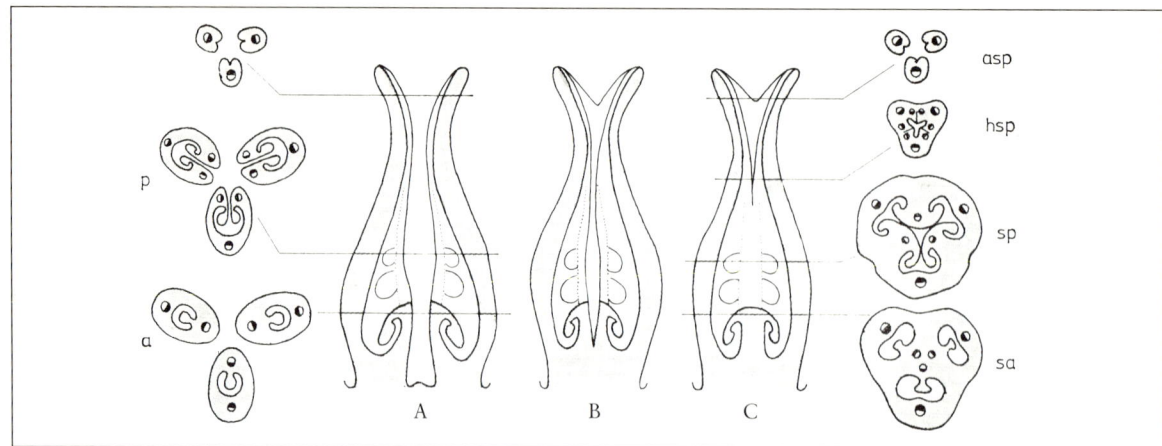

Abb. 3.2.201: Schema des Baues chorikarper (**A**), coenokarper (**C**) und dazwischen vermittelnder hemisynkarper (**B**) Gynoeceen. Längs- und Querschnitte mit ascidiaten (a), plikaten (p) bzw. synascidaten (sa), symplikaten (sp), hemisymplikaten (hsp) und asymplikaten (asp) Zonen. (Nach Leinfellner.)

Abb. 3.2.202: Verschiedene Typen des Gynoeceums und ihre vermutlichen merkmalsphylogenetischen Zusammenhänge. Dargestellt sind Querschnitte aus der fertilen Hauptzone ausgewachsener Fruchtknoten; Pl. = Placenta bzw. Placentation. **A** Chorikarp, laminale Pl. **B** Chorikarp, submarginale Pl. **C** Hemisynkarp, zentralwinkelständige Pl. **D, G** Synkarp, zentralwinkelst. Pl., Septen frei bzw. congenital verwachsen. **E–F** Parakarp, parietale Pl. **H–I** Parakarp, Zentralpl., zahlreiche bzw. 1 basale Samenanlage. (Teilweise nach Takhtajan und Englers Syllabus, verändert.)

sind die Septalnectarien zwischen den Karpellen vieler *Monocotyledoneae* oder die Schaufunktion der Griffel bei den *Iridaceae* (Abb. 3.2.277 E–G). Wegen der Entwicklung von ober- zu unterständigen Gynoeceen vgl. S. 734.

Während bei freien Fruchtblättern jede Narbe getrennt bestäubt werden muß, ermöglicht die Verwachsung der Fruchtblätter und Griffel auch bei einmaliger Bestäubung eine Weiterleitung der Pollenschläuche in alle Fruchtknotenfächer. Die progressiven Veränderungen der Placentation dürften die Ernährung der Samenanlagen bzw. Samen verbessern.

Samenanlagen

Von ihrem Bildungsgewebe, der Placenta, werden die Samenanlagen (Abb. 3.2.199 B–C, 3.2.204, 3.2.209 A, 3.2.213 A) durch Leitbündel mit Nährstoffen versorgt. Ursprünglich sind 2 Integumente vorhanden (bitegmisch); davon verbleibt in abgeleiteten Gruppen (z.B. bei den *Lamiidae* und *Asteridae*) infolge Fusion oder Rückbildung oft nur 1 (unitegmisch). In seltenen Fällen, z.B. bei den *Loranthaceae*, sind sogar Samenanlagen im Fruchtknoten eingeschmolzen; vgl. Abb. 3.2.246 C. Die innerste Integumentschicht ist öfters als Tapetum-ähnliches Endothelium differenziert. Gewebewucherungen aus Integumenten, Funiculus oder Placenten zur Mikropyle hin bezeichnet man als Obturator; vielleicht stehen diese Bildungen mit der Weiterleitung der Pollenschläuche im Zusammenhang (vgl. Abb. 3.2.247 M). Die Reduktion der Samenanlagen erfaßt auch den Nucellus: Progressionen gehen hier von einer vielzelligen (crassinucellaten, vgl. Abb. 3.2.204 G) Ausbildung mit Deckzelle zu einer im wesentlichen nur noch aus Epidermis und Embryosack bestehenden (tenuinucellaten) ohne Deckzelle. Diese Reduktion und fortschreitende Neotenie der Samenanlagen wird durch ihren Einschluß und Schutz in den Karpellen möglich.

Ähnlich wie im Archespor der Pollensäcke entwickeln sich im Nucellus nach einigen Teilungen (bei abgeleiteten tenuinucellaten Gruppen auch direkt aus einer subepidermalen Zelle) manchmal mehrere, meist aber nur eine Embryosackmutterzelle (Abb. 3.2.204 A–D, 3.2.205). Sie fällt frühzeitig durch ihre Größe und ihren Plasmagehalt auf. Im Zuge der Megasporogenese entstehen daraus nach der Meiose 4 meist untereinander liegende haploide Meiosporen. Davon wird gewöhnlich nur eine, und zwar meist die unterste, zum Embryosack. Der Schichtbau der Zellwand dieser Megaspore ist im Vergleich zu jener der Gymnospermen noch stärker reduziert.

Gametophyten

Die Pollenkörner beginnen noch in den Pollensäkken mit der Entwicklung des sehr vereinfachten ♂ **Gametophyten** (Abb. 3.2.203). Dabei teilt sich die einkernige **Pollenzelle** nach der ersten Pollenmitose sehr ungleich in die das Pollenkorn fast ausfüllende **vegetative Zelle** oder **Pollenschlauchzelle** und die kleinere, linsenförmige, der Wand anliegende **generative Zelle** oder **Antheridiumzelle**. Diese generative Zelle erhält neben dem Zellkern noch Mitochondrien und andere Zellorganellen, vielfach aber keine Plastiden. Sie löst sich von der Wand ab und liegt dann als spindelförmiges Gebilde im Plasma der Pollenschlauchzelle. Nach der zweiten Pollenmitose entstehen daraus zwei **Spermazellen**. Diese Zellteilung erfolgt ursprünglich wohl erst im Pollenschlauch, bei abgeleiteten Gruppen aber schon im Pollensack; dementsprechend sind die Pollenkörner bei der Bestäubung 2- oder 3zellig.

Somit ist der ♂ Gametophyt der Angiospermen stärker rückgebildet als jener der Gymnospermen: Denn es fehlen Prothalliumzellen und Stielzelle; die generative Zelle ist offenbar der alleinige Rest eines Antheridiums (vgl. S. 705).

Die normale Entwicklung des ♀ **Gametophyten** beginnt mit der einkernigen **Embryosackzelle**

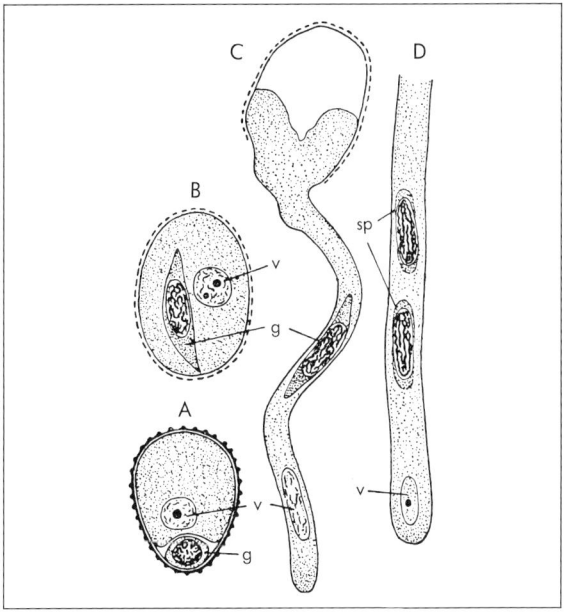

Abb. 3.2.203: Entwicklung des ♂ Gametophyten *(Lilium martagon)*. Vegetative Zelle (ihr Kern v) und generative Zelle (g) im Pollenkorn (**A–B**) bzw. Pollenschlauch (**C**). Im Vorderende des Pollenschlauchs (**D**) hat sich die generative Zelle in die beiden Spermazellen (sp) geteilt (530×). (Nach Strasburger, in Anlehnung an Guignard etwas verändert.)

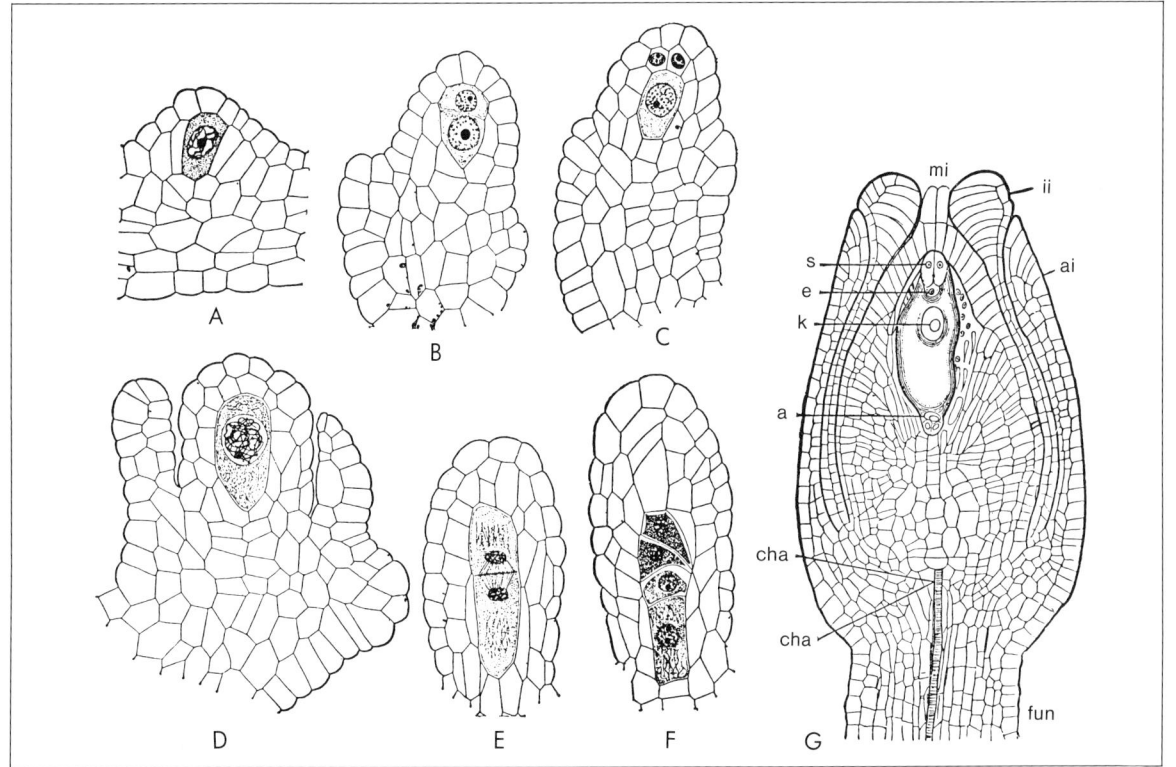

Abb. 3.2.204: Entwicklung des ♀ Gametophyten (A–F: *Hydrilla verticillata*: Hydrocharitaceae; G *Polygonum divaricatum*). Im heranwachsenden Nucellus der Samenanlage differenziert sich eine hypodermale Zelle (**A**), gliedert eine sich weiter teilende Deckzelle ab (**B–C**), vergrößert sich zur Embryosackmutterzelle (**D**) und bildet nach der Meiose (**E, F**) 4 Embryosackzellen, von denen sich nur die unterste zu einem Embryosack weiterentwickelt. **G** Reife Samenanlage mit Mikropyle (mi), äußerem und innerem Integument (ai, ii), Chalaza (cha) und Funiculus (fun); der Embryosack enthält die Synergiden (s), die darunter hervorragende Eizelle (e), den sekundären Embryosackkern (k) und die 3 Antipoden (a) (200×). (A–F nach Maheshwari; G nach Strasburger.)

(= Megaspore) (Abb. 3.2.205). Nach entsprechendem Wachstum entstehen darin im Zuge der Megagametogenese gewöhnlich in 3 aufeinanderfolgenden, freien Kernteilungen aus dem primären Embryosackkern 2, 4 und schließlich 8 Zellkerne. Je 3 umgeben sich an den beiden schmalen Enden des Embryosackes mit eigenem Plasma und bilden so selbständige, zunächst nur mit einer Membran, später auch mit einer dünnen Zellwand umhüllte Zellen (Abb. 3.2.204G, 3.2.205). Die 3 oberen bezeichnet man als **Eiapparat**. Von ihnen wird die größte und tiefer herabreichende zur **Eizelle**, die beiden anderen zu **Synergiden** (Hilfszellen). Die 3 unteren Zellen bilden die **Antipoden**. Die beiden restlichen, vom Embryosackplasma nicht abgegrenzten Kerne, die **Polkerne**, verschmelzen vor oder nach Eindringen des Pollenschlauchs zum sog. **sekundären Embryosackkern**, der also diploid ist.

Von diesem weitverbreiteten und wohl ursprünglichen Normaltypus der Embryosackentwicklung gibt es verschiedene Abweichungen, von denen in Abb. 3.2.205 einige auch systematisch wichtigere zusammengestellt sind. Während beim Normaltypus nur eine Embryosackzelle (Megaspore) am Aufbau des dementsprechend **monosporischen** Embryosackes beteiligt ist, sind es bei **bi-** bzw. **tetrasporischen** Embryosäcken 2 oder alle 4. Die übrigen Veränderungen betreffen Ausfall von Teilungen in der Megagametogenese, verschiedene Anordnung der Zellgruppen sowie Zell- bzw. Kernverschmelzungen. Während der fertige Embryosack beim *Penaea*-Typ 16 Zellen bzw. Kerne aufweist, sind es beim *Oenothera*-Typ nur 4. – Der Ernährung des Embryosackes dienen vor allem die Antipodenzellen, aber auch **Haustorien**, die aus Megasporen, Synergiden oder Antipoden gebildet werden können.

Der ♀ Gametophyt der Angiospermen ist also infolge Neotenie (vgl. S. 705) viel stärker rückgebildet als jener der Gymnospermen. Dies betrifft sowohl die Zahl der beteiligten Zellen und Kerne (meist 8, gelegentlich aber auch nur 4) als auch die unterbleibende Archegonienbildung. Daher erscheint auch die ins einzelne gehende Homologisierung mit den ♀ Prothallien der Gymnospermen etwas problematisch (z.B. Eiapparat = 2 Halskanalzellen + Eizelle?).

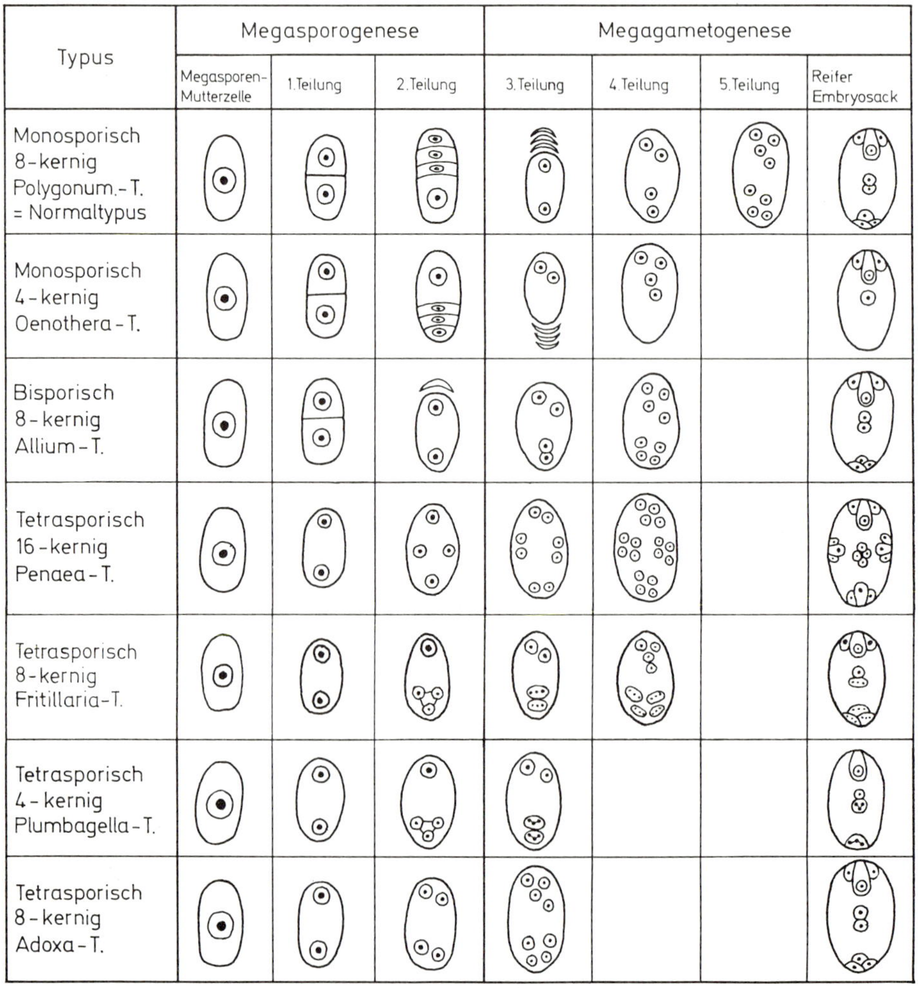

Abb. 3.2.205: Einige Typen der Embryosackbildung bei den Angiospermen: Meiose der diploiden Embryosackmutterzelle (Megasporogenese) und Entwicklung der haploiden Embryosackzelle zum reifen Embryosack (Megagametogenese). Weitere Erklärungen vgl. Text (Nach Maheshwari.)

Bestäubung

Bei den Angiospermenblüten wird der Pollen nicht direkt durch den Bestäubungstropfen an der Mikropyle der Samenanlagen wie bei den Gymnospermen, sondern durch die klebrige bzw. papillöse Narbe der Fruchtblätter aufgenommen (vgl. dazu Abb. 3.2.189, 3.2.209 A u. S. 706, 741). Damit ergibt sich wohl eine noch weitergehende Unabhängigkeit der geschlechtlichen Fortpflanzung von Feuchtigkeit. Die Ausbildung von Narben wird durch den Einschluß der Samenanlagen in den Fruchtblättern erzwungen, was wiederum als Schutzeinrichtung mit der Tierblütigkeit im Zusammenhang stehen dürfte (vgl. S. 740, 746 ff.). Ein entsprechender Zusammenhang ist auch für die Zwitterblütigkeit anzunehmen (S. 706, 733). All dies weist darauf hin, daß die ursprünglichen Angiospermen zwitterblütig und zoophil waren und sich u.a. wegen der damit verbundenen Vorteile (S. 761) gegenüber ihren eingeschlechtig blühenden und anemophilen gymnospermischen Ausgangsformen erfolgreich durchsetzen konnten.

In Zwitterblüten kann es leicht zu Selbstbestäubung (Autogamie) und damit zur Inzucht kommen (S. 502, 746). Es ist daher verständlich, daß bei den Angiospermen zahlreiche blütenbiologische Einrichtungen entstanden sind, um **Fremdbestäubung (Allogamie)** zu fördern oder zu erzwingen. Dabei kommt Griffeln und Narben eine entscheidende Bedeutung als entwicklungsphysiologische «Filter» zu: Meist verhindern sie nämlich Keimung bzw. Pollenschlauchbildung des Pollens nicht nur von anderen Arten, sondern bei der Mehrzahl der Angiospermen auch von der gleichen Pflanze. Dies ist auf genetische Inkompatibilität und Selbststerilität zurückzuführen (S. 501 f.).

Innerhalb der Angiospermen haben sich die für die Selbststerilität verantwortlichen multipolaren S-Gene (S. 502) wohl erst allmählich herausgebildet. Die S-Gene bestimmen das Pollenverhalten (vgl. Abb. 3.1.25) entweder erst im ♂ Gametophyt (z.B. bei *Ranunculaceae*) oder – noch effizienter – schon in der Mutterpflanze (z.B. bei *Asteraceae*): man spricht demnach von einer gametophytischen bzw. sporophytischen Kontrolle. Auch bei selbstkompatiblen Angiospermen ist das Wachstum von eigenem gegenüber fremdem Pollen oft verlangsamt.

Mehrfach parallel ist in verschiedenen Angiospermengruppen genetische Inkompatibilität durch **Heterostylie** verstärkt worden (S. 502). Bei heterostylen Sippen sind 2 oder 3 unterschiedliche Griffellängen und Staubblattpositionen infolge gekoppelter Genunterschiede auf verschiedene Individuen verteilt.

So kommen z.B. bei vielen *Primula*-Arten etwa gleich viele lang- und kurzgriffelige Individuen mit tiefem bzw. hohem Staubblattansatz vor. Schon Darwin hat gezeigt, daß nur bei Kreuzbestäubung der beiden Typen optimaler Fruchtansatz resultiert. Nur in diesem Fall entsprechen einander auch die Größe der Narbenpapillen und Pollenkörner (Abb. 3.2.206 A–B). Diese «legitime» Bestäubung wird dadurch gewährleistet, daß die immer gleich tief in die Kronröhre vordringenden Blütenbesucher den Blütenstaub hochsitzender Staubblätter normalerweise auf hochsitzende Narben, den tieferer Staubblätter dagegen auf tief stehende Narben übertragen. Solche dimorph-heterostylen Sippen gibt es etwa noch bei Vertretern der *Polygonaceae, Oxalidaceae, Plumbaginaceae, Boraginaceae* (Abb. 3.1.26 A) und *Rubiaceae*. Außerdem finden sich aber auch trimorph-heterostyle Sippen mit 3 verschiedenen Blütentypen, z.B. bei den *Lythraceae* (*Lythrum salicaria* u.a.).

Als **Dichogamie** bezeichnet man zeitlich verschiedene Reifung von Staubblättern und Narben; sie tritt entweder als Vormännlichkeit [Prot(er)andrie] oder als Vorweiblichkeit [Prot(er)ogynie] in Erscheinung. (Gleichzeitige Reifung ♂ und ♀ Organe heißt Homogamie.) **Herkogamie** bezieht sich auf verstärkte räumliche Trennung von Staubblättern und Narben. Dichogamie und Herkogamie schließen zwar die Bestäubung von Nachbarblüten nicht aus, wirken aber doch bei selbstkompatiblen Sippen der Autogamie und Inzucht entgegen und fördern Allogamie.

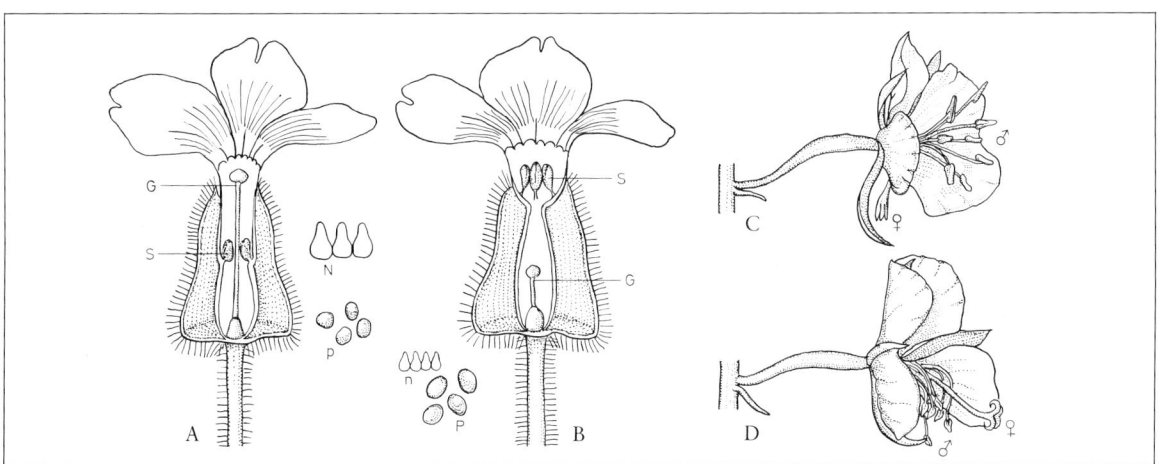

Abb. 3.2.206: Heterostylie bei *Primula sinensis*, Blüten mit unterschiedlicher Position von Narben (G) und Staubbeuteln (S). **A** Blüte einer langgriffeligen Pflanze mit großen Narbenpapillen (N) und kleinen Pollenkörnern (p). **B** Blüte einer kurzgriffeligen Pflanze mit kleinen Narbenpapillen (n) und großen Pollenkörnern (P). (A, B schwach vergr.; P, N, p, n 80×. (Nach Noll.) Proterandrie bei *Epilobium angustifolium*. **C** Blüte im ♂, **D** im ♀ Entwicklungszustand (nat. Gr.). (Nach Clements & Long.)

Proterandrische Blüten sind bei den verschiedensten Angiospermenfamilien sehr häufig (Abb. 3.2.206 C–D); dagegen ist Proterogynie viel seltener (z. B. bei *Plantago*). Auch Herkogamie ist allgemein verbreitet. Bei *Iris* (Abb. 3.2.277 E–G) können z. B. Hummeln nur beim Hineinkriechen in die Teilblume (S. 815) die Narbenklappe mit dem Rücken umbiegen und bestäuben; wenn sie beladen mit Pollen derselben Teilblume zurückkriechen, wird die Narbenklappe aber an das Griffeldach angedrückt, wodurch Selbstbestäubung unmöglich wird.

In den meisten Angiospermenfamilien sind abgeleitete Sippen mit fakultativer und schließlich obligater **Selbstbestäubung (Autogamie)** entstanden. Die Voraussetzungen dafür sind Ausfall der genetischen Selbstinkompatibilität und gezielte Übertragung des Pollens auf die eigenen Narben, etwa durch Herunterrieseln, Krümmbewegungen der Staubblätter oder Kronenschluß (vgl. Abb. 3.1.26 C, 3.2.224 B). Selbstbestäubung schon in der Blütenknospe kann zur Kleistogamie führen, wobei sich die Blüten überhaupt nicht mehr öffnen.

Autogamie ermöglicht Fruchtansatz und Fortpflanzung auch an Einzelindividuen. Sie ist daher bei Pionierpflanzen und Unkräutern (S. 502), aber auch in Inselfloren verbreitet (Fernausbreitung von einzelnen Diasporen! S. 840 f.). Vielfach bildet Autogamie in extremen, an Bestäubern armen Lebensräumen (etwa unter arktischen, alpinen oder wüstenartigen Bedingungen) die einzige Möglichkeit zur geschlechtlichen Fortpflanzung. Obligate Selbstbestäuber haben meist unscheinbare, duft- und nektarlose Blüten, die Größe bzw. Zahl der Kron- und Staubblätter ist oft reduziert, die Pollenmenge verringert (vgl. z. B. Abb. 3.1.26 C, 3.2.224 oder die Antherengröße bei allogamem Roggen im Vergleich zu den autogamen Gersten und Weizen: Abb. 3.2.282 B, E, G). Vielfach bildet sich ein vorteilhaftes Balancesystem zwischen Allogamie und Autogamie heraus: etwa, indem Blüten sich zuerst öffnen, Fremdbestäubungen ermöglichen und erst gegen Ende der Anthese auch Selbstbestäubung durchführen. Bei vielen *Viola*-Arten oder bei *Oxalis acetosella* gibt es eine entsprechende Balance infolge Ausbildung von normalen, offenen (chasmogamen) und sehr reduzierten, knospenartigen kleistogamen Blüten am gleichen Individuum. *Lamium amplexicaule* neigt besonders zu Anfang und Ende der Blühperiode zur Kleistogamie.

Sekundäre Eingeschlechtigkeit der Blüten in Form von Monöcie, Diöcie oder Polygamie (S. 702) hat sich bei den Angiospermen besonders im Zusammenhang mit Windblütigkeit (S. 750) entwickelt, ermöglicht aber auch sonst einen Ausweg aus Autogamie und Inzucht [so bei *Silene dioica* (= *Melandrium rubrum*) und *S. alba*].

Nach den äußeren Kräften, welche die Übertragung des Pollens vermitteln, können wir tier-, wind- und wasserblütige Bedecktsamer unterscheiden.

Tierblütigkeit (Zoophilie = «Zoogamie») setzt voraus, daß die bestäubenden Tiere zu einem regelmäßigen Besuch und zu einem genügend langen Aufenthalt in den Blüten veranlaßt werden, daß die Blüten dabei der mechanischen Beanspruchung gewachsen sind, daß Pollen und Narbe regelmäßig berührt werden und der Pollen an den Besuchern an bestimmten Stellen so gut haften bleibt, daß er mit genügender Sicherheit auf die Narbe anderer Blüten gelangt. Tierblumen (vgl. S. 706) verfügen dementsprechend über Lockmittel (Pollen, Nektar usw.), Reizmittel (Farbe, Duft usw.) und über klebrigen Pollen (S. 738).

Im Zuge der Evolution der Angiospermen erfolgte eine sehr starke Differenzierung der Lock- und Reizmittel sowie des Blütenbaues; dadurch konnten immer mehr Tiergruppen für den Dienst der Bestäubung gewonnen werden: besonders die verschiedensten Insekten und mehrere Vogelgruppen. Aus zufälligen Blütenbesuchen verschiedener Tiere entwickelten sich allmählich enge Bindungen zwischen bestimmten spezialisierten «Tierblumen» und «Blumentieren», zum Vorteil beider: Fortschreitende Präzision in der Anlockung bestimmter Besucher und im Anbringen bzw. Abnehmen des Pollens (etwa durch Staubblätter bzw. Narben) ermöglicht der Pflanze fortschreitend sicherere und pollensparendere Bestäubung von Individuum zu Individuum und damit besseren Samenansatz (Verhältnis Pollenkörner zu Samenanlagen bei Windblütlern oft in der Größenordnung $10^6 : 1$, bei spezialisierten Insektenblütlern, z. B. Orchideen, bis etwa 1:1!). Für den spezialisierten Blütenbesucher wird die Konkurrenz mit anderen «Blumentieren» verringert, und die gezielte Bestäubung «seiner» Nahrungspflanzen kommt ihm schließlich selbst zugute. Die stammesgeschichtliche Entfaltung der tierblütigen Angiospermen und der dazupassenden Gruppen von Blumentieren ist nur als wechselseitig bedingte «Co-Evolution» zu verstehen. Dabei ist die gegenseitige Anpassung der Partner teilweise so weit gediehen, daß einer ohne den anderen nicht mehr existieren kann.

Das ursprüngliche **Lockmittel** der Angiospermenblüten war unzweifelhaft Nahrung, und zwar zuerst im Überschuß gebildeter Pollen, der reich an Eiweiß, Fett, Kohlenhydraten und Vitaminen ist. Solche primäre Pollenblumen, die auch primitiven Insekten mit beißenden Mundwerkzeugen offenstehen, finden sich z. B. bei den primär polyandrischen *Magnoliidae* und *Ranunculidae* (z. B. *Winteraceae, Victoria, Anemone, Papaver*). Die sekundär polyandrischen *Rosidae* (z. B. *Rosa*), *Dilleniidae* (z. B. *Paeonia*) u.a. sind möglicherweise sekundär pollenblütig (Abb. 3.2.232 V–VI). Schon frühzeitig werden als Verköstigung für Blütenbesucher auch Futtergewebe, besonders aber zuckerhaltige Säfte als Nektar dargeboten. Damit wird eine Einsparung bei der baustoffmäßig «aufwendigen» Pollenproduktion möglich. Die überwältigende Mehrzahl aller heutigen angiospermischen Tierblumen ist als Nektarblumen zu bezeichnen. Nektarangebot führt in Wechselwirkung auch zu einer Verbesserung der saugenden Mundwerkzeuge der Blütenbesucher.

Als Nectarien fungieren dabei meist Diskusbildungen des Blütenbodens (S. 735), umgewandelte Staubblätter (S. 737), aber auch bestimmte Gewebebezirke an Frucht- (S. 742), Kron- oder Kelchblättern. Ursprünglich liegt der Nektar in den Blüten ± frei und ist auch vielerlei Blütenbesuchern mit kurzen Mundwerkzeugen zugänglich, z. B. auf den Fruchtblättern von *Magnolia* (Abb. 3.2.190 A) oder am Blütenboden vieler *Rosaceae* (Abb. 3.2.235); später ist er aber vielfach tief geborgen und wird dann nicht selten in besonderen Behältern, z. B. in den hohlen Blütenspornen von *Viola* (Abb. 3.2.249 E–F), *Linaria, Corydalis* (Abb. 3.2.223 F), oder in langen Blütenröhren (Abb. 3.2.207 E, 3.2.242 I), gespeichert, wo er nur bestimmten Tieren, z. B. langrüsseligen Schmetterlingen, zugänglich ist.

Manche Angiospermen [z. B. die heimischen Vertreter von *Lysimachia (Primulaceae)* oder die südamerikanischen Pantoffelblumen *(Calceolaria, Scrophulariaceae)*] bieten ihren darauf spezialisierten Blütenbesuchern

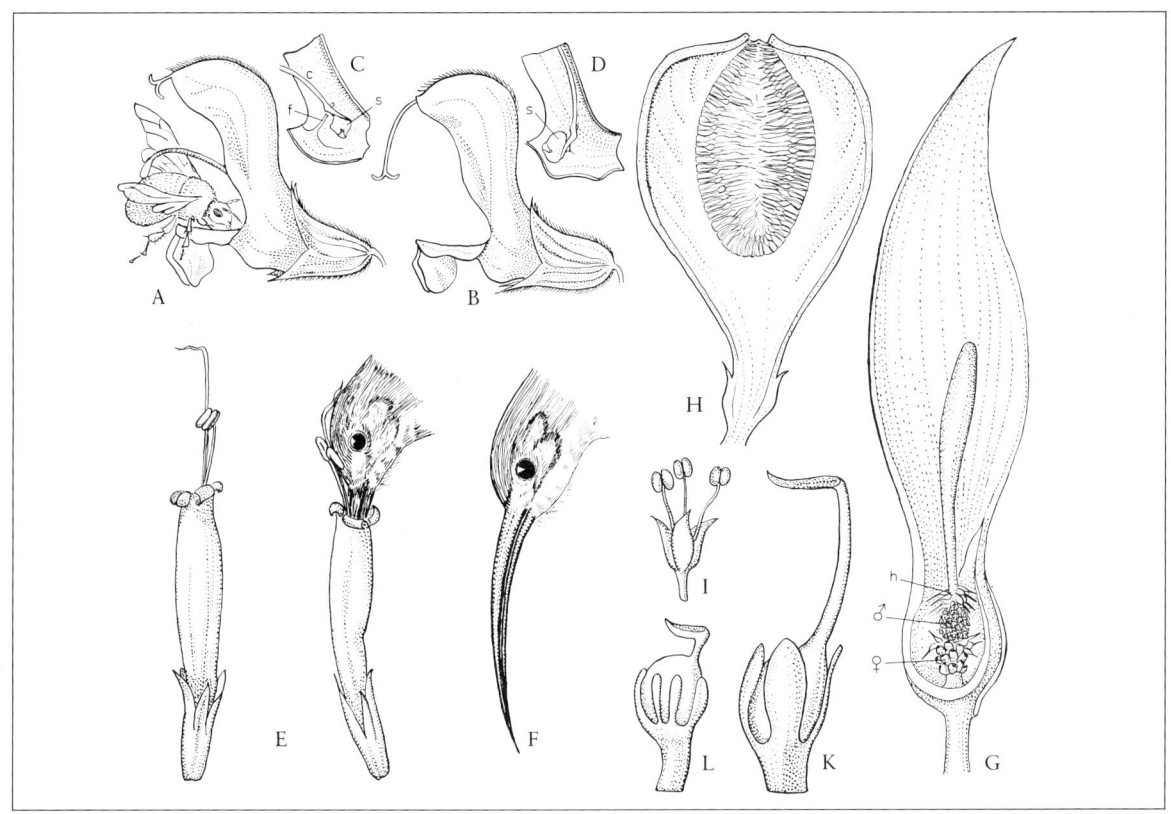

Abb. 3.2.207: Tierblütigkeit bei verschiedenen Angiospermen. **A–D** Hummel als Blütenbesucher an *Salvia pratensis* (violettblau) (etwas vergr.). **E–F** Der Honigvogel *Arachnothera longirostris* als Bestäuber bei *Sanchezia nobilis* (Acanthaceae, Blüten gelb, Brakteen purpurn) (etwa $^3/_4$). **G** Aufgeschnittener Blütenstand (Gleitfallenblume) von *Arum maculatum* mit hellgrüner Spatha und unscheinbaren ♂, ♀ und Hindernisblüten (h) im weiblichen Entwicklungszustand ($^2/_3$×). **H** Blütenstand von *Ficus carica* im Längsschnitt (etw. vergr.) mit ♂ (**I**) und langgriffeligen ♀ (**K**) fertilen Blüten sowie kurzgriffeligen ♀ Gallenblüten (**L**) (vergr.). Weitere Erklärungen S. 747, 748, 749. (A–D nach Noll; E–F nach Porsch; G nach Firbas; H nach Karsten; I nach Kerner; K–L nach Solms-Laubach.)

auch fettes Öl (Lipide) als Nahrung an. In seltenen Fällen kann schließlich auch der Fortpflanzungstrieb der Tiere von Blumen ausgenützt werden.

Letzteres ist z.B. der Fall bei der Feige (*Ficus carica*: Abb. 3.2.207 H–L), in deren bekannten, krugförmig ausgehöhlten Blütenständen man in besonderer Verteilung dreierlei Blüten findet: neben den ♂ noch 2 Arten von ♀, nämlich langgrifflige und kurzgrifflige. Während die langgriffligen Samen bilden, ist dies bei den kurzgriffligen für gewöhnlich nicht der Fall, da sie als sog. «Gallenblüten» einer mit entsprechend langer Legeröhre ausgestatteten Gallwespe *(Blastophaga psenes)* zur Ablage der Eier und zur Aufzucht der Larven dienen. Die Motte *Tegiticula yuccasella* bestäubt die Blüten der Agavacee *Yucca* und legt dann ihre Eier in den Fruchtknoten ab; die Larven ernähren sich von einem Teil der heranwachsenden Samen. Die Blüten der (sub)mediterranen Orchideengattung *Ophrys* imitieren durch Form, Behaarung und Duft die Weibchen bestimmter Bienen bzw. Grabwespen und veranlassen die Männchen zu Kopulationsversuchen und Bestäubung. Das letztgenannte Beispiel gehört bereits zu den sog. Täuschblumen, die den Besuch der Tiere ohne Gegengabe herbeiführen; dazu sind auch die Fallenblumen (z.B. *Arum*, Abb. 3.2.207G und S. 748, oder Frauenschuh: *Cypripedium*, S. 817) zu zählen.

Die **Reizmittel** der Angiospermenblüten sind vor allem optischer und chemischer Natur; vielfach wirken beide zusammen, wobei Fern- und Nahwirkung verschieden sein können.

Ein Verständnis der optischen bzw. chemischen Wirkung der Blumen setzt eine sichere Kenntnis der Sinnesphysiologie der bestäubenden Tiere voraus, wie wir sie vorerst nur für einige wenige Tiere wie die Honigbiene, die Hummeln, den Taubenschwanz unter den Schwärmern, die Wollschweber unter den Fliegen und einige Kolibris besitzen. Denn wenn auch der Farbensinn dieser und anderer Tiere erwiesen ist, so wird doch z.B. von der Honigbiene und den Hummeln reines Rot nicht gesehen, wohl aber das vom Menschen nicht mehr empfundene Ultraviolett von 400 bis 310 nm und unter den übrigen Blütenfarben nur eine Gelbgruppe von 650–520 nm, eine Blau-Violettgruppe (mit Purpur) von 480–400 nm und Weiß, das wie Blaugrün wahrgenommen wird. Dagegen sind die optischen Wahrnehmungen der Vögel denen des Menschen ähnlicher; vor allem wirkt Rot für sie sehr auffällig. Dressurversuche mit Blumeninsekten haben gezeigt, daß auch verschiedene Sättigungs- und Helligkeitswerte, simultane Helligkeits- und Farbkontraste und die Form der Blütenteile die Wirksamkeit der «Schaueinrichtungen» wesentlich mitbestimmen können. Damit konnte u.a. auch die Bedeutung jener Blütenzeichnungen und Farbflecke bewiesen werden, die als «Saftmale» schon lange für Wegweiser zum Nektar gehalten wurden, wie z.B. der orangegelbe Gaumen in den sonst zitronengelben Blüten von *Linaria vulgaris* (Abb. 3.2.267 I). Nicht selten sind Saftmale auch nur für Ultraviolett-empfindliche Insektenaugen erkennbar (z.B. an den für uns einheitlich gelben Perigonblättern von *Caltha palustris*). Auch die Beweglichkeit ganzer Blüten oder Blütenteile kann optische Reizwirkung haben.

Die chemische Reizwirkung der Blumen beruht vor allem auf der Bildung von ± artspezifischen Duftstoffen, die dem Pollen, den Kronblättern, aber auch anderen Blütenorganen entströmen und für den Menschen allenfalls unangenehm sein können, z.B. bei den nach Aas und Kot riechenden und von aas- und kotliebenden Insekten bestäubten *Araceae*. Der unregelmäßigen Verteilung des Duftes entsprechend, erfolgt die Annäherung der Tiere dabei ebenfalls unregelmäßig und weniger sicher, im Gegensatz zu den geradlinigen Annäherungen bei optischer Reizung. Bei den Bienen und Hummeln ist der Duft u.a. für die Nahwirkung wichtig. Viele Blüten besitzen den Farbmalen ähnliche und z.T. den gleichen Bereich einnehmende «Duftmale» (z.B. die Nebenkrone von *Narcissus*). Der Ausbau dieser Reizmittel setzt eine laufende Verbesserung der sensorischen Organe der Blütenbesucher voraus. Bei Bienen und anderen Hymenopteren bewirkt wiederholter erfolgreicher Besuch bestimmter Blumen eine gewisse «Bindung», zeitlich begrenzte Blütentreue und intensive Sammeltätigkeit. Dies beruht auf der stimulierenden Wirkung des artspezifischen Duftes von Kronblättern, in den Stock gebrachtem Nektar und Pollen sowie auf dem hochentwickelten «Gedächtnis» und der «Tanzsprache» (Mitteilungsfähigkeit) dieser Tiere.

Mechanische Verbesserungen der Blumen bewirken, daß nur Tiere mit einem bestimmten Körperbau die Bestäubung durchführen können, wobei sie in bestimmte Bahnen gelenkt werden, die eine genügende Berührung mit dem Pollen und mit der Narbe sichern. Auch eine gewisse Dauer des Aufenthaltes kann (zur Sicherung der Bestäubung) erzwungen oder die Übertragung des Pollens durch bestimmte Hebel-, Klebe-, Klemm- und Schleudereinrichtungen gewährleistet werden.

So sind z.B. die proterandrischen Blüten von *Salvia pratensis* (Abb. 3.2.207 A–D) wegen ihres wirkungsvollen, schon von Sprengel (1793) beschriebenen Hebelmechanismus bekannt: Sie besitzen nur 2 Staubblätter; ein jedes trägt ein zu einem langen, der Oberlippe anliegenden Hebel ausgezogenes Konnektiv (c), das mit dem kurzen Filament (f) durch ein Torsionsgelenk verbunden ist. Nur am vorderen, längeren Arm des Hebels befindet sich eine fertile Theca. Die andere sterile Theca (s) bildet den hinteren, kürzeren Arm, der mit dem entsprechenden Teil des anderen Staubblattes zu einer Platte verbunden ist, die den Zugang zum Nektar verdeckt. Drückt nun eine Hummel gegen diese Platte, so werden die längeren Enden der Hebel hinabgebogen und ihre Thecen mit dem Pollen dem Rücken des Tieres angedrückt. In der gleichen Lage, in die hierbei die Thecen geraten, befindet sich aber in älteren Blüten die Narbe (B), so daß es regelmäßig zur Fremdbestäubung kommt.

Als Beispiel für einen besonders kompliziert integrierten Blumenmechanismus seien die durch chemische Fernanlockung ausgezeichneten «Gleitfallenblumen» (Blütenstände) von *Arum maculatum* (Abb. 3.2.207 G) und anderen *Arum*-Arten genannt. Die getrenntgeschlechtigen Blüten sind hier am unteren Teil eines dicken Kolbens zu zwittrigen, proterogynen Blütenständen vereinigt, die von einem hellen Hochblatt (der Spatha) umhüllt werden, das unten zu einem bauchigen und geschlossenen Kessel erweitert ist, sich darüber verengt und oben weit öffnet. Zuunterst im Kessel stehen die ♀, darüber die ♂ Blüten und zwischen beiden und über ihnen noch sterile, in dicke Borsten auslaufende «Hindernisblüten». Außerhalb des Kessels verdickt sich der Kolben zu einer Keule, die bei dem besonders gut untersuchten *A. nigrum* schon am Morgen des ersten Tages nach Öffnen der Spatha einen kotähnlichen Geruch entwickelt, der verschiedene kotliebende, zum Teil schon mit Pollen aus anderen Blütenständen beladene Fliegen und Käfer anlockt. Die Freisetzung der Geruchsstoffe wird durch eine Temperaturerhöhung des Kolbens (schneller, entkoppelter – vgl. S. 304 – Abbau von Speicherstoffen) und durch Öffnung des Interzellularsystems nach außen («Lückenepidermis») gefördert. Versuchen nun die genannten Insekten, sich auf der Innenfläche der Spatha oder auf der Keule niederzulassen und festzuhalten, so gleiten sie leicht aus und stürzen in den Kessel, da an den glatten und mit Öltröpfchen überzogenen Epidermen Krallen und Haftscheiben versagen. Ein Entkommen ist zunächst unmöglich, da auch die Hindernisblüten und der obere Teil der Kesselwand in ähnlicher Weise mit Gleitflächen versehen sind und die ersteren auch noch den Ausgang aus dem Kessel verengen. Nun werden zunächst die Narben mit dem mitgebrachten Pollen bestäubt. Während der folgenden Nacht streuen die obenstehenden ♂ Blüten ihren Pollen in den Kessel und beladen damit die Insekten, während gleichzeitig der Geruch aufhört. Schließlich wird der Ausgang durch Welken der Hindernisblüten und des Kolbenstiels frei, so daß am folgenden Tage die pollenbeladenen Tiere die Falle wieder verlassen können, meist, um bald in eine neue zu stürzen. Auch die Blüten verschiedener *Aristolochia*-Arten sind Gleitfallen. Weitere Beispiele mechanischer Blumeneinrichtungen werden etwa bei den *Orchidaceae* (S. 815ff.), *Asclepiadaceae* (S. 800), *Fabaceae* (S. 780ff.) und *Asteraceae* (S. 809f.) besprochen.

Der Pollen der meisten insektenblütigen Pflanzen ist durch einen Überzug von Pollenkitt (S. 738) klebrig und verklumpt. Vereinzelt übernehmen Viscinfäden eine entsprechende Funktion. Auch die häufig mit Stacheln (Abb. 3.2.161) und gezähnten Leisten besetzte Oberfläche der Pollenkörner dürfte das Festhalten im Haar- und Federkleid der Tiere erleichtern. Eine einmalige erfolgreiche Bestäubung kann daher bereits die Befruchtung zahlreicher Samenanlagen zur Folge haben; dementsprechend finden wir bei Tierblütlern oft sehr zahlreiche Samenanlagen in einem Fruchtknoten, bei den durch ganze Pollinarien bestäubten Orchideen sogar mehrere tausend.

Nach ihren funktionellen Baueigentümlichkeiten läßt sich die Vielfalt der Tierblumen zu **Blumentypen** gruppieren, die jeweils Euanthien, Meranthien und Pseudanthien (S. 706) umfassen können.

Die Entwicklungsreihe dieser Blumentypen beginnt bei den Angiospermen mit flachen

1) Scheiben- und Napfblumen, die sich von a) vielgliedrigen (z.B. *Magnolia*: Abb. 3.2.190 A) über b) vielstrahlige (z.B. *Anemone*; *Matricaria*: Abb. 3.2.269 F: Pseudanthien) zu c) wenigstrahligen Typen (z.B. *Rosaceae*: Abb. 3.2.235; *Tilia*: Abb. 3.2.253 B; *Apiaceae*: Abb. 3.2.248 D–G und besonders *Euphorbia*: Abb. 3.2.247 H–K: Pseudanthien) verfolgen lassen. Von da läßt sich eine Weiterentwicklung zu vertieften und damit verstärkt räumlich wirkenden Blumentypen erkennen: Mehr-minder radiär und fortschreitend verengt sind

2) Becher- und Glockenblumen (z.B. *Hyoscyamus*: Abb. 3.2.263 C; *Crocus*: Abb. 3.2.277 A) sowie

3) Röhren- und Stieltellerblumen (z.B. *Silene*: Abb. 3.2.224 A; *Nicotiana*: Abb. 3.2.263 G). Dorsiventral werden

4) Fahnen- bzw. Schmetterlingsblumen (z.B. *Corydalis*: Abb. 3.2.223 F; *Pisum*: Abb. 3.2.241 B–C; *Polygala*: Abb. 3.2.244 M) sowie

5) Rachen- und Lippenblumen (z.B. *Aconitum*: Abb. 3.2.222 D–E, U; *Viola*: Abb. 3.2.249 D–E; *Scrophulariaceae*: Abb. 3.2.267 C–D, H–K; *Orchidaceae*: Abb. 1.3.10, 3.2.278 A–B; *Iris*: Abb. 3.2.277 E–G: Meranthien; *Mimetes*, *Proteaceae*: Pseudanthien). Sonderentwicklungen repräsentieren

6) Bürsten- und Pinselblumen (z.B. *Syzygium*: Abb. 3.2.242 D; *Acacia*: Abb. 3.2.239 A–B und besonders *Salix*: Abb. 3.2.251 G–I: Pseudanthien),

7) Fallenblumen (z.B. *Asclepias*: Abb. 3.2.260 I–K: Klemmfallenblume; *Arum*: Abb. 3.2.207 G u. S. 748: Gleitfallenblume) u. a.

Hinsichtlich der Euanthien entsprechen die Entwicklungsreihen dieser Blumentypen von 1 a) zu 1 c) und weiter zu 2) und 3) bzw. von 1 c) und 2) zu 4) und 5) im wesentlichen auch den historischen, durch Fossilfunde dokumentierten Entwicklungsstufen in der Evolution der Angiospermenblüten. Dabei gehören Typ 6) noch zu mittleren, 7) und alle Meranthien bzw. Pseudanthien zu mittleren bis späten Entwicklungsstufen.

Parallel damit verläuft nun auch die Evolution der wichtigsten **tierischen Blumenbesucher**. Die ursprünglichste und älteste Bestäubergruppe sind dabei offenbar die Coleopteren (Käfer, seit dem Perm). Erst später treten Hymenopteren (Wespen und Ameisen, besonders aber die jüngeren Apiden: Bienen und Hummeln) sowie Dipteren (Fliegen, z.B. Schwebfliegen) in Erscheinung. Einer dritten Evolutionsphase von Blumentieren sind schließlich die Lepidopteren (besonders Tagfalter, Schwärmer, Eulen) sowie vorwiegend in den Tropen Vögel (Trochiliden = Kolibris in der Neuen Welt, Meliphagiden = Honigfresser, Nectariniden = Honigvögel u.a. in der Alten Welt) und auch Fledermäuse zuzurechnen. Weitere Tiergruppen (z.B. Orthopteren, Hemipteren, Thysanopteren, kleine Säugetiere) spielen meist nur eine untergeordnete Rolle als Bestäuber.

Viele dieser Tiergruppen haben infolge ihres Körperbaues, ihrer Mundwerkzeuge, Verhaltensweisen und Nahrungsbedürfnisse an den von ihnen besuchten Blumen bestimmte Merkmale ausgenutzt und in spezifischer Weise selektiv verändert: So lassen sich durch ganze Merkmalskomplexe (Syndrome) charakterisierte Blumenstile erkennen.

Die Richtigkeit dieser Ansicht ergibt sich aus der experimentellen Analyse der großen Unterscheidungsfähigkeit der meisten Blumenbesucher; weiter aber auch aus der Tatsache, daß funktionell sehr ähnliche Stiltypen aus völlig verschiedenen Blütenorganen von Einzelblüten (Euanthien) bzw. aus Teilblüten (Meranthien) oder Blütenständen (Pseudanthien) entstehen können. Bei der Frage nach der selektiven Beeinflussung des Blumenbaues durch die Blumenbesucher ist zu beachten, daß viele Blumen von einer größeren Zahl verschiedener Blütenbesucher aufgesucht werden, also polyphil sind; erst allmählich führt Spezialisation zur Entstehung von oligo- bis monophilen Blumen mit wenigen oder gar nur einem Besucher.

Unter den **Insektenblumen** (Entomophile = «Entomogame») müssen wieder die Käferblumen (Cantharophile) an den Anfang gestellt werden. Käfer sind relativ unbeholfene Blumentiere und verwüsten mit ihren beißenden Mundwerkzeugen vielfach die Blütenorgane. Dementsprechend ist der Stil der Käferblumen besonders durch leicht zugängliche, robuste Scheiben- und Napfblumen mit grünlichen oder weißen Farben ohne Saftmale, meist mit starkem Duft und Pollennahrung gekennzeichnet. Käferblumen finden sich bei vielen *Magnoliidae* (z.B. Abb. 3.2.190 A), aber auch bei abgeleiteten Scheibenblumen (z.B. *Cornus, Viburnum*: Pseudanthien).

Recht heterogen sind Fliegenblumen (Myiophile). Sie umfassen teils kleine, ± geruchlose Scheibenbumen mit offenem Nektar (z.B. *Apiaceae*: Abb. 3.2.248 D–H; *Ruta*: Abb. 3.2.243 B–C); teils Aasfliegenblumen (Sapromyophile), die besonders mit grün-purpurn-gefleckten Farben und Aasgeruch den normalen Lebensraum der Besucher nachahmen und sie meist als Täusch- und Fallenblumen in den Dienst der Bestäubung nehmen (z.B. *Aristolochia*: Euanthium oder *Arum*. Pseudanthium. Abb. 3.2.207 G und S. 748).

Besonders vielfältig und wichtig sind die Bienenblumen (Melittophile). Ihr Stil wird vielfach durch dorsiventrale Fahnen-, Rachen- und Lippenblumen mit Landeplatz, häufig gelben, violetten oder blauen Farben, leichtem Duft, Saftmalen und mäßig tief verborgenem Nectar geprägt (z.B. *Salvia*: Abb. 3.2.207 A–D, und die oben bei Fahnen- und Rachenblumen genannten Beispiele).

Tagfalterblumen (Psychophile) fallen besonders durch aufrechte Stellung, engen Röhrenbau, häufig karminrote Farben und tief verborgenen Nektar auf (z.B. *Dianthus carthusianorum; Nicotiana tabacum*: Abb. 3.2.263 G). Im Gegensatz zu den tagsüber offenen psychophilen Sippen entfalten sich die Nachtschwärmer- und Mottenblumen (Sphingo- und Phalaenophile) am Abend. Sie umfassen waagrechte oder hängende, enge Röhrenblumen mit weißlichen Farben, Parfüm-Geruch und tief verborgenem Nectar (z.B. *Oenothera*: Abb. 3.2.242 I; *Silene*: Abb. 3.2.224 A; *Lonicera periclymenum*). Beachtenswert ist die Orchidee *Angraecum sesquipedale* aus Madagaskar mit 32 cm langem Sporn. Für sie wurde ein Nachtschwärmer als Bestäuber vorausgesagt und dann auch tatsächlich gefunden (*Xanthopan morgani* f. *praedicta*).

Gegenüber den Instektenblumen heben sich die **Vogelblumen** (Ornithophile = «Ornithogame») durch einen eigenen Stil deutlich ab. Landeplätze fehlen, denn die weitaus schwereren Vögel müssen den Besuch entweder frei schwebend (Kolibris) oder von einem festeren Sitz aus vornehmen. Häufig gehören die großen Blumen dem Becher-, Röhren- oder Bürstentyp an, die Farben und Farbkontraste sind vielfach grelles Rot, daneben auch Blau, Gelb oder sogar Grün («Papageienfarben»); Duft fehlt wegen des schlecht ausgebildeten Geruchsinnes der Blumenvögel, dafür ist aber reichlich dünnflüssiger, meist tiefliegender Nektar vorhanden, der durch Röhren- oder Pinselzungen aufgenommen wird. Das in warmen Gebieten gesteigerte Flüssigkeitsbedürfnis der Vögel zusammen mit dem dauernden Vorhandensein blühender Pflanzen mag mit der Häufung der Vogelblütigkeit in warmen Klimaten zusammenhängen. Der Pollen wird am Schnabel, aber auch an anderen Teilen des Kopfes haftend übertragen (Abb. 3.2.207 E–F). Vogelblumen finden sich in fast allen tierblütigen Familien der Tropen [vgl. z.B. bei uns kultivierte Arten: *Erythrina* (Fabaceae); *Fuchsia*; *Hibiscus tiliaceus* (Malvaceae); *Tropaeolum majus; Salvia splendens; Aloe*].

Fledermausblumen (Chiropterophile) schließlich sind auf die Tropen beschränkt und werden besonders durch alt- bzw. neuweltliche Langzungen-Flughunde und -Vampire besucht. Ihr Stil ist durch exponierte Blumenposition, robusten, meist becher-, breit rachen- oder bürstenförmigen Bau, nächtliche Anthese, oft düstere Farben, starken Frucht- oder Gärungsgeruch und sehr viel Nektar (sowie Pollen) gekennzeichnet [z.B. *Carnegiea* (Cactaceae); *Adansonia* (Bombacaceae); *Cobaea* (Polemoniaceae); diverse *Bignoniaceae*; Arten von *Musa* und *Agave*].

Im allgemeinen dürften die Progressionen der Blumenstiltypen von Käfer- zu Fliegen- und Hymenopterenblumen und von diesen einerseits zu Tagfalter- und Nachtschwärmer- bzw. Mottenblumen, andererseits zu Vogel- bzw. zu Fledermausblumen verlaufen sein; doch sind auch viele andersartige Zusammenhänge bekannt.

Windblütigkeit (Anemophilie = «Anemogamie») erfordert, daß eine genügende Pollenmenge erzeugt und ausgestreut wird, daß sich die Pollenkörner in der Luft rasch und möglichst gleichmäßig verteilen und lange genug schweben bleiben und daß die Narben so frei liegen und so groß sind, daß eine Bestäubung häufig genug zustande kommt. Windblumen entbehren im allgemeinen aller Lock- und Reizmittel, sie sind meist eingeschlechtig, die ♂ Blüten (bzw. Staubblätter) sind zahlenmäßig gegenüber den ♀ Blüten (bzw. Samenanlagen) stark vermehrt, der Pollen ist oberflächlich ± glatt und infolge unterdrückter Aufbringung oder früher Austrocknung des Pollenkitts staubig (S. 738).

Im Zuge der Evolution der Angiospermen sind sekundär windblütige Sippen zu verschiedenen Zeiten und in verschiedenen Gruppen entstanden, und zwar dort, wo infolge des Vorkommens von Massenbeständen an windexponierten und vielfach blumentierarmen Standorten günstige Voraussetzungen für diese Bestäubungsform gegeben waren. Fast bei allen windblütigen Angiospermengruppen finden sich noch Rudimente ehemaliger Zwittrigkeit und Insektenblütigkeit.

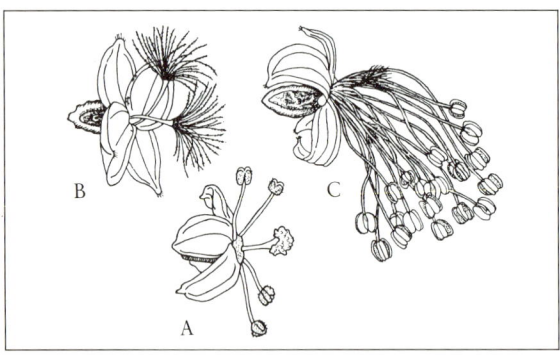

Abb. 3.2.208: Übergang von Entomophilie (A) zu sekundärer Anemophilie (B–C) bei der Gattungsgruppe *Sanguisorba-Poterium (Rosaceae)*. **A** Zwitterblüte von *S. officinalis* mit 4 Staubblättern, warziger Narbe und Nectarium. **B–C** Eingeschlechtige Blüten von *P. sanguisorba* ohne Nektar, ♀ mit federigen Narben, ♂ mit zahlreichen Staubblättern (etwa 6×). (Nach Knoll.)

Das Merkmalssyndrom der sekundären Windblumen der Angiospermen ähnelt in vieler Hinsicht dem der primären Windblütler bei den Gymnospermen (gleichartiger Selektionsdruck! Vgl. S. 706).

Die Pollenkörner vereinzeln sich leicht und haben wegen ihrer besonderen Kleinheit eine gute Schwebefähigkeit. Ihre Massenproduktion wird durch starke Vermehrung von männlichen Blüten bzw. Staubblättern erreicht (vgl. dazu Abb. 3.2.208 C: *Poterium*; bei *Corylus* kommen 2½ Millionen Pollenkörner auf 1 Samenanlage!). Das Ausschütteln des Pollens wird durch die Beweglichkeit der Filamente (z.B. bei den Gräsern: Abb. 3.2.281 B), der Blütenstiele (z.B. bei *Cannabis*) oder der Blütenstandsachsen (z.B. schlenkernde ♂ Kätzchen bei *Corylus, Alnus, Quercus*: Abb. 3.2.227–228) erleichtert; meist wird der Pollen dabei zuerst deponiert und erst bei Wind verblasen. Die ♂ Blüten von *Urtica* und *Pilea* «explodieren» infolge ihrer elastisch gespannten Filamente (Abb. 3.2.190 D). Der Pollen von Windblütlern ruft bei vielen Menschen Allergien (z.B. «Heuschnupfen») hervor.

Die Griffel und Narben der weiblichen Blüten sind stark vergrößert, um das Auffangen des Pollens zu erleichtern. Die Zahl der Samenanlagen im Fruchtknoten ist meist stark reduziert, entsprechend der vorwiegenden Bestäubung mit einzelnen Pollenkörnern. Die Blüten stehen in exponierter Lage, werden aber sehr unscheinbar; die Blütenhülle stört die Pollenübertragung und wird reduziert oder eliminiert. Entsprechendes gilt für Nectarien, Duftproduktion usw. Dorsiventralität als Anpassung an Tierbestäubung fehlt meist. Die häufige Eingeschlechtigkeit der Blüten fördert eine ungestörte Pollenübertragung, hängt aber wohl außerdem auch mit der allgemeinen Blütenreduktion und der Vermeidung von Selbstbestäubung zusammen. Schließlich wird die Bestäubung durch die frühe, vielfach vor der hinderlichen Blattentfaltung liegende Blütezeit erleichtert (vgl. z.B. Eiche, Erle, Ulme, Pappel, Esche). Die Abhängigkeit der windblütigen Angiospermen von bestimmten Standortsbedingungen ist evident: Sie finden sich fast ausschließlich in Massenbeständen, und zwar in windexponierten Savannen, Steppen und arktisch-alpinen Lebensräumen oder in der Baumschicht subtropischer bis borealer Wälder. In blumentierreichen tropischen Feuchtwäldern fehlen anemogame Angiospermen fast vollständig.

Die sekundäre Entstehung der Windblütigkeit ist dort offensichtlich, wo in der nächsten Verwandtschaft tierblütige Sippen überwiegen (z.B. bei *Sanguisorba*: Abb. 3.2.208, *Acer*: Abb. 3.2.244 C, *Caryophyllales*: Abb. 3.2.224 B, N–V, *Fraxinus*: Abb. 3.2.259 E–G oder *Artemisia*: Abb. 3.2.270 A). Hier kann man vielfach die schrittweise selektive Perfektion des Syndroms der Windblütigkeit verfolgen. Manche Sippen, z.B. *Tilia* oder *Calluna*, stehen an der Grenze zwischen Entomophilie und Anemophilie: Sie sind amphiphil und übergeben einen Großteil ihres Pollens dem Wind. Aber auch bei großen und offenbar viel älteren anemogamen Verwandtschaftsgruppen, z.B. den Amentiferen *(Hamamelididae), Salicaceae, Euphorbiaceae, Chenopodiaceae, Juncales, Poales* und *Arecidae* kann – wegen der Rudimente von Pollenkitt, Nectarien, Duft und Zwittrigkeit – heute kein Zweifel mehr über sekundäre Windblütigkeit bestehen. Der Pollen von *Castanea* ist zunächst von klebrigem Pollenkitt überzogen und wird von Insekten aufgesucht, trocknet aber schließlich aus und wird dann vom Winde vertragen. Gelegentlich kehren aber auch sekundär anemophile Sippen wieder zur Entomophilie zurück (z.B. *Salix*, Abb. 3.2.251 G–K; *Euphorbia*, Abb. 3.2.247 H–K).

Wasserblütigkeit (Hydrophilie = «Hydrogamie») findet sich nur bei wenigen Angiospermen. Bei aufrechten Scheiben-, Napf- und Becherblumen (z.B. bei *Ranunculus*, Abb. 3.2.222 A–B) kann etwas Regenwasser Selbstbestäubung, seltener (durch Spritzwasser) wohl auch Fremdbestäubung veranlassen. Aber auch bei Wasserpflanzen ist Hydrophilie keineswegs allgemein verbreitet: Vielfach tauchen ihre Blüten über die Wasseroberfläche empor (z.B. Windblütigkeit bei *Potamogeton*, Abb. 3.2.274 D). Bei *Callitriche* (S. 807) erreichen schwimmender Pollen, bei *Vallisneria* (Abb. 3.2.274 C) und *Elodea* (= *Anacharis*) losgelöste ♂ Blüten die zeitweise an die Wasseroberfläche gehobenen Narben. Unter Wasser und durch das Wasser übertragen wird der Pollen von ♂ zu ♀ Blüten etwa bei *Ceratophyllum* (S. 764), *Najas* oder *Zostera* (S. 812), letztere mit fädigen, über 2 mm langen Pollenkörnern (Abb. 3.2.274 G).

Die blütenbiologische Differenzierung nach verschiedenen Betäubungsfaktoren und in Anpassung an verschiedene Blumentiere gibt innerhalb zahlreicher Familien der Angiospermen wesentliche phylogenetische Leitlinien ab (vgl. S. 509). So finden sich bei den

Ranunculaceae (S. 523 f., 765 f. und Abb. 3.1.54, 3.2.222) Tierblütigkeit (Käfer-, Bienen-, Nachtschwärmer- und Vogelblütigkeit) wie auch Windblütigkeit und (obligate) Selbstbestäubung!

Befruchtung

Durch das Wachstum des Pollenschlauches von der Narbe zu den Samenanlagen wird die Befruchtung eingeleitet (Abb. 3.2.209 A, vgl. auch S. 707 ff.). Dabei wachsen die Pollenschläuche meist zuerst im Griffel, oft an der papillösen Oberfläche hohler Griffelkanäle oder in besonderen Leitungsgeweben (wobei die Mittellamellen fermentativ gespalten werden), dann durch die (vielfach von Schleim erfüllte) Höhlung des Fruchtknotens zu den Mikropylen der Samenanlagen.

Diese Porogamie kann in abgeleiteten Fällen (etwa infolge blockierter Mikropylen) durch Aporogamie ersetzt werden; in solchen Fällen kann der Pollenschlauch z.B. durch die Chalaza von unten her zum Embryosack vordringen (Chalazogamie).

Im Pollenschlauch befindet sich das Plasma mit Spermazellen und Pollenschlauchkern immer im Spitzenabschnitt, da die älteren Teile entleert und oft durch Callosepfropfen abgegliedert werden. Das Wachstum kann mit sehr verschiedener Geschwindigkeit erfolgen, zum Teil 1–3 mm in der Stunde erreichen, zum Teil sich aber auch über lange Zeiträume erstrecken, wie bei vielen *Hamamelididae*, *Cactaceae* und *Orchidaceae*. Hier findet die Befruchtung oft erst Wochen oder Monate nach der Bestäubung statt; dies hängt vielfach mit einer verspäteten Entwicklung der Samenanlagen zusammen.

Ist der Pollenschlauch bis an den Eiapparat vorgedrungen, dann entleert er seinen Inhalt in eine der beiden Synergiden, die dabei zerstört wird (Abb. 3.2.209 B).

Die Synergiden lassen zwischen sich durch leistenförmige Zellwandverdickungen einen sog. Filiformapparat entstehen. Er steht mit der besonderen stoffwechselphysiologischen Aktivität beim Öffnen des Pollenschlauches im Zusammenhang.

Während nun der vegetative Pollenschlauchkern früher oder später zugrunde geht, wandern die beiden Spermazellen bzw. ihre Zellkerne weiter, wahrscheinlich mit eigener (amöboider) Bewegung: Einer dringt in die Eizelle ein und verschmilzt mit dem Eikern, während der andere tiefer in den Embryosack vorstößt und sich hier normalerweise mit dem sekundären Embryosackkern bzw. mit den beiden Polkernen vereinigt (Abb. 3.2.209 B). Die Angiospermen sind also durch eine **doppelte Befruchtung** ausgezeichnet: Ihr Ergebnis ist ein diploider Zygotenkern in der Eizelle und ein normalerweise triploider Endospermkern im Embryosack.

Embryo-, Endosperm- und Samenbildung

Nach der Befruchtung entsteht aus der Zygote der Embryo, aus dem Endospermkern und restlichem Plasma des Embryosacks aber ein als sekundäres Endosperm bezeichnetes Nährgewebe. Dabei teilt sich die zur Zygote gewordene Eizelle mindestens durch eine, oft durch mehrere Querwände zuerst in eine als Proembryo bezeichnete kurze Zellreihe (Abb. 3.2.210 A–C). Nur die erste(n), gegen das Embryosack-Innere gerichtete(n) Zelle(n) dieser Reihe bilden später den eigentlichen **Embryo**. Die übrigen Zellen werden zum Embryoträger (Suspensor). Sie schieben den Embryo in das sich entwickelnde Nährgewebe hinein und führen ihm Nahrung zu.

Der Embryo ist zunächst ein mehrzelliges, kugeliges, in Quadranten und dann in Oktanten gegliedertes Gebilde, das über die Hypophyse-Zelle(n) mit dem

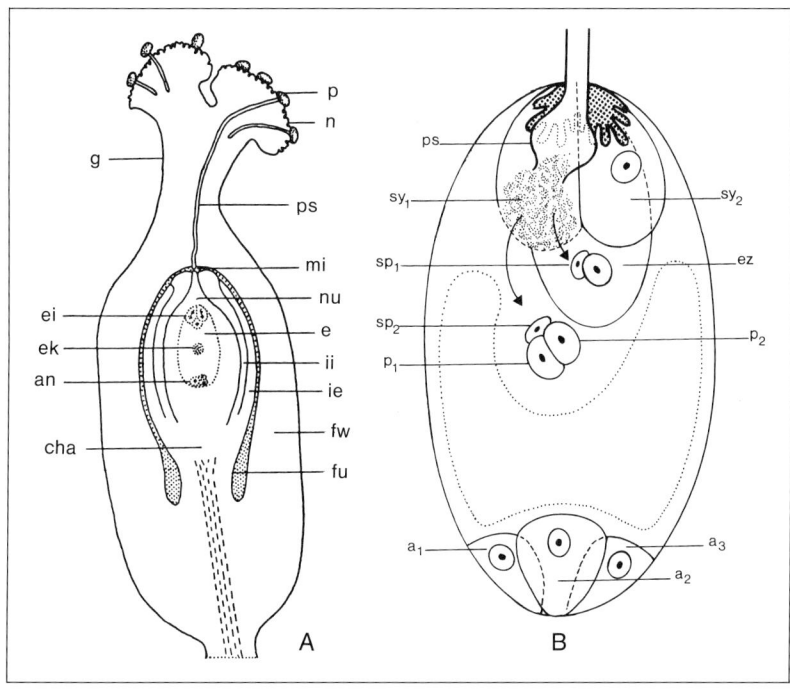

Abb. 3.2.209: Bestäubung und Befruchtung bei den Angiospermen. **A** Fruchtknoten von *Fallopia (Polygonum) convolvulus* mit atroper Samenanlage (schematischer Längsschnitt; 48×). Fruchtknotenwand (fw), Griffel (g), Narbe (n) mit keimenden und Pollenschläuche (ps) treibenden Pollenkörnern (p), Samenanlage mit Funiculus (fu), Chalaza (cha), äußerem und innerem Integument (ie, ii), Mikropyle (mi) und Nucellus (nu) sowie Embryosack (e) mit Eiapparat (ei), sekundärem Embryosackkern (ek) und Antipoden (an). **B** Schema des Embryosackes während der Befruchtung. Beim Eindringen des Pollenschlauches (ps) wird eine der beiden Synergiden (sy_1, sy_2) zerstört; von den beiden Spermakernen verschmilzt einer (sp_1) mit dem Kern der Eizelle (ez), der andere (sp_2) mit den beiden fusionierenden Polkernen (p_1+p_2); an der Basis die 3 Antipoden (a_1, a_2, a_3). (A nach Schenck; B nach A. Jensen, stark verändert.)

Suspensorende verbunden ist (Abb. 3.2.210 D–F). Später entwickeln sich aus dem der Mikropyle zugekehrten Teil die Wurzelanlage (Radicula) mit Wurzelhaube, aus dem der Chalaza zugekehrten aber die Keimblätter (Cotyledonen) und das Apicalmeristem des Sprosses (die Plumula). Bei den Dicotyledonen werden 2 seitliche Keimblätter ausgebildet, zwischen denen das Apicalmeristem angelegt wird (Abb. 3.2.210 G). Bei den Monocotyledonen entsteht nur 1 scheinbar endständiges Keimblatt, während das Apicalmeristem seitlich verschoben ist (Abb. 3.2.210 H).

Die Zellteilungsabfolge im Proembryo und Embryo erfolgt bei diversen Angiospermen-Gruppen in verschiedener, mehr oder weniger gesetzmäßiger Weise. Von mehreren Typen sind der Asteraceen- sowie der Onagraceen-(Cruciferen)-Typus (Abb. 3.2.210 A–G) die verbreitetsten. Im allgemeinen entsprechen kleine und gerade Embryonen (z.B. Abb. 3.2.220 B) einer ursprünglicheren Entwicklungsstufe als große (z.B. Abb. 3.2.215 B) oder gekrümmte (z.B. Abb. 3.2.223 E, 3.2.250 I–L). Allerdings können Embryonen auch infolge Reduktion wenigzellig und ungegliedert bleiben; es handelt sich dann meist um Pflanzen mit ganz besonderen Lebensansprüchen, wie die mykotrophen *Orchidaceae* oder die parasitischen *Orobanchaceae*, die eine sehr große Menge winziger und daher wenig gegliederter Samen bilden, von denen nur ein sehr geringer Bruchteil Aussicht hat, an geeignete Standorte zu gelangen.

Manche Pflanzen bilden in ihren Samenanlagen Embryonen auch ohne Befruchtung infolge von Apomixis und Agamospermie (vgl. S. 502 f., 516 f.). Dabei können Generationswechsel und Embryosackbildung aufgrund von Diplosporie bzw. Aposporie (S. 503) zunächst noch beibehalten werden (z.B. bei verschiedenen *Rosaceae*: Abb. 3.2.211 B, *Asteraceae* und *Poaceae*). Völlig umgangen werden sie durch Adventiv- (bzw. Nucellar)embryonie, also direkte Embryobildung aus somatischen Zellen der Samenanlage (z.B. bei Sippen von *Citrus*, *Hosta*: Abb. 3.2.211 A, und *Orchidaceae*). Adventivembyronie kann schon als ein Sonderfall der vegetativen Vermehrung betrachtet werden. Gelegentlich findet sich Aposporie bzw. Adventivembryonie in ein und derselben Samenanlage neben sexueller Embryobildung, woraus Polyembryonie resultiert.

Noch vor der ersten Zellteilung der Zygote teilt sich meist schon der Endospermkern und leitet damit die Bildung des **sekundären Endosperms** ein, das zunächst der Ernährung des Embryos dient. Es wird später entweder in ein Speichergewebe des Samens umgewandelt (welches der Embryo vor oder bei seiner Keimung aufbraucht) oder sekundär völlig zurückge-

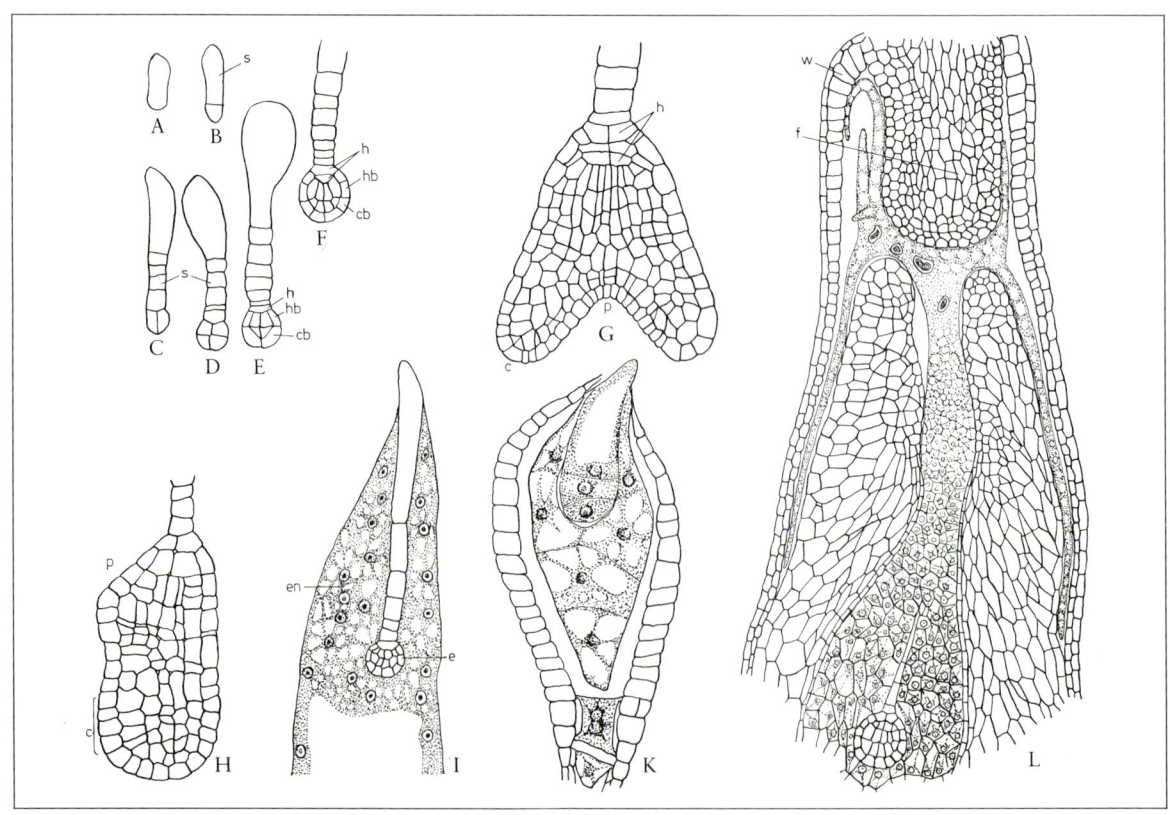

Abb. 3.2.210: Entwicklung von Embryo und sekundärem Endosperm bei den Angiospermen. Zygote (A), Suspensor (s), junger Embryo mit Hypophyse (h) sowie den Bereichen von Hypocotyl (hb), Cotyledonen (cb → c) und Apicalmeristem des Sprosses (p): **A–G** bei Dicotyledonen *(Capsella bursa-pastoris)* und **H** bei Monocotyledonen *(Alisma plantago-aquatica)* (etwa 200×). **I–K** Junger Embryo (e) mit Suspensor im nucleären bzw. zellulären Endosperm (en) (*Lepidium* spec. bzw. *Ageratum mexicanum*) (vergr.). **L** Aus dem Endosperm hat sich durch die Mikropyle ein schlauchförmig verzweigtes Haustorium entwickelt, das teils der Fruchtknotenwand (w), teils dem Funiculus (f) anliegt. Im Embryosack ist auch der Embryo mit Suspensor erkennbar. (Längsschnitt eines jungen Samens von *Globularia cordifolia*, vergr.). (A–H nach Hanstein und Souéges; I nach Guignard; K nach Dahlgren; L nach Billings.)

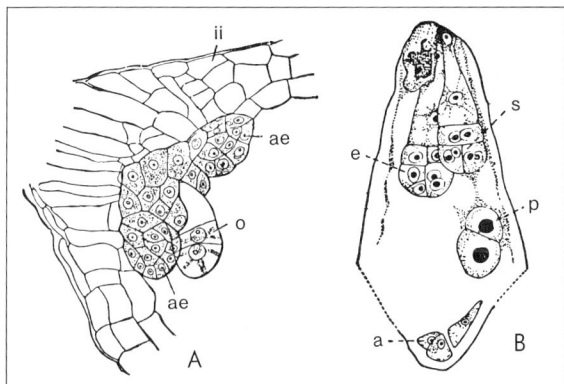

Abb. 3.2.211: Ungeschlechtliche Bildung von Embryonen. **A** Adventivembryonen (ae) aus dem Scheitel des Nucellus, daneben ein aus der Eizelle normal entstandener Embryo (o) bei *Hosta albomarginata (Asparagales)* (inneres Integument ii; 120×). **B** Parthenogenetische Entwicklung von 2 Embryonen aus der Eizelle (e) und einer Synergide (s) eines unreduzierten Embryosackes von *Alchemilla* spec. (Polkerne p, Antipoden a; 210×). (A nach Strasburger; B nach Murbeck.)

bildet (Samen dementsprechend mit oder ohne Endosperm).

Die Bildung des Endosperms erfolgt häufig nukleär, d.h. der Endospermkern teilt sich zunächst in eine große Zahl freier Kerne (8 bis über 2000, je nach der Sippe: Abb. 3.2.210I). Diese liegen meist in einem wandständigen Plasmabelag, da ein starkes Wachstum des Embryosacks nach der Befruchtung mit der Bildung einer großen Vacuole einhergeht. Erst nach einiger Zeit entstehen zwischen den freien Kernen Zellwände (vgl. Abb. 1.1.59: Vielzellbildung), und auf eine im einzelnen verschiedene Weise wird schließlich die ganze Höhlung des Embryosacks mit Zellen gefüllt. In wahrscheinlich abgeleiteten Fällen aber, z.B. bei vielen *Sympetalae Tetracyclicae* wird das Endosperm zellulär gebildet, d.h. es ist von Anfang an mit den Kernteilungen auch die Bildung von Zellwänden verbunden (Abb. 3.2.210K). Schließlich gibt es auch noch eine helobiale Endospermbildung (besonders bei Monocotyledonen, etwa *Alismatidae = Helobiae*), die im oberen Teil zunächst dem nucleären, im unteren Teil aber von vornherein dem zellulären Typus folgt (Abb. 3.2.274B).

Die Bildung des Embryos und des Endosperms erfordert eine reiche Zufuhr von Nährstoffen. So wird vor allem der Nucellus von dem wachsenden und sich mit Nährgewebe füllenden Embryosack verdrängt und größtenteils oder völlig aufgebraucht. Manchmal dringen auch aus dem Embryosack (vgl. S. 744), noch häufiger aber aus dem Endosperm (Abb. 3.2.210L) oder aus dem Suspensor zu schlauchförmigen Saugorganen umgewandelte Zellen als Haustorien in das umliegende Gewebe ein. Embryo und Endosperm können sich also gegenüber der Mutterpflanze fast wie Parasiten verhalten.

Bei manchen Samen, z.B. bei der Muskatnuß (Abb. 3.2.218E–F) und der *Areca*-Palme, wachsen vom Nucellus, in anderen Fällen, z.B. bei den *Annonaceae*, von den Integumenten faltenartige, durch ihre Farbe und ihren Inhalt auffallende Gewebewucherungen in das Endosperm hinein und durchfurchen es (ruminates Endosperm).

Im Gegensatz zum primären Endosperm der Gymnospermen (= haploides ♀ Prothallium) entsteht das sekundäre (und meist triploide) Endosperm der Angiospermen also erst nach der (doppelten!) Befruchtung. Daraus ergeben sich zwei Vorteile: 1) Die Entwicklung des ♀ Gametophyten wird weiter abgekürzt und beschleunigt und 2) das Nährgewebe entsteht erst dann, wenn nach erfolgreicher Zygotenbildung die Versorgung eines Embryos auch tatsächlich notwendig wird (Ökonomie!).

Außer dem sekundären Endosperm kann bei den Angiospermen auch der Nucellus als Nähr- und Speichergewebe fungieren: Ein derartiges **Perisperm** findet sich z.B. neben sekundärem Endosperm bei *Nymphaeaceae*, *Piperaceae* (Abb. 3.2.220B) und *Zingiberales* oder allein bei *Caryophyllales*.

In den Samen aller ursprünglichen Angiospermen ist das sekundäre Endosperm (bzw. auch das Perisperm) als Nähr- und Speichergewebe umfangreich und umschließt den sehr kleinen und noch wenig differenzierten Embryo allseitig. Vielfach kommt es aber noch auf der Mutterpflanze und im reifenden Samen zu stärkerem Embryowachstum; dabei behält der Embryo seine zentrale Lage bei (Abb. 3.2.212B) oder erfährt eine seitliche Verschiebung (Abb. 3.2.282L). Im Zusammenhang mit einer leichteren Mobilisierbarkeit der Reservestoffe bei der Keimung wird das sekundäre Endosperm schließlich oft völlig zurückgebildet und Spei-

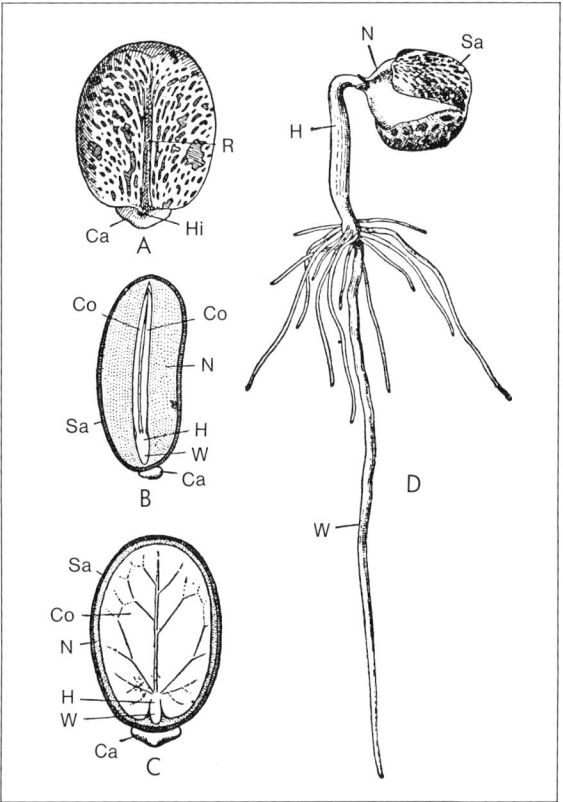

Abb. 3.2.212: Same und Keimung *(Ricinus communis)*. Ventralansicht (**A**) sowie medianer und transversaler Längsschnitt (**B, C**) des Samens und Keimling (**D**) mit Testa (Sa), Caruncula (Ca, ein Elaiosom), Raphe (R) und Hilum (Hi), Endosperm (N). Embryo mit Cotyledonen (Co), Hypocotyl (H) und Radicula (W). (A–C 2×, D nat. Gr.) (Nach Troll.)

chergewebe im Embryo selbst, vor allem in seinen Keimblättern, gebildet (Abb. 3.2.215B). Hierfür sind Leguminosen, Eiche (Abb. 3.2.227P), Walnuß (Abb. 3.2.230E) und Roßkastanie mit ihren dicken, die Samen erfüllenden Keimblättern bekannte Beispiele.

Nur selten unterbleibt die Nährstoffspeicherung im Samen völlig (z.B. bei den kleinen Samen der Orchideen). Sonst finden wir vielfach Stärke, Eiweiß oder fettes Öl im Zellinneren (S. 78, 90, 113 ff.) bzw. Reservecellulose in den Zellwänden (Abb. 1.1.109B). Demnach sind das Endosperm (bzw. andere Speichergewebe) eher mehlig wie bei den Gräsern, fettig wie bei *Cocos* oder hornartig bis steinig wie bei vielen *Liliales* und bei manchen Palmen, z.B. *Phytelephas* (Abb. 1.1.112 A, S. 823).

Die **Samenschale** (**Testa**) entwickelt sich aus beiden oder (bei abgeleiteten Gruppen) nur aus einem Integument. Bei den ursprünglichsten Angiospermen bestand sie vielleicht, ähnlich wie bei *Gingko* und den Cycadeen (S. 708, 714, 728), aus einer inneren, verholzten (Sclerotesta) und einer äußeren, fleischigen und meist auffällig gefärbten Schicht (Sarcotesta) (z.B. bei *Magnoliaceae, Punicaceae, Paeoniaceae* u.a.).

Aus der Sarcotesta haben sich möglicherweise verschiedene Formen des fleischigen, den Samen aber nur noch teilweise einhüllenden Samenmantels (Arillus) gebildet, den wir etwa bei *Euonymus* oder in zerschlitzter Form bei *Myristica* (Abb. 3.2.218E) antreffen. Bei *Nymphaea* ist ein solcher Arillus als lufthaltiger Schwimmsack um die Samen herum ausgebildet (Abb. 3.2.213H). Stärkere Reduktion von Sarcotesta bzw. Arillus kann offenbar zur Bildung einer Caruncula (an der Mikropyle; vgl. z.B. *Ricinus*, Abb. 3.2.212 A–C) oder einer Strophiole (am Funiculus) führen. Als fett-, eiweiß- bzw. zuckerreiche Elaiosomen (Abb. 3.2.213F, G: *Corydalis, Chelidonium*) spielen solche Samenanhängsel bei der Ameisenausbreitung eine Rolle (S. 758).

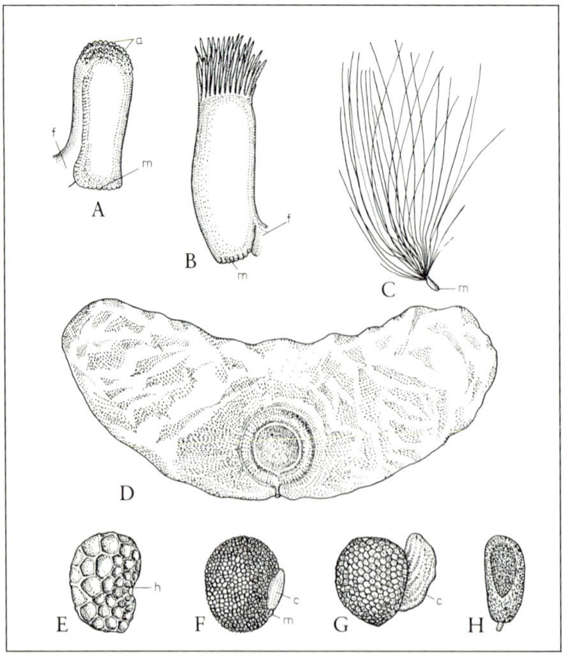

Vielfach verschleimt die Samenschale (z.B. bei verschiedenen Cruciferen, Lein, Quitte, Tomate, *Plantago, Juncus:* Myxotesta). Nicht selten entwickeln sich aus einer trockenen Testa aber auch Haare (z.B. bei *Epilobium:* Abb. 3.2.213 A–C, Baumwolle: Abb. 3.2.253 N, oder *Strophanthus:* Abb. 3.2.260 G) oder auch flügelartige Fortsätze (z.B. Gleitflieger-Samen bei *Zanonia:* Abb. 3.2.213 D). Vielfach finden wir aber nur eine ± skulpturierte oder glatte Sclerotesta (z.B. Abb. 3.2.213 E). In Schließfrüchten (S. 755 ff.), wo die Schutzfunktion der Testa durch die Fruchtwand übernommen wird (z.B. bei den Spaltfrüchten der Umbelliferen, bei den Nüssen der Compositen oder Gräser, bei den Steinfrüchten der *Prunoideae* usw.), bleibt die Samenschale aber häufig dünn und häutig.

Sehr stark schwankt die Größe der Samen: von den mehrere Kilogramm schweren Samen der Seychellen-Nuß (*Arecaceae: Lodoicea*) über die Samen der Roßkastanie (*Aesculus*) bis zu den winzigen, feilspanförmigen Samen der *Pyrolaceae, Orobanchaceae* und *Orchidaceae* mit einem Gewicht von oft nur wenigen Tausendstel Milligramm.

Naheliegenderweise spielen alle besprochenen Progressionen hinsichtlich Nährstoffversorgung, Oberflächengestaltung und Größe der Samen eine wichtige Rolle als Anpassungen bei ihrer Ausbreitung und Keimung (vgl. S. 757 ff.).

Früchte

Zugleich mit der Reifung der Samenanlagen zu Samen erfolgt die Bildung der Früchte, d.h. derjenigen aus Blütenteilen oder Blüten (bzw. auch aus Zusatzbildungen oder Blütenständen) hervorgehenden Organe, welche die Samen bis zur Reife umschließen und dann ihrer Ausbreitung dienen, indem sie sie entweder ausstreuen oder mit ihnen von der Pflanze abgetrennt werden. Während wir als ausbreitungsbiologisch-funktionelle Einheit (Diaspore) im Blütenbereich ursprünglicher *Spermatophyta* nackte Samen finden, wird diese Funktion bei den Angiospermen anfänglich durch den Einschluß der Samenanlagen in Karpellen behindert. Es ist daher verständlich, daß diese bestäubungsbiologisch sinnvolle Bergung der Samenanlagen (S. 740) bei allen ursprünglichen Angiospermen spätestens zur Samenreife durch Öffnung der Karpelle wieder aufgehoben wird: Die Samen behalten also ihre aktive ausbreitungsbiologische Bedeutung zuerst noch bei (z.B. Abb. 3.2.213). Weiter übernehmen aber fortschreitend Einzelkarpelle als Einblattfrüchte, dann Gruppen von freien, chorikarpen Karpellen als Sammelfrüchte (mit mehreren bis vielen Teilfrüchten = Karpidien) und schließlich echt verwachsenblättrige Gynoeceen in verschiedenen coenokarpen Fruchtformen Aufgaben der Ausbreitung, während die Samen diesbezüglich passiv werden (vgl. Abb. 3.2.214, 3.2.215, 3.2.236). Damit ist die Entwicklung aber noch nicht abgeschlossen, denn die ursprünglich den Fruchtbau allein bestimmenden Fruchtknoten werden bei abgeleiteten Früchten in verschiedener Weise durch Zusatzbildungen aus dem

Abb. 3.2.213: Samen und ihre Entwicklung. **A–B** Samenanlagen mit Funiculus (f), Mikropyle (m) und Anlage der Samenhaare (a) (70×) sowie **C** reifer Same (9×) von *Epilobium angustifolium*. Samen von **D** *Zanonia javanica* (*Cucurbitaceae*, geflügelt; ¹/₂×), **E** *Papaver rhoeas* (Hilum h), **F** *Corydalis ochroleuca* und **G** *Chelidonium majus* mit Elaiosom (c) (Mikropyle m) sowie **H** *Nymphaea alba* mit sackartigem Arillus (vergr.). (A–C nach Goebel; D nach Firbas; E–H nach Duchartre.)

selektiven «Verbesserung» und damit einer Co-Evolution der Partner verstanden werden.

Bei den saftigen Diasporen lassen sich je nach den Hauptausbreitern charakteristische Merkmalssyndrome erkennen. Während Ichthyo- und Saurochorie (etwa durch gewisse Schildkröten oder Eidechsen) gegenwärtig weniger bedeutend sind, spielt Ornithochorie bis heute eine wichtige Rolle. Die Diasporen sind dabei meist grell- bzw. kontrastfarbig (Rot, Gelb, glänzendes Schwarz), duftlos, mäßig groß bis klein, weichschalig und im Herbst nicht abfallend (Wintersteher!). Als Beispiele können etwa saftige Samen (*Magnolia, Paeonia* u.a.), Einblattfrüchte (*Prunus avium* u.a.), Sammelfrüchte (*Fragaria, Rosa, Rubus* u.a.), Beeren (*Ribes, Vitis, Vaccinium, Paris*), coenokarpe Steinfrüchte (*Ligustrum, Olea, Sambucus* u.a.) und Fruchtstände (*Morus* u.a.) genannt werden. Säugetiere sind besonders in den Tropen für die Endozoochorie wichtig. Wegen deren andersartiger Sinnesorgane und Mundwerkzeuge sind die Diasporen hier meist nicht so auffällig gefärbt, dafür aber stark duftend, oft größer, hartschaliger und abfallend (Aufnahme vom Boden!). Hierher gehören Einblatt-Beeren und -Steinfrüchte (*Phoenix, Prunus persica* u.a.), Sammelfrüchte (*Rosaceae-Maloideae* u.a.), hartschalige Beeren und Panzerbeeren (Avocado, Kakao, *Citrus, Cucurbitaceae,* Kaki, *Musa* u.a.) und Fruchtstände (*Ficus, Artocarpus* u.a.). Fledermausfrüchte schließlich sind ähnlich, bleiben aber in exponierter Lage an Stämmen oder Ästen hängen (z.B. *Sapotaceae*).

Auch bei den trockenen Diasporen finden wir eine kleinere Größenklasse von Samen und Nußfrüchten, die besonders von körnerfressenden Vögeln verbreitet wird, und eine größere (z.B. *Quercus, Fagus, Corylus, Juglans*), die vor allem auch von Nagetieren (z.B. Eichhörnchen) gesammelt und gehortet wird, wobei immer ein Teil dem Verzehr entgeht.

Myrmecochorie beruht darauf, daß verschiedene Ameisenarten Samen bzw. Früchte aufnehmen und verschleppen, an denen charakteristische Lock- und Nährstoff enthaltende Anhängsel (Elaiosomen) ausgebildet werden (vgl. Abb. 3.2.212, S. 754). Wie ein Vergleich nah verwandter Sippen ohne und mit Myrmecochorie zeigt, wirkt sich der Übergang zu dieser Ausbreitungsform auf die ganze Pflanze aus (etwa *Primula elatior*: auf langen Schäften steif aufrechte Schüttelkapseln, Kelche vertrocknet, langsame Samenreifung, kein Elaiosom → *P. vulgaris*: ohne Schäfte, schlaff zu Boden hängende Kapseln, Kelch bleibt grün und assimilierend, rasche Samenreifung, Elaiosom). Die Elaiosomen können aus verschiedenen Samenteilen (z.B. bei *Asarum, Chelidonium*: Abb. 3.2.213G, *Corydalis*: Abb. 3.2.213F, *Viola*-Arten, *Cyclamen purpurascens, Melampyrum, Allium ursinum, Galanthus nivalis*) oder an Nußfrüchten entstehen (z.B. bei *Anemone nemorosa, Hepatica, Lamium, Knautia*: Abb. 3.1.48). Myrmecochore sind im temperaten, aber auch im tropischen Waldbereich verbreitet.

Mannigfaltig sind auch die Einrichtungen, welche zur Anheftung und Ausbreitung von Diasporen an der Tieroberfläche führen: **Epizoochorie**. Während die Samen oder Früchte vieler Sumpf- und Wasserpflanzen schon wegen ihrer Kleinheit mit Schlamm an Wasservögeln haften und weltweit verfrachtet werden können, sind diese Möglichkeiten bei Samen oder Früchten, die im feuchten Zustand klebrigschleimig werden (z.B. bei *Plantago, Juncus*) noch erweitert. Vielfach bleiben Diasporen mittels Drüsenhaaren (z.B. *Salvia glutinosa*), besonders aber mittels Widerhaken an Tieren hängen. Solche Kletteinrichtungen können als Haare oder Emergenzen an den Fruchtblättern [z.B. bei *Medicago*-Arten (*Fabaceae*), *Circaea* (*Onagraceae*), *Galium aparine*] auftreten oder aus umgebildeten Griffeln [z.B. bei *Geum urbanum* (*Rosaceae*)], Kelch- (und Außenkelch-)blättern [z.B. Abb. 3.1.48, 3.2.269P] bzw. Hüllblättern [z.B. bei den Fruchtständen von *Arctium*: Abb. 3.2.269G, oder *Xanthium* (*Asteraceae*)] entstehen. Während die erwähnten, zarter gebauten Klettfrüchte besonders im Haarkleid kleiner Tiere verbreitet werden, sind die besonders robusten Trampelkletten [z.B. bei *Tribulus* (*Zygophyllaceae*) oder bei vielen *Pedaliaceae*] für Anheftung und Transport an den Füßen größerer Huftiere angepaßt.

Eine Sonderform der Ausbreitung durch Tiere repräsentieren die Tierballisten. Ihre steifen und sparrigen Stengel verhängen sich an vorbeistreifenden Tieren und katapultieren im Zurückschnellen Samen oder Früchte (z.B. verschiedene Kapselträger, *Lamiaceae* oder *Dipsacus*, Abb. 3.1.48, teilweise auch *Arctium*).

In der jüngsten erdgeschichtlichen Vergangenheit ist der Mensch als sehr wesentlicher Faktor der Samen- und Fruchtausbreitung in Erscheinung getreten (**Anthropochorie**). Viele Unkräuter (vgl. S. 502, 841, 913) wurden besonders mit Saatgut, Wolle und Viehfutter unabsichtlich verschleppt, Kulturpflanzen absichtlich weltweit verbreitet. In manchen Landstrichen (z.B. in Teilen Neuseelands oder Californiens) dominieren Anthropochore sogar sehr deutlich gegenüber der heimischen Flora. Bemerkenswert ist, daß Ackerunkräuter sich in der Größe und Beschaffenheit ihrer Diasporen durch Selektion so stark den jeweiligen Kulturpflanzen angleichen können, daß sie durch mechanische Verfahren kaum aus dem Saatgut ausgeschieden werden können [so z.B. bei *Camelina* (*Brassicaceae*), *Rhinanthus* (*Scrophulariaceae*) oder *Bromus* (*Poaceae*)].

Windausbreitung (**Anemochorie**) kann mittelbar sein, indem Diasporen aus Behältern an steiffedernden Achsen ausgeschüttelt werden (Windstreuer: Samen aus Kapseln, z.B. Abb. 3.2.223C, 3.2.254B, 3.2.278E, bzw. Früchte aus Köpfchen, z.B. *Bellis*), oder unmittelbar, indem die Diasporen verblasen werden. In dieser Gruppe finden wir winzige und leichte Körnchenflieger (etwa die Samen von *Orobanche* oder Orchideen, S. 817), Blasenflieger (z.B. ballonartige Kelche bei *Trifolium fragiferum*), Haarflieger (z.B. Samenhaare: Abb. 3.2.213A–C, 3.2.251N; Federschwänze aus Griffeln: *Clematis*: Abb. 1.2.16K, *Pulsatilla*, aus den Grannen: *Stipa pennata*; Perigonhaare: Abb. 3.2.280F, G; Pappushaare bei *Pterocephalus*: Abb. 3.1.48, oder vielen *Asteraceae*, Abb. 3.2.269N–O), Flügelflieger (Samen: Abb. 3.2.213D, geflügelte Nüsse: Abb. 3.2.228N, 3.2.259F, Spaltfrüchte: Abb. 3.2.215C, Fruchtstände: Abb. 3.2.253B, Außenkelchschirme, *Scabiosa*: Abb. 3.1.48) und Steppenroller (S. 757).

Wasserausbreitung (**Hydrochorie**) tritt meist als Transport von Diasporen in Erscheinung, etwa bei Regenschwemmlingen (z.B. Samen aus hygrochastisch, also bei Regen sich öffnenden Kapseln, so bei *Sedum acre* oder *Aizoaceae*), besonders aber bei regulären Schwimmern. Diese Fähigkeit beruht darauf, daß die Diasporen unbenetzbar sind bzw. Luftsäcke (z.B. an den Samen von *Nymphaea*: Abb. 3.2.213H, und Schläuche verschiedener *Carex*-Arten) oder reguläres Schwimmgewebe bilden (z.B. *Cocos*: Abb. 3.2.283H–I u. S. 757 sowie viele heimische Sumpf- und Wasserpflanzen, wie *Iris pseudacorus* oder *Potamogeton*). Mittelbar ist die mechanische Regenwirkung bei der eigenartigen Gruppe der Regenballisten: Ihre turbinenschaufelartig geformten und an federnden Stielen sitzenden Früchte setzen die Wucht fallender Regentropfen in Schleuderbewegungen um, wobei etwa Samen aus Schötchen [z.B. bei *Iberis* und *Thlaspi* (*Brassicaceae*)] oder Klausen aus Kelchen [z.B. bei *Prunella* und *Scutellaria* (*Lamiaceae*)] ausgeworfen werden.

Zuletzt sei noch auf **Selbstausbreitung** (**Autochorie**) verwiesen. Während viele unspezialisierte Diasporen einfach zu Boden fallen (z.B. *Aesculus hippocastanum*), werden sie von Selbststreuern aktiv ausgeschleudert. Die Mechanismen

II) Saftfrüchte bilden die

1) coenokarpen Steinfrüchte (Steinbeeren) ein sclerenchymatisches, bei der Keimung gesprengtes Endokarp; hierher zählen z.B. *Juglans* (Abb. 3.2.230 D–E), *Olea* (Abb. 3.2.259 B–D) oder *Sambucus*. Eine Sonderstellung hat *Cocos* (Abb. 3.2.283 H–I) mit faserigem, lufthaltigem Mesokarp (Schwimmgewebe) als tropische Küstenpflanze.

2) coenokarpe Beerenfrüchte mit gänzlich fleischigem Perikarp kennzeichnen etwa *Ribes* (Abb. 3.2.234 G), *Vitis*, *Vaccinium*, *Atropa* (Abb. 3.2.263 A) oder *Convallaria*. Die *Citrus*-Früchte haben eine fleischige Pulpa. Als Panzerbeeren können die Früchte von Kürbis und Gurke *(Cucurbitaceae)* bezeichnet werden.

Ganz andere Entwicklungslinien repräsentieren die beiden Untergruppen coenokarper

III) Zerfallfrüchte (S. 755). Bei den

1) Spaltfrüchten lösen sich die Teilfrüchtchen (Merikarpien) septicid; es können viele (z.B. bei *Malva*: Abb. 3.2.253 L) oder auch nur 2 (z.B. *Acer*: Abb. 3.2.215 C) sein; auch kann in der Mitte ein zentraler Fruchthalter (Karpophor) stehenbleiben, wie z.B. bei den *Apiaceae* (Abb. 3.2.248 K). Quer oder längs durchtrennte Karpelle kennzeichnen die

2) coenokarpen Bruchfrüchte. Dazu zählen etwa die aus der Schote entstandene, quer zerbrechende Gliederschote mancher *Brassicaceae* (Abb. 3.2.215 E) oder die Früchte der *Boraginaceae* und *Lamiaceae*, bei denen 2blättrige Fruchtknoten entlang echter und falscher Scheidewände zu 4 Klausen zerbrechen (Abb. 3.2.266).

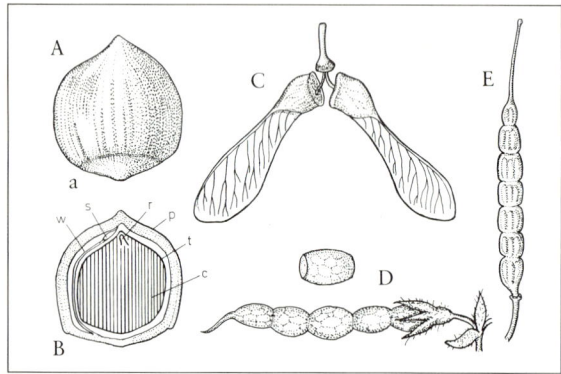

Abb. 3.2.215: Trockene Schließfrüchte. **A–B** Nuß von *Corylus avellana*: Gesamtansicht und Längsschnitt; Abbruchstelle (a), Fruchtwand (p), verkümmerte Samenanlage (s), Leitbündel zu den Samenanlagen (w), Same mit Testa (t), Keimblatt (c) und Radicula (r). Zerfallfrüchte. **C** Spaltfrucht (*Acer pseudoplatanus*, mit 2 1samigen Teilfrüchten), **D** Gliederhülse (*Ornithopus sativus*, Einblattfrucht, mit einsamigen Bruchfrüchtchen), **E** Gliederschote (*Raphanus raphanistrum*; coenokarpe Bruchfrucht) (A, B, D nat. Gr., C, E ²/₃×; nach Firbas.)

Ebenso abgeleitet ist die formenreiche Gruppe der

IV) coenokarpen Nußfrüchte, die mittels eines Trenngewebes als Ganzes abfallen. Hierher gehören etwa die Flügelnüsse von *Betula* (Abb. 3.2.228 N), *Ulmus* (Abb. 3.2.231 B) und *Fraxinus* (Abb. 3.2.259 F), die von einer Cupula umgebenen Nüsse der *Fagaceae* (Abb. 3.2.227), die Trag- und Vorblatt-umhüllten Nüsse von *Carpinus*, *Engelhardia* und *Humulus* (Abb. 3.2.229 F–G, 3.2.230 F, 3.2.231 L) und die ausbreitungsbiologisch so wandelbaren Nüsse der *Dipsacaceae* mit Außen-

kelch (Abb. 3.1.48, 3.2.258 K). Meist eng aneinandergepreßt sind Fruchtwand und Samenschale bei den Nuß-Sonderformen der Gräser (Karyopse, oberständig, oft auch noch von Spelzen umgeben, Abb. 3.2.282) sowie der *Asteraceae* (Achäne, unterständig, Kelchblätter oft zu einem Pappus umgewandelt, Abb. 3.2.269 N–Q).

C) Fruchtstände als Ausbreitungseinheiten sind stärkst abgeleitete Endglieder verschiedener Entwicklungslinien. Dies gilt etwa für Maulbeere (Abb. 3.2.231 G), Feige und verwandte Gattungen der *Moraceae* (Abb. 3.2.207 H, 3.2.231 H–I) oder *Ananas* mit zunehmend fleischig werdenden Perianthblättern, Blütenachsen bzw. Gesamtfrüchten, für *Tilia* mit Nußfruchtstand + flügeligem Vorblatt (Abb. 3.2.253 B–C) oder für die Klette *(Arctium)*, bei der ein Compositenköpfchen mit widerhakigen Hüllblättern als Ausbreitungseinheit fungiert (Abb. 3.2.269 G). Schließlich kann auch das gesamte oberirdische steif-kugelförmige Sproßsystem einer Pflanze als «Steppenroller» zur Diaspore werden, indem es sich an der Basis loslöst, durch den Wind weitergerollt wird und dabei allmählich seine Früchte verstreut [z.B. bei *Salsola kali (Chenopodiaceae)* oder *Eryngium campestre (Apiaceae)*].

Samen- und Fruchtausbreitung

Bei der folgenden Übersicht von Samen und Früchten nach ihrer hauptsächlichen Ausbreitungsart ist zu berücksichtigen, daß die Spezialisierung in diesem Bereich vielfach weniger weit fortgeschritten ist als bei der Bestäubung. Sehr viele Diasporen sind demnach polychor, d.h. sie können auf recht verschiedene Weise verfrachtet werden. Manche Arten sind geradezu heterosperm bzw. heterokarp, d.h. sie produzieren an dem gleichen Individuum verschiedene Samen- bzw. Fruchttypen mit verschiedenem Ausbreitungsmodus (z.B. Achänen mit und ohne Pappus im Köpfchen mancher *Leontodon*-Arten); dadurch wird eine größere ausbreitungsbiologische Plastizität erreicht. Die Strukturen an Diasporen dienen übrigens nicht immer nur der Fernausbreitung; bei manchen Standortspezialisten finden wir auch ausbreitungshemmende Einrichtungen (etwa durch Verankern oder Vergraben, z.B. bei manchen Wüstenpflanzen). Auch in der Samen- und Fruchtbiologie ist noch sehr viel an exakten, besonders experimentellen Analysen zu leisten (vor allem in den Tropen!).

Tierausbreitung (Zoochorie) tritt vor allem in den Formen der Endozoochorie (Diasporen werden gefressen und wieder ausgeschieden), der Myrmecochorie (Ameisenausbreitung, nur Diasporen-Anhängsel werden gefressen) und der Epizoochorie (Diasporen haften an der Tieroberfläche) in Erscheinung.

Voraussetzung für **Endozoochorie** ist, daß die Diasporen über Lockmittel (Nahrungsstoffe, etwa Kohlenhydrate, Eiweiß, Fette und Öle, Vitamine, organische Säuren und Mineralstoffe), Reizmittel (etwa Farbe oder Duftstoffe) und Schutzeinrichtungen gegen die Zerstörung der Samen im Kauapparat oder Darm (Sclerotesta, Sclerokarp u.a.) verfügen. Sowohl Samen als auch Früchte können diesen Bedingungen entsprechen; während saftige von den Tieren meist rasch gefressen werden, eignen sich trockene auch zur Vorratsbildung. Ursprünglich waren offenbar Fische und Reptilien die wichtigsten Samen- (bzw. Frucht-)ausbreiter (Ichthyo- und Saurochorie; Fossilbefunde!), später kamen dann viele Vogelgruppen (Ornithochorie) und auch Säugetiere (z.B. Primaten, Nagetiere, Fledermäuse) hinzu. Ähnlich wie bei der Bestäubung ist es auch bei der Endozoochorie vielfach zu einer sehr engen Bindung zwischen Pflanze und Tier gekommen; sie kann auch hier als Ergebnis einer wechselseitig

früchten vielfach um Stein- bzw. Beerenfrüchte handelt. Diese Progressionen werden besonders dann deutlich, wenn die verschiedenen Fruchtformen nebeneinander in einem Verwandtschaftskreis auftreten (z.B. bei den *Ranunculaceae*, Abb. 3.2.214A, 3.2.222N–Q, *Rosaceae*, Abb. 3.2.236, *Brassicaceae*, Abb. 3.2.215E, 3.2.250, oder *Fabaceae*, Abb. 3.2.214B, 3.2.215D).

Bei Öffnungsfrüchten lassen sich verschiedene Formen des vollständigen oder teilweisen Aufspringens erkennen (Abb. 3.2.214): Am ursprünglichsten ist dabei wohl, wenn sich die Karpelle an ihrer Bauchnaht (ventricid) bzw. an ihrer Verwachsungsstelle mit Nachbarkarpellen öffnen (scheidewandspaltig, septicid; entsprechende Teilung bei Spaltfrüchten; Abb. 3.2.215). Stärker abgeleitet sind dagegen die Ausbildung von Trenngeweben im Rückenteil der Fruchtblätter (rücken- bzw. fachspaltig, dorsicid bzw. loculicid; Sonderform poricid) oder Brüche an verwachsenen Karpellrändern (scheidewandbrüchig, septifrag). Querbrüche über den gesamten Karpellbereich hinweg führen zur Bildung von Deckelkapseln und zu Bruchfrüchten.

Vielfach sind die Progression von Öffnungsfrüchten zu Schließfrüchten und die Reduktion der Anzahl der Samen korreliert: Während Beerenfrüchte häufig noch mehrere und Steinfrüchte gelegentlich noch einige Samen enthalten, entwickeln sich in den Teilfrüchten oder Bruchstücken der Zerfallfrüchte bzw. in den Nußfrüchten meist nur noch Einzelsamen (vgl. z.B. Abb. 3.2.227–228, 3.2.253C).

Der Bau der Früchte (und Samen) steht in engster Beziehung zu ihrer Ausbreitung und bleibt ohne Berücksichtigung funktionell-ökologischer Zusammenhänge vielfach unverständlich. Dabei treten – ähnlich wie bei der Bestäubung – besonders Tiere (Tierausbreitung: Zoochorie), Wind (Windausbreitung: Anemochorie), Wasser (Wasserausbreitung: Hydrochorie) und der Mensch (Anthropochorie) in Erscheinung. Außerdem ist gelegentlich auch aktive Selbstausbreitung (Autochorie) festzustellen (S. 758 f.).

Eine «natürliche», allen Anforderungen entsprechende Gruppierung der Früchte ist nicht möglich. Dazu sind diese relativ spät entstandenen Organe der Angiospermen zu plastisch; zu sehr übergreifen sich (wie wir gesehen haben) die vielen möglichen Einteilungsprinzipien. Im folgenden wird daher der Versuch gemacht, eine nach morphologisch-anatomischen Grundsätzen ausgerichtete Übersicht durch eine ökologische Gruppierung nach den hauptsächlichen Ausbreitungsmedien zu ergänzen (S. 757 ff.).

Die phylogenetische Entwicklung der Angiospermenfrüchte beginnt – entsprechend dem ursprünglich chorikarpen Bau der Gynoeceen – mit

A) **chorikarpen Früchten.** Dabei sind die anfänglich in Mehrzahl nebeneinanderstehenden Fruchtblätter im Reifezustand zunächst noch nicht zu einer ausbreitungsbiologisch-funktionellen Einheit verbunden, oder ihre Zahl ist je Blüte auf 1 verringert: In beiden Fällen liegen

I) **Einblattfrüchte** vor. Sie sind primitiverweise als ventricid aufspringende

1) Balgfrüchte entwickelt (so bei vielen *Magnoliidae* und ursprünglichen Dialypetalen, zu mehreren in einer Blüte, wie etwa bei *Paeonia* oder *Delphinium*, oder auf 1 reduziert, wie bei *Consolida*: Abb. 3.2.214A). Ventri- und dorsicide Öffnung kennzeichnen die

2) Hülsen (z.B. zu mehreren pro Blüte bei *Magnolia*, einzeln bei den Leguminosen: Abb. 3.2.214B). Eine Weiterentwicklung zur Bruchfrucht stellen etwa die Gliederhülsen dar (z.B. Abb. 3.2.215D). Saftige

3) Einblatt-Beeren treten auf bei *Annonaceae* (z.T.), bei *Actaea* (*Ranunculaceae*) oder bei der Dattel (mit hartem Endosperm, Abb. 3.2.283C, E).

4) Einblatt-Steinfrüchte finden wir z.B. bei den Steinobstgewächsen (z.B. Kirsche mit verholztem Endokarp, Abb. 3.2.236H). Weit verbreitet sind

5) Einblatt-Nüsse (z.B. bei *Anemone, Ranunculus*: Abb. 3.2.222B–C; oder *Zannichellia*: Abb. 3.2.274E); sie tragen teilweise funktionell bedeutsame Zusatzorgane, wie etwa federige (z.B. bei *Clematis* und *Pulsatilla*) oder widerhakige Griffel (z.B. bei Arten von *Geum*).

Die Einblattfrüchte sind durch viele Übergänge mit den

II) **Sammelfrüchten** verbunden, bei denen ± zahlreiche chorikarpe Fruchtblätter (deren jedes ein Karpidium darstellt) über Achsengewebe oder infolge postgenitaler Verwachsung zu einer Ausbreitungseinheit verbunden sind.

1) Sammel-Balgfrüchte finden wir etwa bei *Trollius* (*Ranunculaceae*) oder *Spiraea* (Abb. 3.2.236A);

2) Sammel-Nußfrüchte sind bei *Fragaria* gegeben, wo die zu Nüßchen reduzierten Karpidien an einer fleischigen Blütenachse stehen (Abb. 3.2.236C), und bei *Rosa*, wo sie in einem fleischigen Achsenkrug eingesenkt sind (Abb. 3.2.236D). Brombeere und Himbeere (Abb. 3.2.236E) können als

3) Sammel-Steinfrüchte bezeichnet werden, wobei die Blütenachse beteiligt oder unbeteiligt ist. Werden chorikarpe Fruchtblätter völlig in einen fleischigen Achsenbecher eingeschmolzen wie bei den

4) Apfelfrüchten der Kernobstgewächse (z.B. Mispel mit verholzten oder Apfel mit ledrigen Karpellwänden, Abb. 3.2.236F, G) so ist eine Annäherung an coenokarpe Fruchtformen unverkennbar.

Über chorikarpe bzw. hemisynkarpe Fruchtformen mit cyclischer Karpellanordnung (Abb. 3.2.201) sind die

B) **coenokarpen Früchte** der Angiospermen entstanden. Auch hier müssen wir die sich öffnenden und die Samen freigebenden

I) **Streufrüchte** als relativ ursprünglich an den Anfang stellen. Dazu zählt zuerst die große Masse

1) trockener Kapselfrüchte der Angiospermen, die man nach Mehr- oder Einfächrigkeit (von synkarpen bzw. parakarpen Gynoeceen, z.B. Abb. 3.2.214D, 3.2.249C, F–G), nach völligem oder bloß apicalem Aufspringen (Spalt- bzw. Zähnchenkapseln, z.B. Abb. 3.2.224C), und nach der Art des Aufspringens (septicid, dorsicid, septifrag oder Kombinationen davon, z.B. Abb. 3.2.214D–E, 3.2.247N, 3.2.267F, 3.2.275F; als Sonderformen Deckel- und Porenkapseln, wie z.B. in Abb. 3.2.214F–G, 3.2.263D und 3.2.223C–D) weiter unterteilen kann. Erwähnenswert ist auch noch die Schote: Sie besteht aus parakarp miteinander verwachsenen Fruchtblättern, die sich klappig von ihren die Placenten tragenden Rändern ablösen (Abb. 3.2.214C), zwischen denen bei den *Brassicaceae* noch eine Scheidewand ausgespannt ist (Abb. 3.2.250F). Eine weitere Sonderform repräsentiert etwa die Katapultkapsel von *Geranium* (Abb. 3.2.244E).

2) Saftige Kapselfrüchte sind besonders in den Tropen verbreitet; ein heimisches Beispiel ist *Euonymus*. Auch die Explosionskapseln von *Impatiens* (Abb. 2.3.54, S. 466) gehören hierher.

Aus Streufrüchten sind vielfach parallel coenokarpe **Schließfrüchte** entstanden (Gruppen II–IV). Innerhalb der

Blatt- und Achsenbereich der floralen und auch extrafloralen Region ergänzt. Zuletzt können ganze Fruchtstände (z.B. Abb. 3.2.207H), ja sogar ganze Pflanzen als Ausbreitungseinheiten in Erscheinung treten.

Das Wachstum der Samenanlagen zu Samen ist vor allem mit einer Größenzunahme des Ovars und seiner Entwicklung zum Samenbehälter verbunden. Kron- und Staubblätter sowie Griffel und Narbe pflegen bei der Fruchtbildung meist zu vertrocknen und abzufallen (wegen weiterer physiologischer Veränderungen und des Auftretens samenloser, parthenokarper Früchte – etwa bei Kulturbananen oder Citrusfrüchten – vgl. S. 426f.).

Die besprochene Reihe zunehmend komplexer ausbreitungsbiologisch-funktioneller Einheiten ist mit der bestäubungsbiologisch-funktionellen Reihe Sporophyll – (Meranthium) – Euanthium – Pseudanthium (S. 701f., 706, 749) vergleichbar; Beispiele dafür finden sich S. 756f. Hier sei noch kurz auf die Mannigfaltigkeit von Zusatzbildungen im Fruchtbereich verwiesen: Achsenberindung an oberständigen Früchten (z.B. *Nuphar*: Abb. 3.2.221B), fleischigwerdende Blütenbecher (z.B. *Rosaceae*: Abb. 3.2.236), Achsen- bzw. Perianthanteile an zahlreichen unterständigen Früchten (z.B. *Apiaceae*: Abb. 3.2.248H–L; *Iris*: Abb. 3.2.214E, *Arctostaphylos*: Abb. 3.2.257H–I; entsprechen funktionell durchaus vergleichbaren oberständigen Früchten, etwa von *Tulipa* oder *Atropa*: Abb. 3.2.263A), Kelch (z.B. rote «Laterne» bei der Judenkirsche, *Physalis alkekengi*; Pappus bei *Valerianaceae*: Abb. 3.2.258G und Composite: Abb. 3.2.269N–O), Perigon (z.B. fleischig im Fruchtstand von *Morus*: Abb. 3.2.231G, haarig bei *Eriophorum*: Abb. 3.2.280F–G), Vor- und Tragblätter (z.B. flügelartig bei *Carpinus*: Abb. 3.2.229F–G, oder *Humulus*: Abb. 3.2.231L; schlauchförmig bei *Carex*: Abb. 3.2.280M–N; Außenkelche bei *Dipsacaceae*: Abb. 3.1.48, 3.2.258K), Fruchtstiele (z.B. fleischig bei *Anacardium occidentale*) sowie Achsen- und Blattorgane der Fruchtstände (z.B. Cupulen der *Fagaceae*: Abb. 3.2.227A–C; G, O; fleischiger Anteil bei *Moraceae*: Abb. 3.2.207H, 3.2.231H–I, und *Ananas*).

Auch die Fruchtknotenwand erfährt bei ihrer Wandlung zur Fruchtwand (Perikarp) Veränderungen. Sie ist meist in ein Exokarp (außen) und ein Endokarp (innen) differenziert, die beide oft nur einschichtig sind, sowie in ein dazwischenliegendes, mehrschichtiges Mesokarp. Wenn alle Fruchtschichten im Reifezustand ± trocken sind und aus abgestorbenen Zellen bestehen, sprechen wir von Trockenfrüchten (z.B. Abb. 3.2.214–215). Daneben finden wir verschiedene Saftfrüchte, bei denen entweder Exo- und besonders Mesokarp (so z.B. bei Steinfrüchten mit verholztem Endokarp: Sclerokarp) oder das ganze Perikarp (so z.B. bei Beerenfrüchten) bis zur Reife fleischig und aus lebenden Zellen aufgebaut bleiben (Sarcokarp; vgl. dazu etwa Abb. 3.2.259D und 3.2.234G).

Bei manchen Früchten entwickelt das Endokarp nach innen zu fleischiges Gewebe zwischen den Samen, eine Pulpa (z.B. bei *Ceratonia*, Citrusfrüchten: S. 143, und Bananen). Wie schon erläutert, können aber auch die Zusatzbildungen im Fruchtbereich fleischige Konsistenz annehmen.

Sehr unterschiedlich ist die Fruchtöffnung. Während sich ursprüngliche Fruchtformen bei der Reife öffnen, und zwar meist aufgrund des Wirksamwerdens von Turgor- oder hygroskopischen Kräften (S. 466ff.): Öffnungsfrüchte (Abb. 3.2.214), bleiben Schließfrüchte (Abb. 3.2.215) infolge Hemmung dieser Mechanismen um die Samen geschlossen. Schließfrüchte können zuletzt in Teile zerfallen: Zerfallfrüchte, und zwar entweder entlang der Verwachsungsstellen der Karpelle in Teilfrüchte (Merikarpien): Spaltfrüchte (Abb. 3.2.215C) oder infolge Bruches von Karpellwänden: Bruchfrüchte (Abb. 3.2.215D, E). Einheitlich bleibende Schließfrüchte bezeichnet man, wenn es sich um Trockenfrüchte handelt, als Nußfrüchte (Abb. 3.2.215A), während es sich bei Saft-

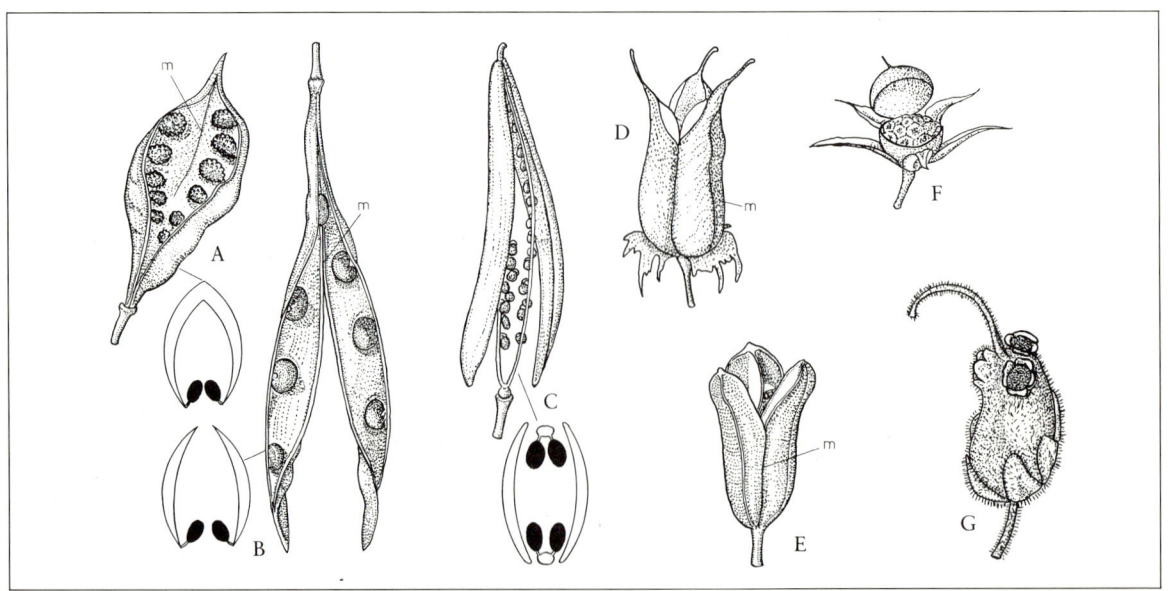

Abb. 3.2.214: Trockene Öffnungsfrüchte. Einblattfrüchte: **A** Balgfrucht *(Consolida regalis; etwa 4×)*, **B** Hülse *(Laburnum anagyroides; 1×)*. Coenokarpe Früchte: **C** Schote *(Chelidonium majus; etwa 1×)*, **D** septicide Kapsel *(Hypericum perforatum; 3×)*, **E** dorsicide Kapsel *(Iris sibirica; 3×)*, **F** Deckelkapsel *(Anagallis arvensis; 2×)*, **G** Porenkapsel *(Antirrhinum majus; ³/₄×)*. (Dorsale Mittellinie der Karpelle m). (A nach Beck-Mannagetta; B, D, E, nach Firbas; C nach Wettstein; F–G nach Schimper.)

beruhen auf Turgor (z. B. bei den Explosionskapseln von *Impatiens*, den Rückstoßschleudern von *Oxalis* und der ihre Samen bis über 12 m weit herausschießenden Spritzgurke, *Ecballium*) oder hygroskopischen Bewegungen (z. B. Torsion bei Hülsenfrüchten: Abb. 3.2.214 B, und *Dictamnus*, Katapultkapseln bei *Geranium*: Abb. 3.2.244 E, oder Quetschschleudern bei verschiedenen *Viola*-Arten). Selbstableger schließlich deponieren ihre Früchte durch aktive Wachstumsbewegungen in Felsspalten (z. B. *Cymbalaria vulgaris*) oder versenken sie in den Boden (z. B. die Erdnuß, *Arachis hypogaea*, oder *Trifolium subterraneum*; Bohrfrüchte bei *Erodium* oder *Stipa*).

Alle besprochenen samen- und fruchtbiologischen Differenzierungen stehen mit dem Lebensraum der Sippen in engstem Zusammenhang. Dies wird etwa daraus ersichtlich, daß im heimischen Laubwald in der niedrigen Krautschicht Myrmecochore, bei höheren Stauden Epizoochore, in der Strauchschicht Endozoochore, in der Baumschicht Auto- und Anemochore dominieren, was der hauptsächlichen Wirksamkeit der Ausbreitungsmedien entspricht (Ameisen, Säugetiere, Vögel, Wind).

Für die stammesgeschichtliche Entfaltung der Angiospermen waren und sind samen- und fruchtbiologische Differenzierungen von größter Bedeutung. Wir haben dies am Beispiel der *Dipsacaceae* etwas ausführlicher beleuchtet (S. 519 f., Abb. 3.1.48).

Im großen Rahmen lassen sich die diesbezüglichen Progressionen aber nicht mehr gut erkennen, da die bevorzugten Verbreitungsmedien wohl vielfach gewechselt haben. Immerhin scheint festzustehen, daß auch bei den Angiospermen die Endozoochorie ± fleischiger Samen sehr ursprünglich ist. Demgegenüber erscheinen Anemochorie, Myrmecochorie und Epizoochorie, schließlich auch Hydrochorie und Autochorie bei teilweise bzw. völlig trockenen Samen als abgeleitet. Sekundär gehen dann auch die Funktionen saftiger Gewebe bei der typischen Endozoochorie von Samen auf chori- und coenokarpe Früchte, ihre Zusatzorgane und schließlich auf Fruchtstände über. Ähnliches gilt auch für die mit den anderen Ausbreitungsarten verknüpften Baueigentümlichkeiten.

Samenkeimung

Sie entspricht im allgemeinen den Verhältnissen bei den gymnospermischen Samenpflanzen (S. 709). Außer der ursprünglichen epigäischen tritt gelegentlich auch die abgeleitete hypogäische Keimung (S. 214) in Erscheinung: Dabei bleiben die großen, zu Reservestoffbehältern umgestalteten Keimblätter im Samen, nur das Epicotyl tritt aus dem Boden heraus (so z. B. bei *Vicia faba, Pisum, Phaseolus coccineus*: Abb. 1.3.80, *Quercus, Juglans* u. a.). Auch viele Monocotyledonen verhalten sich ähnlich: Ihr einziges Keimblatt pflegt größtenteils zu einem Saugorgan ausgebildet zu sein (Abb. 3.2.271 B–D), das im Samen verbleibt und das Endosperm abbaut.

Manche Samen nehmen durch die Art ihrer Keimung eine Sonderstellung ein. Unter ihnen sind die viviparen Vertreter der als Mangrove (S. 930) bezeichneten tropischen Küstengehölze, vor allem die aus der Familie der *Rhizophoraceae*, besonders eigenartig. In ihren einsamigen Früchten keimt nämlich der Embryo bereits auf der Mutterpflanze (Abb. 3.2.242 A–C) und hängt dann mit der Radicula und dem mächtig entwickelten, bei *Rhizophora* bis 1 m langen, keulenförmigen Hypocotyl aus der Frucht herab. Fällt er schließlich ab, so verankert er sich dank seinem bedeutenden Gewicht an Ort und Stelle oder er wird verspült und wurzelt beim Trockenfallen.

Abstammung und Systematik

Bisher sind etwa 240 000 Arten lebender Angiospermen bekannt geworden; insgesamt dürften es aber wohl 250 000 bis 350 000 sein. Diese riesige Artenfülle wird in mehr als 10 000 Gattungen und über 450 Familien zusammengefaßt. Die Unterabteilung *Angiospermae* ist also heute mit Abstand die größte aller Pflanzengruppen. Die Angiospermen sind mit einer erstaunlichen Vielfalt an Lebensformen (vgl. S. 180 ff., 216 ff., 227 ff.) in fast alle Lebensräume der Biosphäre vorgestoßen und beherrschen die Mehrzahl der Pflanzengesellschaften des Festlandes (vgl. S. 914 ff.). Keine andere Pflanzengruppe hat auch nur annähernd die unmittelbare wirtschaftliche Bedeutung für den Menschen wie die Angiospermen mit ihren zahllosen Nutz- und Kulturpflanzen. Trotzdem ist ihre Erforschung noch lückenhaft, ihre systematische Gliederung auch in großen Zügen noch stark umstritten und ihre stammesgeschichtliche Herkunft ein noch ungelöstes Rätsel.

Fossilfunde, die sich mit Sicherheit den Angiospermen zuordnen lassen, sind bisher aus Trias und Jura nicht bekannt geworden. Es ist also zweifelhaft, ob die Gruppe bis in den Jura oder sogar die Trias zurückreicht, wie man früher vielfach geglaubt hat. Erst in der Unterkreide finden sich mit Gewißheit hierher gehörige Pollen, Blattreste, Holz u. a. (Abb. 4.4.3). Fundserien von der Unter- zur Oberkreide zeigen, wie die Angiospermen in der Unterkreide allmählich mit einer zunehmenden Formenfülle in Erscheinung treten. In den zeitlich aufeinanderfolgenden Pollenzonen treten zuerst nur monocolpate Typen, teils noch Gymnospermen ähnlich und etwa heutigen *Magnoliidae* vergleichbar (Abb. 4.4.3 a), teils monocotylenartig (b) auf. Dann folgen allmählich immer mehr tricolpate (c), weiter tricolporate (d–f) und schließlich triporate Pollenformen, während stärker abgeleitete Ausbildungen noch fehlen. Die Blattreihen beginnen mit ungeteilten, mehr oder minder paralleladerigen monocotyledonenartigen (Abb. 4.4.3 g, h) und unregelmäßig fiederaderigen, dicotyledonenartigen Formen (i–k). In beiden Linien bilden sich in der weiteren Folge basal und fingerartig verzweigte Adersysteme (m–p) sowie peltate Blattformen (n) heraus. Bei den Dicotyledonen folgen gelappte bis fiederig zusammengesetzte Formen (l, q–t).

Analysen verschiedener Unterkreide-Pollenfloren (Abb. 4.4.4) zeigen, daß sich die frühen Angiospermen aus der damaligen Tropenzone nach N und S ausgebreitet und zuerst in geringer Zahl und in kleinen Populationen den damals von Farnen, Cycadeen, Bennettiteen, *Ginkgo*-Gewächsen und Coniferen beherrschten Pflanzengesellschaften der nördlichen Hemisphäre zugesellt haben. Unter diesen Bedingungen waren offensichtlich günstige Voraussetzungen für eine rasche divergente Evolution der Angiospermen gegeben (vgl. Isolation und Drift, S. 503, 505 ff.!). An der Wende zur Oberkreide erlangten sie dann rasch und oft mit noch heute lebenden Gattungen eine dominierende Rolle, während die Bennettiteen ausstarben und besonders die Cycadeen und *Ginkgo*-Gewächse stark zurückgedrängt wurden. Damit war das bis zur Gegenwart andauernde «Angiospermen-Zeitalter» («Neophytikum») der Erdgeschichte angebrochen (vgl. Abb. 3.2.168, S. 902 ff.).

So eindrucksvoll die Aussagen der Paläobotanik hinsichtlich der zeitlichen Entfaltung der Angiospermen auch sind, zur Frage der Herkunft und Stammesgeschichte dieser Gruppe tragen sie bislang kaum bei. Bleibt der Vergleich heutiger Angiospermen untereinander und mit heutigen und fossilen gymnospermischen Samenpflanzen. Als erste Teilfrage ergibt sich: Sind die *Angiospermae* überhaupt eine natürliche Abstammungsgemeinschaft, also eine monophyletische Gruppe, oder sind sie konvergent und damit polyphyletisch aus verschiedenen gymnospermischen Vorfahren entstanden? (Vgl. S. 520) Dabei ist folgendes zu berücksichtigen: 1) Alle Sippen der *Angiospermae* sind durch zahlreiche, gegenüber den Gymnospermen apomorphe Merkmale verbunden, etwa Siebröhren und Geleitzellen aus einer Initiale, ursprüngliche Zwitterblüten mit Staubblättern unten und Fruchtblättern oben, Staubblätter mit 2 Pollensackgruppen und Endothecium, schlauchförmige Karpelle, Pollenkittproduktion, ♂ Gametophyt mit 3 Zellen, ♀ Gametophyt ursprünglich 8zellig mit Eiapparat, Polkernen, Antipoden, doppelter Befruchtung und 3n-Endosperm. 2) Gegenüber allen anderen Samenpflanzen besteht eine sehr deutliche Formenlücke. 3) Innerhalb der *Angiospermae* können aber nirgends derartig unüberbrückte Formenlücken gefunden werden. – Diese Feststellungen und die Unwahrscheinlichkeit einer zufälligen konvergenten Entstehung all der besprochenen Ähnlichkeiten führen zu der heute vorherrschenden Ansicht, daß die *Angiospermae* wohl auf eine gemeinsame (wenn auch keineswegs einheitliche) gymnospermische Ausgangsgruppe zurückgehen dürften.

Welche bisher bekanntgewordenen gymnospermischen Samenpflanzen kommen nun als Ausgangsgruppe der *Angiospermae* in Frage? Die komplexe Natur ihrer fiedrigen Laubblätter, ihrer Staubblätter mit mehreren Pollensackgruppen, ihrer Fruchtblätter mit mehreren Samenanlagen und weitere Übereinstimmungen weisen eindeutig auf die *Cycadophytina*, während die *Coniferophytina* mit Sicherheit als Stammformen auszuschließen sind.

Die (äußerlichen) Angiospermenähnlichkeiten der Blätter von *Gnetum*, der Pollensackträger von *Ephedra* u.a. haben frühzeitig zu Spekulationen über verwandtschaftliche Zusammenhänge zwischen *Gnetopsida* und *Angiospermae* geführt. Dabei sollten die ♂ bzw. ♀ Blüten der *Gnetopsida* mit ihren Tragblättern zu Perigon und Staubblättern bzw. Karpellen und Samenanlagen der *Angiospermae* umgeformt sein, etwa vergleichbar der Pseudanthienbildung bei *Euphorbia* (S. 787ff.). Diese «Pseudanthientheorie» der Angiospermenentstehung (Abb. 3.2.216 I′–II′) ist heute allgemein aufgegeben wegen tiefgreifender Unterschiede der *Gnetopsida* (z.B. Siebzellen und – soweit vorhanden – Geleitzellen aus verschiedenen Initialen, Gefäße mit Hoftüpfeln, völlig andersartige ♀ Prothallien), wegen der Schwierigkeiten, die Angiospermenblüte als Blütenstand zu interpretieren, sowie wegen der geringen Wahrscheinlichkeit, daß so stark reduzierte recente Restgruppen wie die heutigen *Gnetopsida* am Anfang der offenbar sehr alten Bedecktsamer stehen sollten.

Die *Bennettitopsida* erinnern wegen ihrer Zwitterblüten an die *Angiospermae*, kommen aber wegen ihrer völlig andersartigen Samenanlagenträger nicht als Stammformen in Betracht. Mehr Anklang gefunden hat dagegen die Auffassung, daß die Karpelle der Angiospermen «eingerollten» Megasporophyllen vom Typus *Cycas* (Abb. 3.2.184 B–C), Staubblätter und Perianth aber vergleichbaren Organen der *Bennettitopsida* (Abb. 3.2.186 B–C) entsprächen und daß all dies zu Zwitterblüten zusammengefaßt worden wäre. Diese «Ur-Angiospermen» hätten demnach ebenso wie ihre heutigen Nachkommen echte Blüten, also Euanthien, besessen. In der Form eines direkten Ableitungsversuches der *Angiospermae* von den *Cycadopsida* wird diese «Euanthientheorie» (Abb. 3.2.216 I–II) wegen Mangels an paläobotanischen Hinweisen und verschiedener anatomisch-morphologischer Schwierigkeiten heute ebenfalls kaum noch diskutiert. Ähnliches gilt auch für hypothetische Verbindungsversuche mit den *Caytoniales* (deren Samenanlagen-Gehäuse Fieberblättchen entsprechen; S. 725f.). Interessanter sind dagegen mögliche Verbindungen mit den *Glossopteridaceae* und mesozoischen Pteridospermen-Abkömmlingen mit eigenartigen Sporo-Trophophyllen. Beachtenswert sind in diesem Zusammenhang auch weitere Theorien, welche die Blüte der Angiospermen als einen morphologischen Sonderbereich auffassen, der sich einer Interpretation durch die klassische Morphologie mit ihren Grundbegriffen «Blatt» und «Achse» ± entzieht.

Was bleibt, ist die heute weithin akzeptierte Annahme, daß die *Angiospermae* zwar von keiner der genannten *Cycadophytina*-Gruppen direkt abstammen, daß sie aber sehr wohl mit der allen gemeinsamen Ausgangsgruppe der Pteridospermen *(Lyginopteridopsida)* in Verbindung gebracht werden können. Die Ähnlichkeiten mit *Cycadopsida*, *Bennettitopsida* und *Gnetopsida* wären damit also auf parallele Evolution, auf ähnliches «Differenzierungspotential» und letztlich auf ähnliches Erbgut gemeinsamer pteridospermischer Vorfahren zurückzuführen. Eine solche **modifizierte «Euanthientheorie»** der Angiospermenentstehung kann vor allem auch auf gewisse Ähnlichkeiten zwischen radiären Trägern von Pollensackgruppen und krugförmigen Behältern von Samenanlagen bei den Pteridospermen (Abb. 3.2.182–183) und Staubblättern bzw. Fruchtblättern bei ursprünglichen *Angiospermae* (Abb. 3.2.200) verweisen. Am Anfang der Entwicklung stünden demnach Staub- und Fruchtblätter mit recht wenig Laubblatt-ähnlicher Gestalt. – Wenn derzeit auch fossile Bindeglieder zwischen Pteridospermen und Angiospermen noch völlig fehlen, so stehen der Annahme einer möglichen verwandtschaftlichen Verbindung doch auch keine unüberbrückbaren morphologischen und anatomischen Verschiedenheiten zwischen den beiden Gruppen im Wege. Auch die zeitliche Einstufung der Pteridospermen: (Oberdevon) Carbon bis Kreide bzw. der Angiospermen: (?? Trias, ? Jura) Kreide bis Gegenwart (vgl. Abb. 3.2.168) würde dieser Auffassung gut entsprechen.

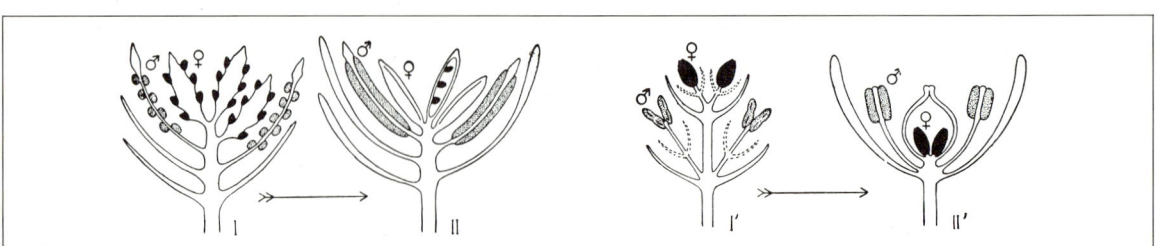

Abb. 3.2.216: Hypothesen über die Entstehung zwittriger Angiospermenblüten: «Euanthientheorie» (I–II) und «Pseudanthientheorie» (I′–II′). Pollensäcke punktiert, Samenanlagen schwarz. (I–II in Anlehnung an Arber & Parkin; I′–II′ nach Wettsteins Ableitung von *Ephedra*.)

Welche Eigentümlichkeiten im morphologischen und anatomischen Bau könnten den frühen Angiospermen die historisch belegte Überlegenheit gegenüber ihren gymnospermischen Vorläufern bzw. Verwandten verliehen haben? 1. Möglicherweise Zwitterblütigkeit, Pollenkittproduktion und Schutz der Samenanlagen in Karpellen als Voraussetzung für die gegenüber der Windbestäubung ökonomischere, besser gezielte und windunabhängige Tierbestäubung (vgl. S. 746 ff.). 2. Möglicherweise weiter die starke Reduktion und Neotenie im Bereich der Blüten und Gametophyten als Voraussetzung für eine wesentlich beschleunigte Fortpflanzung (vgl. S. 705 f., 743 f., 753). Und 3. möglicherweise schließlich auch die von keiner anderen Samenpflanzengruppe erreichte Plastizität im vegetativen Bereich, gekoppelt mit der Fähigkeit zur Ausbildung eines um vieles leistungsfähigeren Xylem- und Phloem-Systems (vgl. S. 732) sowie der Mannigfaltigkeit biologisch wirksamer Inhaltsstoffe. All das wären Voraussetzungen für die rationellere Ausnutzung bereits besiedelter und die Eroberung neuer Lebensräume sowie die Verteidigung gegen pflanzliche und tierische «Feinde». – Es wird in Zukunft Aufgabe vergleichender und experimenteller Untersuchungen sein müssen, diese für die Frage der Entstehung der Angiospermen wesentlichen Arbeitshypothesen zu prüfen.

Über welche Gesichtspunkte für eine einigermaßen «natürliche» (also womöglich verwandtschaftsähnliche; vgl. S. 519ff.) systematische Anordnung der *Angiospermae* verfügen wir heute? Dabei wären Sippen mit eher ursprünglichen Merkmalen mehr an den Anfang, solche mit stärker abgeleiteten Merkmalen dagegen eher ans Ende zu stellen. Um dazu eine Vergleichsmöglichkeit zu schaffen, soll zuerst der Versuch gewagt werden, aufgrund der dargelegten wichtigsten Merkmalsprogressionen der *Angiospermae* (S. 731–759) in groben Zügen eine heutigen Vorstellungen entsprechende «ursprüngliche Merkmalskombination» der Angiospermen zu rekonstruieren: Dicotyl; kleine, wenig und ± sympodial verzweigte, immergrüne Bäumchen mit Haupt- und Nebenwurzeln; Blätter fiedrig (oder zumindest fiederaderig), schraubig angeordnet, 3spurig, an trilacunären Knoten; Eustele mit sekundärem Dickenwachstum, Sekundärholz und -bast wenig differenziert, mit leiterförmig verdickten Tracheiden (noch keine Tracheen!) und engen Siebröhren; Blüten an Sproßenden einzeln, zwittrig, proterandrisch; Blütenboden konisch, mit zahlreichen, schraubig angeordneten, untereinander freien, noch nicht scharf differenzierten und an die Hochblätter anschließenden Perigon-, Staub- und Fruchtblättern; noch keine Nectarien; Perigonblätter außen hochblattartig, innen ± gefärbt; Staubblätter undifferenziert, mit 2 ± apicalen Pollensackgruppen (Thecen), jede mit 2 Pollensäcken, Endothecium und Sekretionstapetum; Pollenkörner mit einer distalen Keimfalte (sulcat), durch Pollenkitt klebrig; Fruchtblätter schlauchförmig, die Bauchnaht postgenital ± verwachsen, ihre Ränder papillös und mit Narbenfunktion, kein Griffel, Placenten ± laminal bzw. ringförmig, mit zahlreichen atropen Samenanlagen, diese mit 2 Integumenten und crassinucellat; ♂ Gametophyten mit Pollenschlauchzelle und generativer Zelle, letztere erst im Pollenschlauch in 2 Spermazellen geteilt; ♀ Gametophyt mit monosporischem Embryosack aus Eiapparat (Eizelle und 2 Synergiden), 2 Polkernen und 3 Antipodenzellen; Bestäubung zoophil, durch pollenfressende, besonders vom Blütenduft angelockte Insekten (Käfer etc.); Befruchtung nach Porogamie, «doppelt», daraus Zygote und kleiner, gerader Embryo sowie triploides, nucleär (?) angelegtes «sekundäres» Endosperm; Samen außerdem noch mit Perisperm; die Fruchtblätter zur Reifezeit als Balgfrüchte bald geöffnet, die gefärbten, fleischigen Samen mit Sarco- und Sclerotesta, durch Wirbeltiere endozoochor verbreitet; Keimung epigäisch.

Diese vermutlich ursprüngliche Merkmalskombination findet sich zwar bei keinem einzigen heute lebenden Vertreter der *Angiospermae* vollzählig, doch kann kein Zweifel darüber bestehen, daß die als *Magnoliidae* zusammengefaßte dicotyle Unterklasse ihr mit einigen Vertretern am nächsten kommt; sie wird daher heute ganz allgemein an den Anfang der Angiospermen gestellt. Damit ist auch die Reihenfolge der beiden großen Klassen *Dicotyledoneae* und *Monocotyledoneae* gegeben.

Obwohl die weitere systematische Gliederung der *Angiospermae* in den letzten Jahrzehnten durch die breite Anwendung verschiedener moderner Merkmalsanalysen (vgl. S. 523ff.) große Fortschritte gemacht hat, ist eine allgemein anerkannte und einigermaßen «natürliche» Gruppierung des riesigen Verwandtschaftskreises sicher noch lange nicht erreicht. Neue Erkenntnisse nötigen immer wieder zu Veränderungen und Provisorien. Eine knappe und lehrbuchmäßige Darstellung kann aber auf Begründungen, Unklarheiten, Meinungsverschiedenheiten und Erforschungslücken kaum eingehen. Im folgenden Überblick können auch nur die wichtigeren (weniger als die Hälfte!) der etwa 450 Angiospermen-Familien erwähnt bzw. besprochen werden.

I. Klasse: Dicotyledoneae (= Magnoliopsida), Zweikeimblättrige Bedecktsamer

Die Dicotyl(edon)en besitzen (bis auf seltene Ausnahmen) zwei am Embryo seitenständig angelegte Keimblätter (Abb. 3.2.210 A–G). Ihre Hauptwurzel ist ursprünglich langlebig (Allorrhizie; vgl. Abb. 1.3.93 A und S. 223, 732). Die Leitbündel sind auf dem Stengelquerschnitt normalerweise in einem Kreise angeordnet (Eustele, Abb. 1.3.53) und offen (Abb. 1.2.29 B–C), können also mittels eines Cambiums sekundär in die Dicke wachsen (S. 195 ff., 700). Die Blätter sind vielgestaltig, aber meist deutlich gestielt und netzaderig (Abb. 1.3.7, 1.3.72 E) und nicht selten zusammengesetzt; Nebenblätter sind häufig, Blattscheiden seltener (Abb. 1.3.68). Die Achselsprosse tragen zunächst zwei transversale Vorblätter (vgl. Abb. 3.2.228 A, 3.2.245). Blüten überwiegend mit 5-(4)zähligen Wirteln sowie Kelch und Krone (also K5 C5 A5 + 5 G5 oder K4 C4 A4 + 4 G4), seltener mit 2- oder 3zähligen Wirteln, mit verminderter Zahl der Wirtel oder mit schraubiger Stellung der Blütenglieder und undifferen-

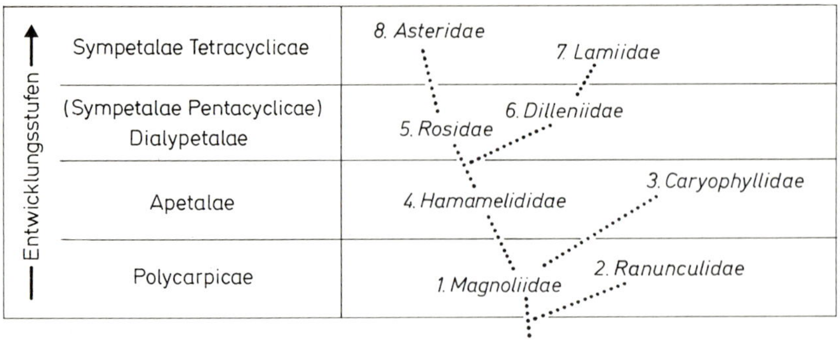

Sympetalae Tetracyclicae	8. Asteridae 7. Lamiidae	
(Sympetalae Pentacyclicae) Dialypetalae	5. Rosidae 6. Dilleniidae	
Apetalae	4. Hamamelididae 3. Caryophyllidae	
Polycarpicae	1. Magnoliidae 2. Ranunculidae	

Abb. 3.2.217: Entwicklungsstufen der dicotylen Angiospermen *(Dicotyledoneae)* und schwerpunktmäßige Zuordnung der Unterklassen (vgl. die vielen Ausnahmen in der Merkmalsausbildung!). Die punktierten Linien veranschaulichen einige vermutliche stammesgeschichtliche Zusammenhänge (vgl. Abb. 3.2.232 und S. 825f.; Original)

zierter Blütenhülle. Die Pollentetradenwände entstehen vorwiegend simultan, die Pollenkörner sind vielfach tricolpat (S. 739). Das Endosperm ist nucleär oder zellulär, jedoch nie typisch helobial. Ursprünglich und weit verbreitet ist die Lebensform der Bäume.

Charakteristisch sind ferner Siebröhrenplastiden vom S-Typ (S. 701) (bei allen Ordnungen mit Ausnahme der *Caryophyllales*), Drusen aus Calciumoxalat (Abb. 1.1.93 C) und die weite Verbreitung von Triterpensapogeninen (Abb. 3.2.273). Ausnahmen von den angeführten morphologischen, anatomischen und phytochemischen Merkmalen sind besonders für die Beziehungen der Klasse zu den Monocotyledonen wichtig und werden auf S. 810f. besprochen.

Die *Dicotyledoneae* umfassen mit etwa 174000 bekannten Arten in 8 Unterklassen und über 350 Familien fast drei Viertel der Formenfülle der Angiospermen. Diese teilweise schwierig abgrenzbaren Unterklassen sollen – ähnlich wie bei den niederen Pflanzen – aus didaktischen Gründen vier Entwicklungsstufen zugeordnet werden (Abb. 3.2.217). Sie entsprechen bekannten Merkmalsprogressionen im Blütenbau der Angiospermen. So ist die Entwicklungsstufe 1) *Polycarpicae* typischerweise durch ein vielzähliges, auffälliges aber ± undifferenziertes Perianth und viele freie Karpelle charakterisiert. Bei den folgenden Entwicklungsstufen sind die Karpelle meist in geringerer Zahl (oft nur 5 oder weniger) ausgebildet und vielfach miteinander verwachsen. Für die 2) *Apetalae* bezeichnend sind besonders Blüten mit wenigzähligem, unscheinbarem und einfachem Perianth (also ohne Blumenkrone). Dagegen dominieren bei den Entwicklungsstufen 3) und 4) Blüten mit einem doppelten, in Kelch und Krone differenzierten Perianth. Bei 3) sind die Kronblätter frei: *Dialypetalae*, bei Verwachsung bleiben meist noch zwei Staubblattkreise erhalten: *Sympetalae Pentacyclicae*. Besonders abgeleitet ist die Entwicklungsstufe 4) *Sympetalae Tetracyclicae*, hier sind die Kronblätter verwachsen, es ist nur noch ein Staubblattkreis erkennbar. Früher hat man diese Gruppierungen als Taxa aufgefaßt; heute weiß man, daß sie in der Mehrzahl «künstlich» (polyphyletisch entstanden) sind und eben nur als Entwicklungsstufe gelten können. Abb. 3.2.217 verdeutlicht, wie man ihnen heute umfassender charakterisierte und einigermaßen «natürliche» Unterklassen zuordnen kann.

a) Entwicklungsstufe: Polycarpicae

Die beiden hierhergehörigen Unterklassen *Magnoliidae* (sensu stricto = s.str.) und *Ranunculidae* sind offenkundig verwandt und wurden früher taxonomisch zusammengefaßt (*Magnoliidae* sensu lato = s.lat.). Die große systematische Bedeutung dieser Verwandtschaftsgruppe beruht auf ihren vielen ursprünglichen Merkmalen (vgl. S. 761) und auf ihrer großen Mannigfaltigkeit, die von einfacheren zu abgeleiteten Formen führt. Die *Magnoliidae* und *Ranunculidae* bilden gewissermaßen den «Unterbau» der Dicotyledonen und der Monocotyledonen (vgl. dazu auch S. 761 und Abb. 3.2.217).

Kennzeichnend sind vor allem das vorherrschend chorikarpe Gynoeceum mit mehreren freien Karpellen (daher: *Polycarpicae*!), weiter die häufig schraubige (acyclische) Stellung der Blütenglieder und ihre oft große und unbestimmte Zahl (Polymerie). Wichtig ist hier vor allem die weit verbreitete primäre Polyandrie. Das Perianth ist meist kräftig ausgebildet und auffällig, vielfach aber einfach, also nicht in Kelch und Krone gegliedert.

Neben Holzpflanzen (vereinzelt noch ohne Tracheen!) finden sich vielfach schon verschiedene krautige Lebensformen und sogar Vollparasiten. Die Blüten sind vorwiegend zwittrig, gelegentlich aber auch schon eingeschlechtig (z.B. beim zweihäusigen Lorbeer: *Laurus*). Der Blütenboden ist öfters noch gestreckt-konisch und mit zahlreichen, schraubig angeordneten Blütenorganen besetzt (z.B. *Magnolia*, Abb. 3.2.190 A); vielfach läßt sich aber auch schon Oligomerisation in Perigon-, Fruchtblatt- und zuletzt auch im Staubblattbereich feststellen. Im Zusammenhang damit kommt es zur Wirtelbildung, wobei die häufige 3- und 2-Zähligkeit besonders bemerkenswert ist.

Auch treten bereits in allen Organbereichen Verwachsungen auf. Sogar Ausfall der Blütenhülle kommt vor (z.B. *Piperales*). Die Staubblätter sind vielfach noch nicht in Filament und Anthere gegliedert, an den meist noch mehrsamigen Fruchtblättern fehlt teilweise noch ein Griffel (Abb. 3.2.200). Die Pollenkörner haben oft nur eine distale Keimöffnung (sulcat) und sind bei der Öffnung der Antheren erst 2zellig. Die Samenanlagen sind durchwegs crassinucellat und haben 2 Integumente. Neben Pollenblumen mit Käferbestäubung finden sich vielfach auch schon Nektarblumen mit verschiedenen tierischen Bestäubern und vereinzelt sogar Windbestäuber. Einblattfrüchte (etwa Balgfrüchte) dominieren. Die Samen weisen oft noch Sarco- und Sclerotesta auf; bei reichlichem Endosperm bleibt der Embryo vielfach noch klein. In phytochemischer Hinsicht sind Alkaloide der Phenylalanin-Gruppe (besonders Benzylisochinolinbasen, z.B. Aporphine und Berberine, Abb. 3.2.219) sehr kennzeichnend; andererseits fehlt (mit Ausnahme der *Nymphaeales*) Ellagsäure.

1. Unterklasse: Magnoliidae

Bei den zwei Überordnungen der *Magnoliidae* finden sich fast ausschließlich sulcate Pollenkörner, Siebröhrenplastiden vom P- oder S-Typ und ungeteilte Blätter. Fast alle Familien lassen sich bis in die Kreide zurückverfolgen und zeigen stammesgeschichtliche

Alterserscheinungen (Stasigenese, S. 519; Paläopolyploidie, S. 515). Die

1.1. Überordnung: Magnolianae hat Sekretzellen mit etherischen Ölen und umfaßt vorwiegend Holzpflanzen.

Besonders viele ursprüngliche Merkmale finden sich bei der

1.1.1. Ordnung: **Magnoliales.** Hierher zählen etwa die auf der Südhalbkugel disjunkt verbreiteten, tracheenlosen und immergrünen **Winteraceae** mit offenbar besonders primitiven Staub- und Fruchtblättern (Abb. 3.2.200), weiter die nur auf den Fidschi-Inseln und nur in einer Art vertretenen **Degeneriaceae** und schließlich die nordhemisphärischen, (sub)tropisch bis warm-temperaten, immer- bis sommergrünen, heute nur noch reliktär verbreiteten **Magnoliaceae** (Abb. 3.2.190A, 3.2.218A–B, 4.4.6). Es sind dies Holzpflanzen mit einfachen Blättern und großen Blüten, zu denen neben der bekannten, in Süd- und Ostasien sowie in Nordamerika heimischen Gattung *Magnolia* auch der bei uns oft angepflanzte nordamerikanische Tulpenbaum *(Liriodendron tulipifera)* gehört. In den Tropen weiter verbreitet sind die **Annonaceae** mit häufig 3zähligen Perigonwirteln und die **Myristicaceae** mit eingeschlechtigen Blüten und nur noch einem einsamigen Karpell; bei beiden ist das Endosperm ruminat, wie etwa die auf den Molukken heimische Muskatnuß *(Myristica fragrans)* zeigt (Abb. 3.2.218 C–F).

Eine stark abgeleitete krautige Entwicklungslinie der *Magnoliales* mit meist 3zähligen, aber syntepalen Blüten und unterständigen Fruchtknoten repräsentiert die

1.1.2. Ordnung: **Aristolochiales** (nur **Aristolochiaceae**). An heimischen Arten gehören hierher Haselwurz *(Asarum europaeum)* und Osterluzei *(Aristolochia clematitis,* mit dorsiventralen Gleitfallenblumen).

Während die *Magnoliales* Blattknoten mit mehreren Lücken aufweisen, finden wir bei der

1.1.3. Ordnung: **Laurales** nur eine Lücke je Blattknoten (vgl. S. 700 f.). Besonders urtümlich ist hier die Gattung *Austrobaileya* (**Austrobaileyaceae**), bei der als einziger unter den Angiospermen Geleitzellen auch unabhängig von den Siebröhreninitialen entstehen können (vgl. S. 732). Vorwiegend immergrüne, lederige und einfache Blätter haben auch die tropisch-disjunkten **Monimiaceae** und die bis in den Mittelmeerraum vorstoßenden **Lauraceae**, deren bekanntester Vertreter der mediterrane Lorbeer *(Laurus nobilis)* ist. Auch hier sind die Blüten meist ganz aus 3zähligen Wirteln aufgebaut, die Staubblätter öffnen sich mit Klappen (Abb. 3.2.218 G), der Fruchtknoten ist pseudomonomer und entwickelt sich zu einer Beere oder Steinfrucht. Als wichtige Nutzpflanzen gehören süd- und ostasiatische Arten der Gattung *Cinnamomum* hierher, nämlich der Kampferbaum *(C. camphora),* aus dessen Holz durch Sublimation Kampfer gewonnen wird, und die Zimtbäume *(C. zeylanicum* auf Ceylon und *C. aromaticum* in Südchina), deren ölzellenhaltige Rinde den Zimt liefert.

Über die ebenfalls noch tracheenlosen, bis in die Unterkreide zurückreichenden **Chloranthaceae** schließt an die *Laurales* die apetale

1.1.4. Ordnung: **Piperales** mit den **Piperaceae** an. Sie umfassen tropische Holzpflanzen, Lianen oder Kräuter, deren eingeschlechtige oder zwittrige, perianthlose Blüten in der Achsel von Tragblättern in ähren- oder kolbenartigen Blütenständen sitzen. Die Früchte sind bei der wichtigsten Gattung, *Piper* (Abb. 3.2.220), einsamige Steinfrüchte. Ihr aus einer atropen Samenanlage hervorgehender Same enthält außer dem Endosperm noch ein kräftig entwickeltes Perisperm. *Piper nigrum* ist ein malaiischer Wurzelkletterer. Seine unreif

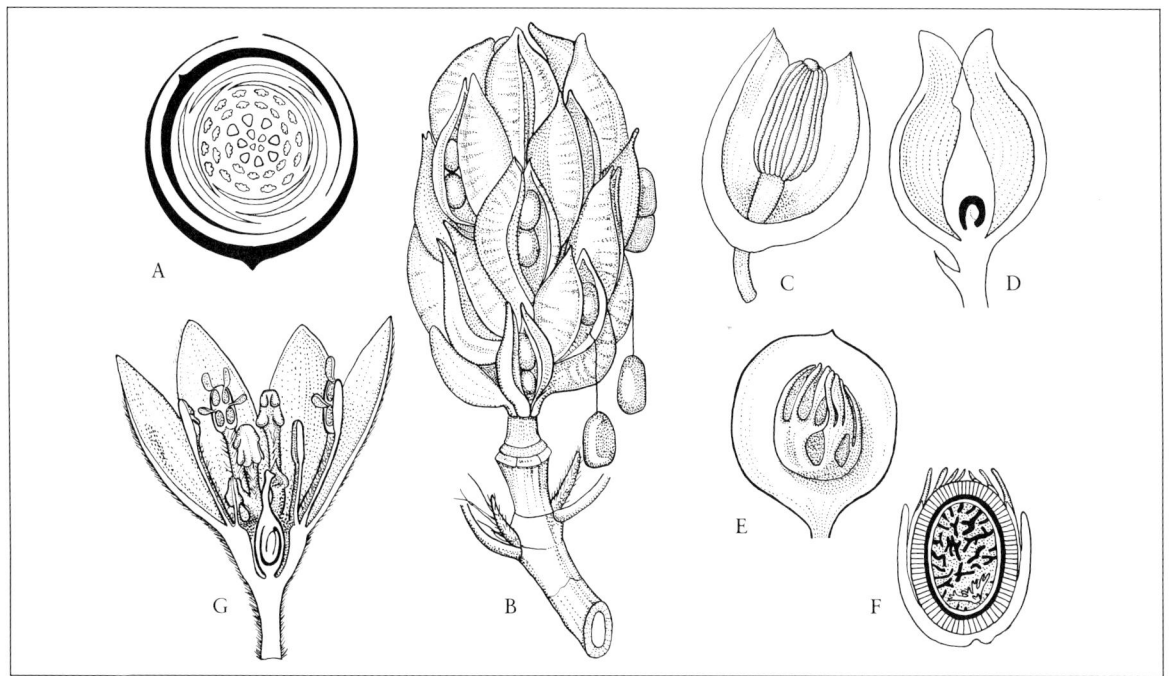

Abb. 3.2.218: *Magnoliales* (A–F) und *Laurales* (G). A–B *Magnoliaceae:* **A** Blütendiagramm von *Michelia* (Hochblatthülle: schwarz, Perianth: weiß); **B** Sammelfrucht von *Magnolia virginiana* mit an Leitbündeln aus den Hülsen pendelnden roten Samen (1×). **C–F** *Myristicaceae, Myristica fragrans:* ♂ (C) und ♀ (D) Blüten (4×); E–F fleischige aber aufspringende Einblattfrucht im Schnitt (etwa $^1/_2$×), ein roter Arillus («Macis»: Gewürz, Droge) umgibt den dunkelbraunen Samen, darin infolge Wucherung des Nucellus durchfurchtes Endosperm und kleiner Embryo (etwa $^2/_3$×). **G** *Lauraceae, Cinnamomum ceylanicum,* Blüte längs, perigyn, mit pseudomonomerem Fruchtknoten und klappig sich öffnenden Antheren (etwa 5×). (A–D, F nach Englers Syllabus; E nach Karsten; G nach Baillon.)

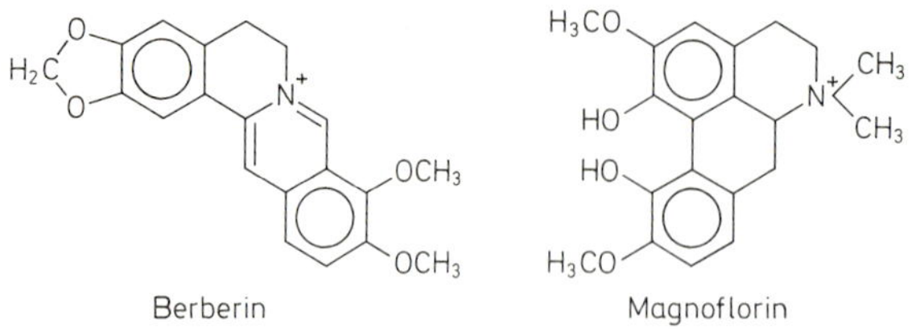

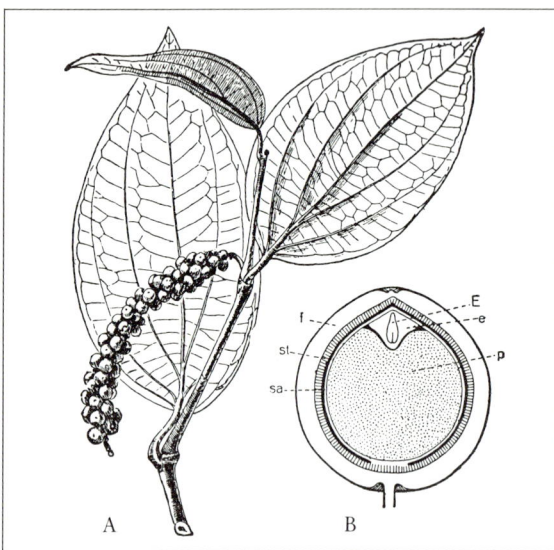

Abb. 3.2.219: Charakteristische Phenylalinin-Alkaloide der *Polycarpicae:* die Benzylisochinolinbasen Berberin und Magnoflorin.

Abb. 3.2.220: *Piperales, Piper nigrum.* **A** Sproß mit Fruchtstand; **B** Steinfrucht längs, mit fleischigem Mesokarp (f), holzigem Endokarp (st), Samenschale (sa), Embryo (E), sekundärem Endosperm (e) und Perisperm (p) (A $^1/_3\times$; B 5×). (A nach Karsten; B nach Baillon.)

getrockneten Früchte liefern den schwarzen, die reifen geschälten den weißen Pfeffer.

Dagegen fehlen der

1.2. Überordnung: Nymphaeanae Sekretzellen. Es handelt sich um krautige, am Grunde seichter Gräser verankerte Sumpf- und Wasserpflanzen. Die Placentation ist meist laminal. Dies u. v. a. weist auf enge Verwandtschaftsbeziehungen zu den *Monocotyledoneae* (besonders *Alismatidae*: S. 812 f.).

1.2.1. Ordnung: **Nymphaeales.** Die beiden ersten Familien haben Schwimmblätter; die größten (bis 2 m ⌀) finden sich bei der berühmten *Victoria amazonica* (= *V. regia*) des Amazonasgebietes. Bei den **Cabombaceae** sind die Blüten 3zählig und die Karpelle frei (Abb. 3.2.271 F), bei den **Nymphaeaceae** finden wir dagegen (zumindest teilweise) schraubig gebaute Blüten (Abb. 3.2.221 C, E); ihre Fruchtblätter sind von einem Gewebemantel der Blütenachse umwachsen, der sich bei den reifen Früchten der Teichrose *(Nuphar luteum)* wieder von den Fruchtblättern ablöst (Abb. 3.2.221 B): falsche Coenokarpie. Bei der Weißen Seerose *(Nymphaea alba,* Abb. 3.2.221 D) läßt sich die Blumenkrone durch alle Übergänge von den zahlreichen, schraubig stehenden Staubblättern ableiten (Abb. 3.2.193 E–L); das primäre Perianth bildet hier den grünen Kelch. Bei *Nuphar* ist es leuchtend gelb, und die Blumenkrone ist nur durch unscheinbare Nektarblätter vertreten (Abb. 3.2.221 C). – Völlig im Wasser untergetaucht leben die wurzellosen **Ceratophyllaceae** mit dem heimischen Hornblatt *(Ceratophyllum).*

Habituell ähnlich, aber durch tricolpate Pollenkörner und auch sonst stark abweichend ist die

1.2.2. Ordnung: **Nelumbonales** (**Nelumbonaceae**) mit der Lotusblume *Nelumbo.* Schildförmige Blätter werden auf langen Stielen über das Wasser emporgehoben; die Blütenachse bildet einen auf der Spitze stehenden Kegel, dessen oberes Gewebe die einzelnen chorikarpen Fruchtblätter beim Heranreifen umwächst und so in Höhlungen versenkt.

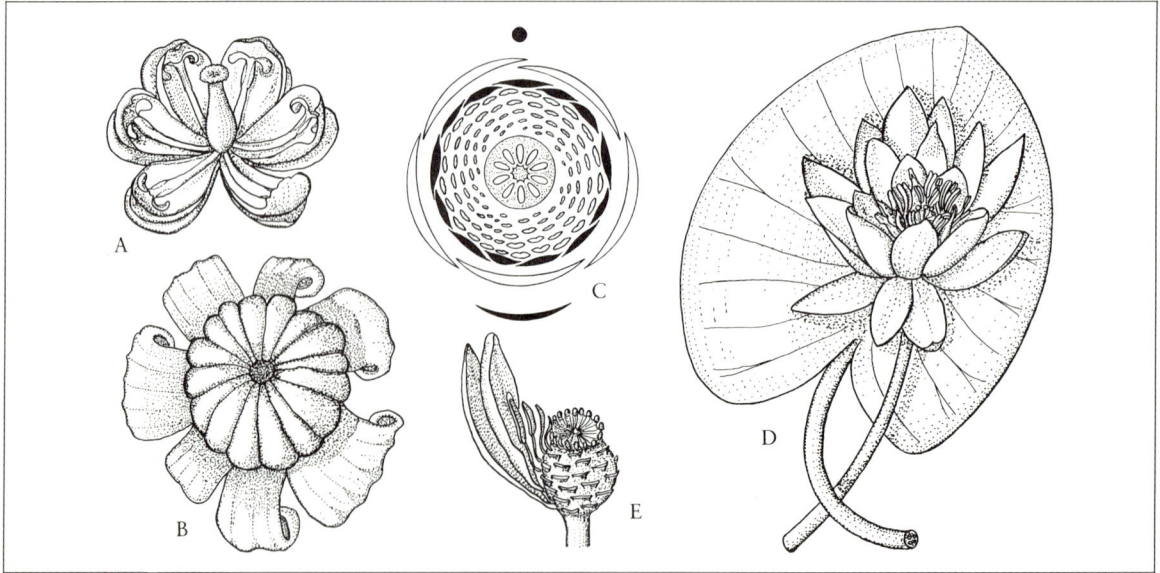

Abb. 3.2.221: *Nymphaeales* (B–E) und *Ranunculales, Berberidaceae* (A). **A** *Berberis vulgaris,* Blüte (3×). B–D *Nymphaeceae.* **B–C** *Nuphar luteum.* Bütendiagramm (Nektarblätter: schwarz, Achsengewebe: punktiert); Frucht (das Achsengewebe löst sich von den freien Fruchtblättern). **D–E** *Nymphaea alba.* Schwimmblatt, Blüte und Fruchtknoten mit schraubigen Ansatzstellen der (abgelösten) Kron- und Staubblätter ($^1/_2\times$). (A nach Baillon; B nach Troll; C nach Eichler; D–E nach Karsten.)

2. Unterklasse: Ranunculidae

Hierher zählen ausschließlich Sippen mit tricolpaten (oder davon abgeleiteten) Pollenkörnern und Siebröhrenplastiden vom S-Typ.

Eine Verbindung zu den *Magnolianae* (besonders *Winteraceae*) bildet die

2.1. Überordnung: Illicianae (nur eine Ordnung mit **Illiciaceae** und **Schisandraceae**: subtropische Holzpflanzen mit ungeteilten Blättern und Ölzellen).

Überwiegend krautiger Wuchs, vielfach zusammengesetzte Blätter und Fehlen von Ölzellen kennzeichnen die Sippen der

2.2. Überordnung: Ranunculanae. Hier finden wir im wesentlichen noch die ursprünglichen Blütenmerkmale der *Magnoliales* bei der

2.2.1. Ordnung: **Ranunculales**. Ihre wichtigste Familie sind die **Ranunculaceae**, die Hahnenfußgewächse (vgl. dazu den serologischen Stammbaum: Abb. 3.1.59 und die Hinweise auf S. 523f., 527, 751!). Sie umfassen vorwiegend Stauden mit wechselständigen, oft geteilten Blättern (Abb. 1.3.4, 1.3.82) und lebhaft gefärbten Zwitterblüten, die auf gewölbtem Blütenboden zahlreiche Staubblätter und ein chorikarpes Gynoeceum aus vielen bis mehreren (selten nur 1) Fruchtblättern tragen (Abb. 3.2.222 B, G, R–U). Diese bilden entweder

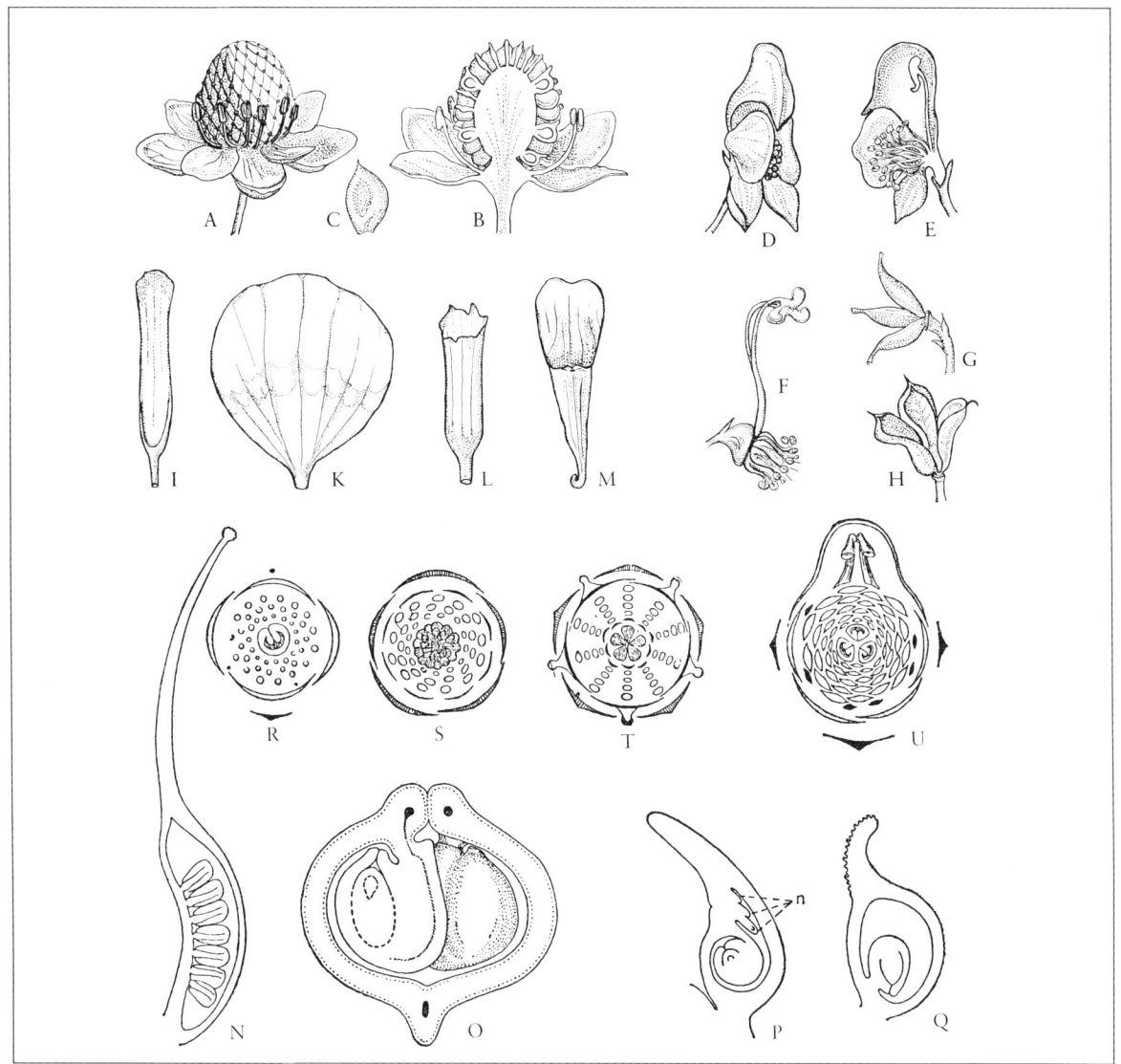

Abb. 3.2.222: *Ranunculales, Ranunculaceae.* **A–C** *Ranunculus* spec. Blüte gesamt, längs; Einblatt-Nuß (etwa 4×). **D–H** *Aconitum napellus.* Blüte schräg von vorne und längs, nach Entfernung des Perigons, die beiden Nektarblätter freigelegt; junges und reifes chorikarpes Gynoeceum (³/₅×). **I–M** Nektarblätter von *Trollius giganteus* (I; 2,5×), *Ranunculus auricomus* (K; 3×), *Helleborus foetidus* (L; 4,5×) und *Aquilegia vulgaris* (M; 1×). **N–Q** Fruchtblätter von *Helleborus orientalis* (N längs, 5×; O quer, 18×), *Anemone nemorosa* und *Ranunculus auricomus* (P u. Q, längs; teilweise noch mit verkümmerten Samenanlagen: n; 10×). **R–U** Blütendiagramme von *Cimicifuga racemosa* (R), *Adonis aestivalis* (S), *Aquilegia vulgaris* (T) und *Aconitum napellus* (U). (Nektar- bzw. Kronblätter schwarz). (A–C nach Baillon; D–H nach Karsten; I–O, Q nach Firbas; P nach Rassner; R–U nach Eichler.)

mehrere Samenanlagen zu beiden Seiten der Bauchnaht oder 1 an der Querzone und entwickeln sich dementsprechend teils zu mehrsamigen Balgfrüchten, teils zu einsamigen Schließfrüchten, besonders Nüssen (Abb. 3.2.222 N–Q). Im übrigen sind aber die Blüten sehr verschieden gestaltet. Ursprünglich radiär, werden sie manchmal, etwa beim Eisenhut (*Aconitum*, Abb. 3.2.222 D–E) oder beim Rittersporn *(Delphinium)*, auch dorsiventral. Ihre Glieder sind vielfach schraubig und zahlreich, zum Teil stehen sie jedoch auch in 5-, 3- oder 2zähligen Kreisen (Abb. 3.2.222 R–U). Das Perianth ist öfters nur ein einfaches Perigon, z.B. bei der Dotterblume *(Caltha)*, beim Busch-Windröschen (*Anemone nemorosa*: Abb. 1.3.27 G) oder bei den Küchenschellen (*Pulsatilla* spec.; Abb. 3.1.41); in anderen Fällen aber ist es doppelt, in Kelch und Krone geschieden, z.B. beim Hahnenfuß (*Ranunculus*: Abb. 1.3.82 A, 1.3.27 E, 3.2.222 A bis B) oder bei *Adonis* (Abb. 3.2.222 S). Die Glieder des Perianths können durch Übergänge mit den Laub- und Hochblättern verbunden sein, wie etwa bei der Trollblume *(Trollius)*, bei *Helleborus* (Abb. 3.2.193 A–D), und z.T. beim Winterling *(Eranthis)* oder aber mit den Staubblättern, wie manchmal beim Leberblümchen *(Hepatica nobilis)*. Aus Staubblättern sind vielfach Nektarblätter entstanden; sie bergen den Nektar verschiedentlich in Gruben oder in einem spornartigen Auswuchs und sind teils unauffällig, z.B. bei *Trollius* oder *Helleborus*, teils blumenblattartig entwickelt, z.B. bei *Ranunculus* und bei der Akelei *(Aquilegia)* (Abb. 3.1.54, 3.2.222 I–M). Man kann sich also durch einen Vergleich verschiedener Gattungen die Entstehung der Blütenhülle und ihre weitere Gliederung sowohl von den Hochblättern her (Bildung eines Perigons oder des Kelches) wie von den Nektar- bzw. Staubblättern her (Bildung der Corolle, in anderen Fällen auch des Perigons) vorstellen (vgl. S. 735). Eine aus 3 ungeteilten Hochblättern bestehende kelchartige Hülle unter dem Perigon besitzt z.B. *Hepatica* (vgl. auch Abb. 1.3.82 B).

Die Ranunculaceen sind eine artenreiche, besonders in den nördlichen extratropischen Gebieten verbreitete Familie (vgl. z.B. Abb. 3.1.38). Neben Stauden (vgl. z.B. Abb. 1.3.27 E, G, 1.3.92 D) treten auch einjährige Arten auf (z.B. *Myosurus minimus, Ranunculus arvensis*), seltener Holzpflanzen wie in der auch durch gegenständige Blätter auffälligen Gattung *Clematis* (Waldrebe, meist Lianen: Abb. 1.3.67 B). Die Bildung einsamiger Schließfrüchte ist abgeleitet. In vielen Fällen lassen sich bei ihnen an den Fruchtblättern zunächst noch mehrere Samenanlagen feststellen, von denen aber nur eine entwicklungsfähig ist (Abb. 3.2.222 P). Die Nüsse sind öfters durch behaarte und verlängerte Griffel (Abb. 1.2.16 K: *Clematis, Pulsatilla*), hakige Auswüchse *(Ranunculus arvensis)*, häutige Flügel oder Schwimmgewebe (Abb. 3.2.222 C) der Ausbreitung durch Wind, Tiere oder Wasser angepaßt. Ganz selten werden auch Beeren gebildet wie beim Christophskraut *(Actaea)*.

Eng verwandt sind die **Berberidaceae**, krautige, aber auch holzige Pflanzen mit wirteligen Blüten: Das doppelte Perianth (oft mit corollinischen Nektarblättern) und das Androeceum sind in 3-(2-)zähligen Kreisen angeordnet (Abb. 3.2.221 A). Das Gynoeceum besteht meist nur aus 1 oberständigen, pseudomonomeren Fruchtknoten, der sich zu einer Beere entwickelt. Einheimisch ist allein die Berberitze *(Berberis vulgaris)*, ein u.a. durch seine Blattdornen, seine reizbaren Filamente und als Zwischenwirt des Getreiderostes bekannter Strauch (s. S. 162, 458, 527 ff. und Abb. 1.3.6 A–B, 2.3.40).

Im Blütenbau schon viel stärker abgeleitet ist dagegen die

2.2.2. Ordnung: **Papaverales**. Vorherrschend finden sich hier (3-) 2gliederige Kelch- und Kronblattwirtel sowie coenokarpe Fruchtknoten mit parietaler Placentation (Abb. 3.2.223).

Früher mit den *Capparales* in Verbindung gebracht (vgl. S. 792 f.), werden sie jetzt, vor allem wegen ihrer teilweise noch primär polyandrischen Androeceen und wegen ihrer Isochinolin-Alkaloide (z.B. die stärker abgeleiteten Morphine im Opium!), allgemein zu den *Magnoliidae* und in die Nähe der verwandten *Ranunculales* gestellt.

Bei den **Papaveraceae** sind die Blütenblätter ungespornt. In Schlauchzellen und gegliederten Röhren tritt Milchsaft auf (rotgelb beim Schöllkraut: *Chelidonium*: Abb. 3.1.15, 3.2.213 G, 3.2.214 C, weiß beim Mohn: *Papaver*: Abb. 1.3.27 I). Aus dem ausgetrockneten Milchsaft der angeritzten Kapseln des orientalischen Schlaf-Mohns *(Paper somniferum;* Abb. 3.2.223 C–D) wird das alkaloidhaltige Opium gewonnen. In den Blüten folgen auf einen hinfälligen Kelch meist 2 Kronblattwirtel, zahlreiche Staubblätter sowie 2 (oder

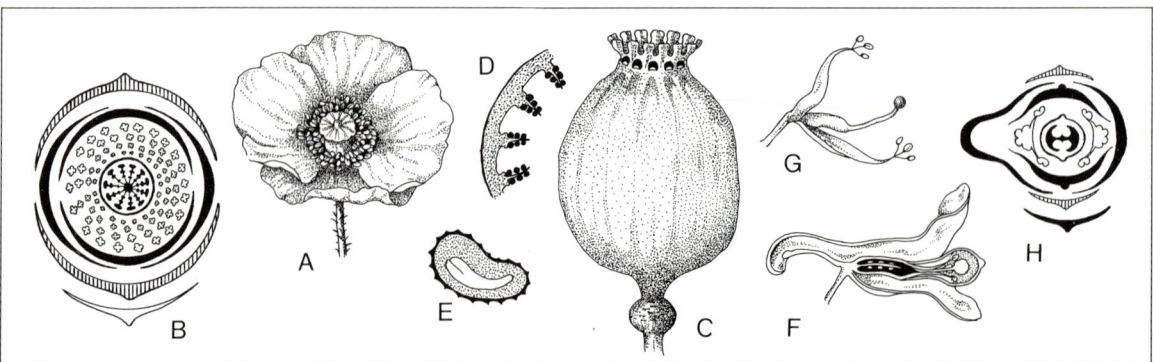

Abb. 3.2.223: *Papaverales.* **A–B** Papaveraceae, *Papaver rhoeas*, Blüte ($^3/_4\times$) und Diagramm; **C–E** *P. somniferum*, Porenkapsel mit Narben (n) und fensterartig geöffneter Fruchtwand (C; $^1/_2\times$); partieller Fruchtquerschnitt mit parietalen Placenten (D; $^2/_3\times$); Same, längs mit Testa, Raphe, Endosperm und Embryo (E; 8×). **F–H** Fumariaceae, *Corydalis cava*, Blütenlängsschnitt (F) sowie Staubblätter (innere gespalten, Hälften mit den äußeren verwachsen: $^1/_2 + 1 + ^1/_2$) und Fruchtknoten (G, 1×), Blütendiagramm (H) ⊙ (A, F–G nach Graf, B–H nach Eichler, C–E nach Firbas).

auch mehr) miteinander zu einem oberständigen Gynoeceum verwachsene Fruchtblätter (Abb. 3.2.223 A–B): K2 C2 + 2 A ∞ G (20–2). Die Samen besitzen ein ölhaltiges Endosperm (Abb. 3.2.223 E). Bei den **Fumariaceae** sind 2 oder 1 der äußeren Blütenblätter gespornt; die Blüten werden dadurch disymmetrisch (bei der Herzblume, *Dicentra*, Abb. 3.2.191 B) oder transversal-zygomorph (beim Lerchensporn, *Corydalis*: Abb. 3.2.223 F–H, und beim Erdrauch, *Fumaria*). Die Schlauchzellen führen hier keinen Milchsaft. Teils öffnen sich die Früchte (vielfach Samen mit Elaiosom: Abb. 3.2.213 F), teils finden wir einsamige Nußfrüchte (z. B. *Fumaria*).

b) Entwicklungsstufe: Apetalae (= Monochlamydeae)

Ebenso wie bei typischen *Polycarpicae* ist das Perianth hier meist noch einfach, infolge Reduktion aber fast immer wenigggliedrig, cyclisch und unscheinbar geworden; nicht selten ist auch nur noch ein Staubblattkreis vorhanden. Diese Oligomerisation betrifft auch das Gynoeceum, dessen Fruchtblätter (meist nur 5, 4, 3 oder 2) fast immer ± verwachsen sind. Besonders im Zusammenhang mit Windbestäubung ist es vielfach zur Ausbildung extrem reduzierter ♂ und ♀ Blüten gekommen (vgl. z. B. Abb. 3.2.228, 3.2.231). Andererseits finden sich bei einigen tierbestäubten Gruppen auch Ansätze zur sekundären Vermehrung der Blütenglieder (z. B. der Staubblätter) bzw. zur Bildung einer Blumenkrone (aus dem Androeceum). Die bezeichnenden Benzylisosochinolin-Alkaloide der *Magnoliidae* + *Ranunculidae* fehlen. Von Vorläufern dieser Basalgruppen haben sich die im folgenden besprochenen Unterklassen der *Caryophyllidae* und *Hamamelididae* sicher ganz unabhängig und parallel entwickelt (vgl. dazu auch Abb. 3.1.57).

3. Unterklasse: Caryophyllidae

Bezeichnend sind mäßig verholzte bis krautige Wuchsformen mit einfachen, ungeteilten Blättern und die Bevorzugung von offenen, häufig trockenen bzw. versalzten Mineralstoffböden. Zwitterblüten dominieren. Neben unscheinbaren finden sich auch corollinische Perigonbildungen, und bei einigen Gruppen sind aus dem äußeren Staubblattkreis auch Petalen und damit Blumenkronen entstanden. Die Pollenkörner sind fast immer 3kernig, primär tricolpat, abgeleitet vielfach pantoporat (Abb. 3.1.53). Mehrfach kommt es zur Umwandlung von mehrblättrigen und ± chorikarpen zu synkarpen und parakarpen Gynoeceen mit zentraler Placenta sowie zur Rückbildung von ursprünglich zahlreichen auf eine einzige basale Samenanlage. Die Samenanlagen sind bitegmisch und crassinucellat. Bei der Mehrzahl der *Caryophyllales* sind Betalaine an die Stelle von Anthocyanen getreten.

Die hierhergestellten drei Ordnungen sind so isoliert, daß man sie als monotypische Überordnungen einstufen muß. Während *Caryophyllales* und *Polygonales* wohl entfernt zusammengehören (Abb. 3.1.57) und auf *Ranunculidae*-(?bzw. *Dilleniidae*-)ähnliche Vorfahren zurückgehen, werden die *Plumbaginales* in letzter Zeit auch in Beziehung mit den *Celastranae* bzw. *Euphorbianae* gebracht.

Wegen ihrer vereinzelt noch ± chorikarpen Fruchtblätter und vielfach noch zahlreichen Samenanlagen beginnen wir mit der

3.1. (Über)Ordnung: Caryophyllales (= *Centrospermae*). Bezeichnend sind radiäre und meist 5zählige, fast immer cyclische Blüten, mit einfachem oder sekundär doppeltem Perianth. Das Androeceum ist ursprünglich diplostemon, kann aber (infolge zentrifugalem Dédoublement) sekundär vermehrt oder auf 1 Staubblattkreis reduziert sein. In den campylotropen Samenanlagen bildet sich neben Endosperm vor allem Perisperm. Sehr charakeristisch sind Siebröhrenplastiden vom P-Typ mit fädig-kristalloiden Proteineinschlüssen (Abb. 3.2.158 C), wie sie annäherungsweise bei verschiedenen *Magnoliidae*, aber sonst nirgends bei den Angiospermen vorkommen. Einzigartig ist auch das Vorkommen der sonst bei Gefäßpflanzen fehlenden stickstoffhaltigen Betacyane und Betaxanthine (= Betalaine; vgl. Abb. 3.1.56). Anthocyane haben innerhalb der Caryophyllales nur die **Molluginaceae** und die *Caryophyllaceae*. Erstere sind (sub)tropisch, vereinzelt noch holzig und kaum succulent. Ursprünglich sind das einfache Perigon, tricolpater Pollen und ± chori- bis coenokarpe, meist vielsamige Fruchtknoten.

Von den *Molluginaceae* lassen sich die wichtigen, über die ganze Erde verbreiteten, fast durchwegs krautigen **Caryophyllaceae** (Nelkengewächse) ableiten. Häufig sind dichasiale Blütenstände (Abb. 3.2.224 D). Manche Gattungen haben ein einfaches Perigon (z. B. *Herniaria* und *Paronychia*: Abb. 3.2.224 B, H). Die Neubildung einer Blumenkrone aus Staubblättern führt zu Blüten mit der Formel: ∗ K5 C5 A5+5 G(5), z. B. bei Hornkraut *(Cerastium)*, Kornrade *(Agrostemma githago)* oder Pechnelke *(Lychnis viscaria*, Abb. 3.2.224 E). Die Staubblätter stehen obdiplostemon. Häufig ist aber die Zahl der Fruchtblätter verringert [z. B. G(3) bei *Silene*: Abb. 3.2.224 A, F und *Stellaria*, G (2) bei der Nelke, *Dianthus*]. Auch können die Staubblätter nur mit einem Kreis vertreten und selbst in diesem nicht vollzählig sein (*Stellaria media* A5 → 3: Abb. 3.2.224 G). Vereinzelt ist Diöcie entstanden [z.B. bei *Silene alba, S. dioica* (= *Melandrium album, M. rubrum*); vgl. S. 488, 500 f. u. Abb. 3.1.24 B–D]. Die Früchte sind in der Regel vielsamige, mit Zähnen aufspringende Kapseln (Abb. 2.3.59, 3.2.224 C). In vereinfachten Blüten ist aber auch die Zahl der Samenanlagen häufig bis auf 1 verringert, und an die Stelle der Kapseln treten dann 1samige Nüsse (z. B. *Scleranthus, Herniaria*: Abb. 3.2.224 B).

Die Einteilung der Familie gründet sich auf den Besitz freier (*Alsinoideae*, z. B. *Cerastium, Stellaria, Scleranthus*) oder verwachsener Kelchblätter (*Silenoideae*, z. B. *Lychnis, Agrostemma, Silene, Dianthus*) bzw. auf das Vorkommen von Nebenblättern [*Paronychioideae* (= *Illecebraceae*), z. B. *Spergula, Herniaria*]. Viele Arten enthalten Saponine, z. B. das Seifenkraut *(Saponaria officinalis)*.

Die übrigen Familien bilden nur Betalaine. Dabei stehen den *Molluginaceae* die blütenmorphologisch ursprünglichen und mannigfaltigen **Phytolaccaceae** (Abb. 1.3.11 C) noch sehr nahe. Hierher gehört z. B. die einen roten Farbstoff liefernde Kermesbeere, *Phytolacca americana*. An die *Phytolaccaceae* lassen sich zunächst die beiden folgenden succulenten Familien mit stark vermehrten Staub- und Blütenhüllblättern anschließen: Blattsucculenten sind die **Aizoaceae**, die mit *Mesem-*

bryanthemum und zahlreichen anderen, artenreichen Gattungen besonders in den südafrikanischen Trockengebieten siedeln, wo sie z. T. ± in den Boden eingesenkte, Kieseln ähnliche Vegetationskörper («lebende Steine» z.B. *Lithops* (vgl. S. 931) ausgebildet haben. Ihre vielblättrige Krone ist aus den äußeren der zahlreich vorhandenen Staubblätter entstanden. Die Früchte sind meist Kapseln, die sich bei Befeuchtung öffnen (Hygrochasie).

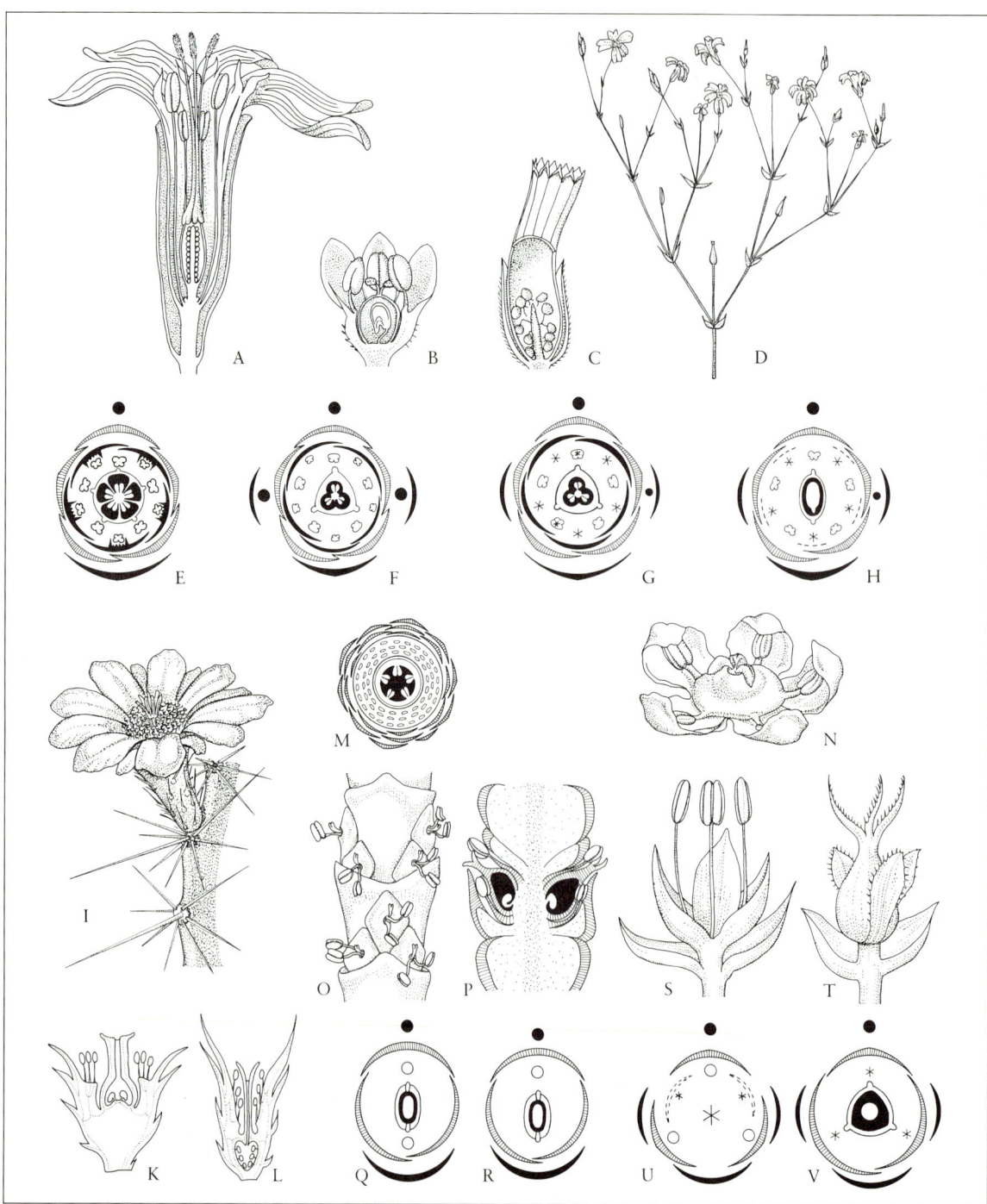

Abb. 3.2.224: *Caryophyllales.* A–H *Caryophyllaceae.* **A, B** Blütenlängsschnitte von *Silene nutans* und *Herniaria glauca* (etwa 4×); **C** Kapsel von *Cerastium holosteoides* (unten aufgeschnitten) (etwa 4×); **D** Blütenstand von *Cerastium arvense*: Dichasium (vgl. auch Abb. 1.3.31 C) (etwa 1×); Blütendiagramme von **E** *Lychnis viscaria*, **F** *Silene vulgaris*, **G** *Stellaria media* und **H** *Paronychia* spec.; I–M *Cactaceae.* **I** *Echinocereus dubius*, Rippe des Vegetationskörpers mit Areolen und Blüte (etwa ½×); **K–L** Blütenlängsschnitte einer ursprünglichen *(Pereskia)* und einer abgeleiteten Kaktee mit trichterförmigem Receptaculum und eingesenktem Gynoeceum; **M** Blütendiagramm von *Opuntia* spec. N–R *Chenopodiaceae.* **N** Blüte von *Beta triygyna* (vergr.); **O–R** succulenter Sproß mit Blüten, gesamt und längs (vergr.), sowie Blütendiagramme mit A1 bzw. A2 von *Salicornia europaea.* **S–V** *Amaranthaceae, Amaranthus* spec., ♂ und ♀ Blüten (vergr.) sowie Blütendiagramme. (A–C nach Beck-Managetta; D nach Durchartre; E–H, M, Q–R, U–V nach Eichler, etwas verändert; I nach Engelmann; K–L nach Buxbaum; N nach Baillon; O–P, S–T nach Graf).

Dagegen sind die **Cactaceae** überwiegend amerikanische Stammsucculenten. Ihr säulenförmiger oder abgeflachter (z.B. *Opuntia*, Abb. 1.3.41 B), längsgerippter (z.B. *Cereus*, Abb. 1.3.43 A) oder kugeliger und höckerig gegliederter (z.B. *Mamillaria*) Stamm trägt fast immer Blattdornen, häufig ganze Dornbüschel (Areolen) als umgewandelte Achselsprosse und Blattanlagen (Abb. 1.3.6 C, 1.3.8 C, 1.3.42, 3.2.224 I). Nur die Gattung *Pereskia* besitzt noch normale Laubblätter; doch kann man kleine, schuppen- bis pfriemenförmige Laubblätter auch noch bei vielen Jugendstadien, z.B. bei Opuntien, beobachten. Die sitzenden Blüten (Abb. 3.2.224 I–M), haben ein vielzähliges, noch schraubiges, außen kelch-, innen kronenartiges Perianth, zahlreiche Staubblätter und eine größere Zahl von Fruchtblättern, die zu einem mittel- bis unterständigen Fruchtknoten verwachsen sind; er wird zu einer beerenartigen Frucht.

Die Kakteen sind fast ausschließlich in Amerika, hauptsächlich in den Wüsten und Halbwüsten im Südwesten der Vereinigten Staaten, in Mexiko und in den Andenländern heimisch, wo sie neben vielen kleineren Formen auch Riesen bis zu 15 m Höhe hervorgebracht haben (z.B. *Carnegiea gigantea*). Manche Gattungen, wie *Rhipsalis*, *Epiphyllum* und *Zygocactus* (Abb. 1.3.41 A) leben auch epiphytisch in Wäldern. Der Feigenkaktus, *Opuntia ficus-indica*, dessen Früchte genießbar sind, ist im südlichen Mittelmeergebiet überall verwildert.

Eingeschlechtige Blüten haben die eigenartigen, stammsucculenten, in den Trockengebieten Madagaskars endemischen **Didiereaceae**.

Ebenfalls auf Phytolaccaceen-ähnliche Ausgangssippen gehen offenbar die kapselfrüchtigen **Portulacaceae** (u.a. mit dem heimischen Quellkraut *Montia*) und die schließfrüchtigen, windenden **Basellaceae** (mit tropischen Gemüsepflanzen) zurück; beide bilden unter den Blüten eine kelchartige Hochblatthülle. Ähnliches gilt auch für die **Nyctaginaceae**, bei denen die corollinischen Perigonblätter aber röhrenförmig verwachsen und nur 1 Karpell ausgebildet wird. Hierher zählen etwa die aus Vererbungsversuchen (Abb. 3.1.7) bekannte Wunderblume *(Mirabilis jalapa)* und die besonders in den (Sub)Tropen viel kultivierte Kletterpflanze *Bougainvillea* mit buntfarbigen Hochblättern.

Nur ein unscheinbares einfaches Perianth, 1 epipetalen Staubblattkreis und einsamige, gewöhnlich 2(–3)blättrige Fruchtknoten sowie meist nußartige Früchte haben die beiden letzten, überwiegend anemophilen Familien: Diesem Bauplan – also etwa $*P5\ A5\ (G\underline{2})$ – entsprechen bei den **Chenopodiaceae** mit grünlichen Perigonblättern etwa der Gänsefuß, *Chenopodium*, oder *Beta* (Abb. 3.2.224 N). Mehrfach wird die Zahl der Perianth- und Staubblätter aber noch weiter verringert, und die Blüten werden eingeschlechtig: So besitzt z.B. der Queller *(Salicornia)* in den ♂ Blüten meist nur noch 3–4 Perianthblätter und 1–2 Staubblätter (Abb. 3.2.224 O–R), und bei den öfters zweihäusigen Melden *(Atriplex)* treten sogar Blüten ohne Perianth auf. Die *Chenopodiaceae* bevorzugen salzreiche Böden, fallen nicht selten durch Succulenz und Rückbildung der wechselständigen Blätter auf und haben besonders in den Salzwüsten, entlang der Meeresküsten und als Ruderalpflanzen in Begleitung des Menschen eine weite Verbreitung gefunden. *Salicornia europaea* agg. etwa umfaßt für die Anlandung in schlickreichen Wattenmeeren (Nordsee!) wichtige halophytische Stammsucculente (Abb. 3.2.224 O–R und S. 919). Von der mediterranen Strandpflanze *Beta vulgaris* subsp. *maritima* stammen die wichtigen Kulturformen der Runkelrübe ab (Abb. 1.3.39): 2jährig, bilden sie im 1. Jahr eine dicke fleischige Hypocotyl- bzw. Wurzelrübe und eine Blattrosette, im 2. Jahr einen bis über 1 m hohen, reich rispig verzweigten Blütenstand und werden als Zuckerrübe (mit durchschnittlich 16% Rohrzucker), Futterrübe, Rote Rübe und Mangold gezogen. Als Gemüsepflanze ist auch der Spinat *(Spinacia oleracea)* zu erwähnen. Verwandt sind die **Amaranthaceae** mit häutigen Perigonblättern; dazu gehören etwa verschiedene Zier-, Nutz- und Ruderalpflanzen der Gattung Fuchsschwanz *(Amaranthus)*, bei denen die Blüten teilweise eingeschlechtig geworden sind (Abb. 3.2.224 S–V).

Anthocyan, Siebröhrenplastiden des weitverbreiteten S-Typs und Endosperm (aber kein Perisperm) haben die beiden folgenden Sippengruppen:

3.2. (Über)*Ordnung:* **Polygonales** mit der einzigen Familie **Polygonaceae**. Das 2×3- bzw. 5zählige Perigon bleibt hier einfach, die Staubblätter stehen in (3)2–1 Kreis(en) und sind nicht oder nur mäßig dédoubliert, der Fruchtknoten

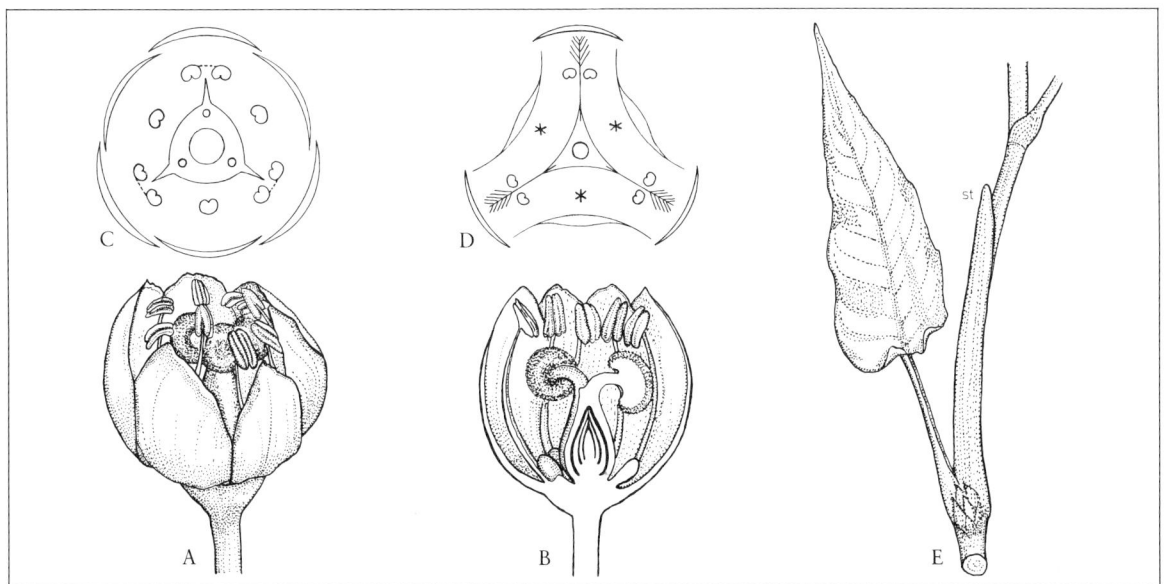

Abb. 3.2.225: *Polygonales*. **A–B** *Rheum officinale*, Blüte gesamt und längs (vergr.). **C–D** Blütendiagramme von *Rheum* und *Rumex*. **E** Sproßstück mit Blatt und Ochrea (st) von *Polygonum amplexicaule* ($^1/_3\times$). (A–B nach Baillon; C–D nach Eichler; E nach Karsten.)

ist einfächerig und enthält nur 1 meist atrope Samenlage (Abb. 3.2.225 A–D). Die Blätter sind wechselständig, ihre Nebenblätter sind zu einer den Vegetationspunkt überziehenden Tüte, der Ochrea, verwachsen, die später durchbrochen wird und als häutige Röhre den Stengel umgibt (Abb. 3.2.225 E). Das Perianth der kleinen, zwittrigen oder eingeschlechtigen Blüten ist meist unscheinbar (viele Vertreter sind Windblütler), seltener corollinisch wie beim Buchweizen (*Fagopyrum esculentum*: Abb. 2.1.106) oder bei manchen insektenblütigen Knöterich-*(Polygonum-)*Arten. Bei den Ampfern (*Rumex*: Abb. 1.3.93 A, 3.2.225 D) bleibt der innere Perianthwirtel an der Frucht als Flug-, Schwimm- oder Haftorgan erhalten. Der einfächerige Fruchtknoten ist aus 3 (2–4) Karpellen verwachsen und entwickelt sich zu einer einsamigen Nuß. Wegen des stärkehaltigen Nährgewebes wurde früher besonders auf armen Böden vielfach Buchweizen gebaut. Aus den zentral- und ostasiatischen Gebirgen stammen die als Gemüse- und Heilpflanzen bekannten Rhabarberarten (*Rheum*).

Ein 5zähliges doppeltes Perianth mit Kelch und sympetaler Krone, ein epipetaler Staubblattkreis, und ein 5blättriger parakarper Fruchtknoten mit 1 basalen Samenanlage kennzeichnen die

3.3. (Über)*Ordnung:* **Plumbaginales**, nur mit den **Plumbaginaceae**. Hierher gehören besonders Xero- und Halophyten der Steppen, Halbwüsten und des Meeresstrandes, z.B. *Limonium* (inkl. *Statice*, Strandflieder) und *Armeria* (Grasnelke).

4. Unterklasse: Hamamelididae

Es dominieren waldbildende Holzpflanzen mit unscheinbaren, häufig getrenntgeschlechtlichen Blüten in dichten, nicht selten kätzchenförmigen Blütenständen («Kätzchenblütler») und Windbestäubung. Meist ist nur ein Perigonkreis und ein davorstehender Staubblattkreis entwickelt. Die Pollenkörner sind 2 kernig und haben äquatorial angeordnete Aperturen (meist tricolpat oder triporat). Meist wird kein wirksamer Pollenkitt gebildet. Einsamige Nußfrüchte überwiegen. An Inhaltsstoffen sind Ellagsäure und Gerbstoffe (Tannine) bezeichnend.

Die bis in die Unterkreide fossil dokumentierten *Hamamelididae* können als frühe, im Zusammenhang mit Blütenreduktion und Windbestäubung besonders in temperaten und insektenarmen Lebensräumen entstandene Abkömmlinge tropischer holziger und mehr-minder *Magnoliidae*-ähnlicher Ur-Angiospermen mit zwittrigen und tierbestäubten Blüten aufgefaßt werden. Sie stellen sich heute als ein Schwarm alter, formverarmter, untereinander allenfalls gar nicht enger verwandter und lange Zeit paralleler Entwicklungslinien dar, die man in mehrere Überordnungen gliedern muß. Die teilweise beachtlichen Ähnlichkeiten mit verschiedenen Ordnungen der *Magnoliidae, Rosidae* und *Dilleniidae* rechtfertigen aber keine taxonomische Aufteilung der Unterklasse.

An den Anfang der *Hamamelididae* kann man die sehr isolierte, noch tracheenlose

4.1. (Über)*Ordnung:* **Trochodendrales** stellen.

Sie umfaßt nur 2 ostasiatische Familien mit je 1 Gattung und 1 Art: *Tetracentron* und *Trochodendron* (Abb. 3.2.226). Sie haben teilweise noch entomophile und polyandrische Blüten mit wenig verwachsenen, mehrsamigen Fruchtblättern; das Perianth ist einfach oder fehlt. Die *Trochodendrales* stehen – zusammen mit einigen anderen, schon Tracheen im Sekundärholz führenden, uralten, heute auf Ostasien beschränkten

Abb. 3.2.226: *Trochodendrales, Trochodendron aralioides.* **A** Blühender Sproß **B** Blüte (P0A∞ G4–11); **C** Karpell, längs; **D** Pollenkorn (tricolpat); **E** unreife und **F** aufspringende Frucht. (Nach Takhtajan.)

und sehr isolierten Ordnungen bzw. Familien (*Cercidiphyllaceae*: S. 904 ff., *Eupteleaceae* u.a.) – vielleicht den *Magnoliidae* noch näher als den folgenden Ordnungen.

Alle übrigen *Hamamelididae* entwickeln im Sekundärholz Tracheen. Verwandtschaftlich sicher zusammengehörig und auch mit den *Rosanae* eng verknüpft erscheint die

4.2. Überordnung: **Hamamelidanae**. Bei der recht ursprünglichen

4.2.1. Ordnung: **Hamamelidales** finden sich teilweise noch zwittrige Blüten mit einfachem Perianth bzw. mit Blumenkronbildung aus Staubblättern. Vielfache Ähnlichkeiten weisen hier auf Zusammenhänge mit ursprünglichen *Rosidae*. Zu den coenokarpen **Hamamelidaceae** zählen etwa *Hamamelis* und *Liquidambar* (liefert Styrax). Eingeschlechtige Blüten, aber noch chorikarpe Fruchtblätter haben dagegen die **Platanaceae** (dazu einige als Alleebäume beliebte Arten und Hybriden von *Platanus*: Platanen: Abb. 1.3.67 F).

Stärker abgeleitet ist der Blütenbau der für uns wichtigen

4.2.2. Ordnung: **Fagales** mit durchwegs eingeschlechtigen, einhäusigen Blüten, einfachem bis fehlendem Perianth, unterständigem coenokarpen Fruchtknoten, mehreren hängend-anatropen Samenanlagen, aber nur einsamigen, endospermlosen Nußfrüchten. Hierher gehören die wichtigsten waldbildenden heimischen Laubholzpflanzen [vgl. Abb. 2.1.151 (Mykorrhiza!), 4.0.2, 4.0.3, 4.2.24, 4.4.16].

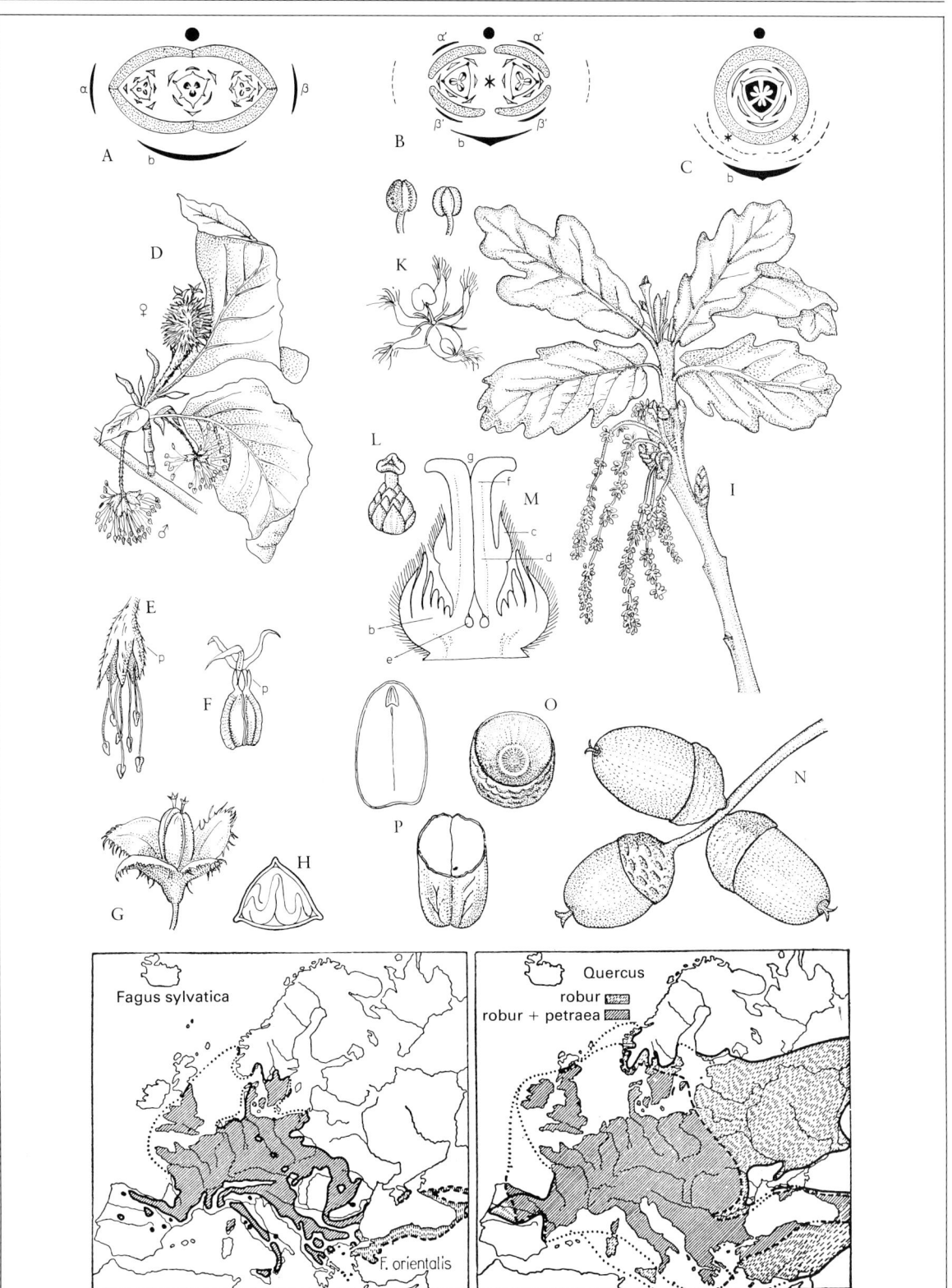

Abb. 3.2.227: *Fagales, Fagaceae*. **A–C** Diagramme der ♀ Dichasien von *Castanea* (A), *Fagus* (B) und *Quercus* (C) (Deck- u. Vorblätter schwarz, Cupula punktiert, Perigon weiß, ausgefallene Blüten bzw. Deck- und Vorblätter∗ bzw.----; vgl. auch das Schema Abb. 3.2.228A, oben!). **D–H** *Fagus sylvatica*. Blühender Sproß (D), ♂ (E) und ♀ (F) Blüten mit Perigon (p), Cupula mit 2 Nüssen (G) und Nuß quer, mit den gefalteten Cotyledonen des Embryos (H). (D, G nat. Gr.; E–F, H vergr.). **I–P** *Quercus robur*. Blühender Sproß (I), ♂ Blüte mit Staubblättern (K), ♀ Blüte gesamt (L) und längs [M, mit Narben (g), Griffel (f), Perigon (c), Fruchtknoten (d), Samenanlagen (e) und Cupula (b)], Fruchtstand (N), reife Cupula (O) und Samen, längs und quer (P) (K–M vergr.). Natürliche Verbreitungsgebiete europäischer *Fagus*- und *Quercus*-Arten. (A–B nach Eichler; C nach Prantl und W. Troll; D–H nach Karsten; I–P nach Schimper bzw. Berg & Schmidt; Arealkarten nach Rubner u.a.)

Die wechselständigen Blätter der *Fagales* sind ungeteilt und besitzen hinfällige Nebenblätter. Die unscheinbaren Blüten sind zu zusammengesetzten kätzchenartigen Blütenständen vereinigt. In der Achsel der Deckblätter sitzen die Blüten in 3-, seltener auch noch mehrblütigen Dichasien, bei denen aber bald einzelne Vorblätter, bald ganze Blüten oder einzelne Perianth- und Staubblätter ausgefallen sind (Abb. 3.2.227 A–C, 3.2.228 A: verschiedene Stufen der Reduktion vom ursprünglich vielblütigen Dichasium bis auf eine einzige Blüte in der Achsel des Tragblattes!). Die Staubblätter der ♂ Blüten stehen vor den Perianthblättern, die Fruchtknoten der ♀ Blüten enthalten 2 oder mehr Samenanlagen, von denen sich jedoch nur eine entwickelt.

Die Entfaltung der Blüten erfolgt bei den einheimischen, sommergrünen Arten vor oder mit dem ersten Austreiben der Blätter. Verschiedentlich, z.B. bei Hasel und Erle, werden die Kätzchen sogar schon im Vorjahr so weit ausgebildet, daß sie sich im Frühjahr nur zu strecken brauchen. Die Samenanlagen sind dann allerdings meist noch wenig differenziert und entwickeln sich erst nach der Bestäubung, so daß die Befruchtung hinausgezögert wird.

Bei den **Fagaceae** sind 3 (selten 6) Fruchtblätter vorhanden. Die ♀ Blüten entsprechen in der Regel der Formel: P3+3 G(3), die ♂ enthalten eine wechselnde Zahl von Perianth- und Staubblättern. Die Früchte sind von einem verholzenden Achsengebilde, einem mit Schuppen oder Stacheln versehenen Fruchtbecher, der Cupula, umgeben.

Relativ ursprünglich ist die Edelkastanie (*Castanea sativa*: Abb. 3.2.227A). Sie wird teilweise noch von Insekten (besonders Käfern) besucht, bildet steife ♂ Blütenstände und in ihrer Cupula vielfach noch 3 eßbare Nüsse. Ihretwegen wurde sie von den Römern auch aus dem Mittelmeerraum in die wärmeren Teile Mitteleuropas eingeführt.

Bei der völlig windblütigen Rotbuche (*Fagus sylvatica*, Abb. 1.3.67D–E, 3.2.227B, D–H, ganzrandige Blätter!) stehen die ♂ Blüten zu mehreren in (wohl dichasialen) Köpfchen, die ♀ in 2blütigen Dichasien. Die 3kantigen Nüsse, die ölreichen «Bucheckern», bilden sich daher zu zweien innerhalb der Cupula, die sich bei der Reife mit 4 Klappen öffnet. Als dominanter Waldbaum umfaßt ihr Verbreitungsgebiet vor allem Mitteleuropa, besonders die mittleren Höhenstufen der Gebirge, aber auch tiefere Lagen, wo sie nicht zu arme, gut durchlüftete und nicht zu trockene Böden bevorzugt (Abb. 4.0.4, 4.2.5, 4.2.21, 4.3.7, 4.3.12, 4.3.17, 4.3.18, 4.5.3). Ihre kontinentale Frost- und Trockengrenze läuft von den Masuren zum östlichen Vorland der Karpaten (Abb. 3.2.227, 4.4.15).

Lediglich einblütig sind dagegen die ♂ und ♀ Dichasien der Eichen (*Quercus*, 3.2.227C, I–P). Ihre Nüsse (die Eicheln) sitzen daher einzeln in der beschuppten, becherförmigen Cupula. Von den einheimischen Arten ist die Stiel-Eiche (*Q. robur*, Früchte gestielt) über den größten Teil Europas, von Irland bis in die südrussische Waldsteppe, besonders in den Niederungen und den unteren Berglagen auf den verschiedensten Standorten verbreitet (Abb. 1.3.7H, 3.2.227I–P, 4.0.4). Die Trauben-Eiche [*Q. petraea* (= *Q. sessiliflora*), Früchte sitzend] hat ein kleineres Verbreitungsgebiet. Verwandt ist die submediterrane Flaum-Eiche (*Quercus pubescens*: Abb. 4.3.15). Neben dem hochwertigen, harten Schreiner- und Bauholz findet auch die Borke der Eichen in der Gerberei Verwendung (Abb. 1.3.67H). Von den vielen immergrünen Arten sind 3 mediterrane hervorzuheben (vgl. Abb. 1.2.19, 4.2.18, 4.3.15, 4.5.10 u. S. 878, 926f.): die westmediterrane Kork-Eiche (*Q. suber*), die Kermes-Eiche (*Q. coccifera*) und die Stein-Eiche (*Q. ilex*). Südhemisphärisch-antarktisch ist die sehr isolierte Gattung *Nothofagus* (vgl. S. 832, 931 u. Abb. 4.0.2).

Die **Betulaceae** haben nur noch 2 Fruchtblätter. Ursprüngliche Blüten entsprechen der Formel P2 + 2 A2 + 2 bzw. G (2), werden aber fortschreitend reduziert (Abb. 3.2.228 A). Die Staubblätter sind häufig gespalten (z.B. Abb. 3.2.228 K).

Die Nußfrüchte sind nackt (Abb. 3.2.228G, N) oder werden von einer blattbürtigen Hülle (Abb. 3.2.229G) umgeben. Bei Birke (*Betula*) und Erle (*Alnus*) sitzen die Nußfrüchte in der Achsel von Schuppen, die aus der Verwachsung der Vorblätter mit dem Deckblatt hervorgehen und bei der Birke zur Zeit der Reife abfallen, bei der Erle aber verholzen und an dem zapfenähnlichen Fruchtstand verbleiben (Abb. 3.2.228 F, M). Bei Hasel (*Corylus*), Hainbuche (*Carpinus*) und Hopfenbuche (*Ostrya*) – die drei Gattungen werden z.T. in eine eigene Familie, Corylaceae, gestellt – sind die Nüsse von einer Fruchthülle umgeben, die jeweils aus 3 verwachsenen Vor- bzw. Tragblättern besteht. Sie fällt bei der Hainbuche mit der von ihr umschlossenen Nuß ab und dient als Flugorgan (Abb. 3.2.229 G).

Unter den Erlen ist die fast über ganze Europa verbreitete Schwarz-Erle (*Alnus glutinosa*, Abb. 3.2.228 B–G) der wichtigste Baum der nassen Bruchwälder und Ufergehölze der Niederungen (Abb. 4.0.3, 4.2.23). In den Gebirgen, besonders auf Flußschottern, spielt die circumboreale Grau-Erle (*A. incana*, mit unterseits grauen Blättern) eine ähnliche Rolle, nahe der Waldgrenze auch die strauchige Grün-Erle (*A. viridis*). Die Erlen besitzen Wurzelknöllchen mit einem Actinomyceten, der freien Luftstickstoff assimiliert (vgl. S. 377, 540). Daher wird besonders die Grau-Erle gerne zur Aufforstung verwendet.

Unsere lichtbedürftigen Birken (*Betula pendula*, die Warzen-Birke, Abb. 1.3.67A, 3.2.228H–N, und *B. pubescens*, die Moor-Birke) sind anspruchslose Gehölze auch armer Böden, besonders der Sandböden und Moore. In den nordischen Wäldern und in der Arktis spielt auch die kleine, rundblättrige Zwerg-Birke (*B. nana*) eine große Rolle.

Schon an vorjährigen Zweigen ausgebildet werden die Blütenstände bei der besonders früh blühenden, in Wäldern und Gebüschen über den größten Teil Europas verbreiteten Gemeinen Hasel (*Corylus avellana*: Abb. 1.3.35A). Die kurzen ♀ Blütenstände bleiben bei ihr von den Knospenschuppen umschlossen, nur die roten Narben werden hervorgestreckt. Die schweren, durch Kleiber, Spechte und Eichhörnchen verbreiteten Nüsse (Abb. 3.2.215A–B) enthalten im Keimling viel Fett; sie kommen auch von südeuropäischen Arten (*C. maxima*, Lambertsnuß; *C. colurna*, Baum-Hasel) in den Handel.

Nur an diesjährigen (bei den ♂ allerdings oft laubblattlosen) Trieben sitzen die Blüten der Hainbuche (*Carpinus betulus*, Abb. 3.2.229, scharf doppelt gesägte Blätter!). Sie ist über das ganze mittlere Europa verbreitet und spielt vor allem außerhalb der Rotbuchengrenze und in Beckenlagen eine große Rolle, da sie kontinentalere bzw. auch wärmere Klimate und grundwassernahe Böden besser zu ertragen vermag als die Rotbuche. Im nördlichen Teil der Mittelmeerländer ist oberhalb der Steineichenstufe die ähnliche Hopfenbuche (*Ostrya carpinifolia*) verbreitet.

Isoliert und eigenartig ist die

4.2.3. Ordnung: Casuarinales (= *Verticillatae*), zu der nur die **Casuarinaceae** mit der Gattung *Casuarina* gehören. Es sind trockenheitsfeste australische (bis indomalaiische) Holzpflanzen, deren rutenförmige Äste mit quirlig angeordneten schuppenförmigen Blättern an die Sprosse der Schachtelhalme erinnern. Sie besitzen sehr stark vereinfachte Blüten, nämlich ♂ mit 2 Perianthblättern und nur einem einzigen Staubblatt, ♀ ohne Perianth mit einem 2blättrigen Fruchtknoten. Früher hat man vielfach die *Casuarinales* wegen ihrer einfachen Blüten als besonders ursprünglich betrachtet, mit *Ephedra* in Verbindung gebracht und an den Anfang der Angiospermen gestellt.

Näher miteinander verwandt sind offenbar die beiden folgenden Ordnungen der

4.3. Überordnung: Juglandanae, die durch holzigen Wuchs, aromatischen Duft (Drüsenhaare, etherische Öle), und 1 atrope (aufrechte) Samenanlage im 2blättrigen Gynoeceum charakterisiert sind.

Verwandtschaftliche Beziehungen weisen besonders auf die *Fagales* und, innerhalb der *Rosidae*, auf die *Rutanae*. Die

Abb. 3.2.228: *Fagales, Betulaceae.* **A** Diagramme der dichasialen ♂ (links) und ♀ (rechts) Teilblütenstände; oben Schema: in der Achsel von Tragblatt b Blüte A, in der Achsel ihrer Vorblätter α und β die Blüten B' und B, mit den Vorblättern α'β' und α,β,; ausgefallene Blüten bzw. Perigonblätter: *bzw.----. **B–G** *Alnus glutinosa.* Blühender Sproß und Laubblatt (B), ♂ (C) und ♀ (E) Dichasium, ♂ Kätzchen (D), Fruchtstand (F) und Nuß (G) (B nat. Gr., C–G vergr.). **H–N** *Betula pendula.* Blühender Sproß und Laubblätter (H), ♂ (I) und ♀ (L) Dichasium, gespaltenes Staubblatt (K), Fruchtstand (M) und Flügelnuß (N) (H, M $^2/_3$×, sonst vergr.). (A nach Eichler, verändert; B–N nach Karsten.)

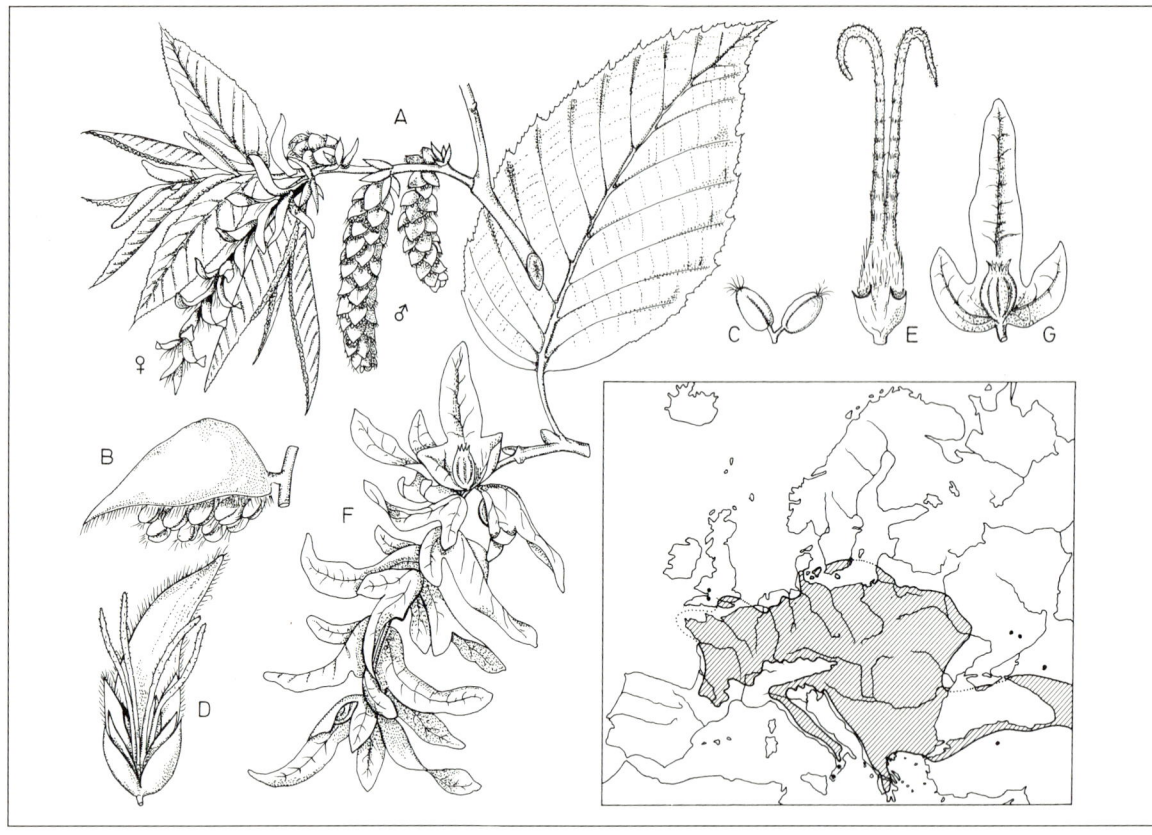

Abb. 3.2.229: *Fagales, Betulaceae, Carpinus betulus.* Blühender Sproß (**A**), ♂ (**B**) und ♀ (**D**) Dichasium, gespaltenes Staubblatt (**C**), ♀ Blüte (**E**), Fruchtstand (**F**) und Nuß mit vergrößerten Trag- bzw. Vorblättern (**G**) (A, F–G etwa nat. Gr., sonst vergr.). Natürliches Verbreitungsgebiet. (Nach Karsten; E nach Büsgen; Arealkarte nach Rubner u.a.)

4.3.1. Ordnung: **Myricales** (nur **Myricaceae**) ist perianthlos, mit meist ungeteilten Blättern (hierher der in atlantischen Moor- und Heidegebieten verbreitete, aromatisch duftende Gagelstrauch: *Myrica gale* mit Actinomyceten-Symbiose, vgl. S. 377, 542), während die vielleicht mit *Anacardiaceae* (S. 784) verwandte

4.3.2. Ordnung: **Juglandales** ein einfaches Perianth und gefiederte Blätter aufweist. Sie umfaßt nur eine in den gemäßigten Gebieten der nördlichen Halbkugel verbreitete Familie, die **Juglandaceae**. Dazu gehört der vielgepflanzte Walnußbaum (*Juglans regia*, Abb. 3.2.230 A–E): Seine ♂ Blüten sitzen zu vielen in dicken Kätzchen, die aus vorjährigen Achselknospen hervorbrechen, die ♀ zu wenigen an den Spitzen der diesjährigen Triebe. In beiderlei Blüten sind die 3–5 Perianthblätter mit dem Deckblatt und 2 Vorblättern verwachsen. Die Walnüsse sind Steinfrüchte, deren Steinkern sich bei der Keimung längs einer vorgebildeten Trennungslinie öffnet, die senkrecht zu der Verwachsungsnaht der Fruchtblätter steht. In den eßbaren Samen sind die Reservestoffe in den ölreichen, durch unvollkommene Scheidewände vielfach gelappten Keimblättern gespeichert. Der Walnußbaum ist im submediterranen Bereich heimisch und leidet nördlich der Alpen vielfach unter Frösten. Er liefert ebenso wie andere *Juglans*-Arten (z.B. die nordamerikanische *J. nigra*), die ebenfalls nordamerikanischen *Carya*-Arten (Hickory) und die kaukasische Flügelnuß (*Pterocarya fraxinifolia*) ein wertvolles Holz. *Pterocarya* und die reliktär-disjunkte tropische Gattung *Engelhardia* haben ursprüngliche Flügelnüsse (Abb. 3.2.230 F–G).

Einen weiteren, offenbar getrennt auf zwittrige *Hamamelididae*-Vorfahren zurückgehenden, aber auch an *Euphorbianae* und *Malvanae* angenäherten Verwandtschaftskreis bildet die

4.4. (Über) *Ordnung:* **Urticales.** Im Vergleich zu den *Fagales* fehlen die charakteristischen ♂ Kätzchen und die Hüllorgane der ♀ Blüten. Die meist oberständigen Fruchtknoten gehen auf 2 Fruchtblätter zurück, sind nicht gekammert und enthalten nur 1 Samenanlage; daraus entwickeln sich Nüsse oder Steinfrüchte.

Auch hier überwiegen Holzpflanzen, mehrfach sind aber auch schon Krautpflanzen entstanden. Die Blätter sind ungeteilt, aber öfters gelappt und haben (häufig hinfällige) Nebenblätter. Hervorzuheben ist das Vorkommen von technisch verwertbaren Bastfasern, zum Teil auch von Milchsaft und von Cystolithen.

Noch zwittrig sind die Blüten bei den **Ulmaceae**. Es sind Holzpflanzen ohne Milchsaft und bei uns durch die Ulmen (Rüstern, Abb. 1.3.36 C, 3.2.231 A–D) vertreten; die Berg-Ulme [*Ulmus glabra* (= *U. scabra* = *U. montana*)] besonders in Bergmischwäldern, die Feld- und die Flatter-Ulme [*U. minor* (= *U. carpinifolia* = *U. campestris*) und *U. laevis* (= *U. effusa*)] in der Niederung bzw. in Auwäldern. Sie tragen 2zeilig und wechselständig angeordnete, auffällig asymmetrische Blätter und büschelige Blüten, die schon während der Blattentfaltung ihre Flügelnüsse reifen. Der häufig gepflanzte südosteuropäische Zürgelbaum *(Celtis australis)* trägt Steinfrüchte.

Eingeschlechtige Blüten (Abb. 3.2.231 E, F) haben dagegen die **Moraceae**, meist Holzpflanzen mit Milchsaft. Dieser dient besonders bei der mexikanischen *Castilloa elastica* und der ostindischen *Ficus elastica* der Gewinnung von Kautschuk. Vielfach sind eigenartige Blüten- und Fruchtstände entstanden. So werden z.B. die kleinen Einzelfrüchte eines jeden ♀

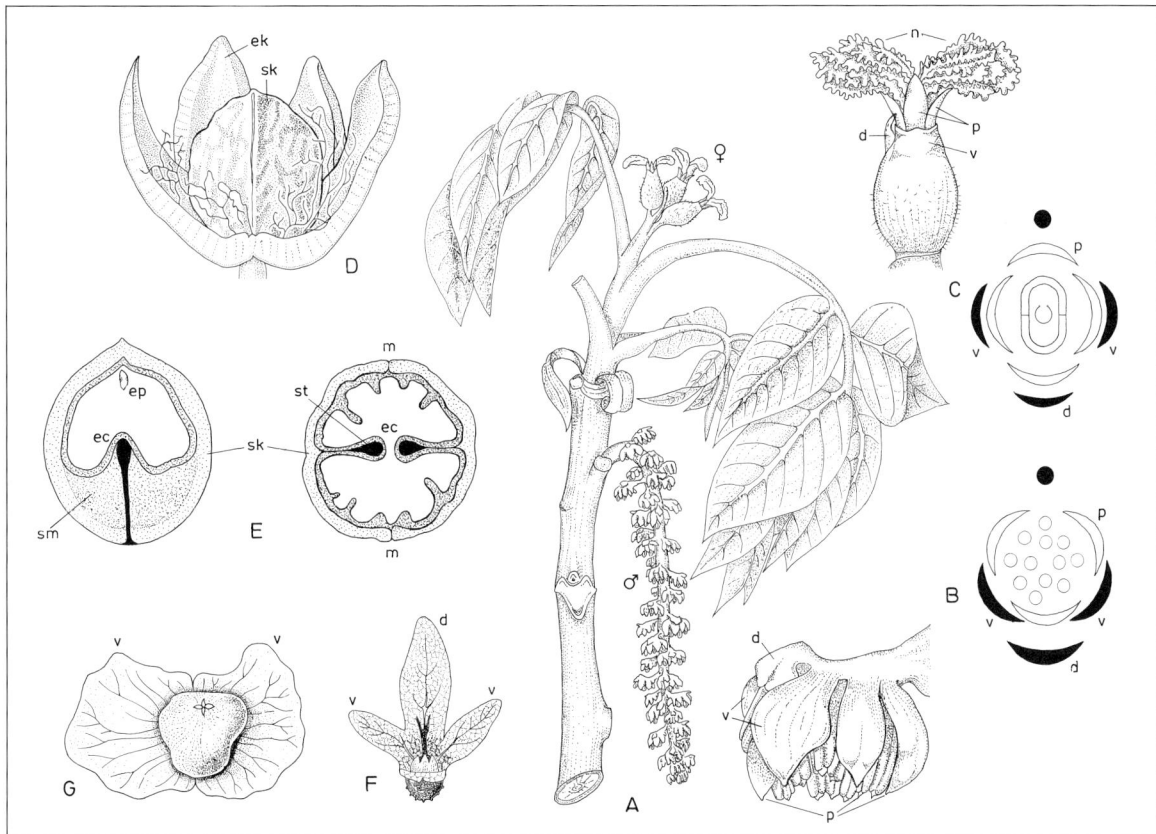

Abb. 3.2.230: *Juglandales, Juglandaceae.* A–E *Juglans regia:* **A** Blühender Sproß mit ♂ und ♀ Blütenständen; **B** ♂ und **C** ♀ Blüte und dazugehörige Diagramme mit Deck- (d), Vor- (v) und Perigonblättern (p) sowie Narbe (n); **D** Steinfrucht bei Ablösung des Exokarps (ek, vorne entfernt) vom Steinkern (sk); **E** Steinkern quer und längs (median) mit Endokarp (Steinschicht, sk), falscher Naht und Öffnungslinie in der Mediane (m), transversalem Septum (= echte Scheidewand, st) und medianem Septum (= falsche Scheidewand, sm) sowie Embryo mit Cotyledonen (ec) und Plumula (ep). **F** und **G** Früchte von *Engelhardia* spec. und *Pterocarya* spec. mit Deck- (d) und Vorblättern (v) als Flugorganen. (A nach Hegi; B, C, E nach Kirchner, Firbas bzw. Eichler; D nach Troll; G nach Hanelt; alles etwas verändert.)

Blütenstandes der 1- oder 2häusigen Maulbeerbäume *(Morus)* durch die bei der Reife fleischig werdenden Perianthblätter zu den eßbaren «Maulbeeren» verbunden (Abb. 3.2.231 G). Ähnlich ist es bei den großen eßbaren Fruchtverbänden des indomalaiischen Brotfruchtbaums *(Artocarpus)*. In den Gattungen *Dorstenia* und *Castilloa* sind Blüten und Einzelfrüchte auf einem teller- oder becherförmigen Achsenorgan vereinigt (Abb. 3.2.231 H, I), und bei *Ficus* (mit 700 Arten!) sind sie schließlich in ein krugförmig ausgehöhltes, mitsamt den Perianthblättern fleischig werdendes Achsengebilde eingesenkt. Beim mediterranen Feigenbaum *(F. carica)* – einem kleinen Baum mit großen, handförmig gelappten Blättern – werden diese Fruchtstände als «Feige» gegessen (vgl. S. 747, Abb. 3.2.207 H–L). Viele *Ficus*-Arten sind Gehölze tropischer Wälder, oft mächtige Bäume (Abb. 4.5.12). Am eigenartigsten ist der ostindische Banyan *(F. bengalensis)*: Auf Baumästen keimend, entwickelt er sich zunächst zu einem stattlichen Epiphyten, der seine Wurzeln bis zum Boden hinabschickt; in dem Maße, wie sich diese zu säulengleichen Stämmen verdicken, erdrosselt er schließlich als «Baumwürger» seinen Stützbaum. Da immer neue Wurzeln, auch von den horizontalen Ästen aus, den Boden erreichen, entsteht zuletzt aus dem einen Keimling ein ganzer «Wald». Die Nahrung der Seidenraupen liefert mit seinen ungeteilten oder stumpf gelappten Blättern der chinesische Weiße Maulbeerbaum *(Morus alba)*.

Die beiden letzten Familien sind krautig und ohne Milchsaft. Zu den **Cannabaceae** (= *Cannabinaceae*) gehören nur 2 Gattungen mit anatropen Samenanlagen. Heimisch ist bei uns der Hopfen *(Humulus lupulus*, Abb. 3.2.231 K–M), eine 2häusige, ausdauernde, mit widerhakig-rauhen Achsen rechtswindende Pflanze der Auen- und Bruchwälder. Ihre zapfenähnlichen Fruchtstände tragen auffällige Deckblätter, die von harz- und bitterstoffreichen Drüsen besetzt sind, auf die die Verwendung der Pflanze in der Brauerei und Heilkunde zurückgeht. Aus dem südlichen Asien stammt der Hanf *(Cannabis sativa,* Abb. 3.2.231 N), er ist ebenfalls 2häusig, aber 1jährig und wird vor allem wegen seiner 1–2 m langen Bastfaserstränge, weniger wegen der ölreichen Samen angebaut; die getrockneten Triebspitzen verschiedener, an narkotischem Harz reicher Formen werden als bedenkliches Rauschgift «Haschisch» bzw. «Marihuana» geraucht.

Atrope Samenanlagen haben die **Urticaceae**. In ihren eingeschlechtigen Blüten sind die Staubblätter in der Knospenlage unter Einwärtskrümmung gespannt, schnellen beim Aufblühen elastisch zurück und schleudern dabei den pulverigen Pollen aus (Abb. 2.3.55, 3.2.190 D–E). Bei manchen Gattungen (z. B. *Pilea*) werden in ähnlicher Weise auch die Früchte durch Staminodien (Staubblatt-Rudimente) fortgeschleudert. Manche Urticaceen, wie die Brennesseln *(Urtica)*, besitzen Brennhaare (Abb. 1.2.17). Als Faserpflanzen sind *Urtica dioica* («Nessel»), vor allem aber die asiatische *Boehmeria nivea* (Ramie-Faser) wichtig (Tab. 1.1.1, S. 13, 148).

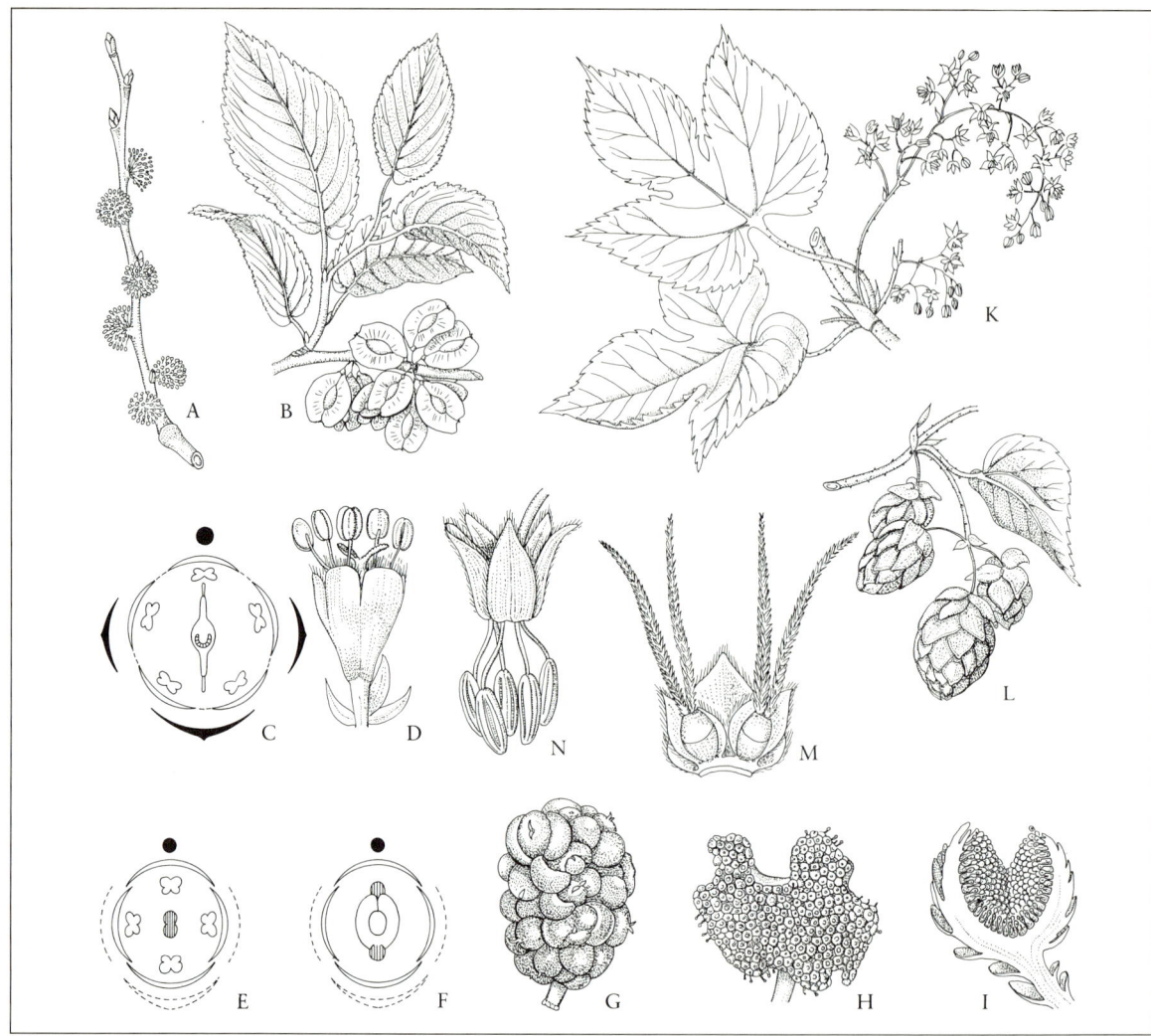

Abb. 3.2.231: *Urticales*. **A–D** *Ulmaceae: Ulmus minor*. Blühender (A) und fruchtender (B) Sproß (etwa $^1/_3\times$), Blütendiagramm (C) und zwittrige Einzelblüte (D, vergr.). **E–I** *Moraceae*: Diagramme der ♂ (E) und ♀ (F) Büte von *Morus alba*. Fruchtstand von *Morus nigra* (G), Blütenstände von *Dorstenia contrayerva* (H) und *Castilloa elastica* (I, längs) (alle etwa 1× bzw. etw. vergr.; vgl. dazu auch Abb. 3.2.207 H–L!). **K–N** *Cannabaceae. Humulus lupulus*, blühender ♂ (K) und fruchtender ♀ Sproß (L) ($^1/_2\times$) sowie ♀ Teilblütenstand mit Tragblatt, und 2 ♀ Blüten mit saumförmigem Perigonrudiment (M, vergr.); ♂ Blüte von *Cannabis sativa* (N, vergr.) (A–B, K–M nach Karsten; C, E–F nach Eichler; D, H–I nach Englers Syllabus; G nach Duchartre; N nach Graf.)

c) Entwicklungsstufe: Dialypetalae (= Heterochlamydeae) und Sympetalae Pentacyclicae

Gegenüber den *Polycarpicae* und *Apetalae* fehlen dieser höheren Entwicklungsstufe Tracheidenhölzer, schraubige Stellung der Blütenorgane, Dreizähligkeit, primäre Polyandrie, ungegliederte Staubblätter und sulcate Pollenkörner als ursprüngliche Merkmale fast immer. Charakteristisch sind dagegen cyclische 5- oder 4zählige Blüten und die Ausbildung einer doppelten Blütenhülle. Dabei entspricht der Kelch dem einfachen Perianth (Perigon) der *Polycarpicae* und *Apetalae*, während die Petalen der Krone sich wohl immer *de novo* aus einem äußersten Staubblattkreis herausgebildet haben. Das Androeceum besteht meist aus 2 Kreisen (Diplostemonie), doch ist es mehrfach zu sekundärer Polyandrie (Abb. 3.2.194) oder auch zur Reduktion auf 1 Staubblattkreis (Haplostemonie) gekommen. Die Petalen sind meist frei (daher «*Dialypetalae*»); wo es in einzelnen Gruppen zur Verwachsung kommt, bleiben 2 Staubblattkreise (zumindest der Anlage nach) erkennbar (bei insgesamt 5 Kreisen von Blütenorganen also «*Sympetalae Pentacyclicae*»). Dazu kommen weitere, mehrfach parallel aufgetretene Progressionen: Chorikarpie (freie Fruchtblätter) nur bei den ursprünglichen Gruppen, sonst aber vorwiegend Fruchtblattverwachsung (Coenokarpie) und weiterhin mehrfach Wandel von ober- zu unterständigen Fruchtknoten (bzw. Hypogynie → Epigynie); überwiegende Radiärsymmetrie zu vereinzelter Dorsiventralität; vereinzelte Ausfallserscheinungen im Bereich der Blütenhülle; Veränderungen überwiegend 2- zu 3zelli-

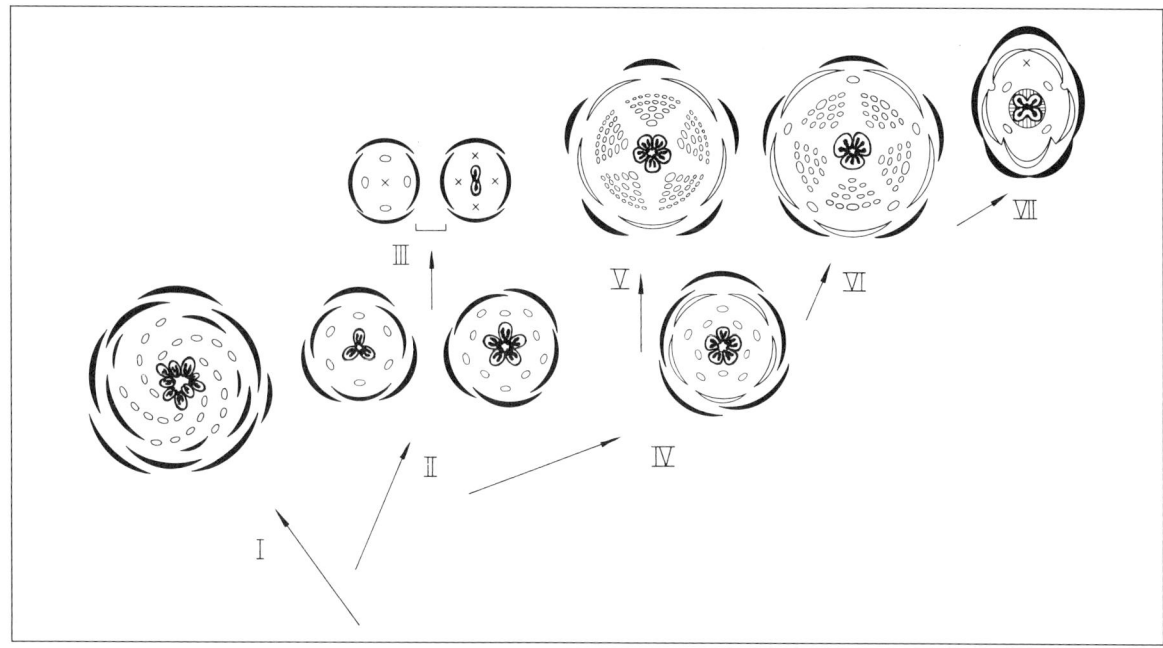

Abb. 3.2.232: Vermutliche phylogenetische Progressionen im Blütenbau der dicotylen Angiospermen. I Schraubig und polymer, zwittrig, undifferenziertes Perianth, Chorikarpie (bei *Polycarpicae: Magnoliidae* und *Ranunculidae*); II cyclisch und oligomer, radiär, einfaches Perianth, noch ± chorikarp (z.B. bei ursprünglichen *Apetalae*); III stark oligomer, eingeschlechtig, fortschreitend coenokarp (z.B. bei abgeleiteten *Apetalae: Caryophyllidae* und *Hamamelididae*); IV doppeltes Perianth mit Kelch und Krone, radiär diplostemon, noch ± chorikarp (z.B.) bei ursprünglichen *Dialypetalae*; V–VI radiär, choripetal, sekundäre Polyandrie: zentrifugal bzw. zentripetal, chori- bis coenokarp (bei *Dialypetalae: Rosidae* bzw. *Dilleniidae*); VII zygomorph, synsepal und sympetal, oligomer haplostemon, coenokarp (z.B. bei abgeleiteten *Sympetalae Tetracyclicae: Lamiidae*). (Nach Ehrendorfer.)

gem Pollen, von verbreiteten crassinucellaten mit 2 zu tenuinucellaten Samenanlagen mit 1 Integument, von nucleärer zu zellulärer Endospermbildung und von Holz- zu Krautpflanzen. In phytochemischer Hinsicht charakteristisch sind das Vorkommen von Ellagsäure und trihydroxylierten Flavonoiden, z.B. Myricetin und Leucodelphinidin (Abb. 3.2.233), während Benzylisochinolin-Alkaloide fast gänzlich fehlen.

Die beiden Unterklassen der *Dialypetalae* (+ *Sympetalae Pentacyclicae*), die *Rosidae* und *Dilleniidae*, sind aufgrund vielfacher Merkmalsübereinstimmungen untereinander offenbar nächst verwandt. Ihre Abgrenzung ist vielfach nicht nach verbindlichen Differentialmerkmalen, sondern nur nach allgemeinen Formzusammenhängen möglich, bei einigen Gruppen auch noch sehr umstritten (z.B. bei den *Euphorbianae*). Darüber hinaus bestehen deutliche Beziehungen von *Rosidae* und *Dilleniidae* zu den *Hamamelididae*, in viel geringerem Maß dagegen zu den *Magnoliidae*. – Die große Formenfülle der beiden Unterklassen (hier 22 + 16 Ordnungen!) nötigt zur Gliederung in mehrere Überordnungen.

Die Stammformen an der Basis der *Rosidae* und *Dilleniidae* könnten noch ein einfaches Perigon und 2(–3) Staubblattkreise gehabt haben und ± wind- und tierbestäubt (also «amphiphil») gewesen sein (S. 750), ähnlich wie primitive *Hamamelididae*. Eine «Rückkehr» zu voller Tierbestäubung müßte dann bei primitiven (etwa *Saxifragales*-ähnlichen) Vertretern mit der Bildung eines doppelten Perianths (Kelch aus Perigon, Krone aus Androeceum) und teilweise auch mit sekundärer Polyandrie (zentripetal bei *Rosidae*, zentrifugal bei *Dilleniidae*) verbunden gewesen sein. Für die nachfolgende Entwicklung könnte man dann entweder weitere Spezialisation (z.B. *Fabales, Cucurbitales*) oder neuerliche Reduktion (z.B. *Euphorbiales, Salicales*) annehmen (Abb. 3.2.232).

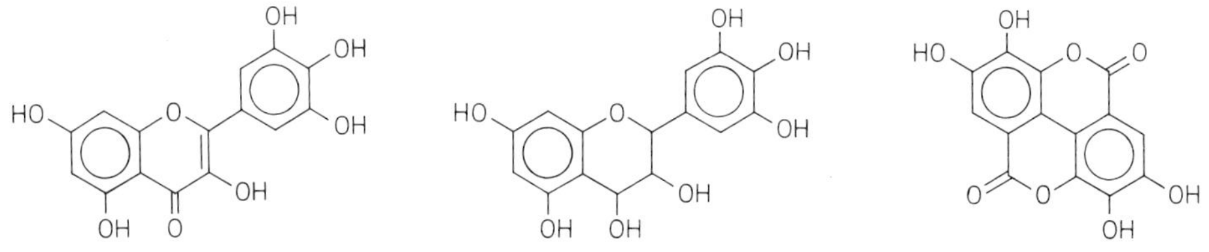

Abb. 3.2.233: Derivate des Shikimisäureweges, besonders charakteristisch für *Hamamelididae, Rosidae* und *Dilleniidae*.

5. Unterklasse: Rosidae

Bei sekundär polyandrischen Vertretern dieser Unterklasse werden die Staubblattanlagen durch **zentripetales Dédoublement** vermehrt (Abb. 3.2.194 A, B). Darüber hinaus kennzeichnet die *Rosidae* vor allem die Tendenz zur Bildung becherförmig vertiefter oder scheibenförmig verbreiterter Blütenböden mit Diskusbildungen, die weite Verbreitung von **zentralwinkelständiger** Placentation, die häufige zahlenmäßige Reduktion der Samenanlagen und der Staubblattkreise (Haplostemonie) sowie die weite Verbreitung von zusammengesetzten Blättern. Einige (Über)Ordnungen fallen durch das massive Auftreten von Polyacetylenen und Iridoiden auf.

5.1. Überordnung: Rosanae. Mit fast ausschließlich radiären, meist 5zähligen Blüten, vielfach noch **freien** oder wenig verwachsenen **Fruchtblättern**, meist zahlreichen crassinucellaten Samenanlagen mit 2 Integumenten, häufig sekundär polyandrischen Androeceen, oft zusammengesetzten Blättern und Fehlen von Iridoiden und Polyacetylenen nehmen die *Rosanae* eine ursprüngliche Position innerhalb der *Rosidae* ein. An den Anfang der Überordnung kann die

5.1.1. Ordnung: **Saxifragales** gestellt werden. Sie umfaßt teilweise noch sehr ursprüngliche holzige Sippen mit Balgfrüchten und überwiegend zellulär gebildetem, auch noch im Samen reichlichem Endosperm.

Solche ursprünglichen Vertreter finden sich etwa bei den südhemisphärischen **Cunoniaceae**. Durch unterständiges Gynoeceum und Beerenfrüchte sind die **Grossulariaceae** (Abb. 3.2.234 E–G) ausgezeichnet, so vor allem die *Ribes*-Arten, z.B. die **Stachelbeere** [*R. uva-crispa* (= *R. grossularia*)] und die Rote und Schwarze **Johannisbeere** *(R. rubrum* und *R. nigrum)*.

Krautig sind demgegenüber die folgenden Familien: Bei den blattsucculenten **Crassulaceae** (Abb. 1.3.84, S. 281) finden wir noch 5 und mehr meist freie Karpelle. Dazu zählen etwa die bekannten heimischen Gattungen *Sedum* (Fetthenne, mit 5zähligen Blüten: Abb. 3.1.191 A), *Sempervivum* (Hauswurz, mit 6- bis vielzähligen Blüten) sowie die tropischen Gattungen *Kalanchoe* (photoperiodische Versuchspflanze!) und *Bryophyllum* (Brutknospen: Abb. 1.3.38). Dagegen weisen die **Saxifragaceae** meist nur noch 2, ± verwachsene Karpelle auf, die ± tief in den Blütenboden versenkt werden (Abb. 3.2.234 A–D). Arten der Gattung *Saxifraga* (Steinbrech) dringen im arktisch-alpinen Bereich mit verschiedenen Lebensformen (besonders auch mit Polster- und Rosettenpflanzen) bis an die äußersten klimatischen Grenzen der Gefäßpflanzen vor. Hierher auch *Parnassia* (Abb. 1.3.11 A).

Als stark abgeleitete, krautige Entwicklungslinie mit reduzierten eingeschlechtigen Blüten läßt sich hier die südhemisphärische und monotypische

5.1.2. Ordnung: **Gunnerales** anschließen. Die großblättrigen Stauden der Gattung *Gunnera* führen in Interzellularen ihres Rhizoms *Nostoc* als Symbionten (vgl. S. 351, 547).

Im Gegensatz zu den *Saxifragales* wird bei der

5.1.3. Ordnung: **Rosales** das Endosperm nucleär angelegt, bis zur Samenreife aber abgebaut. Die in der europäischen Flora formenreich repräsentierte Familie der **Rosaceae** weist infolge Einschub von Staubblattanlagen vielfach ein sekundär vermehrtes Androeceum auf (Abb. 1.3.5, 3.2.235) und veranschaulicht besonders eindrucksvoll Differenzierungsmöglichkeiten und Progressionen im Bau chorikarper Gynoeceen und Früchte (Abb. 3.2.235, 3.2.236, vgl. S. 756).

In der Unterfamilie der **Spiraeoideae** finden wir noch vielsamige Balgfrüchte bzw. daraus zusammengesetzte Sammelfrüchte, z.B. bei den als Ziersträuchern häufig angepflanzten *Spiraea*-Arten. Bei den **Rosoideae** treten an ihre Stelle Einblatt-Schließfrüchte, meistens Einblatt-Nüsse, wie beim **Fingerkraut** *(Potentilla:* Abb. 1.3.7 L, 3.2.236 B). Bei der **Silberwurz** *(Dryas)* und bei der **Nelkenwurz** *(Geum)* begünstigen zu federigen oder hakigen Anhängseln umgewandelte Griffel die Ausbreitung dieser Teilfrüchte. Durch die fleischig werdende Blütenachse können solche Nüßchen aber auch zu Sammelfrüchten verbunden werden; so bei der **Rose** *(Rosa)*, wo sie in den krugförmigen Blütenboden eingesenkt sind (Hagebutte), oder bei den **Erdbeeren** *(Fragaria)*, wo die kegelige und fleischige Blütenachse die Nüßchen außen trägt. Bei

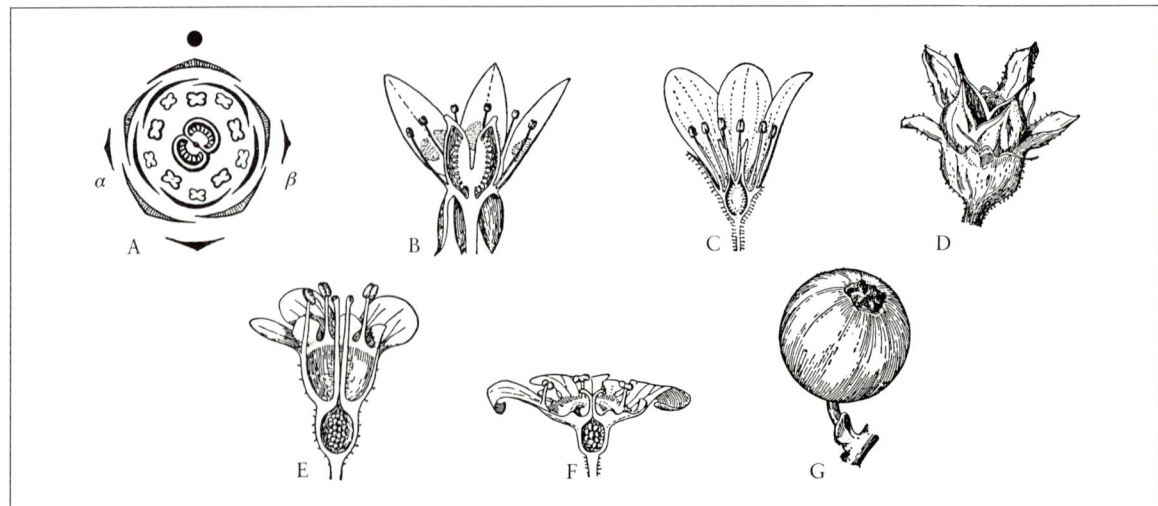

Abb. 3.2.234: *Saxifragales, Saxifragaceae (A–D) und Grossulariaceae (E–G).* **A** Blütendiagramm von *Saxifraga granulata* mit Vorblättern (α β). **B** *Saxifraga stellaris* (2,5×) und **C** *S. granulata* (1,5×), Blüten; **D** *S. cespitosa*, Kapsel mit Kelch (3×). **E** *Ribes uva-crispa* (2,5×), **F–G** *R. rubrum*, Blüten bzw. Beere (3,5× bzw. 2×). (A nach Eichler; B–G nach Firbas.)

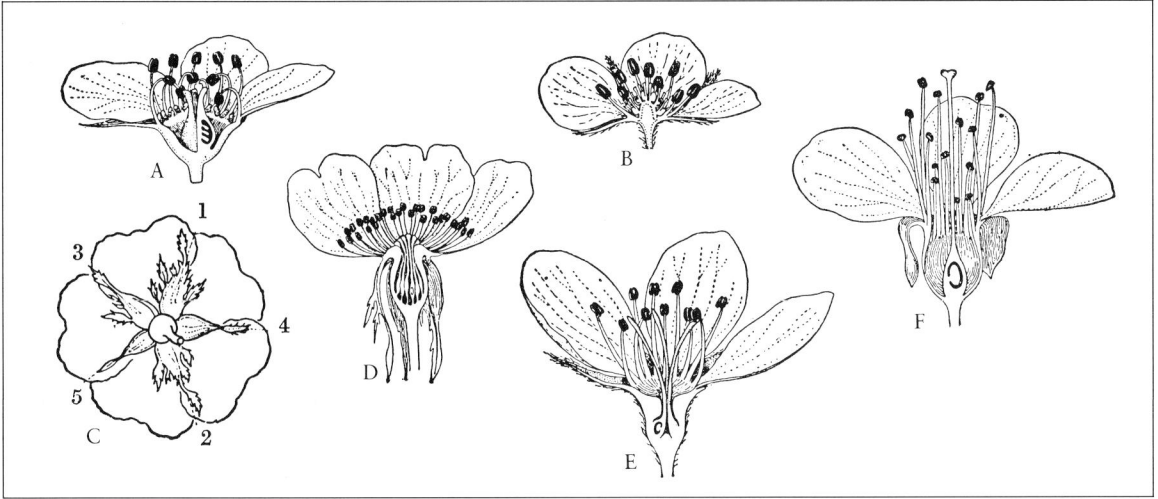

Abb. 3.2.235: *Rosales, Rosaceae.* Blütenlängsschnitte von **A** *Spiraea lanceolata*, **B** *Fragaria vesca* (1,5×), **D** *Rosa canina* (³/₄×), **E** *Pyrus communis* (1,5×) und **F** *Prunus avium* (1,5×). **C** Schraubige Aufeinanderfolge (1–5) der fortschreitend vereinfachten Kelchblätter im quincuncialen Kelchwirtel von *Rosa* (vgl. auch Abb. 1.3.5). (A, B, D–F nach Firbas; C nach Goebel.)

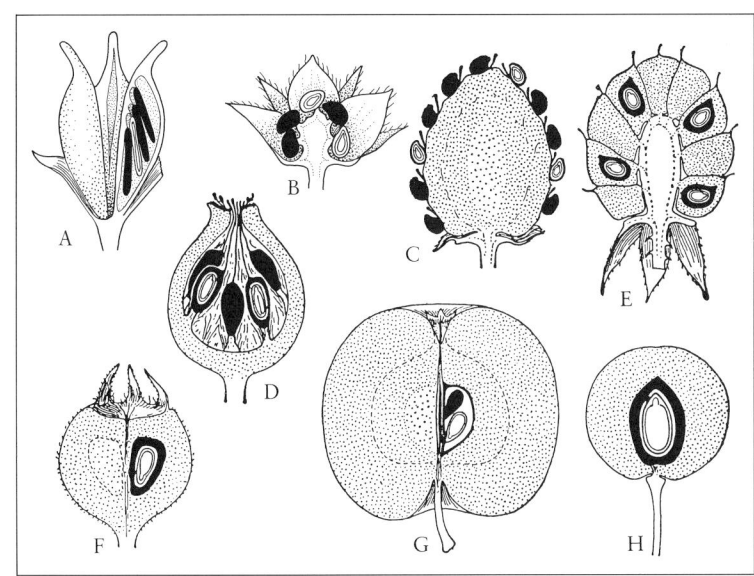

Abb. 3.2.236: *Rosaceae*. Fruchtlängsschnitte (schematisch) von **A** *Spiraea*, **B** *Potentilla*, **C** *Fragaria*, **D** *Rosa*, **E** *Rubus*, **F** *Mespilus*, **G** *Malus* und **H** *Prunus*. Fruchtfleisch punktiert, Leitbündel strichliert, Hartschichten der Fruchtwand bzw. Samenschale schwarz. (Nach Firbas.)

Himbeeren *(Rubus idaeus)* und Brombeeren *(R. fruticosus* agg.) treten an Stelle der Nüßchen kleine Steinfrüchtchen, die unmittelbar zu einer Sammel-Steinfrucht vereinigt werden. Steinfrüchte entwickeln sich z.T. auch aus dem aus 1–5 Fruchtblättern bestehenden, unecht synkarpen (vgl. S. 741), unterständigen Fruchtknoten der **Maloideae** (Kernobstgewächse), wobei das fleischige Gewebe vor allem von der Blütenachse gebildet wird. Beim Weißdorn *(Crataegus)* und bei der Mispel *(Mespilus germanica)* bildet innerhalb des Fruchtfleisches jedes einzelne Fruchtblatt einen festen Steinkern, dagegen entstehen bei der Quitte *(Cydonia oblonga)*, der Birne *(Pyrus communis)*, dem Apfel *(Malus sylvestris)* und in der Gattung *Sorbus (S. aucuparia*, Eberesche: Abb. 1.3.71; *S. domestica*, Speierling; u.a.) aus den balgähnlichen Fruchtblättern pergamentartige Gehäuse während das Fruchtfleisch höchstens noch vereinzelte Steinzellennester enthält (Apfelfrüchte). Einblatt-Steinfrüchte zeichnen hingegen die **Prunoideae** (Steinobstgewächse) aus. Ihr einziges, mit dem ausgehöhlten Blütenboden nicht verwachsenes Fruchtblatt entwickelt außen Fruchtfleisch, innen aber einen sehr festen, meist 1samigen Steinkern, so bei der Süß-Kirsche *(Prunus avium)*, der Sauer-Kirsche oder Weichsel *(P. cerasus)*, den Pflaumen und Zwetschgen *(P. domestica)*, dem Pfirsich *(P. persica)*, der Aprikose oder Marille *(P. armeniaca)* und der Mandel *(P. amygdalus*, mit ledrigem Mesokarp). Auffällig sind hier (und teilweise auch schon bei den *Maloideae*) die blausäurehaltigen Glykoside in den Samen (Abb. 3.2.237).

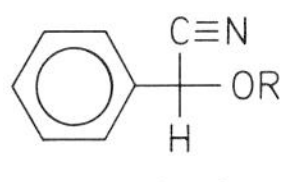

Prunasin : R = Glucose
Amygdalin : R = Gentiobiose

Abb. 3.2.237: Beispiel für cyanogene Verbindungen: die Blausäure-Glykoside Prunasin und Amygdalin (z.B. bei *Rosaceae*, dort aber nur bei *Prunoideae* und *Maloideae*.)

Die Rosaceen umfasssen über 2000, vor allem auf der nördlichen Halbkugel verbreitete Arten, von denen allein einige hundert zu den infolge Polyploidie, Hybridisierung und teilweise Agamospermie (vgl. S. 502 f., 516 f., 752 f.) sehr formenreichen Gattungen *Rosa, Rubus* und *Alchemilla* (Frauenmantel) gehören. Bemerkenswert sind der Übergang zur Windblütigkeit bei *Sanguisorba* (Abb. 3.2.208) sowie die Dorn- und Stachelbildungen (Abb. 1.3.44 A, C, E–H).

Wirtschaftlich von Bedeutung sind neben dem Beerenobst der Erd-, Him- und Brombeeren die zahlreichen Obstbäume. Von diesen besitzen Äpfel, Birnen und Süß-Kirschen auch in Mitteleuropa Wildformen, die hier schon in der jüngeren Steinzeit zusammen mit Schlehen (*Prunus spinosa*: Trauben-Kirschen *(P. padus)* u. a. gesammelt und gehegt wurden. Quitten, Mispeln, Mandeln, Sauer-Kirschen sowie die meisten Pflaumen und Zwetschgen aber haben ihre Heimat in Vorderasien – wo auch die Wildformen der Äpfel, Birnen und Süß-Kirschen ihren größten Formenreichtum entfalten –, die Aprikose stammt aus Turkestan bis Westchina, der Pfirsich aus China. Ihre Kulturformen wurden in Europa zusammen mit solchen der Äpfel, Birnen und Kirschen seit griechisch-römischer Zeit verbreitet.

An die *Rosanae* läßt sich vielleicht auch die

5.1.4. Ordnung: **Podostemales** anschließen. Die einzige Familie **Podostemaceae** umfaßt Sippen rasch fließender tropischer Gewässer mit thallusähnlich vereinfachtem Vegetationskörper.

Eine Mittelstellung zwischen *Rosanae* und *Rutanae* nimmt die

5.2. Überordnung: Fabanae mit den **Fabales** (= *Leguminosae*) ein. Besonders bezeichnend ist das einzige oberständige Karpell, aus dem eine (ursprünglich) vielsamige, ventricid und dorsicid aufspringende Hülse wird (Abb. 3.2.214 B). Die *Fabales* sind Holz- oder Krautpflanzen mit meist wechselständigen, fiedrig zusammengesetzten Blättern und Nebenblättern. Im Blütenbau ist die Tendenz zur Umwandlung radiärer in dorsiventrale Blüten besonders bemerkenswert (Abb. 3.2.238, 3.2.241). Auch hier sind die Samen meist endospermlos. Es überwiegen Siebröhrenplastiden des P-Typ (S. 701).

Bei den meisten Arten ermöglichen Blattpolster verschiedene Bewegungen (S. 457 ff., Abb. 2.2.42, 2.3.38–39, 2.3.53). Die Wurzeln tragen Wurzelknöllchen mit symbiontischen, Luftstickstoff bindenden *Rhizobium*-Arten (S. 351 f., 376 f., 539 f., Tab. 2.1.28, Abb. 2.1.127, 2.1.148).

Bei den **Mimosaceae** sind die Blüten noch *radiär*, die Staubblätter oft sekundär vermehrt (Abb. 3.2.238 A–B). Es handelt sich um tropische und subtropische Holzpflanzen und Kräuter mit meist doppelt und paarig gefiederten Blättern und kleinen, zu köpfchen- oder ährenförmigen Blütenständen vereinigten Blüten. Diese sind häufig 4zählig und fallen durch die langen gefärbten Filamente der öfters sehr zahlreichen Staubblätter auf (Abb. 3.2.239B). Die Pollenkörner bleiben oft zu größeren Verbänden (Polyaden) vereinigt (S. 740).

Hierher gehört die durch ihre Reizbarkeit berühmte «Sinnpflanze» *Mimosa pudica* (Abb. 2.3.38–39), ein pantropisches Unkraut, und die Gattung *Acacia* (Abb. 3.2.239, 4.5.13), deren zahlreiche Arten, meist Bäume, in mehrfacher Hinsicht hervorzuheben sind: Viele, vor allem solche der australischen Trockenwälder, besitzen blattartige Phyllodien (Abb. 1.3.71), einige sind Ameisenpflanzen (Abb. 3.2.239 C–D), mehrere liefern aus ihren Rinden Gummi, andere Gerbstoffe.

Die **Caesalpiniaceae** verdeutlichen die allmähliche Entstehung dorsiventraler Blüten. Die Knospendeckung der Krone ist dabei aufsteigend (Abb. 3.2.238 C, D): Die beiden unteren Kronblätter greifen über die beiden seitlichen und diese über das obere. Die Staubblätter sind in der Regel frei. Die *Caesalpiniaceae* sind (sub)tropische Holzpflanzen mit meist paarig und einfach oder doppelt gefiederten Blättern. Bekannt sind vor allem 2 mediterrane Arten: der Johannisbrotbaum *(Ceratonia siliqua)* mit nicht aufspringenden genießbaren Hülsen und der in Gärten gepflanzte cauliflore Judasbaum *(Cercis siliquastrum)*; weiter die aus Nordamerika stammende *Gleditsia triacanthos* mit verzweigten Sproßdornen (Abb. 1.3.44D) und tropische, auch als Heilpflanzen verwendete Arten von *Cassia* (Abb. 3.2.240).

Die **Fabaceae** (= *Papilionaceae*) unterscheiden sich von den *Caesalpiniaceae* vor allem durch die absteigende Knospendeckung der Krone (Abb. 3.2.238 E, F). Ihre meist in traubigen Blütenständen vereinten, stark dorsiventralen «Schmetterlingsblüten» (Abb. 3.2.241 B–C) besitzen außer einem 5blättrigen häufig verwachsenen Kelch eine 5blättrige Blumenkrone, deren hinteres, übergreifendes Kronblatt als «Fahne» bezeichnet wird, während die darauffolgenden seitlichen «Flügel» heißen und die beiden vorderen, häufig an den Rändern teilweise verwachsenen Blättchen das «Schiffchen» bilden. Es umschließt die 10 Staubblätter und diese wiederum den Fruchtknoten. Nur selten sind alle Staubblätter frei; meist sind sie mit ihren Filamenten ± verwachsen, bald alle 10, bald nur 9. Also: ↓ K (5) C5 A (10) oder A (9) + 1 G1.

Unpaarig gefiederte Blätter gelten als ursprünglich; davon lassen sich gefingerte *(Lupinus)*, 3zählige *(Trifolium)* und schließlich auch einfache (dem Endblättchen entsprechende) ableiten. An Stelle des Endblättchens und oft auch der oberen Fiederblättchen treten bei verschiedenen Gattungen (z. B.

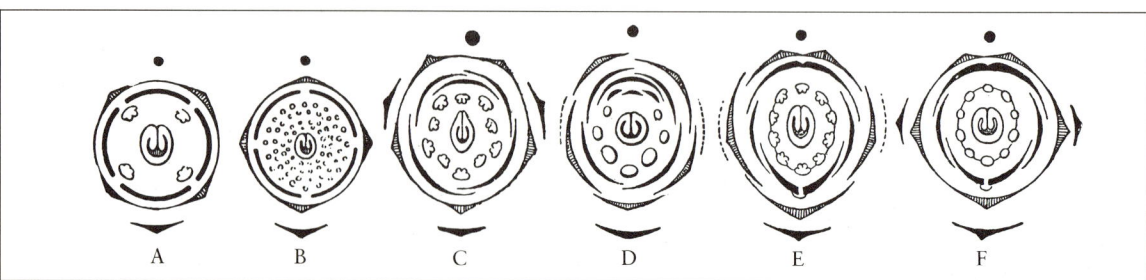

Abb. 3.2.238: *Fabales.* Blütendiagramme von *Mimosaceae:* **A** *Mimosa pudica* und **B** *Acacia lophantha; Caesalpiniaceae:* **C** *Cercis siliquastrum* und **D** *Cassia caroliniana; Fabaceae:* **E** *Vicia faba* (Kelchblätter an der Basis ± verwachsen) und **F** *Laburnum anagyroides.* (Nach Eichler.)

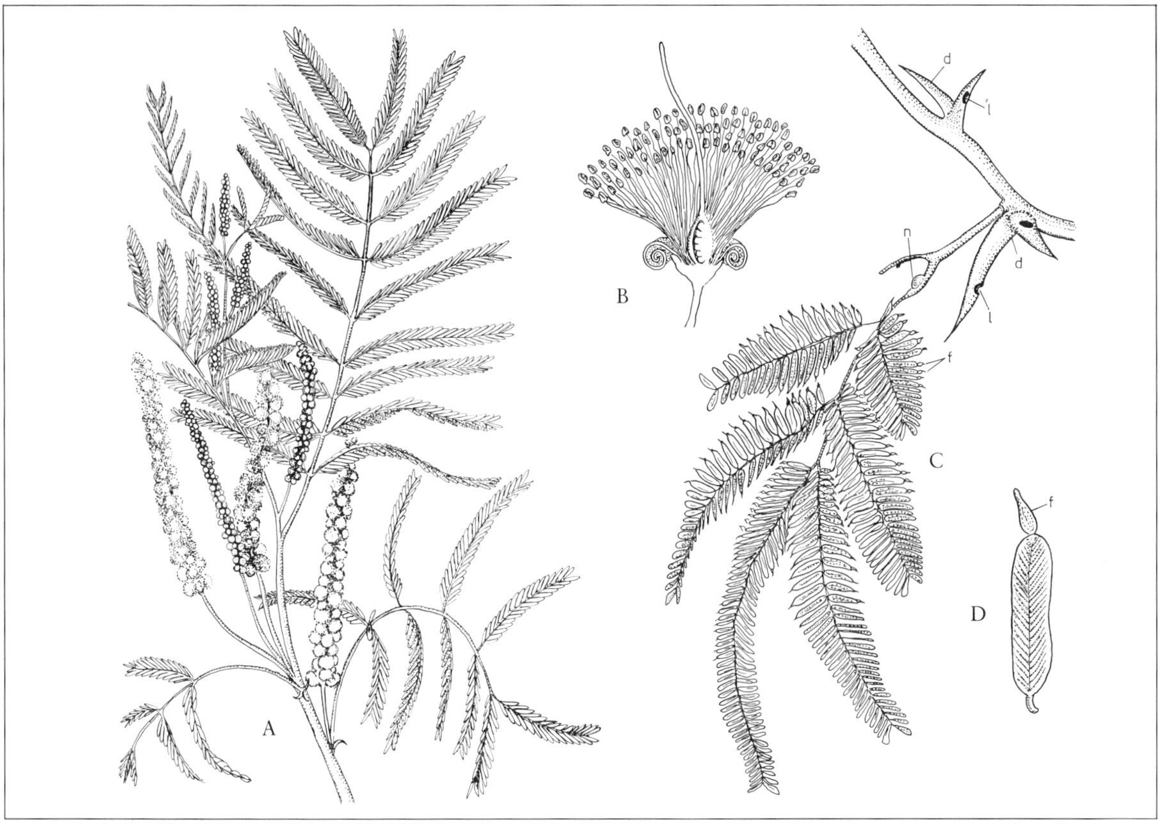

Abb. 3.2.239: *Mimosaceae, Acacia.* **A–B** *A. catechu,* blühender Sproß ($^1/_2\times$) und Einzelblüte (5×). **C–D** *A. nicoyensis* aus Costa Rica. Sproß (verkl.) mit hohlen, von Ameisen angebohrten (l) und bewohnten Nebenblattdornen (d); Blätter mit extrafloralen Nectarien (n) und Futterkörpern «Beltsche Körperchen» (f) an den Blattfiederchen (D) (vergr.). (A nach Berg & Schmidt; B nach Baillon; C–D nach Noll.)

Vicia, Pisum, Abb. 1.3.83 A) Ranken. Die Aufgaben der CO_2-Photosynthese können im übrigen auch von den Nebenblättern *(Lathyrus aphaca,* Abb. 1.3.83 B) oder von den Sproßachsen übernommen werden, wie bei manchen blattarmen Ruten- und Dornsträuchern, z.B. dem Besenstrauch *(Sarothamnus scoparius),* verschiedenen Ginstern *(Genista)* und Stechginstern *(Ulex).*

Die Blüten werden besonders von Bienen und Hummeln bestäubt und besitzen verschiedene Einrichtungen, die ein Heraustreten bzw. Herausschnellen der Antheren oder ein Herausquetschen des Pollens bewirken, wenn die als Anflugstelle dienenden Flügel bzw. das Schiffchen heruntergedrückt werden. Die Hülsen (Abb. 3.2.214 B) können zu Gliederhülsen (in einsamige Stücke zerfallend: Abb. 3.2.215 D) und selbst zu einsamigen Nüssen umgebildet sein. Die Samen sind von einer schwer quellbaren Schale umgeben; dadurch wird die Keimung verzögert («Hartschaligkeit»). In den mächtig entwickelten Keimblättern des Embryos werden neben Stärke viel Eiweiß und z.T. Fett gespeichert.

Die äußerst artenreiche Familie ist über die ganze Erde verbreitet, wobei in den Tropen die holzigen, in den extratropischen Gebieten die krautigen Formen überwiegen. Als Luftstickstoffsammler bevorzugen sie trockene, N-arme bzw. kalkreiche Böden und treten so besonders in den eurasiatischen Steppen und Halbwüsten hervor. Hier finden sich z.B. auch viele der über 2000 Arten der Gattung *Astragalus,* besonders auch die durch Blattdornen und Kugelpolsterwuchs ausgezeichneten Arten der sect. *Tragacantha* (Abb. 3.2.241 A). Doch spielen die Schmetterlingsblütler auch in verschiedenen mitteleuropäischen Pflanzengesellschaften eine Rolle.

Sehr groß ist die wirtschaftliche Bedeutung der *Fabaceae.* Einige sind wichtige Futterpflanzen, die auch auf stickstoffarmen Böden gut gedeihen und, untergepflügt, zur «Gründüngung» verwendet werden können: verschiedene Klee-Arten *(Trifolium pratense, hybridum, repens, incarnatum),* die Lu-

Abb. 3.2.240: *Caesalpiniaceae, Cassia angustifolia,* blühender Sproß und Hülse ($^1/_2\times$). (Nach Berg & Schmidt.)

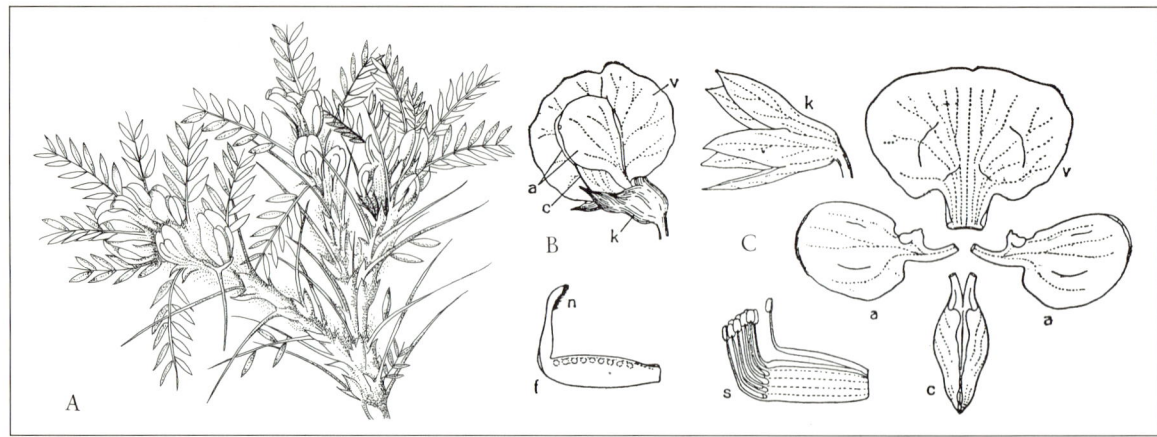

Abb. 3.2.241: *Fabaceae*. **A** *Astragalus gummifer*, blühender Sproß mit Blattdornen (¹/₂×). B–C *Pisum sativum*. **B** Blüte, gesamt (1×) und **C** zerlegt (1,2×); Kelch (k), Krone aus Fahne (v), Flügeln (a) und Schiffchen (c), Staubblätter (s; 9+1) sowie 1blättriger Fruchtknoten (f) mit Narbe (n) und Samenanlagen (punktiert). (Nach Firbas.)

zerne *(Medicago sativa)*, die Esparsette *(Onobrychis viciifolia)* sowie, besonders auf Sandböden, die Serradella *(Ornithopus sativus)* und einige ursprünglich im Mittelmeergebiet heimische Lupinen *(Lupinus angustifolius, luteus)*. Andere liefern in ihren eiweiß- und stärkereichen Samen wichtige Nahrungsmittel, wie die Pferde- oder Saubohne *(Vicia faba)*, die Erbse *(Pisum sativum)*, die Kichererbse *(Cicer arietinum)* und die Linse *(Lens culinaris)*, die schon aus der jüngeren Steinzeit SW-Asiens bekannt sind, sowie die aus Südamerika stammenden Bohnen *(Phaseolus vulgaris* und *Ph. coccineus*, die Garten- und die Feuer-Bohne: Abb. 1.3.80); zu ihnen ist seit einiger Zeit die durch Züchtung von bitteren Alkaloiden befreite «Süß-Lupine» getreten. Als Ölpflanzen sind die ostasiatische Sojabohne *Glycine soja (= Soja hispida)* und die südamerikanische, wegen ihrer öl- und eiweißreichen Samen in wärmeren Ländern angebaute Erdnuß *(Arachis hypogaea)* zu erwähnen. Bei dieser werden die Karpelle nach dem Abblühen durch Krümmungen ihrer Stielzone, d. h. der sterilen, stielartig verlängerten Zone unterhalb des Ovars, in die Erde geschoben, so daß die Früchte unterirdisch reifen. Unter den Gehölzen ist die aus dem östlichen Nordamerika stammende Robinie *(Robinia pseudacacia*; mit Nebenblattdornen: Abb. 1.3.70C) für die Aufforstung von Trockengebieten und Ödland wichtig; mehrere andere, wie der giftige südeuropäische Goldregen *(Laburnum anagyroides)* und der ostasiatische Blauregen *(Wisteria sinensis)*, sind bekannte Zierpflanzen. In der Heilkunde finden z. B. Verwendung die Sproßdornen tragende Hauhechel *(Ononis spinosa)* und das Süßholz *(Glycyrrhiza glabra)*, eine vom Mittelmeergebiet bis Mittelasien verbreitete Staude.

In eine eigene

5.3. Überordnung: Proteanae

gestellt werden die isolierten südhemisphärischen **Proteales**. Charakteristisch sind das einfache, aber lebhaft gefärbte, 4teilige Perigon, 4 davorstehende Staubblätter und der einblättrige Fruchtknoten.

Eine Verwandtschaft mit ursprünglichen *Rosidae* bzw. *Celastranae-Santalales* ist möglich. Die einzige Familie **Proteaceae** umfaßt von Vögeln oder Beuteltieren bestäubte Hartlaubgehölze, besonders in Australien und Südafrika.

5.4. Überordnung: Myrtanae.

Gegenüber den recht ähnlichen *Rosanae* fehlen chorikarpe Gynoeceen. Besonders charakteristisch ist der becher- bis röhrenförmig vertiefte Blütenboden (Blütenbecher = Hypanthium) mit mittel- bis unterständigem Fruchtknoten, zentralwinkelständiger Placentation und vielfach noch zahlreichen Samenanlagen. Im übrigen finden sich meist ungeteilte und gegenständige Blätter mit Nebenblättern, meist radiäre und nicht selten 4zählige Blüten. Der verwandtschaftliche Anschluß der *Myrtanae* ist offenbar bei holzigen *Rosanae-Saxifragales* zu suchen.

Eine Blütenhülle aus Kelch und Krone, oft sekundär vermehrte Staubblätter (Abb. 3.2.194B) und auch die Griffel erfassende Fruchtblattverwachsungen kennzeichnen die beiden ersten Ordnungen. Bei der

5.4.1. Ordnung: **Rhizophorales** finden wir noch normale collaterale Leitbündel und Endosperm. Die einzige, holzige Familie sind die **Rhizophoraceae** (Abb. 3.2.242 A–C) mit den wichtigsten Gattungen der tropischen Mangroven (S. 930, Abb. 4.3.21) *Rhizophora, Bruguiera, Kandelia* und *Ceriops*. Stelzwurzeln, Atemwurzeln und Viviparie (Abb. 1.3.100, S. 759) zeichnen sie als Anpassungen an die eigenartigen Standortverhältnisse dieser Küstengesellschaften aus. Ausfall des Endosperms und bicollaterale Leitbündel sind für die

5.4.2. Ordnung: **Myrtales** kennzeichnend. Teilweise ursprüngliche Merkmale (± oberständige Fruchtknoten, keine Ölbehälter) haben die tropisch-holzigen, teilweise Mangroven bewohnenden **Sonneratiaceae**.

Stärker abgeleitet (meist unterständige Fruchtknoten) sind dagegen die artenreichen **Myrtaceae** (Abb. 3.2.242 D–F). Es sind meist immergrüne (sub)tropische Holzpflanzen, die sich regelmäßig durch lysigene Sekretbehälter mit etherischen Ölen auszeichnen und dadurch als Gewürz- und Heilpflanzen Bedeutung besitzen. Die zahlreichen Staubblätter erhöhen mit ihren oft gefärbten Filamenten die Auffälligkeit der Blüten. Von den vielen Arten der tropischen Gattungen *Eugenia* und *Syzygium* ist besonders der von Ceylon bis Borneo verbreitete Gewürznelkenbaum *[S. aromaticum (= E. caryophyllata)]* bemerkenswert (Abb. 3.2.242 D–E). In Australien dominiert die Gattung *Eucalyptus* mit über 500 baum- bis buschförmigen Arten in den meisten Trockenwäldern. Vielfach sind Jugend- und Folgeblätter unterschiedlich ausgebildet. Als Blütenbestäuber fungieren besonders Vögel, aber auch Fledermäuse und kleine Beuteltiere. Manche Arten können an die 100 m hoch werden und gehören so zu den größten Baumriesen der Erde. Wegen ihres raschen Wuchses werden verschiedene Arten, besonders etwa *E. globulus* in wärmeren Ländern, z.B. im Mittelmeerraum, viel gepflanzt. Hier findet sich auch die einzige europäische Myrtacee, die bei uns gelegentlich kultivierte Myrte *(Myrtus communis*; Abb. 3.2.242 F).

Ebenfalls holzig, aber ohne Sekretbehälter und den *Lythraceae* (vgl. unten) verwandt, sind die **Punicaceae**, zu denen der aus dem Orient stammende, besonders wegen seiner lebhaft rot gefärbten fleischigen Samen und Früchte oft gezogene Granatapfelbaum *(Punica granatum)* gehört; in seinen roten Blüten stehen die Fruchtblätter in 2–3 Stockwerken übereinander (Abb. 3.2.242 G). Artenreich und vor allem für die südamerikanischen Tropen und Subtropen bezeichnend sind weiter die diplostemonen, blütenbiologisch spezialisierten (hebelartige Konnektivanhängsel!) und nebenblattlosen **Melastomataceae**.

Bei den vorherrschend krautigen **Onagraceae** sind die Blütenbecher fast immer über den unterständigen Fruchtknoten hinaus auffällig verlängert (Abb. 3.2.242 I). Hierher zählen z.B. die ursprünglich amerikanische, heute an Ruderalstellen weltweit verbreitete Gattung *Oenothera*, Nachtkerze, deren Arten wichtige Versuchspflanzen der Vererbungsforschung sind (S. 496, 513), sowie die vor allem in Süd- und Mittelamerika heimischen und auch bei uns viel gezogenen vogelblütigen *Fuchsia*-Arten, bei denen Blütenbecher und Kelchblätter lebhaft gefärbt sind. Von einheimischen Sippen gehören zu dieser Familie die Gattungen *Epilobium* (Weidenröschen, Abb. 2.2.40, 3.2.206 C–D, 3.2.213 A–C) und *Circaea* (Hexenkraut; S. 516).

Eine überwiegend krautige Entwicklungslinie mit meist nur 2fächerigen, aber noch mittelständigen Fruchtknoten beginnt mit den **Lythraceae**. Hier ist besonders der durch trimorphe Heterostylie (S. 745) bekannte Blut-Weiderich *(Lythrum sali-*

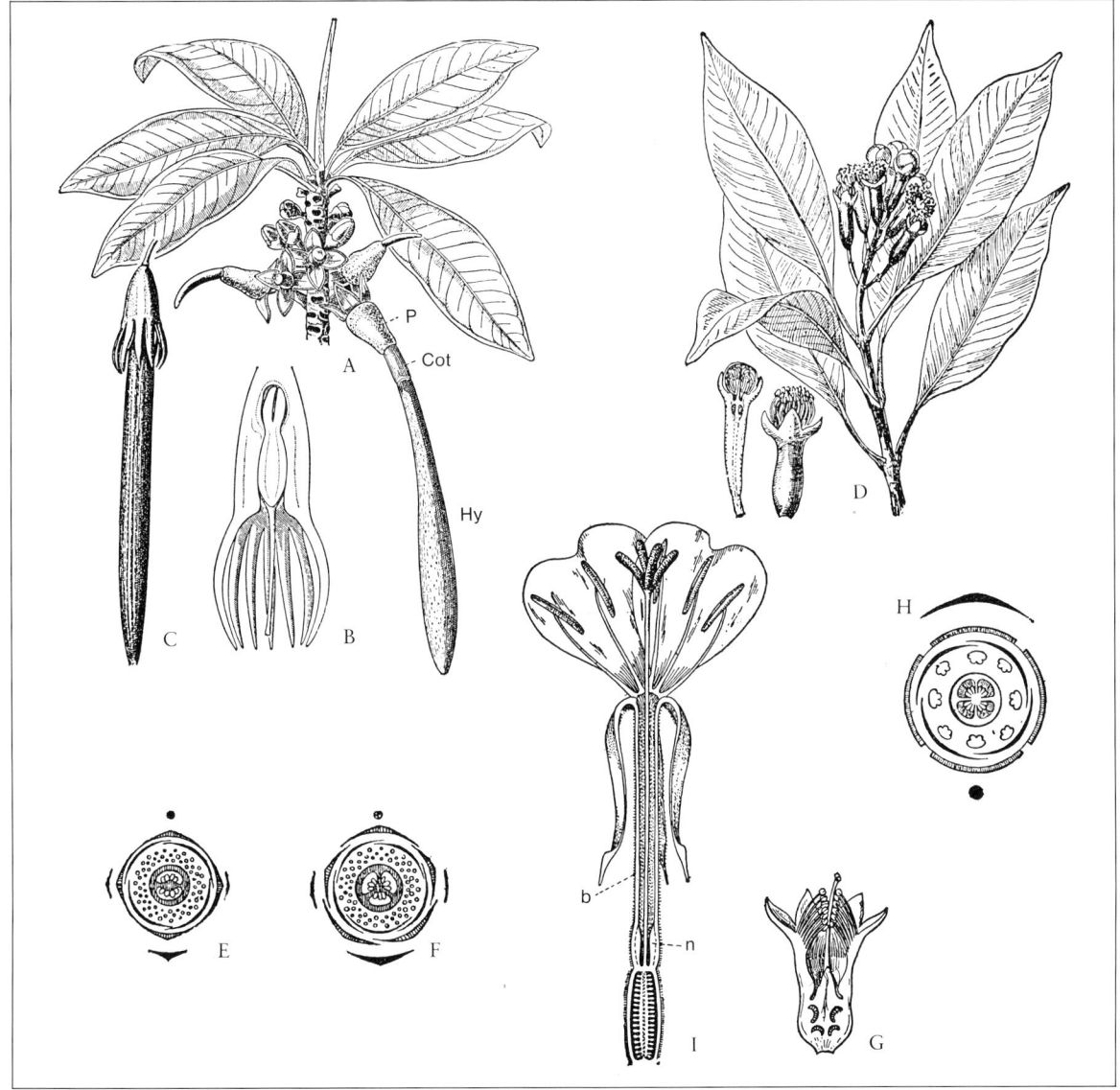

Abb. 3.2.242: *Rhizophorales und Myrtales.* A–C *Rhizophoraceae mit Viviparie.* **A** *Rhizophora mucronata*, Sproß mit Blüten und Früchten (Perikarp: P, Keimblätter: Cot, Hypocotyl: Hy) (¹/₅×). **B–C** *Bruguiera gymnorhiza*, junge bzw. reife Frucht längs bzw. gesamt. D–F *Myrtaceae.* **D–E** *Syzygium aromaticum*, blühender Sproß (⁴/₉×), Knospe, längs, offene Blüte (etwa ²/₃×) und Diagramm. **F** *Myrtus communis*, Blütendiagramm. **G** *Punicaceae, Punica granatum*, Blütenlängsschnitt (⁴/₅×). **H–I** *Onagraceae, Oenothera biennis.* Blütenlängsschnitt mit Blütenbecher (b) und Nectarium (n) (1,2×) und Diagramm. (A, D, G nach Karsten; B nach Goebel; C Troll; E–F, H nach Eichler; I nach Firbas.)

caria) zu erwähnen. Zur folgenden Ordnung leiten die **Trapaceae** über mit der einjährigen, in Mitteleuropa immer seltener werdenden Schwimmblattpflanze *Trapa natans* (Wassernuß); ihre steinfruchtartigen Nüsse haben spitze, mit Widerhaken versehene Kelchblatt-Hörner («Ankerfrüchte»).

Krautige Pflanzen mit collateralen Bündeln, reduzierter Blütenhülle, freien Griffeln, Schließfrüchten und endospermhaltigen Samen umfaßt die wohl hier anzuschließende

5.4.3. Ordnung: **Haloragales**. Dazu zählen u.a. die **Haloragaceae** mit der sehr feinzerteilt-blättrigen Wasserpflanzengattung *Myriophyllum*.

Die folgenden vier Überordnungen (5.5–5.8) sind besonders durch ± scheibenförmige Verbreiterung des Blütenbodens, häufig Diskusbildungen, Reduktion der Samenanlagenzahl sowie ein überwiegend nucleär angelegtes und bis zur Samenreife persistierendes Endosperm ausgezeichnet. Bemerkenswert ist das vereinzelte, an die *Polycarpicae* erinnernde und möglicherweise ursprüngliche Vorkommen von Benzylisochinolin-Derivaten (z.B. bei einigen primitiven *Rutaceae, Rhamnaceae, Buxaceae* und *Euphorbiaceae*) sowie das Auftreten von Polyacetylenen bei den stärker abgeleiteten *Santalales* und *Aralianae*. Der Anschluß der Überordnungen *Rutanae, Celastranae* und *Euphorbianae* ist bei holzigen *Saxifragales*, vielleicht aber auch bei *Hamamelididae* (z.B. *Urticales*) oder sogar noch unmittelbarer bei *Magnoliidae* zu suchen.

5.5. Überordnung: Rutanae. Hier überwiegen noch ursprünglichere Merkmale: meist auffällige, in Kelch und Krone gegliederte und 5zählige, radiäre bis zygomorphe Blütenhülle, meist 2 Staubblattkreise, oberständige und synkarpe (vereinzelt aber auch noch chorikarpe) Gynoeceen, teilweise noch mit 5 Fruchtblättern und zahlreichen bitegmischen und crassinucellaten Samenanlagen, öfters zusammengesetzte oder geteilte Blätter.

Durch überwiegend holzige Wuchsform, Sekretbehälter mit Ölen, Harzen und Balsamen (Heil- und Nutzpflanzen!) sowie radiäre Blüten, meist mit intrastaminalem Diskus (Abb. 3.2.243 D), gekennzeichnet ist die vorwiegend tropische

5.5.1. Ordnung: **Rutales**. Bei den **Rutaceae** finden sich lysigene Sekretbehälter (etwa als durchscheinende Punkte im Blatt- und Fruchtbereich erkennbar: Abb. 1.2.33 D–E) mit stark riechenden etherischen Ölen. Die wichtigste Gattung ist *Citrus*. Ihre ursprünglich in Südasien heimischen Arten – kleine, immergrüne Bäume – werden heute in zahlreichen Kulturformen in allen wärmeren Ländern kultiviert, z.B. im Mittelmeergebiet, wo sie durch den Zug Alexanders des Großen bekannt geworden sind. Zu nennen sind hier besonders *C. sinensis* (Apfelsine, Orange; Abb. 3.2.243 A), *C. aurantium* (Pomeranze), *C. maxima* (Pampelmuse), *C. paradisi* (Grapefruit), *C. limon* (Zitrone), *C. medica* (Citronat-Zitrone) und *C. reticulata* (Mandarine). Die Früchte der *Citrus*-Arten sind Beeren; häufig ist eine Vermehrung der Fruchtblätter erkennbar. Das Fruchtfleisch wird von saftigen Emergenzen gebildet, die an der Innenseite der Fruchtwand aus subepidermalem Gewebe entstehen und in die Fächer hineinwachsen (Pulpa, vgl. S. 143 und 755). Halbsträucher bzw. Stauden sind der wärmeliebende heimische Diptam (*Dictamnus albus*) mit leicht zygomorphen Blüten und die gelbgrün blühende mediterrane Weinraute (*Ruta graveolens*, Abb. 3.2.243 B–D). Harzgänge kennzeichnen die **Anacardiaceae** (*Anacardium occidentale*: Cashew-Nuß, S. 755; *Pistacia*: Mastixharz und eßbare Samen einiger Arten; *Rhus*: Farbstoffe und Lacke, teilweise Berührungsgifte; *Mangifera indica*: Mango, wichtige tropische Obstfrucht) und **Burseraceae** (*Commiphora*: Myrrhe; *Boswellia*: Weihrauch: S. 156), Bitterstoffe die **Simaroubaceae** (*Quassia, Simarouba* und *Picrasma* mit bitteren Rinden und Hölzern von pharmazeutischer Be-

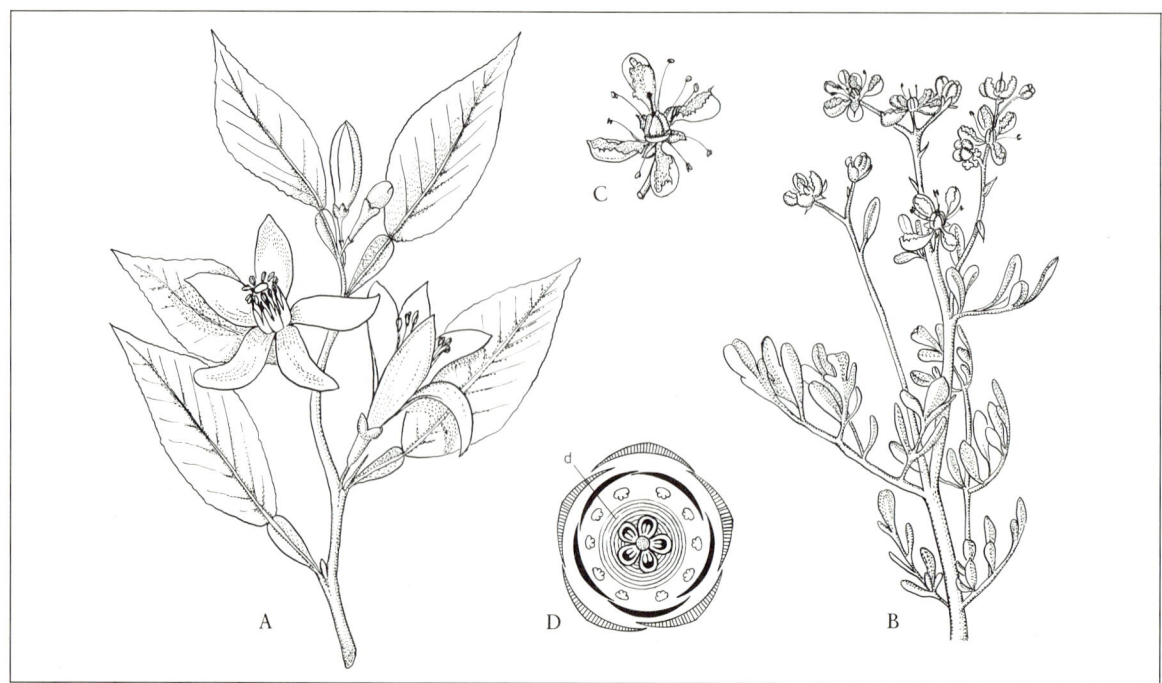

Abb. 3.2.243: *Rutales, Rutaceae.* **A** *Citrus sinensis*, blühender Sproß (¹/₂×). **B–D** *Ruta graveolens*, blühender Sproß (¹/₂×) 4zählige Seitenblüte und Diagramm einer 5zähligen Gipfelblüte mit Diskus (d). (A–C nach Karsten; D nach Eichler.)

deutung; der ostasiatische Götterbaum: *Ailanthus altissima* häufig kultiviert).

Ebenfalls holzige Sippen, aber **ohne Sekretbehälter** und mit meist ± zygomorphen Blüten und extrastaminalem Diskus (Abb. 3.2.244A) finden sich in der

5.5.2. Ordnung: **Sapindales** *(Terebinthales z. T.).* An die vorwiegend tropische Leitfamilie der **Sapindaceae** schließen hier die nordhemisphärischen **Hippocastanaceae** an. Dazu gehört die in den Gebirgen der Balkanhalbinsel heimische, bei uns viel gepflanzte Roßkastanie *(Aesculus hippocastanum)*. Für die **Aceraceae** ist der Ausfall einiger Staubblätter und die Ausbildung von Spaltfrüchten (Abb. 3.2.215C, 3.2.244A–C) kennzeichnend; die meist handförmig gelappten Blätter sind gegenständig (Abb. 1.3.81A). Hierher gehören nur die Ahorne *(Acer)*: *A. pseudoplatanus*, der Berg-Ahorn (Abb. 1.3.20B), ist bei uns besonders in der Bergstufe verbreitet, während *A. platanoides*, der frühblühende Spitz-Ahorn, und *A. campestre*, der Feld-Ahorn (Abb. 1.3.7K), in tieferen Lagen heimisch sind. Bemerkenswert ist die Tendenz zur Ausbildung eingeschlechtiger und teilweise stark reduzierter Blüten im Zusammenhang mit dem Übergang von Insekten- zu Windbestäubung (Abb. 3.2.244B–C und S. 750); der nordamerikanische Eschen-Ahorn *(A. negundo)* ist sogar zweihäusig. – Die fiederblättrigen, aber haplostemonen **Staphyleaceae** (mit der wärmeliebenden Pimpernuß: *Staphylea pinnata*) bilden eine Verbindung zu den *Saxifragales* bzw. *Celastrales*.

Eine überwiegend **krautige** Entwicklungslinie, meist ohne Sekretbehälter und Diskusbildungen, stellt die

5.5.3. Ordnung: **Geraniales** (= *Gruinales*) dar. Die Blütensymmetrie wandelt sich hier von radiär zu zygomorph. Das Androeceum ist vorwiegend obdiplostemon, seltener durch Ausfall der vor den Kronblättern stehenden Staubblätter haplostemon. Aus den oberständigen Fruchtknoten entstehen häufig Schleuderfrüchte. Typische Blütenformel: * bis ↓ K5 C5 A5+5 G(5) (Abb. 3.2.244D, F, G).

Noch freie Griffel, mehrsamige Fruchtblätter, 2 Staubblattkreise und radiäre Blüten haben die **Oxalidaceae**. Der heimische Sauerklee *(Oxalis acetosella)* ist durch die Beweglichkeit seiner fingerförmig zusammengesetzten Blätter und seine die Samen abschleudernden Kapseln bekannt. Reduktionserscheinungen im Androeceum (A 20 → 5) bzw. in der Zahl der Samenanlagen kennzeichnen die beiden folgenden Familien: Zu den **Linaceae** (Abb. 3.2.244G–K) gehört der 1jährige, schmalblättrige und blaublütige Lein oder Flachs *(Linum usitatissimum)*, eine der ältesten Kulturpflanzen. Die Bastfasern seiner Stengel (S. 148, 896, Tab. 4.3.4) werden zum Flachs aufbereitet, die zu 10 in jeder gefächerten Kapsel gebildeten Samen enthalten das Leinöl. *Linum flavum* ist eine pontische Waldsteppenpflanze (Abb. 4.5.8). Die **Erythroxylaceae** liefern mit *Erythroxylum coca* u. a. südamerikanischen Arten das Alkaloid Cocain. Die **Zygophyllaceae** (S. 320) sind besonders in Wüsten und Salzsteppen verbreitet, aus *Guajacum* gewinnt man teilweise auch in der Heilkunde verwendete Hölzer und Harze.

Verwachsene Griffel, aber noch 2 (3) Staubblattkreise finden wir bei den **Geraniaceae** (Abb. 3.2.244D–F). Sie haben eigenartige Früchte: Die Fruchtblätter sind zwar sehr lang, tragen aber nur am Grunde je 2 Samenanlagen – von denen sich später nur 1 entwickelt –, während die oberen, sterilen Teile einen «Schnabel» bilden. Bei der Reife bleiben nur die inneren Teile der verwachsenen Fruchtblätter als Mittelsäule stehen, während sich die Außenwände, die unten je 1 Samen umschließen, abheben. Sie bleiben dabei entweder oben noch mit der Säule verbunden und katapultieren die Samen ab (z. B. bei vielen Arten von Storchschnabel, *Geranium*: Abb. 3.2.244E) oder sie lösen sich mitsamt dem Samen als Teilfrüchtchen los, wobei die oberen Teile als hygroskopische Grannen dem Einbohren in den Boden dienen (z.B. beim Reiherschnabel, *Erodium*: Abb. 2.3.60). Dorsiventrale Blüten mit Sporn finden sich bei den meist süd- und mittelafrikanischen, als Zierpflanzen beliebten *Pelargonium*-Arten (Abb. 3.2.244F; der Sporn ist bei

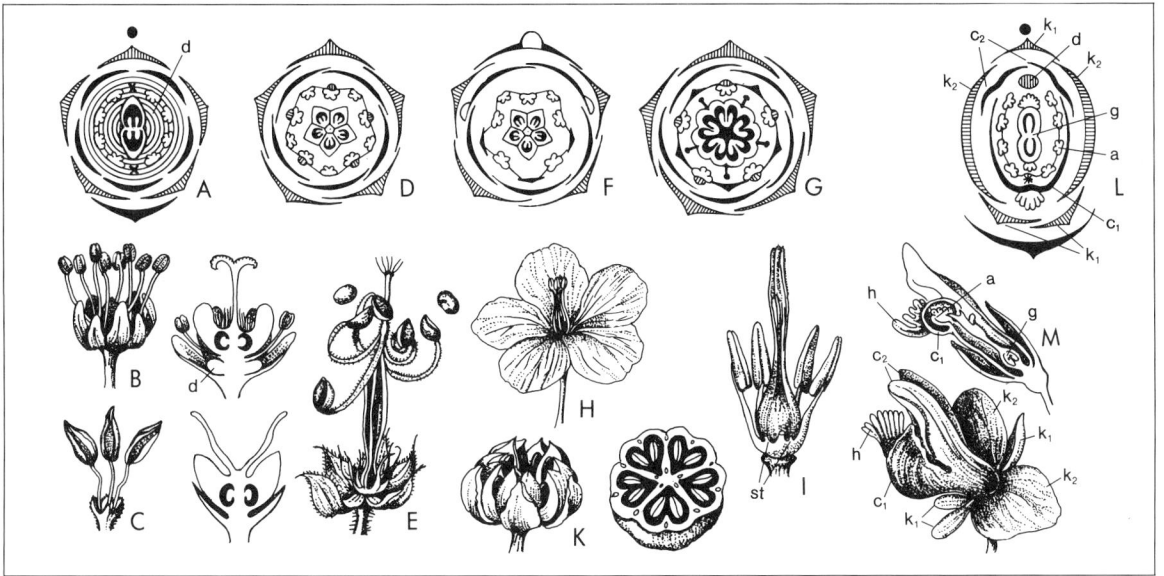

Abb. 3.2.244: *Sapindales*, Aceraceae, *Acer* (A–C); **A–B** *A. pseudoplatanus*, Blütendiagramm (vgl. extrastaminalen Diskus d), ♂ und ♀ Blüte (im Längsschnitt, etwa 2×); **C** *A. negundo*, ♂ und ♀ Blüte mit reduzierter Blütenhülle und ohne Diskus (etwa 2×). *Geraniales*, Geraniaceae (D–F); *Geranium pratense*, **D** Blütendiagramm, **E** aufspringede Frucht (1,5×); **F** *Pelargonium zonale*, Blütendiagramm. Linaceae, *Linum usitatissimum* (G–K); **G** Blütendiagramm, **H** Blüte (1×) **I** Androeceum (vgl. Staubblätter und Staminodien st) und Gynoeceum (3×), **K** Frucht septicid aufgesprungen und quer (2×). *Polygalales*, Polygalaceae, *Polygala* (L–M); **L** *P. myrtifolia*, Blütendiagramm; **M** *P. senega*, Blüte gesamt und *P. amara*, Blüte längs (vergr.): grünliche (k_1) und corollinische (k_2) Kelchblätter, vorderes Kronblatt (c_1) mit Anhängsel (h), am Grunde mit den seitlichen Kronblättern (c_2) verwachsen, Staubblätter (a), Fruchtknoten mit Griffel (g), Diskus (d). (A, D, F, G, L nach Eichler, B–C nach Karsten und Graf, E nach Graf, H–K nach Dahlgren, M nach Graf und Berg & Schmidt.)

ihnen seiner ganzen Länge nach mit dem Blütenstiel verwachsen). Freie Sporne zeichnen dann noch die haplostemonen und auch sonst stärker abweichenden **Balsaminaceae** aus. Hierher gehören die ihre Samen ausschleudernden Springkräuter, *Impatiens* (vgl. S. 466, Abb. 2.3.54).

Dorsiventrale Blüten charakterisieren schließlich auch die ebenfalls meist krautige, aber ungeteiltblättrige

5.5.4. Ordnung: **Polygalales**. Durch 2 corollinisch ausgebildete seitliche Kelchblätter und die kahnförmige Gestalt ihres vorderen, durch ein zerschlitztes Anhängsel betonten Kronblattes erinnern die Schmetterlingsblumen der **Polygalaceae** (Abb. 3.2.244 L–M) äußerlich an die der *Fabaceae*. Ähnlich wie bei diesen sind die Staubblätter – hier meist 8 – zu einer oben offenen Rinne verwachsen.

Die beiden folgenden Überordnungen *Celastranae* und *Euphorbianae* haben gegenüber den *Rutanae* stärker vereinfachte radiäre, meist 5- bis 4zählige und häufig unscheinbare Blüten, teilweise ohne Krone und oft nur noch mit 1 Staubblattkreis. Das Gynoeceum hat vielfach weniger als 5 verwachsene Karpelle, tendiert teilweise zur Peri- und Hypogynie. Die Samenanlagen sind noch bitegmisch und crassinucellat; ihre Zahl ist aber öfters bis auf 1–2 pro Fruchtknotenfach reduziert. Die Blätter sind meist einfach und ungeteilt. Als charakteristische Inhaltsstoffe finden sich vielfach Gerbstoffe.

Zwitterblüten bzw. der Trend zum Parasitismus und zur Polyacetylenanreicherung sind charakteristisch für die

5.6. Überordnung: Celastranae, die man wohl mit holzigen *Saxifragales* und *Sapindales* in Verbindung bringen kann.

Blüten mit Kelch und Krone sowie vereinzelt noch 2, meist aber nur noch mit 1 Staubblattkreis (und zwar dem episepalen, vor den Kelchblättern stehenden), finden sich bei der

5.6.1. Ordnung: **Celastrales**. Hierher gehören u.a. die **Celastraceae** (Abb. 3.2.245 B–C) mit dem Pfaffenhütchen, *Euonymus europaea* u.a. Arten, einheimischen Sträuchern, deren schwarze Samen von einem lebhaft orangerot gefärbten Arillus umhüllt werden. Eine Parallelgruppe stellt die

5.6.2. Ordnung: **Rhamnales** dar, bei der nur noch der vor den Kronblättern stehende (epipetale) Staubblattkreis erhalten ist. Die **Rhamnaceae** (Abb. 3.2.245 D–F) sind u.a. durch Siebröhrenplastiden vom S-Typ, becherförmige Blütenböden und mittel- bis unterständige Fruchtknoten ausgezeichnet. Während die Blüten des vor allem in Bruchwäldern häufigen Faulbaumes (*Frangula alnus*) 5zählig und ⚥ sind, finden sich bei *Rhamnus*-Arten, so beim Kreuzdorn (*Rh. catharticus*), 4zäh-

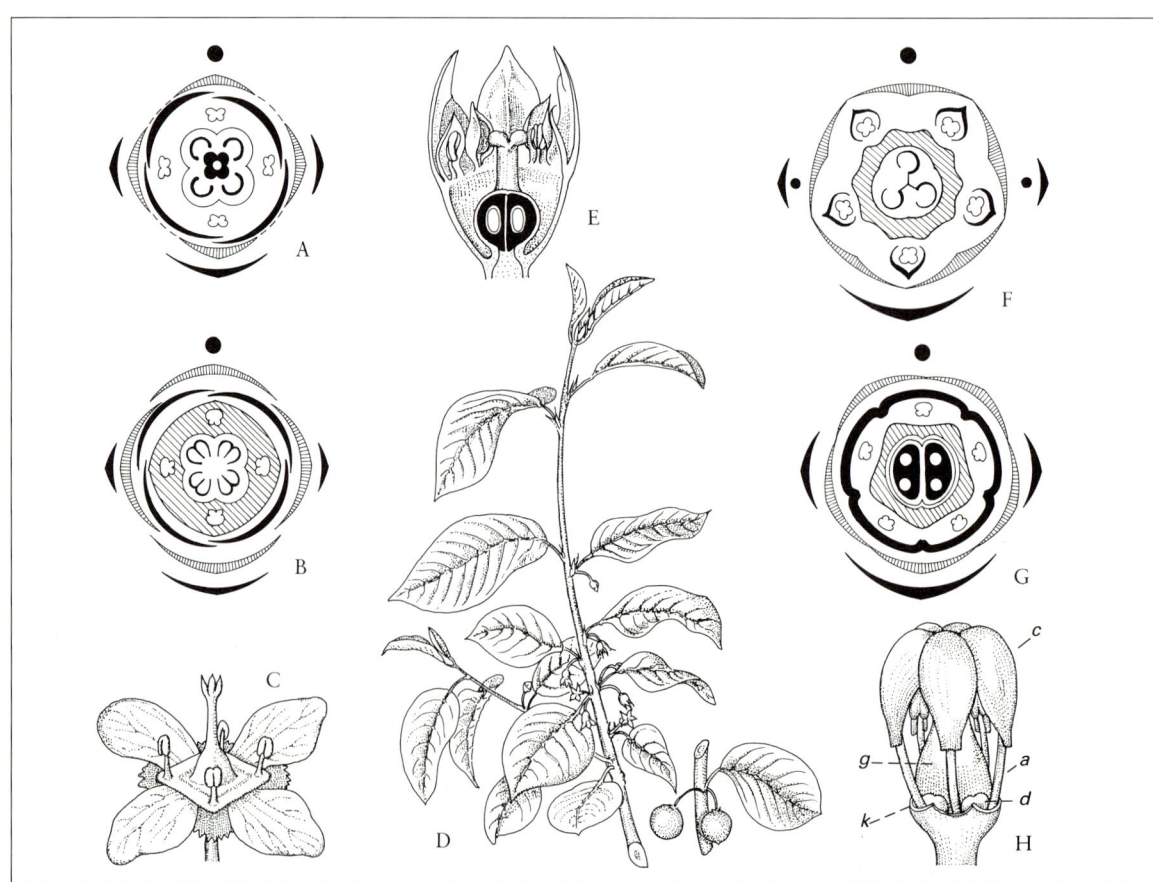

Abb. 3.2.245: *Cornales* (A), *Celastrales* (B–C) und *Rhamnales* (D–H). **A** Aquifoliaceae, *Ilex aquifolium*, Blütendiagramm. **B–C** Celastraceae, *Euonymus europaea*, Blüte und Diagramm. **D–F** Rhamnaceae, *Frangula alnus*, blühender bzw. fruchtender Sproß ($^1/_2\times$), Blüte längs (5×) und Diagramm. **G–H** Vitaceae; G *Parthenocissus quinquefolia*; H *Vitis vinifera*, sich öffnende Blüte mit reduziertem Kelch (k), abgehobene Krone (c), Diskus (d), Staubblättern (a) und Fruchtknoten (g) (vergr.). Vgl. Tragblätter, Abstammungsachse und transversale Vorblätter in den Blütendiagrammen A, B, F und G. (A–B, F–G nach Eichler; C nach Graf; D nach Karsten; E, H nach Berg & Schmidt.)

lige und durch Rückbildung des einen Geschlechts 2häusige Blüten. Die Steinfrüchte haben 2–4 dünnwandige Steinkerne. Der wichtigste Vertreter der durch Siebröhrenplastiden vom stärker abweichenden P-Typ gekennzeichneten **Vitaceae** (Abb. 3.2.245 G–H) ist die Weinrebe *(Vitis vinifera)*, eine alte, heute in zahlreichen Formen gepflegte Kulturpflanze; als eine ihrer Stammformen gilt die in den Auenwäldern des Mittelmeergebietes und auch noch am Rhein und an der Donau verbreitete Wildrebe (subsp. *sylvestris*). Es handelt sich um Lianen mit blattgegenständigen Sproßranken, die als Enden der einzelnen Glieder eines sympodialen Sproßverbandes aufgefaßt werden (vgl. Abb. 1.3.32, 1.3.67 C). Dabei kann man Langtriebe (Lotten) und in den Achseln ihrer Blätter entstehende Kurztriebe (Geizen) unterscheiden. Die Geizen sterben im Herbst bis auf eine basale Achselknospe ab, die sich im nächsten Jahr zu einer Lotte entwickelt. Die gleiche Stellung wie die Ranken besitzen die rispigen Blütenstände. Die Kronen sind am Scheitel verwachsen und werden beim Aufblühen als Ganzes abgehoben (Abb. 3.2.245 H). Die Früchte sind wenigsamige Beeren. Bei einigen der als «Wilder Wein» häufig kultivierten *Parthenocissus*-Arten sind die Rankenenden zu Haftscheiben umgewandelt (Abb. 1.3.83 C) Die Gattung *Cissus* enthält auch Stammsucculente (Abb. 1.3.43 E).

Überwiegend einfache Blütenhüllen, der Trend von ober- zu unterständigen Fruchtknoten, Polyacetylene und verschiedene Entwicklungsstufen zum Halbparasitismus kennzeichnen die

5.6.3. Ordnung: **Santalales**. Am ursprünglichsten sind die tropischen und noch *Celastrales*-ähnlichen **Olacaceae** (teilweise noch voll autotroph und mit Kelch, Krone und 2 Staubblattkreisen). Stärker abgeleitet erscheinen dagegen die **Santalaceae**, vorwiegend grüne Halbschmarotzer (S. 190, 375), die im Boden wurzeln; sie entziehen mit Wurzelhaustorien ihren Wirten nur Wasser und Nährsalze, wie z. B. die einheimischen *Thesium*-(Bergflachs-)Arten. Auch die meisten **Loranthaceae** und **Viscaceae** (Abb. 3.2.246) besitzen noch grüne Blätter, die sie zu eigener Assimilation befähigen. Sie leben aber in der Regel epiphytisch auf Holzpflanzen und haben ein dementsprechend verändertes Wurzelsystem. Die sommergrüne Eichenmistel *(Loranthus europaeus)* treibt Senker aus einer kräftigen Haftscheibe. Die 2häusige, durch dichasiale Verzweigung und lederige, überwinternde Blätter auffällige Mistel *(Viscum album;* vgl. S. 375 und Abb. 3.2.246) kommt bei uns in 3 auf bestimmte Wirte spezialisierten Unterarten vor: Laubholz-, Tannen- und Föhren-Mistel. Die Samenanlagen der beiden Familien sind vielfach völlig in die Placenta eingeschmolzen (Abb. 3.2.246 C). Ihre klebrigen Beeren werden durch Vögel verbreitet.

An die *Santalales* können wahrscheinlich als hochspezialisierte nichtgrüne Vollparasiten die

5.6.4. Ordnung: **Balanophorales** angeschlossen werden. Außer den tropischen **Balanophoraceae** gehören hierher die **Cynomoriaceae** mit dem auch im südlichen Mittelmeerraum vorkommenden Malteserschwamm *Cynomorium coccineum*. – Sehr fraglich ist dagegen die Abstammung *(Magnoliidae?)* der ebenfalls holoparasitischen

5.6.5. Ordnung: **Rafflesiales** mit den (sub)tropischen **Hydnoraceae** und **Rafflesiaceae**. *Rafflesia* bildet bis zu 1 m große, trübpurpurne Aasfliegenblüten, die größten im Pflanzenreich. *Cytinus* schmarotzt im Mittelmeergebiet auf Cistrosen.

Eingeschlechtige Blüten bzw. Zwitterblüten mit auffälligen Blütenbechern, häufig Obturatorbildungen (Abb. 3.2.247 M: o) und die Anreicherung verschiedener Giftstoffe (z. B. Daphnetin, div. Diterpene) charakterisieren die

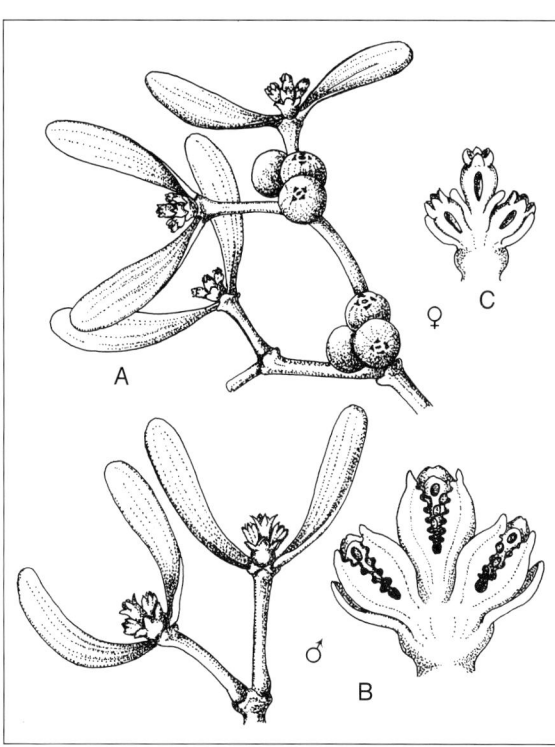

Abb. 3.2.246: *Santalales, Viscaceae, Viscum album*. **A** Sprosse mit ♂ und ♀ Blüten bzw. Früchten ($^1/_2$×). **B** ♂ und **C** ♀ 3blütige Dichasien (längs), die Perianthblätter (p) sind mit den Staubblättern bzw. Fruchtknoten und Samenanlagen verwachsen: [P4+A4] bzw. [P4+G(2)] (etwa 3×). (Nach Firbas.)

5.7. Überordnung: Euphorbianae. Die Ähnlichkeiten sind vielfältig und mehrdeutig: *Euphorbiales* zu *Urticales, Rhamnales* und *Malvales; Elaeagnales* auch zu *Myrtales*. Die systematische Stellung der *Euphorbianae* ist daher sehr umstritten. Bei der

5.7.1. Ordnung: **Euphorbiales** (= *Tricoccae*) sind die Blüten immer eingeschlechtig. Der oberständige Fruchtknoten ist meist 3fächerig und enthält in jedem Fach nur 1 (selten 2) hängende anatrope Samenanlage(n). Zu den ursprünglichen und bis in die Kreide zurückreichenden, *Hamamelididae*-ähnlichen **Buxaceae** gehört der mediterran-atlantische immergrüne Buxbaum *(Buxus sempervirens)*. Bedeutungsvoll wird die Kultur von *Simmondsia*-Arten (Jojoba) in Trockengebieten: Ihre Samen enthalten ein Flüssigwachs (Ersatz für das Spermöl des Pottwals).

Bemerkenswert ist besonders die große, vorwiegend tropische, aber auch bei uns vertretene Familie der **Euphorbiaceae**, Wolfsmilchgewächse.

Es sind teils holzige, aber auch krautige Pflanzen mit Laubblättern, die in der Regel Nebenblätter tragen, teils Pflanzen mit rückgebildeten Blättern, bei denen die Sproßachsen die Assimilation übernehmen. Stammsucculent sind viele *Euphorbia*-Arten der afrikanischen Savannen und Halbwüsten; sie ähneln *Cactaceae* und sind Musterbeispiele für Konvergenz (Abb. 1.3.43 B): Die Blätter sind hier oft reduziert; an ihrer Stelle werden paarige Stacheln ausgebildet (Abb. 3.2.247 G).

Sehr mannigfaltig sind auch die Blüten und Blütenstände. Ein doppeltes Perianth besitzen u. a. noch die tropische Ölpflanze *Jatropha curcas* (Abb. 3.2.247 A–B) und viele tropische *Croton*-Arten. Blüten mit einfachem Perianth finden wir z. B. bei den einheimischen, windblütigen und 2häusigen Bingelkräutern

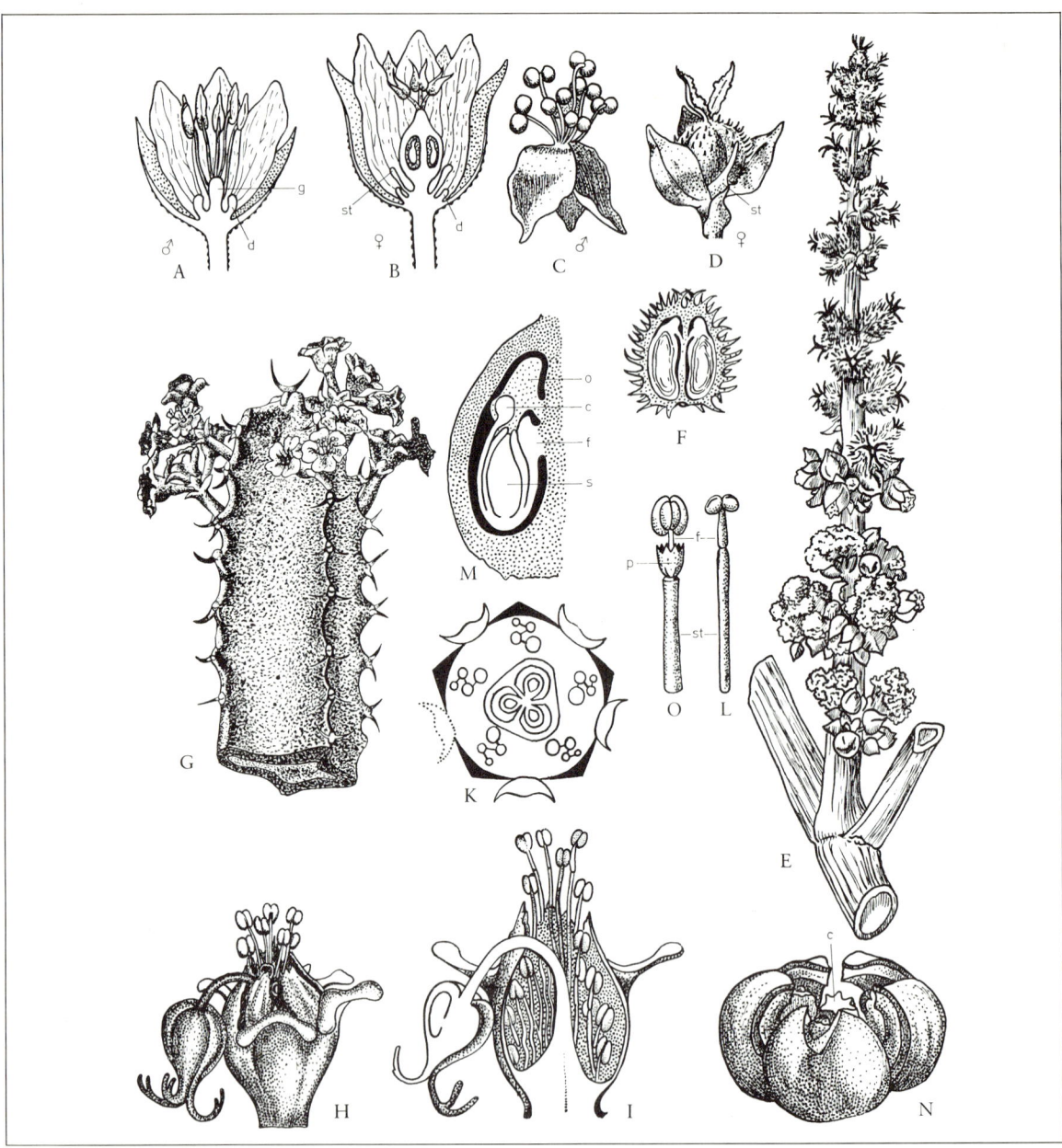

Abb. 3.2.247: *Euphorbiales, Euphorbiaceae*. **A–B** ♂ und ♀ Blüten von *Jatropha curcas* und **C–D** *Mercurialis annua* mit Diskusschuppen (d), Androphor (g), Staminodien (st). **E–F** *Ricinus communis*, Blütenstand (¹/₂×) und junge Frucht, längs. G–N *Euphorbia*. **G** *E. resinifera*, blühender succulenter Sproß (1×). **H–K** Cyathium, total, längs und Diagramm (punktierte Drüse allenfalls fehlend). **L** ♂ Blüte von *E. platyphyllos* mit Stiel (st) und Filament (f). **M** Fruchtknotenfach (längs) von *E. myrsinites* mit Samenanlage (s), Funiculus (f), Caruncula (c) und Obturator (o) (schematisch). **N** Frucht: septicid, dorsicid und septifrag aufspringende Kapsel mit stehenbleibendem Mittelsäulchen (c) von *E. lathyris* (vergr.). **O** ♂ Blüte von *Anthostema senegalense* mit Perigon (p) (vergr.; vgl. L). (A–B, L nach Pax; C–D nach Wettstein, veränd.; E–F nach Karsten; G nach Berg & Schmidt; H–I, N–O nach Baillon; K nach Eichler, verändert; M nach Schweiger.)

(*Mercurialis*, Abb. 3.2.247 C–D). Das Perianth ist hier 3blättrig; die ♂ Blüten besitzen eine größere Zahl von Staubblättern, die ♀ außer dem 2–3teiligen Fruchtknoten noch 3 Staminodien. Ähnliche Blüten, aber mit meist 5teiligem Perianth und mit bäumchenförmig verzweigten Staubblättern, hat der einhäusige *Ricinus communis* (Abb. 3.2.247 E–F), ein Baum des tropischen Afrika mit großen, handförmig geteilten Blättern, der auch bei uns gezogen werden kann – freilich nur als einjähriges, kräftiges Kraut.

Äußerst einfache Einzelblüten zeichnen schließlich die Gattung *Euphorbia*, Wolfsmilch, aus. Sie sind hier zu eigenartigen Pseudanthien vereinigt, die «Cyathien» heißen. Jedes Cyathium (Abb. 3.2.247 H–K) besteht aus einer langgestielten, nach unten gewendeten, bei den meisten Arten perianthlosen ♀ Gipfelblüte, die von 5 Gruppen ebenfalls gestielter und perianthloser, offenbar in Wickeln angeordneter ♂ Blüten umgeben ist. Von diesen besteht aber jede nur aus einem einzigen, vom Blütenstiel durch eine Einschnürung abgesetzten Staubblatt (Abb. 3.2.247 L). Der ganze Blütenstand wird perianthartig von 5 Hochblättern – den Tragblättern der ♂ Teilblütenstände – umschlossen, zwischen denen in der Regel elliptische oder halbmondförmige Nektar-Drüsen sitzen.

Diese Cyathien sind ihrerseits wieder zu di- bis pleiochasialen Gesamtblütenständen vereinigt (Abb. 2.2.62). Daß es sich bei den Cyathien – die Linné noch für Zwitterblüten hielt – tatsächlich um Blütenstände handelt, geht u. a. aus der Abgliederung des Staubblatts vom Blütenstiel hervor. Bei verwandten Gattungen (z.B. *Anthostema*) sitzt an dieser Stelle noch ein einfaches Perianth (Abb. 3.2.247 O). Das Cyathium zeigt also, wie aus der Vereinigung eingeschlechtiger Blüten Pseudanthien hervorgehen können, die als Blume wie eine Zwitterblüte von Insekten bestäubt werden. Diese Entwicklung steht offenbar im Zusammenhang mit der Rückkehr von Anemophilie zu Entomophilie (vgl. S. 519, 750).

Die Befruchtung der Samenanlagen wird gewöhnlich durch den «Obturator» vermittelt, eine Gewebewucherung der Placenta, die die Mikropyle überdeckt und der Leitung und Ernährung des Pollenschlauchs dient (Abb. 3.2.247M). Die Früchte sind Kapseln, deren Wände sich von einem Mittelsäulchen (Abb. 3.2.247 N) völlig loslösen und die Samen ausschleudern.

Viele *Euphorbiaceae* besitzen einen (manchmal giftigen) Milchsaft, der Kautschuk enthält (Abb. 1.2.31 B, 2.1.145). Daher gehören die wichtigsten Kautschukbäume hierher, besonders die ursprünglich am Amazonas beheimatete, heute in den verschiedensten tropischen Ländern angebaute *Hevea brasiliensis*; davon stammt der im Welthandel an der Spitze stehende «Parakautschuk». Der brasilianische *Manihot glaziovii* liefert den «Cearakautschuk». Als Nutzpflanze ist außerdem noch der krautige Maniok *[Manihot esculenta (= M. utilissima)]* zu nennen; er ist ebenfalls im tropischen Amerika zu Hause, wird aber wegen seiner stärkereichen Wurzelknollen überall in den Tropen angebaut («Tapioka»-Stärke).

Die beiden folgenden Ordnungen mit je einer Familie haben meist Zwitterblüten und bilden durch basale Verwachsung der Blütenhülle teilweise corollinisch gefärbte Blütenbecher. Die Kronblätter fehlen oft völlig. Bei der

5.7.2. Ordnung: **Thymelaeales** mit den **Thymelaeaceae** entstehen durch Reduktion aus mehrkarpelligen schließlich pseudomonomere Fruchtknoten mit 1 Samenanlage. Hierher gehört u.a. als Laubwaldpflanze W-Eurasiens der giftige Seidelbast *(Daphne mezereum),* dessen rosaviolette, corollinische Kelche sich noch vor den Blättern entfalten; die Beeren sind ziegelrot. – Fraglich ist der Anschluß der

5.7.3. Ordnung: **Elaeagnales** mit nur 1 unterständigen Karpell und 1 aufrechten Samenanlage. Die einzige Familie **Elaeagnaceae** enthält von Schuppenhaaren (Abb. 1.2.16 F) bedeckte und daher oft silbrig glänzende Holzpflanzen, wie z.B. den heimischen, besonders Dünen und Flußschotter bewohnenden windblütigen Sanddorn *(Hippophae rhamnoides:* Abb. 1.3.44B) und die in Gärten gepflanzten Ölweiden *(Elaeagnus),* beide mit Actinomyceten-Symbiose (vgl. S. 377).

5.8. Überordnung: Arialianae. Im Gegensatz zu den *Celastranae* und *Euphorbianae* sind die Samenanlagen hier unitegmisch und tenuinucellat. Die radiären meist 5zähligen Blüten haben Kelch, Krone und 1 episepalen Staubblattkreis und ein (5-)2blättriges Gynoeceum. Charakteristisch sind schizogene Sekretkanäle mit etherischen Ölen und Gummiharzen sowie Polyacetylene; dagegen fehlen Ellagsäure, Gerbstoffe und Iridoide. Die Überordnung ist offenbar aus Vorläufern der *Rutanae* hervorgegangen und steht in Verbindung mit den sympetalen *Asteridae* s. str.

Zu den *Rutanae* vermittelt die monotypische (sub)tropische und holzige

5.8.1. Ordnung: **Pittosporales** mit ungeteilten Blättern, auffälligen und oft schon ± sympetalen Kronen sowie oberständigen Fruchtknoten, die sich zu vielsamigen Kapseln entwickeln. Arten von *Pittosporum* werden im Süden häufig kultiviert.

Durch zusammengesetzte bzw. gelappte Blätter, unscheinbare choripetale Blüten in doldigen Inflorescenzen, unterständige Fruchtknoten mit meist nur 1 hängenden Samenanlage pro Fach, Saft- und Spaltfrüchte, zusätzliche Inhaltsstoffe (z.B. Petroselinsäure) sowie durch den Übergang von holzigen zu krautigen Wuchsformen ist die

5.8.2. Ordnung: **Araliales** gekennzeichnet.

Von den vorwiegend tropischen und holzigen **Araliaceae** ist bei uns der Efeu *(Hedera helix)* heimisch. Er ist ein Wurzelkletterer und durch seine Heterophyllie bekannt (gelappte Primär- bzw. Schattenblätter, an den blühenden Sprossen aber rautenförmige Folge- bzw. Lichtblätter: Abb. 1.3.94, 2.2.72). Der Efeu wird im Herbst von Fliegen und Wespen bestäubt, seine Beeren reifen erst im nächsten Frühjahr.

Zur Familie der **Apiaceae** *(= Umbelliferae),* den Doldengewächsen, gehören fast nur krautige Pflanzen. Sie sind durch einen charakteristischen Habitus kenntlich (Abb. 3.2.248 F–G): Ihre auffällig in Knoten und hohle Internodien gegliederten Stengel tragen wechselständige Blätter, die fast immer – oft mehrfach – zerteilt sind und den Stengel mit einer verbreiterten Blattscheide umfassen. Als Blütenstände herrschen zusammengesetzte Dolden (Dolden mit Döldchen) vor; ihre Tragblätter sind zur «Hülle» bzw. zu den «Hüllchen» zusammengedrängt. Die kleinen, erst im ganzen Blütenstand auffälligen, meist weißen, seltener rosafarbenen oder gelben Blüten können durch die Formel $* K5 C5 A5 G(\overline{2})$ gekennzeichnet werden (Abb. 3.2.248 D, E), doch ist der Kelch fast immer stark rückgebildet. Die Kronblätter weisen häufig eine nach innen gebogene Spitze auf. Der Fruchtknoten wird durch ein rundkegeliges, als Nectarium wirksames Griffelpolster (Diskus) und die Griffel gekrönt; in jedem Fruchtknotenfach hängt von der Scheidewand eine anatrope Samenanlage herab (Abb. 3.2.248 H); eine zweite verkümmert frühzeitig. Der Same (Abb. 3.2.248 K–L) birgt in einem mächtig entwickelten, fett- und eiweißreichen Endosperm einen kleinen Keimling. Seine Testa verwächst mit der Fruchtwand zu einer trockenen Spaltfrucht, die entlang der Fugenfläche schließlich in 2 einsamige Teilfrüchtchen zerfällt. Diese hängen zunächst noch an einem Fruchthalter (Karpophor), von dem sie sich schließlich ablösen.

Dieser Fruchtbau ist ungemein bezeichnend und in seiner Ausbildung für die weitere Gliederung der Familie wichtig. Die Fruchtwand einer jeden Teilfrucht durchziehen 5 Leitbündel, über denen sog. Hauptrippen (2 Randrippen und 3 Rückenrippen) vortreten (Abb. 3.2.248L). Zwischen diesen liegen Riefen («Tälchen»), in denen sich manchmal aber auch noch Nebenrippen entwickeln können. Besonders unter den Riefen und außerdem an der Fugenfläche, seltener unter den Hauptrippen, verlaufen als Ölstriemen bezeichnete schizogene Sekretgänge. Ihre Verteilung gibt zusammen mit der Ausbildung der oft geflügelten oder bestachelten Rippen, der Form des Endosperms, der Behaarung usw. so wichtige Merkmale, daß man z.B. die vielen als Drogen und Gewürze und als deren Verfälschungen verwendeten Früchte danach mit großer Sicherheit bestimmen kann.

Infolge Vereinfachung bzw. Reduktion sind bei einigen weni-

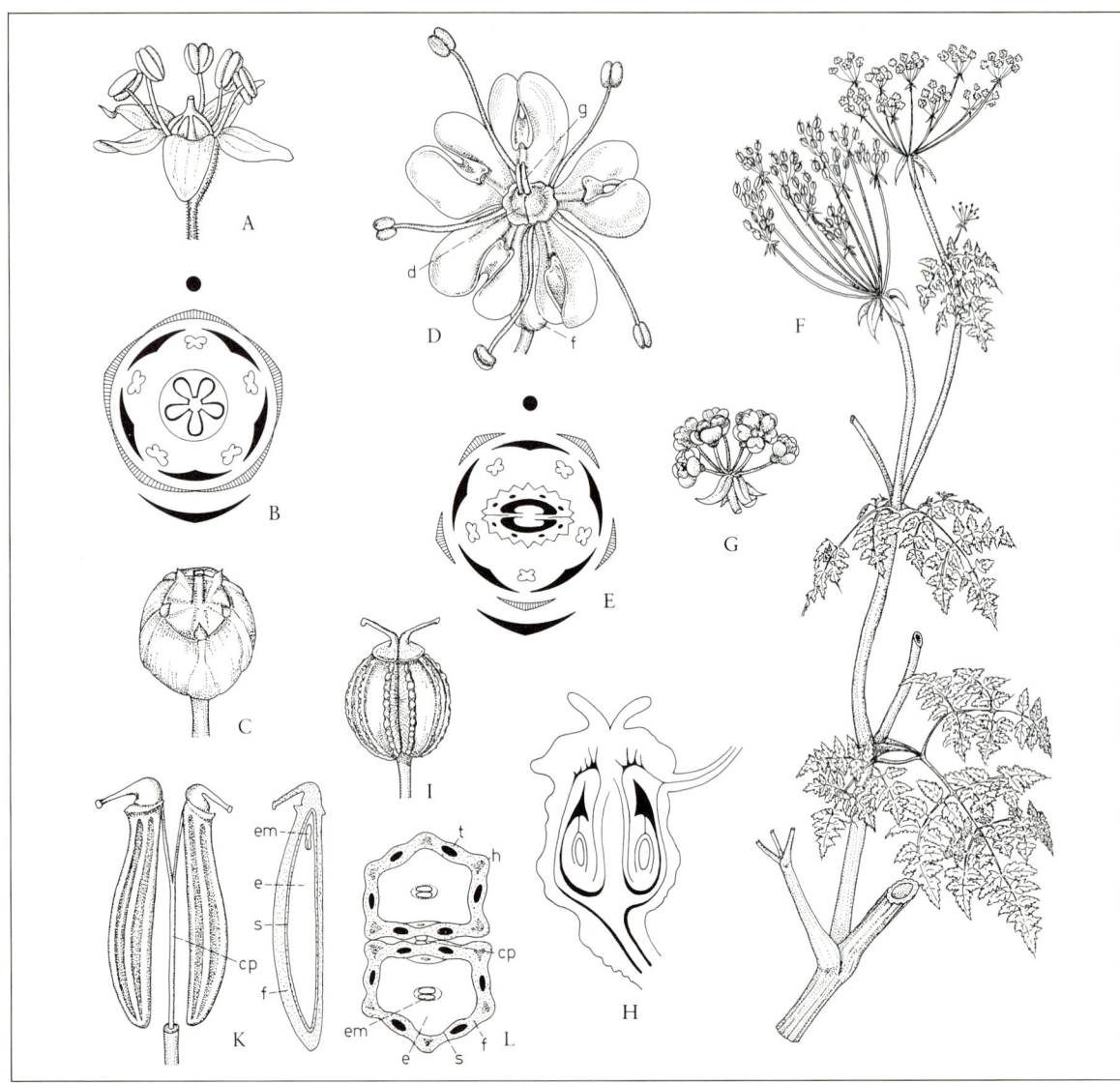

Abb. 3.2.248: *Araliales*. **A–C** Araliaceae, *Hedera helix*, Blüte (etwa 4×), Blütendiagramm und Frucht (Beere, etwa 2×). **D–L** Apiaceae. **D** Blüte (*Ammi majus*; d Diskus, g Griffel, f Fruchtknoten) und **E** Blütendiagramm (*Laser trilobum*). **F–I** *Conium maculatum*, Sproß ($^1/_2$×), Döldchen, Blüte (längs, mit 2 hängenden Samenanlagen) und Frucht (gesamt) (alle vergr.). **K–L** Spaltfrucht von *Carum carvi*, gesamt, längs (10×) und quer (25×), mit Karpophor (cp), Fruchtwand (f), Haupttrippen mit Leitbündeln (h), Riefen mit darunterliegenden Sekretgängen (t), Samenschale (s), Endosperm (e) und Embryo (em). (A und C nach Hegi; B nach Eichler; D nach Thellung; E nach Noll und Froebe, veränd.; F–G, I nach Karsten; H nach Tschirch & Oesterle; K–L nach Berg & Schmidt, etwas veränd.)

gen Apiaceen ungeteilte Blätter entstanden, z. B. bei den *Bupleurum*-Arten oder beim schildblättrigen Wassernabel *(Hydrocotyle vulgaris)*. Ausgangspunkt für die Dolden bzw. Doppeldolden der Umbelliferen waren monotele, Thyrsus-artige Blütenstände. Die Blüten mancher Gattungen, z. B. der Bärenklau *(Heracleum)*, sind durch Förderung der nach außen gerichteten Kronblätter dorsiventral, und zwar um so ausgeprägter, je weiter nach außen sowohl im einzelnen Döldchen wie in der ganzen Dolde die betreffende Blüte steht. Bei manchen Gattungen wird die optische Wirkung des Blütenstandes auch durch gefärbte Hochblätter erhöht, z. B. durch die weiße Hülle der (einfachen!) Dolden von *Astrantia* oder durch gelbe Hüllchen bei *Bupleurum*. Fliegen, Käfer und andere kurzrüsselige Insekten sind die wichtigsten Bestäuber der fast immer proterandrischen Blüten.

Die Doldenblütler sind besonders in den extratropischen Gebieten der nördlichen Erdhälfte als Steppen-, Sumpf-, Wiesen- und Waldpflanzen in über 3000 Arten verbreitet (vgl. z. B. Abb. 4.1.1, 4.2.10). Mächtige, mehrere Meter hohe Stauden findet man besonders in den zentralasiatischen Steppen (z. B. *Ferula*), aber auch Polsterpflanzen im Antarktisbereich (Abb. 1.3.29). Bei uns treten sie vor allem als Charakterarten gut gedüngter Mähwiesen hervor (z. B. *Heracleum*). Der hohe Gehalt an etherischen Ölen macht die große Zahl der Gewürz- und Heilpflanzen verständlich, von denen die Früchte, aber auch Blätter oder Wurzeln Verwendung finden; von ihnen seien der feinblättrige, auf Wiesen verbreitete weißblühende Kümmel (*Carum carvi*, Abb. 3.2.248 K–L), die häufig kultivierten Sippen Anis (*Pimpinella anisum*) und Koriander (*Coriandrum sativum*) sowie die gelbblühenden Arten Dill (*Anethum graveolens*), Liebstöckel (*Levisticum officinale*), Fenchel (*Foeniculum vulgare*) und Petersilie (*Peteroselinum crispum*) hervorgehoben. Einige Arten besitzen eßbare, rübenförmige Wurzeln wie die Möhre (*Daucus carota*: Abb. 2.2.16, 2.2.58), der

Pastinak *(Pastinaca sativa)* und die Sellerie *(Apium graveolens*: Rübe + Hypo- u. Epicotylknolle). Giftig sind z. B. der unangenehm riechende Gefleckte Schierling *(Conium maculatum,* mit rotbraun gefleckten Stengel; Abb. 3.2.248 F–I) und der durch einen gekammerten Wurzelstock gekennzeichnete Wasserschierling *(Cicuta virosa).*

6. Unterklasse: Dilleniidae

Gegenüber den *Rosidae* heben sich sekundär polyandrische Vertreter der *Dilleniidae* vor allem durch zentrifugales Dédoublement ihrer Staubblattanlagen ab (Abb. 3.2.194 D–F). Becher- oder scheibenförmige Blütenböden sowie die Tendenz zur Rückbildung des Androeceums bis auf einen Staubblattkreis (Haplostemonie) sind viel weniger auffällig als bei den *Rosidae.* Neben synkarpen finden sich vor allem parakarpe Fruchtknoten mit zahlreichen Samenanlagen. Weit verbreitet sind nicht-stärkehaltiges Endosperm und einfache (nicht zusammengesetzte) Blätter. Im übrigen machen verschiedene Ähnlichkeiten eine nähere Verwandtschaft zwischen holzigen *Rosanae-Saxifragales* und ursprünglichen *Dilleniidae,* und damit eine entsprechende gemeinsame Abstammung, wahrscheinlich. Zuletzt haben sich innerhalb der *Dilleniidae* aus choripetalen Vertretern mehrfach auch eng verwandte sympetale Gruppen herausgebildet.

Ursprüngliche Merkmale wie schraubige Blütenhülle und ein chorikarpes Gynoeceum mit zahlreichen bitegmischen, crassinucellaten Samenanlagen und nucleär angelegtem Endosperm kennzeichnen die

6.1. Überordnung: Dillenianae mit sekundär polyandrischem Androeceum und Samen mit ± fleischiger Testa, reichlichem Endosperm und kleinem Embryo.

Die beiden isolierten Familien der einzigen

6.1.1. Ordnung: **Dilleniales** sind die (sub)tropischen und überwiegend holzigen **Dilleniaceae** und die nordhemisphärischen, halbstrauchigen bis staudigen **Paeoniaceae** mit der Gattung *Paeonia,* Pfingstrose (Abb. 3.2.190 C), welche durch ein nucleäres Stadium der frühen Embryoentwicklung bemerkenswert ist.

Dagegen charakterisieren oberständige, coenokarpe und meist synkarpe Gynoeceen mit zentralwinkelständiger Placentation und Samenanlagen mit 2 Integumenten aber reduziertem Nucellus die

6.2. Überordnung: Theanae

In der Mehrzahl Holzpflanzen mit vermehrten Staubblättern, dachiger Kelchblattlage und reduziertem Endosperm umfaßt die

6.2.1. Ordnung: **Theales** *(= Guttiferales).* Hierher gehören u. a. die teilweise noch eine schraubige Blütenhülle bildenden **Theaceae** mit dem besonders in China, Japan und Indien gepflanzten Teestrauch [*Camellia (= Thea) sinensis*: Abb. 3.2.249 A] und der Kamelie *(C. japonica).* Durch schizogene Sekretbehälter (Abb. 1.2.33 A) stärker abgesetzt sind die **Hypericaceae** (= *Guttiferae)* mit dem einheimischen Hartheu oder Johanniskraut *(Hypericum*: Abb. 3.2.194 F, 3.2.249 B–C) und die wichtigen, auch harzliefernden paläotropischen Waldbäume der **Dipterocarpaceae** (Abb. 4.5.14).

Heterogen und in ihrem systematischen Anschluß noch immer unsicher sind die drei folgenden, überwiegend krautigen und durch ihre Carnivorie bemerkenswerten Familien, die man früher zu einer Ordnung zusammengefaßt hat *(Sarraceniales* s. lat.), die aber jetzt stärker aufgetrennt werden. Die beiden ersten haben zu Tierfallen umgewandelte Schlauchblätter (Abb. 1.3.76 und S. 212, 380).

6.2.2. Ordnung: **Sarraceniales.** Die **Sarraceniaceae** sind neuweltlich, haben Zwitterblüten und zeigen wegen ihres Iridoidgehalts Beziehungen zu den *Cornanae.* Dagegen sind die Arten der

6.2.3. Ordnung: **Nepenthales** mit der einzigen Gattung *Nepenthes* (Kannenblatt) paläotropisch und diöcisch. Auf nährstoffarmen Standorten weltweit verbreitet sind schließlich die Vertreter der

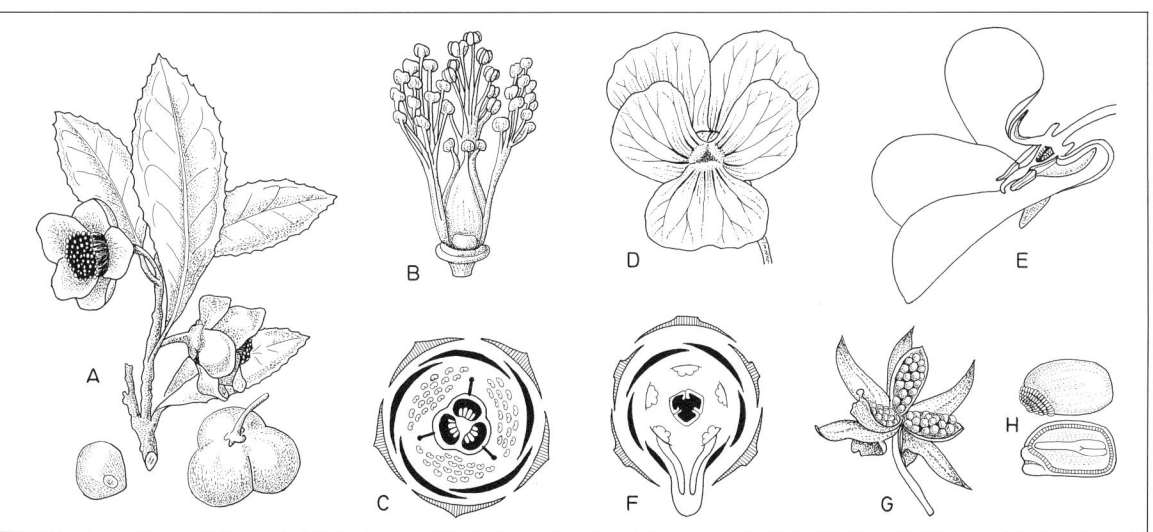

Abb. 3.2.249: *Theales* und *Violales.* A *Theaceae, Camellia sinensis,* blühender Sproß ($^1/_4\times$), Frucht und Same. B–C *Hypericaceae, Hypericum*; *H. quadrangulum,* 3 dedoubliert-aufgespaltene Staubblätter, Nektarium und Fruchtknoten; *H. perforatum,* Blütendiagramm. D–H *Violaceae.* D *Viola alpina* (Alpen-Stiefmütterchen), Blüte in Vorderansicht (1×); E–F *V. odorata* (März-Veilchen), Blüte im Längsschnitt (2,3×) und Blütendiagramm [vgl. Sporn (1×) und Staubblätter, davon 2 mit Nektaranhängseln]; G–H *V. tricolor,* aufgesprungene dorsicide Kapsel (1,5×) und Samen mit Elaiosom (10×). (A nach Karsten; B, D, H nach Graf; C, F nach Eichler; E nach Firbas; G nach Schimper.)

6.2.4. Ordnung: **Droserales** mit der einzigen Familie **Droseraceae**; sie fangen Insekten mittels klebriger Tentakeln (*Drosera*: Sonnentau und *Drosophyllum*) oder reizempfindlicher Schnappblätter *(Dionaea, Aldrovanda)* (vgl. S. 157, 219f., 380 und Abb. 1.2.34, 1.3.89, 2.3.43).

Coenokarp-parakarpe, 3- bis 2karpellige Gynoeceen mit parietaler Placentation und zahlreichen bitegmisch-crassinucellaten Samenanlagen, Tendenzen zur Ausgestaltung der Blütenachse und das mehrfache Auftreten von Glucosinolaten (Senföl-Glykoside) sind für die

6.3. Überordnung: **Violanae** charakteristisch.

5zählige Zwitterblüten mit Kelch und Krone und oberständige Fruchtknoten finden wir bei der

6.3.1. Ordnung: **Violales** (= *Cistales, Parietales* i. eng. Sinn). Am Anfang einer Familiengruppe mit öligem Endosperm stehen hier die tropischen, holzigen **Flacourtiaceae** mit radiären Blüten und zahlreichen Staubblättern. Übergänge zu krautigen Sippen mit nur 5 Staubblättern und dorsiventralen Blüten kennzeichnen die **Violaceae** mit der Gattung *Viola* (Veilchen, Stiefmütterchen), bei der das vordere Kronblatt einen Sporn bildet, in den die beiden vorderen Staubblätter nektarabsondernde Fortsätze senden (Abb. 3.2.249 D–H). Sproßrankende Kletterpflanzen mit Androgynophor sind die (sub)tropischen **Passifloraceae** mit der häufig gezogenen Passionsblume (*Passiflora caerulea*: Abb. 1.3.11 B). Sympetalie findet sich bei den **Caricaceae** mit dem überall in den Tropen kultivierten Melonenbaum *(Carica papaya).* – Stärkehaltiges Endosperm und choripetale, radiäre Blüten haben die beiden folgenden, verwandtschaftlich recht isolierten Familien: die **Cistaceae** mit den für die mediterranen Macchien (S. 926) bezeichnenden, durch aromatisch duftende Harze und große, bunte, rasch vergängliche Blütenkronen auffälligen Sträuchern der Gattung *Cistus* und den auch bei uns, besonders auf trokkenen Triften, heimischen *Helianthemum*-Arten sowie die holzigen, schuppenblättrigen (Abb. 1.3.74I) **Tamaricaceae** mit den Salzböden bewohnenden, auch in Gärten gepflanzten Tamarisken *(Tamarix)*.

Die *Cistaceae* leiten zu den *Malvales* über, die *Tamaricaceae* zu den *Salicales*. An die *Violales* läßt sich auch die

6.3.2. Ordnung: **Capparales** (= *Rhoeadals* z.T.) anschließen. Die zwittrigen Blüten neigen hier zu 4-Zähligkeit. Charakeristisch sind weiter schraubige Blattstellung, Gyno- oder Androgynophore (S. 734f.), Diskusbildungen bzw. Nektardrüsen, im reifen Zustand oft endospermlose Samen und besonders Myrosinzellen. Diese schlauchförmigen Idioblasten enthalten das Ferment Myrosinase; bei Verletzung spaltet es die in anderen Zellen vorhandenen Senföl-Glykoside:

$$R-C\!\!\begin{array}{c}S-\text{Glucose}\\ \diagdown\\ N-OSO_2O^{\ominus}\end{array} \xrightarrow[H_2O]{\text{Myrosinase}} R-N\!=\!C\!=\!S + \text{Glucose} + HSO_4^-$$

wodurch der charakteristisch scharfe Geschmack vieler *Capparales* (Kapern, Senf, Rettich!) bedingt ist.

Früher wurden die *Capparales* vielfach mit den *Papaverales* (S. 766f.) zur Ordnung *Rhoeadales* zusammengefaßt. Die völlig verschiedenen Inhaltsstoffe sowie serologische, embryologische und palynologische Befunde haben hier den Weg für eine natürlichere Gruppierung gewiesen.

An den Anfang der Ordnung können die (sub)tropischen und überwiegend holzigen **Capparaceae** (= *Capparidaceae*) gestellt werden. Die Blütenkospen von *Capparis spinosa*, einem kleinen Felsenstrauch der Mittelmeerländer, werden als Gewürz (Kapern) verwendet.

Besonders wichtig sind die **Brassicaceae** (= *Cruciferae*), Kreuzblütler, die durch ihren Blütenbau besonders gut gekennzeichnet sind. Es sind meist krautige, mehr- bis 1jährige Pflanzen mit traubigen, fast immer deck-

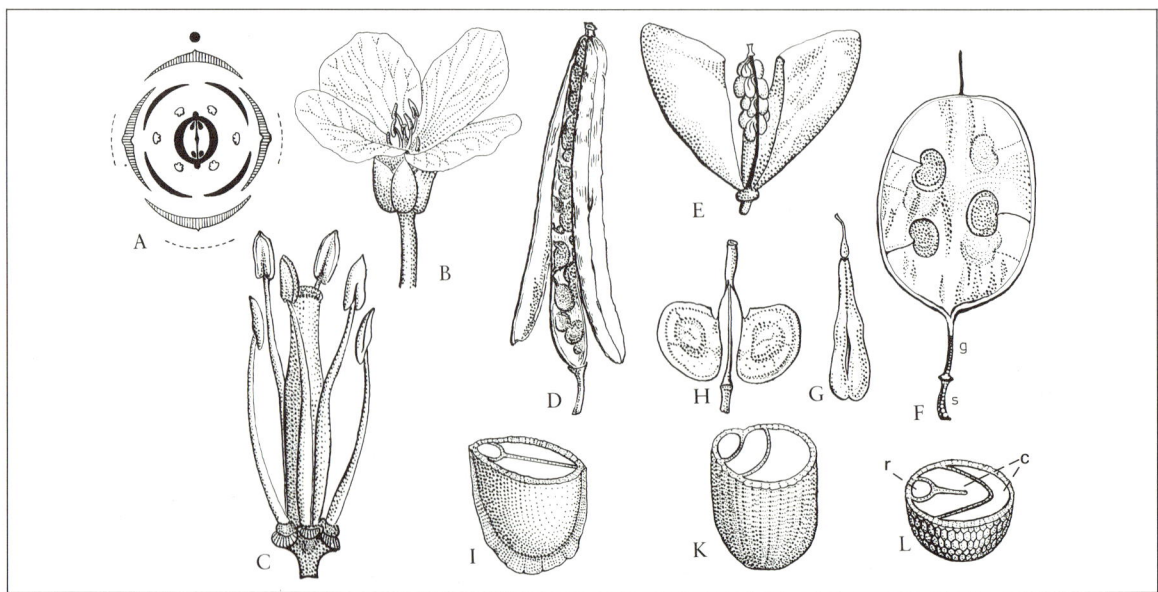

Abb. 3.2.250: *Capparales, Brassicaceae.* **A** Blütendiagramm. **B–C** Blüte mit (2×) und ohne Perianth (am Blütengrund Nektardrüsen; 4×) *(Cardamine pratensis)*. Früchte von **D** *Erysimum cheiri* (Schote), **E** *Capsella bursa-pastoris* (Schötchen), **F** *Lunaria annua* (Schötchen, Fruchtklappen entfernt, hyaline Scheidewand sichtbar; s Fruchtstiel, g Gynophor), **G** *Isatis tinctoria* (1–2samige, geflügelte Nuß) und **H** *Biscutella laevigata* (Spaltfrucht). I–L Samenquerschnitte, verschiedene Lage des Embryos mit Cotyledonen (c), Hypocotyl und Radicula (r), von **I** *Erysimum cheiri* («pleurorrhiz»; 8×), **K** *Alliaria petiolata* («notorrhiz»; 7×) und **L** *Brassica nigra* («orthoplok»; 9×). (A nach Eichler und Alexander; B, G, H, L nach Firbas; C, D–F, I–K nach Baillon.)

und vorblattlosen Blütenständen ohne Gipfelblüte. Ihre disymmetrischen Blüten (Abb. 3.2.250 A–C) besitzen einen 4zähligen Kelchblattkreis, 4 mit dem Kelch alternierende Kronblätter, 2 äußere, kürzere und 4 innere, längere Staubblätter und 1 oberständigen, oft ± gestielten Fruchtknoten mit einer Scheidewand. An seiner Bildung sind außer 2 fertilen wahrscheinlich noch 2 sterile Karpelle beteiligt. Also «Kreuzblüten» mit K4 C4 A2:2°+4 G($\underline{4}$) bzw. G($\underline{2}$). Die Frucht ist meist eine Schote (wenn ihre Länge die 3fache Breite nicht erreicht, ein «Schötchen», Abb. 3.2.250 D–H). Bei ihrer Öffnung verbleibt die zwischen den Placenten eingespannte häutige Scheidewand mit den anhängenden Samen zunächst noch am Fruchtstiel. Die Samen gehen aus campylotropen Samenanlagen hervor und enthalten einen gekrümmten, ölhaltigen Keimling (Abb. 3.2.250 I–L).

Der Blütenbau der *Brassicaceae* läßt sich gut auf die ursprünglicheren Verhältnisse bei ihren Stammformen, den *Capparaceae*, zurückführen. Frühere Versuche einer Homologisierung mit den 2gliedrigen Wirteln der *Papaverales* sind daher überholt. Für die Gliederung der artenreichen Familie sind die Fruchtformen (neben sich öffnenden Schoten auch Schließfrüchte, z.B. Bruch-Schoten: Abb. 3.2.215 E, Spaltfrucht-Schoten: Abb. 3.2.250 H und 1- oder wenigsamige Nuß-Schoten: Abb. 3.2.250 G), die Lagerung des Keimlings im Samen (Abb. 3.2.250 I–L) und die Anordnung der Nektardrüsen (die Mehrzahl der Arten sind Insektenblütler!) von Bedeutung.

Die Kreuzblütler sind vorwiegend in den extratropischen Gebieten der nördlichen Halbkugel verbreitet. Hier reichen sie in der Arktis und in den Hochgebirgen bis an die äußersten Grenzen der Vegetation. Florengeschichtlich interessant ist der Polyploid-Komplex von *Biscutella laevigata* (Abb. 3.1.46). Zahlreiche Arten haben im Gefolge der menschlichen Siedlungen als autogame Ackerunkräuter und Ruderalpflanzen (S. 913) eine weite Verbreitung gefunden (z.B. *Capsella bursa-pastoris, Lepidium-* und *Thlaspi-*Arten). Auch Apomixis kommt vor, z.B. bei *Dentaria bulbifera* (S. 515, 533). Als Nutzpflanzen von Bedeutung sind: 1) Gemüse- und Futterpflanzen wie die verschiedenen Formen des Kohls (*Brassica oleracea*: Abb. 1.3.40, 3.1.32), die Weiße Rübe (*B. rapa* subsp. *rapa*), die Kohlrübe oder Wruke (*B. napus* subsp. *rapifera*), Rettich und Radieschen (*Raphanus sativus*: Abb. 1.3.98); 2) Öl- und Gewürzpflanzen wie der Raps (*Brassica napus* subsp. *napus*), der Rübsen (*B. rapa* subsp. *oleifera*), der Schwarze und Weiße Senf (*Brassica nigra* und *Sinapis alba*), der Meerrettich oder Kren (*Armoracia rusticana*) sowie 3) zahlreiche Zierpflanzen, z.B. Goldlack *[Erysimum (= Cheiranthus) cheiri]*, Levkoje (*Matthiola*), Schleifenblume (*Iberis*) u.a.

Zygomorphe Blüten haben die mediterranen **Resedaceae**. Sie sind auch in Mitteleuropa an Ruderalstandorten durch die annuellen Sippen der Gattung *Reseda* vertreten. Teilweise sind hier die Fruchtblätter oben nicht ganz verwachsen, so daß die Samenanlagen sichtbar bleiben.

Myrosinzellen und Senföl-Glykoside finden sich auch bei der neuweltlichen, vielleicht eher den *Geraniales* nahestehenden

6.3.3. Ordnung: Tropaeolales mit 5zähligen, radiären bis dorsiventralen Blüten und Spaltfrüchten. Die **Tropaeolaceae** umfassen neuweltliche Kletterpflanzen mit gespornten Blüten. Dazu gehört die als Zierpflanze bekannte Kapuzinerkresse, *Tropaeolum majus* (Abb. 1.3.75).

Mit den *Violales* (etwa *Flacourtiaceae-Tamaricaceae*) in Verbindung bringen läßt sich auch die apetale, früher zu den Amentiferen gestellte

6.3.4. Ordnung: Salicales mit der einzigen Familie **Salicaceae** (Abb. 3.2.251). Kennzeichnend sind vor allem die eingeschlechtigen, zweihäusig verteilten und ± perianthlosen Blüten, die zu kätzchenartigen Blütenständen vereinigt sind; in den 2blättrigen oberständigen Fruchtknoten entwickeln sich zahlreiche endospermlose, langhaarige Samen. – Im einzelnen handelt es sich bei den Hauptgattungen *Populus* (Pappel) und *Salix* (Weide) um Bäume oder Sträucher mit einfachen, wechselständigen Blättern und Nebenblättern (Abb. 1.3.68). Die Kätzchen blühen oft vor der Blattentfaltung. Die in der Achsel von Tragblättern sitzenden Blüten sind stark vereinfacht: Außer einem becherartigen Blütenboden bei den windblütigen Pappeln (Abb. 3.2.251 C, D) und 1–2 nektarbildenden Schuppen bei den meist insektenblütigen Weiden finden sich in den ♂ nur einige Staubblätter (bei *Populus* mehrere, bei *Salix* häufig nur 2), in den ♀ nur ein Fruchtknoten. In den Kapseln entwickeln sich sehr viele winzige Haarschopfsamen (Abb. 3.2.251 F, N), die meist nur wenige Tage keimfähig sind.

Viele Weiden (z.B. *S. viminalis, S. fragilis, S. alba*) und Pappeln (z.B. *P. nigra*, die Schwarz-Pappel, und *P. alba*, die Silber-Pappel) ertragen Böden mit hochstehendem Grundwasser und gehören zu den wichtigsten Gehölzen der Auwälder und Ufergebüsche (Abb. 4.5.4). Als Pioniere der Waldlichtungen und Schläge weit verbreitet sind die Zitter-Pappel oder Espe (*P. tremula*) und die Sal-Weide (*S. caprea*). Mehrere Weidenarten und ihre Hybriden (an solchen ist die Gattung besonders reich!) werden als «Kopfweiden» alle 2–3 Jahre beschnitten; ihre Rutenäste dienen der Korbflechterei. Verschiedene niederliegende «Kriechweiden» (z.B. *S. retusa, S. herbacea*) sind charakteristische Pflanzen der Hochgebirge und der Arktis (Abb. 4.4.9).

Die beiden letzten Ordnungen der *Violanae* sind mit ihren eingeschlechtigen Blüten, unterständigen Fruchtknoten und krautigen Wuchsformen offenbar stark abgeleitete, aber nicht näher miteinander verwandte Entwicklungslinien. Freie Kronblätter kennzeichnen die rankenlose

6.3.5. Ordnung: Begoniales, mit den durch ihre asymmetrischen Blätter ausgezeichneten tropischen (und häufig kultivierten) **Begoniaceae** (*Begonia*, Schiefblatt: Abb. 2.2.56). Ihre Zuordnung zu den *Violanae* ist fraglich.

Die fast immer verwachsenkronblättrige und sproßrankende

6.3.6. Ordnung: Cucurbitales wurde früher zu den «Sympetalae» gestellt, ihre einzige Familie **Cucurbitaceae** (Abb. 3.2.252) ist aber offenkundig sehr nahe mit den *Passifloraceae* verwandt und hat wie die meisten *Violanae* noch crassinucellate Samenanlagen mit 2 Integumenten. – Die Leitbündel sind bicollateral; an Rankenträgern sitzen die Blättern entsprechenden Rankenenden (Sproßranken; Abb. 2.3.45, 3.2.252 A–B). Die eingeschlechtigen Blüten (Abb. 3.2.252 D–G) sind ein- bzw. zweihäusig verteilt (z.B. bei *Bryonia alba* bzw. *B. dioica*: wegen der Geschlechtsvererbung vgl. S. 487f., 500). In den ♂ Blüten sind die 5 Staubblätter gewöhnlich monothecisch und meist gruppenweise (z.B. 2 + 2 + 1) oder alle verwachsen, die Thecen dabei häufig gekrümmt oder S-förmig gebogen. Aus dem meist 3blättrigen, parakarpen Fruchtknoten mit dicken, einwärts gebogenen Placenten entwickeln sich große, derbschalige und vielsamige Panzerbeeren. Bekannte Vertreter sind der aus dem tropischen Amerika stammende Kürbis (*Cucurbita pepo* mit Gemüse und Ölsamen liefernden Kulturrassen; Abb. 3.2.252 H), die ursprünglich im tropischen Asien heimische Gurke *(Cucumis sativus*; Abb. 3.2.252 I–K), die gelbfleischige Zuckermelone

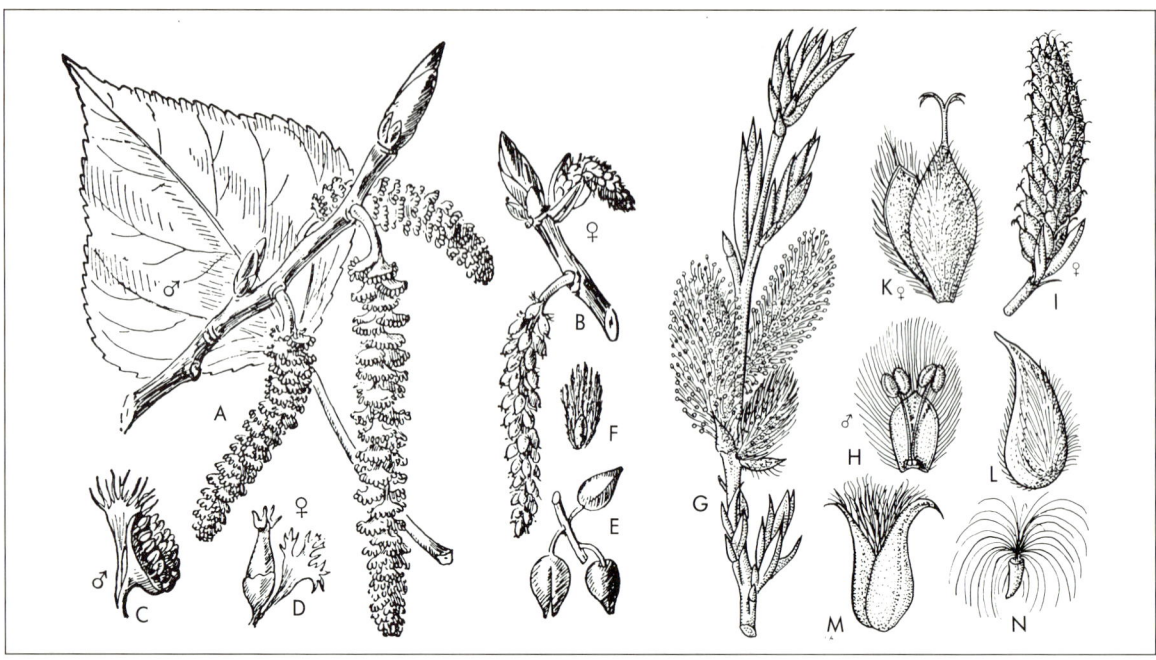

Abb. 3.2.251: *Salicales.* A–F *Populus nigra.* **A** Blühender ♂ und **B** fruchtender ♀ Sproß (³/₄×); **C** ♂ und **D** ♀ Blüten mit ihren Tragblättern; **E** Früchte und **F** Same (vergr.). G–N *Salix viminalis.* **G** Blühender ♂ Sproß und **I** ♀ Kätzchen (1×); **H** ♂ und **K** ♀ Blüten mit ihren Tragblättern; **L, M** Früchte und **N** Same (vergr.). (A–F nach Karsten; G–N nach Schimper.)

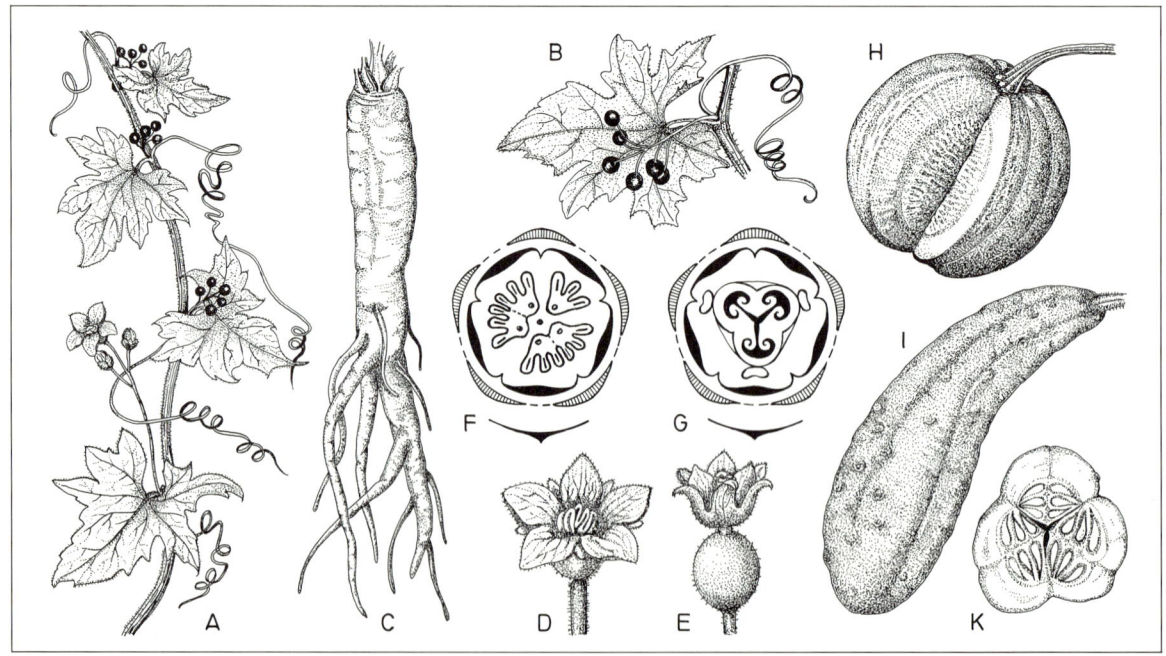

Abb. 3.2.252: *Cucurbitales* A–E *Bryonia alba.* **A** Blühender und **B** fruchtender Sproß, **C** rübenartige Wurzel (etwa ¹/₄×) **D** ♂ und **E** ♀ Blüte (etwa 2×). F–G *Citrullus colocynthis*, Diagramm eine ♂ und **F** ♀ Blüte. Früchte von **H** *Cucurbita pepo* (etwa ¹/₆×) und **I–K** *Cucumis sativus* (etwa ¹/₃×) (A–E, I–K nach Hegi; F–G nach Eichler.)

(*Cucumis melo*), die rotfleischige Wassermelone (*Citrullus lanatus*), die Koloquinte (*Citrullus colocynthis*, eine afrikanisch-vorderasiatische, bitterstoffreiche und abführende Wüstenpflanze: Abb. 3.2.252 F–G), der in den Tropen für Gefäße verwendete Flaschenkürbis (*Lagenaria*) und die mediterrane Spritzgurke (*Ecballium*: Abb. 2.3.56).

Gegenüber den *Violanae* hebt sich die

6.4. Überordnung: Malvanae mit ihrer einzigen *Ordnung*: **Malvales** (= *Columniferae*) durch coenokarp-synkarpe Gynoeceen, eine Tendenz zur Reduktion der Zahl der Samenanlagen pro Fruchtblatt, häufiges

Vorkommen von Schleimzellen und von Fettstoffen mit Cyclopropenfettsäuren sowie durch überwiegend holzige Wuchsformen ab.

Eine Ableitung der *Malvales* von den *Violales* (vgl. *Cistaceae*) ist naheliegend; auch mit den *Euphorbiales* und *Urticales* bestehen Ähnlichkeiten. In den Blütenknospen hat der Kelch eine

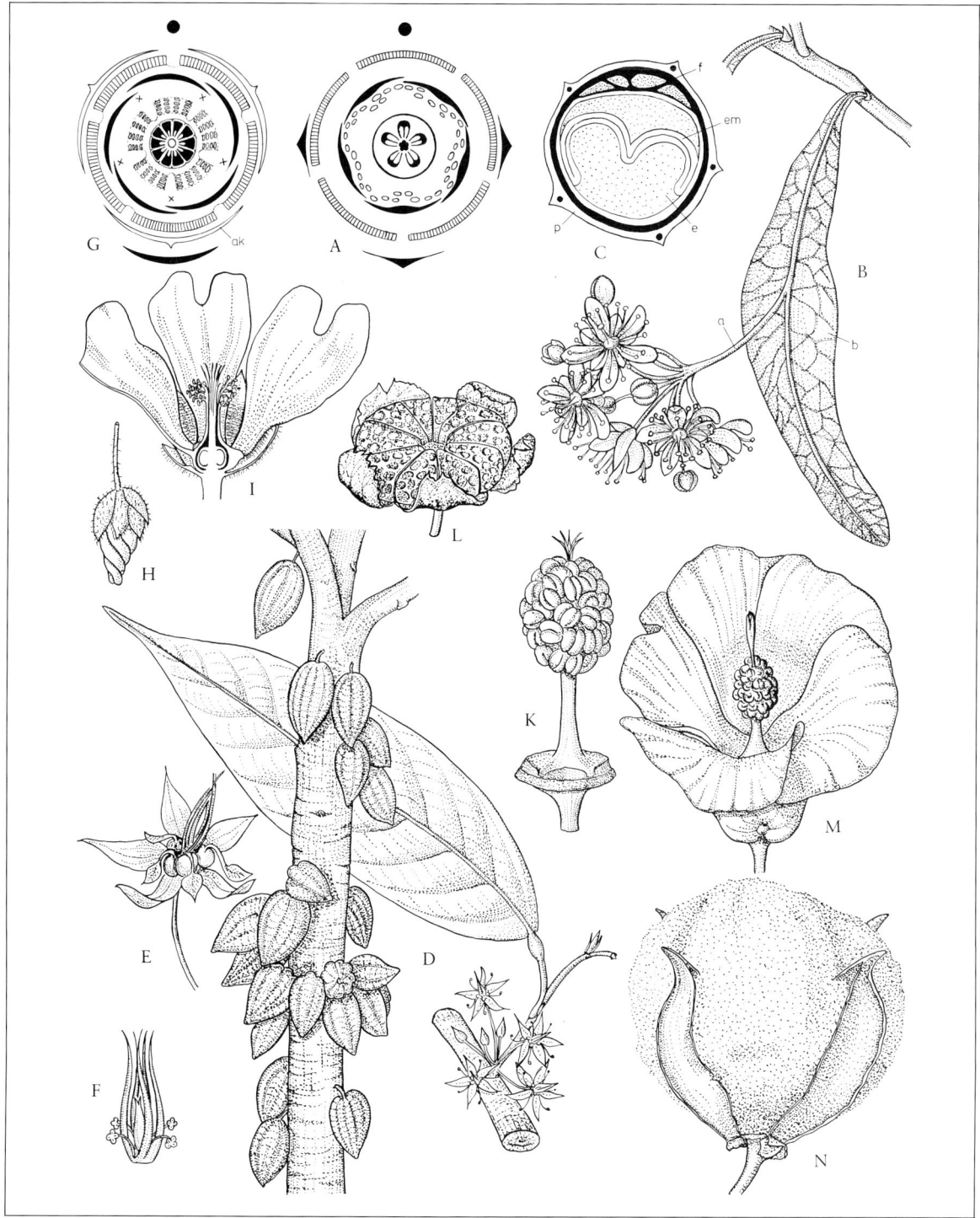

Abb. 3.2.253: *Malvales.* A–C *Tilia.* **A** Blütendiagramm; **B** Blütenstand (1×), sein Stiel (a) mit einem flügeligen Vorblatt (b) verwachsen; **C** Nußfrucht (quer) mit Fruchtwand (p), verkümmerten (f) und 1 ausgereiften Samen, darin Endosperm (e) und Embryo (em) (4×). D–F *Theobroma cacao.* **D** Blühender und fruchtender Stamm (letzt. stark verkl.); **E** Blüte und **F** Androeceum mit langem Staminodien (etwa 2×). G–N *Malvaceae.* **G** Blütendiagramm von *Malva* mit Außenkelch (ak). **H** Knospe (1×), **I** offene Blüte, längs (1,5×) mit **K** säulenförmig verwachsenen Staubblättern und oben herausragenden Griffeln (5×); **L** Spaltfrucht (4×) von *Malva sylvestris.* **M** Blüte und **N** aufgesprungene Kapsel mit den Samenhaaren von *Gossypium herbaceum* bzw. *G. vitifolium* (³/₄×). (A nach Eichler; B nach Berg & Schmidt; C, M–N nach Wettstein; D–F nach Karsten; G nach Firbas; H nach Schenck; I–L nach Baillon.)

klappige, die Krone dagegen vielfach eine gedrehte Knospenlage (Abb. 3.2.253 G–H); beide sind nicht oder nur wenig verwachsenblättrig. Von den zwei Staubblattkreisen neigt der äußere (episepale) zum Ausfall, während der innere (epipetale) häufig zentrifugal vermehrt ist. Vielfach verwachsen die Filamente am Grunde zu einer den Griffel umschließenden und mit der Krone verbundenen Röhre, wodurch die Antheren wie auf einer kleine Säule (Columna!) emporgehoben werden (Abb. 3.2.253 K). Der Typus ist also
∗ K5 C5 A5–0 + 5ᵒᵒ G (5–∞)

Noch ± freie Staubblätter haben die überwiegend tropischen Holzpflanzen der **Tiliaceae**. Davon kommen bei uns nur die kleinblättrige Winter- *(Tilia cordata)* und die großblättrige Sommer-Linde *(T. platyphyllos)* vor. Es sind insekten- und windblütige Bäume mit dichasialen Blütenständen, die mit einem auffällig flügelig vergrößerten Vorblatt verwachsen sind (Abb. 3.2.253 B), das später als Flugorgan mit dem ganzen Fruchtstand abfällt. Der 5fächerige Fruchtknoten birgt zunächst 2 × 5 Samenanlagen, entwickelt sich aber zu einer 1samigen Nuß, da eine Samenanlage alle anderen verdrängt (Abb. 3.2.253 C). Die Linden sind Bäume gemischter Laubwälder besserer Böden. Während die spät austreibende Winter-Linde in Europa weit verbreitet ist und gerade im kontinentalen Flachlande hervortritt, ist die früher blühende Sommer-Linde eher ein Baum mittlerer Berglagen, der die Nordgrenze der deutschen Mittelgebirge nur wenig überschreitet. Von den tropisch-subtropischen Vertretern seien die Jute liefernden *Corchorus*-Arten und die kapländische Zimmerlinde *(Sparmannia africana)* mit reizbaren Staubblättern genannt.

Bei den folgenden Familien sind die Staubblätter miteinander ± verwachsen. Noch 2 Thecen führen sie bei den tropischen, holzigen **Bombacaceae**. Dazu gehören etwa die Gattungen *Ceiba* (die Fruchtwandhaare liefern eine nicht verspinnbare Wolle: Kapok) und *Adansonia* (*A. digitata*, der afrikanische Affenbrotbaum oder Baobab bildet wasserspeichernde Flaschenstämme und wird von Fledermäusen bestäubt). Nah verwandt sind die ebenfalls tropischen **Sterculiaceae**. Ihr wichtigster Vertreter ist der in Amerika heimische, aber überall in den Tropen gebaute Kakaobaum (*Theobroma cacao*, Abb. 3.2.253 D–F), ein niedriger Baum mit einfachen großen Blättern und stammbürtigen (cauliflorer), von Läusen und Ameisen bestäubten Blüten. Seine großen Schließfrüchte enthalten zahlreiche Samen («Kakaobohnen»), die aus den mächtig entwickelten Keimblättern Fett (Kakaobutter), nach teilweisem Abpressen Kakaopulver sowie das Alkaloid Theobromin liefern. Tropisch-westafrikanische *Cola*-Arten enthalten in ihren Samen Coffein (daher Anregungsmittel).

Am stärksten abgeleitet sind die häufig krautigen **Malvaceae**, bei denen die Staubblätter gespalten sind und nur noch 1 Theca tragen. Vielfach ist ein auf Hochblätter zurückgehender Außenkelch vorhanden (Abb. 3.2.253 G). Der Fruchtknoten kann aus 3–5, aber auch aus mehr, bis zu 50, Fruchtblättern bestehen. Er entwickelt sich teils zu vielsamigen Kapseln, teils spaltet er entsprechend der Zahl der Fruchtblätter in 1samige Teilfrüchte auf. Das erste ist der Fall bei der Baumwollpflanze (*Gossypium*), deren strauchförmige oder 1jährige, durch Kreuzung und Polyploidie entstandene Kulturformen auf einige tropisch-subtropische asiatische und afrikanische bzw. amerikanische Arten zurückgeführt werden (z.B. *G. arboreum* und *G. herbaceum*: 2x, *G. hirsutum*: 4x, Abb. 3.2.253 M–N); die Baumwolle besteht aus den bis 60 mm langen, einzelligen Haaren der Samenschale (Abb. 1.1.1, 4.3.4, S. 13, 896); von großer wirtschaftlicher Bedeutung ist auch das Samenöl (Margarine-Herstellung). Spaltfrüchte besitzen die bei uns heimischen, krautigen Malven (*Malva*, Abb. 3.2.253 G–L) sowie die dichtbehaarten *Althaea*-Arten, die u.a. durch den Eibisch (*A. officinalis*), eine alte, halophile Heilpflanze, und durch die Stockrose (*A. rosea*), eine beliebte Zierpflanze, bekannt sind.

Die beiden letzten, nicht direkt miteinander verwandten Überordnungen der *Dilleniidae*, die *Primulanae* und *Cornanae*, haben zwar noch choripetale Vertreter, ihre parallelen Hauptlinien sind aber sympetal und erreichen damit die Entwicklungsstufe der *Sympetalae Pentacyclicae*. Gegenüber den viel formenreicheren *Sympetalae Tetracyclicae* mit 1 Staubblattkreis (S. 798 ff.) ist der Blütenbau dieser *Sympetalae Pentacyclicae* mit überwiegend 2 Staubblattkreisen aber noch weniger abgeleitet. (Bei nur einem Staubblattkreis ist die Rückbildung des anderen gewöhnlich noch durch Staminodien, epipetale Stellung bzw. Leitbündelrudimente angedeutet.) Die Fruchtknoten sind meist noch 5blättrig und oberständig. Eine Annäherung an die *Sympetalae Tetracyclicae* ergibt sich durch die überwiegend tenuinucellaten Samenanlagen ohne Deckzellen (S. 742). Im übrigen sind die Blüten der *Primulanae* und *Cornanae* radiär, die Blätter überwiegend ungeteilt.

6.5. Überordnung: Primulanae. Bezeichnend sind die überwiegend sympetalen Blumenkronen und die damit verwachsenen Staubblätter, die meist noch bitegmischen Samenanlagen mit nucleärem Endosperm und das massive Vorkommen von Saponinen. Die *Primulanae* dürften den *Theales* nahestehen.

(Sub)tropische Holzpflanzen mit synkarpen Fruchtknoten und zahlenmäßig reduzierten, zentralwinkelständigen Samenanlagen umfaßt die

6.5.1. Ordnung: **Ebenales.** Hierher zählen einige wichtige Nutz- und Heilpflanzen: nämlich zu den **Styracaceae** die Benzoe-Harze bildenden *Styrax*-Arten, zu den **Ebenaceae** verschiedene Ebenholz (vgl. S. 203) liefernde *Diospyros*-Arten und die ursprünglich ostasiatische Kakipflaume *D. kaki* sowie schließlich zu den **Sapotaceae** die indomalaiischen *Palaquium*- und *Payena*-Arten, aus deren Milchsaft die z.B. für Isolierung von Kabeln und für medizinische Zwecke verwendete Guttapercha gewonnen wird.

Parakarpe Fruchtknoten mit Zentralplacenta und zahlreichen Samenanlagen sowie häufigen Ausfall des episepalen Staubblattkreises (Abb. 3.2.254) finden wir bei der

6.5.2. Ordnung: **Primulales.** An die möglicherweise mit den *Ebenales* verwandten tropisch-holzigen **Theophrastaceae** und **Myrsinaceae** schließen hier die krautig-temperaten **Primulaceae** an. Während etwa Gilbweiderich (*Lysimachia*: Abb. 1.3.27 F) und das Ackerunkraut *Anagallis arvensis* (Abb. 3.2.214 F) noch beblätterte Stengel haben, sind die folgenden Gattungen Rosettenpflanzen: *Cyclamen* (Alpenveilchen): Gattung mediterran-orientalisch zentriert und mit Hypocotylknollen, *Primula* (Primel, Schlüsselblume): besonders in den Gebirgen weltweit verbreitet, oft heterostyl (Abb. 1.3.9 B, 3.2.206, 3.2.254) und drüsenhaarig (Abb. 1.2.31 D), *Soldanella* (Alpenglöckchen): in Schneebodengesellschaften europäischer Gebirge (Abb. 4.5.7) und *Androsace* (Mannsschild): mit Polsterpflanzen bis in die Nivalstufe vordringend.

6.6. Überordnung: Cornanae. Hier finden wir choripetale bis sympetale Blumenkronen, meist freistehende Staubblätter, unitegmische Samenanlagen, Endospermhaustorien und als charakteristische Inhaltsstoffe verschiedene Iridoide (carbocyclische und Seco-Iridoide, Abb. 3.2.255), Ellagsäure und Gerbstoffe. Die *Cornanae* lassen sich offensichtlich mit holzi-

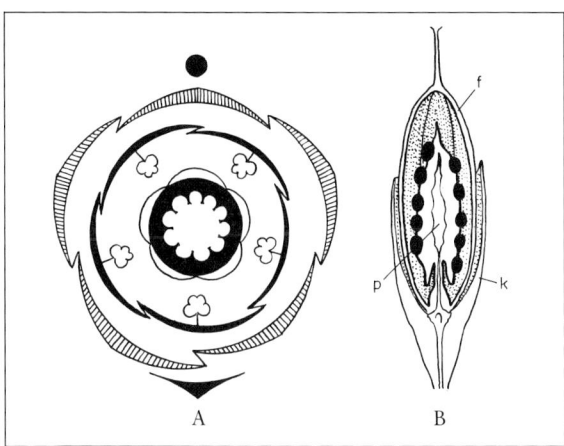

Abb. 3.2.254: *Primulales, Primula.* **A** Blütendiagramm von *P. vulgaris*: nur der innere, epipetale Staubblattkreis vorhanden, der äußere rudimentär; **B** fast reife Frucht von *P. elatior* längs, mit Kelch (k), Fruchtwand (f), Zentralplacenta (p) und Samen (1,5×). (A nach Eichler; B nach Firbas.)

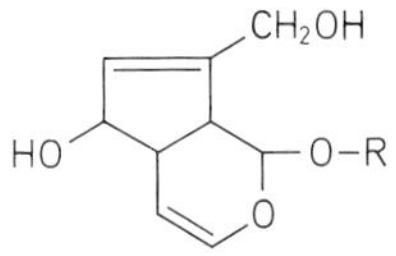

Abb. 3.2.255: Aucubin, Beispiel für ein carbocyclisches Iridoid. Iridoide verursachen vielfach beim Trocknen der Pflanzen eine schwärzliche Verfärbung.

gen *Saxifragales* bzw. *Theales* in Verbindung bringen und sind über die *Cornales* auch mit den sympetaltetracyclischen *Dipsacales* aufs nächste verwandt.

Familien und Ordnungen der *Cornanae* werden besonders durch embryologische, holzanatomische, phytochemische und serologische Ähnlichkeiten deutlich zusammengehalten; sie wurden früher wegen blütenmorphologischer Konvergenzen an sehr verschiedenen Stellen des Systems eingeordnet.

Überwiegend freie Kronblätter charakterisieren die

6.6.1. Ordnung: **Cornales.** Mit oberständigen und z.T. noch wenig verwachsenen Karpellen sowie 2kreisigen bzw. sekundär polyandrischen Androeceen stehen die **Hydrangeaceae** den holzigen *Saxifragales* nahe. Als beliebte Ziersträucher gehören hierher der Falsche Jasmin *(Philadelphus)* und die Hortensie *(Hydrangea)*. Nur noch 1 Staubblattkreis und G ($\underline{4}$) haben die **Aquifoliaceae** (Abb. 3.2.245 A) mit der Stechpalme, *Ilex aquifolium*, einem immergrünen, mediterran-atlantischen Strauch oder Baum (Abb. 4.1.11) mit roten Steinfrüchten und *I. paraguariensis* aus Südamerika (Maté-Tee). Noch stärker abgeleitet sind die **Cornaceae** mit G($\overline{4-2}$) und gegenständigen Blättern. Hierher zählen etwa der weißblühende Hartriegel *(Cornus sanguinea)*, ein häufiger Strauch lichter Laubwälder, und die wärmeliebende, noch vor der Belaubung gelb blühende Kornelkirsche *(Cornus mas)*, deren Steinfrüchte eßbar sind (Abb. 3.2.256). Im Alttertiär Europas waren die heute in Südostasien bzw. im südöstlichen N-Amerika reliktären *Mastixioideae* und die **Nyssaceae** reich entfaltet (Abb. 4.4.5).

Überwiegend verwachsene Kronblätter sowie eine ausgeprägte Mykorrhiza-Bindung und damit zusammenhängende Bevorzugung von Rohhumus-Standorten kennzeichnen die

6.6.2. Ordnung: **Ericales** (= *Bicornes*).

Hierher gehören vorwiegend Sträucher oder Stauden mit einfachen und häufig immergrünen Blättern. Ihre 5–4zähligen Blüten haben normalerweise oberständige, synkarpe, 5–4blättrige Gynoeceen und 2 obdiplostemon stehende Staubblattkreise (Abb. 3.2.257 A–B) mit meist freien Staubblättern und Thecen, die sich oft mit Poren öffnen (Einrichtungen zum Ausstreuen des Pollens) und 2 hornartige Anhängsel tragen (daher «*Bicornes*»: Abb. 3.2.257 C–D). Über die (sub)-tropischen noch freikronigen und Einzelpollen führenden **Clethraceae** ist diese Ordnung aufs engste mit den *Theales* verbunden. Pollentetraden (Abb. 3.2.257 G) finden sich dagegen bei den holzigen (oft zwergsträuchigen) **Ericaceae**, deren meist immergrüne, oft sehr kleinen schuppen- oder nadelförmigen Blätter durch ihre Xeromorphie bekannt sind. In den subarktischen und atlantischen Zwergstrauchheiden, in Hochmooren und rohhumusreichen Nadelwäldern, nahe der Baumgrenze der Gebirge (S. 921 f. etc.), in den mediterranen Macchien (S. 926) und in den Heiden des Kaplandes (S. 931) spielen sie eine große Rolle. Dank ihrer Mykotrophie sind sie nämlich zur Besiedlung extrem mineralstoffarmer Böden befähigt. Auch bei den *Ericaceae* kann die Blumenkrone in seltenen Fällen noch frei sei (z.B. beim Sumpf-Porst, *Ledum palustre*), in der Regel ist sie aber weitgehend verwachsen. Der Fruchtknoten ist bei den meisten Gattungen oberständig und entwickelt sich dann meist zu einer Kapsel, so bei den Alpenrosen *(Rhododendron*, Abb. 4.3.20), bei der Rosmarinheide *(Andromeda)*, bei *Erica* (z.B. der atlantischen Glocken-Heide, *E. tetralix*, oder der gebirgsbewohnenden, früh im Jahr blühenden Frühlings-Heide. *E. herbacea = E. carnea*) und beim Heidekraut (oder Besenheide, *Calluna vulgaris*) – nur selten zu einer Beere oder Steinfrucht, letzteres bei der Bärentraube *(Arctostaphylos uva-ursi*, Abb. 3.2.257 E–I). Bei man-

Abb. 3.2.256: *Cornales, Cornaceae, Cornus mas.* **A** Blühender und **B** fruchtender Sproß ($^1/_2$×); **C–D** Blüte von oben und längs (vergr.). (Nach Karsten.)

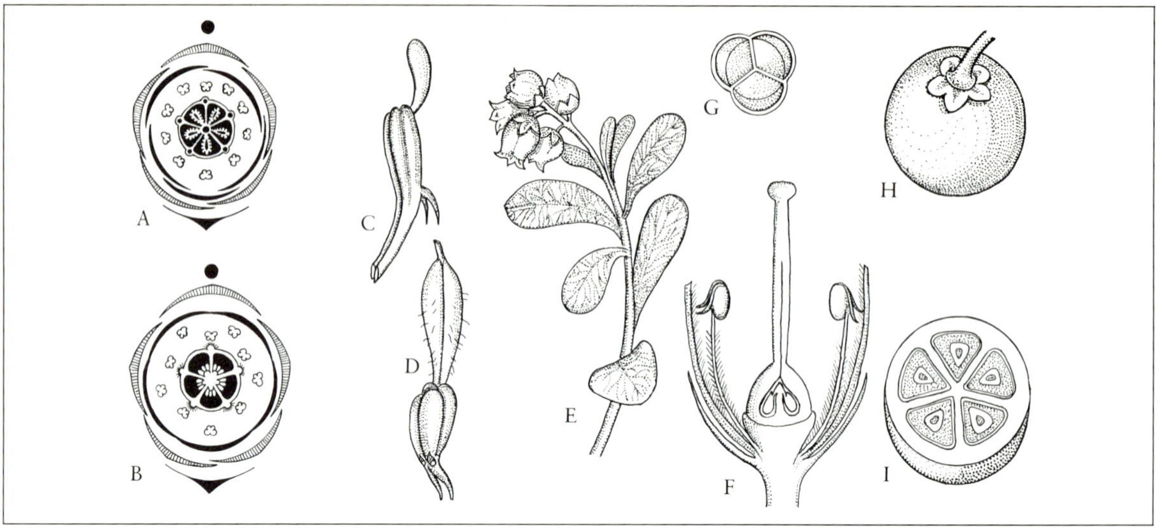

Abb. 3.2.257: *Ericales*. A–B Blütendiagramme von **A** *Pyrolaceae (Pyrola rotundifolia)* und **B** *Ericaceae (Vaccinium vitis-idaea)*. **C–D** Staubblätter (in natürlicher Position) von *Vaccinium myrtillus* und *Andromeda polifolia* (10×). E–I *Arctostaphylos uva-ursi*. **E** Blühender Sproß; **F** Blüte längs; **G** Pollentetrade; **H–I** Steinfrucht, gesamt und quer, mit 5 Steinkernen (F–I ± vergr.). (A–B nach Eichler; C–D nach Firbas; E–I nach Berg & Schmidt.)

chen Gattungen aber ist der Fruchtknoten unterständig, und die Frucht ist dann immer eine Beere, so bei *Vaccinium*, z.B. der Heidelbeere (*V. myrtillus*: Abb. 1.3.27B) oder der Preiselbeere (*V. vitis-idaea*).

Fortschreitende Mykotrophie kennzeichnet die kleinen Familien der **Pyrolaceae** mit immergrünen Stauden [dazu etwa die besonders in Nadelwäldern verbreiteten freikronblättrigen Wintergrün-(*Pyrola*-)Arten] und der chlorophyllfreien vollmykotrophen **Monotropaceae** mit dem Fichtenspargel (*Monotropa hypopitys*).

d) Entwicklungsstufe: Sympetalae Tetracyclicae

Hier finden wir die am stärksten abgeleiteten sympetalen *Dicotyledoneae*. Im Vergleich zu den *Sympetalae Pentacyclicae* (S. 776) ist nur noch ein mit den Kronblättern alternierender Staubblattkreis vorhanden; die Blüten sind also tetracyclisch. Neben vielfach radiären finden sich besonders dorsiventrale, fast durchwegs hochspezialisierte und an Tierbesuch angepaßte Zwitterblüten; als Endglieder mehrerer Reihen finden sich Pseudanthien. Sekundäre Polyandrie fehlt, die Staubblätter (A5 → 4 → 2) verwachsen fast immer mit der Krone. Im Vergleich mit dem meist 5zähligen Perianth ist die Zahl der Fruchtblätter in der Regel geringer, häufig sind nur 2 vorhanden. Eine charakteristische Blütenformel wäre also etwa: K(5) [C(5) A5] G(2). Die syn- bis parakarpen Fruchtknoten wandeln sich mehrfach von ober- zu unterständig. Die Samenanlagen verringern sich bis auf 1 pro Fach, sie haben nur noch 1 Integument und keine Deckzelle und sind tenuinucellat (S. 742). Das Endosperm ist oft zellulär und fällt teilweise ganz aus, Arillusbildungen fehlen. Krautige Wuchsformen nehmen überhand. Und ursprüngliche Charakteristika wie z.B. leiterförmig durchbrochene Tracheenwände, Ellagsäure etc. gehen verloren. Breite Merkmalsvergleiche, besonders auch die Berücksichtigung von neueren phytochemischen Befunden, nötigen zur Aufgliederung der *Sympetalae Tetracyclicae* in zwei offenbar nicht näher verwandte Unterklassen, die sich an die *Dilleniidae* bzw. die *Rosidae* anschließen lassen.

7. Unterklasse: Lamiidae

Im Gegensatz zu den *Asteridae* (S. 807) sind die Antheren hier noch frei, der Pollen ist 2- bis 3kernig, die Fruchtknoten sind ober- bis unterständig, aus holzigen entstehen mehrfach krautige Wuchsformen, als Speicherstoff findet sich vor allem Stärke; Iridoide sind weit verbreitet, Polyacetylene fehlen.

Die *Lamiidae* lassen sich in drei miteinander offenkundig verknüpften Überordnungen gliedern. Besonders die

7.1. Überordnung: Gentiananae sind über die *Dipsacales* noch sehr eng mit den *Dilleniidae-Cornanae* verbunden. Ihre Vertreter sind überwiegend Holzpflanzen mit gegenständigen Blättern; sie haben relativ ursprüngliche Merkmale, fast immer ± radiäre Blüten und als Inhaltsstoffe Seco-Iridoide.

Radiäre bis schwach zygomorphe oder unregelmäßige, meist 5zählige Blüten, niemals gedrehte Kronblattlage, 5- bis 2blättrige unterständige Fruchtknoten, oft mit sterilen Fächern (Abb. 3.2.258D–F) und mit nur wenigen Samenanlagen, zelluläre Endospermentwicklung, zusammengesetzte, geteilte oder zumindest gezähnt-gekerbte Blätter sowie das Fehlen von Nebenblättern, bicollateralen Bündeln und Alkaloiden charakterisieren die

7.1.1. Ordnung: **Dipsacales** (= *Rubiales* z.T.). An den Anfang stellen wir zwei holzige und noch mit 5 Staubblättern und mehr- bis 1samigen Fruchtknotenfächern versehene Familien. Die **Sambucaceae** bilden Steinfrüchte. Hierher zählen u.a. Holunder (*Sambucus*, mit gefiederten Blättern; Abb. 1.3.35B,

1.2.18A, 1.2.20, 3.2.258A–D) und Schneeball (*Viburnum*, mit einfachen Blättern). Beide besitzen radiäre Blüten, die zu dichten, schirmartigen Thyrsen vereinigt sind; dabei sind die Randblüten bei *V. opulus* unfruchtbar und zu einem auffälligen Schauapparat vergrößert (die Gartenformen mit kugeligen Trugdolden haben nur solche Blüten). Die **Caprifoliaceae** entwickeln dagegen oft dorsiventrale Blüten und Beeren bzw. Kapseln. Zu *Lonicera* zählen heimische Sträucher und Schlingpflanzen, z.B. das Geißblatt *L. caprifolium*. *Linnaea borealis* ist eine nordisch-alpine Kriechstaude. Eine Staude ist auch das zierliche Moschuskraut *(Adoxa moschatellina)* mit kopfigem Blütenstand, der einzige Vertreter der **Adoxaceae**.

Fortschreitende Rückbildungen im Staub- und Fruchtblattbereich kennzeichnen dann die beiden letzten überwiegend krautigen Familien. Die **Valerianaceae** haben schwach asymmetrische Blüten (Abb. 3.2.258E, F, H) mit einer vorwiegend 5zähligen, oft gespornten Krone und nur 4–1 Staubblättern. In ihrem 3fächerigen Fruchtknoten bleibt nur 1 Fach fruchtbar. Es entwickelt sich eine 1samige Nuß. Die wichtigste einheimische Gattung *Valeriana* (Baldrian) ist meist ausdauernd, hat 3 Staubblätter und bildet zur Fruchtzeit aus dem Kelch eine Haarkrone (Pappus) (Abb. 3.2.258G). Pharmazeutische Bedeutung hat besonders *V. officinalis* (etherische Öle und Isovaleriansäure: Geruch!). Einjährig ist *Valerianella*; einige Arten werden als «Rapunzel» oder «Vogerlsalat» gegessen.

Bei den **Dipsacaceae** sind die schwach dorsiventralen Blüten zu thyrsisch-kopfigen Blütenständen vereint, deren Randblüten oft vergrößert und strahlig ausgebildet sind (Pseudanthien: Abb. 3.2.258I). Die 1fächerigen und 1samigen Fruchtknoten sind von einer 4blättrigen Hochblatthülle (Außenkelch) umgeben (Abb. 3.2.258K, L). Beachtlich ist die fruchtbiologische Differenzierung (vgl. S. 517f. und Abb. 3.1.48). Heimische Gattungen sind etwa *Scabiosa, Knautia* und *Dipsacus*. Die sparrigen Köpfchen von *D. sativus* (Weber-Karde) wurden zum Aufrauhen von Wollstoffen verwendet.

Radiäre und 4zählige Blüten, dachige oder klappige (vereinzelt auch freie!) Kronblätter, meist nur 2 Staubblätter, oberständige 2blättrige, synkarpe Fruchtknoten, oft nur mit wenigen Samenanlagen, und zelluläre Endospermentwicklung, demnach *K(4) [C(4) A2]G(2) (Abb. 3.2.259A) charakterisieren die

7.1.2. Ordnung: **Oleales** (= Ligustrales) mit der einzigen isolierten Familie **Oleaceae**. Die Früchte sind mannigfaltig: Der südosteuropäische Flieder *(Syringa vulgaris)* besitzt Kapseln. Der mediterrane, durch seine einfachen silbergrauen Blätter auffällige Ölbaum *(Olea europaea,* Abb. 3.2.259B–D) trägt Steinfrüchte (Oliven) mit fettem Öl im Fruchtfleisch und Endosperm. Die durch gefiederte Blätter ausgezeichneten Eschen *(Fraxinus)* schließlich haben geflügelte 1samige Nüsse (Abb. 3.2.259F). Auch der Blütenbau dieser Gattung ist von hohem Interesse (Abb. 3.2.259E, G): Noch recht ursprünglich ist die submediterrane, stark duftende, insektenblütige Manna-Esche *(F. ornus)* mit tiefgeteilten weißen Blumenkronen und auffälligen Blüten-Rispen. Stärker abgeleitet und windblütig ist dagegen die heimische Esche *(F. excelsior,* ein Baum nährstoffreicher Böden); ihre noch vor den Blättern erscheinenden unscheinbaren Blüten besitzen weder Kelch noch Krone, neben Zwitterblüten kommen auch einge-

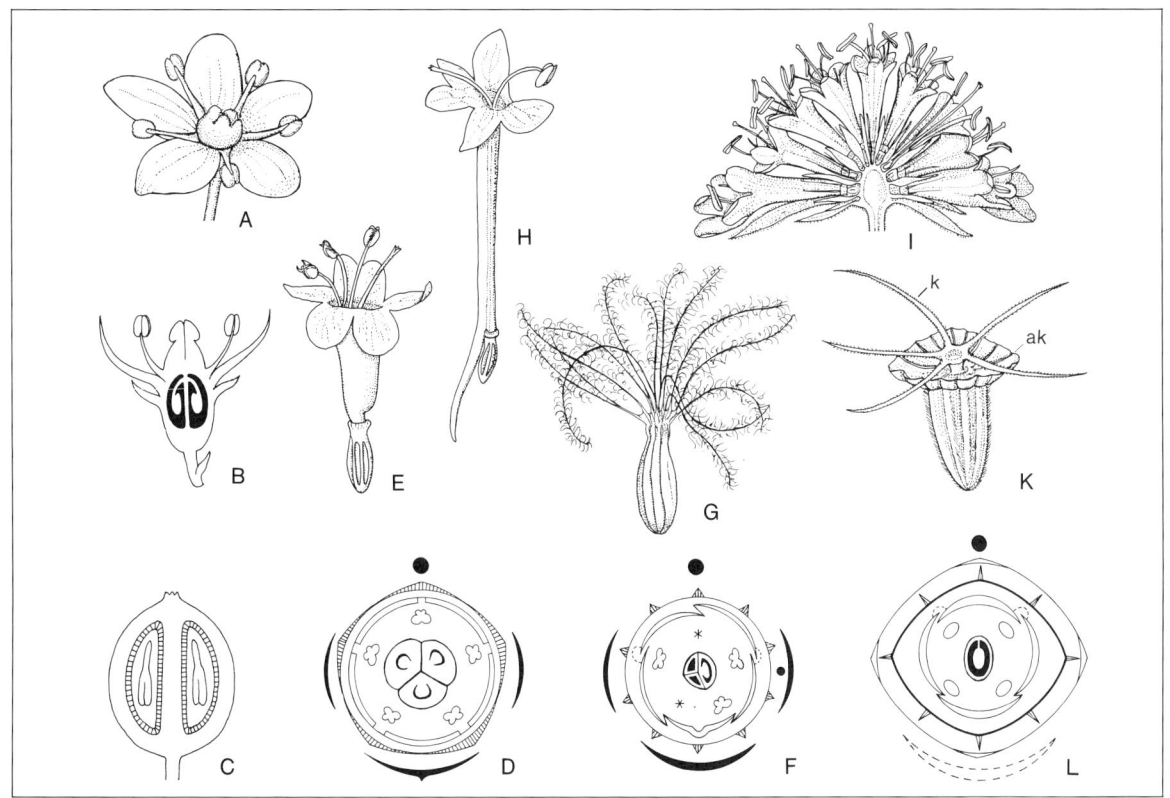

Abb. 3.2.258: *Dipsacales.* **A–D** Sambucaceae, *Sambucus ebulus*, Blüte (A, etwa 10×), Steinfrucht, längs (C, etwa 5×), Blütendiagramm (D); *Sambucus nigra*, Blüte längs (B, etwa 10×). **E–H** Valerianaceae, *Valeriana officinalis*, Blüte (E, etwa 10×), Blütendiagramm (F); *Valeriana tripteris*, Frucht und Pappus, (G, etwa 3×); *Centranthus ruber*, Blüte (H, etwa 10×). **I–L** Dipsacaceae, *Scabiosa columbaria*, Blütenköpfchen längs (I, vergr.), Frucht mit Außenkelch (ak) und Kelch (k) (K, vergr.); *Dipsacus pilosus*, Blütendiagramm (L). (A, C nach Graf; B nach Dunzinger; D, F, L nach Eichler; E, G, H nach Weberling; I, K nach Hegi.)

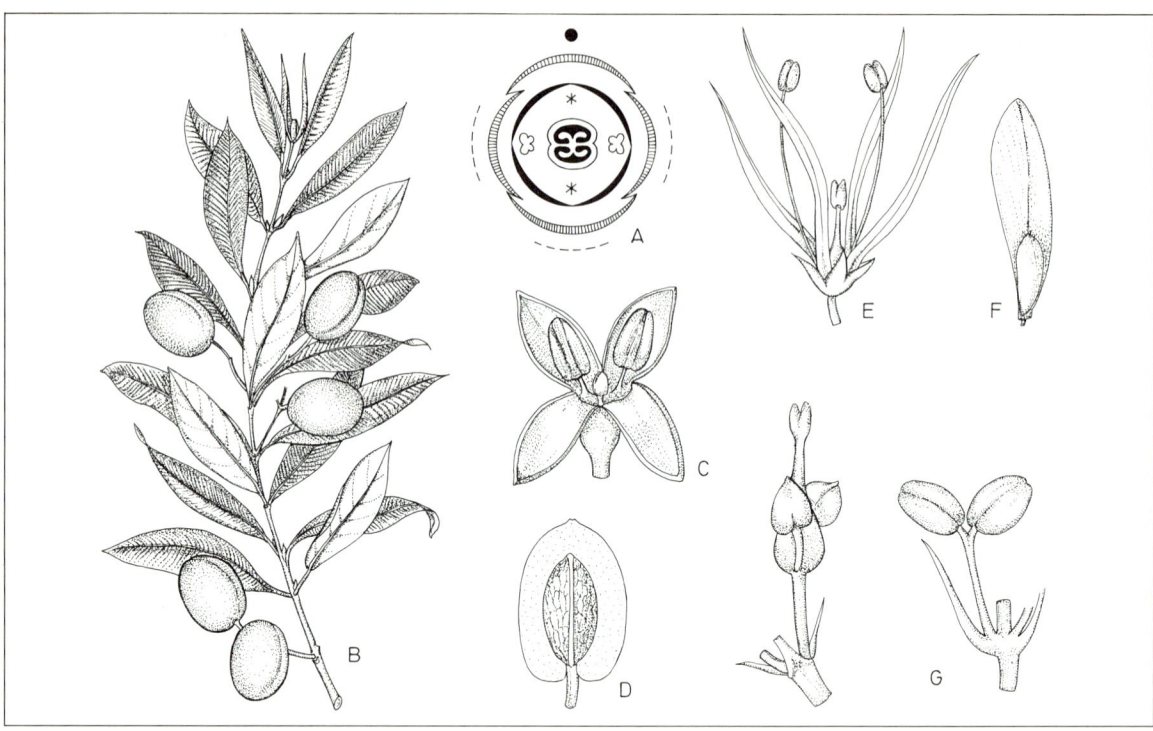

Abb. 3.2.259: *Oleales.* **A** Blütendiagramm von *Syringa vulgaris*. B–D *Olea europaea*. **B** fruchtender Sproß ($^2/_5$×); **C** Blüte (vgr.); **D** Frucht längs, Steinkern freigelegt (1×). E–G *Fraxinus*. **E–F** ♂ Blüte und geflügelte Nuß der entomophilen *F. ornus* (etwas vergr.); **G** ♂ und ♂ Blüte der anemophilen *F. excelsior* (vergr.). (A–B nach Firbas; C–D aus Hegi; E–F nach Karsten; G nach Hempel & Wilhelm.)

schlechtige Blüten vor. Als Ziersträucher bekannt sind die Gattungen *Jasminum, Forsythia* und *Ligustrum*.

Als Differentialmerkmale der

7.1.3. Ordnung: **Gentianales** (= *Contortae + Rubiales* z. T.) können die radiären, 5–4zähligen Blüten, oft mit gedrehter Knospenlage der Krone, A5–4, die meist 2blättrigen, ober- bis unterständigen Fruchtknoten, meist mit zahlreichen Samenanlagen, die nucleäre Endospermentwicklung, die fast immer ungeteilten und ganzrandigen, gegenständigen Blätter sowie die weite Verbreitung von bicollateralen Leitbündeln und von Indol-Alkaloiden (Tryptophan-Derivate, Abb. 3.2.261) genannt werden. Besonders ursprünglich sind die (sub)tropischen und meist holzigen, nebenblatttragenden **Loganiaceae** mit oberständigen Fruchtknoten, aber noch ohne Milchröhren. Dazu gehören verschiedene Giftpflanzen, etwa aus der Gattung *Strychnos*; zahlreiche ihrer Arten liefern Pfeilgifte, z.B. das südamerikanische Curare; aus dem Samen von *Strychnos nux-vomica*, dem ostindischen Brechnußbaum (Abb. 3.2.260 A–E), stammt das Indol-Alkaloid Strychnin.

Eine überwiegend krautige, nebenblattlose Entwicklungslinie mit auffälligen Bitterstoffen (z.B. Gentiopikrin) repräsentieren die beiden folgenden Familien: Bei den **Gentianaceae** (mit ungeteilten, gegenständigen Blättern) bilden die Enziane (*Gentiana*: Abb. 3.2.262 A–C und *Gentianella*) die artenreichste, besonders in den Gebirgen der Nordhemisphäre sehr hochsteigende Gattungsgruppe. Zu den **Menyanthaceae** (mit wechselständigen Blättern) gehören der Bitterklee, *Menyanthes trifoliata*, eine Sumpfpflanze mit 3zähligen Blättern, und die Seekanne *(Nymphoides peltata)*, eine kleine Schwimmblattpflanze mit seerosenähnlichen Blättern.

Ungegliederte Milchröhren, Milchsaft und Alkaloidreichtum (Giftpflanzen!) kennzeichnen die beiden nächsten, ebenfalls an die *Loganiaceae* anschließenden, vielfach noch holzigen und (sub)tropischen Familien. Die coenokarpen Gynoeceen zeigen hier eine starke Förderung der oberen, unverwachsenen (asymplikaten) Zonen (nur die Griffel und Narben sind zur Blütezeit postgenital verbunden); die Früchte erscheinen dementsprechend 2teilig und sekundär fast chorikarp (Abb. 3.2.260F). Bei den **Apocynaceae** sind die Antheren noch frei und die Pollenkörner einzeln. Hierher zählen als Holzpflanzen etwa der mediterrane Oleander (*Nerium oleander*, Abb. 1.3.9C, 1.3.85A), afrikanische *Strophanthus*-Arten (Abb. 3.2.260F–G, Cardenolide als wichtige Herz-Glykoside und Pfeilgifte), *Rauvolfia* (Indol-Alkaloid Reserpin usw.) und verschiedene Kautschukpflanzen (z.B. die afrikanischen *Funtumia, Landolphia* oder die brasilianische *Hancornia*); krautig ist das heimische Immergrün (*Vinca minor*: Abb. 1.3.27 A).

Bei den **Asclepiadaceae** sind die Antheren mit dem Narbenkopf zu einem «Gynostegium» verwachsen, die Pollenkörner sind meist zu Pollinien verklebt (Abb. 3.2.260H–L). Gewöhnlich werden je zwei dieser Pollinien aus benachbarten Antheren durch Bildungen des Narbenkopfes («Klemmkörper» und bügelartige «Translatoren») miteinander verbunden. In einer Rinne dieser Klemmkörper verfangen sich Insekten beim Aufsuchen des Nektars mit dem Rüssel oder den Beinen, ziehen die Pollinien heraus und übertragen sie auf andere Blüten. Außerdem bilden Anhängsel am Rücken der Staubblätter eine nektarführende «Nebenkrone». Bei *Ceropegia* ist diese Bestäubungsart mit der Ausbildung von Gleitfallenblumen kombiniert. Außer Holzpflanzen finden sich Lianen (z.B. *Marsdenia*), Epiphyten (z.B. *Dischidia*: Abb. 1.3.86), Stauden (z.B. die heimische Schwalbenwurz: *Cynanchum vincetoxicum* und *Asclepias*-Arten: Abb. 3.2.260H–L) und Stammsucculente (z.B. die *Stapelieae* mit Aasfliegen-Blumen, besonders in afrikanischen Trockengebieten: Abb. 1.3.43 C).

Unterständige Fruchtknoten, Indol-Alkaloide, gegenständige Blätter mit Nebenblättern und das Fehlen

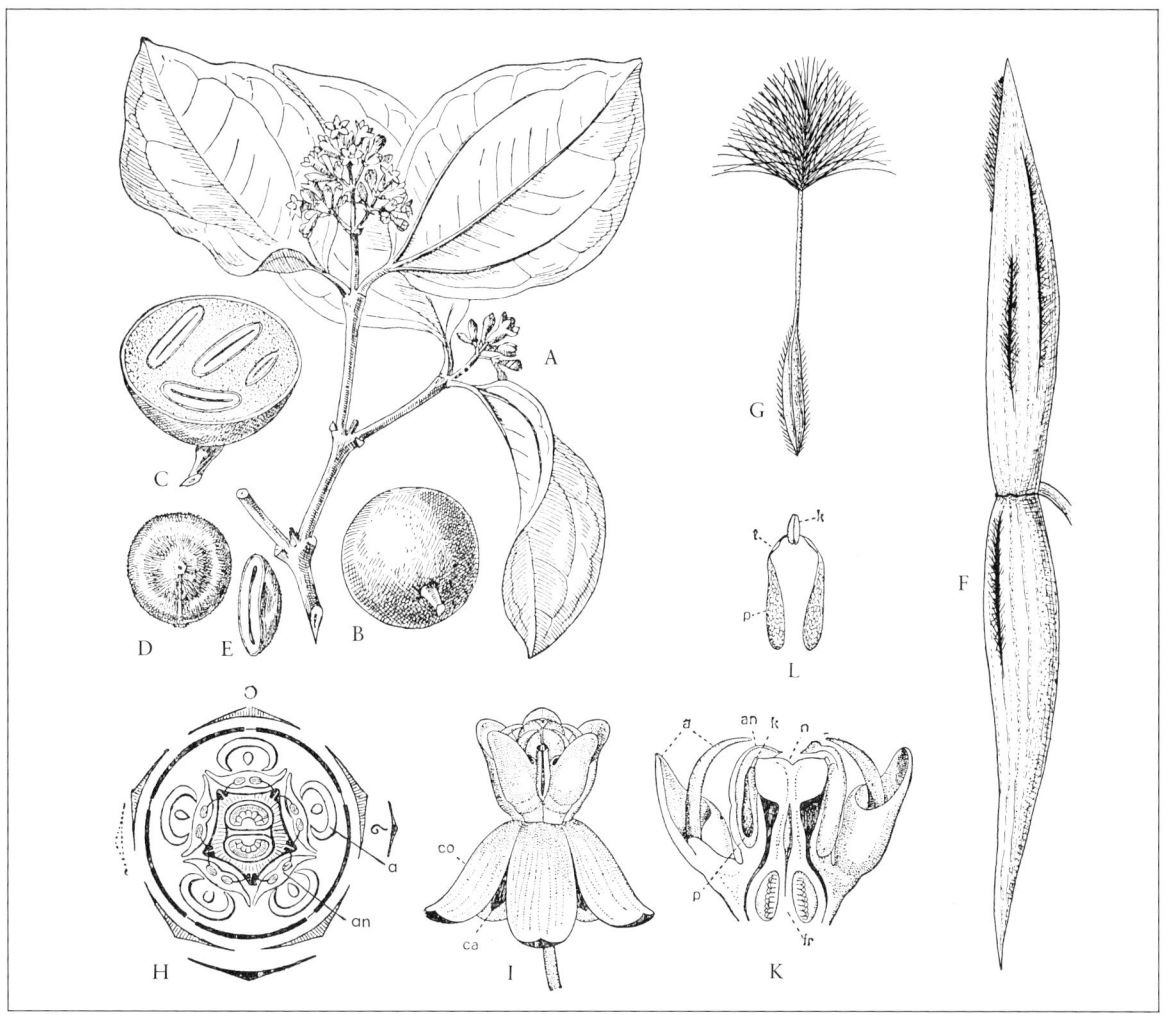

Abb. 3.2.260: *Gentianales*. **A–E** *Loganiaceae*, *Strychnos nux-vomica*, blühender Sproß, Beere und Samen gesamt und quer ($^1/_2\times$). **F–G** *Apocynaceae*, *Strophanthus hispidus*, Frucht ($^1/_2\times$) und Same ($^2/_3\times$). **H–L** *Asclepiadaceae*, *Asclepias syriaca*. Blütendiagramm (Vorblatt-Achsel mit Seitensproß), Blüte (vergr.) mit Kelch (ca), Blütenkrone (co) und Gynostegium (K; längs; vergr.), an den Staubblättern die Anhängsel der Nebenkrone (a), Antheren (an), mit Pollinien (p), dazwischen Klemmkörper (k), ferner Fruchtknoten (fr) und Narbenkopf (n); 2 Pollinien (p), durch Translatoren (t) und Klemmkörper (k) miteinander verbunden (L; vergr.). (A–E nach Karsten; F–G nach Schumann; H nach Eichler, etwas verändert; I–L nach Engler.)

bicollateraler Leitbündel sind schließlich für die mit den *Loganiaceae* verwandten, früher mit den *Dipsacales* in Verbindung gebrachten **Rubiaceae** kennzeichnend. Die Blüten sind meist lang, trichter- oder stieltellerförmig (Abb. 3.2.262 D), werden aber öfters verkürzt (Abb. 3.2.262 L, G) und schließlich flach radförmig (z. B. bei vielen heimischen *Galium*-Arten). Ursprünglich sind Kapseln mit zahlreichen Samenanlagen (Abb. 3.2.262 E); daraus entstehen aber vielfach Steinfrüchte (Abb. 3.2.262 H, I) oder Spaltfrüchte (Abb. 3.2.262 K–M).

Die Rubiaceen sind als tropische Holzpflanzen höchst formenreich entwickelt (über 10000 Arten!). Wirtschaftlich bedeutungsvoll sind etwa die Chinarindenbäume (*Cinchona*: Abb. 3.2.262 D, E; Chinin u.a. Indol-Alkaloide als Fiebermittel). Die Kaffeesträucher (*Coffea*, paläotropisch; besonders *C. liberica*, *C. arabica*: Abb. 3.2.262 F–I, u.a.) gehören zu den wichtigsten tropischen Plantagensträuchern; die «Kaffeebohnen» bestehen zum großen Teil aus dem Endosperm der Samen und enthalten das alkaloidähnliche Purin-Derivat Coffein. Ernährungsphysiologisch und ökologisch bemerkenswert sind die von Ameisen bewohnten indomalaiischen Knollenepiphyten *Myrmecodia* und *Hydnophytum* sowie die tropischen *Psychotria*- und *Pavetta*-Arten, welche in kleinen, knötchenartigen Anschwellungen der Blätter symbiontische Bakterien bergen (S. 377). Bei der vorwiegend temperaten und krautigen Gattung *Galium* (Labkraut) sind die Nebenblätter den Laubblättern ähnlich und stehen mit ihnen in 4-

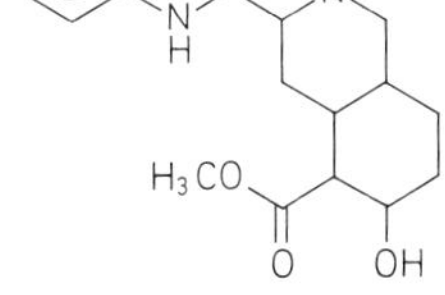

Abb. 3.2.261: Beispiel für die charakteristischen Indol-Alkaloide der *Gentianales*: Yohimbin (z.B. bei *Apocynaceae* und *Rubiaceae*.)

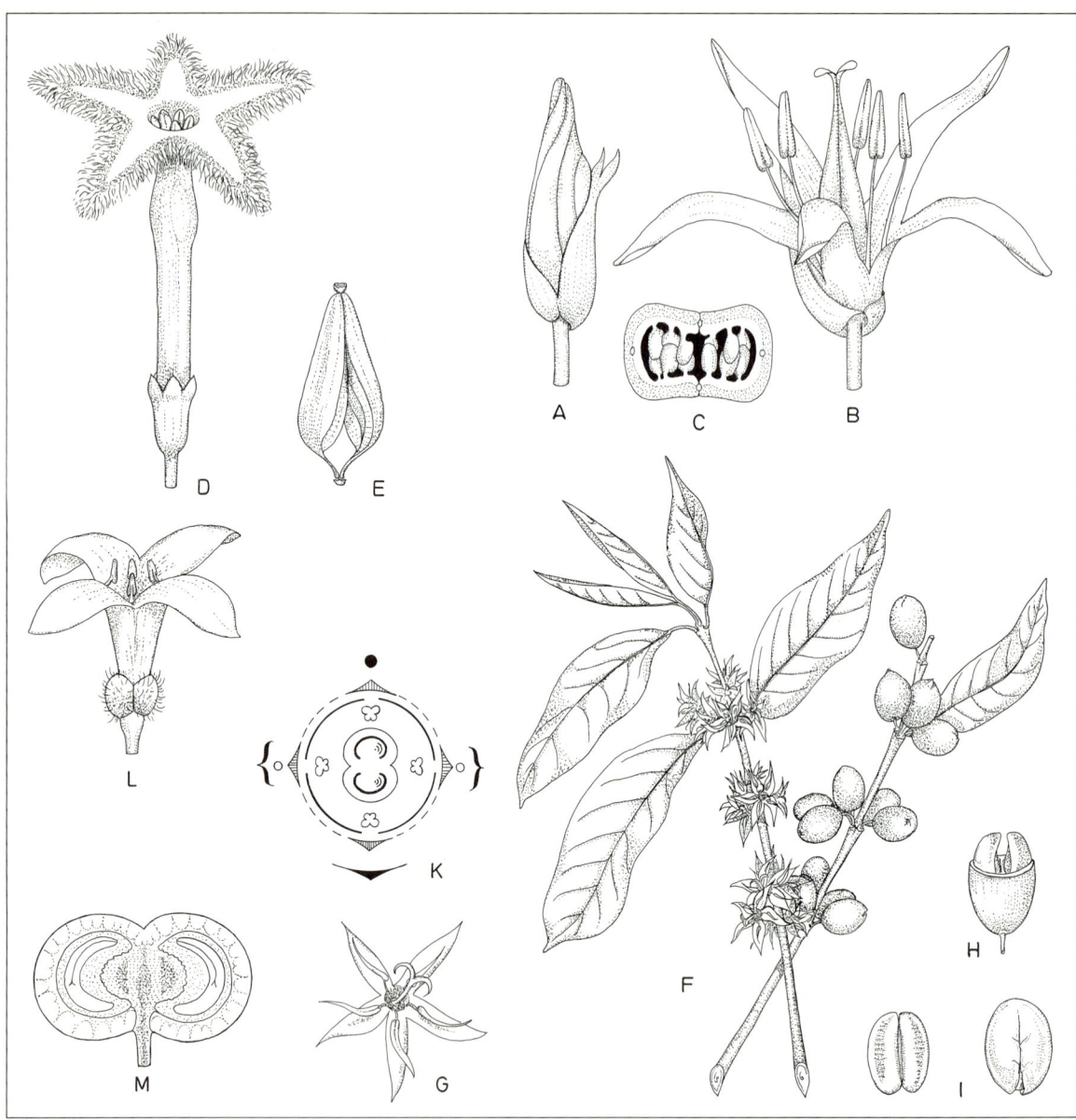

Abb. 3.2.262: *Gentianales. Gentianaceae, Gentiana lutea.* **A** Knospe (mit gedrehter Krone; 1×), **B** Blüte (1×) und **C** Fruchtknoten, quer (3×). *Rubiaceae.* **D–E** *Cinchona calisaya,* Blüte (4×) und von unten her aufspringende septicide Kapsel (1×). F–I *Coffea arabica.* **F** blühende bzw. fruchtende Sprosse ⅜×); **G** Blüte, **H** Steinfrucht, Fruchtfleisch teilweise entfernt. **I** Samen ohne bzw. im pergamentartigen Endokarp (¾×). **K** Blütendiagramm von *Sherardia arvensis.* **L** Blüte von *Galium odoratum* (= *Asperula odorata*), Waldmeister (7×). **M** Fleischige Spaltfrucht von *Rubia tinctorum* (längs; 2,7×). (A–B, H nach Firbas; M nach Baillon; F–I nach Karsten; K nach Eichler.)

bis mehrzähligen Wirteln, doch finden sich die Achselsprosse nur in den Laubblattachseln (Abb. 1.3.70 B); Alkaloide fehlen hier. Verwandt damit ist *Rubia tinctorum* (Abb. 3.2.262 M), die früher als Farbpflanze («Krapprot») viel angebaut wurde.

Die beiden folgenden Überordnungen, *Solananae* und *Lamianae,* sind stärker abgeleitet als die *Gentiananae* und werden öfters als **Tubiflorae** s. lat. zusammengefaßt. Hier dominieren krautige Pflanzen; wechselständige und gelappte bzw. gezähnt-gekerbte Blätter sind häufig; Nebenblätter fehlen. Meist ist nur noch ein (3-)2blättriger oberständiger Fruchtknoten vorhanden, der von syn- zu parakarp sowie von viel- zu wenig- (und auch 1-)samig verändert wird. Dementsprechend finden wir besonders Kapseln und Beeren bzw. bei Bildung falscher Scheidewände auch Bruchfrüchte (Klausen; Abb. 3.2.266 B, E–K).

Radiäre, 5–4zählige Blüten mit gleich vielen Staubblättern, nucleäres bis zelluläres Endosperm und das häufige Vorkommen von Alkaloiden (aber das Fehlen von Iridoiden!) kennzeichnen die

7.2. Überordnung: Solananae (= *Polemoniales + Solanaceae*). Dabei sind die anatropen Samenanlagen bei der

7.2.1. Ordnung: **Solanales** in 3- bis 2blättrigen Fruchtknoten nach abwärts gerichtet. Bei den beiden ersten Familien finden sich bicollaterale Leitbündel und pharmazeutisch bedeutsame Tropan-Alkaloide (Abb.

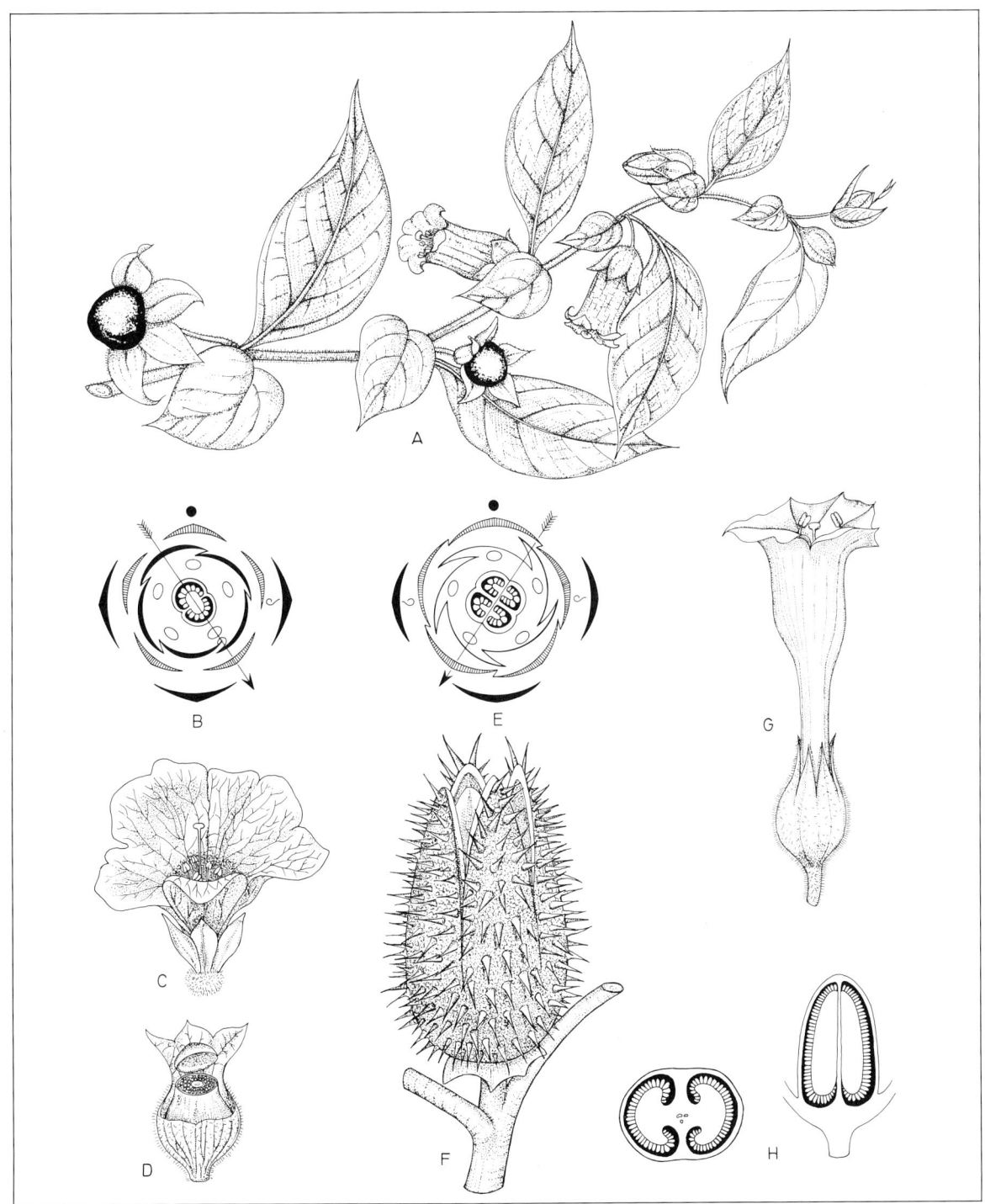

Abb. 3.2.263: *Solanales, Solanaceae.* **A** *Atropa bella-donna,* sympodialer Sproßverband mit Blüten und Beeren ($^1/_2$×). **B–D** *Hyoscyamus,* Blütendiagramm von *H. albus,* Blüte und Deckelkapsel von *H. niger* (Kelch z.T. entfernt; etwa 1×). **E–F** *Datura stramonium,* Blütendiagramm und bestachelte Kapsel (etwa 1×). **G–H** *Nicotiana tabacum,* Blüte (1×) und junge Kapseln, längs und quer (2×). (A, F–H nach Karsten; B, E nach Eichler; C–D nach Beck-Mannagetta.)

3.2.264). Formenreich und wirtschaftlich wichtig sind besonders die **Solanaceae** (Nachtschattengewächse; Abb. 3.2.263).

Ihr Sproßaufbau ist infolge von Verwachsungen und Verschiebungen der Achsen und Blätter oft schwer durchschaubar (Abb. 1.3.37 D, 3.2.263 A). Die Blüten stehen häufig in Wikkeln, die meist 2blättrigen Fruchtknoten sind meist schräggestellt (Abb. 3.2.263 B, E), die zahlreichen Samenanlagen bilden sich an dicken Placenten (Abb. 3.2.263 H), die Blütenformel ist meist noch * oder ↓ K(5) [C(5) A5] G(2).

Kapseln finden wir etwa beim Virginischen Tabak, *Nicotiana tabacum* (Abb. 3.2.263 G–H): allotetraploid und wahrscheinlich in Nordwest-Argentinien aus den diploiden Wildarten *N. sylvestris* (Abb. 2.2.46) und *N. otophora* entstanden; Kultur in Süd- und Mittelamerika schon prä-columbianisch, heute zahreiche, weltweit verbreitete Kulturrassen. Weniger wichtig der wohl aus Peru stammende, ebenfalls allotetraploide Bauern-Tabak, *N. rustica* (vgl. S. 514). Von beiden Arten sind keine sicheren Wildvorkommen bekannt. Kapseln haben auch die als Zierpflanze beliebte südamerikanische Gattung *Petunia* (vgl. S. 511) sowie die giftigen heimischen Ruderalpflanzen der Gattungen Bilsenkraut (*Hyoscyamus*, leicht dorsiventrale Blumenkrone, Deckelkapseln: Abb. 3.2.263 B–D) und Stechapfel (*Datura*: Abb. 3.2.263 E–F). Beeren kennzeichnen etwa die sehr artenreiche Gattung *Solanum*, zu der die allotetraploide Kartoffel (*S. tuberosum*: Abb. 1.2.20 C, 1.3.18) gehört, die im 16. Jahrhundert nach Europa gelangte und deren Stammformen in den Anden von Peru, Bolivien, Nord-Argentinien und Chile zu suchen sind (subsp. *andigenum* u.a.). Eine paläotropische Nutzpflanze ist die Eierfrucht (*S. melongena*), in Augehölzen klettert das schwach giftige Bittersüß (*S. dulcamara*). Nah verwandt ist auch die Tomate (*Lycopersicon esculentum*), eine alte, peruanisch-mexikanische Kulturpflanze, die bei uns erst im 19. Jahrhundert stärkere Verbreitung fand; ihre Kulturformen besitzen oft eine vermehrte Zahl von Fruchtblättern. Auch die aus dem tropischen Amerika stammende Paprikapflanze (*Capsicum annuum*) und die giftige einheimische Tollkirsche (*Atropa bella-donna*; sympodiale Sproßverbände, vgl. S. 186 und Abb. 3.2.263 A) haben Beeren. Pharmazeutisch wichtig sind vor allem Drogen mit Tropan-Alkaloiden (Hyoscyamin, Atropin, Belladonnin, Scopolamin u.a.).

Oft nur noch 4samige Kapseln haben die **Convolvulaceae** (Windengewächse, Abb. 3.2.265 A–C). Es sind in der Regel Schlingpflanzen mit wechselständigen, einfachen Blättern und trichterförmigen, in der Knospenlage gedrehten Kro-

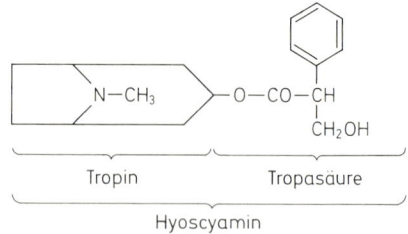

Abb. 3.2.264: Beispiel für ein charakteristisches Tropan-Alkaloid der *Solanaceae*: Hyoscyamin.

nen wie die Acker-Winde (*Convolvulus arvensis*) oder die großblütige Zaunwinde (*Calystegia sepium*). Eine wichtige, ursprünglich wohl neotropische Kulturpflanze ist die Batate oder Süßkartoffel (*Ipomoea batatas*) mit stärkereichen Wurzelknollen. Nah verwandt sind die fast blattlosen und ± chlorophyllfreien, auf Klee, Nesseln, Weiden u.a. parasitierenden **Cuscutaceae** mit *Cuscuta*, dem Teufelszwirn (Abb. 1.3.45–46, 3.2.265 D–G). Collaterale Leitbündel und vielsamige, meist 3blättrige Kapseln finden wir bei **Polemoniaceae**. Hierher zählen das Sperrkraut (*Polemonium caeruleum*) und die vorwiegend nordamerikanische Zierpflanzengattung *Phlox*.

Nach aufwärts gerichtete Samenanlagen charakterisieren die

7.2.2. Ordnung: **Boraginales**. Hierher gehören u.a. die **Hydrophyllaceae** mit Kapselfrüchten (z.B. die nordamerikanische Bienenfutterpflanze *Phacelia*) und die **Boraginaceae** (Rauhblattgewächse, Abb. 3.2.266 A–G) mit 4 1samigen Klausen. Es sind vorwiegend krautige Pflanzen mit wechselständigen, einfachen und meist borstig behaarten Blättern (Abb. 1.2.16 A,

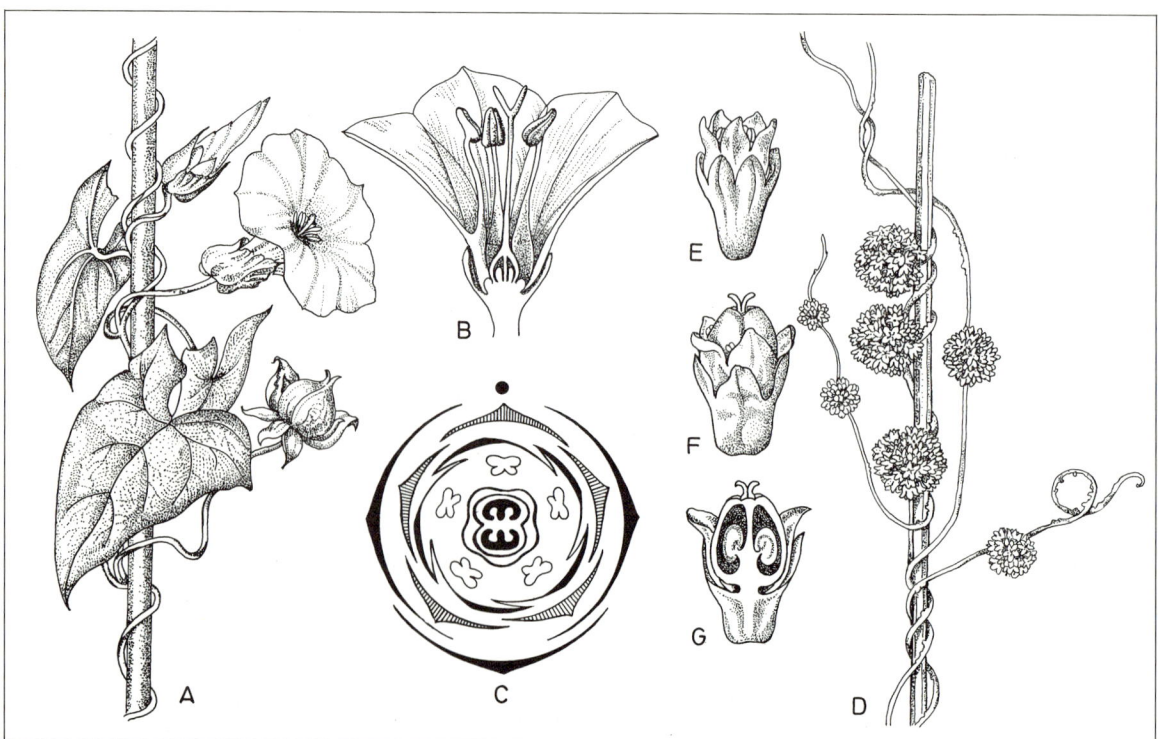

Abb. 3.2.265: *Solanales. Convolvulaceae* (A–C) und *Cuscutaceae* (D–G). **A** *Calystegia sepium*, blühender und fruchtender Sproß (1/3×), **B** *Convolvulus arvensis*, Blüte längs (1,5×), **C** Blütendiagramm (mit Vorblättern), D–G *Cuscuta europaea*, **D** blattloser Sproß mit Haustorien und Blütenknäueln (1,5×), **E–G** Blüte und junge Frucht, gesamt bzw. längs (20×). (A nach Firbas; B nach Graf; C nach Eichler; D nach Dahlgren.)

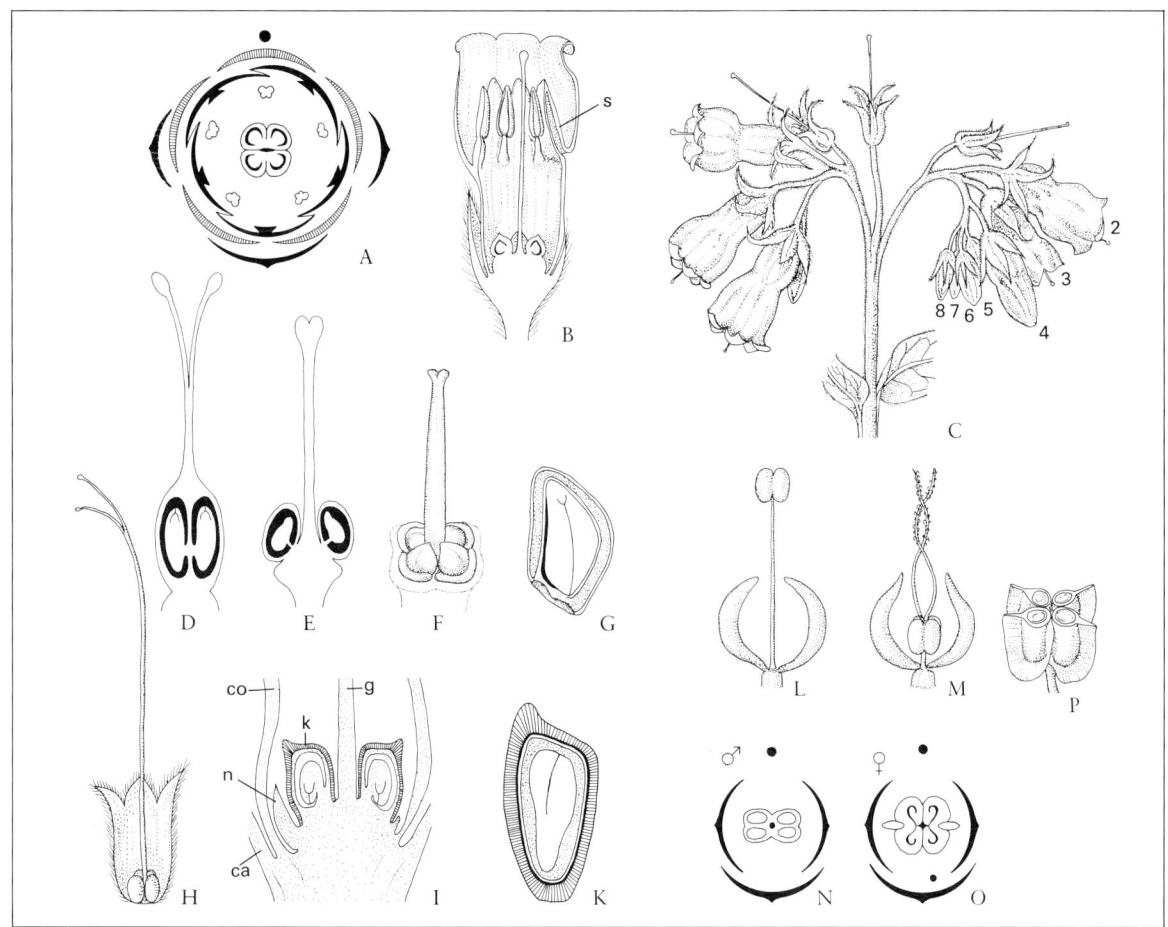

Abb. 3.2.266: *Boraginales, Boraginaceae* (A–G) und *Lamiales, Lamiaceae* (H–K), *Callitrichaceae* (L–P). **A** Blütendiagramm von *Anchusa officinalis*; **B–C** *Symphytum officinale*, Blüte, längs, mit Schlundschuppen (s) (etwa 3×) und Blütenstand: Doppelwickel (die Zahlen weisen auf die Aufblühfolge; etwa 1×); **D–F** allmähliche Herausbildung der Klausenfrüchte: ursprünglicher (D *Beureria*) und abgeleiteter (E *Anchusa*, F *Onosma*) Fruchtknotenbau; **G** Klause von *Onosma visianii*, längs (8×). **H** Fruchtknoten im geöffneten Kelch von *Galeopsis segetum* (2×); **I** Längsschnitt durch den Blütengrund von *Lamium maculatum* mit Kelch (ca), Krone (co), Nectarium (n), Klausen mit Samenanlagen (k) und Griffel (g) (10×); **K** reife Klause von *Lamium album*, längs (vergr.). **L, M** Männliche und weibliche Blüte von *Callitriche stagnalis* mit Vorblättern (vergr.); **N, O** Blütendiagramme; **P** Frucht (vergr.) (A, N, O nach Eichler; B, K nach Baillon; C, G nach Wettstein; D, E, L, M, P nach Englers Syllabus; F, I nach Firbas; H nach Schenck.)

B). Ihre Blüten stehen meist in auffälligen Doppelwickeln (Abb. 3.2.266C) und sind überwiegend radiär, nur vereinzelt, z.B. beim Natterkopf *(Echium)*, auch schwach dorsiventral. Die Krone ist nach innen häufig zu 5 «Schlundschuppen» (Abb. 3.2.266B) eingestülpt, wodurch der Eingang zur Blumenkronröhre verengt wird. Der 2blättrige Fruchtknoten wird durch falsche Scheidewände 4fächerig und entwickelt sich zu 4 einsamigen Klausen (Abb. 3.2.266D–G); sie unterscheiden sich von den ähnlichen Klausen der *Lamiaceae* (S. 807) dadurch, daß die Mikropyle der Samenanlagen und daher auch die Radicula nach oben gerichtet ist. Die Blütenformel der Boraginaceen ist also in der Regel

$$* K(5) \; [C(5) \; A5] \; G(\underline{2})$$

(Abb. 3.2.266A). Lungenkraut *(Pulmonaria)*, Vergißmeinnicht *(Myosotis)*, Beinwell *(Symphytum)*, Ochsenzunge *(Anchusa)* und Boretsch *(Borago)* sind bekannte Vertreter.

Im Gegensatz zu den *Solananae* ist die

7.3. Überordnung: Lamianae zu charakterisieren durch die Entwicklung von radiären zu dorsiventralen Blüten und damit parallele Reduktion der Staubblätter: A 5 → 4 → 2 (Abb. 3.1.52), durch 2blättrige Gynoeceen, zelluläres Endosperm (häufig mit Haustorien: Abb. 3.2.210L), collaterale Leitbündel und die weite Verbreitung von carbocyclischen Iridoiden (aber das Fehlen von Alkaloiden!). Bei der

7.3.1. Ordnung: **Scrophulariales** finden wir wechsel- bis gegenständige Blätter, überwiegend vielsamige Kapseln, und verschiedene Inhaltsstoffe (aber kaum Alkaloide und etherische Öle). Wichtigste Familie sind die **Scrophulariaceae** (Rachenblütler, Abb. 2.3.42, 3.1.52, 3.2.267).

Die Blüten der *Scrophulariaceae* lassen die verschiedensten Stufen der Dorsiventralität und Blütenspezialisierung erkennen (Abb. 3.2.267, dazu die Diagramme in Abb. 3.1.52; parallele Mutationen bei *Antirrhinum*: Abb. 3.1.16D–F). So ist der Kelch bei den meisten Gattungen 5zählig; bei den Ehrenpreis-*(Veronica-)*Arten aber ist das mediane Kelchblatt entweder kleiner als die übrigen (Abb. 3.2.267) oder fehlt ganz. Die Krone ist bei den Königskerzen *(Verbascum)* fast radiär, bei den anderen Gattungen aber verstärkt dorsiventral, und zwar meist 2lippig: Bei der Braunwurz *(Scrophularia)* und beim Fingerhut *(Digitalis)* sind Ober- und Unterlippe nur schwach abgesetzt, sonst aber meist deutlich geschieden (z. B. bei *Pedicularis*). Beim Löwenmaul *(Antirrhinum)* und Leinkraut *(Linaria)* ist die Unterlippe auch noch dadurch betont, daß sie nach oben zu einem «Gaumen» ausgestülpt ist, der die Blumenkronröhre verschließt («maskiert»; daher *Personatae*, persona = Maske!). Außerdem ist die Blumenkronröhre bei *Antirrhinum* zu einem kurzen, stumpfen Sack, bei *Linaria* zu einem langen Sporn ausgezogen. Bei *Veronica* ist die Krone 4teilig, da die beiden oberen Kronblätter verwachsen sind. An Staubblättern sind bei *Verbascum* noch 5 entwickelt; doch sind sie nur selten gleich, meist unterscheiden sie sich durch Länge bzw. Behaarung. In der Regel ist aber das mediane Staubblatt nur noch als Rudiment vorhanden (staminodial bei *Scrophularia*) oder ganz ausgefallen *(Digitalis)*. Bei *Gratiola* und *Veronica* werden außerdem auch noch die beiden unteren Staubblätter rückgebildet oder fehlen, so daß nur noch 2 fruchtbare vorhanden sind, und bei einigen *Calceolaria*-Arten sind schließlich auch diese 2 nur noch zur Hälfte fertil. Auch von den beiden Fruchtblättern kann das eine größer sein, z. B. bei *Antirrhinum* (Abb. 3.2.214 G).

Holzpflanzen finden wir etwa noch beim ostasiatischen Zierbaum *Paulownia*, sonst überwiegen Halbsträucher, Stauden und Kräuter. Bei der Unterfamilie *Rhinanthoideae* ist fortschreitender Wurzelparasitismus festzustellen (vgl. S. 190, 375). Grüne Halbschmarotzer sind die ausdauernde Gattung *Pedicularis* (Läusekraut) sowie die Einjährigen: *Euphrasia* (Augentrost), *Rhinanthus* (Klappertopf) und *Melampyrum* (Wachtelweizen). Ein weiß- bis rosafarbiger Vollparasit ist *Lathraea* (Schuppenwurz).

Von größter pharmazeutischer Bedeutung sind die Herz-Glykoside von *Digitalis* (besonders aus der balkanischen *D. lanata*).

An die *Scrophulariaceae* mit endospermführenden Samen lassen sich verschiedene weitere Familien anschließen, so z. B. die nußfrüchtigen **Globulariaceae**. Vollparasitär sind die schuppenblättrigen **Orobanchaceae** mit den vielfach streng auf bestimmte Wirtspflanzen spezialisierten Sommerwurz- *(Orobanche-)*Arten (Abb. 3.2.268). Sekundäre Windblütigkeit und vereinfachte 4zählige Blüten mit trockenhäutiger Krone kennzeichnen die **Plantaginaceae** mit der proterogynen, Deckelkapseln tragenden Gattung Wegerich *(Plantago*, Abb. 1.3.22 A, S. 746). Ohne Endosperm, aber noch mit synkarpen Fruchtknoten sind die tropischen und holzigen **Bignoniaceae** (Zierpflanzen, etwa die ostasiatisch-nordamerikanischen Trompetenbäume: *Catalpa*, und Lianen, z. B. *Campsis*) sowie die meist tropischen und krautigen **Acanthaceae** und **Pedaliaceae** (teilweise mit hochspezialisierten Früchten: S. 758; Ölpflanze *Sesamum indicum*). Nur teilweise gefächerte Fruchtknoten haben die **Gesneriaceae** (mit «einblättrigen» *Streptocarpus*-Arten: S. 214, und den mediterran-montanen Reliktgattungen *Ramonda* und *Haberlea*; eine bekannte Zierpflanze ist das ostafrikanische «Usambara-Veilchen», *Saintpaulia ionantha*). Eine Zentralplacenta ist schließlich entstanden bei den durch Carnivorie bemerkenswerten **Lentibulariaceae** (mit *Pinguicula* und *Utricularia*, vgl. S. 220 f., 380, 469, Abb. 1.3.90, 2.3.63).

Eine eigene, sehr stark vereinfachte und apetale

7.3.2. Ordnung: **Hippuridales** bilden die monotypischen **Hippuridaceae** mit der Sumpf- und Wasserpflanze *Hippuris vulgaris* (Tannenwedel; Abb. 1.3.19 A).

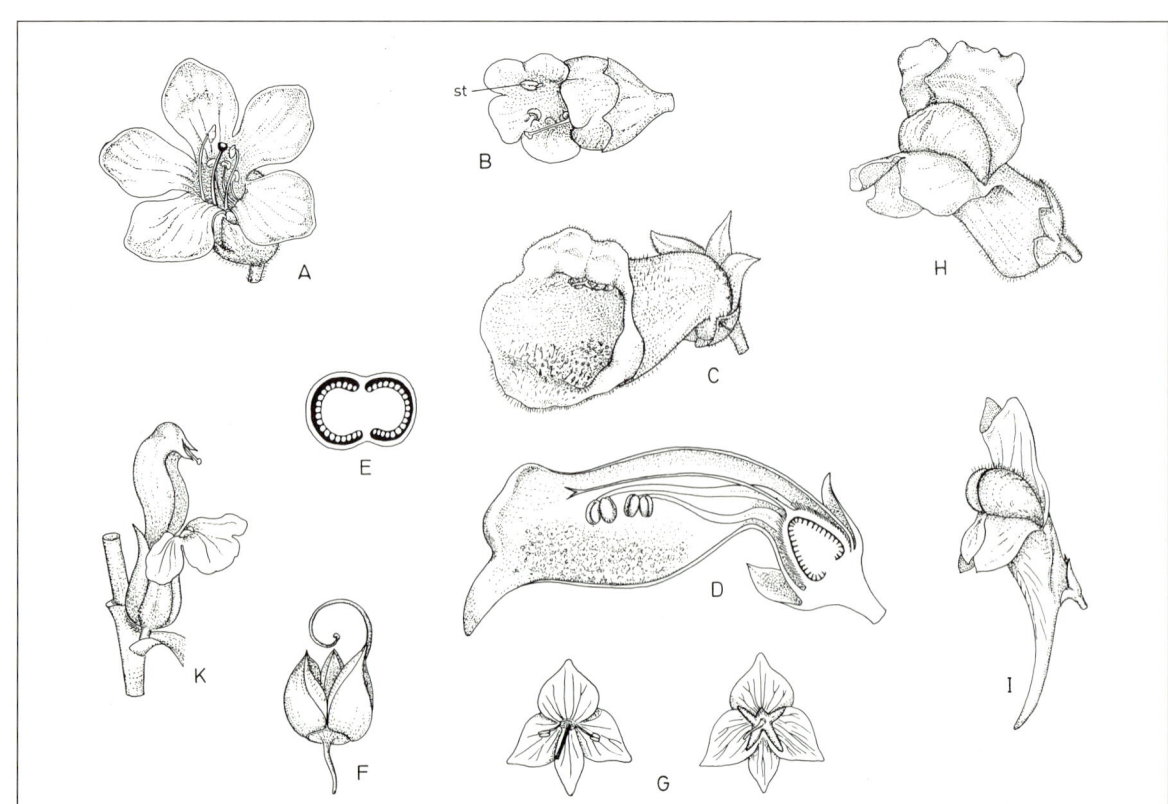

Abb. 3.2.267: *Scrophulariales, Scrophulariaceae*, Blüten (und Früchte) von *Verbascum thapsus* (**A**; 1,5×), *Scrophularia nodosa* (**B**; mit Staminodium st; 2,5×), *Digitalis purpurea* (**C–D**; schräg und längs; etwa ³/₄×; Fruchtknoten, quer, Kapsel septicid und teilweise dorsicid aufspringend; **E–F**; etwa 1×), *Veronica teucrium* (**G**; von vorne und hinten; 1,5×), *Anthirrhinum majus* (**H**; 1×), *Linaria vulgaris* (**I**; 1,5×) und *Pedicularis palustris* (**K**; 1,6×). (A, D, K nach Baillon; B, C, G–I nach Firbas; E–F nach Karsten.)

Abb. 3.2.268: *Scrophulariales, Orobanchaceae.* Der chlorophyllfreie, gelblich-bräunliche Vollparasit *Orobanche minor* auf *Trifolium repens* ($^2/_3$×), Einzelblüte (vergr.). (Nach Karsten.)

Gegenüber den *Scrophulariales* ist die anschließende

7.3.3. Ordnung: **Lamiales** stärker abgeleitet: fast immer gegenständige Beblätterung, falsche Scheidewände in den meist 2blättrigen Fruchtknoten (mit nur noch 4 abwärts gerichteten Samenanlagen) sowie Klausenbildung.

Der Griffel sitzt bei den überwiegend tropischen, holzigen **Verbenaceae** dem Scheitel des Fruchtknotens auf. Dazu zählen etwa der indomalaiische Teakholzbaum, *Tectona grandis*, der Mangrovebaum *Avicennia* und der mediterrane Strauch *Vitex agnus-castus*.

Bei den charakteristischen Lippenblüten (Abb. 3.2.191C) der **Lamiaceae** (= *Labiatae*, Lippenblütler) wird der Griffel zwischen die Fruchtblätter und an deren Basis verlagert (Abb. 3.2.266I). Im übrigen ist diese besonders in trockenwarmen Lebensräumen (z.B. im Mittelmeergebiet) sehr formenreiche Familie von Halbsträuchern bis Stauden und Kräutern durch ihre 4kantigen Stengel (Collenchymstränge: Abb. 1.2.22, 1.2.24H), gegenständige Blätter und aromatischen Geruch (Drüsen mit etherischen Ölen: Abb. 1.2.31C) schon vegetativ leicht kenntlich.

Die stark dorsiventralen Blüten sind meist zu blattachselständigen, di- und monochasialen «Scheinquirlen» zusammengedrängt. Ein verwachsener, häufig 2lippiger Kelch umgibt eine langröhrige Krone mit einer aus 2 Blättern verwachsenen Oberlippe und einer 3teiligen Unterlippe. Von den 4 Staubblättern (das mediane fehlt) ist ein Paar länger, ein Paar kürzer; beim Salbei (*Salvia*: Abb. 3.2.207A–D) und Rosmarin (*Rosmarinus*) sind nur die beiden unteren vorhanden bzw. fertil. Der schon zur Blütezeit tief 4teilige, oberständige Fruchtknoten bildet Klausen, in denen Mikropyle und Radicula nach unten gekehrt sind (Abb. 3.2.266H–K). Also meist

$$\downarrow K(5) \ [C(5) \ A4: 1°] \ G(\underline{2})$$

Der Gehalt an etherischen Ölen bedingt die Verwendung mehrerer Arten als Küchenkräuter (z.B. Majoran, *Majorana hortensis*; Basilikum, *Ocimum basilicum*; Bohnenkraut, *Satureja hortensis*) bzw. auch als Heilpflanzen, z.B. die mediterranen *Hyssopus officinalis* (Ysop), *Lavandula angustifolia* (Lavendel), *Rosmarinus officinalis* (Rosmarin), *Salvia officinalis* (Salbei), *Thymus vulgaris* (Thymian), die asiatische *Melissa officinalis* (Zitronen-Melisse) oder die heimische *Mentha* (die formenreichen Minzen, etwa die hybridogene, Menthol-haltige Pfeffer-Minze, *M. piperita* aus *M. spicata* × *M. aquatica*; S. 516) und *Thymus serpyllum* agg. (Quendel). Weitere heimische Gattungen sind etwa *Ajuga* (Günsel), *Galeopsis* (Hohlzahn), *Glechoma* (Gundelrebe), *Lamium* (Taubnessel), *Stachys* (Ziest) und *Teucrium* (Gamander).

Wahrscheinlich anzuschließen sind hier die wasserbewohnenden **Callitrichaceae** mit dem Wasserstern *(Callitriche)*, dessen reduzierte Blüten eingeschlechtig und perianthlos sind und nur aus 1 Staubblatt bzw. 1 Fruchtknoten bestehen (Abb. 3.2.266L–P).

8. Unterklasse: Asteridae (s. str.) (= Synandrae)

Bezeichnend sind die postgenital ± verwachsenen Antheren (2. Name!) (Filamente aber frei: Abb. 3.2.269E, L), der 3kernige Pollen, die unterständigen Fruchtknoten, das Dominieren von krautigen Wuchsformen und das Auftreten von Milchsaftröhren, Inulin (als Speicherstoff anstelle von Stärke) und Polyacetylenen. Für die einzige und

8.1. Überordnung: Asteranae sei noch auf die oft gezähnt-gekerbten oder sogar geteilten Blätter, das Fehlen von Nebenblättern, verstärkte Neigung zur Pseudanthienbildung sowie die Fege- und Sammeleinrichtungen für den Pollen an den Griffeln (Abb. 3.2.269D, I, M) verwiesen.

Aufgrund dieses Merkmalsspektrums und weiterer Übereinstimmungen (Blütenentwicklung, Phytochemie, etc.) ist heute nicht mehr daran zu zweifeln, daß sich die *Asteridae*- bzw. *Asteranae* auf die *Rosidae-Aralianae* zurückführen lassen.

Durch vielfach noch mehr-(5-3-2-)blättrige (vereinzelt sogar noch oberständige) Fruchtknoten mit zahlreichen Samenanlagen, Kapselfrüchte, Endosperm und häufige Einzelblüten nimmt die

8.1.1. Ordnung: **Campanulales** eine relativ ursprüngliche Stellung ein. Die Blüten der **Campanulaceae** sind radiär (Abb. 3.2.269A–D) und proterandrisch: Die miteinander nur ganz lose verbundenen Staubblätter entleeren den Pollen noch vor der Entfaltung der Narbe auf Sammelhaare der Griffelaußenfläche. Der meist 3blättrige Fruchtknoten entwickelt sich zu einer samenreichen Kapsel, die sich z.B. bei den Glockenblumen *(Campanula)* mit Löchern öffnet. In den Blüten der Teufelskrallen *(Phyteuma)* bleiben die Kronzipfel zunächst an der Spitze verbunden; die Blüten sind hier zu dichten, am Grunde von Hüllblättern umgebenen Blütenständen zusammengedrängt; ähnlich wie bei der Gattung *Jasione* erinnern sie dadurch bereits an die Köpfchen der *Asterales*. Nahe verwandt sind die vorwiegend tropischen **Lobeliaceae** mit dorsiventralen Blüten, meist 2fächerigen Fruchtknoten und Alkaloidreichtum (Gift- und Heilpflanzen!). Einige *Lobelia*-Arten sind eigenartige «Schopfbäume» der afrikanischen Hochgebirge, die auf kurzem, unverzweigtem Stamm eine

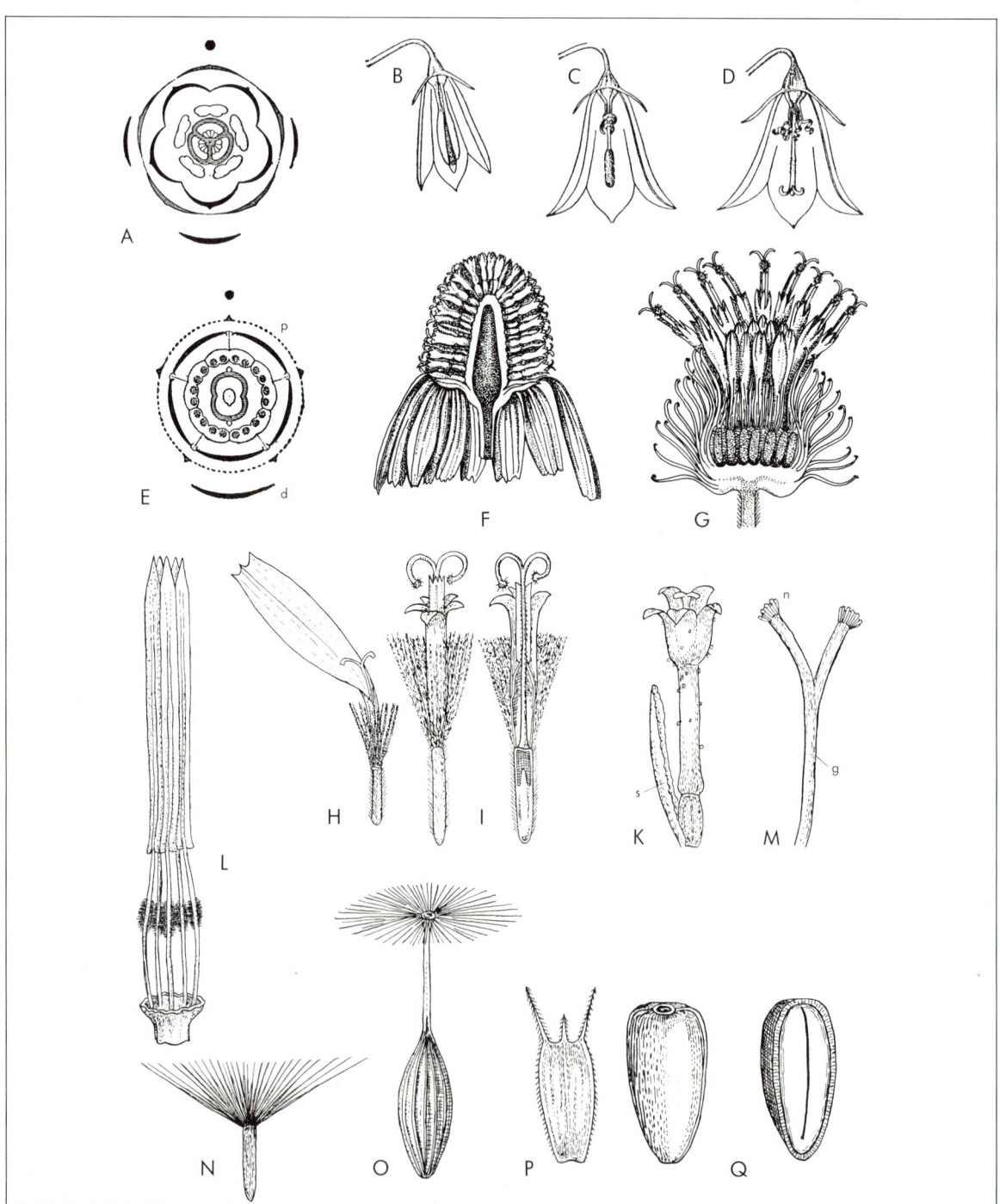

Abb. 3.2.269: *Campanulales* (A–D) und *Asterales* (E–Q). **A** Blütendiagramm von *Campanula* spec. **B–D** Phasen des Aufblühens bei *Campanula rotundifolia* (vordere Kronblätter entfernt): Staubblätter entleeren ihren Pollen auf den Griffel (B) und schrumpfen (C), Pollen abgestreift, Narben entfaltet (D) (1×). **E** Blütendiagramm einer Röhrenblüte mit Tragblatt (= Spreublatt, d) und Pappus (p). **F–G** Köpfchenlängsschnitte von *Matricaria chamomilla* (Hüllblätter einreihig, Köpfchenboden hohl, Zungenblüten zurückgeschlagen, keine Spreublätter) und *Arctium lappa* (Hüllblätter mehrreihig und widerhakig, nur Röhrenblüten, Spreublätter) (vergr.). **H–I** *Arnica montana*, **K** *Anthemis nobilis*: Zungen- und Röhrenblüten (gesamt bzw. längs, Spreublatt s; vergr.). **L** Androeceum von *Carduus crispus* (10×). **M** Griffel (g) und Narbe (n) von *Achillea millefolium* (vergr.). Früchte (Achänen) von **N** *Hieracium virosum* und **O** *Lactuca virosa*, mit haarförmigem Pappus, von **P** *Bidens tripartitus* mit widerhakigen Pappusborsten und von **Q** *Helianthus annuus* (gesamt und längs, mit Embryo) ohne Pappus. (A, E nach Eichler, verändert; B–D nach Clements & Long, etwas vereinfacht; F–K, M nach Berg & Schmidt; L, N–O, Q nach Baillon; P nach Firbas.)

Rosette mächtiger Blätter tragen; *L. dortmanna* ist eine atlantische Charakterpflanze oligotropher Gewässer.

Dagegen kennzeichnen unterständige, 2blättrige, einfächerige Fruchtknoten mit 1 Samenanlage, **Nußfrüchte**, fehlendes Endosperm und Zusammenfassung traubig-ähriger Blütenstände zu Köpfchen («**Blütenkörbchen**»: Pseudanthien) mit kelchartigen Hüllblättern (Abb. 1.3.33D) die stark abgeleitete

8.1.2. Ordnung: **Asterales** mit der einzigen Familie **Asteraceae** (= Compositae, Korbblütler). Die Blütenstandsachse (der Köpfchenboden) ist entweder kegelig verlängert oder abgeflacht (Abb. 3.2.269F–G); teilweise sind noch schuppenförmige Tragblätter (Spreublätter) ausgebildet (Abb. 3.2.269K), teils fehlen sie. In den Körbchen finden sich entweder radiäre 5zipfelige Röhrenblüten (= Scheibenblüten: Abb. 3.2.269I–K), dorsiventrale Zungenblüten (= Strahlblüten: Abb. 3.2.269H, 3 bzw. 5 Kronzipfel einseitig zu einer Zunge ausgezogen) oder beide Blütentypen nebeneinander (Abb. 3.2.269F: Zungenblüten außen, Röhrenblüten innen). Der Kelch ist zu Schuppen, Borsten oder Haaren (als Pappus) umgebildet oder völlig reduziert und dient oft der Fruchtausbreitung (Abb. 3.2.269N–Q; anemochor: N–O, epizoochor: P). Die 5 Staubblätter sitzen mit freien Filamenten an der Krone, ihre Antheren sind aber mittels ihrer Cuticula zu einer Röhre verklebt, in die der Pollen entleert wird (Abb. 3.2.269E, L). Durch Fegehaare an der Außenseite oder Spitze des Griffels (Abb. 3.2.269I, M) wird der Pollen aus dieser Röhre herausgeschoben (infolge Streckung des Griffels bzw. Verkürzung der Filamente, vgl. Abb. 2.3.41). Erst danach spreizen die beiden Narbenlappen auseinander und geben so die empfängnisfähige Innenseite frei (Abb. 3.2.269I, M), die Blüten sind also proterandrisch. Der 2blättrige Fruchtknoten ist 1fächerig und trägt am Grunde eine einzige antrope Samenanlage (Abb. 3.2.269I). Daraus entsteht eine Nuß mit ± dicht aneinander gepreßter Frucht- und Samenwand (**Achäne**); der Embryo ist eiweiß- und ölhaltig (Abb. 3.2.269Q).

Mit über 20000 Arten sind die *Asteraceae* eine der formenreichsten Verwandtschaftsgruppen der Angiospermen und zeigen eine noch sehr aktive stammesgeschichtliche Entfaltung (vgl. Abb. 3.1.3, 3.1.19C–D, 3.1.33, 3.1.39 3.1.42, 4.1.10). Analysen der Chloroplasten-DNA zeigen, daß die bisher übliche Gliederung in 2 Unterfamilien revisionsbedürftig ist.

Die **Asteroideae** (= **Tubuliflorae**) besitzen Röhrenblüten, daneben öfters auch Zungenblüten (die Zunge aus 3 Kronzipfeln), und meist schizogene Ölbehälter (mit etherischen Ölen).

Nur Röhrenblüten finden wir etwa bei den *Cardueae*. Hierher gehören z.B. die Disteln der Gattungen *Cirsium* (federiger Pappus) und *Carduus* (einfacher Pappus) und die Flockenblumen (*Centaurea*, z.B. *C. cyanus*, Kornblume), bei denen die randlichen Röhrenblüten vergrößert und steril sind. Bei den Kletten (Abb. 3.2.269G: *Arctium*) dienen die widerhakigen Hüllblätter der epizoochoren Ausbreitung (vgl. S. 757f.). Strahlenförmige Hüllblätter finden sich bei *Carlina* (Wetterdistel, Abb. 4.1.10), und *Echinops* (Kugeldistel: Abb. 1.3.9A) hat 1blütige Köpfchen, die zu Köpfchen 2. Ordnung vereinigt sind. Als Nutzpflanzen gehören zu den *Cardueae* die mediterrane Artischocke (*Cynara scolymus*, Gemüse) und der Saflor (*Carthamus tinctorius*, Farb- und Ölpflanze). Die anderen Triben haben neben Röhren- meist auch verschiedenfarbige Zungenblüten: Schraubige Blattstellung und mehrreihige Hüllblätter kennzeichnen etwa die *Astereae* (dazu z.B. *Bellis* und die besonders in Nordamerika artenreiche Gattung *Aster*), die *Inuleae* (hierher u.a. die heimischen Gattungen Alant: *Inula*, die zweihäusigen Katzenpfötchen: *Antennaria*, die asiatisch-alpinen Edelweiß-Arten: *Leontopodium* mit weißwolligen Hochblättern als Hülle mehrerer Köpfchen, die Strohblumen: *Helichrysum* mit gefärbten trockenhäutigen Hüllblättern und die neuseeländischen Panzerpolster von *Raoulia*) sowie die *Anthemideae* [dazu u.a. viele Heil- und Gewürzpflanzen mit etherischen Ölen und bitteren Sesquiterpenlactonen, z.B. die Echte Kamille: *Matricaria chamomilla* (ohne Spreublätter, im Gegensatz zur Hundskamille: *Anthemis*), die Römische Kamille: *Chamaemelum nobile*, die Schafgarben: *Achillea millefolium* agg.: Abb. 3.1.5, 3.1.33, 3.1.42, verschiedene sekundär windblütige Arten von Beifuß, *Artemisia*: Abb. 3.2.270A, z.B. Wermut, *A. absinthium* und Estragon, *A. dracunculus*, sowie viele Zierpflanzen, z.B. die «Chrysanthemen» der Gattung *Dendranthema*]. Wenigreihige Hüllblätter finden wir bei den *Senecioneae* [u.a. mit den Heilpflanzen Huflattich: *Tussilago farfara* und Arnika oder Wohlverleih: *Arnica mont-*

Abb. 3.2.270: *Asterales, Asteraceae.* **A** *Artemisia borealis*, windblütig; Habitus (etwa ³/₄), Köpfchen nur mit Röhrenblüten, äußere ♀ (vergr.). B–C Compositen-Schopfbäume in der tropisch-alpinen Stufe ostafrikanischer Hochgebirge (ca. 4000 m; S. 931): **B** *Senecio adnivalis* am niederschlagsreichen Ruwenzori und **C** *Senecio kilimanjari* am niederschlagsarmen Kilimandscharo. (A aus Hegi; B–C Orig. Puff.)

ana sowie mit der überaus formenreichen Gattung *Senecio*: neben Kräutern (Abb. 4.1.7) und Stauden auch Schopfbäume in den ostafrikanischen Gebirgen: Abb. 3.2.270B–C, der blattsucculenten *Kleinia*: Abb. 1.3.43D usw.] sowie bei den *Calenduleae* (z.B. mit der heterokarpen Ringelblume *Calendula*). Besonders durch gegenständige Blätter ausgezeichnet sind schließlich die *Heliantheae* (hierher u. a. die heimischen *Bidens*-Arten: Abb. 3.2.269P, die aus Südamerika eingeschleppten Franzosenkräuter: *Galinsoga*, die andinen Schopfbäume von *Espeletia*, die häufig kultivierte, formenreiche und allopolyploide Dahlie: *Dahlia variabilis*: Abb. 1.3.92 C, die wichtigen nordamerikanischen Kulturpflanzen Sonnenblume: *Helianthus annuus* als Ölpflanze: Abb. 1.3.23 A, und Topinambur: *H. tuberosus* mit kohlenhydratreichen Wurzelknollen, das Kautschuk liefernde *Parthenium argentatum* sowie die windblütigen Gattungen *Ambrosia* und *Xanthium*), die *Helenieae* (etwa mit den Zierpflanzen *Tagetes* und *Gaillardia*) und die *Eupatorieae* ohne Zungenblüten (mit dem heimischen Wasserdost, *Eupatorium cannabinum*).

Die **Cichorioideae** (= Liguliflorae) haben nur Zungenblüten (die Zunge aus 5 Kronzipfeln verwachsen) und Milchröhren (Abb. 1.2.31A).

Hierher zählen u.a. *Cichorium* (mit *C. intybus*, Wegwarte: Kaffee-Ersatz, und *C. endivia*: Endiviensalat), *Scorzonera* (Schwarzwurzel, teilweise als Wurzelgemüse kultiviert), *Leontodon* (Löwenzahn mit federigem Pappus: Abb. 2.3.37), *Taraxacum* (Abb. 1.3.27D) und *Hieracium* (Kuhblumen und Habichtskräuter, beide mit einfachem Pappus und sehr formenreich: hybridogen-polyploid und vielfach agamosperm, vgl. S. 502 f., 516, Abb. 3.1.27), *Crepis* (Pippau) sowie *Lactuca* (*L. sativa* als Kopfsalat gebaut, *L. serriola* als «Kompaßpflanze» bemerkenswert: S. 444).

II. Klasse: Monocotyledoneae (= Liliopsida), Einkeimblättrige Bedecktsamer

Die Monocotyl(edon)en besitzen nur 1 Keimblatt (Abb. 3.2.271A–D). Es wird am Embryo meist scheinbar endständig angelegt (Abb. 3.2.210 H, S. 752), seine Scheide umschließt den seitlich abgedrängten Vegetationspunkt. Häufig wird das Keimblatt zu einem Saugorgan, das der Aufnahme der Nährstoffe aus dem Endosperm dient. Die Hauptwurzel ist kurzlebig und wird frühzeitig durch zahlreiche sproßbürtige Wurzeln ersetzt (sekundäre Homorrhizie: vgl. Abb. 1.3.94B–D, 3.2.272 und S. 223). Auf dem Stengelquerschnitt liegen die Leitbündel zerstreut (Atactostele: Abb. 1.3.49). Sie besitzen kein Cambium, sind also geschlossen (Abb. 1.2.29 A). Sowohl der Achse als auch den Wuzeln fehlt dementsprechend ein normales sekundäres Dickenwachstum. (Wegen des seltenen, anomalen sekundären Dickenwachstums mancher Monocotyledonen vgl. Abb. 1.3.58 und S. 198). Die oberirdischen Sprosse sind – vom Blütenstand abgesehen – meist wenig verzweigt. Die Blätter sitzen der Achse fast immer wechselständig mit breiter Basis oder Scheide auf, haben keine Nebenblätter und sind häufig ungestielt (Abb. 1.3.69 A–C). Sie besitzen meist einfache, ganzrandige, vielfach lineare oder elliptische Formen und sind oft streifenaderig (Abb. 1.3.72D, 3.2.274D, 3.2.275F). An den Achselsprossen findet sich meist nur ein oft zweiadriges Vorblatt in rückseitiger (adossierter) Stellung (vgl. Abb. 3.2.274A). Die Blütenorgane stehen meist nicht mehr schraubig, sondern cyclisch, meist in 3 zähligen Wirteln, oft nach der Formel: P3 + 3 A3 + 3 G3 (Abb. 3.2.275C). Verbreitet und bezeichnend sind Septalnectarien zwischen den Karpellwänden (Abb. 3.2.275D). Die Pollentetradenwände entstehen vorwiegend sukzedan, die Pollenkörner sind meist distal sulcat (= «monocolpat») oder ulcerat, das Endosperm ist meist nucleär bzw. helobial. Als Lebensformen spielen besonders krautige Sumpf- und Wasserpflanzen sowie Stauden (Hemicryptophyten und im Erdboden überdauernde Geophyten) eine auffällige Rolle.

Bei allen Monocotyledonen finden sich Siebröhrenplastiden vom P-Typ mit mehreren keilförmigen Kristalloiden (Abb. 3.2.158B). Charakteristisch sind ferner Raphidenbündel aus Calciumoxalat (Abb. 1.1.93 A–B), das Vorkommen verschiedener Steroidsapogenine (Abb. 3.2.273) und das Fehlen von Ellagsäure (Abb. 3.2.233).

Die angeführten morphologischen, anatomischen, ultrastrukturellen und phytochemischen Merkmale charakerisieren die *Monocotyledoneae* als eine offenbar natürliche Klasse. Immerhin sind sie oft nicht ganz auf die *Monocotyledoneae* beschränkt, sondern kommen vereinzelt auch bei den *Dicotyledoneae* vor, wie auch umgekehrt Merkmale der *Dicotyledoneae* bei den *Monocotyledoneae*. Geht man diesen Beziehungen nach, so erscheint eine Ableitung der Einkeimblättrigen von den Zweikeimblättrigen, und zwar von der ursprünglichen Unterklasse *Magnoliidae*, möglich, da Monocotyledonen-Merkmale besonders hier auftreten. Die wichtigsten Belege bzw. Hinweise für diese Ansicht sind:

1. Einkeimblättrige Pflanzen können aus zweikeimblättrigen durch congenitale Verwachsung der beiden Keimblätter (Syncotylie) oder durch den Verlust des einen (Heterocotylie als Folge einer zunehmenden Anisocotylie) entstanden sein. Neuere Untersuchungen machen die zweite Ansicht wahrscheinlicher. Die Monocotyledonen-Gattung *Dioscorea* ist heterocotyl (S. 3.2.271), und unter den Dicotyledonen kommen vereinzelt auch einkeimblättrige Pflanzen vor, und zwar sowohl syncotyl wie heterocotyl entstandene. Bei der Ranunculacee *Eranthis* läßt sich durch Zugabe von Wirkstoffen (Phenylborsäure) Syncotylie wie Heterocotylie sogar experimentell hervorrufen.

2. Die Leitbündel sind auch bei manchen *Dicotyledoneae* in mehreren Kreisen *(Piperales, Caryophyllidae)* oder sogar zerstreut angeordnet (verschiedene *Magnoliidae*, z.B. bei den *Nymphaeaceae*, bei der *Berberidaceae Podophyllum*). In diesen Fällen erlischt zudem die Tätigkeit des Cambiums frühzeitig. Unterdrückte Cambiumtätigkeit findet sich auch sonst bei krautigen *Dicotyledoneae*, besonders bei Pflanzen feuchter Standorte. Umgekehrt kommt auch bei *Monocotyledoneae* Anordnung der Bündel in einem Kreis vor (z.B. bei *Dioscoreaceae*), und verschiedentlich lassen sich bei ihnen sogar noch Reste fasciculären Cambiums nachweisen.

3. Die Unterdrückung des Wachstums der Hauptwurzel und ihr funktioneller Ersatz durch Adventivwurzeln (Homorrhizie) ist bei *Dicotyledoneae*, besonders auch bei krautigen *Magnoliidae* nicht selten. Es steht dies auch im Zusammenhang mit fehlendem sekundärem Dickenwachstum: Die Hauptwurzel kann dabei nicht im notwendigen Ausmaß erstarken.

4. Streifenaderige Blätter kennt man als Analogie auch von manchen *Dicotyledoneae* (z.B. von *Bupleurum*- und *Plan-*

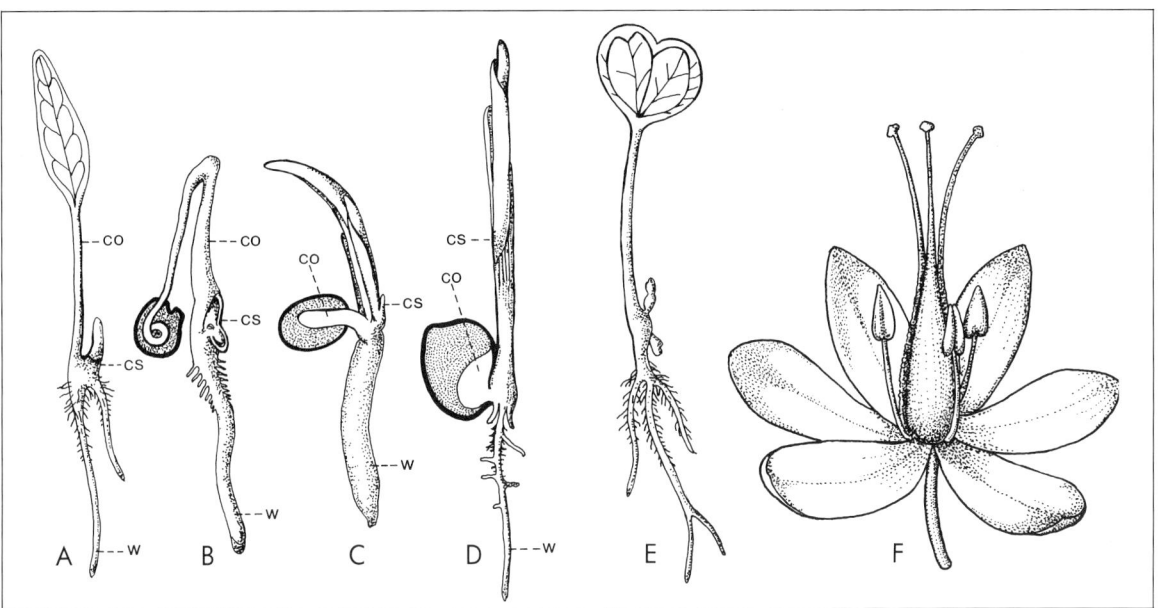

Abb. 3.2.271: Keimlinge der *Monocotyledoneae:* **A** *Paris quadrifolia,* **B** *Allium cepa* **C** *Clivia miniata* und **D** *Zea mays.* B–D Längsschnitte; Samen- (bzw. Frucht-)schale schwarz, Endosperm punktiert, Keimblatt (co), seine Scheide (cs), Hauptwurzel (w). Das Keimblatt bei B–D teilweise oder gänzlich zu einem Saugorgan umgestaltet. – Monocotyledonen-Merkmale bei Dicotyledonen: **E** Keimling von *Ranunculus ficaria* mit 1 Keimblatt; **F** Blüte von *Cabomba aquatica (Cabombaceae),* P3+3 A3 G3 (3×). (A–E nach Sachs und Wettstein, verändert; F nach Baillon.)

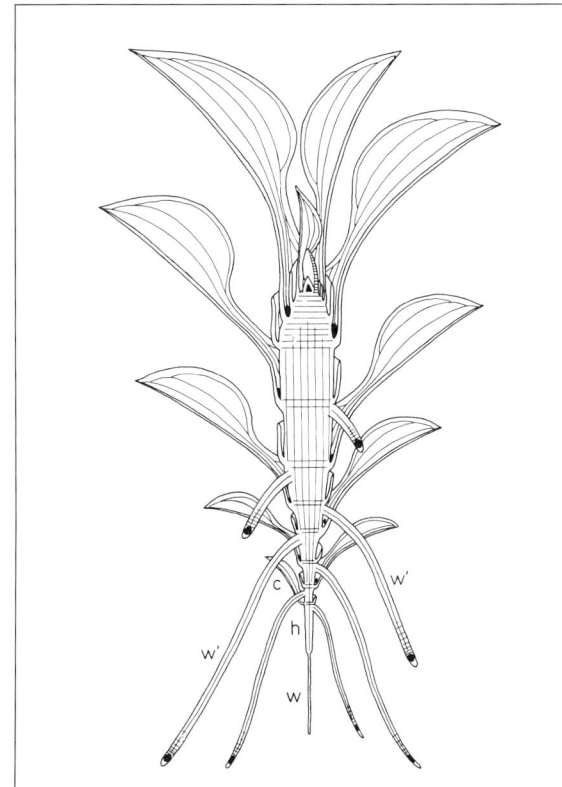

Abb. 3.2.272: Wuchsform der *Monocotyledoneae,* schematisch. Erstarkung des Sprosses infolge primären Dickenwachstums; c Cotyledo, h Hypocotyl, w Primärwurzel, w' sproßbürtige Wurzeln (nach Troll).

tago-Arten), netznervige von *Monocotyledoneae* (z.B. *Dioscoreaceae*). Die Ableitung der monocotylen Blattform von der dicotylen ist unter der Annahme einer geringeren Ausgliederung des ganzen Blattes möglich. Solche Verhältnisse findet man vielfach auch bei dicotylen Sumpf und Wasserpflanzen. Das rückseitige Vorblatt kann vielfach auf eine Verwachsung der beiden seitlichen Vorblätter der *Dicotyledoneae* zurückgeführt werden; es kommt u.a. auch bei den *Magnoliidae (Annonaceae, Nymphaeaceae)* vor. Zudem kann es auch als Ausdruck der bei den *Monocotyledoneae* häufigen distichen Blattstellung angesehen werden (vgl. S. 174f., Abb. 1.3.19C, 1.3.21).

5. Dreizählige Blüten sind für viele *Magnoliidae* bezeichnend (S. 762ff.). Manche haben sogar die monocotyle Blütenformel P3 + 3 A3 + 3 G3. Unter den *Nymphaeales* fällt z.B. die Gattung *Cabomba* durch ihre 3zähligen Blüten auf (Abb. 3.2.271F).

6. Wichtige ursprüngliche Merkmale der *Magnoliidae,* nämlich Chorikarpie, zahlreiche Fruchtblätter und laminale Placentation, kommen auch bei der ursprünglichen *Monocotyledoneae*-Unterklasse der *Alismatidae* vor; sie umfaßt wie manche *Magnoliidae (Nymphaeaceae)* vorwiegend Wasserpflanzen.

7. Viele *Magnoliidae,* z.B. auch die *Nymphaeaceae,* besitzen sulcate Pollenkörner mit nur 1 distalen Keimfalte, wie sie für sehr viele *Monocotyledoneae* bezeichnend sind.

8. Bei verschiedenen Familien der *Magnoliidae,* insbesondere bei den *Aristolochiaceae (Asarum),* kommen Siebröhrenplastiden vom P-Typ vor, die denen der Monocotyledonen ± ähneln.

Im einzelnen ist aber die Frage nach der stammesgeschichtlichen Differenzierung der *Monocotyledoneae* noch ungeklärt. Vielfach hat man aufgrund gewisser Ähnlichkeiten zwischen *Nymphaeanae* (S. 764) und *Alismatidae* eine entsprechende Entwicklung angenommen und versucht, die *Liliidae* und *Arecidae* von den *Alismatidae* abzuleiten. Da aber auch bei den

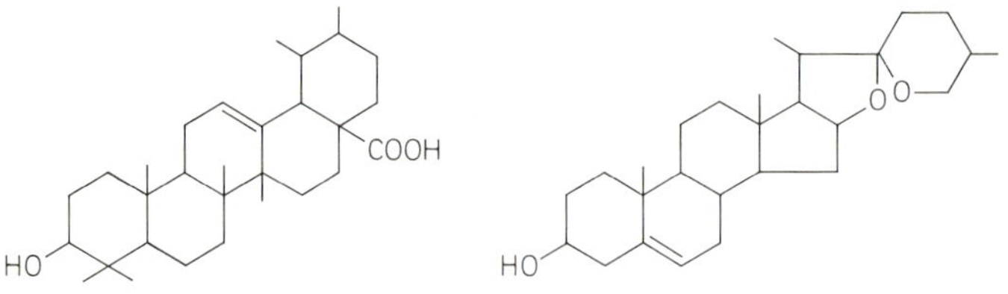

Abb. 3.2.273: Triterpensapogenine (C_{30}, z.B. Ursolsäure) sind besonders bei Dicotyledonen, Steroidsapogenine (C_{27}, z.B. Diosgenin) dagegen vor allem bei Monocotyledonen verbreitet.

Liliidae und *Arecidae* sehr primitive Sippen auftreten (z.B. *Dioscoreaceae, Arecaceae, Araceae*) und die *Alismatidae* in vieler Hinsicht einseitig spezialisiert erscheinen, muß man wohl eher mit einer sehr frühen Entstehung und einer seit langem selbständigen Entwicklung der Monocotyledonen-Unterklassen rechnen. Fossile Reste finden sich jedenfalls bereits in der unteren Kreide zusammen mit den ältesten bekannten fossilen Dicotyledonen.

Gerechtfertigt erscheint weiterhin die Annahme, daß die Stammformen der Monocotyledonen krautige Pflanzen eher feuchter Standorte gewesen sind. Das würde viele Merkmale und Progressionen dieser Klasse als Anpassungen verständlich machen: das reduzierte Dickenwachstum, die Rückbildung der Hauptwurzel, die wenig gegliederten Blätter. Im Zuge der späteren adaptiven Auffächerung wären dann neuartige Konstruktionstypen entstanden, etwa sekundäre Baumformen mit extrem primärem Dickenwachstum (z.B. Palmen: Abb. 1.3.52 A–B) oder mit anomalem sekundärem Dickenwachstum (z.B. *Dracaena*: Abb. 1.3.58), Stelzwurzeln (z.B. *Pandanus*), oder sekundär verbreiterten Blattspreiten (z.B. *Hosta*).

Die *Monocotyledoneae* umfassen «nur» etwa 66000 bekannte Arten (also etwas mehr als ein Viertel der Angiospermen) in fast 100 Familien. Sie lassen sich in drei ungleich große, recht klar getrennte und nebeneinander stehende Unterklassen gliedern.

1. Unterklasse: Alismatidae (= Helobiae)

Die Unterklasse ist durch einige relativ ursprüngliche Blütenmerkmale gekennzeichnet: Das Gynoeceum ist meist chorikarp und besteht aus ± zahlreichen freien Karpellen (Abb. 3.2.274A, E). Gelegentliche Polyandrie ist sekundär (Dédoublement). Es handelt sich durchwegs um krautige Sumpf- und Wasserpflanzen teils ohne, teils mit sehr primitiven Tracheen (im Wurzelbereich).

Die radiär gebauten Blüten werden mehrfach von zwittrig zu eingeschlechtig bzw. zweihäusig abgeändert. Ursprünglich ist das Perianth in 2–3gliedrige Wirtel gegliedert; teils erfährt es eine kelch- bzw. kronartige Differenzierung, teils wird es auf 1 Kreis oder völlig reduziert. Die ursprünglich wohl mehrwirtelig stehenden Staubblätter (Abb. 3.2.274A) können durch zentrifugales Dédoublement vermehrt oder auf 1 Kreis und zuletzt auf 1 Staubblatt rückgebildet werden (Abb. 3.2.274F). Die freien Karpelle sind oberständig oder in den Blütenboden eingesenkt, zahlreich oder auf 1 reduziert, zeigen fortschreitende Narbendifferenzierungen und laminale bis submarginale Placentation. Die Samenanlagen – ursprünglich noch zahlreich, schließlich bis auf 1 reduziert – sind crassinucellat und bitegmisch. Die Endospermbildung ist vielfach helobial (S. 753. u. Abb. 3.2.274B), die reifen Samen sind allerdings meist endospermlos und finden sich gewöhnlich in Balgfrüchten oder Einblatt-Nußfrüchten. Die Reduktion im Blütenbau hängt offenbar weitgehend mit dem Wandel der Bestäubung von entomophil zu anemophil und schließlich hydrophil zusammen. Die *Alismatidae* sind – ebenso wie die beiden anderen Unterklassen der Monocotyledonen – fossil bis in die Kreide zurück nachgewiesen.

Die ursprüngliche Merkmalsausbildung der Unterklasse (meist auffälliges 2kreisiges Perianth, oberständiges Gynoeceum usw.) findet sich bei der

1.1. Ordnung: **Alismatales**. Hier weisen die **Butomaceae** noch Balgfrüchte mit laminaler Placentation und sulcate Pollenkörner auf (dazu etwa die heimische Schwanenblume *Butomus umbellatus*). Demgegenüber haben die **Alismataceae** wenig- bis 1samige Nußfrüchte und Pollenkörner mit mehreren Aperturen. Ihre Blüten stehen in quirlig-rispigen Blütenständen. Beim Froschlöffel (*Alisma*) sind sie zwittrig und haben die Formel $*P3^k + 3^c\ A6\ G\infty$ (Abb. 3.2.274A). *Sagittaria* ist einhäusig und hat zahlreiche Staubblätter. Neben lanzettlich-eiförmigen (*Alisma*) oder pfeilförmigen (*Sagittaria*) Luftblättern werden vielfach auch Schwimm- und bandförmige Wasserblätter gebildet.

Unterständige Fruchtknoten und vielfach schon eingeschlechtige Blüten charakterisieren die

1.2. Ordnung: **Hydrocharitales**. Zu den **Hydrocharitaceae** gehören neben dem Froschbiß (*Hydrocharis morsus-ranae*), einer Schwimmblattpflanze, und der Krebsschere (*Stratiotes aloides*), die mit ihren großen Blattrosetten im Stillwasser wurzelt oder schwimmt, auch dauernd untergetaucht lebende Sippen; z.B. die nordamerikanische, in Europa seit etwa 1836 eingeschleppte und vegetativ weit verbreitete Wasserpest [*Elodea* (= *Anacharis*) *canadensis*; Abb. 1.2.9] sowie die tropisch-subtropische *Vallisneria spiralis*. Ihre ♀ Blüten werden zur Blütezeit durch einen schraubigen Stiel an die Wasseroberfläche emporgehoben, die ♂ lösen sich unter Wasser los, steigen empor, öffnen sich und werden auf der Oberfläche schwimmend an die ♀ herangetrieben (Abb. 3.2.274C); die Frucht reift unter Wasser.

Meist nur noch ein unscheinbares 1kreisiges oder überhaupt kein Perianth haben die Sippen der

1.3. Ordnung: **Najadales** (= *Zosterales*). Bemerkenswert sind hier die **Scheuchzeriaceae** mit der binsenähnlichen Hochmoorpflanze *Scheuchzeria palustris*: P3+3 A3+3 G3–6 (mehrsamige Balgfrüchte). Die folgenden Familien sind stärker reduziert und haben 1samige Nußfrüchte: Zwitterblüten finden sich bei den sumpfbewohnenden **Juncaginaceae** (u.a. mit *Triglochin*) und **Potamogetonaceae**. Hierher gehören u.a. die Laichkräuter (*Potamogeton*), wurzelnde Wasserpflanzen mit oder ohne Schwimmblätter und mit 4zähligen, vom Winde bestäubten Blüten, die in einer Ähre aus dem Wasser ragen (Abb. 3.2.274D). Völlig untergetauchte Meerespflanzen mit Zwitterblüten (nur 1 Staubblatt und 1 Karpell) und Wasserbestäubung durch Fadenpollen finden wir bei den «Seegräsern» der **Zosteraceae** (Abb. 3.2.274F–G, mit *Zostera*-Arten in den extratropischen Meeren, z.B. in der Nord- und Ostsee, und *Posidonia oceanica* im Mittelmeer). Eingeschlechtige Blüten schließlich haben die meist im Süß- oder Brackwasser vorkommenden **Zannichelliaceae** (mehrere Karpelle, z.B. *Zannichellia*: Abb. 3.2.274E) und **Najadaceae** (1 Karpell, z.B. Nixenkräuter, *Najas*).

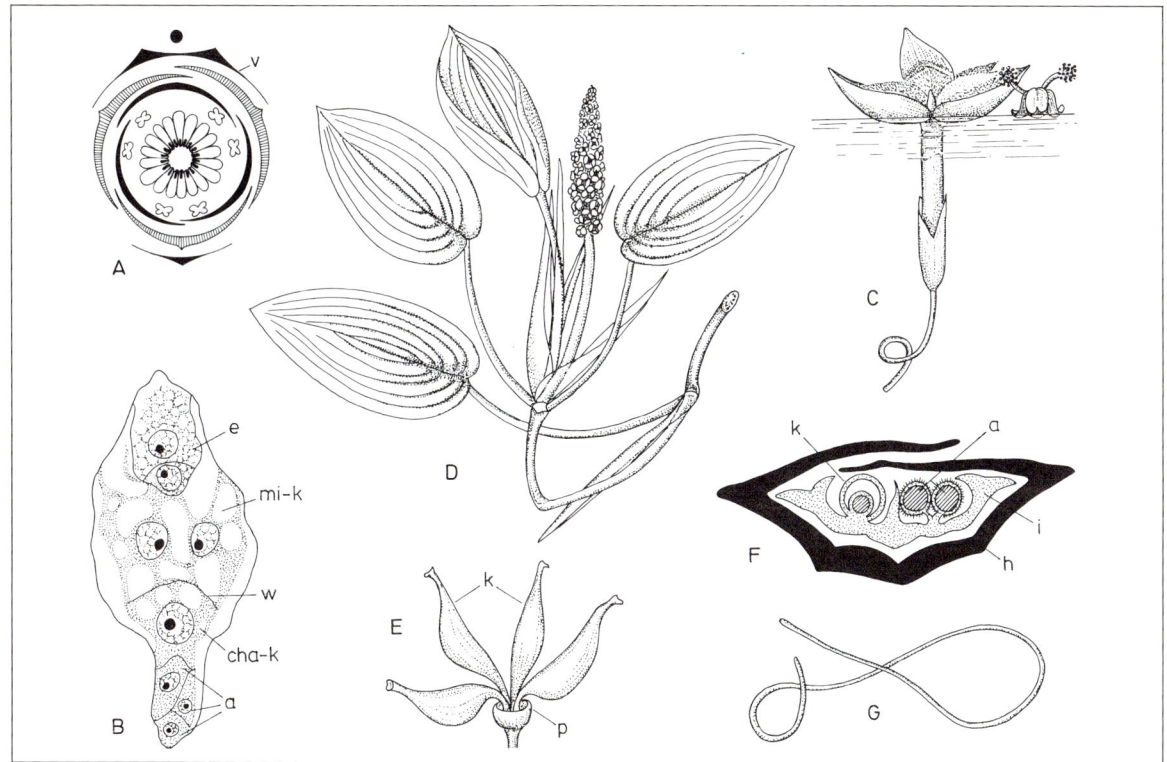

Abb. 3.2.274: *Alismatidae.* A–B *Alismatales.* **A** Blütendiagramm von *Alisma plantago-aquatica*, Vorblatt (v) 2kielig und adossiert, Staubblätter dédoubliert, Fruchtblätter frei, einsamig. **B** Helobialer Typus der Endospermentwicklung bei *Butomus umbellatus* (e 2zelliger Embryo, mi-k mikropylare Kammer: freie Kerne, w Querwand, cha-k chalazale Kammer, a Antipodenzellen; ca. 600×). **C** *Hydrocharitales, Vallisneria spiralis* ♀ und losgelöste, heranriftende ♂ Blüte (5×). D–G *Najadales.* **D** Blühender Sproß von *Potamogeton natans* (¹/₄×). **E** ♀ Blüte von *Zanichellia palustris*, mit Perigonsaum (p) und 4 heranreifenden freien Karpellen (k) (6×). F–G *Zostera marina*, **F** Querschnitt durch den flach-kolbenartigen Blütenstand (i) und Hüllblatt (h): nackte ♀ und ♂ Blüten mit 1 Karpell (k) bzw. 1 Anthere (a) (20×), **G** fädliches Pollenkorn (nat. Gr. etwa 2500× 4 μm). (A nach Eichler, verändert; B nach Englers Syllabus; C nach Kerner; D nach Karsten; E nach Graf; F und G nach Hegi.)

2. Unterklasse: Liliidae

Durch den Besitz von meist 3 ± miteinander verwachsenen Karpellen, also von coenokarpen Gynoeceen, hat diese Unterklasse gegenüber den *Alismatidae* eine höhere Entwicklungsstufe erreicht. Der Blütenbau folgt weithin der Formel P3+3 A3+3 G(3) und ist demnach vielfach pentacyclisch. Die Blütenstände sind unterschiedlich, aber nie kolbenartig und kaum von einzelnen großen Tragblättern umgeben. Die Wuchsformen sind sehr mannigfaltig und lassen verschiedene Anpassungen an trockene Lebensräume erkennen. Neben Krautigen kommen auch sekundär Holzige vor; sie haben teilweise anomales sekundäres Dickenwachstum (Abb. 1.3.58).

Im Zusammenhang mit Tierblütigkeit kommt es mehrfach zu kelch- und kronartiger Differenzierung und zu Verwachsungen im Perianthbereich. Ferner entstehen unterständige Fruchtknoten und zygomorphe Blüten. Vielfach werden Nectarien des Blütengrundes als Septalnectarien zwischen die (tlw. erst postgenital verwachsenden) Fruchtblattwände verlagert (Abb. 3.2.275D). Dédoublement im Androeceum fehlt fast immer, Reduktion von 2 auf 1 Staubblattkreis (sogar bis auf 1 oder ½ Staubblatt) ist dagegen nicht selten. Neben Kapseln finden sich besonders Beeren. Bei windblütigen Formenkreisen sind eingeschlechtige Blüten, Reduktion und Ausfall des Perianths und der Nectarien, Verminderung der Staub- und Fruchtblattzahl, ebenso auch der Samenanlagen bis auf 1 und die Bildung von Nußfrüchten sehr bezeichnend. Außer crassinucellaten und bitegmischen kommen auch ± tenuinucellate und unitegmische Samenanlagen vor. Die Endospermbildung ist teilweise noch nucleär (S. 753), im reifen Endosperm wird teils Stärke, teils aber auch Öl, Eiweiß oder Reservecellulose gebildet, vereinzelt findet sich auch Perisperm.

Die sehr formenreiche (im folgenden 12 Ordnungen!) und hier weiter gefaßte Unterklasse der *Liliidae* muß in Überordnungen gegliedert werden. Die ersten (1–2) haben ein ± corollinisches Perianth und meist Nectarien; sie zeigen fortschreitende Spezialisierungen in Richtung auf Tierblütigkeit. Dagegen tendieren die folgenden Überordnungen (3–4) zur Windblütigkeit; das Perianth wird unscheinbar oder geht verloren, die Nectarien fallen aus.

2.1. Überordnung: Lilianae. Hier dominieren radiäre Blüten mit 2 ± gleichartigen corollinischen Perianthkreisen und 2 bis 1 Staubblattkreis(en). Die synkarpen, ober- bis unterständigen Fruchtknoten enthalten zahlreiche submarginale Samenanlagen; im hornigen bis fleischigen, stärkefreien Endosperm bilden sich Reservecellulose, Eiweiß bzw. fettes Öl. Die ursprüngliche Blütenformel ist also:

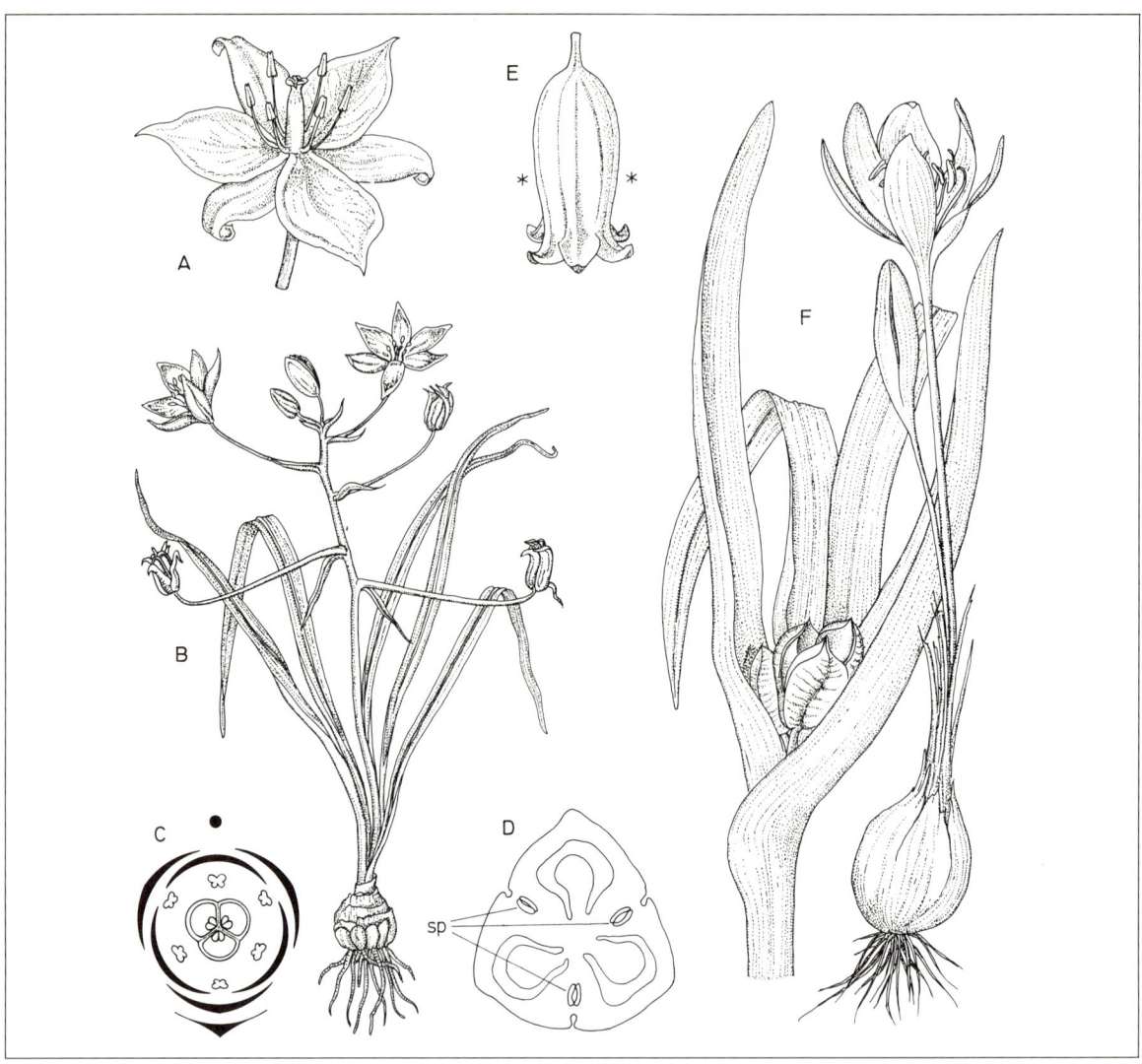

Abb. 3.2.275: *Liliales, Liliaceae* (A) und *Colchicaceae* (F) sowie *Asparagales, Hyacinthaceae* (B–D) und *Convallariaceae* (E). **A** Choritepale Blüte von *Tulipa sylvestris* (1×). B–C *Ornithogalum umbellatum*, **B** ganze Pflanze (verkl.), **C** Blütendiagramm. **D** *Muscari racemosum*, Fruchtknoten quer mit Sepalnectarien (sp) (15×). **E** Syntepale Blüte von *Polygonatum latifolium* (*Ansatzstelle der Staubblätter; 2,5×). **F** *Colchicum autumnale*, blühend und fruchtend ($^2/_5$×). (A nach Baillon; B nach Schimper; C nach Eichler, etwas verändert; D nach Fahn aus Frohne; E nach Troll und F nach Firbas.)

*P3+3 A3+3 G(3) (Abb. 3.2.275 C). Die Spaltöffnungen haben keine Nebenzellen. Mit zahlreichen Rhizom-, Knollen- und Zwiebelgeophyten, seltener auch mit Schopfbäumen, tritt diese Überordnung besonders in subtropischen Trockengebieten stark hervor.

Die *Lilianae* entsprechen den früher unnatürlich weit gefaßten *Liliaceae* und ihren Satellitenfamilien. Für ihre systematische Gliederung werden besonders Merkmale des vegetativen Bereiches (z.B. Rhizome → Knollen, → Zwiebeln: Abb. 1.3.27, 1.3.17 u. 26, 3.2.275), der Inhaltsstoffe (z.B. Alkaloide), der Früchte (z.B. septicide → loculicide Kapseln, → Beeren) und des Gametophyten (z.B. Normaltypus → *Allium*-Typus u.a. der Embryosackbildung: Abb. 3.2.205; simultane → sukzedane Pollenbildung) verwendet, während die Progression von freiem zu verwachsenblättrigem Perigon (so z.B. bei *Polygonatum, Colchicum*: Abb. 3.2.275 E, F) hier – und auch sonst bei den Monocotyledonen – von geringerem systematischem Zeigerwert ist.

Oft noch dicotyledonenartige Merkmale finden sich bei der

2.1.1. Ordnung: **Dioscoreales**, z.B. fiedernervige, in Spreite und Blattstiel gegliederte Blätter, kreisförmig angeordnete Leitbündel und ± seitliche Stellung des Keimblattes.

Die meist windenden (sub)tropischen **Dioscoreaceae** sind heterocotyl (ein Keimblatt ergrünt, das andere fungiert als Haustorium); abgeleitet sind dagegen die meist eingeschlechtigen Blüten und unterständigen Fruchtknoten. Pharmazeutisch sehr bedeutungsvoll ist der Gehalt an Steroidsapogeninen. Sie bilden Ausgangsstoffe für die halbsynthetische Herstellung vieler Hormone, z.B. der als Ovulationshemmer verwendeten Steroidhormone. Eßbare Wurzelknollen hat die ostasiatische Yamswurzel *(Dioscorea batatas)*. In Mitteleuropa kommt lediglich die Schmerwurz *(Tamus communis)* vor, eine kleine, mediterran-atlantische Liane. Krautige Bewohner temperater nordhemisphärischer Laubwälder sind die **Trilliaceae** (u.a.

mit der giftigen, 4zählig und grünlich blühenden, noch freigriffeligen Einbeere: *Paris quadrifolia*; Abb. 1.3.26 A). Bei den **Smilacaceae** finden sich in der Leitgattung *Smilax* zahlreiche (sub)tropische Lianen mit rankenartig verlängerten Blattscheiden und Beeren.

Im folgenden überwiegen typische Monocotyledonen-Merkmale; streifenaderige Blätter, zerstreute Leitbündel, terminale Stellung des Keimblattes etc. Die

2.1.2. Ordnung: **Asparagales** ist vor allem durch Septalnectarien, Beeren oder fachspaltige Kapseln, Samen mit trockener, schwarzgefärbter Testa und die weite Verbreitung von Steroid-Sapogeninen bzw. Herzglykosiden ausgezeichnet (Abb. 3.2.273).

Beeren überwiegen bei den folgenden Familien: Krautig sind die **Convallariaceae** mit Salomonssiegel oder Weißwurz: *Polygonatum* (Abb. 1.3.21, 1.3.26 B–C, 3.2.275 E), Schattenblume: *Maianthemum* und dem giftigen Maiglöckchen: *Convallaria majalis*. Phyllocladien bilden die **Asparagaceae** mit der heimischen Gemüsepflanze *Asparagus officinalis* (Spargel) und den besonders in den Mittelmeerländern vorkommenden *Ruscus*-Arten (Abb. 1.3.2). Die paläotropischen **Dracaenaceae** umfassen Holzpflanzen mit anomalem Dickenwachstum (Abb. 1.3.58; z. B. *Cordyline* und *Dracaena*, letztere mit dem bis 18 m hohen Kanarischen Drachenbaum *D. draco*: Abb. 3.2.276) sowie krautige Faser- und Zierblattpflanzen (*Sansevieria*). Kapseln überwiegen dagegen bei den **Phormiaceae** (mit der Faserpflanze *Phormium tenax*, dem Neuseeländischen Hanf: Abb. 1.2.23 A) und den folgenden Familien. Schopfbäume bzw. Riesenrosetten bilden die blattsucculenten **Agavaceae** der neuweltlichen Trockengebiete mit ober- bis unterständigen Fruchtknoten. Die Hauptgattungen sind *Yucca* und *Agave* (vgl. Abb. 3.1.55, S. 524, 930). Bei *Agave* sterben die Pflanzen nach der Bildung der Blütenschäfte ab; *A. americana* ist in den Mittelmeerländern eingebürgert, *A. sisalana* liefert als wichtige Faserpflanze Sisalhanf. Eine ähnliche ökologische Rolle in südafrikanischen Trockengebieten spielen die zu den **Asphodelaceae** gehörenden blattsucculenten und ± verholzten, syntepalen Arten von *Aloe* (Abb. 1.3.21 D, 1.3.69 B; vielfach vogelblütig und mit Harzen bzw. Bitterstoffen) und *Gasteria*. Rhizomstauden mit Speicherwurzeln bzw. Wurzelknollen finden sich bei der heimischen Graslilie *(Anthericum)* und bei den mediterranen *Asphodelus*-Arten.

Dagegen bilden die drei letzten Familien fast durchwegs Zwiebeln. Zu den **Hyacinthaceae** mit traubigen Blütenständen und oberständigen Fruchtknoten zählen z. B. Milchstern: *Ornithogalum* (Abb. 3.2.275 B–C), die mediterrane Meerzwiebel: *Urginea maritima* mit Herz-Glykosiden, Blaustern: *Scilla*, Traubenhyazinthen: *Muscari* (Abb. 3.2.275 D) und Hyazinthen: *Hyacinthus*. Die **Alliaceae** sind durch scheindoldige Blütenstände und den charakteristischen Geruch ihrer S-hältigen Lauchöle ausgezeichnet; hierher die Gattung *Allium* (Lauch) mit Zwiebel: *A. cepa*, Knoblauch: *A. sativum*, Schnittlauch: *A. schoenoprasum* u. a. (Abb. 1.3.17, 1.3.74, 1.3.93 C–D). Zymöse Blütenstände, unterständige Fruchtknoten und charakteristische Phenanthridin-Alkaloide haben dagegen die **Amaryllidaceae**. Dazu gehören als bekannte heimische Sippen etwa Knotenblume *(Leucojum)*, Schneeglöckchen *(Galanthus)* und die Narzissen *(Narcissus)* (Abb. 3.2.277 H–I).

Im Gegensatz zu den *Asparagales* läßt sich die

2.1.3. Ordnung: **Liliales** so charakterisieren: Nektarsekretion am Grunde der Tepalen bzw. Staubblätter, fach- oder wandspaltige Kapseln, Samen niemals schwarzgefärbt (teilweise mit Sarcotesta), Vorkommen von giftigen Alkaloiden (neben Steroidsapogeninen).

Abb. 3.2.276: *Asparagales, Dracaenaceae: Dracaena draco*, altes Exemplar des Drachenbaumes auf den Kanarischen Inseln. (Nach Chun und Karsten.)

Oberständige und teilweise noch ± freiblättrige Fruchtknoten haben die **Melanthiaceae** mit Rhizomen (dazu der giftige Germer: *Veratrum album*, eine Hochstaude der Bergwiesen, sowie die Simsenlilie: *Tofieldia*) und die **Liliaceae** s. str. mit Zwiebeln (hierher etwa Tulpen: *Tulipa*: Abb. 3.2.275 A, Gelbsterne: *Gagea*, Lilien: *Lilium* und Schachblumen: *Fritillaria*). Bei beiden Familien finden sich Steroidalkaloide. Für die **Colchicaceae** sind Knollen und die sehr giftigen nicht-steroiden Alkaloide der Colchicin-Gruppe bezeichnend (vgl. Abb. 1.1.25, S. 40, 497, 514). Bei der heimischen Herbstzeitlose, *Colchium autumnale* (Abb. 3.2.275 F) bildet die Sproßknolle im Herbst einen Blütensproß; dieser sendet aber zuerst nur die Blüten mit ihren langen Perigonröhren an die Oberfläche. Erst im Frühjahr folgen die Laubblätter und die heranreifenden Früchte, während gleichzeitig ein basales Internodium zu einer neuen Knolle heranwächst.

Stärker abgeleitet sind die **Iridaceae** mit unterständigem Fruchtknoten, Ausfall des inneren Staubblattkreises und zunehmender Blütenspezialisation: $* \to \downarrow P3+3\ A3+0\ G\overline{(3)}$ (Abb. 3.2.277 D). Bei der mit Sproßknollen überdauernden Gattung *Crocus* (Abb. 3.2.277 A–C) sind die Blüten radiär und alle Perigongblätter gleichartig. Die Schwertlilien (*Iris*: Abb. 3.2.277 E–G) haben meist kriechende Rhizome und unifaciale schwertförmige, mit den Scheiden der Sproßachse «reitend» aufsitzende Flachblätter (Abb. 1.3.26 E, 1.3.74 E). Hier finden wir monochasiale Inflorescenzen (Fächel) und ebenfalls noch radiäre Blüten, bei denen aber die äußeren und inneren Perigonblätter verschieden sind. In jeder Blüte werden aus je einem äußeren Perigonblatt, einem corollinisch verbreiterten Griffelast (mit 3eckigem Narbenlappen) und je einem Staubblatt drei Lippenblumen (Meranthien, vgl. S. 706 und 748) gebildet. *Gladiolus* schließlich hat dorsiventrale Blüten.

Mit der Besiedlung humusreicher Standorte und zunehmender Mykotrophie im Zusammenhang steht die ungeheure zahlenmäßige Zunahme der Samen und ihre gleichzeitige Reduktion zu winziger Größe sowie der Ausfall des Endosperms bei der

2.1.4. Ordnung: **Orchidales** (= *Gynandrae*, = *Microspermae*) und ihrer einzigen Familie **Orchidaceae**

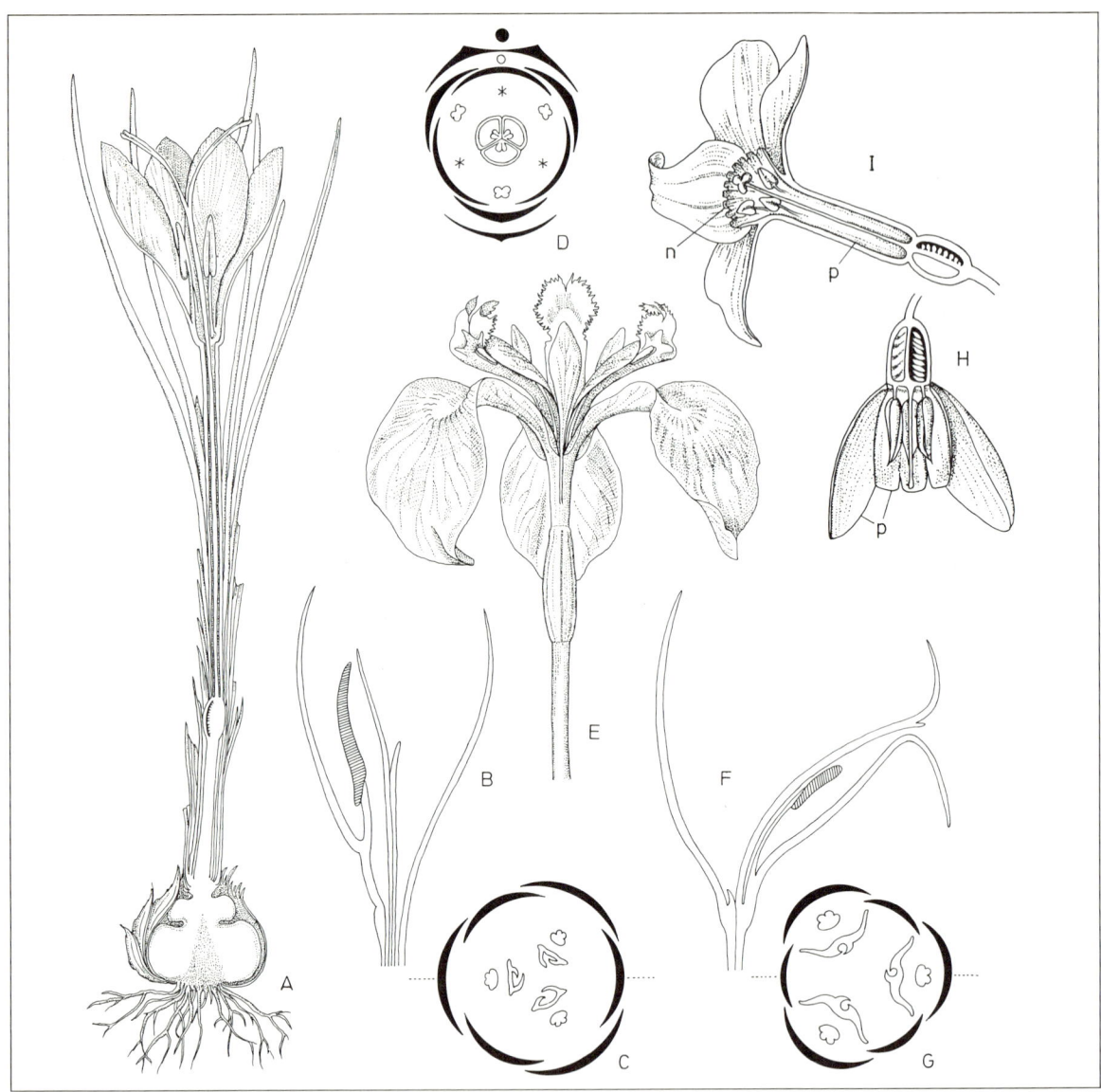

Abb. 3.2.277: *Liliales, Iridaceae.* (A–E) und *Asparagales, Amaryllidaceae* (H–I). A–C *Crocus sativus*; **A** blühende Pflanze, längs (etwa 1×); **B–C** Längsschnitt (F) und Grundriß (G) vom oberen Teil der Blüte mit Perigon, Staubblatt und Griffelästen. D–G *Iris*; **D** Diagramm; **E–G** *I. pseudacorus*, Längsschnitt (F) und Grundriß (G) vom oberen Teil sowie gesamte Blüte (E, etwa 1×); durch die funktionelle Verbindung von je einem äußeren Perigonblatt, Staubblatt und corollinischem Griffelast entstehen 3 Lippenblumen. **H** Blütenlängsschnitt von *Galanthus nivalis* (2×) und **I** von *Narcissus poeticus* (1×): unterständiger Fruchtknoten, Griffel, freies bzw. röhrenförmig verwachsenes Perigon (p), «Nebenkrone» (n). (A nach Baillon; B–C und E–G nach Troll; D nach Eichler, etwas verändert; H–I nach Graf.)

(Abb. 1.3.10, 3.2.278). Kennzeichnend sind dorsiventrale Blütensymmetrie, Reduktion des Androeceums auf nur 2 bzw. 1 Staubblatt und seine Verwachsung mit Griffel bzw. Narbe, der meist in Tetraden oder Pollinarien dargebotene Pollen sowie der unterständige Fruchtknoten.

Es handelt sich um humusliebende, terrestrische oder meist (sub)tropisch-epiphytische Stauden mit endotropher Mykorrhiza (Abb. 1.3.3, 1.3.87, 2.1.152). Die gewöhnlich in traubigen Blütenständen angeordneten Blüten werden bei ihrer Entwicklung in der Regel um 180° gedreht («Resupination» infolge Torsion von Fruchtknoten oder Blütenstiel: Abb. 3.2.278). Das Perigon ist 2wirtelig, das mediane (obere) Blatt seines inneren Wirtels ist zu einer Lippe, dem Labellum, umgebildet: Es erscheint meist stärker gegliedert, wird durch die Blütendrehung zur «Unterlippe», dient dann als Anflugstelle und ist nach hinten häufig noch in einen Sporn verlängert. Von den Staubblättern sind entweder nur die beiden seitlichen des inneren Kreises fruchtbar (z.B. beim Frauenschuh, *Cypripedium* und Verwandten, z.B. *Paphiopedilum*; Abb. 1.3.10A) oder nur eines, nämlich das mediane Glied des äußeren Kreises (z.B. beim Knabenkraut, *Orchis*; Abb. 3.1.10B, 3.2.278A); von den anderen Gliedern können einige noch als Staminodien vorhanden sein. Nur selten verstäuben die Antheren ihren Pollen (etwa als Tetraden), meist wird die ganze Pollenmasse eines Pollensackes bzw. einer Antherenhälfte mit Zusatzbildungen (Stielchen = Caudicula und Klebkörper – Rostellum) als Pollinarium übertragen (Abb. 3.2.278D). Die beiden bzw. das einzige fruchtbare Staubblatt sowie der Griffel und die Narben des Fruchtknotens sind zu einem eigenartigen Säulchen, dem Gynostemium, verwachsen, das in der Mitte der Blüte hervorragt. Der unterständige, 3blättrige Fruchtknoten ist meist nur 1fächerig und trägt an parietalen Placenten die zur Blütezeit noch kaum entwickelten Samenanlagen. Erst nach erfolgreicher Bestäubung wachsen sie heran, werden befruchtet und bilden in den Kapselfrüchten tausende winzige Samen (mit kaum differenziertem Embryo), die der Wind fast so leicht wie Sporen ausbreiten kann.

Die Orchideen sind mit über 20000 Arten eine der größten Pflanzenfamilien; verbreitet sind sie vor allem als Epiphyten in den Tropen (Abb. 4.5.12), als Erdorchideen aber auch in den gemäßigten Zonen. Ihre Entwicklung aus Samen ist meist nur möglich, wenn bestimmte Pilze die Keimlinge infizieren und in ihnen eine endotrophe Mykorrhiza (Abb. 2.1.152) bilden. Später können die ergrünenden Formen auch autotroph gedeihen. Verschiedene ganz heterotrophe Arten aber, die kein oder fast kein Chlorophyll bilden (z.B. die einheimische Nestwurz, *Neottia nidus-avis*, die Korallenwurz, *Corallorhiza* und *Epipogium*) sind dauernd auf ihre Mykorrhizapilze angewiesen, parasitieren also gewissermaßen mit ihnen (vgl. S. 229, 379). Mit dieser «Mykotrophie» hängen auch die anderen Leitmerkmale der Familie zusammen: Geringe Chancen für erfolgreiche Samenkeimung, daher sehr zahlreiche Samen: Samen dementsprechend winzig, daher undifferenziert und ohne Endosperm; nur Pollinarien ermöglichen die Befruchtung tausender Samenanlagen aufgrund einer einmaligen Bestäubung!

Innerhalb der **Orchidaceae** werden drei Unterfamilien (bzw. Familien) unterschieden. Am ursprünglichsten sind die nur aus wenigen Arten bestehenden terrestrischen **Apostasioideae** des indomalaiischen Raumes: *Neuwiedia* hat noch fast radiäre Blüten und noch 3 fruchtbare Staubblätter, 1 im äußeren und 2 im inneren Kreis. Aus ähnlichen Vorläufern haben sich offenbar die **Cypripedioideae** (= *Diandrae*) mit 2 inneren und die überwältigende Masse der **Orchidoideae** (= *Monandrae*) mit 1 äußeren Staubblatt (und zwei inneren Staminodien: Abb. 3.2.278 A) differenziert. Ihre Formenfülle ist anscheinend durch die verschiedensten blütenbiologischen Spezialisierungen möglich geworden. Dafür im folgenden einige Beispiele.

Bei *Orchis* (Knabenkraut; Abb. 3.2.278 B–E) und anderen einheimischen Gattungen besitzt die Lippe einen Sporn (mit oder ohne Nektar), dessen Öffnung unmittelbar vor dem Gynostemium liegt. Versucht nun ein Insekt, das sich auf der Lippe niedergelassen hat, in das Blüteninnere einzudringen, stößt es mit dem Kopf oder Rüssel an die Klebkörper der Pollinarien, zieht sie aus der Anthere heraus und trägt sie fort. Besucht es hierauf die nächste Blüte, so haben sich inzwischen die rasch welkenden Stielchen nach vorn oder nach unten gebogen, und die Pollenmassen werden nun auf der klebrigen Narbenfläche abgestreift. (Man kann den ganzen Vorgang leicht mit einer Bleistiftspitze nachahmen.) Bei der sporn- und nektarlosen Gattung *Ophrys* ist dieser Bestäubungsmodus gekoppelt mit der Anlockung von männlichen Hymenopteren durch die Weibchen-Attrappen darstellenden Blüten (vgl. S. 747). Die tropischen *Catasetum*-Arten schleudern die Pollinarien den sie bestäubenden Bienen entgegen, sobald diese durch Berühren eines besonderen Tastfortsatzes einen Ausgleich gewisser Gewebsspannungen herbeiführen. Bei *Cypripedium* (Frauenschuh) und *Stanhopea* sorgen Gleitfallen für die richtige Bestäubung, usw. usw. (Wegen der bis 32 cm langen Sporne von *Angraecum* vgl. S. 749.)

Die heimischen Erdorchideen *Epipactis* und *Cephalanthera* haben ein verzweigtes Rhizom. *Orchis*, *Ophrys*, *Gymnadenia* u.a. überdauern dagegen mit einer eiförmigen oder handförmig gegliederten Knolle, die alljährlich in der Achsel eines Niederblattes entsteht und dieses später durchbricht (vgl. S. 222, Abb. 1.3.92 A–B); aus ihr geht der nächstjährige Sproß hervor. Mannigfach sind die Anpassungen der epiphytischen Orchideen: Oft speichern sie in dickledrigen Blättern und in Sproßknollen das ihnen nur unregelmäßig zugängliche Regenwasser (Abb. 1.3.87 B–C); viele bilden Luftwurzeln (Abb. 1.3.87 C), einige sogar als Assimilationsorgane (Abb. 1.3.3).

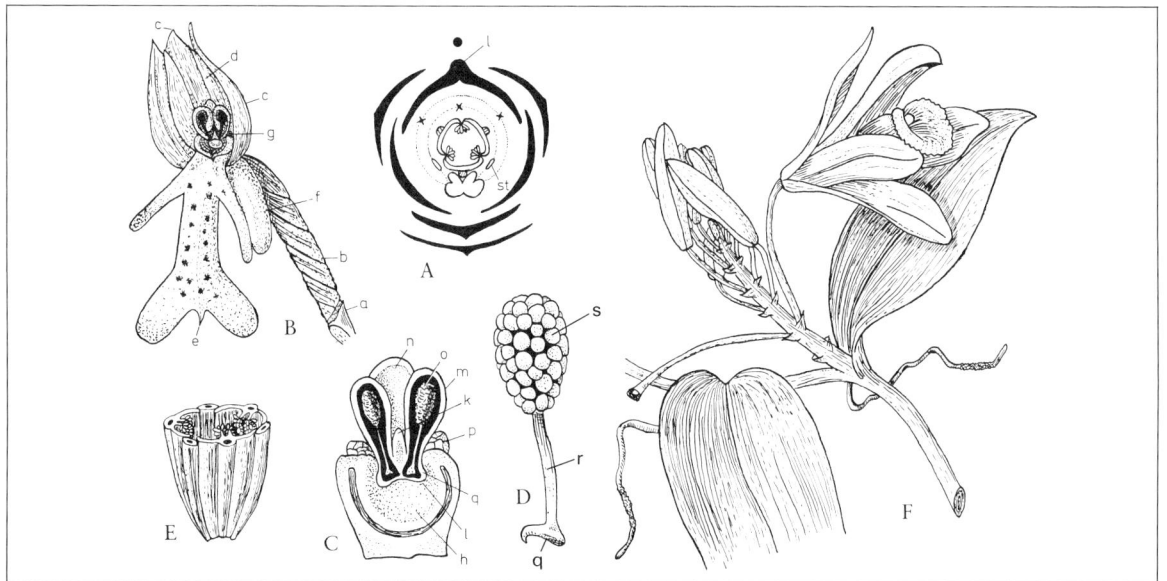

Abb. 3.2.278: *Orchidales, Orchidaceae.* **A** Blütendiagramm der *Orchidoideae* (etwa von *Orchis*, vor der Resupination), Labellum (l), im äußeren Kreis nur 1 fertiles Staubblatt, im inneren 2 Staminodien (st). **B–E** *Orchis militaris.* **B** Blüte, durch Drehung des Fruchtknotens (b) resupiniert: Tragblatt (a), äußere (c) und innere (d) Perigonblätter, Labellum (e) mit Sporn (f) und Gynostemium (g) (etwa 2,5×); **C** Gynostemium mit Narbenfläche (h), Rostellum (l) mit Fortsatz (k), fertiles Staubblatt mit Konnektiv (n), 2 Thecen (m), darin Pollinien (o) mit Caudiculae und Klebkörpern (q), Staminodien (p) (etwa 10×); **D** Pollinarium mit Pollinium (s), Caudicula (r) und Klebkörper (q) (etwa 15×); **E** Kapsel quer (etwa 8×). **F** *Vanilla planifolia*, blühender Sproß mit rankenden Wurzeln (verkl.). (A nach Eichler, etwas verändert; B–F nach Berg & Schmidt.)

Die unreifen Kapseln des neotropischen Wurzelkletterers *Vanilla planifolia* (Abb. 3.2.278 F) liefern die Vanille. Viele tropische Orchideen werden wegen ihrer eigenartigen, farbenprächtigen und stark duftenden Blüten in Gewächshäusern gezogen (Arten von *Cattleya, Laelia, Vanda, Dendrobium, Stanhopea* u. a.).

Die drei folgenden isolierten Ordnungen *Pontederiales, Bromeliales* und *Zingiberales* sind ebenfalls noch tierblütig und weichen von den *Lilianae* vor allem durch häufig kelch- und kronartig differenziertes Perianth, Ausbildung von Septalnectarien, stärkereiches, mehliges Endosperm und Spaltöffnungen mit Nebenzellen ab. Sie können als

2.2. Überordnung: Bromelianae (s.lat.) zusammengefaßt werden und verbinden die *Lilianae* mit den anschließenden ± anemophilen Überordnungen

2.2.1. Ordnung: **Pontederiales**. Die **Pontederiaceae** sind Sumpf- und Wasserstauden. Ihre hypogynen Blüten neigen zur Dorsiventralität und Syntepalie. Der Embryo ist im Endosperm eingebettet. Hierher zählt etwa die schwimmende Rosettenpflanze *Eichhornia crassipes*, ein neotropisches Wasser-Unkraut.

2.2.2. Ordnung: **Bromeliales**. Bei der einzigen Familie **Bromeliaceae** handelt es sich um schmalblättrige xero- bzw. epiphytische Rosettenpflanzen (selten Schopfbäumchen) der amerikanischen Tropen (Abb. 4.5.12, 4.5.14) mit epigynen, radiären, oft vogelbestäubten Blüten, 6 Staubblättern und einem Embryo, der dem Endosperm seitlich anliegt. Bekannt ist die Wasseraufnahme durch Schuppenhaare (Abb. 1.3.88, S. 218). – Ein flechtenartig reduzierter Epiphyt ist *Tillandsia usneoides*. Zur Familie gehört auch die wegen ihrer fleischigen Fruchtstände (S. 757) sehr geschätzte und plantagenmäßig angebaute Ananas *(Ananas sativus).* – Demgegenüber ist die

2.2.3. Ordnung: **Zingiberales** (= *Scitamineae*) durch dorsiventrale bis asymmetrische Blüten, fortschreitende Rück- bzw. Umbildung der Staubblätter zu corollinischen Staminodien sowie Endo- und Perisperm in den Samen gekennzeichnet. Als tropisch-mesophile Rhizomstauden bilden sie teilweise sehr mächtige Scheinstämme und große, ganzrandige Blätter (Abb. 4.5.12). – Ein mehr/minder differenziertes Perianth und 6 oder meist nur 5 fertile Staubblätter finden wir bei den **Musaceae**. Sie werden teils durch Vögel, teils durch Fledermäuse bestäubt. Wichtige tropische Obst- und Mehlfrüchte liefern die aus Südostasien stammenden, vielfach hybridogenen und parthenokarpen (samenlosen) 2*x* und 3*x*-Kulturformen der Bananen *(Musa paradisiaca, M. × sapientium* u. a.). Ihr Scheinstamm wird von den dicht geschlossenen Scheiden der großen Blätter gebildet. Der überhängende Blütenstand ist endständig und trägt in doppelten Querreihen collateraler Beiknospen die zahlreichen beerenartigen Früchte. Außerdem sind hier noch die Faserpflanze *Musa textilis* (Manilahanf), die farbenprächtige, vogelblütige südafrikanische *Strelitzia* und der fächerartig-distich beblätterte «Baum der Reisenden» *(Ravenala)* aus Madagaskar zu nennen. Ebenfalls dorsiventrale Blüten, aber nur noch ein fertiles Staubblatt, haben die **Zingiberaceae** (Abb. 3.2.279 A–C). Bei ihnen sind die beiden anderen inneren Staubblätter kronblattartig und zu einem Labellum verwachsen (vgl. die andersartige Entstehung im Vergleich zum Labellum der *Orchidaceae*!). Die besonders in den Tropen Südostasiens formenreiche Familie (Abb. 4.5.14) ist reich an etherischen Ölen; daher verwendet man ihre Rhizome vielfach als Heilmittel (z.B. Arten von *Curcuma, Alpinia, Elettaria*) und als Gewürze (besonders Ingwer, *Zingiber officinale*: Abb. 3.2.279 A). Die beiden letzten Familien besitzen asymmetrische Blüten und nur noch ein halbes fertiles Staubblatt (Abb. 3.2.279 D); seine andere Hälfte, die übrigen Staubblätter und der Griffel sind kronblattartig gestaltet: Während die **Cannaceae** noch vielsamige Kapseln aufweisen (dazu die neotropische, auch als Zierpflanze kultivierte Gattung *Canna*, Blumenrohr), finden sich bei den **Marantaceae** nur noch 3- bis 1samige Früchte (Blätter mit Gelenkpolster am Spreitenansatz; hierher verschiedene Zierblattpflanzen: Abb. 1.3.72 C und die neotropische Pfeilwurz: *Maranta arundinacea*, deren Rhizome Stärke liefert).

2.3. Überordnung: Juncanae (= *Junciflorae, Cyperales* s.lat.); auch sie vermittelt zwischen *Lilianae* und *Commelinanae*, ist aber windblütig und dementsprechend ohne Nectarien: Blüten ± radiär, Perigonblätter ursprünglich 3 + 3, gleichwertig, unscheinbar und meist trockenhäutig (oder borstig-haarförmig bis reduziert), Pollen in Tetraden oder «falschen» Einzelkörnern (Pseudomonaden, unmittelbar aus der Pollenmutterzelle nach Degeneration der 3 übrigen Zellkerne), Fruchtknoten 3(2)blättrig, Kapseln oder Nußfrüchte, Embryo im stärkehaltigen, mehligen Endosperm eingebettet; auffällig sind die mit mehreren Spindelansatzpunkten versehenen (polycentrischen) Chromosomen.

Trotz habitueller Ähnlichkeiten mit den echten Gräsern *(Poaceae)* lassen sich die *Juncanae* durch kaum hohle und nicht knotig gegliederte Stengel mit 3zeiliger Blattstellung auch vegetativ gut erkennen. Bei der

2.3.1. Ordnung: **Juncales** mit den **Juncaceae** entspricht die Blütenformel meist noch jener der *Lilianae*: P3+3 A3+3 G(3) (Abb. 3.2.280 B–C), ihre synkarpen Fruchtknoten enthalten meist zahlreiche Samenanlagen und werden zu Kapselfrüchten. Sie sind in Mitteleuropa vertreten durch die grasähnlichen Hainsimsen *(Luzula)* sowie die Binsen *(Juncus)*, deren Blätter und Halme meist stielrund (Abb. 1.3.74 D) und – dem nassen Standort entsprechend – von gekammertem Durchlüftungsgewebe (Abb. 1.2.8 D) erfüllt sind. Die Einzelblüten stehen in zusammengesetzten Blütenständen (aus Monochasien: Sicheln; Abb. 3.2.280 A) und teilweise scheinbar seitenständig, da sich ihr Tragblatt häufig in die Verlängerung der Hauptachse stellt.

Viel stärker reduzierte und zu Ährchen zusammengefaßte Blüten, Pseudomonaden-Pollen, pseudomonomere Fruchtknoten aus 3–2 Karpellen, aber nur mit 1 Samenanlage und Nußfrüchte kennzeichnen die

2.3.2. Ordnung: **Cyperales** (nur mit den **Cyperaceae**, Riedgräser). Der Vergleich verschiedener Gattungen demonstriert eine schrittweise Rückbildung: So finden wir z.B. bei *Schoenoplectus, Scirpus, Eleocharis* u.a. die Zwitterblüten vielfach mit 6 widerhakig-rauhen Borsten, die an der Frucht verbleiben und ihrer Ausbreitung dienen (Abb. 3.2.280 D, E): Nach ihrer Zahl und Stellung (3 + 3) entsprechen sie dem Perigon. Auch die «Wollgräser» der Flach- und Hochmoore *(Eriophorum)* besitzen Zwitterblüten, ihre Perigonborsten sind aber zu einem Saum weißer Haare vermehrt; auch sie dienen der Fruchtausbreitung (Abb. 3.2.280 F–H). Viel stärker vereinfacht sind die eingeschlechtigen Blüten der Seggen, der artenreichen Gattung *Carex* (Abb. 3.2.280 L–Q). Man findet fast immer beiderlei Blüten auf denselben Ähren, und in der Achsel von Deckblättern. Die ♂ haben nur 3 Staubblätter, die ♀ bestehen aus einem 2- oder 3kantigen Fruchtknoten (mit ebenso vielen Narben auf langem Griffel), der aber noch von einer besonderen Hülle, dem «Schlauch» (Utriculus), umschlossen ist. Wie ein Vergleich mit der arktisch-alpinen Gattung *Elyna* zeigt (Abb. 3.2.280 I–K), handelt es sich bei dem Utriculus um das eigentliche, verwachsene Tragblatt der ♀ Blüten. Das Deck-

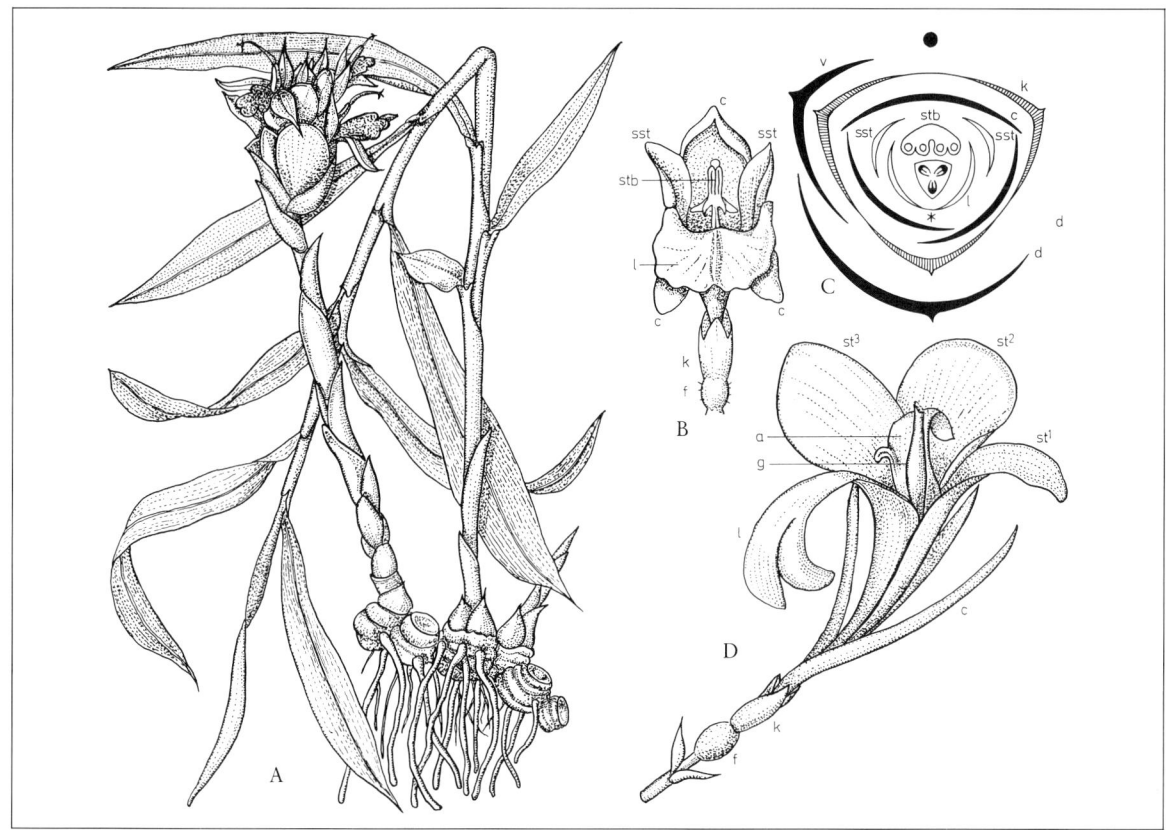

Abb. 3.2.279: *Zingiberales.* A–C Zingiberaceae. **A** *Zingiber officinale*, blühende Pflanze mit Rhizom ($^2/_5$×). **B** Blüte von *Curcuma australasica* und **C** Diagramm von *Kaempfera ovalifolia*, mit Tragblatt (d), Vorblatt (v), Kelch (k) und Blumenkrone (c), seitliche Staminodien (sst), staminodiales Labellum (l), einziges fertiles Staubblatt (stb), Fruchtknoten (f). **D** Cannaceae, asymmetrische Blüte von *Canna iridiflora*, 3 Staminodien (st^1–st^3), halb fertiles Staubblatt (a), Griffel (g) ($^1/_2$×). (A nach Berg & Schmidt; B nach Hooker f.; C nach Eichler; D nach Schenck.)

---

blatt trägt hier nämlich einen reduzierten Blütenstand mit 1 ♀ und 1 ♂ Blüte, jede mit einem Tragblatt.

Die weltweit verbreitete, artenreiche Familie ist besonders auf sumpfigen Böden stark vertreten. *Eriophorum vaginatum* und *Trichophorum cespitosum* (Abb. 1.2.24 F) sind wichtige Torfbildner. Aneinander und kreuzweise übereinander geklebte und gepreßte Gewebeschichten aus den bis über einen Dezimeter dicken Halmen von *Cyperus papyrus* aus dem tropischen Afrika lieferten Papyrus, das «Papier» des Altertums.

Unsicher ist der Anschluß (? *Pontederiales*) der durchwegs eingeschlechtig-monöcischen

2.3.3. Ordnung: **Typhales** mit der einzigen, ebenfalls windblütigen Familie **Typhaceae**. Es handelt sich um sumpfbewohnende Rhizomstauden. Bei *Sparganium* (Igelkolben) sitzen die Blüten in kugeligen ♀ und ♂ Teilblütenständen; sie haben noch ein häutiges, 6- oder 3teiliges Perianth. Bei *Typha* (Rohrkolben) sind an einer durchgehenden Achse unten die ♀, oben die ♂ Blüten zu dichten Walzen zusammengedrängt; an Stelle des Perianths ist nur ein Haarsaum vorhanden.

Die letzten Ordnungen der *Liliidae* können als

2.4. Überordnung: Commelinanae (= *Farinosae* z. T.) zusammengefaßt werden. Ursprünglich noch tierblütig, neigen auch sie stark zur Windblütigkeit. Dabei sind die Blüten radiär (bis schwach dorsiventral) und 3zählig, Nectarien fehlen, die Perigonblätter – teilweise noch kelch- und kronblattartig differenziert – werden unscheinbar und reduziert; Ausfälle erfolgen auch im 2kreisigen Androeceum; 3(2)blättrige oberständige Fruchtknoten wandeln sich von synkarp zu pseudomonomer, vielsamigen Kapseln dementsprechend zu 1samigen Nußfrüchten; der Embryo liegt dem stärkereichen, mehligen Endosperm (Name: farina = Mehl!) seitlich an; kennzeichnend sind auch die in Scheide und Spreite gegliederten, streifenaderigen Blätter, die meist knotig gegliederten Stengel und 2 oder mehr Nebenzellen der Spaltöffnungen.

Die ursprünglichsten Merkmale finden wir bei der meist noch entomogamen, zwitterblütigen, kapselfrüchtigen und (sub)tropischen

2.4.1. Ordnung: **Commelinales**. Verschiedene, bei uns häufig als Zimmerpflanzen gezogene Arten von *Tradescantia*, *Zebrina* und *Rhoeo* gehören zu den **Commelinaceae**; ihre Blüten lassen deutlich Kelch und Krone erkennen und stehen in Wikkeln. Dagegen sind die unscheinbaren Einzelblüten der (sub)tropischen **Eriocaulaceae** zu kopfigen Pseudanthien mit Hülle vereinigt (ähnlich den Asteraceen!).

Das Endglied in der zur Windblütigkeit führenden Entwicklungsreihe der *Commelinanae* stellt die überaus wichtige

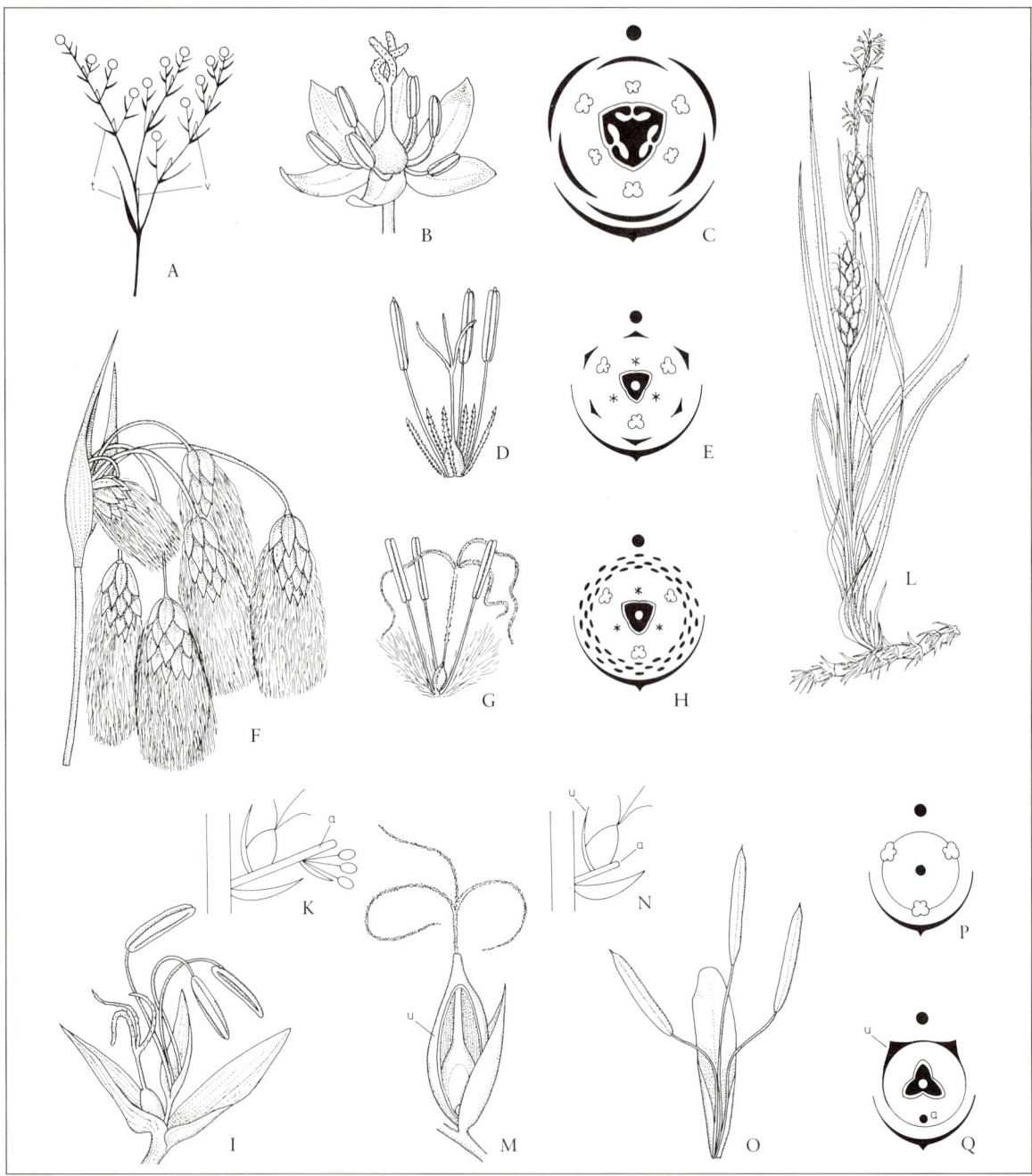

Abb. 3.2.280: *Juncanae, Juncales* (A–C) und *Cyperales* (D–Q). **A** Blütenstand von *Juncus bufonius* mit mehreren Sicheln (Tragblätter t, Vorblätter v); **B** Blüten von *Luzula campestris* (12×); **C** Diagramm von *Juncus*. **D–E** Blüte von *Schoenoplectus lacustris* (4×) und Diagramm von *Scirpus sylvaticus*; **F–H** *Eriophorum angustifolium*, Fruchtstand (1×), Blüte (vergr.) und Diagramm. **I–K** *Elyna myosuroides*, Teilblütenstand mit Tragblatt, ♀ und ♂ Blüte. **L–Q** *Carex*; Habitus von *C. hirta* mit ♀ und ♂ Blütenständen (L, $^{1}/_{2}$×); **M–N**, **Q** ♀ Blüte von *Carex*, Schema und Diagramm; der Utriculus (u) ist mit dem Tragblatt der ♀ Blüte von *Elyna* vergleichbar, die Achse des Teilblütenstandes (a) wird reduziert; **O–P** ♂ Blüte von *Carex* spec. (15×) und Diagramm. (A nach Englers Syllabus; B nach Graf; C, E, H, K, N, P, Q nach Eichler; D nach Firbas; F–G nach Hoffmann; I, L nach Hegi, verändert; M, O nach Walter.)

2.4.2. Ordnung: **Poales** (= *Glumiflorae*) dar.

Mit ihren nur mäßig vereinfachten, aber meist eingeschlechtigen Blüten vermitteln die südhemisphärischen **Restionaceae**. Sie nehmen in Südafrika und Australien teilweise die ökologische Position der Gräser, Binsen und Riedgräser ein.

Wirtschaftlich höchst bedeutungsvoll (Getreide, Weidegräser!) und überaus formenreich (etwa 8000–9000 Arten!) ist die Familie der **Poaceae** (= *Gramineae*), der echten Gräser (Süßgräser). Ihre meist zwittrigen Blüten sind sehr stark vereinfacht, zu Ährchen vereinigt und von trockenhäutigen Trag-, Vor- und Perigonblättern (Spelzen) umgeben; meist sind nur noch 3 Staubblätter vorhanden; der Fruchtknoten ist pseudomonomer und enthält nur

1 Samenanlage; bei der Reife liegt sie der Wand der Nußfrucht (Karyopse) meist eng an.

Die echten **Gräser** sind meist krautige Pflanzen mit stielrunden, meist hohlen (Abb. 1.2.24 G), an den verdickten Knoten (Abb. 2.3.28) durch quergestellte Diaphragmen gegliederten Stengeln («Halmen») und zweizeilig angeordneten Blättern. Jedes Blatt besteht aus einer langen, schmalen Spreite und einer stengelumfassenden, auf der der Spreite gegenüberliegenden Seite meist offenen Blattscheide; an der Grenze zwischen beiden findet sich oft ein aufrechtes, weißes Häutchen, die Ligula. Hinzuweisen ist auf die Form der Spaltöffnungen (Abb. 1.2.15 C, F, S. 141). In der Epidermis finden sich charakteristische Kieselkurzzellen.

Die Blütenährchen sind zu rispigen oder ährigen Gesamtblütenständen vereinigt (Rispen- und Ährengräser; Abb. 3.2.282 I; A, C, D, F). Jedes Ährchen (Abb. 3.2.281 B, D, 3.2.282 B, E, G, H, K) ist am Grunde von meist 2 Hüllspelzen umgeben. Darauf folgen in zweizeiliger Anordnung die Deckspelzen als Tragblätter der Einzelblüten (Abb. 3.2.281 B–D). Sie sind oft begrannt, d. h. die dem Unterblatt entsprechenden «Spelzen» tragen auf dem Rücken oder an der Spitze eine der Blattspreite homologe steife Borste, die Granne. Weiter folgen eine meist 2kielige Vorspelze (wohl einem Vorblatt und nicht einem äußeren Perigonkreis homolog) sowie 2 (selten noch 3) kleine Schüppchen (Lodiculae), welche als Reste des inneren Perigonkreises angesprochen werden können und als Schwellkörper die Öffnung der Blüte bewirken (Abb. 3.2.281 A, C–D). Von den gelegentlich noch vorhandenen beiden Staubblattkreisen (A3+3; z. B. bei *Oryza*) ist meist nur der äußere erhalten. Am Aufbau des einfächerigen Fruchtknotens mit 3, meist aber nur noch 2 Narben sind offenbar 3 bzw. 2 Karpelle beteiligt. Jedes Ährchen enthält meist mehrere, seltener – durch Verarmung – nur 1 Blüte. Die Grasfrucht (Karyopse) entwickelt sich nicht nur aus dem Fruchtknoten, sondern meist auch noch aus Spelzen (Ausbreitungs- und Verankerungshilfe!). Der Graskeimling besitzt ein zu einem schildförmigen Saugorgan, dem Scutellum, umgewandeltes Keimblatt, mit dem er dem mächtig entwickelten, stärkereichen Endosperm seitlich anliegt (Abb. 3.2.282 L). Sproß- und Wurzelvegetationspunkt sind von geschlossenen Scheiden, Coleoptile (= Keimblattscheide?) und Coleorrhiza, umschlossen, die bei der Keimung durchbrochen werden (Abb. 3.2.271 D).

Für die systematische Gliederung der *Poaceae* werden besonders Differenzierungen des Ährchenbaues, der Lodiculae, der Karyopsen-, Embryo- und Keimlingsstruktur sowie der Blattanatomie herangezogen. Bei den meisten Gräsern zerfallen die reifen Ährchen: Dabei haben die **Bambusoideae** noch ursprüngliche Blüten (3 Lodiculae und oft 3 + 3 Staubblätter), aber holzige und oft baumhohe Halme; die Bambus-Arten sind besonders in den feuchten (Sub-)Tropen verbreitet und werden dort etwa als Baumaterial und Gemüse genutzt. Vieladerige Deckspelzen finden sich bei den überwiegend temperaten **Pooideae** (= *Festucoideae*) mit C_3-Photosynthese. Mehrblütige Ährchen und (meist) Rispen kennzeichnen etwa auch die als Futtergräser (Abb. 4.3.23, 4.3.35) wichtigen heimischen Gattungen *Poa* (Rispengras: Abb. 3.1.31), *Lolium* (Lolch), *Bromus* (Trespe) *Festuca* (Schwingel), mit kurzen (Abb. 3.2.281 B) und *Arrhenatherum* (Glatthafer), *Trisetum* (Goldhafer) und *Avena* (Hafer) mit langen Hüllspelzen (Abb. 3.2.282 H); als Ährengräser gehören unsere Getreidegattungen *Triticum* (Weizen), *Secale* (Roggen) und *Hordeum* (Gerste) hierher (Abb. 3.2.282 A–G). Einblütige Ährchen haben unter den heimischen *Pooideae* etwa *Agrostis* (Straußgras) mit rispigen und *Anthoxanthum* (Ruchgras), *Alopecurus* (Fuchsschwanzgras) und *Phleum* (Lieschgras) mit ährenförmig zusammengezogenen Inflorescenzen. Stärker isoliert sind die **Arundineae** mit mehrblütigen Ährchen und behaarter Ährchenspindel: bestandbildend etwa *Phragmites* (Schilf) in Röhrichten (Abb. 4.0.1) und *Molinia* (Pfeifengras) in Flachmoorwiesen, sowie die **Stipeae** mit einblütigen Ährchen: Feder- und Haargras *(Stipa pennata* agg. und *St. capillata)* mit xeromorphen Rollblättern (Abb. 1.3.85 B–C) und sehr lang begrannten Deckspelzen als Leitformen der pontischen Steppen (Abb. 4.5.9). Die überwiegend tropischen **Oryzoideae** haben einblütige Ährchen, aber mehrere Deckspelzen; hierher der Reis (*Oryza*: Abb. 3.2.282 I–K). Die folgenden Unterfamilien sind überwiegend tropisch und haben C_4-Photosynthese (vgl. S. 277ff.). Nur 3–1nervige Deckspelzen finden sich bei den **Eragrostoideae** (u. a. mit *Chlorideae*); heimisch ist *Cynodon* (Hundszahngras) mit fingerförmig angeordneten Ähren. Als Ganzes fallen die meist 2blütigen Ährchen ab bei den **Panicoideae** mit einzelnen Ährchen (dazu etwa die Hirsegräser *Panicum, Pennisetum* und *Setaria*) sowie bei den **Andropogonoideae** mit gepaarten Ährchen: Hierher zählen besonders das im indomalaiischen Raum beheimatete Zuckerrohr *(Saccharum officinarum)*, aus dessen Mark durch Auspressen und Eindicken der Rohrzucker gewonnen wird, weiter die Getreidegräser *Sorghum* und *Zea* (Mais) sowie der heimische Trockenzeiger *Bothriochloa* (Männerbart).

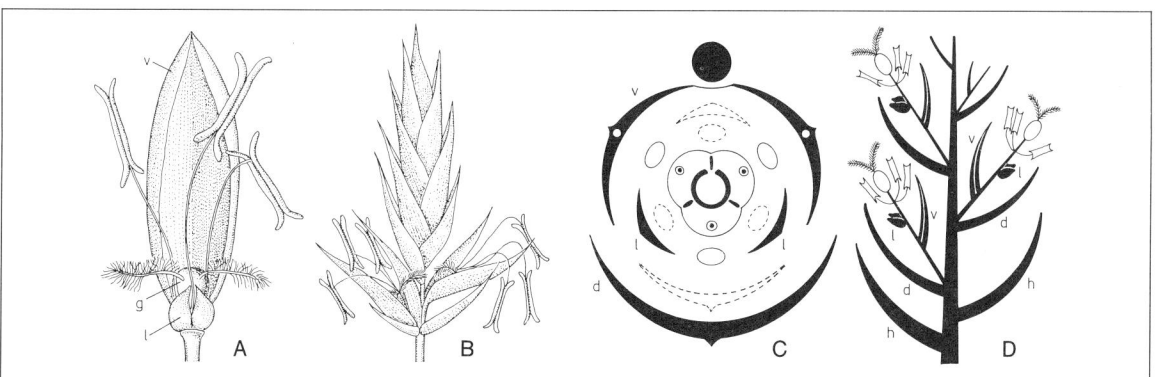

Abb. 3.2.281: *Poales, Poaceae.* A–B *Festuca pratensis;* **A** einzelne Blüte nach Entfernen der Deckspelze (6×); **B** Ährchen mit 2 Hüllspelzen, 2 offenen und einigen geschlossenen Blüten (3×). **C** Theoretisches Diagramm der Grasblüte (fehlende Blütenglieder strichliert). **D** Schema eines Grasährchens mit 3 entwickelten Blüten. Hüllspelze (h); Deckspelze (d) = Tragblatt, Vorspelze (v) = äußerer Perigonkreis, Lodiculae (l) = innerer Perianthkreis, äußerer und (ausgefallener) innerer Staubblattkreis, Fruchtknoten (g). (A–B nach Schenck; C nach Schuster; D nach Firbas.)

822 · Übersicht des Pflanzenreiches

Höchst weitreichend ist die Bedeutung der Gräser für unsere Biosphäre. Sie bestimmen das Lebensbild der Savannen, Steppen und Wiesen und haben mit diesen Formationen seit dem älteren Tertiär eine immer weitere Verbreitung erlangt. Die Evolution großer Tiergruppen, wie etwa der Paarhufer und Pferde, ist ohne sie undenkbar. Für den Menschen hat erst der Getreidebau und die damit verbundene rationelle Produktion haltbarer Nahrungsmittel seit etwa 10 000–7000 Jahren die Entstehung städtischer Hochkulturen in der Alten und Neuen Welt ermöglicht. Gegenüber ihren Wildformen unterscheiden sich die Kulturgetreide besonders durch Vermehrung und Vergrößerung der Karyopsen (Ertrag!), Verlust der Brüchigkeit von Ähren- bzw. Ährchen-Spindel (Ernte!) und teilweise auch durch Lösung von Karyopse und Spelzen.

Als wichtigste Getreide sind entstanden: A) In Vorderasien und dem Mittelmeerraum: 1. **Weizen** (*Triticum*, Abb. 1.3.21 E, 1.3.93 B, 3.2.282 C–E): einzelne, meist 3–5blütige Ährchen mit breiten Hüllspelzen und begrannten oder unbegrannten Deckspelzen). Am wichtigsten ist der hexaploide Saat-Weizen *(T. aestivum = T. vulgare)*; in wärmeren Ländern wird auch der tetraploide Hart-Weizen *(T. turgidum: durum)* und in Süddeutschland gelegentlich Spelt oder Dinkel *(T. aestivum: spelta)* gebaut, während das diploide Einkorn *(T. monococcum: monococcum)* und der tetraploide Emmer *(T. turgidum: dicoccon)* heute aus der Kultur fast verschwunden sind. (Wegen der

Abb. 3.2.282: *Poales, Poaceae.* Getreide, Ähren und Ährchen von **A–B** Roggen, *Secale cereale,* C–E Weizen, *Triticum aestivum* mit **C** Spelt und **D–E** Saatweizen, F–G Gerste, *Hordeum vulgare* mit **F** 2zeiligen und **G** 6zeiligen Formen, **H** Hafer, *Avena sativa* und **I–K** Reis, *Oryza sativa*; Hüllspelzen (h), Deckspelzen (d), ihre Grannen bei B und G nur teilweise gezeichnet, Vorspelzen (v). **L** Weizenkorn, medianer Längsschnitt durch den unteren Teil, Seitenwand der Fruchtfurche (f), links unten der Embryo mit Scutellum (sc), Leitbündel (vs) und Zylinderepithel (ce), Coleoptile (c), Vegetationskegel des Sprosses (pr), Coleorrhiza (cl), Radicula (r) mit Wurzelhaube (cp) und Austrittsstelle (m) (14×). (A, C, D, F, I–K nach Karsten; B, E, G, H nach Firbas; L nach Strasburger.)

Entstehung der Kulturweizen vgl. S. 515 und Abb. 3.1.44.) 2. **Gerste** (*Hordeum vulgare*, Abb. 3.2.282 F–G: einblütige Ährchen zu dritt an der Ährenachse; bei den 6zeiligen Gersten sind alle Ährchen fruchtbar und begrannt, bei den 2zeiligen nur das mittlere; Kultur-Gersten sind diploid). 3. **Roggen** (*Secale cereale*, Abb. 3.2.282 A–B: einzelne 2blütige Ährchen mit schmalen Hüllspelzen und langbegrannten Deckspelzen; diploid). 4. **Hafer** (*Avena*, Abb. 3.2.282 H: Ährchen in Rispen). Wichtig ist nur der hexaploide Saat-Hafer *(Avena sativa).* – Der Anbau von Weizen (Emmer) und Gerste reicht im Nahen Osten bis ins 9. Jahrtausend v. Chr. zurück; auch in Mitteleuropa wurden Einkorn, Emmer, Saat-Weizen und Gerste schon in der jüngeren Steinzeit gebaut. Roggen und Hafer kamen erst in der Bronze- und Eisenzeit dazu; sie waren wohl zuerst Unkräuter zwischen anderen damals angebauten Getreidearten. B) In Südostasien: **Reis** (*Oryza sativa*, Abb. 3.2.282 I–K: einblütige Ährchen in Rispen; diploid), verwandt mit der Wildsippe *O. perennis*, ist das wichtigste tropisch subtropische Getreide; in Südostasien seit Jahrtausenden in Kultur und heute weltweit (z.B. noch in der Poebene), und zwar besonders auf bewässerten Feldern gebaut. C) In den Trockengebieten Ostasiens, Indiens und Afrikas etc.: **Hirsen**, besonders Rispenhirse *(Panicum miliaceum.* Abb. 2.2.46), Kolbenhirse *(Setaria italica)*, Perlhirse *(Pennisetum spicatum)* und Mohrenhirse oder Durra *(Sorghum bicolor)*; vielfach als Hackfrüchte gebaut. D) In Mexiko: **Mais** (*Zea mays*: einhäusig, ♂ Blüten in gipfelständigen Rispen, ♀ in dicken, seitenständigen Kolben; diploid); Entstehung erst kürzlich entdeckten annuellen Wildformen; seit dem 6. Jahrtausend v. Chr. in Kultur.

3. Unterklasse: Arecidae (= Spadiciflorae)

Ihre zahlreichen unscheinbaren Blüten sind meist zu rispig-ährigen bzw. kolbenartigen Blütenständen (Spadix = Kolben!) vereinigt, die von ± auffälligen Hochblättern (Spathen) umgeben werden (Abb. 3.2.207 G, 3.2.283 G). Die oberständigen Gynoeceen sind vereinzelt noch chorikarp, meist aber coenokarp, enthalten nur wenige bis 1 Samenanlage und bilden durchwegs Schließfrüchte. Im Zusammenhang mit der weitverbreiteten Tendenz zur Windblütigkeit werden die ursprünglich zwittrigen Blüten oft vereinfacht und eingeschlechtig. – Es sind vielfach mächtige, holzige oder krautige Pflanzen, deren Blätter meist eine breite, ungeteilte oder erst nachträglich zerteilte und oft nicht typisch streifenaderige Spreite mit Blattstielen besitzen.

Der Blütenbau ist fast immer cyclisch und oft 3gliedrig, sonst aber sehr mannigfaltig: Perianth (bei manchen Palmen noch schraubig) kaum differenziert, 2kreisig oder reduziert, Staubblätter oft 3 + 3, vereinzelt aber auch vermehrt oder vielfach vermindert, Septalnectarien nur gelegentlich (bei manchen Palmen). Als Schließfrüchte finden sich Beeren, Steinfrüchte und Nüsse. Oxalat-Raphiden sind häufig. – Frühes Auftreten (Palmen schon in der Kreide) und teilweise ursprüngliche Merkmale (z.B. Chorikarpie) deuten darauf hin, daß die *Arecidae* sich parallel mit den *Liliidae* aus primitiven Monocotyledonen entwickelt haben. Die beiden üblicherweise hierher gestellten Überordnungen *Arecanae* und *Aranae* sind möglicherweise nicht näher miteinander verwandt.

3.1. Überordnung: Arecanae: (Sub)tropische, ± verholzte und oft baumförmige Gewächse (ohne sekundäres, aber mit starkem primären Dickenwachstum: Abb. 1.3.52 A–B). Staubblätter nicht selten vermehrt. Endosperm nucleär (bzw. helobial) gebildet, mit reichlicher Reservecellulose etc., stärkefrei.

Relativ viele ursprüngliche Blütenmerkmale finden sich noch bei der

3.1.1. Ordnung: **Arecales** (= *Principes*), mit der einzigen Familie der Palmen: **Arecaceae** (= *Palmae*, Abb. 3.2.283, 4.5.12, 4.5.14). Die schlanken und meist unverzweigten, von unten bis oben fast gleich dicken Stämme tragen am Gipfel einen Schopf mächtiger, meist langgestielter und sich fiederig oder fächerig zerteilender Blätter (Fieder- bzw. Fächerpalmen: Abb. 3.2.283 A–B).

Der Stamm erreicht meist noch vor Beginn des Längenwachstums annähernd seine endgültige Dicke (Abb. 1.3.52); selten ist er verzweigt (z.B. gabelig bei den afrikanischen *Hyphaene*-Arten); manchmal bleibt er aber auch dünn und kriecht oder klettert (so etwa bei den Rotang-Palmen: *Calamus* u.a.; sie liefern das «Spanische Rohr»). Die Blattspreite wird immer ungeteilt, aber gefältet (plikat) angelegt und erst später zerteilt (Abb. 1.3.72 D, 3.2.283 B). Die Blütenstände stehen seitlich oder terminal (Abb. 3.2.283 F, K; im letzteren Fall stirbt die Pflanze – z.B. *Corypha* – nach dem Fruchten ab). Sie sind meist noch stark verzweigt, werden von einer festen Spatha umhüllt (Abb. 3.2.283 G) und tragen die zwittrigen oder (meist) eingeschlechtigen Blüten in 1- oder 2häusiger Verteilung. Das 2wirtelige Perianth ist meist wenig auffällig und kaum differenziert. Die Bestäubung erfolgt durch Insekten (vereinzelt noch Nektar!) oder durch den Wind. Das Gynoeceum ist teils noch chorikarp, teils synkarp (Abb. 3.2.283 C, E). Von den 3 Fruchtblättern (mit je 1 Samenanlage) entwickelt sich häufig nur 1 weiter.

Mannigfaltig und für die weitere Gliederung wie auch für die wirtschaftliche Bedeutung der Familie entscheidend sind die Früchte. Die zweihäusige Dattelpalme *(Phoenix dactylifera)*, die besonders in den Oasen der Sahara und bis nach Indien gepflanzt wird, bildet jeweils aus einem ihrer 3 freien Fruchtblätter eine Einblatt-Beere (Abb. 3.2.283 C): Der Same liegt innerhalb des zuckerhaltigen Fruchtfleisches und gewinnt seine Härte durch Speicherung von Reservecellulose. Neben *Phoenix theophrastii* (in Kreta und W. Anatolien endemisch) ist die südwestmediterrane Zwergpalme *(Chamaerops humilis)* die einzige wildwachsende Palme Europas. Ein horniges Endosperm besitzen übrigens auch viele andere Palmen: Bei der im tropischen Amerika beheimateten Elfenbeinpalme *(Phytelephas macrocarpa)* dient es als «vegetabilisches Elfenbein» (z.B. zur Herstellung von Knöpfen), bei der indomalaiischen Betelnußpalme *(Areca catechu)* ist es braun und ruminat; die Samen entstehen hier einzeln im zunächst 3fächrigen Fruchtknoten und werden als Genußmittel gekaut. Die wohl in Südostasien beheimatete, heute als wichtige Nutzpflanze an allen tropischen Küsten verbreitete Cocospalme (*Cocos nucifera*: Abb. 3.2.283 F–I) bildet sehr große, aus einem 3blättrig-synkarpen Fruchtknoten hervorgehende, 1samige Steinfrüchte. Sie haben ein glattes Exokarp, ein dickes, faseriges Mesokarp und schließlich ein steiniges Endokarp mit 3 Keimgruben; davon wird eine bei der Keimung von dem dahinterliegenden Embryo durchbrochen. Das Endosperm ist außen fest und ölreich (die «Kopra» des Handels), innen flüssig (die trinkbare Cocosmilch). Das lufthaltige Mesokarp macht die Früchte schwimmfähig; aus ihm wird die Cocosfaser gewonnen. Wichtig sind weiter auch die Steinfrüchte der Ölpalmen (*Elaeis guineensis* u.a.), die Palm- und Palmkernöl liefern. – Bemerkenswert ist schließlich die Herstellung von Sago-Stärke aus den Stämmen verschiedener Palmen, besonders der malaiischen *Metroxylon*-Arten.

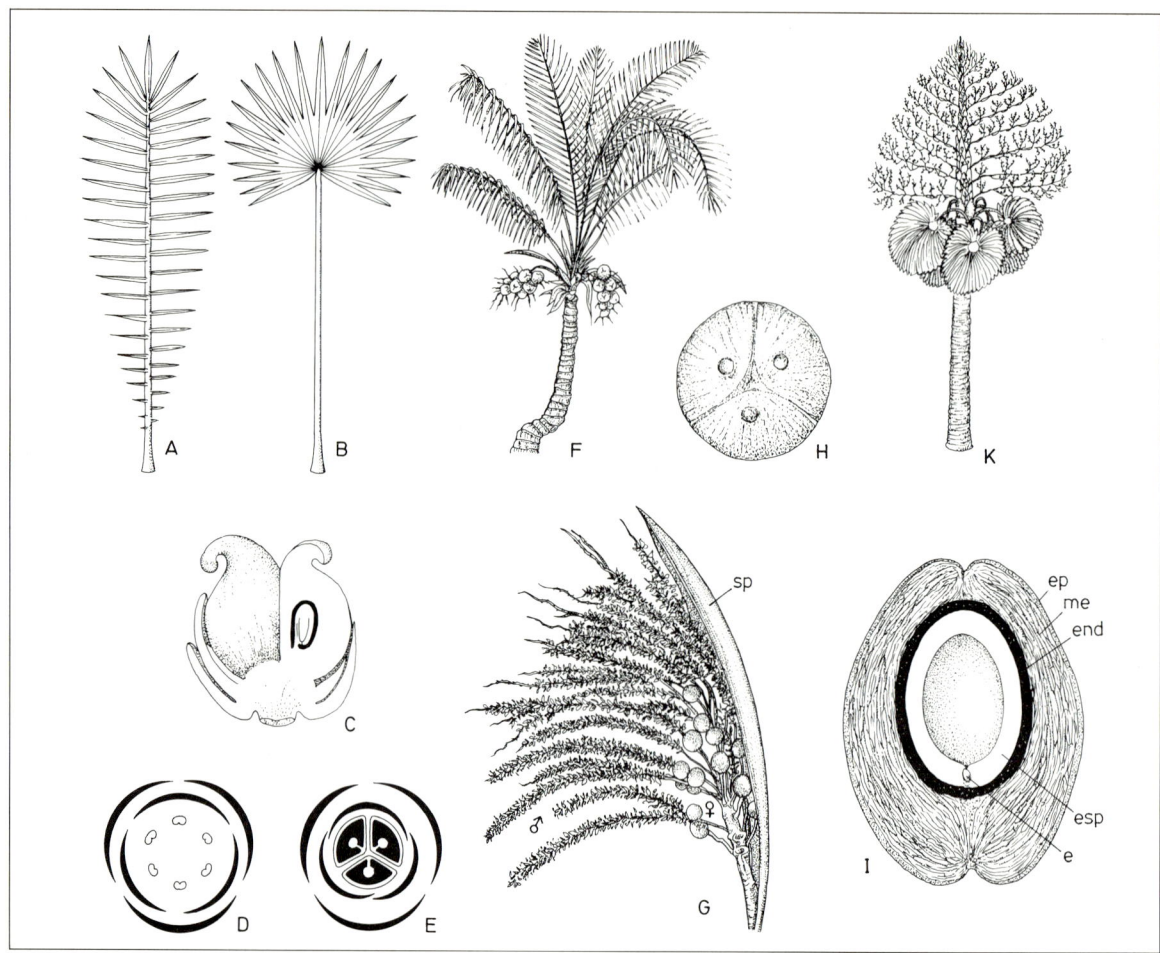

Abb. 3.2.283: *Arecales.* Blattbau **A** einer Fieder-, **B** einer Fächerpalme (ca. $^1/_{20}$). C–E *Phoenix dactylifera,* **C** ♀ Blüte längs, chorikarpes Gynoeceum (vergr.), **D** ♂ und **E** ♀ Blütendiagramm. F–I *Cocos nucifera,* **F** Gesamtpflanze (ca. $^1/_{150}$), **G** Blütenstand mit Spatha (sp) sowie Resten von ♂ Blüten und jungen Früchten: ♀ (ca. $^1/_{20}$), **H** Steinkern von unten mit den 3 Keimlöchern (verkl.), **I** Steinfrucht längs, mit Exo-, Meso- und Endokarp (ep, me, end), Endosperm (esp) und Embryo (e) (verkl.). **K** *Corypha taliera,* Gesamtpflanze (ca. $^1/_{150}$). (A–B nach Troll; C nach Baillon; D–E nach Graf; F u. K nach Englers Syllabus; G nach Karsten; H–I nach Wettstein.)

Lineale Blätter und immer eingeschlechtige, diöcisch verteilte, vielfach anemophile Blüten in unverzweigten Kolben kennzeichnen die

3.1.2. Ordnung: **Pandanales** mit den **Pandanaceae**. Hierher gehören eigenartige, häufig auf Stelzwurzeln stehende und gabelig verzweigte Bäume oder kletternde Sträucher der Paläotropen. Verschiedene *Pandanus*-Arten sind auffällige Strandpflanzen; sie werden «Schraubenpalmen» genannt, weil ihre schwertförmigen und scharfstacheligen Blätter meist in 3 den Stamm schraubig umlaufenden Zeilen angeordnet sind. Die Blüten sind perianthlos, die Fruchtknoten bestehen aus 3 bis vielen Karpellen und bilden dichte, kopfförmige Fruchtstände.

3.2. Überordnung: Aranae: Krautige Stauden oder Kletterpflanzen mit ungefälteten und meist unzerteilten Blättern. Blüten in unverzweigten, von einer Spatha umgebenen Kolben, vielfach stark reduziert (bis auf 1 Staubblatt bzw. 1 Fruchtknoten). Endosperm zellulär gebildet, stärkereich.

Die einzige *3.2.1. Ordnung:* **Arales** läßt auffällige Ähnlichkeiten mit den *Alismatidae* (und den *Piperales*?) erkennen.

Ausgangsfamilie sind die vorwiegend tropischen **Araceae** (Aronstabgewächse), die mit Rhizomen oder Rhizomknollen (z.B. *Arum:* Abb. 1.3.101) überdauern und besonders in den Regenwäldern als großblättrige Rosettenpflanzen oder als epiphytische und wurzelkletternde Lianen eine große Rolle spielen (Abb. 4.5.12). Ihre meist breiten, herz- oder pfeilförmigen (selten auch echt fiederig oder fingerförmig geteilten) Blätter sind nicht selten netzaderig (z.B. *Arum*). Manche lappigen oder sogar durchlöcherte Blätter (z.B. bei der beliebten Zimmerpflanze *Monstera*) kommen durch das Absterben bestimmter inselartiger Gewebebezirke der Spreite zustande (Abb. 3.2.284 A). Die vielgestaltigen Blüten sitzen tragblattlos an meist fleischigen Kolben (Spadix), die Spatha ist oft auffällig gefärbt. Die Früchte sind meistens Beeren.

Auch die wenigen bei uns heimischen *Araceae* bringen die für die Familie bezeichnende Rückbildung der Blüten und die fortschreitende Spezialisierung der Blütenstände gut zum Ausdruck. Aberrant ist der ursprünglich ostasiatische Kalmus (*Acorus calamus:* Abb. 3.2.190B, 3.2.284B–D; vgl. auch S. 516) mit Zwitterblüten und unscheinbarem Perigon: *P3+3 A3+3 G($\underline{3}$); der Kolben steht hier scheinbar seitenständig, da die grüne Spatha den abgeflachten Stengel fortsetzt. Dagegen fehlt der moorbewohnenden Drachenwurz *(Calla palustris)* ein Perigon: *A6–9 G($\underline{3}$); hier ist die Spatha

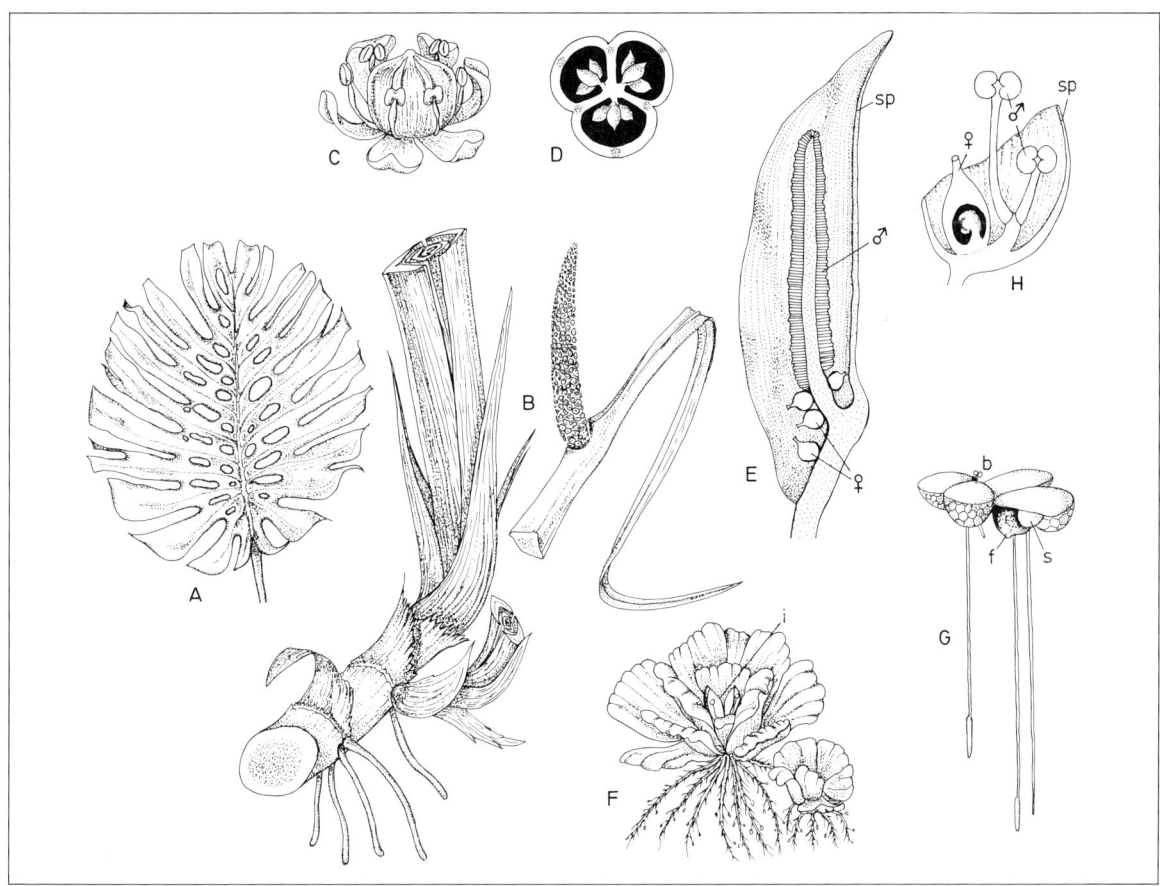

Abb. 3.2.284: *Arales, Araceae* (A–F) und *Lemnaceae* (G–H). **A** *Monstera deliciosa,* Blatt (mit sekundär gebildeten Löchern und Buchten) (ca. $^1/_{10}\times$). **B–D** *Acorus calamus,* blühende Pflanze ($^1/_4\times$), **C** Einzelblüte und **D** Fruchtknoten, quer (stark vergr.). **E** *Aglaonema marantifolium,* Blütenstand mit Spatha (sp) sowie mit nackten ♀ und ♂ Blüten (ca. 8×). **F** *Pistia stratiotes,* schwimmende Gesamtpflanze mit 2 Blütenständen (i) und vegetativ entstandener Tochterpflanze ($^2/_3\times$). **G** *Lemna gibba,* schwimmende Pflanzen, junges Sproßglied (s), ♂ Blüte (b) und Frucht (f). **H** *Lemna trisulca,* Blütenstand längs, mit Spatha (sp), 1 ♀ und 2 ♂ Blüten (stark vergr.). (A nach Troll; B nach Karsten; C–F, H nach Graf; F nach Englers Syllabus; G nach Hegelmaier.)

innen weiß. Eingeschlechtige Blüten aus wenigen Staubblättern bzw. aus 1 pseudomonomeren Fruchtknoten zeichnen schließlich den in feuchten Laubwäldern nicht seltenen Aronstab *(Arum maculatum)* aus: ♂ A3–4 und ♀ G(1 + 2°) (Abb. 3.2.207 G); der Blütenstand wird von der Spatha fest umschlossen und bildet eine Gleitfalle (S. 748).

Schon bei einigen *Araceae* finden wir neben einer Vereinfachung der Blüten auch eine Verringerung ihrer Zahl im Blütenstand (z.B. bei *Aglaonema*: Abb. 3.2.284 E und der tropischen Wasserpflanze *Pistia* mit schwimmenden Blattrosetten: Abb. 3.2.284 F). Diese Entwicklung führt schließlich zu den **Lemnaceae** (Abb. 3.2.284 G–H). Ihre Blütenstände besitzen nämlich innerhalb der winzigen, unscheinbaren Spatha nur noch 1 ♀, von 1 Fruchtknoten gebildete sowie 1–2 ♂, nur aus je 1 Staubblatt bestehende Blüten. Auch der vegetative Bau ist sehr vereinfacht (Neotenie!); die Pflanzen bestehen lediglich aus frei schwimmenden (bei *Lemna trisulca* untergetauchten) embryoartigen und kaum differenzierten Gliedern, die sich durch Sprossung reichlich vermehren. Daraus werden bei *Spirodela* mehrere, bei *Lemna* nur 1 Wurzel gebildet, während *Wolffia arrhiza* (mit höchstens 1,5 mm Länge die kleinste Blütenpflanze!) wurzellos ist. Mit dieser «Strategie» können die *Lemnaceae* als «Wasserlinsen» sehr rasch ruhige Wasserflächen überziehen (Abb. 4.3.22).

Rückblick auf die Stammesgeschichte der Angiospermae

Die derzeit noch hypothetische Herkunft der *Angiospermae* (Bedecktsamer) aus mesozoischen Nachfahren der *Lyginopteridopsida* (Samenfarne) (Abb. 3.2.168) steht offenbar im Zusammenhang mit der Umstellung von Wind- auf Tierbestäubung. Die Massenentfaltung der Angiospermen erfolgt relativ spät und kennzeichnet das Neophytikum der Erdgeschichte (Oberkreide bis heute). Als Modell für die Ausgangsgruppe(n) können wohl am ehesten ursprüngliche dicotyle *Magnoliidae* dienen. Davon haben sich offenbar sehr frühzeitig und in großer Breite die monocotylen Gruppen abgegliedert. Die weitere Differenzierung der *Di-* und *Monocotyledoneae* ist dann in mehreren parallelen Entwicklungslinien erfolgt. Bestimmte morphologische Trends haben sich dabei immer wieder durchgesetzt (z.B. Holz → Krautpflanzen, einfaches → differenziertes Perianth, freie → verwachsene Perianthblätter bzw. Fruchtblätter, sekundäre Polyandrie, Ausfall von Staubblattkreisen, radiäre → dorsiventrale Blütensymmetrie etc.). Innerhalb der *Dicotyledoneae* (Abb. 3.2.217) lassen sich die *Ranunculidae* auf ursprüngliche *Magnoliidae* zurückführen. Auch die Wurzeln der *Caryophyllidae* dürften in dieser Basalgruppe der

826 · Übersicht des Pflanzenreiches

«Polycarpicae» zu suchen sein. Eine vermittelnde Stellung zwischen den *Magnoliidae* und den basalen *Rosidae-Dilleniidae* nehmen die *Hamamelididae* ein. Sie repräsentieren möglicherweise Restgruppen einer frühen Phase der Blütenreduktion und Reversion zur Windbestäubung. Die breite Entfaltung der *Rosidae-Dilleniidae* markiert dann eine zweite Anpassungsphase der Dicotyledonen an Tierbestäubung (Abb. 3.2.232). Diese Entwicklung hat schließlich zur Ausgliederung der *Lamiidae* und *Asteridae* auf der höchsten Entwicklungsstufe der «Sympetalae Tetracyclicae» geführt. Innerhalb der *Monocotyledoneae* finden wir noch bei ursprünglichen Vertretern aller drei Unterklassen Merkmalsanklänge an die *Magnoliidae*. Die *Alismatidae*, *Liliidae* und *Arecidae* haben sich also nebeneinander entwickelt, wobei einige Endglieder ein erstaunliches Anpassungsniveau hinsichtlich Wasserleben, Xeromorphie bzw. Mykotrophie und Zoo- bzw. Anemophilie erreicht haben.

Rückblick auf die Stammesgeschichte des Pflanzenreichs

Anhand von Abb. 3.2.285 sollen abschließend einige Grundzüge der historischen Entwicklung unserer Biosphäre und ihrer Pflanzenwelt zusammenfassend skizziert werden.

Grundlegend ist dabei, daß die ältesten bekannten Lebensspuren mit etwa 3,5 Milliarden Jahren veranschlagt werden; die **Entstehung des Lebens** erfolgte also vermutlich vor etwa 4 Milliarden Jahren. Die Atmosphäre unseres Planeten bestand damals überwiegend aus Wasserdampf, Kohlendioxid, Stickstoff (N_2), und Spuren von Wasserstoff (H_2), Schwefel-, Chlor- und Fluorwasserstoff, Methan, Ammoniak u.a.; dagegen fehlte der heute dominierende Sauerstoff praktisch völlig (S. 900). Auch die heute so wichtige vor der Weltraumstrahlung schützende Ozonschicht war in der damaligen Uratmosphäre noch nicht vorhanden. Vulkanismus und elektrische Entladungen haben offenbar eine große Rolle gespielt. Unter solchen Bedingungen entstehen geradezu zwangsläufig organische Verbindungen, darunter auch solche, die als Bausteine des Lebens von entscheidender Bedeutung sind (S. 3 f.). Ihre selektive Anreicherung könnte in tröpfchenartigen, von Protein-Lipid-Membranen (S. 78 ff.) umgebenen «Mikrosphären» erfolgt sein. Solche «Mikrosphären» lassen sich auch experimentell herstellen. Bei Stoffzufuhr kann es zur Vermehrung durch Sprossung kommen und in Verbindung mit energiespeichernden Systemen (z.B. ADP ⇌ ATP) sind auch dynamische, stoffwechselartige Vorgänge möglich. Entscheidend muß dann die Herausbildung von Systemen mit der Fähigkeit zur indentischen Reduplikation und Codierung gewesen sein. Voraussetzung dafür

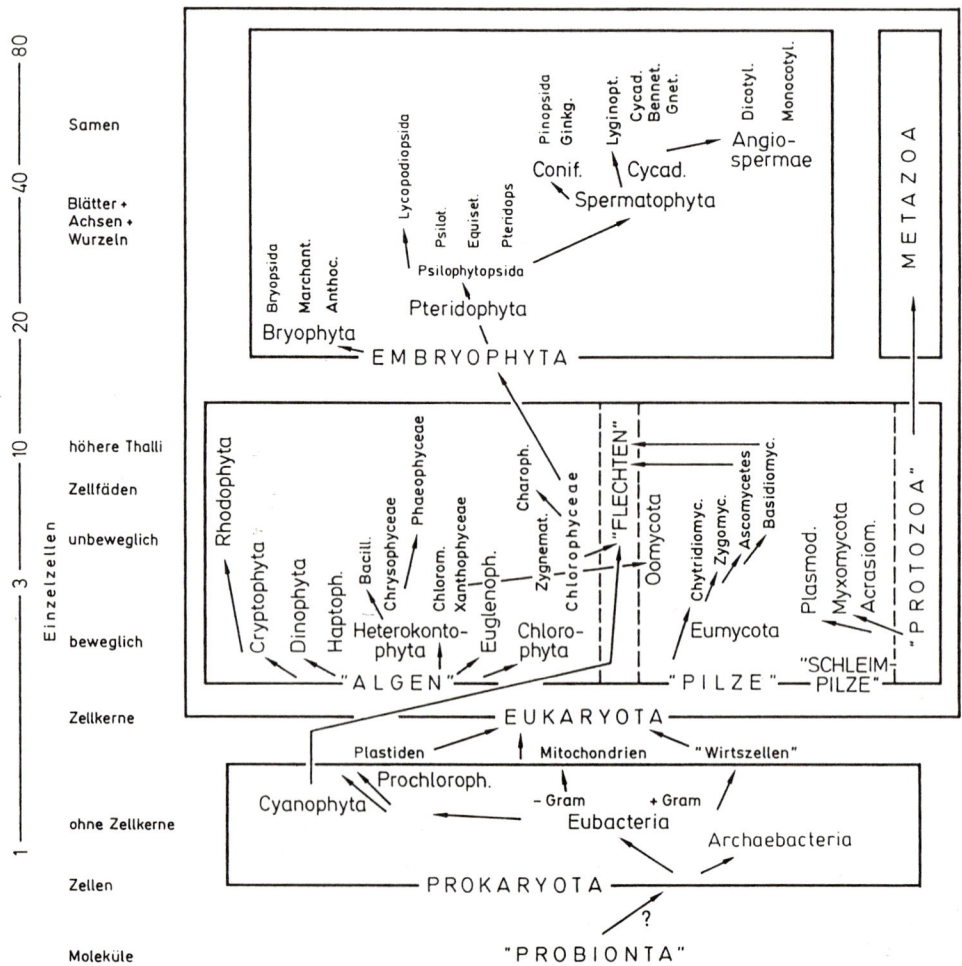

Abb. 3.2.285: Schema der vermutlichen stammesgeschichtlichen Zusammenhänge zwischen den großen Verwandtschaftsgruppen und Organisationstypen der Organismen, besonders der Pflanzen. Links allgemeine Hinweise auf erreichte Organisationsstufen und Zahl verschiedener Zellsorten (für Pflanzen). Weitere Erklärungen im Text. (Original.)

waren offenbar Polynucleotide vom Typ der Transfer-RNA als «Ur-Gene» und katalytisch «dazupassende» Proteine. Zwei und mehr solcher t-RNA-Protein-Systeme könnten dann – wie man das heute noch an Viren modellhaft zeigen kann – zu einem sogenannten «Hypercyclus» (S. 3 f., Abb. 2) zusammengetreten sein, bei dem sich die Produkte der Komponenten wechselseitig fördern. Im Experiment läßt sich die schrittweise Beschleunigung der Vermehrungsrate und damit die «Verbesserung» solcher Systeme aufgrund von Mutationen der RNA beobachten, also Selektion auf molekularer, präbiotischer Ebene! Aufgrund der Koppelung solcher Codierungssysteme mit stoffwechselnden Mikrosphärensystemen wäre schließlich die Entstehung von derzeit noch hypothetischen *Probionta* denkbar. Für sie muß man eine allmähliche Perfektion des Informationsspeichers (auf der Grundlage eines zuerst auf 2 und dann auf 3 Nucleotiden pro Aminosäure beruhenden genetischen Codes) und des Stoffwechselsystems (auf der Grundlage von immer zahlreicheren und besser integrierten enzymgesteuerten Prozessen) postulieren.

Bei den ältesten fossil nachgewiesenen Lebewesen (S. 538, 901) hat es sich um zellulär organisierte bakterienähnliche **Prokaryota** gehandelt, die ihren Stoff- und Energiebedarf aus angereicherten organischen Verbindungen gedeckt haben: Wir müssen bei ihnen primäre Heterotrophie aufgrund anaerober Gärungsvorgänge postulieren (S. 289 ff.). Die Verknappung leicht zugänglicher organisch-chemischer Energiequellen in der Uratmosphäre hat dann offenbar innerhalb der frühen *Prokaryota* den allmählichen Übergang zur Autotrophie nötig gemacht: So sind wohl zuerst verschiedene Formen der anaeroben Photosynthese auf der Grundlage der cyclischen Photophosphorylierung, insbesondere mit Photosystem I und weiter mit H_2S als Reduktionsmittel (S. 269 ff.), sowie parallel dazu wohl auch der anaeroben Chemosynthese (S. 288 f., 536 ff.) entstanden. Der entscheidende Schritt zur typischen aeroben Photosynthese mit H_2O-Spaltung und CO_2-Reduktion aufgrund der zusätzlichen Entwicklung des Photosystems II (S. 271) wurde dann erst durch Cyanophyceen-ähnliche «Ur-Algen» vollzogen. Mit der nun einsetzenden verstärkten Sauerstoffanreicherung in der Uratmosphäre waren dann auch die Voraussetzungen für den Durchbruch zur stoffwechselphysiologisch so wesentlich ökonomischeren aeroben Atmung gegeben. Die Vermehrung organischen Lebens ermöglichte nunmehr auch die verschiedensten Formen der sekundären Heterotrophie: Saprophytismus und Parasitismus. Alle diese grundlegenden Differenzierungen lassen sich anscheinend aus einem Vergleich der noch heute existierenden *Prokaryota* rekonstruieren (Abb. 3.2.5). Ihre sehr frühe stammesgeschichtliche Auffächerung, zuerst zu *Arche-* und *Eubacteria*, letztere dann einerseits zu *Cyanophyta* und weiter zu *Prochlorophyta*, andererseits zu gram-negativen bzw. -positiven *Eubacteria* (S. 538 ff., 544 ff.) muß vor 4–3 Milliarden Jahren erfolgt sein.

Der nächste entscheidende Evolutionsschritt war die Entstehung offensichtlich Amoeben- bzw. Flagellaten-ähnlicher und daher frei beweglicher einzelliger **Eukaryota**. Vieles spricht dafür, daß dabei in urkaryotischen «Wirtszellen» (S. 4) auf dem Wege von Endosymbiosen prokaryotische Organismen zu Zellorganellen geworden sind: verschiedene *Cyanophyta* bzw. *Prochlorophyta* zu Chloroplasten und *Eubacteria* zu Mitochondrien. Heute noch als Endosymbiosen erkennbare Gattungen wie *Pelomyxa* (S. 126) oder *Glaucocystis*, *Cyanophora* u.a. (Abb 1.1.139) können als Modelle für diese «Endosymbionten-Theorie (S. 125 ff., 548) gelten.

Bei den *Eukaryota* ist das Erbgut vermehrt und mit Histonen neuartig zu Nucleosomen, Chromosomen und Zellkernen «verpackt»; seine Aufteilung und Weitergabe ist durch die Mitose präziser geworden und seine Kombinationsmöglichkeiten erscheinen durch echte Sexualität und Meiose (Crossing-over!) verbessert (S. 52 ff.). Damit wird die Entstehung von Organismen mit wesentlich komplizierteren Strukturen und Funktionen möglich. So kommt es – ausgehend von einer breiten ernährungsphysiologischen Auffächerung der ursprünglichen eukaryotischen Einzeller – zur offenkundig polyphyletischen Weiterentwicklung der photoautotrophen «Algen» sowie der primär bzw. sekundär heterotrophen «Pilze», «Schleimpilze» und der ein- bis vielzelligen Tiere (*Protozoa* und *Metazoa*, S. 8 f.). Während sich Algen und Pilze auf eine ortsgebundene Lebensweise spezialisieren und durch Oberflächenvergrößerung («Ausstülpung») ihrer Energiequelle bzw. Nahrung entgegenwachsen, wird für die Tiere Beweglichkeit, Vergrößerung der Innenfläche («Einstülpung») und Verfolgen der Nahrung bestimmend.

Schon innerhalb ihrer flagellatenartigen Ausgangsformen lassen die Gruppen der «**Algen**» eine besonders auf Aspekte der Photosynthese (Pigmentausstattung, Assimilationsprodukte) ausgerichtete Differenzierung erkennen. Ihre weitere Entfaltung wird bestimmt durch mehrfach parallele Entwicklungslinien von nackten monadalen bzw. rhizopodialen (amoeboiden) zu überwiegend unbeweglichen, schleimumhüllten capsalen bzw. zellwandumgebenen, noch einzelligen kokkalen, weiter zu fadenförmigen und mehrzelligen trichalen und schließlich zu 2- und 3dimensional verzweigten, komplex thallosen und plectenchymatisch bzw. parenchymatisch organisierten Lebens- und Wuchsformen. Diese Progressionen sind gekoppelt mit dem Übergang von freier zu festsitzender Lebensweise im wäßrigen Milieu und mit fortschreitender Größenzunahme (Kampf ums Licht!), gleichzeitig kommt es im Zusammenhang mit einer Arbeitsteilung zwischen vegetativer und sexueller Fortpflanzung vielfach zur Ausbildung eines Generationswechsels, zum Übergang von Iso- zu Aniso- und Oogamie (Ökonomie des Befruchtungsvorganges!) und häufig zu einer Förderung der Diplophase gegenüber der Haplophase (vgl. S. 479 f., 499 f.).

Ähnliche Entwicklungslinien wie die Algen kennzeichnen auch die «**Pilze**». Letzteren dürfte der Vorstoß aus ihrem ursprünglich wäßrigen Lebensraum ans Land vor der Ausbreitung der eigentlichen Landpflanzen nur in bescheidenem Ausmaß gelungen sein. Erst nachher (etwa seit dem Devon) ergeben sich für die sapro- und parasitischen Pilze mannigfache Entfaltungsmöglichkeiten: Grundlegende, durch das Landleben bedingte Differenzierungen betreffen dabei etwa die geschlechtliche Fortpflanzung (z.B. Übergang zur Gametangio- und Somatogamie) oder die Bildung und Verbreitung austrocknungsresistenter Sporen, Conidien etc. Eine auch an Extremstandorten erfolgreiche Sonderentwicklung stellen die Algen–Pilz-Symbiosen der **Flechten** dar.

Ein weiterer, höchst bedeutungsvoller Schritt in der Stammesgeschichte des Pflanzenreiches (und in der Geschichte der gesamten Biosphäre!) war mit der Ausbildung der ersten echten Landpflanzen, der **Embryophyta**, gegeben: Wahrscheinlich im Ober-Silur, also vor etwa 400 Millionen Jahren, entstanden im Grenzbereich zwischen Wasser und Land aus Chlorophyceen-ähnlichen Algen mit komplexen Thalli, Scheitelmeristemen und allmählich ausgestalteter Sporophytengeneration die Psilophyten (*Psilophytopsida*; vgl. Abb. 3.2.120–3.2.121). Besonders durch den Besitz von Wurzelhaaren, Cuticula, Epidermis, Spaltöffnungen und Leitbündeln, von Gametangien mit einer Wand aus sterilen Zellen (Antheridien und Archegonien) und sehr austrocknungsfesten Sporen erscheinen sie an das Landleben angepaßt. Während in den frühen, weniger erfolgreichen Seitenlinien der Moose *(Bryophyta)* besonders der haploide Gametophyt ausgestaltet wird und dabei den unselbständigen Sporophyten ernährt, liegt das Schwergewicht der Differenzierung bei der Sammelgruppe der Farnpflanzen *(Pteridophyta)* im Bereich des Sporophyten (bzw. der Diplophase) (vgl. dazu und im folgenden die Übersicht Abb. 3.2.155 sowie Abb. 3.2.154, 3.2.168). Im Zusammenhang mit der verbreiteten Tendenz zur Größenzunahme (wiederum: Kampf ums Licht!) erfährt nämlich die noch telomartige Sporophytengeneration der Psilophyten bei ihren Nachfahren infolge «Arbeitsteilung» eine Gliederung in Wurzel und Sproß mit Achse und Blattorganen, während der Gametophyt thallos bleibt und fortschreitend reduziert wird. Dabei unterscheiden sich die parallelen Entwicklungslinien der Bärlappe *(Lycopodiopsida)*, Schachtelhalme *(Equisetopsida)*, Farne *(Pteridopsida)* und Vorläufer der Samenpflanzen *(«Progymnospermae»)* besonders nach Umfang der Blattorgane, Struktur der Sporangienträger und Achsenbau. In allen diesen Gruppen entstehen – mit unterschiedlichem Erfolg – aus ursprünglich niedrigen krautigen schließlich dominierende holzige und baumförmige Wuchsformen (so besonders im oberen Palaeophytikum!), in allen führt Reduktion schließlich zur «Arbeitsteilung» zwischen ♂ und ♀ Gametophyten und (auf den Sporophyten zurückgreifend) zur Bildung von Mikro- und Megasporen (also: Isosporie → Heterosporie). Den Engpaß der an atmosphärisches Wasser gebundenen Befruchtung von Eiern in Archegonien auf selbständigen Megaprothallien überwinden durch Samenbildung (Verbleiben von Megaprothallien auf der Mutterpflanze usw.) an der Wende vom Devon zum Carbon (vor etwa 350 Millionen Jahren) die Samenpflanzen *(Spermatophyta;* vgl. Abb. 3.2.168). Nach einer Anlaufzeit im Carbon erlangen sie als Holzpflanzen und wohl auch wegen ihres überlegenen Wasserleitsystems im Mesophytikum mit den beiden gymnospermischen Linien der *Coniferophytina* und *Cycadophytina* eine beherrschende Stellung in der Landvegetation. Schließlich werden sie aber durch die *Angiospermae* abgelöst, die im Zusammenhang mit einer erstaunlichen Plastizität und Anpassungsfähigkeit hinsichtlich holziger bis krautiger Wuchsformen, Bestäubung, Samen- und Fruchtausbreitung sowie teilweise extremer Entwicklungsbeschleunigung (Blüten, Gametophyten) vom Beginn des Neophytikums bis heute (also seit etwa 100 Millionen Jahren) eine vorher nie dagewesene Massenentwicklung und das Vordringen höheren pflanzlichen Lebens bis an die Grenzen der absoluten Kälte- und Trockenwüsten möglich gemacht haben.

Die stammesgeschichtliche Entfaltung des Pflanzenreiches läßt sich durch das Voranschreiten von niedrigen zu immer höheren Organisationsstufen kennzeichnen (Abb. 3.2.285, linke Randleiste): Die Differenzierungsvorgänge sind zuerst auf den Bereich von Molekülsystemen und Zellorganen beschränkt, erfassen weiterhin Zellen, Gewebe und schließlich Organe und Organkomplexe. Dabei führt Vermehrung der «Baueinheiten» einer niederen Organisationsstufe vielfach durch Arbeitsteilung und Neukombination zur Entstehung von komplexen «Baueinheiten» der nächsthöheren Organisationsstufe (vgl. S. 518 f.). Im Großen können wir ein fortschreitend verbessertes Regulationsvermögen und damit eine vermehrte Umweltunabhängigkeit pflanzlicher Organismen feststellen. Pflanzliches Leben wird dadurch in die Lage versetzt, von stabilen Lebensräumen (z.B. Meerwasser) in immer stärker labile Lebensräume (z.B. Halbwüsten) vorzudringen und die Existenzmöglichkeiter unseres Planeten immer ökonomischer, d.h. mit vermehrter Produktivität auszunützen.

VIERTER TEIL
GEOBOTANIK

Aufgaben und Gliederung. Integration ist ein grundlegendes biologisches Phänomen. Individuen etwa sind aus Bausteinen verschiedener Ordnung integriert, von Molekülen zu Zellorganellen und Zellen, von diesen zu Geweben und Organen. Aber auch in überindividueller Hinsicht wird Integration erkennbar: einerseits von Individuen derselben Fortpflanzungsgemeinschaft (Population) zu Sippen (bzw. Taxa) abgestuften Ranges (verwandtschaftlich-stammesgeschichtliche bzw. taxonomische Integration: S. 473 ff., 519 ff., Abb. 3.1.1) und andrerseits von Individuen bzw. Populationen verschiedener Sippen zu Lebensgemeinschaften (= Biocoenosen) abgestuften Umfanges (Abb. 4.0.1, 4.2.5, 4.2.21, 4.2.23). Ausdruck dieser überindividuellen und umweltbezogenen Integration aller Organismen sind die im Laufe der Stammesgeschichte entstandenen Anpassungserscheinungen, welche die Ökologie der Lebewesen prägen und ihre Gestalt und Funktion betreffen.

Diese ökologische Integration hat mit fortschreitender Spezialisation eine Erweiterung der Lebensräume unserer Erdoberfläche ermöglicht, zugleich aber die einzelnen Sippen bzw. Taxa auf ganz bestimmte, z.T. sehr enge Lebensbereiche beschränkt. So ist die Pflanzen- und Tierwelt aller Lebensräume im Laufe der Erdgeschichte immer formenreicher und unterschiedlicher geworden. Innerhalb der umfassenden **Geobiologie** (bzw. Biogeographie) ist es nun Aufgabe der **Geobotanik** (bzw. Pflanzengeographie), diese Unterschiede hinsichtlich Verbreitung und Zusammenleben der Pflanzensippen festzustellen, die dabei wesentlichen allgemeinen Gesetzmäßigkeiten herauszuarbeiten und die zugrunde liegenden Ursachen aufzuklären.

Verständlicherweise konzentriert sich das Interesse der Geobotanik auf die terrestrischen Lebensräume und damit besonders auf die hier dominierenden Samenpflanzen. Hinsichtlich der landbewohnenden Sporenpflanzen vergleiche man die Hinweise auf Pilze (S. 548 ff., 593 ff.), Flechten (S. 598), Moose (S. 647 ff., 663 ff.) und Farnpflanzen (S. 666 ff., 695 ff.). Den Lebensbereich der Gewässer behandelt die **Hydrobiologie**, für die Meere die **Marinbiologie**, für das Süßwasser die **Limnologie**; ihre Probleme können im Rahmen dieses Lehrbuches nur berührt werden. Knappe Hinweise auf Vorkommen und Lebensweise der überwiegend wasserbewohnenden Algen finden sich auf S. 644 ff.

Innerhalb der Geobotanik beschäftigt sich die **Arealkunde** (**Chorologie** bzw. **Floristische Geobotanik**) mit den Verbreitungsgebieten der Pflanzensippen und mit den Floren der Länder und Kontinente. Das Verbreitungsgebiet oder **Areal** (z.B. einer Art: Abb. 4.1.11) ergibt sich aus der Summe der geographischen Orte, an denen die Populationen dieser Sippe

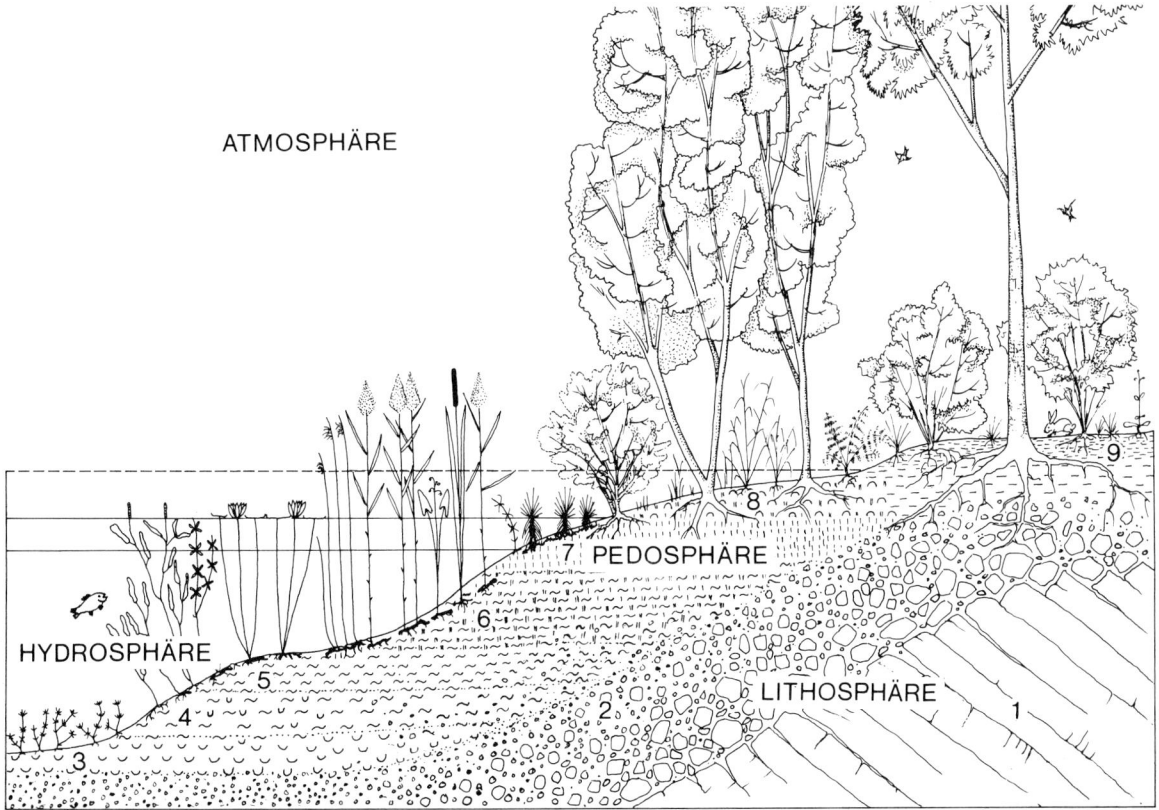

Abb. 4.0.1: Schema der Biosphäre mit den Bereichen (untere) Atmosphäre, Hydrosphäre (Gewässer), Pedosphäre (Böden) und (oberste) Lithosphäre. Dargestellt ist die Verlandung eines eutrophen Sees in Mitteleuropa. Die Lebens- bzw. Pflanzengemeinschaften (3–8) und die darunter gebildeten subhydrischen bzw. terrestrischen Böden sind durch eine historische Entwicklung (Sukzession) miteinander verbunden. Horizontale Linien markieren Hoch-, Mittel- und Niedrigwasserstand. (Weitere Erklärungen S. 918 f.) (Nach Firbas, Schwabe & Klinge, stark verändert.)

vorkommen, also aus ihren «Fundorten». Den Gesamtbestand an Pflanzensippen eines bestimmten Gebietes bezeichnet man als seine «Flora».

Gegenstand der **Vegetationskunde** (Coenologische Geobotanik, auch Pflanzensoziologie genannt) ist die Vegetation, also das aus Pflanzengemeinschaften (Phytocoenosen) aufgebaute Pflanzenkleid eines Gebietes. Phytocoenosen bilden mit Mikroorganismen und Tiergesellschaften mehr/minder umfassende Lebensgemeinschaften (Biocoenosen), die ihrerseits mit der jeweiligen Umwelt zu Biogeocoenosen (bzw. Biohydrocoenosen) integriert sind. Sie sind die Bausteine der Biosphäre unseres Planeten, welche die Pedosphäre (Boden), Hydrosphäre (Wasser) und die unteren Schichten der Atmosphäre (Luft) umfaßt und eng mit der Lithosphäre (Gesteinsmantel) verzahnt ist (Abb. 4.0.1).

Wesentliche Beiträge zur Ursachenforschung an Pflanzenarealen und Pflanzengesellschaften liefern die **Standortlehre** (die Ökologische Geobotanik) und die **Ökosystemforschung**. Dabei versteht man unter Standort bestimmte Geländeausschnitte mit der Gesamtheit aller dort wirksam werdenden äußeren (abiotischen und biotischen) Bedingungen. Biotop bezieht sich dagegen auf die Lebensstätte einer Pflanze oder Biocoenose. Der Begriff Ökosystem schließlich umschreibt das zwar offene, aber doch zur Selbstregulation befähigte Wirkungsgefüge zwischen zusammenlebenden Organismen und ihrer anorganischen Umwelt (Abb. 4.3.2). Die Position bzw. der Lebensbereich einer Sippe in diesem Gefüge wird als ihre «ökologische Nische» bezeichnet. Im Rahmen der Geobotanik interessieren in diesem Zusammenhang besonders Wirkungen (und Rückwirkungen) zwischen den Standortfaktoren (z.B. primäre wie Licht, Temperatur, Wasser, Mineralstoffe oder sekundäre wie Konkurrenz etc.) und den Pflanzen bzw. Pflanzengemeinschaften (Abb. 4.3.1), also Fragen der Ökologie (Autökologie und Synökologie, S. 10). Die fortschreitend verstärkte Nutzung und die vielfach zerstörerischen Eingriffe des Menschen in natürliche oder naturnahe Ökosysteme haben diese Probleme in den letzten Jahren sehr aktualisiert. Die Ökosystemforschung bildet infolgedessen eine besonders wichtige Grundlage für den Natur- und Umweltschutz.

Sippenareale und Biocoenosen bzw. Flora und Vegetation sind nicht nur durch heute wirksame Umweltfaktoren bedingt, sondern das vorläufige Produkt einer langen erdgeschichtlichen Entwicklung. Hier setzt die Arbeitsrichtung der **Floren- und Vegetationsgeschichte** (der historischen Geobotanik) an. Diese Betrachtungsweise veranschaulicht u.a. Zusammenhänge zwischen Kontinentaldrift und Pflanzenarealen, die drastischen Veränderungen der Pflanzendecke durch die Eiszeiten und die Bedeutung früher menschlicher Eingriffe für das Zustandekommen der heutigen Areal- und Vegetationsverhältnisse.

Die voranstehenden Hinweise beleuchten die besonders komplexen Fragestellungen und Zielsetzungen der Teilgebiete der Geobotanik im Gesamtbereich der Geobiologie. Die Geobotanik baut demnach nicht nur auf den grundlegenden Fachrichtungen der Biologie bzw. Botanik auf (z.B. Morphologie, Physiologie, Ökologie, Systematik, Genetik, Evolutionsforschung), sondern sie ist darüber hinaus eng mit Geographie, Klimatologie, Bodenkunde, Geologie, Paläontologie, Humanbiologie, -ökologie und -geschichte sowie Land- und Forstwirtschaft verknüpft. Darauf kann im folgenden nur gelegentlich verwiesen werden.

Grundsätzliches an Beispielen. Zunächst wollen wir die Verbreitung von drei wichtigen mitteleuropäischen Holzpflanzen besprechen: Rotbuche (*Fagus sylvatica*, Abb. 3.2.227), Stiel-Eiche (*Quercus robur*, Abb. 3.2.227) und Wald-Kiefer (*Pinus sylvestris*, Abb. 3.2.171, 3.2.177). Die beiden erstgenannten zählen zu den *Fagaceae* (S. 772), deren heutiges Zentrum nach der Gattungs- und Artenmannigfaltigkeit sowie der Häufung ursprünglicher Merkmale in den immergrünen tropisch-montanen bzw. subtropischen Wäldern Südostasiens liegt. Die *Fagaceae* sind über die ganze Nordhemisphäre verbreitet und haben mit der bis in die Oberkreide zurückreichenden Gattung *Nothofagus* auch die Südhemisphäre erreicht (Abb. 4.0.2; vgl. die Verbindung der australasischen und der südamerikanischen Vorkommen von *Nothofagus* durch tertiäre Fossilfunde in der Antarktis!).

Die sommergrün-dünnblättrige Gattung *Fagus* weist heute nur noch drei, weit voneinander isolierte (disjunkte) Verbreitungsgebiete in den Laubwäldern der Nordhemisphäre auf. Das Zentrum liegt mit 7, vielfach sympatrischen (S. 509) Arten in Ostasien; je 2 allopatrische Arten kommen in Nordamerika bzw. im europäisch-südwestasiatischen Raum vor. Tertiäre Fossilfunde dokumentieren Auswirkungen von Klimaveränderungen seit dem mittleren Tertiär, besonders auch während der Eiszeiten: die Zerstückelung der ursprünglich ± geschlossenen Verbreitung der Gattung und die Verarmung der Artenzahl in Europa.

Quercus ist mit über 600 Arten die formenreichste Gattung der *Fagaceae* und bildet in der Nordhemisphäre mit immer- bzw. sommergrünen Arten fast überall die Verbreitungsgrenze der Familie. Innerhalb der holarktischen Untergattung *Lepidobalanus* gehört die sommergrün-derbblättrige *Qu. robur* zu einer Sektion, die mit etwa 6 Arten auf den europäischen und mediterranen Laubwaldbereich beschränkt ist und ihren Schwerpunkt in Südwestasien hat.

Die immergrün-nadelblättrige Gattung *Pinus* ist mit mehr als 100 Arten fast geschlossen über das gesamte Waldgebiet der Nordhemisphäre verbreitet. *P. sylvestris* ist Glied eines Formenkreises mit stark sclerenchymatischem Nadelbau (vgl. Abb. 1.3.78), der von Schwerpunkten in Ostasien und im europäisch-mediterranen Raum im Norden bis hart an die arktische Waldgrenze und bis ins östliche Nordamerika reicht.

Ein Vergleich der Areale von Rotbuche, Stiel-Eiche und Wald-Kiefer (vgl. auch S. 720) läßt Zusammenhänge mit ihrem unterschiedlichen Blattbau erkennen und zeigt, daß *Fagus sylvatica* besonders im kontinentalen Osten und in Trockenräumen (z.B. in der ungarischen Tiefebene) weit hinter *Quercus robur* zurückbleibt (Abb. 3.2.227). Die Erklärung dafür liegt vor allem in der größeren Widerstandskraft der Stiel-Eiche gegenüber Extremtemperaturen und Trockenheit. Noch viel weiter geht die Frosthärte bei der auch genetisch-ökologisch sehr anpassungsfähigen *Pinus sylvestris* (Abb. 3.1.35B), deren Gesamtareal dementsprechend durch Nordeuropa und Sibirien bis fast an den nördlichen Pazifik reicht und sich weitgehend mit

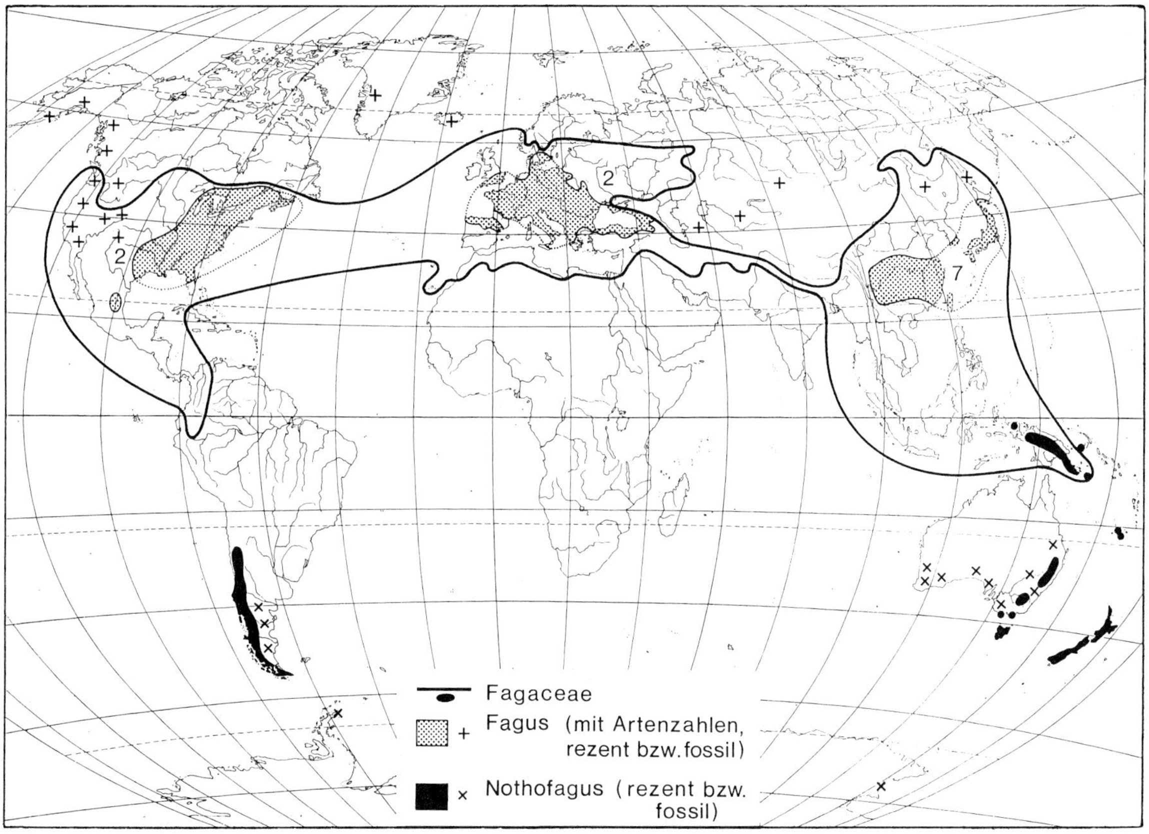

Geobotanik · 833

Abb. 4.0.2: Heutige Gesamtverbreitung der Buchengewächse *(Fagaceae)* mit den Arealen von *Fagus* und der sehr isolierten Gattung *Nothofagus* sowie Fossilfunden (+ ×) von beiden. (Nach Meusel, Jäger & Weinert sowie van Steenis, verändert.)

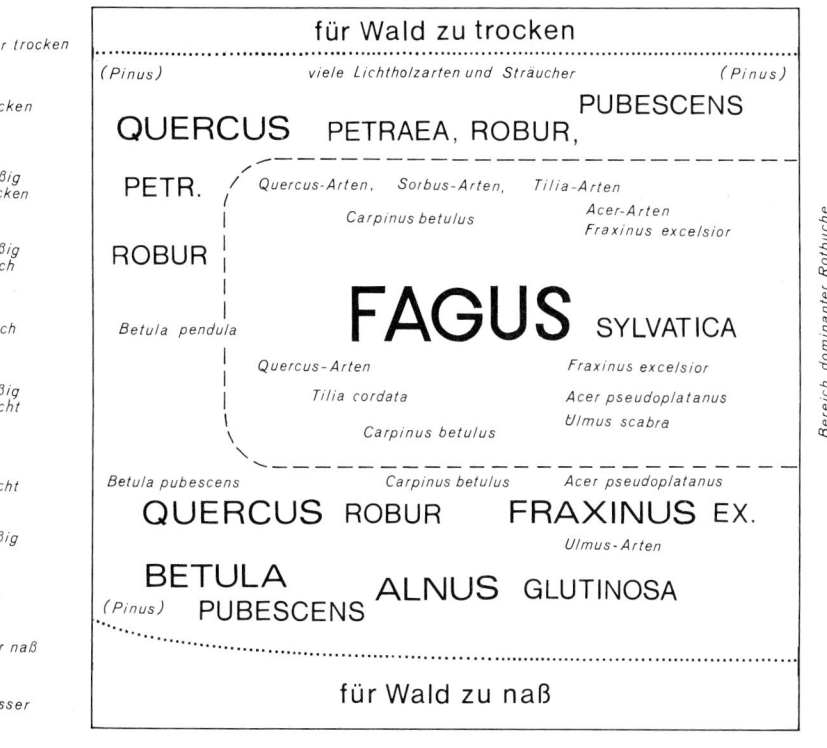

Abb. 4.0.3: Die waldbildenden Holzarten Mitteleuropas auf sauren bis alkalischen (bzw. nährstoffarmen bis nährstoffreichen) und nassen bis trockenen Böden (in der submontanen Höhenstufe und bei gemäßigt subozeanischem Klima). Ungefähre Mengenverhältnisse in naturnahen Vergesellschaftungen sind durch die Schriftgröße der Namen angedeutet; Namen in Klammern: nur in manchen Gebieten. (Nach Ellenberg.)

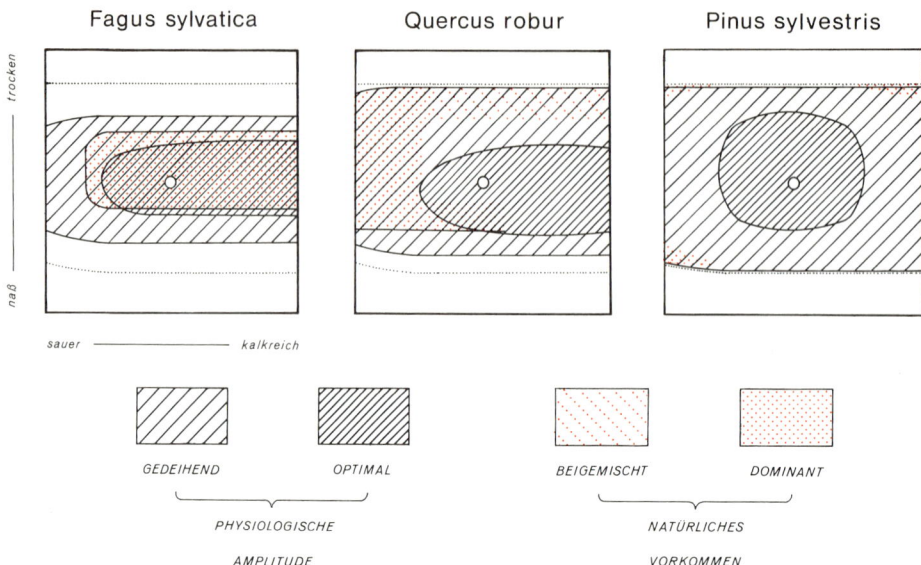

Abb. 4.0.4: Vergleich von autökologischer («physiologischer») und synökologischer Amplitude (in Reinkultur bzw. unter natürlichen Konkurrenzbedingungen) bei Rotbuche *(Fagus sylvatica)*, Stiel-Eiche *(Quercus robur)* und Wald-Kiefer *(Pinus sylvestris)* im Hinblick auf Bodensäure und Bodenfeuchtigkeit in Mitteleuropa; ○ mittlere Standortsverhältnisse. (Vgl. dazu auch Abb. 4.0.3; nach Ellenberg, verändert.)

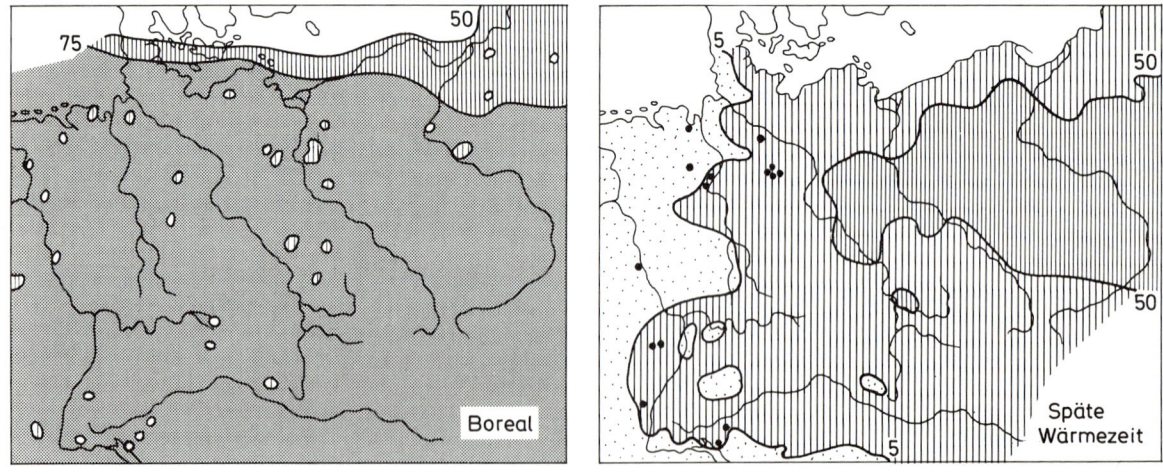

Abb. 4.0.5: Ausbreitung und Rückgang der Wald-Kiefer im Postglazial Mitteleuropas: Gebiete gleichen Pollenniederschlags (< 5 %, 5–50 %, 50–75 %, > 75 %) im Boreal (etwa 7500 v.Chr.) und in der späten Wärmezeit (etwa 1500 v.Chr.). Vgl. dazu auch die Zeittabelle Abb. 4.4.12. (Nach Firbas.)

der eurasisch-borealen Florenregion deckt. Im Gegensatz dazu sind *Fagus sylvatica* und *Quercus robur* als Leitarten hauptsächlich auf die mitteleuropäische Florenregion beschränkt (Abb. 4.1.12, S. 915 ff.).

Rotbuche, Stiel-Eiche und Wald-Kiefer haben zwar in Mitteleuropa weithin überlappende Areale, besiedeln jedoch innerhalb des gleichen Gebietes meist verschiedene Standorte. Sie sind daher oft nicht miteinander vergesellschaftet, sondern bestimmen als Leitarten den Aufbau charakteristischer Buchen-, Eichen- oder Föhrenwälder (Abb. 4.0.3). Ein Vergleich mit dem Diagramm Abb. 4.0.4 und dem Höhenstufenschema Abb. 4.5.3 macht verständlich, daß die Gründe dafür besonders im unterschiedlichen Konkurrenzverhalten dieser Arten liegen.

Wenn man die autökologische («physiologische») Amplitude bzw. das autökologische («physiologische») Optimum der drei Arten mit Hilfe von Reinkulturen feststellt und etwa im Hinblick auf Feuchtigkeit oder Säurebereich des Bodens vergleicht (Abb. 4.0.4), so findet man nur geringe Unterschiede (z.B. abnehmende Empfindlichkeit gegen stauende Bodennässe oder Trockenheit: Rotbuche > Stiel-Eiche > Wald-Kiefer). Unter Konkurrenzbedingungen – also in Mischkulturen oder unter natürlichen Verhältnissen – werden dagegen die sehr verschiedenen synökologischen Amplituden der drei Arten sichtbar und dadurch auch ihre verschiedenen «Herrschaftsbereiche» verständlich (vgl. dazu auch Abb. 3.1.28). Nur bei der sehr schattenresistenten Rotbuche (vgl. Abb. 2.2.39) fallen nämlich aut- und synökologisches Optimum weitgehend zusammen. Die synökologische Amplitude (bzw. der «Herrschaftsbereich») der lichtbedürftigen Stiel-Eiche wird dagegen durch die konkurrenzkräftige Rotbuche in den Randbereich ihrer autökologischen Amplitude abgedrängt und die noch lichtbedürftigere Wald-Kiefer wird durch die beiden Laubholzarten sogar bis auf schmale Randzonen eingeengt. Die Wald-Kiefer «bevorzugt» in Mitteleuropa also nicht etwa besonders trockene oder feuchtmoorige oder nährstoffarm-bodensaure Standorte, sondern sie kann sich nur an solchen Extremstandorten halten, weil dort die Konkurrenz der anspruchsvolleren Laubhölzer fehlt.

Das komplexe ökologische Differenzierungsmuster unserer mitteleuropäischen Waldbäume und Waldgesellschaften ist also durch die ökophysiologische Konstitution der beteiligten Sippen, ihr Konkurrenzverhalten gegenüber anderen sympatrischen Sippen und die jeweiligen klimatischen bzw. edaphischen Standortfaktoren bedingt.

Die besprochenen ökologischen Beziehungen zwischen heimischen Waldbäumen waren auch für ihre postglaziale Einwanderung in Mitteleuropa von Bedeutung (S. 910ff.): Dabei verbreitete sich nämlich zuerst (etwa ab 10000 v.u.Z. und nach einem Kälterückschlag verstärkt um 8000 v.u.Z.) die Kiefer. Erst später folgten dann die Eichen (ab etwa 7000 v.u.Z.) und schließlich die Rotbuche (ab etwa 4000 v.u.Z.), wobei zuerst die Kiefern, schließlich auch die Eichen immer stärker zurückgedrängt wurden (Abb. 4.0.5, 4.4.15). Auch im heutigen Vegetationsgefüge muß die Kiefer mit ihren relativ leichten Flugsamen als typisches Pioniergehölz gelten, während Eichen und Rotbuche schwere Früchte haben, ihre Keimlinge im schattigen Unterholz besser mit Nährstoffen versorgen und als Endstadium der Vegetationsentwicklung Klimaxwälder bilden (S. 857).

Das solcherart entstandene natürliche und ursprünglich fast geschlossene Waldgefüge Mitteleuropas (Abb. 4.4.16) ist durch den Menschen weithin sehr stark verändert (z.B. durch Förderung raschwüchsiger Wald-Kiefern oder Aufforstung standortfremder Fichten) oder gänzlich zerstört worden (etwa durch Brand, Rodung und Beweidung).

Erster Abschnitt
Arealkunde

Areale umschreiben das Wohngebiet der Sippen (bzw. Taxa) mit allen ihren Populationen und Individuen. Sie sind das Ergebnis der stammesgeschichtlichen raumzeitlichen Entfaltung (bzw. Schrumpfung) der Sippen (S. 505ff., 526, Abb. 4.1.8). Begrenzt werden diese Areale durch die morphologische und ökophysiologische Konstitution (bzw. Anpassungsfähigkeit) sowie Konkurrenzkraft der Sippen, durch ihre Ausbreitungschancen im Laufe der Erdgeschichte und durch das Vorkommen geeigneter Standorte. Auch expansive Sippen haben ihren möglichen Siedlungsraum (das «potentielle» im Gegensatz zum «aktuellen» Areal) vielfach noch keineswegs besetzt, weil Wanderungen und dauerhafte Besiedlung langsam vor sich gehen oder von Ausbreitungsschranken (z.B. Meeren, Gebirgen oder Wüstengebieten) behindert werden. Die spektakuläre und gegenwärtig andauernde Ausbreitung vieler durch den Menschen verschleppter Arten (S. 758, Abb. 4.1.7) bezeugt dies in eindrucksvoller Weise. Wir sehen also, daß bei der Entstehung heutiger Areale genetische, ökologische und historische Faktoren ins Spiel kommen. Die Arealkunde muß demnach zuerst die Sippenareale erfassen und vergleichen. Auf dieser Grundlage können dann die komplexen Zusammenhänge zwischen Arealformen und Umweltbedingungen in Gegenwart und Vergangenheit erhellt werden.

A. Erfassung und Darstellung der Areale

Areale ergeben sich durch die Summierung der Fundorte einer Sippe und lassen sich am besten in Form von **Arealkarten** darstellen (z.B. Abb. 3.1.37, 3.2.177, 3.2.227, 4.1.1, 4.1.3., 4.1.9 etc.). Zeigerwert und Aussagekraft der Arealdarstellung sind ebenso von der richtigen systematischen Abgrenzung und Gliederung der Sippe(n), wie von der Vollständigkeit der floristischen Fundortsangaben abhängig.

Selbst für die Gefäßpflanzenflora Mitteleuropas sind die systematischen und floristischen Grundlagen für eine arealkundliche Analyse vielfach noch recht unvollständig.

Eine kartographische Darstellung der Horizontalverbreitung der Sippen nötigt zur Abstraktion, weil Häufigkeit und räumliche Verteilung von Individuen und Populationen sowie kleineren und größeren Siedlungsgebieten mit dazwischenliegenden Lücken gewöhnlich sehr ungleichmäßig sind. Sehr gebräuchlich sind Punkt- und Umrißkarten, oder Kombinationen davon (vgl. Abb. 3.1.38, 4.1.7, 4.1.11). Bei modernen arealkundlichen Erhebungen mit Einsatz von elektronischen Datenverarbeitungsmaschinen (z.B. bei der internationalen Kartierung der Flora Mitteleuropas) bewähren sich besonders Rasterkarten, auf denen das Vorkommen oder Fehlen eines Taxon jeweils für bestimmte Kartierungsfelder angegeben wird (Abb. 4.1.1). Auf Höhenprofilen läßt sich auch die Vertikalverbreitung der Sippen darstellen (vgl. dazu Abb. 4.5.3).

B. Arealtypen und Geoelemente

Für Beschreibung, Vergleich und Analyse der Sippenareale sind vorerst folgende Kriterien wichtig: **Ausdehnung**: von lokal (endemisch) bis kontinent- und ± weltweit (kosmopolitisch); **Kontinuität**: von ± geschlossen bis zerstückelt (disjunkt); **Besiedlungsdichte**: gemein, verbreitet, zerstreut bis selten; **Verteilung der Formenmannigfaltigkeit** innerhalb des Sippenareals und **Lagebeziehungen** zu den Arealen nächstverwandter Sippen. Besondere Bedeutung hat schließlich die **räumliche Position** der Areale. Eine vergleichende Betrachtung zahlreicher Sippenareale nach diesen Gesichtspunkten ermöglicht das Herausstellen von verschiedenartigen Arealtypen.

Zur Illustration sei nochmals auf die *Fagaceae* verwiesen (Abb. 3.2.227, 4.0.2); sie sind auf die Nordhemisphäre konzentriert, nur *Nothofagus* ist ausschließlich südhemisphärisch. Im Gegensatz zum ± geschlossenen Gattungsareal von *Quercus* ist das von *Fagus* disjunkt; es deckt sich mit der zerstückelten Verbreitung der nordhemisphärischen sommergrünen Laubwaldgebiete (S. 841). *Fagus orientalis* ist im warmfeuchten Schwarzmeer-Bereich endemisch; an sie schließt verwandtschaftlich und geographisch aufs engste die europäische *F. sylvatica* an. Die Besiedlungsdichte dieser beiden hinsichtlich Feuchtigkeit anspruchsvollen Arten nimmt gegen die Trockenräume im Süden und Osten ab; die Vorkommen beschränken sich hier auf die Nebelstufe der Gebirge.

Die **Ausdehnung der Areale** ist sehr unterschiedlich. Die relativ lokal verbreiteten «Endemiten» sind durch zahlreiche vermittelnde Arealgrößen mit den ± weltweiten «Kosmopoliten» verbunden. Zwischen Arealgröße, Lebensraum, Evolutionsphase und Verbreitungsform gibt es offenbar Zusammenhänge.

Als Beispiele für verwandtschaftlich sehr isolierte, offenkundig alte und reliktäre Paläoendemiten können aus dem Species-Bereich etwa *Ginkgo biloba* (China; Fossilgeschichte vgl. S. 842f. und Abb. 4.1.9), *Sequoiadendron giganteum* (Californien) und *Welwitschia mirabilis* (SW-Afrika) gelten. Im Gegensatz dazu haben *Betula oycoviensis* (SE-Polen), *Papaver kerneri* (nordöstliche Kalkalpen) oder die Sippen von *Erysimum* sect. *Cheiranthus* im Bereich der Ägäis (Abb. 3.1.36) – wie man auch aufgrund von Kreuzungsexperimenten weiß – sehr engen Verwandtschaftsanschluß und können als relativ junge Neoendemiten gelten. Als Familien sind die *Didiereaceae* in Madagaskar, die *Tropaeolaceae* in der Neuen Welt endemisch (S. 769, 793). Der Anteil an endemischen Sippen nimmt offen-

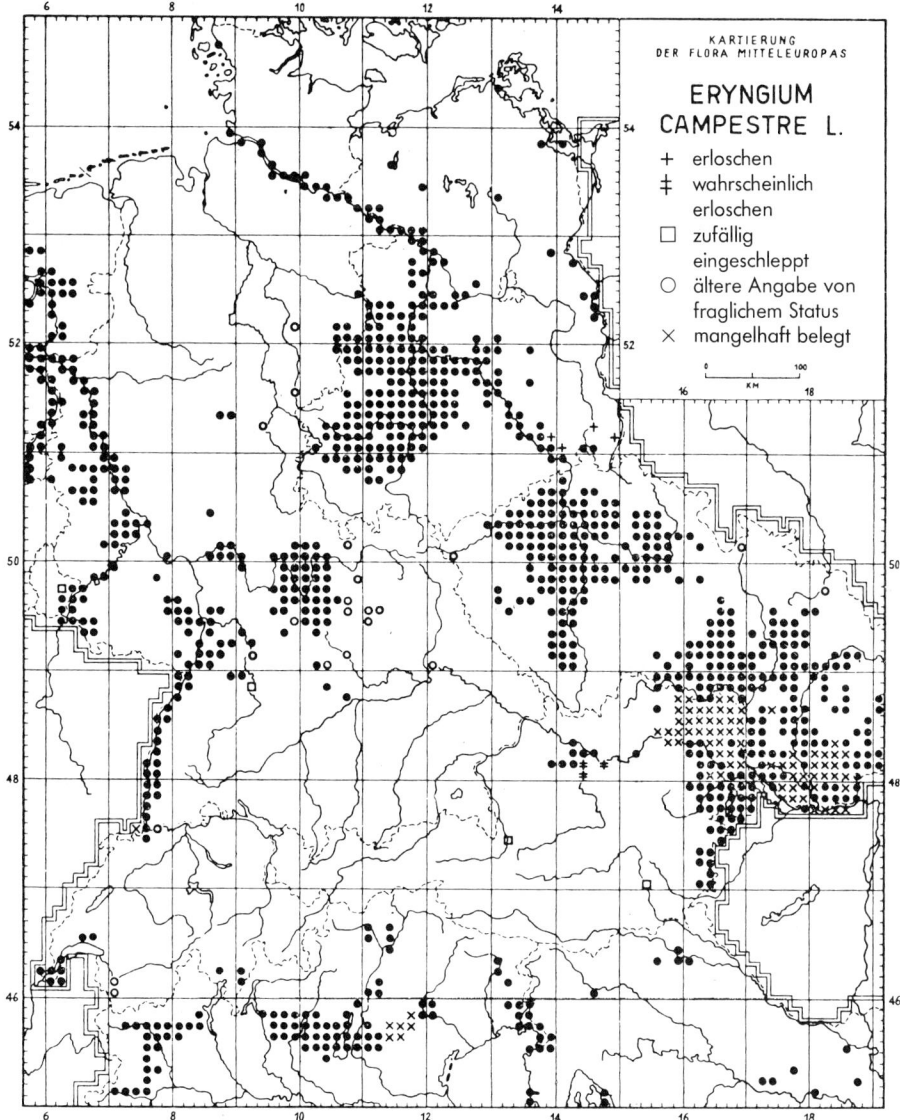

Abb. 4.1.1: Beispiel für eine (provisorische) Rasterkarte aus dem Projekt «Kartierung der Flora Mitteleuropas»: Feld-Mannstreu *(Eryngium campestre, Apiaceae).* Dargestellt ist das Vorkommen oder Fehlen in Gradnetzfeldern von 10' × 6' geogr. Länge bzw. Breite (etwa 12 × 11 km). Die submediterran-pontische Art strahlt in den warm-trockenen Beckenlandschaften und den Stromtälern des Flachlandes weit nach Norden aus. (Nach Niklfeld.)

bar mit dem Alter und der Isoliertheit der Lebensräume zu (vgl. S. 840).

Einigermaßen kosmopolitische Arten sind nicht allzu häufig: Genannt seien etwa als Sporenpflanzen das Lebermoos *Marchantia polymorpha* oder der Adlerfarn *Pteridium aquilinum,* als Sumpf- und Wasserpflanze mit guten Ausbreitungsmöglichkeiten durch Wasservögel der Tannenwedel *Hippuris vulgaris* und als vom Menschen verschlepptes Unkraut das Kleb-Labkraut *Galium aparine.* Weltweit verbreitet sind zahlreiche Gattungen (z. B. *Senecio*) und viele Familien (z. B. die *Caryophyllaceae* oder *Fabaceae*).

Völlige **Kontinuität** der Besiedlung ist selten. Zumindest gegen die Arealränder hin ist die Verbreitung der Sippen vielfach zu vereinzelten Vorposten (oder Rückzugsposten) aufgelockert. Wenn die Areallücken so groß werden, daß sie mit den üblichen Ausbreitungsmitteln der Sippe nicht mehr überbrückt werden kön-

nen, so sprechen wir von Exklaven bzw. **Disjunktionen.** Manche Disjunktionsmuster wiederholen sich mit großer Regelmäßigkeit (vgl. S. 905f., 909f., 912f.).

Bei *Pinus sylvestris* (Abb. 3.2.177) finden wir im Norden ein relativ geschlossenes Hauptareal, in südlichen Gebirgen dagegen disjunkte kleinere Teilareale bzw. Exklaven. Untereinander etwa gleich groß sind die 3 disjunkten Teilareale der Gattung *Fagus* (Abb. 4.0.2). Die Tatsache, daß sich Disjunktionen bei *Fagus, Hepatica* (Abb. 3.1.38) und anderen sommergrünen Laubwaldsippen weitgehend ähneln, weist auf gemeinsame historische und klimatologische Ursachen (S. 905f.). Grundsätzlich müssen wir bei Disjunktionen entweder an die Reduktion ehemals geschlossener Verbreitungsgebiete denken (S. 842f.) oder mit außergewöhnlichen Fällen von Fernausbreitung (S. 840f.) rechnen. Bei hybridogenen Sippen (z. B. Allopolyploiden) oder ökologischen Rassen (z. B. der gedrungenen subalpinen Rasse der Schafgarbe *Achillea millefolium* subsp. *sudetica*) ist auch die Möglichkeit einer mehrfach parallelen Entstehung an verschiedenen Orten (polytope Entstehung) gegeben.

Hohe **Besiedlungsdichte** weist auf den synökologischen Optimalbereich einer Sippe. Vielfach wird hier auch die stärkste Expansion in unterschiedliche Standorte (maximale synökologische Amplitude) und die größte genotypische Variabilität (Formenmannigfaltigkeit) erreicht; man spricht dann von einem **Mannigfaltigkeitszentrum** (bzw. Genzentrum). Mit all diesen Kriterien lassen sich die sog. Arealschwerpunkte feststellen.

Der Zwerg-Augentrost *Euphrasia minima* kommt in den Zentralalpen von der Berg- bis in die Nivalstufe (1400–3100 m) vor; sein Häufigkeitsmaximum, seine größte synökologische Amplitude und sein Variabilitätszentrum liegen aber in der unteralpinen Stufe (2000–2300 m; Abb. 4.1.2). Entsprechende Mannigfaltigkeitszentren finden wir auch im Bereich der Gattungen (z.B. *Ononis* mit den meisten Arten im SW-Mediterranraum: Abb. 4.1.3) oder Familien (z.B. *Rubiaceae* mit hohen Gattungszahlen in den feuchtwarmen Tropen und fortschreitender Abnahme gegen trockenere und kältere Lebensräume). Mannigfaltigkeitszentren können als Entfaltungs- bzw. Erhaltungsräume der jeweiligen Sippen aufgefaßt werden.

Nach der **räumlichen Position** ihrer Areale und Arealschwerpunkte können Sippen zu bestimmten (hierarchisch gruppierten) Geoelementen zusammenge-

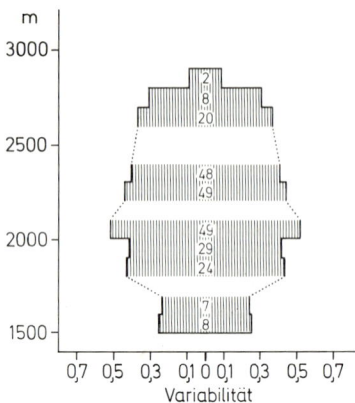

Abb. 4.1.2: Genetisch bedingte Variabilität in 17 Populationen des Zwerg-Augentrostes *(Euphrasia minima, Scrophulariaceae)* entlang eines Transektes von 1500 bis 2900 m im oberen Ötztal, Tirol; Index der Variabilität und Anzahl verschiedener Phänotypen für Höhenstufen von 100 m zu 100 m. (Orig.)

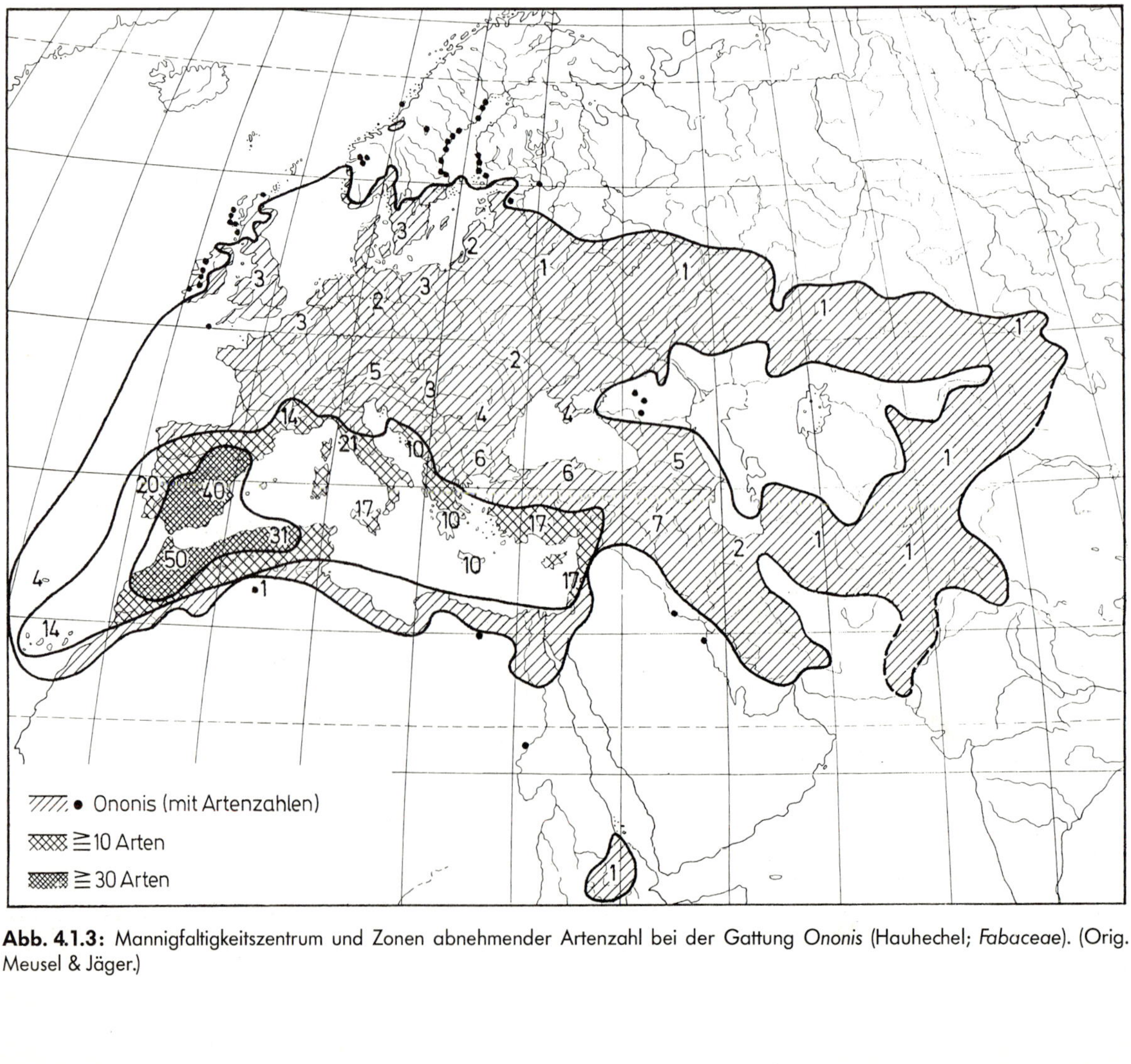

Abb. 4.1.3: Mannigfaltigkeitszentrum und Zonen abnehmender Artenzahl bei der Gattung *Ononis* (Hauhechel; *Fabaceae*). (Orig. Meusel & Jäger.)

faßt werden. So gehört etwa die Gattung *Fagus* zum holarktischen, *F. sylvatica* zum mitteleuropäischen Element. Die Gattung *Laurus* umfaßt die beiden Arten *L. nobilis* und *L. azorica* (= *L. canariensis*); erstere gehört dem mediterranen, letztere dem makaronesischen Geoelement an. Die reliktäre Gattung unterstreicht die engen Beziehungen zwischen diesen beiden Florenbereichen. Das umfassende tropische und das untergeordnete neotropische Element können durch die Familien der *Arecaceae* (Palmen) bzw. *Bromeliaceae* illustriert werden (Abb. 4.5.14). Summiert man die Areale zahlreicher Arten eines bestimmten Geoelements, dann lassen sich seine **Verbreitungsschwerpunkte** erkennen; dies zeigt etwa Abb. 4.1.4 für das circumpolar-arktisch-alpine Geoelement in der Flora Skandinaviens.

Wir werden diese und weitere Geoelemente bei der Besprechung der Pflanzendecke der Erde (S. 914ff.) noch genauer kennenlernen. Die Verbreitungszentren der wichtigsten, am Aufbau der Flora Mitteleuropas beteiligten Geoelemente sind in Abb. 4.1.12 dargestellt.

Viele Areale lassen eine etwa den Breitengraden entsprechende und mehr oder minder vollständige gürtelförmige Gestalt erkennen (vgl. dazu z.B. Abb. 4.0.2, 4.1.10, 4.5.9, 4.5.14). Daher haben sich als Bezugssystem für die Gliederung und Beschreibung der Areale gürtelförmig vom Äquator zu den Polen aufeinanderfolgende und dem allgemeinen Temperaturgefälle entsprechende **Florenzonen** bewährt (Abb. 4.1.5). Dabei kann man von der tropischen (t) und den angrenzenden subtropischen (subtrop) Zonen ausgehend unterscheiden: nach Norden eine meridionale (m), submeridionale (sm), temperate (temp), boreale (b) und arktische (a) Zone; nach Süden eine australe (austr) und eine antarktische (antarkt) Zone, die der meridionalen bis temperaten bzw. der borealen bis arktischen Zone im Norden entsprechen. Eine weitere Differenzierung läßt sich erreichen, wenn man nach der jahres- und tageszeitlichen Ausgeglichenheit von Feuchtigkeit und Temperatur Sektoren der Ozeanität unterscheidet und die Areale nach ihrer diesbezüglichen Lage als euozeanisch (euoz), ozeanisch (oz), subozeanisch (suboz), subkontinental (subk), kontinental (k) und eukontinental (euk) charakterisiert. Bei Berücksichtigung der Höhenstufen [S. 865ff.; für Mitteleuropa etwa planar (pl), kollin (ko), montan (mo), subalpin (salp) und alpin (alp)] ergeben sich schließlich Möglichkeiten für eine dreidimensionale Beschreibung bzw. formelhafte Darstellung der Areale und für eine Zusammenfassung ähnlicher Areale zu Arealtypen.

Die Formel sm/mo-b·(k) EURAS würde demnach das Areal von *Pinus sylvestris* als submeridional-montan bis boreal,

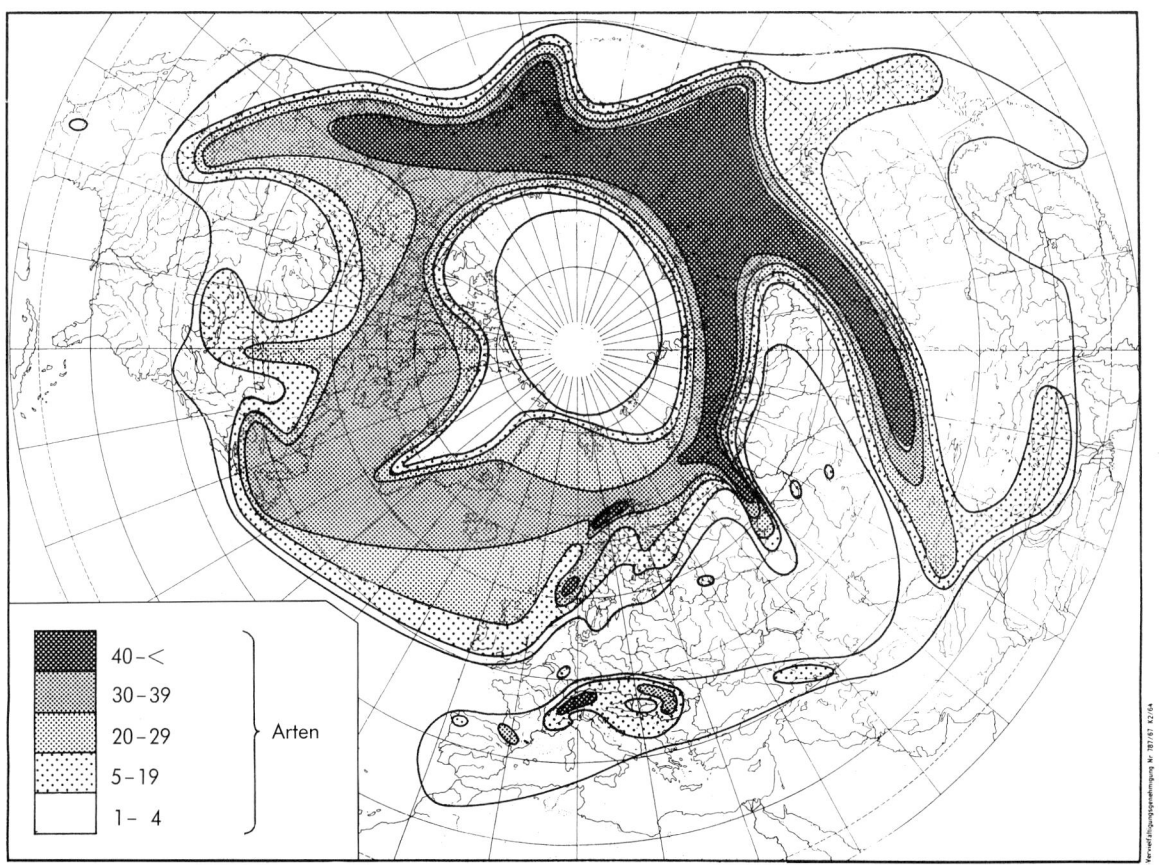

Abb. 4.1.4: Verbreitung von 50 circumpolar-arktisch-alpinen Arten Skandinaviens auf der Nordhemisphäre, Konzentration bzw. randliches Ausstrahlen und Verarmen dieses Geoelements sind durch Raster unterschiedlicher Artendichte veranschaulicht. (Nach Hultén.)

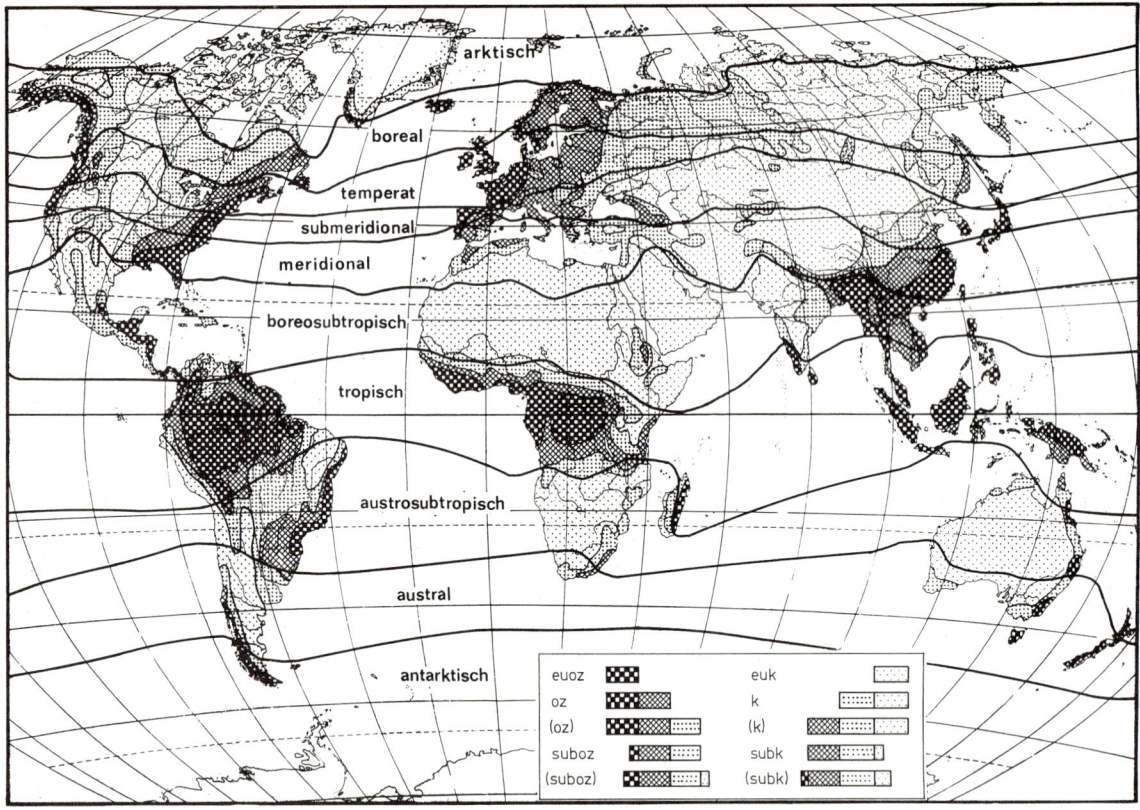

Abb. 4.1.5: Florenzonen und Ozeanitätssektoren der Biosphäre. Weitere Erklärungen im Text. (Orig. Jäger.)

mäßig kontinental, eurasisch charakterisieren, während die Verbreitungsgebiete von *Quercus robur* mit sm/mo-temp· (suboz) EUR als submeridional-montan bis temperat, schwach subozeanisch, europäisch und von *Fagus sylvatica* mit m/mo-temp· oz EUR als meridional-montan bis temperat, ozeanisch, europäisch, umschrieben werden könnten.

Arealtypen können also nach sehr verschiedenen Kriterien erfaßt werden. Errechnet man die Anteile bestimmter Arealtypen an bestimmten Floren oder Vegetationseinheiten (Arealtypenspektrum), so erlaubt das wichtige Schlußfolgerungen auf ihre Struktur und Entstehung.

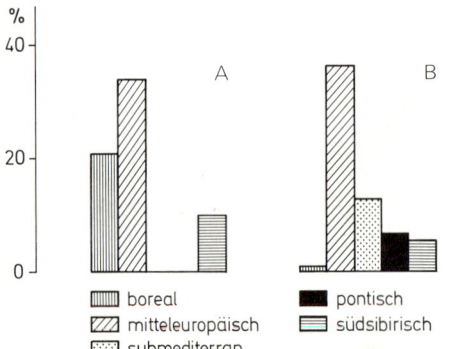

Abb. 4.1.6: Geoelement-Spektren von zwei Laubmischwaldtypen aus dem südlichen europäischen Rußland: A Lindenwald, Süd-Ural und B Eichen-Steppenbuschwald, Donezbecken. (Nach Kleopov, verändert.)

Der hohe Grad von Endemismus auf den Hawaii-Inseln (etwa 20% der Gattungen und 90% der Arten in der bodenständigen Gefäßpflanzen-Flora sind Endemiten) unterstreicht z.B. das relativ hohe geologische Alter dieser Inselgruppe, das Fehlen von früheren Festlandverbindungen und die weitgehend selbständige Evolution der dortigen Lebewelt. Arealtypenspektren aus den östlichsten Laubmischwäldern Europas im Ural (Abb. 4.1.6) zeigen relativ hohe Anteile des borealen und südsibirischen, weiter im Süden, im Donezbecken, hingegen des submediterranen und pontischen Geoelements. Diese Unterschiede werden verständlich, wenn man die Nähe entsprechender eiszeitlicher Refugialräume, ihre Bedeutung bei der postglazialen Wiederbewaldung und die heutige Klimasituation in diesen Räumen berücksichtigt.

C. Ausbreitung und Stammesgeschichte

Die festgewachsenen Pflanzen können nur dann ein Areal bilden und erweitern, wenn sie Ausbreitungseinheiten bilden (sog. Diasporen, z.B. Sporen, Samen, Keimkörper etc.: S. 476ff., 832), mit deren Hilfe sie sich an neuen Wohnorten dauerhaft einbürgern. Derartige Ausbreitungseinheiten werden vielfach in großen Zahlen produziert (S. 475) und sind oft in mannigfacher Weise für die Autochorie (S. 466f., 563f., 758f.) bzw. den Transport durch Wind, Wasser oder Tiere spezialisiert (vgl. S. 573f., 591, 757ff.). Üblicherweise erfolgt die Ausbreitung über geringe bis mäßige Entfernungen, doch muß auch mit gelegentlicher **Fernausbreitung** gerechnet werden.

Durch Sturmwinde können nicht nur Sporen und winzige oder gut flugfähige, sondern auch etwas größere körnige Samen bzw. Früchte hochgerissen und über Hunderte von Kilometern verfrachtet werden. Zug- und Wasservögel transportieren Ausbreitungseinheiten gelegentlich über transatlantische Entfernungen, und eine Reihe von jungen Disjunktionen zwischen Südamerika und Afrika ist offenbar so entstanden (z.B. bei der epiphytischen und beerenfrüchtigen Cactaceengattung *Rhipsalis*, die sogar noch Madagaskar und Ceylon erreicht). Die Cocospalme *(Cocos nucifera)* hat aufgrund ihrer gut schwimmfähigen und auch im Salzwasser lange keimfähig bleibenden Früchte ein Areal erobert, das die Küstenräume der gesamten Tropen umfaßt.

Ein Modell für die Besiedlung landferner ozeanischer Inseln gibt uns Krakatau. Durch einen gewaltigen Vulkanausbruch wurde 1883 auf dieser Insel-Gruppe zwischen Sumatra und Java alles Leben vernichtet. Bis 1934 hatten sich über eine Distanz von mindestens 45–90 km hinweg bereits wieder 271 Landpflanzen angesiedelt. – Die indomalesische Inselwelt hat in zahlreichen Fällen als Wanderweg zwischen Ostasien und dem australisch-westpazifischen Raum gedient («island-hopping»). Auch für inselartig aufragende Gebirge gelten offensichtlich ähnliche Verhältnisse. So ist es z.B. entlang der Kordilleren im westlichen Nord- und Südamerika oder über das ostafrikanische Vulkan-Hochland vielfach zu einem bis in die jüngste erdgeschichtliche Vergangenheit andauernden Florenaustausch zwischen der Nord- und Südhemisphäre gekommen («mountain-hopping»).

Das Transportpotential der Ausbreitungseinheiten ist aber sicher nur einer von den vielen Faktoren, die Arealgröße und Arealgestaltung einer Sippe bestimmen. Innerhalb zahlreicher Gattungen finden sich nebeneinander eng lokalisierte bzw. disjunkte Paläoendemiten und sehr expansive Unkräuter, beide mit sehr ähnlichen Ausbreitungseinheiten (so z.B. bei *Taraxacum*). Auch haben viele Pilze, Moose und Farne mit staubförmigen Sporen ganz ähnlich begrenzte und oft disjunkte Areale wie Samenpflanzen mit schweren Ausbreitungseinheiten (z.B. der Hirschzungenfarn *Phyllitis scolopendrium* und die Gattung *Fagus*: Abb. 4.0.2).

Die dauerhafte **Einbürgerung** einer Pflanzensippe stößt ganz allgemein auf größere Schwierigkeiten als der Transport ihrer Ausbreitungseinheiten. Den Tausenden gelegentlich in Europa eingeschleppten stehen nur wenige hundert tatsächlich eingebürgerte fremdländische Angiospermen gegenüber.

Bei zweihäusigen oder selbststerilen Pflanzen sind zur Fortpflanzung mindestens zwei verschiedene Exemplare notwendig; daher sind auf ozeanischen Inseln selbstbestäubende Angiospermen auffällig überrepräsentiert, da sie auch als Einzelpflanzen Populationen aufbauen können (vgl. S. 504).

Überhaupt stehen die Anforderungen betreffend guter Samenausbreitung und ausreichender Keimlingversorgung meist im Widerspruch. Daher finden wir bei Pionierpflanzen gewöhnlich viele und kleine, aber nur im Licht und kurzfristig keimfähige Samen (z.B. bei Weiden und Kiefern), bei Arten der Klimax-Wälder hingegen weniger zahlreiche, dafür aber große und gut mit Reservematerial versorgte, auch im Schatten und längerfristig keimfähige Samen (z.B. bei Buchen und Eichen). Auch sind Organismen mit rascher Generationsfolge (z.B. Bakterien oder kurzlebige Therophyten) eher zu schneller Ausbreitung befähigt, als solche, bei denen bis zum Fruchtbarwerden viele Jahre vergehen müssen (z.B. bei langlebigen Holzpflanzen). Die Wandergeschwindigkeit einer Sippe hängt also von ihrer Populationsstruktur, Fortpflanzungsbiologie, Generationsdauer und den Gegebenheiten des Lebensraumes ab.

Fagus sylvatica hat für die postglaziale Wanderung vom Alpenrand bis zur Ost- und Nordsee (700 km) etwa 3000 Jahre, für die Eroberung der Vorherrschaft gegenüber den anderen Laubhölzern in diesem Raum aber nochmals etwa 2000 Jahre gebraucht (Abb. 4.4.15); in W-Skandinavien dürfte ihre Ausbreitung nach Norden noch immer nicht abgeschlossen sein. Das einjährige Frühlings-Greiskraut *(Senecio vernalis)* ist in den letzten 250 Jahren aus dem Osten in Mitteleuropa eingewandert und seither zu einem verbreiteten Unkraut geworden (Abb. 4.1.7). Ausschließlich durch vegetative Vermehrung von ♀ Pflanzen hat sich seit 1836 (Irland) und 1859 (Berlin) die Canadische Wasserpest *(Elodea canadensis,* S. 812) in europäischen Gewässern explosionsartig und auf Kosten bodenständiger Wasserpflanzen ausgebreitet, doch macht sich seit einigen Jahrzehnten wieder ein deutlicher Rückgang bemerkbar (Ursache: ein Nematode, der die Vegetationskegel zerstört).

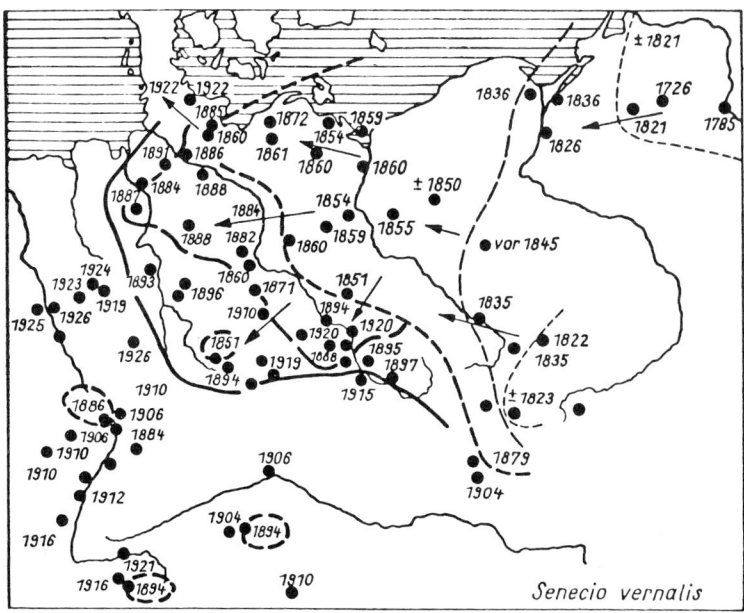

Abb. 4.1.7: Ausbreitung des Frühlings-Greiskrautes *(Senecio vernalis)* in Mitteleuropa vom Beginn des 18. Jahrhunderts bis 1926. (Nach Beger in Hegi.)

842 · Arealkunde

Auf Phasen der Ausbreitung von Pflanzensippen folgen vielfach Phasen des Stillstandes oder sogar der Rückläufigkeit: es kommt zur **Arealschrumpfung**. Dies kann nicht nur aus der heutigen Arealgestalt abgelesen werden, sondern ist manchmal auch durch Fossilfunde zu belegen und sogar zu datieren.

Während der letzten Jahrzehnte sind etwa viele Pflanzen der Hochmoore (z.B. *Ledum* oder *Scheuchzeria*) oder der trockenen Magerwiesen (z.B. etliche Orchideen und *Pulsatilla*-Arten) wegen fortschreitender Entwässerung bzw. Düngung stark zurückgegangen. Die letzte Population von *Marsilea quadrifolia* (S. 693 ff.) in Deutschland ist erst vor wenigen Jahren infolge Anlage einer Mülldeponie vernichtet worden. Durch Fossilfunde gut belegt ist der Rückzug arktisch-alpiner Pflanzen in die Gebirge und nach Nordeuropa seit der letzten Eiszeit (vgl. z.B. *Salix herbacea*, Abb. 4.4.9).

Viele Sippen, welche durch die Klimaschwankungen des Spättertiärs und der pleistocänen Eiszeiten in Refugialräume zurückgedrängt wurden, haben ihre ursprünglichen Areale trotz der Wiederkehr günstiger Klimaverhältnisse nicht oder nur teilweise zurückerobern können. Vielfach dürfte dafür auch ein Verlust an Biotypenmannigfaltigkeit und somit Anpassungsfähigkeit verantwortlich sein.

Beispiele sind die im ehemals eisfreien Raum verbliebenen Relikt-Populationen von *Biscutella laevigata* (Abb. 3.1.46) oder die disjunkten, mit eisfreien Refugialräumen zusammenhängenden Areale von *Valeriana celtica* (West- und Ostalpen) oder *Aquilegia einseleana* (Süd- und auch Nordalpen). Von der tertiären Waldflora sind z.B. in Europa nur in balkanischen Restarealen erhalten geblieben *Picea omorika* oder *Aesculus hippocastanum*. Die Gattungen *Ginkgo* und *Magnolia* sind in Europa völlig ausgestorben und haben nur in Ostasien bzw. auch im östlichen Nordamerika überlebt (von wo sie vielfach wieder in europäischen Gärten eingeführt wurden; vgl. Abb. 4.1.9, 4.4.6).

Einige **raum-zeitliche Aspekte** der Arealgestaltung sind in Abb. 4.1.8 in schematischer Form dargestellt; dabei sind auch die parallelen Vorgänge der Sippendifferenzierung berücksichtigt.

Im einzelnen illustriert Abb. 4.1.8 Arealerweiterung (A), Aussterben von Populationen und Schrumpfung zum disjunkten (B) oder reliktär-paläoendemischen Areal (C); allopatrische Differenzierung einer Abstammungsgemeinschaft zu (drei) vikariierenden Sippen (D); Pseudovikariismus zweier nicht nächstverwandter, aber doch ökologisch bzw. geographisch stellvertretender Sipper (E); Formenkreis mit Mannigfaltigkeitszentrum (Z), Reliktendemiten (R) und Neoendemiten (A) (F). Das Schema verdeutlicht, daß zwischen dem Alter einer Sippe, ihrer Formenmannigfaltigkeit und ihrer Arealgröße keine unmittelbaren Zusammenhänge bestehen.

Die besprochenen Phasen der Arealgestaltung zeigen etwa *Trifolium repens* (Abb. 3.1.34): A, *Pinus nigra* (Abb. 3.1.37): B, *Ginkgo biloba* (Abb. 4.1.9): C, *Erysimum* sect. *Cheiranthus* (Abb. 3.1.36, die Produkte der allopatrischen Sippenbildung als sog. Schizoendemiten verschiedener Bereiche der Ägäis): D, *Gentiana clusii* und *G. acaulis* s. str. (= *G. kochiana*) (S. 845): E und *Carlina* (Abb. 4.1.10): F.

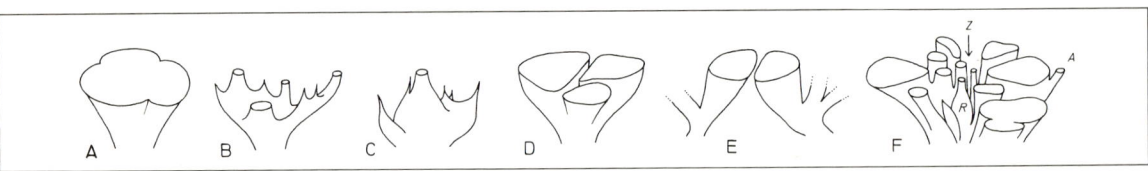

Abb. 4.1.8: Aspekte der raum-zeitlichen Arealgestaltung, schematisch; Verbreitung horizontal, Zeit von unten nach oben, gegenwärtiger Zustand als Schnittebene, ausgestorbene Populationen enden unterhalb dieser Gegenwartsebene. Weitere Erklärungen im Text. (Orig.)

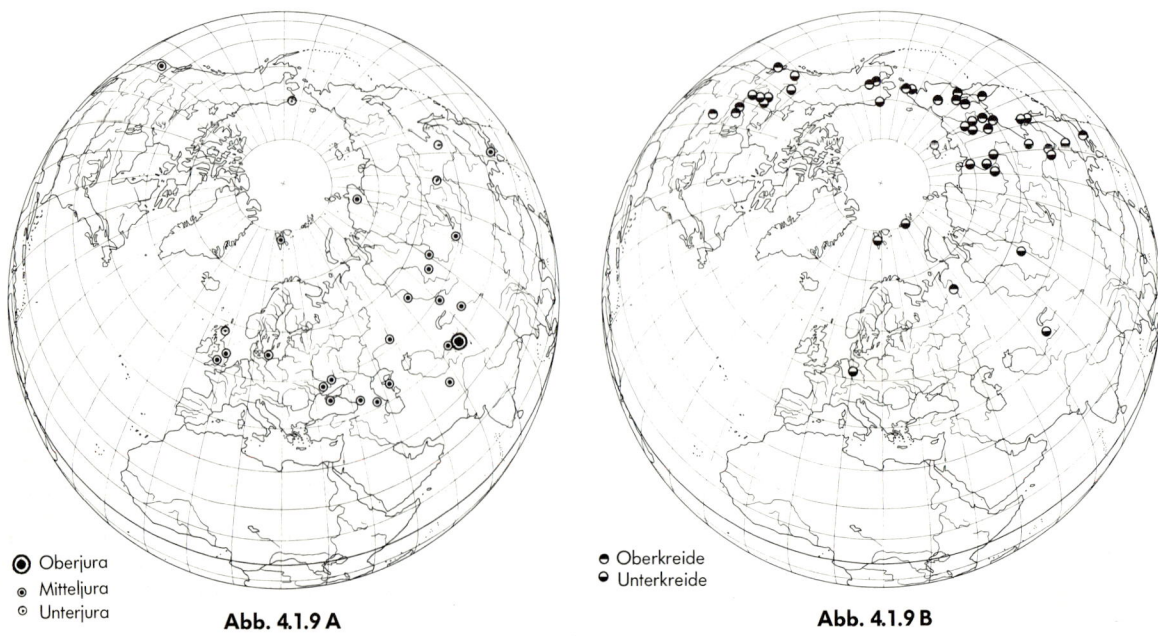

◉ Oberjura
⊙ Mitteljura
◌ Unterjura

Abb. 4.1.9 A

● Oberkreide
○ Unterkreide

Abb. 4.1.9 B

Besonders gut ist die fossile Dokumentation der raum-zeitlichen Entfaltung für *Ginkgo*: Abb. 4.1.9 illustriert die Entfaltung dieser Gattung von einer zentralasiatischen Sippe des Unterjura bis zu beachtlicher Formenfülle und ausgedehntem nordhemisphärischem Arealmaximum (bis Spitzbergen und Alaska!) in der Kreide und im Alttertiär, ihr Aussterben zuerst in Nordamerika und dann in Europa im Jungtertiär sowie ihr Schrumpfen bis zum heutigen Reliktareal: Die einzige überlebende Art ist bekanntlich *Ginkgo biloba*, die als «lebendes Fossil» nur noch wenige naturnahe Fundorte in China besiedelt.

Sippen mit gleichem Ursprungsgebiet kann man zum gleichen Genoelement zählen, solche mit gleicher Entstehungs- bzw. Einwanderungszeit können zu einem Chrono- oder Migroelement zusammengefaßt werden.

Sowohl die Stengellosen Enziane (*Gentiana acaulis* s. lat.), als auch das Edelweiß *(Leontopodium alpinum)* gehören dem alpinen, genauer dem mitteleuropäischen Gebirgs-Geoelement an. Während aber *Gentiana acaulis* s. lat. in diesem Raum bodenständig (autochthon) ist und zum spättertiären Grundstock der Alpenflora zählt, ist *Leontopodium alpinum* im Alpenraum ein eiszeitlicher Einwanderer, der aus einem in Zentralasien entfalteten Formenkreis stammt. Die beiden Sippen gehören daher verschiedenen Geno-, Chrono- bzw. Migroelementen an.

Ausbreitungs- oder Schrumpfungsphasen, Wanderwege, Alter und Entstehungsräume der Pflanzensippen sind aus der heutigen Verbreitung oft nicht mehr mit Sicherheit abzulesen. Auch wenn Fossilfunde fehlen, können verschiedene biosystematische Methoden jedoch wichtige Hinweise dazu geben.

Nicht selten laufen morphologische oder biochemische Merkmalsprogressionen (ursprünglich → abgeleitet; vgl. S. 522) mit der Ausbreitung der betreffenden Sippe vom Entstehungsraum parallel, z.B. bei der Entwicklung der überwiegend tropisch-holzigen *Caesalpiniaceae* zu den fortschreitend temperat-krautigen *Fabaceae*. Besonders klar liegen diese Verhältnisse bei den Wetterdisteln der Gattung *Carlina* (*Asteraceae*;

Abb. 4.1.10): Hier geht die Entwicklung von immergrünen kleinköpfigen Kandelabersträuchern (z.B. *C. salicifolia*, subg. *Carlowizia*, Lorbeerwald-Stufe der makaronesischen Inseln: 1) zu vieljährigen Stauden mit stark verholzter Sproßbasis im Mittelmeerraum (z.B. *C. corymbosa* agg.: 2) und weiter entweder zu mediterranen Einjährigen (z.B. *C. racemosa*) oder zu kurzlebigen und nur einmal blühenden Rosettenpflanzen (*C. vulgaris* agg.: 3) bzw. zu großköpfigen und schließlich stengellosen Stauden (*C. acaulis*: 3 und *C. acanthifolia*), die bis ins temperate westliche Eurasien ausstrahlen. Sehr oft wird die Ausbreitung einer Verwandtschaftsgruppe auch durch gleichgerichtete Veränderungen der Chromosomenzahlen angedeutet, etwa durch Dysploidiereihen (z.B. bei *Myosotis, Chaenactis, Haplopappus*: S. 497) oder durch die Entwicklung von Diploiden zu Polyploiden (z.B. *Asplenium, Biscutella, Galium, Achillea, Aegilops*: S. 513–516, Abb. 3.1.45, 3.1.46). Ähnlichen Zeigerwert haben auch gewisse, fast immer in einer bestimmten Richtung ablaufende Progressionen der Fortpflanzungsbiologie: Allogamie → Autogamie (z.B. *Amsinckia*: Abb. 3.1.26, *Viola, Galium*: S. 502), bzw. Sexualität → Apomixis (z.B. einige Farne, *Dentaria, Rubus, Potentilla, Taraxacum*: S. 502 f., 516).

D. Arealgestalt und heutige Standortfaktoren

Arealgrenzen sind nicht nur historisch oder physisch (z.B. durch die Anordnung von Land und Meer) bedingt, sie haben offenkundig vielfach ökologische Ursachen und stehen dann mit den heutigen Klima- und Bodenbedingungen (S. 868 ff.) und der öko-physiologischen Konstitution der Pflanzensippen in Zusammenhang. Grundsätzlich erscheint eine solche Annahme durch die Tatsache bestätigt, daß sich die Mehrzahl der Areale temperaturbedingten Florenzonen (bzw. Höhenstufen) und nach der Ozeanität differenzierten Sektoren zuordnen läßt. Auch die gestaffelten Ostgrenzen von Rotbuche und Stiel-Eiche sind offenkundig klimatisch bedingt (Abb. 3.2.227, S. 832). Man hat daher vielfach versucht, Arealgrenzen mit bestimmten Klimalinien in Deckung zu bringen und letztere dann als

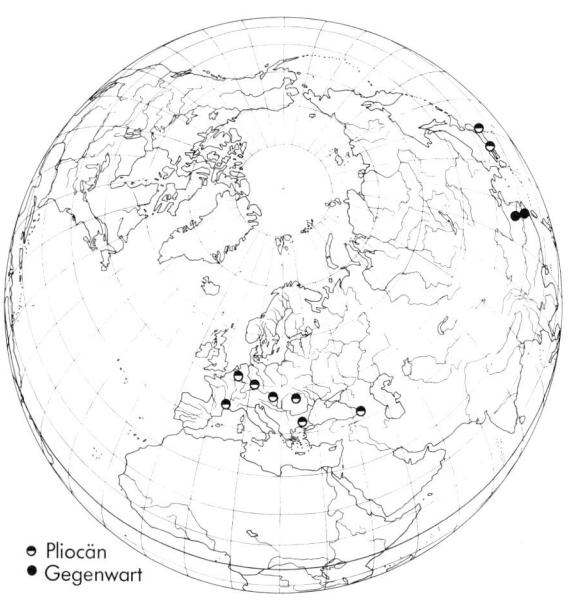

○ Pliocän
● Gegenwart

Abb. 4.1.9 C

Abb. 4.1.9: Die Ausbreitung der Gattung *Ginkgo* über die N-Hemisphäre nach Fossilfunden vom Unterjura bis zur Oberkreide und ihre Arealschrumpfung bis zum Jungtertiär (Pliocän) und zur Gegenwart. Den Karten sind die heutigen Oberflächenverhältnisse der Erdoberfläche zugrunde gelegt. Die Veränderungen seit dem Jura (etwa 200 Mio. Jahre) haben die Wanderwege auf der Nordhemisphäre nicht grundlegend beeinflußt. (Nach Tralau, etwas verändert.)

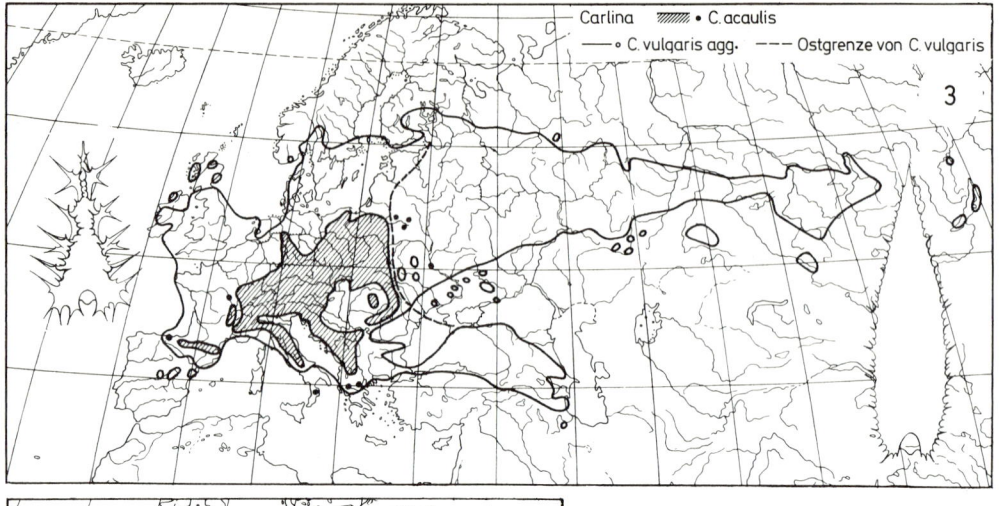
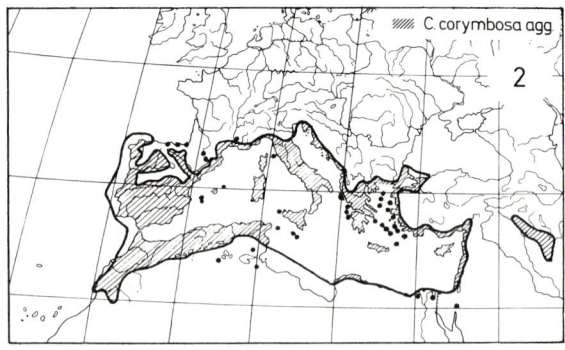
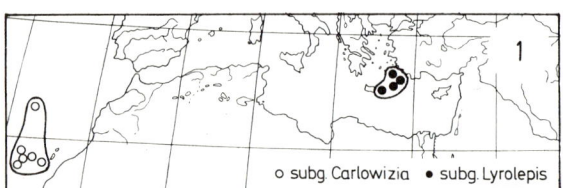

Abb. 4.1.10: Arealbildung und stammesgeschichtliche Differenzierung der Wuchsformen bei der Gattung *Carlina* (Wetterdisteln, *Asteraceae*); die kanarischen bzw. ostmediterranen Sippen aus subg. *Carlowizia* und subg. *Lyrolepis* (1) reliktär und relativ ursprünglich, die anderen (2, 3) circummediterran bzw. mediterran/montan-mitteleuropäisch, expansiv und fortschreitend abgeleitet; allopatrische Differenzierung von *C. vulgaris* agg.: obere Stengelblätter von *C. vulgaris* im Westen und von *C. biebersteinii* im Osten. Weitere Erläuterungen im Text, S. 843. (Areale Jäger, Kästner & Meusel, Orig.; Wuchsformen Mörchen & Kästner, Orig.)

Grenzfaktoren anzusprechen (vgl. Abb. 4.1.11). Angesichts der komplexen Natur von Klima- und Bodenfaktoren sowie ihrer Verflechtung mit Konkurrenzphänomenen (S. 883ff.) bleiben derartige Versuche jedoch problematisch.

Bei der atlantischen Stechpalme (*Ilex aquifolium*, Abb. 4.1.11; verwandte Sippen nicht nur im westlichen, sondern auch im östlichen Eurasien, Brückensippen im Himalaya) sind Süd- und Ostgrenze zwar sicher durch die zunehmende Sommertrockenheit bzw. Härte der Winter (Kontinentalität!) bedingt, aber nicht direkt durch die angegebene Klimalinie. Entscheidend sind offenkundig extreme Tieftemperaturen (weniger als −15° C), die drastische Frostschäden und dadurch Konkurrenzunterlegenheit bedingen. Der Extremwinter 1928/29 hat das *Ilex*-Areal merklich eingeengt. Während also für Holzpflanzen das Makroklima bedeutungsvoll ist, dürften für viele Krautige – z.B. im Wald-Unterwuchs – die mikroklimatischen Grenzfaktoren wichtiger sein (S. 875).

Das Areal vieler Arten erstreckt sich über einen makroklimatisch beachtlich verschiedenartigen Bereich, etwa im Hinblick auf Temperatur und Niederschläge (vgl. z.B. Wald-Kiefer von S-Spanien bis Lappland, Rotbuche von Sizilien bis S-Skandinavien, Abb. 3.2.177, 3.2.227). Dies wird ermöglicht einerseits durch ökologische Kompensation (bei Arealerweiterung von S nach N z.B. durch Wechsel von oberen zu unteren Höhenstufen: Abb. 4.5.1, oder von kühleren zu wärmeren Standorten), andererseits durch die Ausbildung verschiedener Ökotypen (Abb. 3.1.35B).

Fagus sylvatica ist in ihrem Arealzentrum von der Hügel- bis in die obere Bergstufe verbreitet, im Süden aber auf die Höhenstufe der kühleren Bergwälder und an ihrer Nordgrenze auf nährstoffreiche und relativ warme Böden des Tieflandes beschränkt. Gebirgspflanzen, z.B. die Polster-Segge (*Carex firma*) oder die Leg-Föhre (*Pinus mugo*), können sich in Felsschluchten mit kühl-feuchtem Lokalklima oft auch noch in tieferen Lagen halten.

Augenscheinlicher ist der Zusammenhang zwischen Areal- und heutigen Umweltbedingungen bei Sippen mit fester Bindung an bestimmte Bodentypen. Bodenstete Salz-, Sand-, Kalk- und Kieselpflanzen sind seit langem bekannt (vgl. dazu auch S. 349, 881).

Als Beispiel sei hier auf Salzpflanzen (z.B. *Salicornia europaea* agg., *Glaux maritima* und *Aster tripolium*) und Sandpflanzen (z.B. *Salsola kali* und das Silbergras *Corynephorus canescens*) der Küsten und des Binnenlandes verwiesen. Auf Serpentinfelsen beschränkt sind z.B. einige Farne, wie *Asplenium adulterinum*. In den Alpen vertreten einander auf Kalk bzw. Silicat-

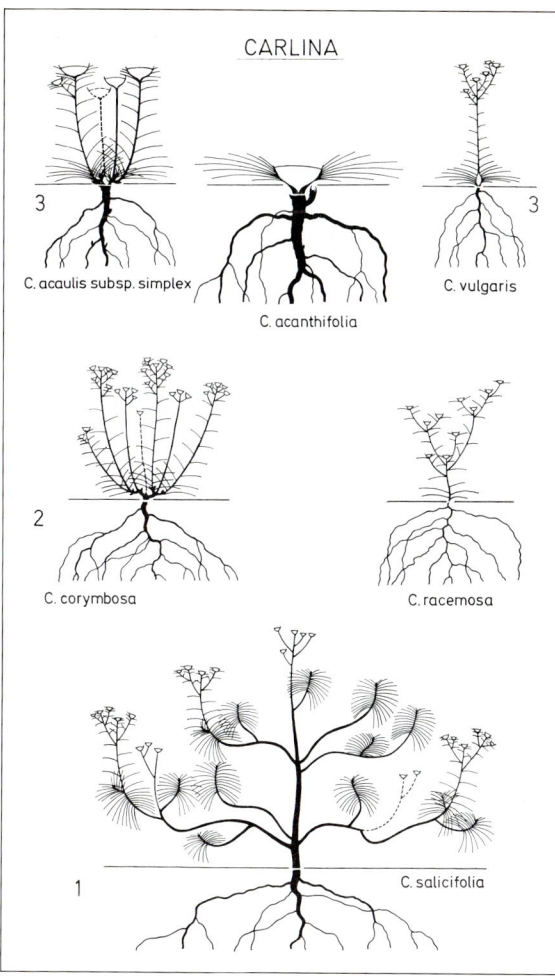

gestein die nahe, aber nicht nächst verwandten (also pseudovikariierenden: Abb. 4.1.8) Sippenpaare *Rhododendron hirsutum* und *Rh. ferrugineum* (Abb. 4.3.20) sowie *Gentiana clusii* und *G. acaulis* s. str. (= *G. kochiana*).

Meist spielt dabei die Bodenreaktion eine entscheidende Rolle (vgl. S. 340, 881). Unter den Ackerunkräutern weist etwa der Hederich, *Raphanus raphanistrum*, auf eine mehr oder weniger saure, der Acker-Senf, *Sinapis arvensis*, dagegen auf eine basische oder nur schwach saure Bodenreaktion. Die Bodenstetigkeit ändert sich übrigens mit den allgemeinen klimatischen Verhältnissen: Manche Arten, die in wärmeren und trockeneren Gebieten auf verschiedenen Böden gedeihen, werden in einem kühlen und niederschlagsreichen Klima zu Kalkpflanzen; hier stellt sich nämlich eine neutrale oder basische Bodenreaktion nur noch auf Kalkböden ein.

Vielfach erlaubt also die lokale Verbreitung und Standortsbindung einer Sippe Rückschlüsse auf ihre Gesamtverbreitung und umgekehrt; beiden liegt als «gemeinsamer Nenner» die öko-physiologische Reaktionsnorm der Sippe zugrunde. Daher können bei entsprechend kritischer Beurteilung Verbreitungskarten auch als Zeiger für bestimmte Standortfaktoren verwendet werden.

E. Floristische Gliederung der Biosphäre

Arealgrenzen sind nicht gleichmäßig über die Erde verteilt, sondern finden sich in bestimmten Gebieten nur vereinzelt, in anderen dagegen geradezu «gebündelt». Dem entspricht, daß zwischen Gebieten mit homogener Flora und charakteristischem Artenbestand (z.B. A und B) Grenzgebiete mit starkem «Florengefälle» und heterogenem Artenbestand (A ⇌ B) liegen. Zwei

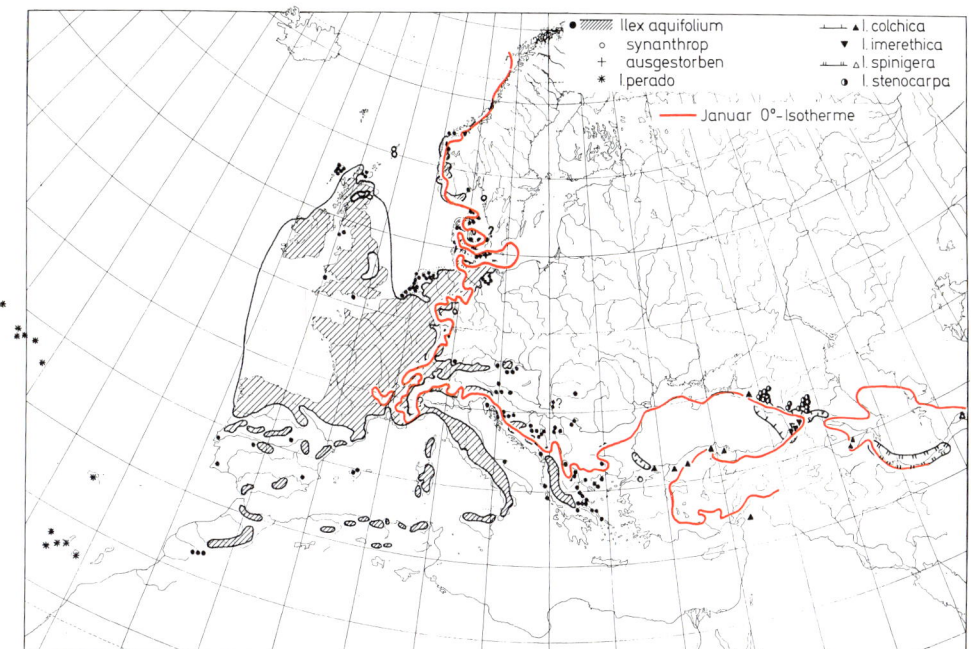

Abb. 4.1.11: Verbreitung der Stechpalme *(Ilex aquifolium)* und nahe verwandter Arten im westlichen Eurasien. Als Vergleich dazu die Januar 0°-Isotherme. (Orig. Meusel, Rauschert & Weinert; Klimalinie nach UNESCO Climatic Atlas of Europe, 1970.)

Florengebiete kann man hinsichtlich der gemeinsamen bzw. verschiedenen und der jeweils endemischen Pflanzensippen vergleichen und den Unterschied als «Florenkontrast» quantifizieren.

Im allgemeinen nimmt die Artenzahl und damit die organismische Mannigfaltigkeit pro Flächeneinheit zu, wenn man von den Polen zum Äquator, von standörtlich einheitlichen zu stark differenzierten Räumen und von Gebieten mit ungünstigen zu solchen mit optimalen Klima- und Bodenbedingungen fortschreitet. Dementsprechend haben z.B. tropische Gebirgsländer, wie etwa Venezuela oder Neuguinea, die an Gefäßpflanzen artenreichsten (etwa 20 000 bis 30 000) und floristisch am stärksten differenzierten Floren. Relativ artenarm (etwa 1000–3000) und über große Räume hinweg floristisch ziemlich einheitlich sind dagegen die boreale Florenzone der Nordhemisphäre oder die saharo-sindische Florenregion Afrikas und SW-Asiens (Abb. 4.1.12). Während in der riesigen borealen Florenzone keine Familie und kaum eine Gattung der Angiospermen endemisch ist, sind auf den sehr engräumigen, vom übrigen afrikanischen Kontinent durch einen erdgeschichtlich alten Wüstengürtel (Ausbreitungsbarriere!) getrennten, kapländischen Florenreich nicht weniger als 5 Familien und über 200 Gattungen beschränkt. Die Grenzzonen zwischen den Florengebieten mit ihrem ± starken «Florengefälle» fallen also meist mit wirksamen Ausbreitungsschranken der Vergangenheit bis Gegenwart oder mit Zonen von entscheidendem Klimawechsel zusammen.

Auf floristischer und arealkundlicher Grundlage läßt sich demnach eine räumliche Gliederung der Biosphäre erstellen. Umfassendste Einheit dieser Florengebiete ist das «**Florenreich**». Im allgemeinen unterscheidet man 6 Florenreiche der Landflora: die Holarktis der Nordhemisphäre mit der arktischen, borealen, temperaten, submeridionalen und meridionalen Florenzone, die Neo- und Paläotropis der Neuen und Alten Welt im Bereich der boreosubtropischen, tropischen und austro-subtropischen Florenzonen, sowie auf der Südhemisphäre und im Bereich der südlichen Florenzonen die kapländische Capensis, die sich weitgehend mit Australien deckende Australis und schließlich die noch auf das südlichste Südamerika übergreifende Antarktis. Diesen Einheiten kann zuletzt das ozeanische Florenreich der Weltmeere gegenübergestellt werden.

Die besprochenen Florenreiche bilden die Grundlage für die auf S. 914ff. folgende Besprechung der Floren- und Vegetationsgebiete der Erde. Florenreiche können noch weiter in hierarchisch untergeordnete Florenregionen, -provinzen, -bezirke und -distrikte gegliedert werden. Als Beispiel sei auf Abb. 4.1.12 mit den wichtigsten Florengebieten im westlichen Eurasien und anschließenden Nordafrika verwiesen (vgl. S. 915ff.). Dieses Kärtchen illustriert auch die Hauptverbreitungsgebiete der nach Mitteleuropa einstrahlenden Geoelemente.

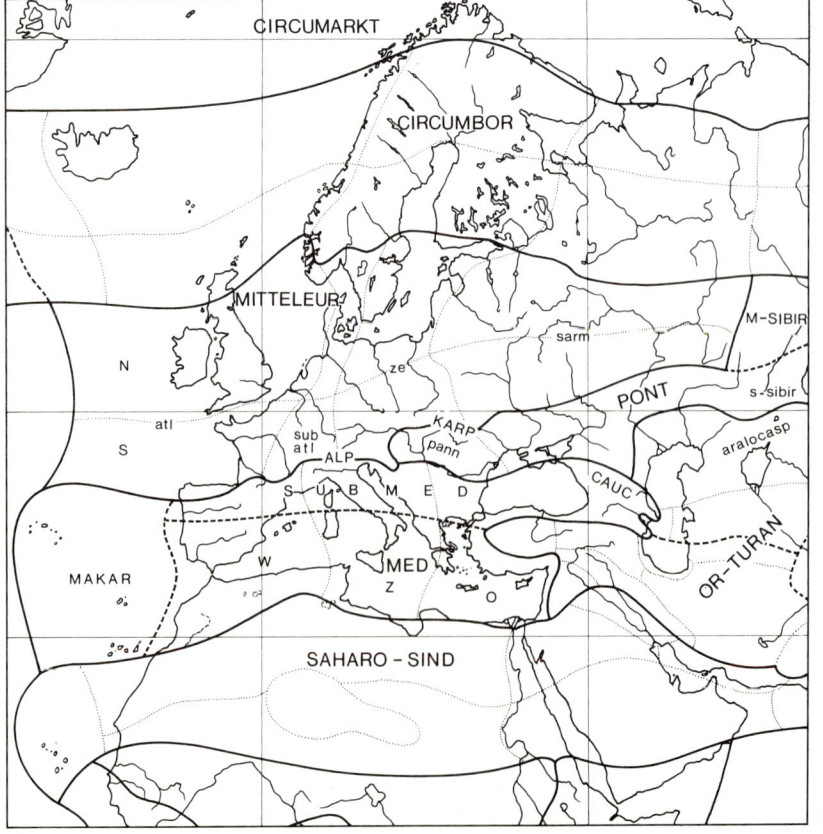

Abb. 4.1.12: Florengebiet im westlichen Eurasien und angrenzenden Nordafrika. — Regionen, --- Unterregionen, ... sonstige Grenzlinien (Provinzen etc.): circumarktisch, circumboreal, mitteleuropäisch (mit atlantisch, subatlantisch, zentraleuropäisch, sarmatisch; alpisch, karpatisch), pontisch-südsibirisch (mit pannonisch, mittelsibirisch etc.), makaronesisch-mediterran (mit submediterran, caucasisch etc.), orientalisch-turanisch (mit aralocaspisch etc.), saharo-sindisch. N nord-, S süd-, O ost-, W west-, Z zentral-. (Nach Meusel, Jäger & Weinert, verändert.)

Zweiter Abschnitt
Vegetationskunde

Schon in vorwissenschaftlicher Zeit hat das regelmäßig wiederkehrende Auftreten bestimmter Pflanzengemeinschaften innerhalb der Biosphäre zu Begriffsbildungen wie Laub- und Nadelwald, Wiese, Röhricht oder Moor geführt. Analysiert man einzelne, örtlich begrenzte Bestände solcher Pflanzengemeinschaften, dann findet man immer wieder ein Zusammenleben von Individuen und Populationen ganz bestimmter charakteristischer Sippen. Es ist also augenscheinlich, daß es sich hier nicht um ein zufälliges Nebeneinander am gleichen Ort, sondern um eine ganz bestimmte, standortbedingte Auslese aus dem verfügbaren Florenbestand handelt. Die qualitative und quantitative Zusammensetzung eines Bestandes spiegelt dabei oft in erstaunlich feiner Weise die jeweiligen Umweltbedingungen wider.

Wenn wir den Aufbau und die Veränderung von Pflanzengemeinschaften verstehen wollen, müssen wir zuerst die Populationen der beteiligten Sippen analysieren. In ihrer Größe, Altersstruktur, Fortpflanzung und Verjüngung spiegeln sich nämlich die Wirkungen der Umweltfaktoren und der biotischen Konkurrenz am unmittelbarsten (vgl. S. 503 ff., 883 ff.).

Der beispielhafte Vergleich eines artenarmen, im Sommer kühlen und schattigen Rotbuchenwaldes mit einer angrenzenden artenreichen, sonnig-warmen Mähwiese verdeutlicht, wie stark sich Pflanzengemeinschaften hinsichtlich ihrer Struktur unterscheiden können. Dieses charakteristische räumliche und zeitliche Ordnungsgefüge gilt es aufzuklären. Erst dann kann nämlich das zugrundeliegende Wirkungsgefüge sichtbar werden, das die Individuen einer Biocoenose mit ihrer Umwelt und untereinander verbindet (vgl. Abschnitt Standort und Ökosystem, S. 867 ff.).

Pflanzengemeinschaften sind also gesetzmäßig von ihrer Umwelt abhängige und konkurrenzbedingte Kombinationen von Pflanzensippen. Ihre Entstehung und Veränderung läßt sich am besten an der allmählichen Besiedelung von Ödland verfolgen: In temperaten Breiten entwickeln sich dabei zuerst einjährige Pionierpflanzen, sie werden durch mehrjährige Stauden und Gräser verdrängt, die ihrerseits raschwüchsigen, aber kurzlebigen und lichtbedürftigen Holzpflanzen Platz machen müssen; zuletzt aber behaupten sich langlebige, auch in ihrem eigenen Schatten verjüngungsfähige Laub- und Nadelhölzer. Eine derartig gesetzmäßige Entwicklung und Abfolge von Pflanzengemeinschaften am gleichen Ort bezeichnet man als Sukzession (S. 856 ff.): Aus einem lockeren Artengemisch wird zwar keine «organische Ganzheit», aber allmählich doch eine biocoenotische Gemeinschaft mit komplexem Ordnungs- und Wirkungsgefüge.

Die Biosphäre stellt zwar ein Kontinuum dar, vielfach heben sich benachbarte Pflanzengemeinschaften aber doch an gut erkennbaren Grenzzonen voneinander ab (z.B. an Kontaktzonen von Grünland und Wäldern oder am Rande von Gewässern: Abb. 4.0.1, 4.2.19). Solche konkret gegebenen Pflanzenbestände bzw. Pflanzengemeinschaften sucht die Vegetationskunde durch Vergleich und Abstraktion zu typisieren und zu gruppieren. Während aber alle Einzelorganismen in der Vergangenheit durch das Keimbahnsystem auch überindividuell konkret und hierarchisch verknüpft erscheinen (S. 473 ff.), mangelt den Pflanzen- (bzw. Lebens-)gemeinschaften als solchen ein derartiges inhärentes Ordnungsprinzip. Daher bieten sich hier – je nach Bedarf – verschiedene Möglichkeiten an, um abstrakte Vegetationstypen verschiedener Rangstufe zu erarbeiten. So lassen sich etwa auf der Grundlage des Artenbestandes Pflanzengesellschaften, nach der Physiognomie Pflanzenformationen, nach der räumlichen Beziehung Vegetationskomplexe oder nach der Vegetationsentwicklung Sukzessionsreihen herstellen (S. 859 ff.).

A. Populationen und ihre Dynamik

Alle Lebens- und Pflanzengemeinschaften bauen sich letztlich aus den Individuen und Populationen verschiedener Sippen auf. Daher besteht ein unmittelbarer Zusammenhang zwischen dem Wesen und der Dynamik der Populationen und der von ihnen getragenen Biocoenosen.

Die **Populationsanalyse** (Demographie) befaßt sich vor allem mit der Altersstruktur, also mit dem jeweiligen prozentuellen Anteil der Altersklassen in den Populationen von Geburt bis Tod. Bei Samenpflanzen (Abb. 4.2.1) werden im Rahmen solcher Erhebungen etwa Keimungs- und Jugendphase (Verjüngung), Beginn und Dauer der Fortpflanzungsphase, Samenproduktion, Durchschnittsalter und Absterbephase interessieren. Die Stabilität einer Population (und Biocoenose!) im Sinne eines «Fließgleichgewichts» (S. 250 ff.) wird nur dann gewährleistet sein, wenn Verjüngungs- und Absterberate einander die Waage halten. Überwiegt die Verjüngungsrate, so wächst die Populationsgröße bzw. -dichte, im umgekehrten Fall tendiert die Population zum Aussterben. In Abhängigkeit von biologischer Konstitution und ökologischer Position können Populationsstruktur und -dynamik bei verschiedenen Sippen durchaus verschieden sein.

Ein wichtiges Potential für jede Population von Samenpflanzen bilden die im Boden geborgenen Samen. Allerdings nimmt ihre Keimfähigkeit mit fortschreitendem Alter laufend ab und ist nach 10 Jahren meist völlig erloschen. Besonders bei annuellen Pionierpflanzen können Samen aber auch noch

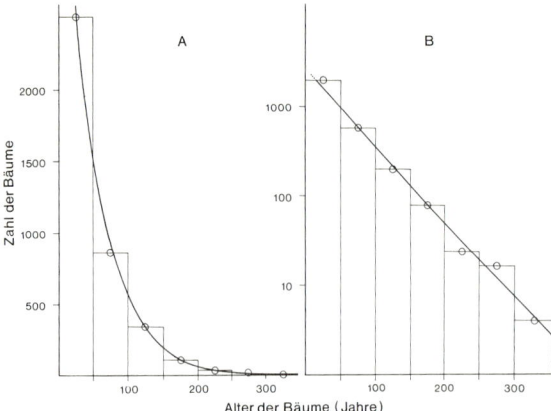

Abb. 4.2.1: Altersklassen (von 50 zu 50 Jahren) und Populationskurve der Weiß-Eiche *(Quercus alba)* aus 74 ha eines stabilen Eichen-Hickory-Mischwaldes im östlichen Nordamerika; Jungpflanzen wurden nicht berücksichtigt; **A** Individuenzahlen linear, **B** logarithmisch. (Nach Miller aus Whittaker.)

nach 100 (und in Extremfällen nach ca. 1600) Jahren keimen (vgl. S. 431). Annuelle beginnen oft schon wenige Wochen nach der Keimung zu blühen und zu fruchten. Bei vielen Stauden setzt die Fortpflanzung im zweiten bis fünften Jahr ein; sie leben kaum länger als 50 Jahre. Bäume haben meist eine Jugendphase von 10–30 Jahren und erreichen im allgemeinen ein Höchstalter von 50–500 Jahren (vgl. aber S. 431). Die Samenproduktion erreicht mit zunehmendem Alter einen Höhepunkt (bei Eichen etwa mit 40–100 Jahren) und nimmt dann allmählich wieder ab. Vielfach lassen sich auch von Jahr zu Jahr starke Schwankungen feststellen (vgl. dazu etwa das alle 6–7 Jahre wiederkehrende Massenfruchten der Rotbuche: «Mastjahre»). Eichen produzieren auch in guten Jahren kaum mehr als 2000 Samen, bei Birken und vielen Coniferen können es aber 50 000–300 000 sein, und beim krautigen Fingerhut *(Digitalis purpurea)* wurden Spitzenwerte von über 500 000 Samen pro Pflanze und Jahr gefunden.

Pflanzen sind im Gegensatz zu Tieren «offene Systeme» (S. 8). Größe des Individuums und damit Fortpflanzungspotential schwanken daher bei Pflanzen in viel weiteren Grenzen als bei Tieren und können bei jahrzehntelangem Wachstum stark ansteigen. Dies ist bei der botanischen Demographie ebenso zu berücksichtigen wie die verschiedenen Möglichkeiten der Pflanzen zur vegetativen Vermehrung und Fortpflanzung (S. 476f.).

Nach einer Phase hoher Keimlingsterblichkeit stabilisiert sich die Absterberate bei den meisten Pflanzen. Bei der Weiß-Eiche *(Quercus alba,* östl. Nordamerika; Abb. 4.2.1) finden wir z.B. in einem Koordinatenfeld mit linearen Altersklassen und logarithmischer Individuenzahl eine gerade Populationskurve (Abb. 4.2.1B); hier ist die Wahrscheinlichkeit etwa gleich groß, daß ein 30- oder daß ein 100jähriger Baum abstirbt. Bei vielen Annuellen bedingt starke Konkurrenz eine besonders hohe Ausfallquote in der Jugendphase; das drückt sich in konkaven Populationskurven aus. Bei Bodenorchideen (z.B. *Orchis* und *Dactylorhiza*) mit eng begrenztem Höchstalter hat man auch konvexe Populationskurven festgestellt (wie bei höheren Tieren und beim Menschen).

Die **Verjüngung** ist bei den dominanten Holzpflanzen stabiler Klimaxwälder (vgl. S. 857) vielfach kontinuierlich. Bei Populationen von *Quercus alba* (Abb. 4.2.1) fallen z.B. alle 50 Jahre 34% der Individuen einer Altersklasse aus und werden durch Individuen der nächst jüngeren Altersklasse ersetzt.

Andere Holzarten zeigen eine periodische Verjüngung. Birken *(Betula pendula)* wachsen auf Schlägen oder Brandflächen vielfach schubweise und mit vielen Individuen einer Altersklasse auf; nach 30–60 Jahren machen sie dann anderen Laubhölzern Platz. Bei vielen Ruderalpflanzen [z.B. bei der einjährigen *Conyza* (= *Erigeron*) *canadensis* mit sehr zahlreichen Flugfrüchten] ist das Auftreten nomadisch und der Populationsaufbau explosionsartig. Unregelmäßig fluktuierende Populationen finden wir z.B. bei Gräsern: Das Mengenverhältnis von Trespe *(Bromus erectus)* und Glatthafer *(Arrhenatherum elatius)* schwankt in mitteleuropäischen Mähwiesen je nach Niederschlägen und Düngung aufgrund unterschiedlicher vegetativer und samenbedingter Reproduktion von Jahr zu Jahr erheblich (vgl. Abb. 4.3.23).

Bei unbeschränkter Vermehrung ist das **Populationswachstum exponentiell**, d.h. die Größe der Population nimmt mit konstanter Verdopplungszeit zu. Dadurch würden bei Mikroorganismen mit sehr kurzer Generationsdauer (S. 475) in wenigen Tagen, aber auch bei Bäumen mit jahrzehntelanger Generationsdauer innerhalb von etlichen 100 Jahren Populationen vom Volumen unseres gesamten Erdballs entstehen. Da aber das exponentielle Anfangswachstum jeder Population früher oder später durch die Umwelt begrenzt wird, finden wir tatsächlich meist **sigmoide Wachstumskurven**, die sich schließlich an einer Kapazitätsgrenze eines Standorts einpendeln (Abb. 4.2.2).

Der Differenzbereich zwischen der (theoretischen) exponentiellen und der (tatsächlichen) sigmoiden Wachstumskurve (Abb. 4.2.2B) verdeutlicht den allmählich verstärkten Umwelt-«Widerstand» gegenüber der laufenden Zunahme von Populationsgröße bzw. **Populationsdichte**. Die schließlich erreichte Wachstums- bzw. Kapazitätsgrenze hängt von einer Vielzahl von abiotischen und biotischen Faktoren ab (vgl. S. 867ff.).

Handelt es sich bei der dargestellten Hefe-Population besonders um die begrenzte Sustratzufuhr, so fallen bei den S. 884 besprochenen experimentellen Mischpopulationen (Abb. 3.1.28B, 4.3.23) besonders die Konkurrenz- bzw. Kooperationsbeziehungen ins Auge. Wenn sich diese Kontrollfaktoren verändern, dann verändert sich natürlich die Kapazitätsgrenze und damit die Größe bzw. Dichte der Populationen. Besonders auffällig sind in dieser Hinsicht die jahreszeitlich bedingten Populationsschwankungen von ein- oder mehrjährigen Pflanzen in den winterkalten Zonen. Vielfach wirken sich die kontrollierenden Umweltverhältnisse erst verspätet auf das Populationswachstum aus. Daher kommt es nicht selten auch über die Kapazitätsgrenze hinaus zu einem Zuwachs, dem dann notwendigerweise eine verstärkte Reduktion folgt (Abb. 4.2.2B).

Wenn die Dichte einer Population ansteigt, dann verstärkt sich die Konkurrenz zwischen ihren Individuen. Dabei kommt es bei höheren Pflanzen und im Vergleich zu locker aufgewachsenen Individuen vielfach zu Spindelwuchs, verringertem Trockengewicht und reduziertem Samenansatz.

Ein Versuch mit unterschiedlich dicht aufgezogenen Maispflanzen (Abb. 4.2.3) zeigt, daß dieses Manko bei der Gesamtproduktion im vegetativen Bereich zwar durch große Individuenzahl lange kompensiert wird, daß bei der Samenproduktion aber auch insgesamt bald ein Abfall eintritt. Die Optimalbedingungen für vegetative und reproduktive Ent-

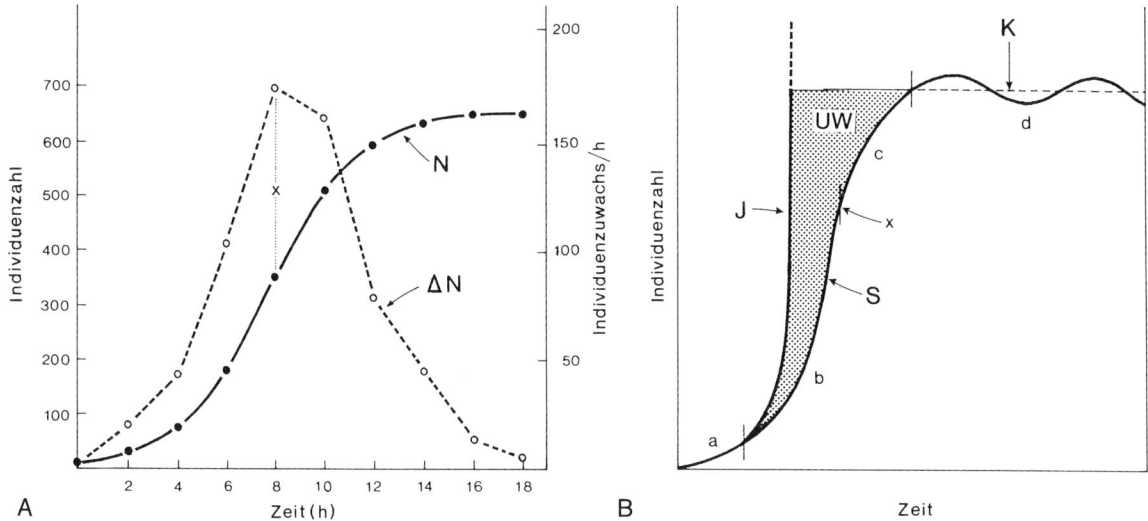

Abb. 4.2.2: A Das tatsächliche Wachstum (Individuenzahl : N) und die Wachstumsrate (Zunahme der Individuenzahl pro Stunde: ΔN) bei einer Laborpopulation von Hefe *(Saccharomyces cerevisiae)* im Verlauf von 18 Stunden. × kennzeichnet den Wendepunkt zwischen Beschleunigung und Verlangsamung des Populationswachstums. (Nach Daten von Carlson & Pearl aus Kormondy.) **B** Schema für das theoretische, exponentielle (J) und für das tatsächliche sigmoide (S) Wachstum einer Population: Die Differenz (Raster) verdeutlicht den Umwelt-«Widerstand» (UW). Es lassen sich Phasen der linearen (a) und der logarithmischen (b) Beschleunigung, der Verlangsamung (c) und des Einpendelns (d) an der Kapazitätsgrenze (K) sowie ein Wendepunkt (×) erkennen. (Nach Rodgers & Kerstetter).

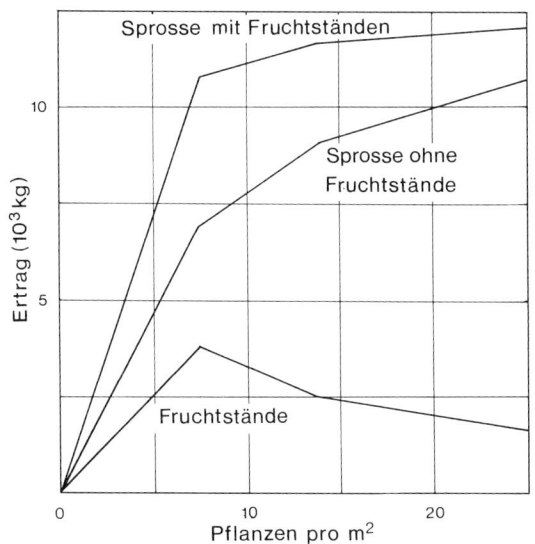

Abb. 4.2.3: Zunehmende Populationsdichte beim Mais *(Zea mays)*: Für die Samenproduktion sind 7–8 Pflanzen/m² optimal, für die vegetative Produktion über 25/m². (Nach Harper.)

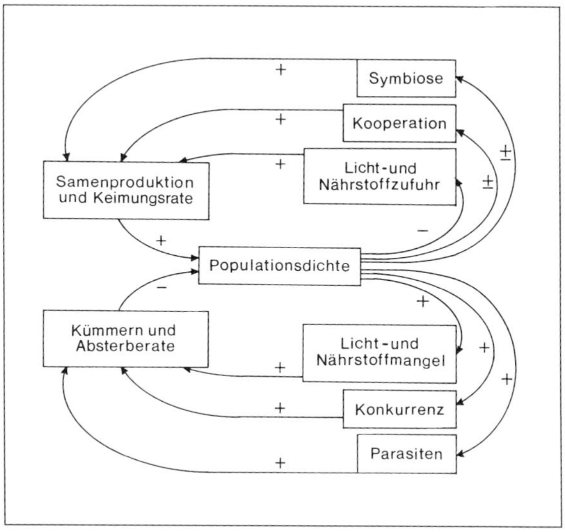

Abb. 4.2.4: Schema einiger möglicher Wirkungskreisläufe, die über Samenproduktion und Keimungsrate bzw. über Kümmern und Absterberate die Vermehrung und Dichte einer Pflanzenpopulation regeln. Kausalbeziehungen positiv (+), negativ (−) oder unterschiedlich (±); zumeist negative Rückkopplungen. (Original, nach Anregungen von Jacobs.)

wicklung liegen also hier (und auch sonst vielfach) weit auseinander!

Gewisse abiotische und biotische Umweltfaktoren (z.B. Licht, Parasitismus bzw. Kooperation) sind also mit der Populationsdichte negativ korreliert: Bei zunehmender Dichte bewirken sie eine Erhöhung der Absterberate, bei abnehmender Dichte aber die Erhöhung der Reproduktions- bzw. Verjüngungsrate (Abb. 4.2.4). Damit liegt ein Regelkreis (Abb. 2.1.69) mit negativer Rückkoppelung vor, der bei starker Reduktion der Populationsgröße bzw. -dichte einen Zuwachs, bei übermäßiger Vermehrung aber wieder eine Reduktion herbeiführt. Auf diese Weise kommt bei vielen Populationen eine gewisse Regulation und Stabilisierung zustande.

B. Struktur der Pflanzengemeinschaften

Schon die oberflächliche Sichtung eines Pflanzenbestandes läßt die Vielfalt an möglichen Ansätzen für eine Analyse des zugrundeliegenden **Ordnungsgefüges** erkennen. In einem Rotbuchenmischwald etwa (Abb. 4.2.5, 4.2.6) beeindruckt der Populationsaufbau von *Fagus sylvatica* mit seiner Abfolge von Jungpflanzen zur Dominanz der baumförmigen Individuen und zuletzt ihrem Absterben (infolge von Windbruch, oft gefördert durch den Befall mit parasitischen Pilzen, z. B. *Fomes fomentarius*, S. 588, oder infolge von forstlicher Entnahme) und der Verrottung der Stümpfe. Untergeordnet und je nach Kleinrelief des Waldbodens oder unterschiedlichem Lichteinfall mosaikartig differenziert ist der Unterwuchs von Kräutern, Grasartigen, Moosen und Flechten. Geophytische Frühjahrsblüher (z. B. *Anemone nemorosa*) sind im Sommer und Herbst oberflächlich völlig verschwunden; dafür treten jetzt die Fruchtkörper von Hutpilzen hervor, die etwa als Mykorrhiza-Symbionten mit der Buche verbunden sind oder sich zusammen mit einem reichen Bakterien- und Kleintierleben am Abbau der Laubstreu (Abb. 4.3.7) beteiligen (z. B. die Nebelkappe, *Lepista nebularis*). Weitere abhängige Teil-Biocoenosen finden sich an der Basis der Buchenstämme (Laubmoose) und an ihrer Borke (Luftalgen und Krustenflechten).

Einem derartig komplexen biocoenotischen Ordnungsgefüge können nur vielseitige (und häufig sehr arbeitsaufwendige) Untersuchungen gerecht werden. An richtig ausgewählten Aufnahme(Probe-)flächen müssen dabei zuerst Arten- und Lebensformenbestand der Pflanzengemeinschaften erfaßt sowie Schichtaufbau, Verschachtelung von Groß- und Kleinbiotopen und Periodizität analysiert werden. Solche Vegetations- bzw. Bestandsaufnahmen bilden dann die Voraussetzung für die Beschreibung und Gruppierung entsprechender Pflanzengesellschaften und für die Aufklärung der zugrundeliegenden biocoenotischen Wirkungsgefüge (vgl. Legenden zu Abb. 4.2.5, 4.2.6).

Die Auswahl und Größe einer **Aufnahme**- oder **Probefläche** wird davon abhängig sein, welche (Teil-)Biocoenosen erfaßt werden sollen. Um alle charakteristischen Gehölzarten eines mitteleuropäischen Waldes zu erfassen, wird ein Minimalareal von 200–400 m² notwendig sein, für artenreiche tropische Regenwälder braucht man 1000–4000 m². Dagegen genügen bei der Aufnahme von Wiesen und Rasen meist schon 10–100 m² und bei Moos- und Flechtengemeinschaften 0,1–4 m². Die Aufnahmefläche soll hinsichtlich der Standortsbedingungen und der Artenverteilung möglichst einheitlich sein. Jeder Vegetationsaufnahme werden die wichtigsten Fund- und Standortsdaten (topographische Lage, Seehöhe, Exposition, Hangneigung, Bodenverhältnisse, Gesteinsunterlage u. a.) vorangestellt. Die allmähliche oder abgestufte Veränderung der Artenzusammensetzung entlang bestimmter ökologischer Gradienten kann am besten durch Vegetationsprofile bzw. -transekte dargestellt werden (Abb. 4.2.7). Daraus ergeben sich auch Anhaltspunkte für eine möglichst objektive Begrenzung der Pflanzengesellschaften (S. 859 ff.).

Zuerst gilt es, den **Artenbestand** einer Probefläche zu erfassen. Das ist besonders bei den noch weniger erforschten Floren der Tropen und bei allen niederen Pflanzen schwierig und aufwendig. Darüber hinaus wird bei den besser bekannten extratropischen Gefäßpflanzen in den Vegetationsaufnahmen auch das Mengenverhältnis der einzelnen Arten berücksichtigt.

Dazu schätzt man im allgemeinen für jede Vegetationsschicht

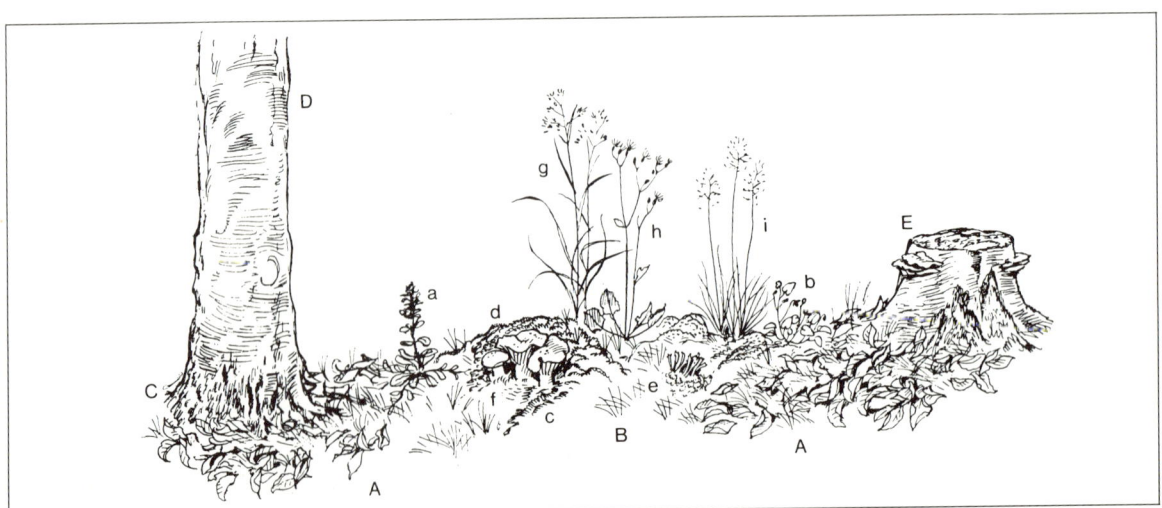

Abb. 4.2.5: Teil-Biocoenosen (Synusien) in einem mitteleuropäischen Rotbuchenmischwald im Spätsommer. **A** Laubstreureiche Mulden, relativ feucht, neutraler Mullboden (Bakterien, Pilze, Kleintierleben), randlich Feuchtigkeits- bzw. Nährstoffzeiger: a Kriechender Günsel *(Ajuga reptans)* und b Wald-Veilchen *(Viola reichenbachiana)*. **B** Kuppen, laubstreufrei, trockener, versauernder Braunerdeboden mit terrestrischen Moos- und Flechtensynusien: c Schlafmoos *(Hypnum cupressiforme)*, d Weißmoos *(Leucobryum glaucum)*, e Trichterflechte *(Cladonia pyxidata)*, mit f Fruchtkörpern des Wollschwammes *(Lactarius vellereus* = Fagus-Mykorrhizapilz) und mit Nährstoffarmut bzw. Bodensäure anzeigenden Grasartigen und Rosettenstauden (Hemicryptophyten): g Weißliche Hainsimse *(Luzula albida)*, h Wald-Habichtskraut *(Hieracium sylvaticum)* und i Drahtschmiele *(Avenella flexuosa)*. **C** Stammbasis mit verschiedenen Laubmoosen *(Hypnum, Plagiothecium)*. **D** Borke der Rotbuche mit Synusien von Luftalgen («*Pleurococcus*») und Krustenflechten *(Grahis scripta* etc.). **E** Baumstumpf u. a. durch Pilze (Fruchtkörper des Schmetterlings-Porlings: *Coriolus versicolor*) besiedelt. (Nach Ehrendorfer.)

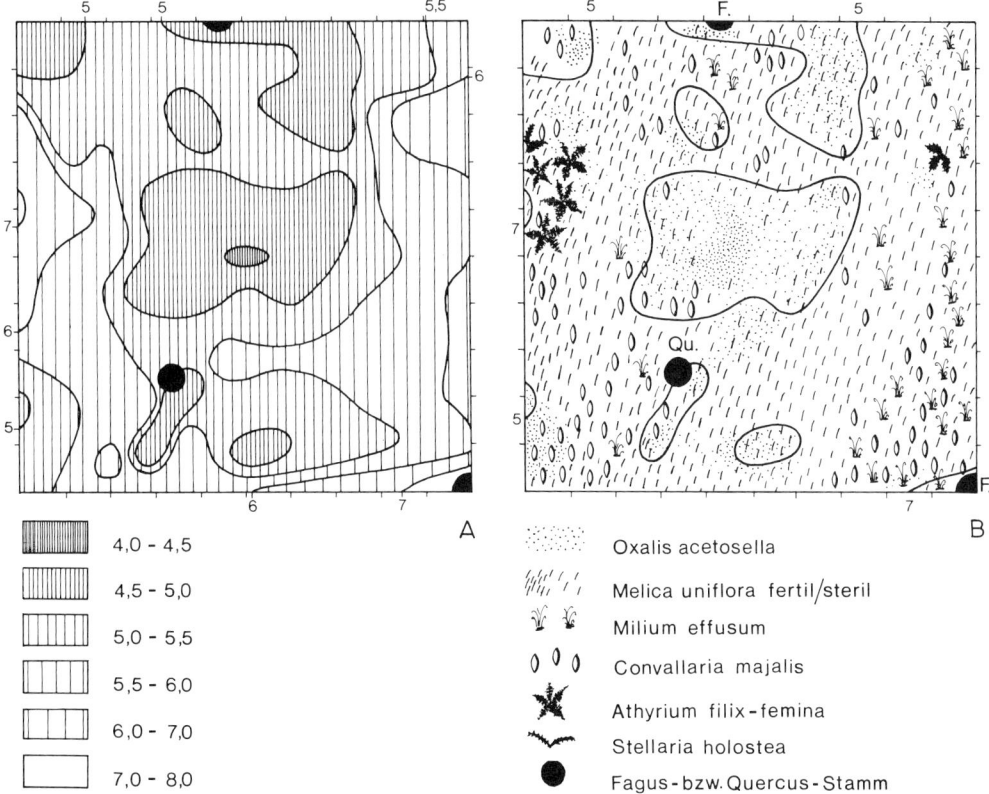

Abb. 4.2.6: Verteilung der relativen Beleuchtungsstärke in % (**A**) und des Unterwuchses (**B**) in einem frischen Rotbuchenmischwald bei Hannover im Sommer (Probefläche 10 × 10 m; F. = *Fagus*, Qu. = *Quercus*). Der Sauerklee, *Oxalis acetosella*, ist anderwärts noch bis 1 % Beleuchtungsstärke lebensfähig, die unteren Grenzwerte von *Melica uniflora* liegen bei 4 % (steril; fertil erst bei über 7 %), von *Convallaria* bei 4,5 %, von *Milium* bei 5 % und von *Athyrium* bei 6 %. (Nach Ellenberg.)

getrennt Abundanz (Individuenzahl) und Dominanz (Deckungsgrad der Blattfläche) nach einer normierten Skala: von 5 (mehr als $\frac{3}{4}$ der Fläche deckend), 4 ($\frac{1}{2}$–$\frac{3}{4}$), 3 ($\frac{1}{4}$–$\frac{1}{2}$), 2 ($\frac{1}{10}$–$\frac{1}{4}$ deckend oder sehr zahlreich), 1 (unter $\frac{1}{20}$, aber zahlreich) bis + (spärlich) und r (ganz vereinzelt). Exakter kann die Dominanz in Deckungsprozenten oder Gewichtanteilen geschätzt oder gemessen werden.

Artenlisten mit derartigen quantitativen Angaben bilden den Kern aller Vegetationsaufnahmen. Vergleiche zeigen ganz allgemein, daß in jeder Pflanzengemeinschaft nebeneinander Sippen leben und koexistieren, die von «dominant» und «massiv vertreten» bis zu «untergeordnet» und «sehr zurücktretend» eingestuft werden können. Zur Illustration sei auf *Fagus sylvatica* und *Daphne mezereum* in europäischen Waldgesellschaften und auf nordamerikanische Waldgesellschaften (Abb. 4.2.8) verwiesen.

Ein besonders wichtiges Kriterium für die Bedeutung einer Art innerhalb einer Pflanzengemeinschaft ist ihre Produktivität (vgl. S. 887f. und Abb. 4.2.8).

In diesem Zusammenhang interessiert auch die relative Vitalität einer Sippe (vgl. die im tiefen Waldesschatten steril bleibende *Melica uniflora*, Abb. 4.2.6B!). Vielfach werden bei Vegetationsaufnahmen für die einzelnen Arten auch Angaben gemacht über die Geselligkeit (z.B. einzeln, truppweise oder herdenweise), Dispersion (regelmäßige oder unregelmäßige Verteilung) und Frequenz (häufiges bis seltenes Auftreten in Teilflächen).

Die Artenzahl einer Pflanzengemeinschaft ist im allgemeinen niedrig unter extremen (bzw. labilen) Standortbedingungen (Arktis, Hochgebirge, Wüste, Pioniergemeinschaften), aber auch bei hoher Produktivität und Dominanz einer einzelnen Art (z.B. im mitteleuropäischen Buchenwald oder in boreal-subalpinen Nadelwäldern: Abb. 4.2.8). Dagegen finden wir unter günstigen und gleichmäßigen Klima- und Bodenverhältnissen komplexe und artenreiche Gemeinschaften, in denen keine Sippe allein vorherrscht (Codominanz mehrerer Arten, z.B. in temperaten Wiesen oder in Wäldern der warmen Florenzonen: Abb. 4.2.8, 4.5.12).

Entscheidend für die Struktur bzw. Physiognomie jeder Pflanzengemeinschaft sind die morphologischen Kriterien der beteiligten Arten, ihre Lebens- und Wuchsformen (S. 180f.) und ihre räumliche Anordnung. Der Vergleich verschiedener Vegetationstypen (z.B. Sandpioniere: Abb. 4.2.10, Süßwasserverlandung: Abb. 4.0.1, temperater Mischwald: Abb. 4.2.5, tropische Pflanzengemeinschaften: Abb. 4.5.11, 4.5.12) macht das sehr anschaulich.

Wegen der Lebens- und Wuchsformen der Pflanzen sei auf S. 162f., 180f., 184ff., 732 bzw. Abb. 1.3.27 verwiesen. Nach der Ernährungsform muß grundsätzlich in autotrophe und heterotrophe Organismen gegliedert werden (vgl. dazu S. 1, 251ff., 289ff.). Unter den autotrophen Pflanzen können die freilebenden ein- (und wenig-)zelligen Algen (und einige Bakteriengruppen) als Errantia und die bloß haftenden Thalluspflanzen (viele Algen sowie Flechten und Moose) als Adnata der Hauptmasse wurzelnder Sproßpflanzen, den Radicantia, gegenübergestellt werden. Innerhalb der Radicantia lassen sich nach der Ausbildung der oberirdischen Sprosse weiter

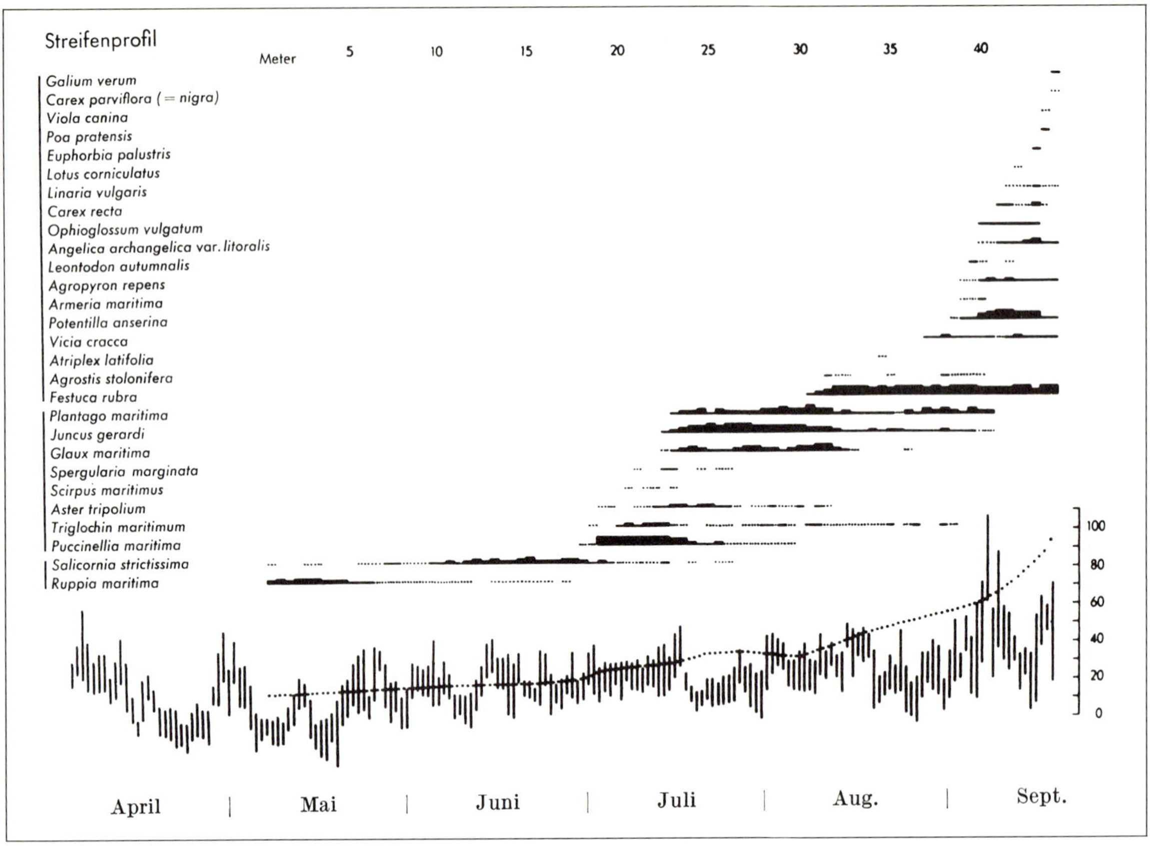

Abb. 4.2.7: Vegetationsprofil einer Flachküste im westlichen Schweden vom Meeresrand bis zum kaum mehr salzbeeinflußten Weiderasen. Oben die Arten in drei, voneinander ± abgesetzten ökologischen Gruppen und ihre Verteilung bzw. Häufigkeit entlang der Profillänge von 45 m, unten die Höhendifferenzen in cm (rechte Skala), das Relief (punktiert) sowie die täglichen Wasserstandsschwankungen von April bis September 1948. (Nach Gillner.)

Holzpflanzen (Bäume > 2 m; Sträucher 0,5–2 m; Zwerg- und Halbsträucher < 0,5 m, ganz bzw. nur unten verholzt) und Krautpflanzen unterscheiden. Die Lage und Form der Überdauerungsorgane, die Größe, Konsistenz und Periodizität der Blätter (z. B. dünn- und dickblättrig, immergrün, sommergrün oder regengrün), die Verzweigungsform u. a. Kriterien der Blatt-, Achsen- und Wurzelausbildung geben weitere Gliederungsmöglichkeiten.

Die verschiedenen Zonen und Haupttypen der Vegetation unserer Erde haben sehr unterschiedliche Anteile von Lebens- und Wuchsformen (Abb. 4.2.25, 4.5.11, Tab. 4.5.1). Aber auch ähnliche Pflanzengemeinschaften lassen sich durch ihre Lebensformenspektren differenzieren (Abb. 4.2.9).

In Tab. 4.5.1 (S. 914) und Abb. 4.2.25 fällt vor allem die prozentuelle Abnahme der Baumarten vom tropischen Regenwald zu den temperaten Wäldern und zur Tundra bzw. Steppe und (Hitze-) Wüste auf. Zwerg- bzw. Halbsträucher erreichen dagegen im Bereich der Tundra bzw. Halbwüste (Grenzbereich Hitzewüsten) Spitzenwerte. Der Anteil von mehrjährigen Krautpflanzen (z. B. Hemicryptophyten) nimmt vom tem-

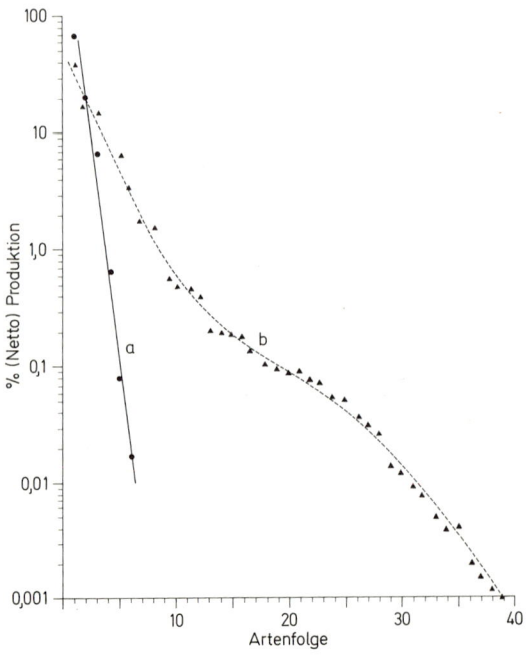

Abb. 4.2.8: Gegenüberstellung der wichtigeren Gefäßpflanzen eines artenarmen subalpinen Tannenwaldes (mit Dominanz von *Abies fraseri*) (a) und eines artenreichen Laubmischwaldes (mit Codominanz von Arten der Gattungen *Quercus, Ostrya, Carya, Liriodendron* etc.) (b) aus den Smoky Mts. im südöstlichen Nordamerika. Innerhalb der beiden Waldtypen sind die Arten nach ihrem abnehmenden prozentuellen Anteil an der gesamten (Netto-)Produktion (S. 886) angeordnet. (Nach Whittaker.)

Struktur der Pflanzengemeinschaften · 853

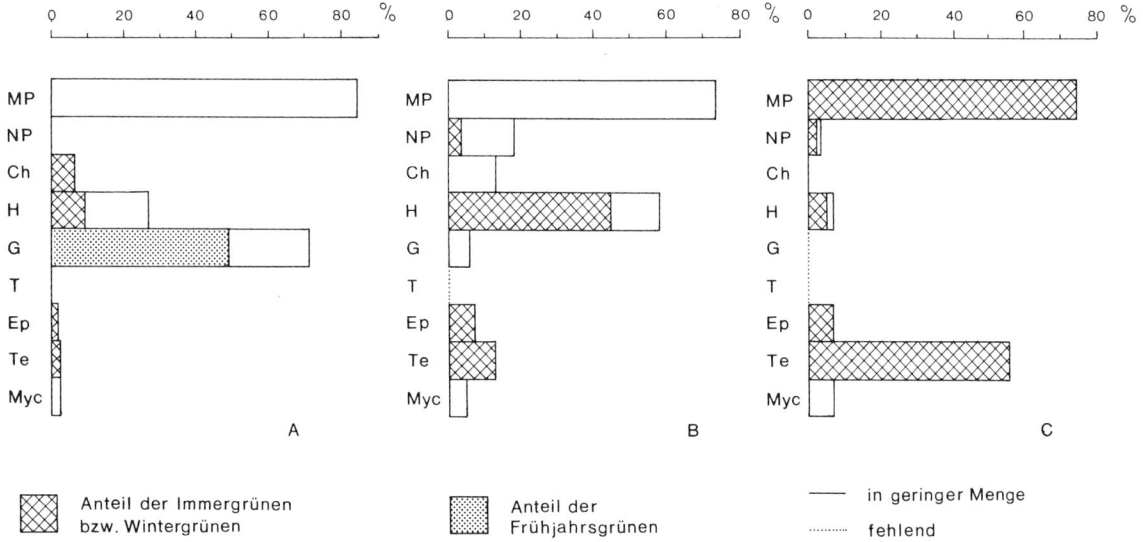

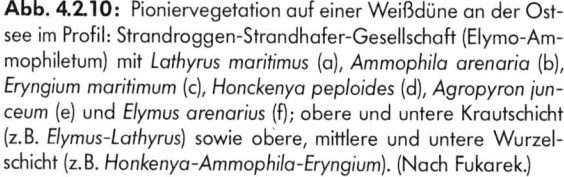

Abb. 4.2.9: Lebensformen-Spektren aus Waldtypen im nördlichen Mitteleuropa: **A** nährstoffreicher, frischer Moränen-Buchenwald, **B** nährstoffarmer trockener Eichen-Birkenwald und **C** künstlicher, nährstoffarmer und trockener Fichtenforst. Bäume (MP), Sträucher (NP), Zwergsträucher und andere Chamaephyten (Ch), krautige Hemicryptophyten (H), Geophyten (G) und Therophyten (T); Moose und Flechten, epiphytisch (Ep) und bodenlebend (Te) sowie Pilze (Myc). Quantitative Angaben nach Deckungsprozenten. (Nach Ellenberg, verändert.)

peraten Waldbereich zu Steppe und Tundra besonders mit Grasartigen stark zu. Einjährige (Therophyten) sind in wüstenartigen und adnate Moose und Flechten in kühl-feuchten Vegetationstypen am stärksten vertreten.

Ein Vergleich der Lebensformenspektren mitteleuropäischer Waldtypen (Abb. 4.2.9) zeigt, daß im nährstoffreichen Buchenwald viel mehr (häufig frühlingsgrüne) Geophyten wachsen, daß hier aber wegen der sommerlichen Beschattung Sträucher gegenüber dem lichteren, aber nährstoffärmeren Eichen-Birkenwald sehr zurücktreten. Der künstliche Fichtenforst mit seiner bodenversauernden Nadelstreu ist sehr unterwuchsfeindlich: wenige Hemicryptophyten, dafür aber verstärkter Moos- und Flechtenbewuchs.

Auch die blüten- und fruchtbiologischen Spektren der Vegetationstypen sind sehr verschieden. In den tierreichen tropischen Regenwäldern überwiegt Zoophilie und Zoochorie, in windexponierten Steppen Anemophilie und Anemochorie (vgl. S. 746ff. und 757f.).

Die Beteiligung von verschiedenen Lebens- und Wuchsformen am Aufbau der Pflanzengemeinschaften bewirkt eine **vertikale Ordnung**, eine Schichtung der Vegetation (Abb. 4.2.9, 4.5.12). Nur gewisse Pionier- und Extrem-Biocoenosen sind wenig oder gar nicht geschichtet. In vielen Wäldern kann man eine (oder mehrere) Baumschicht(en), Strauchschicht, Krautschicht und Moos-(Boden)-schicht unterscheiden. Dieser oberirdischen Vegetationsschichtung entspricht eine noch viel

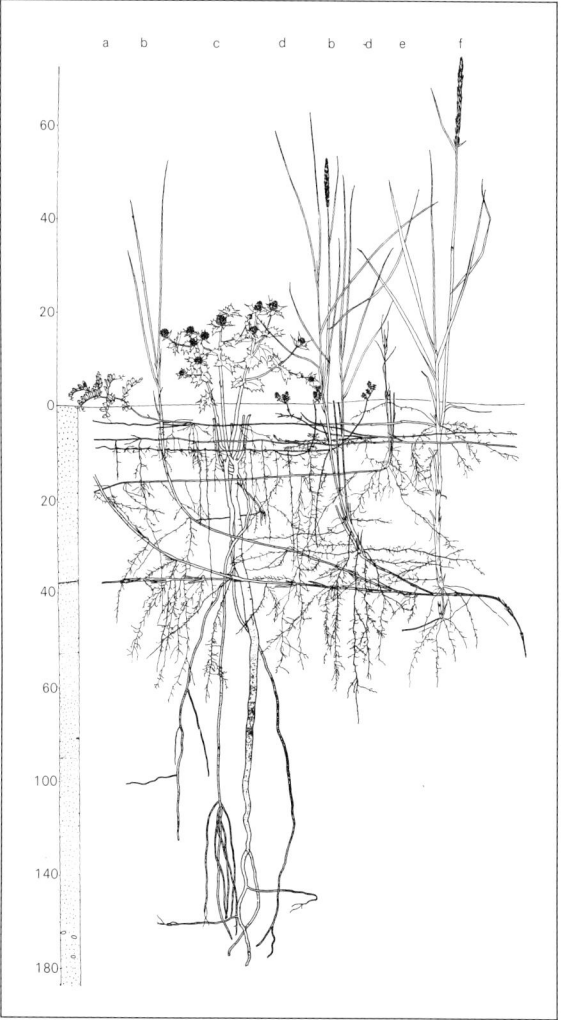

Abb. 4.2.10: Pioniervegetation auf einer Weißdüne an der Ostsee im Profil: Strandroggen-Strandhafer-Gesellschaft (Elymo-Ammophiletum) mit *Lathyrus maritimus* (a), *Ammophila arenaria* (b), *Eryngium maritimum* (c), *Honckenya peploides* (d), *Agropyron junceum* (e) und *Elymus arenarius* (f); obere und untere Krautschicht (z.B. *Elymus-Lathyrus*) sowie obere, mittlere und untere Wurzelschicht (z.B. *Honkenya-Ammophila-Eryngium*). (Nach Fukarek.)

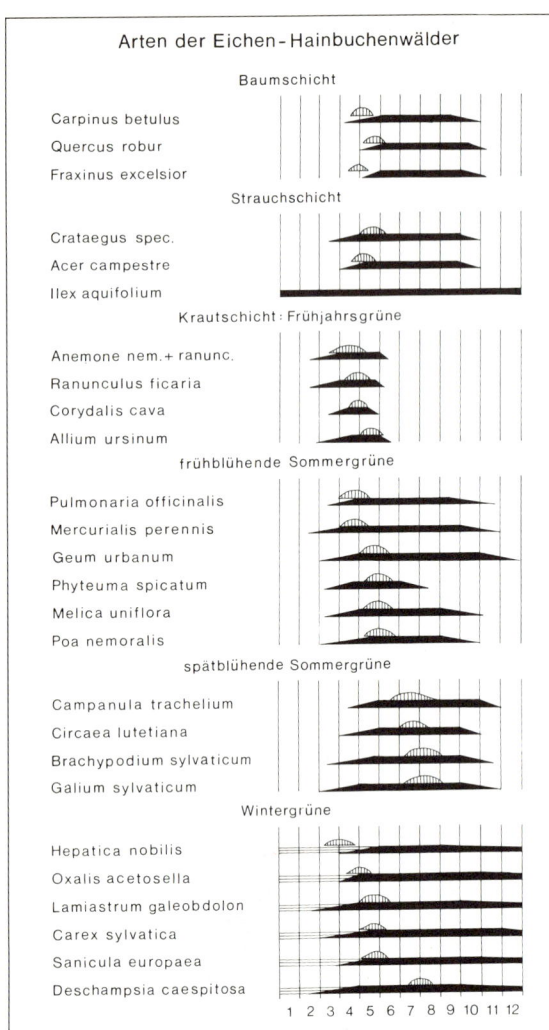

Abb. 4.2.11: Jahreszeitliche Entwicklung (Phänologie) charakteristischer Arten aus feuchten Eichen-Hainbuchenwäldern Nordwestdeutschlands. Schwarz = diesjährige Blätter, waagrecht schraffiert = überwinterte Blätter, senkrecht schraffiert = Blüten. (Nach Ellenberg, verändert.)

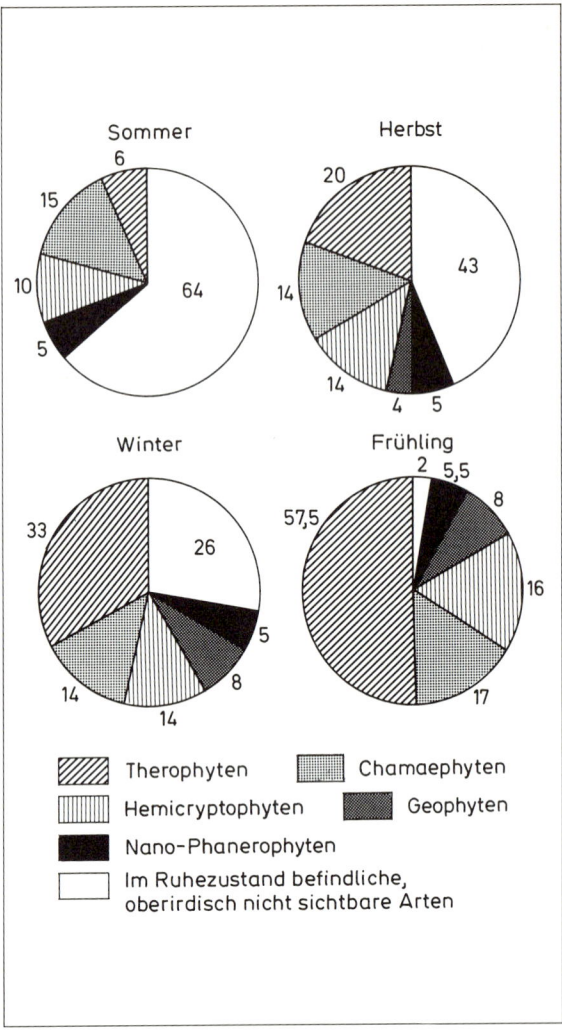

Abb. 4.2.12: Jahreszeitliche Änderungen im Anteil der Lebensformentypen (S. 180 f., 851 f.) am Vegetationsaufbau einer mediterranen Felsheide (Brachypodietum ramosi bei Montpellier, Südfrankreich). Die Prozente berechnet auf die Gesamtzahl der Arten (111). (Nach Braun-Blanquet.)

zu wenig untersuchte unterirdische Wurzelschichtung (Abb. 4.2.10). Es ist offenkundig, daß ein derartiger Schichtaufbau der Pflanzengemeinschaft eine bessere ökologische Nutzung des besiedelten Luft- und Bodenraumes ermöglicht (z.B. S. 873, 876).

Die Pioniervegetation auf Sanddünen (Abb. 4.2.10) ist oberirdisch nur wenig, im Wurzelbereich aber deutlich geschichtet: Man vergleiche dazu etwa die flachen bzw. mitteltiefen Rhizome von *Honckenya* bzw. *Ammophila* mit den über 1,5 m tiefen Pfahlwurzeln von *Eryngium maritimum*! Sehr ausgeprägt ist die Wurzelschichtung in mitteleuropäischen Laubmischwäldern, wo z.B. *Anemone nemorosa* und *Oxalis acetosella* bis 5 cm, *Sanicula europaea* und *Convallaria majalis* 10–15 cm, *Dryopteris filix-mas*, *Pulmonaria officinals* und *Allium ursinum* 15–30 cm tief wurzeln. Sträucher und Bäume haben die Hauptmasse ihrer Wurzeln hier oberhalb 50 cm, dringen aber mit einzelnen Wurzeln auch tiefer (Eichen bis 9 m). Die oberirdische Vegetationsschichtung erreicht bei tropischen Regenwäldern den höchsten Grad der Differenzierung. Bei dem in Abb. 4.5.12 gezeigten Beispiel lassen sich Baumschichten bei etwa 10, 22 und 50 m erkennen, und einzelne «Überständer» erreichen 70 m.

Der Vegetationsschichtung entspricht vielfach eine blüten- und fruchtbiologische Schichtung. In mitteleuropäischen Laubmischwäldern findet sich bei der windexponierten Baumschicht häufig Anemophilie (und öfters auch Anemochorie). In tieferen Schichten überwiegen Zoophilie und Zoochorie, z.B. Endozoochorie in der Strauchschicht. In der oberen Krautschicht ist Epizoochorie gut vertreten, in der unteren dagegen besonders Myrmecochorie (vgl. S. 759).

Beachtenswert ist weiter die **horizontale Ordnung** im Aufbau der Pflanzendecke (vgl. dazu Abb. 4.2.5 und die Grundrisse bzw. Karten in Abb. 4.2.6, 4.2.13, 4.2.14, 4.2.19). Dafür wird an den Aufnahmeflächen zuerst der Deckungsgrad (S. 851) der gesamten Vegetation festgestellt. Nach dem Ausmaß von vegetationsfreien Flächen bzw. dem seitlichen Zusammenschluß der Pflanzen spricht man von mehr-minder **offenen** oder **geschlossenen** Pflanzengemeinschaften.

Auch innerhalb scheinbar einheitlicher Bestände läßt die fein differenzierte horizontale Verteilung der Arten vielfach ein «Muster» bzw. «Mikromosaik» mit charakteristischen Teil-Biocoenosen erkennen, die mit einer räumlichen Differenzierung des Standortes in Deckung gebracht werden können (Abb. 4.2.5, 4.2.6).

Schon geringfügige Erhebungen und Senken im Kleinrelief bedingen entscheidende Unterschiede (z.B. in der Streuablagerung oder Nährstoff- und Wasserzufuhr). Auch die Pflanzendecke selbst schafft unterschiedliche Mikro-Biotope (z.B. Borke, Laubstreu, Baumstümpfe) und verursacht ungleiche Standortsverhältnisse (z.B. hinsichtlich der Lichtverteilung).

Diesen «Mikromosaiken» lassen sich «Makromosaike» der Vegetation gegenüberstellen: Durchaus selbständige und strukturell verschiedene Pflanzengemeinschaften sind nämlich oft sehr gesetzmäßig miteinander räumlich verbunden, z.B. im Verlandungsbereich der Seen (Abb. 4.0.1), im Auenbereich der Flüsse (Abb. 4.5.4) oder im Mulden-Kuppen-Relief der Gebirge (Abb. 4.5.7). Hier bedingen charakteristische Standortskomplexe entsprechende und immer wiederkehrende Vegetationskomplexe. Die Pflanzendecke erweist sich also als komplizierte Verschachtelung von untergeordneten bzw. abhängigen bis zu mehr oder weniger selbständigen und umfassenden Lebensgemeinschaften und Lebensräumen (vgl. dazu auch S. 864f.).

Pflanzengemeinschaften haben auch eine **zeitliche Ordnung**: Periodizität wird in vielfältigen rhythmischen Vorgängen faßbar. Neben den täglichen Tag- und Nachtrhythmen (S. 408f., 876f., Abb. 4.3.12, 4.3.14; dazu auch viele Pflanzen-Tier-Beziehungen, z.B. beim Blütenbesuch) fallen besonders die jahreszeitlichen Rhythmen auf. Markante Entwicklungsetappen (z.B. Blattaustrieb, Blütezeit, Blattfall) werden durch phänologische Beobachtungen für die einzelnen Arten zeitlich festgehalten. In ihrer Gesamtheit äußern sie sich als unterschiedliche Aspekte der Pflanzengemeinschaften. Die Abb. 4.2.11 und 4.2.12 machen die Veränderungen im Kreislauf von Frühjahrs-, Sommer-, Herbst- und Winteraspekt für mitteleuropäische Laubwälder (Ruheperiode im Winter) und mediterrane Felsheiden (Ruheperiode im Sommer) anschaulich.

Beim Vergleich der jahreszeitlichen Entwicklung von Arten feuchter Eichen-Hainbuchen-Wälder (Abb. 4.2.11) fällt die späte Blattentfaltung bei den stärker frostexponierten Laubhölzern auf; nur *Ilex* ist immergrün. Eine Blütezeit vor (oder während) der Blattentfaltung ist besonders für die anemophilen Gehölze vorteilhaft. Diese Lichtperiode nützen auch die nur kurz frühjahrsgrünen und lichtbedürftigen Geo-

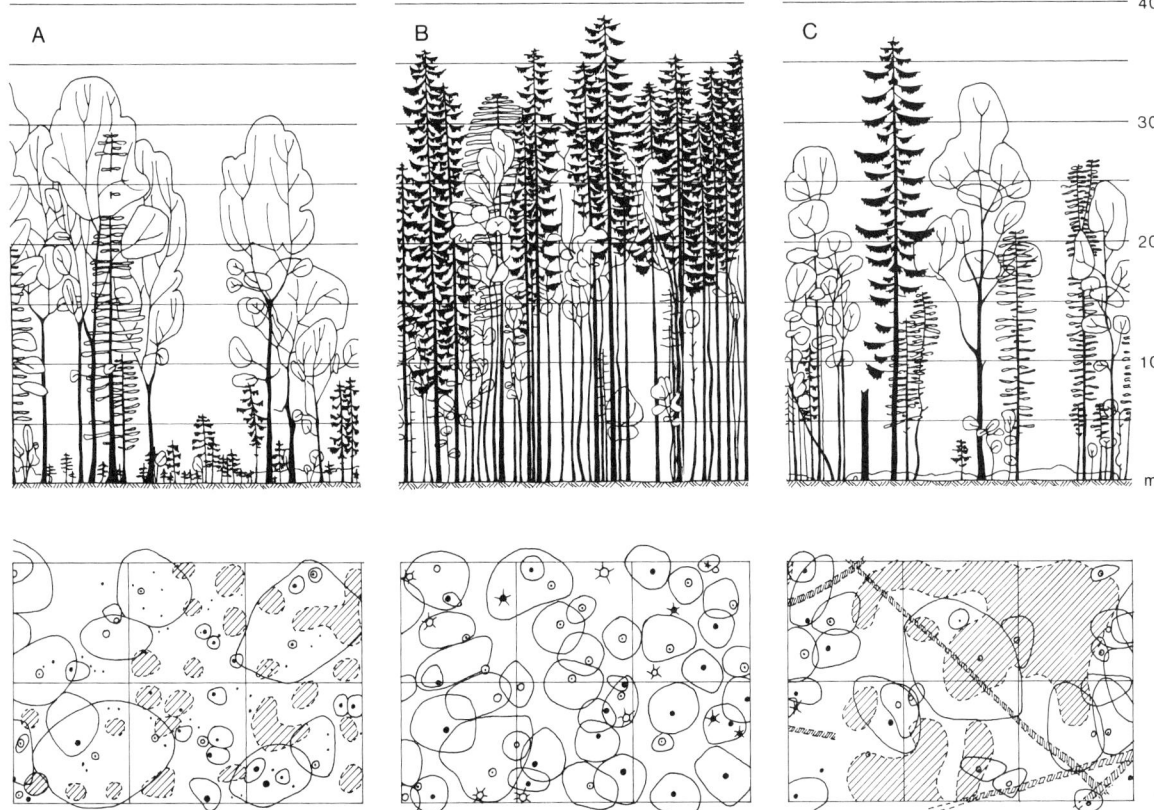

Abb. 4.2.13: Cyclische Regeneration eines montanen Fichten-Tannen-Rotbuchen-Urwaldes der Ostalpen (Rothwald bei Lunz, 1000 m): **A** Verjüngungsphase mit reichlichem Jungwuchs in Umtriebslücken (Windwurfstellen), **B** Optimalphase mit dichtem Kronenschluß und überwiegendem Nadelholzanteil, **C** Zerfallphase eines überalterten Bestandes mit viel stehendem und liegendem toten Holz, hoher Rotbuchenanteil, neuerliches Aufkommen von Jungwuchs. Vegetationsprofile im Auf- und Grundriß: ● Fichte, Seitenäste schwarz; ○ Tanne, Seitenäste weiß; ⊙ Rotbuche, Laubkronen schematisch; gefallene Stämme; Jungwuchs schraffiert. (Nach Zukrigl, Eckhardt & Nather.)

phyten aus. Die übrigen krautigen Unterwuchspflanzen sind Schattenpflanzen; in Bodennähe (und daher besser frostgeschützt) behalten viele von ihnen ihre Blätter auch über den Winter. – Bei der mediterranen Felsheide beruhen die jahreszeitlichen Aspekte besonders auf dem Zurücktreten oder Verschwinden der Therophyten und Geophyten im Sommer. – Selbst in den feuchtwarmen Tropen sind fast überall jährlich 1–2 Trockenperioden ausgebildet (Abb. 4.5.11); daher findet sich auch hier eine gewisse Synchronisierung jahresrhythmischer Vorgänge (z. B. Blattbildung, Blütezeit).

Noch längerfristig sind jene Rhythmen, die mit der natürlichen Regeneration der Pflanzengemeinschaften zusammenhängen und sich z. B. im Waldbereich als Cyclen von Verjüngungs- (A), Optimal- (B) und Zerfallphase (C) darstellen lassen (Abb. 4.2.13). Diese Vorgänge sind vor allem durch die Altersstruktur der Populationen dominanter Pflanzensippen bedingt: Wo deren überalterte Individuen absterben, entstehen sogenannte Umtriebslücken. Die Regeneration erfolgt nun meist nicht direkt, sondern in gesetzmäßigen Etappen, zuerst mit kurzlebigen Pionieren, dann mit raschwüchsigen, überleitenden Arten und erst zuletzt mit Jungpflanzen der ursprünglichen Dominanten. Dem entspricht als forstlich bedingte und wohlbekannte Erscheinung der Waldschlag und die allmähliche Wiederbesiedlung der Schlagfläche. Dabei treten anemochore (a), endozoochore (enz) bzw. epizoochore (epz) Fernausbreiter besonders hervor.

In Mitteleuropa beginnt diese Waldregeneration etwa mit dem einjährigen *Senecio sylvaticus* (a), dann folgen perennierende Stauden, besonders *Epilobium angustifolium* (a), *Arctium* spec. (epz) oder *Atropa* (enz), und weiter Sträucher, z. B. *Rubus* spec. (enz) und *Sambucus* spec. (enz). Alle diese Arten sind nitrophil und ziehen aus dem raschen Abbau der Waldstreu Nutzen. Dann folgt eine Phase mit lichtbedürftigen und raschwüchsigen Pioniergehölzen, etwa *Salix caprea* (a), *Betula pendula* (a) und *Fraxinus excelsior* (a), und zuletzt setzen sich wieder die schattenfesten und langsamer wachsenden Waldbäume durch, z. B. *Fagus*, *Quercus* bzw. *Picea*.

Pflanzengemeinschaften zeigen also ein raum-zeitliches Ordnungsgefüge. Ihr vielfach großer Bestand an Arten bzw. Lebens- und Wuchsformen fügt sich räumlich, zeitlich und funktionell in die verfügbaren ökologischen Nischen, wobei die Beziehungen der Arten untereinander von «komplementär» bis «abhängig» reichen (vgl. S. 883 ff.).

C. Entstehung und Veränderung der Pflanzengemeinschaften

Veränderungen der Pflanzendecke sind häufig gerichtet (also nicht cyclisch, vgl. oben) und führen als **Sukzessionen** (S. 847) zur gesetzmäßigen Abfolge bestimmter Pflanzengemeinschaften am gleichen Ort. Besonders überzeugend läßt sich dies durch die in längeren Zeitabständen durchgeführte Analyse ein und derselben Dauerfläche belegen (Abb. 4.2.14). Aber auch der Vergleich der Vegetation an verschieden alten, sonst aber vergleichbaren Standorten (z. B. datierbare aufgelassene Kulturflächen, Gletschermoränen oder Lavafelder) erlaubt Schlußfolgerungen hinsichtlich der Sukzession (Abb. 4.2.15, 4.2.16). Über länger andauernde Vegetationsabfolgen geben schließlich übereinanderliegende Bodenschichten und die darin enthaltenen Pflanzenreste Auskunft (Abb. 4.0.1 und S. 899f.). Anhand von Sukzessionsversuchen ist auch eine experimentelle Analyse möglich (Abb. 4.3.22).

Beim Vergleich der 4 Sukzessionsetappen 1951 bis 1955 auf 1 m² eines offenen austrocknenden Moorbodens (Abb. 4.2.14) ist bemerkenswert, daß die feuchtigkeitszeigende *Rhynchospora alba* und das rasch aufwachsende, aber konkurrenzschwache Pioniermoos *Dicranella cerviculata* bald verschwinden. Die Gräser *Agrostis* spec. und *Molinia caerulea* breiten sich stark aus; sie kommen aber nirgends gemischt vor, und *Agrostis* verdrängt *Molinia* erfolgreich. Andrseits verträgt sich *Agrostis* gut mit der Binse *Juncus acutiflorus*. Nur sehr vorübergehend erscheint 1952 *Juncus squarrosus*. Erfolgreiche Neuankömmlinge seit 1952 bzw. 1953 sind dagegen die Cyperaceen *Carex panicea* und *Eriophorum angustifolium*.

Für die Erstbesiedlung bzw. die Veränderung des Artenbestandes einer Pflanzengemeinschaft müssen zuerst entsprechende Ausbreitungseinheiten (S. 475–479, 754 ff., 840 f.) eingebracht oder aus einem ruhenden Vorrat im Boden zur Entwicklung gebracht werden. (Auf 1 m² Ackerboden wurden bis zu 5000 und mehr lebensfähige Samen festgestellt!). Von den zahlreichen vorhandenen Ausbreitungseinheiten können sich aber – auch auf zuerst noch vegetationslosen Flächen – immer nur ganz bestimmte entwickeln: Auch der offene Pionierbewuchs auf Sand-, Acker- oder Torfböden besteht wegen der je nach Standort andersartigen Auslese aus ganz verschiedenen, vielfach sehr charakteristischen Arten (z. B. S. 919 ff.).

Jede Vegetationsveränderung und Sukzession ist kausal mit Veränderungen der jeweiligen Standortbedingungen verknüpft. Die Ursachen dafür liegen teils mehr innerhalb, teils mehr außerhalb der Pflanzengemeinschaft: autogene bzw. allogene Sukzessionen.

So steht bei der Vegetationsentwicklung der Auenvegetation entlang der Gebirgsströme (Abb. 4.5.4) die Ablagerung von Kies, Sand und Lehm im Vordergrund, hier handelt es sich um Anlandung, also um eine allogene Sukzession. An stehenden Gewässern überwiegt dagegen die Bildung von organogenen Sedimenten durch die Vegetation selbst (Abb. 4.0.1), hier haben wir es mit Verlandung und einer autogenen Sukzession zu tun. Allogene Veränderungen haben also klimatische oder geologische Ursachen, autogene gehen auf ökologisch einflußreiche Arten der Pflanzengemeinschaft zurück, auf Arten mit hohem Bauwert. Bei der Dünenfestigung (Abb. 4.5.6) sind dies z. B. die Gräser *Elymus* und *Ammophila* (Abb. 4.2.10), bei der Verlandung (Abb. 4.0.1) besonders Röhricht und Großseggen, bei der mitteleuropäischen Waldentwicklung *Fagus*, weil sie extrem schattet und für die Mullbodenbildung verantwortlich ist.

Wenn sich eine Pflanzengemeinschaft durch Sukzession ändert, ändert sich bei den beteiligten Arten auch der Altersaufbau der Populationen. Die Arten aus der vorangegangenen Sukzessionsphase können sich nicht mehr verjüngen – sie sind nur noch durch überalterte Individuen vertreten; umgekehrt sind die Arten, welche schon die nächste Sukzessionsphase einleiten, zuerst natürlich durch Junpflanzen vertreten. Als vegetationsgenetische Zeiger werden 2- bis 4jährige Exemplare von *Salix caprea* in einem *Rubus*-Gebüsch also auf eine frühe, 20jährige in einem

Entstehung und Veränderung der Pflanzengemeinschaften · 857

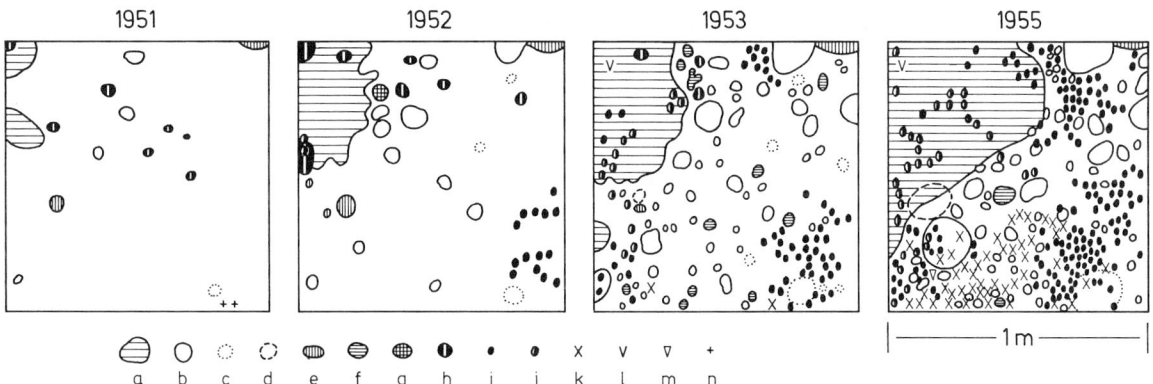

Abb. 4.2.14: Vegetationsabfolge (Sukzession) auf einer zuerst unbewachsenen Dauerfläche (1 m²) im Verlauf von 4 Jahren; austrocknender Torf eines Heidemoores (Hilden, Rheinland): a = *Agrostis* spec., b = *Molinia caerulea*, c = *Sphagnum papillosum*, d = *S. auriculatum*, e = *Erica tetralix*, f = *Juncus bulbosus*, g = *J. squarrosus*, h = *Dicranella cerviculata*, i = *Carex panicea*, j = *Juncus acutiflorus*, k = *Eriophorum angustifolium*, l = *Cerastium* spec., m = *Polygala serpyllifolia*, n = *Rhynchospora alba*. (Nach Woike aus Knapp.)

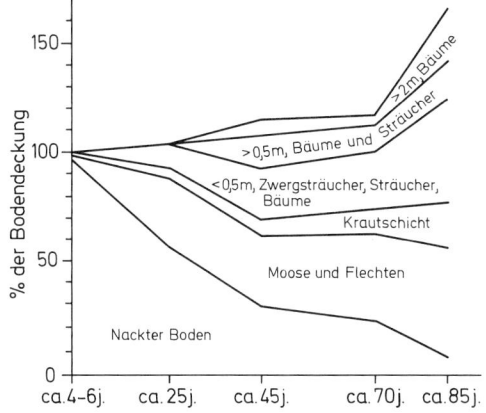

Abb. 4.2.15: Vegetationsentwicklung nach ungefähr 4–6, 25, 45, 70 und 85 Jahren auf verschieden alten Moränen des Aletschgletschers (Schweiz). Nach 4–6 Jahren sind noch 95 % der Bodenfläche vegetationslos, nach 85 Jahren nur noch 10 %. Die ursprüngliche Pioniervegetation aus wenigen Moosen, Flechten und Krautpflanzen hat sich in dieser Zeit zu einem lockeren Lärchenwald mit 4, sich teilweise überlagernden Vegetationsschichten entwickelt. (Nach Lüdi aus Ellenberg.)

Eichen-Buchenjungwald dagegen auf eine späte Sukzessionsphase in der Wiederbewaldung eines Schlages hinweisen (vgl. S. 856). Erst in der Schlußphase der Vegetationsentwicklung (also in der Klimaxvegetation; vgl. im folgenden) wird ein relatives Gleichgewicht in der Artenzusammensetzung (Abb. 4.2.16) und im Keimen bzw. Absterben der beteiligten Arten (z. B. Abb. 4.2.1) erreicht.

In den borealen und montanen bzw. den humid-temperaten Gebieten der nördlichen Hemisphäre tendiert jede ungestörte autogene Vegetationsentwicklung zu Nadelwäldern bzw. sommergrünen Laubmischwäldern. Zur Illustration solcher **progressiver Sukzessionen** sei auf die Neubewaldung (primäre Sukzession) von Gletschermoränen (Abb. 4.2.15) oder verlandenden Gewässern (Abb. 4.0.1) und auf die Wiederbewaldung (sekundäre Sukzession) von landwirtschaftlichem Brachland, Mähwiesen, Weideland oder Waldschlägen in Mitteleuropa (Abb. 4.2.17) und im östlichen Nordamerika (Abb. 4.2.16) verwiesen. Bei den sehr verschiedenen Initialphasen dieser Sukzessionsreihen, also z. B. bei der Besiedlung von Fels, Gesteinsschutt, Flußschottern, Dünensanden oder bei der Verlandung, überwiegt der Einfluß der besonderen Boden- oder Kleinklimafaktoren (S. 867ff.). Dagegen hängt die fortschreitende Konvergenz dieser Sukzessionsreihen in den Übergangs- und Endphasen der Vegetationsentwicklung damit zusammen, daß nun das Großklima immer stärker wirksam wird. Diese zuletzt entstehenden Pflanzengemeinschaften bezeichnet man daher als **Klimaxvegetation** (Klimaxgesellschaften: S. 863f.). Sie entsprechen dem vielfach zonalen Großklima und kennzeichnen die zonale Vegetation der Großlandschaften.

Beispiele dafür sind etwa die von Süd nach Nord aufeinanderfolgenden Vegetationszonen der Wüsten, Steppen, Waldsteppen, Laubwälder, Nadelwälder (Taiga) und Tundren in Osteuropa (Abb. 4.3.5). Allerdings ist diese Klimax- bzw. zonale Vegetation nirgends einheitlich, sondern nach Unterschieden im Substrat, Relief u. a. (S. 867ff., Abb. 4.3.1) noch differenziert; diese Unterschiede werden auch bei ungestörten Sukzessionen und innerhalb sonst einheitlicher Großklimate niemals völlig ausgeglichen.

Zonale Vegetationstypen können auch extrazonal, also isoliert außerhalb ihres Herrschaftsbereiches auftreten, und zwar an Standorten, deren Lokalklima dem Großklima ihres Hauptverbreitungsgebietes entspricht, z. B. auf der Nordhemisphäre südlich vom zonalen Bereich an feucht-schattigen Nordhängen oder nördlich davon an warm-trockenen Südhängen.

An extremen Standorten kann progressive Sukzession immer wieder unterbrochen und zurückgeworfen werden. So verhindert z. B. das Abgehen von Lawinen in Hohlformen der Gebirge (Abb. 4.2.26) auch unterhalb der Waldgrenze das Aufkommen von größeren Holzpflanzen: Hier reichen daher Krummholz und Rasen oft weit ins Tal. Ähnliches findet man als Folge fortwährender Erosion an felsigen Steilhängen oder entlang der Flüsse (Abb. 4.5.4). Auch am Meeresstrand oder an großen Süßwasserkörpern können die litoralen

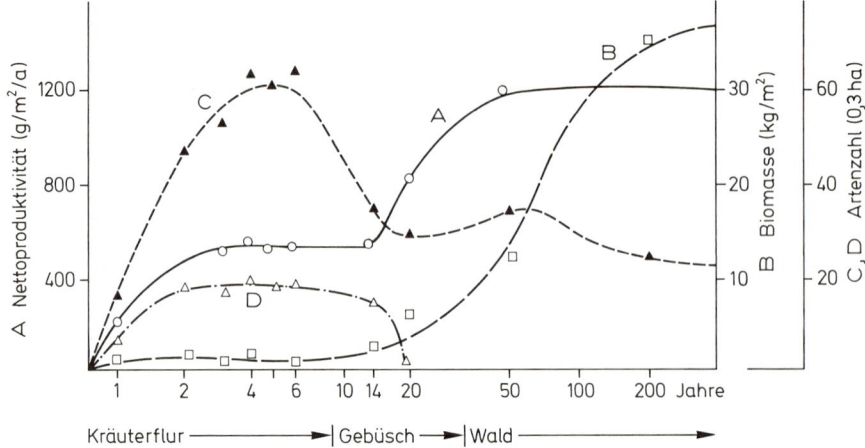

Abb. 4.2.16: Wiederbewaldung von Brachland in der temperaten Zone (Nordamerika: Brookhaven, New York). Nach etwa 8 Jahren werden Krautige und Grasartige durch sommergrüne Gebüsche abgelöst, diesen folgen nach etwa 30 Jahren Mischwälder, die sich nach etwa 150 Jahren als Klimax mit sommergrünen Eichen und Kiefern stabilisieren. Im Verlauf dieser progressiven Sukzession steigen A, die primäre Nettoproduktivität (○—○) und B, die Biomasse (□—□) der Pflanzengemeinschaften bis zur Klimaxphase; dagegen sinkt C, die Artenzahl aller Gefäßpflanzen (■-■) nach einem Höhepunkt in der Spätphase der Kräuterflur wieder ab, und D, die Adventivarten (△-△) werden in der Gebüschphase durch Konkurrenz eliminiert. (Nach Holt & Woodwell aus Whitaker.)

Pflanzengemeinschaften natürlich kaum verdrängt werden. Hier handelt es sich um **Dauergemeinschaften** (bzw. Dauergesellschaften: z.B. S. 918ff.). Ihre Verbreitung ist oft ziemlich unabhängig vom Großklima und daher azonal.

Regressive Sukzessionen führen von der Klimaxvegetation weg und sind mit einer Degradation der Vegetation verbunden. Abgesehen von Naturkatastrophen (z.B. Erdrutsch, Muren, Windbruch) oder drastischen biologischen Veränderungen (z.B. Ulmensterben, S. 569) sind dafür fast immer Eingriffe des Menschen verantwortlich (Abb. 4.2.17, 4.2.18). Dabei handelt es sich vor allem um Brand, Kahlschlag, Weide, Mahd, Beackerung, Verbauung oder Industrialisierung (S. 892ff.) und die daraus resultierenden Phänomene der plötzlichen oder allmählichen Zerstörung der Vegetation und des Bodens (Erosion!).

Abb. 4.2.17 gibt ein Schema der ringförmig verbundenen (primär bzw. sekundär) progressiven und regressiven Sukzessionen auf Kalkböden der Bergstufe Mitteleuropas. Auch die mediterrane Felsheide ist – abgesehen von exponierten Standorten – das Produkt einer jahrtausendelangen Brand- und Weidewirtschaft und muß weithin als Degradationsstadium

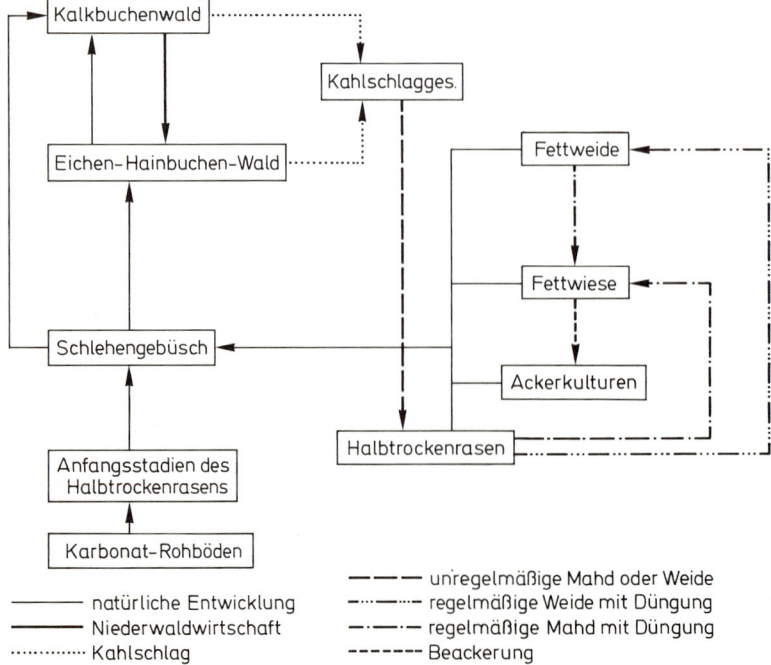

Abb. 4.2.17: Vegetationsentwicklung in Mitteleuropa unter dem Einfluß landwirtschaftlicher Nutzung: regressive und (sekundär) progressive Sukzessionen auf tiefgründigen Flachhängen über Kalk am Fuß des Hohen Venn (BRD). Die Pflanzengesellschaften sind zu einem »Gesellschaftsring« bzw. Vegetationskomplex verbunden und besetzen eine «Fliese»; vgl. auch S. 865. (Nach Schwickerath, vereinfacht.)

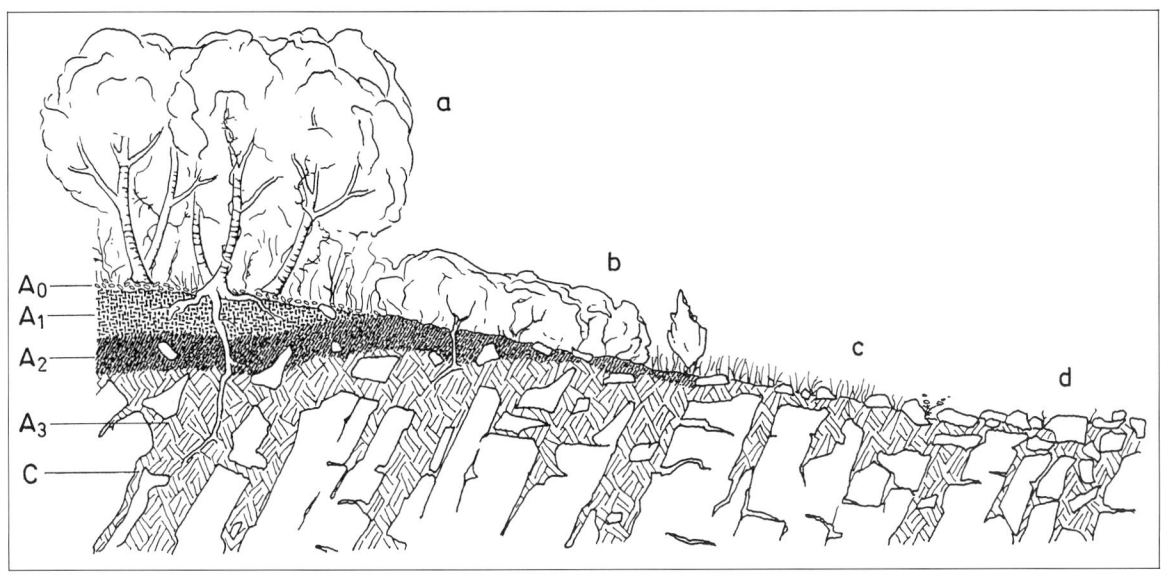

Abb. 4.2.18: Degradation des mediterranen Hartlaubwaldes und seines Bodenprofils infolge übermäßiger menschlicher Nutzung (Waldschlag, Brand, Weide) und Erosion: a Niederwald (Macchie) mit Steineiche *(Quercus ilex)*, b Garigue mit Kermes-Eiche *(Qu. coccifera)*, c Felsheide (mit *Brachypodium retusum = B. ramosum*), d Karstweide (mit der giftigen *Euphorbia characias*). Das vollständige Bodenprofil (unter a) besteht aus A_0 (Laubstreu), A_1 humusreiche, schwärzliche Feinerde (Rendzina-ähnlich), A_2 humusarme Übergangsschicht, A_3 fast humusfreier Rotlehm (fossile Terra rossa) und C kompakter Jurakalk; diese Bodenschichten werden im Verlauf der Degradation zu d fast bis auf das Ausgangsgestein herunter abgetragen und zerstört. (Nach Braun-Blanquet.)

von Hartlaubwäldern aufgefaßt werden (Abb. 4.2.18, S. 926). Eine Wiederbewaldung ist wegen der inzwischen eingetretenen Bodenzerstörung nur sehr langsam oder überhaupt nicht mehr möglich. Es handelt sich hier also, ebenso wie auch bei Mähwiesen und Weiden mit andauernder und gleichbleibender Nutzung, um anthropogene Ersatzgemeinschaften.

D. Pflanzengesellschaften und Vegetationssysteme

Obwohl die Lebensgemeinschaften der Biosphäre kontinuierlich ineinander übergehen und durch kein vorgegebenes hierarchisches Prinzip gegliedert erscheinen, ist eine Typisierung und Gruppierung bei den konkreten Pflanzengemeinschaften im Rahmen der Vegetationssystematik nützlich und notwendig. Ansatzpunkte dafür ergeben sich aus der Tatsache, daß benachbarte Pflanzengemeinschaften entlang von Kontaktzonen vielfach recht deutlich voneinander abgegrenzt sind.

Im Luftbild einer vom Menschen noch ganz ungestörten Wald- und Moorlandschaft Alaskas (Abb. 4.2.19 A) lassen sich z.B. die auf der entsprechenden Vegetationskarte (Abb. 4.2.19 B) ausgeschiedenen abstrakten Pflanzengesellschaften schon physiognomisch ohne weiteres erkennen und räumlich trennen. Auch an ökologischen Transekten (z.B. von feucht zu trocken: Abb. 4.2.7) ist die Verteilung der Arten nicht zufällig, sondern «abgestuft»: In den Übergangszonen ändert sich die Artengarnitur rasch, innerhalb der Gesellschaften aber nur langsam.

Weiterhin zeigt die statistische Analyse konkreter Vergesellschaftungen, daß nur ganz bestimmte Artenkombinationen gehäuft auftreten, während andere selten sind oder überhaupt fehlen (Abb. 4.2.20, 4.2.21). Diese häufigeren und charakteristischen Artengruppen lassen sich als abstrakte Vegetationstypen herausstellen.

Die Grenzzonen oder «Stufen» zwischen benachbarten Pflanzen- (bzw. Lebens-)gemeinschaften sind offenkundig durch «abgestufte Veränderungen» der Standortsfaktoren bedingt. Als Beispiel seien genannt der sprunghafte Wechsel der abiotischen Bedingungen am Kontaktbereich von Wasser und Land (Abb. 4.0.1) oder von Fels und Hangschutt (Abb. 4.5.7) etc., die biotischen Konsequenzen (Konkurrenz) beim Wechsel ökologisch einflußreicher Arten, z.B. der Gehölze im Sukzessionsablauf (Abb. 4.2.16) oder an der Waldgrenze (Abb. 4.2.26), oder die flächig abgesetzten anthropogenen Einflüsse bei der Mahd, Weide, Beackerung usw. (Abb. 4.2.17).

Es gibt demnach auch in der Vegetationssystematik objektive Ansätze für die Typisierung und Gruppierung von konkreten Pflanzengemeinschaften zu abstrakten Pflanzengesellschaften bzw. Vegetationssystemen. Andrerseits können die vielen möglichen «Beziehungen» zwischen Pflanzengemeinschaften nur durch ein Nebeneinander verschiedener Einteilungs- und Gruppierungsprinzipien anschaulich gemacht werden. Dies sei im folgenden besonders anhand von floristischen, physiognomischen und räumlichen Kriterien illustriert.

Die **floristische Vegetationsgliederung** beruht auf dem Vergleich von Vegetationsaufnahmen (S. 850 ff.) zahlreicher Pflanzenbestände. Bestände mit ähnlicher Artenzusammensetzung werden zu Vegetationstypen verschiedener Rangstufe zusammengefaßt.

Die Vegetationsaufnahmen werden dabei zu Vegetationstabellen zusammengestellt; links steht die Artenliste, rechts schließen Spalten für jede Aufnahme an, in denen die Mengenangaben für die Arten eingetragen sind. Für die Tabellierung und mathematisch-statistische Bearbeitung ver-

860 · Vegetationskunde

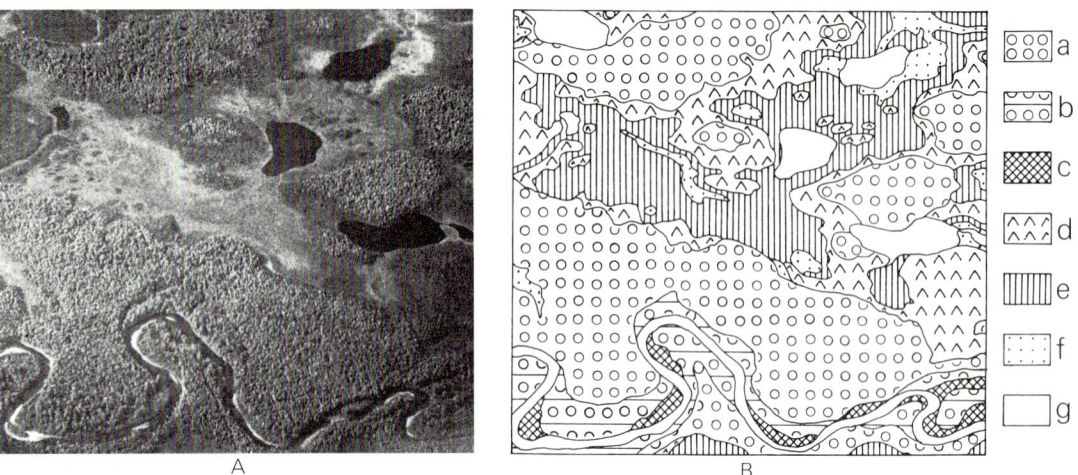

Abb. 4.2.19: Gegenüberstellung von Luftbild (**A**) und Vegetationskarte (**B**) (Tiefland nördlich Anchorage, Alaska; Fläche 400 × 370 m). a Mischwald mit Birken *(Betula resinifera* etc.) außerhalb der Moore und Flußauen; b Auenmischwälder mit Balsam-Pappeln *(Populus balsamifera)* und Birken, c Flußufer mit Weidengebüsch *(Salix spec.)*; d Moorwälder mit Fichten *(Picea mariana)*, e Moosheiden mit Zwergsträuchern *(Vaccinium uliginosum, Ledum decumbens)* und *Sphagnum*, f Moorwiesen mit Cyperaceen *(Carex, Eriophorum* etc.); g offenes Wasser und Sandbänke; vgl. auch S. 865, 923f. (Nach Knapp.)

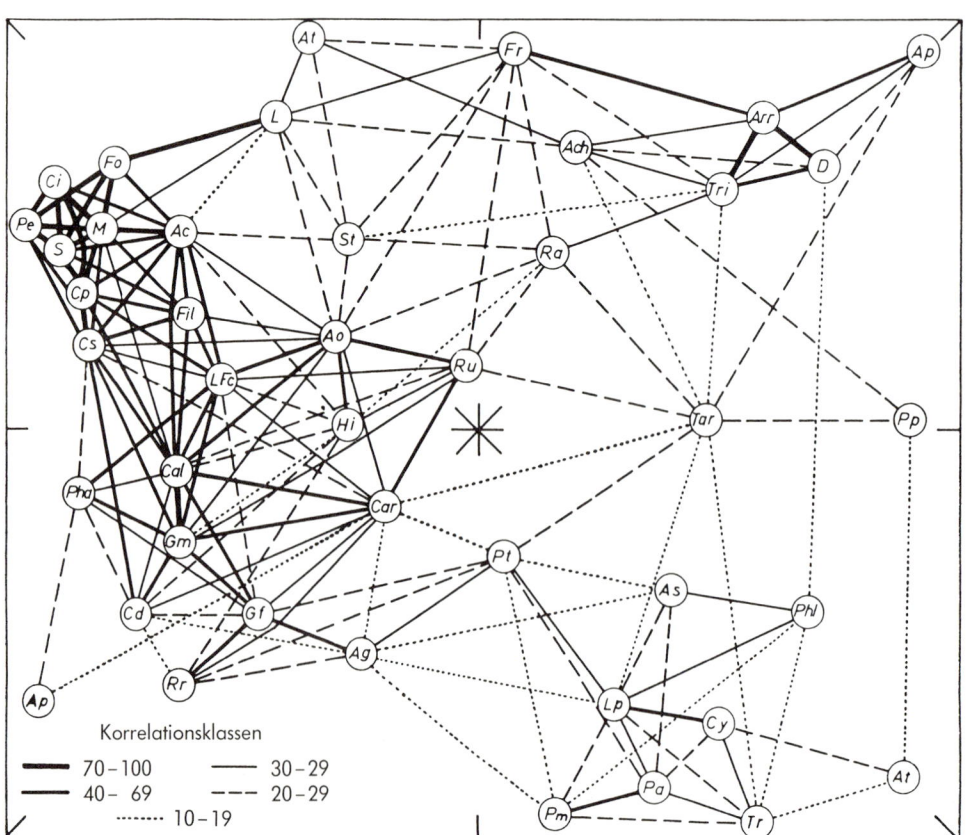

Abb. 4.2.20: Häufigkeit des gemeinsamen Vorkommens von 43 Arten (Kreise, Buchstabensymbole) des niederländischen Grünlandes, dargestellt als Diagramm der synökologischen Korrelationen (räumlich zu denken!). Verschiedene Arten sind häufig miteinander vergesellschaftet (dicke Verbindungslinien) und charakterisieren bestimmte Pflanzengesellschaften bzw. Standorte, z.B. anmoorige Streuwiesen mit Pfeifengras = *Molinia caerulea* (M) und *Carex panicea* (Cp), *Potentilla erecta* (Pe) *Cirsium dissectum* (Cs) etc.; sumpfiges Flußröhricht mit Glanzgras = *Phalaris arundinacea* (Pha) und *Glyceria maxima* (Gm), *Carex disticha* (Cd), *Caltha palustris* (Cal) etc.; nährstoffreiche Mähwiesen mit Glatthafer = *Arrhenatherum elatius* (Arr) und *Dactylis glomerata* (D), *Trisetum flavescens* (Tri) etc.; Intensivweiden mit Weidelgras = *Lolium perenne* (Lp) und *Cynosurus cristatus* (Cy), *Poa annua* (Pa), *Trifolium pratense* (Tr) etc.; vgl. auch S. 894f., 921. (Nach de Vries.)

wendet man heute Computer. Beim Ähnlichkeitsvergleich von zwei Aufnahmen A und B mit den Arten 1–5 und Deckungswerten (in %):

Arten	Aufnahmen	
	A	B
1	40	0
2	30	30
3	20	40
4	10	25
5	0	5

errechnet sich z.B. der Massen-Gemeinschaftskoeffizient (Gm) der beiden Aufnahmen nach einer Formel, in der Ma und Mb die Menge der nur in A und nur in B, Mc aber die Menge der in A und B vorkommenden Arten kennzeichnet.

$$Gm = \frac{Mc:2}{Ma + Mb + Mc:2} \cdot 100(\%)$$
$$Gm = \frac{155:2}{40 + 5 + 155:2} \cdot 100\% = 63{,}3\%$$

Es werden auch noch andere Gemeinschafts- bzw. Ähnlichkeitskoeffizienten verwendet. Korrelationsberechnungen zwischen den Arten geben ein Maß für ihre synökologische Bindung (Abb. 4.2.20); mit Hilfe statistischer Methoden (Faktorenanalyse, polare Ordination etc.) lassen sich die Arten aus vielen Vegetationsaufnahmen (Abb. 4.2.21) oder die Pflanzengesellschaften eines größeren Gebietes (Abb. 4.2.22) so in ein zwei- (oder mehr-)achsiges Koordinatensystem einordnen, daß ihre räumliche Entfernung und Gruppierung optimal der Häufigkeit ihrer Vergesellschaftung (Abb. 4.2.21) oder ihrer floristischen Ähnlichkeit (Abb. 4.2.22) entspricht. Diesen Gruppierungen können dann noch grundlegende Umweltfaktoren zugeordnet werden, wie z.B. Feuchtigkeit und Nährstoffgehalt der Böden. Derartige Methoden haben zwar eine wesentliche Verbesserung bei der Darstellung der ökologischen Beziehungen zwischen Arten oder Pflanzengesellschaften gebracht, doch sind diese Beziehungen in Wirklichkeit noch viel komplexer und vieldimensional.

Eine Typisierung der Pflanzenbestände aufgrund der dominanten Arten mit hohem Deckungswert führt zur Ausscheidung von **Soziationen** (ein Beispiel wäre etwa die bekannte *Fagus sylvatica-Allium ursinum*-Soziation). Berücksichtigt man auch die weniger auffälligen, aber oft sehr charakteristischen übrigen Arten, so gelangt man zu einer Hierarchie von floristisch definierten Vegetationseinheiten, wie sie besonders in Europa sehr weit ausgebaut wurde. Als vegetationssystematische Bezugseinheiten werden dabei etwa die **Assoziation** oder der **Verband** herausgestellt (vgl. dazu etwa Abb. 4.2.22, 4.2.24).

Diese Pflanzengesellschaften werden nach einer oder mehreren bezeichnenden Arten lateinisch benannt und – je nach Rangstufe – allenfalls auch mit besonderen Endungen versehen. Die folgende Übersicht illustriert die Position der Glatthafer-Wiesen (Arrhenatheretum bzw. Arrhenatherion) im Bereich der europäischen Wirtschaftswiesen und -weiden (Molinio-Arrhenatheretea):

Rangstufe	Endung	Beispiel
Klasse	-etea	Molinio-Arrhenatheretea
Ordnung	-etalia	Arrhenatheretalia
Verband	-ion	Arrhenatherion
Assoziation	*-etum*	*Arrhenatheretum*
Subassoziation	-etosum	Arrhenatheretum brizetosum
Variante	keine Endung	Salvia-Variante des Arrhenatheretum brizetosum
Facies	-osum	Arrhenatheretum brizetosum bromosum erecti

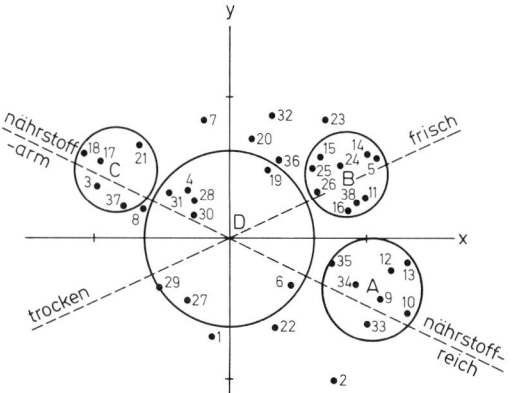

Abb. 4.2.21: Buchenwaldarten (1–38), nach der Häufigkeit ihres gemeinsamen Vorkommens in französischen Fageten mit Hilfe von Faktorenanalyse optimal zweidimensional angeordnet. Gradienten der Bodenfeuchtigkeit und -fruchtbarkeit ergänzt. Gruppen ökologischer Zeigerarten für nährstoffreiche (A), frische (B), nährstoffarme (C) und typische (D) Ausbildungen werden erkennbar. Weitere Erklärungen im Text und S. 880f. (Nach Dagnelie.)

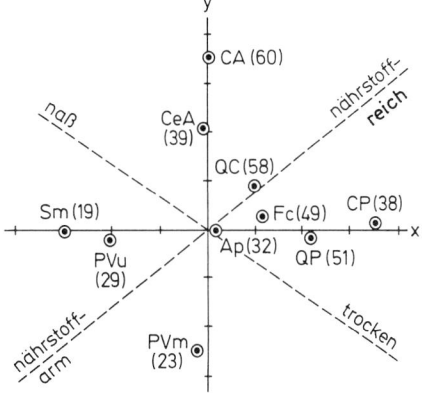

Abb. 4.2.22: Polnische Waldgesellschaften, nach ihrer floristischen Ähnlichkeit, mit Hilfe von polarer Ordination optimal zweidimensional angeordnet: Hochmoor (Sphagnetum medii = Sm), Waldmoor (Pineto-Vaccinietum uliginosi = PVu), Kiefernwald (Pineto-Vaccinietum myrtilli = PVm), Tannenwald (Abietetum polonicum = Ap), Erlenbruch (Cariceto elongatae-Alnetum = CeA), Eschen-Erlenauwald (Circaeo-Alnetum = CA), Eichen-Hainbuchenwald (Querceto-Carpinetum medio-europaeum = QC), Buchenwald (Fagetum carpatikum = Fc), Eichenmischwald (Querceto-Potentilletum albae = QP), Haselgebüsch (Coryleto-Peucedanetum cervariae = CP); in Klammer jeweils die mittlere Artenanzahl (Gefäßpflanzen). Weitere Erklärungen im Text, Abb. 4.2.21, S. 917f. (Nach Frydman & Whittaker.)

Mit fortschreitender Kenntnis der floristischen Vegetationseinheiten wird vielfach auch ihre Rangstufe hinaufgesetzt: Die Rotbuchenwälder wurden früher als Assoziation Fagetum eingestuft; heute entsprechen dem zahlreiche Assoziationen und 4 Unterverbände des Verbandes Fagion (Abb. 4.2.24), nach anderer Meinung sogar verschiedene Verbände aus mehreren Ordnungen und Klassen.

Zur floristischen Charakterisierung einer bestimmten Pflanzengesellschaft verwendet man: a) **Charakterarten (Kennarten)**, mit (zumindest lokal) ausschließlicher Bindung (Treue); b) **Differentialarten (Trennarten)**, kennzeichnend, aber auf andere Pflanzengesellschaften übergreifend; und c) **Stete Arten**, regelmäßig (mit hoher **Stetigkeit**) vorkommend, aber auch in anderen Pflanzengesellschaften auftretend.

Charakterarten der Edellaubmischwälder (Klasse Querco-Fagetea) sind z.B. *Daphne mezereum*, *Anemone nemorosa* und *Convallaria majalis*; für die Ordnung der Fagetalia können etwa *Dryopteris filix-mas*, *Ranunculus ficaria*, *Mercurialis perennis*, *Sanicula europaea* und *Milium effusum*, für den Fagion-Verband *Dentaria bulbifera* und *Hordelymus europaeus* genannt werden.

Für ein Verständnis der ökologischen Differenzierung der Pflanzengesellschaften im Rang von Verbänden und Assoziationen haben sich besonders Gruppen von **Zeigerarten** mit übereinstimmendem synökologischem Verhalten und daher hoher standörtlicher Korrelation (Abb. 4.2.20, 4.2.21) bewährt. Das läßt sich gut für die ökologische Reihe vom Kalk- bis zum Sauerhumusbuchenwald zeigen (Abb. 4.2.21, 4.3.18). Die geographische Differenzierung der Pflanzengesellschaften kann durch chorologische Differentialarten belegt werden, wozu man etwa die west-östliche Gliederung der Erlenbruchwälder vergleiche (Abb. 4.2.23).

Auch ökologische Artengruppen haben vielfach nur lokale Gültigkeit. Nicht nur, daß sich die ökologische Konstitution vieler Arten von Ort zu Ort ändert (Ökotypen: S. 506), auch die synökologische Balance und damit Vergesellschaftung der Arten kann sich in verschiedenen Lebensräumen verschieben. Die für Holland festgestellten Artengruppen des Grünlands (Abb. 4.2.20) haben z.B. im südlichen Mitteleuropa nur begrenzt Gültigkeit.

Grundsätzlich übereinstimmende ökologische Gruppen lassen sich für den Buchenwaldunterwuchs durch Tabellenvergleich (Abb. 4.3.18), Ordination (Abb. 4.2.21) und durch Standortsanalysen erarbeiten. Dabei indizieren etwa die Gruppen von *Lamiastrum* (= *Galeobdolon*) bzw. *Ajuga reptans* alkalische bis mäßig saure und gleichzeitig mäßig frische bzw. mäßig feuchte Böden, während die *Vaccinium myrtillus*-Gruppe auf (stark) saure und dabei frische bis mäßig trockene Böden beschränkt ist. Danach läßt sich in submontanen Lagen Mitteleuropas eine ökologische Gliederung in 7 Buchenwaldtypen belegen:

1. Typischer Kalkbuchenwald
   Fagetum (calcareum) typicum
2. Reicher Braunerdebuchenwald
   Melico-Fagetum pulmonarietosum
3. Typischer Braunerdebuchenwald
   Melico-Fagetum (typicum)
4. Armer Braunerdebuchenwald
   Melico-Fagetum polytrichetosum
5. Reicher Sauerhumusbuchenwald
   Luzulo-Fagetum milietosum
6. Typischer Sauerhumusbuchenwald
   Luzulo-Fagetum (typicum)
7. Armer Sauerhumusbuchenwald
   Luzulo-Fagteum vaccinietosum

Parallel damit ändert sich die Durchwurzelungstiefe der Böden [von Rendzina (1) über mehr-minder gesättigte Braunerden (2–4) bis zu schwach und stark podsoligen Braunerden (5–7)], die Nährstoffversorgung und natürlich auch die Produktivität (S. 880f.).

Als geographische Zeigerarten für die räumliche Differenzierung der Erlenbruchwälder (Alnion glutinosae) können im Westen etwa *Osmunda regalis*, im Osten *Dryopteris cristata* und im Norden *Picea* genannt werden (Abb. 4.2.23).

Floristisch gefaßte Vegetationseinheiten oberhalb der Verbände werden zunehmend abstrakt und sind daher als «Modelle» für konkrete Pflanzengemeinschaften weniger geeignet. In Abb. 4.2.24 sind (Unter-)Verbände der mitteleuropäischen Waldgesellschaften und angrenzenden gehölzfreien Vegetationstypen in ein Koordinatensystem von Feuchtigkeit und Bodenreaktion eingeordnet, das Abb. 4.0.3 entspricht.

Die Unterverbände der trockenen Kalkbuchenwälder (Cephalanthero-Fagion) und frischen Buchenwälder (Eu-Fagion) können dabei dem Verband des Fagion zugeordnet und mit den Eichen-Hainbuchen-Wäldern (Carpinion) sowie den Hartholzauen (Alno-Padion) als Ordnung der Buchen- und

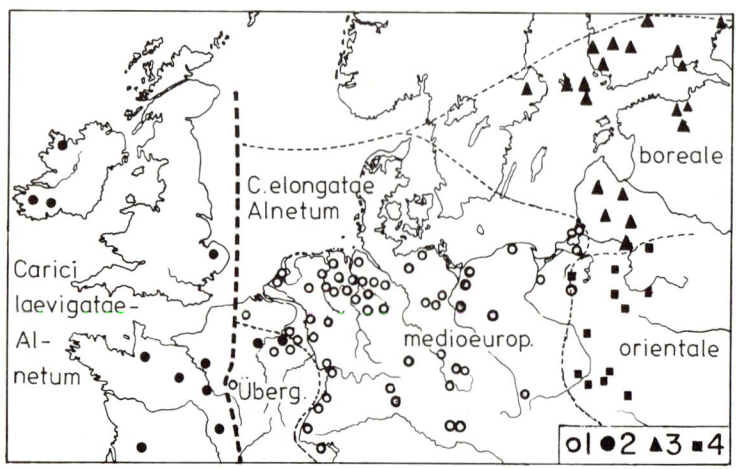

Abb. 4.2.23: Gliederung der europäischen Erlenbruchwäder (Alnion glutinosae) anhand geographischer Zeigerarten in 4 Assoziationen. 1 mitteleuropäisch: Carici elongatae-Alnetum medioeuropaeum, 2 westeuropäisch-atlantisch: Carici laevigati-Alnetum, 3 nord-osteuropäisch-boreal: Carici elongatae-Alnetum boreale und 4 osteuropäisch: Dryopteri cristati-Alnetum. (Nach Bodeux aus Schmithüsen.)

Edellaubmischwälder (Fagetalia) gruppiert und mit trockenen Eichenmischwäldern (Quercetalia pubescenti-petraeae) zur Klasse der Querco-Fagetea zusammengefaßt werden. Die mit den andersartigen Methoden der Ordination erfaßten Vegetationseinheiten aus Polen stimmen damit gut überein (Abb. 4.2.22): z.B. gehören hier die «benachbarten» Assoziationen CA, QC, Fc, QP und CP zu den Querco-Fagetea.

Selbstverständlich gibt es bei solchen hierarchischen Gruppierungsversuchen auch Probleme: Eine kritische Stellung zwischen den Klassen Querco-Fagetea (Edellaubmischwälder) und Quercetea robori-petraeae (bodensaure Eichenmischwälder) nimmt z.B. der Verband Luzulo-Fagion (Sauerhumus-Buchenwälder) ein (Abb. 4.2.24).

Die **physiognomische Vegetationsgliederung** geht von den Wuchsformen der am Aufbau der Pflanzendecke beteiligten Sippen aus (vgl. S. 180f., 187f., 851f., Abb. 1.3.27). Ohne Rücksicht auf die Artenzusammensetzung werden dabei alle Bestände zu Einheiten zusammengefaßt, in denen die gleichen Wuchsformen auftreten und vorherrschen, wie etwa tropische Regenwälder, boreale Nadelwälder, immergrüne Hartlaubwälder, Zwergstrauchheiden, Wiesen etc. Selbständige und vielfach sehr komplexe Vegetationstypen dieser Art nennt man **Formationen** (vgl. z.B. Abb. 4.5.11). Demgegenüber bezeichnet man einfache, nur aus einer Wuchsform aufgebaute und häufig unselbständige Vergesellschaftungen als **Synusien**, z.B. Krustenflechtenüberzüge auf Steinen, die Zwergstrauchschicht in einem Nadelwald oder die herbstlichen Hutpilzgemeinschaften in den Laubwäldern.

Das Wesen der Pflanzenformationen läßt sich nicht nur durch ihr Wuchsformenspektrum, sondern auch durch Schichtung und Horizontalaufbau, Phänologie und cyclische Regeneration charakterisieren (vgl. S. 853–856). Bei Berücksichtigung der gesamten Lebenswelt spricht man von Bioformationen (Biomen). Soweit die Wuchsformen der Pflanzen eine Anpassung an bestimmte Lebensbedingungen, soweit sie «Lebensformen» sind, äußert sich dies also auch im Aufbau und in der Physiognomie der Formationen. So spiegeln z.B. die sommergrünen Laubwälder, zu denen man u.a. alle winterkahlen Wälder Eurasiens und Nordamerikas trotz ihrer sehr verschiedenen Zusammensetzung aus Arten der Gattungen *Fagus*, *Quercus*, *Carpinus*, *Acer*, *Tilia*, *Fraxinus*, *Populus* etc. rechnen kann, die Wirkung eines durch winterliche Vegetationsruhe ausgezeichneten, gemäßigten Waldklimas wider.

Bei Formationen, die aus ganz verschiedenen Familien und Gattungen entstanden sind, kann die konvergente, durch ähnliche Umweltbedingungen herbeigeführte physiognomische Ähnlichkeit noch verblüffender sein, z.B. bei den an milde Winter und trockene Sommer angepaßten Hartlaubgehölzen im Mittelmeerraum (S. 926), im westlichen Nord- und Südamerika (Californien, Mittel-Chile), in Südafrika (Kapland) und in S-Australien. Physiognomisch gefaßte Vegetationseinheiten haben also oft beachtliche ökologische Aussagekraft. Sie können auch dort relativ rasch erfaßt werden, wo eine Erhebung des Artenbestandes nur schwer möglich ist.

Trotzdem darf nicht übersehen werden, daß äußerlich ähnliche Synusien und Formationen auch unter sehr verschiedenen Umweltbedingungen entstehen konnten. Krustenflechtenüberzüge finden sich z.B. in Hitze- oder Kältewüsten oder als Pioniere in anderen Klimaten. Grasartige Wuchsformen kennzeichnen (sub)tropische Grasländer, temperate Steppen und arktisch-alpine Tundren – die strukturellen Unterschiede dieser Formationen werden erst bei genauerer Analyse erkennbar. Umgekehrt können auch recht verschiedene Formationen in ähnlichen Klimaten auftreten. In der Praxis wird daher bei der Darstellung physiognomischer Vegetationseinheiten immer auch auf die entsprechenden Standortsbedingungen verwiesen.

Ein Versuch, die Pflanzendecke der terrestrischen Lebensräume der gesamten Biosphäre in Formationstypen zu gliedern, ist in Abb. 4.2.25 dargestellt. Berücksichtigt werden dabei nur die Klimaxvegetation bzw. die Klimaxformationen. Als Koordinaten des Dia-

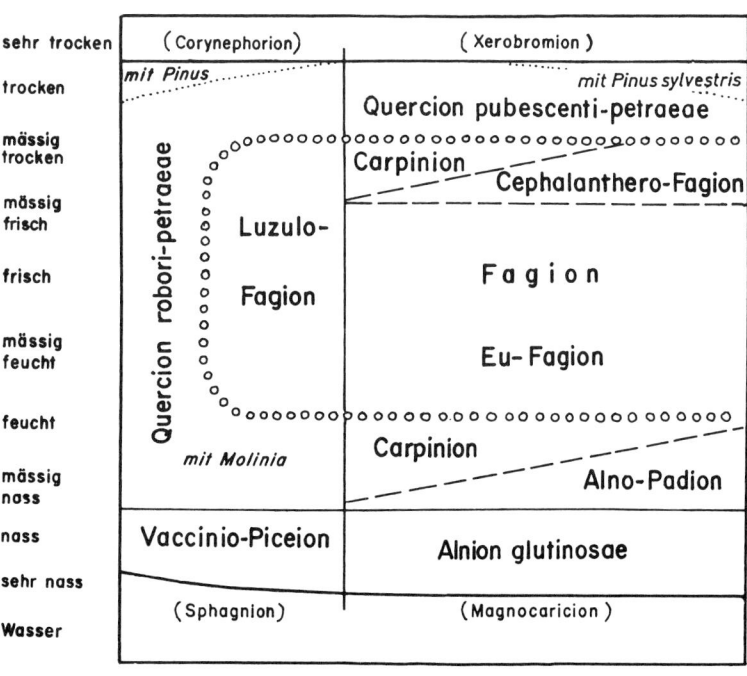

Abb. 4.2.24: Die Verbände der mitteleuropäischen Laubwald-Gesellschaften auf sauren bis alkalischen (bzw. nährstoffarmen bis nährstoffreichen) und nassen bis trockenen Böden (in der submontanen Höhenstufe und bei gemäßigt subozeanischem Klima). Im Randbereich liegen Vaccinio-Piceion, die Fichtenwälder und Alnion glutinosae, die Erlenbruchwälder; gehölzfreie Vegetationstypen sind xerophile Grasfluren auf kalkärmer und kalkreicher Unterlage (Corynephorion bzw. Xerobromion) sowie Hochmoore (Sphagnion und Verlandungsgesellschaften (Magnocaricion). Den Grenzlinien entsprechen in der Natur Zonen mit überleitenden Vergesellschaftungen. Vgl. dazu auch Abb. 4.0.3 und S. 917 ff. (Nach Ellenberg.)

gramms werden die mittleren Jahrestemperaturen und die mittleren Jahresniederschläge herangezogen. Eine ausführliche Darstellung der 16 in Abb. 4.2.25 ausgeschiedenen Pflanzenformationen findet sich im fünften Abschnitt (S. 914ff.).

Die 16 terrestrischen Formationstypen lassen sich zu vier Gruppen zusammenfassen: Wälder, Lockergehölze, Gras- und Zwergstrauchvegetation und Wüsten (Abb. 4.2.25). Dazu kommen noch die Formationen der Binnengewässer und der Meere. Im einzelnen umfassen die Formationstypen regionale Formationen (z.B. die mediterranen Hartlaubgehölze), die sich ihrerseits wieder aus verschiedenen Synusien aufbauen können. Regionale Formationen bzw. Formationstypen werden vielfach als Ordnungsrahmen für die höheren floristisch gefaßten Vegetationstypen verwendet. Die europäische Klasse der Querco-Fagetea kann dabei etwa den holarktischen sommergrünen Laubwäldern zugeordnet werden.

Die **räumliche Vegetationsgliederung** läßt sich durch Analyse und Kartierung der Pflanzengemeinschaften erfassen. Um zu einer Übersicht zu kommen, muß man natürlich auch hier generalisieren. Doch werden gerade dabei vielfältige Gesetzmäßigkeiten und Zusammenhänge zwischen dem horizontalen Aufbau der Pflanzendecke und den Umweltverhältnissen sichtbar. Je nach der Intensität menschlicher Eingriffe erfährt diese Pflanzendecke sehr unterschiedliche Veränderungen und prägt die mannigfachen Abstufungen zwischen Natur- und Kulturlandschaft. Ein Verständnis dieser Zusammenhänge ist für die aktuellen Fragen der Raumplanung und Landschaftsgestaltung von entscheidender Bedeutung.

Pflanzengesellschaften im Rang von Assoziationen lassen sich nur auf großmaßstäbigen Karten darstellen (Abb. 4.2.19). Bei

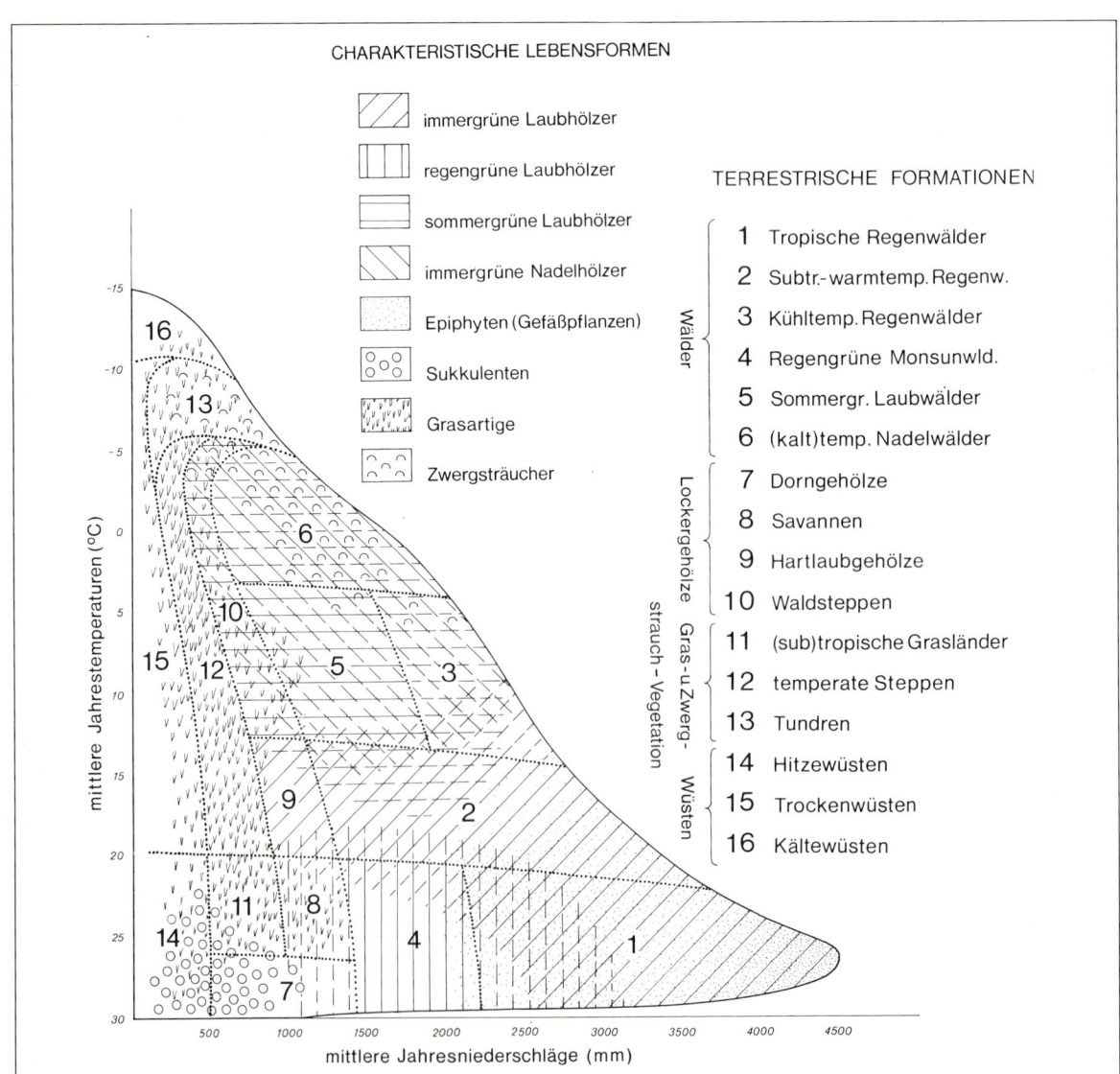

Abb. 4.2.25: Formationstypen des Festlandes: Versuch einer Gliederung der Klimaxvegetation nach mittleren Jahrestemperaturen und Niederschlagsmengen. Signaturen kennzeichnen einige charakteristische Lebensformen. Besonders im mittleren Bereich des Diagramms sind die Grenzlinien unscharf, da sich die relative Lage der Formationen zu den Klimadaten gebietsweise nicht unerheblich verschiebt. Weitere Erklärungen im Text und S. 914ff. (Nach Dansereau und Whittaker, stark verändert und erweitert.)

stärkerer Verkleinerung können nur noch umfassendere Vegetationskomplexe abgebildet werden. Vielfach abstrahiert man dabei von den anthropogenen Veränderungen und bezieht sich auf die potentielle natürliche Vegetation (die sich einstellen würde, wenn der menschliche Einfluß wegfällt; Abb. 4.2.27). Bei Vegetationskarten der Kontinente bzw. der gesamten Erdoberfläche muß man sich auf die dominierenden Formationen bzw. Formationskomplexe beschränken (vgl. die Farbkarte bei S. 919). Die Methoden der Luftbildphotographie (von Flugzeugen oder Satelliten) haben eine Revolution in der Vegetationskartierung und der Kartenauswertung gebracht (vgl. Abb. 4.2.19). Mit Spezialfilmen und -kameras lassen sich nämlich nicht nur feine Vegetationsunterschiede, sondern auch die räumliche Verteilung wichtiger Standortsfaktoren (etwa der Temperatur etc.) erfassen («remote sensing»).

Im lokalen Bereich und unter einheitlichen großklimatischen Verhältnissen erlaubt die Vegetationsgliederung erste Rückschlüsse auf die engräumigen Standortsdifferenzierungen und die Zusammenhänge zwischen Böden, Wasserversorgung usw. einerseits und Nutzungsform, Regeneration und Sukzession der Pflanzendecken andererseits (vgl. Abb. 4.01, 4.2.5, 4.2.7, 4.2.18, 4.5.5, 4.5.6).

Die Vegetationsgliederung im regionalen Bereich läßt Zusammenhänge erkennen mit dem sich ändernden Großklima, den landschaftlichen Großformen und den davon abhängigen regionalen Landnutzungstypen (Abb. 4.2.19, 4.2.27).

Den Übergang vom lokalen zum regionalen Bereich natürlicher borealer Vegetationsstrukturen in Alaska macht Abb. 4.2.19 anschaulich: Dabei kann man nämlich einen Moorkomplex mit stagnierenden, nährstoffarmen Gewässern (d + e + f), einen vom nährstoffreichen Fließgewässer geprägten Auenkomplex (b + c) und einen grundwasserferneren Mischwaldkomplex (a) unterscheiden. Jeder dieser Vegetationskomplexe charakterisiert einen natürlichen Standortsraum, eine sog. «Fliese». Im rheinischen Mittelgebirgsland (Hohes Venn) besetzt der sukzessionsmäßig auf einen Klimaxwaldtyp ausgerichtete «Gesellschaftsring» der tiefgründigen Flachhänge auf Kalk eine solche Fliese (Abb. 4.2.17). Zusammen mit Hochflächen, steilen Kalkhängen, Talauen usw. bilden sie ein Fliesengefüge, ihre Vegetation einen Wuchsdistrikt. Noch umfassendere Vegetationseinheiten werden in einer Karte der Pflanzendecke Niederösterreichs (Abb. 4.2.27) erkennbar. Hier bestimmen etwa wärmeliebende Eichenmischwälder und Eichen-Hainbuchen-Wälder mit edaphisch bedingten Flaumeichen-Waldsteppen, Fels-, Sand- und Salzsteppen sowie Flußauen des Tieflandes den Charakter der pannonischen Vegetationsprovinz. Sie ist mit der mitteleuropäischen, diese wieder mit der alpischen Vegetationsprovinz verzahnt.

Auch bei den Höhenstufen (= Vegetationsstufen) der Gebirge (S. 839, 921ff., Abb. 4.2.26, 4.2.27, 4.5.3) handelt es sich um Vegetationskomplexe, die man auf die jeweils dominierenden Klimaxgesellschaften bzw. Klimaxformationen bezieht. Diese Pflanzengesellschaften spiegeln am besten die mit zunehmender Höhe veränderten Klimabedingungen (besonders Abnahme der Temperatur, vgl. S. 874).

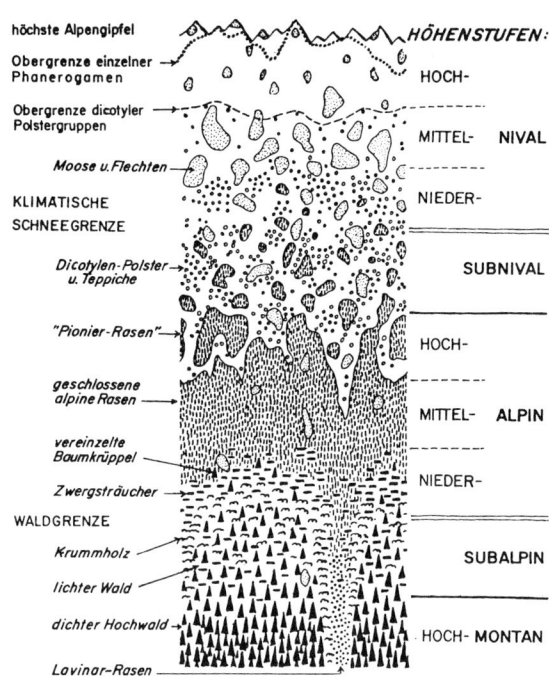

Abb. 4.2.26: Obere Höhenstufen der Alpen mit charakteristischen mosaikartigen Komplexen von Formationstypen. Weitere Erklärungen im Text und S. 921 ff. (In Anlehnung an Reisigl & Pitschmann aus Ellenberg.)

Im Alpenraum (Abb. 4.2.26) charakterisiert man die zur Waldgrenze hin aufgelockerten Fichten-Lärchen-Zirben-Bestände mit Krummholz bzw. Grünerlengebüschen als subalpin und die von geschlossenen Zwergstrauchheiden bzw. Rasen beherrschte Stufe darüber als nieder- bzw. mittel- bis hochalpin (auch unter- bzw. oberalpin). Die fortschreitende Auflockerung von Pionierrasen und dicotylen Polster- und Teppichpflanzen leitet dann von der subnivalen zur nivalen Stufe oberhalb der klimatischen Schneegrenze über; hier verschwinden die letzten Polsterpflanzen, und nur Moose und Flechten dringen bis zu den höchsten Alpengipfeln vor. – Stärker generalisiert sind die Vegetationsprofile durch Mitteleuropa (Abb. 4.5.3; S. 916): sie bringen besonders die Absenkung der Vegetationsstufen von S nach N und das Zurücktreten der subozeanischen Buche in der Bergstufe von W nach O zur Darstellung.

Zuletzt entspricht die kontinentale und weltweite Vegetationsgliederung weithin den Großklimazonen der Erde mit ihrem Temperaturgefälle vom Äquator zu den Polen und den überlagerten Ozeanitäts-Kontinentalitätsgradienten (Abb. 4.3.5, 4.5.1 und Karte bei S. 919).

Gegenstand umfassender Vegetationskarten können meist nur Komplexe von Klimaxformationen sein, wie dies für den kontinentalen Osten Europas in einem N/S-Profil oder in der Vegetationskarte (bei S. 919) dargestellt ist. Hier werden die vielfachen Parallelen mit der Weltkarte der Florenzonen (Abb. 4.1.5) deutlich. Noch stärker abstrahiert sind schließlich die großen Vegetationsstufen, die einem «Idealprofil» vom Nord- zum Südpol (Abb. 4.5.1) zugeordnet werden können.

866 · Vegetationskunde

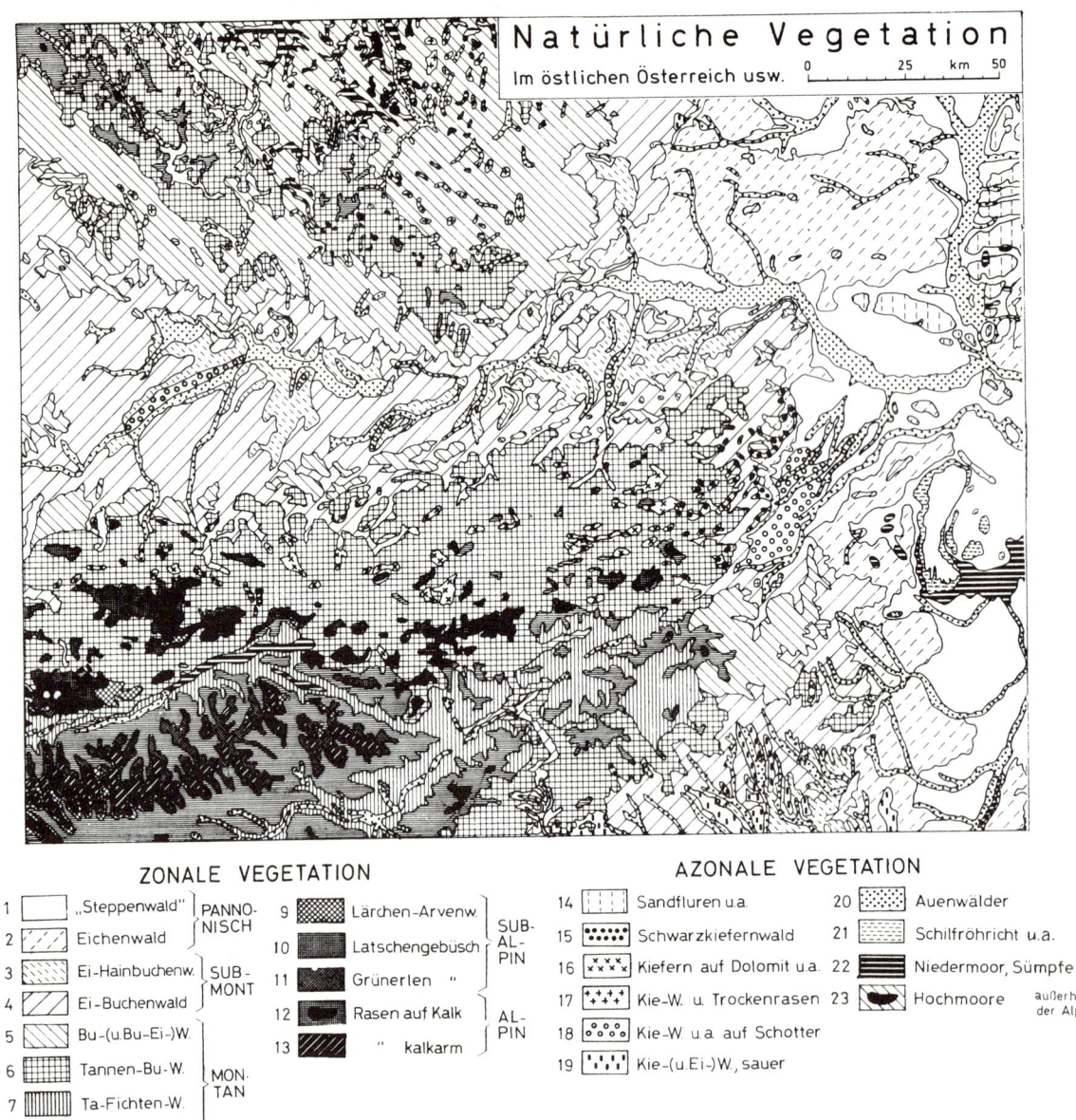

ZONALE VEGETATION

1 „Steppenwald" } PANNO-NISCH
2 Eichenwald
3 Ei-Hainbuchenw. } SUB-MONT
4 Ei-Buchenwald
5 Bu-(u.Bu-Ei-)W.
6 Tannen-Bu-W. } MON-TAN
7 Ta-Fichten-W.
8 Fichtenwald
9 Lärchen-Arvenw. } SUB-AL-PIN
10 Latschengebüsch
11 Grünerlen "
12 Rasen auf Kalk } AL-PIN
13 " kalkarm

AZONALE VEGETATION

14 Sandfluren u.a.
15 Schwarzkiefernwald
16 Kiefern auf Dolomit u.a.
17 Kie-W. u. Trockenrasen
18 Kie-W. u.a. auf Schotter
19 Kie-(u.Ei-)W., sauer
20 Auenwälder
21 Schilfröhricht u.a.
22 Niedermoor, Sümpfe
23 Hochmoore außerha der Alpe

Abb. 4.2.27: Vegetationsgliederung Mitteleuropas am Beispiel von Niederösterreich. Potentielle natürliche Klimaxgesellschaften (fast überall Wälder!), daraus abgeleitete Höhenstufen und großflächige Dauergesellschaften. Der Verlauf der größeren Flüsse (Donau, March etc.) ist an den Auenwäldern (20) erkennbar. Weitere Erklärungen S. 865, 921ff. (Nach Wagner aus Ellenberg.)

Dritter Abschnitt
Standort und Ökosystem

Jede kausale Analyse der Verbreitung und des Zusammenlebens der Pflanzen muß darauf ausgerichtet sein, die am Standort (bzw. Biotop) wirksamen **Standortfaktoren** (Abb. 4.3.1) zu erfassen. Ihr Einfluß auf den Aufbau der Populationen, die Gestalt und Begrenzung der Areale sowie die Entstehung, Struktur und Veränderung der Pflanzengemeinschaften wurde bereits in den vorhergehenden Kapiteln mehrfach angedeutet.

Unmittelbar bestimmt werden Standorte bzw. Umwelt jeder Pflanze durch die Faktoren Sonnenbestrahlung in Form von Licht und Temperatur (Wärme) als Energiequellen (S. 252 f.), sowie durch das Wasser und die chemischen Faktoren als Voraussetzung für alle Stoffwechsel- und Wachstumsvorgänge (S. 242 ff., 381 ff.); vor allem schädigend wirken Feuer und mechanische Faktoren. Diese primären Standort- (oder Umwelt-)faktoren erscheinen im Gelände vielfach «gebündelt» zu sekundären Faktorenkomplexen, vor allem Klima, Relief und Boden. In Abhängigkeit davon wird in jedem Lebensraum aus dem gegebenen Artenbestand der Flora eine bestimmte Vegetation «ausgelesen». Als spezifische Produkte der dabei anlaufenden Wechselwirkungen bilden sich Boden und Bestandesklima:

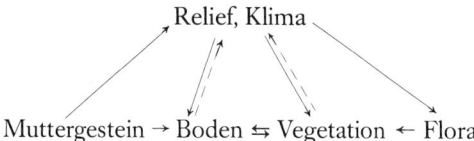

Für die Entstehung bestimmter Pflanzengemeinschaften bzw. Vegetationstypen sind aber nicht nur die chemisch-physikalischen (also abiotischen) Faktoren aus Klima, Relief und Boden sowie die ökophysiologische Konstitution bzw. autökologische Reaktionsnorm der beteiligten Arten maßgeblich. Das Zusammenleben und der Wettbewerb der Sippen einer Biocoenose (z.B. die Beziehung Pflanzen/tierische Parasiten) und nicht zuletzt die mannigfaltigen Eingriffe des Menschen bringen auch die biotischen Faktoren ins Spiel. Dementsprechend wird die Reaktionsnorm jeder Sippe im Gelände auf den Bereich ihrer synökologischen Amplitude eingeengt (vgl. S. 833 und Abb. 4.0.4, 4.3.23); für diesen Bereich von Standortfaktoren haben die Sippen ökologischen Zeigerwert. Nur solche Sippen können zuletzt in einer Biocoenose bestehen, die sich als Partner im dynamischen Gleichgewicht von Lebewelt und Umwelt ergänzen, fördern oder zumindest nicht allzu stark stören.

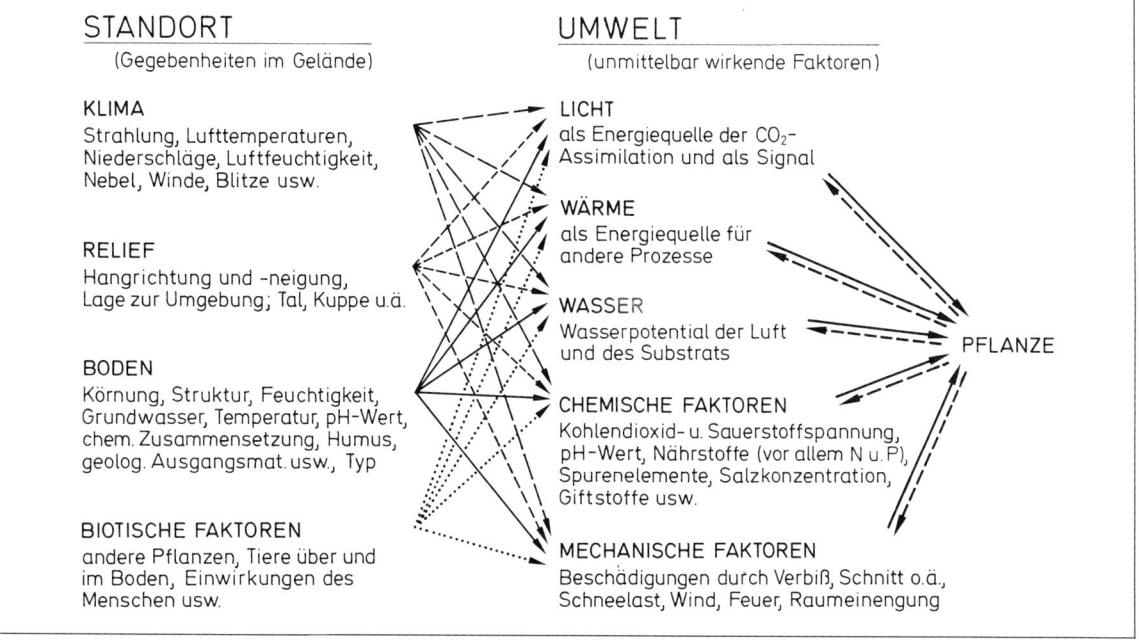

Abb. 4.3.1: Die im Gelände erkennbaren sekundären Standortfaktoren erweisen sich als Komplex aus primären Standort- bzw. Umweltfaktoren, welche direkt auf die Pflanze wirken; vielfach lassen sich auch Rückwirkungen feststellen. (Nach Ellenberg.)

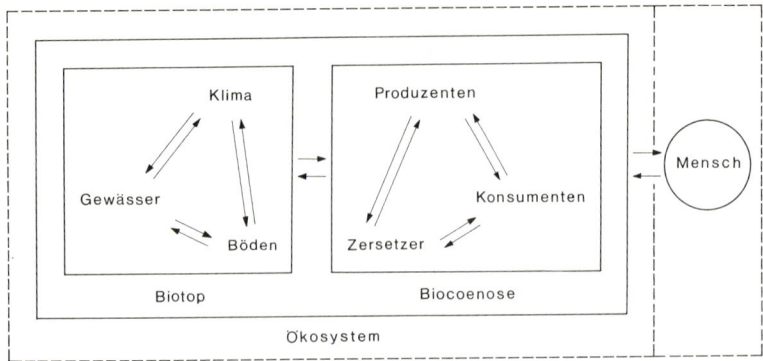

Abb. 4.3.2: Schema der Wechselbeziehungen innerhalb und zwischen Biotop, Biocoenose, Ökosystem und Mensch. Im Mensch-Ökosystem-Komplex überschneiden sich biologische Ökologie und Humanökologie. (Nach Bornkamm.)

Dem Ordnungsgefüge der Biocoenosen mit ihrer Umwelt, also den Biogeocoenosen (= Biogeocoenen) bzw. Biohydrocoenosen, entspricht das Wirkungsgefüge mehr oder minder umfassender **Ökosysteme** (S. 832). Das Wesen vollständiger Ökosysteme, sowohl der Gewässer als auch des Landes, kann durch einige allgemeine Hinweise charakterisiert werden (vgl. dazu Abb. 4.3.2, 4.3.3, 4.3.28): Es handelt sich um offene Systeme mit Zu- und Abfuhr von Energie und Stoffen sowie ihrem internen Kreislauf: Ökosysteme umfassen drei ernährungsphysiologische Typen von Organismen (S. 1, 8, 251, 851 f.): Nur die autotrophen Pflanzen vermögen als primäre Produzenten («Erzeuger») ausschließlich aus abiotischen Quellen energiereiche organische Verbindungen aufzubauen (primäre Produktion). Davon leben einerseits die tierischen Konsumenten («Verbraucher»), entweder direkt als Herbivore (Phytophage, Pflanzenfresser) oder indirekt als Carnivore (Räuber erster, zweiter oder weiterer Ordnung). Die toten organischen Rückstände der Produzenten und Konsumenten (Detritus) werden schließlich durch Zersetzer (Destruenten), zuerst durch Saprovore (Detritophage, Abfallfresser: z.B. Würmer, Milben) und dann durch Mineralisierer (besonders Bakterien und Pilze), wieder zu anorganischen Stoffen abgebaut und damit in den Kreislauf zurückgeführt. Derartige Nahrungsketten verknüpfen – ebenso wie die Energieflüsse und Stoffkreisläufe – die Glieder jedes Ökosystems miteinander. Diese Verbindungen sind rückgekoppelt und ermöglichen Ökosystemen im begrenzten Ausmaß eine Selbstregulation gegenüber Veränderungen von außen her (ähnlich wie Organismen: z.B. S. 305 ff., Abb. 2.1.69, 2.1.70 oder Populationen: S. 847 ff., Abb. 4.2.4).

Die Leistungsfähigkeit und Produktivität von natürlichen bis zu künstlich-anthropogenen Ökosystemen bildet die Grundlage für eine extensive bis intensive Nutzung zugunsten der ständig anwachsenden Menschheit. Dabei haben die Eingriffe durch Land- und Forstwirtschaft sowie die Besiedlung und Industrialisierung nicht nur die verschiedensten Veränderungen, sondern vielfach auch Verseuchung und Zerstörung der Ökosysteme zur Folge. Daher werden korrigierende Maßnahmen immer dringlicher.

A. Klimatische und edaphische Faktoren

1. Allgemeines zu Klima und Boden

Als **Klima** bezeichnet man den mittleren Zustand der Atmosphäre und den durchschnittlichen Ablauf der Witterung. Die verschiedenen Klimate der Erde sind vor allem durch das Ausmaß und die jahreszeitliche Verteilung von Wärmezufuhr und Niederschlägen bedingt. Diese Unterschiede lassen sich anschaulich in Form von Klimadiagrammen darstellen (Abb. 4.3.4).

Aus diesen Klimadiagrammen sind nicht nur der Jahresgang des Klimas nach Monatsmitteln (mit kalten, frostgefährdeten und frostfreien Monaten), sondern auch die für die Pflanzenwelt besonders wichtigen Temperaturextreme zu ersehen. Die Koppelung von Niederschlags- und Temperaturkurven (im Verhältnis 2:1) gibt einen Anhaltspunkt für die davon abhängige potentielle Evaporation (Verdunstungsvermögen der Atmosphäre) und erlaubt die Unterscheidung von relativ humiden bzw. ariden Perioden (Regen- bzw. Trockenzeiten). In den kalten Jahreszeiten fallen die Niederschläge häufig als Schnee, das oberflächennahe Bodenwasser ist gefroren. Über die Schneedecke emporragende Pflanzenteile sind daher durch Frosttrocknis gefährdet (S. 400 f.), darunter ist guter Schutz gewährleistet. In den Tropen verändert sich die mittlere Monatstemperatur kaum, echte Jahreszeiten fehlen, Tag und Nacht sind das ganze Jahr über fast gleich lang und bestimmen den Temperaturgang – tagsüber warm, nachts kühl und in Hochgebirgslagen ganzjährig Nachtfrost: Tageszeitenklima. In den temperaten Zonen herrscht demgegenüber ein ausgesprochenes Jahreszeitenklima mit stark veränderlichen Tag- und Nachtlängen.

In Abhängigkeit von der geographischen Breite ändert sich die Sonneneinstrahlung und mit ihr die mittlere Jahrestemperatur, die Vegetationszeit und die potentielle Evaporation (Abb. 4.3.5). Wo der jährliche Niederschlag die potentielle Evaporation übertrifft, spricht man von humiden, im umgekehrten Fall von ariden Klimaten. Auch die Ausbildung von Permafrost (Dauerfrostboden) und der Grundwasserspiegel stehen verständlicherweise mit Temperaturgang und Niederschlag im Zusammenhang.

Die räumlichen und zeitlichen Verschiedenheiten der Niederschläge sind vom Sonnenstand und der Luft-

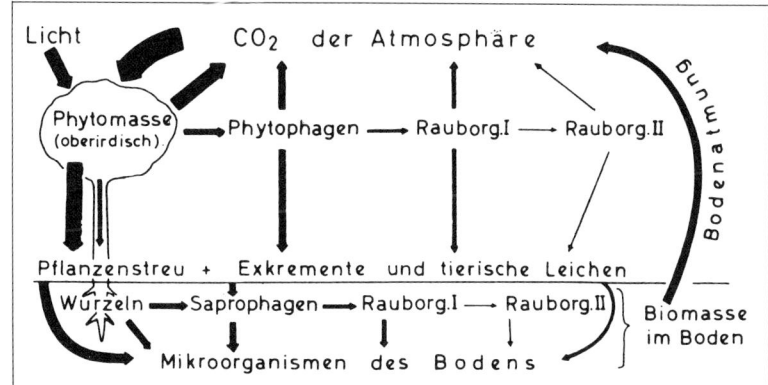

Abb. 4.3.3: Vereinfachtes Schema eines Laubwald-Ökosystems. Einige wichtige Organismengruppen, Biomassen, tote organische Reste sowie Nahrungs-, Kohlenstoff- und Energieflüsse sind angedeutet. (Nach Walter.)

circulation auf der Erdoberfläche abhängig (Abb. 4.3.6). Die äquatoriale Kalmenzone ist überwiegend feucht, die Passat- und Westwindbereiche sind wechselfeucht, die Roßbreiten trocken.

Die starke Erwärmung der feucht-warmen tropischen Luftmassen bei senkrechter Sonneneinstrahlung läßt sie aufsteigen, abkühlen und ausregnen und verursacht so die Zenitalregen der Kalmenzone. Gegen N und S abgelenkt sinken die Luftmassen wieder zur Erdoberfläche, erwärmen sich, nehmen Feuchtigkeit auf und bedingen die subtropischen Wüstengürtel der Roßbreiten. Die ziemlich gleichgerichteten (im afrikanisch-asiatischen Raum aber durch die Monsuncirculation veränderten) Passatwinde entstehen durch das Zurückströmen der Luft zum Äquator. In den temperaten Zonen der N- und S-Hemisphäre bilden sich infolge Mischung von warmer und kalter Luft Cyclonen, die infolge der Erdrotation als vorherrschende Westwinde nach Osten ziehen. Sie bringen vom Meer her besonders an den Randzonen der Kontinente und in den Gebirgen cyclonale Niederschläge und Steigungsregen, während die meeresfernen und ebenen Innenräume relativ trocken bleiben. Die kalten polaren Luftkappen enthalten wenig Luftfeuchtigkeit und sind arm an Niederschlägen; wegen der geringen Evaporation ist das polnahe Klima jedoch trotzdem feucht.

Infolge der jahreszeitlichen Verschiebung des Zenitalstandes der Sonne verschieben sich auch die besprochenen Klimazonen. In den Tropen entsteht dadurch ein Wechsel von Regen- und Trockenzeiten, in der meridionalen und australen Zone (z.B. im Mittelmeergebiet oder im Kapland) ein sog. Etesienklima mit Roßbreiteneinfluß und Trockenheit im Sommer und mit Westwindklima und Niederschlägen im Winter bzw. Frühjahr und Herbst. In den (humid) temperaten Zonen ergibt sich der bekannte Jahreszeitenwechsel mit erweiterten polaren Kaltluftvorstößen im Winter, mit dominierenden Westwetterlagen im Frühjahr und Herbst und mit verstärkten subtropischen Warmlufteinflüssen, Gewittern und Niederschlagsmaxima im Sommer.

Das regionale «Makroklima» der Erde wird in Abhängigkeit von Relief, Exposition, Bodenstruktur, Pflanzenbedeckung, menschlicher Nutzung etc. in mannigfacher Weise zum «Lokalklima» und

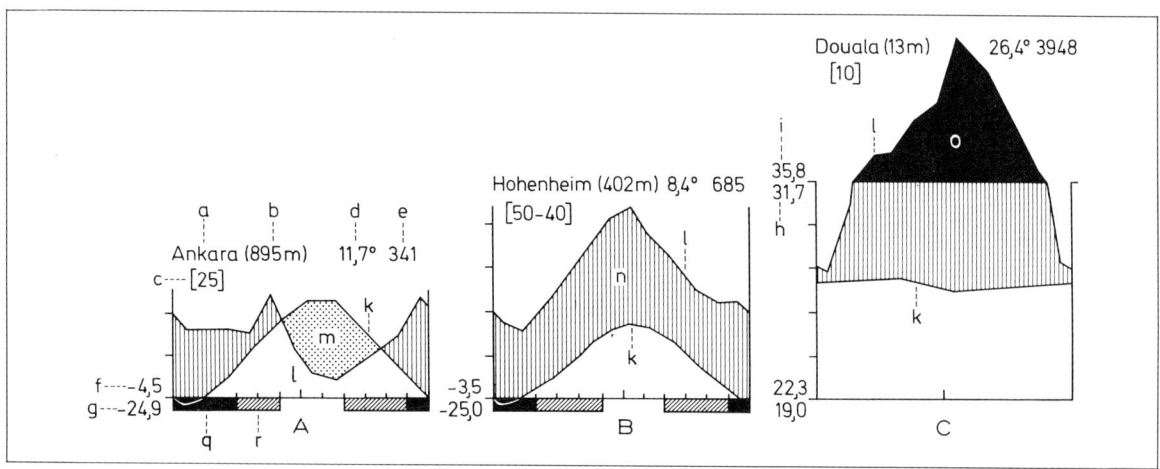

Abb. 4.3.4: Beispiele für Klimadiagramme. **A** Warm-gemäßigt und kontinental, mit Winterregen und Sommerdürre (Türkei, Ankara). **B** Gemäßigt-humid, mit mäßig kaltem Winter und feuchtem Sommer (Stuttgart-Hohenheim). **C** Tropisch-humid, mit Regenzeit und (relativer) Trockenzeit (Kamerun, Douala). Abszisse: Monate, Ordinate: ein Teilstrich = 10 °C bzw. 20 mm Regen. a = Station, b = Höhe über dem Meere, c = Zahl der Beobachtungsjahre, d = mittlere Jahrestemperatur in °C, e = mittlerer Jahresniederschlag in mm, f = mittleres tägliches Minimum des kältesten Monats, g = absolutes Minimum, tiefste gemessene Temperatur, h = mittleres tägliches Maximum des wärmsten Monats, i = absolutes Maximum, höchste gemessene Temperatur, k = Kurve der mittleren Monatstemperaturen, l = Kurve der mittleren monatlichen Niederschläge, m = relativ aride Dürrezeit (grob punktiert), n = relativ humide Jahreszeit (vertikal schraffiert), o = mittlere monatliche Niederschläge > 100 mm (schwarz, Maßstab auf $^1/_{10}$ reduziert), q = kalte Jahreszeit: Monate mit mittlerem Tagesminimum unter 0° (schwarz), r = Monate mit absolutem Minimum unter 0 °C, Spät- oder Frühfröste kommen vor (schräg schraffiert). (Nach Walter.)

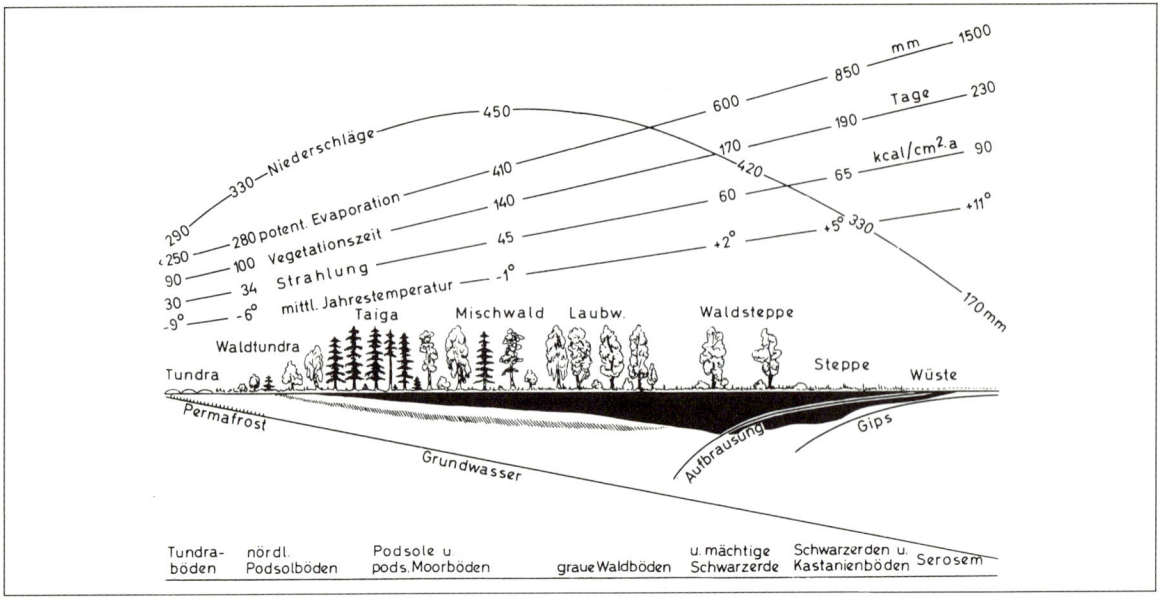

Abb. 4.3.5: Schematisches Profil durch Osteuropa vom Barents-Meer im Norden bis zum Kaspi-See im Süden. Klima: mittlere Jahresniederschläge und mittlere Jahrestemperaturen, potentielle Evaporation, Strahlungsintensität und Vegetationszeit; Grenze zwischen humidem Klima (im N) und ariden Klima (im S) an der Überschneidung von Niederschlags- und Evaporationskurve. Formationen der Vegetation: Tundren, boreale Nadelwälder (Waldtundren und Taiga), sommergrüne Laubmischwälder, Waldsteppen, Steppen und (Halb-)Wüsten. Böden: Dauer-(Perma-)frost, Grundwasserstand, Kalk- (Aufbrausen mit HCl) bzw. Gipsgehalt, Humushorizont (schwarz), Einschwemmungs-(B-)horizont (schraffiert). (Nach Shennikow aus Walter.)

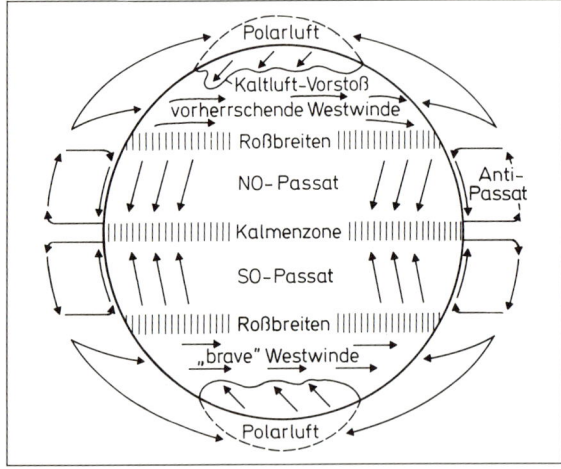

«Mikroklima» abgewandelt (vgl. die Beispiele S. 875 sowie Abb. 4.3.5, 4.3.12). Die Klimaeinflüsse im kleinen und kleinsten Raum zeigen oft eine viel breitere Streuung und weiter auseinanderliegende Extremwerte als das «Makroklima». Das ist wesentlich, denn erst diese lokal- bzw. mikroklimatischen Faktoren wirken unmittelbar auf die Pflanzenwelt.

Der **Boden** entsteht durch klimabedingtes Verwittern des obersten Gesteinsmantels der Erde (Lithosphäre) und unter Mitwirken der Organismen (Biosphäre) als komplexe Pedosphäre (S. 340, Abb. 4.0.1. 4.3.7,

Abb. 4.3.6: Schema der Luftströmungen auf der Erde (im Grund- und Aufriß) zur Zeit der Tag- und Nachtgleiche. Weitere Erklärungen im Text. (Nach Gebauer aus Walter.)

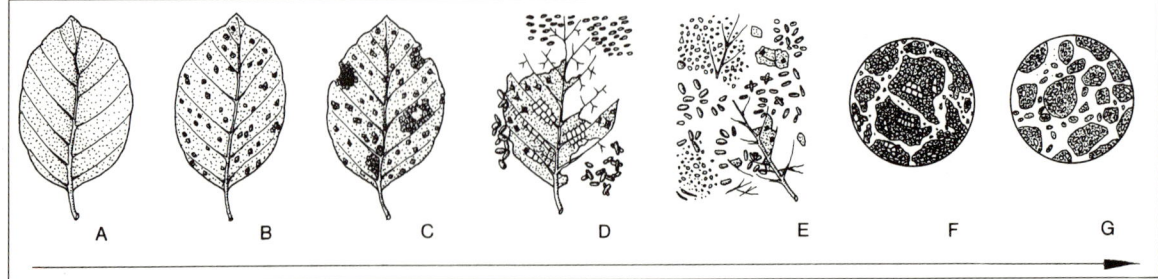

Abb. 4.3.7: Abbau der Laubstreu und Bildung von mildem Humus (Mull) im reichen Braunerdebuchenwald. **A** Laubfall; **B** Fensterfraß (Springschwänze u.a.) und Eröffnung der Epidermis (Beginn der Bakterien- und Pilzbesiedlung); **C** Übergang zum Lochfraß; **D** Loch- und Skelettfraß (Asseln, Tausendfüßler u.a.), Tierlosung; **E** Höhepunkt der mikrobiellen Verwesung (Bakterien, Pilze), weiterer Fraß durch saprophage Tiere (Moosmilben u.a.); **F** Aufnahme der verwesenden Masse, Mischung mit Mineralien und Bildung von Ton-Humuskomplexen durch Detritusfresser (Regenwürmer u.a.); **G** Zustand nach wiederholter Darmpassage (dabei geförderter bakterieller Abbau!) und Krümelbildung: Mull. (A–E etwa $1/3$, F–G etwa $\times$ 150; nach Zachariae aus Schaller.)

4.3.8). Die besondere Lebewelt im Boden bezeichnet man als Edaphon (S. 646).

Die Lithosphäre wird durch Erosion und Verwitterung dauernd aufgelockert und abgebaut. Diese Vorgänge werden entscheidend beeinflußt vom Klima mit Wasser- und Temperaturwirkungen (Hitze- und Frostsprengung, Hydrolyse, Abtragung etc.), vom Relief (Gebirgsschutt, Flußschotter, Sedimentationsbecken etc.) und von der Lebewelt (gesteinslösende Algen, Wurzelausscheidungen, vor Erosion schützende Pflanzendecke etc.). Nicht minder wichtig für die Bodenbildung ist aber der organische Bestandesabfall der Biosphäre und sein Abbau durch das Edaphon. Hier agieren die verschiedensten Tiergruppen als Saprovore und zahlreiche, teilweise symbiotische Bakterien und Pilze als Mineralisierer von Laubstreu, Holz, Tierleichen etc. (S. 374 ff., 542 f., 593 ff., 850, Abb. 4.3.7). In guten Waldböden beträgt die Tiermasse (besonders Regenwürmer) 20–80 g/m^2 und die Bakterienmasse bis zu 0,3 % des Bodengewichts. Die Tätigkeit dieser Bodenorganismen ist sehr von den jeweiligen Lebensbedingungen abhängig. In gleichmäßig warm-feuchten Klimaten wird der Bestandesabfall sehr rasch und vollständig abgebaut und mineralisiert (z.B. in tropischen Regenwäldern). Bei Kälte, Nährstoffarmut und Bodenversauerung oder bei Wasserstau und mangelhafter Luftzufuhr ist dieser Abbau aber sehr unvollständig, es bilden sich Rohhumus oder Torf (z.B. in borealmontanen Wäldern bzw. Mooren), und die in guten Böden der Masse und Artenzahl nach reich vertretenen bakteriellen Mineralisierer werden stark zurückgedrängt (Abb. 4.3.17). Unter solchen ungünstigen Bedingungen verschwinden auch die meisten übrigen Bodenlebewesen, wie die Luftstickstoffbinder (S. 351 ff.), viele Algen als Primärproduzenten (S. 646) etc. Gleichzeitig sinkt auch die Bodenatmung als Ausdruck der Intensität des Bodenlebens.

Die chemisch-physikalischen Eigenschaften der Böden wirken als edaphische Faktoren in sehr mannigfaltiger Weise auf alle Bodenbesiedler, insbesondere auf Rhizophyten. Maßgeblich für diese Einflüsse sind vor allem Schichtung, Gefüge und Bestandteile der Böden, die mit ihrer Entstehung unmittelbar verknüpft sind (Abb. 4.3.8).

Die Schichtung eines Bodens wird durch sein Profil veranschaulicht (Abb. 4.3.8). Obenauf liegt die unzersetzte Streu (Bestandesabfall, A_{00}- oder L-Horizont). Dann folgt meist eine Rohhumusschicht A_0, in der man aufgrund des fortschreitenden Abbaus der organischen Reste noch zwischen einer Vermoderungsschicht F (Gewebestrukturen noch erkennbar) und einer Humusstoffschicht H (ohne Gewebereste) unterscheiden kann. Darunter macht sich die Vermischung von Humusstoffen und mineralischen Bodenbestandteilen durch die Bodentiere (z.B. Regenwürmer) bemerkbar: A_1-Horizont. Eine mehr/minder ausgebleichte und humusarme bzw. -freie Auswaschungszone A_2 leitet dann vielfach über zum Einschwemmungs- (Illuvial-)horizont B, in dem sich etwa Eisen-Humuskolloide oder Nährstoffe anreichern. C kennzeichnet schließlich das Ausgangsmaterial (Muttergestein) des darüberliegenden Bodens. Diese Schichtung ist in jungen Rohböden noch kaum angedeutet. Vielfach sind nicht

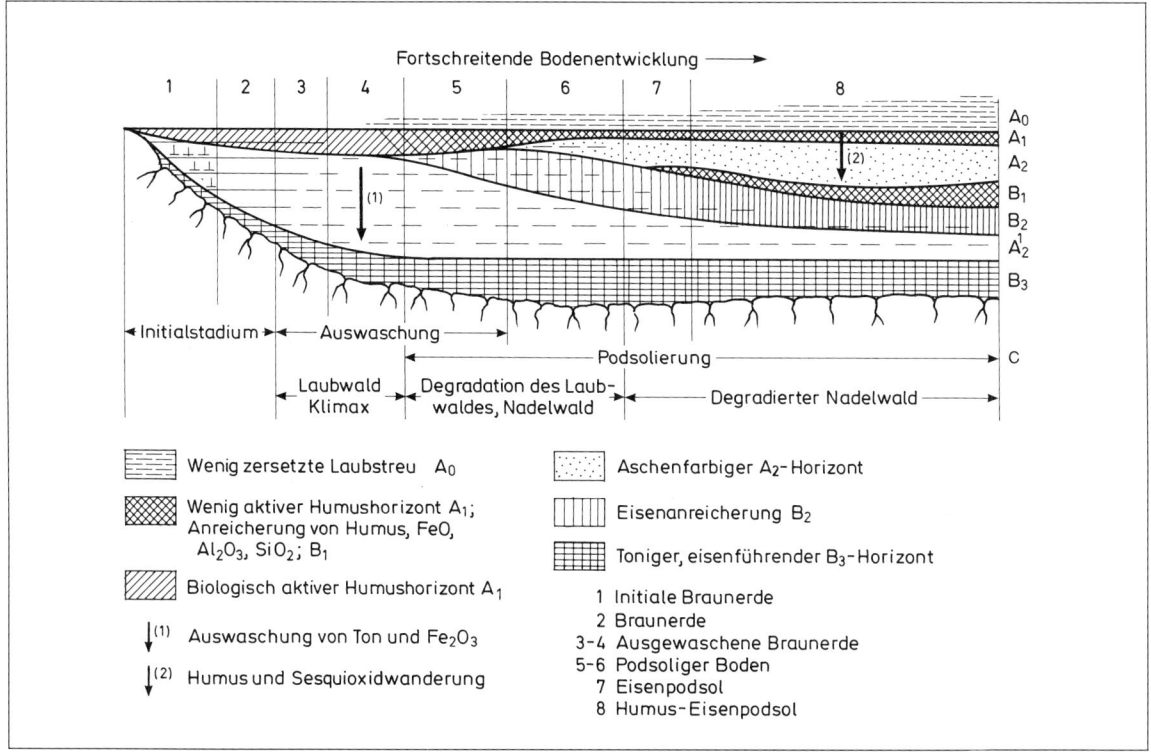

Abb. 4.3.8: Bodenentwicklung im atlantischen Klimabereich Europas (Westfrankreich). Initialstadien (1 Ranker mit Umwandlung des silicatischen Muttergesteins zu Ton: ⊥ →≡, 2 junge Braunerde), Klimax (3–4 Braunerden mit fortschreitender Auswaschung: ═══) und Degradation (5–8 fortschreitende Podsolierung: verstärkte Rohhumusanreicherung in A_0, Nährstoffauswaschung in A_2 und Eisenanreicherung in B). (Nach Duchaufour aus Braun-Blanquet.)

alle Schichten ausgebildet; A_2- bzw. B-Horizonte können z.B. nur in niederschlagreichen Gebieten entstehen. Bei Wasserstau von unten her bildet sich ein Gleyhorizont, beim Durchsickern von oben ein Pseudogley.

Für das Bodengefüge ist das Verhältnis von Porenvolumen (mit Bodenluft bzw. Bodenwasser) und festen Bestandteilen, die Korn-(Teilchen-)größe (Grobsand > 0,2 mm ∅, Feinsand 0,2–0,02 mm ∅, Schluff-Silt 0,02–0,002 mm ∅, Ton < 0,002 mm ∅) und die Aggregation der Teilchen zu Bodenkrümeln von Bedeutung. In leichten Böden (Sandböden) überwiegen die größeren Teilchen; sie haben ein hohes Porenvolumen und daher gute Durchlüftung, aber schlechte Wasserkapazität (S. 326 f.). Kleinere Teilchen dominieren dagegen in schweren Böden (Lehm- bis Tonböden); hier nehmen Porenvolumen und Durchlüftung ab, die Wasserkapazität aber zu. Weiter ist eine gute Krümelstruktur Voraussetzung für einen günstigen Wasser- und Lufthaushalt der Böden (S. 326ff., 340).

Die wichtigsten Bestandteile des Bodens sind die kolloidalen und mit einer Wasserhülle versehenen Tonmineralien und Huminstoffe. Im Ca^{++}-reichen Milieu bilden sie die sog. Ton-Humus-Komplexe, die Grundlage der Bodenkrümel. Tonminerale, Huminstoffe und ihre Komplexe binden an ihren Grenzschichten (Schwarm-)Ionen reversibel an sich und fungieren als Austauscher zwischen Mineralstoffvorrat im Gestein, Bodenlösung, Wurzelhaaren und Mikroorganismen. Dadurch wird die Ionenkonzentration der Bodenlösung stabilisiert und das Auswaschen der Ionen verhindert (S. 340).

Unter verschiedenen Klimaten entstehen verschiedene Bodentypen (vgl. z.B. Abb. 4.3.5, S. 879ff.). Vielfach läßt sich dabei eine auffällige Parallelität zwischen der Boden- und Vegetationsentwicklung feststellen. Als Ergebnis progressiver Sukzessionen finden sich daher vielfach Klimaxgesellschaften (S. 857) auf bestimmten Klimaxböden. So tendieren Böden unter kühl-humiden Klimabedingungen zur Rohhumusanreicherung, Versauerung, Nährstoffauswaschung und Podsolierung (Abb. 4.3.8, S. 879f.).

2. Strahlung

Alles Leben auf der Erde ist abhängig vom Energiestrom der Sonnenstrahlung (vgl. S. 252). Etwa die Hälfte der an der oberen Atmosphäre auftreffenden Strahlung wird an der Erdoberfläche absorbiert und kommt zum größten Teil dem Wärmehaushalt zugute (S. 873ff.). Aus sichtbarem Licht bestehen ca. 45% der Energie der Sonnenstrahlung; nur ca. 0,025% werden durch Photosynthese gebunden. Das genügt aber für einen geschätzten jährlichen Energiegewinn der Landpflanzen von etwa $10,5 \cdot 10^{17}$ kJ (S. 252) bzw. eine jährliche Netto-Primärproduktion von $105–125 \cdot 10^9$ t Trockensubstanz für den Landbereich und von $46–55 \cdot 10^9$ t für den Ozeanbereich (S. 891, Tab. 4.3.3).

Für die Schichtung bzw. Zonierung der Algen im **Plankton** und **Benthos** aller Gewässer ist die Veränderung der Intensität und Zusammensetzung des Lichtes mit zunehmender Wassertiefe entscheidend (vgl. S. 253, 285, 644f. und Abb. 2.1.11, 2.1.13, 2.1.18, 2.1.50, 3.2.97). Phytoplankton bzw. benthische Algen können nur in der nach unten immer schwächer durchlichteten euphotischen Zone der Gewässer leben, die im reinen Süßwasser bis etwa 30 m (Abb. 4.3.9), in den Weltmeeren dagegen bis 60–140 m Tiefe reicht.

Auf die kontinentale und regionale Gliederung der **terrestrischen Pflanzendecke** hat der Lichtfaktor bei weitem keinen so auffälligen Einfluß wie der Wärmefaktor. Immerhin sind aber Unterschiede in der tages- und jahreszeitlichen Verteilung des Lichtes (vgl. Tages- und Jahreszeitenklimate: S. 868) Auslöser für die völlig verschiedene Rhythmik von Vegetationstypen etwa in den Tropen bzw. den temperaten Breiten. Weiter ändert sich auch die Intensität, Zusammensetzung und der Anteil direkter und diffuser Strahlung mit der geographischen Breite, Meereshöhe und der Bewölkung bestimmter Gebiete. Parallel dazu verschiebt sich der jeweilige Anteil von Sippen mit verschiedenen Photosynthesestrategien (S. 277–281) am Vegetationsaufbau.

Aufgrund der Zunahme bzw. Abnahme der Tageslänge im Frühjahr bzw. Herbst steuern photoperiodische Regelmechanismen (teilweise zusammen mit Temperaturfühlern) so entscheidende Entwicklungsphasen wie Blattaustrieb, Blüte, Bildung von Überwinterungsknospen, Blattfall u.a. (S. 411ff.) und damit die charakteristischen jahreszeitlichen Aspekte extratropischer Vegetationstypen (Abb. 4.2.11). Derartige Phänomene sind im tropischen Regime der Tageszeitenklimate (S. 868) vom Tieflandsregenwald bis zur alpinen Paramostufe unbedeutend (oder sie werden in den Tropen durch eine Rhythmik von Regen- und Trok-

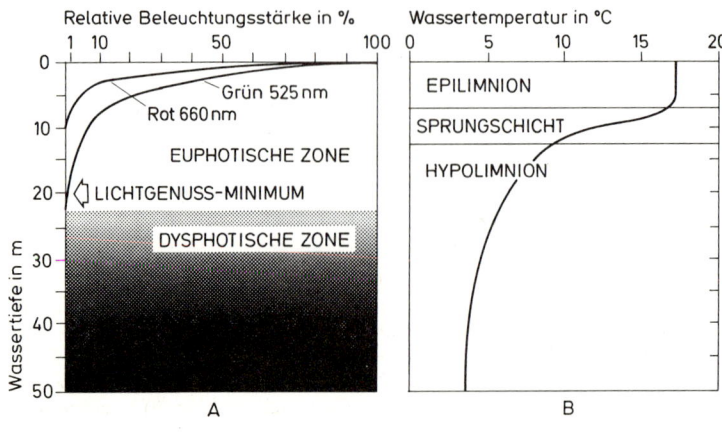

Abb. 4.3.9: Sonneneinstrahlung (**A**) und Temperaturschichtung (**B**) während der Sommermonate in einem eutrophen See der temperaten Zone (Salzkammergut: Mondsee). Weitere Erklärungen im Text: S. 872, 874. (Nach Findenegg aus Larcher.)

kenzeiten ersetzt: S. 868, 929). Jahreszeitlich abgestimmt ist auch das Photosynthesevermögen von immergrünen Nadelhölzern (z.B. *Picea*) oder Laubhölzern (z.B. *Olea*): es ist im Sommer höher als im Winter. Bei Gebirgspflanzen liegt das Temperaturminimum bzw. Temperaturoptimum der Photosynthese tiefer (−7° bis −2° bzw. 15° bis 20°) als bei sommergrünen Laubbäumen der gemäßigten Zone (−3° bis −1° bzw. 15° bis 25°) oder bei immergrünen Laubbäumen der Tropen (0° bis 5° bzw. 25° bis 30°); oft sind erstere besser an hohe, letztere mehr an schwächere Lichtintensitäten angepaßt. In offenen und trockenheißen (sub)tropischen Formationen (z.B. Savannen, Grasländern und Halbwüsten) sind Pflanzen mit C_4-Photosynthese bevorzugt (z.B. *Poaceae-Panicoideae* und *-Andropogonoideae*, viele *Chenopodiaceae*) wegen ihrer dort effizienteren Photosynthese (S. 280, Tab. 2.1.11, 2.1.12, Abb. 2.1.47: *Sorghum* u. Mais, Abb. 2.1.52).

Zentrale Bedeutung erlangt der Lichtfaktor für die lokale Vegetationsdifferenzierung. Verschiedene Formen des Reliefs (z.B. Hangneigung, Taleinschnitte) und der Pflanzenbedeckung (z.B. offener Pionierbewuchs, geschichtete Bewaldung) können den relativen Lichtgenuß

$$L = \frac{\text{Lichtstärke am Wuchsort}}{\text{Lichtstärke des Tageslichts}}$$

auch engräumig stark verändern (Abb. 4.2.6, 4.3.10).

In einem Mischwald erreichen im Sommer nur 2% der photosynthetisch aktiven Strahlung den Waldboden (Abb. 4.3.10), in einem unterwuchsfreien Buchenwald gar nur 0,5%. Vor der Belaubung sind sommergrüne Laubmischwälder aber sehr licht. Die Frühjahrsgeophyten (Abb. 4.2.11) haben dann etwa 50% Lichtgenuß.

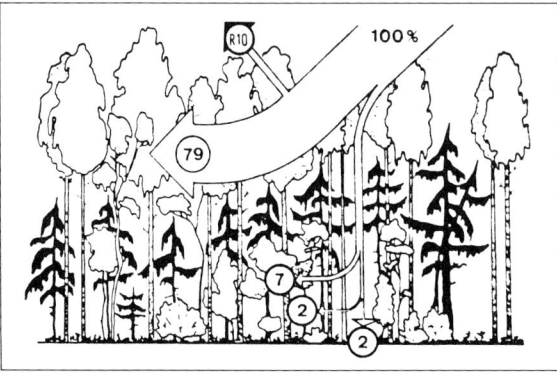

Abb. 4.3.10: Strahlungsverhältnisse in einem temperaten Laubmischwald. Von der photosynthetisch aktiven Gesamtstrahlung (100% = 55 kLx) gehen 10% durch Reflexion (R) verloren; von den Holzpflanzen adsorbiert werden 79% durch Laubbäume, 7% durch Nadelbäume und 2% durch Sträucher; nur 2% erreichen den Waldboden mit der Kraut- und Moosschicht. (Nach Kairiukšti aus Larcher.)

Dieses standörtlich sehr unterschiedliche Lichtangebot wird von einem breiten Spektrum von Licht- bis Schattenpflanzen ausgenützt, bei denen die Reaktionsnorm des Photosyntheseapparats (Kompensationspunkt bis Lichtsättigung) erblich stark verschieden ist (S. 283–285, Tab. 2.1.12, Abb. 2.1.47, 2.1.49). Aber auch ontogenetische und modifikative Anpassungen sind möglich, z.B. duch die größere Schattenresistenz von Baumkeimlingen oder die Ausbildung von Sonnen- und Schattenblättern an erwachsenen Bäumen (Abb. 2.2.39).

Lichtpflanzen gedeihen nur bei hohem Lichtgenuß, z.B. *Sedum acre* (Lichtgenuß 100–48%) oder *Salvia pratensis* (100–30%, bei 20% nur noch steril), während Schattenpflanzen auf einen niedrigen Lichtgenuß eingestellt sind z.B. *Lathyrus vernus* (33–20%) oder *Prenanthes purpurea* (10–5%, bei 3% nur noch steril). Die Existenzgrenze für Gefäßpflanzen (z.B. Farne) dürfte etwa bei 1–2% Lichtgenuß liegen. Moose und Flechten erreichen Minimalwerte von 0,5% und Luftalgen bei 0,1%. Der Zeigerwert von Licht- und Schattenpflanzen ist in gewisser Hinsicht relativ: Die gleichen Arten benötigen auf nährstoffärmeren Böden oder in kühleren Lagen für eine positive Stoffbilanz eine entsprechend höhere Lichtzufuhr.

Auch hinsichtlich des Lichtfaktors unterscheiden sich autökologische und synökologische Amplitude der Sippen (vgl. S. 834): Die Herbstzeitlose *(Colchicum autumnale)* hat eine große Lichtamplitude (100 bis 12%); ihr natürlicher Standort sind lockere Laubmischwälder, aber in offenen, anthropogen bedingten Wiesen hat sie sich u.a. wegen des dort besseren Lichtgenusses stark ausgebreitet. Der Sauerklee *(Oxalis acetosella)* erreicht (nach Eingewöhnung) im Vollicht höchste Photosyntheseleistungen, ist aber austrocknungsgefährdet und konkurrenzschwach; er wird daher unter natürlichen Bedingungen in Waldstandorte abgedrängt und kann dort wegen seiner Schattenresistenz überleben (S. 885).

Die Zusammensetzung der Vegetation aus Licht- und Schattenpflanzen spiegelt die lokalen Lichtverhältnisse sehr genau wider (vgl. dazu Abb. 4.2.6). In den progressiven Sukzessionsreihen (S. 847, 856 ff.) machen Lichtholzarten den Anfang (z.B. *Populus tremula* und *Betula pendula* mit Lichtgenußminimum von 11%). Sie können sich in ihrem eigenen Schatten nicht mehr verjüngen und werden schließlich durch Schattholzarten wie *Quercus robur* oder *Fagus sylvatica* (Minimum bei 4% bzw. 1,6%) verdrängt. Die Ausbildung von Lianen und Gefäß-Epiphyten (S. 218 f., Tab. 1.3.1) ist als «Flucht» aus dem Schatten der Waldbäume zu verstehen.

3. Temperatur und Wärme

Der Wärmehaushalt der Biosphäre beruht zu fast 100% auf der Sonnenstrahlung (S. 252 f., Abb. 2.1.9). Der Temperaturfaktor beeinflußt alle Lebensvorgänge (S. 249 f.), insbesondere auch Photosynthese (S. 287 f., Abb. 2.1.52), Atmung (S. 303 f.), Biosynthesen und Transpiration (S. 328 ff., Tab. 2.1.21) – womit die Querverbindung zum Wasserhaushalt (S. 321 ff.) sichtbar wird – sowie Wachstum und Entwicklung (S. 399 ff.). Entscheidend sind dabei nicht nur der normale, meist tages- und jahreszeitlich differenzierte Wärmegenuß, sondern auch die besonders wirkungsvollen Extreme von Hitze und Kälte.

Die Temperaturbereiche aktiven pflanzlichen Lebens sind breit gestreut (vgl. S. 399 ff.). Abb. 4.3.11 illustriert dies für eine Schneealge *(Chlamydomonas nivalis;* S. 628), für den Schwarzen Schneeschimmel *(Herpotrichia juniperi;* S. 399, 574), für Mais und seinen Parasiten Maisbrand *(Zea mays* und *Ustilago maydis;* S. 578), für ein an Warmblütlern parasitierendes Bakterium *(Salmonella parathyphi)* und für zwei thermo-

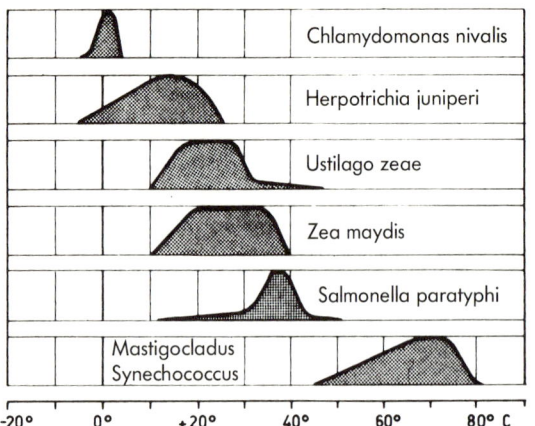

Abb. 4.3.11: Temperaturbereiche aktiven pflanzlichen Lebens. Weitere Erklärungen im Text. (Nach verschiedenen Autoren aus Larcher.)

phile Blaualgen aus Heißwasserquellen (*Mastigocladus* und *Synechococcus*); die Temperaturoptima dieser Sippen liegen zwischen 1° und 70°, bei manchen thermophilen Archebakterien sogar bei 100°! Für Gefäßpflanzen sind vielfach höhere Tages- und tiefere Nachttemperaturen optimal: so wird tagsüber eine günstige Photosyntheserate erreicht, in der Nacht aber nicht zu viel an Reservestoffen veratmet (Abb. 2.2.28).

Extreme Lufttemperaturen treten in den Kälte- und Hitzewüsten auf (z.B. Antarktis bis −87°, Sahara bis +58°), doch können sich offene Böden auch in temperaten Breiten bis auf 70° und mehr aufheizen. Auf 42% der Festlandoberfläche muß mit strengen Frösten (unter −20°) und auf 23% mit Jahresmaxima von über 40° gerechnet werden.

Verschiedene Pflanzensippen – aber auch verschiedene Organe und Gewebe – zeigen bei übermäßiger Kälte oder Hitze unterschiedliche Latenz- bzw. Letalgrenzen, bei denen die Lebensfunktionen reversibel blockiert bzw. irreversibel zerstört werden. Dabei spielen auch jahreszeitlich unterschiedliche Resistenzwerte, der Grad der Wassersättigung und vorherige Abhärtung (bzw. Verweichlichung) eine Rolle. Die Letalgrenzen liegen bei Blättern von Tropenpflanzen zwischen −2°/+5° und 45°/55°, bei Gewächsen der temperaten Zone zwischen −20°/−10° und 40°/52° und bei arktisch-alpinen Pionieren zwischen −70°/−20° und 44°/54°. Über die Ursachen für den Hitze- und Kältetod pflanzlicher Zellen vgl. S. 400f.

Pflanzen vermeiden Temperaturschäden, indem sie Blätter und Blüten nur in den günstigen Jahreszeiten entwickeln, im übrigen aber mit widerstandsfähigen Knospen bzw. Samen überdauern (vgl. dazu die Wuchs- und Lebensformen, S. 180f., Abb. 1.3.27-1.3.29). Vielfach übernehmen auch abgestorbene Pflanzenteile (z.B. bei Polster- und Horstpflanzen) oder Borkenschichten (z.B. bei *Sequoiadendron* oder bei feuerresistenten Savannenbäumen) Schutz- und Hüllfunktionen (vgl. S. 399ff., und Abb. 2.2.28).

Die Wärmezufuhr der Biosphäre ist räumlich stark differenziert. Je steiler die Sonnenstrahlung auftrifft, um so mehr erwärmt sich die Erdoberfläche. Die maximale Energiezufuhr erfolgt daher am Äquator, die geringste an den Polen. Die großräumig gürtelartige Anordnung der Isothermen (Linien gleicher mittlerer Temperaturen) ist wegen der ungleichmäßigen Verteilung von Land- und Wasserflächen und der stärkeren Erwärmung der Kontinente allerdings etwas nach N verschoben: Die heißesten Gebiete der Erde liegen in der Sahara. Im lokalen Bereich hat die Hangneigung ähnliche Bedeutung: Auf der Nordhemisphäre erhalten steile Nordhänge nur $\frac{1}{2}$ bis $\frac{1}{3}$ der jährlichen Energiezufuhr wie horizontale Flächen. Südhänge sind hier insgesamt gegenüber horizontalen Flächen kaum bevorzugt, werden aber bei tieferem Sonnenstand im Frühjahr und Herbst bis zu $\frac{1}{3}$ besser erwärmt.

Darüber hinaus ist die Energie- und Wärmezufuhr abhängig vom Ausmaß der Absorption durch Wolkendecke und Atmosphäre, von der Aufnahme und Leitung im Boden (dunkler Granit absorbiert etwa 30mal so stark wie helle Laubstreu), vom Entzug der Verdunstungswärme (feuchte Böden sind daher kühler als trockene) und von der Rückstrahlung (besonders stark in klaren Nächten und von exponierten Geländeformen, z.B. Bergspitzen).

Im **Meer** prägt der Temperaturabfall vom tropischen zum kalten Bereich die großräumige Verteilung benthischer und planktontischer Algen. Hier – ebenso wie im **Süßwasser** – werden im Frühjahr und im Sommer bevorzugt die oberen Wasserschichten erwärmt. Infolge seiner geringen Dichte bleibt dieses warme Wasser im Sommer als Epilimnion an der Oberfläche, während das kalte und dichtere als Hypolimnion darunter liegt (Abb. 4.3.9B). Die Abkühlung im Herbst und Winter ermöglicht zusammen mit der Windwirkung eine Durchmischung, was für die O_2- und Nährstoffversorgung aller Gewässer von entscheidender Bedeutung ist (S. 878f.).

Auf dem **Festland** bedingt die großräumige Verteilung der mittleren Jahrestemperaturen bzw. der Extremtemperaturen die grundsätzlich gürtelförmige, nach der Ozeanität bzw. Kontinentalität und den Niederschlagssummen (S. 868ff.) weiter differenzierte Anordnung der Florenzonen (Abb. 4.1.5) und Formationstypen (Karte bei S. 919). Entsprechende Beispiele für die temperaturgeprägte Arealgestaltung einzelner Sippen finden wir z.B. bei *Ginkgo* (Abb. 4.1.9), *Pinus*, *Magnoliaceae* (Abb. 4.4.6), *Quercus*, *Fagus* (Abb. 4.0.2), *Ilex* (Abb. 4.1.11), Palmen (Abb. 4.5.14) und *Stipa* (Abb. 4.5.9).

In den Gebirgen sinken die mittleren Temperaturen mit zunehmender Meereshöhe um etwa 0,55° je 100 m (Ursachen dafür sind besonders die geringere Erwärmung der Luft durch die Bodenoberfläche, die geringere Luftdichte, und die vermehrte Wärmeausstrahlung). Dadurch kommt es zur Ausbildung der charakteristischen Höhen- und Vegetationsstufen, besonders auch der Waldgrenze (Abb. 4.2.26, 4.5.1, 4.5.3).

Die Abfolge einiger wichtiger Holzarten in Zentraleuropa, vom submediterranen Bereich (mit *Castanea sativa, Fraxinus ornus, Sorbus torminalis, Quercus cerris, Qu. pubescens* u.a.) über die mitteleuropäische Hügelstufe (mit *Quercus petraea, Tilia platyphyllos, Acer platanoides, Carpinus betulus* u.a.), die untere Bergstufe (mit *Fagus sylvatica, Abies alba, Sorbus aria* u.a.) und die obere Bergstufe (mit *Picea abies, Acer pseudoplatanus, Sorbus aucuparia* u.a.) bis zur subalpinen Waldgrenze (mit *Larix decidua, Pinus cembra, P. mugo* u.a.) (vgl. S. 921 ff.), entspricht etwa auch ihrer abnehmenden Empfindlichkeit gegen scharfe Winterfröste. In Beckenlagen und Dolinen, wo sich die schwerere Kaltluft sammelt, kann man vielfach eine Umkehr der Vegetationsstufen feststellen. Vom kühleren Norden zum wärmeren Süden (und teilweise auch vom ozeanischen Westen zum kontinentalen Osten) verlagern sich entsprechende Vegetationsstufen bzw. die Höhenbereiche bestimmter Arten nach oben (vgl. dazu etwa die Buchen-Eichenstufe in Abb. 4.5.3).

Die Waldgrenze (einigermaßen geschlossene Bestände) bzw. Baumgrenze (Einzelindividuen) reicht in den Tropen bis über 4200 m, liegt in meridional-kontinentalen Gebirgen (z.B. in den südlichen Rocky Mountains) noch über 3500 m, sinkt in der temperaten Zone ab (z.B. in den Alpen: Zentralbereich bis etwa 2200 [2400] m, in den Randalpen bis etwa 1900 m) und erreicht bei etwa 60° südlicher bzw. etwa 70° nördlicher Breite das Meeresniveau (Abb. 4.5.1).

Die ökophysiologischen Ursachen der alpinen [bzw. (ant)arktischen] Waldgrenzen sind komplex. Neben der zunehmenden Gefährdung durch winterliche Stürme und Frosttrocknis (S. 327) ist vor allem die temperaturbedingte Verkürzung der Vegetations- bzw. Produktionsdauer (in den Zentralalpen bei 1000 m noch 8–9 Monate, bei 2000 m nur noch 4–6 Monate) entscheidend. Dadurch reifen etwa bei den Nadelhölzern (z.B. *Picea abies, Pinus mugo*) die neuen Jahrestriebe nicht mehr aus, die mangelhaft ausgebildete Cuticula vermag die Nadeln gegenüber winterlicher Austrocknung nicht mehr zu schützen und die Sprosse sterben ab. Die höchststeigenden Gehölze vermögen daher zuletzt nur noch unter winterlichem Schneeschutz zu überdauern.

Auch im lokalen Bereich wird die Vegetation stark vom unterschiedlichen Kleinklima, besonders der Temperaturverteilung, geprägt. Abb. 4.3.12 illustriert das an Tagesgängen in verschiedenen Buchenwäldern an SO- und N-Hängen bzw. an der Talsohle im Harz: Die Mittelwerte liegen bis zu 2°C bzw. 17% relative Feuchte auseinander. Dem entspricht eine Differenzierung des Artenbestandes und der ökologischen Zeigergruppen in eine Perlgras-, eine Farn- und eine Springkraut-Buchenwaldgesellschaft. Noch stärker sind diese Verschiedenheiten des Kleinklimas natürlich beim Vergleich der Waldbestände mit offenen Heiden und Wiesen. Ganz allgemein erweist sich dabei das Waldklima als ausgeglichener, während Maximal- und Minimalwerte an exponierten Standorten insbesondere im Gebirge vielfach weit auseinander liegen. Zum Beispiel wurde an den Felswänden in der Sächsischen Schweiz für die Polster des Laubmooses *Pohlia nutans* in Südlage ein Jahresmittel von 23,3°, für die des Lebermooses *Mylia taylori* in Nordlage (in nur 50 m Entfernung!) aber von 6,2° gefunden. Die Jahresschwankung der Extreme betrug 66,5° bzw. 23,0°. Im Großklima entspricht dies etwa einem Unterschied von 40 Breitengraden!

Der auffällige Unterschied zwischen dem Unkrautbestand von Getreidefeldern (z.B. mit *Consolida regalis, Ranunculus arvensis, Sinapis arvensis, Centaurea cyanus*) und Hackfruchtäckern (z.B. mit *Polygonum lapathifolium, Chenopodium album, Urtica urens, Mercurialis annua*) geht nicht so sehr auf die Deckfrucht zurück, sondern hängt von der Bodenbearbeitung und den optimalen Keimungstemperaturen der Unkräuter ab. Erfolgt die letzte intensive Bearbeitung im Spätherbst oder Frühling, so entwickeln sich die Getreideunkräuter mit Keimungsoptimum bei 2°–7° bzw. einem Tag-Nachtwechsel von 15°/5°. Wird dagegen erst im Mai oder Juni (Juli) gehackt, so werden

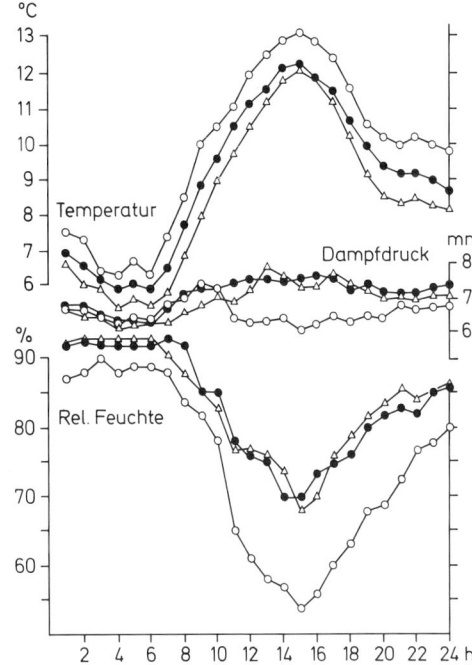

Abb. 4.3.12: Mittlere Tagesgänge (14.–16. Sept. 1953) von Lufttemperatur, Dampfdruck und relativer Luftfeuchte (40 cm über dem Boden) in Buchenwäldern bei Wieda im Südharz: -O-O- warmer SO-Hang mit Perlgras-Buchenwald, -●-●- frische Talböden mit Springkraut-Buchenwald, -△-△- schattige N-Hänge mit Farn-Buchenwald. (Nach Hartmann, van Eimern & Jahn.)

die Hackfruchtunkräuter mit Keimungsoptima bei 25°–40° bzw. 25°/10°-Wechsel begünstigt.

4. Wasser

Als Grundlage aller Lebensvorgänge ist Wasser ein unentbehrlicher Bestandteil der Biosphäre. Da Aggregatzustand des Wassers, Evaporation und Transpiration (S. 327 ff.) vor allem von Temperatur bzw. Luftcirculation abhängig sind, ergeben sich enge Zusammenhänge mit Wärmehaushalt und Gasstoffwechsel. Der Wasserhaushalt unseres Planeten wird vor allem aus den Meeren gespeist (über 97%, etwa $1,4 \cdot 10^{18}$ t). 2% sind als Schnee und Eis gebunden. Etwas über 0,6% finden sich in Gewässern, besonders aber als Grundwasser auf den Kontinenten, doch sind davon bloß 1% für Pflanzenwurzeln erreichbar. Nur 0,001% bilden Wolken, Nebel und Wasserdampf der Atmosphäre. Das Bild eines regionalen Wasserkreislaufes gibt Abb. 4.3.13 (vgl. dazu auch S. 325 ff.).

Die Pflanzendecke des Festlandes besteht überwiegend aus Gefäßpflanzen, die das aus Niederschlägen einsickernde Haftwasser im Boden durch Wurzelhaare aufnehmen und durch Transpiration der oberirdischen Sproßorgane an die Atmosphäre abgeben. Die meisten dieser Gefäßpflanzen sind homoiohydrisch («eigenfeucht») und können ihre Wasserbilanz regulieren (S. 230, 337 f.). Dagegen gleichen terrestrische Thallophyten (z.B. Luftalgen, Flechten), viele Moose und

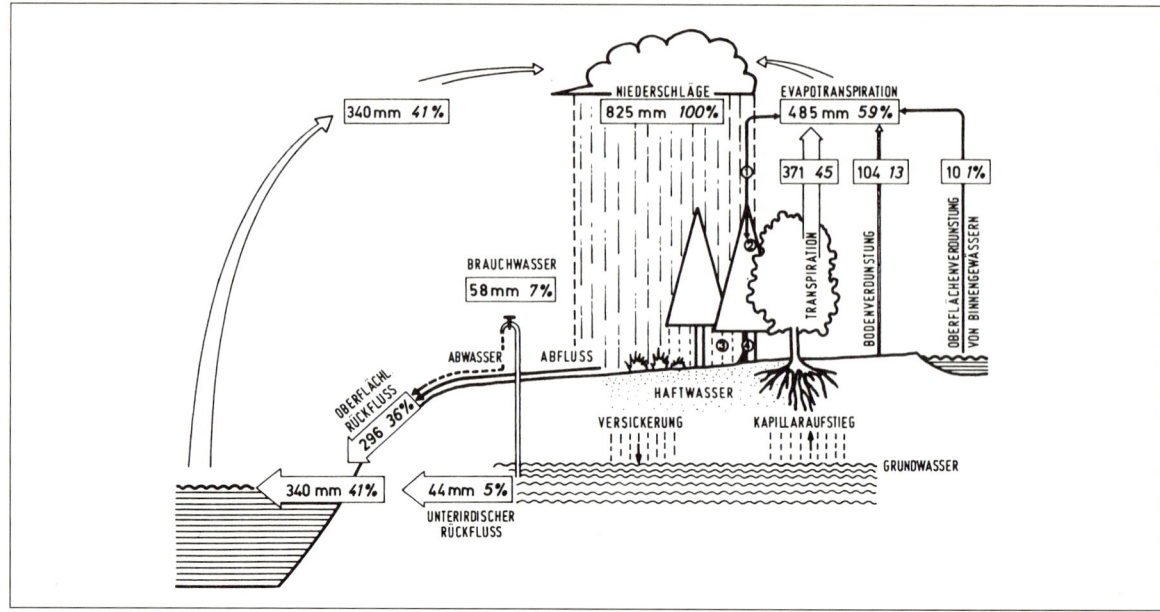

Abb. 4.3.13: Schema des Wasserkreislaufs für die Bundesrepublik Deutschland (1931–1960). Jahreswerte in mm und prozentuellen Anteilen. Flächennutzung: 57 % Landwirtschaft, 28 % Wald, 14 % verbaut, Industrie oder Ödland. 1 = direkte Verdunstung und 2 = direkte Aufnahme von Niederschlagswasser in den Baumkronen, 3 = Kronendurchlaß, 4 = Stammablauf. (Nach Clodius und Keller aus Larcher.)

einige Gefäßpflanzen ihren Wasserhaushalt weitgehend der Umwelt an; sie sind poikilohydrisch («wechselfeucht») (S. 230, 337f.). Im Gegensatz zu den homoiohydren spielen diese poikilohydren Pflanzen im Wasserhaushalt terrestrischer Lebensräume nur eine untergeordnete Rolle.

Eine direkte Wasseraufnahme durch Benetzung bzw. Quellung oberirdischer Organe ist nur bei Wasserpflanzen (S. 326, Abb. 1.3.82A), bei terrestrischen Thallophyten, Bryophyten und bei einigen Gefäß-Epiphyten (z.B. Abb. 1.3.87–88, S. 218f., 326) von Bedeutung. In niederschlagsarmen, aber nebelreichen Gebieten (z.B. in den Küstenwüsten von Peru und SW-Afrika) kann die Kondensation von Tropfwasser an den Thallus- oder Sproßorganen ein Vielfaches der Niederschläge erreichen und zur entscheidenden Voraussetzung für Pflanzenwuchs werden.

Wasseraufnahme durch die Wurzeln (S. 321f.) ist nur möglich, wenn hinsichtlich des Wasserpotentials zwischen dem Boden und der Pflanze ein entsprechendes Gefälle besteht (Abb. 2.1.104); eine wichtige Teilgröße ist dabei das osmotische Potential, das besonders bei Xero- und Halophyten sehr negative Werte erreichen kann (bis −200 bar; vgl. Abb. 2.1.89, 4.3.21).

Die Transpiration ist der wichtigste Motor des Wasserstromes in der Pflanze (S. 335ff.), gleichzeitig aber auch Begleiterscheinung der CO_2-Aufnahme im Gasstoffwechsel (S. 330); sie bildet daher bei angespannter Wasserzufuhr eine Gefahr für die Wasserbilanz. Dieses «Lavieren zwischen Hungern und Verdursten» hat bei verschiedenen Sippen und ökologischen Gruppen homoiohydrer Gefäßpflanzen wieder in Abhängigkeit von den jeweiligen Standortverhältnissen zu großen Unterschieden hinsichtlich Ausmaß und Steuerung der Transpiration geführt (Tab. 2.1.21, Abb. 4.3.14).

Pflanzenbestand	Gebiet	N (mm/Jahr)	V_{ET} (% von N)	V_{AV} (% von N)
Tropischer Regenwald	Kongo	1900	73	27
Baumsavanne	Kongo	1250	82	18
Sommergrüner Laubmischwald	Z-Europa	600	67	33
Nadelwald	Z-Europa	730	60	40
Almweide	Schweiz	1720	38	62
Steppe	Ukraine	500	95	5

Tab. 4.3.1: Wasserhaushalt verschiedener Vegetationstypen. N = mittlere Jahresniederschläge, Wasserverluste durch V_{ET} = Evapotranspiration und V_{AV} = Oberflächen- und Grundwasserabfluß in % der Jahresniederschläge. (Nach Angaben mehrerer Autoren aus Larcher.)

Tab. 2.1.21 veranschaulicht die größere Wasserökonomie nach Spaltenschluß bei Nadel- gegenüber Laubhölzern sowie die intensivere Gesamttranspiration bei vielen Kräutern sonniger Standorte im Vergleich zu Holzpflanzen und Schattenkräutern, bei denen der hohe Anteil der cuticulären Transpiration auffällt (z.B. bei *Impatiens noli-tangere*). Tagesgänge von Evaporation, Transpiration und osmotischem Potential am Beginn einer Trockenperiode und nach 9 Tagen Dürre (Abb. 4.3.14) illustrieren die verschiedenen Strategien, mit denen homoiohydre Gefäßpflanzen ihre Wasserbilanz (S. 337f.) regulieren können: *Prunella grandiflora* ist ein Flachwurzler, der die Transpiration kaum einschränkt und das osmotische Potential verstärkt. *Centaurea scabiosa* schafft mit ihren tiefen Wurzeln lange Bodenwasser nach und setzt die stomatäre Transpiration erst bei angespannter Wasserbilanz herab, so daß sich das osmotische Potential wenig ändert. *Aster amellus* verhält sich ähnlich, schränkt die Transpiration aber schon viel früher ein und verstärkt dabei das osmotische Potential wesentlich. Als Flachwurzler vermag *Geranium sanguineum* nur das oberste Bodenwasser zu erfassen, schließt aber schon

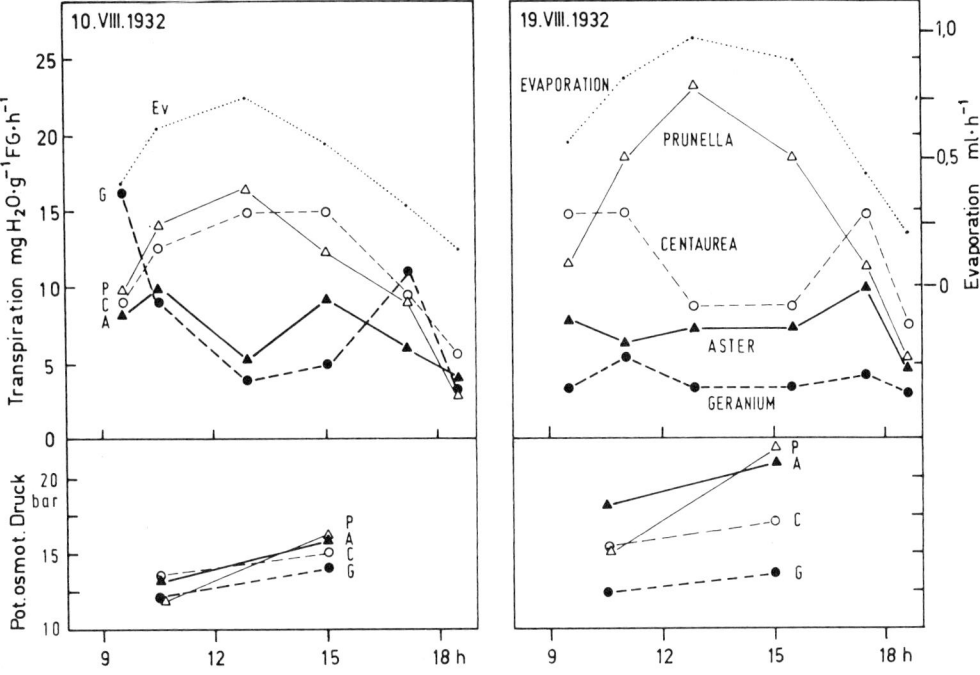

Abb. 4.3.14: Tagesgänge von Evaporation, Transpiration und potentiellem osmotischem Druck bzw. osmotischem Potential bei verschiedenen Pflanzen an einem xerothermen Standort im Kraichgau. Weitere Erklärungen im Text. (Nach Müller-Stoll aus Larcher.)

bei mäßiger Trockenheit seine Stomata und vermeidet so auch nach längerer Dürre eine Verstärkung seines osmotischen Potentials. *Prunella* verfolgt also eine hydrolabile, *Geranium* eine hydrostabile Strategie (S. 337) der kurzfristigen Regulierung der Wasserbilanz.

Mittelfristige Regulationsmechanismen liegen vor, wenn Pflanzen in Trockenperioden kleinere und stärker xeromorphe Blätter (mit mehr Sclerenchym, Behaarung etc., vgl. S. 216–218) bilden oder die Blätter überhaupt abwerfen. Bei Einjährigen kann man durch Anzucht auf feuchtem bzw. trockenem Boden leicht Modifikationen mit gefördertem Sproß bzw. geförderter Wurzel hervorrufen (Xeromorphosen); dabei handelt es sich um augenscheinliche Anpassung an die unterschiedliche Wasserbilanz. Allen diesen Fällen liegen Regelkreise (Abb. 2.1.69) zugrunde, bei denen die Trockenheit als Störglied, die Wasserabnahme der Meristemzellen als Fühler, eine ausgeglichene Wasserbilanz als Sollwert und die Weiterentwicklung der Meristemzellen als Korrekturmechanismus auftreten.

Eine optimale Wasserökonomie (bei geringer Produktivität) haben die CAM-Pflanzen (z.B. *Crassulaceae*, S. 281, Tab. 2.1.11) erreicht; sie sind vielfach succulent und kommen dementsprechend gehäuft in Trockengebieten vor.

Übermäßige Wasserzufuhr (z.B. bei Überschwemmungen), besonders stauende Nässe, gefährdet vielfach die Sauerstoffzufuhr und Atmung unterirdischer Pflanzenorgane. Sumpf- und Auenpflanzen haben dementsprechend Verhaltensformen (S. 338) und anatomische Strukturen (z.B. Durchlüftungsgewebe, Aerenchyme – vgl. S. 136 und Abb. 1.2.8D, 1.2.9) entwickelt.

Die mannigfachen Bedingungen des Wasserhaushaltes haben also eine Fülle verschiedener autökologisch bedeutsamer Anpassungen hervorgerufen. Dabei sind nicht nur die ökophysiologischen, sondern auch die zugeordneten anatomischen und morphologischen Erscheinungen zu berücksichtigen, die wir etwa bei der Behandlung von Xerophyten bereits kennengelernt haben (S. 187f., 216ff.).

Die langfristige Wasserbilanz der Pflanzenbestände ergibt sich – wie Abb. 4.3.13 erläutert – aus der Niederschlagssumme (N), dem Wasservorrat (ΔW) und der Evapotranspiration (V_{ET}) von Boden und Vegetation sowie dem Wasserverlust durch Abfluß und Versickern (V_{AV}):

$$\Delta W = N - V_{ET} - V_{AV}$$

Tab. 4.3.1 gibt dazu konkrete Daten für einige ausgewählte Ökosysteme.

Die Evapotranspiration (V_{ET}) ist verständlicherweise mit der Pflanzenmasse eines Ökosystems positiv korreliert: Je komplexer also ein Vegetationstyp, um so höher seine absoluten V_{ET}-Werte, und damit sein Wasserverbrauch. In Pflanzenbeständen mit zusätzlicher Grundwasserversorgung kann V_{ET} auch über 100% der Niederschlagssumme erreichen, z.B. im Schilf und Röhricht (160–190%) oder in Auwäldern. Die Wasservorräte im Boden aller Ökosysteme sind nach der Schneeschmelze bzw. Regenzeit am höchsten und nehmen über den Sommer bzw. die Trockenzeit laufend ab. Je dichter die Vegetation, um so stärker verzögert und vermindert ist der oberirdische Abfluß und die damit verknüpfte Erosion.

Die Quantität und Form der Niederschläge (z.B. als Schnee, Regen oder Nebel) und die oberflächliche Verteilung des Wassers sind nicht nur groß- und kleinräumig, sondern auch jahreszeitlich auf der Erde stark differenziert und wirken sich ganz entscheidend auf die Vegetation aus. Die Ursachen für die großräumig sehr verschiedene Niederschlagsverteilung haben wir im Luftstromsystem der Erde kennengelernt. Regional bedeutsam ist, daß die den West- bzw. Passatwinden zugewandten Gebirgsflanken durch Steigungsregen vermehrte Niederschläge erhalten, während die abgewandten Leeseiten im Regenschatten liegen und trokken bleiben. Relief und Bodenqualität bedingen schließlich kleinräumige Unterschiede hinsichtlich Abfluß, Stau oder Ansammlung des Wassers.

Die großräumige Entwicklung und Verbreitung der verschiedenen (Klimax-) Formationen ist deshalb so sehr von den jeweils verfügbaren Niederschlagssummen abhängig, weil diese Formationen je nach ihrer Pflanzenmasse einen sehr unterschiedlichen Wasserverbrauch aufweisen (Tab. 4.3.1, Abb. 4.2.25, Karte S. 919).

Für die Tropen illustriert Abb. 4.5.11 die feuchtigkeitsbedingte Abfolge von Regenwäldern über Savannen zu Hitzewüsten. In Abb. 4.3.5 ist derselbe Zusammenhang für die Nordhemisphäre anhand eines NW/SO-Transekts aus Osteuropa dargestellt, wo jährliche Niederschlagssummen von 420 mm der Waldsteppe, von 330 mm der Steppe und von 170 mm der Trockenwüste zugeordnet werden können. Dabei ist auch der parallele Anstieg der potentiellen Evaporation und das parallele Absinken des Grundwasserspiegels zu beachten. Das Diagramm Abb. 4.3.26 A macht augenscheinlich, daß mittlerer jährlicher Niederschlag und jährliche Primärproduktion in Trockengebieten eng miteinander korreliert sind.

Der Wasserfaktor beeinflußt auch das Konkurrenzverhalten zwischen sommergrünen und immergrünen Holzpflanzen, z.B. von *Quercus pubescens* und *Qu. ilex*, die als Leitarten der submediterranen sommergrünen Laubwälder bzw. der immergrünen mediterranen Hartlaubgehölze gelten können (Abb. 4.3.15, 4.5.10). Bei guter Wasserversorgung ist *Qu. pubescens* trotz ihrer nur etwa 6 Monate aktiven Blätter hinsichtlich CO_2-Aufnahme und Stoffproduktion pro Trockengewicht der immergrünen *Qu. ilex* überlegen. Überall dort, wo sich aber die charakteristische mediterrane Sommertrockenheit auswirkt (S. 926f.), ist *Qu. ilex* mit ihrer gegen Wassersättigungsdefizite weniger empfindlichen und auch im Winter weiterlaufenden Photosynthese und Stoffproduktion gegenüber *Qu. pubescens* im Vorteil.

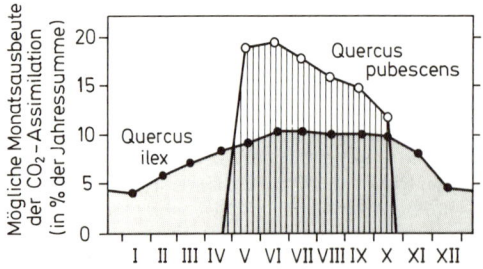

Abb. 4.3.15: Verteilung der Stoffproduktion auf die einzelnen Monate bei der immergrünen *Quercus ilex* und der sommergrünen *Qu. pubescens*; Versuchsergebnisse bei gleichbleibend guter Wasserversorgung. Vgl. S. 926f. (Nach Larcher.)

Die Bedeutung des Wasserfaktors für die lokale Vegetationsgliederung läßt sich anhand der Dürre- bzw. Überflutungsresistenz mitteleuropäischer Gehölze und Waldtypen verdeutlichen.

Ihre Dürreresistenz nimmt etwa in folgender autökologischer Reihe ab: *Pinus sylvestris* (auf Fels und Schotter) > *Quercus pubescens* > *Qu. petraea* > *Qu. robur* > *Carpinus betulus* > *Fraxinus excelsior* > *Abies alba* > *Fagus sylvatica* > *Alnus glutinosa*.

Dem kann eine Reihung nach abnehmender Überflutungsresistenz gegenübergestellt werden: *Pinus sylvestris* (in Hochmooren) > *Alnus glutinosa* > *Fraxinus excelsior* > *Quercus robur* > *Carpinus betulus* > *Abies alba* > *Qu. petraea* > *Qu. pubescens* > *Fagus sylvatica*. Wenn man dazu noch die Schattenresistenz (S. 873) berücksichtigt, wird die Komplexität der synökologischen Beziehungen (Abb. 4.0.3, 4.2.24) verständlich.

Eine noch feinere ökologische Differenzierung mitteleuropäischer Wälder nach der Boden- und Luftfeuchtigkeit läßt sich erreichen, wenn man auch den synökologischen Zeigerwert der Waldbodenpflanzen berücksichtigt.

So kennzeichnen etwa *Buglossoides purpurocaerulea*, *Anemone nemorosa*, *Impatiens noli-tangere* und *Ranunculus repens* jeweils trockene, frische, feuchte bzw. nasse Waldböden. In relativ trockenen Buchenwäldern geht die Wasserentnahme durch die Bäume oft so weit, daß kein krautiger Unterwuchs mehr aufkommt; wird der Baumbestand geschlagen, so tritt an der gleichen Stelle so viel Feuchtigkeit an der Oberfläche, daß sich Nässezeiger einstellen können (z.B. *Juncus effusus*, *Cirsium palustre*).

5. Chemische Faktoren

Aus den unbelebten Anteilen der Atmosphäre, Hydrosphäre und Lithosphäre, aber auch aus der von den Lebewesen mitgestalteten Pedo- und Biosphäre (Abb. 4.0.1) wirken chemische Faktoren auf jeden Organismus ein, werden chemische Verbindungen selektiv in den Stoffwechsel einbezogen. Das gilt für aquatische ebenso wie für terrestrische Pflanzen, die als Autotrophe aus der Luft vor allem CO_2 sowie O_2 (teilweise aber auch N_2: S. 350ff.) und mit dem Bodenwasser meist alle anderen Stoffe aufnehmen (S. 340ff.). Sie sind damit in weltweite Stoffkreisläufe (Kohlenstoff und Sauerstoff: Abb. 4.3.16, Stickstoff: Abb. 2.1.127, Tab. 2.1.28; Schwefel: Abb. 2.1.129) und Ökosysteme eingespannt, in die der Mensch heute sehr massiv eingreift.

Der chemische Grundbedarf ist bei allen autotrophen Pflanzen (von den Algen bis zu den Rhizophyten) recht ähnlich (S. 338f.). Im Hinblick auf quantitative Aspekte (Unter- bzw. Überangebot bestimmter Verbindungen) sowie biogene Substanzen (z.B. Humusstoffe) und chemophysikalische Begleiterscheinungen (z.B. Bodenstruktur, pH) finden sich bei verschiedenen Sippen aber beträchtliche Unterschiede der ökophysiologischen Konstitution. Daraus ergeben sich in der Pflanzenwelt der Gewässer und des Landes besonders regionale und lokale Differenzierungen.

In den **Gewässern** ist die Menge, Zusammensetzung und jahreszeitliche Rhythmik der benthischen und planktischen Pflanzenwelt entscheidend vom Nährstoffgehalt – besonders Stickstoff und Phosphor – abhängig (S. 644ff.).

Als Beispiele für nährstoffreiche eutrophe Gewässer mit hoher Produktivität (S. 644ff.) können genannt werden: im marinen Bereich die «grünen Ozeane» (besonders vor den Westküsten der Kontinente, z.B. Peru, W-Afrika, wo der Wind das nährstoffarme Oberflächenwasser abdrängt und nährstoffreiches Tiefenwasser nachströmt, oder in den (ant)arktischen Meeren mit starker temperaturbedingter und jahreszeitlicher

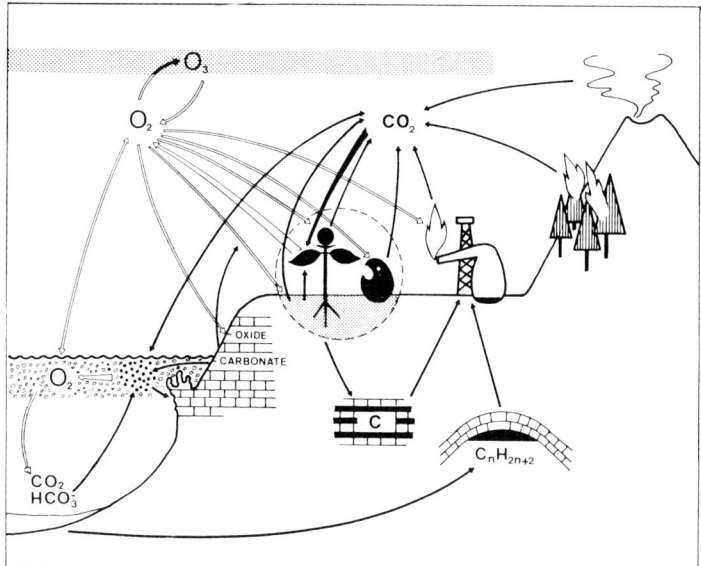

Abb. 4.3.16: Schema des Kohlenstoff- und Sauerstoffkreislaufes auf der Erde. Die Ökosysteme der Biosphäre (u.a. Pflanzen und Tiere: Kreissymbol, Waldbrände, Industrie) sind durch Austauschvorgänge mit der Atmosphäre (u.a. mit der Ozonschicht), Hydrosphäre (u.a. mit gelösten Carbonaten) und Lithosphäre (u.a. mit Kohle- und Erdöllagern, Vulkanismus) verbunden. (Nach Larcher.)

Wasserbewegung), Korallenriffe, küstennahe Mangroven, Watten und Flußmündungen (Schwemmvorland) mit guter Nährstoffzufuhr vom Festland; im Süßwasserbereich wechselwarme Seen tieferer Lagen mit Wasserdurchmischung im Frühjahr und Herbst oder schwebstoffreiche Flüsse. Dem kann man nährstoffarme meso- bis oligotrophe Gewässer mit mittlerer bis geringer Produktivität gegenüberstellen, z.B. die «blauen Ozeane» ohne aufquellendes Tiefenwasser (z.B. im Mittelmeer oder im zentralen südlichen Atlantik), Sandküsten, kalte Gebirgsseen, dystrophe Moorgewässer (mit hohem Humusstoffgehalt und pH 3,5–5), kalte Gebirgsbäche.

In wechselwarmen Gewässern (z.B. temperate Meere und Seen) erreicht das Phytoplankton nach der Frühjahrscirculation (S. 874) aufgrund der guten Nährstoffzufuhr (sowie der günstigen Licht- bzw. Temperaturverhältnisse) Spitzenwerte, sinkt dann im Sommer wegen des Nährstoffverbrauchs ab und steigt dann vor dem winterlichen Tiefstand mit der herbstlichen Wasserbewegung nochmals etwas an. Als Ergebnis der CO_2-Aufnahme bilden autotrophe Wasserpflanzen häufig Kalkablagerungen (z.B. Kalktuff, Seekreide: Abb. 4.0.1), wobei anstelle des gut löslichen Calciumbicarbonats das kaum lösliche Calciumcarbonat tritt:

$$Ca(HCO_3)_2 \rightarrow CaCO_3 + H_2O + CO_2$$

In Wasserkörpern mit starkem Organismenbesatz und unzureichender Durchmischung entstehen infolge der Tätigkeit von heterotrophen Zersetzern vielfach sauerstoffarme bis sauerstofffreie Tiefenschichten bzw. Faulschlammablagerungen, in denen nur wenige anaerobe Spezialisten (besonders Bakterien) existieren können.

Der atmosphärische **Luftraum** bildet die Grundlage für den Gasstoffwechsel der terrestrischen Pflanzen. Dabei ist die Zusammensetzung der (trockenen) Luft an der Erdoberfläche relativ sehr einheitlich (in Volumenanteilen 78,1% N_2, 20,9% O_2, 0,93% Ar, 0,03% CO_2, Spuren von H_2 etc.). Während sich die jährliche biologische Bindung von Luftstickstoff im Bereich von 10^8 t bewegt (Tab. 2.1.28), liegt sie bei Kohlenstoff und Sauerstoff im Größenbereich von 10^{11} t. Dabei gestaltet sich der Kreislauf dieser Elemente im Zusammenhang mit der Photosynthese antagonistisch (Abb. 4.3.16).

Vorräte an Kohlenstoff (z.B. als CO_2) und Sauerstoff finden sich in gasförmiger Form in der Atmosphäre, gelöst in der Hydrosphäre und fest gebunden in der Lithosphäre (z.B. in Oxiden, Carbonaten oder Kohlen) bzw. Pedosphäre (z.B. im Humus). Davon zehren alle Lebewesen einschließlich der Menschen, wobei jährlich nicht weniger als 6–7% des gasförmigen bzw. oberflächennah gelösten CO_2 in Pflanzenmasse organisch gebunden werden.

Die terrestrischen **Böden** bestimmen aufgrund ihrer chemischen (und physikalischen) Eigenschaften (S. 340, 870 ff.) das Pflanzenkleid entscheidend. Hinsichtlich dieser Eigenschaften bestehen zwischen verschiedenen Bodentypen große Unterschiede. Weil das Klima die Bildung der Bodentypen beeinflußt, folgt auch ihre Verteilung auf der Erdoberfläche entsprechenden großräumigen Gesetzmäßigkeiten (Abb. 4.3.5). Regionale und lokale Differenzierungen ergeben sich darüber hinaus aufgrund der verschiedenen Ausgangsmaterialien und Entwicklungszustände der Böden.

In den feuchten Tropen wird die Laubstreu sehr rasch abgebaut, aus den tief verwitterten Böden werden Basen und Kieselsäure ausgewaschen, Tonerde und rotes Eisensesquioxid (Al_2O_3, Fe_2O_3) reichern sich an und es entstehen die nährstoffarmen lateritischen Rotlehme (Latosole der tropischen Regenwaldbereiche; S. 929). Unter feucht-gemäßigten Bedingungen bildet sich aus der Laubstreu milder Humus (Mull) mit gebundenen Huminsäuren; aus dem A-Horizont wandert zwar ein Teil der Basen (besonders $CaCO_3$) nicht aber SiO_2 nach unten; aus den Silicaten entstehen Tonminerale und das dabei freigesetzte braune Eisenoxidhydrat umrindet alle Bodenpartikel: Damit bilden sich nährstoffreiche Braunerden (Abb. 4.3.8), wie sie z.B. für die mitteleuropäische Laubwaldregion charakteristisch sind (S. 917). Wenn der Bestandesabfall nur unvollständig abgebaut wird, so entsteht anstelle von Mull zuerst Moder, dann ein saurer Rohhumus, aus dem Humoligninsäuren in Lösung gehen. Unter ihrem Einfluß werden die als Nährstoffe wichtigen Kationen an den Tonmineralien gegen H-Ionen ausgetauscht und ausgewaschen, die Tonmineralien selbst gespalten, ihre Zerfallsprodukte als Al- und Fe-Humussole abwärts transportiert und im

B-Horizont ausgefällt (Abb. 4.3.8). So bildet sich das typische A-B-C-Profil der Bleicherden (Podsole): Sie haben ihre Krümelstruktur verloren, ihr völlig ausgewaschener A_2-Horizont besteht teilweise fast nur noch aus Quarzsand («Bleichsand»), Schichten ihres B-Horizonts können zu einem so festen «Ortstein» verkittet sein, daß das Eindringen der Baumwurzeln erschwert ist. Die nährstoffarmen Podsolböden sind für feuchte und kühle bis kalte Gebiete mit Misch- und Nadelwäldern sowie Zwergstrauchheiden bezeichnend (Abb. 4.3.5). Dagegen kommt es in trockenen und warm-kontinentalen (Wald) Steppen- und Prärieklimaten zur Bildung von Schwarzerden (Tschernoseme). Es sind dies sehr nährstoffreiche A-C-Böden, mit einem tiefschwarzen und milden Humushorizont, der direkt in das Substrat (vielfach Löß) übergeht; soweit die Niederschläge eindringen, ist die Schwarzerde entkalkt, darunter kommt es zur Kalkanreicherung. In ariden (Halb-) Wüstengebieten geht der Humusanteil immer mehr zurück; dabei entstehen z. B. Grauerden (Seroseme, Abb. 4.3.5). In Senken solcher Gebiete bedingt der überwiegend von unten nach oben aufsteigende und dort verdunstende Grundwasserstrom ein oberflächliches Anreichern bzw. Ausblühen von Salzen (z. B. Na_2CO_3, Na_2SO_4, NaCl, $MgSO_4$ etc.) und die Entstehung extremer Salzböden (S. 349).

Nach Menge und Art des **Humusanteils** zeigen die besprochenen klimaabhängigen Bodentypen ein breites Spektrum von Mineralstoff- bis zu Humusböden. Bei lokalen Sukzessionsreihen (Abb. 4.2.15, 4.2.16) stehen am Anfang der progressiven Entwicklung oft Mineralstoffböden, am Ende Humusböden (Abb. 4.3.8); bei regressiver Degradation nimmt der Humusanteil dagegen gewöhnlich wieder ab (Abb. 4.3.17, 4.3.18).

Benachbarte Vegetationstypen unterscheiden sich oft stark in der Humusform (Abb. 4.3.17, 4.3.18). Die Pflanzensippen haben sich diesbezüglich ökophysiologisch angepaßt.

Beispiele für Mineralstoffpflanzen sind etwa die meisten *Caryophyllales* (z. B. *Caryophyllaceae, Chenopodiaceae, Cactaceae*) oder *Brassicaceae*. Humuspflanzen zeichnen sich fast immer durch eine Mykorrhiza (S. 377 ff.) aus, wie z. B. *Pinaceae, Fagaceae, Ericaceae, Pyrolaceae* oder *Orchidaceae*; einzelne davon – wie etwa *Neottia* und *Corallorhiza* (S. 379, 817) – sind als Vollmykotrophe sogar zu Parasiten auf ihren Mykorrhizapilzen geworden (S. 379).

Die Humusbildung ist nach Art des Abfalls recht unterschiedlich. Während etwa Ulmen- und Eschenblätter eine fast neutrale und N-reiche Streu liefern und schon nach einem Jahr fast völlig zersetzt sind, liefern Eiche und Buche (Abb. 4.3.7) eine erst nach 3 Jahren zersetzte und recht saure Streu (pH 4,3–4,8) mit weniger N. Noch etwas ungünstiger liegen die Verhältnisse bei der Nadelholzstreu (z. B. bei Fichte oder Kiefer), da bei ihnen auch der Harzgehalt das Bodenleben nachteilig beeinflußt. Selbstverständlich wirken sich diese Verhältnisse auch auf den Unterwuchs der besprochenen Gehölze aus.

Die Humusformen im reichen bzw. armen Braunerdebuchenwald und im armen Sauerhumusbuchenwald (S. 862, Abb. 4.2.21) sind Mull, Moder und Rohhumus (S. 340, 879), die Bodentypen gesättigte, ausgewaschene und stark podsolige Braunerde (s. S. 871, Abb. 4.3.8). Diese Buchenwälder und ihre Bodentypen bzw. Humusformen können in der angegebenen Reihe als Sukzession aufeinander folgen. Abb. 4.3.17

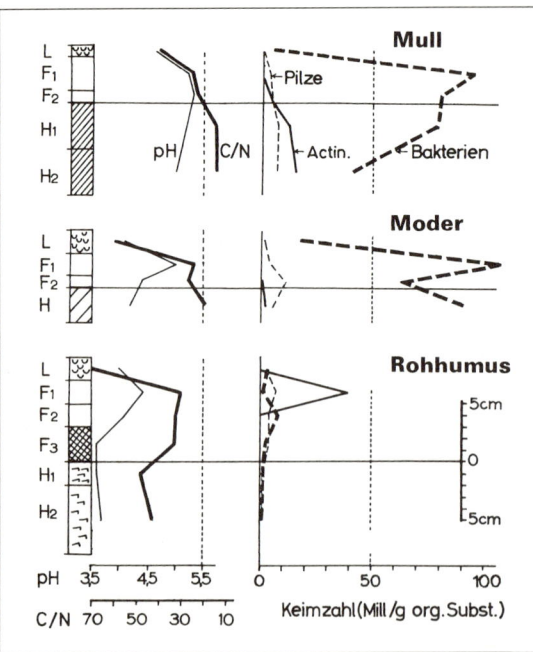

Abb. 4.3.17: Mull-, Moder- und Rohhumusböden in reichen und armen Braunerde- bzw. Sauerhumus-Buchenwäldern Mitteleuropas: oberer Teil der Bodenprofile (links, vgl. S. 870–872), pH-Werte und Kohlenstoff/Stickstoffverhältnisse (Mitte links) sowie Keimzahldichten von Bakterien, Actinomyceten und Pilzen (rechts). Vgl. im Text, Abb. 4.3.18 u. S. 862. (Nach Angaben von F. H. Meyer aus Ellenberg.)

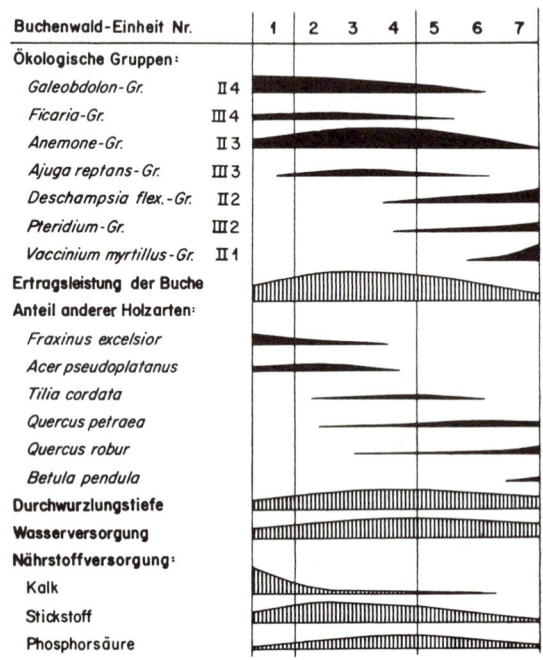

Abb. 4.3.18: Ökologische Reihe der Buchenwaldtypen Mitteleuropas: Kalkbuchenwald (1), reicher (2), typischer (3) und armer (4) Braunerdebuchenwald sowie reicher (5), typischer (6) und armer (7) Sauerhumusbuchenwald. Anteile der Arten bestimmter ökologischer Zeigergruppen (Gr.; S. 862) und begleitender Laubhölzer, Ertragsleistung der Buche, Durchwurzelung, Wasser- und Nährstoffversorgung. Vgl. auch im Text u. Abb. 4.2.24. (Nach Ellenberg.)

zeigt, wie sich parallel damit das Bodenleben verschlechtert, wobei besonders Bakterien zurücktreten, während Pilze und Actinomyceten relativ zunehmen; der pH-Wert nimmt von etwa 5,5 auf fast 3,5 ab und auch der Nährstoffgehalt (ausgedrückt als Stickstoffanteil) sinkt. Abb. 4.3.18 verdeutlicht die verschlechterte Nährstoffversorgung auch für Kalk und Phosphor und verweist auf die Verschiebungen im Artenbestand der Holzarten und der ökologischen Zeigergruppen im krautigen Unterwuchs. Verständlicherweise nehmen dabei die anspruchsvolleren Nährstoff- und Mullbodenzeiger ab (z.B. *Acer pseudoplatanus* oder *Lamiastrum galeobdolon*), die anspruchslosen Säure- und Rohhumuszeiger aber zu (z.B. *Betula pendula* oder *Vaccinium myrtillus*). Auch die abnehmende Ertragsleistung der Buche (und der gesamten Biocoenose) paßt zu diesem Bild.

Das Beispiel der mitteleuropäischen Buchenwaldtypen (Abb. 4.2.21, 4.3.17, 4.3.18) zeigt anschaulich, wie eng Bodenbildung, Humusform und Bodenleben mit pH-Wert, Nährstoffgehalt, Artenbestand und Produktivität verknüpft sind.

Die vielfach sehr unterschiedlichen pH-Werte der Bodenhorizonte und Bodentypen sind durch Substrat, Entwicklungsgeschichte und Organismenbesatz bedingt. Die meisten Gefäßpflanzen können zwar im Bereich von pH 3,5–8,5 existieren, doch ist in synökologischer Hinsicht fast immer eine Spezialisierung eingetreten (vgl. acido- und basiphile bzw. acido- und basitolerante Arten: S. 340).

Die pH-Werte der Böden liegen im A_1-Horizont etwa im Bereich von 2,6–4,5 in stark sauren Hochmooren und Zwergstrauchheiden, 3,5–4,5 in bodensauren Wäldern, 4,5–6,0 in reicheren, mäßig bis schwach sauren Laubmischwäldern und Ackerböden, 5,0–6,5 in mittleren Flachmooren, 6,0–7,5 in ± neutralen Kalkbuchenwäldern, 6,5–8 in Auwäldern, 7,0–8,5 in ± alkalischen Kalkfelssteppen und bis über 9,0 in stark alkalischen ariden Sodaböden. Die jahreszeitlichen Schwankungen von Niederschlägen, Bodenaktivität u.a. verursachen vielfach auch ein Oszillieren der pH-Werte.

Die Alkalisierung ist vor allem durch Anreicherung von Salzen starker Basen und schwacher Säuren bedingt (z.B. Na_2CO_3, $CaCO_3$), die Versauerung kann nicht nur auf die Bildung von Humussäuren, sondern auch auf die Abgabe von Säuren durch Wurzeln und Mikroorganismen, die Dissoziation von Kohlensäure und die Auswaschung von Basen zurückgehen. Solange genügend Basen vorhanden sind, haben die Böden ein gutes Puffervermögen gegen Bodensäuren, etwa aufgrund des schwach alkalischen Lösungsgleichgewichts von $CaCO_3$ und $Ca(HCO_3)_2$. Wenn die Bodenversauerung aber zunimmt, also etwa Werte von weniger als pH 5,0 erreicht, dann wird auch die Basen- und Nährstoffverarmung kritisch (S. 340, 870ff.). Die Angaben über die Bodenreaktion in den Diagrammen (Abb. 4.0.3, 4.2.24) und entsprechende ökologische Zeigerpflanzen (S. 340, 862, Abb. 4.3.18) sind also zugleich als Hinweise auf die Nährstoffversorgung zu verstehen.

Für den **Nährstoffhaushalt** der Böden ist neben Phosphor, Schwefel und Kali (S. 346ff.) besonders Stickstoff von zentraler Bedeutung (S. 346, 350ff., Tab. 2.1.27–28, Abb. 2.1.127: N-Kreislauf). Nitrophile Arten finden sich besonders unter den Ruderalpflanzen (z.B. *Urtica dioica*).

Im Brutversuch, bei konstanter Feuchte und Temperatur, läßt sich für jeden Boden die mikrobiell gesteuerte Freisetzung von anorganischen Stickstoffverbindungen erfassen. Dabei entstehen als Produkt der Mineralisation in Mullböden bevorzugt NO_3-Ionen, in Rohhumus- und Moderböden dagegen besonders NH_4-Ionen. Gut ist das Stickstoffangebot z.B. in Hochstaudenfluren und Auwäldern, mäßig in schwach bodensauren Laub- und Nadelwäldern, schlecht in flechtenreichen Kiefernwäldern und Hochmooren. Auch Trockenrasen, Steppen und Savannen sind oft stickstoffarm, da die biologische Nitrifikation durch Trockenperioden gehemmt wird. Es ist also kein Zufall, daß die mit Luftstickstoff bindenden Bakterien assoziierten Leguminosen in diesen Lebensräumen gehäuft auftreten. Umgekehrt steigt auf Waldschlägen das N-Angebot, weil die N-Aufnahme durch Baumwurzeln wegfällt und die Streu bei mehr Licht und Wärme verstärkt abgebaut wird. Viele Schlagpflanzen sind dementsprechend nitrophil, z.B. *Atropa belladonna*, *Rubus idaeus* oder *Sambucus nigra*. Bei vielen nitrophilen Ruderalpflanzen kann die Keimung und Entwicklung durch zusätzliche Gaben von KNO_3 gefördert werden; sie speichern vielfach überdurchschnittliche Mengen von Nitraten in ihrem Zellsaft.

Der **Kalkgehalt** beeinflußt die physikalischen Eigenschaften der Böden (Krümelstruktur: S. 340, größere Wasserdurchlässigkeit, Trockenheit und Wärme: S. 349, 920) und ihren pH-Wert (Lösung von $CaCO_3$ und $Ca(HCO_3)_2$ leicht alkalisch, mit Pufferwirkung: s. oben, Bindung von Humussäuren: S. 872). All dies wirkt sich indirekt auf die Pflanzen aus (vgl. z.B. Abb. 4.3.20). Vielfach ist aber auch ein unterschiedliches Verhalten gegenüber dem Ca-Ion selbst feststellbar (Abb. 4.3.19). Wenn man dazu noch verschiedene andere ernährungsphysiologische Nebeneffekte berücksichtigt (S. 349), wird verständlich, daß Flora und Vegetation über kalkreichem bzw. kalkarmem, silicatischem Gestein immer deutlich verschieden sind (Kalk- und Kieselpflanzen, S. 349).

Kalkmeidende (calcifuge) Pflanzen – z.B. das Borstgras *Nardus stricta* – sind gegen Ca^{2+} (und HCO_3^-) überempfindlich. Viele Sippen können auf kalkarmem oder kalkreichem Substrat wachsen, fällen aber dann Calcium als zellphysiologisch unwirksames Oxalat aus (z.B. *Silene* und andere *Caryophyllaceae*; vgl. S. 90). Echte Kalkpflanzen (calcicole Pflanzen) weisen im Zellsaft reichliche Mengen von gelöstem Calcium auf (z.B. *Gypsophila* als Ausnahme der *Caryophyllaceae*). Abb. 4.3.19 zeigt, wie wenig diese erblich fixierten ökophysiologischen Reaktionsnormen durch Wachstum auf kalkreichem bzw. kalkarmem Gestein (Gneis, Schiefer) modifizierbar sind.

Die beiden im Alpenraum und an der Waldgrenze vorkommenden Ericaceen *Rhododendron ferrugineum* und *Rh. hirsutum* (S. 797, Abb. 4.3.20) vertreten sich normalerweise, erstere auf silicatischem Gestein mit stark sauren Böden (pH 4,5–6,0), letztere auf Carbonatgestein mit schwach sauren bis leicht alkalischen Böden (pH 5,8–7,2). Im Kontaktgebiet und an Übergangsstandorten (pH 5,4–6,4) kann auch der Bastard der beiden Sippen *(Rh. × intermedium)* Bestände bilden.

Über kalkreichen Gesteinen bilden sich als erste Etappe der Bodenbildung vielfach Humuscarbonatböden (Rendzina-Böden) mit A-C-Profil (S. 871). Ihnen entsprechen über Silicat- oder Quarzgestein die Humussilicatböden (Ranker). Erstere sind gut gegen Bodenversauerung abgepuffert, letztere neigen zur Versauerung und Basenauswaschung. In Mitteleuropa wachsen etwa Trockenrasen mit *Sesleria varia* und *Teucrium montanum* auf Carbonat, solche mit *Sedum acre* und *Scleranthus perennis* auf Silicatböden. In der alpinen Rasenstufe vikariieren die Elyno-Seslerietea auf kalkreichen und die Caricetea curvulae auf kalkarmen Böden. Eine lokale Sonderentwicklung von Flora und Vegetation (z.B. mit der charakteristischen Gipsflechte *Acarospora nodulosa*) findet sich schließlich auf Kalksulfatböden über Gips bzw. Anhydrit.

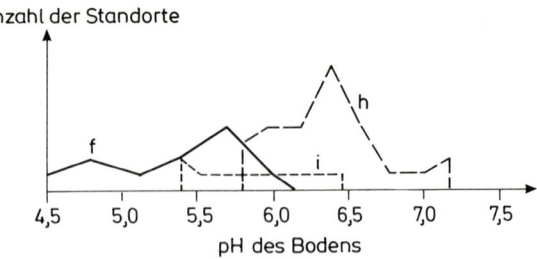

Abb. 4.3.20: Die Verteilung der Alpenrosen *Rhododendron ferrugineum* (f—), *Rh. hirsutum* (h————) und ihres Bastardes *Rh.* × *intermedium* (i————) auf Böden mit unterschiedlichen pH-Werten in den Alpen. (Nach Zollitsch aus Stocker.)

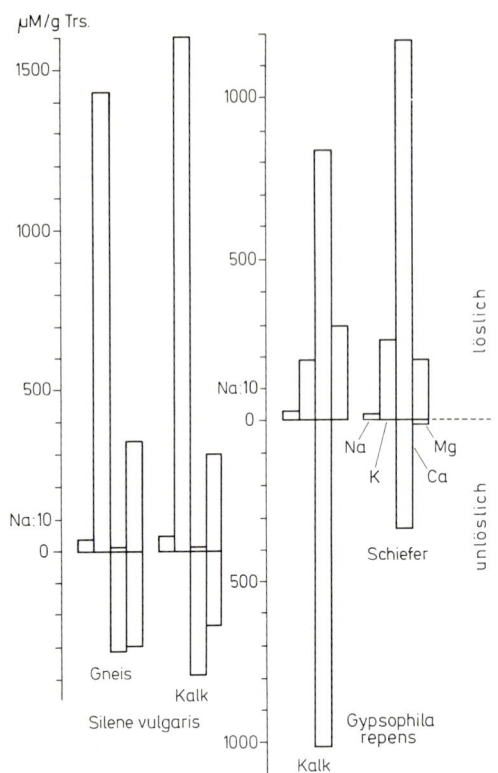

Abb. 4.3.19: Mineralstoffgehalt (in Mikromol pro Gramm Trockensubstanz): Na (10fach überhöht), K, Ca und Mg in wasserlöslichen bzw. -unlöslichen Verbindungen in den Blättern von zwei Nelkengewächsen *(Caryophyllaceae): Silene vulgaris* und *Gypsophila repens* von Böden mit hohem und niedrigem Kalkgehalt (Gneis, Schiefer). *Silene* und die meisten anderen Caryophyllaceae fällen nahezu das gesamte Ca in unlöslicher Form als Oxalat aus (Oxalattyp); dafür sind viel lösliche K-Verbindungen vorhanden. *Gypsophila* speichert lösliche Ca-Verbindungen (calcitropher Typ), vermag auf kalkreichen Böden aber auch Ca-Oxalat auszufällen; K ist in viel geringerer Menge vorhanden als Ca. Vgl. auch S. 347. (Nach Horak & Kinzel.)

Die lokale Anreicherung mehr-minder toxischer Verbindungen von Schwermetallen, wie z.B. Kupfer, Cobalt, Nickel, Mangan, Uran, Aluminium, Magnesium, Zink, Selen u.a. schränkt den Pflanzenwuchs vielfach auf eine scharf selektierte Auswahl ökophysiologischer Spezialisten ein, die solche Verbindungen tolerieren und sogar manchmal akkumulieren (S. 320; dort auch Hinweise auf ihre Bedeutung als Indikatorpflanzen). Erwähnenswert sind in diesem Zusammenhang etwa die von der Umgebung scharf abgehobene Vegetation auf Serpentin (ein Mg-Silicat mit Al, Fe und Ni) und Galmei (ein Zn-Erz) (S. 320).

Die Anreicherung von leicht löslichen Salzen (besonders NaCl, Na_2SO_4, Na_2CO_3, aber auch von entsprechenden K- und Mg-Verbindungen) im Bereich der Meeresküsten und arider Beckenlandschaften des Binnenlandes (S. 920, 926) hat einschneidende Wirkungen auf das Pflanzenleben. Darauf wurde bei der Besprechung der morphologischen, anatomischen und physiologischen Eigentümlichkeiten der Salzpflanzen (Halophyten) schon mehrfach hingewiesen (S. 349, 373).

Die höchste Salzresistenz entwickeln gewisse Algen und Flechten der litoralen Spritzwasserzone; sie überleben das Eintrocknen konzentrierter Salzlösungen wie auch das Auslaugen durch Regenwasser (S. 338). Dagegen werden Glykophyten schon durch geringe Mengen von Na-Salzen (etwa 50% Meerwasser) geschädigt. Fakultative Halophyten (z.B. die Strand-Aster *Aster tripolium*) können solche Konzentratio-

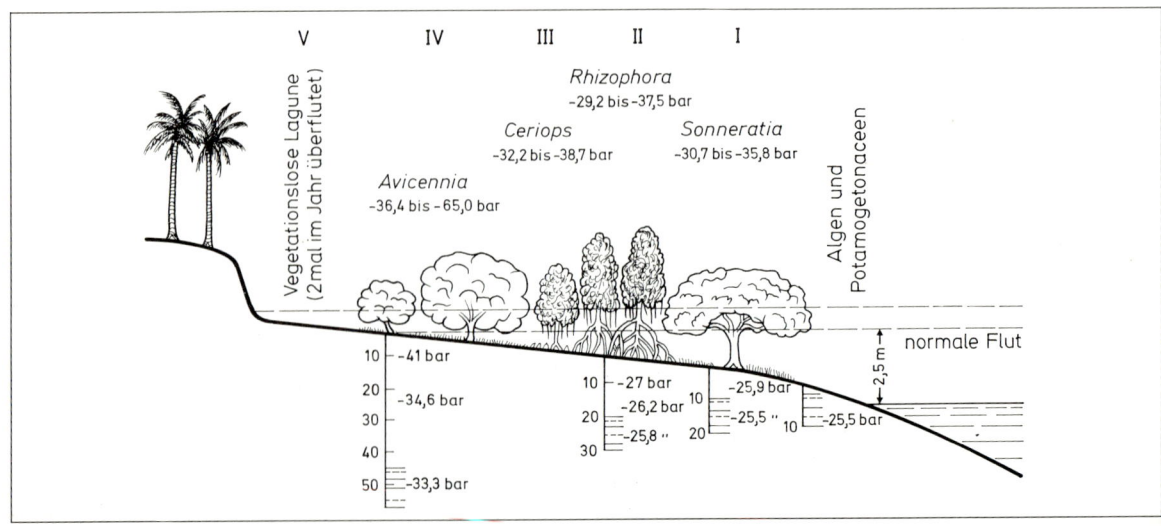

Abb. 4.3.21: Schema der Zonierung einer Mangrove an der ostafrikanischen Meeresküste. I *Sonneratia alba*-Zone, II *Rhizophora mucronata*-Zone, III *Ceriops candolleana*-Zone, IV *Avicennia marina*-Zone, V vegetationslose Sandfläche. Oberhalb der Flutlinie Hochwasserstand darunter Niedrigwasserstand. Die Zahlen (in bar) beziehen sich auf die (höchste und geringste) Konzentration der Blattzellsäfte und der Bodenlösungen (in verschiedener Tiefe, in cm; gestrichelt: Grundwasserstand bei Ebbe). (Nach Walter.)

nen noch gut ertragen. Obligate Halophyten erreichen überhaupt erst bei entsprechenden Salzgaben ihre optimale Ertragsleistung (z. B. *Salicornia* bei 75–100% Meerwasser).

An humiden Küsten nimmt die Salzkonzentration der Böden vom Meer zum Land hin ab; dem entspricht eine abnehmende Salzresistenz der obligaten und fakultativen Halophyten, die einander vom Meer zum Land hin ablösen (z. B. an der schwedischen W-Küste: Abb. 4.2.7). Wo aber aride Jahreszeiten vorkommen, reichern sich die Salze besonders in den nur kurzfristig mit Salzwasser durchtränkten landnahen Randzonen an, weil sich hier die Bodenlösungen durch Verdunstung in der Trockenzeit am stärksten konzentrieren. Solche Bedingungen herrschen z. B. in der Mangrove (Abb. 1.3.100, 4.3.21, vgl. auch S. 227ff., 373, 930), wo die Böden vom offenen Meer zur landnahen Lagune hin einen zunehmenden Salzgehalt aufweisen und die Arten dementsprechend nach ihrer zunehmenden Salzresistenz aufeinander folgen.

6. Feuer und mechanische Einflüsse

Das **Feuer** hat besonders in Klimaten mit Trockenperioden (z. B. Mittelmeergebiet, Australien, wechselfeuchte Tropen) einen entscheidenden Einfluß auf das Pflanzenkleid. Brände werden nämlich in Lockerwäldern, Savannen und Grasländern auch ohne Zutun des Menschen ziemlich regelmäßig durch Blitzschlag ausgelöst. Dadurch wird in diesen Vegetationstypen eine Feueranpassung der Gewächse gefördert. Feuerresistente oder sogar feuerbegünstigte Pflanzen nennt man Pyrophyten.

In trockenen Lockerwäldern und Savannen entstehen meist keine destruktiven Kronenfeuer (mit Temperaturen von über 1000° und Vernichtung aller Holzgewächse), sondern bloß rasch durchziehende Grundfeuer (Temperaturen in der Streu- und Bodenschicht kurzfristig um 70°–100°, darüber in 0,5–1 m Höhe kaum mehr als 500°). Dabei werden die Überdauerungsorgane einigermaßen feuerresistenter Gehölze und Krautpflanzen kaum beschädigt. Entsprechendes gilt für die Grasbrände der Steppen und tropischen Grasländer.

Holzige Pyrophyten sind vielfach durch starke Borkenbildung, Knospenschutz und teilweise auch durch unterirdische und zur Regeneration befähigte Stammkörper (Xylopodien) sowie Laubabwurf während der kritischen Trockenzeit ausgezeichnet. Unter den Krautpflanzen überwiegen Horstbildner (z. B viele *Poaceae*, die ihre Vegetationspunkte durch eine mächtige Strohtunica aus alten Blattscheiden schützen), Geophyten (z. B. viele *Liliaceae* und *Amaryllidaceae*) und Therophyten. Aktive Anpassungen der Pyrophyten betreffen z. B. die Frucht- und Samenbiologie: Bei vielen Arten von *Pinus*, *Eucalyptus*, *Proteaceae* etc. öffnen sich die Früchte nur nach Feuereinwirkung; erst dann erreichen die Samen ihre volle Keimfähigkeit und werden ausgestreut. Damit ist eine Verjüngung zum günstigsten Zeitpunkt gewährleistet, wenn die Licht- und Wurzelkonkurrenz vermindert und der hinderliche Bestandesabfall in nährstoffreiche Asche umgewandelt ist.

Mechanische Standortfaktoren wirken vor allem durch Wind, Wasser, Schnee und Eis sowie Bodenbewegungen auf die Pflanzen. Diese Einflüsse machen sich besonders an den Küsten (z. B. Wellenschlag, Dünenbildung) und in den Gebirgen (z. B. Windschliff, Lawinen, Geröll) bemerkbar und prägen das Vegetationsgefüge (vgl. Abb. 4.2.26, 4.5.4, 4.5.6, 4.5.7).

Während die Luftbewegung in Bodennähe und innerhalb geschlossener Pflanzenbestände stark verlangsamt ist, werden an exponierten Geländeformen, in Gebirgen und am Meer Bäume durch Wind und Sturm oft einseitig geschädigt und verformt (Fahnenwuchs) oder Gehölzwuchs überhaupt unmöglich gemacht (vgl. die herabgedrückte Waldgrenze an isolierten Bergen, z. B. im Harz, oder das Fehlen des Waldes auf vorgeschobenen kleinen Inseln, z. B. Helgoland). Entscheidend ist dabei vielfach das Zusammenwirken von Luftbewegung, vermehrter Transpiration (S. 327ff., 876f.), Frosttrocknis (S. 217, 400f., 875) und der Windtransport von Eiskristallen bzw. Sand (Gebläsewirkung) oder Salzstaub. Bei extremen Stürmen werden Einzelbäume oder ganze Waldflächen abgebrochen oder entwurzelt (Windwurf), besonders an ungeschützten Waldrändern und gefördert durch starke Schnee- oder Rauhreifbelastung (Schneebruch). An besonders windexponierten Standorten überwiegen als Ergebnis lokaler Anpassung vielfach Kugelpolsterpflanzen (vgl. Abb. 1.3.29). Vom Wind bedingt sind weiter die Brandung am Meeresufer (vgl. dazu die Zonierung litoraler Algen – Abb. 3.2.97 – mit ihrer unterschiedlichen Ausbildung von mechanischen Festigungsgeweben), die ungleiche Schneeverteilung im alpinen Bereich (mit Schneetälchen und Windecken, Abb. 4.5.7) oder die Bildung bzw. das Wandern von Sanddünen (Abb. 4.5.6).

Die Kräfte des strömenden Wassers bestimmen z. B. die Anlandung und Vegetationsabfolge an Flüssen (Abb. 4.5.4). Die mechanische Wirkung der Schneedecke wird besonders bei Lawinenabgängen augenscheinlich. Ihrer Gewalt können nur Rasengesellschaften bzw. Gebüschformationen (z. B. LegFöhren und Grün-Erlen mit sehr elastischen Ästen) widerstehen (S. 922f., Abb. 4.2.26).

Auffällige Auswirkungen der Bodenbewegung finden wir vor allem bei der Pioniervegetation von fortwährend nachrutschenden Schutthalden (Abb. 4.5.7). Als Anpassungsformen erscheinen hier horstartige Schuttstauer (z. B. *Papaver alpinum* agg.), mit dünnen Sprossen der Überschüttung entgehende Schuttkriecher (z. B. *Linaria alpina*) u.a. Ähnliche Wuchsformen treten im beweglichen Dünensand auf (Abb. 4.2.10). Aus dem Zusammenwirken von Solifluktion (frostbedingtem Bodenfließen) und Winderosion entstehen besonders in arktisch-alpinen Räumen charakteristische Strukturrasen in Form von Streifen, Treppen oder Netzen. – Wegen der vielfältigen mechanischen Einflüsse durch andere Organismen und den Menschen (z. B. Tierfraß, Mahd, Brandrodung) vgl. S. 885, 892 ff.

B. Biotische Wechselwirkungen

Die Biocoenosen unserer Erde werden nicht nur durch die grundlegenden Nahrungsketten von Produzenten zu Konsumenten und Zersetzern (S. 251, 868), sondern auch durch viele andere Aspekte des Zusammenlebens und des Wettbewerbes geprägt (vgl. z. B. Abb. 4.0.3, 4.0.4, 4.2.6).

Biotische Wechselwirkungen – allgemein als **Interferenzen** bezeichnet – können sich zwischen den Individuen einer Population (Art) oder zwischen Individuen verschiedener Arten ergeben. Zwischen ökologisch selbständigen Arten sind sie oft nur sehr locker, sie können sich aber (z. B. bei Symbiose oder Parasitismus) bis zur völligen Abhängigkeit vertiefen. Die folgende Tabelle bringt eine Zusammenstellung einiger wichtiger biotischer Wechselwirkungen; ausschlaggebendes Kriterium ist dabei der positive (+), negative (−) oder fehlende (0) Einfluß auf die Vermehrungsrate, den zwei Partner (A und B) aufeinander ausüben:

A → B	B → A	Bezeichnung
−	−	Konkurrenz
+	−	Parasitismus, Fraß
+	+	Kooperation, Symbiose
+	0	Kommensalismus
0	0	Neutralismus

Biotische Wechselwirkungen **zwischen autotrophen Pflanzen** reichen von Konkurrenz bis zur Kooperation, wobei Raumverdrängung und Kampf ums Licht oder um Nährstoffe bzw. Wasser im Boden (S. 875ff.) ebenso eine Rolle spielen wie Veränderungen des Bestandesklimas (S. 875) oder chemische Wirkstoffe (Allelopathie: S. 408) u.a. Diese komplexen Verhältnisse lassen sich am leichtesten aufgrund von Kulturversuchen mit zwei oder wenigen Arten erfassen (Abb. 4.3.22, 4.3.23).

Während sich *Spirodela (Lemna) polyrrhiza* allein stärker vermehrt als *Lemna gibba*, verdrängt *L. gibba Spirodela* in dichter Mischkultur aufgrund von Lichtkonkurrenz (Abb. 4.3.22). Wie stark die Wurzelkonkurrenz hinsichtlich der Nährstoffaufnahme ist, zeigen Versuche, bei denen man Fichtenjungpflanzen im Birkenwald mit markierten Phosphorverbindungen gedüngt hat. Wenn man die Birkenwurzeln absticht, so können die Fichten 5–9mal mehr Phosphor aufnehmen als vorher.

Beim Anbau der wichtigsten Arten des *Lolium perenne*-Rasens erreicht das hochwüchsige *Trifolium pratense* eine höhere Stoffproduktion als das niedrigwüchsige *T. repens*. Alle Arten zusammen sind nach einem Jahr etwa doppelt, wenn man das «störende» *Lolium perenne* wegläßt, sogar dreimal so produktiv, wie *T. pratense* allein. Hier wird Kooperation bzw. Kommensalismus sichtbar: Die Luftstickstoffbindung in den Bakterienknöllchen der Kleearten ist offenbar auch für die anderen Arten förderlich. Der Teppichstrauch *Loiseleuria* (S. 923) ist an arktisch-alpinen Windecken oft mit Strauchflechten (*Cetraria* u.a.) vergesellschaftet, denen er eine feste Verankerung bietet und die umgekehrt seine Sprosse mit ihrem darüber aufragenden Thallus vor der Windabrasion schützen.

Keimlinge und Jungpflanzen sind im Konkurrenzkampf meist viel stärker gefährdet als etablierte Altpflanzen. Bei der Lärche überlebt etwa die Hälfte der gekeimten Samen auf Rohböden oder in einer dünnen Moosschicht, dagegen fast keine in einer höheren Krautschicht, wie sie sich unter älteren Lärchen einstellt. Hier ist nämlich die Luftfeuchtigkeit höher, die Verholzung der Keimlinge geringer und daher ihr Pilzbefall sehr viel stärker. So wie viele andere Pionier-Holzpflanzen behindert die Lärche also ihre eigene Regeneration und fördert die Sukzession anderer Gehölzarten.

Bei der allelopathischen Behinderung (S. 408) des Aufwuchses von Individuen anderer Arten (aber teilweise auch der eigenen Art) sind Stoffwechselprodukte von Bedeutung. Beispiele dafür hat man etwa bei den Algen *Chlorella* und *Nitzschia*, bei terpenoidreichen *Lamiaceae* (z.B. Hemmzonen im Umkreis von *Salvia*-Arten in Californien) und *Myrtaceae* (z.B. fast unterwuchsfreie *Eucalyptus*-Aufforstungen) gefunden. Auffällig unterwuchsfeindlich sind auch *Robinia*- und viele Nadelholzbestände.

Zu den Beziehungen zwischen heterotrophen Pflanzen gehört die Allelopathie von Antibiotika produzierenden Actinomyceten und Pilzen gegenüber Bakterien (S. 542, 569). Wichtig sind die **Wechselwirkungen zwischen heterotrophen und autotrophen Pflanzen** als Symbionten (z.B. Flechten: S. 375f., 596ff., Luftstickstoff bindende Bakterien und Gefäßpflanzen; S. 351ff., 376f.; Mykorrhiza: S. 377ff.), als Kommensalen (z.B. die zahlreichen saprophytischen Bakterien und Pilze, die vom Bestandesabfall der Primärpflanzen leben: S. 374, 542f., 593ff.) oder als Parasiten (viele Bakterien und Pilze, einige Angiospermen etc.: S. 190f., 229, 374f., 542f., 593ff.).

Bedeutsame Vegetationsveränderungen können sich ergeben, wenn Pilzkrankheiten bestimmte Gehölzarten weitgehend oder völlig eliminieren; davon waren während der letzten Jahrzehnte z.B. betroffen die europäische Feld-Ulme (*Ulmus minor*, Pilz: *Ceratocystis ulmi*, S. 569) und die östlich-nordamerikanische *Castanea dentata* (ursprünglich bis zu 60% Baumanteil; Pilz: *Endothia parasitica*, 1904 aus China eingeschleppt). Es bleibt abzuwarten, ob dabei resistente Biotypen dieser Bäume ausgelesen wurden, welche die verlorenen Lebensräume wieder zurückerobern können.

Besonders vielfältig und ökologisch bedeutungsvoll sind die biotischen **Wechselwirkungen zwischen Pflanzen und Tieren** (vgl. dazu auch Abb. 4.5.13). An erster Stelle sind hier die phytophagen bzw. herbivoren Tiere als Primärkonsumenten zu nennen. Dabei kön-

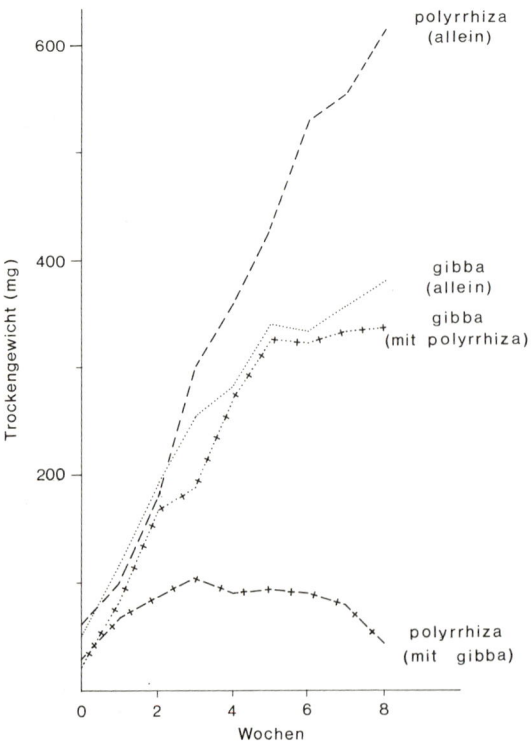

Abb. 4.3.22: Vermehrung von zwei auf der Wasseroberfläche frei schwimmenden *Lemnaceae* (*Spirodela polyrrhiza* und *Lemna gibba*) in Einzelkultur und bei gegenseitiger Konkurrenz in Mischkultur. (Nach Harper.)

nen etwa Insekten (vgl. z. B. Blattläuse, Borkenkäfer, Spanner) oder Säugetiere (Kaninchen, Wiederkäuer) durch Saugen oder Fraß an vegetativen Organen, Blüten und vielfach auch Samen sehr beachtliche Schäden und Veränderungen an der Pflanzendecke verursachen. Der dadurch bedingte Selektionsdruck hat zur Ausbildung vielfältiger Abwehrmechanismen geführt (Dornen, Stacheln, Brennhaare, Kristallnadeln, Bitter- und Giftstoffe etc.: S. 90 f., 143, 162, 188 f.). Ein Sonderfall sind die von Tieren verursachten Gallbildungen (S. 422 f.). Symbiotische Beziehungen mit Tieren bestehen bei Samenpflanzen besonders im Bereich der Blüten-, Frucht- und Samenbiologie (S. 746 ff.,757 f.), aber auch bei niederen Pflanzen (S. 376, 594). Auf Tieren parasitieren viele Bakterien und Pilze. Einige wenige Pilze und Angiospermen haben sich als «Tierfänger» spezialisiert (S. 212, 219 ff., 380, 595 f.).

Weidetiere schädigen durch Fraß vor allem den Jungwuchs von Holzpflanzen und fördern damit die regenerationskräftigen Gräser und Stauden des Grünlandes. Weitere Standortsveränderungen ergeben sich durch Tritt (Bodenverdichtung, mechanische Schädigung) und Düngung. Als Folge davon nehmen vielfach vom Vieh gemiedene «Weideschädlinge» überhand, in Mitteleuropa z.B. *Juniperus communis*, *Berberis vulgaris*, *Prunus spinosa*, *Ononis spinosa*, *Eryngium campestre*, *Carduus* spec., *Cirsium* spec., *Nardus stricta* mit harten und stechenden Sproßorganen sowie Arten von *Rumex*, *Ranunculus*, *Euphorbia*, *Apiaceae*, *Lamiaceae*, *Liliales* (z. B. *Colchicum autumnale*) mit Gift-, Bitter- oder Aromastoffen.

Viele Verwandtschaftsgruppen der Angiospermen sind offenkundig deshalb stammesgeschichtlich erfolgreich und formenreich geworden, weil sie wirksame chemische Abwehrstoffe gegen den Tierfraß entwickelt haben, z. B. die *Capparales* mit ihren Senföl-Glykosiden, viele *Gentianales* mit Indol-Alkaloiden (S. 801) oder die *Solanaceae* mit Tropan-Alkaloiden (S. 804). Nur bestimmte phytophage Tiergruppen können diese Abwehrstoffe unschädlich machen und haben sich dann vielfach geradezu auf die entsprechenden Trägerpflanzen spezialisiert (z. B. die *Pierinae* unter den Schmetterlingen auf die *Capparales*). Der Monarch-Falter (*Danaus plexippus*) baut die aus seinen Futterpflanzen (*Asclepiadaceae*) übernommenen giftigen Cardenolid-Glykoside sogar im Körper der Raupen und adulten Tiere ein und wird dadurch für seine Feinde ungenießbar.

Als Beispiel für die noch ungenügend erforschten Wechselwirkungen zwischen Pflanzen und Ameisen (vgl. dazu auch S. 758) sei auf neotropische Arten der Gattung *Acacia* (z. B. *A. cornigera*) verwiesen. Diese Regenwaldbäume haben eine Symbiose mit aggressiven Ameisen (*Pseudomyrmex ferruginea*) entwickelt: Sie bieten ihnen «Wohnräume», Futterkörper und extrafloralen Nektar (Abb. 3.2.239) und werden «dafür» von den Ameisen sehr erfolgreich gegen alle herbivoren Tiere verteidigt. Die Ameisen kappen und entfernen sogar überwachsende Lianen und konkurrierende Nachbargewächse, so daß sich ihre Wirtspflanzen besser entwickeln können. Die Wirksamkeit dieser Symbiose zeigt sich an Akazien, die nicht von Ameisen besiedelt sind: Sie werden stark angefressen, unterdrückt und verkümmern.

Sehr wesentlich ist bei vielen Pflanzen der Verlust an Samen durch Tiere. *Fagus sylvatica* vermag sich nur in Mastjahren mit verstärkter Samenproduktion erfolgreich zu vermehren. Diese Mastjahre folgen in unregelmäßigen Abständen aufeinander; dies hat zur Folge, daß sich in den Samen parasitierende Insekten in ihrem Entwicklungscyclus nicht auf die Mastjahre einstellen können. Neotropische Leguminosen haben zwei verschiedene «Abwehrstrategien» gegen samenverzehrende Käfer (*Bruchidae*) entwickelt: Entweder produzieren sie ungiftige, aber zahlreiche und kleine Samen, von denen zumindest ein Teil verschont bleibt, oder sie bilden wenige und größere Samen, die durch ihre Giftstoffe geschützt sind (vgl. S. 780 ff.).

Alle diese positiven oder negativen Wechselwirkungen beeinflussen das Wachstum der am Aufbau einer Biocoenose beteiligten Populationen. Manche Arten werden dominant, andere bleiben untergeordnet oder verschwinden; es ergeben sich labile oder mehr-minder stabile **Gleichgewichtszustände**. Solche Vorgänge lassen sich auch mathematisch beschreiben und mit Hilfe von Computer-Modelling simulieren (Abb. 4.3.30).

Der Konkurrenzkampf zwischen zwei Arten wird um so schärfer, je ähnlicher ihre ökologischen Ansprüche sind. Auf Dauer ist ihre Koexistenz in ein- und derselben ökologischen Nische (S. 831) nicht möglich. Daher finden wir bei negativen biotischen Wechselwirkungen vielfach, daß die beteiligten Arten der Konkurrenz «ausweichen»: Innerhalb der genetisch festgelegten autökologischen Amplitude, also der Reaktionsnorm bei Reinkultur, verschieben die Arten bei Mischkultur, d. h. unter synökologischen Bedingungen, ihre Amplitude und besonders ihren Optimalbereich so, daß sich eine möglichst geringe Überlappung mit den Amplituden und Optimalbereichen der Konkurrenten ergibt.

Dieses Prinzip wurde schon für das synökologische Verhältnis mitteleuropäischer Waldbäume erörtert (S. 833 f., Abb. 4.0.3, 4.0.4). Es kommt z. B. auch bei den wichtigsten Wiesengräsern Mitteleuropas zum Tragen: Hinsichtlich des Grundwasserstandes zeigen sie bei Reinkultur sehr ähnliche autökologische Optima, während ihre synökologischen Optima bei Mischkultur weit auseinanderfallen (Abb. 4.3.23). *Bromus erectus* und viele andere «xerophile» Arten sind also offenbar gar nicht wirklich «trockenheitsliebend», sondern nur besser «trockenheitsertragend». Auch *Oxalis acetosella* ist nicht «schattenliebend», sondern «schattenertragend» (S. 873). Viele mediterrane Reliktarten sind nur deshalb auf unzugängliche Felsspalten beschränkt, weil sie an allen anderen Standorten von Ziegen und Schafen abgefressen werden.

Die ökologische Position und weite bzw. enge Amplitude einer Art (euryök bzw. stenök) hängt also sehr von ihren biocoenotischen Partnern ab, sie ist relativ. Jedenfalls sind diese biotischen Wechselbeziehungen zwischen den Arten sehr unterschiedlich, komplex und kybernetisch untereinander und mit den anderen Standortsfaktoren verkoppelt (Abb. 4.2.4); das trägt entscheidend zur Stabilität und Selbstregulation der Ökosysteme bei (S. 868, 890).

Arten, die in ihren ursprünglichen Ökosystemen bloß untergeordnet und «unter Kontrolle gehalten» sind, können in «fremden» Ökosystemen zu aggressiven «Unkräutern» werden, soweit es dort an natürlichen Feinden fehlt. Das gilt etwa für den europäisch-atlantischen *Ulex europaeus* in Neuseeland, für das europäische *Hypericum perforatum* in Nordamerika oder für die neotropische *Opuntia inermis* in Australien. Erst die absichtliche Einbringung der auf *Opuntia* parasitierenden venezolanischen Motte *Cactoblastis cactorum* hat dort innerhalb weniger Jahre diese Unkrautplage über eine Fläche von mehr als $12 \cdot 10^7$ ha hinweg beseitigt. Ähnliches gilt auch für *Elodea canadensis* in Europa (S. 841). Umgekehrt haben eingeführte Tiere (z. B. Ziegen und Kaninchen) vielfach wenig weide-

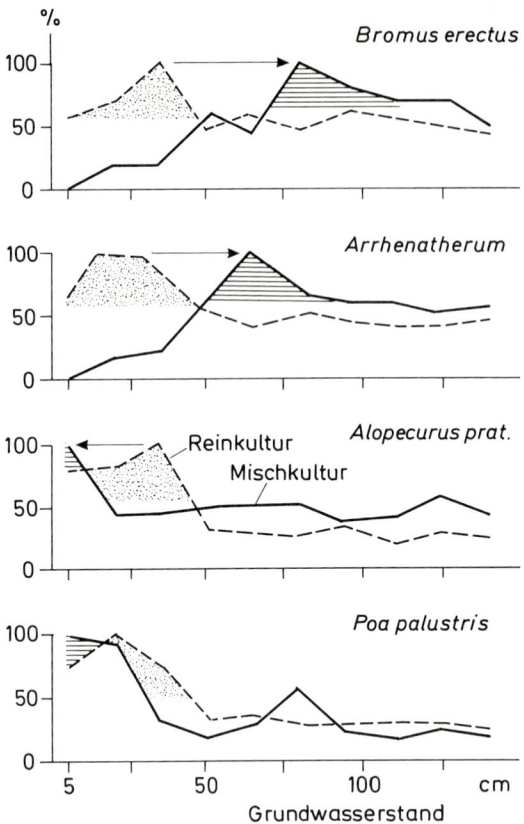

Abb. 4.3.23: Relativer Trockensubstanzertrag von drei verschiedenen Wiesengräsern in Reinkultur (- - - -) und Mischkultur (———) bei verschiedenem Grundwasserstand im Sandboden. Die Pfeile verdeutlichen die Verschiebung vom autökologischen (punktiert) zum synökologischen Optimum (schraffiert) der Arten. (Nach Ellenberg.)

feste Inselfloren (z.B. auf Hawaii oder St. Helena) weitgehend zerstört.

Die meisten Arten einer Biocoenose spielen mehrere ökologische Rollen: *Viscum album* (S. 190, 229, 787) ist z.B. für die Wirtsbäume ein Halbparasit, für die samenverbreitenden Vögel ein Symbiont, für diverse phytophage Insekten selbst ein Wirt.

Es ist verständlich, daß der Druck von Parasiten und anderen Feinden auf eine Art um so stärker wird, je mehr diese Art zur Dominanz kommt und große geschlossene Populationen aufbaut (vgl. dazu Abb. 4.2.2 B, 4.2.4).

So sind z.B. monotone naturfremde Fichtenforste viel anfälliger gegen epidemischen Schädlingsbefall (z.B. Borkenkäfer, Spanner) als naturnahe Mischbestände der Fichte mit anderen Gehölzen. Der große Artenreichtum vieler warmtemperater bis tropischer Wälder (vgl. Abb. 4.2.8, 4.5.12) geht offenbar darauf zurück, daß hier jede Baumart, die sich auf Kosten der anderen stärker vermehrt, durch die artenreiche Parasitenfauna und -flora sofort wieder reduziert wird.

C. Leistung und Dynamik der Ökosysteme

Das Mittelmeer und eine alpine Quellflur, ein tropischer Regenwald und eine arktische Tundra, aber auch eine bäuerliche Landwirtschaft oder eine moderne Großstadt sind **Ökosysteme** (S. 832, 867 f.): relativ abgegrenzte ökologische Wirkungsgefüge mit eigenem Stoff- und Energiefluß, aber doch auch offen und mit anderen Ökosystemen mehr-minder stark verbunden. In den voranstehenden Abschnitten haben wir die klimatischen, edaphischen und biotischen Wechselwirkungen besprochen, welche das Wesen natürlicher bzw. naturnaher Ökosysteme und besonders das Leben und die Leistungsfähigkeit ihrer pflanzlichen Komponenten bestimmen. Hier geht es nun vor allem um Leistung und Dynamik dieser Ökosysteme.

Produktion und Biomasse. Von zentraler Bedeutung und gleichsam das Betriebskapital für jedes Ökosystem ist die Menge an organischen Substanzen, welche durch grüne Pflanzen unter Bindung von Strahlungsenergie aus anorganischen Stoffen gebildet wird. Diese Primärproduktion (P_I) wird als Bruttoproduktion (P_b) teilweise sofort wieder für die Atmung des Pflanzenbestandes (Respiration, R) verwendet. Der Rest steht als Nettoproduktion (P_n) zuerst für den Pflanzenwuchs und damit für die Vermehrung der lebenden Phytomasse des Ökosystems zur Verfügung:

$$P_n = P_b - R$$

Die Veränderung der Phytomasse (ΔB_p) ist aber auch noch abhängig von Verlusten durch tierische Konsumenten (V_K; z.B. Fraß phytophager Insekten) und durch Bestandesabfall (V_A; z.B. Laubfall, Grundlage für die Existenz verschiedener Zersetzer):

$$\Delta B_p = P_n - [V_A + V_K]$$

Als Beispiel für Stoffproduktion und Stoffverlust seien im folgenden einige Meßwerte für einen temperaten Buchenwald (Dänemark) und einen tropischen Regenwald (Thailand) gegenübergestellt. Die Bruttoproduktion ist im Regenwald zwar mehr als sechsmal so hoch wie im Buchenwald, doch werden davon für die Atmung (R) bei den hohen Temperaturen im Regenwald 78% im Buchenwald nur 45% verbraucht. Der Bestandesabfall (V_A) ist in beiden Waldtypen 20% der Bruttoproduktion, beim Regenwald 25,5 t, beim Buchenwald 3,9 t Trockensubstanz pro Jahr und ha. Im Hinblick auf den Bestandeszuwachs (ΔB_p) ist der Regenwald mit jährlich + 2% als «reifer» Klimaxwald fast stationär, der noch «unreife» 60jährige Buchenwald aber vermehrt seine Phytomasse jedes Jahr um 35% der Bruttoproduktion: Jährlich wachsen hier an Trockensubstanz pro ha 5,3 t Achsen und 1,6 t Wurzeln dazu.

Die Primärproduzenten bilden mit ihrer lebenden und abgestorbenen Masse die Grundlage für den weiterführenden Stoffaufbau durch Konsumenten und Zersetzer, also für die Sekundärproduktion (P_{II}). Aus der lebenden Masse von autotrophen Pflanzen (B_p), Konsumenten (B_K) und Zersetzern (B_Z) ergibt sich die Biomasse des gesamten Ökosystems. Entsprechend dem Verlauf der Nahrungsketten ist B_p immer ums Hundertfache größer als $B_K + B_Z$. Innerhalb B_K bilden die Herbivoren immer die Hauptmasse, während Carnivore und Übercarnivore bzw. Parasiten und Überparasiten mit fortschreitend geringerem Anteil an der Zoomasse die Spitze der Nahrungspyramide mit ihren verschiedenen trophischen Stufen einnehmen. Tab. 4.3.2 und Abb. 4.3.24 illustrieren am Beispiel eines zentraleuropäischen Eichen-Hainbuchenwaldes die Verteilung der Biomassen und die Produktionsgrößen. Dabei wird erkennbar, daß der Nahrungspyramide eine Produktionspyramide entspricht, denn die Nettoprimärproduktion (P_n) erreicht hier ebenso wie in anderen Ökosystemen größenordnungsmäßig die zehn- (bis hundert-)fachen Werte der Sekundärproduktion (P_{II}).

Tab. 4.3.2: Biomassen eines mitteleuropäischen Eichen-Hainbuchen-Mischwaldes. Gewichtsangaben in Trockensubstanz/ha im Sommer. Vgl. dazu auch Abb. 4.3.24. (Nach Zahlenangaben von Duvigneaud aus Ellenberg.)

		t/ha	
A	Grüne Pflanzen:		
	Blätter der Holzpflanzen	4	
	Zweige	30	
	Stämme	240	275 t/ha
	Kräuter	1	
B	Tiere (oberirdisch) ungefähr:		
	Vögel	0,0007	
	Großsäuger	0,0006	>0,004 t/ha
	Kleinsäuger	0,0025	(3–5 kg/ha)
	Insekten	?	
C	Bodenorganismen ungefähr:		
	Regenwürmer	0,5	
	übrige Bodentiere	0,3	1 t/ha
	Bodenflora	0,3	

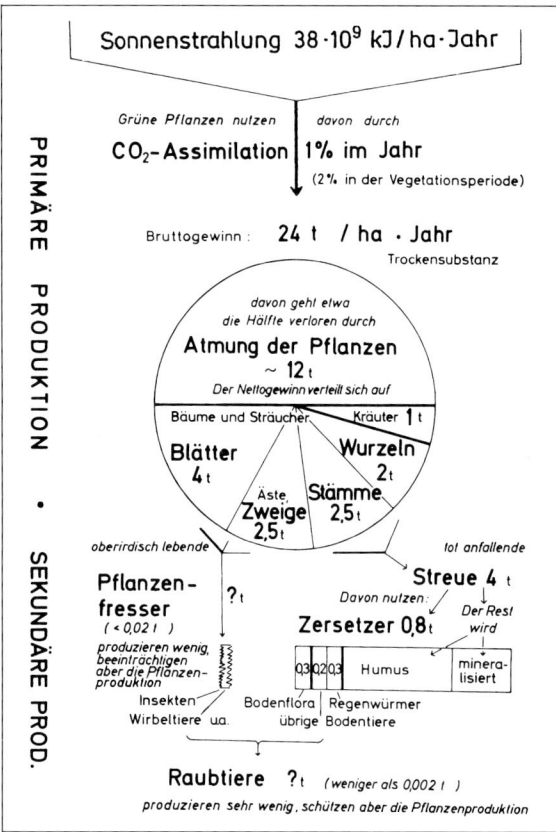

Abb. 4.3.24: Jährliche Sonneneinstrahlung und primäre sowie sekundäre Produktion im Ökosystem eines mitteleuropäischen Eichen-Hainbuchen-Mischwaldes. Gewichtsangaben in Trockensubstanz/ha. Vgl. dazu auch Tab. 4.3.2. (Nach Zahlenangaben von Duvigneaud aus Ellenberg.)

Abb. 4.3.24 zeigt, daß die Konsumenten nur einen geringen Anteil an P_{II} haben, denn von P_n werden in unserem Eichen-Hainbuchenwald ja nur etwa 2% (in anderen Landbiocoenosen kaum mehr als 15%, im Mittel etwa 7%) durch Herbivore direkt genutzt. Dagegen sammeln sich jährlich etwa 25% der P_n als tote organische Substanz an, in fester Form (Detritus: Laubstreu, Humus etc.) oder im Bodenwasser gelöst (z.B. als Humoligninsäuren). Diesem mengenmäßig wichtigen Kompartiment in unserem Ökosystem entspricht die große Bedeutung und Leistung der saprovoren und mineralisierenden Zersetzer (S. 374. 542f., 593ff.); ihr Anteil an P_{II} beträgt daher über 95%.

Die besprochenen Grundzüge aller Ökosysteme hinsichtlich der Anteile von Biomassen der ernährungsphysiologischen Haupttypen ($B_P / B_K / B_Z$) sowie der toten organischen Substanz und hinsichtlich der Produktionsleistung ($P_b/P_n, P_I/P_{II}$) werden bei den einzelnen Ökosystemen vielfach nicht unbeträchtlich abgewandelt (vgl. dazu Tab. 4.3.3). Die Ursachen dafür sollen in den nächsten Kapiteln dargelegt werden.

Produktivität. Die Produktionsleistung eines Ökosystems an organischer Substanz pro Zeit- und Flächeneinheit bezeichnet man als seine Produktivität.

Die Produktivität wird gewöhnlich in g Trockengewicht pro m^2 und Jahr ($g/m^2/a$) ausgedrückt. 1 g organische Trockensubstanz enthält im Mittel 45,5% Anteile Kohlenstoff; der mittlere Energiegehalt (Brennwert) ist bei Landpflanzen ca. 18,1 kJ, bei Ozean-Plankton 19,3–20,6 kJ.

Das Ausmaß der primären Produktivität der grünen Pflanzendecke ist, wie wir gesehen haben, von der eingestrahlten Energie, der Ausdehnung der absorbierenden Assimilationsflächen (bzw. den Chlorophyllmengen), der Nettoassimilationsrate (S. 282) und der Versorgung mit CO_2, O_2, Wasser sowie mineralischen Nährstoffen abhängig (S. 283ff.). Die Nettoassimilation wird weiterhin von der Länge der Vegetationszeit, der Temperatur u.a Faktoren beeinflußt (S. 287, 872ff.). Voraussetzung für die Entfaltung von Assimilationsflächen sind entsprechende Raumstrukturen der Ökosysteme.

Diese Zusammenhänge lassen sich für terrestrische Ökosysteme anhand einiger Diagramme illustrieren: Mit zunehmender Meereshöhe und abnehmender mittlerer Jahrestemperatur und Vegetationsdauer nimmt in den aufeinanderfolgenden Höhenstufen nicht nur der Blattflächenindex (Gesamtsumme der Blattflächen/Bodenfläche), sondern auch die Produktivität ab (Abb. 4.3.25). Wenn man Produktivität, Jahrestemperaturen und Niederschläge für viele Stationen gegeneinander aufträgt, lassen sich die Zusammenhänge durch eingepaßte Kurven ausdrücken, die im Optimalbereich verflachen (Abb. 4.3.26).

Die Blattflächenindices sind in tropischen Regenwäldern etwa 8–12, in temperaten sommergrünen Laubwäldern etwa

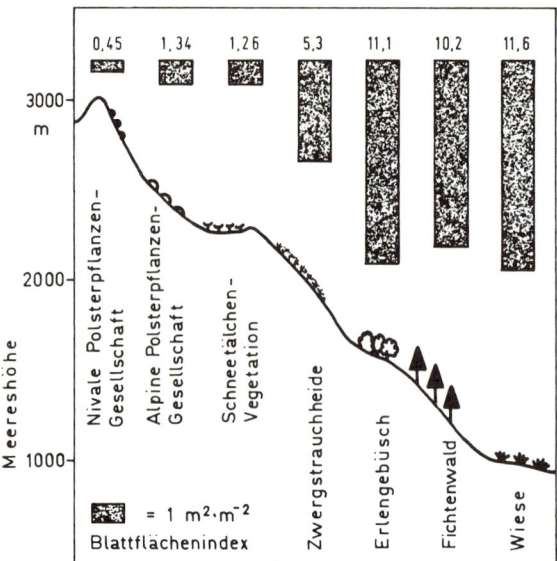

Abb. 4.3.25: Blattflächenindices für Vegetationstypen eines Höhenstufenprofils (1000–3000 m) in den Alpen. Blattflächen in m² pro 1 m² Grundfläche als Blockdiagramme. Starke Abnahme der Werte an der Wald- und Nivalgrenze. (Nach Vareschi u.a. aus Larcher.)

Die primäre Produktivität ($P_n/m^2/a$) natürlicher Ökosysteme (Tab. 4.3.3) erreicht z.B. in tropischen Regenwäldern bis zu 3500 g/m²/a, in Sümpfen und Marschen sogar Spitzenwerte von 6000 g/m²/a. Beim Kulturpflanzenbau dürfte die Obergrenze bei einer Produktivität von ca. 6700 g/m²/a liegen (bewässerte Intensivkulturen von Zuckerrohr). Algenkulturen können im Labor 10000 g/m²/a erreichen, doch stößt eine praktische Nutzung zunächst noch auf große technologische Schwierigkeiten.

Die Bedeutung der Raumstruktur des Ökosystems für seine Produktivität wird bei einem Vergleich der mittleren Werte für den offenen Ozean (125 g/m²/a) mit typischen Wäldern des Festlandes (1200 g/m²/a) sichtbar: Das freischwebende Plankton ist kurzlebig und bildet keine strukturierten Biocoenosen; die Nährstoffzufuhr ist turbulenzbedingt und organischer Abfall geht durch Absinken verloren. Demgegenüber sind Wälder festverankerte, langlebige und hochstrukturierte Biocoenosen («Lichtfiltersysteme») mit mehr-minder regulierbarer Wasser- und Nährstoffzufuhr sowie Nährstoffspeicherung in den Pflanzen und im Boden. Nur in Meeresbereichen mit laufender Nährstoffzufuhr (durch Tiefenwasser, Flußmündungen etc.) erreicht die Planktonproduktivität lokal bis zu 600 g/m²/a oder mehr.

Die Effizienz der Primärproduktivität eines Ökosystems läßt sich durch einen Vergleich einerseits mit der eingestrahlten Sonnenenergie pro Flächeneinheit, andererseits mit dem Atmungsverlust in der Pflanzendecke ermessen. Grundsätzlich ergibt sich dabei: In vielschichtigen Wäldern wird die Sonnenenergie wirkungsvoller ausgenützt als in einfachen Pflanzengesellschaften (vgl. S. 873). Wenn aber die Phytomasse zu einem hohen Anteil aus photosynthetisch unproduktiven Organen und Geweben besteht (z.B. Stämmen, Ästen, Sclerenchym), so bedingt das einen hohen Atmungsverlust und daher eine weniger effiziente Primärnettoproduktivität.

5, in Steppen etwa 3,5; boreale Nadelwälder erreichen dagegen bis zu 12, Zwergstrauchheiden meist nur noch 2,5 und Kälte- (bzw. Hitze-)Wüsten sogar nur 0,5 und weniger. Entsprechende Chlorophyllmengen pro m² sind für tropische Regenwälder 3 g, boreale Nadelwälder 3 g, temperate Laubwälder 2 g, Steppen 1,3 g und Wüsten 0,02 g. Annähernde Nettoproduktionswerte zur Höhenstufenabfolge und Blattflächenabnahme: Fichtenwald – Zwergstrauchheide – alpine Polsterpflanzen (Abb. 4.3.25) sind: 800-200-10 g/m²/a.

Unter ariden Bedingungen ist die Wasserzufuhr durch Niederschläge als begrenzender Faktor eng mit der Primärproduktion korreliert (Abb. 4.3.26 links); über 500 mm Jahresniederschlag treten andere Faktoren (z.B. Nährstoffgehalt) in den Vordergrund, die Werte beginnen stärker zu streuen, und über 2500 mm ist kaum noch eine Produktionssteigerung erkennbar. – Zunehmende Jahrestemperaturen fördern die Produktivität besonders im mittleren Bereich (5°–15°); daher nimmt die Kurve (Abb. 4.3.26 rechts) hier eine sigmoide Form an und verflacht bei 30°.

In Planktongesellschaften beträgt die Lichtausnutzung relativ zur Bruttoproduktion (P_b) meist nur ca. 0,1%, in Wäldern können diese Werte aber bei 2% und darüber liegen. Dem entspricht eine viel dichtere durchschnittliche Verteilung des Chlorophylls: in Wäldern 2–3,5 g/m², im Plankton nur 0,03–0,3 g/m². – Die Atmungsverluste bei Planktonpopulationen, Getreidefeldern und Wiesen sind oft nur 10–20% der Bruttoproduktionen, bei Holzpflanzenbeständen der temperaten Zone etwa 50%, der Tropen aber bis zu 80% (vgl. S. 886). Damit wird verständlich, warum Phytomasse und Produktivität (B_p und P_n) nicht direkt miteinander korreliert sind.

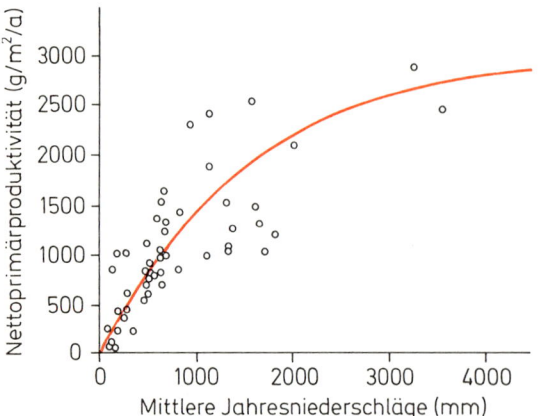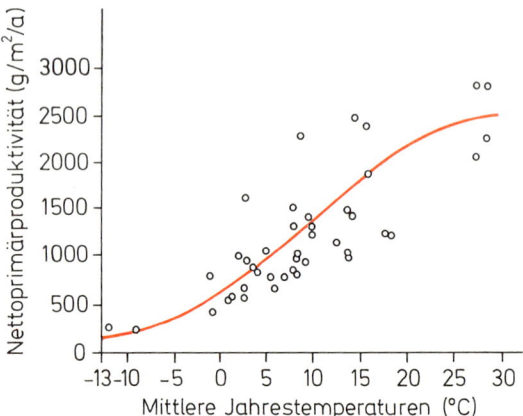

Abb. 4.3.26: Nettoproduktivität der Pflanzendecke (ober- und unterirdisch; g Trockengewicht pro m² und Jahr) in Abhängigkeit von den mittleren jährlichen Niederschlägen (links) und Temperaturen (rechts). (Nach Lieth.)

Von Ausmaß und Form der Primärproduktion (P_n) sind die sekundäre Produktion (P_{II}), die Biomasseanteile von Konsumenten (B_K) und Zersetzern (B_Z) sowie der Bestand an toter organischer Substanz abhängig. Die Konsumenten können nur einen kleinen Teil ihres Nahrungssubstrates nutzen, weil sie sonst ihre eigene Existenz gefährden. Weiter treten bei jedem Übergang von einer Trophiestufe zur anderen innerhalb der Nahrungspyramide Stoff- und Energieverluste auf (Abb. 4.3.28). Daher gilt für jedes Ökosystem: $P_I > P_{II}$ und $B_P > (B_K + B_Z)$.

Steppen und Savannen mit gut regenerierbarer Blattmasse erlauben die Entwicklung einer relativ großen Menge von herbivoren Tieren ($B_K \geqq B_Z$; vgl. S. 929f., Abb. 4.5.13), dagegen spielen in Wäldern mit starkem Bestandesabfall Saprovoren und Mineralisierer die Hauptrolle ($B_K < B_Z$). Bei der tierischen Ernährung bleiben große Teile der Pflanzenkost (z.B. Zellwände und tote Gewebe) ungenutzt, für den Stoffumsatz muß Energie aufgewendet werden; so werden hier und bei allen anderen Etappen der Nahrungsketten immer nur ca. 10% der gebundenen Energie tatsächlich weiter verwertet (vgl. Abb. 4.3.28).

Während die Zersetzer in warmen Klimaten begünstigt sind und den Bestandesabfall rasch aufarbeiten, sammelt sich in den kalten Breiten viel tote organische Substanz an, weil die Zersetzer dort mit dem Abbau nicht nachkommen. Im Vergleich zur Phytomasse beträgt in tropischen Regenwäldern der Humus- und Streuanteil nur 10–20%, in borealen Nadelwäldern dagegen oft 60–70%. Noch viel höhere Anteile toter organischer Substanz bilden sich als Torf in Mooren und Moorwäldern (S. 919). Insgesamt dürften in terrestrischen Ökosystemen Bestandesabfälle von ca. $111 \cdot 10^9$ t (gegenüber einer Biomasse von ca. $1837 \cdot 10^9$ t, etwa 1:16,5) vorhanden sein. In den Meeren schätzt man das Verhältnis von toter (etwa $10 \cdot 10^{12}$ t) zu lebender organischer Substanz sogar auf $1:10^{-3}$–10^{-4}. (Wegen der Bedeutung dieser Reservoire für die Entstehung fossiler Brennstoffe vgl. S. 892).

Stoff- und Energieflüsse. Für die Funktion eines Ökosystems ist nicht nur der Stoff- und Energiefluß (innerhalb des Systems und zwischen System und Umgebung) an und für sich, sondern sein Ausmaß und seine Intensität bedeutungsvoll. Bei solchen quantitativen Analysen bedient man sich vielfach radioaktiv markierter Substanzen. Abb. 4.3.27 zeigt, wie rasch ^{32}P sich in einem experimentellen aquatischen Ökosystem verteilt. Derartig hohe Raten des Stoff- und Energieumsatzes sind auch für natürliche Planktongemeinschaften bezeichnend. Der jährliche Energiefluß eines subtropischen Quellsees (Abb. 4.3.28) wird von einer geringen Phytomasse (aber zahlreichen Generationen von Planktonalgen) getragen und illustriert, wie sich die Energie aus der Primärproduktion entlang der Nahrungsketten über das Ökosystem verteilt. In terrestrischen Biocoenosen, besonders in langlebigen Wäldern, erfolgen die Stoff- und Energieumsätze relativ zur Phytomasse wesentlich langsamer.

Im Aquariumsexperiment (Abb. 4.3.27) steigt die ^{32}P-Konzentration im Plankton innerhalb von wenigen Stunden auf das Vieltausendfache des Wassers. Nach starkem Umsatz innerhalb der Produzenten wird das ^{32}P-Maximum bei den Konsumenten nach 8 Tagen erreicht. Erst nach 45 Tagen sind 75% von ^{32}P in das Sediment gelangt und daher der intensiven biologischen Circulation entzogen. Im Quellsee von Silver Springs (Abb. 4.3.28) wird zwar ein Viertel der eingestrahlten Sonnenenergie absorbiert, das relativ dichte Phytoplankton kann aber schließlich – trotz fehlender Winterruhe – von der Gesamtstrahlung nur 1,2% für die Bruttoproduktion (P_b) ausnutzen. Nach relativ hohem Atmungsverlust (0,7%) bleiben davon für die Konsumenten und Zersetzer nur noch 0,2%.

Veränderung und Sukzession. Ein Ökosystem kann sich um so rascher ändern, je geringer seine Biomasse (B) und je intensiver sein Stoff- und Energiefluß ist. Wenn ΔB den Biomassezuwachs pro Zeiteinheit charakterisiert, so ergibt sich die Dauer für eine volle Umwälzung («turn-over») der Biomasse bei $B/\Delta B = 1$. Plankton- oder Therophytengemeinschaften können sich dementsprechend schon in Tagen oder Monaten,

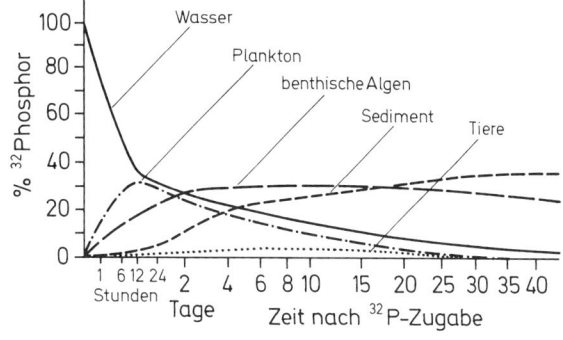

Abb. 4.3.27: Verteilung von radioaktivem Phosphor (^{32}P) in einem Aquarium mit Plankton, benthischen Algen, Tieren und Sediment im Zeitraum von 40 Tagen. Die Ausgangskonzentration von $H_2^{32}PO_3$ war 10^{-13} l in 200 l. (Nach Whittaker.)

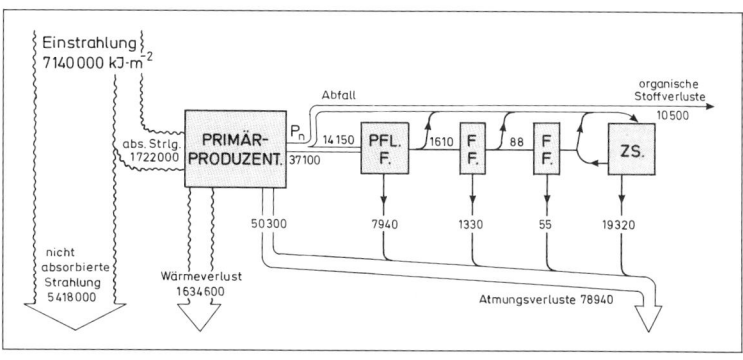

Abb. 4.3.28: Energiefluß durch ein natürliches Plankton-Ökosystem (subtropischer Quellsee Silver Springs, Florida). Ein- und Ausgangswerte in kJ/m² pro Jahr. Kompartimente in rechteckigen Feldern: Primärproduzenten, Konsumenten (Pflanzenfresser = PFL.F. und Fleischfresser erster und zweiter Ordnung = FF.) und Zersetzer (ZS.). Nach H.T. Odum aus Larcher.)

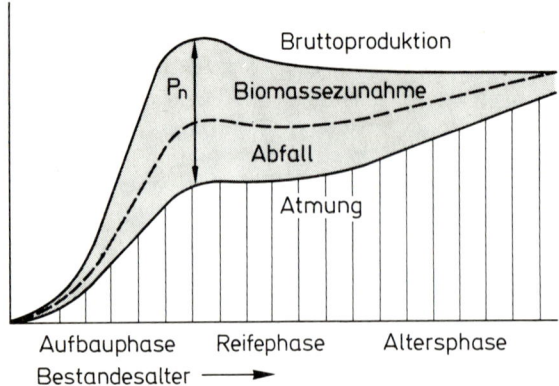

Abb. 4.3.29: Phasen beim Aufwachsen eines einheitlichen Baumbestandes; Verhältnis von Atmung, Abfall (V_A), Biomassezunahme (ΔB), Netto- (P_n) und Bruttoproduktion (P_b); Tierfraß (V_K) nicht berücksichtigt. Weitere Erklärungen im Text. (Nach Kira & Shidei.)

Waldgemeinschaften erst in Jahren oder Jahrzehnten ändern.

Beim Aufwachsen eines einheitlichen Pflanzenbestandes kann man parallel mit der Abfolge von Aufbau-, Reife- und Altersphase charakteristische Veränderungen von B, ΔB, der Atmung (R) und der Produktivität (P_n bzw. P_b) feststellen (Abb. 4.3.29). Diese Veränderungen hängen damit zusammen, daß sich mit fortschreitendem Bestandesalter das Verhältnis von «produktiven» Blättern immer mehr zugunsten von «unproduktiven» Achsen und Wurzeln verschiebt und der Bestand schließlich abstirbt, wenn keine Verjüngung erfolgt.

Während der Aufbauphase (Abb. 4.3.29) nehmen P_b und P_n laufend zu, ΔB ist viel größer als $V_A + V_K$. Wenn P_n ein Maximum erreicht, ergibt die Nutzung des Bestandes beste Resultate. In der Reifephase stabilisiert sich P_n allmählich, ΔB und $V_A + V_K$ halten sich einigermaßen die Waage, der Zuwachs wird null. Während R weitersteigt, sinkt P_n zuletzt, und ΔB kann gegenüber $V_A + V_K$ negativ werden.

Auch im Verlauf der progressiven Sukzession komplexer Biocoenosen (S. 856ff., Abb. 4.2.16) kommt es zuerst zu einer Zunahme von B und P_n, weil ΔB größer ist als $V_A + V_K$. Solche Ökosysteme sind produktiv, aber noch relativ veränderlich und instabil. In der Klimaxphase wird dann schließlich eine Form der natürlichen Verjüngung erreicht, die gewährleistet, daß sich B bei hohen Werten einpendelt, weil der Zuwachs ΔB im Nahrungskreislauf wieder aufgebraucht wird. Das Verhältnis von P_n und $V_A + V_K$ sowie von Anfall und Abbau des Bestandesabfalls ist ausgeglichen. Solche Ökosysteme nennt man protektiv. Sie sind als Klimax-Ökosysteme relativ stabil geworden und haben die beste Energieausnutzung erreicht: Sie erhalten eine maximale Biomase mit geringstem Energieaufwand.

Selbstregulation und Stabilität. Voraussetzung für ein relatives Stabilwerden eines Ökosystems gegenüber Umweltschwankungen und biotischen (bzw. menschlichen) Belastungen ist seine Fähigkeit zur Selbstregulation. Sie beruht vor allem auf den mannigfaltigen biotischen Wechselwirkungen (Interferenzen, Rückkoppelungen), welche alle Glieder des Ökosystems miteinander verbinden (z.B. Nahrung ⇌ Konsument).

Dadurch werden ineinandergreifende Regelkreise bzw. Steuervorgänge (vgl. Abb. 2.1.69, 2.1.70) aktiviert, bei denen die optimale Energieausnutzung am jeweiligen Biotop als Sollwert in Erscheinung tritt. Abb. 4.3.30 zeigt an einem einfachen Computer-simulierten Ökosystem-Modell, wie sich aufgrund solcher Rückkoppelungen die Populationsschwankungen von Primärproduzenten und Primär- bzw. Sekundärkonsumenten gegenseitig «abpuffern».

Solch wechselseitige Kontrollen gewährleisten auch bei allen natürlichen Ökosystemen Stabilität und Belastbarkeit; sie sind offenbar um so höher, je längerlebig und komplexer die Ökosysteme sind.

Ökosysteme und Biosphäre. Die voranstehenden Kapitel haben beispielhaft gezeigt, wie sehr sich verschiedene Ökosysteme hinsichtlich Biomasse, Produktivität, Stoff- und Energieumsatz sowie Stabilität unterscheiden. Aufgrund dieser Kriterien lassen sich Typen herausstellen, wobei verständlicherweise Parallelen mit den Formationstypen (S. 863ff.) erkennbar werden. Tab. 4.3.3 gibt eine Übersicht solcher Ökosystemtypen mit Angaben über ihre räumliche Ausdehnung,

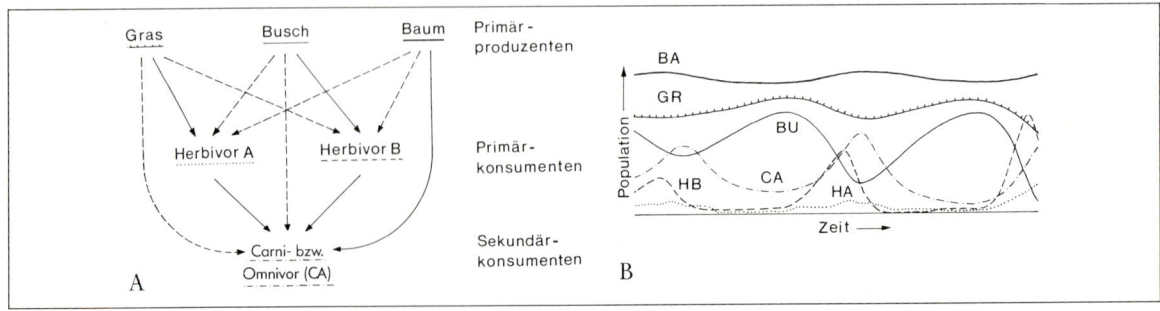

Abb. 4.3.30: Modell eines Ökosystems mit Primärproduzenten: Gras (GR), Busch (BU) und Bäume (BA) sowie Primär- und Sekundärkonsumenten: Zwei Herbivore (HA, HB) und ein Carni- bzw. Omnivor (CA). A Die hauptsächlichen Nahrungsbeziehungen sind durch voll ausgezogene Pfeile, «Ausweichmöglichkeiten» durch unterbrochene Pfeile angedeutet. B Computer-simulierte Populationsschwankungen von BA, GR und BU, HB und HA sowei CA, über eine längere Zeitspanne. Die Zunahme von BU – etwa in der Mitte des Diagramms B – wird (als Störglied des Regelkreises) sofort durch eine Zunahme von HB und diese wieder durch CA (als Stellglieder) kompensiert. (Nach Garfinkel & Sack aus Jacobs, verändert.)

Tab. 4.3.3: Biosphäre, Kontinente und Meere, Formations- bzw. Ökosystemtypen: Flächen und Nettoprimärproduktivität, gesamte Nettoprimärproduktion sowie Phytomasse in Trockengewichten. Es handelt sich um Richtwerte (Normalbereiche und Mittelwerte $\bar{x}$), die sich nach unten verschieben werden: Das zugrundeliegende Datenmaterial ist noch unvollständig, die Siedlungs- und Verkehrsflächen (etwa $3{,}3 \cdot 10^6$ km²) sind nicht berücksichtigt, die Zerstörung natürlicher bzw. naturnaher Ökosysteme nimmt immer größeren Umfang an. (Nach Whittaker & Likens.)

	Fläche 10^6 km²	Nettoprimär- produktivität g/m²/a		Netto- primär- produktion	Phytomasse kg/m²		Phytomasse (weltweit) 10^9 t
		Normal- bereich	$\bar{x}z$	(weltweit) 10^9 t/a	Normal- bereich	$\bar{x}$	
(Sub)tropische Regenwälder	17,0	1000–3500	2200	37,4	6–80	45	765
Regengrüne Monsunwälder	7,5	1000–2500	1600	12,0	6–60	35	260
Temperate Regenwälder	5,0	600–2500	1300	6,5	6–200	35	175
Sommergrüne Laubwälder	7,0	600–2500	1200	8,4	6–60	30	210
Boreale Nadelwälder	12,0	400–2000	800	9,6	6–40	20	240
Waldsteppen, Hartlaubgehölze	8,5	250–1200	700	6,0	2–20	6	50
Savannen	15,0	200–2000ß	900	13,5	0,2–15	4	60
Temperate Steppen	9,0	200–1500	600	5,4	0,2–5	1,6	14
Tundren	8,0	10–400	140	1,1	0,1–3	0,6	5
Halbwüsten und Dorngebüsche	18,0	10–250	90	1,6	0,1–4	0,7	13
Extreme Wüsten, Gletscher	24,0	0–10	3	0,07	0–0,2	0,02	0,5
Kulturland	14,0	100–3500	650	9,1	0,4–12	1	14
Sümpfe und Marschen	2,0	800–3500	2000	4,0	3–50	15	30
Seen, Flüsse	2,0	100–1500	250	0,5	0–0,1	0,02	0,05
Kontinente, total	149		773	115		12,3	1837
Offene Ozeane	332,0	2–400	125	41,5	0–0,005	0,003	1,0
Zonen aufsteig. Tiefenwassers	0,4	400–1000	500	0,2	0,005–0,1	0,02	0,008
Kontinentalsockel	26,6	200–600	360	9,6	0,001–0,04	0,01	0,27
Algenbestände, Riffe	0,6	500–4000	2500	1,6	0,04–4	2	1,2
Flußmündungsgebiete	1,4	200–3500	1500	2,1	0,01–6	1	1,4
Ozeane, total	361		152	55,0		0,01	3,9
Biosphäre, total	510		333	170		3,6	1841

Biomasse und Primärproduktion (P_n); weiter finden sich entsprechende Summenwerte für die Kontinente und Ozeane sowie für die gesamte Biosphäre. Die computergesetzte Karte (Abb. 4.3.31) versucht eine räumliche Darstellung der jährlichen Primärproduktion (P_n) für Kontinente und Meere. Es ist verständlich, daß diese Werte für die Leistungsfähigkeit und Nutzungsmöglichkeit aller Biotope und Ökosysteme der Biosphäre entscheidende Aussagekraft haben.

Natürliche und naturnahe Ökosystemtypen hängen in ihrem Energiehaushalt von der direkten Sonnenstrahlung ab (wegen anthropogener urban-industrieller sowie intensiv genutzter land- und forstwirtschaftlicher Ökosystemtypen vgl. S. 892 ff.). Dabei sind die marinen und limnischen Ökosystemtypen der Gewässer entscheidend vom Lebensmedium her geprägt und labil strukturiert; sie haben geringe Biomassen, aber große Umsätze; ihre Produktivität ist entscheidend von der Nährstoffzufuhr abhängig und bleibt meist im niedrigen bis mittleren Bereich; höhere Werte werden nur in Korallenriffen, Flußmündungsgebieten und in semiterrestrischen Sumpf- und Marschgebieten erreicht. Terrestrische Ökosystemtypen sind ganz überwiegend durch einen ± komplex strukturierten Bestand an wurzelnden Gefäßpflanzen bestimmt. Viele Wälder haben bei ausreichender Wasserzufuhr und Temperatur mittlere bis hohe Produktionszahlen (im Durchschnitt 1000 bis 2200 g/m²/a). Wenn sich diese Faktoren in weniger günstige Bereiche verschieben, wie z.B. bei Lockergehölzen, Steppen und Heiden, dann sinken die mittleren Produktionswerte auf 100–1000 g/m²/a, und bei wüstenartigen Ökosystemen bleiben sie noch erheblich darunter (Abb. 4.3.26).

Nach Tab. 4.3.3 nehmen die Ozeane zwar 70% der Erdoberfläche ein, tragen aber nur mit etwa 30% zur Gesamtproduktivität der Biosphäre bei. Dem entspricht, daß nur etwa $\frac{1}{3}$ der Sonnenstrahlung für die Photosynthese in Gewässern, $\frac{2}{3}$ aber in terrestrischen Ökosystemen absorbiert werden. Obwohl Wälder nur $\frac{1}{3}$–$\frac{1}{4}$ der Landoberfläche bestocken, erbringen sie mehr als die Hälfte der terrestrischen Primärproduktion (P_n). Der Gesamtwert der Nettoprimärproduktion der Biosphäre beträgt ca. $170 \cdot 10^9$ t/a (nach neueren Schätzungen allerdings nur etwa $120 \cdot 10^9$ t/a). Für die Sekundärproduktion (S. 886) dürften davon nur etwa 1% an Land und 5–6% in den Gewässern durch Tiere direkt genutzt werden, was etwa $0{,}9 \cdot 10^9$ t/a bzw. $3 \cdot 10^9$ t/a ergibt. Ein viel größerer Anteil der Primärproduktion kommt zuletzt der Sekundärproduktion von Bakterien und Pilzen zugute.

Die **Biomasse** der Biosphäre läßt sich mit $1843 \cdot 10^9$ t veranschlagen. Die autotrophe Phytomasse macht davon ca. 99% aus; den Rest bilden pflanzliche Heterotrophe und nur zu etwa 0,1% Tiere (Zoomasse inkl. Mensch: S. 892, ca. $2{,}3 \cdot 10^9$ t). Dabei ist die Phyto-

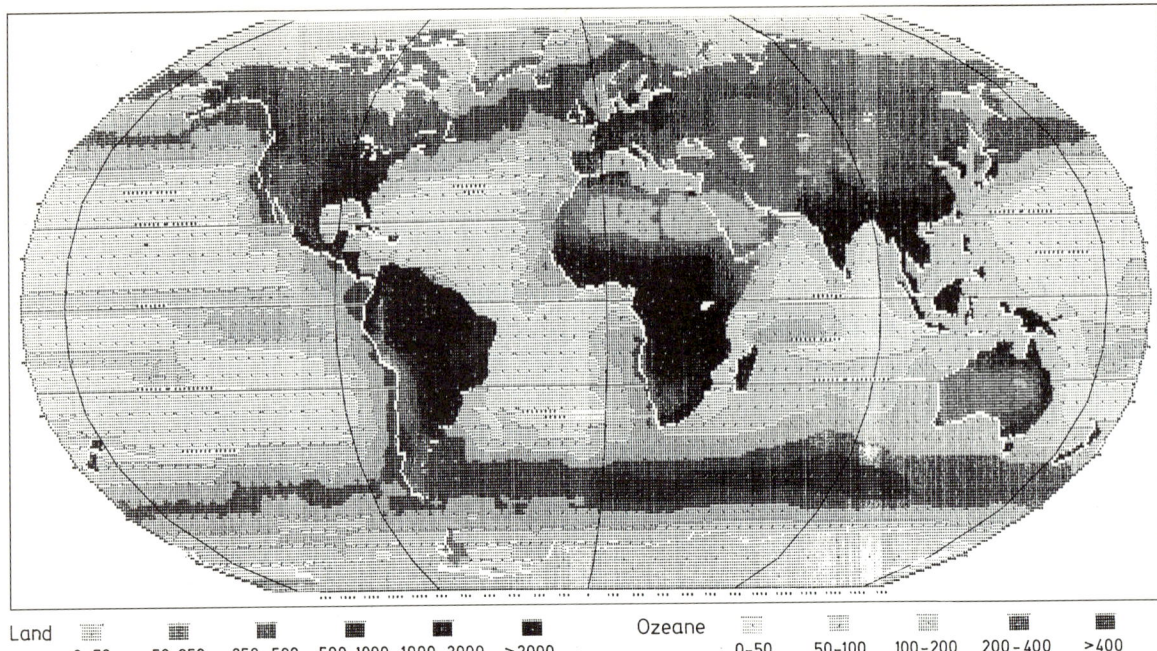

Abb. 4.3.31: Nettoprimärproduktion der Biosphäre. Angaben in g Trockensubstanz pro m² und Jahr für das Festland und die Ozeane. Angaben aus verschiedenen Quellen als Computer-Karte ausgedruckt. (Orig. Lieth.)

masse der Landökosysteme etwa 500mal so groß wie die der Gewässer, und ca. 90% davon wird durch Wälder gebildet. Abgesehen vom recenten Bestandesabfall (S. 889) ist noch ein sehr wesentliches Produkt der Photosynthese vergangener erdgeschichtlicher Perioden zu erwähnen: die **fossilen organischen Reste** in der Erdkruste. Sie übertreffen mit $5 \cdot 10^{11}$ t Erdöl, $5 \cdot 10^{12}$ t Kohle und ca. $10 \cdot 10^{15}$ t weniger konzentrierter Sedimenteinschlüsse die recente Biomasse um ein Vieltausendfaches.

D. Nutzung und Veränderung durch den Menschen

Hinsichtlich seiner **Ernährung** ist der Mensch völlig abhängig von der Nutzung der grünen Pflanzenwelt; unmittelbar ist diese Nutzung bei Nahrungspflanzen (z.B. Getreide, Hülsenfrüchte, Stärkeknollen, Zuckerrübe und Zuckerrohr, Ölfrüchte, Obst und Gemüse), mittelbar über pflanzliche Futterquellen bei Nutztieren (z.B. Fische oder Säugetiere, Fleisch, Fett und Milchprodukte). Auch seine **Genuß- und Heilmittel** (z.B. Wein, Bier, Kaffee; Tabak, Antibiotika, Herzglykoside, Alkaloide) sowie **Rohstoffe** (z.B. Holz, Fasern, Kautschuk) und **Energiequellen** (z.B. Brennholz, Kohle, Erdöl) stammen zu einem großen Teil aus dem Pflanzenreich.

Die **Weltbevölkerung** wächst sprunghaft: um 7000 v.u.Z.: ca. 10 Mio., Zeitenwende ca. 160 Mio., 1850: ca. 1200 Mio., 1988: über 5000 Mio. Dabei verkörpert die Menschheit innerhalb der Biosphäre auch quantitativ eine beachtliche Größe: $52 \cdot 10^6$ t; dazu noch die Nutztiere des Menschen: $265 \cdot 10^6$ t; und all das gegenüber der übrigen tierischen Biomasse von ca. $2000 \cdot 10^6$ t (diese und die folgenden Schätzungswerte für 1970 und in Trockengewichten). Für ihre Ernährung benötigt die Weltbevölkerung jährlich ca. $1200 \cdot 10^6$ t an Getreide und anderen pflanzlichen Lebensmitteln. Das Rohmaterial dazu entspricht etwa 10% der gesamten terrestrischen Primärproduktion und stammt von ca. 10% der Landoberfläche. An tierischen Nahrungsmitteln werden jährlich ca. $72 \cdot 10^6$ t aus der Landwirtschaft und ca. $16,5 \cdot 10^6$ t aus der Fischereiwirtschaft bezogen. Der jährliche Holzbedarf entspricht einer Phytomasse von $2 \cdot 10^9$ t.

Aus diesen Angaben über die Nutzung der Biosphäre läßt sich das Ausmaß an Veränderung bzw. Zerstörung weiter Bereiche der Pflanzendecke und ganzer Ökosysteme im Verlauf der jüngeren Menschheitsgeschichte erahnen. Im einzelnen umfassen diese menschlichen Eingriffe a) Entnahme bzw. b) Zufuhr von organischem Material und Mineralstoffen, c) Verseuchung durch Giftstoffe und d) Änderungen im Artengefüge auf direktem (Wegnahme oder Einführung) oder indirektem Weg (Behinderung oder Förderung bestimmter Arten). So sind aus den **Naturlandschaften** der früheren Menschheitsgeschichte mit Jägern und Sammlern über eine Phase mit immer intensiverer landwirtschaftlicher Nutzung heute infolge Industrialisierung und Urbanisation weithin totale **Kulturlandschaften** entstanden (Abb. 4.2.17, 4.3.34, 4.3.36). Ihr Energiehaushalt wird nur noch teilweise aus direkter Sonnenstrahlung, im steigenden Maß aber aus anderen Energiequellen (fossile Brennstoffe, Wasser- und Kernenergie) gespeist; das gilt für intensiv genutzte forst- und landwirtschaftliche Ökosysteme, besonders aber für urban-industrielle Systeme. Im Vergleich mit der jährlichen Fixierung von Sonnenenergie durch grüne Pflanzen (ca. $71 \cdot 10^{17}$ kJ) ist diese menschliche Energieproduktion noch bescheiden (1970: ca. $19,7 \cdot 10^{16}$ kJ), sie steigt aber laufend an.

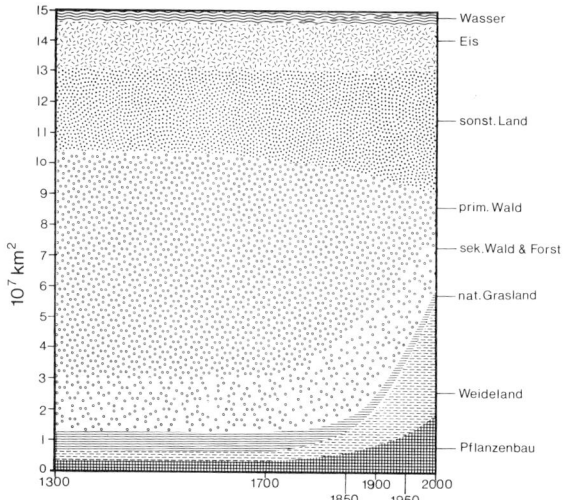

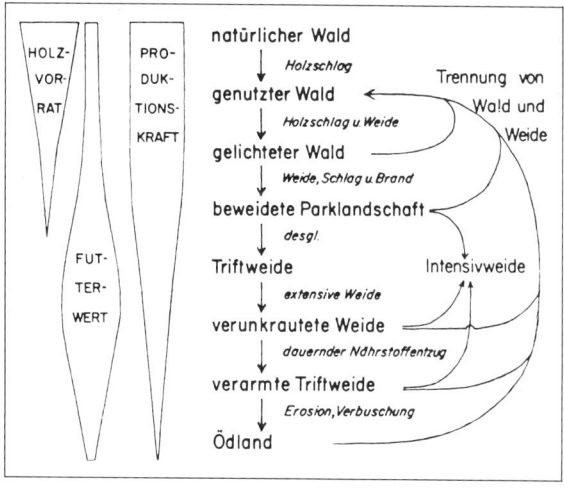

Abb. 4.3.32: Veränderung der Flächenanteile von naturnahen Ökosystemen (bes. primäre Wälder, natürliche Graslander) zu extensiv genutzten (bes. sekundäre Wälder und Forste, Weideländer) und intensiv genutzten Ökosystemen (bes. Pflanzenbau) vom Mittelalter bis zur Gegenwart. Die Zerstörung der Wälder verläuft viel rascher als die Erschließung neuen Kulturlandes. (Verändert nach Buringh und Dudal.)

Abb. 4.3.33: Die extensive Nutzung von Wald und Weide führt bis zum Ödland und reduziert die Produktionsleistung (Mitte und links.) Dagegen ermöglicht eine getrennte und intensive Wald- und Weidewirtschaft erhöhte Holz- und Futtererträge (rechts). (Nach Ellenberg.)

Das Diagramm Abb. 4.3.32 zeigt, welch verheerendes Ausmaß die Waldzerstörung (besonders in den Tropen) während der letzten 40 Jahre erreicht hat; dagegen ist die Kulturlandgewinnung relativ zurückgeblieben. So sind naturnahe oder gar natürliche Biocoenosen in den dichter besiedelten Lebensräumen der Erde (z.B. in Mitteleuropa) auf winzige Flecken geschrumpft oder völlig verschwunden. Daher ist die Rekonstruktion der potentiellen Ökosysteme (unter Abstraktion von menschlichen Einflüssen) heute in weiten Gebieten kaum mehr möglich.

Die Menschheit und ihr Nahrungs- und Energiebedarf nehmen also immer rascher zu, die Ressourcen der Biosphäre aber sind begrenzt. Erst jetzt, da sich die negativen Auswirkungen dieser Entwicklung überall bemerkbar machen, besinnen wir uns auf Selbstkontrollen. Natur- und Umweltschutz sowie positive, ökologisch orientierte Formen der Nutzung und Landschaftsgestaltung, also auf das Ziel einer halbwegs ausgewogenen Integration von Menschheit und Biosphäre.

Waldwirtschaft. Durch die Entnahme von Brenn- und Bauholz, besonders aber durch die extensive Waldweide (Abfressen des Jungbaumwuchses und der Stockausschläge) wurden die Wälder im Bereich menschlicher Siedlungen schon frühzeitig gelichtet (Abb. 4.3.33). Dazu hat die früher übliche Verwendung der oberen Waldbodenschichten zur Düngung der Äcker und als Stallstreu weithin eine Nährstoffverarmung und Versauerung der Böden verursacht (Abb. 4.3.8). Heute haben die hochindustrialisierten Länder für die Herstellung von Papier, Möbeln, Cellulose etc. einen Verbrauch von ca. 1 t Holz-Trockengewicht pro Kopf und Jahr erreicht, eine Menge, die nur durch Wald-Raubbau bzw. eine perfektionierte Forstkultur aufgebracht werden kann.

Für die Herstellung von Holzkohle in Meilern bevorzugte man in Mitteleuropa die Rotbuche. Die Bestände der Eibe wurden wegen ihres festen und elastischen Holzes (Herstellung von Speeren, Armbrüsten usw.) sehr stark dezimiert. Eichen förderte man früher wegen ihrer Bedeutung für die Schweinemast. Durch Viehverbiß wurde besonders die Tanne in Mitleidenschaft gezogen. Heute schädigt vielfach ein zu hoher Bestand an jagdbarem Rotwild die natürliche Waldregeneration (Wildverbiß!). All dies hat zu einer Veränderung im Artengefüge der mitteleuropäischen Wälder geführt.

Eine planmäßige Holznutzung führte noch im Mittelalter in Zentraleuropa zu den Wirtschaftsformen des Niederwaldes (Abhieb alle 20–40 Jahre, Brennholz, Regeneration aus Stockausschlägen), später des Mittelwaldes (Niederwald mit alten «Überständern» zur Regeneration aus Samen und für Bauholz). Durch Niederwaldbetrieb wurden die ausschlagfreudigen Hainbuchen und Eichen gegenüber Rotbuchen und Nadelbäumen gefördert. Steigender Holzbedarf nötigte dann zur Aufforstung heruntergewirtschafteter Heiden und Magerwiesen. Dabei wurden produktive Hochwälder gefördert; sie verjüngen sich aus Keimlingen, die natürlich anfliegen, gesät oder gepflanzt werden. Anstelle naturnaher Laubmischwälder traten schließlich vor allem seit dem 19. Jahrhundert vielfach standortsfremde forstliche Monokulturen von Fichte (vgl. Abb. 4.2.9C) und Kiefer, die man wegen ihrer Anspruchslosigkeit, Raschwüchsigkeit und ihres Wertes als Bauholz bevorzugte. – Die Aufforstung standortsfremder Gehölze hat auch außerhalb von Zentraleuropa den Charakter der Wälder grundlegend verändert, z.B. der Anbau von *Eucalyptus*-Arten in vielen wechselfeuchten Gebieten der (Sub-) Tropen.

Von den einheitlichen, nach großflächigen Kahlschlägen aufgezogenen Aufforstungen geht man heute vielfach wieder ab, da sie den Boden verschlechtern und besonders schädlingsanfällig sind. Moderne Wirtschaftsformen bevorzugen also wieder naturnähere Mischwälder, aus denen das Nutzholz kleinflächig oder einzeln entnommen wird (Femel- oder Plenterschlag). Auch kann die Bodenqualität und Ertragsleistung durch Düngung mit Ca-, K-, P- und N-Salzen verbessert werden.

Die verschiedenen Nutzungs- und Wirtschaftsformen der Wälder und Forste betreffen die dominierende

Baumschicht besonders augenscheinlich. Aber auch die Strauch-, Kraut- und Moosschicht werden stark verändert (vgl. Abb. 4.2.9). Bei der Wiederbesiedlung von Kahlschlägen treten charakteristische Sukzessionen von Waldschlaggesellschaften in Erscheinung (S. 856).

Rodung, Brand und Eingriffe in den Wasserhaushalt. Um in natürlichen Waldgebieten Raum für Pflanzenbau und Weidetiere zu schaffen, wurde und wird vom Menschen überall auf der Erde gerodet und gebrannt. Da bewaldete Hänge mehr Regenwasser verbrauchen, es länger zurückhalten und den Boden besser vor Abtragung schützen, erhöht Entwaldung die Überschwemmungs- und Erosionsgefahr sowie die Nährstoffauswaschung.

Wo die Böden sehr humus- und nährstoffarm sind (wie z. B. in vielen Gebieten der Tropen), ist auf dem durch Brandrodung gewonnenen Kulturland nur eine dürftige und kurzfristige Nutzung möglich: Der Hauptanteil der Biomasse und des Nährstoffpotentials ist dort nämlich in der Pflanzendecke selbst enthalten; wird sie abgebrannt und die Asche abgeschwemmt, so ist die Grundlage der hohen Produktivität (Tab. 4.3.3.) verloren. In den humiden Tropen ergibt sich daher vielfach die Notwendigkeit zum Wanderackerbau.

Wiederholte Brandrodung hat in den meisten wechselfeuchten Lebensräumen der Erde dazu geführt, daß sich anstelle feuerempfindlicher Wälder feuerresistente Savannen, Grasländer und Felsheiden sehr stark ausgebreitet haben (vgl. S. 883). Weitgehend anthropogen bedingt sind aber auch viele temperate Steppengebiete (z. B. im Windschatten des Harzes, im pannonischen Raum oder in den Randgebieten der nordamerikanischen Prärien). Zusammen mit Überweidung, Wasser- und Winderosion hat diese Entwicklung vielfach zu mehr-minder irreversiblen Formen der Boden- und Vegetationsdegradation geführt (z. B. Verkarstung in weiten Bereichen der Mittelmeerländer, Abb. 4.2.18).

In humiden Klimaräumen, Seenlandschaften, Moorgebieten, Talsenken und Tiefländern haben die Anlage von Entwässerungsgräben und -kanälen, Dämmen und Deichen sowie die Regulation und Begradigung der Wasserläufe tiefgreifende Veränderungen des Grundwasserstandes und der Überschwemmungsverhältnisse verursacht. Abb. 4.3.34 gibt ein Beispiel für die damit verknüpften vielfältigen und drastischen Veränderungen der Vegetationsverhältnisse einer mitteleuropäischen Flußlandschaft.

Durch die Regulation der Gebirgsströme sind Flächen mit Schottern und Sanden sowie die damit verknüpften Auwälder sehr zurückgegangen (vgl. Abb. 4.5.4). In der Tiefebene des nördlichen Zentraleuropas wurden riesige Moor- und Bruchwaldgebiete trockengelegt und zuerst in Naß-, dann in gedüngte Frischwiesen bzw. Weiden umgewandelt.

Weide- und Wiesenwirtschaft. Die Extensivweide durch ganzjährig grasende Nutztierherden gehört zu den ältesten Formen landwirtschaftlicher Nutzung. In Mitteleuropa wurde dadurch auf Kosten von Wäldern die Ausdehnung von Trocken- und Halbtrockenrasen, Triftweiden, Magerwiesen und Zwergstrauchheiden sehr stark gefördert (S. 920 f., Abb. 4.3.33). In Gebieten, wo im Winter Stallfütterung notwendig ist, hat sich –

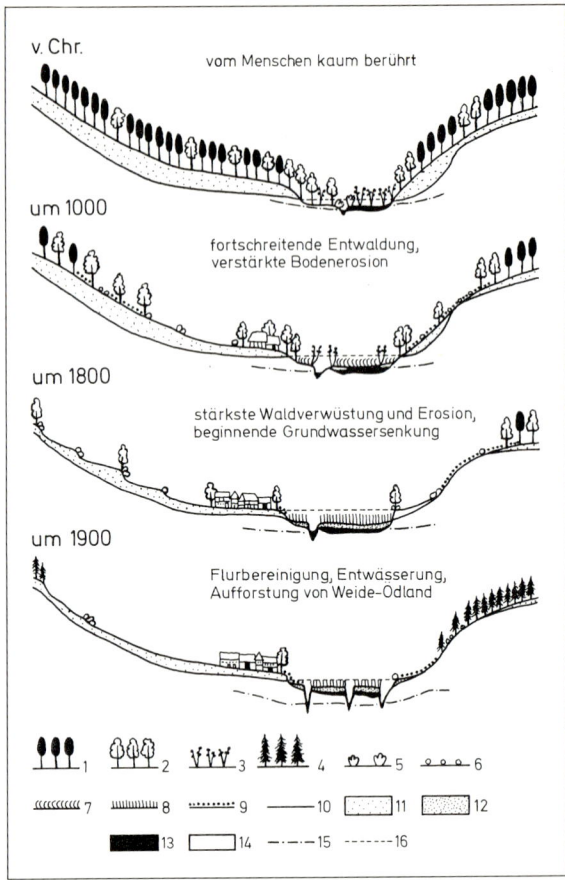

Abb. 4.3.34: Veränderungen einer mitteleuropäischen Landschaft (Oberlauf eines Flusses in der submontanen Stufe) seit 2000 Jahren: Besiedlung, Entwaldung, Weide, Ackerbau, Erosion, Entwässerung, Aufforstung u.a. 1 = Buchenwald, 2 = Laubmischwald mit Eichen u.a., 3 = Erlenbruch, 4 = Nadelholz-Aufforstung, 5 = Weidengebüsch, 6 = sonstige Gebüsche, 7 = Naßwiesen, 8 = Frischwiesen, 9 = Trockenwiesen, 10 = Äcker, 11 = Lößlehm, 12 = Aulehm, 13 = Moor, 14 = andere Bodenarten, 15 = mittlerer Grundwasserstand, 16 = mittlerer Hochwasserstand. (Nach Ellenberg.)

besonders seit dem Mittelalter – die Mähwirtschaft und damit der Typus der Streu- und Futterwiesen entwickelt (Abb. 4.3.35). Noch jünger sind die intensive Nutzung von Stand- und Umtriebsweiden, die Umwandlung von Mager- in Fettwiesen durch Düngung sowie die durchgehende Stallfütterung der Tiere, gekoppelt mit Futterpflanzenanbau. Das heute in allen Waldgebieten der Erde – von den Tropen bis in den borealen und subalpinen Bereich – verbreitete und vielfach dominierende Grünland ist also fast ausschließlich als Produkt der menschlichen Tierhaltung zu verstehen.

Intensivweide und Mahd verhindern das Aufkommen von Holzpflanzen und fördern die Entwicklung von regenerationskräftigen Gräsern (Abb. 3.1.31) und Stauden (z. B. Arten von *Vicia, Heracleum, Galium*). Bevorzugt sind auch niedrigwüchsige bzw. rosettenbildende Pflanzen (z. B. Arten von *Trifolium, Plantago, Taraxacum*), da sie dem Schnitt oder der Weide leichter entgehen, und besonders die von den Tieren nicht gefressenen Weideunkräuter (S. 885). Besonders tritt-

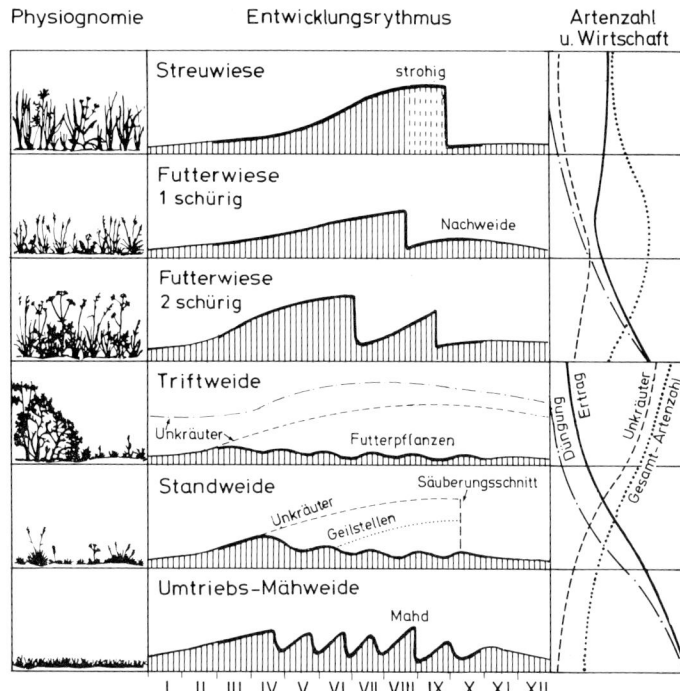

Abb. 4.3.35: Bewirtschaftungsformen des Kulturgrünlandes: Mähwiesen und Weiden. Dargestellt ist die Bestandhöhe im Laufe des Jahres (Monate I–XII), die durch Mahd bzw. Viehfraß beeinflußt wird. Triftweiden werden großflächig und extensiv, Stand- bzw. Umtriebsweiden kleinflächig und intensiv genutzt, wobei der Viehbestand länger bleibt bzw. rotiert. Düngung und Ertrag sind bei Streuwiesen und Triftweiden am niedrigsten, bei 2schürigen Futterwiesen (Fettwiesen) und Umtriebsmähweiden am höchsten. Weitere Erklärungen im Text und S. 921. (Nach Ellenberg.)

resistent sind z.B. *Lolium perenne, Plantago major* und *Polygonum aviculare*. Gegen Düngung empfindliche Magerwiesenpflanzen sind z.B. die meisten Orchideen und *Gentiana*-Arten. In Mähwiesen können nur Arten überleben, die ihre Reproduktion an den Rhythmus von Tief- und Hochständen (Abb. 4.3.35) anpassen; so blühen und fruchten z.B. *Taraxacum* und *Bellis* vor dem 1. Hochstand, *Arrhenatherum* und *Anthriscus* im 1., *Heracleum* und *Cirsium oleraceum* im 2. Hochstand; *Colchicum autumnale* blüht im letzten Tiefstand und bildet seine Blätter vor dem 1. Hochstand.

Die Zusammensetzung der Gesellschaften im Kulturgrünland ist also sehr von der Nutzungsform abhängig. Die beteiligten Arten stammen aus sehr unterschiedlichen naturnahen Pflanzengesellschaften, z.B. lichten Laubmischwäldern, Trockenrasen, Flachmoorwiesen u.a.

Nutzpflanzenbau und Besiedlung. Die intensive Nutzungsform des Pflanzenbaus durch den seßhaften Bauern bildete seit der mittleren Steinzeit die Voraussetzung für alle menschlichen Hochkulturen und ist bis herauf in unser 20. Jahrhundert die Grundlage für die Existenz der Menschheit geblieben. Voraussetzungen dafür waren und sind Rodung und Bodenbearbeitung, dann Fruchtwechsel und natürliche Düngung, vielfach auch Bewässerung oder Entwässerung, zuletzt künstliche Mineralstoffzufuhr, chemische Unkraut- und Schädlingsbekämpfung und maschinelle Betriebsformen sowie die laufende Verbesserung der Nutzpflanzen durch Züchtung. Die moderne Landwirtschaft liefert heute jährlich Pflanzenprodukte mit einem Trokkengewicht von $10–11 \cdot 10^9$ t; das entspricht etwa 10^9 t Lebensmittel (vgl. dazu Tab. 4.3.4). Das dafür nötige Kulturland umfaßt über $14 \cdot 10^6$ km^2, das Weideland über $32 \cdot 10^6$ km^2, insgesamt also etwa ein Drittel der gesamten Landoberfläche der Erde. Dazu kommen noch $3 \cdot 10^6$ km^2 an Siedlungen und $0,3 \cdot 10^6$ km^2 an Verkehrsflächen. Diese Entwicklung hat zu gewaltigen Veränderungen der Biosphäre geführt (vgl. dazu z.B. Abb. 4.2.17, 4.3.32, 4.3.34).

Beim ursprünglichen Wanderackerbau regenerierte sich auf den aufgegebenen Kulturflächen eine naturnahe Vegetation. Beim Dauerkulturland konnte der Nährstoffverlust (infolge Ernte, Auswaschung und Erosion) durch natürliche Düngung, Fruchtwechsel und Einschalten eines Brachjahres («Dreifelderwirtschaft») zunächst noch ausgeglichen werden. Die verstärkte Abfuhr landwirtschaftlicher Produkte in die wachsenden Städte nötigt aber seit dem vorigen Jahrhundert zur Mineralstoffdüngung. Die Steigerung der landwirtschaftlichen Produktivität nach dem 2. Weltkrieg wurde vor allem durch Anzucht von Hochleistungssorten (S. 511), massiven Einsatz von Herbiciden und Insekticiden sowie weitgehend maschinelle und daher sehr energieaufwendige Bewirtschaftung ermöglicht.

An Intensivkulturen von Nutzpflanzen finden wir langfristig genutzte Plantagen (z.B. mit Fruchtbäumen, Wein, Bananen, Kautschuk, Sisal), Äcker mit kurzfristigem Umtrieb (z.B. mit Getreide, Hülsenfrüchten, Kartoffeln, Rüben, Zukkerrohr, Ölfrüchten, Tomaten, Baumwolle, Futtergräsern, Luzerne) und die Mischform der Gärten. Tab. 4.3.4 gibt einen Überblick über die heutige Nutzpflanzenproduktion. Für die vegetarische Ernährung eines Menschen sind etwa 0,14 ha (1400 m^2) notwendig. Dagegen erfordert die fleischreiche Kost der hochentwickelten Industrieländer pro Person etwa 1 ha an Kultur- und Grünland (und noch 0,4 ha für den Bedarf an Holz, Papier, Textilien etc.).

Als Folge intensiver menschlicher Kulturmaßnahmen und der Vernichtung der natürlichen bzw. naturnahen Vegetation wurden weithin neue Standortsverhältnisse geschaffen (Humusabtragung, Mineralstoffanreicherung etc.). Dem entspricht die Entstehung völlig neuartiger anthropogen bedingter Pflanzengemeinschaften: im Bereich der Äcker, Plantagen und Gärten haben sich so in Konkurrenz mit den Nutzpflanzenbe-

Tab 4.3.4: Jährliche Produktionszahlen der wichtigsten Nutzpflanzen und Nutztiere des Menschen. Die Werte beziehen sich nur auf die genutzten Organe bzw. Produkte; sie sind in 1000 t Frischgewicht angegeben und beruhen auf den Werten für 1987. Fett gedruckte Ziffern kennzeichnen Summenwerte. (Nach FAO Production Year Book 1987.)

Getreide	**1786627**
Weizen	516780
Mais	457365
Reis	454320
Gerste	178518
Hirsen	86689
Hafer	47197
Roggen	32361
Sonstige (Buchweizen u.a.)	13397
Stärkeknollen und -wurzeln	**593948**
Kartoffel	285009
Maniok	137291
Batate	135236
Sonstige (Yams u.a.)	32705
Zuckerpflanzen	
Zuckerrohr	967878
Zuckerrübe	296663
Daraus Rohzucker	12609
Hülsenfrüchte	**53345**
Erbsen	14534
Bohnen	14006
Kichererbsen	6870
Saubohnen	4479
Sonstige (Linsen u.a.)	6586
Öl- und Fettfrüchte (bzw. -samen)	
Sojabohnen	98000
Baumwollsamen	48460
Raps	22534
Erdnuß	20103
Sonnenblume	20125
Ölbaum (Oliven)	10267
Ölpalme	8727
Kokosnuß (Kopra)	5195
Sonstige (Leinsamen, Sesam u.a.)	6376
Gemüse	**383886**
Tomaten	61363
Kohl und Kraut	38132
Zwiebel	25282
Gurken	12674
Karotten	12702
Sonstige (Salat, Kürbisse, Paprika, grüne Erbsen und Bohnen, Karfiol = Blumenkohl u.v.a.)	233733
Obst	**360657**
Bananen (Obst- u. Mehlbananen)	66193
Trauben (vgl. auch Wein)	64770
Citrusfrüchte	63813
Äpfel	36512
Wassermelonen	28128
Mangos	14635
Ananas	10570
Birnen	9634
Zuckermelonen	8967
Pfirsiche	7640
Sonstige (Pflaumen, Datteln, Papayas, Kirschen, Aprikosen, Avocados, Himbeeren, Erdbeeren, Johannisbeeren u.v.a.)	49795
Nußartige Früchte und Samen (Walnüsse, Mandeln, Cashew-Nüsse, Echte Kastanien, Haselnüsse u.a.)	**4066**
Genußmittel	
Wein (aus Trauben)	31790
Tabak	6253
Kaffee	6145
Tee	2413
Kakao	2002
Pflanzliche Fasern	**21968**
Baumwolle	16634
Jute	3350
Flachs	714
Sonstige (Sisal, Hanf u.a.)	1270
Kautschuk (von *Hevea*)	4574
Tierische Produkte	
Fleisch (Rinder, Schweine, Schafe, Geflügel u.a.)	158787
Milch	512521
Eier	34394
Honig	1073
Schafwolle (gereinigt)	1847
Echte Seide	71

ständen Unkrautfluren, im Ödland (z.B. an Wegrändern, Erdaufschüttungen, Schutt- und Abfalldeponien) Ruderalfluren herausgebildet. In diesen überaus veränderlichen und konkurrenzschwachen Vergesellschaftungen heterogener Arten sind gute Voraussetzungen für die Einbürgerung vom Menschen eingeschleppter, fremdländischer Adventivpflanzen (S. 841) und für die hybridogene Sippenbildung (S. 511 ff.) gegeben.

Die Arten der Unkrautfluren müssen der Bodenbearbeitung, der Nutzpflanzenkonkurrenz und besonders auch den Maßnahmen der Ernte und Saatgutreinigung «gewachsen sein». So werden etwa die ausdauernden Geophyten *Convolvulus arvensis*, *Cirsium arvense* oder *Agropyron repens* mit ihren sehr regenerationsfähigen Rhizomen durch Pflug oder Hacke nur noch weiter verbreitet. Die einjährigen Getreideunkräuter (z.B. *Agrostemma githago*, *Papaver rhoeas*, *Sinapis arvensis*, *Centaurea cyanus*) entwickeln sich vorteilhaft mit der aufwachsenden Saat, streuen ihre Samen nur teilweise auf dem Feld aus und werden mitgeerntet, ihre Diasporen entsprechen in der Größe-Gewicht-Relation soweit dem Getreide, daß sie durch einfache Reinigungsmaschinen neuerlich ins Saatgut gelangen. Die meisten dieser einjährigen Unkrautarten wurden erst mit dem Getreidebau aus dem Nahen Osten bzw. den Mittelmeerländern nach Mitteleuropa eingebracht, sind aber heute infolge verbesserter Saatgutreinigung und biochemischer Bekämpfung in starkem Rückgang begriffen. Die mitteleuropäischen Unkrautfluren differenzieren sich besonders nach pH, Nährstoffgehalt (S. 845), Wasserhaushalt und dem Zeitpunkt der letzten Bearbeitung der Böden (S. 875) in verschiedene Getreide- und Hackfruchtgesellschaften und erlauben regional eine ausgezeichnete Standortsbeurteilung.

Ruderalstellen sind meist durch einen hohen Mineralstoff- (bes. Stickstoff-)gehalt ausgezeichnet. Ruderalpflanzen ertragen bzw. benötigen solche Bedingungen (S. 881). Die Sukzession von Ruderalfluren führt von Initialstadien mit Einjährigen (z. B. *Stellaria media, Plantago major, Poa annua*) über staudenreiche Gemeinschaften (z. B. mit *Chelidonium majus, Rumex* spec., *Ballota nigra, Arctium* spec., *Artemisia vulgaris*) bis zu Gebüschen (z. B. mit *Sambucus nigra*). Beispiele für adventive Ruderalpflanzen sind etwa *Datura stramonium* und *Oenothera biennis* (aus Nordamerika) oder *Cardaria draba* (aus Asien) (vgl. dazu auch S. 913).

Ruderal- und Unkrautsippen haben sich vielfach parallel mit verwandten Nutzpflanzen in dem vom Menschen geschaffenen landwirtschaftlichen Milieu entwickelt. Beispiele dafür sind etwa der hexaploide Kulturweizen (*Triticum aestivum*), an dessen Entstehung diploide Unkrautsippen beteiligt waren (S. 514, Abb. 3.1.44), der Roggen *(Secale cereale)*, der ursprünglich ein Unkraut der Weizenfelder war, und die nahe verwandten hexaploiden Kultur- und Unkraut-Hafer *(Avena sativa* und *A. fatua)*. Sowohl Nutz- als auch Ruderalpflanzen lassen sich durch zusätzliche Mineralstoffgaben (Düngung!) positiv beeinflussen. Bei Gemüsepflanzen ist dies vielfach auf eine gemeinsame Abstammung von halophilen Ausgangssippen zurückzuführen. Das gilt z. B. für die mediterran-orientalischen Wildsippen und die mit ihnen hybridogen eng verknüpften Unkraut- und Kulturformen von *Beta vulgaris* agg. (S. 769), *Brassica oleracea* agg. (S. 504 f., 793, Abb. 3.1.32) und *Daucus carota* agg. (S. 790).

Die intensive Anwendung von Herbiciden hat in den letzten Jahrzehnten die Unkraut- und Ruderalfluren sehr dezimiert. Immerhin erweisen sich auch dagegen einige Arten als resistent (z. B. *Galium aparine*).

Anreicherung von Abfällen und Giftstoffen. Als Folge der immer dichteren Besiedlung und Urbanisation sowie der zunehmenden Industrialisierung werden Gewässer, Böden und der Luftraum mehr und mehr durch anthropogene Abfall- und Giftstoffe belastet (z. B. durch Abwässer, Waschmittel, schwer zersetzliche Plastikstoffe, SO_2, Stickoxide und andere Abgase [Abb. 4.3.36], toxische Schwermetalle, radioaktive Substanzen, Herbicide und Insekticide). Vielfach sind dadurch die Biocoenosen hinsichtlich Abbau der eingeschleusten Fremdstoffe und Aufrechterhaltung der Nahrungsketten und Stoffkreisläufe überfordert. Giftstoffe können sich oft gefährlich anreichern. Empfindliche Organismengruppen werden besonders getroffen und eliminiert. Eine Zeitlang können sich die Biocoenosen bzw. Ökosysteme trotz Leistungsabfalls anpassen und verändern. Zuletzt kann es aber doch zu totalen Zusammenbrüchen und verheerenden Rückwirkungen auf den Menschen kommen. Bekannt sind etwa die in den letzten Jahrzehnten verstärkt auftretenden Waldschäden.

Die übermäßige Zufuhr nitrat- und phosphatreicher Abwässer aus der Kanalisation der Siedlungen, von kunstgedüngten landwirtschaftlichen Flächen etc. führt in ursprünglich oligo- bis mesotrophen Flüssen, Seen und küstennahen Meeren (vgl. S. 879) zur anthropogenen Eu- bzw. Hypertrophierung, also zur «Überdüngung». Dadurch werden die ursprünglichen Arten von Wasserpflanzen, Planktonlebewesen etc. direkt geschädigt, neu hinzukommende aber erfahren eine übermäßige Entwicklung (z. B. Plankton-*Cyanophyceae*). Der Überproduktion folgen eine Zunahme der organischen Abfälle, eine vermehrte Aktivität der Zersetzer und fortschreitende Sauerstoffverarmung, Fischsterben und – besonders bei zusätzlicher Verschmutzung (z. B. durch Waschmittel, Industrieabfälle etc.) – ein mehr-minder weitgehender Zusammenbruch des Ökosystems. Durch Leitarten kann die Hydrobiologie diese Etappen der Gewässerverschmutzung stufenweise charakterisieren (vgl. S. 645 f.).

Als Folge von Verbrennungsvorgängen (Industrie, Heizung, Automotoren) werden der Erdatmosphäre mit steigender Tendenz jährlich ca. $13 \cdot 10^9$ t CO_2 und als ausgesprochene Luftverunreinigungen ca. $2,9 \cdot 10^8$ t CO, $14,7 \cdot 10^7$ t SO_2, $5,3 \cdot 10^7$ t nitrose Gase, weiter Halogenwasserstoffe und $2,3 \cdot 10^7$ t Rauchpartikel zugeführt. Von 1900 bis 1970 ist der durchschnittliche CO_2-Volumenanteil von 0,029% auf 0,032% gestiegen, was bereits Auswirkungen auf die Photosynthese (S. 285 ff.), aber auch auf eine Erwärmung infolge vermehrter Absorption der Sonnenstrahlung («Glashauseffekt») haben

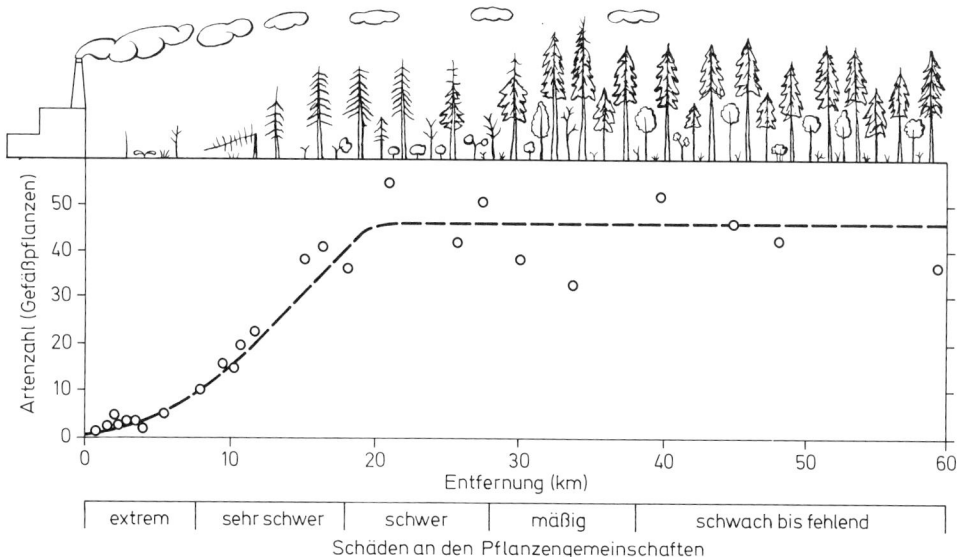

Abb. 4.3.36: Auswirkungen der Abgase (besonders SO_2) einer Eisenverhüttungsanlage auf boreale Nadelwälder in Canada (Ontario): Absterben der Fichten *(Picea* spec.) und anderer Gefäßpflanzen, drastische Abnahme der Artenzahl. (Nach Gordon & Gorham aus Whittaker.)

dürfte. Umgekehrt verringern die Rauchpartikel die Einstrahlung von Sonnenenergie. Die lokale Anreicherung von Verbrennungsrückständen und photochemischen Derivaten (z.B. Ozon) bedingt über Städten und Industriegebieten die Bildung des gefürchteten und gesundheitsschädlichen «Smog».

Bei Pflanzen führen schon niedrige Konzentrationen von SO_2 oder HF bei Dauerbelastung zu Störungen der Photosynthese und des Wasserhaushalts, weiter zu verringertem bzw. aberrantem Wachstum und schließlich zum Absterben. Besonders empfindlich sind in dieser Hinsicht Flechten: Ihr zonenartiger Rückgang bzw. völliger Ausfall im Bereich der Städte wird vielfach als Zeiger für die Zunahme der durchschnittlichen Luftverunreinigung herangezogen (vgl. S. 598). Auch empfindliche Samenpflanzen (z.B. *Picea abies, Pinus sylvestris, Larix decidua*) lassen sich in Großstadt- und Industriezentren nicht mehr kultivieren; dort eignen sich z.B. *Thuja orientalis, Buxus sempervirens* oder *Platanus × hybrida* aufgrund ihrer relativ hohen Resistenz eher zur Bepflanzung. Abb. 4.3.36 gibt ein Beispiel für die verheerende Schädigung borealer *Picea*-Wälder im Umkreis einer Eisenverhüttungsanlage mit starkem SO_2-Ausstoß: von den 10–50 Arten je Probefläche im ungeschädigten Bestand fallen in etwa 25 km Entfernung die Fichten, dann die Laubhölzer und zwischen 7 und 2 km schließlich alle Krautpflanzen aus. SO_2 und nitrose Gase werden meist nach wenigen Tagen aus der Atmosphäre als Regen und Nebel niedergeschlagen. Dabei wird das Regenwasser deutlich angesäuert («Saurer Regen» bis zu pH 3,0; normal: pH 5,5), was zu einer verstärkten Auswaschung von Nährstoffen aus der Pflanzendecke und dem Boden sowie zu einer gefährlichen Ansäuerung vor allem kalkarmer (nicht gepufferter) Gewässer führt (z.B. in Skandinavien).

Besonders bedenklich ist die anthropogene Verseuchung der Biosphäre durch Giftstoffe, die nicht oder nur langsam abgebaut werden, mobil sind (also nicht rasch sedimentieren) und sich vielfach nicht fortschreitend verdünnen, sondern in den Nahrungsketten gefährlich anreichern (vgl. Abb. 4.3.27). Hierher gehören toxische Schwermetalle (S. 882), z.B. Blei (vor allem als Benzinbeimischung; jährlicher Anfall $3,5 \cdot 10^5$ t) und Quecksilber. Bei Pilzen, aber auch bei Flechten und Moosen ist nach oberirdischen Kernwaffenversuchen und Kernkraftwerksunfällen weiträumig ein deutlicher Anstieg der radioaktiven Belastung durch langlebige Cäsium-Isotope (^{137}Cs und zum Teil auch ^{134}Cs) zu beobachten (beim Maronenröhrling z.B. auf den 14fachen Wert). Die Akkumulation von Radiocäsium in Pilzen erfolgt in Abhängigkeit sowohl von Boden- und Standortfaktoren als auch von der Lebensform; auffallend hohe Radiocäsiumaktivitäten sind bei Mykorrhizapilzen zu finden. Andere radioaktive Stoffe, z.B. Phosphor (^{32}P), Strontium (^{90}Sr) oder Iod (^{131}J), treten auch bei normalem Betrieb in den Abwässern von Atomkraftwerken in minimalen und an und für sich ungefährlichen Mengen auf; im Plankton und in Wasserpflanzen können sie sich aber ums Vielhundertfache und in tierischen Endverbrauchern ums Vieltausendfache akkumulieren und damit unmittelbar oder mittelbar (infolge mutativer Veränderungen des Erbgutes) lebensgefährlich werden. Ähnliches gilt auch für verschiedene Insekticide (z.B. DDT) und Herbicide, die in den letzten Jahrzehnten im Rahmen der chemisierten Land- und Forstwirtschaft massiv zur Bekämpfung tierischer und pflanzlicher Schädlinge eingesetzt wurden. Sie haben durch Anreicherung direkte Schäden bei Wild- und Nutztieren verursacht und so infolge drastischer Störungen der Nahrungsketten und Ökosystem-Zusammenhänge vielfach unvorhergesehene nachteilige Nebenwirkungen gezeigt. Diesen Fehlentwicklungen versucht man in den letzten Jahren mit Methoden der biologischen Schädlingsbekämpfung und des ökologischen Landbaues zu begegnen.

Vierter Abschnitt
Floren- und Vegetationsgeschichte

Anhand zahlloser Fossilfunde zeigt die Paläobotanik, welch tiefgreifende Änderungen die Floren und Vegetationstypen des Wassers und Landes seit der Entstehung des Lebens auf unserer Erde vor mehr als 3 Milliarden Jahren erfahren haben. Aber auch Arealgestaltung und Verwandtschaftsbeziehungen recenter pflanzlicher Formenkreise weisen immer wieder auf die andersartigen Umweltbedingungen der geologischen Vergangenheit. Das Pflanzenkleid der Gegenwart unserer Erde kann also nur als Ergebnis einer langen historischen Entwicklung verstanden werden. Diese Entwicklung beruht auf der Stammesgeschichte des Pflanzenreiches (S. 826 ff.), steht in Zusammenhang mit der fortwährenden erdgeschichtlichen Umgestaltung der Oberfläche unseres Planeten (Ozeane, Kontinente, Gebirgsbildung etc.) bzw. seiner Lufthülle (Sauerstoff- und CO_2-Gehalt, UV-absorbierende Ozonschicht, Temperatur, Niederschläge etc.) und ist aufs engste mit der Evolution der Tiere (S. 884 ff.), zuletzt der Menschheit (S. 892 ff.) verknüpft (vgl. dazu auch die Übersicht der erdgeschichtlichen Perioden am Ende des Werkes).

Für die Aufklärung der Floren- und Vegetationsgeschichte werden Methoden der Paläontologie bzw. Paläobotanik einschließlich der Pollenanalyse (S. 523, 703 f., 738 ff.), der Geologie, der Evolutionsforschung (S. 480 ff., 503 ff.) und der Arealkunde herangezogen (S. 526, 836 ff.).

Die in den Kapiteln B–E folgenden speziellen Hinweise auf die Floren- und Vegetationsgeschichte der Erde können im Rahmen dieses Lehrbuches nur sehr kurz und beispielhaft sein. Sie beziehen sich vorwiegend auf Zentraleuropa, sind auf einige wichtige Phasen beschränkt und nach den Hauptabschnitten der Evolution des Pflanzenreiches geordnet (Abb. 3.2.154, 3.2.168).

A. Methoden

Fossile Pflanzenreste erhalten sich meist nur unter sehr beschränkten Bedingungen, vor allem in marinen oder limnischen Sedimenten, Torfen und aus solchen entstandenen Kohlen. Am besten sind manche Algengruppen sowie Sproßfragmente, Blätter, Sporen, Pollen, Samen und Früchte von Gefäßpflanzen vertreten. Diese Pflanzenreste werden so gut wie möglich recenten Taxa zugeordnet oder als ausgestorbene Sippen bzw. Formgruppen beschrieben.

Nur Skelettelemente und organische Kalkablagerungen (z.B. bei Diatomeen, Coccolithophoralen, Corallinaceen) bleiben vielfach direkt erhalten (Abb. 3.2.61C). Wo solche Hartteile fehlen, können Zellen und Gewebe durch Inkohlung konserviert werden. Am besten erhalten sich dabei verholzte Zellen, Cuticulen und die Exine von Sporen und Pollenkörnern. Wenn Mineralstoffe (z.B. Kieselsäure, Carbonate) das organische Material der Zellwände bzw. des Zellinneren ersetzen, entstehen strukturbietende, echte Versteinerungen (Abb. 3.2.120–121, 3.2.131). Dünnschliffe, schichtweise Abtragungen mittels Plastikfolien oder Umbettungen erlauben bei diesen Erhaltungsformen oft noch anatomische Untersuchungen (vgl. z.B. Abb. 3.2.134, 3.2.181, 3.2.186). Vielfach bleiben aber von Pflanzenresten vergangener Perioden nur Abdrücke (z.B. in Kalktuffen oder im Bernstein) oder Innenausgüsse erhalten.

Von besonderer Bedeutung für die Floren- und Vegetationsgeschichte – vor allem der jüngeren geologischen Vergangenheit – sind die Befunde der **Palynologie**; ihre Objekte sind die Sporen und Pollenkörner der Gefäßpflanzen mit ihrer widerstandsfähigen Exine.

Wegen ihrer erstaunlichen strukturellen Differenzierung (vgl. Abb. 3.2.161, 3.2.197–198) lassen sich Sporen und Pollenkörner systematisch meist gut erfassen. Vor allem der Blütenstaub von windblütigen, aber auch von manchen insektenblütigen Waldbäumen und vielen Kräutern wird jährlich in großer Menge verweht. In Mitteleuropa fallen jährlich auf den cm^2 mehrere Tausend Pollenkörner bzw. Sporen und werden in wachsende Ablagerungen (z.B. Seekreiden, Torfe, Rohhumusböden etc.) eingebettet. Daraus lassen sie sich durch Bohrungen in Profilform entnehmen, schichtweise aufbereiten und quantitativ analysieren. Eine graphische Darstellung als **Pollendiagramm** (Abb. 4.4.13) zeigt dann das Auftreten und die wechselnde Menge der Pollenkörner verschiedener Arten über den im Profil repräsentierten geologischen Zeitabschnitt. Daraus kann man sogar auf die wechselnde quantitative Zusammensetzung der Wälder schließen, die während der Bildungszeit der untersuchten Ablagerung in der Nähe wuchsen. Ein Vergleich der heutigen Waldzusammensetzung mit dem heutigen Pollenniederschlag lehrt, wie weit solche Schlüsse zulässig sind.

Wichtig ist natürlich die Kenntnis des **Alters** fossiler Pflanzenreste. Abgesehen von der relativen Chronologie der Erdgeschichte, die sich auf das Vorkommen tierischer oder pflanzlicher Leitfossilien stützt, stehen heute auch verschiedene Methoden der absoluten Altersbestimmung zur Verfügung.

Dabei wird das Alter von Gesteinen nach ihrem Gehalt an radioaktiven Mineralien, den daraus entstandenen Spaltprodukten und der konstanten Zerfallszeit berechnet (z.B. Uranzerfall $^{238}U \rightarrow\ ^{206}Pb = 4{,}5 \cdot 10^9$ Jahre). Auf solchen Daten beruhen die Zeitangaben für die erdgeschichtlichen Epochen in Abb. 3.2.168. Für die Datierung organischer Reste aus der jüngsten geologischen Vergangenheit (bis vor 50000 Jahren) verwendet man besonders die Radiocarbonmethode. Sie beruht darauf, daß sich bei der organischen Bindung von Kohlenstoff das ursprüngliche Verhältnis von $^{12}C : ^{14}C$ im CO_2 der Luft durch Zerfall von ^{14}C zu ^{14}N (Halbwertszeit 5730 ± 40 Jahre) laufend zu ungunsten von ^{14}C verschiebt. Absolute Altersbestimmungen im Postglazial sind auch durch Auswertung der Jahresschichtung der beim Eisrückgang entstandenen Bändertone und durch die Dendrochronologie (S. 200 ff.) möglich.

Für die letzten Jahrtausende läßt sich schließlich das Alter der Pflanzenreste auch feststellen, wenn sie zusammen mit gleichaltrigen vor- und frühgeschichtlichen Gegenständen gefunden werden, deren Alter man kennt, z.B. Reste vorgeschichtlicher Siedlungen in pollenreichen Seeablagerungen,

900 · Floren- und Vegetationsgeschichte

verkohlte Reste von Hölzern, Getreide u.a. in Landsiedlungen. Wird auf diese Weise die Zugehörigkeit der vorgeschichtlichen Perioden zu bestimmten Waldzeiten (Abb. 4.4.12) festgestellt, dann lassen sich auch umgekehrt Gegenstände, deren Alter der Vorgeschichtler nicht angeben kann, pollenanalytisch datieren, wenn sie in gleichaltrigen, pollenführenden Ablagerungen ruhen. Vegetationsgeschichte, Geologie, Vorgeschichte und Siedlungsgeographie arbeiten also vielfach zusammen.

Befunde der Evolutionsforschung und Arealkunde an recenten Formenkreisen erlauben vielfach indirekte Schlußfolgerungen zur Floren- und Vegetationsgeschichte (S. 505 ff., 512 ff., 842 ff.).

Solche Schlußfolgerungen lassen sich um so besser absichern, je mehr Arten mit ähnlichem Differenzierungsmuster in einem Florengebiet oder Vegetationstyp miteinander vergesellschaftet sind. So wiederholt sich z.B. bei vielen Verwandtschaftsgruppen die Disjunktion zwischen Südostasien und dem südöstlichen Nordamerika (S. 906), oder die Lokalisierung von Mannigfaltigkeits- (bzw. Entstehungs-)zentren im Bereich der Mittelmeerländer (S. 926 f.), oder die Häufung von Endemiten und diploiden Ausgangssippen von Polyploidkomplexen in den Südalpen (S. 515, 909). In Mooren und kühl-feuchten Schluchten finden sich arktisch-alpine Sippen vielfach auch außerhalb ihres heutigen Hauptverbreitungsgebietes (S. 909 f.). Solche Phänomene lassen sich nicht mit Zufällen der Verbreitung erklären, sondern müssen bestimmte erdgeschichtliche Ursachen haben.

B. Protero- und Paläophytikum

Die ältesten bekannten Spuren von Lebensgemeinschaften auf unserer Erde stammen aus einem Zeitraum von 4 bis 0.5 Milliarden Jahren (10^9) vor der Gegenwart, also aus dem **Präcambrium** und **Cambrium** bzw. dem **Proterophytikum**. Die Sedimentationsverhältnisse (Ferrosulfide, Ferrocarbonate, Ferrosilicate, Feuersteine) deuten auf ein wäßriges Milieu mit CO_2, CH_4, NH_3, H_2 und vielen organischen Verbindungen, aber zuerst noch ohne, später mit sehr geringem Sauerstoffgehalt. Am Anfang handelt es sich nur um mikroskopisch kleine organische Membrankörper (Mikrosphären, Progenoten), dann um verschiedene einzellige bakterien- und blaualgenähnliche Prokaryoten, später kommen fädig-mehrzellige Vertreter hinzu und zuletzt lassen sich auch einzellige eukaryotische Algen, aquatische Pilze und Protozoen nachweisen. Biochemische Analysen (z.B. der Nachweis von Chlorophyll) erhärten diese mikropaläontologischen Befunde (vgl. dazu auch S. 3 f. und S. 826 ff.).

Durch ihre Bindung an gallertige Fe-haltige Silicate und Carbonate konnten sich die frühen Organismen offenbar von der damals noch starken UV-Strahlung schützen und die katalytischen bzw. O_2-bindenden Eigenschaften des Eisens nützen. Älteste, aber wohl noch unbelebte Mikrosphären finden sich in der Isua-Formation Grönlands und haben ein Alter von $3{,}8 \cdot 10^9$ Jahren. Eindeutig zellulär gebaute *Prokaryota*, an Bakterien *(Eobacterium)* und kugelige Cyanophyceen *(Archaeosphaeroides)* erinnernde Mikrofossilien, treten dann vor etwa $3{,}1 \cdot 10^9$ Jahren in der Fig-Tree-Serie Südafrikas auf. Die biochemischen Befunde lassen vermuten, daß es damals neben einer primären anaeroben Heterotrophie schon Formen der Photosynthese (auf H_2S-Basis und ohne O_2-Entwicklung?) und Chemosynthese gegeben hat.

In ca. 3 bis $1{,}6 \cdot 10^9$ Jahre alten Schichten Afrikas und Nordamerikas erweitert sich die Mannigfaltigkeit der *Prokaryota*; es finden sich *Oscillatoria*-ähnliche und gesteinsbildende (stromatolithische: S. 547) Blaualgen, aber auch eigenartige, recent unbekannte Organismen. Aber erst aus $1{,}5$–$0{,}9 \cdot 10^9$ Jahre alten Formationen Australiens gibt es erstaunlich gut konservierte einzellige eukaryotische Algen (*Caryosphaeroides*, etwa *Chlorococcales*-ähnlich), an denen sich verschiedene Stadien der Zellteilung und sogar Reste der Zellkerne erkennen lassen. Daneben enthielt diese Lebensgemeinschaft noch Bakterien, Cyanophyceen, aquatische Pilze und Protozoen, bei denen (zumindest teilweise) Ansätze zur aeroben Lebensweise realisiert waren. Auch andere Befunde legen nahe, daß der Sauerstoffgehalt der Erdatmosphäre bis zum Beginn des Cambriums (etwa vor $0{,}6 \cdot 10^9$ Jahren) auf 0,2% (1% des heutigen Wertes) gestiegen war. Damit war eine ausreichende UV-Absorption gegeben und erstmals eine effiziente Atmung von Pflanzen und Tieren möglich. Es kommt zu einer reichen Entfaltung auch vielzelliger thalloser Algen (*Chlorophyta*, *Rhodophyta*, etc.) in den noch sehr salzarmen Meeren.

Im **Silur**, vor 430–420 Mio. Jahren, finden sich erste Hinweise auf die Entstehung von Landpflanzen (dickwandige Meiosporen und *Rhyniales*-artige Reste in Libyen und Irland), ihre weltweite Entfaltung erfolgt an der Wende zum **Devon**. Damit setzt das **Paläophytikum** ein, erstmals kommt es zur Bildung von terrestrischen Lebensgemeinschaften. Durchwegs handelt es sich um lockere, niedrige ($< 0{,}5$ m) und teilweise auch amphibische krautige Bestände feuchter Standorte am Ufer von Gewässern oder in anmoorigen Senken. In den ältesten Schichten waren kleinwüchsige *Rhynia*- und *Zosterophyllum*-artige Psilophyten (S. 668 ff., Abb. 3.2.120) allein vertreten, dann traten aber auch schon größerwüchsige Formen und Vorläufer der höher organisierten Pteridophytengruppen in Erscheinung. Die anatomischen Merkmale zeigen, daß diese ältesten Gefäßpflanzen zwar grundsätzlich schon an das Landleben angepaßt waren (S. 668 f.), aber doch noch einen schlecht regulierbaren und wenig leistungsfähigen Wasserhaushalt gehabt haben. Der Nachweis von Zersetzern (Pilze, Bakterien) an den Resten der Produzenten verdeutlicht, daß die ersten Landökosysteme grundsätzlich schon so funktioniert haben wie die heutigen; nur terrestrische Konsumenten (Tiere) haben damals anscheinend noch gefehlt.

Zur Zeit der ersten Landpflanzen betrug der Sauerstoffgehalt der Atmosphäre erst ca. 2%. Die frühen Landfloren waren einander weltweit erstaunlich ähnlich. Außer den vielfältigen und dominierenden Psilophyten (Abb. 3.2.120; größerwüchsige Vertreter z.B. *Psilophyton*: Abb. 3.2.121A, *Trimerophyton*: Abb. 3.2.167A) finden sich im späteren Unterdevon schon Vorläufer der Bärlappgewächse *(Asteroxylon, Drepanophycus)*, Schachtelhalme *(Protohyenia)*, Farne *(Pseudosporochnus, Cladoxylon)*, «Progymnospermen» (*Aneurophyton*, schon mit Ansätzen zu sekundärem Dickenwachstum) (vgl. S. 668 ff., 710 f.) und Urlandpflanzen unsicherer Stellung.

Die ersten umfangreicheren Wälder der Biosphäre mit über 30 m hohen Bäumen (sekundäres Dickenwachstum!) haben sich im **Carbon** gebildet (seit etwa 360 Mio. Jahren); Teile ihrer Biomasse sind als Steinkohle bis zur Gegenwart erhalten geblieben. Das Kerngebiet dieser Steinkohlenwälder umfaßte Europa und das östliche Nordamerika, etwas abgesetzte Bildungsräume waren Sibirien und Ostasien (vgl. die Karte Abb.

4.4.2). Dieser Bereich war durch ein gleichmäßig feucht-warmes (sub)tropisches Klima ausgezeichnet (keine Jahresringe oder ruhende Knospen, dem Regenwald entsprechende Blattanatomie etc.). Die Zusammensetzung der unteren Atmosphäre hatte etwa die heutigen CO_2- und O_2-Werte erreicht. Unter diesen günstigen Bedingungen wuchsen auf nassen bis mäßig feuchten Torfböden mächtige Moorwälder, in denen Schachtelhalm- und Bärlappbäume sowie Cordaiten dominierten (Abb. 4.4.1). Diese Lebensgemeinschaften waren ziemlich artenreich (Tab. 4.4.1) und hatten bereits einen hohen Grad der Differenzierung erreicht: Schichtung, Zonierung, Nahrungsketten mit verschiedenen Tiergruppen als primäre und sekundäre Konsumenten, Parasiten, Zersetzer, Symbiosen (z.B. Mykorrhiza bei Cordaiten) etc.

Die Steinkohlenwälder waren nach der Feuchtigkeit zoniert (Abb. 4.4.1). Die Schachtelhalmbestände (*Archaeocalamites* und *Calamites*, Abb. 3.2.134–135) bildeten offenbar eine Verlandungszone. Dann folgten Bärlappbäume (bis 40 m hoch und 2 m im Durchmesser: *Lepidodendron, Sigillaria* etc., Abb. 3.2.130–131) mit einer reichen Begleitflora von weniger hohen Baumfarnen (*Marattiales*, Abb. 3.2.139), strauch- oder lianenförmigen Pteridospermen (Abb. 3.2.180–3.2.183) und einem Unterwuchs von krautigen Sphenophyllen (Abb. 3.2.134A, B), Laub- und Lebermoosen u.a. Die wasserferneren Standorte waren offenbar von Cordaiten (Abb. 3.2.170) besetzt; sie waren mit ihrem mächtigen Sekundärholz hinsichtlich des Wasserhaushaltes den «Rindenbäumen» der *Lepidodendrales* überlegen. Die Tiere waren in den Steinkohlenwäldern durch Lurche, erste Reptilien, Spinnen, Tausendfüßler und Urformen von Insekten (z.B. Libellen, Schaben) u.a. vertreten. Dazu lassen sich noch parasitische, symbiontische und saprophytische Pilze und Bakterien nachweisen. – Der seit Beginn des oberen Perm (Zechstein) zunehmenden Trockenheit der Klimate war das Ökosystem der Steinkohlenwälder nicht gewachsen. Die meisten Leitformen überleben diese Wende vom Paläophytikum zum Mesophytikum nicht (Abb. 3.2.154).

Gleichzeitig mit den Carbonwäldern der heutigen Nordhemisphäre hatte sich in Südafrika, Indien, Australien, der Antarktis und im südlichen Südamerika die völlig andersartige artenärmere sog. Gondwana-Flora entwickelt. Als Leitformen gelten Pteridospermensträucher (z.B. *Glossopteris*), verschiedene Pteridophyten und Coniferen (Holz mit Jahresringen!). Das Klima war kühl-gemäßigt, vielfach haben sich auch Vereisungsspuren gefunden. Die genannten Landmassen müssen damals zu einem einzigen Südkontinent

Tab. 4.4.1: Der Artenbestand der Erde an Gefäßpflanzen in der Gegenwart (soweit ungefähr bekannt) und zu bestimmten Zeitpunkten der erdgeschichtlichen Vergangenheit (nach groben Schätzungen). (Nach Hughes)

	Alter (10^6a)	Gymnospermen	Pteridophyten	Angiospermen	Total
Gegenwart	0	800	10000	240000	250800
Ende Kreide	65	500	2000	20000	22500
Beginn Kreide	135	1500	1500	0	3000
Mitte Jura	170	1500	1000	0	2500
Spätes Carbon	300	200	300	0	500

Abb. 4.4.1: Rekonstruktion eines Steinkohlenwaldes. Links oben Zweige mit Blättern und Sporophyllähren von *Lepidodendron*, nach rechts Stämme davon und von *Sigillaria*, dazwischen Wedel mit Samenbildung von *Neuropteris* sowie die dünnen Sprosse von *Lyginopteris* (beide Pteridospermen); Mitte vorne *Sphenophyllum*, hinten Farne mit riesiger Ur-Libelle sowie weitere Bärlappbäume; rechts *Calamites*. (Museum of Natural History, Chicago.)

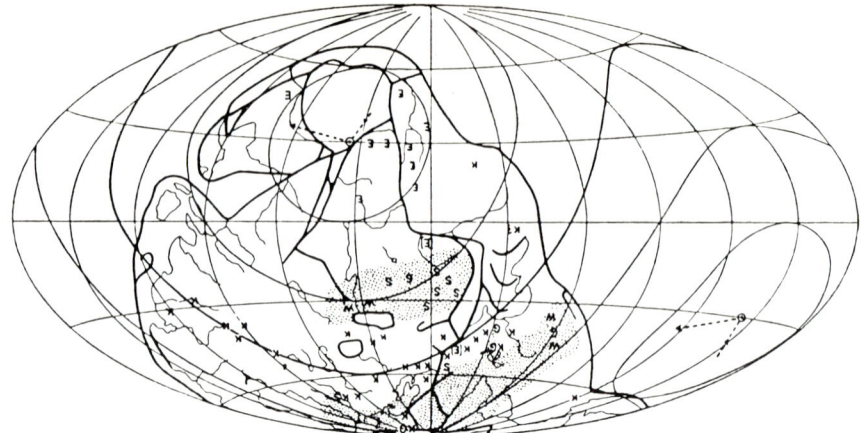

Abb. 4.4.2: Die Anordnung der Kontinente und Pole (☉) während der Carbonzeit; klassische Darstellung der Kontinentaldrifttheorie. Heutiges und damaliges Gradnetz; punktiert = Trockenräume mit W Wüstensandstein, S Salz und G Gips; E Vergletscherungsspuren; K Kohle, besonders im Äquatorialbereich. (Nach Köppen & Wegener.)

«Gondwana» zusammengeschlossen gewesen sein und auch ihre relative Lage zu den Polen war anders als heute (Abb. 4.4.2).

Diese Befunde bilden ein Hauptargument für die von A. Wegener begründete Theorie der Kontinentaldrift. Diese Theorie ist von offenkundiger Bedeutung für die Floren- und Vegetationsgeschichte (vgl. auch S. 903f.) und wird heute aufgrund vieler anderer Beweise (z. B. Paläomagnetismus der Erguß- und Sedimentgesteine, geologisch-paläontologische Übereinstimmungen Südamerika/Afrika und anderer, heute weit entfernter Bruchzonen etc.) grundsätzlich und allgemein anerkannt.

C. Mesophytikum

Von der oberen **Trias**, über den **Jura** bis zur unteren Kreide, also vor etwa 200–100 Mio. Jahren, waren die Floren weltweit (von Grönland bis zur Antarktis) ziemlich einheitlich ausgebildet. Die vom Paläophytikum andauernde räumliche Nähe der Kontinentalschollen hat offenbar günstige Möglichkeiten für die Ausbreitung geschaffen (vgl. dazu die Arealgeschichte von *Ginkgo*: Abb. 4.1.9). Dazu kam die Ausdehnung epikontinentaler Meere und das Vorherrschen gleichmäßig warm-feuchter Klimate. Tonangebend in diesen Floren des Mesophytikums waren vor allem Farne, Schachtelhalme und besonders verschiedene Gymnospermengruppen, z. B. *Ginkgo*-Gewächse, Coniferen, Cycadeen, Bennettiteen und aberrante Pteridospermen-Nachkommen. Der Artenreichtum an Gefäßpflanzen (vgl. Tab. 4.4.1), aber auch die Differenzierung in standörtlich verschiedene Biocoenosen hatten gegenüber dem Carbon stark zugenommen, was mit einer Expansion in trockenere Lebensräume in Zusammenhang gebracht werden kann. Die ökologischen Interferenzen zwischen Pflanzen und den rasch weiter differenzierten terrestrischen Tiergruppen (z. B. Insekten, Reptilien) verstärkten sich (vgl. z. B. Blütenbestäubung bei Bennettiteen, Ausbreitung fleischiger Samen durch Reptilien: Saurochorie etc.).

Das Mesophytikum der nördlichen Kontinentalbereiche hatte im oberen Perm (Zechstein), also vor etwa 260 Mio. Jahren, mit einer bis in die mittlere Trias andauernden Trockenperiode eingesetzt und eine reiche Entfaltung xeromorpher Pflanzengruppen, z. B. der frühen Coniferen (*Voltziales*, Abb. 3.2.174) ermöglicht. Die darauf folgende ausgeglichene Florenentwicklung erfaßte auch den Südkontinent (Gondwana). Unter diesen späteren Floren des Mesophytikums überwiegen bei den Farnen die *Eusporangiatae* und ursprünglichen *Leptosporangiatae*, die heute teilweise noch reliktär (z. B. in den Tropen Ostasiens) erhalten sind (z. B.: *Marattiaceae*; *Osmundaceae*, *Matoniaceae*, *Dipteridaceae* und *Schizaeaceae*: S. 686f., 690f.). Die *Gingko*-Gewächse waren überaus formenreich entwickelt (etwa 11 Gattungen, darunter *Baiera*; Abb. 3.2.169); *Ginkgo* selbst hatte sich vom Unterjura zur Oberkreide fast über die gesamte Holarktis ausgebreitet (Abb. 4.1.9). Das Areal der Coniferen-Gattung *Araucaria* war im Jura und in der Kreide weltweit, ist aber seit dem Tertiär auf die Südhemisphäre und heute auf disjunkte Reste im Westpazifik und in Südamerika zusammengeschrumpft. Darüber hinaus finden sich unter den Jura/Unterkreide-Coniferen heute ausgestorbene Gruppen (z. B. *Cheirolepis*), aber auch schon Vorläufer der heute südhemisphärischen *Podacarpaceae* sowie der nordhemisphärischen *Taxaceae*, *Cephalotaxaceae*, *Taxodiaceae* und vielleicht auch schon der *Pinaceae* (S. 718ff.). Besonders charakteristisch für die mesophytischen Floren sind *Cycadophytina*: die heute reliktär-disjunkten *Cycadales* (Abb. 3.2.184, 3.2.185), die ausgestorbenen *Nilssoniales* (S. 726), *Bennettitopsida* (Abb. 3.2.186) und Nachzügler der Pteridospermen (z. B. *Peltaspermaceae*, *Caytoniales*; Abb. 3.2.183).

D. Älteres Neophytikum: Ober-Kreide

Von der unteren zur oberen **Kreide** (Barrême bis Cenoman), vor etwa 125 Mio. Jahren und in einem Zeitraum von etwa 25 Mio. Jahren, haben die Angiospermen – zuerst nur von ganz untergeordneter Bedeutung – die Vorherrschaft in den meisten terrestrischen Biocoenosen übernommen und die vorher dominierenden Gymnospermen und Farnpflanzen stark zurückgedrängt. Diese Entwicklung stand offenbar nicht im Zusammenhang mit größeren, heute noch erkennbaren Klima- oder Umweltveränderungen. Der weltweite Vergleich von Pollenfloren der Unterkreide läßt vermuten, daß die Ausbreitung der frühen Angiospermen vom damaligen Tropenbereich und den Randbereichen des mittleren Atlantik bzw. Mittelmeeres ausgegangen ist (Abb. 4.4.4).

Einigermaßen kontinuierliche Fossilreihen (Abb. 4.4.3) lassen die Zunahme der Mannigfaltigkeit und Merkmalsprogressionen im Pollen- und Blattbereich (vgl. S. 759) erkennen. Daraus kann auch eine frühe Auffächerung der Angiospermen in verschiedene Wuchsformen (holzig bis krautig) und Standortsbereiche (trocken bis feucht) erschlossen werden.

Im Verlauf der Kreideperiode (144–65 Mio. Jahre) haben sich die Hauptgruppen der Angiospermen herausgebildet (vgl. Tab. 4.4.1). Da während dieser Zeit das im Jura einsetzende Auseinanderdriften der Kontinentalmassen bei weitem noch nicht so weit vorgeschritten war wie heute (Abb. 4.4.4), konnten viele der älteren Angiospermengruppen weltweite Verbreitungsgebiete besetzen. Wichtig sind in diesem Zusammenhang besonders holarktische, pantropische, paläotropische und südhemisphärische Areale; letztere standen seinerzeit über die erst seit dem späteren Tertiär (vor etwa 20 Mio. Jahren) vergletscherte Antarktis miteinander in Verbindung (vgl. dazu die Arealkarten Abb. 4.0.2, 4.1.4, 4.1.9, 4.4.6, 4.5.14).

Das Auseinanderdriften der Kontinentalschollen steht mit fortwährenden magmatischen Intrusionen im Bereich der sog. ozeanischen Schwellen in Verbindung und wird durch das «Verschlucken» von Schollenmaterial kompensiert. Viele für die Florengeschichte wichtige Fragen, z.B. nach Trennungszeit und Entfernung der Kontinentalschollen, sind allerdings noch nicht abgeklärt. Von arealkundlicher Bedeutung sind jedenfalls die späte Trennung von Amerika und Eurasien im Norden (bzw. ihr fast durchgehender Zusammenhang über die Beringstraße), die lange Zeit andauernde Verbindung Afrika–Arabien–Indien im Gegensatz zu der etwas früheren Trennung von Afrika und Südamerika (vor etwa 90 Mio. Jahren), die bis ins Tertiär verfügbare Route Südamerika–Antarktis–Neuseeland + Australien, die starke Nordbewegung von Indien und Australien sowie die relativ späte enge räumliche Annäherung Indien/Südasien, Australien + Neuguinea/Südostasien und Nord-/Südamerika. Bei den folgenden Beispielen für entsprechende Verbreitungstypen sind die mit Sicherheit bereits aus der Kreide fossil dokumentierten Gruppen mit ^{k} gekennzeichnet. Nordhemisphärisch: *Magnoliaceae*^{K} (Abb. 4.4.6), *Cercidiphyllaceae*^{K}, *Platanaceae*^{K}, *Fagaceae*^{K} (ohne *Nothofagus*, Abb. 4.0.2), *Betulaceae*^{K}, *Juglandaceae*^{K}, *Paeoniaceae*; pantropisch: *Annonaceae, Monimiaceae, Chloranthaceae*^{K}, *Myrtaceae*^{K}, *Flacourtiaceae, Sapotaceae*^{K}, *Rubiaceae, Arecaceae*^{K} (Abb. 4.5.14); paläotropisch: *Dipterocarpaceae* (Abb.

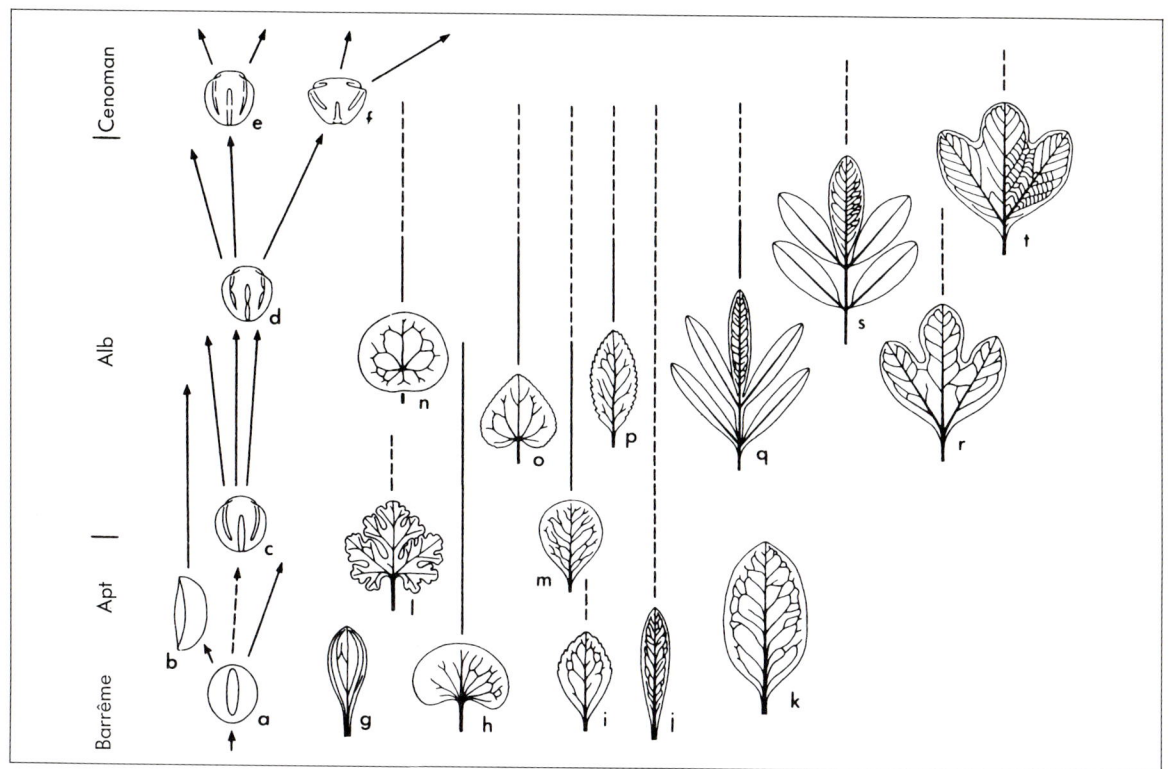

Abb. 4.4.3: Abfolge von Pollen- und Blattypen ältester Angiospermen von der mittleren Kreide (Barrême, Apt, Alb) bis zum Beginn der Oberkreide (Cenoman) im östlichen Nordamerika (und anderwärts). Pollentypen: a–b sulcat (a *Clavatipollenites*, b *Liliacidites* u.a.); c tricolpat (*Tricolpites* u.a.); d–f tricolporoidat (*Tricolporoidites*). Blattypen: g obovat, unregelmäßige Aderung, Monocotyledoneae-artig (*Acaciaephyllum*); h nierenförmig (*Proteaephyllum*); i ovat, gezähnt, Fiederaderung (*Quercophyllum*); j schmal obovat, ganzrandig (*Rogersia*); k breit elliptisch (*Ficophyllum*); l handförmig gelappt (*Vitiphyllum*); m obovat (*Celastrophyllum*); n peltat (*Nelumbites, Menispermites*); o ovat-herzförmig (*Populophyllum*); p elliptisch, gezähnt (*Celastrophyllum*); q und s gefiedert (*Sapindopsis*); r und t handförmig dreilappig, zunehmend regelmäßige Aderung (*Araliaephyllum* und *Araliopsoides*). (Nach Doyle & Hickey.)

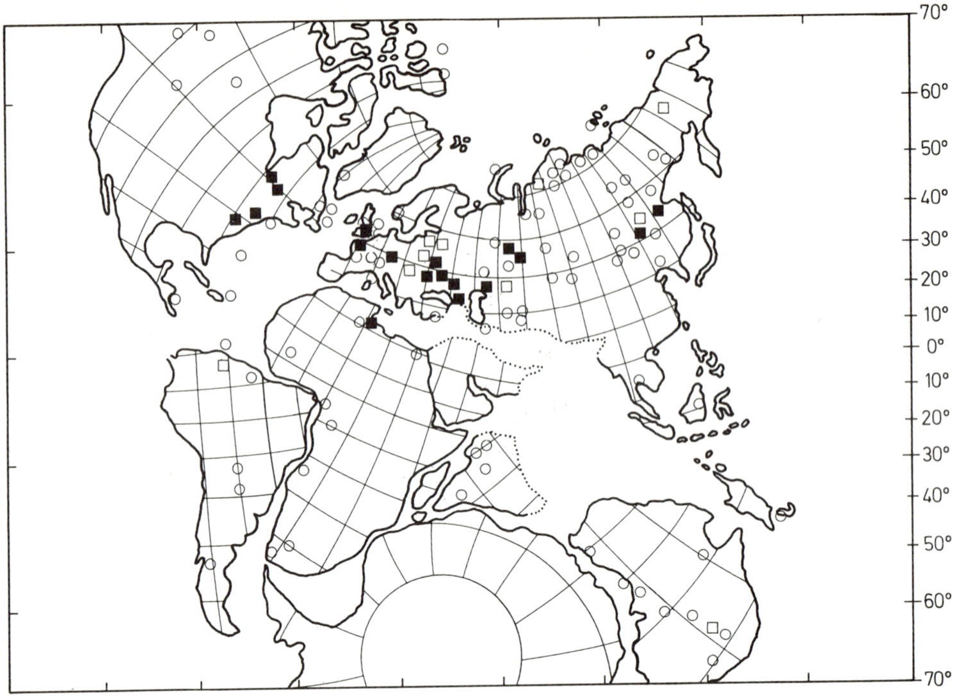

Abb. 4.4.4: Vermutliche Lage der Kontinente in der oberen Unterkreide (besonders aufgrund paläomagnetischer Befunde); nicht nur ihre räumliche Anordnung, auch Breitenlage und Umrißlinien haben sich sich seither stark verändert. Fundorte fossiler Pollenfloren aus der Unterkreide (Prä-Apt): ○ = tricolpate, typische Angiospermen fehlend; □ = fraglich; ■ = vorhanden. (Nach Kremp.)

4.5.14); afrikanisch-südamerikanisch: *Velloziaceae (Liliidae)*; neotropisch: *Bromeliaceae* (Abb. 4.5.14); südhemisphärisch: *Winteraceae*[K], *Proteaceae*[K], *Nothofagus*[K] (*Fagaceae*: Abb. 4.0.2).

E. Mittleres Neophytikum: Tertiär

An der Wende von der Kreide zum Tertiär (vor etwa 65 Mio. Jahren) muß es bereits eine erstaunliche Formenfülle an Gefäßpflanzen, besonders Angiospermen, gegeben haben (Tab. 4.4.1, S. 901). Die Bedecktsamer waren besonders in den wärmeren und nährstoffreicheren terrestrischen Lebensräumen zu den dominierenden Primärproduzenten geworden. Diese neuen Biocoenosen erreichten im Verlauf des Tertiärs ein vorher nie dagewesenes Ausmaß an Differenzierung und ökologischer Integration mit der explosiv entfalteten Tierwelt (besonders Insekten, Vögel und Säugetiere) (vgl. S. 746ff., 757f., 884f.).

Im **Alttertiär** (Paläocän, Eocän und Oligocän) herrschte auf der Erde weithin ein überdurchschnittlich warmes und ausgeglichenes (sub)tropisches Klima. Selbst in den heute temperaten Bereichen der nördlichen Hemisphäre (z.B. in Nordamerika oder Europa) gediehen **immergrüne tropisch-subtropische Regenwaldfloren** mit *Lauraceae* (z.B. *Cinnamomum*), *Moraceae* (*Artocarpus*, *Ficus*), altertümlichen *Juglandaceae* (*Engelhardia*), Palmen (*Sabal*, *Elaeis*, *Nypa*) und tropischen Farnen (z.B. *Matonia* u.a.). Ausläufer dieser Tropenfloren reichten sogar noch bis in die heute arktische Region von Alaska, Grönland etc.

Mit den Vertretern dieser Tropenfloren vergesellschaftet, nach dem Norden zu aber allmählich vorherrschend, fanden sich im Alttertiär der Holarktis (S. 915ff.) weithin artenreiche **sommergrüne Laub- und Nadelmischwaldfloren**. Solche fossile Floren sind bis nach Spitzbergen, ja sogar noch auf Grinell-Land (81° 45′ nördl. Breite, heutige mittlere Jahrestemperatur −20°!) belegt. Darin kommen etwa Gattungen vor, die auch heute noch im temperaten Europa auftreten: *Pinus*, *Picea*, *Platanus*, *Fagus*, *Quercus*, *Corylus*, *Betula*, *Alnus*, *Juglans*, *Ulmus*, *Acer*, *Vitis*, *Tilia*, *Populus*, *Salix*, *Fraxinus* u.a., aber auch solche, die in Europa ausgestorben sind (heute noch im wärmeren Nordamerika● bzw. Ostasien△ oder in beiden Rückzugsräumen○): *Ginkgo*△, *Taxodium*●, *Sequoia*●, *Tsuga*○, *Magnolia*○ (Abb. 4.4.6), *Liriodendron*○, *Sassafras*○, *Cercidiphyllum*△, *Liquidambar*○ (auch in SW-Asien), *Carya*○, *Diospyros*○ (auch in SW-Asien und pantropisch) etc. Da die nördlichen Kontinente damals noch stärker angenähert waren als heute, muß vom frühen bis ins späte Tertiär ein reger Florenaustausch im circumpolaren Raum möglich gewesen sein. Das Ergebnis war die Herausbildung der sog. **arktotertiären Flora**, die den Grundstock des heutigen Florenreiches der Holarktis bildet.

Für Mitteleuropa nimmt man im Eocän eine durchschnittliche Jahrestemperatur von 22° an. Aus den Pflanzenfundstätten des Alttertiärs ergibt sich für die Nordhemisphäre im Vergleich zur Gegenwart eine Verschiebung der polaren Waldgrenze um 20–30, der nördlichen Palmengrenze (Abb. 4.5.14) um 10–15 Breitengrade nach Norden. Die Ursachen für das zugrundeliegende, weltweit ausgeglichen-warme Klima sind noch unklar, doch dürfte dabei das Fehlen von Hochgebirgen, die Ausbildung ausgedehnter mariner und epikontinentaler

Wasserkörper und die Lage beider Pole über dem Meer bedeutungsvoll gewesen sein.

In Mitteleuropa wurden Reste solcher alttertiärer tropischer Floren etwa bei Mainz, im Siebengebirge und im Geiseltal bei Halle gefunden; auch die baltische Bernsteinflora gehört hierher. An weiteren charakteristischen Vertretern dieser Floren können hier etwa noch die *Mastixioideae (Cornaceae)* sowie Sippen der *Annonaceae, Theaceae (Stewartia), Sterculiaceae, Sapotaceae, Symplocaceae, Pandanaceae* und *Cyatheaceae* (Baumfarne) genannt werden. Heute sind diese Verwandtschaftsgruppen auf den tropischen Florenbereich und vielfach auf Rückzugsgebiete im tropischen Südostasien beschränkt. Die damalige Vegetation dürfte den heutigen *Lauraceae*-reichen Bergregenwäldern dieses Gebietes ähnlich gewesen sein. U.a. können die beiden europäischen Gattungen der tropischen *Gesneriaceae* (*Ramonda* und *Haberlea*: S. 806) als Relikte dieser Tertiärfloren gelten.

Vom Eocän bis zum Miocän sind in Mitteleuropa vielfach aus den organischen Ablagerungen von verlandenden Süßwasserkörpern und angrenzenden Moorwäldern ausgedehnte Braunkohlenlager entstanden. Leitformen dieser tertiären **Braunkohlenwälder** sind die heute im wärmeren Nordamerika reliktär-lokalisierten Coniferengattungen *Taxodium* und *Sequoia* sowie die *Cornales*-Gattung *Nyssa* (Abb. 4.4.5).

In der Wasserpflanzenzone der Braunkohlenmoore (Abb. 4.4.5) wuchsen außer *Nymphaea* noch andere Seerosen, wie z.B. *Brasenia*°. Dann folgte eine Röhrichtzone (u.a. mit der Cyperaceengattung *Dulichium*•) und ein Sumpfwald mit *Nyssa*°, *Taxodium* und der epiphytischen Bromeliacee *Tillandsia*•. Oberhalb des Normalwasserstandes waren Moorwälder ausgebildet, in einer feuchteren Facies mit *Myrica, Liquidambar*°, *Cyrilla*• (isolierte Dicotyledonen-Familie unsicherer Stellung), *Osmunda claytoniana*⁰ etc. und einer trockeneren mit *Sequoia*•, *Sciadopitys*¹, der Palme *Sabal*•, dem windenden pantropischen Farn *Lygodium* etc. Die markierten Sippen (Zeichenerklärung S. 904) sind heute durchwegs reliktär und in Europa ausgestorben. Den Braunkohlenwäldern entsprechende Verhältnisse finden sich heute noch im subtropischen südöstlichen Nordamerika (z.B. in Florida).

Im **Jungtertiär** (Miocän und Pliocän, Beginn vor etwa 23 Mio. Jahren) macht sich weltweit eine fortschreitende Abkühlung bemerkbar; sie erreichte schließlich in den Eiszeiten des Quartärs ihren Höhepunkt. Darüber hinaus führten Gebirgshebungen (Alpen, Himalaja, neuweltliche Kordilleren etc.), das Schrumpfen bzw. Austrocknen von marinen und limnischen Wasserkörpern u.a. zu einer großräumigen Kontinentalisierung der Klimaverhältnisse. Dadurch kam es a) zu einer **Verschiebung der Floren- und Vegetationszonen nach dem Süden**, b) zum **Aussterben fast aller tropischen, aber auch vieler wärmeliebender arktotertiärer Sippen in Europa** u.a. (Beispiele: Tab. 4.4.2) und c) zur **Entstehung ausgedehnter Verbreitungslücken vieler holarktischer Laubwaldsippen in den kontinentalen Räumen des mittleren Asien und des westlichen Nordamerika**.

Tab. 4.4.2: Erlöschen charakteristischer tertiärer Samenpflanzen-Gattungen während des Tertiärs und frühen Quartärs in Zentraleuropa. (Nach Kirchheimer, Straka u.a.)

	Olig.	Mioc.	Plioc.	Pleist.
Ginkgo			+	
Sequoia				+
Taxodium				+
Tsuga				+
Magnolia				+
Liquidambar			+	
Engelhardia		+		
Pterocarya				+
Mastixia	+			
Nyssa				+
Symplocaceae			+	
Arecaceae		+		

Vom Eocän zum Pliocän nimmt dementsprechend auf der Nordhemisphäre der Anteil der ursprünglich dominierenden tropischen Sippen stark ab, während die arktotertiären Vertreter zur Vorherrschaft gelangten. In Europa bildeten die quergestellten, mehrfach vergletscherten Hochgebirge, das Mittelmeer und die im Süden anschließenden Trockengebiete der Sahara für die tertiären und quartären Florenwanderungen entscheidende Hindernisse. Damit wird verständlich, warum Europa heute viel ärmer an arktotertiären Arten ist als die klimatisch vergleichbaren Bereiche von Ostasien und dem östlichen Nordamerika.

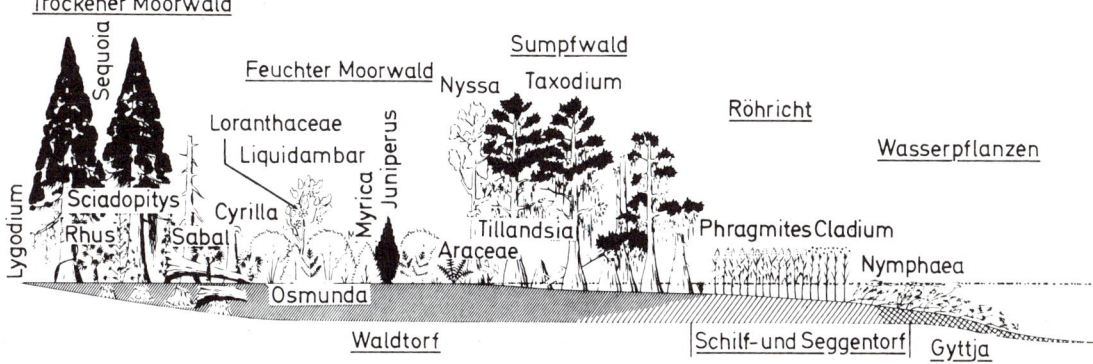

Abb. 4.4.5: Rekonstruktion der Vegetationszonierung eines mitteltertiären Braunkohlenmoores in Zentraleuropa. Weitere Erklärungen im Text. (Nach Teichmüller aus Duvigneaud.)

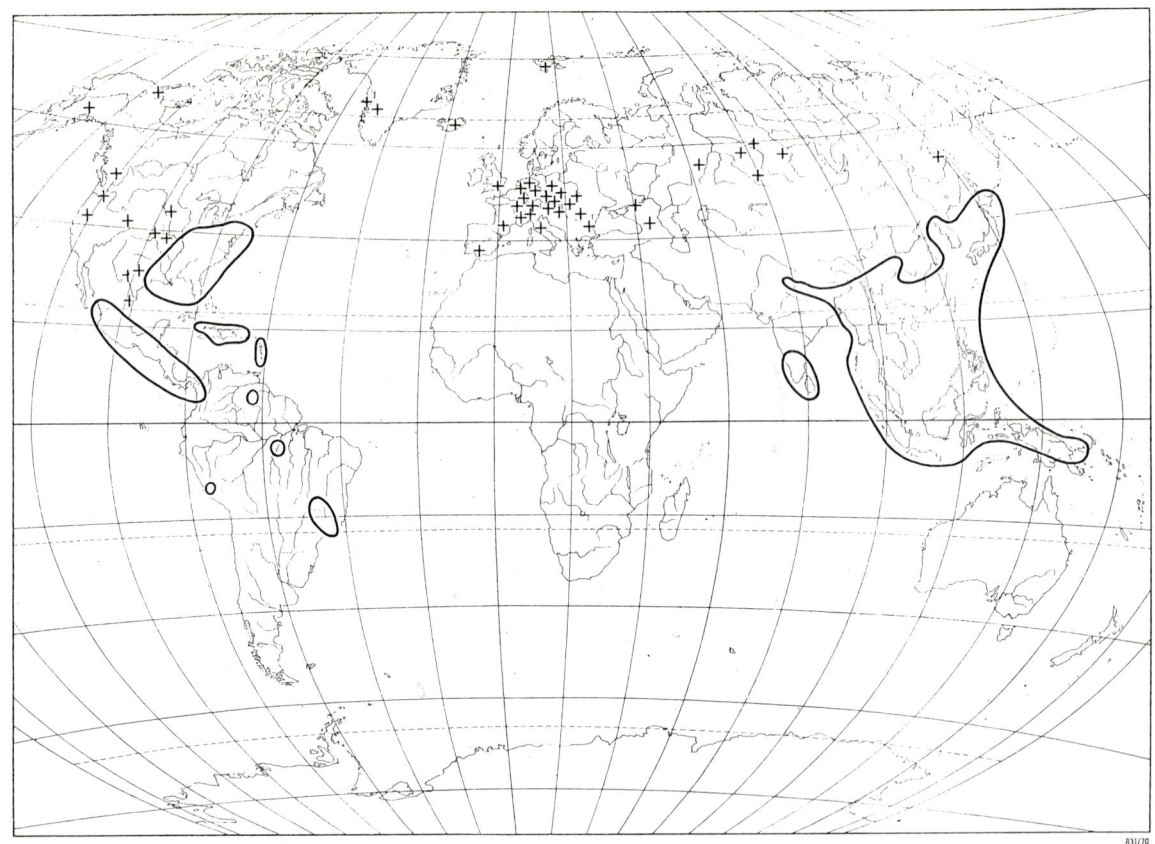

Abb. 4.4.6: Verbreitung der *Magnoliaceae* in der Gegenwart und erdgeschichtlichen Vergangenheit (+ Fossilfunde außerhalb des heutigen Areals, von der Oberkreide über das Tertiär bis zum Pleistocän). (Nach Dandy, Takhtajan, Tralau u.a.)

Die charakteristischen Disjunktionen Europa–Ostasien–östliches Nordamerika (vgl. z.B. *Fagus*: Abb. 4.0.2, *Carpinus, Hepatica*: Abb. 3.1.38) und Ostasien–östl. Nordamerika (vgl. z.B. *Tsuga, Magnoliaceae*: Abb. 4.4.6, *Illicium, Sassafras, Hamamelis, Nyssa, Catalpa*) bzw. Fälle von Reliktendemismus im südöstlichen Nordamerika (z.B. *Taxodium*) oder in Ostasien (z.B. *Ginkgo, Metasequoia, Cercidiphyllum*) sind als Etappen auf dem Weg der fortschreitenden Arealschrumpfung arktotertiärer Verwandtschaftsgruppen zu verstehen. Die durchschnittlichen Jahrestemperaturen sind dabei in Mitteleuropa vom Miocän bis heute von ca. 16° auf 8–9° gesunken.

Besonders wichtige Refugialräume für arktotertiäre Sippen in Europa und SW-Asien sind die Balkanländer (hier z.B. *Picea omorika*, verwandt mit der ostasiatischen *P. jezoensis*; *Aesculus hippocastanum*, die Gattung sonst vom Himalaja und Ostasien bis ins westliche und östliche Nordamerika), feuchte Standorte der östlichen Mittelmeerländer (hier z.B. *Platanus orientalis*, die Gattung sonst in Nordamerika, in Mittel- und Ostasien ausgestorben; die Ulmacee *Zelkova*, sonst noch in Ostasien, sowie *Liquidambar* und *Styrax*) und die Waldgebiete am Südrand des Schwarzen und Kaspischen Meeres (hier u.a. die Juglandaceengattung *Pterocarya*, sonst noch in Ostasien, in Nordamerika ausgestorben; *Albizia* [*Mimosaceae*], *Melia* [*Meliaceae*] und *Diospyros* [*Ebenaceae*] mit [sub]tropischen Beziehungen).

Die Ausbildung warmkontinentaler sommertrockener Klimate in Bereichen der (sub-)meridionalen Zonen (z.B. in den Mittelmeerländern, im westlichen Nordamerika, aber auch auf der Südhalbkugel, z.B. in Chile) hat im mittleren Tertiär zur Umprägung der dortigen immergrünen Regenwaldfloren zu Hartlaubfloren geführt. In Europa wurde diese Entwicklung durch das mehrmalige Austrocknen des Mittelmeeres im Miocän akzentuiert. Beispiele dafür sind etwa *Myrtus communis* und *Smilax aspera* (aus überwiegend tropischen Verwandtschaftskreisen) sowie *Quercus ilex, Nerium oleander* und *Olea europaea* (mit nächsten Verwandten im Himalaja).

Die Entstehung von Hartlaubfloren ist besonders in oligocänen bis miocänen Fossilfloren Ungarns, z.B. mit Vorläufern heutiger Arten von *Laurus, Arbutus, Ceratonia, Pistacia, Phillyrea* u.a., aber auch im westlichen Nordamerika gut dokumentiert. Die Lorbeer- und Föhrenwälder der subtropischen Canarischen Inseln können als ein Relikt dieser florengeschichtlichen Phase gelten. Im folgenden waren dann besonders die geologisch stabilen Räume der iberischen Halbinsel und NW-Afrikas sowie SW-Asiens für die weitere Entfaltung der Mediterranflora entscheidend. Man vergleiche dazu etwa die Erhaltung der altertümlichen Untergattungen *Carlowizia* und *Lyrolepis* von *Carlina* (Abb. 4.1.10) oder die Mannigfaltigkeitszentren von *Ononis* (Abb. 4.1.3) bzw. *Aegilops* (Abb. 4.1.3).

Mit der zunehmenden Austrocknung und klimatischen Kontinentalisierung der Binnenräume während des Tertiärs stand offenbar auch die fortschreitende Differenzierung der Trockenfloren waldfreier Savannen, Steppen und (Halb-)Wüsten sowie ihre weltweite Ausbreitung in direktem Zusammenhang. (Als Hinweis dazu: älteste Fossilreste der *Cactaceae* im Eocän von Utah bzw. Colorado). Mit der Ausbreitung der

Savannen und Steppen war wiederum die Entstehung vieler grasfressender Herdentiere (besonders Paar- und Unpaarhufer) ökologisch verknüpft.

Die vom Mitteltertiär zum Pleistocän verstärkt einsetzenden Gebirgshebungen waren für die Ausbildung der alpinen Floren der Holarktis von entscheidender Bedeutung. Die Lage der Mannigfaltigkeitszentren charakteristischer Gattungen (z.B. *Saxifraga, Draba, Primula, Gentiana, Pedicularis, Leontopodium, Crepis* etc.) spricht dafür, daß dabei die zentralasiatischen Gebirge (u.a. östlicher Himalaja, Westchina, Altai) eine besonders wichtige Rolle gespielt haben. Von dort und von den Gebirgen im weiteren Bereich der Beringstraße haben offenbar auch viele Sippen der circumpolar-arktischen Flora ihren Ausgang genommen (Abb. 4.1.4).

Trotzdem darf die Bedeutung auch der europäisch-mediterranen Gebirge als Bildungszentrum für alpine Formenkreise seit dem Tertiär nicht übersehen werden. Das gilt etwa für die auf diesen Raum konzentrierten Gattungen *Sempervivum, Helianthemum, Soldanella, Rhodothamnus, Phyteuma, Homogyne, Achillea, Sesleria* u.a. Hier kann man die schrittweise Differenzierung von montanen zu alpinen und hochalpinen Sippen vielfach noch an den heutigen Vertretern ablesen. *Primula* sect. *Auricula* läßt zwar entfernte Verwandtschaftsbeziehungen mit Sippen asiatischer Gebirge erkennen, ihre Entfaltung hat sich aber im Bereich Balkan–Alpen–Apenninen vollzogen.

F. Jüngstes Neophytikum: Quartär

Die bereits im Pliocän beginnenden Klimaschwankungen haben vor etwa 4 Mio. Jahren mit den weltweiten, rasch aufeinanderfolgenden Kalt- und Warmzeiten des Quartärs extreme Ausmaße angenommen (Abb. 4.4.7). Diese sog. Eiszeit- (oder Glazial-)periode wird als **Pleistocän** (=Diluvium) bezeichnet und leitet mit der Späteiszeit über zur Nacheiszeit, dem Holocän (Alluvium) (S. 910ff.). Während der Kaltzeiten haben sich in NW-Europa (Abb. 4.4.8), im angrenzenden NW-Sibirien und in weiten Gebieten Nordamerikas (nach Süden bis etwa 40° n.Br.) gewaltige Inlandeismassen mit einer Mächtigkeit von bis zu 3000 m gebildet. Auch die Alpen waren von einer fast geschlossenen Eisdecke bedeckt, während die Gebirge S-Europas, Asiens, Alaskas und der Tropen weniger ausgedehnte Gletscher trugen. Reste dieser pleistocänen Vereisung sind in Grönland und in der Antarktis bis heute erhalten geblieben. Während der Warmzeiten (Interglaziale) lagen die Temperaturwerte der Erdoberfläche zum Teil noch über denen der Gegenwart.

Die mittleren Jahrestemperaturen sanken im Verlauf der Kaltzeiten in Mitteleuropa um 8–12°, in eisferneren und tropischen Gebieten aber wohl nur um 4–6°. Die Schneegrenze lag in den Alpen gegenüber der Gegenwart um etwa 1200–1400 m tiefer (in den Zentralalpen also bei 1600–2000 m, in den Nordalpen bei 900–1200 m). Die Alpengletscher traten ins Vorland aus und kamen dem nordischen Eis bis auf 270 km nahe. Das eiszeitliche Klima wirkte aber auch außerhalb der vereisten Gebiete vegetationsfeindlich. Hier wurden u.a. in einem breiten Saum um das Inlandeis Flugstaubdecken als «Löß» abgelagert. Bis nahe an den Nordrand der Mittelmeerländer blieb der Boden in einiger Tiefe während des ganzen Jahres gefroren (Dauerfrostboden). Die Bindung großer Wassermassen im Eis hatte eine Absenkung der Meere (bis etwa 200 m) und eine Ausdehnung der Festländer zur Folge; die britischen Inseln und die südliche Nordsee gehörten z.B. auch noch während des letzten Eisrückzuges zum Festland.

Den Kaltzeiten entsprachen in den wärmeren und trockeneren Lebensräumen im Süden (z.B. Mittelmeergebiet, Sahara) vielfach Regen-(Pluvial)zeiten, während sich dort in den Warmzeiten die Trockenheit verschärfte. Die Eismassen schmolzen in den interglazialen Warmzeiten wieder ab, es stellten sich wieder temperate Klimaverhältnisse ein. In Mitteleuropa dürfte während des letzten Interglazials die durchschnittliche Jahrestemperatur sogar um etwa 3° über den heutigen Werten gelegen sein.

Weltweit lassen sich etwa 6 pleistocäne Kaltzeiten unterscheiden (Abb. 4.4.7). Sie beginnen an der Wende vom Tertiär (Pliocän) zum Quartär im Ältestpleistocän mit den (noch nicht sehr ausgeprägten) Kaltzeiten Prätegelen (= Brüggen) und Eburon (= Donau), setzen sich im Altpleistocän mit Menap (= Günz) und Elster (= Mindel) fort, erreichen im

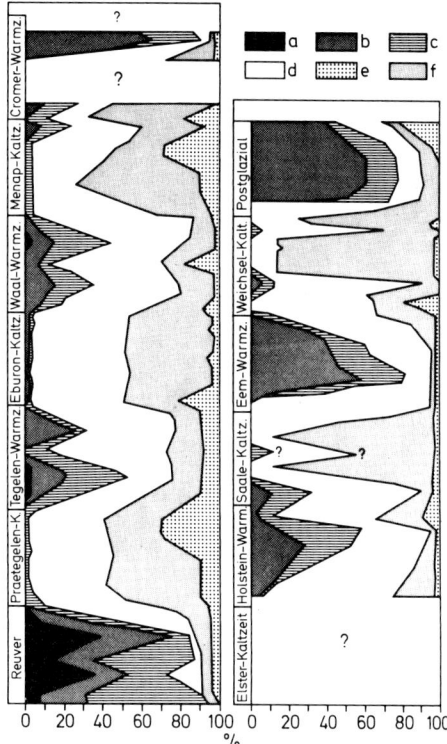

Abb. 4.4.7: Vegetationsentwicklung während der Kalt- und Warmzeiten des Quartärs im eisfreien Mitteleuropa (Niederrheingebiet). Vereinfachtes Pollendiagramm vom Ende des Tertiärs (Reuver = oberstes Pliocän) bis zum Postglazial mit prozentuellen Anteilen von: a Baumarten des Tertiärs (*Sequoia, Taxodium, Sciadopitys, Nyssa, Liquidambar*: vereinzelte letzte Vorkommen in der Waal-Warmzeit), b thermophile Laubholzarten (*Fagus, Quercus, Castanea, Tilia, Carpinus, Corylus, Eucommia, Ulmus, Fraxinus*), c Holzarten feuchter bis nasser Standorte (*Alnus, Carya, Pterocarya, Vitis*), d Nadelhölzer, e *Ericales*, f Gräser und Kräuter. (Nach Frenzel.)

Jungpleistocän mit Saale (= Riß) ihren Höhepunkt und mit Weichsel (= Würm) ihren (vorläufigen?) Abschluß. Dazwischen lagen Warmzeiten. Die Spät- und Nacheiszeit (Abb. 4.4.12) dauerte nur ca. 12 500 Jahre. Im Vergleich dazu: Die Würm-Kaltzeit wird mit etwa 50 000 Jahren veranschlagt, war aber durch mehrere nur mäßig kalte sog. Interstadiale unterbrochen; die beiden letzten Warmzeiten (Holstein und Eem) erstreckten sich über etwa 50 000 bzw. 65 000 Jahre. Die Ursachen für diese extremen Klimaschwankungen des Quartärs sind noch immer nicht eindeutig geklärt. Voraussetzung für Kaltzeiten dürfte jedenfalls immer eine Lage der Pole im bzw. nahe dem Festlandbereich gewesen sein.

Die quartären Kalt- bzw. Regenzeiten und die damit «rasch» abwechselnden Warm- bzw. Trockenzeiten haben die Pflanzendecke der Erde auf das nachhaltigste beeinflußt und verändert. Weithin fanden drastische Verschiebungen der Areale und Vegetationszonen statt, zahlreiche tertiäre Sippen starben aus (vgl. Tab. 4.4.2), neue entstanden vor allem aufgrund von Hybridisierung und Polyploidie (vgl. S. 515). Besonders intensiv betroffen waren dabei naheliegenderweise die gletschernahen Bereiche in Europa (Abb. 4.4.8) und im nördlichen Nordamerika.

Welche Vegetationsverhältnisse herrschten während der **Kaltzeiten** des Pleistocäns in Europa? Abb. 4.4.8 stellt dazu einen Rekonstruktionsversuch dar. Bis auf lokale Waldsteppen bzw. Waldtundren mit Birken, Kiefern und anderen kältefesten Gehölzen (so z.B. am wärmebegünstigten Alpenostrand) war Mitteleuropa damals waldlos. Man hat die Reste seiner baumfreien Glazialfloren vielfach in den tonigen Ablagerungen von Seen, die unmittelbar nach dem Eisrückgang entstanden sind, aber auch außerhalb der äußersten Vereisungsgrenzen, z.B. noch in den heute sehr warmen Tieflagen Innerböhmens, gefunden. Nach ihrer Leitart, der arktisch-alpinen Silberwurz *(Dryas octopetala)*, nennt man diese fossilen Floren «*Dryas*-Floren». Sie lehren, daß damals Zwergstrauchtundren und Kältesteppen, vielfach mit Lößablagerungen, dazu staudenreiche Matten, Seggenmoore und verarmte Wasserpflanzengesellschaften verbreitet waren.

Unter den Leitarten der *Dryas*-Floren sind heute z.B. arktisch-alpin: *Dryas octopetala, Salix herbacea* (Abb. 4.4.9), *Loiseleuria procumbens, Saxifraga oppositifolia, Silene acaulis, Polygonum viviparum, Oxyria digyna* (Abb. 3.1.35 A), *Eriophorum scheuchzeri*; nur arktisch: *Salix polaris, Ranunculus hyperboreus*; nur alpin: *Potentilla aurea, Salix retusa*. Mit ihnen lebten aber auch Arten, die heute noch zwischen Arktis und Alpen (z.B. in den

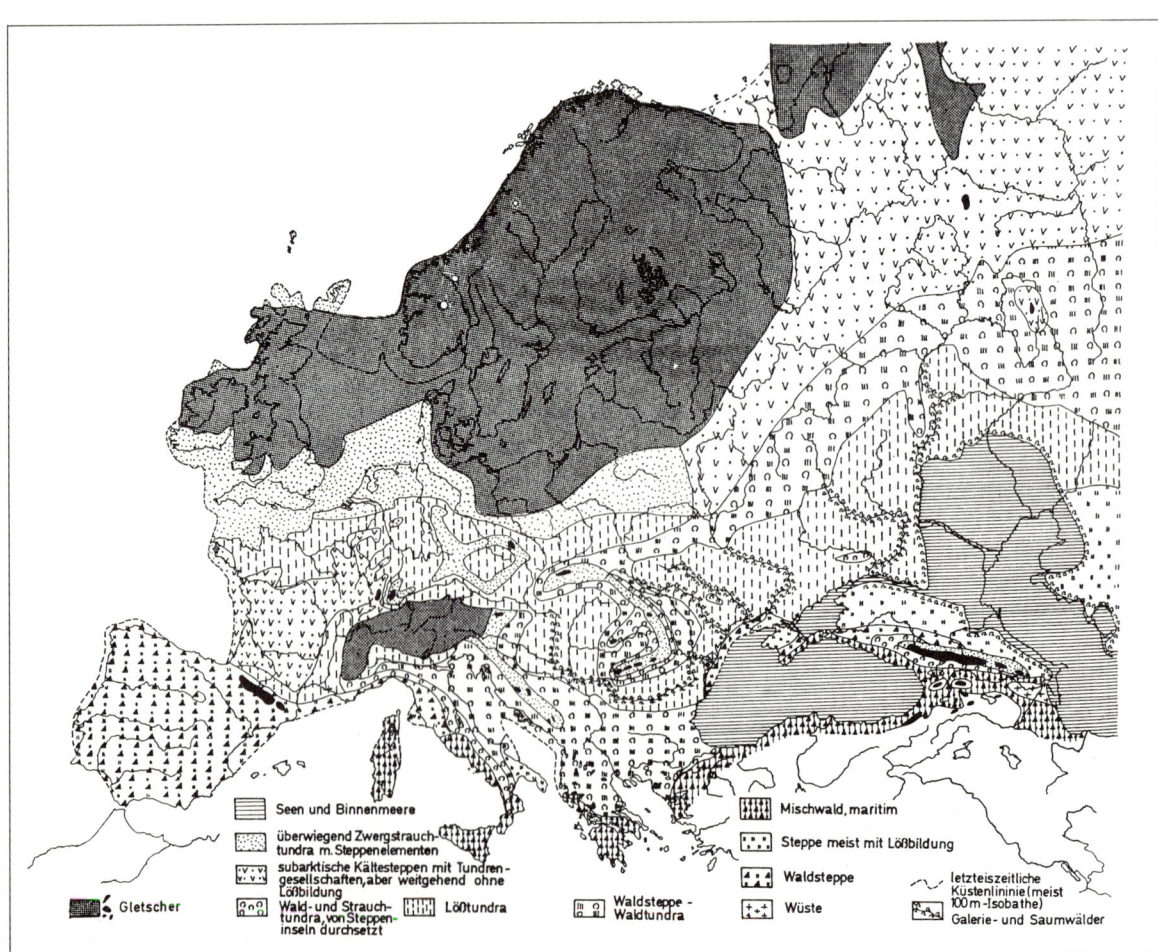

Abb. 4.4.8: Rekonstruktionsversuch der Vegetationszonierung Europas zur Zeit der maximalen pleistocänen Vergletscherung in der Würm-Kaltzeit. Man beachte u.a. die eisfreien Nunatakker (z.B. in Skandinavien) und die seither eingetretenen physiographischen Veränderungen. (Nach Frenzel.)

Mittelgebirgen) vorkommen, wie z.B. *Betula nana* oder *Empetrum nigrum* agg., oder überhaupt weiter verbreitet und klimatisch weniger empfindlich sind, wie z.B. *Filipendula ulmaria, Menyanthes trifoliata* und *Potamogeton*-Arten. Dazu kam an trockenen Standorten (und daher weniger durch Makrofossilien als durch Pollenfunde dokumentiert) ein beachtlicher Anteil von Sippen aus Kältesteppen, die heute überwiegend östlich verbreitet sind: verschiedene Arten von *Artemisia, Helianthemum* und *Ephedra* (Abb. 4.4.11). Auf Rohböden fanden sich auch Sippen, die wir heute nur als Unkräuter kennen, z.B. *Chenopodium album* oder *Centaurea cyanus*. Charakteristische Tiere dieser Kältesteppen waren z.B. Mammut, Rentier, Moschusochse, Murmeltier und Lemming.

Für den Süden Europas zeigt Abb. 4.4.8 das weite Zurückweichen anspruchsvollerer Gehölze. Galerie- und Saumwälder halten sich im Bereich der südlicheren Kältesteppen, weiter verbreitet erscheinen offene Waldsteppen und Waldtundren, aber nur wenig ausgedehnt, disjunkt und küstennah sind die Refugien geschlossener sommergrüner Laubmischwälder. Immergrüne Vegetation dürfte sich erst in Nordafrika bzw. SW-Asien in größeren Beständen erhalten haben.

Die heutigen Areale arktotertiärer Reliktarten (z.B. *Aesculus hippocastanum, Styrax, Pterocarya*, vgl. S. 906, oder *Rhododendron ponticum*) deuten die Lage der kaltzeitlichen Refugialräume der anspruchsvollen Laubmischwälder an.

Während der Kaltzeiten wurden viele Arten aus den Gebirgen und der Arktis in tiefere bzw. südlichere Lagen verdrängt, hatten aber nun in zusammenhängenden Tiefländern günstige Möglichkeiten für weite Wanderungen. Das hatte einen intensiven Florenaustausch zwischen den ursprünglichen Wohngebieten zur Folge; davon wurden nicht nur die Floren der Alpen, Pyrenäen, Karpaten und südeuropäischen Gebirge betroffen, es konnten z.B. auch ursprünglich asiatische Gebirgssippen über die landfeste Beringstraße nach Nordamerika oder in die Alpen gelangen oder alpine in die Arktis und umgekehrt. In den Warmzeiten haben diese Arten zwar die Lebensräume der Gebirge und der Arktis zurückerobert, ihre zusammenhängenden Kaltzeit-Areale aber wurden durch das Nachdrängen der Waldvegetation wieder zerrissen (Abb. 4.1.4). Damit finden die charakteristischen alpinen, arktisch-alpinen und asiatisch-alpinen Disjunktionen ebenso eine Erklärung wie das Vorkommen von arktisch-alpinen und borealen Arten als Glazialrelikte außerhalb ihres Hauptverbreitungsgebietes (Abb. 4.4.9).

Viele Arten von *Saxifraga, Gentiana, Androsace, Soldanella, Primula, Potentilla* etc. haben europäische Gebirgsdisjunktionen mit weit getrennten Teilarealen in den Alpen, Apenninen, Pyrenäen, Karpaten, balkanischen Gebirgen und darüber hinaus. Arktisch-alpine Arten treten öfters noch mit versprengten Fundorten in manchen höheren Mittelgebirgen auf (z.B. Schwarzwald, Sudeten), wie etwa *Saxifraga oppositifolia, Veronica alpina, Gnaphalium supinum* u.a. Die Entfernungen zwischen den einzelnen Wohngebieten betragen oft weit über 1000 km. Berühmt ist z.B. das sehr entlegene Vorkommen der rein arktischen Arten *Saxifraga nivalis* und *Pedicularis sudetica* im Riesengebirge (bei letzterer in etwa 2000 km Entfernung von ihrem arktischen Verbreitungsgebiet!).

Die Kraut-Weide (*Salix herbacea*, Abb. 4.4.9) hat im Lauf des Quartärs ein arktisches Areal (nordöstl. Nordamerika, Grönland, Island, Spitzbergen und Nordeuropa) besiedelt und während der Kaltzeiten von dort her über Mitteleuropa nicht nur die Alpen und Karpaten, sondern in weiten Südvorstößen auch die Pyrenäen, Apenninen und Balkangebirge erreicht. Fossilfunde dokumentieren das kaltzeitlich zusammenhängende Areal. Heute ist dieses Verbreitungsgebiet stark disjunkt geworden, zwischen den arktischen und alpinen Hauptvorkommen liegen sehr isolierte Reliktfundorte (z.B. in den Sudeten). Ein ähnliches Bild ergibt sich in Europa auch für *Betula nana*, für die in Nordamerika zentrierten und bis Asien reichenden Sippen *Loiseleuria procumbens* und *Dryas octopetala* agg. und für das circumpolare *Eriophorum scheuchzeri*. Dagegen haben von asiatischen Bildungszentren *Saussurea alpina (Asteraceae)* und *Lloydia serotina (Liliaceae)* die Arktis und die europäischen Gebirge, *Pinus cembra* und *Leontopodium alpinum* aber nur die letzteren erreicht. *Alchemilla alpina* und *Nigritella nigra* agg. sind Beispiele für alpine Arten, welche während der Kaltzeiten in die Arktis vordringen konnten.

Aus den Kaltzeiten stammende Reliktvorkommen arktisch-alpiner oder alpiner Arten finden sich in tieferen Lagen besonders in Mooren (z.B. *Betula nana, Empetrum nigrum* agg., *Trichophorum cespitosum [Cyperaceae]*) oder über Rohböden in Schluchten (z.B. *Saxifraga paniculata, Arabis alpina*). Hier kompensieren die besonderen lokalen Standortsverhältnisse das sonst ungünstige Makroklima und halten konkurrenzkräftigere Arten fern (S. 843f., 875).

Die wichtigsten Refugialräume für montane bis alpine Gefäßpflanzen im Umkreis der kaltzeitlich vergletscherten Alpen lassen sich durch die Häufung von reliktären oder disjunkten Sippen ausmachen, die ihre Areale postglazial nur unwesentlich verändern konnten (S. 842). Nur wenige hochalpine Arten haben auch innerhalb der Inlandeismassen auf lokal eisfreien Graten oder Gipfeln (sog. «Nunatakker») die Kaltzeiten überdauert (Abb. 4.4.8, 4.4.10).

Zu den Nunatakker-Pflanzen gehören nicht nur Moose und Flechten (z.B. *Umbilicaria virginis*: Abb. 4.4.10), sondern auch Gefäßpflanzen (z.B. arktisch-alpine *Taraxacum*-Arten). Beispiele für Reliktendemiten in kaltzeitlich ± eisfreien Randgebieten sind *Physoplexis comosa (Campanulaceae)* in den Südalpen, *Berardia subacaulis (Asteraceae)* in den Südwestalpen und *Saxifraga (Zahlbrucknera) paradoxa* am Alpenostrand. Auch die divergente Evolution der Teilsippen von *Valeriana celtica, Soldanella minima* agg., *Papaver alpinum* agg., und der *Primula clusiana*-Gruppe in den westlichen, östlichen, südlichen und nördlichen Randbereichen der Alpen steht im offensichtlichen Zusammenhang mit der eiszeitlichen Vergletscherung. Gleiches gilt auch für die Polyploidkomplexe von *Biscutella laevigata* (Abb. 3.1.46) und *Galium anisophyllum* (Abb. 3.1.20, S. 515).

Kaltzeitlich bedingt sind vielfach auch die Erweiterung von holarktischen Arealen über den Äquator hinaus nach Süden z.B. *Quercus, Fagaceae*, Abb. 4.0.2, und einige besonders bemerkenswerte bipolare Disjunktionen zwischen der Nord- bzw. Südhemisphäre (teilweise mit tropisch-alpinen Zwischenstationen: S. 841).

Beispiele für bipolar verbreitete Sippen finden sich bei Flechten (z.B. *Cetraria islandica*), Moosen (z.B. *Sphagnum*) und Angiospermen (z.B. *Carex, Epilobium, Empetrum, Primula farinosa* agg.). Diese Sippen sind während des Quartärs entlang der Kordilleren bzw. Anden von Nordamerika ins antarktische Südamerika gelangt. Manche haben auch, über die Gebirge von SO-Asien und Neuguinea, Australien bzw. Neuseeland erreicht. Und schließlich führte ein dritter wichtiger Wanderweg über die Gebirgsländer des östlichen Afrika nach Süden.

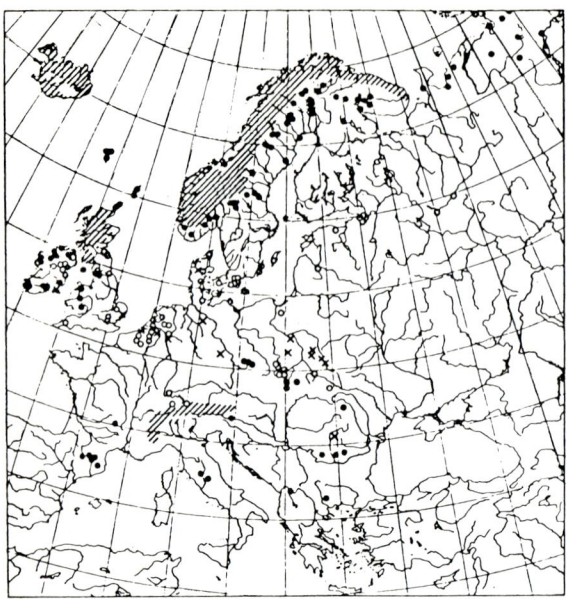

Abb. 4.4.9: Die Verbreitung von *Salix herbacea* in Europa in der Gegenwart (///●) bzw. nach Fossilfunden im Postglazial, in der Würm-Kaltzeit (○) und in früheren Kaltzeiten (×). (Nach Tralau aus Walter & Straka.)

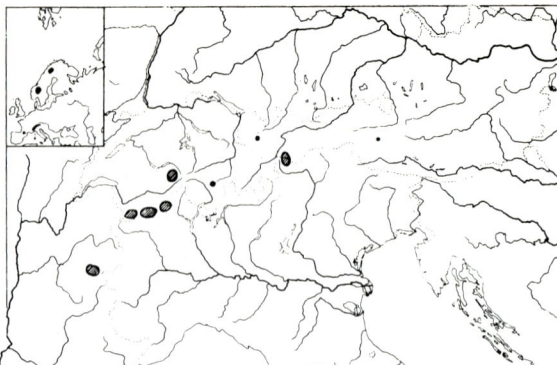

Abb. 4.4.10: Das disjunkte arktisch-alpine Areal der Gesteinsflechte *Umbilicaria virginis* zeigt eine deutliche Bindung an pleistocän-kaltzeitliche Nunatakker (lokal eisfreie Gebiete). (Nach Merxmüller & Poelt aus Walter & Straka.)

Während der pleistocänen **Warmzeiten** war die Pflanzendecke jeweils der heutigen ähnlich. Allerdings kamen in den frühen Interglazialen Mitteleuropas noch einige tertiäre Arten vor, die heute hier ausgestorben sind (Abb. 4.4.7).

Die Vegetationsentwicklung entspricht in der Erwärmungsphase mit der Besiedlung der vom Eis freigegebenen Rohböden etwa den Verhältnissen des Postglazials (S. 911 ff.). In der Abkühlungsphase kam es zu Bodenversauerung, Vermoorung und fortschreitender floristischer Verarmung.

Während der alt- und mittelpleistocänen Warmzeiten waren in Mitteleuropa z.B. noch weit verbreitet: die heute nur noch in Ostasien und Nordamerika lebende Seerose *Brasenia schreberi*, die am Balkan lokalisierte *Picea omorika*, die heute auf N-Afrika und SW-Asien beschränkten Zedern (*Cedrus*) oder die großblütigen Alpenrosen der *Rhododendron ponticum*-Gruppe, die sich bis heute nur in drei, weit disjunkten Teilarealen mit warm-feuchtem Klima erhalten konnten (Kaukasusländer, Libanon, südwestl. Iberische Halbinsel). Das Diagramm (Abb. 4.4.7) zeigt für Mitteleuropa die fortschreitende Verarmung an derartigen tertiären Sippen während der aufeinanderfolgenden Warmzeiten.

Den jüngsten Abschnitt des Quartärs bezeichnet man als **Holocän** (= Alluvium); er umfaßt die **Nacheiszeit** (= **Postglazial**) (im weiteren Sinn auch noch die **Späteiszeit**) und begann vor etwa 10 000 (bzw. 12 500) Jahren (Abb. 4.4.12). Nach dem letzten Höhepunkt der Vereisung (vor etwa 20 000 Jahren) wurde das Klima allmählich und unter Rückschlägen wieder wärmer; die Eismassen schmolzen im Laufe der folgenden 10 000 Jahre zu einem großen Teil. Damals konnten viele Arten der Wälder und anderer anspruchsvoller Pflanzengesellschaften aus ihren kaltzeitlichen Rückzugsgebieten heraus die einst waldfreien oder eisbedeckten Gebiete Europas, Nordamerikas und anderwärts wieder besiedeln. Neuerlich waren dabei günstige Voraussetzungen für die hybridogene Auffrischung des eiszeitlich stark dezimierten Sippenbestandes gegeben (S. 511 ff.).

Die Rückwanderung der vegetationsbestimmenden Bäume erfolgte in der Spät- und Nacheiszeit nicht gleichzeitig, sondern – ihrer unterschiedlichen Ökologie entsprechend – nacheinander (Abb. 4.4.13). Darum können wir innerhalb dieses Zeitraumes mehrere gut ausgeprägte, über große Teile des temperaten Europas annähernd gleichzeitige **Pollenzonen** (I–XII) und Vegetations- bzw. Waldperioden unterscheiden (Abb. 4.4.12). In den Gebirgen kam es zu einem Ansteigen der Waldgrenze, zu einer entsprechenden Entwicklung der Vegetationsstufen (Abb. 4.4.14) und zum fortschreitenden Rückzug der alpinen Tundren in die höheren Lagen.

Die Ursachen für die großen spät- und nacheiszeitlichen Waldveränderungen beruhen offenkundig in erster Linie auf einem annähernd parallelen Klimawechsel. Doch sind auch die verschiedenen Ausbreitungsgeschwindigkeiten und Wanderwege der Bäume, die Lage ihrer eiszeitlichen Zufluchtsstätten, ihre verschiedene Konkurrenzkraft, die verzögerte Bodenreifung u.a. zu berücksichtigen.

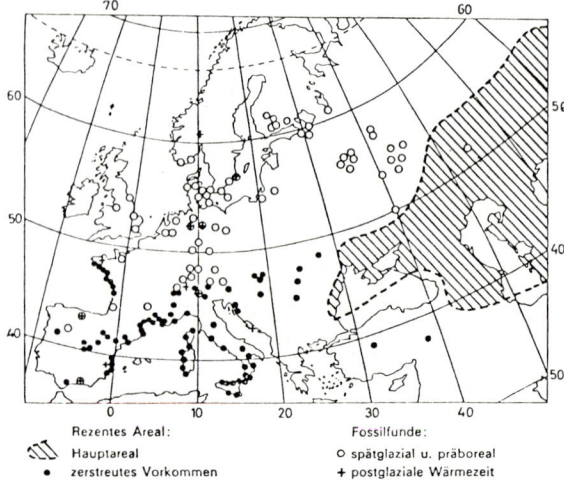

Abb. 4.4.11: Verbreitung von *Ephedra distachya* agg. in der Gegenwart und vom Spät- zum Postglazial. Weitere Erklärungen im Text. (Nach Iversen aus Walter & Straka.)

Die zu Ende gehende Würmeiszeit mit ihren Tundren und Kältesteppen (Pollenzone I) leitet in Mitteleuropa über in eine erste Ausbreitungsphase lockerer subarktischer Gehölze: Die Späteiszeit (10500–8250 v.u.Z.). Sie bringt eine deutliche Erwärmung (Pollenzonen II–III, Alleröd), danach aber einen neuerlichen Kälterückschlag (IV).

Die Kältesteppen der Späteiszeit sind durch einen hohen Anteil von Gräsern, Cyperaceen und *Artemisia* ausgezeichnet. *Ephedra distachya* agg. erreicht vom Osten her in Europa eine große Verbreitung, wird aber durch die spätere Bewaldung auf wenige binnenländische Trockenräume und den offenen Küstenbereich verdrängt (Abb. 4.4.11). Als Relikte (spät)glazialer Kältesteppen haben sich auch die von Zentralasien ausstrahlenden Chenopodiaceen *Krascheninnikovia ceratoides* und *Kochia prostrata* sowie der pontische Tatarenkohl *Crambe tataria* vereinzelt bis nach Zentralspanien erhalten. In den Gehölzen der Späteiszeit waren vor allem *Hippophae*, *Salix*, *Betula* und *Pinus* vertreten. Das Waldbild glich also dem heutigen im westlichen Lappland.

Die Nacheiszeit setzt mit einer merklichen Klimaverbesserung (um 8250 v.u.Z.) ein und erreicht in der mittleren Wärmezeit (etwa 5000 bis 3000 v.u.Z.) ein Optimum, das im Mittel wohl etwas wärmer war als

◄ **Abb. 4.4.12:** Ende der Würmeiszeit, Späteiszeit und Nacheiszeit in Mitteleuropa. Spalten für Zeitangaben, Pollenzonen I–XII (nach Overbeck), Vegetationsperioden, Klimageschichte und Vorgeschichte des Menschen. (Nach Straka, erweitert.)

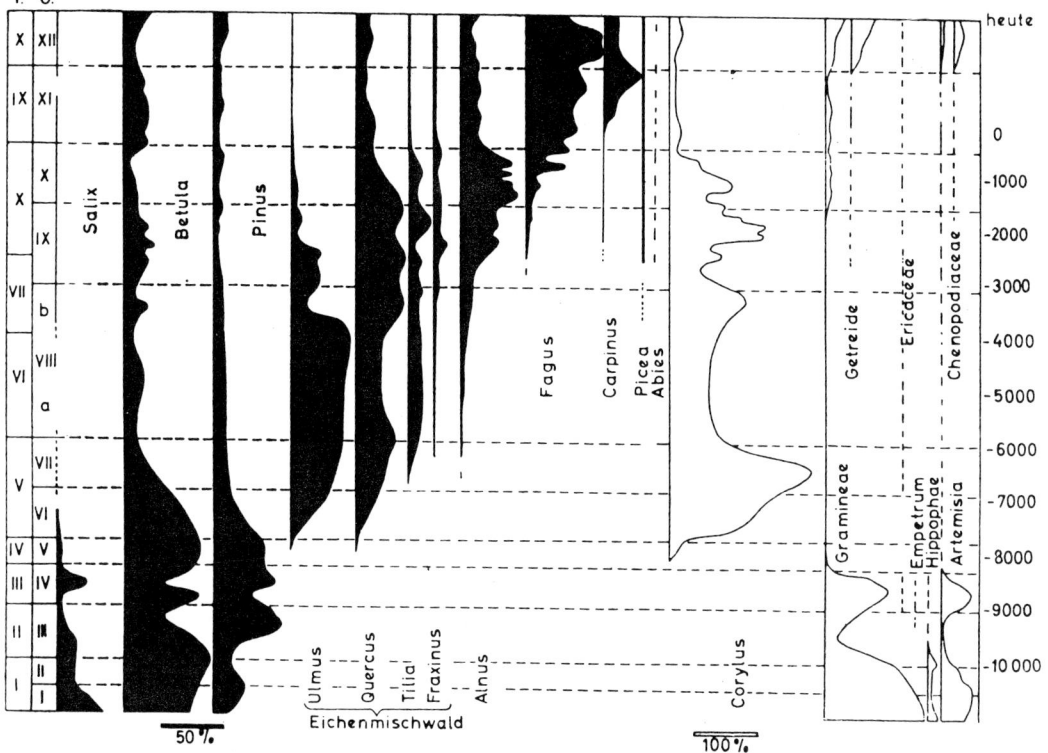

Abb. 4.4.13: Spätquartäres Pollendiagramm vom Ende der Eiszeit (I) über die Späteiszeit (II–IV) und Mittlere Wärmezeit (VIII) bis zur Gegenwart (vom Luttersee, 160 m, östlich Göttingen; Pollenzonen I–XII nach F = Firbas und O = Overbeck.) Schematisiert; Anteile von Baumpollen schwarz (*Acer* unberücksichtigt), *Corylus* und Nichtbaumpollen weiß (nur die wichtigsten Typen). (Nach Steinberg & Bertsch aus Walter & Straka.)

heute. Dem entspricht die Vegetationsentwicklung, die in der **Vorwärmezeit** mit einer neuerlichen Ausbreitung von Birken und Kiefern (Pollenzone V, Abb. 4.0.5) beginnt, dann in der **frühen Wärmezeit** mit einer Massenausbreitung der Hasel zuerst zu Hasel-Kiefernwäldern (VI) führt und schließlich nach Abnahme von Birken und Kiefern (Abb. 4.0.5) sowie einer verstärkten Einwanderung von Ulmen und Eichen ein Überwiegen von Hasel-Eichenmischwäldern (VII) bringt. Mit dem verstärkten Hervortreten der anspruchsvolleren Laubhölzer, Linde, Ahorn und Esche wird dann in der **mittleren Wärmezeit** die Zone der Eichenmischwälder erreicht. In den immer stärker versumpften Niederungen aber breiten sich Erlenbrücher aus, und Fichten bedecken die östlichen Mittelgebirge bis zum Harz sowie der Ostalpen und Karpaten. Die Kiefernwälder waren schon ähnlich wie heute auf warme Sandböden beschränkt. An trockenen Standorten hatte sich eine artenreiche Trockenrasen- und Steppenvegetation entwickelt.

Inwieweit in der Mittleren oder Frühen Wärmezeit oder aber schon wesentlich früher, vor Beginn der intensiven nacheiszeitlichen Wiederbewaldung, die besten Voraussetzungen für die Ausbreitung von thermophilen Arten der **Felsheiden**, **Trockenrasen** und **Steppen** aus dem Süden und Osten nach Zentraleuropa gegeben waren, ist ein vieldiskutierter Fragenkreis. Die zusammenhängenden Areale dieser submediterranen bzw. südsibirisch-pontischen Arten sind heute vielfach stark disjunkt (Abb. 4.5.8–4.5.10), da das Dichterwerden der Wälder ihren Lebensraum sehr einengte. Solche disjunkte und isolierte Vorkommen können daher als warmzeitliche bzw. «xerotherme» Relikte betrachtet werden.

Als Beispiele für wärmezeitliche Einwanderer in Mitteleuropa mit heute disjunkter Verbreitung können wir hier etwa anführen: Aus dem weiteren Bereich der Mittelmeerländer die submediterranen Arten *Quercus pubescens* (Abb. 4.5.10), *Cornus mas, Buxus sempervirens, Lembotropis nigricans, Anthericum liliago*, verschiedene *Ophrys*-Arten u.a. Früher, vielleicht schon späteiszeitlich, nach Mitteleuropa gekommen sind die südsibirisch-südrussischen Steppensippen *Stipa* ser. *Capillatae* (Abb. 4.5.9), *Adonis vernalis, Lathyrus pannonicus, Scorzonera purpurea* bzw. die im südosteuropäischen Raum zentrierten Formenkreise von *Linum flavum* (Abb. 4.5.8) und *Astragalus exscapus*, ebenso Einwanderer aus dem orientalisch-mediterranen Raum, wie *Eryngium campestre* (Abb. 4.1.1), *Salvia pratensis* und *Odontites lutea*. Alle diese Sippen finden sich in strauch- und baumarmen Fels-, Trockenrasen- und Steppengesellschaften, manchmal auch in lichten Kiefern- und Eichenwäldern, besonders gern auf basischen, kalkreichen Böden. Sie sind vorgedrungen vom Süden her durch das Rhone- und Rheintal, über den Alpensüdrand, entlang des Alpenostrandes und durch das Donautal, vom Osten her nördlich und südlich der Karpaten und durch Ungarn mehr oder weniger weit in die warm-trockenen Binnenlandschaften Mitteleuropas, z.B. in die kontinentalen Zentralalpentäler, ins östliche Österreich, nach Innerböhmen, ins Thüringer und Mainzer Becken usw., zum Teil sogar noch nach Skandinavien. Ein interessantes Beispiel ist die Einwanderung von *Pulsatilla vulgaris* agg. aus West und Ost in Bayern (Abb. 3.1.41).

In der **späten Wärmezeit** macht sich eine deutliche Abnahme der Temperaturen und eine Vermehrung der Niederschläge bemerkbar. Rotbuche, Hainbuche und Tanne treten erstmals auf (Pollenzone IX) und drängen Eichen und Hasel zurück (X). Schließlich kommt zu Beginn der **Nachwärmezeit**, in der sog. Buchenzeit (XI), in tieferen Lagen sowie in den niedrigen nordwestlichen Mittelgebirgen, vor allem die Rotbuche zur Herrschaft (Abb. 4.4.15), nach Osten zu aber die Hainbuche. Die Gebirgswälder wandeln sich größtenteils in Mischwälder von Buchen, Tannen und Fichten um. Damit ist im wesentlichen das in Abb. 4.4.16 wiedergegebene (und potentiell noch heute gültige) Waldbild Mitteleuropas erreicht.

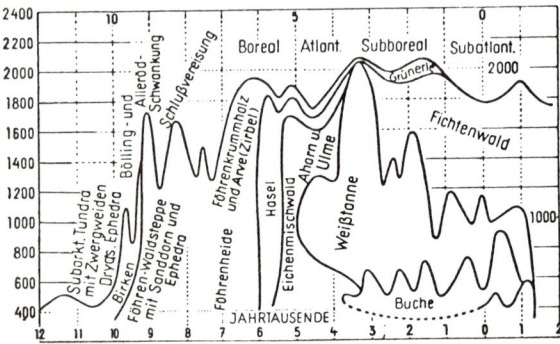

Abb. 4.4.14: Entwicklung der Vegetation und ihrer Höhenstufen in den Schweizer Nordalpen seit dem Höhepunkt der Würm-Eiszeit. Koordinaten: Meereshöhen und Jahrtausende. Man beachte die frühe Ausbreitungsphase von Föhren-Waldsteppen mit *Hippophae* und *Ephedra*, den ansteigenden Verlauf der Waldgrenze, das Verdrängen der Tanne durch die spät vordringende Fichte u.a. (Nach Welten aus Gams.)

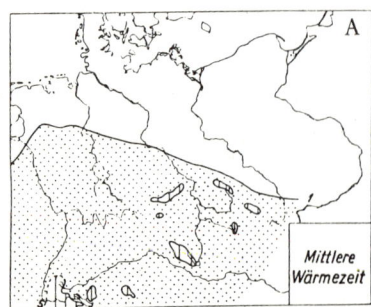 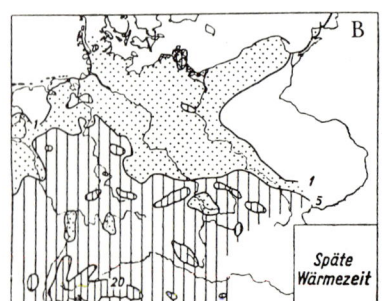 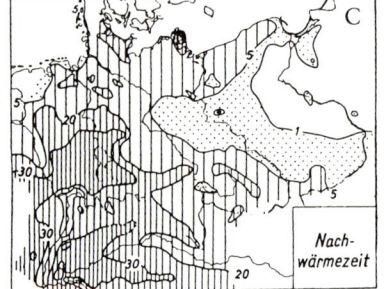

Abb. 4.4.15: Ausbreitung der Rotbuche *(Fagus sylvatica)* im Postglazial Mitteleuropas. Gebiete gleichen Pollenniederschlags (< 1 %, 1–5 %, 5–20 %, 20–30 %, > 30 %) von der mittleren Wärmezeit (Atlantikum, etwa 4500 v.u.Z.) über die späte Wärmezeit (Subboreal, etwa 1500 v.u.Z.) bis zur Nachwärmezeit (Subatlantikum, etwa zur Zeitwende). Vgl. auch S. 833, 841. (Nach Firbas.)

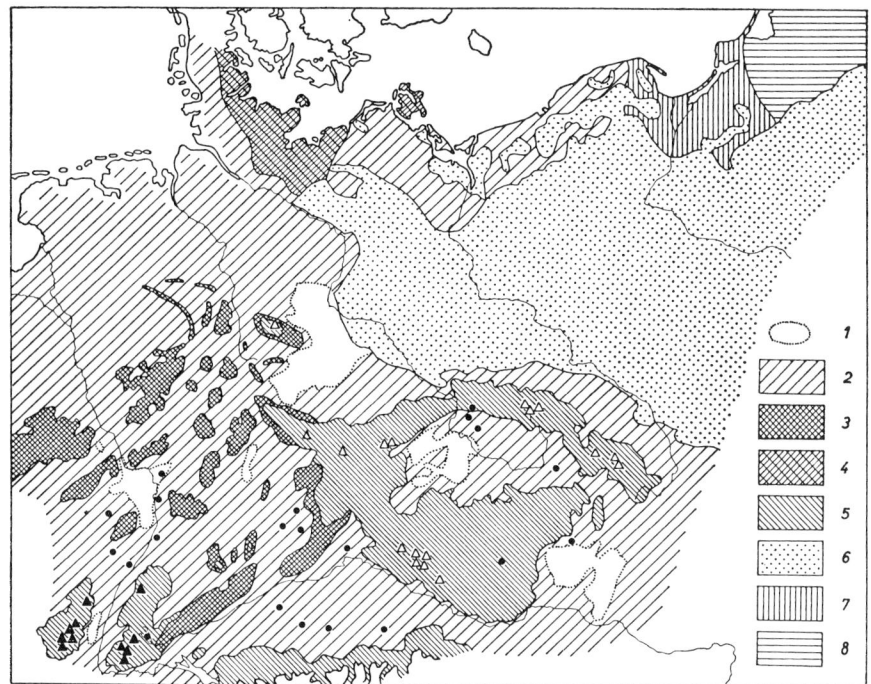

Abb. 4.4.16: Rekonstruktion der natürlichen Vegetationsgebiete in Mitteleuropa vor Beginn der geschichtlichen Zeit (etwa zur Zeitenwende) aufgrund pollenanalytischer Befunde. 1 Trockengebiete mit aufgelockerten Eichenmischwälder (ohne Buche, Jahresniederschläge unter 500 mm); 2 Buchenmischwaldgebiete der tieferen Lagen (z.T. Eiche überwiegend); 3 Buchenbergwaldgebiete; 4 Kiefernarmes Buchengebiet; 5 Gebirgswaldgebiete mit Buchen, Tannen und Fichten, ▲ subalpin aufgelockert, △ Fichte dominierend; 6 Kiefernwaldgebiete mit Eiche auf Sandböden; 7 Hainbuchenmischwaldgebiet; 8 Hainbuchenmischwaldgebiet mit Fichte; ● Kiefer lokal dominierend. (Nach Firbas vereinfacht aus Ellenberg.)

Die Rückwanderung der Tanne in den Alpenraum und die Mittelgebirge vom Westen, Süden und Osten her (Abb. 3.2.177) erfolgte aus mediterranen Refugialräumen. Die Fichte kam aus dem Nordosten, Osten und Südosten nach Mitteleuropa. Das Eindringen der Rotbuche erfolgte besonders aus dem Südwesten (Abb. 4.4.15), sie vermag nur im kontinentalen Osten und in den Zentralalpen sowie in den wärmsten und trockensten Lagen (unter 500 mm Jahresniederschlag) nicht Fuß zu fassen (Abb. 4.2.27).

Der vorgeschichtliche Mensch hat die Klima- und Vegetationsveränderungen des Eiszeitalters, insbesondere der Spät- und Nacheiszeit, miterlebt. Sein Einfluß auf die Pflanzendecke wird in Mitteleuropa aber erst ab der späteren Jungsteinzeit (ab 3000 v.u.Z.) mit dem Seßhaftwerden der Bauern im Pollenprofil faßbar und tritt in den Pollenzonen X–XII immer deutlicher hervor. In arealkundlicher Hinsicht beweisen vor allem die zahlreichen heute oft weltweit verbreiteten Unkräuter (S. 515, 841, 896f., Abb. 4.1.7) die menschlichen Eingriffe der letzten Jahrtausende, die sich immer mehr verstärken (vgl. S. 892 ff.).

In Bodenprofilen zeugen Aschenschichten von der Brandrodung, Pollen von Getreide und Unkräutern *(Plantago, Rumex, Centaurea cyanus)* vom Ackerbau (Abb. 4.4.13). Die Zunahme von Gräser- und Kräuterpollen deutet auf Weide- und Wiesenwirtschaft. Schließlich zeigt das Überhandnehmen von Fichte u.a. forstliche Kulturmaßnahmen an.

Bei den Unkräutern (S. 896f.) gehen die sog. Archäophyten auf die prähistorische Zeit zurück. *Agrostemma githago* und *Papaver rhoeas* sind schon mit dem frühen Ackerbau in der Jungsteinzeit nach Mitteleuropa gekommen, *Sinapis arvensis* und *Anagallis arvensis* erst in der Bronzezeit. Neophyten sind Neuankömmlinge aus historischer Zeit, z.B. aus W-Asien *Senecio vernalis* (Abb. 4.1.7), aus Nordamerika *Elodea canadensis* (S. 841), *Conyza (Erigeron) canadensis* und einige in Auen verwilderte *Aster*- und *Solidago*-Arten, aus Südamerika *Galinsoga parviflora* und *G. ciliata* oder aus den neuweltlichen Trockengebieten die im Mittelmeergebiet landschaftsbestimmenden Arten *Opuntia ficus-indica* und *Agave americana*.

Fünfter Abschnitt
Floren- und Vegetationsgebiete der Erde

In den verschiedenen Lebensräumen der Biosphäre hat sich die Pflanzenwelt im Laufe der Erdgeschichte teilweise recht selbständig entwickelt und dabei den herrschenden Bedingungen weitgehend angepaßt. Daher können wir heute verschiedene **Florengebiete** unterscheiden (S. 845 ff.). Sie lassen sich durch ihre relativ einheitliche Flora, das Vorherrschen bestimmter Arealtypen bzw. Geoelemente und das Vorkommen endemischer Taxa kennzeichnen und an Zonen mit verstärktem Florengefälle von benachbarten Florengebieten abgrenzen. Die umfassendsten Einheiten dieser floristisch-arealkundlichen Gliederung sind die 7 **Florenreiche** der Biosphäre: Holarktis, Neo- und Paläotropis, Capensis, Australis, Antarktis und das Ozeanische Florenreich. Sie bilden den Rahmen für die anschließende skizzenhafte, auf Mitteleuropa konzentrierte Darstellung.

Flora und Vegetation der Erde sind nicht nur historisch bedingt, sie werden großräumig auch vom zonen- und sektorenartig abgestuften gegenwärtigen Klima der Erde geprägt (Abb. 4.1.5, 4.3.4, 4.5.2, 4.5.11). Zur Abrundung unseres Bildes müssen wir daher auch die Typen der naturnahen **Klimax-Formationen** (S. 863 f.) berücksichtigen, die auf Physiognomie und Lebensformspektrum der voll entwickelten Pflanzendecke aufbauen (Tab. 4.5.1, Abb. 4.2.25, Karte bei S. 919). Dazu kommen noch die Bodenverhältnisse (S. 340, 870 ff., 879 ff.) sowie die Eigenschaften und Leistungen der zugeordneten Ökosysteme (Tab. 4.3.3, S. 890 ff.).

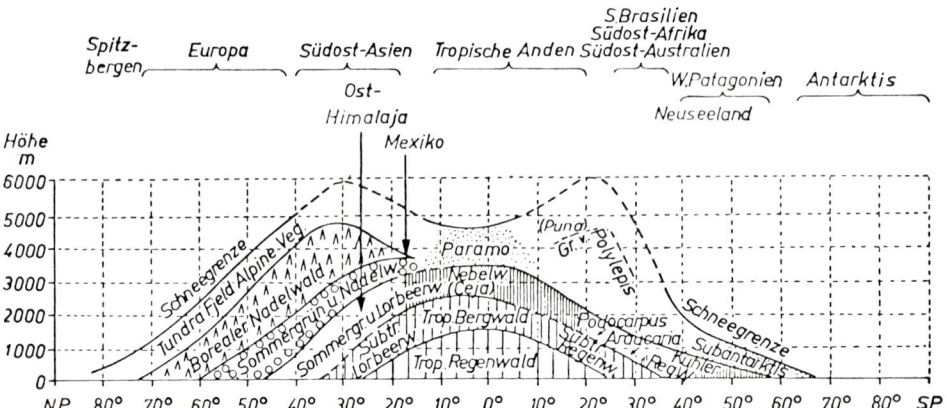

Abb. 4.5.1: Schematisches Vegetationsprofil der Erde vom Nord- zum Südpol (N.P., S.P.) mit den wichtigsten Klimax-Formationstypen der Zonen und Höhenstufen in den humiden Gebieten. Gleiche Signaturen für ähnliche Vegetationstypen. Beachte die Asymmetrie im Aufbau der N- und S-hemisphärischen Pflanzendecke. (Nach C. Troll aus Schmithüsen.)

Tab. 4.5.1: Lebensformenspektren (%-Anteil entsprechender Arten) einiger wichtiger Formationen und ökologischer Reihen (vgl. dazu Abb. 1.3.27, 4.2.25). (Nach Raunkiaer aus Whittaker.)

	Phanerophyten	Chamaephyten	Hemicryptophyten	Geophyten	Therophyten
Weltweiter Durchschnitt	46	9	26	6	13
Von warm zu kalt (humid)					
Tropischer Regenwald	96	2		2	
Subtropischer Lorbeerwald	66	17	2	5	10
Warmtemp. Laubwald	54	9	24	9	4
Kalttemp. Nadelwald	10	17	54	12	7
Tundra	1	22	60	15	2
Von frisch zu trocken (temperat)					
Frischer Laubwald	34	8	33	23	2
Waldsteppe	30	23	36	5	6
Steppe	1	12	63	10	14
Halbwüste		59	14		27
Wüste		4	17	6	73

In allen Florengebieten bewirken Gebirge eine auffällige Veränderung der Flora und Vegetation (vgl. Abb. 4.2.26, 4.5.1, 4.5.3). Die Abfolge ihrer Höhenstufen gleicht bekanntlich in vielem dem Wandel der Vegetation mit Annäherung an die Pole (vgl. Abb. 4.1.5).

Wo sich Gebirge aus Waldländern erheben, dringt der Wald in ihnen nur bis zu einer bestimmten Höhe vor. Wo ihr Fuß ein waldloses Trockengebiet ist, tritt eine nach oben und unten begrenzte Waldstufe überhaupt erst in höherer Gebirgslage auf. Die Gebirgsfloren weichen aber nicht nur infolge der veränderten Standortsverhältnisse, sondern auch infolge ihrer Isolierung und selbständigen Entwicklung von den Tieflandsfloren meist stark ab und sind vielfach reich an Endemiten; zu deren Erhaltung trägt auch die viel größere Mannigfaltigkeit der Standortsbedingungen in den Gebirgen bei.

Im folgenden ist vorwiegend von naturnahen Ausbildungen der Pflanzendecke die Rede. Dem entspricht auch die Kartendarstellung bei S. 919. Das darf nicht darüber hinwegtäuschen, daß die Biosphäre vom Menschen heute bereits weithin völlig verändert wurde (S. 892ff., Abb. 4.3.32). Dem können die kurzen Hinweise im folgenden Abschnitt kaum gerecht werden.

A. Das Holarktische Florenreich

Die Floren der nördlichen Hemisphäre, von der meridionalen bis zur arktischen Zone (Abb. 4.1.5), müssen wir aufgrund ihrer vielfachen Beziehungen zu einem Florenreich, der Holarktis, zusammenfassen. Im wesentlichen auf diesen Bereich beschränkt sind z.B. *Pinaceae, Betulaceae, Salicaceae, Fumariaceae, Pyrolaceae, Caprifoliaceae* u.a. Die auffällige floristische Einheitlichkeit dieses sehr großen Gebietes ist durch die bis ins Quartär andauernde räumliche Nähe der nördlichen Landmassen und durch den intensiven Florenaustausch während des Jungtertiärs und Quartärs bedingt (vgl. dazu Abb. 4.0.2, 4.1.9, 4.4.4, S. 904ff.).

Von größeren Angiospermenfamilien haben holarktische Schwerpunkte z.B. die *Ranunculaceae, Brassicaceae, Caryophyllaceae, Saxifragaceae, Rosaceae, Fabaceae, Apiaceae, Primulaceae* und *Campanulaceae*. Als Beispiele für endemische Gattungen und Arten(gruppen) seien noch genannt: *Picea, Abies, Larix, Pinus, Cypripedium* und *Sparganium* sowie *Equisetum arvense, Athyrium filix-femina, Juniperus communis, Populus tremula* agg., *Caltha palustris* agg., *Urtica dioica* agg. und *Alisma plantago-aquatica*.

Bei einem Versuch, die Holarktis weiter in Florenregionen zu gliedern, können wir zuerst die nördlich der polaren Waldgrenze liegende und besonders durch ihre Tundren charakterisierte, circumarktische Region herausstellen. Daran grenzen im Süden als Kern der Holarktis große Waldgebiete. Sie erstrecken sich so weit, wie die Länge der Vegetationszeit und die Feuchtigkeit der Sommer die Herrschaft von Holzpflanzen ermöglichen. Dabei dominieren im winterkalten Bereich Nadelhölzer um so mehr, je kälter und kontinentaler, sommergrüne Laubhölzer dagegen, je wärmer und ozeanischer das Klima ist, während im wintermilden Bereich schließlich die immergrünen Laubhölzer überwiegen. Dementsprechend durchzieht die noch recht einheitliche circumboreale Region als breiter Nadelwaldgürtel den Norden Eurasiens und Nordamerikas. Dagegen erscheint der im Süden anschließende Laubwaldgürtel stark zerrissen. Er umfaßt im Westen der Alten Welt die mitteleuropäische Region mit ihren sommergrünen Laubwäldern in der temperaten und die makaronesisch-mediterrane Region mit ihren Lorbeer- und Hartlaubwäldern in der submeridionalen und meridionalen Zone.

Diesen beiden entspricht im Osten der Alten Welt die sinojaponische Region, mit ihren viel allmählicher von temperat bis meridional (und boreotropisch) überleitenden Laubwäldern. West und Ost werden nur durch Laubwaldinseln in Südsibirien (z.B. im Altai) und in der himalayischen Region verknüpft. Auch im Westen der Neuen Welt ist der holarktische Laubwaldgürtel nur fragmentarisch entwickelt: in der californischen Region mit ihren Hartlaubwäldern. Voll entfaltet und artenreich tritt er erst wieder in der atlantisch-nordamerikanischen Region in Erscheinung; auch hier mit Übergängen zu boreo-subtropischen Regenwäldern im Süden.

Der Grund für die disjunkte Auflösung des holarktischen Laubwaldgürtels liegt in der starken Erweiterung eines temperaten bis meridionalen Steppen- und Wüstengürtels in den extrem kontinentalen Binnenräumen Eurasiens (vom pannonischen Raum und Anatolien bis in die Mongolei: pontisch-südsibirische Region u.a.; S. 924ff.) und Nordamerikas (vom Mittleren Westen bis ins Great Basin). Dieser Gürtel reicht weithin von den trockenen Tropenzonen bis zur circumborealen Region. Hier verschiebt sich infolge Abnahme der Niederschläge das ökologische Gleichgewicht vom Baumwuchs zugunsten von Graswuchs und führt zuletzt zur wüstenhaften Auflockerung der Pflanzendecke.

1. Die mitteleuropäische Region (untere Höhenstufen)

Die mitteleuropäische Florenregion läßt sich der temperaten Zone (Abb. 4.1.5) zuordnen und reicht nach neuester Auffassung von Irland und NW-Spanien nach Osten allmählich verengt bis zum Ural (Abb. 4.1.12). Alpen und Karpaten bilden Grenzbereiche gegen die meridionalen Florenregionen im Süden. Klimatisch sind die unteren Höhenstufen (S. 922 = a+b) dieses Raumes durch eine Vegetationszeit von 6–9 Monaten (davon 4–6 Monate mit Mitteltemperaturen von mehr als 10°C), im Winter durch länger andauernde Kälteperioden ($< 0°C$) sowie durch Niederschlagsmaxima im Sommer gekennzeichnet. Die mittleren Jahrestemperaturen liegen meist zwischen 5 und 15°C, die mittleren Niederschlagswerte fast immer über 500 mm (Abb. 4.3.4B, 4.5.2 A). Unter diesen Bedingungen dominieren als Klimax-Formation sommergrüne Laubwälder (Abb. 4.2.25). Ihre Phytomasse (durchschnittlich 30 kg/m^2) und Produktivität (durchschnittlich 1200 g/m^2/a) bleibt gegenüber tropischen Wäldern erheblich zurück (Tab. 4.3.3, S. 891). Nur im kühleren bzw. kontinentaleren Klima der oberen Bergwaldstufe der Gebirge und im Nordosten der mitteleuropäischen Re-

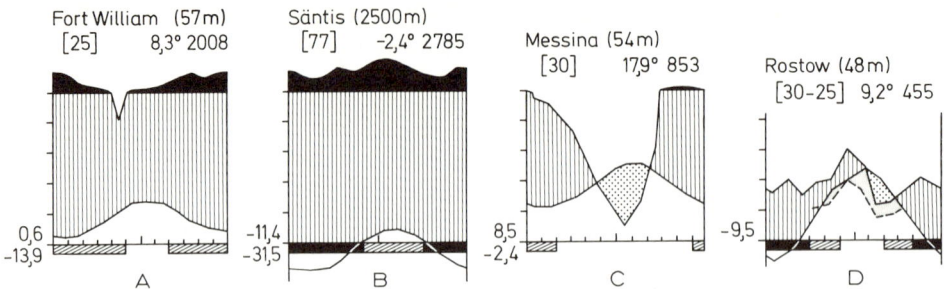

Abb. 4.5.2: Unterschiedliche Klimadiagramme aus Europa: **A** ausgeprägt ozeanisch, geringe jahreszeitliche Unterschiede (W-Schottland, Fort William); **B** alpin, kein Monat frostfrei, hohe Niederschläge (Schweizer Alpen, Säntis); **C** mediterran, milde Winter, Sommerdürre (Sizilien, Messina); **D** pontisch-kontinental, starke jahreszeitliche Unterschiede, geringe Niederschläge (S-Ukraine, Rostow). Erklärungen vgl. Abb. 4.3.4; die erniedrigte Niederschlagslinie in D (30 mm = 10°C, strichliert) markiert eine sommerliche semiaride Trockenzeit. (Nach Walter & Lieth.)

gion haben Nadelhölzer am Waldaufbau einen stärkeren oder gar überwiegenden Anteil. In beiden Lebensformen kommt die Winterruhe des kühl-gemäßigten Waldklimas zum Ausdruck: in der Entlaubung und dem ausgeprägten Knospenschutz bei den Laubhölzern, in der Xeromorphie der immergrünen Nadeln bei den Coniferen (Abb. 1.3.78).

Vor Beginn des Ackerbaues war die mitteleuropäische Region fast geschlossen bewaldet (Abb. 4.4.16, 4.5.3). Nur in den Alpen, Sudeten und Karpaten findet der Wald infolge der Kürze und geringen Wärme der Vegetationszeit sowie der Windwirkung eine deutliche obere Waldgrenze; auf den höchsten Gipfeln des Schwarzwaldes, des Böhmerwaldes und des Harzes läßt sich gerade noch ein Kampfgürtel erkennen. Eine klimatische untere Trockengrenze des Waldes ist auch in den wärmsten und trockensten Binnenlandschaften kaum festzustellen, und eine maritime Windgrenze dürfte von Natur aus nur die Inseln und einen ganz schmalen Küstensaum an der Nord- und Ostsee von der Bewaldung ausschließen. Darüber hinaus sind in der mitteleuropäischen Region ursprünglich nur ganz lokal solche Standorte waldfrei, die für den Baumwuchs zu trocken, zu naß oder zu salzreich sind (vgl. Abb. 4.0.3, 4.2.24). Es ist daher menschlichen Eingriffen zuzuschreiben, daß heute nur noch ein Viertel dieser Region bewaldet ist (und das vielfach nur in Form intensiv bewirtschafteter Forste).

Floristisch läßt sich die mitteleuropäische Region vor allem durch die Leitarten der sommergrünen Laubwälder charakterisieren, also z.B. *Quercus robur* (Abb. 3.2.227), *Acer platanoides*, *Fraxinus excelsior*, *Corylus avellana*, *Anemone nemorosa* u.v.a. Der enge, florengeschichtlich bedingte Zusammenhang mit den anderen Teilgebieten des holarktischen Laubwaldgürtels (vgl. S. 915) ist daran erkennbar, daß die gleichen oder

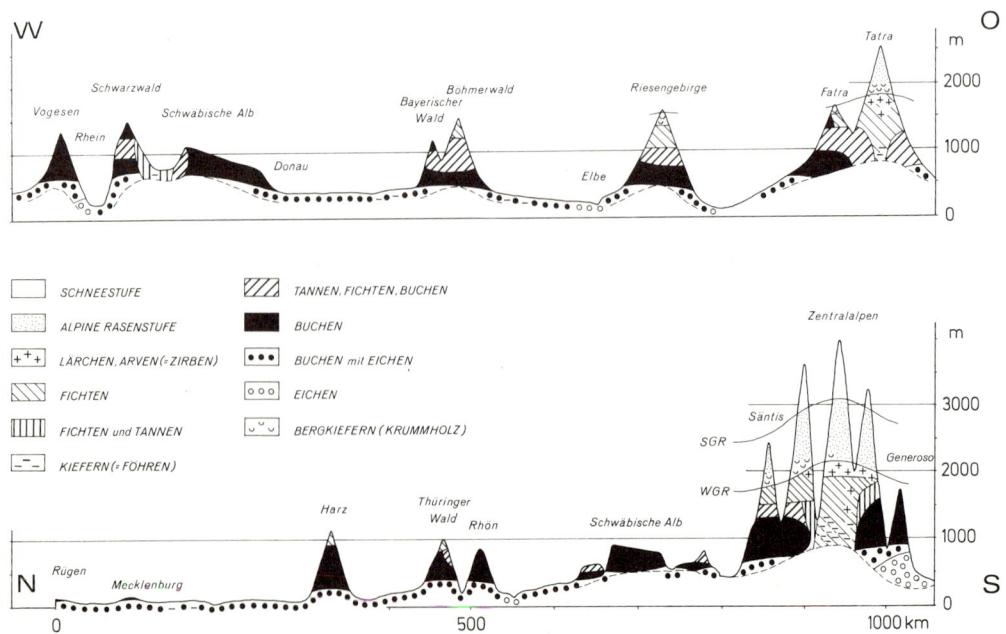

Abb. 4.5.3: Höhenstufen der Vegetation in Zentraleuropa, oben von W nach O, unten von N nach S. WGR = Waldgrenze, SGR = Schneegrenze. Die Höhenstufen steigen nach Süden und mit zunehmender Massenerhebung an. Die Buche nimmt von W nach O ab und verschwindet im kontinentalen Alpeninneren, die Fichte dominiert dort, fehlt aber im äußersten W (Vogesen). (Nach Ellenberg.)

nahe verwandte Arten auch in der sino-japanischen oder auch noch in der atlantisch-nordamerikanischen Florenregion vorkommen (z.B. *Fagus*: Abb. 4.0.2, *Hepatica*: Abb. 3.1.38).

Infolge der quartären Vergletscherungen ist die Flora der mitteleuropäischen Region sehr verarmt (S. 905), die Mehrzahl der heute hier lebenden Arten konnte erst im Spät- und Postglazial aus südlichen (bzw. östlichen) Refugialräumen rückwandern (S. 911ff.). Das ist ein wichtiger Grund für die engen Florenbeziehungen mit der (sub)mediterranen Region (vgl. z.B. Abb. 4.1.10).

Weitere Arten des mitteleuropäischen Geoelements sind z.B. *Alnus glutinosa, Tilia cordata, Asarum europaeum, Ranunculus ficaria, Lamiastrum galeobdolon* agg., aber auch Sippen offener bzw. trockener Standorte, wie z.B. *Rosa* sect. *Caninae, Sedum acre* oder *Arrhenatherum elatius*. – Disjunkte holarktische Laubwaldareale haben neben *Fagus* (Abb. 4.0.2) auch *Taxus, Carpinus, Corylus* oder *Anemone nemorosa* agg.; disjunkt eurasisch sind hingegen *Neottia*, die *Ulmus minor*-Gruppe und *Galium (Asperula) odoratum*. Die mitteleuropäische *Ulmus laevis* hat eine Schwestersippe im östlichen Nordamerika (*U. americana*). Im Mittelmeerraum verankert sind die Ausgangssippen von *Ilex aquifolium* (Abb. 4.1.11), *Rubus fruticosus* agg., *Fraxinus excelsior, Dentaria bulbifera, Myosotis sylvatica, Knautia arvensis* agg., *Galium mollugo* agg., *Colchicum autumnale, Galanthus nivalis* u.a.

Nach der stärker ozeanischen oder kontinentalen, borealen oder submeridionalen Bindung ihrer Arten läßt sich eine floristische Differenzierung der mitteleuropäischen Florenregion erkennen. Diese Differenzierung kommt auch im Vegetationsbild zum Ausdruck. Das berechtigt zu einer **Gliederung** in eine atlantische, subatlantische, zentraleuropäische und sarmatische Provinz. Darüber hinaus müssen aufgrund ihrer besonderen Flora und Vegetation (vor allem in den oberen Höhenstufen) Alpen und Karpaten als eigene Unterregionen (alpisch, karpatisch) herausgestellt werden (vgl. S. 846; Klimadiagramme Abb. 4.3.4, 4.5.2 A, B).

Bezeichnend für die atlantische Provinz (und dabei mehr im Norden: N oder im Süden: S vertreten) sind z.B.: *Ulex europaeus, Genista anglica, Myrica gale* (N), *Erica tetralix, E. cinerea* (S), *Helleborus foetidus* (S) und *Narthecium ossifragum*; *Lobelia dortmanna* (N) ist amphiatlantisch (d.h. auf beiden Seiten des Atlantik vertreten); *Ilex aquifolium* (S. 844f., Abb. 4.1.11) hat einen großen mediterranen Arealanteil und kann daher als atlantisch-mediterran-montan bezeichnet werden. – Die subatlantische Provinz ist durch Arten gekennzeichnet, die weiter nach Osten reichen, z.B. *Sarothamnus scoparius, Lonicera periclymenum* oder *Digitalis purpurea; Primula vulgaris* (= *P. acaulis*) ist subatlantisch-mediterran-montan. Die Pflanzendecke der eher wintermilden atlantischen und subatlantischen Provinz ist fast nadelholzfrei. Hier spielen neben Laubwäldern mit vorherrschenden Eichen und Birken, neben Mooren und Wiesen auf den verarmten Podsolböden vor allem Zwergstrauchheiden mit *Calluna* und mit atlantischen *Erica-, Genista-* und *Ulex*-Arten eine auffällige Rolle.

Die zentraleuropäische Provinz läßt sich vor allem durch Arten charakterisieren, deren Verbreitung im kontinentalen Osten aber teilweise auch im ozeanischen Westen Europas begrenzt ist: *Abies alba* (S. 718ff.; Abb. 3.2.177), *Fagus sylvatica* (Abb. 3.2.227), *Carpinus betulus* (Abb. 3.2.229), *Quercus petraea* (Abb. 3.2.277), *Acer pseudoplatanus, Tilia platyphyllos, Clematis vitalba, Hedera helix, Viola reichenbachiana, Atropa belladonna, Galium sylvaticum* u.a. Die Pflanzendecke der zentraleuropäischen Provinz ist reich an Laubhölzern und besonders durch das Hervortreten der Rotbuche ausgezeichnet. Doch finden wir in den Niederungen bereits die Wald-Kiefer, in den Bergwäldern Weiß-Tanne und Fichte und in den warmtrockenen Binnenlandschaften Steppenheiden.

Die sarmatische Provinz nimmt den östlichen Teil der mitteleuropäischen Region ein. Als Leitformen können z.B. die Eichenwaldbegleiter *Euonymus verrucosa, Potentilla alba, Vicia cassubica, Melampyrum nemorosum* und die Sandsteppenarten *Dianthus arenarius* und *Gypsophila fastigiata* genannt werden. *Fagus* fehlt; in der Vegetation dominieren Mischwälder von *Quercus robur* und *Pinus sylvestris*; der Anteil von Waldsteppen nimmt im Südosten zu.

Die mitteleuropäischen **Laub- und Nadelwälder** der unteren Höhenstufen differenzieren sich vor allem nach Nährstoffgehalt (bzw. pH) und Feuchtigkeit der Böden (Abb. 4.0.3, 4.2.24). Durch Beispiele und Hinweise in den voranstehenden Kapiteln haben wir bereits Struktur (S. 850f.), Phänologie (S. 854f.), Standortfaktoren (S. 868ff., Abb. 4.2.6), Bodenverhältnisse (S. 870f., 879ff.), biotische Wechselwirkungen (Konkurrenz u.a., S. 883f.), Biomasse und Produktivität (S. 886ff.), Dynamik und Sukzession (S. 855ff.), abstrakte Gruppierung und Systematik (S. 861ff., Abb. 4.2.24) sowie menschliche Nutzung und Veränderung (S. 893ff., Abb. 4.2.17) dieser Wälder erläutert.

Zur standörtlichen Verteilung naturnaher mitteleuropäischer Laub- und Nadelwälder in den unteren Höhenstufen können wir zusammenfassen (vgl. dazu Abb. 4.2.17, 4.2.24, 4.4.16): Rotbuchenwälder und rotbuchenreiche Mischwälder (mit Esche, Berg-Ahorn, Linden, im Süden teilweise auch Tannen u.a.: Fagion; S. 861ff., Abb. 4.3.18) sind die vorherrschenden Wälder der westlichen Mittelgebirge und darüber hinaus der tieferen Lagen aller Mittelgebirge und der Kalkalpen; in der Ebene treten sie besonders im nährstoffreichen Jung-Endmoränengebiet hervor (Abb. 3.2.227). Eichen-Hainbuchen-Mischwälder (Carpinion) finden wir in tieferen Lagen auf besseren Böden infolge des größeren Lebensbereiches dieser Bäume vor allem dort, wo die Rotbuche, die sie sonst verdrängt, an ihre Verbreitungsgrenze gelangt oder sich ihr nähert (z.B. in Nordwestdeutschland und in den trockenen Binnenlandschaften; Abb. 3.2.227, 3.2.229). Wärmeliebende Eichenmischwälder (Quercion pubescenti-petraeae) überziehen oft die südexponierten und trockenen Berglehnen; in ihnen finden sich dann submediterrane Arten wie Flaum-Eiche (*Quercus pubescens*, Abb. 4.5.10), *Acer monspessulanum, Sorbus torminalis, Cornus mas* und viele krautige Pflanzen südlicher oder östlicher Herkunft. Auf den nährstoffarmen Böden aber gedeihen bodensaure Eichenwälder (Quercion robori-petraeae), in denen Heidekraut (*Calluna vulgaris*) und andere anspruchslose Pflanzen leben. Im Gebirge steigen die Eichen und ihre Begleiter weniger hoch als die Buche. Alle Eichen- und Eichenmischwälder sind, da ihre Kronen weniger dicht sind, reicher an Sträuchern und an sommerlichem Unterwuchs als die Buchenwälder. Die Eiche ist eine «Lichtholzart», die Buche eine «Schattholzart».

Unter den Nadelwäldern finden sich Kiefernwälder (mit *Pinus sylvestris*) in erster Linie auf armen trockenen Sandböden des Flach- und Hügellandes (Abb. 3.2.177). Wo in ihnen der Boden am ärmsten ist, überziehen ihn nur Flechten (*Cladonia* spp., *Cetraria islandica* u.a.); wo er etwas reicher wird, gedeihen Heidekraut (*Calluna*) und Preiselbeere (*Vaccinium vitis-idaea*); wo er noch etwas besser und feuchter wird, die Heidelbeere (*V. myrtillus*) und zahlreiche Moose (z.B. *Pleurozium schreberi, Hylocomium splendens, Dicranum scopa-*

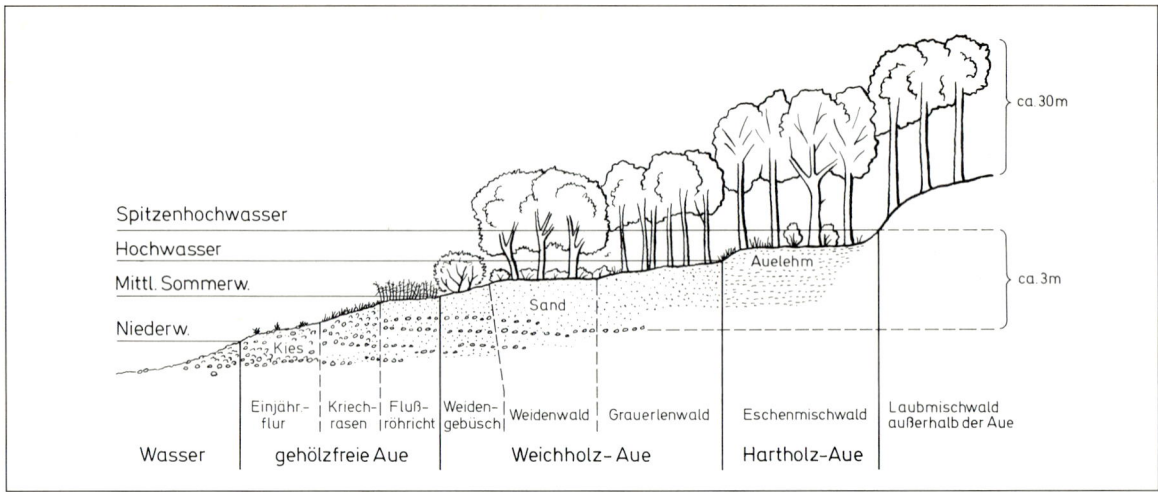

Abb. 4.5.4: Schema der Vegetationsabfolge am Mittellauf eines Flusses im Alpenvorland in Abhängigkeit von Wasserhöhe und Sedimentation (Anlandung). Weitere Erklärungen im Text (Nach Moor aus Ellenberg.)

rium). Die Fichte *(Picea abies)* ist in der Niederung nur im Nordosten Europas häufig, in Mitteleuropa ist sie ein Baum des oberen Bergwaldes (Vaccinio-Piceion, Abb. 3.2.177, S. 922).

Unter dem Einfluß bewegten oder stehenden Wassers entwickeln sich Hydroserien der Vegetation, in Mitteleuropa die charakteristischen Pflanzengesellschaften der **Flußauen, Verlandungsreihen, Bruchwälder** und **Moore** (vgl. Abb. 4.0.1, 4.2.19, 4.5.4, 4.5.5). Ihre ökologische Differenzierung entspricht dem Ausmaß an Überflutung, dem Nährstoffgehalt und der Anreicherung organischer Stoffe unter Luftabschluß (Torfbildung). Bei zu großer Nässe können sich schließlich keine Bäume mehr entwickeln (Abb. 4.0.3, 4.2.24). Besonders extreme Bedingungen herrschen in den *Sphagnum*-Hochmooren (vgl. S. 658f., 919, Abb. 4.2.24: Sphagnion, Abb. 4.5.5), die sich vor allem im westlichen und nordöstlichen Teil des zentraleuropäischen Flachlandes, im Alpenvorland und in der Bergwaldstufe der Mittelgebirge und der Alpen finden.

Die Lebewelt der **Flußauen** entlang von Bächen und Strömen muß an die Bedingungen des fließenden, zwischen Nieder- und Hochstand vielfach stark und unregelmäßig schwankenden Wassers angepaßt sein (Abb. 4.5.4). Sedimentation (Anlandung) und Erosion (Abtragung) verändern natürliche Aulandschaften fortwährend. Überflutungen beeinträchtigen die Wurzelatmung und verursachen mechanische Schäden (besonders durch Treibeis, die Ablagerung von Kies, Sand und Auelehm), sie führen den Auen aber auch Nährsalze, Sinkstoffe und organische Abfallprodukte zu. Bei Niederwasser können sich offene Kies- und Sandböden oberflächlich stark erhitzen und bis in große Tiefen austrocknen. Alle diese Faktoren ändern sich mit abnehmendem Gefälle vom Ober- zum Unterlauf der Fließgewässer; ihre Intensität nimmt stufenweise ab, wenn wir die Verhältnisse vom tiefliegenden Flußbett bis zum überschwemmungsfreien hochliegenden Auenrand verfolgen. Dem entspricht die Vegetationszonierung bzw. die Sukzession der Anlandungsserie (S. 856), die von der artenarmen und unproduktiven Pionierphase der gehölzfreien Aue bis zur artenreichen und hochproduktiven Hartholz-Aue führt (Abb. 4.5.4). Leitarten dieser (natürlich nicht immer vollständig vertretenen) Sukzessionsphasen wären etwa: *Chenopodium*- und *Bidens*-Arten in der Einjährigenflur; Strauß- und Rohrglanzgras *(Agrostis stolonifera, Phalaris arundinacea)* im Kriechrasen und Flußröhricht; *Salix pupurea, S. triandra* u.a. im Weidengebüsch, die Silber-Weide *(S. alba)* im Weidenwald, *Alnus incana* im Grauerlenwald, dazu vielfach noch *Populus nigra* und *P. alba* als Elemente der Weichholz-Aue; und schließlich die Hartholz-Aue (Abb. 4.2.24: Alno-Padion) mit *Fraxinus excelsior, Prunus padus, Ulmus laevis, U. minor (= U. carpinifolia), Acer campestre, Carpinus betulus* und *Quercus robur*, Lianen bzw. Kletterpflanzen: *Vitis vinifera* subsp. *sylvestris, Clematis vitalba, Bryonia dioica, Humulus lupulus*, Nährstoffzeigern: *Sambucus nigra, Parietaria erecta, Urtica dioica, Galium aparine*, Geophyten: *Anemone ranunculoides, Ranunculus ficaria, Galanthus nivalis, Gagea lutea, Arum maculatum* und bereits vielen Arten der anschließenden, nicht mehr überschwemmten nährstoffreichen Edellaubwälder.

An **Stillwässern** (Seen, abgetrennten Altarmen der Flüsse etc.) tritt die Ablagerung von anorganischem Material zurück; dafür bildet sich aus den abgestorbenen Resten der Pflanzen- und Tierwelt organogener Schlamm («Mudde») oder Torf, was die Wassertiefe mit der Zeit immer mehr verringert. Da die Wasser- und Ufervegetation der Wassertiefe entspricht, führt das zu einer zentripetalen Verschiebung der einzelnen Pflanzengesellschaften und schließlich zum Verschwinden des Gewässers (Verlandung). Abb. 4.0.1 zeigt, wie sich über dem anstehenden Gestein (1) und dem Hangschutt bzw. der Schotter- und Sandfüllung des Beckens (2) in einem nährstoffreichen (eutrophen) Stillwasser (S. 645) aus dem hier reich entwickelten Plankton eine als «Gyttja» bezeichnete Mudde bildet, die bei reichlichem Anteil von $CaCO_3$ auch als weiße «Seekreide» entwickelt sein kann (3). Die höhere Vegetation eines solchen Sees setzt dann in einer besonders von der Lichtdurchlässigkeit abhängigen Tiefe mit submersen, den Boden bedeckenden Rasen von Characeae ein (3). Auch sie sind noch an der Ausfällung des Kalks beteiligt. Dann folgen über einer von immer größer werdenden Pflanzenresten durchsetzten Mudde (4–5) ein Laichkrautgürtel mit viele untergetauchten, über Wasser lediglich blühenden *Potamogeton*-Arten, mit *Myriophyllum spicatum, Elodea canadensis* u.a. (4) und ein Schwimmblattpflanzengürtel mit *Nuphar, Nymphaea, Potamogeton natans* u.a., in sehr ruhigen Gewässern auch mit frei schwimmenden Arten wie *Hydrocharis, Lemna, Stratiotes* (5). Das Röhricht mit dichten, sich vegetativ vermehrenden und ins Wasser vorschiebenden Beständen von *Schoenoplectus (= Scirpus) lacustris* (Pionier!), *Phragmites, Typha, Sparganium* (6) stockt auf Schilftorf. Es folgen ein Großseggengürtel (Abb. 4.2.24: Magnocaricion) mit dichten Horsten von *Carex elata*, auf denen sich nun auch die ersten Büsche von *Salix cinerea*, *Frangula alnus* und junge Erlen ansiedeln (7), und ein zunächst noch nasser, später durch dauernde Anhäufung von Pflanzenresten oberflächlich immer trockener werdender Erlenbruchwald (8, Abb. 4.2.24: Alnion glutinosae); unter (7) bildet sich Seggentorf, unter (8) Waldtorf. Durch Untersuchungen solcher Ablagerungen kann man also die meist mehrere Jahrtausende während Verlandung eines Sees rekonstruieren. – In anderer Weise verlanden auch die nährstoff- und humusarmen (oligotrophen) und die nährstoffarmen, aber humusreichen (dystrophen) Süßwasserseen. In dem klaren, planktonarmen Wasser mancher oligotropher Seen, z. B. in manchen Gebirgsseen, gedeihen am Grunde eigenartige, submerse Rosettenpflanzen (z. B. die *Isoetes*-Arten); in den dystrophen Seen sind schwimmende Torfmoosdecken mit Seggen, *Menyanthes* u. a. an der Verlandung beteiligt. Als Endglieder der Entwicklung können wieder Bruchwälder entstehen.

Als **Moore** bezeichnet man die Lagerstätten von Torf und ihre Vegetationsdecke; Torfe sind die Ablagerungen der Reste von Moosen und höheren Pflanzen, die sich in allmählicher Inkohlung befinden und dabei ihre Gewebestruktur lange erhalten. Sie können sich nur unter weitgehendem O_2-Abschluß bilden, wodurch eine rasche Verwesung ausgeschlossen ist. Dies kann im Bereich des Grundwassers der Fall sein, etwa bei der Verlandung der Gewässer oder über versumpfendem Mineralboden. Solche Moore nennt man Flachmoore. Sie sind entsprechend der Zusammensetzung des Grundwassers mehr oder weniger nährstoffreich, ihr Torf reagiert oft nur schwach sauer oder neutral. Je nach ihrer Vegetation spricht man von Schilf-, Seggen- (Abb. 4.2.24: Magnocaricion) oder Waldmooren und Bruchwäldern (z. B. nährstoffreicheren Erlen- oder armen Birken-Fichten-Bruchwäldern [S. 862, Abb. 4.2.23, 4.2.24: Alnion glutinosae]).

In einem niederschlagsreichen Klima können sich auf der ständig durchfeuchteten Bodenoberfläche aber auch Torfmoose (*Sphagnum*-Arten) ansiedeln, die durch ihren Bau (S. 658 f.) das Wasser wie ein Schwamm festhalten und eine stark saure Bodenreaktion hervorrufen. Fallen die Niederschläge reichlich und ist die Vegetationsperiode lang genug, so schließen die einzelnen Polster zu Decken zusammen, deren abgestorbene untere Teile vom Wasser durchtränkt bleiben, wobei die Oberfläche immer höher wächst. Dann erstickt die alte Vegetation – selbst Wälder durch Absterben der Baumwurzeln – und ein baumloses oder baumarmes *Sphagnum*-Moor breitet sich aus. Solche nur vom Niederschlagswasser und durch Flugstaub ernährten, also sehr nährstoffarmen Hochmoore (Abb. 4.2.24: Sphagnion) können sich daher mit dem fortschreitenden Wachstum ihrer *Sphagnum*-Torfe immer mehr («uhrglasförmig») über ihre Umgebung emporwölben und erhalten so eine bezeichnende Form (Abb. 4.5.5): Die nur wenig geneigte zentrale «Hochfläche» wird von einem steileren, leichter abtrocknenden und daher oft bewaldeten «Randgehänge» umgeben; und ringsum verläuft ein «Randsumpf», in dem Wasser vom Moor und von der Umgebung zusammenfließt, so daß er einem Flachmoor entspricht. Auf der Hochfläche wechseln häufig kleine, oft von Ericaceen besiedelte Hügel, die Bülten, mit nassen Senken, den Schlenken. Das Torfwachstum erfolgt besonders in den verlandenden Schlenken und den jungen Bülten. Im Laufe der Zeit wechseln Bülten und Schlenken miteinander ab, da sich über alten, nicht mehr wachsenden Bülten durch verstärktes Wachstum der Umgebung wieder nasse Schlenken bilden können. Doch kommen daneben auch Hochmoore vor, die eine gleichmäßig wachsende *Sphagnum*-Decke tragen. Die Gefäßpflanzen der Hochmoore müssen vor allem ihrem nährstoffarmen und sauren Substrat angepaßt sein und mit den Sphagnen mitwachsen können. Erreichen die Bülten eine gewisse Höhe, so scheinen sich zudem Schwierigkeiten des Wasserhaushaltes einzustellen, um so mehr, als sich die Mooroberfläche oft stark erwärmt. Nur wenige Arten von eigentümlicher Xeromorphie sind dem gewachsen: neben Ericaceen (*Calluna*, *Vaccinium oxycoccos*, *Vaccinium uliginosum*, *Andromeda* u. a.) besonders Cyperaceen (*Eriophorum vaginatum*, *Trichophorum cespitosum*) und außerdem die *Drosera*-Arten. In manchen Gebieten findet man auch kümmerliche Berg- und Wald-Kiefern mitten auf den Mooren. Die meisten unserer Hochmoore sind im Laufe der Nacheiszeit durch Versumpfung von Wäldern entstanden. Manche haben sich auch über verlandeten Seen entwickelt, sobald diese die Entwicklungsstufe des Seggen- oder Bruchmoores erreicht hatten.

An den Meeresküsten (seltener auch im Binnenland) wird die Pflanzendecke besonders durch die Anreicherung von Natriumsalzen beeinflußt (S. 349, 844, 852, 882 f.); es entstehen abgestufte Haloserien mit einer Halophytenvegetation. In Mitteleuropa sind dies besonders die **Salzmarschen** (Abb. 4.2.7) und **Küstendünen** (Abb. 4.2.10, 4.5.6) an der Nord- und Ostseeküste.

An der deutschen Nordseeküste geht die Vegetationsentwicklung vielfach von der Besiedlung der Watten aus. Das sind seichte Meeresteile, in denen ein nährstoffreicher, sandig-toniger «Schlick» abgelagert wird, der bei Ebbe größtenteils trocken liegt. Eine entsprechende Haloserie von der schwedischen Westküste illustriert Abb. 4.2.7. Dauernd im Wasser finden wir hier manche Algen (z. B. *Enteromorpha*) und die Seegräser (*Zostera*, *Ruppia*). Auf sie folgen landeinwärts einjährige Queller-Arten (*Salicornia europaea* agg., S. 769), die durch ihre dichten, bis zur Mittelhochwassergrenze reichenden Bestände die weitere Ablagerung des Schlicks besonders fördern. An etwas

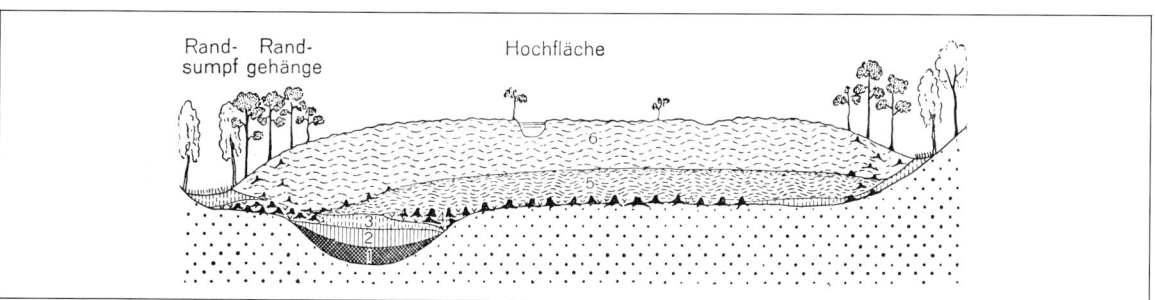

Abb. 4.5.5: Schema des Schichtbaues eines mitteleuropäischen Hochmoores (Schnittbild). Entstehung z.T. über einem verlandeten See: 1 = Mudde, 2 = Schilftorf, 3 = Seggentorf, z.T. durch Versumpfung eines Waldes: 4 = Waldtorf, 5 = älterer, 6 = jüngerer *Sphagnum*-Torf; in der Mitte der Hochfläche ein wassergefüllter Kolk (»Moorauge«); mineralischer Untergrund punktiert. (Nach Firbas.)

höher liegenden und daher nicht mehr regelmäßig überfluteten Stellen der Strandterrasse entwickeln sich dann Andelwiesen mit dem vorherrschenden Gras *Puccinella maritima* (Andel) und vielen anderen Halophyten, wie z.B. *Aster tripolium, Limonium vulgare, Triglochin maritimum, Glaux maritima, Plantago maritima* u.a. Auf noch höherem Terrain folgen zunächst noch salzige Rotschwingelwiesen mit *Festuca rubra* agg., *Armeria maritima* u.a. und zuletzt mehr-minder-salzfreie Trockenwiesen und Pioniere der Waldvegetation. Die durch die Ablagerung von Schlick entstandenen Wiesen heißen Marschen. Die künstliche Förderung dieser Vegetationsentwicklung durch Eindeichen ermöglicht den Gewinn von Neuland (z.B. an der Nordsee).

Wo die Meeresküsten sandig sind, kann man vielfach die Bildung und Besiedlung von Dünen verfolgen (Abb. 4.2.10, 4.5.6). Den noch stark durchfeuchteten, salzreichen und besonders im Winter (Sturmfluten!) überschwemmten Sandstrand besiedeln zunächst nährstoffliebende Spülsaumgesellschaften mit den Einjährigen *Cakile maritima, Salsola kali, Atriplex prostrata* u.a. Dann kann die Strandquecke *(Agropyron junceum)* mit ihren Ausläufern Fuß fassen. In ihrem Windschatten schlägt sich der verwehte Sand nieder, es entstehen kleine «Primärdünen». Diese Sandanhäufungen werden nun durch die Niederschläge entsalzt und dienen dann vor allem dem Strandhafer *(Ammophila arenaria)* als Standort. Dadurch setzt sich die Dünenbildung fort; und da die Pflanzen durch den neu aufgewehten, von ihnen festgehaltenen Sand immer wieder hindurchzuwachsen vermögen, werden diese sekundären «Weißdünen» immer größer und höher. In dieser artenarmen Gesellschaft finden sich z.B. noch *Eryngium maritimum, Lathyrus maritimus* und *Honckenya peploides* (Abb. 4.2.10). Da zwischen den Pflanzen dauernd beweglicher Sand frei liegt, können Stürme die Dünen auch wieder zerstören. Schließlich aber, wenn die Düne dem Wind nicht mehr so stark ausgesetzt ist (etwa durch Bildung neuer Dünen vor ihr), wird sie von der Vegetation ganz erobert, wird zur tertiären «Graudüne». Auf den Nordseeinseln herrschen dann Zwergstrauchgesellschaften mit *Salix repens* und *Hippophae* oder mit *Empetrum* und *Calluna*, an der Ostsee Kiefernwälder. Fortschreitende Bodenbildung leitet zur «Braundüne» über. Wird die feste Pflanzendecke zerstört, kann die Dünenbildung, oft in Form großer Wanderdünen (z.B. Sylt, Frische und Kurische Nehrung), neu aufleben.

Halophytenvegetation im Binnenland ist an lokale Salzquellen, das Hervortreten salzführender Sedimente bzw. die Anreicherung von Salzen unter ariden Klimabedingungen geknüpft. Letztere Bedingungen fehlen in der mitteleuropäischen Region fast gänzlich, spielen aber in den (Halb-)Wüstenregionen eine große Rolle (S. 926, 930). In diesem Zusammenhang ist bemerkenswert, daß viele Halophyten der europäischen Meeresküsten Verwandtschaftsbeziehungen zu Formenkreisen zentralasiatischer Steppen und Salzwüsten aufweisen, z.B. *Artemisia maritima* oder *Beta vulgaris* subsp. *maritima*. – Wegen Binnendünen vgl. S. 921.

Bei der Besiedlung von Rohböden (Fels, Hangschutt, Sand u.a.) wirken sich Extremtemperaturen und die vielfach unzureichende bzw. unregelmäßige Wasserzufuhr hemmend aus (S. 327, 870ff., 875ff.). Hier finden sich Xeroserien der Vegetation, die von offenen Pionierstadien zu **Trockenrasen** und **Zwergstrauchheiden** und zuletzt zu Gehölz führen. Heute sind derartige Pflanzengemeinschaften in Mitteleuropa allerdings vielfach das Ergebnis menschlich bedingter Waldzerstörung und Weidenutzung (S. 893ff.).

An Felsen und Blockhalden können wir die schrittweise Besiedelung des Gesteins verfolgen. Die ersten Besiedler sind gesteinslösende Krustenflechten, manchmal auch Algen. Ihnen folgen Laubflechten (z.B. *Parmelia-, Umbilicaria*-Arten) und Polster oder Decken bildende Moose (z.B. *Grimmia-* bzw. *Rhacomitrium-* und *Hypnum*-Arten). In diesen und in Felsspalten sammelt sich der erste Boden, den höhere Pflanzen ausnutzen können (Spaltenpflanzen, wie die Farne der Gattung *Asplenium*, horstbildende Gräser, succulente *Sedum*-Arten u.a.). Diese tragen dann mit ihren Organen zur weiteren Ansammlung der Verwitterungsprodukte und zur Humusbildung bei. So entsteht eine zunächst sehr flachgründige Bodendecke (Rendzina über kalkreichem, Ranker über silicatischem Ausgangsmaterial: S. 881), die sich allmählich schließt und dabei nicht zu steile Felsflächen überzieht. Diese flachgründigen, wasserarmen Böden sind vor allem über basen- bzw. kalkreichem Gestein und in Südlagen Standorte von Trockenrasen mit vielen östlichen und südlichen Sippen, die vor allem im Spät- und frühen Postglazial in Mitteleuropa eingewandert sind (S. 912). Aus der pontisch-südsibirischen Region finden wir hier z.B. Arten mit Hauptverbreitung in der Waldsteppenzone, z.B. *Pulsatilla patens, Anemone sylvestris* oder *Allium strictum*. (Diese Arten siedeln in Sibirien oft in engem Verein mit kontinentalen, alpischen und arktisch-alpischen Arten wie *Aster alpinus* und *Anemone narcissiflora*!). Aus dem anschließenden Gebiet der Federgrassteppen stammen etwa die eurasischen Arten *Stipa stenophylla, St. joannis, St. capillata* und Verwandte (Abb. 1.3.85 B, C, 4.5.9) und *Artemisia campestris*, aus SO-Europa (und dem angrenzenden SW-Asien) *Linum flavum* agg. (Abb. 4.5.8), *Astragalus exscapus* agg., *Iris pumila* und *I. aphylla*. Submediterraner Herkunft sind z.B. *Fumana procumbens, Teucrium chamaedrys, Globularia punctata* (= *G. elongata*), *Scabiosa columbaria, Koeleria pyramidata, Anthericum liliago* und viele Orchideen wie *Himantoglossum hircinum, Orchis purpurea* und *Ophrys*-Arten. Diese zuerst noch offenen Trockenrasen mit xeromorphen Gräsern, Seggen und Stauden, mit Geophyten und Einjährigen schließen sich bei ungestörter Sukzession allmählich. Der Boden wird tiefgründiger, es siedeln sich Sträucher an (z.B. *Cornus sanguinea, Viburnum*

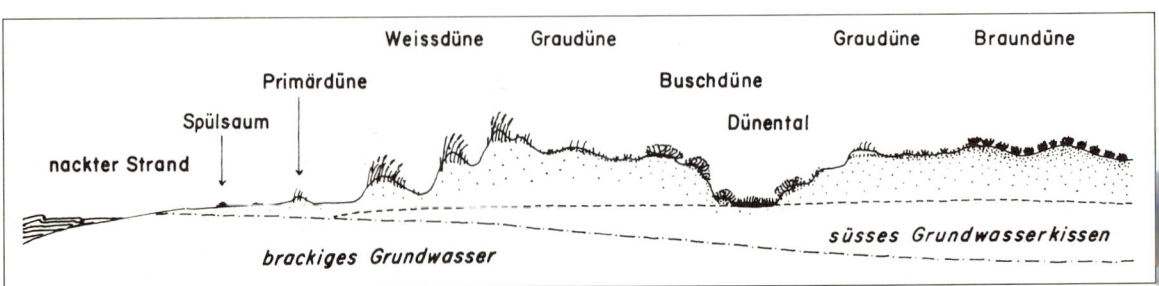

Abb. 4.5.6: Bildung und Besiedlung von Dünen an der Nordseeküste: vom Meer zum Land hin abnehmende Salzkonzentration und zunehmende Bodenbildung; die Braundüne ist unter natürlichen Bedingungen bereits bewaldet. (Nach Ellenberg.)

lantana) und zuletzt folgen die bereits erwähnten wärmeliebenden Eichenmischwälder.

Entlang der Tieflandströme haben sich während der Eiszeiten und im Postglazial vielfach ausgedehnte Sandflächen und Binnendünen entwickelt. Reste davon sind bis heute erhalten geblieben (z.B. in Osteuropa, in der zentraleuropäischen und oberrheinischen Tiefebene und im niederösterreichischen Marchfeld). Diese Sandflächen tragen im Westen Strauchflechtendecken und Silbergrasfluren (Abb. 4.2.24: Corynephorion, Leitart *Corynephorus canescens*), im Osten Sandsteppen mit vielen sarmatischen Arten (z.B. *Gypsophila fastigiata, Dianthus arenarius, Astragalus arenarius*).

Auf Silicatfelsen, kalkarmen Sandböden, aber auch im schmalen waldfreien Saum längs der Küsten (und örtlich über extrem sauren, mineralstoffarmen Anmoorböden) liegen in den unteren Höhenstufen die natürlichen Standorte der Zwergstrauchheiden. Das sind baumlose Gesellschaften, in denen niedrige Ericaceen wie *Calluna vulgaris* die Pflanzendecke bilden.

Besonders typisch sind die an ein ozeanisches Klima gebundenen nordwestdeutschen Heiden auf armen Sand- und Podsolböden (S. 880). Hier kommen neben dem vorherrschenden Heidekraut verschiedene atlantische Pflanzen wie *Erica tetralix, Genista anglica* u.a. vor; der gegen Verbiß unempfindliche Wacholder *(Juniperus communis)* ist häufig das einzige Gehölz. Noch vor Jahrzehnten waren solche Heiden sehr ausgedehnt (z.B. Lüneburger Heide). Heute ist der größte Teil wieder bewaldet oder in Ackerland verwandelt. Denn die meisten dieser Heiden sind offenbar dadurch entstanden, daß der ursprüngliche Wald vernichtet und sein Wiederaufkommen durch den Menschen unmöglich gemacht wurde, und zwar primär durch Weide, aber auch durch Brand (zur Verjüngung des von den Schafen abgefressenen Heidekrautes) und durch regelmäßiges Abhauen des Heidekrautes samt Rohhumusschicht als «Plaggen» (für Brennstoff, Streu und danach zur Düngung). Dadurch mußte der Boden immer mehr verarmen. – Die erste Bildung dieser sekundären Heiden reicht ebenso wie die der Wiesen und der Unkrautgesellschaften in vor- oder frühgeschichtliche Zeiten zurück.

Noch stärker vom Menschen und seiner Nutzung geprägt sind die **Wiesen** und **Weiden** der mitteleuropäischen Region (S. 858ff., 894f., Abb. 4.2.17, 4.3.33, 4.3.35). Dieses Kultur-Grünland nimmt heute beachtliche Flächen ein (in Deutschland und Österreich über 20% der Gesamtfläche) und bildet die Grundlage für die Vieh- und Milchwirtschaft.

Wiesen sind gehölzfreie oder gehölzarme Grasfluren auf mäßig oder stärker durchfeuchteten Böden, in denen zahlreiche Gräser oder Seggen (horstbildende und kriechende Formen) und Stauden vorherrschen. Natürliche Wiesen sind in Mitteleuropa nur in den Gebirgen an und oberhalb der Waldgrenze zu finden, ferner unter den Salzwiesen, da unsere Holzpflanzen Salzböden nicht ertragen. Die meisten Wiesen sind aber so entstanden, daß der Mensch zuerst den Wald vernichtet und dann durch regelmäßige Mahd (**Mähwiesen**) oder Beweidung (**Weiden**) sein Wiederaufkommen verhindert hat (Abb. 4.3.33). Im übrigen gibt es je nach den Bodenverhältnissen und der Art der Nutzung (Abb. 4.3.35) große Unterschiede. Unter den gemähten Futterwiesen werden die **Magerwiesen** nur einmal im Jahr gemäht und kaum gedüngt (Leitarten auf kalkarmen Böden *Agrostis tenuis*, auf kalkreichen *Bromus erectus*). Dagegen können die artenreichen **Fettwiesen** im Jahr 2–3mal gemäht und dann noch beweidet werden. Sie erfordern eine dauernd kräftige Düngung und einen frischen Boden (Leitarten in tieferen Lagen *Arrhenatherum elatius*, in höheren *Trisetum flavescens*). **Sumpfwiesen** werden in der Regel nicht gedüngt und oft nur zur Streugewinnung genutzt. In ihnen herrschen auf nassen Böden verschiedene Seggen-(*Carex*-)Arten, auf wechselfeuchten Böden das Pfeifengras (*Molinia coerulea*). Auf trockenen Böden finden sich beweidete, artenreiche **Halbtrockenrasen** (Triften) mit *Festuca ovina* agg., *Bromus erectus, Brachypodium pinnatum* und anderen etwas xeromorphen Gräsern; sie leiten über zu den Trockenrasen (S. 920). Beweidet werden auch die von *Nardus* beherrschten **Borstgraswiesen** der Gebirge, die in enger Verbindung mit Zwergstrauchheiden stehen.

Das intensiv genutzte **Kulturland** (Äcker, Gärten, Obstplantagen: S. 895f., Abb. 4.2.17) und die damit vergesellschafteten **Unkrautfluren** (S. 896f.) bedecken heute ein Drittel der Gesamtfläche Mitteleuropas und die Mehrheit ackerfähiger Böden. Die größte Bedeutung haben im landwirtschaftlichen Pflanzenbau (ungefähre Jahresproduktion 1988 in 10^6 t für Deutschland sowie Österreich in Klammern):

Getreide (42: davon Weizen und Gerste mit je knapp einem Drittel und der Rest Roggen, Hafer und Mais), Kartoffeln (20), Zuckerrüben (26,5: daraus ca. 4 Rohzucker), Raps (Samen zur Ölgewinnung: 1,7), Hülsenfrüchte (0,5), Gemüse (Kohlsorten, Gurken, Tomaten, Salat, Karotten, etc.: 4,2), Obst (Äpfel, Birnen, Pflaumen bzw. Zwetschgen, Kirschen, Pfirsiche, Aprikosen, etc.: 7,4), Weintrauben (1,8).

Hinsichtlich der Entstehung, Einwanderung, Ökologie und floristischen Gliederung von Getreide- und Hackfrucht-Unkrautfluren sowie von Ruderalfluren in Mitteleuropa vergleiche man die Hinweise in den vorigen Kapiteln (S. 502, 515, 758, 841, besonders 896f., 913 und Abb. 4.1.7).

2. Die Gebirge der mitteleuropäischen Region

Die Alpen und Karpaten beherbergen in ihren oberen Vegetationsstufen (hochmontan, subalpin, alpin, nival, S. 922: c–f) eine charakteristische **Flora** von vielen hunderten, teilweise endemischen Gefäßpflanzen. Ihre Verwandtschaftsbeziehungen deuten vielfach auf eine **Herkunft aus Formenkreisen der unteren Höhenstufen im südlichen Europa**, der übrigen europäischen bzw. asiatischen Gebirge oder auch der Arktis (S. 839, 907, 909). Die Endemiten bezeugen die relativ **selbständige Entwicklung der Alpenflora** und ihre Überdauerungsmöglichkeiten am Rande der eiszeitlichen Gletscher (S. 842, 909). Die weiter verbreiteten und heute vielfach disjunkten boreal + montanen bis arktisch + alpinen Arten schließlich dokumentieren den intensiven Florenaustausch, der während der quartären Kaltzeiten und im Postglazial bestanden hat, zwischen den Alpen und Karpaten einerseits und den südeuropäischen bzw. asiatischen Gebirgen sowie dem circumarktischen und -borealen Raum andererseits (S. 909).

Die Verwandtschaftsbeziehungen der für die europäischen Gebirge charakteristischen Gattungen *Rhododendron, Pedicularis, Androsace, Primula* und *Leontopodium* weisen auf zentral- und ostasiatische Gebirgsländer, die von *Sesleria, Crocus, Dianthus, Saponaria, Helianthemum, Globularia* auf den südeuropäischen Raum. Europäisch-(montan-)alpin sind z.B. *Soldanella, Biscutella* ser. *Laevigatae* (Abb. 3.1.46), *Ranunculus montanus* agg., *Geum montanum, Rhododendron ferrugineum* und *Linaria alpina.* In den Alpen endemisch sind z.B. *Rhodothamnus chamaecistus, Daphne striata, Rumex nivalis, Thlaspi rotundifolium, Gentiana bavarica* und *Cirsium spinosissimum.* (Weitere Hinweise und Beispiele S. 907)

Die **Vegetation** der mitteleuropäischen Gebirge läßt sich nach den Klimaxgesellschaften (S. 865; Leitarten: s. unten; Übersicht: Abb. 4.2.27, 4.5.3, Detail: Abb. 4.2.26) und den davon bestimmten **Höhenstufen** (= Vegetationsstufen) gliedern. Maßgeblich sind dafür die Abnahme der Temperatur, die Verkürzung der Vegetationszeit, die Zunahme der Niederschläge und der Windstärke (S. 883), die Verlängerung der Schneebedeckung, die Veränderung des Lichts (absolute Zunahme der direkten Strahlung, besonders ihres kurzwelligen Anteils) und andere Eigenschaften des Gebirgsklimas (Abb. 4.5.2B). Mit diesen Höhenstufen nimmt in den Alpen von unten nach oben der Blattflächenindex (Abb. 4.3.25) und die Produktivität ab (S. 887f.). Auch darin besteht eine gewisse Korrespondenz mit den Vegetationszonen (temperat, boreal, arktisch: Abb. 4.1.5) und den zugeordneten Formationstypen (Abb. 4.2.25).

In den Alpen und zum Teil auch in den höheren Mittelgebirgen kann man etwa folgende Höhenstufen unterscheiden (von denen besonders die unteren: a + b im vorigen Kapitel schon ausführlich behandelt wurden):

a) Planar-Kollin: Ebenen- und Hügellandstufe, bis ca. 300–500 m; ursprünglich mit wärmeliebenden Eichenmischwäldern (im Süden mit eingebürgerter Kastanie), Eichen-Hainbuchenwäldern, Kiefernwäldern sowie lokalen Trockenrasen und Steppen; heute vorherrschend Kulturland, stellenweise Weinbau.

b) Submontan: unterste Bergwald-(Übergangs-) Stufe, bis ca. 500–1000 m; ursprünglich Buchenwälder, aber an entsprechenden Standorten auch noch Eichen- und Hainbuchenwälder, gebietsweise auch Tannen; z.T. in Fichtenforste umgewandelt, vielfach noch Ackerbau.

c) Montan: Bergwaldstufe, bis ca. 1400 bis 1600 (1800) m; ursprünglich in ozeanischen Lagen untermontan noch Buchen-, obermontan Buchen-Tannen-Fichten-Bergmischwälder (Abb. 4.2.13), hochmontan teilweise reine Nadelwälder (mit Fichte), in kontinentalen Lagen auch nur Fichten-Lärchen-Wälder (Abb. 4.5.3); durch Forstkultur und Rodung (Grünland) mäßig verändert.

d) Subalpin: Kampfwald- und Krummholzstufe, bis ca. 1900–2200 (–2400) m; ursprünglich mit Legföhren- und Grünerlengebüschen aufgelockerte Lärchen-Zirbenvorposten; infolge Almwirtschaft heute oft Zwergstrauchheiden und Viehweiden.

e) Alpin: Zwergstrauch- und Grasheidenstufe, bis zur Grenze geschlossener Vegetationsflächen, bis ca. 2500–3000 m; unten geschlossene Zwergstrauchheiden, oben Rasen.

f) Subnival: Stufe polster- und teppichbildender Pflanzen, bis ca. 3000–3300 m; sehr stark aufgelockerte Vegetation.

g) Nival: Schneestufe, oberhalb der klimatischen Schneegrenze; nur an Graten und Felswänden letzte Gefäßpflanzenpioniere sowie Moose und Flechten; im ewigen Schnee Kryoplankton (S. 645).

Die Grenzen der einzelnen Höhenstufen schwanken auch innerhalb eines Gebirgszuges, vor allem mit veränderter Himmelslage (z.B. höhere Lage an Süd-, tiefere an Nordhängen, vgl. Abb. 4.5.3). Beim Vergleich verschiedener Gebirge und Gebirgsteile stellt man außerdem einen großen Einfluß der Massenerhebung des Gebirges und seines Klimacharakters fest, u.a. auch auf den Anteil der Nadelhölzer. So fehlen in dem kontinentaleren, sommerwärmeren und niederschlagsärmeren Klima der Zentralalpen meist die Laubwälder der (sub)montanen Stufe, während Kiefern, darüber Fichten, Lärchen und Zirben die Herrschaft gewinnen; hier liegt auch die Waldgrenze viel höher (bis 2400 m), deren Lage, abgesehen vom Klima, in hohem Maße auch davon abhängt, von welcher Pflanzenart sie gebildet wird. Umgekehrt kann unter ozeanischen Klimabedingungen die Nadelwaldstufe eingeengt werden oder fehlen; so bilden in den Vogesen, im Schweizer Jura und in den Randketten der Südalpen vielfach Bergahorn-reiche Buchenwälder die Waldgrenze.

Die Vegetation der oberen Höhenstufen (c–f) wird also besonders durch das zunehmende Hervortreten von Nadelhölzern, die Waldgrenze (S. 874f.) und die auffällig mosaikartige Anordnung der alpinen Pflanzengemeinschaft bestimmt (Abb. 4.2.26, 4.5.7). Die Ursachen für letzteres sind: verstärkte Erosion (Fels, Schutt, Wasser, Lawinen etc.) und Vegetationszerstörung bei gleichzeitiger Erschwerung der Bodenbildung und progressiven Vegetationsentwicklung; sehr ungleichmäßige und vom Relief abhängige Schneeverfrachtung durch den Wind (vgl. Abb. 4.5.7: Schneetälchen und Windecken); kleinräumige Differenzierung nach Exposition, Hangneigung, Bodenstruktur und Wasserverteilung.

Die Nadelmischwälder der (ozeanisch-)montanen Stufe (vgl. z.B. Abb. 4.2.13, 4.2.15) haben an nährstoffreichen Stellen oft noch einen hohen Anteil von Buchenbegleitern (z.B. *Galium [Asperula] odoratum, Mercurialis perennis, Dentaria enneaphyllos* u.a.). Daneben dominieren aber meist nährstoffarme Podsolböden (S. 880) mit Rohhumusauflage. Hier wachsen die typischen Arten des Vaccinio-Piceion, die mit Hilfe von Mykorrhizapilzen aus dem Rohhumus Nährstoffe erschließen können, also Heidel- und Preiselbeere (*Vaccinium myrtillus, V. vitis-idaea*), Farne (z.B. *Blechnum spicant*), Bärlappe (z.B. *Lycopodium annotinum*), Gräser (z.B. *Calamagrostis villosa*), mykotrophe Orchideen (*Corallorhiza trifida*), Halbschmarotzer (*Melampyrum sylvaticum*), Moose und Flechten. Diese Verhältnisse entsprechen weitgehend denen der circumborealen Nadelwälder (Abb. 4.5.1; S. 924). Das gilt auch für die durchschnittliche Phytomasse und Produktivität: die Werte liegen bereits deutlich unter denen der sommergrünen Laubmischwälder (Tab. 4.3.3, S. 891).

Die subalpinen Gebüschformationen und Nadelwaldvorposten sind mit Zwergstrauchheiden (z.B. Arten von *Rhododendron:* S. 797, Abb. 4.3.20, *Vaccinium*), Hochstaudenfluren, natürlichen Wiesen, lawinenbedingten Rasen u.a. durchsetzt. In ihrer Artenzusammensetzung besteht noch große Ähnlichkeit mit den Bergwäldern, doch genießen die Gebüsche infolge ihrer geringen Höhe im Winter den Schutz der Schneedecke. Leg-Föhren (*Pinus mugo*) dominieren an trockeneren oder nährstoffarmen, Grün-Erlen (*Alnus viridis*) an feuchte-

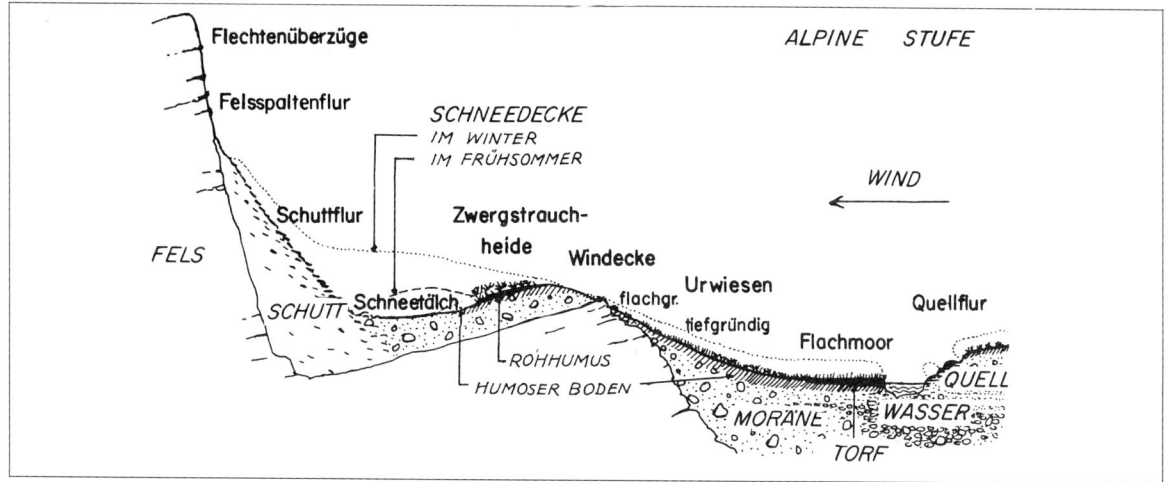

Abb. 4.5.7: Schema der Standorte und Vegetationstypen in der alpinen Stufe. Nach der Art des Substrates (Basengehalt, Bodenacidität u.a.) und der geographischen Lage ändert sich das Artenspektrum der jeweiligen Pflanzengesellschaften. Weitere Erklärungen im Text. (Nach Ellenberg.)

ren nährstoffreichen Standorten. In der subalpinen Stufe verläuft die obere Baumgrenze, die vielfach von einzelstehenden Fichten, im Alpeninneren auch von Lärchen und Zirben (bis 2400 m!) gebildet wird. Die Kronen dieser Pionierbäume werden, soweit sie die Strauchschicht übertragen, durch Sturm und Schneegebläse oft auf der Luvseite abgetötet und so zu bezeichnenden «Kampfformen» umgestaltet.

Alpine Pflanzengesellschaften sind außerhalb der Alpen und Karpaten noch verarmt in den Sudeten ausgebildet. In der unter-(= nieder-)alpinen Stufe herrschen zunächst noch Zwergstrauchheiden, besonders mit *Vaccinium*-Arten und an Windecken (Abb. 4.5.7) mit der sehr widerstandsfähigen Gemsheide (*Loiseleuria procumbens*, einer kleinblättrigen, niederliegenden Ericaceae), daneben und darüber natürliche, allerdings oft beweidete Rasengesellschaften, die sich nach oben immer mehr auflockern und verarmen (S. 865, Abb. 4.5.7). Sie sind ebenso wie die hier häufigen Fels- und Schuttgesellschaften (S. 920) reich an niedrigen Stauden mit leuchtenden Blütenfarben, z.B. aus den Gattungen *Papaver*, *Saxifraga*, *Draba*, *Primula*, *Androsace*, *Minuartia*, *Silene*, *Gentiana*, *Campanula*, *Phyteuma*, *Senecio* u.a. Je nach dem Gestein, ob Kalk oder Silicat (S. 349, 881f.), ergeben sich große floristische Unterschiede. In den alpinen Rasen spielen auf den sauren Böden die Krumm-Segge *(Carex curvula)*, unter neutralen Bedingungen das horstbildende Cyperacee *Elyna myosuroides*, auf Kalkböden das Blaugras *(Sesleria varia)* bzw. an Windkanten die Polster-Segge *(Carex firma)* eine führende Rolle. In lange von Schnee bedeckten feuchten Mulden, den «Schneetälchen», gedeihen sehr bezeichnende Pflanzengesellschaften mit niedrigen Kriechweiden (besonders *Salix herbacea*), *Soldanella*-Arten und verschiedenen Laub- und Lebermoosen.

In die nivale Stufe schließlich dringen nur noch wenige Blütenpflanzen vor, z.B. *Ranunculus glacialis* (bis 4275 m).

3. Die circumarktische Region

In dieser Region faßt man die nördlich der polaren Waldgrenze liegenden arktischen Bereiche Eurasiens und Nordamerikas zusammen (vgl. Abb. 4.1.5). Die Vegetationszeit beträgt maximal drei Monate, die Mitteltemperatur des wärmsten Monats liegt unter +10°C (bei Tageslängen von 24 Stunden), Dauerfrostböden sind verbreitet. Die bezeichnende Formation ist die Tundra. Die Arten des arktischen Geoelements haben vielfach disjunkte Vorkommen in den weiter südlich liegenden Gebirgen (vgl. z.B. Abb. 4.1.4). Das hängt mit ihren eiszeitlichen Arealveränderungen, vielfach aber auch mit ihrer Entstehungsgeschichte zusammen (S. 907ff.).

Circumarktisch verbreitet sind z.B. *Ranunculus nivalis*, *Papaver radicatum* agg., *Salix polaris*, *Cerastium arcticum* und *Carex lapponica*. Beispiele für arktisch-alpine Arten haben wir schon kennengelernt (S. 908f.). Subarktische Arten, wie etwa *Rubus chamaemorus*, reichen nach Süden noch in die boreale Zone hinein.

Die Tundren werden vor allem aus gegen Kälte widerstandsfähigen, vielfach immergrünen und kleinblättrigen Zwergsträuchern aufgebaut, z.B. *Juniperus communis* subsp. *alpina*, *Betula nana*, *Empetrum*, den Ericaceen *Loiseleuria* und *Phyllodoce* sowie niedrigen Weiden. Dazu kommen noch Cyperaceen, Gräser, Flechten (z.B. *Cetraria islandica*, *Cladonia rangiferina*) u.a. An wärmeren Südhängen finden sich auch noch artenreiche Matten, in Senken Sümpfe mit vielen Moosen und Seggen. Nach Norden nehmen Schuttfluren und Kältewüsten überhand; hier kann sich nur noch eine sehr offene Vegetation von Cryptogamen und krautigen Pionierpflanzen behaupten. Die Mittelwerte für Produktivität und Phytomasse sinken schon bei Tundren stark ab und erreichen in Kältewüsten Tiefstwerte (Tab. 4.3.3, S. 891). Trotzdem können Pflanzenfresser (z.B. Rentiere, Lemminge und Wasservögel) große Populationen aufbauen und die arktische Vegetation sehr beeinflussen.

4. Die circumboreale Region

Diese Region deckt sich mit der boralen Florenzone (Abb. 4.1.5) und läßt sich am besten durch die ausgedehnten immer- bzw. sommergrünen Nadelwälder der Nordhemisphäre kennzeichnen (Karte bei S. 919, Abb. 4.2.19). Die Vegetationszeit dauert in dieser sog. «Taiga»-Landschaft nicht mehr als ein halbes Jahr, nur 1–4 Monate haben eine Mitteltemperatur von mehr als

10°C. Es bestehen sehr enge Beziehungen zu den montanen und subalpinen Nadelwäldern der nördlicheren Gebirge der Holarktis (boreal-montane Areale). Vielfach vikariieren nahe verwandte Sippen in den verschiedenen Sektoren der borealen Zone.

Die europäisch-boreal-montanen Arten *Picea abies* (Abb. 3.2.176A-F) und *Larxis decidua* gehören zu boreal-eurasischen Formenkreisen; andere Arten dieser Gattungen finden sich in den borealen Nadelwäldern Nordamerikas. *Juniperus communis*, die Formenkreise von *Alnus viridis*, *Betula humilis*, *Ledum palustre* sowie *Vaccinium uliginosum*, *V. vitis-idaea*, *V. oxycoccos*, *Trientalis europaea*, *Cornus suecica* und *Linnaea borealis* sind circumboreal, *Pinus sylvestris*, *Betula pubescens*, *Polygonum bistorta*, *Geranium sylvaticum*, *Vaccinium myrtillus* u.a. eurasisch-boreal. Das boreale Geoelement ist nicht sehr artenreich; viele seiner Vertreter beherrschen aber, wie die angeführten Beispiele zeigen, die Vegetation dieser Region und der oberen Bergstufe holarktischer Gebirge.

Boreale Nadelwälder gedeihen sogar noch über Dauerfrostböden am Kältepol der Erde in Ostsibirien (Ojmejakon: mittlere Jahrestemperatur −16,1°, Minimum um −70°, Maximum +30° C). Ihr Lebensformspektrum ist vor allem durch Coniferen (immergrün: *Picea*, *Abies*, *Pinus*; sommergrün: *Larix*), durch untergeordnete kältefeste, kleinblättrige und oft nur strauchige Vertreter von Laubhölzern (besonders *Betula*, *Alnus*, *Populus tremula* agg. und *Salix*) sowie durch Zwergsträucher, ausdauernde Stauden, Moose und Flechten ausgezeichnet (betr. Bodenverhältnisse, Phytomasse und Produktivität vgl. S. 891). Weitere charakteristische Pflanzengesellschaften der borealen Region sind naturnahe Moore und Hochstaudenfluren. Die menschliche Nutzung äußert sich durch forstliche Eingriffe, Weide- und Wiesenwirtschaft sowie kältefeste Formen des Ackerbaus (besonders Roggen, Hafer, Kartoffel) und der Obstkultur (z.B. Äpfel).

5. Die pontisch-südsibirische Region

Diese Region ist ein Teil jener ausgedehnten Wald-(Baum-)steppen-, Steppen- und Wüstengebiete mit trockenem, kontinentalem Klima (Karte bei S. 919, Abb. 4.3.4A, 4.5.2D), die nach Osten in der temperaten bis submeridionalen Zone noch die zentralsibirisch-mongolische Region und in der meridionalen Zone noch die orientalisch-turanische sowie die zentralasiatische Region umfassen. Sie reicht damit von den pontischen Ländern am Nordrand des Schwarzen Meeres nach Osten über die vorderasiatischen Hochländer nach Zentralasien bis an den Amur und NO-China, nach Westen bis in den pannonischen Raum mit dem ungarischen Becken, seinen Randbergen und dem östlichen Niederösterreich und Burgenland (Abb. 4.1.12). Viele Arten des pontisch-südsibirischen Geoelements sind aber noch darüber hinaus in die mitteleuropäische Region vorgedrungen (S. 920). Den Übergang von den pontischen Steppen (und orientalisch-turanischen Wüsten) zu den mitteleuropäisch-sarmatischen Wäldern sowie die damit verknüpften Veränderungen der Umweltverhältnisse illustriert das Profil Abb. 4.3.5.

Das südosteuropäisch-asiatische Steppen- und Wüstengebiet ist insgesamt überaus artenreich; es wird etwa durch das Areal der vielfach dominierenden Sippen von *Stipa* ser. *Capillatae* (Abb. 4.5.9) umschrieben, läßt sich aber auch durch die hier mit formenreichen Verwandtschaftsgruppen zentrierten Gattungen *Astragalus*, *Gypsophila*, *Onosma*, *Salvia*, *Artemisia*, *Echinops* u.a. charakterisieren. Verwandtschaftliche Beziehungen bestehen vor allem zu den Gebirgsfloren Zentral- und Vorder-

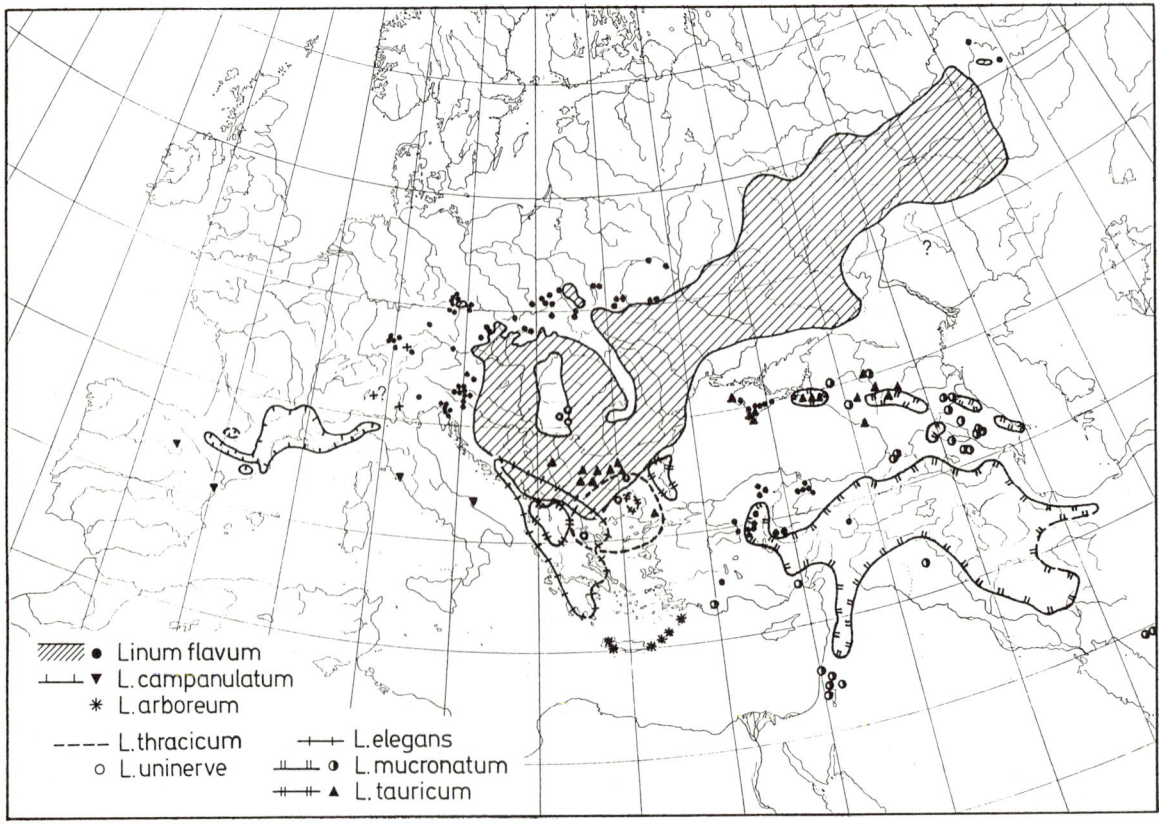

asiens und der Balkanhalbinsel, von denen sich viele Arten im Laufe der zunehmenden Ausdehnung der zentralasiatischen Steppen- und Wüstengebiete während des Tertiärs und Quartärs abgegliedert haben (vgl. dazu den Formenkreis von *Linum flavum*, Abb. 4.5.8). Leitarten für die pontisch-südsibirische Region im engeren Sinn wären etwa *Adonis vernalis, Prunus fruticosa* (Zwerg-Weichsel) oder *Oxytropis pilosa*, alles Arten, die auch noch Zentraleuropa erreichen.

Die holarktischen Steppen sind ein Formationstyp, in dem xeromorphe Gräser, Stauden und niedrige Halbsträucher, daneben auch Geophyten und Einjährige, eine mehr oder weniger geschlossene Pflanzendecke bilden. In der südrussischen Steppenzone sind es besonders die Federgräser *(Stipa)*, verschiedene *Festuca-, Koeleria-* und *Poa*-Arten und zahlreiche xerophytische Stauden (z.B. aus den Gattungen *Artemisia, Centaurea, Salvia*), von denen uns viele schon aus den mitteleuropäischen Trockenrasen bekannt sind. Die Grasnarbe, die aus horstbildenden und Ausläufer treibenden Formen besteht, kann hier in feuchten Gebieten über 1 m hoch werden, in trockenen Gebieten unter 1 dm zurückbleiben. Sie durchsetzt mit einem außerordentlich dichten und fein verteilten Wurzelsystem die obersten, in der Regel mehrere Dezimeter mächtigen, lockeren Bodenschichten, die von dem jährlich in beträchtlicher Menge gebildeten und ausgefällten milden Humus tief schwarz gefärbt sind. Besonders auf Löß sind solche Schwarzerden (Tschernoseme; S. 880) reich entwickelt und wegen ihrer Fruchtbarkeit als Getreideböden berühmt. Die mittlere Produktivität der Waldsteppen und temperaten Steppen liegt mit 700 bzw. 600 g Trockengewicht pro m^2 und Jahr zwischen den Werten für die sommergrünen Laubwälder und Halbwüsten (Tab. 4.3.3, S. 891), ihre Phytomasse ist gegenüber Wäldern stark reduziert.

Die Entwicklung der Steppenvegetation erfolgt periodisch. Der kalte Winter bewirkt eine völlige Vegetationsruhe. Frühjahr und Frühsommer, die die meisten Niederschläge bringen, sind die Hauptvegetationszeit, während der zuerst Geophyten und Einjährige, später immer dürreresistentere Pflanzen hervortreten. Gegen den Spätsommer und Herbst zu pflegt die Vegetation früher oder später zu verdorren. (Auch in anderen Steppengebieten, z.B. den nordamerikanischen Prärien und sogar in der australen Zone, in den Pampas Argentiniens und Uruguays, herrschen ähnliche Verhältnisse.)

Unter welchen Bedingungen solche Grassteppen an die Stelle von Wäldern treten, ist übrigens noch nicht abschließend geklärt. Der entscheidende klimatische Faktor ist wahrscheinlich der Umstand, daß in Steppengebieten die Niederschläge entsprechend ihrer mäßigen Höhe und ihrer jahreszeitlichen Verteilung nur die obersten Bodenschichten durchfeuchten, wo sie nur von dem dichten Wurzelwerk der Gräser und Stauden ausgenutzt werden, während Holzpflanzen einen genügenden Wasservorrat in tieferen Bodenschichten benötigen. Da die Bodenart die Tiefe der Durchfeuchtung beeinflußt (feinkörnig-poröse Böden wie der Löß halten das Wasser schon in den obersten Bodenschichten fest), spielt auch diese eine große Rolle. Zudem sind Weide bzw. Brand als baumfeindliche Faktoren offenbar schon in der Naturlandschaft (Beweidung durch große Säuger bzw. Brand durch Blitzschlag), vor allem aber im Gefolge des Menschen, an der Bildung und Erhaltung der Steppen mitbeteiligt (vgl. S. 883, 893ff.).

An der Grenze zu den Waldgebieten (in Osteuropa bei 400–450 mm Jahresniederschlag) finden wir die Wald-(Baum-)steppenzone, in der hochwüchsige Wiesensteppen entlang der Flußtäler, in feuchteren Mulden und auf durchlässigeren Böden (z.B. Sandböden) von Wäldern mit Eichen, Ulmen, Birken usw. durchsetzt sind, und in der manche Steppenpflanzen auch im Unterwuchs lichter Wälder auftreten.

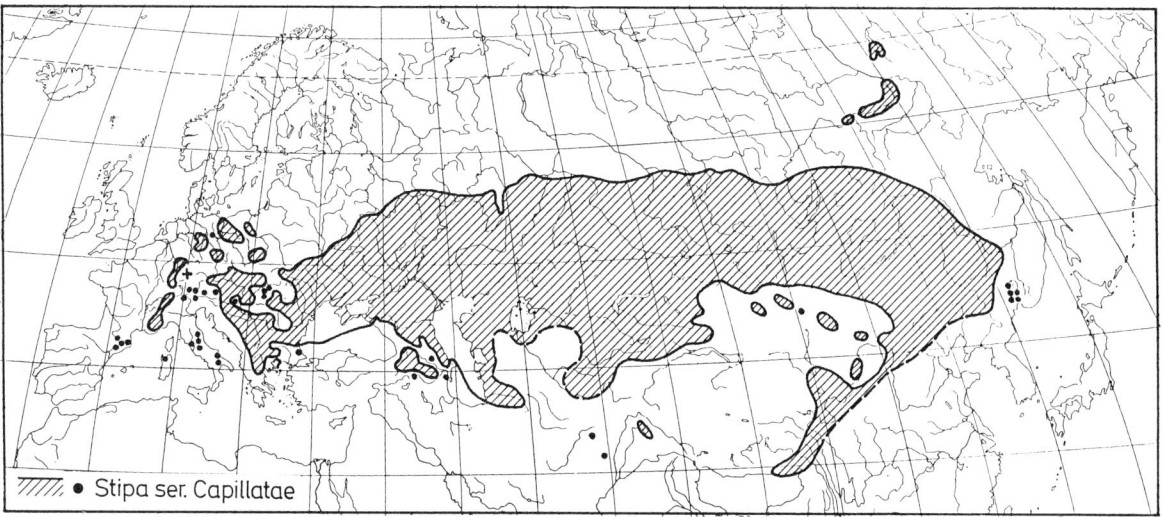

Abb. 4.5.9: Verbreitung der pontisch-südsibirischen Sippengruppe *Stipa* ser. *Capillatae*; am weitesten nach W strahlt *Stipa capillata* aus; + erloschenes Vorkommen. Vgl. S. 912, 920 und Text. (Orig. Meusel, Jäger & Weinert.)

Abb. 4.5.8: Verbreitung der pontisch-pannonischen Waldsteppenart *Linum flavum* und ihrer Verwandten *(Linaceae)*; größte Sippenmannigfaltigkeit der Gruppe im östlich-submediterranen Bereich; + erloschenes Vorkommen. Vgl. S. 912 und Text. (Orig. Meusel, Jäger, Rauschert & Weinert, Ergänzungen Petrova.)

Umgekehrt werden in den trockeneren Gebieten (in Osteuropa bei etwa 200 mm Jahresniederschlag) die Schwarzerdesteppen über Trockensteppen allmählich zu Halbwüsten: Der dichte Graswuchs verschwindet und wird durch immer lockerer stehende, niedrige Dornsträucher und Stauden (*Artemisia, Tanacetum* u.a.) ersetzt; dementsprechend nimmt auch die Humusbildung ab, an Stelle der Schwarzerden treten Grauerden (Seroseme; S. 880), und auf immer häufiger werdenden Salzböden breiten sich succulente *Chenopodiaceae* aus. Nur dort, wo der Boden wieder etwas feuchter wird, z.B. in den innerasiatischen Gebirgen, gedeihen auch mächtige Stauden wie der Rhabarber (*Rheum*) und die ebenfalls als Heilpflanzen bekannten Umbelliferen *Ferula* und *Dorema*. Diese Bereiche der Halbwüsten zählen schon zur turanisch-orientalischen Region (und zwar zur aralo-kaspischen Provinz) bzw. zur zentralasiatischen Region.

Den Westrand der pontisch-südsibirischen Region im östlichen Niederösterreich und Burgenland (vgl. Abb. 4.2.27) erreichen nur noch edaphisch bedingte aber doch artenreiche Wald- bzw. Rasensteppen auf Fels-, Sand-, Löß- und Salzböden, auf denen wärmeliebende Eichenmischwälder als Klimax-Vegetation keine geschlossenen Bestände mehr aufzubauen vermögen. Hier haben z.B. *Acer tataricum, Iris arenaria, Astragalus austriacus, Prunus tenella* (= *Amygdolus nana*) u.a. ihre Westgrenze. In den pannonischen Salzsteppen am Neusiedler-See finden sich sogar noch die letzten Ausläufer des aralokaspischen Geoelements (z.B. *Lepidium crassifolium*).

Die tiefergründigen Wald- und Rasensteppen der Holarktis sind heute fast zur Gänze in Kulturland, und zwar in Getreideanbaugebiete (besonders Weizen) umgewandelt worden. Die flachgründigen und trockenen Steppen und Halbwüsten werden – soweit nicht Bewässerung möglich ist – weithin als extensives Weideland genutzt.

In den kontinentalen Binnenräumen Asiens (und Nordamerikas) fällt bei den Höhenstufen der Gebirge auf, daß sich zwischen die wärmeren Trockensteppen tieferer und die kälteren Gebirgssteppen höherer Lagen vielfach nur noch schmale Bänder lockerer Coniferen-, Birken- oder Zitterpappelwälder (mit einer unteren und einer oberen Waldgrenze) einschieben; sie können aber auch gänzlich fehlen. Das bedingt einen engen Kontakt zwischen Hochgebirgs- und Steppenfloren (S. 920 f.).

6. Die makaronesisch-mediterrane Region

Hierher zählen wir die meeresnahen meridionalen und submeridionalen Lebensräume von den Kanarischen Inseln und den Azoren im Westen über die Küstenlandschaften und Inseln des Mittelmeeres bis zu den Kaukasusländern im Osten (Abb. 4.1.12, Karte bei S. 919). Die sehr mannigfaltige Oberflächengliederung und die abwechslungsreiche, im Vergleich zu Mittel- und Nordeuropa aber weniger katastrophale Klimageschichte (Spät-Tertiär, Eiszeiten!) haben die Entstehung und Erhaltung einer überaus arten- (und endemiten-)reichen Flora ermöglicht (ca. 20 000 Arten von Gefäßpflanzen!) (S. 863, 906, 909).

Die oft reichen Niederschläge in der makaronesisch-mediterranen Region fallen im Herbst und Frühjahr oder, weiter südlich, im Winter (S. 915, Abb. 4.5.2 C). Milde und frostarme Winter ermöglichen vielfach die Entwicklung immergrüner Gehölze aus den verschiedensten Familien, warme trockene Sommer bedingen deren Xeromorphie: Es sind Hartlaubgehölze (Abb. 4.2.25) mit meist kleinen, festen, manchmal auch eingerollten, nadelförmigen oder behaarten Blättern. Wie die Karte (bei S. 919) zeigt, findet sich dieser Formationstyp auch in anderen winterfeuchten und sommertrockenen Etesiengebieten der meridionalen bzw. australen Zonen (S. 839). In warmfeuchten Gebieten (z.B. auf den Kanarischen Inseln) kommen aber auch reliktäre Lorbeerwälder, im Übergangsbereich zur winterkalten mitteleuropäischen Region auch sommergrüne Flaumeichenwälder vor (Abb. 4.3.15). Die natürliche Pflanzendecke ist durch jahrtausendelange landwirtschaftliche Nutzung weithin verändert oder zerstört (Abb. 4.2.18).

Der Verbreitung nach können als Leitformen der makaronesisch-mediterranen Region gelten: *Globulariaceae, Cistus, Phillyrea, Rosmarinus, Lavandula* und *Ruscus. Erica arborea* und *Olea europaea* agg. lassen mit Arealanteilen in Ostafrika bzw. bis Südafrika und zum Himalaja die Beziehungen der mediterranen und subtropischen Floren erkennen. Darüber hinaus kennzeichnen die makaronesische Unterregion z.B. *Laurus azorica* und *Isoplexis* (primitive Verwandte von *Digitalis*); das mediterrane Kerngebiet *Quercus coccifera* (Abb. 4.5.10), *Qu. ilex, Arbutus unedo, Myrtus communis* u.a.; den südlichen Bereich z.B. Wild-Ölbaum (*Olea europaea* subsp. *oleaster*), *Ceratonia siliqua, Nerium oleander* und die Zwergpalme (*Chamaerops humilis*); den östlichen Sektor z.B. *Ostrya carpinifolia, Quercus pubescens* (Abb. 4.5.10), *Fraxinus ornus* u.a.; den nordöstlichen Bereich bzw. die kaukasische Unterregion z.B. *Prunus laurocerasus* und *Fagus orientalis*. Die W/O-Differenzierung kann auch durch Beispiele aus den Gattungen *Erysimum* (Abb. 3.1.36), *Ononis* (Abb. 4.1.3) und *Carlina* (Abb. 4.1.10) illustriert werden. Hinsichtlich der Relikttypen sei hier nochmals an die *Gesneriaceae* (S. 806), *Rhododendron ponticum* (S. 910) und *Platanus orientalis* (S. 906) erinnert.

In den Hartlaubwäldern spielen Stein-Eichen (*Quercus ilex*), daneben Kork-Eichen (*Qu. suber*) im Westen, Kermes-Eichen (*Qu. coccifera*) im Osten, Wild-Ölbaum und Johannisbrotbaum im Süden die erste Rolle; verschiedene mediterrane Kiefern wie *Pinus pinea, P. halepensis, P. pinaster* (= *P. maritima*) gesellen sich ihnen in offenen Vegetationstypen bei. Vielfach stocken diese mediterranen Hartlaubwälder auf Rendzina/Terra rossa-Böden (Abb. 4.2.18). Ihre Produktivität ist gegenüber den sommergrünen Laubwäldern deutlich abgesenkt (Tab. 4.3.3, S. 891). Meist ist in diesen altbesiedelten Ländern der Wald aber zu einem Hartlaubgebüsch, der «Macchie», oder gar zu einer strauchigen Heide («Garigue», «Phrygana» u.a.) umgewandelt worden (Abb. 4.2.18). Diese Formationen bestehen aus zahlreichen immergrünen Sträuchern (*Erica-* und *Cistus*-Arten, *Pistacia lentiscus, Juniperus oxycedrus,* dem Erdbeerbaum *Arbutus unedo*), den Dornsträuchern *Ulex* und *Calicotome,* Lianen wie *Smilax* u.a., deren natürliche Standorte z.B. in lichten Wäldern, über flachgründigen Böden, an Waldrändern und im Felsbereich zu suchen sind.

Extrem flachgründige Böden – sie entstehen entweder infolge fortschreitender anthropogener Degradation (Abb. 4.2.18) oder sind im felsigen Gelände natürlicher Herkunft – tragen mediterrane Felsheiden. Hier kommt die winterfeuchte und sommertrockene Vegetationsrhythmik besonders klar zum Ausdruck (Abb. 4.2.12). Diese Felsheiden sind reich an bunten und aromatisch duftenden Gewächsen, z.B. halbstrauchigen *Lamiaceae*, Geophyten (viele *Orchidaceae* und *Lilianae,* z.B. *Asphodelus*) und Einjährigen (darunter viele *Fabaceae*); sie geben den Mittelmeerländern heute weithin ihr charakteristisches Gepräge.

Für das Kulturland der Mittelmeerländer sind auf unbewäs-

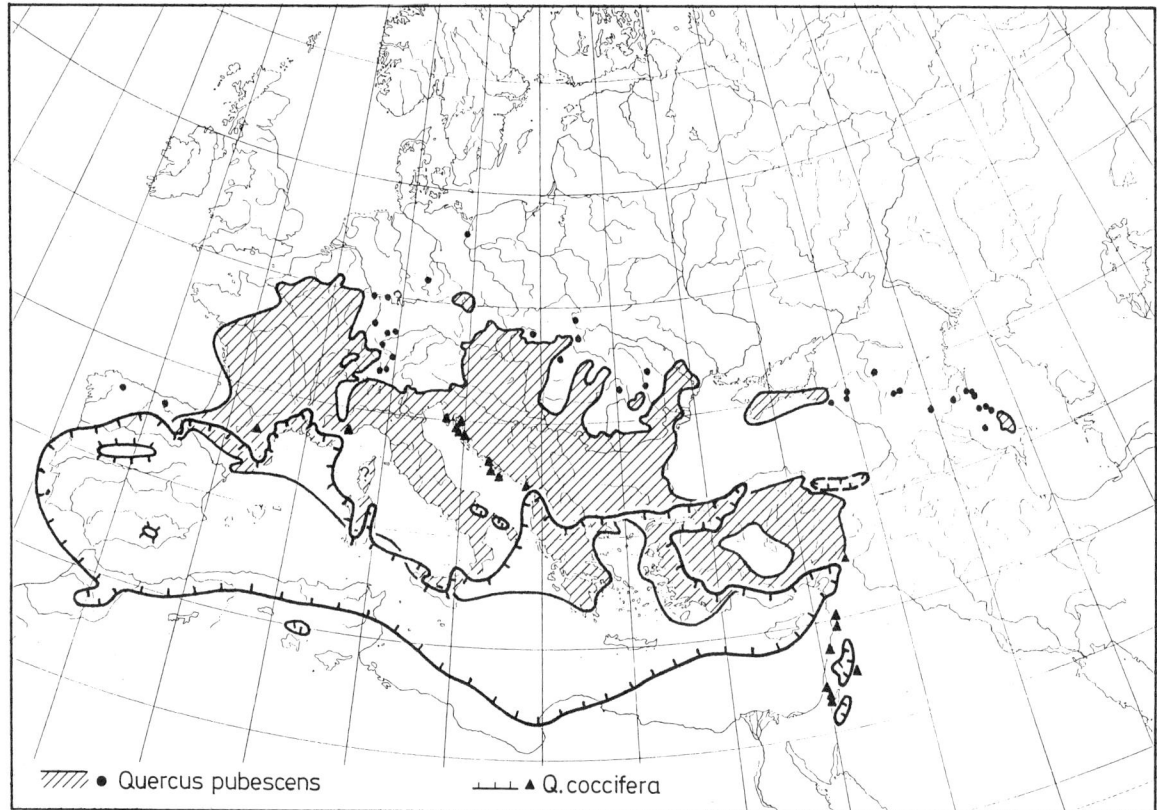

Abb. 4.5.10: Verbreitung der submediterranen sommergrünen Flaum-Eiche *Quercus pubescens* und der mediterranen immergrünen Kermes-Eiche *Quercus coccifera (Fagaceae).* (Orig. Meusel, Jäger & Weinert.)

serten Böden als Fruchtgehölze besonders Ölbaum, Mandel, Johannisbrotbaum und Wein sowie Getreidebau bezeichnend. Gemüse, Feigen und die aus Süd- und Ostasien eingeführten Citrusfrüchte werden meist bewässert.

Die Höhenstufen der makaronesisch-mediterranen Region kann man mit einer überwiegend paläotropischen halbwüstenartigen Xerophyten- und Succulentenstufe NW-Afrikas und der Kanarischen Inseln beginnen lassen; hier finden sich z.B. *Phoenix canariensis*, stammsucculente *Euphorbia*-Arten u.a. Darüber folgt die Stufe der typischen Lorbeer- und Hartlaubwälder. Besonders im südlichen Mittelmeergebiet ist dann eine Stufe mediterran-montaner Coniferen erhalten geblieben, u.a. mit *Cedrus* (S. 718f., 910), *Cupressus sempervirens*, verschiedenen *Abies*-Arten und *Pinus nigra* (Abb. 3.1.37). Noch höher finden sich Kugelpolstersteppen und offene mediterran-alpine Rasen. In den nördlichen Mittelmeerländern folgen dagegen in den winterlich kälteren bzw. bodenfeuchteren Lagen auf die Hartlaubstufe sommergrüne submediterrane Wälder mit *Quercus pubescens* (Abb. 4.3.15, 4.5.10), *Ostrya carpinifolia, Fraxinus ornus, Colutea arborescens, Cornus mas* u.a., die ihrerseits mit entsprechenden Rasen und Felsheiden vergesellschaftet sind. (Wir haben gesehen [S. 917, 920f.], daß diese submediterranen Vegetationstypen bzw. ihre Arten vielfach in die mitteleuropäische Region vordringen.) Über dieser Flaumeichenstufe folgen dann Buchenwälder, Zwergstrauchheiden und alpine Matten und Rasen – ähnlich wie in den Alpen (S. 922f.).

B. Die tropischen Florenreiche

Die tropischen Florenreiche umfassen die tropischen und subtropischen Zonen (und den australen Bereich Südamerikas) unter Ausschluß von Australien (vgl. Abb. 4.1.5). Wir unterscheiden ein **Paläotropisches Florenreich** der Alten Welt und ein **Neotropisches Florenreich** der Neuen Welt. Der enge floristische Zusammenhang dieser beiden Reiche (zahlreiche gemeinsame pantropische Familien), aber auch ihre Trennung (aufgrund zahlreicher endemischer Taxa, nur wenige gemeinsame Gattungen oder gar Arten) entsprechen der erdgeschichtlichen Entwicklung: Räumliche Nähe bzw. direkte Verbindungen von der Kreideperiode bis ins Alttertiär, dann fortschreitende Isolation und Einengung (Abb. 4.4.4, 4.5.14, S. 904ff.).

Pantropische Ordnungen bzw. Familien mit ausschließlicher oder überwiegender Verbreitung in den Tropen sind etwa *Marattiales*, Baumfarne *(Cyatheaceae* und *Dicksoniaceae), Cycadales, Gnetum, Annonacea, Myristicaceae, Lauraceae, Piperaceae, Moraceae, Podostemaceae, Mimosaceae, Rhizophoraceae, Myrtaceae, Melastomataceae, Araliaceae, Passifloraceae, Begoniaceae, Bombacaceae, Sterculiaceae, Ebenales, Myrsinaceae, Loganiaceae, Bignoniaceae, Gesneriaceae, Araceae, Zingiberales* und *Arecaceae* (Abb. 4.5.14). Beispiele für paläotropische Familien wären etwa *Dipterocarpaceae* (Abb. 4.5.14), *Nepenthaceae* und *Pandanaceae*, für neotropische Familien *Tropaeolaceae, Cactaceae, Bromeliaceae* (Abb. 4.5.14) und *Cannaceae*.

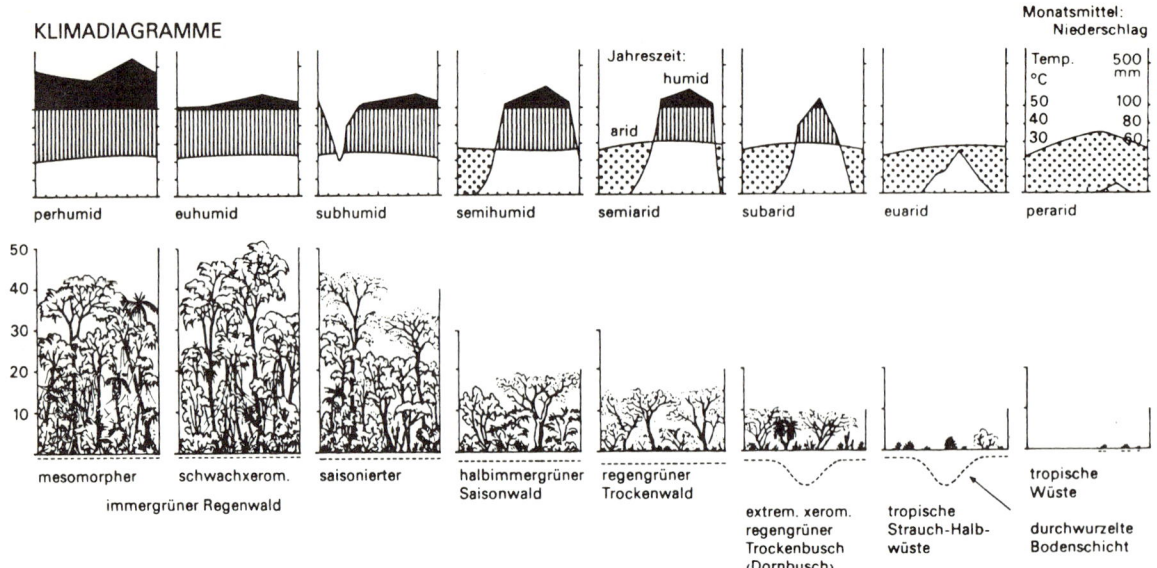

Abb. 4.5.11: Klima- und Vegetationsprofil der Tropenzone vom humiden bis zum ariden Bereich (am Beispiel des peruanischen Andenvorlandes). Vgl. dazu auch Abb. 4.3.26; weitere Erklärungen im Text. (Nach Ellenberg aus Klötzli.)

Die tropischen Florenreiche umfassen die artenreichsten Lebensräume der Erde (S. 846; wohl mehr als die Hälfte aller Gefäßpflanzen) und sind die Heimat der überwiegenden Mehrzahl der holzigen Angiospermen. Echte Jahreszeiten fehlen, es herrscht ein Tageszeitenklima (S. 868), vielfach ist aber ein Wechsel von Regen- und Trockenzeiten ausgebildet. Bei hohen mittleren Temperaturen (Klimadiagramm Abb. 4.3.4C) ist das Wasser der wichtigste begrenzende Faktor für Biomasse und Produktivität (Abb. 4.3.26A); danach gruppieren und verteilen sich die bestimmenden Pflanzenformationen (Abb. 4.2.25, 4.5.11, Farbkarte bei S. 919): Tropische immer- und halbimmergrüne Regenwälder, regengrüne Monsun-(Trocken-)wälder, Savannen, Dorngehölze, tropische Grasländer und Hitzewüsten. Oberhalb der Waldgrenze hat sich in den tropischen Gebirgen eine charakteristische «Paramo»-Vegetation entwickelt.

Tropische Regenwälder (Abb. 4.5.12) herrschen von Natur aus in jenen heißen Tropenklimaten, in denen die mittlere Jahrestemperatur mit nur sehr geringen Schwankungen zwischen 24 und 30° zu liegen pflegt und auch im kältesten Monatsmittel 18° nicht unterschreitet. Die Niederschläge sind hoch (Jahressummen 2000–5000 mm und mehr) und jahreszeitlich ziemlich gleichbleibend; vielfach fallen sie regelmäßig zu bestimmten Tageszeiten als Wolkenbrüche; längere Trockenperioden fehlen (Abb. 4.3.4C, 4.5.11). Diese ständig hohe

Abb. 4.5.12: Aufbau eines tropischen Regenwaldes der Niederungen (halbschematisch). Ordinate mit Höhenangaben in Metern. 1 Hartblättrige Epiphyten (z.B. *Bromeliaceae*), 2 weichblättrige Epiphyten (z.B. *Begoniaceae, Piperaceae*), 3 epiphytische *Orchidaceae*, 4 Palmen (*Arecaceae*), 5 Spreizklimmer (z.B. *Calamus*), 6 obere Baumschicht (etwa 50 m), 7 Rankenliane, 8 weichblättrige Kräuter (z.B. *Begonia, Araceae*), 9 Farne, 10 Cauliflorie, 11 Riesenstauden (z.B. *Musa*), 12 Baumwürger (z.B. *Ficus*), 13 Brettwurzeln, Riesenbaum (etwa 70 m) als Überständer, 14 niedrige Kräuter (z.B. *Zingiberaceae*). (Nach Klötzli.)

Feuchtigkeit und Wärme hat eine große Üppigkeit der Vegetation zur Folge. Hinsichtlich Biomasse und Nettoproduktivität werden Spitzenwerte erreicht (Tab. 4.3.3, S. 891). Die Biomasse steckt ganz überwiegend in den lebenden Pflanzen, der Bestandesabfall wird sehr rasch abgebaut, die charakteristischen Rotlehmböden (S. 879) haben nur einen geringen «infiltrierten» Humusgehalt.

Der Regenwald ist ungemein reich an immergrünen Bäumen aus den verschiedensten Familien (vgl. S. 927), aber fast frei von Coniferen; in der mehrschichtigen, ungleich hohen und unregelmäßig gefärbten Oberfläche seiner Baumkronen wird dies schon von ferne deutlich. Normalerweise finden sich 60–100 (200) Baumarten pro ha. Die Bäume haben meist gerade und hoch aufstrebende, aber nicht allzu dicke Stämme, die nur eine dünne Borke tragen. Sie sind am Grunde oft durch Brettwurzeln standfest gemacht, da das Wurzelsystem i.d. Regel nur sehr flachgründig ist (was in Trockenzeiten Wassermangel verursacht!). Die Baumkronen sind meist wenig verzweigt und haben ledrige und glänzende, oft auffällig gleichartig elliptisch geformte Blätter, die sich zu allen Zeiten des Jahres aus nur wenig geschützten Knospen entfalten können, da der (meist vorhandene) Wachstumsrhythmus der einzelnen Pflanzen durch keine allgemeine Klimaperiodizität gleichgerichtet wird. In den Baumkronen ist der Wasserhaushalt während der sonnigen Tagesstunden einer starken Beanspruchung ausgesetzt. Im Waldinneren ist die Luft an Wasserdampf nahezu gesättigt und reich an CO_2. Nur sehr wenig Licht erreicht den Waldboden. Der Unterwuchs besteht zu einem sehr großen Teil aus Jungpflanzen der dominierenden Gehölze. Daneben gibt es Riesenstauden (z.B. *Musaceae*), aber meist nur wenige niedrige Kräuter (z.B. Farne, *Urticaceae, Begoniaceae, Acanthaceae, Marantaceae* u.a.); oft Schattenpflanzen mit zartem, nicht selten auch bunt geflecktem und samtartigem Laub. Das «Streben nach Licht» kommt besonders in dem Reichtum an Lianen und Epiphyten zum Ausdruck (über ihre Anpassungsformen vgl. S. 190, 218f.). Zu den Lianen zählen klimmende Palmen *(Calamus)*, wurzelkletternde *Araceae, Piperaceae* und *Ficus*-Arten, letztere vielfach als sog. «Baumwürger» (S. 775) sowie viele schlingende und rankende Pflanzen; die Baumkronen können von ihnen ganz übersponnen werden. Unter den Epiphyten sind Moose und Flechten meist nur als Bewuchs der Blätter auffällig, während sich auf den Ästen und Stämmen Humus und Wasser sammelnde Nest-Epiphyten (wie der Farn *Asplenium nidus*), viele andere Farne, die (neotropischen) *Bromeliaceae* mit ihren Blattcisternen, wasserspeichernde *Orchidaceae* sowie *Selaginella*- und *Lycopodium*-Arten breit machen. Viele (die meisten?) der epiphytischen Bromelien und Orchideen sind CAM-Pflanzen (vgl. S. 281). Blüten treten in den Regenwäldern nur wenig hervor, zum Teil schon deshalb, weil sie sich zu allen Zeiten entfalten. Dagegen ist bemerkenswert, daß sie bei vielen Arten cauliflor, also aus Knospen an alten Stämmen und Ästen hervorbrechen (wie etwa bei *Theobroma cacao*, vgl. Abb. 3.2.253D), was offenbar mit dem großen Gewicht der Früchte und teilweise wohl auch mit den Bestäubungsverhältnissen zusammenhängen dürfte. Die tropischen Regenwälder haben auch eine unerhört mannigfaltige Tierwelt. Hier ist ein sonst kaum erreichtes Maß an ökologischer Integration und biotischen Interferenzen verwirklicht. Man vergleiche dazu etwa die Vielfalt des Blütenbesuchs (durch zahllose Insekten, Vögel und Fledermäuse: S. 749), der Frucht- und Samenausbreitung (S. 757f.), der Symbiosen (z.B. S. 375ff.) und der Abwehr phytophager Tiere (z.B. S. 885). All dies ist noch weithin unerforscht.

Bei Abnahme der Niederschläge unter 2000 mm bzw. bei Ausdehnung der Trockenperiode(n) über mehr als 2 Monate pro Jahr verändern sich die immergrünen Regenwälder in halbimmergrüne und weiter in regengrüne Saison- bzw.

Monsun- und Trockenwälder (Abb. 4.2.25, 4.5.11). Wo nämlich im Laufe des Jahres ausgeprägte Regen- und Trockenzeiten abwechseln, verlieren die meisten Bäume mit Beginn der Trockenzeit ihr Laub und treiben mit Beginn der Regenzeit neues. Die regengrünen Monsunwälder bilden also in mancher Hinsicht ein ökologisches Gegenstück zu unseren sommergrünen Laubwäldern. Ein bekanntes Beispiel sind etwa im indomalaiischen Gebiet die Wälder, in denen der wegen seines widerstandsfähigen Holzes geschätzte Teakholzbaum (*Tectona grandis*, eine Verbenacee) herrscht. Diese Monsunwälder haben zwar noch Lianen und krautige Epiphyten, aber die ungünstigere Wasserbilanz (S. 877) prägt sich außer im periodischen Laubfall auch in der geringeren Stammhöhe, der dickeren Borke, der stärkeren Verzweigung und den kleineren Blättern aus. Biomasse und Produktivität sind bereits deutlich niedriger als im Regenwald (Tab. 4.4.3).

Nehmen nun die Niederschläge noch weiter ab (<1500 mm/a) und werden die Trockenzeiten länger und ausgeprägter, so setzt eine zunehmende Lichtung des Waldes ein. Dann werden die Stämme im Durchschnitt noch niedriger, ihr Wurzelsystem immer ausgedehnter, die Borken noch dicker, die Blätter nicht nur bei den verbliebenen immergrünen, sondern auch bei den regengrünen Arten stark xeromorph. Es entstehen tropische Lockergehölze. Nur noch entlang der Flußniederungen schließen die Bäume dort als «Galeriewälder» dichter zusammen.

Im Unterwuchs vieler solcher tropischer Lockergehölze bedecken Gräser und krautige Pflanzen den Boden. Diese leiten dann zu den während der Trockenzeit verdorrenden **tropischen Grasländern** über, die von meist hohen, horstbildenden, xeromorphen Gräsern gebildet werden, zwischen denen aber in der Regel einzeln oder gruppenweise Sträucher und Bäume stehen. Auch diese sind dann ausgeprägt xeromorph. Manchmal haben sie dicke, wasserspeichernde Stämme wie der afrikanische Affenbrotbaum oder Baobab (*Adansonia digitata*, eine Bombacacee), oder es sind niedrige «Schirmbäume» mit flachen, in einer Ebene dicht verzweigten Kronen wie die bekannten afrikanischen Schirm-Akazien (*Mimosaceae*). Derartige, von Bäumen und Bauminseln durchsetzte (sub)tropische Grasfluren bezeichnet man als **Savannen**. Sie spielen vor allem in Afrika (z.B. «Miombo-Wälder»), aber auch in Südamerika (z.B. «Llanos» am Orinoco und «Campos cerrados» Brasiliens) eine große Rolle. Abb. 4.5.13 bringt ein Beispiel für ein Savannen-Ökosystem aus Ostafrika, wo *Acacia*-Arten und Gräser in sog. «Dornsavannen» die wichtigste Ernährungsgrundlage für die stark entwickelten Huftierpopulationen (z.B. Impala-Antilopen und Giraffen) sind.

Neben dem Klima sind für das Vorkommen der tropischen Savannen und Grasländer aber noch andere Umstände förderlich: feinkörnige, relativ viel Wasser speichernde Böden (für ihre Besiedlung eignet sich das dichte Wurzelsystem horstbildender Gräser besser als das der Bäume), in Niederungen das Auftreten von Überschwemmungen (was zur Entstehung von «Feuchtsavannen» führt), besonders die Auswirkungen von Bränden (die durch Blitzschlag entstehen können, häufiger allerdings von Menschen gelegt werden und den Baumwuchs zurückdrängen) und zuletzt Tierfraß und Weidewirtschaft. Daher können auch unter den gleichen klimatischen Bedingungen Grasfluren, Savannen und Wälder nebeneinander vorkommen.

Tropische Lockergehölze mit einem Unterwuchs von Dorngewächsen (häufig mit grüner, assimilierender Rinde), verändern sich bei zunehmender Trockenheit in teils regen-, teils immergrüne, oft mit Succulenten vergesellschaftete wald- und schließlich strauchartige **Dorngehölze**. Ein Beispiel sind die an *Mimosaceae* und *Cactaceae* reichen brasilianischen «Caatingas». In der Vegetationskarte bei S. 919 sind diese Vegetations-

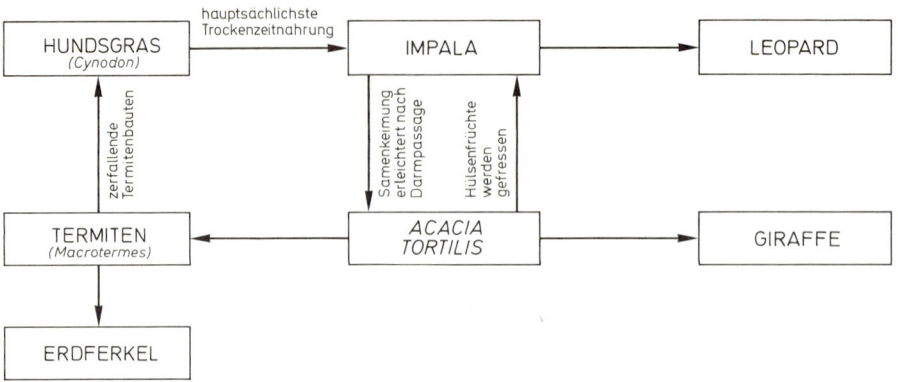

Abb. 4.5.13: Nahrungsketten und ökologische Interferenzen zwischen der Schirm-Akazie *Acacia tortilis*, Termiten, Pflanzenfressern (Impala-Gazelle, Giraffe), Omnivoren (Erdferkel) bzw. Räubern (Leopard) und einer dominierenden Gräsergattung *(Cynodon)* in der Savanne Ostafrikas. Vgl. S. 883, 889 und im Text. (Nach Lamprey aus Klötzli.)

typen als Dornbaum- und Succulentenwälder bzw. als Dornstrauch- und Succulentenformationen ausgeschieden.

Wo die Niederschläge in den (Sub)Tropen unter 500 mm pro Jahr sinken, wandeln sich Dorngehölze bzw. Graslander allmählich in **Halbwüsten** und schließlich (< 200 mm/a) in **Vollwüsten** (Abb. 4.2.25, 4.5.11). Biomasse und Produktivität (Tab. 4.3.3, S. 891) sinken dabei auf niedrigste Werte. Für die Vegetation dieser Hitzewüsten ist vor allem die geringe Bedeckung des Bodens mit Pflanzen bezeichnend, was mit der außergewöhnlichen Erschwerung eines halbwegs ausgeglichenen Wasserhaushaltes zusammenhängt. Denn die Niederschläge sind hier nicht nur außerordentlich gering (im südwestlichen Afrika z. B. nur 10–20 mm im Jahr, und dies bei gleichzeitig hohen Tagestemperaturen!). Sie fallen außerdem meist in kurzen Güssen, so daß das Wasser von dem nackten und oft verhärteten Boden rasch abfließt, und können in einzelnen Jahren sogar ganz ausbleiben. Weiter ist zu bedenken, daß die bei der Verwitterung entstehenden Salze im ariden Klima der Wüsten nicht ausgewaschen und weggeführt, sondern durch Verdunstung an der Oberfläche angereichert werden, so daß die Böden meist auch hohes osmotisches Potential entwickeln. Diesen extremen, durch große Temperaturgegensätze (S. 874), Lufttrockenheit, starke Strahlungsintensität, Stürme und Bodenbewegungen noch ungünstiger gestalteten Bedingungen begegnet die Pflanzenwelt auf zweifache Art: 1. als annuelle oder geophytische «Regenpflanzen», die den größten Teil des Jahres mit ihren Samen oder unterirdischen Überdauerungsorganen ruhend verleben, sich nach Regen aber sehr rasch entfalten, blühen und fruchten; sie zeigen vielfach keine weiteren Anpassungen an die Trockenheit. Und 2. als eigentliche Wüstenxerophyten (S. 187f.), die auch mit den sehr geringen Wassermengen das ganze Jahr oberirdisch aushalten können; zum Teil sind es Succulenten mit Wasserspeicherung und teilweise mit Sonderformen des Stoffwechsels (z. B. CAM: S. 281), meist aber niedrige, vielfach verdornte, nicht selten laubabwerfende oder mit den Sproßachsen assimilierende Sträucher oder auch Stauden und Gräser, die durch eingeschränkte Transpiration bzw. niedriges Wasserpotential und ein reich entwickeltes Wurzelsystem einem großen Bodenvolumen seine geringen Wassermengen entreißen (vgl. S. 323 ff., 327 ff., 337 f., 875 ff., Abb. 2.1.89, 2.1.05).

Im übrigen ist die Ökologie und besonders die Wasserversorgung der Wüstenpflanzen recht verschieden, je nachdem, ob es sich um Fels-, Kies-, Sand- oder Salzwüsten, um die Hochflächen oder die Wüstentäler (Wadis) handelt. Bei Grundwassernähe entstehen Oasen, für die im nordafrikanisch-indischen Gebiet die Dattelpalme *(Phoenix dactylifera)* besonders

bezeichnend ist. In Salzwüsten finden sich vielfach *Zygophyllaceae, Chenopodiaceae* und *Tamaricaceae* als Pioniere. Sonst lassen sich die paläotropischen (Halb-)Wüsten besonders durch succulente Arten der *Crassulaceae, Aizoaceae (Mesembryanthemum, Lithops* und verwandte Gattungen), *Asclepiadaceae (Stapelia* u.a.) und der Gattungen *Euphorbia* und *Aloe* charakterisieren (vgl. Abb. 1.3.43, 1.3.69B–C). In der Namib kommt die berühmte *Welwitschia mirabilis* (Abb. 3.2.187A) vor. An neotropischen Wüstenxerophyten seien vor allem die *Cactaceae* (Abb. 1.3.42–43 A), teilweise in mächtigen Kandelaberformen, S. 769), *Agavaceae (Agave, Yucca)*, und manche terrestrische *Bromeliaceae* genannt. Viele der genannten (Halb-)Wüstenbewohner sind CAM-Pflanzen (S. 281).

Von den (sub)tropischen Formationen, die an besondere Standortsbedingungen gebunden sind, können hier nur noch die **Mangroven** erwähnt werden (Abb. 1.3.100, 4.3.21). Es sind dies immergrüne, von meist baumartigen Halophyten gebildete Gehölze der Meeresküsten, die sich in geschützten Buchten, an Lagunen und Flußmündungen innerhalb des Gezeitenbereichs ansiedeln und einen tonig-sandigen Schlickboden bevorzugen, der bei Flut überschwemmt wird und bei Ebbe trockenfällt. Die Arten sind vielfach nach ihrem osmotischen Potential (Abb. 2.1.105, 4.3.21) und der Salzkonzentration der Böden zoniert (S. 883). Der größte Artenreichtum wird im indomalaiischen Gebiet erreicht. Die Vertreter der verschiedenen Familien, z. B. der *Rhizophoraceae (Rhizophora, Bruguiera), Verbenaceae (Avicennia), Sonneratiaceae (Sonneratia)* u.a., weisen häufig konvergent die gleichen Anpassungen auf (vgl. S. 227 ff., 373 und Abb. 3.2.242 A–C), nämlich Salzdrüsen, Organe zur Befestigung im Schlick, besonders Stelzwurzeln, dann Atemwurzeln als Anpassung an den sauerstoffarmen oder -freien Boden und schließlich die vivipare Vermehrung durch an der Mutterpflanze bereits ausgekeimte und etwas herangewachsene junge Pflanzen.

Die naturnahe Vegetation der Tropenzonen ist bereits heute durch die Ausdehnung von **Kulturland** sehr reduziert und aufs schwerste gefährdet (S. 892 ff., Abb. 4.3.32). In den Feuchtgebieten reichen die menschlichen Eingriffe vom ursprünglichen Wanderackerbau (nach Rodung und Brand) bis zur modernen Plantagenwirtschaft; meist nötigen die nährstoffarmen Böden dabei aber zur Düngung (S. 894). In den Trockengebieten finden sich vielfach Bewässerungskulturen. Überall wird Weide- und Viehwirtschaft betrieben.

Von wichtigen Kulturpflanzen sind ursprünglich paläotropisch (und zwar tropisch oder subtropisch) Reis, Zuckerrohr, Tee, Kaffee, Pfeffer, Zimt, Ingwer, Cocosnuß, Banane und die *Citrus*-Arten. Ursprünglich neotropisch sind Mais, Kartoffel,

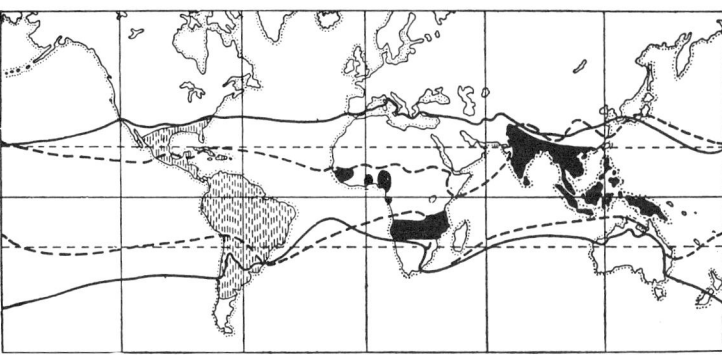

Abb. 4.5.14: Verbreitung tropisch-subtropischer Familien: Nord- und Südgrenze der *Arecaceae* (Palmen; ausgezogene Linie) und der *Zingiberaceae* (unterbrochene Linie), beide pantropisch. Areal der *Dipterocarpaceae* (paläotropisch, schwarz) und der *Bromeliaceae* (neotropisch, gestrichelt; eine Art auch im tropischen W-Afrika). (Aus Vester.)

Maniok, Batate, Erdnuß, Kakao, Paprika, Tomate, Kürbis, die Chinarindenbäume *(Cinchona)*, die Agaven u.a. Die Stammpflanzen der Baumwolle und die zahlreichen Kautschukpflanzen gehören beiden Gebieten an. Heute werden alle diese Arten weltweit kultiviert.

In den Gebirgen der feuchteren Tropen (Abb. 4.5.1) folgen auf die Niederungs-Regenwälder als **Höhenstufen** bei abnehmender mittlerer Jahrestemperatur (gleichzeitig auch abnehmender Wuchshöhe und Produktivität) über 1500 m (±20°C) **Gebirgsregenwälder** (mit Baumfarnen und üppiger Entwicklung von epiphytischen Moosen) und zuletzt über 2500 m (±16°C) bis zur Baumgrenze, niedrige **Nebelwälder** («Ceja»; mit hart- und kleinlaubigen Gehölzen, z.B. Ericaceen, zahlreichen Flechten etc.). Diese subalpinen Buschwälder gehen bei etwa 3500 m (±12°C) – in den Anden mit der Rosaceen-Gattung *Polylepis* (Abb. 4.5.1) vereinzelt auch erst bei 4200 m – allmählich in ein vielfach anmooriges tropisch-alpines Gras- und Heideland über, das als «**Paramo**» (in trockener Ausbildung als «**Puna**») bezeichnet wird. Hier herrscht extremes Tageszeitenklima mit häufigen Niederschlägen und Nebeln, das etwa bei 4500 m (±4°C) fast täglich nächtlichen Bodenfrost und Tagestemperaturen bis zu 20°C und mehr bringt. Als Anpassung an diesen Lebensraum ist konvergent mehrmals die Wuchsform der **Kerzenschopfbäume** (mit etwa 1–8 m Höhe) entstanden, z.B. bei Arten von *Senecio* (Abb. 3.2.270C) und *Lobelia* in Afrika oder bei *Espeletia* (*Asteraceae*) und *Puya* (*Bromeliaceae*) in den Anden. Horstgräser und Polsterpflanzen steigen bis zur Schneegrenze, die in den Tropen bei etwa 5000 m, in den trockenen Subtropen bis zu 6000 m Höhe liegt.

C. Die südhemisphärischen Florenreiche

Die Kapregion, Australien, die Antarktis und das südlichste Südamerika waren Teile des während der Jura- oder Kreideperiode auseinandergebrochenen Südkontinents Gondwana (Abb. 4.4.2, 4.4.4). Dieser Zusammenhang spiegelt sich bis zur Gegenwart in der Verbreitung von Verwandtschaftsgruppen, die in diesen Räumen (aber auch im angrenzenden Südafrika und Südamerika sowie auf den südwestpazifischen Inseln) ihre Verbreitungsschwerpunkte haben. Die sehr unterschiedlichen klimatischen Verhältnisse bedingen die Präsenz fast aller Formationstypen. Insgesamt trägt aber die geringere Ausdehnung und stärkere Isolation der Festlandmassen und die dadurch verstärkte Ozeanität zu einer auffälligen Asymmetrie gegenüber der nordhemisphärischen Pflanzendecke bei (Abb. 4.5.1).

Beispiele für südhemisphärische Familien sind etwa die *Araucariaceae, Podocarpaceae, Winteraceae, Cunoniaceae, Proteaceae, Gunneraceae* und *Restionaceae*. Australien, Neuseeland und Südamerika haben darüber hinaus noch die *Epacridaceae, Nothofagus* (Abb. 4.0.2) u.a. gemeinsam, was auf ihre längere Verbindung über die Antarktis hinweist.

Das **Kapländische Florenreich** – das kleinste von allen – ist ein warmgemäßigtes, sommertrockenes Winterregengebiet. Immergrüne, kleinblättrige Hartlaubgebüsche und -heiden, die durch das fast völlige Fehlen von Bäumen und einen großen Reichtum an Geophyten und Einjährigen auffallen, bedecken hier das Land. In der außergewöhnlich artenreichen Flora (etwa 6000 Samenpflanzen, darunter sehr viele Endemiten: S. 846) spielen besonders die *Proteaceae* und die Gattung *Erica* (mit über 450 Arten!), dann z.B. viele *Lilianae*, Pelargonien und in den trockenen Randgebieten besonders die succulenten Mesembryanthemen und Stapelien sowie viele succulente Euphorbien eine wichtige Rolle.

Das **Australische Florenreich** ist zum größten Teil ein wintermildes Xerophytenreich, in dem Hartlaubwälder und Hartlaubgebüsche («Scrubs»), parkartige Savannen und selbst Steppen und Wüstengesellschaften (aber fast ohne Succulenten!) die natürliche Pflanzendecke zusammensetzen. Anpassungen an regelmäßige Brände und die Nährstoffarmut der Böden prägen diese Vegetation. Nur an der Nordostküste bilden feuerfreie und nährstoffreiche Regenwälder eine Übergangszone zur Paläotropis. Außerordentlich groß ist die Zahl der Endemiten in der reichen Flora von über 20000 Arten (davon 80–90% endemisch). Besonders hervorzuheben sind die Myrtaceen *Eucalyptus* (über 500 immergrüne Arten, von riesigen Bäumen bis zu kleinen Sträuchern) und *Melaleuca*, viele Proteaceen (z.B. *Grevillea, Hakea, Banksia*), zahlreiche Phyllodien bildende Akazien, die meisten *Casuarina*-Arten sowie die «Grasbäume» der *Lilianae*-Gattung *Xanthorrhoea*.

Zum artenarmen **Antarktischen Florenreich** schließlich gehören das südlichste Südamerika sowie die Südinsel von Neuseeland mit immerfeuchten, moos- und farnreichen, von Hochmooren durchsetzten kühl- bis kalttemperaten Regenwäldern, in denen die teils immer-, teils sommergrünen antarktischen «Buchen» der Gattung *Nothofagus* (*Fagaceae*) herrschen; und weiter die waldlosen Inselgruppen im Umkreis der Antarktis mit ihren subantarktischen Heiden und eigenartigen Polsterpflanzen (z.B. der Umbellifere *Azorella*, vgl. Abb. 1.3.29).

D. Das Ozeanische Florenreich

Auch die Ozeane lassen sich nach den wenigen Gefäßpflanzen (besonders sind dies «Seegräser» der *Zosteraceae*), vor allem aber nach ihrer Algenflora räumlich gliedern.

Dabei kann man die Küsten mit der Lebewelt des Benthos (festgewachsene Braun-, Grün- und Rotalgen etc.; Abb. 3.2.97, S. 645) der Hochseeflora mit ihren Planktonalgen (besonders mit Peridineen, Diatomeen, Coccolithophoraceen u. a.; S. 644) gegenüberstellen. Weiter beeinflussen besonders Strahlung, Temperatur (S. 644, 874) und Nährstoffreichtum (S. 878 f.) die ökologische Differenzierung, die Biomasse und die Produktivität (S. 888, 891 f., Abb. 4.3.31, Tab. 4.3.3).

Werfen wir einen abschließenden Blick auf die farbige Karte des Pflanzenkleides der Erde (bei S. 919): Seit Jahrmillionen wird dieses Kleid immer wieder neu und sich verändernd aus einer Fülle von pro- und eukaryotischen, ein- bis vielzelligen pflanzlichen Organismen zusammengefügt. Die raumzeitliche Entfaltung, Expansion und Differenzierung dieser Pflanzenwelt hat sich in enger Relation zu den geologischen Veränderungen der Erdoberfläche vollzogen. Ein Zeugnis dafür sind etwa die großen Florenreiche, z.B. Holarktis oder Paläo- und Neotropis.

Hinsichtlich ihres Baues – vom Molekular- bis zum Organbereich – und ihrer Funktionen – vom Energie- und Stoffwechsel bis zur Entwicklungsphysiologie – zeigen die pflanzlichen Produzenten eine faszinierende Mannigfaltigkeit und Anpassungsfähigkeit. Im Wechselspiel mit Konsumenten, Destruenten und der unbelebten Umwelt ergibt sich daraus die Grundlage für das Wesen und die Leistungsfähigkeit der Ökosysteme unseres Planeten. Die verschiedene Struktur und räumliche Verteilung dieser Ökosysteme spiegelt sich in den Klimax-Formationstypen unserer Farbkarte.

Wenn wir dieses heutige Bild der Biosphäre nochmals mit dem vergangener erdgeschichtlicher Epochen vergleichen und bis zu den Uranfängen zurückverfolgen, dann wird uns bewußt, wie entscheidend die Organismen das heutige Bild unserer Erdoberfläche mitgeformt und mitbestimmt haben. Dabei sehen wir

a) eine immer stärkere Verknüpfung und Harmonisierung aller Lebensvorgänge (ökologische Integration),

b) eine für das Gesamtsystem (nicht irgendwelche Einzelglieder) immer bessere Nutzung der Umweltgegebenheiten (ökologische Rationalisierung und Ökonomie) und

c) eine fortschreitend verbesserte Selbstregulierung und Unabhängigkeit von allen Umweltbegrenzungen (ökologische Selbstkontrolle und Independenz).

Auch der Mensch sollte sein für die Biosphäre heute so entscheidendes Denken, Tun und Handeln nach diesen positiv-gestaltenden Lebensprinzipien ausrichten.

Literaturhinweise

Tieferes Eindringen in den Stoff ermöglichen die nachstehend aufgeführten Werke und zusammenfassenden Aufsätze. Darin findet man auch die Spezialliteratur; diese wird vielfach ergänzt durch neue Abhandlungen, die meist in den botanischen Zeitschriften erschienen sind, hier aber nicht alle aufgezählt werden können. Seit dem Jahre 1931 unterrichtet kurz über neue Forschungsergebnisse in allen Gebieten der Pflanzenkunde die alljährlich erscheinende Zeitschrift »Fortschritte der Botanik« (**FdB**), bzw. Progress in Botany, Berlin – Heidelberg – New York (**PB**), auf die hier besonders hingewiesen sei.

In den folgenden Literaturhinweisen bedeuten: **AoB** = Annals of Botany; **BB** = Bibliotheca botanica; **BBC** = Beihefte z. Botan. Zentralblatt; **BDBG** = Berichte d. Deutsch. Bot. Gesellsch.; **BJSy** = Bot. Jahrbücher für System. u. Pflanz.geographie; **EB** = Ergeb. d. Biologie; **EP** = Encyclopedia of Plant Physiology; **FdB** = Fortschritte d. Botanik; **HA** = Handbuch d. Pflanzenanatomie, Berlin; **HN** = Handwörterbuch d. Naturwiss., 2. Aufl.; **HV** = Handbuch d. Vererbgswissensch., Berlin; **HP** = Handb. d. Pflanzenphysiol.; **JwB** = Jahrbücher f. wiss. Botan.; **NW** = Naturwissenschaften, Berlin; **PB** = Progress in Botany; **Pl** = Planta; **PrB** = Progressus rei botan.; **ZB** = Zeitschr. Botan.; **ZPf** = Zeitschrift für Pflanzenphysiologie.

Literatur zur Einleitung und Morphologie

1. Geschichte der Botanik

Jahn, I., Löther, R. & Senglaub, K., Geschichte der Biologie. Jena, 2. Aufl. 1985

Mägdefrau, K., Geschichte der Botanik. Stuttgart 1973

Mayr, E., Die Entwicklung der biologischen Gedankenwelt. Berlin 1984

2. Fortschrittsberichte

Behnke, H.-D., et al. (eds), Progress in Botany. Berlin, 52. Bd. 1990

Jährliche Fachgebiets-Übersichten der Annual Reviews Inc., Palo Alto, Calif., u.a. (mit Hrsg. u. Bandnummer v. 1990): Ann. Rev. of Biochemistry (Richardson, C.C., et al., eds.; 59); ... Cell Biology (Palade, G.E., et al., eds.; 6); ... Genetics (Campbell, A., et al., eds.; 24); ... Microbiology (Ornston, L.N., et al., eds.; 44) ... Phytopathology (Cook, R.J., et al., eds.; 28); ... Plant Physiology and Plant Molecular Biology (Briggs, W.R., et al., eds.; 41)

3. Lexika, Terminologie, Daten

Dietrich, G. & Stöcker, F.W. (Hrsg.), Fachlexikon ABC Biologie. Thun, 6. Aufl. 1986

Flindt, R., Biologie in Zahlen (Datensammlung). Stuttgart, 3. Aufl. 1988

Herder Lexikon der Biologie. 9 Bde. (*Das* umfassende Nachschlagewerk!) Freiburg 1983–1987

Medawar, P.B. & J.S., Von Aristoteles bis Zufall. Ein philosophisches Wörterbuch der Biologie. München 1986

Natho, G., Müller, C. & Schmidt, H. (Hrsg.), Morphologie und Systematik der Pflanzen. Stuttgart 1990

Schubert, R. & Wagner, G., Pflanzennamen und botanische Fachwörter. Leipzig, 9. Aufl. 1988

Vogel, G. & Angermann, H., dtv-Atlas zur Biologie. 3 Bde. München, 5. Aufl. 1990

Vogellehner, D., Botanische Terminologie und Nomenklatur. Stuttgart, 2. Aufl. 1983

4. Wissenschafts- und Erkenntnistheorie

Lorenz, K., Die Rückseite des Spiegels. München 1973

Mohr, H., Lectures on structure and significance of science. Springer, New York 1977

Popper, K.R., Logik der Forschung. Siebeck, Tübingen 1969

Popper, K.R., Objektive Erkenntnis. Hoffmann & Campe, Hamburg 1984

Vollmer, G., Was können wir wissen? 2 Bde. Hirzel, Stuttgart 1985, 1986

5. Lebensentstehung und -entwicklung

Eigen, M. & Schuster, P., The hypercycle. Berlin 1979

Haken, H. & Haken-Krell, M., Entstehung biologischer Informationen und Ordnung. Darmstadt 1989

Küppers, B.-D., Der Ursprung biologischer Information. München 1986

Monod, J., Zufall und Notwendigkeit. München 1971

6. Lehr- und Forschungsfilme

Wissenschaftliche Filme Biologie. IWF, Göttingen 1986. (Eine Fülle sehr instruktiver Kurzfilme, auch als Videokassetten u. Bildplatten; Kauf u. Verleih. Katalog: Institut für den Wissenschaftl. Film, Nonnenstieg 72, D-3400 Göttingen, Tel. 05 51-20 22 02)

Bau und Feinbau der Zelle

1. Zusammenfassungen, Lehrbücher

Brandt, P., Molekulare Aspekte der Organellenontogenese. Berlin 1988

Clowes, F.A.L., & Juniper, B.E., Plant cells. Oxford 1968

Gunning, B.E.S. & Steer, M.W., Bildatlas zur Biologie der Pflanzenzelle. Stuttgart, 3. Aufl. 1986

Hall, J.L., Flowers, T.J. & Roberts, R.M., Plant cell structure and metabolism. London, 2. Aufl. 1982

Kiermayer, O. (ed.), Cytomorphogenesis in plants. Wien 1981

Kleinig, H. & Sitte, P., Zellbiologie. Ein Lehrbuch. Stuttgart, 2. Aufl. 1986

Küster, E., Die Pflanzenzelle. Jena, 3. Aufl. 1956

Reinert, J. & Ursprung, H. (eds.), Origin and continuity of cell organelles. Berlin 1971

Rensing, L., & Cornelius, G., Grundlagen der Zellbiologie. Stuttgart 1988

Robards, A.W. (ed.), Dynamic aspects of plant ultrastructure. London 1974

Schlegel, H.G., Allgemeine Mikrobiologie. Stuttgart, 6. Aufl. 1985

Tolbert, N.E. (ed.), The biochemistry of plants 1. The plant cell. New York 1980

2. Entwicklung der Zellforschung

Cremer, T., Von der Zellenlehre zur Chromosomentheorie. Berlin 1985
Gall, J.G., Porter, K.R. & Siekevietz, P. (eds.), Discovery in cell biology. J. Cell Biol. 91/3, Part 2, 1981
Giesbrecht, P., Schweiger, H.-G. & Franke, W.W., Mikroskopie und Zellbiologie in drei Jahrhunderten. Heidelberg 1980
Sitte, P., Die Entwicklung der Zellforschung. Ber. Deutsch. Bot. Ges. 95, 1982
Tooze, J. & Prentis, S. (eds), Trends in biochemical sciences, vol. 100, 1984

3. Methoden der Zellforschung

Gerlach, D., Das Lichtmikroskop. Stuttgart, 2. Aufl. 1985
–, Botanische Mikrotechnik. Stuttgart, 2. Aufl. 1977
Lange, R.H. & Blödorn, J., Das Elektronenmikroskop, TEM + REM. Stuttgart 1981
Linskens, H.F. & Jackson, J.F. (eds.), Cell components. Heidelberg 1985
Plattner, H. & Zingsheim, H.P., Elektronenmikroskopische Methodik in der Zell- und Molekularbiologie. Stuttgart 1987
Rickwood, D. (ed.), Centrifugation. Oxford, 2. ed. 1984
Robinson, D.G., Ehlers, U., Herken, R., Herrmann, B., Mayer, F. & Schürmann, F.W., Präparationsmethodik in der Elektronenmikroskopie. Berlin 1985
Shaw, C.H. (ed.). Plant molecular biology – a practical approach. Oxford 1988

4. Fortschrittsberichte

Jeon, K.W. & Friedlander, M. (eds.), International review of cytology, A survey of cell biology. New York, Vol. **121**: 1990
Palade, G.E., et al. (eds.), Annual review of cell biology. Ann. Rev. Inc., Palo Alto (Vol. 6: 1990)

5. Molekulare Komponenten der Zelle; Biochemie, Biophysik

Adam, G., Läuger, P. & Stark, G., Physikalische Chemie und Biophysik. Berlin, 2. Aufl. 1988
Adams, L.P., Knowler, J.T. & Leader, D.P., The biochemistry of the nucleic acids. London, 10. ed. 1986
Dennis, E. & Vance, J.E. (eds.), Biochemistry of lipids and membranes. Menlo Park 1985
Hoppe, W., Lohmann, W., Markl, H. & Ziegler, H. (Hrsg.), Biophysik. Berlin, 2. Aufl. 1982
Karlson, P., Kurzes Lehrbuch der Biochemie. Stuttgart, 13. Aufl. 1988
Lehninger, A.L., Biochemie. Weinheim, 2. Aufl. 1987
Saenger, W., Principles of nucleic acid structure. Berlin 1984
Schulz, G.E. & Schirmer, R.H., Principles of protein structure. Berlin 1978
Sippel, A.E. & Nordheim, A. (Hrsg.), Erbsubstanz DNA. Heidelberg 1986
Sitte, P. (Hrsg.), Die Moleküle des Lebens. Heidelberg 1986
Stryer, L., Biochemie. Heidelberg, 4. Aufl. 1990
Tevini, M. & Lichtenthaler, H.K. (Hrsg.), Lipids and lipid polymers in higher plants. Berlin 1977

6. Molekularbiologie der Zelle

Alberts, B., Bray, D., Lewis, J., Raff, M., Roberts, K. & Watson, J.D., Molekularbiologie der Zelle. Weinheim, 2. Aufl. 1990
Bielka, H. (Hrsg.), Molekularbiologie. Stuttgart 1985
Darnell, J., Lodish, H. & Baltimore, D., Molecular cell biology. (Scientif. Amer. Books.) New York, 2. Aufl. 1990
Gassen, H.G., Martin, A. & Bertram, S., Gentechnik. Stuttgart, 3. Aufl. 1991
Hemleben, V., Molekularbiologie der Pflanzen. Stuttgart 1990
Knippers, R., Philippsen, P., Schäfer, K. & Fanning, E. Molekulare Genetik. Stuttgart, 5. Aufl. 1990
Lewin, B., Gene. Weinheim 1988
Oliver, S.G. & Ward, J.M., Wörterbuch der Gentechnik. Stuttgart 1988
Winnacker, E.-L., Gene und Klone. Eine Einführung in die Gentechnologie. Weinheim 1985

7. Cytoskelett, Motilität

Dustin, P., Microtubules. Berlin 2. ed. 1984
Gibbons, J.R., Cilia and flagella of eukaryotes. J. Cell Biol. 91, 1985
Kamiya, N., Physical and chemical basis of cytoplasmic streaming. Ann. Rev. Plant Physiol. 32, 1981
Lloyd, C.W. (ed.), The cytoskelekton in plant growth and development. London 1982

8. Zellkern, Chromatin, Chromosomen

Bostock, C.J. & Summer, A.T., The eucaryotic chromosome. Amsterdam 1978
Igo-Kemenes, T., Hörz, W., & Zachau, H.G., Chromatin. Ann. Rev. Biochem. **51**, 1982
Kahl, G. (ed.), Architekture of eukaryotic genes. Weinheim 1988
Kornberg, A., DNA-Replication. San Francisco 1980, 1982
Moens, P.B. (ed.), Meiosis. London 1987
Murray, A.W., Chromosome structure and behaviour. Trends in Biochem. Sci. 10, 1985
Nagl, W., Zellkern und Zellzyklen. Stuttgart 1976
Nagl, W., Chromosomen. Organisation, Funktion und Evolution des Chromatins. Berlin 1980
Rieger, R., Michaelis, A. & Green, M.M., Glossary of genetics and cytogenetics. Berlin, 4. Aufl. 1976
Schulz-Schaeffer, J., Cytogenetics. Berlin 1980
Verma, R.S., The genome. Weinheim 1990
Watson, J.D., Hopkins, N.H., Roberts, J.W., Steits, J.A. & Weiner, A.M., Molecular biology of the gene. 2 vols., Menlo Park, 4. ed. 1987

9. Ribosomen

Bielka, H. (ed.), The eukaryotic ribosome. Berlin 1982
Hill, W.E., Dahlberg, A., Garrett, R.A., Moore, P.B., Schlessinger, D. & Warner, J.R., The ribosome: structure, function and evolution. Am. Soc. Microbiol. Press, Washington 1990
Spirin, A.S., Ribosome structure and protein biosynthesis. Menlo Park 1986
Wittmann, H.G., Ribosomen und Proteinbiosynthese. Biol. Chem Hoppe-Seyler 370, 87–99 (1989)

10. Die Biomembran

Gennis, R.B., Biomembranes: molecular structure and function. New York 1989
Kotyk, A., Janacek, K. & Koryta, J., Biophysical chemistry of membrane functions. Chichester 1988
Sandermann, H., Membranbiochemie. Berlin 1983

11. Kompartimentierung, Zelluläre Membranen

Gerhardt, B., Microbodies/Peroxisomen pflanzlicher Zellen. Wien 1978
Lazarow, P.B. & Fujiki, Y., Biogenesis of peroxisomes. Ann. Rev. Cell Biol. 1, 1985
Marmé, E., Marré, E. & Hertel, R. (eds.), Plasmalemma and tonoplast: their function in the plant cell. Amsterdam 1982

Matile, P., The lytic compartment of plant cells. Wien 1975
Robinson, D.G., Plant membranes. New York 1985
Schnepf, E., Die Kompartimentierung der Zelle in morphologischer Sicht. Biol. Rundschau 4, 1966
Schnepf, E., Sekretion und Exkretion bei Pflanzen. Wien 1969

12. Zellwand

Frey-Wyssling, A., Die pflanzliche Zellwand. Berlin 1959
Fry, S.C., The growing plant cell wall. Harlow 1988
Holloway, P.J. & Wattendorff, J., Cutinized and suberized cell walls. In: CRC Handbook of plant cytochemistry (Vaughn, K.C., ed.), Vol. II; 1–35. Boca Raton 1987
McNeil, M., Darvill, A.G., Fry, S.C. & Albersheim, P., Structure and function of the primary cell walls of plants. Ann. Rev. Biochem. 53, 1984
Varner, J.E. & Lin, L.-S., Plant cell wall architecture. Cell 56, 231–239 (1989)

13. Mitochondrien

Douce, R., Mitochondria in higher plants. London 1985
Pring, D.R., and Lonsdale, D.M., Molecular biology of higher plant mitochondrial DNA. Int. Rev. Cytol. 97, 1986

14. Plastiden

Kirk, J.T.O. & Tilney-Bassett, R.A.E., The plastids. Amsterdam, 2. ed. 1978
Reinert, J. (ed.), Chloroplasts. Berlin 1980
Rochaix, J.D., Genetic organization of the chloroplast. Int. Rev. Cytol. 93, 1985
Sitte, P., Falk, H. & Liedvogel, B., Chromoplasts. In: Pigments in plants (Czygan, F.-C., ed.), pp. 117–148. Stuttgart, 2. ed. 1980

15. Protocyten

Seltman, G., Die bakterielle Zellwand. Stuttgart 1982
Starr, M.P., Stolp, H., Trüper, H.G., Balows, A. & Schlegel, H.G. (eds.), The prokaryotes. 2 vols. Berlin 1981

16. Cytosymbiose

Margulis, L., Symbiosis in cell evolution. San Francisco 1981
Sitte, P., Phylogenetische Aspekte der Zellevolution. Biol. Rundschau 28, 1990
Werner, D., Pflanzliche und mikrobielle Symbiosen. Stuttgart 1987

Gewebe der Sproßpflanzen

1. Lehr- und Handbücher

Braun, H.J., et al. (Hrsg.), Handbuch der Pflanzenanatomie. (Vielbändige Enzyklopädie). Berlin, 2. Aufl. seit 1959 im Erscheinen
Esau, K., Pflanzenanatomie. Stuttgart 1969
Fahn, A., Plant anatomy. Frankfurt, 3. ed. 1982
Huber, B., Grundzüge der Pflanzenanatomie. Berlin 1961
Jurzitza, G., Anatomie der Samenpflanzen. Stuttgart 1987
Kaussmann, B. & Schiewer, U., Funktionelle Morphologie und Anatomie der Pflanzen. Stuttgart 1989

2. Praktika

Braune, W., Leman, A. & Taubert, H., Pflanzenanatomisches Praktikum I und II. Jena, 5. bzw. 3. Aufl. 1987 und 1989
Eschrich, W., Strasburgers Kleines Botanisches Praktikum für Anfänger. Stuttgart, 17. Aufl. 1976
Nultsch, W. & Grahle, A., Mikroskopisch botanisches Praktikum. Stuttgart, 4. Aufl. 1983

3. Spezielle Gewebe

Armstrong, W., Aeration in higher plants. Adv. Bot. Res. 7, 1979
Behnke, H.-D., Siebelemente. Naturwiss. 77, 1990
– & Sjolund, R.D. (eds.), Sieve elements – Comparative structure, induction and development. Heidelberg 1990
Evert, R.E., Sive-tube structure in relation to function. BioSci. 32, 1982
Zerbst, E.W., Teubner, Stuttgart 1987

Morphologie und Anatomie der Sproßpflanzen

Braun, H.J., Bau und Leben der Bäume. Freiburg, 2. Aufl. 1988
Franke, W., Nutzpflanzenkunde. Stuttgart, 3. Aufl. 1985
Hagemann, W., Die Baupläne der Pflanzen. Heidelberg, 3. Aufl. 1984
Hess, D., Die Blüte. Stuttgart 1983
Lötschert, W., Pflanzen an Grenzstandorten. Stuttgart 1969
Lüttge, U., Ecophysiology of carnivorous plants. In: Encycl. plant physiol. 12 C, pp. 489–517. Berlin 1983
Meinhardt, H., Models of biological pattern formation. London 1982
Natho, G., Müller, C. & Schmidt, H., Morphologie und Systematik der Pflanzen. (Wörterbücher d. Biol.) 2 Bde. Stuttgart 1990
Sitte, P., Symmetrien bei Organismen. Biol. in uns. Zeit 14, 1984
Steubing, L., & Schwantes, H.O., Ökologische Botanik. Heidelberg 1981
Troll, W., Vergleichende Morphologie der höheren Pflanzen. 3 Teile, Borntraeger, Berlin 1937–41; als Neudruck, Koenigstein-Taunus, 1967–71
–, Praktische Einführung in die Pflanzenmorphologie. 2 Bde. Jena 1954 u. 1957.
Weberling, F., Morphologie der Blüten und der Blütenstände. Stuttgart 1981

Gestaltungsprinzipien bei Thallophyten

Braune, W., Leman, A. & Taubert, H., Pflanzenanatomisches Praktikum II (niedere Pflanzen). Jena, 3. Aufl. 1989
Dodge, J.D., The fine structure of algal cells. London 1973
Ettl, H., Grundriß der allgemeinen Algologie. Stuttgart 1980
Fott, B., Algenkunde. Jena, 2. Aufl. 1971
Rasbach, K., Rasbach, H. & Wilmanns, O., Die Farnpflanzen Zentraleuropas. Heidelberg 1968
Richardson, D.H.S., The biology of mosses. Oxford 1981
Round, F.E., Biologie der Algen. Eine Einführung. Stuttgart, 2. Aufl. 1975
Schuster, R.M. (ed.), New manual of bryology. 2 vols. Nichinan (Japan) 1983, 1984
South, G.R., & Whittick, A., Introduction to phycology. Oxford 1987
van den Hoek, C., Algen. Einführung in die Phykologie. 2. Aufl. Stuttgart 1984

Literatur zur Physiologie

Zusammenfassende Werke

Handbuch d. Pflanzenphysiologie (HP), herausgeg. v. Ruhland, W., 18 Bde, Berlin–Göttingen–Heidelberg 1955–1967

Encyclopedia of Plant Physiology (EP), New Series, edited by Pirson, A. & Zimmermann, M.H., 1975 ff. Berlin–Heidelberg–New York

Fortschritte der Botanik (FdB)/Progress in Botany (PB), Berlin–Heidelberg–New York 1931 ff.

Annual Review Plant Physiology, Palo Alto 1950 ff.

Plant Physiology, edited by Steward, F.C., 9 vols., New York 1960–1986

Alberts, B., Bray, D., Lewis, J. Raff, M., Roberts, K. & Watson, J.D., Molekularbiologie der Zelle. Weinheim, 2. Aufl., 1990

Hess, D., Pflanzenphysiologie. 8. Aufl. Stuttgart 1988

Libbert, E., Lehrbuch der Pflanzenphysiologie. 4. Aufl. Stuttgart-New York 1987

Mohr, H. & Schopfer, P., Lehrbuch der Pflanzenphysiologie. 3. Aufl., Berlin–Heidelberg–New York 1978

Sengbusch, P. v., Molekular- und Zellbiologie. Berlin–Heidelberg–New York 1979

Sengbusch, P. v., Einführung in die Allgemeine Biologie. 3. Aufl., Berlin–Heidelberg–New York 1985

Physiologie des Stoff- und Energiewechsels

1. Allgemeines

Hoppe, W., Lohmann, W., Markl, H. & Ziegler, H. (Hrsg.), Biophysik. 2. Aufl., Berlin–Heidelberg–New York 1982

Jungermann, K. & Möhler, H., Biochemie. Berlin–Heidelberg–New York 1980

Kindl, H., Biochemie der Pflanzen. 2. Aufl., Berlin–Heidelberg–New York 1987

Kinzel, H., Stoffwechsel der Zelle. 2. Aufl., Stuttgart 1989

Lehninger, A.L., Prinzipien der Biochemie. Berlin–New York 1987

Lehninger, A.L., Bioenergetik. 3. Aufl., Stgt. 1982

Lipmann, F., Metabolic generation and utilization of phosphate bond energy. Adv. Enzymol. 18, 1941

Nobel, P.S., Biophysical plant physiology and ecology, San Francisco 1983

Richter, G., Stoffwechselphysiologie der Pflanzen. 4. Aufl., Stuttgart 1982

Stryer, L., Biochemistry. 3. Aufl, San Francisco 1988

Stumpf, P.K. & Conn, E.E. (Hrsg.), The biochemistry of plants. 8 Bde., New York–London–Toronto–Sydney–San Francisco 1980 ff.

2. Enzymologie

Boyer, P.D., The enzymes. 3. Aufl. New York 1970

Cech, T.R., RNA as an enzyme. Sci. Amer. 255, 1986

Colowick, S.P. & Kaplan, N.O. (eds.), Methods in enzymology. New York 1955 ff.

Dixon, M. & Webb, E.C., Enzymes. 3. ed., London 1970
– Enzyme nomenclature, Amsterdam–New York 1973

Webb, J.L. (ed.), Enzyme and metabolic inhibitors. 3 Bde, New York 1963–1966

3. Photosynthese

Barber, J. (ed.), The intact chloroplast. Amsterdam 1976

Broda, E., The evolution of the bioenergetic processes, Oxford 1975

Clayton, R.K., Molecular physics in photosynthesis, New York 1965

Clayton, R.K., Photobiologie. Weinheim 1975

Deisenhofer, J., Michel, H. & Huber, R., The structural basis of photosynthetic light reactions in bacteria. French Biochem. Sci. 10, 1985

Gibbs, M. (ed.), Structure and function of chloroplasts. Berlin–Heidelberg–New York 1971

Gibbs, M. & Latzko, G. (eds.), Photosynthesis II, EP VI, Berlin–Heidelberg–New York 1979

Goodwin, T.W. (ed.), Chemistry and biochemistry of plant pigments. 2. Bde., London–New York 1976

Govindjee, R. (ed.), Bioenergetics of photosynthesis, New York 1975

Govindjee, R., The absorption of light in photosynthesis. Sci. Amer. 231, 1974

Govindjee, R., (ed.): Photosynthesis. Vol. 1, Energy conversion by plants and bacteria. Vol. 2, Development, carbon metabolism and plant productivity. New York 1982

Hatch, D.O. & Osmond, C.B. (eds.), Photosynthesis and photorespiration, New York 1971

Heber, U., Metabolite exchange between chloroplasts and cytoplasm. Ann. Rev. Plant Physiology 25, 1974

Lawlor, D.W., Photosynthese. Stuttgart 1990

Osmond, C.B., Winter, K. & Ziegler, H., Functional significance of different pathways of CO_2-fixation in photosynthesis. In: EP XII B, Berlin–Heidelberg–New York 1982

Stoeckenius, U., The rhodopsin-like pigments of halobacteria: light-energy and signed transducers in an archaebacterium. Trends Biochem. Sci. 10, 985

Trebst, A. & Avron, M. (eds.), Photosynthesis I, EP V, Berlin–Heidelberg–New York 1977

4. Verarbeitung der Photosynthese-Primärprodukte

Beck, E. & Ziegler, P., Biosynthesis and degradation of starch in higher plants. Ann. Rev. Plant Physiol. 40, 1989

Loewus, F., Carbohydrate interconversions. Ann. Rev. Plant Physiol. 22, 1971

Preiss, J., The regulation of biosynthesis of α-1,4 glucans in bacteria and plants. Current topics in cellular regulation, Vol. 1, New York 1969

Turner, J.F. & Turner, D.H., The regulation of carbohydrate metabolism. Ann. Rev. Plant Physiol. 26, 1975

5. C_4- und CAM-Pflanzen

Black, C.C., Photosynthetic carbon fixation in relation to net CO_2-uptake. Ann. Rev. Plant Physiol. 24, 1973

Burris, R.H. & Black, C.C. (eds.), CO_2-metabolism and plant productivity, Baltimore 1976

Hatch, M.D. & Slack, C.R., Photosynthesis by sugar cane leaves. Biochem. J. 101, 1966

Hatch, M.D. & Slack, C.R., Photosynthetic CO_2-fixation pathways. Ann. Rev. Plant Physiol. 21, 1970

Kluge, M. & Ting, I.P., Crassulacean acid metabolism. Ecol. Studies 30, Berlin–Heidelberg–New York 1978

Laetsch, W.M., The C_4 syndrome: A structural analysis. Ann. Rev. Plant Physiol. 25, 1974

Osmond, C.B., Crassulacean acid metabolism: A curiosity in context. Ann. Rev. Plant Physiol. 29, 1978

Ting, I.P., Crassulacean acid metabolism. Ann. Rev. Plant Physiol. 38, 1985

6. Photorespiration

Canvin, D.T., Photorespiration: Comparison between C_3- und C_4-plants. In: Photosynthesis II, EP VI, Berlin–Heidelberg–New York 1979

Lorimer, G.H., The carboxylation and oxygenation of ribulose-1,5-bisphosphate: The primary events in photosynthesis and photorespiration. Ann. Rev. Plant Physiol. 32, 1981

Ogren, W.L., Photorespiration: pathways, regulation, and modification. Ann. Rev. Plant Physiol. 35, 1984

Zelitch, I., Photorespiration: Studies with whole tissues. In: Photosynthesis II, EP VI, Berlin–Heidelberg–New York 1979

7. Abhängigkeit der Photosynthese von verschiedenen Faktoren

Baker, N.R. & Long, S.P., Photosynthesis in contrasting environments. Topics in photosynthesis, vol. 7. Amsterdam, New York, Oxford, 1986

Barber, J. & Baker, N.R. (eds.), Photosynthetic mechanisms in the environment. Topics in photosynthesis, vol. 6. Amsterdam, New York, Oxford, 1985

Lange, O.L., Nobel, P.S., Osmond, C.B. & Ziegler, H. (eds.), Physiological plant ecology. Responses to the physical environment. EP XII A, Berlin–Heidelberg–New York 1981

Larcher, W., Ökologie der Pflanzen. 3. Aufl. Stuttgart 1980

8. Chemoautotrophie

Pfennig, N., Photosynthetic bacteria. Ann. Rev. Microbiol. 21, 1967

Pfennig, N. & Trüper, H.G., Phototropic bacteria. In: Bergey's manual of determinative bacteriology. 8. Aufl., Baltimore 1974

Schlegel, H.G., Allgemeine Mikrobiologie. 5. Aufl., Stuttgart 1981

9. Heterotrophie

Abeles, F.B., Plant chemiluminescence. Ann. Rev. Plant Physiol. 37, 1986

Krebs, H.A. & Kornberg, H.L., Energy transformations in living matter, Berlin–Göttingen–Heidelberg 1957

Lehninger, A.L., The mitochondrion; Molecular basis of structure and function. New York 1964

Mitchell, P., Chemiosmotic coupling and energy transduction, Glynn Res. Bodmin 1968

HP XII, 1 u. 2, Pflanzenatmung einschließlich Gärungen und Säurestoffwechsel. Berlin–Göttingen-Heidelberg 1960

Sakmann, B. & Neher, E. (eds.), Single-channel recording. Plenum, 1983

Solomos, T., Cyanide-resistant respiration in higher plants. Ann. Rev. Plant Physiol. 28, 1977

Wiskich, J.T., Mitochondrial metabolite transport. Ann. Rev. Plant Physiol. 28, 1977

Wood, T., The pentose phosphate pathway. New York, 1985

10. Wasserhaushalt

Boyer, J.S., Water transport. Ann. Rev. Plant Physiol. 36, 1985

Briggs, G.E., Movement of water in plants, Oxford–Edinburgh 1967

Crafts, A.S., Currier, H.B. & Stocking, C.R., Water in the physiology of plants, Waltham 1949

Dixon, H.H., Transpiration and the ascent of sap in plants, London 1914

Hammel, H.T. & Scholander, P.F., Osmosis and tensile solvent, Berlin–Heidelberg–New York 1976

Kramer, P.J.: Water relations of plants. New York, 1989

Lange, O.L., Kappen, L. & Schulze, E.-D. (eds.), Water and plant life. Ecol. Studies, 19, Berlin–Heidelberg–New York 1976

Pfeffer, W., Osmotische Untersuchungen. 2. Aufl. Leipzig 1921

Slatyer, R.O., Plant-water-relationships, New York, 1967

Walter, H. & Kreeb, K., Die Hydration und Hydratur des Protoplasmas der Pflanzen und ihre ökophysiologische Bedeutung, Protoplasmatologia II. C 6, Wien–New York 1970

Zimmermann, M.H. & Brown, C.L., Trees: Structure and function. 2. Aufl. Berlin–Heidelberg–New York 1974

HP III, 1956

11. Mineralstoffe

Epstein, E., Mineral nutrition in plants: Principles and perspectives. New York 1971

Higinbotham, N., The mineral absorption process in plants. Bot. Rev. 39, 1973

Kinzel, H., Pflanzenökologie und Mineralstoffwechsel. Stuttgart 1982

Lüttge, U., Aktiver Transport (Kurzstreckentransport bei Pflanzen), Protoplasmatologie VIII 7b. Wien–New York 1969

Marschner, H., Mineral nutrition in higher plants. London 1986

HP IV, 1958

12. Kohlenhydrate

Bailey, R.W., Oligosaccharides. Oxford 1965

Bailey, J.A. & Mansfield, J.W. (eds.), Phytoalexins. New York 1982

Davidson, E.A., Carbohydrate chemistry. New York 1967

Lehmann, J., Chemie der Kohlenhydrate: Monosaccharide und Derivate. Stuttgart 1976

13. Stickstoff-Metabolismus

Bothe, H. & Trebst, A. (eds.), Biology of inorganic nitrogen and sulfur, Berlin–Heidelberg–New York 1981

Guerrero, M.G., Vega, J.M. & Losada, M., The assimilatory nitrate-reducing system and its regulation. Ann. Rev. Plant Physiol. 32, 1981

Hewitt, E.J., Assimilatory nitrate-nitrite reduction. Ann. Rev. Plant Physiol. 26, 1975

Hewitt, E.J. & Cutting, C.V. (eds.), Nitrogen assimilation of plants. New York 1979

Meister, A., Biochemistry of the amino acids. 2. ed., 2 vols., New York 1965

Miflin, B.J. & Lea, P.J., Amino acid metabolism. Ann. Rev. Plant Physiol. 28, 1977

Müntz, K., Stickstoffmetabolismus der Pflanzen. Jena, 1984

Orme-Johnson, W.H., Molecular basis of biological nitrogen fixation. Ann. Rev. Biophys. Chem. 14, 1985

Quispel, A. (ed.), The biology of nitrogen fixation, Amsterdam–Oxford–New York 1974

Shanmugam, K.T., O'Gara, F., Andersen, K. & Valentine, R.C., Biological nitrogen fixation. Ann. Rev. Plant Physiol. 29, 1978

Stewart, W.D.P. & Gallon, J.R., Nitrogen fixation. London 1980

Zumft, W.G., Anorganische Biochemie des Stickstoffs. Die Mechanismen der Stickstoffassimilation. Naturwiss. 63, 1976

HP VIII, 1958

14. Schwefel-Stoffwechsel

Bothe, H., Trebst, A. (eds.), Biology of inorganic nitrogen and sulfur, Berlin–Heidelberg–New York 1981

Greenberg, D.M. (ed.), Metabolic pathways, vol. VII: Metabolism of sulfur compounds, London–New York 1975

Muth, O.H. & Oldfield, J.E. (eds.), Sulfur in nutrition. Westport 1970

Rennenbeg, H., Brunold, Ch., Dekok, L.J. & Stulen, I. (eds.), Sulfur nutrition and sulfur assimilation in higher plants. The Hague 1990

Roy, A.B. & Trudinger, P.A., The biochemistry of inorganic compounds of sulfur. Cambridge 1970

Schiff, J.A. & Hodson, R.C., The metabolism of sulfate. Ann. Rev. Plant Physiol. 24, 1973
HP IX, 1958

15. Stoffwechsel der Lipide

Gurr, M.I. & James, A.T., Lipid biochemistry, London 1971
Hitchcock, C. & Nichols, B.W., Plant lipid biochemistry, London–New York 1971
Mazliak, P., Lipid metabolism in plants. Ann. Rev. Plant Physiol. 24, 1973
Stumpf, P.K. (ed.), Lipids, structure and function. New York, 1980
Wakil, S.J., Stoops, J.K. & Joshi, V.C., Fatty acid synthesis and its regulation. Ann. Rev. Biochem. 52, 1983

16. Sekundäre Pflanzenstoffe

Geissman, T.A. (ed.), The biochemistry of flavonoid compounds. Oxford–New York 1962
Goodwin, T.W., Biosynthesis of terpenoids. Ann. Rev. Plant Physiol. 30, 1979
Hahlbrock, K. & Grisebach, H., Enzymic controls in the biosynthesis of lignin and flavonoids. Ann. Rev. Plant Physiol. 30, 1979
Harborne, J.B., The flavonoids. New York 1988
Luckner, M., Secondary metabolism in microorganisms, plants and animals, Jena, 1984
Luckner, M., Mothes, K. & Schütte, H.R., Biochemistry of alkaloids. Berlin 1983
Luckner, M., Nover, L. & Böhm, H., Secondary metabolism and cell differentiation. Berlin–Heidelberg–New York 1977
Metzner, H., Biochemie der Pflanzen. Stuttgart, 1973
Robinson, T., The biochemistry of alkaloids. Berlin–Heidelberg–New York 1968
Swain, T., Secondary compounds as protective agents. Ann. Rev. Plant Physiol. 28, 1977
EP VIII, 1980

17. Assimilattransport

Canny, M.J., Phloem translocation. London 1073
Crafts, A.S. & Crisp, C.P., Phloem transport in plants, San Francisco 1971
Giaquinta, R.T., Phloem loading of sucrose. Ann. Rev. Plant Physiol. 34, 1983
Huber, B., Saftströme der Pflanzen. Berlin–Göttingen–Heidelberg 1956
Lüttge, U. & Higinbotham, N., Transport in plants. New York – Heidelberg–Berlin 1979
Münch, E., Die Stoffbewegungen der Pflanze. Jena 1930
Wardlaw, I.F. & Passioura, J.B. (eds.), Transport and transfer processes in plants. New York–San Francisco–London 1976
Weatherley, P.E. & Johnson, R.P.C., The form and function of the sieve tube: a problem in reconciliation. Intern. Rev. Cytol. 24, 1968
Zimmermann, M.H. & Milburn, J.A. (Hrsg.), Phloem Transport, EP I. Berlin–Heidelberg–New York 1975
Zimmermann, M.H. & Brown, C.L., Trees: Structure and function. Berlin–Heidelberg–New York 1971

18. Stoffausscheidungen

Frey-Wyssling, A., Die Stoffausscheidung der höheren Pflanzen. Berlin 1935
Lüttge, U., Structure and function of plant glands. Ann. Rev. Plant Physiol. 22, 1971
Schnepf, E., Sekretion und Exkretion bei Pflanzen. Protoplasmatologia VIII. 8, Wien–New York 1969
Ziegler, H., Die Physiologie pflanzlicher Drüsen. BDBG, 78, 1965

19. Saprophyten und Parasiten

Burgeff, H., Saprophytismus und Symbiose. Jena 1932
Fischer, E. & Gäumann, E., Biologie der pflanzenbewohnenden parasitischen Pilze. Jena 1929
Foster, J.W., Chemical activities of fungi. New York 1949
Gäumann, E., Pflanzliche Infektionslehre. 2. Aufl., Basel 1951
Heitefuss, R. & Williams, P.H. (eds.), Physiological plant pathology, EP IV. Berlin–Heidelberg–New York 1976
Hock, B. & Elstner, E., Pflanzentoxikologie. 2. Aufl., Mannheim, Wien, Zürich 1989
Hoffmann, G.M., Nienhaus, F., Schönbeck, F., Weltzien, H.C. & Wilbert, H., Lehrbuch der Phytomedizin. 2. Aufl., Hamburg 1985
Read, C.P., Parasitism and symbiology. New York 1970
Steward, G.R. & Press, M.C., The physiology and biochemistry of parasitic angiosperms. Ann. Rev. Pl. Physiol. 41, 1990
HP XI, 1959

20. Symbiose

Ahmadjian, V., The Lichen symbiosis. Boston 1967
Ahmadjian, V. & Hale, M.E. (eds.), The lichens. New York–London 1973
Harley, J.L., The biology of mycorrhiza. 2. Aufl. London 1969
Henry, S.M. (ed.), Symbiosis. New York 1966
Meyer, F.H., Physiology of mycorrhiza. Ann. Rev. Plant Physiol. 25, 1974
Schaede, R., Die pflanzlichen Symbiosen. 3. Aufl., Stuttgart 1962
Schwintzer, C.R. & Tjepkema, J.D., The Biology of Frankia and actinorhizal plants. London, 1990
Smith, D.C., Transport from symbiontic algae and symbiontic chloroplasts to host cells. In: Transport at the cellular level. Cambridge 1974
Trench, R.K., The cell biology of plant-animal symbiosis. Ann. Rev. Plant Physiol. 30, 1979
Werner, D., Pflanzliche und mikrobielle Symbiosen. Stuttgart, 1987

21. Tierfangende Pflanzen

Heslop-Harrison, Y., Fleischfressende Pflanzen. Spektrum der Wiss. 1978
Lloyd, F.E., The carnivorous plants, Waltham 1942
HP XI, 1959

Physiologie des Formwechsels

1. Allgemeines

Bünning, E., Entwicklungs- und Bewegungsphysiologie der Pflanze. 3. Aufl., Berlin–Göttingen–Heidelberg 1953
Butterfass, T., Wachstums- und Entwicklungsphysiologie der Pflanze. Heidelberg 1970
Fellenberg, G., Entwicklungsphysiologie der Pflanzen. Stuttgart 1978
Fellenberg, G., Pflanzenwachstum. Stuttgart–New York 1981
Hess, D., Entwicklungsphysiologie der Pflanzen. Freiburg–Basel–Wien 1975
Leopold, A.C., Plant growth and development. New York 1964
Torrey, J.G., Development in flowering plants, London–New York 1967
Wardlaw, C.W., Morphogenesis in plants, London 1968
Wareing, P.F. & Phillips, I.D.J., The Control of growth and differentiation in plants. 2. Aufl. Oxford 1978
Wilkins, M.B. (ed.), The physiology of plant growth and development, London 1969
HP XIV, 1961; XV, 1, 2, 1965: XVI, 1961
EP IX, 1980

2. Phytohämagglutinine

Liener, I.E., Phytohemaglutinins (phytolectins). Ann. Rev. Plant Physiol. 27, 1976

3. Grundprinzipien der Regulation

Axel, R., Maniatis, T. & Fox, C.F. (eds.), Eucaryotic gene regulation. New York–London 1979
Beckwith, J., Davies, J. & Gallant, J. (eds.), Gene function in procaryotes, Cold Spring Harbor, 1983
Chambon, P., Gestückelte Gene – ein Informationsmosaik. Spektrum der Wiss. 1981
Cohen, S.N. & Shapiro, J.A., Transposable genetic elements. Sci. Amer. 242, 1980
Davidson, J.N., The biochemistry of nucleic acids. 2. Aufl. New York 1972
Harbers, E., Nucleinsäuren. 2. Aufl., Stuttgart 1975
Heidecker, G. & Messing, J., Structural analysis of plant genes. Ann. Rev. Plant Physiol. 37, 1986
Hess, D., Biochemische Genetik. Berlin–Heidelberg–New York 1968
Kornberg, A., DNA Replication. San Francisco 1980, 1982
Kuhlemeier, C., Green, P.J. & Chua, N.-H., Regulation of gene expression in higher plants. Ann. Rev. Plant Physiol. 38, 1987
Lewin, B., Genes. 3. Aufl., New York, 1987
Monod, J., Wyman, J. & Changeux, J.P., On the nature of allosteric transitions: A plausibel model. J. Mol. Biol. 12, 1965
Revel, M. & Groner, Y., Post-transcriptional and translational controls of gene expression in eukaryotes. Ann. Rev. Biochem. 47, 1978
Spirin, A.S., Ribosome structure and protein synthesis. Benjamin, 1986.
Stahl, F.W., Genetic recombination. Sci. Amer. 256, 1987
Walter, P., Gilmore, R. & Blobel, G., Protein translocation across the endoplasmic reticulum. Cell 38, 1984
Watson, J.D., Hopkins, N.H., Roberts, J.W., Steitz, J.A. & Weiner, A.M., Molecular biology of the gene. 4. Aufl., New York, 1987
Winnacker, E.L., Gene und Klone. 2. Aufl., Weinheim, 1986
EP XIV An. B, 1982

4. Intrazelluläre Regulation

Bonner, J., The molecular biology of development, Oxford 1965
Hämmerling, J., Nucleo-cytoplasmic interactions in *Acetabularia* and other cells. Ann. Rev. Plant Physiol. 14, 1963
Kauss, H., Some aspects of calcium-dependent regulation in plant metabolism. Ann. Rev. Plant Physiol. 38, 1987
Mohr, H. & Sitte, P., Molekulare Grundlagen der Entwicklung, München 1971

5. Phytohormone

Abeles, F.B., Ethylene in plant biology. New York 1973
Audus, L.J., Plant growth substances. 2. Aufl., London 1959
Dörffling, K., Das Hormonsystem der Pflanzen. Stuttgart–New York 1982
Goldsmith, M.H.M., The transport of auxin. Ann. Rev. Plant Physiol. 19, 1968
Graebe, J.E., Gibberellin biosynthesis and control. Ann. Rev. Plant Physiol. 38, 1987
Gräser, H., Biochemie und Physiologie der Phytoeffektoren. Weinheim–New York 1977
Gross, D., Chemie und Biochemie der Abscisinäure. Die Pharmazie 27, 1972
Hall, R.H., Cytokinins as a probe of developmental processes. Ann. Rev. Plant Physiol. 24, 1973
Kende, H. & Gardner, G., Hormone binding in plants. Ann. Rev. Plant Physiol. 27, 1976
Letham, D.S., Chemistry and physiology of kinetin-like compounds. Ann. Rev. Plant Physiol. 18, 1967
Lieberman, M., Biosynthesis and action of ethylene. Ann. Rev. Plant Physiol. 30, 1979
Milborrow, B.V., The chemistry and physiology of abscisic acid. Ann. Rev. Plant Physiol. 25, 1974
Mohr, G. & Ziegler, H. (Hrsg.), Symposium über Morphaktine. Stuttgart 1969
Moore, T.C., Biochemistry and physiology of plant hormones. New York–Heidelberg–Berlin 1979
Moreland, D.E., Mechanisms of action of herbicides. Ann. Rev. Plant Physiol. 31, 1980
Nickell, L.G., Plant growth regulators. Berlin–Heidelberg–New York 1982
Phillips, I.D.J., Introduction to the biochemistry and physiology of plant growth hormones, New York 1971
Pilet, P.E. (ed.), Plant growth regulation. Berlin–Heidelberg–New York 1977
Schneider, G., Morphactins: Physiology and performance. Ann. Rev. Plant Physiol. 21, 1970
Steward, F.C. & Krikorian, A.D., Plants, chemicals and growth. New York 1971
Walton, D.C., Biochemistry and physiology of abscisic acid. Annual Rev. Plant Physiol. 31, 1980
Weiler, G.H., Immunoassay of plant growth regulators. Ann. Rev. Plant Physiol. 35, 1984
Wightman, F. & Setterfield, G. (eds.), The biochemistry and physiology of plant growth substances, Ottawa 1968
Yang, S.F., Hoffman, N.E., Ethylase biosynthesis and its regulation in higher plants. Ann. Rev. Plant Physiol. 35, 1984
HP XIV, 1961

6. Wirkung äußerer Faktoren

Baker, N.R. & Long, S.P., Photosynthesis in contrasting environments. Topics in photosynthesis, Vol. 7, Amsterdam, New York, Oxford, 1986
Barber, J. & Baker, N.R. (eds.), Photosynthetic mechanisms in the environment. Topics in photosynthcsis, Vol. 6, Amsterdam, New York, Oxford, 1985
Evans, L.T. (ed.), Environmental control of plant growth. New York 1963
Sutcliffe, J., Plants and temperature. London 1977
Went, F.W., The experimental control of plant growth. New York 1957
HP XVI, 1961

7. Photomorphogenese

Briggs, W.R. & Rice, H.V., Phytochrome: Chemical and physical properties and mechanism of action. Ann. Rev. Plant Physiol. 23, 1972
Hartmann, K.M. & Haupt, W., Photomorphogenese. In: Biophysik. 2. Aufl., Berlin–Heidelberg–New York 1982
Mitrakos, K. & Shropshire, W. (eds.), Phytochrome, New York 1972
Mohr, H., Lectures on photomorphogenesis. Berlin–Heidelberg–New York 1972
Salisbury, F.B., The flowering process. Oxford–New York 1963
Smith, H. (Hrsg.), Light and plant development. London 1976
Vince-Prue, D., Photoperiodism in plants. London 1975
Wada, M. & Kadota, A., Photomorphogenesis in lower green plants. Ann. Rev. Plant Physiol. 40, 1989
Zeevaart, J.A.D., Physiology of flower formation. Ann. Rev. Plant Physiol. 27, 1976
HP XVIII, 1967

8. Biologische Rhythmen

Aschoff, J. (ed.), Circadian clocks. Amsterdam 1965
Bünning, E., Die physiologische Uhr. 3. Aufl., Berlin–Heidelberg–New York 1977
Cumming, B.G. & Wagner, E., Rhythmic processes in plants. Ann. Rev. Plant Physiol. 19, 1968
Hillman, W.S., Biological rhythms and physiological timing. Ann. Rev. Plant Physiol. 27, 1976
Johnsson, A., Zur Biophysik biologischer Oszillatoren. In: Biophysik. 2. Aufl., Berlin–Heidelberg–New York 1982
Pavlidis, T., Biological oscillators: Their mathematical analysis. New York 1973
Sweeney, B.M., Rhythmic phenomena in plants. London–New York 1969

9. Zellwachstum

Albersheim, P., The walls of growing plant cells. Sci. Amer. 232, 1975
Cleland, R., Cell wall extension. Ann. Rev. Plant Physiol. 22, 1971
Evans, M.L., Rapid responses to plant hormones. Ann. Rev. Plant Physiol. 25, 1974
Levine, L. (ed.), The cell in mitosis. New York–London 1963
Mazia, D., Mitosis and the physiology of cell division. Brachet, J. & Mirsky, A.E. (ed.), The Cell III. New York 1962
Stern, H., The regulation of cell division. Ann. Rev. Plant Physiol. 17, 1966
Wanka, F., Zellphysiologie. Die Physiologie der Mitose. FdB. 34, 1972

10. Meristemwachstum

Clowes, F.A.L., Apical meristems. Oxford 1961
Green, P.B., Organogenesis – a biophysical view. Ann. Rev. Plant Physiol. 31, 1980
Steward, F.C., Growth and organization in plants. Reading 1968
Whittington, W.J. (ed.), Root growth. London 1969
HP XV/1, 1965

11. Wundheilung und Restitution

Krenke, N.P., Wundkompensation, Transplantation und Chimären bei Pflanzen. Berlin 1933
Steward, F.C., Mapes, M.O., Kent, A.E. & Holsten R.D., Growth and development of cultured plant cells. Science 143, 1964
HP XV, 1965

12. Propfung

Winkler, H., Untersuchungen über Pfropfbastarde. Jena 1912.
HP XV/2, 1965

13. Gallen

Buhr, H., Bestimmungstabellen der Gallen (Zoo- u. Phytocecidien) an Pflanzen Mittel- und Nordeuropas. 2 Bde., Jena 1964, 1965
Mani, M.S., Ecology of plant galls. The Hague 1964

14. Polarität

Bünning, E., Polarität und inäquale Teilung der pflanzlichen Protoplasten. Protoplasmatologia VIII. 9a, Wien–New York 1958
Schnepf, E., Cellular polarity. Ann. Rev. Plant Physiol. 37, 23, 1986
Scott, B.I.H., Electric fields in plants. Ann. Rev. Plant Physiol. 18, 1967
Weisenseel, M.H., Kontrolle von Differenzierung und Wachstum durch endogene elektrische Ströme. In: Biophysik. 2. Aufl. Berlin–Heidelberg–New York 1982
HP XV/1, 1965

15. Korrelationen

Dostal, R., On Integration in plants. London 1967
Phillips, I.D.J., Apical dominance. Ann. Rev. Plant Physiol. 26, 1976
HP XIV, 1961; XV/1, 1965

16. Abscission

Addicott, F.T., Environmental factors in the physiology of abscission. Plant Physiol. 43, 1968
Addicott, F.T. & Lyon, J.L., Physiology of abscisic acid and related substances. Ann. Rev. Plant Physiol. 20, 1969
Jacobs, W.P., Hormonal regulation of leaf abscission. Plant Physiol. 43, 1968
HP XVI, 1961

17. Altern und Tod

Brady, C.J., Fruit ripening. Ann. Rev. Plant Physiol. 38, 1987
Molisch, H., Die Lebensdauer der Pflanze. Jena 1929
Wareing, P.F., Problems of juvenility and flowering in trees. J. Linn. Soc. London, Bot. 56, 1959
Woolhouse, H.W. (ed.), Aspects of the biology of ageing, Cambridge 1967
HP II, 1956, XV/1, 1965; XV/2, 1965

18. Tumoren

Beiderbeck, R., Pflanzentumoren. Stuttgart 1977
Braun, A.C., The cancer problem: A critical analysis and modern synthesis. New York 1969
Klee, H., Horsch, R. & Rogers, St., *Agrobacterium*-mediated plant transformation and its further applications to plant biology. Ann. Rev. Plant Physiol. 38, 1987
Schell, J. & Van Montagu, M., Gene transfer as an infective process. In: Smith, H., Skehel, M.J. & Turner, M.J. (eds.), Life Sci. Res. Report No. 16, Dahlem Konf., Weinheim 1980
Schröder, J., Bakterien-induzierte Tumore und genetische Manipulation mit Pflanzen. Chemie i. u. Zeit 14, 1980

Physiologie der Bewegungen

1. Allgemeines

Bünning, E., Entwicklungs- und Bewegungsphysiologie der Pflanze. 3. Aufl., Berlin–Göttingen–Heidelberg 1953
Carafoli, E. & Penniston, J.T., The calcium signal. Sci. Amer. 253, 1985
Haupt, W., Bewegungsphysiologie der Pflanzen. Stuttgart 1977
Haupt, W. & Feinleib, M.E. (eds.), Physiology of movements. EP VII, Berlin–Heidelberg–New York 1979
Jacob, F., Bewegungsphysiologie der Pflanzen. Berlin 1966

2. Taxien

Adler, J., Chemotaxis in bacteria. In: Carille, M.J. (ed.), Primitive sensory and communication systems, London–New York–San Francisco 1975
Adler, J., The sensing of chemicals by bacteria. Sci. Amer. 234, 1976
Berg, H.C., How bacteria swim. Sci. Amer. 233, 1975
Blakewore, R.P. & Frankel, R.B., Magnetische Bakterien – lebende Kompaßnadeln. Spektrum d. Wiss. 1982
Buder, J., Zur Kenntnis der phototaktischen Richtungsbewegungen. Jb. wiss. Bot. 58, 1919

Gerisch, G., Cyclic AMP and other signals controlling cell development and differentiation in *Dictyostelium*. Ann. Rev. Biochem. 56, 1987
Halldal, P. (Hsg.), Photobiology of microorganisms, London–New York 1970
Jaenicke, L., Signalstoffe und Chemorezeption bei niederen Pflanzen. Chemie i. u. Zeit 9, 1975
Nultsch, W., Movements. In: Stewart, W.D.P. (ed.), Algal physiology and biochemistry, Oxford–London–Edinburgh 1974

3. Bewegungen in den Zellen

Allen, R.D. & Kamiya, N. (eds.), Primitive motile systems in cell biology. New York 1964
Kamiya, N., Physical and chemical basis of cytoplasmic streaming. Ann. Rev. Plant Physiol. 32, 1981
Haupt, W., Role of light in chloroplast movement. Bioscience 23, 289 (1973)
Senn, G., Die Gestalts- und Lageveränderung der Pflanzen-Chromatophoren. Leipzig 1908

4. Tropismen

Briggs, W.R., The phototropic responses of higher plants. Ann. Rev. Plant Physiol. 14, 1963
Bruinsma, J., Hormonal Regulation of phototropism in dicotyledonous seedlings. In: Pilet, P.E. (ed.), Plant growth regulation. Berlin–Heidelberg–New York 1977
Pickard, B.G., Early events in geotropism of seedlings shoots. Ann. Rev. Plant Physiol. 36, 1985
Sievers, A. & Volkmann, D., Ultrastructural aspects of georeceptors in roots. In: Pilet, P.E. (ed.), Plant growth regulation. Berlin–Heidelberg–New York 1977
Strong, D.R. & Ray, T.S., Host tree location behavior of a tropical vine *(Monstera gigantea)* by skototropism. Science 190, 1975

5. Nastien und Rankenbewegungen

Jaffee, M.J. & Galston, A.W., The physiology of tendrils. Ann. Rev. Plant Physiol. 19, 1968
Sibaoka, T., Physiology of rapid movements in higher plants. Ann. Rev. Plant Physiol. 20, 1969

6. Spaltöffnungsbewegungen

Raschke, K., Stomatal action. Ann. Rev. Plant Physiol. 26, 1975
Zeiger, E., Farquhar, G.D. & Cohan, I.R., Stomatal function. Stanford, 1987

Literatur zur Evolution und Systematik

Allgemeine Grundlagen

1. Fortpflanzung und Vermehrung

Bergfeld, R., Sexualität bei Pflanzen. Stuttgart 1977
Doust, J.L. et al. (eds.), Plant reproductive ecology, patterns and strategies. Oxford–New York 1988
Hartmann, M., Die Sexualität. 2. Aufl. Stuttgart 1956
Knoll, F., Fortpflanzung und Vermehrung der Gewächse, Handb. Biol. Bd. III/1. Konstanz 1963
Laviolette, P. & Grasse, P.-P., Fortpflanzung und Sexualität. Stuttgart 1971
Linskens, M.F. (ed.), Sexualität, Fortpflanzung, Generationswechsel, HP 18, 1967
Michod, R.E. & Levin, B. (eds.), The evolution of sex. Sunderland 1988
Salisbury, E.J., The reproductive capacity of plants. London 1942
Stearns, S.C. (ed.), The evolution of sex and its consequences, Basel 1987
Widder, F., Grundformen des pflanzlichen Phasenwechsels. Phyton 3, 252, 1951
Willson, M.F., Plant reproductive ecology, New York 1983
Vgl. auch die Beiträge in der Zeitschrift «Sexual plant reproduction»

2. Evolutionsforschung und Genetik, klassische Werke

Darwin, Ch., Origin of species by means of natural selection. London 1859
Haeckel, E., Natürliche Schöpfungsgeschichte. 1. bis 10. Aufl., Berlin 1868–1902
Kerner v. Marilaun, A., Pflanzenleben. Leipzig–Wien 1888–1891.
Lamarck, J., Philosophie zoologique. Paris 1809
Mendel, G., Versuche über Pflanzenhybriden. 1865; vgl. Ostwalds Klassiker 12, 1931
De Vries, H., Die Mutationstheorie. Leipzig 1901–1903
Weismann, A., Selektionstheorie. Jena 1909

3. Evolutionsforschung, zusammenfassende Werke

Ayala, F.J. (ed.), Molecular evolution. Sunderland, Mass. 1976
De Beer, G.R. (ed.), Essays on aspects of evolutionary biology. Oxford 1988
Briggs, D. & Walters, M., Plant variation and evolution. 2nd ed., Cambridge 1984
Clausen, J., Stages in the evolution of plant species. Ithaca 1951
Conrad, M., Adaptability – the significance of variability from molecule to ecosystem. New York 1983
Dawkins, R., Das egoistische Gen. Berlin–Heidelberg–New York 1978
Dawkins, R., The extended phenotype, the gene as a unit of selection. Oxford 1983
Dobzhansky, Th., Genetics of the evolutionary process. New York 1970
Dobzhansky, Th. u.a., Evolution. San Francisco 1977
Futuyma, D.J. & Slatkin, M. (eds.), Coevolution. Sunderland 1983
Gottlieb, L.D. & Jain, S.K. (eds.): Plant evolutionary biology. 3nd ed., London 1988
Grant, V., Organismic evolution. San Francisco 1977
Grassé, P.P., Evolution, Allgemeine Biologie 5. Stuttgart–New York 1973
Heberer, G: (Hsg.), Die Evolution der Organismen. 3. Aufl., Stuttgart 1966–1974
Kimura, M., The neutral theory of molecular evolution. Cambridge 1983

Lincoln, R.J. et al., A Dictionary of ecology, evolution and systematics. Cambridge 1982
Loeschke, V. (ed.), Genetic constrains on adaptive evolution. Berlin–Heidelberg–New York 1987
Mayr, E., Evolution und die Vielfalt des Lebens. Berlin–Heidelberg–New York 1979
McKinney, M.L. (ed.), Heterochrony in evolution, a multidisciplinary approach. New York 1988
Ohta, T. & Aoki, K. (eds.), Population genetics and molecular evolution. Berlin–Heidelberg–New York 1985
Siewing, R. (Hrsg.), Evolution. 3. Aufl., Stuttgart–New York 1987
Simpson, G.G., Tempo and mode in evolution. New York–London 1965
Stebbins, G.L., Variation and evolution in plants. New York 1950
Stebbins, G.L., Evolutionsprozesse. 2. Aufl. Stuttgart 1980
Zwölfer, H. u.a., Co-Evolution. Hamburg–Berlin 1978
Vgl. auch die Beiträge in den Zeitschriften «Evolution», «Evolutionary Biology», «Plant Systematics and Evolution» etc. sowie die Literaturhinweise zur Einleitung und Morphologie

4. Genetik, zusammenfassende Werke

Cameron, R.A.D. & Parkin, D.T., An introduction to ecological genetics. Oxford 1989
Cifferi, O. & Dure, L. (eds.), Structure and function of plant genomes. New York–London 1983
Esser, K. & Kuenen, R., Genetik der Pilze. Heidelberg 1965
Grant, V., Genetics of flowering plants. New York–London 1975
Günther, E., Lehrbuch der Genetik. 6. Aufl., Jena 1991
Hagemann, R., Allgemeine Genetik. 3. Aufl., Jena 1991
Jacquard, P. (ed.), Genetic differentiation and dispersal in plants. Berlin–Heidelberg–New York 1985
Kaudewitz, F., Genetik. Stuttgart 1983
King, R.C., Handbook of Genetics, vol. 1–5, New York 1974–1976
Kühn, A., Grundriß der Vererbungslehre. 7. Aufl., Heidelberg 1979
Leibenguth, F., Züchtungsgenetik. Stuttgart–New York 1982
Rieger, R., Michaelis, A. & Green, M.M., A glossary of genetics and cytogenetics. 4. Aufl., Jena 1976, Berlin–Heidelberg–New York 1976
Russel, P.J., Genetik. Berlin–Heidelberg–New York 1983
Schleif, R., Genetics and molecular biology. Amsterdam 1986
Smith, M., Evolutionary genetics. Oxford 1988
Stern, K. & Roche, L. (ed.), Genetics of forest systems. Ecol. Stud. 6, Berlin–Heidelberg–New York 1974
Stern, K. & Tigerstedt, P.M.A., Ökologische Genetik. Stuttgart 1974
Strickberger, M.W., Genetik. München–Wien 1988
Suzuki, D.T. u.a. Introduction to genetic analysis. 4th ed., Oxford 1989
Vasil, I.K., Scowcroft, W.R. & Frey, K.J. (ed.), Plant improvement and somatic cell genetics. London–New York 1982
Vgl. zu diesem und den folgenden Abschnitten auch die Literaturhinweise zur Morphologie und Physiologie sowie die Publikationsreihen bzw. Zeitschriften «Annual Review of Genetics», «Advances in Genetics», «Current Genetics», «Journal of Heredity», «Genetics», «Journal of Genetics», «Hereditas» und «Molecular and General Genetics»

5. Molekular- and Mikrobengenetik, Gentechnologie

Bertram, S. & Gassen, H.-G. (Hrsg.), Gentechnische Methoden. Stuttgart–New York 1991
Birge, E.A., Bacterial and bacteriophage genetics. 2. ed., Berlin–Heidelberg–New York 1988
Dillon, L.S., The gene, its structure, function, and evolution. New York 1987
Freifelder, D., Microbial genetics. London 1987
Gassen, H.G. u.a., Gentechnik. 3. Aufl., Stuttgart 1991
Gustafson, J.P. (ed.), Gene manipulation and plant improvement. New York 1984
Hagemann, R., Gentechnologische Arbeitsmethoden. Stuttgart–New York 1990
Halvorson, H. et al. (eds.), Engineered organisms in the environment. Washington, DC 1985
Hemleben, V., Molekularbiologie der Pflanzen. Stuttgart–New York 1990
Horn, W. et al. (eds.), Genetic manipulation in plant breeding. Berlin 1986
Kaudewitz, F., Molekular- und Mikrobengenetik. Berlin–Heidelberg–New York 1973
Knippers, R., Molekulare Genetik. 4. Aufl., Stuttgart 1985
Lewin, B.M. (ed.), Genes. 2nd ed., New York 1985
Osiewacz, H.D. & Heinen, U., Recombination of mobile genetic elements from plants and cyanobacteria. FdB 50, 1989
Sengbusch, P. v., Molekular- und Zellbiologie. Berlin–Heidelberg–New York 1979
Shapiro, J.A. (ed.), Mobile genetic elements. London–New York 1983
Spencer, J.F.T. et al. (eds.), Yeast genetics. Berlin–Heidelberg–New York 1983
Van Vloten-Doting et al. (eds.), Molecular form and function of the plant genome. New York–London 1985
Watson, J.D. et al., Molecular biology of the gene. Menlo Park etc. 1987
Wettstein von D. & Chua, N.H. (eds.), Plant molecular biology. New York–London 1987
Williams, J.G. & Patient, R.K., Gentechnologie. Stuttgart–New York 1991
Williamson, R. (ed.), Genetic engineering. New York, seit 1981
Winkler, U., Rüger, W. & Wackernagel, W., Bakterien-, Phagen- und Molekulargenetik, Berlin–Heidelberg–New York 1972
Winnacker, E.-L., Gene und Klone, eine Einführung in die Gentechnologie. Weinheim 1985

6. Mutationsforschung

Drake, J.W., The molecular basis of mutation. San Francisco 1970
Gottschalk, W., Mutation: Higher plants. FdB 49, 1987; 51, 1989
Hollaender, A. (ed.), Chemical mutagens. 2 vols., New York 1971
Nei, M. & Koehn, R.K. (eds.), Evolution of genes and proteins. Sunderland 1983
Stubbe, H., Genetik und Zytologie von *Antirrhinum* L. sect. *Antirrhinum*. Jena 1966
Thomas, H. & Grierson, D. (eds.), Developmental mutants in plants. Cambridge 1987
Vgl. dazu auch die Zeitschrift «Mutation Research»

7. Cytogenetik, chromosomale Differenzierung, Polyploidie

Bennett, M.D. & Smith, J.B., Nuclear DNA amounts in angiosperms. Phil. Trans. Roy. Soc. London B, 274, 1976
Busch, H. (ed.), The cell nucleus. 3 vol., New York–London 1974
Caspersson, T. & Zech, L., Chromosome identification – Technique and applications in biology and medicine. New York–London 1973
Clausen, J., Keck, D.D. & Hiesey, W.M., Experimental studies on the nature of species II. Plant Evolution through amphi-

ploidy and autoploidy, with examples from the Madiinae. Carnegie Inst. Wash. Publ. 564, 1945
Dover, G.A. & Flavell, R.B., Genome evolution. London–New York 1982
Ehrendorfer, F., Cytologie, Taxonomie und Evolution bei Samenpflanzen. Vistas in Bot. 4, 1964
Favarger, C., Cytologie et distribution des plantes. Biol. Rev. 42, 1967
Fedorov, A.A. (ed.), Chromosome numbers of flowering plants. Leningrad 1969
Gottschalk, W., Die Bedeutung der Polyploidie für die Evolution der Pflanzen. Stuttgart 1976
Greilhuber, J. & Ehrendorfer, F., Karyological approaches to plant taxonomy: ISI Atlas of Science: animal and plant sciences 1 (3/4), 1988
Index to plant chromosome numbers, Regn. Veg. 90, 1973; 91, 1974; 96, 1977; Miss. Bot. Garden, seit 1981
Jones, K. & Brandham, P.E. (eds.), Current chromosome research. Amsterdam–New York–Oxford 1976
Jones, R.N. & Rees, H., B Chromosomes, London–New York 1982
Lewis, W.H. (ed.), Polyploidy, biological relevance. New York 1980
Linnert, G., Cytogenetisches Praktikum. Stuttgart 1977
Manton, I., Problems of cytology and evolution in the Pteridophyta. London-New York 1950
Mittwoch, U., Sex chromosomes. New York–London 1967
Moore, D.M., Plant cytogenetics. London–New York 1976
Morawetz, W., Remarks on karyological differentiation patterns in tropical woody plants. Pl. Syst. Evol. 152, 1986
Nagl, W., Hemleben, V. & Ehrendorfer, F. (eds.), Genome and chromatin: Organisation, evolution, function. Pl. Syst. Evol. Suppl. 2, 1979
Rieger, R. & Michaelis, A., Chromosomenmutationen. Jena 1967
Schweizer, D. et al., Heterochromatin and the phenomenon of chromosome banding; in Hennig, W. (ed.), Results and problems of cell differentiation. 14, Berlin–Heidelberg–New York 1987
Stebbins, G.L., Chromosomal evolution in higher plants. London 1971
Stebbins, G.L., Polyploidy hybridization, and the invasion of new habitats. Ann. Mo. Bot. Gard. 72, 1985
Swanson, C.P., Merz, T. & Young, W.J., Zytogenetik. Stuttgart 1970
Vgl. dazu auch die Literaturhinweise zur Morphologie sowie Publikationen in den wissenschaftlichen Zeitschriften bzw. Reihen «Chromosoma», «Caryologia», «Cytologia» und «Chromosomes Today»

8. Extrachromosomale Erbträger

Beale, G. & Knowles, J.: Extranuclear genetics, London 1979
Bücher, T. & al., Genetics and biogenesis of chloroplasts and mitochondria. Amsterdam–London 1976
Esser, K. et al., Plasmids of eukaryotes. Berlin–Heidelberg–New York 1986
Extranuclear inheritance. FdB 45–51, 1983–1989
Grun, P., Cytoplasmic genetics and evolution. New York 1976
Wickner, R.B. et al. (eds.), Extrachromosomal elements in lower eukaryotes. New York 1986
Vgl. auch die Literaturhinweise zur Morphologie

9. Rekombinationssystem

Catcheside, D.G., Genetische Rekombination. Darmstadt 1982
Correns, C., Bestimmung, Vererbung und Verteilung des Geschlechts bei den höheren Pflanzen. HV 2, 1928
Darlington, C.D., Evolution of genetic systems. 2. Aufl., Edinburgh–London 1958
DNA: Replication and recombination. Cold Spring Harbor Symp. Quant. Biol. 43, 1979
Evolution of genetic systems. Brookhaven Symp. Biol. 23, 1974
Frankel, R. & Galun, E., Pollination mechanisms, reproduction, and plant breeding. Berlin–Heidelberg–New York 1977
Friedt, W. & Brune, U., Asexual recombination in higher plants. FdB 49, 1987
Friedt, W. & Wenzel, G., Recombination in sexually and asexually propagated higher plants. FdB 47, 1985
Grant, V., The regulation of recombination in plants. Cold Spring Harbor Symp. Quant. Biol. 23, 1958
Gustafsson, A., Apomixis in higher plants. Acta Univ. Lund 42–43, 1946–1947
Hawkes, J.G. (ed.), Reproductive biology and taxonomy of vascular plants. Oxford 1966
Jackson, J.B.C. et al. (eds.), The population biology and evolution of clonal organisms. New Haven 1985
Kaul, M.L.H., Male sterility in higher plants. Berlin–Heidelberg–New York 1988
Meinhardt, F., Genetic control of reproduction. FdB 44, 1982
Nettancourt, D., Incompatibility in angiosperms. Berlin–Heidelberg–New York 1977
Richards, A.J., Plant breeding systems. London 1986
Vgl. dazu auch die Literaturhinweise zum Kapitel über Fortpflanzung und Vermehrung

10. Populationsgenetik, Selektion und Rassenbildung

Brown, A.H.D. et al., Plant population genetics, breeding, and genetic resources. Sunderland 1989
Christiansen, F.B. & Fenchel, T.M. (eds.), Measuring selection in natural populations. Berlin–Heidelberg–New York 1977
Clausen, J., Keck, D.D. & Hiesey, W.M., Experimental studies on the nature of species I, III, IV. Carnegie Inst. Wash. Publ. 520, 1940; 581, 1948; 615, 1958
Crow, J.F., Basic concepts in population, quantitative and evolutionary genetics. Oxford 1986
Endler, J.A., Natural selection in the wild. Princeton, 1986
Fisher, R.A., The genetical theory of selection, London–New York 1958
Hartl, D.L. & Clark, A.G., Principles of population genetics. Oxford 1989
Heslop-Harrison, J., Forty years of genecology. Ecol. Res. 2, 1964
Jacquard, A., The genetic structure of populations. Berlin–Heidelberg–New York 1974
Jong, G. de, Population genetics and evolution. Berlin–Heidelberg–New York 1988
Levin, D.A. & Kerster, H.W., Gene flow in seed plants. Evol. Biol. 7, 1974
Mather, K., Genetical structure of populations. London 1973
Population genetics and population biology. Oecol. Pl. Spec. 1988
Sperlich, D., Populationsgenetik. 2. Aufl., Stuttgart–New York 1988
Turesson, G., The genotypical response of the plant species to the habitat. Hereditas 3, 1922
Wallace, B., Die genetische Bürde. Stuttgart 1974
Wöhrmann, K. u.a., Population genetics. FdB 49, 1987; 51, 1989
Wright, S., Evolution and the genetics of populations. Vol. 1–2, Chicago–London 1968–1969

11. Kreuzungsbarrieren und Artbildung

Barigozzi, C. (ed.), Mechanisms of speciation. New York 1982
Grant, V., Plant speciation. 2nd ed., New York 1981
Jameson, D.L., Genetics of speciation. London–New York 1977
Stebbins, G.L., The inviability, weakness, and sterility of interspecific hybrids. Adv. Genet. 9, 1958

12. Hybridisierung

Anderson, E., Introgressive hybridization. London–New York 1949
Ehrendorfer, F., Differentiation-hybridization cycles and polyploidy in *Achillea*. Cold Spring Harbor Symp. Quant. Biol. 24, 1959
Frankel, R. (ed.), Heterosis, Berlin–Heidelberg–New York 1983
Levin, D.A. (ed.), Hybridization: An evolutionary perspective. London–New York 1979
Stace, C.A. (ed.), Hybridization and the flora of the British Isles. London–New York–San Francisco 1975
Stebbins, G.L., The role of hybridization in evolution. Proc. Amer. Phil. Soc. 103, 1959

13. Systematik und Taxonomie, zusammenfassende Werke

Ax, P., Systematik in der Biologie. Stuttgart–New York 1988
Davis, P.H. & Heywood, V.H., Principles of angiosperm taxonomy. Edinburgh–London 1963
Ehrendorfer, F., Systematics, evolution, and taxonomic categories. Plant. Syst. Evol. 125, 1976
Frohne, D. & Jensen, U., Systematik des Pflanzenreichs. 4. Aufl. Stuttgart–New York 1992
Grant. W.F. (ed.), Plant biosystematics. London–New York 1984
Hawksworth, D.L. (ed.), Prospects in systematics. Syst. Ass. Spec. vol. 36, 1988
Hennig, W., Phylogenetische Systematik. Berlin–Hamburg 1982
Heywood, V.H. & Moore, D.M. (eds.), Current concepts in plant taxonomy. London–New York 1984
Jeffrey, C., An introduction to plant taxonomy. 2nd ed., Cambridge 1983
Joysey, K.A. & Friday, A.E. (eds.), Problems of phylogenetic reconstruction. London–New York 1982
Leenhouts, P.W., A guide to the practice of herbarium taxonomy. Regn. Veg. 58, 1968
Merxmüller, H., Systematic botany: An unachieved synthesis. Biol. J. Linn. Soc. 4, 1972
Radford, A.E. et al., Vascular plant systematics, New York 1974
Ridley, M., Evolution and classification: The reformation of chadism. London 1986
Rothmaler, W., Allgemeine Taxonomie und Chorologie der Pflanzen. 2. Aufl., Jena 1955
Solbrig, O.T., Principles and methods of plant biosystematics. London 1970
Spicer, R.A. & Thomas, B.A. (eds.), Systematics and taxonomic approaches in palaeobotany. Syst. Ass. Spec. Vol. 31. Oxford 1986
Stace, C.A., Plant taxonomy and biosystematics. 2nd ed., London 1989
Stuessy, T.F., Plant taxonomy, evaluation of comparative data. New York 1990
Systematics and evolution of seed plants. FdB 45, 1983; 47, 1985; 49, 1987; 51, 1989
Vent, W. (ed.), Widerspiegelung der Binnenstruktur und Dynamik der Art in der Botanik. Berlin 1974

Vgl. auch die Beiträge in den Zeitschriften «Annual Review of Ecology and Systematics», «Taxon» und «Feddes Repertorium»

14. Systematik und Phylogenetik, weitere Hilfsmittel und Unterlagen

a) Anatomie und Ultrastrukturforschung

Barthlott, W., Cuticular surfaces in plants. FdB 51, 1989
Plattner, H. & Zingsheim, H.P., EM-Methodik in der Zell- und Molekularbiologie. Stuttgart–New York 1987
Cole, G.T. & Behnke, H.-D., Electron microscopy and plant systematics. Taxon 24, 1975
Lange, R.H. & Blödorn, J., Das Elektronenmikroskop TEM + REM. Stuttgart–New York 1981
Ohnsorge, L. & Holm, R., Rasterelektronenmikroskopie. 2. Aufl., Stuttgart 1978
Braune, W. et al., Pflanzenanatomisches Praktikum I und II. Jena 1991/1990

b) Palynologie

Erdtman, G., Handbook of palynology. Copenhagen 1969
Faegri, K. & Iversen, J., Textbook of modern pollen analysis. 3rd ed., Oxford 1975
Hesse, M. & Ehrendorfer, F. (eds.), Morphology, development, and systematic relevance of pollen and spores. Pl. Syst. Evol. Suppl. 5, 1990
Straka, H., Pollen- und Sporenkunde, eine Einführung in die Palynologie. Stuttgart 1975
Symposium: Palynology and systematics. Ann. Missouri Bot. Gard. 66 (4), 1979

c) Phytochemie und Serologie

Alston, R.E. & Turner, B.L., Biochemical systematics. Englewood Cliffs 1963
Bisby, F.A. et al. (eds.), Chemosystematics: Principles and practice. London 1980
Dahlgren, R. & Seigler, D.S. (eds.), Phytochemistry and angiosperm phylogeny. New York 1981
Dutta, S.K. (ed.), DNA systematics. 2 vols., Boca Raton 1986
Goodman, M. (ed.), Macromolecular sequences in systematic and evolutionary biology. London–New York 1982
Gottlieb. O.R., Micromolecular evolution, systematics and ecology. Berlin–Heidelberg–New York 1982
Harborne, J.B. & Turner, B.L., Plant chemosystematics. Orlando 1984
Hegnauer, R., Phytochemistry and plant taxonomy – an essay on the chemotaxonomy of higher plants. Phytochemistry 25, 1986
Jensen, U. & Fairbrothers, D.E. (eds.), Proteins and nuclei acids in plant systematics. Berlin–Heidelberg–New York 1983
Patterson, C. (ed.), Molecules and morphology: conflict and compromise. London 1987
Tanksley, S.D. & Orton, T.J. (eds.), Isozymes in plant genetics and breeding. Amsterdam 1983

Vgl. auch Beiträge in den Zeitschriften «Biochemical Systematics and Ecology», «Phytochemistry» sowie «Recent Advances in Phytochemistry»

d) Arealkunde, Ökologie und Phytopathologie

Fröhlich, G., Phytopathologie und Pflanzenschutz. 2. Aufl. Jena 1991
Heywood, V.E. (ed.), Taxonomy and ecology. London–New York 1973
Stone, A.R. & Hawksworth, D.L. (eds.), Coevolution and systematics. Syst. Ass. Spec. Vol. 32. Oxford 1986

Valentine, H.D. (ed.), Taxonomy, phytogeography and evolution. New York–London 1972

15. Numerische Methoden

Abbott, L.A. et al., Taxonomic analysis in biology: Computers, models and databases. New York 1986
Alkin, R. & Bisby, F.A. (eds.), Databases in systematics. Syst. Assoc. Spec. Vol. 26, 1984
Bach, G., Mathematik für Biowissenschaftler. Stuttgart 1989
Blackith, R.E. & Reyment, R.A., Multivariate morphometrics. London 1971
Bock, H.H., Automatische Klassifikation. Göttingen 1974
Cladistics and plant systematics: Problems and prospects. Syst. Bot. 5 (4), 1980
Felsenstein, J. (ed.), Numerical taxonomy. Berlin–Heidelberg–New York 1983
Funk, V.A. & Brooks, D.R. (eds.), Advances in cladistics. New York 1982
Linder, A. & Berchtold, W., Statistische Methoden III. Multivariate Verfahren. Basel 1982
Lorenz, R.J., Grundbegriffe der Biometrie. Stuttgart 1988
Opitz, O., Numerische Taxonomie. Stuttgart 1980
Pankurst, R.J.: Biological identification. The principles and practise of identification methods in biology. London 1978
Sneath, P.H.A. & Sokal, R.R., Numerical taxonomy. San Francisco 1973
Sokal, R.R. & Rolf, F.J., Biometry. 2nd ed., San Francisco 1981
Timischl, W., Biomathematik. Wien–New York 1988
Vgl. auch die Beiträge in der Zeitschrift «Cladistics»

16. Nomenklatur, Terminologie

Internationaler Code der botanischen Nomenklatur. Utrecht 1988
Stearn, W.T., Botanical Latin; History, grammar, syntax, terminology and vocabulary. London–Edinburgh 1966
Vogellehner, D., Botanische Terminologie und Nomenklatur. 2. Aufl., Stuttgart–New York 1983
Werner, F.Cl., Wortelemente lateinisch-griechischer Fachausdrücke in den biologischen Wissenschaften. 3. Aufl., Leipzig 1968

Gesamtes Pflanzenreich

1. Systematik und Stammesgeschichte

Bendix, E.H., Casper, S.J., Danert, S. et al., Urania Pflanzenreich. 3 Bde., 2. Aufl., Leipzig–Jena–Berlin 1974–1976
Coulter, M.C. & Dittmer, H.J., The story of the plant kingdom. 3rd ed., Chicago–London 1964
Engler, A., Syllabus der Pflanzenfamilien. 2 Bde., 12. Aufl., Melchior, H. & Werdermann, E. (Hrsg.), Berlin 1954, 1964
Engler, A. & Prantl, K. (Hrsg.), Die natürlichen Pflanzenfamilien. 1. u. 2. Aufl., Leipzig 1889–1902 u. 1923 ff
Frohne, D. & Jensen, U., Systematik des Pflanzenreiches. 4. Aufl., Stuttgart–New York 1992
Heberer, G. (Hrsg.), Die Evolution der Organismen. 3. Aufl., Stuttgart 1966–1974
Natho, G., Müller, C. & Schmidt, H., Systematik und Morphologie der Pflanzen. Stuttgart–New York 1990
Sagel, R.F. et al., An evolutionary survey of the plant kingdom. London–Glasgow 1965
Weberling, F. & Schwantes, H.O., Pflanzensystematik. 5. Aufl., Stuttgart 1987
Wettstein, R., Handbuch der Systematischen Botanik. 4. Aufl., 2 Bde., Leipzig–Wien 1935
Zimmermann, W., Die Phylogenie der Pflanzen. 2. Aufl., Stuttgart 1959
Zimmermann, W., Geschichte der Pflanzen. 2. Aufl., Stuttgart 1969

2. Morphologie und Biologie

Bold, H.C., Morphology of plants. 3rd ed., New York-Evanston–San Francisco–London 1973
Corner, E.J.H., The life of plants. Cleveland–New York 1964
Girinish, T.J. (ed.), On the economy of plant form and function. Cambridge 1986
Goebel, K., Organographie der Pflanzen. 3. Aufl., 3 Bde., Jena 1928–1933
Vgl. dazu auch die Literaturhinweise zur Morphologie sowie zur Evolution und Systematik

3. Palynologie

Erdtman, G., Pollen morphology and plant taxonomy, I–II. Stockholm 1952, 1957
Nilsson, S. (ed.), World pollen and spore flora. Stockholm, since 1973
Vgl. dazu auch die Hinweise zu den Kapiteln «Systematik und Phylogenetik» und «Samenpflanzen: Pollen» sowie die Publikationen in den Zeitschriften «Pollen et Spores» sowie «Grana Palynologica»

4. Phytochemie

Hegnauer, R., Chemotaxonomie der Pflanzen. Bd. 1, Basel–Stuttgart, seit 1962

5. Paläobotanik

Boureau, E., Traité de Plaéobotanique, Paris 1966 ff
Delevoryas, T., Morphology and evolution of fossil plants. London 1963
Emberger, L., Les plantes fossiles. Paris 1968
Friis, E.M., Palaeobotany. FdB 50, 51, 1989
Gothan, W. & Weyland, H., Lehrbuch der Paläobotanik. 3. Aufl., Berlin 1974
Hirmer, M., Handbuch der Paläobotanik. Bd. 1, München–Berlin 1927
Mägdefrau, K., Paläobiologie der Pflanzen. 4. Aufl., Jena 1968
Meyen, S.V., Fundamentals of palaeobotany. London 1987
Schaarschmidt, F., Paläobotanik. Mannheim 1968
Scott, D.H., Studies in fossil botany. 3rd ed., London 1920–1923 (Reprint New York 1962)
Seward, A.C., Plant life through the ages. 2nd ed., Cambridge 1933
Stewart, W.N., Paleobotany and the evolution of plants. Cambridge 1983
Stewart, W.N. & Klaus, W., Einführung in die Paläobotanik. 2 Bde., Wien 1986/1987

Niedere Pflanzen

1. Zusammenfassende Werke

Bold, H.C., Morphology of plants. 3. ed. London 1974
Esser, K., Kryptogamen. 2. Aufl. Berlin–Heidelberg–New York 1985
Hegnauer, R., Chemotaxonomie der Pflanzen. Bd. 1 u. 7. Stuttgart 1962 u. 1986
Klein, R.M. & Cronquist, A., The evolutionary and taxonomic significance of biochemical etc. characters in the Thallophytes. Quart. Rev. Biol. 42, 1967
Laskin, A. & Lechevalier, H. (eds.), Handbook of microbiology. Vol. 1–4. Oxford 1978–1981
Rabenhorst, L., Kryptogamenflora von Deutschland, Österreich und der Schweiz. 45 Bde., 2. Aufl. Leipzig 1884–1968
Schubert, R., Handke, H.H. & Pankow, H. (Hrsg.), Exkursionsflora für die Gebiete der DDR und BRD. 1: Niedere Pflanzen. Grundband. Berlin 1983
Smith, G.M., Cryptogamic botany. 2 vol., 2. Aufl. New York–London 1955

2. Prokaryota und Viren

Bakterien

Bergey's manual of systematic bacteriology. Baltimore 1984–1989
Brock, T.D., Thermophilic microorganisms and life at high temperatures. New York 1978
Clayton, R.K. & Sistrom, W.R. (eds.), The photosynthetic bacteria. New York-London, 1978
Gunsalus, J.G. & Stanier, R.Y., The bacteria, 5 vol. New York-London 1960–1964
Kandler, O., Archaebakterien und Phylogenie der Organismen. Naturwiss. 68, 1981
Schlegel, H.G., Allgemeine Mikrobiologie. 6. Aufl. Stuttgart 1985
Stanier, R., Adelberg, E. & Ingraham, J., The microbial world. 4. ed. London 1976
Starr, M.P. (ed.), The prokaryotes. 2 vol. Berlin-Heidelberg-New York 1981
Waksman, S.A., The actinomycetes. New York 1967

Viren

Adams, M.H., Bacteriophages. New York–London 1959
Franckl, R.J.B. et al. (eds.), The plant viruses. New York, London, 1985–1988
Fraenkel-Conrat, H., Chemie und Biologie der Viren. Stuttgart 1974
Fraenkel-Conrat, H. & Wagner, R.R. (eds.), Comprehensive virology, 1–17. New York–London 1974–1981
Horzinek, M., Kompendium der allgemeinen Virologie. 2. Aufl. Berlin 1985
Matthews, R.E.F., Plant virology, 2. ed. New York–London 1981
Rowson, K.E.K., Rees, T.A.L. & Maty, B.W.J., A dictionary of virology. Oxford 1981
Smith, K.M., Textbook of plant virus diseases. 3. ed. Harlow 1972
Starke, G. & Hlinak, P., Grundriß der allgemeinen Virologie. 2. Aufl. Stuttgart 1974, Jena 1974

Blaualgen

Carr, N.G. & Whitton, B.A., The biology of blue-green algae. Oxford 1972
Desikachary, T.V., Cyanophyta. New Delhi 1959
Fogg, G., Stewart, W.D.T., Fay, P. & Wlasby, A.E., The blue-green algae. London 1973
Geitler, L., Schizophyzeen. HA Bd. 6, Teil 1. Berlin 1960
Geitler, L., Schizophyceae. Natürl. Pfl.familien. 2. Aufl. Bd. 1b. Leipzig 1943 (Neudruck 1977)

3. Eukaryota

Schleimpilze

Bonner, J.T., The cellular slime molds. Princeton 1959
Gray, W.D. & Alexopoulos, C.J., Biology of the Myxomycetes. New York 1968
Karling, J.S., The Plasmodiophorales. 2. Aufl. New York 1968
Lister, A.L., A monograph of Mycetozoa. 3. Aufl. London 1925 (Reprint 1965)
Martin, G.W. & Alexopoulos, C.J., The Myxomycetes. Iowa City 1969
Olive, L.S., The Mycetozoans. Richmond 1975

Pilze

a) Morphologie und Entwicklungsgeschichte

Ainsworth, G.C. & Sussman, A.S., The fungi. 4 vol. London 1965–1973
Alexopoulos, C.J. & Mimms, C.W., Introductory mycology. 3. Aufl., New York 1979
v. Arx, J.A., Pilzkunde. 2. Aufl. Lehre 1976
Bessey, A.E., Morphology and taxonomy of fungi. New York 1950 (Reprint 1964)
Burnett, J.H., Fundamentals of mycology. 2. Aufl. Oxford 1976
Esser, K. & Kuenen, R., Genetik der Pilze. Berlin–Heidelberg 1965
Gäumann, E., Die Pilze. 2. Aufl. Basel–Stuttgart 1964
Hawksworth, D.L., Sutton, B.C. & Ainsworth, G.C. Ainsworth & Bisby's dictionary of Fungi. 6. Aufl. Kew 1981
Müller, E. & Löffler, W., Mykologie. 4. Aufl. Stuttgart 1982
Webster, J., Pilze, eine Einführung. Berlin–Heidelberg–New York 1983

b) Taxonomie

v. Arx, J.A., The genera of fungi sporulating in pure culture. 3. Aufl. Vaduz 1981
Dörfelt, H., Lexikon der Mykologie. Stuttgart-New York 1989
Kreisel, H., Grundzüge eines natürlichen Systems der Pilze. Jena, Lehre 1969
Michael, E., Hennig, B. & Kreisel, H., Handbuch für Pilzfreunde, 6 Bde. Jena u. Stuttgart 1958 bis 1988

c) Oomycota, Chytridiomycetes, Zygomycetes

Fitzpatrick, H.M., The lower fungi (Phycomycetes). London 1930 (Reprint 1966)
Karling, J., Chytridiomycetarum Iconographia. Lehre 1977
Sparrow, Fr. K., Aquatic Phycomycetes. 2. Aufl. Ann Arbor 1960
Zycha, H. & Siepmann, R., Mucorales. Lehre 1969

d) Ascomycetes

Barnett, J.A., Payne, R.W. & Yarrow, D., A guide to identifying and classifying yeasts. Cambridge 1983
Braun, U., A monograph of the Erysiphales, Beih. Nova Hedwigia 89, 1987
Breitenbach, J. & Kränzlin, F., Pilze der Schweiz 1, Ascomyceten. Luzern 1981
Cannon, P.F., Hawksworth, D.L. & Sherwood-Pike, M.A., British Ascomycotina. Kew 1985
Dennis, R.W.G., British Ascomycetes, 3. Ed. Lehre 1977
Kreger-van Rij, N.J.W. (ed.), The yeasts. 3. Aufl. Amsterdam 1984
Lodder, J., The yeasts, a taxonomic study, 2. Ed. Amsterdam 1970
Moser, M., Ascomyceten. Kleine Kryptogamenflora. Bd. IIa, Stuttgart 1963
Müller, E., Systemfragen bei Ascomyceten. In: Frey, Hurka & Oberwinkler, Beitr. z. Biol. d. nied. Pfl. Stuttgart 1977
Müller E. & v. Arx, J.A., Die Gattungen der didymosporen Pyrenomyceten (Beitr. z. Kryptogamenflora d. Schweiz, Bd. 11). Zürich 1962
Phaff, H.J., Miller, M. & Mrak, E., The life of yeasts. Cambridge, Mass. 1966
Reynolds, D.P. (ed.), Ascomycete systematics. New York 1981
Scheloske, H.-W., Beiträge zur Biologie der Laboulbeniales. Jena 1969
Thaxter, R., Contributions towards a monograph of the Laboulbeniaceae. 1896–1931 (Reprint Lehre 1970)

e) Basidiomycetes

Blumer, S., Rost- und Brandpilze auf Kulturpflanzen. Jena 1963
Brandenburger, W., Vademecum zum Sammeln parasitischer Pilze. Stuttgart 1963
Bresinsky, A. & Besl, H., Giftpilze, Stuttgart 1985
Breitenbach, J. & Kränzlin, F., Pilze der Schweiz 2. Heterobasidiomycetes, Aphyllophorales, Gastromycetes. Luzern 1986
Brodie, H. J., The bird's nest fungi. Richmond 1975
Gäumann, E., Die Rostpilze Mitteleuropas. Bern 1959
Jahn, H., Mitteleuropäische Porlinge und ihr Vorkommen in Westfalen. Westf. Pilzbriefe 4, 1963
Jülich, W., Die Nichtblätterpilze, Gallertpilze und Bauchpilze. Kleine Kryptogamenflora. Bd. IIb/1, 1984
Kreisel, H. (Hrsg.), Pilzflora der Deutschen Demokratischen Republik. Jena 1987
Kühner, R. & Romagnesi, H., Flore analytique des champignons supérieurs. Paris 1953
Moser, M., Röhrlinge und Blätterpilze. Kleine Kryptogamenflora. Bd. IIb/2. 5. Aufl. Stuttgart 1983
Oberwinkler, F., Das neue System der Basidiomyceten. In: Frey, Hurka & Oberwinkler, Beitr. z. Biol. d. nied. Pfl. Stuttgart 1977
Singer, R., The Agaricales in modern taxonomy. 4. Ed. Königstein 1986

f) Deuteromycetes

Barnett, H. L. & Hunter, B. B., Illustrated genera of imperfect fungi. 4. Aufl., Minneapolis 1987
Carmichael, J. W., Kendrick, W. B., Conners, I. L. & Sigler, L., Genera of Hyphomycetes. Edmonton 1980
Domsch, K. H., Gams, W. & Anderson, T.-H., Compendium of soil fungi. 2 vol, London etc. 1980
Raper, K. P., A manual of the Penicillia. Baltimore 1949
Raper, K. P. & Fennel, D. I., The genus *Aspergillus*. Baltimore 1965

g) Ökologie

Barron, G. L., The nematode-destroying fungi. Guelph 1977
Buchner, P., Endosymbiose der Tiere mit pflanzlichen Mikroorganismen. Basel–Stuttgart 1953
Cooke, R., The biology of symbiontic fungi. London 1977
Cooke, W. B., The ecology of fungi. Boca Raton 1979
Harley, J. L., The biology of mykorrhiza. 2. Aufl., London 1969
Henry, S. M., Symbiosis. 2 vol., New York–London 1966–1967
Ingold, C. T., The biology of fungi. 3. Ed., London 1973
Johnson, T. W. & Sparrow, F. K., Fungi in oceans and estuaries. Weinheim 1961 (Reprint 1970)
Lersten, N. R. & Horner, H. T., Bacterial leaf nodule symbiosis in angiosperms. Bot. Rev. 42, 1976
Schaede, R., Die pflanzlichen Symbiosen. 3. Aufl. Stuttgart und Jena 1962
Wicklow, D. T. & Carroll, G. C., The fungal community. New York–Basel 1981
Zähner, H., Biologie der Antibiotica. Heidelberg 1965

h) Phytopathogene Pilze

Bavendamm, W., Der Hausschwamm und andere Bauholzpilze. Stuttgart 1969
Brandenburger, W., Parasitische Pilze an Gefäßpflanzen in Europa. Stuttgart-New York 1985
Braun, H. & Riehm, E., Krankheiten und Schädlinge der Kulturpflanzen und ihre Bekämpfung. 8. Aufl. Berlin 1957
Gäumann, E., Pflanzliche Infektionslehre. 2. Aufl. Stuttgart 1951
Jahn, H., Pilze die an Holz wachsen. Herford 1979
Klinkowski, M., Mühle, E., Reinmuth, E. & Bochow, H., Phytopathologie und Pflanzenschutz. 2. Aufl., 3 Bde. Berlin 1974–76.
Kreisel, H., Die phytopathogenen Großpilze Deutschlands. Jena 1961
Martin, H., Die wissenschaftlichen Grundlagen des Pflanzenschutzes. Weinheim 1967
Rypacek, V., Biologie holzzerstörender Pilze. Jena 1966
Sorauer, P., Handbuch der Pflanzenkrankheiten. 6. Aufl., Bd. 3 (Pilzliche Krankheiten). Berlin–Hamburg 1962 ff
Walker, J. C., Plant Pathology. 3. Aufl. New York 1969
Zogg, H., Die Brandpilze Mitteleuropas. Teufen 1985

Flechten

a) Morphologie und Ökologie

Ahmadjian, V. & Hale, M. E., The lichens. London 1973
Brown, D. H., Hawksworth, D. L. & Bailey, R. H. Lichenology, progress and problems. London 1976
Culberson, Ch. F., Chemical and botanical guide to lichen products. Chapel Hill 1969 (Suppl.: Bryologist 73, 1970)
Flechtensymposion 1969, Stuttgart 1970
Hale, M. E., Biology of lichens. 2. Aufl. London 1974
Hawksworth, D. L. & Hill, D. J., The lichen-forming fungi. Glasgow etc. 1984
Henssen, A. & Jahns, H. M., Lichenes. Stuttgart 1974
Klement, O., Prodromus der europäischen Flechtengesellschaften, Feddes Repert., Beih. 125, 1955
Ozenda, P., Lichens. HA VI 9, 1963
Seaword, M. R. D., Lichen ecology. London 1978
Smith, A. L., The lichens. Cambridge 1921 (Reprint Richmond 1975)
Steiner, M., Wachstums- u. Entwicklungsphysiologie der Flechten. HP 15/I, 1965
Wirth, V., Die Flechten Baden-Württembergs. Stuttgart 1987

b) Taxonomie

Anders, J., Die Strauch- und Laubflechten Mitteleuropas. Jena 1928 (Neudruck 1973)
Erichsen, E. & Christensen, W., Flechtenflora von Nordwestdeutschland. Stuttgart 1957
Galloe, O., Natural history of Danish lichens, 10 Bde. Copenhagen 1927–1972
Gams, H., Flechten. Kleine Kryptogamenflora, Bd. III. H. Gams (Ed.). Stuttgart 1967
Mober, R. & Holmåson, I., Flechten. Stuttgart–New York 1991
Ozenda, P. & Clauzade, G., Les lichens. Paris 1970
Poelt, J., Bestimmungsschlüssel der europäischen Flechten. 2. Aufl. Lehre 1969; Erg.-Heft 1977 u. 1981
Wirth, V., Flechtenflora. Stuttgart 1980

Algen

a) Morphologie und Entwicklungsgeschichte

Casper, S. J., Grundzüge eines natürlichen Systems der Mikroorganismen. Jena 1974
Chapman, V. J. & Chapman, D. J., The algae. 2. ed. London 1973
Cox, E. R. (ed.), Phytoflagellates. New York–Amsterdam–Oxford 1980
Dodge, J. D., The fine structure of algal cells. London–New York 1973
Ettl, H., Grundriß der allgemeinen Algologie. Stuttgart–New York 1980
Fott, B., Algenkunde. 2. Aufl. Jena 1971
Fritsch, F. E., The structure and reproduction of the algae. 2 vol. Cambridge 1935, 1945

Grasse, P.P., Traite de zoologie, tome 1. Paris 1953
Grell, K.G., Protozoologie. 2. Aufl. Berlin 1968
Helmcke, J.-G., Krieger, W. & Gerloff, J., Diatomeenschalen im elektronenmikroskopischen Bild. Bd. 1–10. Lehre 1962–75
Irvine, D.T. & John, D.M., Systematics of the green algae. London 1984
Oltmanns, F., Morphologie und Biologie der Algen. 2. Aufl., 3 Bde. Jena 1922–1923 (Neudruck 1974)
Pickett-Heaps, J.D., Green algae. Sunderland 1975
Pringsheim, E.G., Algenreinkulturen. Jena 1954
Pringsheim, E.G., Farblose Algen. Stuttgart 1963
Schussnig, B., Handbuch der Protophytenkunde. 2 Bde. Jena 1953, 1960
Van den Hoek, C., Algen: Einführung in die Phykologie. 2. Aufl. Stuttgart–New York 1984

b) Taxonomie

Bourrelly, P., Les Algues d'eau douce. Tome 1–3. Paris 1966–1970
Brook, A.J., The biology of desmids. Oxford 1980
Corillion, R., Les charophycées de France et d'Europe occidentale. Rennes 1957 (Neudruck Königstein 1972)
Drebes, G., Marines Phytoplankton. Stuttgart 1974
Gams, H., Makroskopische Meeresalgen. Kleine Kryptogamenflora Ib, H. Gams (Ed.). Stuttgart 1974
Huber-Pestalozzi, G., Das Phytoplankton des Süßwassers. 7 Bde. Stuttgart 1955–1969.
Irvine, D.E.G. & Price, H.J. (eds.), Modern approaches to the taxonomy of red and brown algae. London 1978
Kornmann, P. & Sahling, P.-H., Meeresalgen von Helgoland. Hamburg 1977
Kylin, H., Die Gattungen der Rhodophyceen. Lund 1956
Lobban, C.S. & Wynne, M.J., The biology of seaweeds. London 1981
Newton, L., A handbook of the British seaweeds. London 1913
Pankow, H., Ostsee-Algenflora, Jena 1990
Pascher, A. (ed.), Die Süßwasserflora Deutschlands, Österreichs und der Schweiz. 15 Bde. Jena 1913–1963. 2. Aufl
Pascher, A., Ettl, H., Gerloff, J. & Heynig, H., Süßwasserflora von Mitteleuropa. Stuttgart seit 1978
Sarjeant, W.A.S., Fossil and living dinoflagellates. London 1974
Smith, G.M., The freshwater algae of the United States. 2. Aufl. New York 1950
Werner, D. (ed.), The biology of diatoms. London 1977

c) Ökologie

Chapman, V.-J., Seaweeds and their uses. 2. Aufl. London 1970
Dixon, P.S., Biology of the Rhodophyta. Edinburgh 1973
Gessner, F., Hydrobotanik. 2 Bde. Berlin 1955, 1959
Gessner, F., Meer und Strand. 2. Aufl. Berlin 1957
Hutchinson, G.E., A treatise on limnology. 3 vol. New York 1957–75
Levring, T., Hoppe, H.A. & Schmid, O.J., Marine algae. Berlin 1969
Round, F.E., Biologie der Algen. 2. Aufl. Stuttgart 1975
Ruttner, F., Grundriß der Limnologie. 3. Aufl. 1962
Schwoerbel, J., Einführung in die Limnologie. 6. Aufl. Stuttgart 1987
Sernow, S.A., Allg. Hydrobiologie. Berlin 1958
Tardent, P., Meeresbiologie. Stuttgart 1979

Moose

a) Morphologie und Ökologie

Bopp, M., Entwicklungsphysiologie der Moose. HP 15/I, 1965
Goebel, K., Organographie der Pflanzen. 3. Aufl., Bd. 2. Jena 1930
Hébant, Ch., The conducting tissues of bryophytes. Vaduz 1977
Herzog, Th., Geographie der Moose. Jena 1926 (Neudruck 1973)
Lorch, W., Anatomie der Laubmoose. HA VII/1, 1931
Müller, K., Lebermoose Europas. Bd. I, Allg. Teil. Leipzig 1951 (Neudruck 1965)
Parihar, N.S., An introduction to Embryophyta. I. Bryophyta. 4. Aufl. Allahabad 1970
Puri, P., Bryophytes. Delhi 1973
Verdoorn, F., Manual of bryology. The Hague 1932 (Reprint 1967)
Watson, E.V., The structure and life of bryophytes. 3. Aufl. London 1971
Winkler, S., Flechten u. Moose als Bioindikatoren. In: Frey, Hurka & Oberwinkler, Beitr. z. Biol. d. nied. Pfl. Stuttgart 1977

b) Taxonomie

Chopra, R.N. & Kumra, P.K., Biology of bryophytes. New York 1988
Clarke, G.C.S. & Duckett, J.G. (eds.), Bryophyte systematics. London 1979
Frahm, J.P. & Frey, W., Moosflora. 2. Aufl. Stuttgart 1987
Frey, W., Verwandtschaftsgruppen und Stammesgeschichte der Laubmoose. In: Frey, Hurka & Oberwinkler, Beitr. z. Biol. d. nied. Pfl. Stuttgart 1977
Gams, H., Die Moos- und Farnpflanzen. Kleine Kryptogamenflora, Bd. IV. H. Gams (Hsg.). 5. Aufl. Stuttgart 1973
Schuster, R.M., The Hepaticae and Anthocerotae of North America, 3 vol. New York–London 1966, 1969, 1974
Schuster, R.M., Evolution and early diversification of Hepaticae. In: Frey, Hurka & Oberwinkler, Beitr. z. Biol. d. nied. Pfl. Stuttgart 1977
Walther, K., Bryophytina. In Engler, A., Syllabus der Pflanzenfamilien V, 2. Stuttgart 1983

Farnpflanzen

a) Morphologie und Ökologie

Bierhorst, D.W., Morphology of vascular plants. New York-London 1971
Bower, F.O., Primitive land plants. New York 1935 (Reprint 1959)
Bower, F.O., The ferns. 3 vol., Cambridge 1922 to 1928 (Reprint 1964)
Christ, H., Geographie der Farne. Jena 1910
Deyer, A.F. (ed.), The experimental biology of ferns. London 1979
Eames, A.J., Morphology of vascular plants (lower groups). New York, London 1936
Foster, A.A. & Gifford, E.M., Comparative morphology of vascular plants. San Francisco 1959
Goebel, K., Organographie der Pflanzen. 3. Aufl., Bd. 2. Jena 1930
v. Guttenberg, H., Histogenese der Pteridophyten. HA VII/2, 1966
Manton, I., Problems of cytology and evolution in the Pteridophyta. Cambridge 1950
Nayar, B.K. & Kaur, S., Gametophytes of homosporous ferns. Bot. Rev. 37, 1971

Ogura, Y., Comparative anatomy of vegetative organs of the Pteridophyta. HA VII/3, 1972

Parihar, N.S., An introduction to Embryophyta. 4. Ed. Allahabad 1963

Troll, W., Vergleichende Morphologie der höheren Pflanzen. Berlin 1937–1943

Tyron, R. et al., Ferns and allied plants, Berlin-Heidelberg-New York 1982

Verdoorn, F., Manual of pteridology. The Hague 1938 (Reprint 1967)

b) Taxonomie

Ascherson, P. & Graebner, Synopsis der Flora von Mitteleuropa. 2. Aufl., Bd. 1. Leipzig 1913

Copeland, E.B., Genera filicum. Waltham 1947

Kubitzki, K., Kramer, K.U. & Green, P.S., The families and genera of vascular plants. Vol. 1 pteridophytes and Gymnosperms. Berlin-Heidelberg 1990

Löve, A. & Löve, D., Cytotaxonomical atlas of the Pteridophyta. Lehre 1977

Nessel, H., Die Bärlappgewächse. Jena 1939

Pichi-Sermolli, R., Tentamen Pteridophytorum genera in taxonomicum ordinem redigendi. Webbia 31, 1977

Rasbach, K. & Wilmanns, O., Die Farnpflanzen Zentraleuropas. 2. Aufl. Stuttgart 1976

Tutin, T.G. & al., Flora Europaea. Vol. 1. Cambridge 1964

Literatur zur Geobotanik

1. Zusammenfassende Werke

Barbour, M., Burk, J.H. & Pitts, W.D., Terrestrial plant ecology, Menlo Park, 1987

Begon, M. et al., Ecology: individuals, populations and communities. 2nd ed., Oxford 1990

Castri, F. di et al. (eds.), Ecology in practice. Dublin 1984

Cody, M.L. & Diamond, J.M., Ecology and evolution of communities. Cambridge/Mass., 1975

Cox, C.B. & Moore, P.D., Einführung in die Biogeographie. Stuttgart-New York 1987

Crawley, M.J. (ed.), Plant ecology. Oxford 1986

Daubenmire, R., Plant geography. London-New York 1978

Duvigneaud, P., La synthèse ecologique; populations, communautées, ecosystèmes, biosphère, noosphère, Paris 1974

Ellenberg, H., Wege der Geobotanik zum Verständnis der Pflanzendecke. NW 55 (10), 1968

Grime, J.P. et al., Comparative plant ecology, a functional approach to common British species. London 1988

Kershaw, K.A. & Looney, J.H.H., Quantitativ and dynamic plant ecology. 3rd ed., London 1985

Kimmins, J.P., Forest ecology. London 1987

Klötzli, F., Ökosysteme. 2. Aufl. Stuttgart-New York 1990

Krebs, C.J., Ecology, the experimental analysis of distribution and abundance. 3rd ed., New York 1985

Larcher, W., Ökologie der Pflanzen. 4. Aufl., Stuttgart 1984

Leser, H., Landschaftsökologie. 2. Aufl., Stuttgart 1978

Moore, P.D. & Chapman, S.B. (eds.), Methods in plant ecology. Oxford 1986

Mueller-Dombois, D. & Ellenberg, H., Vegetation ecology. Chichester 1974

Mühlenberg, M., Freilandökologie. Heidelberg 1976

Naveh, Z. & Lieberman, A.S., Landscape ecology. Berlin-Heidelberg-New York 1984

Odum, E.P., Grundlagen der Ökologie. 2. Aufl., Stuttgart 1983

Pianka, E.R., Evolutionary ecology. 4th ed., New York 1988

Poole, R.W., Introduction to quantitative ecology. New York 1974

Reichelt, G. & Wilmanns, O., Vegetationsgeographie. Braunschweig 1973

Remmert, H., Ökologie. 3. Aufl., Berlin-Heidelberg-New York 1984

Rodgers, C.L. & Kerstetter, R.E., The ecosphere – organisms, habitats, and disturbances. New York 1974

Schimper, W., Pflanzengeographie auf physiologischer Grundlage. 3. Aufl. F.C. v. Faber (Hrsg.), Jena 1935

Schmidt, G., Vegetationsgeographie auf ökologisch-soziologischer Grundlage. Leipzig 1969

Schmithüsen, J., Allgemeine Vegetationsgeographie. 3. Aufl., Berlin 1968

Schubert, R. (Hrsg.), Lehrbuch der Ökologie. 2. Aufl., Stuttgart-Jena 1986

Shorrocks, B. (ed.), Evolutionary ecology. Oxford 1984

Steubing, L. & Schwantes, H.O., Ökologische Botanik. Heidelberg 1981

Sukachev, V. & Dylis, N., Fundamentals of forest biogeocoenology. Edinburgh-London 1968

Walter, H., Einführung in die Phytologie III. 2. Aufl., u. IV, Stuttgart 1956–1970

Walter, H., Allgemeine Geobotanik. 2. Aufl., Stuttgart 1979

Walter, H. & Breckle, S.-W., Ökologie der Erde. 4 Bde. Stuttgart-New York 1986–1991

Whittaker, R.H., Communities and ecosystems. 2nd ed., New York 1975

Vgl. auch die Publikationsreihen «Ecological studies» Berlin-Heidelberg-New York, seit 1970, und «Advances in Ecological Research» London-New York, seit 1962 sowie Beiträge in den Zeitschriften «Ecology», «Journal of Ecology», «Ecological Review» und «Oecologia»

2. Hydrobiologie (Auswahl)

Barnes, R.S.K. & Hughes, R.N., An introduction to marine ecology. Oxford 1988

Davies, B.R. & Walker, K.F. (eds.), The ecology of river ecosystems. Monogr. Biol., Boston 1986

Gessner, F., Hydrobotanik. Bd. I-II, Berlin 1955, 1959

Goldman, C. & Horne, A.J., Limnology. New York 1982

Götting, K.-J., Schnetter, R.F. & Schnetter, R., Einführung in die Meeresbiologie 1: Marine Organismen – Marine Biogeographie. Wiesbaden 1982

Ott, J., Meereskunde. Stuttgart 1988

Reynolds, C.S., The ecology of freshwater phytoplancton. Cambridge 1984

Ruttner, F., Grundriß der Limnologie. 3. Aufl., Berlin 1962

Schwoerbel, J., Einführung in die Limnologie. 7. Aufl., Stuttgart-New York 1992

Tait, R.V., Meeresökologie. Stuttgart 1971

Uhlmann, D., Hydrobiologie. 3. Aufl., Stuttgart-New York 1988

Vgl. auch die Zeitschriften «Archiv für Hydrobiologie» und «Aquatic Botany»

3. Arealkunde

Bănărescu, P. & Boşcaiu, N., Biogeographie; Fauna und Flora der Erde und ihre geschichtliche Entwicklung. Jena 1978

Brown, J.H. & Gibson, A.C., Biogeography, St. Louis 1983

Cain, St.A., Foundations of plant geography. New York-London 1943

Good, R., The geography of the flowering plants. 4th ed., London 1974

Hannig, E. & Winkler, H. (Hrsg.), Pflanzenareale. Jena seit 1926

Haeupler, H., Statistische Auswertung von Punktrasterkarten der Gefäßpflanzenflora Süd-Niedersachsens. Scripta Geobotanica 8, 1974

Haeupler, H. & Schönfelder, P., Atlas der Farn- und Blütenpflanzen der Bundesrepublik Deutschland. Stuttgart 1988

Hultén, E. & Fries, M., Atlas of North European vascular plants..., 3 vols., Königstein 1986

Humphries, C.J. & Parenti, L.R., Cladistic biogeography. Oxford 1986

Jalas, J. & Suominen, J., Atlas Florae Europae. 1 –, Helsinki, seit 1972

Kubitzki, K. (ed.), Dispersal and distribution. Sonderbd. Naturw. Ver. Hamburg 7, 1983

Mennema, J. et al., Atlas of the Netherlands flora 1, London–New York 1980

Meusel, H., Vergleichende Arealkunde. Berlin 1943

Meusel, H., et al., Vergleichende Chorologie der zentraleuropäischen Flora. Jena, seit 1965

Müller, P., Arealsysteme und Biogeographie. Stuttgart 1981

Myers, A.A. & Giller, P.S. (eds.), Analytical biogeography. London–New York 1988

Perring, F.H. & Walters, S.M., Atlas of the British flora & Suppl. London–Edinburgh 1962, 1968

Raven, P.H. & Axelrod, D.I., Angiosperm biogeography and past continental movements. Ann. Missouri Bot. Gard. 61, 1974

Ridley, H.N., The dispersal of plants throughout the world. Ashford/Kent 1930

Schuster, R.M., Continental movements, «Wallace's line» and Indomalayan-Australasian dispersal of land plants: Some eclectic concepts. Bot. Rev. 38, 1972

Walter, H. & Straka, H., Arealkunde, Einführung in die Phytologie III/2. 2. Aufl., Stuttgart 1970

Wangerin, W., Florenelemente und Arealtypen. BBC, Erg.-Bd. 49, 1932

Welten, M. & Sutter, R., Verbreitungsatlas der Farn- und Blütenpflanzen der Schweiz..., Stuttgart 1982

Woodward, F.I., Climate and plant distribution. Cambridge 1987

Wulff, E.V., An introduction to historical plant geography. Waltham 1943

Vgl. dazu auch Beiträge in der Zeitschrift «Journal of Biogeography»

4. Populationsbiologie

Begon, M. & Mortimer, M., Population ecology: An unified study of animals and plants. 2nd ed., Oxford 1986

Christiansen, F.B. & Fenchel, T.M., Theories of populations in biological communities. Ecol. Stud. 20, Heidelberg 1977

Cornelius, R. & Faensen-Thiebes, A., Population ecology. FdB 51, 1989

Elseth, G.D. & Baumgardner, K.D., Population biology. New York etc. 1980

Harper, J.L., Population biology of plants. London–New York–San Francisco 1977, 1981

MacArthur, R.H. & Connell, J.H., Biologie der Populationen. München–Basel–Wien 1970

Pielou, E.C., Population and community ecology. Principles and Methods. London 1975

Silvertown, J.W., Introduction to plant population ecology. London–New York 1987

Solbrig, O.T. et al. (eds.), Topics in plant population biology. London–Basingsticke 1979

Urbanska, K.M., Populationsbiologie der Pflanzen. Stuttgart–New York 1992

Wilson, E.O. & Bossert, W.H., Einführung in die Populationsbiologie. Berlin–Heidelberg–New York 1973

Wöhrmann, K. & Jain, S.K., Population biology, ecological and evolutionary viewpoints. Berlin–Heidelberg–New York 1990

5. Vegetationskunde

Braun-Blanquet, J., Pflanzensoziologie. 3. Aufl., Wien 1964

Daubenmire, R., Plant communities, a textbook of plant synecology. New York–Evanston–London 1968

Ellenberg, H., Landwirtschaftliche Pflanzensoziologie. Stuttgart 1950–1954

Frankenberg, P., Vegetation und Raum. Paderborn 1982

Gauch, H.G., Multivariate analysis in community ecology. Cambridge 1983

Gray, A.J. et al., Colonization, succession and stability. Oxford 1987

Greig Smith, P., Quantitative plant ecology. 3rd ed., Oxford 1983

Grime, J.P., Plant strategies and vegetation processes. Chichester–New York–Brisbane–Toronto 1979

Howard, J.A., Aerial photoecology. London 1970

Knapp, R., Einführung in die Pflanzensoziologie. Stuttgart 1971

Knauer, N., Vegetationskunde und Landschaftsökologie. Heidelberg 1981

Kreeb, K.H., Vegetationskunde. Stuttgart 1983

Küchler, A.E. & Zonneveld, I.S., Vegetation mapping. Handbook Veg. Sc. 1988

Levin, S.A. & Hallam, T.G. (eds.), Mathematical ecology. Berlin–Heidelberg–New York 1984

Lieth, H. (ed.), Phenology and seasonality modelling. Ecol. Studies 8, Heidelberg 1974

Schmidt, W. (ed.), Sukzessionsforschung. Ber. Internat. Symp. Internat. Ver. Vegkunde, Vaduz 1975

Schubert, R., Hilbig, W. & Mahn, G.R. (Hrsg.), Probleme der Agrogeobotanik. Jena 1975

Tilman, D., Plant strategies and the dynamics and structure of plant communities. Princeton 1988

Tüxen, K. et al. (eds.), Handbook of vegetation science. The Hague, since 1973

White, J., The population structure of vegetation. Dordrecht 1985

Whittaker, R.H. (ed.), Ordination and classification of communities. Handbook Veg. Sc. 5, 1973

Wilmanns, O., Ökologische Pflanzensoziologie. 4. Aufl. Heidelberg 1989

Vgl. dazu auch Beiträge in den wissenschaftlichen Zeitschriften bzw. Reihen «Vegetatio», «Phytocoenologia» und «Advances in Vegetation Science»

6. Ökologische Geobotanik, zusammenfassende Werke:

Diamond, J. & Case, T.J. (eds.), Community ecology. New York 1986

Kinzel, H., Pflanzenökologie und Mineralstoffwechsel. Stuttgart 1982

Kreeb, K.-H., Ökophysiologie der Pflanzen. Stuttgart 1974

Lange, O.L. et al. (eds.), Physiological plant ecology I–IV, EP 12 A–D. 1981–1983

Warming, E. & Graebner, P., Lehrbuch der ökologischen Pflanzengeographie. 4. Aufl., Berlin 1933

Winkler, S., Einführung in die Pflanzenökologie. 2. Aufl., Stuttgart 1980

Wittig, K., Ökologie der Großstadtflora. Stuttgart–New York 1991

7. Klima und Boden (Auswahl)

Blüthgen, J. & Weischet, W., Allg. Klimageographie. Berlin–New York 1980

Das, B.M., Fundamentals of soil dynamics. Amsterdam Oxford–New York 1983

Dickison, C.H. et al. (eds.), Biology of plant litter decomposition. 2 vols., London 1974

Geiger, R., Das Klima der bodennahen Luftschicht. 4. Aufl., Braunschweig 1961
Ford, M.J., The changing climate: responses of the natural flora and fauna. London 1982
Jones, H.G., Plants and microclimate. Cambridge 1983
Jeffrey, D.W., Soil-plant relationships. London 1987
Keller, R., Wasserbilanz der Bundesrepublik Deutschland. Umschau 71, 1971
Kubiena, W.L., Entwicklungslehre des Bodens. Wien 1948
Kubiena, W.L., Bestimmungsbuch und Systematik der Böden Europas. Stuttgart 1953
Kuntze, H. et al., Bodenkunde. Stuttgart 1981
Laatsch, W., Dynamik der mitteleuropäischen Mineralböden. 3. Aufl., Dresden 1954
Lundegårdh, H., Klima und Boden. 4. Aufl., Jena 1957
Lynch, J.M. & Poole, M.J. (eds.), Microbial ecology: A conceptual approach. Oxford 1979
Richards, B.N., Introduction to the soil ecosystem. New York 1974
Scheffer, F. et al. (Hrsg.), Lehrbuch der Bodenkunde. 11. Aufl., Stuttgart 1982
Topp, W., Biologie der Bodenorganismen. Heidelberg 1981
Troll, C., Der jahreszeitliche Ablauf des Naturgeschehens in den verschiedenen Klimagürteln der Erde. Studium Generale 8, 1955
Walter, H. & Lieth, H., Klimadiagramm-Weltatlas. Jena 1967
Walter, H. et al., Klimadiagramm-Karten der einzelnen Kontinente und die ökologische Gliederung der Erde. Stuttgart 1975

8. Standortlehre

Aichinger, E., Pflanzen als forstliche Standortszeiger. Wien 1967
Biebl, R., Protoplasmatische Ökologie der Pflanzen; Wasser und Temperatur. Protoplasmatologia XII/1, Wien 1962
Booysen, P. de V. & Tainton, N.M. (eds.), Ecological effects of fire in S. African ecosystems. Berlin-Heidelberg-New York 1984
Daubenmire, R.F., Plants and environment. 3rd ed., New York 1974
Dierschke, H. (Hrsg.), Vegetation und Substrat. Intern. Symp. Intern. Ver. Vegetationsk., Vaduz 1975
Ellenberg, H., Bodenreaktion (einschließlich Kalkfrage) HP IV, 1958
Ellenberg, H., Zeigerwerte der Gefäßpflanzen Mitteleuropas. Scripta Geobotanica 9, 1974
Ernst, W., Schwermetallvegetation der Erde. Stuttgart 1974
Etherlington, J.R., Wetland ecology. Stud. Biol. 154, London 1983
Eyre, S.R., Vegetation and soils. 2nd ed., London 1968
Hadas, A. et al. (eds.), Physical aspects of soil water and salts in ecosystems. Ecol. Studies 4, Heidelberg 1973
Holtmeier, F.-K., Geoökologische Beobachtungen und Studien an der subarktischen und alpinen Waldgrenze in vergleichender Sicht. Erdwissenschaftl. Forschung 8, 1974
Ives, J.D. & Barry, R.G. (eds.), Artic and alpine environment. London 1974
Kol, E., Kryobiologie. I. Kryovegetation, Stuttgart 1968
Kozlowski, T.T. & Ahlgren, C.E. (eds.), Fire and ecosystems. New York 1974
Kreeb, K., Die ökologische Bedeutung der Bodenversalzung. Angew. Bot. 39, 1965
Kreeb, K., Methoden zur Pflanzenökologie und Bioindikation. 2. Aufl., Stuttgart-New York 1990
Kruger, F.J. et al., Mediterranean-type ecosystems, the role of nutrients. Ecol. Stud. 43, Berlin-Heidelberg-New York 1983
Landolt, E., Ökologische Zeigerwerte zur Schweizer Flora. Veröff. Geobot. Inst. ETH Zürich 64, 1977
Lange, O.L. et al. (eds.), Water and plant life. Ecol. Studies 19, Heidelberg 1976
Larcher, W., Limiting temperatures for life functions in plants. In Precht, H., Christophersen, J., Hensel, H. & Larcher, W. (eds.), Temperature and life. 2nd ed., Berlin-Heidelberg-New York 1973
Lee, J.A. et al., Nitrogen as an ecological factor. Oxford 1983
Long, S.P. & Mason, C.F., Salt marsh ecology. Glasgow 1983
Mitscherlich, G., Wald, Wachstum und Umwelt. 2. Bd.: Waldklima und Wasserhaushalt. Frankfurt/Main 1971
Monteith, J.L. (ed.), Vegetation and the atmosphere. London-New York-San Francisco 1975-1976
Paleg, L.G. & Aspinall, D. (eds.), Physiology and biochemistry of drought resistance in plants. London-New York 1982
Schubert, R., Bioindikation in terrestrischen Ökosystemen. 2. Aufl. Jena 1992
Strain, B.R. & Billings, W.D. (eds.), Vegetation and environment. Handbook Veg. Sci. 6, 1974
Tranquillini, W., Physiological ecology of the alpine timberline. Ecol. Stud. 31, Heidelberg 1979
Waisel, Y., Biology of halophytes. New York-London 1972
Walter, H., Einführung in die Phytologie III/1, Standortslehre. 2. Aufl., Stuttgart 1960
Wein, R.W. (ed.), The role of fire on northern circumpolar ecosystems: Scope 18, New York etc. 1983
Wittig, R., Ökologie der Großstadtflora. Stuttgart-New York 1991
Vgl. dazu auch die Literaturhinweise zur Physiologie

9. Ökosystemforschung und Produktivität

Bakuzis, E.V., Foundations of forest ecosystems. St. Paul 1976
Bazilevich, N.I. & Rodin, L.Y., Geographical regularities in productivity and the circulation of chemical elements in the earth's main vegetation types. In Soviet geography (Rev. & Translation). American Geogr. Soc., New York 1971
Beadle, C.L. et al., Photosynthesis in relation to plant production in terrestrial environments. Oxford 1985
Bormann, F.H. & Likens, G.E., Pattern and process in a forested ecosystem. Heidelberg 1979
Cannell, M.G.R., World forest biomass and primary production data. London-New York 1982
Duvigneaud, P. (ed.), Productivity of forest ecosystems. Paris 1971
Ellenberg, H., et al. (Hrsg.), Ökosystemforschung – Ergebnisse des Sollingprojekts. Stuttgart 1986
Esser, G., Der Kohlenstoff-Haushalt der Biosphäre. Veröff. Naturf. Ges. Emden 7, 1986
Fasham, M.J.R. (ed.), Flows of energy and materials in marine ecosystems: theory and practice. New York 1984
Hall, D.O. et al. (eds.), Economics of ecosystem management, tasks for vegetation science. Dordrecht 1985
Klötzli, F., Ökosysteme: 2. Aufl., Stuttgart-New York 1989
Lange, D.L. et al. (eds.), Ecosystem processes: mineral cycling, productivity and man's influence. EP 12D, 1983
Lithet, H. & Whittaker, R.H., Primary productivity of the biosphere. Ecological studies 14, Berlin-Heidelberg-New York 1975
Odum, H.T., Trophic structure and productivity of Silver Springs. Florida. Ecol. Monogr. 27, 1957
Perttu, K.L. & Kowalik, P.J. (eds.), Energy forestry modelling – growth, water relations and economy. Pudoc 1989
Pomeroy, L.R. & Alberts, J.J. (eds.), Concepts of ecosystem ecology. Ecol. Stud. 67
Richards, B.N., The microbiology of terrestrial ecosystems. New York 1987

Schmidt, W., Ecosystem research (ecological geobotany). FdB 45, 1983; 47, 1985; 49, 1987; 51, 1989
Schulze, E.-D. & Zwölfer, H., Potentials and limitations of ecosystem analysis. Ecol. Stud. 61, 1987
Straškraba, M. & Gnauck, A., Aquatische Ökosysteme. Stuttgart–New York 1983

10. Biotische Wechselwirkungen

Beattie, A.J., The evolutionary ecology of ant-plant mutualisms. Cambridge 1985
Cooper-Driver, G.A. et al. (eds.), Chemically mediated interactions between plants and other organisms. Rec. Adv. Phytochem. 19, 1985
Gilbert, L.E. & Raven, P.H., Coevolution of animals and plants. Austin–London 1976
Harborne, J.B., Introduction to ecological biochemistry. 2nd ed., London–New York 1982
Howe, M.F. & Westley, L.C., Ecological relationships of plant and animals. Oxford–New York 1988
Janzen, D.H., Interactions of seeds and their predators: Parasitoids in a tropical deciduous forest. In Price, P.W. (ed.), Evolutionary strategies of parasitic insects and mites. New York 1976
Kalusche, D., Wechselwirkungen zwischen Organismen. Basiswissen Biol. 2, Stuttgart–New York 1989
Knapp, R., Experimentelle Soziologie und gegenseitige Beeinflussung der Pflanzen. Stuttgart 1967
Labeyrie, V. et al., Insects – plants. Dordrecht 1987
Levin, D.A., The chemical defenses of plants to pathogens and herbivors. Ann. Rev. Ecol. Syst. 7, 1976
Marks, G.C. & Kozlowski, T.T., Ectomycorrhizae. New York–London 1973
Rice, E.L., Allelopathy. 2nd ed., New York–San Francisco–London 1984
Rosenthal, G.a. & Janzen, D.H. (eds.), Herbivores. London–New York 1979
Sanders, F.E. et al. (ed.), Endomycorrhizas. New York–London 1975
Strong, D.R. et al., Insects on plants: Community patterns and mechanisms. Cambridge 1984
Trager, W., Living together: The biology of animal parasitism. New York–London 1986
Werner, D., Pflanzliche und mikrobielle Symbiosen. Stuttgart–New York 1987
Vgl. dazu auch die Literaturhinweise zur Physiologie

11. Nutzpflanzenbau und Unkräuter (Auswahl)

Andreae, B., Agrargeographie. 2. Aufl. Berlin 1983
Baeumer, K., Allgemeiner Pflanzenbau. Stuttgart 1971
FAO Production Yearbook 1989, vol. 41, Rome 1987
Gliessman, S.R., Agroecology: researching the ecological basis for sustainable agriculture: Ecol. Stud. 78, 1990
Heiser, Ch.B. Jr., Seed to civilisation, the story of man's food. San Francisco 1973
Holzner, W. & Numata, M. (ed.), Biology and ecology of weeds. The Hague 1982
Koepf, H., Petterson, D. & Schaumann, W., Biologische Landwirtschaft. Stuttgart 1974
Krippelova, T. (ed.), Synanthropic flora and vegetation. Acta Inst. Bot. Acad. Sci. Slov., Ser. A 1, 1974
Mayer, H., Waldbau auf soziologisch-ökologischer Grundlage. 4. Aufl. Stuttgart–New York 1992
Rindos, D., The origins of agriculture. Orlando 1984
Willerding, U., Zur Geschichte der Unkräuter Mitteleuropas. Neumünster 1986
Vgl. dazu auch die Literaturhinweise zur Evolution und Systematik

12. Zerstörung und Schutz der menschlichen Umwelt (Auswahl)

Ant, H. & Engelke, H., Die Naturschutzgebiete der Bundesrepublik Deutschland. Angew. Wiss. 145, 1970
Bick, H. et al., Angewandte Ökologie – Mensch und Umwelt. 2 Bde., Stuttgart–New York 1984
Braunbeck, W., Die unheimliche Wachstumsformel. München 1973
Buchwald, K. & Engelhardt, W., Handbuch für Landschaftspflege und Naturschutz. München 1968
Ehrenfeld, D.E., Biological conservation. New York–San Francisco 1970
Holzner, W., Werger, M.J.A. & Ikusima, I. (eds.), Man's impact on vegetation. The Hague 1983
Hutzinger, O. (ed.), The handbook of environmental chemistry. Berlin–Heidelberg–New York, seit 1985
Kaule, G., Arten- und Biotopschutz. Stuttgart 1986
Klötzli, F., Ökosysteme. 2. Aufl. Stuttgart–New York 1990
Kotzlowski, T.T., Responses of plants to air pollutants. New York 1975
Kowarick, I., Zum menschlichen Einfluß auf Flora und Vegetation. Techn. Univ. Berlin (West) 1988
Kreeb, K.H., Ökologie und menschliche Umwelt. Stuttgart–New York 1979
Leibundgut, H. (Hrsg.), Landschaftsschutz und Umweltpflege. Frauenfeld 1974
Lewis, W.M. Jr. et al., Eutrophication and land use. Ecol. Stud. 46, 1984
Lucas, G. & Synge, H. (eds.), The IUCN plant red data book. Morges 1978
Lucier, A.A. & Haines, S.G. (eds.), Mechanisms of forest response to acid deposition. Berlin–Heidelberg–New York 1990
Mayer, H., Aktuelle Gefährdung der mitteleuropäischen Wälder. Veröff. Kom. Humanökol. 1, Österr. Akad. Wiss., Wien 1990
Moll, W.L.H., Taschenbuch für Umweltschutz 1–3. 2. bzw. 3. Aufl., München 1982
Nurnberg, H.W. (ed.), Pollutants and their ecotoxicological significance. Chichester 1985
Odzuk, W., Umweltbelastungen. Stuttgart 1982
Plachter, H., Naturschutz. Stuttgart–New York 1991
Ramade, T., Ecotoxicology. Chichester 1987
Reuss, J.O. & Johnson, D.W., Acid deposition and the acidification of soils and waters. Ecol. Stud., Berlin–Heidelberg–New York 1990
Schadstoffe und Umwelt. Bonn, seit 1983
Schichtl, H., Bioengineering for land restoration and conservation. Edmonton 1980
Schulze, E.-D. et al. (eds.), Forest decline and air pollution. Ecol. Stud. 77, 1989
Smil, V., Carbon-nitrogen-sulfur: human interference in grand biospheric cycles. New York 1985
Smith, W.H., Air pollution and forests. 2nd ed., Berlin–Heidelberg–New York 1989
Soule, M.E. (ed.), Conservation biology. Sunderland 1986
Stern, A.C. et al., Fundamentals of air pollution. 2nd ed., New York 1984
Steubing, L., Kunze, C. & Jäger, J. (eds.), Belastung und Belastbarkeit von Ökosystemen. Gießen 1972
Sukopp, H., Trautmann, W. & Korneck, D., Auswertung der Roten Liste gefährdeter Farn- und Blütenpflanzen in der Bundesrepublik Deutschland für den Arten- und Biotopschutz. Bonn–Bad Godesberg 1978
Synge, H. & Townsend, H., Survival or extinction. Kew 1979
Westman, W.E., Ecology, impact assessment, and environmental planing. New York 1985

13. Floren- und Vegetationsgeschichte, Grundlagen und Methoden

Banks, H.P., Evolution and plants of the past. 2nd ed., Belmont 1970
Engler, A., Versuch einer Entwicklungsgeschichte der Pflanzenwelt. Leipzig 1879–1883
Faegri, K. & Iversen, J., Textbook of pollen analysis. 3rd ed., Copenhagen 1975
Huntley, B. & Webb, T., Vegetation history. Handbook Veg. Sc. 7, 1988
Krasilov, V.A., Paleoecology of terrestrial plants, basic principles and techniques. New York–Toronto 1975
Kräusel, R., Versunkene Floren. Frankfurt 1950
Mägdefrau, K., Paläobiologie der Pflanzen. 4. Aufl., Jena und Stuttgart 1968
Schwarzbach, M., Das Klima der Vorzeit. 2. Aufl., Stuttgart 1961
Thenius, E., Meere und Länder im Wechsel der Zeiten. Verständliche Wissenschaft 114. Berlin–Heidelberg–New York 1977
Zeuner, F.E., Dating the past. 4th ed., New York 1958
Ziegler, B., Introduction to palaeobiology: General palaeontology. Chichester 1982
Vgl. dazu auch die Literaturhinweise zur Evolution und Systematik: Paläobotanik

14. Anfänge des Lebens

Kandler, O., Entstehung des Lebens und frühe Evolution der Organismen. In Wilhelm, F. (ed.), Der Gang der Evolution. München 1987
Miller, S.J. & Orgel, L.E., The origin of life on the earth. N.J., Englewood Cliffs 1974
Pfug, H.D., Morphological and chemical record of the organic particles in precambrian sediments. System. Appl. Microbiol. 7, 1986
Rahmann, H., Die Entstehung des Lebendigen. 2. Aufl., Stuttgart 1980
Schopf, J.W. (ed.), Earth's earliest biosphere. Princeton 1983
Vgl. dazu auch die Literaturhinweise zur Morphologie sowie zur Evolution und Systematik

15. Beispiele zur Florengeschichte vom Paleo- zum Neophytikum

Banks, H.P., The early history of land plants; in: Drake, E.T. (ed.), Evolution and environment. New Haven–London 1968
Chaloner, W.G. & Lawson, J.d. (eds.), Evolution and environment in the Late Silurian and Early Devonian. Roy. Soc. London 1985
Florin, R., The distribution of conifer and taxad genera in time and space. Acta Horti Berg. 20 (4, 6), 1963, 1966
Gregor, H.-J., Die jungtertiären Floren Süddeutschlands. Stuttgart 1982
Mader, D., Palaeoecology of the flora in Buntsandstein and Kemper in the triassic of Middle Europe. Stuttgart–New York 1990
Takhtajan, A., Evolution und Ausbreitung der Blütenpflanzen. Jena 1973
Thomas, B.A. & Spicer, R.A., The evolution and palaeobiology of land plants. London–Sydney 1987
Vakhrameev, V.A. et al., Paläozoische und mesozoische Floren Eurasiens und die Phytographie dieser Zeit. Jena 1978

16. Veränderungen von Flora und Vegetation im Quartär und Postglazial

Berglund, B.E. (ed.), Handbook of holocene paleoecology and paleohydrology. Chichester 1986
Birks, H.J.B. & West, R.G., Quarternary plant ecology. Oxford 1973
Firbas, F., Spät- und nacheiszeitliche Waldgeschichte Mitteleuropas. Jena 1949 und 1952
Frenzel, B., Grundzüge der pleistozänen Vegetationsgeschichte Nord-Eurasiens. Wiesbaden 1968
Frenzel, B., The history of flora and vegetation during the quarternary. FdB 49, 1987; 50, 1989
Godwin, H., History of the British flora. 2nd ed., Cambridge 1975
Huntley, B. & Birks, H.J.B., An atlas of past and present pollen maps for Europe: 0–13000 Years Ago. London–New York 1982
Kral, F., Spät- und postglaziale Waldgeschichte der Alpen... Wien 1979
Overbeck, F., Botanisch-geologische Moorkunde unter besonderer Berücksichtigung der Moore Nordwestdeutschlands als Quellen zur Vegetations-, Klima- und Siedlungsgeschichte. Neumünster 1975
Pott, R., Entstehung von Vegetationstypen und Pflanzengesellschaften unter dem Einfluß des Menschen. Düsseldorfer Geobot. Kolloq. 5, 1988
Thenius, E., Eiszeiten – einst und jetzt. Kosmos-Bibl. 284. Stuttgart 1974
Woldstedt, P., Das Eiszeitalter. 3 Bde., 2.–3. Aufl., Stuttgart, seit 1958

17. Floren- und Vegetationsgebiete, Grundlagen und zusammenfassende Werke

Beeftink, W.G. et al., Ecology of coastal vegetation. Vegetatio 61/62, 1985.
Breymeyer, A.I. & Van Dyne, G.M. (eds.), Grasslands. New York 1980
Di Castri, F. & Mo Ney, H.A. (eds.), Mediterranean type ecosystems, origin and structure. Ecol. Stud. 7, 1973
Chapman, V.J. (ed.), Wet costal ecosystems. Amsterdam–Oxford–New York 1977
Franz, H., Ökologie der Hochgebirge. Stuttgart 1979
Goodall, D.W. & Perry, R.A. (eds.), Arid-land ecosystems. New York 1981
Goodall, D.W., (ed.), Ecosystems of the world. Amsterdam–New York, seit 1977
Klink, H.-J. & Mayer, E., Vegetationsgeographie. Braunschweig 1983
Kratochwil, A. & Schwabe, A., Terrestrische Ökosysteme. Tübingen 1984
Kruger, F.J. et al. (eds.), Mediterranean-type ecosystems. Berlin–Heidelberg–New York 1983
Larsen, J.A., The boreal ecosystem. London–New York 1980
Lazare, J.J. et al. (eds.), Ecology of mountain and high altitude areas. Bordeaux 1984
Mani, M.S. & Giddings, L.F., Ecology of highlands. The Hague 1980
Mayer, H., Wälder Europas. Stuttgart–New York 1984
Mueller-Dombois, D., Bridges, K.W. & Carson, H.L. (eds.), Island ecosystems. Stroudsburg 1981
Ovington, J.D., (ed.), Temperate broad-leaved evergreen forests. Ecosyst. World 10. New York 1983
Reisigl, H. & Keller K., Lebensraum Bergwald. Stuttgart–New York 1989
Schmithüsen, J. (ed.), Atlas zur Biogeographie, Meyers großer physikalischer Weltatlas 3. Mannheim–Wien–Zürich 1976
Schultz, J., Die Ökozonen der Erde. Stuttgart 1988
Succow, M., Landschaftsökologische Moorkunde. Berlin 1988

Takhtajan, A., Floristic regions of the world. Berkeley 1986
Tischler, W., Ökologie der Lebensräume. Stuttgart–New York 1990
Troll, C., Der asymmetrische Aufbau der Vegetationszonen. Ber. Geobot. Inst. Rübel, Zürich 1948
Walter, H., Vegetation und Klimazonen. 6. Aufl., Stuttgart 1990
Walter, H., Vegetation der Erde. 2 Bde., 2.–3. Aufl., Stuttgart 1968, 1974
Walter, H. & Breckle, S.-W. (Hrsg.), Vegetationsmonographien der Großräume der Erde. Stuttgart–New York, seit 1965
Walter, H. & Breckle, S.-W., Ökologie der Erde. 4 Bde., Stuttgart 1983–1991
Walter, H., Harnickel, E. & Mueller-Dombois, D., Klimadiagramm-Karten der einzelnen Kontinente und die ökologische Gliederung der Erde. Stuttgart 1975
Vgl. dazu auch die Literaturhinweise zur Evolution und Systematik und zur Geobotanik: Standortlehre

18. Zentraleuropa und Alpen

Braun-Blanquet, J., Die inneralpine Trockenvegetation. Stuttgart 1961
Braun-Blanquet, J., Pallmann, H. & Bach, R., Pflanzensoziologische und bodenkundliche Untersuchungen im Schweizerischen Nationalpark. Liestal 1954
Ellenberg, H., Vegetation Mitteleuropas mit den Alpen. 4. Aufl., Stuttgart 1986
Ellenberg, H. & Klötzli, F., Waldgesellschaften und Waldstandorte der Schweiz. Mitt. Schweiz. Anst. Forstl. Versuchsw. 48 (4), 1972
Freitag, H., Einführung in die Biogeographie von Mitteleuropa. Stuttgart 1962
Gradmann, R., Das Pflanzenleben der Schwäbischen Alb. 4. Aufl., Stuttgart 1950
Hartmann, F.-K., Mitteleuropäische Wälder. Stuttgart 1974
Jakucs, P., Dynamische Verbindung der Wälder und Rasen. Budapest 1972
Leibundgut, H., Europäische Urwälder der Bergstufe, dargestellt für Forstleute, Naturwissenschaftler und Freunde des Waldes. Zürich–Bern 1982
Mayer, H., Wälder des Ostalpenraumes. Stuttgart 1974
Merxmüller, H., Untersuchungen zur Sippengliederung und Arealbildung in den Alpen. Jb. Ver. Schutze Alpenpflanzen u. -tiere 17–19, 1952–1954
Mikyška, R. et al., Geobotanische Karte der Tschechoslowakei, 1. Böhmische Länder. Praha 1968
Nachtigall, W., Lebensräume: Mitteleuropäische Landschaften und Ökosysteme. BLV 1986
Oberdorfer, E., Süddeutsche Pflanzengesellschaften. 2. Aufl. Jena u. Stuttgart–New York, seit 1977
Ozenda, P., Vegetation map of the council of Europe member states. Strasbourg 1979
Ozenda, P., Die Vegetation der Alpen im europäischen Gebirgsraum. Stuttgart–New York 1988
Passarge, H., Pflanzengesellschaften des nordostdeutschen Flachlandes, I–II. Jena 1964, 1968
Reisigl, H. & R. Keller, Alpenpflanzen im Lebensraum. Stuttgart–New York 1987
Runge, F., Die Pflanzengesellschaften Deutschlands. 8./9. Aufl. Münster/Westf. 1986
Scamoni, A., Karte der natürlichen Vegetation der Deutschen Demokratischen Republik mit Erläuterungen. Beih. Feddes Repert. 141, 1964
Scharfetter, R., Das Pflanzenleben der Ostalpen. Wien 1938
Schmid, E., Erläuterungen zur Vegetationskarte der Schweiz. Beitr. geobot. Landesaufn. Schweiz 39, mit 4 Kartenblättern, 1961
Schroeter, C., Das Pflanzenleben der Alpen. 2. Aufl., 1926
Schwickerath, M., Die Landschaft und ihre Wandlung.... Aachen 1954
Seibert, P., Übersichtskarte der natürlichen Vegetationsgebiete von Bayern 1 : 500000 mit Erläuterungen. Schriften f. Vegetationsk. 3, 1968
Stahrmühlner, F. & Ehrendorfer, F. (Hrsg.), Naturgeschichte Wiens. 4 Bde., Wien–München 1970 bis 1974
Sukopp, H. & Trautmann, W. (Hrsg.), Veränderungen der Flora und Fauna in der Bundesrepublik Deutschland. Schriftenreihe f. Vegetationsk. 10, 1976
Szafer, W., The vegetation of Poland. Warszawa 1966
Wagner, M., Die natürliche Pflanzendecke Österreichs. Österr. Akad. Wiss. 1985

19. Übrige Holarktis

Barbour, M.G. & Billings, W.D., North American terrestrial vegetation. Cambridge 1988
Braun-Blanquet, J., Les groupements végéteaux de la France médit. Montpellier 1951
Chernov, Y.I., The living tundra. Cambridge 1985
Graham, A. (ed.), Floristics and paleofloristics of Asia and Eastern North America. Amsterdam 1972
Hawksworth, D.L. (ed.), The changing flora and fauna of Britain. London–New York 1974
Horvat, I., Glavač, V. & Ellenberg, H., Vegetation Südosteuropas. Stuttgart 1974
Hultén, E., The amphi-atlantic plants and their phytogeographic connections. Stockholm 1958
Hultén, E., The circumpolar plants. 2 vols., Stockholm 1964, 1971
Knapp, R., Die Vegetation von Nord- und Mittelamerika und der Hawaii-Inseln. Stuttgart 1965
Kunkel, G., Die Kanarischen Inseln und ihre Pflanzenwelt. 2. Aufl., Stuttgart–New York 1987
Lavrenko, E.M. & Soczava, V.B. (eds.), Descriptio Vegetationis URSS. 2 Bde. u. 8 Kartenblätter. Moskau–Leningrad 1956
La flore du bassin méditerranéen. Coll. Int. CNRS 235, Paris 1975
Mayer, H., Europäische Wälder. Stuttgart 1986
Meusel, H. & Schubert, R., Beiträge zur Pflanzengeographie des Westhimalayas. Flora 160, 1971
Numata, M., The flora and vegetation of Japan. Tokyo–Amsterdam–London–New York 1974
Quezel, P., La végétation du Sahara. Stuttgart 1965
Rikli, M., Das Pflanzenleben der Mittelmeerländer. Bern 1943–1948
Sjörs, H., Nordisk växtgeografi. Stockholm 1956
Tansley, A.G., Britain's green mantle. 2nd ed., London 1968
The plant cover of Sweden. Acta Phytogeogr. Suecica 50, 1965
Tolmachev, A.I. (ed.), Distribution of the flora of the USSR. Jerusalem 1968
Walter, H., Die Vegetation Osteuropas, Nord- und Zentralasiens. Stuttgart 1974
Wein, R.W. et al. (eds.), Resources and dynamics of the boreal zone. Ottawa 1983
West, N.E. (ed.), Temperate deserts and semideserts. Ecosyst. World 5. New York 1983
Wiegolaski, F.E. (ed.), Fennoscandian tundra ecosystems. Ecol. Studies 16–17. Berlin–Heidelberg–New York, 1975
Zohary, M., Geobotanical foundation of the Middle East. Stuttgart–Amsterdam 1973
Vgl. dazu auch die Hinweise zum Kapitel «Arealkunde»

20. Tropen und Südhemisphäre

Balgooy, M.M.J. van, Plant geography of the Pacific. Blumea suppl 6, 1971
Beadle, N.C., Vegetation of Australia. Stuttgart 1981
Bünning, E., Der tropische Regenwald. Berlin 1956
Cole, M.M., The savannas: Biogeography and geobotany. London 1986
Dolder, W. (ed.), Tropenwelt, Fauna und Flora zwischen den Wendekreisen. Bern–Wien 1976
Evenari, M. u.a. (eds.), Hot deserts and arid shrublands. Amsterdam 1986
Farnworth, E.G. & Golley, F.B., Fragile ecosystems: Evaluation of research and application in the Neotropics. Berlin–Heidelberg–New York 1974
Golley, F.B. (ed.), Tropical rain forest ecosystems. New York 1983
Graham, A. (ed.), Vegetation and vegetational history of Northern Latin America. Amsterdam 1973
Hall, J.B. & Swaine, M.D., Distribution and ecology of vascular plants in a tropical rain forest. The Hague 1981
Hedberg, O., Features of Afroalpine plant ecology. Acta Phytogeogr. Suecica 49, 1964
Hueck, K. & Seibert, P., Vegetationskarte von Südamerika. 2. Aufl., Stuttgart–New York 1981
Keast, A. (ed.), Ecological biogeography of Australia. The Hague 1981
Knapp, R., Die Vegetation von Afrika. Stuttgart 1973
Koechlin, J., Guillaumet, J.-L. & Morat, P., Flore et végétation de Madagascar. Vaduz 1974
Kuschel, G. (ed.), Biogeography and ecology in New Zealand. The Hague 1975
Larsen, K. & Holm-Nielsen, L.B. (eds.), Tropical botany. London–New York 1979
Longman, K.A. & Jenik, J., Tropical forest and its environment. Harlow 1987
Meggers, B.F. et al. (eds.), Tropical forest ecosystems in Africa and South America. Washington 1973
Paijans, K. (ed.), New Guinea vegetation. Amsterdam–Oxford–New York 1976
Prance, G.T. (ed.), Biological diversification in the tropics. New York 1982
Schnell, R., La flore et la végétation de l'Amérique tropicale. Paris 1987
Sioli, H. (ed.), The Amazon: Limnology and landscape ecology of a mighty tropical river and its basin. Monogr. Biol. 56, 1984
Sutton, S.L. et al. (eds.), Tropical rain forest: Ecology and management. Oxford 1983
Tomlinson, P.B., The botany of mangroves. Cambridge 1986
Troll, C., Zur Physiognomik der Tropengewächse. Jahrb. Gesellsch. Freund. Förd. Univ. Bonn 1958
Troll, D., Die tropischen Gebirge.... Bonner Geogr. Abh. 25, 1959
Vareschi, V., Vegetationsökologie der Tropen. Stuttgart 1980
Whitmore, T.C., An introduction to tropical rain forests. Oxford 1990

> Strasburger, *Lehrbuch der Botanik*. 33. Auflage 1991
>
> Durch einen technischen Fehler wurde die Literatur zu den
> **SAMENPFLANZEN**
> nicht in das Literaturverzeichnis aufgenommen. Der Verlag bittet die Leser, dieses Versehen zu entschuldigen und die beiliegenden Seiten nach der Seite 956 einzukleben.
>
> Gustav Fischer Verlag · Stuttgart · Jena · New York

Samenpflanzen

1. Morphologie und Anatomie

Bailey, I.W., The potentialities and limitations of wood anatomy in the study of the phylogeny and classification of angiosperms. J. Arn. Arb. 38, 1957

Behnke, H.-D. (ed.), Ultrastructure and systematics of flowering plants. Nord. J. Bot. 1, 1980

Bierhorst, D.W., Morphology of vascular plants. New York 1971

Carlquist, S., Comparative wood anatomy; systematic, ecological, and evolutionary aspects of dicotyledon wood. Berlin–Heidelberg–New York 1988

Eames, A.J., Morphology of the angiosperms. New York–Toronto–London 1961

Eyde, R.H., Evolutionary morphology: Distinguishing ancestral structure from derived structure in flowering plants. Taxon 20, 1971

Gifford, E.M. & Forster, A.S., Morphology and evolution of vascular plants. 3rd ed., Oxford 1989

Meeuse, A.D.J., Fundamentals of phytomorphology. New York 1966

Metcalfe, C.R. & Chalk, L., Anatomy of the dicotyledons, I, II. Oxford 1957, 2nd ed. seit 1979

Metcalfe, C.R., Tomlinson, P.B. & al., Anatomy of monocotyledons. Vol. I – Oxford, seit 1960

Rasmussen, H., Terminology and classification of stomata and stoma development. Bot. J. Linn. Soc. 83, 1981

Sporne, K.R., The morphology of the angiosperms. London 1974

Troll, W., Vergleichende Morphologie der Höheren Pflanzen. Berlin 1937–1943

Troll, W., Praktische Einführung in die Pflanzenmorphologie, I–II. Jena 1954, 1957

Vgl. dazu auch die Literaturhinweise zur Morphologie

2. Fortpflanzung und Generationswechsel

Fortpflanzung der Samenpflanzen. HN IV, 1934

Reproductive structures of the flowering plants. FdB 45, 1983; 47, 1985; 49, 1987; 51, 1989

Widder, F.J., Der Generationswechsel der Spermatophyten, Aquilo. Ser. Bot. 6, 1967

3. Blütenstände, Blüten und Blütenorgane

Bentley, B. & Elias, T. (eds.), The biology of nectaries. New York 1983

Eckardt, Th., Vergleichende Studie über die Beziehungen zwischen Fruchtblatt, Samenanlage und Blütenachse bei einigen Angiospermen. Neue Hefte zur Morphologie 3, 1957

Eichler, A., Blütendiagramme. 2 Bde., Leipzig 1875, 1879; Reprint Eppenheim 1954

Halevy, A.H. (ed.), CRS handbook of flowering. 4 vols., Roca Baton 1985

Hess, D., Die Blüte. Stuttgart 1983

Hiepko, P., Vergleichend-morphologische und entwicklungsgeschichtliche Untersuchungen über das Perianth bei den Polycarpicae. BJSy 84, 1965

Leinfellner, W., Der Bauplan des synkarpen Gynözeums, Österr. Bot. Zeitschr. 97, 1950

Leins, P., Der Übergang vom zentrifugalen komplexen zum einfachen Androezeum. BDBG 92, 1979

Leins, P. & Boecker, K., Entwickeln sich Staubblätter wie Schildblätter? Beitr. Biol. Pfl. 56, 1981

Leins, P., Tucker, S.C. & Endress, P. (eds.), Aspects of floral development. Berlin–Stuttgart 1988

Melville, R., A new theory of the angiosperm flower. Kew Bull. 16–17, 1962–1963

Payer, J.B., Traité d'organogénie comparée de la fleur. Paris 1857

Puri, V., The role of floral anatomy in the solution of morphological problems. Bot. Rev. 17, 1951

Sattler, R., Organogenesis of flowers. Toronto–Buffalo 1973

Troll, W., Organisation und Gestalt im Bereich der Blüte. Berlin 1928

Troll, W., Die Infloreszenzen, Typologie und Stellung im Aufbau des Vegetationskörpers. Stuttgart 1964, 1969

Troll, W. & Weberling, F., Infloreszenzuntersuchungen an monotelen Familien. Stuttgart–New York 1989

Weberling, F., Morphologie der Blüten und der Blütenstände. Stuttgart 1981

4. Pollen

Blackmore, S. & Ferguson, I.K. (eds.), Pollen and spores, form and function. London 1986

Erdtmann, G., Pollen morphology and plant taxonomy, angiosperms. New York 1971

Ferguson, I.K. & Muller, J. (ed.), The evolutionary significance of the exine. Linn. Soc. Symp. Ser. 1. London–New York 1976

Heslop-Harrison, J. (ed.), Pollen: Development and physiology. London 1971

Hesse, M., Entwicklungsgeschichte und Ultrastruktur von Pollenkitt und Exine, Pl. Syst. Evol. 134, 1980

Mulcahy, D.L. et al. (eds.), Biotechnology and ecology of pollen. Berlin–Heidelberg–New York 1988

Muller, J., Form and function in angiosperm pollen. Ann. Missouri Bot. Gard. 66 (4), 1979

Stanley, R.G. & Linskens, H.F., Pollen: biology, biochemistry, management. Berlin–Heidelberg–New York 1974

Vgl. dazu auch die Hinweise zu den Kapiteln «Allgemeine Grundlagen, Systematik und Phylogenetik: Palynologie», «Gesamtes Pflanzenreich: Palynologie» und «Samenpflanzen: Bestäubung»

5. Bestäubung

Baker, H.G., Pollination mechanisms and inbreeders. Rec. Adv. Bot., 1961

Barth, F.G., Insects and flowers, the biology of a partnership. London–Sydney 1985

Baumberger, R., Floral structure, coloration, and evolution of bird pollinated plants. Ph. D. Thesis Univ. Zürich 1987

Dobat, K. & Peikert-Holle, T., Blüten und Fledermäuse. Frankfurt 1985
Faegri, K. & Pijl, L. van der, The principles of pollination ecology. Oxford-New York. 3rd ed., 1979
Frisch, K. v., Aus dem Leben der Bienen. Berlin 1959
Frisch, K. v., Tanzsprache und Orientierung der Bienen. Berlin 1965
Gottsberger, G., Floral ecology. FdB 47, 1985; 50, 1989
Grant, V. & Grant, K. A., Flower pollination in the phlox family. New York 1965
Grant, K. A. & Grant, V., Humming birds and their flowers. New York–London 1968
Hesse, M., Zur Frage der Anheftung des Pollens an blütenbesuchenden Insekten mittels Pollenkitt und Viscinfäden. Plant Syst. Evol. 133, 1980
Jones, C. E. & Little, R. J. (eds.), Handbook of experimental pollination biology. New York 1983
Knoll, F., Die Biologie der Blüte. Berlin 1956
Knoll, F., Insekten und Blumen. Abh. zool.-bot. Ges. Wien 12, 1921–1926
Knox, R. B. et al. (eds.), Pollination. Melbourne 1988
Knuth, P., Handbuch der Blütenbiologie. Leipzig 1898–1905
Kugler, H., UV-Male auf Blüten. BDBG 79, 1966
Kugler, H., Einführung in die Blütenökologie. 2. Aufl., Stuttgart 1970
Leppik, E. F., Morphogenic classification of flower types. Phytomorphology 18, 1969
Pijl, L. van der & Dodson, C. H., Orchid flowers – their pollination and evolution. Coral Gables 1967
Porsch, O., Vogelblumenstudien. JwB 63, 1924; 70, 1929; Biol. Gener. 1–5, 1926–1930; 9–12, 1933–1936
Proctor, M. & Yeo, P., The pollination of flowers. London etc. 1973
Read, L. (ed.), Pollination biology. Orlando 1987
Richards, A. J. (ed.), The pollination of flowers by insects. London 1978
Vogel, St., Chiropterophilie in der neotropischen Flora. Flora (Abt. B) 157–158, 1968–1969
Vogel, St., Blütenbiologische Typen als Elemente der Sippengliederung. Jena 1954
Vogel, St., Ölblumen und ölsammelnde Bienen. Trop. subtrop. Pflanzenwelt 7, 1974; 54, 1986
Willenstein, S. X., An evolutionary basis for pollination ecology. Leiden 1987
Westerkamp, C., Das Pollenverhalten der sozialen Bienen in bezug auf die Anpassung der Blüten. Diss. Univ. Mainz 1987

6. Gametophyten, Befruchtung und Embryologie

Brewbaker, J. L., The distribution and phylogenetic significance of binucleate and trinucleate pollen grains in the angiosperms. Amer. J. Bot. 54, 1967
Corti, E. F. & Sarfatti, G. (eds.), From ovule to seed: ultrastructural and biochemical aspects. Caryologia 25, Suppl., 1973
Davis, G. L., Systematic embryology of the angiosperms. New York–London–Sydney 1966
Hamann, U., Über Konvergenzen bei embryologischen Merkmalen der Angiospermen, BDBG 90, 1977
Heslop-Harrison, J., Sexuality of angiosperms. In Stenard, F. (ed.), Plant physiology VI C. New York–London 1972
Johansen, D. A., Plant embryology. Waltham/Mass. 1950
Johri, B. M. (ed.), Experimental embryology of vascular plants. Berlin–Heidelberg–New York 1982
Johri, B. M. (ed.), Embryology of angiosperms. Berlin–Heidelberg–New York 1984
Linskens, H. F. (ed.), Fertilization in higher plants. Amsterdam–Oxford–New York 1974
Maheshwari, P., An introduction to the embryology of angiosperms. New York 1950
Nygren, A., Apomixis in the angiosperms. Bot. Rev. 20, 1954
Philipson, W. R., Ovular morphology and the major classification of the dicotyledons. Bot. J. Linn. Soc. 68, 1974
Rutishauser, A. C., Embryologie und Fortpflanzungsbiologie der Angiospermen. Berlin–Heidelberg–New York 1969
Schnarf, K., Vergleichende Embryologie der Angiospermen. Berlin 1931
Singh, H., Embryology of gymnosperms. HA 10/2, 1978
Wunderlich, R., Zur Frage der Phylogenie der Endospermtypen..., Österr. Bot. Zeitschr. 106, 1959
Yakovlev, M. S. (ed.), Comparative embryology of flowering plants. 1 –, Leningrad seit 1981

7. Samen, Früchte und ihre Ausbreitung

Brouwer, W. & Stählin, A., Handbuch der Samenkunde. Frankfurt a. M. 1955
Corner, E. J. H., The seeds of the dicotyledons. Cambridge 1976
Estrada, A. et al. (eds.), Frugivozes and seed dispersal. Dordrecht 1986
Heydecker, W. (ed.), Seed ecology. London 1973
Kozlowski, T. T. (ed.), Seed biology. 3 vols., New York–London 1971–1972
Müller, P., Verbreitungsbiologie der Blütenpflanzen. Veröff. Geobot. Inst. Rübel Zürich 30, 1955
Murray, D. R. (ed.), Seed dispersal. Sydney 1986
Pijl, L. van der, Principles of dispersal in higher plants. 3rd ed., The Hague 1982
Renner, S. S., Seed dispersal. FdB 49, 1987
Ridley, H. N., The dispersal of plants throughout the world. Ashford–Kent 1930
Roth, I., Fruits of angiosperms. HA X/1, 1978
Schnarf, K., Gymnospermensamen. HA X/1, 1937
Stopp, K., Karpologische Studien. Abh. Akad. Wiss. Mainz, math.-naturw. Kl. 7 und 17, 1950–1951
Ulbrich, E., Biologie der Früchte und Samen. Berlin 1928

8. Fossilfunde und Stammesgeschichte

Andrews, H. N., Early seed plants. Science 142, 1963
Beck, C. B., The appearance of gymnospermous structure. Biol. Rev., 1970
Beck, C. B., Current status of the Progymnospermopsida, Rev. Paleobot. Palyn. 21, 1976
Beck, C. B. (ed.), Origin and early evolution of the angiosperms. New York–London 1976
Dilcher, D. L., Early angiosperm reproduction: An introductory report. Rev. Paleobot. Palyn. 27, 1979
Doyle, J. A., Origin of angiosperms. Ann. Rev. Ecol. Syst. 9, 1978
Ehrendorfer, F. (ed.), Woody plants – evolution and distribution since the Tertiary. Pl. Syst. Evol. 162, 1989
Florin, R., Die Koniferen des Oberkarbons und des unteren Perms. Palaeontographica B 85, 1938–1945
Florin, R., Evolution in cordaites and conifers. Acta Horti Berg. 15/11, 1951
Friis, E. M., Chaloner, W. G. & Crane, P. R., The origins of angiosperms and their biological consequences. Cambridge 1987
Harris, T. M., The yorkshire jurassic flora III, Bennettitales. London 1969
Hughes, N. F., Paleobiology of angiosperm origins. Cambridge–London–New York 1976, 1982
Krassilov, V., Mesozoic plants and the problem of angiosperm ancestry. Lethaia 6, 1973
Muller, J., Fossil pollen records of extant angiosperms. Bot. Rev. 47, 1981
Schweitzer, H.-J., Die rätische Zwitterblüte *Irania hermaphroditica* nov. spec. und ihre Bedeutung für die Phylogenie der Angiospermen. Palaeontographica 161 B, 1977

9. Systematik der Samenpflanzen, Gesamtgruppe

Cronquist, A., Takhtajan, A. & Zimmermann, W., On the higher taxa of Embryobionta. Taxon 15, 1966
Evolution and classification of seed plants. FdB 45, 1983; 47, 1985; 49, 1987; 51, 1989
Kubitzky, K. (ed.), The families and genera of vascular plants. Berlin–Heidelberg–New York, seit 1990
Rohweder, O. & Endress, P.K., Samenpflanzen. Stuttgart–New York 1983
The Kew record of taxonomic literature (vascular plants). London, seit 1971
Willis, J.C., A dictionary of the flowering plants and ferns. 7th ed., rev. Airy Shaw, H.K. (ed.), Cambridge 1966

10. Florenwerke (Auswahl)

Aeschimann, D. & Burdet, H.M., Flore de la Suisse. Neuchâtel 1989
Aichele, D., Was blüht denn da? 44. Aufl., Stuttgart 1982
Ehrendorfer, F. (Hrsg.), Liste der Gefäßpflanzen Mitteleuropas. Stuttgart 1973
Flora Malesiana. Djakarta–Groningen, seit 1950
Flora Neotropica. Riverside, N.Y., seit 1968
Flora of Tropical East Africa. London, seit 1952
Frodin, D.G., Guide to the standard floras of the world. London–New York 1985
Garcke, A., Illustrierte Flora, Deutschland und angrenzende Gebiete. 23. Aufl. (Hrsg. K.v. Weihe). Berlin–Hamburg 1972
Hamann, U. & Wagenitz, G., Bibliographie zur Flora von Mitteleuropa. 2. Aufl. Berlin–Hamburg 1977
Hegi, G., Illustrierte Flora von Mitteleuropa. 7 Bde., München, Hamburg, 1. Aufl. 1906-1931, 2. Aufl. seit 1935, 3. Aufl. seit 1966
Hess, H.E., Landolt, E. & Hirzel, R., Flora der Schweiz. 3 Bde., Basel–Stuttgart 1967-1972
Langhe, J.-E. de, et al., Nouvelle Flore de la Belgique ... 3. Aufl., Meise 1983
Martensen, H.-O. & Probst, W., Farn- und Samenpflanzen in Europa. Stuttgart–New York 1990
Oberdorfer, E., Pflanzensoziologische Exkursionsflora. 5. Aufl., Stuttgart 1983
Schmeil, O. & Fitschen, J., Flora von Deutschland ... 87 Aufl. (Hrsg. W. Rauh & K. Senghas). Heidelberg 1982
Pignatti, S., Flora d'Italia. Bologna 1982
Polunin, O., Flowers of Europe. London–New York–Toronto 1969
Rothmaler, W., Meusel, H. & Schubert, R., Exkursionsflora für die Gebiete der DDR und BRD, Gefäßpflanzen. 12. Aufl., Berlin 1984
Rothmaler, W., Schubert, R., Vent, W. et al., Exkursionsflora für die Gebiete der DDR und der BRD, Kritischer Band. 6. Aufl., Berlin 1986
Tutin, T.G. et al. (ed.), Flora Europaea. Vol. 1-5, Index, Cambride 1964-1983, 2nd ed. seit 1990

11. Holzpflanzen, Nutz- und Heilpflanzen

Baerner, J. & Mueller, J.F., Die Nutzhölzer der Welt. 4 Bde., Neudamm–Weinheim 1942-1961
Baker, H.G., Plants and civilization. Belmont, Calif., 1970
Baumeister, W. & Reichart, Lehrbuch der Angewandten Botanik. Stuttgart 1969
Berger, F., Handbuch der Drogenkunde. 5. Bde., Wien 1946-1960
Bogen, H.J., Gezähmt für die Zukunft – Leistungen und Perspektiven der Biotechnik. München–Zürich 1973
Brücher, H., Tropische Nutzpflanzen; Ursprung, Evolution und Domestikation. Berlin–Heidelberg–New York 1977
Brücher, H., Useful plants of neotropical origin and their wild relatives. Berlin–Heidelberg–New York 1989
Edlin, H. & Nimmo, M., BLV-Bildatlas der Bäume: Merkmale und Biologie. München 1983
Franke, G. (ed.), Nutzpflanzen der Tropen und Subtropen. 2 Bde., 3. Aufl., Leipzig 1982
Franke, W., Nutzpflanzenkunde. Nutzbare Gewächse der gemäßigten Breiten, Subtropen und Tropen. 3. Aufl., Stuttgart 1985
Frankel, O.H. & Bennett, E. (ed.), Genetic ressources in plants – their exploration and conservation. Oxford–Edinburgh 1970
Gessner, O., Die Gift- und Arzneipflanzen von Mitteleuropa. 2. Aufl., Berlin 1956
Hoffmann, W., Mudra, A. & Plarre, W., Lehrbuch der Züchtung landwirtschaftlicher Kulturpflanzen. 2 Bde., Berlin–Hamburg 1970-1971
Holden, J.H.W. & Williams, J.T., Crop genetics reserves: Conservation and evolution. London 1984
Krüssmann, G., Handbuch der Laubgehölze. 2 Bde., 2. Aufl., Berlin–Hamburg 1976-1978
Krüssmann, G., Handbuch der Nadelgehölze. 2. Aufl., Hamburg–Berlin 1983
Lewis, W.H. & Elvin-Lewis, M.P.F., Medical botany – plants affecting man's health. New York 1977
Mayer, H., Wälder Europas. Stuttgart–New York 1984
Mayer, H., Waldbau. Stuttgart–New York 1992
Parey's Blumengärtnerei. 2. Aufl., 3 Bde., 1955-1961
Polunin, O., Bäume und Sträucher Europas. München 1980
Purseglove, J.W., Tropical crops: Dicotyledons (vol. 1-2), Monocotyledons. London 1968, 1972
Rauh, W., Morphologie der Nutzpflanzen. 2. Aufl., Heidelberg 1950
Rehm, S. & Espig, G., Die Kulturpflanzen der Tropen und Subtropen, Anbau, wirtschaftliche Bedeutung, Verwertung. Stuttgart 1976
Roemer, T., Rudorf, W. et al. (Hrsg.), Handbuch der Pflanzenzüchtung. 2. Aufl., Hamburg–Berlin 1958-1962
Rowe, J.W. (ed.), Natural products of woody plants. 2 vols., Berlin–Heidelberg–New York 1989
Schultze-Motel, J. (Hrsg.), R. Mansfeld, Verzeichnis landwirtschaftlicher und gärtnerischer Kulturpflanzen (ohne Zierpflanzen). 4 Bde., Berlin–Heidelberg–New York 1986
Schwanitz, F., Die Evolution der Kulturpflanzen. München–Basel–Wien 1967
Simmons, N.W., Evolution of crop plants. London–New York 1976
Sprecher von Bernegg, A., Tropische und subtropische Weltwirtschaftspflanzen. 5 Bde., Stuttgart, 1. Aufl. 1929-1936, 2. Aufl. seit 1960
Walters, S.M. et al. (eds.), The European garden flora. Cambridge, seit 1986
Zohary, D. & Hopf, M., Domestication of plants in the Old World. Oxford 1988
Vgl. auch Publikationen in der Zeitschrift «Die Kulturpflanze»
Wegen Arzneipflanzen und Drogen vgl. auch die letzten Ausgaben des Deutschen, Österreichischen und Schweizer Arzneibuches

12. Systematik der Gymnospermen

Beck, C.B. (ed.) Origin and evolution of gymnosperms. New York 1988
Chamberlain, C.J., Gymnosperms. Chicago 1935
Gaussen, H., Les gymnospermes actuelles et fossiles. Toulouse 1943-1979
Sporne, K.R., The morphology of gymnosperms. London 1965

13. Systematik der Angiospermen, Gesamtgruppe

Cronquist, A., The evolution and systematics of flowering plants. 2nd. ed., New York 1988
Dahlgren, R., A revised system of classification of the angiosperms. Bot. J. Linn. Soc. 80, 1980
Davis, P.H. & Cullen, J.: The identification of flowering plant families. 2nd ed., London–New York–Melbourne, 1979
Ehrendorfer, F. & Dahlgren, R. (eds.), New evidence of relationships and modern systems of the angiosperms. Nord. J. Bot. 3 (1), 1983
Geesink, R. et al., Thonner's analytical key to the families of flowering plants. The Hague 1981
Graf, J., Tafelwerk zur Pflanzensystematik, Einführung in das natürliche System der Blütenpflanzen. München 1975
Heywood, V.H. & Goaman, V. (Hrsg.), Blütenpflanzen der Welt. Stuttgart 1982
Huber, H., Angiospermen. Stuttgart–New York 1991
Hutchinson, J., Evolution and phylogeny of flowering plants. London 1969
Hutchinson, J., The families of flowering plants. 3rd ed. Oxford 1973
Kubitzki, K., Probleme der Großsystematik der Blütenpflanzen. BDBG 85, 1972
Kubitzki, K. (ed.), Flowering plants, evolution and classification of higher categories. Plant Syst. Evol., suppl. 1, 1977
Meeuse, A.D.J., Floral evolution and emended anthocorm theory. Madras: Hissar 1976
Stebbins, G.L., Flowering plants, evolution above the species level. Cambridge/Mass. 1974
Takhtajan, A., Die Evolution der Angiospermen. Jena 1959
Takhtajan, A., Evolution und Ausbreitung der Blütenpflanzen. Jena 1973
Takhtajan, A., Systema Magnoliophytorum. Leningrad 1987
Walker, J.W. (ed.), The bases of angiosperm phylogeny: Floral anatomy, vegetative morphology, vegetative anatomy, embryology, ultrastructure, palynology, cytology, chemotaxonomy, paleobotany, transspecific evolution, etc., Ann. Missouri Bot. Garden 62 (3), 1976
Wing, S.L. & Tiffney, B.H., The reciprocal interaction of vertebrate herbivory and angiosperm evolution. Rev. Palaeobot. Palyn. 50, 1987

14. Systematik und Biologie der Angiospermen, Teilgruppen (Auswahl)

Babcock, E.B., The genus *Crepis*. London–Berkeley 1947
Baum, B.R., Oats: Wild and cultivated. A monograph of the genus *Avena* L. (Poaceae), Ottawa 1977
Crane, P.R. & Blackmore, S. (eds.), Evolution, systematics, and fossil history of the Hamamelidae. Syst. Ass. Spec. Vol. 40 A, 1989
Dahlgren, R. & Clifford, H.T., The monocotyledons: A comparative study, London–New York 1982
Dahlgren, R. et al., The families of monocotyledons. Berlin–Heidelberg–New York 1985
D'Arcy, W.G. (ed.), Solanaceae: biology and systematics. New York 1986
Ehrendorfer, F., Schweizer, D., Greger, H. & Humphries, Ch., Chromosome banding and synthetic systematics in *Anacyclus* (Asteraceae – Anthemideae). Taxon 26, 1977
Endress, P.K., The Chloranthaceae: reproductive structures and phylogenetic position. Bot. H. Syst. 109, 1987
Gelius, L., Studien zur Entwicklungsgeschichte an Blüten der Saxifragales sensu lato mit besonderer Berücksichtigung des Androeceums. BJSy 87, 1967
Grant, V., Natural history of the phlox family. The Hague 1959
Grund, C. & Jensen, U., Systematic relationships of the Saxifragales revealed by serological characteristics of seed proteins. Plant Syst. Evol. 137, 1981
Heywood, V.H., The Biology and chemistry of the Umbelliferae. Bot. J. Linn. Soc. London, Suppl. 1, 1971
Heywood, V.H., Harborne, J.B. & Turner, B.L. (eds.), Biology and chemistry of the Compositae. London–New York 1978
Hubbard, C.E., Gräser. Stuttgart 1973
Huber, H., Die Verwandtschaftsverhältnisse der Rosifloren. Mitt. Bot. München 5, 1963
Jensen, U., Serologische Beiträge zur Systematik der Ranunculaceae. BJSy 88, 1968
Juniper, B.E. et al., The carnivorous plants. London 1988
Kirchner, O., Loew, E., Schroeter, C., Wangerin, W. & Schmucker, C., Lebensgeschichte der Blütenpflanzen Mitteleuropas. Stuttgart 1904–1942
Kuijt, J., The biology of parasitic flowering plants. Berkeley––Los Angeles 1969
Lüttge, U., Vascular plants as epiphytes; evolution and ecophysiology. Ecol. Stud. 76
Mabry, T.J. & Behnke, H.-D. (eds.), Evolution of centrospermous families. Plant Syst. Evol. 126 (1), 1976
Merxmüller, H. & Leins, P., Die Verwandtschaftsbeziehungen der Kreuzblütler und Mohngewächse. BJSy 86, 1967
Raven, P. (ed.), Myrtales. Ann. Missouri Bot. Gard. 71, 1984; 74, 1987
Schlechter, R. & Brieger, F.G., Die Orchideen. 3. Aufl., Hamburg–Berlin 1970/85
Soderstrom, T.R. et al. (eds.), Grass systematics and evolution. Washington 1988
Stirton, C.H. (ed.), Advances in legume systematics. Kew 1987
Uhl, N.W. & Dransfield, J., Genera Palmarum: A classification of palms... New York 1987
Vaughan, J.G., The Biology and chemistry of the Cruciferae. London–New York–San Francisco 1976
Wegen weiterer Literatur vgl. die Zeitschriften FdB, BJSy, «Taxon» sowie den Kew Record of Taxonomic Literature, seit 1971

Register

Kursive Zahlen sind Verweise auf Abbildungen. In der Regel ist dann auf derselben Seite auch im Text von dem Begriff oder der Pflanze die Rede. Auf einen gesonderten Textverweis wurde in solchen Fällen verzichtet.
Halbfette Zahlen weisen auf Seiten hin, auf welchen der betreffende Fachausdruck definiert wird; bei Pflanzennamen auf die Seite, auf welcher das betreffende Taxon innerhalb des Systems behandelt wird.
Die Ausschlagtafel befindet sich zwischen den Seiten 918 und 919.

Aasfliegenblumen 374, 749, 800
Abendschwärmer s.a. Nachtschwärmer 524
Abfall 889, *890*
Abfallfresser 868
Abfallstoffe 897
Abgase *897*
Abhärtung 874
Abies, Abietoideae 513, 520, *718, 720, 852*, 874, 878, *911*, 915, 917, 927
Abietetum polonicum *861*
Abschlußgewebe **137**, 617
–, inneres 145
–, sekundäres **144**, 204
–, tertiäres 205
Abscisinsäure (ABA) **394**, 463
–, Streßhormon 395
Abscission 428
Absidia 563
Absorptionsspektren 258
Abstammung 474, 759
Abstammungsgemeinschaften 474, 520, 522, *528*, 530
Abstammungslehre 474, 481
Absterbephase 847
Absterberate *849*
Abteilung (phylum) 529, 530
Abundanz 851
Abwasser *876*
Abwasserpilz s. *Sphaerotilus* 540
Abwasserreinigung 289
Abwehrstrategien 885
Acacia 749, 780, 781, 885, 929, *930*, 931
Acaciaephyllum 903
Acanthaceae 747, 806, 929
Acanthosomen **93**, *93*
Acarospora 881
Acarosporetum sinopicae 320
Acer, Aceraceae 335, 733, 735, 750, 757, 785, 833, 863, 874, 881, 904, 916, 917, 918, 926
Acetabularia 159, 232, 382, *383*, 410, 527, *637*, 638
–, Rhythmus der Photosyntheseintensität *410*
Acetat-Mevalonatweg 368
Acetobacter 533, 539
Acetobacterium 539
Acetogenine *369*
Acetosyringon 433
Acetyl-CoA 293
–, Bildung *293*, *361*, **361**
–, -Carboxylase 361
–, -Synthetase 361
Achänen 757, *808*, 809

Achillea 482, 496, *506*, 512, *513*, 514, 515, 528, *808*, 809, 837, 843, 907
Achlya 554, *555*
Acholeplasma 542
Achse 647, 699, 710, *731, 732, 826*, 828
Achse/Blatt-Differenzierung s.a. Telomtheorie 710
Achselknospe 170
acidophil 340, 881
acidotolerant 340, 881
Acidothermus 538
Acinetobacter 539
Äcker *858, 894*, 895, 921
Ackerbau 514, *894*, 913, 924
Ackerböden 881
Acker-Schachtelhalm s. *Equisetum*
Acker-Senf s. *Sinapis*
Ackerunkräuter 758, 845
Acker-Winde s. *Convolvulus*
Aconitum 748, 765, 766
Acorus 516, *733*, 824, *825*
Acranogiophyllum 684
Acrasin 438
Acrasiomycota **549**, *826*
Acrasis, Acrasiales 549
Acridinorange 491
Acrostichum 691, 695
Actaea 756, 766
Actin **37**, *39*
Actinomyces, Actinomycetaceae, Actinomycetales 542, 772, 880, 881, 884
Actinomyceten-Symbiose 774, 789
Actinomycin 307
Actinomykose 542
Actinoplanaceae 542
Actinostele 193, 668, *669, 670*, 700, 710
Actomyosin 37, 439
Acyl-Dehydrogenase 298
Adansonia 749, 796, 929
Adaptation 435
–, chromatische 257
adaptive Radiation 519
Adelphoparasiten 623
Adenin 45
Adenosindiphosphat (ADP) *826*
– Carrier 296
– Glucose-Synthetase 276
Adenosinphosphosulfat 360
Adenosintriphosphat (ATP) 28, 244, *826*
– Carrier 296
– Synthese 295
Aderung *210*, 732

Adiantum, Adiantaceae 684, 691
Adlerfarn s. *Pteridium*
Adnata 851
Adonis 734, 735, *765*, 766, 912, 925
Adoxa, Adoxaceae 799
ADP s. Adenosindiphosphat
Adventiv- bzw. Nucellarembryonie 752
Adventivembryonen *753*
Adventivknospen 186
Adventivpflanzen 896
Adventivsprosse 170, 419, *420*
Adventivwurzeln 170, 223, 419, *426*, 810
Aecidien *580*
Aecidienanlage 579
Aecidiosporen *580*
Aecidiosporophyt 480
Aegilops 515, *516*, 843, 906
Aerenchyme 136, 877
Aeromonas 539
Aerotaxis 439
Aerotropismus 455
Aesculus 754, 758, 785, 842, 906, 909
Aestivation 736
Aethalium 551
Affenbrotbaum s. *Adansonia*
Aflatoxine 569, 595
Agameten 477
Agamospermie *502*, 516, 752, 780
Agar 621
Agaricus, Agaricaceae, Agaricales 587, 588, 589, **590**, 593, 594
–, Basidienentwicklung *585*
–, Schnallenbildung *585*
Agaricanae 590
Agathis 718
Agave, Agavaceae *524*, 749, 815, 913, 930
Ageratum 752
Agglutination 565
Aggregat (agg.) 529
Aggregation 549
Aggregationsverband 230, *231*, 600, 630, 631
Aglaonema 825
Aglaozonia 480, 615
Agmatoploidie 497
Agrobacterium 432, 491, 540
Agropin 432
Agropyron 515, *853*, 896, 920
Agrostemma 767, 896, 913
Agrostis 821, 856, *857*, 918, 921
Ähnlichkeit *474*, *520*, *521*
–, abgestufte 520
–, systematische Merkmale 520
Ähnlichkeitsforschung 520, **523**
Ähnlichkeitskoeffizienten 521, 861
Ähnlichkeitsvergleich
–, Pflanzengemeinschaften 861
Ahorn s. *Acer*
Ahornrunzelschorf 572
Ährchen 820, *821*, *822*
Ähren *184*, *822*
Ährengräser 821
Ailanthus 785
Aizoaceae 508, 758, 767, 930
Ajuga 807, *850*
Akazie s. *Acacia*
Akelei s. *Aquilegia*
Akineten 545
Akkrustation 106
Akkumulatorpflanzen 320

akrokarp 662
Akrosiphonales 636
Akrotonie 184
Aktionspotential 434, 459
Aktivierungsenergie 245
Akzeptor-regenerierende Phase 274
Alanin 31
–, Transaminierung *300*
Alant s. *Inula*
Alaria 617, *645*
Albizia 906
Albugo 556
Albumine 299
Alcaligenes 540
Alchemilla 516, *753*, 780, 909
Aldolase 275
Aldrovanda 458, 792
Alectoria 599
Aleuron 90, *91*
Aleuronschicht 390
Algen 477, 530, 531, 544, *826*, 827, 851, 882, *889*, 900, 920, 931
–, Anpassung an das Landleben 606, 620, 633, 640
–, benthische 872
–, Chlorophyllverlust 602
–, eukaryotische 600
–, Filzthallus 601
–, Flechtthallus 601
–, fossile 605, 613, 619, 625, 638, 641, 647
–, Gesteinsbildung 547, 606, 608, 613, 625, 638, 641, 646
–, gesteinslösende 547, 633
–, Gewebethallus 601
–, heterotrophe 646
–, Lebensweise 644
–, Organisationsstufe
– –, amöboide rhizopodiale 600
– –, capsale tetrasporale 600
– –, coenocytiocha
– –, kokkale 600
– –, monadiale 600
– –, siphonale 561
– –, siphonocladale 601, 635
– –, trichale 601
–, prokaryotische 544
–, Pigmente 601
–, Reservestoffe 601
–, Symbiose 376, 547, 596, 604, 631
–, Verwendung 619, 625, 643
–, Vorkommen 644
Algenbestände *891*
Algenkultur 888
Algenreaktoren 643
Alglit 643
Alginate 613, 619
Alisma, Alismataceae, Alismatales 752, 812, *813*, 915
Alismatidae 712, 753, 764, 811, 812, *813*, 824, 826
alkalische Bänder 287
Alkaloide 90, 782, 800, 802, 808, 814, 815, 892
–, Biosynthese 369
Alkohol-Dehydrogenase 291
Alkoholgärung 291, 566
Allantoin 356
Allele, Allelie 71, 484, *485*, 493, *501*, 506
–, dominante 486, *487*, *488*
–, Frequenz *507*
–, Häufigkeit 503
–, Inkompatibilität 501
–, intermediäre 486, *487*
–, letale 489

–, multiple 495, 502, 585, *586*
–, rezessive 486, *488*
Alleloparasitismus 375
allelopathisch, Allelopathie 408, 884
Allel-Reserve 499
Allenrolfea 701
Allergien 750
–, mykogene 595
Alleröd *911, 912*
Alles-oder-Nichts-Reaktion 436
Alliaria 792
Allicin 347
Allium 476, 758, *811*, 815, 854, 920
Alloenzymmuster 525
Allogamie 499, 501, *502*, 518, 706, **745**, 746
Allomyces 439, 561
–, Brachy- 561
–, Eu- 561
–, Generationswechsel *560*
allopatrisch, Allopathie 509, 517, 526, 844
alloploid, Allopolyploidie, Allopolyploide 498, *510*, **511**, *513*, 517, 520, 528
–, experimentelle Synthese 514
–, Lebensräume 515
–, Überlegenheit gegenüber autopolyploiden und homoploiden Hybriden 514
Allorrhizie *223*, 732, 761
allosterische Effekte 316
Alloxanthin *601*
all-trans-Farnesol 464
Alluvium 907, 910
Almweide *876*
Almwirtschaft 922
Alnion glutinosae *862, 863,* 919
Alno-Padion 862, *863,* 918
Alnus 750, 772, *773, 833,* 878, 904, *907, 911,* 917, 918, 922, 924
Aloe 749, 815, 930
Alopecurus 821, *886*
Alpen 515, *516, 865, 912*
Alpenflora 907, 921
Alpenglöckchen s. *Soldanella*
Alpenrose s. *Rhododendron*
Alpenveilchen s. *Cyclamen*
Alphahelix 33, *35*
alpin, alpisch s. Hohenstufen, Florengebiete
Alpinia 818
Alsinoideae 767
Alsophila 691
Alston, R. E. 520
Alter 431
–, von *Pteridium* 687
Altern 429
Alternanz 174, 736
Altersbestimmung
–, Gesteine, Fossilien 899
Altersklassen (Populationen) 848
Altersphase *890*
Althaea 796
Altsteinzeit *911*
Alttertiär 904
Aluminium 882
Amanita 587, 590
Amanitin 52
Amaranthus, Amaranthaceae 278, *768,* 769
Amaryllidaceae 815, *816,* 882
Amatoxine 590
Ambrosia 810
Ambrosia-Pilze 594

Ameisen 749, 758, 759, *781,* 796, 801, 885
Ameisenausbreitung 754, 757
Ameisenpflanzen 780
Amentiferen 523, 750, 793
Amine 300
Aminoacyl-tRNA *311*
–, Struktur *313*
–, -Synthetase 74, 311
Aminobuttersäure 300
Aminocyclopropan-1-carbonsäure(ACC) 395
Aminolaevulinsäure (ALA)-Synthetase 358
Aminopeptidasen 299
Aminosäuren 30, *31,* 299
–, aromatische, Biosynthese *355*
Aminosäuresequenzen *32, 526*
Ammi 790
Ammoniakentgiftung 356
Ammonium (NH$_4^+$) **353**
Ammophila 854, *853,* 856, 920
Amöbozygoten 550
Amoebidium 564
Amorphotheca 593
Ampfer s. *Rumex*
amphibolische Reaktionen 301
Amphigastrien 655
amphiphil 750
Amphithecium 657, 660, 661
Amplitude
–, autökologische *834,* 873, 885
–, Licht- 873
–, ökologische 885
–, physiologische *834*
–, synökologische *834,* 835, 838, 873, 885
Ampulle 602
Amsinckia 502, 843
Amygdalin *779*
Amygdalus 926
Amylase 296
Amylopectin 115, 276
Amyloplasten 114
Amylose 115, *117,* 276
Anabaena 545, 547, 646, *693, 694*
Anabaenopsis 547
Anabarena 546
Anacardium, Anacardiaceae 755, 774, 784
Anacharis 750
anaerobe Dissimilation 290
Anaerobier 290, 535
Anagallis 796, *913*
Anagenese 518, 812
anakrogyn 655
analog, Analogie **160**
Anamorphe 553, 592
Ananas 515, 755, 757, 818, *896*
Ananas-Erdbeere 515
Anaphase 63, 65, 71
anaplerotische Reaktionen 302
Anaptychia 599
Anastatica 468
Anatomie 8, 163, 523
anatrop (Samenanlagen) *704*
Anchusa 805, *805*
Ancylonema 638
Andel s. *Puccinellia*
Anderson, E. 481
Andreaea **659**, 660
Andreaeidae 660
Andreaeobryum 660
Androeceum 733, **736**, 777, 778, 812

Androgynophor 734, 792
Andromeda 797, 798, 919
andromonöcisch 702
Androphor *788*
Andropogonoideae 821
Androsace 796, 909, 921, 923
Androsporen 635
Androstenol 396
Anemia, Anemiaceae 691
anemochor, Anemochorie 477, 479, 517, 708, 756, 758, 759, 853
Anemogamie 706, 750
Anemone 746, 748, 756, 758, *765,* 766, 850, 854, 862, 878, 916, 917, 918, 920
Anemophilie 706, 745, **750,** 789, 800, 853
-, primäre 707, 750
-, sekundäre 707, *750*
Anethum 790
aneuploid, Aneuploidie **496,** 498, 515, 516, *518*
Aneurophyton, Aneurophytales 684, 710, 900
Angiopteris 686
angiosperm, Angiospermae, Angiospermen, Angiospermie 476, 479, *526,* 531, 700, *704,* 706, 709, 710, *712,* 731, 738, 752, 753, 754, 759, 760, 761, *762,* 825, *826,* 828, 884, 885, *901,* 902
-, Befruchtung *751*
-, Bestäubung 706, *751*
-, Blüten 701, *793*
-, Embryo-, Endosperm- und Samenbildung *129,* **751**
-, Fossilfunde 759
-, frühe Pollentypen *739, 903*
-, Gametophyten 704
-, Pollenkornwand *703*
-, Pollensäcke *703*
-, Samenanlagen 704
-, Samenkeimung 709
-, Stammesgeschichte 825
-, Staub- und Fruchtblätter **702,** *703*
-, tracheenlose 763, 770
-, Wuchsformen *180,* 903
-, Vegetationsorgane **700, 731**
Angiospermen-Zeitalter 710, 759
angiovulat 740
Angraecum 749, 817
Anis s. *Pimpinella*
Anisocotylie 810
Anisogametangiogamie 563
Anisogameten *632,* 637
Anisogamie 477, 553, 614, 628
Anisolpidium 558
Anisophyllie 214, *215,* 673, *674*
Ankerfrüchte 784
Ankistrodesmus 631
Ankylonoton 476, 606, *607*
Anlandung 856, 882
Annonaceae 753, 756, 763, 811, 903, 905, 927
annuell s. a. Therophyten 181
Annularia 683
Anogramma 691, 695
Anpassung 473, 481, 499, **503, 505,** 511, 517, 519
Anpassungsmerkmale 521
Antarktis 846, 903, 914
antarktisch s. Florenreiche, Florenzonen
Antelminellia 612
Antennaria 809
Antennenpigmente 257, 622
Anthemis, Anthemideae *808,* 809
Antheren *703,* 737, *738*
-, klappige Öffnung 763

-, Öffnung 469
Antherenbrand 578
Anthericum 815, 912, 920
Antheridien 477, 647, 648, *656, 672,* 675, 688, 689, 692, 695, *698,* 699, 827
-, endogene Bildung 698
-, Entwicklung *690*
-, exogene Bildung 698
Antheridienstände 652, *652*
Antheridiol 455
Antheridiumwandzellen *675*
Antheridiumzelle *705, 716,* 743
Anthese 700, 749
Anthium 706
Anthoceropsida *826*
Anthoceros, Anthocerotaceae, Anthocerotales 547, 648, *649,* 665, 696
Anthocerotopsida 648, 649
Anthocyane *525,* 767, 769
Anthophyta 700
Anthostema 788, 789
Anthoxanthum 515, 821
Anthericum 912
Anthriscus 895
Anthropochorie 756, 758
Anthurus 589, 591
Antibiotika *490,* 542, 592, 884, 892
-, Resistenz 505
Antibiotika-Peptide *359*
Anticodon *309, 309,* 311
Antigen 525
Antikörper 525
Antilopen 929
Anti-Passat *870*
Antipoden *698, 743,* 744, *751, 813*
Antiport 342
Antirrhinum 488, 494, 805, 806
Antiserum 525
Antisymmetrie 167
Anulus 336, 468, *658,* 661, 688, 690, 691, 737
Apatococcus 634, 643
apert s. Knospendeckung
Aperturen *524,* 703, 738, 739
Apetalae *762,* **767,** 776, 777
Apfel s. a. *Malus* 756, 779, 780, *896,* 921, 924
Apfelfrüchte 756, 779
Apfelsine s. *Citrus,* Citrusfrüchte 784
Aphanizomenon 546, 547, 646
Aphanocapsa 546
Aphanochaete 634
Aphanothece 546
Aphyllophorales **588**
Aphyllophoranae **588**
Apiaceae 734, 748, 749, 754, 755, 757, **789,** *790,* 885, 915
Apicalapparat *571,* 572
Apicaldominanz 427
Apicalmeristeme **130,** 752
Apicalporus 572
Apicalring 571
Apiden 749, 817
Apium 790
Aplanes 554
Aplanosporen 477, 552, *630*
Aplanozygote 478
apochlamydeisch 735
Apocynaceae 521, 800, *801*
Apoenzym 249
Apogamie 479, 502, 689
apokarp 740

Apomixis 476, *502*, 509, 511, 516, 568, 752, 843
Apomorphie 522
Apophyse 661, 663
Apoplast 21
Aporogamie 751
Aporphine 762
Aposporie *502*, 503, 689, 752
Apostasioideae 817
Apothecium 569, 570, 598
apparent free space 341
Appressorien 597, *597*
Aprikose s. *Prunus*
Aquariumsexperiment *889*
Äquatorebene (Pollenkörner) 704
Äquatorialplatte 63
Äquidistanz 174
Aquifoliaceae *786*, 797
Aquilegia 509, *524*, 736, *765*, 766, 842
Arabinose-Operon *314*
Arabis 909
Arum, Araceae, Arales 296, 734, 737, *747*, 748, 749, 811, 824, *825*, *905*, 918, 927, *928*
Arachis 759, 782
Arachnothera 747
Araliaceae, Araliales 784, 789, *790*, 927
Araliaephyllum 903
Araliopsoides 903
aralocaspisch s. Florengebiete
Araucaria, Araucariaceae 705, 718, 902, *914*, 931
Arbutin 367
Arbutus (Ericaceae) 906, 926
Archaebacteria 1, **536**, 543, *826*, 827
–, halophile 538
–, schwefelabhängige **538**
Archaeocalamites, Archaeocalamitaceae 681, *683*, 901
Archaeopteris, Archaeopteridales 684, 685, 686, 710
Archaeosperma 710, 725
Archaeosperma 710, *723*, 725
Archaeosphaeroides 900
Archäophyten 913
Archegoniaten 647
Archegonien 477, 647, 648, *656*, *672*, 688, 689, 692, 695, *698*, 699, 705, *707*, 716, 727, 731, 744, 827
–, endogene Bildung 698
–, Entwicklung *690*
–, Stielzelle 698
–, exogene Bildung 698
Archegonienkammer 705, *707*, 727
Archegonienstände 652, 653
Archegoniuminitiale 650
Archespor 648, 649, 653, 657, 660, *667*, 668, 702, *703*, 737, 742
Archidium 662, *664*
Arctium 757, 758, *808*, 809, 856, 897
Arctostaphylos 755, *798*
Areale 831, **836**, 899
–, aktuelle, Disjunktionen 836, 837
–, boreal-montane 924
–, disjunktes 842
–, endemische 836
–, Exklaven 837
–, holarktische 903
–, Kontinuität 837
–, kosmopolitische 836
–, mediterrane montane *508*
–, nordhemisphärische 903
–, paläotropische 903
–, pantropische 903
–, potentielle 836

–, reliktäre 842
–, südhemisphärische 903
Arealbildung *844*
Arealformel 839
Arealgestalt 843
–, raum-zeitliche *842*
Arealgrenzen 843
Arealgröße 842
Arealkarten **836**
Arealkunde 526, 831, **836**, 899, 900
Arealschrumpfung 842, *843*, 906
Arealtypen **836**, 840, 914
Arealtypenspektrum 840
Areca, Arecaceae, Arecales 753, 754, 811, **823**, *824*, 839, 903, *905*, 927, *928*
Arecidae *712*, 750, 811, **823**, 826
Areolen *162*, 188, *768*, 769
arid (Klima) 868, *869*, 870
Arillus 722, *722*, 754, *754*, 763
Aristolochia, Aristolochiaceae, Aristolochiales 748, 749, 763, 811
arktisch s. Florenzonen
arktotertiäre Flora 904
Armeria 770, 920
Armillaria 304, 553, 590, 593, 594
Armleuchteralgen s. Charophyceae
Armoracia 793
Arnaudovia 595
Arnica 808, 809
Aromastoffe 885
Aronstab s. *Arum*
Arrhenatherion, Arrhenatheretum 821, *860*, 861, *886*, 895, 917, 921
Arrhenius-plot *399*
Art (species, spec. bzw. sp.) 474, 475, **528**, 529
–, alpische 921
–, arktische 921
–, boreale 921
–, circumpolar-arktisch-alpine *839*
–, montane 921
Artbildung 481, **509**, 511
–, experimentelle 512
Artemisia 750, 809, 897, 909, 911, *911*, 920, 924, 925, 926
Artenarmut 846
Artenbestand
–, Erdgeschichte *901*
Artenreichtum 846, 886
Artenzahlen 550, *895*, *897*, *901*
–, bei Pflanzengemeinschaften *858*, 895, *897*
–, bei Organisationstypen, Abteilungen, Klassen etc. s. dort
Arthonia, Arthoniales 599, 600
Arthrobacter 542
Arthrobotrys 592, 596, *595*
Arthrosporen 565
Artischocke s. *Cynara*
Artocarpus 758, 775, 904
Arumblütenstand 304
Arundineae 821
Arve s. *Pinus*
Asarum 758, 811, 917
Ascagon *568*
Aschengehalt *320*
ascidiat 740
Asclepias, Asclepiadaceae 740, 749, 800, *801*, 885, 930
Ascogon *567*, 625
–, Fruchtkörper, ascohymeniale 568
–, Fruchtkörper, ascoloculäre 568
Ascomycetes 478, 480, 564, **567**, *571*, 575, 576, 593, 596, *826*
–, Artenzahl 565
–, Lebenskreislauf *568*

Ascophanus 570
Ascophyllum 623, *645, 618*
Ascosphaera, Ascosphaerales 566
Ascus 565
–, bitunicater 574
–, Entleerung 572
–, eutunicater 569
–, inoperculater *571*
–, operculater *571*
–, prototunicater 569
–, unitunicater 569
–, unitunicat-operculater 570
Ascusanlage 568
Ascusbildung 568
Asomycetes **564**, 593
Asparagus, Asparagaceae, Asparagales *814, 815, 816*
Asparagusinsäure 397
Aspergillus 569, 592, 595
Asperococcus 614
Asperula 802
Asphodelus, Asphodelaceae 815, 926
Aspidiaceae, Aspidiales 688, 691
Asplenium, Aspleniaceae 476, *515*, 691, 843, 844, 920, 929
Asseln 870
Assimilation
–, genetische 483, 494
Assimilationsfläche 887
Assimilationslamellen 662
Assimilatoren *651*
assimilatory power 271, 275
Assimilattransport **369**
Assoziation 861, *862*
Aster, Asteraceae, Asterales 516, 706, 734, 752, 757, 758, 809, 844, *852*, 876, 877, 882, 913, 920
Asteridae *712*, 762, 789, 798, **807**, 826
Asterionella *610*, 613, 646
Asteriscus 468
Asterotheca 687
Asteroxylon, Asteroxylales *669*, 670, 671, 900
Astragalus 781, *782*, 920, 921, 924, 926
Astrantia 734, 790
asymmetrisch, Asymmetrie s. a. Symmetrie 732
asymplikat 741
Atactostele 194, 700, 732, 810
Atavismus 481, *494*
Atemöffnung *651*
Atemwurzeln 229, 782
Athyrium, Athyriaceae 692, 851, 915
Atlantikum *911*
atlantisch s. Florengebiete
Atmosphäre *831*, 832, 868, *869*, 879, 901
Atmung **292**, **303**, 506, 518, 873, 877, *890*
–, aerobe 290, 827, 900
–, Einfluß von Außenfaktoren 304
–, Energiebilanz **295**
Atmungskette 110, **294**
–, Redoxpotentiale *295*
Atmungsketten-Phosphorylierung 294
Atmungsverlust 888, *889*
Atomkraftwerke 898
ATP s. Adenosintriphosphat
Atractylosid 296
Atrichum 662
Atriplex 769, 920
atrop (Samenanlagen) *704*, 722, *751*
Atropa 755, 757, 856, 917, *803*, 804, 881
Atropin 804
Aucubin 797

Auen 856
–, gehölzfreie *918*
– komplexe 865
– pflanzen 877
– wälder *918*, 793, 894, 881
Aufforstung 893, *894*
Aufspaltung
–, genetische 486
–, nichtmendelnde 489
–, vegetative 489
Augenfleck 113, 602, 613, **626**
Augenfleck-Globuli 626
Augentrost s. *Euphrasia*
Aulacotheca 724
Aulehm *894*, 918
Aulosira 547
Auricula 907
Auricularia, Auriculariales 577, *583*, 584
Ausbreitung 506, 754, 756, 757, 766, *840, 841, 843*
Ausbreitungseinheiten 704, 708, 840, 856
Ausbreitungshemmung 757
Ausbreitungsschranken 836, 846
Ausläufer 172, 476
Ausläuferknollen 477
Auslese s. a. Selektion 856
–, Konkurrenz 503
–, standortbedingte 847
–, Wettbewerb 503
–, Zuchtwahl 503
Ausscheidung
–, ekkrine 373
–, granulokrine 372
–, holokrine 373
Ausschlußvermögen 344
Außengruppe 522
Außenkelche 517, 758, *795, 796, 799, 799*
Außenphloem 679
Außenrinde *724*
Aussterben 519, 843, 905
Austauschabsorption 340
Austauschdiffusion 296
Austernseitling s. *Pleurotus*
austral, australisch s. Florenzonen, Florenreiche
Australis 846, 914
Austrobaileya, Austrobaileyaceae 763
Austrocknungstoleranz 337
austrotropisch, austrosubtropisch s. Florenzonen
Auswahlvermögen 344
Auswaschungszone 871
Autochemotropismus 455
Autochorie 756, 758, 759
Autöcie, Typen 582
Autogamie 499, 501, *502*, **502**, 509, 518, 556, 568, 571, 706, 745, **746**, 843
Autökologie 10, 832
Automorphose 398
autopolyploid, Autopolyploidie, Autopolyploide *498*, 514
Autosomen 500
autotroph, Autotrophie, Autotrophe *251*, 506, 519, 530, 535, 827, 851
Autotropismus 451
Auxiliarzellen 622, *623*, 625
Auxine **384**, 430
–, Querverschiebung 447
Auxintransport 386
Auxozygoten 611, 612, *612*, 613
Avena 821, *822*, 823, 897
Avenella 850
Avery, O. T. 480, 492

Avicennia 807, *881*, 930
Avocado (*Persea americana*, Lamraceae) 758, *896*
Avogadroscher Satz 301
Axialfilament 540
Axialzelle 650, 698
Axillärknospe 170, *208*
Axonem *42*, 436
Azolla 547, 693, *694*, 696
Azomonas 539
azonal s. Vegetation
Azorella 931
Azotobacter, Azotobacteraceae 352, 539

Bacillariophyceae *610*, 610, *826*
Bacillus, Bacillaceae 534, 542, 543
Bacteroides, Bacteroidaceae 539
Bacula 738
Badhamia 549, 551
Baiera 713, 714, 902
Bakanae-Krankheit 388
Bakterien 1, 120, *121*, *123*, 490, 530, 531, **532**, 841, 850, 868, *870*, *880*, 881, 884, 885, 891, 900, 901
–, Anhängsel tragende 540
–, Artenzahl 542
–, autotrophe 535
–, Begeißelung 534
–, biotechnologische Verwendung 543
–, chemolithoautotrophe 540
–, coryneforme 542
–, Darstellung innerhalb der Botanik 530
–, Energiegewinnung 535
–, Formen *533*
–, gleitende 540
–, Lebensweise 542
–, obligat anaerobe 535
–, pflanzenpathogene 543
–, photoautrotrophe 259
–, Schockwirkungen 543
–, Stammesgeschichte 537
–, Stoffwechseltypen 543
–, symbiontische 801
–, thermophile 543
–, Verwendung 543
–, Vorkommen 542
–, Zellteilung *121*
–, Zellwand *124*
Bakteriengeißeln 122, *124*, 437, *534*
–, Bewegung 534
Bakterienmasse 871
Bakteriensymbiose 539
Bakteriochlorophylle *255*, 540
Bakteriophagen 491, *492*, *536*
–, temperente 492
Bakteriosen 375
Bakteroiden 377
Balanophoraceae, Balanophorales 787
Baldrian s. *Valeriana*
Balgfrüchte 755, 756, 761, 766, 778, 812
Ballota 897
Balsame 784
Balsaminaceae 786
Bambus, Bambusoideae 821
Banane s. a. *Musa* 516, 755, 818, *896*, 930
Bändertone 899
Bangia, Bangiales 623, 644, *645*
Bangiophycidae 621, 623
Banksia 931
Banyan s. *Ficus*
Baobab s. *Adansonia*

Bärentraube s. *Arctostaphylos*
Bärlappbäume 676, 679, 901, *901*
Bärlappgewächse s. a. Lycopsida **671**, 828, 900, 922
Barrandeina 710, *711*, 713
Barrême 902, *903*
Barrieren *511*, 512
–, genetische 510
–, kryptische 510, 528
–, selektive 511
Bartflechten s. *Usnea*
Bartramia, Bartramiales 662
Basalkörper *42*, *43*
Basalplatte *42*, 717
Basalzelle 579, *580*, 582
Basellaceae 769
Basenpaarung
–, spezifische *46*, *47*
Basensequenz 45
Basenverhältnis 46
Basidien 576, *577*, *588*
–, stichische 589
Basidiobolus 564
Basidiolichenes 600
Basidiomycetenfruchtkörper 585
Basidiomycetes 478, **576**, 596, *826*
–, Entwicklungsschema *576*
–, fruchtkörperbildende 584
–, Lebenscyclus *576*, 584
Basidiophora 556
Basidiosporen 585, *588*
–, Abschleuderung *586*
–, kopulierte *578*
Basilikum s. *Ocimum*
Basionym 529
Basisreaktion 445
basitolerant 340, 881
Basitonie 184
Bast 196, **203**, 204, *204*
Bastarde, Bastardierung s. a. Hybriden 509, 511, 512, 529, 881, *882*
Bastardpopulationen 512
Bastfasern 203, 774, 775
Baststrahlen 197, 203
Batatasin 397
Batate s. *Ipomoea*
Batrachospermum 622, *624*, 625, 646
Bauchblätter 655
Bauchkanalkern 705
Bauchkanalzelle 648, 650, *678*, 689, 705, *716*
Bauchnaht *740*, 741, 756
Bauchpilze s. Gasteromycetales
Bauchschuppen 651
Bauern-Tabak s. *Nicotiana*
Bauholz 893
–, Vergrauen des 594
–, Zerstörer des 593
Baum der Reisenden s. *Ravenala*
Baumbestand (Entwicklung) *890*
Bäume 180, 184, 195, 701, 852
–, Ausbreitungsgeschwindigkeit 910
–, Alter 431, 720, 721, *848*
–, im Ökosystem *890*
–, immergrüne 929
–, Wanderwege 910
Baumfarne *687*, *688*, 691, 695, 901, 905, 927, 931
Baumformen
–, primäre 695, 701
–, sekundäre 812
Baumgrenze 875, 923

Baum-Hasel s. *Corylus*
Baumsavanne 876
Baumschicht 853
Baumwolle s. a. *Gossypium* 754, *896*, 931
–, Samen *896*
–, Samenhaare 143
–, Samenöl 796
Baumwürger 775, *928*
Bauwert 856
Bdellovibrio 533, 540
Becherblumen 748
Bedecktsamer s. Angiospermae
Beeren 758, *801*, *803*, 814, 823
Beerenfrüchte 755, 756
–, coenokarpe 757
Beerenobst 780
Beerenzapfen *721*
Befruchtung 427, 499, 501, *501*, 699, 701, **707**, 708, *716*, 719, 789, 827
–, Angiospermen *751*
–, doppelte 731, 751, 753, 760, 761
–, Fremdbefruchtung s. Allogamie
–, Selbstbefruchtung s. Antogamie
–, selektive 455
Befruchtungsschläuche *555*
Begeißelung
–, der Pilze 554
–, der Bakterien 534
–, akrokonte 553
–, heterokonte 553
–, opisthokonte 553
Beggiatoa, Beggiatoaceae 540, 544, 646
Begonia, Begoniaceae, Begoniales 793, 927, *928*, 929
Beifuß s. *Artemisia*
Beijerinckia 540
Beiknospen 181, *182*
–, collaterale 818
Beinwell s. *Symphytum*
Beizen des Saatgutes 579
Belebtschlammverfahren 374
Beleuchtungsstärke *851*
–, Gewässer *872*
Belladonnin 804
Bellis 758, 809, 895
Beltsche Körperchen *781*
Benekkea 539
Benennung s. a. Nomenklatur 473, *474*, 475
Bennettites, Bennettitales, Bennettitidae 702, 706, *712*, *728*, 735, 759, *826*, 902
Bennettitopsida 706, 710, *712*, *728*, 730, 760, *826*, 902
Bentham, G. 531
Benthos 644, 645, 872, 932
Benzoe-Harze 796
Benzylisochinoline, -Alkaloide, -basen 762, *764*, 784
Berardia 909
Berberine 762, *764*
Berberis, Berberidaceae *764*, 766, 810, 885
Berberitze s. *Berberis*
Berg-Ahorn s. a. *Acer* 922
Bergauftransport 342
Bergkiefern s. a. *Pinus* 916
Berg-Ulme s. *Ulmus*
Bergwald-Stufe 922
Bernsteinflora 905
Berührungsgifte 784
Besenheide s. *Calluna*
Besenstrauch s. *Sarothamnus*
Besiedlung s. a. Areale, Aus- und Verbreitung *894*, **895**
–, Inseln 841

Besiedlungsdichte 836
Bestandesabfall 871, 884, 886, 889, 890
Bestandesalter *890*
Bestandesklima 867
Bestandeszuwachs 886
Bestäuber 749
Bestäubung 499, 501, *501*, 506, 509, 699, 703, 704, 719, **745**, 828
–, Angiospermae **706**, *751*
–, legitime 745
–, Spermatophyta 706
Bestäubungstropfen 706, *721*
Beta 735, *768*, 769, 897, 920
Betacyane *525*, 767
Beta-Faltblatt 33, *35*
Betalaine 767
Betaxanthine 767
Betelnußpalme 823
Betula, Betulaceae 513, 757, 772, **772**, *773*, 774, *833*, 836, 848, 856, *860*, 873, 881, 903, 904, 909, 911, *911*, 915, 923, 924
Beureria 805
Beuteltiere 782
Bewässerung (menschliche) 895
Bewässerungskulturen 930
Bewegungen 434
–, autonome 464
–, Explosions- 466
–, freie Orts- 436
–, hydroaktive 464
–, hydropassive 464
–, hygroskopische 467, **467**, 681, 759
–, intrazelluläre 441
–, Kohäsions- 468
–, Organe 443
–, phänotypische 681
–, Schleuder- 466
–, Spaltöffnung 140, 141, **461**
–, Turgor- *465*
Beweidung 921
Bicornes 797
Biddulphia 610
Bidens 808, 810, 918
Bienen 747, 748, 749, 751, 817
Bienenblumen 749
Biénne 181
Biere 892
–, obergärige 566
–, untergärige 566
Bierhefen 566
bifacial s. a. Blätter 170
Bifidobacterium 542
Bignoniaceae 749, 806, 927
Bilateralsymmetrie 163, *166*, 733
Bildungsgewebe 129
Bildungsnarbe 565
Bilsenkraut s. *Hyoscyamus*
Biluminescenz 304
Bindehyphen 587
Bingelkräuter s. *Mercuriales*
Binnendünen 921
Binnengewässer
–, Formation 864
–, Oberflächenverdunstung *876*
Binnenlandschaften
–, warm-trockene 912
Binominalkurve 483
Binsen s. *Juncus*
Biocoenosen 831, 832, 850, 855, 867, *868*, 890

–, Biogeocoenosen 832, 868
–, Biohydrocoenosen 832, 868
Bioenergetik 242
biogenetische Regel 522
Biogeographie 831
biologische Selbstreinigung 374
Biolumineszenz 594
–, chemische Reaktionen 305
Biomasse 251, *858*, *869*, 886, *887*, 889, 890, 891, 892, 894, 932
Biomembranen **25**, **76**, *81*
Biome 863
Bionik 149
Biosphäre 4, 759, *831*, 832, *840*, 870, 890, *891*, *892*, 914
–, Anreicherung von Abfällen und Giftstoffen 897, **897**
–, Besiedlung durch den Menschen 895
–, floristische Gliederung 845
–, Veränderung durch den Menschen 892
Biotechnologie 543
Biotin 490
Biotope 832, 850, 855, *868*
Biotypen 483, 484, 504, *505*, 511
Bipolarität 170
Birken s.a. *Betula* 772, 848, 860, 884, 908, *911*, 912, 925
Birkenpilz s. *Leccinum* 594
Birken-Porling s. *Piptoporus*
Birnen s.a. *Pyrus* 779, 780, *896*, 921
Biscutella 514, 515, *516*, 792, 793, 842, 843, 909, 922
bisexuell 702
bisporisch *744*
bitegmisch *742*
Bitterfäule der Äpfel 592
Bitterklee s. *Menyanthes*
Bitterstoffe 775, 784, 800, 815
Bittersüß s. *Solanum*
Bjornbergiella 602
Blakeslea 563
Blasenflieger 758
Blasenhaare *142*, 143
Blasentang s. *Fucus*
Blasia 547, 654, *654*, 655, 665
Blastem 158
Blastocladiella, Blastocladiales 560, *560*, 561
Blastomycetales **593**
Blastophaga 747
Blattaderung 209, *210*, 722
Blattaustrieb 872
Blattdornen *162*, 781
Blätter *164*, **207**, 647, 699, *701*, *731*, 732, 759, *826*, 828
–, äquifaciale 211
–, bifaciale 211, *213*, 700
–, dichotome 700
–, fiederige 700
–, gabelige 700
–, Lebensdauer 215
–, Metamorphosen **216**
–, peltate 212
–, reitende 815
–, Schichtung 285
–, schildförmige 741
–, schlauchförmige *216*, *220*, 741
–, Typen *212*
–, unifaciale 211
–, xeromorphe **216**, *218*
–, zusammengesetzte *164*, 700
Blätterpilze s. Agaricales
Blattfall 428, 872
Blattflächenindex (leaf area index) 284, 887, *888*
Blattfolge *161*, 170, **214**

Blattformen *165*
Blattgrund 207
Blattknöllchen 377
Blattknoten 701, 732, 763
Blattkohl *505*
Blattläuse 885
Blattleitbündel 209
Blattnarben 676
Blattnervatur s. Blattaderung
Blattpolster 676
Blattprimordien *130*, *131*, 133, 211
Blattränder *165*
Blattrippen 209
Blattrosette 172, *176*, *177*
Blattscheide 207, *208*, 821
Blattscheitel 666
Blattspindel 207
Blattspreite 207
Blattspuren 191, 701
Blattspurstränge 658, *661*, 679, 687, *724*
Blattstellung 173
–, decussierte 700
–, disperse 175, *176*, *177*
–, distiche 174, 700
–, schraubige 700
–, Typen *174*
–, wirtelige 174, 700
Blattstiel 207
Blattstreifenbrand 579
Blattsucculenz 216, *217*, 767, 815
Blattypen *903*
Blattzellsäfte *881*
Blaualgen **544**
–, Artenzahl 547
–, Bewegung 545
–, Fortpflanzung 545
–, fossile 538, 547
–, Lebensweise 547
–, Sexualität 545
–, stromatolithische 900
–, Vermehrung 545
–, Vorkommen 547
Blaufärbung des Kiefernholzes 593
Blaufäule 593
Blaugras s. *Sesleria*
Blauregen s. *Wisteria*
Blausäure 506
–, Glykoside *779*
Blauschimmel des Tabaks 556
Blaustern s. *Scilla*
Blechnum, Blechnales 688, 692, 922
Blei 898
Bleicherden 880
Bleichsand 880
Blepharoplast 43
Blitze *867*
Blockmeristem 133
Blühhormon (Florigen) 403, 412
Blühinduktion *411*
Blumen 706, 734
–, monophile 749
–, oligophile 749
Blumenbesucher s.a. Blütenbesucher, Blumentiere
–, tierische 749
Blumenblätter s.a. Kronenblätter, Petrolen 735
Blumenkohl s. *Brassica*
Blumenkrone 736
Blumenrohr s. *Canna*
Blumenstile 749

Blumentiere 746
Blumentypen 748
Blüten 531, 668, 671, 674, 679, 680, 684, 699, 700, 706, 709, 726, **732**, 750
–, actinomorphe 733
–, Angiospermae **701**, *733*
–, asymmetrische 733
–, bilaterale 733
–, chasmogame 746
–, disymmetrische 733
–, dorsiventrale 733
–, eingeschlechtige 702, *733*
–, epigyn *735*
–, epigyne 734
–, gefüllte 735
–, Hebeleinrichtungen 748
–, heterostyle
–, hypogyne 734
–, Klebeeinrichtungen 748
–, Klemmeinrichtungen 748
–, monosymmetrische 733
–, multilaterale 733
–, perigyne 734, *735*
–, polysymmetrische 733
–, radiäre 733
–, Schleudereinrichtungen 748
–, Schutzeinrichtungen 706
–, Spermatophyta 701
–, strahlige 733
–, zwittrige 702, *733*
–, zygomorphe 733
Blütenachse 732, *733*, **734**, *735*
Blütenbau *523*, 732
–, Progressionen bei Dicotyledonen 777
Blütenbecher 734, 782, *783*
Blütenbesucher s.a. Blumenbesucher, Blumentiere *524*, 747
–, Mundwerkzeuge 746
Blütenbiologie s. Bestäubung
Blütenboden 732, 782
Blütendiagramme 733, *734*
Blütenentfaltung s.a. Anthese 700
Blütenfall 429
Blütenformeln 733
Blütenglieder (Stellung); s.a. Blütenorgane 732, *733*
Blütengröße 702
Blütenhüllblätter 732
Blütenhülle s.a. Perianth 700, 702, **735**, 766
Bluteninfektion 578
Blütenköpfchen 706
Blütenkörbchen 809
Blütenökologie s. Bestäubung
Blütenorgane s.a. Blütenglieder 702, 733, *735*
Blütenpflanzen 700
Blütenröhren 734, 746
Blütensporne 746
Blütenstände **183**, *184, 699,* 702, *734, 747*, 748
Blütenstaub s.a. Pollen 702
Blütensymmetrie *166, 167,* 732, *734*
Blütentreue 509, 748
Blütezeit 750, 872
Bluten 334
Bluterkrankheit 488
Blutungssaft 335
Böden **340**, *831,* 832, *833,* 844, 856, *863,* 867, 868, *869,* 870, 877, **879,** *881,* 894
–, ackerfähige 921
–, Algen 646
–, Atmung 286, *869,* 871
–, Bearbeitung 895

–, Bewegungen 882
–, Degradation 894
–, Entwicklung *871*
–, Erosion *894*
–, Feuchtigkeit *834, 861,* 878
–, Fließen 882
–, Fruchtbarkeit *861*
–, Gefüge 871, 872
–, Horizonte *871*, **879**
–, humose *923*
–, Krümel 872
–, Lösungen 872, *881*
–, Luft 340, 872
–, Nährstoffhaushalt 881
–, Nässe 835
–, Organismen 871, *887*
–, pH-Werte 340, **881**
–, Profile *859, 871,* 880
–, Puffervermögen 881
–, Reaktion 845, *863*
–, Säure *834*
–, Schichtung 871
–, subhydrische *831*
–, terrestrische *831*
–, Tiere *887*
–, Typen 872, 879
–, Verdichtung 885
–, Verdunstung *876*
–, Versauerung 881
–, Wasser 340, 868, 872, 887
–, Zeiger 320, 507
Boehmeria 775
Bohnen s.a. *Phaseolus* 482, 483, 484, 782, *896*
Bohnenkraut s. *Saturea*
Bohnenrost s. *Uromyces*
Bohrfrüchte 759
Bolbitis 691, 696
Boletopsis 589, 590
Boletus, Boletales 590
Bölling *912*
Bombacaceae 749, 796, 927
Bonnemaisonia 623, 625
Bor 348
Borago, Boraginaceae, Boraginales 745, 757, **804**, *805*
Bordetella 534, 540
boreal s. Florenzonen
boreosubtropisch s. Florenzonen
Boreal *834, 911, 912*
Boretsch s. *Borago*
Borke **205**, *207*
Borkenkäfer 885, 886
Borstenhaare 143
Borstgras s. *Nardus*
Borstgraswiesen 921
Boswellia 784
Bothriochloa 821
Bothrostrobus 677
Botrychium 686, *686*
Botrydium 607, 608, *620*
Botrytis 572
Boudiera 568
Bougainvillea 769
Bourdotia 577, 584
Bovista 591
Bowenia 726
Brachland 858
Brachsenkräuter s. *Isoetes*
Brachypodietum ramosi *854*
Brachypodium 859, 921

Brachythecium 663
Brackwasser 644, *920*
Bracteen 181
Bradyrhizobium 376
Brände (Feuer) 858, *859*, 894, 921, 925, 929, 931
Brandkrankheiten 577, 578
Brandpilze 483, 577, 579
Brandrodung 894, 913
Brandsporen 577, 578, *578*
Brasenia 905, 910
Brassica, Brassicaceae *505*, 514, 526, 734, 735, 756, 757, 758, *792*, **792**, 793, 880, 897, 915
Brassinolid 396
Brauchwasser *876*
Braun, A. 531
Braunalgen s. Phaeophyceae
Braundünen 920, *920*
Braunerdebuchenwälder 862, *880*
Braunerden *850*, 871, 879, *880*
–, podsolige 862
Braunfäule 593
Braunkohlen 905
–, Moore (Mitteltertiär, Vegetationssanierung) 905
–, wälder 905
Braunwurz s. *Scrophularia*
Brechnußbaum s. *Strychnos*
Brefeldia 550, 551
Brennesseln s. *Urtica*
Brennhaare 143, 775, 885
Brennholz 892, 893
Brennstoffe, fossile 889, 892
Brettwurzeln 227, *928*, 929
Brombeeren s. *Rubus*
Bromus, Bromeliaceae, Bromeliales 758, 818, 821, 839, 885, *886*, 904, 921, 927, *928*, 929, 930
Bromoxynil 433
Bronchialerkrankungen 569
Bronzezeit *911*, 913
Brotfruchtbaum s. *Artocarpus*
Brotschimmel s. *Neurospora*
Bruchfrüchte 755, 756
–, coenokarpe 757
Bruch-Fusions-Modell 72
Bruchidae 885
Bruchreparatur (DNA) 495
Bruch-Schoten 793
Bruchwälder 894, 918, 919
Brüggen 907
Bruguiera 782, *783*, 930
Brunnenlebermoos s. *Marchantia*
Brutbecher *651*, 652
Brutblätter 655
Brutknospen *185*, 476, 689, 778
Brutkörbchen 652
Brutkörper 407, 476, *651*, 655, 658, 663, *664*
Brutsprosse 516, 655
Bruttoproduktion 886, 888, 889, *890*
Brutzwiebeln 477
Bryales 663
Bryatopsida 648
Bryonia 460, 487, 500, 793, *794*, 918
Bryophyllum 476, 778
Bryophyta 523, 530, **647**, **648**, 665, 696, *826*, 827, 876
–, Lebenskreislauf *647*
Bryopsis, Bryopsidaceae, Bryopsida 637, 643, 650, **655**, *826*
Bryum 663, 665
Bucheckern 772
Buchen s. *Fagus*
Buchenbergwälder *913*

Buchenmischwälder *913*
Buchen-Tannen-Fichten-Bergmischwälder 922
Buchenwälder *853*, *861*, 873, *875*, 878, *880*, 886, *894*, 927
Buchenzeit 912
Buchweizen s. *Fagopyron*
Buglossoides 878
Bulbillen 476
Bumilleria 607
Bündelrohr 193, 686
Bündelscheiden 213
Bündelspuren 732
Bupleurum 790, 810
Burgunderblutalge s. *Oscillatoria*
Burseraceae 784
Bürstenlumen, Bürstentyp 749
Buschalgen *645*
Buschdüne 920
Butomus, Butomaceae 812, 813
Buxbaumia, Buxbaumiales *656*, 663
Buxus, Buxaceae 784, 787, 898, 912

C_3-Photosynthese 821
C_4-Pflanzen 213, *279*, *280*
C_4-Photosynthese 821, 873
C-Wert 57
Caatingas 929
Cabomba, Cabombaceae 764, *811*
Cactaceae *188*, *189*, 508, 523, *524*, 526, 749, 751, *768*, **769**, 787, 880, 906, 927, 929, 930
Cactoblastis 885
Cadang-Cadang-Epidemie 5
Cadaverin 300
Caesalpiniaceae *780*, *781*, 843
Cakile 920
Calamagrostis 516, 922
Calamites, Calamitaceae 679, 681, 682, *695*, *901*
Calamophyton 684
Calamostachys 683
Calamus 823, *928*
Calathospermum 725
Calceolaria 746, 806
calcicol 881
calcifug 881
Calcitkristalle 625
Calcium 347, *881*
–, Immobilität im Phloem 345
Calcium-Bimalat 438
Calciumcarbonat 879
Calcium-Ionen
–, als Regulatoren 439
–, bei der gravitropischen Reizkette 453
Calcium-Malat 439
Calciumoxalat 90, *91*, 154, 762, 810
Calcium-Pumpen 426
Calendula, Calenduleae 810
Calicium, Caliciales 569, 599
Calicotome 926
Calla 824
Callithamnion 623
Callitriche, Callitrichaceae 523, 750, *805*, 807
Callixylon 710
Callose **106**, 738, 751
Calluna 750, 797, 917, 919, 920, 921
Callus 207
Calmodulin 347, 443
Calobryales 655
Calocera 586
Calorigen 304
Calorimetrie 243

Calothrix 547
Caltha 481, 483, 735, 747, 766, 915
Calvin-Cyclus 272
Calypogeia 654, 655
Calyptra 133, *134*, 225, *657*, 660, *661*
Calystegia 804
Cambium 130, 135, *153*, 171, **196**, 700, 732, 810
–, fasciculäres 152
–, interfasciculäres 196, *197*
Cambiuminitialen 196
Cambiumzelle *66*
Cabomba, Cabombaceae *811*
Cambrium 900
Camelina 758
Camellia 791
Campanula, Campanulaceae, Campanulales **807**, *808*, 915, 923
CAM-Pflanzen 216, 877, 929, 930
–, Stoffwechsel 729
Campos cerrados 929
Campsis 806
campylotrop (Samenanlagen) *704*
Canavalia 301
Canavanin 356
Candida 566, 593, 595
Canna, Cannaceae 818, *819*, 927
Cannabis, Cannabaceae, Cannabinaceae 750, 775, *776*
Cyanophyten 545
Cantharellus, Cantharellaceae, Cantharellales 588, 589
Cantharophile 749
Capensis 846, 914
Capillitium 550, *550*
Capitulariella 606, *607*, 620
Capnodium 574
Capparis, Capparaceae, Capparales 525, 526, 734, 766, *792*, 793, 885
capping 307
Caprifoliaceae 517, 521, 799, 915
Capsella 502, 515, *752*, 792, 793
Capsicum 804
Capsid 5, 52
Capsomeren 5
Carboanhydrase 273
Carbon 710, 900, *901*, *902*
Carbonate *879*
Carbonatgestein 881
Carboxy-D-arabinit-1,5-bisphosphat 273
Carboxylierungsphase *272*, **273**
Carboxylierungswiderstand 286
Carboxypeptidasen 299
Carboxysomen *116*
Cardamine 792
Cardaria 897
Cardenolide 800, 885
Cardia-Glykoside 364
Cardiolipin *125*
Carduus, Cardueae *808*, 809, 885
Carex 755, 758, 818, *820*, 844, 856, *857*, *860*, 909, 919, 921, 923
Carica , Caricaceae 792
Caricetea curvulae 881
Cariceto elongatae-Alnetum *861*
Carici elongatae-Alnetum *862*
Carici laevigati-Alnetum *862*
Carinalhöhle 679
–, kanal *681*
Carlina 809, 842, 843, *844*, 906, 926
Carnegiea 749, 769
Carnivoren, Carnivorie 380, 791, 868, 886

Carotine 256
Carotinoide *256*, 703
–, Struktur
Carpenteles 569
Carpinion 862, *863*, 917
Carpinus 735, 755, 757, 772, *774*, *833*, 863, 874, 878, 906, 907, *911*, 917, 918
Carrageen 621, 625
Carteria 629, 646
Carthamus 809
Carum 790
Caruncula *753*, 754, *788*
Carya 774, *852*, 904, *907*
Caryophyllaceae, Caryophyllales 508, *525*, *712*, 739, 750, 753, *762*, *767*, 777, *768*, 810, 825, 837, 880, *881*, 915
Caryosphaeroides 631, 900
Cashew-Nüsse 784, *896*
Cäsium-Isotope 898
Caspary-Streifen 145, *146*, 192, 326, 345, 674, 679
Cassia 780, *781*
Castanea 733, 750, *771*, 772, 874, 884, *907*
Castilloa 774, 775, 776
Casuarina, Casuarinaceae, Casuarinales 772, 931
Catalpa 806, 906
Catasetum 817
Catechine 367
Cattleya 818
Caudicula 816, *817*
Caulerpa, Caulerpaceae, Caulerpales *636*, 637, 644
Cauliflorie 186, *928*
Caulobacter 533, 540
Cauloide 234, 600, 613, 617, 647
Caulonema 656
Caytonia, Caytoniaceae, Caytoniales *725*, 760, 902
Cecidien, Cecidozoen 422
Cecropia 297
Cedrus 718, 910, 927
Ceiba 796
Ceja 931
Celastraceae, Celastrales 767, 784, 785, *786*, 787, 789
Celastrophyllum 903
Cellulomonas 542
Cellulose 97, *98*, 620, 626, 642, 703, 893
Cellulosegehäuse 609
Cellulose-Platten 603
Cellulose-Synthase-Komplex *99*
Celtis 774
Cenoman 902, *903*
Centaurea 739, 809, 875, 876, *877*, 896, 909, 913, 925
Centrales 610, 611
Centranthus 799
Centriolen 42, *705*
Centromeren 55, *485*
–, diffuse 56, 497
Centromerenindex 56
Centroplasma 43, 65, 544
Centrospermae 767
Cephalanthera 817
Cephalanthero-Fagion 862, *863*
Cephalaria 518
Cephalodien *597*, 598
Cephalotaxaceae 721, 902
Cephalozia 655
Ceramium, Ceramiales 625
Cerastium 767, 768, 857, 923
Ceratiomyxa, Ceratiomyxales 551
Ceratium 604, 605
Ceratocystis 569, 593, 884
Ceratonia 755, 780, 906, 926

Ceratophyllum, Ceratophyllaceae 750, 764
Ceratopteris 691, 696
Ceratozamia 707, 726
Cercidiphyllum, Cercidiphyllaceae 770, 903, 904, 906
Cercis 780
Cereus 769
Ceriops 782, *881*
Ceropegia 800
Ceterach 338, 691, 695
Cetraria 598, 599, 884, 909, 917, 923
Chaenactis 497, 843
Chaetoceras 610
Chaetocladium 563
Chaetomium 593
Chaetophora, Chaetophorales 633, *634*, 646
Chalaza 704, 708, *743, 751*
Chalazogamie 751
Chamaecyparis 721
Chamaephyten 180, 695, *853, 854, 914*
Chamaerops 926, 823
Chamaesiphonales 546
Chamaemelum 809
Champignon s. *Agaricus*
Chantransiasporophyt *622*, 624, 625
Chantransia-Stadium 624, 625
Chaperonine 273
Chara, Characeae, Charales *235*, 478, 514, 641, 642, 643, 647, 918
Charakterarten 862
Charophyceae **640**, *642*, 643, *826*
chasmogam 746
Cheilanthes 691, 695
Cheiranthus 793
Cheirolepis 902
Chelidonium 493, 754, 755, 758, 766, 897
chemiosmotische Theorie 268
chemisches Potential 321
Chemoautotrophie 251, **288**
Chemodinese 442
Chemonastie 457
Chemosensoren 438
Chemosynthese 289, 900
–, anaerobe 827
Chemotaktika bei Archegoniaten 439
Chemotaxis **437**, 477
Chemotrophie 535
Chemotropismus 455
Chenopodium, Chenopodiaceae 526, 739, 750, *768*, **769**, 873, 875, 880, 909, *911*, 918, 926, 930
Chiasmen *72*
–, Terminalisation *70*
Chiastobasidien 590
Chilomonas 602, 603
Chimären 421
Chinarindenbäume s. *Cinchona*
Chinin 801
Chiropterophile 749
Chitin 99, 350
Chlamydomonas, Chlamydomonadaceae 476, 477, 484, *485*, 490, 500, 627, 628, 646, 873, *874*
Chlamydospermae 729, **729**
Chlor 348
Chloramphenicol *73*, 313
Chloranthaceae 763, 903
Chlorella 476, 596, *630*, 631, 643, 884
Chlorenchym 136
Chlorideae 821
Chlorid-Pumpe 343
Chlor-Indolessigsäure 385

Chlorobionta 522
Chlorobium, Chlorobiaceae 259, 269, **541**
Chlorobotrys 608
Chlorochromatium 541
Chlorococcum, Chlorococcales 476, *630*, 631, 635, 900
Chloroflexus, Chloroflexaceae 269, 540
Chlorogonium 478
Chlorohydra 376, *628*
Chloromonadophyceae **606**, *826*
Chloronema 656
Chlorophyll **253**, 255, 620, 525, 887, 900
–, a 626
–, Abbauwege 430, *431*
–, b 626
–, Biosynthese *358*
–, Chlorobium 256
–, d 621
–, Gehalt 283
–, Photochemie 261
–, Struktur *254*
Chlorophyllase 253
Chlorophyllid 253
Chlorophyllmengen 888
Chlorophyta 480, 530, 601, **626**, 641, *826*, 900
–, Artenzahl 626
–, Ahnen grüner Landpflanzen 641
–, fossile 638, 641
–, Generationswechsel *643*
–, Landpflanzen 626
–, Verwendung 643
Chloroplasten 28, **111**, *112*, 114, *115*, *498*, 827
–, Bewegungen 442
–, Membranen *84*
–, schüsselförmige 674
–, Stärke 115, 647
–, Teilung *112*
Chloroplasten-DNA 111, *114*, 809
Chlorosarcinopsis 631
Chlorosen 347
Chlorosplenium 572
Chloroxybakterien 269
Chlorphenoxyessigsäure 398
Choanephora 563
Choanoflagellata 609
Cholesterol *125*
Chondriom 489
Chondromyces 533, 540
Chondrus 625
Chorcholinchlorid 389
Chorda 614, 617, *617*
Chordaria, Chordariales 614
chorikarp, Chorikarpe, Chorikarpie 736, *740, 742*, 776, 777, 823
choritepal *814*
Chorologie s.a. Arealkunde 831
Christophokraut s. *Actaea*
Chromatiden 63, *485*
Chromatin 27, 43, **52**
–, Kondensation 53, *65*
Chromatinfibrille 53
Chromatium, Chromatiaceae 259, 269, 541
Chromatophor 113
Chromatoplasma 544
Chromobacterium 539
Chromomeren 53
Chromonema 53
Chromoplasten 28, 117, *119*
Chromosomen 53, *54, 55*, 480, 493, 827
–, Autosomen 500

-, Bivalente *485*
-, Brüche 496
-, Einstrangmodell 56
-, Fusionen 496
-, Geschlechts- 500
-, Grundzahl 497
-, homologe 69
-, Karte 486, *489*
-, Mutation 488, **496**, *497, 511*
-, Paarung 485, 514
-, polycentrische 818
-, Satelliten 58
-, Satz *524*
-, Zahl 500, *518*, 686
Chromosomogamie 477
Chromozentren 43
Chromulina 645
Chronoelement 843
Chroococcus, Chroococcales 545, *546*, 596
Chrysophaera 609
Chrysanthemum 703, 809
Chrysocapsa, Chrysocapsales 609
Chrysochromulina 605
Chrysolaminarin *601*, 603, 605, 606, 610
Chrysomonadales 609
Chrysomyxa 584
Chrysophyceae *608, 609, 826*
Chrysophyta 606
Chrysotrichales 609
Chymochrome 90
Chytridiaceae, Chytridiales 558, *559*, 560, 595
Chytridiomycetes 558, 593, 594, *826*
-, Artenzahl 558
Cibotium 687, 691
Cicer 782
Cichorium, Cichorioideae 810
Cicuta 791
Cilien s. a. Geißeln 41
Cimicifuga 765
Cinchona 801, *802*, 931
Cinnamomum *763*, 904
Circaea 516, 758, 783
Circaeo-Alnetum *861*
circumarktisch s. Region
circumboreal s. Florengebiet, Region
Circumnutation 460, 464
circumpolar, -arktisch *839*, 907
Cirsium 809, 878, 885, 895, 896
Cissus 189
cis-trans-Test 493
Cistron 306, 493
Cistus, Cistaceae, Cistales 792, 795, 926
Citratcyclus 111, *293*, **294**, 298, **301**
Citronat-Zitrone 784
Citrullin 356
Citrullus 794
Citrus 752, 755, 757, 758, *794*, 930
Citrusfrüchte *896*, 927
Cladium 905
Cladochytrium 554
Cladodien 187, *188*
Cladonia 476, 596, 597, 598, 599, *850*, 917, 923
Cladophora, Cladophorales 480, 635, *636*, *643*, 646
-, Generationswechsel 636
Cladoxylon, Cladoxylales 684, 900
Clathrin *93*
Clathrus 591
Clavaria, Clavariaceae 589, 596
Clavatipollenites 903

Claviceps, Clavicipitales 573, *574*, 594, 595
Clematis 756, 758, 766, 917, 918
Clethraceae 797
Climacium 663, *664*
Cline 506, 512
Clitocybe 590
Clivia 811
Closterium *639*, 646
Clostridium 542, 543
coated vesicles 27, *93*
Cobaea 749
Cobalt 339, **348**, 882
Cocain 785
Coccogoneae 546
Coccolithen 605, 606
Coccolithophorales *605*, 606, 899
Coccolithus 605
Coccomyxa 596, 599, 600
Coccophora 619
Cocos 754, 757, 758, 823, *824*, 841
Cocosfaser 823
Cocosmilch 823
Cocosnuß 930
Cocospalme s. *Cocos*
Code, genetischer 306, *308*, *309*, 480, 826
Codierung (DNA/RNA) 826
Codiolum 633
Codium, Codiaceae 626, *636*, 638, *643*
codogener Strang 307, *309*
Codominanz 851, *852*
Coelastrum 631
Coenobien 230, *231*, 545, 600, 609
-, tafelförmige 546
Coenoblasten 66
coenokarp, Coenokarpie 741, 776
Coenopteridiales 684
Coenozygote 478, 556, *563*
Coenzym A *293*
Coenzym Q *294*
Coenzyme *292*, 293
Co-Evolution 746, 758
Coffea 801, 802
Coffein 525, 796, 801
Coflorescenz 184
Coinzidenz 32
Cola 796
Colacium *601*, 602
Colchicin 40, *41*, 417, 497, 514, 815
Colchicum, Colchicaceae *701*, *814*, 815, 873, 885, 895, 917
Coleochaete 478, 633, *634*, 642, 647
Coleopteren 749
Coleoptile 821, *822*
Coleorrhiza 821, *822*
Colinearität 310
Collema *597*, 599
Collenchym 147, 807
colpat *524, 739*
colporat *739*
Colpus 704
Coltricia 589, 590
Columellae 549, 550, 563, *649*, 656, 657, *658*, 660, 661, 669, *703*, 738
Columna 796
Columniferae 794
Colutea 927, *740*
Comatricha 550, 551
Commelinaceae, Commelinales 818, 819
Commiphora 784
Compositae 754, 755, **809**, 819

Computer-Modelling 885
Comycetes 557
Concaulescenz *185*
Concanavalin A 301
Conceptaculum 617, *619*
Conchocelis-Phase 623
Conchosporen 623
conduplikat 741
Conidien 477, 552, 556, 563, 827
Conidienbildung *562*
Conidienträger *569*
Conidiosporen 477
Conido-Gametangiogamie 553
Coniferae 706, 710, **715**, 759, 901, 902, 924
Coniferenwälder, mediterran-montane 927
Coniferenzapfen 716
Coniferophytina 700, *701*, 709, 710, *712*, **712**, 730, 731, 760, *826*, 828
Coniophora 590, 593
Conium 734, *790*, 791
Conjugatae 638
Conocephalaceae 653
Conocephalum 653
Consolida 755, 756, 875
contort s. Knospendeckung
Contortae 800
Convallaria, Convallariaceae 757, *814*, 815, *851*, 854, 862
Convoluta 376
Convolvulus, Convolvulaceae *804*, 896
Conyza 848, 913
Coprinus 587, 590
Cora 600
Corallina, Corallinaceae 625, 899
Corallorhiza 817, 880, 922
Corchorus 796
Cordaianthus 714
Cordaites 714
Cordaitidae 702, 709, 710, *712*, *714*, **714**, 730, 901
Cordyceps 574
Cordyline 815
Core 265
Coremien 592
Corepressor 314
Coriandrum 790
Coriolus 587, 588, 593, *850*
Cormobionta 530, 647, 699
Cormophyta 162, 641, 699
Cormus **162**, 170, 666
Cornus, Cornaceae, Cornales 734, 749, *786*, 791, 796, 797, 905, 912, 917, 920, 924, 927
Corolle 733, 735
Coronophorales 569
Correns, C. 480
Cortex 617
Corticalplasma 29
Corticium, Corticiaceae 588, 596
Cortina 587
Corydalis 504, 736, 746, 748, *754*, 758, *766*, 767
Coryleto-Peucedanetum cervariae *861*
Corylus, Corylaceae 750, 757, 758, 772, 904, *907*, *911*, 916, 917
Corynebacterium 392, 423, 492, 542, 543
Corynephorion *863*, 921
Corynephorus 921, 844
Corypha 823, *824*
Coscinodiscus 610, 612
Cosmarium *639*, 646
Cotyledonen s.a. Keimblätter 129, 170, 214, *215*, 666, *709*, 752, 753, 771, 811

CO_2 (Kohlendioxid)
-, Assimilation *878*, *887*
-, Aufnahme 876
-, Kreislauf *879*
Crambe 911
Craspedomonadaceae 609
crassinucellat 742
Crassulaceae 778, 877, 930
crassulacean acid metabolism (CAM) *281*, 216
Crataegus 779
Cratoneuron 663, *664*, 665
Crepis 810, 907
Cribraria 551, *550*
Crick, F.H.C. 480
Cristae 28
Crocus 748, 815, *816*, 921
Cromer *907*
Cronartium 582, 583
crossing over 69, 71, *485*, 496, 500, 827
Crossotheca 723, *724*
Croton 787
crown gall 432
Cruciferae, Cruciferen 754, 792
Cryptococcus, Cryptococcaceae 566, 593, 595
Cryptogamia, Cryptogamen 531
Cryptomonadales 603
Cryptomonas *602*, 603
Cryptonemiales 625
Cryptophyceae 603
Cryptophyta, Cryptophyten 181, *602*, **602**, *826*
Cryptothallus 665, 696
Cucubitaceae 758
Cucumis 793, 794
Cucurbita, Cucurbitaceae, Cucurbitales *754*, 757, 777, 793, 794
Cudonia 572
cultivar 529
Cumarin *367*
Cunninghamella 562
Cunoniaceae 778, 931
Cupressus, Cupressaceae 721, 927
Cupula 723, *725*, 757, *771*, 772
Cupulen 755
Cupument 704
Curare 800
Curcuma 818, *819*
Cuscuta, Cuscutaceae *190*, *191*, 375, 413, *804*
-, Keimlinge 455
Cuticula *107*, **138**, 326, 330, 647, 648, 651, 667, 827, 899
Cuticularfältelung *138*
Cutin 107, *329*
Cutleria 480, 615, *619*, *620*
Cutleria multifida 615
Cutleriales 615
Cyadophytina 710, 902
Cyadopsida *826*
Cyanellen 127, 547, 631
Cyanidium 623
Cyanobakterien 544
-, endosymbiontischer 376
Cyanophora 827
Cyanophyceae, Cyanophyceen **546**, 827, 897, 900
Cyanophyceenstärke 544
Cyanophycinkörner 544
Cyanophyta **544**, *826*, 827
Cyanwasserstoff 506
Cyathea, Cyatheaceae, Cyatheales 687, 691, 695, 905, 927
Cyathien 519, 706, 734, 788
Cyathium **788**, 789

Cyathus 589, 591
Cycadaceae, Cycadales 524, *705,* 706, *707, 708, 726,* **726,** 727, 902, 927
Cycadeoidea 728
Cycadofilicales 723
Cycadophytina 700, *701,* 709, 710, *712,* **722,** 730, 731, 760, *826,* 828, 902
–, lebende Fossilien 723
Cycadopsida 710, *712,* **726,** 730, 760, *826*
Cycas 702, 709, 726, 741, 754, 759, 760
–, lebende Fossilien 726
Cyclamen 758, 796
Cyclanthera 466
cyclischer Blütenbau 732
cyclisches Adenosin-3,5-monophosphat (cAMP) 438, 439
Cycloheximid 73
Cyclone 869
Cyclopropenfettsäuren 795
Cydonia 779
Cylindrocystis 638
Cylindrospermum 545, *546*
Cymbalaria 444, 759
Cymopolia 637
Cynanchum 800
Cynara 809
Cynodon 821, *930*
Cynomorium, Cynomoriaceae 787
Cyperus, Cyperaceae, Cyperales 740, 818, 819, *820,* 911, 919, 923
Cyphellen 598
Cypripedium, Cypripedioideae 747, 816, 817, 915
Cyrilla 905
Cysten 638
–, verkieselte 609
Cystiden *586,* 587, 590
Cystococcus 596
Cystokarp 622, *623,* 625
Cystolithen 774
Cystophoren 540
Cystoseira 619, *645*
Cystozygote 608, 626, 628
Cythea 688
Cytinus 787
Cytochalasin B 37
Cytochrome 32, 267, 294, 359, *490,* 525, *526*
Cytogenetik 480, 524
Cytokinine *392,* 430
Cytologie *15,* 524
Cytolysosomen 90
Cytophaga, Cytophagales 540
Cytoplasma 21, **29,** 84
Cytosin 45
Cytoskelett 23, **36,** *39*
Cytosol 29
Cytostom 602

D-Enzym 297
Dacrydium 721
Dacrymyces, Dacrymycetales *577,* **584**
Dactylella 592, 596
Dactylis 860
Dactylium 592, 596
Dactylopora 637
Dactylorhiza 848
Dahlia 810
Dalton 32
Dampfdruck *875*
Dampfdruckgleichgewichtsmethode 324
Danaea 686

Danaus 885
Daphne 789, 851, 862, 922
Daphnetin 787
Darmtang s. *Enteromorpha*
Darwin, Ch., Darwinismus 481
Dasycladaceae, Dasycladales *526,* 527, *637,* 638, 643
Dasyobolus 570
Datteln, Dattelpalme s. a. *Phoenix* 756, 823, *896,* 930
Datura 803, 804, 897
Daucus 420, 513, 790, 897
Dauerflächen 856
Dauerfrost *870*
Dauerfrostböden 868, 907, 923, 924
Dauergesellschaften *866*
Dauergewebe 128, **135**
Dauermodifikationen 483
Davallia, Davalliaceae 691, 695
Dawsoniales 662
Dawsonites 669
de Bary, H. A. 520
de Candolle, A. P. 531
de Vries, H. 480, 481
Deckblätter 181, 771
Deckelkapseln *755,* 756, *803,* 804, 806
Deckelzelle 650
Deckoperationen 163
Deck-Samenschuppen-Komplexe *715*
Deckschuppen *699,* 715, *717, 718*
Deckspelzen *821,* 822
Deckzelle 742, *743*
decussiert, Decussation *174, 178,* 700
Dédoublement 812
–, seriales *737,* 736
–, zentrifugales 736, *737,* 767, 791
–, zentripetales 736, *737,* 778
Deetiolierung 404
Degeneriaceae 763
degenerierter Code 309
Degradation (Vegetation) 858, *859*
Delbrück, M. 480
Delesseria 625, 644
Deletionen 496, 498
Delphinium 740, 756, 766
Demographie 847
Denaturierung 34
Dendranthema 809
Dendrobium 818
Dendrochronologie *202,* 203, 899
Dendrogramm *521*
Denitrifikation 351
Dentaria 476, 516, 793, 843, 862, 917, 922
Deplasmolyse **325**
Derbesia 480, *636,* 637, 643
Dermatoblast 9, 36, 94
Dermatocarpon 596, 599
Dermatogen 226
Dermocarpa 546, *546*
Derxia 540
Descendenztheorie s. a. Evolution, Phylogenie, Stammesgeschichte 481
Desmaresten 439
Desmarestia, Desmarestiales 614, 644
Desmidium, Desmidiaceae 638, *639*
Desmococcus 634
Desmodium (Fabaceae) 408, 465
Desoxyribonucleinsäure (DNA) 3, 27, 44, 43, *46, 47, 48,* 306, 480, 483, 489, 493, 499, 517, 525
–, B-Form 47
–, circuläre *48*

–, Denaturierung 46
–, Doppelhelix **45**, *46*
–, histochemischer Nachweis 47
–, Hybridisierung 48, 525
–, Klonieren 48
–, komplementäre 48
–, Konturlänge 48
–, Menge 51, 498
–, mitochondriale 109
–, Molekularmassen 51
–, Plastiden-DNA (ptDNA) *48*, 119
–, Polymerasen 50
–, Prokaryoten 120
–, promiscue 127
–, rekombinante 49
–, Reparatur- und Kontrollmechanismen *50, 57*, 495
–, Replikation 49, 50, 51
–, Schmelzen 307
–, Sequenzen 498, 525
–, Spreitungspräparat *47*
–, sticky ends 491
–, Z-Helix 47
Desoxyribose *45*
Destruenten 251, 868
Destruktions-Fäule 593
Desulfotomaculum 542
Desulfovibrio 539
Determination 421
Detritus 868, 887
Detritusfresser *870*, 868
Deuteromycetes 565, 592
–, Artenzahl 592
Devernalisation 403
Devon 710, *711*, 900
Diadinoxanthin *601*
Diakinese 70
dialypetal s. choripetal
Dialypetalae *762*, **776**, 777
Diaminozid 398
Diandrae 817
Dianthus 749, 767, 917, 921
Diaphragmen 821
Diaporthe, Diaporthales 573
Diaporthella 573
Diasporen 746, 754, 757, 758, 840, 896
Diatoma 613
Diatomeae 475, 478, 610, 899
–, Artenzahl 610
–, Kriechbewegungen 612
–, Phylogenie 613
Diatoxanthin *601*, 603
Diatropismus 443
Dicentra 734, 767
Dichasien 183, *768, 771, 772, 773, 774*
Dichlorphenoxyessigsäure 397
Dichlorphenyldimethylharnstoff 267
Dichogamie 745
dichotom, Dichotomie 187, 236, 671, 676, 700, 775
Dickenwachstum 519, 617
–, anomales 722, 810, 812, 813, 815
–, bei Monocotyledonen 198
–, corticales 194
–, medulläres 194
–, primäres 171, **194**, *811, 812*
–, sekundärer Wurzeln 227
–, sekundäres 130, 171, **195**, *197*, 198, 226, 667, 676, 686, 700, 710, 732, 761, 810, 812, 813, 900
Dicksonia, Dicksoniaceae, Dicksoniales 687, 691, 927

Dicotyledoneae *712*, 731, *752*, **761**, *762*, 810, 811, *812*, 825, *826*
Dicranella 856, 857
Dicranum, Dicranales 662, *664*, 917
Dictamnus 759, 784
Dictyochales 609
Dictyonema *596*, 600
Dictyophora 591
Dictyopteren 439
Dictyopteris 616
Dictyosiphonales 614
Dictyosomen 26, **86**, *88, 93*
Dictyostele 193
Dictyostelium, Dictyosteliales 549
Dictyota, Dictyotales 480, *615*, 619, *620*
Dictyuchus 554
Didiereaceae 525, 769, 836
Didymium 29, 551
Didymoglossum 687, 691
Differentialarten 862
Differentialmerkmale 528
Differenzierung 2, *419*, 503, 511, 517
–, blütenbiologische 750
–, chromosomenstrukturelle *508*
–, clinale 507
–, fruchtbiologische 517, 799
–, geographische 506, *508, 509*
–, ökologische 506, *507*
–, samenbiologische 759
Diffusion 321
–, behinderte 342
Diffusionsrate 286
Digitalis 523, 733, *806*, 848, 917, 926
Digitalisglykoside 364
Dihydrophaseinsäure 394
Dikaryohaplonten 478
Dikaryophase *478*, **478**, 480, 499, 561, 566, 567, 574, 577, 585, 592
Dilatation 676
Dilatationswachstum 196
Dill s. *Anethum*
Dilleniaceae, Dilleniales 791
Dilleniidae *712*, 736, 737, 746, *762*, 767, 770, 777, **791**, 798
Diluvium 907
Dinitrophenol 294
Dinkel s. *Triticum*
Dinobryon *608*, 609
Dinococcales 605
Dinoflagellata 603
Dinophyceae 604
Dinophysiales 604
Dinophyta 603, *604*, *826*
–, Artenzahl 604
Dinotrichales 605
diöcisch, Diöcie 477, 500, 553, 618, 628, 702, 746
Dionaea 219, 458, 792
Dioon 705, *707*, *726*
Dioscorea, Dioscoreaceae, Dioscoreales 810, 811, 814
Diosgenin *812*
Diospyros 796, 904, 906
Diphasium 672, *673*
Diphyscium 656, *663*
Dipicolinsäure 535
Diplanetie 554
diplobiontisch 480
Diplococcus 492
Diplohaplonten *478*, 479
diploid, Diploidie 498, *515*, *516*
Diplolepideae 661, 662

Diplonten *478*, **478**, 479, 620
Diplophase 72, *478*, **478**, 480, 499, *698*, *699*, 709, *731*, 827, 828
Diplopora 527
Diplosporie 503, 752
Diplostemonie 736, 776
Diplotän 69
Dipodascus, Dipodascaceae 565, *566*
Dipsacus, Dipsacaceae, Dipsacales 497, 517, *518*, 734, 755, 757, 758, 759, 797, 798, *799*, **799**, 801
Diptam s. *Dictamnus*
Dipteren 749
Dipterocarpaceae 791, 903, 927
Diquat 398
Dischidia 800
Disjunktionen 507, 837, 841, 900, 906, 909
Diskontinuität 473, 520
–, morphologische 528
Diskus 735, 746, *784*, *788*, 789
–, extrastaminaler 735, 785
–, intrastaminaler 735, 784
Dispersion *174*, 851
Disposition 594
Dissimilation 290
Distele 674
Disteln 809
Distephanus 609
distich, Distichie *174*, *175*, *178*, 700
disymmetrisch *734*, 733
Diterpene 363, 787
Diuron 398
Divergenz 474, 481, 503, 507, 517, 520, *520*, 522
Divergenzbrüche, -winkel 176
Dividuen 476
DNA s. Desoxyribonucleinsäure
Dobzhansky, Th. 481
Dokumentation, taxonomische 529
Dolde *184*, 789, *790*
Doldengewächse s. Apiaceae
Doliporus *576*, 577
Domäne 359
dominant, Dominanz
–, (Genetik) 500
–, (Vegetationskunde) 851, 886
Donau 907
Donnan free space 341
Donnan-Potential 341
Doppelwickel 804, *805*
Dorema 926
Dornbaumwälder 930, Ausschlagtafel
Dornbusch, regengrüner *928*
Dornen 160, *162*, *189*, 216, 885
Dorngebüsche *891*
Dorngehölze *864*, 926, 928, 929
Dornsavannen 929, Ausschlagtafel
Dornstrauchformationen 930, Ausschlagtafel
Dornsträucher 926
Dörrfleckenkrankheit 348
dorsicid s. Fruchtöffnung
dorsiventral, Dorsiventralität 163, 170, 733, *734*, 805
Dorstenia 775, 776
Dothideales 574, *575*, 599, 600
Dotterblume s. *Caltha*
Douglasie s. *Pseudotsuga*
Draba 907, 923
Dracaena, Dracaenaceae 198, 812, 815, *815*
Drachenbaum s. *Dracaena*
Drachenwurz s. *Calla*
Drahtschmiele s. *Avenella*

Dreifelderwirtschaft 895
Drepanophycus, Drepanophycaceae 671, *673*, 900
Drift, genetische **503**, 507, 509
Dipteridaceae 902
Drosera, Droseraceae, Droserales 219, 740, 791, 919
–, Tentakel 455, *157*
Drosophila 480, 486
Drosophyllum 791
drought avoidance 338
drought tolerance 337
Druckfiltration 373
Druckgradienten 333
Druckholz 451, 104
Druckpotential 322
Druckstromtheorie 370, 371
Drüsen-Emergenzen *157*
Drüsengewebe 152
Drüsenhaare *155*, 758
Drüsenzellen 152
Dryas 778, 908, 909
Dryas-Floren 908
Drynaria 691, 695, *696*
Dryopteri cristati-Alnetum *862*
Dryopteris 503, 667, 688, *689*, *690*, *691*, 695, 854, 862
Dryopteris-Chloronema *448*
Dudresnaya 623
Duftmale 748
Duftstoffe 748, 757
Dulichium 905
Dunaliella 627
Dünen *853*, 856, 920, *920*
Dünenbildung 882
Düngung 349, *858*, 885, 893, *895*, 897
Duplikationen 496, 498
Durchlaßzellen 146, *225*
Durchlüftungsgewebe *136*, 818
Durchwurzelung *880*
Durra s. *Sorghum*
Dürreresistenz 878
Dürrezeit *869*
Durvillea 619, 644
Dynein 42
dysphotische Zone *872*
Dysploidie **496**, *497*, 510, *518*, 524, 843
dystroph 919

Ebbe *881*
Ebenaceae, Ebenales 796, 906, 927
Ebenen 827, 922
Ebenholz s. a. *Diospyros* 170, 796
Eberesche s. *Sorbus*
Eburon 907, *907*
Ecballium 467, 759, 794
Echinocereus 768
Echinops 809, 924
Echinosteliales 551
Echium 804
echte Mehltaupilze s. a. Erysiphales 569
Eckencollenchym *147*
Ectocarpus, Ectocarpales 479, *614*, 615, 619
Edaphon 646, 871
Edelfäule 572
Edelkastanien s. *Castanea*
Edellaubmischwald 862, *863*
Edelweiß s. *Leontopodium*
Edestin 299
Eem *907*, 908
Efeu s. *Hedera*
Effizienz 519

Ehrenpreis s. *Veronica*
Eiapparat *698*, 744, *751*
Eibe s.a. *Taxus* 702, 893
Eibisch s. *Althaea*
Eicheln 772
Eichen s.a. *Quercus* 511, 512, 754, 772, 841, 880, 893, *894, 911*, 912, *916*, 922, 925
Eichen-Birkenwald *853*
Eichen-Hainbuchenwälder *854, 858, 861*, 862, *866*, 887, *917*, 922
Eichenmischwälder *861*, 863, *911, 912, 913*
–, bodensaure 917
–, wärmeliebende 917, 921, 922, 926
Eichenmistel s. *Lorranthus*
Eichen-Steppenbuschwald *840*
Eichenwirrschwamm s. *Trametes*
Eichhörnchen 758, 772
Eichhornia 818
Eichler, A. 531
Eidechsen 758
Eierfrucht s. *Solanum*
Eikern *707*, *751*
Einbeere s. *Paris*
Einblatt-Beeren 756, 758, 823
Einblattfrüchte 754, *755*, 756, 757, 758, *763*
Einblatt-Nüsse *765*, 812
Einblatt-Steinfrüchte 756, 758, 779
Einbürgerung 841
Ein-Faktor-Kreuzung 484, *485*, 486, *487*
eingeschlechtige Blüten *750*
Eingeschlechtigkeit 702, 746, 750
einhäusig, Einhäusigkeit s.a. Monöcie 500, 702
Einjährige s.a. Therophyten 843, 920, 925, 926, 931
einkeimblättrig, Einkeimblättrige s. Monocotyledoneae
Einkorn s.a. *Triticum* 514, 822, 823
Einkrümmung 666, *668*
Einrollen der Wedel 683
Einschwemmungshorizont 871
Einzeller 230, 476
Eis 875, 882
Eisen 347, 900
Eisenanreicherung (im Boden) *871*
Eisenbakterien 540
Eisen-Humuscolloide 871
Eisenhut s. *Aconitum*
Eisenoxidhydrat 879
Eisenpodsol *871*
Eisensesquioxid 879
Eisenzeit *911*
Eiszeiten 515, *516*, 832, 842, 905, 907, *911*, 926
Eiweiß s.a. Proteine 30, 754, 757, 781, 813
Eizelle 477, 689, *698*, 699, 705, *716, 731*, 743, 744, *751*
Ejectosomen 602
Ekt-Endo-Mykorrhiza 379
Ektexine *703*, 738
Ektoenzyme 250
Ektomykorrhiza *378*, 379
Ektoplasma 29
Elachista 614
Elaeagnus, Elaeagnales, Elaegnaceae 787, 789
Elaeis 823, 904
Elaioplasten 114
Elaiosomen *753*, 754, 758, 767, *791*
Elaphomyces, Elaphomycetaceae 569, 574
Elateren *649*, 650, *652*, 653, 655
Elektrofusion 93
Elektronegativität 76
Elektronenmikroskopie 17, 19, *20*, 523, 524
Elektronentransport *264*

–, cyclischer 267
–, nichtcyclischer 263
–, pseudocyclischer 268
–, Redoxsysteme 265
Elektronentransportkette, photosynthetische *264*
Elektrophorese 526
Elementarmembran 26
Elementarorganismus 16
Eleocharis 818
Elettaria 818
Elfenbein, vegetabilisches 823
Elfenbeinpalme s. *Phytelephas*
Elicitoren 367
Ellagsäure 762, 770, 777, 798, 810
Elodea 476, 750, 812, 841, 885, 913, 918
Elongationsphase 312
Elster-Kaltzeit *907*
Eltern-Zweiertyp 484
Elymo-Ammophiletum *853*
Elymus 856, 853
Elyna 818, *820*, 923
Elyno-Seslerietea 881
Embryo 129, 478, 647, *657*, 666, 672, *673*, 675, 678, *681*, 689, 692, *693*, 697, *698*, 699, 700, 701, *708, 709*, 717, *722*, 731, 751, 752, 753, 764, 771, 822
–, endoskopische Lage 697
–, exoskopische Lage 653, 697
–, Kultur 510
Embryobildung, -entwicklung *129*, *691*, 709, 717, 791
–, Angiospermae 751
–, parthenogenetische 753
–, ungeschlechtliche 753
–, Asteraceen-Typus 752
–, nucleäre 707
–, Onagraceen-(Cruciferen)-Typus 752
–, zelluläre 707
Embryologie 523
Embryonalisierung 419
Embryophyta 478, 479, 480, 518, 530, 647, **698**, 699, 709, 826, 827
Embryosack, -bildung *698*, 699, *704*, 707, 709, *722*, *731*, 742, 743, 744, *744*, *751*, 752, 753, 761, 814
–, einkerniger 705
–, Typen *744*
–, unreduzierter 753
Embryosackkern, sekundärer *743*, 744, *751*
Embryosack-Mutterzelle *698*, *704*, 742, *743*, 744
Embryosackzelle *698*, 699, *704*, *743*, 744
Embryotheca 650, *657*, 660
Embryoträger 675, *708*, *728*, 751
Emergenzen *143*, 758
Emerson-Effekt 260
Emmer s.a. *Triticum* 514, 822, 823
Empetrum 909, *911*, 920, 923
Empfängnishyphen *580*
Empfängnisorgan 621
Encalypta 664
Encelia 258
Encephalartos 702, 706, 726, *727*
endemisch, Endemismus, Endemiten 836, 840, 841, 846, 900, 931
endergonisch 244
Endexine *703*, 738
Endiviensalat s. *Cichorium*
Endknoten 612
Endlicher, St. 531
endobiontisch 558
Endocarpon 598, 599
Endocyanome *127*

Endocytobiose 125, *126*
Endocytose 26, 27, 93
Endodermis 137, **145**, *146*, 192, 223, 671, *672*, 674, 679, *681*, 687
Endodermissprung 326
Endoenzyme 250, 296
Endogone, Endogonales 564, 594
Endokarp 755, 756, 757, *764*, 775, *802*
Endomembran 26
Endomyces, Endomycetaceae, Endomycetales 565, *566*
Endomycetidae 479, **565**, 566
Endomykorrhiza 379
Endoperidie 591
Endophyllum 582
Endoplasma 29
Endoplasmatisches Reticulum (ER) *17*, 26, *85*, *86*, *87*
Endopolyploidie 417, **426**
Endosom 27
Endosperm 67, 699, *722*, *753*, 759, *824*
–, fettiges 754
–, haploides 708, 728
–, helobiales 753
–, horniges 823
–, mehliges 754, 818, 819
–, nucleäres *67*, *752*, *753*, 791
–, öliges 792
–, primäres *699*, *705*, 708, *709*, 712, 728, 753
–, Reduktion 753
–, Rückbildung 753
–, ruminates 753
–, sekundäres 708, *731*, 751, *752*, 753, *761*, *764*
–, stärkefreies 813, 823
–, stärkehaltiges, -reiches 792, 819, 824
–, triploides 708, *731*, 753, 760
–, zelluläres *752*, 753
Endospermentwicklung, -bildung 753
–, Angiospermae 705
–, Gymnospermae 751
–, helobiale 812, *813*
–, nucleäre *67*, 800
Endospermkern 751, 752
Endospor 648, 668, 681, 703, 704
Endosporen 535, 545
Endosymbionten-Hypothese, -Theorie 125, 827
Endosymbiosen 827
Endothecium 657, *703*, 737, 760
Endothelium 742
endotherm 242
Endothia 573, 884
endozoochor, Endozoochorie 757, 758, 759, 761, 854
Endprodukthemmung 248, *314*
Energetik 242
–, geschlossene Systeme 242
–, offene Systeme 250
Energide 67
Energie *867*, 872
–, Ausnutzung 890
–, Bilanz 295
–, Diagramm *246*
–, Fluß 868, *869*, *889*
–, freie 243
–, Haushalt 891
–, Produktion, menschliche 892
–, Umsatz 890
Engelhardia 757, 774, 775, 904, *905*
Enhancer 57
Enniatin *82*
Enolase 291
Enterobacter, Enterobacteriaceae 539

Enteromorpha 632, 633, *645*, 919
Enthalpie 243
Entkalkung, biogene 287
Entmischung, Plastiden 489, *490*
Entomogamie 749
entomophil, Entomophilie 749, *750*, 789, *800*
Entomophthora, Entomophthorales 564
Entropie 243
Entstehungsnarbe 565
Entwaldung *894*
Entwässerung 842, *894*, 895
Entwicklungsbeschleunigung (Ontogenie) 706, 828
Entwicklungsgeschichte (Ontogenie) 523
Entwicklungslinien, -reihen (Phylogenie) 522
Entwicklungsphysiologie 381
Entwicklungsstufen (Evolution) 521, 522, 530, 762
Entyloma 578, 579
Enziane s.a. *Gentiana* 800, 843
Enzymaktivität 249
–, pH-Wert 250
–, Regulation 315
–, Temperatur 249
Enzyme 30, 246
–, allosterische 249
–, internationale Klassifizierung 247
–, intrazelluläre Verteilung 250
–, Lichtaktivierung *274*
–, multifunktionale 359
Enzymkinetik 249
Enzymwirkung 248
Ectobacterium 900
Eocän 904, 905
Epacridaceae 931
epeltat (Karpelle) 741
Ephebe 596, 599
Ephedra, Ephedraceae, Ephedridae *712*, 729, *730*, *760*, 772, 909, *910*, 911
Ephemeropsis 660
Ephemerum 663
Epiblem 226
Epichloe 574
Epicone 605
Epicotyl 170, 759
Epidermis *137*, **138**, 192, 827
epigäisch s. Kennung
Epigynie 776
Epilimnion *872*, 874
Epilobium 422, 496, 740, *745*, 754, 783, 856, 909
Epinastie 396, 454
Epipactis 817
epipetal 736
Epiphragma 662
Epiphyllum 769
Epiphyten **218**, 227, 623, 655, 665, 695, 800, 817, 818, *864*, *928*
Epipogium 817
episepal 736
Epitheca 610
Epithem 154
Epithemhydathoden 331, 373
epizoochor, Epizoochorie 518, 757, 758, 759, 854
Equisetites 682
Equisetopsida 514, 679, 710, *826*
Equisetum, Equisetaceae, Equisetales 679, *681*, 682, 695, 696, 697, 702, 915
–, Sporen 424
Eragrostoideae 821
Eranthis 766, 810
Erbanlagen, -faktoren s.a. Gene 484, *485*

Erbgang s. a. Kreuzungsversuch, Vererbung 484
Erbgut, Organisation 499
Erbsen s. a. *Pisum* 497, 510, 782, *896*
Erbsenrost 582
Erbunterschiede 511
Erdbeerbaum s. *Arbutus*
Erdbeeren s. a. *Fragaria* 427, 476, 515, 778, *896*
Erdferkel *930*
Erdnuß s. a. *Arachis* 782, *896*, 931
Erdöl, Erdöllager *879*, 892
Erdrauch s. *Fumaria*
Erdstern s. *Geastrum*
Erdtmann, G. 520
Ergastoplasma 85
Ergotamin 574
Ergotoxin 574
Erhaltungsräume 838
Erica, Ericaceae, Ericales 526, 737, 740, 797, 798, *857*, 880, *907*, *911*, 917, 919, 921, 923, 926, 931
Erigeron 848, 913
Eriocaulaceae 819
Eriophorum 755, 818, 819, *820*, 856, *857*, *860*, 908, 909, 919
Erkältungsresistenz 400
Erkältungsschäden 400
Erlen s. a. *Alnus* 772, 919
Erlenbruch(wälder) *861*, *862*, *863*, *894*, 912, 919
Erlengebüsche (*Alnus viridis*) 888
Ernährung 506
–, heterotrophe 374
–, antotrophe 530
Ernährungsphysiologie 530
Ernte (Nutzpflanzen) 895
Erodium 759, 785
Erosion 857, *859*, 871, 877, 922
Errantia 851
Erregungsleitung 436, 459, 460
Ersatzfasern 199
Ersatzgemeinschaften, anthropogene 859
Erstarkungswachstum 171, 194
Erwinia 539, 543
Eryngium 757, 837, 853, 854, 885, 912, 920
Erysimum 507, *508*, 792, 793, 836, 842, 926
Erysiphe, Erysiphales 569, *570*, 594
Erythrina 749
Erythrotrichia 623
Erythroxylum, Erythroxylaceae 785
Eschen s. a. *Fraxinus* 799, 880, *911*, 912, 917
Eschen-Erlenauwald *861*
Eschenmanna 370
Eschenmischwald *918*
Escherichia coli 120, 532, 539
–, Chemotaxis 438
–, Konjugation *491*
Esparsette s. *Onobrychis*
Espe s. a. *Populus* 793
Espeletia 810, 931
Essigmutter 533
Essigsäurebakterien 539
Essigsäuregärung 292
Estragon s. *Artemisia* 809
Etagencambien 196
Etesiengebiete, -klimate 869, 926
Ethephon 398
etherische Öle 157, 363, 763
Ethylalkohol 291
Ethylamin 300
Ethylen 398, 431
–, Biosynthese *395*
Etiolierung 116, 403

Etioplasten 115, *119*
Euanthien 706, 748, 749
Euanthientheorie, Angiospermenblüte *760*
Euastrum 639, 646
Eubacteria *121*, 538, 542, *826*, 827
–, gram-negative **539**
–, gram-positive 541
Eucalyptus 782, 882, 884, 893, 931
Euchromatin 28
Eucladium 662, 665
Eucommia 907
Eucyt 1, 120, 530, 548
–, Gliederung 84
Eudorina 629
Eu-Fagion *863*
Eugenia 782
Euglena 1, 441, 482, 483, *601*, 602, 645, 646
Euglenophyceae *826*
Euglenophyta 530, *601*, **602**
Eukarpie 557, 558
Eukaryota 1, 518, 524, 530, **548**, *826*, 827, 900
–, Entstehung s. a. Endosymbionten-Theorie 125, 548
Eulen 749
Eumycota 480, *558*, *826*
Euonymus 754, 756, *786*, 917
Eupatorium, Eupatoriceae 810
Euphorbia, Euphorbiaceae, Euphorbiales 519, 706, 734, 748, 750, 760, 787, *788*, *859*, 885, 930
–, stammsucculente *189*, 927
–, succulente 931
Euphorbiales 736, 750, 777, 784, 787, *788*, 795
Euphorbianae 767, 774, 777, 784, 786, 787, 789
euphotische Zone *872*
Euphrasia 806, *838*
Eupteleaceae 770
Eurotianae 569
Eurotium, Eurotiaceae, Eurotiales *569*, 576
euryhydrische Arten 324
euryök 885
Eurystoma 725
Eusporangiatae **686**, 902
Eustele 194, 679, 684, 700, 710, 731, 761
Eustigmatophyta 608
eutroph, Eutrophierung 645, 831, 897
Evaporation, Evapotranspiration 330, 868, *870*, 876, 877, 878
–, Tagesgänge *877*
Evernia 599
Evolution 3, *517*, 899
–, Ausnutzung der Umwelt 519, 828
–, Irreversibilität 319
–, konvergente *520*, 521, 760
–, parallele *520*, 521, 760
–, Phasen 509, 518
–, präbiotische 3
–, progressive 518
–, Tempo 521
Evolutionsforschung 320, 473, **480**, 481, *513*, 899, 900
Evolutionsstrategien 518
Evolutionstheorien 481
Excisions-Reparatur 495
Excitonen 263
exergonisch 244
Exidia 584
Exidiopsis 577, 584
Exine *703*, *705*, 707, 738
Exklaven 837
Exkrete 90, **372**
Exkretion 154

Exobasidium, Exobasidiaceae, Exobasidiales 566, 577, 579, *584*
Exocytose 26, *26, 88*
Exodermis 223
Exoenzyme 250, 296
Exokarp 755, *775*
Exon 58, 307
Exopeptidasen 299
Exoperidie 591
Exospor 648, 668, 671, 681, 692, *693*, 703, 704
Exosporen 477, 545
Exothecium 702, 719, *727, 728*
exotherm 242
Explosionskapseln 756, 759
Explosionsmechanismus 467
Extensin 97
Extensor-Zellen *465*
extrazonal s. Vegetation
Extremtemperaturen 832
extrors 737

F₁-Hybriden *510, 511*
Fabaceae, Fabales *498*, 736, 756, 758, 777, *780*, 780, 782, 786, 837, 843, 915, 926
Fächel 815
Fächeraderung, -nervatur *684*, 685, 691
Fächerpalmen 823, *824*
Fadenalgen 645
Fadenflechten 596
Fadenprothallium *690*
Fadenthallus 233
Fagetum, Fagion, Fagetalia 862, *863*
Fagetum carpaticum 861
Fagopyrum 770
Fagus, Fagaceae, Fagales 508, 755, 757, 758, 770, *771*, 772, 773, 774, 832, *833*, 834, 836, 837, 839, 840, 841, 844, *851*, 856, 863, 873, 874, 878, 880, 885, 903, 904, 906, *907*, *911*, *912*, 917, 926
-, Mykorrhizapilze *850*
Fahnenblumen 748, *749*
Fahnenwuchs 882
Faktoren
-, abiotische *867*
-, biotische *867*, 883
-, chemische 878
-, edaphische **868**, 871
-, klimatische 868
-, mechanische *867*, 883
-, σ- 307
Faktorenaustausch s.a. crossing over 485
Faktorenkomplexe 867
fakultative Funktionsbestimmung
-, der Keimzellen, Gameten 476, 558
Fallenblumen 747, *749*
Fallopia 751
falsche Mehltaupilze 555
falscher Mehltau der Weinrebe 556
Familie (familia) *528*, 529
Farbensinn (tierischer Blumenbesucher) 747
Farinosae 819
Farnbäume 679
Farne 478, 514, **683**, 689, 759, 828, 843, 873, 900, *901*, 902, 904, 922, *928*
-, Artenzahl 671, 673, 677, 679, 686, 687, 692
-, epiphytische *696*
-, eusporangiate 710
-, fossile 668, 669, 670, 676, 672, 677, 678, 679, 682, 683, 684, 685, 687, 690, 695
-, Lebenskreislauf *667*

Farngewächse 531, 666, 647, 710, 828
-, Heterotrophie 695
-, Generationswechsel 666
-, heterospore 479
-, Lebensweise 695
-, Vorkommen 695
Farn-Zeitalter 710
Fasciation 392
Fasern 147, *148*, 892, *896*
Faserparenchym 200
Faserpflanzen 148, 775, 815, 818
Faserschicht 702, *703*, 737, *738*
Fasertextur 103
Fasertracheiden 198, 199
Faserzelle *738*
Faserzellen 102, *148, 738*
Faulbaum s. *Frangula*
Fäulnisprozesse 374
Faulschlamm 879
Federflieger 758
Federgräser s.a. *Stipa* 821, 925
Federgrassteppen 920
feed-back-Aktivierung 317
-, -Hemmung 281, 316
feed-forward-Aktivierung 316, 317
Fegehaare 809
Feigen, -bäume s.a. *Ficus* 747, 757, 775, 927
Feigenkaktus s. *Opuntia*
Feldchampignon s. *Agaricus*
Fels (Erstbesiedlung) 912, 920, 923
Felsheiden 859, 894, 912
-, mediterrane *854*, 926
Felsspaltenfluren *923*
Femelschlag 893
Fenchel s. *Foeniculum*
Fencheltramete s. *Gloeophyllum*
Fensterfraß 870
Fenstertüpfel *202*
Fenton-Chemie 268
Fermente 246
Fernausbreitung 746, 757, 840, 856
Ferredoxin-Oxidoreduktase 264
Ferrodoxin 264
Ferula 790, 926
Festigungsgewebe 146
Festland 874, *892*
Festuca, Festucoideae 821, 920, 921, 925
Fette 78, 757, 781, 795, 892
Fettfrüchte, -samen *896*
Fetthenne s. *Sedum*
Fettsäuren 78, 298
-, Abbau 298
-, β- *298*
-, Biosynthese 361
-, Oxidation *298*
Fettsäuresynthetase 361, *362*
Fettweiden 858
Fettwiesen 858, *895*, 921
Feuchtekompensationspunkt 288
Feuchtigkeitszeiger *850*
Feuchtsavannen 929
Feuer, Feuerresistenz *867*, 883
Feuerbohne s. *Phaseolus*
Feuerschwamm s. *Phellinus*
Fibrillen, kontraktile 439
Fichten s.a. *Picea* 718, *860*, 880, 884, *897*, 898, 912, *913*, *916*, 918, 922, 923
Fichtenforste *853*, 886, 922
Fichten-Lärchen-Wälder 922

Fichtenspargel s. *Monotropa*
Fichten-Tannen-Rotbuchen-Urwald *855*
Fichtenwald *863, 866, 888, 912*
Ficksches Diffusionsgesetz 286, 321, 328
Ficophyllum 903
Ficus 524, *747, 758, 774, 775,* 904
Fiebermittel 801
Fiederaderung *684, 903*
Fiederblätter *164,* 207
fied(e)rig (Blattbauplan) 700, 722, 732
Fiederpalmen 823, *824*
Filamente 737, *738,* 750
Filialgenerationen (F$_1$, F$_2$...) 486, 487, 488
Filicopsida 683
Filicopsidae 828
Filiformapparat *751*
Filipendula 909
Filzthallus 601
Fimbrien 534
Finalität 7
Fingerhut s. *Digitalis*
Fingerkraut s. a. *Potentilla* 516, 778
Fingertang 617
Fische 757, 892
Fischereiwirtschaft 892
Fischerella 545, 547
Fischsterben 604, 605
–, durch Blaualgen 547
Fissidens, Fissidentales 656, 662, *664*
Flächennutzung, Deutschland *876*
Flachküsten *852*
Flachmoore 881, 919, *923*
Flachs s. a. *Linum* 785, *896*
Flachwurzler 223, 876
Flacourtiaceae 792, 793, 903
Flagellaten 827
Flagellen s. a. Geißeln 41
Flagellin 122, 534
Flamoxiren 439
Flankenmeristem 132
Flaschenbovist s. *Lycoperdon*
Flaschenkürbis s. *Lagenaria*
Flaschenstämme 796
Flaum-Eiche s. a. *Quercus* 772, 917, *927*
Flaumeichenwälder 926
Flavanderivate 368
Flavinadenindinucleotid (FAD) 294
Flavobacterium 539
Flavonoide 368
–, trihydroxylierte 777
–, der Ranken 461
Flavoprotein 265
Flechten 375, 476, 522, 530, 531, 574, 594, **596**, 626, *826, 827, 853,* 873, 884, 898, 909, 922, 924, 931
–, Artenzahl 599
–, auf Gletschermoränen 598
–, endolithische 597
–, endophlöische 597
–, Fortpflanzung 598
–, fossile 598
–, Lebensdauer 598
–, Lebensweise 598
–, Luftverunreinigung 598
–, Verwendung 598
–, Vorkommen 598
–, Wachstum 598
–, Wasseraufnahme 598
Flechtenparasiten 598
Flechtenpilze 572

Flechtenstoffe 598
Flechten-Synthese 598
Flechtensynusien *850*
Flechtenüberzüge *923*
Flechtgewebe 234, *236*
Flechtthallus 601, 636
Fledermausblumen 749
Fledermäuse 749, 757, 782, 796, 818, 929
Fledermausfrüchte 758
Fleisch (von pflanzenfressenden Nutztieren) 892, *896*
Fleischfresser *889*
Flexor-Zellen *465*
Flieder s. *Syringa*
Fliegen 747, 749, 789, 790
Fliegenblumen 749
Fliegenkrankheit 564
Fliegenpilz 587
Fliese *858,* 865
Fließgleichgewicht 250, 847
Flimmergeißel 42, 600
Flockenblumen s. *Centaurea*
Flora, Floren s. a. Florengebiete, -reiche, -zonen; Ausschlagtafel 832, 845, 867, 904, 907
–, Bezirke *846*
–, Distrikte *846*
–, Provinzen *846*
Floren- und Vegetationsgebiete der Erde 914
Florenaustausch 909, 921
Florengebiete (westliches Eurasien und Nordafrika)
–, alpisches *846*
–, aralocaspisches *846*
–, atlantisches *846*
–, caucasisches *846*
–, circumboreales *846*
–, circumpolar-arktisches 907
–, karpatisches *846*
–, makaronesisch-mediterranes *846*
–, mitteleuropäisches *846*
–, mittelsibirisches *846*
–, orientalisch-turanisches *846*
–, pannonisches *846*
–, pontisch-südsibirisches *846*
–, saharo-sindisches *846*
–, sarmatisches *846*
–, subatlantisches *846*
–, submediterranes *846*
–, zentraleuropäisches *846*
Florengefälle 845, 846, 914
Florengeschichte 832, *899*
Florenkontrast 846
Florenregionen, -provinzen *846*
Florenreiche 846, 914, 932
–, antarktisches 931
–, australisches 931
–, holarktisches **915**
–, kapländisches 931
–, neotropisches 927
–, ozeanisches 846, 914, **931**
–, paläotropisches 927
–, südhemisphärisches 931
–, tropisches 927
Florenverarmung 917
Florenzonen 839
–, antarktische 839, *840*
–, arktische 839, *840*
–, australe 839, *840*
–, austrosubtropische *840*
–, boreale 839, *840,* 923
–, boreosubtropische *840*

–, meridionale 839, *840*
–, submeridionale 839, *840*
–, subtropische 839
–, temperate 839, *840*
–, tropische *840*
Florescenz 183
Florideenstärke *601*, 621, 625
Florideophycidae 623
Floridoside 621
Florigen 403, 412
Floristik, floristische Geobotanik 831
Flugbrand 578
Flügel (Schmetterlingsblüte) 780, *782*
Flügelflieger 758
Flügelnüsse 757
Flugorgane 160, *775*
Flugstaubdecken 907
Fluidmosaik-Modell 79
Fluorchlorkohlenwasserstoffe 253
Fluorescenz 18, 262
Fluorid 291
Fluorwasserstoff 898
Flurbereinigung *894*
Flußauen *860*, 918
Flüsse *891*
Flüssigwachs 787
Flußmündungsgebiete *891*
Flußröhricht *860*, *918*
Flut *881*
Fluxkoppelung 343
Foeniculum 790
Föhren s. a. *Pinus* 505, *507*, *508*, 720, *916*
Föhrenheide-Waldsteppe *912*
Fomes 588, 591, 593, 850
Fontinalis 112, 663, 665
foot-layer *703*, 738
Form (forma, f.) 529
Formationen **863**, 865, 878
Formationskomplexe 865
Formationstypen 863, *864*, *865*, *891*
Formenkreise, -schwärme *508*, 516, 924
Formenmannigfaltigkeit s. Variabilität
Formiat 283
Formkontinuum 520
Formylmethionin 311
Forste *893*, 916
Forstkultur 893
Forsythia 800
Fortpflanzung 2, 3, 512, 847
–, apomiktische 516
–, asexuelle 476
–, generative 477
–, geschlechtliche s. sexuelle 701
–, sexuelle 473, 475, **477**, 499, 701, 757, 827
–, ungeschlechtliche s. asexuelle, vegetative 476, 516
–, vegetative 473, 475, **476**, 499, 516, 827
Fortpflanzungsbiologie 473, **475**, 523
Fortpflanzungsgemeinschaften s. a. Populationen 474, 509, 511, 520, 528
Fortpflanzungskörper 475
Fortpflanzungstrieb der Tiere 747
Fortpflanzungswechsel 479
Fossilformen 520
Fossilfunde 481, 538, 547, 593, 598, 605, 606, 613, 619, 625, 638, 641, 647, 666, 668, 669, 670, 672, 676, 677, 678, 679, 682, 683, 684, 685, 687, 690, 695, 700, *833*, 843, 899, 909, *910*
Fossilien, lebende 481, 843
Fossombronia 654, 655

Fovea *678*
Fragaria 479, 499, 756, 758, 778, *779*
Fragilaria 613
Fragmente, chromosomale 497
Fragmentation, vegetative 476
Frangula 786, 919
Frankia 377, 542
Franzosenkräuter s. *Galinsoga*
Frauenfarn s. *Athyrium*
Frauenmantel s. *Alchemilla*
Frauenschuh s. a. *Cypripedium* 747, 816, 817
Fraxinus 733, 736, 750, 757, 799, *800*, *833*, 856, 863, 874, 878, 904, *907*, *911*, 916, 917, 918, 926, 927
Fremdbefruchtung s. a. Allogamie 585
Fremdbestäubung s. a. Xenogamie 706, **745**, 748
Fries, E. M. 520
Frischwiesen *894*
Fritillaria 815
Fritschiella 633, *634*, 646
Froschbiß s. *Hydrocharis*
Froschlaichalge s. *Batrachospermium*
Froschlöffel s. *Alisma* 812
Frost 868, *869*, 875
Frosthärte 832
Frostkeimer 401
Frostresistenz 506
Frostschäden 400, 844
Frosttrocknis 327, 868, 875, 882
Fruchtansatz 427
Fruchtausbreitung s. a. Samenausbreitung 708, 757
–, Katapult-Mechanismus 517
Fruchtbecher 772
Fruchtbildung 707
Fruchtbiologie s. a. Samenbiologie 517, *518*, 708, 757
–, Spektrum 853
Fruchtblätter s. a. Karpelle *699*, 707, 726, 731, 732, 733, 734, 740, **740**, 741, 742, 760, 761, *765*
–, Entwicklung *738*
Früchte *518*, 700, **708**, *731*, **754**, 756, 758, 759, 779, 882
–, Achsenberindung 755
–, chorikarpe 756
–, coenokarpe 754, 755, 756
–, Gruppierung 756
–, parthenokarpe 755
–, unterständige 755
–, Zusatzbildungen 754, 755
Fruchtfall 429
Fruchtformen 754
Fruchthalter 757, 789
Fruchtknoten s. a. Gynoeceum *731*, 734, *735*, **741**
–, mit Zusatzbildungen 754
–, pseudomonomere *733*, 741, 820
Fruchtkörper *550*, 563, 567, 568, *568*, 583, 585, 592
–, Agaricales 588
–, Ascomycetes 568, 569
–, Basiodiamycetes *576*, 585, 589
–, gastroider 587
–, gymnokarper 570
–, hemiangiokarper 570
–, Homobasidiomycetidae 587
–, hymenialer 586
–, Jahreszuwachszonen *587*
–, Myxomycetes 550
–, Zygomycetes 563
Fruchtkörpergeflechte 552
Fruchtöffnung 755, 756
Fruchtreifung 396, 430
Fruchtstände 755, 757, 758, 759, *773*, *774*, *775*, 776
Fruchtstiele 755

Fruchtwand 755, *757*
Fruchtwechsel 895
Fructosebisphosphat-Phosphatase 301
Fructose-1,6-biphosphat 275
Frühholz 199
Frühjahrsblüher 850
Frühjahrscirculation (Gewässer) 879
Frühjahrsgeophyten 873
Frühlings-Greiskraut s. *Senecio*
Frühlings-Heide s. *Erica*
Frullania 654, 655
Fuchsia 749, 783
Fuchs-Röhrling 594
Fuchsschwanz s. *Amaranthus*
Fuchsschwanzgras s. *Alopecurus*
Fucoidin 618
Fucoserraten 439, *618*
Fucoxanthin 256, *601*, 609, 613
Fucus, Fucales 476, 480, 617, 618, *619*, *620*, 644, *645*
Fucus-Zygote 424
Fühltüpfel 461
Fuligo 550, 551
Fulvinsäuren 340
Fumana 920
Fumaria, Fumariaceae 766, 767, 915
Funaria, Funariales *496*, *498*, *656*, 657, *658*, *662*, 663, *664*, 665
–, Geschlechtsdimorphismus 663
Fungi imperfecti 502, **592**
Funiculus *704*, 708, 742, *743*, *751*, *752*, 754
Funktionswechsel 704, 759
Funtumia 800
Furcellaria 625
Fusarium 388, 593, 646
Fusicladium 574
Fusicladium-Schorf *575*
Fusicoccin 463
Fusiformcambien 196
Fusiforminitialen 197
Fußpilz s. *Trichophyton*
Futterkörper *781*, 885
Futterpflanzen, -anbau 781, 793, 894, *895*
Futterrübe s. *Beta*
Futterwert *893*
Futterwiesen *895*, 921

G_0-Phase 65, 128
G_1-Phase 65
G_2-Phase 65
Gabeladerung, -nerven *210*, 679, 684, 688
Gabelblätter 688
Gabelblattgewächse s. Psilotopsida
Gabeltriebe 666, 683
Gabelung, Gabelteilung s. Dichotomie
Gagea 815, 918
Gagelstrauch s. *Myrica*
Gaillardia 810
Galanthus 509, 758, 815, *816*, 917, 918
Galeopsis 805, 807
Galeriewälder 929
Galinsoga 810, 913
Galium 209, *497*, 502, 514, 515, 758, 801, *802*, 837, 843, 894, 897, 909, 917, 918, 922
Gallen, Gallbildung 422, 540, 885
Gallenblüten *747*
Gallertcoenobien 609
Gallertflechten 597, 599
Gallertscheiden 545
Gallertstiel 639

Gallionella 540
Gallwespen (als Blütenbestäuber) 747
Galmei 882
Galmei-Veilchen 320
Galvanotropismus 456
Gamander s. *Teucrium*
Gametangien 477, 553, 600
–, pluriloculäre *614*, *615*
Gametangienstände 650, 652
Gametangiogamie 478, 553, 827
Gameten 476, **477**, *632*
–, unreduzierte 514
Gameto-Gametangiogamie 553, 621, 628
Gametophyt 479, 480, 625, *698*, *699*, 701, 705, 707, 708, 709, *731*, *743*, 753, 760, 827, 828
–, Angiospermae 704
–, männlicher *699*, *743*
–, Spermatophyta 704
–, weiblicher *699*, *743*
–, Reduktion (Spermatophyta) 730
Gamone 439, 455, 477
–, Strukturformeln *439*
Gamophyllie 212
Gänsefuß s. *Chenopodium*
Garigue *859*, 926
Gärten 895, 921
Gartenbohne s. *Phaseolus*
Gärung 290, 518
–, alkoholische 291
–, anaerobe 827
–, Essigsäure- 292
–, Milchsäure- 292
Gasembolie 337
Gasstoffwechsel 875, 876
Gasteria 815
Gasteromycetales 588
Gasteromycetes 587, 588, *589*, **591**
Gastroboletus 590
Gasvacuolen *123*
Gasvesikel 533
Gattung (genus) 474, 475, 528, 529
Geastrum, Geastrales *589*, 591
Gebirge *865*, 874, 878, 882, 915
–, mitteleuropäische 921
Gebirgsfloren 915, 924
Gebirgshebungen 905, 907
Gebirgsklima 922
Gebirgsnadelwälder *865*, 916, Ausschlagtafel
Gebirgspflanzen 844
Gebirgsregenwälder, tropische 931, Ausschlagtafel
Gebirgssteppen 926
Gebirgsvegetation *865*, *914*, 922, Ausschlagtafel
Gebirgswälder *913*
Gebüsche, Gebüschformation *858*, 894, 897, 922
Gefäße *151*, **198**, 760
Gefäß-Epiphyten 873, 876
Gefäßnetz 200
Gefäßpflanzen 530, **647**
Geflügel *896*
Gefrierpunkterniedrigung 323
Gefrierverzögerung 400
Gehölze s.a. Bäume, Sträucher, Wälder
–, standortsfremde 893
Geilstellen 895
Geißblatt s. *Lonicera* 799
Geißel s.a. Cilien 41, *42*
Geißelansatz 534
Geißelanschwellung 613
Geißelband 727

Geißelbewegungen 436
Geißelbündel 678
Geitonogamie 706
Geizen (*Vitis*) 787
Gelbrost 583
Gelbrübenmosaikvirus (TYMV) 36
Gelbsterne s. *Gagea*
Geleitzellen *149*, 150, 731, 763
Gelektrophorese *34*
Gelidium 625
Gel-Zustand 321
gemäßigt (Klima) *869*
Gemeinschaftskoeffizient 861
Gemsheide s. *Loiseleura*
Gemüse, Gemüsepflanzen 793, 892, *896*, 897, 921, 927
Gen s.a. Erbanlagen 57, *485*, *490*, **493**, 495, *501*, 511, 517
-, Cistron 493
-, Funktionseinheit 493
-, Kooperation 495
-, Koppelung s. genetische Koppelung
-, lineare Anordnung 56
-, Mosaik 58
-, Mutator 493, 496
-, Realisator 500
-, Regulator 495
-, springendes 58
-, Struktur 498
-, Wirkungsweise 495
Genaktivierung, differentielle 44, 306, 380, 381, 382, 419
Genaustausch 510
genealogisch, Genealogie 473, *520*, 522
Generationsdauer 475, 503, 848
Generationsfolge 499
Generationswechsel **479**, *731*, 827
-, antithetischer 479
-, diplobiontischer 480
-, haplobiontischer 480
-, heteromorpher 480
-, heterophasischer 479, 616, *643*
-, homophasischer 479
-, isomorpher 480
-, Zwergmännchen 479
generative Zelle *743*
genetic engineering s. Gentechnologie
Genetik 9, 473, **480**, 524
genetischer Code 110, 306, **308**, *309*
genetische Drift 506
Genexpression 496
-, differentielle 44, 380, 419
Genfähren 433
Gen-Fluß 499, **503**, 505, 506
Genista 781, 917, 921
Genkarte *490*, 491, 493
Gen-Klonierung 481, 491
Gen-Mutanten s.a. Mutanten, Mutationen, Gen-Mutationen *494*, 495
Genomelemente 843
Genom 489
-, Größe 51, *498*
-, Homologie 514
Genom-Formeln (bei Polyploiden) 514, *515*
Genom-Mutationen 496
Genomosperma 725
Genophor *491*, 493, *826*
Genotypus, Genotypen 480, **482**
Genphysiologie 480
Gen-Pool 68, **499**, 504, 505, 511
Gentechnologie 17, 48, 491

Gentiana, Gentianaceae, Gentianales 507, 736, 798, 800, *801*, *802*, 842, 843, 845, 885, 895, 907, 909, 922, 923
Gentianella 800
Gentiopikrin 800
Gen-Transfer 127, 432, 433
Genus (Gattung) **474**, 475, *528*
Genußmittel 892, *896*
Genzentrum 838
Geobiologie 831
Geobotanik 10, 829
-, coenologische 832
-, floristische 831
-, historische 832
-, ökologische 832
Geoelemente 836, 838, *839*, **839**, *840*, *846*, 914
-, arktische 923
-, holarktische 839
-, makaronesische 839
-, mediterrane 839
-, mitteleuropäische 839, 917
-, neotropische 839
-, tropische 839
Geologie 899, 900
Geophyten 181, 695, 810, 814, 850, *853*, *854*, 855, 882, 896, *914*, 920, 925, 926, 931
Geoporphyrine 430
Geosiphon 376, 599
Geranium, Geraniaceae, Geraniales 756, 759, 785, 793, 876, 877, 924
Gerbstoffe 90, **367**, 770, 772, 780, 786
Germer s. *Veratrum*
Geröll 882
Gerontoplasten 28, 117
Gersten s.a. *Hordeum* 746, 821, *822*, 823, *896*, 921
Gerstenkaryopse 390
Geruchsinn (Blütenbesucher) 749
Gesamtstrahlung 252, *873*, 889
Geschlechtsbestimmung 477, 681
-, diplogenotypische 487, *501*
-, diplomodifikatorische 674, 692
-, genotypische 500, 558
-, haplogenotypische 484, *501*
-, haplomodifikatorische 688
-, modifikatorische 500, 558
-, phänotypische 500
Geschlechtschromosomen 484, 488, 500, *501*, 651, 652
Geschlechtsdifferenzierung 482, 484, **500**
Geschlechtskoppelung (Gena) 488
Geschlechtsorgane s.a. Gametangien, Blüten 701
Geschlechtsverteilung 733
Geschlechtszellen s.a. Gameten 477, 709
Geschlechtszellenbehälter s.a. Gametangien 477, 701
Geselligkeit 851
Gesellschaftsring *858*, 865
Gesetz des Minimums 283, 349
Gesneriaceae 806, 905, 926, 927
Gesteinsbildung 547, 606, 608, 613, 625, 638, 639, 641, 646, 6
Getreide s.a. Poaceae 820, 822, 892, *896*, *911*, 913, 921, 926
Getreidebau 822, 927
Getreideböden 925
Getreidefelder, Unkrautbestände 875, 888
Getreide(unkraut)gesellschaften 896
Getreiderost s. *Puccinia*
Geum 756, 758, 778, 922
Gewässer *831*, *868*, 872, 878, 892
-, eutrophe 645, 878
-, mesotrophe 879
-, oligotrophe 645, 879
-, Verschmutzung 646, 897

Gewässergüte 646
Gewebe **128**, 137
-, Abschluß 144, 145
-, Dichte 135
-, Drüsen- 152
-, Festigungs- 146
-, inneres 145
-, Kork *145*
-, Leit- 149
-, lockere 135
-, sekundäre 144
Gewebescheiden 135, 137
Gewebespannung 324
Gewebethallus 234, 601, 619, 633, 650
Gewürze 789, 790, 818
Gewürznelkenbaum s. *Syzygium*
Gibberella 573
Gibberelline **388**, 430, 573
-, Biosynthese *389*
-, Glykoside 388
-, Hemmstoffe *390*
-, Säure 388
-, Transport 388
-, Wirkung *390*
Giemsa *499*
Gießkannenschimmel s. *Aspergillus*
Giftflechten 599
Giftpflanzen 722, 782, 787, 789, 800, 804, 815
Giftpilze 571, 590, 592
Giftstoffe (anthropogene) *867*, 885, 897
-, Verseuchung der Biosphäre 898
Gigartina, Gigartinales 625
Gilbweiderich s. *Lysimachia*
Ginkgo 522, 700, 709, 713, 727, 730, 754, 759, 836, 842, *843*, 874, 902, 904, *905*, 906
-, lebendes Fossil 713
Ginkgo-Gewächse 519, 902
Ginkgoopsida 702, 710, *712*, 713, *826*
Ginster s. *Genista*
Gips *870*, 881, *902*
Gipskristalle 639
Giraffen 929, *930*
Gitterpilz s. *Clathrus*
Gitterrost s. *Gymnosporangium*
Gladiolus 815
Glanzgras s. *Phalaris*
Glanzkörper 453
Glashaare *664*, 665
Glashauseffekt 897
Glatthafer s.a. *Arrhenatherum* 821, *860*
Glatthafer-Wiesen 861
Glaucocystis 127, 547, 631, 827
Glaux 852, 920
Glazialperioden 907
Glazialrelikte 909
Glebafasern 591
Glechoma 807
Gleditsia 189, 780
Gleichenia, Gleicheniaceae, Gleicheniales 671, 690, *692*, 695
Gleichgewichtskonstante 244
Gleichgewichtszustände (Biocoenosen) 243, 885
Gleitfallen, Gleitfallenblumen 220, *747*, 748, 749, 763, 800, 817, 825, *825*
Gleitfaser-Modell 39
Gleitflieger-Samen 754
Glenodinium 604
Gletscher *891*, 907, *908*
Gletschermoränen 857

Gleyhorizonte 872
Gliadin 299
Gliederhülsen 756, *757*
Gliederschote *757*
Globularia, Globulariaceae *752*, 806, 920, 921, 926
Globuline 299
Glochidien 693, *694*
Glockenblumen s.a. *Campanula* 748, 807
Gloeocapsa 546, 596
Gloeophyllum 588, 589, 593
Gloeosporium 592
Gloriosa 701
Glossopteris, Glossopteridaceae *724*, 760, 901
Glucobrassicin 385
Gluconeogenese 301, *302*
Glucose, Abbau 297, *290*
Glucose-6-phosphat-Dehydrogenase 302
Glucosinolate 792
Glumiflorae 820
Glutamat-Dehydrogenase 300
Glutaminsynthetase *37*, 353
Gluteline 299
Glycerat-1,3-bisphosphat 291
Glycerinaldehydphosphat-Dehydrogenase 274, 291
Glycin 282
Glycine 782
Glycyrrhiza 782
Glykane 94
Glykogen 276, 297, 625
Glykogen-Phosphorylase 297
Glykolat 282
Glykolipide 95
Glykolyse 290
-, Enzymregulation *319*
Glykophyten 882
Glykoproteine 95
-, hydroxyprolin-reiche (HPRG) 97, 415
Glykoside 95
-, cyanogene 506, *507*
Glyoxylat 282
Glyoxylatcyclus 298, *299*
Glyoxysomen 89, 298
Glyphosin 398
Glyptolepis 717
Glyptostrobus 721
Gnaphalium 909
Gnetopsida 705, 706, 710, *712*, 722, 728, 729, 731, 735, 760, *826*
Gnetopsis 725
Gnetum, Gnetaceae, Gnetidae *712*, 729, *730*, 760, 927
Goldalgen 609, 645
Goldblatt s. *Phylloporus*
Goldener Schnitt 176
Goldhafer s. *Trisetum*
Goldlack s.a. *Erysimum* 507, *508*, 793
Goldregen s. *Laburnum*
Golgi-Apparat 26, **86**, 152
Gomontia 633
Gomphidius 590
Gomphonema *612*, 613
Gondwana, -Flora 724, 901, 902, 931
Gonen 479
Gonimokarp 622
Goniostomum 606
Gonium 629, 631, 646
Gonotrophie 648
Gonyaulax 410, 604
Gossypium s.a. Baumwolle *795*, 796
Götterbaum s. *Ailanthus*

Grabwespen (Bestäuber) 747
Gracilaria 625
Gradualismus 519
Graf zu Solms-Laubach, H. 520
Graphis 850
Gramfärbung 122, 534
Gramicidin 359
Gramineae s.a. Poaceae 820, *911*
Grana *112*, 113
Granatapfelbaum s. *Punica*
Granathylakoide *113*
Grannen 821, *822*
Granula 703
Grapefruit s.a. *Citrus* 784
Graphis, Graphidales 574, *596*, *597*, 599
Grasartige *850*, *864*
Grasbäume 931
Gräser s.a. Poaceae 750, 754, 757, 820, 822, 894, *907*, 911, 920, *921*, 923, *925*
–, unecht vivipare 476
Grasfluren 921
–, xerophile *863*
Grasländer *863*, *864*, 894
–, natürliche *893*
–, tropische *928*, 929
Graslilie s. *Anthericum*
Grasnelke s. *Armeria*
Grassteppen 925
Gratiola *523*, 806
Gradünen *920*
Grauerden 880, 926
Grauerlenwald *918*
Gravimorphose 407
Graviperzeption 452, 453
Gravitaxis 441
Gravitropismus 449
–, Auxintransport *454*
Grenzdextrin 296
Grenzfaktoren 844
Grenzplasmolyse 325
Grenzschichtwiderstand 286, 329
Grevillea 931
Griffel 707, *731*, *740*, 741, 742, 745, *751*
–, carollinische *816*
Griffelkanäle 751
Griffzelle 641
Grimmia, Grimmiales 662, *664*, 920
Grinnellia 625
Griseofulvin 369
Größenzunahme (Stammesgeschichte) 519, 827
Großseggengürtel 918
Grossulariaceae 778
Großzeller 232
Gruinales 785
Grünalgen s. Chlorophyta
Grundgewebe 135
Grundorgane 170
Grundplasma 21, 29
Gründüngung 693, 781
Grundwasser *867*, 870, 876, 877, 878, *886*, 894, *920*
Grün-Erle s.a. *Alnus* 772, 882, 922
Grünerlengebüsche 865, *866*, 922
Grünland 894, 922
Gruppierung (der Sippen), Taxonomie 474, 475
–, phänetische *521*
–, kladistische *522*
Guajacum 785
Guanin 45
Gummi 97, 780

Gummiharze 789
Gundelrebe s. *Glechoma*
Gunnera, Gunneraceae, Gunnerales 547, 778, 931
Günsel s.a. *Ajuga* 807, *850*
Günz 907
Gurke s.a. *Cucumis* 757, 793, *896*, 921
Gürtelband *610*
Gürtellamelle 603, 606, *607*
Guttapercha 796
Guttation 331, *332*, 695
Guttationstropfen 682
Guttiferae, Guttiferales 791
Gymnadenia 512, 817
Gymnoblast 9, 36
Gymnocalycium 739
Gymnodinium, Gymnodiniaceae *604*, 605
Gymnogrammaceae 691
gymnokarp 586
Gymnospermae, Gymnospermen 531, *699*, 700, 709, 710, *712*, **712**, 738, 742, 743, 744, 745, 750, 753, 759, 761, 828, *901*, 902
–, Organisationsstufe 711
Gymnospermen-Zeitalter 710
Gymnosporangium *580*, 582
Gynaeceum s. Gynoeceum 740
Gynandrae 815
Gyno-Androgynophore 792
gynodiöcisch, Gynodiöcie 495, 702
Gynoeceen, Gynoeceum (Fruchtblätter, Fruchtknoten) 728, 733, **740**, 741
–, ascidiate *742*
–, asymplikate *742*
–, chorikarpe *742*
–, coenokarpe *740*, *742*
–, hemisymplikate *742*
–, hemisynkarpe *742*
–, plikate *742*
–, sekundär chorikarpe 800
–, symplikate *742*
–, synascidate *742*
–, mittelständige *733*, 734
–, oberständige *733*, 734
–, unterständige *733*, 734
Gynophor 734, 792
Gynostegium 800, *801*
Gynostemium 816, *817*
Gypsophila 881, 917, 921, 924
Gyromitra 570, 571
Gyttja *905*, 918

Haare *142*, 143, 758
Haarflieger 758
Haargras s. *Stipa*
Haberlea 338, 806, 905
Habichtpilz s. *Sarcodon*
Habichtskräuter s.a. *Hieracium* 810, 850
Hackfruchtäcker 875
Hackfruchtgesellschaften 896
Haeckel, E. 522
Haematococcus 482, 627, 628
Hafer s.a. *Avena* 515, 821, *822*, 823, *896*, 921, 924
Hafer-Flugbrand s. *Ustilago*
Haftfäden 623
Haftscheiben 623, 787
Haftwasser 326, *876*
Haftwurzeln *224*, 227
Hagebutte s. *Rosa*
Hagen-Poiseuillesches Gesetz 333
Hahnenfuß s. *Ranunculus*

Hahnenfußgewächse s. Ranunculaceae
Hainbuche s.a. *Carpinus* 772, 893, 912
Hainbuchenwälder, -mischwälder *913*, 922
Hainsimsen s.a. *Luzula* 818, *850*
Hakea 931
Haken *568*, 592
Halbparasitismus 665, 787, 886
Halbschmarotzer 229, 806, 922
Halbsträucher 852, 925
Halbtrockenrasen *858*, 921
Halbwertszeit 899
Halbwüsten *870*, *891*, 906, *914*, 926, 930, Ausschlagtafel
Halicoryne 527
Halicystis 480, *636*, 637, *643*
Halidrys 619, 645
Halimeda 636, 638
Hallimasch s. *Armillaria*
Halobacterium, Halobacteriales 271, 538, 543
–, Phototaxis 440
Halogenwasserstoffe 897
Halophyten 349, 665, 882, 920, 930
Halopteris 233, 614
Haloragaceae, Haloragales 784
Haloserien 919
Halskanalzellen 648, 650, 672, *678*, 689, 698, 705, *716*, 744
Halswandzellen *678*, 705, *707*
Hamamelididae *712*, 750, 751, *762*, **770**, 777, 784, 787, 826
Hamamelis, Hamamelidaceae, Hamamelidales 770, 906
Häminverbindungen 525
Hancornia 800
Hanf s.a. *Cannabis* 775, *896*
–, Neuseeländischer s. *Phormium*
Hängemoose 665
Hangneigung 874, 875
Hangschutt 920
Hapalosiphon 545, 547, 646
hapaxanthe Arten 431
haplobiontisch s.a. Generationswechsel 480, 625
haplocheil 726
haplochlamydeisch 735
Haploidie 497
Haplodiplonten s.a. Diplohaplonten, Kernphasenwechsel 500
Haplolepideae 661, 662
Haplomitrium 650, *654*, 655
Haplonema 233, 238
Haplonten *478*, 479
Haplopappus 497, 843
Haplophase 72, *478*, **478**, 480, 499, *698*, *699*, 709, *731*, 827
Haplosporangium 563
Haplostemonie 736, 776, 791
Hapteren 681
Haptonema *605*
Haptophyta *605*, *826*
Haptotropismus 455
Hardy, G.H. 480
Hardy-Weinberg-Formel 503
Harnstoff 356
Harpella 564
Hartbast 204
Hartfasern 147
Hartheu s. *Hypericum*
Hartholzauen 862, *918*
Hartigsches Netz 378, *379*
Hartlaubfloren 906
Hartlaubgebüsche und -heiden 926, 931
Hartlaubgehölze 863, *864*, 878, *891*, 926
–, mediterrane 878
Hartlaubgewächse 216

Hartlaubwälder 915, 926, 927, 931
–, mediterrane *859*
Hartlaubvegetation Ausschlagtafel
Hartpolsterformationen Ausschlagtafel
Hartriegel s. *Cornus*
Hartschaligkeit 781
Hart-Weizen s.a. *Triticum* 822
Harze 717, 784, 815
–, narkotische 775
Harzgänge 157, 784
Harzkanäle *156*, *199*, *202*
Haschisch s. *Cannabis*
Hasel, Haselstrauch s.a. *Corylus* 702, 772, *911*, *912*
Haselgebüsch *861*
Hasel-Kiefern(zeit) *911*
Haselnüsse *896*
Haselwurz s. *Asarum*
Hauhechel s.a. *Ononis* 782, *838*
Haupt- und Nebenwurzeln s.a. Wurzelsysteme 700, 708, *709*, *811*
Hausschwamm 331, 590, 593
Haustorien 129, 190, 375, 555, 569, *597*, 648, 657, 658, 666, 672, 689, 692, *693*, 744, 752, 753, *804*
Hauswurz s. *Sempervivum*
Hawaii-Inseln 840
Hechtsche Fäden 92
Hedera 430, 789, *790*, 917
Hederich s. *Raphanus*
Hefe 489, *490*, 552, 565, 566, 848, *849*
Hegnauer, R. 520
Heidekraut s.a. *Calluna* 797, 917, 921
Heidelbeere s.a. *Vaccinium* 798, 917, 922
Heiden 891, 921
–, mitteleuropäische 926
–, subantarktische 931, Ausschlagtafel
Heiliges Feuer 574
Heilpflanzen 790
Helianthemum 792, 907, 909, 921
Helianthus, Helenieae, Heliantheae 177, *808*, 810
Helichrysum 809
Helicobasidium 583
Helleborus 735, *735*, 765, 766, 917
Helobiae 753, 812
helobial (Endospermentwicklung) 753, *813*
Helvella 570
Hemerocallis 703, 738
hemiangiokarp 586
Hemicellulose 97
Hemicryptophyta 181, 695, *850*, 852, *853*, 854, *914*
Hemipteren (Bestäuber) 749
hemisymplikat 741
hemisynkarp *742*
Hemmstoffe 396, *396*
Hemmung
–, kompetitive 246, 316
–, korrelative 427
Hemmzone 177, 884
Hepatica 507, *509*, 758, 766, 837, 906, 917
Hepaticae 650
Heracleum 790, 894, 895
Herbarien 523
Herbicide 895, 897, 898
Herbivore 868, 886, 887, *890*
Herbstzeitlose s.a. *Colchicum* 815, 873
Herdentiere, grasfressende 907
Herkogamie 745, 746
hermaphroditisch, Hermaphrodit 500, 702
Herniaria 767, 768
Herpobasidium 583

Herpotrichia 399, 574, 873, *874*
Herrschaftsbereiche (Synökologie) 835
Herzblume s. *Dicentra*
Herzfäule 348
Herz-Glykoside 800, 806, 815, 892
Heterobasidiomycetidae 577
Heterobasidion 589, 593
Heterobathmie 522
heterochlamydeisch, Heterochlamydeae 735, 776
Heterochloridales 606
Heterochromatin 28, 498, *499*
Heteröcie 582
Heterococcales 606
Heterocotylie 810
Heterocysten *231*, 544, 545
Heterofermentation 292
Heteroglykane 95
heterokarp 757
Heterokontophyta 530, **606**, *826*
Heteromorphose 398
heterophasisch s. Generationswechsel
Heterophyllie 214, *216*, 218, 692, *693*, *696*, 789
Heterosiphonales 608
Heterosis 496, 504, 512, 514
heterosperm 757
Heterosporie 663, 668, 673, *674*, 676, 679, 681, 682, 684, 685, 692, 697, 700, 710, 828
heterostyl, Heterostylie *502*, 745
–, dimorphe, trimorphe 745, 783
heterotrich 624
Heterotrophie, Heterotrophe *251*, *289*, 506, 519, 530, 535, 851
–, anaerobe 900
–, primäre 827, 900
–, sekundäre 827
Heteroxanthin *601*, 606
heterozygot, Heterozygotie 486, *488*, 512
–, chromosomenstrukturelle 500
–, Überlegenheit gegenüber Homozygoten 504
Heuschnupfen 750
Hevea 789, *896*
hexaploid, Hexaploidie 498, *515*, 789, *896*
Hexenbesen 393, 422, 566, 583
Hexenei 591
Hexenkraut s. a. *Circaea* 516, 783
Hexokinase 291
Hibiscus 749
Hickory s. *Carya*
Hieracium *502*, 516, 808, 810, *850*
Hierarchie (System, Taxonomie) 182, 473, 475, 481, 528
Hilfszellen 744
Hill-Reaktion 260
Hilum 708, *753*, *754*
Himanthalia 618, *618*
Himantoglossum 920
Himbeeren s. a. *Rubus* 756, 778, *896*
Hindernisblüten *747*, 748
Hippocastanaceae 785
Hippophae 789, *911*, *912*, 920
Hippuris, Hippuridaceae, Hippuridales 806, 837
Hirschtrüffel s. *Elaphomyces*
Hirschzungenfarn s. *Phylitis*
Hirsen, Hirsegräser 821, 823, *896*
Histamin 300
Histidin *31*, 492
Histologie **128**, 523
Histone *34*, 52, 53
Histon-Oktamere 52
Histoplasma 592, 595

Hitze 874
Hitzeresistenz 401
Hitzeschäden 400
Hitzeschock 402
Hitzeschockgenaktivatorprotein 315
Hitzetod 874
Hitzewüsten s. a. Trockenwüsten *864*, 874, 928, **930**
Hochblätter 171, 734, *735*
Hochgebirge s. a. Gebirge 905
Hochintensitätsphänomene 406
Hochmoore 797, 842, *861*, *863*, 881, *919*
Hochstaudenfluren 881, 922, 924
Hochwälder 893
Hochwasser, -stand *894*, *918*
Hofmeister, W. 699
Hoftüpfel *104*, 337
Höhenstufen *865*, *866*, 874, 887, *888*, *914*, 915, 922, 926, 927
–, alpine 839, *865*, 922
–, kolline 839, 922
–, montane 839, *865*, 922
–, nivale *865*, 922
–, planare 839, 922
–, subalpine 839, *865*, 922
–, submontane 922
–, subnivale *865*, 922
–, tropisch-alpine *809*, 931
–, zentraleuropäische *916*
Hohlzahn s. *Galeopsis*
Holarktis 846, 904, 914, **915**, 924
holarktisch s. Florenreiche
Holobasidie 577
Holobasidiomyceten 577
Holocän 907, 910
Holoenzym 249
Hologamie 477
Holokarpie 557, 558
Holoparasiten 190, 229, 375
Holstein *907*, 908
Holunder s. *Sambucus*
Holz 196, **198**, 717, 892, 893
–, Bedarf und Produktion 892, 893
–, cyclopores 200
–, Dicotyledonen 199
–, Gymnospermen **199**
–, ringporiges 200
–, sekundäres 676
–, zerstreutporiges 200
Holz- und Futtererträge (Waldweide) 893
Holzarten Mitteleuropas *833*
Holzfasern 151, *198*, 199
Holzkohle 893
Holzparenchym 199
Holzpflanzen s. a. Bäume, Sträucher 700, 701, 712, 841, 852, 894
–, leptocaule 713, 728
–, pachycaule 726, 728
–, waldbildende 770
Holzporen 151
Holzstrahlen 197, 200, *202*
Holzstrahltracheiden 199
Holzteil 149
Homobasidiomycetidae 577, **584**
Homogamie 745
Homoglykane 95
Homogyne 907
homoiochlamydeisch 735
homoiohydrisch, homoiohydre Pflanzen 230, 337, 695, 875
homolog, Homologie 160, 521
Homonyme 529

Homöostasis 500, 512
Homorrhizie *223*
–, primäre 667
–, sekundäre 732, 810
Homostylie 502
homozygot, Homozygotie 486, *488*, 504
Honig *896*
Honigbienen (Blütenbesucher) s.a. Apiden, Bienen 747
Honigfresser 749
Honigtau 573
Honigvögel *747*, 749
Honkenya (Caryophyllaceae) *853*, 854, 920
Hooker, J.D. 531
Hookeria, Hookeriales 663
Hopfen s. *Humulus*
Hopfenbuche s. *Ostrya*
Hordelymus 862
Hordeum s.a. Gerste 821, *822*, 823
Hormidium 633
Hormocyste 545
Hormogoneae 546
Hormone 814
Hormosiren 439
Hornblatt s. *Ceratophyllum*
Horneophyton 669
Hornklee s. *Lotus*
Hornkraut s. *Cerastium*
Hornmoose 649
Horstpflanzen, Horste 883
Hortensie s. *Hydrangea*
Hosta 752, *753*, 812
Hostienpilz s. *Serratia*
Huernia (Asclepiadaceae) *189*
Huflattich s. *Tussilago*
Huftiere 758, 929
Hügel(land)stufe 874, 922
Hüllblätter, Hülle 789, *808*, 809
Hüllhyphen 563
Hüllschläuche 641, *642*
Hüllspelzen *821*, 822
Hüll-Telome 702, 704
Hülsen 755, 756, *763*, 780
Hülsenfrüchte 759, 892, *896*, 921
Hülsenfrüchtler s.a. Fabales, Leguminosae 376
Humanökologie *868*
humid (Klima) 868, *869*, 870, 872
Humin 340
Huminsäuren 340, 879
Huminstoffe 872
Hummeln (Blütenbesucher) 509, 747, 749
Humoligninsäuren 879, 887
Humulus 755, 757, 775, *776*, 918
Humus 340, *870*, 871, 879, 880, *887*, 889
–, Bildung 920
–, Böden 880
–, Carbonatböden 881
–, -Eisenpodsol *871*
–, Formen 880, 881
–, Horizonte *870*, 871
–, Pflanzen 880
–, Säuren 881
–, Silicatböden 881
–, Stoffschichten 871
Hundsgras, Hundszahngras s. *Cynodon* 821, *930*
Hundskamille s. *Anthemis*
Huperzia 672
hup-Gene 353
Hutpilze 586
Hyacinthus, Hyacinthaceae *814*, 815

Hybriden (Bastarde) *474*, 509, 511, 516, 529, *881*
–, allopolyploide 513
–, apomiktische 516
–, diploide 514
–, erfolgreiche Etablierung 512
–, genetische Labilität 512
–, heterogame 513
–, homoploide 512
–, Lebensunfähigkeit 509
–, Meioseverhalten *510*
–, Merkmalsausprägung, -kohäsion, -korrelation 512
–, Mutationsrate, erhöhte 512
–, neuartige Merkmale 512
–, neue Lebensräume 512
–, Stabilisierung, genetische 512
–, Sterilität 509, 512
Hybrid-Enzyme 512
Hybrid-Inkompatibilität 510
Hybridisierung 481, **511**, 512, 516, 517, 519, 528, 780
–, vegetative 484
Hybridkomplex *513*
hybridogene Introgression 517
Hybridschwärme, -zonen 512, 517
Hydathoden 141, **331**, 682, 695
Hydnophytum 801
Hydnoraceae 787
Hydnum *587*, 589
Hydrangea, Hydrangeaceae 734, 797
Hydratation 321
Hydrathülle 76
hydraulic lift 327
Hydrenchym 136
Hydrilla (Hydrocharitaceae) *743*
Hydrobiologie 831
Hydrocharis, Hydrocharitaceae, Hydrocharitales 477, *743*, 812, *813*, 918
Hydrochinon 367
Hydrochorie 708, 756, 758, 759
Hydrocotyle 790
Hydrodictyon *630*, 631, 635
Hydrogamie 707, 750
Hydrogenase 283
Hydroide 650, 658
hydrolabile Arten 337
Hydromorphosen 408
Hydrophilie 76, 707, 750
Hydrophobie 76
Hydrophyllaceae 804
Hydrophyta 696
Hydroponik 338
Hydropterides 692
Hydroserien 918
Hydrosphäre *831*, 832, *879*
hydrostabile Arten 337
Hydrotaxis 441
Hydrotropismus 455
Hydroxamsäure 296
Hydroxy-acetosyringon 433
Hydroxyacyl-Dehydrogenase 298
Hydrurus 609
Hyenia 684
Hygrochasie 768
Hygrophyten 665, 695
hygroskopische
–, Bewegungen 99
–, Kräfte 755
Hylocomium 663, *664*, 917
Hymenium 570, 572, *583*, 585, 587, *588*, 590
Hymenochaete, Hymenochaetales 589, **589**, 590, 593

Hymenomonas 605
Hymenomyceten 586, 588
Hymenophore 584, 586
Hymenophyllum, Hymenophyllaceae, Hymenophyllales 687, 691
Hymenopteren (Blütenbesucher) 509, 524, 748, 749
Hyoscyamin *804*
Hyoscyamus 410, *738*, 748, *803*, 804
Hypanthium, Hypanthien 734, 782
Hypercyclus *4*, 827
Hypericum, Hypericaceae *737*, 755, *791*, 885
Hypertonie 324
Hypertrophierung 897
Hyphaene 823
Hyphen 552, 617
–, ascogene 567, *568*, 625
–, generative 587
–, Paarkern- 568
Hyphenmycel 552
Hyphochytridiomycetes 557
Hyphoderma 577, 586
Hypholoma 588
Hyphomycetes, Hyphomycetales 592, 596
Hypnosporangien 561
Hypnozygote 560, 563, 635, 638, 640
Hypnum, Hypnales 663, *850*, 920
Hypocone 605
Hypocotyl 170, *709*, 729, *752*, 753, 759, *811*
Hypocotylknollen 187, 791, 796
Hypoderm 214
Hypodermis 145
hypogäisch s. Keimung, Lebensweise
hypogyn, Hypogynie 776
Hypolimnion *872*, 874
Hyponeuston 645
Hypophyse 751, *752*
Hypothallus 551
Hypotheca 610
Hypotonie 324
Hyssopus 807
Hysterothecien 599
Hystrichosphaeren 605

Iberis 734, 758, 793
Ichthyochorie 757, 758
Igelkolben 819
Ilex 786, 797, 844, *845*, 855, 874, 917
Illecebraceae 767
Illicium, Illiciaceae 765, 906
Illuvialhorizont 871
Immergrün s. *Vinca*
Immergrüne 346, 507
Immunfluorescenz 18
Immunisierung 543
Immunstoffe 738
Impala *930*
Impatiens 466, 736, 756, 759, 786, 876, 878
in situ-Hybridisierung von DNA 525
inaperturat 704
Indian-Summer 430
Indikatorpflanzen 320, 882
Individuum *528*, 848
Indolacrylsäure 385
Indol-Alkaloide 800, *801*, 885
Indolauxine 384, *385*
Indolylbuttersäure 397
Indolylessigsäure (IAA) 384, *386*, 387
induced fit 248
Induktion 421

Induktor 313
Indusium 671, 688, *689*, 691, 692, *694*
Industrialisierung *879*, 897
Infektionsschlauch 376
Inflorescenzen **183**, *184*, 702, **734**
Infranodalkanal 682
Ingwer 818, 930
Initialengruppe 697
Initialenkomplex 132
Initialzellen 130
Inkohlung 899
Inkompatibilität *501*, 509
–, bipolare 502, 585
–, gametophytische 745
–, genetische 706
–, heterogenische 553
–, homogenische 501, *553*, *586*
–, multipolare 502
–, sporophytische 745
–, tetrapolare 502, 585
Inkompatibilitätsproteine 738
Inlandeis 907
Innencuticula 138
Innenkelche 517
Innenperiderm 205
Innenrinde *724*
Innenxylem *152*, 679
Innenzelle 650
innere Uhr 408
Insectivorie, Insectivore s.a. tierfangende Pflanzen 219, 806
Insekten 567, 740, 746, 747, 750, 772, 823, 885, 901, 902, **904**, 929
–, Anlockung 706, 747
–, Bestäuber 706, 746
–, Eiablage 706
–, pflanzenfressende 701
–, phytophage 886
–, Verköstigung 706, 746
Insektenblumen, -blütler 746, 749
Insekticide 895, 897, 898
Inselfloren 746, 840, 887
Inseln (Besiedlung) 841
Insertionssegmente (IS) 496
Insertionssequenzen 58
Insulin 491
Integration 831
–, morphologische 831
–, ökologische 831
–, taxonomische 831
–, verwandtschaftlich-stammesgeschichtliche 831
Integument 699, 700, *702*, 704, 707, 708, *716*, 717, 722, 723, *743*, 754
–, äußeres (zweites) *704*, *725*, *730*, *751*
–, bitegmisch 742
–, inneres (erstes) *704*, *725*, *730*, *751*
–, unitegmisch 742
Intensivweiden *860*, 893
Intercalarmeristeme 172
Intercostalfelder 209
Interferenzen (Ökologie) **883**, 890, *930*
Interglaziale 907, 910
Interkinese 71
Internodialzellen *235*, 434
Internodien **171**, 641, 679
Interphase 63
Interpositions-Wachstum 148
Interseminalschuppen *728*
Interzellularsystem 135, *136*, 304, 651
Intine *703*, *705*, 738

Intracytose 27
Intrameation 342
Introgression, hybridogene *512*, 513
Intron 58, 307
intrors 737
Inula, Inuleae 809
Inulin 807
Inversionen 496, *511*
Inzucht s. a. Autogamie 499, 502, 503, 706, 745, 746
Ionenfalle 83
Ionenkanäle 343
Ionenpumpen 463
Ionenantagonismus 346
Ionophor 82, 359
Ipomoea (Batate) 804, *896*, 931
Iridaceae 815, *816*
Iridoide 778, 791, 798, 802
–, carbocyclische 796, 797, 805
Iris 706, 734, 746, 748, 755, 758, 815, *816*, 920, 926
Irländisches Moos 625
Irreversibilität (Evolution) 519
Isatis 792
Isidien 476, 598
island-hopping 841
Isländisches Moos 598, 599
Isoachlya 555
Isochinolin-Alkaloide 525, 766
Isocitrat-Lyase 299
isoelektrischer Punkt (pI) 33
Iso(en)zyme, Iso(en)zymmuster 247, *384*, 525
Isoetes, Isoetaceae, Isoetales 677, *678*, 697, 919
Isogametangiogamie 563
Isogameten, Isogametie 477
Isogamie 477, 553, 558, 628
Isolation, Isolierung 474, 481, 517, 519
–, blütenbiologische 509
–, gametische 509, 510
–, genetische 507
–, räumliche *505*, 507, 509, 517
–, reproduktive 507, 509
–, zeitliche 509
Isolationsfaktoren 509
Isolationsmechanismen
Isopentenylpyrophosphat 363
Isoplexis 926
Isoprenoide
–, Biosynthese 363
Isosporie 668, 682, 697, 710, 828
isosterische Effekte 316
Isothermen *845*, 874
Isotopen-Diskriminierung 280
Isovaleriansäure 799
Iwanoff-Effekt 464

Jacob-Monod-Modell *314*
Jahresniederschläge *869*, *870*, *876*, *888*
Jahresringe 199, 200, 617, 676, 901
Jahrestemperaturen *864*, *869*, *870*, 874, *888*, 907
Jahreszeiten 868
Jahreszeitenklima 868, *869*, *916*
Jahreszeitenwechsel 869
Jahreszeitliche Entwicklung s. Phänologie
Jasione 807
Jasmin, Echter 800
–, Falscher s. *Philadelphus* 797
Jasminum 800
Jasmonsäure 397, *397*
Jatropha 787, 788
Jochalgen 475, 638

Jod 339
Jodgewinnung 619
Jod-Stärke-Reaktion *117*
Johannisbeeren s. a. *Ribes* 896
Johannisbrotbaum s. a. *Ceratonia* 780, 926, 927
Johanniskraut s. *Hypericum*
Johannsen, W.L. 480
Jojoba s. *Simmondsia*
Judasbaum s. *Cercis*
Judasohr 583
Judenkirsche s. *Physalis*
Jugendphase 847, 848
Juglans, Juglandaceae, Juglandales 757, 758, 759, 774, 775, 903, 904
jumping genes 496
Juncaginaceae 812
Junciflorae 818
Juncus, Juncaceae, Juncales 740, 750, 754, 758, 818, *820*, 856, *857*, 878
Jungermaniales *654*, 655
Jungermaniidae 654
Jungfernzeugung s. a. Parthenogenese 502
Junglandaceae 904
Jungpaläolithikum *911*
Jungsteinzeit *911*, 913
Jungtertiär 905
Juniperus 721, 885, *905*, 915, 921, 923, 924, 926
Jura *901*, 902
Jute s. a. *Corchorus* 896, 794
Juvabion 363

K$_i$-Wert 249
Kaempfera 819
Käfer (Blütenbesucher) 749, 751, 761, 772, 790, 885
Käferblumen 749
Kaffee s. a. *Coffea* 801, 892, *896*, 930
Kahlschläge *858*, 893
Kakao 758, *896*, 931
Kakipflaume s. *Diospyros*
Kakteen s. a. Cactaceae 188, 189, 504, *739*, 769
Kalanchoe 778
Kali 881
Kalium 347, *881*
–, Gelenkbewegungen *465*
–, in Schließzellen 463
Kalk 844, 881, *881*, 923
Kalkbuchenwälder *858*, *862*, *880*, 881
Kalkchlorose 348
Kalkfelssteppen 881
Kalkgehalt (Böden) 870, **881**
Kalkknollen *645*
kalkmeidend (calcifug) 881
Kalkpflanzen 349, 844, 845, 881
Kalktuffe 547, 608, 641, 663, 665, 879
Kalmenzone *869*, *870*
Kalmus s. *Calamus*
Kälte 874
Kältepol der Erde 124
Kälteresistenz *507*
Kältesteppen *908*, 911
Kältetod 874
Kältewüsten *864*, 874, 923, Ausschlagtafel
Kaltzeiten s. a. Eiszeiten 907, *910*
Kamelie s. *Camellia*
Kamille
–, Echte s. *Matricaria*
–, Römische s. *Chamaemelum*
Kampfer, Kampferbaum s. a. *Cinnamomum* 763
Kampfwaldstufe 922

Kanalisierung (Evolution) 519
Kanamycin 433
Kandelabersträucher 843
Kandelia 782
Kaninchen 885
Kannenblatt s. *Nepenthes*
Kannenfalle *212*
Kapazitätsgrenze (Populationswachstum) 848, *849*
Kapern s. *Capparis*
Kaperngewächse s.a. Cappar(id)aceae 519
Kapland, kapländisch 797; s.a. Florenreiche
Kapok 796
Kappenbildung 635, *635*
Kapseln, Kapselfrüchte (Angiospermae) *803*
–, dorsicide *755*
–, hygrochastische 758
–, saftige 756
–, septicide *755*, *802*
–, trockene 756
Kapseln (Bakterien) 492
Kapseln (Bryophyta) 653, 660
–, Stiele 653, 654
Kapuzinerkresse s. *Tropaeolum*
Karde, Kardengewächse s.a. *Dipsacus*, Dipsacaceae *517*, 799
Karfiol s.a. *Brassica* 505, 896
Karotten 513, *896*, 921; s.a. *Daucus*
karpetisch s. Florengebiete
Karpelle *740*, 741, 742, 754, 755, 756, 760, 761
Karpidien 754, 756
Karpogon 621, *623*, 624, *624*, 625
Karpogonien 600
Karpophor 757, 789, *790*
Karposporangien *624*
Karpospore 623, 625
Karposporophyt 479, 480, 621, *622*, 623, *624*, 625
Karstweide *859*
Kartierung der Flora Mitteleuropas *837*
Kartoffeln 145, 173, 477, 516, *896*, 921, 924, 930; s.a. *Solanum*
–, allotetraploide 804
Kartoffelbovist s. *Scleroclerma*
Kartoffelkrebs 558
Kartoffelmehltau 556
Karyogamie 477, *478*, 500, 563, 707
Karyogramm *497*, *508*, *516*
Karyokinese 61
Karyologie 524
Karyoplasma 43
Karyopse 757, 821
Karyotyp 54
Kaskaden-Aktivierung *383*
Kastanie, Echte K., Edel-K. s.a. *Castanea* 896, 922
Kastanienböden *870*
Katablepharis *602*, 603
katabolische Reaktionen 301
Katabolit-Aktivator Protein (CAP) *35*
Katalase 89, 299
Katalyse 245
Katapultkapseln 756, 759
Katapultmechanismen 517, 758
Kategorien, taxonomische 528, *529*
Kätzchen *773*, 794
Kätzchenblütler s.a. Amentifera, Hamamelididae 770
Katzenpfötchen s. *Antennaria*
Kautschuk 774, 789, 800, 810, 892, *896*
–, -Gewinnung 396
–, Partikel *372*
–, Pflanzen 931
Keilblattgewächse s.a. Sphenophyllaceae 679

Keimbahnen 473, *474*
Keimbahnzusammenhänge 519, 528
Keimblätter 170, 700, 708, 709, 752, 754, *757*, 759, 810, *811*
Keimblattscheiden 821
Keime 473, **475**, 479, 503
Keimfähigkeit 431
–, nach Feuer 883
Keimfalten (Pollen) 704, 739
Keimhyphe *577*
Keiminduktion *405*
Keimkörper **475**, 479
Keimlinge *171*, 700, 704, *709*, 731, *753*, *793*, *811*, 884
–, unipolare 667
–, bipolare 700
Keimlingsinfektion 579
Keimlingssterblichkeit 848
Keimsporangium 555, 563
Keimstellen (Sporen, Pollen) 703, 707, *739*
Keimung *753*, 848
–, epigäische 214, *215*, 759
–, hypogäische 214, *215*, 759
Keimungstemperaturen 875
Keimzahlen (Böden) *880*
Keimzellen **475**, 479
Kelch 735, 755, 776, 777
Kelchblätter s.a. Sepalen *161*, *731*, *733*, 735
Kellerschwamm s. *Coniophora*
Kelp 619
Kennarten 862
Kermesbeere s. *Phytolacca*
Kermes-Eiche s.a. *Quercus* 772, *859*, 926, *927*
Kernenergie 892
Kerner v. Marilaun, A. 481, 520
Kernholz 203
Kernholztoxine 593
Kernhülle 26
Kernmatrix 60
Kernobstgewächse 756, 779
Kernphasenwechsel *478*, **478**, 479, 500, 503, *731*
Kernporen *60*
Kern-Plasmarelation 43, 232
Kernteilung, konjugierte *61*, *62*, 585
Kernteilungsspindel 64, *65*
Kernverschmelzung s. Karyogamie
Kernwaffenversuche 898
Kerzenschopfbäume 931
Kesselfallen, Kesselfallenblumen 734, 748
Kettenkonformation 33
Keulen-Bärlapp s. *Lycopodium*
Kichererbsen s.a. *Cicer* 782, *896*
Kidston, R. 520
Kiefern s.a. Föhren, *Pinus* 702, 718, 841, 880, 893, 908, 912, *916*
Kiefern-Eichenwälder 912
Kiefernwälder *861*, 881, 912, *913*, 917, 920, 922
Kies *918*
Kieselgur 613
Kieselkurzzellen 821
Kieselpflanzen 349, 844, 881
Kieselplättchen 609
Kieselsäure
–, Böden 879
–, Zellwand 620
Kieselsäureschalen 610
Kieselschüppchen 609
Kieselskelett 609
Kinetin 392
Kinetochor 55
Kirchneriella 630, 631

Kirschen s.a. *Prunus* 756, *896*, 921
kladistisch, Kladistik *522*, 527
Kladogenese 518, 520, 527
Klaffmoos s. *Andreaea*
Klammerhyphen 597
Klappertopf s. *Rhinanthus*
Klappfallen 219, *220*
klappig s. Knospendeckung
Klasse (classis) 529
Klassifikation 522, 527
Klausen, Klausenfrüchte 757, 758, 802, 804, *805*, 807
Klebäste 596
Klebfallen 219
Klebknöpfe 596
Klebkörper *817*
Kleb-Labkraut s.a. *Galium* 837
Klebsiella 539
Klebsormidium 632
Klee s. *Trifolium*
Kleiber 772
Kleinia *189*, 810
Kleinklima 875
Kleistogamie 746
Kleistokarpie 662
Kleistothecium *569*, *570*
Klemmfallenblumen 749
Klemmkörper 800, *801*
Kletten s.a. *Arctium* 757, *808*, 809
Kletteinrichtungen 758
Klettenhaare 143
Klettfrüchte 758
Klima 843, *867*, *868*, *870*, 871
Klimadiagramme 868, *869*, *916*
Klimageschichte *911*
Klimakterium 396, 431
Klimalinien und Areale 843, *849*
Klimax 857, *858*, *864*, 871, 886, 890
–, Böden 872
–, Formationen 863, 865
–, Formationstypen *914*, 932
–, Gesellschaften 857, 865, *866*
–, Vegetation 857
–, Wälder 835
Klimazonen 869
Klinostat 450
Klone 61, 476, *482*, 499
Knabenkraut s. *Orchis*
Knallgasbakterien 289, 540
Knallgasreaktion 289
Knautia 517, *518*, 758, 799, 917
Knoblauch s.a. *Allium* 347, 477, 815
Knöllchenbakterien **376**
Knollen 173, *173*, 814, 815, 817
Knollenblätterpilz s. *Amanita*
–, Grüner 587, 590
–, Kegelhütiger 590
Knollenepiphyten *219*, 801
Knopsche Nährlösung 339
Knospen 901
Knospendeckung, -lage 736
Knospenruhe 402
Knospenschuppen 171, *215*, 700
Knoten 171, 641, 821
Knotenblume s. *Leucojum*
Knotentang s. *Ascophyllum*
Kobu 619
Kochia (Chenopodiaceae) *911*
Koeleria (Poaceae) *920*, 925
Koexistenz 885

Kohäsion 681, 688
–, der Elternmerkmale bei Hybriden 512
Kohäsionsmechanismus 702, 737
Kohäsionstheorie 336
Kohl s.a. *Brassica* 512, 793, *896*, 899, 921
–, Kultursorten 504, *505*
Kohle 892, *902*
–, Bildung 681, 891
–, Lager *879*
Kohlendioxid, s.a. CO_2
–, Flüsse *869*
–, Konzentration 285
Kohlenhydrate s.a. Glycane 757
–, Stoffwechsel 349
Kohlenmonoxid 897
Kohlenstoff *879*, 899
Kohlenstoff/Stickstoffverhältnis *880*
Kohlhérnie 551, *551*
Kohlrabi s.a. *Brassica* 187, 505
Kohlrübe s.a. *Brassica* 793
Kok-Effekt 304
Kokosnuß s.a. *Cocos* 896
Kokospalme s. *Cocos*
Kolben *184*, 823, 824
Kolbenhirse s. *Setaria*
Kolibris 509, 524, 747, 749
Kolk *919*
kollin s. Höhenstufen
Koloquinte s. *Citrullus*
Kommensalismus, Kommensalen 375, 884
Kompartiment 25
Kompartimentierungsregel 83
Kompaßpflanzen 444, 810
Kompensation, ökologische 844
Kompensationspunkt 873
–, CO_2- 280
Kompensationstiefe 285, *286*
Komplementärsymmetrie 168
Komplementierungsversuche, genetische 493
Komplexheterozygotie 513
Kompostbereitung 374
Königsfarn s. *Osmunda*
Königskerzen s. *Verbascum*
Konjugation **490**, *491*, 493, 499, 535
–, parasexuelle 535
Konkurrenz *504*, 509, 835, 844, 848, *849*, *858*, 859, *884*
Konnektiv 737, *738*
Konstitution, ökophysiologische 835, 843
Konsumenten 251, *868*, 886, 887, *889*, 890, 900, 901
Kontaktparenchym 200, *202*
Kontinentaldrift *902*
kontinental, Kontinentalität, Kontinentalisierung *840*, *869*, 874, 905
Kontinentalschollen 903
Konvergenz 162, *189*, 503, 517, *520*, 521, 528, 573, 620
Kooperation
–, genetische *489*, 495, 500
–, ökologische 848, *849*, 884
Kopalharze 718
Köpfchen *184*, 734, *808*, 809
Köpfchenhaare 157
Köpfchenschimmel s. *Mucor*
Köpfchenzelle 641
Kopfsalat s. *Lactuca*
Kopfweiden s.a. *Salix* 793
Koppelung
–, energetische 242, 244
–, genetische *485*, 486, 489, 500, 502, 510
Koppelungsfaktoren 268, 295

Kopra s.a. *Cocos* 823, *896*
Kopulation s.a. Syngamie 478, 493, 638, *640*
Korallen 376
Korallenriffe 644
Korallenwurz s. *Corallorhiza*
Korbblütler s.a. Asteraceae, Compositae 809
Korbflechterei 793
Koriander s. *Coriandrum*
Kork **137**, *144*, **144**, 204
Korkcambium 130, 144
Kork-Eichen s.a. *Quercus* 772, 926
Korkgewebe *145*, 326
Korkleisten *205*
Korkporen 144, *145*
Kornblume s.a. *Centaurea* 809
Körnchenflieger 758
Kornelkirsche s. *Cornus*
Kornrade s. *Agrostemma*
Korrelationen 6, 426
–, Merkmalsk. bei Hybriden 512, *513*
–, synökologische *860*
korrelative Förderung 426
Korrosionsfäule 593
kosmopolitisch, Kosmopoliten 836
Krakatau (Besiedlung) 841
Kranztyp s. C$_4$-Pflanzen
Krapprot s.a. *Rubia* 802
Krascheninnikovia 911
Kräuselkrankheit 566
Kraut s.a. *Brassica* 896
Kräuterflur *858*
Krautfäule der Kartoffel 556
Krautpflanzen, Kräuter 181, 852
Krautschicht *853*, 873
Krebs der Obstbäume 573
Krebs-Martius-Cyclus 294
Krebsschere s. *Stratiotes*
Kreide *901*, 902, 927
Kren s. *Armoracia*
Kreuzblütler s.a. Brassicaceae, Cruciferae 519, 792
Kreuzdorn s. *Rhamnus*
Kreuzungen, Kreuzungsexperimente, Kreuzungsversuche **484**, *510*, 511, *513*
–, multifaktorielle 488
–, reziproke 486
–, Viren, Bakteriophagen 492
Kreuzungsaffinität 520
Kreuzungsbarrieren 474, **509**, 510, 512, 515, *517*
–, Artbildung 511
–, kryptische 517
–, selektive Steuerung 511
Kreuzungsinkompatibilität 501
Kreuzungsperithecien 573
Kreuzungspolygon *510*
Kreuzungssterilität 510
Kribbelkrankheit 574
Kriechweiden s.a. *Salix* 793, 923
Kristallnadeln *91*, 885
kritische Tageslänge 410
Kronblätter s.a. Petalen *731*, *733*, *735*
Krönchen 641, *642*
Krone s.a. Corolle 733, 735, 776, 777
Kronenrost s. *Puccinia*
Krümelstruktur (Böden) 340, 872
Krummholz s.a. *Pinus* 865, *912*, *916*, 922
Krumm-Segge s.a. *Carex* 923
Krümmungstest *388*
Krustenflechten 596, 599, *850*, 920
Krustenflechtenüberzüge 863

Kryoplankton 645, 922
Kryoskopie 323
Küchenschellen s.a. *Pulsatilla* 512, 766
Kuehneromyces 590, 592
Kugeldistel s. *Echinops*
Kugelpolsterpflanzen 882
KugelpoIstersteppen 927
Kugelpolsterwuchs *181*, 781
Kugelschneller s. *Sphaerobolus*
Kuhblumen s. *Taraxacum*
Kulturchampignon s. *Agaricus* 591
Kulturgetreide s.a. Getreide 822
Kulturgrünland 895, 921
–, Bewirtschaftungsformen *895*
Kultur-Hafer s.a. *Arena* 897
Kulturland *891*, *893*, 895, 921, 926, 930
Kulturlandschaft 864, *893*, *894*
–, Energiehaushalt 892
–, geschichtliche Entwicklung *893*, *894*
–, Mitteleuropa 921
–, Tropen 930
Kulturmaßnahmen 893, 895, 913
Kulturpflanzen 511, 758
–, mitteleuropäische 921
–, polyploide 515
–, (sub)tropische 930
Kulturpflanzenbau 888
Kultur-Weizen s.a. *Triticum* 897
Kümmel s. *Carum*
Kupfer 348, 882
Kürbisse s.a. *Cucurbita* 757, 793, *896*, 931
Kurzsprosse, Kurztriebe 172, *172*, 700, 701, 715, 718, *719*
Kurzstreckentransport 369
Kurztagspflanzen 410
Küsten, Küstendünen *852*, *853*, *882*, 919
Kybernetik s.a. Regelkreise, Rückkoppelungen 305

L-Canalin 356
Labellum 816, *817*, 818
Labiatae s. Lamiaceae
Labkraut s. *Galium*
Laboulbeniales 567
Laboulbeniomycetidae **567**
Laburnum 755, 780, 782
Labyrinthulomycetes 551
Lackmus-Farbstoff 598
lac-Operon 313
Lactarius 590, 850
Lactat-Dehydrogenase 292
Lactobacillus, Lactobacillaceae 533, 541, 542
Lactose 492
Lactuca 404, *808*, 810
Laelia 818
Laetisarinsäure 397
Lagenaria 794
Lagenidiales 554, 557
Lagenisma 557
Lagenostoma 723, *725*
Laichkräuter s. *Potamogeton*
Laichkrautgürtel 918
Lamarck, J. B., Lamarckismus 481
Lambertsnuß s. *Corylus*
Lamellentrama 590
Lamiastrum 881, 917
Lamiidae *712*, 736, 762, 777, **798**, 826
Lamina 207
Laminaria, Laminariales 478, 480, *616*, *617*, 618, 619, *620*, 644, *645*
Laminarin 606

Lamine 60
Lamium, Laminaceae, Lamiales 495, 734, 746, 757, 758, 802, *805*, 807, 885, 926
Lamproderma 551
Lampropedia 544
Landbau, biologischer 898
Landkartenflechte s. *Rhizocarpon*
Landnutzungstypen 865
Landökosysteme 892, 900
Landolphia 800
Landpflanzen 530, 827, 900
–, ursprüngliche 668
Landschaftsgestaltung 864, *894*
Landvegetation, Aufbau 697
Landwirtschaft 892, 894, 895
Langermannia 475, 591
Langkurztagspflanzen 410
Langsprosse, Langtriebe *172*, 700, 718, *719*
Langstreckentransport 370
Langtagspflanzen 410
Langzungen-Flughunde und -Vampire (Blütenbesucher) 749
Lärchen s. a. *Larix* 172, 507, 884, *916*, 922, 923
Lärchenkrebs 572
Lärchenwälder *857*
Lärchen-Zirbenvorposten 922
Laricoideae 718
Larix 172, 718, 719, **720**, 875, 898, 915, 924
Laser 790
Latenzgrenzen 874
Latenzzeit 436
Lateralgravitropismus 454, *465*
Lateralorgane 712, 722
Lathraea 806
Lathyrus 781, *853*, 873, 912, 920
Latosole 879
Latsche s. Legföhre, *Pinus*
Latschengebüsche s. a. Krummholz *866*
Laubbäume s. Laubhölzer
Laubblätter *164*, 171, 207, *208*, 726
Laubfall *870*, 886
Laubflechten 596, 920
Laubhölzer *864*, 873, 898, 915
Laubmischwälder *840, 852, 860*, 865, *870*, 873, *876*, 881, *894, 908*, 909
Laubmischwaldfloren
–, sommergrüne (Tertiär) 904
Laubmoose 237, **655**, 901
–, Sporogon *658*
–, Sporophyt *657*
Laubstreu *850, 870, 871*, 879, 880, 887
Laubwälder s. a. Laubmischwälder 759, *871*, 879, 881, *914*, 922
–, mitteleuropäische 917
–, Ökosystem *869*
–, sommergrüne 832, *864, 878, 891, 914*, 915, Ausschlagtafel
–, submediterrane 878
Laubwaldgürtel 915
–, Holarktis *509*, 916
Lauch s. *Allium*
Lauchöle 815
Laurus, Lauraceae, Laurales 737, 762, *763*, 839, 905, 906, 926, 927
Läusekraut s. *Pedicularis*
Läuse (Blütenbesucher) 796
Lavandula, Lavendel 807, 926
Lavinar-Rasen 865
Lawinen 857, 882, 922
Layia 481, 506, *510*, 514, 515
leaf movement factor *459*

Lebachia 717
Leben
–, Entstehung 3, 826
–, Formen *180*, 506, *518*, 731, 759, 851, 852, *853, 854, 864, 914*
–, latentes 2, 230
–, Merkmale 2, 4
–, Ursprung 3, 826
lebende Steine 768
Lebensbaum 721
Lebensgemeinschaften *831*, 832
–, terrestrische 900
Lebenskreislaufschemata s. a. Entwicklungsschemata, Lebenszyklen, Generationswechsel *699, 731*
Lebensmittel 892, 895
Lebensräume 759, 828
–, arktisch-alpine 750
–, meridionale 926
–, submeridionale 926
Lebensweise 571
Leberblümchen s. a. *Hepatica* 507, *509*, 766
Lebermoose 236, **650**, 654, 655, 901
Lecanora, Lecanorales 320, 572, 598, 599
Leccinum 594
Lecidea 599
Lecithin *78*
Lectine 301, 376
Lederberg, J. 480
Ledertange *645*
Ledum 797, 842, *860*, 924
Leg-Föhren s. a. *Pinus* 844, 882, 922
Legföhrengebüsche s. a. Krummholz *866*, 922
Leghämoglobin 347, 352
Leguminosae 754, 756, **780**, 881, 885
Lehm 872
Lein s. a. *Linum* 754, 785
–, Samen *896*
Leinkraut s. *Linaria*
Leinrost s. *Linaria* 583
Leitbast 204
Leitbündel *152*, 647, 667, 671, 679, *687*, 697, 827
–, bicollaterale 152, 732, 782
–, collaterale 152, *153*, 700, 732
–, geschlossene 152, 700
–, konzentrische 152, 667
–, offene 152, 700
–, radiale 700
–, triarche *225*, 679
–, Typen *152*
Leitbündelscheide 671
Leitbündelversorgung s. a. Nervatur 209, *210*, 700
Leitenzyme *82*
Leiterkopulation 639
Leitertracheen *198*
Leitfossilien 899
Leitgewebe 149
Leitsplint 203
Leitstränge 647
Lejeuneaceae 655
Lemanea 622, 625, 646
Lembotropis 912
Lemminge 909, 923
Lemna, Lemnaceae *825, 884*, 918
Lens 782
Lentibulariaceae 806
Lenticellen 144, *145, 207*, 331
Lentinus 590, 591
Leocarpus 550, 551
Leontodon 757, 810

Leontopodium 809, 843, 907, 909, 921
Leopard *930*
Leotiales 571, *572*
Lepidium 752, 793, 926
Lepidocarpon 676, 708
Lepidodendron, Lepidodendraceae, Lepidodendrales 676, 677, 695, *901*
Lepidophyten 676
Lepidopteren (Blütenbesucher) 749
Lepidospermae 676, 678
Lepidostrobus 676
Lepidozamia 726
Lepista 590, 850
leptocaul 713, 728
Leptoiden 658
Leptom 149
Leptomitus, Leptomitales 555, 557, 646
Leptonema 614
Leptosporangiatae *687*, 902
Leptotän *69*
Leptothrix 540
Lerchensporn s. *Corydalis*
Lessonia 614, *616*, 644
Letalfaktoren 489, 513
Letharia 599
Leuchtbakterien 304, 539
Leuchtmoos s. *Schistostega*
Leucobryum 659, 662, 663, *850*
Leucodelphinidin 777
Leucojum 815
Leuconostoc 541
Leucosin 299
Leucothrix 544
Leukoplasten 28, 113
Levisticum 790
Levkoje s. *Matthiola*
Lianen 190, 695, 724, 800, 806, 814, 815, 824, 873
Libellen (Carbon-Insekten) 901
Libriformfasern 151, *198*
Liceales 551
Lichenes 522, *596*, **596**
Lichinineae 599
Licht **403**, *849*, *867*, *869*, 872
–, Absorption 257
–, Aktivierung 406
–, Amplitude 873
–, Ausnutzung 506, 701, 888
–, Falle 440
–, Filtersystem 888
–, Genuß 873
–, Intensität 285, *285*, 873
–, Kompensationspunkt 284
–, Konkurrenz (»Kampf ums Licht«) 519, 884
–, Perzeption 446
–, Sättigung 284, 873
–, Wachstumsreaktion 446
Lichtholzarten 873, 917
Lichtkeimer, Lichtkeimung 390, 404
Lichtnelke s. a. *Silene* 483, 512
Lichtpflanzen 873
Lichtreaktion I 260
Lichtreaktion II 261
Licmophora 610, 613
Liebstöckel s. *Levisticum*
Lieschgras s. *Phleum*
Ligasen 491, 495
light harvesting complex 265
light responsive element (LRE) 406
Lignin 103, 365, *366*, 648, 667, 671

ligninähnliche Stoffe 648, 659
Ligula 674, 676, *678*, 821
Liguliflorae 810
Ligustrum, Ligustrales 758, 799, 800
Liliacidites 903
Liliidae *712*, 811, **813**, 823, 826
Liliopsida s. a. Monocotyledoneae 810
Lilium, Liliaceae, Liliales 476, 737, *738*, *743*, 751, 754, *814*, 815, *816*, 818, 882, 885, 926
Limitdivergenz 176
Limnologie 831
Limonium 770, 920
Linaceae 785, *785*
Linaria 746, 747, *806*, 882, 922
Linden s. a. *Tilia 911*, 912, 917
Lindenwälder *840*
Linnaea 799, 924
Linné (Linnaeus), C. v. 481, 520, 529, 531
Linsen s. a. *Lens* 782, *896*
Linum 740, 785, 912, 920, 925
Lipase 297
Lipid-Doppelfilm, lipid bilayer 78
Lipide
–, Bestäubung 747
–, Stoffwechsel 361
Lipid-Filter-Theorie 83, 342
Lipolysaccharide 124
Lippenblumen 749, 815, *816*
Lippenblütler s. a. Lamiaceae 807
Liquidambar 770, 904, *905*, 906, *907*
Liriodendron 763, 852, 904
Lithophyllum 625
Lithops 768, 930
Lithosphäre *831*, 832, 870, 871, 879, *879*
Lithothamnion 625
Lithotrophie 535
Llanos 929
Lloydia (Liliaceae s. str.) 909
Lobaria 599
Lobelia, Lobeliaceae 808, 809, 917, 931
Lochfraß 870
Lockergehölze 891
–, tropische 929
Lockmittel, Lockstoffe 438, 746, 750, 757, 758
loculicid s. Fruchtöffnung
Locus s. a. Gen 484, 486
Lodiculae *821*
Lodoicea (Arecaceae) 754
Loganiaceae 521, 800, *801*, 927
Lohblüte 551
Loiseleuria 884, 908, 909, 923
Lokalklima 869
Lokalrassen *508*
Lolium, Lolch 821, *860*, 884, 895
Lonicera 749, 799, 917
Lophocolea 655
Lophodermium 572
Lophozia 654, 655
Loranthus, Loranthaceae 526, 742, 787, *905*
Lorbeer s. *Laurus*
Lorbeerwälder *914*, 926, 927, Ausschlagtafel
Lorbeerwald-Stufe 843
Löß 880, 907, *908*, 925
Lößlehme *894*
Lößtundren *908*
Lotsy, J. P. 481
Lotten (Vitis) 787
Lotus (Fabaceae) 515
Lotusblume s. *Nelumbo*

Löwenmaul, Löwenmäulchen s. *Antirrhinum*
Löwenzahn s. *Leontodon*
Lubimin 367
Luciferin, Luciferase 304
Lückenepidermis 748
Luft 879
–, Bewegung 882
–, Bildphotographie 865
–, Feuchtigkeit *867*, *875*, 878
–, Stickstoff (N$_2$) 772, 780, 879
–, Stickstoffbindung 376, 491, 535, 539, 544, 547, 871, 884
–, Stickstoffsammler 781
–, Strömungen *870*
–, Temperaturen *867*
–, Verunreinigung 897
Luftalgen 634, 646, *850*
Luftblätter 691
Luftkammer 651
Luftsäcke 703, 706
Luftwurzeln 218, 227
Lunaria 792
Lungenerkrankungen 569
Lungenkraut s. *Pulmonaria*
Lunularia, Lunulariaceae 653
Lunularsäure 394
Lupinus, Lupinen 780, 782
Lurche 901
Lutein 256, *601*
Luteolin 376, *377*
Luzerne s.a. *Medicago* 512, 781
Luzula 818, *820*, *850*
Luzulo-Fagetum, Luzulo-Fagion 862, *863*
Lychnis 767, 768
Lycogola 551
Lycomarasmin 375
Lycoperdon, Lycoperdales 591
Lycopersicon s.a. Tomaten 804
Lycopin 256
Lycopodiopsida **671**, 695, *826*
–, Anisophyllie 673
–, Bäume 676
–, Endodermis 671
–, Initialzellen 671
–, Rinde 671
–, Samen 676
–, Wurzeln 671
Lycopodites 672
Lycopodium, Lycopodiaceae, Lycopodiales 671, *672*, *673*, 695, 696, 697, 702, 922, 929
Lycopsida 708, 710, 828
Lyginopteridopsida 710, *712*, **723**, *724*, *725*, 730, 760, 825, *826*
Lyginopteris, Lyginopteridaceae, Lyginopteridales 700, 702, 723, 724, 725, 901
Lygodium, Lygodiaceae 691, 695, *905*
Lyngbya 546
Lysimachia 746, 796
Lysinsynthese 554, 558
lysogener Cyclus *492*
Lysosom 27
Lythrum, Lythraceae 745, 783
lytischer Cyclus 491, *492*

Macaedium 599
Macchien 797, *859*, 926
Maceration 94
Macis s. *Myristica*
Macrocystis 614, *616*, 617, 644
Macromitrium 663

Macrozamia 726
Maganin 348
Magerwiesen 842, 894, 895, 921
Magnesium 347, *881*, 882
–, Mangel 347
Magnetosomen *441*
Magnetotaxis 441
Magnocaricion *863*, 918, 919
Magnoflorin 764
Magnolia, Magnoliaceae, Magnoliales 507, 515, *733*, 735, 746, 748, 754, 756, 758, 762, *763*, **763**, 765, 842, 874, 903, 904, *905*, *906*
Magnoliidae 522, *712*, 739, 746, 749, 756, 759, 761, *762*, **762**, 767, 770, 777, 784, 787, 810, 811, 825, 826
Magnoliophytina s.a. Angiospermae 731
Magnoliopsida s.a. Dicotyledoneae 761
Mahd 505, *858*, *895*, 921
Mähwiesen *860*, *895*, 921
Mähwirtschaft 894
Maianthemum 815
Maiglöckchen s. *Convallaria*
Mais s.a. *Zea* 504, *505*, 512, 821, 823, 848, *849*, 873, *896*, 921, 930
Maisbrand 578, 873
Majorana, Majoran 807
makaronesisch-mediterran s. Florengebiete
Makro-Evolution 503, 517, *518*
Makrogameten 477
Makroklima 844, 869, 870
Makromoleküle, informative 44
Makro-Mutationen 494, 495
Makronährelemente 338
Makrosporangien s.a. Megasporangien 668, 699
Makrosporen s.a. Megasporen 668, 699
Malat s. C$_4$-Pflanzen
Malat-Synthase 299
Maleinsäurehydrazid 397
Mallomonas 609
Maloideae 779
Maltase 297
Malteserschwamm s. *Cynomorium*
Maltodextrine 296, 297
Maltose 296
Maltotetraose 297
Malus (Äpfel) 756, 779, 780, *896*, 921, 924
Malva, Malvaceae, Malvales 736, 757, 774, 787, 792, 794, 795, 796
Malve s. *Malva*
Mamillaria 769
Mammut 909
Mammutbäume s. *Sequoiadendron*
Mandarine s.a. *Citrus* 784
Mandeln s.a. *Prunus* 779, 780, *896*, 927
Mangan 267, *348*, 882
Manganbakterien 289, 540, 542
Manganin 318
Mangifera, Mango 784, *896*
Mangold s. *Beta*
Mangroven 228, 336, 759, 782, 807, *881*, 882, **930**, Ausschlagtafel
Manihot 789
Manilahanf s. *Musa*
Maniok s.a. *Manihot* 789, *896*, 931
Manna-Esche s. *Fraxinus*
Mannaflechte 598
Mannan 626, 637
Männerbart s. *Bothriochloa*
Mannigfaltigkeit s.a. Variabilität, Variation 846
Mannigfaltigkeitszentrum *838*, 842

Mannit 606
Mannsschild s. *Androsace*
Mannstreu s. a. *Eryngium* 837
manoxyl 723
Mantelzellen 650, 698
Manton, I. 520
Manubrium 641
Maranta, Marantaceae 818, 929
Marattia, Marattiaceae, Marattiales 685, 686, 687, 901, 902, 927
Marchantia 476, 495, 650, 663
Marchantia, Marchantiaceae, Marchantiales *651, 652*, 665, 837
Marchantiidae 650
Marchantiopsida 650, *826*
Margarine 796
Marihuana s. a. *Cannabis* 775
Marille s. a. *Prunus* 779
Mark 192, 195, 679, 700, 710
Markhöhle 192, 679, *681*
Markierungsgene 433
Markmeristem 132
Markparenchym 192
Markstrahlen 196, 200, *202*, 676
Maronenröhrling s. *Xerocomus*
Marschen 888, *891*, 920
Marsdenia 800
Marsilea, Marsileaceae, Marsileales 693, *695*
Marsupium 655
Massen-Gemeinschaftskoeffizient 861
Massulae 693, *694*
Mastigocladus 547, *874*
Mastigonem 42
Mastixharz s. a. *Pistacia* 784
Mastixia (Cornaceae), Mastixioideae 797, *905*
Mastjahre 848, 885
Maté-Tee s. a. *Ilex* 797
Matonia, Matoniaceae, Matoniales 691, 902, 904
Matricaria 748, *808*, 809
Matrixpolysaccharide 96, 415
Matrixpotential 322
Matrizen-Erkennungsregion 311
Matteuccia 688, *690*, 692
Matthiola 793
maturation promoting factors (MPF) 417
Maulbeerbäume, Maulbeeren 757, 774, 775
mechanische Umweltfaktoren *867*, 883
Medicago 512, 758, 782
mediterran s. Florengebiete
Mediterranflora 906
Medulla 617
Medullosaceae 723, 725, 726
Meere 644, 874, 878, 889, *891*, 907
–, küsten 769, 882, 919
–, pflanzen, höchstentwickelte 619
Meeresleuchten 410, 604
Meeresufer *852, 853*
Meerrettich s. *Armoracia*
Meersalat s. *Ulva*
Meerzwiebel s. *Urginea*
Megachytriaceae 560
Megaconidien 572
Megagametogenese *744*
Megaphylle 666, 683, 684, 688
Megaphyton 687, *687*, 695
Megaplasten 113, *115*
Megaprothallium *678*, 695, 704, *707*, 709, *723*, 727, 731, 828
Megasphaera 539
Megasporangienbehälter *693*

Megasporangiengruppen 702
Megasporangium, -gien 668, *674, 677*, 678, 686, 692, *693, 694*, 695, 699, 700, 704, 705, 709, 725
Megaspore, -sporen 479, 668, 674, 675, 676, *677*, 686, 692, *693, 693, 694, 698, 699*, 704, 705, 709, 710, *723*, 725, 742, 744, 828
Megasporen-Mutterzellen *698*
Megasporentetraden *704*
Megasporogenese 742, *744*
Megasporophylle 677, 700, *701*, 702, *726*, 740, 760
Mehlbananen s. a. *Musa* 896
Mehler-Reaktion 268
Mehr-Faktoren-Kreuzungen 488
Meiocyten 71, 479
Meiogameten 477
Meiose 67, *68*, 71, 477, *478*, 479, 480, *485*, 493, 499, 737, *743*, 827
–, Störungen 510, 514
Meiosporangium, -gien 477, 479
–, Schutz 647
–, uniloculäre *614*, 617
Meiosporen 477, *478*, 479, 553, 692, 709, 737, 742
–, Farbgen 486
Meiosporen(Pollen-)bildung
–, durch freie Zellbildung 565
–, durch Zerklüftung 561, 563
–, simultan 761, 814
–, succedan 810, 814
Meio-Zoosporen 614
Melaleuca 737, 931
Melampsora 583
Melampsorella 583
Melampyrum 758, 806, 917, 922
Melanconiales *592*
Melandrium s. a. *Silene* 488, 500, 746, 767
Melanthiaceae 815
Melastomataceae 783, 927
Melden s. *Atriplex*
Melia, Meliaceae 906
Melica 851
Melico-Fagetum 862
Meliolales 569
Meliphagiden 749
Melissa, Melisse 807
Melittophile 749
Melobesia 625
Melonenbaum s. *Carica*
Melosira 611, *612*, 646
Membranen 76, 359
Membranfluß *26*, 85
Membranlipide 78, *78*
Membranpotential 82
Membranproteine *80*
Membrantransport 81
Menap *907*
Mendel, G. 480
Mendelsche Regeln (diplogenotypische Vererbung) 486
Menispermites 903
Mensch, Menschheit 747, 756, 758, 822, *868*, 891, 899, 925, 932
–, Bevölkerung 892
–, Energiequellen, -bedarf 892
–, Ernährung, Nahrungsbedarf 892, 893, 895
–, Flächenbedarf 895
–, Landschafts- und -vegetationsveränderungen 835, *858, 859, 894*
–, Nutzung (natürliche Ressourcen) 892
–, Vorgeschichte *911*, 913
Mentha 516, 807

Menthol 807
Menyanthes, Menyanthaceae *703*, 800, 909, 919
Meranthien 706, 748, 749, 815
Mercurialis 788, 862, 875, 922
Meridion 613, 646
meridional s. Florenzonen
Merikarpien 755, 757
Merismopedia 544, 545, 546, *546*
Meristeme 128, **129**, 130, 132, 135
Meristemoide 130, 134
Meristoderm 617
Merkmale 475, **520**
-, abgeleitete *474*, *522*
-, apomorphe *474*, *522*
-, phylogenetische Bewertung 522
-, plesiomorphe *474*, *522*
-, Tendenz-M. 521
-, ursprüngliche *474*, *522*
-, Zeigerwert 521
Merkmalsinfiltration, hybridogene 512
Merkmalskorrelationen 512
Merkmalsphylogene, -phylogenetik 522, 527
Merkmalsprogressionen *518*, 519, 522, *523*, 843
Merkmalsunterschiede 521
Merogamie 477
Mesembryanthemum, Mesembryanthemen 767, 930, 931
Mesodinium 603
Mesokarp 755, 757, *764*
Mesophasen 79
Mesophyll 136, 671
-, Widerstand 286
Mesophyticum 700, 710, *712*, 726, 828, 901, **902**
mesosaprobe Zone 646
Mesosomen 533
Mesotaenium, Mesotaeniaceae 638, *639*
Mesozoicum *712*
Mespilus 779
messenger-RNA (mRNA)
-, stadienspezifische 382
-, polycistronische 307
Metabolitenregulation *317*
Metakinese 63
Metallogenium 542
Metallothioneine 341
Metamerie 163, *165*
Metamorphose 161
Metaphase 63
Metaphloem 191
Metasequoia 721, 906
Metatopie 186
Metaxylem 191, 669
Metazoa 530, *826*, 827
Metcalfe, C. R. 520
Methan 304
Methanobacterium, Methanobacteriales 289, 536, 538
Methanococcus, Methanococcales 538
Methanomicrobiales 538
Methanosarcina 538
Methanospirillum 538
methyl-accepting chemotaxis proteins (MCP) 438
Methylococcus 540
Methylomonadaceae 540
Metroxylon 823
Metulae *569*
Metzgeria, Metzgeriales *654*, 655
Metzgeriopsis 655
Mez, C. 520
Miadesmia 676, 708
Micellierung *462*

Michaelis-Konstante 249
Michelia 763
Micrasterias *639*, 646
Microascales 569
microbodies 89, *282*
Microbotryum 578
Micrococcus, Micrococcaceae 541
Microcycas 705, 726, 727
Microcystis 546, 547
Microsorium 691, 696
Microspermae 815
Microsphaera 570
Mikiola 423
mikroaerophil 535
mikrobielle Laugung 543
Mikroconidien 572
Mikro-Evolution 503, **517**, *518*
Mikrofilamente 23, 37, *39*
Mikrogameten 477
Mikroklima 844, 870
Mikroleitfossilien 606
Mikro-Mutationen 494, 495
Mikronährelemente 338
Mikroorganismen *869*, 872
Mikrophylle 666, 670, 671, 676, 679
Mikroprothallium, -lien *678*, 695, 704, 708
Mikropyle 704, 706, 707, 708, 709, 712, 722, 742, *743*, *751*, 752, *754*
-, Röhren-M. 730
Mikro-Radioautographie 19
Mikroskop 16
Mikrosomen 85
Mikrosphären 826, 900
Mikrosporangium, -gien 668, *674*, 675, 686, 692, *693*, *694*, 695, 699, 702, 704, 737
Mikrosporangienbehälter *693*
Mikrosporangiengruppen 700, 702
Mikrosporen 479, 668, 674, 675, 686, *698*, 699, 702, 704, 706, 708, 828
Mikrosporen-Mutterzellen *698*
Mikrosporophylle *701*, 702, 726, 737
Mikrotubuli 21, *39*, 39, 40
-, assoziierte Proteine (MAPs) 40
-, Cyclus 41
-, organisierende Zentren (MTOCs) 40
Miktoplasma 150
Milben (Zersetzer) 868
Milch, Milchprodukte 892, *896*
Milchlinge s. *Lactarius*
Milchröhren *155*, 156, 800, 810
Milchsaft 766, 774, 789, 796, 800
Milchsafthyphen 590
Milchsaftröhren 807
Milchsäurebakterien 541, 542, 566
Milchsäuregärung 292
Milchstern s. *Ornithogalum*
Milium 851, 862
Mimetes 748
Mimosa, Mimosaceae 456, *457*, *458*, 740, 780, *781*, 906, 927, 929
Mimulus (Scrophulariaceae) 509
Mindel 907
Mineralien, radioaktive (Altersbestimmung) 899
Mineralisierer 868, 871, 889
Mineralstoffböden 767, 880
Mineralstoffdüngung 895
Mineralstoffe **338**, 757, 872, 896
-, Phloemmobilität 345
-, Transport 345

Mineralstoffpflanzen 880
Mineralstoffzufuhr 895
Minima (Klima) *869*
Minimalareal 850
Minimalnährboden 490
Minuartia (Caryophyllaceae) 923
Minzen s.a. *Mentha* 516, 807
Miocän 905
Miombo-Wälder 929
Mirabilis 481, 486, *487*, 489, *490*, 769
mischerbig s.a. heterozygot, Heterozygotie 486
Mischkultur 885, *886*
Mispeln s.a. *Mespilus* 756, 779, 780
Misteln s.a. *Viscum* 229, 506, 787
Mitochondrien *20, 28, 107*, **107**, 295, 489, *826*, 827
–, Cristae *109*
–, DNA 109, 110, *490*
–, Genetik 110, 489
–, Protein-Import 111
–, Vermehrung 108
Mitogameten 477
Mitoplasma 84
Mitoribosomen 73
Mitose *61*, 416, 480, 827
–, Störungen *417*
Mitosporangien, Mitosporen 477, 553, 561
Mitozoosporen 561
Mitteleuropa (Flora, Vegetation) 515, *913*, 915
–, Vegetationsgliederung *866*
mitteleuropäisch s. Florengebiete
Mittellamelle 94
Mittelmeer, -länder, -raum 843, 906, 926
Mittelrippe 658, 660
mittelsibirisch s. Florengebiete
Mittel-Steinzeit *911*
Mittelwald 893
Mittenia 663
Mixotrophie 506, 627, 645
Mnium 141, 514, *656, 661, 662*, 663, 658
Moder 879, *880*
Moderfäule 593
Modifikationskurven *482*, 483
Mohn s. *Papaver*
Möhre s.a. *Daucus* 513, 790
Mohrenhirse s. *Sorghum*
molecular clock 493
Molekularbiologie, zentrales Dogma 44
Molekulargenetik 480
Molinia 821, 856, *857, 860, 863*, 921
Molinio-Arrhenatheretea 861
Molluginaceae 767
Molybdän 348
Monaden *739*, 740
Monandrae 817
Monarch-Falter 885
Monas 609
Monilia, Moniliales 572, 592, 593
Monilia-Fäule *572*
Monimiaceae 763, 903
Monoblepharidales 561
Monocarpus, Monocarpaceae 653
Monochasium, Monochasien 182, *183*, 818
Monochlamydeae 767
monochlamydeisch s. Perianth
monöcisch, Monöcie, Monöcist 477, 500, 553, 618, 628, 702, 746
Monocotyledoneae, Monocotyledonen, monocotyl *712*, 731, 735, 739, 742, 752, 753, 759, 761, 762, 764, **810**, *811, 812*, 825, *826*, 903

Monofluoressigsäure 247
Monogalactosyl-diacylglycerol *78*
Monohaploide 498
Monokulturen, forstliche 893
monophil (Blumen) 749
monophyletisch 520, 522, 530
monopodial, Monopodium 182, 700, 713, 715
Monosaccharide 95, *96*
monospor, monosporisch 730, *744*
Monostroma 632, 633
monosymmetrisch s.a. Blütensymmetrie *734*
Monoterpene 363
Monotropa, Monotropaceae 379, 798
Monstera 824, *825*
Monsunwälder *864*, 928, Ausschlagtafel
montan s. Höhenstufen
Montia 769
Monuron 398
Moor-Birke s. *Betula*
Moorböden *870*
Moore 857, *860*, 871, 889, *894*, 909, 918, *919*, 924
Moorkomplexe 865
Moorwälder *860*, 889, *894*, 901
–, mitteltertiäre *905*
Moose 476, 478, 480, 530, 531, 641, **648**, 827, *853*, 873, 898, 909, 917, 920, 922, 924, 931
–, akrokarpe 660
–, Anpassung an das Landleben 647
–, Artenzahl 648, 649, 655, 558, 660, 662
–, Bäumchen 663
–, Decken 663
–, epiphylle 665
–, Filze 663
–, foliose 648
–, fossile 666
–, Gehänge 663
–, Generationswechsel 647
–, Hygrophyten 665
–, Kapsel 657, 660
–, Lebensweise **663**
–, pleurokarpe 660
–, Polster 663
–, Rasen 663
–, Regenerationsfähigkeit 658
–, thallose 648
–, vegetative Vermehrung 648
–, Vorkommen 663
–, Wassersäcke 663
–, Wedel 663
–, xerophytische 665
Moosfarne 673
Mooskapsel 657, 660
Moosmilben (Laubstreu) *870*
Moosschicht 853, *873*
Moossynusien *850*
Moraceae 755, 757, 774, 776, 904, 927
Moränen *923*
Morchella 570, *571*
Morgan, T.H. 480
Morina, Morinaceae 518
Morphactine 449
Morphine 766
Morphologie 9, **11**, *158*, 159, 163, 523
Mortierella 564
Morus 755, 758, 775, *776*
Moschuskraut s. *Adoxa*
Motten (Blütenbesucher, Pflanzenfresser) 747, 885
Mottenblumen 749
Mougeotia 442, 640, *640*

mountain-hopping 841
Mousse de chêne s. *Evernia*
Muclearlamina 60
Mucor, Mucorales 562, 563, 564, 595
Mudde 918, *919*
Mull, Mullboden 850, 870, 879, *880*
Mullbodenzeiger 881
Muller, H.J. 480
Müllersche Körperchen 297
Multienzymkomplex 36, 250, 318
Multifiden 439, 615
multilateral (Blütensymmetrie) 733
multinet-Schema 99, *100*
Multivalente (Chromosomen) 514
Mumienweizen 431
Münchscher Modellversuch *371*
Mundwerkzeuge (Blütenbesucher) 749
Müntzing, A. 520
Murein *121*, 122, 533, 545
Mureinsacculus *121*, 122, 533
Murmeltier 909
Musa, Musaceae (Bananen) 516, 749, 758, 818, *896*, *928*, 929, 930
Muscari 814, 815
Musci 655
Muscites 666
Muskatnuß s.a. *Myristica* 753, 763
Musterbildung 177
Mutagene 494
Mutanten *493*, 494, *504*, 505
Mutationen 474, 480, 481, **493**, 494, 499, 503, 517, 519, 827
Mutationsdruck 505
Mutationsrate 493, 512
Mutator-Gene 493, 496
Muttergestein 867, *871*
Mutterkornpilz s.a. *Claviceps* 573, 574
Mycel 236, **552**, 564
Mycelia sterilia **593**
Mycetismus 595
Mycetome 594
Mycetozoa 549
Mycobacterium, Mycobacteriaceae 542
Mycoplasma 5, 14, 542
Mycosphaerella 575
Myelinfiguren *79*
Myiophile 749
Mykobiont 375, 596, 598
Mykoholz 592
Mykorrhiza s.a. Mykotrophie 229, 236, 377, **378**, 571, 593, 594, 655, 659, 665, 670, 672, 686, 770, 797, 880, 884, 901, 922
–, Ekt-endo- 379
–, Ekto- 378
–, ektotrophe 718
–, Endo- 379
–, endotrophe 816, 817
–, vesiculär-arbusculäre *378*
Mykosen 375, 569, 595
Mykotoxikosen 595
Mykotrophie, Mykotrophe s.a. Mykorrhiza 797, 798, 815, 817, 880
Mylia 875
Myosin *39*
Myosotis 805, 843, 917
Myosurus 766
Myrica, Myricaceae, Myricales 773, 774, *905*, 917
Myricetin 777
Myriophyllum 784, 918
Myristica, Myristicaceae 754, *763*, 927

Myrmecochorie, Myrmecochore 518, 757, 758, 759, 854
Myrmecodia 801
Myrosin, Myrosinase, Myrosinzellen 792, *793*
Myrothamnus (Myrothamnaceae, Hamamelididae) 338
Myrrhe s.a. *Commiphora* 784
Myrsinaceae 796, 927
Myrtus, Myrtaceae, Myrtales, Myrte 737, **782**, *783*, 787, 903, 906, 926, 927
Myxamöben 231, 550
Myxobacterales 532, 540
Myxococcus 540
Myxoflagellaten *550*
Myxomycetes 549, 550
Myxomycota 549, *826*
–, Artenzahl 541
–, Fruchtkörper 550
Myxotesta 754

N-dimethyl-tryptophan 397
N_2-Reduktion **351**
NH_4-Ionen 881
NO_3-Ionen 881
NPC-System 739
Nabel 708
Nabelflechten s. *Umbelicaria*
Nachbarbestäubung (Geitonogamie) 706
Nacheiszeit 907, 908, 910, *911*
Nachkommenschaftstest 483
Nachtkerze s.a. *Oenothera* 513, 783
Nachtschattengewächse s. Solanaceae
Nachtschwärmer (=Abendschwärmer) 524, 751
Nachtschwärmerblumen 749
Nachttemperaturen 874
Nachwärmezeit *911*, *912*
Nacktfarne 668
Nacktsamer s. Gymnospermae
Nadelbäume *873*, 893
Nadelblätter *213*, 718
Nadelholz *199*
Nadelhölzer **714**, *864*, 875, *907*, 915, 916, 922
–, Aufforstung *894*
–, Streu 880
Nadelmischwaldfloren 904
Nadeln 700
Nadelwälder 719, 797, *864*, *871*, 876, 880, 881, *914*, 917, 922, 923
–, boreale *870*, 889, *891*, *914*, 924, Ausschlagtafel
–, circumboreale 922
–, mitteleuropäische 917
–, Schädigung durch Abgase *897*
–, sommergrüne Ausschlagtafel
Nadelwaldgürtel 915
Nagetiere (Samen- u. Fruchtausbreiter) 757, 758
Nährelemente **338**
–, Aufnahme 340
–, mineralische 346
–, Verfügbarkeit 339
Nährgewebe 699, 708, 751, 753
Nährstoffarmut 849, 867, 887, 931
Nährstoffauswaschung 871, 872, 894
–, Gehalt 878, 881, 888
–, Haushalt 881
–, Speicherung 754
–, Umsatz 319
–, Zeiger *850*, 881
–, Zufuhr 849, 879, 891
Nahrung, Konsument 849, 890
Nahrungsflüsse *869*
Nahrungsketten 868, 886, 898, *930*

Nahrungskreislauf 890
Nahrungsmittel 892
Nahrungspflanzen 892
Nahrungspyramide 887
Najas, Najadaceae, Najadales 750, 812
Namen, taxonomische 529
Nanismus 408
Nanocyten 546
Nanoplankton 644
Napfblumen 748
Naphthylessigsäure 398
Narben 458, 700, 706, 707, *731*, 741, 742, *745*, 746, 750, *751*
Narcissus 736, 748, 815, *816*
Nardus 881, 885, 921
Narrentaschen s. *Taphrina* 566
Narthecium 917
Narzissen s. *Narcissus*
Nässe, stauende 877
Nässezeiger 878
Naßfäule 543
Naßwiesen 894
Nastien 456
Nathrostiana, Nathrostianaceae 678
Natrium 348, *881*
Natriumsalze 919
Natterkopf s. *Echium*
Naturkatastrophen 858
Naturlandschaften 892, *894*
Naturschutz 832, 893
Navicula 613
Nebel *867*, 875
Nebelkappe 850
Nebelwälder (trop. Gebirge) *914*, 931
Nebenachsen s.a. Seitenachse 182, 666
Nebenblattdornen *209*, 781
Nebenblätter (=Stipeln) 207, *209*, 217, 685, 686, 801
Nebenfruchtform 479, 553, 561, 592
Nebenkronen 800, *801*, *816*
Nebenwurzeln s.a. Seitenwurzeln 226, 689
Nebenzellen (der Spaltöffnungen) *140*
Neckerales 663
Nectar 735, 736, 746, 749, 750
–, extrafloraler 885
Nectarblätter *524*, 737, *764*, *765*, 766
Nectarblumen 746, 762
Nectardrüsen 735, 788, *792*, 793
Nectarien *154*, 373, 746, 750
–, extraflorale *781*
Nectariniden 749
Nectria 573
Nectria-Krebs 573
Neisseria, Neisseriaceae 539
Nelken s. *Dianthus*
Nelkengewächse s.a. Caryophyllaceae 767, *881*
Nelkenwurz s. *Geum*
Nelumbites 903
Nelumbo, Nelumbonaceae, Nelumbonales 764
Nemacystus 614
Nemalion, Nemalionales 621, 622, 624, 625
Nematophycus 619
Neoendemiten 836, 842
Neomeris 526, 527
Neophyten 913
Neophyticum 710, *712*, 759, 828, **902**, 904, 907
Neopolyploidie 515
Neotenie 523, 704, 705, 709, 742, 744, 761, 825
Neotropis 846, 914
neotropisch s. Florenreiche
Neottia 880, 917

Neoxanthin *601*
Neozoicum *712*
Nepenthes, Nepenthaceae, Nepenthales 212, 220, 741, 791, 927
Nereocystis 614, *616*, 617, 644
Nerium 736, 800, 906, 926
Nervatur s.a. Aderung 209, 211
Nessel s. *Urtica*
Nestwurz s. *Neotia*
Netrium 638
Nettoassimilationsrate 887
Nettoprimärproduktion *858*, 872, 886, 887, *888*, 890, 891, 892
Netzaderung *684*
Netzgefäße *151*
Netznervatur s.a. Netzaderung 211, *211*, 686
Neuropteris (Samenfarn) *901*
Neurospora 486, 502, 572, 592
Neuston 645
Neutralfette s.a. Speicherlipide 78, 363
Neutralismus 884
Neuwiedia 817
Nevskia 540
Nexine *703*, 738
Nichtblätterpilze s. Aphyllophorales
Nickel 882
Nicotiana 495, 504, 512, 514, *740*, 748, 749, *803*, 804
Nidulariales 591
Niederblätter 179, 700, 726
Niedermoore s.a. Flachmoore *866*
Niederschläge *867*, 868, *869*, 870, *876*, 877, *888*
Niederschlagsmengen *864*
Niederschlagssummen 877, 878
Niederwald, -wirtschaft *858*, *859*, 893
Niederwasser *918*
nif-Gene 353
Nigella (Ranunculaceae) 497
Nigritella 512, 909
Nikotin s. *Nicotiana*
Nilssoniales 726, 902
Nische, ökologische 832, 885
Nischenblätter 695, *696*
Nitella 641
Nitrat-Atmung 351
Nitrate 881
Nitratreduktion 259, 283, **350**, 351, *353*
Nitrifikation 288, 881
Nitritmutanten 310
Nitritreduktase 283, 351
Nitrobacter, Nitrobacteraceae 540
Nitrogenase 283, 351
nitrophil 881
nitrose Gase 897
Nitrosogruppe 288
Nitrosomonas 540
Nitzschia 613, 884
nival s. Höhenstufen
Nixenkräuter s. *Najas*
Nocardia, Nocardiaceae 542
Noctiluca 604
Nodus, Nodi **171**, 641, 679
Nomenklatur 473, **527**, 529
–, binäre 529
–, Regeln 246, 529
Nopalin *432*
Nordhemisphäre 878, 904, 923
Nori 626
Nostoc, Nostocales *231*, 545, *546*, 547, 596, 597, 598, 599, 646, 649, 778

Nothofagus 508, 772, 832, *833*, 836, 903, 904, 931
Notholaena 691, 695
notorhiz *792*
Notothylaceae 649
Nucellarembryonie 752, *753*
Nucellus 700, *702*, *704*, 705, *707*, 710, *722*, 742, *743*, *751*, 753
Nuclearlamina 27
Nuclearmatrix 43, 60
Nucleinsäuren s.a. DNA, RNA
–, Funktion 44, 306
–, Sequenzvergleich 4
Nucleofilament 53
Nucleohiston 52, 603
Nucleoid *114*, *119*, *121*, 532
Nucleolus 27, **58**, *59*
–, Organisator-Region (NOR) 58
Nucleomere 53
nucleomorph, Nucleomorphe 127, 603
Nucleoplasma 43, 532, 544
Nucleosiddiphosphat-Zucker 349, *350*
Nucleoside 45
Nucleosomen *52*, **53**, 827
Nucleotide *45*, 526
Nucleotidsequenzen s.a. DNA-Sequenzen 45, 480, 525
Nunatakker *908*, 909, *910*
Nuphar 701, *755*, *764*, 918
Nuß, Nüsse, Nußfrüchte 755, 756, *757*, 758, *771*, *773*, 774, *792*, *800*, 823
–, Schoten 793
Nutationen 464
Nutzpflanzen 512, 759, *896*, 897
–, bau 895
Nutztiere 892
–, Produkte *896*
Nutzung der Biosphäre durch den Menschen *859*, 865, 868, 891, *893*, 895
Nyctaginaceae 769
Nyctinastie 457
Nymphaea, Nymphaeaceae, Nymphaeales 526, 735, *735*, 753, 754, 758, 762, **764**, *764*, 810, 811, *905*, 918
Nymphoides 800
Nypa (Arecaceae) 904
Nyssa, Nyssaceae 797, *905*, 906, *907*

Obdiplostemonie 736
Oberblatt 207
Oberflächenperiderm 205
Oberflächenwasser *876*
Oberkreide 832, 902
oberschlächtig 655
Obst 892, *896*, 921
Obstbäume 780
Obstkulturen, -plantagen 921, 924
Obturator 742, 787, *788*, 789
Ochrea *769*, 770
Ochromonas 9, *608*, 609
Ochsenzunge s. *Anchusa* 805
Ocimum 807
Octodiceras 662
Octopin 432
Octoploide 498
Ödland *893*, 896
Odontites 912
Oedogonium, Oedogoniales 479, 507, 634, *635*, 646
Oenothera 496, 513, 749, *783*, 897
offene Knospendeckung 736
Öffnungsfrüchte *755*, 756
Ohrlappenpilze 583

Oidien 553
Oidium 570
Öko-Cline 506
Ökologie 10, 526, 831, *868*
–, Independenz 932
–, Integration 932
Ökomorphologie 216
Ökonomie 519, 828, 932
Ökosysteme 10, 832, 867, *868*, **868**, 885, **886**, *887*, 889, 932
–, Belastbarkeit 890
–, Biomassen *887*
–, Energiefluß *889*
–, landwirtschaftliche 892
–, Modelle 890
–, naturnahe 893
–, Plankton- *889*
–, potentielle 893
–, Produktion, Produktivität *887*
–, produktive 890
–, protektive 890
–, Raumstrukturen 888
–, Selbstregulation 890
–, Stabilität 890
–, Sukzessionen 889
–, Umweltschwankungen 890
–, urban-industrielle 892
–, Veränderungen 889
–, Verseuchung 868
–, Zerstörung 868
–, Zusammenbruch 897
Ökosystemforschung 832
Ökosystemtypen 890, *891*
Ökotypen 495, 506, 844
Öl, Öle 757, 610, 784, 787, 799, 813
–, etherische 157, 773, 782, 784, 789, 790, 799, 807, 818
–, fette 78, 747, 754
–, Lipide 78, 747
Ölbaum s.a. *Olea* 799, *896*, 926, 927
Ölbaumseitling s. *Omphalotus*
Ölbehälter *156*, 157, *168*, 809
Olea, Oleaceae, Oleales 736, 757, 758, **799**, *800*, 873, 906, 926
Oleander s. *Nerium*
Oleosomen *17*, 25, 78
Oligocän 904
Oligomerisation 702, 736, 740, 762, 767
–, Blütenglieder, -organe 732
Oligomycin 296
oligophil (Blumen) 749
Oligosaccharine 97, 367
oligosaprobe Zone 646
oligotroph 919
Oliven s.a. *Olea* 799, *896*
Ölkörper 650
Ölpalme 823, *896*
Ölpflanzen, -früchte, -samen 782, 793, 806, 892, *896*
Olpidium, Olpidiaceae 476, 552, 558, *559*
Ölstriemen 789
Oltmannsiella 629
Ölvacuolen 610
Ölweiden s. *Elaeagnus*
Omnivore *890*, *930*
Omphalina 590, 600
Omphalotus 590, 594
Onagraceae 496, 758, *783*, **783**
Onobrychis 782
Ononis 782, *838*, 885, 906, 926
Onosma 805, 924
Ontogenese, Ontogenie 15, 473, **482**
–, Abschnitte 479

Onygena, Onygenales 569
Oocardientuff 639
Oocardium 639, *639*
Oocystis 631
Oogamie 477, 553, 617, 628
Oogonium, Oogonien 477, 600, 615, *634, 635*
Oogoniumhülle 642
Oomycetes 478, 554, 593, 594, 596
–, Phylogenie 557
Oomycota 478, 479, 530, 554, *826*
Oosphäre 555
Oosporen 554
Opegrapha 600
Operatorgen 313
Operon 313, 492
–, Koppelung *384*
Ophioglossum, Ophioglossaceae, Ophioglossales 515, *686*, 695
Ophrys 509, 747, 817, 912, 920
Opine 432
Opium s. *Papaver*
Optimum
–, autökologisches 834, *886*
–, physiologisches 834
–, synökologisches *886*
Opuntia 739, *768*, 769, 885, 913
Orange s. *Citrus*, Citrusfrüchte
Orchideen *166*, 379, 509, 746, 748, 754, 758, 842, 895, 920, 922
Orchis, Orchidaceae, Orchidales 740, 748, 751, 752, 754, *815*, 816, *817*, 818, 848, 880, 920, 926, 929
Ordination (Vegetationskunde) *861*, 862
Ordnung
–, (ordo, Taxonomie) 529
–, (Vegetationskunde) 861
Organisationshöhe 230, 527, 530
Organisationsmerkmale 521
Organisationsstufen 233, *826*, 828
Organisationstyp 522, 530, 548, 600
Organisationstypen 521, 530
organische Säuren 757
Organismen, Stammesgeschichte *826*
Organotrophie 535
orientalisch-türanisch s. Florengebiete
Orites 320
Ornithocercus *604*, 605
Ornithochorie 757, 758
Ornithogalum *814*, 815
Ornithogame 749
Ornithophile 749
Ornithopus 757, 782
Orobanche, Orobanchaceae 375, 526, 752, 754, 758, 806, 807
Orthogenese 519
orthoplok *792*
Orthopteren (Blütenbesucher) 749
Orthostichen 174
Ortstein 880
Oryza, Oryzoideae 821, *822*, 823
Oscillatoria, Oscillatoriales 544, 545, *546*, **546**, 547, 646, 900
Oscillospira 542
Osmoregulation 338
Osmophoren 154
Osmose 322
osmotische Zustandsgleichung 324
osmotischer Druck 877
osmotischer Schock 325
osmotisches Potential 323, 327, 876, 877

Osmunda, Osmundaceae, Osmundales 688, 690, *691*, 862, 902, 905
Ostiolum 572
Ostropales 574, 599
Ostrya 772, *852*, 926, 927
Oudemansiella 585
outbreeding s. Allogamie 585
Ovar s. a. Gynoeceum 741, 755
Ovula s. a. Samenanlagen 704
Oxalat, -Raphiden *91*, 283, 823, *881*
Oxalattyp *881*
Oxalis, Oxalidaceae 745, 746, 759, 785, *851*, 854, 873, 885
Oxalsäure 300
Oxyria 506, *507*, 908
Oxytropis 925
Ozeane 888, *891, 892*, 931
Ozeanität, ozeanisch (Klima) s. a. Florenreiche 839, *840*, 843, 874
Ozeanitäts-Kontinentalitätsgradient 865
Ozeanitätssektoren *840*
Ozon 252, 898
Ozonschicht *879*
Ozonschild 4

P-Protein 150
Paarhufer (Pflanzenform) 907, 822
Paarkerne *568*
Paarkernphase s. a. Dikaryophase 566, 577
pachycaul 726, 728
Pachytän 69
Padina 644
Paeonia, Paeoniaceae *733, 735*, 746, 754, 756, 758, 791, 903
Paläobotanik s. a. Fossilfunde, Fossilien 523, 527, 759, 899
Paläocän 904
Paläoendemiten 836
Paläomagnetismus 902
Paläontologie 899
Paläophyticum 710, *712*, 828, **900**
Paläopolyploidie 515, 518, 763
Paläotropis 846, 914
paläotropisch s. Florenreiche
Paläozoicum *712*
Palaquium 796
Palisadenparenchym 213, 671, 674, 676, 684, 688
Palm- und Palmkernöl 823
Palmae s. a. Arecaceae 823
Palmella-Stadium 600, *609*
Palmen s. a. Arecaceae 754, 823, 874, 904, *928*
Palmengrenze 904
Palynogramm *739*
Palynologie s. a. Pollenkörner 523, 899
Pampas 925
Pampelmuse s. a. *Citrus*, Citrusfrüchte 784
Panaschierung 489, *490*
Pandanus, Pandanaceae, Pandanales 812, 824, 905, 927
Pandorina *628*, 629
Panicum, Panicoideae 821, 823, 873
pannonisch s. Florengebiete
Panosporen 477
pantocolpat *524*
Pantoffelblumen s. *Calceolaria*
pantoporat *524*, 739
pantotrem 739
pantropisch 903, 927
Panzerbeeren 757, 758, 793
Panzerpolster 809
Papageienfarben 749
Papaver, Papaveraceae, Papaverales 525, 746, *754, 766*, **766**, 792, 793, 836, 882, 896, 909, 913, 923

Papayas s.a. *Carica* 896
Papier 819, 893
Papilionaceae s. Fabaceae 780
Papillaria 663, *664*
Pappeln s.a. *Populur* 793, *860*
Pappus 143, 517, 755, 757, 758, *799*, *808*, 809
Paprika s.a. *Capsicum* 804, *896*, 931
Papyrus s. *Cyperus*
Parabiose 288
Paracoccus 539
parakarp (Gynoeceum) 741, *742*
Parakautschuk (*Herea*) 789
Paralleladerung, -nervatur 211
Paralleltextur 102, *103*
Paramaecium 376
Paramo, Paramoheiden *914*, 928, 931, Ausschlagtafel
Paramylum 1, *601*, 602, 605
parapatrisch 509
paraphyletisch 520, 523
Paraphysen 570, *571*, 616, 617, 656
Parasexualität 490, 499, 535
Parasiten, Parasitismus 374, 375, 506, 593, 786, 804, 827, *849*, 880, 882, 884, 886, 887, 901
Parastichen *176*, *177*
Parasymbiont 598
Parenchym, parenchymatisch **135**, 213, 827
-, interfibrilläres 200
-, Kontakt- 200, *202*
-, paratracheales 337
-, Schwamm- 136
-, Speicher- 136
-, tracheales 200
Parentalgeneration 486, *487*
Parenthosom *576*, 577
Parfüm-Geruch 749
parietal (Placenta) 741, *742*
Parietales 792
Parietaria 918
Paris 758, *811*, 815
Parkeriaceae 691
Parklandschaften *893*
Parmelia 596, 597, 599, 920
Parnassia 167
Paronychia 735, 767, *768*
Parthenium 810
Parthenocissus 217, 786, 787
Parthenogamie 568
parthenogenetisch, Parthenogenese 476, 498, 502
Parthenokarpie, parthenokarp 427
Partialinflorescenz 183
Pascher, A. 520
Passat, Passatwinde 869, *870*
Paßform, induzierte 248
Passiflora, Passifloraceae, Passionsblume *167*, 735, 792, 793, 927
Pasteurella 539
Pasteurisierung 535
Pastinaca, Pastinak 790
patch-clamp-Technik *343*, 463
Patouillardina 584
Paulownia 806
Pavetta 801
Paxillus 590
Payena 796
Pechnelke s. *Lychnis*
Pecopteris 725
Pectine 96, 626, 703
Pedaliaceae 758, 806
Pediastrum 630, *631*, 646

Pedicularis 806, 907, 909, 921
Pedinomonas 626
Pediococcus 541
Pedomicrobium 540
Pedosphäre *831*, 832, 870, 879
Peitschengeißel 600, 626
Pelargonium, Pelargonien *490*, *785*, 931
Pellia 655
Pellicula 602
Pelorien 733
Peltaspermum, Peltaspermaceae 725, *725*, 902
peltat s.a. Schildblätter *212*, 737, 740
Peltigera 597, 599
Pelvetia 619, *645*
Penicillin 122, 569
-, Resistenz 536
Penicillium 569, 592, *569*
Peniophora 586
Pennales 612
Pennisetum 821, 823
Pentaploidie, Pentaploide 498, 516
Pentosephosphatcyclus 202, *274*, 275, *303*
Pentoxylales, Pentoxylidae *712*, 729
Peptidbindungen 30
Peptidoglykan *121*, 122
Peptococcaceae 541
Peranema 602
perennierend, Perenne s. Hemi cryptophyten, Stauden
Pereskia 768, 769
Perianth 655, 700, 702, 722, *729*, 731, *733*, **735**, 760
-, apochlamydeisch 735
-, doppeltes 735, 777
-, einfaches 735, 777
-, haplochamydeisch 735
-, heterochlamydeisch 735
-, homoiochlamydeisch 735
-, mehrfaches 735
-, monochlamydeisch 735
-, primäres 735
peribacteroid membrane 377
Pericambium 224
Perichaetium 653, 655, 656
Pericycel 224
Periderm *144*
Peridermium 580
Peridie 570, 587, 591
Peridinin *601*, 603
Peridinium, Perdiniaceae, Peridiniales 603, 604, *604*, 605
Peridiole 591
Perigon 735, 760, 761, *765*, 766, 777
Perigonblätter *733*, *735*, *773*, *775*
perigyn (Blüte) 734, *735*
Perikarp 755, 757
Periklinalchimären 132, 421
Periodizität 850, 855
Periphysen *580*
Periplasmodium 668, 680, 693
Perisperm 753, 761, 763, *764*, 767
Perispor 586, 668, 681, 692, *693*
Peristom *658*, *661*, *662*
Peristomzähne 661
Perithecium 567, 569, 572, *573*, 598
Perizonium 611
Perlhirse s. *Pennisetum*
Perm 710, 901, 902
Permafrost 868, *870*
permanentes Welken 327
Permeabilität 81, 342
Permeabilitätskoeffizient 325

Permeasen 81
Permeation 342
Peronospora, Peronosporaceae, Peronosporales 555, 556, *557*, 594
Peronospora-Krankheit 556
Peroxisomen 27, 89, *89*, 282
Personatae 806
Pertica 684, *685*, 710, *711*
Pertusaria 599
Petalen s.a. Kronblätter 735
petaloid 737
Petersilie s. *Petroselinum*
Petiolus 207
Petroselinsäure 789
Petroselinum 790
Petunia 511, 804
Peziza, Pezizaceae, Pezizales 570, *571*, 576
Pfaffenhütchen s. *Euonymus* 786
Pfahlwurzel 223
Pfeffer s.a. *Piper* 764, 930
Pfefferminze s.a. *Mentha* 516, 807
Pfeffersche Zelle *323*
Pfeifengras s.a. *Molinia* 821, *860*, 921
Pfeilgifte 800
Pfeilwurz s. *Maranta*
Pferde (als Pflanzenfresser) 822
Pferdebohne s. *Vicia*
Pfifferling s. *Cantharellus*
Pfingstrose s. *Paeonia*
Pfirsich s.a. Prunus 779, 780, *896*, 921
Pflanzen **1**, 8, 9, 530, 922
–, autrophe 884
–, bodenzeigende 320
–, calcicole 881
–, heterotrophe 884
–, kalkmeidende 881
–, mykotrophe 797, 815, 817, 880
–, poikilohydre 288, 304, 518
–, tierfangende 219, 458
Pflanzenbau *893*, 895, 921
Pflanzenbestände 847, *890*
Pflanzendecke, terrestrische 872
Pflanzenformationen 847
Pflanzenfresser 506, 868, *887*, *889*, 930
Pflanzengemeinschaften s.a. Pflanzengesellschaften, Biocönosen 832, 867
–, Abgrenzung 859
–, Ähnlichkeitsvergleich 861
–, anthropogen bedingte 895
–, Artenbestand 850
–, Artenzahl 851
–, Entstehung 856
–, geschlossene 854
–, Gruppierung 859
–, horizontale Ordnung 854
–, Makro- und Mikromosaike 854
–, Mengenverhältnis der Arten 850
–, offene 854
–, Optimalphase 856
–, Ordnungsgefüge, Struktur 847, 850
–, Regeneration 856
–, Schichtaufbau 853
–, Schichtung 853
–, Struktur 850
–, Typisierung 859
–, Veränderung 856
–, Verjüngungsphase 856
–, vertikale Ordnung 853

–, Wirkungsgefüge 847
–, zeitliche Ordnung 855
–, Zerfallphase 856
Pflanzengeographie 831
Pflanzengesellschaften 847, 859, *860*, 861
–, alpine 923
Pflanzenmasse s.a. Biomasse 877
Pflanzenprodukte 895
Pflanzenreich: Stammesgeschichte 826
Pflanzenreste, fossile s.a. Fossilfunde 899
Pflanzenschleime 97
Pflanzensoziologie 832
Pflanzenstreu *869*
Pflanzen-Tier-Beziehungen 706
Pflanzentumore 431, 491
Pflanzenwelt der Erde 932, Falttafel
Pflanzenzellen 9, *17*, 21
–, embryonale 24
–, Feinbau 22, 23
Pflanzenzüchtung 504, 510
Pflaumen s.a. *Prunus* 515, 779, 780, *896*, 921
Pfropfbastarde 421
Pfropfung 420
pH
–, Gradient 268
–, Werte *867*, *880*, *881*
Phacelia 804
Phacidiales 572
Phacus 602
Phaeoceros 647, 649
Phaeophorbide 253
Phaeophyceae 480, **613**, *616*, *618*, 826
–, Artenzahl 614
–, Generationswechsel *620*
–, Phylogenie 619
–, Haare *615*, 616
Phaeophytin 253, 269
Phaeothamnion 609
Phagen 52
–, Bakteriophagen 536
–, temperente 536
Phagocytose 27, *126*, 344
Phagotrophie 549
Phalaenophile 749
Phalaris (Poaceae) *860*, 918
Phallales 589, 591
Phalloidin 37
Phallotoxine 590
Phallus 589, 591
Phanerogamae, Phanerogamen, Phanerogamia 531, 701
Phanerophyten 180, 695, *854*, *914*
phänetisch, Phänetik *521*, 527
Phänokopien 483
Phänologie *854*
Phänotypus, Phänotypen 480, 482, 521
phänotypische Reversion 433
Phaseinsäure 394, 464
Phaseolus 759, 782
Phellinus 587, 589, 593
Phelloderm 144
Phellogen 130, 144
Phenanthridin-Alkaloide 815
Phenolcarbonsäuren *367*
Phenolderivate 365, *367*
Phenole 365, *515*
Phenylalanin 762
–, Alkaloide *764*
–, Ammonium-Lyase 365, 406
Pheromone 395

Phialide *569*
Philadelphus 797
Phillyrea 906, 926
Phleum 821
Phloem **149**, 669, 687, 732, 761
Phlox 509, 804
Phobotaxis 437
Phoenix 758, 823, *824*, 927, 930
Phormidium 546, 646
Phormium, Phormiaceae 815
Phosphat-Carrier 275
Phosphattranslokator 111
Phosphodiesterase (cAMP-ase) 438
Phosphoenolpyruvat (PEP) 291, 301
–, Carboxykinase 278, 301
–, Carboxylase 463
–, Carboxylierung *277*
Phosphofructokinase 291
Phosphogluconat-Dehydrogenase 302
Phosphoglycerat 273, 274
Phospholipase C *35*
Phosphon D 389
Phosphor **346**, 878, 881
Phosphorescenz 263
Phosphorylase 296
Phosphorylierung
–, Atmungsketten- 294
–, oxidative 294, 295
–, Substratketten- 294
–, Potential 245
Photoautotrophie 251, 252
Photobacterium 539
Photobiont 375
Photodifferenzierungen 404
Photodinese 442
Photoelektronentransport *269*
Photoinhibition 284
Photokinese 440
Photomodulationen 404
Photomorphogenese 403
Photomorphosen 403
photomovement 441
Photonastie 456
Photoperiodismus 410
Photophosphorylierung **263**, **268**, 269
Photoreaktivierung 495
Photorespiration 281, *282*
Photorezeptor *441*, 602
Photosynthese **259**, *264*, 504, 506, *507*, 518, 872, 873, 874, 879, 900
–, anaerobe 827
–, bakterielle 269
–, Dunkelreaktionen 271
–, Lichtreaktion 112, 260
–, Pigmente 253
–, Primärprodukte 275
–, Reduktion anorganischer Verbindungen 283
–, Reduktionsphase 274
–, Temperaturabhängigkeit *287*
–, Temperaturoptimum 873
–, Intensität 283, 285, 287, 288
Photosystem II 827
Phototaxis 440
Phototrophie 1, 535
Phototropismus 444
Phragmidieae 526
Phragmidium 580, *581*, 582
Phragmites 821, *905*, 918
Phragmobasidie 577

Phragmobasidiomyceten 577
Phragmoplast 66, 639, 641, 642
Phrygana 926
Phycobiline 256, *257*, 525, 544, 621
Phycobiliproteide 256, 544, 621
Phycobilisomen 113, *116*, 256, 544, 621
Phycobiont 596, 598
Phycocyane 256
Phycocyanin 544, 603, 621
Phycocyanobilin 256
Phycoerythrine 256, 603, 621
Phycoerythrobilin 256
Phycolichenes 599
Phycomyces 446, *563*, 564
Phycomyceten 552
Phycoplast 635, 642
Phyllitis 688, *689*, 691, 841
Phyllocactus 769
Phyllocladien *160*, 187, 519, 721, 815
Phyllocladus 721
Phyllodien 207, *209*, 780
Phyllodoce (Ericaceae) 923
Phylloide 233, 234, 600, 613, 647
Phyllom 207
Phylloporus 590
phyllospor 722, 741
Phyllotaxis 173
Phylogenie, Phylogenese, Phylogenetik 473, 474, 475, *517*, **519**, *520*, *526*, 557, 575, 665
Phylogramm *522*
Physalis 755
Physarum, Physarales 551
Physcia 599
Physiologie 9, 526
physiologische Uhr 408, 410
Physoderma 560
Physoplexis (Companulaceae) 909
Phytelephas 754, 823
Phyteuma 807, 907, 923
Phytin 347
Phytoalexine 97, 367, *368*
Phytochelatine 341
Phytochemie 525
Phytochrome 404, 405, *406*, 443
Phytocoenosen s.a. Pflanzengemeinschaften 832
Phytohämagglutinine 301
Phytohormone 384
Phytol 253
Phytolacca, Phytolaccaceae 767
Phytomasse *869*, 886, 888, *891*
Phytopathologie 526
Phytophagen 868, *869*
Phytophthora 554, 556, 594
Phytoplankton 872, 889
Picea 718, *719*, *720*, **720**, 842, 856, *860*, 862, 873, 874, 875, *897*, 898, 904, 906, 910, *911*, 915, 918, 924
Picrasma 784
Pierinae (Raupen als Pflanzenfresser) 526, 885
Pilea 750, 775
Pili 534
–, F- 535
–, Sexual- *491*, 535
Pillenwerfer s. *Pilobolus*
Pilobolus 446, 558, 563, *564*
Pilularia 695
Pilzbefall 884
Pilzblumen 591
Pilze 477, 530, 531, **552**, 554, 826, 827, 850, 853, 868, 870, 880, 881, 884, 885, 891, 898, 901

–, als Krankheitserreger 594
–, als Symbionten 594
–, Anpassung an das Landleben 553, 557, 561
–, aquatische 593, 900
–, auf Insekten 567, 574, 583
–, Begeißelungstypen *554*
–, carnivore 595, *595*
–, fossile 593
–, heterothallische 553
–, Holzzerstörer 593
–, homothallische 553
–, Infektion 594
–, Lebensweise 593
–, Streubewohner 594
–, Symbiosen mit Tieren 594
–, tierfangende *595*
–, Verwendung 591, 593
–, Vorkommen 593
Pilzkrankheiten 594, 884
Pilzkultur 594
Pilzsporen
–, Ausschleudern 466
Pimpernuß s. *Staphylaea*
Pimpinella 790
Pinaceae, Pinales *712*, 716, **718**, 880, 902, 915
Pineto-Vaccinietum 861
Pinguicula 806
Pinidae 710, *712*, **715**, 730
Pinie s. *Pinus*
Pinnularia 610, 613
Pinocytose 344
Pinoideae 718
Pinopsida *712*, 714, *826*
Pinselblumen 749
Pinselschimmel s. *Penicillium*
Pinus 431, 505, 506, *507*, *508*, 512, *699*, *709*, *715*, *716*, *717*, 718, *720*, **720**, 832, *834*, 837, 839, 842, 844, *863*, 874, 875, 878, 882, 898, 904, 909, *911*, *912*, 915, *916*, 917, 922, 924, 926, 927
Pioniere, arktisch-alpine, Pionierpflanzen 746, 841, 874, 923
Pioniergehölze 835
Pionier-Populationen 509
Pionier-Rasen 865
Pioniervegetation 857
Piper, Piperaceae, Piperales 736, 753, 762, 763, *764*, 810, 824, 927, *928*
Pippau s. *Crepis*
Piptoporus 590
Pistacia 784, 906, 926
Pistia 825
Pistill 741
Pisum 488, *489*, 496, *497*, 510, 748, 759, 781, *782*
Pittosporum, Pittosporales 789
Pityales 710
Placenta, Placenten, Placentation 688, 692, *740*, *742*, 761, 787, 789
–, laminale 741, *742*, 812
–, laterale 741
–, mediane 741
–, parietale 741, *742*
–, submarginale 741, *742*
–, zentrale 741, *742*, 767
–, zentralwinkelständige *742*, 778
Plaggen 921
Plagiogravitropismus 449
Plagiothecium 663, *850*
Plagiotropismus 443
planar s. Höhenstufen
Planation 666, *668*

Plankton, Planktonten 644, 872, 888, *889*, 932
Planosporen 552
Planozygoten 478, 552, 628, 637
Plantagen 895, 930
Plantago, Plantaginaceae 746, 754, 758, 806, 810, 894, 895, 897, 913, 920
Plasmalemma 21, 92
Plasmamembran 21, 92
Plasmaströmung 29, 442
Plasmatubuli *92*
Plasmide 491, 496, 532
Plasmodesmen 21, **100**, *101*, 629, *629*
Plasmodialtapetum 668, 680, 692, 737
Plasmodiophora 551, *554*
Plasmodiophoromycota 551, *826*
Plasmodium, Plasmodien 66, *549*
Plasmodium-Actin 439
Plasmodium-Myosin A 439
Plasmogamie 477, *478*, 707
Plasmolyse 89, 325
Plasmon 489, 493, 512
–, Mutationen 494, 495, *496*
Plasmopara 555, 556, 557
Plastiden 28, **111**, 489, *826*
–, DNA (ptDNA) 114, 120
–, Entmischung *490*
–, Genom 119
–, komplexe 127
–, Nucleoide *114*
Plastizität
–, genetische 499, 503, 511
–, modifikative 483, 499, 502
Plastochinon 265
Plastochron 179
Plastocyanin 267
Plastom 119, 489
Plastoplasma 84
Plastoribosomen 73, *119*
Platanus, Platanaceae, Platanen 510, 514, 770, 898, 903, 904, 906, 926
Plattenmeristem 133
Platycerium 691, 695, *696*
Platycladien *160*, 187
Platygloea 577
Platyhypnidium 663
Platymonas 626
Platysiphonia 623, 625
Platyzoma 688, *690*, 691
Plectenchym, plectenchymatisch 231, *235*, *236*, 621, 827
Plectonema 476, 546
Plectostele 193, 671
Pleiochasien 183
pleiotrop, Pleiotropie 495, 504, 510
Pleistocän 907
Plenterschlag 893
Pleodorina 629
Plerom 226
Plesiomorphie, plesiomorph 522
Pleurobasidien 584
Pleurocapsales 546
Pleurococcus 633, *634*, 643, 646, 850
Pleuromeia, Pleuromeiaceae 678, 695
pleuropneumonia-like organisms (PPLO) s.a. Mycoplasmen 542
pleurorrhiz 792
Pleurosigma 611, 613
Pleurotaenium 639
Pleurotus 577, 588, 590, 592
Pleurozium 663, 917

plikat 741, *742*
Pliocän 905, *907*
Plocamium 625
Ploidiestufen 67, *497*, 498, 515, 516
Plumaria 625
Plumbaginaceae, Plumbaginales *525*, 745, 767, 770
Plumula 170, 752, *775*
Pluvialzeiten 907
Poa, Poaceae, Poales 476, *505*, 516, 750, 752, 758, 818, **820**, *821*, 822, 882, **886**, 897, 925
Podaxaceae 590
Podetien *596*
Podocarpus, Podocarpaceae 721, 902, *914*, 931
Podophyllum 810
Podospora 573
Podostemaceae, Podostemales 780, 927
Podsolböden, Podsole *870*, 880, 921, 922
Podsolierung *871*, 872
Pogonatum 657, 662
Pohlia 875
poikilohydre Pflanzen 304, 598, 648
Polarität 407, *423*, 425, 629
Polarluft *870*
Polarotropismus *447*, *448*
Polemonium, Polemoniaceae, Polemoniales 749, 802, 804
Polkerne 744, *751*
pollakanthe Arten 431
Pollen 702, 703, 706, **738**, 745, 746, 749, 759
–, Analyse 899, *913*
–, Bildung 810, 814, 761
–, Diagramm 899, *907*, 911
–, Fegeeinrichtungen 807
–, Formen 759
–, haplogenotypische Vererbung 486
–, Musterbildung *169*
–, Mutterzellen *698*, 699, 702, *703*, 709, 737
–, Niederschlag *834*, *912*
–, Sterilität 110, 495
Pollenblumen 736, 746, 762
Pollenkammer 704, *707*, 723
Pollenkeimung *716*
Pollenkitt *523*, *703*, 706, 731, 737, 738, 748, 750, 760, 761, 770
Pollenkorn *524*, *698*, *705*, 709, *716*, *743*
–, fädliches *813*
Pollenkörner *169*, 523, *699*, 702, 704, 706, *707*, *708*, 709, *731*, 737, **738**, *743*, 748, 750, *751*, 810, 811, 899
–, Äquatorialebene 704
–, distaler Pol 704
–, Luftsäcke 719
–, Polachse 704
–, proximaler Pol 704
Pollenkorntypen s. Pollentypen
Pollenkörper 738
Pollensäcke *699*, **702**, 737, *738*, *740*, 760
Pollensackgruppen 700, *701*, 702, *713*, *724*, *727*, 737, 760
Pollenschlauch, Pollenschläuche 455, *698*, 699, 703, *705*, *707*, *716*, 727, *731*, *742*, *743*, *751*
–, Befruchtung 704, 707, 709, 713
–, Kern 705
–, Zelle *705*, *743*
Pollentetraden 704, 797, *798*
Pollentypen *739*
Pollenzellen *698*, 699, 702, 737, 743
Pollenzonen *911*
Pollinarium, Pollinarien 740, 748, 816, *817*
Pollination 706
Pollinium, Pollinien 740, 800, *801*, 816, *817*
Polsterpflanzen *181*, 865, 922, 931
–, Gesellschaften *888*

Polster-Segge s.a. *Carex* 844, 923
Polsterwuchs *181*
Polyacetylene 778, 784, 786, 787, 789, 798, 807
Polyacrylamid-Gelelektrophorese 383, *383*
Polyaden 740, 780
Polyadenylierung 307
Polyandrie
–, primäre 736, 762
–, sekundäre **736**, *737*, 776, *777*, 798
Polyblepharides, Polyblepharidaceae 627, 642
Polycarpicae 762, *762*, *764*, 776, *777*, 784, 826
polychor 757
Polychytrium 559
Polycormon 179
Polyembryonie 717, 752
Polygala, Polygalaceae, Polygalales 736, 748, *785*, 786, *857*
polygam, Polygamie 702, 746
Polygenie 488, 495, 512
Polyglykanstränge 533
Polygonatum *179*, 736, *814*, 815
Polygonum, Polygonaceae, Polygonales 476, 515, *525*, *743*, 745, *751*, 767, *769*, **769**, 770, 875, 895, 908, 924
Polyhaploide 498
Polyisoprene 365
Polylepis (Rosaceae) *914*, 931
Polymerie 762
polymorph, Polymorphismus 504, 516
Polymyxa 552
Polynucleotide 44, 827
Polypeptide 30
Polyphagus 558, *559*, 595, *595*
polyphil (Blumen) 749
polyphyletisch 520
Polyploidie, polyploid s.a. Ploidiestufen **496**, *497*, 510, 516, *518*, 737, 780, 796, 843
–, Diploidisierung 514
–, Entstehungsgeschichte 514
–, experimentelle Synthese *516*
–, generative 497
–, hybridogene 514
–, somatische 497
–, Verbreitung *516*
Polyploidkomplexe *513*, *515*, 516, 900, 909
Polypodium, Polypodiales 514, *667*, 688, 691, 695, *696*
Polyporus, Polyporales *589*, 590, 593
Polyprenole 364
Polyribosomen s.a. Polysomen 310
Polysaccharidschüppchen 605
polysaprobe Zone 646
Polysiphonia 623, 625
Polysomen 25, 75
Polysphondylium 549
polystelisch, Polystelen 193, 687, 723, 729
polysymmetrisch 733, *734*
Polytaenie 417
Polytoma 490, 627, 646
Polytrichum, Polytrichales 658, *660*, 661, 662, *664*, 665
Pomeranze s.a. *Citrus*, Citrusfrüchte 784
Pomoideae s. Maloideae
Pontederiaceae, Pontederiales 818, 819
pontisch-südsibirisch s. Florengebiete
Pooideae 821
Populationen s.a. Fortpflanzungsgemeinschaften 474, *481*, *482*, 499, 511, 523, *847*, 885, 886
–, Altersaufbau 856
–, struktur 847
–, Stabilität 847
Populationsanalyse 847

Populationsdichte 848, *849*
Populationsentwicklung, Wirkungskreisläufe *849*
Populationsgenetik 480, 525
Populationsgröße 503, 849
Populationskurve *848*
Populationsmodelle, mathematische 505
Populationsschwankungen *890*
Populationsstruktur 503
Populationswachstum 848, *849*
Populophyllum 903
Populus 512, 524, 793, *794*, 863, 873, 904, 918, 915, 924
porat s. Porus
Porengürtel 545
Porenkapseln 755, 756, *766*
Porenvolumen, Boden 872
Poria, Poriaceae, Poriales 587, **588**, 593
poricid s. Fruchtöffnung
Porine 111, *124*, 125
Porling *850*
Porogamie 751
Porphyra 623, 626, 644, *645*
Porphyridium, Porphyridales 623
Porphyrine 525
Porst s. *Ledum*
Portulacaceae 769
Posidonia 812
Positionseffekt 496
positive Kontrolle *314*
postgenital (Verwachsung) 741, 756
Postglazial *907*, *910*, 920
–, Mitteleuropa *834*
–, Pollenzonen 910
–, Vegetations- und Waldperioden 910
Potamogeton, Potamogetonaceae 750, 758, 812, *813*, 909, 918
Potential
–, chemisches 321
–, elektrochemisches 341
–, osmotisches **323**, 327, 876, *877*
Potentilla 495, 516, 778, *779*, 843, 908, 909, 917
Poterium 750
Potetometer *328*, 329
Potoniea 724
Pottia, Pottiales 657, 662, 665
Präcambrium 900
Praetegelen *907*
Präprophase-Band *40*
Präreduktion *71*, 486
Präribosomen 58
Prärien 880, 925
Präsentationszeit 435
Prasinophyceae 626
Prasiola, Prasiolaceae 632, 633, 643, *645*
Prätegelen 907
Präzipitationsreaktion 525
Preiselbeere s.a. *Vaccinium* 798, 917, 922
Prenanthes 873
Primärdünen *920*
primäre Zellwand 94, 99, 100
Primärkern 638
Primärkonsumenten 884, *890*
Primärproduktivität 886, *887*, 888, 891
Primärproduzenten 251, 604, 612, 886, *889*, *890*
Primärtranskript 57
Primärwurzel *811*
Primaten (Frucht- und Samenausbreitung) *757*
Primeln s.a. *Primula* 483, 796
Primexine 738
Primicorallina *526*, 527
Primin 368

Primofilices 683
Primula, Primulaceae, Primulales 483, *745*, 758, **796**, *797*, 907, 909, 915, 917, 921, 923
Principes 823
Prioritätsregel 529
Probasidien, Probasidie 577, 578, 582, 583
Probeflächen 850
Probionta *826*, 827
Procambium 132, *191*
Prochlorophyta 376, **547**, *826*, 827
Procyt 532
Produktionsleistung *893*
Produktionspyramide 887
Produktivität 849, 851, 868, 878, 879, 887, 890, 891, 894, 932
Produktrepression, Regulation 313
Produzenten *868*, 889
Proembryo *708*, 716, 728, 751, 752
Proenzym 317
Progenoten 3, 900
Progressionen *518*, 519, 522, *523*, 843
Progymnospermae, Progymnospermen 527, 686, 702, **710**, 711, 712, 828, 900
Prokarp 622, 625
Prokaryota, Prokaryoten 1, 120, 518, 524, 525, 530, **532**, *826*, 827, 900
–, intracytoplasmatische Membranen *123*
–, Zellbau 120, 532
Prolamellarkörper 115
Prolamine 299
Prolin 395
Prometaphase 63
Promotor, Promotorregion 57, 307, 313
Promycel 578, 579
Propagation 473
Prophage 491, 492
Prophase 61
Propionibacterium, Propionibacteriaceae 542
Propionsäurebakterien 542
Proplastiden 28, 113
Propsilophytopsida 696
prosenchymatisches Zellnetz 660
Protandrie s. Proterandrie
Proteaceae, Proteaceen 748, 782, 882, 904, 931
Proteaephyllum 903
Proteales 782
Proteinabbau, Regulation **315**
Proteinase-Inhibitoren 301
Proteine 30, 701
–, Analysen 525
–, Biosynthese 306
–, Einschlüsse 91, *701*
–, elektrische Eigenschaften 33
–, Molekülstruktur *35*
–, Muster *383*
–, Primärstruktur 30
–, ribosomale 525
–, Sekundärstruktur 33
–, Sequenzieren 31
–, Sequenzvergleich 4
–, Synthese 480
–, Tertiärstruktur 33
Proteinkinase 297, 416
Proteinoplasten 114
Proterandrie 729, *745*
Proterogynie 745, 746
Proterophyticum 900
Proteus *534*, 539
Prothallium, Prothallien 666, *667*, 668, *670*, *672*, *673*, 675, 678, 688, *690*, 692, *693*, *698*, 699, 705, 708, 731, 753

Prothalliumzellen *675, 705, 716,* 743
Protisten 1, 230
Protobionta 530, 647
Protocephalozia 655
Protochlorophyll a 358
Protococcales 630
Protocyten 1, 120, 122, 530
Protogynie s. Proterogynie
Protohyenia 900
Protolepidodendron, Protolepidodendraceae, Protolepidodendrales 671, *673*
Protomeren 36
Protomycetales 566
Protonema 238, 648, 653, 655, 656, 659, *661, 663,* 688
Protonenpumpe 343, 463
proton-motive force (PMF) 437
Protophloem 191
Protophyten 230
Protoplasten 21, *25, 93*
–, Fusion 510
–, nackte 552
Protopteridium, Protopteridiales, Protopterididae 683, 684, *685,* 710
Protosiphon 631
Protosphagnales 666
Protostele 193, 666, 668, *669,* 674, 684, 687, 710
Protosteliomycetes 551
Prototaxites 619
Protoxylem 191
Protozoa 530, *826,* 827
Provinzen, floristische *846,* 917
Prunasin 779
Prunella 758, 876, 877
Prunus, Prunoideae 734, 754, 758, *779,* 780, 885, *896,* 918, 921, 925, 926
Prymnesiophyta 605
Prymnesium, Prymnesiales *605*
Psathyrella 585
Pseudanthien, Pseudanthium 706, 734, 748, 749, 788, 789, 799, 807, 809
–, kopfige 819
–, zwittrige 706
Pseudanthientheorie der Angiospermenblüten 760
pseudoangiokarp 587
Pseudogamie 503
Pseudogley 872
Pseudohydnum 584
Pseudomonas, Pseudomonadaceae 291, 539, **539,** 540, 543, 740, 818
pseudomonomer (Fruchtknoten) *733,* 741
Pseudomurein 536
Pseudomycel 552
Pseudomyrmex 885
Pseudoparenchym 234, 621
Pseudoperidie *580,* 581
Pseudoperonospora 556
Pseudopeziza 572
Pseudoplasmodium 540
Pseudopodium *659,* 660
Pseudosporochnus, Pseudosporochnales 683, 684, *685,* 900
Pseudothecium, Pseudothecien 569, 574, *575,* 598, 600
Pseudotsuga 718, 721
Pseudovikariismus 842
Pseudovoltzia 717
Pseudowintera 740
Psilocybe 590, 592
Psilophytatae *712*
Psilophytatopsida *711*
Psilophyton 527, *669,* 702, 710, 827, 828, 900

Psilophytopsida 519, **668,** 710, *826,* 827
Psilotopsida 519, 522, **670,** *826*
–, Artenzahl 671
Psilotum, Psilotaceae, Psilotales 514, *670,* 671, 697, 698
Psychrophile 749
Psychotria 539, 801
Pterididae 687
Pteridium, Pteridaceae, Pteridales 438, 667, *687,* 688, *689, 691,* 695, 696, 837
Pteridophyta, Pteridophyten 530, 647, **666,** *667,* 695, 696, 706, 709, 710, *826,* 828, 900, *901*
Pteridopsida 683, 684, 695, *826*
Pteridospermae, Pteridospermen 527, 709, 710, *723,* **723,** 741, 760, *901,* 902
Pterocarya 774, 775, *905,* 906, *907,* 909
Pterocephalus 517, *518,* 758
Ptychocarpus 687
Puccinellia 920
Puccinia 579, *580, 581*
Puffervermögen (Böden) 881
Pulmonaria 805, 854
Pulpa 755, 757, 784
Pulque 291
Pulsatilla 512, 756, 758, 766, 842, 912, 920
Pulvinula 571
Puna 931, *914,* Ausschlagtafel
Punica, Punicaceae *783,* 754
Punktkarten 836
Punktmutationen s.a. Mutationen 309
Punktualismus 519
Purine *45,* 46, **357,** 801
Purin-Nucleotid, Biosynthese *357*
Puromycin *313*
Purpuralge 623
Purpurbakterien *123,* 259, 541, 543
Purpurmembran 271
Pusulen 605
Putrescin 300
Puya 931
Pycnidium, Pycnidien 579, *580,* 592, 598
Pycnosporen 580
pyknoxyl 713
Pylaiella 614, 615
Pyramimonas 626
Pyrenoide 113, *601,* 635, *640*
Pyrenophora 575
Pyrenula, Pyrenulales 599
Pyrethrine 363
Pyridinnucleotide 265, 294
Pyridoxalphosphat 300
Pyrimidine *45,* 357
Pyrimidin-Nucleotid, Biosynthese *357*
Pyrodictium 538
Pyrola, Pyrolaceae 754, *798,* 880, 915
Pyronema 567, *568,* 570
Pyrophosphat 245
Pyrophosphatase 349
Pyrophosphorylase 349
Pyrophyten 882
Pyrrhophyceae 603
Pyrus 734, 779
Pyruvat-Carboxylase 302
Pyruvat-Decarboxylase 291
Pyruvat-Dehydrogenase-System 293
Pyruvat-Phosphat-Dikinase 279
Pythium, Pythiaceae 556, *557*

Q-Enzym 276
Quartär 905, *907,* **907,** 910

Quartärstruktur 36
Quarzsand 880
Quassia 784
Quecksilber 898
Queller s.a. *Salicornia* 769, 919
Quellfluren *923*
Quellkörper 321
Quellungsanisotropie 467
Quellungswärme 322
Quendel s. *Thymus*
Quercetalia pubescenti-petraeae 863
Querceto-Carpinetum *861*
Querceto-Potentilletum albae *861*
Quercion pubescenti-petraeae *863*, 917
Quercion robori-petraeae 917
Querco-Fagetea 862, 863, 864
Quercophyllum 903
Quercus 512, 750, 758, 759, *771*, 772, 832, *833*, 836, 848, *851*, 852, 856, 863, 874, 904, *907*, *909*, *911*
- *cerris* 874
- *coccifera* 772, *859*, 926, *927*
- *ilex* 772, *859*, *878*, 906, 926
- *petraea* 772, *878*, 917
- *pubescens* 772, 874, *878*, 912, 917, 926, 927, *927*
- *robur* 771, 772, 832, *834*, 840, 873, 878, 916, 917, 918
- *suber* 772, 926
Quergeißel 603
Querpolarisierung 447
Quetschschleuder 759
quincuncial s. Knospendeckung
Quitte 754, 779, 780; s.a. *Cydonia*
Quotient
-, photosynthetischer 259
-, respiratorischer 301

R-Enzym 296
Rachenblumen 749
Rachenblütler s.a. Scrophulariaceae *523*, 805
Radiärsymmetrie 163, *166*, 734
Radiation, adaptive *518*, 519, 527
Radicantia 851
Radication 223
Radicula 170, 708, 709, 752, *753*, 757, 759, *822*
Radieschen s. *Raphanus*
radioaktive Stoffe 898
Radiocarbonmethode 899
Radiofilum 631
Radiomicellierung 462
Raffinose-Familie 370
Rafflesia, Rafflesiaceae, Rafflesiales 787
Ramalina 599
Ramaria 587, 589
Ramie-Faser s.a. *Boehmeria* 148, 775
Ramonda 338, 806, 905
Randblüten 734
Rangstufen, taxonomische 475, 528
Ranken 216, *217*, 881
Rankenbewegungen 460
Rankenkletterer 190
Ranker *871*, 920
Ranunculidae *712*, 746, *762*, **765**, 767, *777*, 825
Ranunculus, Ranunculaceae, Ranunculales 476, 483, 507, 523, 527, 735, 750, 751, 756, *764*, *765*, 766, *811*, 862, 875, 878, 885, 908, 915, 917, 918, 922, 923
Raoulia 809
Raphanobrassica 514
Raphanus 513, 514, 757, 793, 845
Raphe *610*, *611*, 612, 708, *766*
Raphiden *91*, 810

Raps s.a. *Brassica* 515, 793, *896*, 921
Rapunzel s. *Valerianella*
Rasengesellschaften, alpine 923
Rasenstufe, alpine *916*
Rassen *506*, 529
Rassenbildung
-, geographische 505, *508*
-, Modellversuche 505
-, ökologische 505
Rasterkarten 836, *837*
Räuber 868, *869*, *930*
Raubtiere *887*
Rauchpartikel 897
Rauhblattgewächse s. Boraginaceae
Raumplanung 864
Raumstrukturen, Ökosysteme 887, 888
Raumwedel 683, 684, 685, 686
Rauschgifte 775
Raute s. *Ruta*
Rauvolfia 800
Ravenala 818
Reaktionsholz 104, 451
Reaktionsnormen *482*, 483, 867
-, öko-physiologische 845
Reaktionszentrum 261, 269
Recaulescenz *185*
Receptaculum 587, 591, 691, 732, 734, *768*
Redoxpotential 260
Reduktionismus 7
Reduktionsteilung s.a. Meiose 67
Reduplikation
-, identische 826
-, semikonservative 49, *50*, 480
Reflexion (Strahlung) *873*
Refraktärstadium 435, 460
Refugialräume 840, 842, 906, 909
Regelkreise s.a. Kybernetik, Rückkoppelungen *305*, 849, 877, *890*
Regelmechanismen, photoperiodische 872
Regelungstechnik 305
Regen s.a. Niederschläge *869*
-, »saurer Regen« 898
Regenballisten 758
Regeneration **419**, 855, 865, 884
-, polare *425*
Regenpflanzen 930
Regenschatten 878
Regenschwemmlinge 758
Regenwälder 915, 931
-, Biomasse 929
-, halbimmergrüne, Ausschlagtafel
-, Humus 929
-, immergrüne *928*
-, kühltemperate *864*
-, Nettoproduktivität 929
-, subtropische *914*, Ausschlagtafel
-, temperate, temperierte *891*, Ausschlagtafel
-, tropische 854, *864*, 871, *876*, 879, 886, 888, 889, *891*, 901, *914*, *928*, **928**, Ausschlagtafel
Regenwaldfloren, tropische 904
Regenwürmer *870*, 887
Regenzeiten
-, (Erdgeschichte) 907
-, (Jahreszeiten) 868, *869*, 872, 928
Region, Regionen, floristische s.a. Florengebiete *846*, 914, 915, 917, 923, 924, 926
regnum animale 530
regnum vegetabile 530
Regulation 519

–, Citratcyclus *319*
–, Differenzierung 381
–, Enzymaktivität 315
–, Enzymsynthese 306
–, Glykolyse *319*
–, Grundprinzipien **305**
–, Metaboliten **317**
–, Multienzymkomplexe **318**
–, Populationswachstum *849*
–, Produktrepression 313
–, Proteinabbau 315
–, Substratinduktion 313
–, Transkription 313
–, Translation 315
–, Umwandlung inaktiver Vorstufen 317
–, Wachstum 381
Regulatorgen 313, 495
Regulon 315
Reich (regnum) 529, 530
Reifephase (Baumbestände) *890*
Reiherschnabel s. *Erodium*
reinerbig s. a. homozygot, Hermozygotie 486
Reinkulturen 885, *886*
Reis s.a. *Oryza* 821, *822*, 823, *896*, 930
Reiz, -aufnahme 434
Reizmengengesetz 435, 451
Reizmittel 746, 747, 750, 757
Reizschwelle 435
Rekombination (genetische) 474, 477, 480, 481, 484, 493, 499, 505, 511, 514, 517, 519
–, eingeschränkte *513*
–, extrachromosomale 489
–, interchromosomale 67, 70, 485
–, intrachromosomale 67, *72*, 485
–, parasexuelle 476
–, somatische 500, 502
Rekombinationsrate 486, *489*, **499**, 509
Rekombinationssystem 499, 503
Relief (Klein-, Mittel-, Groß-R.) *850*, 855, *867*, 871, 874, *875*, 878
Relikte, xerotherme 842, 912
Reliktendemismus 906
Reliktendemiten 842
Reliktfundorte 909
remote sensing 304, 865
Rendzina, -Böden 862, 881, 920
Renner-Versuch *334*
Rentiere (Pflanzenfresser) 909, 923
Rentierflechte s. *Cladonia*
Repetobasidien 584
Repetobasidium 577
Replikation (DNA) 49, 306
Replikationsgabel 49, 50, *51*
Replikator 50, 56
Replisom 51
Repressor 313
Repressorprotein 313
Reproduktion (Fortpflanzung) 473
Reproduktionsrate 849
Reptilien 708, 757, 901, 902
–, Ausbreitung (Samen bzw. Früchte) 708, 757
Reseda, Resedaceae 793
Reserpin 800
Reservecellulose 754, 813, 823
Reservefette 297
Reservekohlenhydrate 296
Resistenz 594
Resistenzfaktoren 491
Resistenzzüchtung 595

Respiration, s.a. Atmung *507*, 886
Respirationsrate 506
respiratory assembly 296
Restionaceae 820, 931
Restitutionskerne 497, 514
Restmeristeme 130, 134
Restriktionsendonucleasen 48, 491
Resultantengesetz 445
Resupination 408, 816, *817*
Reticulum
–, endoplasmatisches 26, 85, *86, 87*
–, mitotisches 65
Retroposonen 58
Rettich s. a. *Raphanus* 513, 792, 793
Reuver *907*
reverse Transcriptase 48, 483, 491
Reynold-Zahl 437
Rezeptorproteine 30
rezessiv, Rezessivität (Genetik) 486, *488*, 500
Rhabarber s. a. *Rheum* 300, 770, 926
Rhabdonema 612
Rhachis 207, 695
Rhacomitrium 662, 920
Rhacophyton 684
Rhamnus, Rhamnaceae, Rhamnales 736, 784, *786*, 787
Rheum 769, 770, 926
Rhicidiaceae 558
Rhinanthus, Rhinanthoideae 758, 806
Rhipsalis 769, 841
Rhizidiomyces 554
Rhizine 596
Rhizobien 301
Rhizobium 376, *534*, 540, 780
Rhizocarpon 596, 598, 599
Rhizochrysis 609
Rhizodermis 221
Rhizoide 233, 234, 600, 613, 647, 648, 650, 651, 655, 670
Rhizoidenbüschel 608
Rhizoidmycel 552, 558
Rhizoidzelle 632, 675
Rhizome 172, *179*, **179**, 687, *689*, 814, 815, 817, *819*
Rhizomorphen 553
Rhizomstauden 818
Rhizophor 673
Rhizophora, Rhizophoraceae, Rhizophorales 759, **782**, *783*, *881*, 927, 930
Rhizophydium 552, 558, *559*
Rhizophyten 871
rhizopodial 600, 827
Rhizoplane 341, 373
Rhizopogon 591
Rhizosphäre 341, 373
Rhizostichen 226
Rhodobryum 663, *664*
Rhodochorton 625
Rhododendron 512, 797, 845, *881*, 909, 910, 921, 922, 926
Rhodomicrobium 541
Rhodomonas 603
Rhodophyceae 601, 623
–, Generationswechsel *622*
Rhodophyta, Rhodophyten 621, *826*, 900
–, Artenzahl 622
–, fossile 625
–, Generationswechsel 621
–, Lebensweise 622
–, stammesgeschichtliche Herkunft 625
–, Vorkommen 622
Rhodoplasten 113
Rhodopseudomonas 269, *535*, 541

Rhodopsin 271
Rhodospirillum, Rhodospirillaceae, Rhodospirillales 259, 269, 353, **540**, 541
Rhodosporidium 579
Rhodothamnus 907, 922
Rhodotorula 579
Rhodymenia 625, *645*
Rhoeo, Rhoeadales 792, 819
Rhopalodia 613
Rhus 784, *905*
Rhynchospora 856, *857*
Rhynia, Rhyniaceae, Rhyniales *668, 669*, 697, *702*, 900
Rhythmik 506
–, biologische 408
–, circadiane *409*
–, endogene 409
–, Gezeiten- 408
–, Jahres- 408
–, jahreszeitliche 855, 872
–, Tages- 408
–, tageszeitliche 855, 872
Rhytisma 572, 594
Ribes 757, 758, *778*
Ribonucleasen 248, 525
Ribonucleinsäuren (RNA) 3, 44, **51**
Ribonucleoproteine 51
Ribose *45*
ribosomale RNA (rRNA) 73
Ribosomen 25, 73, 74, 75, 310
Ribulose-1,5-bisphosphat 273
Riccardia 655
Riccia, Ricciaceae 648, *653*
Ricciocarpos 653
Ricin 299
Ricinus 91, *753*, 754, *788*
Rickettsiales, Rickettsien 541
Riedgräser s. *Carex*, Cyperaceae
Riella 648, *650*, 651
Riementange *645*
Rieselfelder 289
Riesenbovist s. *Langermannia*
Riesenchromosomen, polytäne *56*
Riesenstauden *928*
Rifampicin 308
Riffe *891*
Rinde 617, 676, *677*
–, äußere 658
–, innere 658
–, primäre 676
–, sekundäre 700
Rindenbäume 676, 901
Rindenparenchym 192
Rindenzellen 641
Rinder (Pflanzenfresser) *896*
Ringelblumen s. *Calendula*
Ringelborke 205, *207*
Ringelzonen *172, 180*
Rippenfarn s. *Blechnum*
Rippenmeristem 133
Rishitin 367
Rispen *184*, 734, 821
Rispengras s.a. *Poa* 505, 516, 821
Rispenhirse s. *Panicum*
Rittersporn s. *Delphinium*
Rivularia 476, 545, *546*, 547
Ribonucleinsäure (RNA) 44, 73, 483, 493, 525
–, Funktionen 51
–, heterogene 307
–, Hybridisierung 48

–, Prozessieren 58
–, Polymerasen 51
–, Primer 51
–, Sekundärstrukturen *74*
–, Viren *36*, 483
RNA s. Ribonucleinsäure
Robertsonian Fisson, Fusion 497
Robinia, Robinie 782, 833, 884
Roccella *596*, 598, 600
Rodung 894, 895
Rogersia 903
Roggen s.a. *Secale* 746, 821, *822*, 823, *896*, 897, 921, 924
Rohböden *858*, 871, 920
Rohhumus, -böden, -schicht *871*, 872, 879, *880*, 899, 922, *923*
Rohhumuszeiger 881
Röhrenbäume 681
Röhrenblumen 748, 749
Röhrenblüten *808*, 809
Röhrentextur 103
Rohrglanzgras s. *Phalaris*
Röhricht 877, 918
–, mitteltertiäres Braunkohlenmoor *905*
Rohrkolben s. *Typha*
Rohrzucker s.a. *Saccharum* 821
Rohstoffe, pflanzliche 892
Rohzucker *896*, 921
Rosa, Rosaceae, Rosales 513, 516, 526, 732, 734, 736, 746, 748, 752, 755, 756, 758, 770, *778*, *779*, 780, 782, 791, 915, 917
Rosen s.a. *Rosa* 513, 778
Rose von Jericho 468, 676
Rosenäpfel (Bedeguar) 422
Rosenkohl 505
Rosette (Embryologie) 172, *176, 177*, 717
Rosettenpflanzen 843
Rosidae *712*, 736, *737*, 746, *762*, 770, 773, 777, 778, 791, 798, 826
Rosmarinheide 797
Rosmarinus, Rosmarin 807, 926
Rosoideae 778
Roßbreiten 869, *870*
Roßkastanien s. *Aesculus* 754, 785
Rostellum 816, *817*
Rostkrankheiten 579
Rostpilze 479, 482, 506, 579, 582
Rotalgen 478, 479, 480, **621**
–, Verwendung 625
Rotang-Palmen s. *Calamus*
Rotbuchen s.a. *Fagus* 504, 772, 832, *834*, 843, 893, *912*, 913
–, Ausbreitung *912*
–, Postglazial *912*
Rotbuchenmischwald *850, 851*
Rotbuchenwälder 862, 917
Rote Rübe s. *Beta*
Rote Tiden 604
roter Schnee 628, 638
Rotkappe 594
Rotkohl, Rotkraut s.a. *Brassica* 505
Rotlehme
–, lateritische 879
–, Terra rossa *859*
Rotliegendes 710
Rotschwingelwiesen 920
Rottanne (=Fichte) s. *Picea*
Rotwild (Pflanzenfresser) 893
Rozella 558
rRNA s. ribosomale RNA
Rüben 187, 791, 793, *794*

Rubia, Rubiaceae, Rubiales 521, 525, 745, 798, 800, *801*, **801**, *802*, 838, 903
Rubisco 282, 433
Rubisco-Activase 274
RubP-Carboxylase 273, 281
RubP-Oxidase 281
Rübsen s. *Brassica*
Rubus 516, 758, *779*, 780, 843, 856, 881, 917, 923
Ruchgras s.a. *Anthoxanthum* 515, 821
Rückkoppelungen s.a. Kybernetik, Regelkreise 316, 849, 868
–, hydroaktive 464
–, kybernetische 503, 890
Rückkreuzungen 487, 512
Rückmutationen 495
Rückstoßschleuder 759
Rückstrahlung 874
Ruderalfluren 896, 897
Ruderalpflanzen, -sippen 769, 848, 881, 897
Rudimente 481, *733*, 776
Ruhegamet 639
ruhende Zentren 130, 418
Ruhepotential 434
Rumex 501, 514, *769*, 770, 885, 897, 913, 922
ruminat s. Endosperm
Runkelrübe s.a. *Beta* 769
Ruppia 852, 919
Ruscus 519, 815, 926
Rußtau 574
Russula, Russulales 590
Rüster s.a. *Ulmus* 774
Ruta, Rutaceae, Rutales 735, 749, 773, *784*, *784*, **784**, 786, 789
Rütensträucher 729, 781

S-Gene 501, 745
S-Phase 65
Saale *907*, 908
Saatgut, Beizen 579
Saat-Hafer s.a. *Arena* 823
Saat-Weizen s.a. *Triticum* 822, 823
Sabal 904, *905*
Saccharomyces, Saccharomycetaceae, Saccharomycetales 476, *489*, *490*, *565*, *566*, 576, *849*
Saccharomycodes 566
Saccharose 275
Saccharosephosphat-Synthase 275
Saccharose-Phosphorylase 275
Saccharose-Synthase 275
Saccharum 821
Saccoderm 94, 325
Sacculus 533
Saflor s. *Carthamus*
Saftfrüchte 755, 757
Safthaare 656
Saftmale 747, 749
Sägeblättling s. *Lentinus*
Sagenopteris 726
Sägetang 618
Sagittaria 812
Sago 728, 823
saharo-sindisch s. Florengebiete
Saintpaulia 806
Saisonwälder 929
–, halbimmergrüne *928*
Saksenaea 563
Salat s.a. *Lactuca* 896, 921
Salbei s. *Salvia*
Salicin 367
Salicornia 768, 769, 844, *852*, 882, 919

Salicylsäure 304
Salix, Salicaceae, Salicales 512, 514, 524, 749, 750, 777, 792, *793*, *794*, 842, 856, *860*, 904, 908, 909, *910*, *911*, 915, 918, 919, 920, 923, 924
Salmonella 492, 539, 873, *874*
Salomonssiegel s. *Polygonatum*
salpetrige Säure (HNO_2) 494
Salpichlaena 692, 695
Salsola 757, 844
Salvia 736, 747, 748, 749, 758, 807, 873, 884, 912, 924, 925
Salvinia, Salviniceae, Salviniales 692, *693*, 696
Salviniidae 692
Salze, Salzböden *852*, 880, 882, *902*, *920*, 926
Salzdrüsen 373
Salzmarschen *852*, 919
Salzpflanzen s.a. Halophyten 844, 882
Salzresistenz 882
Salzsteppen 926
Salzsucculenz 349
Salzwiesen 921
Salzwüsten 769
Sambucus, Sambucaceae 757, 758, 798, *799*, 856, 881, 897, 918
Samen 676, *699*, 700, 701, **707**, **708**, *709*, 710, *722*, 725, *731*, *752*, *753*, *754*, 755, 756, 757, 758, 759, 781, *792*, *826*, 841, 856, 882
–, Bildung, Entwicklung 698, 751, *754*, 828
–, Größe 754
–, im Boden 847
–, Keimfähigkeit 847
–, langlebige 431
–, sporenartige 817
–, Verlust (durch Tierfraß) 885
Samen- und Fruchtausbreitung 517, *518*, **708**, **757**
–, durch Tiere 885
Samen- und Fruchtbiologie 517, *518*, 708, 757
–, Progressionen 759
–, Spektrum 853
Samenanlagen *699*, *701*, 702, *704*, 707, 708, *712*, *716*, *717*, *725*, *731*, *740*, *741*, **742**, *743*, 745, 750, *754*, 755, *760*, 787, 798
–, Angiospermae 704
–, anatrope *704*
–, atrope 704, 722, *751*
–, campylotrope *704*
–, phylogenetische Entstehung *702*
–, Spermatophyta 704
–, Träger *712*, 760
Samenbärlappe 676, 698
Samenfarne s.a. Lyginopteridopside, Pteridospermen 723, 825
Samenhaare *754*, 758, *795*
Samenkeimung 390, *709*, *753*, **759**, 848
–, Angiospermae 709
–, epigäische 214, *215*, 709, 759
–, hypogäische 214, *215*, 759
–, Spermatophyta 709
Samenmantel s.a. Arillus 754
Samennahe s.a. Raphe 708
Samenpflanzen s.a. Spermatophyta 478, 479, 482, 531, 647, **699**, **707**, **709**, **711**, **712**, 828
Samenproduktion 848, *849*
Samenruhe 394
Samenschale s.a. Testa 699, 708, *709*, *754*, 764
Samenschuppen *699*, *715*, 717, *718*
Samenzapfen 677
Sammelfrüchte 754, 756, 758
–, Balgfrüchte 756
–, Fruchtkörper 551, 573

–, Nußfrüchte 756
–, Steinfrüchte 756, 779
Sammelzygote 478
Sanchezia (Acanthaceae) 736, *747*
Sand, Sandböden 872, *918*, 920, 921
Sanddorn s.a. Hippophae 789, *912*
Sanddünen 882
Sandpflanzen 844
Sandsteppen 921
Sanguisorba 750, 780
Sanicula 854, 862
Sansevieria 815
Santalaceae, Santalales 784, *787*
Sapindaceae, Sapindales *785*, 786
Sapindopsis 903
Saponaria 767, 921
Saponine 363, 796
Sapotaceae 758, 796, 903, 905
Saprobiensysteme 646
Saprolegnia 554, *555*
Saprolegniales 554, *555, 556,* 557
Sapromyiophile 749
Saprophagen *869*
Saprophyten, Saprophytismus 374, 593, 827
Saprovore 868, 871, 889
Sarcina 533, 541
Sarcinen 532
Sarcodon 589
Sarcosphaera 570, 571
Sarcotesta 708, 714, 728, 754, 761, 815
Sargasso-Meer, -See 619, 644
Sargassum 476, *618*, 619, 644
Sarkokarp 755
sarmatisch s. Florengebiete
Sarothamnus 781, 917
Sarracenia, Sarraceniaceae, Sarraceniales 220, 526, 791
Sartroya 569
Sassafras 904, 906
Satureja 807
Saubohnen s.a. Vicia *896*
Sauerhumus 880
Sauerhumusbuchenwald 862, 863, *880*
Sauer-Kirschen s.a. Prunus 779, 780
Sauerklee s.a. *Oxalis* 785, *851*, 873
Säuerling s. *Oxyria*
Sauerstoff
–, frühe Erdatmosphäre 900
–, Kreislauf *879*
–, Luftraum 871
–, Zufuhr 877
Sauerteig 566
Säugetiere 749, 757, 758, 759, 885, 892, **904**
Saugschuppen 326
Saugspannung 324
Säulchen s. Gynostemium
Saurer Regen 898
Säurerhythmus, diurnaler 281
Säurezeiger 881
Saurochorie 708, 757, 758, 902
Sauromatum (Araceae) 304
Saussurea (Asteraceae) 909
Savannen 750, 822, *864*, 881, 889, *891*, 894, 906, 907, 928, **929**, *930*
Saxifraga 778, 907, 908, 909, 923
Saxifragaceae, Saxifragales 777, *778*, 778, 782, 784, 785, 786, 791, 797, 915
Scabiosa 517, *518*, 758, *799*, 920
Scapania 476, *654*, 655
Scenedesmus 630, 631, 643, 646

Schaben (Carbonwälder) 901
Schachblumen s. *Fritillaria*
Schachtelhalmbäume 901
Schachtelhalme 828, 900, 902
Schachtelhalmgewächse 679
Schädlingsbefall, epidemischer 886
Schädlingsbekämpfung 895
–, biologische 898
Schafe (Pflanzenfresser) *896*
Schafgarben s.a. *Achillea* 482, 483, 504, *506*, 511, 512, *513*, 514, 528, 809
Schafwolle *896*
Schalenansicht 610
Schattenblätter 283, 407, 873
Schattenblume s. *Maianthemum*
Schattenpflanzen 856, 873
Schattenresistenz 873
Schattholzarten 873, 917
Scheibenblumen 748, 749
Scheibenblüten 809
Scheidenbakterien 532, 540
Scheidewände (Früchte) 775, *792*
Scheindichotomie 659
Scheinquirl 807
Scheinsprosse 207, *208*
Scheinstämme 207, 818
Scheinwirtel 173
Scheitelgruben 130, 194
Scheitelmeristeme 130, 700
Scheitelwachstum 697
Scheitelwulst 571
Scheitelzelle *130*, 132, 133, *237, 238*, 641, 655, 656, 667, 679, 686, 688, 697
–, dreischneidige 681
–, einschneidige 615
–, Wachstum 623
Scheuchzeria, Scheuchzeriaceae 812, 842
Schichtung (Pflanzengemeinschaften) 854
Schiefblatt s. *Begonia*
Schierling s. *Cicuta*
Schiffchen 780, *782*
Schildblätter 212, *212*, 740
Schildkröten (Samen- und Fruchtausbreitung) 758
Schilf s.a. *Phragmites* 821, 877
Schilftorf *905*, 918, *919*
Schimmelpilze 569
Schirmakazien s.a. *Acacia* 930
Schirmbäume 929
Schirmtannen s. *Sciadopitys*
Schisandraceae 765
Schistostega, Schistostegales *663*
Schizaea, Schizaeaceae, Schizaeales 671, 688, 691, 902
Schizogonie 476, 477
Schizophyllum, Schizophyllales *586*, 589
Schizophyta (Spaltpflanzen) 535
Schizosaccharomyces 565, *566*
Schizothrix 546, 547
Schizotomie 476
Schlafmoos *850*
Schlagpflanzen 881
Schlauch (Ultriculus) 818, *820*
Schlauchblätter 212, *740*
Schlauchthallus 232
Schlauchzone 741
Schlehen s. *Prunus*
Schlehengebüsch *858*
Schleifenblume s. *Iberis*
Schleime 795
Schleimgänge 617

Schleimpilze *29*, 482, 530, **548**, *826*, 827
–, zelluläre 438, 549
Schlenken 919
Schleppgeißel 600, 613
Schleuderfrüchte 468, 785
Schlick 919
Schließfrüchte 754, 755, 756
Schließzellen 140
–, Bewegung *142*, *462*
Schlingpflanzen s. a. Lianen 190, 804
Schlote, hydrothermale 376
Schluckfallen 220
Schluff 872
Schlundschuppen 804, *805*
Schlüsselblumen s. a. *Primula* 796
Schmarotzer s. Parasiten
Schmerzwurz s. *Tamus*
Schmetterlinge (Blütenbesucher) 746, 885
Schmetterlingsblumen 748
Schmetterlingsblüten, -blütler s. a. Fabaceae 780
Schmetterlingsporling s. *Coriolus*
Schmierling s. *Comphidius*
Schnallen *576*, *577*, *585*, 592
Schnallenbildung 585
Schnallenmycel *576*, *578*, 585
Schnappblätter 792
Schnarf, K. 520
Schnee 868, 875, 882
Schneealge 873
Schneeball s. *Viburnum*
Schneebruch 882
Schneedecke 868, *923*
Schneeglöckchen s. *Galanthus*
Schneegrenze *865*, 907, *916*
Schneeschimmel 873
Schneestufe *916*, 922
Schneetälchen 882, *888*, 922, *923*
Schneeverfrachtung 922
Schnittlauch s. a. *Allium* 815
Schnuralgen 645
Schock, osmotischer 325
Schoenoplectus 818, *820*, 918
Schöllkraut s. *Chelidonium*
Schopfbäume 687, 691, 808, *809*, 810, 814, 815, 818
Schorf der Äpfel s. *Venturia*
Schötchen 792, 793
Schote 755, 756, 757, 792, 793
Schraubel *184*
Schraubengefäße *151*
Schraubenpalme s. *Pandanus*
Schraubentextur 103
Schraubentracheiden *103*
Schreckstoffe 438
Schriftflechte s. *Graphis*
Schubgeißel 600
Schülferhaare *142*, 143
Schuppenbäume s. Lepidodendoraceae
Schuppenblätter 700
Schuppenborke *205*, 207
Schuppenhaare *219*, 789
Schuppenwurz s. *Lathraea*
Schütte, der Kiefern 572
Schuttfluren, -halden, -gesellschaften 882, *923*
Schuttkriecher 882
Schuttstauer 882
Schutz vor Austrocknung 106, 198, 695
Schutzeinrichtungen
–, endozoochorer Samen und Früchte 757
–, zoophiler Blüten 706, 734, 740

Schwäche-Parasiten 593
Schwachlichtpflanzen 284
Schwalbenwurz s. *Cynanchum*
Schwammparenchym 136, 213, 671, 674, 688
Schwärmer (Blütenbesucher) 747, 749
Schwarzerden *870*, 880, 925
Schwarzerdesteppen
  s. Ausschlagtafel
Schwarzkiefernwald *866*
Schwarzrost 582
Schwarzwurzel s. *Scorzonera*
Schwebefortsätze 604, 609, 612
Schwebfliegen (Blütenbesucher) 749
Schwefel 347, 881
Schwefelbakterien 259, 541
Schwefeldioxid 897, 898
Schwefelkreislauf *360*
Schwefeloxidation 289
Schwefelpurpurbakterien 259
Schwefelregen 706
Schweine (Pflanzenfresser) 896
Schweinemast 893
Schwellgewebe 466
Schwellkörper (Lodiculae) 821
Schwerelosigkeit 450
Schwerkraft 407
Schwermetalle 882, 897, 898
Schwertlilie s. *Iris*
Schwimmblasen 618
Schwimmblätter 691, 692
Schwimmblattpflanzengürtel 918
Schwimmer (Früchte und Samen) 758
Schwimmfarn s. *Salvinia*
Schwimmgewebe 757, 758
Schwimmkörper 693, *694*
Schwingel s. *Festuca*
Sciadophyton 669
Sciadopitys 721, *905*, 907
Scilla *499*, 815
Scirpus 818, *820*, 918
Scitamineae 818
Scleranthus 767, 881
Sclereiden *104*, 147
Sclerenchyme 147, 671
–, Fasern 147, *148*
–, Platten 688
Scleroderma, Sclerodermatales 577, *589*, 591
Sclerokarp 755, 757
Sclerotesta 708, 714, 728, 754, 757, 761
Sclerotinia 572, *572*
Sclerotium, Sclerotien 553, *574*
Scopolamin 804
Scorzonera 810, 912
Scrophularia, Scrophulariaceae, Scrophulariales 495, *523*, 736, 748, 758, **805**, *806*, *807*
Scutellaria 758
Scutellum 821, *822*
Scytonema 545, 547, 596
Scytosiphonales 614
Secale 514, 821, *822*, 823, 897
Seco-Iridoide 796, 798
second messenger 396
Secotiaceae 590
Sektorialchimären 132
Sedimente 889
Sedum 217, 734, 736, 758, 778, 873, 881, 917, 920
Seegräser s. a. Zosteraceae 812, 919, 931
Seekanne s. *Nymphoides*
Seekreide 547, 879, 899, 918

Seen 872, *891*, 918, 919
-, eutrophe *831*
Seerose s. *Nymphaea*
Seggen s. a. *Carex* 818, 919, 921
Seggentorf *905, 919*
Seide, echte *896*
Seidelbast s. *Daphne*
Seidenraupe 775
Seismonastie 457
Seitenwurzeln *226*, 667
Seitling s. *Pleurotus*
Sekretbehälter 157, 784
-, lysigene *156*, 782, 784
-, schizogene *156*, 789, 791
Sekrete 87, 152, **372**
Sekretgänge *790*
Sekretionstapetum 668, 671, 674, 678, 737, 761
Sekretkanäle *156*, 789
Sekretzellen *152*, 763
Sektion (sectio, sect.) 529
Sektorialchimären 132, 421
sekundäre Pflanzenstoffe, Biosynthese **365**
Sekundärholz 681, 684
Sekundärkerne 638
Sekundärkonsumenten *890*
Sekundärproduktion 886, 887, *887*, 889, 891
Sekundärsporen 577
Sekundärwand 102, 106
Sekundärxylem *682*, 686
Selaginella, Selaginellales 673, *674*, 675, *675*, 676, 695, 697, 702, 929
Selaginellites 676
Selbstableger 759
Selbstausbreitung 756, 758
Selbstbefruchtung s. Autogamie
Selbstbestäubung 502, 706, 745, **746**, 751
Selbstentzündung 304
Selbsterhitzung 543
Selbstinkompatibilität 501
Selbstregulation (Ökosysteme) 868, 885
Selbststerilität 745
-, Gene, Allele 501
Selbststreuer 758
Selbstungsperithecien 573
Selektion 474, 481, 503, **503**, 504, *504*, *505*, 511, 512, 517, 519, 758, 827
Selektionsdruck 885
Selektionskoeffizient 505
Selektionstheorie 3
Selektionswert 494, 504
Selen 339, **348**, 882
Selenicereus 456
self-assembly 34, 273
Sellerie s. *Apium*
Sellerie-Rost 592
Semmelstoppelpilz s. *Hydnum*
Sempervivum 778, *907*
Senecio, Senecioneae 502, *809*, 810, 837, *841*, 856, 913, 923, 931
Senescenz 393, 396, **430**
Senf 792
-, schwarzer s. a. *Brassica* 793
-, weißer s. a. *Sinapis* 793
Senföl, -Glykoside 347, 792, *793*, 885
Senkwasser 326
Sepalen 735
Septalnectarien 742, 810, 813, *814*, 818
septicid s. Fruchtöffnung
septifrag s. Fruchtöffnung
Septobasidiales 583, 584

Septoria 592
Septum, Septen 236, 741, *742*, 775
Sequenzen (DNA) 44, *57*, 498
Sequenzfamilien 32
Sequoia 514, 519, 721, 904, *905*, 907
Sequoiadendron 431, 721, 836, 874
Serie (series, ser.) 528, 529
Serin *31*, 282
Serologie 525, *527*
Seroseme *870*, 880, 926
Serpentin 882
Serpula 590, 593
Serradella s. *Ornithopus*
Serratia 539
Sesamum, Sesam 806, *896*
Sesbania 377
Sesleria 881, 907, 921, 923
Sesquioxid *871*
Sesquiterpene 363
Sesquiterpenlactone 809
Seta, Seten 589, 654, 655, 656, *657*, 660, 661
Setaria 821, 823
Sexine *703*, 738
Sex-Rate 501
Sexualfaktoren *491*
Sexualität 67, 72, 479, 493, 499, 516, 518, 827
-, bisexuelle Potenz 500
-, fakultative 476
Sexualpilus *491*, 535
Seychellen-Nuß s. *Lodoicea*
Sherardia 802
Shigella 539
Shiitake s. *Lentinus*
Shikimisäureweg 777
shuttle transfer 296
Sicheln (Inflorescenzen) 818
Siderocapsaceae 540
Siebelemente *149*, 203
Siebfelder 150
Siebplatten *149*, 235
Siebporen 101, *149*, 150
Siebröhren *149*, 617, 700, 731, 760, 761, 763
Siebröhrenglieder *150*
Siebröhren-Plastiden *701*, 718
-, P-Typ *701*, 762, 767, 780, 787, 810, 811
-, S-Typ *701*, 762, 769, 786
Siebzellen 667, 700, 760
Siedlungen, Siedlungsflächen (Mensch) *891*, 895
Siegelbäume s. *Sigillaria*
Sigillaria, Sigillariaceae 676, 677, 695, 901, *901*
Signal-Rekognitionspartikel 76
Signaltheorie *75*, 76
Silbergras s. *Corynephorus*
Silbergrasfluren 921
Silberwurz s. *Dryas*
Silencer 57
Silene 483, 488, 500, *501*, 512, 746, 748, 749, 767, 768, *881*, 908, 923
Silenoideae 736, 767
-, Vesikel 610
Silicatböden 881
Silicate, Silicatgestein 844, 879, 923
Silicium 348
Silicoflagellata 609
Silt 872
Silur 900
Simarouba, Simaroubaceae 784
Simmondsia 787
Simsen s. *Juncus*

Simsenlilie s. *Tofieldia*
Sinapis 793, 845, 875, 896, 913
Singulett-Sauerstoff 268
Singulett-Zustand 262
Sinnesphysiologie blütenbesuchender Tiere 747
Sinnpflanze s. *Mimosa*
Sinopteridaceae 691
siphonal 601
Siphonales 478, 480, 507, *636*, *637*, 643
–, Generationswechsel 637
Siphonein 637
Siphonoblastem 232
Siphonocladal 601
Siphonocladus 636
Siphonogamie 707, 713, 715
Siphonostele 193, 674, 676, 679, 687
Siphonoxanthin *601*, 637
Sippen 473, *474*, 475, 506, 519, *520*, 523
–, Abgrenzung 511
–, Zusammenhalt 511
Sippenbildung 509
–, Divergenz/Konvergenz 503, *520*
–, hybridogene 520, 896
–, polytope 838
Sippendifferenzierung
–, raum-zeitliche 842, *844*, 925
Sippenphylogenie 520
Sippenstruktur, verschachtelte 506
Sirenin 439
Sirohäm 351
Sisal, Sisalhanf s. a. *Agave* 815, *896*
Sistotrema 577
Skelettfraß *870*
Skeletthyphen *587*
Skotatropismus 449
Skujapelta 547
Smilax, Smilaceae 815, 906, 926
Smog 898
Sneath, P. H. A. 520
Sodaböden 881
Sog 334
Soja, Sojabohnen 782, *896*
Sokal, R. R. 520
Solanum, Solanaceae, Solanales *173*, 515, 802, *803*, *804*, 885
Soldanella 514, 796, 907, 909, 922, 923
Solenoide 53
Solenopora 625
Solereder, H. 520
Solidago 913
Solifluktion 882
Solorina 597, 599
Sol-Zustand 321
Somatogamie 478, 553, 568, 571, 577, 580, 827
Somazellen 158
Sommerdürre *869*
Sommergrüne, sommergrün 507, *878*
Sommersporen 581
Sommertrockenheit 844
Sommerwurz s. *Orobanche*
Sonnenblätter 283, 407, 873
Sonnenblume s. a. *Helianthus* 177, 810, *896*
Sonnenflecken 285
Sonnenstrahlung 252, 867, *887*, 897
–, Gewässer *872*
–, Spektrum 253
Sonnentau s. *Drosera*
Sonneratia, Sonneratiaceae 782, *881*, 930
Sorale 598
Sorbus 516, 779, *833*, 874, 917

Sordaria 573
Soredien 476, *597*, 598
Sorghum 821, 823, 873
Sorte (cultivar) 529
Sorus, Sori 615, 683, 686, 688, *689*, 691, 692, *695*
Sorushöhlen 695
Sorussäckchen *695*
Soziationen 861
spacer 58
Spadiciflorae 823
Spadix 823, 824, *825*
Spaltkapseln 756
Spaltenapparate 141
Spaltenapparatzellen 140
Spaltenpflanzen 920
Spaltfrüchte 755, 756, *757*, 789, *790*, *792*, 801, *802*
–, Schoten 793
Spaltöffnungen *137*, 138, **140**, 647, 648, 649, 656, *658*, 661, 667, 679, 814, 818, 821, 827, 876
–, Bewegungen *140*, *141*, **461**
–, Funktionstypen 141
Spanisches Rohr s. a. *Calamus* 823
Spanner (Blütenbesucher) 885, 886
Sparganium 819, 915, 918
Spargel s. *Asparagus*
Sparmannia 796
Spartina (Poaceae) 514
Späteiszeit, Spätglazial 907, 908, *910*, *911*
Spatha *747*, 748, 823, *824*, *825*
Spätholz 199
Spättertiär 842
Specht (Frucht- und Samenausbreitung) 772
Species (Art) *474*, 475, *528*
Speicherbast 204
Speichergewebe 752, 753
Speicherlipide 78
Speicherparenchyme 136
Speicherproteine 92, 299
Speichersplint 203
Speicherzellen 652
Speierling s. *Sorbus*
Speisepilze 571, 590, 591
Spelt s. *Triticum* 822
Spelzen 820, 821
Spergula 767
Spermakerne 751
Spermatangien 477, 567, 600, 621, 624
Spermatiden 675, 692
Spermatium, Spermatien 477, 567, *580*, 621, *623*, 624, 625
spermatogene Fäden *642*
–, Zellen 675, 692, *693*, *705*
Spermatogonien 477, 600
Spermatophyta, Spermatophyten 519, *526*, 530, 647, **699**, 754, *826*, 828
–, Abstammung 709
–, Bestäubung 706
–, Blüten 701
–, Fossilfunde 710
–, Gametophyten 704
–, Generationswechsel *699*, 709
–, Kernphasenwechsel *699*, 709
–, Samenanlagen 704
–, Samenkeimung 709
–, Stammbaum *712*
–, Stammesgeschichte 710, *712*
–, Staub- und Fruchtblätter 702
–, Systematik 710
–, Vegetationsorgane 700

Spermatozoid, Spermatozoiden s.a. Spermien 477, 628, 641, *642*, 648, *670, 672, 675, 678*, 689, *690*, 692, *695, 698*, 699, *705, 707*, 708, 709, *713*, 727, 731
Spermatozoidbefruchtung 704, 707, 713, 723
Spermazellen 477, *698*, 699, 705, 707, *716*, 731, *743*
Spermien s. Spermatozoiden
Spermogonien 579
Sperreffekt s.a. Musterbildung 177, 421
Sperrkraut s. *Polemonium*
Spezialisation, Spezialisten 519, 746, 749
–, edaphische 506
Sphacelaria, Sphacelariales 476, 614
Sphaeriales 572, *573*
Sphaerobolus 589, 591
Sphaerocarpos, Sphaerocarpales *448*, 484, 500, *501, 650*, 651
Sphaerophorus 599
Sphaeroplea 636
Sphaeropsidales **592**
Sphaerotheca 570
Sphaerotilus 533, 540
Sphagnetum 861
Sphagnidae 658
Sphagnion *863*, 918
Sphagnum, Sphagnaceae 658, *659*, 663, *857, 860*, 909, 919
Sphagnum-Moore, -Hochmoore 918, 919
Sphagnum-Torfe 919, *919*
Sphärosomen s.a. Oleosomen 297
Sphenophylle 901
Sphenophyllum, Sphenophyllales 679, *682, 901*
Sphenopsida 679, 828
Sphenopteris 724
Sphingophile 749
Spiegelsymmetrie 163
Spinacia, Spinat 769
Spindelapparat 64
Spinnen (Carbon) 901
Spiraea, Spiraeoideae 756, 778, *779*
Spirillen 532
Spirillum, Spirillaceae, Spirillales *533*, 534
Spirochaeta, Spirochaetaceae, Spirochaetales 540
Spirodela 825, *884*
Spirodistichie 175
Spirogyra 115, 502, 639, *640*, 646
Spirostichen 175
Spirotaenia 638
Spirre (Inflorescenz) *184*
Spirulina 546, 547, 646
Spitzenmeristem 418
Spitzenwachstum 100, 726
Splachnum 663, *664*, 665
splicing 307
Splintholz 203
Spongiochloris 631
Spongomorpha 636
Sporangium, Sporangien 477, *667, 669*, 671, 688, *691, 698*, 700, 702, 704, 709
–, abschießen 466
–, Behälter 692, 695
–, Gruppen *711*
–, Stellung *673*
–, Träger 702
–, uniloculäre 613, 616, *617*
Sporangiolen 563
Sporangiophoren 679
Sporen 477, 523, 552, *698*, 703, 706, 827, 899
–, Ausbreitung 587
–, Ausbreitung durch Insekten 591, 665
–, auskeimende 577

–, Mutterzelle 668, *698*
–, Tetraden *669*, 671
Sporenpflanzen 531
Sporenraum 661
Sporenruhe 402
Sporidien 578
Sporne (Blüten) *524*, 736, 792, 816, *817*
Sporobolomycetaceae 566, 579
Sporochnales 614
Sporocytophaga 540
Sporoderm 106, *703*
Sporodinia 562, *563*
Sporodochien 592
Sporogon 648, 649, *652*, 653, 660, *698*
–, Entwicklung 657
–, Fuß 657, 658, *659*
Sporogonites 666, 696
Sporokarp *695*
Sporolactobacillus 542
Sporophylle 668, 671, 672, 676, 679, *684*, 688, 690, 692, 700, 711
Sporophyllstände 668, 671, *674*, 680, 700, 701
Sporophyllzapfen 676, *677*, 678
Sporophyt, Sporophyten **479**, 480, 697, *698*, 699, 701, 709, *731*, 827, 828
Sporopollenine 703, 738
Sporosarcina 542
Sporo-Trophophylle 722, 723
Spreizklimmer 190, 679, 681, 695, 696
Spreublätter *808*, 809
Springkräuter s. *Impatiens*
Springschwänze (Laubstreu) *870*
Spritzgurke s.a. *Ecballium* 759, 794
Sproß *171*, 699, *711*, 828
–, Achse **171**, 187, 191
–, Berindung *208*
–, Dornen 188, 780
–, Folge 183
–, Knollen 187
–, Mycel 552
–, Parasiten 190
–, Pflanzen s.a. Cormobionta, Cormophyten 699
–, Pol 700, 708
–, Ranken 188, 787, 792, 793
–, Scheitel *132*, 700
–, Stecklinge 426
–, thallusähnlicher 780
–, Vegetationspunkt *131*, *133*
Sprossenkohl s.a. *Brassica* 505
Sprungschicht *872*
Spülsaum *920*
Spurenelemente 338
Stäbchen, sporenbildende 542
Stabilisierung, Stabilität 849
–, bei Hybriden 512
–, genetische 499, 503, 511, 512, 517
Stachelbeere s.a. *Ribes* 778
Stacheln 188, *189*, 885
Stachys 807
stachyspor 713, 722, 729, 741
Staminodium, Staminodien 733, 737, *788, 806*, 816, *817, 819*
–, corollinisches 818
Stammbaum 474, 475, *520, 522*
Stammblütigkeit s. Cauliflorie
Stammesgeschichte s.a. Phylogenie 474, 520, 530, 840, *844*, 89
–, reticulate 528
Stammformen, -sippen 520, 522
Stammscheitel 666, *691, 693*
Stammsucculente, Stammsucculenz 187, *189*, 504, 769, 787, 80

Stammzellen 130, 196
Stamnostoma 725
Standorte 832, 834, 855, *860*, 867
-, exponierte 875
-, xerotherme *877*
Standortfaktoren 349, **843**, 859, 865, 867, *867*
Standortlehre 832
Standortsdifferenzierung 865
Standortskomplexe 855
Standweide *895*
Stangeria, Stangeriaceae 726, *727*
Stanhopea 817, 818
Stapelia, Stapelien, Stapelieae 800, 930, 931
Staphylea, Staphyleaceae 785
Staphylococcus 505, *533*, 541
Stärke 115, *117*, **275**, *601*, 626, 701, 754, 781, 798, 804, 813, 818
-, Abbau 296
-, Bildung *276*
-, transitorische 276
Stärkeknollen 892, *896*
Stärkekörner 115, *118*
Stärkephosphorylase 276
Stärkesynthase 276
Stärkewurzeln *896*
Starklichtpflanzen 284
Start-(Initiations)-Phase 311
Stasigenese 518, 527, 763
Statice 770
Statolithenstärke 452, *453*
Staubblattbewegungen 458
Staubblattbündeln *791*
Staubblätter *699*, 700, 702, 726, *727*, 731, 732, 733, 735, **736**, *738*, 740, 746, 748, 750, 760, 761, *819*
-, Entwicklung 737, *738*
-, explodierende *466*, 775
-, gespaltene *773*, 774, 796
-, petaloide *728*, 737
-, sekundäre Vermehrung 736, *737*
-, Spaltung 737
-, Verwachsung 737
Staubbrand 578
Staubfaden 737
Stäublinge 591
Stauden 181, 843, 894, 897, 924
-, epiphytische 816
Staurastrum 639, 646
Stauropteris 684, *685*
Stebbins, G. L. 520
Stechapfel s. *Datura*
Stechginster s. *Ulex*
Stechpalme s. a. *Ilex* 797, 844
-, Verbreitung *845*
Stecklinge 476
Steigungsregen 878
Steinbeeren 757
Steinbrand 579
Steinbrech s. *Saxifraga*
Steinfrüchte 755, 756, 757, 758, 779, *798*, 799, 801, *802*, 823
Steinkern 775, 779, *800*
Steinkohle 900
-, Bildung 676
-, Wälder 679, 900, *901*
Steinobst, -gewächse 756, 779
Steinpilz s. *Boletus*
Steinzellen *104*, 147, 779
Stelärtheorie 193
Stele 193

Stellaria 515, 767, 768, *851*, 897
Stelzwurzeln 227, *228*, 782
Stemonitis, Stemonitales *550*, 551
Stempel 741
Stengel s. a. Sproßachsen 821
stenohydrische Arten 324
stenök 885
step down response 440
step up response 440
stephanocolpat, -porat *739*
Stephanodiscus 612, 646
Stephanopyxis 611
Stephanosphaera 627, *628*, 629
Steppen, -gebiete, -gesellschaften, -vegetation 750, 822, 863, *864*, *870*, *876*, 880, 881, 888, 889, *891*, 894, 906, 907, *908*, 912, *914*, 922, 924, 931, Ausschlagtafel
-, holarktische 925
-, Würm-Kaltzeit *908*
Steppenroller 757, 758
Steppenwälder *866*
Steppen-Wüstengürtel 915
Sterculiaceae 796, 905, 927
Stereaceae 588
Stereiden 658
Stereocaulon 599
Stereom 147
Stereospezifität 439
Stereum 586, *587*, 588
Sterigma, Sterigmen 569, 576, *585*, *588*
Sterilität 510, 512, 516
Steroidalkaloide 815
Steroidhormone 814
Steroidsapogenine 810, *812*, 814, 815
Sterole 396
Sterollipide *125*
Stewartia 905
Stichochrysis 609
Stickoxide 897
Stickstoff **346**, 878, 881, 896
-, Fixierung *354*
-, Gleichgewicht *352*
-, Kreislauf 359
-, Speicherung 356
Sticta *597*, 599
Stiefmütterchen s. *Viola*
Stieltellerblumen 748
Stielzelle *705*, *716*, 731, *743*
Stigeoclonium 633, *634*
Stigma 113, 626
Stigmarien 676
Stigmatomyces 567
Stigonema, Stigonematales 545, *546*, 547
Stillwässer 918
Stinkbrand 579
Stinkmorchel s. *Phallus*
Stipa, Stipeae 758, 759, 821, 874, 912, 920, 924, *925*
Stipel, Stipulae s. a. Nebenblätter 207
Stipulardornen *209*
Stipularzelle 641
stöchiometrische Regulation 317
Stockrose s. *Althaea*
Stockschwämmchen s. *Kuehneromyces*
Stoffausscheidung 372
Stoffkreisläufe, -flüsse (Ökosysteme) 868, 889
Stoffproduktion *878*, 886
Stoffumsatz 890
Stoffverluste 886
Stoffwechsel 349, 430, 826, 827, 884
Stolonen 172

Stoma, Stomata 138, *140*, **140**, 877
–, Entwicklung 141
Stomium 469, 688, *691*
Storchschnabel s. *Geranium*
Störlicht 413
Strahlblüten 809
Strahlengenetik 480
Strahlenpilze s. Actimomycetes
strahlig (Blütensymmetrie) 733
Strahlung 252, 283, *867*, *870*, **872**
–, ionisierende 494
–, temperate *873*
Strandflieder s. *Statice*
Strandhafer s. a. *Ammophila* 920
Strandquecke s. a. *Agropyron* 920
Strandroggen-Strandhafer-Gesellschaft 853
Strasburger-Zellen 150
Stratifikation 390, 401
Stratiotes 812, 918
Sträucher 184, *185*, 701, 852, *873*
Strauchflechten 597, 599, 921
Strauchformationen s. Ausschlagtafel
Strauch-Halbwüsten *928*
Strauchschicht 853
Straußfarn 692
Straußgras s. a. *Agrostis* 821, 918
Streckungsgeschwindigkeit 415
Streckungswachstum 128, 129, **386**
Streifenborke 205, *207*
Strelitzia 818
Strepsitän 70
Streptocarpus 513, 806
Streptococcus, Streptococcaceae 535, 541
Streptomyces, Streptomycetaceae *533*, 542
Streu 871, *887*, 889, 921
Streudiagramme 510, 512, *513*, 514
Streufrüchte 756
Streutextur 102, *103*
Streuwiesen *860*, 895
Striga (Scrophulariaceae) 408
Strohblumen s. *Helichrysum*
Strohtunica 882
Stroma 573
Stromamatrix 113
Stromathylakoide *113*
Stromatolith 3, 547
Stromatopteris 671
Strömungswiderstand 332
Strophanthus 754, 800, *801*
Strophiole 754
Strukturgene 306, 493
Strukturheterozygote, -heterozygotie *497*, 516
Strukturhybriden, permanente 513
Strukturlipide 78, 363
Strukturpolysaccharide 94
Strukturproteine 30
Strukturrasen 882
Strychnin 800
Strychnos 800, *801*
Stylites 678, *678*
Styrax, Styracaceae 770, 796, 906, 909
subalpin s. Höhenstufen
Subatlantikum *911*, *912*
subatlantisch s. Florengebiete
Subboreal *911*, *912*
Suberin 106, *106*, 329
Subgleba 591
Subhymenium *588*, 590
submediterran s. Florengebiete

submeridional s. Florenzonen
submonten s. Höhenstufen
subviral s. Höhenstufen
Subspecies s. a. Unterart 474, 475, *528*
Substratinduktion
–, Regulation 313
Substratkettenphosphorylierung 291, 294
subtropisch s. Florenzonen
Succinat 298
Succisa 517, *518*
Succisella 518
Succulenten *864*, 929
Succulentenformationen, -wälder, Ausschlagtafel
Succulenz 187, *189*, 216, *217*, 695, 769
Suchrhizoide 558
südhemisphärisch s. Florenreiche
Südkontinente 901
Sukzessionen *831*, 847, **856**, *857*, *858*, 865, 873, 880, 884, 889, 890, 920
Sukzessionsreihen 847
sulcat, Sulcus 704, *739*
Sulfat-Atmung 360
Sulfatreduktion 360
Sulfolobus, Sulfolobales 538
Sulfonamide 246
Sümpfe 888, *891*
Sumpfpflanzen 758, 812, 877
Sumpf-Porst s. *Ledum*
Sumpfwälder, mitteltertiäre *905*
Sumpfwiesen 921
Sumpfzypresse s. *Taxodium*
Super-Gene 500
Superoxid-Dismutase 268
Superoxidradikal-Anion 268
superponiert 732
Suppressor-Mutation 495
supraspezifische Taxa 529
supratectat 738
Surirella 613, 646
Suspensionskultur 15
Suspensor 129, 562, 672, 675, *708*, 716, *717*, 728, *751*, *752*
Süßgräser s. a. Poaceae 820
Süßholz s. *Glycyrrhiza*
Süßkartoffel s. *Ipomoea*
Süß-Kirschen s. a. *Prunus* 779, 780
Süß-Lupine s. a. *Lupinus* 782
Süßwasser 874
Süßwasseralgen 645
Süßwasserbewohner 507
Svedberg-Einheit 21, 533
Symbionten 631, 646, 665, 778, 884, 886
–, intrazelluläre 125
Symbiosen **375**, *849*, 882, 884, 885, 901
–, cyclische 377
–, Flechten 375, 597
–, mit Ascidien 376, 547
–, mit Blaualgen 376, 547
Symmetrie **163**, *166*, *167*, 168
–, Blüten s. a. Blütensymmetrie 732
Symmetrieebenen 733
sympatrisch 509, 517, 526
sympetal, Sympetalie 736
Sympetalae 753, 777, 793, **798**, 826
–, Pentacyclicae 718, *762*, 776, *796*
–, Tetracyclicae *762*, 796, 798
Symphyogyna 650, 654
Symphytum 805
Symplast 21
symplikat 741

Symplocaceae 905
Symplocarpus 296
sympodial, Sympodium 182, 700, 728, *803*, 804
Symport 342
Synandrae 807
Synangium, Synangien *670*, 686, *687*, 724, 737
Synapomorphie *522*
Synapsis 69
synaptischer Komplex *69*
synascidiat 741
Synchronkulturen 410
Synchytrium, Synchytriaceae 558
Syncotylie 810
Syncytien 67
Syndese 69
syndetocheile 728
Synechococcus 546, *874*
Synedra *610*, 613
Synergiden *743*, 744, *751*
Synflorescenz 183
Syngamie 67, 72, 476, 477
synkarp 741, *742*
Synökologie 10, 832
synökologische Amplitude 867
Synonyme 529
synsepal, Synsepalie 736
syntepal, Syntepalie 736
Synura *608*, 609, 646
Synusien *850*, 863
Synzoosporen 608
Syracosphaera 605
Syringa 799, *800*
System, Systematik, Systeme 9, 473, 519, 523, 759
–, evolutionäre 527
–, formale *528*, 531
–, hierarchisch-taxonomische 475, 527
–, kladistisch-phylogenetische 528
–, künstliche *528*, 531
–, natürliche 519, 527, 531
–, numerische 520, 521
–, phänetische 528
–, phylogenetische 528, 531
–, synthetische 527, 528
Syzygium 749, 782, *783*

Tabak s. a. *Nicotiana* 515, 892, *896*
Tabakmarkcallus-Test 393
Tabak-Mosaik-Virus (TMV) *5*, 309, 494
Tabellaria 610, 613
Taeniocrada 669
Tageslänge 410
Tageszeitenklima 868, 928
Tagetes 810
Tagfalter, Tagfalterblumen 749
Taiga *870*, 923
Takakia, Takakiales *654*, 655
Talaromyces 569
Tamarix, Tamaricaceae, Tamarisken 792, 793, 930
Tamus 814
Tanacetum 926
Tange 613
Tannen s. a. *Abies* 718, 893, 912, *913*, *916*, 917
Tannenwälder, T.-Buchenwälder *852*, *861*, *866*
Tannenwedel s. a. *Hippuris* 131, 806, 837
Tannine 367, 770
Tapetum 668, 702, *703*, 737, *738*
Taphrina, Taphrinales 422, 566, *567*, 579
Taphrinomycetidae 566, 576
Tapioka-Stärke (*Manihot*) 789

Taraxacum 516, 810, 841, 843, 894, 895, 909
TATA-Box 57, 315
Taubenschwanz (Blütenbesucher) 747
Täublinge s. *Russula*
Taubnessel s. *Lamium*
Tau-Faktor 40
Täuschblumen 509, 747, 749
Tausendfüßler (Bodenleben) *870*, 901
Taxon *474*, 475, *521*, *528*, 529, 530
Taxaceae, Taxidae *712*, *716*, **721**, 902
Taxien 437
Taxin 722
Taxodium, Taxodiaceae **721**, 902, 904, *905*, 906, *907*
Taxol 40, *41*
Taxonomie s. a. Systematik 9, 473, 475, **527**, 529
taxonomische Einheiten *528*
Taxus 705, 721, *722*, 917
Teakholzbaum, *Tectona* 203, 807, 929
Tectum *703*, 738, *739*
Tee, Teestrauch s. a. *Camellia* 791, *896*, 930
Tegelen *907*
Tegiticula 747
Tegmente 180
Teichonsäure 124, 541
Teichrose s. *Nuphar*
Teich-Schachtelhalm s. *Equisetum*
Teil-Biocoenosen *850*
Teilblume 706
Teilblütenstände *773*
Teilfrüchte 754, 755, 756, *757*
Teleomorphe 553
Teleonomie 7
Teleutosporen *581*
Teleutosporophyt 480
Telome 647, 666, 668, 684, 688, *702*, 710, *711*, 713, 723
Telomeren 56
Telomtheorie 666, 671, 683, 684
–, Elementarprozesse *668*
Telophase 63
temperat s. Florenzonen u. Klima: gemäßigt
Temperaturen 287, *399*, 843, 865, 868, *873*, *875*, 887, *888*
–, Anpassungen 288
–, empfindliche Phasen 403
–, Extreme 868
–, Grenzen *250*
–, Kardinalpunkte 399
–, Koeffizienten 399
–, Latenzgrenzen 874
–, Letalgrenzen 874
–, Maxima 288, 399, *869*
–, Minima 287, *869*
–, Optima 287, 874
–, Resistenz 400, *401*
–, Schäden 874
–, Schichtung (Gewässer) *872*
Tendenzmerkmale 521
tenuinucellat 742
Tepalen 735
Teppichpflanzen 865
Teratome 433
Terebinthales 785
Terminationsphase 312
Terminatorcodon 309
Termiten (Pflanzenfresser) *930*
Termitomyces 590, 594
Terpene, Terpenoide *364*, 703
Terpentine 717
Terra rossa *859*, 926
Tertiär 832, 904

Testa *699*, 708, *731*, *753*, 754, *757*, 815
Tetracentron, Tetracentraceae 736, 770
Tetracyclicae 753, *777*, *798*, 826
Tetracycline 369
Tetraden 479, 669, *739*, 740
Tetradenanalyse 484, *485*, 816
Tetrameiosporen 621
Tetraphis, Tetraphidales 476, 661, 663, *664*
tetraploid, Tetraploidie 498, *515*, *516*
Tetrapyrrole 358
tetraspor tetrasporisch 730, *744*
Tetrasporales 630
Tetrasporophyt 479, 480, 621, *622*, *623*
Tetrastichia 700, 702, *723*
Tetraterpene 364
Tetraxylopteris 684, 710, *711*
Teucrium 807, 881, 920
Teuerling s. *Cyathus*
Teufelskrallen s. *Phyteuma*
Teufelszwirn s. *Cuscuta*
Textur 102
Thalictrum 750
Thallochrysis 609
Thallophyten 230, 232
–, terrestrische 876
Thallus, Thalli, thallös 162, *826*
–, siphonaler 558
Thalluspflanzen 230, 851
Thamnidium 563
Thamnolia 596, 597, 599
Thea s. *Camellia*
Theaceae Theales 525, 736, *791*, 796, 797, 905
Theca, Thecen 737, *738*, 748, 796
Thecospora 526
Thelephora, Thelephorales 589, 590
Thelypteris, Thelypteridaceae *690*, 691
Theobroma 795, 796, 929
Theobromin 796
Theophrastaceae 796
Thermoactinomyces 542, 543
Thermodinese 442
thermoelektrische Methode 332
Thermofilum 538
Thermomonospora 542, 543
Thermonastie 456
Thermoperiodismus 400
Thermophilie 543
Thermoplasma 538
Thermoproteus 538
Thermotaxis 441
Thermotropismus 456
Therophyten 181, 695, 841, *853*, *854*, 856, 882, 889, *914*
Thesium 787
Thiamin 291
Thiaminpyrophosphat *292*
Thigmomorphosen 408
Thigmonastie 460
Thigmotaxis 441
Thigmotropismus 455, 461
Thiobacillus 289, 540, 543
Thiocapsa 541
Thiokinase 298
Thiospirillum 541
Thiothrix 289, 540
Thlaspi 758, 793, 922
Thraustochytridiales 557
Thraustotheca 554, *555*
Thuja 721, 898
Thylakoide 28, 111, *114*, *262*, *266*

Thylakoidstapel 113, *607*
Thyllen 203, *203*
Thymelaeaceae, Thymelaeales 789
Thymian, *Thymus* 702, 807
Thysanopteren (Blütenbesucher) 749
Tieflandsfloren 915
Tieftemperaturen 844
Tiefwurzler 876
Tierausbreitung (Samen bzw. Früchte) 708, 756, 757
Tierballisten 758
Tierbestäubung 702, 729, 733, 735, 761, 826
Tierblumen 746, 748
Tierblütigkeit 706, 745, **746**, 747, 813, 819
Tiere 8, 530, 734, 746, 747, 822, 827, 885, *887*, *889*, 891, 899, 900, 901, 902, 904, **904**
–, herbivore 884
–, in Carbonwäldern 901
–, in Tropenwäldern 929
–, phytophage 884
–, Pilze 595
–, tierfangende Pflanzen s.a. Carnivore, Insectivore 219, 380, 791, 806, 868, 886
–, Wechselwirkungen mit Pflanzen 884
–, Zellbau 9
Tierfraß 885, 886, 929
Tierlosung *870*
Tiermasse 871
Tilia, Tiliaceae 748, 750, 757, *795*, 796, *833*, 863, 874, 904, *907*, *911*, 917
Tillandsia 281, 818, *905*
Tilletia, Tilletiales *578*, 579
Timmia 662
Tintenfischpilz s. *Anthurus*
Tintenstriche 547, 646
Tintling s. *Coprinus*
Ti-Plasmid 432
Tmesipteris *670*, 671
Tofieldia 815
Tollkirsche s. *Atropa*
Tolypothrix 545, 547
Tomaten s.a. *Lycopersicon* 754, 804, *896*, 921, 931
Tomatin 364
Tomentella 589
Ton, Tonböden *871*, 872
Tonerde 879
Ton-Humuskomplexe *870*, 872
Tonmineralien 340, 872, 879
Tonoplast 27, 90
Tonus 435
Topinambur s.a. *Helianthus* 810
Topo-Cline 506
Topoisomerasen 49
Topo-Phototaxis 440
Topotaxis 437
Torfe 871, 889, 899, 918, 919
Torfbildner 819
Torfmoose s.a. *Sphagnum* **658**, 919
Torreya 716
Tortula 662, *664*, 665
Torulopsis 593, 595
Trabeculae 674
Tracheen *151*, **198**, 667, 674, 687, **700**, 722, 729, 731, 762
Tracheiden 150, **198**, 667, 686, 700, 761
–, araucarioide Tüpfel 714
Trachelomonas 602
Tracheophyta 647
Tradescantia 819
Tragblätter 181, *699*, *733*, *755*, *773*
Trailiella 623

Trama 587, *588*
Trametes 588, 593
Trampelkletten 758
Transaldolase 303
Transaminasen 354
Transaminierung 300
Transduktion **491**, *492*, 499, 535
Transfer-Ribonucleinsäure (tRNA) 73, *74*, **310**, 392, 827
Transferzellen 102, 154, 373, 658
Transfusionsgewebe 214, 726
Transitionen 310
Transitpeptid 111
Transitvesikel *26*, 87
Transkriptase, reverse 48, 308, 483, 491
Transkription 44, 306, *312*, 491, 498
–, Regulation 313
Transkriptionseinheit 57
Transkriptionsfaktoren 53
Translation 44, 306, **310**, *311*, *312*, 491
–, Regulation 315
Translatoren 800, *801*
Translokationen 496, *497*, 513
Translokatoren 81, 342
Translokatorproteine 30
Transmembranproteine *80*
Transpiration 217, **328**, *330*, 873, *876*, 882
–, peristomatäre 464
–, Tagesgänge *877*
–, Koeffizient 331
–, Sog 335
–, Strom 328, *333*
Transport
–, aktiver 342
–, apoplasmatischer 370
–, Mineralstoffe 345
–, symplasmatischer 370
Transportsaccharose 275
Transportwiderstand *336*
Transportzucker 370
Transposonen 58, 315, 496
Transversalgravitropismus 449
Transversalphototropismus 449
Transversal-Tropismus 443
Trapa, Trapaceae 784
Trauben
–, Inflorescenzen 184
–, Früchte des Weinstockes, *Vitis* 896
Traubenhyazinthe s. *Muscari*
Traumatinsäure 397
Traumatodinese 442
Traumatotropismus 456
Trebouxia 596, 599
Trehalose 625
Tremella, Tremellales 579, *583*, 584
Trennarten 862
Trentepohlia 596, 599, 600, 608, 633, *634*, 646
Treponema, Treponemataceae 540
Treppengefäße *687*
Treppentracheiden 676, 684
Trespe s. *Bromus*
Trias 902
Triazine 267
Tribonema 607, 608
Tribulus 758
Tribus (tribus) 529
Triceratium 610, 612
trichal 233, 600, 827
Trichia, Trichiales *550*, 551
Trichocolea 654, 655

Trichocysten 603
Trichoglossum 572
Trichogyne *567*, *568*, 621, *623*, 624, *624*, 625
Trichomanes 688, *690*
Trichome *142*, 143
Trichomhydathoden 331
Trichomycetes 564
Trichophorum 819, 909, 919
Trichophyton 592, 595
Trichopitys 713
Trichoscyphella 572
Trichterflechte *850*
Tricoccae 787
tricolpat, tricolporat, triporat *739*
Tricolpites 903
Tricolporoidites 903
Trientalis 924
Trifoliin 301
Trifolium 504, 506, *507*, 758, 759, 780, 781, *807*, 842, 884, 894
Triftweiden *893*, *895*
Triglochin 812, *852*, 920
Triglyceride 78, 297
Trilliaceae 814
Trimerophyton, Trimerophytaceae 669, 710, *711*, 900
trimorph-heterostyl 745, 783
triöcisch 702
Tripioporella 527
Triplett-Zustand 262
triploid, Triploidie 498, 516
Triploponella 526
Trisetum 821, 921
Triterpene 363
Triterpensapogenine 762, *812*
Triticale 514
Triticum 514, *515*, *516*, 821, 822, 897
Tritt (mechanischer Umweltfaktor) 885
Trochiliden (Blütenbesucher) 749
Trochodendron, Trochodendraceae, Trochodendrales 736, *770*
Trockenadaptation 288
Trockenbusch, regengrüner *928*
Trockenfloren 906
Trockenfrüchte 755
Trockengebiete 905
Trockenheit 832, 835
Trockenrasen, -gesellschaften 881, 912, 920, 922, 925
Trockenresistenz 506
Trockensavannen, Ausschlagtafel
Trockensteppen 926, Ausschlagtafel
Trockensubstanz *319*, 886, *887*, *892*
Trockenwälder, Ausschlagtafel
–, regengrüne *928*, 929
Trockenwiesen *894*
Trockenwüsten s. a. Hitzewüsten *864*, Ausschlagtafel
Trockenzeiten 868, *869*, 873, 928
Trollius, Trollblume 735, 756, *765*, 766
Trompetenbäume s. *Catalpa*
Trompetenzelle 235
Tropaeolum, Tropaeolaceae, Tropaeolales *212*, 741, 793, 836, 927
Tropanalkaloide 802, *804*, 885
Tropasäure *804*
Tropen 869, 878, 930
–, Epiphyten 218, 929
–, Höhenstufen 931
–, Klima- und Vegetationsprofil (humid bis arid) *928*
–, Klimadiagramme *928*
–, Kräuter *928*, 929
–, Lianen 929

–, Orchidaceae *928*
–, Riesenstauden 929
–, Spreizklimmer *928*
–, Tierwelt 929
–, Waldzerstörung 894
Tropenfloren, Alttertiär 904
Tropenpflanzen 874
tropisch s. Tropen, Florenreiche, Florenzonen
tropisch-alpin s. Höhenstufen
Trophomorphosen 408
Trophophylle 668, 672, 688, 690, 692, *701*
Tropin *804*
Tropismen 443
Trüffel 396, 571
Truncocolumella 591
Tryptophan *31*, 386, 800
Tryptophanbiosynthese 355
Tschermak, E. 480
Tschernoseme 880, 925
Tsuga 718, 904, *905*, 906
Tuber, Tuberaceae 571, *572*
Tubiflorae 802
Tubulicium 586
Tubulicrinis 586
Tubuliflorae 809
Tubulin 39
Tulasnella, Tulasnellales *577*, 584
Tulipa, Tulpen 755, *814*, 815
Tumoren 431, *432*, 491
–, genetische 433
Tundraböden 870
Tundren 863, *864*, *870*, *891*, 910, *911*, *912*, *914*, 923, Ausschlagtafel
Tunica *131*, *132*, 700
Tüpfel *104*, 624
–, araucarioide 717, 723
Tüpfelfarn s. *Polypodium*
Tüpfelfelder, primäre *101*
Tüpfelgefäß *198*
Turesson, G. 520
Turgor 27, 755, 759
Turgorbewegungen *465*, 466
Turgordruck 324
Turgorschleudermechanismen 466
Turgorspritzmechanismen 466
Tussilago 809
Typha, Typhaceae, Typhales 819, 918
Typhula 589, 592
Typus 159
–, nomenklatorischer 529

Überblumen 706, 734
Überdüngung 897
Überflutungen 918
Überflutungsresistenz 878
Übergangszellen 102, 154
Übergipfelung 182, 666, *668*, 671
Überordnung (superordo) 529
Übervölkerung 10
Überweidung 894
Überwinterungsknollen 681
Überwinterungsknospen 477, 872
Ubiquitin 315
UDP-Glucose 276
Ufergebüsche 793
Ulcus 704
Ulex 781, 885, 917, 926
Ullmannia 717

Ulmus, Ulmaceae, Ulmen 757, 774, *776*, 880, *833*, 884, 904, *907*, *911*, *912*, 917, 918, 925
Ulothrix, Ulotrichales 479, 631, *632*, 633, *643*, 646
Ultrarot-Absorptions-Schreiber 253
ultraviolettes Licht (UV) 494, 747
Ulva *128*, 480, 626, *632*, 633, 644
Umbelliferae s. Apiaceae
Umbilicaria 599, 909, *910*, 920
Umbilicariineae 599
Umfallkrankheit 557, 558
umgekehrte Osmose 336
Umkehrpunkte 461
Umtriebslücken *855*, 856
Umtriebs-Mähweiden *895*
Umweltbedingungen, -faktoren 483, *867*
Umweltschutz 10, 832, 893
Umweltunabhängigkeit 828
Uncinula *570*, 595
unifacial 170
unipolar 667
Uniport 342
unitegmisch 742
univalente Chromosomen 514
Unkrautbekämpfung 895
Unkräuter 502, 515, 746, 758, 841, 875, 885, *895*, 909, 913
Unkrautfluren 896, 921
Unkrautsippen 897
Unpaarhüfer (Pflanzenfresser) 907
Unterabteilung (subphylum) 529
Unterart (subspecies, subsp.) 474, 475, *522*, 528, 529
Unterblatt 207
Unterfamilie (subfamilia) 529
Unterklasse (subclassis) 529
Unterkreide 759
Unterreich (subregnum) 529
unterschlächtig 655
Unterwuchs *851*
Ur-Algen 827
Uran 882, 899
Uratmosphäre 3, 826
urban-industrielle Ökosysteme 892
Urbanisation 897
Urbarmachungskrankheit 348
Uredinales 526, **579**, *580*, *581*, *582*, 584, 592, 594
Uredinella 584
Uredo-Lager 581
Uredosporen *581*
Uredosporenlager *581*
Urfarne 668
Ur-Gene 827
Urginea 815
Urkaryoten 4, 126
Urlandpflanzen 668, 900
Urnenbasidien 584
Urnenblätter *218*
Urocystis 579
Uroglena *608*, 609
Uromyces 422, *423*, 579, *581*, 582
Uroporphyrinogen III 358
Urospora 636, 645
Urpflanze 159
Ursequenzen 32
Ursolsäure *812*
Urtica, Urticaceae, Urticales 486, *487*, 504, 515, *733*, 735, 750, 774, *775*, 776, 784, 787, 795, 875, 881, 915, 918, 929
Urushiol 367
Urwiesen *923*
Usambara-Veilchen s. *Saintpaulia*
Usnea 596, 599

Ustilago, Ustilaginaceae, Ustilaginales 566, **577**, *578*, 579, 594, 873, *874*
Utricularia 220, 380, 469, 477, 806
utriculat 740
Utriculus 818, *820*

Vaccinio-Piceion *863*, 918, 922
Vaccinium 512, 757, 758, *798*, *860*, 881, 917, 919, 922, 923, 924
Vacuolaria 88, 606
Vacuolen *84*, 89
–, kontraktile 87
–, pulsierende 87, 602, 627
–, Farbstoffe 90
–, Stoffe 90
Vacuom 89
Vaginula 657
Valeriana, Valerianaceae 755, *799*, 842, 909
Valerianella 799
Valinomycin 359
Vallecularkanal 679, *681*
Vallisneria 750, 812, *813*
Valonia, Valoniaceae, Valoniales *636*, 638
valvat s. Knospendeckung
Vanda 818
Vanilla *817*, 818
Van't Hoffsche Reaktionsgeschwindigkeit-Temperatur-Regel 287
Vararia 586
Varec 619
Variabilität s.a. Formenmannigfaltigkeit 483, *838*
–, genetische 517
–, hybridogene 511
Variation 473, **481**, *482*, *504*, 517
–, diskontinuierliche 481
–, erblich fixierte 483, *506*
–, genetische 483, *506*
–, Interpopulations- *481*
–, intra-individuelle 481
–, Intrapopulations- *481*
–, kontinuierliche 481
–, modifikative 482
–, ontogenetische 482
Variationskurven 483
Variegatsäure *588*
Varietät (varietas, var.) 528, 529
Vaucheria 606, *607*, 608, 646
Vaucheriaxanthin *601*, 606
Vegetation 832, 867
–, azonale 858
–, Erde s. Ausschlagtafel
–, extrazonale 857
–, Faktorenanalyse *861*
–, Luftbildanalyse *860*
–, Makromosaike 855
–, Mikromosaike 855
–, Optimalphase *855*
–, Ordination *861*
–, potentielle natürliche 865
–, Regeneration 855
–, Schichtung *853*, 854
–, Sukzession 857
–, Verjüngungsphase *855*
–, Zerfallphase *855*
–, zonale 857, *866*
Vegetationsaufnahmen 850
Vegetationsdauer 875
Vegetationsdegradation 894
Vegetationseinheiten 861

Vegetationsentwicklung *857*, *858*
–, postglaziale *912*
Vegetationsgebiete, natürliche *913*
Vegetationsgeschichte 832, **899**, 900
Vegetationsgliederung
–, floristische 859
–, Mitteleuropa *866*
–, physiognomische 863
–, räumliche 864
Vegetationskarten *860*, 865, Ausschlagtafel
–, Niederösterreich *866*
Vegetationskartierung 865
Vegetationskegel 130, 191
Vegetationskomplexe 847, 855, *858*
Vegetationskunde 832
Vegetationsorgane 700, 731
Vegetationsperioden *911*
Vegetationsprofile 850, *855*, *914*
Vegetationsprovinzen 865
Vegetationspunkt 130
Vegetationsstufen 865, 874, 922
–, Umkehr 875
Vegetationssysteme 859
Vegetationstabellen 859
Vegetationstransekte 850
Vegetationstypen 847, 859, 867
Vegetationszeit *507*, 868, 870, 887
Vegetationszonen der Erde s. Ausschlagtafel
vegetative Vermehrung 179, 689
vegetative Zelle (Pollenkorn) *743*
Veilchen s.a. *Viola* 792, 850
Veillonella, Veillonellaceae 539, 542
Velamen 218, *219*, 227
Velloziaceae 904
Velum 587, *588*, 591
Ventralschuppen 651
Ventralspalt *740*
ventricid s. Fruchtöffnung
Venturia 574, 594
Venusfliegenfalle s.a. *Dionaea* 219, *220*
Veratrum 702, 815
Verbände
–, Vegetationseinheiten 861
–, Laubwald-Gesellschaften *863*
Verbascum 523, 805, *806*
Verbenaceae 807, 930
Verbreitungsgebiete 831, 836
–, disjunkte 832
Verbreitungsschwerpunkte 839
Verbrennungsvorgänge 897
Verbrennungswärme *243*
Verbundbauweise 148
Verdunstung 876
Vereisung 901, 910
Vererbung 2, 474, 480, **481**, 523
–, bei Bakterien 490
–, bei Viren 490
–, diplogenotypische 486, *487*
–, erworbener Eigenschaften 481, 484
–, extrachromosomale 489, *490*
–, haplogenotypische 484, *485*
–, mütterliche 489, *490*, 495
Vererbungsgesetze, Mendelsche 486
Vererbungsregeln 480
Vergißmeinnicht s. *Myosotis*
Vergletscherung *902*
Vergrämungssubstanzen 455
Verjüngung 847, 848, 890
Verkarstung 894

Verkehrsflächen *891*, 895
Verkernung, Holz- 203
Verlandung *831*, 856, 918, 919
Verlandungsgesellschaften *863*
Verlandungsreihen 918
Verlandungszonen 901
Vermehrung 2, 473, 475, 478
–, vivipare 930
Vermiporella 526
Vermoderungsschicht 871
Vernalin 403
Vernalisation (Jarowisation) 391, 402
Vernetzung, stammesgeschichtliche 511
Veronica 523, 805, *806*, 909
Verrucaria, Verrucariales 574, 599, *645*
Versauerung 872
Versickerung *876*
Versteinerung 899
Verticillatae 772
Verwachsungen *668*, 733, *740*
–, congenitale 734, 741
–, Gynoceum *740*, 741, *742*
–, postgenitale 741, 756
–, Blütenorgane 736
–, sympetale 736
–, synsepale 736
–, syntepale 736
Verwandtschaft 473, *474*, 510, 511, *513*, 519, *520*, **520**, 899
–, phylogenetische 522
Verwandtschaftsforschung 523
Verwandtschaftsgrad 522
Verwandtschaftsgruppen *517*, *520*, *528*
Verwitterung 871
Verzweigung
–, axilläre 170, **181**, 700
–, dichotome 186
–, echte 545
–, phyllomkonjunkte 170
–, unechte 545
Verzweigungstypen *182*
Vibrio, Vibrionaceae 532, *534*, **539**, 543
Viburnum 734, 749, 799, 920
Vicia 759, *780*, 781, 782, 894, *896*, 917
Victoria 746, 764
Vieh- und Milchwirtschaft 921
Viehbestand, Viehfraß 895
vielehig 702
Vielschritt-Hypothese 3
Vielzeller 230
Vierertyp (haplogenotypische Vererbung) *485*
Vikarianz, vikariieren 507, *508*, 842
Vinca 800
Viola, Violaceae, Violales 320, 502, 512, 736, 746, 748, 758, 759, *791*, 792, 793, 795, 843, *850*, 917
Viren 5, *36*, 52, 490, **535**, 827
Viridien 439
Viridiplantae 522
Viridivellus 660
Virion 5
Viroide 5, 52
Virulenzregion 433
Viscinfäden 748
Viscum, Viscaceae 375, 787, 886
Vitaceae *786*, *787*
Vitalismus 7
Vitalität, relative 851
Vitamine *292*, 757
–, A 256

–, B$_2$ 291
–, B$_{12}$ 339, 348
Vitex 807
Vitiphyllum 903
Vitis 757, 758, *786*, 787, 904, *907*, 918
Viviparie 759, 782
–, echte 477
–, unechte 476
Vögel 746, 747, 749, 757, 758, 759, 782, 787, 818, **904**, 929
Vogelblumen 749
Vogelblütigkeit, vogelblütig 749, 751, 815
Vogerlsalat s. *Valerianella*
Vollparasiten *804*, 806, *807*
Vollschmarotzer 229
Vollwüsten 930
Voltziales 716, *717*, 902
Volutin 533
Volutinkörner 545
Volva 587, *588*, 591
Volvox, Volvocaceae, Volvocales 476, 479, *627*, *629*
Vomifoliol 464
Vorblätter 171, *733*, 755, 757, 761, 771, 773, 811, *813*, 819, *820*
–, adossierte 810
–, transversale 761
Vorgeschichte des Menschen (und Vegetationsgeschichte) 899, *911*
Vorkeim 238, 648
Vormännlichkeit 745
Vorspelzen 821, *821*, 822
Vorwärmezeit *911*, 912
Vorweiblichkeit 745
Voyeur-Chlorophylle 270
Vulkanismus *879*

Waal *907*
Wacholder s.a. *Juniperus* 721, 921
Wachs, epicuticulares 138, *139*
Wachstum 196, **414**, 873
–, akroplastes 211
–, basiplastes 211
–, Dicken- 171
–, embryonales 128
–, Flächen- 99
–, Frucht- 426
–, große Periode 419
–, intercalares 211, 418
–, Interpositions- 148
–, intrusives 100
–, Organ 416
–, orthotropes 182
–, plagiotropes 182
–, Plasma- 414
–, postembryonales 128
–, Streckungs- 414, 415
–, Verlauf 418
–, Zell- 414
Wachstumsgeschwindigkeit *415*
Wachstumsregulatoren
–, synthetische 397, *398*
Wachstumszonen *418*
Wachtelweizen s. *Melanipyrum*
Wagner, M. 481
Walchia 717
Waldbäume 885
Wald-(Baum-)steppen 925
Waldböden *870*
Waldbrände *879*
Wälder *858*, 888, 889, 891, *893*, 925
–, älteste 900

–, bodensaure 881
–, borealmontane 871
–, Futtervorrat *893*
–, Holzvorrat *893*
–, sommergrüne *914*
–, subtropisch-boreale 750
–, Trockengrenze 916
–, Versumpfung 919
–, Windgrenze 916
Waldgesellschaften *861*
Waldgrenzen 719, *865*, 874, 875, 882, *888*, 910, *912*, *916*, 922
–, alpine 719
–, polare 904
Wald-Kiefer s. a. *Pinus* 832, *834*, 844, 919
Waldmeister s. a. *Asperula* 802
Waldmoore *861*, 919
Waldrebe s. *Clematis*
Waldregeneration 893
Waldschäden 268, 897
Waldschläge s. a. Kahlschläge, Schlagpflanzen 856, *859*
Waldsteppen *864*, *870*, *891*, *908*, *914*, 924, *925*
Waldsteppenzone 920
Waldtorf *905*, *919*
Waldtundren *870*, 908
Waldverbiß 893
Waldverwüstung *894*
Waldweide 893
Waldwirtschaft 893
Waldzerstörung 893, 920
Walnuß, Walnußbaum s. a. *Juglans* 754, 774, *896*
Wanddruck 324
Wanderackerbau 894, 895, 930
Wanderdünen 920
Wandergamet 639
Wandergeschwindigkeit 841
Wanderwege 843
Wanderzucker 275
Wandprotuberanzen *154*
Wärme *867*, *868*, **873**
–, Haushalt 872, 875
–, Verlust *889*
–, Zeit *834*, *911*, *912*
–, Zufuhr 874
Warmzeiten 907, 908, 910
Wasser *867*, **875**, 882
–, Abfluss *876*
–, Ausbreitung (Samen bzw. Früchte) 708, 756, 758
–, Befruchtung 707, 828
–, Bestäubung 812
–, Kapillaraufstieg *876*
–, Kondensation *876*
–, Speicherung 695
Wasserabgabe 138, 327
Wasseraufnahme 321, **325**, 876
–, capillare 674, 695
Wasserbilanz 329, **337**, *876*
–, Regulationsmechanismen 877
Wasserblatt 692, *693*
Wasserblüten 541, 604
–, durch Blaualgen 547
Wasserblütigkeit 707, 750
Wasserdampf 875
Wasserdost s. *Eupatorium*
Wasserenergie 892
Wassererosion 894
Wasserfarne 692
Wassergehalt 319, *320*
Wassergruben 695, *696*

Wasserhaushalt **321**, *863*, 873, 877, 894, 900
–, verschiedene Vegetationstypen *876*
Wasserkapazität 326
–, Boden 872
Wasserkreislauf, Deutschland *876*
Wasserläufe, Regulation 894
Wasserleitung 332
–, äußere 664
–, capillare 651, 659
–, innere 664
–, Kohäsionstheorie 336
Wasserleitungssystem, geschlossenes 658
Wasserlinsen s. Lemnaceae
Wassermangel 337
Wassermelonen s. a. *Citrullus* 794, *896*
Wassermolekül 77
Wassermoose 665
Wassernetz 631
Wassernuß s. *Trapa*
Wasserökonomie 877
Wasserpermeabilität 332
Wasserpest s. a. *Elodea* 476, 812, 841
Wasserpflanzen 287, 750, 758, 812
–, homoiohydrische 876
–, mitteltertiäres Braunkohlenmoor *905*
–, poikilohydrische 876
Wasserpotential 322, *336*, 876
–, Gefälle 326, *328*
–, Gleichung 324
Wassersack 655
Wassersättigungsdefizit 337, 878
Wasserschierling s. *Cicuta*
Wasserspalten s. Mydathoden
Wasserspaltung 267
Wasserspeicherung, Calyptra 664
Wasserspeicherzellen *659*
Wasserstandsschwankungen *852*
Wasserstoffbrücken 77
Wasserstoffperoxid (H_2O_2) 299
Wassertemperaturen *872*
Wassertiefe *872*
Wassertransport 334
Wasserüberschuß 338
Wasserverbrauch 877
–, Ökonomie *280*
Wasserverlust 877
Wasserversorgung 304
Wasservögel 758, 841, 923
Wasservorrat 877
water free space 341
Watson, J. D. 480
Watten, Wattenmeere 769, 919
Webersches Gesetz 440
Wechselwirkungen, biotische 890
Wedel s. a. Blattwedel 683, 684
–, gefiederte 688
Wegener, A. 902
Wegerich s. *Plantago*
Wegwarte s. *Cichorium*
Weichbast 204
Weichfasern 147
Weichholz-Aue *918*
Weichsel s. a. *Prunus* 779, *907*, 908
Weidegräser 820
Weideländer *893*, 895, 926
Weidelgras s. a. *Lolium* 860
Weiden (Grünland) 505, *858*, *859*, 893, 894, 895, 921, 925
–, Futterwert *893*
–, Waldweide *893*

Weiden *(Salix)* 512, 702, **793**, 841, *860*, 918, 923
–, Zweige 425
Weidengebüsche *894, 918*
Weidenröschen s. *Epilobium*
Weidenutzung 920
Weiderich s. *Lythrum*
Weidetiere 885
Weideunkräuter 894
Weidewirtschaft **894**, 913, 929
Weihrauch s.a. *Boswellia* 784
Wein s.a. *Vitis* 892, *896*, 927
Weinbau 922
Weinberg, W. 480
Weinhefe s. *Saccharomyces*
Weinraute s. *Ruta*
Weinrebe s.a. *Vitis* 787
Weintrauben s.a. *Vitis* 921
Weißdorn s. *Crataegus*
Weißdünen 920, *920*
Weiße Rübe s.a. *Brassica* 793
Weißfäule 366, 593
Weißkohl s.a. *Brassica* 505
Weißmoos s. *Leucobryum*
Weißtanne s. *Abies*
Weißwurz s. *Polygonatum*
Weizen s.a. *Triticum* 512, 514, *515*, 746, 821, *822*, 823, *896*, 921, 926
–, Entstehungsgeschichte 514
–, Korn *822*
–, Mumien-W. 431
Welken 324
–, permanentes 327
Welketoxine 375
Wellenschlag 882
Weltbevölkerung, Ernährung 892
Weltbild, naturwissenschaftliches 6
Welwitschia, Welwitschiaceae, Welwitschiidae 134, 281, 428, *712*, *729*, 836, 930
Wermut s. *Artemisia*
Wespen (Blütenbesucher) 749, 789
Westwinde 869, *870*
Wetterdistel s.a. *Carlina* 809, *844*
Wettstein, R. v. 520, 531
Whittleseya 724
Wickel *184*, 819
Widerstandsgewebe 466
Wiederbewaldung *858*
Wiederkäuer (Pflanzenfresser) 885
Wielandiella 728
Wiesen 822, *888*, 921
–, natürliche 922
–, subpolare s. Ausschlagtafel
Wiesengräser 885, *886*
Wiesensteppen 925
Wiesenwirtschaft **894**, 913, 929
wilder Wein s. *Parthenocissus*
Williamsonia 728, *728*
Wind 841, *867*, 883, 922, *923*
–, Abrasion 884
–, Ausbreitung (Samen bzw. Früchte) 708, 756, 758, 759
–, Bewegungen 464
Windbestäubung 733, 736, 750, 761, 767, 770, 826
Windblumen 750
Windblütigkeit, -blütler 706, 738, 746, *750*, 751, 780, 813, 819, 823
–, sekundäre 750, 806
Windecken 882, 884, 922, *923*
Windengewächse s. Convolvulaceae
Winderosion 882, 894

Windröschen s. *Anemone*
Windschliff 882
Windstreuer 758
Windwurf *855*, 882
Winteraceae *740*, 746, 763, 765, 904, 931
Wintergrün s. *Vinca*
Winterling s. *Eranthis*
Winterregen *869*
Winterruhe 916
Wintersteher 758
Wirkungsgefüge (Biocoenosen) 868
Wirkungsspezifität 247
Wirsing s.a. *Brassica* 505
wirtelig, Wirtel s.a. Knospendeckung 174, 736, 740
Wirtspflanzen 886
Wirtszellen 126, 127, *826*
Wisteria 782
Witterung 868
Wohlverleih s. *Arnica*
Wolffia 825
Wolfsmilch s. *Euphorbia*
Wolfsmilchgewächse s. Euphorbiaceae
Wolken 875
Wollgräser s. *Eriophorum*
Wollhaare *142*, 143
Wollschwamm *850*
Wollschweber (Blütenbesucher) 747
Wright, S. 481
Wruke s.a. *Brassica* 793
Wuchsdistrikt 865
Wuchsformen s.a. Lebensformen 506, *811*, *844*, 851, 852, 863
–, Bäume *185*, 732
–, baumförmige 828
–, holzige 828
–, Kräuter 732
–, leptocaule 701
–, Lianen 732
–, pachycaule 701
–, Stauden 732
–, Sträucher *185*, 732
–, Zwerg- und Halbsträucher 732
Wuchsleistungsgene 506
Wuchsstoffe 396, 495
Wundcallus 207, 420
Wunderblume s.a. *Mirabilis* 481, 769
Wundheilung 420
Wundhormon 397, 420
Würm, Würmeiszeit 908, *910, 911*
–, Vegetationszonierung in Europa *908*
Würmer (Zersetzer) 868
Wurmfarn s. *Dryopteris*
Wurmflechte s. *Thamnolia*
Wurzelanlagen 752
Wurzelatmung 918
Wurzeldornen 227
Wurzeldruck 331, 334
Wurzelhaare *171*, *221*, 327, 827, 872
Wurzelhaube 133, *134*, 225, 752, *822*
Wurzelkletterer 190, 695, 789, 818
Wurzelknie 721
Wurzelknöllchen 229, 377, 540, 542, 772, 780
Wurzelknollen 222, 804, 810, 814, 815
Wurzelkonkurrenz 884
Wurzelmark 225
Wurzeln **221**, *224*, 647, 667, 681, 689, 697, 699, *731*, 732, *826*, 828, *869*
–, endogene Entstehung *226*
–, Metamorphosen 227
–, primäre 689

–, rankende *817*
–, sproßbürtige 688, *811*
Wurzelparasiten 190
Wurzelparasitismus 806
Wurzelpol 667, 700, 708
Wurzelrüben 769
Wurzelscheitel 133, *134*, 666, 700
Wurzelschicht, Wurzelschichtung *853*, 854
Wurzelsysteme **221**, 223
Wurzelträger 673, 676
Wurzelzöpfe 455
Wüsten *870*, 888, *891*, *908*, *914*, 924, *928*, 931
Wüstensandstein *902*
Wüstcnxcrophyten 930

Xanthium 410, 758, 810
Xanthomonas 539, 543
Xanthone *515*
Xanthopan 749
Xanthophyceae 606, *607*
Xanthophyll-Cyclus *284*
Xanthophylle 256
Xanthoria 599
Xanthorrhoea 931
Xanthoxin 464
Xenasma 577
Xenogamie 706
Xerobromion *863*
Xerochasie 468
Xeromorphosen 408, 877
Xerophilie 885
Xerophyten 187, 216, 695, 877, 931
Xeroserien 920
Xylan 104, 626, 637
Xylaria, Xylariales *573*
Xylem **150**, 687, 700, 732, 761
–, Druckgradienten *333*
–, hydraulische Leitfähigkeit *333*
–, Strömungswiderstände 332
Xylopodium, Xylopodien 184, 882

Yams, Yamswurzel s. a. *Dioscorea* 814, *896*
Yohimbin *801*
Ysop s. *Hyssopus*
Yucca *524*, 747, 815, 930

Zahlbrucknera (Saxifragaceae) 909
Zamia, Zamiaceae *705*, *708*, *726*, 727
Zanardinia 615
Zanichellia, Zannichelliaceae 756, 812, *813*
Zanonia 754
Zäpfchenrhizoide 650
Zapfen *699*, *715*, *717*, *718*, *719*
Zapfenschuppen *177*, *699*, 719
Zäsuren (zwischen Sippen) 527, 528
Zaunblättling 589
Zaunwinde s. *Calystegia*
Zea 811, 821, *823*, *849*, 873, 874
Zeatinribosid 392
Zeaxanthin *601*
Zebrina 819
Zechstein 710, 901, 902
Zedern s. a. *Cedrus* 507, 910
Zeigerarten
–, geographische 862
–, ökologische *861*
–, synökologische 862
–, vegetationsgenetische 856
Zeigergruppen
–, ökologische *880*, 881

Zeigerwert
–, ökologischer 867
–, synökologischer 878
Zeilleria 724
Zeitgeber 410
Zeitmessung, biologische 408
Zelkova 906
Zellbiologie **15**
Zellcyclus 27, **64**, *65*, 417
Zellen 15
–, Drüsen- **152**
–, eukaryotische 548
–, generative 475
–, motorische 460
–, somatische 475
Zellenlehre 16
Zellfäden *826*
–, spermatogene 641
Zellforschung
–, Entwicklung **16**
–, Methoden **18**
Zellfusion 93
Zellkerne *17*, 27, **43**, *826*, 827
Zellkulturen *15*, 476
Zellmembran 21, 92
Zellmund 602
Zellplatte 66, *66*, 94
Zellsaft 27, *89*
Zellsorten *826*
Zellsprossung *67*, 476
Zellstoffwechsel, Regulation **305**
Zellstreckung, plastische 416
Zellteilung 66, 416
–, inäquale *238*, 424
Zellthallus 232
Zellwand 21, 94
–, akkrustierte *107*
–, primäre 94, 96
–, sekundäre 94
–, verkorkte 106
Zellwand-Matrix 96
Zentralalpentäler 912
Zentralblase 558
zentraleuropäisch s. Florengebiete
Zentralfadentypus 234, *234*, 621
Zentralkanal 679
Zentralknoten 612
Zentralmutterzellen 130
Zentralplacenta 796, 797
Zentralstrang 658, *661*
Zentralvacuole 25
Zentralzelle *678*, 689
Zentralzylinder 224, *225*
Zentrifugation 20
Zerfallfrüchte 755, 756, *757*
Zerfallszeit 899
Zersetzer *868*, 886, 887, *889*, 900, 901
Ziegen (Pflanzenfresser) 885
Zieralgen s. a. Desmidiaceae 638, 639
Zierpflanzen 793
Ziest s. *Stachys*
Zimmerlinde s. *Sparmannia*
Zimmermann, W. 520
Zimmertanne s. *Araucaria*
Zimt, Zimtbäume s. a. *Cinnamomum* 763, 930
Zimtsäure *367*
–, Biosynthese 366
–, Derivate 365
Zingiber, Zingiberaceae, Zingiberales 753, 818, *819*, 927, *928*

Zink 348, 882
Zinnkraut 140, 679
Zirbe, Zirbel s.a. *Pinus* 720, *912*, *916*, 922, 923
Zitrone s. *Citrus*, Citrusfrüchte
Zitronen-Melisse s. *Melissa*
Zitterpilze s. Tremellales
Zoidiogamie 707, 713
zonal s. Vegetation
Zoobionta 530
Zoochlorellen 626
Zoochorie 477, 708, 756, 757, 853
Zoocyten 8
Zoogamie 706, 746
Zoogloea 539
Zoomasse 891
Zoomeiosporen 479
Zoopage, Zoopagales 564, 595
Zoophagus *595*, 596
zoophil, Zoophilie 706, 745, **746**, 761, 853
Zoosporangien 554, *634*
Zoosporen *477*, 552, 554, *630*, *634*
Zooxanthellen *603*, 604
Zostera, Zosteraceae, Zosterales 644, 750, 812, *813*, 919, 931
Zosterophyllales 669, 671
Zosterophyllum *669*, 900
Züchtung 895
Zucker-Ahorn s.a. *Acer* 335
Zuckeralkohole 370
Zuckermelonen s.a. *Cucumis* 793, *896*
Zuckerpflanzen *896*
Zuckerrohr s.a. *Saccharum* 275, 516, 821, 888, 892, *896*, 930
Zuckerrüben s.a. *Beta* 512, 769, 892, *896*, 921
Zuckertang 617
Zuggeißel 600, 613
Zugholz 104, 451
Zugvögel (Frucht- und Samenausbreitung) 841
Zugwurzel 227, *228*
Zunderschwamm s.a. *Fomes* 588, 591, 593
Zungenblüten *808*, 809

Zürgelbaum s. *Celtis*
Zuwachs 890
Zweiertypen (haplogenotypische Vererbung)
–, Eltern- *485*
–, neukombinierte 484, *485*
Zwei-Faktoren-Kreuzungen 484, *485*, 488
zweihäusig, Zweihäusigkeit 500, 702
zweikeimblättrige Bedecktsamer **761**
Zwergmännchen 635, *635*
Zwergmutanten 391
Zwergpalme s.a. *Chamaerops* 823, 926
Zwergrost 583
Zwergstrauch- und Grasheidenstufe 922
Zwergsträucher 852, *864*, *865*, 923, 924
Zwergstrauchheiden 797, 865, 880, 881, *888*, 894, 920, 921, 923
–, alpine 923
Zwergstrauchtundra *908*
Zwergweiden s.a. *Salix* 912
Zwetschgen s.a. *Prunus* 779, 780, 921
Zwiebeln s.a. *Allium* 172, *173*, 814, 815, *896*
Zwitter, zwittrig 500, 731
Zwitterblüten, Zwitterblütigkeit 700, 706, 722, *728*, 733, 745, 750, 760, 761
Zygnema, Zygnemataceae 639, 640
Zygnematophyceae 638, *639*, 826
Zygochytrium *559*, 560
Zygomycetes 478, **561**, 595, *826*
zygoniorph (Blütensymmetrie) 733
Zygophyllum, Zygophyllaceae 320, 758, 785, 930
Zygorrhynchus 563
Zygosporen 562, 563
Zygotän 69
Zygote 2, 67, 476, 477, 478, 479, *632*, 699, 701, 707, *708*, 709, 751, 752
Zygotenfrucht 633
Zygotenkern 751
Zylinderepithel *822*
Zypresse s. *Cupressus*

Umrechnungsfaktoren für einige neue Einheiten

	alt	→ neu	neu	→ alt
Kraft	1 kp	≈ 10 N (Newton)	1 N	≈ 0,1 kp
	1 dyn	= 10^{-5} N	1 N	= 10^5 dyn
Druck		1 N/m²	= 1 Pa (10 µbar) (Pascal)	
(Flüssigkeiten, Gase,	1 at (1 kp/cm²)	≈ 1 bar (10^5 Pa)	1 bar (10^5 Pa)	≈ 1 at (kp/cm²)
Hochdruck- u.	1 Torr (1 mm Hg)	≈ 1,3 mbar (130 Pa)	1 mbar (100 Pa)	≈ 0,75 Torr (0,75 mm Hg)
Vakuumtechnik)	1 mm WS	≈ 0,1 mbar (10 Pa)	1 mbar (100 Pa)	≈ 10 mm WS
Mechanische Span-	1 kp/mm²	≈ 10 N/mm²	1 N/mm² (1MPa)	≈ 0,1 kp/mm² = 10 kp/cm²
nungen, Festigkeiten	1 kp/cm²	≈ 0,1 N/mm² (0,1 MPa)		
Energie, Arbeit,		1 J (Joule)	= 1 W · s (1 N · m)	
Wärmemenge		1 N · m	= 1 VA · s	
	1 m · kp	≈ 10 J (10 N · m)	1 J	≈ 0,1 m · kp
	1 kcal	≈ 4,2 kJ (1,16 Wh)	1 kJ (0,28 Wh)	≈ 0,24 kcal
		1 kWh	= 3,6 MJ	≈ 860 kcal
		1 MJ	= 0,28 kWh	≈ 240 kcal
	1 kg SKE	≈ 29,3 MJ	100 MJ	≈ 3,4 kg SKE
	1 erg	= 10^{-7} J	1 µJ	= 10 erg
Wärmeleitfähigkeit	1 kcal/(m² · h · grd)	≈ 1,2 W/(K · m²)	1 W/(K · m²)	≈ 0,86 kcal/(m² · h · grd)
Spezif. Wärmekapazität	1 kcal/(kg · grd)	≈ 4,2 kJ/(K · kg)	1 KJ/(K · kg)	≈ 0,24 kcal/(kg · grd)
Leistung		1 W (Watt)	= 1 J/s (1 N · m/s)	
	1 m · kp/s	≈ 10 W	1 W	≈ 0,1 m · kp/s
	1 PS (75 m · kp/s)	≈ 0,74 kW	1 kW	≈ 1,4 PS (100 m · kp/s)
Viskosität, dynamisch	1 P (Poise)	= 100 mPa · s	1 mPa · s	= 1 cP
kinematisch	1 St (Stokes)	= 1 cm²/s	1 cm²/s	= 1 St (Stokes)
Magnetische Feldstärke	1 Oe (Oersted)	≈ 0,8 A/cm	1 A/cm	≈ 1,2 Oe
Magnetische Fluß-	1 G (Gauss)	= 10^{-4} T	1 T	= 10^4 G
dichte, Induktion				
Leuchtdichte	1 asb	≈ 0,32 cd/m²	1 cd/m²	= 3,14 asb
	1 sb	= 1 cd/cm²	1 cd/cm²	= 1 sb
Temperaturdifferenz	1 grd	1 K		
Längenausdehnungs-	1 grd^{-1}	= 1 K^{-1}		
koeffizient				
Radioaktivität	1 Ci (Curie)	= 3,7 · 10^{10}/s		
Äquivalentdosis	1 rem	= 10^{-2} J/kg		
Ionendosis	1 R	= 2,58 · 10^{-4} C/kg (C: Coulomb)		
Beschleunigung	1 Gal	= 1 cm/s²		
Winkel, ebener	1^g (Neugrad)	= 1 gon (Gon)		
		= 0,9° (Grad)		
		= $\frac{\pi}{200}$ rad (Radiant)		
	1^c (Neuminute)	= 1 cgon = 10^{-2} gon		
	1^{cc} (Neusekunde)	= 0,1 mgon = 10^{-4} gon		

Anmerkung:
In Handel und Wirtschaft wird anstelle von «Masse» für das Wägeergebnis von Warenmengen (angegeben in Masseneinheiten z.B. g, kg, t) das Wort «Gewicht» benutzt.

Die Zeitalter der Erdgeschichte

(wahrscheinlicher Beginn vor Millionen Jahren)

Neozoikum (= Känozoikum)	Quartär (2)	Holocän (= Alluvium) Pleistocän (= Diluvium)	Neophytikum
	Tertiär (65)	Pliocän Miocän Oligocän Eocän Paleocän	
Mesozoikum	Kreide (144)	Maastricht Campan Senon Turon Cenoman	Mesophytikum
		Alb Apt Barrême Neokom	
	Jura (213)	Malm Dogger Lias	
	Trias (248)	Keuper Muschelkalk Buntsandstein	
Paläozoikum	Perm (290)	Zechstein Rotliegendes	Paläophytikum
	Carbon (360)	Obercarbon Untercarbon	
	Devon (410)	Oberdevon Mitteldevon Unterdevon	
	Silur (440)		
	Ordovicium (500)		Proterophytikum
	Cambrium (590)		
Präcambrium	Proterozoikum (3000)		
	Archaikum (>3000)		

Die neuen SI-Einheiten

SI-Basiseinheiten

Basisgröße	Name	Zeichen
Länge	Meter	m
Masse	Kilogramm	kg
Zeit	Sekunde	s
elektrische Stromstärke	Ampere	A
(thermodyn.) Temperatur	Kelvin*	K
Stoffmenge	Mol	mol
Lichtstärke	Candela	cd

* Bei der Angabe von Celsius-Temperaturen wird der besondere Name Grad Celsius (Einheitenzeichen °C) anstelle von Kelvin benutzt.

Vorsätze für dezimale Vielfache und Teile**

Zehnerpotenz	Vorsatz	Vorsatzzeichen
10^{18}	Trillion	Exa	E
10^{15}	Billiarde	Peta	P
10^{12}	Billion	Tera	T
10^{9}	Milliarde	Giga	G
10^{6}	Million	Mega	M
10^{3}	Tausend	Kilo	k
10^{2}	Hundert	Hekto	h
10	Zehn	Deka	da
10^{-1}	Zehntel	Dezi	d
10^{-2}	Hundertstel	Zenti	c
10^{-3}	Tausendstel	Milli	m
10^{-6}	Millionstel	Mikro	μ
10^{-9}	Milliardstel	Nano	n
10^{-12}	Billionstel	Piko	p
10^{-15}	Billiardstel	Femto	f
10^{-18}	Trillionstel	Atto	a

** Zur Vermeidung von Verwechslungen empfiehlt sich bei Berechnungen der Gebrauch von Potenzen.

UTB - TIPS

Jacob/Jäger/Ohmann
Botanik
3. Aufl. 1987. 578 S., 198 Abb., 29 Tab.,
kt. DM 34,80 **UTB 1431**
Dieses kurzgefaßte Lehrbuch bringt einen gedrängten, aber klaren, z. T. zweifarbig bebilderten Überblick über Morphologie, Physiologie und Taxonomie der Pflanzen.

Natho/Müller/Schmidt
Systematik und Morphologie der Pflanzen
In 2 Teilen
1990. 852 S., 560 Abb., kt. DM 44,80 **UTB 1522**

Vogellehner
Botanische Terminologie und Nomenklatur
Eine Einführung
2. Aufl. 1983. VIII, 140 S., kt. DM 18,80 **UTB 1266**

Borriss/Libbert
Pflanzenphysiologie
1985. 591 S., 198 Abb., 11 Tab., kt. DM 36,80
UTB 1344

Hemleben
Molekularbiologie der Pflanzen
1990. XVI, 312 S., 167 Abb., 28 Tab.,
kt. DM 32,80 **UTB 1533**

Plachter
Naturschutz
1991. XIV, 463 S., 99 Abb., 110 Tab., kt. DM 44,80
UTB 1563
Dieses Lehrbuch behandelt ausführlich die Belastungen der Natur im mitteleuropäischen Raum. Eine umfassende Darstellung der Auswirkungen der verschiedenen Landnutzungsformen und des hieraus resultierenden Handlungsbedarfes vor allem im Bereich des Arten- und Flächenschutzes, einschließlich Pflege und Biotopneuschaffung, schließen sich an.

Wittig
Ökologie der Großstadtflora
Flora und Vegetation der Städte des nordwestlichen Mitteleuropas
1991. VIII, 261 S., 52 Abb., 45 Tab., kt. DM 29,80
UTB 1587

Winkler
Einführung in die Pflanzenökologie
2. Aufl. 1980. XII, 256 S., 91 Abb., 30 Tab.,
kt. DM 17,80 **UTB 169**

Fröhlich
Phytopathologie und Pflanzenschutz
2. Aufl. 1991. 382 S., 104 Abb., kt. DM 44,80
UTB 867
Wörterbücher der Biologie
Im Mittelpunkt dieses Wörterbuches stehen Phytopathologie und Pflanzenschutz, ergänzt durch Termini aus Virologie, Mykologie, Akarologie und Nematologie, des Pflanzenbaus und der Pflanzenzüchtung (Resistenzzüchtung), im engeren Sinne der Symptomatologie und Diagnostik, der Pathogenese und Epidemiologie, des Massenwechsels von Schädlingen und der Gradologie, der Schädlingsbekämpfung einschließlich Pflanzenschutzmittel und Applikationstechnik.

Preisänderungen vorbehalten.

BUCHTIPS

Gunning/Steer
Bildatlas zur Biologie der Pflanzenzelle
3. Aufl. 1986. VI, 103 S., 49 Taf., kt. DM 39,–

Libbert
Lehrbuch der Pflanzenphysiologie
4. Aufl. 1987. 434 S., 332 Abb., Ln. DM 64,–

Mengel
Ernährung und Stoffwechsel der Pflanze
7. Aufl. 1991. 466 S., 187 Abb., 16 teils farb. Taf., 109 Tab., Ln. DM 68,–
Das bewährte Lehrbuch beinhaltet die Biochemie wichtiger Stoffwechselvorgänge, Umsatz von Pflanzennährstoffen im Boden, ihre Aufnahme durch die Pflanze und ihre Funktionen bei der Ertragsbildung sowie Düngung und Düngemittel.

Seitz/Seitz/Alfermann
Pflanzliche Gewebekultur
Ein Praktikum
1985. VI, 114 S., 22 Abb., 4 Taf., Ringheftung DM 36,–

Müntz
Stickstoffmetabolismus der Pflanzen
1984. 331 S., 131 Abb., 33 Tab., kt. DM 72,–

Metzner
Pflanzenphysiologische Versuche
1982. XIV, 406 S., 136 Abb., 10 Tab., kt. DM 58,–

Sembdner/Schneider/Schreiber
Methoden zur Pflanzenhormonanalyse
1988. 296 S., 77 Abb., 64 Tab., kt. DM 98,–

Kaussmann/Schiewer
Funktionelle Morphologie und Anatomie der Pflanzen
1989. 465 S., 349 Abb., 26 Tab., Ln. DM 56,–
Das Lehrbuch dient der Grundlagenausbildung unter Betonung der Vermittlung praxisorientierten Wissens. In den funktionellen Abschnitten wird über das aktuelle Wissen hinaus auf offene Themen hingewiesen.

Esau
Pflanzenanatomie
1969. XVI, 594 S., 186 Abb., 98 Tafeln, Ln. DM 128,–

Braune/Leman/Taubert
Pflanzenanatomisches Praktikum I
Zur Einführung in die Anatomie der Vegetationsorgane der Samenpflanzen
6. Aufl. 1991. 283 S., 427 Teilbilder in 95 Abb. und Randleistenschemata auf 29 S., geb. DM 44,–

Pflanzenanatomisches Praktikum II
Zur Einführung in den Bau, die Fortpflanzung und Ontogenie der niederen Pflanzen (auch Bakterien und Pilze) und die Embryologie der Spermatophyta
3. Aufl. 1990. 392 S., mit 758 Teilbildern in 137 Abb. und Randleistenschemata auf 51 S., geb. DM 54,–
International geschätztes Werk, das sich durch seine didaktisch hervorragende Gestaltung durchweg mit Originalbildern einen festen Platz in Ausbildung und Lehre erobert hat.

Eschrich
Strasburgers Kleines Botanisches Praktikum für Anfänger
17. Aufl. 1976. X, 218 S., 58 Abb., kt. DM 34,–

Preisänderungen vorbehalten

BUCHTIPS

Frohne/Jensen
Systematik des Pflanzenreichs
Unter besonderer Berücksichtigung chemischer Merkmale und pflanzlicher Drogen
Neuauflage 1992 in Vorbereitung

Kull
Grundriß der Allgemeinen Botanik
1992. Etwa 700 S., etwa 350 Abb., 20 Tab., kt. etwa DM 39,80

Kreeb
Methoden zur Pflanzenökologie und Bioindikation
1990. 327 S., 119 Abb., 15 Tab., 1 Karte, geb. DM 48,–
Allen, die sich praktischer ökologischer Forschungsarbeit widmen, wird dieses Methodenbuch wertvolle Dienste leisten. Ausführlich werden Verfahren zur Untersuchung von Wasser-, Temperatur- und Lichteinflüssen auf die Pflanze dargestellt, wobei besonderes Gewicht auf der vielseitigen Verwendung des Computers als Meßapparat und Rechenhilfe zugleich gelegt wurde.

Kugler
Blütenökologie
2. Aufl. 1970. XII, 345 S., 347 Abb., Ln. DM 78,–

Haller/Probst
Botanische Exkursionen
Band 1 · Exkursionen im Winterhalbjahr
Laubgehölze im winterlichen Zustand – Nadel-Nacktsamer – Farnpflanzen – Moospflanzen – Flechten – Pilze
2. Aufl. 1983. VIII, 189 S., 27 Abb., 100 reich ill. Bestimmungstab., geb. DM 28,–

Band 2 · Exkursionen im Sommerhalbjahr
Die Bedecktsamer – Frühjahrsblüher – Blütenökologie – Wiesen und Weiden – Gräser – Binsen- und Sauergrasgewächse – Ufer, Auen, Sümpfe, Moore – Ruderalpflanzen – Kulturpflanzen und „Unkräuter" – Geschützte Pflanzen – Die Herkunft der lateinischen Gattungsnamen
2. Aufl. 1989. X, 292 S., 51 Abb., 111 ill. Merk- und Bestimmungstab., geb. DM 39,–

Martensen/Probst
Farn- und Samenpflanzen in Europa
Mit Bestimmungsschlüsseln bis zu den Gattungen
1990. X, 525 S., 51 Abb., 21 Übersichten, 233 illustr. Bestimmungstab. mit über 2500 Einzeldarstellungen, geb. DM 89,–
Für Studenten, die sich während der Bestimmungsübungen oder auf Exkursionen sowohl formenkundliche Kenntnisse als auch Verständnis für die botanische Systematik aneignen wollen.

Moberg/Holmåsen
Flechten
**von Nord- und Mitteleuropa.
Ein Bestimmungsbuch**
1991. Etwa 240 S., etwa 380 Abb., davon ca. 330 farbig, geb. etwa DM 68,–

Reisigl/Keller
Alpenpflanzen im Lebensraum
Alpine Rasen, Schutt- und Felsvegetation
1987. 149 S., 189 Farbfotos, 86 Zeichnungen mit mehr als 400 Einzeldarstellungen, 58 wiss. Grafiken, geb. DM 36,–

Lebensraum Bergwald
Alpenpflanzen in Bergwald, Baumgrenze und Zwergstrauchheide
1989. 144 S., 182 Farbfotos, 86 Zeichnungen mit mehr als 500 Einzeldarstellungen, 34 wiss. Grafiken, geb. DM 36,–
Vegetationsökologische Informationen für Studien, Exkursionen und Wanderungen.

Huber
Angiospermen
Leitfaden durch die Ordnungen der Familien der Bedecktsamer
1991. X, 160 S., 32 Abb., 5 Taf., 7 Tab., kt. DM 48,–
In diesem Leitfaden werden die verwandtschaftlichen Zusammenhänge der Bedecktsamer (Angiospermen bzw. Blütenpflanzen) erörtert. Der als Fachmann der Tropenflora bekannte Autor hat dazu sowohl die Vegetation Mitteleuropas untersucht als auch die große Zahl der Blütenpflanzen tropischer Zonen in seine Darstellungen einbezogen.

Preisänderungen vorbehalten

STUDIEN-HILFE BOTANIK

Von Dr. Helmut BESL/Regensburg,
Prof. Dr. Manfred FISCHER/Wien,
Prof. Dr. Wolfgang HÖLL/München und
Prof. Dr. Dieter VOGELLEHNER/Freiburg

4., neubearb. Aufl. 1991. Ca. 280 Seiten, ca. 15 Abbildungen, Ringheftung, ca. 34,80 DM

Aus dem Vorwort der Autoren:

Auch bei der 4. Auflage der „Studienhilfe Botanik" leitete uns der Grundgedanke, den Studenten die Erarbeitung von STRASBURGERS „Lehrbuch der Botanik" zu erleichtern, ihnen zu helfen, ihr Wissen zu vertiefen und sich auf die Anforderungen der Prüfungen einzustellen.

Sämtliche Teile der neuen Auflage wurden völlig überarbeitet und auf die 33. Auflage des „Lehrbuchs der Botanik"(1991) abgestimmt. Diese Studienhilfe bringt zu allen wichtigen Themen des Lehrbuchs entsprechende Fragen mit meist kurzen, falls erforderlich aber auch ausführlicheren Antworten. Da sich die Übernahme von unbeschrifteten Abbildungen bewährt hat, wurde sie beibehalten und noch etwas ausgeweitet.

Um der Gefahr des bloßen Einpaukens von Fakten entgegenzuwirken, wurden die Zahl der sogenannten Verständnisfragen vermehrt, die nur dann richtig zu beantworten sind, wenn der Sinn des betreffenden Begriffs, der Argumentation, der Zusammenhänge verstanden worden ist.

Aus einer Besprechung der 3. Auflage:

Vor allem Studenten wird dieses Buch bei Prüfungsvorbereitungen auch weiterhin eine wertvolle Hilfe sein. Es lenkt den Blick auf wesentliche Fakten und fördert das Verständnis für komplizierte Zusammenhänge. In dieser Hinsicht wird der Band dem Anspruch, als Studienhilfe zu dienen, durchaus gerecht.

(Zeits. f. Pflanzenkrankheiten u. Pflanzenschutz)

Nutzen Sie die Postkarte auch zur Bestellung weiterer Studienliteratur, die Sie unter BUCHTIPS finden.

Ja, ich bestelle aus dem Gustav Fischer Verlag, Postfach 72 01 43, D-W 7000 Stuttgart 70, über meine Buchhandlung:

20484 .... **Expl.** **Besl u. a., STUDIENHILFE BOTANIK, 4. A., ca. DM 34,80**

.... Expl. ....

.... Expl. ....

.... Expl. ....

.... Expl. ....

.... Expl. ....

Datum/Unterschrift

Bitte Absender auf der Rückseite nicht vergessen!

Absender: ....

....

....

☐ kostenlos Verzeichnis Biologie

☐ Ich interessiere mich für
Neuerscheinungen auf folgenden
Gebieten ....

....

Strasburger, 33. A., VIII. 91. 22,0. nn.
Preisänderungen vorbehalten

Postkarte
bitte
freimachen

Werbeantwort

GUSTAV FISCHER VERLAG

Postfach 72 01 43

D-W 7000 Stuttgart 70